# 分子細胞生物学辞典
## 第2版

編 集
村松正實

篠崎一雄　清水孝雄　谷口　克
月田承一郎　西村善文　林﨑良英
御子柴克彦　柳田充弘　米田悦啓

東京化学同人

第1版 編集

村松正實

岩渕雅樹　清水孝雄　谷口維紹　広川信隆

御子柴克彦　柳田充弘　矢原一郎

# 第2版への序

"分子細胞生物学辞典"の初版が出版されてから10年余が経過した．この間の，この学問分野の発展は目覚ましい．初版の序に書いた，当時の最も新しいと考えられた情報や技術の例は，すでに日常的なものとなり，それらの概念も，すでに新しい内容を含みつつあるものさえある．一方，このように進歩の速い学問においては，用語それぞれの定義や概念を，常に明確にしておく必要があり，優れた辞典の必要性は，いよいよ増すものと予想されよう．

このような意味合いからも，この辞典の改訂は若干遅きに失したと言われても仕方がない．しかし，優れた執筆者は多くの場合，それぞれの研究のために忙しく，辞典の改訂のような仕事にまでは手が回らないという矛盾が存在する．これを克服して何とかまとめて行くのは大変な作業であるが，各執筆者の皆様はそれをやって下さった．心から御礼申し上げたい．

顧みるに，この10年余の間に起こったこの分野の発展は，予想に違わず膨大なものであった．その二，三をあげれば，まずヒトゲノムの全塩基配列が予想より早く明らかとなった（2003年）．それを基盤とした分子細胞生物学の発展は他のテクノロジーの開発と相まってさらに加速しつつある．それらを網羅するために，新たに約1000の項目が加えられ，約10パーセント強の増ページとなったことは特筆すべきである．それらの中には，ゲノム関連の諸事項はもとよりRNAi，幹細胞（iPS細胞など），蛍光タンパク質を含む新分析法関連，およびバイオインフォマティクス関連の用語が目立つ．また，読者の要望にも応えて付録の増加も行った．

このように，より充実したというよりは，まさに一新した感のある"分子細胞生物学辞典"第2版を刊行できることは，編集者たちの大きな喜びであることを，代表として述べたい．

今回の改版に際しては，別に芳名を掲げた多くの方々のほか，編集協力者として，北 潔，鈴木正則，須田年生，清野研一郎，西島正弘，久恒智博，および安田 純の諸氏のお世話になった．特に鈴木正則氏には，新しい項目の執筆や全体の査読にも長時間のご協力をいただいた．また，出版社側からは，東京化学同人の各位，特に住田六連氏，幾石祐司氏の奔走なくしては，この企画

は完成をみなかったであろう．その活躍に深く感謝したい．

　唯一，惜しまれることは，本書の進行中に編集者の一人，月田承一郎氏が逝去されたこと（2005年12月11日，享年52歳）であり，一同ここに，深い悲しみと共に本書を捧げたい．

　2008年7月

編集代表　村　松　正　實

# 第1版への序

　生物学は20世紀になってその進歩を速めると共に大きく変容した．生化学がまずその端緒を開き，微生物学や遺伝学と結びついて分子生物学が生まれたのがその原因といえよう．

　はじめ一握りの物理学者たちによって企図された"分子のレベルにおける生命の理解"は，間もなく生命に興味をもつすべての分野の科学者にとっての命題となった．そしてなるべく単純な系という発想が大腸菌やそれに寄生するバクテリオファージの研究へと導き，情報高分子の発見や遺伝暗号の解読へとつながった．分子生物学の始まりである．

　人間は常に自分自身を問うている．"ヒトはどこから来てどこへ行こうとするのか"　もっと端的に　"ヒトとは何か"　これに対する自然科学の答えは分子生物学の方法論によってしか得られない，と科学者は感ずるようになった．

　そして，分子生物学のヒトを含む真核生物への応用が始まったのである．爾来，半世紀にも満たないがその成果の大きさは到底ここに述べ尽くすことはできない．

　たとえば，その医学への影響だけをとってみても，この学問の革命的な力が明らかになるであろう．

　一方，顕微鏡の発明から始まったミクロの形態学は細胞の発見から一世紀前に病理学への応用へ広がり，R. Virchow の"細胞病理学"として結実していた．今世紀に入って，電子顕微鏡や組織化学，免疫染色などがつぎつぎと導入され，細胞の超微構造と生化学，分子生物学との融合が可能となった．さらにまた，細胞培養の技術は細胞の増殖・分化などの変化や，行動の変化を試験管の中で調べることを可能にした．これによって生まれた細胞生物学は，やがて分子生物学と結びついて分子細胞生物学とよばれる大きな潮流となった．これは今や生物学の本流となり，発生，形態はもとより，行動，神経機能に至るまでの理解に必要不可欠な学問と見なされるようになっている．DNA配列による分類，進化の見直しが進んでいるが，これもまさに進化生物学に革命を起こしつつあるといって過言ではない．"ヒト"を考えるうえで，今まで得られなかった基本的に重要な情報が蓄積しつつあるのである．

これをいち早く利用したのは医学であった．遺伝子クローニングを用いた研究によってこれまで不明であった病気の原因遺伝子がつぎつぎと単離され，病気のメカニズムが解明されている．これは人類を脅かし続けた がん，脳出血，心筋梗塞，老人性痴呆などの疾患に対する対策の道を拓きつつあるし，より直接的な手段としてすでに遺伝子診断，遺伝子治療などが進展しつつある．近年長足の進歩を遂げた遺伝子移入動物や遺伝子ノックアウト動物の作出も，遺伝子機能の理解を深めるのに不可欠の技術となっている．そのほか，薬学はもちろん，農学，工学領域へのバイオテクノロジーの影響も重大である．分子育種一つをあげても，これは理解されるであろう．折しも米国を中心として発足し，我が国も力を入れているヒトゲノム計画は来世紀初頭の2005～2010年までに，ヒトのゲノムの全塩基配列を解明する予定である．配列がわかるだけではすぐに機能がわかるわけではないし，たとえ全遺伝子の機能がわかったとしても，それらの相互作用による"生命"の解明には，なお長い実験的研究を必要とするであろう．それにしても得られる情報を如何に処理するかがきわめて重要な時代に突入することは間違いない．

　このような時代こそ，そこで用いられる用語の正しい理解が必要である．近年，生物学上の新しい概念が続々と生まれ，それぞれに新しい言葉が創られている．外来語の一部は適切な訳が見つからず，そのまま日本語化してしまったものもある．特定の分野の者にしかわからない略語も多い．しかし，進歩のための対話には，言葉の厳密な定義がなければならない．また，その言葉の意味する歴史的内容も知らねばならない．これらの問題の解決のためには優れた辞書が必要となる．

　以上のような観点からこの辞典は生まれた．現在最もよく使われる分子生物学，細胞生物学あるいはその融合としての分子細胞生物学の術語や概念を網羅して解説したのが本辞典である．編者は新しい言葉をできるだけ取入れること，それぞれの分野の専門家に依頼して，できるだけやさしく，しかも確実に内容を伝えること，および引きやすく見やすい構成とすることに特に留意した．このため編者らは何回も集まって納得の行くまで議論を重ねた．そして今度ようやく完成するに至ったことは編者の一人として誠に嬉しいことである．この辞典が21世紀へ向かって，新しい生物学の発展の基礎として多くの学生，研究

者のみならず，一般の読者の方々のお役に立つならば，編者らの幸いこれに過ぎるものはない．

多忙な第一線の研究に身を置きながら，本辞典の趣旨に賛同し，執筆に尽力された方々は，別に芳名を掲げたように850名の多きにのぼる．また下記の方々には，項目の選定や内容の校閲などで大変お世話になった．

| 井川 洋二 | 和泉 孝志 | 粂 和彦 | 佐藤 公行 |
| 杉山 純多 | 鈴木 義之 | 田村 隆明 | 辻 英夫 |
| 豊島 聡 | 禾 泰寿 | 野本 明男 | 平井 久丸 |
| 藤沢 久雄 | 船引 宏則 | 宮坂 昌之 | 米田 悦啓 |

本辞典は，以上のような多数の専門家の協力があって，はじめて完成した．ここに改めて，お礼を申し上げたい．

最後に，本辞典成立への道を拓き，完成まで絶えず助力を惜しまれなかった東京化学同人の小澤美奈子社長，および辛抱強く編者らを助けて本辞典の刊行に力を尽くされた東京化学同人編集部の方々，特に住田六連，門間桃代両氏に深く感謝したい．

武蔵野の春の息吹を感じる小手指にて
編集代表　村 松 正 實

# 執 筆 者

相原一祐　青木洋謙　安芸茂　浅野皓憲　相浅野博　阿網塚泰　網荒川正　安楽野洋　飯井田恭　五十嵐聡　生田通　池田博　石井聡　石川黒啓一　石丸　磯野克己　一瀬帝治　伊藤幸信　東昌樹　稲垣義夫　井口良子　川本新太郎　今渕雅直　下野　上村庸　内田山口剛吾　遠藤内熊克尉　大熊義稔朝一

相沢慎一類　青木淳類　青山徹博　秋浅野喜治　安達真昭　網野真一　荒笹敏久　飯五十嵐衛宏一　生田日出輔　池石井俊彦　石川文敏俊　石崎理彦　石光俊明　礫辺俊明　市原昭　伊藤維可　伊藤昌明　稲葉隆一郎　井上純英夫　伊庭関英雅男　今本文牧夫　岩島愛吉夫　岩本博夫　上野文隆　牛首宮博良安　内裏出浩志也　江角遠藤斗志也　大海忍明　大熊芳

藍沢広淳紀静　青木赤池良　青審東足立　鮎沢有田和子飯田誠久　五十嵐徹貴明　池上田正　石浦章冬臣巽仁新二　石川田尚明嘉和　石市村川山市伊藤誠司　伊井上上大原重達博　岩岩森野芳一　臼内浦野健友藤一和　大川沢匡範

行賢扶男親久大誠子也久明　一木尚臣巽仁新二明司輔夫夫男夫正健一友藤一和匡範

相磯木石島明　貞俊知誠裕介　東阿部輝一新井賢秀利　有賀純人　飯五十嵐敏雄　池上わたる　石川正英　石橋康正和貞男　石市出利学憲　伊藤稲垣千代子井上圭三夫郎生　今村健太郎　岩崎憲太郎　岩槻邦夫　植村慶一郎　臼井健之　宇野公山修　榎扇屋友田久和之郎　大久保研太郎　大島泰

和介子　饗場青赤浅阿曽沼佳夫　安保徹　新井孝俊之史律雄明治之行滋亨史昭寛生夫修幸和之郎研年照

二弘延史朗郎　雄弘　石川春一　池田和博　石井浩二　和泉孝英宏　島出東信冬行広　稲井上勝之亨　今村崎貞国健夫　宇多小路道真石晶大久保博年照

相浅網安飯井池田原木野楽井田井木安芸泰正洋井恭伊藤井東昌聡博川野川井黒丸野白稲垣昌藤口新渕野村沢内田山熊江田克新庸剛介庭博人

一祐嗣隆晃生文宏光二治通郎聡己帝治信聡夫良子郎人匡子成朗彦義稔一

太田邦史　太田朋子　太田春彦　太田元規　太田安隆男
大鷹英子　大地陸男　大塚栄子　大塚健三　大槻磐司
大坪栄一　大西清方　大野茂樹　大野敏之　大野博靖雄
大野睦人　大野仁嗣　大場義樹　大橋　誠　大野森治紀
大橋陽子　大林徹也　大林真知子　大平敦彦　岡田清孝
大和田幸嗣　岡　芳知　岡崎康司　小笠原一誠　岡野栄之
岡田節人　岡田秀親　岡田益吉　緒方宣邦　岡本　仁
岡部繁男　岡本浩二　岡本康司　岡本治正　岡　本徹哲
岡本　宏　岡山博人　小川誠司　小川ちひろ　小川　徹
小川英行　小川　一誠　小川正晴　小川靖男　荻原　哲
荻原　健　奥田晶彦　奥西理絵　小川靖男　奥野利明也
奥村　康　刑部祐里子　長田裕之　小沢鋏二郎　奥野敬也
小沢瀞司　押味和夫　押村光雄徳　小関治男　小田鈞一郎
織田弘美　落合淳志　落合　武　小女屋敏正　小野克彦
小野哲生　小野江和則　小幡邦彦　小原　収　大日方昂彦
帯刀益夫　小峰光博　折井　正　織原美奈子　折茂　彰昭
折茂　肇　尾張部克志　改河恒春　貝淵弘三　香川弘道生
香川靖雄　笠井献一　上代淑康　葛西　人明　葛西道由人
笠原　忠　笠間健嗣　片桐見允　春日雅彦　片岡喜則
片岡　徹　片桐千明　勝見順行　堅田利明　片平正和雄
片山茂裕　勝木元也　加藤順三　加藤尚彦　加藤幸則
加藤　茂　加藤　淳　金沢　一　金関　惠道　加保安史
加藤　洋　門脇　孝　金ケ崎士朗　金子章道　蒲池雄介
金森　睦　兼板佳孝　加納英雄　鎌田　博　神谷　瞭樹
金久　実　加納和子　上条岳彦　上野川修一樹　亀山正樹
上口裕之　神阪盛一郎　上山合克仁　亀山俊太朗　川合正述史
上領達之　亀下　勇　香合宏舒　河岸郁剛朗平　川喜田正夫
鴨下重彦　香山雪彦　川上正昭　河野洋平章　川村昌理弘
川頭信之　川上敏明　川瀬野富知　菊池敏　北崎繁孝
川島誠一　神田善伸　北川聖政　川村雅諭　北嶋栄久
寒川賢治　北徹一生　北村絹江道成　木下彩栄彦　北京極見明弘
北　潔　北林一潮　木全弘美子　木村文裕　楠見明弘
木谷照夫　吉川弘治　桐生寿美子　木郷裕一郎　久保木芳徳
北村幸彦　木全弘美子　口野嘉幸　工藤勝男　久保木芳徳
木下清一郎　桐生寿美子　窪田直人　熊谷　勝　熊倉鴻之助
清川悦子　口野嘉幸
葛谷信明　久保田俊一郎
久保田　競

ix

一祥夫　田寛常　岩登志夫　木池克郎　古久保哲男　小島俊彦　児玉竜一　小浜裕弘幸　小林英紀　小安重夫　小斎藤成昭　坂泰春　酒井正好　坂倉照博　坂本　佐久間慶子　佐々木裕之　佐竹正延　佐藤英美　佐藤隆一郎　沢田元　宍戸恵美子　篠原彰司　渋谷浩　嶋田淳雄　清水孝夫　十字猛嗣　城宜　菅原健之子　杉本亜砂　鈴木昭憲　鈴木紘崇一之和　鈴木義治　鈴谷尚史　須野進

倉田寛　黒岩常登志　小木池久克郎　古久保哲男　小島俊竜　児玉浜一裕　小林南英　小木安重　小斎藤成　坂　酒井正　坂倉照　坂本　佐久間慶　佐々木裕之　佐竹正　佐藤英　佐藤隆一　沢田　宍戸恵美　篠原　渋谷　嶋田　清水　十字　菅原　杉本　鈴木　鈴木　鈴木　鈴木　鈴木　須谷

苑厚夫　昭黒岩峰　小川良三也　桑野憲　小野嶋徹　小巨瀬勝美周　小西守毅　小林英徹　小駒野　小守寿文　小斎藤雄泉　酒井彦二一郎　阪口雅作　坂本健夫　坂崎山文　佐々木洋　笹月健彦人　佐藤健衛　鮫島正純信　重中義和　柴田洋三郎　島田和之　清水淳　遠野邦二彦　白髭克彦　菅原俊護之　杉山博剛　鈴木祥悟正則年康　鈴木生志　須田尾清

粂栗山欣　黒川清　桑野信彦　河内　小島修宏　五条堀孝　後藤祐信人　小堀正　菰田二一　西郷薫　斎藤寿仁達也　酒井克朗　坂岸良千恵朗　坂匂中敏哉　佐々木宣満　佐藤荘道　佐藤公　佐辺寿宗一雄生典二親　篠崎芝島田清水英和下川昌宏　白川野健太郎　杉田秀夫　杉山達夫　鈴木元秋利悦光誠　鈴木立雄寛　須田諏訪

衛栗原基雄　黒田有希子　小池亮太郎　小島至　小島美保機　後藤秀秀郎　小林俊芳郎　小宮山淳博　権寧　斎藤哲一郎　坂井建雄　榊佳之幸　佐方功亘光　坂本　佐々木正夫　佐藤純彦　実吉峯豊郎　塩見美喜子好彦　四童子馨章夫　志村二三一　白井俊健一弘多之　杉浦昌純克　杉山勉男司央哲　鈴木不二　須田藤

熊栗原量　黒田　小池　小島　小島　後藤　小林　小宮　権　斎藤　坂井　榊　佐方　坂本　佐々木正　佐藤　実吉　塩見　四童子　柴島　清志　白菅　杉浦　杉山　鈴木　鈴木　鈴木　鈴木　鈴木　錫須

熊田貴久徳和司　黒沢良　小池竜　小熊徹康彦　児島将　児玉昌彦　小林一雄三一　木南凌　小山秀機　斉藤隆敦　酒井神洋次　坂田洋一　坂元亨宇　佐々木和夫　佐々木実行　佐藤公衛　佐内豊　塩川光一也　雫石一　篠原邦　渋谷正　島貫瑞信義　清水庄野邦　新冨圭　杉浦隆之嗣　杉本利明宏貴裕　鈴木明　鈴木宏　鈴木貴　錫村明　須藤和夫

田智岡尚和

光雄
山洋右
祖父江憲治
高井新一郎
高木俊夫
高田邦昭
高橋宗春
高橋正身
高山誠司
竹市俊利
竹森富雄
田中亨
田中耕三男
田中信朗
谷村禎一治
田村宏次
近重裕次
塚本喜久雄
土田信夫
釣本敏樹
寺田弘成
東原和一男
豊島久真光
中内啓幸
中世古幸信
中谷敬彦
中野明嘉孝
長浜嘉晃
中村元直之
名内秀雄
新津洋司

関根樹正
脊山一毅
高井公誠
高上比良和
高須太三郎
高橋強志峰
高橋史陽
高山昭
多久和忠臣
多縄高彦
田元一啓之
田中智勉
田辺信克雄
谷田恵子三
土宮丹裕紀
辻崇一
津本忠治文
東岡有史伸郎
富井光良憲
中川竜健俊夫
中西義竜俊子弘
中畑丸映一
中村俊一之啓
難波啓一

関瀬茂樹
瀬山池園多
良比上洋
高須太高
高橋強
高橋山史昭
多久陽
多縄忠
竹元一彦
田中啓二之
田辺智
谷口克雄
土田
丹宮谷成忠
辻本津岡
東栃富谷
井川中長瀬
中西畑丸
中山俊
中生井
難波

関口清俊子
瀬原淳博
曽我部正
田井直美
高島彦
高橋尚子良
高倍鉄也
田口雄二
谷田啓
正道
田中亀代次
田中利忠男
辺雅也
谷卓一
矢洋茂
月田承賀郎
辻本英志平夫
寺内江昭恒
坂田秀一
江知樹
長瀬隆介弘
中西野幸作
中別府雄和
仲村春潤陽
中山一時一彦
鍋島城

司二汪
常関野悍
瀬宗川吉汪吉
反町典子
高井泰
高崎誠太郎
高橋国幸
高原得栄彦
高滝沢温美
竹田代裕
立花一
田中竜義
田中義直
玉置邦
田村守夫
月田早智子
辻筒井研
手塚統真弥
遠部真治
富岡山英真信
中尾嶋西敬良
永渕昭
中村敏義一
鍋島建太郎周

関瀬茂男
美谷剛
仙波波りつ子
空地顕一行
高井俊優
高木志枝
高津聖利
高橋裕樹
高滝口正
武田洋朋子
多田中歩
田中耕太郎
田中信之
谷田時雄
田平知子
田村隆明
千葉智樹
塚本俊彦
辻尚之
土屋尚之
鶴尾田雅春昭
寺遠山千丸
外豊島聡
中尾彰弥
中込博
永津俊治
仲野徹彦
中原一
中村研三輔
中村祐俊二弘
名取義
鳴坂

美介治貫朗直晴裕弘寛之三夫雄守徹司勝泰久明清穣毅夫子士光治紀ヨ美一竜則治保
栄貫太志聡昌元有文利恭典雄 野武幸 野忠 井幸 田亜希将寛元正研野泰雄田
羽田羽沢能野畑花林原田久姫岡野瀬福井木豊井谷 堀越間牧町岡田
西田村瀬田本岡中岡林原田中野岡野瀬福田木二井星間野田
西村丹野尻政明鎮光爾林原速水田昌陽興一人直吉光則太仁三巌平明郎俊
信弘夫行男隆次治清彦憲彦博夫郎進孝博仁道公雅重彦
三島正幹生光徳明本山部室正田輝郎一瀬田ノ木本沢大原坂江善田
西西西野野野橋畠浜羽林原東樋野尾瀬福田藤本藤藤本前前舛松
典誠逞男和民博彦紀夫司英子宏誠逸夫作二雄己隆介郎和英之岡本真
西村村山口島田村毛田部園田崎田向井沢沢永原江増知伸一田島岡寿治田
仁木宏西西野野野羽長服垣林原半樋平平平藤藤藤藤堀堀本本前松
愛久男治澄哲信正仰成啓直一男吉明樹世也信潤幸則一子史之紀武政
階堂沢本地田村原沼部場崎正諭下石本位川橋田巻藤田吉古別所細間崎尾
二西西西禾野野萩蓮服馬林原半東平平広広福福藤藤藤藤古古細本真
人人巧文博則昭也一太志司 襄恵博丸哉雄義裕之寛一直秋宏正友寛良と雄夫
真和育善敏義清禎達祐中賢窪健 慶英智久真林永井田山引所野 さ久陸昭
村尾田村和沢々賀本田田雄井 原田恒井平林福藤藤藤船別星堀端井並影
新西西貫野野芳畑花浜林林原東平平福福藤藤藤藤藤船別星堀堀正町松

松　行　松　　松　宇　松　夫　松　夫
田　道　田　子　見　泰　本　邦　本　俊
松　樹　真　佳　馬　誠　丸　山　三　郎
本　直　鍋　夫　渕　一　　　工　浦　美
三　尚　重　司　一　郎　三　　　謹　樹
浦　行　浩　顕　木　太　水　徹　一　正
三　雄　　　本　一　隆　野　　　三　雄
嶋　達　水　清　　　　　健　三　品　香
　　男　谷　幸　三　三　作　谷　昌　郎
水　芳　本　芳　田　谷　　　芙　重　七
野　一　井　徹　皆　三　三　美　康　夫
　　　　内　　　川　田　谷　子　　　明
道　勝　宮　愛　貞　　　　　　　三　香
原　俊　崎　彦　知　康　南　南　　　敬
宮　隆　　　武　子　博　坂　川　水　治
崎　朗　宮　藤　宮　正　昌　隆　野　雄
　　　　田　彰　沢　昱　之　　　　　卓
宮　三　武　康　恵　則　平　宮　宮　生
田　輪　藤　拡　　　　　　　崎　田　臣
　　　　　　　　宮　宮　宮　　　篤　之
三　誠　室　伏　武　武　地　園　宮　英　夫
村　実　吉　和　目　田　栄　浩　本　　　男
本　子　森　泰　加　英　一　士　富　望　人
　　　　　　　　　　　　　　　士　月　記
森　　　矢　八　森　森　村　村　　　正　之
　　郎　木　木　川　田　上　木　森　芳　寛
森　　　　　　　　耿　　　浩　哲　山　　　生
脇　樹　矢　健　右　勇　　　夫　賢　正　学
和　　　冨　裕　　　作　飯　　　国　　　司
純　元　　　　　　　　森　森　敏　望　博
一　俊　矢　人　八　森　憲　山　　　月　一
　　雄　野　　　杉　田　　　内　山　敬　正
矢　　　敏　矢　悦　嘉　山　昭　口　治　武
野　　　　　原　子　一　内　雄　宣　　　典
　　研　山　一　　　郎　秀　　　秀　八
山　一　下　也　山　夫　山　山　博　幡
内　　　由　　　岸　　　田　口　　　義
俊　山　起　山　秀　山　信　野　横　茂
輝　村　子　形　夫　中　博　　　川　
洋　　　　　哲　　　庸　　　秀　　　忠
山　山　山　史　山　次　山　山　吉　淳
口　本　村　　　田　郎　本　本　田　
　　尚　博　山　陽　　　章　長　敬　李
山　　　　　田　　　　　山　三　蔵　沢
田　正　山　亮　　　山　山　郎　　　鉄
研　芳　井　　　山　本　森
一　崇　邦　山　本　雅　哲　横　吉　和
　　人　人　本　雅　之　雄　山　田　
山　介　　　章　　　弘　　　淳　渡
本　　　吉　　　山　岳　山　和　介　辺
秀　吉　池　山　本　　　余　　　　　
　　川　昌　湯　開　信　郷　横　吉　嘉
油　昌　之　　　泰　広　和　川　田
井　彦　啓　吉　　　　　　　淀　忠
　　　　之　倉　吉　吉　吉　
横　吉　吉　進　田　田　田　吉　吉
田　川　田　　　素　博　森　田　田
　　弘　光　吉　忠　伸　保　静　淳
吉　通　悦　田　綱　明　宏　夫　嘉
川　　　　　伸　　　　　
　　巖　吉　　　渡　渡　渡　渡　渡
吉　　　田　米　辺　辺　辺　辺　辺
田　明　賢　脇　　　　　
輝　郎　光　　　山　素　和　敬　隆
廸　樹　啓　和　田　　　正　久　雄
博　直　之　渡　真　公　渡　三　
賀　烈　司　　　佑　正　辺　渡　渡
　　　　　　渡　　　　　　　辺　辺
輪　渡　米　部　　　　　　　
島　　　若　紀　　　
輝　　　林　久　　　
義　　　圭　子　　　
直　　　和　　　
　　　　部　　　
和　　　　　　　
渡

# 凡　例

1. 見出し語の配列は五十音順とした．長音符号(ー)は無視して配列した．
2. 主見出し語は原則として各学会で用いられている用語(おもなものは下記)に従った．ただし，学会によって異なるもの，慣用と著しく異なるものなどは慣用に従った．

    英和・和英 生化学用語辞典(第2版)　　　　日本生化学会
    文部省　学術用語集　遺伝学編(増訂版)　　日本遺伝学会
    文部省　学術用語集　動物学編(増訂版)　　日本動物学会
    文部省　学術用語集　植物学編(増訂版)　　日本植物学会
    文部省　学術用語集　化　学　編(増訂2版)　日本化学会
    文部科学省　学術用語集　医　学　編　　　日本医学会

3. 見出し語における( )の使用
    a. 見出し語で，難解な漢字，読みがまぎらわしい漢字には( )内に読みを付した．
        例：　**肉芽**(げ)**腫**，**子嚢**(のう)
    b. 見出し語が限定された範囲で用いられている場合には，見出し語の後の( )内にそれを示した．
        例：　**対合**(染色体の)，**内膜**(ミトコンドリアの)
    c. 見出し語のうち，一部分が省略可能な場合，その部分を( )で囲んだ．
        例：　**膜結合**(**型**)**リボソーム**，**悪性**(**形質**)**転換**
4. 化合物名において，異性体を表すD-，L-，$trans$-，$cis$-，$o$-，$m$-，$p$- などの接頭語，結合位置を表す1-，2-，3-，$\alpha$-，$\beta$-，$\gamma$-，$N$-，$O$-，$S$- などは配列上無視した．
5. 略号は，原則として一字ずつ読んで配列した．その際，欧字一字の読みは下記によった．

    a. ローマ字

    | A | エー | B | ビー | C | シー | D | ディー | E | イー | F | エフ |
    |---|---|---|---|---|---|---|---|---|---|---|---|
    | G | ジー | H | エッチ | I | アイ | J | ジェー | K | ケー | L | エル |
    | M | エム | N | エヌ | O | オー | P | ピー | Q | キュー | R | アール |
    | S | エス | T | ティー | U | ユー | V | ブイ | W | ダブリュー | X | エックス |
    | Y | ワイ | Z | ゼット | | | | | | | | |

    b. ギリシア文字

    | $A\alpha$ | アルファ | $B\beta$ | ベータ | $\Gamma\gamma$ | ガンマ | $\Delta\delta$ | デルタ | $E\varepsilon$ | イプシロン |
    |---|---|---|---|---|---|---|---|---|---|
    | $Z\zeta$ | ゼータ | $H\eta$ | イータ | $\Theta\theta$ | シータ | $I\iota$ | イオタ | $K\kappa$ | カッパ |

| $\Lambda\lambda$ ラムダ | $M\mu$ ミュー | $N\nu$ ニュー | $\Xi\xi$ グザイ | $Oo$ オミクロン |
|---|---|---|---|---|
| $\Pi\pi$ パイ | $P\rho$ ロー | $\Sigma\sigma$ シグマ | $T\tau$ タウ | $Y\upsilon$ ウプシロン |
| $\Phi\phi\varphi$ ファイ | $X\chi$ カイ | $\Psi\psi$ プサイ | $\Omega\omega$ オメガ | |

6. 外国語
   a. 見出し語の後の[ ]内の外国語は原則として英語である．
   b. 英語は原則として単数形とし，特に必要な場合 (*pl.*) の後に複数形をあげた．
   c. 同義語の見出し語においては，親項目と外国語が同じ場合，これを省略した．

7. 説明文中の記号
   a. 見出し語が同じで内容が異なる場合，【1】，【2】などを用いて区別した．
   b. 内容を分けて説明する必要のある場合には，[1], [2] などを用いた．
   c. 見出し語だけの項目において，＝は記号の後の語と同義であることを示し，⇌は記号の後の項目中にその説明があることを示す．
   d. 説明文中，術語の右肩につけられた＊は，その語が別項目として収録されており，その項目を参照すると理解の助けになることを示す．
   e. 記述の途中または末尾に (⇌ ○○○) とあるときは，その項目に関連して，特に ○○○ の語も参照することが望ましいことを示す．

8. 略記号
   a. 本文中に頻出する下記のような略号，単位記号は断らずに使用した．

   | | |
   |---|---|
   | DNA | デオキシリボ核酸 |
   | RNA | リボ核酸 |
   | mRNA | メッセンジャーRNA |
   | tRNA | 転移RNA |
   | ATP | アデノシン5′-三リン酸 |
   | cAMP | サイクリックアデノシン3′,5′-一リン酸 |
   | Da | ドルトン |
   | bp | 塩基対 |
   | kb, kbp | キロ塩基，キロ塩基対 |
   | S | スベドベリ単位 |

   その他，アミノ酸の略号（後見返し参照）など．

   b. 一般に，遺伝子の記号は斜体で表し，その産物（タンパク質）は立体で表した．大文字，小文字の使い方は，（同じ遺伝子でも）種により異なることがある．

   例： *abl* 遺伝子　　　　Abl タンパク質
   　　 *ABL* 遺伝子（ヒト）　ABL タンパク質

# ア

**Ii 鎖**［Ii chain］ ＝インバリアント鎖

**IICR**［IICR＝IP$_3$-induced Ca$^{2+}$ release］ IP$_3$誘導Ca$^{2+}$放出の略.（⇌ イノシトール 1,4,5-トリスリン酸受容体）

**IR**［IR＝infrared spectroscopy］ ＝赤外分光法

**IRES**［IRES］ ⇌ IRES（アイレス）

**Ir 遺伝子**［Ir gene］ ＝免疫応答遺伝子

**IRS**［IRS＝insulin receptor substrate］ インスリン*のシグナル伝達*の第一歩は，インスリン受容体*βサブユニットのチロシンキナーゼ*の活性化による細胞内基質のチロシンリン酸化に始まる．インスリン受容体がリン酸化する基質としてはIRS-1，2，3（ヒトではIRS-3L），4やShc，Gab-1などがある．IRS-1は，インスリン依存的にインスリン受容体βサブユニットにより直接チロシンリン酸化される分子量185,000の細胞内タンパク質として見いだされた．その後，IRS-1はインスリンのおもな標的臓器である筋肉，肝および脂肪組織のみならず全身の組織に広く分布しており，糖・脂質代謝や細胞の増殖・分化に深くかかわっていることが明らかにされた．さらに，IRS-1欠損マウスの解析によりIRS-1の機能を代償する分子量190,000のタンパク質（IRS-2）の存在も明らかにされている．IRS-1は，N末端側からPH領域（⇌ PHドメイン），インスリン受容体との結合部位であるPTB（リン酸化チロシン結合）領域とさらにC末端側にSH2タンパク質を結合する特定のモチーフ中のチロシンを多数含むSH2タンパク質結合領域に分けられる．SH2結合領域にはホスファチジルイノシトール（PI）3-キナーゼと結合する Tyr-X-X-Met中のチロシンが9箇所，Grb2/Ash*を結合するチロシンが1箇所，Syp/SHPTP2（チロシンホスファターゼ）を結合するチロシンが2箇所存在している．IRS-2はIRS-1とアミノ酸レベルでの相同性が高く，PH領域で69％，PTB領域で75％である．また，SH2タンパク質の結合モチーフもPI3-キナーゼが9箇所，Grb2/Ashが1箇所，Syp/SHPTP2が2箇所もっている点も共通している．もともと，IRS-1はインスリン受容体あるいはインスリン様増殖因子I受容体の特異的な基質として考えられていたが，成長ホルモン受容体*や，IL-4，IL-9，IL-13，TNF-αなどのサイトカイン受容体に共役するチロシンキナーゼ（おもにJAK*）やアンギオテンシンII受容体などがGタンパク質を介して活性化するチロシンキナーゼによりチロシンリン酸化されることも示唆され，新たな役割が解明されつつある．IRS-1またはIRS-3のノックアウトマウス由来の褐色前脂肪細胞は脂肪細胞への分化が起こらないが，IRS-2とIRS-4のノックアウトマウス由来の前脂肪細胞は成熟脂肪細胞へ正常に分化する．IRS-1の欠損マウスは高インスリン血症を示す．肝臓ではインスリン受容体にインスリンが結合するとIRS-2が刺激され，PI3-キナーゼの活性化が起こりGLUT 4が膜面に移動し，グルコースを細胞内へ運ぶ．

**IRA タンパク質**［IRA protein］ Saccharomyces 酵母の Ras タンパク質活性を負に制御するタンパク質．IRA は inhibitory regulator of Ras の略称．IRA タンパク質には IRA1 と IRA2 があり，互いに相同性を示す．IRA2 は GTP アーゼ活性化タンパク質*（GAP）活性がある．IRA1/2，動物細胞の GAP および神経線維腫症1型*（NF1）タンパク質は GAP ファミリーを構成する．三量体Gタンパク質が IRA1/2 タンパク質レベルを調節し，それを介して Ras 活性が調節される．（⇌ Ras）

**IRF**［IRF＝interferon regulatory factor］ ＝インターフェロン制御因子

**IEL**［IEL＝intestinal intraepithelial T cells］ 腸管上皮細胞間T細胞の略称．（⇌ クリプトパッチ）

**IEG**［IEG＝immediate early gene］ ＝前初期遺伝子

**IAA**［IAA＝indole-3-acetic acid］ ＝インドール-3-酢酸

**IS**［IS＝insertion sequence］ ＝挿入配列

**ISRE**［ISRE＝interferon stimulated response element］ ＝インターフェロン応答配列

**iSNP**［iSNP＝intron SNP］ ⇌ 一塩基多型

**I-Smad** ⇌ Smad

**ISGF3**［ISGF3］ interferon stimulated gene factor 3．インターフェロンα/β刺激によって誘導される転写活性化因子．マウス初代胚性線維芽細胞ではインターフェロンγによっても活性化されるという報告がある．インターフェロンα/β受容体からJAKキナーゼJAK1，Tyk2を介してチロシンリン酸化された転写因子STAT1，STAT2がIRFファミリーの転写因子ISGF3γ（p48，IRF9）と結合しISGF3とよばれる転写因子を形成する（⇌ インターフェロン制御因子）．ISGF3は多くのインターフェロン誘導遺伝子群の転写調節領域にあるインターフェロン応答配列*（ISRE）に結合し，その転写を活性化すると考えられている．転写コアクチベーターであるp300/CPBがSTAT2と結合し，転写活性化に働く（⇌ CPB）．

**ISWI 複合体**［ISWI complex］ ⇌ クロマチンリモデリング複合体［2］

**IHF**［IHF＝integrative host factor］ 組込み宿主因子の略称．（⇌ インテグラーゼ）

**iNOS**［iNOS］ ⇌ 誘導型NOシンターゼ

**iNKT 細胞**［iNKT cell＝invariant NKT cell］ インバリアントNKT細胞の略称．（⇌ ナチュラルキラーT細胞）

**Ink4a** ＝p16

***int-1*遺伝子** ⇒ *int-1*(イントワン)遺伝子
**Intタンパク質** [Int protein] ＝λインテグラーゼ
***int-2*遺伝子** ⇒ *int-2*(イントツー)遺伝子
**IAP** [IAP＝islet-activating protein] インスリン分泌活性化タンパク質の略. (⇒百日咳毒素)
**IF** [IF＝initiation factor] ＝開始因子
**IF-1, IF-2, IF-3** ⇒開始因子
**IFN** [IFN＝interferon] ＝インターフェロン
**IFN-α** [IFN-α＝interferon α] ＝インターフェロンα
**IFN-β** [IFN-β＝interferon β] ＝インターフェロンβ
**IFN-γ** [IFN-γ＝interferon γ] ＝インターフェロンγ
**Imp** [Imp＝importin] ＝インポーチン
**IMPデヒドロゲナーゼ** [IMP dehydrogenase] ⇒ミコフェノール酸
**IL** [IL＝interleukin] ＝インターロイキン
**IL-1～IL-12** [IL-1～IL-12＝interleukin 1～12] ⇒インターロイキン1～12
**IL-R** [IL-R＝interleukin receptor] ＝インターロイキン受容体
**アイオドプシン** ＝イオドプシン
**IκB** [IκB] ⇒NF-κB
**ICAM-1** ＝細胞間接着分子1
**ICAM-2** ＝細胞間接着分子2
**ICAM-5** 細胞間接着分子5の略称. (⇒テレンセファリン)
**ICAD** [ICAD＝inhibitor of CAD] DFF45ともいう. (⇒CAD)
**IK** [IK＝Ikaros] ＝Ikaros(イカロス)
**Ikaors** ⇒Ikaros(イカロス)
**I細胞病** [I-cell disease] 封入体細胞病(inclusion-cell disease), ムコリピドーシスⅡ(mucolipidosis Ⅱ)ともいう. リソソーム酵素分子の翻訳後, *N*-アセチルグルコサミン-1-ホスホトランスフェラーゼにより糖鎖内マンノース分子が修飾され, マンノース6-リン酸が形成される. これが特異的受容体に認識され酵素分子がリソソームに輸送される. I細胞病はこの酵素の遺伝性欠損により, 多くのリソソーム酵素が正常に輸送されず, 過剰に細胞外に分泌される常染色体劣性遺伝病である. 特に繊維芽細胞中には著しい酵素活性低下がある. 他の固形臓器ではβ-ガラクトシダーゼのみ活性低下をみることが多い. 臨床的にはムコ多糖症*類似の骨関節, 顔貌, 皮膚などの進行性の変化を示し, 脳障害も強い. ムコ多糖の蓄積はないがその類縁疾患という意味で, ムコリピドーシス(mucolipidosis, ムコリピド蓄積症ともいう)と分類されたことがある. その軽症型は偽ハーラー多発性ジストロフィー(pseudo Hurler polydystrophy)とよばれる. 現在もそれぞれムコリピドーシスⅡ, ムコリピドーシスⅢという病名が使われることもある. ムコリピドーシスⅡとⅢA(偽ハーラー多発性ジストロフィー)の両方が*N*-アセチルグルコサミン-1-ホスホトランスフェラーゼα/βサブユニット前駆体遺伝子*GNPTAB*の変異により起こることが示されている. α/β両サブユニットはそれぞれ1個の膜貫通ドメインをもち, Lys 928-Asp 929の間のペプチド結合が切断されて生成すると考えられている. (⇒リソソーム病)

**IC** [IC＝imprinting center] ＝刷込みセンター
**Ig** [Ig＝immunoglobulin] ＝免疫グロブリン
**Igα・Igβ** [Igα・Igβ] CD79a・CD79b, *mb-1*・*B29*ともいう. IgαおよびIgβはそれぞれ32～33 kDa, 37～39 kDaの膜貫通型糖タンパク質であり, 互いがジスルフィド結合*によってIgα/Igβヘテロダイマーを形成し, 膜型免疫グロブリン(B細胞受容体*, BCR)と非共有結合をすることにより, B細胞*表面上でBCR複合体を形成している. また, Igα・Igβはいずれもその細胞内領域に, ITAM(immunoreceptor tyrosine-based activation motif)とよばれる特別なアミノ酸配列から成るモチーフがあり, ITAM内のチロシンリン酸化はBCRならびにプレBCRからのシグナル伝達やB細胞分化に重要な役割を担っている. 無γグロブリン血症*の原因遺伝子の一つにIgα遺伝子の変異が報告されている. Igα・IgβはB細胞特異的に発現しており, その分化段階初期の最も幼若なプロB細胞からその発現が認められ, B細胞マーカーとして用いられている. 分泌型免疫グロブリン(抗体)を産生する形質(抗体産生)細胞では, その発現が消失する.
**ICE** [ICE＝interleukin-1β converting enzyme] インターロイキン1β変換酵素の略. (⇒ICEファミリープロテアーゼ)
**IgE** [IgE] 免疫グロブリンE(immunoglobulin E)の略. 免疫グロブリンクラスの一つ. 2本のH$_\varepsilon$鎖と2本のL鎖とから成り, 分子量19万の糖鎖(10～12%)を含むタンパク質. ヒト血清中濃度は0.2 μg/mL以下でアレルギー, 寄生虫感染患者で高値を示す. 抗体活性をもちレアギン*ともいう. H$_\varepsilon$鎖のC末端側のドメイン($C_H3$-$C_H4$)で, 好塩基球*, マスト細胞および好酸球上の受容体Fcε受容体と結合して細胞を感作し, 抗原(アレルゲン*)の結合・刺激により脱顆粒を生じ, ヒスタミン, セロトニン, プロテアーゼ, ロイコトリエン, サイトカイン, ケモカインなどさまざまな生理活性物質を遊離し, I型アレルギー反応を惹起する. IgEの産生にはインターロイキン4*が関与している.

**ICEファミリープロテアーゼ** [ICE family protease] ICE(インターロイキン1β変換酵素 interleukin-1β converting enzyme)はインターロイキン1β(IL-1β)の前駆体を切断して成熟型に変換するプロテアーゼ*として見いだされていた酵素であるが, その後, 線虫(*C. elegans*)で細胞死の実行に必須の遺伝子として同定されていた*ced-3*遺伝子*のヒト相同物であり, 細胞に強制発現させるとアポトーシス*を誘導することが明らかとなった. その後, 哺乳類ではICEの相同物が10種類あまり存在し(線虫では*ced-3*は1種類), ファミリーを形成していることが明らかとな

り，このファミリーに属するプロテアーゼの活性化がアポトーシスの実行に必須であることが明らかとなった．(→カスパーゼ)

**IgA** [IgA] 免疫グロブリンA(immunoglobulin A)の略称．免疫グロブリンクラスの一つ．2本の$H_α$鎖と2本のL鎖から成り，8～10％の糖鎖を含むタンパク質で，A1, A2サブクラスがある．ヒト血清中の濃度は2～3 mg/mLで初乳，唾液，消化管などの粘膜外分泌液中には分泌型IgA(secretory IgA, s-IgA)が存在する．血清中IgAは分子量16万の単量体と，J鎖および分泌成分(secretory component, SC)を結合した多量体がある．局所における生体防御の役目をもち，補体*成分の第二経路を活性化する．

**ICAM-1** [ICAM-1 = intercellular adhesion molecule-1] =細胞間接着分子1

**ICAM-2** [ICAM-2 = intercellular adhesion molecule-2] =細胞間接着分子2

**ICAM-5** [ICAM-5 = intercellular adhesion molecule-5] 細胞間接着分子5の略称．(→テレンセファリン)

**ICAD** [ICAD] ⇀ CAD(キャド)

**IGSF4** [IGSF4] = CADM1(シーエーディーエムワン)

**IGF** [IGF = insulin-like growth factor] =インスリン様増殖因子

**IGF結合タンパク質** [IGF binding protein] =インスリン様増殖因子結合タンパク質

**IGF受容体** [IGF receptor] =インスリン様増殖因子受容体

**IGFBP** [IGFBP = insulin-like growth factor-binding protein] =インスリン様増殖因子結合タンパク質

**ICM** [ICM = inner cell mass] =内部細胞塊

**IgM** [IgM] 免疫グロブリンM(immunoglobulin M)の略称．免疫グロブリンクラスの一つ．$H_μ$鎖2本と，L鎖2本とから成る基本構造($IgM_s$)の五量体で，分子量90万．$γ_1$マクログロブリン($γ_1$ macroglobulin)ともいう．$H_μ$鎖は$H_γ$鎖よりも大きく$C_μ$4ドメインが加わり，この部位がJ鎖と結合して五量体分子を形成している．Bリンパ球膜上には単量体$IgM_s$があって，抗原特異的受容体としての機能をもつ．IgMは補体成分を結合・活性化し，また細胞膜上の受容体Fcμ受容体と結合してエフェクター機能を発揮する．一次免疫応答*で最初に産生される抗体として知られている．

**IgG** [IgG] 免疫グロブリンG(immunoglobulin G)の略称．免疫グロブリンのクラスの一つ．IgG分子は$H_γ$鎖2本とL鎖2本の4本のポリペプチド鎖から成り，分子量15万，1～3％の糖鎖を含むタンパク質である．血清中濃度が最も高く(8～15 mg/mL)，沈降定数6～7 S，等電点6～7をもち，わずかに構造の異なる分子の集団である．$H_γ$鎖には4種類のサブクラス，$γ_1, γ_2, γ_3, γ_4$があり，エフェクター機能に違いがある．補体結合能はIgG1, G3が強いが，G2は弱く，G4にはない．細胞膜上の受容体Fcγ受容体と結合し細胞機能を調節している．

**Ig受容体** [Ig receptor] = Fc受容体

**IgD** [IgD] 免疫グロブリンD(immunoglobulin D)の略称．免疫グロブリンクラスの一つ．2本の$H_δ$鎖と2本のL鎖とから成る，分子量17万～19万，15％の糖鎖を含むタンパク質．ヒト血清中濃度は20～40 μg/mLと低く，加熱，酵素分解などに対して不安定な分子である．B細胞分化の過程で膜結合型IgMについで発現される膜結合性IgDとして重要な役割をもち，核酸や細菌毒素などに対する抗体活性が示されている．

**ICP発光分光分析** [ICP atomic emission spectrometry] ICP は inductively coupled plasma の略．アルゴンに高周波をかけ放電させることで形成したプラズマ(ICP)中に霧状の溶液試料を導入し，試料を構成する元素をイオン化発光させ，その波長と強度から元素の定性・定量分析を行う方法．原子吸光分析では測定が困難な，硫黄，リンや希土類元素の分析が可能である．また，原子吸光分析*と異なり，多元素同時分析が可能であり，化学干渉がほとんど起こらない反面，発光線の波長の重なり(スペクトル干渉)に注意する必要がある．

**I-Smad** [I-Smad = inhibitory Smad] 抑制型Smadの略．(→Smad)

**I線毛** [I pilus] ⇌ 性線毛

**アイソアクセプター tRNA** [isoacceptor-tRNA] ⇌ 転移RNA

**アイソザイム** [isozyme] イソ酵素(isoenzyme)ともいう．同一個体中に同一化学反応を触媒する酵素*が複数存在する時，それらを，当該酵素のアイソザイムと定義する．たとえば，動物の乳酸デヒドロゲナーゼ(lactate dehydrogenase)は2種類のサブユニット(M型，H型)から成る四量体酵素であるため，$M_4$, $M_3H$, $M_2H_2$, $MH_3$, $H_4$の組成をもつ5種類のアイソザイムが生成する．これらの量比は組織によって異なり，骨格筋では$M_4$, 心筋では$H_4$がそれぞれ大部分を占める．一般に，アイソザイムは基質との反応性，生産物阻害やアロステリックエフェクター*の作用に対する感受性などの点で相互に異なり，細胞や組織ごとに異なる生理的条件に基づく代謝上および代謝調節上の要求を満たすことができるように，その量比が調節されている．電気泳動法や免疫学的手法によるアイソザイムの相互識別と定量の方法が開発された結果，がんその他の疾患に伴ってアイソザイムの量比が変化する例が多数知られるようになり，臨床検査にも利用されている．(→多型)

**アイソシゾマー** [isoschizomer] イソ制限酵素，イソシゾマーともいう．異なる細菌から単離された制限酵素*でありながら，その認識配列が互いに一致しているものをいう．アイソシゾマーであってもその認識配列内での切断部位が異なるものも存在し(たとえば，制限酵素*Xma*Iと*Sma*I)，それらは特にネオシゾマー(neoschizomer)とよばれる．また，認識配列のメチル化が切断反応に及ぼす影響もアイソシゾマー間で異なる場合があるので(たとえば，制限酵素*Sau*3AI

4 アイソタイ

と *Mbo*I),使用の際には注意する必要がある.

**アイソタイプ** [isotype] イソタイプともいう.免疫グロブリン分子の定常領域中に存在する異種動物にとって抗体産生刺激源となる抗原決定基*.アロタイプ*が同種系個体間の抗原性の差を示すのに対し,アイソタイプは異種間での差を示し,同種内では共通である.免疫グロブリンクラス(immunoglobulin class)はアイソタイプにより区別される.IgM, IgG, IgA, IgE, IgD の五つのクラスがあり,これらのアイソタイプは免疫グロブリン C 遺伝子*にコードされている.

**アイソタイプスイッチ** [isotype switching] =クラススイッチ

**アイソトープ** =同位体

**I 帯** [I band] 骨格筋の筋原繊維の構造単位サルコメア*はZ線*で仕切られ,A帯*とその両側のI帯から成る.光学顕微鏡下では密度の低いI帯が透明に見える(⇒筋原繊維[図]).I帯は isotropic(等方性)の略称である.偏光顕微鏡で見ると明暗が逆転してI帯は暗く見える.I帯は主として細いフィラメント*とコネクチン*(タイチン)の弾性フィラメントからできている.(⇒ミクロフィラメント)

**Id**[1] [Id=idiotype] =イディオタイプ

**Id**[2] [Id] inhibitor of DNA binding に由来する.ヘリックス・ループ・ヘリックス*(HLH)構造をもつタンパク質で,筋原細胞の筋細胞への分化誘導に関与する bHLH 転写因子に結合して,その DNA 結合を阻害する分化抑制因子として発見された(図参照).筋原

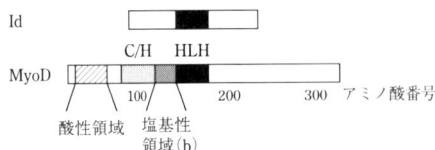

HLH:ヘリックス・ループ・ヘリックス
C/H:システイン,ヒスチジンに富む領域

細胞の分化誘導とともに筋クレアチンキナーゼ*などの筋特異的遺伝子のプロモーターに存在するEボックスモチーフ CANNTG に,組織特異的 MyoD* 型 bHLH 転写因子が一般的な E 型 bHLH 転写因子(E12, E47 など)とヘテロ二量体を形成して働き転写を開始する.未分化の筋原細胞,骨髄芽細胞,胎児性がん細胞ではId は高レベルに発現し,主として E 型 bHLH 転写因子と結合してその MyoD 型転写因子とのヘテロ二量体形成を阻害するドミナントネガティブな拮抗因子として作用する.Id はまたその HLH 領域で低リン酸化型の網膜芽腫遺伝子産物 pRB と結合し,pRB の E2F 転写因子やサイクリン D との結合を間接的に抑制し,pRB による細胞増殖の負の調節を抑制している(⇒RB遺伝子).分化誘導の刺激により,Id は急速に発現レベルを減少する.ヒトおよびマウスでは4種のId 遺伝子が単離されている.*Id-1*, *Id-2* は細胞周期の $G_1$ 初期および後期に二相性に発現が促進され,その発現は $G_1$/S 期移行に必須である.*Id-3* は $G_1$ 初期に発現誘導される.*Id-4* は *BRCA1* の発現を制御する.

**IDL** [IDL=intermediate density lipoprotein] 中間密度リポタンパク質の略号.(⇒リポタンパク質)

**ITC** [ITC=isothermal titration calorimetry] =等温滴定型熱量計

**ID 配列** [ID sequence] =アイデンティファイアー配列

**ITP** [ITP=idiopathic thrombocytopenic purpura] =特発性血小板減少性紫斑病

**アイデンティファイアー配列** [identifier sequence] ID 配列(ID sequence)ともいう.げっ歯類のゲノムに存在する約 80 塩基の繰返し配列.おもにイントロン中にあり,転写されるが成熟 RNA に含まれることはまれ.発見当初は脳特異的な転写を規定する働きをもつと期待されたが,今のところ機能は不明である.神経特異的な BC-1 とよばれる短い RNA がこの配列をもつことが知られている.この配列の繰返しはげっ歯類にのみ観察されることから,進化を考えるうえでも注目されている.

**iNOS** [iNOS=inducible NO synthase] =誘導型 NOシンターゼ

**IP** [IP=immunoprecipitation] =免疫沈降反応

**iPS 細胞** [iPS cell] iPS は induced pluripotent stem の略.誘導多能性幹細胞,人工多能性幹細胞,人工万能細胞ともいう.体細胞に由来する初代培養細胞にレトロウイルスを運び屋として複数の既知遺伝子を同時に導入することにより人工的につくり出された多能性幹細胞*(⇒レトロウイルスベクター).導入遺伝子の一過的な高発現により再プログラム化*の引き金が引かれ,体細胞が多能性幹細胞化すると考えられているが,その分子機構はよくわかっていない.iPS細胞の誘導因子として 4 因子(*Oct4*, *Sox2*, *Klf4*, *c-Myc*)の組合わせが報告されているが,他因子の組合わせによる多能性誘導も検討されている.皮膚,胃,肝臓,脾臓,膵臓などに由来する初代培養細胞から iPS 細胞樹立の報告がある.より安全な iPS 細胞作出へ,がん遺伝子である *c-Myc* を除いた 3 因子による作出や,再プログラム化されやすい神経幹細胞からの 2 因子による作出が報告されている.2 および 3 因子による iPS 細胞の出現効率の低さを克服するために添加される合成低分子化合物も発見され,作製法の改良・開発が進んでいる.理想的には,遺伝子導入によらない iPS 細胞作製法の開発が望まれている.iPS 細胞は胚性幹細胞*(ES細胞)と姿形も性質も酷似しており,特殊な培養条件下ではその性質を維持したまま無限に自己複製できる.マウス iPS 細胞は,正常初期胚への移植によりキメラマウスを形成し,生殖細胞を含む個体を形成する 200 種類以上の細胞に分化することから,その多分化能(万能性)が証明されている.ヒト iPS 細胞は,供与細胞と同一の遺伝情報をもち,分化誘導された細胞は移植の際に免疫拒絶反応をひき起こすことなく体細胞供与者に生着することから,再生医療*への応用が期待されている.また,患者からの iPS 細胞は病

因の解明や治療法の開発に，個人 iPS 細胞はテーラーメイド創薬や毒性試験などへの応用が期待される．

**IPSP** [IPSP＝inhibitory postsynaptic potential] ＝抑制性シナプス後電位

**IPCR** [IPCR＝inverted PCR] ＝逆 PCR

**IP$_3$** [IP$_3$＝inositol 1,4,5-trisphosphate] ＝イノシトール 1,4,5-トリスリン酸

**IP$_3$ 受容体** [IP$_3$ receptor] ＝イノシトール 1,4,5-トリスリン酸受容体

**IP$_3$ 誘導 Ca$^{2+}$ 放出** [IP$_3$-induced Ca$^{2+}$ release] IICR と略す．(⇒ イノシトール 1,4,5-トリスリン酸受容体)

**I(1,4)P$_2$** [I(1,4)P$_2$＝inositol 1,4-bisphosphate] ＝イノシトール 1,4-ビスリン酸

**IPTG** [IPTG＝isopropyl 1-thio-$\beta$-D-galactoside] ＝イソプロピル 1-チオ-$\beta$-D-ガラクトシド

**IVEM** [IVEM＝intermediate-voltage electron microscope] 中間電位電子顕微鏡の略号．(⇒ 高圧電子顕微鏡)

**I フィラメント** [I filament] ＝細いフィラメント

**アイフォーム** [eye form] ＝複製泡

**IRA タンパク質** ⇒ IRA(アイアールエー)タンパク質

**IRES**(アイレス) [IRES] リボソーム内部進入部位(internal ribosomal entry site)の略称．mRNA の中に存在する配列の一種．40S リボソームに認識されて結合し，この下流のタンパク質の翻訳を促す．ウイルス mRNA などはキャップ構造* をもたず，この配列を利用してホストにタンパク質合成をさせる．発現ベクターにこの配列を導入することで，1 種類の mRNA から 2 種類のタンパク質を合成させることが可能である．

**アウイェスキー病ウイルス** [Aujesky's disease virus] ＝仮性狂犬病ウイルス

**亜鉛結合タンパク質** [zinc-binding protein] 金属タンパク質* のうち亜鉛を含むタンパク質の総称．亜鉛結合タンパク質は，1) ジンクフィンガー* タンパク質，2) 亜鉛酵素*，3) メタロチオネイン*，4) その他(メタロチオネインとは異なる亜鉛結合タンパク質など)に大別される．

**亜鉛酵素** [zinc enzyme, zinc-containing enzyme] 活性中心に亜鉛を配位する金属酵素*．亜鉛は 3 分子のアミノ酸残基(主としてヒスチジン残基)と 1 分子の水に配位する．この亜鉛をキレート剤で取除くと酵素活性は消失する．亜鉛や金属が 1 分子に複数個含まれるものでは，触媒活性に関与するのは 1 個の Zn$^{2+}$で，他の金属は酵素タンパク質の安定化や活性の調節に寄与したりあるいは機能の明瞭でないものもある．金属酵素の中では最も普遍的な酵素で，酵素の分類上の 6 種類すべてのクラスに存在が確かめられている．

**アオカビ** ＝ペニシリウム

**アカパンカビ** [*Neurospora*] ニューロスポラともいう．子嚢菌門，フンタマカビ目(Sordariales)に属する(⇒ 子嚢菌類)．交配型は A, a で，生理的ヘテロタリズムを示す．通常の核，ミトコンドリア，小胞体をもつ．細胞膜は単位膜より成り，細胞壁はペプチドと多糖より成るキチンとポリガラクトサミンより構成されている．減数分裂の直前を除いて単相 $n$ で，染色体数は $n=7$ である．菌糸の先端からの出芽で分生子が生じ，1～5 核を含む．窒素源の枯渇した培地上で，A, a ともに原子嚢殻(protoperithecium)を形成し，異なる性の分生子または菌糸で受精する．子嚢* の中で 2 核は癒合後減数分裂を行い，八つの子嚢胞子を生じる．四分子分析* が可能である．600 を超える変異株がとられ，それらは七つの連鎖群にマップされている．ゲノム DNA が解読されており，DNA 量は $n=4 \times 10^7$ bp で約 10,000 個のタンパク質がコードされている．代表的な種に *Neurospora crassa*, *Neurospora sitophila* などがあり，遺伝学的実験材料に用いられる．*N. sitophila* をアカパンカビ(red bread mould)とよぶこともある．(⇒ 菌類)

**アガマス遺伝子** [*AGAMOUS* gene] シロイヌナズナ* の花系ホメオティック遺伝子* の一つで，雄しべ(stamen)と心皮(carpel)の形成を決定する機能をもつ．花器官形成の機構を説明する ABC モデル* の C 遺伝子に相当する．アガマスタンパク質は約 60 個のアミノ酸残基から成る DNA 結合モチーフ，MADS ボックス* を含んでおり，転写調節因子として働くと考えられている．

**アガラン** [agaran] ＝アガロース

**アガロース** [agarose] アガラン(agaran)ともいう．寒天* の一成分で $\{$D-ガラクトシル$(\beta 1 \rightarrow 4)$ 3,6-アンヒドロ-L-ガラクトシル$(\alpha 1 \rightarrow 3)\}_n$ の構造をもつ．ゲル化すると網目構造をもつため，DNA(約 200 塩基以上)や RNA の電気泳動* の支持体として利用される．タンパク質の免疫電気泳動，オクタロニー法* などにも用いられる．ゲル沪過* カラム(セファロース，バイオゲルなど)やアフィニティークロマトグラフィー* の担体としても汎用される．

**アキシン** [Axin] 体軸形成異常などをきたす変異マウス *Fused* の原因遺伝子として同定されたアキシンは，Wnt シグナル伝達経路の負の制御因子として機能する．アキシンには複数の Wnt シグナル伝達経路構成タンパク質が結合する．すなわち，がん抑制遺伝子産物 APC (adenomatous polyposis coli) はアキシンの N 末端側に，タンパク質リン酸化酵素 GSK-3$\beta$ (glycogen synthase kinase-3$\beta$) と $\beta$ カテニン* は中央部に，Dishevelled* は C 末端側に結合する．このアキシン複合体中で GSK-3$\beta$ が $\beta$ カテニンを効率よくリン酸化して，リン酸化された $\beta$ カテニンはユビキチン化を受け，プロテアソーム* で ATP 依存性に分解される(⇒ カテニン)．これら一連のリン酸化やユビキチン化反応はアキシン複合体中で巧妙に調節され，$\beta$ カテニンの細胞質内レベルが制御される．アキシンは $\beta$ カテニン分解の足場タンパク質であり，その変異により $\beta$ カテニンが異常蓄積するヒトがん症例が報告されている．一方，アキシン自身もタンパク質分解を受けて，Wnt シグナル伝達経路の制御に関与して

いるが，その分子機構は不明である．また，アキシンは p53 や JNK* にも結合することから，他のシグナル伝達経路を制御する可能性がある．

**アクアポリン** [aquaporin] ＝水チャネル．AQP と略す．

**悪液質** [cachexia] 重症の慢性感染症，心不全，悪性腫瘍でみられる全身の極度の消耗状態．ギリシャ語の kakos (悪い) hexis (身体状態) に由来する．全身のやせ，衰弱，貧血および食欲低下を特徴とする．単なる栄養摂取の不足ではなく，タンパク質，糖，脂質の代謝異常を伴う．古くはトキソホルモン* が原因物質として提唱されたが，近年では腫瘍壊死因子*，インターロイキン 1*，インターロイキン 6* などのサイトカイン* の関与が考えられている．

**悪(性)(形質)転換** [malignant transformation, neoplastic transformation] 悪性化 (malignant conversion)，がん化，腫瘍化 (tumorigenic transformation) ともいう．培養されている動物細胞の表現形質ががん細胞あるいはそれに類似した細胞に変わることをトランスフォーメーション* (形質転換) という．その時，細胞ががん化していることを動物に移植して確認した場合，特に悪性形質転換という．形態学上の変化にとどまる場合は形態学的形質転換 (morphological transformation) とよぶ．がんウイルス，発がん物質，放射線処理，あるいはがん遺伝子導入によって誘導できる．(→発がん)

**悪性高熱症** [malignant hyperthermia] 吸入麻酔薬が原因で発熱する病態．約 2 万件の全身麻酔に 1 例ほどの頻度で生じる．放置すれば，体温が 40℃ 以上に上昇し死に至る．典型的症例は家族性にみられ，骨格筋小胞体の $Ca^{2+}$ 放出チャネルすなわちリアノジンタイプ I 受容体の $Ca^{2+}$ 感受性が亢進しており，これが麻酔薬でさらに亢進すると自発的な $Ca^{2+}$ 放出と筋収縮が起こり発熱する．同様の病態がブタに存在し，リアノジンタイプ I 受容体遺伝子の点突然変異が明らかにされている．

**悪性黒色腫** [malignant melanoma] ＝黒色腫

**悪性腫瘍** [malignant tumor] ＝がん

**悪性新生物** [malignant neoplasm] ＝がん

**悪性貧血** [pernicious anemia] アジソン・ビールメル貧血 (Addison-Biermer anemia)，アジソン貧血 (Addison anemia) ともいう．おもに胃粘膜の萎縮と壁細胞の著減により胃内因子が欠乏し，その結果ビタミン $B_{12}$* の吸収障害が生じるために発症する巨赤芽球性貧血 (megaloblastic anemia)．$B_{12}$ は十二指腸で内因子と結合し回腸で吸収されるが，$B_{12}$ 欠乏症にはさまざまな成因がある．悪性貧血の場合は，いわゆる成人型では患者血中に胃壁細胞や内因子に対する自己抗体* が検出され，自己免疫機序が想定されている．他の自己免疫疾患* の合併頻度も高い．その他，先天的な内因子の分泌障害や不活性型内因子が分泌される場合 (異常凡因子症) があり，これらは若年で発症する．$B_{12}$ 欠乏により DNA の *de novo* 合成が障害され，再利用経路* の合成が亢進する．DNA 合成障害による核の成熟障害が巨赤芽球性変化をきたす．骨髄における無効造血により汎血球減少 (大球性貧血と白血球，血小板の減少) と血清 LDH 値の上昇が認められる．その他，消化器症状 (萎縮性胃炎，ハンター舌炎) や知覚異常，歩行障害などの神経症状 (亜急性連合脊髄変性症，末梢神経障害)，若年での白髪化がみられる．

**悪性リンパ腫** [malignant lymphoma] 単にリンパ腫 (lymphoma) ともいう．リンパ球様細胞から成る肉腫．ホジキン病* と，非ホジキンリンパ腫* がある．後者は，泸胞性と瀰漫性とに分ける．

**アクセル** AXEL, Richard 米国の分子生物学者．1946.7.2〜 ニューヨーク生まれ．1967 年コロンビア大学卒業，1971 年ジョンズ・ホプキンズ大学で医学博士号を取得．匂いの受容体および嗅覚システムの組織化の発見により L. B. Buck* とともに 2004 年のノーベル医学生理学賞を受賞．嗅覚受容体* 遺伝子をクローニングし，嗅覚受容体が G タンパク質共役受容体* の一種であることを示した．マウスの DNA の解析を行い，嗅覚受容体に関係のある哺乳類の遺伝子は約 1000 種あることを示唆した．1979 年には哺乳動物細胞への複数の遺伝子の形質転換系も開発している．ハワード・ヒューズ医学研究所，コロンビア大学医学部教授．

**アクセルロッド** AXELROD, Julius 米国の薬理学者．1912.5.30〜2004.12.29 ニューヨーク市に生まれる．ニューヨーク市立大学を卒業 (1933)．同大学医学部技術員，工業衛生研究所職員，ニューヨーク市立大学医学部職員を経て米国国立衛生研究所 (NIH) 研究員．同薬理学部門長 (1955)．カテコールアミンなど神経伝達物質* の貯蔵，放出，不活性化の仕組みを明らかにした．カテコール-*O*-メチルトランスフェラーゼ (COMT) とモノアミンオキシダーゼ* を発見．1970 年ノーベル医学生理学賞を B. Katz, U. S. von Euler* とともに受賞．

**アクソニン** [axonin] 糖タンパク質性細胞接着因子の一種．培養したニワトリ胎生由来の脊髄後根神経節細胞から発見された．アクソニン 1 (132〜140 kDa) とアクソニン 2 (54〜60 kDa) がある．アクソニン 1 は，膜結合型と軸索から分泌されるタイプに分けられる．ニワトリの感覚神経や視覚路の神経突起の伸長を促進し，通路の選択，標的の認識にも寄与している．免疫グロブリンおよびフィブロネクチン様のドメインをもつ．

**アクチニン** [actinin] 細胞骨格* の調節タンパク質．α アクチニン (α actinin)，β アクチニン (β actinin, CapZ) がよく知られている．このほか γ アクチニン (γ actinin)，eu アクチニン (eu-actinin) が報告されている．α アクチニンは分子量約 10 万の単量体が互いに逆方向に結合する二量体である．N 末端側の球状構造部分でアクチン* に結合する．C 末端側は α ヘリックス構造の多い棹状構造から成り，C 末端近くに 1 対の EF ハンド* 構造がみられる．最初アクトミオシンの収縮増強因子として発見された．アクチンフィラメント* をゲル化する．骨格筋の Z 線*，平滑筋の高密度体* に局在する．非筋細胞にも広く分布し，細

胞間接着部分，フォーカルコンタクト*に存在，アクチンと膜結合タンパク質との結合に関与していると考えられている．少なくとも4種の分子種が発見されている．骨格筋αアクチニンなどはアクチンとの結合がカルシウムイオンによって調節されるが，繊維芽細胞のαアクチニンはカルシウムイオンによって調節される．βアクチニンは分子量約7万で$\alpha$，$\beta$二つのサブユニットより成る二量体である．筋節のZ線に存在，アクチンフィラメントの反矢じり端に結合，アクチンフィラメントの形成に関与すると考えられている．非筋細胞にも存在する．

**アクチノマイシンD**［actinomycin D］　ダクチノマイシン(dactinomycin)ともいう．放線菌 Streptomyces purvullus が生産するアクチノマイシン系抗生物質の

```
    ┌─L-Me-Val   L-Me-Val─┐
    │   Sar        Sar    │
 O  │  L-Pro     L-Pro    │ O
    │  D-Val     D-Val    │
    │  L-Thr     L-Thr    │
    └─CO          CO──────┘
         \        /  \
          \      /    NH₂
           \    /
            O
           ╱ ╲
       CH₃   CH₃         Sar：サルコシン
```

一つで，ウィルムス腫瘍*，絨毛上皮腫などに単独または放射線，外科療法との併用で優れた制がん効果を示す．抗細菌作用もある．作用機作はつぎの通りである．アクチノマイシンのフェナキサゾン環が二本鎖DNAのdG塩基と水素結合して，塩基対間にインターカレートし，また二つのペプチドラクトン環がDNAの小溝を埋めるように結合する．その結果，RNAポリメラーゼ反応をDNAポリメラーゼ反応よりも強く阻害する．

**アクチビン**［activin］　沪胞刺激ホルモン分泌促進タンパク質(FSH releasing protein, FRP)ともいう．ブタの卵胞液中からインヒビン*を単離精製する過程で発見された物質．脳下垂体のFSH(沪胞刺激ホルモン*)の放出を活性化させる分子量が約25,000のペプチド性ホルモンの一種である．アクチビンには3種類あり，インヒビンAの$\beta$鎖のホモ二量体($\beta_A\beta_A$)がアクチビンA，インヒビンBの$\beta$鎖のホモ二量体($\beta_B\beta_B$)がアクチビンB，これらのヘテロ二量体($\beta_A\beta_B$)がアクチビンABである．アクチビンAは赤芽球分化誘導因子(erythroid differentiation factor, EDF)ともよばれる．アクチビンのおのおのの単量体には九つのシステイン残基が非常によく保存されているので，TGF-$\beta$(トランスフォーミング増殖因子$\beta$*)のスーパーファミリーに属している．脊椎動物におけるアクチビンのアミノ酸配列は非常によく似ており，ヒトとアフリカツメガエルでアクチビンAで87%，アクチビンBで95%の相同性がある．脊椎動物においては卵巣や精巣，脳下垂体だけでなく，腎臓，皮膚，骨髄，消化管などさまざまな臓器で遺伝子が発現している．脳下垂体におけるFSHの放出に関しては

アクチビンとインヒビンは拮抗作用をもつが，アクチビンの生体における制御はむしろアクチビン結合タンパク質であるフォリスタチン*によっていることが多い．アクチビンの生体内における機能は数多く知られている．1)フレンド細胞や脊髄からヘモグロビンの合成をするように分化をひき起こす．2)膵臓からインスリン分泌を促進する．3)神経系細胞の生存と維持に作用する．4)鳥類の心臓形成の左右非対称性に関与する．5)両生類の初期発生での中胚葉分化誘導を行う．両生類の未受精卵中にはすでにタンパク質の形でアクチビンが存在している．中胚葉誘導*に関しては3種類のアクチビンによる誘導能に差はみられないが，成体の器官や組織でのこれら3種のアクチビンやフォリスタチンの分布は著しく異なるので，おのおのの器官などにおいて別々の機能をもっていると思われる．

**アクチベーター**　⇌ 転写アクチベーター

**アクチベータータンパク質1**［activator protein 1］
=AP-1

**アクチベータータンパク質2**［activator protein 2］
=AP-2

**アクチン**［actin］　ウサギ骨格筋から発見された収縮性タンパク質．ウサギ骨格筋アクチンは，375残基，分子量41,872のポリペプチド鎖からできており，1分子のADPあるいはATPとカルシウムを結合する．大きさは$6.7 \times 4.0 \times 3.7$ nmで，四つのサブドメインをもつ．生理的条件下で重合してFアクチン(⇌アクチンフィラメント［図］)となる．単量体アクチンをGアクチン*とよぶ．Gアクチンに結合したATPは，重合に際してADPとなる．筋肉内では，Fアクチンはトロポミオシン*やトロポニン*と結合して，細いフィラメント*を形成する．Fアクチンはミオシン*と相互作用して，滑り運動し，力を出す．アクチンは，筋肉細胞に限らず，すべての真核生物の細胞で最も多量に発現しているタンパク質の一つであり，全タンパク質量の10%前後を占める．細胞内では，一部は重合しFアクチンとなる．これは，ミクロフィラメント*とよばれる．アクチン結合タンパク質*の助けで，重合したアクチンは束化したり，網目構造をつくり，細胞骨格*の一部を形成する．ミクロフィラメントに取込まれていないアクチンは，脱重合活性をもつアクチン結合タンパク質と複合体をつくる．細胞内のアクチンは，サイトカラシンB*やファロイジン*といった細胞毒の標的である．ほとんどの真核細胞は，複数のアクチン遺伝子をもつ．動物細胞では，骨格筋細胞で$\alpha$アクチン，平滑筋細胞では$\gamma$アクチン，一般の細胞で$\beta$，$\gamma$アクチンが発現する．これらのアクチンアイソフォームの一次構造は，数残基しか違わない．アクチンはきわめて保守的なタンパク質で，遠く離れた生物のアクチン間でも一次構造の差は小さい．また，すべて374〜376残基からできている．一方，これらアクチンに対して，相同性が40〜70%くらいしかないアクチン関連タンパク質*の一群がみつかっている．こうしたアクチン関連タンパク質も，ア

クチンとよく似た立体構造をとると考えられている.

**アクチン活性化 ATP アーゼ** [actin-activated ATPase] ⇒ミオシン ATP アーゼ

**アクチン関連タンパク質** [actin-related protein] アクチン様タンパク質(actin-like protein)ともいい, Arp と略す. アクチン*に進化的な関連性をもち, アミノ酸で 70～40% 程度の相同性を示す一群のタンパク質. 1992 年にその存在が最初に報告された. アクチンと同様な立体構造をもち, アクチンとともにアクチンファミリーを形成する. 広く真核生物に存在し, その多くは Arp1～Arp10 の 10 種のサブファミリーに分類される. このうちの約半数は細胞核に局在しており, ヒストン*に結合するものや, 脳で特異的に発現するものもある. Arp1 サブファミリーを除き, フィラメントを形成しないとされる(⇒アクチンフィラメント). 細胞質ではダイニン*の活性化複合体や Arp2/3 複合体の, また細胞核ではヒストンアセチル化複合体や ATP 依存的クロマチンリモデリング複合体の構成因子としての報告がある. これらの複合体の機能制御のほか, 細胞核の構築などへの関与も予想されている.

**アクチンキャッピングタンパク質** [actin-capping protein] ＝アクチンフィラメント端キャップタンパク質

**アクチン結合タンパク質** [actin-binding protein] アクチン調節タンパク質(actin-modulating protein)ともいう. [1] アクチン*単量体やアクチンフィラメント*に結合し, アクチン細胞骨格構造の形成や崩壊に関与すると考えられている種々のタンパク質の総称. アクチンに対する作用の仕方から以下のように分類される. 1) G アクチン結合タンパク質*, 2) アクチン脱重合タンパク質*, 3) アクチンフィラメント切断タンパク質*, 4) アクチンフィラメント端キャップタンパク質*, 5) アクチンフィラメント架橋タンパク質*, 6) フィラメント側結合タンパク質. 骨格筋, 平滑筋, 非筋細胞のトロポミオシン*, 平滑筋, 非筋細胞のカルデスモン*, 骨格筋のネブリン*など. これらのほか, アクチンフィラメントに結合することによってフィラメントを他の構造に連結するもの, 細胞中での存在を安定化させているものなどがある. 前者には神経末端のシナプス小胞に結合するシナプシン*Ⅰ, フォーカルコンタクト*のビンキュリン*, 細胞性粘菌の細胞膜貫通タンパク質ポンティキュリン, 細胞膜結合タンパク質カルパクチンⅠ(リポコルチンⅡ)など, 後者にはアルドラーゼ*, 上皮増殖因子受容体*などがある. [2] 狭義には, 非筋細胞型のフィラミン*をさすこともある.

**アクチンケーブル** [actin cable, actin filament bundle] 非筋細胞でみられるアクチンフィラメント*が束になってできている構造で, 微絨毛*の芯, 精子の先体, 淡水藻類の原形質流動*に携わるアクチンケーブルなどのように, アクチンフィラメントの極性*がそろっているものと, ストレスファイバー*や収縮環*のように不ぞろいのものがある. アクチンフィラメントの束化はアクチン結合タンパク質*の働きによるが, その種類でアクチンケーブルの形態的機能的特性が生じると考えられる. 狭義にはストレスファイバーをさす場合がある.

**アクチン脱重合因子** [actin-depolymerizing factor] ADF と略す. (⇒アクチン脱重合タンパク質)

**アクチン脱重合タンパク質** [actin-depolymerizing protein] アクチンフィラメント*を構成するアクチン単量体に 1:1 で結合し, 単量体をフィラメントから取去ることによってフィラメントの急速な脱重合を起こすタンパク質. G アクチン*にも結合する. カルシウムイオン依存性はない. 棘皮動物卵のデパクチン(depactin), 脊椎動物の ADF(actin-depolymerizing factor アクチン脱重合因子, ⇒デストリン), コフィリン*, 原生動物アメーバのアクトフォリン(actophorin)などがこれに当たる. これらのタンパク質は分子量 18,000～19,000 で一次構造上の相同性があり, 一つのファミリーをつくると考えてよい. またアクチンフィラメント切断タンパク質*の遺伝子はこのファミリーの遺伝子重複*によって生じたと考えられる. コフィリンはホスファチジルイノシトール 4,5-ビスリン酸と結合するとマイクロフィラメントを分解する活性が抑制される.

**アクチン調節タンパク質** [actin-modulating protein] ＝アクチン結合タンパク質

**アクチン微小繊維** ＝アクチンミクロフィラメント

**アクチンフィラメント** [actin filament] 生理的塩濃度あるいはマグネシウムイオンの存在下で, アクチン*分子がつくる重合体. F アクチン(F actin, fibrous actin)ともいう. 細胞内の F アクチンは, 特にミクロフィラメント*とよばれる(⇒アクチンミクロフィラメント). 半ピッチ 37 nm に 13 個のアクチン分子を含む右巻き二重らせん構造をとる(図). 太さは

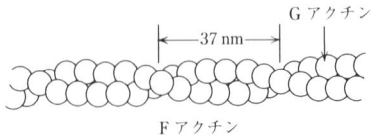

8 nm. 試験管内でアクチンを重合させてつくった F アクチンは, 長さが指数分布するが, 骨格筋内の F アクチンの長さは 1 μm と一定である. 重合反応は, 核形成とフィラメント成長の 2 段階に分かれ, 前者が律速段階となる. ヘビーメロミオシン(⇒メロミオシン)を結合させた矢じり構造の方向性から, F アクチンの一端を矢じり端(pointed end), 他端を反矢じり端(barbed end)とよぶ. アクチン重合の臨界濃度は矢じり端の方が高く, 定常状態でも矢じり端から単量体アクチンが脱離し, 反矢じり端が成長するというトレッドミル状態*が起こる. 塩濃度を下げると, F アクチンは脱重合して G アクチン*となる.

**アクチンフィラメント架橋タンパク質** [actin filament-crosslinking protein] アクチンフィラメント

束化タンパク質（actin filament-bundling protein）やアクチンフィラメントゲル化タンパク質の総称．アクチンフィラメント*を架橋して三次元的な構造をつくらせるタンパク質．分子の大きさと形状により，密集したアクチンフィラメント束から，ゆるいゲルをつくるものまである（⇒ゲル化）．ウニ卵，ショウジョウバエ，哺乳動物細胞で見いだされているファシン*やペプチド伸長因子EF-1αはパラクリスタル状の束を，αアクチニン（骨格筋Z線*，平滑筋高密度体*，ストレスファイバー*，収縮環*に局在），フィンブリン（波うち膜，微絨毛*に局在），120 kDaタンパク質（細胞性粘菌），ビリン*（小腸上皮細胞の微絨毛に局在，アクチンフィラメント切断活性ももつ），MARCKS（ミリストイル化アラニンリッチCキナーゼ基質：フォーカルコンタクト*に局在），テンシン（フォーカルコンタクトに局在，フィラメント端キャッピング活性ももつ）はそれよりゆるい束を，スペクトリン*（細胞膜裏打ち構造に局在），ABP（アクチン結合タンパク質*，フィラミン*：細胞表層，仮足に局在）は三次元的なゲル（網目構造）をつくる．この中でも，αアクチニン，フィンブリン，120 kDaタンパク質，スペクトリンβ鎖（βスペクトリン），ABP，そして筋ジストロフィー*で欠失するジストロフィン*のN末端付近の約250残基は相同であり，アクチン結合部位である．αアクチニン，スペクトリンβ鎖とα鎖，ジストロフィンは相同なαヘリックス繰返し配列から成るひも状部分をもつ．

**アクチンフィラメントゲル化タンパク質** ⇒アクチンフィラメント架橋タンパク質

**アクチンフィラメント切断タンパク質** [actin filament-severing protein] これらのタンパク質はμMレベルのカルシウムイオン依存的にアクチンフィラメント*を切断し，同時に反矢じり端に結合する．フラグミン（真正粘菌），セバリン（細胞性粘菌），45 kDaタンパク質（ウニ卵）など分子量約4万のグループと，ゲルゾリン*（マクロファージ，血漿），ビリン*（小腸上皮細胞の微絨毛）など分子量約8万のグループがある．後者は前者の遺伝子が進化の過程で重複してできたと考えられる．さらに前者の配列は三つの相同領域から成っており（つまり後者は六つの相同領域から成る），これも遺伝子重複*によって生じたと考えられる．その最もN末端側のものにはアクチン脱重合タンパク質*やプロフィリン*と共通のモチーフが含まれており，これらのタンパク質が共通の祖先をもつ可能性が高い．アクチン脱重合タンパク質を切断タンパク質に含める場合もある．

**アクチンフィラメント束化タンパク質** [actin filament-bundling protein] ⇒アクチンフィラメント架橋タンパク質

**アクチンフィラメント端キャップタンパク質** [actin filament end-capping protein] アクチンキャッピングタンパク質（actin-capping protein）ともいう．アクチンフィラメント*の端に結合し，その端でのアクチン分子の付加，脱離を妨げる．これまで見つかっているものはすべて反矢じり端（B端）をキャップする性質をもつ．この結合の結果，1）アクチンフィラメントの端と端の結合（アニーリング）が起こらなくなる，2）アクチンフィラメント端とフィラメント側面での相互作用が減少し低速度勾配での粘度が著しく減少する，3）B端がキャップされるため，アクチン重合の臨界濃度は矢じり端（P端）のみによって決まる．したがってフィラメントはGアクチン濃度がP端の臨界濃度に達するまで脱重合する．4）アクチン重合の際には重合核を安定化するので遅延期がなくなり，短時間で重合するようになる．この性質をもつタンパク質にはいくつかのグループがある．第一のグループはβアクチニンで1965年，丸山工作により骨格筋から発見された（⇒アクチニン）．のちにZ線*においてアクチンフィラメントに結合していることが示され，米国のグループによりCapZともよばれている．分子量33,000と31,000のヘテロ二量体である．脳，線虫，細胞性粘菌，アメーバ，出芽酵母からも得られている．第二のグループはゲルゾリン*ファミリーまたはフラグミンファミリータンパク質とアクチンの複合体で，これらのアクチン結合タンパク質は単体では$Ca^{2+}$依存的にアクチンフィラメントを切断するが，アクチンとの複合体は$Ca^{2+}$非依存的にアクチンフィラメントB端をキャップする．そのほか，マクロファージのgCap39，細胞性粘菌のHSC70などが知られる．

**アクチンミクロフィラメント** [actin microfilament] アクチン微小繊維（微細糸）ともいう．広く動物・植物の非筋細胞内に存在するアクチン*を主成分とする微細なフィラメント．直径は約7 nm．細胞骨格*のおもな構成要素の一つとして，細胞の支持や運動に関与している．アクチンは筋細胞の収縮装置である筋原繊維の細いフィラメント*の主成分で，ミオシン*とともに収縮タンパク質に分類されるが，すべての真核細胞にもミクロフィラメントとして存在することが明らかになった（⇒アクチンフィラメント）．アクチン分子は重合により，繊維構造（Fアクチン）をつくり，細胞内では他の各種タンパク質が結合している（⇒アクチン結合タンパク質）．この繊維はミオシン結合能をもつ．この応用として，ミオシンの一部であるヘビーメロミオシン（⇒メロミオシン），またはサブフラグメント1（S1）が結合して特異的な矢じり構造を示すことからこの繊維を同定できる．細胞内では通常，集合束や網細工をなし，大きな集合束はしばしば光学顕微鏡下でも観察される．

**アクチン様タンパク質** [actin-like protein] ＝アクチン関連タンパク質

**アクトミオシン** [actomyosin] ミオシン*とアクチン*との結合体．生体内では，ミオシン頭部とアクチンフィラメント*内のアクチン単量体との一時的な結合状態としてしか存在しない．ガラス器内ではアクチンフィラメントにミオシンが矢じり状に結合する．矢じりの方向はアクチンフィラメントの方向性を示す．

**アクトミオシン ATP アーゼ**［actomyosin ATPase］
⇌ ミオシン ATP アーゼ

**アグリカン**［aggrecan］ ⇌ プロテオグリカン

**アクリジンオレンジ**［acridine orange］ $C_{17}H_{20}ClN_3・ZnSO_4$，分子量 463.26．アクリジン核をもつ．

アクリジン系蛍光色素の一種．DNA の塩基対間に入り込み，塩基対とほぼ並行に重なり合うスタッキングを起こすインターカレート剤*．酸性粘液多糖類，核酸などのポリアニオンと結合するとメタクロマジアを呈し，紫外線のもとで橙赤色の強い蛍光を発する．本色素とポリアニオンの反応は定量的であり，蛍光顕微測光法での核酸の染色に実用される．通常，生の組織から単離した細胞を塗抹してアクリジンオレンジ染色を施す．二重鎖の核酸(DNA, RNA とも)は緑色蛍光を，一重鎖核酸は橙色蛍光を呈する．(⇌ アクリジン色素，インターカレーション)

**3,6-アクリジンジアミン**［3,6-acridinediamine］
＝プロフラビン

**アクリジン色素**［acridine dye］ アクリジン核をもつ色素の総称．ほとんどが黄色調を呈する．この誘導体の中には低濃度で微生物の発育を抑制するものがある．マラリアに対するアテブリン，トリパノソーマに対するアクリフラビン*や殺菌剤リバノールなどである．また，DNA の塩基対間にはまり込む性質(挿入，インターカレーション*)があり，強い蛍光を発することから，これらの特性を利用して細胞核の DNA の標識に用いられる(⇌ アクリジンオレンジ)．変異原性・発がん性があるので，取扱いに注意を要する．

**アクリフラビン**［acriflavine］ ＝3,6-ジアミノ-10-メチルアクリジニウムクロリド(3,6-diamino-10-methylacridinium chloride)，トリパフラビン(trypaflavine)，ユーフラビン(euflavine)，ゴナクリン(gonacrine)，ニュートロフラビン(neutroflavine)．$C_{14}H_{14}ClN_3$，分子量 259.74．アクリジン色素*の一種で，濃橙色の結晶状，無臭の粉末．水溶性，アルコール難溶性．水溶液は橙赤色を呈し，緑色蛍光を発する．感染症の治療に用いられる．グラム陰性菌のみならず陽性菌にも強い抗菌力を示す．尿路感染症(淋病)や原虫トリパノソーマ感染症などに使用される．DNA の塩基対間に入り込んで(インターカレーション*)フレームシフト突然変異*を誘発する作用があり，RNA の合成を阻害する．

**アグリン**［agrin］ 神経筋接合部*にある運動神経末端から分泌されるタンパク質で，アセチルコリン受容体*などを集める役割をしている．ニワトリの活性アグリンの cDNA は 4733 bp で，874 アミノ酸残基から成り，分子量 95,377，C 末端側の 8 残基が活性に重要とされる．アグリンは基底膜の一成分として存在し，ジストログリカン複合体と結合して，ジストロフィン*によく似たユートロフィンについていると考えられている．

**アグルチニン** ＝凝集素

**アグレ AGRE, Peter Courtland** 米国の医学者．1949.1.30〜 ミネソタ州ノースフィールに生まれる．ミネアポリスのアウグスブルグ大学卒業後，1974 年ジョンズ・ホプキンズ大学で医学博士号取得，1993 年から同大生化学および医学教授．1988 年，細胞膜に新たな膜タンパク質を発見し，このタンパク質が水だけを通過させるチャネルであることを明らかにし，アクアポリン(水チャネル*)と命名した．R. MacKinnon* とともに 2003 年ノーベル化学賞受賞．2005 年からデューク大学メディカルセンター副学長．

**アクロシン**［acrosin］ 先体*に含まれるプロテアーゼ*．卵の透明帯*を溶かす．

**アクロセントリック染色体** ＝端部動原体染色体

**アクロソーム** ＝先体

**アグロバクテリウム＝ツメファシエンス**［Agrobacterium tumefaciens］ グラム染色陰性の土壌細菌で，植物に感染してクラウンゴール腫瘍*を誘発する植物病原菌の一種．腫瘍形成には，Ti プラスミド*の存在と宿主細菌の遺伝的性質が必要である．プラスミド上の領域としては T-DNA*領域と vir 領域*が，細菌においては染色体上の chv 遺伝子群(chromosomal vir genes)などの複数の領域が必要である．腫瘍化は，T-DNA が植物染色体に転位し，安定に組込まれることにより起こる．vir や chv は細菌と植物細胞の接着や T-DNA の転位などにかかわっている．現在，この細菌は双子葉植物*への遺伝子導入のためのプラスミドベクター*の宿主として利用されている．同属に，毛根病を誘発する Agrobacterium rhizogenes*，病気をひき起こさない A. radiobacter が知られているが，この分類は細菌の性質ではなくプラスミドの属性に基づいている．

**アグロバクテリウム＝リゾゲネス**［Agrobacterium rhizogenes］ Agrobacterium tumefaciens* と同属の植物病原菌で，植物に感染して毛根病(hairy root disease)を誘発する．この病気の誘発には，Ri プラスミド*の存在が必須である．このプラスミドは Ti プラスミド*のものとよく似た vir 領域*と T-DNA*を保持しており，その T-DNA は Ti プラスミドの場合と同様の機構で植物染色体に転位する．T-DNA 上には rolA, B, C といった遺伝子が存在し，それらの働きにより毛根が出現する．

**Ago タンパク質**［Ago proteins］ ＝Argonaute タンパク質

**アゴニスト**［agonist］ 作動薬ともいう．アセチルコリンは神経筋接合部のニコチン性アセチルコリン受容体に結合して骨格筋を収縮させる．このように化

伝達物質やホルモン\*は極微量で，標的細胞の細胞膜や細胞質内にある受容体タンパク質に特異的に結合し，特異的反応を細胞に生じさせる．受容体\*に結合して特異的な反応を生じさせる物質を総称してアゴニストという．アゴニストを作用させた時，組織の反応はアゴニスト濃度の増加につれ増大するが，ついに頭打ちとなり最大反応に至る．ある一つの受容体に結合する物質が多種ある時，最大反応に達するものを完全アゴニスト，濃度を増しても最大反応に達しないものを部分アゴニスト，受容体と結合しても何の反応も生じないものをアンタゴニスト\*という．この差はこれら物質が受容体と結合した時に発生するシグナルの強さ(固有活性)が異なるためと説明されている．同一受容体と結合するアンタゴニストをアゴニストと併用すると，アゴニストの作用は抑制される．

**Argonaute タンパク質** ［Argonaute proteins］ Agoタンパク質(Ago proteins)ともいう．保存されたPAZ(PIWI/ARGONAUTE/ZWILLE)領域を介してsiRNA\*やマイクロRNA\*(miRNA)に結合し，RISC\*へと集合するタンパク質群でファミリーを形成している．N末端領域-PAZ領域-中間領域-PIWI領域から構成される．RNA干渉\*(RNAi)においてヒトではArgonauteファミリーメンバーのAgo2がRNA切断活性を担っているが，ショウジョウバエではAgo1とAgo2の両方がこの活性をもっている．また，*Arabidopsis*では10種のArgonauteファミリーメンバーが見つかっており，Ago1がmiRNA，外来性のsiRNA，導入遺伝子由来のsiRNAなどと結合する．超好熱細菌*Aquifex aeolicus*のArgonauteタンパク質の立体構造モデルによると，PAZ領域からN末端領域にかけて存在する塩基性のポケットがRNAの結合部位となり，RNアーゼH様PIWIドメイン中の活性部位がsiRNAの3′末端からちょうど11～12ヌクレオチドに位置する形となっている．Argonauteタンパク質はガイド鎖の末端から計測してmRNA上の特定の位置のホスホジエステル骨格を切断すると考えられている．

**8-アザグアニン** ［8-azaguanine］ アザグアノゾロ(guanazolo)，合成から，あるいはストレプトミセス菌から得られる．グアニンの代謝阻害を示す核酸塩基類縁化合物．細胞の発育阻害作用をもち，抗カビ，抗腫瘍作用をもつ．作用機作は，核酸への取込みと，プリンヌクレオチド生合成の阻害作用をもつ．8-アザグアニン耐性細胞は，ヒポキサンチンホスホリボシルトランスフェラーゼ\*(HPRT)が欠損しており，HAT培地\*で生育できないことから細胞の選択の際に用いられる．

**5-アザシチジン** ［5-azacytidine］ ⇌ 5-アザシトシン

**5-アザシトシン** ［5-azacytosine］ 核酸塩基の一つであるシトシン\*の5位の炭素原子が窒素原子に置換した塩基類似体\*．D-リボースが結合した5-アザシチジン(5-azacytidine)は抗生物質として，天然に存在し，主としてグラム陰性菌に効く．リン酸化されて核酸に取込まれ，その生合成を阻止することが作用機序

とされている．5-アザシチジンはチミジンの取込みをも阻害し，5-アザシチジンや5-アザ-2′-デオキシシチジンは*in vivo*でDNA複製や転写反応によりDNAやRNAに取込まれ，メチルトランスフェラーゼを阻害し，その結果取込まれた配列に脱メチルをひき起こす．

**アザセリン** ［azaserine］ ＝O-ジアゾアセチル-L-セリン(O-diazoacetyl-L-serine)．$C_5H_7N_3O_4$, 分子量173.13．放線菌*Streptomyces*属が産生するアミノ酸類似抗生物質．化学合成できる．がん細胞の増殖を阻害し，白血病の治療に用いられた．グルタミンと構造が似たグルタミン拮抗物質であり，プリン合成型のアミノトランスフェラーゼを阻害する．

**アジ化物** ［azide］ $-N_3$基をもつ化合物の総称で，アジ化ナトリウム($NaN_3$)が代表的である．ミトコンドリア\*における呼吸，電子伝達阻害剤として用いられる．その作用機序は，シトクロム$a$, $a_3$の酸化型ヘム$Fe^{3+}$と結合し，還元シトクロム$c$由来の電子によるヘム鉄の還元を妨げるためである．アジ化ナトリウムの阻害作用が強くなると細胞死をひき起こす．このため，溶液などに入れ，防腐剤としても用いることができる．

**アシクログアノシン** ［acycloguanosine］ ＝アシクロビル

**アシクロビル** ［acyclovir］ アシクログアノシン(acycloguanosine)ともいう．プリン塩基誘導体の一つで抗ヘルペス剤として用いられる．dGTPと拮抗してウイルスのDNAポリメラーゼ\*を阻害する．アシクロビルがバリンとエステル結合したバラシクロビルは生体内のエステラーゼの作用によってアシクロビルに変換される．バリンとの結合によって体内への吸収率が高まる利点がある．(⇒ガンシクロビル，ヨードビニルデオキシウリジン)

**アジソン病** ［Addison's disease］ 慢性原発性副腎皮質不全症(chronic primary adrenocortical insufficiency)のことをアジソン病という．原因としては，わが国においては，なお結核が多い(70～80％)が，欧米では自己免疫性副腎炎が多い(約80％)という．副腎の皮質が障害されるが，結核の場合には髄質の障害も加わる．臨床症状としては，易疲労性，体重減少，食欲不振，低血圧，低血糖，体毛脱落，色素沈着などがある．治療法としては，欠落したヒドロコルチゾンの補充と原因療法(結核には抗結核薬)がある．

**アジソン・ビールメル貧血** ［Addison-Biermer anemia］ ＝悪性貧血

**アジソン貧血**［Addison anemia］＝悪性貧血

**アシドーシス**［acidosis］　動脈血 pH が，生体機能になんら障害をきたさない限界と考えられる 7.35（正常値 7.40）以下となる場合．代謝，摂取物，腸管からの $HCO_3^-$ 喪失に基づいて生じる酸に対して，肺からの $CO_2$ 排泄による代償が不全となる場合（呼吸性アシドーシス），あるいは腎による沪過液からの $HCO_3^-$ 再吸収（近位尿細管），または酸排泄に伴う $HCO_3^-$ 生成（集合管）によって是正される機構に異常が生じた場合（代謝性アシドーシス）に起こる．(⇒アルカローシス)

**アジドチミジン**［azidothymidine］　＝3′-アジド-3′-デオキシチミジン(3′-azido-3′-deoxythymidine)，AZT と略す．ジドブジン (zidovudine) ともいう．チミジンのリボース 3′ 位のヒドロキシ基をアジド基に置換したもの．生体内で活性型のアジドチミジン三リン酸に転換されて逆転写酵素活性阻害作用を示す(⇒逆転写酵素阻害剤)．現在，HIV（ヒト免疫不全ウイルス*）感染症に対する抗ウイルス剤* として使用されている．

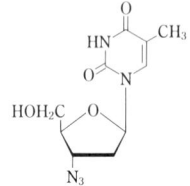

**足場依存性**［anchorage dependence］　基質依存性 (substrate dependence) ともいう．培養動物細胞の多くは，培地の入ったガラスないしプラスチック製の培養器の底壁に付着して生存増殖する．逆に，培地をかくはんして底壁に付着できなくしたり，軟寒天培地に植込んで足場をなくすと，細胞は生存できず死滅する．このような細胞の性質を足場依存性という．一般に，正常な繊維芽細胞* は足場依存性を示すが，形質転換細胞* はこの性質を失っている．(⇒足場非依存性)

**足場タンパク質**［scaffold protein］　特定のシグナル伝達経路で働くキナーゼ類などのシグナル伝達分子を一つの複合体として集合させ，シグナル伝達の足場とするために働くタンパク質群．特定のシグナル伝達経路に特異的な足場タンパク質が特定経路内のシグナル伝達キナーゼの相互作用を可能にし，別の経路のキナーゼは相互作用できないようにしている．たとえば，酵母細胞の足場タンパク質の一つである Ste5 は接合経路において Ste11 キナーゼ複合体を安定化するが，別の Ste11 キナーゼ結合性の足場タンパク質はフィラメント化および浸透圧調節経路で働くシグナル伝達複合体を安定化する．Ste11 が関与する下流へのシグナル伝達はそのような複合体だけ可能となる．哺乳動物では MEK と MAP キナーゼの両方と結合する Ksr (Ras のキナーゼサプレッサー) が Ras-MAP キナーゼシグナル伝達系で働く足場タンパク質としてよく知られている．核マトリックスタンパク質* とは別のものである．

**足場非依存性**［anchorage independence］　基質非依存性 (substrate independence) ともいう．ある種の培養動物細胞は足場依存性* を本来もたないか，培養初期にもっていても継代していく間にその性質を失う．これを足場非依存性という．たとえば，正常な骨髄細胞やリンパ系など造血系の細胞は，足場依存性をもたない．また，繊維芽細胞から生じた形質転換細胞* は足場依存性を失い，腫瘍発生能* を獲得していることが多い．

**アジバン**［adipan］　＝アンフェタミン

**亜種**［subspecies］　種内の下位の分類単位で，亜種は一般に広域に分布する種* がしばしば地理的，生態的に分化した変異を示す集団をいう．これに対する特異的形質の変異個体を品種 (form) という．園芸学や作物学では，人為的に交配したりつくり作製したある種の系統を品種 (race) とよぶ．(⇒変種)

**Ash**［Ash］　⇒Grb2/Ash

**アジュバント**［adjuvant］　免疫応答活性化をもつ物質の総称．体液性および細胞性免疫を増強させる目的で抗原とともに投与されることが多い．よく用いられるものとして，百日咳アジュバント (pertussis adjuvant)，アルミニウムアジュバント (aluminium adjuvant)，フロイントアジュバント (Freund's adjuvant) がある．フロイント不完全アジュバント (Freund's incomplete adjuvant, FIA) は鉱物油（ドラケオール，流動パラフィンなど）と界面活性剤（アラセル A など）とから成り，抗原水溶液と混合することによりエマルジョンが形成される．動物に投与された抗原は局所より徐々に放出され，免疫細胞を持続的に刺激し効率的に免疫応答を誘導する．フロイント完全アジュバント (Freund's complete adjuvant, FCA) は FIA にさらに結核死菌体が添加されている．このほかに，抗原非特異的に免疫担当細胞を活性化し免疫応答を増強させる物質として，BCG*，リポ多糖*（LPS），細菌細胞壁や菌体，β-グルカンなどの多糖類がよく知られている．

**Ash1**［Ash1］　＝Mash1

**亜硝酸細菌**［nitrite bacteria］　⇒硝酸細菌

**アシル基転移酵素**　＝アシルトランスフェラーゼ

**アシルキャリヤータンパク質**［acyl carrier protein］　P. R. Vagelos により初めて *Escherichia coli* 中に見いだされた脂肪酸生合成の重要な中間体（脂肪酸の担体）を形成するタンパク質．一般に ACP と略されている．*E. coli* の可溶性タンパク質の 0.25 % を占めている．*E. coli* から精製された ACP はアミノ酸残基 77 個，分子量 8847，α ヘリックス高含量のシステイン，シスチンを含まない熱に安定で等電点 4.1 のタンパク質である．N 末端から 36 番目のセリンに補欠因子として 4′-ホスホパンテテインがリン酸エステル結合しておりアシル基との結合部位（チオエステル）となっている．*E. coli* 以外に他の細菌類やホウレンソウからも精製されており，36 番のセリンの周辺のアミノ酸部位は共通している．ACP はグリセロール 3-リン酸のアシル化にも関与すると考えられている．

**1-アシルグリセロール 3-リン酸**［1-acylglycerol 3-phosphate］　＝リゾホスファチジン酸

**アシル CoA**［acyl-CoA］　アシル補酵素 A (acyl-coenzyme A)ともいう．脂肪酸のカルボキシ基とCoAのSH基がチオエステル結合したもの．脂肪酸がβ酸化*，不飽和化，炭素鎖延長，アシル基転移(脂質，タンパク質，アミノ酸など)される時に必要な型．長鎖アシルCoAはアセチルCoAカルボキシラーゼ*などの酵素の活性をアロステリック因子として調節したり，タンパク質の細胞内輸送にも関与する．アシルCoA合成酵素(acyl-CoA synthetase)にはATP依存性酵素(下式1)とGTP依存性酵素(下式2)の2種類がある．ATP依存性酵素には脂肪酸に対する基質特異

$$R\text{-}COOH + CoA + ATP \rightleftharpoons R\text{-}CO\text{-}CoA + AMP + PP_i \quad (1)$$

$$R\text{-}COOH + CoA + GTP \rightleftharpoons R\text{-}CO\text{-}CoA + GDP + P_i \quad (2)$$

性の異なる短鎖(アセチル)，中鎖，長鎖アシルCoA合成酵素およびアラキドノイルCoA合成酵素が存在する．短鎖および長鎖アシルCoA合成酵素のアミノ酸配列は発光ホタルのルシフェラーゼ*と相同性が高い．ヒト長鎖アシルCoA合成酵素はラットと85％のアミノ酸が同一であり，遺伝子は第1染色体にマップされる．GTP依存性酵素は動物のミトコンドリアに存在し，炭素鎖4～12個の中鎖・長鎖脂肪酸を基質とする．その反応機構はスクシニルCoA合成酵素の反応に類似している．アシルCoAは，炭素鎖に対する基質特異性の異なる少なくとも3種類のアシルCoAヒドラターゼにより，脂肪酸とCoAに分解される．

**アシルCoA合成酵素**［acyl-CoA synthetase］⇒アシルCoA

**アシルCoAデヒドロゲナーゼ**［acyl-CoA dehydrogenase］ミトコンドリアマトリックスに存在するフラビンタンパク質で，β酸化に関与し，つぎの反応を触媒する．

アシルCoA＋酵素-FAD ⟶ 2-trans-エノイルCoA＋酵素-FADH₂

酵素-FADH₂＋受容体 ⟶ 酵素-FAD＋還元型受容体

本来の受容体はETF(electron-transferring flavoprotein電子伝達フラビンタンパク質)で，ユビキノンに還元力を渡す．炭素鎖長に対する基質特異性の異なる4種の酵素(短鎖，中鎖，長鎖および極長鎖アシルCoAデヒドロゲナーゼ)が存在する．

**アシルスフィンゴシンキナーゼ**［acylsphingosine kinase］＝セラミドキナーゼ

**N-アシルスフィンゴシンデアシラーゼ**［N-acylsphingosine deacylase］＝セラミダーゼ

**アシルトランスフェラーゼ**［acyltransferase］アシル(基)転移酵素，トランスアシラーゼ(transacylase)ともいう．アシル基(脂肪酸)を転移する酵素．単純脂質，複合脂質を合成する酵素の一種である．アシル基の供与体(ドナー)や受容体(アクセプター)の種類によりさまざまな酵素活性がみられ，それぞれ別々の酵素が触媒している．アシル基の供与体としてはアシルCoAを必要とするものが多く，アシ

ルCoA：リゾリン脂質アシルトランスフェラーゼ，アシルCoA：コレステロールアシルトランスフェラーゼ，アシルCoA：ジアシルグリセロールアシルトランスフェラーゼなど，さまざまな酵素がある．また，レシチンコレステロールアシルトランスフェラーゼ，CoA非依存性トランスアシラーゼ，リゾホスホリパーゼ／トランスアシラーゼのようにリン脂質にエステル化した脂肪酸を直接アシル供与体として要求する酵素もある．

**アシル補酵素A**［acyl-coenzyme A］＝アシルCoA

**アスコルビン酸**［ascorbic acid］ビタミンC(vitamin C)，抗壊血病因子(antiscorbutic factor)ともいう．水溶性ビタミンで分子量176.13($C_6H_8O_6$)．ヒトはアスコルビン酸の合成酵素であるL-グロノγ-ラクトオキシダーゼを欠如するため，経口的に1日60mg摂取する必要がある．摂取不足は壊血病(scurvy)をひき起こす．アスコルビン酸は体内の多くのヒドロキシ化反応における還元剤として役割を果たす．たとえば，プロコラーゲンのリシンやプロリンのヒドロキシ化が起こらないとコラーゲン*繊維の構造維持ができなくなる(⟶プロリル-4-ヒドロキシラーゼ)．(⟶抗酸化剤)

**アストログリア**［astroglia］アストロサイト(astrocyte)，星状膠細胞ともいう．中枢神経系を構成する3種類のグリア細胞(アストログリア，オリゴデンドログリア*，ミクログリア*)の一つで，上衣神経膠芽細胞に由来するグリア芽細胞(glioblast)から発生する．アストログリアの細胞質に豊富な繊維(グリアフィラメント*)が存在しているか否かで，繊維性星状膠細胞(fibrous astroglia)，原形質性星状膠細胞(protoplasmic astroglia)に分類される．前者は脳白質に存在し，細長い分岐の少ない突起をもち，比較的小さい細胞体である．後者は脳灰白質に存在し，原形質に富み繊維性の少ないより分岐した突起をもつが，細胞の外形は不規則である．アストログリアの突起は脳表面および血管壁を包んでおり，血管へ行くアストログリアの突起は血管足(vascular foot)ともよばれる．また隣同士のアストログリアの突起間は，イオンの通り抜けの可能な結合装置(ギャップ結合*)により連絡している．免疫系と同様のサイトカインを分泌したり，イオン調節作用や神経伝達物質の代謝をつかさどっている．

**アストロサイト**［astrocyte］＝アストログリア

**アストロサイトーマ**［astrocytoma］星状細胞腫ともいう．アストログリア*由来の腫瘍で，正常アストログリアの基本型に従って分類すると原形質型と繊維性型のものがある．グリオーマの中で最も基本的でしかも高頻度に出現する．できやすい場所は大脳半球で，成人ではより悪性な型をとり，異型性アストロサイトーマ(anaplastic astrocytoma)とよばれる．小脳にみられるものは小児に多く，囊胞を形成しやすく周囲への浸潤も軽く限局している．グリアフィラメント*

**アストロタクチン** [astrotactin] 小脳発生における細胞移動に関する分子. グリア側誘導分子(glial-guided molecule)として同定され, 生後マウス小脳顆粒細胞をウサギに免疫して得られた抗血清で認識される分子量10万の糖タンパク質. 機能は, 顆粒細胞がベルクマングリア*の突起へ接着する過程にかかわっていて細胞移動を促進させる. ベルクマングリアの接触誘導*に障害があるため顆粒細胞の移動が阻害されるウィーバー突然変異マウス(Weaver mutant mouse)の小脳では正常の5%以下である.

**アスパラギナーゼ** [asparaginase] EC 3.5.1.1. アスパラギンの酸アミド結合を加水分解して, アスパラギン酸とアンモニアを生成するアミドヒドロラーゼ. アスパラギンの分解に中心的役割を果たす. 動植物, 微生物に広く分布し, 動物では肝臓と腎臓に活性が高い. 分子量133,000で4個の同一サブユニットから成る. 大腸菌のアスパラギナーゼは結晶化され, 高次構造も解明されている. アスパラギン要求性の急性リンパ性白血病などに対し, 抗腫瘍薬として臨床応用されている.

**アスパラギン** [asparagine] =2-アミノスクシンアミド酸(2-aminosuccinamic acid). AsnまたはN(一文字表記)と略記される. L形はタンパク質を構成するアミノ酸の一つ. 最初に単離されたアミノ酸. アスパラガスより単離されたことからこのように名づけられた. $C_4H_8N_2O_3$, 分子量132.12. アスパラギン酸のβ-カルボキシ基がアミド化されたもの. 糖タンパク質では糖鎖がアスパラギンのアミド窒素にN-グリコシド結合していることがある. 非必須アミノ酸. (→アミノ酸)

**アスパラギン結合型糖タンパク質** [Asn-linked glycoprotein] =N結合型糖タンパク質

**アスパラギン酸** [aspartic acid] =2-アミノコハク酸(2-aminosuccinic acid). AspまたはD(一文字表記)と略記される. L形はタンパク質を構成する酸性アミノ酸の一つ. $C_4H_7NO_4$, 分子量133.10. β-カルボキシ基の$pK_a$は3.86 (25℃). 非必須アミノ酸. (→アミノ酸)

**アスパラギン酸カルバモイルトランスフェラーゼ** [aspartate carbamoyltransferase] =アスパラギン酸トランスカルバミラーゼ(aspartate transcarbamylase). EC 2.1.3.2. ピリミジンヌクレオチド生合成系の酵素で, L-アスパラギン酸とカルバモイルリン酸からN-カルバモイル-L-アスパラギン酸と正リン酸を生成する反応を触媒する. 動植物, 微生物に広く分布する. 高等動物の酵素はグルタミンアミドトランスフェラーゼ, カルバモイルリン酸シンテラーゼ*, ジヒドロオロターゼ活性が共存する多活性酵素で, ホモ六量体を形成し, リン酸化とアロステリック制御*を受ける. 微生物の酵素は, 触媒タンパク質6個と調節タンパク質6個から成るアロステリック酵素*である.

**アスパラギン酸/グルタミン酸アンチポーター** =アスパラギン酸/グルタミン酸対向輸送体

**アスパラギン酸/グルタミン酸対向輸送体** [aspartate/glutamate antiporter, aspartate/glutamate counter-transporter] アスパラギン酸/グルタミン酸アンチポーターともいう. ミトコンドリア膜に存在するタンパク質で, ミトコンドリアマトリックスと細胞質の間でアスパラギン酸とグルタミン酸の対向輸送*を行う, いわゆるグルタミンシャトルの一つに関与する. 原則的にはグルタミン酸をミトコンドリアマトリックス内に, アスパラギン酸を細胞質に運ぶ一方向性であり, 起電性である. この対向輸送に共役して, NADHがミトコンドリアマトリックス内に運ばれる. 逆に働いて, ミトコンドリア内のNADHを細胞質の糖新生などに利用することもある. 特に心臓, 肝臓で強く働いている. 阻害薬グリソキセピド(glisoxepide).

**アスパラギン酸トランスカルバミラーゼ** [aspartate transcarbamylase] =アスパラギン酸カルバモイルトランスフェラーゼ

**アスパラギン酸プロテアーゼ** [aspartic protease] →プロテアーゼ

**アスピリン** [aspirin] =アセチルサリチル酸(acetylsalicylic acid). $C_9H_8O_4$, 分子量180.16. サリチル酸のアセチル化誘導体. 解熱薬, 抗炎症薬*. シクロオキシゲナーゼ*のセリン残基をアセチル化することにより, 非可逆的に酵素活性を阻害し, アラキドン酸からのプロスタグランジン生合成を抑制することによって作用を現す. 血中では血漿タンパク質と結合しているが, 急速に脱アセチル化されてサリチル酸になる. 副作用として胃かいよう, 中枢神経症状, アスピリン喘息, 乳幼児のライ症候群などがある.

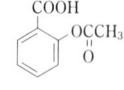

**アスベスト** [asbestos] 石綿ともいう. 繊維状鉱物の1種であり, かんらん石や輝石などが地熱で溶けた後, 地中で凝結する際に繊維状に結晶してできる. そのうち蛇紋石系のクリソタイル(白石綿)はほぐすと綿のようになって扱いやすくなり, しかも燃えず腐らず軽くて弾力性に富むため, 従来から資材の補強や断熱材として重宝されてきた. 他に角閃石系のアモサイト(茶石綿)とクロシドライト(青石綿)があるが, これらの繊維は直線性である. 1970年代から石綿による呼吸器障害が顕在化し始め, 大量吸引による肺繊維症(石綿肺)だけでなく少量でも長期に吸引すれば30年から40年後に肺がんや胸膜中皮腫を誘発することが明らかとなり, 2004年に使用が全面的に原則禁止された. (→発がん物質)

**アスペルギルス** [Aspergillus] コウジカビともいう. 不完全菌類, 不完全糸状菌類に属する(→菌類). コウジカビ(Aspergillus oryzae), クロカビ(Aspergillus niger), Aspergillus nidulansなどがある. 菌糸*から

空中へ頂嚢をもつ分生子柄を出し，アスペルジラムを形成する．頂嚢上のフィアライド（phialide，分生子形成細胞の一型）に分生子を生じる．酒，味噌，甘酒などの醸造に A. oryzae，しょう油には A. sojae，焼酎には A. niger, A. awamori, A. usamii などが使用される．研究用には A. niger および A. nidulans（テレオモルフ：Emericella nidulans）が遺伝生化学的研究材料として用いられ，分生子形成に関する光生物学などが研究されている．家畜や人間の肺に寄生する A. fumigatus，発がん物質アフラトキシン*を産生する A. flavus などが存在する．→ペニシリウム

**アズール B** ［azure B］ $C_{15}H_{16}ClN_3S$，分子量 305.83．血液塗抹標本の作製に広く用いられてきたギムザ染色*の主要な色素成分の一つ．ギムザ液中のメチレンブルーは，酸化されてポリクロームメチレンブルー（アズールブルー）を生じるが，これはアズール A，アズール B，メチレンバイオレットなどの塩基性色素の混合物である．これらのアズール色素は分子量や極性の違いから，核内への浸透性や核酸のリン酸基との結合性に違いを生じ，核の色調や細胞質の色調に変化をもたらす．

**2-アセチルアミノフルオレン** ［2-acetylaminofluorene］ ＝N-2-フルオレニルアセトアミド（N-2-fluorenylacetamide）．2-AAF または 2-FAA と略す．$C_{15}H_{13}NO$，分子量 223.27 の白色結晶性粉末で，水に不溶．アルコールおよび脂肪溶媒に溶ける．ラットへの経口投与で高率に発がん*性を示し，肝がん*のモデルとして多用されている．膨大な数のマウスでの発がん量と発がん率との用量相関関係を追究した発がん物質*のリスク解析のモデルは有名．発がん性はこのほかハムスター，イヌ，ネコ，ウサギなどにも認められる．肝以外にも膀胱，乳腺，外耳道，脳，小腸，肺などに発がん性を示すが，モルモットでの発がん性は低い．

**アセチル LDL 受容体** ［acetyl LDL receptor］ →スカベンジャー受容体

**アセチル化** ［acetylation］ アセチル基（$CH_3CO-$）を導入する反応．酵素的および非酵素的アセチル化がある．酵素的アセチル化は，肝臓において酢酸と CoA からアセチル CoA* ができる反応，アセチル CoA とコリンからアセチルコリン*が生成する反応，異物のアセチル化による解毒反応，ヒストン*のアセチル化などがある．非酵素的アセチル化は，非ステロイド性抗炎症薬のアスピリン*によるシクロオキシゲナーゼ*のアセチル化がよく知られている．シクロオキシゲナーゼはアラキドン酸*からプロスタグランジン*やトロンボキサン*を合成する初発酵素で（→アラキドン酸カスケード），活性部位近傍に位置する 530 番目のセリン残基がアセチル化されて酵素反応が阻害される．

**N-アセチルガラクトサミン** ［N-acetylgalactosamine］ ＝2-アセトアミド-2-デオキシ-α-D-ガラクトース（2-acetamido-2-deoxy-α-D-galactose）．GalNAc と略す．糖タンパク質*，糖脂質*，プロテオグリカン*糖鎖の構成単糖．α-あるいは β-グリコシド結合で他の糖と結合し，さまざまな構造の糖鎖をつくり出す．GalNAc は ABO 式血液型の A 型抗原決定基 GalNAcα1→3(Fucα1→2)Galβ1-，ガングリオシド $G_{M2}$〔GalNAcβ1→4(NeuAcα2→3)Galβ1→4Glcβ1→Cer〕などに組込まれているが，これらの糖鎖合成にかかわる N-アセチルガラクトサミニルトランスフェラーゼはクローニングされ，構造が異なることが示されている．

**N-アセチルグルコサミン** ［N-acetylglucosamine］ ＝2-アセトアミド-2-デオキシグルコース（2-acetamido-2-deoxyglucose），N-アセチルキトサミン（N-acetylchitosamine）．GlcNAc と略記する．グルコサミン*の N-アセチル体．D 系列のものはキチン*，プロテオグリカン*，糖タンパク質*，糖脂質*などの複合糖質の構成成分であり，動植物，微生物に広く分布する．複合糖質には UDP-GlcNAc を供与体として，特異的な糖転移酵素により組込まれる．ヘパラン硫酸の蓄積，尿中排泄増加のみられるムコ多糖症*Ⅲ型（サンフィリッポ症候群）の B, C, D 型は，それぞれ GlcNAc 関連酵素の欠損症である．

**アセチル CoA** ［acetyl-CoA］ アセチル補酵素 A（acetyl-coenzyme A）ともいう．酢酸のカルボキシ基と CoA（補酵素 A*）の SH 基がチオエステル結合したもので，代謝の異化，同化経路の中心的物質．おもに栄養物（タンパク質，脂質，糖質）の分解産物として生成する（次ページ図a）が，他の経路でも生成（図b）する．分解はオキサロ酢酸と反応してクエン酸回路*に入ることにより行われる（図a）．脂質合成の出発物質でもあり，アセチル CoA カルボキシラーゼ*の作用により生じたマロニル CoA を経て脂肪酸となるか，3 分子縮合により生じた 3-ヒドロキシ-3-メチルグルタリル CoA を経てコレステロール*，テルペン類になる．また 2 分子縮合により生じたアセトアセチル CoA からはケトン体ができる（図b）．アセチル基供与体として種々のアセチル化反応の基質となり，アセチルコリン，メラトニン，アセチル化タンパク質の生成に関与する．種々の酵素の活性調節作用もあり，ピ

ルビン酸カルボキシラーゼを活性化し，オキサロ酢酸合成を高めてクエン酸回路，糖新生*を活性化する．

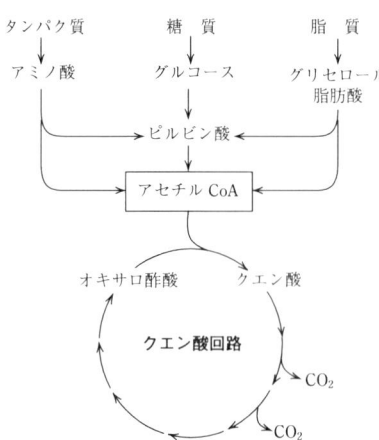

(a) 栄養物からのアセチル CoA の合成と分解

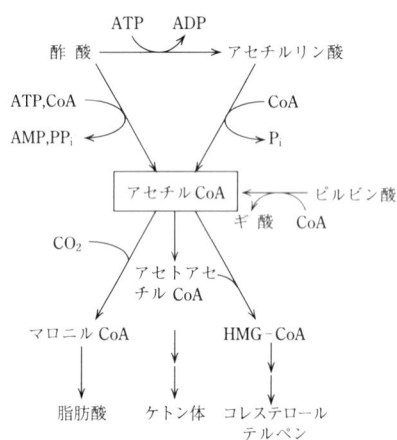

(b) その他のアセチル CoA の合成系(上方)とアセチル CoA からの脂質およびケトン体の合成(下方)

**アセチル CoA カルボキシラーゼ**［acetyl-CoA carboxylase］ EC 6.4.1.2．脂肪酸合成の中間体であるマロニル CoA の合成に関与し，つぎの反応を触媒するビオチン酵素．

アセチル CoA + HCO₃⁻ + ATP ⟶
　　　　　　　マロニル CoA + ADP + P_i

原核生物型と真核生物型の2種類の酵素に分類される．原核生物型の大腸菌の酵素は複合酵素系*であり，つぎの3種の構成要素に解離する．1) リシン残基のε-アミノ基に共有結合したビオチン1個をもつ同一サブユニット(分子量22,500)二つから成るビオ

チンカルボキシルキャリヤータンパク質(CCP)，2) 同一サブユニット(分子量 49,000)二つから成るビオチンカルボキシラーゼ(BC)，3) 分子量35,000と30,000のサブユニット2対ずつから成るカルボキシルトランスフェラーゼ(CT)．マロニル CoA は 2 種類の酵素(BC と CT)が触媒するつぎの二段階反応により合成される．

CCP + HCO₃⁻ + ATP $\xrightarrow{BC}$ CCP-COO⁻ + ADP + P_i

CCP-COO⁻ + アセチル CoA $\xrightarrow{CT}$ マロニル CoA + CCP

各酵素サブユニットは四つの遺伝子 *accA* (CTα)，*accB* (CCP)，*accC* (BC)，*accD* (CTβ)にコードされている．真核生物型の酵母，動物および植物の酵素は反応機構的には原核生物型酵素に類似しているが，CCP 活性，BC 活性および CT 活性の機能部位がビオチンを結合した単一ポリペプチド鎖(分子量22万～23万)上に存在する多機能酵素である．本酵素は脂肪酸合成の律速酵素の一つであり，動物の肝臓と脂肪組織の酵素はクエン酸およびパルミトイル CoA などのアロステリック因子により調節される．酵素の不活性型は分子量 40 万～50 万のプロトマーからできている．クエン酸により活性化されると酵素は重合して分子量500万～1000万に相当するフィラメント状のポリマーになるが，パルミトイル CoA により不活性化されるとプロトマーの状態になる．またグルカゴン，アドレナリンの作用により生じた cAMP を通じこの酵素のリン酸化が起こると不活性型プロトマーの方に平衡が移動する．cDNA クローニングにより明らかにされた一次構造を比較すると，原核生物型と真核生物型酵素の間，異種の真核生物型酵素の間に有意な相同性がみられる．特に CCP 機能部位のビオチン化されるリシンの周辺構造がよく保存されており，グルタミン酸-アラニン(またはバリン)-メチオニン-リシン-メチオニン(またはロイシン)となっている．また CCP 機能部位は本酵素の間だけではなく，他のビオチン酵素との間にも相同性の高い部分が存在する．

**アセチルコリン**［acetylcholine］ C₇H₁₆NO₂，分子量 146.21．コリンの酢酸エステルである．塩化物(分子量 181.68)，臭化物(分子量 226.14)は潮解性の強い結晶で，水，アルコールによく溶けるが，熱やアルカリにより

CH₃N⁺CH₂CH₂OCOCH₃
　　　 CH₃

分解される．末梢神経系においてアセチルコリンは副交感神経末端，運動神経の神経筋接合部*，神経節の節前・節後繊維間のシナプス*における神経伝達物質*である．中枢神経系でも伝達物質であり，特に海馬*は中隔核から投射するコリン作働性ニューロン*の支配を強く受けている．アセチルコリンは，細胞質中でコリンとアセチル CoA* を基質として，コリン *O*-アセチルトランスフェラーゼ*によって生合成され，神経終末部のシナプス小胞*内に貯蔵される．神経興奮によりアセチルコリンはシナプス間隙に

放出され，標的細胞のアセチルコリン受容体に作用する．シナプス間隙中のアセチルコリンはアセチルコリンエステラーゼ*によって速やかにコリンと酢酸に分解され，この分解によって伝達が終了する．生成されたコリンは神経終末に取込まれて再利用される．

**アセチルコリンエステラーゼ** [acetylcholinesterase] ＝真正コリンエステラーゼ (true cholinesterase)，特異的コリンエステラーゼ (specific cholinesterase)．アセチルコリン*を加水分解する酵素．アセチルコリンによる化学伝達を行うシナプス*の前膜，後膜表面に存在し，シナプス間隙に放出されたアセチルコリンを分解して，神経伝達物質*としての作用を消し去る役割をもつ．この酵素の活性部位に結合したアセチルコリン分子はセリンによってエステル結合が切断され，コリンを遊離し，酵素はアセチル化される．アセチル化型酵素は速やかに加水分解されて活性型酵素に戻る．有機リン化合物などは活性部位のセリンと結合することで酵素を阻害し，神経障害をひき起こす．コラーゲン様の尾部をもった非対称型ともたない球型の2種が知られており，球型は非神経組織にも分布する．

**アセチルコリン受容体** [acetylcholine receptor] AChRと略記される．アセチルコリン*を内在性のリガンドとする受容体．アセチルコリンの薬理作用は，ニコチンで模倣される成分とムスカリンで模倣される成分とがあり，それぞれが異なる受容体，ニコチン性アセチルコリン受容体*とムスカリン性アセチルコリン受容体*の活性化に対応している．ニコチン性アセチルコリン受容体はイオンチャネル受容体で神経細胞や骨格筋に存在し，それぞれ神経型，骨格筋型に分類される．神経筋接合部*において運動神経終末から放出されたアセチルコリンは骨格筋のニコチン性アセチルコリン受容体に作用し，そのチャネルを開口させる．この非選択的陽イオンチャネルの開口の結果，骨格筋細胞中に$Na^+$が流入し細胞が脱分極を起こす（→興奮性シナプス後電位），これが筋細胞の収縮の開始の信号となる．ムスカリン性アセチルコリン受容体はGタンパク質共役型受容体*で，神経細胞，平滑筋，心筋，腺細胞などに存在する．Gタンパク質を介してホスホリパーゼC*の活性化やアデニル酸シクラーゼ*の抑制，$K^+$，$Ca^{2+}$チャネルの開閉の制御を行う．

**アセチルサリチル酸** [acetylsalicylic acid] ＝アスピリン

**N-アセチル-L-システイン** [N-acetyl-L-cysteine] チオール化合物で，スーパーオキシドアニオン*（$O_2^-$），過酸化水素*（$H_2O_2$）などの活性酸素*によりひき起こされる生体の傷害を，活性酸素を「除去」することにより軽減する作用をもつ．たとえば，腫瘍壊死因子*(TNF)により細胞死が起こるが，これを軽減させる作用をもつ．その作用機序としてTNFにより活性化される転写因子NF-κB*を逆に抑制するためと考えられる．これとは逆に，転写因子

HSCH$_2$CHCOOH
　　　　NHCOCH$_3$

AP-1*に対しては活性化の方向へ働き，DNA結合能を上昇させる．

**4-アセチル-2,6-ジメトキシフェノール** [4-acetyl-2,6-dimethoxyphenol] ＝アセトシリンゴン

**N-アセチルセリン** [N-acetylserine] 修飾アミノ酸の一つで，セリンのN-アセチル体．哺乳類では，タンパク質分子のN末端が修飾アミノ酸であることが多く，可溶性タンパク質の約80％はそのN末端がアセチル化アミノ酸である．なかでも，N-アセチルセリンが多い．それらの修飾は遺伝暗号*にはコードされておらず，ポリペプチド鎖が合成された後で，特異的に修飾を受ける．アセチル化以外にみられる修飾にはメチル化，リン酸化などがある．このような化学修飾でふさがれているN末端のアミノ酸は，エドマン分解法*やニンヒドリン反応などの定法では同定できない．多くのタンパク質がN末端にN-アセチルセリンをもつ生理的意味は明らかではないが，N末端の修飾アミノ酸を遊離型に置換すると生物活性を失うことが多い．N末端がN-アセチルセリンになっているタンパク質の例としては平滑筋のリン酸化ミオシンL鎖*があるが，ミオシン*の生理活性との関連は不明である．

**N-アセチルノイラミン酸** [N-acetylneuraminic acid] NeuAc, Neu5Ac, NeuNAc, NANAとも略す．$C_{11}H_{19}NO_9$，分子量309.27．カルボキシ基をもつ骨格炭素9個の単糖．シアル酸*を代表する分子種で，通常糖鎖の末端に結合し，糖鎖に陰性荷電を与える．細胞間接着，細胞分子間認識，分子間相互作用にかかわる生物学的に重要な糖鎖の構成要素である．肝細胞レクチン*は，脱シアル酸糖鎖を，E-セレクチン*はシアリル$Le^a$, シアリル$Le^x$を，MAG（ミエリン結合糖タンパク質）は，シアル酸を含むガングリオシド糖鎖を認識する．シアロ糖鎖合成にはシアリルトランスフェラーゼが関与し，ヒト，マウスで20種の遺伝子がクローニングされている．

**β-N-アセチルヘキソサミニダーゼ** [β-N-acetyl-hexosaminidase] ＝ヘキソサミニダーゼ (hex-osaminidase)．EC 3.2.1.52．糖鎖の非還元末端にβ-グルコシド結合したN-アセチルヘキソサミンを加水分解して遊離する酵素．A, B, Sの3種類のアイソザイム*がある．Aは(α, β-A, β-B)の構造をもった三量体である．Bは(β-A, β-B)$_2$の構造をもった四量体である．Sは$α_2$というホモ二量体である．αサブユニットはプレプロペプチド(529アミノ酸残基)として合成されるが，1～22はシグナルペプチドであり，23～108は切断されて109～529がHex-Aとなる．αサブユニットは第15染色体長腕23-24領域の遺伝子によって制御されている．βサブユニットもプレプロペプチド(556アミノ酸残基)として合成される．プロペプチド(532アミノ酸残基)のN末端側(122～311)からβ-Aサブユニットがつくられ，C末

端側(315～556)からβ-Bサブユニットがつくられる。βサブユニットをコードしているのは第5染色体長腕13領域である。Hex-Aはガングリオシド$G_{M2}$, $G_{A2}$, グロボシドその他のオリゴ糖を基質とし、Hex-Bは$G_{M2}$以外を基質とする。Hex-Aの欠損はテイ・サックス病*となり、Hex-AおよびB両者とも欠損するとサンドホフ病となる。

**アセチル補酵素A** [acetyl-coenzyme A] =アセチルCoA

**N-アセチルムラミン酸** [N-acetylmuramic acid] 細菌細胞壁を構築するペプチドグリカン*中でN-アセチルグルコサミン*と結合して二糖反復単位を構成する(→真正細菌)。ペプチドグリカンのペプチドはムラミン酸のカルボキシ基に結合して、二糖反復単位から成る糖鎖間に架橋をつくる。アセチルムラミン酸は細胞内でUDP-N-アセチル-D-グルコサミンにホスホエノールピルビン酸が縮合し、ついでNADPHによって還元されてUDP-N-アセチル-D-ムラミン酸として生合成される。リゾチーム*はムラミン酸の関与するグリコシド結合を加水分解する。(→ムラミルペプチド)

**N-アセチル-5-メトキシトリプタミン** [N-acetyl-5-methoxytryptamine] =メラトニン

**アセトシリンゴン** [acetosyringone] =4-アセチル-2,6-ジメトキシフェノール(4-acetyl-2,6-dimethoxyphenol)。Tiプラスミド*のvir領域*の遺伝子群の転写を誘導する物質としてタバコ葉切片の滲出液から精製された。リグニン*合成の前駆体であるシリングアルデヒドやフェルラ酸なども同様の活性を示す。これらの物質は細菌の内膜にあるVirAセンサータンパク質(ヒスチジンキナーゼ*)とVirGタンパク質の二成分調節系*を介してvir遺伝子群の転写を誘導する。

**アゾトバクター** [Azotobacter] 植物の根と共生*せず、大気中の酸素分圧下でも分子状窒素固定をするグラム染色陰性好気性細菌の一属名。土壌、水中、植物の根圏に普通にみられる。高い呼吸活性をもち、窒素固定*の鍵酵素ニトロゲナーゼ*を酸素による失活から保護する役割をしていると考えられている。ニトロゲナーゼにはアイソザイム*が存在し、モリブデン、バナジウムまたは鉄のいずれかが含まれる。細胞外に多糖を分泌し、時に耐乾燥性の休止細胞を形成する。(→根粒菌)

**アダプター仮説** [adapter hypothesis] タンパク質生合成の機構がまだ不明であった1958年にF. H. C. Crick*が提唱した仮説。G. Gamowらが1956年にDNAがもつ遺伝情報がタンパク質に翻訳される際には連続した3塩基鎖を1アミノ酸が認識すると提唱した。これに対してCrickは分子の大きさから考えて両者間の直接的相互作用は困難であり、両者間に一方で塩基配列を、他方で特定のアミノ酸を認識するアダプター分子が介在すると提唱した。後に転移RNA*がそれに当たることが明らかとなった。

**アダプター付加PCR** [adapter PCR] PCR*用プライマーを設計する際、目的の遺伝子とハイブリダイズする部分に隣接してあらかじめ制限酵素*部位やプロモーター*領域を組込んでおく方法。2回目以降の増幅反応ではDNA複製がこの領域まで及ぶので、目的のDNA断片に隣接して任意の遺伝子配列を挿入できるので便利である。制限酵素部位を組込んでおくと、増幅されたDNA断片の両端の新たに導入した制限酵素部位で切断してベクターに挿入できるので、適当な制限酵素のみつからない遺伝子領域をクローン化する手段として応用できる。またT7 RNAポリメラーゼのプロモーターなどを組込んでおけば、そのままRNA合成の基質として用いることも可能である。宿主内での発現に必要なエレメントをワンセットで両端に組込み、そのまま標的DNA配列を発現させることも可能であり、これをEC PCR(expression cassette PCR, 発現カセットPCR)とよぶ。

**アダプチン** [adaptin] クラスリン被覆小胞において、クラスリン分子と受容体との間に介在し、被覆の一部をなす分子をアダプター(adaptor)とよぶ。いくつかのサブユニットから成り、その一つ一つがアダプチンとよばれる。クラスリン被覆小胞は、受容体を介したエンドサイトーシス*や、ゴルジ体*からエンドソーム*への輸送に関与していると考えられている。この二つの過程で、似てはいるが異なる種類のアダプチンが働いている。また、ゴルジ体内の層板間輸送や小胞体-ゴルジ体間輸送に働く非クラスリン被覆小胞の被覆タンパク質もアダプチンと相同性をもつ一群のタンパク質(COP)から成る。(→被覆小胞)

**ADAMファミリー** [ADAM family] ADAMはadisintegrin and metalloproteaseの略。ADAMタンパク質はいくつかの機能ドメイン(下図参照)をもつ、お

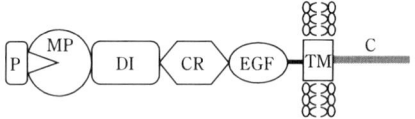

P：プロドメイン　MP：メタロプロテアーゼドメイン　DI：ディスインテグリンドメイン　CR：システインリッチドメイン　EGF：EGF様ドメイン　TM：膜貫通ドメイン　C：細胞内ドメイン

ADAMタンパク質の機能ドメイン

もに膜型の$Zn^{2+}$依存性メタロプロテアーゼ*で、1990年代中ごろにヘビ毒*に相同性をもつ分子ファミリーとして同定された。同じく膜型の増殖因子*やサイトカイン*、受容体*、接着因子などの細胞外領域を切断し(エクトドメインシェディング、ectodomain shedding)、それらの活性を制御する機能をもつ。細胞間、または細胞-細胞外マトリックス間の相

互作用に重要な役割を果たし，代表的なものとして受精に関わるファーティリンα,β(ADAM 1, 2)，神経分化にかかわるクズバニアン(ADAM 10)，筋形成や肥満にかかわるメルトリンα(ADAM 12)，ホルボールエステル依存的な切断にかかわる TACE(TNF-α converting enzyme; ADAM 17) などがある．

**圧受容器反射** [baroreceptor reflex, pressure-receptor reflex] ⇌ 容量受容器

**圧力ジャンプ法** [pressure jump method] 平衡系に 100～200 気圧の急速な圧力変化を断熱的に与え，新しい平衡系への移行過程を観測する方法．標準体積変化 ΔV の大きな反応系ほど圧力変化に伴う平衡定数の変化は大きいので，生体高分子の立体構造変化など，ΔV の大きな可逆反応系の解析に適している．圧力を上げ，急激に金属隔膜を破る水圧法や衝撃波を使う方法があり，$10^{-7}$～10 秒の時間領域の反応の研究に適している．

**アディポネクチン** [adiponectin] 脂肪細胞特異的に発現して分泌されるホルモン*であり，インスリン感受性増強作用と抗動脈硬化作用をもつ．N 末端側にコラーゲン様ドメインを，C 末端側に球状ドメインをもち，補体*の C1q と最も相同性が高い．細胞膜表面に存在する受容体，AdipoR1, AdipoR2 と結合し，AMP キナーゼ*や PPARα を活性化して，脂肪酸燃焼や摂取込みの促進，糖新生の抑制などを介して糖・脂質代謝を制御するほか，ミトコンドリア機能維持，酸化ストレス消去，抗炎症などに重要な役割を果たす（⇌ ペルオキシソーム増殖活性化受容体）．血中ではアルブミンと結合した三量体，六量体，それ以上の高分子量多量体(HMW)として存在し，肥満に伴ってアディポネクチン，特に高活性型の HMW が低下することが，メタボリック症候群*や糖尿病*のみならず，がんや脂肪肝，慢性腎臓病や子宮内膜症などの生活習慣病*の大きな原因となっていると考えられる．ヒト髄液中においては血中の 1000 分の 1 程度となり，アルブミンと結合した三量体がおもに存在しており，視床下部において AMP キナーゼなどを活性化し，摂食行動やエネルギー代謝の制御にかかわる可能性が示唆されてきている．

**アテニュエーション** [attenuation] ＝転写減衰

**アテニュエーター** [attenuator] 転写減衰*(アテニュエーション)を起こす DNA 塩基配列．この配列はリーダーペプチド*のコード領域と，これに続くρ非依存性ターミネーター*から成る．リーダーペプチドにはそのオペロン最終産物のアミノ酸残基が含まれていて，このアミノ酸が存在してペプチド合成が完了すると，mRNA に転写終結を誘導するターミネーター構造(G-C 対合の多いヘアピン)が形成される．トリプトファンオペロン*のアテニュエーター終結シグナル(trpA)は強力で，組換え DNA の転写を終結させる目的に利用される．

**アデニリルイミドニリン酸** [adenylyl imidodiphosphate] ATP 類似体の一種で，AMP-P(NH)P，AMP-PNP などと略記される．$C_{10}H_{17}N_6O_{12}P_3$，分子量 506.20．ATP を要求する酵素などのタンパク質の ATP 結合部位に作用するが，一般に加水分解されにくいため，タンパク質への ATP 結合の効果と加水分解の影響とを区別して研究する目的で用いられる．同様な類似体にアデニリルメチレンニリン酸(AMP-PCP)などがある．

**アデニリル化** [adenylylation] アデノシン 5′-三リン酸*(ATP)に由来する 5′-アデニリル基がホスホジエステル結合*により物質を修飾することをいう．この反応はピロリン酸*を遊離して不可逆的に進行する．アミノアシル tRNA* 合成反応の中間体であるアミノアシルアデニル酸*や，DNA リガーゼ*反応の中間体としてのリガーゼ-AMP 複合体など活性化体を形成する場合と，大腸菌のグルタミンシンテターゼのように AMP 複合体の形成により酵素が不活性化される場合もある．

**アデニリルシクラーゼ** [adenylyl cyclase] ＝アデニル酸シクラーゼ

**アデニル酸** [adenylic acid] アデノシン一リン酸(adenosine monophosphate, AMP)ともいう．$C_{10}H_{14}N_5O_7P$，分子量 347.22．アデノシンのリン酸エステルであるヌクレオチド．2′-，3′-，および 5′- の 3 種類の異性体が存在する．[1] 2′-アデニル酸：2′-AMP と略記．RNA のアルカリ加水分解により 3′-アデニル酸とともに得られる．[2] 3′-アデニル酸：3′-AMP と略記．RNA をリボヌクレアーゼ T2 などにより加水分解することにより得られる．[3] 5′-アデニル酸：アデノシン 5′-リン酸*ともいう．5′-AMP と略記．また単に AMP と表した時はこれをさす．RNA をヘビ毒ホスホジエステラーゼなどにより加水分解することにより得られる．イノシン酸からアデニロコハク酸を経て生成する．アデノシンからはアデノシンキナーゼ*により生成する．再利用経路*においてアデニンからホスホリボシルトランスフェラーゼの作用により生成する．

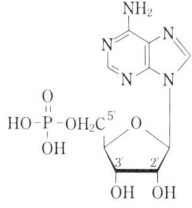

5′-アデニル酸(AMP)

**5′-アデニル酸** [5′-adenylic acid] ＝アデノシン 5′-リン酸

**アデニル酸キナーゼ** [adenylate kinase] EC 2.7.4.3．アデニル酸*をリン酸化する下記の反応

$$AMP + ATP \longrightarrow 2\,ADP$$

を触媒する酵素で，AMP が高エネルギー化合物 ATP に変換する第一段階を担う．ミオキナーゼ(myokinase)ともよばれるこの酵素は細菌や粘菌をはじめ広く生物界に分布し，動物細胞ではミトコンドリア*

や筋小胞体*に分布する。ATPが大量に消費される時(筋収縮*など)，ADPをもとにして逆反応によりATPを産生・供給する役割をもつとも考えられている。

**アデニル酸シクラーゼ** [adenylate cyclase] アデニリルシクラーゼ(adenylyl cyclase)，アデニルシクラーゼ(adenyl cyclase)ともいう。EC 4.6.1.1. $Mg^{2+}$ または $Mn^{2+}$ 存在下に

$$ATP \rightleftharpoons 3',5'\text{-}cAMP + PP_i$$

の反応を触媒するおもに細胞膜結合型の酵素であり，細菌，酵母から哺乳動物まで広く存在する。生体内では $PP_i$ のピロホスファターゼによる分解により，反応はほぼ不可逆的にcAMP合成方向に進む。本酵素活性はさまざまな細胞外シグナルにより制御され，生じたcAMPは細胞内セカンドメッセンジャー*として働く。大腸菌では，CYA遺伝子の産物であり，培地中グルコースにより活性が抑制されカタボライト抑制*現象に関与している。この調節にはホスホエノールピルビン酸：糖転移系(PTS system)が関与している。出芽酵母ではCYR1遺伝子の産物(2026アミノ酸残基)であり，GTPを結合した活性型のRas*タンパク質の作用により活性化される。中央部の反復配列ロイシンリッチリピート*がRasタンパク質結合部位である。グルコース刺激がGDP-GTP交換因子*であるCDC25遺伝子産物を介してRasタンパク質を活性化し，その結果本酵素が活性化される。哺乳動物ではさまざまなホルモン，神経伝達物質などの受容体からの細胞内シグナル伝達に関与する。一般にリガンドと結合した受容体は，ヘテロ三量体GTP結合タンパク質* $G_s$, $G_i$ のGDP-GTP交換反応を促進して活性化し，遊離された $G_s$, $G_i$ の $\alpha$ サブユニット(GTP結合型)により本酵素活性はそれぞれ促進または抑制される。現在8種類の型(I～VIII)(1064～1248アミノ酸残基)が知られ，いずれも基本的には6個の膜貫通セグメントより成るドメインとATP結合配列をもつ細胞内ドメインが交互に2回繰返した構造をしている(図)。いずれの型も脳に存在し，フォルスコリンや

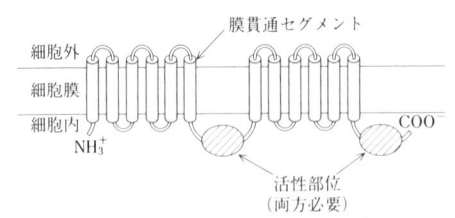

哺乳動物アデニル酸シクラーゼの基本構造

$G_s$ によって活性化され，アデノシン誘導体で阻害されることは共通しているが，他の調節機構および脳内や末梢での局在部位は異なる。I, III, VIII型は $Ca^{2+}$/カルモジュリンにより活性化，IV, V型は低濃度の $Ca^{2+}$ により阻害されるなど，$Ca^{2+}$ シグナル伝達系と

のクロストークがある。また，ヘテロ三量体GTP結合タンパク質の遊離型 $\beta\gamma$ サブユニットがI型を阻害，II, IV型を活性化するなどの複雑な調節を受けている。アメフラシ，ショウジョウバエ(rutabaga 突然変異体)を用いた実験からI(VIII)型は記憶*や学習*に重要であることが示唆されている。

**アデニルピロホスファターゼ** [adenylpyrophosphatase] ＝ATPアーゼ

**アデニン** [adenine] ＝6-アミノプリン(6-aminopurine)。$C_5H_5N_5$，分子量135.13。核酸，ATP，および補酵素(NAD, FAD, CoAなど)の構成成分となるプリン*塩基。Adeと略記。DNA二本鎖中においてチミンと2個の水素結合を介し結合している。同じく，RNAの構成塩基のウラシルとも2個の水素結合を介し結合しうる。また，フーグスティーン型塩基対*においてもチミンと対合する。アデニンはホスホリボシルトランスフェラーゼによりアデニル酸*から生成し，逆に同酵素によりアデニル酸に変換される。後者は，再利用経路*の一つである。

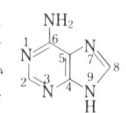

**アデノウイルス科** [Adenoviridae] 動物ウイルスの科の一つ。宿主が哺乳類のマストアデノウイルス属と，鳥類のアビアデノウイルス属がある。1953年W. Roweらにより，アデノイド組織の培養中に伝染性の細胞変性因子として発見された。呼吸器，目などに炎症をひき起こすことが知られている。ヒトアデノウイルスには51の型があり，それらは血液凝集反応の違いやDNA配列の類似性に基づいて，A～Fの六つの亜群に分類される。A亜群は新生仔ハムスターに対して強い発がん性を示すが，B亜群は発がん性が弱く，C～F亜群は発がん性をもたない(⇒DNA腫瘍ウイルス)。ウイルス粒子は直径65～80 nmの正二十面体で，エンベロープ*をもたない。約36 kbpの線状二本鎖DNAをゲノムにもち，これにコアタンパク質が結合してコアを形成する。コアを包んでいる正二十面体のキャプシドは，頂点に位置するペントンキャプソメア(ファイバーとペントンベースから成る)と240個のヘキソンとから構成されている。アデノウイルスの遺伝子発現は時間的に制御されており，ウイルスDNAの複製前に発現する初期遺伝子*と，複製後に発現する後期遺伝子*とに大別される。感染の初期にはE1A*，E1B*，E2A, E2B, E3, E4という六つの領域が転写され，選択的スプライシング*により複数のmRNAが合成される。E1A遺伝子産物はウイルスおよび宿主細胞遺伝子の転写を調節し，E1Bは宿主細胞のタンパク質合成を阻害する。E1AとE1Bはがん遺伝子であり，アデノウイルスによってトランスフォームした細胞のゲノムにはこれらの遺伝子が組込まれ，発現している。E2AとE2B領域にはウイルスDNAの複製に関与する3種類のタンパク質がコードされている。E3遺伝子産物は宿主細胞の免疫系の抑制に関与している。感染後6～8時間するとウイルスDNAの複製が開始する。線状のウイルスDNAの両末

端には約 100 bp の逆方向末端反復配列(inverted terminal repeat, ITR)が存在し，複製起点を含んでいる．ITR に結合したプレ末端タンパク質に dCMP が転移するとこれがプライマーとして働き，ウイルスにコードされた DNA ポリメラーゼによる複製が開始する．この反応には NFI，NFIII といった宿主細胞因子も関与している．感染の後期になると，後期遺伝子の転写が優勢となる．後期 mRNA の大部分は主要後期プロモーターから単一の転写産物として合成され，転写後のプロセシングにより L1～5 という 5 群の mRNA を生じる．後期遺伝子にはビリオンの構成成分や，ビリオンの集合過程に関与するタンパク質などがコードされている．E1A 遺伝子を欠損したアデノウイルスは通常の細胞には感染するが増殖はできないという性質により安全な遺伝子運搬ベクターとして遺伝子治療＊にも利用されている．

**アデノウイルスベクター**［adenoviral vector］ アデノウイルス＊を利用した遺伝子導入用ベクター．アデノウイルスゲノムのうち，ウイルスの複製には必須ではない E3 遺伝子を外来遺伝子に置換した複製可能型ベクターと，ウイルスゲノム DNA 複製に必須な E1 遺伝子を除去した複製欠損型ベクターが作製されている．複製欠損型の場合，E1 領域にプロモーター＊と外来遺伝子を挿入し，E1 遺伝子を恒常的に発現する細胞に DNA の形で導入することで，ウイルス粒子を作製する．作製された複製欠損型ウイルス粒子は E1 遺伝子の欠失により E1 遺伝子を発現しない一般の細胞では増殖できない．ヒトアデノウイルス 5 型由来のベクターに関しては，哺乳類，鳥類の組織由来の分裂細胞，非分裂細胞を問わず遺伝子導入＊が可能である，高力価のベクターの作製が容易などの利点がある．一方で，導入された遺伝子は一過的な発現を示すこと，ウイルス受容体を発現しない細胞には導入不可能であることなどの注意すべき点がある．

**アデノサテライトウイルス**［Adeno-satellite virus］＝アデノ随伴ウイルス

**S-アデノシルメチオニン**［S-adenosylmethionine］活性メチオニン(active methionine)，メチオニルアデノシン(methionyl adenosine)ともいう．略称 AdoMet．$C_{15}H_{23}N_6O_5S$，分子量 399.45．メチオニンアデノシルトランスフェラーゼにより，ATP とメチオニンから合成される．タンパク質，核酸のメチル化＊の際のメチル基供与体である．メチルトランスフェラーゼにより，メチル基を転移した後，S-アデノシルメチオニンは，S-アデノシルホモシステインとなる．さらにアデノシルホモシステイナーゼにより分解され，アデノシンとホモシステインとなる．ホモシステインは，シスタチオニンを経て，システインとなる経路と，ベタイン-ホモシステインメチルトランスフェラーゼによりメチオニンが再生される経路により代謝される(図 b)．S-アデノシルメチオニンは，プロピルアミンの供与体ともなり，ポリアミン＊(プトレッシン，スペルミン，スペルミジンなど)合成にも関与する．

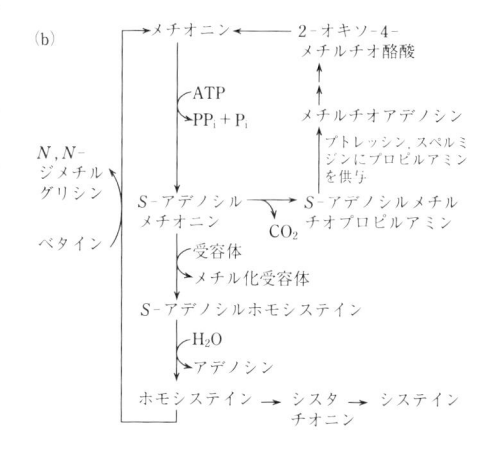

**アデノシン**［adenosine］ ＝6-アミノ-9-β-D-リボフラノシル-9H-プリン(6-amino-9-β-D-ribofuranosyl-9H-purine)．$C_{10}H_{13}N_5O_4$，分子量 267.24．アデニン＊を塩基部分に含むリボヌクレオシド．A および Ado と略記．RNA，および補酵素(NAD，FAD，CoA など)に含まれ，それらを加水分解することにより得られる．生体内において，5'-ヌクレオチダーゼによりアデニル酸＊から生成し，アデノシンキナーゼ＊によりアデニル酸に変換される．また，アデノシンデアミナーゼ＊により脱アミノされてイノシン＊となる．

**アデノシンアミノヒドロラーゼ**［adenosine aminohydrolase］ ＝アデノシンデアミナーゼ

**アデノシン一リン酸**［adenosine monophosphate］＝アデニル酸

**アデノシンキナーゼ**［adenosine kinase］ EC 2.7.1.20．アデノシン＊を ATP によってリン酸化して，アデニル酸＊をつくる反応を触媒する酵素．アデノシンのほかにデオキシアデノシン，イノシン＊が基質となりうる．酵母，哺乳動物の肝臓，腎臓などに広く存在しており，最適 pH は 6.0，また $Mg^{2+}$，$Mn^{2+}$ により賦活される．

**アデノシン 5'-三リン酸**［adenosine 5'-triphosphate］ ATP と略す．$C_{10}H_{16}N_5O_{13}P_3$，分子量 507.18．アデノシン＊のリボースの 5 位ヒドロキシ基にエステル結合でリン酸 3 分子が連結したヌクレオチドをいう．リン酸基間の結合は高エネルギーリン酸結合である．pH 7 で 259 nm に吸収極大を示し，そのモル吸光

係数は $1.54 \times 10^4$ である．1 N HCl 中 100℃，10 分の加熱で 66 % の無機リン酸が遊離する．中性条件ではかなり安定である．動植物や酵母，細菌など広く生体中に存在する．生体のエネルギー伝達体としてエネルギー代謝に重要な役割を果たしている．RNA 合成の直接の前駆物質である．ATP は ADP とリン酸に加水分解される時，中性条件で 1 mol 当たり 7.3 kcal のエネルギーを放出する（標準自由エネルギー変化*量）．ATP の加水分解反応により生じる自由エネルギーの変化は生体におけるエネルギー要求反応に共役して反応進行の推進力となる．ATP は好気的代謝において，酸化的リン酸化*反応によって，嫌気的代謝においてよりも効率よく生産される．光合成生物においては光リン酸化*によって生産される．ATP は生体内で，ADP とリン酸，または AMP とピロリン酸に分解されて利用される．

**アデノシン受容体** [adenosine receptor] ストレスなどで細胞から放出されたアデノシン*が特異的に結合して刺激する細胞膜受容体．心筋，平滑筋，脳，血小板，腎臓，白血球などに広く存在している．その生理作用は組織により異なっている．アデノシン類似体に対する選択性の違いから，A1 と A2 の二つに分けられる．A1 アデノシン受容体がアデニル酸シクラーゼ*を抑制するのに対し，A2 アデノシン受容体はアデニル酸シクラーゼを促進する．

**アデノシンデアミナーゼ** [adenosine deaminase] ADA と略す．EC 3.5.4.4．アデノシンアミノヒドロラーゼ（adenosine aminohydrolase）ともいう．アデノシン*の 6 位のアミノ基を加水分解的に脱アミノして，イノシンとアンモニアを生じる反応を触媒する酵素．高等動物の諸器官や微生物，がん細胞などに広く存在している．本酵素の欠損は T，および B リンパ球の機能不全を起こし，先天性複合免疫不全症の原因となる．（⇨ アデノシンデアミナーゼ欠損症，遺伝子治療）．

**アデノシンデアミナーゼ欠損症** [adenosine deaminase deficiency] ADA 欠損症ともいう．アデノシンデアミナーゼ*（ADA）はアデノシン，2′-デオキシアデノシンや 6-アミノプリンヌクレオシドの脱アミノ反応を触媒する酵素であり，第 20 染色体に位置するその遺伝子の変異（おもに点突然変異）により ADA 欠損症をひき起こす．本異常症は常染色体劣性遺伝形式をとり（⇨ 常染色体劣性疾患），T リンパ球の量的ならびに質的異常による重症複合免疫不全症*（SCID）の表現型をとる．一般に患児は生下時より無菌生活を余儀なくされる．治療法としては通常は同種造血幹細胞移植，ポリエチレングリコール ADA 製剤の投与などが行われている．最近ではレトロウイルスベクターを用いた遺伝子治療*が試みられている．患児の T リンパ球に ADA 遺伝子を導入して反復投与する方法や，1990 年には米国で初の遺伝子治療試験が行われ，ADA 遺伝子の欠損をレトロウイルスベクターを用いて補充することに成功している．その後，日本でも 1995 年に ADA 欠損症に対する遺伝子治療が開始された．（⇨ プリン代謝異常）

**アデノシントリホスファターゼ** [adenosinetriphosphatase] ＝ATP アーゼ

**アデノシン 5′-二リン酸** [adenosine 5′-diphosphate] ADP と略す．$C_{10}H_{15}N_5O_{10}P_2$，分子量 427.20．アデノシンのリボースの 5′ 位ヒドロキシ基にリン酸基が 2 分子連続してエステル結合したヌクレオチドをいう．1 個の高エネルギーリン酸結合をもつ．pH 7 で 259 nm に吸収極大を示し，そのモル吸光係数は $1.54 \times 10^4$ である．ATP をアデノシントリホスファターゼ（⇨ ATP アーゼ）で加水分解すると生成する．生体内ではほとんどすべての生物に存在するアデニル酸キナーゼ*により ATP と AMP から合成される．生体内におけるリボヌクレオチドからデオキシヌクレオチドへの変換は通常ヌクレオシド二リン酸の段階で起こり，ADP はリボヌクレオチドレダクターゼによりデオキシ ADP に還元される．細菌ではポリヌクレオチドホスホリラーゼ*による RNA の加リン酸分解によっても生合成される．酵素による糖やタンパク質の ATP を利用したリン酸化反応においても生成する．

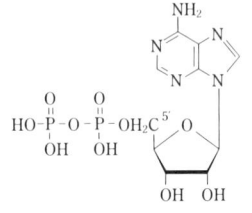

**アデノ随伴ウイルス** [*Adeno-associated virus*] アデノサテライトウイルス（adeno-satellite virus）ともいう．AAV と略される．パルボウイルス科の一属に分類され，直径 20 nm の正二十面体状粒子である．遺伝子は分子量 $1.5 \times 10^6$ の直鎖状一本鎖 DNA で，(＋) 鎖とそれに相補的な (－) 鎖をもつ粒子が等量ある．自己増殖能はなく，増殖にはヘルパー依存性でアデノウイルス*やヘルペスウイルス*との混合感染を必要とする（⇨ 複製欠損性ウイルス）．単独で感染すると潜伏感染し，第 19 染色体に組込まれる．大部分の成人に抗体が検出されるが，病気とは無関係と考えられる．遺伝子導入用ベクターとして開発されている．（⇨ サテライトウイルス）

**アデノーマ** ＝腺腫

**アデューシン** [adducin] 赤血球および非赤血球細胞の膜骨格を構成するヘテロ二量体タンパク質で，分子量 103,000（α 鎖）と 97,000（β 鎖）から成り，スペクトリン*のアクチンへの結合を促進し膜直下網目構造の構築に関与する．この機能はカルシウムとカルモジュリン*により抑制される．両鎖とも，プロテアーゼ抵抗性で球状の頭部（N 末端）と感受性でらせん状の

尾部（C 末端）より成り，尾部はプロテインキナーゼC*やプロテインキナーゼA（サイクリック AMP 依存性プロテインキナーゼ*）などでリン酸化修飾される．β鎖尾部にカルモジュリン結合部位がある．

**アテローム性動脈硬化** [atherosclerosis]　粥（じゅく）状動脈硬化ともいう．動脈の内膜が，マクロファージ*が脂肪を貪食し細胞内に大量の脂肪滴を含有するようになった泡沫細胞*の集族，平滑筋細胞の増殖，膠原繊維，弾性繊維などの細胞間マトリックスの増加により肥厚し，動脈内腔の狭窄をきたした状態をいう．病理学的に脂肪線条→繊維斑→複合病変と病変が進行するとともに血管内腔の狭窄が進行し，ついには心臓，脳，四肢など各臓器の虚血による臓器障害（心筋梗塞，脳梗塞など）をきたす．高ホモシステイン血症はアテローム性動脈硬化性疾患の基盤となる代謝異常症として注目されているが，ホモシステインをメチオニンに変換する反応に必要なメチレンテトラヒドロ葉酸還元酵素（MTHFR）遺伝子の変異により血中ホモシステイン量が変化することが知られている．Toll様受容体*（TLR）シグナル伝達が LXR 依存性経路を阻害することによって，病原体がマクロファージのコレステロール処理を阻害してアテローム性動脈硬化症を促進する機構も知られている．

**アドヘレンスジャンクション** [adherens junction]　＝接着結合，接着帯

**アドリアマイシン** [adriamycin]　＝ドキソルビシン（doxorubicin）．$C_{27}H_{29}NO_{11}$，分子量 543.53．放線菌 *Streptomyces peuceticus* var. *caesius* の生産するアントラサイクリン系抗生物質*の一つで，悪性リンパ腫，消化器がん，肺がん，乳がんに優れた制がん効果を示す．抗細菌作用もある．ダウノルビシン（daunorubicin），アクラルビシン（aclarubicin），ピラルビシン（pirarubicin），エピルビシン（epirubicin）などのアントラサイクリン系抗生物質も制がん剤*として用いられている．DNA の塩基対間にインターカレートする結果，トポイソメラーゼⅡならびに RNA ポリメラーゼおよび DNA ポリメラーゼ反応を阻害することがおもな作用機作である（⇌インターカレート剤）．また，DNA の一本鎖切断も起こす．

**アドレナリン** [adrenalin(e)]　＝エピネフリン（epinephrine）．$C_9H_{13}NO_3$，分子量 183.21．カテコールアミン*に分類される生体アミンの一つ．チロシンを前駆体とし，ドーパミン*，ノルアドレナリン*を経て生合成される．モノアミンオキシダーゼ*およびカテコール-O-メチルトランスフェラーゼなどによりバニリルマンデル酸*に分解される．副腎髄質細胞，交感神経節細胞などのクロマフィン細胞*に存在しており，おもにカルシウム依存性のエキソサイトーシスにより細胞外へ放出される．αアドレナリン受容体*に高い親和性を示す．

**アドレナリン作動性ニューロン** [adrenergic neuron]　アドレナリン性ニューロンともいう．神経伝達物質*の一種であるアドレナリン*あるいはノルアドレナリン*を生合成，貯蔵および放出する機能をもつニューロン（神経細胞）であるが，一般的にはノルアドレナリンを含有するニューロン，ノルアドレナリン作動性ニューロン（noradrenergic neuron）をさす．このニューロンにはノルアドレナリンの生合成に関与するチロシンヒドロキシラーゼ*（カテコールアミン生合成の律速酵素），芳香族 L-アミノ酸デカルボキシラーゼ*，ドーパミン β-ヒドロキシラーゼが存在しているが，ドーパミン作動性ニューロンには前二者のみが含有されており，ドーパミン β-ヒドロキシラーゼは存在しないので，ドーパミン*からノルアドレナリンへの代謝的変換はみられない．形態学的特徴として，神経系における細胞数は少なく，長い軸索と数多くの神経終末をもつ．このニューロンの支配領域は広く，かつその生理的役割には不明の点が多い．ノルアドレナリン作動性ニューロンにより形成される神経系には，中枢神経系では，青斑-皮質路，網様体-視床下部路，脳室周囲系，延髄-脊髄路が知られている．青斑-皮質路は青斑核背側部を起始部とし軸索は背内側被蓋を上行し，内側前脳束を経由して大脳皮質に至るとともに，中脳視蓋，視床などの脳幹部へ側枝を出す．大脳皮質では，その神経終末の分布はび慢性であるが，特に第 1 層から第 4 層までの分布密度は，これ以下の深層より高い．精神機能，運動機能，自律神経機能などの調節に関与する．網様体-視床下部路は延髄を起始部とし，内側前脳束を通ってその神経終末は視床下部にある．視床下部は自律神経系の上位中枢であることから，自律神経系の機能調節に関与するとともに，下垂体機能の調節も行うと考えられている．脳室周囲系のノルアドレナリン作動性ニューロンは網様体-視床下部路に含まれる場合もあり，知覚機能，自律神経系機能，および下垂体機能の調節に関与すると考えられている．延髄-脊髄路は青斑核より始まり，その軸索は脊髄の側索，前索を下行し，脊髄灰白質に終わる．側角細胞周辺には神経終末の分布密度がきわめて高く，後角膠様質，前角運動細胞などにおける分布密度は中等度である．運動機能，知覚機能を脊髄レベルで調節しているといわれている．アドレナリンを含有する一群の神経細胞群（狭義のアドレナリン作動性ニューロン）が中枢神経系にも存在しており，細胞体は延髄尾部に存在し，上行繊維は迷走神経背側角，青斑核，中脳中心灰白質，前脳基底核などに終わり，下行性繊維は側索を経由して脊髄側角に終わる．自律神経系および内分泌系の機能を調節すると考えられている．（⇌カテコールアミン作動性ニューロン）

**アドレナリン受容体** [adrenergic receptor]　アド

レナリン性受容体ともいう．神経伝達物質*の一種であるノルアドレナリン*およびクロマフィン細胞*から放出されるアドレナリン*により活性化される受容体．薬理学的には α アドレナリン受容体*と β アドレナリン受容体*に分類され，前者はさらに $\alpha_1$ および $\alpha_2$ アドレナリン受容体に細分される．$\alpha_1$，$\alpha_2$ および β アドレナリン受容体は分子クローニングによりさらにそれぞれ三つの亜型に分類されている．α アドレナリン受容体はノルアドレナリンに比べてアドレナリンにより高い親和性をもち，一方，β アドレナリン受容体はノルアドレナリンにより高い親和性を示す．アドレナリン受容体のすべてのサブタイプのアミノ酸配列が分子クローニングにより決定されており，いずれも細胞膜を7回貫通し，G タンパク質*との機能的共役を介して細胞内シグナル伝達系の機能調節を行う（図参照）．受容体タンパク質の N 末端は細胞外にあ

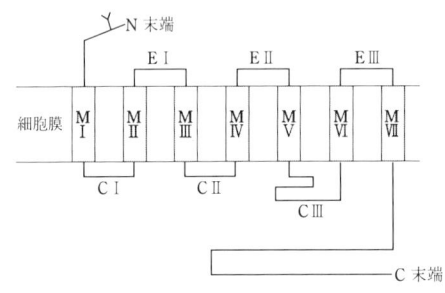

EI〜Ⅲ：細胞外ループ，CI〜Ⅲ：細胞内ループ，MI〜Ⅶ：細胞膜貫通領域，Y：糖鎖結合部位

り，1〜3個の糖鎖結合部位を含んでいる（糖鎖はアスパラギン残基と結合する）．C 末端は細胞内にあるが，C 末端のシステイン残基は細胞膜のパルミチン酸と共有結合しており，この結合は受容体タンパク質の細胞膜への固着に重要な役割を果たしていると考えられている．2および3番目の膜貫通領域に存在するアスパラギン酸のカルボキシ基は，ノルアドレナリンなどのアミノ基を含む側鎖と静電気的に結合し，5〜7番目の膜貫通領域に存在するセリン，フェニルアラニンおよびチロシン残基は，カテコール環のヒドロキシ基と共有結合することによりリガンド結合領域を形成すると考えられる．細胞内に形成されている2および3番目のループは，タンパク質リン酸化酵素によりリン酸化を受けるセリンおよびトレオニン残基を含んでおり，G タンパク質との共役に重要な部位と考えられている．$\alpha_1$ アドレナリン受容体はシナプス後部の細胞膜に存在しており，$G_q$ タンパク質を介してホスホリパーゼ C を活性化し，イノシトールトリスリン酸とジアシルグリセロールの生成を促進する．$\alpha_2$ アドレナリン受容体はシナプス前部（神経終末）に局在し，自己受容体としての機能を果たす．$G_i$ タンパク質を介してアデニル酸シクラーゼ活性を抑制している．サブタイプによっては $K^+$ チャネルの活性化や $Ca^{2+}$ チャネルの抑制を行う．β アドレナリン受容体は $G_s$ タンパク質と共役してアデニル酸シクラーゼを活性化させる．

**アドレナリン性受容体** ＝アドレナリン受容体
**アドレナリン性ニューロン** ＝アドレナリン作動性ニューロン
**アドレノメデュリン**［adrenomedullin］　AM, ADM と略す．1993年にラット血小板中の cAMP 増加活性を指標に，ヒト副腎髄質由来の褐色細胞腫より単離されたアミノ酸52残基から成るペプチドホルモン．ラットでは50残基から成る．カルシトニン遺伝子関連ペプチド*（CGRP），アミリンとともにファミリーを形成する．2004年にはゲノム情報に基づき，AM-2/インターメジン（IMD）とよばれる第二の AM が同定された．哺乳類以外にも魚類や両生類に存在するが，魚類では5種類の AM が同定されている．循環器系，消化器系，中枢神経系など生体内のさまざまな部位で遺伝子発現が認められ，おもに副腎髄質で産生されるが，血中の AM は血管内皮および平滑筋細胞で産生，分泌されたものである．末梢血管拡張性の降圧作用，心拍数増大，気管支拡張，Na 利尿，摂食抑制，内分泌調節作用，細胞増殖抑制作用などの生理作用をもつ．AM 受容体はおもに肺や心臓，腎臓，血管などの循環器系に存在し，カルシトニン受容体様受容体（calcitonin receptor-like receptor, CRLR）と receptor activity-modifying protein（RAMP）-2 または RAMP-3 との複合体によって形成される．

**アドレノロイコジストロフィー** ＝副腎白質ジストロフィー
**アトロピン**［atropine］　＝dl-ヒヨスチアミン（dl-hyoscyamine）．トロパ酸とトロピンのエステル化合物．ムスカリン性アセチルコリン受容体*と結合し，アセチルコリン*のムスカリン様作用を抑制する．ナス科のベラドンナに主として含まれるアルカロイドである．アセチルコリンは副交感神経系終末の伝達物質なので，アトロピンは副交感神経系支配の多くの器官，組織に作用する．顕著なものは点眼による瞳孔括約筋麻痺による散瞳，中枢性の筋緊張，運動制御機構抑制などが臨床的に眼科領域やパーキンソン病治療に利用される．

**アトロプ異性体**［atropisomer］　⇌ 異性体
**アナトキシン**［anatoxin］　＝トキソイド
**アナフィラキシー**［anaphylaxis］　アレルギー*反応の中で急速に激しい症状を呈したものをいう．IgE* クラスの抗体が抗原と反応した場合や血中 IgG が抗原抗体反応を起こし大量の補体*が活性化された場合にみられる．マスト細胞・好塩基球などからヒスタミン*などの化学伝達物質が放出され，末梢血管の拡張による血圧低下，気管支平滑筋の収縮による呼吸困難などが生じる．予防（prophylaxis）を目的とした抗原接種が，2回目の抗原接種時に逆に悪い結果が生じたことに由来する言葉．

**アナフィラトキシン**［anaphylatoxin］　⇌ 補体
**アナボリックステロイド** ＝タンパク質同化ステロイド

**アナボリックホルモン**［anabolic hormone］ ⇌ 同化作用

**アナンダミド**［anandamide］ 不飽和脂肪酸のエタノールアミド．アラキドン酸，ビスホモ-γ-リノレン酸，7,10,13,16-ドコサテトラエン酸とエタノールアミンがアミド結合したもの．マリファナの有効成分のカンナビノイド受容体*が脳・精巣・脾に存在するが，その内因性リガンドとしてブタ脳から単離同定された．電気刺激による輸精管収縮を阻害し，全身投与では体温降下・運動低下・カタレプシーなどが認められる．

アラキドン酸を含むアナンダミド

**アニーリング**［annealing］ 変性して一本鎖になったDNAが適当な条件下で，相補的塩基対同士会合して二本鎖分子になること．(⇌ 相補的塩基対形成，再生【2】)

**アネキシン**［annexin］ $Ca^{2+}$存在下でFアクチンや酸性リン脂質と結合するタンパク質．分子量約36,000．初期にはsrcがん遺伝子(⇌ src遺伝子)チロシンキナーゼの基質としてp36が，上皮増殖因子(EGF)受容体*チロシンキナーゼの基質としてp35が同定された．それ以後，それぞれがカルパクチン(calpactin)ⅠとⅡとに区別された．現在，前者はアネキシンⅡまたはリポコルチン*Ⅱ，後者はアネキシンⅠ(またはリポコルチンⅠ)とよばれる．前者は単量体(p36)とヘテロ四量体$(p36)_2(p10)_2$とがあり，エンドソーム*や分泌顆粒と細胞膜の融合を介助する．後者はエンドサイトーシス*で取込まれたEGF・受容体複合体によりリン酸化され，エンドソームの小胞化に関与する．

**アノイリン**［aneurin］ ＝ビタミン$B_1$

**アノテーション**［annotation］ 遺伝子やアミノ酸配列などの対象物に付加された生物学的な情報(注釈)のこと．注釈，注釈付けともいう．たとえば，タンパク質配列データベースでは，機能や構造，発現場所などの情報が注釈として付与される．注釈付けの方針は実施機関によって異なっており，文献などに記載された実験事実に基づいて専門家が行う場合や，計算機による予測に基づいて自動的に行う場合など幅がある．近年は遺伝子オントロジー(gene ontology)を意識した，機能に関するアノテーションの整備が進んでいる．(⇌ バイオインフォマティクス)

**Apaf-1**［Apaf-1］ apoptotic protease-activating factor-1の略．アポトーシス*の誘導に際し，ミトコンドリアから放出されるシトクロムcを感知し，カスパーゼ9の多量体化と活性化を誘導する細胞タンパク質．アミノ末端側から，CARD(caspase recruitment domain)，NOD(nucleotide-binding and oligomerizaiton-domain)，WD40リピートの各領域から成る．WD40リピートでシトクロムcと結合，さらにNODでATPと結合し七量体化すると，CARDでカスパーゼ9と結合する．この複合体はアポトソーム(apoptosome)とよばれる．(⇌ カスパーゼ)

**アビジン**［avidin］ 卵白中に含まれ，ビオチン*と特異的に結合する塩基性糖タンパク質(等電点10)．四量体で分子量は約68,000，約8％の糖を含む．1分子当たり4分子のビオチンを結合し，非常に安定(解離定数$10^{-15}$M)な複合体を形成する．これによりビオチンはビタミンとしての活性およびビオチン酵素の補酵素としての活性を失うことが卵白の微生物感染防止に役立っている．アビジン-ビオチンの強い結合は，多くの物質や構造の標識に利用されている．(⇌ アビジン-ビオチン-ペルオキシダーゼ複合体法)

**アビジン・ビオチン-ペルオキシダーゼ複合体法**［avidin biotin-peroxidase complex method］ ABC法(ABC method)と略される．卵白中のアビジン*がビオチン*と特異的に結合することを利用して抗原を可視化する免疫組織化学*の方法．組織切片上の抗原に一次抗体を反応させ，これにビオチンを結合した二次抗体を反応させる．ここに，ビオチンを結合したペルオキシダーゼにアビジンを反応させてできた複合体を加えて二次抗体に結合させる．複合体のペルオキシダーゼ活性をDAB(3,3'-ジアミノベンジジン)反応で染色し，抗原を局在化する．染色感度は高い．最近は，オルトフェニレンジアミンやTMBZ (3,3',5,5'-テトラメチルベンジジン)，SAT-3 (N,N'-ビス(2-ヒドロキシ-3-スルホプロピル)トリジン)などの基質も用いられる．(⇌ 西洋ワサビペルオキシダーゼ，酵素免疫検定法)

**アビディティー**［avidity］ リガンドと受容体などの相互作用において，双方が多価の場合の引力(親和力)をいい，1価-1価の相互作用の固有親和力であるアフィニティー*と区別する．細胞間相互作用のように，多くの異なったリガンドと受容体が関与する見かけの相互作用力もアビディティーという場合もある．アフィニティーが熱力学的に定義されるのに対し，アビディティーは双方の価数や分布の密度などの状態に依存する．たとえば，IgM*抗体は1価の抗原に対して，二価抗体であるIgG*よりアフィニティーが低くても，10の結合部位をもつ(10価)ために，細菌や細胞などの多価抗原に対して効果的に結合できる．これがIgM抗体の高い凝集能に反映されているので，アビディティーは機能的親和力(functional affinity)ともよばれる．

**アピリミジン酸**［apyrimidinic acid］ 核酸からピリミジン*塩基が1個以上脱落したものであり，ポリヌクレオチド鎖の構造は保持されている．ヒドラジン処理などにより化学的に生成するほか，DNAグリコシラーゼ*による酵素的除去によっても生成する．複製時の取込みミスや修飾によってDNA中に存在するウラシル*残基はウラシル-DNAグリコシダーゼ*(ung遺伝子産物)による除去を経て修復されることが知られている．(⇌ アプリン酸)

**Arf**［Arf］ ADPリボシル化因子(ADP-ribosylation factor)の略．三量体GTP結合タンパク質$G_s$のα

サブユニットがコレラ毒素によってADPリボシル化\*される反応において，必須の補助因子として見いだされた低分子量GTP結合タンパク質\*である．分子量約21,000．細胞内では小胞輸送\*の過程においてゴルジ膜からの被覆小胞の出芽および形成に関与する．また，ホスホリパーゼD\*の活性化因子としても作用する．

**アファディン**［afadin］ 接着分子ネクチン\*と結合するアクチン結合タンパク質\*．上皮細胞や繊維芽細胞などではネクチンとともに接着分子カドヘリンと協調して接着結合\*（アドヘレンスジャンクション）を形成している．また，神経ではカドヘリンと協調してシナプス\*を形成している．さらに上皮細胞では密着結合\*（タイトジャンクション）の形成も制御している．アクチンフィラメント結合ドメインをもたないスプライシングバリアントも存在し，AF-6遺伝子産物に相当する．(→細胞接着，細胞接着分子)

**アフィジコリン**［aphidicolin］ $C_{20}H_{34}O_4$，分子量338.49．カビ *Cephalosporium aphidicola* 由来の抗ウイルス性抗生物質．真核細胞のDNAポリメラーゼ$\alpha$\*に対し特異的阻害作用を示すが，原核細胞のDNAポリメラーゼに対しては阻害作用を示さない．DNAポリメラーゼの$\alpha$型の判定や，DNAの複製，修復，および細胞分化や増殖の機序の解析に利用される．

**アフィニティー**［affinity］ リガンドと受容体の結合部位の真の（固有）親和力を表す．一般に，結合定数あるいはこれより換算される自由エネルギーを尺度とする．リガンドと受容体のいずれか一方が1価の場合に，実験で測定できる熱力学的に定義される量である．抗体のアフィニティーは，1価のFabフラグメント\*を用いるか，1価のハプテン\*を用いて測定できる．多価の抗原と多価の抗体との見かけの結合定数は，抗原と抗体の価数や，抗原の分布状態などに依存するので，抗原結合部位の真の親和力を必ずしも反映しない．このような系の親和力をアビディティー\*とよび，アフィニティーと区別している．

**アフィニティークロマトグラフィー**［affinity chromatography］ 生体分子がもつ親和力（バイオアフィニティー）を利用したクロマトグラフィー\*．生体分子の間では，互いを特異的に認識して結合する組合わせがある．そこでその片方（リガンド，たとえば抗原\*）をカラム用の充塡剤に共有結合させれば（固定化），相手分子（特異的抗体）だけを吸着し（親和性吸着体），それ以外の分子は素通りさせるので，きわめて効率よい精製が行える．酵素と阻害剤，DNAと結合タンパク質（→DNAアフィニティークロマトグラフィー），糖鎖とレクチン，ホルモンと受容体，タンパク質と金属元素や色素分子など多様な組合わせが利用できる．組換えDNA技術\*を用いて目的のタンパク質をタグ\*（たとえば，ポリヒスチジン，FLAG，HA，GST（グルタチオン*S*-トランスフェラーゼ）など）をつけて融合タンパク質として産生し，それぞれのタグに特異的に結合する化合物・キレート剤や抗体を固定化した担体を利用して目的のタンパク質を回収・精製する方法がよく用いられる．

**アフィニティーラテックス（粒子）**［affinity latex (particle)］ ラテックス粒子（サブミクロンの高分子粒子）に生体特異的結合をするカップル（抗原-抗体，DNA-相補RNA，DNA-タンパク質，リガンド-受容体など）の片方を結合したものをアフィニティーラテックスという．粒子上での特異結合を利用する形で，テクノロジーや検査によく使用されている（DNA診断薬）が，微量生体物質（DNA結合性転写因子など）のバッチ法での分離・精製，細胞の標識や賦活化などに使われている．(→ミクロスフェア【1】)

**アフィニティーラベル**［affinity label(l)ing］ 親和（性）標識ともいう．生体高分子，特にタンパク質に対する特殊な化学修飾法．特定の部位（たとえば酵素や抗体の特異的結合部位）を修飾して，分子認識や触媒の機構を解明することをめざす．結合部位など特別の環境にある官能基とのみ反応させるために，たとえば酵素の場合なら，基質類似物に反応性の基を導入したアフィニティーラベル試薬を用意する．目的酵素がだまされて活性部位にそれを取込むと，試薬上の反応性の基が，近傍にあるタンパク質分子上の官能基を攻撃して共有結合をつくる．標識された残基を特定すれば，活性部位の構成が判明し，酵素の機能を理解するうえでの貴重な情報になる．特定の酵素だけを失活させたり，蛍光性などのレポーターグループを導入する目的にも利用できる．例としてトリプシンの活性部位のヒスチジン残基を特異的に標識するTLCK（$N^{\alpha}$-トシル-L-リシルクロロメチルケトン $N^{\alpha}$-tosyl-L-lysyl chloromethyl ketone）などがある．ラベル試薬の反応基を，光で活性化されるものにすると効率を高めることができる．

**アフィボディー**［affibody］ 人工抗体の一種．黄色ブドウ球菌\*のプロテインA\*（SPA）のうちIgG結合領域である58アミノ酸残基を用いる．IgG\*との結合面を形成する13アミノ酸残基部位をランダムな配列に置換したライブラリーを構築し，その中から標的物質と特異的に結合するものをスクリーニングすることで標的物質に対するアフィボディーを取得する．理論上は$10^{16}$種のアフィボディーを作製することができ，スクリーニングにはファージディスプレイ\*や細菌ツーハイブリッドシステム\*などが使用される．アフィボディーは，約150 kDaの抗体と比べて約6 kDaと分子サイズが小さいため細胞膜を通過しやすい性質をもち，また熱やアルカリなどに対する耐性をもつなどの利点がある．分子造影剤としての利用やアフィニティー分離などにも利用されている．

**erbA遺伝子**［erbA gene］ 遺伝子名はerythroblastに由来する．トリ赤芽球症ウイルスの発がん遺伝子（v-*erbA*）として最初に同定されたが，細胞性原がん遺伝子（c-*erbA*）は，甲状腺ホルモン受容体\*（TR$\alpha$）

であることが後に判明した．v-erbA は c-erbA（TRα）と gag 遺伝子* が融合したもので，本来の TRα の機能はもたない．TRα は核内受容体スーパーファミリー* に属していることから，このファミリーに属する他の受容体も同様の変異により，活性型のがん遺伝子になりうることを最初に指摘した例でもある．

**アブシジン酸**［abscisic acid］　ABA と略す．植物ホルモン* の一種．セスキテルペン化合物．植物界に広く分布し，特に果実や未熟種子に多く含まれる．天然の $(S)-(+)-$ABA（図）は高い生理活性をもつ．その配糖体 ABA-1-$O$-$\beta$-$D$-グルコシルエステルも植物界に広く分布する．生理活性は，種子，球根の発芽，頂芽，茎，根の成長を抑制，組織の老化を促進，乾燥，低温などの環境ストレスに対する耐性を高める．乾燥への即時的応答としては，植物が水分不足の状態になると葉の ABA 量が急速に増加し，ABA が孔辺細胞の細胞膜に存在するプロトンポンプの活性を阻害することにより孔辺細胞への $K^+$ の輸送を妨げ気孔* を閉じさせる．ABA 合成誘導のシグナルとして，脱水による細胞の膨圧低下が感知されると考えられている（→乾燥ストレス）．ABA により誘導される多くの遺伝子（アブシジン酸誘導性遺伝子*）が知られている．ABA はアリューロン層におけるジベレリン* による α-アミラーゼ mRNA の増加を妨げる．（→アブシジン酸応答配列）

**アブシジン酸応答配列**［abscisic acid responsive element］　ABRE と略す．乾燥・塩・低温ストレス（→乾燥ストレス，水ストレス）を受けた植物体や種子において，アブシジン酸*（ABA）により発現誘導される遺伝子のプロモーター上に存在し，転写調節にかかわる特異的塩基配列であるシス因子（→ストレス応答）．植物ではストレスにより蓄積する ABA により LEA タンパク質* などの一群の遺伝子の発現が誘導され，これらの働きでストレス耐性が向上する（→アブシジン酸誘導性遺伝子）．これらの ABA 誘導性遺伝子の転写調節領域には G ボックス* に類似した PyACGTGGC 配列があり，これをアブシジン酸応答配列（ABRE）とよぶ．ABRE に結合して転写を活性化するロイシンジッパー*（bZIP）型の転写因子が単離されている．これらの転写因子にはおもに種子中で機能する ABI5（シロイヌナズナ*）や TRAB（イネ）などや，植物体中で水ストレス時に機能する AREB/ABF（シロイヌナズナ）などがあり，これらの転写因子はリン酸化によるタンパク質の構造変化などにより活性化されることが示されている．また，ABA 誘導性遺伝子の転写活性化には，ABRE 配列と ABRE 配列に類似の A/GCGT モチーフがカップリングエレメントとして必要であることが示されている．

**アブシジン酸誘導性遺伝子**［abscisic acid-induced gene］　アブシジン酸*（ABA）で誘導される遺伝子．最初に報告されたものはナピンやコングリシニンのような種子貯蔵タンパク質の遺伝子であったが，その後 LEA（late embryogenesis abundant）とよばれる一群の遺伝子や熱ショックタンパク質の遺伝子 HSP70 をはじめ多くの遺伝子が知られるようになった．LEA には，イネの ABA 誘導性遺伝子としてクローン化された rab 遺伝子やコムギの胚形成時に発現する貯蔵タンパク質の遺伝子 Em が含まれている．ABA 誘導性遺伝子の産物は，細胞中の核酸やタンパク質などの高分子をストレスによる傷害から保護する働きをするのではないかと考えられている（→乾燥ストレス，水ストレス）．ABA 誘導性遺伝子のプロモーターには G ボックスと類似のアブシジン酸応答配列*（ABRE）とよばれる 10 bp から成るシスエレメント（PuPyACG-TGGPyPu）があり，これと結合するロイシンジッパー* をもつ bZIP 型タンパク質の cDNA がクローン化されている．これらのシスエレメント，トランス因子どちらも他のシグナルで誘導される遺伝子のものと相同性が高いので，この ABRE とは別の配列がこれと協調して遺伝子の誘導を行うものと考えられる．アブシジン酸を介して乾燥・塩ストレスによって誘導される遺伝子発現を制御する転写因子としては，AREB，MYB2，MYC2，NAC などが同定されている．アブシジン酸受容体として G タンパク質* と共役した細胞膜性受容体をコードする遺伝子として GCR2 が報告されたが，GCR2 は膜タンパク質ではなく，細菌のランチオニン合成酵素のホモログという報告もあり，最終的な証明はなされていない．

**アプタマー**［aptamer］　標的となるタンパク質と特異的に結合して，そのタンパク質の機能を調節する作用のある核酸分子．増殖因子，酵素，受容体，膜タンパク質，ウイルスタンパク質などさまざまなタンパク質に結合するアプタマーが作製されている．金属イオン，低分子量の有機化合物，ペプチド，多量体タンパク質，ウイルスなどと結合するものも見つかっている．抗体* の代わりに使用されることが多いが，結合する対象は基本的には制限がなく，また，標的との結合親和性や特異性を抗体よりも高くすることが可能なので，医薬品の候補物質のスクリーニング* にも使用されている．サブ pmol の親和性を示すアプタマーもあり，きわめて相同性の高いタンパク質間や，同じ配列でも異なる立体構造をもつ分子間の識別も可能である．ほとんどの場合，オリゴヌクレオチドなので大量合成が可能である．DNA 結合性の転写調節因子が結合する DNA を効率よく濃縮する SELEX* により効果的な機能性アプタマーを選択することができる．（→リボスイッチ）

**erbB 遺伝子**［erbB gene］　名前は erythroblastosis に由来する．RNA 腫瘍ウイルスの一種でトリ赤芽球症ウイルスのがん遺伝子 v-erbB に相同な細胞遺伝子で，erbB ファミリーを形成する．現在 erbB ファミリーは erbB1～B4 が知られている．タンパク質一次構造の解析から ErbB1 は分子量 170,000 の細胞膜貫通型のチロシンキナーゼであり，上皮増殖因子受容体*（EGFR）と同一であることが判明している．ErbB1/EGFR の発現は種々の組織の上皮細胞や繊維芽

細胞で幅広くみられるが,血球系での発現は少ない。さらに ErbB1/EGFR の過剰発現は扁平上皮がんや脳腫瘍の発症・進展にかかわる。c-*erbB1* 遺伝子はヒト第 7 染色体短腕 12-13 領域にマップされる。ErbB3 はリガンドのニューレグリン*1 と 2,ErbB4 はニューレグリン 1～4 と結合し,活性化される。(⇨ ErbB2)

**ErbB2**[ErbB2] ErbB2 は 185 kDa の細胞膜貫通型タンパク質で,トリ赤芽球症ウイルスのがん遺伝子 v-*erbB* に類似する細胞遺伝子として上皮増殖因子(EGF)受容体*遺伝子についで 2 番目に見いだされた c-*erbB2* 遺伝子の産物である。つまり,ErbB2 は ErbB ファミリーに属する受容体型チロシンキナーゼである。ErbB2 タンパク質に作用する因子(リガンド)は明確にされていないが,ErbB2 は他の ErbB ファミリーメンバーとヘテロ二量体を形成して,EGF やニューレグリン*などのシグナル伝達にかかわる。ErbB2 の発現は胎児上皮細胞でよくみられるが,成体組織では一部の上皮細胞や神経系細胞に限局している。遺伝子増幅などに基づく異所性の ErbB2 の高発現は,がん(乳がんや卵巣がん)の発症進展を促進する。またラット脳腫瘍から見いだされた *neu* がん遺伝子は c-*erbB2* 遺伝子が点突然変異したもので,その産物では細胞膜貫通部位でバリンがグルタミン酸に置き換わっているためにチロシンキナーゼ活性が恒常的に高まっている。c-*erbB2* 遺伝子はヒト第 17 染色体長腕 21 領域に位置している。

**アフラトキシン**[aflatoxin] *Aspergillus flavus* などが産生するカビ毒で,強力な肝発がん物質である。アフラトキシン類の中で最も強い $B_1$ は,1 日 0.2 μg という微量投与で肝発がんを小動物に誘発させる。アフラトキシンは,薬物代謝酵素であるシトクロム P450*(CYP1A2)などにより代謝活性化を受け,アフラトキシン 8,9-エポキシドを形成し,これが DNA のグアニンの 7 位の窒素に結合し,G→T 塩基置換を起こし,*ras* 遺伝子*の活性化や *p53* 遺伝子*の突然変異を誘発し,発がんを起こすと考えられている。西アフリカ,中国や東南アジアでのヒト肝がんの原因物質の一つと考えられている。(⇨ 発がん物質)

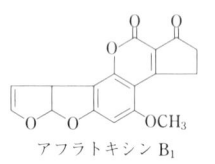

アフラトキシン $B_1$

**アフリカツメガエル**[*Xenopus laevis*, clawed toad] 舌をもたないため無舌類に分類される原始的なカエル。変態後も水中生活を営む。体長は雌で 10 cm,雄で 12 cm 前後,体色は背部が灰褐色,腹部が銀白色で環境に合わせ色調を変化させる。後肢に 3 本の鋭い爪をもつ。性腺刺激ホルモン*投与により成体では産卵誘発が季節に関係なく可能であり,卵は大きく(直径 1～2 mm),顕微鏡操作が容易なうえ,1 個ずつ独立に寒天質に包まれた状態で放出されるため,発生学の材料として適する。卵の細胞質はタンパク質合成活性が高く,リボヌクレアーゼ*が少ないため,卵それ自体をタンパク質合成系として利用できる。試験管内で合成させた転写産物を卵内に注入してタンパク質を産生する系が開発され,この系を用いてインターロイキン 2*や各種のイオンチャネル*分子のクローニングが行われている。また,リボソーム RNA*の遺伝子の構造,発現などがこのカエルの使用により著しく進展した。*X. laevis* や *X. tropicalis* のゲノム解読が進められている。

**アプリン酸**[apurinic acid] 核酸からプリン*塩基が 1 個以上脱落したものをいう。弱酸による化学的処理で生じる場合と,アルキル化などによる修飾プリン塩基が DNA グリコシラーゼ*によって切断されて生じる場合がある。ゲノム内に起こった損傷は,AP エンドヌクレアーゼ*,DNA ポリメラーゼ*などの働きによりその構造が復元する修復機構の存在が認められている。(⇨ アピリミジン酸)

**アベナ屈曲試験法**[*Avena* curvature test] =アベナテスト【1】

**アベナ伸長成長試験法**[*Avena* straight growth test] =アベナテスト【2】

**アベナテスト**[*Avena* test] 【1】アベナ屈曲試験法(*Avena* curvature test)ともいう。マカラスムギ(*Avena sativa* L.)の幼葉鞘を用いるオーキシン*の生物検定法。通常 F. W. Went(1928)が案出した屈曲試験法をさす。先端を切除した幼葉鞘切口にオーキシンを含む小寒天塊を片側に寄せてのせ,暗黒下に置くと,幼葉鞘は寒天塊と反対側に屈曲する。屈曲角度は一定の濃度範囲でオーキシン濃度に比例する。合成オーキシンは効かない。

【2】アベナ伸長成長試験法(*Avena* straight growth test)ともいう。幼葉鞘切片をオーキシン溶液に浮かべて伸長を測定する。

**アポ E 受容体**[ApoE receptor] アポ E(⇨ アポリポタンパク質)を共通のリガンドとしてもつ低密度リポタンパク質受容体*(LDL 受容体),LDL 受容体関連タンパク質-1(LDL receptor-related protein-1, LRP-1),Megalin,超低密度リポタンパク質受容体*(VLDL 受容体),アポ E 受容体 2, LRP-1b, 4, 5, 6 などは類似の構造をもち,LDL 受容体ファミリーを形成する。アポ E は脂質を複合体(リポタンパク質*)として運搬し,受容体経由で細胞内に輸送する。アポ E を含むリポタンパク質と特異的に結合し,筋肉,脂肪組織,脳などに発現する VLDL 受容体と,おもに神経組織に発現するアポ E 受容体 2 は,神経アポ E 受容体ともよばれる。両者はシグナル伝達因子である reelin に結合し,Dab-1 下流のシグナルを活性化するという神経発生に重要な機能をもち,両者を欠くマウスでは,reelin, Dab-1 の変異と同じく皮質神経細胞の階層化異常を認める。そのほか,LRP はアミロイド前駆体タンパク質*の代謝,LRP-5,6 は発生分化に重要な Wnt シグナルなど脂質代謝以外にも多様なシグナル伝達に関与する。(⇨ Wnt シグナル伝達経路)

**Apo-1**[Apo-1] =Fas 抗原

**アポ酵素** [apoenzyme]　酵素はタンパク質であるが，非タンパク質成分の補因子が結合して活性が発現することもある．この場合に活性のないタンパク質をアポ酵素といい，補因子を結合したものをホロ酵素* という．補因子としてはマグネシウムや亜鉛のような金属原子，NADH や CoA のような補酵素*，およびビオチンやヘムのような補欠分子族* があり，前二者は比較的ゆるい結合であるが，後者は共有結合で強く結びついている場合もある．

**アポタンパク質** [apoprotein]　[1] ホロタンパク質(ホロ酵素* に相当)のタンパク質部分のことで，補欠分子族* など非タンパク質成分が結合してないものの総称．たとえば，酵素分子は活性発現のためにタンパク質成分以外に補酵素*(補因子)を要求するものもあるが，補酵素を除去すると，本来もっていた活性は失われアポ酵素* となる．アポタンパク質も同じで，酵素活性は示さないものの，サブユニットとの会合やある種の脂質，ヌクレオチド，金属原子と結合し，機能を発現する分子に変換される．[2] アポリポタンパク質* の略称として使われることもある．

**アポトーシス** [apoptosis]　枯死．アポプトーシスともいう．個体発生のプログラム，デス因子刺激，放射線などによる染色体 DNA の重度の損傷，異常タンパク質の蓄積などによる重度の小胞体ストレスなどさまざまな生理的，病理的要因により誘導される機能的，能動的な細胞死の典型．1970 年ごろ，J. F. Kerr, A. H. Wyllie, A. R. Currie らは，プログラムされた細胞死* や比較的穏やかな放射線照射で誘導される胸腺細胞死の過程を電子顕微鏡で観察し，細胞体や核の膨潤を伴う壊死*(ネクローシス)とは逆に，細胞体や核の収縮や断片化が起こることを発見し，そのような細胞死をアポトーシスと名付けた．染色体 DNA のヌクレオソーム単位での断片化や細胞膜の反転によるホスファチジルセリン* の表出もアポトーシスの特徴である．ホスファチジルセリンは貪食細胞に認識され，アポトーシス細胞の貪食による処理を促す．1990 年代に入り，アポトーシスの分子機構が急速に解明され，ほとんどすべての動物細胞はアポトーシスのための生化学的な装置を内包していることが明らかになった．アポトーシスの最終段階，すなわち細胞の崩壊過程はカスパーゼ* とよばれる一群のプロテアーゼの連鎖的活性化により起こる．哺乳類細胞ではアポトーシスの引き金は少なくとも二つの経路で引かれる．一つはミトコンドリアから放出されたシトクロム $c$ と ATP の存在下で Apaf-1* がカスパーゼ 9 を活性化する経路で，もう一つは，デス受容体*(⇌ Fas)の活性化により FADD(Fas-associating protein with death domain, 別名 MORT1: mediator of receptor-induced toxicity 1)を介してカスパーゼ 8(別名 FLICE)やカスパーゼ 10 を活性化する経路である．これらの上流カスパーゼはカスパーゼ 3, 6, 7 などの下流カスパーゼを活性化し，下流カスパーゼはさまざまな細胞内タンパク質を限定分解により不活化あるいは活性化させてアポトーシスが起こる．たとえば，カスパーゼ 3 はアポトーシスに伴う DNA 分解を触媒するヌクレアーゼ CAD* の阻害剤である ICAD を失活させ，その結果 CAD が活性化して，染色体 DNA が分解される．ミトコンドリアからのシトクロム $c$ などの放出を正負に調節する Bcl-2 ファミリー* やカスパーゼの活性化を阻害する FLIP(FLICE inhibitory protein, 別名 CFLAR, CLARP, CASPER, CASH), XIAP(X-linked inhibitor of apoptosis, 別名 BIRC4, ILP, MIHA)などさまざまなタンパク質因子によってアポトーシスは制御されている．

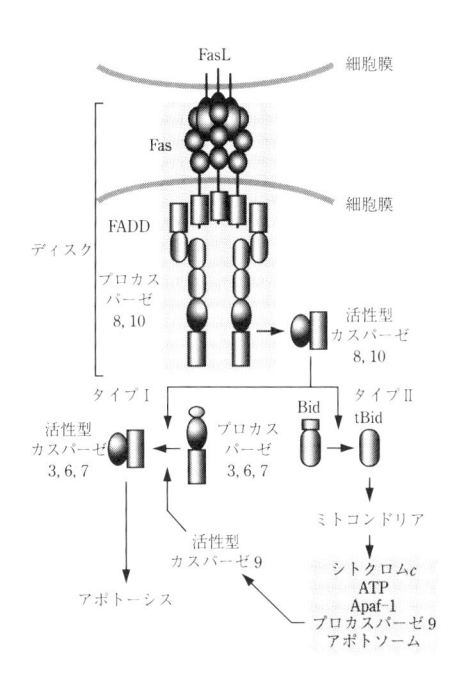

Fasリガンド(FasL)により Fas が多量体化されると，Fas の細胞内領域に存在するデスドメインに FADD とよばれるアダプター分子を介してカスパーゼ 8 が会合し，ディスク(DISC, death-inducing signaling complex)とよばれる巨大複合体を形成し，カスパーゼ 8 や 10 の活性化が誘導される．それ以降のアポトーシス誘導経路は細胞の種類によって異なる．すなわち，タイプ I 細胞ではカスパーゼ 8/10 により直接カスパーゼ 3 が活性化されるが，タイプ II 細胞ではまず Bid が切断されて活性型の tBid が生じ，これがミトコンドリアからシトクロム $c$ を放出させ，カスパーゼ 9，カスパーゼ 3 が順次活性化してアポトーシスに至ると考えられている．

**アポトソーム** [apoptosome]　⇌ Apaf-1，カスパーゼ

**アポトランスフェリン** [apotransferrin]　鉄を結合していないトランスフェリン* のこと．分子内で対称的に位置する C 末端側および N 末端側ドメインにそれぞれ 1 箇所ずつの $Fe^{3+}$ 結合部位をもつ．小腸など

で吸収された鉄を受取り，1分子の $Fe^{3+}$ が結合するとモノフェリックトランスフェリン（monoferric transferrin），2分子の $Fe^{3+}$ が結合するとダイフェリックトランスフェリン（diferric transferrin）あるいはホロトランスフェリン（holo-transferrin）となる． $Fe^{3+}$ のトランスフェリンとの結合は可逆性で，細胞のアシドソーム（acidsome）内，pH 5.5以下の酸性条件下で解離する．

**アポプトーシス** ＝アポトーシス

**アポプラスト** [apoplast] 水や水に溶けた物質が細胞質を通過することなく移動する植物体内の部分．普通，細胞壁*と細胞間隙をいう． ⇌ 維管束

**アポヘモグロビン** [apohemoglobin] ＝グロビン

**アポリプレッサー** [aporepressor] リガンドの結合により活性型のリプレッサー*となるような物質（タンパク質）をいう．これに対し特異的なリガンドをコリプレッサー*という．たとえば，大腸菌のトリプトファンオペロン*の調節遺伝子（trpR）の産物はそれ自体不活性なアポリプレッサーであるが，コリプレッサーであるトリプトファンと結合すると活性型のリプレッサーになり，トリプトファンオペロンのオペレーターに結合して転写を抑制する．

**アポリポタンパク質** [apolipoprotein] 血漿中の脂質はタンパク質と結合してリポタンパク質*という形で存在する．このタンパク質部分をアポリポタンパク質とよんでいる．アポリポタンパク質は，脂質との結合，脂質の輸送などリポタンパク質代謝において重要な機能を果たしている．最も重要な役割としては，水に不溶性の脂質と結合して，リポタンパク質粒子を形成することにより水溶性とすることである．アポA-I，A-II，A-III，A-IV，B-48，B-100，C-I，C-II，C-III，D，E，アポ(a)が現在まで分離，同定されている．アポB-48はキロミクロンの構造タンパク質である．アポB-100は超低密度リポタンパク質*，中間密度，および低密度リポタンパク質*の構造タンパク質であるのみならず，低密度リポタンパク質受容体*と結合する際のリガンドとしての意義をもっている．アポA-Iはレシチン-コレステロールアシルトランスフェラーゼ機能の活性化，アポC-IIはリポタンパク質リパーゼ機能の活性化に重要である．アポEはLDL受容体に対して結合親和性をもつことから，リポタンパク質の組織への輸送の方向性を決定している．アポA-I，A-IIは高密度リポタンパク質*の主要タンパク質である．

**アマクリン細胞** [amacrine cell] 無軸索ニューロン（axonless neuron），無軸索（神経）細胞（axonless nerve cell）ともいう．a（無）＋*macrine*（マクロな物件），すなわち長い軸索突起がない点を特徴とする小型神経細胞．網膜*にあるものが有名であるが，嗅球における顆粒細胞にも，アマクリンの名がしばしば冠される．どちらの場合でも，アマクリン細胞は局所的な神経回路へ組込まれた介在ニューロン*（γ-アミノ酪酸，ドーパミン，アセチルコリンなど伝達物質がきわめて多様）をなすが，これらの樹状突起が神経節細胞，僧帽細胞の樹状突起との間で相反シナプス（reciprocal synapses）を営む．

**亜ミトコンドリア粒子** [submitochondrial particle] ⇌ クリステ

**アミノアシルアデニル酸** [aminoacyl adenylate] アミノ酸と5'-アデニル酸（AMP）がカルボキシ基とリン酸基を介して酸無水物様に共有結合した構造をもつ．アミノアシル tRNA シンテターゼ*によるアミノ酸活性化反応の中間体として，アミノ酸とATPから合成され，酵素分子のATP結合部位に結合した状態で存在する．ほかには，多酵素複合体によるペプチド由来二次代謝産物（チロシジン，ペニシリンなど多数）の合成の際に，基質アミノ酸の活性化型中間体として，酵素と結合して存在する．（⇌ タンパク質生合成）

**アミノアシル tRNA** [aminoacyl-tRNA] アミノ酸が直接核酸と共有結合した唯一の分子で，tRNAの3'末端にアミノ酸がエステル結合したもの．リボソーム上のタンパク質生合成*過程でアミノ酸の供給源となる分子で，各アミノ酸に特異的なアミノアシル tRNA シンテターゼ*によってつぎの二段階反応で生成される．まずアミノ酸とATPが脱水縮合してアミノアシルAMP（アミノアシルアデニル酸*）となり，その活性化されたアミノ酸がtRNAの3'末端のアデノシン残基の2'または3'位のヒドロキシ基に転移される．アミノアシル tRNA は伸長因子*に認識されGTPとともに三者複合体を形成し，リボソームのA部位*に運ばれる．このアミノ酸部分とP部位*に結合したペプチジル tRNA*のペプチド部分とがリボソーム上のペプチジルトランスフェラーゼ*によって結合し，結果的にアミノ酸が1個伸びたペプチドとなる．（⇌ 伸長サイクル）

**アミノアシル tRNA 結合部位** [aminoacyl-tRNA binding site] ＝A部位

**アミノアシル tRNA シンテターゼ** [aminoacyl-tRNA synthetase] tRNAとアミノ酸を結合させ，アミノアシル tRNA*を生成する酵素．まずATPによりアミノ酸を活性化してアミノアシルAMP（アミノアシルアデニル酸*）とし，ついでtRNAにこのアミノ酸を転移させてアミノアシル tRNA を生成する反応を触媒する．20種類のアミノ酸に対応して20種の酵素がそれぞれ存在するが，分子量は5万～20万で酵素の種類や由来する生物種によってもまちまちである．その一次構造から二つのグループに分類することができ，起源の古い酵素であると考えられている．二つのグループはそれぞれ保存配列（クラスIではHis-Ile-Gly-His と Lys-Met-Ser-Lys-Ser 配列，クラスIIではモチーフ 1, 2, 3）をもち，サブユニット構造は前者が $\alpha$ または $\alpha_2$，後者が $\alpha_2$ または $\alpha_2\beta_2$ をと

る．顕著な違いは反応性にあり，クラス I は tRNA 末端リボースの 2′ 位のヒドロキシ基にアミノ酸を結合させるのに対し，クラス II は 3′ 位のヒドロキシ基に結合させる．特定のアミノ酸と tRNA を間違いなく対応させるために，tRNA の個性（tRNA identity determinant）を識別するが，その多くはアンチコドン*と，3′ 末端から 4 塩基目の識別塩基を含む．アンチコドンを認識しない代表的な例としては，アラニル tRNA シンテターゼの G3-U70 塩基対や，セリル tRNA シンテターゼのエキストラアームなどが知られている．

**4-アミノ-2-オキソピリミジン**［4-amino-2-oxo-pyrimidine］ ＝シトシン

**アミノ基転移**［transamination, aminotransference］ 一般的にアミノ酸のアミノ基をケト酸（おもに 2-ケトグルタル酸）に転移する反応で，炭素骨格はエネルギー源に，アミノ基は尿素に代謝される中心的な反応である．多くのアミノ酸のアミノ基はこうしてグルタミン酸に集められる．また，逆にケト酸にアミノ基を供与し種々の非必須アミノ酸を形成することもできる．これらのアミノ酸形成と分解はアミノトランスフェラーゼ*によって行われ，これら酵素量はタンパク質摂取量，ホルモンにより変動する．

**アミノ基転移酵素** ＝アミノトランスフェラーゼ

**アミノグリコシド系抗生物質**［aminoglycoside antibiotics］ アミノ配糖体抗生物質ともいう．アミノ糖，アミノシクリトールより成る水溶性塩基性抗生物質の総称で，ストレプトマイシン*，カナマイシン*，ゲンタマイシン（gentamicin），アミカシン（amikacin），ジベカシン（dibekacin），トブラマイシン（tobramycin）などが注射薬として用いられる．腸管吸収は悪い．グラム陽性細菌，陰性細菌，結核菌に広く殺菌作用を示すが，嫌気性菌に対する抗菌力は弱い．細菌のリボソームに作用し，タンパク質合成を阻害することがおもな作用機作である．コドンの読誤りを起こす．腎毒性，聴器毒性などの副作用を示す．

**アミノグリコシド 3′-ホスホトランスフェラーゼ II**［aminoglycoside 3′-phosphotransferase II］ →ネオマイシン耐性遺伝子

**アミノ酸**［amino acid］ アミノ基とカルボキシ基を同一分子内にもつ化合物の総称．同一炭素原子（α 炭素）にアミノ基とカルボキシ基が結合したもの（カルボン酸のカルボキシ基の隣接炭素にアミノ基をもつもの）を α-アミノ酸といい，タンパク質の構成単位として重要である．R 基は側鎖とよばれ，最も簡単な H の場合のグリシンを除いて，アミノ酸の α 炭素は不斉炭素であり，L 形と D 形の立体異性体が存在する．タンパク質分子を構成するアミノ酸はすべて L-異性体であり，通常 20 種類が知られる．R 基の化学的，物理的性質によって，アミノ酸は極性，非極性，脂肪族，芳香族，電荷型（酸性，塩基性），非電荷型，疎水性，親水

$$H_3N^+-\overset{COO^-}{\underset{R}{C}}-H \qquad H-\overset{COO^-}{\underset{R}{C}}-NH_3^+$$

L-アミノ酸　　　D-アミノ酸

性など，さまざまなグループ分けが行われるが，これらの性質はタンパク質あるいはドメインの性質を決めるうえで重要な要素となる．アミノ酸は少なくとも 2 種類の解離基をもつ両性電解質であり，中性の pH ではカルボキシ基はプロトンを放出し，アミノ基はプロトン化した双性イオンとして存在する．タンパク質中に一般に認められる 20 種類の α-アミノ酸以外に，神経伝達物質の γ-アミノ酪酸*（GABA），パントテン酸中の β-アラニンなど，生理的に重要な他のタイプのアミノ酸も存在する．また，他の α-アミノ酸として L-オルニチン，L-ジヒドロキシフェニルアラニン，3,4-ジヒドロキシフェニルアラニン（L-DOPA），ホモステインなどが知られる．

**アミノ酸合成**［amino acid synthesis］ タンパク質を構成する 20 種類のアミノ酸は，解糖系*，クエン酸回路*（TCA サイクル），ペントースリン酸回路*の中間体のいずれかに由来する．たとえば，3-ホスホグリセリン酸を前駆体としてセリン，グリシン，システインが，ピルビン酸からはアラニン，バリン，ロイシンが，ホスホエノールピルビン酸とエリトロース 4-リン酸からトリプトファン，フェニルアラニン，チロシンが，リボース 5-リン酸からヒスチジンが，α-ケトグルタル酸からグルタミン酸，グルタミン，プロリン，アルギニンが，またオキサロ酢酸からはアスパラギン酸，アスパラギン，メチオニン，トレオニン，リシン，イソロイシンが生合成される．これら生合成過程において，ほとんどのアミノ酸のアミノ基は，アンモニア（$NH_4^+$）の同化によって生じるグルタミン酸からのアミノ基転移反応によって導入される．生物の種類によって，20 種類のアミノ酸を合成する能力に違いがある．多くの細菌や植物は 20 種類のアミノ酸すべてを合成できるのに対して，哺乳類はこれらの約半分しか合成できない（→必須アミノ酸）．

**アミノ酸置換**［amino acid substitution］ タンパク質中のあるアミノ酸が，対応する遺伝子の突然変異によって他のアミノ酸に置換されること．進化の過程で起こるアミノ酸置換の頻度はタンパク質ごとに或る一定値をとり，また分子内ではタンパク質の機能に必須な部分ほどアミノ酸置換が起こりにくい．異なる生物種間で相同タンパク質のアミノ酸置換の程度を調べることによって，進化途上での分岐年代を推定することもできる（→分子時計）．

**アミノ酸置換行列**［amino acid substitution matrix］ →類似度スコア

**アミノ酸配列分析法**［amino acid sequencing］ →エドマン（分解）法

**アミノ酸輸送体**［amino acid transporter］ 生体膜を横切るアミノ酸の移動を仲介するタンパク質性機能素子．輸送の駆動力が化学反応と直接共役する一次輸送型は，細胞周辺腔の特異的タンパク質に結合したアミノ酸を ATP の分解と共役させて選択的に輸送する担体（→能動輸送）が細菌にあるが，広く分布するのは，溶質の電気化学ポテンシャル差による二次輸送型（→共輸送）である．哺乳動物諸細胞の細胞膜には後

者の一つ $Na^+$-アミノ酸共輸送系が存在し，細胞内への上り坂の取込みを可能としている．基質選択性の異なる A 系（基質は Ala），ASC 系（Ala, Ser, Cys），$X_{A,G}$ 系（Asp, Glu），N 系（Gln, Asn, His），Gly 系などが諸組織に，異なるパターンで分布する．$Na^+$ 非依存性の単輸送系には L 系（分枝鎖/芳香族アミノ酸），$y^+$ 系（Lys, His, Arg）などがある．小腸上皮の刷子縁*にはほかにも固有の B 系（中性アミノ酸）や IMINO 系（Pro）などがあり，管腔から細胞内への輸送を担う．脳には神経伝達物質除去のため，GLAST 系や GLT 系（Glu），GLYT 系（Gly），GAT 系（γ-アミノ酪酸）などの $Na^+$ 依存性輸送体が備わっている．cDNA クローニングにより同定された GLAST・GLT は 10 個の膜貫通領域をもつと推定され，機能的には $X_{A,G}$ 系に類似しており，原核生物の $H^+$ 依存性 Glu 輸送体（GLTP）などとともに，$Na^+$-ジカルボン酸共輸送体ファミリーを構成する．一方，GLYT・GAT は，神経関連組織由来の Pro，タウリン，セロトニンなどの輸送体とともに，$Na^+$-神経伝達物質共輸送体ファミリーをなす．さらに両ファミリーに，原核生物に存在する Ala・Glu・分枝鎖アミノ酸おのおのの輸送体ファミリー，アミノ酸以外の溶質に対するファミリーも加わり，$Na^+$-溶質共輸送体スーパーファミリーを構築すると推定されている．

**4-アミノ-4-デオキシ葉酸** [4-amino-4-deoxyfolic acid] ＝アミノプテリン

**アミノトランスフェラーゼ** [aminotransferase] アミノ基転移酵素，トランスアミナーゼ（transaminase）ともいう．アミノ酸のアミノ基をケト酸（一般的には 2-ケトグルタル酸）に転移する酵素で，代表的なものとしてアスパラギン酸アミノトランスフェラーゼ（GOT），アラニンアミノトランスフェラーゼ（GPT）がある．生物界に広く分布し，細胞では細胞質とミトコンドリアに存在する．補酵素はピリドキサールリン酸*でビタミン $B_6$*の活性型である．反応の中間体としてピリドキサミンリン酸を形成する．(→ アミノ基転移)

**アミノ配糖体抗生物質** ＝アミノグリコシド系抗生物質

**α-アミノ-3-ヒドロキシ-5-メチルイソオキサゾール-4-プロピオン酸** [α-amino-3-hydroxy-5-methylisoxazole-4-propionic acid] AMPA と略す．(→ AMPA 受容体)

**アミノプテリン** [aminopterin] ＝4-アミノ-4-デオキシ葉酸（4-amino-4-deoxyfolic acid）．$C_{19}H_{20}N_8O_5$，分子量 440.42．葉酸類似化合物の一つ．ほかにトリメトプリム（trimethoprim）やメトトレキセート*（別名アメトプテリン）がよく知られる．いずれもジヒドロ葉酸レダクターゼ*（DHFR）を標的に強く結合し（解離定数約 $10^{-11} \sim 10^{-10}$），チミジル酸シンターゼ*が行う 5'-チミジル酸（dTMP）合成反応に必要な還元型葉酸の供給を止め，その結果，細胞のチミン飢餓死*をひき起こす．この原理を利用してチミジル酸シンターゼ欠損株が動物細胞，細菌から分離できる（→ HAT 培地）．

アミノプテリン

トリメトプリム

**6-アミノプリン** [6-aminopurine] ＝アデニン

**アミノペプチダーゼ** [aminopeptidase] EC 3.4.11 に属する酵素群．タンパク質またはペプチドの N 末端から順次 1 個ずつアミノ酸を遊離するエキソペプチダーゼ．N 末端アミノ酸の種類に対応して各種のアミノペプチダーゼが存在する．中には特異性の高いものもあるが，類似の性質をもった N 末端アミノ酸に幅広く作用するものもある．たとえばメチオニルアミノペプチダーゼ（methionyl aminopeptidase, EC 3.4.11.18）はメチオニンに特異性が高いが，グルタミルアミノペプチダーゼ（glutamyl aminopeptidase, EC 3.4.11.7）では同じ酸性のアスパラギン酸にも作用する．また，N 末端のアミノ酸残基を 2 個ずつ切断するジペプチジルアミノペプチダーゼ（dipeptidyl aminopeptidase, EC 3.4.14 群）や，N 末端がイミノ酸であるプロリンを遊離するプロリンイミノペプチダーゼ（proline iminopeptidase, EC 3.4.11.5）も含まれる．金属酵素*であるものが多く，$Zn^{2+}$, $Mn^{2+}$, $Ca^{2+}$, $Co^{2+}$ などを活性中心にもつ．細胞内，細胞膜，体液，消化管粘膜などに広く分布する．(→ カルボキシペプチダーゼ A)

**アミノベンジルペニシリン** [aminobenzylpenicillin] ＝アンピシリン

**γ-アミノ酪酸** [γ-aminobutyric acid] GABA と略される．哺乳動物の中枢神経系に高濃度に存在する抑制性神経伝達物質*である．L-グルタミン酸デカルボキシラーゼの脱炭酸作用により，L-グルタミン酸から生合成され，γ-アミノ酪酸アミノトランスフェラーゼによりピリドキサールリン酸を補酵素としてコハク酸セミアルデヒドに変換される．脳内では黒質に最も多く含有され，淡蒼球，視床下部などにも比較的高濃度に存在する．小脳，海馬，脊髄，網膜などでは含量が低い．

**γ-アミノ酪酸作動性ニューロン** [γ-aminobutyratergic neuron] γ-アミノ酪酸分泌性ニューロン，GABA 作動性ニューロン（GABAergic neuron）ともいう．γ-アミノ酪酸（GABA）を生合成，貯蔵，放出する機能をもつニューロンで，GABA 生合成酵素である L-グルタミン酸デカルボキシラーゼを特異的にもっており，本酵素の局在から脳内分布がわかる．小脳のプルキンエ細胞，かご細胞，顆粒細胞や海馬かご細

胞，網膜アマクリン細胞などがこのニューロンである．脊髄後角などのほか，大脳皮質にも介在ニューロンとして多数存在する．多くはシナプス前抑制をかけることによりその機能を発揮する．

**γ-アミノ酪酸受容体** [γ-aminobutyrate receptor] GABA受容体(GABA receptor)と略される．γ-アミノ酪酸*(GABA)を生理的なリガンドとする受容体で，薬理学的にGABA$_A$受容体およびGABA$_B$受容体に分類される．GABA$_A$受容体はおもにシナプス後部にあり，その活性化により神経細胞内へのCl$^-$流入が亢進し，細胞膜の過分極が生じる．GABA$_A$受容体は4～5個のサブユニットから構成されており，Cl$^-$チャネルを包含する．サブユニットにはα(6種)，β(5種)，γ(4種)，σ(1種)，ρ(1種)がある．また，中枢型ベンゾジアゼピン受容体*と複合体を形成している．ムシモール(muscimol)やイソグバシン(isoguvacine)はGABA$_A$受容体の選択的作動薬であり，選択的拮抗薬にはビククリン(bicuculline)がある．GABA$_A$受容体には，ピクロトキシン(picrotoxin)やバルビツール酸誘導体(barbiturate)の結合部位が存在する．GABA$_B$受容体はG$_i$タンパク質と機能的に共役し，アデニル酸シクラーゼ活性を抑制し，またK$^+$の透過性亢進やCa$^{2+}$チャネルの開口抑制に関与する．選択的作動薬にはバクロフェン(baclofen)があり，ファクロフェン(phaclofen)や2-ヒドロキシサクロフェン(2-hydroxysaclofen)は選択的拮抗薬である．GABA$_B$受容体の分子構造については未解明である．

**γ-アミノ酪酸分泌性ニューロン** ＝γ-アミノ酪酸作動性ニューロン

**γ-アミノ酪酸輸送体** [γ-aminobutyric acid transporter] ＝GABA輸送体

**5-アミノレブリン酸** [5-aminolevulinate, 5-aminolevulinic acid] ＝δ-アミノレブリン酸(δ-aminolevulinate, δ-aminolevulinic acid). ALAと略す．C$_5$H$_9$NO$_3$，分子量131.13．ヘム*生合成の最初の段階で，ミトコンドリア内でグリシンとスクシニルCoAが5-アミノレブリン酸シンターゼ*の働きで縮合されて生成される．ポルフィリン*およびヘムの生合成のみに利用される必須の物質で，ミトコンドリア内で合成されたのち細胞質に転送され，5-アミノレブリン酸デヒドラターゼの作用により2分子のALAが縮合して1分子のポルホビリノーゲンを生じる．(→ヘモグロビン合成)

NH$_2$
CH$_2$
C=O
CH$_2$
CH$_2$
COOH

**δ-アミノレブリン酸** [δ-aminolevulinate, δ-aminolevulinic acid] ＝5-アミノレブリン酸

**5-アミノレブリン酸シンターゼ** [5-aminolevulinate synthase] ＝δ-アミノレブリン酸シンターゼ(δ-aminolevulinate synthase). EC 2.3.1.37. ポルフィリン*とヘム*の合成に必須の前駆物質である5-アミノレブリン酸*(ALA)を合成する酵素．ALAはグリシンとスクシニルCoAの縮合により合成され，この反応にはピリドキサール5′-リン酸が補因子として必要である．分子量74,000の前駆体がミトコンドリアに転送される過程でN末端のアミノ酸が切除されてALAシンターゼになる．赤芽球とそれ以外の組織のALAシンターゼをコードする遺伝子は異なっている．

**アミラーゼ** [amylase] ジアスターゼ(diastase)ともいわれる．デンプンを加水分解する酵素の総称．α-アミラーゼ(α-amylase, EC 3.2.1.1)はα1→4グルコシド結合のみを加水分解するエンド型酵素の一つで，オリゴ糖を生じ，未反応のα-限界デキストリンを残す．動植物，微生物と広範囲に分布する．ヒトでは*AMY1*(唾液)と*AMY2A, 2B*(膵臓)の遺伝子産物が確認されている．β-アミラーゼ(β-amylase, EC 3.2.1.2)はエキソ型酵素の一つで，非還元末端から逐時マルトース単位を切り離す．植物および微生物に分布する．

**アミロイド前駆体タンパク質** [amyloid precursor protein] APPと略す．アミロイドタンパク質前駆体(amyloid protein precursor)ともいう．正常老化脳およびアルツハイマー病*脳に蓄積してくる老人斑*の主要構成成分であるβアミロイドタンパク質*の前駆体．膜1回貫通型の糖タンパク質で，N末端側は非常に長い細胞外領域をなしている．現在では多くのアイソフォームが知られているが，最もよく研究されているのが，695，751，770残基のアミノ酸から成るアミロイド前駆体タンパク質であろう．後二者は，N末端側に，クニッツ型のプロテアーゼインヒビター*領域が挿入されている．APP-751, 770は体内のあらゆる臓器に発現しているが，APP-695は中枢神経系にのみ発現している．正常ではAPP mRNAのレベルは神経細胞に高く，特に錐体細胞*，プルキンエ細胞*に高い．APP-751, 770は細胞外領域で切断され，プロテアーゼネキシン*IIとして細胞外でプロテアーゼインヒビターとして働く．アルツハイマー病脳でAPP-695, 751, 770のmRNAのレベル，比が検討されたが，正常脳との明瞭な違いは見つかっていない．

**アミロイドタンパク質前駆体** [amyloid protein precursor] ＝アミロイド前駆体タンパク質

**アミロプラスト** [amyloplast] デンプン形成体ともいう．色素体*の一種で，色素をもたない白色体*に属する細胞小器官である．デンプンを多量に合成，蓄積しており，デンプン合成系の酵素が局在している．他の色素体と同様に二重膜で囲まれているが，内膜系はあまり発達していない．内部に多量のデンプンを含んでいるため，調製が困難であったが，プロトプラスト*を経由することにより，その調製が可能となり，DNAをはじめとする構成成分が解析されてきている．

**アミン** [amine] アンモニア(NH$_3$)の水素原子が炭化水素基(R)で置換された有機化合物．置換された水素原子数が1(RNH$_2$)，2(R$_2$NH)，3(R$_3$N)のものをそれぞれ第一級，第二級，第三級アミンという．生体内のアミン化合物は対応するアミノ酸の脱炭酸で生じ，多くはホルモンや伝達物質としての，あるいはその他の生理活性をもつ．ドーパミン*，ノルアドレナ

リン\*, アドレナリン\*, セロトニン\*, ヒスタミン\*およびスペルミン\*などポリアミン\*が代表的な生体内アミン化合物である。

**アミンオキシダーゼ**(フラビン含有) [amine oxidase (flavin-containing)] ＝モノアミンオキシダーゼ

**アミンカップリング** [amine coupling] アミノ基とカルボキシ基を脱水縮合させてアミドを形成することより、タンパク質、核酸、脂質、糖などの生体高分子を蛍光色素または固相担体などに共有結合的に連結するために用いられる。カルボキシ基の活性化法としては、水溶性のカルボジイミド(EDC)などの脱水縮合剤と $N$-ヒドロキシスクシンイミド(NHS)などを反応させ活性エステルにする方法がよく用いられる。

<!-- 反応スキーム図 -->

EDC: $CH_3CH_2-N=C=N-CH_2CH_2CH_2N(CH_3)_2 \cdot HCl$
(1-エチル-3-(3-ジメチルアミノプロピル)カルボジイミド)

NHS: HO-N (N-ヒドロキシスクシンイミド)

**アメトプテリン** [amethopterin] ＝メトトレキセート

**アメーバ** [amoeba, ameba, (pl.)amoebae] 狭義には、原生動物門肉質虫綱に分類される一つの属。淡水に見られる Amoeba proteus が代表例。広義には、活発な仮足形成(⇨アメーバ運動)のため定まった形をとらない真核単細胞生物の一般的な呼称。狭義のアメーバ以外に Chaos、アカントアメーバ(Acanthamoeba)、粘菌アメーバなど。細胞壁をもたない。一般に栄養は食作用\*により摂取する。ほかにも白血球、紅藻類の雄性配偶子、線虫類の精子などのようにアメーバ状(amoeboid)を示すものがある。

**アメーバ運動** [amoeba movement, amoeboid movement] 仮足\*とよばれる細胞質の突起の伸長を伴う細胞運動\*。細胞の移動以外に食作用\*にも関与する。Amoeba proteus などの場合は、細胞質の表面にあるゲル状の外質(ectoplasm)が、細胞の後端でゾル状の内質(endoplasm)となって細胞の内部を流動し、仮足の先端で再びゲル化して新たな外質をつくると考えられている。このようなゾル-ゲル変換は、細胞骨格のアクチンフィラメント\*の長さや架橋の程度の変化に起因することが示唆されている。

**アメフラシ** [sea hare, Aplysia spp.] 姿は巨大なナメクジ状(20 cm前後)を呈するが、軟体動物の貝類(後鰓亜綱)に属する。海産で本州以南の沿岸に広く分布し、産卵は初秋。強い刺激などで、紫汁腺から液を分泌する。この液は弱い毒性をもつため、解剖時には組織保護のため十分除去する必要がある。腹側神経節の神経細胞は動物種中で最も大きく、それらの約1割については神経節内配置に基づく連番式識別と神経伝達物質\*に対する反応性とが対応づけられている。脊椎動物\*の脳に比べて、神経細胞数がけた違いに少ない。このため、神経系の電気生理学的、生化学的、分子生物学的解析が容易で、特に神経細胞の可塑性(⇨シナプス可塑性)、長期増強\*、サーカディアンリズム\*、条件反射などの解析のモデル動物として広く利用されている。

**アメリカヤマゴボウ分裂因子** ＝アメリカヤマゴボウマイトジェン

**アメリカヤマゴボウマイトジェン** [pokeweed mitogen] ポークウィードマイトジェン、アメリカヤマゴボウ分裂因子ともいい、PWMと略記する。アメリカヤマゴボウ(Phytolacca americana)の根茎由来の植物レクチン(⇨レクチン)で、リンパ球の分裂増殖を促進する活性をもつ。粗抽出液には、Pa-1, Pa-2, Pa-3, Pa-4, および Pa-5 の5種のいわゆるイソレクチンが含まれている。これらのうち、Pa-1 は100万以上の分子量をもち多量体と考えられ、Bリンパ球に作用する。一方、Pa-2 から Pa-5 は見かけの分子量3万～4万であり、Tリンパ球のみに作用する。構造的にはいずれもコムギ胚芽凝集素\*(WGA)と相同性をもつ。単糖でその結合と競合するものは知られていないが、キチンオリゴ糖に親和性をもち、また $GlcNAc\beta1\to 6Gal$ 配列を含む枝分かれをもつポリラクトサミン型糖鎖に強く結合する。

**誤りがちの修復** [error-prone repair] 紫外線、突然変異誘発剤(変異原\*)などの原因により、DNAが塩基の脱落などのひどい損傷を被った際に細胞内で誘導されるDNAの修復\*機構をさす。紫外線によりチミン二量体が生じた場合、通常ヌクレオチド除去修復(⇨除去修復)で修復されるが、除去されない場合はDNA複製が停止し、大きな損傷部位に生じた一本鎖DNAにRecAタンパク質が結合し、SOSボックス(オペレーター部位)に結合しているLexAタンパク質(⇨lexA 遺伝子)を不活性化するとSOS遺伝子\*の転写が開始されて、DNAポリメラーゼV(umuC と umuD にコードされている)の合成が誘導され、さらに UmuD サブユニットが RecAタンパク質により切断を受け活性化され、UmuD' となり損傷修復に働く(⇨SOS修復)。この修復機構は塩基の脱落などを無視してでも修復を行うため、誤った塩基が取込まれる確率が高く、誤りがちの修復とよばれる。真核細胞の場合には、DNAポリメラーゼηが正しい塩基を挿入するが、DNAポリメラーゼζもチミン二量体の修復に関与し、しばしば誤った塩基を挿入し、誤りがちな損傷乗越え修復を起こす。

アラインメント［alignment］　相同な核酸配列やアミノ酸配列などを，進化的に対応する部位がそろうように挿入，欠失（ギャップ*）を許しながら整列させたもの．通常，アラインメントは最も真実に近いと思われるもの，つまり最適アラインメント一つを指す．実際にアラインメントを作成する時は，アミノ酸の類似度スコア*に基づき，ダイナミックプログラミング*法などを用いて求める．2本の配列を並べる場合をペアワイズアラインメント（pairwise alignment），それ以上の場合をマルチプルアラインメント（multiple alignment）という．（→比較ゲノミクス，バイオインフォマティクス）

***ara* オペロン**［*ara* operon］　＝アラビノースオペロン

**アラキドン酸**［arachidonic acid］　＝5,8,11,14-（エ）イコサテトラエン酸（5,8,11,14-(e)icosatetraenoic acid）．$C_{20}H_{32}O_2$，分子量304.47．シス形二重結合4個をもつ直鎖のω6系列必須脂肪酸．おもにグリセロリン脂質の2位のアシル基として存在する．総脂肪酸の数％と含量は少ないが，高度の不飽和性で膜の流動性を高めること，種々の細胞外刺激に応じてホスホリパーゼ$A_2$*により遊離され，一連の反応を経てプロスタグランジン*やロイコトリエン*，リポキシン*などの生理活性物質が生合成されるアラキドン酸カスケード*の原材料となるなどの重要な役割を担っている．

**アラキドン酸カスケード**［arachidonate cascade］　アラキドン酸*から種々の生理活性物質を生合成するための一連の酵素反応より成る代謝経路．ホスホリパーゼ$A_2$*によってリン脂質から遊離したアラキドン酸に，脂肪酸シクロオキシゲナーゼ*の酸素添加反応に始まる経路によって種々のプロスタグランジン*とトロンボキサン*がつくられ，またアラキドン酸5-リポキシゲナーゼ*の酸素添加によってロイコトリエン*の合成へ向かう．そのほかに12-リポキシゲナーゼ，15-リポキシゲナーゼ，シトクロムP450*も，アラキドン酸に酸素を添加する．なお，アラキドン酸カスケードは抗炎症薬*の作用点で，アスピリンやインドメタシンがシクロオキシゲナーゼ活性を阻害し，グルココルチコイドがホスホリパーゼ$A_2$やシクロオキシゲナーゼの誘導を転写レベルで抑制することは，よく知られている．

**アラキドン酸5-リポキシゲナーゼ**［arachidonate 5-lipoxygenase］　アラキドン酸*の5位の炭素に酸素を添加して，5-ヒドロペルオキシエイコサテトラエン酸（5-HPETE）をつくる酵素である（→リポキシゲナーゼ）．つづいて同一の酵素によってロイコトリエン$A_4$がつくられる（→ロイコトリエン［図］）．アラキドン酸からロイコトリエン*類がつくられる最初の段階を行う酵素として重要である．他のリポキシゲナーゼ*と同様，ヘムタンパク質である．ジャガイモやトマトにも活性があるが，哺乳類では白血球，マスト細胞，好塩基球，マクロファージなどの細胞や肺，胎盤，胸腺などに存在する．$Ca^{2+}$，ATP，リン酸化などにより活性が調節されている．未刺激時には細胞質および核質に存在するが，$Ca^{2+}$やストレス刺激によって核膜へも移行する．アラキドン酸5-リポキシゲナーゼ活性化タンパク質（FLAP，5-lipoxygenase activating protein）の働きによりアラキドン酸の利用が可能になる．本酵素のノックアウトマウスは，ロイコトリエン類を産生することができないため，免疫反応が低下し，種々の感染症に罹患しやすくなる．

**アラキドン酸12-リポキシゲナーゼ**［arachidonate 12-lipoxygenase］　アラキドン酸*の12位の炭素に分子状酸素を導入して，12-ヒドロペルオキシエイコサテトラエン酸（*S*体）を生成する酸素添加酵素（ジオキシゲナーゼ）の一つである（→リポキシゲナーゼ［図］）．白血球型（マウス，ラット），血小板型（ヒト，マウス，ラット）および皮膚型（マウス）の3種類のアイソフォーム*があり，基質特異性，抗体との反応性や一次構造によって区別できる．これとは別に，*R*体の12-ヒドロペルオキシエイコサテトラエン酸を生成する12*R*-リポキシゲナーゼが，ヒトおよびマウスの皮膚に存在する．白血球型の12-リポキシゲナーゼは，アラキドン酸15-リポキシゲナーゼ*と高いアミノ酸配列の相同性（80～90％）を示す．白血球型の酵素はアラキドン酸だけではなくリノール酸とも反応するが，血小板型の酵素はアラキドン酸と特異的に反応する．白血球型の酵素は，白血球，気管支上皮，松果体などの組織に広く分布し，血小板型の酵素は血小板および皮膚に局在している．12-リポキシゲナーゼ産物は，血管平滑筋の遊走，LHRH（黄体形成ホルモン放出ホルモン）やメラトニン*の合成・放出や神経伝達のセカンドメッセンジャー*として作用している．白血球型の酵素をノックアウトしたマウスでは，血中リポタンパク質LDLの酸化や糖尿病の発症の抑制が観察される．血小板型の酵素をノックアウトしたマウスでは，アデノシン二リン酸による血小板凝集の亢進や皮膚における水分喪失の増加が観察される．

**アラキドン酸15-リポキシゲナーゼ**［arachidonate 15-lipoxygenase］　アラキドン酸*の15位の炭素に酸素を添加して，15-ヒドロペルオキシエイコサテトラエン酸（15-HPETE）をつくる酵素である（→リポキシゲナーゼ［図］）．植物ではダイズのリポキシゲナーゼ-1が古くから知られている．哺乳類では多形核白血球，網状赤血球，好酸球，気管支上皮細胞，角化細胞などに存在する．他のリポキシゲナーゼとともにアラキドン酸に作用してリポキシン*類を産生する．広い基質特異性をもち，炭素数18個および20個の不飽和脂肪酸と反応し，主として（*n*-5）位に酸素分子を添加するが（*n*-8）位への酸素添加活性も併せもっている．したがって5～10％程度の12-ヒドロペルオキシエイコサテトラエン酸（12-HPETE）も同時につくられる．またリン脂質に結合したアラキドン酸も基質となりうる．細胞内小器官の破壊に関与しており，破壊部位に一致して存在する．網状赤血球の15-リポ

キシゲナーゼは，赤血球への最終分化段階においてミトコンドリア膜に作用してその破壊，消失を行う．ヒトの皮膚や前立腺には，マウスの8-リポキシゲナーゼと高い相同性をもつ別のアイソザイム*(15-リポキシゲナーゼ-2)が存在し，抗腫瘍作用が報告されている．

**アラタ体** [corpus allatum, (pl.) corpora allata] 大部分の昆虫にみられる内分泌腺で，側心体(corpus cardiacum)とともに脳後方に一対存在し脳後方内分泌腺群を構成し，その存在はA. Nabert (1913)および池田榮太郎(1913)により記載されている．アラタ体は，幼若ホルモン*を合成・分泌する(V. B. Wigglesworth, 1936)．脳の神経分泌細胞*と側心体・アラタ体は，神経軸索により結合しており神経分泌物質の分泌器官でもあり，その活性も神経分泌の支配を受けているとされる．

**アラニン** [alanine] ＝2-アミノプロピオン酸(2-aminopropionic acid)．AlaまたはA(一文字表記)と略記される．L形はタンパク質構成アミノ酸の一つ．$C_3H_7NO_2$，分子量89.09．非必須アミノ酸．D-アラニンは，細菌の細胞壁や昆虫類の幼虫や蛹に存在する．(→アミノ酸)

COOH
$H_2$NCH
$CH_3$
L-アラニン

**araBADオペロン** [araBAD operon] アラビノースの代謝に関与するaraB, araAとaraDで構成されるオペロン*(→アラビノースオペロン)．オペロンの転写はaraCの産物AraCによる負と正の調節を受けている．すなわち，細胞内のcAMPレベルが低下していると，アラビノース(誘導物質)が存在していてもAraCはリプレッサーとして働き，オペロンは抑制される．cAMP-CRP(cAMP受容タンパク質)がオペロン上流の調節領域に結合すると，アラビノース-AraC複合体がaraI(イニシエーター)に結合して，オペロンの転写が開始される．(→カタボライト抑制)

**アラビノースオペロン** [arabinose operon] araオペロン(ara operon)ともいう．アラビノースの代謝に関与する遺伝子群．L-アラビノースをD-キシルロース5-リン酸に代謝する3酵素をコードするaraBADオペロン*(大腸菌染色体の1.4分座)のほかに，アラビノース移行に関与するaraFG(約45分座)とaraE(約61分座)を含んでおり，いずれもaraBADに隣接するaraC(1.4分座)の産物(AraC)によって転写調節される．すなわち，これらはレギュロン*である．araCの発現は自己調節される．

**アラルモン** [alarmone] アラルモンとはアラーム(alarm)とホルモン(hormone)の合成語である．高等生物において種々の組織に作用を及ぼすホルモンの類比物として考案された言葉．危機に対する警報(アラーム)として産生され，細胞内の種々の場所で作用を及ぼす物質の総称として提唱された．例として，サイクリックAMP, ppGpp, AppppA(ジアデノシン四リン酸)，など．

**アラントイン** [allantoin] グリオキシルジウレイド(glyoxyldiureide), 5-ウレイドヒダントイン(5-ureidohydantoin)ともいう．$C_4H_6N_4O_3$，分子量158.12．

アラントイン　　アラントイン酸

尿酸*からウリカーゼ(尿酸オキシダーゼ*ともいう)により生成する物質．哺乳類や一部の爬虫類・昆虫でのプリン*代謝の最終産物であり，水に対する溶解度は尿酸の約80倍である．ヒトを含む霊長類やトリではウリカーゼを欠くため，プリン塩基の分解はアラントインで止まるが，大部分の魚類や両生類ではアラントインがさらに分解を受け，アラントイン酸(allantoic acid)を経て尿素とグリオキシル酸となる．(→尿酸排出動物，尿素排出動物)

**アラントイン酸** [allantoic acid] →アラントイン

**亜硫酸レダクターゼ** [sulfite reductase] →硫黄同化

**アリューロン層** [aleurone layer] 糊(こ)粉層ともいう．イネ科・タケ科植物の種皮と胚乳との間に存在する数層の細胞層で，胚乳周辺部の細胞から分化する．アリューロン粒(aleurone grain)とよばれるタンパク粒*を含むほか，α-アミラーゼ，プロテアーゼなどの酵素合成の場となる．発芽期に胚で合成されたジベレリン*がアリューロン層に拡散して，これらの加水分解酵素を誘導合成する．これらの酵素は胚乳に分泌され，胚成長のための養分となる貯蔵デンプンや貯蔵タンパク質を可溶化する．(→種子タンパク質)

**アリル** ＝対立遺伝子

**アリールアミンN-アセチルトランスフェラーゼ** [arylamine N-acetyltransferase] ＝アリールアミンアセチラーゼ(arylamine acetylase)．セロトニンなど生理活性アミンや芳香族アミン，ヒドラジン基をもつ生体内異物をアセチル化する酵素(EC 2.3.1.5)．アセチルCoA*を基質とし，松果体，肝臓に多く存在する．松果体の酵素は生理活性アミンの代謝に，肝臓のそれは生体内異物の代謝に関与していると考えられている．本酵素の遺伝子群はヒトの場合第8染色体上に2箇所存在する．NAT1とNAT2とよばれ，いずれも290個のアミノ酸をコードしている．アミノ酸配列の相同性は80％であり，基質特異性が異なる．NAT1産物NAT1はp-アミノ安息香酸に，NAT2産物NAT2はスルファメタゾンに強い親和性を有する．NAT2領域には少なくとも6個の遺伝子が存在し，点突然変異によりアミノ酸が1個ずつ異なるNAT2がつくられ，各種アミンに対するアセチル化速度が異なる．本酵素が欠損したり，アセチル化速度の遅い酵素のみが発現していると，ベンジジンなど化学発がん物質*による膀胱がんになりやすい．胎盤にもNAT1が存在し，生体内異物の代謝に関与する．

**アリールスルファターゼA** [arylsulfatase A] スルファチド*(ガラクトシルセラミド3′-硫酸)から硫酸イオン($SO_4^{2-}$)を遊離する酵素(EC 3.1.6.1)．リソソーム*由来の酵素であり，10～25％の糖を含む糖

タンパク質である．硫酸イオンで活性が強く阻害される．スルファチドは脳のミエリン鞘に多く存在するので，この酵素欠損症は異染性ロイコジストロフィー*とよばれ，脳にトルイジンブルーで染まるスルファチドを蓄積し，脱髄をひき起こす．ヒト cDNA の塩基配列より，本酵素は 507 個のアミノ酸より成り，18 個のアミノ酸から成るシグナルペプチド*が遊離して成熟酵素となる．糖鎖は 158, 184, 350 番目のアスパラギン（Asn）に付き，そのうち 158 番目と 350 番目の Asn に付いている糖鎖中のマンノースがリン酸化を受け，マンノース 6-リン酸*となり，リソソームに移動するシグナルとなる．pH 5.5 では分子量は約 10 万であるので，リソソーム中では二量体として存在していると考えられている．精子に含まれるガラクトシル 3-硫酸グリセロ脂質も本酵素の基質となる．

**アリール炭化水素受容体** [aryl hydrocarbon receptor] ＝Ah 受容体．AhR と略す．

**RI** [RI＝radioisotope] ＝放射性同位体

**RIA** [RIA＝radioimmunoassay] ＝放射線免疫検定法

**RISC** ⇒ RISC（リスク）

**Ri プラスミド** [Ri plasmid] 土壌細菌 Agrobacterium rhizogenes*のもつプラスミド．A.rhizogenes が植物に感染すると毛状根を誘発する（Ri は root inducing の略）．これは Ri プラスミドの一部である T-DNA*が植物染色体に組込まれ，T-DNA 上の rol (root locus) 遺伝子群が発現することによる．Ri プラスミドは合成するオパイン*の種類により，アグロピン型，マンノピン型，ククモピン型などに分類される．

**rRNA** [rRNA＝ribosomal RNA] ＝リボソーム RNA

**rRNA 遺伝子** [rRNA gene] リボソーム粒子内に含まれる RNA 分子（リボソーム RNA*）を指定する遺伝子をさし，rDNA とよばれることもある．この rRNA 遺伝子はタンパク質を指定する一般の遺伝子とは異なる多くの特徴をもつ．重複した遺伝子構成をもち，ヒトでは 200～300 のコピーが 5 本の染色体上の核小体オーガナイザー*とよばれる部位に存在する（⇒重複遺伝子【1】）．核内ではこれらの遺伝子群が集合し核小体*を形成し，転写は RNA ポリメラーゼ I により行われる．原核生物では 16S, 23S, 5S の 3 種類の rRNA が一つのオペロンから転写されることが多く，大腸菌ではゲノム中に七つのオペロンが存在する．

**rRNA 前駆体** [rRNA precursor] リボソーム粒子に含まれる RNA はヒトでは 18S, 5.8S, 28S, 5S の 4 種類であるが，前三者は 1 本の 45S とよばれる約 2 kb の RNA 前駆体*として核小体*の中で合成される．この RNA 前駆体には 5' 側，内部の 2 箇所，3' 側のそれぞれ "転写されるスペーサー*" が存在し，プロセシング*により最終的には 18S, 5.8S, 28S RNA となる．大腸菌では 16S rRNA と 23S rRNA の間に 1～2 個の tRNA を含む 30S RNA として転写された後，プロセシングを受けて 3 種の成熟 rRNA と tRNA 分子を生じる．30S rRNA 前駆体の 3' 側にある 5S rRNA と 3' 末端の間の別の tRNA 分子をコードする DNA を含む rRNA オペロンもある．

**rRNA 転写単位** [rRNA transcription unit] リボソーム遺伝子は反復した DNA 構成をもつ．その一つの反復単位はヒトでは約 35 kbp で，その中に約 12 kbp の一つの転写単位*がある．rRNA は核小体*の中に位置し，核小体の中にのみ存在する I 型 RNA ポリメラーゼにより，45S という大きな RNA 前駆体として転写される．この転写の開始と終結には特有なプロモーター領域と終結配列が存在する．

**RRF** [RRF＝ribosome releasing factor] ⇒翻訳調節

**RRM2B 遺伝子** [RRM2B gene] ＝p53R2 遺伝子

**REAL 分類** [revised European-American lymphoma classification] ⇒非ホジキンリンパ腫

**RES** [RES＝reticuloendothelial system] ＝細網内皮系

**rex 遺伝子** ⇒rex（レックス）遺伝子

**rel 遺伝子** ⇒rel（レル）遺伝子

**relA 遺伝子** ⇒rel（レル）A 遺伝子

**RecA タンパク質** ⇒Rec（レック）A タンパク質

**RecBCD タンパク質** ⇒Rec（レック）BCD タンパク質

**R1 プラスミド** [R1 plasmid] 大腸菌や他の腸内細菌から見いだされた 5 剤耐性の薬剤耐性プラスミド（⇒R プラスミド）．耐性薬剤はサルファ剤，ストレプトマイシン*，カナマイシン*，クロラムフェニコール*，アンピシリン*．約 100 kbp の二本鎖環状 DNA で宿主染色体当たり 1～3 コピー維持される．制限酵素 EcoRI，メチル化酵素 M・EcoRI をコードする．

**ret 遺伝子** ⇒ret（レット）遺伝子

**REV** [REV＝Reticuloendotheliosis virus] ＝細網内皮症ウイルス

**rev 遺伝子** ⇒rev（レブ）遺伝子

**R 因子** [R factor] ＝R プラスミド

**RA** [RA＝rheumatoid arthritis] ＝関節リウマチ

**RAR** [RAR] ⇒レチノイン酸受容体

**RARα 遺伝子** [RARα gene] ⇒PML/RARα 融合遺伝子

**Ras** ⇒Ras（ラス）

**ras 遺伝子** ⇒ras（ラス）遺伝子

**Ran** ⇒Ran（ラン）

**RANK** ⇒RANK（ランク）

**RANKL** ⇒RANK（ランク）リガンド

**raf 遺伝子** ⇒raf（ラフ）遺伝子

**Rac** ⇒Rac（ラック）

**RAC** [RAC] related to PKA and PKC の略称．（⇒プロテインキナーゼ B）

**RAG** ⇒RAG（ラッグ）

**RACE** [RACE＝rapid amplification of cDNA ends] PCR*法の応用の一つ．cDNA ライブラ

リーからクローン化されたcDNAは逆転写の際の方向性からその5′側が欠損することが多い．RACEはcDNAの5′欠失部分をPCRにより迅速に回収する方法である．したがって5′RACEともよばれる（欠失した3′部分を回収する場合は3′RACEである）．まずプライマー*を二つ（$P_1$および$P_2$とする）準備する．$P_1$を使って対象とする組織，細胞の全mRNAを用いて逆転写酵素によりcDNAを合成したのち，その3′末端にターミナルデオキシリボヌクレオチジルトランスフェラーゼ*を用いて$(dATP)_n$あるいは$(dCTP)_n$を付加する．この部分に相補的な$(dTTP)_n$あるいは$(dGTP)_n$を内部に組込んだアンカープライマー（anchor primer）をハイブリダイズさせ，もう一方のプライマー（$P_2$）とでPCRを行い，求める5′領域を得る．最近では，5′キャップ構造をもったmRNAのみを増幅させる方法とRNAリガーゼ仲介法を使用したRLM-RACEが広く用いられている．たとえば，仔ウシ小腸アルカリホスファターゼによって，不完全な転写物から5′末端のリン酸を取除き，つぎにタバコ酸性ピロホスファターゼで処理し，キャップをもつmRNAからキャップ構造を取除き，5′末端のリン酸基を露出させ，このRNAにオリゴリボヌクレオチドをRNAリガーゼを用いて結合させる．生じたRNAを鋳型として逆転写PCR*（RT-PCR）を行う．（⇌SLIC）

**RSS** ［RSS＝recombination signal sequence］ ＝組換えシグナル配列

**rSNP** ［rSNP］ regulatory SNPの略称．（⇌一塩基多型）

**RSK** ［RSK］ $pp90^{rsk}$ ともいう．S6タンパク質を*in vitro*でリン酸化するキナーゼとしてアフリカツメガエルの卵から精製されS6キナーゼⅡ（S6 kinase Ⅱ）とよばれてきたが，実際に生体内でリボソームS6タンパク質をリン酸化するのはおもに$p70^{S6K}$である（⇌S6キナーゼ）．ヒトではRPS6KA1（RSK1），2（RSK3），3（RSK2），4，6（RSK4）の5種の遺伝子がそれぞれ異なるRSKをコードしている．RSKは二つのキナーゼドメインをもち，プロテインキナーゼC相同ドメインを中央にもつ．MAPキナーゼ*ERK1/2によってセリン，トレオニン残基がリン酸化されて活性化され一部は核に移行し，SRFやNur77，c-Fos，c-Junなどの核内のさまざまなタンパク質のリン酸化とその活性調節に関与し，細胞周期の調節や細胞の生存に働く．その他の基質として知られているものには，ラミンCやプロテインホスファターゼ1のGサブユニットなどがある．EGFで処理された細胞で起こるヒストンH3のリン酸化はRSK2の作用による．また，神経型NOシンターゼのリン酸化を起こし，NO産生を抑制する．RSKはMAPキナーゼ以外にセリン/トレオニンキナーゼであるホスファチジルイノシトール3,4,5-トリスリン酸やホスファチジルイノシトール3,4-ビスリン酸依存性プロテインキナーゼ-1（PDK1）でもリン酸化を受ける．

**RSV** ［RSV＝*Rous sarcoma virus*］ ＝ラウス肉腫ウイルス

**RXR** ［RXR］ ⇌レチノイン酸受容体

**RH** ［RH＝radiation hybrid］ ＝放射線ハイブリッド

**RHAMM** ［RHAMM＝receptor for hyaluronate-mediated motility］ ⇌ヒアルロン酸結合タンパク質

**RHH モチーフ** ［RHH motif＝ribbon-helix-helix motif］ ＝リボン・ヘリックス・ヘリックスモチーフ

**Rho** ⇌Rho（ロー）

**RHD** ［RHD＝Rel homology domain］ Rel相同性ドメインの略号．（⇌NF-$\kappa$B）

**RAD遺伝子群** ［RAD genes］ 真核生物のDNAの複製*，修復*および相同組換え*にかかわる一部の遺伝子群．放射線感受性（radiation-sensitive）株の変異遺伝子として見いだされた．出芽酵母ではRAD3，RAD6，RAD51，RAD52，RAD54，RAD55/57などが知られている．特にRAD51は細菌のRecAタンパク質*に相当し，ゲノムDNA上の相同な配列を探し，DNAを交換するという，相同組換えにおいて中心的な役割を果たし，ヒトでもホモログがみつかっている．

**RNアーゼ** ［RNase＝ribonuclease］ ＝リボヌクレアーゼ

**RNアーゼプロテクションマッピング** ［RNase protection mapping］ ＝リボプローブマッピング

**RNA** ［RNA］ リボ核酸（ribonucleic acid）の略称．D-リボース（ペントースの一つ）がその3′と5′位の炭素を介してホスホジエステル結合*によってつながった鎖を骨格とし，各リボースの1′位炭素にアデニン，グアニン，ウラシルまたはシトシン（いずれも有機塩基）がグリコシド結合をした分子の総称である（⇌核酸［図］）．その構造は塩基とペントースとリン酸を単位（これをヌクレオチド*という）とする重合体と考えられるのでポリヌクレオチドとよばれる．通常のRNA（ある種のRNAウイルスのゲノムを除く）は一本鎖であるが，内部にDNAの場合と同様の二重らせんをつくっている部分があることも多い（たとえば転移RNA*やリボソームRNA*，二本鎖RNA）．RNAはその化学構造上，アルカリ性溶液の中で加水分解してヌクレオチド3′-リン酸となる．また，種々の特異性をもったRNアーゼ（RNA分解酵素）が存在する（⇌リボヌクレアーゼ）．たとえば膵RNアーゼはピリミジン（CまたはU）を付けたリボースの3′位にリン酸が付いた形で切断し，RNアーゼ$T_1$はGを付けたリボース（グアノシン）の3′側にリン酸を付けた形で加水分解する．これらの特異性は初期に小型のRNA（転移RNAなど）の構造（配列）決定に役立った．RNAには多くの種類があるがすべての生物で常に遺伝情報の伝達に重要な役割を果たしている．RNAウイルスではゲノム自体がRNAでできている．代表的なRNAとしてmRNA（メッセンジャーRNA*）はゲノムDNAを鋳型としてつくられ（ここにRNAポリメラーゼ*が他の多くの調節因子とともに働く），遺伝暗号*によってタンパク質をコードしている．真核生物ではmRNAの前駆体はhnRNA（ヘテロ核RNA*）とよばれ

る大きな，かつさまざまなサイズの RNA として DNA から転写\*され，スプライシング\*などの修飾を受けて成熟した mRNA となる．タンパク質合成の場であるリボソーム\*もいくつかの RNA と多くのタンパク質との複合体である．リボソームの大サブユニットには 28S, 5.8S および 5S RNA が含まれ，小サブユニットには 18S RNA が含まれる．転移 RNA はそれぞれ特異的なアミノ酸をリボソームへ運び，mRNA 上の対応する遺伝暗号に結合してポリペプチドの合成に参加している．おもにマウスのトランスクリプトーム解析により，タンパク質をコードする RNA よりも多数の非コード RNA\*(ncRNA)が細胞内でつくられることがわかってきた．これらの非コード RNA の少なくとも一部は，何らかの機能をもっていると考えられ，事実，代表的な非コード RNA である tRNA や rRNA のほかに RNA スプライシングやテロメアの維持に関与する snRNA，核小体低分子 RNA\*(snoRNA)，マイクロ RNA\*，siRNA\* などの低分子 RNA およびインプリンティングに関与する H19, RNA 編集\*に働くガイド RNA\*(gRNA)，遺伝子量補償に重要な Xist(X 染色体不活性化特異的転写物\*)や roX，偽遺伝子\*から転写される makorin-p1 RNA，ステロイドホルモン RNA アクチベーター(SRA)，シグナルペプチドの認識に関与する SRP RNA，などの機能をもった RNA 分子種が続々と同定されている．

**RNAi** ［RNAi＝RNA interference］ ＝RNA 干渉

**RNA 依存性 RNA ポリメラーゼ** ［RNA-dependent RNA polymerase］ RNA を鋳型にして RNA を合成する酵素．RNA ウイルス\*のゲノム RNA を複製\*する RNA 複製酵素(→レプリカーゼ)，ゲノム RNA から mRNA を転写\*する RNA 転写酵素(RNA トランスクリプターゼ RNA transcriptase)の二つの生理機能をもつ．ウイルスゲノム RNA にコードされて合成されるが，宿主細胞のタンパク質因子と複合体を形成して機能を発揮することが多い．(−)鎖 RNA ウイルス\*では，ウイルス粒子に組込まれて存在し，感染直後のウイルス mRNA 合成に関与する．また，植物やアカパンカビにも存在し，導入遺伝子\*で誘導される遺伝子サイレンシング\*に関与している．ウイルスの酵素と細胞性の酵素には相同性はないが，mRNA 鋳型のコピーをつくることや増幅した配列の細胞間拡散といった共通の機能をもつ．

**RNA 依存性 DNA ポリメラーゼ** ［RNA-dependent DNA polymerase］ ＝逆転写酵素

**RNA ウイルス** ［RNA virus］ RNA 型ウイルスともいう．RNA\*をゲノム\*としてもつウイルス\*の総称．保持している RNA ゲノムが一本鎖か二本鎖かにより，一本鎖 RNA ウイルス\*または二本鎖 RNA ウイルス\*とよぶ．一本鎖 RNA ウイルスは，さらに，そのゲノムがプラス(+)鎖かマイナス(−)鎖かにより，(+)鎖 RNA ウイルス\*および(−)鎖 RNA ウイルス\*に分類される．レトロウイルス\*のように，ウイルス粒子内に同一の(+)鎖 RNA を 2 分子もつウイルスもある．一般的に，(+)鎖 RNA ウイルスのゲノムはそれ自身，感染性をもつが，(−)鎖 RNA ウイルスのゲノムは感染性を示さない．細胞に(+)鎖 RNA ゲノムを導入すると，この RNA は mRNA として働き，ウイルスゲノムの遺伝情報は細胞側機能により発現し，細胞は子ウイルス粒子を産生する．(−)鎖 RNA ゲノムは，mRNA としては機能しないため，細胞に(−)鎖 RNA ゲノムを導入しても遺伝情報発現が起こらない．この場合は，RNA 依存性 RNA ポリメラーゼ\*により，(+)鎖 RNA に転写されることが必要である．それゆえ，(−)鎖 RNA ウイルスは，粒子内に，RNA 依存性 RNA ポリメラーゼを保有している．RNA ウイルスの mRNA 上には，複数のウイルス特異的タンパク質がポリタンパク質としてコードされている場合がある．このようなウイルス特異的タンパク質は，一つの前駆体タンパク質として翻訳されたのち，タンパク質分解酵素の働きにより切断される．ウイルスによっては，ゲノムと同じサイズの RNA 以外の RNA を感染細胞内でつくり出す．これら RNA はサブゲノム RNA(subgenomic RNA)とよばれ，感染細胞内でそれぞれ異なるウイルスタンパク質に対応する mRNA として機能する．mRNA の種類すなわちサブゲノム RNA の種類の多いウイルスほど，進化していると考えられている．インフルエンザウイルス\*やロタウイルス\*のように，ゲノムが多くの分節(segment)に分かれて存在している場合がある．動物ウイルスでは，これら分節は集まり，1 セットのゲノムとなり一つのウイルス粒子中に存在する場合がほとんどであるが，植物の RNA ウイルスでは異なる粒子に分かれて存在している場合が多くみられる．ゲノムの存在形態により遺伝情報発現はそれぞれ異なるので，RNA ウイルスの複製機構および遺伝情報発現機構は非常に複雑であり，一概に論じることはできない．(→DNA ウイルス)

**RNA 塩基配列決定法** ［RNA sequencing method］ tRNA や 5S RNA のように，低分子でかつ分子中に修飾ヌクレオチドを多く含んでいるような RNA の塩基配列決定は，二次元薄層クロマトグラフィーを併用したホルムアミド\*分解法を用いるのが最適である．mRNA や rRNA などのような高分子 RNA の場合には，まず末端領域の塩基配列を，種々のリボヌクレアーゼ\*を用いて行うドニス・ケラー法(Donis-Keller method)や，化学的に RNA を分解して行うピアッティ法(Peattie method)などを用いて決定する．前者は，RNA 分子の 5′ 末端または 3′ 末端を $^{32}P$ などで標識したのち，少なくとも 4 種のそれぞれ異なる塩基特異性をもつ RN アーゼで切断後，分解産物を 7 M 尿素のような変性剤存在下にポリアクリルアミドゲル電気泳動し，オートラジオグラフィーで解析する．後者は，T4 RNA リガーゼで RNA の 3′ 末端に [5′−$^{32}P$]−pCp を結合させて標識し，マクサム・ギルバート法とほぼ同じ原理で RNA 鎖を切断される．が，用いられる試薬は異なっており，A 特異的な化学修飾にはジエチルピロカーボネートを用いたり，RNA 鎖切断反応にはピペリジン処理の代わりに pH 4.5 の酸性条件下

でのアニリン処理が用いられる．また，5′末端を標識したRNAをアルカリ条件下で部分分解し，そのポリアクリルアミドゲル二次元電気泳動により分解産物を分離し，オートラジオグラフィー後の各スポットの移動距離と角度から塩基配列を読取るwandering spot法もあり，酵素的分解によるRNA塩基配列決定法の補足的な方法として使用される．これらの方法で決定されたRNA配列をもとに作製したオリゴヌクレオチドプライマーを用いて逆転写PCR*を行い，目的とするRNAをDNAに置き換えたのち，その配列をマクサム・ギルバート法やサンガー法などを用いて決定する方法がとられることが多い．(→DNA塩基配列決定法)

**RNA核外輸送** [RNA export] ＝RNA輸送

**RNA型ウイルス** ＝RNAウイルス

**RNA干渉** [RNA interference] RNAiと略す．低分子の二本鎖RNA(siRNA*)によって誘導される転写後遺伝子サイレンシング(PTGS)．siRNAは20～25 bpで，直接細胞内に導入された長い二本鎖RNA(dsRNA)の切断または導入遺伝子*やウイルス*によって産生される長いdsRNAから生成される．RNAiはsiRNAによる細胞の防御機構と考えられている．実験的には，化学的または酵素的に合成したsiRNAやsiRNAを発現するプラスミド*やウイルスで細胞を処理することが行われている．dsRNAが遺伝子サイレンシング*を起こすことは，線虫のpar-1遺伝子の発現をアンチセンスRNA*を使って抑制する実験で対照として用いたセンス鎖によってもpar-1遺伝子の抑制が見られたことをきっかけとして発見された．数年後，A. Z. Fire*とC. C. Mello*はセンス鎖とアンチセンス鎖の混合物を線虫に注入し，相同的な内在性遺伝子の発現抑制を起こすことに成功した．さらに，線虫の腸にdsRNAを注入したところ，第一世代の仔虫でも同様の発現抑制が観察された．その後，RNAiはショウジョウバエの系でも見つかり，特に胚やSchneider2(S2)細胞の抽出物を用いた実験系を使って，RNAiの機構が詳細に調べられた．RNAi経路はつぎのように考えられている．まず，長いdsRNAがRNアーゼⅢタイプのリボヌクレアーゼ*であるDicer*により3′末端に2ヌクレオチドのオーバーハングをもついくつかの21～23ヌクレオチドの断片(siRNA)に切断される．つぎにsiRNAがArgonauteタンパク質*を含むRISC*中のヘリカーゼ活性により巻戻されて生じたアンチセンス鎖(ガイド鎖)が完全に相補的な配列をもつ標的mRNAをRISCへとリクルートする．RISC中のArgonauteタンパク質のリボヌクレアーゼ活性により標的mRNAは分解される．酵母，植物や線虫ではRNA依存性RNAポリメラーゼ*(RdRP)がsiRNAのアンチセンス鎖をプライマーとして利用してdsRNAを増幅し，これがまたDicerの基質となる．ショウジョウバエやヒトにはRdRPをもたないとされているのでこの増幅プロセスは存在しないと考えられている．RNAiはヘテロクロマチン化にも関係しており，分裂酵母ではDicer1, Argonaute1およびRdRP1が欠損すると反復配列のサイレンシングが解除される．

**RNA駆動ハイブリッド形成** [RNA-driven hybridization] RNAまたはDNA間のハイブリッド形成反応では，通常少量の標識プローブに対し多量の試料RNA(またはDNA)を加える．この反応速度は試料の濃度に依存し，試料中のプローブ濃度などの情報が得られる．RNA駆動の時はプローブ鎖に相補的なRNAが反応を駆動する一次反応であるが，DNAの場合だと相補鎖と同一鎖(DNAは二重鎖から成るため)が同時に存在する二次反応となる．(→DNA駆動ハイブリッド形成)

**RNA結合酵素** [RNA joining enzyme] ＝RNAリガーゼ

**RNA結合タンパク質** [RNA-binding protein] RNAに結合するタンパク質の総称．おもなものを列記する．1) 細胞中のRNA結合タンパク質としてリボソーム*がある．リボソームは，核小体*でrRNAとリボソームタンパク質*が結合してから細胞質に輸送されて，タンパク質合成の場を提供する．リボソームの小サブユニットはmRNAと結合する．大サブユニットはペプチド合成の側で大小サブユニット両者の間にtRNAが介在する．2) 細胞核の中にはヘテロ核リボ核タンパク質*(hnRNP)と核内低分子リボ核タンパク質*(snRNP)が知られている．hnRNPはおもにRNAの核内輸送に関与する．タンパク質には共通してイソロイシン，グリシンに富むアミノ酸配列KH領域があり，この部位が変異するとRNAに結合できなくなる．脆弱X症候群*はその例である．snRNPはU1, U2, U4, U5, U6, U11, U12などの小RNAと結合したタンパク質群が集合してスプライソソーム*を形成する．機能としてはプレmRNAに結合してイントロンのスプライシングに働く．3) 核小体にあるRNA結合タンパク質は核小体低分子リボ核タンパク質(small nucleolus ribonucleoprotein, snoRNP)とよばれてそのRNA成分として，rRNAの転写に働くもの(U3 snoRNA)，プロセシングに働くもの(U3, U13, U14, U22, 7-2/MRP)，部位特異的な2′-O-リボースのメチル化のためのガイドとして働くC/Dボックス型(U14-16, U18, U20-21, U24-63, U73-76)，rRNAやsnRNAの特定のウリジン残基のシュードウリジル化に働くH/ACA型(E2, E3, U19, U23, and U64-72)などが知られており，作用を受けるrRNAと相補的なRNA配列を含む．4) 細胞質ではアミノアシルtRNAシンテターゼ*が特異性をもってtRNAに結合し，タンパク質合成の前駆体を合成する．5) 一方ウイルスのRNA結合タンパク質はRNAの二次構造を特異的に認識して結合する．タンパク質の認識部位は共通してアルギニンに富むアミノ酸配列である．RNAウイルスのヌクレオキャプシド*はウイルスRNAと結合して粒子形成の核となる．RNAに結合してRNAの転写を促進したり，転写の終始を抑制して転写を継続させる働きが大腸菌ファージ(N遺伝子産物)やヒト免疫不全ウイルス(Tatタンパク質)で知られて

いる．また転写後のウイルス RNA に結合してウイルス RNA のゲノム，スプライスの異なる各種 mRNA の分配と細胞質への輸送を調節するレトロウイルスのタンパク質（ヒト T 細胞白血病ウイルス 1 の Rex，ヒト免疫不全ウイルスの Rev）がある．6）このほか，RNAi/miRNA 経路においてマイクロ RNA*（miRNA）や siRNA* などの低分子二本鎖 RNA に結合し，分解する酵素タンパク質として Drosha や Dicer* などおよび標的 RNA の分解に関与する複合体 RISC* の成分であるタンパク質 Ago1, 2 や TRBP などが知られている．（⇌ DNA 結合タンパク質，RNA 干渉）

**RNA ゲノム** [RNA genome]　ゲノム* として働く RNA の意．通常，遺伝情報を担う物質は DNA であり，RNA は DNA がもつ遺伝情報が発現する際に mRNA，rRNA，tRNA などとして機能を発揮する．ところが，ウイルス* やファージ* の中には，RNA を遺伝情報を担う物質として使用しているものがある．このような RNA を RNA ゲノムとよび，感染細胞の中で DNA のように複製し，子ウイルスまたは子ファージへと伝わる．（⇌ RNA ワールド）

**RNA 合成酵素**　⇌ RNA ポリメラーゼ

**RNA 酵素** [RNA enzyme]　＝リボザイム

**RNA サイレンシング** [RNA silencing]　⇌ 遺伝子サイレンシング

**RNA 腫瘍ウイルス** [RNA tumor virus]　⇌ レトロウイルス

**RNA 触媒** [RNA catalysis]　タンパク質ではなく RNA 分子がその触媒活性の中心的役割を受けもつような場合，これを RNA 触媒とよぶ．生体内の化学反応を触媒する酵素がタンパク質であるという概念は，1920 年代以降，常に当然のこととして受入れられてきたが，1980 年代になされた二つの発見によって，この考えは見直されることになる．その一つは，T. R. Cech* によるテトラヒメナの rRNA 自己スプライシング* 現象の発見と，もう一つは S. Altman* が行ったリボヌクレアーゼ P* に対する解析の結果である．いずれもタンパク質が活性の本質ではなく，RNA だけで酵素活性が認められた．またこれらの RNA 分子は，RNA（リボ核酸）から成る酵素（エンザイム）という意味で，一般にリボザイム* とよばれる．天然に存在するリボザイムはホスホジエステル結合* の切断・連結を触媒するが，人工的につくられたリボザイムの中にはこれ以外の化学結合の生成・切断を触媒できるものもある．（⇌ 自己触媒）

**RNA スプライシング** [RNA splicing]　⇌ スプライシング

**RNA 前駆体** [RNA precursor]　切断やスプライシング* などのプロセシング* 反応を受けて機能をもつ成熟 RNA に変換される前の前駆体となる大きな RNA．⇌ mRNA 前駆体，tRNA 前駆体，rRNA 前駆体，マイクロ RNA

**rnhB 遺伝子** [*rnhB* gene]　大腸菌のリボヌクレアーゼ HII をコードする遺伝子．リボヌクレアーゼ HI 欠損突然変異の多コピーサプレッサーとして同定された．（⇌ リボヌクレアーゼ H）

**RNA-DNA ウイルス** [RNA-DNA virus]　短鎖 RNA が短鎖 DNA に結合した染色体外の多コピー低分子核酸（multi-copy single-stranded DNA, msDNA）で，粘液細菌や大腸菌など多くの細菌でみられる．当初，真核生物でみつかった特殊な核酸合成系と共通点をもつことから注目されている．RNA 鎖内部のグアニン残基の 2′ 位が DNA 鎖の 5′ 末端と 2′,5′-ホスホジエステル結合によって結合しており，この結合は真核生物のスプライシング産物の一つで，グループ II イントロンの投げ縄状 RNA でもみられる．また，この枝分かれ RNA 結合 msDNA（branched RNA-linked msDNA）は真核生物のレトロウイルス* にあるような逆転写酵素* 活性を伴って合成されるレトロエレメント* である．msDNA とこの逆転写酵素は隣接してコードされており，これをレトロン（retron）ともよぶが，これ自体に感染能はない．最近，レトロンがプロファージゲノムの一部として染色体上に溶原化していて，ヘルパーファージで切出されて一緒にファージ殻にパッケージングされる例も報告されている．

**RNA-DNA 二重らせん** [RNA-DNA double helix]　＝RNA-DNA ハイブリッド

**RNA-DNA ハイブリダイゼーション** [RNA-DNA hybridization]　＝DNA-RNA ハイブリダイゼーション

**RNA-DNA ハイブリッド** [RNA-DNA hybrid]　RNA-DNA 二重らせん（RNA-DNA double helix）ともいう．DNA 鎖と塩基配列がそれに相補的な RNA 鎖から成る核酸分子のこと．A 形 DNA* および二本鎖 RNA と類似した二重らせん構造をとる．RNA-DNA ハイブリッドとその形成反応は，逆転写酵素* による cDNA 合成をはじめ，ノーザンブロット法* や S1 マッピング* 法など遺伝子解析技術に利用されている．生体においては，転写反応や DNA 複製におけるプライマー合成などで短い RNA-DNA ハイブリッドが形成される．（⇌ DNA-RNA ハイブリダイゼーション）

**RNA 特異的アデノシンデアミナーゼ** [RNA-specific adenosine deaminase]　二本鎖 RNA 特異的アデノシンデアミナーゼ（double-stranded RNA-specific adenosine deaminase, adenosine deaminase acting on RNA）ともいい，ADAR と略す．二本鎖または二次構造をもつ RNA を基質としてアデノシン* の脱アミノを触媒し，イノシン* を生じる酵素．RNA 編集* の原因となる酵素の一つ．ラット脳のグルタミン酸受容体* の mRNA 前駆体では A→I 編集によりコドンが変化しイオンチャネル内壁にあるグルタミンのアルギニンへの置換によってイオンチャネルの伝導率が変化し，$Ca^{2+}$ の透過性が変わる．ADAR 遺伝子変異マウスはてんかん発作を起こしやすい．ADAR による RNA 編集はイントロン*，UTR（非翻訳領域*）やマイクロ RNA*（miRNA）でも見られ，編集された RNA の二次構造や安定性を変化させたり，グルタミン酸受容体 B の前駆体 RNA のスプライシングにも影響を与える．

**RNA 任意プライム PCR**［RNA arbitrarily primed PCR］　RAP-PCR と略す.（→ディファレンシャルディスプレイ）

**RNA ファージ**［RNA phage］　細菌に感染するウイルス（ファージ*）の一種で，遺伝物質としてリボ核酸（RNA*）をもつものの総称．1961 年に T. Loeb と N. D. Zinder が，大腸菌雄株（Hfr, F$^+$）に特異的に感染するファージを分離し，遺伝物質が RNA であることを発見した．その後，シュードモナス（*Pseudomonas*）やカウロバクター（*Caulobacter*）などに感染する RNA ファージがみつかった．ファージ粒子は直径 20～25 nm の正二十面体様で，内部に 1 分子の一本鎖 RNA（(+)鎖 RNA）を含む．遺伝子 RNA は mRNA として機能する．例外は φ6 ファージで，ファージ粒子は直径 70 nm で脂質を含み，内部には 3 分節から成る二本鎖 RNA と RNA ポリメラーゼをもつ．RNA ファージは細菌の線毛*に吸着して細胞内に侵入する．大腸菌の F 線毛*や緑膿菌*の極線毛（polar pili），薬剤耐性因子（RP プラスミド）がつくる RP 線毛（RP pili）に吸着するファージがみつかっている．大腸菌 RNA ファージは，ファージ粒子の抗原性や遺伝子構造に基づいて四つのグループに分類される．代表的なファージにはファージ MS2（グループ I），GA（II），Qβ*（III），SP（IV）があり，いずれも遺伝子の全塩基配列が決定されている．グループ I と II，III と IV に属するファージ間では遺伝子構造が似ている．遺伝子は成熟タンパク質，コートタンパク質*，RNA レプリカーゼサブユニットタンパク質遺伝子のほかに，MS2 と GA ファージには溶菌タンパク質遺伝子，Qβ と SP ファージにはコートタンパク質遺伝子からの読み過ごし*タンパク質遺伝子がある．ファージ粒子のキャプシド*は 180 分子のコートタンパク質と 1 分子の成熟タンパク質で構成され，後者は F 線毛に吸着するために必要である．RNA と成熟タンパク質の複合体が細胞内に侵入し，コートタンパク質は培地中に残る．ファージ RNA レプリカーゼは 4 種類のサブユニットタンパク質で構成され，そのうちの 3 種類は大腸菌のリボソームタンパク質 S1，ポリペプチド鎖伸長因子 EF-Tu*，EF-Ts* である．ファージ RNA レプリカーゼには鋳型特異性があり，他のファージ RNA や異種 RNA は転写しない．RNA 複製の途中では，1 本の鋳型 RNA から何本もの長さの異なる新生 RNA が枝分かれした状態の複製中間体*が形成される．二本鎖 RNA をもつ φ6 ファージでは，RNA 複製は半保存的に進行する．（→DNA ファージ）

**RNA 複製**［RNA replication］　ある種のウイルスは遺伝子として RNA を含む．この RNA の複製の仕方はウイルスによって異なる（→RNA ウイルス）．一本鎖 RNA を遺伝子とするウイルスの多くの場合には相補鎖が合成されて，複製型*の二本鎖 RNA*の状態となり，次いで遺伝子 RNA 鎖が合成される．これらの反応をつかさどるのが RNA レプリカーゼ（→レプリカーゼ）である．RNA レプリカーゼがウイルスの成分の一つとして含まれている場合もあるが，RNA ファージのように RNA レプリカーゼの情報が遺伝子 RNA の一部に組込まれていて，感染後早期に RNA レプリカーゼがまず合成されてから RNA 複製が行われる場合もある.

**RNA 複製酵素**　＝レプリカーゼ

**RNA プライマー**［RNA primer］　プライマー RNA（primer RNA）ともいう．DNA ポリメラーゼ*によるヌクレオチド重合反応のタネとなる RNA．すべての DNA ポリメラーゼは RNA ポリメラーゼ*と異なり独自にヌクレオチド重合反応を開始することができず，鋳型にハイブリダイズした既存の DNA または RNA などの 3′-OH 末端に鋳型に相補的なヌクレオチドを付加する．DNA 複製においては一部のウイルスの系で DNA やタンパク質がプライマー*となる場合を除き，RNA がプライマーとなる．岡崎フラグメント*合成のための RNA プライマーは 4～12 ヌクレオチドから成り，プライマーゼ*によって合成される．プライマーとして機能した後は分解されて最終的には DNA に置き換えられる.

**RNA プロセシング**［RNA processing］　→プロセシング【2】

**RNA ヘリカーゼ**［RNA helicase］　二本鎖 RNA を一本鎖 RNA へ解く，あるいは RNA の二次構造を変化させる活性を示す酵素．ATP 分解酵素活性を伴う．翻訳開始や，スプライシング*，リボソーム生合成など，RNA の構造変化を必要とする多くの細胞内分子経路において機能する．代表例は DEAD（DExD/H）ボックス型 RNA ヘリカーゼで，DEAD（Asp-Glu-Ala-Asp）アミノ酸（あるいは DExD/H：Asp-Glu-X-Asp/His）配列をもつ.

**RNA 編集**［RNA editing］　転写後の RNA 分子に塩基置換（ヌクレオチドの付加，削除，修飾）が入ること．植物や原虫などにおいてはまれでない．哺乳動物ではアポリポタンパク質 B（ApoB）や脳のグルタミン受容体*（GluR）でみられる．ApoB は単一の遺伝子座から 14,000 塩基以上の巨大な mRNA として転写され，肝臓ではこの mRNA から分子量 55 万のApoB-100 が翻訳される．小腸では 6666 番目のシチジン（C-6666）がシチジンデアミナーゼ*の作用によりウリジン（U）へと RNA 編集される結果，本来のCAA（グルタミンコドン）が UAA（終止コドン）となり分子量 26 万の ApoB-48 が翻訳される．編集タンパク質と補因子から構成されるエディトソーム（editosome）が C-6666 の下流にある特異的塩基配列を認識し，塩基置換を行う．GluR ではアデノシンデアミナーゼ ADAR1 と ADAR2 により脱アミノ反応が起こり CAG から CIG へ RNA 編集される結果，アミノ酸置換が起こる．GluR では ApoB と異なりイントロンの塩基配列が重要な役割を果たす．トリパノソーマのミトコンドリアではガイド RNA*とよばれる編集を受ける mRNA に相補的な RNA と，多くの酵素（エンドヌクレアーゼ，末端ウリジリルトランスフェラーゼ，3′-U-エキソヌクレアーゼ，RNA リガーゼ）が関与する複雑な過程を経て，多数の U が挿入されたり，欠

失されたりする。

**RNA ポリメラーゼ**［RNA polymerase］ RNA 合成酵素ともよばれ、RNA*を合成する酵素の総称。一般には、DNA を RNA に転写*する DNA 依存性 RNA ポリメラーゼ(DNA-dependent RNA polymerase)または転写酵素(トランスクリプターゼ transcriptase)をさすが、RNA を RNA に転写する RNA 依存性 RNA ポリメラーゼ* または RNA 複製酵素(レプリカーゼ*)もその一員である。原核生物の RNA ポリメラーゼは、RNA 合成を担うコア酵素*と、プロモーター*を認識するσサブユニット(⇒σ因子)から成る。コア酵素とσサブユニットの複合体をホロ酵素*とよび、ホロ酵素だけがプロモーターからの正しい転写をする。コア酵素は、$α_2ββ'$のサブユニット構造をもち、RNA 合成の触媒活性中心はβサブユニットにある。サブユニットは、$α_2→α_2β→α_2ββ'$(非活性未熟コア酵素→活性コア酵素)の経路で集合する。一方、σサブユニットには、プロモーター認識特性の異なる多型成分がある。細菌では、ストレスに応答して発現する遺伝子集団ごとに別種のσサブユニットが出現する。大腸菌では現在 7 種類のサブユニットの存在が知られている。胞子形成*をする細菌では、胞子形成各段階で発現する遺伝子集団の転写を担当するσサブユニットが出現する。枯草菌では、12 種類のσサブユニットの存在が知られている。一群の遺伝子の転写は、転写因子*によって亢進または抑制され、正の調節*または負の調節*とよばれる。転写因子は DNA に結合し、その構造変換を介して転写を制御するか、または RNA ポリメラーゼに直接作用し、その活性やプロモーター認識特性を制御する。RNA ポリメラーゼ分子上には、転写因子との接点があり、抗原抗体反応のように、特異性の高いタンパク質分子間の相互作用が存在する。(⇒ RNA ポリメラーゼ I, II, III)

**RNA ポリメラーゼ I**［RNA polymerase I］ RNA ポリメラーゼ A(RNA polymerase A)ともいう。真核細胞の核内にある 3 種類の DNA 依存性 RNA ポリメラーゼ(⇒ RNA ポリメラーゼ)の一種で rRNA 遺伝子を特異的に転写し、rRNA 前駆体をつくる酵素。核内の核小体*に局在する。分子量は 50 万〜60 万であり、10 前後のサブユニットから構成されている。酵母では 14 サブユニットから成る。動物および昆虫細胞の酵素はキノコ毒のαアマニチン*に耐性であるが、酵母の酵素は 300〜600 μg/mL 濃度で 50 %の活性が阻害される。

**RNA ポリメラーゼ II**［RNA polymerase II］ RNA ポリメラーゼ B(RNA polymerase B)ともいう。真核細胞の核内にある 3 種類の DNA 依存性 RNA ポリメラーゼ(⇒ RNA ポリメラーゼ)の一種で、タンパク質をコードする遺伝子を転写して mRNA 前駆体をつくる酵素。ほかに核内低分子 RNA をコードする遺伝子も転写する。酵素は核の核質に局在し、10 前後のサブユニットで構成され、分子量は約 50 万〜60 万である。動物細胞の酵素は、αアマニチン*の濃度が 0.01〜0.05 μg/mL で活性が 50 %阻害される。(⇒ ホロ RNA ポリメラーゼ II、TFIIA〜H、CTD)

**RNA ポリメラーゼ III**［RNA polymerase III］ RNA ポリメラーゼ C(RNA polymerase C)ともいう。真核細胞の核内にある 3 種類の DNA 依存性 RNA ポリメラーゼ(⇒ RNA ポリメラーゼ)の一種で主として tRNA、5S rRNA および数種類の低分子 RNA をコードする遺伝子を転写する酵素。核質に局在する。酵母の酵素は 16 サブユニットから構成されている。他の真核細胞の酵素も 10 サブユニット前後で構成されている。動物の酵素はαアマニチン*濃度が 10〜25 μg/mL で活性が 50 %阻害されるが、酵母および昆虫の酵素はαアマニチンに耐性である。(⇒ TFIIIA〜C)

**RNA ポリメラーゼ A**［RNA polymerase A］ = RNA ポリメラーゼ I

**RNA ポリメラーゼ B**［RNA polymerase B］ = RNA ポリメラーゼ II

**RNA ポリメラーゼ C**［RNA polymerase C］ = RNA ポリメラーゼ III

**RNA 誘導型サイレンシング複合体**［RNA-induced silencing complex］ = RISC(リスク)

**RNA 輸送**［RNA transport］ RNA 核外輸送(RNA export)ともいう。真核細胞の核内の DNA から転写された RNA がその機能の場である細胞質に核膜*を通過して運ばれること。異なる種類の RNA は、それぞれ固有のタンパク質群の働きによって細胞質へ輸送される。rRNA は、核小体*でリボソームタンパク質群とともに 60S と 40S の大小サブユニットを形成するが、各サブユニットは、エクスポーチン 1 ならびに GTP 結合型 Ran*と複合体を形成して別々に細胞質に輸送される(⇒ エクスポーチン)。tRNA は、エクスポーチン-t あるいはエクスポーチン 5 に認識され、核内で複合体を形成して細胞質に輸送される。いずれの場合も、GTP 結合型 Ran が複合体形成には必須である。また、マイクロ RNA 前駆体(pre-miRNA)もエクスポーチン 5 によって輸送される。スプライシング反応に必須の U1, U2, U4, U5 などの富ウリジン核内低分子 RNA (uridine rich small nuclear RNA; U snRNA)は、いったん細胞質に輸送され、Sm タンパク質が結合してから再び核内に戻ってスプライシング反応に寄与するが、最初の細胞質への輸送には、輸送因子としてエクスポーチン 1 が関与する。UsnRNA の 5′末端に存在するキャップ構造にキャップ構造結合タンパク質複合体(cap binding complex, CBC)が結合し、さらに、PHAX という分子が結合する。リン酸化を受けた PHAX に GTP 結合型 Ran 依存的にエクスポーチン 1 が結合して輸送複合体が形成され輸送される。以上の輸送経路には、すべて GTP 結合型 Ran が必須であり、細胞質に輸送されたそれぞれの複合体中の GTP 結合型 Ran が GDP 結合型に変換することが引き金となって輸送複合体は解離し、RNA 輸送は完了する。一方、mRNA の輸送には Ran は直接関与しない。mRNA の輸送因子として機能するのは、TAP-p15 ヘテロ二量体である。通常、mRNA は、イントロンを含む前駆体として転写されるが、イントロンがスプラ

イシング反応によって除去され成熟 mRNA となる. イントロンが除去されてできたエキソン連結部位近傍には, エキソン接合部複合体*が結合するが, その複合体に含まれる REF/Aly というタンパク質を TAP-p15 が認識して結合し, 成熟 mRNA を核内から細胞質へと輸送する. イントロンをもたない mRNA の輸送も TAP-p15 ならびに REF/Aly に依存することが知られている.

**RNA リガーゼ** [RNA ligase]　RNA 連結酵素, RNA 結合酵素 (RNA joining enzyme) ともいう. 一本鎖 RNA 二分子を結合する酵素. 最もよく知られているものは T4 ファージ*感染大腸菌からの T4 RNA リガーゼ*である. 真核生物では tRNA のイントロンのスプライシング*において, ATP 依存 RNA リガーゼがエキソン同士の結合に働くことが酵母の系で知られている. 結合部位には 2',3'-環状リン酸由来の 2'-リン酸が存在し, 結合後除去されるが, この機構は真核生物に共通と考えられている. トリパノソーマの RNA 編集*複合体の構成因子である TbMP52 タンパク質は RNA リガーゼ活性をもち, RNA 編集に関与している. (⇒スプライソソーム, DNA リガーゼ, 連結反応)

**RNA レプリカーゼ** [RNA replicase] ＝レプリカーゼ

**RNA 連結酵素** ＝RNA リガーゼ

**RNA ワールド** [RNA world]　生命の起源を RNA におく "RNA ワールド" 仮説に基づく概念. RNA 単独で自己複製する世界を狭義の RNA ワールドといい, それを生命体の発祥とする. 1982 年に T. Cech* らによる, RNA 自身を切断, 再結合する触媒機能をもつ RNA (リボザイム*) の発見を契機として, 一挙に現実味を帯びた. 現在ではグループ I イントロンから, あるいは試験管内人工進化法 (SELEX*) によって, RNA 複製能をもつ可能性のあるリボザイムが得られており, かなり広く受け入れられるようになった.

**RNP** [RNP＝ribonucleoprotein]　＝リボ核タンパク質

**Rap**　⇒Rap (ラップ)

**Rab**　⇒Rab (ラブ)

**RAP-PCR** [RAP-PCR＝RNA arbitrarily primed PCR]　RNA 任意プライム PCR の略称. (⇒ディファレンシャルディスプレイ)

**RF**[1] [RF＝release factor]　＝終結因子

**RF**[2] [RF＝replication factor]　複製因子の略称. (⇒複製タンパク質)

**RF**[3] [RF＝replicative form]　＝複製型

**RF**[4] [RF＝rheumatoid factor]　＝リウマトイド因子

**RF-1, RF-2, RF-3**　⇒終結因子

**RFLP** [RFLP＝restriction fragment length polymorphism]　＝制限断片長多型

**RFLP-メチル化分析** [RFLP-methylation analysis]　染色体 DNA はアレル (対立遺伝子) 間で異なるメチル化状態をとりうることが知られている. この違いを分析するために, RFLP (制限断片長多型*) を利用する方法である. RFLP により生じる 2 本の異なる長さの DNA 断片の中にメチル化感受性を示す制限酵素 (HpaⅡ など) の認識配列があると, どちらの長さの断片がその酵素により消化されるか (すなわちメチル化の程度) を知ることができる. この原理を利用する方法である.

**$R_f$ 値** [$R_f$ value]　平面クロマトグラフィーにおける物質の位置関係を示す値で, 便宜上, 実測値を用い次式で計算される値をいう.

$$R_f = \frac{物質の移動距離}{展開液の移動距離}$$

$R_f$ 値は, クロマトグラフィーの条件がまったく同じならば物質固有の値であり, 物質の判定に用いられる. しかし, これは見かけの $R_f$ 値ともいうべきもので, 真の $R_f$ 値 ($R_f'$) は移動率 (rate of flow; 溶媒の移動速度に対する溶質の移動速度の比) として定義される値である.

**RLGS** [RLGS＝restriction landmark genomic scanning]　＝制限酵素認識部位ランドマークゲノムスキャニング

**Ro** [Ro]　60 kDa の自己抗原 RNA で, 細胞質に存在する細胞質低分子 RNA* (scRNA) の一つ. RNP (リボ核タンパク質*) の状態で存在し, 誤ったフォールディングをした RNA に結合し, 低分子 RNA の品質管理を行っているらしい.

***ros* 遺伝子**　⇒*ros* (ロス) 遺伝子

**Rot 値**　⇒Rot (ロット) 値

**R 型カルシウムチャネル** [R type calcium channel]　Ca$_V$2.3 チャネル (Ca$_V$2.3 channel), Ca$_V$2.3 ともいう. 中枢神経系, 末梢神経系のシナプス伝達において重要な働きをしているチャネルである. 本チャネルには真に特異的な阻害剤が存在しない (R は, 種々の Ca$^{2+}$ チャネルを阻害する薬剤に耐性 (resistant) であることから命名) ことから本チャネルの機能解析には遺伝子破壊マウスが用いられた. そして細胞の興奮性および抑制性伝達への関与の度合いに関し Ca$_V$2.1 (P/Q 型カルシウムチャネル*) および Ca$_V$2.2 (N 型カルシウムチャネル*) とは異なるユニークな性質をもつことが明らかにされている. (⇒カルシウムチャネル, L 型カルシウムチャネル, T 型カルシウムチャネル)

**アルカプトン尿症** [alkaptonuria]　尿にホモゲンチジン酸 (homogentisic acid) が排泄されてくる先天性の代謝異常症. 患者ではホモゲンチジン酸デヒドロゲナーゼが欠損してフェニルアラニン, チロシンの代謝過程のホモゲンチジン酸が蓄積し尿中に出現する. この物質は, アルカリ性では急速に酸化されて重合しメラニン様物質になるので, 尿を放置すると黒くなる. 組織での蓄積は少なく腎のクリアランスも高いので, 比較的良性の経過をたどる.

**アルカリ (性) ホスホモノエステラーゼ** [alkaline phosphomonoesterase]　＝アルカリホスファターゼ

アルカリホスファターゼ　[alkaline phosphatase]　アルカリ(性)ホスホモノエステラーゼ(alkaline phosphomonoesterase)ともいう．EC 3.1.3.1．最適pHがアルカリ性のホスホモノエステラーゼの一種．遺伝子操作において線状DNAあるいはRNAの5′末端からリン酸基を除くために用いられる．主として大腸菌由来のもの(大腸菌アルカリホスファターゼ bacterial alkaline phosphatase, BAP)と，仔ウシ腸由来のもの(仔ウシ腸アルカリホスファターゼ calf intestine alkaline phosphatase, CIPまたはCAPと略す)が用いられる．CAPはBAPに比べて70℃で熱処理することにより不活化でき，つぎのステップに進みやすいが，脱リン酸効率が弱いので実験にはBAPがおもに使われている．BAPもCAPもDNA, RNA, dNMPs, dNDPs, dNTPs, rNMPs, nDMPs, rNTPsなどから5′および3′のリン酸基を遊離させる．また，この酵素はタンパク質からリン酸基をはずすこともできる．

アルカロイド　[alkaloid]　植物塩基ともいう．塩基性窒素原子をもつ一群の二次代謝化合物．多くは強い薬理作用をもつ．おもに植物で生合成される．植物種(⇒ビンカアルカロイド)，構造，由来するアミノ酸などにより分類される．ある種の化合物は組織特異的に生合成され，組織培養*による生産が試みられる(根におけるトロパンアルカロイドの生合成)．植物における機能は不明であるが，傷害により誘導される化合物もあり，生体防御的役割が考えられる．

アルカローシス　[alkalosis]　動脈血pHが，生体機能に何ら障害をきたさない限界と考えられる7.45(正常値7.40)以上となる場合．制酸剤の投与，$HCO_3^-$に代謝される酢酸塩，クエン酸塩，乳酸塩などの投与，嘔吐や胃チューブなどによる胃液喪失，あるいは利尿剤やミネラルコルチコイド作用過剰に基づく尿の酸化過剰によって起こる(代謝性アルカローシス)．また過呼吸により肺からの$CO_2$排泄が過剰になる場合にも起こる(呼吸性アルカローシス)．(⇒アシドーシス)

アルギナーゼ　[arginase]　L-アルギニンアミジノヒドロラーゼ(L-arginine amidinohydrolase)ともいう．EC 3.5.3.1．アルギニンを尿素とオルニチンに分解する酵素で尿素回路*の構成酵素．生物界に広く分布するが動物では肝臓におもに存在し，アミノ酸代謝酵素の中で最大活性を示す．尿素形成に重要な役割を果たす．酵素は$Mn^{2+}$, $Co^{2+}$で重合し活性化される．

アルギナーゼ欠損症　[arginase deficiency]　＝アルギニン血症

アルギニノコハク酸血症　[argininosuccinic acidemia]　＝アルギニノコハク酸尿症

アルギニノコハク酸シンターゼ欠損症　[argininosuccinate synthase deficiency]　＝シトルリン血症

アルギニノコハク酸尿症　[argininosuccinic aciduria]　アルギニノコハク酸血症(argininosuccinic acidemia)，アルギニノコハク酸リアーゼ欠損症(argininosuccinate lyase deficiency)ともいう．常染色体劣性遺伝形式をとる先天性尿素回路異常症*の一つ．尿素回路*を構成する4番目の酵素であるアルギニノコハク酸リアーゼの機能異常に基づき，新生児型と遅発型がある．責任遺伝子は，第7染色体長腕に存在する本酵素の構造遺伝子で，遺伝子解析がなされた症例において，ミスセンス突然変異，部分欠失など，遺伝子レベルにおける遺伝的異質性が示されている．(⇒シトルリン血症)

アルギニノコハク酸リアーゼ欠損症　[argininosuccinate lyase deficiency]　＝アルギニノコハク酸尿症

アルギニン　[arginine]　＝5-グアニジノ-2-アミノ吉草酸(5-guanidino-2-aminovaleric acid)．ArgまたはR(一文字表記)と略記される．L形はタンパク質を構成する塩基性アミノ酸の一つ．$C_6H_{14}N_4O_2$, 分子量174.20. グアニジノ基($-NHC(=NH)NH_2$)をもち，最も塩基性の高いアミノ酸．ヒストン*やプロタミンなどの塩基性タンパク質では含量が高い．成長期の哺乳動物では必須アミノ酸*となる．グアニジノ基の$pK_a$は12.5(25℃)．(⇒アミノ酸)

```
      COOH
H2NCH
      CH2
      CH2
      CH2
      NH
      C=NH
      NH2
   L-アルギニン
```

L-アルギニンアミジノヒドロラーゼ　[L-arginine amidinohydrolase]　＝アルギナーゼ

アルギニン血症　[argininemia]　高アルギニン血症(hyperargininemia)，アルギナーゼ欠損症(arginase deficiency)ともいう．アルギニン*をオルニチンと尿素に分解する酵素であるアルギナーゼ*の欠損による先天性尿素回路異常症*の一つで，常染色体劣性遺伝を示す．血中アルギニンの上昇と高アンモニア血症*を伴う．他の尿素回路酵素の欠損症と臨床像が少し異なり，進行性の弛緩性四肢麻痺と精神運動発達遅延を示す．原因遺伝子(アルギナーゼ遺伝子, 6q23)が単離され，遺伝子異常の解析が進んでいる．

アルギニンジヒドロラーゼ　[arginine dihydrolase]　＝アルギニンデイミナーゼ

アルギニンデイミナーゼ　[arginine deiminase]　＝アルギニンジヒドロラーゼ(arginine dihydrolase)，グアニジノデスイミナーゼ(guanidinodesiminase). EC 3.5.3.6. L-アルギニンよりL-シトルリンとアンモニアを生成する加水分解酵素．種々の微生物に存在するアルギニンデイミナーゼ経路(アルギニンの分解によるエネルギー産生系)の初発反応を行う．生成物シトルリンの加リン酸分解で生じるカルバモイルリン酸がATPの産生に用いられる．植物由来の基質類似体カナバニンにも作用する．Mycoplasma arginiの酵素は分子量45,000のサブユニットから成るホモ二量体で，等電点4.7, 最適pHは6.0～7.5, $K_m$値0.2 mM(アルギニン)である．タンパク質のアルギニン残基に作用するタンパク質-アルギニンデイミナーゼ(protein-arginine deiminase, EC 3.5.3.15)とは別の酵素である．

アルギニンバソトシン　[arginine vasotocin]　＝バソトシン．AVTと略す．

アルギニンバソプレッシン　[arginine vasopressin]　AVPと略す．(⇒バソプレッシン)

**RQ** [RQ＝respiratory quotient] ＝呼吸商

**1-O-アルキル-2-アセチル-sn-グリセロ-3-ホスホコリン** [1-O-alkyl-2-acetyl-sn-glycero-3-phosphocholine] ＝血小板活性化因子. AGEPCと略す.

**アルキル化** [alkylation] 化合物の水素原子をアルキル基(有機基)で置換する反応. 多くの発がん物質*(ニトロソ化合物, ベンゾピレン, アフラトキシンなど)やある種の制がん剤*(ナイトロジェンマスタード*など)は生体内で直接または代謝によりDNAのアルキル化を起こし, 細胞の突然変異, がん化または壊死をひき起こす. 種々のニトロソ化合物の作用でDNA中に生じるアルキル化(メチル化, エチル化など)塩基のうち$O^6$-アルキルグアニンや$O^4$-アルキルチミンなどが突然変異を起こす.(→アルキル化剤)

**アルキル化剤** [alkylating agent] タンパク質あるいは核酸をアルキル化*する化合物. MMS(メチルメタンスルホン酸 methyl methanesulfonate), EMS(エチルメタンスルホン酸*), MNU(N-メチル-N-ニトロソ尿素, →ニトロソメチル尿素), MNNG(N-メチル-N'-ニトロ-N-ニトロソグアニジン, →ニトロソグアニジン)など多くのアルキル化剤が知られており, 発がん性がある(→発がん物質). また, 同時に制がん剤*の作用をもつものも多く知られている(→サルファーマスタード, ナイトロジェンマスタード). DNAの塩基をアルキル化することにより, 突然変異を誘発する(→突然変異誘発). 大腸菌を低濃度のアルキル化剤によって処理するとDNA修復酵素系が誘導されることが知られている.(→SOS修復)

**アルゴリズム** [algorithm] ある問題を解くための一連の手続き. アルゴリズムを計算機が実行できる形で記述したものはプログラムとよばれる. 核酸やアミノ酸配列の最適アラインメントを求めるのに用いられるダイナミックプログラミング*はアルゴリズムの一種である. 類似の意味をもつ言葉にプロトコル(protocol)があるが, 計算工学分野でのプロトコルはおもに機器間の通信手順を示した通信プロトコルのことをさすため注意が必要である.

**アルコールデヒドロゲナーゼ** [alcohol dehydrogenase] ＝アルデヒドレダクターゼ(aldehyde reductase). EC 1.1.1.1. アルコールを酸化してアルデヒドにする酵素で, $NAD^+$を補酵素*とする. 哺乳動物の酵素は2種類のサブユニットから成る二量体で, 2原子の亜鉛を含む. 酵母の酵素は四量体で4原子の亜鉛を含む. おもな基質はエタノールであるが, 脂肪族アルコール以外にもステロイドのヒドロキシ基の酸化も触媒する. ウマ酵素の3種類のアイソザイム* EE, ES, SSのうちEEはエタノールを, SSはステロイドアルコールをよい基質とする.

**アルコール発酵** [alcoholic fermentation] 生物による無酸素的な炭水化物分解, エネルギー獲得の反応様式の一つ. 通常は $C_6H_{12}O_6 \rightarrow 2C_2H_5OH + 2CO_2$ の理論式に従ってエタノールが生成し, グルコース1分子当たり正味2分子のATPが利用可能となる. 一連の反応経路の大部分は解糖*と共通であり, 生物のエネルギー代謝の根幹をなす代謝経路である. 酵母圧搾液による無細胞発酵系の樹立(E. Buchner, 1897)は, 中間代謝経路の酵素学的解析の端緒となった. 古来, 酒醸造に利用されている.

**アルサス反応** ＝アルツス反応

**RGSタンパク質** [RGS protein] RGSはregulator of G protein signalingの略. 三量体Gタンパク質$\alpha$サブユニットの内因性GTP加水分解活性を促進し, GTP結合型Gタンパク質(活性化型)を速やかにGDP結合型(不活性化型)に変換させる抑制性の調節を担う因子である. 現在までに, 約20種類にも及ぶRGSタンパク質が同定されている. すべてのRGSタンパク質は三量体Gタンパク質の$\alpha$サブユニットと相互作用する120〜125アミノ酸のコアドメイン(RGSドメインとよばれる)をもつが, その他の機能性ドメインのサイズおよび構成は大きく異なる. 現在, このRGSドメインおよび非RGSドメインの構成によりRGSタンパク質は九つのサブファミリーに分類されている.

**RCF** [RCF＝relative centrifugal force] ＝相対遠心力

**RCC1遺伝子** [RCC1 gene] 温度感受性突然変異*株tsBN2細胞の機能を相補する遺伝子として見いだされた. この細胞では, S期の終了に依存したM期*開始のチェックポイント(→細胞周期チェックポイント)に異常があり, 未成熟染色体凝縮が起こる. 名称はregulator of chromosome condensationに由来する. RCC1は, Ras様低分子量GタンパクRan*のGDP-GTP交換因子*として働くクロマチンタンパク質である. ヒストン*H2A, H2Bと結合することが知られている. 細胞内にはGDPよりGTPの方が豊富なので, GTP結合型Ranを産生する. したがって, 間期*には核内に, またM期には染色体近傍に高濃度のGTP結合型Ranを産生する. これがタンパク質やRNAの核-細胞質間の輸送, 紡錘体*形成や核膜*形成に働く.

**RGDS配列** [RGDS sequence] ＝RGD配列

**RGD配列** [RGD sequence] RGDS配列(RGDS sequence)ともいう. Arg-Gly-Asp配列をアミノ酸一文字略号で表記した細胞接着*配列. 最初, フィブロネクチン*の細胞接着部位として1984年に同定された. RGD配列を含む天然タンパク質, 有機合成ペプチド, 融合タンパク質をマトリックスにコートすると, 細胞はRGD配列を認識し, 接着し, 伸展する. 逆に, マトリックス上のRGD配列を認識して起こる細胞接着は, 溶液中に過剰量のRGDペプチドがあると特異的に阻害される. RGD配列は, フィブロネクチン以外にも, ビトロネクチン*, ラミニン*, コラーゲン*などいろいろなタンパク質の細胞接着活性を担っている. ただし, RGD配列をもっていても, タンパク質分子表面に露出していなければ, 細胞接着活性はない. なお, 細胞接着活性を担うアミノ酸配列はRGD配列だけでなく, YIGSR配列など約十数種類知られている. RGD配列を認識する細胞側の受容体

は，インテグリン\*である．

**R–Smad** [R–Smad＝receptor-regulated Smad]
特異型 Smad の略称．(→ Smad)

**アルツス反応** [Arthus reaction] アルサス反応ともいう．感作動物の皮内に抗原を注射した際，その注射局所にみられる炎症反応．Ⅲ型アレルギー\*に分類され，抗原抗体複合物による組織傷害．定型的な場合には，抗原注射後2〜6時間のうちにその局所に浮腫・出血・壊死などの反応が現れ，約24時間後に極期に達する．おもな変化は真皮層の血管系と結合組織にみられる．毛細血管基底膜に抗原抗体複合物，補体の沈着が認められ，微小血栓，出血，炎症など，血行障害を示す所見がみられる．(→ アレルギー)

**アルツハイマー型老年性認知症** [senile dementia with Alzheimer's type] ＝アルツハイマー病．SDAT と略す．

**アルツハイマー病** [Alzheimer's disease] 世界中で最も多く見られる老年期の認知症で，進行性の認知障害（記憶障害，見当識障害，学習障害，空間認知機能障害など）を特徴とする．1901年ドイツの精神医学者 A. Alzheimer が最初の症例を報告し，彼の名前にちなんで病名が付けられた．大脳皮質全体にわたり，神経細胞体内に神経原線維変化\*が見られ，この常染色体優性のメンデル型の遺伝パターンを示す家族性アルツハイマー病(familial Alzheimer's disease; FAD)とアルツハイマー型老年性認知症(senile dementia with Alzheimer's type; SDAT)があるが，後者がほとんどである．神経原線維変化はリン酸化されたニューロフィラメント，高度にリン酸化されたタウタンパク質を含んだ微小管付随タンパク質(MAP1, MAP2)，ユビキチン\*などから構成される．アミロイド斑の主成分は40〜42アミノ酸残基の β アミロイドタンパク質\*($A\beta$)から成るアミロイド繊維である．$A\beta$ は 770 アミノ酸残基から成る膜内タンパク質 β アミロイドタンパク質前駆体($\beta PP$)の一部で，$A\beta$ は $\beta PP$ から β–セクレターゼと γ–セクレターゼの 2 種類の膜アンカー型プロテアーゼにより段階的にプロセシングされて生じる．$A\beta$ 部分に特定の変異があると $\beta PP$ の切断速度が上昇し，その結果 $A\beta$ の産生速度が上昇する．ダウン症候群患者でもアルツハイマー病の症状が現れるが，これはトリソミーとなっている第21染色体に $\beta PP$ 遺伝子が位置しているからと考えられる．早発性アルツハイマー病の発生にはコレステロール輸送に働くアポリボタンパク質 E(APOE)も関与すると考えられている．第19染色体にある APOE 遺伝子の変異体の一つである apoE4 はアルツハイマー病の進行と早発の危険因子であり，この変異の保有者では脳における β アミロイドの蓄積が顕著である．apoE4 タンパク質は化学合成した $A\beta$ の凝集を促進する．プレセニリン 1(PS1)遺伝子が第14染色体に異常を示す家族性アルツハイマー病の原因遺伝子としてクローニングされ，続いて第1染色体に異常を示す家族性アルツハイマー病の原因遺伝子であるプレセニリン 2(PS2)遺伝子も同定された．両遺伝子からコードされるプレセニリンタンパク質はオルソログであり，6〜8個の膜貫通部位をもつ膜タンパク質で，小胞体やゴルジ体におもに分布し，約 47 kDa のタンパク質が合成された後直ちに限定分解され，28 kDa の N 末端側ポリペプチドと残りの C 末端側ポリペプチドに分かれる．プレセニリンは突然変異があると，アミロイド代謝に影響を及ぼし，$A\beta$1-42 のレベルを上昇させ，その結果 β アミロイドレベルが増加しアルツハイマー病をひき起こすと考えられている．PS1 はほかの 3 種類の膜タンパク質，ニカストリン，Pem-2，APH-1 と γ–セクレターゼ複合体を形成する．PS1 に異常がある患者の神経細胞では転写調節因子である Jun が過剰に増えて細胞死を起こすことも知られており，PS1 の機能はアポトーシス\*とも関連しているらしい．τ タンパク質や $\beta PP$ 分子中のプロリンに隣接するセリンまたはトレオニンが神経原繊維の形成や $A\beta$ の産生に影響を与えるが，このアミノ酸残基間のイミド結合の異性化を触媒する Pin1 プロリルイソメラーゼはアルツハイマー病ニューロンでは発現が下方制御されているか酸化によって阻害されている．Pin1 プロモーターの多型により後発性のアルツハイマー病のリスクが上昇することが知られている．プレセニリンは α カテニン，β カテニンおよびグリコーゲンシンターゼキナーゼ-3β(GSK-3β)とも相互作用するが，GSK-3β の阻害剤であるリチウムにより γ–セクレターゼが関与する $\beta PP$ 切断が阻害されることにより $A\beta$ の産生が阻止されることが見いだされている．リチウムは $\beta PP$ を過剰産生するマウス脳で $A\beta$ の蓄積を阻止する．GSK-3 はまた，タウタンパク質もリン酸化することが知られており，アミロイド斑と神経原繊維変化の形成を減らすための方策として GSK-3 阻害は有望視されている．

**rDNA** [rDNA＝ribosomal DNA] ＝リボソーム DNA

**rDNA 増幅** [rDNA amplification] 通常ゲノム DNA は世代を通して不変と考えられているが，たとえばカエル，イモリなどの両生類の卵において rRNA 遺伝子\*が数百〜千倍にも増幅しており，これを rDNA 増幅という．これは成熟卵中に大量のリボソームを貯蔵して，受精後胚仔が胞胚中期にリボソーム RNA 合成を始めるまで，増殖する細胞に供給するための手段であると考えられる．同様の増幅は昆虫の卵の漿膜タンパク質の遺伝子にも認められる．(→ 遺伝子増幅)

**RT–PCR** [RT-PCR＝reverse transcription PCR] ＝逆転写 PCR

**RDV** [RDV＝*Rice dwarf virus*] ＝イネ萎(い)縮ウイルス

**アルデヒドオキシダーゼ** [aldehyde oxidase] EC 1.2.3.1. アルデヒドを酸化してカルボン酸を生成する酵素．1分子当たり 2 mol の FAD，8 原子の鉄，2 原子のモリブデン，1〜2 mol の $CoQ_{10}$(ユビキノン)を含むヘムタンパク質である．分子状酸素の存在下におもにアセトアルデヒドを酸化して酢酸を生成する．アル

コールの解毒，コルチコステロイド，生体アミン，神経伝達物質，脂質の過酸化に働く．ヒトミトコンドリアの酵素はホモ四量体で，単量体は 517 個のアミノ酸から成る．

**アルデヒドリアーゼ** [aldehyde-lyase] ＝アルドラーゼ

**アルドステロン** [aldosterone] 腎臓の遠位尿細管などの標的器官に働き，電解質や水代謝，血圧調節に関与する鉱質副腎皮質ステロイドホルモン（ミネラルコルチコイド*）の中で最も強力な活性をもつ．標的組織細胞内に存在するミネラルコルチコイド受容体と結合し，標的遺伝子の発現を誘導することで生理活性を現すと考えられているが，生理作用を十分に説明できていない．グルココルチコイド*も弱いながら同様な作用を示し，ミネラルコルチコイド受容体にも弱い結合能を示す．

**アルドステロン症** [aldosteronism] 高アルドステロン症 (hyperaldosteronism) ともいう．副腎からアルドステロン*が過剰に分泌されるために生じる病態．一次性と二次性とがあり，一次性ではレニン分泌が抑制されているが，二次性はレニン-アンギオテンシン系*の亢進に伴うアルドステロン分泌なのでレニン分泌が亢進している．アルドステロンが遠位尿細管に作用して，$Na^+$ の再吸収と $K^+$，$H^+$ の排泄を促す．このため体液過剰，高血圧，低カリウム血症，代謝性アルカローシスを呈する．

**アルドースレダクターゼ** [aldose reductase] EC 1.1.1.21. グルコースからソルビトールを経てフルクトースを生成する糖代謝の初発段階に関与する酵素である．糖尿病性の白内障は，レンズにおいて本酵素より生成されるソルビトールの蓄積によると考えられ，本酵素の阻害剤が治療に用いられている．酵素学的には分子量約 30,000〜40,000 の還元酵素で，NADPH を補酵素とし基質特異性が広く種々の単糖類を還元しポリオールを生成する．また，アルデヒド基やケト基をもつ化合物も還元し，アルデヒドレダクターゼ，カルボニルレダクターゼとの類似性によりアルド・ケトレダクターゼ群に属する．

**アルトマン** ALTMAN, Sidney 米国の分子生物学者．1939.5.7〜 カナダのモントリオールに生まれる．マサチューセッツ工科大学 (MIT) で物理学を学び，コロラド大学を経てカリフォルニア大学で Ph.D. を取得 (1967)．1980 年エール大学教授．tRNA 前駆体を単離 (1970)．tRNA ができるのに必要なリボヌクレアーゼ P* を発見 (1978)．RNA がリボヌクレアーゼ P の触媒部位であることを実証した (1983)．1989 年 T. R. Cech* とともにノーベル化学賞を受賞した．

**アルドラーゼ** [aldolase] 原核生物から真核生物まで広く存在し，糖新生*に関与する酵素 (EC 4.1.2 群) で，アルデヒドリアーゼ (aldehyde-lyase) ともよばれる酵素群．おもに二つのクラスに分類される．クラス I はフルクトース 1,6-ビスリン酸* (FDP) あるいはフルクトース 1-リン酸 (F-1-P) が本酵素の活性部位に存在する Lys 残基とシッフ塩基*を形成し，ジヒドロキシアセトンリン酸とグリセルアルデヒド 3-リン酸に分解される反応を可逆的に触媒する酵素．クラス II はシッフ塩基を形成せず FDP を基質としその反応に $Zn^{2+}$ や $Fe^{3+}$ を要求する金属酵素である．本酵素は高等動物の種々の臓器においてサブユニットの構成比が異なるアイソザイム*が存在する．

**rII 遺伝子座** [rII locus] T 偶数ファージ*の遺伝子座．突然変異によって溶菌が速くなりプラークが大きくなる rI, rII, rIII (r は rapid lysis) 遺伝子座の一つ．rII 変異体は λ 溶原菌で増殖できることで他と区別され，ファージ遺伝学に広く利用されてきた．中でも T4 の rII は S. Benzer (1957) が多数の突然変異体を集中的に分離し，遺伝子内部の微細構造を詳細に解析したことで有名．rII 座は感染菌の細胞膜代謝に関係するとされ，二つのシストロン* rIIA, B に分割されている．

**rII 突然変異** [rII mutation] T4 ファージの rII 遺伝子座*上の突然変異．変異の起こったファージは大腸菌の B 株や K 株では増殖して野生株よりも大きなプラークをつくるが，λ ファージが溶原化した K(λ) 株では増殖できない．S. Benzer は rII 変異体を系統的に分離し，遺伝的組換えや相補性テスト*などにより，突然変異には点突然変異と欠失突然変異があることを示しかつ，遺伝的機能単位であるシストロン*の概念をつくり出すなど，新しい遺伝子概念の確立に貢献した．rII は rIIA, rIIB の二つのシストロンから成る．その遺伝子産物はともに膜タンパク質であり，感染後の宿主膜機能に影響すると考えられているが，その機能はいまだにわかっていない．

**アルバー** ARBER, Werner スイスの分子生物学者．1929.6.3〜 スイスのグレニヘンに生まれる．1953 年チューリヒ工科大学卒業．ジュネーブ大学で Ph.D. を取得 (1958)．1964 年ジュネーブ大学分子生物学準教授．1971 年バーゼル大学教授．1962 年にバクテリオファージ DNA の特定部位を分解する制限酵素を発見した．1978 年ノーベル医学生理学賞を D. Nathans*，H. O. Smith* とともに受賞．

**Alu 配列** [Alu sequence] ＝Alu I ファミリー

**アルバース・シェーンベルグ病** [Albers-Schönberg disease] ＝大理石骨病

**R バンド** [R band] 染色体を生理食塩水中で 87〜89℃，10 分間前処理した後で，ギムザ染色して得られる染色体バンド*のこと．G バンド*とは染色像が反転 (reverse) するためこうよばれる．この染色法によれば，色素は GC 含量の高い DNA に対して弱い親和性を示すはずであるが，R バンドの染色結果は，むしろ染色体のより高次な構造に依存しているらしく，GC 含量との相関はほとんどない．R バンドのパターンは進化的に保存される傾向が強い．

**RB 遺伝子** [RB gene] 網膜芽細胞腫遺伝子 (retinoblastoma gene)，レチノブラストーマ遺伝子ともいう．子供の眼のがんである網膜芽細胞腫*の原因となる遺伝子として，最初に発見されたのでこの名があ

る．p53 遺伝子*と並ぶ代表的ながん抑制遺伝子*である．今では，肺小細胞がん，乳がん，膀胱がんなどのがんでも失活が見つかっているが，p53 ほどには多くのがんで失活していない．しかし，RB 遺伝子が失活していない多くのがんでは，代わりにがん抑制遺伝子でもある p16 遺伝子（→p16）が失活していることもわかっている．RB 遺伝子はヒトでは第 13 染色体長腕 14 領域に存在し，27 個のエキソンから成っている．脊椎動物にはすべて存在するけれども，それより下等な生物では見つかっていない．この産物である RB タンパク質（RB protein，pRB）は分子量 110,000 であって核内に存在しており，おもに E2F*と結合してその活性を抑えることによって細胞増殖抑制機能を発揮すると考えられる．RB タンパク質がサイクリン依存性プロテインキナーゼ*による細胞周期特異的リン酸化を受けると E2F から解離し，E2F が活性化する（→Id[(2)]）．

**RPA** ［RPA＝replication protein A］ ＝複製タンパク質 A

**RBL1** ［RBL1＝retinoblastoma-like 1］ ＝p107

**RBL2** ［RBL2＝retinoblastome-like 2］ p130 ともいう．（→p107）

**RBC** ［RBC＝red blood cell］ ＝赤血球

**RB タンパク質** ［RB protein］ pRB と略す．（→RB 遺伝子）

**RBP** ［RBP＝retinol-binding protein］ ＝レチノール結合タンパク質

**α アクチニン** ［α actinin］ →アクチニン

**α アドレナリン受容体** ［α-adrenergic receptor，α-adrenoceptor］ α アドレナリン性受容体ともいう．アドレナリン受容体*のサブタイプの一つ．薬理学的には $α_1$ および $α_2$ アドレナリン受容体に分類される．$α_1$ アドレナリン受容体はおもにシナプス後部にあり，WB4101 や 5-メチルウラピジル（5-methylurapidil）が選択的拮抗薬である．$α_2$ アドレナリン受容体はシナプス前部（神経終末）に存在し，その選択的拮抗薬にはラウオルシン（rauwolscine），BRL44408 などがある．cDNA クローニングの結果に基づいて，$α_1$ アドレナリン受容体は $α_{1A}$，$α_{1B}$，$α_{1C}$ アドレナリン受容体に細分されている．アミノ酸数はそれぞれ 560（ラット），515（ラット，ハムスター），466（ウシ）であり，その遺伝子の存在する染色体は，ヒトの場合 $α_{1A}$ および $α_{1B}$ アドレナリン受容体は第 5 染色体，$α_{1C}$ アドレナリン受容体は第 8 染色体である．$α_2$ アドレナリン受容体のサブタイプには $α_{2A}$，$α_{2B}$，$α_{2C}$ および $α_{2D}$ アドレナリン受容体があり，それぞれ 450 個（ヒト，ラット），450 個（ヒト），461 個（ヒト），450 個（ラット）のアミノ酸より成り，$α_{2A}$，$α_{2B}$ および $α_{2C}$ アドレナリン受容体はヒト染色体の第 10，第 2 および第 4 染色体上にある．

**α アドレナリン受容体遮断剤** ［α-adrenergic receptor blocker］ ＝α 遮断剤

**α アドレナリン性受容体** ＝α アドレナリン受容体

**α アマニチン** ［α amanitin］ 真核細胞の RNA ポリメラーゼ*を阻害する二環性オクタペプチドでキノコの一種 *Amanita phalloides* より単離された．RNA ポリメラーゼ I，II，III のうち，タンパク質をコードする遺伝子の転写に関与する RNA ポリメラーゼ II* は α アマニチンに最も感受性が高く，0.1 µg/mL 以下の濃度で mRNA 鎖の伸長が阻害される．α アマニチンはその最も大きいサブユニット（～220 kDa）に結合する．rRNA 遺伝子の転写に関与する RNA ポリメラーゼ I* は非感受性である．tRNA など低分子 RNA の転写に関与する RNA ポリメラーゼ III* の感受性はその中間で，転写を阻害するのに高濃度（20 µg/mL）の α アマニチンが必要である．この 3 種の RNA ポリメラーゼの α アマニチンに対する感受性の差を利用して，細胞抽出液を用いた *in vitro* 転写系で特定の遺伝子の転写がどの RNA ポリメラーゼにより行われるかの判定に用いられる．

**α-アミラーゼ** ［α-amylase］ →アミラーゼ

**$α_1$ アンチトリプシン** ［$α_1$ antitrypsin］ $α_1$ 抗トリプシンともいう．$α_1$AT と略される．エラスターゼ*の主要な阻害因子．肝で生合成され，血中に分泌される 52 kDa の糖タンパク質である．セルピンファミリー*に属し，394 アミノ酸残基から成る成熟タンパク質の C 末端側に酵素阻害活性部位がある．酵素によって反応中心のアミノ酸 PI と PI' の間が切断されると，他のセルピンと同様に立体構造が変化して安定な酵素・阻害因子複合体を形成する．トリプシン*やキモトリプシン*，カテプシン*などの酵素を標的とし，特にエラスターゼを強く阻害する（→トリプシンインヒビター）．組織のタンパク質を種々の酵素による分解から保護するのがおもな働きと考えられるが，免疫系の調節や炎症反応にも関与しているという．先天的な $α_1$ アンチトリプシン欠損症（$α_1$ antitrypsin deficiency）は若年性肺気腫を惹起する．正常では血中から肺胞腔に拡散して白血球由来エラスターゼを阻害するが，これが欠乏すると酵素による肺胞壁の構造タンパク質の破壊を阻止できなくなると考えられる．異常タンパク質の蓄積による肝障害を新生児期に合併する病型もある．（→急性期タンパク質）

**$α_2$ アンチプラスミン** ［$α_2$ antiplasmin］ ＝$α_2$ プラスミンインヒビター．$α_2$AP と略す．

**アルファウイルス** ［*Alphavirus*］ →トガウイルス

**$α_1$AT** ［$α_1$AT＝$α_1$ antitrypsin］ ＝$α_1$ アンチトリプシン

**$α_2$AP** ［$α_2$AP＝$α_2$ antiplasmin］ $α_2$ アンチプラスミンの略号．（→$α_2$ プラスミンインヒビター）

**$α_2$M** ［$α_2$M＝$α_2$ macroglobulin］ ＝$α_2$ マクログロブリン

**α カテニン** ［α-catenin］ CAP102 ともいう．細胞接着分子カドヘリン*に結合する細胞質因子の一つ（→カテニン）．102 kDa でビンキュリン*と相同性を示す．細胞間接着能をもつほとんどの細胞で発現している．神経系の細胞においては αN カテニンというサブタイプが代わりに発現している．β カテニン*とと

もに 1) カドヘリンを細胞骨格系に結合する，2) カドヘリンの接着能を制御する，という機能を果たす．浸潤性の高いがん細胞において高頻度で発現の低下・喪失が見られる．

**α ケラチン** [α-keratin] ＝ケラチン

**α 構造** [α structure, alpha structure] ＝αヘリックス

**$α_1$ 抗トリプシン** ＝$α_1$ アンチトリプシン

**α サテライト DNA** [α satellite DNA] ＝アルフォイド DNA

**$α_1$ 酸性糖タンパク質** [$α_1$-acid glycoprotein] オロソムコイド(orosomucoid)ともいう．血漿中の糖タンパク質の中で，糖含量が最も高く(45 %)，血漿糖タンパク質の糖の総量に対して占める割合が約 10 %と最も高いのが $α_1$ 酸性糖タンパク質である．ヒトの $α_1$ 酸性糖タンパク質は，181 残基のアミノ酸残基から成る一本鎖構造をとり，2箇所に分子内ジスルフィド結合を，また 5 箇所に $N$ 結合型糖鎖を含んでいる．アミノ酸残基の置換によるさまざまな変異体(バリアント)が見いだされている．

**α 遮断剤** [α-adrenergic blocker] ＝α アドレナリン受容体遮断剤(α-adrenergic receptor blocker)，α 受容体遮断剤(α receptor blocker)．末梢組織における α アドレナリン受容体*に対するカテコールアミン*の効果を阻害する薬物．フェノキシベンザミン(phenoxybenzamine)，フェントラミン(phentolamine)，プラゾシン(prazosin, $α_1$ 選択的)，ヨヒンビン(yohimbine, $α_2$ 選択的)などがある．臨床的にはさらに持続効果のある薬剤が開発されており，この受容体を介するおもな生理効果である，冠動脈をはじめとした全身の動脈収縮，膀胱括約筋の収縮に対する抑制効果を利用して，各種の高血圧症*，排尿障害などに投与される．

**α 受容体遮断剤** [α receptor blocker, alpha receptor blocker] ＝α 遮断剤

**α デフェンシン** [α defensin] ⇒デフェンシン

**α トキシン** [α toxin, alpha toxin] ⇒ニコチン性アセチルコリン受容体

**α27 遺伝子** [α27 gene, alpha27 gene] 単純ヘルペスウイルス*(HSV)の感染後に，宿主細胞 RNA ポリメラーゼ II* により行われる遺伝子発現は，その時期により α(前早期)，β(早期)，γ(後期)の 3 群に分類されている．α 群は，感染直後に発現され，数時間内にピークに到達し，その後 β 群，γ 群の遺伝子発現および自身の転写調節を担う因子である．α27 遺伝子は，α0, α4, α22, α47 とともに α 群に属する転写調節因子 α27 タンパク質をコードする遺伝子である．

**$α_2$ 尿中グロブリンファミリー** [$α_2$ urinary globulin family] ＝リポカリンファミリー

**$α_2$PI** [$α_2$PI=$α_2$ plasmin inhibitor] ＝$α_2$ プラスミンインヒビター

**α フェトプロテイン** [α-fetoprotein] AFP と略す．哺乳動物の胎児(fetus)に存在する血清タンパク質の一種．ヒトではその濃度が胎生 14 週ごろに最高値(約 4 mg/mL)に達したのち，しだいに低下し，生下時には数十 μg/mL となる．その後も低下し 2 歳ごろには成人値である数 ng/mL となる．胎児では卵黄嚢と肝細胞でおもに産生されるが，これらと関連する卵黄嚢がん(yolk sac tumor)と肝がん*は高率に活発に AFP を産生し血中に分泌するため，血清診断に広く用いられている(⇒腫瘍マーカー，がん胎児性抗原)．全長約 20 kbp のヒト AFP 遺伝子は第 4 染色体上にあり 14 個のイントロンと 15 個のエキソンから構成される．2 kb の mRNA はおのおの 18 個および 591 個のアミノ酸から成るシグナルペプチドおよび成熟 AFP をコードする．アルブミン*と AFP の遺伝子は近接しており，また両者は同数のイントロンおよびエキソンをもつ．両タンパク質は類似する 3 ドメイン構造をもつがアミノ酸の相同性は 39 % である．遺伝子にはエンハンサー，サイレンサー，プロモーターなどが同定されている．不飽和脂肪酸，ビリルビン，銅イオンの結合能があるがその生理機能は明らかでない．

**$α_2$ プラスミンインヒビター** [$α_2$ plasmin inhibitor] $α_2$PI と略す．$α_2$ アンチプラスミン($α_2$ antiplasmin, $α_2$AP)ともいう．プラスミン*の特異的かつ即時的な阻害因子．約 67 kDa の糖タンパク質で，肝で生合成され血中に分泌される．セルピンファミリー*に属

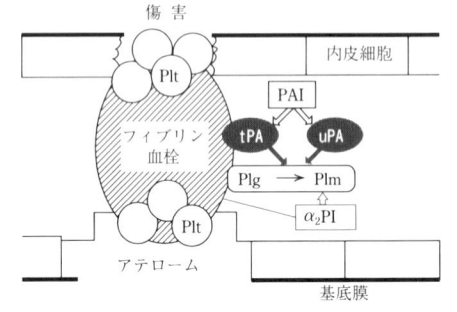

PAI：プラスミノーゲンアクチベーターインヒビター
tPA：組織プラスミノーゲンアクチベーター
uPA：ウロキナーゼプラスミノーゲンアクチベーター
Plg：プラスミノーゲン　　Plm：プラスミン
$α_2$PI：$α_2$ プラスミンインヒビター　　Plt：血小板

し，成熟タンパク質は 452 アミノ酸残基から成る．N 末端側に活性化血液凝固 XIII 因子* によりフィブリ(ノーゲ)ン*に架橋結合される部位，C 末端側に酵素阻害活性部位とプラスミ(ノーゲ)ン*との結合部位をもつ．その欠損症は，プラスミン阻害能が減弱して早期に止血栓が溶解されるために強い出血傾向を示す．(⇒$α_2$マクログロブリン)

**α ヘリックス** [α helix, alpha helix] α らせん，α 構造(α structure)ともいう．ポリペプチド鎖の基本的な折りたたみ構造(二次構造*)の一つ．L-アミノ酸から成る天然タンパク質では右巻きらせんで，全体として棒状を呈す(図)．らせんのピッチは 0.54 nm で，

1回転当たり3.6個のアミノ酸残基が含まれる．ミオグロビン*，ヘモグロビン*は主として$\alpha$ヘリックスから成る代表的タンパク質である．グルタミン酸，メチオニン，アラニン，ロイシンなどは$\alpha$ヘリックスを形成しやすいアミノ酸として知られる．

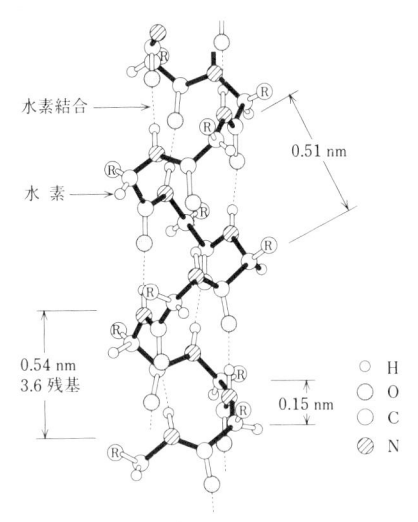

水素結合
水素
0.51 nm
0.54 nm
3.6 残基
0.15 nm
H
O
C
N

右巻き $\alpha$ ヘリックス

**$\alpha_2$マクログロブリン** [$\alpha_2$ macroglobulin]　$\alpha_2$マクロ($\alpha_2$ Macro)，$\alpha_2$Mと略す．各種のプロテアーゼ*の非特異的な阻害因子で，同種四量体から成る725 kDaの高分子糖タンパク質．多くのサイトカインとも結合する．酵素により"ベイト(餌)領域"が切断されるとチオールエステル結合が開裂して酵素と共有結合し，分子の檻に閉じ込め，受容体との結合部位を発現する．酵素の活性中心はフリーなので檻の中に入る低分子基質は分解されないが，入らない高分子基質は分解を免れるのが特徴．酵素との複合体はマクロファージや肝細胞上の受容体(LDL受容体関連タンパク質 LDL receptor-related protein, LRP)を介して除去される．

**$\alpha$らせん** ＝$\alpha$ヘリックス

**アルファルファモザイクウイルス** [Alfalfa mosaic virus]　AMVと略す．3種の(＋)センスRNAゲノム(RNA1, 2および3)と，1種のサブゲノム(RNA4)をもつ植物ウイルス*．ビリオン*はB(19×58 nm)，M(19×48 nm)，Tb(19×36 nm)，Ta(19×19 nm)の4種から成り，おのおのRNA1，RNA2，RNA3およびRNA4を含む多粒子型ウイルスである．それぞれ単独では感染性がない．RNA1と2はRNAレプリカーゼ遺伝子をコードしており，RNA3は細胞間移行に関与する遺伝子およびコートタンパク質*遺伝子をコードしている．RNA3からは細胞間移行に関与するタンパク質しか翻訳できないので，RNA3の(−)センスRNAからRNA4を合成したのち，コートタンパク質がRNA4から翻訳される．粒子を接種する場合はB，M，Tbで感染が成立するが，RNAを接種する場合はRNA1, 2, 3にTaあるいはコートタンパク質が必要である．AMVの宿主範囲はきわめて広く，主としてナス，マメ，キク科植物など300種以上を宿主とする．

**Rv** [Rv＝resolvin]　＝レゾルビン

**アルフォイド DNA** [alphoid DNA]　$\alpha$サテライトDNA($\alpha$ satellite DNA)ともいう．ヒト染色体に存在する動原体*領域の主要構成要素として知られる高頻度反復配列の一つ(⇌反復配列)．アルフォイドDNAは171 bpを基本単位(アルフォイドモノマー)とするA-Tに富む反復DNA配列で，すべての染色体動原体領域で数メガベースにも及ぶ巨大領域を形成している．動原体の一部はアルフォイドDNAと動原体タンパク質で構成されている．アルフォイドDNA配列を哺乳類人工染色体*に組込むことで，哺乳動物細胞へ導入した遺伝子をより安定に維持させ，生理的に導入遺伝子*を発現させることが容易になりつつある．

**アルブミン** [albumin]　動・植物の細胞，体液中に含まれる，一群の単純タンパク質の総称．希酸，水，希アルカリによく溶解し，50％飽和硫酸アンモニウム(硫安)で塩析されず，より高濃度の硫安で沈殿する．50％飽和硫安で沈殿する画分をグロブリン画分，さらに硫安を加えて沈殿してくる画分をアルブミン画分とよぶ場合もある．多くは球状で，分子量は45,000程度である．等電点は5～6のものが多い．代表的なものとして，卵白中に含まれるオボアルブミン*，乳中のラクトアルブミン，血清アルブミン，コムギ・オオムギ中のロイコシン，エンドウ・ダイズ種子中のレグメリン，ヒマ種子中のリシン*などがある．

**R プラスミド** [R plasmid]　抗菌性物質(抗生物質，化学療法剤，重金属など)に対する耐性を支配する遺伝子をもつプラスミド*．R因子(R factor)ともいう．Rは(drug) resistanceの略．これらの耐性遺伝子の多くはトランスポゾン*上に存在する．このため，プラスミド1分子内に耐性遺伝子が順次挿入され，複数個の耐性遺伝子をもつ場合がある．これを特に多剤耐性プラスミド*とよぶ．(⇌耐性伝達因子)

**Rubisco** [Rubisco]　⇌リブロース-ビスリン酸カルボキシラーゼ

**RU486** [RU486]　アンチプロゲステロン(antiprogesterone)，アンチグルココルチコイド(antiglucocorticoid)．マイフェプリストン(mifepristone)，RU38486ともいう．女性ホルモンの一つであるプロゲステロン*のアンタゴニスト作用をもつステロイド類似化合物．細胞内のプロゲステロン，グルココルチコイド*に対する受容体に強く結合するが，受容体からの熱ショックタンパク質*の解離や受容体による核内での転写活性化

をひき起こさないので，これらホルモンの阻害剤となる．妊娠の継続に必要なプロゲステロンの作用をブロックし人工流産をひき起こすために，おもにフランスで経口妊娠中絶薬として用いられる．(→ステロイド受容体)

**R ループ** [R loop]　→ D ループ【1】

**R ループ形成法** [R-looping method]　RNA-DNA ハイブリッド* は DNA-DNA 二本鎖よりも安定なことを利用して，DNA 二本鎖が解離し始める温度よりやや高い温度で RNA と DNA を共存させると，RNA は DNA の相補的な部分とハイブリッドを形成しループ状を示す（D ループ）．これを電子顕微鏡でとらえたもの．クローン化された DNA について，転写開始点，転写領域やイントロンの存在状態などを塩基配列レベルで決定するのに先だってその概略を知るのに有効である．(→ DNA-RNA ハイブリダイゼーション)

***Alu* I ファミリー** [*Alu* I family]　*Alu* 配列 (*Alu* sequence)ともいう．ヒトゲノム中に散在する小型 (300 塩基以下)の反復配列で，7SL rRNA 遺伝子と塩基配列相同性をもつことから，その偽遺伝子* であると考えられている．*Alu* 配列は 3′側にアデニン残基をもち，両末端には直列配列をもつ場合が多い．したがって，ゲノムを転位するトランスポゾン* 様性質をもつともいわれている．一方，*Alu* 配列はヒトゲノムのマーカーとして，また遺伝子クローニング* でのヒト DNA 断片のプローブとして利用され実験方法上有名となった．(→散在性反復配列)

**アレクサ蛍光色素** [Alexa Fluor]　Molecular Probe 社から市販されている蛍光色素の総称．クマリン，ローダミン，シアニンなどの基本骨格にさまざまな置換基を導入することで，さまざまな励起波長や蛍光波長をもつ化合物が提供されている．多くの場合置換基の一つとして硫酸残基が導入されており，水溶性の向上や，蛍光色素同士および蛍光色素とタンパク質との相互作用の低減など蛍光色素として優れた性質をもつ．

**アレスチン** [arrestin]　網膜視細胞に存在する分子量 48,000 の可溶性タンパク質．光刺激を受けたロドプシン* はロドプシンキナーゼ* によりリン酸化される．アレスチンはリン酸化されたロドプシンに結合し，ロドプシンとトランスデューシン*($G_t$)との相互作用を阻害する．この作用によりロドプシンの脱感作，明順応などに関与していると考えられている．アレスチンは実験的ブドウ膜炎の原因となる可溶性の抗原タンパク質としても同定された．そのため S 抗原 (S-antigen) とも称される．

**アレナウイルス** [*Arenavirus*]　エンベロープ* をもつ小型 RNA ウイルスで，リンパ球性脈絡髄膜炎ウイルス (*Lymphocytic choriomeningitis virus*, LCM ウイルス LCM virus)，ラッサウイルス (*Lassa virus*) などを含む．直径 110～130 nm．2 本の一本鎖 RNA ゲノムをもつが，ウイルスタンパク質はウイルス RNA 鎖とそれに相補的な鎖のそれぞれにコードされている．自然界では主としてげっ歯類に持続感染しているが，ラッサウイルスのようにヒトに感染し重篤な病気を起こすものもある．Vero E6 細胞，仔ハムスター腎細胞 (baby hamster kidney cell，BHK 細胞) などの培養細胞でよく増殖する．

**アレル**　＝対立遺伝子

**アレルギー** [allergy]　過敏症 (hypersensitivity) ともいう．広義には過剰な免疫応答の結果，生体にとって障害をもたらす反応を意味する．このような免疫応答を誘導する抗原を特にアレルゲン* とよぶことがある．アレルギーは発症機構により四つに分類され，抗体が関与するⅠ～Ⅲ型と T 細胞が関与するⅣ型がある．Ⅰ型アレルギー(即時型アレルギー*)は IgE* 抗体が関与し，花粉症，ぜん息，じん麻疹，アナフィラキシー* ショックなどに代表される．抗原の侵入経路やその量により局所的もしくは全身的反応として現れる．抗原に感作され産生された IgE 抗体はマスト細胞や好塩基球上の Fcε 受容体と結合する．ここで抗原と再度接触するとマスト細胞，好塩基球からヒスタミン* や好酸球走化性因子などの多数の活性物質が放出され，血管透過性の増大，平滑筋収縮などが生じアレルギー症状を起こす．抗原と接触後数秒から数分で発症するアレルギーである．Ⅱ型アレルギー* は IgG* 抗体，IgM* 抗体が関与し補体* 系を活性化する細胞傷害性反応である．胎児赤芽球症や自己免疫性溶血性貧血* がこれに当たる．標的細胞上の抗原に抗体が結合し，補体系が活性化され標的細胞を破壊．もしくは多形核白血球やマクロファージに貪食され細胞ごと除去される．Ⅲ型アレルギー*(免疫複合型アレルギー)は抗原抗体複合体* によって起こる組織傷害であり，アルツス反応* や血清病*，糸球体腎炎に代表される反応である．Ⅱ型とは異なり抗原をもたない組織や細胞が傷害される．おもに IgG 抗体によって起こるが，補体系や多形核白血球などの多くの因子が関与する複雑な機構を介する．抗原抗体複合体が血管，腎臓，皮膚などの組織に沈着して補体系を活性化しアナフィラトキシンを生じる．これにより血管透過性の増大，多形核白血球などの貪食細胞の集積，リソソームの脱顆粒反応が起こり組織，細胞を傷害する．Ⅳ型アレルギー(遅延型アレルギー*)は T 細胞が関与するアレルギーである．抗原に感作された T 細胞が，再度抗原と接触，活性化され，炎症性 CD4 T 細胞($T_H1$)の場合にはマクロファージ遊走阻害因子 (MIF)，インターフェロンγなどの炎症性サイトカインを産生，放出し主としてマクロファージを介して，一方，細胞傷害性 CD8 T 細胞の場合は直接，組織を傷害する．代表的な例としては，ツベルクリン反応 (→ツベルクリン検査)や接触性皮膚炎がある．抗原接触後 24～72 時間で反応が最大となる．(→付録 E)

**アレルゲン** [allergen]　アレルギー* の原因となる抗原* をいう．生体への侵入の仕方により，1) 花粉・ダニなどの吸入性アレルゲン，2) 卵・牛乳・魚・肉などの食事性アレルゲンあるいは経口性アレルゲン，3) ウルシ・クロムなどの接触性アレルゲンなどがある．薬品もアレルゲンになることがある．

**アレロタイプ**［allelotype］ 複数の対立遺伝子\*の組合わせが集団中に一定の頻度分布で出現する場合，その対立遺伝子の組合わせをさす．

**アロキサン**［alloxan］ ＝メソキサリル尿素(mesoxalylurea)．$C_4H_2N_2O_4$，分子量142.07．主としてマウス，ラット，ウサギ，イヌなどの小中動物をⅠ型糖尿病にするために用いられる試薬．最大の特徴は，重症度のそろった糖尿病を確実に誘発できることである．アロキサンによって膵ランゲルハンス島β細胞が崩壊し，インスリン欠乏型の糖尿病が誘発される．そのメカニズムとしてはアロキサンは酸化還元サイクル反応の過程で活性酸素を生成し，インスリン分泌INS-1細胞にアポトーシス\*を誘導するが，同様の機構で膵臓β細胞のアポトーシスを惹起するものと考えられている．アロキサン毒性は種々の物質の前投与によって防御されるが，これらの物質の性質，作用機序を利用して，アロキサン毒性と膵β細胞障害の機序を解明するための実験ができる．

**アロ抗原** ＝同種抗原

**アロ酵素**［allozyme］ アロザイムともいう．同一のポリペプチドをサブユニットとする酵素．サブユニットをコードする遺伝子についてのホモ接合体は1種類の酵素を産生するが，ヘテロ接合体は2種類のサブユニットから成る酵素を産生する．ヘテロ接合体が産生する酵素は，電気泳動法などにより複数の分子種に区別することができる場合がある．（→多型）

**アロザイム** ＝アロ酵素

**アロステリックエフェクター**［allosteric effector］ アロステリックモジュレーター(allosteric modulator)ともいう．あるタンパク質の本来のリガンド（基質）の結合部位とは異なる部位に結合して，そのタンパク質の形状（コンホメーション）の変化をひき起こす物質．allostericはギリシャ語allos（別の）とstereos（立体の）からの造語．本来のリガンドと同一の場合をホモトロピック，異なる場合をヘテロトロピックとして区別する．その結合によって本来のリガンドに対する親和性が増す場合には正の，減る場合には負のエフェクターとよぶ．

**アロステリック酵素**［allosteric enzyme］ アロステリック制御\*に基づいて活性の変化を示す酵素．たとえば大腸菌のアスパラギン酸カルバモイルトランスフェラーゼ\*は基質であるアスパラギン酸による正のホモトロピックなアロステリック制御を受けるとともに，CTPによって負の，ATPによって正のヘテロトロピックなアロステリック制御を受ける(→アロステリックエフェクター)．この酵素はピリミジンヌクレオチド生合成経路の初発反応を触媒するので，CTPによる制御は典型的なフィードバック阻害\*である．

**アロステリック制御**［allosteric regulation］ アロステリックエフェクター\*の結合によってひき起こされるタンパク質機能の制御．リン酸化など共有結合による修飾とは異なり，オリゴマータンパク質のサブユニット間の相互作用に基づく個々のサブユニットのリガンド親和性(解離定数)の変化によって起こる分子全体の活性変化．対称的に会合している単一のサブユニット(プロトマー protomer)から成るオリゴマーの場合，一つの部位へのリガンドの結合がそれと同等な他の結合部位の親和性を変えることの説明として二つのモデルがある．一斉対称モデル(concerted model)ではプロトマーは安定性とリガンド親和性とが異なる2種類の形状をとる．両者はリガンドの結合にはよらず平衡関係にあり，一つのプロトマーの形状変化が他のすべての形状を一斉に変える．逐次モデル(sequential model)ではリガンドと結合したプロトマーの形状変化が他のプロトマーを親和性に関して中間的な別の形状に変える．中間的形状のプロトマーを含む分子には対称性がなく，一斉対称モデルで説明不能な負の協同効果も説明できる．（→協同過程）

**アロステリックタンパク質**［allosteric protein］ アロステリックエフェクター\*によって機能の制御を受けるタンパク質の総称．代謝調節\*，転写調節\*，細胞運動\*，シグナル伝達\*，分子校正など多彩な細胞機能に関与する．アロステリック制御\*の原義からはずれる単量体にも広義にこの語を用いる．解糖系を律速するホスホフルクトキナーゼ\*(四量体)は，触媒部位に結合した基質のフルクトース6-リン酸が対称位置のプロトマーと相互作用することでホモトロピックに安定化される．基質が離れると低親和性で安定な形状に変わるが，正のエフェクターのADPはこの変化を妨げる．トリプトファンオペロン\*のリプレッサー\*(二量体)に正のエフェクターであるL-トリプトファン(L-Trp)が結合すると，それぞれのDNA認識ヘリックスは二重らせん1ピッチに相当する3.4 nm離れた形状となり，DNAへの特異的結合を可能にする．Trpを除くとその間隔は約0.6 nm縮まる．翻訳の伸長因子TuやRasファミリータンパク質に共通するGTP結合ドメインではGTPのγ位のリン酸が合計5個の残基と相互作用する．GDPの結合した形状ではこれらの相互作用が失われる結果，第二ヘリックスの位置が動いて分子スイッチの役割を果たす．

**アロステリックモジュレーター**［allosteric modulator］＝アロステリックエフェクター

**アロ接合体**［allozygote］ 一つの遺伝子座に複数の対立遺伝子\*の存在が知られている時，2種の異なる対立遺伝子をもつ二倍体．

**アロタイプ**［allotype］ 免疫グロブリン分子の定常領域中に存在する同種の他個体にとって抗体産生刺激原となる抗原決定基\*．免疫グロブリンに同種抗原\*性を与える．アロタイプはメンデルの法則に従って遺伝し，両方の親由来のアロタイプが共優性的に発現する．一つのB細胞は片方の親由来のアロタイプをもつ免疫グロブリンのみ産生する(→対立遺伝子排除)．ふつう個体には一つまたは二つのアロタイプしか存在しない．（→アイソタイプ）

**アロプリノール**［allopurinol］ $C_5H_4N_4O$，分子量136.11．ヒポキサンチン\*の類似体．キサンチンオキシダーゼ\*を特異的に阻害(ウシの酵素で阻害定数 $K_i = 6.3 \times 10^{-10}$ M)するので，痛風\*やレッシュ・ナイ

ハン症候群\*などによる高尿酸血症患者に薬剤として用いられる．ヒポキサンチンの再利用（サルベージ合成）の増加は，ホスホリボシルピロリン酸のプールを減少させ，結果的に総プリンヌクレオチドの合成量の減少をもたらす．

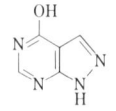

**アロマターゼ**［aromatase］　アンドロゲン\*をエストロゲン\*に変換する酵素である．NADPHとO$_2$を消費する三つのヒドロキシ化反応を触媒し（広義のアロマターゼ），最初の二つの反応はC$_{19}$ステロイドの19位のメチル基で起こり（ステロイド19-ヒドロキシラーゼ活性），最後に2β位のヒドロキシ化による芳香族化が起こる（狭義のアロマターゼ活性）．テストステロン\*を前駆体とした場合，エストラジオール\*を生成する．本酵素はシトクロムP450$_{arom}$であり，その遺伝子CYP19（第15染色体長腕21.1領域）は九つのエキソンから成り，全長は少なくとも70 kbpである．卵巣，胎盤，脂肪組織，脳に存在し，組織ごとに選択的スプライシング\*により異なる発現調節を受けている．

**アンカー**［anchor］　⇒抗原認識機構
**アンカープライマー**［anchor primer］　⇒RACE
**アンギオテンシノーゲン**［angiotensinogen］　レニン基質（renin substrate）ともいう．おもに肝臓で産生される分子量60,900の糖タンパク質である．レニン\*の基質であり，最終的には，アンギオテンシン\*Ⅱを生じる．ヒト第1染色体に存在するアンギオテンシノーゲン遺伝子は12 kbpの長さであり，5個のエキソンと4個のイントロンから構成されている．肝臓のみでなく，腎臓，脳，心臓，脂肪細胞でも発現されている．本遺伝子は，α$_1$アンチトリプシンやα$_1$アンチキモトリプシンの遺伝子と類似している．

**アンギオテンシン**［angiotensin］　＝アンギオトニン（angiotonin），ハイパーテンシン（hypertensin）．レニン-アンギオテンシン系\*の因子の一つで，高血圧の発症や維持に特に重要な役割を果たしている．腎傍糸球体細胞から分泌されたレニン\*は，アンギオテンシノーゲン\*に働いて，10個のアミノ酸から成るアンギオテンシンⅠを遊離する．アンギオテンシンⅠは，おもにアンギオテンシン変換酵素（angiotensin-converting enzyme, ACE）の作用により，C末端からHis-Leuが遊離されて，アンギオテンシンⅡ（ヒト：Asp-Arg-Val-Tyr-Ile-His-Pro-Phe）となる．アンギオテンシンⅡは，その受容体であるタイプ1（AT$_1$）受容体とタイプ2（AT$_2$）受容体に結合をして，強力な血管収縮反応やアルドステロン分泌促進作用など，多彩な生理作用を示す．血管平滑筋細胞の成長促進作用など，組織局所でのパラ分泌\*としての作用も重要である．アンギオテンシンⅡはアミノペプチダーゼによりアンギオテンシンⅢ（Ang 2～8），Ⅳ（Ang 3～8）に分解される．Ang Ⅲ（Ang 2～8）はAT$_1$受容体とAT$_2$受容体に結合するが，Ang Ⅳ（Ang 3～8）はAT$_4$受容体に結合する．最近，アンギオテンシン変換酵素2（ACE2）が発見され，この酵素はアンギオテンシンⅡを分解し，Ang 1～7を産生する．Ang 1～7は血管拡張作用を呈するが，その受容体ががん遺伝子のmasであることが最近明らかになった．アンギオテンシンⅡ受容体拮抗薬（アンタゴニスト）として，多くの類似体が合成されたが，アゴニストとしての作用が出ることや，ペプチドのため経口投与での活性消失などの欠点があった．現在では，非ペプチド性のAT$_1$拮抗薬が開発され，降圧薬として臨床で用いられている．

**アンギオテンシン生成酵素**［angiotensin-forming enzyme］　＝レニン
**アンギオテンシン変換酵素**［angiotensin-converting enzyme］　⇒アンギオテンシン
**アンギオトニン**［angiotonin］　＝アンギオテンシン

**アンキリン**［ankyrin］　赤血球膜\*の細胞膜裏打ち構造の主要構成成分として最初に同定された分子量約22万のタンパク質である．赤血球型（アンキリン1またはR），脳神経型（アンキリン2またはB），ランビエ絞輪型（アンキリン3またはG）の3種類のアンキリンが知られており，それぞれ選択的スプライシング\*により生成されるアイソフォームが存在している．N末端側から膜結合ドメイン，スペクトリン結合ドメイン，調節ドメインの三つの機能的ドメインをもっている．赤血球膜では，スペクトリン\*とアクチン\*から成る二次元的な網目構造が細胞膜直下に張りめぐらされているが，その網目にバンド3\*とよばれる塩素イオンチャネル\*をトラップする機能があるとされている．すなわち，アンキリンは，一方でバンド3タンパク質の細胞質領域に直接結合し，他方でスペクトリン四量体の中央から約10～20 nm離れた位置に直接結合する．このようにして，バンド3タンパク質をスペクトリンに架橋し，膜の中での動きを制限している．アンキリンBは細胞接着分子L1ファミリー，ニューロファシン，NrCAM，NgCAMを含む免疫グロブリン/フィブロネクチンタイプⅢ細胞接着分子ファミリーの細胞質ドメインにも結合する．アンキリンのアイソフォームには，それぞれに特異的に結合する膜タンパク質が存在すると考えられており，それぞれの膜タンパク質を細胞の必要な場所に固定しておく役割を果たすために，スペクトリン網目構造に結合している．膜結合ドメインには33アミノ酸から成る配列が22～24回繰返されており，アンキリンリピート\*とよばれている．この配列はタンパク質-タンパク質相互作用に関与しており，転写調節因子IκBをはじめ，多くのタンパク質で見いだされている．

**アンキリンリピート**［ankyrin repeat］　SWI6/cdc10リピート（SWI6/cdc10 repeat）ともよばれる．33アミノ酸が1単位で共通配列は -Gly-ThrProLysHis-AlaAla- -GlyHis- - - - (Val/Ala)- -LeuLeu- -GlyAla- - (Asn/Asp)-である．これまでに転写因子関連（GABPβ，NF-κB\*/IκB/Bcl-3，SWI4/SWI6），受容体（Notch Glp-1, Lin-12），その他（アンキリン\*，cdc10）にこのモチーフが連続して2～22個存在するこ

とが報告されている．テロメアに結合して長さを調節するのに働くタンキラーゼは24個のアンキリンリピートをもつ．このモチーフがタンパク質間の相互作用を担っていることが NF-κB/IκB/Bcl-3, GABPβ の場合に証明されている．アンキリンリピートをもつ転写因子には小胞体膜などの膜と相互作用するものが多い．

**Unc**（アンク）［Unc］ 運動異常（Uncoordinated）の表現型の略称．おもに線虫 *Caenorhabditis elegans** の変異体の表現型を示す言葉の一つとして使用される．野生型の線虫は，体を移動させる際にサインカーブを描きながら前進，後退するのが，その行動様式が異常なものについて広義に使用されることが多い．Unc の表現型の中にはいくつかの特徴的なサブグループが存在する．ほとんど動けないもの（paralized），動きが遅いもの（slow），ぐにゃぐにゃしながら動くもの（kinker），とぐろを巻くもの（coiler），サインカーブの振幅が減少してずるずる引きずるように動くもの（sluggish），痙攣するもの（twitcher），体を前後方向に縮めるもの（shrinker），振幅の大きいサインカーブを描いて動くもの（loopy）などがそれに含まれる．

***unc***（アンク）**突然変異**［*unc* mutation］ *Caenorhabditis elegans** の突然変異のうち，運動異常表現型を目印として分離されたもの．運動異常突然変異ともいう．1974年に S. Brenner* により初めて記載され，現在では100余りの遺伝子が知られている．*unc* とは，uncoordinated の略で，胴体部の正常な蛇行運動ができないものすべてを含む．この中には，ほとんど動けないものから，前進または後退のみが異常なもの，動きがぎこちないものまでがある．その原因は，神経または筋肉の異常である．これらの遺伝子がコードするタンパク質として，筋肉関係では，種々の筋タンパク質や基底膜プロテオグリカン*（突然変異体は筋肉が萎縮）などがある．また，神経関係では，神経細胞の系譜や分化に働く転写因子，神経突起の伸長に働く情報伝達系の成分および細胞表面や基底膜のタンパク質，神経突起内の物質輸送に必要なキネシン様タンパク質，電位依存性カルシウムチャネル，神経伝達物質の合成，放出，受容に働く種々のタンパク質などが知られている．

**暗黒期**［eclipse period］ ファージ* が感染初期に感染能力を失う期間．ファージが感染すると，DNAが宿主細胞に注入され，感染性ファージ粒子そのものが消失する．この間注入された DNA の遺伝情報に基づいて，タンパク質合成，DNA 複製，タンパク質-DNA の集合が進行し，感染性をもつ娘ファージ粒子が形成される．一段増殖実験* によるファージ生活環の解析により，ファージのこのような他の生物とまったく異なった増殖過程が明らかとなった．

**アンコーティング ATP アーゼ**［uncoating ATPase］ 被覆小胞* を取巻くかご状のクラスリン* であるトリスケリオンを解離する機能をもつ ATP アーゼのこと．構成型熱ショックタンパク質*HSC70 と同一の分子．トリスケリオンはクラスリンの重鎖と軽鎖のそれぞれ三量体から構築されているが，HSC70 は軽鎖に結合し，ATP 加水分解に伴ってトリスケリオンを解離する．この作用により被覆が壊れ，小胞は標的となる膜と融合して小胞内のタンパク質を放出する．

**暗視野顕微鏡**［dark-field microscope］ 透過型が普通に用いられる．装置自体は簡単で，大口径の環状絞りをもった高開口数のコンデンサーレンズ（NA 1.40）と，中口径で開口数の小さい対物レンズ（NA 0.9 またはそれ以下）を組合わせ，これを高輝度光源（たとえば超高圧水銀灯）で照明する．この条件の下では背景光は対物レンズに入射せず，被検体の回析光のみが対物レンズで集められて結像するから，被検体が暗野の中で輝いて観察される．斜光照明も有効な照明法となる．（⇒位相差顕微鏡）

**アンタゴニスト**［antagonist］ 拮抗薬ともいう．ホルモン*，神経伝達物質* などアゴニスト* の受容体への結合を拮抗的に阻害する物質．アゴニストは受容体に結合して受容体を活性化するが，アンタゴニストは受容体に結合はできるが受容体を活性化できない．

**アンダーセン病**［Andersen disease］ ⇒糖原病

**アンチグルココルチコイド**［antiglucocorticoid］ ＝RU486

**アンチコドン**［anticodon］ mRNA のコドン* に対合する tRNA の 5′ 側から 34 位～36 位の 3 ヌクレオチド（⇒転移 RNA［図］）．アンチコドン 1 字目（34 位）がコドン 3 字目と，2 字目がコドン 2 字目と，3 字目がコドン 1 字目と塩基対を形成することにより，mRNA の塩基配列を正確にアミノ酸配列に翻訳する重要な役目を担っている．アンチコドン 1 字目はゆらぎ部位（wobble site）とよばれ，さまざまな修飾塩基が存在する場合が多い．この塩基とコドン 3 字目との塩基対形成のみ G-C，A-U 以外のものが許されるが，これは 1 種類の tRNA が複数のコドンに対応するための仕組みである（⇒ゆらぎ塩基）．

**アンチコドンループ**［anticodon loop］ tRNA のアンチコドンを含むループ領域で，通常 7 塩基から成る（⇒転移 RNA［図］）．34 位～36 位の 3 塩基はアンチコドン* とよばれ，コドン* と相補的な配列をもち mRNA と正確に対合する．アンチコドンの 5′ 側に隣接する 33 位の塩基はほとんどの場合ウリジン（U）で保存されており，この位置でループが折れ曲がる構造（ウリジンターン構造）に必須であり，アンチコドンが mRNA と塩基対を形成しやすくしている．アンチコドンの 3′ 側に隣接する 37 位には複雑な修飾塩基が多く存在し，コドンとアンチコドンの対合の安定性に寄与している．

**アンチザイム**［antizyme］ オルニチンデカルボキシラーゼ* に特異的に結合して酵素活性を不活化する．不活化するとこの酵素はプロテアソーム* により分解される．アンチザイムはオルニチンの分解産物であるポリアミン* により誘導されるから，アンチザイムは明らかにオルニチンデカルボキシラーゼを活性

も酵素量でもフィードバック調節している。ポリアミンは細胞増殖に関係しているといわれており、アンチザイムはそれを調節していることになる。

**アンチセンス RNA**［antisense RNA］ DNA より転写される mRNA（センス RNA, sense RNA）に対し、その遺伝情報が裏返しとなった転写物をさす。これは、標的遺伝子からつくられる mRNA と構造的に相補性をもつので、両者は互いに結合して RNA 二重鎖を形成する。このように"フタ"をかぶせられた mRNA は、特異的 RNA 分解酵素により分解され、タンパク質合成の場への移行ができなくなり、本来の遺伝子の機能が抑制される。塩基配列的には、センス DNA 鎖の配列と同一となる（→センス鎖）。アンチセンス RNA は、タンパク質合成を阻害するだけでなく、センス RNA と対合し、インプリンティング、ヘテロクロマチン形成や X 染色体不活性化にも働く。2'-O-メチル化アンチセンス RNA は、細胞内の核酸分解酵素に安定な修飾オリゴヌクレオチドとして遺伝子発現阻害実験に使用されている。また、RNA ではなくヌクレアーゼに対する抵抗性を高めるためアンチセンス PNA（PNA はペプチド骨格に核酸塩基をもつ分子）が用いられることもある。（→アンチセンス DNA）

**アンチセンス鎖**［antisense strand］ タンパク質合成の際、ペプチド配列を規定する直接の情報はメッセンジャー RNA（mRNA）に含まれているが、この mRNA と相補的な配列をもつ RNA または DNA 鎖をアンチセンス鎖とよぶ。ゲノム二本鎖 DNA においては、アンチセンス鎖は鋳型鎖（template strand）ともばれ、mRNA 前駆体合成（転写）の鋳型*として用いられる。各種の生物で、非コード RNA* も含めて多数のアンチセンス鎖 RNA がセンス鎖*RNA と相互作用しペアを形成しており、それらのうちの少なくとも一部は翻訳制御など遺伝子発現制御に関与している。

**アンチセンス DNA**［antisense DNA］ 本来転写されるべき mRNA（センス RNA）に対し、相補的な塩基配列をもつ DNA をさす。アンチセンス DNA にはアンチセンス DNA 鎖、また、アンチセンス遺伝子と両者の意味合いがあり注意を要する。"アンチセンス DNA（遺伝子）"はアンチセンス RNA* をコードする遺伝子断片をさし、通常は図のように DNA 鎖を制限酵素で切出し、180°回転させてからプロモーターとターミネーター/ポリ(A)付加配列の間に、もとの位置につなぎ直し、裏側配列をもった遺伝子 DNA を作製する。この場合でも b'-a'（a'-b'）鎖を"アンチセンス鎖"とよぶ。そのほか"アンチセンス DNA 法"という分子生物学的手法があり、これにも 1)"アンチセンス RNA"を発現させるように構築した発現ベクターを利用する場合と、2) 標的 RNA に相補的な合成オリゴヌクレオチドをアンチセンス DNA として直接投与する方法の 2 通りがある。両者共に、標的 mRNA と構造的に相補性をもつので、両者は標的 mRNA に結合し、前者では"RNA-RNA"、後者では"DNA-RNA"ハイブリッド鎖を形成する。前者では RNA 分解酵素、後者では RN アーゼ H などによる速やかな分解、またリボソーム転移の阻害などで標的遺伝子発現を抑制すると考えられているが、詳細な in vivo での作用機序は現段階では不明である。

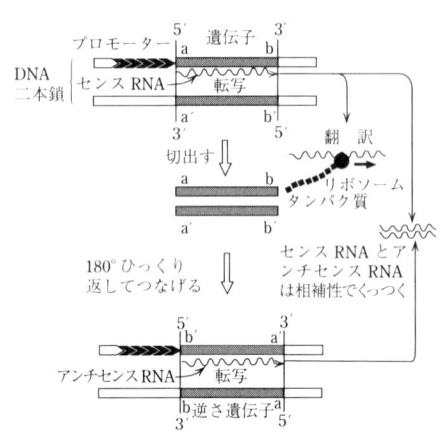

遺伝子の働き方と、逆さ遺伝子によるその抑制の仕組み

**アンチセンス法**［antisense method］ mRNA の全塩基配列あるいはその一部の配列と相補的な配列をもった RNA（アンチセンス RNA*）を、生体あるいは培養細胞に外来的に投与するか、その情報を発現ベクターに組込んで細胞内で発現させ、mRNA とハイブリッドを形成させて、mRNA の遺伝情報のタンパク質への翻訳を阻害する方法（→ハイブリッド翻訳阻害法）。がん遺伝子などの内在性遺伝子で生体にとって有害なタンパク質をコードする遺伝子の機能発現を抑える臨床的な目的や、ある種の遺伝子の発現を抑えることによってその遺伝子の細胞における機能を研究するために用いられる。（→アンチセンス DNA）

**アンチトロンビン III**［antithrombin III］ 抗トロンビン III ともいえ、肝で生成される血漿中の凝固阻止因子の一種（→トロンビン阻害物質）。分子量約 55,000 の糖タンパク質で、血中の活性 IX 因子、活性 X 因子、トロンビン* などと 1 分子対 1 分子の割合で結合して複合体を形成し、活性中心であるセリンを抑えて、その凝固作用を中和する（→トロンビン・アンチトロンビン III 複合体）。ヘパリン* の存在しない場合にはその結合速度は遅いが、ヘパリンの存在下では上記の活性型凝固因子を中和し血栓の発現を阻止する。アンチトロンビン III の先天性欠損症、機能の障害をもつ先天性異常症では、10 歳以後に血栓傾向を発現する。（→アンチトロンビン III 欠損症）

**アンチトロンビン III 欠損症**［antithrombin III deficiency］ 血漿セリンプロテアーゼインヒビター*（セルピンファミリー*）の一つで血液凝固制御因子のアンチトロンビン III*（AT）の遺伝子異常症。先天性血栓性素因の一つ。遺伝子異常の違いにより、肝臓で

の合成や分泌が異常な欠乏症と，タンパク質は正常に産生されても活性が低下している機能異常症に大別される．後者はさらに変異アミノ酸部位の違いにより，トロンビン阻害能異常症とヘパリン結合能異常症に分かれる．ヘテロ接合体異常症は加齢に伴い深部静脈血栓症や肺梗塞症などの血栓塞栓症をきたし，その発生頻度は1500人に1人といわれる．(⇨ プロテインC欠損症，プロテインS欠損症)

**アンチトロンボプラスチン** [antithromboplastin] ⇨ 血小板因子

**アンチパイン** [antipain] ⇨ プロテアーゼインヒビター

**アンチプロゲステロン** [antiprogesterone] = RU486

**アンチポーター** = 対向輸送体

**Antipodean** [Antipodean] = VegT

**アンチポート** = 対向輸送

**アンチマイシンA** [antimycin A] 種々の放線菌 Streptomyces の培養液および菌体より得られ，$A_1$，$A_2$，

$A_1: R = n\text{-}C_6H_{13}$, $A_3: R = n\text{-}C_4H_9$

$A_3$，$A_4$ などが分離されている．植物病原真菌を強く阻止し，殺虫作用も認められる．毒性が強く，ことに魚類に対する毒性が非常に強い．呼吸鎖電子伝達系の阻害剤で，シトクロム $b$ と $c_1$ の間の電子伝達を阻害する．阻害は低濃度($10^{-7}$M)でも起こる．ユビキノン*からシトクロム $c$ へ電子伝達するユビキノン-シトクロムレダクターゼに化学量論比で結合する．

**安定因子** [stable factor] = 血液凝固Ⅶ因子

**安定同位体** [stable isotope] 同位体のうち放射性崩壊をせずに安定に存在する原子(原子核)をいう．たとえば $^{13}$C，$^2$H，$^{15}$N などがあり，これらの安定同位体は核磁気共鳴*(NMR)の観測や質量分析*(MS)での同定や振動分光学(赤外分光法*，ラマン分光法)での帰属などで使用される．

**安定発現** [stable expression] 恒久的発現(permanent expression)ともいう．クローン化した遺伝子を細胞に導入した後，その遺伝子が安定に染色体に組込まれた状態での発現．目的の遺伝子と優性選択マーカーをもつベクターを作製し，細胞に導入して，目的のベクターが染色体に組込まれた株を樹立して安定発現を調べる．(⇨ 一過性発現)

**アンテナ複合体** [antenna complex] 光合成*系において光を吸収し，そのエネルギーを光合成反応中心*へ伝達する機能をもつ複合体．集光性色素タンパク質複合体または光捕集色素タンパク質複合体(light harvesting chlorophyll-protein complex)ともいう．光合成反応中心の構造が生物種間でよく保存されているのに対し，アンテナ複合体は生物の種類によってさまざまなものがある．高等植物や緑藻といった緑色植物のアンテナ複合体は色素としてクロロフィル $a$，クロロフィル $b$，キサントフィルを含むが，褐藻やケイ藻のアンテナ複合体はクロロフィル $b$ の代わりにクロロフィル $c$ を含む．紅藻やシアノバクテリア*においてはフィコビリン系色素を含むフィコビリソームがアンテナ複合体として機能している．緑色植物などでは，光条件の変化に応じて，励起エネルギーの一部を熱に変換するキサントフィルサイクルや反応中心へのエネルギーの分配を変化させるステート遷移といった機構が働き，アンテナ複合体から光合成反応中心へのエネルギー移動の効率を変化させることにより光環境への順化が起こる．また，光環境の変動に応答してアンテナ複合体の量や組成自体も大きく変動する．(⇨ 光合成色素)

**アンテナペディア遺伝子** [Antennapedia gene] Antp 遺伝子と略記する．ショウジョウバエのホメオティック遺伝子の一つ．優性の機能獲得型(gain-of-function)突然変異は触角の一部あるいは全体が中胸の肢に転換される．機能欠損型(loss-of-function)突然変異は胚致死で胸部体節のホメオティック転換を起こす．Antp はアンテナペディア遺伝子群*(ANTC)の遺伝子の一つである．Antp はホメオドメイン*をもつ転写因子をコードする．発生段階に従って遺伝子の発現部位は複雑に変化する．胚では胸部のT2体節で，幼虫期では肢，翅の成虫原基で発現している．ゲノムの転写領域は100kbに及び，二つのプロモーターが存在し，4種のRNAが転写される．

**アンテナペディア遺伝子群** [Antennapedia complex] ANTC, Antp-C と略す．ショウジョウバエの第3染色体上84-86に，約350 kbにわたり存在する遺伝子群．これまでに，ラビアル(lab)遺伝子，プロボシペディア(Pb)遺伝子，デフォームド(Dfd)遺伝子*，セックスコウムレデュースト(Scr)遺伝子，アンテナペディア(Antp)遺伝子*，フシタラズ(ftz)遺伝子*，ゼルクヌルト(zen)遺伝子，ビコイド(bcd)遺伝子*，アマルガム(Ama)遺伝子の9個のホメオボックス遺伝子が同定されている．種々の実験から，これらの多くは，ホメオティックの遺伝子であり，胚発生において，各体節の特徴付けに重要な役割を果たすことがわかっている．一部は，体軸決定・分節化に必須な遺伝子である．非常に類似した遺伝子群が，マウスなどの脊椎動物にも見られる(⇨ ホックス遺伝子)．

**アントシアニジン** [anthocyanidin] ⇨ アントシアニン

**アントシアニン** [anthocyanin] 橙赤色から青色を呈するフラボノイド*系色素の総称をアントシアン(anthocyan)といい，このうち配糖体をアントシアニンとよぶ．フラボノイド基本構造の3位の炭素に結合している酸素原子がオキソニウム酸素になっている．配糖体もしくはアシル化配糖体として存在し，色素本体であるアグリコンをアントシアニジン(anthocyanidin)とよぶ．アントシアニジン骨格のヒドロキシ基の数，pH，金属イオン，スタッキングなど多くの

要因により色調が変化する.(⇒フラボン)

| アントシアニン | $R^1$ | $R^2$ | 色調 |
|---|---|---|---|
| ペラルゴニン | H | H | 橙赤色 |
| シアニジン | OH | H | ↓ |
| デルフィニン | OH | OH | 青色 |

**アントシアン** [anthocyan] ⇒アントシアニン

**アントラサイクリン系抗生物質** [anthracyclin antibiotics] おもに放線菌が産生する抗生物質*.アグリコンのアントラサイクリンの7位に,一般的にはアミノ糖が結合した配糖体.中性糖を含有するものもある.制がん作用および抗菌作用を示す.作用機序は DNA にインターカレートする結果,DNA 依存の RNA および DNA ポリメラーゼ反応を阻害し,細胞障害をひき起こす(⇒インターカレーション).また DNA 一本鎖切断,トポイソメラーゼ阻害活性もみられる.アドリアマイシン*は血液がん,乳がん,など広範ながんに対して用いられている.(⇒制がん剤)

**アンドロゲン** [androgen] 副腎・精巣で合成され,男性ホルモン (male sex hormone) 作用をもつステロイドホルモン*の総称.代表的なものにテストステロン*があげられ,5α-ジヒドロ体はより強力な活性を示す.血流により標的器官へ転送され,核内に局在するアンドロゲン受容体*を介した転写制御により標的遺伝子の発現を活性化し効力を現す.胎生期の性分化や男性生殖器の発達・機能維持に重要であるが,骨格筋増強のタンパク質同化も促進する.一方,前立腺がんなどアンドロゲン依存的がんも存在する.

**アンドロゲン結合タンパク質** [androgen-binding protein] 性ホルモン結合グロブリン (sex hormone-binding globulin) ともいう.男性ホルモン(アンドロゲン*)のほかエストロゲン*とも特異的に結合する分子量約1万の二量体血清タンパク質であるが,精巣中にも存在する.結合型ホルモンは,血中で代謝を受けず,遊離したホルモンの一部が標的細胞へ取込まれ生理活性を示す.このため体内の性ホルモンの貯蔵,供給や生理作用発現の調節という点で重要な役割を果たしている.ステロイドホルモン*はこのほか,非特異的に血清アルブミンに結合し,標的組織へ運搬される.

**アンドロゲン受容体** [androgen receptor] 男性ホルモン受容体 (male sex hormone receptor) ともいう.アンドロゲン*をリガンドとして,核内受容体スーパーファミリー*に属する受容体である.アンドロゲン受容体は,男性生殖器や脳などのアンドロゲン標的器官に存在する.アンドロゲン受容体は標的遺伝子プロモーター内に存在するアンドロゲン応答エンハンサー配列(⇒グルココルチコイド応答配列)にホモ二量体として結合し,リガンド依存的に転写を促進する転写調節因子*である.アンドロゲン受容体遺伝子は X 染色体上に存在し,遺伝子変異によって生じるアンドロゲン受容体の先天的機能障害には,ホルモン不応症となり男性偽半陰陽(精巣女性化症)が知られている.アンドロゲン受容体 cDNA を用いた解析から,アンドロゲン受容体は分子量約 110,000 で,DNA 結合に必須な二つのジンクフィンガー*ドメインを中央に,ホルモン結合領域を C 末端側にもつ.アンドロゲンの種類によってアンドロゲン受容体との結合能に違いがみられることから,おのおのの異なる機能が想定されている.アンドロゲン依存性がんの内分泌療法を目的にアンドロゲン受容体 cDNA を用いた分子薬理が進展している.

**アンドロステンジオン** [androstenedione] 主として精巣のライディッヒ細胞*で合成されるが,副腎皮質の網状層でも合成される男性ホルモン(アンドロゲン*)の一種.テストステロン*の前駆体ともなるが,鶏冠やラット精嚢を用いたバイオアッセイにおける男性ホルモン様生理作用は,テストステロンの 1/10 程度である.アンドロゲン受容体*への結合能も活性に相関して弱く,標的遺伝子群の発現調節活性も同様に弱いことが予想される.卵巣,胎盤などではエストロゲン*の前駆体として使われる.

**AMPA** ⇒AMPA(エーエムピーエー)

**アンバーコドン** [amber codon] 三つの終止コドン*のうち,UAG コドンをさす.

**アンバー突然変異** [amber mutation] ナンセンス突然変異*の一つで,アミノ酸に対応するコドンがナンセンスコドン(終止コドン*)の一つである UAG に変化した突然変異.

**暗反応** [dark reaction] 光合成*の光強度依存性や閃光照射への応答の解析など,初期の研究により,その反応には光が直接関与し温度に依存しない明反応*と,光とは無関係に進行する暗反応が含まれることが示された.しかし,その後の研究から光を必要とする反応は初発光化学反応のみであることが明らかにされた.現在では,初発光化学反応に続く電子伝達反応,ATP 合成反応(⇒光リン酸化),還元的ペントースリン酸回路*による二酸化炭素の同化(⇒炭酸固定)などの反応は,すべて暗反応として位置づけられている.

**アンピシリン** [ampicillin] =アミノベンジルペニシリン (aminobenzylpenicillin).分子量 349.42.$C_{16}H_{19}N_3O_4S$.半合成の広い抗菌スペクトルをもつ抗生物質*.細菌細胞膜の透過性に優れ,

グラム陽性細菌，グラム陰性細菌ともに有効だが，緑膿菌には抗細菌性は低い．プラスミド*の中にはアンピシリンのもつβ-ラクタムを特異的に分解する酵素であるβ-ラクタマーゼ*をコードする遺伝子をもつものがあり，それをもつ細菌はアンピシリン耐性（$Amp^r$）となる．（⇌ 抗物質耐性）

**アンフィソーム** ［anfisome］ ＝中間型自己貪食胞．（⇌ オートファゴソーム）

**アンフィンセン** **ANFINSEN**, Christian Boehmer 米国の生化学者．1916.3.26〜1995.5.14．ペンシルベニア州モネッセンに生まれる．1937年スウォースモア大学卒業．ペンシルベニア大学（M.S.），ハーバード大学（Ph.D.）．1948年米国国立衛生研究所（NIH）細胞生理学部門主任．リボヌクレアーゼの変性と再生を研究，特にS-S結合形成と立体構造，酵素作用との関連を解明した（1962）．1972年，S. Moore*，W. H. Stein*とノーベル化学賞を受賞した．

**アンフェタミン** ［amphetamine］ ＝1-フェニルプロパン-2-アミン（1-phenylpropane-2-amine），アジパン（adipan），シンパテドリン（sympatedrine），ベンゼドリン（benzedrine），メコドリン（mecodrin）．$C_9H_{13}N$，分子量135.21．ノルアドレナリン*（NA）類似構造をもち，受容体への作用は弱いが神経末端で効率よく取込まれ，同部に蓄えられているNA分泌を促進し，中枢神経刺激，血管収縮，心刺激作用をもつアミン．多幸症，精力充実感をひき起こすことから精神的依存症が認められる．食欲抑制効果もあるため，これをもとにした各種の食欲抑制剤が開発されている．いずれも耐性や依存性，心刺激などの副作用が問題となるため臨床使用上の制限がある．

**アンプリコン** ［amplicon］ 増幅単位ともいう．DNAの増幅が起こる際に，その基本単位となる領域をいう．アンプリコンにはDNA複製起点*が必ず含まれていると考えられる．哺乳類のアンプリコンの長さは数百kbから数千kbが普通であり，数種類以上の遺伝子を含む場合が多い．（⇌ 遺伝子増幅）

**アンホテリシンB** ［amphotericin B］ ＝ファンギゾン（Fungizone）．$C_{47}H_{73}NO_{17}$，分子量924.09．放線菌 *Streptomyces nodosus* の産生するポリエン系抗生物質．真菌や動物細胞の細胞膜に存在するステロールと結合し，特異的な相互作用で，形態的，機能的に膜に変化をひき起こし，膜に小孔（4 Å）をつくるようにポリエンが配列する．細菌の膜はステロールを欠くので作用しないが，抗菌剤として，カンジダ症，皮膚糸状菌症に有効性を示し，局所的に使用される．内服などで用いる場合は副作用が強いので注意を要する．

**アンホトロピックウイルス** ＝両種指向性ウイルス

**アンモニア同化** ［ammonia assimilation］ ⇌ 窒素同化

**アンモニア排出動物** ［ammonotelic animal］ アンモニア排泄動物ともいう．窒素代謝の最終産物として主としてアンモニアを排出する動物．尿素排出動物*，尿酸排出動物*と対比される．水生の無脊椎動物はほとんど例外なくアンモニア排出性である．水中ではアンモニアを絶えず排出でき，しかも大量の水で希釈されるので自らの排出物で毒される危険がないことと関係している．脊椎動物では，魚類の大部分と，両生類の幼生などがこれに属する．軟骨魚類は尿素排出性である．カエルは幼生時代にはアンモニア排出性であるが，変態期以後は尿素排出性となる．

**アンモニア排泄動物** ＝アンモニア排出動物

# イ

**EIA** [EIA=enzyme immunoassay] ＝酵素免疫検定法

**eIF** [eIF] 真核生物開始因子(eucaryotic initiation factor)の略称．真核生物ポリペプチド鎖開始因子(eucaryotic polypeptide chain initiation factor)ともいう．タンパク質の生合成が mRNA の開始コドン*の位置から正しく行われるために必要な因子．真核細胞のタンパク質生合成*開始反応は複雑であり，in vitro のタンパク質生合成反応またはその部分反応を促進する活性として，哺乳動物では少なくともつぎの26種類が同定されている：1, 1AX, 1AY, 1B, 2A, 2B, 2C1, 2C2, 2C3, 2C4, 3, 4A, 4B, 4E, 4E2, 4E3, 4F, 4G1, 4G2, 4G3, 4H, 5, 5A, 5A2, 5B, 6. eIF-3 と eIF-3A は，40S リボソームサブユニット*に結合し，遊離80S リボソームのサブユニットへの解離を促進する．eIF-2 は eIF-2・GTP・Met-tRNA$^{Met}$ 三重複合体を形成して40S リボソームサブユニットに結合する．eIF-4A, -4B, -4E, -4F は mRNA 5' 末端近傍に結合し，mRNA の40S リボソームサブユニット(上記三重複合体が結合した)への結合，ならびに同サブユニットの mRNA 上でのスキャニング(40S 開始複合体の形成)に関与する．このうち，eIF-4E と eIF-4F は mRNA 5' 末端のキャップ構造に結合することが知られる．また，eIF-4A と eIF-4F(4F のサブユニットとして含まれる 4A 由来)には RNA 依存 ATP アーゼ活性と RNA ヘリカーゼ活性がある．eIF-4F は少なくとも 4A, 4E, 4G1/4G3 から成る．eIF-5 と eIF-5A は，開始反応の最終段階である40S 開始複合体に60S リボソームサブユニットが会合して80S 開始複合体を形成する反応に必要である．eIF-2 および eIF-3 は，原核生物の IF-2 および IF-3 に，機能上それぞれ対応すると考えられる．(⇒開始因子)

**ER** [ER=endoplasmic reticulum] ＝小胞体

**ERR** [ERR=estrogen-related receptor] エストロゲン関連受容体のこと．(⇒エストロゲン受容体関連タンパク質)

**ERAD** [ERAD=endoplasmic reticulum-associated degradation] ＝小胞体関連分解

**eRF** [eRF] 真核生物終結因子(eucaryotic release factor, eucaryotic termination factor)の略称．真核生物ポリペプチド鎖終結因子(eucaryotic polypeptide chain release factor, eucaryotic polypeptide chain termination factor)ともいう．mRNA 上の終止コドン*(UAA, UGA, あるいは UAG)を認識し，完成したポリペプチド鎖をリボソームから遊離させるのに必要なタンパク質因子．原核細胞の場合，コドン特異性の異なる終結因子*が存在するが，真核細胞では 1 種類のクラス I 終結因子 eRF1 がすべての終止コドンを認識する．eRF1 によるコドンの認識は終止コドンとその 3' 側の 1 塩基を含む 4 塩基認識であるとされ，終止コドンのみの 3 塩基認識の原核細胞の場合と異なる．eRF1 は GTP と結合したクラス II 終結因子 eRF3 と相互作用しており，終止コドンを認識してリボソームに結合し，ペプチジルトランスフェラーゼ*によるポリペプチド鎖と tRNA 間のエステル結合の加水分解を誘導する．このとき，eRF3 に結合した GTP は eRF3 の GTP アーゼ活性により加水分解を受け，eRF3 は eRF3・GDP として遊離する．

**ERM ファミリー** [ERM family] ⇒ラディキシン

**ERK** [ERK=extracellular signal-regulated kinase] ＝細胞外シグナル制御キナーゼ

**ERCC 遺伝子** [ERCC gene] 紫外線に高感受性を示し，DNA 修復能に異常をもつ突然変異株が，CHO 細胞をはじめとしたげっ歯類の細胞から多数分離され，1 群から11群までの少なくとも11個の遺伝的相補性群に分類された．これらの突然変異株の DNA 修復能を正常化する遺伝子が，ERCC(excision repair cross complementing rodent repair deficiency)遺伝子と名づけられた．これまでに，ERCC1(1 群の DNA 修復能を正常化する遺伝子，2 群以下も同様に命名), ERCC2, ERCC3, ERCC4, ERCC5, ERCC6, ERCC8 遺伝子が同定されている．ERCC11 遺伝子は ERCC4 遺伝子と同一であるとされる．ERCC2, ERCC3, ERCC4, ERCC5 遺伝子は，それぞれ，同じく紫外線に高感受性を示し DNA 修復能に異常をもつヒト遺伝疾患である色素性乾皮症*(XP)D 群, B 群, F 群, G 群の原因遺伝子である．ERCC6 および ERCC8 遺伝子はそれぞれ XP と類縁疾患のコケイン症候群*(CS)B 群および A 群の原因遺伝子であることが明らかになっている．

**erbA 遺伝子** ⇒erbA(アーブエー)遺伝子

**ErbB1, 2** ⇒erbB(アーブビー)遺伝子

**eEF** [eEF=eucaryotic elongation factor] 真核生物伸長因子の略号．(⇒伸長因子)

**eEF-1** [eEF-1=eucaryotic elongation factor 1] ＝EF-1

**eEF-2** [eEF-2=eucaryotic elongation factor 2] ＝EF-2

**EEG** [EEG=electroencephalogram] ＝脳電図

**EAE** [EAE=experimental allergic encephalitis] 実験的アレルギー性脳炎の略称．(⇒ミエリン塩基性タンパク質)

**ESI-MS** [ESI-MS=electrospray ionization mass spectrometry] ＝エレクトロスプレーイオン化質量分析

**ESR** [ESR=electron spin resonance] ＝電子スピン共鳴

***yes* 遺伝子** [*yes* gene]　分子量約 61,000 の非受容体型チロシンキナーゼをコードするがん遺伝子*の名で，狭義の Src ファミリー*に属する．最初，ニワトリの Y73 肉腫ウイルスのがん遺伝子として，チロシンキナーゼ p90$^{gag\text{-}yes}$ をコードすることで発見された．細胞にある正常な遺伝子は，proto-*yes* または c-*yes* とよばれ，ヒトの *yes* は第 18 染色体長腕 21.3 領域にマップされる．比較的多くの組織で発現している．細胞接着の調節などに働くと予想されるが，正確な機能は未解明．

**ES 細胞** [ES cell]　＝胚性幹細胞

**EST** [EST＝expressed sequence tag]　＝発現配列タグ

**ES 複合体** [ES complex]　＝酵素-基質複合体

**EXAFS**　＝EXAFS（エグザフス）

**EH**[1] [EH＝eclosion hormone]　＝羽化ホルモン

**EH**[2] [EH＝epoxide hydrolase]　＝エポキシドヒドロラーゼ

**EH**[3] [EH＝essential hypertension]　本態性高血圧症の略号．(⇌ 高血圧症)

***en* 遺伝子** [*en* gene]　＝エングレイルド遺伝子

**eNOS**　⇌ 血管内皮型 NO シンターゼ

***env* 遺伝子**　⇌ *env*（エンブ）遺伝子

**ENU 突然変異マウス** [ENU mutant mouse]　ニトロソエチル尿素(ENU)を投与した雄のマウス．このマウスの精原幹細胞での突然変異率は，自然に生じる変異率より 300 倍程度高くなる．ENU によって，マウスのさまざまな遺伝子領域に変異を誘発することで変異系統を作製するプロジェクトが各国で進行している．

**EF** [EF＝elongation factor]　＝伸長因子

**EF-1** [EF-1]　伸長因子 1(elongation factor 1)の略号．ポリペプチド鎖伸長因子 1(polypeptide chain elongation factor 1)ともいう．真核生物の伸長因子*の一つ．eEF-1(eucaryotic elongation factor 1)とも略記する．GTP に依存してアミノアシル tRNA* をリボソームの A 部位*に結合させる機能をもつ．肝臓，網状赤血球，アルテミア(*Artemia salina*, brine shrimp)，カイコ絹糸腺，コムギ胚，酵母などから精製されている．一般に，150～数百 kDa の高分子型と約 50 kDa の低分子型として分離される．ブタ肝臓の場合，前者の代表的なものは 3 種類の異なるサブユニット α, β, γ(それぞれ，53 kDa, 30 kDa, 53 kDa)から成る分子種(EF-1$_H$, EF-1αβγ)である．後者は α サブユニット単量体から成る(EF-1$_L$, EF-1α)．機能的には，EF-1α, EF-1αβγ はそれぞれ細菌の EF-Tu*, EF-Tu・EF-Ts* に相当すると考えられている．EF-1α は細胞質で最も豊富に存在するタンパク質の一つであり，可溶性タンパク質の 3～10 ％ を占める．EF-1α は翻訳後修飾* によりメチル化されたリシンを多く含むことが知られている．*EF-1α* 遺伝子は 1 コピー以上存在すると考えられている．(⇌ 伸長サイクル)

**EF-2** [EF-2]　伸長因子 2(elongation factor 2)の略号．ポリペプチド鎖伸長因子 2(polypeptide chain elongation factor 2)ともいう．真核生物伸長因子*の一つで，eEF-2(eucaryotic elongation factor 2)とも略記する．機能的には細菌の EF-G* に相当する．種々の動植物より精製されており，分子量約 100,000 の単鎖ポリペプチドである．GTP に依存してペプチジル tRNA をリボソーム A 部位*から P 部位*に転位(トランスロケーション)させる機能をもつ．この反応に伴って，mRNA の 1 コドン分の移動と，P 部位の脱アシルされた tRNA のリボソームからの遊離が起こる．リボソーム存在下に GTP アーゼ活性を示す．哺乳動物の EF-2 の 715 番目のヒスチジンは翻訳後修飾を受けジフタミド(diphthamide)となっている．ジフテリア毒素* は NAD 存在下にこのジフタミドを ADP リボシル化* し，EF-2 を失活させる．EF-2 のアミノ酸配列は哺乳動物間で高度(99 ％ 以上)に保存されている．(⇌ 伸長サイクル)

**EF-G** [EF-G]　伸長因子 G(elongation factor G)の略号．ポリペプチド鎖伸長因子 G(polypeptide chain elongation factor G)ともいう．原核生物の伸長因子*の一つで，分子量 83,000 のタンパク質である．GTP に依存してリボソーム A 部位*のペプチジル tRNA を P 部位*に移動させる反応(転位，トランスロケーション)を触媒する．この反応に伴って，mRNA の 1 コドン分の移動と P 部位の脱アシルされた tRNA のリボソームからの遊離が起こる．リボソーム存在下に GTP アーゼ活性を示し，この活性はタンパク質生合成阻害剤のフシジン酸* によって阻害される．大腸菌の *EF-G* 遺伝子(*fus*)は染色体 72 分に存在し，*rpsL*(＝*strA*)(S12)-*rpsG*(S7)-*fus*(EF-G)-*tufA*(EF-Tu*)オペロンを構成している．(⇌ 伸長サイクル)

**EF-Ts** [EF-Ts]　伸長因子 Ts(elongation factor Ts)の略号．ポリペプチド鎖伸長因子 Ts(polypeptide chain elongation factor Ts)ともいう．原核生物の伸長因子*の一つで，分子量 36,000 のタンパク質．細胞内では EF-Tu* と複合体(EF-Tu・EF-Ts)を形成して存在する．Ts の名は熱に安定な(stable)T 因子に由来する．EF-Tu・GDP より EF-Tu・GTP を再生する過程を促進する．タンパク質生合成における役割のほかに，大腸菌 RNA ファージレプリカーゼ(⇌ レプリカーゼ)の δ サブユニットとして含まれることが知られる．(⇌ 伸長サイクル，EF-1)

**EF-Tu** [EF-Tu]　伸長因子 Tu(elongation factor Tu)の略号．ポリペプチド鎖伸長因子 Tu(polypeptide chain elongation factor Tu)ともいう．原核生物の伸長因子*の一つで，分子量 43,000 のタンパク質．Tu は熱に不安定(unstable)な T 因子に由来する．グアニンヌクレオチドとの結合により安定化される．EF-Tu は GTP と結合して二重複合体(EF-Tu・GTP)を形成し，これにアミノアシル tRNA* が結合して三重複合体(EF-Tu・GDP・アミノアシル tRNA)となる．リボソーム A 部位に位置する mRNA コドンと三重複合体中の tRNA のアンチコドンが相補的な場合，三重複合体はリボソームに結合する．ついで，GTP の加水分解が起こりアミノアシル tRNA を A 部位に残し，Tu

は Tu・GDP となって遊離する．Tu・GDP($K_d$=4.9×$10^{-9}$M)は EF-Ts* の作用で Tu・GTP に変換される．大腸菌 *EF-Tu* 遺伝子には *tufA* と *tufB* の二つがあり（それぞれ，染色体地図72分と88分），C 末端1アミノ酸残基が異なる．(→ 伸長サイクル，EF-G)

**EF ハンド** [EF hand] カルシウム結合タンパク質* の中には，二つの α ヘリックスに挟まれたループを基本単位とする構造が連続して見いだされることがある．R. H. Kretsinger は1973年にパルブアルブミンの立体構造を明らかにし，カルシウム結合単位を親指と人差し指を伸ばした右手の形で模倣できることから，これを EF ハンド構造と名づけた（図）．EF ハンド構造が1本のポリペプチド鎖に複数個存在すると，カルシウムイオンとの結合は強くなり，解離定数は細胞内のカルシウム濃度に近くなる．カルモジュリン* は四つの EF ハンド構造をもち，種々の細胞機能の調節にかかわっている．たとえば，ホスホリラーゼキナーゼやカルシニューリン A のカルシウムに依存した活性化は，いずれもカルモジュリンを介して起こる．EF ハンド構造をもつタンパク質としてはほかに，トロポニン C，ミオシン L 鎖，S-100 タンパク質，カルパインなど300個あまりが知られており，分子進化の観点からも研究されている．

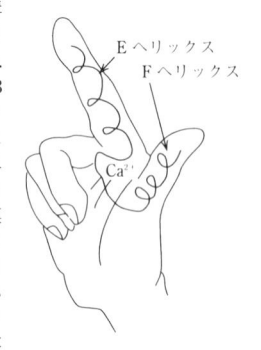

**EMA** [EMA] ＝MUC-1（マックワン）

**EMS** [EMS=ethyl methanesulfonate] ＝エチルメタンスルホン酸

**EMSA** [EMSA=electrophoresis-mobility shift assay] 電気泳動移動度シフト分析の略号．(→ ゲルシフト分析)

**EMCV** [EMCV=encephalomyocarditis virus] ＝脳心筋炎ウイルス

**ELISA** [ELISA=enzyme-linked immunosorbent assay] ＝固相酵素免疫検定法

**ELAM-1** [ELAM-1=endothelial leukocyte adhesion molecule-1] ＝E-セレクチン

**イエルネ** JERNE, Niels Kai デンマークの免疫学者．1911.12.23～1994.10.7. ロンドンに生まれ，ロンドンに没す．ライデン大学で物理学を学んだ後，コペンハーゲン大学から免疫学で医学博士を取得．デンマーク国立血清研究所，ジュネーブ大学，バーゼル免疫学研究所で研究．F. M. Burnet* のクローン選択説* (1957) に先がけて抗体産生の仕組みについて発表し (1955)．1974年，免疫 "ネットワーク" 学説を提唱した．1984年 G. J. F. Köhler*，C. Milstein* とともにノーベル医学生理学賞を受賞した．

**硫黄細菌** [sulfur bacteria] 一般には硫黄を酸化して硫酸をつくり，この時に発生するエネルギーを用いて炭素固定* する独立栄養* 細菌をさすが，時には還元的な環境下で硫黄を硫化水素に還元して生育している細菌も含めて総称することがある．古細菌* の中には，好気的環境では硫黄を酸化し，嫌気環境下では硫化水素を発生して生育する細菌もいる．硫黄細菌は細菌を利用した金属の精錬，いわゆるバクテリアリーチング (bacterial leaching) に利用される．

**硫黄同化** [sulfur assimilation] 硫酸還元 (sulfate reduction)，硫酸同化 (sulfate assimilation) ともいう．無機態硫黄を有機態硫黄に同化する一連の反応の総称．この同化能は微生物，植物にのみ備わっており，他の地球上の生物のほとんどは硫黄源をこの同化能に依存している．硫黄は硫酸イオンの形で細胞内に取込まれ，主としてアデニリル硫酸，3′-ホスホアデニリル硫酸，亜硫酸イオンへと変換されたのち，亜硫酸レダクターゼ (sulfite reductase) により6電子還元を受け $S^{2-}$ を生成する．この反応は微生物では NADPH が，植物ではフェレドキシンが電子供与体となる．$S^{2-}$ はシステインシンターゼ (cysteine synthase) によってアミノ酸へと取込まれ，その他の硫黄有機化合物に変換される．

**イオドプシン** [iodopsin, chicken red] アイオドプシン，ヨードプシン，視紫 (visual violet) ともいう．ニワトリ網膜の錐体細胞* から分離された紫色の感光色素で，赤色の光を吸収する．鳥類の錐体細胞にイオドプシンを含め4種（赤，青，緑，紫色を吸収），ヒトには紫を除く3種の錐体色素 (cone pigment) がある．イオドプシンが錐体色素の意味に誤用されることもある．錐体色素は，微弱な光を識別する桿体色素ロドプシン* と同様，細胞膜を7回貫通する構造をもつ膜タンパク質で，レチナール* を結合している．光を吸収した錐体色素は G タンパク質トランスデューシン* を活性化する．(→ 視物質)

**イオノホア** [ionophore] 種々の陽イオンと複合体を形成し，脂質膜を透過させる化学物質の総称．(→ カルシウムイオノホア)

**イオノマイシン** [ionomycin] *Streptomyces conglobatus* 由来の抗生物質．pH 7～9.5 でカルシウムイオンと選択的に結合して膜透過性を高め，イオノホア* として働く．$C_{41}H_{72}O_9$，分子量 709.02．水に難溶．A23187* と比較して，カルシウムイオンに対する選択性が高い，カルシウムイオンと結合して紫外線を吸収する，自己蛍光をもたない，といった特徴がある．細胞内へのカルシウムイオンの導入実験などに多用される．(→ カルシウムイオノホア)

**EOP** [EOP=efficiency of plating] ＝平板効率

**イオン**［ion］ 原子またはその集団(分子やラジカル)が電荷(charge)をもつ時にイオンとよぶ．たとえばナトリウム原子から1個の電子が無限遠まで引離されると，ナトリウムイオン($Na^+$)となる．分子(M)が電子を1個失えば，その分子は1価のラジカルカチオン($M^{+\cdot}$)，逆に電子捕獲が起これば1価のラジカルアニオン($M^{-\cdot}$)となる．これと対照的なのが付加型イオンで，中性分子にプロトン($H^+$)やアルカリカチオン($Na^+$など)またはハロゲンアニオン($Cl^-$など)の付加または脱離によって分子がイオンになることがある．すなわち分子(M)にプロトンが1個付加すれば分子は$(M+H)^+$，$Na^+$が付加して$(M+Na)^+$となれば陽イオン，酸性分子が解離しプロトンを1個失って$(M-H)^-$となったり，$Cl^-$を付加して$(M+Cl)^-$となれば陰イオンである．2価以上の価数をもつ時，多価イオン(multiply-charged ion)とよぶ．

**イオン価**［ionic valence］ 1原子あるいは1分子のイオンがもつ電気量を電気素量($1.602176 \times 10^{-19}$ クーロン)で割って得られる値．原子イオンの場合，一般的には，周期表上の同族の元素同士は同じイオン価をもつ．イオンが希ガス型電子配置をとった時に安定であるとすると，イオン価が説明しやすい時もあるが，遷移元素では希ガス型電子配置では説明できないイオン価をもつ．

**イオン結合**［ionic bond］ 化学結合*において，価電子が完全に片方の化学種に移動している時，イオン結合とよぶ．たとえばNaとClの結晶中では，イオン化ポテンシャルの低いNaは容易に価電子を失って電子配置が安定な希ガス型をとる陽イオンとなり，電子親和力の大きいClはその電子を得て希ガス型電子配置の$Cl^-$となる．したがって$Na^+$と$Cl^-$は距離の2乗に反比例するクーロン引力で引合ってイオン結合が成立している．イオン*の静電気的引力には方向性がないから，一つのイオンの前後左右に逆符号のイオンができるだけ多く集まる．たとえば食塩では$(Na^+Cl^-)_n$のイオン結晶をつくる．(⇒共有結合)

**イオン交換クロマトグラフィー**［ion exchange chromatography］ 液体クロマトグラフィーの一種で固相にイオン交換樹脂を用いたもの．強電解質および弱電解質の陰イオンおよび陽イオン交換樹脂の微粒子を単床あるいは混用して，試料中の各種イオンを吸着分離，あるいは吸着後溶出することにより，精製する．高速液体クロマトグラフィー*用の吸着剤についても，微粒子の表面にイオン交換官能基を導入することにより，分離能が上昇する．イオン交換膜を用いたクロマトグラフィーは沪紙クロマトグラフィー*の一種といえる．

**イオンスパッタリング**［ionspattering］ 低い真空度で電極に電圧を印加することによりグロー放電を起こして，残留ガス原子をイオン化すると陰極の原子がたたき出される(スパッタリング)．この現象を使って試料に金属などのコーティングをすることをイオンスパッタリングという．走査型電子顕微鏡*で観察する時，試料表面の電気伝導性を向上させるための金属コーティングに用いられる．一方，エッチング条件でグロー放電すると，炭素膜(カーボン膜)を含む電子顕微鏡用グリッド表面を親水的にすることができる．

**イオンチャネル**［ion channel, ionic channel］ イオンチャネルは動植物の細胞膜を貫通して存在し，$Na^+$，$K^+$，$Ca^{2+}$あるいは$Cl^-$など特定のイオンを選択的に透過させる孔(チャネル)を形成する膜タンパク質である．イオンチャネルによるイオン透過は，膜内外の濃度勾配と電位差に従う受動輸送であり，エネルギーは必要としない．イオンチャネルはチャネルの開口により1秒間に1億個にも達するイオンを透過させ，そのイオン透過速度は輸送(トランスポート)タンパク質によるイオン輸送より3桁，最も活性の高い酵素の分子触媒活性より数桁高い．イオンを透過させるチャネルは開と閉の二つの状態をとることによりイオンの流入と流出を制御している．多くの場合，イオンチャネルの開閉はさまざまな刺激により調節されている．膜電位の変化により開口する電位依存性イオンチャネル(⇒電位依存性チャネル)，神経伝達物質などのリガンドの結合により開口するリガンド依存性イオンチャネル(ligand-gated ion channel)，細胞内のシグナル伝達物質である$Ca^{2+}$，サイクリックヌクレオチドやイノシトールトリスリン酸などで開口するイオンチャネルが代表的なイオンチャネルである．イオンチャネルはリン酸化と脱リン酸によっても調節される場合が知られている．イオンチャネルはいくつかの膜貫通領域をもつ数個のサブユニットあるいはタンパク質内繰返し構造が集合して中央にチャネル孔を形成していると考えられている．これらのイオンチャネルのそれぞれのファミリーでは，たとえば電位依存性$Na^+$チャネル，電位依存性$K^+$チャネル，電位依存性$Ca^{2+}$チャネルなどの電位依存性イオンチャネルファミリーのように，互いに類似した基本構造を共有しており，構造と機能との密接な関係が示唆されている．電位依存性チャネルは伝導や神経伝達物質の放出など，また神経伝達物質依存性イオンチャネル(チャネル型神経伝達物質受容体)はシナプス伝達を担っており，イオンチャネルは脳神経系のシグナル伝達，情報処理に中心的役割を果たしている．アセチルコリンやグルタミン酸などの神経伝達物質はそれぞれの受容体の陽イオンチャネルを開口させ，細胞内に$Na^+$を流入させ，神経細胞や筋肉細胞を興奮に導く．一方，γ-アミノ酪酸*(GABA)やグリシンなどの神経伝達物質*はそれぞれの受容体の陰イオンチャネルを開口させ，細胞内に$Cl^-$を流入させ，神経細胞を抑制する．これらの神経伝達物質依存性イオンチャネルはまた多くの薬物の標的でもある．また，細胞内シグナル伝達物質で開口するチャネルは多くの細胞で広くシグナル伝達を担っている．(⇒塩素イオンチャネル，カリウムチャネル，カルシウムチャネル)

**イオン電流**［ionic current］ ⇒膜電流

**イオンポンプ**［ionic pump］ 生体膜を通して能動輸送*により無機イオンを輸送するタンパク質分子のこと．陽イオン輸送性ATPアーゼ(細胞膜の$Na^+$, $K^+$-

ATPアーゼ*など），電子伝達系（ミトコンドリア内膜のH$^+$-ATPアーゼなど），光ポンプ（好塩菌の紫膜に発現するバクテリオロドプシン*）が知られている．

**イオン輸送** [ion transport] 生体膜の内外で，同一イオンの濃度はしばしば不均一である．これは細胞内環境の維持に不可欠で，イオン輸送により達成される．また興奮，収縮，分泌，吸収などの細胞機能に伴い，生体膜を通るイオンの輸送が起こる．無機イオンの輸送は，イオンチャネル*，輸送体*(担体)，イオンポンプ*などの特殊な膜タンパク質に依存する特定の様式によって行われる．イオン輸送のおもな様式は受動輸送*と能動輸送*である．受動輸送とは細胞内外の溶質の電気化学ポテンシャル差に従う輸送であり，ポテンシャル差に逆らう輸送が能動輸送である．イオンチャネルを介するイオン輸送は，多数の水分子やイオンが同時にチャネルを通過できるので，輸送の効率は優れ，1分子のチャネルタンパク質分子が$10^7$〜$10^8$分子/secのイオンを輸送できる．イオンチャネルは，荷電とチャネル壁面の相互作用のために，一般にイオン選択性がある．チャネルによっては，ゲートの開閉が膜電位，作用物質，セカンドメッセンジャーなどで調節される，電位依存性チャネル*やリガンド作働性チャネルがある．受動輸送のうち単純拡散や単一輸送体(uniporter)を介する促進拡散*は，イオンの輸送には重要でない．能動輸送による無機イオンの輸送はイオンポンプにより行われる．主となるのは，ATPの加水分解エネルギーを用い，電気化学ポテンシャル差に逆らってイオンを移動させる陽イオン輸送性ATPアーゼを介するものであり，1分子のATPアーゼは$10$〜$10^3$分子/secのイオンを輸送しうる．その代表例は細胞膜のNa$^+$,K$^+$-ATPアーゼ*であり，1分子のATP分子の加水分解により3分子のNa$^+$を細胞外に，2分子のK$^+$を細胞内に移動する．同様に細胞膜や筋小胞体のCa$^{2+}$-ATPアーゼ*ポンプは，ATP 1分子当たり2分子のCa$^{2+}$を細胞外または筋小胞体内へ移動する．これらの場合，ATPアーゼのαサブユニットのリン酸化に伴うコンホメーションの変化がポンプ作用をもたらす．ATPアーゼによりH$^+$を移動させる能動輸送系（プロトンポンプ*）は，動物細胞のリソソーム，エンドソームの膜や植物細胞の空胞膜にみられ，細胞小器官内のpHを低く保つ．能動輸送にはほかに電子伝達系，光ポンプなども知られている．二次能動輸送は，一次能動輸送により形成されたイオンの電気化学ポテンシャル差を利用して，イオンなどの基質を共輸送*体や対向輸送体*により行う．輸送体*の輸送能力は，チャネルとポンプの中間で，1分子の輸送体は$10^2$〜$10^4$分子/secを輸送できる．輸送体のうちH$^+$やNa$^+$などと同方向に糖，アミノ酸などを輸送するものが共輸送体である．腸管や腎尿細管の上皮細胞では，側底膜のNa$^+$/K$^+$ポンプと共役して管腔側膜の共輸送体がNa$^+$およびグルコース（またはアミノ酸，イオン）をともに細胞内に輸送する．イオンと基質が反対方向に輸送されるものが対向輸送体であり，スクロース，Na$^+$, Ca$^{2+}$などが植物細胞の空胞へ取込まれるのは，Na$^+$と逆方向へのH$^+$の輸送を同時に行う対向輸送体による．なお物質輸送様式の一つに，生体膜そのものの形態的変形による輸送であるサイトーシスがある．内向きの膜動輸送，エンドサイトーシス*（飲作用*と食作用*）および外向きの膜動輸送，エキソサイトーシス*があるが，そのおもな機能は，神経伝達物質，ホルモン，消化酵素，リポタンパク質など，イオン以外の物質の輸送である．

**イオン輸送性ATPアーゼ** [ion transporting ATPase] ATPの加水分解エネルギーと共役してイオンの能動輸送*を行うイオンポンプ*．P型ATPアーゼとV型ATPアーゼがある．(→ ATPアーゼ)

**異核共存体** ＝ヘテロカリオン

**異化作用** [catabolism] ⇔同化作用

**鋳型** [template] 核酸の複製*および転写*の際にはすでに存在する核酸の一本鎖をもとにして新しい核酸が合成される．このもとになる核酸一本鎖を鋳型とよび，塩基の相補性に基づいて新しく核酸一本鎖がつくられる．細胞の二本鎖DNAの複製では(＋)鎖を鋳型にした時は(－)鎖DNA, (－)鎖を鋳型にした時は(＋)鎖が合成される．二本鎖RNAウイルスの複製も同様である．一本鎖DNAまたはRNAウイルスの場合は宿主細胞内でウイルス粒子にある一本鎖核酸を鋳型にしてまず相補的なDNAまたはRNA一本鎖を合成して複製中間体を形成する．例外はレトロウイルス*で，ウイルス粒子内にある2本の(＋)RNA一本鎖(二倍体をなしている)を鋳型にして(－)鎖DNAを逆転写*する．こうして新たに合成された(－)鎖DNAを鋳型にして(＋)鎖DNAを合成する．その結果二本鎖DNAとなって宿主細胞のDNAに組込まれる．

**鋳型鎖** [template strand] ＝アンチセンス鎖
**鋳型説** [template theory] ＝指令説

**Ikaros** [Ikaros] IKと略し，ZNFN1A1ともいう．造血幹細胞からさまざまな系列の前駆細胞が分化する際に必須とされる転写調節因子*で，特にリンパ球の分化・成熟において重要な役割を果たす．多数のスプライスバリアントが存在し(IK1〜8)，またIK1と同様の構造をもつIkarosファミリー遺伝子がほかに四つ(Helios, Aiolos, Eos, Pegasus)クローニングされている．IK1はN端端側に4個，C末端側に2個のジンクフィンガードメインをもち，ほかのIkaros分子やIkarosファミリータンパク質と二量体を形成し，さらにNuRD (nucleosome remodeling and histone deacetylase)複合体やSWI/SNF*複合体と結合して，ほかの遺伝子の転写を抑制する．一方，Ikarosのスプライスバリアントのうちの DNA結合能力をもたないものはドミナントネガティブとして働き，これらのバランスによってほかの遺伝子の転写が調節されていると考えられている．

**胃がん** [gastric cancer, stomach cancer] 胃に発生する悪性腫瘍，特にがん腫をさす．わが国で多いが，近年は減少傾向にある．深達度で，早期がんと進行がんに分け，進行がんではBorrmannの肉眼分類

が使われる．組織学的には，胃がんは腺がん\*で，その分化度により分化型がんと未分化型がんとに分ける．前者は，高中分化のがんで，腸上皮化生と関連して発生し，比較的高齢者に多く，転移は血行性に生じやすい．後者は，低分化がんや印環細胞がん\*などが入り，固有胃底腺領域に生じ，比較的若年者に多く，転移はリンパ行性に生じやすい．

**維管束** [vascular bundle, fibrovascular bundle] 管束ともいう．木部(xylem)と師部(phloem)から成り，物質の通道に役立つ．木部には仮道管組織(tracheid tissue)や道管(vessel)があり，ここを水や水に溶けた物質が移動し，師部には師細胞組織(sieve cell tissue)あるいは師管(sieve tube)があり，ここを糖が移動する．木部と師部は組織系\*の一つである維管束系を構成する．維管束系は繊維組織や仮道管組織により，支持の機能ももつ．道管などの内部をアポプラスト\*とする考え方もある．

**維管束系** [vascular bundle system, fascicular system] ⇌ 組織系

**維管束鞘細胞** [bundle sheath cell] トウモロコシ，サトウキビ，多くの熱帯性のイネ科植物など$C_4$植物\*の葉器官の維管束\*組織を取囲んでいる大きな葉緑体\*をもつ細胞で，外辺部は葉肉細胞と接している．空気中の$CO_2$は気孔を通して葉肉細胞に入り，炭酸水素イオンに変換される．炭酸水素イオンは，ホスホエノールピルビン酸(PEP)と反応して，$C_4$有機酸であるオキサロ酢酸を生じる．さらにリンゴ酸やアスパラギン酸に変換され(⇌ $C_4$ジカルボン酸回路)，隣接する維管束鞘細胞に原形質連絡を通して輸送される．この細胞内で$C_4$有機酸が脱炭酸され$CO_2$を遊離し，Rubiscoによって固定され，還元的ペントースリン酸回路で炭水化物に変換される．脱炭酸の産物である$C_3$有機酸のピルビン酸は葉肉細胞に戻り，PEPに再生される．このように，$C_4$植物の葉では2種類の光合成細胞が機能分化しており，効率のよい$CO_2$濃縮機構の働きにより，光呼吸\*の抑制と高い光合成能を示す．

**閾値** [threshold] 外部より刺激を受けた時，その刺激に対して生体が反応を起こすための最小限の刺激強度を閾値という．したがって，刺激が閾値以下の弱い刺激であった場合，刺激が無の時と同様に反応を生じないが，閾値以上の強い刺激に対しては反応を生じることになる．

**閾値ポテンシャル** [threshold potential] 興奮性組織に矩形波電流刺激を与えた場合，電流がある値に達すると突然"全か無の法則"に従う活動電位\*が発生する．50％の確率で活動電位を発生させる電圧値を閾膜電位(threshold membrane potential)という．閾値ポテンシャルは，矩形波刺激電流の持続時間と直角双曲線の関係にある．また，徐々に電流値が上昇する，いわゆる鋸歯状波刺激では，ナトリウムチャネル\*の不活性化が起こり，閾値電流は上昇する．

***ex vivo* 遺伝子治療** [*ex vivo* gene therapy] 遺伝子治療\*において，患者の体内に外来遺伝子を入れる方法は，大きく分けてつぎの2通りがある．1) 生体(対象となる細胞や臓器)に直接遺伝子を導入し，目的とする細胞に遺伝子を組込む方法(*in vivo* または *in situ* 遺伝子治療)．2) 図のようにまず患者から標的細胞を体外に取出し，対象遺伝子を導入したのち，その細胞を再び患者の体内に戻す自家移植法(*ex vivo* 遺伝子治療)．これまでの臨床例では，*ex vivo* が圧倒的に多い．*ex vivo* は採取・培養・自家移植の手間がかかるが，遺伝子が導入できたことを確認できる利点がある．*ex vivo* の場合の遺伝子導入にはレトロウイルスベクター\*を用いることが多く，特異的な遺伝子を標的とする siRNA\*を発現するベクターの利用が注目されている．*in vivo* の場合にはアデノウイルス，アデノ随伴ウイルス AAV などのウイルスベクターとして用いられることが多い．*in vivo* の例としては，プロデューサー細胞(組換えウイルスを産生しうる細胞)を脳内に移植する脳腫瘍の治療がある．パーキンソン病\*の *in vivo* 遺伝子治療も有効性評価のための臨床試験が進められている．(⇌ 自家骨髄移植)

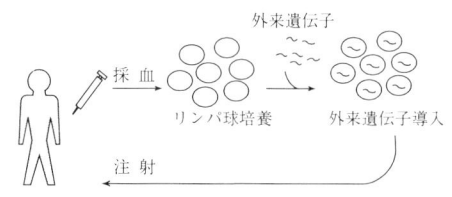

***ex vivo* 培養** [*ex vivo* culture] 体外増幅(*ex vivo* expansion)ともいう．*ex vivo* は *in vivo* に対応する用語であり，*in vivo* が生体内を示すのに対して，*ex vivo* は生体外をさす．したがって，用語上，培養はすべて *ex vivo* になるわけであるが，*ex vivo* 培養という用語は，幹細胞\*など未分化な細胞を体外において増幅する場合に用いられることが多い．再生医療\*では，幹細胞や前駆細胞\*など，未分化な細胞を生体から取出し，増殖因子などの存在下で未分化状態を維持して培養した後，移植することが行われる．十分な *ex vivo* 培養が可能になれば，移植医療において問題になるドナー不足を解消することができるのではないかと期待されている．造血幹細胞\*，神経幹細胞\*，皮膚上皮幹細胞などの *ex vivo* 培養が実際に行われているが，一般的に，未分化性を維持したまま細胞を培養することは困難であると考えられている．

**イグナロ** IGNARRO Loius J. 米国の薬理学者．1941.5.31〜 米国ニューヨーク州のブルックリン生まれ．コロンビア大学を卒業後ミネソタ大学大学院で薬理学を専攻．2年間米国国立衛生研究所で研究員をした後，1968年からガイガー社でcGMPの研究や阻害剤の研究に従事．1973年チュレーン大学助教授．ニトログリセリンがNOを遊離し，グアニル酸シクラーゼを活性化する点に注目し，1979年にNOが血管平滑筋を弛緩させることを発見．EDRF(内皮細胞由来平滑筋弛緩因子\*)がNOであることを

1983年に証明. 1985年からカリフォルニア大学ロサンゼルス校の教授に就任. これらの事実を1986年にメイヨークリニックでの国際血管会議で発表. NOが非アドレナリン作動性, 非コリン作動性ニューロンから遊離し, 平滑筋を弛緩させる事実は, cGMPホスジエステラーゼの阻害剤, シルデナフィル(商品名バイアグラ)の開発につながった. 1998年ノーベル医学生理学賞を F. Murad*, R. F. Furchgott* とともに受賞.

**異系交配** [outbreeding] ⇔同系交配
**異形細胞** 【1】 [idioblast] 植物の組織内で, 周囲の細胞と形や大きさ, 構造などが異なる細胞. 狭義には厚壁異形細胞*をさす.
【2】 =異質細胞

**異形成** [dysplasia] 正常上皮とがん腫との中間的な異型度を示す病変をいい, 特に食道などの固有扁平上皮領域や, 気管支, 子宮頸部などの扁平上皮化生が生じる組織で用いられる(⇒化生). 前がん病変とも考えられ, 経過観察すると, 自然に消失するものとがんに進行するものとがある. ただし異形成の病理診断には熟練を要する. なお, 器官や組織の一部が正常と異なる構造を示す場合も, 異形成とよぶことがあるが, これは奇形の一種である.

**異型性アストロサイトーマ** [anaplastic astrocytoma] ⇒アストロサイトーマ
**異型接合性** =ヘテロ接合性
**異型接合体** =ヘテロ接合体
**移行型小胞体** [transitional endoplasmic reticulum, transitional element] ⇒粗面小胞体
**イコサペンタエン酸** [icosapentaenoic acid] =エイコサペンタエン酸
**EGR** [EGR=early growth response gene] 即時型遺伝子の略称. (⇒前初期遺伝子【1】)
**egr-1 遺伝子** [egr-1 gene] zif268, NGF1A, krox24 ともいう. ジンクフィンガー*ドメインをもつ核内転写因子をコードする前初期遺伝子*の一つである. ヒトでは第5染色体長腕31領域に, マウスでは第18染色体(セントロメアから17cMの距離)にマップされている. その発現は, 増殖を休止している繊維芽細胞を血清や増殖因子*などで刺激した際に, c-fos や junB などと同様に速やかに一過性に誘導される. この誘導は, おもにプロモーター領域に存在するSRE(血清応答配列*)に依存する. マウスやラットの成体では脳の神経細胞での発現が顕著であり, 発生段階でも心臓, 肺や多くの神経組織に発現が見られる. ラットでは, 海馬*のシナプスに長期増強*をひき起こすテタヌス刺激により, 一過性に egr-1 の発現が誘導されることが確認されている. Egr-1タンパク質は, 三つのジンクガードドメインによりGCG(G/T)GGGCG配列に特異的に結合し, このような配列をプロモーター領域にもつ遺伝子の発現を活性化する. 増殖因子による休止期細胞の増殖活性化に必須な後初期遺伝子*や長期増強誘発後の神経系の長期的機能変化やシナプス可塑性*に重要な遺伝子がその標的として考えられる.

**EJ細胞** [EJ cell] 膀胱がん由来細胞株. 患者の名前(Earl Jensen)の頭文字をとって命名された. 1981~83年にかけて, 最初のヒトがん遺伝子分離の際, R. A. Weinberg, M. Wigler, J. M. Cooper, M. Barbacid の四つの研究グループはいずれもこのEJ細胞を用いたので一躍有名になった. (WiglerとBarbacidはT24細胞 T24 cellを用いたが, のちにEJ細胞と同一細胞株と判明した.)EJ細胞が用いられたのは, この細胞でc-H-ras遺伝子が対立遺伝子の両方で突然変異を起こしているため, トランスフェクションによりフォーカスをつくる頻度が他の細胞の10倍近く高かったためである.
**EJC** [EJC=exon junction complex] =エキソン接合部複合体
**EGF** [EGF=epidermal growth factor] =上皮増殖因子
**EGF受容体** [EGF receptor] =上皮増殖因子受容体
**EGF様ドメイン** [EGF-like domain] =上皮増殖因子様ドメイン
**ECM** [ECM=extracellular matrix] =細胞外マトリックス
**EcoRI** ⇒EcoRI(エコアールワン)
**Ecogpt** ⇒キサンチンホスホリボシルトランスフェラーゼ
**EC細胞** [EC cell] =胚性がん細胞
**EG細胞** [EG cell] =生殖性幹細胞
**異時性突然変異** [heterochronic mutation] 個体発生中の細胞を, 本来の発生時期とは異なる時期の細胞に変化させる突然変異. 線虫(Caenorhabditis elegans*)でその例が知られる. この種の突然変異体 lin-14 の細胞分裂は正常に行われるが, 突然変異対立遺伝子によってはいつまでも発生初期の細胞をつくり続ける. また他の対立遺伝子では発生の早期に, 発生後期に生じるはずの細胞が形成され, 野生型の個体を構成する細胞数よりはるかに少ない数の細胞から成る個体が生じる. (⇒lin 遺伝子)
**異質細胞** [heterocyst] ヘテロシスト, 異形細胞ともいう. ユレモ科を除く糸状体制のラン藻(シアノバクテリア*)で, 栄養細胞の間や糸状体の先端に観察される特殊な細胞. 栄養細胞に比べ黄色味を帯び, 細胞壁*が厚い. 細胞の両端は細胞質がくびれて細くなったポアチャネル構造とよばれる形状を示し, 隣接する細胞との接点は細胞壁を欠く. 光化学系*IIを欠き, チラコイド*は断片状で細胞質中に散在する. 窒素飢餓により分化が誘導され, それとともに窒素固定能が出現することから, 窒素固定*の場であると考えられる.
**異質染色質** =ヘテロクロマチン
**異質倍数性** [alloploidy, allopolyploidy] ⇒倍数性
**EGTA** [EGTA=ethylene glycol bis(2-aminoethyl ether)tetraacetic acid] =エチレングリコールビス(2-アミノエチルエーテル)四酢酸

**異シナプス性促通** ［heterosynaptic facilitation］ ⇒ 促通ニューロン

**EC PCR** ［EC PCR＝expression cassette PCR］ 発現カセットPCRの略．(⇒アダプター付加PCR)

**異種移植** ［xenograft, xenotransplantation］ ⇒移植

**異種指向性ウイルス** ＝他種指向性ウイルス

**異常タンパク質応答** ［unfolded protein response］ ＝小胞体ストレス応答．UPRと略す．

**異常分散** ［anomalous dispersion］ ⇒旋光分散

**異常ヘモグロビン症** ＝ヘモグロビン異常症

**移植** ［transplantation, grafting］ ある個体から生体組織の一部を分離し（移植片graft），他の個体に移し植えること．移植は，ドナーと宿主の関係によって，同種移植(allograft)と異種移植(xenograft)に大きく分けられる．しかし，骨髄移植あるいは，皮膚，骨移植のような場合には，同一個体内で組織の移植が行われることがある．これを自家移植(autograft)とよぶ．同種移植は同じ種間の移植（たとえばヒトからヒト，マウスからマウス）を示し，最も一般的に行われる．また一卵性双生児間，あるいは同系(syngeneic)マウス間の場合のように，ドナーと宿主が遺伝的にほぼ同一の組合わせのものも，同種移植に含まれる．しかし，一般にはAマウスからBマウスというようにドナーと宿主が遺伝的に異なる場合を同種異系移植(allograft)，AマウスからAマウスというように同系の場合を同種同系移植(isograftまたはsyngraft)と区別することが多い．同種異系移植の場合は，移植片上の移植抗原*に対して宿主の移植免疫*が働き，強い反応が生じる．そのため同種異系移植片は，通常は拒絶される．同種同系移植片は生着する．また親から雑種第一代への同種異系移植片は生着するが，その逆は拒絶される．同様に，雑種第二代から雑種第一代への移植片は生着する(Snellの移植の法則)．この法則は，移植抗原が共優性*に発現されるという前提に立っている．骨髄移植のように，造血系細胞の移植の場合には，例外的に雑種第一代による親細胞の拒絶がみられることがある(遺伝的抵抗性 hybrid resistance)．同種骨髄移植*の場合には，通常の臓器移植で見られる拒絶と逆方向の移植片対宿主免疫反応*も），誘導される．これは骨髄細胞中に存在する成熟型T細胞の宿主移植抗原への免疫応答による．移植は，臨床的には機能を失った宿主臓器（心，肝，腎，造血器など）をドナーの健常な組織と置換し，患者の健康を回復し，延命をはかる目的で行われる．近年移植臓器の不足のため，たとえばブタからヒトのように，異なる種間の異種移植が報告されている．異種移植片に対する免疫応答は，主として補体*系による超急性拒絶である．これを防ぐために，ヒト補体を抑制する因子の遺伝子を導入した動物が開発されている．だが，異種個体には未知のものも含め，種々のウイルス感染が確認され，現在では動物実験を除いては異種移植は行われていない．実験動物で行われる移植は，移植される細胞，組織などが，新しい宿主の環境でどのように分化し，また宿主細胞の発達にどのような影響を与えるかをみるなど，組織発生学や，免疫学的解析には欠かせられない手技となっている．また，動物の初期発生の組織の移植により，組織の造形能力を解析するなど，個体発生の基礎研究にも重要な実験系となっている．移植によって，遺伝的に異なる細胞，組織の混合体（ドナーと宿主）として確立された個体をキメラ*とよぶ．

**移植拒絶反応** ［graft rejection］ ⇒移植免疫

**移植抗原** ［transplantation antigen］ 組織適合抗原(histocompatibility antigen)の一つ．移植*に際して，拒絶反応または移植片（細胞）対宿主反応などの免疫反応が誘導されるが（⇒移植免疫），これらの反応の標的となる抗原を移植抗原とよぶ．同種間の移植（同種移植）の場合，最も強い移植抗原は，主要組織適合抗原*(MHC抗原)である．MHC抗原にはクラスIとクラスII抗原があり，クラスIは主として$CD8^+$細胞傷害性T細胞を，クラスIIは$CD4^+$ヘルパーT細胞を刺激活性化する．MHC抗原以外で，比較的強い免疫応答を誘導する抗原が多数知られており，これらを副組織適合抗原(minor histocompatibility antigen)とよぶ．

**移植片細胞対宿主病** ＝移植片対宿主病

**移植片対宿主病** ［graft-versus-host disease］ 移植片細胞対宿主病ともいう．GVHDと略す．主として，骨髄移植(⇒同種骨髄移植)や，まれではあるが輸血に付随して認められる病気．ドナー骨髄中には成熟型の免疫細胞が存在するため，骨髄移植後これらが宿主の移植抗原*に反応して，免疫反応を生じる．通常骨髄移植は，白血病*，重症複合免疫不全症*(SCID)などの患者の治療として行われる．白血病の場合は，宿主の免疫系，造血系は抗白血病薬や，放射線照射によって不活化される．またSCIDの場合は，患者はそもそも免疫機能をもたない．このような宿主は，移植骨髄細胞を拒絶することはできない．逆に，ドナー側では主としてT細胞*が宿主抗原を認識し，種々のタイプの免疫応答を誘導し，結果的に紅皮症，下痢，肝障害などを主訴とするGVHDを発症する．類似の病像を呈するものに，続発症(secondary disease)，同種免疫病(homologous disease)，ラント病(runt disease)がある．実験的にGVHDを誘導するには，Aという動物のT細胞をAとBをかけ合わせた雑種第一代，$(A×B)F_1$に移入する方法が一般的にとられる．宿主$(A×B)F_1$の免疫系はAの移植抗原を識別できないが，Aの免疫細胞は$(A×B)F_1$細胞上のBタイプの抗原に反応する．(⇒移植，移植片対白血病効果)

**移植片対白血病効果** ［graft-versus-leukemia effect］ GVLと略す．同種骨髄移植*においては，輸注細胞に含まれるリンパ球が患者の組織を非自己と認識し，腸，肝臓や皮膚などの正常組織を破壊する移植片対宿主病*(GVHD)が発生し，重症例の多くは死亡する．反面GVHDが発生すると，体内に残存する白血病細胞も同時に攻撃されて，移植後の再発が減少する．この現象を移植片対白血病効果とよぶ．結果として，軽度のGVHDが生じた場合には移植後の生存率がよくなるが，GVHDが生じない場合はがんの再発率が

有意に高くなる．つまり骨髄移植後の治療成績は，GVHDによる死亡とがん再発による死亡とのバランスで決まる．GVLとGVHDの担当細胞を同定し，分画して移植術に用いてGVL効果のみを発現させることが重要課題となっている．また自家骨髄移植*では，移植術後にシクロスポリン*などを投与して，わざわざGVHD類似反応を起こしてGVL効果を誘導する試みも盛んに行われている．(→移植免疫)

**移植免疫** [transplantation immunity] 他の個体の臓器・組織・細胞を植えそれらの生着を目的とすることを移植*という．同系動物間でない限り，細胞表面に互いに異なる抗原(組織適合性抗原)が存在するので(→移植抗原)，移植を受けた個体はそれに対するT細胞の応答や抗体産生を行い，移植片を除去しようとする(移植拒絶反応 graft rejection)．このような免疫応答を移植免疫という．移植されたリンパ球が同様にして生体の組織を攻撃する移植片対宿主(GVH)反応も移植免疫の一つである．(→移植片対宿主病)

**異所性発現** [ectopic expression] 遺伝子には普遍的に発現するハウスキーピング遺伝子*と特定の組織や細胞で発現するもの，あるいは発現時期が特定の発生段階に限定されているものがある．また，発現の強さも遺伝子によって大きく異なっている．ある遺伝子が本来発現する組織や細胞以外で発現すること，あるいは本来発現する時期とは異なる時期に発現することを異所性発現という．概念的には異なっているが著しく発現量を変えることも含まれていることがある．実験としては異なる部位や時期に発現するような性質をもつプロモーターの制御下で対象とする遺伝子を発現するトランスジェニック動物を作製すること，あるいはウイルスベクターに対象遺伝子を組込み，感染させることによって異所性発現をもたらし，結果として起こった突然変異表現型を解析し，導入遺伝子の機能を解析する．また，発現させる遺伝子も本来のままのもの，一部に突然変異を導入して機能を変えたものなど，各種の実験が可能である．

**異所性ホルモン** [ectopic hormone] 腫瘍の発生母組織が本来産生しないホルモンを産生することがあり，このような腫瘍で産生されるホルモンを異所性ホルモンとよび，異所性ホルモンを産生する腫瘍を異所性ホルモン産生腫瘍(ectopic hormone-producing tumor)とよぶ．これらの多くは副腎皮質刺激ホルモン*，抗利尿ホルモン，インスリン*，エリトロポエチン*などペプチドホルモン*であり，構造的には正常のものと差がないといわれている．一部のホルモンに関しては，ホルモン発現調節機構の違いが明らかにされている．

**異所性ホルモン産生腫瘍** [ectopic hormone-producing tumor] ⇌ 異所性ホルモン

**異所的種分化** [allopatric speciation] ⇌ 種形成

**異数性** [aneuploidy, heteroploidy, anorthoploidy] 細胞，個体または系統において1細胞当たりの染色体数*が基本数の整数倍になっておらず，整数倍より1～数本多い，または少ない状態にあることに対応する．つまり不完全な構成をしたゲノムを含む状態である．このような状態にある細胞または個体を異数体(aneuploid, heteroploid, anorthoploid)という．基本数のはっきりしない時の異数性はdysploidということがある．一般に染色体数が基本数の整数倍よりも多い場合を高数性(hyperploidy)，少ない場合を低数性(hypoploidy)という．特に二倍体の場合，1対の相同染色体*の2本ともが欠損している場合を零染色体性(nullisomy, nullosomy)，一方が欠けてもう一方のみが存在する場合を単染色体性*，1対の相同染色体のほかにもう1本余分な染色体が存在する場合を三染色体性*という．(→倍数性)

**異数体** [aneuploid, heteroploid, anorthoploid] ⇌ 異数性

**異性体** [isomer] 分子式($C_xH_yO_z\cdots$)は同じでも，互いに化学構造の異なる化合物同士．それゆえ，異性体同士では，化学的・物理的性質のうち，少なくとも一つは異なる．異性体は構造異性体(structural isomer)と立体異性体(stereoisomer)に分類される．個々の異性体には立体配座(conformation)の異なる異性体が多数考えられる．[1]構造異性体とは$CH_3OCH_3$と$CH_3CH_2OH$のように，炭素骨格の異なる化合物，あるいは置換基の位置の異なるものをさす．化合物中の原子あるいは原子団の移動により，互いに変換している構造異性体を互変異性体(tautomer)という．変換のエネルギー障壁が低いForm平衡混合物として存在し，一方のみを単離することはできない．水素イオンが移動しているケト-エノール互変異性の例を図に示す．

アセト酢酸メチルのケト-エノール互変異性

[2]立体異性体とは，二次元構造式(紙面上に書いた構造式)が同じであっても三次元空間での原子の立体配置(configuration)の異なるものをさす．多くの場合，キラル炭素(chiral carbon，四つの置換基がすべて異なる$sp^3$炭素原子)を一つあるいは二つ以上含んでいる．キラル炭素のことをキラル中心あるいは不斉中心(asymmetric center)ということもある．オレフィンのシス-トランス異性体も立体異性体の一種であるが，幾何異性体(geometrical isomer)とよぶこともある．置換基同士の立体障害により相互変換できない異性体はアトロプ異性体(atropisomer)とよばれている(下図)．

アトロプ異性体

対応するすべてのキラル炭素が互いに逆の立体配置になっている(すなわち，鏡像の関係にある)立体異性体を鏡像異性体あるいは光学異性体*という．旋光度の

符号は互いに逆であるが,化学的・物理的性質は同じである.二つ以上のキラル炭素を含む異性体について,対応するキラル炭素のうち数個が逆の立体配置になっている化合物をジアステレオマー(diastereomer)という.両者は化学的・物理的性質ならびに旋光度が互いに異なる.一つのキラル炭素のみが異なっている場合,特に,エピマー(epimer)とよぶ.炭素-炭素間の単結合の回転によって生じる異性体を立体配座異性体(conformer)あるいは回転異性体(rotamer)という.回転のエネルギー障壁が低く,互いに熱力学的平衡状態にある.特定の立体配座を表す用語を下図に示す.

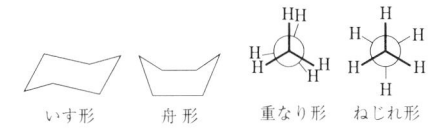

いす形　　舟形　　重なり形　　ねじれ形

**E-セレクチン** [E-selectin] ELAM-1(endothelial leukocyte adhesion molecule-1), CD62E ともいう.インターロイキン $1\beta$, 腫瘍壊死因子,リポ多糖によって活性化された血管内皮細胞上に,4~12時間をピークとして一過性に発現誘導される細胞接着分子*.セレクチン*ファミリーに属し,$Ca^{2+}$ 依存性にシアリルルイス X, シアリルルイス A といった糖鎖抗原に結合するが,L-セレクチン,皮膚リンパ球抗原(CLA)などにも結合することが示されている.炎症組織中の血管内皮細胞に強い発現が認められ,好中球,単球が血管内皮細胞上を転がる現象(ローリング)を媒介することによって,これらの細胞の炎症部位への浸潤を促進する.がん細胞の血管内皮細胞への接着にも関与している.

**異染性ロイコジストロフィー** [metachromatic leukodystrophy] アリールスルファターゼ A*(セレブロシドスルファターゼ)の遺伝性欠損により,ミエリン脂質であるスルファチド*が脳その他の組織に蓄積する常染色体劣性遺伝病.基質蓄積のため神経系のミエリン崩壊(ロイコジストロフィー*)が起こり,胆嚢や腎にも酸性色素に異染性を示す脂質として観察される.多くは幼児期,まれに学童や成人に進行性の脳障害としての表現型を示す.この酵素の遺伝子は第22染色体にあり,507のアミノ酸から成るペプチドをコードする.二つの共通突然変異が白人集団で同定され,それぞれ幼児型,成人型として表現される.スルファチド活性化物質(サポシン B)はこの酵素の活性発現に必要であり,その遺伝子突然変異も異染性ロイコジストロフィー類似の病気として発現する.(→スフィンゴ脂質症)

**位相差顕微鏡** [phase-contrast microscope] F. Zernike(1932)の波動説に基づく新しい結像理論を応用し,開発された画期的な顕微鏡.この装置によって従来屈折率の差が僅少なために識別できなかった生体内微細構造に光学的コントラストが付与され,細胞の動態を生きたまま観察,記録できるようになった.固定染色法に頼らざるをえなかった旧来の細胞学に時間軸を与え,細胞生物学を誕生させた意義は大きい.透明体に近い標本の厚みを d, 細胞構造の屈折率を $n_1$, 媒体の屈折率を $n_2$ とすると,位相差量 $\Gamma$ は $d(n_1-n_2)$ で表されるが,$\Gamma$ はきわめて小さい.F. Zernike は,物体光と背景光が対物レンズの後方焦点面で空間的に分離していることに注目し,この位置に背景光を $\lambda/4$ 進めるとともに輝度を下げる位相板を入れ,また瞳絞りの位置に対物レンズの開口数と一致する環状絞りを置き,両者を一致させた.この操作で背景光,物体光の位相差を強調し,被検体のコントラストを高めるのに成功した(→光学顕微鏡).$\lambda/4$ 位相板の厚みを変えることでコントラストも加減できるが,被検体周辺に位相の崩れによる暈(halo)ができること,環状絞りと位相板の挿入により開口数が下がり,解像能が低下するのが欠点であろう.

**イソ吉草酸血症** [isovaleric acidemia] イソ吉草酸尿症(isovaleric aciduria)ともいう.遺伝性イソバレリル CoA デヒドロゲナーゼ欠損症.血液中にイソ吉草酸が蓄積し,尿中にはイソバレリルグリシン排泄が著しく増加する.常染色体劣性遺伝病である.新生児期から代謝性アシドーシス,ケトン体蓄積のために嘔吐などの全身症状を示す.慢性化すると末梢血中の細胞減少のほか,脳障害を起こす.ロイシン制限,グリシン・カルニチン投与により代謝障害を矯正することができる.欠損酵素は第15染色体の遺伝子によりコードされ,突然変異タンパク質は五つの型に分類されている.それぞれの病型に cDNA を用いた突然変異が確認されている.

**イソ吉草酸尿症** [isovaleric aciduria] ＝イソ吉草酸血症

**イソクエン酸** [isocitric acid] $C_6H_8O_7$, 分子量 192.13. クエン酸回路*の中間体の一つ.ヒドロキシトリカルボン酸の一種でアコニット酸ヒドラターゼの作用による D-クエン酸の異性化によって cis-アコニット酸を経て生成する.イソクエン酸デヒドロゲナーゼの作用による酸化的脱炭酸反応によって 2-オキソグルタル酸*となるが,一方,イソクエン酸リアーゼの作用を受けてコハク酸とグリオキシル酸を生じ,この反応を通じてグリオキシル酸回路とも関連する.

**イソ酵素** [isoenzyme] ＝アイソザイム
**イソシゾマー** ＝アイソシゾマー
**イソ受容体** [isoreceptor] 受容体のアイソフォーム.同一遺伝子座内にある複数の異なるプロモーター*により転写が行われたり,選択的スプライシング*が行われる場合,同じ遺伝子から構造が異なる受容体タンパク質ができることがあり,この産物をイソ受容体という.レチノイン酸受容体*を例にとれば,遺伝子座の異なる3種類のサブタイプ $\alpha$, $\beta$, $\gamma$ 遺伝子が,それぞれ数個のイソ受容体をもち,レチノイン酸という同一のリガンドを共有している.

**イソ制限酵素** ＝アイソシゾマー
**イソタイプ** ＝アイソタイプ
**イソデスモシン** [isodesmosine] ⇌エラスチン
**イソプレニル化** [isoprenylation] ⇌ゲラニルゲラ

70　イソフレノ

ニル化，ファルネシル化．

**イソプレノイド** [isoprenoid] ＝テルペノイド (terpenoid)，テルペン (terpene)．イソプレンを構成単位(⇒イソプレン単位)とする有機化合物の総称．天然ゴムなどの炭化水素以外に，末端官能基がアルコール，アルデヒド，カルボン酸またはピロリン酸になった化合物が植物細胞や動物細胞内に見いだされている．構成イソプレン単位($C_5$)の数によって，モノテルペン($C_{10}$)，セスキテルペン($C_{15}$)，ジテルペン($C_{20}$)，トリテルペン($C_{30}$)，テトラテルペン($C_{40}$)などに分類されることもある．たとえば，コレステロール*は，ヒドロキシ基をもつトリテルペンであり，カロテノイドのリコペンは，直鎖状の炭化水素でテトラテルペンである．タンパク質の翻訳後修飾の一つであるイソプレニル化では，ファルネシルピロリン酸(セスキテルペン)やゲラニルゲラニルピロリン酸(ジテルペン)が基質となり，ペプチド鎖上にイソプレノイド側鎖が転移される．一方タンパク質の翻訳後修飾の主要な一つである$N$-グリコシル化には，イソプレン単位15〜25個から成る直鎖状のイソプレノイドであるドリコールピロリン酸が糖鎖のキャリヤーとなる．

**イソプレン単位** [isoprene unit] イソプレノイド*(テルペン)の構造の基本となる炭素数5個の物質で，イソペンテニル二リン酸(isopentenyl diphosphate)をさす．メバロン酸から合成されたこの物質が，そののちに頭部と尾部がつぎつぎと結合することにより，$(C_5H_8)_n$の化学式で表されるテルペン化合物の炭素骨格が構築される．これがイソプレン則である．不飽和炭化水素以外に，それらの酸化還元生成物，炭素の脱離した化合物なども広くテルペンと総称される．

**イソプロピル l-チオ-β-D-ガラクトシド** [isopropyl 1-thio-β-D-galactoside] IPTGと略す．大腸菌のラクトースオペロン*の強力な誘導物質*．$C_9H_{18}O_5S$．分子量238.30．β-ガラクトシダーゼ*により分解されない非代謝性誘導物質である．ラクトースリプレッサー(四量体)の各サブユニットに1分子ずつ結合し，リプレッサーの立体構造を変え(⇒アロステリックタンパク質)，ラクトースオペレーター DNAへの結合能力を失わせることにより，ラクトースプロモーターの誘導発現を行う．

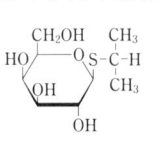

**イソペンテニルアデニン** [isopentenyladenine] ⇒サイトカイニン

**イソペンテニル二リン酸** [isopentenyl diphosphate] ＝イソプレン単位

**イソロイシン** [isoleucine] ＝2-アミノ-3-メチル-$n$-吉草酸(2-amino-3-methyl-$n$-valeric acid)．IleまたはI(一文字表記)．L形はタンパク質構成アミノ酸の一つ．$C_6H_{13}NO_2$，分子量131.18．ロイシンとは溶解度，旋光度などが異なる．ヒト，ラットL-イソロイシン

ト，ニワトリなどでは必須アミノ酸*．(⇒アミノ酸)

**異体性株** [heterothallic strain] 菌類において，異なる交配型をもつ細胞の間でのみ接合による二倍体化が起こる株．出芽酵母*では接合型転換に必要な$HO$遺伝子*に劣性突然変異をもつため接合型転換が起こらない株が異体性株となる．接合型遺伝子の一方に欠失突然変異をもつ株が異体性株となる分裂酵母のような場合もある．異体性株では，異なる接合型をもつ株を集団交配することにより二倍体株を得ることができるので，遺伝解析が容易となる．(⇒同体性株)

**一遺伝子一酵素説** [one gene-one enzyme hypothesis] 一つの遺伝子は一つの酵素を形成する情報をもつとする仮説．G. W. Beadle*とE. L. Tatum* (1941)により，アカパンカビの生化学的突然変異体の解析から導入された概念で，遺伝子作用を説明する指導的な役割を果たした．その後，異なるポリペプチドから成る酵素が見いだされたこと，酵素タンパク質以外のタンパク質も遺伝子にコードされること，一つの遺伝子が複数のポリペプチドをコードすること(⇒オーバーラップ遺伝子)，一つのポリペプチドが複数の酵素作用を示すことなどから，一遺伝子一酵素説は一部変更を受けた．(⇒一遺伝子一ペプチド説)

**一遺伝子一ペプチド説** [one gene-one peptide hypothesis] 一つの遺伝子は一つのポリペプチドのアミノ酸配列を決定するとする説．一遺伝子一酵素説*から発展した学説である．

**一塩基多型** [single nucleotide polymorphism] 単一塩基多型ともいい，SNP(スニップ)と略す．ゲノムの配列を集団で決定した場合，個体によって同じ場所の塩基配列が1塩基だけが異なっている場所が存在する中で，測定集団中1％以上の頻度で存在するものを一塩基多型とよぶ．それよりまれなものは変異とよぶ．頻度の違いは連続的なものであり，1％で区切っているのは定義上のものである．一塩基多型は生殖細胞系列に関する概念であり，腫瘍などにおいて体細胞系列に起こる変異とは区別される．SNPは2対立遺伝子性であり，四つのDNA塩基のうちの任意の二つを取る．ヒトは両親から1本ずつ染色体を受容するので，ある場所のSNPが対立遺伝子Aか対立遺伝子Bと仮定すると，個体の遺伝子型はAA, AB, BBのいずれかとなる．対立遺伝子頻度*と遺伝子頻度*の間には通常ハーディー・ワインベルクの法則が成り立つ(⇒対立遺伝子)．ヒト全ゲノム解析の結果，SNPの存在様式についての理解が飛躍的に進展した．国際HapMapプロジェクトでは，異なる4民族の約3百万のSNPがデータベース化された．これはSNPがゲノム配列に平均する数百〜1千塩基に一つの割合で存在することを示している．SNPは遺伝子との位置関係によってcSNP(coding SNP)，iSNP(intron SNP)，gSNP(intergenic SNP)，rSNP(regulatory SNP)に分類される．cSNPは翻訳領域にあるものであり，さらにアミノ酸置換を伴う非同義SNP(nonsynonymous SNP)および伴わない同義SNP(synonymous SNP)に分かれる．rSNPは遺伝子のプロモーター領域などに

あるもので遺伝子発現に影響を及ぼすものをいう．gSNP は最も数が多いと考えられているが，遺伝子間に存在するため表現形質に対する意義は明らかではない．同じゲノム領域にある二つの SNP はそれぞれ独立して存在している場合もあるが，互いに関連し合っていることもある．その指標として連鎖不平衡（LD）の概念が存在する．ハプロタイプ* は測定された複数の SNP から期待値最尤法などを用いて推測することができる．このような SNP の特性を活かして，疾患関連遺伝子を探索するためのマーカーとして臨床研究，疫学研究で多用されている．SNP 研究は日常的疾患（common disease）の発症には対立遺伝子頻度が比較的高い多型（common variant）が発症に影響するという common disease common variant 説に基づいている．これと相補する考え方として common disease rare variant 説も提唱されている．(⇒テーラーメイド医療)

**I 型アレルギー** [type I allergy] ＝即時型アレルギー

**I 型くる病** [type I rickets] ⇒くる病

**位置効果** [position effect] 染色体位置効果（chromosomal position effect）ともいう．遺伝子の染色体上で占める位置の変化によって表現型* に変化が生じる現象．近傍の染色体の状態によって同じ遺伝子でも発現量が変化する場合があるのが原因である．よく知られている例として転座*，逆位* などにより遺伝子の位置がヘテロクロマチン* の近傍に変化すると，あたかもその遺伝子を欠失したような表現型を示すことがある．この場合隣接したヘテロクロマチンの影響を受けて移動した遺伝子もヘテロクロマチン化し，発現が抑制されるのが原因と考えられている．またトランスジェニック動物* の外来遺伝子の転写レベルが，染色体のどこに遺伝子が挿入されたかによって異なるという現象も知られている．この現象も挿入された部分の染色体高次構造の違い（たとえば活性クロマチン* であるか否か）によってひき起こされるのではないかと考えられている．

**位置効果による斑入り** [position effect variegation] 位置効果によるまだらともいう．遺伝子型* が同一な一群の細胞で，位置効果* によるある遺伝子の抑制が細胞ごとに起こったり起こらなかったりするため，正常な形質と変異型の形質をもつ細胞がモザイク状に現れること．

**一次構造** [primary structure] タンパク質は，α-L-アミノ酸がペプチド結合によってつながった 1 本のポリペプチド鎖として生合成される．このアミノ酸の並び方を一次構造という．タンパク質の高次構造は一次構造によって決定されると考えられている（⇒高次構造【1】）．一次構造の決定は，主として N 末端から逐次配列を調べるエドマン分解法* による．cDNA の塩基配列からタンパク質の一次構造を推定することが多いが，これだけでは翻訳後修飾* の情報は不十分である．最近は質量分析による一次構造を調べる技術が大きく進展し，より正確な情報が得られるようになってきた．

**一次細胞壁** [primary cell wall] 一次壁（primary wall）ともいう．細胞分裂によって生じた高等植物の細胞が伸長成長を停止するまでに形成する細胞壁*．この細胞壁は数十本のセルロース分子が束になった直径 10〜25 nm の結晶性の微繊維（ミクロフィブリル）とその間隙を埋める非晶性のマトリックス多糖分子（ヘミセルロース，ペクチン*）や糖タンパク質からできている．一次細胞壁は粘弾性を示し，この性質は細胞の伸長成長速度を規定する．粘弾性の変化は細胞壁高分子の代謝回転や再編成などによってひき起こされる．(⇒二次細胞壁)

**一次性索** [primary sex cord] ⇒セルトリー細胞

**一次精母細胞** [primary spermatocyte] ⇒精母細胞

**位置指定突然変異誘発** [site-directed mutagenesis] ＝部位特異的突然変異誘発

**一次転写産物** [primary transcript] RNA ポリメラーゼ* により DNA を鋳型として転写された RNA は，一般に種々の転写後修飾* や転写後プロセシング* を受けてメッセンジャー RNA，転移 RNA，リボソーム RNA としての機能をもった RNA として成熟する．これらの成熟 RNA に対して，一組のプロモーターとターミネーターの間に挟まれた転写単位に対応し，DNA から転写されただけで修飾やプロセシングを受けていない RNA を一次転写産物という．RNA の 5′ 末端へのキャップ構造* の付加は RNA 合成のごく初期に行われるので，転写直後の RNA はキャップ構造をもつことが多い．

**一次反応** [first-order reaction] 化学反応の中で反応速度 $v$ が反応物質 A の濃度 [A] に比例する反応．質量作用の法則によって A → B の反応の速度定数を $k_{+1}$ とすれば

$$v = k_{+1}[\text{A}]$$

となる．異性化反応のように原系 A が単分子，生成系 B も単分子の場合がその典型である．しかし多くの場合は擬一次反応* である．酵素反応では基質濃度が十分にミカエリス定数* $K_m$ 以下である時，初速度は基質濃度の一次反応である．

**一次壁** [primary wall] ＝一次細胞壁

**一次メッセンジャー** [primary messenger] ＝ファーストメッセンジャー

**一次免疫応答** [primary immune response] 病原体などの異物が，初めて生体に侵入した時に起こる免疫応答* のこと．異物は抗原* として，未感作リンパ球によって認識され，その増殖とエフェクター細胞* への分化を誘導する．異物を抗原として認識する抗原受容体* をもつリンパ球集団のサイズは小さいため，反応は遅く，弱い．産生される抗体は IgM クラスが主であり，抗原に対する親和性も低い．また，一次免疫応答の間に，B 細胞はその免疫グロブリン遺伝子の超可変領域* に点突然変異が導入され，より親和性の高い抗体がつくられる（⇒体細胞超突然変異）．さらに B 細胞では，ヘルパー T 細胞の関与によって，クラススイッチ* が誘導され，IgG，IgE，IgA クラスの抗

体も産生されるようになる．これら分化を終え，特定の抗原に反応する集団のサイズが大きくなったリンパ球の一部が記憶リンパ球として長期間生存し，異物の再度の侵入に備える．(⇌ 免疫記憶，二次免疫応答)

**一次免疫組織**［primary lymphoid tissue（organ）］中枢免疫組織(central lymphoid tissue (organ))ともいう．リンパ球の発生，分化が行われる組織．T細胞*の一次免疫組織は胸腺であり，B細胞*の一次リンパ組織は，多くの動物種では骨髄である．これらの組織で分化，成熟過程を経たリンパ球は，二次リンパ組織，すなわち末梢リンパ組織に移住して，種々の免疫反応に関与する．一次リンパ組織では必要なリンパ球がつくられるだけでなく，不要なリンパ球の死が起こる．これが選択という過程である．通常，ここで見られるリンパ球の選択は外来性抗原には依存せず，内因性抗原による．あるいはランダムな遺伝子再構成の結果起こる抗原非依存性の細胞死である場合もある．(⇌ 二次免疫組織)

**一重項酸素**［singlet oxygen］　⇌ 活性酸素
**一次誘導**［primary induction］　⇌ 形成体
**位置情報**［positional information］　⇌ パターン形成

**一次卵母細胞**［primary oocyte］　卵巣内の幼若生殖細胞で，始原生殖細胞*から卵祖細胞(ogonia)を経て分化したものをいう．一次卵母細胞は減数第一分裂開始直前にDNAを複製し($4n$)，減数第一分裂前期の休止期である複糸期*で生殖可能な時期までとどまる．減数分裂が再開し成熟が完了すると一次卵母細胞は二次卵母細胞*($2n$)と極体*に分かれる．この過程で染色体はキアズマ*構造となり，相同染色体間で遺伝子の断片が交換される．(⇌ 卵母細胞)

**一次リンパ器官**［primary lymphoid organ］　中枢リンパ器官(central lymphoid organ)ともいう．リンパ球が造血幹細胞*から産生される器官のこと．哺乳類では，T細胞(Tリンパ球)が産生される胸腺*とB細胞(Bリンパ球)が産生される骨髄*および胎児の肝臓がこれに当たる．ここで，幹細胞から前駆細胞を経て，分化・増殖し，抗原受容体遺伝子の組換え(⇌ DNA再編成)により，抗原との反応性を獲得する．自己との反応性を除去する負の選択*，またT細胞の場合には，自己MHCとの反応性を確保する正の選択*もここで行われる．(⇌ 二次リンパ器官)

**一染色体性**　＝単染色体性
**一代雑種**［F₁ hybrid］　雑種第一代($F_1$)と同じ意味．(⇌ メンデルの法則)

**一段増殖実験**［one-step growth experiment］　細菌，酵母，動物細胞などは二分裂により対数的に増殖する．一方，ウイルス*やファージ*の増殖は二分裂ではなく，感染した宿主細胞の中で，自己の遺伝子とそれを包む殻をおのおの大量調製し，多数の子孫を一挙につくる．たとえば，吸着・増殖・溶菌が1回だけ起こるような条件でT4ファージを大腸菌に感染させ，時間経過を追うと，約20分経ったところで一挙にファージができる．したがって，ファージの増殖曲線*は一段の階段を図示したようになる．この実験を一段増殖実験という．

**位置値**［positional value］　⇌ 挿入則
**位置的候補遺伝子**［positional candidate］　ヒトとマウスなど異なった動物種の染色体上で，類似の表現型をもち，かつ同一の相同領域を共有する遺伝子(⇌ シンテニー)．ホモログ*の場合は，分子生物学的に遺伝子の実体が判明し，かつ一次構造のうえからも機能的同一性が予測できることが条件になるが，位置的候補遺伝子の場合にはこの条件は必ずしも満たされる必要はない．この位置的候補遺伝子に対し，機能上の強い類似性をもつ遺伝子に対し，機能的候補遺伝子(functional candidate)なる術語が使用される場合がある．(⇌ ポジショナルクローニング)

**位置特異的スコア行列**［position-specific score matrix］　各アミノ酸残基が，あるタンパク質のある部位にどの程度の親和性をもつかを示したスコア表で，20×タンパク質長の行列として表現される．プロファイル(profile)ともいう．スコアは部位特異的に与えられるので，同一のアミノ酸残基でも部位が異なれば一般にスコアは異なる．配列相同性が低い配列を高感度で検索する時に有効で，一般的にはPSI-BLAST (Position-Specific Iternative BLAST)を用いて構築される．(⇌ BLAST)

**一倍体**［monoploid］　一組のゲノム*のみをもつ細胞，またはそのような細胞から成る個体をいう．類義語として半数体(単数体，単相体，ハプロイド haploid)があるが，これは染色体数*が単数(半数)である細胞，またはそのような細胞から成る個体をさす．二倍体*を基準とした時，半数体と一倍体は一致するため，一般に区別されずに同義として使用されることが多い．(⇌ 倍数性)

**1分子イメージング**［single molecule imaging］　顕微鏡技術によって，観察対象の分子1個1個を可視化する操作．タンパク質やDNAなどの分子を可視化する技術として，全反射蛍光顕微鏡*や共焦点レーザー顕微鏡*のような光学顕微鏡*，原子間力顕微鏡*などの走査型プローブ顕微鏡，そして電子顕微鏡*が使われている．個々の分子の可視化を伴わない従来のイメージングによる測定や観察から得られる情報は，きわめて多数の分子の平均である．一方，1分子イメージングでは観察対象の分子を1個ずつ分離して観察が可能であるため，得られる情報には多数分子からの情報の平均化が起こらない．このことより，1分子イメージングでは，生体高分子のダイナミクスの直接観察，分子において起こる複数のイベントの時間的相関，個々の分子の性質の分布，そして生体分子の反応プロセスにおける中間状態の高感度検出などにおいて利点をもつ．船津高志らが1995年に水溶液中の蛍光修飾タンパク質の1分子イメージングを全反射蛍光顕微鏡により初めて成功したことを契機として，生体高分子学や分子細胞生物学などの分野において1分子イメージングが広く応用されるようになった．

**一方向複製**［unidirectional replication］　⇌ 二方向

複製

**E2F**［E2F］　DRTF(differentiation-regulated transcription factor)ともいう．アデノウイルス*DNA 上の E2 遺伝子のプロモーターに結合する細胞由来の因子として発見されたのでこの名がある．TTTCGCGC という共通配列に結合する転写因子*であり，DNA ポリメラーゼαやc-myc などの遺伝子の発現に必要である．E2F1 の転写は c-Myc により活性化されるが，c-Myc が発現を制御するマイクロ RNA* が E2F1 の翻訳を抑制し，c-Myc は E2F1 遺伝子発現に対するこの両方の制御により細胞増殖シグナルの厳密な制御に関与している．E2F1～3 は G1/S 移行に重要な転写活性化因子である．また，RB タンパク質が結合することによって活性は抑えられる(→RB 遺伝子)．実際には，E2F-1～5 という一群のポリペプチドと DP-1～3 という別の群のポリペプチドとのヘテロ二量体である．E2F1～3 は RB タンパク質と結合するが，E2F-4 は p107*，p130 と結合し，一方 E2F-5 は p130 と優先的に結合する．

**一過性受容体電位イオンチャネル**［transient receptor potential ion channel］　TRP チャネル(TRP channel)ともいう．trp 遺伝子は 1989 年にショウジョウバエの光受容器変異株の原因遺伝子として同定された．また $Ca^{2+}$ をはじめとする陽イオンを透過させるチャネルの分子実体を担う TRP タンパク質は，酸化還元や浸透圧，温度変化など，さまざまな刺激を感知して活性化される"センサー分子"として機能する一方，生体の恒常性や細胞の生死をも制御する．多くの脊椎動物に TRP ホモログが発見され，現在 6 種類のファミリーより成る TRP スーパーファミリーを形成する．構造的特徴は 6 回膜貫通領域とアミノ酸配列 EWKFAR を典型例とする "TRP ドメイン" の存在である．ショウジョウバエ TRP との相同性が高い TRPC(TRP-canonical)ファミリーは，ホモあるいはヘテロ四量体から成り，チャネル活性化は受容体刺激によるホスホリパーゼ C 活性化と連関する．TRPV(TRP-vanilloid)ファミリーはバニロイド受容体およびそのホモログであり，カプサイシン，温度，浸透圧などの刺激に活性化されることから侵害受容との関連が示唆されている．TRPM(TRP-melastatin)ファミリーは悪性黒色腫の悪性度に反比例してその発現が減少するメラスタチン-1，および酸化的ストレス，浸透圧，低温刺激によって活性化されるホモログをもつ．TRPP(TRP-polycystin)は多発性囊胞腎の原因遺伝子として単離された PKD2(polycystic kidney disease 2)およびそのホモログから成るファミリーである．TRPML(TRP-mucolipin)は先天代謝異常症の原因遺伝子 TRPML1 およびそのホモログである．TRPA(TRP-ankyrin)ファミリーは低温刺激で活性化されるチャネルとして新たに見いだされている．

**一過性発現**［transient expression］　クローン化された遺伝子を DNA トランスフェクション法により細胞に導入すると，導入された遺伝子が数時間から数日以内に一過性に発現する．遺伝子の発現様式を調べる時，発現によりクローニングする時に利用される．(→安定発現，トランジェントアッセイ)

**一酸化窒素**［nitrogen monoxide］　＝酸化窒素(nitric oxide)．NO，分子量 30.01．生体における NO の研究は 1980 年の R. F. Furchgott らによる内皮細胞由来平滑筋弛緩因子*(EDRF)の発見に始まる．血管内皮細胞から未知の強力な血管弛緩因子が産生されていることが報告されたのである．1987 年に S. Moncada らによりこの EDRF が NO であることが証明された．NO は L-アルギニンから NO シンターゼ*(NOS)によって L-シトルリンとともに産生される．酵素反応には NADPH，テトラヒドロビオプテリン，FMN，FAD を必要とする酸素添加酵素である．NO の作用としては，血管系では血管内皮細胞で産生され血管平滑筋のグアニル酸シクラーゼを活性化してサイクリック GMP を産生し血管を弛緩させる．脳神経系においては記憶，学習に関連した長期抑圧や長期増強* に重要な関連をもつと考えられる．マクロファージなどで誘導型 NOS (後述)によってつくられた NOS は大量の NO を産生する．この NO は DNA 合成の抑制，ミトコンドリアの電子伝達系の阻害作用が考えられる．NO は NO 以外に RSNO，$O_2^-$ と NO が反応してできる ONOO$^-$，$O_2$ と NO が反応してできる $NO_2$ などの化合物としても存在して生理的に働いているといわれている．

**一酸化窒素合成酵素**［nitric oxide synthase］　＝NO シンターゼ

**一斉対称モデル**［concerted model］　⇌アロステリック制御

**一本鎖 RNA ウイルス**［single-stranded RNA virus］　一本鎖 RNA をゲノム* としてもつ RNA ウイルス*．一本鎖 RNA ゲノムがプラス(＋)鎖であるかマイナス(－)鎖であるかにより，さらに(＋)鎖 RNA ウイルス* と(－)鎖 RNA ウイルス* に分類される．(＋)鎖 RNA ウイルスのゲノムは，それ自身感染性を示し，細胞に導入すると子ウイルスが産生する．(－)鎖 RNA ウイルスのゲノムは感染性を示さない．ゲノムの発現のためには，ウイルス粒子中に存在する RNA 依存性 RNA ポリメラーゼ* の働きが必須である．(→二本鎖 RNA ウイルス)

**一本鎖切断**［single strand break］　二本鎖 DNA の一方の鎖に切断が起こる現象(→DNA 切出し)．紫外線や X 線などの照射，あるいはある種のヌクレアーゼなどの反応により起こる．試験管内では，たとえば DN アーゼ I などのヌクレアーゼなどの反応により切断を起こさせることができる．生体内では遺伝子組換え，DNA 修復，DNA トポイソメラーゼ I 型による反応などの中間体などに切断が観察される．大腸菌の場合にこの切断が遺伝的組換えを促進することが知られており，RecBC ヌクレアーゼがこの反応を担っている(→RecBCD タンパク質)．

**一本鎖 DNA 結合タンパク質**　［single-strand(ed) DNA-binding protein］　SSB と略す．らせん不安定化タンパク質(helix-destabilizing protein)ともいう．一

本鎖DNA結合タンパク質は，RNAよりもDNAに，そして二本鎖DNAよりも一本鎖DNAにはるかに強く配列非特異的に結合するタンパク質として定義される．DNAへの結合は協調的である．このタンパク質は複製過程における安定な開裂単鎖領域の確保をはじめ，組換え，DNA傷害の修復など遺伝子構造の維持，変化に必要なさまざまな機能をもつ．代表的なものに，T4ファージのGP32(gene product 32)，大腸菌のSSBタンパク質*や真核生物の複製タンパク質A*がある．

**一本鎖DNA高次構造多型**［single strand conformation polymorphism］ SSCPと略す．一本鎖DNAは分子内水素結合などにより，その塩基配列に特異的な高次構造をとるため互いに相補的な一本鎖DNA対立遺伝子を電気泳動すると，異なる位置に泳動される．DNA断片内の一塩基置換によってもこの一本鎖DNAの高次構造は変化し，電気泳動の際，変化のないものと異なる移動度を示す．このような多型を一本鎖DNA高次構造多型という．

**一本鎖DNAファージ**［single-stranded DNA phage］ ファージ粒子の形態が正二十面体のもの($\phi$X174ファージ*など)と繊維状のもの(M13ファージ*など)とに分類され，DNAは5〜7 kbの環状一本鎖である．DNA複製は，親DNAの二本鎖への変換，二本鎖DNAの複製蓄積，ローリングサークル型複製*による娘DNAの生成，の三段階を経る．繊維状ファージはクローニングベクター*として利用され，そのDNA複製起点をプラスミド*に挿入したものはファスミド*とよばれる．ファスミドはファージ感染によりその一本鎖がファージ様粒子に取込まれる．さまざまな塩基配列をコートタンパク質*遺伝子に挿入した繊維状ファージやファスミドは，ポリペプチドのライブラリーの作製に用いられる(タンパク質展示ファージ display phage).(→ コスミドベクター，一本鎖ファージ)

**一本鎖ファージ**［single-stranded phage］ 単鎖ファージともいう．ファージ*を構成する核酸分子が一本鎖のもの．核酸の種類の違いによりRNAファージ*とDNAファージ*に分けられる．RNAファージは直径約27 nmの正二十面体構造のタンパク質の殻と，その中に入った3500〜4700塩基数のRNA 1分子から成る．ファージの吸着タンパク質Aが宿主菌の線毛*を認識して吸着する．Fプラスミド*のつくるF線毛*に吸着するファージは，殻の血清学的な分類から4種類に分けられ，ファージMS2, GA, Q$\beta$*, SPが代表的である．DNAファージには，$\phi$X174ファージ*を代表とする正二十面体構造のものと，M13ファージ*を代表とする繊維状の2種類がある．いずれも5000から6500塩基数の環状構造の1分子をもつ．$\phi$X174はDNAの同一部分から複数の遺伝子の情報が取出されていること，DNA複製の研究によく用いられたことで有名である．また繊維状ファージはF線毛の先端に吸着する．M13はサンガー法による遺伝子の塩基配列決定に用いられる．

**一本鎖リンカーライゲーション法**［single strand linker ligation method］ SSLLMと略す．完全長cDNAライブラリー作製過程(→ 完全長cDNA合成法)で第二鎖cDNAを合成する際のプライマー結合部位を導入する方法の一つ．DNAリガーゼを用いて二本鎖DNAリンカーを一本鎖完全長cDNAに付加する方法で，この二本鎖DNAリンカーはどんなcDNA配列にでも連結することができるランダムな6塩基(dN6またはdGN5)の突出配列を第一鎖cDNAと相補的なものとして3'末端にもっている．$1 \times 10^6$を超える個々のクローンの力価をもつライブラリーを作製することができる．キャップトラッパー*と当方法の開発により5'UTR領域も回収できるようになった．従来のGテーリング法と比べ，配列決定効率が高くオリゴキャッピング法*で用いられるRNAライゲーションよりライゲーション効率も高いのが利点である．

**ET**［ET＝endothelin］ ＝エンドセリン

**ED**［ED＝electron diffraction］ ＝電子線回折

**EDRF**［EDRF＝endothelium-derived relaxing factor］ ＝内皮細胞由来平滑筋弛緩因子

***ets*遺伝子**［*ets* gene］ トリレトロウイルスE26ゲノム中に発見されたがん遺伝子*．v-*ets*の命名はE26 transformation specific に由来する．c-*ets*-1遺伝子(ヒト第11染色体長腕23領域に存在)はv-*ets*に対応する細胞遺伝子で，c-*ets*-2, *erg*, *elk*-1, *Spi*-1 (*PU.1*), *fli*-1, *GABP*$\alpha$, *elf*-1, *SAP*-1などの遺伝子とともに*ets*遺伝子ファミリーを形成する．これらの遺伝子産物はヘリックス・ターン・ヘリックスモチーフを形成し，DNA結合に関与する85個のアミノ酸領域(ETSドメイン ETS domain)に類似性を示し，プリン塩基に富んだ(C/A)GGA(A/T)をコアとする塩基配列に結合して転写因子*として機能する．

**EDF**［EDF＝erythroid differentiation factor］ 赤芽球分化誘導因子の略号．(→ アクチビン)

**イディオタイプ**［idiotype］ Idと略す．抗体分子には，抗原特異性の異なる別の抗体分子と共通な抗原決定基*と，その抗体分子に特有の抗原決定基とが存在する．後者は抗体の抗原結合部位*に存在し，多数の抗原決定基から構成されている．それぞれをイディオトープ(idiotope)とよび，それらの集合をイディオタイプ(Id)とよぶ．抗体を産生している個体は，その抗体のIdに対する抗体(抗イディオタイプ抗体*)も産生する．抗Id抗体はそれ自身Idをもつから，Idを介したネットワーク(イディオタイプネットワーク idiotype network)が生じる．抗Id抗体はもとの抗原に対する免疫応答を抑制または促進したりするほか，抗原と同じようにそのIdをもつ抗体の産生を惹起することもできる．

**イディオトープ**［idiotope］ → イディオタイプ

**EDG受容体**［EDG receptor］ ＝スフィンゴシン1-リン酸受容体

**EDTA**［EDTA＝ethylenediaminetetraacetic acid］ ＝エチレンジアミン四酢酸

**遺 伝**［heredity, inheritance］ 親の形質が子孫に，

あるいは母細胞の形質が娘細胞に伝わる現象．ここで中心的な役割を果たすのが遺伝子*である．遺伝子はDNAあるいはRNAからできており，正確に複製*される．親の中で複製された遺伝子を子が受継ぐために，子は親と同じ遺伝子をもつことになる．これが子が親に似る仕組みである．(→メンデル遺伝，非メンデル遺伝)

**遺伝暗号**〔genetic code〕　遺伝情報は遺伝子上の核酸塩基の配列により規定され，メッセンジャーRNA*(mRNA)の塩基配列がアミノ酸の配列に翻訳されてタンパク質が合成される．mRNAの塩基配列とタンパク質のアミノ酸配列の対応関係を遺伝暗号といい，コドン*とよばれるmRNA上の連続した三つのヌクレオチド(トリプレット)が一つのアミノ酸を規定する(表)．遺伝暗号の解読は大腸菌の無細胞

遺伝暗号表

|   | U | C | A | G |
|---|---|---|---|---|
| U | UUU Phe<br>UUC Phe<br>UUA Leu<br>UUG Leu | UCU Ser<br>UCC Ser<br>UCA Ser<br>UCG Ser | UAU Tyr<br>UAC Tyr<br>UAA 終止<br>UAG 終止 | UGU Cys<br>UGC Cys<br>UGA 終止<br>UGG Trp |
| C | CUU Leu<br>CUC Leu<br>CUA Leu<br>CUG Leu | CCU Pro<br>CCC Pro<br>CCA Pro<br>CCG Pro | CAU His<br>CAC His<br>CAA Gln<br>CAG Gln | CGU Arg<br>CGC Arg<br>CGA Arg<br>CGG Arg |
| A | AUU Ile<br>AUC Ile<br>AUA Ile<br>AUG Met | ACU Thr<br>ACC Thr<br>ACA Thr<br>ACG Thr | AAU Asn<br>AAC Asn<br>AAA Lys<br>AAG Lys | AGU Ser<br>AGC Ser<br>AGA Arg<br>AGG Arg |
| G | GUU Val<br>GUC Val<br>GUA Val<br>GUG Val | GCU Ala<br>GCC Ala<br>GCA Ala<br>GCG Ala | GAU Asp<br>GAC Asp<br>GAA Glu<br>GAG Glu | GGU Gly<br>GGC Gly<br>GGA Gly<br>GGG Gly |

タンパク質合成系にポリ(U)を加えるとポリフェニルアラニンが得られたことに始まる．ポリ(U)以外の種々のRNAを人工mRNAとして用いたペプチド合成実験から，フレームシフト突然変異*の解析，トリリボヌクレオチドを介したアミノアシルtRNA*とリボソーム*の結合実験などにより全遺伝暗号が決定された．ミトコンドリアや繊毛虫類，カンジダ酵母，レトロウイルスなど少数の例外を除き(→ミトコンドリア遺伝暗号)，大腸菌の遺伝暗号は他の生物と共通で普遍遺伝暗号とよばれる．4種類の塩基に可能な64個のコドンのうち61個はアミノ酸に対応するコドンで，残りの3個には対応するアミノ酸がなく，タンパク質の合成を停止する終止コドン*である．しかし，本来終止コドンのUGAがセレノシステインに，UAGがピロリジンに対応する場合が報告されている．メチオニンとトリプトファンのコドンはそれぞれ一つしかないが，それ以外のアミノ酸に対応するコドンは縮重*(縮退)していて複数個存在し同義コドン(synonymous codon)という．タンパク質合成は通常メチオニンのコドンAUG(まれにGUG，真核生物ではCUGやACG)から始まり(→開始コドン)，次位のコドンに対応するアミノ酸がペプチド結合で順次結合することにより進行する．コドンは5′→3′の方向に3塩基ずつ区切られて読まれ，塩基が重複して読まれたりコドン間に余分な塩基が存在したりすることはない．コドンとアミノ酸は転移RNA*(tRNA)によって対応づけられる．tRNA分子はコドンと塩基対を形成する3塩基の配列(アンチコドン*)をもち，アンチコドンに対応するコドンの指定するアミノ酸を3′末端に結合する．tRNAにアミノ酸を結合するアミノアシル化反応を触媒するのは各アミノ酸に特異的なアミノアシルtRNAシンテターゼ*(ARS)で，ARSはtRNAとアミノ酸を厳密に認識してアミノアシル化し，遺伝暗号が正しくアミノ酸に翻訳される過程で重要な役割を果たしている．

**遺伝疫学**〔genetic epidemiology〕　→分子疫学

**遺伝カウンセリング**〔genetic counseling〕　遺伝相談ともいう．遺伝病*または原因に遺伝がかかわる可能性のある疾病などの問題をもって来訪する相談者(クライアント)の求めに応じ，生まれる児のリスク(→出生前診断)，表現型は正常な個体が保因者であるか否か，常染色体優性疾患*家系の未発病者については将来発病するリスク，近親婚にかかわる問題などについて，必要な情報やアドバイスを提供すること．米国では4年制大学卒業後に修士課程で2年間の専門教育を受け，資格試験に合格した遺伝カウンセラーが担当する．(→先天性代謝異常)

**遺伝学**〔genetics〕　生物において，親の形質が子孫に伝えられる現象を遺伝*といい，この遺伝現象を研究する学問分野を遺伝学とよぶ．geneticsという用語はW. Bateson*によってヘテロ接合体(heterozygote)，ホモ接合体(homozygote)などとともに1905年に導入された．遺伝現象は植物や動物の観察と家畜化を通して数千年にわたって漠然と理解されてきたが，1868年にG. J. Mendel*によって発表された遺伝の法則(→メンデルの法則)の再発見(1900)が遺伝学の誕生といえる．遺伝情報を担う物質としての遺伝子が染色体に配列していることの理解，さらに，1953年J. D. Watson*とF. H. C. Crick*によるDNAの構造の解明を通して，近代遺伝学の幕明けとなった．一方では，遺伝子の構造，機能，発現調節，突然変異などを究める分子遺伝学が発達し，他方では，集団遺伝学*，細胞遺伝学*，薬理遺伝学，免疫遺伝学などの分化が進み，ヒトを対象とした人類遺伝学が医学の中で重要な位置を占めるようになった．特にヒトの遺伝子操作による遺伝子治療*，あるいは遺伝子診断*が可能な時代を迎え，遺伝学の知識，技術の理解が人間社会の将来を展望するうえでも不可欠のこととなり，遺伝学教育の重要性が増大してきた．

**遺伝子**〔gene〕　転写*されるRNA分子の全体(真核生物のイントロン*を含む)をコードするDNA(RNAウイルスの場合はRNA)の部分をいう．遺伝子の本体はDNA(RNAウイルスはRNA)であり，ヌクレオチドの塩基配列(アデニン，グアニン，シトシンおよびチミンの4個の塩基の並び)そのものが遺伝情

報*を担っている.遺伝子の中にはタンパク質をコードするものと,リボソームRNA*(rRNA)や転移RNA*(tRNA)などの機能的なRNAをコードするものがある.タンパク質をコードする遺伝子は,通常数百から数千個の塩基配列を含み,その塩基配列はメッセンジャーRNA*(mRNA)へと転写される(チミンがウラシルとなるほかは同じ塩基の配列).mRNAの3個のヌクレオチド配列(コドン*)が1個のアミノ酸を規定することによりタンパク質が合成される(⇒翻訳,遺伝子発現).この遺伝子とタンパク質の関係は,G. Beadle*とE. Tatum*により1940年に一遺伝子一酵素説*として提唱された.遺伝形質を規定する因子として遺伝子という概念が出されたのは20世紀初頭のことであるが,DNAが遺伝情報を担う遺伝子であることが初めて実験的に実証されたのはF. Griffis(1928)やO. Avery*(1944)などの形質転換*実験による.その後,A. Hershey*とM. Chase(1952)によるT2ファージを用いた放射化実験や近年のクローン化されたDNAを用いたトランスフェクション*実験により,DNAが遺伝物質であることがより直接的に証明された.各遺伝子はそれぞれ独立した機能単位であり,非遺伝子DNA(RNAには転写されない遺伝子間にあるDNA領域)とともに染色体*を構成している.それぞれの遺伝子は染色体DNA上におのおのの遺伝子固有の位置があり,一定の連鎖群*を形成し,一定の頻度で組換えを起こす(⇒遺伝子地図).最近,各種のトランスクリプトーム*の広範な解析が行われた結果,きわめて多数の遺伝子で選択的スプライシング*が起こっていることがわかったほか,2種類のRNA分子間でスプライシングが起こし別種のRNA分子を形成したり(トランススプライシング*),RNA分子が転写後に修飾を受けたり(RNA編集*),一つのORFに対して複数のプロモーターが存在し,複数の転写開始点を生み出したり,転写物が一部重複したりすることが知られてきており,遺伝子の定義も複雑化してきているのが現状である.

**遺伝子オントロジー**[gene ontology] ⇒アノテーション

**遺伝子型**[genotype, genetic type] 全対立遺伝子,あるいは,注目している遺伝子座*の対立遺伝子の存在状態.交雑実験に用いる親株の遺伝子型については,注目している遺伝子座に関する遺伝子型を記述し,必ずしも全遺伝子型を記すことはない.注目している遺伝子型以外の遺伝子型を遺伝的背景(genetic background)という.遺伝子型は表現型*から推定し,必要に応じて戻し交雑*などによって確認する.近年のDNA操作技術の進歩により,DNA上の変化をDNA-DNA,あるいはDNA-RNAハイブリダイゼーション*やPCR*法により直接的に検出し,交雑実験によらずに対立遺伝子の存在状態を知ることも可能である.

**遺伝子間相補性**[intergenic complementation] 異なった遺伝子に欠損をもつ二つのDNA,あるいはゲノムが一つの細胞内に共存する時,互いの欠損を補い合う現象.(⇒相補性)

**遺伝子間抑圧**[intergenic suppression] ある突然変異が原因で失われた遺伝形質が,その変異遺伝子とは別の遺伝子内での第二の突然変異により回復された場合,その現象を遺伝子間の抑圧とよび,その第二の変異の起こった遺伝子を遺伝子間サプレッサー(intergenic suppressor)とよぶ.おもな例として,tRNAの突然変異によりmRNA上のナンセンスコドンやミスセンスコドンの読み取りが変化し,活性のあるタンパク質をつくれるようになる例がある.(⇒抑圧)

**遺伝子記号**[gene symbol, genetic symbol] 遺伝子の命名方法は各生物種によって慣習的に決まっているが,通常遺伝子産物や表現型に関係した3文字で表現することが多く,共通してアルファベットのイタリック体で表す.ヒトやシロイヌナズナでは,すべての文字を大文字で,マウスでは最初の文字のみ大文字で,ゼブラフィッシュや大腸菌ではすべて小文字で表す.真核生物では優性遺伝子と劣性遺伝子の対立遺伝子をそれぞれ大文字と小文字で区別し,標準(野生)型と変異型を+とーで区別する.同一の遺伝子座に三つ以上の対立遺伝子がある場合には肩付きの文字または数字で表す.細菌では遺伝形質を表す3文字の後に大文字一つを付けて個々の遺伝子を表記し($trpE$, $trpD$, $trpC$など),野生型には+,変異型には番号を付ける($dnaA^+$, $recE1$など).ヒトでは,たとえばインターフェロン遺伝子の場合は$IFNA$, $IFNB$, $IFNG$で,白血球,繊維芽細胞,リンパ球由来のものを区別する.ショウジョウバエでは,ユニークな変異名で表し,野生型に対して優性の場合や突然変異が知られていない遺伝子の場合は,1文字目を大文字にする.タンパク質は遺伝子記号をイタリック体にせずローマン体で表すのが普通であるが,ヒト以外でも全部大文字にする生物種(たとえば*Caenorhabditis elegans*)もあり,また,タンパク質の種類により表記法が異なる場合もある.出芽酵母では遺伝子産物の記号の後ろにpを付けて,Cdc2pのように表すことが多いが,ほかの生物種ではpを頭に付けることが多い(たとえば,p53やp21).ヒトの場合には25,000以上の遺伝子がHUGO遺伝子命名法委員会(HGNC)により認可されており,新規の遺伝子の命名はHGNCにオンラインで申請する方式をとっている.ヒト以外の生物の遺伝子については,各データベース作成機関が中心となり

遺伝子記号の例(野生型のみ)

| 生物種 | 遺伝子 | タンパク質 |
|---|---|---|
| ヒト | *IFNA1* | IFNA1 |
| マウス | *Shh, Plaur, Slc14a2* | Shh, Plaur, Slc14a2 |
| ゼブラフィッシュ | *hoxa1a, ppia* | Hoxa1a, Ppia |
| 線虫 | *unc-7, lin-12* | Unc-7, Lin-12 |
| ショウジョウバエ | *w, pr, ftz, Antp* | White, Purple, Ftz, Antp |
| 出芽酵母 | *CDC28* | Cdc28 (Cdc28p) |
| 分裂酵母 | *Cdc2* | Cdc2 (Cdc2p) |
| 大腸菌 | *recA, uvrB, dnaB* | RecA, UvrB, DnaB |
| シロイヌナズナ | *UBC1, ACT3* | UBC1, ACT3 |

命名法のガイドラインを作成し，新しい遺伝子名や記号を付ける際の助言や手助けを行っている．

**遺伝子クラスター**［gene cluster］　遺伝子ファミリー*の遺伝子が，染色体上で密に反復，重複した領域．遺伝子クラスター（遺伝子群）を，遺伝子ファミリー（多重遺伝子族*）と同義に用いることもある．

**遺伝子クローニング**［gene cloning］　遺伝子ライブラリー*から目的の遺伝子を選び出すこと．その方法の概略は以下のとおりである．1) 目的遺伝子を含む遺伝子集団を宿主細胞内でファージ*やプラスミド*などの自己増殖できるベクター*に組込み，組換えDNA*を作製する．2) つぎに組換えDNAを大腸菌*などの宿主細胞に導入して宿主を形質転換*する．3) 形質転換した細胞集団より，目的の遺伝子を含むものを選び出す．形質転換した宿主を培養して得られる細胞集団は，目的の遺伝子以外のDNAを含むものが大多数であるので，目的遺伝子に関する情報などを指標として目的とする組換えDNAを含むクローン*を分離する必要がある．たとえばベクターとしてファージを用いた場合，単一のファージ粒子に感染した単一の細胞に由来するファージの子孫は細菌内で増殖後溶菌するため，肉眼的にシャーレ一面に生えてきた直径1mm程度の半透明なプラーク*として観察される．個々の組換え体の子孫は個別に独立したプラークを形成するため容易に単離（クローニング）できる．すなわち，個々のプラークには単一の組換え体DNAしか含まれていない．たとえばヒトの染色体DNAは約30億塩基対を含む．これをファージに挿入するのに適切なサイズである約2万塩基対程度の断片にランダムに切断してファージベクターに組込めば，100万個（>$1.5×10^5 = 3×10^9/2×10^4$）もの多様な挿入DNAをもつ組換え体ファージの集合体が作製されることになり，個々のファージはヒト染色体DNA全域をほぼカバーする形でそのどこかの領域をおのおの独立に組込んでいることになる．この組換えファージ集合体を多くの情報を保持している図書館にたとえて遺伝子ライブラリーとよぶ（この場合はゲノム遺伝子ライブラリーである）．ゲノム全領域を含むゲノム遺伝子ライブラリーから目的遺伝子を選び出すゲノムクローニング*と，ゲノムのうちタンパク質をコードしている領域のみを対象としたcDNAライブラリーから目的遺伝子を選び出すcDNAクローニング*を目的に応じて使い分ける．また，目的遺伝子を検出する手段により，相同性クローニング*，発現クローニング*，機能相補クローニング*，相互作用クローニング*，ポジショナルクローニング*などに分類される．

**遺伝子工学**［gene engineering, genetic engineering］　生物の遺伝子に各種の操作を加えてそれを研究し，かつ利用しようとする学問体系をいう．これは分子生物学の発展の中で，特にDNAあるいは遺伝子を解明しようとする努力の中から生まれてきたがその方法論の基礎は遺伝子クローニング*（単一化して増やすこと）にある．これはまた，1) 細胞からの無傷なDNAの抽出法，2) 高分子DNAを大きさに従って効率よく分離し

うる電気泳動法，3) DNAの塩基配列を識別して切断する各種の制限酵素の発見と精製，4) DNAを運ぶベクター（バクテリオファージやプラスミド）の開発，5) 逆転写酵素の発見と精製，6) DNA塩基配列の決定法の開発などの技術の発達に基づいている．こうしてある遺伝子ないしはそれがつくるタンパク質に関する一定の情報があると，それに基づいて当該遺伝子のクローン化ができるようになった．クローン化したDNAは，細菌内で発現させて有用なタンパク質の生産に用いたり，そのままたは試験管内で人工突然変異を加え，細胞に導入してその構造や機能を調べて，その相関を確認するのに用いることができる．その他遺伝子診断*や遺伝子治療*への応用も始まっており，医学をはじめ，他の科学や経済へも大きな影響を与えつつある．

**遺伝子座**［locus, (*pl.*) loci］　単に座（位）ともいう．染色体*，もしくは遺伝子地図*上での遺伝子の位置．互いに対立遺伝子*である遺伝子は同一の遺伝子座にある．逆に同一の遺伝子座にある遺伝子は互いに対立遺伝子である．その意味で遺伝子座は，互いに対立遺伝子である遺伝子の共通の住所か氏姓のようなものである．物理的には一つの遺伝子産物をコードするDNA領域が占める染色体上の区画を意味し，この区画内にあるDNA配列は配列のいかんにかかわらず同一の遺伝子座に位置するという．

**遺伝子再構成**　＝DNA再編成
**遺伝子再配列**　＝DNA再編成
**遺伝子再編成**［gene rearrangement］　＝DNA再編成

**遺伝子サイレンシング**［gene silencing］　遺伝子の塩基配列を変化させずにその発現を人為的に抑制することおよび自然に起こる遺伝子発現の抑制をさし，遺伝子転写段階での抑制と転写後の抑制とが含まれる．RNA分子を標的に遺伝子発現抑制が起こる場合にはRNAサイレンシング（RNA silencing）とよばれ，標的RNAに相補的なヌクレオチド配列から成る二本鎖RNAが特異的なRNアーゼIIIにより切断されて生成する短い（21～25ヌクレオチド）RNA分子が標的RNA分子の切断や翻訳阻害をひき起こす．また，siRNAのアンチセンス鎖がクロマチンDNAに作用し，その結果クロマチン変換複合体が特定のプロモーター領域を標的として作用することによりヘテロクロマチン形成が起こり，転写段階で遺伝子の発現が抑制される（→転写抑制）．遺伝子の機能解析などに広く用いられる．遺伝子サイレンシングは，遺伝子ノックアウトと比べて操作が簡便であるとともに短時間で発現抑制効果を得ることができること，完全に遺伝子の働きを停止させる方法ではないため致死遺伝子の解析を行うことができるなど利点がある．人為的な遺伝子サイレンシングとして，アンチセンスDNA/RNA法，RNA干渉*（RNAi）などが知られているが，中でもsiRNAを用いる遺伝子ノックダウン（gene knockdown）であるRNAiは簡便かつ効率的に標的の遺伝子発現を抑制させることができる方法として注目され，遺伝子の機能解析などに広く用いられている．遺伝子サイレンシングは，がん遺

伝子を発現抑制させるための制がん剤として，創薬の分野からも期待されている方法である．植物ウイルスの多くやいくつかの動物ウイルスは宿主によるRNAサイレンシングを阻害する遺伝子(サイレンシング抑制タンパク質遺伝子)をもっており，たとえば，トンブスウイルスのp19, turnip crinkle virusのコートタンパク質，アデノウイルスのVA1, インフルエンザウイルスのNS1, ワクシニアウイルスのE3L, などの遺伝子が知られており，VA1 RNAは直接Dicer*に結合してその活性を阻害する．また，宿主自体も同様のRNAi阻害遺伝子をもつことも報告されており，植物のRNAi阻害遺伝子rgsCaMはカルモジュリン様遺伝子である．

**遺伝子座活性化領域** [locus activating region] ＝遺伝子座調節領域．LARと略す．

**遺伝子座調節領域** [locus control region] LCRと略す．遺伝子座活性化領域(locus activating region, LAR)ともいう．βグロビン群(5'側からε，二つのγ，δおよびβを含む)の遺伝子座全体の転写調節を行う遺伝子領域として最初に同定された．ε遺伝子の上流5～18 kbpにわたる広範な領域であり，その中に4箇所のDNアーゼI高感受性部位*(下流側からHS1～HS4と呼称する)を含んでいる．βグロビン遺伝子座のトランスジェニックマウスを調製した際に，連結して導入したグロビン遺伝子の発現が導入部位の周囲から受ける影響(位置効果*)を遮蔽することができる(絶縁機能，インスレーター機能)ので，結果として導入された遺伝子のコピー数に応じた遺伝子発現が観察される．LCRは個々のグロビン遺伝子調節領域と協調してそれら遺伝子の転写制御を行うとともに，発生に伴って発現するグロビン遺伝子の変換にも重要な機能を果たしている．αグロビン座にもLCRが存在する．LCR中のDNアーゼI高感受性領域にはGATA因子群*やNF-E2, EKLFなど赤血球特異的な転写因子群の結合領域がクラスターを形成している．LCRはこのほか免疫グロブリン重鎖やT細胞受容体遺伝にも存在する．(→部位非依存性導入遺伝子発現)

**遺伝子産物** [gene product] 遺伝子にコードされた情報に基づいて，転写，翻訳などの過程を経て発現し，最終的に生じる，機能をもつ分子．タンパク質をコードする遺伝子の場合，そのmRNAが翻訳されて生じるポリペプチドが，適切な翻訳後修飾*を受けたものに相当する．一方，rRNA, tRNA, 核内低分子RNAなどのように，転写により合成されたRNAが翻訳されずにそのまま機能する場合，転写後，適切なプロセシング*(→転写後修飾)を受けたRNA分子に相当する．

**遺伝子重複** →遺伝子重複(ちょうふく)

**遺伝子診断** [genetic diagnosis] 原義は"遺伝子の異常を診断すること"であるが，通常，遺伝子はDNAから成るのでDNA診断(DNA diagnosis)ともいわれる．実際には，mRNAの異常で検出する場合もあるが，特にRNA診断といわれない．ところ遺伝子(の異常)を調べていることになるからである．この手法は，1)被験者自身の遺伝子を調べる場合(狭義の遺伝子診断)，2)被験者に発生した腫瘍の遺伝子(の変化)を調べる場合，および3)被験者に感染している(かもしれない)細菌やウイルスの存在，または型を同定する場合，の三つに分けられる．ヒトの遺伝子診断は，その時期によって出生前診断*, 発症前診断および鑑別診断のための遺伝子検査に分けることができる．当初はサザンブロット法*が利用されたが，PCR*による標的DNA断片の増幅とDNAシークエンシングとの組合わせやマイクロアレイCGH(比較ゲノムハイブリダイゼーション)などにより，欠失，転座，増幅，SNPのような塩基置換などのゲノムDNA異常の検出が容易になってきた．また，膨大な数のSNPやDNA多型マーカーに関する情報が蓄積されつつあり，また，超高速・超ハイスループットのシークエンシング技術の開発も進められており，低コストの個人の全遺伝子情報の解析も可能になりつつある．また，現在行われているヒトゲノムにおけるDNA塩基配列の多型性に見られる共通のパターンを特定する国際Hapmapプロジェクトが進展すると塩基配列多型やその頻度および多型相互の関連性などに関する情報が蓄積・体系化され，疾患危険因子の効率のよい解析システムやツールが開発されるものと期待されている．と同時に，その適用，またその情報の公開などに関して倫理的な観点から法的な規制が行われている．

**遺伝子増幅** [gene amplification] DNA増幅(DNA amplification)ともいう．特定の遺伝子を含んだ染色体DNA領域のコピー数が増加することをいう．がん細胞においては，N-mycやerbBあるいはサイクリン*Dなどのがん遺伝子*の増幅がよくみられる．増幅の程度は数倍から，多い時には数千倍に及ぶ．これによって，それらのがん遺伝子のタンパク質量が異常に増えることが細胞をがん化に向かわせると考えられる．増幅の程度が高い時には，二重微小染色体*とよばれるごく小さな染色体状のものや，均一染色領域*(HSR)とよばれる，染色体上で均一に染まる領域が観察されたりする．遺伝子増幅は正常な生活環の中でみられることもある．たとえば，アフリカツメガエルの卵母細胞におけるrRNA遺伝子*の選択的な増加がそうである．培地中にメトトレキセート*のような薬剤を添加すると，ジヒドロ葉酸レダクターゼ(DHFR)遺伝子の増幅が起こるというような現象もよくみられる．

**遺伝子族** ＝遺伝子ファミリー

**遺伝子ターゲッティング** [gene targeting] 細胞にDNAを導入し，相同組換え体を選択することにより，標的とする特定遺伝子に突然変異を導入すること(→相同組換え)．その結果，特定の遺伝子を計画的に破壊(遺伝子破壊 gene disruption, 遺伝子ノックアウト)したり，点突然変異を導入したり，標識遺伝子やヒトの相同遺伝子またはその一部と置換(ノックイン，遺伝子置換*)することができる．Creリコンビナーゼと組換え認識サイトloxPを利用したCre/loxPシステム*や出芽酵母のFLPリコンビナーゼと認識配列FRPを利用した組換えシステムが組織特異的および時期特異的な遺伝子ターゲッティングに頻用されている．しかし，高等動植物の体細胞は二倍体である

ため，目的を達成するには少なくとも2度同一の方法を実施する必要がある．そこでこの技術は，半数体である生殖細胞にキメラマウス(→キメラ)を通して分化することができる胚性幹細胞*(ES細胞)で実施されることが多い．マウス胚性幹細胞に特定遺伝子を導入し，突然変異体ES細胞を選択する．この細胞を正常胚盤胞に注入し，キメラマウスを作製すれば，キメラマウスの生殖細胞を通して子孫へ突然変異がヘテロ型に伝達される．ヘテロ型の雌雄の交配によって二倍体の対立遺伝子をホモ型の突然変異にすることができる．この技術を用いて特定遺伝子が破壊されたマウス個体をノックアウトマウス*という．この方法を用いて作製されたマウスは特定の遺伝子機能を個体レベルで解析できるので，生体機能研究の資材として貴重なものである．またヒト疾患のモデルとして動物実験の資材ともなる．(→トランスジェニック動物，遺伝子サイレンシング)

**遺伝子ターゲッティングマウス** ［gene targeting mouse］ ＝ノックアウトマウス

**遺伝子単離** ［gene isolation］ 大腸菌では，一つの遺伝子がゲノム*全体の約1/5000の大きさに当たり，高等な生物になると，それが約$1/10^6$という大きさになる．ある特定の遺伝子を分離するには，その遺伝子の特徴を生かした選択方法が不可欠である．一般的な方法は，cDNA(相補的DNA*)やゲノムのDNAライブラリー(→遺伝子ライブラリー)をつくり，その中から選択する．単離する遺伝子が突然変異した細胞があれば，それに導入して，その機能欠損を相補するDNAを分離する．塩基配列が一部でも直接にわかっている時や，タンパク質がわかっていて間接的に塩基配列がわかる時には，その配列をプライマーにしたPCR*法によって分離する．タンパク質の抗体がある時には，DNAを導入した細胞のタンパク質を抗体でチェックしてDNAを分離する．最近は，ヒトやマウスをはじめ，数多くの生物でゲノム配列の解読が進展し，また，トランスクリプトーム解析も進み，DNAやRNAに関する配列情報が充実してきたので，PCR法や逆転写PCR*(RT-PCR)により簡単に遺伝子を単離できるようになった．また，各種の遺伝子クローンバンクから入手することも可能な場合が多い．(→遺伝子クローニング)

**遺伝子置換** ［gene replacement］ 組換えDNA技術*によって染色体上の野生型遺伝子を突然変異型遺伝子と，あるいはまたこの逆の組合わせで，置き換えること．遺伝子またはその産物の機能を明らかにするのにきわめて有効な手段である．半数体細胞で相同的組換え*の盛んな生物ではこの操作は比較的容易であるから，真核生物でも酵母はこの目的にかなった生物で，多くの重要な知見を与えている．しかしその他の真核生物は非相同組換え*が優先的に起こるため，外からの遺伝子は染色体の不特定の場所に多数組込まれはしても，置換される頻度は低いのが普通である．しかし，生物や細胞によりその置換頻度が異なることがわかっている．ニワトリの特殊なB細胞(DT40細胞)，ヒメツリガネゴケでは，酵母と同程度の置換頻度が報告されており，マウスES細胞は他の細胞に比べ，高いといわれており，ヒトではミスマッチ修復を欠損させるとその頻度が上昇することが知られている．置換する遺伝子の相同部分の長さにその置換頻度は正の相関関係がある．また，高等真核生物での置換の頻度を上昇させるため，非相同組換えでランダムに挿入されたものから置換したものを積極的に選択する手法も開発されている．(→遺伝子ターゲッティング)

**遺伝子地図** ［gene map］ 【1】染色体地図*や，細菌やファージなどのDNA上に遺伝子座を位置づけしたものを遺伝子地図とよぶ．
【2】 遺伝地図*(genetic map)と同義に用いられる．
【3】 まれに，遺伝子座内の突然変異遺伝子の位置を示した遺伝子微細地図(genetic fine map)と同義に用いられる．

**遺伝子調節** ［gene regulation］ 遺伝子発現における転写と翻訳の調節である．[1]原核生物における転写の調節には負と正の様式があり，前者はリプレッサー*による転写抑制が，後者はcAMP-CRP(cAMP受容タンパク質)による転写促進が代表的なものである(→負の調節，正の調節)．一般に解糖系オペロン(細菌)の調節はこれらの様式で行われている．培地のグルコースは細胞内のcAMPレベルを低下させてオペロンを抑制(グルコース抑制)するが，これはグルコースを優先的に利用する仕組みである(→カタボライト抑制)．アミノ酸合成系オペロン(細菌)には転写減衰*による負の調節があり，オペロンの自己産物アミノ酸による自己調節の意味をもつ．翻訳レベルの調節としては，リボソームタンパク質遺伝子，f2 RNAファージ遺伝子，*ompF*遺伝子などにみられるmRNAの翻訳開始シグナルとアンチセンスRNA*配列との二重鎖形成による抑制が代表的である(→翻訳調節)．遺伝子の転写調節は，ゲノムDNAの負の超らせん密度*の増減やDNAの湾曲やループ構造の形成によっても行われ，これにはDNAジャイレース*やDNAトポイソメラーゼ*とともに，HU, IHF, H-NS*やHMG(→高速移動群タンパク質)のようなDNAシャペロンが主役を演じている(→転写調節)．[2]真核生物の遺伝子の調節では，クロマチン構造の変化が重要である．酵母のSWI/SNF*複合体，ショウジョウバエのGAGA因子*は，ATPアーゼ依存的にクロマチン構造を崩壊して，転写を活性化する．遺伝子発現の水準は制御能をもつシス配列の存在に依存する．RNAポリメラーゼIIで転写される遺伝子であれば，プロモーターにTATAボックス*があり，その上流にGCボックス*(Sp1結合部位)やCCAATボックス*(C/EBP結合部位)があれば，構成的な高水準の遺伝子発現が期待できる．エンハンサー*は真核生物に広くみられる活性化シス配列である．エンハンサーは遺伝子の位置に対して任意の場所に存在し，構成も遺伝子特異的であり，また単に転写量を高めるだけではなく，遺伝子発現の組織あるいは時期特異性を支配する．エンハンサー(抑える場合はサイレンサー*)には

配列特異的な転写調節因子が結合し、それらは基本転写因子*群と直接、あるいは転写補助因子（コファクター）を介して間接的に相互作用して転写開始の効率を変える（→遺伝子調節領域）。コファクターのうち、転写の活性化に働くコアクチベーター*と抑制に働くコリプレッサーには、それぞれヒストンアセチルトランスフェラーゼ*（HAT）とヒストンデアセチラーゼ*（HDAC）が含まれる場合がある。真核生物にはこのほかにも、SⅡ*などのような転写伸長*を促進する別のクラスの調節因子もある。特異的遺伝子が特異的細胞で発現できるのは、転写因子の量やその活性が、他の制御因子、あるいはリン酸化などの修飾機構によって細胞特異的に調節されていることによる。

**遺伝子調節ネットワーク**［gene regulatory network］
→遺伝子ネットワーク

**遺伝子調節領域**［gene regulatory region］　遺伝子の転写量の調節に重要な役割を果たしているDNA上の領域。遺伝子の転写開始点のすぐ上流にはプロモーター*とよばれる領域が存在し、TATAボックス*やイニシエーター*配列を含む。ここにTATAボックス結合タンパク質*（TBP）などが結合し、それにひき続きRNAポリメラーゼが結合して転写開始する。プロモーターの上流にはエンハンサー*やサイレンサー*とよばれる領域が存在し、おのおの転写を促進したり抑制したりする役割をもつ。遺伝子によってはエンハンサー、サイレンサーはイントロン内や遺伝子の下流に存在する場合もある。エンハンサーは6塩基程度の種々のエンハンサーエレメントが集まってできており、各エレメントにはそれぞれ対応するタンパク質（エンハンサー結合タンパク質*）が結合する。エンハンサー結合タンパク質とTBPなどの基本転写因子群の両方に結合し、エンハンサー結合タンパク質による転写促進の仲介役をしているのがコアクチベーター*とよばれる因子である。

**遺伝子重複**［gene duplication］　遺伝子が重複する現象で、ゲノムそのものが重複している場合と、ゲノム内で重複する場合とがある。前者は染色体の倍数化によるもので（→倍数性）、倍数体になると染色体上のすべての遺伝子が重複する。後者は染色体分裂時のDNA不等乗換え（→乗換え）やトランスポゾン*などによってゲノム内に同一遺伝子が複数存在する状態になったものをいう。また、重複した遺伝子の一部が機能し、残りが機能を失った偽遺伝子*として存在する場合もある。遺伝子重複は、生物進化に伴う遺伝子数の増加や新しい機能の獲得に重要な役割を果たしていると考えられている。（→重複遺伝子【1】）

**遺伝子治療**［gene therapy］　遺伝子療法ともいう。遺伝子治療とは、突然変異を起こした遺伝子を補正して遺伝病*を治療しようというものである。すなわち患者の細胞に外部から正常遺伝子を導入し、その細胞の表現型を変化させることにより、病気の治療を行う。遺伝子治療が注目される理由は、ヒトの体内に外来の遺伝子を入れるという倫理面での関心と、遺伝子治療のもつ可能性にある。遺伝病の根治療法になりうるだけでなく、がんやAIDS、あるいは成人病のような疾患に対しても有効であると期待されている。遺伝病の根本的な治療は、欠陥のある遺伝子を正常なものに置換することである（遺伝子置換*）が、遺伝病の中には、遺伝子に突然変異があったり欠けていたりして、正しく機能するタンパク質がつくれなくなる欠損症も多い（たとえば酵素欠損症）。このような場合、欠損した遺伝子をウイルスやリポソームを利用して投与すれば、根本的な治療法となりうるが、実際の治療となると難しい面が多い。また、欠損タンパク質が膜タンパク質であれば、外からの投与では意味がない。また、遺伝病の中には、欠損症ではなく、異常な遺伝子のつくる有害物質が原因となる疾患もある。こうした遺伝病の場合、正常な遺伝子を補うだけでなく、異常な遺伝子の発現を抑えなくてはならない。多くの遺伝病についてその原因となっている遺伝子上の欠陥が遺伝子クローニングによって解析できるようになり、それと置換すべき正常な遺伝子も人工的に作製できるようになった。このように遺伝病を遺伝子レベルで治療するための基本的な方法は確立されつつある。しかしながら、遺伝子治療には解決せねばならない問題が依然として数多く残されている。遺伝子治療を行うためには、個体から取出した細胞に目的とする正常な遺伝子を導入し、それをその動物に戻し、その遺伝子を長期にわたって機能させる必要がある（→ex vivo遺伝子治療）。最も重要な技術的問題は、いかに効率よく、また安全に遺伝子を細胞内に導入するかという遺伝子導入法と遺伝子導入部位の制御法である。現在のところ、米国、日本をはじめほとんどの国において、遺伝子治療の対象は体細胞*に限定され、生殖細胞*は対象に加えられていない。そして、遺伝子治療の臨床応用は、致死的で、ほかに安全で有効な治療法のない疾患に限定されている。遺伝子治療の対象としては、アデノシンデアミナーゼ欠損症*、家族性高コレステロール血症*、血友病*、嚢胞性線維症*などの単一遺伝子の異常による遺伝性疾患をはじめとして、複数の遺伝子が関与している疾患、がん（サイトカイン*による免疫遺伝子療法）、さらにはAIDSや肝炎などへと広がっている。遺伝子治療はまだその歴史が浅く、技術的に未完成な面が多いが、非常に多くの可能性をもった治療法であるといえる。（→遺伝子診断）

**遺伝子導入**［gene transfer］　遺伝子の機能解析のためには、細胞や受精卵に単一の特定遺伝子を導入し、その遺伝子産物の作用を調べる必要がある。このことを遺伝子導入という。方法としては、リン酸カルシウム法、リポソーム*（リポフェクション法）や赤血球ゴーストを使う方法、電気穿孔*法（エレクトロポレーション）、レトロウイルスやアデノウイルスを担体とする方法（→レトロウイルスベクター）、直接ガラスピペットを用いて細胞核へ注入する方法（→微量注入）などがある。細胞の大きさ、培養のしやすさなど細胞の種類と目的とによって使い分けられている。はじめにウェル→ディッシュ中に核酸を入れておき、

そこに細胞を撒くというリバーストランスフェクションという方法もあり，多種類のDNAやRNAを多数の細胞に同じ条件で導入する方法として有用である．そのほかに，核酸でコーティングされて金属粒子をガス圧や磁力によって細胞や組織に打込むパーティクルガン（遺伝子銃）法も開発されており，特に植物組織を対象に使用されている．この方法には，導入が表層の細胞に限定される，導入される核酸に組換えや欠失が起こりやすい，形質転換体がキメラになりやすいなど改善されるべき課題がある．また，超音波を用いた非侵襲的な遺伝子導入法も開発されている．

**遺伝子導入植物** ＝トランスジェニック植物

**遺伝子トラップ** [gene trap] 未知の遺伝子を同定する方法の一つ．レポーター遺伝子*をゲノムDNAに無作為に挿入する．レポーター遺伝子がある遺伝子内に挿入されるとその遺伝子が破壊され，代わりにレポーター遺伝子が発現するようになる．特定の細胞内で転写され機能する遺伝子（発現遺伝子）を網羅的に捕捉（トラップ）する方法として，エンハンサートラップ，プロモータートラップ，エキソントラップの三つの方法がある．レポーター遺伝子の発現パターンはそれが挿入された遺伝子のプロモーターまたはその遺伝子の近くに存在するエンハンサー要素配列に依存する．特定の発現様式を示す形質転換体が得られたら，エンハンサー／プロモータートラップ配列は隣接する遺伝子をクローニングするためのプローブとして利用できる．また，ポリ(A)配列をもたず，代わりに3′末端にスプライシング供与配列をもつ選択マーカー遺伝子を使用するポリ(A)トラップ法もあり，この系では，選択マーカー遺伝子がポリ(A)シグナルをもつトラップ遺伝子のエキソンにスプライスされた場合にのみ，この選択マーカーが発現する．細胞内在性遺伝子の内部に組込まれたときに発現するようデザインされるトラップベクターは通常薬剤耐性遺伝子のようなマーカー遺伝子，適当な増幅用宿主細胞に形質転換させ増幅させるためのDNA部分から構成され，エンハンサーやプロモーター配列は欠いている．Cre/loxPシステム*を用いて，遺伝子トラップ後に遺伝子を挿入する方法も開発されており，可変型遺伝子トラップ法とよばれている．(→エンハンサートラップ)

**遺伝子内遺伝子** [genes-within-genes] 遺伝子のイントロン*内にコードされている別の遺伝子．たとえば，ヒトの神経線維腫症1型*遺伝子(*NF1*)のイントロン27には，*OGMP*, *EV12A*, *EV12B* という三つの短い遺伝子が存在していて，それぞれがイントロン・エキソン構造をもっている．遺伝子内遺伝子はまれにしか存在しないが，核小体低分子RNA*(snoRNA)遺伝子群は，その多くがリボソーム結合性タンパク質遺伝子や核小体タンパク質遺伝子の内部にコードされている．

**遺伝子内相補性** [intracistronic complementation] 同一の遺伝子内に生じた異なる突然変異間でみられる相補現象(→相補性)．1) 同一のサブユニットの二量体から成るタンパク質の場合，単一の突然変異型ポリペプチドから形成されるタンパク質は不活性であるが，特定の2種の突然変異型ポリペプチドから成るタンパク質は部分的に活性を示すことがある．2) 単量体タンパク質でも，そのタンパク質上の異なる領域でそれぞれ別個のタンパク質と相互作用して作用を現す多機能性タンパク質の場合，異なる領域に生じた突然変異間で相補性がみられる場合がある．

**遺伝子内抑圧** [intragenic suppression] ある突然変異が原因で失われた遺伝形質が，その変異遺伝子と同一の遺伝子で起こった第二の突然変異により回復された場合，この現象を遺伝子内抑圧とよび，その第二の変異を遺伝子内サプレッサー(intragenic suppressor)とよぶ．遺伝子内抑圧は，フレームシフト突然変異*やミスセンス突然変異*により失われていたタンパク質活性が，第二のフレームシフト突然変異やミスセンス突然変異により戻ることで起こる．(→抑圧)

**遺伝子ネットワーク** [gene network] 遺伝子や遺伝子産物（タンパク質やRNA）間およびそれらと低分子物質との間の相互作用の体系をさす．このような相互作用の多くは遺伝子の発現および機能調節に関係しているので，遺伝子調節ネットワーク(gene regulatory network)と同義に使われることが多い．また，遺伝子の発現調節に注目した場合，転写調節が最も中心的なものであり，そのネットワークを転写調節ネットワーク(transcriptional regulatory network)という．遺伝子ネットワークでは，遺伝子や遺伝子産物はノード(node)として，分子間相互作用はエッジ(edge)として表現され，遺伝子産物とそれらが相互作用するDNAセグメントの集合体がネットワークを構成する．遺伝子発現*においては，入力としての転写因子（群）の特定のDNA領域への結合があり，その結果生じる出力は遺伝子発現レベルの関数として記述でき，一種の情報処理として扱うことができるので，遺伝子ネットワークの解析はバイオインフォマティクス*の主要な研究課題となっている．また，遺伝子ネットワークの解明は生物をシステムの統合体としてとらえるシステム生物学*の中心的な課題である．

**遺伝子ノックアウト** [gene knockout] 特定の遺伝子を物理的に破壊して機能的欠損を起こすこと．遺伝子ターゲッティング*により破壊した遺伝子を相同組換え*で生殖系列に導入することで遺伝子ノックアウト動物を作製することができる．破壊の対象となる遺伝子をプラスミドにクローニングし，その遺伝子内（通常タンパク質をコードする領域内）に抗生物質耐性遺伝子のようなマーカー遺伝子を挿入し標的遺伝子を破壊しておく．これを目的の細胞中に導入すると，プラスミドとゲノム間の相同な領域の間で組換えが起こり，ゲノム上の相同遺伝子のコード領域に抗生物質耐性遺伝子の挿入された形質転換体が生じる．抗生物質を含んだ培地で細胞を培養することにより，遺伝子ノックアウト細胞（形質転換体）を選択することができる．普通ランダムな挿入を起こす非相同組換え*の方が高い頻度で起こるので，非相同組換えによる形質転換体を区別するために，相同領域の外側に，たとえば

単純ヘルペスウイルス*のチミジンキナーゼ*遺伝子を配置させておき，ガンシクロビル*処理による選択を行うことが多い．ノックアウトマウス*の作製には，標的遺伝子が破壊された胚性幹細胞*が用いられることが多い．動植物個体の特定の場所で標的遺伝子をノックアウトする技術も開発されている．(→遺伝子サイレンシング)

**遺伝子ノックダウン** [gene knockdown] ＝遺伝子サイレンシング

**遺伝子破壊** [gene disruption] →遺伝子ターゲッティング

**遺伝子発現** [gene expression] 遺伝子*はゲノム*の複製*という形で，生物個体の遺伝形質を次世代へ保存するのみならず，遺伝子自身がもつ情報をそれ自身が含むプログラムに従ってRNAやタンパク質という機能をもつ遺伝子産物*の形に表現する．これが遺伝子発現であり，さまざまな分子複合体，細胞小器官，細胞，組織，器官，個体の形成と自己組織化を実現することを通して，生物の多様な環境への適応，さらには遺伝子自身の保存，複製をもより確実なものにしている．このため，個々の遺伝子の発現は，時間的に，また多細胞生物では空間的にも高度に制御されている．この制御は，遺伝子が発現されるまでの転写，転写後修飾，翻訳*，翻訳後修飾*という個々の段階での調節機構が知られている．転写，つまりゲノムDNAを鋳型としたRNA合成は遺伝子発現の最初の過程である．転写調節*は最も重要な発現調節機構であり細胞質のmRNAレベルを制御する．ある遺伝子が個々の細胞で活発に転写されるか否かを決定する因子として，遺伝子の調節領域に結合するトランスアクチベーター*や転写抑制に働く転写調節因子およびコアクチベーター*やコリプレッサー*のような転写共役因子の発現量や活性調節が重要である一方，トランスアクチベーターの作用しやすさに影響する因子としてクロマチン構造がその遺伝子の領域で"open"(ゆるんだ状態)になっているかというシス性の因子も重要と考えられている(→DNアーゼI高感受性部位)．一次転写産物は転写後，プロセシング*を受けて成熟mRNA，rRNA，tRNAなどになる．この段階で真核細胞のmRNAの多くはスプライシング*を受けるが，同一の転写産物から，細胞の種類や分化段階により異なったmRNAを生じることがある(→選択的スプライシング)．rRNAなどのRNA遺伝子を除くと，遺伝子発現はmRNAの翻訳によりタンパク質が産生される過程を含む．mRNAの翻訳の受けやすさはmRNAによって選択的に，または非選択的に調節を受ける(→翻訳調節)．さらに，細胞質でのmRNAレベルは供給(転写)のみならず，分解速度(安定性)の段階でも生理活性物質の作用や細胞の分化段階により調節を受けることがある．遺伝子発現の最終段階である，翻訳により生成したタンパク質がさまざまな修飾を受ける段階(翻訳後修飾)でも調節機構が存在する．たとえば，同一のタンパク質が，個々の細胞で異なる糖鎖付加を受ける例が，神経系などの複雑な系で報告されている．また，細菌や酵母のタンパク質ではスプライシングを起こすものもあり，翻訳後修飾の一例ともなっている．マイクロRNA*(miRNA)で代表される非コードRNA*による翻訳の阻害も起こり，細胞内では多様な様式による発現調節が行われている．

**遺伝子発現プロファイル** [gene expression profile] 発現プロファイル(expression profile)ともいう．さまざまな条件下における遺伝子発現*の包括的なパターン．発現量を多次元ベクトルで表したものである．この多次元ベクトルに基づいて類似の発現プロファイルを示す遺伝子群や標本群をクラスターに分類することができる(→クラスタリング)．おもに用いられる発現測定技術として，DNAマイクロアレイ*があげられる．

**遺伝子バンク** [gene bank] ＝遺伝子ライブラリー

**遺伝子微細地図** [genetic fine map] ＝遺伝子地図【3】

**遺伝子病** ＝遺伝病

**遺伝子標識** [gene labeling] 遺伝子治療*といった場合には，通常は，遺伝子の導入によって疾病を直接治療することをさすが，広い意味での遺伝子治療に，遺伝子標識という方法がある．遺伝子標識は治療のために遺伝子を体内に入れるのではなく，治療法の改善のために，患者からの細胞をいったん体外へ取出し遺伝子で標識し，再び体内へ戻す方法である．すなわち遺伝子標識は，ヒトの体内に，外から遺伝子を導入するという点では遺伝子治療とまったく同じである(→ *ex vivo* 遺伝子治療)が，直接の治療ではなく，治療法の開発や改善に役立てることを目的にしている．遺伝子標識の実例として白血病などのがんの治療に伴う骨髄の自家移植がある(→自家骨髄移植)．制がん剤の投与や放射線治療を始める前に，あらかじめ患者の骨髄を採取しておく．採取した骨髄細胞からがん細胞を取除き(パージング purging)，ベクターを使って，ヒトには存在しない無害のマーカー遺伝子を導入する．その後，放射線療法や制がん剤などでがん細胞をすべてたたいた患者に，採取しておいたマーカー遺伝子が挿入された骨髄細胞を自家移植する．患者が再発した場合には，がん細胞を採取してマーカー

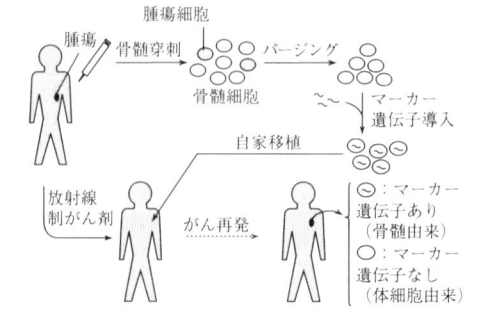

遺伝子の有無を調べる．マーカー遺伝子があれば，パージングが不完全だったことがわかるし，マーカー遺伝子がなければ，体内にがん細胞が残存していたと考えられる．すなわち，この場合の自家移植は治療自体が目的ではない．

**遺伝子頻度**［gene frequency］ ＝対立遺伝子頻度

**遺伝子ファミリー**［gene family］ 遺伝子族ともいう．ゲノム中に存在する，共通の祖先をもつ複数の遺伝子群の総称．それらは進化過程で重複し形成されたものであり，したがってそれらは塩基配列の相同性が高い．相同性がよく保持されているものとしてリボソーム遺伝子群があげられるが，そのタイプのファミリーは多重遺伝子族*とよばれることが多い．一方それぞれの遺伝子コピーが分化した機能をもつ遺伝子ファミリーとしてヘモグロビン遺伝子（→グロビン遺伝子）があげられる．ここでは$\beta$ヘモグロビン遺伝子を例にとり，遺伝子群の構成とその分子進化について述べる．ヘモグロビンタンパク質は成人では$\alpha_2\beta_2$（および$\alpha_2\delta_2$）という四量体から成るが，胎児では$\beta$鎖の代わりに$\gamma$鎖が，胚では$\varepsilon$鎖と$\gamma$鎖の発現がみられる．$\gamma$鎖は酸素分圧が低い胎生期でも効率よく酸素を運ぶことができる．これらの$\beta$鎖の遺伝子ファミリーは五つの異なる機能をもつ遺伝子（$\varepsilon$，二つの$\gamma$，$\delta$，$\beta$）と一つの偽遺伝子$\psi\beta1$を含んでいるが，約50 kbpのDNA領域内にクラスターをなし，第11染色体上に存在している．他の脊椎動物でもこれとよく似た遺伝子ファミリー構成をもっている．種々の脊椎動物についてヘモグロビン遺伝子の一次構造を比較研究することにより，このグロビン遺伝子ファミリーの起原を推定することができる．約8億年前にグロビン遺伝子の祖先が存在し（新生され），一部は現在の哺乳動物にみられるミオグロビン*遺伝子へと進化し，一方はヘモグロビン遺伝子となったと考えられている．5億年前ぐらいに遺伝子は重複し，$\alpha$鎖と$\beta$鎖が連なった配列となったが，3億年前にはDNA再編成*が起こり$\alpha$鎖と$\beta$鎖が分離され，2億年ぐらい前には遺伝子重複*により$\alpha$鎖，$\beta$鎖の遺伝子ファミリーを形成していったと考えられている．遺伝子ファミリー内の個々の遺伝子の構造的機能的差は，進化過程に蓄積した突然変異によりもたらされたと考えられる．遺伝子一般では20万年に約1000塩基に1塩基の割合で塩基置換が起こると計算されている．ヘモグロビンの$\alpha$鎖群，$\beta$鎖群を指定している遺伝子全体をよぶときにはスーパー遺伝子ファミリー*とよばれることが多い．さらに進化的に離れているミオグロビン遺伝子もスーパー遺伝子ファミリーの範囲に入れてもよい．どこまで類似すると遺伝子ファミリーとよべる範囲内であるかは定説がない．一方，多くの異なる遺伝子が共通のDNA結合ドメインや他の機能ドメインをもつことが知られている．それは，新しい遺伝子の形成に遺伝子の一部，ドメイン単位でも頻繁に組換えにより組込まれるからである．それらもスーパー遺伝子ファミリーの一員として分類されてもよいと思うが，まだ一般的ではない．

**遺伝子不活性化**［gene inactivation］ 遺伝子が転写されなくなり，そのため機能しない状態をいう．ヘモグロビン遺伝子は造血組織でのみ活性化され，他の組織では不活化されている．遺伝子に突然変異が起こり，その結果機能発現できなくなる遺伝的変化とはこの点で区別される．一般的にはその遺伝子のまわりの染色質構造が変化し，RNAポリメラーゼがプロモーター領域にアクセスできなくなった状態をさす言葉である．転写因子*または非ヒストンタンパク質*の結合の他，ヒストン*のアセチル反応，DNAのメチル化*などが重要な因子であり近年，遺伝子サイレンシング*の機構の解明が進み，短い非コードRNA（siRNA*）がDNAやヒストンのメチル化を誘導することが引き金となることが明らかになっている．メチル化による遺伝子の不活性化は多数のインプリンティング遺伝子にも見られる．特殊なものとしてX染色体全体の不活化がある（→X染色体不活性化）．哺乳類の雌の細胞は2本のX染色体をもつが，その1本は発生の初期過程で不活化され凝縮した染色質として観察される．この不活化にはXist（→X染色体不活性化特異的転写物）というRNA遺伝子の発現が直接関与する．Xist RNAは一方のX染色体から発現され，そのX染色体にシスに結合することで染色体レベルでの不活性化をひき起こす機能性RNAであり，Xistのアンチセンスを RNAをコードするTsixは，その発現によってXistの発現をシスに抑制する．Tsixの機能が欠損したX染色体上ではXist遺伝子座に抑制型のエピジェネティックな修飾が正しく構築されない．TsixがXist遺伝子座のクロマチン構造構築に深く関与し，それによってXistの発現を制御していること示唆されている．

**遺伝子変換**［gene conversion］ 減数分裂ではヘテロ接合体の対立遺伝子(a/b)は2：2に分離するはずであるが，まれにこの分離からずれを示すことがある．aが3でbが1というようにである．これは一つの対立遺伝子(b)があたかももう一方の対立遺伝子(a)に変換されたような現象で，遺伝子変換とよばれる．染色体上の遺伝子変換を示した部位の両側を調べると，高頻度で組換え*を起こしていることから，遺伝子変換は修復を伴った一つの組換え反応の結果であると考えられている．（→非相互組換え）

**遺伝子歩行**［gene walking］ ＝染色体歩行

**遺伝子マッピング**［gene mapping］ 染色体マッピング(chromosome mapping)ともいう．ある遺伝子の位置を染色体地図*上に特定すること．すでに位置の特定された遺伝子との連鎖に基づいて連鎖地図*上に位置を特定する遺伝学的マッピングと，in situ ハイブリダイゼーション*もしくはサザンブロット法*など物理的な手法により物理的地図*上に位置を特定する物理的マッピングとがある．（→クローンマッピング）

**遺伝子融合**［gene fusion］ 異なる複数の遺伝子が組換えなどにより融合タンパク質*をコードするようになること．自然界においては，これによってタン

パク質が新しい機能を獲得し多機能化してきたと考えられている．人工的にこれを行うことも技術的に広く利用されている．たとえば，大腸菌の発現ベクター*を用いて大腸菌由来のプロモーター*と目的の遺伝子を組換え DNA 技術*によって融合し，大腸菌内で目的のタンパク質を大量発現させることが行われている．また，調べたい遺伝子に大腸菌の lacZ 遺伝子を人工的に融合し，その β-ガラクトシダーゼ活性を利用して染色することによって，その遺伝子産物の発現分布，時期を調べる方法が広く用いられている．

**遺伝子優先変異誘発** [gene driven mutagenesis] ある特定の遺伝子を遺伝子ターゲッティング*や遺伝子トラップ*により欠失させることで，人工的に突然変異*をひき起こす方法である．機能未知の遺伝子の機能を解析するために用いられる．表現型を解析することで，その遺伝子がどのような機能をもつのか解析することができる．レポーター遺伝子*を発現するように改変されたベクター*を用いた遺伝子トラップで遺伝子の欠失を起こせば，遺伝子の機能解析だけでなく発現時期の特異性や発現組織の特異性も解析することが可能である．欠失させる遺伝子がランダムである場合，5′RACE でベクター挿入位置上流の cDNA 配列を解析し，その配列から遺伝子を特定することができる．これに対し，変異原性をもつ化学物質により突然変異を誘発させ，表現型をスクリーニングする方法（表現型優先変異誘発，phenotype-driven mutagenesis）がある．

**遺伝受容能** [genetic competence] 形質転換*実験やトランスフェクション*実験において，供与体として加えた核酸を取込む細胞の活性．このような能力をもった細胞をコンピテント細胞*という．枯草菌*の例にみられるように，特定の生理状態の細胞がこの性質を獲得する場合もある．一方，大腸菌ではカルシウムイオン処理により，酵母ではアルカリイオン処理により遺伝受容能を誘導することができる．

**遺伝情報** [genetic information] ゲノム*を構成する核酸*中の塩基配列として保存されている情報．遺伝情報はゲノム中に永久保存されており，ゲノム中の情報は RNA，あるいはタンパク質に変換されて初めてその機能が発現される．ゲノム中の情報を RNA に写し取ることを転写*といい，その RNA を鋳型*にしてタンパク質を合成することを翻訳*という．転写直後の RNA は機能をもつ成熟 RNA になるまでに種々の修飾を受ける．これを転写後修飾*という．成熟 mRNA を鋳型にして翻訳されたポリペプチドは種々のプロセシングを受けた後に機能をもつタンパク質となる．この過程を翻訳後修飾*という．遺伝情報は，核酸からタンパク質へと伝えられ逆行することはない．これをセントラルドグマ*という．ただし，レトロウイルスでは転写反応により合成された mRNA が鋳型になり相補的 DNA（cDNA）が合成される，いわゆる逆転写反応が起こる．

**遺伝子抑制** ＝遺伝子サイレンシング

**遺伝子ライブラリー** [gene library] 遺伝子バンク（gene bank），ゲノム DNA ライブラリー（genomic DNA library）ともいう．単一の生物種の全ゲノム DNA 断片を含むファージ，コスミドの集合体．たとえばヒトゲノムは $3 \times 10^9$ bp のサイズをもつので λ ファージベクター*に平均 10～20 kbp の長さで挿入された DNA 断片がもれなくすべての断片を 90 % 以上の確率でもつには，約 100 万クローンの λ ファージの集合体が必要とされる．古くから λ ファージベクターが使われてきたが，より大きいサイズの DNA 断片をおのおののベクターに挿入するため，コスミドベクター*（→コスミドライブラリー）も使われる．コスミドベクターで扱えない数百 kb に達する長い DNA に対しては，細菌や酵母の人工染色体である BAC や YAC（＝酵母人工染色体ベクター）が用いられる．PAC とよばれる人工染色体は，Cre/loxP システム*が利用でき，バクテリオファージ P1 の複製起点を用いて低コピーの組換えプラスミドを作製したり，キャプシドへの DNA のパッケージングを利用して組換えファージを作製したりできる．広義には cDNA ライブラリー*も含んだ用語として用いられることもあるが，機能素子としての mRNA（cDNA）の集合体である cDNA ライブラリーとは本質的に内容が異なるので両者を混用すべきではない．(→ファージベクター)

**遺伝子量** [gene dosage] ゲノム中のある特定の遺伝子の量．突然変異により，ある遺伝子または遺伝子の機能が欠損した場合には，その分だけ遺伝子量は減る．また，遺伝子重複*や人工的な形質転換*により，その分だけ遺伝子量は増える．二倍体生物の場合，多くの遺伝子は遺伝子量が野生型に比べて 1 増減しても特に表現型*を示さないが，遺伝子産物の絶対量が重要である遺伝子ではその遺伝子量が表現型に著しく現れることがある．また，ある遺伝子の活性が弱くなっている突然変異体では，その遺伝子と協調して働く他の遺伝子の遺伝子量の増減によって，その表現型が抑制されたり増強されたりする．遺伝子量の違いによる表現型の変化を利用し，その遺伝子産物が関与する複数の経路を遺伝的に区別し，それぞれの反応経路を探る手法が開発された．チロシンキナーゼ*に由来するシグナル伝達系の解析が，その著しい例である．(→コピー数制御)

**遺伝子療法** ＝遺伝子治療

**遺伝子量補償** [gene dosage compensation, dosage compensation] 遺伝子量補正ともいう．広義には，遺伝子量が異なっている場合に同程度の発現レベルになるように補正する機構のこと．哺乳類やハエ，線虫などでは雄と雌で X 染色体の含有量が異なっているが，X 染色体の遺伝子発現レベルを雄と雌とで同レベルになるように調節する機構のことをさす場合が多い（→X 染色体不活性化）．哺乳動物やショウジョウバエでは非コード RNA*が遺伝子量補償に関与していることが知られている．哺乳類では Xist（＝X 染色体不活性化特異的転写物）とそのアンチセンス RNA である Tsix という二つの非コード RNA が関係し，不活

性化X染色体ではXistが染色体全体を覆い，染色体レベルでの遺伝子サイレンシング*をひき起こす．ショウジョウバエではroX1とroX2の2種類の非コードRNAが，雄のX染色体に結合して転写量を増強することにより，遺伝子量補償が行われる．線虫では，コンデンシン*に類似した遺伝子量補償タンパク質複合体が雌雄同体のX染色体に特異的にリクルートされ，その高次構造を変化させることにより遺伝子発現を抑制しているらしい．

**遺伝子量補正** ＝遺伝子量補償

**遺伝性球状赤血症症** [hereditary spherocytosis] 先天性病因（多くは常染色体優性遺伝，ときに同劣性遺伝形式）による溶血性貧血*で疫学上わが国で最も頻度が高い．臨床的には黄疸，貧血，脾腫を呈し，末梢血赤血球は小型球状赤血球症(⇨球状赤血球症)を特徴とする．患者赤血球は食塩液浸透圧抵抗の減弱とナトリウム輸送能の著しい亢進を示す．病因は病的赤血球の脾による抑留亢進にあるが，病的赤血球では膜タンパク質アンキリン*，スペクトリン*，バンド3*，バンド4.2*の欠損と関連遺伝子変異が発見されている．(⇨遺伝性楕円赤血球症)

**遺伝性酵素欠損症** [hereditary enzyme defects] ＝先天性代謝異常

**遺伝性代謝病** [inherited metabolic disease] ＝先天性代謝異常

**遺伝性楕円赤血球症** [hereditary elliptocytosis, hereditary pyropoikilocytosis, hereditary ovalocytosis] 末梢血赤血球形態において楕円赤血球症（多くは80％以上）を呈する病態の総称である．一部の症例は溶血性貧血*を呈し，その病態は遺伝性球状赤血球症*のそれに酷似するが，本症の多くは無症候性である．溶血型の本症では，赤血球細胞骨格タンパク質とくにスペクトリン*のα鎖とβ鎖との重合障害が存在することが多く，α鎖ではN末端部を中心に8種，β鎖ではC末端部短縮が8種発見され，おのおのの遺伝子変異が同定されている．わが国ではバンド4.1*異常症が多い．

**遺伝性非腺腫性大腸がん** [hereditary non-polyposis colon cancer] HNPCCと略す．家族性大腸がん (familial colorectal cancer)ともいう．DNAミスマッチ修復遺伝子(*MSH2*・*MLH1*・複数の*PMS*)の遺伝的突然変異によって家族内に大腸がん*が集積する症候群である．これらの遺伝子異常が直接的に細胞の増殖を促進するのではなく，DNAに生じたエラーを修復できずに間接的にがん関連遺伝子の遺伝子異常をひき起こしやすくすることが，がんができやすくなる原因となっている．また，その成因からわかるように大腸以外のがん，子宮体がん・胃がん・膵がんなども起こしやすい特徴がある．また，これらの家系に生じたがん組織のDNAは不安定であることから，マイクロサテライト領域において高頻度にRER(replication error)が認められる．

**遺伝相談** ＝遺伝カウンセリング

**遺伝地図** [genetic map] 遺伝子地図*(gene map)

ともいわれる．各遺伝子の位置関係を染色体*ごと（あるいは連鎖群*ごと）に示した図．遺伝的な連鎖による各遺伝子の相対位置を示したものを連鎖地図*，物理的なDNAの長さに基づいておのおのの位置を示したものを物理的地図*という．前者は各遺伝子の距離を通常センチモルガン*で表し，後者ではキロ塩基対で表す．また，大腸菌などでは接合の際，供与菌から受容菌への移動に要する時間(分)で遺伝子間の距離を表した遺伝地図がつくられている．

**遺伝的アルゴリズム** [genetic algorithm] GAと略す．近似解を探索するアルゴリズム*．計算問題に依存しないヒューリスティックアルゴリズムの一種である．このアルゴリズムは1975年ミシガン大学のJ. Hollandによって提案された．生命科学分野では遺伝子配列解析や遺伝子発現解析の分野で利用されている．アルゴリズムの概要はつぎの通りである．まず解の候補を遺伝子に見立てた個体とする．これを複数用意し適応度の高い個体を選択した後，遺伝子に交差や突然変異を加える，という操作を繰返して解を探索する．このアルゴリズムの利点は評価関数の性質について知識がなくても多くの問題に応用できる点である．またNP困難のような最適解を求めるのが難しい問題へも有効である．このアルゴリズムは利用のしかたによって欠点が二つある．一つは初期に偶然によって適応度の高い個体が発生し爆発的に数が増えてしまい，突然変異などの効果を得られずに早い世代で収束してしまう問題である．二つ目としては最適解の近傍の解が最適解の生成を妨げることが知られている．(⇨バイオインフォマティクス)

**遺伝的極性** [genetic polarity] ウイルスや細菌のポリシストロン性mRNA*を形成するオペロン*内に生じた突然変異により変異部位よりも下流に位置する遺伝子の発現が低下する現象．極性を起こす突然変異として，ナンセンス突然変異*，挿入突然変異，フレームシフト突然変異*がある．いずれの場合もナンセンスコドン*が生じることにより，その下流のmRNAが不安定になり極性が生じる．(⇨極性突然変異)

**遺伝的組換え** [genetic recombination] 相同性のある一組の遺伝子群，または相同性のない遺伝子群の間で入換えが起こり，新しい組合わせの遺伝子群を生じること．これらの研究は初期には突然変異による表現型を利用して行われたが，遺伝子に物質としての基礎が与えられた後には，対象とするレベルの相違によるずれが時には生じることがあるにしても，核酸分子間の反応過程として裏づけをもち，その機構も生物界に果たす役割も明らかになった．(⇨組換え)

**遺伝的刷込み** ＝ゲノムインプリンティング

**遺伝的多型** [genetic polymorphism] 一つの種に属する生物にも当然遺伝的個体差がある．すなわち，個々のゲノムの塩基配列は多種多様である．種分化という比較的短い進化過程でもDNA配列に変化(DNA変異)が蓄積する．その変化は表現型に病的影響を与える場合と影響を与えない場合とがあり，後者を多型という．多型は進化的に中立な変異であるため集団中

に蓄積されやすく，その結果高頻度にみられる．ABO式の血液型を制御する遺伝子座は最もよく知られた例で，多型を示すA，B，Oという3種の対立遺伝子が存在する（⇒ABO式血液型）．シトシンとアデニンが繰り返す配列（CA反復配列またはマイクロサテライトDNA*）は多型頻度が高く，その多型がPCR*法で容易に検出できることから，遺伝的マーカー*として注目されている．

**遺伝的多様性**［genetic diversity］　生物の種内および種間に存在する多様性の中で遺伝子の働きにより子孫に伝えられていくものをいう．表現型では，遺伝子の働きによるのか，環境の影響によるのか明らかでない場合が多い．遺伝子レベルで直接多様性を測定することが可能になり，正確に表せるようになった．すなわち種内および種間での相同遺伝子（ホモログ*）の違いを量的に表すわけで，たとえば遺伝子塩基配列を比較し，塩基が異なっている割合を用いて測定する．遺伝的多様性の起源は種内に生じる各種突然変異，すなわち塩基の置換，欠失，重複および遺伝子変換*や遺伝的組換え*，さらに動く遺伝子（⇒トランスポゾン）の転位などである．これらが遺伝的浮動*，自然選択*，個体の移住などの影響のもとに増減を繰返し，多様な生物種を形成するものと考えられている．この時最も重要なのはさまざまな環境のもたらす多様化淘汰であろう．（⇒分岐進化）

**遺伝的背景**［genetic background］　⇒遺伝子型

**遺伝的浮動**［genetic drift, random genetic drift］　ライト効果（Wright effect）ともいう．生物集団の遺伝子頻度が偶然により変動すること．原理的には，集団個体数が有限であるため，世代交代*に際し配偶子がランダムに抽出されて遺伝子頻度がゆらぐことによる．古典遺伝学では，生物集団が一般に大きいことから，遺伝的浮動はそれほど重要ではないと考えられていた．遺伝子レベルでは木村資生が1968年に分子進化の中立説*を発表して以来重要性が認識されるようになった．そして個々の突然変異の効果が小さいため，集団が大きくても遺伝的浮動の影響が無視できないことが明らかになった．自然選択*が遺伝的浮動より有効に働くためには，集団が十分大きく，1世代当たりの繁殖に寄与する個体数と選択係数で表した選択の強さとの積が，1より大きな値にならねばならないが，一般に生物集団の大きさはいろいろな値をとるので遺伝的浮動の重要性もさまざまである．種分化の際は集団が小さくなる場合が多く，遺伝的浮動の影響が大きいと考えられている．

**遺伝的マーカー**［genetic marker］　標識遺伝子ともいう．多型的表現形質との対応が明確であり，染色体上の座位が決められている遺伝子をいう．連鎖分析においては，既知の遺伝的マーカーとの組換え率によって，対象とする表現形質を支配する未知の遺伝子の座位を決めることができる．染色体上の座位が決められ，かつ塩基配列が決められたDNAおよび繰り返し配列を含むDNA断片は，PCR*法などの分析法によって有効な遺伝的マーカーになる．

**遺伝毒性**［genotoxicity］　遺伝物質であるDNAは化学物質や放射線などにより化学的に修飾を受け，変化する場合がある．DNAが個体にとって有害となる変化を受け，それが子孫に伝えられて障害を現すことを遺伝毒性という．DNAを変化させる物質（変異原*）は，数多く存在し，遺伝的障害の発現は潜在的でしかも緩慢であり，数世代後に実害として現れる．よって，このような物質に対しては，十分な対処が必要である．（⇒遺伝毒性物質）

**遺伝毒性物質**［genotoxic agent］　遺伝毒性*を誘発する物質のことをいう．変異原物質や突然変異誘発物質ともほぼ同義で使用される．DNAを変化させる化学物質のことで，放射線をこれに含める場合もある．（⇒発がん物質）

**遺伝病**［genetic disease］　遺伝子病ともいう．親から子へ伝わる病気のこと．これは遺伝子を介して伝わるもので，ウイルスや細菌を介して伝わる（⇒垂直伝播【2】）ものは，この中には入れない．ヒトは父親と母親からそれぞれ1個ずつの対立遺伝子をもらうが，その片方のみが異常な遺伝子であってもある疾患が発病する場合を優性遺伝病といい，両親から同じ異常遺伝子をもらった時にのみ発病する場合を劣性遺伝病という．

**移動期**［diakinesis stage］　ディアキネシス期ともいう．減数第一分裂前期の複糸期*に続く最終段階．染色体の短縮が極度に達し，減数分裂紡錘体に結合する準備が整う．キアズマ*は染色体の末端に位置する．核小体の分散が起こる．核膜は崩壊し二価染色体*は細胞の中期板に向かって移動し，中期*に移行する．（⇒減数分裂）

**移動性イオン輸送体**［mobile ion carrier］　脂質二重膜はイオンを通さないが，細胞膜にはイオン輸送体とよばれるキャリヤータンパク質があって，イオンを結合して受動輸送とともに能動輸送も行う．これに対しイオンチャネル*のタンパク質はチャネル孔を開閉することによってイオンを通すが，イオンには結合せず，受動輸送のみである．移動性イオン輸送体は前者のキャリヤータンパク質のうちキャリヤー自体が細胞膜内を移動するもので，エネルギー供給系とは結びついていないので受動輸送である．バリノマイシン*はその一例で，24員環がK+と特異的に包接化合物を形成して電気化学的プロトン勾配に従って移送する．イオノホアのA23187*は$Ca^{2+}$や$Mg^{2+}$のような2価イオンを細胞外から中に輸送し，帰りは2分子の$H^+$を細胞外にもち出し，シャトルとして働いている．いずれも微生物の生成物であるが，生体膜の脂質に可溶性でイオン輸送に使われる．

**移動体**［slug］　⇒キイロタマホコリカビ

**イニシエーション**［initiation］　＝発がんイニシエーション

**イニシエーター**［initiator］　【1】TATAボックス*を含まないH2Aヒストン遺伝子やターミナルデオキシヌクレオチジルトランスフェラーゼ遺伝子のプロモーター領域に見いだされた配列で，転写開始点を

規定している。イニシエーターエレメント(Inr)は－2～＋4 の範囲に存在し，ピリミジンに富む PyPyANT/APyPy の配列をもち，A が転写開始位置になる。Inr もコアプロモーターエレメントの一つである。

【2】 → レプリコン

【3】(発がんの) → 発がんイニシエーター

**イネ萎(い)縮ウイルス** [Rice dwarf virus]　RDV と略す。二本鎖 RNA をゲノムとする直径 70 nm の球形のウイルス。ゲノムは 12 本の分節から成り，粒子中に内在する RNA ポリメラーゼ* により，一本鎖の(＋)鎖 RNA が転写される。RDV はツマグロヨコバイやイナズマヨコバイによって伝搬される。また，これらの昆虫体内でウイルスは増殖し，卵内にも移行し経卵伝染する。RDV の宿主範囲はイネ科植物の一部に限られるが，イネは激しい萎縮が生じ，大きな被害となる。RDV は植物細胞でも昆虫細胞においても増殖できる特異なウイルスである。

**イネゲノム** [*Oryza sativa* genome, rice genome]　12 本の染色体から成り，ゲノムサイズは穀物類の中で最小で，約 470 Mbp であり，予測遺伝子数は 32,000～55,000 である。イネ遺伝子の中にはほかの穀物類のタンパク質に対応する相同遺伝子が 80～90 ％の頻度で存在している。現在ジャポニカ(*japonica*)亜種とインディカ(*indica*)亜種のゲノムが解読されている。ほかの穀物類とシンテニー* やホモログ* は広範囲にわたって対応があるが，シロイヌナズナ*(Arabidopsis thaliana)* とのシンテニーは限られている。(→ ゲノム)

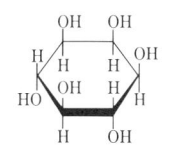

**イノシット** [inosit] ＝イノシトール

**イノシトール** [inositol]　＝シクロヘキシトール(cyclohexitol)，イノシット(inosit)，ヘキサヒドロキシシクロヘキサン(hexahydroxycyclohexane)，シクロヘキサンヘキソール(cyclohexanehexol)。Ino と略される。$C_6H_{12}O_6$，分子量 180.16。1850 年にウシの心筋抽出液より初めて単離された糖アルコールの一種で，生体内において補酵素的作用を示すビタミン B 群の一つである。イノシトールリン酸* の形でシグナル伝達* 系におけるセカンドメッセンジャー* として重要な役目を果たしている(→ イノシトールポリリン酸)。9 種類の立体異性体のうち図に示す *myo*-イノシトールのみが生理活性をもっている。生体内ではグルコース 6-リン酸からイノシトール-3-リン酸合成酵素とイノシトール-3-リン酸脱リン酸化酵素により生成される。多くの穀物に含まれており，食物により摂取されたイノシトールは主に小腸から吸収され，門脈により肝臓を通過後，体循環により全身組織に輸送される。細胞膜脂質の一つであるイノシトールリン脂質の構成成分であり，抗脂肪肝作用のほか，抗うつ症や抗不安性をもっている。ヒトでは欠乏症は知られていない

*myo*-イノシトール

が，動物では脱毛症，脂肪肝，発育不全などが認められる。

**イノシトール 1,3,4,5-テトラキスリン酸** [inositol 1,3,4,5-tetrakisphosphate] ＝イノシトール 1,3,4,5-四リン酸。分子量 500.07。$I(1,3,4,5)P_4$ と略記される。イノシトール 1,4,5-トリスリン酸*，$I(1,4,5)P_3$ の 3 位のヒドロキシ基のリン酸化によって生じる。この過程を触媒する酵素はイノシトール 1,4,5-トリスリン酸 3-キナーゼであり，$Ca^{2+}$/カルモジュリン依存性に活性化される。$I(1,4,5)P_3$ が細胞内の小胞体より $Ca^{2+}$ 遊離を促すのに対し，$I(1,3,4,5)P_4$ は細胞外からの $Ca^{2+}$ 流入を促進するという報告があるが確定したものではない。

**イノシトール 1,4,5-トリスリン酸** [inositol 1,4,5-trisphosphate]　一般的に D 形 *myo*-イノシトール環の 1, 4, 5 位にリン酸がついたものをさす(図参照)。$C_6H_{15}O_{15}P_3$，分子量 420.09。$Ins(1,4,5)P_3$ または $I(1,4,5)P_3$，あるいは単に $InsP_3$ や $IP_3$ とも略す。光学異性体の L 形は 2 位を基準に炭素の番号付けが D 形と逆回りになる。$IP_3$ は，ホルモン，増殖因子，神経伝達物質などの刺激でホスホリパーゼ C* が活性化され，膜成分の一種であるホスファチジルイノシトール 4,5-ビスリン酸が加水分解されてジアシルグリセロールとともに合成されるセカンドメッセンジャー* である。この $IP_3$ は小胞体膜上のイノシトール 1,4,5-トリスリン酸受容体* に結合して小胞体内腔に貯蔵された $Ca^{2+}$ を細胞質に遊離することで，$Ca^{2+}$ 濃度を一過性に上昇させる($IP_3$ 誘導 $Ca^{2+}$ 放出)。この $IP_3/Ca^{2+}$ シグナルは多くの $Ca^{2+}$ 依存性の酵素・タンパク質の機能制御を通じて細胞内シグナル伝達に深くかかわっている。増加した $IP_3$ シグナルは，$IP_3$ 5-ホスファターゼと $IP_3$ 3-キナーゼにより，おのおの $I(1,4)P_2$ と $I(1,3,4,5)P_4$ に代謝される。

イノシトール 1,4,5-トリスリン酸 (非解離状態)

**イノシトール 1,4,5-トリスリン酸受容体** [inositol 1,4,5-trisphosphate receptor]　$IP_3$ 受容体($IP_3$ receptor)と略記する。セカンドメッセンジャー* であるイノシトール 1,4,5-トリスリン酸*($IP_3$)をリガンドとする細胞内 $Ca^{2+}$ 放出チャネルである(図参照)。$IP_3$ 受容体は細胞内 $Ca^{2+}$ 貯蔵部位(小胞体など)に存在して，$IP_3$ との結合によりチャネルポアが開口され，$Ca^{2+}$ を細胞質に放出する($IP_3$ 誘導 $Ca^{2+}$ 放出あるいは動員，$IP_3$-induced $Ca^{2+}$ release, IICR)。$Ca^{2+}$ のみならず種々の 2 価のカチオン($Ba^{2+}$, $Sr^{2+}$, $Mg^{2+}$ など)に対する透過度も高い。多くのホルモン，増殖因子，神経伝達物質，光，匂いなどの外的刺激は，細胞膜上のそれらの受容器(G タンパク質またはチロシンキナーゼと共役)がホスホリパーゼ C* を活性化して，膜成分の一種であるホスファチジルイノシトール 4,5-ビスリン酸*($PIP_2$)を加水分解することにより二つのセカンドメッセンジャー，$IP_3$ とジアシルグリセロール*(DG)

（プロテインキナーゼC*の活性化因子の一つ）の産生を誘導する。IP$_3$はIP$_3$受容体に結合してIICRを導き、細胞内Ca$^{2+}$濃度を上昇させる（IP$_3$/Ca$^{2+}$シグナル伝達）。ヘパリンはIP$_3$結合を阻害する。IP$_3$受容体は四量体複合体で、細胞内Ca$^{2+}$貯蔵部位の膜上にIP$_3$開口性Ca$^{2+}$放出チャネルを形成する。一つの受容体サブユニットは分子量が約30万〜31万の巨大な膜タンパク質で、アミノ末端側にIP$_3$結合領域、中央部にリン酸化・ATP結合・カルモジュリン結合などによる調節領域、そしてカルボキシ末端側に6個の膜貫通ドメインから成るチャネル領域をもつ。

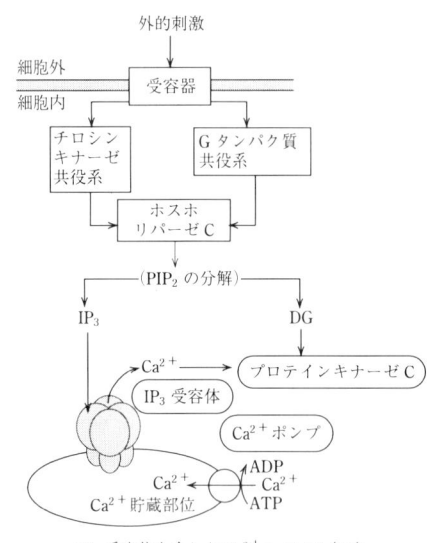

IP$_3$受容体を介したCa$^{2+}$シグナル伝達
（IP$_3$誘導Ca$^{2+}$放出）

現在までに3種類のIP$_3$受容体サブユニット（タイプ1,2,3）が知られており、おのおの異なったIICR活性と細胞・組織発現分布をもつ。タイプ1 IP$_3$受容体は、小脳のプルキンエ細胞に豊富に存在し、滑面小胞体を中心として核膜外膜、細胞膜直下の小胞体槽（表面下槽）に細胞内局在する。IP$_3$/Ca$^{2+}$シグナル伝達は、昆虫類、棘皮動物から哺乳類に至るまで動物種を越えて存在し、これまでに卵母細胞・卵・受精卵などにおけるカルシウムウェーブ*やカルシウム振動*をはじめ細胞周期、発生における背腹軸の決定、刺激分泌連関、T細胞の増殖、光や匂いのシグナル伝達、中枢神経系での可塑性などの細胞機能での関与が示されている。植物にもIP$_3$/Ca$^{2+}$シグナル伝達が存在するらしい。IP$_3$受容体は、骨格筋や心筋などの筋小胞体に存在するリアノジン受容体*（Ca$^{2+}$誘導Ca$^{2+}$放出チャネルの一種）と断片的なアミノ酸配列の相同性があり、ともに細胞内膜系のCa$^{2+}$放出チャネルファミリーを形成すると考えられる。

**イノシトール 1,4-ビスリン酸** [inositol 1,4-bisphosphate] I(1,4)P$_2$またはIns(1,4)P$_2$と略記する。D形myo-イノシトール環の1位と4位にリン酸がついた化合物。C$_6$H$_{14}$O$_{12}$P$_2$、分子量 340.1。I(1,4)P$_2$は、セカンドメッセンジャー*であるイノシトール 1,4,5-トリスリン酸*がIP$_3$ 5-ホスファターゼ活性によって5位の脱リン酸を受ける、またはホスファチジルイノシトール 4-リン酸*のホスホリパーゼC*による分解で産生される。I(1,4)P$_2$は、イノシトールポリリン酸 1-ホスファターゼにより1位が脱リン酸を受けイノシトール 4-リン酸に代謝されるが、リチウム（Li$^+$）はこの酵素活性を阻害してD-myo-イノシトールのリサイクルを抑えるため、イノシトールリン脂質代謝に異常をもたらすことが知られている（⇌イノシトールポリリン酸）。I(1,4)P$_2$はCa$^{2+}$放出を誘導しない。

**イノシトールヘキサキスリン酸** [inositol hexakisphosphate] ⇌イノシトールポリリン酸

**イノシトールペンタキスリン酸** [inositol pentakisphosphate] ⇌イノシトールポリリン酸

**イノシトールホスホグリセリド** [inositol phosphoglyceride] ＝ホスファチジルイノシトール

**イノシトールポリリン酸** [inositol polyphosphate] D-myo-イノシトール環の複数のヒドロキシ基がリン酸基に置換した化合物の総称（IP$_x$と略すことが多く"$x$"はリン酸の数をさす、IP$_6$、IP$_5$、IP$_4$、IP$_3$、IP$_2$がある）。動物細胞では結合するリン酸の数と位置の違いによる20種以上のIP$_x$の存在が知られている。IP$_x$は、ホスファチジルイノシトール* PI、ホスファチジルイノシトール 4-リン酸* PI(4)P、ホスファチジルイノシトール 4,5-ビスリン酸* PI(4,5)P$_2$からホスホリパーゼC*作用でおのおの生成するイノシトール 1-リン酸 I(1)P、イノシトール 1,4-ビスリン酸* I(1,4)P$_2$、イノシトール 1,4,5-トリスリン酸* I(1,4,5)P$_3$を基質にした特異的なホスファターゼやキナーゼによる脱リン酸化とリン酸化を経て生成される（次ページ図参照）。IP$_6$（イノシトールヘキサキスリン酸 inositol hexakisphosphate、C$_6$H$_{18}$O$_{24}$P$_6$、分子量660.04）は植物ではフィチン酸（⇌フィチン）として知られ、多く存在する。一般にIP$_5$（イノシトールペンタキスリン酸 inositol pentakisphosphate、C$_6$H$_{17}$O$_{21}$P$_5$、分子量580.06）の95％以上はI(1,3,4,5,6)P$_5$であるが、細胞の種類で他のIP$_5$が主成分であることも報告されている。一般にIP$_x$の大半はIP$_5$とIP$_6$である。IP$_4$（イノシトールテトラキスリン酸、C$_6$H$_{16}$O$_{18}$P$_4$、分子量500.1）の中でもイノシトール 1,3,4,5-テトラキスリン酸* I(1,3,4,5)P$_4$は、おもにI(1,4,5)P$_3$を基質としてIP$_3$ 3-キナーゼ活性で生成される。IP$_4$、IP$_5$、IP$_6$の生理機能については不明な点が多いが、IP$_4$はCa$^{2+}$流入を誘導するシグナルであるとする考えもある。動物細胞ではそれぞれ特異な受容体タンパク質の存在が報告されていて、クラシリンAP-2やシナプトタグミンとの結合からエキソサイトーシス*との関係が注目されている。植物ではIP$_6$はリン酸の貯蔵物質成分であると考えられている。一方 IP$_3$（イノシトールトリ

イノシトール 89

```
                    PI      PI(4)P     PI(4,5)P₂   PI代謝回転
                              ホスホリパーゼ C
リサイクル   I(1)P      I(1,4)P₂    I(1,4,5)P₃ ⇌ I(1,3,4,5)P₄
         *↓Li⁺   *↗    *↗
   I ← I(4)P    I(1,3)P₂   I(1,3,4)P₃ → I(1,3,4,6)P₄ → I(1,3,4,5,6)P₅ → I(1,3,4,5,6)P₅P
         ↑*Li⁺           *↑Li⁺
         I(3)P   I(3,4)P₂  I(1,4,6)P₃
                           I(3,4,6)P₃

  I(1,4,5,6)P₄   I(1,2,4,5,6)P₅                IP₆
  I(3,4,5,6)P₄   I(1,2,3,4,5)P₅
  I(1,2,3,5)P₄   I(1,2,3,4,6)P₅                IP₆P
  I(2,3,4,5)P₄   I(1,2,3,5,6)P₅                IP₆P₂
  I(2,4,5,6)P₄   I(2,3,4,5,6)P₅
```

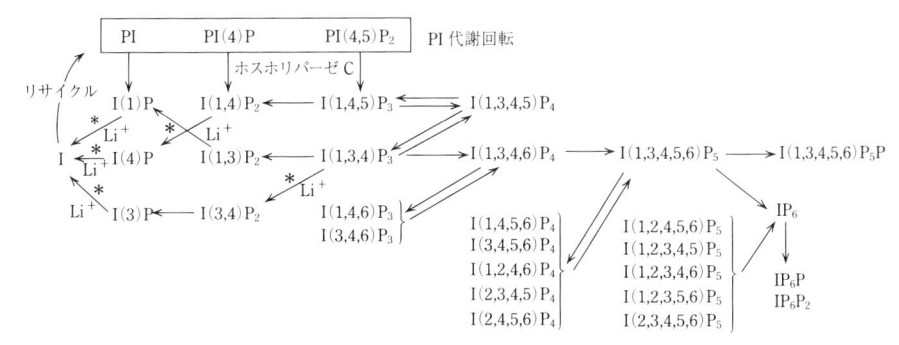

イノシトールポリリン酸の代謝（*はLi⁺で阻害される）

スリン酸）の中でも I(1,4,5)P₃ はセカンドメッセンジャー*として機能し，IP₃受容体に作用して細胞内 $Ca^{2+}$ 貯蔵部位（小胞体など）からの $Ca^{2+}$ 放出を誘導する（IP₃誘導 $Ca^{2+}$ 放出）．IP₃ と IP₄ は刺激に応じて活発に代謝される．IP₂（イノシトールビスリン酸）はホスファチジルイノシトールリン酸 PIP の加水分解によっても生成される．躁うつ病薬として用いられるリチウム（Li⁺）は IPₓ がイノシトールとなる代謝経路を阻害する（I(1,4)P₂/I(1,3,4)P₃ 1-ホスファターゼとイノシトールモノホスファターゼ活性を阻害する）．よってイノシトールリン脂質経路*にリサイクルされるイノシトールが不足するため，イノシトールリン脂質代謝シグナル伝達系が抑えられる．アフリカツメガエル卵割球の腹側予定域へのリチウムの注入は背腹軸決定を乱して背側化を導くが，イノシトールの同時投与はその影響を抑えることが知られている．上記のほかに1位か2位または両方のリン酸基がピロリン酸となる高エネルギーリン酸化化合物 I(1,3,4,5,6)P₅P，IP₆P，IP₆P₂ もあるが機能は不明である．

**イノシトールリン酸**[inositol phosphate] イノシトール環の1位から6位のヒドロキシ基のいずれかにリン酸基がエステル結合した化合物．（→イノシトールポリリン酸）

**イノシトールリン脂質**[inositol phospholipid] ホスファチジルイノシトール*（PI），ホスファチジルイ

```
        PI4-キナーゼ        PIPキナーゼ
   PI ――――――→ PI(4)P ――――――→ PI(4,5)P₂
    ↓PI3-キナーゼ  ↓PI3-キナーゼ    ↓PI3-キナーゼ
   PI(3)P        PI(3,4)P₂      PI(3,4,5)P₃
```

ノシトール 4-リン酸*（PIP，または PI(4)P），ホスファチジルイノシトール 4,5-ビスリン酸*（PIP₂，または PI(4,5)P₂），ホスファチジルイノシトール 3,4,5-トリスリン酸（PIP₃，または PI(3,4,5)P₃）などのイノシトール含有リン脂質の総称である．イノシトールリン酸を含有するポリホスホイノシチドは PI より合成される．PI の4位にリン酸を付加する PI4-キナーゼは PI より PI(4)P を生合成し，さらに PIP5-キ

ナーゼにより5位にリン酸が付加されて PIP₂ となる一方，PI のイノシトールの3位にリン酸を付加する酵素は PI3-キナーゼであり，この酵素は PI のみならず PI(4)P，PI(4,5)P₂ をも基質としうる（→ホスファチジルイノシトールキナーゼ）．上記の経路で生合成される．

**イノシトールリン脂質経路**[inositol phospholipid pathway] ホスファチジルイノシトール経路（phosphatidylinositol pathway），イノシトールリン脂質シグナル伝達経路（inositol phospholipid signaling pathway），PI 代謝回転（PI turnover）ともいう．イノシトールリン脂質*の中の微量成分であるホスファチジルイノシトール 4,5-ビスリン酸*（PI(4,5)P₂，PIP₂）は，多くのホルモンや神経伝達物質の受容体活性化に伴って，イノシトール 1,4,5-トリスリン酸*（IP₃）とジアシルグリセロール*（DG）に分解される．IP₃ と DG はセカンドメッセンジャー*として働く．IP₃ は細胞内小胞体上のイノシトール 1,4,5-トリスリン酸受容体*に結合し，$Ca^{2+}$ の遊離を促し，$Ca^{2+}$ 依存性の系を活性化したり，$Ca^{2+}$/カルモジュリンキナーゼの活性化を生じる．一方 DG はプロテインキナーゼ C*（C キナーゼともいわれる）を活性化する．その結果，各種機能タンパク質のリン酸化が起こり，細胞応答が生じる（次ページ図a）．受容体刺激を受けて PIP₂ を分解し IP₃ と DG を産生する酵素はホスホリパーゼ C*（PLC）であるが，PLC には三量体 G タンパク質と共役して活性化される PLC-β 型やチロシンキナーゼ系と共役して活性化される PLC-γ 型など多くのアイソザイム*が存在する．PIP₂ が急激に分解されると PIP₂ の枯渇を生じ，ホルモン刺激に応答してセカンドメッセンジャー産生ができなくなる．そのため PIP₂ の再合成を活発にして枯渇を防ぐ機構が働いている．PIP₂ 分解によって生じた DG は DG キナーゼにより直ちにホスファチジン酸（PA）に変換され，CDP-DG を経て PI 合成へ向かう．PI は PI4-キナーゼにより PI(4)P に変えられ，さらに PIP キナーゼにより PI(4,5)P₂ へと再合成される（図b）．受容体刺激を受けて分解された PIP₂ 分解産物は再度 PIP₂ サイクル（PI サイクル）を回って PIP₂ 合成へ

と使われ枯渇を防ぐ.

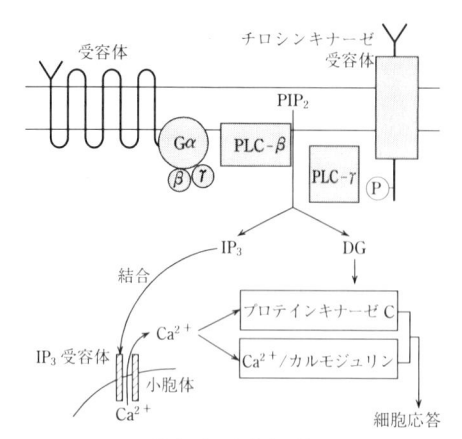

(a) ホスファチジルイノシトールビス 4,5-ビスリン酸の分解によりひき起こされる細胞応答

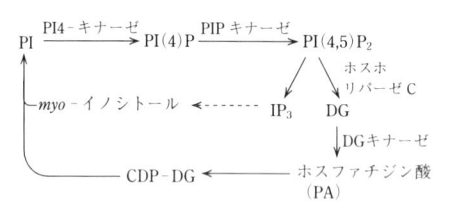

(b) PI サイクル

**イノシトールリン脂質シグナル伝達経路** [inositol phospholipid signaling pathway] ＝イノシトールリン脂質経路

**イノシン** [inosine] ＝ヒポキサンチン(hypoxanthosine), 9-β-D-リボフラノシル-9H-プリン-6(1H)-オン (9-β-D-ribofuranosyl-9H-purine-6(1H)-one). $C_{10}H_{12}N_4O_5$, 分子量 268.23. ヒポキサンチン*を塩基部分に含むリボヌクレオシド. I および Ino と略記. tRNA 中に含まれることが知られている. アデノシン*がアデノシンデアミナーゼ*により脱アミノされ生成する. さらにプリンヌクレオシドホスホリラーゼ*による加リン酸分解を受けヒポキサンチンとなる. これらは, アデノシンの主要異化経路と考えられている.

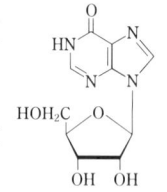

**eNOS** [eNOS＝endothelial NO synthase] ＝血管内皮型 NO シンターゼ

**E-value** [E-value] 相同性検索*などを実行して得られたスコアの統計的有意性を表した値. あるアラインメント*に付与されたスコアが偶然に得られる確率を P-value という. これに検索対象としたデータベースの大きさを乗じた値を E-value という. つまり E-value はデータベース検索の結果, あるスコアをもつアラインメントが偶然に何本得られるかを表しており, 値が小さいほど有意となる. BLAST を利用する時は, E-value が 0.001 より小さい場合を一般に有意と考える.

**EB** [EB＝embryoid body] ＝胚様体

**EPI** [EPI＝extrinsic pathway inhibitor] 外因系凝固インヒビターの略号. (→TFPI)

**EPR** [EPR＝electron paramagnetic resonance] 電子常磁性共鳴の略号. (→電子スピン共鳴)

**EB ウイルス** [EB virus] エプスタイン・バーウイルス(Epstein-Barr virus, EBV)ともいう. 最初のヒトがんウイルスとしてアフリカバーキットリンパ腫の培養細胞に発見された. ヘルペスウイルス科に属しゲノム DNA は約 172 kbp から成る. 伝染性単核症*の病因ウイルスであり, ヒトに広く不顕性持続感染する. 細胞の不死化*の遺伝子機能をもつが, 感染細胞は免疫機構により通常は個体から排除される. まれにバーキットリンパ腫, 上咽頭がんをひき起こす. 免疫不全者には日和見リンパ腫を誘発する.

**EB ウイルス受容体** [EB virus receptor] ＝CD21(抗原)

**EPA** [EPA＝eicosapentaenoic acid] ＝エイコサペンタエン酸

**EPSP** [EPSP＝excitatory postsynaptic potential] ＝興奮性シナプス後電位

**Eph 受容体** [Eph receptor] 受容体型チロシンキナーゼの中で最大のファミリーであり, 哺乳動物では少なくとも 14 種類存在する. A 型(EphA)と B 型(EphB)に大別され, それぞれおもにエフリン A(GPI アンカー型)とエフリン B(膜貫通型)に結合する. 網膜視蓋投射において重要な機能をもつことが示されており, その後もおもに神経発生において研究されてきたが, 近年は血管形成や免疫系などでの機能も注目されている. (→エフリン)

**EPO** [EPO＝erythropoietin] ＝エリトロポエチン

**EPCR** [EPCR＝endothelial protein C receptor] ＝血管内皮プロテイン C 受容体

**EPP** [EPP＝endplate potential] 終板電位の略号. (→運動終板)

**EBV** [EBV＝Epstein-Barr virus] エプスタイン・バーウイルスの略号. (→EB ウイルス)

***eve* 遺伝子** [*eve* gene] ＝イーブンスキップト遺伝子

**異物食胞** →ファゴソーム

**異分化** [transdifferentiation] 分化転換ともいう. ある細胞系列に分化した細胞や, すでに分化した組織が, 異なった細胞系列に分化した異なった種類の組織へと, 分化状態や形態, 機能が変化すること. その際, 直接的に分化転換する場合と, いったん, より未分化な細胞へと脱分化*し, 異なった細胞・組織へと再分

化する場合とがある．病理的な状態において生じる場合や，実験的に確認された例は多く存在するが，生理的な発生・分化において異分化がどの程度生じており，実際の個体形成や細胞分化に寄与しているのかは不明である．しかし，異分化という現象は，発生・分化における細胞運命決定*が絶対的な現象ではなく，すでに分化した細胞や組織であっても，分化の可塑性をもっている場合があることを示している．有名な例としては，イモリのレンズ再生があげられる．イモリのレンズを除去した場合，周辺の色素上皮が脱分化し，レンズへと再分化する．病理学的には，異分化は化生(metaplasia)とよばれ，適応現象の一種と考えられている．慢性胃炎の場合に，胃の粘膜上皮が腸の粘膜上皮に類似した組織になること(腸上皮化生)や，喫煙者の場合に，気管の円柱上皮が扁平上皮になること(扁平上皮化生)，などが知られている．また，腫瘍の発生においては，元の細胞や組織から異分化した性質をもった腫瘍が生じることがある．1990年代の後半から，神経幹細胞*が造血幹細胞*になる，造血幹細胞が肝性幹細胞*になる，など，いろいろな幹細胞*の異分化が相ついで報告され，この現象を再生医療*に利用できるのではないかと期待が寄せられた．しかし，その後の研究により，幹細胞間の分化転換のいくつかは，細胞融合現象によって説明できることが示され，一般的には，幹細胞に分化転換能があったとしても，非常にまれな現象にすぎないと考えられるようになった．

**イーブンスキップト遺伝子** [*even-skipped* gene] *eve*遺伝子(*eve* gene)と略称される．ショウジョウバエのペアルール遺伝子*の一つ．遺伝子産物はホメオドメイン*を含む分子量4万の転写因子*で核に局在する．この遺伝子は受精後7回目の分裂時から発現する．胞胚期には卵の後ろ2/3に発現が限られ，4～5細胞の幅の7本の縞状の発現パターンを示す．胚帯伸張期までに7本の縞は1～2細胞の幅に狭まり，はっきりしたものとなる．この *eve* の縞状の発現はフシタラズ遺伝子*(*ftz*)の発現と相まって，奇数番目のパラセグメントに相当する．*eve* の発現はギャップ遺伝子突然変異と三つのペアルール遺伝子突然変異によって影響を受ける．*eve* 欠損突然変異ではエングレイルド遺伝子*(*en*)の発現がなくなる．*eve* 突然変異のホモ接合胚は奇数番目のパラセグメントに相当する領域が欠損し，遺伝子が完全に欠損すると節目ができなくなる．*eve* の5'側上流部位8 kb以内に縞1, 2, 3, 7の発現制御領域が存在する．in vitroで*eve*遺伝子産物はウルトラバイソラックス遺伝子*(*Ubx*)の転写を抑制し，*en*と*eve*の5'側の特異配列に結合しうることが示されている．

**易変遺伝子** [mutable gene] ⇨体細胞突然変異
**易変部位** [mutable site] 染色体中で，突然変異が起こりやすい部域のこと．
**イミン** [imine] ＝シッフ塩基
**イムノグロブリン** ＝免疫グロブリン
**イムノトキシン** [immunotoxin] 免疫毒素ともいう．抗体*と毒素*を連結させた分子．がん免疫療法の一手段として用いられる．がん細胞で選択的にあるいは量的に多く発現している抗原や受容体に対する特異抗体を，タンパク質合成を阻害する働きのある毒素と結合させてつくる．がん細胞に選択的に取込まれ障害を与えることがねらいである．毒素としては，リシン*(ricin)，アブリン(abrin)，サポリン(saporin)といった植物由来のものや，ジフテリア毒素*などの細菌由来のものが利用されている．

**イムノフィリン** [immunophilin] 免疫抑制剤*のシクロスポリン*AとFK506の細胞内受容体の総称である．シクロスポリンAと結合するものはシクロフィリン*，FK506と結合するものはFKBPとよばれ，それぞれ代表的なものとしてはシクロフィリンAとFKBP12があげられる．いずれも実体はペプチジルプロリルイソメラーゼ*と同定されている．シクロスポリンAとシクロフィリンおよびFK506とFKBPとの会合体はカルモジュリン*依存性セリン/トレオニンホスファターゼであるカルシニューリン*の活性を阻害する．シクロスポリンAやFK506はT細胞特異的な転写因子でかつインターロイキン2遺伝子の転写にも必須であるT細胞活性化因子 NF-AT(nuclear factor of activated T cell)の機能発現を抑制する．NF-ATは二つのサブユニットから成り，細胞質に存在するサブユニットが核へ移行する際にリン酸化/脱リン酸反応が関与し，カルシニューリンがその反応に関与すると考えられている．

**イムノブロット法** ＝ウェスタンブロット法
**E面** [E face, extracellular face] ⇨P面
**イモリ** [newt] イモリ科(SalamandrinaまたはMyctodera)の有尾両生類(urodela)．世界各地に生息し，卵が大型で顕微外科手術が容易であり，飼育もしやすいので，古くから個体発生の研究の重要な実験材料に用いられてきた．また，尾を切断しても尾骨が再生するなど再生能がきわめて強く再生の研究にも適している．しかし，遺伝的な背景が明らかではないので，今日では，中国産のイモリが多く用いられるようになっている．日本ではアカハライモリ(*Cynops pyrrhogaster pyrrhogaster*)が北海道を除く全域に生息し，沖縄のシリケンイモリ(*Cynops pyrrhogaster encicauda*)はアカハライモリの亜種である．
**ELISA** ＝固相酵素免疫検定法
**ELAM-1** ＝E-セレクチン
**イリドソーム** [iridosome] ⇨色素顆粒
**イレッサ** [Iressa] ゲフィチニブ*の商品名．
**Eロゼット受容体** [E-rosette receptor] ＝CD2(抗原)

**E1A** [E1A] アデノウイルス*の初期遺伝子*の一つ．名称は初期遺伝子領域1A(early region 1A)に由来する．感染後最初に発現するウイルス遺伝子で，ウイルスの増殖には必須である．ウイルスゲノムのマップ単位1.3～4.5(左端領域)に位置し，サイズは約1.6 kbp．また，E1Aはげっ歯動物由来初代培養細胞を不死化*し，活性型 *ras* 遺伝子*と協力して完全に

トランスフォームする(⇒トランスフォーメーション). E1A は, また, 細胞のアポトーシス*誘導活性, 細胞 DNA 合成誘導能や細胞分裂の誘導能, トランス型転写活性化能(⇒トランスアクチベーター)を示し, 転写抑制能をもつ p53, p105(RB 遺伝子*産物), p107*, p130 および CBP/p300*, SAGA 複合体*, TRRAP/GCN5 ヒストンアセチルトランスフェラーゼ複合体, PCAF 複合体, TBP*(⇒TATA ボックス結合タンパク質), ATF2, Srb/メディエーター複合体など種々のタンパク質と複合体を形成する. これら細胞タンパク質との結合の多くは不死化能やトランスフォーム能と正の相関を示す. E1A 領域からは, 13S mRNA および 12S mRNA が転写され, それぞれアミノ酸 289 残基と 243 残基のタンパク質が合成される(アデノウイルス 2 型, 5 型). E1A 遺伝子プロモーターに結合する細胞由来の転写因子 E1AF が見つかっている. E1A タンパク質はアデノウイルスの各血清型間でアミノ酸配列上相同性の高い CR1, CR2, CR3 の三つの分子内領域を含み, 243 残基のタンパク質では CR3 を欠く. E1A および E1B*遺伝子を欠失させた非増殖型アデノウイルスは通常の実験に用いる培養細胞や動物個体内ではウイルスの増殖は見られないので, 組換えアデノウイルスベクターを作製するのに用いられる.

**E1B** [E1B]　アデノウイルス*の初期遺伝子*領域 1B(early region 1B)の略号. ウイルス増殖には必須の遺伝子であり, また, E1A*遺伝子と協力してげっ歯動物由来細胞株をトランスフォームする. ウイルスゲノムのマップ単位 4.6~11.2 に位置し, サイズは約 2.6 kbp. 22S mRNA と 13S mRNA が転写され, それぞれ, アミノ酸 495 残基(55 kDa)および 175 残基(19 kDa)のタンパク質が合成される(アデノウイルス 2 型, 5 型). 前者は, ウイルス後期タンパク質の効率のよい合成に必要で, また, がん抑制遺伝子*産物 p53 との複合体形成能が示された(アデノウイルス 2 型, 5 型). 後者はトランス型転写活性化能(⇒トランスアクチベーター)をもち, また感染細胞のアポトーシス*を抑制する.

**陰イオン交換タンパク質 1** [anion exchange protein 1] ＝バンド 3. AE1 と略す.

**陰イオンチャネル** [anion channel]　陰イオンを選択的に通すチャネルで, 狭義には塩素イオンチャネル*と同義. その通しやすさは水和半径からプロピオン酸>F⁻>Cl⁻>Br⁻>NO₃⁻>I⁻>SCN⁻ の順である. 生理学的には疎通性の低いタイプ(5 pS 以下, $Ca^{2+}$ 依存性で平滑筋, アフリカツメガエル卵母細胞などにある), 中等度のタイプ(30~100 pS), 高いタイプ(150 pS 以上)などが知られている.

**陰イオン輸送** [anion transport]　人工膜の陰イオン透過性は $10^{-10}$ cm/sec で, 陽イオンより高いが水や尿素などよりは低い. したがって, 多くの陰イオンを選択的に膜を通過させるためには, チャネルか, 輸送担体による二次輸送が行われる. この輸送全般を陰イオン輸送と称する. 前者には陰イオンチャネル*, 後者には陰イオン/陰イオン交換輸送体, 陽イオン/陰イオン輸送体がその役割を担っている.

**印環細胞がん** [signet ring cell carcinoma]　胃など主として消化器に生じる低分化腺がんの一種で, 浸潤性に増殖する. 細胞質に粘液をもち, 印章指輪に似る. (⇒腺がん)

**Ink4a** [Ink4a] ＝p16

**in situ** [in situ]　"その場で"というラテン語. 細胞や組織の中の特定の位置で行われる反応に用いられる(例: in situ ハイブリダイゼーション).

**in situ ハイブリダイゼーション** [in situ hybridization]　目的の DNA あるいは RNA 断片を検出する場合に, 細胞内の DNA あるいは RNA を抽出せずに, DNA または RNA プローブとハイブリダイゼーション*を行うこと. in situ とは"もとの位置で"という意味で, 実験目的に応じて, おもに 3 種類の in situ ハイブリダイゼーションに分けられる. [1] ファージやプラスミドライブラリーのスクリーニング*の目的で, 寒天プレート上のファージプラークあるいは大腸菌コロニーの DNA をフィルターに吸着させて行うハイブリダイゼーション. [2] 染色体内での遺伝子の位置決定の目的で, 染色体 DNA とのハイブリダイゼーション(⇒蛍光 in situ ハイブリダイゼーション). [3] 組織切片, 培養細胞などにおいて目的遺伝子が発現している細胞を同定する目的で, おもに mRNA とのハイブリダイゼーション. 胚などをそのまま用いて胚中の mRNA とのハイブリダイゼーションも可能で, ホールマウント in situ ハイブリダイゼーション(whole mount in situ hybridization)とよばれている. 別々の蛍光色素で標識したプローブを同時に利用した多色 in situ ハイブリダイゼーションも行われ, 互いに関連した遺伝子の転写物の発現部位や輸送部位を調べるために有用な技術となっている.

**in situ PCR** [in situ PCR]　標的 DNA を DNA 抽出操作なしに PCR*を利用して細胞内で検出する方法. 本法では, DNA の増幅をスライドガラス上で行う. 実際には, 重金属を含まない細胞固定液で細胞を固定した後, パラフィンに包埋し薄切片を作製する. これをシランスライドガラス上に貼り付け, タンパク質の消化を行った後 PCR 反応液を標本上に塗布しカバーガラスで密封して PCR を行う. RNA の検出を行う際には, あらかじめ逆転写反応を行う必要がある. DNA の増幅法には, 標的配列を特異的に増やす方法とランダムプライマー*を用いて細胞内にあるすべての DNA を増幅させる方法があり, 前者は特異性が高いが後者に比べて検出感度が低いのに対して, 後者は検出感度が高いが特異性に多少問題がある. 標的配列を検出する方法として, 特異的なプライマーを用いて標的配列を増幅させる際にジゴキシゲニンなどで直接標識して検出する方法と, DNA 増幅後に標的配列に標識された相補的なプローブをハイブリダイズさせて検出する 2 通りの方法がある.

**飲作用** [pinocytosis]　ピノサイトーシスともいう. 細胞の物質輸送の一形式で, 液体中あるいはコロ

イド状に溶解している高分子物質を，細胞膜を内側へ陥凹させて細胞外から細胞内へ取込む輸送形式．接近期，吸着期，摂取期，濃縮・消化期の4期に分けられ，ペプチド・タンパク質や光学顕微鏡可視域（1μm程度）以下の大きさの微粒子はこの形式で輸送される．摂取期に偽足を出さず細胞膜が陥凹して物質を摂取する段階だけが食作用＊と異なるが，細胞内骨格系の働きなどは共通である．（⇌エンドソーム）

**飲食作用** ＝エンドサイトーシス

**インスリノーマ** [insulinoma] 膵島＊に認められるインスリン産生細胞（β細胞）が腫瘍化したもの．性差はなく，どの年齢層にも出現しうるが40歳代に比較的多い．ほとんどが良性で単発性であり，部位的には尾部に多く認められる．臨床症状は低血糖（特に空腹時）による神経症状が主体であり複視，霧視，脱力，意識障害，痙攣などがある．体重はやや増加する．診断はインスリノーマを疑ったらまず絶食試験を行う．72時間まで慎重な監視のもとに行い，低血糖が出現したことを確認し中止とする．つぎに部位確認のため画像診断（超音波検査，CT，選択的動脈造影）を行う．補助的に各種負荷試験（トルブタマイド負荷試験，アルギニン負荷試験，グルカゴン試験）などが行われることもある．Whippleの三徴は，空腹時または運動後の低血糖発作，発作時の血糖が50 mg/dL以下であること，それがブドウ糖の投与により急速に回復すること，である．低血糖をひき起こす他の疾患との鑑別が大切となる．予後は良性の場合比較的良好である．治療は外科的切除（腫瘍摘出）が原則である．切除不完全，転移巣を認める際には化学療法（ストレプトゾトシン，フルオロウラシル）を行う場合もある．

**インスリン** [insulin] 糖代謝において主要な役割を果たすペプチドホルモン．21個のアミノ酸から成るA鎖と30個のアミノ酸から成るB鎖が2本のジスルフィド結合で結合した構造をしている．ヒトインスリンの分子量は5807．インスリン遺伝子は，膵β細胞で転写されスプライシングを受けた後，粗面小胞体で翻訳されプレプロインスリン（preproinsulin）となる．この後，直ちにプレ部が切断され，プロインスリン（proinsulin）となる（図）．プロインスリンはゴルジ

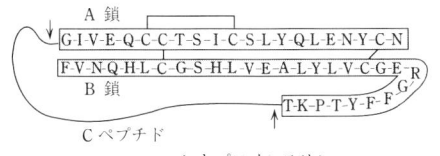

```
        A鎖
   ┌─G-I-V-E-Q-C-C-T-S-I-C-S-L-Y-Q-L-E-N-Y-C-N─┐
   │                                              │
   └─F-V-N-Q-H-L-C-G-S-H-L-V-E-A-L-Y-L-V-C-G-E─┐ R
        B鎖                                    │ G
                                  T-K-P-T-Y-F-F┘
              Cペプチド
```

ヒトプロインスリン

体β顆粒内でA鎖とB鎖の間のCペプチドが切断され，インスリンとなる．これは，グルコースなどのインスリン分泌刺激によりβ顆粒外に放出される．その他の分泌促進因子は，アミノ酸（アルギニン，リシンなど），グルカゴン，交感神経系のβ受容体刺激剤およびα受容体遮断剤，スルホニル尿素剤などである．おもな標的器官は筋，脂肪組織，肝である．生理作用は，筋や脂肪組織でのグルコース取込み促進，脂肪の合成促進・分解抑制，肝での糖新生の抑制・グリコーゲン合成促進などがある．インスリンはインスリン受容体＊と結合することで作用を発揮する．インスリン受容体にインスリンが結合した時の細胞の変化は，1）糖輸送体のトランスロケーションによるグルコース取込みの亢進，2）糖代謝・脂質代謝をつかさどる酵素の活性化，3）遺伝子転写の活性化や不活性化，4）細胞骨格の再構成（波うち膜形成，⇌ラッフリング），5）タンパク質・核酸合成の亢進と細胞増殖作用など多様である．インスリン受容体からこれらの作用発現までのシグナル伝達に関しては，SH2ドメインをもつタンパク質の結合を介したシグナル伝達系やリン酸化カスケードによるシグナル伝達系が解明されつつある．臨床的には，インスリン0.04167 mgを1単位とよび，これは家兎に皮下注射すると血糖が1時間で64 mg/dL，2時間で45 mg/dL下がる量である．インスリン作用の不足に起因する代謝障害が糖尿病＊であり，糖尿病ではインスリン投与が必要な場合がある．そのため，速効型・中間型・持続型などのインスリン製剤がつくられている．血中のインスリン活性測定法としては，インスリン抗体を用いたラジオイムノアッセイ，エンザイムイムノアッセイ，インスリン受容体を用いたラジオレセプターアッセイなどがある．

**インスリン受容体** [insulin receptor] インスリン＊と特異的に結合することにより細胞内へインスリン作用を伝達する細胞膜貫通糖タンパク質．α鎖とβ鎖がS-S結合によりヘテロ二量体$\alpha_2\beta_2$を形成し，一つの受容体となる．ヒトインスリン受容体の場合はα鎖のエキソン11（12アミノ酸をコードする）の組織特異的な選択的スプライシング＊により2種のアイソフォーム（AおよびB）がある．インスリン受容体A（IR-A）はα鎖のエキソン11を欠いておりα鎖（723アミノ酸，分子量約83,000），β鎖（620アミノ酸，分子量約70,000）であり，受容体B（IR-B）はα鎖のエキソン11が含まれ，α鎖（735アミノ酸，β鎖は同じ）である．α鎖とβ鎖は一つのポリペプチド前駆体として合成され（プロ受容体），プロセシングされる．IR-Aはおもに細胞分裂のためのシグナル伝達に働き，中枢神経系，造血細胞系，胎児，ある種の腫瘍細胞などで優先的に発現されている．IR-Bは肝，筋肉，脂肪組織のような代謝系組織で優先的に見られる．またプロ受容体の状態ではIR-Aのインスリン結合能はIR-Bに比べ大きく低下しているが，プロセシングされ$\alpha_2\beta_2$の状態になるとインスリン結合能の大きな相異はない．α鎖は細胞外に存在し，インスリンが結合すると，細胞膜貫通タンパク質であるβ鎖の細胞内にあるチロシンキナーゼ＊が活性化され，自己リン酸化＊が起こる．それと同時にインスリン作用を細胞内へ伝達する．インスリン作用の発現にはこのβ鎖チロシンキナーゼ活性が必須である．インスリン結合により活性化された受容体チロシンキナーゼはIRS-1（insulin receptor substrate-1），-2，-3，-4（⇌IRS）やShc，Gab-1などをチ

ロシンリン酸化する．そこへ SH2 ドメインをもつ Grb2/Ash*（これは最終的には MAP キナーゼ*を活性化する）やホスファチジルイノシトール（PI）3-キナーゼ*などのシグナル伝達因子が結合し，活性化される．インスリンに特有のグルコース取込み促進作用はこの PI3-キナーゼによりシグナル伝達される．活性化された PI-3 キナーゼはさらにプロテインキナーゼ B（PKB）を細胞膜に引き寄せ活性化する．活性化された PKB は細胞内のグルコース輸送体 4（GLUT4）顆粒を細胞膜に移動させグルコースを細胞内に取込ませる．同時に，グリコーゲンシンターゼキナーゼ 3 が不活性化し，グリコーゲンシンターゼが活性化する．インスリン受容体の構造異常によりインスリン結合の親和性が低下し，インスリン刺激に対する受容体のチロシンキナーゼ活性が低下し，IRS へのシグナル伝達が阻害される．IR-A は種々のがんで過剰発現しており，インスリンだけでなく IGF-II も結合する．インスリン受容体は IGF-I 受容体とハイブリッド受容体を形成し，このハイブリッド受容体はがん細胞では普通に発現しており，インスリン結合により IGF-I 経路が活性化される．インスリンに結合した受容体は細胞内へ取込まれる（⇌ インターナリゼーション）．

**インスリン抵抗性症候群** [insulin resistance syndrome] ＝メタボリック症候群

**インスリン分泌活性化タンパク質** [islet-activating protein] IAP と略す．（⇌ 百日咳毒素）

**インスリン様増殖因子** [insulin-like growth factor] IGF と略し，ソマトメジン（somatomedin）ともいう．プロインスリンに類似した構造をもつ増殖因子．IGF はプロインスリンに類似した一次構造をもつ分子量約 7000 のポリペプチドで，互いに類似した IGF-I および IGF-II の 2 種類が存在する．ともに類似した作用をもち，in vitro ではさまざまな種類の細胞の増殖を促進する．高濃度ではインスリン*に類似した代謝作用を示す．IGF-I は in vivo では成長ホルモン*依存的に肝，骨組織などで産生され，身体の成長を促進させる増殖因子として機能する．IGF-II の生理学的意義は確立していないが，中枢神経系，骨組織などに多量に発現し，主として胎生期の成長に重要な役割を果たしているのではないかと推定されている．IGF の増殖促進作用は主として細胞周期*上の $G_1$ 期の進行（プログレッション）を促進させるものであり，IGF はプログレッション因子（progression factor）として分類される．

**インスリン様増殖因子結合タンパク質** [insulin-like growth factor-binding protein] IGF 結合タンパク質（IGF binding protein）ともいい，IGFBP と略す．インスリン様増殖因子*（IGF）が，体液中あるいは細胞近傍において結合しているタンパク質．IGFBP1～6 の 6 種類が存在し，216～289 アミノ酸，28,000～50,000 の分子量をもち，構造上は N 末端および C 末端において相同性をもつ．IGF の生理活性，運搬，クリアランスなどの調節と IGF を介さない独立した機能が考えられている．血中 IGF-I の大部分は IGFBP3 と結合し ALS（acid labile subunit）とともに三量体を形成している．

**インスリン様増殖因子受容体** [insulin-like growth factor receptor] IGF 受容体（IGF receptor）ともいう．インスリン様増殖因子*（IGF）の受容体．IGF には IGF-I および IGF-II の 2 種類が存在する．IGF-I 受容体（I 型 IGF 受容体）はインスリン受容体*に類似した $\alpha_2\beta_2$ 構造をもつ四量体で，α サブユニットに IGF 結合ドメインがあり，β サブユニットはチロシンキナーゼ*活性をもつ．IGF-II 受容体は膜貫通ドメインを一つもつタンパク質で，マンノース 6-リン酸受容体*と同一のタンパク質である．細胞内にはキナーゼ活性が存在しない．IGF-I 受容体には親和性は低いが IGF-II およびインスリンが結合する．一方 IGF-II 受容体には IGF-I は結合するもののインスリンは結合しない．

**インスレーター** [insulator] エンハンサー*とプロモーター*の間に存在する時，エンハンサーの効果を遮断する DNA 配列．両者の外側に位置する場合は転写活性に影響を及ぼさない点で，サイレンサー*とは異なる．インスレーターの例として，ショウジョウバエの gypsy トランスポゾンのインスレーター，ニワトリβグロビン遺伝子の HS4 インスレーターなどがある．また，ショウジョウバエでは su（Hw），脊椎動物では CTCF（CCCTC 結合因子）などのインスレーター結合タンパク質が存在することが知られている．ゲノムインプリンティング*を受ける遺伝子の発現制御にインスレーターがかかわる場合もある．類義語である境界配列（boundary sequence）は，隣接する染色体環境の影響を遮断し，その領域の転写調節の独立性を保証する DNA 配列をさす．この配列に挟まれた外来遺伝子は，ヘテロクロマチン*領域に組込まれても位置効果*を受けない．インスレーターと境界配列は区別なく使われる場合もある．

**陰性選択** [negative selection] ネガティブ選択，ネガティブセレクションともいう．細胞に遺伝子を導入した時，その形質が発現することにより死滅するような選択条件を陰性選択という．たとえば，ヒトヘルペスウイルスのチミジンキナーゼ*遺伝子を組込んだベクターを細胞に導入し，チミジン類似体であるガンシクロビル*で選択すると，チミジンキナーゼ遺伝子を発現している細胞が死滅する．遺伝子ターゲッティング*において，陽性選択*と組合わせた二重選択が，組換え体の濃縮に用いられる．

**インターカレーション** [intercalation] 挿入ともいう．核酸塩基対のなす平面と平面の間に挿入する性質のある物質，インターカレート剤*が入ること．この平面の間隔は約 3.4 Å で芳香族化合物が挿入しやすい．代表的インターカレート剤としては臭化エチジウム*やアクリジンオレンジ*などがある．臭化エチジウムが挿入した場合には蛍光強度が増大するため，ゲル電気泳動において，核酸の検出法となる．B 形の DNA 二重らせん中の塩基対はその下の塩基対に対して約 36 度巻いているが，インターカレーションが起

こると巻戻しを受け，たとえば，エチジウムブロミドが挿入された場合には26度巻きの角度が減少し，挿入直下の塩基対に対して10度しか巻いていないDNA構造となる．インターカレート剤はRNAポリメラーゼやDNAポリメラーゼの反応を阻害したり挿入や欠失変異を起こし，発がん物質ともなる．

**インターカレート剤** [intercalating agent] 平面的な芳香族色素分子，たとえばアクリジンオレンジ*，プロフラビン*，臭化エチジウム*，アクチノマイシンD*など，二本鎖DNAの隣接した塩基対間に挿入する疎水性の化合物．この挿入によって塩基対の水素結合は壊れずに，薬物当たり10〜20度左巻きにねじれて巻戻しが起こるのでDNAは長くなる．このようなDNAは転写の阻害を起こしたり，また複製の際，1塩基の付加や欠失が起こりやすく，フレームシフト突然変異*を起こす．(⇒インターカレーション)

**インタソーム** [intasome] ⇒インテグラーゼ

**インターナリゼーション** [internalization] リガンドが細胞膜受容体に結合すると，その複合体が細胞内へ取込まれることをインターナリゼーションという．受容体依存性エンドサイトーシス(receptor-dependent endocytosis)ともいう．インスリン受容体*の場合，β鎖細胞膜直下のAsn-Pro-Glu-Tyr，また低密度リポタンパク質(LDL)受容体*の場合は細胞膜直下のAsn-Pro-Val-Tyrのアミノ酸配列が受容体のインターナリゼーションに重要なシグナル(Asn-Pro-X-Tyr)であると考えられている．

**インターフェロン** [interferon] IFNと略す．抗ウイルス活性をもつ一群の約20 kDaの糖タンパク質．細胞膜外面にあるインターフェロン受容体*に結合して作用する．各種ウイルス，二本鎖RNA，マイトジェン*などが誘発剤となる．抗ウイルス作用のほかに細胞増殖抑制作用や免疫調節作用がある．ヒトおよびマウスインターフェロンのおもな分子種としてインターフェロンα*(白血球)，β*(繊維芽細胞)，γ*(活性化リンパ球)が知られている．ウイルスや二本鎖RNAの刺激で産生されるα，βをI型，レクチン*やマイトジェンなどにより誘導されるγをⅡ型に分類する．αとβの遺伝子は共通の祖先遺伝子から由来したと考えられるが，γ遺伝子はそれらとは独立である．インターフェロンが受容体(I型はIFN-α受容体，Ⅱ型はγ受容体)に結合すると受容体のそれぞれの鎖に結合している種類の異なるJAKキナーゼ(JAK1, Tyk2)がリン酸化されて活性化し，それぞれ別の種類のSTATをリクルートし，そこでSTATはリン酸化を受けた後受容体から離れヘテロ二量体を形成する．STATは核内に移行して種々のインターフェロン誘導型遺伝子(interferon-inducible gene)が活性化される．この中に2',5'-オリゴAシンテターゼや二本鎖RNA依存性プロテインキナーゼがある．後者はタンパク質合成開始因子eIF-2αをリン酸化してそれを不活化する．I型のIFNは抗ウイルス活性を示し，Ⅱ型は免疫応答や炎症反応の調節に関与する．

**インターフェロンα** [interferon α] IFN-αと略す．ヒト白血球のウイルス感染で特異的に誘発されることから，白血球インターフェロン(leukocyte interferon)ともいわれた．インターフェロン*分子種の一つで，酸に対して安定．インターフェロンβ*とアミノ酸配列で約30%相同で，I型インターフェロンに分類される．塩基配列の少し異なる14以上のIFN-α遺伝子がヒト第9染色体にクラスターをなす．マウスIFN-α遺伝子ファミリーは4番染色体にある．IFN-α遺伝子にはイントロンがない．成熟した各IFN-αは165〜172アミノ酸から成り，アスパラギン残基へのN結合型糖鎖をもつものが多い．Toll様受容体*(TLR)，RIG-I様受容体(RLR)を介して産生が誘導される．TLRの中では，核酸を認識するTLR7，TLR9刺激により誘導され，形質細胞様樹状細胞とよばれる特殊な樹状細胞集団が産生源となる．RLR刺激では，繊維芽細胞，マクロファージなどが産生源となる．産生誘導に関与する転写因子としては，インターフェロン制御因子*(IRF)ファミリーが重要である．

**インターフェロン応答配列** [interferon stimulated response element] インターフェロン*α/βおよびγ刺激によって誘導される一群の遺伝子(インターフェロン誘導型遺伝子)の転写調節領域に存在し，インターフェロン応答性の発現誘導に重要な12〜15塩基のDNA配列．ISREとよばれ，その共通配列はAGAAACNNAAACN(A/G)となっている．インターフェロン刺激によって誘導される転写因子ISGF3(IRF-9を含む複合体)およびIRF-1を始めとするIRFファミリー転写因子(IRF-2, ICSBPなど)がこの部位に結合し，転写を制御すると考えられている(⇒インターフェロン制御因子)．遺伝子欠損マウスの結果から，インターフェロン誘導型遺伝子である2'-5'オリゴAシンテターゼ*や二本鎖RNA依存性プロテインキナーゼ*の発現誘導はISGF3に依存し，誘導型NO合成酵素の発現はIRF-1に依存すること，グアニル酸結合タンパク質(GBP)の発現はインターフェロンα/β刺激ではISGF3に，γ刺激ではIRF-1に依存することが示されており，それぞれ類似のISREをもつが，その発現制御機構は転写因子，刺激の種類によって異なると考えられる．

**インターフェロンγ** [interferon γ] IFN-γと略す．Tリンパ球のマイトジェン*あるいは特異抗原の処理により誘発され，免疫インターフェロン(immune interferon)ともいわれた．インターフェロン*分子種の一つで，酸に対して不安定．インターフェロンα*やβ*とは相同性がなく，Ⅱ型インターフェロンに分類される．ヒトおよびマウスのIFN-γには1個の遺伝子しかなく，それぞれヒト第12染色体およびマウス10番染色体に存在する．遺伝子にはイントロンがある．成熟したIFN-γのアミノ酸残基数はヒトで146，マウスで136ありアスパラギン残基へのN結合型糖鎖をもつ．おもにIL-12, IL-18刺激により，Tリンパ球，ナチュラルキラー(NK)細胞から

産生誘導される．産生誘導に関与する転写因子としては，STATファミリーが重要である．

**インターフェロン受容体** [interferon receptor]
細胞膜外面にあるインターフェロン*(IFN)結合タンパク質．IFNの結合が引き金となってIFN誘導型遺伝子が活性化される．インターフェロン$\alpha$*とインターフェロン$\beta$*は共通のI型受容体に結合するが，インターフェロン$\gamma$*は異なるII型受容体に結合する．I型受容体の細胞外領域は2個の相同なドメイン(約200アミノ酸)の繰返しであるが，II型はそれと相同な単一のドメインから成る．I型，II型受容体ともに，ヘテロ二量体として機能する．

**インターフェロン制御因子** [interferon regulatory factor] IRFと略す．インターフェロン$\alpha/\beta$遺伝子およびインターフェロン誘導型遺伝子の転写因子として同定された．多くのインターフェロン誘導遺伝子のプロモーター領域に存在するIRF-EおよびISREとよばれる領域を標的とする転写制御因子ファミリーである．末端のアミノ酸部分において高い相同性を示す因子であり，これまでにIRF1〜10までの10種類が報告されている．IRF1は，がん抑制遺伝子*として働き，細胞増殖・アポトーシス*の制御に重要なことが示されている．IRF3はウイルス感染やTLR3，TLR4からのシグナルにより活性化されインターフェロン$\beta$遺伝子の発現を調節している．一方，IRF7はインターフェロン$\alpha$依存性の免疫応答の主要な制御因子である．

**インターフェロン$\beta$** [interferon $\beta$] IFN-$\beta$と略す．ヒト繊維芽細胞への二本鎖RNAの添加で誘発され，繊維芽細胞インターフェロン(fibroblast interferon)ともいわれた．インターフェロン*分子種の一つで，酸に対して安定．インターフェロン$\alpha$*とアミノ酸配列で約30％相同で，I型インターフェロンに分類される．ヒトおよびマウスIFN-$\beta$には1個の遺伝子しかないが，IFN-$\alpha$遺伝子とともにヒト第9染色体およびマウス第4染色体にクラスターで存在する．IFN-$\beta$遺伝子にはイントロンがない．成熟したIFN-$\beta$のアミノ酸数はヒトで166，マウスで161あり，N結合型糖鎖をもつ．Toll様受容体*(TLR)，RIG-I様受容体を介して産生が誘導される．TLRの中では，核酸を認識するTLR7，TLR9ばかりでなく，リポ多糖*(LPS)の受容体であるTLR4刺激でも誘導される．繊維芽細胞，マクロファージなど広範囲の細胞が産生源となる．産生誘導に関与する転写因子としては，インターフェロン制御因子*(IRF)ファミリー，NF-$\kappa$Bが重要である．

**インターフェロン誘導型遺伝子** [interferon-inducible gene] ⇒インターフェロン

**InterPro** [InterPro] タンパク質のファミリー，ドメイン，機能部位の情報を統合したデータベースであり，EMBL-EBIから提供されている．ExPASyサーバのPROSITEやSwiss-Protとも連携している．PROSITE，Gene3D，PANTHER，PIRSF，Pfam，SMART，SUPERFAMILY，TIGRFAMs，PRINTS，ProDOMなどのデータベースが含まれる．データベースを統合することによって得られたドメインやシグナルにはIPRではじまるInterPro独自のドメインIDが付けられている．(⇒バイオインフォマティクス)

**インターメジン** [intermedin] ＝メラニン細胞刺激ホルモン

**インターロイキン** [interleukin] ILと略す．可溶性タンパク質であるサイトカイン*の一種である(次ページ表)．当初リンパ球が産生するサイトカインという意味で，リンホカイン(lymphokine)もしくはモノカイン(monokine)とよばれていたが，細胞間の(inter-)機能を果たす白血球(leukocyte, leukin)から分泌されている物質としてインターロイキンと命名，統一された．タンパク質として同定された物質から順に番号が付けられている(表)．現在，約30種類が知られており，標的細胞表面の特異的受容体に結合して，多彩な生体機能調節，特に免疫調節に関与することがわかっている．また自己免疫疾患やアレルギーなどの免疫病の病態にも深く関与している．時に種々のインターロイキンの作用が重複することがあるが，これはインターロイキン間で受容体のサブユニットを共有しているためと考えられる．(⇒インターロイキン受容体)

**インターロイキン I** [interleukin 1] IL-1と略す．リンパ球活性化因子(lymphocyte-activating factor)ともよばれる．主として単球・マクロファージにより産生されるモノカイン．ほかにも，角化細胞，内皮細胞などさまざまな細胞から産生される．IL-1ファミリーには，IL-1$\alpha$，IL-1$\beta$，IL-1RA(IL-1 receptor antagonist)がある．分泌型IL-1RAを除き，すべて分泌のためのシグナルペプチドをもたない．IL-1$\alpha$は前駆体にも生物活性があるが，IL-1$\beta$は成熟体にのみ生物活性がある．IL-1$\alpha$はカルパイン，IL-1$\beta$はIL-1$\beta$変換酵素(ICE)によって成熟体へとプロセシングされる．IL-1はT細胞，B細胞，繊維芽細胞の増殖，プロスタグランジン$E_2$の産生，発熱，骨再吸収などさまざまな反応に関係する．IL-1は関節リウマチなど慢性炎症にも深く関係している．

**インターロイキン I 受容体** [interleukin 1 receptor] IL-1受容体，IL-1Rと略す．IL-1受容体には2種類あり，IL-1RIおよびIL-1RIIとよばれる．いずれも免疫グロブリンスーパーファミリー*に属し，互いにアミノ酸配列上28％相同であるが，IL-1RIIは細胞内領域が短く，分子量もIL-1RIより小さい(68,000；IL-1RIは80,000)．IL-1RIは繊維芽細胞，軟骨細胞，内皮細胞，T細胞に存在し，IL-1RIIはB細胞，単球，多形核白血球，T細胞に存在する．IL-1$\alpha$とIL-1RAはIL-1RIに強く結合するのに対し，IL-1$\beta$はIL-1RIIに強く結合する．IL-1RIがIL-1のシグナルを細胞内に伝えるのに対し，IL-1RIIはシグナルを何も伝えない．IL-1RIIをおとり受容体(decoy receptor)とよぶこともある．

**インターロイキン1$\beta$変換酵素** [interleukin-1$\beta$ converting enzyme] ICEと略す．(⇒ICEファミリープロテアーゼ)

**インターロイキン 9** [interleukin 9] IL-9 と略す。マスト細胞増殖因子活性(mast cell growth-enhancing activity, MEA)ともいう。抗原あるいはマイトジェンで刺激を受けた CD4⁺ T 細胞が産生する 126 個のアミノ酸から成る分子量 40,000 の糖タンパク質。ヒト IL-9 遺伝子は第 5 染色体長腕 31.1 領域に位置する。活性化 T 細胞,マスト細胞*,胎児胸腺細胞,巨赤芽球性白血病細胞株などの増殖を促進するほか,赤芽球のバースト形成促進因子活性(BPA, ⇌ 赤芽球バースト形成単位)を示し,赤芽球系前駆細胞の分化促進などの造血因子活性をもつ。

**インターロイキン 5** [interleukin 5] IL-5 と略す。ヘルパー T 細胞タイプ 2($T_H2$)やマスト細胞,好酸球の産生するサイトカイン。IL-5 は B 細胞や好酸球に作用し,その増殖や分化を促進する。とりわけ,アレルギー*疾患におけるエフェクター細胞*として注目されている好酸球の分化,活性化,遊走,生存延長などを IL-5 が惹起することから,IL-5 の産生異常

## インターロイキン

| | 産生細胞 | アミノ酸数 ヒト | アミノ酸数 マウス | 分子質量 | 作用 | 遺伝子の染色体上の位置 ヒト | 遺伝子の染色体上の位置 マウス |
|---|---|---|---|---|---|---|---|
| IL-1α | 単球,マクロファージ,滑膜細胞,繊維芽細胞など | 271 | 270 | 17 kDa | 発熱(内因性発熱物質),リンパ球活性化,PGE2 産生誘導 | 第 2 | 2 番 |
| IL-2 | T 細胞 | 153 | 169 | 15〜30 kDa | T 細胞増殖誘導,抗体産生誘導,NK 細胞の細胞傷害性増強 | 第 4 | 3 番 |
| IL-3 | T 細胞,マスト細胞 | 133 | 140 | 14〜28 kDa | マスト細胞増殖誘導,造血幹細胞増殖誘導 | 第 5 | 11 番 |
| IL-4 | T 細胞,マスト細胞,好塩基球など | 129 | 120 | 20 kDa | $T_H2$ 細胞誘導・増殖,ケモカイン産生誘導,IgE,IgG1 へのクラススイッチ誘導 | 第 5 | 11 番 |
| IL-5 | T 細胞,マスト細胞など | 134 | 133 | 46 kDa | 好酸球分化誘導,B-1 細胞増殖,IgA 産生促進 | 第 5 | 11 番 |
| IL-6 | 単球,マクロファージ,繊維芽細胞,T 細胞など | 212 | 211 | 23〜30 kDa | 抗体産生促進,形質細胞腫やハイブリドーマの増殖,キラー T 細胞分化 | 第 7 | 5 番 |
| IL-7 | 骨髄および胸腺ストロマ細胞 | 177 | 154 | 25 kDa | プロプレ T 細胞,プロプレ B 細胞の増殖促進 | 第 8 | 3 番 |
| IL-8 | 単球,内皮細胞,繊維芽細胞,ケラチノサイト | 99 | | 6.5 kDa | 好中球,T 細胞,好塩基球の走化性,活性化誘導 | 第 4 | |
| IL-9 | T 細胞 | 140 | 144 | 30〜40 kDa | T 細胞増殖誘導,マスト細胞増殖の増強 | 第 5 | 13 番 |
| IL-10 | 単球,マクロファージ,活性化 B 細胞,T 細胞など | 178 | 178 | 17〜21 kDa | 抗体産生促進,T 細胞増殖促進,マスト細胞増殖,マクロファージ抑制作用 | 第 1 | 1 番 |
| IL-12 | マクロファージ,樹状細胞,EB ウイルス感染 B 細胞 | p35: 255 p40: 328 | p35: 215 p40: 335 | p35: 35 kDa p40: 40 kDa | $T_H1$ 細胞分化・活性化,NK 細胞活性化 | p35: 第 3 p40: 第 5 | p35: 3 番 p40: 11 番 |
| IL-13 | B 細胞,マクロファージ | 132 | 131 | 10 kDa | IgE 分泌誘導 | 第 5 | 11 番 |
| IL-15 | 非リンパ系細胞,筋肉など | 162 | 162 | 13 kDa | NK 細胞分化誘導,NK 細胞の活性化 | 第 4 | 8 番 |
| IL-17 | CD4 陽性 T 細胞($T_H17$ 細胞) | 155 | 158 | 20〜30 kDa | 繊維芽細胞,内皮細胞などからのサイトカイン産生誘導 | 第 2 | 1 番 |
| IL-18 | マクロファージ,クッパー細胞など | 193 | 192 | 18 kDa | IFN-γ 産生増強,$T_H1$ 細胞分化 | 第 11 | 9 番 |
| IL-21 | 活性化 T 細胞 | 131 | 146 | 15 kDa | $T_H1$ 細胞分化抑制,IgE 産生抑制 | 第 4 | 3 番 |
| IL-23p19 | 樹状細胞 | 189 | 196 | 19 kDa | 記憶 T 細胞維持,IFN-γ 産生誘導 | 第 12 | 10 番 |

とアレルギー疾患の病態形成との関連が考えられている. IL-5 は IL-5 受容体(インターロイキン 5 受容体 interleukin 5 receptor)を介し標的細胞に作用するが, 機能的な IL-5 受容体は IL-5 特異的な α 鎖と約130 kDa 分子(β 鎖)の異なるポリペプチドより構成される. IL-5 受容体 α 鎖は細胞外ドメイン, 膜貫通領域, 細胞内ドメインより構成され, サイトカイン受容体に共通のモチーフ(N 末端側の 4 個のシステイン残基の配置ならびに細胞膜貫通ドメイン近くの Trp-Ser-X-Trp-Ser(WSXWS)モチーフ)をもっている. IL-5 受容体 α 鎖は IL-5 を特異的に結合するが, β 鎖の存在下に初めてそのシグナルを細胞内に伝達する. β 鎖はそれ単独ではリガンドを結合できないが, IL-5 受容体 α 鎖と会合すると高親和性 IL-5 受容体を構成し, シグナル伝達*に関与する. IL-5 受容体 β 鎖はインターロイキン 3 受容体*, 顆粒球-マクロファージコロニー刺激因子受容体*の β 鎖でもあるので, 共通の β 鎖(common β chain)との意味で $\beta_c$ とよばれる. IL-5 受容体の活性化にひき続き細胞内チロシンキナーゼ(JAK2 キナーゼやブルトン型チロシンキナーゼ, Btk* など)の活性化, シグナル伝達に関与するタンパク質分子(Vav, Shc, HS1, PI3-キナーゼなど)のリン酸化が起こり, つづいて c-fos, c-jun, c-myc の発現増強に伴い免疫グロブリン遺伝子の発現や細胞増殖が惹起されると考えられる. 今後, IL-5 の作用を明らかにするには IL-5 受容体 α 鎖の発現調節機構を明らかにしていく必要がある.

**インターロイキン 5 受容体** [interleukin 5 receptor] ⇒ インターロイキン 5

**インターロイキン 3** [interleukin 3] IL-3 と略す. 造血幹細胞*や各種血球系列の前駆細胞に作用し, その増殖, 分化を促進するサイトカイン*である. また好塩基球のヒスタミン放出刺激やマクロファージの活性化など, 成熟した細胞の機能を亢進する作用をもつ. IL-3 は抗原で刺激された T 細胞において特異的に産生される(マウスの場合はマスト細胞でも産生される)ことから, 炎症反応や, それに伴う一過性の誘導的造血に関与すると考えられる. IL-3 遺伝子産物はヒトで 152 残基, マウスで 166 残基のアミノ酸から成るが, 糖鎖の修飾によって見かけ上 28,000 の分子量をもつ. 生物活性はヒトとマウスで比較的保存されているが, アミノ酸配列の相同性は 29% にすぎない. IL-3 の遺伝子は, ヒトでは第 5, マウスでは 11 番染色体に存在し, どちらの場合も IL-4, IL-5, IL-13, 顆粒球-マクロファージコロニー刺激因子(GM-CSF)などとクラスターをなしている.

**インターロイキン 3 受容体** [interleukin 3 receptor] IL-3R と略す. 2 種類のサブユニット α 鎖, β 鎖より構成される. どちらのサブユニットも単一膜貫通型の糖タンパク質であり, サイトカイン受容体スーパーファミリーに属する. 細胞内領域には, チロシンキナーゼドメインなどの既存のタンパク質との相同性は認められない. α 鎖は単独でも低親和性にインターロイキン 3*(IL-3)と結合できるが, β 鎖との共発現によってのみ, 高親和性かつ機能的な IL-3R を再構成できる. 表に示したように α 鎖は IL-3 に特異的なサブユニットであるのに対し, β 鎖は顆粒球-マクロファージコロニー刺激因子受容体*(GM-CSFR), インターロイキン 5*受容体(IL-5R)に共有されている. マウスでは, 共通の β 鎖(AIC2B)のほかに IL-3R に特異的なもう一つの β 鎖(AIC2A)が存在するが, 両 β 鎖の機能的差異は明らかでない. IL-3 のシグナルは, IL-3R の細胞内領域を介して伝達される. このシグナル伝達には, JAK2 チロシンキナーゼ(⇒ JAK)や Ras* タンパク質などさまざまな分子の介在が報告されている.

> ヒト IL-3R の β 鎖は GM-CSF, IL-5 の受容体に共有されるが, マウス β 鎖には共通の β 鎖のほかに特異的な β 鎖(AIC2A)が存在する.

|  | α | β |
|---|---|---|
| ヒト | | |
| IL-3R | IL-3Rα | $\beta_c$ |
| GM-CSFR | GM-CSFRα | $\beta_c$ |
| IL-5R | IL-5Rα | $\beta_c$ |
| マウス | | |
| IL-3R | IL-3Rα | AIC2A($\beta_{IL-3}$)<br>AIC2B($\beta_c$) |
| GM-CSFR | GM-CSFRα | AIC2B($\beta_c$) |
| IL-5R | IL-5Rα | AIC2B($\beta_c$) |

**インターロイキン 10** [interleukin 10] IL-10 と略す. IL-10 は, 主として $T_H2$ 細胞から産生されるサイトカインである. マウス由来の IL-10 は 160 個のアミノ酸残基から成り, 糖を含んでいる. マウス IL-10 はヒト IL-10 とアミノ酸配列で 73% の相同性をもつ. その生物活性は免疫抑制と促進の両面を備えている. すなわち, $T_H1$ 細胞からのインターフェロン γ の産生を抗原提示細胞であるマクロファージを通して抑制するが, B 細胞の生存率は高め, マスト細胞の増殖を促進する.

**インターロイキン 11** [interleukin 11] IL-11 と略す. 脂肪細胞化抑制因子(adipogenesis inhibitory factor, AGIF)ともいう. 骨髄*の繊維芽細胞あるいはストロマ細胞から産生される 178 アミノ酸から成る分子量 23,000 のタンパク質. ヒト IL-11 遺伝子は第 19 染色体長腕 13.3-13.4 領域に位置する. 生物活性は多彩で, 形質細胞株の増殖, B リンパ球の分化, 造血幹細胞の増殖と分化, 巨核球の増殖と成熟(巨核球増幅因子活性 megakaryocyte potentiator, Meg-POT), 骨髄間質細胞の脂肪化抑制などのリンパ・造血系に対する作用のほか, 骨, 消化管, 肝, 神経系などに対する作用をももつ.

**インターロイキン 12** [interleukin 12] IL-12 と略す. B 細胞*および単球*・マクロファージ*から産生される分子量約 70,000 の糖タンパク質で, 互いに相同性のない 40 kDa(p40)と 35 kDa(p35)の二つのサブユニットが 1 個のジスルフィド結合によって結ばれたヘテロ二量体(p70)である. p40 はインターロイ

キン6受容体*の細胞外ドメインと相同性が高く，p35はインターロイキン6*や顆粒球コロニー刺激因子*と相同性がある．活性型p70は還元されると二つのサブユニットに分解し，活性を失う．ヒトIL-12のp40遺伝子は第5染色体長腕31-33領域に，p35遺伝子は第3染色体長腕12-13領域に位置する．生物活性としては静止期T細胞*およびナチュラルキラー(NK)細胞*からのインターフェロン$\gamma$*産生の誘導，NK細胞活性の亢進，LAK細胞*活性の誘導，静止期T細胞のレクチン刺激による細胞増殖能の亢進，ナイーブT細胞から$T_H1$細胞への分化の促進，インターロイキン3*存在下での造血幹細胞の増殖の促進，移植腫瘍に対するin vivoでの抗腫瘍効果などがある．

**インターロイキン受容体** [interleukin receptor] IL-Rと略す．サイトカイン*の一種であるインターロイキン*の受容体であり，インターロイキンの活性を発揮するためのシグナル伝達を担っている．インターロイキン受容体の多くはクラスIサイトカイン受容体ファミリーに属する．このファミリーの細胞膜外近傍にはTrp-Ser-X-Trp-Ser (WSXWS)モチーフが保存されている．またこのファミリー受容体は多くの場合ホモ二量体，ヘテロ二量体，ヘテロ三量体構造をとり，高親和性受容体を形成する．受容体細胞内部分にはチロシンキナーゼは存在せず，細胞内膜近傍のbox1領域でJAKファミリーチロシンキナーゼが結合する．さらにその下流のシグナル伝達分子としてSTATファミリー(⇒STATタンパク質)などが同定されている．さらにJAKやSTATの活性化を阻害することで，インターロイキンのシグナル伝達系を負に制御する因子として，CIS/SOCS/SSIファミリー分子が同定されている(⇒JAK-STATシグナル伝達経路)．

**インターロイキン7** [interleukin 7] IL-7と略す．リンホポエチン1(lymphopoietin-1)ともいう．プレB細胞の増殖を誘導するストロマ細胞株の培養上澄み中に発見された25 kDaの糖タンパク質．骨髄中のプレB細胞を増殖させるが成熟B細胞には反応しない．末梢T細胞に対しマイトジェン*の共存下で増殖を誘導する．胸腺細胞に対しては単独でその増殖を誘導する．さらにキラーT細胞*やリンホカイン活性化キラー細胞(LAK細胞*)の誘導作用をもつ．このほか，単球にも作用し，IL-1, IL-6, TNF-$\alpha$(⇒腫瘍壊死因子)の産生を誘導することが知られている．

**インターロイキン2** [interleukin 2] IL-2と略す．1983年に遺伝子クローニングにより物質の存在が最初に確立したインターロイキン*であり，133個のアミノ酸から構成される．組換え体と異なり，細胞のつくるインターロイキン2(IL-2)にはO, N-結合型糖鎖を含む$\alpha$, $\beta$型とO-結合型糖鎖のみを含む$\gamma$型の3種が存在する．IL-2遺伝子はヒト染色体の第4染色体に存在し，四つのエキソンと三つのイントロンから成る．IL-2は主としてT細胞($CD4^+$, $CD8^+$)より産生されるが，ナチュラルキラー(NK)細胞からも産生される．マウスにおいては細胞性免疫に関与するヘルパーT細胞タイプ1($T_H1$)から産生され，マクロファージの産生するIL-6やIL-12などの共役因子の存在が重要である．アクセサリー分子として知られるB7-CD28を介する細胞間直接相互作用により産生は増強される．本共役刺激によりIL-2遺伝子のプロモーター領域に存在するCD28応答性領域へのc-Rel, p50, p60などNF-$\kappa$B*ファミリー転写制御因子の会合が起こる．本応答はシクロスポリンに抵抗性である．IL-2遺伝子の活性化にはNF-ATとよばれる転写因子の機能が重要である．IL-2遺伝子の活性化には，カルシニューリン経由の過程が関与し，本経路はcAMP経路とクロストークする．このため，プロスタグランジン$E_2$などのcAMP増強物質によるIL-2産生阻害が認められる．本阻害効果は$T_H1$サイトカインに選択的に認められる．IL-2は標的細胞上の特異的なインターロイキン2受容体*に結合し，Rasタンパク質経由MAPキナーゼ*活性化経路，JAK-STATシグナル伝達経路*などを介し，増殖，分化，アネルギー，アポトーシス*などの機能発現に至る．IL-2受容体は$\alpha$, $\beta$, $\gamma$とよばれる3本の鎖から構成されるが，各鎖の機能発現に至る役割は十分にわかっていない．本受容体を介するシグナル伝達により，AP-1/c-fos, c-junおよびc-mycが活性化され，他に原がん遺伝子であるbcl-2の発現を誘導するといわれる．IL-2にはアポトーシスを抑制する作用が知られている．IL-2はT, Bリンパ球，NK, LAK細胞，マクロファージ，好中球などに作用し，細胞周期を進めるプログレッション因子として作用する．好中球よりの腫瘍壊死因子(TNF)$\alpha$の産生，マクロファージよりのトランスフォーミング増殖因子(TGF)$\beta$の産生，IL-8の産生，TNFの産生，T細胞よりのIL-5の産生などが知られるが，T細胞，NK細胞からのインターフェロン$\gamma$産生誘導はサイトカインネットワーク形成において重要な位置を占める．IL-2遺伝子のノックアウトマウスでは炎症性腸疾患，溶血性貧血の発生が知られる．IgG1, IgE産生の増強も認められ，IL-2は$T_H1/T_H2$バランスの維持に重要な働きをしている．

**インターロイキン2受容体** [interleukin 2 receptor] サイトカインの一種インターロイキン2*(IL-2)がリガンドとして結合して標的細胞にシグナル伝達を行う場合に特異的に結合する受容体．$\alpha$, $\beta$, $\gamma$鎖と呼称される3本のタンパク質鎖が知られ，高親和性IL-2受容体は$\alpha$, $\beta$, $\gamma$鎖の3種から構成される．シグナル伝達には$\beta$, $\gamma$鎖の存在が不可欠であるが，リガンドであるIL-2の結合は$\alpha$, $\beta$鎖の2種を発現する細胞にも生じる．可溶性IL-2受容体は$\alpha$, $\beta$, $\gamma$鎖のいずれについても知られ，3種の鎖が可溶化されて体液に存在するとIL-2を捕捉し，強い免疫抑制作用を示す．リンパ球の上だけでなくマクロファージや好中球上にも発現される．IL-2受容体の$\gamma$鎖はIL-4, IL-7, IL-9, IL-15受容体にも共有され，$\beta$鎖はIL-15受容

体にも共有される．IL-2受容体γ鎖の欠損は遺伝子病としての伴性重症複合免疫不全症につながる．β鎖遺伝子ノックアウトマウスでは炎症性腸疾患の発症が確認されている．シグナル伝達にはJAK-STAT系を含めサイトカイン受容体同様3経路が存在する．(→ JAK-STATシグナル伝達経路)

**インターロイキン2受容体α鎖** [interleukin 2 receptor α chain] ＝CD25(抗原)

**インターロイキン8** [interleukin 8] IL-8と略．三重鎖βシート構造とαヘリックス構造から成る分子量約8000のヘパリン親和性塩基性タンパク質．ケモカインC×Cサブファミリー群に属し，炎症時にマクロファージなど種々の細胞より産生される．IL-8染色体遺伝子は四つのエキソンと三つのイントロンから成り，上流域にあるNF-κB*，C/EBP*，AP-1*結合要素の相乗作用により遺伝子が活性化される．IL-8は，急性炎症反応における好中球遊走・活性化にかかわる本質的な因子である．

**インターロイキン4** [interleukin 4] IL-4と略．B細胞，T細胞のリンパ球細胞，そして単球，内皮細胞，繊維芽細胞を含む非リンパ球細胞に多岐に渡る生物学的効果をもつ，T細胞およびマスト細胞から産生される多機能なサイトカイン(分子量20,000)．さまざまな名称でよばれる(表)．IL-4はクラススイッ

インターロイキン4の別名

| 他の名称 | 略号 | 英語名 |
|---|---|---|
| B細胞増殖因子1 | BCGF-1 | B cell growth factor-1 |
| B細胞増殖因子1 | BSF-1 | B cell stimulatory factor-1 |
| マスト細胞増殖因子2 | MCGF-2 | mast cell growth factor-2 |
| T細胞増殖因子2 | UCG-2 | T cell growth factor-2 |
| Ia誘導因子 | IaIF | MHC class II (Ia) inducing factor |
| B細胞分化因子ε | BCDFε | B cell differentiation factor ε |
| B細胞分化因子γ | BCDFγ | B cell differentiation factor γ |
| EL4細胞増殖因子 | EL4-BCGF | EL4 B cell growth factor |
| ホジキン細胞増殖因子 | HCGF | Hodgkin's cell growth factor |
| IgE促進因子 | IgE-EF | IgE-enhancing factor |
| IgG1誘導因子 | IgG1-IF | IgG1-induction factor |
| 胸腺細胞増殖因子 | THCGF | thymocyte growth factor |

チ*を誘導することにより，マウスB細胞からIgG1とIgEを，ヒトB細胞からIgG4とIgEの分泌を誘導する．IL-4のこの性質はインターロイキン13も共有する．マウスIL-4は20残基のシグナルペプチドを含む140アミノ酸残基から成り，3個の$N$-グリコシル化部位をもつ．ヒトIL-4は153残基から成り，2個の$N$-グリコシル化部位をもつ．その遺伝子はヒト第5染色体上に位置する．IL-4の三次元構造はNMRおよびX線結晶構造解析により決定され，4個のαヘリックスの束から成る質の密な球型構造をもつ．その構造は顆粒球-マクロファージコロニー刺激因子，マクロファージコロニー刺激因子，インターロイキン3の構造とも相同性がある．

**インターロイキン4受容体** [interleukin 4 receptor] インターロイキン4(IL-4)受容体は高親和性IL-4結合鎖(p140，α鎖，CD124)と共通γ鎖($γ_c$)として知られているインターロイキン2受容体*γ鎖の少なくとも二本鎖から成る複合体である．高親和性($K_d$＝$10^{-10}$M)IL-4結合鎖はサイトカイン受容体スーパーファミリーに属する．その細胞外領域にはサイトカイン受容体領域とTrp-Ser-X-Trp-Serモチーフを含むフィブロネクチンIII領域とをもつ．細胞内領域はIL-2および顆粒球マクロファージコロニー刺激因子受容体β鎖に観察されるようにSer/Proに富む領域をもつ．高親和性マウスIL-4受容体の可溶性型はmRNAスプライシングにより産生される．可溶性IL-4受容体はIL-4のアンタゴニストである．IL-2受容体γ鎖はIL-4受容体の機能的一成分であり，IL-4結合親和性を増大する．γ鎖はインターロイキン7，9，13受容体とも会合し，X染色体連鎖性重症複合免疫不全症の原因遺伝子である．第二の低親和性($K_d$＝$10^{-8}$M)IL-4受容体も同定されているが，まだ，その遺伝子は単離されていない．

**インターロイキン6** [interleukin 6] IL-6と略．B細胞の抗体産生細胞への最終分化を誘導するB細胞刺激因子2(B cell stimulatory factor-2, BSF-2)として単離された分子量21万の糖タンパク質．Tリンパ球，Bリンパ球，マクロファージ，繊維芽細胞など種々の細胞で産生されるサイトカインで，インターフェロン$β_2$(interferon $β_2$, IFN-$β_2$)，26Kタンパク質(26 kDa protein)，ハイブリドーマ/形質細胞腫増殖因子(hybridoma/plasmacytoma growth factor, HPGF)，肝細胞刺激因子(hepatocyte stimulating factor, HSF)，単球-顆粒球誘導因子2型(monocyte-granulocyte inducer type 2, MGI-2)は同一分子．免疫応答，造血系や神経系細胞の増殖分化，急性期反応などに関与する．ヒトIL-6は28個のシグナルペプチドを含む212個のアミノ酸残基，マウスIL-6は24個のシグナルペプチドを含む211アミノ酸残基から成る．ヒト，マウス間ではアミノ酸配列上42％の相同性をもつ．その遺伝子座はヒト第7染色体，マウス第5染色体に位置し，ともに五つのエキソンより構成されている．IL-6の異常産生は種々の免疫異常症，炎症性疾患，リンパ系腫瘍の発症と深く関連していることが示唆されている．

**インターロイキン6受容体** [interleukin 6 receptor] インターロイキン6*(IL-6)と結合するα鎖(gp80)とIL-6との結合能はないがシグナル伝達に必須であるgp130の二つのサブユニットから成る．どちらも細胞外領域に免疫グロブリン様ドメイン，Cys繰返し配列，Trp-Ser-X-Trp-Serモチーフをもちサイトカイン受容体ファミリーに属する．α鎖単独では解離定数$K_d$が1 nMの低親和性受容体であるが，gp130と会合することにより$K_d$が10 pMの機能的な高親和性受容体を形成する．受容体の活性化にはgp130の二量体形成が重要であり，IL-6がα鎖と結合すると，この

複合体が2分子のgp130と会合する。これにより細胞内でgp130に共役しているシグナル伝達分子（⇒JAK, STATタンパク質）を活性化しIL-6のシグナルを細胞内に伝達する．またgp130はIL-6のほかに白血病阻害因子*(LIF)，毛様体神経栄養因子(CNTF，⇒コリン作動性分化因子)，オンコスタチンM，インターロイキン11*の受容体サブユニット，シグナル伝達分子としても機能する．これらのサイトカインが多くの共通な作用をもつ機構の一つとして受容体サブユニットの共有が考えられる．このような例としては，IL-3, IL-5, 顆粒球-マクロファージコロニー刺激因子*各受容体におけるβ鎖の，またIL-2, IL-4, IL-7, IL-9, IL-15各受容体におけるIL-2受容体γ鎖の共通が知られている．

**インテイン** [intein] プロテインスプライシング*により，前駆体タンパク質の中央部より自己触媒的に切出されるタンパク質．イントロン(intron)様のタンパク質(protein)という意味．切出しと同時に，前後のペプチド鎖は再びペプチド鎖で結合され，エクステイン*と総称される機能タンパク質となる．一方，切出されたインテインは，その生物にとって有用な働きをもたない場合があり，遺伝子座内への分子的な寄生ではないかと考えられている．初めて発見されたインテインとして有名な酵母液胞ATPアーゼ触媒サブユニット遺伝子VMA1由来エンドヌクレアーゼ(VMA1-derived endonuclease, VDE)は，自己を欠損した遺伝子VMA1・VDEを特異的に認識し，二重鎖を切断する働きをもつことが明らかにされており，VDE自身が利己的遺伝子産物として自己のコピーを自然界に水平伝播させる働きをもつとされる．インテイン(主として核酸分解酵素)をもつ遺伝子は真正細菌，古細菌，真核生物などに数多く報告されている．

**インテグラーゼ** [integrase] レトロウイルス*が感染した細胞内で生産するタンパク質のことで，宿主内で逆転写酵素*により複製されたウイルスゲノムが，宿主の染色体に組込まれる反応を触媒する．エンドヌクレアーゼ*活性をもち，ウイルスDNA末端および宿主染色体に切断を入れるとともに両者を結合させる過程にも働くと考えられる．λファージの部位特異的組換え*を触媒するIntタンパク質のことをさす．(⇒λインテグラーゼ，組換え酵素)

**インテグリン** [integrin] 細胞外マトリックス*への細胞の接着を媒介する代表的な細胞表面の受容体分子（⇒細胞接着）．血球細胞では細胞間の接着や凝集にも関与する（⇒血小板膜糖タンパク質IIb-IIIa）．α鎖，β鎖のヘテロ二量体から成る膜貫通型の糖パク質で，哺乳動物では18種類のα鎖と8種類のβ鎖が存在し，その組合わせが異なる24種のインテグリンが同定されている．$\beta_1$鎖を含むインテグリンはすべての後生動物に存在するプロトタイプのインテグリンで，自己がどのα鎖と組むかにより，1) ラミニン結合型，2) RGD(Arg-Gly-Asp)配列*結合型（⇒フィブロネクチン受容体），3) コラーゲン結合型に大別される（図）．なお，コラーゲン結合型や$\beta_2 \sim \beta_8$鎖

を含むインテグリンは，脊索動物以降で出現した比較的新しいインテグリンである．インテグリンは細胞外領域でラミニン*，フィブロネクチン*，コラーゲン*などの細胞外マトリックスの細胞接着分子*と結合する一方で，細胞内領域ではテーリンやαアクチニンなどを介してアクチンフィラメント*と結合し，細胞の内外の骨格構造を物理的に統合(integrate)する

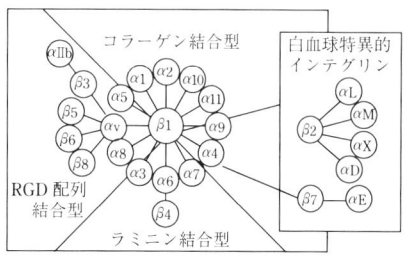

細胞外マトリックス結合型インテグリン

役割をもつ．インテグリンの名称はこの働きに由来する．また，細胞外マトリックスに結合したインテグリンは細胞膜上で集合して，フォーカルアドヒージョン*やフォーカルコンプレックスとよばれる接着構造を形成する．この際，インテグリンの細胞内領域に結合しているチロシンキナーゼの自己リン酸化が起こり，これがSrcファミリー*のチロシンキナーゼの集積と活性化を促す．このようなインテグリン依存的な細胞内シグナル伝達経路の活性化は，細胞の増殖でみられる足場依存性*の分子的基盤となっている．

**インテグリン $\alpha_5\beta_1$** [integrin $\alpha_5\beta_1$] =フィブロネクチン受容体

**インテグリン $\alpha IIb\beta III$** [integrin $\alpha IIb\beta III$] =血小板膜糖タンパク質IIb-IIIa

**インテグリンスーパーファミリー** [integrin superfamily] ⇒インテグリン

**インテグリンファミリー** [integrin family] α鎖，β鎖が非共有結合により結合したヘテロ二量体の膜貫通型糖タンパク質で，生体にとって最も重要な細胞接着分子の一群．現在までに16種のα鎖，8種のβ鎖が報告され，これらの組合わせにより20種を超えるαβ複合体が存在する．それぞれ，細胞外ドメイン，膜貫通ドメイン，細胞内ドメインから成る．インテグリン*は活性化シグナルを受けることによりα鎖，β鎖上に立体構造の変化が起こり，リガンドに対する結合能を獲得する．β鎖の構造により，サブファミリーに分けられ，$\beta_1$インテグリンファミリーに属する分子はおもに細胞外基質をリガンドとして認識する接着分子である．$\beta_2$インテグリンファミリーに属する分子は白血球に選択的に発現し，血管内皮細胞上の分子(ICAM-1, ICAM-2, VCAM-1など)と結合することにより，白血球の血管外遊出をつかさどる．

**インデューサー** =誘導物質
**Intタンパク質** =λインテグラーゼ
**int-2遺伝子** [int-2 gene] マウス乳がんウイル

ス*が高頻度に挿入する部位の近傍にあり，転写が活性化される遺伝子として見いだされた．遺伝子産物は繊維芽細胞増殖因子*(FGF)様増殖因子で胎生期に発現しており，FGF3(fibroblast growth factor 3)ともいう．int-2遺伝子はヒト第11染色体長腕13領域に存在し，食道がん，乳がんなどで高頻度に遺伝子増幅を起こしているが転写されておらず，これらの腫瘍の発症と直接の関係はないと考えられる．(→int-1遺伝子)

**インドメサシン** ＝インドメタシン
**インドメタシン**［indomethacin］ インドメサシンともいう．$C_{19}H_{16}ClNO_4$，分子量357.79．非ステロイド系の抗炎症薬*．鎮痛剤，関節リウマチ，痛風発作などに用いられる．プロスタグランジンエンドペルオキシダーゼを阻害することによりアラキドン酸*からのプロスタグランジン*生合成を抑制することによって作用を現すと考えられている．この作用を利用して，プロスタグランジン生合成が関与する現象かどうかを調べる研究に用いられている．

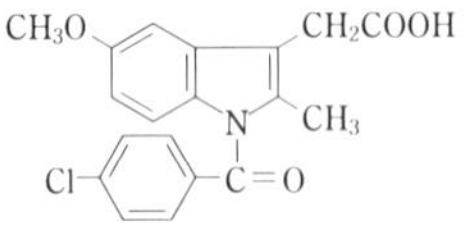

**インドール-3-酢酸**［indole-3-acetic acid］ ヘテロオーキシン(heteroauxin)ともいう．IAAと略す．高等植物細胞の伸長成長を促進する植物ホルモン*(→オーキシン)の一つ．生理作用はきわめて多面的で細胞分裂，細胞分化にも不可欠の要素．トリプトファンから生合成されるが経路は未確定．腫瘍病原菌 *Agrobacterium tumefaciens**のTiプラスミド*にはトリプトファンを基質とする二つの生合成酵素遺伝子(トリプトファン 2-モノオキシゲナーゼ，インドールアセトアミドヒドロラーゼ)があり，感染後植物染色体に移行してIAAを過剰合成し腫瘍発生の原因となる．複数の植物遺伝子の発現を調節するが，これら遺伝子の機能は3種(アミノシクロプロパンカルボン酸シンターゼ，グルタチオンS-トランスフェラーゼ，脂肪酸不飽和化酵素)以外十分に解明されていない．受容体と考えられる結合タンパク質の遺伝子が1種単離されているが，その他の結合タンパク質の存在も確認されている．シロイヌナズナ*，タバコ，トマトでは非感受性突然変異体が知られている．

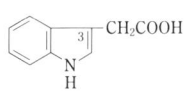

**イントロン**［intron］ 真核細胞の遺伝子DNA中に存在する介在配列(intervening sequence)で，一次転写産物*には含まれるが最終の機能的な成熟RNAには含まれず，スプライシング*により取除かれる遺伝子内RNA領域をいう(イントロン内遺伝子として機能的なRNAが含まれることもある)．植物やテトラヒメナのイントロンの中には，そのRNA自体で自己スプライシング*機能をもつものもあり，グアノシン要求性からグループI型とグループII型イントロンに分けられる．I型イントロンの除去には$Mg^{2+}$とグアノシン(GMP，GDP，GTPでも可)要求性がある．テトラヒメナのrRNAや酵母やダイズの葉緑体tRNA前駆体イントロンがこれに含まれる．II型イントロンの除去には$Mg^{2+}$とスペルミジンが必要であり，グアノシン要求性はない．酵母のミトコンドリアのシトクロムオキシダーゼのRNA前駆体のイントロンがこれに含まれる．II型イントロンの除去には，イントロン中のアデニン残基と2'-5'結合による投げ縄状構造*が形成され，高等生物のスプライシング機構に類似している．(→エキソン，分断された遺伝子)

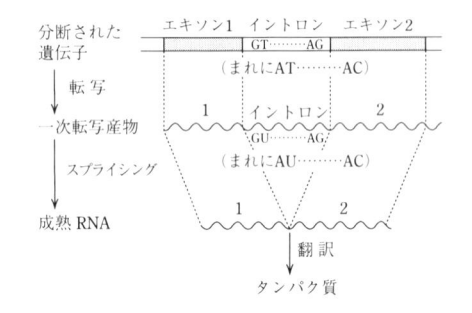

```
分断された    エキソン1  イントロン  エキソン2
遺伝子                  GT    AG
                     (まれにAT    AC)
  ↓転写
一次転写産物     1      イントロン    2
                     GU    AG
                     (まれにAU    AC)
  ↓スプライシング
成熟RNA         1                    2
                      ↓翻訳
                    タンパク質
```

**イントロンエンコードエンドヌクレアーゼ**［intron encoded endonuclease］ 利己的遺伝要素とされ，イントロン*自身の伝播にかかわり，ホーミングエンドヌクレアーゼ*の一種(→インテイン)．特徴として通常の制限酵素*より長い(14 bp以上)，非常にまれな配列を認識するので，ベクター*に組込むDNAの両端にこの認識配列を配置すると，挿入されたDNA配列を切出す時に，そのDNA内で切断されることがほとんどない．出芽酵母ミトコンドリア由来のI-Sce I などがある．

**イントロンホーミング**［intron homing］ →ω配列
***int-1*遺伝子**［*int-1* gene］ マウス乳がんウイルス*が高頻度に挿入する部位の近傍にあり，転写が活性化される遺伝子として見いだされた(→int-2遺伝子)．int-1遺伝子産物は増殖因子で，乳腺上皮細胞の形態変化と増殖促進をひき起こすことや中枢神経系の形成や精子形成に関与していることが知られている．ショウジョウバエの相同遺伝子がウイングレス遺伝子*(wg)であることからWnt-1遺伝子*とよばれるようになった．

**インバースアゴニスト**［inverse agonist］ 逆作動薬，リバースアゴニスト(reverse agonist)ともいう．受容体*を不活性化構造で安定化する薬剤のこと．一般に受容体は活性化構造と不活性化構造の平衡状態で存在し，アゴニスト*(作動薬)によって活性化構造に平衡が傾く．アンタゴニスト*(拮抗薬)は，アゴニストとの結合を妨げ，受容体の活性化を妨げるが，活性化/不活性化の平衡に影響しない．インバースアゴニストは，平衡状態を不活性化構造に傾ける作用をもつため，受容体の構成的活性を抑えることができる．

**インバリアントNKT細胞**［invariant NKT cell］
＝ナチュラルキラーT細胞．iNKT細胞と略す．

**インバリアント鎖**［invariant chain］ Ii鎖（Ii chain）ともいう．小胞体内でMHCクラスIIαおよびβ鎖複合体に会合する多型を示さない216アミノ酸から成るII型膜タンパク質．Ii鎖は三量体で存在し，Ii鎖1分子に対してMHCクラスIIαβ複合体が1分子の割合で結合することにより九量体を形成して，ゴルジ体*で糖鎖による修飾を受ける．Ii鎖のクラスII分子関連インバリアント鎖ペプチド*(CLIP)はMHCクラスII分子のペプチド収容溝を覆うことにより，小胞体内に存在するMHCクラスI分子に結合すべきペプチドがMHCクラスII分子に結合するのを防いでいる．また，Ii鎖のN末端の細胞質領域にあるジロイシンモチーフの作用により，MHCクラスII分子はエンドソーム*へと運ばれる．複合体が，酸性のMIICあるいはCIIVに到達すると，Ii鎖はカテプシンにより分解されてMHCクラスII分子から解離し，その後，H-2M分子*の作用によりCLIPがほかの抗原ペプチドに置換される．(→MHCクラスIIコンパートメント)

**in vitro**［in vitro］ "ガラス器内で"という意味のラテン語．本来細胞内で行われる反応（または現象）を試験管内で行わせる時に用いられる．

**in vitro コロニー形成法**［in vitro colony assay］ → コロニー刺激因子

**in vitro 転写法**［in vitro transcription］ 無細胞転写法(cell-free transcription)ともいう．RNAポリメラーゼ*とその補助因子，基質NTPと鋳型DNAを用い，試験管内でRNAを合成すること．1) 組換え体DNAのT3, T7, SP6 RNAポリメラーゼ部位からは，相当する酵素でRNAを合成できる．2) 大腸菌のRNAポリメラーゼホロ酵素*を用いると，本来のプロモーターからRNAが合成できる．3) 真核生物の転写では，HeLa細胞*や酵母などの抽出液を用いるが，精製RNAポリメラーゼを用いる場合は，特異的転写開始のために基本転写因子*が必要．RNAの検出は，DNA鋳型を切断し，そこまでのRNAをつくるラン・オフ法*が一般的．このほかにS1マッピング*法，プライマー伸長法*，Gフリーカセット法などがある．また，in vitro 転写と in vitro 翻訳を共役または連続して効率よく行わせる in vitro 転写-翻訳系が構築されている．

**in vitro 突然変異誘発**［in vitro mutagenesis］ 遺伝子組換え技術を用いて試験管内(in vitro)でDNAに突然変異*をつくり出すこと．クローニングした遺伝子に人工的な突然変異を加え，それによって発現するタンパク質の性質を変える方法には，1) 構造の一部を他のタンパク質に置き換えたキメラタンパク質（→融合タンパク質）をつくる方法と，2) 特定のアミノ酸を置換した突然変異タンパク質をつくる方法がある．キメラタンパク質は，通常の遺伝子組換えの技術を用いて容易につくることができるが，特定の位置でアミノ酸を入換えるには，エキソヌクレアーゼ*を用いた欠失突然変異体を作製する方法と，点突然変異体あるいはオリゴヌクレオチド突然変異体を作製する方法（部位特異的突然変異誘発*あるいは局所的なランダム突然変異誘発*）がある（→合成オリゴヌクレオチド）．ランダム突然変異誘発では，突然変異は，遺伝子の限られた部分内にある程度ランダムに導入される．

**in vitro パッケージング**［in vitro packaging］ ファージ由来のDNAとファージ構造タンパク質とを集合させて，感染能をもつファージを試験管内で再構成させる方法．1975年に開発された．ファージDNAをベクター*とする遺伝子ライブラリー*を作製する際に用いられ，この反応の成否がライブラリーの品質に大きく影響する．試薬メーカー各社がキットを販売している．(→DNAパッケージング，ファージDNAパッケージング)

**in vitro 翻訳**［in vitro translation］ 無細胞翻訳(cell-free translation)ともいう．RNAを鋳型として細胞抽出物を用いて試験管内でタンパク質を合成すること．細胞から抽出したトータルRNAやmRNA, in vitro 転写法*により合成したRNAが鋳型として用いられる．原核生物系では大腸菌抽出物，真核生物系ではウサギ網状赤血球ライセート，コムギ胚芽抽出物を用いた in vitro 翻訳系が知られている．放射性アミノ酸で標識したタンパク質の合成によく用いられる．また，無細胞系なので細胞毒性のあるタンパク質の合成も可能である．試薬メーカー各社がキットを販売している．

**インヒビン**［inhibin］ 脳下垂体の前葉からの濾胞刺激ホルモン*(FSH)の分泌を抑制するためにインヒビン（抑制因子）と名づけられた．このような働きをする物質が生殖巣の中にあることは古くから知られていたが，1986年にペプチド性のホルモンとして単離し，構造決定された．インヒビンは精巣ではセルトリー細胞で，卵巣では顆粒膜細胞で主としてつくられる．インヒビンはその構造の中のシステイン残基の位置がよく保存されているので，TGF-β（トランスフォーミング増殖因子β）の一群の仲間に入れられている．インヒビンの合成過程ではインヒビンのN末端の部分に長いプロ領域が存在している（未成熟インヒビン）と考えられており，通常タンパク質分解酵素によって切断されて，活性型のインヒビンになる．この活性型インヒビンは，19 kDaのα鎖と14 kDaのβ鎖がジスルフィド結合(S-S結合)した二量体から構成される．β鎖には$β_A$鎖と$β_B$鎖の2種類があるので，インヒビンも2種類存在する．インヒビンA($αβ_A$)とインヒビンB($αβ_B$)である．二つのβ鎖との相同性は低い．α鎖にはがん抑制遺伝子の働きがあることも知られている．インヒビンは生体内でアクチビン*と生理的に拮抗的に働くことが知られている．インヒビンはFSHの分泌の抑制のほかに赤芽球前駆細胞の分化抑制，胸腺細胞の細胞分裂の促進などもある．

**in vivo**［in vivo］ 生体(内)の，生体(内)で，体内(受精)の，などの意味．ラテン語に由来する言葉で"生活している身体の中"を意味する．in vitro*に対して

研究対象が生体に自然のまま置かれた状態をさす．

**in vivo DN アーゼ I フットプリント法** [in vivo DNase I footprinting] ＝ゲノムフットプリント法

**インフルエンザウイルス** [Influenzavirus, flu virus] 流行性感冒の病因ウイルスであり，上気道炎を急性症状とし，頭痛，関節痛などを伴う全身性の症状をひき起こす．ビリオン*の内部タンパク質の抗原性の相違によって，A型，B型，C型に分類される．A型はヒトを含む哺乳動物や鳥類に感染する．粒子はエンベロープ*をもち，ゲノムは mRNA 合成の鋳型として機能する(−)鎖一本鎖 RNA で，A型，B型では 8 分節，C型では 7 分節の異なった RNA からできている(⇒(−)鎖 RNA ウイルス)．本ウイルスによる病気の特徴は頻繁に新型ウイルスが出現し，流行が繰返されるという点である．新型ウイルスの出現機構の一つは複製段階における読み間違いである．その結果，遺伝子に変異が生じ，抗原性の異なるウイルスが出現する(⇒抗原ドリフト)．一方，ゲノムが分節化しているため遺伝的に異なるウイルスの混合感染により分節の交換が起こり，抗原性が大きく異なる新型ウイルスが出現する(抗原シフト)．

**インフルエンザ菌ゲノム** [Haemophilus influenzae genome] インフルエンザ菌は 1890 年のインフルエンザの全国的流行の際に R. Pfeiffer により最初に分離された．当初はインフルエンザの原因と考えられていたが，インフルエンザの主病原はインフルエンザウイルス*であり，インフルエンザウイルスと相乗効果をもたらすことがわかった．現在 Rd KW20 株と 86-028NP 株のゲノムが解読されている．ゲノムは環状 DNA で，GC 含量は 38% である．Rd KW20 株のゲノムは全長が 1,830,137 bp であり，1657 個のタンパク質コード遺伝子，80 個の構造 RNA 遺伝子がある．Rd KW20 株は血清型 d であり，疾患とほとんど関連性はない．一方，86-028NP 株は血清型 b であり，毒性があり，Rd KW20 株ゲノムとの比較から 280 個の 86-029NP 株特有のオープンリーディングフレーム*(ORF)が見つかったが，それらの遺伝子は毒性と関与している可能性がある．(⇒ゲノム)

**インフルエンザ血球凝集素** [influenza hemagglutinin] インフルエンザヘマグルチニンともいう．インフルエンザウイルス*が外殻(エンベロープ*)表面にもつ 2 種の糖タンパク質の一つで，それがヒトや動物の赤血球を凝集する作用をもつことから血球凝集素(ヘマグルチニン，HA)の名がある．他方はノイラミニダーゼ(NA，シアリダーゼ*)であり，これら両者はウイルスの抗原性を規定し，亜型の分類に用いられる．ヒトでは HA について 3 種の亜型が知られている．HA はウイルス RNA によってコードされ，566 個のアミノ酸から成る．HA はエンベロープから外へ細い柄の先に球を付けた形状をとり，三量体を形成する．先端の球状部に赤血球膜糖タンパク質の受容体と結合する部位がある．A型ウイルスの HA や NA は不連続性の突然変異を起こしやすく，それが A型インフルエンザの周期的な大流行と関連する．

**インフルエンザヘマグルチニン** ＝インフルエンザ血球凝集素

**インベーダーアッセイ** [invader assay] 5′ エキソヌクレアーゼの一種である cleavase が，三本鎖 DNA*形成を認識し，構造特異的に切断する性質を用いた SNP(一塩基多型*)検出法で，PCR 増幅法を用いないのが特徴．cleavase はフラップエンドヌクレアーゼ(flap endonuclease)で SNP などの DNA ミスマッチ部分の構造変化を認識する．標的 DNA に対し相補的配列をもつインベーダーオリゴと 5′ 側にフラップ構造をもつシグナルプローブをハイブリダイズさせたとき，これらのプローブは 1 塩基がオーバーラップする構造(invasive structure)をもつ．この 1 塩基が標的 DNA と相補的であれば三本鎖 DNA が形成され，cleavase が作用し，シグナルプローブの 5′ フラップが切断される．切断された 5′ フラップは，蛍光因子と蛍光抑制因子(クエンチャー)をもつ FRET プローブの 3′ 末端にハイブリダイズし，再び invasive 構造が形成され cleavase により 3′ 末端側の蛍光因子が切断され遊離する．この反応により生じる蛍光シグナルを検出することで SNP が検出される．

**インベルターゼ** [invertase] ＝β-フルクトフラノシダーゼ

**インポーチン** [importin] Imp と略し，カリオフェリン(karyopherin)ともいう．細胞質から核へのタンパク質の選択的輸送にかかわる因子の総称で，機能的に大きくインポーチン α とインポーチン β に分けられる．最初，SV40*ラージ T 抗原の核移行シグナル*に代表される塩基性アミノ酸に富む核移行シグナルを認識する分子としてインポーチン α が，また，インポーチン α に結合し，塩基性核移行シグナルをもつ核タンパク質*をインポーチン α とともに細胞質から核内にまで輸送する機能をもつ分子としてインポーチン β が発見された．つまり，輸送担体として機能するのはインポーチン β であり，インポーチン β は核膜孔複合体構成因子(ヌクレオポリン*)と低分子量 GTP 結合タンパク質*である Ran*と相互作用する活性をもつ．この活性をもつ分子は複数存在し，インポーチン β ファミリーとよばれ，トランスポーチン*などの分子が含まれる．一方，インポーチン α は，核タンパク質とインポーチン β をつなぐアダプター分子であり，高等真核生物では複数の類似分子が存在し，インポーチン α ファミリーと総称される．なお，インポーチン β ファミリーに属する分子のうち，核タンパク質輸送のためにインポーチン α のようなアダプター分子を必要とするのはインポーチン β のみである．(⇒エクスポーチン，Ran GTP アーゼサイクル)

# ウ

**ウィシャウス　WIESCHAUS, Eric F.**　米国の遺伝学者．1947.6.8〜　ノートルダム大学卒．1987年よりプリンストン大学教授．ヨーロッパ分子生物学研究所(ハイデルベルク)でC. Nüsslein-Volhard*とともにショウジョウバエ体節形成の遺伝子を研究し，突然変異飽和法を開発した．Nüsslein-Volhard, E. B. Lewis*とともに1995年ノーベル医学生理学賞を受賞．

**ウィスコット・アルドリッチ症候群**　[Wiskott-Aldrich syndrome]　WAS(ワス)と略す．X染色体遺伝子に関連して生じる免疫不全症で，頻繁な感染，湿疹，血小板減少や，液性および細胞性免疫*の異常を起こす(⇒免疫不全)．臨床的特徴はT細胞や血小板のさまざまな形態的，生化学的異常を示し，T細胞の増殖やアクチン重合の異常や血小板減少を生じる．ウィスコット・アルドリッチ症候群の原因遺伝子産物であるウィスコット・アルドリッチ症候群タンパク質*(WASP)は血球系にのみ発現し，さまざまな生理機能発現に関与するダイナミックなアクチン細胞骨格系の調節に関与する．WAS遺伝子の変異はタンパク質機能の喪失をひき起こし，さまざまな程度の臨床症状を呈する．

**ウィスコット・アルドリッチ症候群タンパク質**　[Wiskott-Aldrich-syndrome protein]　WASPと略す．ウィスコット・アルドリッチ症候群*(WAS)の原因遺伝子産物．WASPファミリーには血球系にのみ発現しているWASPと，より広範にさまざまな組織で発現しているN-ウィスコット・アルドリッチ症候群タンパク質(neural-Wiskott-Aldrich-syndrome protein; N-WASP)がある．両者ともCdc42*とホスファチジルイノシトール4,5-ビスリン酸*($PI(4,5)P_2$)により活性化され，C末端に存在するVCA領域が露出する．V領域に単量体アクチンが結合し，CA領域にArp2/3複合体が結合してアクチン*を重合させる．編み上がったアクチンフィラメント*は束化され，糸状仮足*形成，病原菌の細胞内侵入やエンドサイトーシスの際の運動力に使われる．

**ウィーバー突然変異マウス**　[Weaver mutant mouse]　⇒アストロタクチン

**ウィルキンズ　WILKINS, Maurice Hugh Frederick**　英国の生物物理学者．1916.12.15〜2004.10.5．ニュージーランドのポンガロアに生まれる．ケンブリッジ大学で物理学を学び，バーミンガム大学でPh.D.を取得(1940)．1944年マンハッタン計画に参加．E. Schrödingerの『生命とは何か』に感動して生物物理学に転向，キングス・カレッジの生物物理学研究室でR. E. Franklin*とともにDNAの構造をX線解析法で研究した．二重らせん*構造の解明で1962年J. D. Watson*, F. H. C. Crick*とともにノーベル医学生理学賞を受賞．1974〜80年細胞生物物理学研究室長を務めた．

**ウイルス**　[virus]　ゲノム*としてDNAかRNAのいずれかの核酸とビリオン*を構成するタンパク質とから成る感染性の構造体．感染細胞内だけで増殖する．かつては粒子の形状，粒子構成要素に起因する物理的な性状，あるいはウイルスによってひき起こされる病原性などによって分類されていたが，1971年にD. Baltimore*によって初めて提唱されて以来，ウイルス分類国際委員会(ICTV)の報告によるものがウイルス分類の基盤となっている．1993年グラスゴーでの第8回国際ウイルス会議での討議をもとにした第6版によると，ウイルスゲノムにコードされているウイルス産物を産生するためのウイルスmRNAの生成機構に基づいて六つのグループに分類されている．mRNAと同じ極性で存在するゲノムを＋(プラス鎖)で，mRNA合成の鋳型で存在する極性のゲノムを−(マイナス鎖)で表し，±は二本鎖核酸を示す．1)グループ1：(±)DNA．宿主細胞と同じ二本鎖DNAをゲノムとしてもつ．アデノウイルス*，ヘルペスウイルス*，ポックスウイルス*など．2)グループ2：(＋)DNA．パルボウイルス*に代表されるグループ．感染細胞内では(−)DNAが合成され，(±)DNA中間体として機能する．3)グループ3：(±)RNA．粒子内にウイルス性のRNA依存性RNAポリメラーゼ*を付帯しており，感染細胞内で(−)RNAを鋳型としてmRNAが合成される．レオウイルス*など．4)グループ4：(＋)RNA．感染細胞内ではウイルスゲノム自身がmRNAとして機能する．ピコルナウイルス*，フラビウイルス*，トガウイルス*，コロナウイルス*など．5)グループ5：(−)RNA．粒子付帯のRNAポリメラーゼにより，ウイルスゲノムを鋳型としてmRNAが合成される．ラブドウイルス*，パラミクソウイルス*，オルトミクソウイルス*，アレナウイルス*など．6)グループ6：(＋)RNA．このグループに属するレトロウイルス*ではグループ4のウイルスとは異なり，粒子付帯の逆転写酵素*により(−)DNA，ついで(±)DNAが合成され，宿主細胞染色体に組込まれた形で機能する．(⇒RNAウイルス，DNAウイルス)

**ウイルス干渉**　[viral interference]　干渉現象(interference phenomena)ともいう．ある宿主細胞にウイルス(Aとする)が感染している場合，近縁のウイルス(Bとする)が重感染できないこと．近縁のウイルスの場合，先行感染したウイルスAの産物が宿主細胞上のウイルス受容体を占拠してしまうため，ウイルスBが感染できない，などの機序が考えられる．ウイルス干渉を用いてウイルスの近縁関係を調べることが可能である．

**ウイルス関連抗原** [virus-associated antigen] ＝ウイルス抗原. VAA と略す.

**ウイルス抗原** [virus antigen] ウイルス関連抗原 (virus-associated antigen, VAA), ウイルス特異的細胞表面抗原 (virus-specific surface antigen, VSSA) ともいう. ウイルス感染によってできる抗原の総称で, ウイルス粒子を構成する構造タンパク質と非構造タンパク質に分けられる. 前者にはウイルスの後期遺伝子にコードされるキャプシド*やエンベロープ*など, 後者にはウイルス初期遺伝子にコードされる核内抗原やウイルス感染細胞表面に発現する特異的細胞表面抗原などがある. これらのタンパク質はウイルスの抗原性や病原性に関与するほか, 生体はこれを認識して中和抗体やウイルス特異的キラーT細胞を生成し, ウイルス感染防御的に働く. (→キラーT細胞)

**ウイルス性がん遺伝子** [viral oncogene] v-onc と略す. レトロウイルス*には各種動物に肉腫・急性白血病などのがんをひき起こすものがあり, これらのウイルスのもつがん遺伝子*をいう. ウイルス性がん遺伝子は, 本来正常動物細胞にあった遺伝子で, その一部が突然変異しウイルスに取込まれがん化能を獲得したものである. 細胞側の遺伝子を c-onc(c は cellular の c) または原がん遺伝子*, これに対応するウイルス側の遺伝子を v-onc(v は viral の v) と命名している.

**ウイルス特異的細胞表面抗原** [virus specific surface antigen] ＝ウイルス抗原. VSSA と略す.

**ウイルスベクター** [viral vector] 細胞への外来遺伝子の導入法として, ウイルスが本来細胞へ感染・維持される仕組みを応用しているベクター*. 現在までに, 種々のウイルスベクターが開発され, 動物ではアデノウイルス*やアデノ随伴ウイルス, レトロウイルス*, レンチウイルス, ヘルペスウイルスなどが, 植物ではカリフラワーモザイクウイルスやジェミニウイルスなどがおもなものである. siRNA* やマイクロRNA*(miRNA), 種々の遺伝子 (cDNA) の発現や遺伝子操作・治療実験に広く用いられている.

**ウイルス様粒子** [virus-like particle] ほとんどの酵母 Saccharomyces cerevisiae* 株の細胞質に存在する RNA を含んだタンパク質粒子. 二本鎖 RNA を含んだ粒子ではその RNA はタンパク質性のキラー毒素 (killer toxin) を指令している. また, レトロウイルス*と似た形態を示す粒子は転位因子(トランスポゾン*)を転写したタイプの RNA を含む. これらの粒子に感染性は認められていない.

**ウイルス粒子** [virus particle] ＝ビリオン

**ウイルソン病** [Wilson's disease] 肝レンズ核変性病 (hepatolenticular degeneration), 銅蓄積症 (copper storage disease) ともいう. 常染色体劣性疾患. 急性肝炎の発症, 肝臓中への銅の異常蓄積, 血清セルロプラスミン*および銅含有量の低下, 角膜のカイザー・フライシャー (Kayser-Fleischer) 輪 (輪状色素沈着), 神経症状を特徴とする. 早期に診断すればキレート剤 (D-ペニシラミン) の投与が有効である. 原因遺伝子はセルロプラスミン自身ではなく, 第 13 染色体に座位する銅結合 P 型 ATP アーゼタンパク質 (copper binding P-type ATPase protein; ATP7B) をコードする. モデル動物に同遺伝子を欠損する LEC ラット (LEC rat) がある. 急性ウイルソン病おいてみられる肝機能障害や肝細胞の損傷には CD95(APO-1/Fas) が関係するアポトーシス*が関与している.

**ウィルムス腫瘍** [Wilms tumor] 腎芽細胞腫 (nephroblastoma) ともいう. 小児の腎より発生する腫瘍で, 人口 100 万人に 1～2 人, 出生 1 万人に 1 人の頻度で発症する. 遺伝性のウィルムス腫瘍は全体の 20% 程度を占める. 種々の奇形を合併することが多く, 特にウィルムス腫瘍 (Wilms tumor), 虹彩欠損 (aniridia), 泌尿生殖器異常 (genitourinary abnormalities), 精神遅滞 (mental retardation) を伴う場合 WAGR 症候群*とよばれる. ウィルムス腫瘍の原因遺伝子はヒト第 11 染色体短腕 13, 15 領域, 第 16 染色体長腕などに複数存在すると考えられているが, そのうちの一つ WT1 遺伝子 (WT1 gene) が第 11 染色体短腕 13 領域から単離され詳しく解析されている. WT1 遺伝子の異常は散発性ウィルムス腫瘍の十数%でみられることが報告されている. WT1 遺伝子はジンクフィンガー構造をもつ転写因子をコードしており, 胎児腎, 精巣, 卵巣, 脾などに限局して発現し, 胎児期の腎臓の形成に必須の遺伝子であることが証明されている.

**ウイロイド** [viroid] バイロイド, ビロイドともいう. ウイルス*より簡単な構成の低分子核酸病原体. ウイルスと区別するため, ウイロイドは Vd と略される. ジャガイモやさとイモ病の病原としてジャガイモスピンドルチューバーウイロイド (potato spindle tuber viroid, PSTVd) が, T. O. Diener(1971) により発見されたのが最初で, 約 10 種が知られている. ホップ矮化ウイロイド (hop stunt viroid) など日本で発見されたものもある. ウイロイドの実体は分子量約 10 万の一本鎖環状 RNA で, 分子内で高度に塩基対を形成し, 電子顕微鏡下では約 50 nm の棒状分子として観察される. タンパク質をコードせず, 複製は完全に宿主の酵素系に依存するものと考えられている. 感染細胞からは環状 RNA とともに線状 RNA が, また少量ながら線状 RNA がタンデムに連なった多量体およびその相補鎖 RNA が検出される. このことからローリングサークル型の複製様式が提唱されている (→ローリングサークル型複製). 汁液感染し, 感染から発病までの期間は一般に長い.

**ウイングレス遺伝子** [wingless gene] wg 遺伝子 (wg gene) と略す. ショウジョウバエの体節は前後区画に分かれており, その形成はセグメントポラリティー遺伝子*群によって制御されている. wg はセグメントポラリティー遺伝子の一つで, 後区画の境界の決定に本質的な役割を担っている遺伝子である. wg 遺伝子産物は N 末端にシグナル配列をもつ分泌タンパク質で哺乳類より発見された int-1 遺伝子*と相同性をもつ (→Wnt-1 遺伝子). Wg は細胞膜上の受容体を介して wg 発現細胞と近隣の細胞にシグナルを

伝達する(拡散は限定されており，2～3細胞程度)．wg 発現細胞の後方の細胞ではシャギー(sgg)遺伝子/ネーキド(nkd)遺伝子がエングレイルド(en)遺伝子*，ヘッジホッグ(hh)遺伝子*の発現を抑えるように作用しているが wg のシグナルを受取ったアルマジロ(arm)遺伝子，ディシェブルド(dsh)遺伝子が sgg/nkd の抑制を解除することによって en, hh の発現が維持されている(後区画の en 発現細胞)．一方，en 発現細胞で発現した Hh は前方に接する wg 発現細胞に wg 発現抑制作用を抑えるシグナルを伝達する．すなわち，Wg, En は互いに隣の細胞での安定した遺伝子発現に機能している．また，Wg による自己誘導シグナルも wg の発現に寄与している．wg 発現細胞の前方の細胞では ptc(⇒パッチド遺伝子)を発現し，wg の発現を抑制しており，ptc 発現細胞のさらに前方の細胞(前の体節の後区画の en 発現細胞の後方ともなる)では nkd が発現し，en の発現を抑制している．このような機構によって各体節では前後軸に沿って前方より nkd, ptc, wg (前区画), en (後区画)を発現する細胞が整然と並ぶことになる．この機構を反映して Wg 突然変異個体では En の細胞性胚期での発現は正常だが，胚帯伸長期では En の発現が早く消えてしまう．一方，En 突然変異株の胚帯伸長期では胚外表の Wg の発現が消失する．wg の同様の機能は成虫原基の前後軸に沿った極性決定においても報告されている．さらに Wg は神経系や消化管の形成などさまざまな生体現象に関与していると推定されており，きわめて重要な遺伝子である．

**Wnt** ［Wnt］　分泌性糖タンパク質であり，7回膜貫通型受容体 Frizzled と共役受容体である1回膜貫通型低密度リポタンパク質受容体関連タンパク質5,6 (LRP5/6)に対するリガンド(⇒低密度リポタンパク質受容体)．Wnt は線虫やショウジョウバエから哺乳動物に至るまで種を越えて保存されており，ショウジョウバエの Wnt はその変異体の表現型にちなんで wingless とよばれる．ヒトやマウスのゲノム上には19種類の Wnt がサブファミリーを形成する．個々の Wnt の発現の部位や時期の詳細は明らかになっていないが，ノックアウトマウス*の解析から，Wnt は動物の発生に重要な細胞外リガンドとされている．ある種の Wnt は脂質による翻訳後修飾*を受けており(パルミトイル化，⇒ミリストイル化)，細胞外での局在の決定や機能に必要である．Wnt により活性化される細胞内のシグナル伝達*経路は多細胞生物の発生に必須のシステムであり，細胞の分化や増殖，極性の維持，運動，自己複製など多彩な細胞機能を制御する．(⇒Wnt シグナル伝達経路)

**Wnt シグナル伝達経路** ［Wnt signaling pathway］　Wnt シグナル伝達経路は線虫やショウジョウバエから哺乳動物に至るまで種を越えて保存されており，動物の初期発生や形態形成に必須である．Wnt* は分子量約4万の分泌性タンパク質であり，19種類の Wnt がサブファミリーを形成し，それぞれが細胞膜上の7回膜貫通型受容体 Frizzled と共役受容体である1回膜貫通型 LRP5/6 (low-density lipoprotein receptor-related protein 5/6)に結合する．Wnt と受容体の結合により活性化される細胞内シグナル伝達経路には少なくとも β カテニン経路と平面細胞極性経路，$Ca^{2+}$ 経路の3種類が存在する．β カテニン経路では β カテニンの安定性を調節して種々の標的遺伝子の発現制御を行う．本経路は細胞の増殖や分化を制御しており，本経路を構成するタンパク質の遺伝子異常がヒトがん症例で高頻度に見いだされる．平面細胞極性経路では，低分子量 G タンパク質 Rho ファミリーを介して Jun キナーゼや Rho キナーゼを活性化する．$Ca^{2+}$ 経路では細胞内の $Ca^{2+}$ 動員を介してプロテインキナーゼ C* やカルモジュリンキナーゼを活性化する．平面細胞極性経路と $Ca^{2+}$ 経路は細胞の極性や運動を制御する．Wnt はこれらのシグナル伝達経路の活性化を調節することにより，種々の細胞応答を制御する．

**Wnt-1 遺伝子** ［Wnt-1 gene］　マウス乳がんウイルス*の高頻度挿入部位近傍に存在する遺伝子として見いだされた int-1 遺伝子*は，ショウジョウバエのウイングレス遺伝子*(wg)のホモログであることからのちに Wnt-1(wingless+int-1)とよばれるようになった．Wnt-1 ファミリーとよばれる多数の類似遺伝子が存在し，いずれも増殖因子をコードしている．マウスでは中枢神経系の形成に関与する重要な遺伝子であることが知られている．また，運動失調を示すマウス swaying(sw)突然変異の原因遺伝子であることが明らかにされている．wingless はショウジョウバエの初期発生でセグメントポラリティー遺伝子*として体節の形成に関与している．

**ウェスタンブロット法** ［western blotting, western blot technique］　免疫ブロット法(immunoblotting)，イムノブロット法ともいう．電気泳動で分離したタンパク質を疎水性の膜に固定し，抗原に特異的な抗体*を用いて目的のタンパク質を検出する方法．特定の DNA や RNA を膜上で検出する方法をそれぞれサザンブロット法*，ノーザンブロット法*とよぶのに対応して，ウェスタンブロット法とよばれる．具体的には，まずポリアクリルアミドゲル電気泳動を行って試料のタンパク質を分離し，これをニトロセルロース膜に電気的にブロッティングする．膜への抗体の非特異的結合を防ぐためにスキムミルクなどでブロッキングを行ったあと，目的とするタンパク質に対する抗体(一次抗体)を接触させ膜上で抗原抗体複合体を形成させる．これをアルカリホスファターゼなどの酵素で標識した二次抗体で検出する．ほかに放射性同位元素で標識した二次抗体やプロテイン A* などで検出する方法もある．応用として，タンパク質間の相互作用を解析するウェストウェスタンブロット法(west western blotting，抗体のかわりにまず目的タンパク質に結合能をもつ二次タンパク質を反応させ，つぎにその二次タンパク質に対する抗体を作用させて検出する)やサウスウェスタンブロット法* などがある．

**ウェストウェスタンブロット法** [west western blotting, west western blot technique]　⇒ウェスタンブ

ロット法

**ウエストナイルウイルス** [West Nile virus]　WNVと略す．(→ウエストナイル熱)

**ウエストナイル熱** [West Nile fever]　ウエストナイルウイルス (West Nile virus, WNV) の蚊媒介感染による急性熱性疾患．本疾患はアフリカや中近東などでは以前より知られていたが，1999 年に米国で初めての患者発生が報告されて以来，北米大陸全域に拡大しながら感染者数が増加し続けており，日本への上陸も危惧されている．WNV は，エンベロープ*をもつ直径約 50 nm の (+) 一本鎖 RNA ウイルスで，日本脳炎ウイルスやデング熱ウイルスと同じフラビウイルス属に分類される．臨床症状は，発熱・頭痛・筋肉痛を主症状とし通常は 1 週間ほどで自然に軽快するが，一部の症例では髄膜炎・脳炎症状を呈し重篤となる場合がある．病原診断には，血清や脳脊髄液からのウイルス分離や逆転写 PCR*(RT-PCR) などによるウイルス核酸の検出が行われる．ELISA や中和試験などによる血清診断も有用であるが，フラビウイルス属の他のウイルスに対しても交差反応を示すため注意が必要である．治療に関しては，ワクチンや特異的な治療薬はなく対症療法のみとなる．

**ウェーバー・フェヒナー則** [Weber-Fechner law] →刺激

**WAVE ファミリータンパク質** [WAVE family protein]　WAVE は WASP-family verprolin homologous protein の略で，SCAR ともいう．WAVE ファミリータンパク質には WAVE1, WAVE2 と WAVE3 の 3 種が存在する．WAVE1 と WAVE3 は脳での発現が強く，WAVE2 はより広範な組織に発現している．ウィスコット・アルドリッチ症候群タンパク質*(WASP) と同様 WAVE ファミリータンパク質も C 末端に VCA 領域をもち，V 領域に単量体アクチンを結合し，CA 領域に Arp2/3 複合体を結合してアクチンの核化，重合を行う．N 末端側には活性調節領域が存在し，Rac*による調節を受け，葉状仮足*(ラメリポジア) 形成に関与する．中でも WAVE2 は運動している細胞の先端部で Arp2/3 複合体を活性化してメッシュ状のアクチンフィラメント*を編み上げ，細胞に推進力を与えていると考えられている．

**ウェーラー**　WÖHLER, Friedrich　ドイツの化学者．1800.7.31～1882.9.23. フランクフルトの近くのエッシャースハイムに生まれ，ゲッティンゲンに没す．ハイデルベルク大学で医学博士号を得たが化学に転向し，スウェーデンの J. J. Berzelius のもとに留学した．のちにゲッティンゲン大学化学教授(1836～82)．アルミニウム(1827)，ベリリウム(1828)を発見．1828 年シアン酸アンモニウムを加熱して尿素を合成し，生体内でのみ合成されると信じられていた有機物の化学合成に初めて成功した．また安息香酸を動物に投与すると尿中に馬尿酸(安息香酸とグリシンとの化合物)が排出されることを示し，物質代謝研究の道を開いた．有機化学の父 J. von Liebig とともに有機化学に大きく貢献した．

**ウェルナー症候群** [Werner's syndrome]　1904 年，O. Werner によって初めて記載された早発性老化を特徴とするまれな常染色体劣性遺伝疾患．日本人に多く見られる．特徴的な症状として，低身長，白内障，白髪，早発禿頭，強皮症的皮膚変化，糖尿病，早発閉経，血管の石灰化などがあげられる．これらの老化*の症状が 20 歳代にはすでに出現してくる．しかし知能は正常で，認知症を呈した例はほとんど知られていない．神経病理学的にも，老人斑*，神経原線維変化*およびリポフスチン*の量的または質的な異常は認められていない．検査所見として，尿中のヒアルロン酸が高値であること，患者の皮膚の線維芽細胞の寿命が短いことが知られている．原因遺伝子は第 8 染色体に位置する DNA ヘリカーゼの一種 RecQ ヘリカーゼである．(→早老症)

**ウェルホフ病** [Werlhof disease]　＝特発性血小板減少性紫斑病

**ウォーカー**　WALKER, John Ernest　英国の化学者．1941.1.7～　ヨークシャー州ハリファックスに生まれる．オックスフォード大学セント・キャスリーン・カレッジ卒業．1969 年オックスフォード大学で Ph.D. 取得．1982 年ケンブリッジ大学分子生物学研究所の上級研究者．1994 年ウシ心筋ミトコンドリアの $H^+$ 輸送シンターゼ($F_1F_0$-ATP アーゼ) の $F_1$ サブユニットの X 線構造を決定した．1997 年生物にエネルギーを与えるアデノシン三リン酸の合成に関する酵素機構の解明で，J. C. Skou*, P. Boyer* とともにノーベル化学賞受賞．

**ウォルトマンニン** [wortmannin]　ワートマニンともいう．糸状菌の産生する二次代謝産物．ステロール様構造をもち，その名称は産生菌の一つ，Talaromyces wortmannii に由来する．抗生物質としての薬効を期待して，構造は 1960 年代には決定されていたが，毒性が強く医薬としての活用は期待薄である．1990 年近く，種々の刺激に対する細胞応答をきわめて低濃度で抑えることから，その作用点の検索が行われ，1993 年に，ホスファチジルイノシトール 3-キナーゼ*(PI3K) の特異的阻害薬であることが証明された．試験管内では PI3K を $IC_{50}$(50％ 阻害濃度)3 nM で阻害し，無傷細胞に添加した場合は (細胞膜を透過して)$IC_{50}$, 30 nM 前後で阻害する．ミオシン L 鎖キナーゼ*や PI4-キナーゼに対する阻害にはこの 100 倍以上の濃度を要するので，PI3K 特異的阻害薬として，近時，シグナル伝達系におけるこの重要なシグナル伝達タンパク質 PI3K の役割を検討する試薬として頻用されるようになった．PI3K の触媒サブユニットの ATP 結合部位に不可逆的に結合する．

**ウォルフ管** [Wolffian duct]　＝泌尿生殖系

**ウォルフの法則** [Wolff's law]　骨は負荷に応じて形態・構造を変化させ，その負荷に適応した形態・構造となるという法則．この法則は，ドイツの整形外科医 J. Wolff(1832～1902) によって提唱された．これはさまざまな実験，観察により実証され，リハビリテーションなどにも応用されているが，その分子生物学的

機序は，もちろん，負荷を感知する骨組織中の細胞さえも，現代でも明らかにされていない．

**ウォルマン病**［Wolman disease］ リソソームの酸性リパーゼ欠損症で，コレステロールエステルとトリアシルグリセロールが全身組織に蓄積する．乳児期に肝脾腫，脂肪便，腹部膨満，副腎石灰化，体重増加不良などの症状を示す．その軽症型であるコレステロールエステル蓄積症(cholesterol ester storage disease)は，血液中βリポタンパク質の増加があるほか，上記の腹部臓器症状はあまり強くない．酸性リパーゼは第10染色体の遺伝子によりコードされる．その遺伝子構造も明らかにされ，患者の突然変異も同定されている．(⇌リソソーム病)

**ウォーレン** WARREN, J. Robin オーストラリアの病理学者．1937.6.11～ 南オーストラリア州アデレード生まれ．1961年アデレード大学卒業．1979年胃粘膜の生検にらせん状の細菌を見つけ，続く2年間で特定の種類の胃炎と密接に関係していることを証明した．1982年 B. J. Marshall* とともに，この細菌を培養し，新種の菌，ピロリ菌として同定し，ピロリ菌が消化性潰瘍，特に十二指腸潰瘍の原因であることを証明した．2005年にヘリコバクター＝ピロリ*の発見とその胃炎や消化性潰瘍における役割に関する研究でノーベル医学生理学賞を Marshall とともに受賞．長年王立パース病院の上級病理学者として研究に従事した．2005年西オーストラリア大学名誉教授．

**羽化ホルモン**［eclosion hormone］ EH と略称される．昆虫神経ホルモンの一種で，成虫羽化行動を開始させる活性をもつ．セクロピアカイコガ，タバコスズメガ，カイコガなどで存在が知られ，カイコガおよびタバコスズメガにおいて単離・構造決定されたが，いずれもアミノ酸62残基から成るペプチドである．羽化ホルモンは，羽化行動の開始ばかりでなく，羽化後の翅の伸展に必要な組織の可塑化や，不用になる蛹筋肉の崩壊，卵からの幼虫孵化，幼虫の脱皮行動などにもかかわる．

**受身免疫** ＝受動免疫

**ウシ海綿状脳症**［bovine spongiform encephalopathy］ BSEと略す．狂牛病(mad cow disease)ともいう．脳に海綿状の空胞ができて，神経過敏，震え，運動失調などの症状が出る病気で，英国で1986年に初めて報告されて以来，10年で十数万頭のウシがかかった致死性の伝達性脳症である．原因は，飼料(肉骨粉)の中に含まれていた同病のヒツジの脳・脊髄から(⇌スクレイピー)，感染してから発病まで平均4～5年かかる．感染の本体は，タンパク質性の粒子プリオン*とされており，異常プリオンによる正常プリオンの異常化，異常プリオンの蓄積により起こる脳・神経細胞の破壊が発症の機構である．異常プリオンは小腸絨毛から取込まれるが，腸管の免疫機構では破壊されず，リンパ液や血液により体内の各器官に運ばれる．プリオンは第20染色体に位置するプリオン遺伝子が産生する糖タンパク質で，33～35 kDa．ヒトおよびウシの正常なプリオンを産生する遺伝子を組込んだマウスへのBSEの伝達試験ならびに異常化したプリオンの免疫化学的構造の比較試験により，BSE病原体とクロイツフェルト・ヤコブ病*病原体は，同一の伝達因子であることを示唆する報告がある．ヒトのクロイツフェルト・ヤコブ病も同じ症状のため，ウシからの感染が危惧されている．(⇌フォールディング病)

**ウシ新生仔血清**［newborn calf serum］ ⇌血清

**ウシ膵臓トリプシンインヒビター**［bovine pancreatic trypsin inhibitor］ BPTI と略す．(⇌トリプシンインヒビター)

**ウシ胎仔血清**［fetal bovine serum］ FBS と略す．(⇌血清)

**ウシパピローマウイルス**［Bovine papillomavirus］ ウシのイボに由来する DNA ウイルス*．約8 kbp の環状二本鎖DNAのゲノムをもつ．細胞をトランスフォームする活性がその E6, E7 遺伝子にあると考えられている．またゲノムの69％のゲノム断片を含むプラスミドは，マウス C127 細胞の染色体外で約100コピーの環状 DNA として安定に複製維持されるため，動物細胞における高度発現ベクターとして利用されている．(⇌パピローマウイルス)

**右旋性**［dextrorotatory］ ⇌光学異性体

**宇宙生物学**［space biology］ ⇌圏外生物学

**ウニ**［sea urchin］ 新口動物，真体腔類，腸体腔幹に属する棘皮動物門(Echinodermata, echinoderms)中の一綱，ウニ類(echinoids)に属する動物の一般名，狭義には，そのうちの正形類のみをさす．各地の浅海に普通に見られ，配偶子(⇌生殖細胞)が多量に得られ，人工受精は例外的に容易であり，受精や初期発生の代表的研究材料である．卵は比較的透明なものが多く，顕微手術なども容易で，モデル細胞としても優れている．受精卵の分裂は非常によく同調し，細胞分裂*のモデル系として優れ，サイクリン*や分裂装置などが発見された．発生様式は代表的な等黄卵かつ調節卵で，プルテウス幼生までは容易に飼育でき，野生動物しか使えないという欠点はあるが，分化機構，母性 mRNA の機能，骨片形成，原腸胚*形成などの研究が行われている．精子も鞭毛運動，エネルギー産生系と消費系の共役，核の凝縮と再膨潤，イオンチャネルの動態などの研究に賞用されている．ウニのゲノムは解読されている(⇌付録J).

**ウボモルリン**［uvomorulin］ ⇌カドヘリン

**裏打ち構造**［plasmalemmal undercoat］ ⇌細胞表層，細胞膜裏打ちタンパク質

**ウラシル**［uracil］ $C_4H_4N_2O_2$, 分子量 112.09. 略号は Ura. ピリミジン*系核酸塩基．主として RNA 中に含まれる．DNA鎖のチミン塩基に相当する塩基が，RNA鎖ではウラシルとなっている．図　　ラクタム形　　ラクチム形

のような互変異性体をもつが，中性条件下ではラクタム形が主である．生合成はジヒドロオロト酸を経由し酸化され，ホスホリボシルピロリン酸と反応したのち脱炭酸して骨格ができる．DNA のシトシン*が脱アミノして，ウラシルになった場合にはウラシル-DNA トランスフェラーゼにより除去され，複製や転写における突然変異を防いでいる．dUTP（デオキシウリジン 5′-三リン酸）となって DNA に取込まれた場合も同様である．

**ウラシル-DNA グリコシダーゼ**［uracil-DNA glycosidase］＝ウラシル-DNA グリコシラーゼ（uracil-DNA glycosylase）．DNA 中のシトシン*の 4 位アミノ基が脱アミノしてヒドロキシ基またはケト基となると，ウラシル*となり，複製または転写の際に誤った塩基対を形成することになる．これを防ぐために生じたデオキシウリジンのグリコシル結合を加水分解する修復酵素の一種．生じたアピリミジン酸*部位（apyrimidinic site, AP 部位）には AP エンドヌクレアーゼ*により一本鎖切断が生じ，除去修復*が進む．AP 部位はアルカリ切断をも受ける．

**ウラシル-DNA グリコシラーゼ**［uracil-DNA glycosylase］＝ウラシル-DNA グリコシダーゼ

**URA3 遺伝子**［URA3 gene］ Saccharomyces 酵母のピリミジン合成経路で，次式の反応を触媒する酵素
オロチジン 5′-リン酸⇌ウリジン 5′-リン酸＋$CO_2$
オロチジン-5′-リン酸デカルボキシラーゼ（orotidine-5′-phosphate decarboxylase）をコードする遺伝子．酵素は 267 アミノ酸から成り，分子量は 27,500 である．大腸菌の pyrF が URA3 に該当し，URA3 は pyrF⁻ 突然変異を in vivo で相補できる．URA3⁺ の酵母はピリミジン類似体 5-フルオロオロト酸（5-fluoroorotic acid）を含む培地で増殖できない．この性質を利用して URA3⁺ 株の中から ura3 突然変異株を選択できる．（→HIS3 遺伝子，LEU2 遺伝子）

**ウリカーゼ**［uricase］＝尿酸オキシダーゼ

**ウリジル酸**［uridylic acid］ ウリジン一リン酸（uridine monophosphate）ともいう．UMP と略す．$C_9H_{13}N_2O_9P$，分子量 324.18．単に UMP と表したときは 5′-UMP をさすことが多い．ウリジン*にリン酸がエステル結合したヌクレオチド．2′-，3′-，5′- の三つの異性体が存在する．ウリジン 5′-リン酸*はピリミジンヌクレオチド生合成の重要な中間体である．ウリジン 2′-リン酸，ウリジン 3′-リン酸は，RNA のアルカリ加水分解により得られる．また RNA をピリミジン塩基特異のウシ膵臓リボヌクレアーゼ（→リボヌクレアーゼ）を用いて加水分解すると，ウリジン 2′,3′-環状リン酸を経由してウリジン 3′-リン酸が得られる．

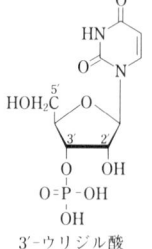

3′-ウリジル酸

**ウリジル酸シンテターゼ欠損症**［UMP synthetase deficiency］＝オロト酸尿症

**ウリジン**［uridine］＝1-β-D-リボフラノシル-2,4-(1H,3H)-ピリミジンジオン．U または Urd と略される．$C_9H_{12}N_2O_6$，分子量 224.20．RNA* に含まれるピリミジンヌクレオシド．塩基部分にウラシル*を含む RNA に主として含まれる 4 種のヌクレオシドの中で最もプロトン化されにくい．生合成では，オロチジン 5′-リン酸（5′-オロチジル酸）の脱炭酸によりウリジン 5′-リン酸*（UMP）としてつくられる．UMP は ATP により UDP（ウリジン 5′-二リン酸*）を経由して UTP（ウリジン 5′-三リン酸*）となり RNA に組込まれる．

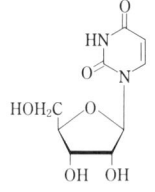

**ウリジン一リン酸**［uridine monophosphate］＝ウリジル酸．UMP と略す．

**ウリジン 5′-一リン酸**［uridine 5′-monophosphate］＝ウリジン 5′-リン酸

**ウリジン 5′-三リン酸**［uridine 5′-triphosphate］ 単にウリジン三リン酸ともいう．UTP と略記する．

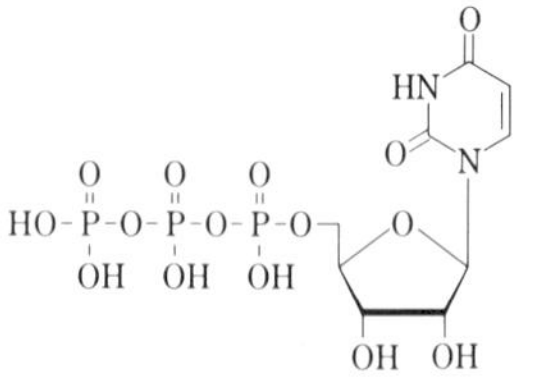

$C_9H_{15}N_2O_{15}P_3$，分子量 484.14．ウリジン*の 5′ 位にリン酸が 3 分子ホスホジエステル結合*した誘導体．生合成ではウリジン 5′-二リン酸*（UDP）から ATP によるリン酸化によってつくられる．RNA ポリメラーゼの基質となり，RNA に組込まれる．

**ウリジン 5′-二リン酸**［uridine 5′-diphosphate］ 単にウリジン二リン酸，あるいはウリジン 5′-ピロリン酸（uridine 5′-pyrophosphate）ともいう．UDP と略記する．$C_9H_{14}N_2O_{12}P_2$，分子量 404.16．生合成ではウリジン 5′-リン酸*（UMP）と ATP からつくられるピリミジンヌクレオチド類の重要中間体である．UDP はリボヌクレオチドレダクターゼ*により還元されデオキシウリジン 5′-二リン酸（dUDP）となる．UDP は ATP によりリン酸化され UTP（ウリジン 5′-三リン酸*）となり，ATP とグルタミンによって CTP（シチジン 5′-三リン酸*）へ変換される．

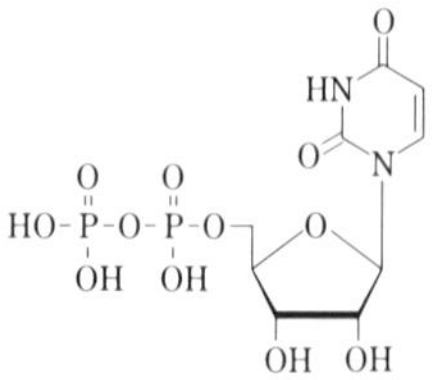

**ウリジン 5′-ピロリン酸**［uridine 5′-pyrophosphate］
＝ウリジン 5′-二リン酸

**ウリジン 5′-リン酸**［uridine 5′-phosphate］　ウリジン 5′-一リン酸(uridine 5′-monophosphate)ともいい，UMP と略す．$C_9H_{13}N_2O_9P$，分子量 324.18．生合成ではアスパラギン酸からカルバモイルリン酸のカルバモイル基が転移して生じるジヒドロオロト酸を経由し，これが NAD$^+$ を用いる酸化反応によって生じるオロト酸$^*$と 5-ホスホリボシル 1-ピロリン酸$^*$ からオロチジン 5′-リン酸が生じる．つぎに脱炭酸して UMP となる．UMP は ATP により UDP(ウリジン 5′-二リン酸$^*$)，UTP(ウリジン 5′-三リン酸$^*$)となる．（→ウリジル酸）

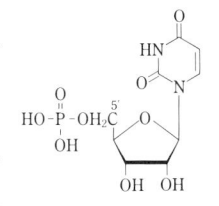

**ウルトラトーム**　→ミクロトーム

**ウルトラバイソラックス遺伝子**　[Ultrabithorax gene]　Ubx 遺伝子(Ubx gene)と略称される．ショウジョウバエの遺伝子の一つで，ホメオドメイン$^*$ とよばれるホメオボックス$^*$ 遺伝子産物に共通なアミノ酸配列をもつ転写制御因子をコードし，特に胚発生においては中胸節後半から第 1 腹節前半までの形態形成を担っている．Ubx 遺伝子座には，Ubx 自身の発現制御領域の異常に起因し，表現型が微妙に異なるいくかの対立遺伝子$^*$ がマップされている．機能欠損型の突然変異では，ある体節がその前方の体節へとホメオティック（相同）突然変異$^*$ する．Ubx の近傍にはアブドミナル(abd)-A, Abd-B とよばれる別のホメオボックス遺伝子が存在し，第 1 腹節後半から第 8 腹節までの形態形成を担っており，Ubx とともにバイソラックス遺伝子群$^*$(BX-C)を形成している．Ubx ホメオドメインのアミノ酸配列は，種を越えて広く保存されており，ヒトを含む脊椎動物にも見いだされている．（→ホックス遺伝子）

**ウルトラミクロトーム**　[ultramicrotome]　→ミクロトーム

**ウレアーゼ**［urease］　尿素アミドヒドロラーゼ(urea amidohydrolase)ともいう．EC 3.5.1.5. 尿素を加水分解して二酸化炭素とアンモニアを生じる酵素．J. B. Sumner により初めて結晶化された酵素タンパク質である．タチナタマメ(jack bean)の酵素はホモ四量体で，サブユニットは 840 個のアミノ酸から成り，分子サイズは 90,747 Da である．活性部位は 592 番システインである．それぞれのサブユニットがニッケルイオン 2 分子を結合している．479～607 番目の領域にはヒスチジンが多く，ニッケル結合部位と考えられる．ダイズ(soy bean)の酵素もホモ四量体であるが，サブユニットは 129 残基のアミノ酸から成るペプチドである．サブユニットには 2 分子のニッケルが結合している．大腸菌の酵素は α（アミノ酸 30 残基），β（107 残基），γ（100 残基）の三つのサブユニットが$(\alpha\beta_2\gamma_2)_2$ のような構造をもつ十量体を形成してい

る．

**ウレタン**［urethane］　カルバミン酸エステルの総称であるが，通常カルバミン酸エチル(ethyl carbamate)をさす．$NH_2COOC_2H_5$．最近は毒性のため使用は限定されている．かつて殺虫剤，くん蒸剤などの溶媒として使用された．抗痙攣剤中に含まれていたこともあった．動物の体内で代謝活性化されたのち発がん性を示す．動物に経口，吸入，皮下などの経路で投与すると，肺，肝臓，乳腺などに悪性腫瘍を，またリンパ腫も形成する．in vitro でハムスターの細胞をトランスフォームし，ラットの染色体異常を起起する．しかし，核酸やタンパク質とは直接反応しない．

**ウロガストロン**［urogastrone］　＝上皮増殖因子

**ウロキナーゼ**［urokinase］　UK と略す．ウロキナーゼプラスミノーゲンアクチベーター(urokinase plasminogen activator, uPA)ともいう．プラスミノーゲン$^*$ をプラスミン$^*$ に活性化するセリンプロテアーゼ$^*$．血中のプロウロキナーゼはその前駆体で，411 個のアミノ酸残基から成る一本鎖タンパク質である．プロウロキナーゼはプラスミンや血漿カリクレインによって切断されて二本鎖になり，活性型である高分子ウロキナーゼとなる．その N 末端側の A 鎖は上皮増殖因子ドメインとクリングルドメイン$^*$ から成る．C 末端側の B 鎖は酵素領域で，三つの活性アミノ酸残基を含む．さらにプラスミンで切断されて A 鎖が遊離すると，低分子ウロキナーゼとなる．血中の本タンパク質の産生部位は不明であるが，種々の細胞で生合成される．特に腎では大量に産生され，尿中に二本鎖の高分子型と低分子型が存在する．多くの正常細胞や腫瘍細胞の表面に特異な受容体が存在するので，細胞間タンパク質を分解して細胞の移動を促進したり，細胞増殖に関与すると考えられる．わが国では，各種の血栓症の治療に広く用いられている．（→組織プラスミノーゲンアクチベーター）

**ウロキナーゼプラスミノーゲンアクチベーター**
[urokinase plasminogen activator]　＝ウロキナーゼ．uPA と略す．

**ウワバイン**［ouabain］　臨床的に用いられる強心配糖体の一つ．キョウチクトウ科の Strophantus から得られる g- および k- の 2 種のストロファンチン(strophanthin)のうち前者をさす．現在はウワバインという呼称が普通．生理学研究では，Na$^+$, K$^+$-ATP アーゼ$^*$ の特異的な阻害剤として用いられる．強心作用の機構は，Na$^+$, K$^+$-ATP アーゼの阻害で心筋細胞内に Na$^+$ 濃度が高まり，Na$^+$ と Ca$^{2+}$ 交換で細胞の Ca$^{2+}$ が高まることによると理解されている．アグリコンであるウワバゲニンも阻害剤として有効．ジギタリスなどの他の強心配糖体も，ウワバインと類似の構造をもつ．

**Unc**　→Unc（アンク）

**運動異常突然変異**　＝unc（アンク）突然変異

**運動軸索**［motor axon］　広義では，運動性神経細胞(運動ニューロン$^*$)の軸索突起．脊髄前根は，前角運動ニューロンの軸索$^*$ を含むが，そこでの軸索の直

径は 3～14 μm で，10～14 μm の太いものは α 運動ニューロンの軸索，3～6 μm のものは γ 運動ニューロンのものである．一方，自律神経*の節前繊維はその中間で 3～10 μm である．骨格筋を支配する α および γ 運動ニューロンの伝導速度は，軸索の直径にも依存しているが α 運動ニューロンは 50～100 m/sec，γ 運動ニューロンは 20～40 m/sec の範囲の伝導速度をもつ．脊髄の中ではオリゴデンドログリア*によって覆われているが，脊髄の外ではシュワン細胞*がこれを覆って髄鞘を形成する．また視神経は再生しないのに対して，運動軸索は切断されても再生する．これは軸索を取巻くグリア細胞*の違いによるとの説がある．

**運動終板**［motor endplate］　運動神経と骨格筋繊維の間のシナプス*を神経筋接合部*といい，そのシナプス後膜*にあたる部分の筋繊維膜を運動終板，または単に終板(endplate)という．運動終板は，約 50 nm のシナプス間隙を隔てて，神経終末と向かい合っている．運動終板の細胞膜は細胞骨格の裏打ちが豊富で肥厚して見え，また，神経終末の神経伝達物質*(この場合はアセチルコリン)を放出する活性帯*に一致してひだ状に陥入があり，アセチルコリン受容体*やアセチルコリンエステラーゼ*が高密度に分布している．運動神経のインパルスが終末に伝わると，アセチルコリンが放出され，終板の受容体に結合して同じタンパク質内にある陽イオンチャネルが活性化されナトリウムイオンが流入する結果，筋繊維膜が脱分極する．この電位はシナプス後電位*の一種で，終板電位(endplate potential, EPP)とよばれる．

**運動(繊)毛**［motile cilium］　⇌ 繊毛
**運動単位**［motor unit］　⇌ 神経筋伝達
**運動ニューロン**［motor neuron］　軸索*を中枢神経系から外へ出し，骨格筋に接続してその活動(筋収縮*)をひき起こす神経細胞をいう．一般に中型から大型の多極性の細胞で，長い有髄の軸索を伸ばし前根を形成する．樹状突起は 3～100 μm の太さで反対側に向かうものもある．頸や四肢の筋を支配する運動ニューロンは脊髄の前角に位置し，脊髄神経前根を経由して末梢に投射する．これらの運動ニューロンは 2 種に分けられる．その一つは，α 運動ニューロンで錘外筋繊維を支配し，もう一つは，γ 運動ニューロンで筋紡錘の錘内筋繊維を支配する．顔・眼などの筋を支配する運動ニューロンは脳幹に位置する．ヒトの眼筋には筋紡錘がないので，これらはすべて α 運動ニューロン型である．α 運動ニューロンは協力筋，同名筋の筋紡錘の一次終末からのインパルスを直接受け，興奮性シナプス後電位*(EPSP)を生じる．

# エ

**AIHA** [AIHA＝autoimmune hemolytic anemia] ＝自己免疫性溶血性貧血

**AIM** ＝AIM（エイム）

**AIGF** [AIGF＝androgen-induced growth factor] 最初にアンドロゲン*誘導性に発現する増殖因子として同定されたためAIGFと命名された．繊維芽細胞増殖因子*（FGF）ファミリーに属する増殖因子であり，FGF8ともよばれる．胎生期の肢芽，原始線条，顔面原基などに発現がみられ，形態形成に関与していると考えられている．

**AIジャンクション** [AI junction] ＝AI帯

**AI帯** [AI zone] 筋原繊維サルコメア*のA帯*とI帯*の境界をいう．AIジャンクション（AI junction）ともよばれる．

**AIDS** [AIDS＝acquired immunodeficiency syndrome] ＝後天性免疫不全症候群

**AR** [AR＝acrosome reaction] ＝先体反応

***ara* オペロン** ＝アラビノースオペロン

**ARS** [ARS＝autonomously replicating sequence] ＝自律複製配列

**ARS共通配列** [ARS consensus sequence] ACSと略す．(→複製起点)

***araBAD* オペロン** →*araBAD*（アラバッド）オペロン

**ARF** [ARF] ヒト第9染色体短腕9p21にあるがん抑制遺伝子*．細胞周期*の進行を阻害するサイクリン依存性キナーゼ（CDK）インヒビターのCDKN2A（p16$^{INK4a}$）をコードする遺伝子は，選択的スプライシング*により第1エキソンが異なる3種のタンパク質をコードするmRNAを生成し，それらのアイソフォームのうちの二つがCDK4インヒビターとして機能する．残りの転写物は20 kb上流のエキソンを利用して生成され，それがコードするタンパク質（ARF）は構造的には前二者がコードするタンパク質とは関係がなく，p53の分解に関与するユビキチンリガーゼMDM2に結合して核-細胞質間のタンパク質輸送を阻止することによりp53の安定化に寄与する．種々の腫瘍でARF遺伝子の変異や欠失が頻繁に見られる．(→p53遺伝子)

**Argonauteタンパク質** [Argonaute proteins] →Argonaute（アーゴノート）タンパク質

**Arp** [Arp＝actin-related protein] ＝アクチン関連タンパク質

**AER** [AER＝apical ectodermal ridge] 外胚葉性頂堤の略号．(→四肢の発生)

**AE1** [AE1＝anion exchange protein 1] 陰イオン交換タンパク質1の略称．(→バンド3)

**5,8,11,14-（エ）イコサテトラエン酸** [5,8,11,14-(e)icosatetraenoic acid] ＝アラキドン酸

**エイコサノイド** [eicosanoid] エイコサトリエン酸，エイコサテトラエン酸（＝アラキドン酸*），エイコサペンタエン酸などの炭素数20の不飽和脂肪酸の代謝物の総称．ヒドロキシまたはヒドロペルオキシエイコサテトラエン酸，プロスタグランジン*，トロンボキサン*，ロイコトリエン*，リポキシン*などの炭素数20の多価不飽和脂肪酸の代謝物やその類似物，ならびにそれらの化学的修飾を加えた誘導体すべてを含む．

**エイコサペンタエン酸** [eicosapentaenoic acid] ＝イコサペンタエン酸（icosapentaenoic acid）．$C_{20}H_{30}O_2$，分子量302.46．EPAと略す．炭素数20で5個の二重結合をもつ不飽和脂肪酸の総称である．天然物としては，二重結合がすべてシス形の直鎖5価不飽和ω3系脂肪酸として，イワシ，サバなどの魚の脂肪に多く含まれる．エイコサペンタエン酸はアスピリンと同様にシクロオキシゲナーゼを阻害することから，脳梗塞，心筋梗塞の予防物質としての作用が期待されている．

**エイズ** [AIDS] ＝後天性免疫不全症候群

**エイズウイルス** [AIDS virus] ＝後天性免疫不全ウイルス

**衛星ウイルス** ＝サテライトウイルス

**衛星細胞** [satellite cell] 骨格筋の外側の筋繊維と基底膜の間に挟まれた紡錘形をした単核細胞で，その数はごく少ない．発生の際筋芽細胞が細胞融合して筋繊維がつくられる時に融合し損ねた細胞とみなされている．筋肉が損傷した時，衛星細胞は分裂融合して筋再生を可能とする．

**AEV** [AEV＝Avian erythroblastosis virus] ＝トリ赤芽球症ウイルス

***abl* 遺伝子** [*abl* gene] エイブルソン白血病ウイルス*のがん遺伝子*．それが由来した細胞の遺伝子c-*abl*はヒトでは第9染色体長腕34.1領域に局在し，11個のエキソンから成る非受容体型チロシンキナーゼ群に属する．第一エキソンには1aと1bの2種が存在する．ヒト遺伝子はABLとも表す．ヒトの慢性骨髄性白血病*のほぼ100％の症例でt(9;22)(q34;q11)の転座*により，生じるフィラデルフィア染色体上で，BCR/ABL融合遺伝子*が形成される．BCR/ABLは急性リンパ性白血病の一部でも形成され，これらの白血病では，BCR/ABL産物によりチロシンキナーゼ活性が亢進し，これが発症の原因と考えられる．*abl*のインヒビターがこれらの白血病に対する有効な治療薬として実用化されている．

**エイブルソン白血病ウイルス** [Abelson leukemia virus] エイブルソンマウス白血病ウイルス（Abelson murine leukemia virus）ともいう．1970 年，H. T. Abelson らがモロニーマウス白血病ウイルスを接種したマウスから分離した複製欠損性急性白血病ウイルス（⇒ 複製欠損性ウイルス）．増殖にはマウス白血病ウイルス* が必要（⇒ ヘルパーウイルス）．マウスに B 細胞系のリンパ性腫瘍をつくる非受容体型チロシンキナーゼ c-abl 由来のがん遺伝子 v-abl をもつ．(⇒ abl 遺伝子)

**AIM**（エイム）［AIM］ マクロファージアポトーシス抑制因子（apoptosis inhibitor of macrophage）のこと．Spα/Api6 ともいう．AIM はマクロファージ特異的に産生される分泌タンパク質で，マクロファージ自身や胸腺細胞，ナチュラルキラー T 細胞などのアポトーシス* を抑制する．scavenger-receptor cystein-rich（SRCR）スーパーファミリーに属し，保存された三つの SRCR ドメインをもつ．アポリポタンパク質 E（ApoE）などと同様に，マクロファージが酸化 LDL を取込んだ時，核内受容体 liver-X receptor（LXR）が活性化され AIM の発現が誘導される．したがって，動脈硬化巣の泡沫化マクロファージは AIM を強く発現し，そのため酸化 LDL 取込みによるマクロファージのアポトーシスが抑制され，結果的に病巣での泡沫化マクロファージの蓄積を招き，動脈硬化を増悪させる．AIM 欠損マウスでは LDL 受容体欠損下で高脂肪食負荷によって生じる動脈硬化が著しく軽減し，AIM 機能抑制による動脈硬化の新しい治療法開発を期待させる．

**エイムス試験**［Ames test］ エームス試験，サルモネラテスト（Salmonella test）ともいう．1974 年，B. N. Ames によって開発された突然変異原性判定試験．発がん物質* の大部分が突然変異原物質でもあることから，発がん物質のスクリーニングにも利用される（⇒ 変異原）．サルモネラのヒスチジン要求性突然変異株を用いて，被験物質による復帰突然変異* 誘発率を測定し，その突然変異原性を判定する．試験培地中には肝臓抽出液と補酵素類が添加してあり，生体内での代謝活性化を受けたあとに初めて突然変異原性を示すような化合物にも有効である．

**栄養外胚葉**［trophectoderm］ 哺乳類胚は数回の卵割（マウスでは5回）を経て胚盤胞* を形成する．胚盤胞の外層をなす1層の細胞を栄養外胚葉とよぶ．栄養外胚葉の内部は，将来胚体を形成する内部細胞塊* とよばれる一群の細胞と胞胚腔* とよばれる空所で占められている．栄養外胚葉は着床後，胚体外胚葉（extraembryonic ectoderm）や栄養芽層巨大細胞（trophoblast giant cell）に分化し，胎盤* 形成に関与するが，胚体そのものの形成には関与しない．栄養外胚葉は，内部細胞塊に接している極栄養外胚葉（polar trophectoderm）と，接していない壁栄養外胚葉（mural trophectoderm）に区分されることがある．栄養外胚葉に由来する胚体外組織の機能は胚発生に必須であり，その機能・分化には父親に由来するゲノム遺伝子の発現が必須である（⇒ ゲノムインプリンティング）．

**栄養核**［vegetative nucleus］ ⇒ 大核

**栄養芽層**［trophoblast］ 栄養膜層ともいう．胚盤胞* の外側を構築する1層の扁平な細胞層をいう．胚盤胞期になると胚細胞は，将来，胎児・羊膜・卵黄嚢などに発生する内部細胞塊* と，胎児の胎盤部を形成する栄養芽層との2種類の細胞集団に分かれる．内部細胞塊の細胞は丸く，大きな核小体* をもっているのに対して，栄養芽層の細胞は扁平で核がはっきりしており，外側表面には微絨毛* が密生している．この微絨毛は，着床初期の接着過程で重要な役割を果たしている．

**栄養芽層巨大細胞**［trophoblast giant cell］ ⇒ 栄養外胚葉

**栄養期**［vegetative phase］ 栄養相，増殖期（growth phase）ともいう．内生胞子を形成する細菌において，胞子形成* 期に対して，通常の細胞分裂により増殖する時期のことをさしていう．栄養期から胞子形成期への転換の過程は，*Bacillus* 属の細菌を材料として多くの知見が得られている．また植物において，花などの生殖器官の形成を伴わない成長段階をさしていうこともある．

**栄養器官**［vegetative organ］ 植物において，有性生殖* にかかわらない器官をさす．すなわち生殖器官である花以外の，根・茎・葉などの器官の総称．親個体の栄養器官の一部が切離されることにより，無性的に新しい個体が生じるような生殖方法を，栄養生殖（vegetative reproduction）という．(⇒ 無性生殖)

**栄養共生**［syntrophism, syntrophy］ 単独では増殖困難な微生物が共存することにより増殖可能または増殖促進される現象．特に，最少培地上で増殖できない栄養要求性突然変異株が，混合培養により互いに代謝産物を供給し，増殖できるようになること．この場合，栄養物質の代謝経路を解明する手がかりとなりうる．(⇒ 共生)

**栄養生殖**［vegetative reproduction］ 栄養繁殖（vegetative propagation）ともいう．(⇒ 無性生殖)

**栄養相** ＝栄養期

**栄養繁殖**［vegetative propagation］ 栄養生殖（vegetative reproduction）ともいう．(⇒ 無性生殖)

**栄養胞子**［vegetative spore］ 体細胞から体細胞分裂によって生じる複相（$2n$）の染色体数をもった胞子*．菌糸の先端が分裂して生じる子嚢菌類* や接合菌類* の分生胞子，さび菌の冬胞子，さび胞子などが知られている．これに対して減数分裂の結果生じる単相（$n$）の胞子を，真正胞子とよぶ．

**栄養膜層** ＝栄養芽層

**栄養要求性株**［auxotroph］ ＝栄養要求性突然変異体

**栄養要求性突然変異体**［auxotrophic mutant］ 栄養要求性株（auxotroph）ともいう．アミノ酸，ヌクレオチド，ビタミンなどの生合成系遺伝子の突然変異により最少培地* では生育できなくなった微生物細胞などの突然変異体．これらの突然変異体は合成が不能になった栄養素を生育のために必要とすることからこ

の名前がつけられた．各突然変異体はそれぞれの栄養要求名をとり，ヒスチジン要求性，チミン要求性などとよばれ，$his^-$, $thy^-$などの遺伝子記号で表記される．

**AAA ATP アーゼ**［AAA ATPase］　約230アミノ酸残基から成り，その中にAAAモジュール（ヌクレオチドを結合するタンパク質に見られるGXXXXGKT/SモチーフとZZZZD（Zは疎水性アミノ酸）モチーフから成るWalkerモチーフとSRH（second region of homology）領域）をもつATPアーゼファミリーの総称．AAAはATPases associated with diverse cellular activitiesの略で多様な細胞機能に関与することから名付けられた．細菌（大腸菌）や古細菌から真核生物まで広く存在している．リング状オリゴマー構造をとり，タンパク質の細胞小器官への輸送，膜融合，細胞小器官の形成，DNA複製，転写調節など多様なプロセスに関与する．ATPの加水分解エネルギーを基質タンパク質のアンフォールディング，タンパク質複合体の解離やタンパク質分解などに使用する一種のシャペロンと考えられる．

**AAS**［AAS＝atomic absorption spectrometry］＝原子吸光分析

**2-AAF**［2-AAF＝2-acetylaminofluorene］＝2-アセチルアミノフルオレン

**Ash**　⇒Grb2/Ash

**Ash1**　⇒Mash1

**Ascl1**［Ascl1＝Achaete-Scute complex-like 1］＝Mash1

**AhR**［AhR＝arylhydrocarbon receptor］　アリール炭化水素受容体の略称．（⇒ダイオキシン受容体）

**Ah 受容体**［Ah receptor］　芳香族炭化水素受容体（aryl hydrocarbon receptor），ダイオキシン受容体（dioxin receptor）ともいう．塩基性ヘリックス・ループ・ヘリックス/PASファミリーに属する受容体型転写調節因子．細胞質内ではHSP90, p23, XAP2など共役因子と複合体を形成する．ダイオキシン*やベンゾピレン*などの多環性芳香族化合物と結合するともう一つのタンパク質因子Arnt（Ah receptor nuclear translocator）とヘテロ二量体を形成して薬物代謝酵素（P450-1A1（CYP1A1ともいう），グルタチオンS-トランスフェラーゼなど）遺伝子の上流にある塩基配列（異物応答配列 xenobiotic responsive element, XRE）に結合して遺伝子の発現を活性化する．また，アゴニストで活性化されたAhR/ARNTヘテロ二量体はエストロゲン受容体（ER）αやβと結合し，エストロゲン応答遺伝子のプロモーターにリガンド非結合のERやコアクチベーター*のp300*をリクルートし転写を活性化する．ダイオキシンなどの環境汚染物質の示す奇形の誘導，発がんプロモーション*，上皮組織の異形成*などの生物作用を仲介する因子とも考えられている．ダイオキシンに対して高い親和性をもつが，内因性リガンドは特定されていない．ノックアウトマウスでは免疫系や血管網，精巣などの発達異常が生じる．（⇒解毒）

**AH 帯**［AH zone］　筋原繊維サルコメア*のA帯*内のH帯*の境界をいう．H帯は太いフィラメント*のみから成り，細いフィラメントが重なり合っていない．

**ANLL**［ANLL＝acute non-lymphocytic leukemia］急性非リンパ性白血病の略号．（⇒急性骨髄性白血病）

**ANTC**［ANTC＝Antennapedia complex］＝アンテナペディア遺伝子群

**Antp 遺伝子**［Antp gene］＝アンテナペディア遺伝子

**Antp-C**　＝アンテナペディア遺伝子群

**ANP**［ANP＝atrial natriuretic peptide］　心房性ナトリウム利尿ペプチドの略号．（⇒ナトリウム利尿ペプチド）

**AAV**［AAV＝adeno-associated virus］　＝アデノ随伴ウイルス

**AFM**［AFM＝atomic force microscope］　＝原子間力顕微鏡

**aFGF**［aFGF＝acidic fibroblast growth factor］＝酸性繊維芽細胞増殖因子

**AFP**［AFP＝α-fetoprotein］　＝αフェトプロテイン

**AM**［AM＝adrenomedullin］　＝アドレノメデュリン

**AML**［AML＝acute myelocytic leukemia］　＝急性骨髄性白血病

**AML1**［AML1］　acute myeloid leukemia 1の略．t(8;21)染色体転座（⇒転座）をもつ急性骨髄性白血病*において，第21染色体上の転座切断点からクローニングされた遺伝子．t(8;21)転座の結果，第8染色体上のETO（別名MTG8）遺伝子と組換え*を起こし，融合タンパク質*を産生する．AML1はショウジョウバエの分節遺伝子* runtの哺乳類相同遺伝子であり，RUNX1（Runt-related transcription factor 1）ともよばれる．RUNX2, RUNX3とともに遺伝子ファミリーを形成している．その産物は，N末端側にDNA結合ドメインであるRuntドメインを，C末端側に転写活性化ドメインと転写抑制ドメインをもち，CBFβタンパク質とヘテロ二量体を形成して転写因子*として働く．AML1は成体型造血細胞の発生に必須であり（⇒造血），造血幹細胞*の制御にも関係している．小児の急性リンパ性白血病*に見られるt(12;21)転座など，ほかの白血病*における転座にも関与し，一部の急性骨髄性白血病において点突然変異*も見られる．

**AMP**［AMP＝adenosine monophosphate］　アデノシン一リン酸の略号．（⇒アデニル酸）

**AMPA**　［AMPA＝α-amino-3-hydroxy-5-methyl-isoxazole-4-propionic acid］　α-アミノ-3-ヒドロキシ-5-メチルイソオキサゾール-4-プロピオン酸の略号．（⇒AMPA受容体）

**AMPA 受容体**［AMPA receptor］　薬理学的に分類されたチャネル型グルタミン酸受容体*のサブタイプの一つ．最初アゴニストであるキスカル酸に応答するグルタミン酸受容体として分類され，のちにキスカ

ル酸の誘導体として化学合成された AMPA($\alpha$-アミノ-3-ヒドロキシ-5-メチルイソキサゾール-4-プロピオン酸 $\alpha$-amino-3-hydroxy-5-methylisoxazole-4-propionic acid)により選択的に活性化されるチャネル型グルタミン酸受容体のサブタイプとされた. 遺伝子のクローニングにより AMPA 受容体には 4 種類のサブユニットが存在し, AMPA やキスカル酸に親和性が高いが, カイニン酸にも応答する. 通常, 高等動物の中枢神経細胞の AMPA 受容体チャネルは主として $Na^+$ と $K^+$ を透過させ, 中枢における速い興奮性シナプス伝達の大部分を担う重要な生理機能を果たしている. 4 種類の中の一つのサブユニットがこのイオン選択性を決定しており, ある種のグリア細胞にみられるようにこのサブユニットを欠いた AMPA 受容体チャネルは $Ca^{2+}$ 透過性を示す. (⇨ 非 N-メチル-D-アスパラギン酸受容体)

**AMP キナーゼ** [AMP kinase] 元々は運動時など, 細胞内の AMP/ATP の比が増加した時に活性化されて, 糖取込みや脂肪酸 $\beta$ 酸化を促進し, 運動に必要なエネルギーの供給をつかさどる分子として見いだされたリン酸化酵素であり, $\alpha$, $\beta$, $\gamma$ の三つのサブユニットから構成される. $\alpha$ サブユニットの N 末端側にキナーゼドメインが存在し, AMP が存在しない状態では, C 末端側に存在する自己抑制領域と結合して, その活性が阻害されている. $\gamma$ サブユニットには CBS (cystathione $\beta$-synthase) ドメインが四つ存在し, ここに AMP が結合することによってアロステリックな調節を受け, 自己抑制が解除されて AMP キナーゼが活性化される. AMP キナーゼは LKB1(STK11)やカルモジュリンキナーゼキナーゼ(CaMKK)にリン酸化を受けることによっても活性化されることが知られている. AMP キナーゼはインスリン感受性ホルモンであるレプチン*やアディポネクチン*, 抗糖尿病薬であるメトフォルミン(metformin)によっても活性化され, 肝臓においては, 糖新生や脂肪合成を促進する分子の発現を抑制する作用をもつ. 一方, 視床下部においては, 摂食行動を抑制するレプチン, インスリン*, ブドウ糖などによって活性が抑制されるのに対し, アディポネクチンやグレリン* など摂食行動を促進する因子によっては活性化される.

**AMV**[1] [AMV=*Alfalfa mosaic virus*] =アルファルファモザイクウイルス

**AMV**[2] [AMV=*Avian myeloblastosis virus*] =トリ骨髄芽球症ウイルス

**ALA** [ALA=5-aminolevulinic acid] =5-アミノレブリン酸

**ALL** [ALL=acute lymphocytic leukemia] =急性リンパ性白血病

**ALCL** [ALCL=anaplastic large cell lymphoma] 未分化大細胞リンパ腫の略称. (⇨ Ki-1 リンパ腫)

**ALD** [ALD=adrenoleukodystrophy] =副腎白質ジストロフィー

**ALV** [ALV=*Avian leukemia virus, Avian leukosis virus*] =トリ白血病ウイルス

*Alu*I ファミリー ⇨ *Alu*I (アルーワン)ファミリー

**AOX** [AOX=alternative oxidase] =オルタナティブオキシダーゼ. (⇨ シアン耐性オキシダーゼ)

**A 型肝炎ウイルス** [*Hepatitis A virus*] ⇨ ピコルナウイルス

**A 型キナーゼアンカータンパク質** [type-A kinase anchor protein] AKAP と略す. AKAP は構造的には多様なタンパク質の一群であるが, プロテインキナーゼ A*(PKA)の調節サブユニットに結合し, 細胞内で PKA を情報伝達に必要な場所に局在化させるという共通の機能をもつ. たとえば心筋細胞においては, AKAP によって PKA が T 細管に局在化されることが, $\beta$ アドレナリン作動性受容体の刺激に応答するのに重要と考えられている. 個別にみると, 大脳皮質におもに発現する AKAP5(AKAP75, AKAP79)はプロテインキナーゼ C* と脱リン酸酵素であるカルシニューリン* とも結合し, シナプス後膜肥厚(PSD)に PKA をつなぎとめ, シナプス後で起こる事象の調節にかかわる可能性が報告されている. AKAP13 (AKAP-Lbc)のアイソフォームには, 低分子量 GTP 結合タンパク質である Rho* の活性を制御するドメインをもつものなどがあり, Rho 情報伝達経路を協調させる足場タンパク質としても機能することが報告されている. その他, PKA の多くが細胞質で機能しているのに対し, AKAP-150 は耳下腺腺房の基底側膜に発現し, 唾液腺の機能調節に多大にかかわる可能性が報告されている.

**A 形 DNA** [A-form DNA] DNA 分子のとりうる三次元立体構造の一つで, B 形 DNA* を乾燥させたり低塩含量などの非生理的条件下にすると形成される. らせん一巻きのピッチが 2.46 nm, 直径が 2.55 nm の右巻きのらせん構造. らせん一巻きに 10.7 塩基対が含まれ, 塩基対当たりの長さは 0.23 nm. B 形 DNA に比べて太く短い構造となる. RNA の二重らせんや RNA-DNA の混合二重らせんも A 形様の構造をとる. (⇨ DNA の高次構造, Z 形 DNA)

**A 型粒子** [A-type particle] W. Bernhard が 1960 年, 腫瘍組織を電子顕微鏡で観察し提唱したオンコウイルス(レトロウイルス* の亜科)の形態学的分類の一型で, 切断平面で同心円構造が示される. 宿主細胞内だけにみられるウイルスで, 感染能はまったくない. 直径約 70 nm. 細胞膜から出芽しないため, 他のタイプと違って, 脂質を含むエンベロープ* をもたない. 小胞体の内腔に存在する液胞内型(intracisternal form)と細胞質に存在する細胞質内型(intracytoplasmic form)に分けられる(図). 前者は自己複製ができない内在性ウイルス* の一種と考えられ, 一方, 後者は B 型や D 型のウイルスの前駆体と考えられている. C 型ウイルスはオンコレトロウイルス(⇨ オンコルナウイルス)の大半を占めるが, そのプロテーゼが障害されると, 出芽後, ウイルスタンパク質の切断が起こらず, ウイルスコアは同心円構造を保ち, 有被膜 A 粒子(enveloped A)とよばれた. (⇨ B 型粒子, C 型粒

子, D型粒子)

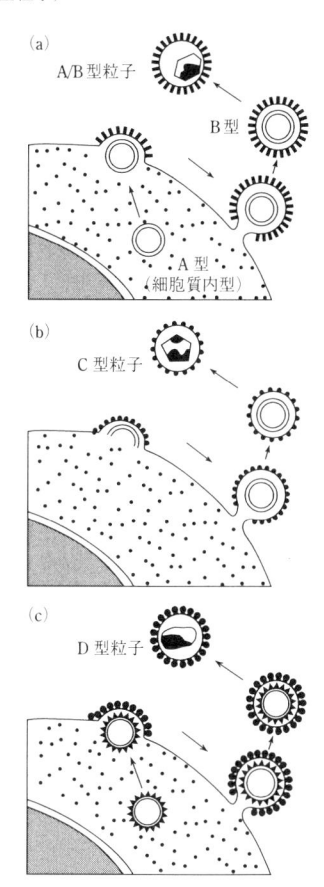

(a) A/B型粒子  B型  A型(細胞質内型)

(b) C型粒子

(c) D型粒子

(W. Bernhard, 1958より)

**ACAM** ⇌ カドヘリン

**疫学** [epidemiology] 人間集団の健康状況に変化の兆しが見える時, 遺伝的背景を含めた生物学的要因と物理・化学・社会経済の環境要因を包括的に検討し, その変化の原因を探り, 予防を図る医学の一分野である. この目的のために, 1) 実態把握, 2) 関連する上記諸要因の検討, 3) その後に把握した要因(群)への暴露(exposure)の排除・軽減(介入)をして, 状況の変化を観察する. もし状況が改善されれば, 介入した要因への暴露が疾病・障害の原因であろうと推定をする. 上記1)~3)の対象や重点によって環境疫学, 臨床疫学, 遺伝疫学などの分野があるが, 基本は暴露と疾病・障害の量の集団中の正確な把握にある. 大気汚染対策による英国での慢性呼吸器疾患の減少, 食塩摂取制限による日本人の脳卒中死の大幅削減は臨床疫学の, 集団中の遺伝性疾患・染色体異常などの発生頻度の推定, 妊娠中の薬剤服用による催奇形, 発がんとの

関連の究明などは遺伝疫学の分野での成果として評価されている.

**エキスパートシステム** [expert system] 人工知能の一種で, あらかじめ蓄積された知識情報と推論規則に基づき, 特定の問題について的確な判断を下すことを目的に開発されたシステム. 推論規則は if then のような分岐文などによって構成されており, 生物系分野では医学診断などに広く利用されている. DNA やタンパク質配列の分類, 局在化予測, タンパク質の二次構造やクラス予測に適用された例もある.

**液性免疫** =体液性免疫

**エキソサイトーシス** [exocytosis] 開口分泌ともいう. 粗面小胞体*内で合成されたタンパク質が, ゴルジ体*などを経由して細胞外に分泌される最後の過程で, 膜小胞が細胞膜と融合する過程をエキソサイトーシスという. エキソサイトーシスには, 2種類あると考えられている. 一つは, ホルモンなどの分泌のために特殊に分化した細胞や神経細胞のシナプスなどでみられるエキソサイトーシスで, これらの細胞ではゴルジ体から運ばれた分泌顆粒やシナプス小胞はいったん細胞膜直下に貯蔵され, エキソサイトーシスは放出を促す外部からのシグナルがあった場合にひき起こされる. もう一つは, 細胞の基本的な機能としてほとんどの細胞で常時行われているエキソサイトーシスで, ゴルジ体から細胞膜へ連続的に膜小胞の輸送が行われている. (→ 小胞輸送, エンドサイトーシス)

**エキソソーム** [exosome] 【1】動物細胞から分泌される直径30~100 nmの脂質二重膜で覆われた膜小胞. 網状赤血球で初めて見つかった. エキソソームにはチューブリン*やアクチン*などの細胞骨格*タンパク質, アネキシン*(カルパクチン)やRab*などの膜融合に関与するタンパク質のほかにペルオキシダーゼ*や熱ショックタンパク質*, MHCクラスI抗原*などが含まれている. また, 樹状細胞*などの抗原提示*能をもつ細胞が分泌するエキソソームにはMHCクラスII抗原*も存在している. エキソソームは, 病原や腫瘍に対する適応免疫応答に関与したり, 細胞間での相互作用や情報伝達に何らかの機能を担っている. エキソソームはmRNAやマイクロRNA*(miRNA)も含んでおり, これらのRNAは細胞間を行き来し, 侵入した細胞でのタンパク質産生に影響を与え, exosomal shuttle RNA(esRNA)とよばれる. 【2】真核細胞の核または細胞質に存在する3′→5′エキソヌクレアーゼ複合体. RNAのプロセシングやナンセンスコドン介在性mRNA分解*(NMD)に関与する.

**エキソトキシン** =外毒素

**エキソヌクレアーゼ** [exonuclease] ヌクレアーゼ*(核酸分解酵素)のうちで, ポリヌクレオチド鎖のホスホジエステル結合*を末端から順に加水分解してモノヌクレオチドを生じるもの. 1) ホスホジエステル結合の5′側を切断してヌクレオシド3′―リン酸を生じるものと3′側を切断してヌクレオシド5′―リン酸を生じるもの, 2) ポリヌクレオチド鎖を5′末端または3′末端のどちらか一方からしか分解しないもの

と両端から分解するもの，3) 一本鎖 DNA に特異的なものと二本鎖 DNA に特異的なもの，RNA に特異的なもの，など多種が存在する．DNA ポリメラーゼ*の多くは 3′→5′ エキソヌクレアーゼ活性をもち，この活性は DNA 合成時に誤って取込まれたヌクレオチドを取除く校正(プルーフリーディング*)機能に関与している．大腸菌 DNA ポリメラーゼ I には 5′→3′ エキソヌクレアーゼ活性もあり，この活性により DNA 不連続複製でラギング鎖の複製に用いられるプライマー RNA が除去される．エキソヌクレアーゼ活性は，ヌクレオチド除去修復においても重要な役割を果たす．また，エキソヌクレアーゼによる 3′ 側下流の RNA の分解が転写終結の引き金となることが酵母菌で示されている．真核生物において終止コドンを含まない mRNA が 3′→5′ エキソヌクレアーゼ複合体であるエキソソーム*により分解される系 NSD (nonstop decay)が存在する．終止コドンを含まない mRNA を翻訳したリボソームが mRNA の 3′ 末端で停滞し，リボソーム-mRNA-ペプチジル tRNA 複合体がエキソソーム結合タンパク質 Ski7p により解消され，終止コドンを含まない mRNA が分解されるモデルが提唱されている．(→エンドヌクレアーゼ)

エキソヌクレアーゼ III [exonuclease III] 大腸菌由来で，DNA を末端から 1 ヌクレオチドずつ消化する DNA 分解酵素の一つ．3′ 末端に OH をもつ線状および環状の二本鎖 DNA を 3′ 末端から分解する．一本鎖 DNA や 3′ 側が突出した構造をもつ二本鎖 DNA を分解することはできない．遺伝子操作の際によく用いられ，DNA ポリメラーゼと組合わせて鎖特異的な DNA プローブを作製したり，一本鎖 DNA 分解酵素と併用して部分欠損 DNA を作製する反応などに利用される．

エキソヌクレアーゼ IV [exonuclease IV] 大腸菌由来で，DNA を末端から 1 ヌクレオチドずつ消化する DNA 分解酵素の一つ．線状一本鎖 DNA を両側から分解する．

エキソヌクレアーゼ V [exonuclease V] 大腸菌由来の recBCD 遺伝子産物(→RecBCD タンパク質)．線状二本鎖 DNA および一本鎖 DNA を ATP 存在下に分解する．(→エキソヌクレアーゼ)

エキソン [exon] エキソンともいう．分断された遺伝子*で，最終的な成熟 RNA となる部分の DNA 配列(RNA にも用いられる)をいう．一次転写産物*からイントロン*部分が取除かれ，エキソン部分がつなぎ合わされることにより，タンパク質合成の鋳型となる機能的な成熟 mRNA が完成する．(→スプライシング)

エキソンシャッフリング [exon shuffling] エキソン*のかきまぜ．別々のタンパク質ドメインをコードしているエキソンが，イントロン部分で組換えを起こして混ぜ合わされ，新たな遺伝子を生じること．それにより異なった機能をもつドメインが集まって新規のタンパク質を生じる．進化の多様性を DNA レベルで考える一つの根拠を示す．mRNA のスプライシング*に必要な配列は共通しており，組換えによって生じた新しいエキソンの組合わせは確率 1/3 で翻訳可能である．低密度リポタンパク質受容体*の遺伝子のあるエキソンと非常に類似したエキソンが上皮増殖因子*，血液凝固因子*というまったく関連のないタンパク質にも見いだされている．これは，別々の転写単位*からエキソンの混ぜ合わせでつくられた例かもしれない．(→ドメイン混成)

エキソンスキッピング [exon skipping] 選択的スプライシング*の一種．スプライシングの際に，本来のものより上流の 5′ スプライス部位(あるいは下流の 3′ スプライス部位)を選び，あるエキソンをイントロン*の一部として取除いてしまうこと．組織特異的もしくは時期特異的な遺伝子発現制御のメカニズムの一つと考えられている．

エキソン接合部複合体 [exon junction complex] EJC と略す．mRNA スプライシング反応に依存して，連結したエキソン*の接合部の約 20 塩基上流に，塩基配列に依存せずに形成されるタンパク質複合体をいう．これまでに RNA 結合タンパク質を含む 10 種類程度の構成因子が同定されている．EJC は mRNA 核外輸送因子を RNA 上に呼び込むことで，スプライシング*の完了した mRNA の核外輸送に関与すると考えられているが，EJC の核外輸送における役割については異論もある．また，EJC の構成因子の一部は，mRNA が細胞質へ核外輸送された後も mRNA 上の同じ位置に留まっており，ナンセンスコドン介在性 mRNA 分解*，細胞質における mRNA の局在化，および翻訳の活性化などの多様な細胞質機能にもかかわり，核と細胞質のイベントをリンクさせる役割を果たす．

エキソントラッピング [exon trapping] DNA 中のエキソン*部分を選択的にクローニング*する方法．スプライス供与部位*とスプライス受容部位*をもつプラスミドベクター*(スプライシングベクター)中のイントロン*部分にあるクローニング部位にエキソン-イントロン構造をもつ DNA 断片を挿入して組換え DNA を得る．その組換え DNA を細胞(たとえば COS 細胞*)内に導入し，細胞内スプライシング機構を利用してエキソン部分のみがつながった mRNA を生成させた後，cDNA に変換しシークエンシングを行い，挿入した DNA 断片内のエキソン部分を同定する．もし，挿入した DNA 断片にエキソンがなくイントロン配列だけの場合にはベクターが本来もっているイントロンとともにスプライシングにより除去されてしまう．誤ったスプライシング反応により偽陽性産物が得られる場合も多いので注意を要する．エキソンが捕捉されたことは，問題の mRNA のサイズが増えていることでわかる．

液体クロマトグラフィー－質量分析法 [liquid chromatography-mass spectrometry] LC/MS と略す．液体クロマトグラフィーと質量分析法*を組合わせた分析法．さまざまな混合物の試料を液体クロマトグラフィーにより分離し，溶出順に各成分の質量分析を行

う．この装置を用いることで情報量を増大させることができ，いままで見逃してきたものも解析することが可能となる．またガスクロマトグラフィー質量分析法（GC/MS）での解析が困難であった難揮発性，高極性，熱不安定化合物を分析対象とすることができる．

**液体培地**［liquid medium］ ⇒ 培地

**A キナーゼ**［A kinase］ ＝サイクリック AMP 依存性プロテインキナーゼ

**液胞**［vacuole］ 植物や酵母にみられる内部が酸性の細胞小器官であり，一重膜(液胞膜*)に囲まれている．成熟した植物細胞では，その 8～9 割の体積を占める．細胞内成分特に二次代謝物の蓄積や膨圧*の維持に働くとともに，動物細胞のリソソーム*と同様に，細胞内分解系として働く．植物種子細胞に観察されるタンパク粒*(タンパク質顆粒)は特殊化した液胞とみなされている．液胞に局在するタンパク質は，小胞輸送*によって液胞に運ばれる．

**液胞型 ATP アーゼ**［vacuolar type ATPase］ ⇒ ATP アーゼ

**液胞膜**［vacuolar membrane］ トノプラスト(tonoplast)ともいう．液胞*を取囲む膜をいう．液胞の内部を酸性に保つため，$H^+$-ATP アーゼや $H^+$-ピロホスファターゼが局在している．この $H^+$-ATP アーゼは原形質やミトコンドリアのそれとは構造，性質が異なり，バフィロマイシン(vafilomycin)によって特異的に阻害される．$H^+$-ピロホスファターゼは植物の液胞に特異的であり，ほかに水チャネルタンパク質の局在が報告されている．

**AQP**［AQP＝aquaporin］ アクアポリンの略称．(⇒ 水チャネル)

**エクオリン**［aequorin］ *Aequorea victoria* のような発光クラゲがもつ $Ca^{2+}$ 結合タンパク質で，アポタンパク質のアポエクオリンに補欠分子族として発光基質セレンテラジンが結合しており，$Ca^{2+}$ と結合すると 470 nm に極大をもつ発光をする．この発光は，カルシウムイオンの結合によりタンパク質部分の高次構造が変化し，セレンテラジンの酸化的分解が起き，その時に発生する励起カルボニル基から光を放出することによると考えられている．$Ca^{2+}$ 結合のための EF ハンド*構造が 3 箇所あり，$0.1～10\ \mu M$ の $Ca^{2+}$ が測定可能である．この方法は外部から励起エネルギーを与える必要がない，細胞質の $Ca^{2+}$ 量のみを測れるなどの利点はあるが，発光は一過性の消費型の反応であり，応答が遅いという欠点がある．cDNA がクローニングされておりレポータータンパク質としても使用できる．(⇒ 蛍光タンパク質，緑色蛍光タンパク質)

**EXAFS**(エグザフス)［EXAFS］ extended X-ray absorption fine structure(X線吸収広域微細構造)の略称．原子が X 線を吸収すると，そのエネルギーを得た内殻電子が光電子として原子から放出され，さらに周辺の原子によって散乱されて戻ってくる．これら光電子波の干渉効果により，X 線吸収スペクトルには原子の吸収端から高エネルギー側の 30～1000 eV の領域に振動構造が現れる．これを EXAFS とよぶ．EXAFS には，吸収原子周辺に存在する散乱原子の種類，数，距離および熱振動・ゆらぎの情報が含まれている．原子にはそれ固有のエネルギーの X 線を吸収する性質があるので，遷移金属を含む金属タンパク質の EXAFS からは，その金属周辺の微細な構造情報を得ることができる．(⇒ 動径分布関数)

**エグザール**［Exal］ ⇒ ビンブラスチン

**エクジステロイド**［ecdysteroid］ 節足動物の脱皮ホルモン(molting hormone または前胸腺ホルモン prothoracic gland hormone)の一種で，脱皮*(ecdysis)を起こすステロイドの意．コレステロールの 2, 14, 22, 25 位の炭素にヒドロキシ基が付加されたエクジソン*の一群の誘導体がその主体をなす．さらに，20 位の炭素もヒドロキシ化された 20-ヒドロキシエクジソンは最もホルモン活性の強いエクジステロイドの一つである．ステロイドホルモンの一種で，コレステロールまたは 7-デヒドロコレステロールから生合成される．

**エクジソン**［ecdysone］ ＝ $2\beta, 3\beta, 14\alpha, 22, 25$-ペンタヒドロキシ-$5\beta$-コレスト-7-エン-6-オン．エクダイソンともいう．カイコの蛹から単離された脱皮ホルモンの一つで，エクジソン $\alpha$ ともいう．エクジソンの核内受容体*はリガンド依存性の転写因子*として，種々の標的遺伝子の転写(発現)を調節している．従来，エクジソンはショウジョウバエなどの唾液腺染色体にパフ*を形成することが知られているが，パフでは遺伝子の転写が盛んに行われている．(⇒ エクジステロイド)

**エクステイン**［extein］ プロテインスプライシング*において，成熟タンパク質となる領域．インテイン*配列に続く，エクステインの 1 番目のアミノ酸はシステインかセリン，トレオニンになっており，これがプロテインスプライシング過程にかかわっていると考えられている．

**エクステンシン**［extensin］ 高等植物細胞壁中の糖タンパク質．大きな多重遺伝子族*にコードされている．細胞壁*を強固にして細胞を一定の形に固定するとともに，伸長成長の停止や感染予防に働くと考えられている．双子葉植物*では，ペプチドはヒドロキシプロリンを主成分とし，セリン，リシンなどから成り，ヒドロキシプロリン残基には 1～4 個のアラビノース残基が側鎖として結合している．単子葉植物*(イネ科)では，ペプチドはヒドロキシプロリンとトレオニンを主成分とし，ヒドロキシプロリンには 1～4 個のアラビノース残基が結合している．(⇒ 細胞壁タンパク質)

**エクスポーチン**［exportin］ インポーチン*に対比する形で名づけられた．タンパク質や RNA の核から細胞質への輸送を担う分子の総称．大きくはインポーチン $\beta$ ファミリーに含まれる分子種であり，核膜孔複合体構成因子(ヌクレオポリン*)と低分子量 GTP 結合タンパク質*である Ran*に結合する活性をもつという共通の機能的，構造的性質をもつ．エクス

ポーチンは，通常，核内で輸送基質と結合するが，GTP結合型Ran(Ran GTP)の存在下で安定な複合体を形成して核膜孔*を核から細胞質に向かって通過する．細胞質に到達した輸送基質/エクスポーチン/Ran GTP複合体は，RanのGTPアーゼ活性が賦活化され，GTP結合型からGDP結合型に変換することが引き金となって解離し，輸送基質は細胞質で遊離する．ロイシンに富む核外輸送シグナル*をもつタンパク質の核外輸送にかかわるエクスポーチン1(CRM1ともよぶ)，インポーチンαの核から細胞質へのリサイクルを担うエクスポーチン2(CASともよぶ)，tRNAの核外輸送にかかわるエクスポーチンt，マイクロRNA*の核外輸送を担うエクスポーチン5などがよく知られている．(→Ran GTPアーゼサイクル)

**エクソン** ＝エキソン

**エクダイソン** ＝エクジソン

**エクルズ** ECCLES, John Carew オーストラリアの生理学者．1903.1.27～1997.5.2．メルボルンに生まれる．1925年メルボルン大学医学部を卒業後オックスフォード大学で生理学の研究をし，Ph.D.を得た(1929)．シドニー大学，オタゴ大学(ニュージーランド)を経てキャンベラ大学教授．興奮性と抑制性のシナプス伝導を解明した．1963年A. L. Hodgkin*，A. F. Huxley*とともにノーベル医学生理学賞を受賞．1966年以降米国，1975年からスイスで大脳生理学の研究に従事．

**AKRマウス** [AKR mouse] →白血病多発マウス

**AKAP** [AKAP＝type-A kinase anchor protein] ＝A型キナーゼアンカータンパク質

**Akt** [Akt] ＝プロテインキナーゼB

***Eco*RI** [*Eco*RI] 代表的な制限酵素*の一つで，大腸菌のプラスミドRY13にコードされる．DNAの特異的な6塩基配列5′-GAATTC-3′を認識し，下記に示すように切断し，切断後は5′-リン酸，3′-OH末端を生じる．50 mM NaCl，100 mMトリス-HCl緩衝

5′-G|AATTC  
3′-CTTAA|G

液(pH 7.5)，5 mM MgCl$_2$液中で最適反応条件を示すが，高グリセロールあるいは低濃度下ではスター活性*(AATTのみを認識)が出現しやすい．安価なため，遺伝子のマッピング*や組換え操作に広く用いられる．(→組換えDNA)

**Ecogpt** [Ecogpt] →キサンチンホスホリボシルトランスフェラーゼ

**エコトロピックウイルス** ＝同種指向性ウイルス

**Ac** [Ac] B. McClintock*によって発見されたトウモロコシのトランスポゾン*の一つ．Acは，染色体の切断をひき起こすDs(Dissociation)を活性化する因子(Activator)として同定されたものである．Acは両端に逆方向反復配列をもち，内部にトランスポゼース*をコードする自律性の因子である．Dsはトランスポゼースを欠失しているが，両端の逆方向反復配列をもつため，Acの存在下でのみ転位できる非自律性の因子である．Ac/Dsの系はトウモロコシだけではなく，イネ，タバコ，アラビドプシスなど他の植物細胞内でも転位できるのでトランスポゾン標識*に用いられている．

**壊死** [necrosis] ネクローシスともいう．一般には生体の一部(器官，組織，細胞)が死ぬことを示し，形態的に2種類に分類される細胞死の一つ．もう1種類の細胞死はアポトーシス*という．壊死における形態的特徴はミトコンドリアの膨張・核の縮小にあり，各細胞小器官が細胞質とともに壊れていく．この時，細胞の膨張によって細胞膜は破壊され，リボソーム，リソソームは融解する．壊死の原因としては，低酸素，高温，毒物，栄養不足，細胞膜の傷害などがあげられ，非生理的条件における細胞の強制的な死において壊死がみられる．生理的な条件下で起こる細胞死(→プログラムされた細胞死)では壊死はみられない．壊死では，細胞膜の損傷により浸透圧の不均衡が最終的にひき起こされ，Na$^+$，Ca$^{2+}$の流入とK$^+$の流出による細胞の膨張，Ca$^{2+}$の流入によるミトコンドリアでのATP合成の阻害などが起こる．そのため細胞の内容物が拡散して炎症をひき起こし，周囲の細胞に影響を与えてしまう．

**AGIF** [AGIF＝adipogenesis inhibitory factor] 脂肪細胞化抑制因子の略号．(→インターロイキン11)

**ACE** [ACE＝angiotensin-converting enzyme] アンギオテンシン変換酵素の略．(→アンギオテンシン)

**AGE** [AGE＝advanced glycation end product] →グリケーション

**AGEPC** [AGEPC＝1-*O*-alkyl-2-acetyl-*sn*-glycero-3-phosphocholine] 1-*O*-アルキル-2-アセチル-*sn*-グリセロ-3-ホスホコリンの略称．(→血小板活性化因子)

**ACAM** [ACAM＝adherens junction-specific cell adhesion molecule] →カドヘリン

**ACS**[1] [ACS＝ACC synthase] ＝ACCシンターゼ

**ACS**[2] [ACS＝ARS consensus sequence] ARS共通配列の略号．(→複製起点)

**ACH** [ACH＝achondroplasia] →軟骨無形成症

**AChR** [AChR＝acetylcholine receptor] ＝アセチルコリン受容体

**aCL** [aCL＝anticardiolipin antibody] ＝抗カルジオリピン抗体

**Acグロブリン** [Ac globulin, accelerator globulin] ＝血液凝固V因子

**ACCシンターゼ** [ACC synthase] ACSと略す．ACCは1-アミノシクロプロパン-1-カルボン酸(1-aminocyclopropane-1-carboxylic acid)の略称．植物ホルモン*の一つであるエチレン*の生合成を調節する酵素．ピリドキサールリン酸*を補酵素としてS-アデノシルメチオニンからACCの生成を触媒する．アミノトランスフェラーゼの一種で，アミノエトキシビニルグリシン(AVG)やアミノオキシ酢酸(AOA)で酵素反応が阻害される．また，酵素反応中に一定の確率

で自殺反応が起こり失活する．50〜56 kDa のポリペプチドから成る二量体で多重遺伝子族を形成する．シロイヌナズナには 8 種の活性をもつアイソザイム*が存在する．ACC シンターゼのアミノ酸配列には七つの保存領域があるが，他の領域は多様性が高い．C 末端側にリン酸化部位をもつタイプとこの部分が欠落したタイプがあり，前者は脱リン酸を受けると，ETO1 タンパク質が結合し，プロテアソーム*による分解を受けると考えられている．エチレンは果実の追熟，ストレス応答*，老化などさまざまな生理現象をひき起こすが，この際に合成されるエチレンは別々の ACC シンターゼが発現することで調節されている．

**ACTH** [ACTH = adrenocorticotropic hormone] ＝副腎皮質刺激ホルモン

**ACTH-β リポトロピン前駆体** [ACTH-β-lipotropin precursor] ＝プレプロオピオメラノコルチン

**ACTH 様中葉ペプチド** [corticotropin-like intermediate lobe peptide] CLIP と略す．(⇌ プレプロオピオメラノコルチン)

**ACP** [ACP = acyl carrier protein] ＝アシルキャリヤータンパク質

**エージング** ＝老化

**SI** [SI = self-incompatibility] ＝自家不和合性

**SIR 遺伝子** [SIR gene] silent information regulator に由来する．出芽酵母*の HM 遺伝子座を抑制している調節因子をコードする遺伝子として 1979 年に遺伝学的に同定され，1986 年にクローニングされた．SIR1〜4 の 4 種類の遺伝子から成っている．HM 遺伝子座には接合型(⇌ 酵母接合型)の決定に関与する情報が存在し，通常は転写抑制状態に保たれているが，SIR 遺伝子に変異を導入するとこの抑制が解除され，接合不能となる．SIR2 は酵母の rDNA 領域における相同組換えを抑制しており，酵母細胞の老化に関係する環状の rDNA の生成を抑制することにより，酵母の寿命を延ばしている．Sir2 は他のタンパク質と Sir 複合体を形成していて，接合遺伝子座(HML, HMR)，テロメアに局在し，サイレンシング(遺伝子発現の不活化)を行っている．Sir2 タンパク質は NAD 依存性の脱アセチラーゼ活性をもち，ヒトのホモログとしては sirtuin(SIRT)1〜7 が同定されている．Sir2 の作用により低アセチル化状態となったクロマチン領域のヒストン H4 に Sir3 と Sir4 が結合し，また，Sir3 と Sir4 は Rap1 とも相互作用しクロマチンのサイレンシングに作用する．

**siRNA** [siRNA] small(または short)interfering RNA の略．サイレンシング RNA(silencing RNA)ともいう．両鎖の 3' 末端が 2 塩基突出した 20〜25 塩基対の二本鎖 RNA で RNAi 経路で相補的な配列をもつ RNA の特異的な切断を誘導する(⇌ RNA 干渉)．自然には，RNA ウイルスやトランスポゾン由来の長い二本鎖 RNA が Dicer*により切断されて生じる．化学的に合成した siRNA や siRNA を発現するプラスミドやウイルスベクターを細胞に導入して，人為的に特定の mRNA やマイクロ RNA*(miRNA)前駆体を切断・分解することにより，特定の遺伝子の発現や miRNA の機能発揮を阻害することが可能である．細胞内でセントロメア*などに含まれる反復配列から生じた siRNA がヘテロクロマチン*化に関与することも知られている．

**sis 遺伝子** ⇌ sis(シス)遺伝子

**SIN** [SIN = sindbis virus] ＝シンドビスウイルス

**SINE** ⇌ SINE(サイン)

**Sim4** [Sim4] 発現している DNA 配列(cDNA, EST, mRNA)とゲノム DNA 配列をアラインさせる配列アラインメントプログラム．発現している DNA 配列を二つ入力した場合，それらが互いに重複する配列を末端にもっていたらその重複を検出し，アセンブルさせることもできる．(⇌ バイオインフォマティクス)

**SIV** [SIV = *Simian immunodeficiency virus*] ＝サル免疫不全ウイルス

**SRE** [SRE = serum response element] ＝血清応答配列

**SRS-A** [SRS-A = slow reacting substance of anaphylaxis] 遅発反応物質(アナフィラキシーの)の略号．(⇌ ロイコトリエン)

**SRF** [SRF = serum response factor] ＝血清応答因子

**src 遺伝子** ⇌ src(サーク)遺伝子

**SR タンパク質** [SR protein] ⇌ スプライシング因子

**SRP** [SRP = signal recognition particle] ＝シグナル認識粒子

**SRB** [SRB] サッカロミセス酵母の転写因子*の一種．SRB は suppressor of RNA polymerase B の頭文字から名づけられた．RNA ポリメラーゼⅡ*の最大サブユニットの C 末端繰り返し構造(CTD*)の欠失による増殖異常を抑圧する突然変異体から同定されたが，SRB は TFIID とともに RNA ポリメラーゼⅡの CTD と相互作用することがわかっている．現在までに SRB2, 4〜11 の 9 個が解析された．これらは集合して巨大な複合体を形成して RNA ポリメラーゼⅡのホロ酵素内に局在し，SRB/メディエーター複合体は転写活性化因子や転写抑制因子に対する応答情報を仲介して RNA ポリメラーゼに伝える役割を果たす．

**SRP 受容体** [SRP receptor, docking protein] ⇌ シグナル認識粒子

**SRBP** [SRBP = serum retinol-binding protein] 血清レチノール結合タンパク質の略号．(⇌ レチノール結合タンパク質)

**SRY** [SRY = sex-determining region Y] ＝Y 染色体性決定領域

**Sry 遺伝子** [Sry gene] ＝セレンディピティー遺伝子

**SRY タンパク質** [SRY protein] ⇌ Y 染色体性決定領域

**SE** [SE = splicing enhancer] ＝スプライシングエンハンサー

**SERT** [SERT = serotonin transporter] ＝セロト

ニン輸送体

**SEM**［SEM＝scanning electron microscope］＝走査型電子顕微鏡
**Sem5**［Sem5］⇌Grb2/Ash
**SELEX**⇌SELEX（セレックス）
**SEC 遺伝子**⇌SEC（セック）遺伝子
**Sec61p 複合体**［Sec61p complex］⇌粗面小胞体
**S1 ヌクレアーゼ**⇌S1（エスワン）ヌクレアーゼ
**S1P**［S1P＝sphingosine 1-phosphate］＝スフィンゴシン 1-リン酸
**S1 マッピング**⇌S1（エスワン）マッピング
***sev* 遺伝子**［*sev* gene］＝セブンレス遺伝子
**SAR**［SAR＝systemic acquired resistance］＝全身獲得抵抗性
**Sar**⇌Sar（サー）
**SARS**⇌SARS（サーズ）
**SAM マウス**［SAM mouse＝senescence-accelerated mouse］＝老化促進マウス
**SAGE**⇌連続的遺伝子発現解析
**SAGA 複合体**［SAGA complex］　SAGA は SPT-ADA-GCN5-acetyl transferase の略．出芽酵母＊でアミノ酸飢餓条件下に起こるアミノ酸合成系遺伝子の脱抑制に関与する遺伝子産物が形成する巨大なタンパク質複合体．複数の SPT，ADA タンパク質と GCN5（アセチルトランスフェラーゼ活性を示す）が含まれる．コアクチベーター＊として出芽酵母の多くの遺伝子の発現に関与する．
**SsrA RNA**［SsrA RNA］＝転移・メッセンジャー RNA
**SSEA-1**［SSEA-1］　発生段階特異的胎児性抗原 1（stage-specific embryonal antigen-1）の略号．ガラクトースおよび *N*-アセチルグルコサミンが交互に 3 個ずつ直鎖状につながった構造を基本構造として，5 番目の *N*-アセチルグルコサミンにフコースが付加したものと，さらに 6 番目のガラクトースに *N*-アセチルノイラミン酸が付加したものの二つの構造をとる．胎児の発育に伴い表現される抗原で，ヒトでは CD15 抗原（CD15 antigen）分子にあたる．顆粒球のマーカーで，ある種の上皮細胞の悪性腫瘍にも表現される．リガンドは CD62．
**SSLLM**［SSLLM＝single strand linker ligation method］＝一本鎖リンカーライゲーション法
**SSLP**［SSLP＝simple sequence length polymorphism］　単純配列長多型の略号．（⇌制限断片長多型）
***S–S* 組換え**［*S–S* recombination］⇌クラススイッチ
**S-S 結合**［S-S bond］＝ジスルフィド結合
**SSCP**［SSCP＝single strand conformation polymorphism］＝一本鎖 DNA 高次構造多型
**SSB**［SSB＝single-strand(ed) DNA-binding protein］⇌一本鎖 DNA 結合タンパク質，SSB タンパク質
**SSB タンパク質**［SSB protein］　大腸菌の一本鎖 DNA 結合タンパク質＊（single-strand(ed) DNA-binding protein）．分子量 74,000 の 4 個のサブユニットから成り，一本鎖 DNA に協同的に結合し安定化する機能がある．SSB タンパク質はスムースな DNA の複製＊に必須である．複製に際し，DNA ヘリカーゼ＊が二本鎖 DNA を巻戻し，2 本の鋳型一本鎖 DNA を形成すると，SSB タンパク質は 2 本の鋳型一本鎖 DNA に結合し安定化すると同時に，複製フォークの進行，RNA プライマーの形成，DNA 鎖間ならびに DNA 鎖内での水素結合を妨げ，DNA ポリメラーゼによる複製反応がスムースに進行する過程で重要な役割を果たしている．
**SSV**［SSV＝*Simian sarcoma virus*］＝サル肉腫ウイルス
***shh***［*shh*＝*sonic hedgehog*］＝ソニックヘッジホッグ
***Shc* 遺伝子**⇌*Shc*（シック）遺伝子
**SH 試薬**［SH reagent, sulfhydryl reagent］　タンパク質中のシステインの SH 基と反応する試薬で，タンパク質の化学修飾やシステイン基の定量に用いられる．金属イオンとメルカプチドを形成させる *p*-クロロメルクリ安息香酸（*p*-chloromercuribenzoic acid，PCMB）や酢酸フェニル水銀（phenylmercury acetate，PMA），モノおよびジチオールと反応する三酸化二ヒ素や亜ヒ酸塩，SH 基をアルキル化するハロゲン化アルキルやマレイミド誘導体，チオールとジスルフィド交換反応を起こすジチオビス（ニトロ安息香酸）（dithiobis(nitrobenzoic acid)，DTNB）などがある．
**SH ドメイン**［SH domain］　Src ホモロジードメイン（Src homology domain）の略称．チロシンキナーゼ同士を比較して見いだされた構造類似性を示す領域．SH1 ドメインはチロシンキナーゼドメインそれ自身である．SH2 ドメインはリン酸化チロシンを含むペプチドに結合し，タンパク質・タンパク質間の会合に関与する．SH3 ドメインはプロリンに富むペプチドに結合する．SH2，SH3 ドメインとも，細胞増殖・分化・がん化などに働く多くのタンパク質に見いだされ，シグナル伝達に重要な役割を果たす．（⇌Src ファミリー）
**SH プロテアーゼ**［SH protease］＝システインプロテアーゼ
**SH プロテアーゼインヒビター**［SH protease inhibitor］＝システインプロテアーゼインヒビター
**sat-RNA**［sat-RNA＝satellite RNA］＝サテライト RNA
**snRNA**［snRNA＝small nuclear RNA］＝核内低分子 RNA
**snRNP**［snRNP＝small nuclear ribonucleoprotein］＝核内低分子リボ核タンパク質
**SNARE**［SNARE＝SNAP receptor］＝SNAP 受容体
**SNARE 複合体**［SNARE complex］⇌ソーティング
**SNAP**⇌SNAP（スナップ）
**SNF**⇌SWI/SNF

**snoRNA**　[snoRNA＝small nucleolar RNA]　＝核小体低分子 RNA

**snoRNP**　[snoRNP＝small nucleolus ribonucleoprotein]　核小体低分子リボ核タンパク質の略称.（⇒ RNA 結合タンパク質）

**SNP**　[SNP＝single nucleotide polymorphism]　＝一塩基多型.スニップと読む.

**SNV**　[SNV＝spleen necrosis virus]　＝脾臓壊死ウイルス

**snurp**　＝核内低分子リボ核タンパク質

**SAP**　[SAP＝sphingolipid activator protein]　＝スフィンゴ脂質活性化タンパク質

**SAP キナーゼ**　⇒ SAP（サップ）キナーゼ

**SAPK**　[SAPK＝stress-activated protein kinase]　＝SAP キナーゼ

**SFFV**　[SFFV＝spleen focus forming virus]　脾臓フォーカス形成ウイルスの略称.（⇒ フレンド白血病ウイルス）

**Smad**　⇒ Smad（スマッド）

**SMG**　[SMG＝small GTP binding protein]　＝低分子量 GTP 結合タンパク質

**SMC ATP アーゼ**　[SMC ATPase]　＝SMC タンパク質

**SMC タンパク質**　[SMC protein]　SMC ATP アーゼ（SMC ATPase）ともいう.染色体の高次構造と機能を制御する ATP アーゼファミリー,あるいはそのメンバーの総称.その名称は,出芽酵母の染色体分配に関与する遺伝子 *SMC1*（structural maintenance of chromosomes 1）に由来する.個々の SMC タンパク質は,まず逆平行のコイルドコイル*によって折りたたまれ,次に一方の末端（ヒンジドメイン）を介して 2 分子が結合することにより V 字形の二量体を構築する.二量体の両端には ATP 結合性のヘッドドメインがあり,ATP の結合と加水分解に共役してそれらの会合と解離がひき起こされる.その結果として,DNA との相互作用が制御されているらしい.真核生物では,Smc1-Smc3, Smc2-Smc4（それぞれコヒーシン*とコンデンシン*のコアとして働く）, Smc5-Smc6 の 3 種類のヘテロ二量体が存在し,染色体の分配や DNA の修復や組換えなど,ゲノムの安定な維持と継承に関与している.原核生物にも SMC タンパク質は存在し,ホモ二量体として核様体の分配に重要な役割を果たしている.

**Smurf1**　⇒ Smurf1（スマフワン）

**SLIC**　[SLIC＝single strand ligation to single-stranded cDNA]　PCR*法の応用の一つで RACE*の改良法.RACE 法においては,適度な塩基数のホモポリマーを付加するためのターミナルデオキシリボヌクレオジルトランスフェラーゼ反応の制御が難しく,さらにホモポリマーは cDNA 内部の配列ともハイブリダイズする確率が高いので無関係な DNA 断片が多く増幅されやすく,目的の DNA 断片が必ずしも得られないという欠点がある.SLIC はこの欠点を克服するために考え出された改良法である.プライマー*を二つ（$P_1$, $P_2$）準備し,まず $P_1$ を使って逆転写酵素により cDNA を合成する点は RACE の場合と同様であるが,つぎにアンカー（anchor）とよばれるオリゴヌクレオチドを RNA リガーゼを用いて合成した cDNA の末端に結合させる.アンカーの 3′末端はアンカー同士の会合を防ぐために $NH_2$ 基をつけておく.これと一部相補的なアンカープライマー,および cDNA の一部と相補的な他方のプライマー（$P_2$）を用いて PCR により cDNA の 5′領域を得る.

**SL RNA**　[SL RNA＝spliced leader RNA]　スプライストリーダー RNA の略号.（⇒ トランススプライシング）

**SLE**　[SLE＝systemic lupus erythematosus, systemic lupus erythematodes]　＝全身性エリテマトーデス

**SL1**　[SL1]　TIF-1B, Rib1, TFID ともいう.ヒト,マウス,カエルなど脊椎動物のリボソーム RNA 遺伝子（rDNA）プロモーターに種特異的に作用し,正確な転写をつかさどる因子.SL1 とは promoter selectivity factor 1 の略称である.SL1 は TATA ボックス結合タンパク質*（TBP）と三つの TAF*（$TAF_I$）で構成されている.たとえばヒト SL1 は TBP, $TAF_I110$, $TAF_I63$, $TAF_I48$, マウス SL1 は TBP, $TAF_I95$, $TAF_I68$, $TAF_I48$ を含む.RNA ポリメラーゼ II 系の TFIID*, RNA ポリメラーゼ III 系の TFIIIB* に相当する.

**Sl 因子**　[steel factor]　＝幹細胞因子

**SLP**　⇒ シナプトタグミン

**SLP-65**　[SLP-65]　＝BLNK

**SOS**　⇒ SOS（ソス）

**SOS 遺伝子**　[SOS gene]　紫外線などにより DNA 損傷がひき起こされた場合誘導される DNA の修復*にかかわる遺伝子を含む多くの遺伝子.大腸菌の場合,SOS 遺伝子は 20 個以上ある.DNA が損傷を受けると,RecA タンパク質*のプロテアーゼ活性が活性化され,SOS 遺伝子群に共通の LexA リプレッサーの分解が起こり,SOS 遺伝子群の発現誘導が起こる（⇒ SOS レギュロン）.RecA-LexA により支配される SOS 遺伝子群には,除去修復*,組換え*,細胞分裂遅延,ファージ誘発,誤りがちの修復などの多様な細胞内機能を担う遺伝子が含まれている.（⇒ SOS 修復）

**SOS 修復**　[SOS repair]　薬剤や放射線によって DNA に傷害が生じた時に,細胞はその傷害を修復する遺伝子群を誘導発現して対処することから（⇒ SOS 遺伝子）,この修復に救助信号への応答になぞらえた名がついた.この修復は大腸菌でよく調べられ,発現するのはピリミジン二量体の除去修復*や隔膜形成の阻害,組換え*,突然変異誘発*などに関連する 20 個以上の遺伝子である.これらの遺伝子は,普段 LexA タンパク質によって発現が抑制されており,傷害により DNA に一本鎖部分,二本鎖切断ができると,RecA タンパク質*がその部分に協調的に結合してフィラメント構造を形成し,LexA タンパク質の切断不活化をひき起こし,SOS 遺伝子の発現が誘導される.SOS 遺伝子である *umuC* と *umuD* にコードさ

れ損傷乗越え修復に働く DNA ポリメラーゼの合成が誘導される．さらに UmuD サブユニットが RecA タンパク質により切断を受け活性化され，UmuD' となり損傷修復に働く．傷害が修復し，RecA の結合がなくなれば LexA の不活化もなくなり，修復遺伝子群の発現も抑えられるようになる．SOS 修復は，損傷した DNA を鋳型に，損傷部位をバイパスして修復合成するので，誤った塩基が取込まれる確率が高くなり，誤りがちの修復* とよばれる．

**SOS ボックス** ［SOS box］ SOS 修復* に関与する遺伝子が，転写開始領域付近に，LexA タンパク質（→ lexA 遺伝子）の結合配列を共通にもち，LexA タンパク質によって発現が制御されている．LexA タンパク質の結合する塩基配列を SOS ボックスとよぶ．その共通塩基配列は CTGTATATATATACAG で下線の部分が特によく保存されている．下線の間の塩基配列は遺伝子によって異なり，LexA タンパク質の解離定数の違いをもたらし，DNA 傷害のレベルに応じて，発現する遺伝子の種類に違いをもたらしている．

**SOS レギュロン** ［SOS regulon］ 20 個以上にのぼる SOS 遺伝子* は，その発現が，一つのリプレッサー LexA で共通に制御されるレギュロン* を構成している．DNA に傷害が起こり，一本鎖部分が形成されると，そこへ RecA タンパク質* が協調的に結合しフィラメント構造をつくる．それが RecA の活性型で LexA タンパク質はそれと相互作用すると，ほぼ中央の 84 番目のアラニンと 85 番目のグリシンの間で切断し，SOS ボックス* への結合能を失う．LexA の濃度が低下すると SOS 遺伝子は一斉に発現する．修復が完了し一本鎖部分が消失すると，LexA の濃度も回復し再び遺伝子の発現が抑えられもとに戻る．LexA の切断活性は，それ自身の C 末端側の 119 番目のセリンにあり，156 番目のリシンがその活性をコントロールしている．（→ lexA 遺伝子）

**SOD** ［SOD = superoxide dismutase］ ＝スーパーオキシドジスムターゼ

**S 期** ［S phase］ 真核生物の細胞周期中，染色体*DNA の複製する期間を S 期とよぶ（→ 細胞周期図）．S 期にある細胞は標識されたヌクレオチド前駆体（たとえばチミジン）をその DNA に取込ませることにより検出することができる．また 1 細胞当たりの DNA 含量を蛍光活性化セルソーター*（FACS）で定量することにより，ある細胞集団における $G_1$ 期*（DNA 合成前），S 期（合成中），$G_2$ 期* または M 期*（DNA 合成後），それぞれの時期にある細胞の割合を決定することもできる．$G_1$ 期の細胞は周囲の環境が増殖に適当でありその細胞サイズが一定の大きさに達すると，細胞内の S 期促進因子* を活性化し DNA 合成を開始する．またたとえ S 期促進因子が活性な状態でも通常の細胞周期中ではゲノム DNA の複製は 1 回しか起こらず，その再複製を抑制する複製ライセンス化* 機構が存在する．

**S 期促進因子** ［S phase-promoting factor］ 細胞周期の S 期* の開始を促す因子のこと．その実体は $G_1$/S サイクリン-CDK 複合体と考えられる．以下の実験からその存在が予測される．$G_1$ 期* にある細胞と S 期細胞を融合すると $G_1$ 期由来の核は DNA 合成を開始して S 期に入る．$G_1$ 期細胞に $G_2$ 期* 細胞を融合しても DNA 合成は起こらない．S 期細胞の細胞質はこの因子をもっていると考えられる．$G_2$ 期細胞と S 期細胞を融合しても $G_2$ 期の核は DNA 合成を開始しない．これは $G_2$ 期核がこの因子に対して反応しないこと，すなわち複製のライセンス化が行われていないことを示している．（→ 複製ライセンス化）

***ski* 遺伝子** ［*ski*（スキー）遺伝子］

**S 抗原** ［S-antigen］ ＝アレスチン

**S Ⅲ** ［S Ⅲ］ エロンガン（elongin）ともいう．RNA ポリメラーゼ Ⅱ の mRNA 合成を促進させる転写伸長因子* の一つ．1993 年 Conaway らにより同定された．elongin A（p110），B（p18），C（p15）の三つのサブユニットで構成される．A は S Ⅱ* と相同性をもち，C は大腸菌転写終結因子 ρ 因子* に類似している．A とがん抑制遺伝子産物 VHL（→ *VHL* 遺伝子）とは，13 アミノ酸配列の相同領域をもち，正常では競合的に CB と結合する．突然変異 VHL は CB との結合力を失い，その結果 S Ⅲ の相対活性の上昇と発がんとの関連が示唆されている．

**SC**[(1)] ［SC = secretory component］ 分泌成分の略号．（→ J 鎖）

**SC**[(2)] ［SC = slow component］ 遅速度成分の略号．（→ 遅い軸索輸送）

**SG** ［SG = suicide gene］ ＝自殺遺伝子

**SgIGSF** ［SgIGSF］ ＝CADM1

**SCID** ［SCID = severe combined immunodeficiency disease］ ＝重症複合免疫不全症

**SCID マウス** → SCID（スキッド）マウス

**scRNA** ［scRNA = small cytoplasmic RNA］ ＝細胞質低分子 RNA

**SCA** ［SCA = spinocerebellar ataxia］ 脊髄小脳失調症の略称．（→ 脊髄小脳変性症）

**SCF** ［SCF = stem cell factor］ ＝幹細胞因子

**SCD** ［SCD = spinocerebellar degeneration］ ＝脊髄小脳変性症

**SGPL** ［SGPL = sphingosine-1-phosphate lyase］ ＝スフィンゴシン-1-リン酸リアーゼ

**SWI/SNF** → SWI/SNF（スイッチスニフ）

**SwI6/cdc10 リピート** ［SwI6/cdc10 repeat］ ＝アンキリンリピート

**Swr1 複合体** ［Swr1 complex］ → クロマチンリモデリング複合体

**S タンパク質** ［S protein］ 【1】＝ビトロネクチン，【2】→ リボヌクレアーゼ S

**STI** ［STI = soybean trypsin inhibitor］ ダイズトリプシンインヒビターの略号．（→ トリプシンインヒビター）

**stRNA** ［stRNA］ small temporal RNA の略称．発生において特定の時期に発現され，発生のタイミングを制御する 21～22 塩基長の RNA で線虫の *lin-4* や

let-7が代表的な例. 3′末端の非翻訳領域に相補的な配列をもつ一連のmRNAと相互作用して翻訳を抑制する. マイクロRNA*(miRNA)の一種. lin-4は幼生時期の相転移に必要で同じく発生のタイミングを制御するlin-14やlin-28 RNAに作用してその翻訳を抑制する. let-7は幼生後期から成虫への移行に必要で, lin-41やlin-57/hbl-1の翻訳を抑制する. let-7は動物界に広く保存されているが, その機能は異なり, 線虫では下皮の幹細胞様細胞系譜の終末分化を調節し, 発生時期を制御するが, ヒトでは肺がんの発生に関係している. stRNAもほかのmiRNAと同様の機構で一次転写産物→プレmiRNA→成熟miRNA(lin-4, let-7)というプロセシングを受ける. let-7とほかのmiRNAであるmiR-125bは翻訳抑制のみならず, 標的mRNAの脱アデニルも促進してmRNAの急速な分解に導くことも報告されている.

**STE遺伝子** [*STE gene*] 出芽酵母*の接合不能突然変異として分離・同定された遺伝子群につけられた名称. sterile(不稔の)に由来する. 分裂酵母(*Schizosaccharomyces pombe**)にも同じ名称の遺伝子群がある. STE遺伝子の研究から出芽酵母細胞の接合過程が動物細胞のシグナル伝達*系に近似の機構であり, 酵母の実験系がこの分野の研究の有用なモデル系であることが認識されるようになった. 出芽酵母の一倍体細胞の接合型は対立遺伝子*MAT***a**と*MAT*αにより決定され, *MAT***a**をもつ細胞は**a**, *MAT*αをもつ細胞はαの接合型を示す(⇒ *MAT*遺伝子). 接合は一つの**a**細胞と一つのα細胞の間で行われ, **a**/α二倍体が形成される. 接合型遺伝子支配下にある一群の遺伝子の発現が, これら3種の細胞それぞれの細胞型を特徴づけている. たとえば, **a**細胞では**a**フェロモンを分泌生産し, αフェロモン受容体を細胞表層に形成する. 一方, α細胞ではαフェロモンを分泌生産し, **a**フェロモン受容体を細胞表層に形成する(⇒ 酵母フェロモン). これらのフェロモンとその受容体は一倍体細胞に特有のタンパク質であり, 二倍体では産生されない. 一倍体細胞が相手方接合型のフェロモンを受容すると, 細胞内シグナル伝達系を経由して接合が開始される(⇒ 酵母の接合). このシグナル伝達系に異常をもつために接合不能となる変異体(*ste*突然変異体)が分離され, それらをもとに*STE*遺伝子がクローニング*され, 解析された. その結果, *STE2*はαフェロモンの受容体を, *STE3*は**a**フェロモンの受容体をコードすること, *STE4*と*STE18*はそれぞれヘテロ三量体Gタンパク質のβサブユニットとγサブユニットをコードし, *GPA1*遺伝子によってコードされるαサブユニット(GDP型)と複合体を形成していることが明らかにされた. この状態のGタンパク質は不活性である. フェロモン受容体がフェロモンと結合すると, Gタンパク質のαサブユニットがGTP型に変換され, 同時にβ-γサブユニットがSTE20タンパク質を活性化し, ついでSTE5タンパク質の介在により複合体を形成しているSTE11-STE7-FUS3からなるMAPキナーゼ*経路を活性化する(図). 活性化されたFUS3キナーゼはFAR1タンパク質をリン酸化し, サイクリン依存性キナーゼ(CDK)活性を阻害して細胞分裂を$G_1$期で停止させる. 活性化された

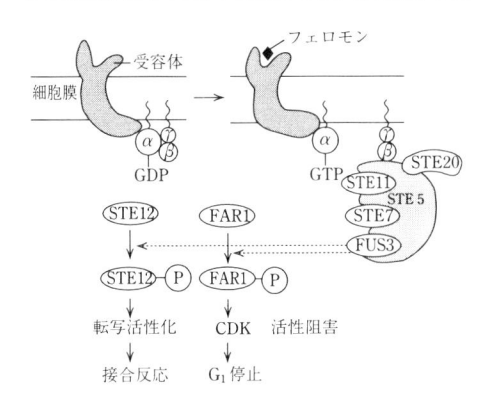

FUS3キナーゼはまた転写因子*STE12タンパク質をリン酸化し, それが接合反応に必要な遺伝子群の転写を活性化して接合が始まる.

**STS** [STS = sequence-tagged site] ＝配列標識部位

**SDS** [SDS = sodium dodecyl sulfate] ＝ドデシル硫酸ナトリウム

**SDS-PAGE** [SDS-PAGE = SDS-polyacrylamide gel electrophoresis] SDS-ポリアクリルアミドゲル電気泳動の略号. (⇒ ゲル電気泳動)

**SDS-ポリアクリルアミドゲル電気泳動** [SDS-polyacrylamide gel electrophoresis] SDS-PAGEと略す. (⇒ ゲル電気泳動)

**STH** [STH = somatotropic hormone] ソマトトロピンの略号. (⇒ 成長ホルモン)

**SDAT** [SDAT = senile dementia with Alzheimer type] アルツハイマー型老年性認知症の略称. (⇒ アルツハイマー病)

**STATタンパク質** ⇒ STAT(スタット)タンパク質

**STM** [STM = scanning tunneling microscope] ＝走査型トンネル顕微鏡

**SDGF-3** [SDGF-3 = spleen derived growth factor-3] ＝角質細胞増殖因子

**SD配列** [SD sequence] ＝シャイン・ダルガルノ配列

**エステル結合転移反応** [transesterification] 一つのエステル結合が切れると同時に, その酸(アシル基)あるいはアルコールが他の分子(または同じ分子の他の部位)に移されてまたエステル結合をつくる反応. 脂質と核酸にしばしば認められる. 酵素的と非酵素的の両方があるが, いずれも加水分解を伴うことが少なくない. 最近, 特にRNAのスプライシング*と編集に関して, この機構が提唱され, 詳しい解析がなされた. その結果, RNA編集*ではRNA鎖がいったん切

断された後に連結される別の機構が示唆されてきた.

**エストラジオール** [estradiol]　エストロゲン\*の一種で, テストステロン\*を前駆体として, 卵巣, 胎盤で生合成される女性ステロイドホルモン. テストステロンから3段階の酵素反応により生合成されるが, 特に3段階目のアロマターゼ\*による芳香族化は標的組織における生理作用発現に重要な役割を果たす(図参照). 血中では特異的グロブリンに結合している.

テストステロンからエストラジオールへの合成過程
(芳香化酵素系: 広義のアロマターゼ)

エストロゲンの中で最も強力な活性(17β体のみ)を示すが, エストロゲン受容体\*への結合能や, 転写促進能も相関し強力である.

**エストロゲン** [estrogen, oestrogen]　女性ホルモンの一つで, 発情ホルモン(estrogenic hormone)もしくは濾胞ホルモン(follicle hormone), 卵胞ホルモンともよばれ, コレステロール\*を原料に生合成され, 類縁体を含め同様の生理作用をもつものの総称. 17β-エストラジオールが最も強力なエストロゲン作用を示し(⇨エストラジオール), つぎにエストロン\*があげられる. エストロゲンは核内に局在するエストロゲン受容体\*を介した転写制御により標的遺伝子発現を活性化し効力を示す. 標的組織には, 女性生殖器, 胎盤があげられるが, 脳, 骨組織にも効力を示す.

**エストロゲンアンタゴニスト** [estrogen antagonist]　=抗エストロゲン

**エストロゲン関連受容体** [estrogen-related receptor]　=エストロゲン受容体関連タンパク質. ERRと略す.

**エストロゲン受容体** [estrogen receptor]　卵胞ホルモン受容体ともいう. エストロゲン\*をリガンドとする, 核内受容体スーパーファミリー\*に属する受容体である. エストロゲン受容体は, 女性生殖器, 脳, 骨などの標的組織に局在する. エストロゲン受容体は標的遺伝子プロモーター内に存在するエストロゲン応答エンハンサー配列へホモ二量体として結合し, ホルモン依存的に転写を促進する転写調節因子\*として機能する. ヒストン修飾酵素複合体などの共役因子複合体群とホルモン依存的に相互作用し, 染色体の構造を調節しつつ, 転写を制御する. エストロゲン受容体遺伝子はヒト第6染色体に存在し, エストロゲン受容体タンパク質は約65 kDaであり, 最も生物活性の高い17β-エストラジオールとの$K_d$値は0.5 nMである. エストロゲン依存的ながんの診断を目的に, エストロゲン受容体の存在量や分子内変異との相関が調べられている. またアンタゴニストを用いた内分泌療法をめざし, エストロゲン受容体cDNAを利用しての分子薬理創薬が展開されている. 標的遺伝子として同定されたものは数例にすぎない.

**エストロゲン受容体関連タンパク質** [estrogen receptor-related receptor]　エストロゲン関連受容体(estrogen-related receptor)ともいい, ERRと略す. 核内受容体\*の一つで, エストロゲン受容体\*(ER)と構造が類似しているが, 特異的リガンドが不明のオーファン受容体\*. ERRα, ERRβ, ERRγの三つのサブタイプがある. 他の核内受容体と同様に, ゲノム上の特定の塩基配列をもつ応答配列\*に結合し, 遺伝子の転写制御を行う. ERと標的遺伝子や転写制御にかかわる共役因子, 応答配列について共通点が多く, ERの作用を調節していると考えられる. PCG-1とともにエネルギー代謝にかかわり, 乳がんや前立腺がんなどの予後因子であることも報告されている.

**エストロン** [estrone]　エストロゲン\*の一種で, アンドロステンジオン\*から胎盤, 卵巣においてアロマターゼ\*によって合成され尿中に見いだされる. エストロゲン作用は17β-エストラジオールと同程度で血中ではエストラジオール\*とは化学平衡状態にあり, その作用機序はエストロゲン受容体\*を介した標的遺伝子の発現制御により発現すると考えられている. 分娩直前ではエストラジオールが20 μg/mL前後であるのに対し, エストロンは100 μg/mL前後に上昇する.

**SII** [SII]　TFIISともいう. 真核生物の転写因子\*の一つで, RNA鎖の伸長段階で働く. 最初, マウスのエールリッヒ腹水がん細胞から, RNAポリメラーゼII\*の特異的な促進因子として精製された. その後同様のタンパク質の存在が, ラット, ヒト, ウシ, ショウジョウバエ, 酵母などで報告され, そのcDNAが単離された. SIIは約300残基のアミノ酸より成るが, そのC末端側約150残基は種を越えて非常によく保存されている. この部分には, DNA結合ドメイン, RNAポリメラーゼII結合ドメインなどが含まれている. SIIの機能は, 遺伝子の中に存在する転写中断部位(pausing site)での転写停止を解除させることである. この転写停止の解除には, RNAポリメ

ラーゼⅡがSⅡの助けを借りて，合成途中のRNA鎖の3'末端を分解しながら鋳型DNA上を後戻りすることが必要とされている．最近，組織特異的に発現しているSⅡ(精巣SⅡ-T1や腎SⅡ-K1)が見いだされている．(→SⅢ)

**Spi-1** [Spi-1] SFFV (spleen focus forming virus) provirus integration site-1 の略．PU.1ともいう．266 または272アミノ酸から成るETSファミリーに属する転写調節因子*．C末端側のDNA結合領域は，マクロファージコロニー刺激因子受容体，顆粒球コロニー刺激因子受容体および免疫グロブリン鎖などのエンハンサーやプロモーター領域にある(C/A)GGA(A/T)の配列を特異的に認識する．Sp1*，TFⅡD*，NF-EM5やETSファミリーに属する他の転写因子と相互作用し，骨髄細胞やBリンパ球の成熟分化に重要な機能を担う．低濃度のPU.1タンパク質はB細胞系への分化を誘導し，一方，高濃度のPU.1は，マクロファージへの分化を促進しB細胞の発生を阻害する．その遺伝子はヒト第11染色体短腕11-22領域に位置する．(→ets遺伝子)

**SPR** [SPR=surface plasmon resonance] =表面プラズモン共鳴

**Spα/Api6** [Spα/Api6] =AIM

**SPHK** [SPHK=sphingosine kinase] =スフィンゴシンキナーゼ

**SPMA** [SPMA=spinal progressive muscular atrophy] 脊髄性進行性筋萎縮症の略号．(→脊髄性筋萎縮)

**SPL** [SPL=sphingosine-1-phosphate lyase] =スフィンゴシン-1-リン酸リアーゼ

**sPLA₂** [sPLA₂=secretory phospholipase A₂] 分泌型ホスホリパーゼ A₂ の略．(→ホスホリパーゼA₂)

**SPB** [SPB=spindle pole body] スピンドル極体の略．(→紡錘体極)

**S-100 タンパク質** [S-100 protein] EFハンド型のカルシウム結合タンパク質*の一つで共通の構造をもつファミリー(S-100 family)を形成している．代表のS-100タンパク質はα鎖β鎖の二量体から成り，グリア，シュワン細胞*，心筋に主として発現しているが，種によっておのおのの組織分布が異なっている．α鎖β鎖遺伝子とも三つのエキソンから成り，2箇所のカルシウム結合ドメインは第二と第三エキソンに分かれている．ヒトでは，α鎖は第1染色体長腕に，β鎖は第21染色体長腕22領域にマップされている．

**Sp1** [Sp1] specificity protein 1 の略号．真核生物の代表的なDNA結合性転写調節因子の一つ．1983年，R. Tjianらにより SV40 初期遺伝子の転写を活性化する細胞性因子として同定され，1987年にクローニングされた．GCボックス*とよばれるシスエレメントに結合する．ジンクフィンガー*構造のDNA結合ドメインをC末端側に，グルタミン残基に富む転写活性化ドメインをN末端側にもつ．ジヒドロ葉酸レダクターゼ遺伝子をはじめ，多数のハウスキーピング遺伝子*の転写に関与する．

**SV40** [SV40] シミアンウイルス40(simian virus 40)の略称．アカゲザルを自然宿主とするポリオーマウイルス*．自然宿主に潜伏感染するが病原性はない．サル，ヒト培養細胞で増殖する．げっ歯類細胞では増えないが細胞をがん化する．ゲノム(5243 bp)の遺伝子構成は図のとおりである．初期遺伝子群(ラー

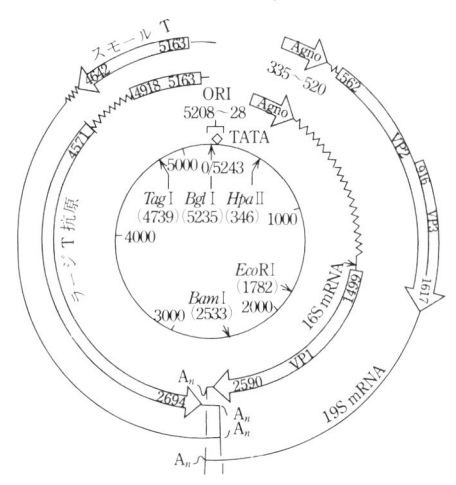

DNA複製起点(ORI)，初期(スモールTおよびラージT)および後期(16Sおよび19S)mRNAの5'末端および3'末端，初期遺伝子のTATAボックスなどを示す．タンパク質をコードするmRNA部分は太い矢印で示す．矢印内の最初の数字はAUGコドンのA，2番目の数字は終止コドン直前のヌクレオチドを示す．スプライシングで除かれる部分は波状ラインで示す．

SV40ゲノムの遺伝子構成

ジT，スモールT)と後期遺伝子群(VP1，VP2，VP3，Agno)の中間は転写調節領域である．この領域の中にはDNA複製起点(ORI)，TATAボックス，GCボックス，Sp1およびその他の細胞の転写因子が結合する塩基配列(エンハンサー)があり，それぞれ逆方向に進む初期および後期転写のプロモーターとなる．初期タンパク質のラージT抗原(708アミノ酸残基)は増殖と細胞がん化に必須の多機能リン酸化タンパク質であり，SV40 ORIと結合し，ヘリカーゼ活性を示す．また初期遺伝子から後期遺伝子への転写の切替えや，pRBと結合しE2Fを活性化したり，p53と結合しその安定化と不活性化に寄与する．(→T抗原)

**SV40エンハンサー** [SV40 enhancer] DNA腫瘍ウイルスSV40の初期遺伝子の転写をつかさどるエンハンサー*．1981年，P. Chambonらにより，SV40初期遺伝子の転写開始点より100 bp以上上流に位置する72 bp反復配列として同定された．このエンハンサーは異種のプロモーターに連結するとその転写を著しく促進し，その促進はプロモーターからの距離，方

向に依存せず，エンハンサーの原型といえる．種々の細胞性転写因子の結合部位として機能している．(⇒エンハンソン)

**sus 突然変異体** [sus mutant] ＝サプレッサー感受性突然変異体

**SUMO 化** ⇒SUMO(スモ)化

**S 領域** [S region] ⇒クラススイッチ

**エズリン** [ezrin] ⇒ラディキシン

**S6 キナーゼ** [S6 kinase] S6K と略す．増殖因子で刺激した細胞あるいはアフリカツメガエルの卵で，40S リボソームの S6 サブユニットをリン酸化するキナーゼとして命名され精製，クローニングされてきたキナーゼである．70 kDa でホスファチジルイノシトール 3-キナーゼ*(PI3-キナーゼ)の下流にある p70$^{S6K}$ と約 90 kDa で MAP キナーゼ*の下流にある S6 キナーゼⅡ(=RSK*, pp90$^{rsk}$)の二つが知られている．ヒトの S6K 遺伝子としては RPS6KB1(S6K1, S6Kα), 2(S6K2, S6Kβ), 3 が知られており，S6K1 タンパク質には p70S6K と p85S6K の 2 種類のスプライスバリアントがあり，前者は細胞質に，後者は核に存在している．S6K2 は 54 kDa のタンパク質である．種々の増殖因子受容体，G タンパク質共役受容体，インターロイキン 2 受容体などを介して活性化される．40S リボソームの S6 サブユニットをリン酸化するのはおもに S6K であり，転写因子 CREM をリン酸化すること，抗 S6K 抗体のマイクロインジェクションにより G$_1$ 期から S 期への移行が阻止されることなどからタンパク質合成，細胞増殖の分化や増殖に深く関係していると思われる．最近，ラパマイシンによって，RSK や MAP キナーゼの活性に影響を与えず，p70$^{S6K}$ の活性のみが抑制されること，ホスファチジルイノシトール 3-キナーゼの特異的な阻害剤と考えられているウォルトマンニン*によっても p70$^{S6K}$ の活性が抑制されることなどが明らかになり，p70$^{S6K}$ はホスファチジルイノシトール 3-キナーゼの下流にあってラパマイシンの標的となるセリン/トレオニンキナーゼ mTOR(FRAP)や PDK-1 によりリン酸化を受けて活性化し，細胞のサイズの調節を行うと考えられている．一方 RSK は ERK1/2MAP キナーゼの下流にあって Ras→Raf-1→MEK→MAP キナーゼから細胞増殖に至るシグナルを伝達する．

**S6 キナーゼⅡ** [S6 kinase Ⅱ] ＝RSK
**S6K** [S6K=S6 kinase] ＝S6 キナーゼ
**syx** [syx=syntaxin] ＝シンタキシン
**SynCAM1** [SynCAM1] ＝CADM1(シーエーディーエムワン)
**Syk** ⇒Syk(シック)
**SYBR Green** ⇒SYBR(サイバー) Green
**S1 ヌクレアーゼ** [S1 nuclease] ⇒ヌクレアーゼ S1(nuclease S1). Aspergillus oryzae より得られる一本鎖 DNA，または RNA を特異的に加水分解するエンドヌクレアーゼ*．ミスマッチを含んだ二本鎖 DNA や DNA-RNA ハイブリッドの部分的な一本鎖部分も分解し，5'-リン酸をもつモノヌクレオチド，またはオリ

ゴヌクレオチドを生じる．遺伝子の転写開始点，終結点，エキソン-イントロンの境界などを調べる S1 マッピング*，DNA 再会合実験において会合しなかった一本鎖 DNA のみを分解する場合などに用いられる．

**S1 マッピング** [S1 mapping] 遺伝子の転写開始点，終結点，エキソン-イントロンの境界などを，S1 ヌクレアーゼ*の一本鎖 DNA のみを分解する特異性を利用して決定する方法．決定しようとする部位を含む DNA 断片の片方の末端を標識し，転写産物とハイブリッド形成(ハイブリダイゼーション*)する．S1 ヌクレアーゼでハイブリッド形成しなかった部分を分解し，変性ポリアクリルアミドゲル電気泳動によってハイブリッド形成した部分の DNA の長さを測定する．この際，同じ DNA 断片をマクサム・ギルバート法(⇒DNA 塩基配列決定法)に従って化学修飾，切断したものと同時に泳動することにより，RNA に相補的な部位の境界を 1 塩基のレベルで決定することができる．(⇒リボプローブマッピング，プライマー伸長法)

**AZT** [AZT=azidothymidine] ＝アジドチミジン

**A 帯** [A band] 骨格筋の筋原繊維の繰返し単位サルコメア*は仕切りの Z 線*，A 帯，A 帯の両側の I 帯*から成る(⇒筋原繊維[図])．光学顕微鏡下では A 帯が濃く見えるが，偏光顕微鏡下では明暗が逆転する．A は anisotropic(異方性)の略である．複屈折性の太いフィラメントが整然と並んでいるため異方性を示す．筋収縮時には A 帯の長さ(約 1.6 μm)は変わらず，I 帯だけが短くなる．

**エタノール** [ethanol] ＝エチルアルコール(ethyl alcohol). $C_2H_5OH$ で表されるアルコールの一種．分子量 46.07，沸点 78.5℃，融点 −114.1℃，密度 $d^{20}$ ＝0.789．消毒用として通常 70% のものが用いられる．また核酸がエタノールにより凝集することを利用した核酸濃縮法(エタノール沈殿法 ethanol precipitation)やタンパク質の分別沈殿法としても用いられる．

**エタノール沈殿法** [ethanol precipitation] ⇒エタノール

**エチオプラスト** [etioplast] 黄色体ともいう．プロプラスチド*から葉緑体*への正常な発達が，暗条件下で抑制された状態の色素体*．暗所で成育させた高等植物の黄化葉にみられる．暗所では，クロロフィルの合成はプロトクロロフィリド*の段階で，チラコイド*の形成は小胞の段階で停止している．エチオプラスト中には，チラコイドの前駆構造である小胞の塊，ラメラ*形成体が観察される．光を照射するとクロロフィルとチラコイドが形成され，エチオプラストは葉緑体へと急速に分化する．

**エチジウムブロミド** ⇒臭化エチジウム
**エチルアルコール** [ethyl alcohol] ＝エタノール
**5-エチル-5-フェニルバルビツール酸** [5-ethyl-5-phenylbarbituric acid] ＝フェノバルビタール
**N-エチルマレイミド** [N-ethylmaleimide] ⇒グルタチオン，システインプロテアーゼインヒビター

**エチルメタンスルホン酸** [ethyl methanesulfonate] $CH_3SO_3C_2H_5$, 分子量124.17. EMSと略す. アルキル化剤*の一つ. 突然変異を誘発する強力な発がん物質*.

**エチレン** [ethylene] $CH_2=CH_2$, 分子量28.05. 果実の追熟, 落葉, 緑葉老化などを調節する植物ホルモン*. 傷害, 接触, 乾燥, 感染などのストレスを受けた時には多量に合成され, ストレス応答*反応の作動因子となると考えられている. メチオニンから$S$-アデノシルメチオニン, 1-アミノシクロプロパン-1-カルボン酸(1-aminocyclopropane-1-carboxylic acid, ACC)を経てACCの酸化的開裂等で生合成される. ACCシンターゼ, ACCオキシダーゼの遺伝子は多重遺伝子族*から成る. 特にACCシンターゼアイソザイム遺伝子は刺激特異的な発現をする. 植物細胞表層微小管の配向を変化させる作用がある. 多数の異なる植物遺伝子の発現を誘導し, その遺伝子産物の多くは果実追熟反応, 癒傷反応, 抗菌反応あるいは抗菌物質(フィトアレキシン*)合成に関与する酵素群であることが多い. シロイヌナズナ*において非感受性や構成的エチレン応答性突然変異体などが多数単離されており, エチレンシグナル伝達系の分子遺伝学的研究も進められている.

**エチレングリコールビス(2-アミノエチルエーテル)四酢酸** [ethylene glycol bis (2-aminoethyl ether) tetraacetic acid] EGTAと略す. $C_{14}H_{24}N_2O_{10}$, 分子量380.35. 金属イオンのキレート剤*で, 2価, 3価の金属イオンと反応する. $Ca^{2+}$に対する親和性がけた違いに高い. 細胞内および無細胞系*における$Ca^{2+}$の機能の解析に用いられる. なお, $Cd^{2+}$などにも親和性が高い. エチレンジアミン四酢酸(EDTA)はEGTAと比較してより非選択的に2価陽イオンをキレートする. (⇒エチレンジアミン四酢酸)

**エチレンジアミン四酢酸** [ethylenediaminetetraacetic acid] EDTAと略す. $C_{10}H_{16}N_2O_8$, 分子量292.25. 2価金属イオンのキレート剤*で, 金属イオンと1:1の錯塩を形成する. 通常二ナトリウム塩を用いる. 2価金属イオンに対する特異性は高くない. (⇒エチレングリコールビス(2-アミノエチルエーテル)四酢酸)

**XLA** [XLA=X-linked agammaglobulinemia] =X連鎖性無γグロブリン血症

**Xombi** [Xombi] =VegT

**Xgal** [Xgal=5-bromo-4-chloro-3-indolyl-β-D-galactoside] =5-ブロモ-4-クロロ-3-インドリル-β-D-ガラクトシド

**XCR1** [XCR1] ⇒ Cケモカイン受容体

**XGPRT** [XGPRT=xanthine-guanine phosphoribosyltransferase] キサンチン-グアニンホスホリボシルトランスフェラーゼの略号. (⇒キサンチンホスホリボシルトランスフェラーゼ)

**X線** [X-rays] 1895年W. C. Roentgenによって発見され, 波長が1pm～10nmの電磁波である. X線は高電圧によって加速された電子が陽極の金属に衝突したときに発生する. これは電子が陽極を構成する原子の原子核近傍を通過する際に強い制動を受け, 電子の運動エネルギーの一部がX線に変化するためで, こうして発生したX線は連続的な波長分布をもつので連続X線(continuous X-rays)とよばれる. さらに加速電圧を高めると, 加速された電子は陽極の金属原子を電離し, 内外の軌道エネルギーの差に相当するエネルギーをもつX線も発生するようになる. このようなX線は陽極を構成する原子の種類に特有なエネルギーをもつことから特性X線(characteristic X-rays)とよばれる. なお, 放射光*は連続X線に分類される. (⇒X線結晶構造解析, 結晶構造解析)

**X線吸収広域微細構造** [extended X-ray absorption fine structure] =EXAFS(エグザフス)

**X線結晶構造解析** [X-ray crystal structure analysis] 結晶から散乱される回折X線*の強度分布から結晶内の分子の構造を決める手法. X線*は電子によって散乱されるので, こうして得られるのは結晶内の電子密度であるが, 実際には電子密度の極大部に原子を当てはめて分子構造を構築する. 記録された回折X線には波としての位相情報が欠落しているために, 電子密度を直接求めることができない. そこで, タンパク質などの巨大分子では, 水銀や白金などの重原子をタンパク質分子の特定部位に結合させた結晶を新たに作製し, 元の結晶と新しく作製した結晶の回折X線の強度差から位相を計算して電子密度を求める. (⇒結晶構造解析, 電子密度図)

**X線小角散乱** [small-angle X-ray scattering] X線溶液散乱(X-ray solution scattering)ともいう. 溶液から散乱されるX線*の強度の角度分布から溶質分子の構造を解析する方法. 散乱角が小さい領域の散乱強度はガウス関数で近似されるので, 散乱強度の対数を散乱角の二乗に対してプロット(ギニエプロット)すると直線になり, その傾きから溶質分子の大きさの目安となる慣性半径が求められる. 構造解析は実測の散乱強度分布と楕円体や円柱などの簡単なモデルから理論的に計算された散乱強度分布とがよく一致するようにモデル修正を繰返す方法で行われてきたが, 最近では小球を最密充填させて溶質分子の構造モデルを規定し, 実測の散乱強度と構造モデルから理論的に計算された散乱強度の差の二乗の和をsimulated annealing法で最小化するアルゴリズムが開発され, タンパク質の低分解能溶液構造解析に利用されている.

**X染色体** [X chromosome] 雌が同型の性染色体*を2本もつ場合, この染色体をX染色体という. この雌に対して, 雄はX染色体を1本しかもたない. ショウジョウバエでは, 常染色体*に対するX染色

体の数の比（X/A 比）によって性決定\*がなされる（→Y 染色体）．哺乳類の雌細胞においては，2 本の X 染色体のうちどちらか 1 本が凝縮し不活性化されることが知られている（→X 染色体不活性化）．

**X 染色体不活性化**［X chromosome inactivation］
ライオニゼーション（lyonization）ともいう．哺乳類の雌細胞では，2 本の X 染色体\*のうち一方が凝縮しヘテロクロマチン\*となり不活性化されている．これを X 染色体不活性化という．雌で X 染色体由来の遺伝子産物の量が過剰になることを防ぐ遺伝子量補償\*の一種である．この不活性化は発生の初期に起こり，不活性化された X 染色体は間期にバー（ル）小体（Barr body）として光学顕微鏡で観察される．X 染色体上の X 染色体不活性化中心（X inactivation center, XIC）とよばれる遺伝子配列が，X 染色体の不活性化に重要な働きをし，Xist（X 染色体不活性化特異的転写物\*）とそのアンチセンス RNA である Tsix の二つの非コード RNA\*を含む．不活性 X 染色体になる X 染色体では Xist の合成が続き，XIC に留まらず X 染色体全体を覆うようになり，遺伝子サイレンシング\*が起こる．逆に Tsix の合成は途中で止まってしまう．一方，活性 X 染色体になる X 染色体では Xist の合成は途中で停止し，Tsix の合成は継続する．X 染色体の 2 本のうちどちらが不活性化されるかは，有袋類の場合を除いてランダムに決まる．有袋類では父方由来の X 染色体が常に不活性化されることが知られている．

**X 染色体不活性化特異的転写物**［X inactivation specific transcript］ Xist と略す．X 染色体上に存在する非コード RNA\*であり，X 染色体不活性化\*に重要な役割をもっているとされている．X 染色体の不活性化は，哺乳類の雌の発生段階において，雄との間にある X 染色体遺伝子量を補正調節している．Xist RNA は一方の染色体から発現され，その X 染色体にシスに結合し，ヘテロクロマチン化や転写抑制（サイレンシング）に必須のタンパク質をリクルートすることから染色体全体の不活性化をひき起こす．（→Tsix）

**X 線溶液散乱**［X-ray solution scattering］ ＝X 線小角散乱

**X-ChIP**［X-ChIP］ →クロマチン免疫沈降

**XP**［XP＝xeroderma pigmentosum］ ＝色素性乾皮症

**XPRT**［XPRT＝xanthine phosphoribosyltransferase］ ＝キサンチンホスホリボシルトランスフェラーゼ

**X 連鎖性疾患**［X-linked disorder］ 伴性遺伝性疾患（sex-linked disorder）ともいう．X 染色体上に座位を占める遺伝子により支配される疾患で，従来は伴性劣性（まれに伴性優性もある）遺伝性疾患（sex-linked recessive disorder）などとよばれていた．ただし X 上であっても短腕の遠位端付近の約 250 万塩基対は，男性の減数分裂において Y の相同部分との間にキアズマ\*を生じるため偽常染色体部とよび，含まれる遺伝子は X 連鎖を示さない．X 上の残る大部分に位置する遺伝子は，X が男性で 1 本，女性で 2 本であることに対応して特徴的な遺伝型式を示す．すなわち男性では正常か異常のいずれか，女性では正常，保因者，異常のいずれかとなる．酵素異常などの場合には，保因者の体内では正常 X が不活性化した活性 0 の細胞と，逆の細胞（活性 100％）とが半数ずつ混在し，平均 50％の活性となるため発症しない．父が患者の場合，息子が患者になることはなく，娘は必ず保因者になる．OMIM\*によれば X 染色体連鎖遺伝子の数は 2008 年 4 月 7 日現在で計 1028 個とされており，その内訳は，配列が既知の遺伝子 538 個，配列・表現型ともに既知のもの 30 個，表現型が記載されており，分子的基礎が知られているもの 191 個，表現型・座位・分子的基礎が未知のもの 129 個，その他 140 個となっている．

**X 連鎖性無 γ グロブリン血症**［X-linked agammaglobulinemia］ XLA と略す．ブルトン型無 γ グロブリン血症（Bruton-type agammaglobulinemia），小児伴性無 γ グロブリン血症（infantile X-linked agammaglobulinemia）ともいう．X 連鎖性劣性遺伝の免疫不全\*症であり（→X 連鎖性疾患），中耳炎，肺炎，皮膚化膿症，髄膜炎，敗血症などの細菌感染を反復する．血清 γ グロブリン画分，血清免疫グロブリン（IgM, IgG, IgA のすべて），末梢血中の膜表面免疫グロブリン陽性 B 細胞のいずれも著減ないし欠如する．リンパ節と骨髄に形質細胞がなく，リンパ節に胚中心やリンパ濾胞を認めない．免疫グロブリンによる置換療法が確立している．XLA ではプレ B 細胞\*から B 細胞への分化成熟障害が存在する．この原因遺伝子は，非受容体型チロシンキナーゼをコードする btk（Bruton's tyrosine kinase）遺伝子（→Btk）であり，XLA は B 細胞内シグナル伝達分子の異常に起因する疾患（signal transducer disease）といえる．btk 遺伝子の変異には，ゲノム DNA の大きな欠失，スプライシングの異常，塩基の欠失あるいは挿入によるフレームシフトに基づく終止コドンの出現，点突然変異によるアミノ酸置換などがある．btk 遺伝子は X 染色体長腕 22 領域に局在する．（→原発性免疫不全症候群）

**EDG 受容体**［EDG receptor］ EDG は endothelial differentiation gene の略．（→スフィンゴシン 1-リン酸受容体）

**his オペロン**［his operon］ ＝ヒスチジンオペロン

**HIS3 遺伝子** →HIS3（ヒススリー）遺伝子
**HindⅢ** →HindⅢ（ヒンディースリー）
**HIF-1**［HIF-1＝hypoxia-inducible factor 1］ ＝低酸素誘導因子 1
**HIM**［HIM＝hemopoietic inductive microenvironment］ ＝造血微小環境
**HIV**［HIV＝human immunodeficiency virus］ ＝ヒト免疫不全ウイルス
**HRI**［HRI＝heme-regulated inhibitor］ ヘム調節性インヒビターの略．（→ヘミン調節性リプレッサー）
**HRE**［HRE＝hormone response element］ ＝ホルモン応答配列

**HRF20**〔HRF20＝homologous restriction factor 20〕⇨発作性夜間ヘモグロビン尿症

**HeLa 細胞**　⇨HeLa（ヒーラ）細胞

**HepG2 細胞**〔HepG2 cell〕　15歳白人男性より分離樹立された上皮様形態を示す肝がん由来の細胞．B型肝炎ウイルス遺伝子の潜伏はない．肝臓組織に特徴的なαフェトプロテイン，アルブミン，$\alpha_1$アンチトリプシン，トランスフェリン，ハプトグロビン，$\alpha_1$アンチキモトリプシン，セルロプラスミン，$\alpha_2$-HS糖タンパク質などの重要なタンパク質を多数産生する．

**HEV**〔HEV＝high endothelial venule〕＝高内皮細静脈

**HAC**〔HAC＝human artificial chromosome〕　ヒト人工染色体の略称．（⇨哺乳類人工染色体）

**HSR**〔HSR＝homogeneously staining region〕＝均一染色領域

**HSE**〔HSE＝heat shock element〕＝熱ショックエレメント

**HSF**〔HSF＝heat shock transcription factor, heat shock factor〕＝熱ショック転写因子

**HSQC**〔HSQC＝heteronuclear single quantum coherence〕⇨二次元 NMR

**HSC**〔HSC＝hematopoietic stem cell〕＝造血幹細胞

**HSC70**〔HSC70〕＝アンコーティング ATP アーゼ

**hst**〔hst〕＝hst-1

**HSTF1**〔HSTF1〕＝hst-1

**hst-1**〔hst-1〕　hst, HSTF1, FGF4, K-fgf などともよばれる．繊維芽細胞増殖因子\*（FGF）類縁遺伝子で，ヒト hst-1 の cDNA はアミノ酸206個をコードする．マウス繊維芽細胞 NIH3T3 をトランスフォームする遺伝子として胃手術材料 DNA からクローニングされたので human stomach から hst-1 と名づけられた．ヒト第11染色体長腕13.3領域に位置し，食道がん，頭頸部扁平上皮がんなどで増幅している．発現は胚と胚細胞性腫瘍に特異的にみられる．

**HSP90**〔HSP90〕　90 kDa 熱ショックタンパク質（90 kDa heat shock protein）の略称．大腸菌からヒトに至るすべての生物に存在する主要な熱ショックタンパク質\*で，分子量は約9万である．サイトゾルに局在するが，一部は核にもある．ステロイドホルモン受容体，pp60$^{v\text{-}src}$のような非受容体型のチロシンキナーゼ，ある種の受容体型チロシンキナーゼ，セリン/トレオニンキナーゼ，細胞骨格タンパク質などと複合体を形成し，それらの構造の維持と機能の発現を補助している．特に，HER-2/ErbB2, Akt, Raf-1, Bcr-Abl や変異 p53 のような発がんシグナル伝達に働くタンパク質のコンホメーション調節に関与し，機能活性化を起こすことは臨床医学的にも注目されている．タンパク質が変性状態からフォールディング\*する過程を助けるシャペロン\*機能も発揮する．出芽酵母では，ハプロイド当たり2個の *HSP90* 遺伝子があるが，その両方を破壊すると，酵母は生存できない．ヒトの HSP90 を酵母の HSP90 破壊株に導入発現すると，致死性が救済される．これらの結果は，HSP90 の分子の機能が生物の生存にとって必須であり，さらに酵母とヒトで同じであることを意味している．

**HSP90 ファミリー**〔HSP90 family〕　多くの生物では，サイトゾルに HSP90α, β があり，それらは異なる遺伝子にコードされている．さらに，N 末端にシグナル配列と C 末端に小胞体残留シグナルをもつ小胞体のアイソフォーム（GRP94, 94 kDa glucose-regulated protein）がある．これらを総称して HSP90 ファミリーという．タイプ1の TNF 受容体に結合する TRAP-1（TNF receptor-associated protein 1；HSP75）も HSP90 のホモログであり，おもにミトコンドリアに局在している．（⇨グルコース調節タンパク質）

**HSP70**〔HSP70〕　70 kDa 熱ショックタンパク質（70 kDa heat shock protein）の略称で，熱ショックタンパク質\*の一つ．HSP70 ファミリー\*に属し，シャペロン\*として機能する．通常は，熱ショックなどのストレスに応答して発現が多量に誘導されてくる 70 kDa のタンパク質をさし，ストレスのない状態でも比較的多量に構成的に発現されている HSC70 と区別されるが，機能的な差は現在のところ認められない．高等動物細胞の細胞質と核に局在し，核と細胞質の間を行き来（シャトル）すると考えられている．N 末端側に ATP アーゼ活性をもつ領域と C 末端側に基質結合領域をもち，タンパク質代謝過程のさまざまなステップで機能することが示唆されている．たとえば，リボソーム上で合成されつつあるポリペプチド鎖に一過性に結合し，合成後，正しい折りたたみ（⇨フォールディング）が行われるのを助けたり，ミトコンドリアなどの膜を透過可能な状態に保ったりする．また，細胞がさまざまなストレスを受けた時にできる，変性したタンパク質に結合して不可逆的な凝集を阻害することにより，細胞死から免れるように働いたりすると考えられる．サイトゾルタンパク質の Apaf-1\* と結合し，Apaf-1/cytochrome c/caspase-9 活性化複合体，いわゆるアポトソームの形成を阻害し，アポトーシス\*を阻害する．HSP70 がポリグルタミンによる神経細胞変性を抑制することがショウジョウバエで示されている．

**HSP70 ファミリー**〔HSP70 family〕　熱ショックタンパク質\*のうち，70 kDa 付近の一群の分子種のことで，高等動物の HSP70\*, HSC70（⇨アンコーティング ATP アーゼ），BiP/GRP78（小胞体に局在する），mtHSP70（ミトコンドリアに局在する）や酵母の Ssa1～4, Ssc1, 大腸菌の DnaK\* などが含まれる．N 末端側に ATP アーゼドメインと，C 末端側に基質認識ドメインをもっている．正常なタンパク質合成や合成後の正しい折りたたみ（⇨フォールディング）の補助，タンパク質の膜透過，タンパク質の分解，タンパク質-タンパク質複合体形成，変性タンパク質凝集の阻害など，細胞内でのタンパク質代謝のさまざまな過程で機能すると考えられる．

**HSP27**〔HSP27〕 27 kDa 熱ショックタンパク質 (27 kDa heat shock protein) の略称.熱・ストレスにより誘導される熱ショックタンパク質*(HSP)の中で,27 kDa の低分子 HSP の一つ.ヒトでは HSPB1, 2, 3, 6, 7, 8, 9 のほか類似のタンパク質が3種類知られており,他の HSP に比べ誘導は遅れるが,刺激により迅速なリン酸化を受ける.機能として,ストレス耐性,細胞骨格との相互作用による増殖制御などに関与し,細胞の増殖相→分化相のスイッチとして働くと考えられている.シトクロム c 依存的にプロカスパーゼ-3 の活性化を抑制する調節因子としても機能する.C 末端に αB クリスタリンと相同な部位があり,分子間会合を起こし凝集体を形成する.他の HSP と同様,シャペロン* として働くとの報告もある.

**HSP104**〔HSP104〕 104 kDa 熱ショックタンパク質 (104 kDa heat shock protein) の略称.酵母菌で見つかった熱で変性したタンパク質の再活性化を促進するストレス応答* の因子で,変性タンパク質の凝集は妨げないで,HSP40* および HSP70* と共同してほかのシャペロン* が働かないような変性・凝集した基質タンパク質を再活性化する.(⇒熱ショックタンパク質)

**HSP40**〔HSP40〕 40 kDa 熱ショックタンパク質 (40 kDa heat shock protein) の略称.哺乳動物細胞の熱ショックタンパク質* の一つ.約 40 kDa の塩基性タンパク質で,大腸菌の DnaJ* の相同体.HSP40 と HSP70* は細胞質で一部会合しており,熱ショックによって核・核小体へも移行し同じ局在を示す.HSP70 の ATP アーゼ活性を促進する.HSP40 と HSP70 はシャペロン* として,リボソーム上の新生ポリペプチドに結合してその折りたたみを手助けしたり,変性タンパク質の修復(再折りたたみ)などにも関与する.HSP70 および HSP104 と共同して他のシャペロンが働かないような変性・凝集した基質タンパク質を再活性化する.

**HSP40 ファミリー**〔HSP40 family〕 熱ショックタンパク質* のうち,HSP40* 相同体 (HSP40 homologue, DnaJ 相同体 DnaJ homologue) の総称.酵母で九つ,ヒトでは DnaJ ホモログの三つのサブファミリー A, B, C が属する計 37 種類の遺伝子メンバーが同定されている.アミノ末端 70 アミノ酸残基は特に互いの相同性が高く,J ドメイン (J domain) といい,HSP70*(DnaK*)との相互作用部位である.それぞれの構成員は真核細胞内の各コンパートメント(細胞質,ミトコンドリア,小胞体など)に局在しており,特異的な HSP70 と協同してタンパク質の折りたたみや膜を介したタンパク質輸送,変性タンパク質の修復・分解などに関与している.

**HSP60**〔HSP60〕 60 kDa 熱ショックタンパク質 (60 kDa heat shock protein) の略称.熱ショックタンパク質* の一種で分子量が6万前後のもの.細菌からヒトに至るまでアミノ酸配列の類似した HSP60 が存在しており (⇒HSP60 ファミリー),タンパク質のフォールディング* を助けるシャペロンとしての機能をもつ.細菌の HSP60 をシャペロニン 60 とよぶ,特に大腸菌由来のものを GroEL* とよぶ.シャペロニン 60 はふつう七量体のリングが二つ重なった 14 量体の中空円筒型の巨大な複合体として存在している.この複合体は,シャペロニン 10 とよばれる分子量約1万の熱ショックタンパク質と協同して,ATP のエネルギーを使って変性タンパク質のフォールディングを補助する.シャペロニン 60 も 10 も,どちらも細菌の生存に必須なタンパク質である.ミトコンドリア内のカスパーゼ前駆体の成熟を HSP60 と HSP10 が促進する.ヒトの HSP60 は Toll 様受容体* のリガンドであり,自然免疫応答に働く.

**HSP60 ファミリー**〔HSP60 family〕 熱ショックタンパク質* のうち,分子量6万前後のものは,細菌からヒトに至るまでアミノ酸配列上の相同性をもつ.これを HSP60 ファミリーとよぶ.大腸菌の GroEL*,他の細菌類のシャペロニン 60,ミトコンドリアや葉緑体の HSP60 などが含まれる.古細菌の TF55,真核細胞の細胞質に存在する TCP1* の中の分子量6万のタンパク質も,GroEL と弱いながらも類似性があり,同じファミリーに属すると考えられる.

**HSV**〔HSV=*Herpes simplex virus*〕 ＝単純ヘルペスウイルス

***hh* 遺伝子**〔*hh* gene〕 ＝ヘッジホッグ遺伝子

**HHM**〔HHM=humoral hypercalcemia of malignancy〕 がん性高カルシウム血症の略号.(⇒骨吸収)

**HAT**〔HAT=histone acetyltransferase〕 ＝ヒストンアセチルトランスフェラーゼ

**HAT 培地** ⇒HAT(ハット)培地

**hnRNA**〔hnRNA=heterogeneous nuclear RNA〕 ＝ヘテロ核 RNA

**hnRNP**〔hnRNP=heterogeneous nuclear ribonucleoprotein〕 ＝ヘテロ核リボ核タンパク質

**H-NS**〔H-NS〕 大腸菌のヒストン様タンパク質*(ほかに HU, IHF, Fis)の一つ.中性タンパク質(等電点 7.1)であるが,全体のアミノ酸の約 30 % を占める塩基性アミノ酸は2箇所に,また約 30 % の酸性アミノ酸も2箇所に集まった特徴的な構造をしている.ホモ二量体で DNA に結合する.*proV* や *bgl* オペロンの転写抑制因子として発見されたタンパク質で,湾曲 DNA に結合しやすい.単量体の分子量は 15,400 で,細胞に約2万分子存在する.

**HNF**〔HNF=hepatocyte nuclear factor〕 ＝肝細胞核因子

**HNPCC**〔HNPCC=hereditary non-polyposis colon cancer〕 ＝遺伝性非腺腫性大腸がん

**Hfr**〔Hfr〕 大腸菌の染色体 DNA を接合* によって高頻度に移行できる性質.名称は high frequency of recombination に由来する.F プラスミド*(F 因子)または ColV, R プラスミド* など,接合によって移行できるプラスミドが細菌の染色体 DNA に組込まれ,細菌の染色体を接合して高頻度で移行するようになった.組込まれる部位はランダムではなく,少なくとも 20 箇所知られている.かなりの場合,染色体の IS 因子(⇒挿入配列)と F 因子の IS 因子間の組換えに

よる．染色体の移行は，F因子の移行と同様の仕組みで起こり，F因子が組込まれた場所から一方向に行われる．染色体移行の頻度は開始部位からの距離の指数関数で減少する．種々のHfr株を用いた接合実験から，大腸菌の染色体は，1本の環状構造体であることが示された．接合の標準条件下で，染色体全体が移行するのに100分間かかることから，染色体地図*は分で表示される．1分は47.5 kbpに対応する．(→接合誘発)

**HMM** ［HMM＝hidden Markov model］ ＝隠れマルコフモデル

**HMG-CoAレダクターゼ** ［HMG-CoA reductase］ ＝ヒドロキシメチルグルタリルCoAレダクターゼ

**HMGタンパク質** ［HMG protein］ ＝高速移動群タンパク質

**HMGボックス** ［HMG box］ HMGタンパク質（→高速移動群タンパク質）のDNA結合領域にみられる，保存されたアミノ酸配列の名称．HMGボックスは転写因子*を含むさまざまなDNA結合タンパク質*に見いだされている．塩基性アミノ酸とプロリン残基に富む配列より成り，DNAとの結合はイオン性相互作用によると考えられている．HMGタンパク質の場合，結合が二本鎖DNAを湾曲することが知られており，一般にHMGボックスをもつタンパク質はDNAの構造的な変化への関与が示唆される．

**HMT** ［HMT＝histone methyltransferase］ ＝ヒストンメチルトランスフェラーゼ

**HMBA** ［HMBA＝N,N'-hexamethylenebisacetamide］ ＝N,N'-ヘキサメチレンビスアセトアミド

**HLA** ［HLA＝human leukocyte histocompatibility antigen］ ＝ヒト白血球組織適合抗原

**HLAタイピング** ［HLA typing］ 個人のHLA（ヒト白血球組織適合抗原*）の型を決定するための検査．HLAの多型*は，特定のペプチドに対する免疫応答の個体差の形成を通じて自己免疫疾患*などの疾病への感受性の個体差を決定したり，臓器移植において拒絶反応（→移植免疫）を誘導するため，これを検出するHLAタイピングが重要である．従来，分娩血，経産婦血清中に含まれる胎児に発現する父親由来のHLAに特異的な抗血清や抗HLAモノクローナル抗体を用いて，抗体と補体の存在下に観察される細胞傷害性を指標として，血清学的にHLAタイピングがなされてきた．またクラスIIの不一致は強い混合リンパ球培養反応*(MLR)を刺激するため，このT細胞のアロHLAに対する反応を指標としたタイピングもなされてきた．その後，抗HLAモノクローナル抗体で免疫沈降したHLA分子の多型を，各種の電気泳動で検出する方法が開発された．現在では，PCR*法で増幅したHLA遺伝子と，多型性のある配列に特異的なオリゴDNAプローブ(SSOP: sequence specific oligonucleotide probe)との結合を検出するPCR-SSOP法，増幅したHLA遺伝子の制限酵素断片長多型*を検出するPCR-RFLP，あるいは塩基配列をジデオキシ法（サンガー法）によって直接的に解析するSBT(sequencing based typing)法などが開発されている．臨床的には，これらの方法の中でも，経済性，正確性，迅速性，に優れるPCR-SSOP法が広く用いられている．これらの方法により従来の方法では検出できなかった多型が，たくさん発見された．HLA対立遺伝子は，DNAレベルで構造が決定されたものだけに恒久的な名称が与えられ，遺伝子座の後にアステリスクを付し，4桁の数字で表される．数字の上2桁は従来の血清学的タイピングにほぼ対応し，下2桁でこれを細分化する．たとえばDRB1*0405は，従来のDR4に対応する対立遺伝子のうちの第五番目のサブタイプであることを示す．

**HLH** ［HLH＝helix-loop-helix］ ＝ヘリックス・ループ・ヘリックス

**HLA-DM分子** ［HLA-DM molecule］ →H-2M分子

**HLA-DO分子** ［HLA-DO molecule］ →H-2O分子

**HL-60細胞** ［HL-60 cell］ 前骨髄球性白血病の36歳の白人女性の末梢白血球より分離樹立された浮遊細胞．サブクローンとしてClone15がある．軟寒天培養でコロニー形成が可能．ヌードマウス皮下移植でミエロイド腫瘍を形成する．ジメチルスルホキシド*，12-O-テトラデカノイルホルボール13-アセテート*，レチノイン酸*刺激により，それぞれ，芽球様細胞から前骨髄球様細胞，単球系細胞，顆粒球への分化が誘導される．また，アクチノマイシンD*処理によりアポトーシス*が誘導される．

**HO遺伝子** ［HO gene］ 出芽酵母(Saccharomyces cerevisiae*)において接合型転換を支配する遺伝子．遺伝子産物は塩基配列特異的なエンドヌクレアーゼ．HOエンドヌクレアーゼ(HO endonuclease)はMAT遺伝子座内の特定の塩基配列を認識しDNAに二重鎖切断を入れることにより，通常は発現が抑制されているサイレントな接合型遺伝子座からの遺伝子変換を開始させる働きがある．HO遺伝子は一倍体でのみ発現し，SWI4/SWI6タンパク質複合体によりG₁期特異的に転写される．

**HOエンドヌクレアーゼ** ［HO endonuclease］ →HO遺伝子

**H抗原** ［H antigen］ 【1】ABO式血液型*のA型抗原およびB型抗原の共通前駆物質で，下記の糖鎖構造をもつ．

$$Fuc\alpha1\rightarrow2Gal\beta1\rightarrow3(4)GlcNAc\beta1\rightarrow R$$

(Fuc: L-フコース, Gal: D-ガラクトース, GlcNAc: N-アセチル-D-グルコサミン, R: 他の糖残基)

O型赤血球ではH型物質で合成が止まっているので，O(H)物質ともよばれる．この抗原は赤血球膜上では糖タンパク質あるいは糖脂質の糖鎖の末端に存在する．赤血球ばかりでなく組織中，体液中に広く分布している．

【2】グラム陰性細菌*のべん毛抗原(flagellar antigen)．特にサルモネラ(Salmonella)属では，O抗原*,

Vi 抗原*とならび菌の分類に用いられる.

**H 鎖** [H chain] 重鎖(heavy chain)ともいう.
**【1】**(免疫グロブリンの) 抗体*(免疫グロブリン)は 2 種類計 4 本のポリペプチド鎖から成る分子で, 長い方を H(重)鎖, 短い方を L(軽)鎖*とよぶ(→ 免疫グロブリン[図]). HL 両鎖とも 90〜110 アミノ酸残基から成るドメインが複数個つながった構造をしている. H 鎖は N 末端から順に抗原結合部である $V_H$ ドメインと, $C_H1$, ヒンジ領域, $C_H2$, $C_H3$ ドメインから成る. 抗体には IgM*, IgD*, IgG*, IgE*, IgA* の 5 種のクラス(IgG と IgA には動物種によって異なる数のサブクラスも存在する)があり, これは H 鎖の C 領域が異なり, $C_H1$ から C 末端まで別々の遺伝子にコードされ, 一次配列も生物機能も異なる. 最初 B 細胞に発現されているのは IgM でクラススイッチ*により他の抗体が発現するようになる. 生体防御で最も主要な働きをするのは IgG 型抗体である. 抗体には分泌型と膜結合型分子が存在するが, これは C 末端近傍に疎水性アミノ酸に富む領域が含まれるかどうかで決まり, 遺伝子レベルでは同じ遺伝子から転写後のポリ(A)添加部の差により異なる RNA スプライシングが起こることに起因する. (→ 選択的スプライシング)
**【2】**(ミオシンの) → ミオシン H 鎖

**H 鎖病** [H chain disease] 形質細胞のがんで, 形質細胞のクローンがモノクローナル抗体*(免疫グロブリン)の H 鎖*を産生し, それが単独で血清中に蓄積されるまれな疾患(→ 多発性骨髄腫). $\alpha$ 鎖, $\gamma$ 鎖, $\mu$ 鎖の報告がある. 完全な H 鎖は L 鎖*と結合しないと分泌されないが, この疾患で蓄積されている H 鎖は, 定常領域の第一ドメインやヒンジ部がクラススイッチ*の遺伝子組換え(S-S 組換え)の異常やスプライス部位の突然変異などによって欠失もしくは突然変異して L 鎖との結合性を失った異常 H 鎖であり, 単独で分泌されている.

**HC** [HC = hypochondroplasia] =軟骨低形成症
**HCR** [HCR = hemin-controlled repressor] =ヘミン調節性リプレッサー
**HGF** [HGF = hepatocyte growth factor] =肝細胞増殖因子
**HGF 受容体** [HGF receptor] =肝細胞増殖因子受容体
**HCL** [HCL = hairly cell leukemia] =毛状細胞白血病
**HGPRT** [HGPRT = hypoxanthine-guanine phosphoribosyltransferase] ヒポキサンチン-グアニンホスホリボシルトランスフェラーゼの略号. (→ ヒポキサンチンホスホリボシルトランスフェラーゼ)
**HCV** [HCV = *hepatitis C virus*] =C 型肝炎ウイルス

**H 帯** [H band, H zone] 筋原繊維サルコメア*の A 帯*内中央部でやや密度の小さい部域をいう. H 帯は太いミオシンフィラメントのみから成り, 細いアクチンフィラメントが重なり合っていない(→ 筋原繊維[図]). 収縮時には H 帯は狭く, 弛緩時には広くなる.

**H-2 抗原** [H-2 antigen] マウス MHC 抗原(mouse MHC antigen)のこと. H-2 抗原は, 遺伝的に均一な近交系マウスの間で皮膚移植を行った際に, 拒絶反応にかかわる組織適合抗原の中で抗原性が最も強いものとして同定された(→ コンジェニック系統). 近交系マウスは, H-2 のタイプで分類されている. たとえば, C57BL/6 マウスは $H-2^b$, BALB/c マウス*は $H-2^d$, C3H/He マウスは $H-2^k$ タイプと分類される. H-2 抗原をコードする遺伝子は第 17 染色体上にある複数の遺伝子座から成り, これは H-2 複合体ないしはマウス主要組織適合遺伝子複合体*(MHC)とよばれ, 図に示す構成をとっている. H-2K, H-2D,

```
   クラスI      クラスII        クラスI
┌──────┐ ┌──────────┐ ┌──────┐
    K      Aβ Aα  Eβ Eα   Slp    D  L
├──┼──┼──┼──┼──┼──┼──┼──┼──//── 動原体
```
マウス 17 番染色体 H-2 遺伝子領域

H-2L は MHC クラス I とよばれ, 1 本の $\alpha$ 鎖ポリペプチド(分子量 44,000)をコードする. これと $\beta_2$ ミクログロブリン*が結合したものがクラス I 分子となる. H-2K と H-2D に挟まれた部分に I 領域があり, これは MHC クラス II とよばれ, IA と IE 亜領域に分かれている. 前者には $A_\alpha$ と $A_\beta$ 座があり, それぞれ $\alpha$ 鎖(分子量 33,000〜35,000)と $\beta$ 鎖(分子量 27,000〜29,000)をコードする. これらは結合して IA 抗原分子を構成する. 後者も同様だが, マウス(たとえば C57BL/6)によっては機能的な $E_\alpha$ 座を欠くので, IE 抗原分子が形成されない. MHC クラス I 抗原は, すべての有核細胞に表出している. 一方 MHC クラス II 抗原は, マクロファージ, 樹状細胞, B リンパ球などの限られた細胞に表出している. H-2 のタイプは, MHC クラス I およびクラス II 分子の構造の差に由来している. H-2 抗原は免疫応答*に深くかかわっている. 合成アミノ酸ポリマーに対する抗体応答の強さが, I 領域にある遺伝子によって支配されていることがコンジェニックマウスを用いて解明された. H-2 抗原の免疫応答における役割は, つぎのように理解されている. クラス I 分子の定常領域は, T リンパ球(T 細胞)の CD8* 分子に親和性を示し, CD8 陽性 T 細胞の抗原受容体は, クラス I 分子の先端の溝に収容された非自己抗原ペプチドと自己 MHC クラス I 分子の複合体を特異的に識別して活性化し, サイトカイン(特に IL-2)の作用のもとで細胞傷害性 T 細胞(キラー T 細胞*)へと分化して, また IFN-$\gamma$ やグランザイム B, パーフォリンなどを分泌して細胞傷害性を発現する. 一方クラス II 分子の定常領域は CD4 分子に親和性を示し, CD4 陽性 T 細胞の抗原受容体は, クラス II 分子の先端の溝に収容された非自己抗原ペプチドと自己 MHC クラス II 分子の複合体を特異的に識別して活性化する. この時 IL-2, IL-4, IFN-$\gamma$, IL-10 などが分泌され, 免疫

応答の増幅ないし制御が行われる.なお,H-2O,H-2M は非古典的 MHC クラス II 分子とよばれ,MHC クラス II 分子とペプチドの結合を調節していることがわかっている.

**5-HT** [5-HT=5-hydroxytryptamine] 5-ヒドロキシトリプタミンの略.(→セロトニン)

**hDia1** [hDia1] → mDia

**HDAC** [HDAC=histone deacetylase] =ヒストンデアセチラーゼ

**HTH** [HTH=helix-turn-helix] =ヘリックス・ターン・ヘリックス

**HDL** [HDL=high density lipoprotein] =高密度リポタンパク質

**HTLV-1** [HTLV-1=human T cell leukemia virus 1] =ヒト T 細胞白血病ウイルス 1

**HTLV-2** [HTLV-2=human T cell leukemia virus 2] =ヒト T 細胞白血病ウイルス 2

**5HTT** [5HTT=5-hydroxytryptamin transporter] 5-ヒドロキシトリプタミン輸送体の略称.(→セロトニン輸送体)

**H-2M 分子** [H-2M molecule] $\alpha$ 鎖と $\beta$ 鎖から成るヘテロ二量体で,B 細胞*,マクロファージ*,樹状細胞* に発現している.ヒトでは HLA-DM 分子 (HLA-DM molecule) とよばれる.それぞれをコードする (D)MA および (D)MB 遺伝子は,MHC クラス II 遺伝子領域に密に連鎖して存在しており,(D)M 分子はエンドソーム標的シグナルをもち,MIIC や CIIV などの細胞内小器官に蓄積する.その立体構造は MHC クラス II 分子* と非常に類似しているが,ペプチド収容溝に相当する部分は狭くペプチドを結合しない.しかし,pH 4~5 で MHC クラス II 分子との物理的な接触を介して,MHC クラス II 分子からのクラス II 分子関連インバリアント鎖ペプチド*(CLIP)の解離を促し,より親和性の高いペプチドの MHC クラス II 分子への結合を促進する.この作用は,H-2O 分子に結合する H-2O 分子* により調節されている.(D)M 分子を欠く細胞では,MHC クラス II 分子が CLIP を結合して細胞表面に発現し,抗原提示* が阻害されている.

**H-2O 分子** [H-2O molecule] $\alpha$ 鎖と $\beta$ 鎖から成るヘテロ二量体で,ヒトでは HLA-DO 分子(HLA-DO molecule)とよばれる.B 細胞と胸腺上皮細胞にのみ発現が見られ,マクロファージ* や末梢血単球由来の未熟樹状細胞,あるいは LPS 刺激後の成熟樹状細胞には発現が認められない.HLA-DO$\alpha$ 鎖と $\beta$ 鎖をコードする DNA および DOB 遺伝子は,HLA クラス II 遺伝子領域に密に連鎖して存在する.その立体構造は MHC クラス II と類似しているが,ペプチド収容溝に相当する部分は狭くつぶれていてペプチドを結合しない.MIIC や CIIV に集積する H-2O 分子は H-2M 分子* に作用して,その HLA クラス II 分子に結合する CLIP の抗原ペプチドへの置換機能を調節していると考えられている.また,ヒト B 細胞では分化段階に応じて,DM 分子と DO 分子の発現量が変化し,

MHC クラス II 分子が提示するペプチドの種類が変化することが知られている.

**H23AG** [H23AG] =MUC-1

**Hb** [Hb=hemoglobin] =ヘモグロビン

**HPRT** [HPRT=hypoxanthine phosphoribosyltransferase] =ヒポキサンチンホスホリボシルトランスフェラーゼ

**HPRT$^-$ 突然変異株** [HPRT$^-$ mutant] ヒポキサンチンホスホリボシルトランスフェラーゼ*(HPRT)活性を欠損した突然変異株.培養動物細胞をヒポキサンチン類似体である 6-チオグアニン* や 8-アザグアニン* を含む培地に培養し,耐性を示すクローンを選択すると,多くの場合この突然変異株となる.この突然変異系は,環境突然変異原物質のスクリーニングや突然変異メカニズムの解析に利用される.また,この突然変異株は,HAT 培地* で選択する細胞雑種形成* の親株として,頻繁に利用される.

**HB-EGF** [HB-EGF=heparin-binding EGF-like growth factor] =ヘパリン結合性 EGF 様増殖因子

**5-HPETE** [5-HPETE=5-hydroperoxyeicosatetraenoic acid] 5-ヒドロペルオキシエイコサテトラエン酸の略.(→リポキシゲナーゼ)

***hb* 遺伝子** [*hb* gene] =ハンチバック遺伝子

**HBs 抗原** [hepatitis B surface antigen] =オーストラリア抗原

**HPLC** [HPLC=high-performance liquid chromatography] 高性能液体クロマトグラフィーの略号.(→高速液体クロマトグラフィー)

**HBGF** [HBGF=heparin-binding growth factor] =ヘパリン結合性増殖因子

**HPV** [HPV=*Human papilloma virus*] =ヒトパピローマウイルス

**HBV** [HBV=*Hepatitis B virus*] =B 型肝炎ウイルス

**HP1** [HP1=heterochromatin protein 1] =ヘテロクロマチンタンパク質 1

**Hve** [Hve] → ネクチン

**HVJ** [HVJ=hemagglutinating virus of Japan] =センダイウイルス

**HUGO** → HUGO(ヒューゴー)

**HU タンパク質** [HU protein] → ヒストン様タンパク質

***hut* オペロン** [*hut* operon] ヒスチジンを分解して窒素源に利用するための遺伝子群である.*Klebsiella aerogenes*, *Aerobacter aerogenes*, *Salmonella typhimurium* などの *hut* 遺伝子は複数のオペロンに分散してレギュロン* を形成している.*hutUH* オペロンの *hutH* はヒスチダーゼをコードし,*hutIGC* オペロンの *hutC* はアポリプレッサーをコードする.ヒスチダーゼによってヒスチジンが脱アミノされた産物(ウロカニン酸 urocanic acid)はリプレッサーを不活化し,レギュロンの遺伝子群を発現させる.枯草菌では 5 個の構造遺伝子 *hutH*, *hutU*, *hutI*, *hutG*, *hutM* から構成され,構造遺伝子の発現は,転写制御遺伝子 *hutP* に

よって制御されている.転写制御タンパク質HutPが標的のRNAに結合することで,RNAがステムループ構造から構造変化し,遺伝子のスイッチをオンにする.

**H₄FA** [H₄FA] =L(−)-5,6,7,8-テトラヒドロ葉酸

**H₄葉酸** [H₄-folic acid] =L(−)-5,6,7,8-テトラヒドロ葉酸

**エッチング** [etching] ⇨ 凍結レプリカ法

***ets*遺伝子** ⇨ *ets*(イーティーエス)遺伝子

**AD** [AD=Alzheimer's disease] =アルツハイマー病

**Ade** [Ade=adenine] =アデニン

**ADA** [ADA=adenosine deaminase] =アデノシンデアミナーゼ

**ADAR** [ADAR=adenosine deaminase acting on RNA] 二本鎖RNA特異的アデノシンデアミナーゼの略称.(⇨ RNA特異的アデノシンデアミナーゼ)

**ADAM** [ADAM] ⇨ ADAM(アダム)

**ADA欠損症** =アデノシンデアミナーゼ欠損症

**ATX** [ATX=autotaxin] =オートタキシン

**ADH⁽¹⁾** [ADH=antidiuretic hormone] 抗利尿ホルモンの略号.(⇨ バソプレッシン)

**ADH⁽²⁾** [ADH=autosomal dominant hypocalcemia] =常染色体優性低カルシウム血症

**ATF** [ATF=activating transcription factor] ⇨ CREB/ATF

**ADF** [ADF=actin-depolymerizing factor] アクチン脱重合因子の略.(⇨ アクチン脱重合タンパク質)

**ADM** [ADM=adrenomedullin] =アドレノメデュリン

***ATM*ファミリー遺伝子** [*ATM* family gene] *ATM*遺伝子は,ヒト劣性遺伝性疾患である血管拡張性失調症*(AT)の原因遺伝子(AT mutated)として発見された.ATMタンパク質は,ホスファチジルイノシトール3-キナーゼ*のキナーゼ領域と相同性をもつドメインをもつが,リン脂質ではなくタンパク質をリン酸化する活性をもつので,ホスファチジルイノシトール3-キナーゼ様キナーゼ(phosphatidylinositol 3-kinase-like kinase, PIKK)とよばれる.高等真核生物では,ATMのほか,ATRとDNA-PKがPIKKに含まれるが,ATMとATR(ataxia-telangiectasia and Rad3-related)のみが酵母を含めて真核生物に広く保存され,ともにチェックポイント経路で重要な役割を果たすので,通常,*ATM*ファミリー遺伝子とは,*ATM*と*ATR*あるいはその相同遺伝子(それぞれ,出芽酵母では*TEL1*と*MEC1*,分裂酵母では*tel1⁺*と*rad3⁺*とよばれる)をさす.ATMは電離放射線などによって生じたDNA二本鎖切断によって活性化され,高等真核生物ではChk2(Cds1)やp53を,酵母ではChk1をリン酸化し,DNA損傷チェックポイントを活性化する.ATRは,DNA損傷やクロマチン構造などにより停止したDNA複製フォークによって活性化され,高等真核生物ではChk1を,出芽酵母と分裂酵母ではそれぞれRad53とCds1をリン酸化し,DNA複製(あるいはS期内)チェックポイントを活性化する.カフェイン*はPIKKを阻害する作用をもつ.(⇨ 細胞周期)

**ATL** [ATL=adult T cell leukemia, adult T cell lymphoma] =成人T細胞白血病

**ATLV** [ATLV=adult T cell leukemia virus, adult T cell lymphoma virus] 成人T細胞白血病ウイルスの略号.(⇨ ヒトT細胞白血病ウイルス1)

**ADCC** [ADCC=antibody-dependent cellular cytotoxicity] =抗体依存性細胞傷害

**AT/GC比** [AT/GC ratio] 非対称比(asymmetry ratio)ともいう.核酸の塩基組成*を表す指標の一つ.DNA中のグアニン*(G)とシトシン*(C)は3本の水素結合による塩基対*を形成し,アデニン*(A)とチミン*(T)による2本の水素結合による塩基対より安定である.DNAの塩基組成*は多様であるので,細菌のGC含量*は22〜74％の広がりがあり,真核生物では28〜58％である.AT/GC比を比較することにより,生物間の親近関係を推定することが可能である.原核生物では突然変異がより多く起こったために変動率が高い.

**エディトソーム** [editosome] ⇨ RNA編集

**ATP** [ATP=adenosine 5′-triphosphate] =アデノシン5′-三リン酸

**ADP** [ADP=adenosine 5′-diphosphate] =アデノシン5′-二リン酸

**ATPアーゼ** [ATPase] =アデノシントリホスファターゼ(adenosinetriphosphatase),アデニルピロホスファターゼ(adenylpyrophosphatase),トリホスファターゼ(triphosphatase),ATPモノホスファターゼ(ATP monophosphatase).ATPのβ位リンとγ位リンとの間の酸無水結合を加水分解する酵素の総称.

$$ATP + H_2O \longrightarrow ADP + P_i + (H^+)$$

の反応を触媒する.その多くは,ATPの化学エネルギーを浸透的位置エネルギーや力学的エネルギーに変換するエネルギー変換酵素で,EC 3.6.1.3およびEC 3.6.1.32〜38に分類される.[1] 輸送性ATPアーゼ(transporting ATPase):生体膜を越えて物質を能動輸送*するポンプで,構造と反応機構から3群に大別される.1) P型ATPアーゼ(P-type ATPase):$E_1E_2$型ATPアーゼともよばれる.活性中心にAsp-Lys-Thr-Gly-Thr-Leu-Thrの保存配列をもち,そのAsp残基がリン酸化されたアシルリン酸化酵素中間体が反応過程で形成される(⇨ ATP結合部位).細胞膜のH⁺-ATPアーゼ,H⁺,K⁺-ATPアーゼ(⇨ プロトンポンプ),Na⁺,K⁺-ATPアーゼ*,Ca²⁺-ATPアーゼ*や小胞体膜Ca²⁺-ATPアーゼなどが含まれる.バナジン酸(vanadate)で阻害される.2) V型ATPアーゼ(V-type ATPase):液胞型ATPアーゼ(vacuolar type ATPase)ともいう.酵母液胞膜(vacuoles)で見いだされたH⁺-ATPアーゼ.リソソーム膜,ゴルジ膜,エンドソーム膜,液胞膜や細菌細胞膜などにも存在する.少なくとも9種のサブユニットから構成される.$HNO_3^-$やバフィロマイシン(bafilomycin)で特異阻害

される。3）F型ATPアーゼ(F-type ATPase)：$H^+$-ATPアーゼであるが生理的には逆反応のATP合成を触媒する酵素で，ミトコンドリア内膜，葉緑体チラコイド膜や細菌細胞膜の$F_0F_1$-ATPアーゼが含まれる（⇒ATP合成酵素）．$F_0$部分と$F_1$部分の二つのドメインから成り，$F_0$は3種の，$F_1$は5種のサブユニットから成るATPアーゼ複合体(ATPase complex)を構成する．触媒サブユニットのATP結合部位にはGly-Gly-Ala-Gly-Val-Gly-Lys-Thr-Val配列が保存され，そのATPアーゼ活性はオリゴマイシン*で特異的に阻害される．[2]収縮系ATPアーゼ：ATPの化学エネルギーを力学的エネルギーへ変換する酵素で，ミオシンATPアーゼ*，ダイニンATPアーゼ，キネシンATPアーゼやアクチンATPアーゼが含まれ，筋収縮*，細胞運動，細胞内物質輸送などにかかわる．[3]その他のATPアーゼ：DNAの複製・修復・組換えにかかわるDNAヘリカーゼ*類，転写開始にかかわるTFIIH*，転写終結因子の ρ 因子*，HSP70*やBiPなどの分子シャペロン*，細胞内ベシクルの融合に関与するN-エチルマレイミド感受性因子(NSF，⇒ソーティング)などが含まれる．(⇒$Mg^{2+}$-ATPアーゼ)

**ATPアーゼ複合体**　［ATPase complex］　⇒ATPアーゼ

**ATP-ADP交換タンパク質**　［ATP-ADP exchange protein］　ATP-ADP輸送体(ATP-ADP translocator, ATP-ADP transporter)，アデニンヌクレオチドトランスロケーター(adenine nucleotide translocator)，ATP-ADPトランスロカーゼ(ATP-ADP translocase)，ATP-ADP輸送タンパク質(ATP-ADP carrier protein)などともいう．ミトコンドリア内膜で最も多い膜固有タンパク質で，その10〜15％を占める．分子量は33,000．分子内に3個の繰返し構造と6個の膜貫通領域をもち，二量体で働く．生理的にはミトコンドリアマトリックスのATPと細胞質のADPを膜電位依存的に交換輸送する．アトラクチロシド(atractyloside)やボンクレキン酸(bongkrekic acid)で特異的に阻害される．その輸送能はATPの供給速度を律速する因子となるため，細胞のATP需要に応じて組織や発達段階により発現様式が異なる．ヒトでは少なくとも3種のアイソフォーム(ANT1, ANT2, ANT3)が知られ，ANT1(心・骨格筋型)遺伝子は第4染色体長腕35領域に，ANT2(繊維芽細胞型)遺伝子はX染色体長腕24-26領域，ANT3(肝臓型)遺伝子はX染色体長腕22.3領域にマップされる．ANT2はX染色体不活性化*を受けるが，ANT3は偽常染色体域にありX染色体の不活性化を免れる．

**ATP-ADP輸送体**　［ATP-ADP translocator, ATP-ADP transporter］　＝ATP-ADP交換タンパク質

**ATP加水分解**　［ATP hydrolysis］　アデノシン三リン酸の3個のリンのうち，α位とβ位およびβ位とγ位間の2個の酸無水結合の加水分解によって，pH 7.0ではおよそ7.3 kcal/molの自由エネルギーがそれぞれ放出される．これらのエネルギーは，リガーゼによる生体分子の合成やヘリカーゼやシャペロン*による生体高分子の高次構造変化に，またエネルギー変換ATPアーゼによる能動輸送*や張力の発生などに利用される．キナーゼ反応はリン酸転移反応であるから，ATP加水分解には含めない．(⇒ATPアーゼ)

**ATP駆動薬物輸送体**　［ATP-driven drug transporter］　MDR輸送体(MDR transporter)，多剤耐性輸送体(multidrug resistance transporter)ともいう．ATP結合ドメインをもつ薬物の輸送体で，P糖タンパク質としてヒトには二つ(MDR1, 3)，げっ歯類では三つ(MDR1, 2, 3)が知られている．がん細胞が薬剤耐性になると170 kDaのP糖タンパク質が増えることから単離された．おもに疎水性薬物をATPの駆動力によって，細胞外に運ぶ役目をもつ．構造上，細菌が栄養分を取込むための輸送体や$Cl^-$チャネルである嚢胞性繊維症膜貫通調節タンパク質*(CFTR)とファミリーをなすATP結合カセット*．MDRはこれらと異なり，基質特異性が低く，いくつもの抗がん剤を細胞外に運ぶことができる．正常での役割は知られていない．(⇒多剤耐性遺伝子)

**ATP：クレアチンホスホトランスフェラーゼ**　［ATP：creatine phosphotransferase］　＝クレアチンキナーゼ

**ATP結合カセット**　［ATP binding cassette］　ABCと略す．タンパク質の一次構造で，Walker型ATP結合モチーフを含む領域のこと(⇒ATP結合部位)．ABCを含むタンパク質には，キナーゼ類，DNAの修復を行うUvrAや組換えにかかわるRecAなど，ABC輸送体とよばれるCFTR(嚢胞性繊維症膜貫通調節タンパク質*)やP糖タンパク質(⇒多剤耐性遺伝子)などが含まれる．(⇒ABCトランスポータースーパーファミリー)

**ATP結合カセットスーパーファミリー**　［ATP binding cassette superfamily］　＝ABC輸送体スーパーファミリー

**ATP結合タンパク質**　［ATP-binding protein］　ATPと結合するタンパク質であるが，通常ATPアーゼ*活性をもち，ATP分解で得られるエネルギーを利用して多様な反応を行うタンパク質の総称．細胞生物学上，$Na^+$,$K^+$-ATPアーゼ*などの能動輸送体，一部の翻訳開始因子などのDNAヘリカーゼ*，ミオシン*などの細胞内モーター，エンドサイトーシスで生じる被覆小胞からクラスリンを脱離させるHSP70*など，多岐にわたる重要な機能を担うものが知られる．(⇒GTP結合タンパク質)

**ATP結合部位**　［ATP binding site］　ATP結合タンパク質*にはJ. E. Walker*らが提唱したA配列(motif A)：Gly-X-X-X-X-Gly-Lys-Thr/SerとB配列(motif B)：Z-Z-Z-Z-Asp(Zは疎水性基)とよばれる保存配列がみられる．A配列はB配列のN末端側に位置し，A配列とB配列の距離は50〜130残基で，その間には保存性の高いGlu/Aspが存在する．またATP/GTP結合タンパク質にはPループ(P-loop)と

よばれる共通配列が提唱されている．6個のβシートとαヘリックスがATP結合ポケットを構成し，保存配列はいずれもこれらの中に存在する．P型ATPアーゼには上記の保存配列はみられず，アシルリン酸化されるAspを含むAsp-Lys-Thr-Gly-Thr-Leu-Thr配列が存在する．($\rightleftharpoons$ ATP結合カセット)

**ATP合成酵素**［ATP synthase］ ATPシンターゼ，$F_oF_1$ ともいう．酸化還元のエネルギーでATPを合成する生体膜のアデノシントリホスファターゼ(ATPアーゼ)．ミトコンドリア，細菌細胞膜，葉緑体に広く分布する(図a)．酸化的リン酸化*や光リン

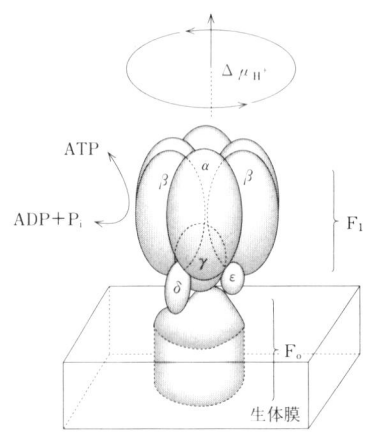

(a) ATP 合成酵素の基本構造 (Y. Kagawa, T. Hamamoto, 1996)

(b) ウシ ATP 合成酵素の横断面. $\alpha$ と $\beta$ サブユニットが $\gamma$ サブユニットを軸として交互に並んでいる. Ⓣは ATP 類似体, Ⓓ は ADP を示す. E は ATP も ADP も存在しない部位. (J. P. Abrahams ら, 1994)

酸化*の過程で生じた電気化学ポテンシャルでADP $+ P_i \rightarrow$ ATP $+ H_2O$ の反応を駆動するプロトン輸送性ATPアーゼである．他のプロトン輸送性ATPアーゼはATPを分解してプロトンを細胞外や小胞内に輸送するV型ATPアーゼなどであるのに対して，ATPを合成する $F_o$ と $F_1$ から成る $F_oF_1$-ATPアーゼであるために，F型ATPアーゼとして区別する．その触媒部 $F_1$ は図のように $\alpha, \beta, \gamma, \delta, \varepsilon$ の5種から成っている．$F_1$ は $F_oF_1$ の触媒部であり，再構成能の高い好熱菌の場合は $\alpha\beta$ のみでATPアーゼ活性がある．最少単位の $\alpha_1\beta_1$ はプロトマーであり，$F_1$ そのものにジアジド-ATPを作用させると $\alpha\beta$ 間が架橋されるので，両者の界面にATP結合部位が存在することがわかる．このプロトマーが3個集合して $\alpha_3\beta_3$ がオリゴマーとなって活性をもつが，オリゴマー1分子に対して1分子の阻害剤が活性を阻害することができる．好熱菌や大腸菌の $F_1$ では $\alpha_3\beta_3\gamma$ の集合体を再構成することができる．小さいサブユニットの $\delta$ と $\varepsilon$ は $\alpha\beta\gamma$ 複合体を $F_o$ に結合するのに必要である．$\alpha$ は分子量が最も大きく，$\beta$ と相同性がある．$\beta$ は $F_1$ の真の活性サブユニットと考えられている．$\gamma$ サブユニットは代謝の激しい筋肉組織と他の組織ではその構造が異なり，スプライシング段階に相違がある．ウシ心筋の $F_1$ 結晶のX線解析から図(b)のように $\gamma$ のN末端とC末端の二本鎖ヘリックスが軸になって，$\alpha_3\beta_3$ の六量体の回転を行いながらATPを3段階で合成すると考えられるようになった．$\alpha\beta$ はいずれも単独でATP(ADP)を特異的に結合することができるが，図のように $\alpha\beta$ 界面に合計6個の結合部位がある．図の結晶化の際にはATPの代わりに加水分解を受けないAMP-PNP(アデニルイミドニリン酸*)とADPを用いている．そして $\alpha$ には非触媒性の結合中心がある．ATPを結合する $\beta$，ADPを結合する $\beta$，空席の $\beta$ の三つの状態が観察されるので，$F_1$ の回転に従って交代していくと推定されている．ヒトの $F_o$ には a, b, c の3種の基本サブユニットのほかに d, e, f, g，OSCP(オリゴマイシン感受性付与タンパク質)，A6Lがあり，そのほかにATPアーゼインヒビターと9Kと15Kとよばれる調節タンパク質もある．ヒトの $F_oF_1$ 遺伝子は $F_o$ のサブユニット a と A6L はミトコンドリアにあり，残りの $F_o$ と $F_1$ の全遺伝子は核の染色体内にコードされている．

**ATP再生系**［ATP regenerating system］ ATPを消費するエネルギー利用系に対して，反応の結果生じたADPまたはAMPからATPを合成してエネルギーを供給する反応系．生体内の系では，筋肉で発達したクレアチンキナーゼ*系，その他の組織の解糖系*や酸化的リン酸化*系，緑色植物の光リン酸化*系が主要なものである．試験管内の実験でエネルギー利用系を維持するためには，クレアチンキナーゼ系(ADP＋ホスホクレアチン→ATP＋クレアチン)，ホスホエノールピルビン酸系(ADP＋ホスホエノールピルビン酸→ATP＋ピルビン酸)が使われ($\rightleftharpoons$ピルビン酸キナーゼ)，AMPを再生する場合はこれにアデニル酸キナーゼ*を添加する．

**ATP作動性チャネル**［purinergic receptor channel］ $\rightleftharpoons$ 陽イオンチャネル

**ATP シンターゼ** ＝ATP 合成酵素
**ATP モノホスファターゼ**〔ATP monophosphatase〕＝ATP アーゼ
**ADP リボシル化**〔ADP-ribosylation〕 NAD$^+$ から ADP リボース単位が種々のタンパク質に付加されるタンパク質修飾反応. 重合状態によってモノ ADP リボシル化とポリ ADP リボシル化の二つに大別される. ポリ ADP リボシル化はおもに核酸様の直鎖構造で起こるが長鎖になると分岐もみられる(→ポリ (ADP リボース)). ADP リボシル化は, 種々の酵素タンパク質がおのおの特異的な基質タンパク質に対して行うことが知られている. ジフテリアトキシンや緑膿菌毒素が EF-2 を, コレラトキシンや百日咳毒素が $G_s$ や $G_i$ の α サブユニットを, ボツリヌス毒素がアクチン* や Rho* をそれぞれモノ ADP リボシル化する. ポリ ADP リボシル化は真核細胞の細胞核にあるポリ ADP リボースポリメラーゼ(PARP)がヒストンや RNA ポリメラーゼ, ポリ ADP リボースポリメラーゼ自身, HMG タンパク質などを基質にして起こるほか, ミトコンドリア酵素によるミトコンドリアタンパク質のオリゴ ADP リボシル化やある種のウイルスタンパク質のオリゴ ADP リボシル化などがある. ポリ ADP リボシル化はクロマチンタンパク質や核内酵素の可逆的な修飾を介して, 遺伝子転写, がん化や分化制御, ゲノムの統合性の制御や維持, DNA 修復, 中心体の複製制御や細胞周期の調節, アポトーシス*, ゲノムインプリンティング* などに関連していることがわかってきている.

**ADP リボシル化因子**〔ADP-ribosylation factor〕＝Arf

**ADP リボシルトランスフェラーゼ**〔ADP-ribosyl-transferase〕＝ポリ(ADP リボース)ポリメラーゼ

**(ADP リボース)ポリメラーゼ**〔(ADP-ribose) polymerase〕＝ポリ(ADP リボース)ポリメラーゼ

**エーテル**〔ether〕【1】一般式 R-O-R′ で表されるアルコールまたはフェノール類 2 分子から脱水した化合物. 【2】ジエチルエーテル(diethyl ether, $(C_2H_5)_2O$)の略称. 分子量 74.12, 沸点 34.6℃, 融点 −116.3℃, 密度 $d^{20}=0.7134$, 無色の流動しやすい揮発性の液体で特有の臭いがあり, 非常に引火しやすい性質をもつ. 化学的に安定な化合物ではあるが, 光照射下で空気中に長時間放置すると酸化され, 過酸化物を生じて酸化作用を示すようになる. 麻酔性があるので, 麻酔剤として使用される. 近年では, 医療分野において用いられることがほとんどなくなったが, 実験動物などの麻酔にはそのままもしくはアルコールと混ぜて使用することが多い.

**エトキシギ酸無水物**〔ethoxyformic anhydride〕＝ジエチルピロカルボネート

**エトポシド**〔etoposide〕 VP-16 ともいう. Podophyllum 属の植物の成分ポドフィリンに含まれるポドフィロトキシン(podophyllotoxin)の誘導体で抗がん活性をもつ化合物. 構造類似体としてテニポシド(teniposide, VM-26 ともいう)がある. 作用機序はポドフィロトキシンがビンカアルカロイド* と同じくチューブリン* に作用して有糸分裂を阻害するものに対し, これら薬剤はチューブリンの阻害よりも, DNA トポイソメラーゼⅡ* を阻害し, DNA 鎖切断をひき起こし DNA 合成を阻害し, 細胞障害を発揮する. エトポシドは肺小細胞がん, 白血病, リンパ腫, 膀胱がん, 精巣腫瘍などに用いられる. (→制がん剤)

**エドマン(分解)法**〔Edman (degradation) method〕1949 年に P. Edman により開発されたアミノ酸配列分析法(amino acid sequencing). エドマン分解法では, まずタンパク質やペプチドの N 末端アミノ基にフェニルイソチオシアネート(phenyl isothiocyanate, PITC)をカップリングさせる. 得られたフェニルチオカルバモイル(PTC)ペプチド(phenylthiocarbamoyl peptide, PTC peptide)に無水の強酸を作用させ, N 末端ペプチド結合を特異的に切断する. 遊離された N 末端アミノ酸のアニリノチアゾリノン(ATZ)誘導体を安定なフェニルチオヒダントイン(PTH)アミノ酸(phenylthiohydantion amino acid, PTH amino acid)誘導体に転換し, 高速液体クロマトグラフィー(HPLC)で同定する. 新たに生じるペプチドを同様に繰返し分析して, N 末端からのアミノ酸配列を逐次決定する. エドマン分解法を応用して微量タンパク質の N 末端アミノ酸配列を自動的に分析する装置(気相プロテインシークエンサー*)が開発されている.

**エナンチオマー** ＝光学異性体

**A23187**〔A23187〕 A23187 イオノホア(A23187 ionophore), カルシマイシン(calcimycin)ともいう. Streptomyces chantreusis 由来の抗生物質. $C_{29}H_{37}N_3O_6$, 分子量 523.6. 水に難溶. イオノマイシン* と同様に, 広く用いられているカルシウムイオノホア* の一つ. グラム陽性細菌および真菌に対して, 弱い抗菌作用をもつ. 437 nm の自己蛍光をもつので, Fura 2 色素で

は使えない．臭化物(4-ブロモ-A23187)は蛍光を発しない．細胞内カルシウムイオン濃度を上昇させる目的などに使用される．2価イオン，特にマンガンイオンにも高い選択性を示す．

**A23187 イオノホア**［A23187 ionophore］＝A23187

**NIR**［NIR＝near-infrared spectroscopy］＝近赤外分光

**NIH3T3 細胞**［NIH3T3 cell］ NIH スイスマウス胎仔から樹立された細胞株*で，3T3 は 3 日ごとに 50 mm シャーレ当たり $3 \times 10^5$ 細胞を植込んで継代(transfer)することを意味する．増殖期には繊維芽細胞様，飽和密度では敷石状の形態を示す．増殖因子依存性，増殖の接触阻害，足場依存性*増殖など正常細胞の形質を示すが，無限増殖能をもつ不死化細胞である．DNA トランスフェクションにより，ヒトがん細胞からがん遺伝子*を検出，クローニングする細胞株として有名である．(→ BALB/c 3T3 細胞)

***nif* 遺伝子**［*nif* gene］＝窒素固定遺伝子

**NILE**［NILE＝nerve growth factor inducible large external glycoprotein］ 神経成長因子誘導性大膜糖タンパク質の略．(→ L1)

**Nrp**［Nrp＝neuropilin］＝ニューロピリン

**NER**［NER＝nucleotide excision repair］＝ヌクレオチド除去修復

**NES**［NES＝nuclear export signal］＝核外輸送シグナル

***nef* 遺伝子** → *nef*（ネフ）遺伝子

**NEM**［NEM＝*N*-ethylmaleimide］＝*N*-エチルマレイミド

**Necl-2**［Necl-2］＝CADM1（シーエーディエムワン）

**Nedd タンパク質** → Nedd（ネッド）タンパク質

***N* 遺伝子**［*N* gene］＝ノッチ遺伝子

**N-ウィスコット・アルドリッチ症候群タンパク質**［neural-Wiskott-Aldrich-syndrome protein］ N-WASP と略す．(→ ウィスコット・アルドリッチ症候群タンパク質)

**NAA**［NAA＝1-naphthaleneacetic acid］ 1-ナフタレン酢酸の略号．(→ オーキシン)

**$Na^+$/グルコースシンポート** ＝ナトリウム/グルコース共輸送

**NAC**［NAC＝nascent-polypeptide-associated complex］ 新生ポリペプチド結合複合体の略号．(→ シグナル認識粒子)

**nAChR**［nAChR＝nicotinic acetylcholine receptor］＝ニコチン性アセチルコリン受容体

**nSec1/Munc18-1**［nSec1/Munc18-1］→ SNARE 関連タンパク質

**NSAID**［NSAID＝nonsteroidal antiinflammatory drug］ 非ステロイド性抗炎症薬の略．(→ 抗炎症薬)

**NST**［NST＝non-myeloabrative allogeneic hematopoietic stem cell transplantation］＝骨髄非破壊的同種造血幹細胞移植

**$Na^+$ チャネル**［$Na^+$ channel］＝ナトリウムチャネル

**NHL**［NHL＝non-Hodgkin lymphoma］＝非ホジキンリンパ腫

**NAD**［NAD］ ニコチンアミドアデニンジヌクレオチド(nicotinamide adenine dinucleotide)の略称．DPN(ジホスホピリジンヌクレオチド diphosphopyridine nucleotide)ともいう．還元型は NADH と略称される．微生物から高等生物まで広く，かつ最も多く(約 1 mM)存在する酸化・還元の補酵素*．ニコチンアミド*のリボシド結合に関して，α と β の立体異性体が存在する．生体内に通常存在して補酵素活性を示すのは β-NAD であるが，α-NAD(H)からシトクロム *c* などへ電子伝達する活性も哺乳類に見いだされている．(→ 電子伝達系)．還元型は水溶液中でゆっくりとラセミ化する．このためか，市販の β-NAD 標品は通常微量(数 % 以下)の α 体を含む．酸化型 NAD は 260 nm 付近に吸収極大をもち(pH 7 でモル吸光係数 $\varepsilon_{260}$ ＝18,000)，還元型は若干弱い 260 nm の吸収と，別に 340 nm 付近に著明な吸収を示す($\varepsilon_{340}$＝6300)．この 340 nm の吸収は，共役反応を介してさまざまな物質の定量や反応の解析に利用される．β-NAD(以下 NAD)は中性 pH でピリジン環の N に正電荷をもち，$NAD^+$ と表記される．脱水素反応で基質から引抜かれる 2 個の H 原子のうち，一方はピリジン環の 4 位に移されて NADH となり，他方は $H^+$ となって遊離する．この H の授受はピリジン環の面に関して酵素ごとに立体特異的であり，pro-*R*(A または 1)と pro-*S*(B または 2)が区別される．NAD はデヒドロゲ

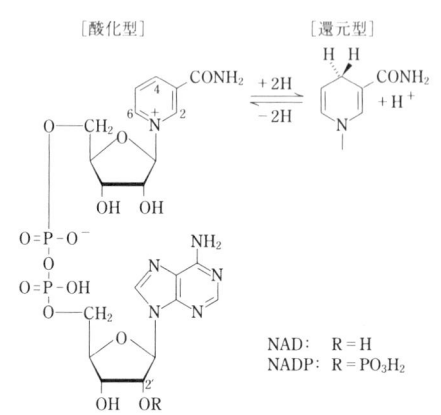

[酸化型]　　　　　　　［還元型］

NAD:　R＝H
NADP:　R＝$PO_3H_2$

ナーゼによる分子間の酸化・還元反応のほかに，分子内の酸化・還元(トランスヒドロゲナーゼ*)反応にも使われる．UDP ガラクトース-4-エピメラーゼ，dTDP-グルコースオキシドレダクターゼ，*S*-アデノシルホモシステインヒドロラーゼ，オルニチンシクラーゼ，*myo*-イノシトール-1-リン酸シンターゼ，ウロカナーゼなどである．NAD には以上述べた補酵素としての機能のほかに，ADP リボシル基あるいはア

デニリル基供与体としての機能がある．NAD 分子はニコチンアミド-リボース間とピロリン酸の2箇所に高エネルギー結合*をもっており(加水分解のエネルギー変化はそれぞれ約 8 kcal と 7 kcal)，このエネルギーを使って ADP リボシル基あるいはアデニリル基が酵素的に特定の高分子(あるいは低分子)に転移される．ADP リボシル基転移(ADP リボシル化*)反応には大別して，1個だけタンパク質(またはアルギニンなどの低分子)に転移されるモノ(ADP リボシル)化と，タンパク質にまず1個結合された後さらにつぎつぎと転移が起こって長い鎖(ポリ(ADP リボース)*)がつくられるポリ(ADP リボシル)化，および末端リボースがアデニン(プリン環)に結合して環状構造をつくるサイクリック ADP リボース合成がある．一方，アデニリル化*としては微生物の DNA リガーゼ*反応のみが知られている．

**NADP** [NADP]　ニコチンアミドアデニンジヌクレオチドリン酸(nicotinamide adenine dinucleotide phosphate)の略称．TPN(トリホスホピリジンヌクレオチド triphosphopyridine nucleotide)ともいう．NAD* のアデニン側リボースの 2′ 位の OH 基がリン酸エステルとなったもので，各種デヒドロゲナーゼの補酵素*として生体内の酸化・還元反応に関与する．化学的諸性質は，NAD とほとんど同じであるが，NAD が主として物質酸化，エネルギー産生に関与する補酵素であるのに対し，NADP はもっぱら還元型(NADPH と略称される)となって脂肪酸やステロイド合成に必要な還元基を供給する役割を担っている．

**NADPH オキシダーゼ** [NADPH oxidase] NADPH を電子供与体，酸素を電子受容体とする酵素の総称．NADPH デヒドロゲナーゼ(NADPH dehydrogenase)や P450 レダクターゼ(P450 reductase)などの酵素も酸素に電子を渡すことが可能だが，生理状態での電子受容体は酸素でないと考えられるのでオキシダーゼとはよばない．通常は食細胞などにみられるファゴサイトオキシダーゼ*をさす．

**NADPH デヒドロゲナーゼ** [NADPH dehydrogenase] ⇒ NADPH オキシダーゼ

**NN** [NN=neuromedin N]　ニューロメジン N の略号．(⇒ニューロテンシン)

**NAP** [NAP=neutrophil alkaline phosphatase] ＝好中球アルカリホスファターゼ

**NAP-1** [NAP-1=nucleosome assembly protein-1] ＝ヌクレオソームアセンブリータンパク質 1

**NF** [NF=Nod factor] ＝ノッドファクター

**NF-I** [NF-I]　nuclear factor 1 の略号．CCAAT 結合因子 1(CCAAT-binding transcription factor 1, CTFI)ともいう．アデノウイルスの試験管内 DNA 複製を促進する因子として見いだされ，その後多くの遺伝子のプロモーター上の CCAAT ボックス*に結合し，転写活性化因子としても機能することが示された．499 アミノ酸から成る 50 kDa の NF-I は N 末端領域に塩基性アミノ酸に富む DNA 結合ドメインをもち，C 末端領域にプロリンに富む転写活性化ドメイン

をもつ．他の CCAAT ボックス結合タンパク質 CP1 や C/EBP* との間には相同性がない．TFIIB との直接の相互作用により TFIIB を開始前複合体へとリクルートする．基本転写複合体の集合を促進する．507 アミノ酸から成る 55.6 kDa のヒト CTF-1 は N 末端側領域に DNA 結合，二量体化，複製促進などに関与するドメインをもつ．

**NF1** [NF1=neurofibromatosis type 1] ＝神経線維腫症 1 型

**NF-κB** [NF-κB]　nuclear factor κB の略．免疫グロブリン*κ 軽鎖遺伝子が成熟 B 細胞特異的に発現するために必要なエンハンサー* 領域の B 断片に結合する転写因子であるが普遍的に発現している．精製された NF-κB は 50 kDa(p50)と 65 kDa(p65, RelA)のタンパク質から成るヘテロ二量体であり，両タンパク質ともにその N 末端 300 アミノ酸が，がん遺伝子産物 Rel(⇒rel 遺伝子)と高い相同性をもっている．この領域を Rel 相同性ドメイン(Rel homology domain, RHD)とよぶ(図)．RHD をもつタンパク質にはこの

(a) p50(p105), p52(p100)

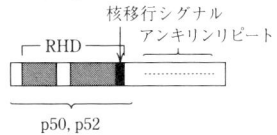

```
                    核移行シグナル
     ┌─RHD─┐       ↓   アンキリンリピート
     ┌──┬──────┬─┬────────────────┐
     │  │      │ │................│
     └──┴──────┴─┴────────────────┘
                p50, p52
```

(b) p65(RelA), c-Rel, RelB

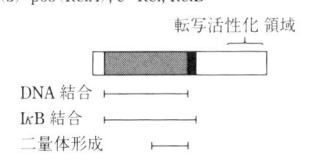

```
                          転写活性化領域
     ┌──┬──────┬─┬────────────────┐
     │  │      │ │                │
     └──┴──────┴─┴────────────────┘
  DNA 結合  ├──┤
  IκB 結合            ├────┤
  二量体形成      ├───┤
```

(c) IκBα

```
              アンキリンリピート       PEST 配列
     ┌───────────────────┬────┬──┐
     │...................│    │  │
     └───────────────────┴────┴──┘
```

NF-κB/Rel ファミリーおよび IκB の構造

ほかに p52, RelB が報告されており，NF-κB/Rel ファミリー(NF-κB/Rel family)あるいは Rel ファミリー(Rel family)とよばれている．p50 および p52 は前駆体 p105, p100 からプロセスされて産生する．Rel ファミリーは，RHD を介してホモ二量体あるいはヘテロ二量体を形成し，κB 配列(κB sequence)に結合する．κB 配列 5′-GGGRNNYYCC-3′(R：プリン，Y：ピリミジン)は，免疫系受容体(免疫グロブリン κ 軽鎖，インターロイキン 2 受容体 α 鎖)，サイトカイン(β インターフェロン，顆粒球-マクロファージコロニー刺激因子)，ウイルス(ヒト免疫不全ウイルス，サイトメガロウイルス)などの遺伝子のエンハンサーに存在する．したがって，Rel ファミリーは免疫および炎症系に必須な転写因子であり，実際，p50 ノックアウトマウス

は，細菌やウイルスの感染に対する免疫系の異常が報告されている．不活性型 Rel ファミリーは，抑制因子である IκB と複合体を形成し細胞質に存在する．細胞外からの活性化刺激（インターロイキン 1，腫瘍壊死因子 α，CD40 リガンド）により IκB の不活性化が起こり，Rel ファミリーは核内へ移行し，遺伝子発現を誘導する．Toll 様受容体*刺激などにより IκB キナーゼ（IKK）の活性化が起こると IκB がリン酸化され，IκB はついでマルチユビキチン化を受けプロテアソームにより加水分解されるため，転写因子 NF-κB が細胞質から独立し核内移行が行われる．IκB には，α, β, γ, Bcl-3（= bcl-3 遺伝子）のサブタイプが存在するが，いずれもアンキリンリピート*とよばれる 33 アミノ酸から成るモチーフの 5〜8 回の繰返しをもっており，この領域を介して RHD と相互作用する．p50 ホモ二量体の結晶構造解析から RHD が逆平行 β シートをもつ二つのドメインから成り，β シートをつなぐループの部分が DNA を認識することが示されている．またこの解析から DNA 結合および IκB との結合には RHD 全体が必要であるが，二量体形成には C 末端側の一つのドメインが必要で，もう一方のドメインの一部を欠失しても影響がないことが明らかとなっている．なお，ショウジョウバエの Rel ファミリーである Dorsal は，胚発生における背腹軸の決定に必須であり（= 背方化決定遺伝子），Dif（dorsal-related immunity factor）は，免疫反応に必須であることが示されている．

**NF-κB/Rel ファミリー** [NF-κB/Rel family] → NF-κB

***NF2 遺伝子*** [*NF2* gene] メルリン（merlin, moesin-ezrin-radixin-like protein），シュワノミン（schwannomin）ともいう．両側性聴神経腫，髄膜腫，神経鞘腫が多発する優性遺伝性神経線維腫症 2 型（neurofibromatosis type 2, NF2）の原因遺伝子として 1993 年に単離された第 22 染色体上のがん抑制遺伝子*．コードする 595 アミノ酸配列は小腸の微絨毛の裏打ちタンパク質エズリン（ezrin），アクチン結合タンパク質ラディキシン（radixin），機能未知のモエシン（moesin）と高い相同性を示し，ERM ファミリーとよばれる．中枢神経系や種々の組織で発現される．NF2 患者では片方の対立遺伝子に存在する生殖細胞突然変異が遺伝し，腫瘍には正常対立遺伝子の欠失や体細胞突然変異が認められる．散発性神経鞘腫にも NF2 突然変異と欠失が検出される．神経膠腫や髄膜腫では NF2 のカルパインによる分解とカルパイン系の活性化により NF2 発現が見られなくなる．

**NMR** [NMR＝nuclear magnetic resonance] ＝核磁気共鳴

**NMD** [NMD＝nonsense codon-mediated mRNA degradation] ＝ナンセンスコドン介在性 mRNA 分解

**NMDA** [NMDA＝$N$-メチル-D-aspartate] ＝$N$-メチル-D-アスパラギン酸

**NMDA 受容体** [NMDA receptor] ＝$N$-メチル-D-アスパラギン酸受容体

**NMU** [NMU＝neuromedin U] ＝ニューロメジン U

**NOE** [NOE＝nuclear Overhauser effect] ＝核オーバーハウザー効果

**NOESY** [NOESY] nuclear Overhauser effect spectroscopy の略．(= 核オーバーハウザー効果，二次元 NMR)

**Nos** [Nos] ＝ナノスタンパク質

**NOS** [NOS＝NO synthase] ＝NO シンターゼ

**NON マウス** [NON mouse] → NOD マウス

**NO38** [NO38] ＝ヌクレオホスミン

**NO シンターゼ** [NO synthase] 一酸化窒素合成酵素（nitric oxide synthase）ともいい，NOS と略す．L-アルギニンを基質とし，一酸化窒素*（NO）を合成する酵素．NOS には神経型 NO シンターゼ（nNOS または NOS1），誘導型 NO シンターゼ*（iNOS または NOS2），血管内皮型 NO シンターゼ*（eNOS または NOS3）の 3 種類のアイソザイム*が存在し，その分子量はそれぞれ 160,000，130,000，135,000 である．血管内皮型および神経型の NOS は構成型 NOS（cNOS）とよばれる．神経型 NOS は脳，神経系に存在し，カルシウム/カルモジュリン*をその活性に必要とし分子量が 160,000 で cDNA は 4.3 kb であり，第 12 染色体長腕 24.2 領域に存在する．誘導型 NOS は白血球，マクロファージ，血管平滑筋において通常の状態ではほとんど存在せず，サイトカイン，リポ多糖などにより誘導されて発現してくる．分子量は 130,000 で cDNA は 3.4 kb であり，細胞内の生理的カルシウムイオン濃度においてカルモジュリンが酵素に強く結合しているため新たにカルシウム/カルモジュリンを必要としない．第 17 染色体に存在する．タイプ III 内皮型 NOS は分子量 135,000 で cDNA は 3.6 kb である．活性には神経型と同じくカルシウム/カルモジュリンを必要とする．第 7 染色体長腕 35-36 領域に存在する．内皮型 NOS はほかのタイプが可溶性画分に存在するのに対して膜結合型として存在する．C 末端側にはシトクロム P450 レダクターゼに共通して認められる NADPH, FAD, FMN 結合部位が，N 末端側には L-アルギニンおよびテトラヒドロビオプテリン結合部位が存在する．(= イグナロ，ファーチゴット，ムラド)

**Nod ファクター** → Nod（ノッド）ファクター

***Not* I** → *Not* I（ノットワン）

**NOD マウス** [NOD mouse] NOD は非肥満性糖尿病（non-obese diabetic）の略．ICR 系統のマウス由来の非近交系 CTS より，糖尿病*発症を選抜基準として分離・樹立された近交系*マウス．関連する近交系として非発症型の NON マウス（NON mouse）がある．発症は生後約 1 年までに起こり，その病態，遺伝学的類似性から，NOD はヒト I 型糖尿病（インスリン依存性糖尿病）の疾患モデルと考えられている（= モデル動物）．遺伝学的解析から，多因子性疾患であることが判明し，連鎖解析により 25 の I 型糖尿病関連遺伝子（*Idd*）座位がマウスゲノム上にマップされている．

ヒトとの類似点としては, 1) 自己免疫反応によるランゲルハンス島 β 細胞の破壊, 2) β 細胞成分に対する自己抗体*の生成, 3) T 細胞*活性の欠損, 4) 免疫抑制*による発症抑制, 5) MHC 領域に存在する感受性遺伝子の存在などが, 相違点として, マウスでの発症率の差(雌で 80 %, 雄で 20 %)が観察されている.

**N 型カルシウムチャネル** [N type calcium channel] $Ca_V2.2$ チャネル($Ca_V2.2$ channel)ともいう. 中枢神経系, 末梢神経系のシナプス伝達機構において重要な働きをしているチャネルであり, 神経伝達物質受容体, G タンパク質($G_{\beta\gamma}$)による電流抑制の程度が $Ca_V2.1$(P/Q 型カルシウムチャネル*)および $Ca_V2.3$(R 型カルシウムチャネル*)よりも強いという特徴をもつ. カルボキシ末端側の異なるスプライスバリアントが存在し, 神経細胞内における局在性の違いを決めている. 本チャネルは, 心臓交感神経からのノルアドレナリン遊離に関与しており, 本チャネルおよび L 型カルシウムチャネル*を同時に阻害する薬物が高血圧の治療に用いられている. また病的な痛みの神経伝達にも関与しており, 本チャネル阻害剤の神経因性疼痛治療薬として有効性が期待されている. 一方, 本チャネルは病態時における神経の興奮性に関与していることから, 本チャネル阻害薬は, 脳虚血後の神経保護薬としても期待されている. しかしながら, 本チャネルはさまざまな神経伝達物質の放出に関与しているためその阻害による副作用は重篤である. (⇒ カルシウムチャネル, T 型カルシウムチャネル)

**NCAM** =神経細胞接着分子

**4NQO** [4NQO = 4-nitroquinoline 1-oxide] = 4-ニトロキノリン 1-オキシド

**NK 細胞** [NK cell = natural killer cell] = ナチュラルキラー細胞

**$NK_1$ 受容体** [$NK_1$ receptor] ⇒ サブスタンス P

**$NK_2$ 受容体** [$NK_2$ receptor] = サブスタンス K 受容体

**N 結合型糖タンパク質** [N-linked glycoprotein] アスパラギン結合型糖タンパク質(Asn-linked glycoprotein)ともいう. N-アセチルグルコサミンを介して, タンパク質中のアスパラギン(Asn)の酸アミド基に糖鎖が N-グリコシド結合している糖タンパク質*. この型の糖タンパク質糖鎖は, オリゴ糖-脂質中間体から酵素的に, オリゴ糖部分がそっくりタンパク質に付加され, その後, グリコシダーゼによるプロセシング, グリコシルトランスフェラーゼによる糖鎖延長を経るのが特徴である(⇒ グリコシル化). 糖鎖付加の共通配列として, Asn-X-Ser/Thr(X はプロリン以外のアミノ酸)というトリペプチド構造の存在が必要である. (⇒ O 結合型糖タンパク質)

**NKT 細胞** [NKT cell = natural killer T cell] = ナチュラルキラー T 細胞

**ncRNA** [ncRNA = non-coding RNA] = 非コード RNA

**NCAM** [NCAM = neural cell adhesion molecule] = 神経細胞接着分子

**NGF** [NGF = nerve growth factor] = 神経成長因子

***NGF1A*** [*NGF1A*] = *egr-1* 遺伝子

**NJ 法** [NJ method] = 近隣結合法

**NgCAM** [NgCAM = neuron-glia cell adhesion molecule] ニューロングリア細胞接着分子の略. (⇒ L1)

**NC2** [NC2 = negative cofactor 2] = Dr1

**N-WASP** ⇒ ウィスコット・アルドリッチ症候群タンパク質

**N タンパク質** [N protein] 【1】 pN と略記する. λファージの *N* 遺伝子から産生され, 転写終結を抑制する作用をもつ分子量 12,300 の塩基性タンパク質. (⇒ NusA タンパク質)
【2】細胞膜上の受容体と結合して細胞内にシグナルを伝達する G タンパク質*をさす場合もある.

**N-ChIP** [N-ChIP] ⇒ クロマチン免疫沈降

**NT** [NT = neurotensin] = ニューロテンシン

***ntr* オペロン** [*ntr* operon, nitrogen regulation operon] ⇒ 窒素関連オペロン

**NDP キナーゼ** [NDP kinase] = ヌクレオシド二リン酸キナーゼ

**NDV** [NDV = *Newcastle disease virus*] = ニューカッスル病ウイルス

**nNOS** [nNOS = neuronal NO synthase] 神経型 NO シンターゼの略称. (⇒ 血管内皮型 NO シンターゼ)

**N バンド** [N band] 強く酸処理した後, ギムザ染色*を行うことにより出現する染色体バンド. 核小体(nucleolus)を構成する染色体領域に見いだされることからこのようによばれる. N バンド領域にはリボソーム DNA 群が存在しており, 18S および 28S RNA を用いた *in situ* ハイブリダイゼーション*で得られるパターンと非常に類似している.

**Np** [Np = neuropilin] = ニューロピリン

**NPN** [NPN = nonprotein nitrogen] 非タンパク質性窒素の略号. (⇒ 残余窒素)

**NBL 細胞** [NBL cell] = PtK1 細胞

**NBL-2 細胞** [NBL-2 cell] = MDCK 細胞

**NPD1** [NPD1 = neuroprotectin D1] = ニューロプロテクチン D1

**NPV** [NPV = *Nucleopolyhedrovirus*] = 核多角体病ウイルス

**N 末端法則** [N end rule] タンパク質分解*の速度を決める機構として H. Varshavsky らによって提唱された. 基質タンパク質の N 末端のアミノ酸がリシンやアルギニンであると分解されやすいが, メチオニン, セリンなどでは安定になる. 事実ユビキチン*化によるタンパク質分解は N 末端が塩基性アミノ酸の場合に起こりやすく, この法則がプロテアソーム*によるタンパク質分解機構にも当てはまる. これとは別に PEST ドメイン*説もある.

**NuRD 複合体** [NuRD complex] ⇒ クロマチンリモデリング複合体

**NusA タンパク質**［NusA protein］　λファージ*の抗転写終結因子 N タンパク質*（分子量 12,300）が，活性を発揮するのに必要な宿主菌の因子の一つ．名は pN-utilization substance に由来する．RNA ポリメラーゼのコアにσ因子*と競合して結合する．N タンパク質が活性を発揮するには，この NusA タンパク質（分子量 54,400）のほかに nut（N utilization）部位とよばれ，小さなヘアピン構造をつくる特定の塩基配列が転写産物上になければならない．この三者と RNA ポリメラーゼの複合体が，コア抗転写終結因子複合体で，DNA 上の転写終結点あるいは転写一時停止点を越えて転写を続けることができる．しかしこのコア複合体は不安定で，nut 部位から離れた転写終結点や転写一時停止点を越えて転写を続けるためには，さらに宿主菌由来の NusB（分子量 14,500），NusG（分子量 21,000），リボソーム S10（分子量 11,700）各タンパク質が必要とされる．

**N 領域**［N region］　N はヌクレオチド(nucleotide)の略．抗体や T 細胞受容体遺伝子の V-J 結合*や V-D-J 結合*の結合点に頻繁に見いだされる鋳型配列をもたない領域をさす．抗体 H 鎖*で V-D-J 結合が，T 細胞受容体のα鎖，γ鎖で V-J 結合およびβ鎖，δ鎖で V-D-J 結合が DNA 再編成*により形成される途上，ターミナルデオキシリボヌクレオチジルトランスフェラーゼ(TdT)により鋳型となる配列なしにランダムなヌクレオチドが高頻度に挿入されることが示されている．結合に関与した V, (D), J 遺伝子配列とできあがった V-(D)-J 遺伝子の配列を比較し，その結合点で V, (D), J 遺伝子に含まれない配列が存在するとそこを N 領域とよぶ．N 領域のつくり出す多様性の度合いはきわめて高い．抗体 L 鎖の V-J 結合では N 領域は存在しない．N 領域のように鋳型となる DNA（もしくは RNA）の配列が存在しない例は，抗体と T 細胞受容体遺伝子系以外では一切見いだされていない．

**N-WASP**［N-WASP = neural-Wiskott-Aldrich syndrome protein］　N-ウィスコット・アルドリッチ症候群タンパク質の略称．(⇌ウィスコット・アルドリッチ症候群タンパク質)

**エネルギー依存性タンパク質分解**［energy-dependent proteolysis］　ユビキチン共役タンパク質分解(ubiquitin-dependent proteolysis)ともいう．真核細胞の半減期の短いタンパク質の分解機構で ATP とポリユビキチン（ポリ Ub），26S プロテアソーム*関与で下記のような複雑な機構が提示されている．Ub の連鎖化（ポリ Ub 化）には $E_{1〜3}$ の酵素と ATP が必要である．

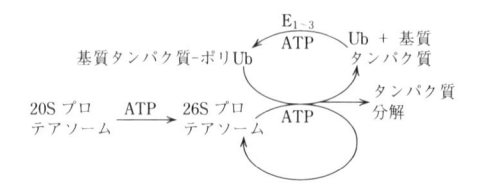

エノラーゼ［enolase］　⇌ニューロン特異的エノラーゼ

**エノールリン酸**［enol phosphate］　ポリリン酸（ATP/ADP）やグアニジンリン酸（ホスホクレアチン/ホスホアルギニン）とともに，高エネルギーリン酸化合物の一つである．解糖系中間体のホスホエノールピルビン酸はその一例である．ホスホエノールピルビン酸は，ピルビン酸キナーゼによってピルビン酸に変換される．この際に，エノールリン酸（ホスホエノールピルビン酸）からリン酸基の脱離によってできるエノールが不安定で，すぐにケトン（ピルビン酸）に変換するので，大きな自由エネルギーが放出され，これによって ADP から ATP が合成される．

**エバネッセント波蛍光顕微鏡**［evanescent-wave fluorescence microscope］　＝全反射蛍光顕微鏡

**エバネッセント場蛍光顕微鏡**［evanescent-field fluorescence microscope］　＝全反射蛍光顕微鏡

**エバンス　EVANS, Martin**　英国の動物細胞生物学者・発生生物学者．1941.1.1〜　グロスターシャーのストラウドに生まれる．1963 年ケンブリッジ大学クライスト・カレッジ卒業，1969 年ロンドン大学ユニバーシティ・カレッジで Ph.D. 取得．1981 年マウス胚性幹細胞*を発見．培養マウス胚性幹細胞を胚に注入することによりマウス個体を産生できることを示し，ノックアウトマウス*の作製や遺伝子ターゲッティング*に関連した技術を開発した．2007 年胚性幹細胞を使ってマウスに特異的な遺伝子修飾を導入するための原理の発見により M. R. Capecci*, O. Smithies* とともにノーベル医学生理賞受賞．1999 年よりカーディフ大学の哺乳動物遺伝学教授．

**ABRE**［ABRE = abscisic acid responsive element］＝アブシジン酸応答配列

**AP-1**［AP-1］　エンハンサー結合タンパク質の一つで，アクチベータータンパク質 1(activator protein 1)の略称．最初 SV40 ウイルスおよびメタロチオネインⅡA 遺伝子のエンハンサーエレメント 5'-TGAGTCA-3' に結合するタンパク質として同定された．この AP-1 結合配列は発がんプロモーター TPA（12-O-テトラデカノイルホルボール 13-アセテート*）により活性化される種々の遺伝子に見いだされ，TPA 応答配列(TPA response element, TRE；TGAGTCA)とよばれ，AP-1 は TPA の標的であるプロテインキナーゼ C*により制御される主要転写因子の一つと考えられている．AP-1 はがん原遺伝子産物 Jun（ヒト c-Jun は 341 アミノ酸から成る）と Fos（ヒト c-Fos は 392 アミノ酸）の複合体である．Jun, Fos は両者とも，塩基性アミノ酸クラスター・ロイシンジッパー構造をもち（⇌bZIP 構造），ロイシンジッパーを介し複合体を形成し，塩基性アミノ酸領域で DNA にはさみのように結合する．Jun, Fos はファミリーを形成し，おのおの c-Jun, JunB, JunD, および c-Fos, FosB, Fra1, Fra2 をメンバーとして含む．したがって AP-1 はこれらの種々のタンパク質の組合わせ

から成る.

**エピ遺伝子型**［epigenotype］　エピジェノタイプともいう. DNA のメチル化\*やヒストンテール（⇒ヒストン）の修飾などの塩基配列そのものの変化によらない遺伝子活性の遺伝的変化をエピ変異とよぶが、個体や細胞におけるエピ変異（epimutation）のパターンまたはエピジェネティックな性質（⇒エピジェネティクス）をもつ対立遺伝子の構成をエピ遺伝子型とよぶ. ヘテロクロマチン\*や DNA の複製の時間的調節、核マトリックス\*・染色体スカフォールドによる核内構造などを娘細胞へと受け継がれうる. ある遺伝子座のエピジェネティックな性質を特定することをエピジェノタイピング（epigenotyping）という.

**ABA**［ABA＝abscisic acid］　＝アブシジン酸

**Apaf-1**　⇒Apaf-1（アパフワン）

**APL**［APL＝acute promyelocytic leukemia］　＝急性前骨髄性白血病

***abl* 遺伝子**　⇒*abl*（エイブル）遺伝子

**AP エンドヌクレアーゼ**［AP endonuclease, apurinic/apyrimidinic endonuclease］　自然の加水分解により、あるいはイオン化放射線やアルキル化剤などの処理により、DNA のプリンあるいはピリミジン塩基が失われた AP 部位が生じる. さらに、ウラシルなどの DNA 中の異常な塩基を除去する DNA グリコシラーゼが働いた後にも AP 部位が生じる. これらの AP 部位を修復するため、AP 部位を認識し、その 5′ あるいは 3′ 末端で DNA 一本鎖切断を行うのが AP エンドヌクレアーゼであり、原核細胞、真核細胞に多数種存在する.（⇒除去修復）

**Apo-1**［Apo-1］　＝Fas 抗原

**ABO 式血液型**［ABO blood group system, ABO blood type］　ある赤血球抗原によって分類される血液型\*の一つで、輸血の際にはその型の一致が最も重要となる. ABO 式血液型は A, B, O の三つの対立遺伝子\*によって決定され A と B は O に対して優性であるため、A, B, AB, O の 4 種類の型に分類される. 生化学的には血球表面に存在する糖鎖の末端構造のわずかな違いが原因であり、前駆物質である O(H) 型抗原を対立遺伝子関係にある A 型、B 型酵素がそれぞれの抗原に変換することによるものである.（⇒H 抗原）

**APC**[1]［APC＝active protein C］　活性化プロテイン C の略号.（⇒プロテイン C）

**APC**[2]［APC＝anaphase promoting complex/cyclosome］　＝後期促進因子

**APC**[3]［APC＝antigen-presenting cell］　＝抗原提示細胞

**ABC**［ABC＝ATP binding cassette］　＝ATP 結合カセット

***APC* 遺伝子**［*APC* gene＝adenomatous polyposis coli gene］　家族性大腸腺腫症\*の原因遺伝子. 分子量約 300,000 のリン酸化タンパク質をコードする. 遺伝子の発現はヒトの体のほとんどの組織で観察され、大腸上皮ではおもに細胞膜直下の細胞質内に局在している. *APC* 遺伝子産物の機能としては、β-カテニン（⇒カテニン）と複合体を形成し、その分解を促進することや、ショウジョウバエのがん抑制遺伝子\*のヒトにおける相同遺伝子の産物である DLG や微小管とも結合する能力をもつことも報告されている.

**エピジェネティクス**［epigenetics］　後成的修飾ともいう. 塩基配列に変化を与えずに後成的な修飾により、最終的に遺伝子の発現を制御する機構の総称をさす. エピジェネティクスの語源は、preformation theory（前成説）に対する epigenesis（後成説）に由来する. 現在使用されているエピジェネティクスは、epi-（後成的）に遺伝学つまり genetics を結合させた造語で、従来の遺伝学では扱えない範疇に入る現象として表現されるようになった. エピジェネティクスは、生体内で行われている遺伝子情報の組織特異的および時期特異的な遺伝子発現を調節する制御機構であり、DNA の塩基配列の違いによらない遺伝子発現の多様性を生み出す. つまり、同一個体の DNA のほとんどは同じであるが、心臓では、心臓に必要な遺伝子を発現し、肝臓では、肝臓に必要な遺伝子の発現を示し、その特異性および可塑性はすべてエピジェネティクスによって発生過程に確立され決定される. このように、エピジェネティクスは、発生過程などに関与する遺伝子の発現制御に加え、外来遺伝子からの防御や染色体の安定化など基本的生命現象にかかわる重要なメカニズムであり、その破綻によりさまざまな発生・分化異常やそれに伴う疾病が生じる. エピジェネティクスが関与している生命現象には、核のリプログラミング、ゲノムインプリンティング\*、X 染色体不活性化\*、細胞分化やがんなどがあげられる. エピジェネティクスがかかわる分子機構としては、DNA のメチル化\*、ヒストン\*のアセチル化・メチル化やクロマチンリモデリング因子、非コード RNA\*などによるクロマチンの高次構造の変化を誘導する因子があげられる（⇒ヒストンメチルトランスフェラーゼ、ヒストンデアセチラーゼ、DNA メチラーゼ、DNA デメチラーゼ）. DNA のメチル化修飾は、哺乳類ゲノムを直接的に修飾する唯一の仕組みであり、そのメチル基を付加したりはずしたりして遺伝子発現制御を行う. ヒストンは、メチル化、アセチル化、リン酸化、ユビキチン化のようにさまざまな修飾を受け、クロマチン構造のダイナミックな変化に関与し、遺伝子発現制御を行っている. また、非コード RNA は、X 染色体不活性化や刷込み遺伝子の制御に深く関与している. さらに、マイクロ RNA\*（miRNA）が関与する RNA 干渉\*（RNAi）機構は、ヒストンメチル化を介してヘテロクロマチン形成を誘導する分子機構として知られている. このように、エピジェネティクスは染色体\*やクロマチン\*の複雑な構造体を制御し、さまざまな生命現象にとって不可欠なものであり、種間の相違や個体差を生む原動力にもなっている.

**エピジェノタイピング**［epigenotyping］　⇒エピ遺伝子型

エピジェノタイプ ＝エピ遺伝子型
**APC/C** [APC/C＝anaphase promoting complex/cyclosome] ＝後期促進因子
**ABC 法** [ABC method＝avidin biotin-peroxidase complex method] ＝アビジン・ビオチン-ペルオキシダーゼ複合体法
**ABC モデル** [ABC model] 被子植物の花が外側から順に4種類の花器官(がく片，花弁，雄しべ，心皮)を形成する機構を説明するモデル．花芽分裂組織を四つの同心円状領域に分け，各領域で発現する3組の遺伝子群(A，B，C)の組合わせによって，その領域に形成される花器官の種類が決定される．A 遺伝子群のみが発現する領域からがく片，AB 両遺伝子群が発現する領域から花弁，BC 両遺伝子群が発現する領域から雄しべ，C 遺伝子群のみが発現する領域から心皮が形成される(図)．各遺伝子群に相当する遺伝子(⇒ 花系ホメオティック遺伝子，アガマス遺伝子)は，はじめにシロイヌナズナ*とキンギョソウから，ついでペチュニア，イネ，トウモロコシなど多数の植物種から単離された．これらの遺伝子を欠損した突然変異体や人工的に異なった領域で発現させた株では，花器官が別の花器官に転換するが，転換した器官の種類はABC モデルからの予想と合致する．各遺伝子の発現領域もおおむね予想通りであったことから，このモデルは被子植物に広く適用できると考えられている．

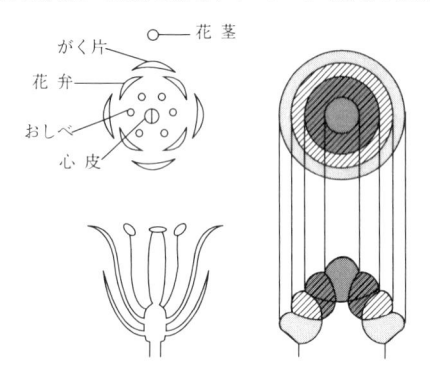

**ABC 輸送体スーパーファミリー** [ABC transporter superfamily] ATP 結合カセットスーパーファミリー(ATP binding cassette superfamily)，輸送体 ATP アーゼスーパーファミリー(traffic ATPase superfamily)ともいう．糖，アミノ酸，ポリペプチド，疎水性物質などのトランスポーター(輸送体*)として細菌からヒトまで100種類以上が同定されているが，チャネルとして機能するもの(⇒ 囊胞性繊維症膜貫通調節タンパク質)，他のチャネル活性を変化させるもの(表)もある．生物学的重要性に加えて，臨床的にも重要な機能を担う．その構造は，数回膜を貫通し基質特異性を決めている疎水性のドメイン二つと，ファミ

(岡田清孝, 志村令郎, 1991)

**ABC 輸送体スーパーファミリー**

| 輸送体 | 機能 | 関連疾病 | 活性調節を行うチャネル |
|---|---|---|---|
| P 糖タンパク質 (MDR1, PGY1) | 疎水性物質の輸送 | 抗がん剤多剤耐性 | $Cl^-$ チャネル |
| MDR3(PGY3) | リン脂質の輸送 | 抗がん剤多剤耐性 | 不明 |
| MRP(multidrug resistance protein) | 疎水性物質の輸送 | 抗がん剤多剤耐性 | $Cl^-$ チャネル, $K^+$ チャネル |
| 囊胞性繊維症膜貫通調節タンパク質* | $Cl^-$ チャネル | 囊胞性繊維症* | 外向き整流性 $Cl^-$ チャネル，$Ca^{2+}$ 依存性 $Cl^-$ チャネル，$Na^+$ チャネル |
| SUR (sulfonylurea receptor) | スルホニル尿素受容体 | 高インスリン性低血糖症 | ATP 感受性 $K^+$ チャネル |
| cMOAT (canalicular multispecific organic anion transporter) | 有機アニオンの輸送 | 体質性黄疸(ラット)，デュビン・ジョンソン症候群？ | 不明 |
| TAP (transporter associated with antigen processing)1, 2 | MHC クラス I 分子*の抗原提示 | | 不明 |
| ALD タンパク質 (ALDP) | 超長鎖脂肪酸の輸送 | 副腎白質ジストロフィー* | 不明 |
| PMP70 | 超長鎖脂肪酸の輸送 | ツェルベーガー症候群 | 不明 |
| STE6 | 酵母 a 因子の輸送 | | 不明 |
| Pghl タンパク質 (Pfmdr1) | 疎水性質の輸送 | クロロキン耐性 (マラリア原虫) | $H^+$-ATP アーゼ |

リー間で高い相同性(30～40％)をもち ATP を結合するヌクレオチド結合ドメイン二つより成る。四つのドメインは，それぞれ独立のポリペプチドより構成される場合から，二つあるいは一つのポリペプチドにより構成される場合までさまざまである。

**APC レジスタンス** [APC resistance] 活性化プロテイン C(APC)による血液凝固制御が効かない先天性血栓症素因(APC 不応症)。患者は欧米を中心に高頻度に存在し，北欧では血栓症患者の20～30％，健常人の約10％が本素因患者といわれる。しかし，アジア人種やアフリカ人種には存在しない。APC の基質である血液凝固 V 因子の分子異常症(Arg506→Gln変異)で，APC が $V_a$ 因子を失活化できないために，凝固亢進状態をきたして血栓症を発症する。(→プロテイン C 欠損症，プロテイン S 欠損症)

**エピスタシス** [epistasis] →非対立遺伝子

**エピソーム** [episome] 染色体外因子の一種で，細胞中で染色体とは独立して自律増殖する場合と，染色体に組込まれて増殖する場合の2種の増殖機構をもつ因子の総称。多くが環状二本鎖 DNA で，大腸菌のコリシン*因子，F プラスミド*，λファージなどのテンペレートファージ*などがその例である。細胞増殖に必須な因子でなく，また人工的に細胞から容易に抽出し再度導入できる点を利用して，遺伝子マッピング*や組換え DNA 技術*のクローニングベクター*としても利用されている。(→プラスミド)

**エピトープ** [epitope] ＝抗原決定基

**エピトープマッピング** [epitope mapping] T 細胞受容体*(TCR)あるいは抗体によって認識される構造，すなわちエピトープ(→抗原決定基)となるペプチドが抗原分子のどの部分にあるのかを，分子を種々の方法で断片化して決定すること。アミノ酸配列が既知のものであれば，適当な大きさのペプチドを合成して T 細胞や抗体の反応を調べたり，あるいは，その一部のアミノ酸を置換することによる抗原性の変化を調べて，エピトープとなる部分を決定する。一般に，抗体のエピトープマッピングは ELISA により行われる。一方，T 細胞受容体のエピトープマッピングは，T 細胞が示す増殖反応，細胞傷害性，あるいはサイトカイン産生を解析することにより行われる。

**AP-2** [AP-2] 5′-CCCCAGGC-3′ に結合するエンハンサー結合タンパク質*の一種で，アクチベータータンパク質 2(activator protein 2)の略称。ヒトでは HUGO Gene Nomenclature Committee により TFAP2，マウスでは Mouse Genome Informatics により Tcfap2 と命名されている。ヒトでは，A～E の5種類があり，それぞれα，β，γ，δ，εに対応し，ファミリーを形成している。哺乳動物の発生や形態形成に重要な役割を果たしている。この AP-2 結合配列は細胞のホルボールエステル処理や細胞内 cAMP 濃度の上昇に応答して転写を活性化させる。ヒト AP-2α (TFAP2A)は 437 アミノ酸から成る 48 kDa(見かけは 52 kDa)のタンパク質で，塩基性アミノ酸クラスター-ヘリックス・スパン・ヘリックス構造を介して二量体を形成して DNA に結合する。AP-2 の発現はレチノイン酸*により誘導される。

**エピネフリン** [epinephrine] ＝アドレナリン

**APP** [APP＝amyloid precursor protein] ＝アミロイド前駆体タンパク質

**エピマー** [epimer] →異性体

**FISH** [FISH＝fluorescence in situ hybridization] ＝蛍光 in situ ハイブリダイゼーション

**FIGE** [FIGE＝field inversion gel electrophoresis] ＝フィールド反転ゲル電気泳動

**FITC** [FITC＝fluorescein isothiocyanate] ＝フルオレセインイソチオシアネート

**A5** [A5] ＝ニューロピリン

**F アクチン** [F actin, fibrous actin] ＝アクチンフィラメント

**FRET** →FRET(フレット)

***fra* 遺伝子** → *fos* 遺伝子

**FRAP** →FRAP(フラップ)

**FRP** [FRP＝FSH releasing protein] ＝卵胞刺激ホルモン分泌促進タンパク質の略号。(→アクチビン)

**A 部位(リボソームの)** [A site, aminoacyl site] アミノアシル tRNA 結合部位(aminoacyl-tRNA binding site)ともいう。タンパク質生合成*のポリペプチド鎖伸長反応において，mRNA の示すコドン*に対応してアミノアシル tRNA*が結合するリボソーム上の部位。ペプチジル tRNA 結合部位(P 部位*)と対応して用いられる。A 部位へのアミノアシル tRNA の結合は伸長因子*の一つ EF-Tu(原核細胞)あるいは EF-1α (真核細胞)と GTP に依存する反応である。アミノアシル tRNA は，はじめ，EF-Tu(EF-1α)・GTP・アミノアシル tRNA 三重複合体として結合する。GTP の加水分解後，伸長因子は EF-Tu(EF-1α)・GDP として A 部位から遊離する。(→伸長サイクル)

**AVi** [AVi＝initial autophagic vacuole] 初期自己貪食胞の略称。(→オートファゴソーム)

**AVi/d** [AVi/d＝intermediate autophagic vacuole] 中間型自己貪食胞の略称。(→オートファゴソーム)

***fes* 遺伝子** → *fps/fes* (フプスフェス)遺伝子

**FEM** [FEM＝finite element method] ＝有限要素法

**F1** [F1] ＝GAP-43

**AVT** [AVT＝arginine vasotocin] アルギニンバソトシンの略号。(→バソトシン)

**AVd** [AVd＝degradative autophagic vacuole] 分解型自己貪食胞の略称。(→オートリソソーム)

**AVP** [AVP＝arginine vasopressin] アルギニンバソプレッシンの略号。(→バソプレッシン)

**A フィラメント** [A filament] ＝太いフィラメント

**F 因子** [F factor] ＝F プラスミド

**2-FAA** [2-FAA＝N-2-fluorenylacetamide] N-2-フルオレニルアセトアミドの略号。(→2-アセチルアミノフルオレン)

**Fas 抗原** →Fas(ファス)抗原

**FASTA** ＝FASTA（ファストエー）
**エフェクター**［effector］　【1】＝エフェクタータンパク質．【2】タンパク質の機能（主として酵素活性）を調節する物質．たとえばグルタミン酸デヒドロゲナーゼにはGTPにより阻害，ADPにより活性化をうけるものがある．この場合GTPは負の，ADPは正のエフェクター（またはモジュレーター）という．（⇒アロステリックエフェクター）

**エフェクター細胞**［effector cell］　効果細胞ともいう．腫瘍細胞やウイルス感染細胞の破壊，排除に直接かかわる細胞群．その代表例として以下のようなものがある．1）免疫感作なしに直接的な傷害性を示すナチュラルキラー（NK）細胞*．2）NK細胞，マクロファージ，B細胞などがFc受容体*を介して抗体依存性細胞傷害*（ADCC）を示す場合で，これらを総称してK細胞とよぶ．3）MHC拘束*された特異的な細胞傷害性を示すキラーT細胞*．4）感作リンパ球の産生するサイトカインによって活性化されるマクロファージやリンホカイン活性化キラー細胞（LAK細胞*）．

**エフェクタータンパク質**［effector protein］　エフェクター（effector）ともいう．細胞外からの情報物質の作用に応答し，細胞内で実際に機能を遂行する，触媒活性をもつタンパク質．広義には膜受容体のみならず，細胞内情報物質に対する受容体の影響下で機能するタンパク質も含む．おのおのの生理活性物質に対し，受容体，Gタンパク質*，エフェクタータンパク質の情報伝達系の例は多数報告がある．βアドレナリン受容体*，Gタンパク質$G_s$に対してはアデニル酸シクラーゼ*がエフェクターの例となる．

**FAK**［FAK］　focal adhesion kinase の略称．細胞-マトリックス接着結合（フォーカルアドヒージョン*，培養細胞におけるフォーカルコンタクト*など）に局在するチロシンキナーゼ*．分子量約125,000．細胞-マトリックス接着の形成に伴って，チロシンリン酸化が亢進する．いくつかの細胞-マトリックス接着結合の構成性タンパク質，シグナル伝達性タンパク質（⇒トランスデューサー）に結合し，細胞-マトリックス間接着に伴うシグナル伝達に重要な役割を担うと考えられている．すなわち，インテグリン*β1，パキシリン*との結合，自己リン酸化部位（397番のチロシン）を介してSrc（Src, Fyn）のSH2ドメイン（⇒SHドメイン）との結合，また，925番のチロシンのリン酸化を介し，Grb2/Ash*のSH2ドメインとの結合が示されている．Csk*，ホスファチジルイノシトール3-キナーゼ*とも複合体を形成する．925番のチロシンリン酸化は，FAKに結合したSrcファミリーキナーゼが担うと考えられており，このリン酸化によりひき起こされるGrb2との結合は，SOS*を介してRas*経路の活性化をひき起こす可能性が示唆されている．FAKを欠損した繊維芽細胞では，細胞-マトリックス接着結合形成は起こるが，細胞の運動性が低下することが指摘されている．成人の正常組織での発現は非常に低く，良性腫瘍でも比較的発現量は低いが，転移・浸潤がん組織では高発現が認められる．Srcとの複合体形成と相まって上皮-間充織形質転換*やがんの悪性度進行，浸潤・転移性に関与するとされている．

**FACS**［FACS＝fluorescence-activated cell sorter］＝蛍光活性化セルソーター

**FSH**［FSH＝follicle-stimulating hormone］＝沪胞刺激ホルモン

**FSH受容体**［FSH receptor］＝沪胞刺激ホルモン受容体

**FSスプライシング**［FS-splicing］＝フレームスイッチスプライシング

**FH**［FH＝familial hypercholesterolemia］＝家族性高コレステロール血症

**FAD**[1]［FAD＝familial Alzheimer's disease］　家族性アルツハイマー病の略称．（⇒アルツハイマー病）

**FAD**[2]［FAD＝flavin adenine dinucleotide］＝フラビンアデニンジヌクレオチド

**FNR**［FNR＝fibronectin receptor］＝フィブロネクチン受容体

**FAP**［FAP＝familial adenomatous polyposis］＝家族性大腸腺腫症

**Fab(t)フラグメント**［Fab(t) fragment］　⇌ Fabフラグメント

**F(ab')₂フラグメント**　[F(ab')₂ fragment]　抗体をpH 4近傍でタンパク質分解酵素のペプシン*で消化して得られる断片．抗原との結合力を保持しているが，補体*やFc受容体*との相互作用などのエフェクター機能を失っている．マウスのIgG1の場合には，還元剤非存在下のパパイン消化でも，同様に2価のF(ab')₂フラグメントが得られる．F(ab')₂にはH鎖間S-S結合が存在するので，温和な条件下で還元剤で処理すると1価のFab'フラグメントが得られる．（⇌ Fabフラグメント［図］）

**Fabフラグメント**［Fab fragment］　抗体を低濃度

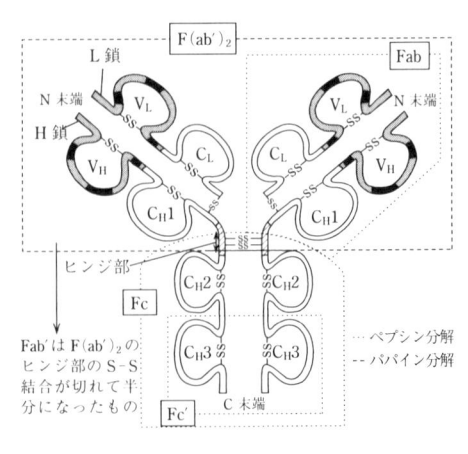

免疫グロブリンフラグメントのドメイン構造

の還元剤が存在する条件下でタンパク質分解酵素のパパインで消化すると得られる断片の一つで、抗原を結合する(antigen binding)機能を保持するのでこの名がある(図)。分子量は約 45,000 で、H 鎖の N 末端側フラグメント(Fd フラグメント, Fd fragment)と L 鎖が鎖間 S-S 結合と非共有結合で相互作用している。Fab フラグメントにはヒンジ領域\*が存在しないので H 鎖間 S-S 結合がなく 1 価である。トリプシン消化でも類似のフラグメントが得られ、Fab(t)フラグメント(Fab(t) fragment)とよばれる。

**FAB 分類**〔FAB classification, French-American-British classification〕 フランス、米国、英国の血液共同研究グループが提唱した急性白血病\*(1975 年)と骨髄異形成症候群\*(1982 年)の分類。通常、FAB 分類は急性白血病の分類を示す。方法は骨髄標本を簡便な普通染色とペルオキシダーゼ染色を用い、増殖している芽球の性状・比率によって、病型が規定される。急性白血病は芽球のペルオキシダーゼ反応の陽性率が 3 % 以上であれば骨髄性白血病(→急性骨髄性白血病)、3 % 未満であればリンパ性白血病(→急性リンパ性白血病)に大別される。骨髄性白血病の病型は 8 型、リンパ性白血病は 3 型に分類されるが、M0 と M7 の診断にはモノクローナル抗体の検索が必須である。現在、FAB 分類による病型の名称は世界共通語になっている。

**Fmi/Stan**〔Fmi/Stan〕 =フラミンゴ
***fms* 遺伝子** ⇒ *fms*(フムス)遺伝子
**FMN**〔FMN=flavin mononucleotide〕 =フラビンモノヌクレオチド
**FMLP**〔FMLP=formylmethionylleucylphenylalanine〕 =ホルミルメチオニルロイシルフェニルアラニン
**FLIP** ⇒ FLIP(フリップ)
**Flt-1**〔Flt-1〕 Fms 様チロシンキナーゼ 1 (Fms-like tyrosine kinase 1)の略号。受容体型チロシンキナーゼ\*で、Fms(CSF-1 受容体)/Kit/PDGF 受容体(血小板由来増殖因子受容体\*)と構造類似性を示し、遺伝子スーパーファミリーを構成する(→ *fms* 遺伝子、*kit* 遺伝子)。細胞外ドメインに 7 個の免疫グロブリン様構造を、また長いキナーゼ挿入配列をもつのが特徴である。VEGF(血管内皮増殖因子\*)/VPF(血管透過性因子)の受容体の一つで、その遺伝子発現は一部の例外を除き内皮細胞に強く限局している。Flt ファミリーとして、Flt-1、KDR/Flk-1、Flt-4 受容体が見いだされている。

***fos* 遺伝子** ⇒ *fos*(フォス)遺伝子
**$F_oF_1$**〔$F_oF_1$〕 =ATP 合成酵素
**F 型 ATP アーゼ**〔F-type ATPase〕 =ATP アーゼ
**F9 細胞**〔F9 cell〕 マウス胎仔の精巣奇形がん腫(→奇形がん腫)。初期胚が未分化化した状態を維持したままがん化した細胞。健常マウス初期胚細胞と混合して子宮に戻すとキメラ\*マウスを作出できる。容器の表面を 0.1 % ゼラチンで処理して細胞を播種する。

レチノイン酸、ジブチルサイクリック AMP で不可逆的に内胚葉細胞に分化し、マーカータンパク質であるプラスミノーゲンアクチベーター\*、Ⅳ型コラーゲンなどを産生する。

**FK506**〔FK506〕 ⇒ イムノフィリン
**FKBP** ⇒ イムノフィリン
**FcR**〔FcR=Fc receptor〕 =Fc 受容体
***fgr* 遺伝子**〔*fgr* gene〕 Gardner-Rasheed ネコ肉腫ウイルス由来のがん遺伝子\*。v-*fgr* は *gag*-アクチンと複合体を形成する。c-*fgr* は Src ファミリー\*に属する分子量 58,000 の非受容体型チロシンキナーゼであり、その発現は EB ウイルス\*で不死化した B 細胞、正常顆粒球、単球およびナチュラルキラー細胞に限られる。c-*fgr* を NIH3T3 細胞中で強制発現することにより、単球マーカー α-ナフチル酪酸エステラーゼが誘導される。p58$^{c\mathit{-fgr}}$ は CD32 と結合し、凝集した IgG の情報伝達分子として機能する。

**FcαR I**〔FcαRI=Fcα receptor I〕 =Fcα 受容体 I 型
**Fcα 受容体 I 型**〔Fcα receptor I〕 CD89(抗原)ともいい、FcαRI と略す。分子量約 5 万〜10 万の免疫グロブリンスーパーファミリーに属する、IgA に対する Fc 受容体\*。単量体および多量体 IgA を結合する。ヒト、サルで同定されている。FcαRI 遺伝子はヒト第 19 染色体上の免疫グロブリン様受容体遺伝子群である白血球受容体クラスター(leukocyte receptor cluster, LRC)に存在する。単球、マクロファージ、好中球、好酸球、肝クッパー細胞などの骨髄球系細胞に発現し、TNF-α、IL-1 などの炎症性サイトカインによってその発現が上昇する。通常 FcRγ 鎖のホモ二量体と会合する。IgA-抗原複合体の結合に伴って FcαRI が架橋されると、FcRγ 鎖の ITAM を介して細胞内へ活性化シグナルが伝達され、貪食、サイトカインの産生、脱顆粒などが誘導される。一方、単量体の IgA が結合した場合には細胞内へ抑制性のシグナルが伝達され抗炎症応答に作用する。

**FcεR II**〔FcεRII=Fcε receptor II〕 Fcε 受容体 II 型の略号。(→ CD23(抗原))
**Fcε 受容体 II 型**〔Fcε receptor II〕 =CD23(抗原)
**FGF**〔FGF=fibroblast growth factor〕 =繊維芽細胞増殖因子、ヘパリン結合性増殖因子
**FGF4**〔FGF4〕 =hst-1
**FGF5**〔FGF5〕 5 番目に同定された繊維芽細胞増殖因子\*(FGF)類縁遺伝子またはそのタンパク質産物をさす。マウス繊維芽細胞 NIH3T3 の低血清培地中での増殖を支持する増殖因子型トランスフォーミング遺伝子としてクローニングされた。ヒト第 4 染色体長腕 21 領域に位置する。ヒト FGF5 の cDNA は 267 個のアミノ酸をコードする。種々のがん細胞培養株のほか、繊維芽細胞、脳や毛根などで発現する。毛髪の増殖周期制御や発生初期の原腸形成に関与するとされている。

**FGF7**〔FGF7〕 =角質細胞増殖因子
**FGF8**〔FGF8〕 =AIGF

**FGFR** [FGFR＝fibroblast growth factor receptor] ＝繊維芽細胞増殖因子受容体

**FGFR2 遺伝子** [FGFR2 gene＝fibroblast growth factor receptor type 2 gene] 繊維芽細胞増殖因子受容体2型遺伝子の略号．(⇨K-*sam* 遺伝子)

**FCM** [FCM＝flow cytometry] ＝フローサイトメトリー

**FcγRI** [FcγRI＝Fcγ receptor I] ＝Fcγ 受容体I型

**FcγRIII** [FcγRIII＝Fcγ receptor III] Fcγ 受容体III型の略号．(⇨CD16(抗原))

**FcγRII** [FcγRII＝Fcγ receptor II] ＝Fcγ 受容体II型

**Fcγ 受容体I型** [Fcγ receptor I] CD64 ともいい，FcγRI と略す．Fcγ 受容体はヒトでは FcγRI, RII, RIII の3種類が，マウスでは FcγRIV を加えた4種類が存在する．ヒト FcγRI は，三つの遺伝子によりコードされ，それぞれ FcγRIA, IB, IC とよばれているが，FcγRIA のみの発現が確認されている．細胞外に三つの免疫グロブリン様ドメインをもち，膜貫通部位で ITAM をもつ FcγR 鎖と会合している．FcγRI は IgG 単体に結合できる唯一の FcγR で，ヒト IgG3 およびマウス IgG2a に高親和性をもつ．マクロファージ，単球，好中球，好酸球，樹状細胞に発現しており，各細胞のエフェクター機能を惹起させる活性化型受容体として働く．

**Fcγ 受容体III型** [Fcγ receptor III] ＝CD16(抗原)

**Fcγ 受容体II型** [Fcγ receptor II] CD32 ともいい，FcγRII と略す．Fcγ 受容体はヒトでは FcγRI, RII, RIII の3種類が，マウスでは FcγRIV を加えた4種類が存在する．ヒト FcγRII は，三つの遺伝子によりコードされ，それぞれ FcγRIIA, IIB, IIC とよばれている．マウスでは FcγRIIB の1種類である．いずれも免疫複合体と結合する．FcγRIIA および IIC は，細胞内領域に ITAM をもち活性化型受容体として働く．一方，FcγRIIB は，細胞内領域に ITIM とよばれるアミノ酸配列をもち，細胞の機能を制御する抑制型の受容体として機能する．

**Fc 受容体** [Fc receptor] FcR と略す．免疫グロブリン*の Fc 部分(⇨Fc フラグメント)に結合する受容体の総称．Fc レセプターもしくは Ig 受容体(Ig receptor)ともよばれる．IgG, IgE, IgA に対する受容体はそれぞれ Fcγ 受容体，Fcε 受容体，Fcα 受容体があり，白血球細胞膜上に発現し，免疫グロブリンスーパーファミリー*とよばれる相同性の高い細胞外領域をもつ．細胞内に活性化シグナル伝達を行うものは多くは複数のサブユニットから成る複合体として存在し，免疫グロブリンの結合を担う α 鎖がシグナル伝達を担う γ 鎖，さらに Fcε 受容体の場合には β 鎖とも会合することが知られている．β 鎖，γ 鎖の細胞内領域には，immunoreceptor tyrosine-based activation motif(ITAM)が存在し，このモチーフ内の Tyr 残基がリン酸化されることで細胞内への活性化シグナルが伝達される．また逆に細胞内に immunoreceptor tyrosine-based inhibitory motif(ITIM)をもつ抑制性 Fcγ 受容体があり，活性化型 Fc 受容体などを介するシグナルを打ち消す役割をもつ．抗体依存性細胞傷害*反応(ADCC)，過敏性反応，アナフィラキシー*などに関与する．低親和性の IgE 受容体は C タイプレクチン構造をもち，細胞接着にも寄与する．ポリメリック Ig 受容体と似た構造をもち，IgA と IgM に結合する Fcα/μ 受容体，MHC クラス I 分子に類似した構造をもち，IgG の輸送や粘膜免疫に関与する neonatal Fcγ 受容体(FcRn と略す)も知られている．

**Fc′ フラグメント** [Fc′ fragment] ⇨Fc フラグメント

**Fc フラグメント** [Fc fragment] 抗体をタンパク質分解酵素のパパイン*で消化して得られるフラグメントの一つ．低イオン濃度の緩衝液中で容易に結晶化する(crystallizable)のでこの名称がある．H 鎖の C 末端側のフラグメントのホモ二量体で，抗原結合部位は存在しない．補体*の成分や黄色ブドウ球菌の細胞膜タンパク質であるプロテイン A*と結合する能力を保持する．長時間のパパイン消化によって，さらに分子量の小さい Fc′ フラグメント(Fc′ fragment)に分解される．(⇨Fab フラグメント[図])

**FcμR** [FcμR＝Fcμ receptor] ＝Fcμ 受容体

**Fcμ 受容体** [Fcμ receptor] FcμR と略す．IgM に対する Fc 受容体*．免疫細胞に発現する FcμR としては現在，Fcα/μ 受容体(Fcα/μR)が唯一同定されている．Fcα/μR は分子量約7万の免疫グロブリンスーパーファミリー*に属する膜分子で IgM および IgA に対する Fc 受容体．Fcα/μR 遺伝子は FcγR, FcεR 同様，第1染色体上の Fc 受容体遺伝子群に存在する．B 細胞*やマクロファージ*に発現し，結合した抗原-IgM 免疫複合体を細胞内に取込む．粘膜上皮に発現する polymeric Ig receptor(pIgR)は Fcα/μR 同様，IgM および IgA の Fc 受容体である．pIgR は結合した IgA を輸送し，粘膜面へ分泌する．Fcα/μR と pIgR は遺伝子も近傍に存在し，近縁の分子であると考えられている．

**Fc レセプター** ＝Fc 受容体

**エプスタイン・バーウイルス** [Epstein-Barr virus] ＝EB ウイルス．EBV と略す．

**Fz** [Fz＝Frizzled] ＝Frizzled(フリズルド)

**F 線毛** [F pili] F プラスミド*をもつ細菌が表面から1, 2本形成する．直径 8 nm，内径 2 nm，長さ 1〜2 μm の筒状の線毛*．大腸菌の接合は，この線毛の先端と受容菌との接触で開始し，RNA ファージは線毛の周囲に，線状構造の DNA ファージは，先端部に吸着する．線毛の構成タンパク質は，70 アミノ酸から成る F ピリン(F pilin)で，*traA* 遺伝子から 121 アミノ酸の前駆体タンパク質が合成されたのち，*traQ* タンパク質で切断され，N 末端は *traX* タンパク質によってアセチル化される．線毛形成には，このほか，11 個の *tra* 遺伝子と *trbC* 遺伝子が関与している．(⇨細菌の接合)

**FT**［FT＝Fourier tranform］＝フーリエ変換

**FT-IR** ⇌ フーリエ変換

**FT-NMR** ⇌ フーリエ変換

***ftz* 遺伝子**［*ftz* gene］＝フシタラズ遺伝子

**FDP**［FDP＝fibrinogen/fibrin degradation product］＝フィブリノーゲン/フィブリン分解産物

**Fd フラグメント**［Fd fragment］⇌ Fab フラグメント

**F 導入**［F duction］⇌ F′プラスミド

**FB 因子**［FB element］＝折り返し因子

**FBS**［FBS＝fetal bovine serum］ ウシ胎仔血清の略号．⇌ 血清

***fps* 遺伝子** ⇌ *fps*/*fes*（フプスフェス）遺伝子

**F′ 因子**［F′ factor］＝F′プラスミド

**F′プラスミド**［F′ plasmid］ F′因子（F′ factor）ともいう．F プラスミド* は 94.5 kbp の大きさの，大腸菌のプラスミドで，F 線毛* をつくりこの因子をもたない細胞にそのコピーを移すことができる．またこの因子上のトランスポゾン* の働きで，大腸菌の DNA に入り込み，その大腸菌の DNA を F プラスミドをもたない細胞に移行させることができる（⇌ Hfr）．すなわち大腸菌に雄株の性質をもたせる．DNA に入り込む反応の逆反応で，F プラスミドは再びプラスミド状態に戻るが，その際，しばしば入り込んだ周辺の DNA の一部をもち帰ることがある．これを F′プラスミドという．F′プラスミドが他の細胞に移行する時には，もち込んだ大腸菌の遺伝子も移行する．この現象を遺伝子の伴性導入（sex duction）または F 導入（F duction）という．

**F プラスミド**［F plasmid］ F 因子（F factor），稔性因子（fertility factor）ともいい，F はこれに由来する．大腸菌に雄株の性質を与えるプラスミド* で，コピー数は菌当たり平均 1 個である．94.5 kbp の大きさに約 60 個の遺伝子があり，そのうち約 35 個が雌株への DNA 移行に関与した *tra* 遺伝子で，その 4 割が F 線毛* 形成に関与する．プラスミドで複製するには *RepF1A* 領域（約 9 kbp，ミニ F，miniF ともいう）で十分で，DNA 移行時にはここから離れた *oriT* にニックが入り，5′ を先頭に一本鎖だけが雌株に移行する．菌の染色体（DNA）に組込まれると，同じ仕組みでプラスミドの一部・菌の染色体・プラスミドの残りの順序で DNA を移行する Hfr* になる．組込みには，プラスミド上のトランスポゾン*，IS2，2 個の IS3（⇌ 挿入配列），Tn1000 が関与する．（⇌ 細菌の接合，性因子）

**F ボックスドメイン**［F box domain］ SCF 複合体（Skp1-Cullin-F-box）型ユビキチンリガーゼ（E3 リガーゼ）中で標的タンパク質を認識する役割をもつドメインで，最初にサイクリン F で見つかった（⇌ サイクリン）．ヒトでは約 60 種類の F ボックスタンパク質が知られており，ユビキチン化の標的となるタンパク質の多様性に対応していると考えられている．多くの哺乳動物の F ボックスドメインはロイシンリッチリピート* または WD40 リピートを含んでいる．

**Fura 2** ⇌ Fura 2（フラツー）

**エーブリー** Avery, Oswald Theodore 米国の細菌学者．1877.10.21～1955.2.20．カナダのハリファックスに生まれ，米国のナッシュビルに没す．コロンビア大学医学部卒（1904 年）．ロックフェラー研究所員（1913～48）．非病原性肺炎菌に病原性菌の抽出液を加えると病原性に変換する観察から出発して，その形質転換因子* が DNA であることを実証した（1944）．この実験は，DNA が遺伝物質であることを示した最初である．

**エフリン**［ephrin］ Eph 受容体* 型チロシンキナーゼのリガンドとして同定された一群のタンパク質で，エフリン A（GPI アンカー型）とエフリン B（膜貫通型）に大別される．"リガンド" と一般に呼称されるが，Eph 受容体に結合すると自身も細胞内に情報伝達を行うと考えられており，その意味では "受容体" としても機能する（双方向性シグナル）．網膜視蓋投射における機能が有名なことからおもに神経発生分野で研究が進んだが，それ以外にも生体内のさまざまなシステムで機能が発見されている．

**Fyn** ⇌ Fyn（フィン）

**エポキシエイコサトリエン酸**［epoxyeicosatrienoic acid］ アラキドン酸* のような炭素 20 個の不飽和脂肪酸から二つの経路によって，エポキシエイコサトリエン酸がつくられる．一つはシトクロム P450* によって，アラキドン酸から 5,6-，8,9-，11,12-，14,15-エポキシドを生じる．もう一つは 12-ヒドロペルオキシアラキドン酸から生じるヘポキシリン* $A_3$（8-ヒドロキシ-11,12-エポキシエイコサトリエン酸）とヘポキシリン $B_3$（10-ヒドロキシ-11,12-エポキシエイコサトリエン酸）である．3 群のロイコトリエン生合成中間体のロイコトリエン $A_3$ も 5,6-エポキシエイコサトリエン酸である．

**エポキシド**［epoxide］ オキシラン（oxirane），エチレンオキシド（ethylene oxide）ともいう．炭素-酸素-炭素が環状に結合した化合物あるいはその部位（官能基）をさす（図）．置換基 $R^{1\sim 4}$ は，H，炭素鎖，ヘテロ原子団などであり，すべて H の化合物はエチレンオキシドである．$sp^3$ 炭素の原子価角（109°）を満足しないひずみ構造のため，開環反応の反応性に富む．たとえばアルコール（ROH），アミン（$R_2$NH），チオール（RSH）などの付加により，図に示すアルコール誘導体（それぞれ X＝RO-，$R_2$N-，RS-）を与える．

エポキシド　アルコール誘導体

**エポキシド加水分解酵素** ＝エポキシドヒドロラーゼ

**エポキシドヒドロラーゼ**［epoxide hydrolase］ EC 3.3.2.3．エポキシド加水分解酵素ともいう．略称は EH（または EH アーゼ EHase）．肝に最も高い濃度で存在する．小胞体の mEH（分子量 $5\times 10^4$）と細胞質中の cEH（分子量 $6\times 10^4$）に大別される．両種 EH の

全アミノ酸配列の相同性は低い．mEH はアレーンまたはオレフィンからシトクロム P450\* によって生成する突然変異原性，がん原性のエポキシドをジヒドロジオールに加水分解し，解毒するが，cEH にはこの作用はない．cEH はエポキシドである幼若ホルモン\* やロイコトリエン $A_4$\* などを加水分解する．

**エボラウイルス**［*Ebolavirus*］ → ラブドウイルス科

**エマーソン効果**［Emerson effect］ エマーソン増強効果（Emerson enhancement effect）ともいう．単色光を用いる解析で，光合成\* の量子収率が 680 nm より長波長の光で急激に低下する（"レッドドロップ（red drop）"またはエマーソンの第一効果とよばれる）．しかし，同時に短波長の光を与えると，光合成速度は二つの波長の光をそれぞれ単独で与えた時の速度の和より大きくなる．この現象はエマーソン効果とよばれ，光合成が光化学系\* Ⅰ と Ⅱ の二つの光化学反応系を含む証拠として位置づけられる．

**エマーソン増強効果**［Emerson enhancement effect］ ＝エマーソン効果

**miRNA**［miRNA＝microRNA］ ＝マイクロ RNA

**MIA**［MIA＝monoiodoacetic acid］ ヨード酢酸の略号．(→ プロテアーゼインヒビター)

**MIF**［MIF＝macrophage migration inhibitory factor］ ＝マクロファージ遊走阻害因子

**MRI**［MRI］ magnetic resonance imaging の略．磁気共鳴法を用い，核スピンや電子スピンの空間分布を画像化する手法．医学診断では，おもに水素原子核が使用され，空間分解能は 1 mm 程度である．医学診断装置では，0.3～3.0 T（テスラ）の静磁場が使用されているが，実験室などで，MRI と同様の原理を用いて摘出生体試料などを対象として行われる MR 顕微鏡では，1.0～20 T 程度の静磁場が使用され，空間分解能は数 μm～数十 μm である．

**Mre11**［Mre11］ 出芽酵母の相同 DNA 組換えに必要なタンパク質として発見された多機能タンパク質．真核生物界で普遍的に，Rad50 と Mrs2（哺乳類では Nbs1）との複合体として働くと考えられている．出芽酵母では，相同組換え DNA 修復と非相同的末端結合（NHEJ）に働くほか，DNA 二本鎖切断のセンサーとしてチェックポイント制御にも働く．さらに減数分裂\* 期相同 DNA 組換え開始では，Spo11 などとともに，DNA 二本鎖切断導入にも必要．試験管内では，単体でヘアピン構造などを切断するエンドヌクレアーゼ\* などの活性を示す．

**MRSA**［MRSA＝methicillin-resistant *Staphylococcus aureus*］ ＝メチシリン耐性黄色ブドウ球菌

**mRNA**［mRNA＝messenger RNA］ ＝メッセンジャー RNA

**mRNA キャップ結合タンパク質**［mRNA cap-binding protein］ 真核細胞 mRNA の 5′ 末端にあるキャップ構造\* を認識して結合するタンパク質．翻訳開始因子\* の一つである eIF-4E はキャップ結合タンパク質である．eIF-4E はタンパク質生合成の開始時にキャップに結合し，48S 開始複合体の形成に重要な役割を果たす．哺乳類の eIF-4E はアミノ酸 217 個から成り，八つのトリプトファン残基が共通の位置にある．細胞の生育に必須のタンパク質であり，リン酸化による活性調節を受けると考えられている．酵母の eIF-4E の遺伝子 *TIF45* は細胞分裂周期に関与する遺伝子 *CDC33* と同一であることが明らかにされている．酵母の eIF-4E は，リボソームを高塩濃度の溶液で洗って 200,000×g で遠心した上澄みから，$m^7$GTP-セファロースのアフィニティーカラムによって精製することができる．このほか *Arabidopsis* ではアブシン酸によるシグナル伝達を ABH1 という mRNA キャップ結合タンパク質が調節したり，哺乳動物ではナンセンスコドン介在性 mRNA 分解\* を受ける mRNA は核のキャップ結合タンパク質の CBP80 や CBP20 と相互作用したりする．キャップ結合複合体は共転写スプライソソーム会合や mRNA の核輸送に必要である．*Trypanosoma brucei* では CBP20 やインポーチン α を含む 5 種類のタンパク質から成る約 300 kDa のタンパク質複合体が検出されている．

**mRNA 結合タンパク質**［mRNA-binding protein］ RNA 結合領域をもつタンパク質の中で，特に mRNA に結合するタンパク質のことをいう．核内には，mRNA 前駆体に結合してスプライシング\* の過程で働く核内低分子リボ核タンパク質（snRNP）や mRNA がつくるリボ核タンパク質複合体のタンパク質成分であるヘテロ核リボタンパク質\*（hnRNP）などがある．細胞質には，ポリ(A)尾部に結合するもの（ポリ(A)結合タンパク質 poly(A) binding protein, PABP）や，5′ あるいは 3′ 非翻訳領域に結合して mRNA の翻訳効率や安定性を変化させるものが知られている．フェリチン mRNA の 5′ 非翻訳領域とトランスフェリン mRNA の 3′ 非翻訳領域に存在する特徴的なステムループ構造には，共通のタンパク質が結合する．細胞内の鉄濃度が上昇すると，このタンパク質がはずれてフェリチン mRNA の翻訳効率が高まり，また，トランスフェリン mRNA の安定性が低下する．このほかに，リボソームの構成成分であるタンパク質や，翻訳開始因子\* の中にも mRNA に結合するものがあると考えられている．RNA 結合タンパク質の PUF ファミリーに属する線虫の FBF（fem-3 mRNA binding factor）は生殖系列の性決定制御因子として発見されている．

**mRNA 前駆体**［mRNA precursor, pre-mRNA］ スプライシング\* 反応を経て，タンパク質へと翻訳されうる機能的な成熟 mRNA になる前の mRNA．イントロン\* とエキソン\* の両方を含む．(→ 一次転写産物)

**mRNA の安定性**［mRNA stability］ メッセンジャー RNA\*（mRNA）の半減期は種類により異なり，30 分以下から 10 時間以上のものまでさまざまである．真核生物の mRNA は両端の修飾（5′ 末端のキャッピング，3′ 末端のポリアデニル酸化）によりエキソヌクレアーゼ活性化による分解から保護されている．特に，3′ 末端のポリアデニル酸が失われると mRNA は

不安定化する．いくつかの不安定な mRNA に共通の特徴は 3′ 末端の tailor 領域に見られる 50 塩基ほどの AU に富む配列（ARE）が存在することである．ARE の共通配列は AUUUA で何回か繰返して見られる．ARE 配列を含む mRNA ではまず，ポリ(A)リボヌクレアーゼにより攻撃を受けて脱アデニル酸化が起こり，続いて分解を受ける．mRNA に結合するタンパク質とリボソームも安定性に関与する．トランスフェリン*mRNA に代表される結合タンパク質による mRNA の安定化は，転写調節*とともに遺伝子発現の重要な調節機構となっている．G タンパク質（GSPT; $G_1$ to S phase transition of cell cycle）の C 末端側には真核細胞の翻訳伸長因子 $EF1\alpha$ と相同な領域が存在し，GSPT はこの領域を介してリボソームの A 部位上で終止コドンを認識する翻訳終結因子 eRF1 と直接会合するが，GSPT/eRF3 の N 末端領域は，真核細胞の mRNA の 3′ 末端ポリ(A)鎖を覆うポリ(A)結合タンパク質（PABP）と結合し，PABP の多量体化を抑制する．重合した PABP は，ポリ(A)鎖を覆って mRNA の安定性に寄与していると考えられている．また，エンドヌクレアーゼが mRNA 分子内の特異的な配列（不安定化配列）を攻撃する場合もある．

**mRNP** [mRNP＝messenger ribonucleoprotein] ＝メッセンジャーリボ核タンパク質

**MEA** [MEA＝mast cell growth-enhancing activity] マスト細胞増殖因子活性の略称．(⇌ インターロイキン 9)

**MEN** [MEN＝multiple endocrine neoplasia] ＝多発性内分泌腫瘍症

**MEK** ＝MAP キナーゼキナーゼ

**MEK キナーゼ** [MEK kinase] ＝MEKK

**MEKK** ⇌ MEKK（メックケー）

**MetR タンパク質** ⇌ Met（メット）R タンパク質

***met* 遺伝子** ⇌ *met*（メット）遺伝子

**MetJ タンパク質** ⇌ MetR タンパク質

**mar** [mar＝marker chromosome] ＝標識染色体

**MAR** [MAR＝nuclear matrix attached region] ＝核マトリックス付着領域

***mas* 遺伝子** ⇌ *mas*（マス）遺伝子

**Mash1** ⇌ Mash1（マッシュワン）

**Max** ⇌ Max（マックス）

***maf* 遺伝子** ⇌ *maf*（マフ）遺伝子

**MAM スーパーファミリー** [MAM superfamily] ⇌ 細胞接着分子

**MAM6** [MAM6] ＝MUC-1

**MALDI-TOF MS** ⇌ マトリックス支援レーザー脱離イオン化-飛行時間型質量分析計

**MAO** [MAO＝monoamine oxidase] ＝モノアミンオキシダーゼ

**MAC** [MAC＝mammalian artificial chromosome] ＝哺乳類人工染色体

**mAChR** [mAChR＝muscarinic acetylcholine receptor] ＝ムスカリン性アセチルコリン受容体

**MS** [MS＝mass spectrometry] ＝質量分析法

**MSI** [MSI＝microsatellite instability] マイクロサテライト不安定性の略称．(⇌ ゲノム不安定性)

**MSH** [MSH＝melanocyte-stimulating hormone] ＝メラニン細胞刺激ホルモン

**MSH2** [MSH2] DNA のミスマッチ修復*に関与する複合体を形成するタンパク質の一つで，DNA のミスマッチ部位を認識するタンパク質と考えられている．このタンパク質をコードする遺伝子は第 2 染色体長腕に位置しており，大腸菌からヒトに至るまで保存されていることから，ミスマッチ修復機構が生命体の維持にきわめて重要であることを示している．ヒトの場合，この MSH2 遺伝子を含めミスマッチ修復系に関与する遺伝子に異常があると遺伝性非腺腫性大腸がん*をひき起こすことがわかっている．

**MSV** [MSV＝*Murine sarcoma virus*] ＝マウス肉腫ウイルス

**Mxi1** [Mxi1] ⇌ Mad

**MXD1** [MXD1] ＝Mad

**MH1 ドメイン** [MH1 domain] ⇌ Smad

**MHC** [MHC＝major histocompatibility complex] ＝主要組織適合遺伝子複合体

**MHC クラス I 抗原** [MHC class I antigen] ＝MHC クラス I 分子

**MHC クラス Ib 分子** [MHC class Ib molecule] ＝非古典的 MHC クラス I 分子

**MHC クラス I 分子** [MHC class I molecule] MHC クラス I 抗原（MHC class I antigen）ともいう．CD8 陽性細胞傷害性 T 細胞に対して抗原を提示する機能をもつ分子．MHC クラス I 遺伝子によりコードされた分子量約 43,000 の $\alpha$ 鎖（重鎖）と分子量約 12,000 の $\beta_2$ ミクログロブリン*とが会合した細胞膜タンパク質で，すべての有核細胞および血小板に発現している．クラス I$\alpha$ 鎖の細胞外部分は，$\alpha_1$～$\alpha_3$ の三つのドメインに分かれ，膜貫通部分と短い細胞質内部分が続いている（⇌ 主要組織適合抗原［図］）．細胞内で合成されたタンパク質はプロテアソーム*あるいは LMP（大型多機能性プロテアーゼ large multifunctional protease）とよばれるプロテアーゼ複合体により分解され，ペプチドトランスポーター（TAP: transporter associated with antigen processing）により小胞体内腔へと輸送される．小胞体内でクラス I 分子は，先端の溝の部分におもに 8～10 個のアミノ酸から成るペプチドを結合して，細胞表面に発現する．この際に，ペプチドの N および C 末端付近のアミノ酸が，クラス I 分子への結合に重要な役割を担っている．$\alpha\beta$ 型 T 細胞受容体を発現する CD8 陽性キラー T 細胞は，ウイルスや細胞質内に感染した病原体由来のタンパク質などの非自己に由来するペプチドや，腫瘍抗原などの一部の自己抗原に由来するペプチドがクラス I 分子によって提示されている場合に，これを認識して細胞を傷害する．このシステムは，腫瘍細胞あるいはウイルス感染細胞の排除に重要な役割を果たしている．またクラス I 分子とペプチドの複合体は，ナチュラルキラー（NK）細胞の受容体に結合して，その細胞傷害活性を抑制する．(⇌ MHC クラス II 分子)

**MHC クラスⅡ抗原**［MHC class Ⅱ antigen］ ＝MHC クラスⅡ分子

**MHC クラスⅡコンパートメント**［MHC class Ⅱ compartment］　MⅡC と略す．MHC クラスⅡ経路による抗原のプロセシングにかかわる，エンドソーム/リソソーム系の細胞内小器官の一つで，多数の小胞や渦巻き状の多層構造をもち，リソソームマーカータンパク質を発現している．抗原提示細胞において，細胞外から取込まれたタンパク質はエンドソームに封じ込められ，GILT(gamma interferon-inducible lysosomal thiol reductase)により還元されたり，カテプシン B, D, E やアスパラギルエンドペプチダーゼなどのタンパク質分解酵素の作用によりペプチドへと分解されて，MⅡC や CⅡV とよばれる別の細胞内コンパートメントへ運ばれる．ここで，MHC クラスⅡ分子*に結合していたインバリアント鎖*がカテプシン S, F により分解され，ペプチド収容溝に結合している CLIP が H-2M 分子* と H-2O 分子* の作用により，他のペプチドと置換される．

**MHC クラスⅡ分子**［MHC class Ⅱ molecule］　MHC クラスⅡ抗原(MHC class Ⅱ antigen)ともいう．CD4 陽性ヘルパー T 細胞に対して抗原ペプチドを提示する機能をもつ分子．クラスⅡ分子は，ともに *MHC* にコードされた分子量約 34,000 の α 鎖と分子量約 29,000 の β 鎖が会合し，おもに抗原提示細胞*(皮膚のランゲルハンス細胞，樹状細胞*，単球*，マクロファージ*，B 細胞* など)に恒常的に発現しており，ヒトでは活性化 T 細胞にも発現する．クラスⅠ分子と同様にクラスⅡα 鎖，β 鎖ともに大部分は細胞外に存在し，それぞれ 2 個ずつ細胞外ドメインをもつ(→主要組織適合抗原[図])．抗原提示細胞は細胞外液中より抗原をエンドソーム内に取込み，カテプシン*をはじめとするタンパク質分解酵素によりペプチドへと分解する(→抗原プロセシング)．ペプチドはさらに別の細胞内コンパートメントに運搬され，ここでクラスⅡ分子の先端の溝に結合する．クラスⅡ結合性ペプチドは，通常 10 数個〜20 数個のアミノ酸により構成され，このうち数個のアミノ酸を介在して飛び石状に位置する 3〜5 個のアミノ酸残基が，クラスⅡ分子への結合に重要な役割を担っている．インバリアント鎖*は，クラスⅡ分子と結合し，小胞体内でのペプチドのクラスⅡ分子への結合を阻止するとともに，これをエンドソーム系へと輸送する．αβ 型 T 細胞受容体を発現する CD4 陽性ヘルパー T 細胞は，自己の MHC クラスⅡ分子と非自己抗原ペプチドの複合体を認識してサイトカインを分泌し増殖する．つまりクラスⅡ分子は，おもに細胞外の非自己抗原を CD4 陽性ヘルパー T 細胞に提示して活性化する機能をもつ．(→MHC クラスⅠ分子)

**MHC 結合ペプチド**［MHC binding peptide］　MHC 分子には，抗原提示経路*が異なる，クラスⅠとクラスⅡの 2 種類がある(→MHC クラスⅠ分子，MHC クラスⅡ分子)．すべての有核細胞に発現するクラスⅠ分子には，核あるいは細胞質タンパク質が分解されてできる，多くは 9 個のアミノ酸から成るペプチドが結合して，CD8$^+$ T 細胞に提示される．抗原提示細胞では，細胞膜や分泌タンパク質などの細胞外から取込まれたタンパク質に由来する，10〜30 数個のアミノ酸から成るペプチドがクラスⅡ分子に結合して，CD4$^+$ T 細胞に提示される．ペプチド上のアミノ酸には，MHC のペプチド収容溝のポケットに収まる部位(MHC アンカー)と，T 細胞受容体*に認識される部位があり，MHC 分子のペプチド収容溝の多型により，MHC 分子ごとに結合ペプチドの一次構造に一定の傾向(結合モチーフ)が認められる．クラスⅠ結合ペプチドでは両端付近の 2 個の，またクラスⅡ結合ペプチドでは散在する 3〜4 個のアミノ酸が，MHC アンカーであることが多い．

**MHC 抗原**［MHC antigen］ ＝主要組織適合抗原

**MHC 拘束**［MHC restriction］　B 細胞*は，免疫グロブリン(抗体)を介して，直接抗原分子に結合できるが，T 細胞*は T 細胞受容体*を介して，細胞の表面に発現する主要組織適合抗原*(MHC 抗原)に結合した抗原ペプチドしか認識できない．この際に T 細胞クローンは MHC 分子の多型も同時に識別し，自己の(T 細胞ドナーの，正確には T 細胞が分化を遂げた胸腺が発現する)MHC 分子に結合した非自己ペプチドなら認識できるが，同じペプチドが別の MHC 分子により提示された場合には認識できない．この現象を，T 細胞による抗原認識は MHC により拘束されているという意味で，MHC 拘束とよぶ．MHC 拘束は，T 細胞が胸腺で分化する際に，胸腺に発現した自己の MHC 分子とペプチドの複合体に親和性を示すものが選択的に分化を遂げることに起因する．

**MHC 分子**［MHC molecule］ ＝主要組織適合抗原

**MH2 ドメイン**［MH2 domain］ →Smad

**Mad**　→Mad(マッド)

***MAT* 遺伝子**　→*MAT*(マット)遺伝子

**MADS ドメイン**　→MADS(マッズ)ドメイン

**MNU**［MNU＝1-methyl-1-nitrosourea］　1-メチル-1-ニトロソ尿素の略号．(→ニトロソメチル尿素)

**MAP**［MAP＝microtubule-associated protein］ ＝微小管関連タンパク質

**MAP1C**［MAP1C＝microtubule-associated protein 1C］　微小管関連タンパク質 1C の略号．(→細胞質ダイニン)

**MAP キナーゼ**　→MAP(マップ)キナーゼ

**MAPKK**［MAPKK＝MAP kinase kinase］ ＝MAP キナーゼキナーゼ

**MMTV**［MMTV＝*Mouse mammary tumor virus*］ ＝マウス乳がんウイルス

**MMP**［MMP＝matrix metalloprotease］ ＝マトリックスメタロプロテアーゼ

**MLR**［MLR＝mixed lymphocyte reaction］ ＝混合リンパ球培養反応

**MLE**［MLE＝maximum likelihood estimation］ ＝最尤法

***mls* 遺伝子座** [*mls* locus]　内因性スーパー抗原の代表的分子である Mls 抗原(Mls antigen, minor lymphocyte stimulatory antigen)は，1973 年，H. Festenstein によって，MHC 抗原(→ 主要組織適合抗原)と同程度の T 細胞活性化能のある抗原として報告された．*mls* 遺伝子は，マウスゲノムに組込まれた *mtv* (mouse mammary tumor virus, マウス乳がんウイルス*)遺伝子の 3′LTR のオープンリーディングフレームである．Mls 抗原はマウスでのみ認められ，*mls-1*ᵃ 遺伝子座は第 1 染色体，*mls-2*ᵃ は第 4 染色体，*mls-3*ᵃ 遺伝子座は第 16 染色体上に存在する．

**Mls 抗原** [Mls antigen＝minor lymphocyte stimulatory antigen]　→ *mls* 遺伝子座

**MLCK** [MLCK＝myosin L chain kinase] ＝ミオシン L 鎖キナーゼ

**MLD** [MLD＝minimum lethal dose] ＝最小致死量

**MLTF** [MLTF＝major late transcription factor] ＝USF

**m.o.i.** [m.o.i.＝multiplicity of infection] ＝感染多重度

***mos* 遺伝子**　→ *mos*(モス)遺伝子

**M 期** [M phase]　真核生物の細胞周期中，細胞核が分裂する時期のこと(→ 細胞周期[図])．分裂期(mitotic phase)ともいう．動物細胞の M 期はさらに詳細に以下のように区分される．1) クロマチン*DNA が凝縮を始め，複製した二つの中心体*間で紡錘体*が形成され始める前期*，2) 核膜が消え紡錘体形成および染色体凝縮が完了する前中期*，3) 染色体が細胞の中央赤道面上に紡錘体との相互作用により整列する中期*，4) 染色体が両極へと移動する後期*，5) 移動を完了した染色体が脱凝縮しその周囲に核膜が形成され始める終期*，そして 6) 細胞質分裂*である．M 期はサイクリン B/CDK1 複合体の活性化によって誘導される．この複合体は M 期促進因子*(MPF)の実体である．

**M 期サイクリン** [M phase cyclin]　→ サイクリン

**M 期促進因子** [M phase-promoting factor]　MPF と略称．有糸分裂促進因子(mitosis-promoting factor)，卵成熟促進因子(maturation-promoting factor)ともいう．最初，減数第一分裂前期に休止したカエル卵母細胞の卵成熟を誘導する成熟未受精卵(減数第二分裂中期停止)の細胞質中に存在する因子として発見された．この因子は酵母からヒトに至るまで普遍的に M 期*の細胞に存在し，M 期に活性が上昇し間期に消失する．現在では有糸分裂，減数分裂の細胞周期*においてともに M 期開始を促進する因子を MPF といいその本体は CDK1*とサイクリン B の複合体である．MPF の活性化は通常，2 段階から成る．まずサイクリン*が合成され，CDK1 と結合することにより不活性型 MPF(pre-MPF)を形成する．つぎに不活性型 MPF が Cdc25 により脱リン酸され活性型 MPF となる．この活性化が M 期開始に必須で，染色体凝縮，紡錘体形成，核膜崩壊などの M 期の一連の事象が引き起こされる．逆に M 期からつぎの間期への移行には MPF の不活性化が必須であり，この不活性化にはサイクリンの分解が必要である．MPF は M 期の開始だけでなく，終了にもかかわっている．

**M 細胞** [M cell]　パイエル板*などの粘膜関連リンパ組織のリンパ濾胞を覆う粘膜上皮細胞(濾胞被覆上皮)に点在する特殊な上皮細胞．1970 年代初頭に，微絨毛*が見られず，代わりに短く不規則なひだ状の細胞膜突起をもつという形態学的特徴から microfold cell として発見・記載されたことから，M 細胞とよばれる．食物由来の高分子，細菌・ウイルス，あるいはラテックスビーズなどの粒子を管腔側から側基底面側へと運搬するトランスサイトーシス*が盛んで，それにより腸管内の異物抗原を積極的に取込み，直下のリンパ濾胞に存在する樹状細胞*などの抗原提示細胞*に受け渡すことで免疫監視に寄与する．盛んな取込み能は逆に，種々の病原微生物の初期感染時の侵入経路として利用されるとの報告もある．近年，M 細胞様の特徴をもつ細胞が濾胞被覆上皮以外の絨毛内にも見いだされたが，この絨毛 M 細胞との異同は明らかではない．

**MC** [MC＝Monte Carlo method] ＝モンテカルロ法

**MG** [MG＝myasthenia gravis] ＝重症筋無力症

**MCAF** [MCAF＝monocyte chemotactic-activating factor] ＝単球走化性因子

**M-CSF** [M-CSF＝macrophage colony-stimulating factor] ＝マクロファージコロニー刺激因子

**MCF ウイルス** [MCF virus＝mink cell focus inducing virus] ＝ミンク細胞フォーカス形成ウイルス

**MCK** [MCK＝muscle creatine kinase] ＝筋クレアチンキナーゼ

**MCTD** [MCTD＝mixed connective tissue disease]　混合結合組織病の略号．(→ 膠原病)

**MCP** [MCP＝methyl-accepting chemotaxis protein] ＝メチル基受容走化性タンパク質

**M13 ファージ** [M13 phage, phage M13]　環状一本鎖 DNA をもつ繊維状ファージ．大腸菌雄株で増殖する(→ 一本鎖 DNA ファージ)．ゲノム DNA の複製過程は基本的に φX174 ファージ*と同じだが，一本鎖ゲノム DNA の複製はファージ粒子形成とは共役しない．増殖を続ける感染菌の細胞膜上でキャプシド*タンパク質が DNA を包込みながら粒子形成が進行し，その完了とともにファージは菌体外に放出される(→ ファージ DNA パッケージング)．したがって，粒子内に包みうる DNA 長が規定されないので，クローニングベクター*として有用である(→ ファージベクター)．また，キャプシドタンパク質にポリペプチドを挿入して，タンパク質ライブラリー作製のためのベクターとしても使われている．

**M13 ベクター** [M13 vector]　大腸菌の一本鎖 DNA ファージ M13 を利用したサブクローニング用ベクター．宿主大腸菌としては F′ プラスミド*をもつ大腸菌が用いられる．ベクター DNA にコードされる

lacZα ペプチドと F′ プラスミド部分に挿入されている欠失 lacZ (β-ガラクトシダーゼの C 末端フラグメント (ω-fragment)をコードしているが，活性はない)によりコードされる欠失 β-ガラクトシダーゼの共存により，挿入 DNA をもたない大腸菌は X-gal を含む寒天プレート上では青色のコロニー(ファージ系ベクターの場合にはプラーク)となる．しかし，外来の DNA が lacZα コード配列の中にあるマルチクローニングサイトに挿入された組換え体の場合はこの β-ガラクトシダーゼの活性回復(α-相補性)が起こらず，白色のコロニー(プラーク)を与えるので，これを利用して組換え体を選別できる．複製中間体 DNA は二本鎖環状であるが，ファージ粒子にはその一方の一本鎖 DNA のみが取込まれる．したがって作製したファージを含む培養上清から特定の一本鎖 DNA が容易に調製できるので，塩基配列決定に頻用されていたが，その後ファスミド*が開発され，利用されるようになった．

**エームス試験** ＝エイムス試験

**M 線** [M line] 横紋筋の筋原繊維*サルコメア A 帯の中央部に存在する幅 40〜80 nm の濃い縞で，3 本の線から成る(⇌ 筋原繊維[図])．M 線部域ではミオシンフィラメントは六角形状に M 橋によって直角に連結され，M 橋中心部にはミオシンフィラメントと平行に M フィラメントが走っている．これらの構成タンパク質はまだ同定されていない．ミオメシン(165 kDa)は M 線中央，M タンパク質は M 線中央から 18 nm 離れて左右に存在する．スケルミン(200，220 kDa)の所在は不明である．M 線はミオシンフィラメントをたがのように束ね，そのうえ隣の筋原繊維の M 線と細いフィラメントで連結され，サルコメア構造を保持している．

**MW** [MW＝molecular weight] ＝分子量

**mDia** [mDia] Diaphanous 類似フォルミン(Diaphanous-related formin)ともいう．ショウジョウバエの細胞質分裂に必要な Diaphanous の哺乳類ホモログ(マウス)．N 末端から，低分子量 GTP 結合タンパク質* Rho* への結合配列，C 末端分子内結合する FH3 領域，プロフィリン*と結合するポリプロリン配列を複数個もつ FH1 ドメイン，アクチン重合核形成を促進し，重合するアクチン*の速い伸長端に結合したままプロセッシブに移動する FH2 領域から成る 125〜140 kDa のタンパク質．ヒトでは hDia1 の C 末端 52 アミノ酸の変異が，常染色体優性無症候性難聴を起こす．

**mdr 遺伝子** [mdr gene] ＝多剤耐性遺伝子

**mtRNA** [mtRNA＝mitochondrial RNA] ＝ミトコンドリア RNA

**MDR 輸送体** [MDR transporter] ＝ATP 駆動薬物輸送体

**MDS** [MDS＝myelodysplastic syndrome] ＝骨髄異形成症候群

**MTS1** [MTS1] ＝p16

**MTNS** [MTNS＝microtubule-nucleating site] ＝微小管核形成部位

**MTNC** [MTNC＝microtubule-nucleating center] 微小管核形成中心の略称．(⇌ 微小管核形成部位)

**MTOC** [MTOC＝microtubule-organizing center] ＝微小管形成中心

**MDCK 細胞** [MDCK cell] NBL-2 細胞(NBL-2 cell)ともいう．S. H. Madin と N. B. Darby により，成犬(雌)コッカースパニエルの腎臓から樹立された上皮様細胞(Madin-Darby, canine kidney)．培養容器への接着面側と培養液側で極性が異なる．多くのウイルスの研究に使用されてきた細胞で，イヌ肝炎ウイルス，ワクシニアウイルス，インフルエンザウイルス，アデノウイルス 4, 5，コクサッキーウイルス B5，水疱性口内炎ウイルスに感受性を示し，ポリオウイルス 2，コクサッキーウイルス B3, B4 には感受性がない．狂犬病ウイルスやポリオウイルスなどのウイルス産生に利用される．

**mtDNA** [mtDNA＝mitochondrial DNA] ＝ミトコンドリア DNA

**エムデン・マイヤーホフ経路** [Embden-Meyerhof pathway] ＝解糖系

**MIIC** [MIIC＝MHC class II compartment] ＝MHC クラス II コンパートメント

**mb-1·B29** [mb-1·B29] ＝Igα·Igβ

**MPF** [MPF＝M phase-promoting factor] ＝M 期促進因子

**MPK2** [MPK2] ⇌ p38

**MPD** [MPD＝myeloproliferative disease] ＝骨髄増殖性疾患

**MBT** [MBT＝mid-blastula transition] ＝中期胞胚変移

**MPP** [MPP＝mitochondrial processing peptidase] ミトコンドリアプロセシングペプチダーゼの略称．(⇌ ミトコンドリア指向シグナル)

**MBP** [MBP＝myelin basic protein] ＝ミエリン塩基性タンパク質

**MP 法** [MP method] ＝最大節約法

**MPyV** [MPyV＝*Murine polyomavirus*] ＝マウスポリオーマウイルス

**MuSV** [MuSV＝*Murine sarcoma virus*] ＝マウス肉腫ウイルス

**Munc13** ⇌ SNARE 関連タンパク質

**MuLV** [MuLV＝*Murine leukemia virus*] ＝マウス白血病ウイルス

**MUC-1** ⇌ MUC-1(マックワン)

**mutS 遺伝子** [mutS gene] DNA 複製の際にまれに生じる誤った塩基対合(A·C，G·T など．ミスマッチ)は，複製装置自身のもつ校正機能(プルーフリーディング*)によってほとんど校正されるが，校正されずに取り残されたミスマッチは，ミスマッチ修復酵素群によって除去修復*される．mutS は，この修復系の酵素の一つ(MutS タンパク質，95 kDa)をコードする大腸菌の遺伝子であり，その染色体地図上 61.54 分に位置する．大腸菌の DNA は通常 GATC 配列中のアデニンの 6 位がメチル化*されているが，複

製直後の新生 DNA 鎖はメチル化されていないために，メチル化の有無が鋳型 DNA 鎖と新生 DNA 鎖の識別のシグナルとなっている．メチル化されていない新生 DNA 鎖中にミスマッチが存在すると，まず MutS タンパク質二量体がこのミスマッチを認識して結合する．この MutS-DNA 複合体に MutL, MutH タンパク質が会合し，メチル化されていない新生 DNA 鎖中に一本鎖切断を導入し，そこからミスマッチ塩基を含む新生 DNA 鎖が分解され，ミスマッチ修復反応が開始する．酵母菌，ヒト細胞にも大腸菌の *mutS* と同様の機能をもつ遺伝子が同定され，*msh*, *MSH*(*mutS* homologue)と命名されている．出芽酵母では *msh1*〜*6* の六つの *mutS* ホモログ遺伝子の存在がゲノム解析から示唆されている．*msh1* 遺伝子産物(Msh1p)はミトコンドリアで機能する．ヒトでは *MSH2*, *MSH3*, *MSH4*, *MSH5*, *MSH6* の五つの遺伝子が報告されている．

**mutT 遺伝子** [*mutT* gene]　*mutT* は大腸菌染色体上の 2.39 分に位置する自然突然変異制御遺伝子の一つで 15 kDa のタンパク質をコードする．MutT タンパク質は dGTP および GTP のグアニン塩基の 8 位が酸化された 8-オキソ-dGTP と 8-オキソ GTP をそれぞれの一リン酸(8-オキソ-dGMP, 8-オキソ GMP)とピロリン酸に加水分解し，8-オキソ-dGTP と 8-オキソ GTP が DNA および RNA 合成の基質として使われないようにする．さらに MutT タンパク質は dGDP と GDP の酸化体(8-オキソ-dGDP と 8-オキソ GDP)をそれぞれの一リン酸と無機リン酸に分解し，細胞内のヌクレオチドプール中に DNA および RNA 合成の基質となりうる 8-オキソ-dGTP と 8-オキソ GTP が蓄積するのを最小限に抑制している．8-オキソ G はシトシン以外にアデニンとも同程度に対合する性質をもつ．DNA 複製に際して DNA ポリメラーゼは 8-オキソ-dGTP を鋳型 DNA 鎖中のアデニンとシトシンに対し同じ効率で新生 DNA 鎖に取込むために，A・T→C・G トランスバージョン* 型変異の原因となる．*mutT* 欠損変異株では 8-オキソ-dGTP が分解されずに蓄積するため，染色体 DNA において A・T→C・G 変異の自然発生頻度が野生株の千倍以上のレベルまで上昇する．さらに，*mutT* 欠損変異株ではその染色体 DNA 中の G・C 含量が増加することが報告されている．また，*mutT* 変異株では蓄積した 8-オキソ GTP を RNA ポリメラーゼが RNA 合成の際に鋳型 DNA 鎖のアデニンとシトシンに対しての取込むため，染色体 DNA の変異とは独立に変異タンパク質が蓄積する．ヒトやげっ菌類からも MutT タンパク質同様の 8-オキソ-(d)GTP 分解酵素をコードする遺伝子が複数 (MTH1, MTH2, NUDT5) 同定されている．これらのタンパク質では，MutT タンパク質の活性中心である 23 アミノ酸残基から成るホスホヒドロラーゼモジュール(MutT box あるいは NUDIX box ともよばれる)と相同性の高い配列を保存している．

**Myn**　=Max

**MyoD**　⇌ MyoD(ミオディー)

**myc 遺伝子**　⇌ *myc*(ミック)遺伝子

**myb 遺伝子**　⇌ *myb*(ミブ)遺伝子

**AU−AC イントロン** [AU−AC intron]　イントロン* のごく一部は 5′ 末端に AU を，3′ 末端に AC をもつが，この AU-AC イントロンは AU-AC スプライソソームで除去される．AU-AC スプライソソームは U5-snRNP, U11(U1 に類似), U12(U2 に類似), U4atac-U6-atac(U4-U6 に類似)を含んでいる．AU-AC イントロンはそれを含む遺伝子内で保存されていない．(⇌ スプライソソーム)

**Au 抗原** [Au antigen]　=オーストラリア抗原

**エライオプラスト** [elaioplast]　色素体* の一種で，色素をもたない白色体* の中に含まれる脂肪を多量に蓄積している細胞小器官である．白色体の中にはほかにデンプンやタンパク質を多量に蓄積しているものがあり，おのおのアミロプラスト*，プロテノプラストとよぶ．

**エラスターゼ** [elastase]　構造タンパク質であるエラスチン* を加水分解する酵素で，白血球(白血球エラスターゼ leukocyte elastase, EC 3.4.21.37)や膵臓(膵エラスターゼ pancreatic elastase, EC 3.4.21.36)から精製されている．膵エラスターゼは，活性中心のセリン残基がジイソプロピルフルオロリン酸で不可逆的に標識され，失活するセリンプロテアーゼ* である．最適 pH は 7.8〜8.5．基質タンパク質に対する切断部位の特異性は低い．

**エーラース・ダンロス症候群** [Ehlers-Danlos syndrome]　コラーゲン* やリシンヒドロキシラーゼ(⇌ リシル-6-オキシダーゼ)などの遺伝子突然変異による代謝異常が原因でコラーゲンの繊維束形成異常が起こり，結合織異常や血管内皮下組織に対する血小板粘着の障害をきたすために起こる常染色体優性疾患*．関節の無痛性過度伸展・習慣性脱臼，小児期からの皮下出血・血腫，皮膚の異常過伸展，水晶体脱臼，心房中隔欠損・弁膜異常，動脈瘤，横隔間ヘルニア，腸憩室，肺気腫などを伴う．

**エラスチン** [elastin]　弾性繊維* の主成分の不溶性のタンパク質．血管，肺，靱帯，皮膚など伸縮性に富む臓器に存在する．分子量 68,000 の可溶性の前駆体トロポエラスチン(tropoelastin)が架橋されてできる．Ala および架橋(デスモシン desmosine, イソデスモシン isodesmosine: $H_2N-CH-COOH$ を 1 分子中に 4 個含む特殊なアミノ酸)に富む領域と，Val, Pro, Gly に富む疎水性領域から成る．弾性作用のほか，細胞の遊走作用，カルシウム結合性，脂質結合性などが報告されている．膵臓，好中球，マクロファージなどのエラスターゼ* で分解される．

**ELISA**　=固相酵素免疫検定法

**エリシター** [elicitor]　フィトアレキシン* の蓄積など植物の防御反応およびそれに関連する反応を誘導する物質．一般的には，植物の病原菌が生産する物質(生物的エリシター)で，その中には病原菌の細胞壁成分または病原菌が分泌する成分である β-グルカン，ペプチドおよび糖タンパク質，アラキドン酸のような

脂質などがある．そのほか，重金属塩および界面活性剤，さらに紫外線などにもフィトアレキシンを誘導する活性があり，非生物的エリシターとよばれている．またエリシターには，病原菌と宿主植物の間の病気の特異性に対応し，エリシターを生産するその病原菌に対して抵抗性遺伝子をもつ植物品種にのみ防御反応を誘導する特異的エリシターと植物品種に関係なく防御反応を誘導する非特異的エリシターに分別される．今までに明らかにされた特異的エリシターはいずれも植物の抵抗性遺伝子に対応する病原菌の非病原性遺伝子によりコードされているかあるいはその生産が支配されている．

**エリスロポエチン** ＝エリトロポエチン

**エリスロマイシン** ［erythromycin］ 放線菌 *Streptomyces erythreus* の生産する 14 員環マクロライド系抗生物質*の一つで，グラム陽性細菌，リケッチア，クラミジア，マイコプラズマなどに静菌的に作用する．

エリスロマイシンA

作用機作はタンパク質合成の阻害が主で，細菌のリボソームの 50S サブユニット（23S rRNA, L16 タンパク質）に結合し，ペプチド転移作用を阻止する．ある種の細菌にマクロライド耐性誘導作用を示す．耐性機序は，耐性菌によるホスホトランスフェラーゼや加水分解酵素の生産，能動排出，23S rRNA の A 塩基のメチル化などである．

**エリテマトーデス** ＝全身性エリテマトーデス

**エリトロポエチン** ［erythropoietin］ EPO と略す．エリスロポエチンともいう．赤血球産生を刺激する糖タンパク質ホルモン．ヒト尿から純化精製された，ヒト遺伝子は第 7 染色体長腕 11-22 領域に位置し五つのエキソンを含む．1.6 kbp の cDNA が 192 アミノ酸をコードし，翻訳後シグナルペプチドと C 末端のアルギニンが切断されて 165 アミノ酸（分子量 30,400）となる．糖鎖の付加が生体内での活性の発現上不可欠である．産生は肝臓と腎臓でのみみられ，胎児期には肝臓が，成体では腎臓が主体となる．腎臓では傍尿細管間質細胞で産生され，貧血の進行に伴って mRNA が増加し産生量が増えるだけでなく，その産生細胞数も増加する．低酸素血症でも発現が誘導される．このほか，一部の腎がん・血管芽細胞腫でも産生がみられ，赤血球系に対しては赤芽球バースト形成単位*（BFU-E）の後期から赤芽球コロニー形成単位*（CFU-E）に作用して増殖と成熟赤血球への分化を誘導し，CFU-E の細胞死を抑制する．巨核球系には巨核球コロニー形成単位（CFU-Meg）のコロニー形成を刺激し，巨核球の分化を促進して血小板数を増加させる．健常人の血清レベルは 5～30 mU/mL である．

**エリトロポエチン受容体** ［erythropoietin receptor］ 分子量 55,000 の 1 回膜貫通型受容体．507 アミノ酸から成る I 型糖タンパク質．サイトカイン受容体ファミリーに属する．ヒト遺伝子は染色体 19p に 8 個のエキソンから成り，発現には転写因子 GATA-1 が重要である（→ GATA 因子群）．ヒト赤芽球バースト形成単位*から赤血球に発現し，細胞外ドメインにエリトロポエチン*が結合することで二量体化しシグナルを伝達する．主要な活性化経路として JAK-STAT 系（STAT2）・Ras 系がある（→ JAK, STAT タンパク質）．赤血球系以外では巨核球コロニー形成単位（CFU-Meg）に発現がみられる．

**LINE** ⇌ LINE（ライン）

***lin* 遺伝子** ⇌ *lin*（リン）遺伝子

**LIF**[(1)] ［LIF＝leukemia inhibitory factor］ ＝白血病阻害因子

**LIF**[(2)] ［LIF＝leukocyte migration inhibitory factor］ ＝白血球遊走阻害因子

**LIMK** ［LIMK＝LIM kinase］ ＝LIM（リム）キナーゼ

**LIP** ［LIP＝liver-enriched inhibitory protein］ ＝肝特異的転写抑制性タンパク質

**LRR ドメインファミリー** ［LRR domain family］ ⇌ 細胞接着分子

**LEA タンパク質** ⇌ LEA（レア）タンパク質

***lexA* 遺伝子** ⇌ *lexA*（レックスエー）遺伝子

**LECAM** ⇌ セレクチン

**LEC-CAM** ⇌ セレクチン

**L1210 細胞** ［L1210 cell］ DBA マウス（雌）の皮膚に 0.2％ 3-メチルコラントレン*を塗り，生じた腫瘍を同系マウスの皮下および筋肉内に移植して樹立した浮遊系のリンパ球性白血病細胞．マウス腹腔内移植で増殖する．細胞倍加時間は約 8～10 時間で，軟寒天培養でコロニー形成が可能．ヌードマウスに $10^6$ 個の細胞を移植すると，7～10 日の遅延期を経て腫瘍を形成する．米国立がん研究所（NCI）における一次スクリーニング系として 1950 年代半ばから用いられていたが，その後 P388 白血病細胞が，1986 年からはヒトがん細胞パネルが用いられている．（⇌ 発がん）

***let-23* 遺伝子** ［*let-23* gene］ 線虫（*Caenorhabditis elegans**）の陰門形成に必要な遺伝子．もともと，幼虫致死をひき起こす突然変異体から同定された．がん遺伝子 v-*ros* のキナーゼ領域をプローブに単離された遺伝子の一つ *kin-7* と同一であり，上皮増殖因子（EGF）受容体*と相同性をもつ膜貫通受容体型チロシンキナーゼをコードしている．陰門形成が線虫の生存に必須ではないことから，幼虫に必須の器官の形成，または機能にも関与する遺伝子と考えられている．（⇌ *lin* 遺伝子）

**LEP** ［LEP＝lysylendopeptidase］ ＝リシルエンドペプチダーゼ

***LEU2*遺伝子** ⇒ *LEU2*(ロイツー)遺伝子

**LAR**[1] [LAR=localized acquired resistance] 局部獲得抵抗性の略称.(⇒全身獲得抵抗性)

**LAR**[2] [LAR=locus activating region] 遺伝子座活性化領域の略号.(⇒遺伝子座調節領域)

**LAM-1** [LAM-1] =L-セレクチン

**LamB** ⇒ Lam(ラム)B

**LAK 細胞** [LAK cell] リンホカイン活性化キラー細胞(lymphokine-activated killer cell)の略.インターロイキン2の存在下でリンパ球を培養すると,ウイルス感染細胞,腫瘍細胞などを標的細胞として攻撃するキラーT細胞*が誘導される.これを患者の体内に戻すと末期がんに効果があることが1985年末に報告された.この療法は,リンホカイン活性化キラー細胞療法とよばれる.(⇒免疫療法)

**LACI** [LACI=lipoprotein-associated coagulation inhibitor] リポタンパク質結合性プロテアーゼインヒビターの略号.(⇒TFPI)

*lac* オペロン =ラクトースオペロン

**LSD** [LSD=lysergic acid diethylamide] =リゼルグ酸ジエチルアミド

***laz3*遺伝子** [*laz3* gene] =*bcl*-6 遺伝子

**LH** [LH=luteinizing hormone] =黄体形成ホルモン

**LHRH** [LHRH=luteinizing hormone-releasing hormone] =黄体形成ホルモン放出ホルモン

**LHC** [LHC=light harvesting chlorophyll-protein complex] 集光性色素タンパク質複合体の略称.(⇒アンテナ複合体)

**LA-PCR** [LA-PCR] long and accurate PCRの略.長いDNAも高い忠実度で効率よく増幅できるPCR*法.DNAポリメラーゼ,緩衝液,反応条件などを総合的に検討し改善され40 kbp程度のDNA断片を増幅できる.DNAポリメラーゼとしては3'→5'エキソヌクレアーゼ活性をもつ耐熱性DNAポリメラーゼ(ExTaqやLa Taq)が用いられる.

**LFA-2** [LFA-2=lymphocyte function-associated antigen-2] リンパ球機能関連抗原2の略称.(⇒CD2(抗原))

**LFM** [LFM=loss of function mutation] =機能喪失(性突然)変異

**LFD** [LFD=least fatal dose] =最小致死量

**LOH** [LOH=loss of heterozygosity] =ヘテロ接合性消失

**L型カルシウムチャネル** [L type calcium channel] Ca$_V$1チャネル(Ca$_V$1 channel)ともいう.ジヒドロピリジン受容体と同一である.Ca$_V$1遺伝子は"Ca拮抗薬"感受性L型カルシウムチャネルをコードする.Ca$_V$1には四つのサブタイプCa$_V$1.1~Ca$_V$1.4が存在する.Ca$_V$1.1は骨格筋特異的で,筋小胞体のリアノジン受容体*(RyR1)と相互作用し,骨格筋興奮収縮連関の電位センサーとして機能する.Ca$_V$1.2は心筋における興奮収縮連関機構においてCa$^{2+}$誘導性Ca$^{2+}$放出機構により,リアノジン受容体(RyR2)と相互作用する.一方,神経系においてCa$_V$1.2は種々遺伝子発現の変動に関与する.Ca$_V$1.3は内耳蝸牛管の内有毛細胞からのシナプス伝達に必要なL型カルシウムチャネルであり,欠損により難聴を示す.Ca$_V$1.1の遺伝子変異を起因とする疾患として,ヒトではともに優性遺伝形式を示す家族性低カリウム性周期性四肢麻痺(HPP-1),悪性高熱(MH)が知られる.マウスでは劣性遺伝形式を示す筋ディスジェネシス(mdg)が知られる.またCa$_V$1.4の変異を起因とするヒト疾患として劣性遺伝形式を示すX染色体遺伝性定常性夜盲症がある.(⇒カルシウムチャネル,R型カルシウムチャネル,N型カルシウムチャネル,P/Q型カルシウムチャネル,T型カルシウムチャネル,ジヒドロピリジン受容体)

**エルゴカルシフェロール** [ergocalciferol] ⇒ビタミンD

**L鎖** [L chain] 軽鎖(light chain)ともいう.【1】(免疫グロブリンの) 抗体(免疫グロブリン)は2種類計4本のポリペプチド鎖から成る分子で,短い方をL(軽)鎖,長い方をH(重)鎖*とよぶ.HL両鎖とも90~110アミノ酸残基から成るドメインがつながった構造をしているが,L鎖は2個のドメインから構成される.N末端側にはアミノ酸の一次配列が多様で抗原に結合するV$_L$ドメインがあり,C末端側にはH鎖C$_H$1ドメインと会合しS-S結合で連結されるC$_L$ドメインがある.L鎖にはκ型とλ型の2種類が存在する.κ型とλ型はその基本構造および機能に相違は見いだされない.マウスではλ型は5%以下,ヒトでは30%程度と全抗体の中に占めるλ型とκ型抗体の比率は動物種によって大きく異なる.抗体はDNA再編成*というV領域の多様性を増大するには効率のよい機構で産生されるが,活性型V遺伝子をつくり損ねる確率が高くなるという危険から,2種類のL鎖をつくり出したと考えられている.κとλ鎖をコードする遺伝子は染色体上,完全に別の部位にコードされている.(⇒免疫グロブリン遺伝子)
【2】(ミオシンの) ⇒ミオシンL鎖

**L細胞** [L cell] 1941年,C3Hマウス皮下組織から初代培養され,その後メチルコラントレン*処理して樹立された最古の細胞株.足場依存性で繊維芽様の形態をもち,三倍体に近い異数性を示す.この株よりクローン系が初めて樹立され,また浮遊培養法が開発された.さらに,栄養要求性の研究から合成培地が考案された.また,チミジンキナーゼ*欠損株が初めて分離され,細胞雑種形成*や遺伝子導入*法の開発に利用された.亜株のL929細胞が広く使用されているが,変異しやすく遺伝的安定性が低いなどの欠点もある.

**LCR**[1] [LCR=leurocristine] ロイロクリスチンの略号.(⇒ビンクリスチン)

**LCR**[2] [LCR=locus control region] =遺伝子座調節領域

**LCAM** [LCAM=liver cell adhesion molecule] ⇒カドヘリン

**LCM**［LCM＝laser capture microdissection］＝レーザーマイクロダイセクション

**LCMウイルス**［LCM virus＝*Lymphocytic choriomeningitis virus*］　リンパ球性脈絡髄膜炎ウイルスの略称.（⇒アレナウイルス）

**LC/MS**［LC/MS＝liquid chromatography-mass spectrometry］＝液体クロマトグラフィー-質量分析法

**LCO**［LCO＝lipochitin oligosaccharide］　リポキチンオリゴ糖の略称.（⇒Nodファクター）

**L字形構造**（tRNAの）［L shape structure］　⇒転移RNA

**Lck**［Lck］　p56$^{lck}$ ともいう.主としてTリンパ球系に発現するSrcファミリー*に属する非受容体型のチロシンキナーゼ*.56 kDa（翻訳後修飾により約62 kDaとなる）で,N末端の膜アンカーとなるミリストイル化部位,SH3, SH2ドメイン（⇒SHドメイン）,キナーゼドメイン,C末端のチロシン（リン酸化されるとキナーゼ活性が抑制される）などSrc型キナーゼの特徴を備えている.CD4*,CD8*と会合しており,T細胞受容体の情報伝達（⇒ZAP-70）,T細胞の分化成熟にかかわる.

**L-セレクチン**［L-selectin］　LAM-1, LECAM-1, gp90$^{MEL}$, Leu8, TQ-1ともいう.（⇒セレクチン）

**LT$^{(1)}$**［LT＝leukotriene］＝ロイコトリエン

**LT$^{(2)}$**［LT＝lymphotoxin］＝リンホトキシン

**LTR**［LTR＝long terminal repeat］　レトロウイルス*ゲノムDNAの両末端で重複している長い末端反復配列 long terminal repeat の略.長さはウイルスによって異なり300〜1300塩基対で$U_3$, R, $U_5$配列から成る（図）.$U_3$はゲノムRNAの3′末端配列（Rを除

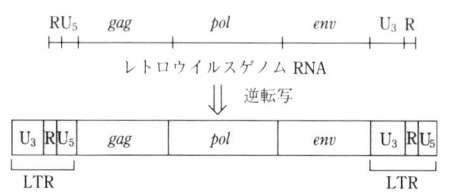

```
   R U₅   gag      pol       env      U₃ R
```
レトロウイルスゲノムRNA
⇓ 逆転写
```
 U₃ R U₅  gag      pol       env      U₃ R U₅
 └─LTR─┘                               └─LTR─┘
```
ウイルスゲノムDNA

く）,Rは両末端で重複する配列,$U_5$は5′末端配列（Rを除く）に相当する.一つのLTRの両末端にはトランスポゾン*でみられる逆方向反復配列*があり,この構造がウイルスDNAの染色体へのランダムな部位への組込みに関与する.その他,転写の開始信号（TATAボックス*）,ウイルス自身と近傍の遺伝子の転写活性を高めるエンハンサー*の機能が$U_3$に,ポリ（A）添加シグナルがRまたは$U_3$にある.がん遺伝子をもたない白血病ウイルスによるがん化の場合は,ウイルスDNAが細胞性がん遺伝子*の近傍に組込まれたことによる活性化と考えられており,プロモーター（エンハンサー）挿入による細胞のがん化といわれている.（⇒プロモーター挿入説）

**LTH**［LTH＝luteotropic hormone］　黄体刺激ホルモンの略.（⇒プロラクチン）

**LDL**［LDL＝low density lipoprotein］＝低密度リポタンパク質

**LDL受容体**［LDL receptor］＝低密度リポタンパク質受容体

**LD$_{50}$**＝半致死量

**LT受容体**［LT receptor］＝ロイコトリエン受容体

**LBR**［LBR＝lamin B receptor］＝ラミンB受容体

**LPA**［LPA＝lysophosphatidic acid］＝リゾホスファチジン酸

**LPA受容体**［LPA receptor］＝リゾホスファチジン酸受容体

**LPS**［LPS＝lipopolysaccharide］＝リポ多糖

**LPH**［LPH＝lipotropic hormone］　リポトロピンの略.（⇒プレプロオピオメラノコルチン）

**エールリッヒ腹水がん**［Ehrlich ascites tumor］　マウスの腹水*腫瘍で,宿主マウスのどの系統にも高率に移植できるため,世界的に広く利用されてきた.その起源は,P. Ehrlich が1905年ごろ見いだした自然発生乳がんを,H. Loewenthalらが腹水化したものといわれる.現在あるエールリッヒ腹水がんは,染色体数が高二倍体のと,低四倍体のものがある.形態的には,がん腫（固形がん）を起源とするにもかかわらず上皮性の性格はみられず,腹水中で1個1個ばらばらの状態で存在する.

**L領域**［L region］　A. Pullman のK領域理論を補足する形で付け足された芳香族炭化水素の発がん*不活性部位（⇒K領域［図］）.この場所のπ電子の反応性が高すぎると,発がんとは無関係な反応が先行して,発がん性低下につながるとした.無水マレイン酸や光酸化など環化付加反応を起こす.Pullmanの理論では,置換反応は発がんと無関係とされているが,永田親義,福井謙一らによるフロンティア電子分布の研究では,メソ位置の反応性が発がん性と並行し,ラジカル研究の端緒となった.

**Ly-1抗原**［Ly-1 antigen］＝CD5（抗原）

***lyn*遺伝子**［*lyn* gene］　Src型チロシンキナーゼをコードする遺伝子でスプライシングによりp53$^{lyn}$とp56$^{lyn}$の2種類のタンパク質がつくられる.FynやBlkなどのSrc型チロシンキナーゼと同様にB細胞抗原受容体を介したシグナル伝達に関与する.B細胞受容体の細胞内領域と複合体を形成し,抗原刺激によって活性化されてIgα, Igβ の ITAM（免疫受容体チロシン活性化モチーフ,immunoreceptor tyrosine-based activation motif）をリン酸化する.これがSykの活性化をひき起こし,B細胞受容体からのシグナル伝達が開始される.またLynはCD19のリン酸化を介してB細胞受容体シグナルを増強する.一方,FcγRⅡB1やCD22, CD5, PIR-Bなどの抑制性受容体のITIM（免疫受容体チロシン阻害モチーフ,immunoreceptor tyrosine-based inhibitory motif）をリン酸化することにより,B細胞受容体シグナルを抑制する機能ももち,

lyn 欠損マウスは B 細胞の過剰な活性化により自己免疫疾患を発症する. (→Src ファミリー)

**Ly-5 抗原** [Ly-5 antigen]　＝CD45(抗原)

**L1** [L1]　神経成長因子誘導性大膜糖タンパク質 (nerve growth factor inducible large external glycoprotein, NILE) ともいう. 類似のタンパク質にニワトリの NgCAM (neuron-glia cell adhesion molecule, ニューロングリア細胞接着分子), G4, 8D9, NrCAM (NgCAM related CAM), ショウジョウバエのニューログリアン (neuroglian) がある. 免疫グロブリンスーパーファミリー*に属する高分子膜糖タンパク質で, 細胞外に6個の免疫グロブリンドメインと5個のフィブロネクチンⅢ型ドメインと1個ずつの膜貫通ドメイン, 細胞内ドメインを含む. 分子サイズは 210 kDa のほか 180, 140, 80 kDa の分子種があり, それらはタンパク質分解によって生じる. 細胞内, 外にそれぞれ数アミノ酸が欠如したアイソフォームは非神経性のシュワン細胞*などに見いだされる. L1 は神経細胞への特異性が高く, 発育期の神経細胞の軸索, 成長円錐に特に強く発現される. マウス, ラット, ヒトの L1 のアミノ酸配列は相互の相同性が高く, 特に細胞内ドメインは完全に一致し保存性の高いタンパク質である. NgCAM, ニューログリアンとはアミノ酸配列の一致率は 50 % 程度で, 機能的にもややなる. L1 はホモフィリックな細胞接着, 神経細胞突起伸展, 神経細胞移動の促進作用がある. L1 は神経細胞移動障害によって嗅覚と生殖機能に障害の生じるカルマン症候群の原因タンパク質と部分的な類似性を示す. L1 遺伝子はヒトでは X 染色体長腕 28 領域にマップされ, この遺伝子の突然変異は遺伝性水頭症, 知能発育障害を伴う MASA 症候群, 痙性片麻痺の原因となる.

**エレクトロスプレーイオン化質量分析** [electrospray ionization mass spectrometry]　ESI-MS と略す. 試料溶液を内径約 50～100 μm の金属キャピラリーに数 μL/min～数百 μL/min の流速で導入し, 大気圧下でキャピラリー先端に高電圧を印加するとともに, ガスの補助で微細液滴を気化と同時にイオン化を行い, 生じたイオンについて質量分析する方法 (→質量分析法). エレクトロスプレーイオン化法で生じるイオンは一般に多価イオンである. 試料の導入速度が約 100 nL/min 未満のものを特にナノエレクトロスプレー (nanoelectrospray) という. 低分子化合物だけでなく, タンパク質やペプチド, 核酸などの揮発性のない生体高分子, および非共有結合で形成されたこれら生体高分子の複合体などの質量測定に用いることができる. (→プロテオミクス)

**エレクトロポレーション**　＝電気穿孔

**エロンガン** [elongin]　＝SⅢ

**塩化セシウム密度勾配遠心分離法** [cesium chloride density-gradient centrifugation]　塩化セシウム (CsCl) を用いた等密度遠心分離法*, または平衡密度勾配遠心分離法*. おもに DNA や核タンパク質*, ウイルスなどの分離, 分析に用いる. 浮遊密度 (buoyant density) を正確に測定する場合には分析用超遠心機が使われるが, 一般には操作が簡単で応用範囲も広い分離用超遠心機が用いられる. 直鎖状二本鎖 DNA の塩化セシウム中での浮遊密度 $\rho$ (g/cm$^3$) と塩基組成の間には

$$\rho = 1.660 + \frac{GC \text{含量}(\%)}{1000}$$

なる経験式があり, 通常の DNA では $\rho=1.7$ 前後である. 一本鎖 DNA の場合は約 0.015 程度高い値となる. RNA の場合は浮遊密度が DNA よりもずっと高く塩化セシウムの溶解度を超えるため, より水和されて浮遊密度が低くなる硫酸セシウムを用いた遠心が行われる. 浮遊密度や塩基組成の決定以外に, アルカリ溶液中での遠心による DNA 相補鎖の分離や, 密度の大きい安定同位元素 ($^2$H, $^{13}$C, $^{15}$N) や 5-ブロモウラシルなどの塩基類似体を取込ませて DNA を密度標識 (density label) することにより新しく複製された DNA を分離する目的などに利用されている. またプラスミドやウイルスの閉環状二本鎖 DNA を精製する際に臭化エチジウム*を含む塩化セシウム密度勾配遠心が利用されている.

**塩基** (核酸の) [base]　核酸*構成成分の一つ. 含窒素環状のプリン*塩基 (アデニン*とグアニン*) とピリミジン*塩基 (シトシン*, チミン*, ウラシル*) がある. 通常 DNA にはチミン, RNA にはウラシルが含まれる. 過塩素酸によって強い条件で処理すると, DNA のすべての塩基と RNA からのプリン塩基が得られる. いずれも特有の紫外部吸収 (モル吸光係数 $\varepsilon$ が約1万) をもち, 同定に用いられる.

**塩基アナログ**　＝塩基類似体

**塩基除去修復** [base excision repair]　BER と略す. 除去修復*の一種で, DNA 中に生じた1個の損傷塩基の修復. 各種の DNA グリコシラーゼ*が特定の損傷ヌクレオチドのグリコシド結合*を加水分解し, アプリン酸部位やアピリミジン酸部位 (AP 部位) を生じ, AP エンドヌクレアーゼ*がデオキシリボース鎖*を切断し, さらにおそらく DNA ポリメラーゼ*が隣接する数残基のヌクレオチドを除去したのち, 欠損 DNA 部分を合成し, 最後に DNA リガーゼ*がニックを埋める. DNA 分子中のシトシンがウラシルに変化した場合にはウラシル-DNA グリコシダーゼ* (UDG；ウラシル N-グリコシラーゼ, UNG) がこれを切取り, BER でシトシンに修復する. (→ヌクレオチド除去修復)

**塩基スタッキング** [base stacking]　DNA の二重らせん*構造 (→B 形 DNA) において各塩基対は 0.34 nm 間隔でらせんの中心軸に対してほぼ直角に配位しているが, この二重らせん構造における塩基対の積重なり (多層性配列) という. この多層性配列により π 電子による相互作用が生じ, 二重らせん構造の安定化に寄与していると考えられている.

**塩基性繊維芽細胞増殖因子** [basic fibroblast growth factor]　bFGF と略す. 1974 年, マウス繊維芽細胞

増殖因子*として脳，下垂体より単離された．約18 kDa，等電点9.0の一本鎖ペプチドでヘパリンに結合する性質をもつ．ほとんどの臓器の血管内皮，上皮細胞より産生され，細胞外マトリックス*に結合した状態で貯蔵される．細胞表面の塩基性繊維芽細胞増殖因子受容体*に結合し，生物活性を及ぼす．血管新生以外に，種々の細胞増殖促進，分化誘導など多様な機能がある．(⇒酸性繊維芽細胞増殖因子)

**塩基性繊維芽細胞増殖因子受容体** [basic fibroblast growth factor receptor] bFGFRと略す．1回膜貫通型の膜タンパク質で，細胞外には免疫グロブリン様ループをもつリガンド結合部，細胞内にはチロシンキナーゼ部がありシグナル伝達にかかわる．単一の遺伝子から異なったスプライシングにより多様な受容体分子を発現することができる．塩基性繊維芽細胞増殖因子*(bFGF)を含むFGFファミリー分子の一部をリガンドとし，逆にbFGFはbFGFR以外の受容体ファミリーにも結合することができる．

**塩基組成** [base composition] 核酸に含まれる塩基の構成比．二本鎖DNAではアデニン(A)＋グアニン(G)とシトシン(C)＋チミン(T)の量比は等しい．ただし，AT/GC比*やGC含量*は種によって異なる．塩基組成の測定はつぎのようにして行う．DNAの塩基は，古典的には，過塩素酸などによる加水分解によって得られる．これらを濾紙クロマトグラフィー*またはカラムクロマトグラフィー*により分離し，モル吸光係数を測定して定量する．現在ではDNAの塩基配列分析から得られる．RNAはアルカリ加水分解物のpH 3.5の濾紙電気泳動*によって4種のヌクレオチドを直接的に分離定量できる．また，RNAを逆転写して得たcDNAの塩基配列から組成を知ることもできる．(⇒シャルガフの法則)

**塩基置換**(DNAの) [base substitution (of DNA)] ⇒点突然変異

**塩基対** [base pair] 核酸に含まれる塩基が，同じ核酸分子内あるいは別の核酸分子内の塩基と特定の組み合わせにより対をつくることを塩基の対合(base pairing)という．J. D. Watson*とF. H. C. Crick*はDNAの塩基組成*とX線回折を参考にして，アデニン*とチミン*，グアニン*とシトシン*がそれぞれ水素結合によって塩基対(⇒ワトソン・クリック型塩基対)をつくる二本鎖構造を提唱した(⇒ワトソン・クリックモデル)．この型はアデニンの1,6位とチミンの3,4位，およびグアニンの1,2,6位とシトシンの2,3,4位が水素結合を形成する(⇒相補的塩基対形成)．K. Hoogsteenはプリン*塩基の6,7位とピリミジン*塩基が関与する水素結合が形成できることを示した．フーグスティーン型塩基対*によって三本鎖DNA*形成が可能となる．(⇒ゆらぎ塩基)

**塩基対形成** ⇒相補的塩基対形成

**塩基の対合** [base pairing] ⇒塩基対

**塩基フリップアウト** [base flipping] 塩基除去修復酵素やメチル化酵素がDNAの標的部位を認識する際，塩基をDNA二重らせんの外へ大きく飛び出させて結合する現象のことをいう．ウラシルDNAグリコシラーゼやメチル化酵素では標的塩基自体がフリップアウトするが，T4エンドヌクレアーゼVの場合は損傷塩基のチミン二量体の5′側チミンに相補的なアデニンがフリップアウトする．DNA損傷塩基を認識する普遍的機構として非常に重要である．

**塩基類似体** [base analog] 塩基アナログともいう．核酸に含まれる塩基の類似体．核酸にはおもに4種の塩基*が含まれるが，微量成分として修飾された塩基が存在し，微量塩基*，修飾塩基*などとよばれる．RNA中，特に転移RNA*には高度に修飾された塩基が存在し，機能の微妙な調節を行っている(⇒高修飾ヌクレオシド)．DNA中ではメチル化塩基が遺伝子発現の調節をする(⇒メチル化【1】．5-メチルシトシン)．紫外線やアルキル化剤による損傷によっても塩基類似体が生成する．代謝拮抗剤として核酸機能の研究や薬剤としても使われるものもある(⇒6-チオグアニン，5-アザシトシン)．5-ブロモウラシル(5-bromouracil)，5-フルオロウラシル*などの光感受性類似体は架橋剤ともなる．また，塩基類似体のグリコシドが抗生物質(ピューロマイシン，ホルマイシンなど)として知られている．$O^6$-メチルグアニン*や8-オキソグアニン*には突然変異原性が見いだされた．

**エングレイルド遺伝子** [engrailed gene] en遺伝子(en gene)と略称される．セグメントポラリティー遺伝子*の一つで，その産物(Enタンパク質)はホメオドメイン*をもつDNA結合タンパク質であり核に局在している．ショウジョウバエの胚および成虫原基において，後部区画で発現し，後部区画のアイデンティティーを決めている．胚においては，enとウイングレス遺伝子*(wg)の発現する細胞は互いに隣接し合っていて，前後区画の境界を形成する．wgの分泌性産物が隣接する細胞でのenの発現を誘導し，またen発現細胞からの分泌タンパク質ヘッジホッグ(Hh)によりwgの発現が誘導される．enは，脳・神経系の細胞でも発現しているが，これらの組織では胚の表皮系とは異なった機構で発現調節されている可能性がある．また，マウスのEn-1・En-2遺伝子のように，他の動物種にもenと相同な遺伝子の存在が知られている．

**エンケファリン** [enkephalin] オピオイド受容体*と特異的に結合するオピオイドペプチドとよばれる内因性ペプチドの一つである(⇒オピオイド)．Tyr-Gly-Gly-Phe-Metの5個のアミノ酸から成るメチオニンエンケファリン(methionine enkephalin)と5番目のメチオニンがロイシンに置換したロイシンエンケファリン(leucine enkephalin)がある．これらのペプチドは，二つの前駆体タンパク質すなわち，263個のアミノ酸から成り4個のメチオニンエンケファリンと1個のロイシンエンケファリンを内部にもつプレプロエンケファリンA，および256個のアミノ酸から成り3個のロイシンエンケファリンをもつプレプロエンケファリンBから，エンケファリン構造の前後に存在する塩基性アミノ酸対でのプロセシングにより

生成される．またこれらの前駆体から，2種類のエンケファリン以外に，N末端部にメチオニンエンケファリン構造をもつアドレノルフィン(adrenorphin)，ロイシンエンケファリン構造をもつαネオエンドルフィン(α-neoendorphin)，ダイノルフィン*，リモルフィン(rimorphin)など数種のエンケファリン関連ペプチドがプロセシング特異的に生成されてくることが知られている．二つのエンケファリンはともに脳内に広く分布するが，メチオニンエンケファリンがロイシンエンケファリンの約3倍多く存在する．また，副腎髄質，消化管，脊髄などの末梢にも存在する．エンケファリンは神経末端から分泌される神経ペプチド*の一種であり，痛覚伝達の関与など，一般に抑制性の神経伝達調節物質と考えられている．

**エンザイムイムノアッセイ** ＝酵素免疫検定法

**炎症** [inflammation] 傷害に対する生体組織の防御反応で経時的に組織傷害，反応，修復の3段階を経過する．関与する組織は終末血管床，血液および結合組織で，一連の変化により典型的な例では原因を除き損傷組織を修復するように働く．傷害の原因，程度，修飾因子，浸される組織が多様のため，反応は著しく多彩になる．初発反応はマスト細胞*からのヒスタミン*放出，血液凝固XII因子*(ハーゲマン因子)の活性化で炎症第1相(浸出)即時型(30分で極大)が起こる．血管内外の血漿成分が活性化されたプロテアーゼによる連鎖反応でペプチド性炎症因子(サイトカイン*など，⇨付録E)をつくり出し，第1相遅延型反応，第2相細胞浸潤を起こす．遊走細胞により貪食，殺菌が行われマクロファージ*が破壊された組織片などを食作用*で除き，第3相血管・線維などの修復に入る．炎症因子はペプチド性のほか，脂質性因子(プロスタグランジン*，ロイコトリエン*，血小板活性化因子*)，活性酸素*，NOなどのフリーラジカル(⇨遊離基)，細胞接着分子*，免疫系，凝固系因子，などが関与する．

**塩素イオンコンダクタンス** [chloride conductance] 膜やチャネルでの塩素イオン($Cl^-$)の通りやすさを示す．抵抗物質の両側の塩素イオン濃度を等しくして駆動力をかけた時に生じる塩素イオン電流のコンダクタンス(抵抗の逆数, $g_{Cl}$)で表し，単位はジーメンス($1 S = 1\Omega^{-1}$)が用いられる．一般に，筋膜や腎尿細管細胞膜では塩素イオンの膜コンダクタンス*が高い．塩素イオンチャネル*の単一チャネルコンダクタンスは5～500 pSであり，数百 pSの高値を示すものが他のイオンチャネルに比べて多い．

**塩素イオンチャネル** [chloride ion channel] $Cl^-$チャネル($Cl^-$ channel)とも書く．塩素イオン($Cl^-$)透過性チャネルタンパク質．膜電位の安定化作用，あるいは膜を介するイオンおよび水輸送などに関与すると考えられる．$GABA_A$受容体(⇨γ-アミノ酪酸受容体)やグリシン受容体はそれ自体が$Cl^-$チャネルを構成するほか，膜電位依存性$Cl^-$チャネル，細胞内$Ca^{2+}$濃度(1 μM前後)により活性化されるカルシウム依存性塩素イオンチャネル*，囊胞性線維症の原因遺伝子産物CFTR(囊胞性線維症膜貫通調節タンパク質*)などが細胞膜に存在する．小胞体に存在する$Cl^-$チャネルもある．(⇨陰イオンチャネル)

**塩素輸送** [chloride transport] 塩素イオン($Cl^-$)は細胞膜を介して陽イオン($Na^+, K^+$)と共輸送*，あるいは陰イオン($HCO_3^-, OH^-$)と対向輸送*される．$Cl^-/HCO_3^-$，$Na^+/Cl^-$，$Na^+/2Cl^-/K^+$交換機構は糖タンパク質で，12回膜貫通部をもつと推定される．これらの機構は腎尿細管・腸上皮細胞におけるイオン再吸収に関与し，赤血球の$Cl^-/HCO_3^-$交換機構は血液の二酸化炭素輸送能を増す．そのほか多種の細胞に発現しており，細胞の体積・pH調節などに関与すると考えられている．

**エンタクチン** [entactin] ナイドジェン(nidogen)ともいう．ラミニン*と強く結合している基底膜*構成成分のタンパク質として発見された．細胞接着性タンパク質．分子量148,000の一本鎖ポリペプチドで，三つの球状ドメインから成る．分子内に上皮増殖因子*(EGF)様反復配列と，$Ca^{2+}$結合配列であるEFハンドモチーフをもっている(⇨カルシウム結合タンパク質)．ラミニン，IV型コラーゲン，細胞，カルシウムイオンに結合する．細胞結合部位は，RGD配列*である．細胞接着・伸展活性は，他の接着分子に比べると弱い．(⇨基質接着分子)

**エンタルピー** [enthalpy] 熱力学の状態関数の一つ．系の内部エネルギーを$U$，圧力を$P$，体積を$V$とした時，エンタルピー$H$は$H = U + PV$と定義される．系の状態が変化した時に，系全体のエネルギー変化は系の内部エネルギー変化と体積変化に伴うエネルギー変化の和であることを示している．$H$の変化は$dH = dU + PdV + VdP$と表され，化学反応に多くみられる定圧変化では$dP = 0$であるから$dH = dU + PdV$．一方，熱力学第一法則*からは$dU = \delta q - PdV$($\delta q$は変化の過程で系が吸収した熱量)が与えられるので$dH = \delta q$となり，定圧変化では系の吸収した熱量がエンタルピー変化量となる．また，固体や液体では$dV = 0$なので，$dH = dU$となる．

**延長因子** ＝伸長因子

**エンテロウイルス** ＝腸内ウイルス

**エンテロシデロフィリン** [enterosiderophilin] ＝ラクトフェリン

**エンテロトキシン** [enterotoxin] 細菌から分泌される毒素のうち，腸管粘膜に作用して下痢などを惹起する毒素の総称．小腸粘膜に作用するもの，大腸粘膜に作用するものがある．エンテロトキシンを産生する代表的な細菌としては，黄色ブドウ球菌(*Staphylococcus aureus*)，ディフィシル菌(*Clostridium difficile*)，コレラ菌(*Vibrio cholerae*)，毒素原性大腸菌(enterotoxigenic *E. coli*, ETEC)，腸管出血性大腸菌(enterohemorrhagic *E. coli*, EHEC)，赤痢菌などがある．(⇨ベロ毒素)

**エンド-α-N-アセチルガラクトサミニダーゼ** [endo-α-N-acetylgalactosaminidase] ⇨エンドグリコシダーゼ

**エンド-β-N-アセチルグルコサミニダーゼ**［endo-β-N-acetylglucosaminidase］ ⇒エンドグリコシダーゼ

**エンド-β-ガラクトシダーゼ**［endo-β-galactosidase］ ⇒エンドグリコシダーゼ

**エンドキサン**［endoxan］ =シクロホスファミド

**エンドキシログルカントランスフェラーゼ**［endoxyloglucantransferase］ キシログルカンエンドトランスグリコシラーゼ(xyloglucan endotransglycosylase)ともいう．キシログルカン分子の主鎖であるβ-1,4-グルコシル結合を切断し，切断片の還元末端を別のキシログルカン分子の非還元末端の4位の炭素に結合したOH基に転移する多糖転移酵素．成長中の植物組織の細胞壁*中に存在し，セルロース微繊維(ミクロフィブリル)間を架橋しているキシログルカン分子をつなぎ換える反応を触媒し，細胞壁ネットワークの構築や再編成に関与している．キシログルカン関連タンパク質ファミリーの一員．(⇒細胞壁タンパク質)

**エンドグリコシダーゼ**［endoglycosidase］ 特定の糖鎖を認識しオリゴ糖を遊離するグリコシダーゼの総称．細菌，植物，動物組織から見いだされているが，作用点の違いから3種に分類できる．第一は，N結合型糖鎖のGlcNAcβ1→4GlcNAc(GlcNAcはN-アセチルグルコサミン*)の間を切る酵素で，エンド-β-N-アセチルグルコサミニダーゼ(endo-β-N-acetylglucosaminidase, Endo)とよばれ，起源の違いからEndo H, D, C$_{II}$, F と区別されている．第二は，N-アセチルラクトサミンの繰返し構造(Galβ1→4GlcNAcβ1→3)$_n$やABO式血液型抗原に作用し，特定のガラクトースの結合を切断する酵素群で，エンド-β-ガラクトシダーゼ(endo-β-galactosidase)とよばれる．第三は，セリンまたはトレオニンに結合するO結合型糖鎖に作用して，これら糖鎖の還元性末端に位置するN-アセチルガラクトサミンとアミノ酸の間のO-グリコシド結合を切断する酵素でエンド-α-N-アセチルガラクトサミニダーゼ(endo-α-N-acetylgalactosaminidase)とよばれる．これらの酵素群が糖タンパク質糖鎖の構造解析にきわめて有効である．

**エンドサイトーシス**［endocytosis］ 飲食作用ともいう．細胞表面で細胞膜の一部が陥入し，膜小胞を形成して細胞膜から離れ，細胞内に取込まれる過程をエンドサイトーシスという．取込まれるものの大きさにより，概念的に二つに分けられる．一つは，ピノサイトーシスで，"飲む"ことに相当し，液体と可溶性のタンパク質を小さな小胞で取込む(⇒飲作用)．ピノサイトーシスは，基本的な細胞の機能として，ほとんどの細胞で行われている．もう一つは，貪食(ファゴサイトーシス)で，マクロファージ，好中球など特定の細胞に分化した機能で，"食べる"ことに相当し，細菌や細胞の残骸などの異物を取込む(⇒食作用)．ファゴサイトーシスの場合には，細胞の大きさに比べてかなり大きいものも取込まれ，細胞膜は取込まれる異物に沿って突出し，ダイナミックな動きを呈する．(⇒小胞輸送, エキソサイトーシス)

**エンドセリン**［endothelin］ ETと略す．血管内皮細胞*の培養上清から血管収縮活性を指標として単離された生理活性ペプチド．異なる遺伝子にコードされるアイソフォーム(エンドセリン-1, 2, 3)が存在する．いずれも21アミノ酸残基より成り，二つのS-S結合を含む．哺乳類でのみ同定されているが，ヘビ毒*サラホトキシン(sarafotoxin)，ビブロトキシン(bibrotoxin)と相同性をもつ．3種のアイソフォームはET-1, 2高親和性のET$_A$受容体と非選択性のET$_B$受容体を共有する(⇒エンドセリン受容体)．ET-1は血管内皮細胞のほか，血管平滑筋・心筋・神経細胞などでも産生されるが，ET-2, ET-3は血管内皮細胞では産生されないが，腸管・腎・神経細胞などに分布している．強力な血管収縮作用・細胞増殖作用をはじめ多彩な生理作用をもち，循環調節における内皮依存性血管収縮因子としての生理的意義のほか，高血圧症*・動脈硬化・血管攣縮など各種疾患の病態生理や胎生期の形態形成における関与が示唆されている．

**エンドセリン受容体**［endothelin receptor］ エンドセリン*(ET)の3種のアイソフォームおよびヘビ毒*(サラホトキシン・ビブロトキシン)に対して特異的親和性をもつ受容体．ET-1, 2高親和性のET$_A$受容体($K_i$: ET-1, 2 = ~$10^{-9}$ M, ET-3 = ~$10^{-6}$ M)と非選択性のET$_B$受容体($K_i$: ET-1, 2 = ET-3 = ~$10^{-9}$ M)の2種が構造決定されており，いずれも膜貫通ドメインを七つもつGタンパク質共役受容体*である．広範な組織に分布しており，血管壁ではET$_A$受容体は平滑筋細胞に，ET$_B$受容体は内皮細胞に多く発現し，それぞれ血管収縮・内皮細胞由来平滑筋弛緩因子*やプロスタサイクリンの産生促進を惹起する．胎生期にはET$_A$受容体は頭頸部神経冠細胞，ET$_B$受容体は体幹部神経冠細胞の分化発達に関与し，ET$_B$受容体遺伝子の欠損はヒルシュスプルング病(Hirshsprung disease)の原因となる．

**エンドソーム**［endosome］ ピノソーム(pinosome)ともいう．真核細胞の細胞質内にネットワークを形成して細胞膜からリソソーム*に至る過程で高分子の代謝回転をつかさどる膜小胞の一つ．細胞外界の分子やリガンドと結合した細胞表面受容体は細胞表面からエンドサイトーシス*(食作用および飲作用)によって細胞内に取込まれるが，その最初の膜小胞をさす．これらは膜融合により膜小胞間を経て分解をつかさどるリソソームに至るが，この過程で再利用されるもの，再配置されるもの(⇒トランスサイトーシス)，そして分解されるものとに選別(ソーティング)される．リソソームに近づくにつれ，細胞質内の分布およびエンドサイトーシスの経過から，それぞれ末梢エンドソーム(peripheral endosome)，核周辺エンドソーム(perinuclear endosome)，エンドリソソームまたは初期エンドソーム，後期エンドソーム，リサイクリングエンドソームと区別され，おのおの異なる機能をもつ．エンドサイトーシスにより形成されたクラスリン被覆小胞はクラスリンとAS2複合体が脱コートされて初期エンドソームと融合する．初期エンドソーム

の内部はプロトンポンプの作用で酸性になっており，たとえば，鉄イオンと会合したトランスフェリンは初期エンドソーム内部で解離し，受容体とともに初期エンドソームにより，または，リサイクリングエンドソームを介して細胞膜へと戻される．初期エンドソームは多数の小胞を内部に含んだ後期エンドソームへと成熟し，加水分解酵素を含むリソソームと融合して内容物が分解される．コレステロールと結合したLDLは膜表面のLDL受容体と結合して初期エンドソームに運ばれたのち，LDLと受容体は解離し，LDLは後期エンドソームに運ばれ，後期エンドソームがリソソームと融合することによりコレステロールがLDLから遊離されることになる．これらの膜融合にはGTP結合タンパク質*が機能している．

**エンドトキシン** ＝内毒素

**エンドトキシンショック** ＝内毒素ショック

**エンドヌクレアーゼ** [endonuclease] ヌクレアーゼ*(核酸分解酵素)のうちでポリヌクレオチド鎖内部のホスホジエステル結合*を加水分解するもの．DNAまたはRNAのみを分解するものと，DNAとRNAを両方とも分解するものがある．特異性のないものが多いが，以下のように種々の特異性をもつものもある．細菌の制限酵素*は特定の塩基配列を認識して二本鎖DNAを切断するエンドヌクレアーゼで，制限メチラーゼとともに外来DNAの感染から自己を守る制限機能を果たす(⇨制限修飾系)．大腸菌のUvrABCエンドヌクレアーゼ*やT4エンドヌクレアーゼVは紫外線照射により生じたピリミジン二量体を認識してホスホジエステル結合を加水分解する．リボヌクレアーゼ$T_1$や$U_2$など特定の塩基を認識してRNA鎖を切断するリボヌクレアーゼはRNAの構造解析などに利用される．またmRNA, rRNA, tRNAなどの一次転写産物は種々の特異的エンドヌクレアーゼによるプロセシング*を受けて成熟RNAとなる．RNAi反応では，特定のmRNAに相同の配列をもつ二本鎖RNAを介してエンドヌクレアーゼ活性をもつタンパク質成分を含むRISC*により切断される．(⇨エキソヌクレアーゼ, RNA干渉)

**エンドプラスミン** [endoplasmin] ⇨粗面小胞体

**エンドブレビン** [endobrevin] VAMP-8ともいう．(⇨VAMP)

**エンドペプチダーゼ** [endopeptidase] ⇨プロテアーゼ

**エンドペプチダーゼLa** [endopeptidase La] ＝ロンプロテアーゼ(Lon protease), プロテアーゼLa(protease La). EC 3.4.21.53. 大腸菌の細胞質に存在するATP依存性プロテアーゼの一つで, Clpプロテアーゼとともに細胞内のエネルギー依存的タンパク質代謝にかかわっている．*lon*遺伝子にコードされる．分子量87,000, 783アミノ酸から成るが，細胞内ではオリゴマー構造をとるらしい．679番Serを活性中心とするセリンプロテアーゼ*で，ジイソプロピルフルオロリン酸で不可逆的に失活する．

**エンドルフィン** [endorphin] オピオイド受容体*の内因性活性物質としてエンケファリン*につづいて発見されたペプチドで, $\alpha$, $\beta$および$\gamma$エンドルフィンが知られている．ヒト$\beta$エンドルフィンは，H-Tyr-Gly-Gly-Phe-Met-Thr-Ser-Glu-Lys-Ser-Gln-Thr-Pro-Leu-Val-Thr-Leu-Phe-Lys-Asn-Ala-Ile-Ile-Lys-Asn-Ala-Tyr-Lys-Lys-Gly-Gln-OHという構造である．このN末端から16および17アミノ酸残基の部分構造がそれぞれ$\alpha$および$\gamma$エンドルフィンで，それらの活性は$\beta$エンドルフィンよりも弱いので，代謝物と考えられている．エンドルフィンの生合成は, S. Nakanishi(1979)らによって同定されたプレプロオピオメラノコルチン*(POMC)か$\beta$リポトロピンを経由して行われる．酵素分解を受けにくいので，下垂体から放出されたものは血中でも検出できる．生体内には$N$-アセチル体も存在する．$\beta$エンドルフィンの作用は，質的にはエンケファリンと類似しているが，オピオイドペプチド中では最強である．(⇨オピオイド)

**エントロピー** [entropy] 熱力学の状態関数の一つ．絶対温度$T$で系が準静的変化に伴い微小熱量$\delta q$を得たとした時のエントロピーの微小変化$dS$を$dS = \delta q/T$と定義する．系の状態$a$から状態$b$へのエントロピー変化は前式を積分して$S_b - S_a = \int_a^b \delta q/T$と表される．不可逆過程の場合，系全体のエネルギーが変化しない(孤立系)時，系の状態はエントロピーが極大となる方向へ変化する．エントロピーの絶対値は，絶対温度0度でのエントロピーが0である(熱力学第三法則*)として，絶対零度から測定温度までの各温度に対する吸熱変化を積分して得られる．すなわち，各温度における比熱を$C$, さらに絶対零度から測定温度までに$n$回の相転移があってそれぞれの相転移熱を$L_i$とすれば，エントロピーの絶対値は下式で定義される．

$$S = \int_0^T \frac{C}{T} dT + \sum_{i=1}^n \frac{L_i}{T_i}$$

**円二色性** [circular dichroism] CDと略す．円偏光二色性ともいう．光は電場と磁場が進行方向に対して直交しているが，電場や磁場が進行方向に対して常に同じ向きの光を直線偏光という．直線偏光は同じ大きさの右回り円偏光と左回り円偏光の和として表せる．不斉中心をもつ光学活性な分子に直線偏光を通すと，右回り円偏光と左回り円偏光の吸光度に差が生じる．この左右の円偏光に対する吸収の差が円二色性(CD)である．タンパク質のペプチド結合は240 nm以下の紫外領域にいくつかの吸収をもっており，CDスペクトルは基本的な二次構造の違いによって異なるために，タンパク質の二次構造研究に一般的に用いられている．溶液中のタンパク質において$\alpha$ヘリックスや$\beta$構造などの二次構造の存在を定量的に評価する方法として使用される．(⇨旋光性, 旋光分散)

**エンハンサー** [enhancer] その近傍に位置する遺伝子の転写を著しく活性化する真核生物に特徴的なシスエレメント*. 転写開始反応を担うプロモーター*

とは区別される．通常，転写開始点から100 bp 以上，ときには数 kb 以上離れて存在し，遺伝子の5'側に限らず3'側やイントロン内にも見いだされる．エンハンサーは最初，SV40 初期遺伝子の上流 100 bp 以上のところに位置する 72 bp 反復配列として，1981 年に P. Chambon らにより同定された．この DNA 領域を欠失すると SV40 初期遺伝子の転写は激減し，さらにこの領域を β グロビン遺伝子に連結すると強力な転写誘導をひき起こしたことから，エンハンサーと名づけられた．エンハンサーが転写活性化をひき起こすには，遺伝子に関してシスの位置に存在する必要があるが，転写開始点からの距離，方向に無関係で，配列の向きにも依存しない．エンハンサーはまた，異なる遺伝子に連結するとその遺伝子の転写も活性化しうる．その後，SV40 エンハンサーに類似した性質をもつシスエレメントが多数のウイルスおよび細胞遺伝子で発見され，エンハンサーが普遍的な転写活性化装置であることが明らかとなった．ウイルスではアデノウイルスの初期遺伝子，モロニーマウス白血病ウイルスの末端反復配列などに，真核生物ではヒストン H2A 遺伝子，免疫グロブリン遺伝子，インスリン遺伝子，c-fos 遺伝子，T 細胞抗原受容体遺伝子，筋型クレアチンキナーゼ遺伝子などにエンハンサーが同定されている．エンハンサーの中には，遺伝子の臓器・組織特異的な発現や発生段階特異的な発現，あるいは刺激に応答した発現を担っているものも多く，エンハンサーのもう一つの特徴となっている．エンハンサーは通常 100 bp 前後の長さをもち，4～10 bp 程度のエンハンソン*とよばれる短い DNA 配列が複数個並んだモザイク構造をしている．エンハンソンに結合するエンハンサー結合タンパク質*は，エンハンサーとプロモーターとの間の DNA がループ状構造をとることにより直接，プロモーター上の転写開始反応の効率を高めると考えられている．しかしエンハンソンが単独で強い転写活性化をひき起こすことはまれで，多くの場合，エンハンサー全体の構造がエンハンサーの強度，特異性を決定している．以上のようなエンハンサーの特徴に基づいて，真核細胞の人工発現ベクターにはさまざまなエンハンサーが導入され，高レベルの，あるいは刺激に応答した挿入遺伝子の発現に利用されている．(⇌ サイレンサー)

**エンハンサー結合タンパク質** ［enhancer-binding protein］ エンハンサー*に結合する DNA 結合性転写調節因子の総称．エンハンサー（結合）因子も同義的に用いられる．同一の転写調節因子がエンハンサーとプロモーター*の双方に結合する例も多くあり，他の転写調節因子群と厳密には区分されていない．しかし転写開始点との位置関係に依存しないというエンハンサーの特徴から，エンハンサー結合タンパク質は遠距離からでも働きうる強い転写活性化能と，方向性のない柔軟な構造とをもっていると考えられる（⇌ トランスアクチベーター）．エンハンサー結合タンパク質の細胞内における活性は臓器・組織や発生段階により，あるいは刺激に応答して劇的に変化する場合が多い．これらの活性は，タンパク質の発現レベルのみでなく，翻訳後のリン酸化，リガンドの結合，阻害タンパク質の解離，細胞内局在の変化など，さまざまな異なった方法により制御される．その結果，エンハンサー結合タンパク質はエンハンサーを介して，遺伝子発現のパターンに多様な特異性を生み出している．エンハンサー結合タンパク質は複数がエンハンサーに結合してエンハンソソーム*を構成する．

**エンハンサートラップ** ［enhancer trap］ 未知のエンハンサー*を同定する方法の一つ．弱いプロモーターに連結したレポーター遺伝子*をトランスポゾンなどを介してゲノム DNA に無作為に挿入する．挿入部位の近傍にエンハンサーが存在すれば，レポーター遺伝子の発現の特異性が変化する．このことに基づいて，未知のエンハンサーの同定，ひいては本来そのエンハンサーの支配下にある遺伝子の同定が可能である．これと類似の方法として，遺伝子トラップ*がある．

**エンハンセオソーム** ＝エンハンソソーム

**エンハンソソーム** ［enhanceosome］ エンハンセオソームともいう．エンハンサー*には多数の転写因子*が結合し，これらの複数の因子はプロモーター*上で相互作用して，いわゆるエンハンソソームを形成する．たとえば，Myb は C/EBPβ，AML1，GATA，Ets などの転写因子と一緒に造血系特異的な遺伝子の転写を活性化し，インターフェロン β 遺伝子の発現を活性化するエンハンソソームの場合は二つのアセチルトランスフェラーゼである PCAF と CBP*を含み，ヌクレオソームのヒストン成分をアセチル化するだけでなく，エンハンソソーム自身をアセチル化する（⇌ PCAF 複合体）．エンハンソソームタンパク質の HMG-I を PCAF でアセチル化することによって，エンハンソソームが安定化し，これが CBP のアセチル化をくい止めるのに役立っている．しかし，Lys 65 残基における CBP によるアセチル化によって，エンハンソソームが DNA 分子から解離する．したがって，エンハンソソームは，アセチル化を競合することによって転写をオンにしたりオフにしたりする動的複合体である．

**エンハンソン** ［enhanson］ エンハンサー*の転写活性化を担う基本単位．100 bp 前後の長さをもつエンハンサーは一般に，エンハンソンとよばれる 4～10 bp 程度の DNA 配列が数個から 10 個ほど散らばったようなモザイク状構造をしている．各エンハンソンはエンハンサー結合タンパク質*の結合配列に対応している．多くの場合，エンハンソンを単独で取出しても転写活性化能は低いが，直列に重複させると強い転写活性化をひき起こす．

***env* 遺伝子** ［*env* gene］ レトロウイルス*のエンベロープ*（envelope）をつくるタンパク質の遺伝子．*env* 遺伝子はウイルスゲノムから一度スプライシングされて発現する．*env* 遺伝子産物は宿主細胞のタンパク質分解酵素によって二つのタンパク質（SU と TM）に切断される．SU（surface）タンパク質はウイルス粒子の表面抗原で糖鎖をもち，宿主となる細胞膜のウイ

ルス受容体と接着または融合して細胞内に侵入する。したがってウイルス中和抗体は env の SU 抗原を標的にしている。env の TM 抗原はウイルス粒子エンベロープを貫通する(transmembrane)タンパク質である。ウイルスは SU と TM タンパク質が非共有結合で結ばれてエンベロープを形成している。

**エンブリオイドボディー** ＝胚様体

**エンベロープ**[envelope] ウイルス粒子(ビリオン)の最も外側に存在する構造で、外皮膜ともいう(⇌ビリオン[図])。細胞膜同様、脂質二重膜であり、ウイルス特異的なタンパク質がその上に存在している。エンベロープは、ウイルスが細胞に吸着し、侵入するための重要な役割をもつ。またビリオンの表面であるため、生体の免疫機構に認識され、その結果、ウイルスの抗原性* および免疫原性* を担う部位が存在する。エンベロープをもたないウイルスも存在する。(⇌キャプシド、コートタンパク質、env 遺伝子)

**円偏光二色性** ＝円二色性

# オ

**ORF** ［ORF＝open reading frame］ ＝オープンリーディングフレーム

**O157** ［O157］ ⇌ 病原性大腸菌 O157

**オイラー** EULER, Ulf Svante von　スウェーデンの生理学者．1905.2.7～1983.3.9．ストックホルムに生まれ，ストックホルムに没す．Hans K. A. S. Euler（生化学者，1929 年ノーベル化学賞受賞者）の次男．カロリンスカ医科大学で医学博士になり(1930)，薬理学助教授となった．脳の神経伝達物質 P を発見．1934 年プロスタグランジン*を発見した．カロリンスカ医科大学教授(1939)．1965 年ノーベル財団理事長．1970 年のノーベル医学生理学賞を J. Axelrod* と B. Katz とともに受賞した．

**横管系** ＝T 管

**黄色蛍光タンパク質** ［yellow fluorescent protein］ YFP と略す．緑色蛍光タンパク質*(GFP)の変異体の一種で，波長 514 nm の光で励起し，波長 527 nm の黄色の蛍光を発する蛍光タンパク質．GFP S65T の X 線結晶構造を基礎に，203 位の Thr が発色団の近くに位置し，これを Tyr に変換すると発色団の励起状態の双極子モーメントが安定化され，励起光および発色光(蛍光)の波長が 20 nm ずつ長波長側にずれることが見いだされた．黄色蛍光を発する YFP への GFP の変異はこのほかにも種々見つかっており，GFP のたる状構造のタンパク質の中心にある α ヘリックスに存在し，発色団の環状構造を形成する三つのアミノ酸(Ser65-Tyr66-Gly67)の変異のいくつかは発色団の共役結合を増加させる．YFP をアクセプター，シアン蛍光タンパク質*(CFP)をドナーとしてごく近傍に置き，CFP を励起すると，そのエネルギーが YFP へ遷移され YFP の蛍光が観察できるという現象(FRET*)を利用して，タンパク質-タンパク質相互作用やカルモジュリン*のようなカルシウムセンサーの構造変化と組み合わせたカルシウム濃度の測定などに利用されている．YFP には Citrine や Venus など改良型がある．

**黄色腫** ［xanthoma］　皮膚や粘膜の組織球に脂質が蓄積し(⇌ 泡沫細胞)集合した状態．脂質としてはコレステロールが多いが，トリアシルグリセロールやリン脂質も含まれる．全身性の黄色腫は遺伝性高コレステロール血症に伴うことが多いが，脳腱黄色腫症(⇌ ω 酸化)など，他の遺伝病にも発生する．また局所的には，たとえば胆嚢粘膜に胆汁由来のコレステロールが蓄積した黄色腫のできることもある．

**黄色体** ＝エチオプラスト

**黄色ブドウ球菌** ［*Staphylococcus aureus*］　生育するにつれて細胞の集塊をつくるグラム染色陽性の通性嫌気性細菌．健康なヒトや家畜の皮膚，鼻腔表面に普通に存在している．食物がこの菌に汚染されて増殖すると，耐熱性の外毒素(⇌ 細菌毒素)を生産し食中毒を起こす．また，食細胞*を殺す毒素(ロイコシジン leukocidin)，溶血素(hemolysin)，コアグラーゼ(coagulase)を分泌し感染宿主細胞の抵抗から逃れ，化膿性感染症をひき起こす．A. Fleming のペニシリン*発見の端緒となった細菌としても有名．近年病院内などで，ほとんどの抗生物質に抵抗性を示す菌株 MRSA(メチシリン耐性黄色ブドウ球菌*)が出現している(⇌ 日和見感染)．(⇌ ブドウ球菌)

**黄体** ［corpus luteum］　排卵した卵胞において，それを構成する顆粒膜細胞は肥大し黄体細胞に変化し血管新生が活発となる．この変化を黄体化(luteinization)とよび，変化を遂げた卵胞を黄体とよぶ．黄体の主要な機能はプロゲステロン*の産生であり，これにより妊卵の卵管内輸送，着床，胚形成が円滑に営まれる．げっ歯類などでは妊娠全期間を通じ黄体の存在が妊娠維持に必要であるが，霊長類では着床後，胎児由来の絨毛細胞がプロゲステロンの分泌能を獲得するため，妊娠 6～8 週以後は黄体を摘除しても妊娠は継続する．

**黄体化** ［luteinization］ ⇌ 黄体

**黄体化ホルモン** ＝黄体形成ホルモン

**黄体形成ホルモン** ［luteinizing hormone］　LH と略し，ルトロピン(lutropin)，黄体化ホルモンともいう．下垂体前葉の好塩基性細胞から分泌されるホルモンであり，卵胞刺激ホルモン*(FSH)と協同的に作用して，性成熟を促進するとともに，生殖過程の調節を行う．分子量約 29,000 の糖タンパク質であり，α サブユニットと β サブユニットから成るヘテロ二量体である．α サブユニットは FSH，甲状腺刺激ホルモン*(TSH)，絨毛性性腺刺激ホルモン*(CG)のそれと類似した構造をもっており，β サブユニットの構造の違いが生物学的活性の差となっている．血中に放出された LH は主として性腺に作用し，精巣のライディッヒ細胞*においては精細管の形成と精子の形成を，卵巣の莢膜細胞においては分化促進作用をもち，成熟卵胞の顆粒膜細胞においては排卵と黄体化を促進する．膜 7 回貫通型の分子量 93,000 の受容体がクローニングされており，$G_s$(⇌ G タンパク質)を介して細胞内 cAMP，カルシウムを上昇させる．LH に対する解離定数 $K_d$ 値は $10^{-11} \sim 10^{-10}$ M である．

**黄体形成ホルモン放出ホルモン** ［luteinizing hormone-releasing hormone］　LHRH と略記し，性腺刺激ホルモン放出ホルモン(gonadotropin-releasing hormone, GnRH)ともいう．視床下部で合成され，下垂体門脈系を介して下垂体前葉に運ばれ，黄体形成ホルモン(LH)，卵胞刺激ホルモン*(FSH)の産生を促進する神経性ペプチドホルモンである．＜Glu-His-Trp-Ser-Tyr-Gly-Leu-Arg-Pro-Gly-NH₂ (＜Glu はピログルタミン酸)という 10 アミノ酸から成るペ

プチドであり，哺乳動物では保存されていると考えられている．LHRH と命名されているが，LH, FSH の両者の放出を促進するものであり，LH あるいは FSH 単独の放出を促進する因子の存在は報告されていない．LHRH の受容体は7回膜貫通型でありながら，C 末端の細胞内ドメインを欠くという特徴をもっている．LHRH の類似体は，下垂体の LHRH 受容体のダウンレギュレーションを介して，下垂体からの LH, FSH の放出を抑制するため，性腺刺激ホルモン*過剰による疾患の治療薬として用いられている．

**黄体刺激ホルモン**［luteotropic hormone］＝プロラクチン，LTH と略す．

**黄体ホルモン**［corpus luteum hormone］＝プロゲスチン，プロゲステロン

**応答**［response］⇌誘導

**応答配列**［responsive element, response element］細胞外からの刺激やホルモン，サイトカインなどに応答して転写活性化を受ける遺伝子のプロモーターやエンハンサーに存在する特定の転写調節因子*が特異的に結合する塩基配列．MyoD/Myc などが結合する E ボックス(E box, CANNTG)，CREB/ATF* が結合する CRE (TGACGTCA) などがある．応答配列を欠失させると転写活性が減弱ないしは喪失する．

**横紋筋**［striated muscle］肉眼で横紋が認められる筋肉をいい，骨格筋*と心筋*が相当する．縦方向に並んだ筋原繊維サルコメア*の I 帯*と A 帯*がすべて同調して存在するため明暗の紋が横方向に生じる．これは隣あう Z 線*が中間径フィラメント(デスミン*)によってつながっているためである．心筋では筋原繊維の同調性が骨格筋ほどよくない．

**横紋筋肉腫**［rhabdomyosarcoma］横紋筋*への分化を示す肉腫．病理学的に横紋を証明することで診断される．胞巣型，胎児型，多形型がある．

**8-oxoG**［8-oxoG＝7,8-dihydro-8-oxoguanine］＝7,8-ジヒドロ-8-オキソグアニン

**ONPG**［ONPG＝$o$-nitrophenyl galactoside］＝$o$-ニトロフェニルガラクトシド

**OMIM** ⇌ OMIM(オミム)

**omp 遺伝子**［omp gene, genes for outer membrane proteins］大腸菌(グラム陰性細菌)の細胞表層にある外膜を構成するタンパク質をコードする遺伝子の総称．ompA, ompC, ompF などがその代表である．特に OmpC, OmpF タンパク質は親水性低分子物質に対する透過孔を形成しており(⇌ポーリン)，その合成は培地浸透圧により調節されている．その発現調節機構は細菌において最も詳細に研究されている代表である．ompC, ompF の発現は浸透圧センサー(EnvZ)と遺伝子活性化因子(OmpR)により調節され，特にヒスチジンキナーゼ*EnvZ は細胞内シグナル伝達をつかさどる細菌のプロテインキナーゼ*の代表例である．OmpR はアスパラギン酸残基がリン酸化修飾を受けて活性化され，omp 遺伝子の発現を正に調節する．このようなシグナル伝達機構は二成分調節系*と総称される．この発現系には micF とよばれる ompF に対する

アンチセンス RNA* も重要な働きをしていることが知られており，その発見はアンチセンス RNA という一般的な概念が提唱されるきっかけとなった．

**オーカーコドン**［ochre codon］三つの終止コドン*のうち，UAA コドンをさす．

**岡崎ピース**［Okazaki piece］＝岡崎フラグメント

**岡崎フラグメント**［Okazaki fragment］岡崎ピース(Okazaki piece)ともいう．DNA の複製*において中間体として合成される短鎖 DNA．DNA の二本鎖は方向性が異なるため，複製に際しては新たに合成される娘鎖 DNA は巨視的に見た場合，一方(リーディング鎖*とよぶ)は 5′→3′ 方向に，もう一方(ラギング鎖*とよぶ)は 3′→5′ 方向に伸長する．しかしながら複製フォーク*においてはラギング鎖は 5′→3′ 方向，つまりフォークの進行方向とは逆向きに短鎖として合成された後で長い鎖に連結され，全体としては 3′→5′ 方向に伸長している．短鎖の鎖長は原核生物では 1000～2000 ヌクレオチド，真核生物では 100～200 ヌクレオチドである．この複製中間体短鎖 DNA(新生短鎖 DNA, nascent short DNA)は 1966 年に岡崎令治らによって発見されたためこの名でよばれている．DNA 複製は短鎖 DNA の合成と連結の繰返しから成るという不連続複製*モデルは新生短鎖 DNA の 5′ 末端に結合しているプライマー RNA* の発見により最終的に証明された．DNA ポリメラーゼによる 5′→3′ 方向の DNA 合成と巨視的に見た場合の片方の娘鎖の 3′→5′ 方向への伸長という矛盾(DNA ジレンマ)は不連続複製機構の発見によって解決した．

**オカダ酸**［okadaic acid］$C_{44}H_{68}O_{13}$，分子量 805.02．クロイソカイメン(Halichondria okadai)から分離されたポリエーテル化合物で，セリン/トレオニンホスファターゼ*(1型，2A型)の強力な阻害剤である．発がんプロモーター*としての本化合物の作用は，プロテインキナーゼ C* 活性化剤の 12-O-テトラデカノイルホルボール 13-アセテート*(TPA)とは異なり，ホスファターゼ活性の阻害を介する細胞内タンパク質リン酸化反応の亢進によると考えられる．

**オーカー突然変異**［ochre mutation］ナンセンス突然変異*の一つで，アミノ酸に対応するコドンがナンセンスコドン(終止コドン*)の一つである UAA に変化した突然変異．

**オーガナイザー** ＝形成体

**オキシゲナーゼ** ＝酸素添加酵素

**オキシダント**［oxidant］広義の酸化剤(oxidizing agent)の意味で，特に医学・生物学の分野での酸化的ストレス*に関係した物質の総称．活性酸素*由来の，スーパーオキシド，過酸化水素*，ヒドロキシルラジカルや，これらと反応して生じる過酸化脂質ラジカルなど，白血球などで生じるハロゲンラジカルや硝酸ラジカル，さらに窒素や硫黄を含んだ化合物のラジカルなど，外部環境に含まれる酸化物も生物に対する毒性の意味を込めてよぶ場合もある．

**オキシトシン**［oxytocin］下垂体後葉ホルモンの一つである．9個のアミノ酸で構成され，環状部を含

みC末端がアミド化されている分子量1007のペプチド(図)で、もう一つの下垂体後葉ホルモンであるバソプレッシン*に似た構造をもつ。視床下部の室傍核な

H-Cys-Tyr-Ile-Gln-Asn-Cys-Pro-Leu-Gly-NH₂

らびに視索上核の神経細胞で生合成され、分泌顆粒を形成し軸索終末へ運ばれる途中でニューロフィシン(neurophysin)と結合し、下垂体後葉の神経終末に貯蔵される。オキシトシンとニューロフィシンは共通のプロホルモンから産生される。こうして貯蔵されたオキシトシンは、刺激に応じて血中に放出され、妊婦においては乳汁の分泌を促進することや、子宮の収縮を促進し分娩を助けることなどが知られている。

**オーキシン** [auxin] 植物ホルモン*の一種。天然オーキシンはインドール-3-酢酸*（IAA）で代表さ

2,4-ジクロロフェノキシ酢酸

1-ナフタレン酢酸

2-ナフトキシ酢酸

合成オーキシン

れるが、ほかに2,4-ジクロロフェノキシ酢酸(2,4-dichlorophenoxyacetic acid, 2,4-D)、1-ナフタレン酢酸(1-naphthaleneacetic acid, NAA)、2-ナフトキシ酢酸(2-naphthoxyacetic acid)などの合成オーキシンがある。IAAは植物体の頂芽など若い組織でトリプトファンから生合成されると考えられる。頂芽で生産されたIAAは茎中を根端に向かって求底的に極性輸送される。この輸送は縦列の各細胞基部に局在するオーキシン輸送タンパク質によって行われる。オーキシンは、転写抑制因子のAux/IAAタンパク質の分解を誘導し、オーキシンの作用に関連する遺伝子の発現の調節をしているが、オーキシンは、細胞内で分解すべきタンパク質にユビキチン*を付加するタンパク質複合体SCFの構成要素TIR1タンパク質に結合してその構造変化を生じさせる結果、Aux/IAA-TIR1複合体の形成を促進し、オーキシンの作用発現に必要な遺伝子群を抑制していたタンパク質が分解され、これらの遺伝子が発現することが示唆されている。TIR1はオーキシンの受容体とされている。細胞伸長、細胞分裂、不定根形成、維管束形成、側芽成長抑制(→頂芽優性)、器官脱離*、着果、単為結実などさまざまな生

理効果がみられる。オーキシンによる細胞伸長の促進は、細胞壁マトリックス多糖類の架橋結合が切断され、構造的に緩みが生じるため、細胞吸水が増大して起こるものである。(→酸成長説、アベナテスト)

**2-オキソグルタル酸** [2-oxoglutaric acid] ＝α-ケトグルタル酸(α-ketoglutaric acid)。$C_5H_6O_5$, 分子量146.10のジカルボン酸。クエン酸回路*上の重要な中間代謝物で、イソクエン酸から$NAD^+$を電子受容体とする酸化的脱炭酸反応により生成され、$NAD^+$の還元と共役した酸化的脱炭酸反応にCoAと反応してスクシニルCoA*へ代謝される。

COOH
CO
CH₂
CH₂
COOH

いくつかのアミノ酸の分解(Glu, Gln, Arg, His, Pro)や合成(Glu, Gln, Pro, Arg)の経路とクエン酸回路の合流・分岐点になる。

**オクタマー結合タンパク質** [octamer-binding factor] オクタマー転写因子(octamer-binding transcription factor)ともいう。オクタマー配列*を認識して結合する一群の転写制御因子。Oct-1, Oct-2, Oct-3などを含む。いずれもDNA結合ドメインとしてPOUドメインをもつので、構造的にはPOU遺伝子*に属する。他の転写因子(OBF/OCAなど)との相互作用によって、転写促進能が活性化される。また、Oct-1では、そのDNA結合ドメインが細胞周期依存性にリン酸化を受けると、DNA結合活性を失う。Oct-1はすべての細胞に存在しヒストン遺伝子などの発現を制御する。Oct-2はB細胞やT細胞系腫瘍に発現している転写因子であり、免疫グロブリンやIL-2のプロモーター領域に存在するオクタマーDNAモチーフに特異的に結合する。Oct-3/4の機能は、細胞運命を多能性細胞もしくは原始内胚葉へと規定することであると考えられており、分化細胞にSox2, KLF遺伝子などとともに導入し、強制発現させることでiPS細胞*が得られている。また、Oct-1はNFIとともにアデノウイルス5のDNA複製起点に結合して複製開始を促進したり、単独で哺乳動物の自律的に複製するDNAのin vitroでの複製を促進したりする活性をもつ。

**オクタマー転写因子** [octamer-binding transcription factor] ＝オクタマー結合タンパク質

**オクタマー配列** [octamer sequence] 免疫グロブリン遺伝子のプロモーター領域などに認められるATTTGCATおよびそれに類似した8塩基配列。Oct-1, Oct-2などのオクタマー結合タンパク質*によって認識される。

**オクタロニー二重免疫拡散法** [Ouchterlony double immunodiffusion] ＝オクタロニー法

**オクタロニー法** [Ouchterlony method] オクタロニー二重免疫拡散法(Ouchterlony double immunodiffusion)、ゲル内二重拡散法(gel double diffusion)ともいう。寒天またはアガロースなどのゲル平板の離れた部位に複数の試料溝(ウエル)を設け、それぞれに抗原および抗体溶液を加える。試料は時間とともにゲル内を拡散し、両者が出会った位置で抗原抗体結合物がつくられ沈殿物となる。両者の濃度が最適濃度に近けれ

ば，沈降物は鮮明な沈降線として観察され，沈降線を越えて抗原または抗体は拡散しない．両者の分子量または分子形状が異なる場合，拡散速度に関係するので，沈降線はウエルを中心とした弧を描く．ウエルの幾何学的位置を選べば，複数の抗原物質または抗体標品間で生じる沈降線のパターンの解析から交差反応性など相互の定性的な関係を知ることができる．(⇒二重免疫拡散法)

**オクトパミン** [octopamine] フェノールアミン構造の生体アミンで，無脊椎動物の神経組織に大量に存在し，神経伝達物質*，神経ホルモン*あるいは神経調節因子として，ノルアドレナリン*類似の作用をもつ．昆虫のオクトパミン受容体はGタンパク質*に共役した7回膜貫通型で二つのサブタイプがある．オクトパミンは脊椎動物神経系ではノルアドレナリンの1/10量しか存在せず，脊椎動物での役割は不明である．

**オクトピン** [octopine] $=N^2-[(R)-1$-カルボキシエチル]-L-アルギニン$(N^2-[(R)-1$-carboxyethyl]-L-arginine). ペクテニン(pectenin)ともいう．海産軟体動物で発見されたアルギニンの誘導体．植物では，特定の *Agrobacterium tumefaciens* 株により誘導されたクラウンゴール腫瘍*に存在する．この物質は，植物の腫瘍化とは直接関係がないが，原因となった Ti プラスミド*の T-DNA 領域にあるオクトピンシンターゼ遺伝子が発現することにより生成される．植物細胞はオクトピンを炭素源・窒素源として利用できないが，腫瘍組織中の *Agrobacterium* は利用できる．

CH₃CH-NH-CH COOH
COOH CH₂(CH₂)₂NH-C=NH NH₂

**オクルディン** [occludin] ⇒密着結合

**O 結合型糖タンパク質** [O-linked glycoprotein] タンパク質中のセリンあるいはトレオニンなどのヒドロキシ基に糖鎖が O-グリコシド結合している糖タンパク質*．N-アセチルガラクトサミンを介して糖鎖が結合したものはムチン型糖タンパク質(mucin-type glycoprotein)ともよばれ，さまざまな糖タンパク質に広く見いだされる．核や細胞質の糖タンパク質には，N-アセチルグルコサミンを介して結合する糖鎖が含まれている．また，プロテオグリカン*中にはキシロースやマンノース，血液凝固因子*中にはフコースやグルコースを介して結合する糖鎖が見いだされている．(⇒N結合型糖タンパク質)

**O 抗原** [O antigen] 数個の単糖から成るオリゴ糖が数十個つながった構造をもつ，グラム陰性細菌*の表面多糖体．グラム陰性細菌の外膜を構成するリポ多糖*の分枝した多糖体部分で，菌体から外側に向かって突き出している．O 抗原を発現するコロニーは見た目に滑らかで，O 抗原を失うとザラザラした感じとなり，病原性も失う．O 抗原の違い(血清型)により細菌を細かく分類できる．(⇒ H 抗原, Vi 抗原, 病原性大腸菌 O157)

**O 抗原多糖** [O antigen polysaccharide] ⇒リポ多糖

**8-OG** [8-OG＝7,8-dihydro-8-oxoguanine] ＝7,8-ジヒドロ-8-オキソグアニン

**OCIF** [OCIF＝osteoclastogenesis inhibitory factor] 破骨細胞形成抑制因子の略称．(⇒オステオプロテジェリン)

**オスカー突然変異** [oskar mutation] ショウジョウバエの発生過程で前後軸*の極性を決定する遺伝子突然変異の一つ．胚の後極部に極顆粒*が正常に形成されず極細胞*形成が起こらない．

**オステオイド** ＝類骨

**オステオカルシン** [osteocalcin] 骨γ-カルボキシグルタミン酸含有タンパク質(bone γ-carboxyglutamic acid-containing protein)，骨グラタンパク質(bone Gla protein)ともいう．BGPと略される．プロトロンビン*中に見いだされたγ-カルボキシグルタミン酸(Gla)を含む骨の酸性タンパク質．骨芽細胞*と象牙芽細胞(odontoblast)によってのみ産生される．オステオカルシンに含まれる Gla は，ビタミン K*依存のγ-カルボキシラーゼの作用で，グルタミン酸に$CO_2$が1分子固定されたアミノ酸である．ヒトのオステオカルシンは分子量 5930 で，アミノ酸49残基より成り，3残基の Gla を含む．Gla は2個のカルボキシ基を介して，アパタイト結晶の$Ca^{2+}$とキレート結合する($K_d$ 0.1 μM). 骨芽細胞によって合成されたオステオカルシンはアパタイト結晶とともに骨組織に沈着するが，血漿中にも見いだされる(正常値6〜7 ng/mL). オステオカルシン遺伝子の上流にはビタミンD応答配列*(VDRE)が存在し，活性型ビタミンD $[1\alpha,25(OH)_2D_3]$によってヒトとラットの骨芽細胞のオステオカルシン産生は上昇する(⇒ビタミン D). 骨におけるオステオカルシンの役割は不明であるが，血漿中のオステオカルシン濃度は骨芽細胞の活性を反映すると考えられている．

**オステオゲニン** [osteogenin] ⇒骨誘導因子

**オステオネクチン** [osteonectin] 骨と象牙質に存在する 30 kDa の非コラーゲン性タンパク質．骨の非コラーゲン性タンパク質の 20〜25％を占める．酸性アミノ酸に富み，リン酸基とN-グリコシド糖鎖を二つずつ含んでいる．アパタイトとコラーゲン*(I型)に親和性をもつので，一時骨の石灰化を促すタンパク質と考えられたが，その後，基底膜から分離された SPARC(secreted protein which is acidic and rich in cysteine)や BM-40 とよばれるタンパク質がオステオネクチンと同一のアミノ酸配列を示すことが明らかにされ，現在では石灰化に果たす役割は否定的である．(⇒骨形成)

**オステオプロテジェリン** [osteoprotegerin] 破骨細胞形成抑制因子(osteoclastogenesis inhibitory factor)と同一物質で，それぞれ OPG, OCIF と略す．破骨細胞*形成の鍵となる破骨細胞分化因子(RANK リガンド*, 別名 ODF)のデコイ(おとり)受容体である．OPG は TNF 受容体スーパーファミリーに属するが，他の TNF 受容体の仲間と異なり，可溶性受容体であ

る．OPG は RANKL 受容体（RANK*）と同様，システインリッチドメイン（CRD）を 4 個もち，この部分に RANKL が結合すると破骨細胞の形成が抑制される．また，OPG はアポトーシス*に関与すると考えられるデスドメイン類似領域（DDH）を 2 個もつほか，C 末端には OPG の二量体化に関与するヘパリン結合領域をもつ．OPG は膜貫通領域をもたないため血液中に存在し，分泌性のタンパク質として RANKL と RANK の結合を競合的に阻害する．OPG のトランスジェニックマウスは骨髄が骨で満たされた大理石骨病*の症状を呈する．逆に，OPG 欠損マウスは著しい骨吸収*と骨形成*の亢進を示し，典型的な高回転型の骨粗鬆症*の症状を呈する．

**オステオポローシス** ＝骨粗鬆（しょう）症
**オステオポンチン** [osteopontin]　骨の主要なリンタンパク質．シアル酸*を含むので骨シアロタンパク質 1（bone sialoprotein-1, BSP-1）ともよばれる．301 残基のアミノ酸より成り，ホスホセリンを 12 残基，ホスホトレオニンを 1 残基もつ．セリンおよびアスパラギン酸，グルタミン酸に富む．オステオポンチンは GRGDS（Gly-Arg-Gly-Asp-Ser）配列をもっており，これにより α$_v$β$_3$ の型のインテグリン*と結合し，細胞接着分子としての働きをもつ（⇒ RGD 配列）．またオステオポンチンはカルシウムに対する親和性が高く，このことから石灰化組織の形成や，そのリモデリングにおける働きが推察されている．オステオポンチンはリンパ球の T 細胞あるいはナチュラルキラー細胞において活性化が起こる際に発現され，また皮下に注入した際のマクロファージに対する正の走化性を示すことや，リケッチア耐性の遺伝子座にマップされることなどから感染に対する何らかの役割をもつとされる．オステオポンチンのタンパク質は複数のカルシウム結合部位をもち，その結合によって立体構造が変換し，その立体構造が機能に関連するものと考えられている．またオステオポンチンはヒトの尿中にある尿結石の阻害剤に対する抗体の認識するタンパク質としても同定され，このことから尿結石の形成とのかかわりが明らかにされた．オステオポンチンはまた腎臓の細胞などにおいては誘導型の一酸化窒素の産生を抑制する．また転移性のがん患者の血中におけるオステオポンチンの濃度が高いことが知られており，細胞の転移との関連性も報告されている．オステオポンチンは乳中にも多量に含まれており，乳腺細胞が産生する分泌タンパク質の一つである．幼若骨組織では主として骨芽細胞*によって，また成熟骨組織では主として破骨細胞*によって合成される．オステオポンチンの遺伝子上流には CCAAT ボックス*や TATA ボックス*などがあり，またその上流にビタミン D 応答配列*（VDRE）が存在する．ヒトの遺伝子は第 4 染色体の長腕 13 領域に存在する．以上のようにオステオポンチンは骨，神経，腎のみならず多様な組織に発現することが明らかであり，それぞれの組織における役割が注目されている．

**オーストラリア抗原** [Australia antigen]　Au 抗原（Au antigen）と略される．1963 年，米国の B. S. Blumberg がオーストラリア原住民の血清と頻回輸血を受けている血友病*患者血清との寒天ゲル内免疫拡散法により見いだした抗原．前者に含まれるタンパク質をオーストラリア抗原と命名した．後者にはそれと対応する抗体が含まれている．その後，D. S. Dane らは B 型肝炎ウイルス*（HBV）感染の患者血清中に直径 42 nm の大型粒子（Dane particle）と直径 22 nm の小型粒子を発見した．大型粒子は超微形態学的に二重の粒子構造をもち外被と内部の核状構造で構成されている．外被および小型球形粒子，管状粒子はオーストラリア抗原と同一物質で，現在は HBs 抗原（hepatitis B surface antigen）といわれている．内部には HBc 抗原，HBe 抗原，DNA ポリメラーゼなどが含まれている．血中に HBs 抗原が検出されることは，肝臓に HBV が存在し感染していることを示す．

**オスモチン** [osmotin]　⇒ オスモチン様タンパク質
**オスモチン様タンパク質** [osmotin-like protein]　タバコ培養細胞を高塩濃度下におくと，分子量約 24 万のタンパク質が多量に蓄積することが見いだされ，このタンパク質は浸透圧ストレス応答において何らかの役割を果たすのであろうとの推測のもとに，オスモチン（osmotin）と名づけられた（N. K. Singh ら，1985）．その後，他の植物でも塩ストレス下で似たような分子量をもつタンパク質が誘導されることが判明し，オスモチン様タンパク質と総称されるようになった．さらにオスモチン様タンパク質はジャガイモ疫病菌に対する抗菌性を示すことが見いだされ（C. P. Woloshuk ら，1991），浸透圧ストレスに特異的に応答するものではないことが明らかにされた．現在では植物における一般的なストレス応答関連タンパク質と考えられている．（⇒ ストレス応答）

**遅い軸索輸送** [slow axonal transport]　順行性の軸索輸送*は，シナプス関連膜様物質などを比較的速い速度（250～400 mm/日）で送る速い軸索輸送*と，主として軸索の維持に必要な物質を送る遅速度成分（slow component, SC）から成っている．後者を遅い軸索輸送とよび，これはさらに微小管*やニューロフィラメント*タンパク質を輸送する速度 0.2～1.5 mm/日のグループ（SCa）と，解糖系酵素などを輸送する速度 2～5 mm/日のグループ（SCb）に分けられる．

**オータコイド** [autacoid]　刺激に応じて細胞外に放出され，微量で多彩な薬理作用を示す物質の総称．神経伝達物質*やホルモン*とは異なり，産生部位周辺の細胞に作用を及ぼす数種類の物質をさすことが多いが，厳密な定義はない．ヒスタミン*，セロトニン*，サブスタンス P*は神経伝達物質の候補であり，血中で産生されるアンギオテンシン*，カリジン，ブラジキニン*は血行を介してホルモン様の作用をもつ．アラキドン酸*代謝物である，プロスタグランジン*類，ロイコトリエン*類や血小板活性化因子*（PAF）は局所ホルモン（local hormone）とよばれることもある．細胞内顆粒に貯蔵され刺激に応じて脱顆粒に

より放出されるものと，刺激によりその場で合成され遊離するものがある．調節因子としては，ホルモン，神経伝達物質，抗原抗体反応，薬物，物理的刺激，化学的刺激など多様である．近年，これらの物質の細胞膜受容体がつぎつぎにクローニングされ，受容体を介する作用機構が明らかにされつつある．

**オーダーパラメーター** [order parameter] 記号 $S$. ゆらぎを表す尺度である．分子軸と基準軸(法線)となす角 $\theta$ の方向余弦の時間平均値すなわち $S=(1/2)\langle 3\cos^2\theta-1\rangle$ として定義される．したがって，半頂角 $\theta$ の円錐の中に制限された軸対称性回転運動として表される．自由回転では $\langle\cos^2\theta\rangle=1/2$, $S=0$ となり，完全固定では $\langle\cos^2\theta\rangle=1$, $S=1$ である．スピン標識法*では，電子スピン共鳴*の固有時間($\sim 10^{-9}$ 秒)よりも速いゆらぎについて，吸収スペクトルの形状から $S$ を計算する．タンパク質の核磁気共鳴*では緩和過程の測定から求めたアミノ酸残基の内部ゆらぎについて $S^2$ が用いられる．

**オタマジャクシ** [tadpole] 両生類の発生において，胚が孵化酵素を出しゼリー層を溶かしその外に出て泳ぐようになった時期(泳ぐオタマジャクシ swimming tadpole)，およびさらに発達してえさをとるようになった時期(餌をとるオタマジャクシ feeding tadpole)の両方に対していう．これはいわゆる胚の段階を過ぎたもので，胚とよばれる．オタマジャクシはやがて変態ホルモンの作用により変態*をとげ，カエルとなる．変態期のオタマジャクシではまず後肢ができ，ついで前肢ができてくる．さらに特異な現象として，尾の縮退が始まる．オタマジャクシの尾の縮退はプログラムされた細胞死すなわちアポトーシス*の過程であり，そのために尾の細胞では特異的なタンパク質合成が起こる必要があるといわれている．またこの尾の縮退は in vitro でも起こり，切断した尾の断片をシャーレの中でたとえば $T_3$(トリヨードチロニン*)処理することにより実験的に起こすことができる．アフリカツメガエル*ではオタマジャクシの時期には体が透明になり，内臓器官がある程度外部から見えるなど，この時期には成体とはかなり異なる形態をとる．またイモリ*の場合には特に明らかであるがオタマジャクシの時期にははえら(外鰓)が現れ，えら呼吸を行う．

**オーダーメイド医療** [order-made medical treatment] =テーラーメイド医療

**O タンパク質** [O protein] $\lambda$ ファージ*の DNA 複製を開始するタンパク質．34 kDa で細胞内の半減期は 1.5 分．O 遺伝子内部にある複製起点 $ori$ $\lambda$ 領域内の 4 個の 19 塩基反復配列に結合し，DNA を曲げ隣接した AT に富む部分のらせんをほどく．そこへ P タンパク質*との結合を介して P・DnaB 複合体を結合させ，プライモソーム*形成を行わせる．

**オチョア　OCHOA, Severo** 米国の生化学者．1905.9.24〜1993.11.1. スペインのルアルカに生まれ，マドリードに没す．マドリード大学医学部を卒業(1929)後，ベルリン，ロンドンに留学．マドリード大学教授を経てドイツ，英国，米国に移住(1941)．米国に帰化(1956)．ニューヨーク大学教授(1946)．クエン酸合成酵素，イソクエン酸脱水素酵素，リンゴ酸酵素を単離．RNA 分解酵素を発見(1955)．遺伝子暗号解読に貢献(1961)．1959 年ノーベル医学生理学賞を A. Kornberg* とともに受賞した．

**O-2A 前駆細胞** [O-2A progenitor cell, O-2A precursor cell] 多能性グリア前駆細胞(bipotential glial progenitor cell)ともいう．中枢神経系のグリア細胞*発生過程でオリゴデンドログリア*とタイプIIアストログリア*(in vivo での繊維性アストログリア*に相当)へ分化する共通の前駆細胞で，細胞特異的抗原(A2B5+, GC−, GFAP−)によって同定される．これらの前駆細胞も多分化能を備えた 1 種類の母細胞(グリア細胞系譜前駆細胞)から発生するとされている．O-2A 前駆細胞の分化誘導には増殖因子や細胞増殖促進因子が関与して前駆細胞の動向を調節している．たとえば PGDF(血小板由来増殖因子)はマイトジェンとして働くとともに，これに対する感受性が低下し始めると O-2A 前駆細胞からオリゴデンドログリアへと分化誘導させる．一方，原形質性アストログリアから分泌される CNTF(毛様体神経栄養因子)様因子と中胚葉性由来の細胞がつくる細胞外マトリックス*分子との相互作用で O-2A 前駆細胞からタイプIIアストログリアへ分化誘導される．分化誘導をひき起こす時間的，空間的決め手については転写因子(AP-1*)活性が関与している．

**ODF** [ODF=osteoclast differentiation factor] 破骨細胞分化因子の略称．(→ RANK リガンド)

**オートクリン** =自己分泌

**オートタキシン** [autotaxin] リゾホスホリパーゼ D(lysophospholipase D)ともいい，ATX と略す．リゾホスファチジルコリン*に作用し生理活性脂質であるリゾホスファチジン酸*を産生するリゾホスホリパーゼ D 活性をもつ酵素．がん細胞の培養上清中に分泌されるがん細胞遊走促進因子として発見され，構造的にはヌクレオチドを分解するファミリーに属するが，血中に存在するリゾホスホリパーゼ D と同一であり，がん細胞遊走促進活性は産生物であるリゾホスファチジン酸によるものであることが示されている．ヒトオートタキシンは全長 863 アミノ酸残基から成るが，N 末端側にシグナルペプチド*(シグナル配列)をもつとされており，血中に分泌されるものは 36 番目のアラニンから始まる約 100 kDa のタンパク質である．本酵素のノックアウトマウス*は胎生期の血管形成に異常を示すことから血管形成に重要な役割をもつと考えられている．また種々のがん細胞に高発現していることからがん細胞の浸潤，転移に機能していることが想定されている．

**オートファゴソーム** [autophagosome] 初期自己食胞(initial autophagic vacuole)ともいい，AVi と略す．オートファジー*の一つマクロオートファジーの過程で形成される小胞．マクロオートファジーでは，まず隔離膜(isolation membrane, ファゴフォア

phagophore ともいう)とよばれる扁平な袋状の膜構造が細胞質に現れ，それが伸張しながら細胞質の一定空間を包み込み閉じることで直径約 1 μm のオートファゴソームを形成する．細胞に侵入した病原性細菌の捕獲を行う場合は，例外的に通常の 10 倍以上の巨大なオートファゴソームが形成される．隔離膜自身が袋状の膜構造なのでオートファゴソームは二重の膜をもつ．リソソーム*がオートファゴソームに融合しオートリソソーム*となると，リソソームの加水分解酵素群によって内膜および閉じこめられたサイトゾルや細胞小器官が消化される(図)．これらの過程は数十分の

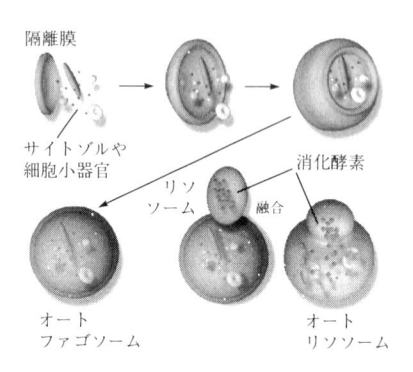

隔離膜
サイトゾルや
細胞小器官
リソソーム
消化酵素
融合
オートファゴソーム
オートリソソーム

間に進行する．リソソームとの融合以前にエンドソーム*の融合もあり，それによりオートファゴソームが成熟化しリソソームと融合可能になると考えられる．この段階を，中間型自己貪食胞(intermediate autophagic vacuole, AVi/d)あるいはアンフィソーム(anfisome)とよぶ場合がある．隔離膜の起源には諸説あり明確ではないが，小胞体などの既存の細胞小器官がそのまま使用されているわけではない．複数の細胞小器官がその形成に関与している可能性がある．オートファゴソーム結合タンパク質として LC3/Atg8 が知られており，マーカーとして用いられる．LC3/Atg8 には可溶性のⅠ型と，Ⅰ型にリン脂質が共有結合したⅡ型があり，前者は細胞質に，後者は隔離膜およびオートファゴソーム膜に局在する．また隔離膜には Atg5 を含むタンパク質複合体が結合し，隔離膜の伸長を促すが，オートファゴソームが完成すると離脱する．

**オートファゴリソソーム** [autophagolysosome] ＝オートリソソーム

**オートファジー** [autophagy]  ギリシャ語で"自己を食べる"の意．自食作用，自己貪食(autophagocytosis)ともいう．真核細胞が自身の小器官やサイトゾルを分解・再利用する機序．細胞外から物質をエンドサイトーシス*によって取込むヘテロファジー(heterophagy)に対比される．オートファジーには，マクロオートファジー(macroautophagy)，ミクロオートファジー(microautophagy)，シャペロン介在性オートファジー(chaperone-mediated autophagy)の 3 種類があるが，ただオートファジーという場合，主要な

オートファジーであるマクロオートファジーをさすことが多い．マクロオートファジーではオートファゴソーム*の形成により細胞質の一定空間が隔離され，そこにリソソーム*(酵母や植物では液胞)が融合しオートリソソーム*となり，閉じこめられたサイトゾルや細胞小器官が消化される．これらの過程は数十分の間に進行する．一方ミクロオートファジーでは，リソソーム/液胞の限界膜が陥入してサイトゾルや細胞小器官を取込む．シャペロン介在性オートファジーは他とは大きく異なり，細胞質のタンパク質を 1 分子ずつ，リソソーム膜を通過させ運び込む．マクロオートファジーは，常に低頻度で起こり細胞成分の代謝回転に寄与する一方，飢餓で著しく誘導され生存に必要な栄養源の確保に働く．余剰細胞小器官の除去も行う．ある種の酵母では，不要になったペルオキシソーム*の除去にミクロオートファジーが使われる(ペキソファジー pexophagy)．マクロオートファジーは 1960 年頃にはすでに電子顕微鏡により観察されていたが，その分子機構は永らく不明であった．1990 年代初頭にマクロオートファジー不能の出芽酵母変異株が得られたことがきっかけとなり，その後急速に研究が進展した．オートファジーを制御する Atg と総称される酵母タンパク質が 20 種以上同定され，そのホモログがヒトを含む他生物種にも見つかっている．哺乳類では，オートファゴソームマーカーとして用いられる LC3(Atg8)のほか，Atg5, Beclin(Atg6)などが知られている．これらの分子群の同定によりマクロオートファジーの生理的意義の解明も進んだ．現在では，発生・分化，抗原提示，発がん抑制，出生時飢餓の克服，プログラム細胞死，細胞内浄化による肝や神経変性予防，細胞内病原体や易凝集性タンパク質の除去，などその多彩な役割が判明している．特に，エンドサイトーシスによる分解を逃れて細胞内に侵入した病原性細菌の捕獲・分解は，元来代謝にかかわるマクロオートファジーが自然免疫としても機能している点で興味深い．

**オートプロトロンビンⅡ-A** [autoprothrombin Ⅱ-A] ＝プロテイン C

**オートラジオグラフィー** [autoradiography]  放射性同位元素($^{33}$P, $^{32}$P, $^{31}$P, $^{14}$C, $^{3}$H, $^{35}$S, $^{125}$I など)で各種の化学体，前駆体を標識して，個体・組織，細胞，タンパク質，核酸などに取込ませたのち，切片標本・細胞塗沫標本に写真用乳剤を塗布，または電気泳動試料(膜)などにフィルムを密着し，一定期間放射能に露光後，現像しその濃度分布を造影する方法．目的に応じ，放射能エネルギー，半減期，化学体の特性などを考慮して，核種を選択する．分解能を上げるためにはエネルギーが小さく飛程の短い核種，たとえば $^{3}$H 標識体や $^{32}$P の代わりに $^{31}$P を使えばよいが，同時に放射能が検出(露光)しにくくなる．また $^{31}$P はまだ値段が高い．

**オートリソソーム** [autolysosome]  分解型自己貪食胞(degradative autophagic vacuole)ともいい，AVd と略す．オートファゴリソソーム(autophagolysosome)ともいう．オートファジー*の一つマクロオー

トファジーの過程で形成されるオートファゴソーム*がリソソーム*と融合したもの．したがってその膜や内容には，リソソームの成分が含まれる．融合にはGTPアーゼのRab7が関与する．オートリソソームでは，隔離されたサイトゾルや細胞小器官がリソソームの加水分解酵素群により消化される．消化が進むとオートリソソームは消失していく．リソソームへ戻るか，細胞膜との融合により不消化物を細胞外に出すものと思われる．

**オートレセプター**［auto-receptor］ ⇒ ヒスタミン受容体

**オパイン**［opine］ *Agrobacterium* が感染した植物の腫瘍組織で合成される一群のアミノ酸誘導体($N$-カルボキシアルキルアミノ酸)の総称．オパインにはノパリン(nopaline)，オクトピン*など10数種が知られており，腫瘍組織がどのオパインを生産するかは，菌のもつTiプラスミド*またはRiプラスミド*の種類により決まる．*Agrobacterium* が植物に感染後，植物核ゲノムに組込まれたTiまたはRiプラスミドのT-DNA*上にコードされているオパインシンテターゼ(opine synthetase)が植物腫瘍組織中で発現し，アミノ酸のアミノ酸残基と $\alpha$-ケト酸のカルボニル基の還元的縮合によりオパインが合成される．たとえばノパリンとオクトピンは，アルギニンと $\alpha$-ケトグルタル酸(ノパリン)またはピルビン酸(オクトピン)との還元的縮合を触媒するNADPHを補酵素とする脱水素酵素により合成される．合成されたオパインは感染菌に輸送され，炭素および窒素源として利用される．このオパインの輸送および分解に関与する遺伝子群は，菌のもつTiプラスミドのT-DNA領域と，*noc*(nopaline catabolic)あるいは *occ*(octopine catabolic)領域とにコードされていることが明らかにされている．

**オーバーハウザー効果**［Overhauser effect］ 不対電子または核に共鳴振動数である強い電磁波を照射した場合，空間的に近い別の不対電子または核のゼーマン準位間の熱平衡にずれが起こり，磁気共鳴の信号強度が変化する．この現象を利用すると，隣接する不対電子や核の相互距離関係を測定することができる．電子核二重共鳴(ENDOR)法を用いて，金属タンパク質の不対電子と核の近隣情報を調べられる．核同士の場合には核オーバーハウザー効果*(NOE)とよばれ，NOEを観測して核間の距離相関をとる二次元核磁気共鳴法(NOESY)を用いて，タンパク質の立体構造決定が行われている．(⇒ 核磁気共鳴)

**オーバーラップ遺伝子**［overlapping gene］ 重複遺伝子ともいうが，duplicate gene(⇒ 重複遺伝子)と別のことであるので注意が必要．同一のDNA領域に複数の遺伝子が重なって存在する場合，これらをオーバーラップ遺伝子とよぶ．したがってこの遺伝子はほとんどすべての遺伝子に適合する一遺伝子一ポリペプチド仮説*に適合しない．この現象は $\phi$X174ファージの遺伝的解析と塩基配列決定の結果見出された．このバクテリオファージは遺伝子産物の分子量の合計から推定されるDNAのコード領域が実際の塩基配列

より長い．その不一致を解消する機構は同一領域のDNAから，コドン*の読み枠がずれた2種の異なるポリペプチドが合成される二組の遺伝子をもつことによる．哺乳動物のゲノムでも数百の例が知られている．ヒトでもたとえば，第17染色体上にアセチルコリン受容体の $\varepsilon$ サブユニットをコードするCHRNE遺伝子とセリン/トレオニンキナーゼをコードするMINK1遺伝子のエキソンがオーバーラップしている．

**オパーリン** OPARIN, Aleksandr Ivanovich ロシアの生化学者．1894.3.4～1980.4.21．ロシアのウグリチに生まれ，モスクワに没す．モスクワ大学物理数学科卒業(1917)．ハイデルベルク大学 A. Kossel 教授のもとへ留学．キエフ大学生化学教授(1929～60)．1917年から植物アミノ酸と酵素の研究に従事．1936年コアセルベート説をもとにした『生命の起原』を出版した．この本は1941, 57年に改訂され，世界中に知られた．Oparinはソビエト科学アカデミー生物学幹事を務めた．

**オパールコドン**［opal codon］ 三つの終止コドン*のうち，UGAコドンをさす．

**オパール突然変異**［opal mutation］ ナンセンス突然変異*の一つで，アミノ酸に対応するコドンがナンセンスコドン(終止コドン*)の一つであるUGAに変化した突然変異．

**OP-1**［OP-1］ ⇒ 骨誘導因子

**オピエート**［opiate］ ケシ(*Papaver somuniferum*)の未熟果中に含まれるアヘンアルカロイドの主成分モルヒネ*およびその類縁体の一般的名称で，作用の強力な麻薬性鎮痛薬が含まれる．いずれもオピオイド受容体*のうち $\mu$ サブタイプに強い結合活性を示す．生体内での作用は多岐にわたるが，鎮痛作用は主として痛覚求心路遮断，疼痛反応抑制，多幸感誘発などの中枢作用により発現する．連続投与により強い精神的ならびに身体的依存が形成される．

**オピオイド**［opioid］ オピオイド受容体*と結合し作用を発現する物質群の総称．主要なものはオピエート*とオピオイドペプチドおよびそれらの関連物質である．内因性オピオイドペプチドは，エンドルフィン*，エンケファリン*およびダイノルフィン*に大別されるが，それぞれ，プレプロオピオメラノコルチン*，プレプロエンケファリンAおよびプレプロエンケファリンB(プレプロダイノルフィンともよばれる)という3種の前駆体タンパク質の部分構造として組込まれていて，塩基性アミノ酸対を特異的に認識する限定加水分解酵素による切出し(プロセシング)によって生成する．これらのペプチドは，選択性はそれほど高くないが，それぞれ $\mu$, $\delta$, $\kappa$ 各オピオイド受容体の内因性リガンドと考えられている．現在，各サブタイプ受容体に選択性の高いリガンドが見いだされている．これらの受容体を介して鎮痛，胃腸管運動抑制，成長ホルモン遊離，利尿その他の多様な作用を示す．

**オピオイド受容体**［opioid receptor］ オピオイド*の一次作用点である．薬理学的には，$\mu$, $\delta$, $\kappa$ の各サ

ブタイプに大別され，さらに，$\mu_1$, $\mu_2$, $\delta_1$, $\delta_2$, $\kappa_1$〜$\kappa_3$ などのサブクラス受容体の存在が提唱されている．これまでに，$\mu$, $\delta_2$ および $\kappa_1$ と考えられる 3 種の受容体をコードするラット遺伝子がクローニングされた．それから推定される各受容体は，398, 372, 380 アミノ酸残基から成り，七つの膜貫通領域をもつ GTP 結合タンパク質関連型受容体ファミリーに属している．三者間のアミノ酸配列の相同性は，全体でも約 60 % と高いが，膜貫通領域および細胞内領域においては 73〜76 % および 64〜67 % とさらに高い．しかし，細胞外領域での相同性は低く，リガンド結合の選択性発現に寄与していると考えられる．どのサブタイプ受容体を選択的アゴニストで刺激しても，アデニル酸シクラーゼ活性抑制，$K^+$ チャネル活性上昇，$Ca^{2+}$ チャネル活性抑制などの共通した細胞内シグナル伝達系での変化が認められる．

**OPG**［OPG＝osteoprotegerin］ ＝オステオプロテジェリン

**オーファン遺伝子ファミリー**［orphan family］ 機能未知の相同遺伝子群のこと．ゲノム配列情報をもとに新たに抽出された機能未知遺伝子のうち，ゲノム配列中にホモログ*（相同遺伝子）はもつものの，それらホモログの機能も未知である場合，相同性解析では機能の推定はできない．このような機能未知遺伝子とその相同遺伝子群のことをさす．

**オーファン受容体**［orphan receptor］ リガンドが同定されていない受容体*の総称である．たとえば，核内受容体*やGタンパク質共役受容体*（GPCR）については，それぞれオーファン核内受容体，オーファンGPCRとよぶ．ヒトゲノム配列が全容解明された結果，ヒト染色体上には 1000 種類近くの GPCR がコードされていることが判明した．これらから嗅覚受容体*，味覚受容体を除いた残り約 400 種類の GPCR の中にはオーファン GPCR がまだ数多く含まれている．生理活性脂質，ホルモン*や神経伝達物質*などの生理活性物質の多くが GPCR を介して作用し，その制御は医療に役立つ可能性が高い．実際，臨床医学の現場で用いられている治療薬の 50 % 以上は GPCR を標的とするアゴニスト*あるいはアンタゴニスト*である．オーファン GPCR は新薬開発の魅力的な標的であり，内因性リガンドの同定をもとに，受容体のアゴニストやアンタゴニストの開発を行うことは，新しい薬剤や治療法に結びつく重要な研究課題と位置付けられている．

**オブジェクト指向データベース**［object oriented database］ オブジェクト単位でデータを格納するデータベース．オブジェクトとはオブジェクト指向プログラミングで利用されるデータの形式である．このデータベースはオブジェクトを永続化するため，データベースシステムにオブジェクトの形式のままデータを保持することができる．異なる形式のデータベースとしてリレーショナルデータベースがあり，こちらはデータが表形式で表現されており，各表の間の関係を含めて保持する．リレーショナルデータベースからオブジェクトの形式に変換してデータを取出す O/R マッパーの登場によりオブジェクト指向プログラミングとの相性が向上し，現在ではこのオブジェクト指向データベースがよく利用されている．

**オプシン**［opsin］ おもに 11-*cis*-レチナールである発色団とともに視色素を構成するタンパク質で，約 38 kDa．吸光特性により，数十種類が分離同定されている．脊椎動物では，錐体型と桿体型に大別され，さらに錐体型は，L（赤），S（紫），M1（青），M2（緑）の 4 グループに分けられる．ヒトでは，錐体細胞*にある赤（558 nm），緑（531 nm），青（419 nm），および桿体細胞*にあるロドプシン*（〜500 nm）の 4 種類がある．分子構造は，7 回膜貫通型受容体で，第 6 膜貫通部位のリシン残基に発色団がシッフ塩基で結合し，第 3，第 4 膜外ドメインにGタンパク質結合領域がある．視細胞外節内の円盤膜に存在し，光刺激により発色団であるレチナール，つづいてオプシンの構造変化が起こり，Gタンパク質を介して，細胞内シグナルが伝わる．錐体オプシンは桿体オプシンと比べ，光刺激による中間透光体の生成が速いため，錐体細胞の速い光対応に役立っている．

**オプソニン**［opsonin］ 抗体*や補体*などのように細菌の表面に結合して，食細胞*による細菌の貪食作用を促すタンパク質のこと．IgG 抗体や IgM 抗体のような熱安定性オプソニンと，補体成分 C3b のような熱不安定性オプソニンがある．

**オプティカルマッピング**［optical mapping］ 光学マッピングともいう．制限酵素*による物理的地図*の作成を蛍光顕微鏡下で行う方法．スライドガラス上に DNA 分子を伸張させ，制限酵素処理による切断後，断片化した DNA を蛍光標識し蛍光顕微鏡で観察する．この方法は従来の制限地図*作成法と異なり，電気泳動*を利用することがない．したがって制限酵素による切断部位を直接観察でき，1 分子 DNA レベルでリアルタイムに切断断片をマッピングすることが可能となる．(→ ゲノムマッピング，遺伝子マッピング)

**オープン複合体**［open complex］ ＝オープンプロモーター複合体

**オープンプロモーター複合体**［open promoter complex］ 開鎖プロモーター複合体，オープン複合体（open complex）ともいう．RNA ポリメラーゼ*と転写開始 DNA シグナル，プロモーター*の間で形成される複合体の一種．RNA ポリメラーゼがプロモーターに会合して形成される閉鎖複合体（クローズドプロモーター複合体 closed promoter complex）を経て形成される．DNA 二本鎖は部分的に分離してオープン複合体を形成し，鋳型鎖がリボヌクレオチドと塩基対を形成できるようになる．RNA ポリメラーゼが結合している部位で始まる局所的な巻戻しにより転写バブルが形成される．原核生物のオープンプロモーター複合体の中では，DNA 10 数塩基対が一本鎖に開裂している．基質の添加で RNA 合成が開始され，RNA 鎖伸長複合体に移行する．(→ 転写複合体)

オープンリーディングフレーム [open reading frame] ORFと略す．読み取り枠ともいう．終止コドン*に中断されずにアミノ酸のコドンが続く遺伝暗号*の読み枠（リーディングフレーム*）．核酸の塩基配列を遺伝暗号表に従ってアミノ酸の配列に変換すると，終止コドンが現れずにアミノ酸のコドンが続くことがある．長い塩基配列中に終止コドン以外のコドンだけが偶然に続く確率は低く，長いオープンリーディングフレームはタンパク質の遺伝情報をコードしている可能性が高い．

オペラント条件付け [operant conditioning] ⇌ 古典的条件付け

オペレーター [operator] 原核生物では，関連した遺伝子，たとえば，アミノ酸の合成経路や糖の代謝経路に関与する遺伝子群は，それぞれ染色体DNA上に連続して並び，その発現は一群が同一制御を受けている．F. Jacob*とJ. L. Monod*は大腸菌のlac遺伝子の誘導発現とバクテリオファージλ(λファージ*)のプロファージ誘発の解析から，遺伝子の発現が負の調節*を受けていることを明らかにし，オペロン*説を提唱した．彼らはラクトースの添加なしで発現をするlac遺伝子の突然変異には，lac遺伝子群の端の特定の"場所"が突然変異したものと，近くの遺伝子lacIが突然変異したものがあることから，lacI遺伝子の産物が特定の"場所"に結合して，一群のlac遺伝子の発現を同時に抑えていると結論した．λプロファージ維持の制御もまったく同様であることがわかり一般化された．この特定の"場所"をオペレーターとよび，lacI遺伝子の産物をリプレッサー*，一つのオペレーターによって制御される遺伝子群をオペロンとよぶ．(⇌ ラクトースオペロン)

オペロン [operon] 遺伝子発現において，一つの調節遺伝子*の支配下に，共通の制御を受ける遺伝子集団の単位．F. Jacob*とJ. L. Monod*が，大腸菌ラクトース代謝遺伝子の誘導発現，λファージ*の遺伝子群の発現制御機構を解析して，その存在を提唱した．細菌では，オペロンは一般には数個の構造遺伝子*（遺伝学では，シストロン*とよばれる）から構成されるが，時に10個以上の遺伝子が一つのオペロンに編成されることもある．オペロンは，同じ転写因子*の支配下に制御されることが多い．ラクトース(lac)オペロン*に編成された3個の遺伝子の発現は，ラクトースのない時は抑制され，ラクトースの添加によって脱抑制される．抑制作用をもつ転写因子はリプレッサー*とよばれ，リプレッサーが関与する制御系は，負の調節*とよばれる．一方，活性化作用をもつ転写因子支配下の制御系は，正の調節*とよばれる．リプレッサーは，DNAの特定配列を認識して結合し，RNAポリメラーゼ*による転写を抑制する．リプレッサー結合DNA領域は，オペレーター*とよばれる．リプレッサーは，RNAポリメラーゼのプロモーター*への結合を妨害するか，転写中のRNAポリメラーゼのDNA上の走行を妨害することによって転写を抑制する．lacリプレッサーは，誘導物質ラクトースに結合すると失活し，転写抑制機能を失う．こうした物質は，誘導物質*（インデューサー）とよばれる．一つの転写因子の支配下にあるオペロン集団はレギュロン*とよばれる．

オボアルブミン [ovalbumin] 卵（白）アルブミンともいう．輸卵管の上皮細胞でつくられる卵白の主成分で，全タンパク質の75%を占める．ニワトリオボアルブミンは，翻訳開始メチオニンが除かれN末端グリシン残基がアセチル化された385残基から成る分子量44,000のリン酸化糖タンパク質で，分泌タンパク質*であるが典型的な分泌タンパク質シグナルをもたない．292残基目のアスパラギンに糖鎖をもつ．遺伝子は約2kbpで8個のエキソンから成り，エストロゲン*やプロゲステロン*により，発現が誘導される．キャップ部位上流 −90〜−70 に存在する coup (ニワトリオボアルブミン遺伝子上流プロモーター chicken ovalbumin upstream promoter) エレメントがステロイドホルモンによる誘導に関与する可能性が高く，このエレメントの結合タンパク質は，転写因子IIB(TFIIB*)を介してオボアルブミン遺伝子の転写を調節すると考えられている．

オボムコイド [ovomucoid] 卵白に存在する分子量約28,000の糖タンパク質．ニワトリのオボムコイドは186残基のアミノ酸から成り，九つのジスルフィド結合をもつ．糖鎖はグルコサミン，マンノース，ガラクトース，N-アセチルノイラミン酸から成りその構造は均一ではない．トリプシン，その他のプロテアーゼ活性を阻害する作用をもつが，その特異性は起源により差がある．輸卵管細胞で合成される．タンパク質溶液に混在するプロテアーゼの除去などに利用される．(⇌ トリプシンインヒビター)

オミクス ＝オミックス

オミックス [OMICS] オミクスともいう．ゲノム*，トランスクリプトーム*，プロテオーム*などの生物学的情報の網羅的な解析に関する学問体系のこと（例：ゲノミクス*，トランスクリプトミクス*，プロテオミクス* など）．ゲノムをはじめ，新たな網羅的分子情報(-ome)の収集・解析が急速に進展しており，オミクスという接尾辞はゲノム，トランスクリプトーム，プロテオーム，メタボローム（代謝），メタローム（金属），リピドーム（脂質），インタラクトーム（相互作用），ニューローム（神経），フェノーム（表現型），physiome（生理），glycome（糖質），kinome（プロテインキナーゼ），ORFeome（ORF），などの-omeにそれぞれ対応して付けられており，全体としてオミクスという学問体系を形成している．それぞれのオミックス情報は，重複している部分も多く存在しており，生命をシステムとして理解するシステム生物学*の構成要素として各オミックスがあり，それらが重複部分を共有しながら統合されて生命の理解が深まるものと考えられる．疾患や病態科学においても，疾患をシステムとして理解する方法論としてクリニカルオミックスという概念も生まれている．(⇌ バイオインフォマティクス)

**OMIM** [OMIM]　Online Mendelian Inheritance in Man の略．ヒトの遺伝性疾患に関連する遺伝子情報が登録されているデータベース．ジョンズ・ホプキンス大学の V. A. McKusick 博士が書いている "Mendelian Inheritance in Man" のオンライン版で，米国国立医学図書館(National Library of Medicine, NLM)内の国立生物情報センター(National Center for Biotechnology Information, NCBI)が提供している．遺伝子病やがんなどの遺伝子の変異により生じる疾患はすでに 4300 種以上報告されているが，OMIM データベースには 2008 年 4 月 7 日現在で配列のわかった疾患関連のヒト遺伝子が 18,573 個収載されている．個々の疾患について，遺伝子座，表現型，医学的特徴，生化学的特徴，遺伝子型，遺伝的特徴，疾患関連遺伝子のマッピング，ヒト白血球組織適合抗原*(HLA)との関連，分子遺伝学，診断や治療，集団遺伝学，動物モデル，などに関する詳細な情報が記載されている．また，個々の疾患(遺伝子異常)に関連した病態の概要は，clinical synopsis という項目(別項)に記載されている．(→バイオインフォマティクス)

**ω 酸化** [ω oxidation, omega oxidation]　脂肪酸*の酸化形式の一つ．脂肪酸のカルボキシ基から最も離

$$CH_3(CH_2)_nCOOH \xrightarrow{\omega-ヒドロキシラーゼ} HOCH_2(CH_2)_nCOOH$$

$$\xrightarrow{\omega-ヒドロキシ脂肪酸デヒドロゲナーゼ} HOOC(CH_2)_nCOOH$$

れた末端(ω 位)がヒドロキシ化されて ω-ヒドロキシ脂肪酸となり，ついで酸化されてジカルボン酸となる．第一の反応は ω-ヒドロキシラーゼによって触媒され，第二の段階は ω-ヒドロキシ脂肪酸デヒドロゲナーゼによって行われる．コレステロールから胆汁酸への代謝経路における側鎖切断は ω 酸化であり，ステロール 27 位ヒドロキシラーゼが欠損するとコレステロールから胆汁酸への変換が障害されて，脳腱黄色腫症という脂質代謝異常症となる(→黄色腫)．プロスタグランジンやロイコトリエンも ω 酸化を受ける．(→β 酸化)

**ω3 脂質メディエーター** [ω3 lipid mediator, omega-3 lipid mediator]　⇌レゾルビン，ニューロプロテクチン D1

**ω タンパク質** [ω protein, omega protein]　大腸菌 DNA トポイソメラーゼ I (E. coli DNA topoisomerase I) ともいう．大腸菌の TOPA 遺伝子にコードされる分子量 11 万の I 型 DNA トポイソメラーゼ*の一つである．ω タンパク質は $Mg^{2+}$ の存在下，DNA の一本鎖の一時的な切断と再結合によって二本鎖 DNA のリンキング数*を一つずつ変化させることによって，負の超らせん*をもった環状二本鎖 DNA の弛緩反応を触媒する．ω タンパク質は細胞内で II 型 DNA トポイソメラーゼである DNA ジャイレース*と協調して染色体 DNA のトポロジーを制御している．

**ω 配列** [ω sequence, omega sequence]　*Saccharomyces* 酵母のミトコンドリアの 21S rRNA 遺伝子中にある自己スプライシング*能のあるイントロン*の名称．ω 配列は 1143 bp あり，グループ I イントロンに属する．ω 配列は ω 配列の中にコードされている 235 アミノ酸から成る部位特異的エンドヌクレアーゼ I-Sce I の作用により，配列をもたない 21S rRNA 遺伝子の ω 配列があるべき部位に特異的に転位する．これをイントロンホーミング(intron homing)とよぶ．

**親細胞** [parent cell]　⇌娘細胞

**折り返し因子** [fold-back element]　FB 因子(FB element)ともいう．ショウジョウバエにおける転位因子の一つ．この因子には長い逆方向反復配列があるが，両者のスペーサー DNA サイズは 0～数千塩基対に及ぶ．このタイプの DNA は，変性させても容易に再生(フォールドバック)してヘアピンループ*構造を形成するので，この名がある．二つの FB 因子に挟まれた DNA は，転位可能であるので，このタイプの因子はゲノムの進化*に重要な役割を果たしてきたと考えられる．FB 因子は，霊長類のゲノムの *Alu* 繰返し配列(→*Alu* I ファミリー)に似ている．

**オリゴアレイ** [oligo array]　⇌DNA マイクロアレイ

**オリゴキャッピング法** [oligocapping technology]　キャップ構造*をもつ mRNA の 5′ 末端のみにオリゴヌクレオチドを結合させる方法で，完全長 cDNA 合成に利用される(→完全長 cDNA 合成法)．真核細胞 mRNA の 5′ 末端には，キャップ構造が存在する．タバコの酸性ピロホスファターゼ(TAP)はキャップ構造のトリリン酸結合を加水分解し，mRNA の 5′ 末端をリン酸基とする活性をもつ．細菌のアルカリホスファターゼ(BAP)や仔ウシ腸アルカリホスファターゼなどの通常のホスファターゼは，このキャップ構造自体を解離させることはできない．ポリ(A)RNA に BAP を作用させ，キャップ構造をもたないミトコンドリア由来の mRNA や断片化された mRNA の 5′ 末端リン酸基を除去した後に，TAP を作用させてキャップ構造を加水分解すれば，キャップ構造をもつ mRNA のみに 5′ 末端リン酸基を残すことができる．その後，T4 RNA リガーゼを用いて合成オリゴリボヌクレオチドを結合させれば，キャップ構造をもっていた mRNA の 5′ 末端に選択的に任意の合成オリゴリボヌクレオチド配列を導入できる．

**オリゴクローン** [oligoclone]　⇌ポリクローン

**オリゴデンドログリア** [oligodendroglia]　オリゴデンドロサイト(oligodendrocyte)，希突起神経膠細胞ともいう．中枢神経系に存在するグリア細胞*の一種で，神経細胞の軸索を取囲みミエリン*(髄鞘)を形成し，維持する．末梢神経系のシュワン細胞*に相当する．多数の突起をもち，それぞれの突起の先端部の細胞膜が広がり，神経軸索を重層してミエリンの一節を形成する．発生学的には外胚葉性であり，神経細胞，アストログリア*と同様に，神経管内壁の上衣細胞*より分化し，しだいに脳実質内へ遊走し，分布する．オリゴデンドログリアの細胞マーカーとして，ガラクトセレブロシド，ミエリン結合糖タンパク質 (MAG, myelin associated glycoprotein)，ミエリン塩

基性タンパク質(MBP), プロテオリピドタンパク質 (PLP, proteolipid protein), 2′,3′-サイクリックヌクレオチド 3′-ホスホジエステラーゼ(CNP, 2′,3′-cyclic nucleotide 3′-phosphodiesterase)などのミエリン構成脂質, タンパク質が用いられる. オリゴデンドログリアの障害は, ミエリン形成不全(dysmyelination)や多発性硬化症などの脱髄(demyelination)の原因となる.

**オリゴデンドロサイト** [oligodendrocyte] ＝オリゴデンドログリア

**オリゴ糖** [oligosaccharide] 少糖ともいう. 単糖が数個結合してつくられる物質. 何個までをさすかは明確でない. 時に, 10 数個のものを含めることもある. 乳汁中には高濃度に, 他の体液にも少量存在する. オリゴ糖として存在する物質をさすと同時に, 糖タンパク質, 糖脂質から人為的に切出された糖鎖をさすことも多い. 多種類の構造が自然界に存在し, 糖鎖構造に特異的な生物機能が注目されている. オリゴ糖を生合成するには, 基質の糖, 糖供与体, 糖転移酵素が必要である.

**オリゴヌクレオチド** [oligonucleotide] 数個から数十個のヌクレオチド* がホスホジエステル結合* で重合したものをオリゴヌクレオチドとよぶ. これに対し, 天然の核酸はより重合度が高く, ポリヌクレオチド(polynucleotide)とよばれている. 糖部分がリボースから成るオリゴリボヌクレオチド(oligoribonucleotide)と, デオキシリボースから成るオリゴデオキシリボヌクレオチド(oligodeoxyribonucleotide)がある. 自動合成機を用いて任意の塩基配列をもつオリゴヌクレオチドを合成できるようになって以来, 現代生物学における有力な道具として繁用されている(→合成オリゴヌクレオチド). おもな用途としてハイブリダイゼーション, 塩基配列特異的 DNA 結合タンパク質解析のためのプローブ* や, DNA 塩基配列決定法*, PCR*, プライマー伸長法*, 人工突然変異導入のためのプライマー(→部位特異的突然変異誘発), さらに DNA, RNA の構造解析, アンチセンスオリゴヌクレオチド導入による遺伝子発現の阻害(→アンチセンス法), リボザイム*, siRNA* などがあげられる.

**オリゴペプチド** [oligopeptide] →ペプチド
**オリゴマー** [oligomer] →ポリマー
**オリゴマイシン** [oligomycin] ミトコンドリアの

ATP 合成酵素* の阻害剤. したがって酸化的リン酸化* の阻害剤に属し, エネルギー転移阻害剤とよばれる. Streptomyces astatochromogenes の産生する抗生物質であるが, ミトコンドリアをもたない原核生物の ATP 合成酵素には作用しない. 作用部分が同酵素の水素イオン輸送部分 $F_0$ であってイオン輸送が停止される. いくつかの同族体が知られている.

**oriC** [oriC] ⇌ 複製起点
**ori 領域** ＝複製起点
**オルガネラ** ＝細胞小器官
**オルシノール反応** [orcinol reaction] ビアル反応 (Bial reaction)ともいう. RNA の比色定量法. 1 容の試料(RNA として 10〜150 μg を含む)に等容の Mejbaum 試薬(0.1% $FeCl_3$, 0.1 % オルシノールを含む濃塩酸)を加え, 沸騰水中で 20 分加熱する. この際プリン塩基と結合していたリボースから, 濃塩酸分解によって生じたフルフラールがオルシノールと反応する. 冷却後青緑色の呈色を 670 nm の吸収から定量する. DNA の発色は同量の RNA の 1/10 程度であり, タンパク質の影響も比較的少ない.

**オルソロガス遺伝子** [orthologous gene] ＝オルソログ

**オルソログ** [ortholog] オルソロガス遺伝子 (orthologous gene)ともいう. ホモログ* の分類の一つ(→パラログ). 異なる生物種において相同な遺伝子座を占め, 類似した配列をもつ遺伝子同士のこと. 同一祖先の共通遺伝子に由来し, 種の分岐後もそれぞれの種で保持されて, 類似した機能をもつ. これらの遺伝子は進化系統樹* の作成に利用される.(→ズーブロット)

**オルタナティブオキシダーゼ** [alternative oxidase] AOX と略す. (→シアン耐性オキシダーゼ)

**オルタナティブスプライシング** ＝選択的スプライシング

**オルトミクソウイルス科** [Orthomyxoviridae] ミクソウイルス科(Myxoviridae)ともいう. この科のウイルスは, 複数の分節に分かれたマイナス(−)鎖 RNA をゲノムとしてもつ RNA ウイルス* である. A 型, B 型, C 型インフルエンザウイルス* に分類される. この分類は, ウイルス粒子内のタンパク質(NP および $M_1$)の抗原性による. A 型インフルエンザウイルスの場合, さらにウイルス粒子表面タンパク質(HA および NA)の抗原性により亜型に分類される. A 型と B 型は, 8 本の RNA 分節, C 型は 7 本の RNA 分節をウイルス粒子内に保存している.

**オルニチン** [ornithine] ＝2,5-ジアミノ-n-吉草酸 (2,5-diamino-n-valeric acid). $H_2N(CH_2)_3CH(NH_2)COOH$, 分子量 132.16. 塩基性アミノ酸の一つ. 通常のタンパク質には含まれていないが, グラミシジン, バシトラシンなどの抗菌性ペプチドや細菌細胞壁のペプチドグリカンに存在する. 尿素回路* の中間体で, アルギナーゼによるアルギニンの分解により生じ, カルバモイルリン酸と縮合してシトルリンとなる. グルタミンやグルタミン酸からも合成される. プロリン,

オリゴマイシン B

ポリアミン合成の基質となる．

**オルニチン回路** [ornithine cycle] ＝尿素回路

**オルニチンデカルボキシラーゼ** [ornithine decarboxylase] EC 4.1.1.17. ポリアミン*合成の最初の，そして律速段階の反応

$$L-オルニチン \rightleftharpoons プトレッシン + CO_2$$

を触媒する．ピリドキサールリン酸*を補酵素とする．動物体内で半減期の最も短い酵素の一つである．細胞内含量が細胞周期中に変動するほか，ホルモンやポリアミンによる誘導*あるいは抑制を受ける．分解はエネルギー依存的にプロテアソーム*により行われる．酵素活性は，内在性インヒビター（ODC アンチザイム）とさらにそのインヒビターによって調節される．

**オレオプラスト** [oleoplast] ⇒色素体

**折れ曲がり DNA** [bent DNA] ベント DNA，湾曲 DNA（curved DNA），屈曲 DNA（kinky DNA）ともいう．B 形二本鎖 DNA の示す特殊な構造の一つ．数十塩基対から成る比較的短い DNA のらせん軸はほぼまっすぐである．しかし，ある特徴的な塩基配列をもった DNA の軸は大きな曲がりを示すことが知られている．折れ曲がり構造をもつ DNA 断片は異常にゆっくりとした泳動度を示すので，ポリアクリルアミドゲル電気泳動法により比較的簡単に検出することができる．特に A 残基の短いクラスターがらせんの周期性（約 10.5 塩基対で 1 回転）に沿って出現するような配列をもつ DNA では顕著な折れ曲がりが観察される．折れ曲がり DNA 構造は天然の DNA 中に比較的頻繁に認められ，転写*，複製*，組換え*などにおいて重要な役割を果たしていると推定されている．このほかに，DNA に特異的なタンパク質が結合した場合にも DNA の局所的な折れ曲がりがひき起こされ，らせん軸が全体として 90°以上も折れ曲がる例が知られている．大腸菌のサイクリック AMP 受容タンパク質*（CRP）およびアラビノースオペロンの転写制御に中心的な役割を果たす AraC タンパク質や真核生物の TATA ボックス結合タンパク質*（TBP）などがその代表的な例である．真核生物では，エンハンサー結合タンパク質がエンハンサー部位に結合して DNA の折れ曲がりをひき起こし，それによって転写活性化にかかわるタンパク質をリクルートする．

**オロソムコイド** [orosomucoid] ＝$\alpha_1$ 酸性糖タンパク質

**オロチジル酸** [orotidylic acid] ⇒オロト酸

**オロチン酸** ＝オロト酸

**オロト酸** [orotic acid] ＝6-カルボキシウラシル（6-carboxyuracil）．$C_5H_4N_2O_4$，分子量 156.10．ピリミジンヌクレオチド生合成の中間に位置する物質でオロチン酸またはビタミン $B_{13}$（vitamin $B_{13}$）ともよばれる．ジヒドロオロト酸に由来するが，一方ではオロト酸ホスホリボシルトランスフェラーゼに触媒されてオロチジル酸（orotidylic acid）産生に向かう．微生物の増殖ネズミの成長促進因子として知られる．食品（たとえば母乳）にも多少は含まれるが de novo 合成が主．動物実験では大量投与により脂肪肝を生じる．（⇒オロト酸尿症）

**オロト酸尿症** [orotic aciduria] ウリジル酸シンテターゼ欠損症（UMP synthetase deficiency）ともいう．先天的なピリミジン代謝異常症の一種で常染色体劣性の遺伝病（⇒先天性代謝異常）．構造遺伝子のミスセンス変異によるウリジル酸シンテターゼ活性欠損が原因である．本酵素は本来は，多機能タンパク質でオロト酸ホスホリボシルトランスフェラーゼ（orotate phosphoribosyltransferase）とオロチジル酸デカルボキシラーゼ（orotidylate decarboxylase）を包含するものである〔図の(1)と(2)〕．臨床的特徴は心身発達障害，巨赤芽球性貧血，免疫不全，尿中へのオロト酸過量排泄など．ウリジン*投与が著効を示す．

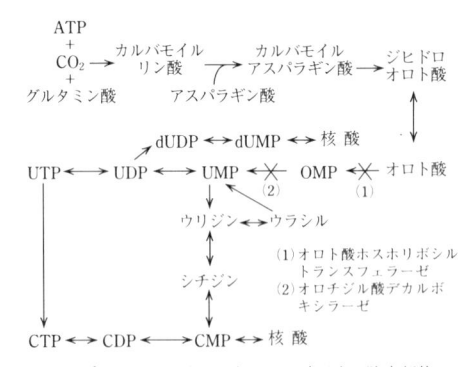

ピリミジン代謝経路とオロト酸尿症の障害部位

**オーロラキナーゼ** [aurora kinase] 真核生物に広く保存された，細胞周期*の分裂期に機能するプロテインキナーゼ*．インセンプ（INCENP）およびサバイビン（Survivin）とともに複合体を形成して機能する．動物細胞では，さらにボレアリン/ダスラ（Borealin/Dasra）を含む．分裂期に染色体*，動原体*および中心紡錘体と，つぎつぎと局在する場所を移すことから，染色体パッセンジャータンパク質（chromosomal passenger protein）ともよばれる．その機能は多岐にわたり，分裂期の紡錘体形成，染色体接着，動原体と紡錘体微小管との結合，細胞質分裂などを制御する．

**Unc** ⇒Unc（アンク）

**オンコダゾール** [oncodazole] ＝ノコダゾール

**オンコビン** [oncovin] ⇒ビンクリスチン

**オンコルナウイルス** [oncornavirus] RNA 腫瘍ウイルス．レトロウイルス*科のオンコウイルス亜科の旧名．最近はオンコレトロウイルス（oncoretrovirus）とよばれる．

**オンコレトロウイルス** [oncoretrovirus] ＝オンコルナウイルス

**温度感受性突然変異** [temperature-sensitive mutation] ts 突然変異（ts mutation）ともいう．特定の温

度(制限温度)環境下でのみ表現型が現れ，他の温度(許容温度)下では野生株と同じ表現型を示す突然変異．制限温度がある温度以上のものを高温感受性突然変異，ある温度以下のものを低温感受性突然変異(cold sensitive mutation, cs 突然変異 cs mutation)というが，狭義には高温感受性突然変異をさす．高温感受性，低温感受性のいずれにおいても，一般に制限温度下で変異遺伝子産物の構造が不安定化したり活性が低下したりする場合が多いが，ある遺伝子が温度によらずまったく機能を失った場合に温度感受性の表現型が現れる．遺伝子の機能解析や，相補性テスト*によるスクリーニング*および遺伝子座位の決定などに利用される．(⇌ 条件突然変異株)

**温度感受性変異株** [temperature-sensitive mutant] ts 変異株(ts mutant)ともいう．細胞複製必須遺伝子の研究材料．細胞複製できる温度を許容温度，できない温度を非許容温度とよぶ．非許容温度が許容温度より低い場合は特に低温感受性とよぶ．一般に非許容温度が許容温度より高い場合を温度感受性変異株とよぶ．

アミノ酸変異のためタンパク質が熱不安定になることによる．劣性変異であり，培養動物細胞の温度感受性変異は X 染色体に由来する変異が多いが常染色体に由来する温度感受性変異もある．

**温度勾配ゲル電気泳動** [temperature-gradient gel electrophoresis] TGGE と略す．DNA のような生体高分子は一定条件下で温度を上昇させていくと，高分子に特異的な高次構造が壊れて形態変化を起こす．この変化を利用して DNA を電気泳動*する際に，ゲルに温度の勾配をつくることで，DNA 構造の変化を検出する方法．DNA のサイズが同一でも，塩基配列が異なると，温度の上昇による変性過程に差がみられる．TGGE はこれを利用して，小さな欠失*や挿入*，点突然変異*を検出することができ，ヘテロ二本鎖*や SNP(一塩基多型*)などの解析にも用いられている．変性剤濃度勾配電気泳動に比べ，化学的な相互作用に頼らない安定で拡散のない勾配をつくり出すことができる．

***omp* 遺伝子** ⇌ *omp*(オーエムピー)遺伝子

# カ

**科**［family］ ⇒ 種

**界**［kingdom］ 生物を分類する時の最上位の分類単位．歴史的には動物界(Animalia)，植物界(Plantae)の二つであったが，現在では，モネラ界(Monera)，原生生物*(Protoctista)，菌界(Fungi)，植物界，動物界の5界に分ける傾向が強い．ただし，この説の原生生物界の定義には異を唱える人が少なくない．これ以外にウイルス*を加える説や，古細菌*，真正細菌*，真核生物*という，まったく別の見地から界(または，界の上の超界 superkingdom ないしはドメイン domain)を定義する考えもある．(⇒ 種)

**外衣**［tunica］ ⇒ 垂層分裂

**外因系凝固インヒビター**［extrinsic pathway inhibitor］ ＝TFPI．EPI と略す．

**開花ホルモン** ＝花成ホルモン

**ガイガー・ミュラー計数管**［Geiger-Müller counter］ ⇒ シンチレーション計数管

**開環状 DNA**［open circular DNA］ ⇒ 環状 DNA

**壊血病**［scurvy］ ⇒ アスコルビン酸

**会合定数**［association constant］ ⇒ 解離定数

**開口分泌** ＝エキソサイトーシス

**カイコガ**［Bombyx mori, silkworm moth］ 絹を採取するため古くから飼育されているガ(昆虫綱鱗翅目)．幼虫をカイコという．絹糸の品質，量産のため，改良が繰返され多くの品種が存在する．クワコは本種の野生種である．変態やホルモンの生理学研究に用いられる．エクジソン*はカイコの蛹から単離された昆虫ホルモンである．卵，4齢の幼生期，蛹を経て，成体となる．終齢幼虫には絹糸腺*が発達し，大量のフィブロイン*を分泌する．最近はカイコ核多角体病ウイルス(NPV)を発現ベクター*に用いた遺伝子操作により，大量の組換え体タンパク質を得るための材料(宿主)としても繁用されている．クワを食草とするが，人工飼料でも飼育できる．(⇒ バキュロウイルス発現系)

**カイコガ NPV**［Bombyx mori NPV］ BmNPV と略す．(⇒ バキュロウイルス発現系)

**介在ニューロン**［interneuron］ 神経系で入力系のニューロンと出力系ニューロン間に介在する短軸索のニューロン群．たとえば脊髄では上行性ニューロンと運動ニューロン以外の脊髄内に終始する圧倒的に多数のニューロンが介在ニューロンである．脊髄の相反性抑制では抑制性介在ニューロンによって拮抗筋運動ニューロンで抑制性シナプス後電位*(IPSP)が発生し，また運動ニューロンの反回性抑制ではレンショウ細胞が抑制性介在ニューロンである．小脳皮質にはかご細胞，ゴルジ細胞，星状細胞の3種類の抑制性介在ニューロンがある．自律神経節，腸管内神経叢にも介在ニューロンがある．中枢神経系においては白質を構成する長軸索のニューロン以外は介在ニューロンに分類できる．興奮性および抑制性の介在ニューロンがネットワークを形成して情報の処理を行っているのが神経系の統合機序の実体である．介在ニューロンは役割や機能によって個別に分類されるニューロン群の総称である．

**介在配列**［intervening sequence］ ⇒ イントロン

**介在板** ＝境界板

**開鎖プロモーター複合体** ＝オープンプロモーター複合体

**開始因子**(タンパク質生成の) ［initiation factor］ ポリペプチド鎖開始因子(polypeptide chain initiation factor)ともいう．IF と表記した場合，通常，原核細胞の開始因子を意味し，真核細胞の開始因子(eIF*)と区別する．タンパク質の生合成がメッセンジャーRNA*(mRNA)の開始コドン*の位置から正しく行われるために必要なタンパク質性因子．大腸菌では，IF-1, IF-2, IF-3 の3種類が存在し，それぞれ異なった機能をもつ．IF-2 は，fMet-tRNA$_f^{Met}$(⇒ $N$-ホルミルメチオニル tRNA)，GTP と結合して三重複合体(IF-2・GTP・fMet-tRNA$_f^{Met}$)を形成し，開始コドンに依存して 30S リボソームサブユニット(P 部位*)に fMet-tRNA$_f^{Met}$ を結合させる機能をもつ．IF-3 は，30S リボソームサブユニットに結合し，その 50S リボソームサブユニットとの会合を妨げる(70S リボソームのサブユニットへの解離を促進する)とともに，mRNA の 30S リボソームサブユニットへの結合を促進する．IF-1 は RNA 結合タンパク質で 16S rRNA のデコーディング領域の A 部位に位置していることが示唆されている．(⇒ 翻訳，タンパク質生合成)

**開始コドン**［initiation codon］ タンパク質生合成*の開始点を指定する mRNA 上の遺伝暗号．mRNA の塩基配列中，タンパク質をコードしている配列(オープンリーディングフレーム*)の始まりを規定する3塩基コドン．一般に，AUG が開始コドンとして用いられるが，細菌の場合はまれに GUG, UUG も利用されることがある．特異的な開始 tRNA(イニシエーター tRNA ともいう．真核細胞の場合は tRNA$_i^{Met}$，原核細胞では tRNA$^{(Met)}$)が開始コドンを認識し，メチオニン(原核細胞では $N$-ホルミルメチオニン*)をポリペプチド鎖の N 末端アミノ酸として取込ませる(⇒ メチオニル tRNA)．ミトコンドリアのコドンは核のコドンと一部異なり，AUG 以外に，AUA, AUU, AUC も開始コドンとして機能する．ラン藻では開始コドンとして ATG のほかに，まれではあるが GTG, TTG, ATT も使われていることが示されている．また，昆虫原性の RNA ウイルスにおいては，PSIV 外被タンパク質は CAA(Gln)で始まっており，の上流にはシュードノット，およびその高次構造を保

持すると予想されるステム構造(幹構造)が形成され,これが通常の翻訳開始メチオニル tRNA の代わりをしているものと考えられている.(→ミトコンドリア遺伝暗号)

$\chi^2$ **検定** [$\chi^2$ test, chi-square test] $\chi^2$ 分布に従うような統計量を用いて帰無仮説を検定する方法. 1) 標本の分散をもとに母集団の分散を検定する母分散の $\chi^2$ 検定, 2) ある属性によって実験結果を $k$ 個のカテゴリーに分類した時, 各カテゴリーに属する個体の期待数を Exp, 観測数を Obs とした時, 多くの観測のもとでは,

$$\sum_{i=1}^{k} \frac{(Obs - Exp)^2}{Exp}$$

の値が自由度 $k-1$ の $\chi^2$ 分布に従うことを利用して観測結果と期待値が合致するかどうかを検定する適合度検定, 3) 適合度検定の変型である独立性の検定などがある.

**概日リズム** ＝サーカディアンリズム

**開始 tRNA** [initiator tRNA] →メチオニル tRNA

**開始点**(細胞周期の) [Start] 真核細胞がその細胞周期の $G_1$ 期において, 静止期に入らずに増殖サイクルに入ることを決定し, コミットするポイントのこと(→細胞周期[図]). 酵母では Start とよび, 動物細胞では $G_1/S$ チェックポイント($G_1/S$ check point)あるいは制限点(restriction point)とよぶ. いったん開始点を越えた細胞は, たとえ周囲の環境が増殖にそぐわないように変わっても, その細胞周期の残り(S 期, $G_2$ 期, M 期)を完遂する. 酵母細胞の遺伝学的研究から細胞周期の"開始"は, CDK1/CDC28 が $G_1$ サイクリンと複合体を形成し活性化されることによって起こることが明らかにされた. また動物細胞ではサイクリン E/CDK2 複合体であると考えられている.

**回収シグナル** [retrieval signal] →残留シグナル

**外(生)菌根** [ectomycorrhiza] →菌根

**回折 X 線** [diffracted X-rays] 波の性質をもつ X 線*を物質(分子)に照射するとあらゆる方向に X 線が散乱される. しかし, 分子が三次元的に規則正しく配列した結晶に X 線を照射するとほとんどの散乱 X 線は打消され, ある特定方向に散乱された X 線だけが観測される. これが回折 X 線で, 写真フィルム上に斑点(回折斑点)として記録される. このような回折斑点の強度は結晶内の分子の構造に依存して変化するので, 回折斑点の強度分布を測定することにより結晶内の分子の構造が決定できる.(→X 線結晶構造解析)

**外側膝状核** [lateral geniculate nucleus] ＝外側膝状体

**外側膝状体** [lateral geniculate body] 外側膝状核(lateral geniculate nucleus)ともいう. 網膜*からの視覚情報の視床中継核. 視覚野皮質*に投射する背側核, 上丘に投射する腹側核などの複合体であるが, 狭義には前者のみをさす. グルタミン酸作動性と考えられる中継細胞と, γ-アミノ酪酸*(GABA)作動性の介在細胞が混在する. 中継細胞は受容野特性などにより

2～3 種類に分類される. 視覚系が発達するに従い, 左右おのおのの眼から入力を受ける細胞, さらには異なった種類の中継細胞が分かれて重なる層構造をとるようになる.

**回転異性体** [rotamer] →異性体

**ガイド RNA** [guide RNA] 分解や修飾の標的となる RNA と相補的な配列を含み, それと対合することにより分解や修飾反応を仲介する通常低分子の RNA をさす. [1] gRNA と略す. RNA 編集*の際に修飾反応の鋳型となる塩基配列情報をもつ 45～70 ヌクレオチド程度の小さな RNA. ガイド RNA の 5′ 側領域は RNA 編集される mRNA の一部と相補的な配列をもち, この領域を介して mRNA に結合する. 3′ 側領域には編集後の最終的な mRNA の配列に相補的な塩基配列が存在し, その配列情報に従ってウリジン塩基の挿入や欠失といった RNA 修飾反応が行われる. [2] RNA 干渉*のプロセスでは, 21～23 塩基の二本鎖 RNA(siRNA*)がターゲット RNA 配列認識するためのガイド RNA として働く. [3] snoRNA は mRNA のイントロンにコードされた非コード RNA*(ncRNA)の一種であり, rRNA や核内低分子 RNA*(snRNA)など他の ncRNA のメチル化やプソイドウリジル化修飾の際にガイド RNA として働く.

**解糖** [glycolysis] 解糖系*によるグルコースの分解のこと. ほとんどの生物でグルコースは解糖系によりピルビン酸まで分解される. 細胞への酸素の供給が限定されている嫌気呼吸の場合, ピルビン酸は還元されて乳酸(→乳酸発酵)や, アセトアルデヒドを経てエタノール(→アルコール発酵)になる. このグルコースの嫌気的分解により 1 分子当たり 2 分子の ATP が生じる. 激しい運動時には筋肉で嫌気的解糖により乳酸が生成し, 肝臓に送られてグルコースに再生される. 酸素供給が十分にある好気呼吸の場合, 解糖速度は著しく減少し(パスツール効果*), ピルビン酸はクエン酸回路により二酸化炭素と水に分解される. この回路と電子伝達系によるピルビン酸 1 分子の分解は, ADP から ATP 15 分子の合成に相当する. 悪性腫瘍細胞では, 十分な酸素供給量にもかかわらず解糖活性が高く維持されて, 大量の乳酸を生じる(好気的解糖)場合がある.

**解糖系** [glycolytic pathway] エムデン・マイヤーホフ経路(Embden-Meyerhof pathway)ともいう. 全生物界における無酸素的糖代謝の主要経路. 図のようにグルコースまたはグリコーゲンからそのリン酸化中間体を経て乳酸にまで分解する 13 種の酵素から形成される酵素系である. 1 分子のグルコース($C_6H_{12}O_6$)が 2 分子の乳酸($C_3H_6O_3$)に分割されるために解糖*とよばれる. 化学的に上記の反応が行われる時には 52 kcal/mol の自由エネルギー変化は熱となって散逸するが, 解糖系では図のように 2 分子の ATP が合成される. グリコーゲンから出発した場合には, 無機リン酸をホスホリラーゼでグルコース 1-リン酸を形成するため, 3 分子の ATP が合成される. この経路で

## カイトクソ

ははじめに2分子のATPを糖のリン酸エステル化に消費し，フルクトースビスリン酸をアルドラーゼで分割する．その後，2分子のトリオースリン酸を脱水素する段階で2分子の無機リン酸を結合し，ホスホグリセリン酸キナーゼとピルビン酸キナーゼの段階で合計4分子のATPを得る．この酵素はすべてサイトゾルに溶存している．解糖系によって生じた乳酸をクエン酸回路* を経て酸化的リン酸化反応で完全に水と二酸化炭素に分解すると，計算上は38分子のATPが得られる．したがって，解糖系の効率は酸化的リン酸化の1/19であり，進化の途上で大気中に酸素が出現して以降は，多細胞生物はすべて好気性生物である．ヒトなど好気性生物における解糖系の生物学的意義は，酸素の供給の間に合わない急激な運動時や呼吸停止時のATP供給である．しかし，解糖によってまもなく蓄積する乳酸は組織のpHを低下させて，解糖系の制御点であるホスホフルクトキナーゼ* を阻害する．十分量の酸素が供給されて，酸化的リン酸化によってATPの濃度が上昇すれば，ホスホフルクトキナーゼがアロステリックな阻害を受ける．これによって，非能率的な解糖をミトコンドリアへのピルビン酸供給のレベルにまで抑制する．これが古くから知られたパスツール効果* である．アルコール発酵* は解糖系のピルビン酸がエタノールに変わる経路である．

**外毒素** [exotoxin] エキソトキシンともいう．細菌が産生する毒素のうち，菌体外に分泌されるもの．ジフテリア毒素*，百日咳毒素*，ボツリヌス毒素*，破傷風毒素*，ストレプトリシン*O などが知られる．

**カイニン酸** [kainic acid] $C_{10}H_{15}NO_4$, 分子量213.23. 紅藻類フジマツモ科に属するカイニンソウ(海人草, *Digenea simplex*) より抽出された回虫駆除薬の有効成分である．カイニン酸は化学構造の一部にグルタミン酸の構造を含んでおり，グルタミン酸と同様に非常に強い神経興奮作用を示す．これは，カイニン酸が非NMDA($N$-メチル-D-アスパラギン)型グルタミン酸受容体チャネルのアゴニスト* として作用するためである．

**カイニン酸受容体** [kainate receptor] ⇌ 非 $N$-メチル-D-アスパラギン酸受容体

**カイネチン** [kinetin] ＝キネチン，6-フルフリルアミノプリン(6-furfurylaminopurine), $N^6$-フルフリルアデニン($N^6$-furfuryladenine).
$C_{10}H_9N_5O$. DNAの加水分解物から単離された植物ホルモンの一種．オーキシン* との共存により著しい細胞質分裂を促進する．現在まで天然には見つかっていないがゼアチンなどのプリン化合物が見つかっている．同様の作用をする合成物質にベンジルアミノプリンがある．濃度により作用は異なるが，一般に葉の成長，側芽伸長の促進，根の成長阻害，老化抑制などに作用する．カイネチン様の生理作用を示す物質を総称してサイトカイニン* という．

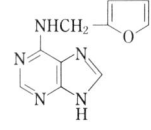

---

### 解糖系

グリコーゲン，グルコース，グルコース 1-リン酸，グルコース 6-リン酸，フルクトース 1,6-ビスリン酸，フルクトース 6-リン酸，ジヒドロキシアセトンリン酸，グリセルアルデヒド 3-リン酸，1,3-ビスホスホグリセリン酸，ホスホエノールピルビン酸，2-ホスホグリセリン酸，3-ホスホグリセリン酸，ピルビン酸(エノール)，ピルビン酸(ケト)，乳酸，エタノール，アセトアルデヒド

Ⓟ: $PO_3H_2$

(1) ホスホリラーゼ a
(2) グルコキナーゼ
(3) ホスホグルコムターゼ
(4) ホスホヘキソイソメラーゼ
(5) ホスホフルクトキナーゼ
(6) アルドラーゼ
(7) トリオースリン酸イソメラーゼ
(8) グリセルアルデヒド 3-リン酸デヒドロゲナーゼ
(9) ホスホグリセリン酸キナーゼ
(10) ホスホグリセロムターゼ
(11) エノラーゼ
(12) ピルビン酸キナーゼ
(13) 乳酸デヒドロゲナーゼ

海馬 [hippocampus]　海馬体(hippocampal formation)は大脳皮質*の一部であるが，系統発生的に古い辺縁皮質に属し，左右の側脳室の底壁や内壁を形づくり，全体として側脳室の湾曲に沿った"く"の字形を呈する．正式の解剖学用語としての海馬は，海馬体から歯状回と海馬台(支脚)を除いた部分つまりCA1野からCA4野にわたる範囲をさすが，普通海馬体全体をさして海馬とよぶことが多い(図)．1) 内部構造：海馬体をその長軸に垂直に切った断面にみられる細胞層の配置と繊維の走行は，切断の位置にかかわらずほぼ一定である(図)．歯状回*の顆粒細胞の軸索

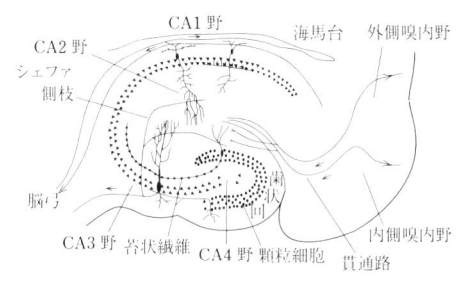

　　　　　　　　CA1野
　　　　　　　　　　　　　海馬台　外側嗅内野
CA2野
シェファ
側枝
脳弓
　　　　　　　　　　　　　　　　　内側嗅内野
　　　　CA3野　苔状繊維　CA4野　顆粒細胞
　　　　　　　　　　　　　　　　　貫通路
　　　矢印はインパルスの伝導方向を示す
　　　　　　海馬体のニューロン回路

(苔状繊維)はCA3野とCA4野の錐体細胞を興奮させる．CA3野とCA4野の錐体細胞の軸索の枝(シェファ側枝)はCA1野とCA2野および海馬台の錐体細胞上に興奮性シナプスをつくる．2) 海馬体への入力：嗅内野から貫通路を介して歯状回へ(図)，皮質下の諸核から脳弓を介して海馬体全体へ，また対側海馬体から海馬交連を介する投射がある．3) 海馬体からの出力：海馬台から帯状回など他の皮質領域へ，また海馬台と海馬から脳弓を介して皮質下の諸核への投射がある．4) ニューロン活動：貫通路と脳弓を通って流入した情報は，海馬体内のニューロン連鎖にて処理され，その結果が海馬体の外へ送り出される．海馬体内のニューロン間のシナプスには，長期増強*が観察される．刺激がなくとも海馬体はたえず脳波を発生している．脳波は，覚醒時に律動的な高振幅の徐波(海馬覚醒波，ウサギで3～7 Hz)となる点が新皮質の脳波と異なる．フィールド内を自由に動き回っているラットの海馬体には，フィールドの特定の場所をラットが通過するたびに興奮するニューロンがある(場所ニューロン)．5) 機能：海馬体の両側切除あるいは両側のCA1野の虚血による壊死は重篤な記憶形成の障害を起こすが，過去に獲得した記憶*の再生はあまり障害を受けない(ヒト)．両側の海馬体と扁桃核の破壊はサルのある種の学習(数十秒前に提示した物体に頼る学習)を阻害する．両側の海馬体の破壊は，水迷路学習(白濁した水の中の物体の位置を探し当てる学習)を阻害する(ラット)．しかし単純な条件反射の形成は海馬体の存在を必要としない．したがって海馬体はある種の記憶(命題記憶)の形

成に重要な働きをすると考えられている．場所ニューロンの存在から，海馬体が特に場所の記憶に関与するとの説がある．

**外胚葉** [ectoderm]　⇌ 胚葉
**外胚葉性頂堤** [apical ectodermal ridge]　AERと略す．(⇌ 四肢の発生)
**χ配列** [χ sequence, chi sequence]　大腸菌の相同組換え*を高めるのに関係する．RecBCD酵素(⇌ RecBCDタンパク質)の作用を促進するのに関係するDNA上の塩基配列，非対称の5'-GCTGGTGG-3'．酵素はこの配列の下流の4～6塩基の3'側で一本鎖を切断する．その結果ホリデイ構造*の材料を与える．組換えの促進はこの近くで高く，離れるにつれて弱まるが(配列そのものの組換えではない)，10,000塩基対離れたところにも影響が及ぶことがある．この存在はλファージ*で発見されたが，野生型のλにはなく，宿主の大腸菌にはゲノム当たり約1000ある．呼称はcrossover hot spot instigatorに由来する．
**灰白質** [gray matter]　脊髄や脳では，神経細胞体は集団をなして存在する．そのような部分は肉眼的に灰色～褐色にみえる．これが灰白質である．脊髄では灰白質は中央にあり，白質*がこれを覆っている．大脳，小脳では灰白質は表層にある(⇌ 大脳皮質)，また内部に白質が存在する．大脳深部にも灰白質はあり，そのような部分は核とよばれる(たとえば大脳基底核)．灰色～褐色にみえるのは，この部位の繊維が無髄であることを反映している．
**海馬体** [hippocampal formation]　⇌ 海馬
**外被** 【1】[coat]　外皮とも書き，コート，キャプシド*ともいう．ウイルスの核酸に結合し，それを外部から保護するタンパク質でできた殻．(⇌ ビリオン[図])
【2】[integument]　動物の皮膚およびその付属物，変形物の総称．
【3】[exoderm(is)]　植物の外表面の細胞が特殊に分化したもの．
**外被タンパク質** ＝コートタンパク質
**外皮膜** ＝エンベロープ
**回文構造** ＝パリンドローム
**外分泌** [exocrine, external secretion]　管路を通じて分泌物を体の外，または体内の腔所に放出すること．分泌様式には，全分泌，マクロアポクリン分泌，ミクロアポクリン分泌，エキソサイトーシス*，透出分泌の5型がある．エキソサイトーシスは細胞質内の成分を外に放出する．それ以外は，細胞質の一部，あるいは細胞全体が分泌物となる．乳腺では，脂質，タンパク質がそれぞれ，アポクリン，エキソサイトーシスにより，同一細胞から放出されるが，このような例もまれではない．
**外分泌上皮** [exocrine epithelia]　外分泌*機能の著しい上皮．外分泌腺には単独に存在する単細胞腺と腺道，気道にみられる多数の腺細胞が集合した多細胞腺がある．分泌物により粘液腺細胞とタンパク質を多く含む漿液を分泌する漿液腺細胞に分けられる．杯状

細胞*は粘液腺細胞の一種で，小腸などで単細胞上皮内膜を形成しムチンをエキソサイトーシス*する．腺上皮細胞には細胞自由面に開く分枝した細管，組織によっては微絨毛をもつものがある．分泌物はこの管により腺腔に放出される．

**外膜**（ミトコンドリアの）［outer membrane］ ミトコンドリア*を形成する2枚の閉じた膜のうち，外側の生体膜．外膜ポーリンとよばれる非特異的チャネルが存在するために，スクロースの大きさの分子までは透過できる（→ポーリン）．この点でイオンの透過性が低く，酸化的リン酸化を行う内膜*とは異なる．内膜よりタンパク質含量が低く，低密度なので，内外膜の分離に応用される．外膜にはモノアミンオキシダーゼなどの標識酵素が存在する．内外膜の間は膜間腔とよばれ，シトクロム $c$ などが存在する．

**界面活性剤**［surface active agent, surfactant］ 一つの分子の中に疎水性と親水性の部分を兼ね備えている化合物．液体中の濃度がきわめて低い場合においても，空気/水あるいは油/水の境界に，それぞれの部分を振り分けた形で集合し界面張力を著しく低下させて，この種の境界を安定化する．そのために油性（水に難溶性）の生体物質は界面活性剤の存在下において水に可溶化（solubilization）される．生体膜タンパク質の分離精製は，このように可溶化された状態で多く行われている．（→変性剤）

**外来性ウイルス**［imported virus］ わが国には存在しない病原性ウイルスが，外国から持込まれることがある．これを外来性ウイルスとよぶ．近年，交通路の発展に伴い海外渡航者の数が著しく増加した．その結果，輸入感染症として海外から持込まれるウイルス疾患が急速に増加している．ウイルスのみならず細菌や寄生虫による輸入感染症も多い．これらは法定伝染病のみではなく，海外での接触感染による各種の性病，エイズ，肝炎，ウエストナイル熱などもあり，大きな問題となっている．

**解離酵素** ＝リゾルベース

**解離定数**［dissociation constant］ $K_d$ と表す．二分子から成る複合体の解離反応，たとえば，酵素Eと基質Sの間のES⇌E+Sという反応において平衡関係がある場合を解離平衡（dissociation equilibrium）とよぶ．この解離平衡において，その平衡定数は，各成分濃度[ ]で表示すると，

$$K = \frac{[E][S]}{[ES]}$$

となり，各成分濃度とは関係しない一定値が得られる．これを解離定数という．これは，ES複合体の解離度またはEに結合しているSの分子数を求めるのに重要である．解離定数の逆数が会合定数（association constant）であり，会合定数が大きいほど（解離定数が小さいほど），複合体は安定で，二分子間の結合は強い．

**楓**（かえで）**糖尿症** ＝メープルシロップ尿症
**カオトロピック試薬**［chaotropic agent］ →変性剤
**花芽**［flower bud, floral bud］ →花芽形成

**GAGA因子**［GAGA factor］ ショウジョウバエの Trl（Trithorax-like）遺伝子によってコードされる転写調節因子*で，GAGA配列を認識してDNAに結合する．通常の転写調節因子と異なり，基本転写因子*に働きかけるのではなく，NURF（nucleosome remodeling factor）などと協調して，ATPの加水分解を伴ってGAGA配列近傍のヌクレオソーム構造を壊すことによって遺伝子発現を誘導する．

**化学架橋**［chemical crosslinking］ タンパク質や核酸などの生体高分子に対し，架橋試薬（crosslinking agent）を用いて化学的に共有結合をつくらせることである．当初，分子内反応によってタンパク質の官能基の配置や距離を調べるのに用いられたが，オリゴマータンパク質や膜タンパク質のサブユニット構造解析，生体内で会合・解離により機能を発揮するタンパク質-タンパク質間やタンパク質-核酸間の相互作用の解析など分子間反応に利用される．さらに，タンパク質分子の固定化（アフィニティークロマトグラフィー*用担体の調製，固定化酵素*）や共有結合によるタンパク質集合体構造の安定化（抗体の酵素標識）にも利用される．架橋試薬は一般に同一分子内にスペーサー（spacer arm, bridge）を介して $-NH_2$, $-SH$, $-COOH$ などの官能基に特異的な反応基，あるいは光照射により活性化される反応基（X, Y）を両端にもつ二価性架橋試薬が用いられる．XとYの反応基の組合せ，試薬の疎水性，スペーサーの長さ，架橋後のスペーサーの切断可能性などにより多くの架橋試薬がある．

**化学結合**［chemical bond］ 原子またはその集団の結びつきを化学結合とよぶ．最外殻電子が充足している希ガス原子を除けば，2個以上の原子が存在する時には相互に希ガス型電子配置をとることにより安定化しようとする．この時の原子間の電子の偏りに従ってイオン結合*，共有結合*，配位結合，金属結合に大別する．二つの原子間にどの結合が生じるかは両原子の電気陰性度の差によって決まる．通常はこのように分子内での結合のみをいうが，広義には水素結合*，ファンデルワールス結合（→ファンデルワールス力），電荷移動錯体のような弱い結合までをも含めることがある．

**化学合成独立栄養**［chemoautotrophy］ →独立栄養

**化学合成無機栄養生物**［chemoautotroph］ →硝酸細菌

**化学シナプス**［chemical synapse］ 神経細胞同士または神経細胞と効果器が間隙を隔てて近接し，興奮，抑制などの情報伝達を行う部位をシナプス*といい．情報伝達が神経伝達物質*を介して行われるシナプスを化学シナプスとよび，伝達が電気的に行われる電気シナプスと対比する．化学シナプスは情報を送る側の神経細胞（シナプス前細胞）の軸索終末と，受取る側の細胞（シナプス後細胞）のシグナル受容部位であるシナプス後膜が，20～50 nmのシナプス間隙を挟んで向かい合う．シナプス前細胞の軸索終末部には神経伝達物質を含む顆粒状のシナプス小胞が密集し，ミトコ

ンドリアが多い．シナプス後膜には，受容体の集合である膜内粒子や酵素などを含むシナプス後高密度部がみられる（図）．興奮が軸索終末部に達すると$Ca^{2+}$が

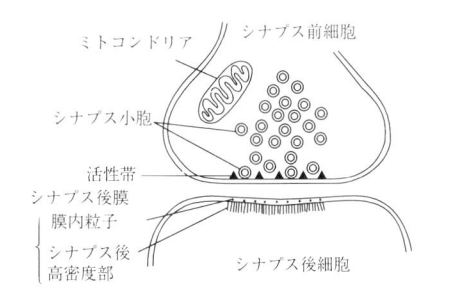

```
ミトコンドリア    シナプス前細胞
シナプス小胞
活性帯
シナプス後膜
膜内粒子
シナプス後
高密度部       シナプス後細胞
```

流入し，エキソサイトーシス*により内容物が細胞外に急速に放出される．放出された神経伝達物質はシナプス間隙を拡散してシナプス後膜の受容体に結合する．この結果，特定のイオンに対する透過性が変わり，興奮性，または抑制性シナプス後電位*を生じ，細胞の興奮性が促進または抑制される．化学シナプスでは，シナプス終末に活動電位*が到着してから，興奮性シナプス後電位が生じるまでに，0.3～0.5 msecのシナプス遅延がある．化学シナプスの情報伝達には，短期および長期の現象がある．シナプス後電位の持続は，一般に数十 msec 以下であるが，交感神経節では数分に及ぶものがある．海馬*のシナプスでは，反復活動によりシナプス伝達が促進され，これが数週間にわたって増強される長期増強*が起こる．化学シナプスにおける神経伝達物質は多種であるが，ニューロンに固有である．アセチルコリン*は，神経筋接合部，運動ニューロン，交感神経節，副交感神経節などの，ノルアドレナリン*は交感神経（節後繊維）の神経伝達物質である．中枢神経系で速い興奮を伝達するのはおもにグルタミン酸で，速い抑制を伝達するのはおもにγ-アミノ酪酸*（GABA）である．ただし，脊髄運動ニューロンに対しての抑制性伝達はグリシンによる．ドーパミン，セロトニン，サブスタンス P も神経伝達物質である．さらに種々のペプチドが神経伝達物質と共存することがあり，伝達物質の作用を調節する神経調節物質としての役割を果たす（→ 神経ペプチド）．

**化学シフト**　[chemical shift]　核磁気共鳴*（NMR）において磁場中に置かれた原子核は核磁気回転比に応じた固有の共鳴周波数をもつ．100万分の1（ppm）の程度でスペクトルを拡大してみると，同じ原子核であっても分子中の化学的な環境の違いによって共鳴周波数が微妙に異なってくる．この現象を化学シフトとよぶ．たとえばタンパク質では芳香環，アミド，$C_\alpha$，$C_\beta$，脂肪族，メチル基などの水素原子の共鳴周波数が 10 ppm から 1 ppm の範囲で異なる．またメチル基でも近くに芳香環があるかないかなどの環境によって共鳴周波数が異なってくるので球状タンパク質では化学シフトが観測される．水素原子の基準物質として通常テトラメチルシラン（TMS）を用いて低磁場の方を正にして ppm で表示する．

**化学受容器**　[chemoreceptor, chemoceptor]　嗅覚，味覚をひき起こす化学物質を受容する嗅細胞および味細胞がその代表的なものである．嗅粘膜に存在する嗅細胞の表面には繊毛があり，反対側から嗅神経が出て嗅球に至る．遠隔受容器である（→ 嗅覚受容体）．一方，味覚は，接触化学感覚で，味蕾にある味細胞微繊毛に化学物質が接触すると，膜電位が変化し，これを中枢へ伝える．これ以外に頸動脈小体に動脈化学受容部が存在し，動脈血の $CO_2$ 分圧上昇あるいは $O_2$ 分圧下降に反応し，呼吸を促進させる．

**化学浸透共役**　[chemiosmotic coupling]　生体膜の両側の水相に形成された電気化学的プロトン勾配*を利用して，エネルギーを変換し，伝達する機構．電子伝達系によって形成された電気化学的プロトン勾配によって，ATP 合成酵素*を駆動して ATP を合成するミトコンドリア内膜の酸化的リン酸化*や葉緑体チラコイド膜の光リン酸化*がこの共役系の例である．そのほかにも，電子伝達系に代わるバクテリオロドプシン*による ATP 合成酵素の駆動もある．これらは ATP 産生性生体膜の共役反応であるがイオン輸送性 ATP アーゼや電子伝達系で形成された電気化学ポテンシャル差を利用する二次能動輸送も数多い．たとえば腎臓や小腸の上皮細胞の $Na^+$ 依存性の糖輸送体とアミノ酸輸送体は $Na^+,K^+$-ATP アーゼ*によって細胞外に $Na^+$ が能動輸送*されて形成された電気化学的ナトリウム勾配によって，糖またはアミノ酸を細胞内に $Na^+$ と共輸送*する．また，細菌のべん毛モーター*は $H^+$ または $Na^+$ の勾配で回転する．

**化学走性**　＝走化性

**化学的変異原**　[chemical mutagen]　→ 変異原

**化学発光**　[chemiluminescence]　化学ルミネッセンスともいう．原子または分子が化学反応により生じるエネルギーによって励起され光を発する現象．化学発光は鋭敏な反応であるので，各種の微量定量に応用される．ルミノール（luminol, 3-アミノフタルヒドラジド）は過酸化水素で酸化されると発光（青紫色）するが，この性質を利用して，過酸化水素を発生する酵素反応において酵素の基質の定量や酵素自身の検出をすることができる．たとえば，イムノブロット法における西洋ワサビペルオキシダーゼ標識抗体の検出や，グルコースオキシダーゼとの共役によるグルコースの微量定量などに応用されている．生物発光*とよばれる現象も化学発光によるものであるが，熱発生を伴わない冷光である．発光する生物は，細菌（*Photobacterium phosphoreum*），菌類（ツキヨタケ），原生動物（ヤコウチュウ），有櫛動物（クラゲ），甲殻類（ウミホタル），昆虫（ホタル）など多数知られている．発光色は青，緑，黄が多く赤もある．生物発光には幾種類かの形式がある．1) ホタルではルシフェリン（発光素）がルシフェラーゼ*（オキシゲナーゼの一種）の働きで酸化されることにより光を発する．この反応には ATP を必要とするので，ATP の微量定量に利用され

る．ルシフェリン，ルシフェラーゼは生物種により異なる．2) 細菌では酸化基質として別に長鎖飽和アルデヒドを必要とし，発光する物質はフラビンモノヌクレオチドである．3) クラゲの発光反応では，エクオリン*（発光タンパク質）が関与し，微量の$Ca^{2+}$の存在下でセレンテラジンという物質を酸化することにより発光するが，特別の基質を必要とせず紫外線を当てるだけで発光する緑色蛍光タンパク質*（GFP）が見いだされた．現在では多数のGFPの変異体が作製されているほか，クラゲ以外の海洋生物からも種々の蛍光タンパク質*が見つかっており，さまざまな励起波長と蛍光波長を利用できるなどの利点を生かし，特定のタンパク質の活性測定や細胞内局在，タンパク質-タンパク質相互作用の検出，低分子リガンドやカルシウムの濃度測定など多様な実験に使用されている．

**化学療法** [chemotherapy]　化学物質を用いて感染症を治療する方法をいい，P. Ehrlichによって提唱された．薬物の微生物に対する選択的毒性によって微生物の増殖を選択的に抑制する，という考えに基づいている．現在では合成化合物のみならず抗生物質*などの天然化合物を用いた，細菌，真菌，原虫，ウイルスなどの感染症に対する治療法に加えて，がん*などの悪性腫瘍に対する薬物を用いた治療法を含めて化学療法という．(→制がん剤)

**化学量論** [stoichiometry]　ドイツの J. B. Richter が用いた術語で，化学反応や酵素反応において反応にあずかる物質の物理化学的性質，構成成分，構造などを数量的に表現する理論をいう．たとえば酵素1 molの質量は，酵素溶液中に溶けている酵素分子の数と比例関係にあり，基質を触媒した最終産物の数とも比例関係にある．これを化学量論が成立しているという．

**化学ルミネッセンス** ＝化学発光

**花芽形成** [flower bud formation]　花芽（flower bud）とは一つの花の芽，複数の花が開く芽（花序形成*をする芽），さらに花とともに普通葉を展開する芽をいい，これらの芽の形成を花芽形成という．栄養期のシュート頂（→頂端分裂組織）が生殖期に転換する時から芽が完成するまでをいうが，多くの生理学的研究はこの転換の段階に注目している．光や温度でこの段階が制御されるものが多い（→光周性，光中断）．植物によっては普通葉の葉腋に発生する腋芽（axillary bud）が直ちに花芽に分化するものも多い．シロイヌナズナでは，適当な日長を受容することにより維管束細胞で合成された FT タンパク質が茎頂に運ばれ，FD タンパク質と複合体を形成し，その複合体が AP1 (APETALA1) 遺伝子の転写を誘導し，花芽形成が開始する．FT タンパク質は花成ホルモン*と考えられている．イネでも Hd3a 遺伝子が FT 遺伝子と同様の機能を果たす．シロイヌナズナでは花成促進因子としては MADS ボックス転写因子をコードする SOC1 遺伝子産物も知られており，その上流の GIGANTEA (GI) 遺伝子が CONSTANS (CO) 遺伝子の発現を制御し，CO が FT 遺伝子と SOC1 遺伝子の発現を制御している．さらに別の花芽形成遺伝子として LEAFY 遺伝子もあり，そのホモログであるリンゴ花芽形成遺伝子 AFL1，AFL2 も同定されている．さらに多くの遺伝子が花芽形成に関与していると考えられている．

**花芽形成ホルモン** ＝花成ホルモン

**鍵・鍵穴説** [lock and key theory]　酵素の活性中心*は，触媒する反応の基質分子の形，大きさ，化学的性質とちょうど適合するような原子配置をとっている．この対応関係を1894年にE. Fischer*は鍵と鍵穴になぞらえた．以来この説は，酵素の基質特異性を説明するのによく用いられ，基本的に正しいことが証明されている．しかし，酵素の構造は概して強固，不変なものでなく，基質の結合によってさらに適合した構造へ変化することが知られている．（→誘導適合）

**蝸牛管** [cochlear duct]　哺乳動物の内耳における膜迷路の一部であって，聴覚刺激感受性の有毛細胞群が蝸牛管壁に存在している．（→聴覚有毛細胞）

**蝸牛管有毛細胞** [hair cell of cochlea]　有毛細胞（hair cell）ともいう．聴覚器の感覚受容器細胞．細胞の頂部に感覚毛をもつ．感覚毛に局在するイオンチャネルの開閉により機械刺激量を電気信号に変換する．感覚毛が内リンパ液に，細胞体は外リンパ液に面する．平衡器官，魚類側線器官に存在する有毛細胞も同質の感覚受容器細胞である．（→聴覚有毛細胞）

**芽球コロニー形成単位** [blast colony forming unit]　略称CFU-Blast．芽球コロニー形成細胞（blast cell colony forming cell），芽（球）細胞（blast cell）ともいう．in vitro で測定できる最も未分化な造血前駆細胞で一部は自己複製する．この細胞に由来する芽球コロニーの構成細胞の多くは多能性造血前駆細胞を含む前駆細胞であり，つり上げて再び培養すると多数の二次コロニーをつくる．また，リンパ球用の培地中で二次培養すると B 細胞コロニーを形成する．芽球コロニーは造血幹細胞*の自己複製，分化のモデルの構築，サイトカイン*の作用機構の解明など多くの点に貢献している．

**芽（球）細胞** [blast cell] ＝芽球コロニー形成単位

**架橋試薬** [crosslinking agent] →化学架橋

**核** [nucleus]　真核細胞*のもつ細胞小器官*の一つで，細胞核（cell nucleus）ともよばれ，真核細胞を原核細胞（→原核生物）から区別する大きな特徴の一つである．いくつかの例外を除いて，通常は一つの細胞に一つの核が存在する．核は，核膜*とよばれる膜によって細胞質と隔てられ，核内には，ゲノム DNA が折りたたまれている．したがって，核内では，DNA 複製や RNA 転写といった，細胞にとってきわめて重要な生命現象が営まれる．一般には，球形であるが，機能に応じて大きさや形の変化もみられ，たとえば，アメーバ様の動きをする白血球では，アメーバ様の分葉核をもつ．病理学的には核の異形性などによって，がん細胞か否かといった判断にも利用される．核の大きさは，細胞の生理的機能に関係し，一般に細胞質の体積が増加すれば，核の体積も増加する．核は，他の細胞内構造物に比べて密度が高いので，比較的弱い

遠心によって分離することが可能で,単離核として広く生化学的研究などに用いられる.ただし,核を純粋に単離することは,一般的には難しく,目的に応じて分離法を選ぶ必要がある.光学顕微鏡の観察で,核内に屈折率の異なる球形の構造体が存在し,核小体*とよばれる.また,核内 DNA は,塩基性色素でよく染まるクロマチン*とよばれる糸状の構造をなしており,細胞周期のS期*に倍加する.色素に対する染色性の違いから,真正クロマチン*とヘテロクロマチン*の部分に分けられる.一般的に,真正クロマチンの部分で活発な遺伝子の転写が行われていると考えられている.核は,細胞周期によってさまざまに変化し,特にM期*にはきわめて大きな変化を示す.つまり,酵母では,M期でも核膜は消失しないが,核はくびれるように二つに分かれる.その他の真核細胞では,M期の進行とともに核膜がいったん消失し,染色体凝集が起こり,染色体が2極に移動して脱凝縮が起こると同時に核の再構築が起こる.その後,細胞質分裂*が起こって,一つの細胞から二つの細胞が生まれる.

**核 RNA**[nuclear RNA]　真核生物の細胞核内に存在する RNA の総称.この中には mRNA 前駆体(⇌ヘテロ核 RNA),リボソーム RNA 前駆体,転移 RNA,5S RNA,核内低分子 RNA*(snRNA),およびそれらの前駆体を含む.まれには上述のヘテロ核 RNA のみをさして使われることがある.核 RNA のかなりの部分は,さまざまなプロセシング*を受けて細胞質に出て行く.

**核移行**　=核への輸送

**核移行シグナル**[nuclear transport signal]　核局在化シグナル(nuclear localization signal)ともいう.核内で働くタンパク質(核タンパク質*)が,細胞質のリボソームで合成されたのち,核内にまで輸送されるためにシグナルとして働く必須のアミノ酸配列で,個々の核タンパク質の一次構造上にみられる.すべての核タンパク質に共通の配列は存在しないが,塩基性アミノ酸が重要な役割をもつシグナルが最初に発見され,古典的あるいは塩基性核移行シグナルとよばれる.SV40 ウイルスのラージT抗原という核タンパク質で最初に明らかにされた.大きく二つの型に分類することができる.一つは,SV40 のT抗原に代表される,塩基性アミノ酸を多く含んだ数個のアミノ酸が一つのクラスターをなすものである.もう一つは,アフリカツメガエルの核タンパク質であるヌクレオプラスミン*に代表される配列で,2〜3個の塩基性アミノ酸が十数個の任意のアミノ酸を挟んで存在するもので,二極性構造をとる.これらはいずれも核タンパク質の一次構造上特定の位置に存在するという法則性はない.また,塩基性核移行シグナルには属さない配列も数多く同定されている.

**核移植**[nuclear transplantation, nuclear transfer]　ある種の細胞から抜取った核を,他の細胞に移植することをいう.核の移植を受ける細胞は,あらかじめ紫外線照射によって核の機能を破壊したり,顕微操作で除核する.核移植は,原生動物に対して始められ,その後両生類(アフリカツメガエル)や昆虫類(ショウジョウバエ),哺乳類でも行われている.特に哺乳類では,J. McGrathと D. Solter(1983 年)によって,顕微操作で除核したマウスの卵の囲卵腔内に移植する核とともに不活性化したセンダイウイルス*を注入し,卵細胞と核を融合させる新しい成功率の高い方法が開発されている.また,近年は電気融合法を利用した核移植も行われており,ウシやヒツジなどの家畜でも核移植動物が作出されている.この核移植法は,発生・分化における核と細胞質の相互作用を調べるための有効な手段としてだけでなく,家畜ではクローン動物の作出による遺伝的な改良や優秀個体の増殖の手段としての応用が期待されている.

**核移植クローニング**[nuclear-transfer cloning]　⇌クローニング

**核移動**[nuclear migration]　細胞内を核*が移動する現象をいう.出芽酵母*で分裂後の娘核が芽の中に移動する,ショウジョウバエの胚形成で核が卵の皮質方向に移動する,受精*のとき卵と精子に由来する前核*が融合する前に互いに近づく,などはよく知られた例である.それぞれメカニズムの詳細は異なるが,一般的には核と他の細胞内構造に一端が固定された繊維状タンパク質の重合/脱重合や,その上をモータータンパク質*が動いて起こる相対運動と考えることができる.核に近接する中心体*(下等真核生物ではスピンドル極体)から周囲に伸びる微小管*の先端(プラス端)が細胞膜直下に付着し,この近傍に細胞質ダイニン*がリクルートされる.マイナス端方向に動くモーターであるダイニンが細胞膜上で働くと,核はそちらに引き寄せられることになる.核移動の変異体解析により,分裂酵母で PAC1,菌類で NUDF とよばれるダイニン結合タンパク質の遺伝子が見いだされている.ヒトの滑脳症責任遺伝子として同定された LIS1 はこの遺伝子の哺乳類オルソログ*であることから,神経細胞の移動は核移動と共通するマシナリーを用いていることがわかった.アクチンフィラメント*を主体とする核移動機構も知られている.

**核オーバーハウザー効果**[nuclear Overhauser effect]　NOE と略す.核磁気共鳴*(NMR)においてある核にラジオ波を照射した時に空間的に近い別の核のシグナル強度が変化する現象をいう.NOE の大きさは分子の運動性にも関連し,運動しやすい低分子では正に,運動しにくい高分子では負になる.また距離の6乗分の1に比例するので通常観測できるのは 0.5 nm 以内である.水素原子間の NOE を観測する二次元 NMR*を NOESY(nuclear Overhauser effect spectroscopy)とよぶ.タンパク質中の水素原子間の距離を NOE で見積もり,その距離情報をすべて満たすような計算(distance geometry)法を行い,結果として水溶液中のタンパク質の高次構造を決定する手法が K. Wüthrich*が開発し 2002 年にノーベル化学賞を受賞した.NOE は核の運動性にも依存するので距離は近い,中くらい,遠いなど3段階程度で大まかに区別す

るが，水素原子間の曖昧な距離情報も多数集めるとより正確な構造が決定できることが示されている．タンパク質が大きくなるとNOESY上で水素原子のシグナルが重なってくるのでさらにそれぞれの水素原子を$^{15}$N核や$^{13}$C核で分離した三次元NMRや四次元NMRのNOESYも使用されている．現在NMRで決定されたタンパク質や核酸(DNA，RNA)の構造がプロテインデータバンク*(PDB)に多数登録されている．またアミドの$^1$H-$^{15}$Nの間のNOEはタンパク質の主鎖のゆらぎを観察するのに用いられるが，$^{15}$N核の磁気回転比は$^1$Hや$^{13}$Cと異なり負なので，タンパク質中の$^1$H-$^{15}$NのNOEはN末端やC末端のフレキシブルな領域では負になり，コアの固い領域では正になる．

**核外遺伝**[extranuclear inheritance] ＝細胞質遺伝

**核外遺伝子**[extranuclear gene] ＝細胞質遺伝子

**核外輸送シグナル**[nuclear export signal] NESと略す．核膜孔*を通じて核内から核外へと輸送されるタンパク質分子がもつ核外輸送のシグナルとなるアミノ酸配列(⇒エクスポーチン)．ロイシンに富むNESを含み，核と細胞質の間を行き来するシャトルタンパク質で輸出機構の研究が進んでいる．核内にあるエクスポーチン1がRan-GTP(⇒Ran)と複合体を形成すると，エクスポーチン1に構造変化が起こり，積み荷タンパク質*のNESに結合して三分子積み荷複合体が形成される．エクスポーチン1は核膜孔複合体構成タンパク質であるヌクレオポリン*中のフェニルアラニン-グリシン(FG)反復配列と一時的に相互作用し，核膜孔複合体(NPC)を通じて拡散する．NPC細胞質フィラメントのRan-GAPはRanに結合したGTPの加水分解を促進し，その結果エクスポーチン1とNESの親和性が低下し，積み荷タンパク質は細胞質で遊離される．

**角化細胞**＝角質細胞

**角化上皮**＝角質化上皮

**核 型**[karyotype, caryotype] 真核生物の染色体構成．一般に，光学顕微鏡観察に基づいた中期染色体*の数，大きさ，形態などによって表される．通常染色による染色体の比較長，腕比(長腕長と短腕長の比率)，動原体指数，二次狭窄や付随体，異質染色質(ヘテロクロマチン)の分布などによる分類に加え，分染法による縞模様(染色体バンド*)の解析によって決定される．分染法に基づいたヒトの標準核型とその国際命名規約は，国際人類染色体会議によって定められている．酵母など染色体が小さい生物種では，パルスフィールドゲル電気泳動法が核型の解析に用いられている．(⇒カリオグラム)

**核緩和**[nuclear relaxation] パルス的に共鳴した核磁気共鳴*(NMR)を観測する磁化は結局元の状態に回復していって時間とともに減少していく．これを自由誘導減衰(FID)とよび，これをフーリエ変換*(FT)したものがNMRスペクトルであり基準周波数からの化学シフト*が得られる(FT-NMR)．この強度が減少していく状態を核緩和とよび，減少していく時間を横緩和時間(スピン-スピン緩和時間，spin-

relaxation time)$T_2$とよぶ．$T_2$は実際にシグナルを観測している時間なので，スペクトルの線幅は$\pi T_2$の逆数になる．$T_2$が短いほど線幅は広がりノイズに埋もれて観測しにくくなる．共鳴した状態から元のz軸の磁化に完全に戻っていく時間を縦緩和時間(スピン-格子緩和時間，spin-lattice relaxation time)$T_1$とよぶ．元に戻る時にエネルギーのやりとりをするので共鳴する電磁波と同じ程度の周波数成分をもつ運動が影響を与えやすい．タンパク質中のアミド結合N-Hを考える．窒素原子を$^{15}$Nでラベルすると$^{15}$Nと$^1$Hにはスピン(磁気双極子)間の相互作用が生じる．$^1$Hは局所的な磁場をもち，その磁場が$^{15}$Nに影響する．N-Hが磁場に平行な時とN-Hが磁場に垂直な時で$^{15}$Nが感じる$^1$Hによる局所的な磁場の大きさが異なる．よってN-Hが磁場中でゆらいでいると$^1$Hのゆらぎの程度が$^{15}$Nの緩和速度に影響を与える(双極子-双極子緩和: DD緩和)．$^{15}$Nの$T_1$や$T_2$を測定することによってタンパク質の回転相関時間や主鎖の局所的なゆらぎを見積もることができる．

**核局在化シグナル**[nuclear localization signal] ＝核移行シグナル

**核形成**(細胞骨格タンパク質重合の)[nucleation] 試験管内で，チューブリン*やアクチン*が重合して微小管*やアクチンフィラメント*を形成する場合，重合が開始するまでに一定の遅れがある．これは，チューブリンの場合，最初に二つのヘテロ二量体が結合して，ある一定の構造をとるためと考えられ，またアクチンの場合は，最初に3個のアクチン分子が特別な形状をとることが必要なためと考えられている．その後，重合は速やかに進んでいくため，最初に形成される，重合のもとになる構造体形成のことを，核形成とよぶ．実際に，細胞において，たとえば，細胞表面の伸長は，アクチンフィラメントの伸長に必要な細胞膜直下での核形成の調節を通して制御されていると考えられる．

**核 孔**＝核膜孔

**核抗原**[nuclear antigen] 免疫系の異常がある場合，核内に存在するタンパク質はしばしば抗原となって作用し，自己免疫疾患の患者血清中にはその抗体ができる．リボ核タンパク質*(RNP)を構成するタンパク質や，動原体*の構成タンパク質などは核抗原として古くから知られている．現在でも自己免疫疾患の患者血清を利用して核内に存在するタンパク質に関する研究が進められている．

**核骨格**[karyoskeleton] ＝核マトリックス

**核-細胞質間シャトル**[nucleocytoplasmic shuttling] 真核細胞において，機能分子が核膜孔*を介して核と細胞質の間を行き来すること．通常は，あるタンパク質が，必要に応じてインポーチン*やエクスポーチン*と総称される輸送因子によって，核膜孔を両方向に移動することがある．RNAの中にも両方向性に移動する分子が存在することもわかってきた．核-細胞質間をシャトルするタンパク質は，一般に，その分子内に核移行シグナル*と核外輸送シグナル*

を併せもっている場合が多く，いずれの輸送シグナルが優位に機能するかは，その分子自身のリン酸化や他の分子によるシグナルの遮蔽(マスキング)・露出などによって制御を受けることが知られている．実験的にその分子が核-細胞質間をシャトルしているかを知るためには，多核細胞の一つの核に導入した分子が他の核にも移動することを観察したり，レプトマイシンBによってロイシンに富んだ核外輸送シグナルをもつタンパク質の核外輸送を特異的に阻害した場合に，その分子が核へ蓄積するようになるかどうかを観察するといった方法がとられる．

**核酸** [nucleic acid]　1869年，F. Miescher によって膿から発見された高分子物質で，細胞核内に存在する酸性物質であったことから核酸と名づけられた．その構造は，プリン塩基またはピリミジン塩基，ペントース，リン酸で構成されるヌクレオチドが，図に示すようにペントースの3'位と5'位でホスホジエステル結合により重合している．核酸には，ペントースがデオキシリボースであるデオキシリボ核酸(DNA*)とリボースであるリボ核酸(RNA*)の2種類が存在する．DNAは，塩基としてアデニン，シトシン，グアニンおよびチミンの4種類を含み，RNAはそのうちチミンの代わりにウラシルを含む．これらの塩基同士は水素結合によって特定の相手と塩基対*を形成することができる．DNAは遺伝子本体として働き，一般に2本のポリヌクレオチド鎖が塩基対を形成しよじれ合った二重らせん*構造をしている．その際に必ず，アデニンとチミン，グアニンとシトシンの組合わせで塩基対を形成するため，DNAの塩基配列は正確に複製され，次世代に伝えられる(→半保存的複製)．一方，RNAは，タンパク質の生合成で重要な働きをしているメッセンジャーRNA*(mRNA)，転移RNA*(tRNA)，リボソームRNA*(rRNA)のほか，最近ではさまざまな機能をもち，タンパク質をコードしない非コードRNA*が多数見つかっており，マウストランスクリプトームの解析によりタンパク質をコードするmRNA分子種よりも多数の非コードRNAが存在していることが同定されている．細胞内ではリボソーム中に含まれるrRNAが全RNAの85%を占める．一般にRNAは一本鎖であるが，分子内で部分的に塩基対を形成し，複雑な高次構造をとることが多い．核酸を含む溶液に適当な塩濃度のエタノールを加えると，核酸が沈殿する．これをガラス棒に巻きとったり，遠心分離することにより核酸を容易に単離することができる．DNAはアルカリに対して比較的安定であるが，RNAはアルカリによってホスホジエステル結合*が開裂して分解する．高等生物では，DNAはヒストン*と結合した染色体の形でおもに細胞核内に局在するが，ミトコンドリア*や葉緑体*の中にも独自のDNAがある．それに対してRNAは主として細胞質に存在する．一般に，DNAはDNAポリメラーゼ*によって複製*される．RNAはRNAポリメラーゼ*によってDNAを鋳型として合成される．この過程は転写*とよばれる．RNAは，転写後修飾*を受けて成熟したRNAとなる．ある種のRNAウイルスには逆転写酵素*が含まれていて，RNAを鋳型にしてDNAが合成され，この過程は逆転写とよばれる．DNAは細胞やある種のウイルスの遺伝子の本体である．ある種のウイルスではRNAを遺伝子とするものもある(→RNAウイルス)．RNAは通常細胞内でのタンパク質生合成で大事な役割を果たす．mRNAは遺伝子DNAの転写産物でタンパク質のアミノ酸配列の情報をもっていて，タンパク質合成では鋳型の役割を果たす．アミノアシルtRNA*はアミノ酸を鋳型上に運搬する役割を果たす．rRNAはタンパク質合成における鋳型mRNAを支え，ペプチド結合形成の場となるリボソームの構成要素としてリボソームの構造形成や，mRNAとリボソームの接触に重要な役割を果たす．RNAにはプロセシング*やスプライシング*などで触媒的に働く酵素作用(リボザイム*)も知られている．

**拡散係数** [diffusion coefficient]　拡散する分子の平均速度．拡散による移動距離 $x$ は，時間 $t$ の平方根に比例し，$\langle x \rangle^2 = 2Dt$ で表される．$D$ が拡散係数である．またフィックの法則*により $D = kT/f$ ($k$ はボルツマン係数，$T$ は絶対温度，$f$ は摩擦係数)で表される．拡散係数は沈降係数，固有粘度と組合わせてタンパク質拡散などの分子量，形状，分子の状態変化の解析に用いられる．

**核酸結合タンパク質** [nucleic acid-binding protein]　核酸に特異的あるいは非特異的に結合するタンパク質の総称．DNA結合タンパク質*としてはリプレッサー*や転写因子*など遺伝子発現を調節するもの，ヒストン*，プロタミン*など染色体DNAの高次構造保持や機能調節に関与するものなどのほか，核酸の

切断や修飾に関与する酵素類，核酸の合成(複製)・修復・組換えに関与するもの，核酸のトポロジー変化を起こすもの，などがある．結合モチーフとして，ヘリックス・ターン・ヘリックス*やジンクフィンガー*などの構造が知られている．核酸結合タンパク質，特にRNA結合タンパク質のあるものはタンパク質とRNAから成るリボ核タンパク質複合体(RNP)としてRNAと相互作用する．リボソームはその代表的な例であるが，その他にも，たとえば，スプライシング*ではスプライソソーム*というリボ核タンパク質複合体がRNAと結合し，RNA干渉*ではRISC*とよばれるタンパク質複合体にRNAが結合した構造体が相補的なRNAと対合し，これを切断する．

**核酸雑種分子形成** ＝ハイブリダイゼーション
**核酸の修飾** [nucleic acid modification] DNAやRNAは生合成後に種々の修飾を受けることがある．DNAの修飾は塩基のメチル化*による．原核生物のDNAは制限メチラーゼによりメチル化され，自己の制限酵素*によるDNAの切断を防いでいる．高等真核生物ではDNAのメチル化が遺伝子発現の調節に関与し，不活発な遺伝子では活性な遺伝子よりもDNAが高度にメチル化されている．RNAは転写後修飾*と転写後プロセシング*により修飾され，一次転写産物が成熟RNAに変換される．真核生物のmRNAでは5'末端にキャップ構造*とよばれる特殊な構造が，3'末端にはDNAにはコードされていないポリアデニル酸*配列が付加される．RNAのヌクレオシドの修飾はリボースのメチル化や塩基の修飾など多様である．特にtRNAには修飾塩基とよばれる多種の塩基誘導体の存在が知られており，tRNAの高次構造の維持やコドンの識別に重要な役割を果たしている．紫外線，アルキル化剤などの外因によって本来生体が行っている修飾ではない修飾がDNAに起こると，突然変異やがんの誘発などの原因となる場合がある．

**核酸の変性** → 変性[2]
**核酸の連結反応** → 連結反応(核酸の)
**核酸分解酵素** → ヌクレアーゼ
**核磁気共鳴** [nuclear magnetic resonance] NMRと略す．$^1$H, $^{13}$C, $^{15}$Nなどの1/2の核スピンをもっている原子を強度$B_0$の強い磁場中に置くと，磁場と平行な向きと逆平行の向きの2種類のスピン状態が存在する．核スピンから生じる核磁気モーメントの大きさは核の種類によって異なり磁場の強さに依存して平行の配置と逆平行の配置の間のエネルギー差ができる．このエネルギー差に相当する周波数(ラーモア周波数)で核磁気モーメントは磁場の方向$z$軸の周囲をあたかもコマのように歳差運動している．たとえば$B_0$が11.5テスラの磁場中の$^1$Hは500 MHz, $^{13}$Cは125 MHz, $^{15}$Nは50 MHz程度である．同じ原子核が多数あると，このエネルギー差に応じて低いエネルギーの状態の数が高いエネルギー状態の数よりも多くなり(ボルツマン分布)，全体として$z$軸に磁化が生じる．ラーモア周波数の電磁波を短い時間(数10 μs程度)，パルス的に照射すると二つのエネルギーの状態

間で共鳴し電磁波を吸収する．これが核磁気共鳴である．また，この原理を用いた分光法のこともさす．共鳴した状態ではエネルギー差がなくなるので共鳴している核にとって$B_0$の磁場($z$軸とする)は見かけ上存在しない．その代わりパルス的に照射した共鳴周波数の電磁波に由来する弱い磁場$B_1$($x$軸とする)が存在する．共鳴した磁化は$B_1$の強度に依存した周波数で$yz$平面で回転する．たとえば$B_0$が11.5テスラで$B_1$が1万分の1の強度だと$^1$Hは$x$軸のまわりを50 kHzで回転する．磁化が回転してちょうど$y$軸にきた時に共鳴周波数のパルス照射を止めると，磁化が$y$軸に固定される．この時のパルスを90°パルスとよぶ．核も共鳴していた電磁波がなくなったので，磁化は再度$B_0$の影響を受け$z$軸のまわりを共鳴周波数で$xy$平面で回転する．$^1$Hの核磁気モーメントのエネルギー差の共鳴周波数を1とした時に$^{13}$Cは約1/4, $^2$H(D)は約1/6.5, $^{15}$Nは約1/10のエネルギー差である．それに依存して測定感度が悪くなり，$^1$Hの感度を1とした時に$^{13}$Cは約0.16 %, Dは約1 %で，$^{15}$Nは約0.1 %になる．NMRは測定法によって溶液高分解能NMRと固体NMR*に分けられる．溶液NMRでは二次元NMR*や多次元NMR*(三次元NMR, 四次元NMR)などを使用してタンパク質や核酸の高次構造を得ることができる．NMRの構造パラメーターとしては化学シフト*, 結合定数，核オーバーハウザー効果*がある．これらのパラメーターを利用して水溶液中のタンパク質の構造決定や動的構造の解析が行われている．また細胞中の分子の挙動を調べる in vivo NMRや生体中の水分子のシグナルを観察するMRI*も広く使用されている．

**核質** [karyoplasm, nucleoplasm] 細胞質*に相対する言葉で，一般には細胞内で核膜*に囲まれた部分をさす．核質と細胞質間では核膜を介して物質の交換が行われ，細胞のホメオスタシス(恒常性)が保たれる．DNA, RNAならびに核内で機能するタンパク質を含み，DNA複製やRNA合成の場となる．細胞種や細胞の状態によってさまざまな構造体が認められるが，その構造や機能の詳細については未知のものが多い．

**角質化** [keratinization] → 角質化上皮
**角質化上皮** [keratinizing epithelia] 角化上皮ともいう．上皮を構成する角質細胞*は，最表層では核や細胞小器官を失って乾燥・死滅し，おもな細胞骨格タンパク質であるケラチン*が残存する(角質化 keratinization)．このような上皮最表層を角質化上皮といい，強固な被膜となって体液の漏出を防止したり，外界の機械的刺激から内部を守るのに役立つ．毛髪や爪は，角質化上皮が特異な形態をとったものである．

**角質細胞** [keratinocyte] 角化細胞，ケラチノサイトともいう．上皮を構成するおもな細胞，ケラチン*を産生することからこの名がある．上皮は多層化した角質細胞から成り，内側から基底細胞，棘細胞，顆粒細胞とよばれ，最外層は死滅した角質細胞から成り，角質化上皮*とよばれる．デスモソーム*という細胞

**角質細胞増殖因子** ［keratinocyte growth factor］ 略称KGF．ケラチノサイト増殖因子，表皮細胞増殖因子，FGF7，SDGF-3(spleen derived growth factor-3)ともいう．上皮および表皮細胞の増殖を促進する増殖因子．194アミノ酸残基から成る分子量約27,000の糖タンパク質で，FGF(繊維芽細胞増殖因子*)ファミリーの一員．ヒト胎児繊維芽細胞からKGFとその遺伝子が単離された．EGF(上皮増殖因子*)やFGFとは異なり，KGFは繊維芽細胞に対してマイトジェン*活性を示さない．KGF受容体をもつ細胞種が限られているので，KGFがマイトジェン活性を示す細胞種が限定されている．

**学習** ［learning］ 経験することによって，行動やその可能性が比較的永続的に変わることを学習(する)という．学習が行われる時，神経系(特に中枢神経系の中でも脳*)に細胞や分子のレベルで，新しく取込まれた情報が記憶*される．別のいい方をすれば，学習とは，外の世界の事象の新しい知識を獲得する過程のことであり，記憶とは，獲得した知識を保持する過程のことである．経験によって神経系が変わる能力(可塑性)があるからこそ，生物には学習や記憶の能力があるのである．学習が行われる時，特定の行動が起こる確率(生起確率)が変わってくる．この過程は条件付け*といわれ，古典的条件付け*(レスポンデント条件付け)と道具的条件付け(オペラント条件付け)に大別される．学習や記憶によって変わる神経系の構造は，シナプス*で，形態学的，生理学的，生化学的変化が起こり，神経情報の伝達の仕方が変わってくる．シナプスには可塑性がある(→シナプス可塑性)．最もよく調べられているシナプスの可塑的変化は，長期増強*(LTP)で，海馬や新皮質でみられる．学習・記憶は，それが保持される脳領域と関連づけて，いくつかに分類される．事象や事実の情報の学習は，記述学習(declarative learning) で，大脳の側頭連合野-側頭極-海馬皮質-海馬系で行われる(L. SquireとS. M. Zola-Morgan)．学習に当たって特別の事象の記憶を必要としない学習は，非記述学習(non-declarative learning)といわれ，古典的条件付け，知覚や運動のスキルの学習(感覚野，感覚連合野，運動野や運動連合野や小脳で営まれる)などが含まれる．条件付けによる学習は二つの事象が結びつく連合性学習ともよばれ，一つの事象で起こる非連合性の学習には，順応(同じ刺激が繰返されると，反応が低下する)や感作(同じ刺激が繰返されると，反応が強くなる)がある．行動を起こすために一時的に覚えておく学習は，ほとんど短期のものであるが，前頭連合野が関与している(working memory, →短期記憶)．

**核周体** ［perikaryon］ ＝細胞体

**学習突然変異体** ［learning mutant］ →dunce 突然変異

**核小体** ［nucleolus］ 仁ともよばれ，ほとんどすべての真核細胞の核内に存在する球状の構造物．脂質二重膜には囲まれていない．形態的観察から三つの領域に分けることができ，中心部から順にFC(fibrillar center)，DFC(dense fibrillar component)，GC(granular component)とよぶ．分裂期の終期に核小体が再形成される時，染色体のある特定の領域を中心にできるが，その中心的役割を果たす部分を核小体オーガナイザー*とよび，その数と同じ数の核小体が形成される．核小体オーガナイザーにはリボソームRNA*をコードするDNAが縦一列に並んで含まれており，活発にリボソームRNAが合成されている．核小体には，リボソームRNAとその結合タンパク質が含まれ，機能的にはリボソームサブユニット前駆体が形成される場である．核小体で形成されたリボソームサブユニット前駆体は核膜を通して細胞質に輸送され，成熟型のリボソームになってタンパク質合成に働く．核小体は，さまざまな組織などから単離する方法も確立されている．

**核小体オーガナイザー** ［nucleolus organizer］ 核小体形成体，仁形成体ともいう．染色体上に存在する，核小体*を形成する部位をいう．ここにはリボソームRNA遺伝子が縦列(タンデム)に数十から数百並んでおり，間期(G₁期)にはリボソームRNAが合成され，リボソームタンパク質と結合してリボソームの組立てが行われる．これらとそれを補佐するタンパク質の集まりが核小体として観察される．

**核小体形成体** ＝核小体オーガナイザー

**核小体低分子RNA** ［small nucleolar RNA］ snoRNAと略す．核内低分子RNA*のうち，核小体領域に局在する一群の低分子RNAをいい，U3*，U8*，U13，U14，U15，U16，U20，U21 snRNAなどがこのグループに含まれる．snoRNAは5′末端近くに保存されたボックスC配列(RUGAUGA，Rはプリン塩基)と3′末端近くにボックスD配列(CUGA)をもつC/DボックスsnoRNAと二つのヘアピンと，Hボックス(ANANNA)とACAボックスを含む二つの短い一本鎖領域から成るH/ACAボックスsnoRNAとに分けられ，特定のタンパク質群と複合体を形成し，核小体内低分子リボ核タンパク質複合体snoRNPを形成する．これらのsnoRNPは新生前駆体rRNAに作用して，おもに2′-O-リボースのメチル化とプソイドウリジン化を起こす．snoRNA分子はガイドRNAとして機能し，標的RNA分子中の標的部位の周辺の配列と相補的な10〜20ヌクレオチドの配列を含み，この相補的な塩基間相互作用によりsnoRNPが標的部位に結合しヌクレオチド修飾を触媒できる．snoRNAには前駆体rRNAの切断やテロメアの合成に関与するものもある．snoRNA U85はC/DボックスとH/ACAボックスの両方をもち，核内低分子RNA U5の2′-O-リボースのメチル化とプソイドウリジン化の両方に関与する．もっと複雑なsnoRNAは核小体に結合しているカハール体Cajal bodyに蓄積するもので，RNAポリメラーゼIIにより転写されるスプライソソームのU1，U2，U4，U5，U12 RNAの修飾に関与すると考えられている．さらに，snoRNA HBII-52のようにセロトニ

ン受容体2Cの選択的スプライシングを制御するものもある．snoRNA遺伝子はしばしばリボソームタンパク遺伝子のイントロン内にコードされており，RNAポリメラーゼIIにより転写される．

**核小体低分子リボ核タンパク質**［small nucleolus ribonucleoprotein］ ⇒ RNA結合タンパク質

**核スカフォールド**［nuclear scaffold］ ＝核マトリックス

**核スカフォールドタンパク質**［nuclear scaffold protein］ ＝核マトリックスタンパク質

**核スカフォールド付着領域**［nuclear scaffold attached region］ ＝核マトリックス付着領域

**核スペックル**［nuclear speckle］ SC35などスプライシング因子*に対する抗体で核内に多数みられる，不均一な大きさの境界不鮮明な斑状の核内小体*．RNA合成を止めると，凝集して大きく丸くなる．スプライソソーム*を構成するリボ核タンパク質*やその他のスプライシング因子が局在する．電子顕微鏡で観察すると，比較的均一な粒子の集塊(interchromatin granule cluster, IGC)と，クロマチン周辺繊維(perichromatin fibril, PF)とよばれる繊維状の構造から成る．PFにはmRNA前駆体が，精製されたIGCにはセリンとアルギニンが反復するドメインをもつSRタンパク質(スプライシングにかかわるタンパク質に多い)や，一群のヘテロ核リボ核タンパク質*(hnRNP)，転写因子，RNAポリメラーゼII*のサブユニットなどが同定されている．SRタンパク質はリン酸化を受けるとRNAポリメラーゼIIのC末端ドメイン(CTD)に結合してPFに濃縮され，脱リン酸によりIGCに移動して蓄えられる．核スペックルは転写反応と密接な関連をもち，さかんに転写されている遺伝子領域と近接する傾向が認められる．

**核優性**［nuclear dominance］ 2種類の性質の異なる細胞のヘテロカリオン*(異核共存体)において，一方の細胞核*のもつ遺伝形質が優位に表現型として現れること．たとえば，出芽酵母の核融合*に関与する遺伝子*KAR1*に関して，突然変異株と野生株のヘテロカリオンは，突然変異株の核がもつ遺伝子の性質に支配されて，核融合が起こらない．また，*Xenopus laevis*と*Xenopus borealis*とを交配した場合，その雑種胚では，*X. laevis*のリボソームRNAのみが転写され，*X. laevis*の核に由来するリボソームRNA遺伝子が*X. borealis*のそれに対して優位であることを示している．

**核体**［karyoplast］ 真核細胞から脱核法によって得られる，細胞膜で囲まれた核のこと．核のまわりにごくわずかの細胞質を含む．通常，細胞をサイトカラシンB*で処理して，遠心することによって得る．この操作により，核のない，細胞質だけが細胞膜で包まれた細胞質体*とに分離できる．

**核多角体病ウイルス**［*Nucleopolyhedrovirus*］ NPVと略す．バキュロウイルス*は核多角体病ウイルスと顆粒病ウイルスの二つのグループに分類されるが，いわゆるバキュロウイルス発現系*で利用されているのは核多角体病ウイルスである．NPVのウイルス粒子

は40〜50×200〜400 nmの棒状で，ヌクレオキャプシド*がエンベロープ*に包まれた構造をしており，ゲノムは二本鎖の環状DNA(100〜200 kbp)である．昆虫を中心とする節足動物を宿主とし，感染細胞の核内に多数のウイルス粒子を含む多角体(polyhedra)とよばれる封入体*を形成する．多角体は環境中で安定で，これを餌とともに食下した虫の消化液により多角体が溶かされ，ウイルスが腸管より侵入して感染が成立する．

**カクタス遺伝子**［*cactus* gene］ ⇒ 背方化決定遺伝子

**核タンパク質**［nucleoprotein］ 核酸とタンパク質の複合体の総称．DNAとの複合体はデオキシリボ核タンパク質(deoxyribonucleoprotein, DNP)，RNAとの複合体はリボ核タンパク質*(RNP)である．1) DNP：真核生物の染色体は，DNA，ヒストン*(H1, H2A, H2B, H3, H4)，非ヒストンタンパク質*から構成される．ヒストンはDNAとイオン結合により結合する．ヒストンが塩基性タンパク質であるのに対し，非ヒストンタンパク質は中性あるいは酸性タンパク質が多い．DNAウイルス*はキャプシド*タンパク質と複合体を形成する．DNAウイルスであるSV40*は，H2A, H2B, H3, H4ヒストンと結合し(⇒ミニクロモソーム)，複合体を形成する．2) RNP：真核細胞リボソーム(80S)，原核細胞リボソーム(70S)はRNAとタンパク質の複合体である．RNAウイルス*，たとえばタバコモザイクウイルス*では，一本鎖RNAと約2100個のサブユニットタンパク質が複合体を形成している．

**獲得免疫**［acquired immunity］ ⇒ 免疫

**核内がん遺伝子**［nuclear oncogene］ レトロウイルス*に組込まれた形で単離されたがん遺伝子*のうち，産物が核に局在するもの．*myc*, *myb*, *ets*, *rel*, *jun*, *fos*, *ski*, *maf*などが知られている．大部分が特異的塩基配列を認識してDNAに結合し，転写の制御に関与する転写因子として同定されている．このほかに核内がん遺伝子とよばれるにふさわしいものも多数ある．たとえば，白血病に伴って起こる特異的染色体転座の切断点(⇒ bcr)に存在する遺伝子の多くが転写因子をコードしており，それらは白血病発症に寄与していると考えられている．細胞増殖刺激はシグナル伝達系を介して最終的に転写因子に伝達される．各種のがん遺伝子産物はこのシグナル伝達のための複雑なネットワークを形成している．したがってがん遺伝子から発せられる異常なシグナルは主として核内がん遺伝子に集まると考えられている．

**核内受容体**［nuclear receptor］ 細胞内受容体(intracellular receptor)ともいう．ステロイドホルモン*や脂溶性生理活性物質の受容体は，おもに細胞内の核*に存在しており，核内受容体とよばれている(⇒ステロイド受容体)．代表的な核内受容体として，グルココルチコイド受容体*，ミネラルコルチコイド*受容体，エストロゲン受容体*，プロゲステロン*受容体，アンドロゲン受容体*，甲状腺ホルモン

受容体\*，レチノイン酸受容体\*，ビタミン D\* 受容体が知られている．これらのほかにも，リガンド\* が不明な核内受容体(オーファン受容体\*)も多数報告されている．最近の分子生物学の進歩により，これらの核内受容体の遺伝子配列が決められ，予想されるアミノ酸の一次構造が比較された．いくつかの相同性の高い領域が同定され，特に核内の DNA に結合する領域およびリガンドに結合する領域が存在することが数々の実験で証明され，核内受容体は，リガンド依存性の転写因子\* であることが明らかにされた．DNA に結合する領域は，多くの転写因子に存在する特有な構造である．ジンクフィンガー\* ドメインを二つもっており，染色体上のゲノム DNA 上の特異的なホルモン応答配列\* とよばれる塩基配列に結合し，その近傍に位置する応答性遺伝子を転写レベルで制御している．また，リガンドに結合する領域は，分子の C 末端側の広い領域であり，リガンドの結合に必要であるだけでなく，核内受容体が DNA に結合する際の，二量体形成にも関係している．また転写促進に関する領域も複数同定されている．ステロイドホルモンや脂溶性生理活性物質による生物学的作用は，それぞれのリガンドと結合した核内受容体に応答する遺伝子産物により媒介されると考えられ，一つの核内受容体は，下位の複数の応答性遺伝子を支配し，多くの臓器または細胞に多彩な作用を及ぼしていると推測されている．(⇌ 核内受容体スーパーファミリー)

**核内受容体スーパーファミリー** [nuclear receptor superfamily, steroid/thyroid/retinoid nuclear receptor superfamily] ステロイドホルモン\*，甲状腺ホルモン\*，ビタミン A(レチノイン酸\*)，ビタミン D\*，ダイオキシン\* などの脂溶性生理活性物質をリガンドとし，核内に局在する受容体(核内受容体\*)群で，一つの原初遺伝子を源とするファミリーを形成する．受容体群は，互いに構造・機能が類似したリガンド誘導性の転写調節因子\* として働き，標的遺伝子プロモーター内の標的エンハンサー配列に，ホモあるいはヘテロ二量体として結合し，遺伝子発現を転写制御する．

**核内小体** [nuclear body] $G_1$ 期\* の細胞核の中に恒常的に観察され，特徴ある形態と構成成分によって特定できる構造体(サブドメイン)．クロマチン\* 以外の核内コンパートメント(クロマチン間領域)に存在し，マーカーとなる構成タンパク質の抗体染色で同定される．核小体\* は最も古くから知られる核内小体である．その後，核スペックル\*，パラスペックル，PML 小体\*，Cajal 小体，ジェム，クリービッジ小体，傍核小体コンパートメント，Sam68 小体などと名付けられた核内小体がつけ加わった．多くは RNA の転写\* やプロセシング\* にかかわり，RNA 合成を阻害すると変形/崩壊/消失するため，動的な構造体と考えられる．それ自体が反応の場となっているより，関連する因子の単なる貯蔵庫と思われる場合もある．ウイルス感染や神経疾患でよく認められる核内封入体は，複製・アセンブリー過程にあるウイルスや異常タンパク質が集積する非生理的な核内小体ともいえる．

**核内低分子 RNA** [small nuclear RNA] snRNA と略す．真核生物の細胞核中に存在する一群の代謝的に安定な低分子 RNA．60〜300 個のヌクレオチドから成り，タンパク質はコードしていない．細胞内ではタンパク質と複合体(核内低分子リボ核タンパク質\*)を形成して存在する．核内低分子 RNA のうち，5′ 末端に特殊な 2,2,7-トリメチルグアノシンキャップ構造(⇌ キャップ構造)や γ-モノメチルリン酸構造をもつグループは，初期に同定されたいくつかの RNA 分子がウリジン残基に富んでいたことから，U snRNA とよばれている．このうち U3, U8 そして U13〜U87 の snRNA が snoRNA として分類されている．中でも U1 から U6 までの U snRNA 細胞内の存在量が特に多い ($2×10^5〜10×10^5$/細胞)．核内低分子 RNA は細胞内の多彩なプロセシング\* 反応に関与しており，U1, U2, U4, U5, U6 は mRNA スプライシングに，U3, U8, U14 などは rRNA 前駆体のプロセシング反応に，また U7 はヒストン mRNA の 3′ 末端形成に関与している．特異的なタンパク質と会合して snRNP を形成しているが，触媒機能は核内低分子 RNA がもっていることが多く，実際に，タンパク質フリーの U2 と U6 がスプライシングのイントロンブランチを含む RNA に in vitro で結合し，ブランチのアデノシンを活性化することが証明されている．(⇌ U1〜U12 snRNA)

**核内低分子リボ核タンパク質** [small nuclear ribonucleoprotein] snRNP または snurp と略す．核内低分子 RNA\*(snRNA)とタンパク質因子が会合した複合体．核小体に存在する snRNA は核小体低分子リボ核タンパク質(snoRNP)という．哺乳動物の主要な核内低分子リボ核タンパク質は，1(または 2)種類の snRNA と 6〜10 個の snRNP 構造タンパク質から構成されている．snRNP 構造タンパク質は含有する snRNA 特異的なタンパク質と，snRNA の種類に関係なく共通して存在するコアタンパク質との両方から成る．スプライソソーム\* の構成要素として mRNA のスプライシング，rRNA のプロセシングや修飾，ヒストンの mRNA の 3′ 末端プロセシング(おもに U7 snRNP が関与)などのさまざまなプロセシング\* 反応に関与している．

**核内輸送** [nuclear import] ＝核への輸送

**核分裂**(細胞の) [karyokinesis, nuclear division] 細胞核が分裂すること．有糸分裂\* と無糸分裂\* とに分けられるが，後者は病的な細胞の退行現象として観察されることが多く，通常は核分裂と有糸分裂が同義に使われている．有糸分裂には，体細胞核分裂(somatic nuclear division)と減数核分裂(meiotic nuclear division)の 2 型がある．有糸分裂期は便宜的に前期，前中期，中期，後期，終期に分けられる．姉妹染色分体は凝縮後，紡錘体によって両極へ移動し娘核として分配される．

**核への輸送** [nuclear transport] 核移行，核内輸送(nuclear import)ともいう．真核細胞において，核

と細胞質の間で行われる物質交換のうち，細胞質から核への物質輸送のこと．狭義には，核タンパク質の細胞質から核への選択的輸送を指す．真核細胞では，遺伝情報 DNA を収納する核とタンパク質合成の場である細胞質とが，核膜*によって隔てられており，細胞が正常に機能するために，核と細胞質の間では常に物質が行き来している．この物質交換は，核膜に存在する小孔である核膜孔*を介して行われるが，分子量が約 4 万以下のイオン，アミノ酸や代謝産物などは，受動拡散により自由に核膜孔を通過する．一方，約 4 万以上の分子量をもつ物質は，通常はその分子に特異的な選別輸送経路により選択的に輸送される．タンパク質の場合，その分子内に輸送に必要な配列が存在し，細胞質から核内への輸送に必要な配列を核移行シグナル*とよぶ．核移行シグナルをもつタンパク質を細胞質から核へ運ぶ輸送因子を総称してインポーチン*という．塩基性アミノ酸に富んだ典型的な核移行シグナルを認識する分子であるインポーチン α を除き，いずれもインポーチン β ファミリーに属する．インポーチンは，細胞質において核移行シグナルをもつ核タンパク質と，直接あるいはインポーチン α などのアダプター分子を介して間接的に複合体を形成し，核膜孔複合体を構成するタンパク質（ヌクレオポリン*）との相互作用を介して核膜孔を通過し，核内に核タンパク質を輸送する．その後，核内に豊富に存在する GTP 結合型 Ran* がインポーチンに結合することが引き金となってインポーチンと核タンパク質の複合体は解離する．一方，核タンパク質/輸送因子複合体がどのようにして方向性をもって核膜孔を通過するかというメカニズムについては諸説があり，まだ結論が得られていない．

**核膜**［nuclear membrane, nuclear envelope］　細胞質と核*を機能的・構造的に隔てる脂質二重膜．核質*側に面した内膜と細胞質側に面した外膜の二層から成る．外膜にはリボソームが付着しており，粗面小胞体膜につながっている．また，内膜と外膜に囲まれた核膜内腔は，小胞体内腔につながっている．細胞膜に比べてコレステロール含量が少ないことが特徴である．酵母などの下等真核生物を除いて，細胞周期の分裂期にいったん消失し，また再構築されるという劇的な変化をたどる．

**角膜**［cornea］　眼球壁の外層の前半 1/6〜1/5 を占める無色透明な部分．表面より上皮，ボーマン（Bowman）膜，固有層，デスメ（Desmet）膜，内皮の 5 層を区別する．固有層は扁平な繊維芽細胞*と規則正しい層板状に配列した膠原線維から成っている．デスメ膜は厚い基底膜*であり，分離も容易なことから基底膜のモデル実験系として使われることもある．また，角膜は血管を欠くため，栄養はすべて拡散によっておこり，免疫学的にも隔離されているので他家移植も可能である．

**隔膜形成体**［phragmoplast］　フラグモプラストもいう．シャジクモ，コケ，シダ，種子植物の細胞質分裂*の際に出現する構造．短い微小管*が互いに平行に，分裂赤道面に対し垂直に並んで円筒型のリングを形成し，これが二つ，互いの微小管のプラス端を組合わせる形で赤道面を挟んで向き合ったもの．その微小管束に沿って細胞壁構成成分の前駆体の詰まった小胞（ゴルジ体*由来）が赤道面に運ばれ，融合して細胞板*を形成する．細胞板は遠心的に拡大し，やがて細胞膜に達して融合し，細胞質を分割する．

**核膜孔**［nuclear pore］ ＝核孔．核膜*に存在する，物質通過のための直径 100 nm 程度の小孔．核膜の外膜と内膜を貫いて存在し，孔の辺縁では，内膜と外膜が互いに融合している．孔の中央は脂質膜をもたない．生物種によって核当たりの核膜孔の数は今も，数個から数万個までさまざまである．核-細胞質間を行き来する物質はすべて，この核膜孔を通過すると考えられている（→核への輸送）．核膜孔を取囲む複雑で巨大なタンパク質の複合体が存在し，核膜孔複合体（nuclear pore complex）とよばれる．核膜孔複合体は，八角形の対称構造をとっており，全体として分子量が高等真核細胞の場合，約 $120\times10^6$ あるといわれ，約 30 種類のタンパク質から構成されていると考えられている．電子顕微鏡による解析から，核膜孔複合体から細胞質に向かって繊維状の構造物が突き出ており，核質側にはかご様の構造体が付着していることが示されているが，その機能に関してはよくわかっていない．酵母などでかなりの純度で核膜孔複合体を単離する方法が確立されている．

**核膜孔複合体**［nuclear pore complex］　→核膜孔

**核マトリックス**［nuclear matrix］　核スカフォールド（nuclear scaffold），核骨格（karyoskeleton）ともいう．界面活性剤，ヌクレアーゼ，塩類溶液を用いて細胞核からクロマチン*を抽出した後に残る不溶性の構造体．調製方法の違いにより構成成分は大きく異なるが，核ラミナ*に加え，クロマチン以外の核内コンパートメント（クロマチン間領域）が不溶化したものと考えることができる．クロマチン間領域は転写反応，RNA のスプライシング*とプロセシング，核-細胞質間の物質輸送，DNA の複製*や修復*が進行する場である．また，この区画は核小体*，核スペックル*，PML 小体*などの核内小体*を含み，細胞の生理状態に応じて一時的にフォーサイあるいはファクトリーとよばれる分子複合体の集積が形成される．ダイナミックな空間である．核マトリックスに同定された，これらの核機能を担うさまざまな分子が，ゲノムの所々にある MAR（核マトリックス付着領域*）とよばれる DNA 領域との相互作用を通じて機能の発現にかかわる．

**核マトリックスタンパク質**［nuclear matrix protein］　核スカフォールドタンパク質（nuclear scaffold protein），核骨格タンパク質ともよばれる．核マトリックス*のタンパク質は核膜孔複合体と核ラミナを構成するものを除くと，内部マトリックスに由来する多種類のものがある．これらは DNA トポイソメラーゼ II などの酵素，一群の RNA 結合タンパク質（hnRNP），転写因子，がん遺伝子・がん抑制遺伝子産

物，細胞周期関連タンパク質，核マトリックス付着領域*（MAR）結合タンパク質，細胞骨格系のタンパク質，一次構造が知られてはいるが機能不明のタンパク質など多岐にわたる．

**核マトリックス付着領域**［nuclear matrix attached region］　MARと略す．核スカフォールド付着領域（nuclear scaffold attached region）ともいう．真核生物*のゲノム中に散在し，分裂間期の核では核マトリックス*に結合してゲノムを5〜100 kbのループ状のクロマチン領域に分割している．酵母からヒトに至るさまざまな遺伝子近傍の非コード領域内に同定され，多くはアデニンとチミンに富む（A＋T＞65％）300 bpより長い配列で，種を越えて存在．DNAの複製起点や組換え部位，転写の調節配列がSARの近くに存在することがあり，これらの核機能との関連が指摘されている．

**核融合**（真核細胞における）［nuclear fusion］　真核細胞において，複数の核*が核膜*の融合を介して，核質を共有する単一の核を形成する現象を核融合とよぶ．通常，自然界における核融合とは，受精卵における雌雄両前核の融合をさすことが多い．受精後の卵内には卵母細胞に由来する核（雌性前核）と精子に由来する核（雄性前核）が形成されるが，これらは一倍体（n）であり，両前核が融合することにより初めて正常なゲノムサイズ（2n）をもつ核となる．核融合はウニの受精卵などにおいて明瞭に認められる．他方，マウスなどの受精卵においては両前核は核融合せず，DNA合成を行ったのち，それぞれ単独で分裂期への移行を開始する．こうして形成された両前核に由来する染色体はやがて互いに入り交じり，その周囲に単一の分裂装置が形成されて分裂中期に到る．

**核様体**［nucleoid］　細菌染色体（bacterial chromosome）ともいう．細菌やシアノバクテリアなどの原核細胞のゲノムDNAが，密に折りたたまれ，細胞の中心部に形成した構造体．これは，膜構造に取り囲まれておらず，この点で核膜*をもつ真核生物の核*と異なる．核様体は細胞周期を通じて見られ，その形成はDNAトポイソメラーゼ*による超らせん構造とコンデンシン*による凝縮効果による．また，古細菌を除き，ヌクレオソーム*構造は見いだされていないが，いくつかのDNA結合タンパク質もDNAの凝縮に関係している．その中にはヒストン様のHUタンパク質がある．（⇒ヒストン様タンパク質）

**核ラミナ**［nuclear lamina］　ラミナ（lamina）ともいう．核膜*の内膜の裏打ちとして存在する繊維状のネットワーク構造．核ラミン*（ラミン）とよばれるタンパク質が主成分であり，ラミンA，B，Cの3種類が知られている．核膜の内膜とDNAを結びつける働きをすることにより，核の構造を維持するとともに，核の機能と深くかかわっている．近年，ラミンA遺伝子の変異により，筋ジストロフィー*や早老症*などの遺伝病がひき起こされることがわかってきた．

**核ラミン**［nuclear lamin］　単にラミン（lamin）ともいう．核膜*の裏打ち構造である核ラミナ*の主成分．細胞質に存在する中間径フィラメント*に類似したアミノ酸配列をもつ繊維状のタンパク質である．分子量6万〜7.5万で，哺乳動物細胞では，A，B，Cの三つのタイプに分けることができる．ラミンAは，ラミンCのC末端側にさらにアミノ酸が付加された構造をしており，AとCはともに分裂期にリン酸化を受けて核膜から遊離する．これに対し，ラミンBは一次構造も異なり，分裂期でも核膜に結合した形で挙動する．分裂期間期になると，ラミンは脱リン酸され，分離した染色体の周囲への核膜の再形成に働く．単離核を生化学的に塩や界面活性剤で処理していった残りの不溶性画分に最も豊富に存在するタンパク質である．また，ラミンA遺伝子の変異が早老症*や筋ジストロフィー*などの遺伝病をひき起こすことも知られている．

**隠れマルコフモデル**［hidden Markov model］　HMMと略す．確率モデルの一種で，生命科学分野ではタンパク質のモチーフ構造や遺伝子構造，転写制御領域などを表現する際に利用されている．また文献検索の分野でも利用されている．この手法は観測した情報から未知のパラメーターを推定する手法である．マルコフ過程とは未来の挙動が現在の値だけで決定され，過去の挙動と無関係であるという性質をもつ確率過程である．隠れマルコフモデルは過去の挙動によって一意に遷移先が決まらず，遷移を決定するパラメーターが観測できないと仮定したモデルであるため，隠れマルコフモデルとよばれる．隠れマルコフモデルを推定するアルゴリズムにはEMアルゴリズムの一種であるBaum-Welchアルゴリズムと尤度を利用したVitarbiアルゴリズムがある．

**過形成**［hyperplasia］　増生，増殖ともいう．組織の細胞が正常の形態のまま増殖し，細胞数が増加すること．腫瘍*と異なり，自律性を獲得して増殖を続けることはない．組織の体積が増す機序としてはこの二つ以外に，肥大（hypertrophy）がある．肥大では，細胞数は増加せず個々の細胞が大きくなる．過形成の本来の意味を離れて，子宮，肝臓，肺の腺腫様増殖（adenomatous hyperplasia）などのように，前がん病変あるいはそれに類似した病変の意味で用いられることもある．

**花系ホメオティック遺伝子**［floral homeotic gene］　花弁が雄しべに転換するなど，4種類の花器官（がく片，花弁，雄しべ，心皮）の種類が変化するホメオティック突然変異を生じる遺伝子．機能と発現パターンからA，B，Cの三つのグループに分けられる（⇒ABCモデル，アガマス遺伝子）．花系ホメオティック遺伝子にコードされるタンパク質は一部を除いていずれもMADSドメイン*をもち，転写因子として機能すると考えられている．MADSドメインをもつ花系ホメオティック遺伝子の祖先型遺伝子はコケやシダ，裸子植物にも見いだされている．

**ガーゴイリズム**［gargoylism］　⇒ムコ多糖症

**かご化合物**［caged compound］　特殊な化学修飾により不活性化された生理活性物質．ある外部刺激を

与えると生理活性が復活するように設計されている。多く用いられるのは光で切断可能な修飾基による不活性化と光照射による再活性化の組合わせである。たと

えばATPの末端をニトロベンジルエステルに誘導することで不活性化し，光で再活性化することができる．かご化合物は生化学反応を特定のタイミングおよび特定の場所で開始するのに有効である．

**かご細胞**[basket cell] 【1】外分泌腺の分泌部をかご状に包む平滑筋様の細胞．発生的には上皮由来で，分泌上皮と共通の基底膜で包まれている．唾液腺，乳腺，汗腺，食道腺など重層扁平上皮に開口する外分泌腺にみられる．細胞内は平滑筋ときわめて類似し，アクトミオシン系フィラメントが充満している．機能としては収縮により分泌を助けると考えられているが，これには近年異論が出され，等尺性の収縮により分泌部の形態維持に働くとの考えもある．(→ 筋上皮細胞)
【2】小脳における抑制性ニューロンの一つ．細胞体は分子層の下半域にあり，樹状突起が平行繊維とシナプス*をつくってその刺激により興奮する．軸索*は平行繊維と垂直方向に走り，側枝を出して多くのプルキンエ細胞体とシナプスをつくる．軸索末端はプルキンエ細胞体をかご状に包むのでこの名称がある．

**過酸化脂質**[lipid peroxide] ⇌ 過酸化物

**過酸化水素**[hydrogen peroxide] 酸素分子の2電子還元されたもの．$H_2O_2$．生体内では，スーパーオキシドアニオン*の不均化反応および種々の酸化酵素によって生じる．酸素毒の代表的化合物．生体内ではペルオキシダーゼ類およびカタラーゼ*によって除かれる．過酸化水素の毒性は，金属イオンを触媒としたフェントン反応で，$O_2^-$と反応して生じた・OHが一連の連鎖反応でひき起こす場合が多い．白血球のように，積極的に$H_2O_2$を殺菌に利用するものもあり，甲状腺ホルモンの合成にも利用されている．

**過酸化物**[peroxide] ヒドロペルオキシド(hydroperoxide, R-O-O-H)やエンドペルオキシド(endoperoxide, 図)のようなペルオキシド構造 -O-O- をもつ化合物で，一般に不安定で分解して遊離基*や活性酸素*を生成する．生体では不飽和脂肪酸から生じる過酸化脂質(lipid peroxide)が，生理と病態に重要である．その生成には脂質あるいは酸素分子の活性化を必要とし，活性酸素発生と過酸化脂質生成は密接に関連している．リポキシゲナーゼ*による過酸化反応はプロスタグランジンやロイコトリエンなどの生理活性物質の生合成に関与する．一方，活性酸素や窒素酸化物($NO_x$)などによるラジカル連鎖反応，いわゆる自動酸化，による過酸化脂質生成は生体膜構造の破壊や酵素の不活化をひき起こし，老化，発がん，炎症，動脈硬化など種々の病態の一因となると考えられている．生体内脂質過酸化反応の抑制因子として，スーパーオキシドジスムターゼやカタラーゼなどの活性酸素消去酵素やビタミンEなどのラジカル捕捉剤(スカベンジャー*)がある．

**花序**[inflorescence] ⇌ 花序形成

**花序形成**[inflorescence development] 複数の花をもつ生殖枝(生殖シュート)を花序(inflorescence)といい，花序が形成される過程を花序形成という．花序は花芽から発達するが，花序形成は花序の芽の形成(→ 花芽形成)の初期から個々の花が形成されるまでをいう．花序を大別すると，生殖シュートの下方から上方に向かって開花が進む無限花序(indefinite inflorescence)と，上方がまず開花する有限花序(definite inflorescence)がある．シュート頂(→ 頂端分裂組織)が栄養期から生殖期に転換する時，被子植物であれば外衣(→ 垂層分裂)と内体の構造を失い，細胞が一様に分裂を盛んに行うようになる．シュート頂全体の形や大きさも変化し，葉序(phyllotaxis, 葉の配列方式)などにも変化を示す．この時，シュート頂の変化は無限花序では比較的緩慢で，有限花序では急速である．つくられる葉も普通葉からほう(苞)葉(bract)に代わり，植物によってはほう葉も認められなくなる．普通葉の腋芽が直ちに花序の芽となるものもある．

**下垂体**[pituitary, pituitary gland, hypophysis] 脳下垂体ともいう．頭蓋低部の蝶形骨にあるトルコ鞍内に位置する重要な内分泌器官．ヒトでは大きさ約 $10×13×6$ mm, 重量約 0.6 g．ほぼ全面が脳硬膜で覆われ，下垂体茎ならびに門脈を介して視床下部*と連絡する．下垂体は，その発生，組織，生理において互いに異なる腺下垂体(adenohypophysis)と神経下垂体(neurohypophysis)から成る．哺乳類の腺下垂体は，前葉(anterior lobe)と中葉(intermediate lobe)に分けられるが，中葉はヒトにおいては痕跡程度しか存在しない．中葉(中間部)は，ことに魚類や両生類で発達しており，メラニン細胞刺激ホルモンを分泌する．前葉(主部)は，成長ホルモン(GH)，甲状腺刺激ホルモン(TSH)，プロラクチン，黄体形成ホルモン(LH)，沪胞刺激ホルモン(FSH)，副腎皮質刺激ホルモン(ACTH)などのホルモンを産生，分泌し，個体の成

長，成熟，生殖などの制御に重要な役割を果たす．前葉からのホルモン分泌や合成は，視床下部から分泌された神経ペプチド*により強く影響される．一方，神経下垂体は後葉(posterior lobe)ともよばれ，下垂体茎により第三脳室底の漏斗と連結しており，視床下部から輸送された二つの下垂体後葉ホルモン(オキシトシン*とバソプレッシン*)を分泌する．オキシトシンは，子宮収縮を促進して分娩を助け，乳汁分泌を促進する．またバソプレッシンは，腎の尿細管での水の再吸収を促進するので抗利尿ホルモンともよばれている．

**下垂体成長ホルモン** [pituitary growth hormone] ＝成長ホルモン．PGHと略す．

**下垂体ホメオボックス** [pituitary homeobox] Pitxと略す．ショウジョウバエの形態形成調節因子であるビコイド(bicoid)，アリスタレス(aristaless)，ペアード(paired)のホメオドメインと高い相同性をもつDNA結合ドメイン*をもつ転写調節因子*群の一つ．脊椎動物では3種類(Pitx1, Pitx2, Pitx3)が確認されており，結合DNA配列認識に重要なホメオドメイン内の50番目のアミノ酸残基として共通にリシンをもつ．特に発生中の組織形成や形態形成に対する機能が顕著である．哺乳類では，Pitx1とPitx2は名前(pituitary homeobox)の由来にもなった下垂体形成に，Pitx2とPitx3は眼球形成において機能する．Pitx1は後肢と顎骨の形態形成に重要である．Pitx2は心臓と内臓の左右非対称性形成に必須の役割をもち，筋肉分化にも関与する．Pitx3はドーパミン作動性ニューロン*で機能をもち，パーキンソン病*への関与も示されている．

**加水分解酵素** [hydrolase] ヒドロラーゼともいう．酵素の分類のEC 3クラスに属する酵素である．エステル結合，グリコシド結合，ペプチド結合，アミド結合，エーテル結合など12種類の結合様式のC-C間，C-O間，C-N間，P-N間，その他の結合を水分子の存在下に分解する．分解によって生じる両端には水分子に由来する-Hと-OH基が添加されるのでこのようによばれる．エステル結合を分解する酵素をエステラーゼ，グリコシド結合を分解するグリコシダーゼというように結合様式に対応する酵素により12のサブクラスに分類される．

**ガスクロマトグラフィー** [gas chromatography] クロマトグラフィー*の一種．シリカゲルやアルミナなどの粉末をカラムに充填し，それに有機溶媒を付着させて固定相とし，窒素やアルゴンなどのガスを移動相とする．試料分子が揮発性ならガスにのってカラム内を移動し，固定相溶媒との相互作用の程度に従って分離される．分解能および感度が高く，短時間で結果がでる有力な分離・分析手段であるが，揮発性分子のみが対象なので，脂質関連以外の生体分子には適用が難しい．

**カーステン白血病ウイルス** [Kirsten leukemia virus] 1967年，W. Kirstenが胸腺リンパ腫組織の細胞抽出液を接種したマウスより分離したマウス白血病ウイルス*．新生仔マウスに脾腫と赤芽球系細胞の増殖を観察，致死性貧血を起こす．本ウイルスは本来，赤芽球症をラットにも誘発する特徴をもっていたが，しだいに肉腫を誘発するようになり，そのがん遺伝子はK-rasとされた．(→ras遺伝子)

**カーステンマウス肉腫ウイルス** [Kirsten murine sarcoma virus] マウス肉腫ウイルスの一種．1967年W. H. Kirstenによりカーステン白血病ウイルス*を接種したW/Fuラットから分離された．その遺伝子配列より，カーステン白血病ウイルスと内在性ラット細胞性がん遺伝子との組換え型と考えられ，同遺伝子が突然変異したがん遺伝子v-K-ras(v-ras$^K$)をもつ．肉腫形成能および繊維芽細胞のトランスフォーム能をもち，赤白血病を誘導し培養系での赤芽細胞系のトランスフォーム能も併せもつ．

**ガストリクシン** [gastricsin] →ペプシン

**ガストリックインヒビトリーポリペプチド** [gastric inhibitory polypeptide] GIPと略す．小腸消化管のホルモンの一つ．グルコース依存性のインスリン分泌刺激作用をもつ．(→セクレチン)

**ガストリノーマ** ＝ゾリンジャー・エリソン症候群

**ガストリン** [gastrin] 胃前庭部におもに存在するG細胞から分泌されるホルモンで，酸分泌刺激作用，細胞増殖促進作用をもつ．ヒトでは101個のアミノ酸残基から成る前駆体が翻訳後修飾を受け，C末端がアミド化された17個あるいは34個のアミノ酸残基から成るペプチドが主要な分子型である．その生理活性の発現にはC末端のTrp-Met-Asp-Phe-NH$_2$構造が重要である．約4kbのガストリン遺伝子は第17染色体に存在している．

**ガストリン産生腫瘍** [gastrinoma] ＝ゾリンジャー・エリソン症候群

**ガストリン放出ペプチド** [gastrin-releasing peptide] GRPと略記する．ガストリン*分泌や酵素分泌の促進作用，細胞増殖作用などの生理活性をもつペプチドで，主要な分子型はC末端がアミド化された27個のアミノ酸残基から成り，構造的にはボンベシン*ファミリーの生理活性ペプチドに属する．スプライシングの違いにより，3種類のmRNAを生じることが報告されている．哺乳類ではガストリンのように粘膜の内分泌細胞から分泌されるのではなく，神経細胞から分泌される．

**カスパーゼ** [caspase] システインを活性中心にもち，アスパラギン酸のカルボキシ末端側でペプチド結合を加水分解するエンドペプチダーゼの総称．おもに，アスパラギン酸を含む切断点の上流(アミノ末端方向)4アミノ酸の配列を識別することで基質特異性を示す．カスパーゼの基質はカスパーゼ自身，アポトーシス*の誘導や制御に関与するタンパク質，細胞質や核の骨格を形成するタンパク質，炎症性サイトカインの前駆体など多岐にわたる．最初に発見されたカスパーゼ，すなわちカスパーゼ1(別名インターロイキン1β転換酵素，interleukin-1β converting enzyme, ICE)は哺乳類の炎症性サイトカインの一種であるイ

ンターロイキン$1\beta$の不活性型前駆体を限定分解することにより活性型に転換する酵素である．その後，線虫のアポトーシス実行遺伝子として同定された$ced-3$のコードするタンパク質がカスパーゼであることが判明したことをきっかけに，多種類の哺乳類カスパーゼが発見され，それらがアポトーシスに携わるプロテアーゼ群であることが判明した．カスパーゼは通常，不活性型のプロ酵素として存在する．ほかのカスパーゼなどによる限定分解を受けると，前駆体領域，大サブユニット，小サブユニットに分断され，大サブユニットと小サブユニットが会合することで活性型のカスパーゼを生じる．一部のカスパーゼは前駆体領域内にタンパク質相互作用領域をもち，上流のシグナル伝達分子と会合して巨大な複合体を形成する．これによって複数のカスパーゼが互いに近接することにより，カスパーゼ自身の限定分解を伴わずにプロテアーゼ活性を発揮しうると考えられている．この近接活性化による酵素活性で近隣のカスパーゼが切断されると，強い酵素活性をもつ成熟カスパーゼが生じる．たとえば，デス受容体*（⇒ Fas）が多量体化するとディスク（DISC, death-inducing signaling complex）とよばれる巨大複合体が形成され，カスパーゼ8や10が活性化される．また，ミトコンドリアから細胞質へ放出されたシトクロム$c$とATPの存在下でApaf-1*が多量体化すると，アポトソーム（apoptosome）とよばれる複合体が形成され，カスパーゼ9が活性化される．病原体由来物質などによりクリオピリン（cryopyrin, 別名 NLRP3, PYPAF1）やカード12（CARD12, 別名 NLRC4, Ipaf, CLAN）などのタンパク質が多量体化すると，インフラマソーム（inflammasome）とよばれる複合体が形成され，カスパーゼ1が活性化される．

**化 生**［metaplasia］ → 異分化

**仮性狂犬病ウイルス**［pseudorabies virus］ PrVと略す．アウイェスキー病ウイルス（Aujesky's disease virus）ともいう．アルファヘルペスウイルス亜科，ワリセラウイルス属に分類されるブタウイルスで死亡率の高いアウイェスキー病（Aujesky's disease），狂搔痒症（mad-itch）の病因ウイルス．鼻粘膜に感染後，PrVは知覚神経に入り中枢神経系に広がって重篤な神経症状をひき起こす．霊長類およびウマを除くほとんどすべての哺乳動物は感受性がある．

**花成ホルモン**［flowering hormone］ 開花ホルモン，花芽形成ホルモン，フロリゲン（florigen）ともいう．花芽の形成を誘導する．光周性*反応を示す植物の葉が光周期を感知すると葉で生成され，茎成長先端に運ばれて花芽の分化を誘導する．長日植物の花芽形成*を誘導するタンパク質としてシロイヌナズナのFTタンパク質が同定され，短日植物のイネではFTに相同なHd3aタンパク質が同定されている．適当な日長を植物が受容することにより葉の維管束細胞で合成されたFTタンパク質が茎頂分裂組織に運ばれ，FDタンパク質と相互作用し，その複合体が$AP1$（$APETALA1$）遺伝子の転写を誘導し，花芽形成が開始する．$FT$遺伝子産物はホスファチジルエタノールアミン結合タンパク質と弱い相同性を示し，FDのようなほかのタンパク質と複合体を形成し，花芽形成に必要なシグナルを下流の遺伝子に伝えていると考えられている．

**カゼインキナーゼ**［casein kinase］ 真核細胞に広く分布するセリン/トレオニンキナーゼ*で，カゼインをよい基質とするタンパク質リン酸化酵素として知られている．カゼインキナーゼIは単量体であるが，カゼインキナーゼIIは$\alpha_2\beta_2$または$\alpha\alpha'\beta_2$のサブユニット構造をもち，$\alpha(\alpha')$サブユニットに触媒作用が認められる．生理的基質としては，転写や複製に関与するRNAポリメラーゼ（I, II），DNAトポイソメラーゼ，SV40ラージT抗原など，タンパク質の合成に重要なアミノアシルtRNAシンテターゼなど，情報伝達系のインスリン受容体，cAMP依存性プロテインキナーゼの調節サブユニット（II型），ホスファターゼインヒビター-2，カルモジュリンなど，代謝酵素のグリコーゲンシンターゼ，アセチルCoAカルボキシラーゼなどがある．さらに，カゼインキナーゼIの生理的調節因子は報告されていないが，阻害薬としてはイソキノリンスルホンアミド誘導体が報告されている．カゼインキナーゼIIの活性化物質としてはポリアミン，阻害物質としてヘパリンがある．

**カセットモデル**［cassette model］ 酵母* $Saccharomyces$の接合型**a**と$\alpha$の変換機構を説明するために提唱されたモデル．その機構が2種類のカセットテープを共通のデッキに入れてそれぞれ再生させるのに似ていることから，この名前がある．接合型の異なる半数体**a**と$\alpha$は接合して倍数体の**a**/$\alpha$となるが，

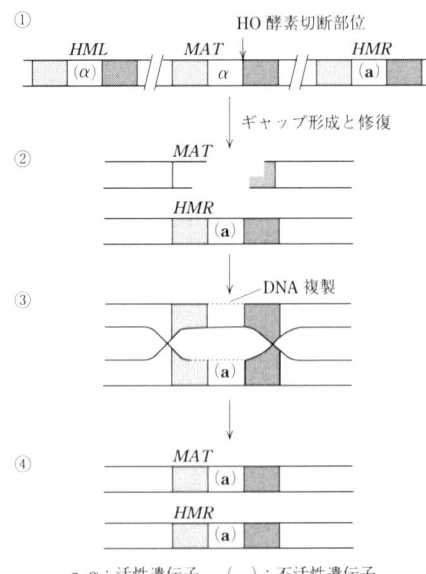

同じ型の間では接合しない．細胞は a と α を決める遺伝子を不活性の状態でもち，どちらかの遺伝子が MAT とよばれる染色体上の座位にある時に発現される(図①，⇒ MAT 遺伝子)．両遺伝子は同時にこの座位を占めることはないから，細胞の接合型は一方だけに決められるが，時にはもう一方の型に変わる．たとえば不活性な a 遺伝子が複製されて，その一方が MAT 座位上の α 遺伝子と組換えられると(図③)，α 型が a 型に変わる(図④)．置き換えられた α 遺伝子は分解されるが(図②)，残りの a 遺伝子は失われず に染色体上に不活性のまま保たれるから，変換は可逆的である．組換え反応の開始は HO 遺伝子*(表現型は変換スイッチの制御，産物は二本鎖切断エンドヌクレアーゼ)の支配を受け，MAT 座位の遺伝子 DNA が切断を受けること(図①)がそのきっかけとなる．(⇒非相互組換え，遺伝子変換)

**仮足** [pseudopodium, pseudopod, (pl.) pseudopodia] 偽足ともいう．(⇒アメーバ運動，葉状仮足，糸状仮足)

**家族性アルツハイマー病** [familial Alzheimer's disease] FAD と略す．(⇒アルツハイマー病)

**家族性 HDL 欠損症** [familial HDL deficiency] ＝タンジール病

**家族性高コレステロール血症** [familial hypercholesterolemia] FH と略す．腱黄色腫，高コレステロール血症(hypercholesterolemia)，早発性アテローム性動脈硬化に起因した心筋梗塞症が臨床的特徴である．本症例の 75％ にアキレス腱肥厚が認められる．血中コレステロールの大半を運搬する，低密度リポタンパク質*LDL の受容体である，低密度リポタンパク質受容体*の遺伝子異常により惹起されることが J. L. Goldstein, M. S. Brown により発見された．LDL 受容体遺伝子が単離されており，FH 患者の遺伝子異常が詳細に検討されている．その成果は，FH を 5 型に分類している．I 型：LDL 受容体の転写異常，あるいは LDL 受容体遺伝子の欠損のため LDL 受容体 mRNA がつくられない型．II 型：糖鎖付着部位の異常のため，ゴルジ体への移動ができない型．III 型：LDL 受容体に LDL が結合できない型．IV 型：LDL が受容体に結合するが，細胞内へ移動できない型．V 型：LDL 受容体が，いったん細胞内に入り，再び細胞表面に出てくる，リサイクリング異常を呈する型など，分子レベルの解析が進んでいる．500 人に 1 人の割合で発病する常染色体優性疾患*の一つである．FH の治療には，おもにコレステロール生合成の律速酵素である HMG-CoA レダクターゼの競合阻害剤が使用されており，ロバスタチン(メビノリン，メバコール)，プラバスタチン(プラバコール)，シンバスタチン(ゾコール)，アトルバスタチン(リピトール)などスタチンとよばれている薬剤が代表的なものである．

**家族性甲状腺髄様がん** [familial medullary thyroid carcinoma] ⇒ 多発性内分泌腫瘍症

**家族性大腸がん** [familial colorectal cancer] ＝遺伝性非腺腫性大腸がん

**家族性大腸腺腫症** [familial adenomatous polyposis] 家族性大腸ポリポーシスともいう．FAP と略す．大腸に数百～数千の腺腫(ポリープ*)を発生する常染色体優性遺伝疾患であり，その発生頻度は人口約 5 千～1 万人に 1 人と推測されている．患者は 10 歳代から大腸全域に腺腫ができはじめ，放置しておくと腺腫の数は数千に及ぶようになり，ほぼ 100％ の確率でいずれかの腺腫が大腸がんへと進展する．この原因遺伝子は疾患家系を利用した連鎖解析法によって第 5 染色体長腕 21-22 領域に存在することが明らかにされた．その後，1991 年にポジショナルクローニング*法によって APC 遺伝子*とよばれる原因遺伝子が発見された(⇒ がん抑制遺伝子)．この遺伝子の突然変異は一般の大腸の腺腫やがん，あるいは胃がんにおいても認められる．APC タンパク質は細胞接着に関与するカテニン*と結合することが明らかにされており，また，異常をもった APC タンパク質ができると細胞骨格に大きな変化をきたす．

**家族性大腸ポリポーシス** ＝家族性大腸腺腫症

**家族性乳がん遺伝子** [gene responsible for familial breast cancer] ＝ BRCA 遺伝子

**GATA 因子群** [GATA factor family] GATA-1 が最初に赤血球特異的な転写調節因子として発見されたが，その後 DNA 結合ドメインによく保存されたジンクフィンガードメインをもつ一群の転写因子*(GATA 因子群)が存在することが明らかにされた．本因子群に属する因子は，酵母・真菌など単純真核生物から脊椎動物に至るまでの各種の生物に存在し，ヒトでは GATA-1～6 が知られている．各因子はいずれも (A/T)GATA(A/G) 配列に結合して転写活性化を行うので GATA 結合タンパク質(GATA binding protein)ともよばれる．脊椎動物の GATA 因子群各因子の発現はいずれもいくつかの組織・細胞系列に限局しており，たとえば GATA-1 は赤血球・巨核球・マスト細胞および精巣セルトリー細胞に，また GATA-3 は T リンパ球・神経細胞などに発現している．GATA-2 と GATA-3 は脂肪細胞の分化を制御する．標的遺伝子群には組織・細胞特異的に発現するものが多い．GATA 因子群は細胞系列特異的な転写制御に関与する代表的な転写因子である．

**片親遺伝** [uniparental inheritance] ⇒ 母性遺伝

**片親性ダイソミー** ＝片親由来二染色体性

**片親由来二染色体性** [uniparental disomy] 片親性ダイソミーともいう．UPD と略す．染色体異常の一つで，片親から 2 コピーの染色体対を受け継ぎ，もう片親からは 1 対も受け継がない時に発生する．通常，子は一対ずつの染色体をそれぞれの親から受け継ぐ．母方からのみ染色体を受け継いだ場合は母性二染色体性(maternal disomy)とよび，一方，父方からのみ染色体を受け継いだ場合は父性二染色体性(paternal disomy)とよぶ．母性二染色体性は，非常にまれである．UPD が起こる原因として，三染色体性*(トリソミー)接合体からの染色体欠損，単染色体性*(モノソミー)接合体からの染色体の重複，コピーをもたない同

一染色体をもつ接合体と二つのコピーをもつ染色体の接合体の受精があげられる．この遺伝異常は，子の健康や発達に問題をもたらすことがあり，まれに劣性疾患やゲノムインプリンティング*の影響による発達異常をもたらす．しかし，場合によっては健康や発達にまったく問題を起こさないケースもある．

**GATA 結合タンパク質**［GATA binding protein］
⇌ GATA 因子群

**GATA-3**［GATA-3］　GATA 因子群*の一つで，T 細胞受容体*遺伝子座のエンハンサー領域に結合する分子として同定された．T 細胞*，交感神経，副腎髄質などに特異的に発現し，脳や脊髄，リンパ球*の正常な発生に必須の分子である．T 細胞の中でも，IL-4 存在下で抗原を認識したヘルパー T 細胞*が 2 型ヘルパー T 細胞へ分化する際に高発現し，$T_H2$ サイトカイン遺伝子座のクロマチンリモデリングや転写活性化を誘導することから，2 型ヘルパー T 細胞分化のマスター転写因子であると考えられている．GATA-3 は N 末端に転写活性化ドメインを，C 末端に二つのジンクフィンガーをもつ．二つのジンクフィンガーは DNA への結合やタンパク質相互作用に重要であることが明らかになっている．最近，T 細胞だけでなく，乳腺の形態形成にも重要であることが報告されている．

**カタボライト遺伝子アクチベータータンパク質**
［catabolite gene activator protein］　CAP と略す．
（⇌ サイクリック AMP 受容タンパク質）

**カタボライト抑制**［catabolite repression］　ある物質の代謝物質（カタボライト）が，その物質の代謝に対し負の調節*をすることをいう．ここではラクトースの代謝産物であるグルコースが培地中に存在するとラクトースの利用が抑えられるグルコース抑制（glucose repression）の系を例として説明する．大腸菌などの細菌がラクトースを利用するためには，β-ガラクトシダーゼ（二糖のラクトースをグルコースとガラクトースに分解する，図の Z）などをコードするラクトース

■ リプレッサー　　　　　　　　　$O$：オペレーター
● cAMP・CRP 複合体　　as：活性化部位
◯ RNA ポリメラーゼ　　　$P$：プロモーター

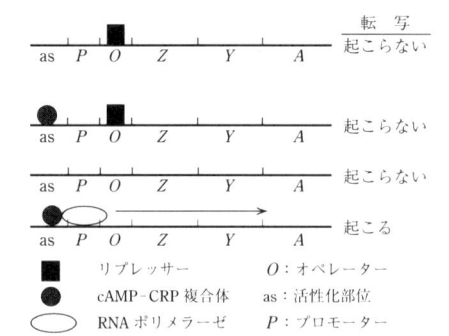

オペロン*が転写され，オペロンによってコードされるタンパク質が発現する必要がある．培地中にラクトースが存在しない状態では，リプレッサーとよばれるタンパク質が四量体となってオペレーター部位（図の $O$）に結合している．その結果 RNA ポリメラーゼはプロモーター（図の $P$）に結合できず，転写は起こらない．ラクトースが存在すると異性体のアロラクトースがリプレッサーに結合し，リプレッサーはオペレーター部位への結合能をなくしてオペレーターから離れる．この状態では，プロモーターは RNA ポリメラーゼに対し開かれた状態となっているが RNA ポリメラーゼの結合能が弱く，転写はほとんど起こらない．菌体内のサイクリック AMP（cAMP）濃度が高い場合，cAMP はサイクリック AMP 受容タンパク質*（CRP）と複合体をつくり，cAMP-CRP 複合体が活性化部位（図の as，または CAP 部位とよばれる）に結合する．cAMP-CRP 複合体が活性化部位に結合すると RNA ポリメラーゼのプロモーターへの結合能が強まり，転写が開始される．すなわち，ラクトースオペロンの転写には cAMP-CRP 複合体が as 部位に結合していること，リプレッサーがオペレーターに結合していないことの両者が必要である．培地中にグルコースが存在すると菌体内 cAMP 濃度が低下する（⇌ サイクリック AMP 制御因子）ので，cAMP-CRP 複合体から cAMP がはずれ，CRP が as 部位からはずれる．RNA ポリメラーゼの結合能が低下し，ラクトース存在下でもラクトースオペロンの転写が止まる．cAMP，CRP を介した転写調節機構はガラクトース，マルトース，アラビノース，グリセロールなどのオペロンにも働く．

**カタラーゼ**［catalase］　EC 1.11.1.6．過酸化水素*（$H_2O_2$）の不均化反応

$$2 H_2O_2 \longrightarrow 2 H_2O + O_2$$

を触媒する酵素．ほとんどすべての動植物組織に広く分布しており，微生物はマンガンを含む酵素が見いだされているが，ほかはすべてヘムタンパク質．肝臓や赤血球に多く含まれ，特に肝臓はサイトゾル*およびペルオキシソーム*に大量に含まれる．酵素化学的には compound I とよばれるミカエリス中間体の最初の例となった．酵素反応の中で最大のターンオーバー数をもつ．生理的役割は細胞内で生じる $H_2O_2$ の消去で，通常グルタチオンペルオキシダーゼ（glutathione peroxidase）と相補的に働く．肝細胞内で直接 compound I の生成がみられており，細胞内 $H_2O_2$ 濃度は $\sim 10^{-8}$ 以下に保たれている．反応機構は次式で表される．

$$H_2O_2 + Fe^{3+} (\text{cat}) \longrightarrow \text{compound I}$$
$$\text{compound I} + H_2O_2 \longrightarrow Fe^{3+} (\text{cat}) + O_2 + 2 H_2O$$

また，フェノールやアルコールが存在すると compound II が生じる．他のヘムタンパク質と異なり，$Na_2S_2O_4$ では鉄は還元されない．

**割球**［blastomere］　卵割*によって生じる形態的に未分化な細胞をいい，2 細胞期から胞胚期までの間のものをさす．哺乳類の受精卵は均等卵割するので，同一卵割期の割球の大きさはほぼ等しい．卵割が進むに従って小型化する．また，分裂は体積の増加を伴わないので，卵割期では胚細胞全体としての体積は増えることはない．コンパクション*が起こると，各割球は密に接着して胚表面が一様につながり合うの

で，個々の割球を識別することが困難となる．

**褐色細胞腫** [pheochromocytoma]　クロマフィン細胞腫ともいう．副腎髄質クロマフィン細胞の腫瘍．一般に良性とされるが，悪性でがん化するものがあり，ラット由来の継代維持できる腫瘍が研究によく用いられる．特に，この腫瘍からクローン化された株細胞であるPC12細胞(PC12 cell)は神経系の研究に多用されている．カテコールアミン分泌性のPC12細胞は分化能力をよく保持しており，神経成長因子*(NGF)存在下に培養すると，10μmぐらいの直径の小さな細胞が2倍にも肥大し扁平となり，長い神経線維を伸ばすようになる．NGFによって分化したPC12細胞は交感神経節*細胞とほぼ類似の性質をもつニューロン様細胞となる．PC12細胞はNGFによる神経分化のよいモデルとなるとともに，クローン細胞としてのニューロンモデルとしても多用されている．PC12細胞はクローン細胞ではあるが，しばしば培養時に自然に変化した性質の異なる株が多くの研究者によってつくられている．それぞれの亜株は特定の研究課題についてのよいモデルとして用いられている．

**褐色脂肪細胞** [brown fat cell]　多房性脂肪細胞(multilocular fat cell, multilocular adipose cell)．生体内に存在する2種類の脂肪細胞*の一つ．骨格筋の収縮を伴わない熱産生に重要な役割をもつ．肉眼的な色は黄褐色〜赤褐色．冬眠動物でよく発達する．細胞質には中〜小型の脂質滴とクリステの発達したミトコンドリア*を多数もち，その後者の特異な脱共役タンパク質でATP産生を伴わずに脂肪酸を酸化することにより効率よく熱産生を行う．熱産生の引き金となるのは細胞表面に終末をつくる交感神経の刺激である．褐色脂肪細胞は肥満に関する研究の材料として最近注目されている．

**褐色体** [phaeoplast]　→色素体

**活性化エネルギー** [activation energy]　化学反応において，反応物質(分子)中の(あるいは分子間の)特定の結合を切り，新しい状態に移る(新たな結合を生じる)ためには，当該分子がある量のエネルギーをもった不安定な遷移状態(活性化状態)になる必要がある．この状態と基底状態のエネルギー差を活性化エネルギー(または活性化自由エネルギー activation free energy)という．一般に反応が温度の上昇とともに速くなるのは，熱の形でこのエネルギーを得る分子の数が増すためと考えられる．触媒*は，活性化エネルギーを低下させることにより反応を促進する．

**活性化プロテインC** [active protein C]　APCと略す．(→プロテインC)

**活性クロマチン** [active chromatin]　活発に転写を行っているDNAを含むクロマチン*(染色質)のこと．転写されていないDNAを含む他のクロマチン部分(不活性クロマチン)に比べてDNAがデオキシリボヌクレアーゼI(DNアーゼI)により分解されやすく，また，ごく微量のDNアーゼIによりDNAに特異的切断が起こる(→DNアーゼI高感受性部位)．このことから，活性クロマチンは核内でいわば"開いた"状態にあり，転写因子やRNAポリメラーゼが近づきやすくなっていると考えられている．

**活性酸素** [active oxygen]　スーパーオキシドアニオン*，過酸化水素*，ヒドロキシルラジカル*，一重項酸素(singlet oxygen)など分子状酸素に比べて反応性に富んだ酸素種の総称．酸素毒性の原因となる．好気性生物が利用する酸素分子の90％以上は，呼吸酵素系の働きで水に還元されるが，この還元作用が不十分な場合に生じる．キサンチンオキシダーゼや還元型フラビンによる酸素分子の1電子還元でスーパーオキシドアニオンが生じ，この不均化反応や，グルコースオキシダーゼによる2電子還元で過酸化水素が生じる．さらに鉄や銅などの金属イオンが触媒し，酸素の3電子還元で原子間結合が切れてヒドロキシルラジカルが生じる．一重項酸素は分子状酸素の紫外線光励起などで生じる．ヒドロキシルラジカルは核酸，タンパク質，脂質など生体構成分子を分解し，がんを含む多くの疾病の原因をつくるものとみなされている．この反面，スーパーオキシドアニオン，過酸化水素はホルモンの生合成や遺伝子発現などに必須の役割を果たしている．

**活性帯** [active zone]　シナプス*および神経筋接合部*のシナプス前神経終末に存在する神経伝達物質*放出部位の構造．電子密度の高い電子顕微鏡像を示す．シナプス小胞*を係留し，カルシウムイオン濃度の増大が引き金となり，小胞膜と細胞膜の融合を起こして神経伝達物質を放出するとされる．細胞膜に融合した小胞膜は，その後回収される．カルシウムチャネル*が高密度で存在し，シンタキシン，ニューレキシン(neurexin)などの複数のシナプス小胞結合タンパク質の存在が示されている．(→ボツリヌス毒素)

**活性中心** [active center, activation center]　活性部位(active site)ともいう．酵素*分子中において，基質が特異的に結合し触媒作用を受ける部位．触媒部位と基質結合部位から成るが，両者の厳密な区別はしばしば困難である．酵素タンパク質の活性部位の解析には，アミノ酸残基特異的な化学修飾や基質類似物質によるアフィニティーラベル*などの手法や，遺伝子工学的手法(→部位特異的突然変異誘発)，X線結晶解析やコンピューターグラフィックスによる高次構造解析などのさまざまな手法が用いられる．

**活性II因子** [activated factor II]　＝トロンビン

**活性部位** [active site]　＝活性中心

**活性メチオニン** [active methionine]　＝S-アデノシルメチオニン

**褐藻類** [brown algae]　→藻類

**活動電位** [action potential]　神経細胞あるいは筋細胞などの興奮性細胞において，静止時に負電位であった膜電位*がシナプス電位などで陽性方向に移動(脱分極*)し，一定の電位(臨界電位)を超えた時出現する一定振幅のパルス状陽性電位変化をいう．長軸方向に長い細胞の一端でこの電位変化が起こった場合は，隣接細胞膜に対する脱分極刺激となり，新たな活動電位を発生し，結果として細胞内を非減衰的に電位

パルスが伝播する．これが神経細胞内，特に軸索*におけるシグナル伝達の基本機構である．生体膜電位は細胞内外のイオン濃度差と膜の選択的透過性により発生する．興奮性膜には電位依存性に開閉して各種イオンを選択的に透過するチャネル分子が存在する．その中で電位依存性 $Na^+$ あるいは $Ca^{2+}$ チャネルはわずかな脱分極で開き始め，細胞外により多く存在するこれら陽イオンを細胞内に輸送して脱分極をひき起こし，さらにチャネルが開く．この自己再生的過程により活動電位は発生する．(⇌ ナトリウムスパイク，静止電位)

**滑脳症** [lissencephaly]　⇌ ミラー・ディーカー症候群

**κB** [κB]　⇌ NF-κB

**κB 配列** [κB sequence]　⇌ NF-κB

**滑面小胞体** [smooth endoplasmic reticulum, smooth ER]　リボソーム*が結合していない小胞体*のこと．ところどころで，粗面小胞体*と連続しており，滑面小胞体は粗面小胞体から形成されると考えられている．滑面小胞体にはリボソームが付着せず，タンパク質合成に関係のある小胞体の機能は欠如しており，それ以外の小胞体の機能は一般的には滑面小胞体により高く認められる．すなわち，滑面小胞体ではリン脂質，コレステロールなどの複合脂質合成が行われ，複合脂質合成の盛んな細胞では滑面小胞体が非常によく発達している．つぎに，シトクロム P450*，シトクロム $b_5$ とこれらの還元酵素から成る電子伝達系がおもに滑面小胞体に存在し，ステロイドホルモンやプロスタグランジンなどの内因性物質の合成・代謝，フェノバルビタール*などの薬剤や種々の発がん物質など外因性物質の解毒・代謝に関与している．また，薬物の多量投与により解毒系酵素が誘導されるのに伴い滑面小胞体も顕著に増加することが知られている．グルコース-6-ホスファターゼ，エステラーゼなどの代謝酵素も多量に存在する．また滑面小胞体は，細胞内 $Ca^{2+}$ 貯留場（プール）としてカルシウム伝達に重要な機能を果たしている．筋小胞体*は滑面小胞体の $Ca^{2+}$ 貯留，放出機能が高度に発達したものと考えられる．肝細胞から調製した滑面ミクロソーム（⇌ ミクロソーム）はおもに滑面小胞体に由来する．

**滑面ミクロソーム** [smooth microsome]　⇌ ミクロソーム

**カテコール** [catechol]　＝ピロカテコール(pyrocatechol)，ピロカテキン(pyrocatechin)，1,2-ジヒドロキシベンゼン(1,2-dihydroxybenzene)，1,2-ベンゼンジオール(1,2-benzenediol)．$C_6H_6O_2$，分子量 110.11．無色結晶で(融点 104〜105℃)，水に溶けるが酸化されやすい．アルコール，エーテルに可溶．チロシンの酸化により生合成される L-ドーパ（⇌ ドーパ）はカテコール核をもつ代表的な生体アミノ酸であり，カテコールアミン*（ドーパミン*，ノルアドレナリン*，アドレナリン*）の前駆物質である．

**カテコールアミン** [catecholamine]　カテコール*核をもつ生理活性アミンの総称．通常生体内に存在するドーパミン*，ノルアドレナリン*，アドレナリン*の3種をさす．末梢神経系では，ノルアドレナリンが交感神経節後繊維の神経伝達物質*であり，アドレナリン，ノルアドレナリンは副腎髄質ホルモンである．中枢神経系においてもドーパミン，ノルアドレナリン，アドレナリンは伝達物質である．カテコールアミンは細胞内で血液中から取込まれたチロシンより，チロシン→ドーパ→ドーパミン→ノルアドレナリン→アドレナリンの順に，酵素（チロシンヒドロキシラーゼ*，芳香族 L-アミノ酸デカルボキシラーゼ，ドーパミン-β-ヒドロキシラーゼ，フェニルエタノールアミン-N-メチルトランスフェラーゼ）により生合成され，細胞内の特定の顆粒に貯蔵される．刺激に応じて神経終末より放出されたカテコールアミンは，(副腎髄質細胞の場合は，血流を経て)標的細胞膜に存在するカテコールアミン受容体（アドレナリン受容体*，ドーパミン受容体*）に結合し，細胞内シグナル伝達系を介して標的細胞の反応をひき起こす．カテコールアミンの不活性化機構として，1) 神経終末への取込み，2) 酵素（モノアミンオキシダーゼ*(MAO)やカテコール-O-メチルトランスフェラーゼ(COMT)）による代謝が知られている．

**カテコールアミン作動性ニューロン** [catecholaminergic neuron]　カテコールアミン*であるドーパミン*，ノルアドレナリン*，アドレナリン*を生合成し，輸送，放出しているニューロンをいう．動物の中枢では，カテコールアミンの蛍光組織化学法と生合成酵素の抗体を用いた免疫組織化学法により，ドーパミン，ノルアドレナリン，アドレナリン各作動性ニューロンが区別されている．1) ドーパミン作動性ニューロン*は中脳の中脳網様体($A_8$)，黒質($A_9$)，腹側被蓋野($A_{10}$)に細胞体があり，長い軸索を線条体，辺縁系へ投射している．パーキンソン病*では，黒質-線条体系の変性によるドーパミンの減少が認められる．中脳-辺縁系は行動，情動に関与していると考えられている．また間脳には $A_{11}$〜$A_{15}$ とよばれる細胞群があり，漏斗-下垂体系は下垂体ホルモン分泌を調節している．2) ノルアドレナリン作動性ニューロン(noradrenergic neuron)はおもに橋，延髄に存在し，大脳皮質，視床下部，脳幹，脊髄などへ広範囲に投射して多くの機能調節に関与している．青斑核($A_6$)は最大の細胞体群である．3) アドレナリン作動性ニューロンの細胞体は延髄網様体($C_1$〜$C_3$)に存在し，青斑核，視床，視床下部，迷走神経核，また脊髄へ投射し，おもに自律神経機能に関与しているらしい．(⇌ アドレナリン作動性ニューロン，コリン作動性ニューロン)

**カテナン** [catenane, catenated DNA]　2分子の環状二本鎖 DNA がからみ合って連結した構造体．より広義には，2個以上の環状化合物が非共有結合的に鎖状に連結している構造をもつ化合物の総称．生体内では，環状 DNA の複製や，環状 DNA の分子間あるいは分子内組換え反応によって生じ，DNA トポイソメ

ラーゼ*の作用により2分子の環状DNAに分離される．(⇌カテネーション)

**カテニン**［catenin］ 細胞間の重要な接着分子であるカドヘリン*の細胞質領域には，通常，約102 kDa，94 kDa，83 kDaの3種類のタンパク質が強く結合している．これらのタンパク質を，それぞれα，β，γカテニンとよぶ．カドヘリンにβカテニンが結合し，それにαカテニン*が結合している場合と，カドヘリンにγカテニンが結合し，それにαカテニンが結合している場合の2種類の複合体が存在する．これらのカテニンの結合は，カドヘリンが接着分子として働くために必須であり，がん細胞などでαカテニンの発現がなくなると細胞は接着できなくなる．アミノ酸配列上，αカテニンはビンキュリン*に，βカテニンとγカテニン(プラコグロビン plakoglobin ともよばれる)はショウジョウバエのアルマジロ(Armadillo)遺伝子産物と似ている．

**カテネーション(DNAの)**［catenation］ カテナン*を形成すること．環状DNAの複製や環状DNAの分子内組換え反応に伴って起こる．またカテナン形成活性をもつDNAトポイソメラーゼ*の作用によっても起こる．二本鎖の解離を伴って進行するDNA複製終了時には，娘DNA分子が二重らせんのリンキング数分だけ互いにからみ合ったカテナンとなるが，生体内では複製フォーク*進行時にDNAトポイソメラーゼが二重らせんのリンキング数を減少させるため，たとえば大腸菌のプラスミドにおいて生成するおもなカテナンは互いに2～3回からみ合った分子である．(⇌デカテネーション)

**カテプシン**［cathepsin］ リソソーム*に局在する酸性のプロテアーゼ*の総称で，基質特異性などによりアルファベットで分類されている．ただしカテプシンEはリソソームに局在しない例外である．作用様式から，エキソペプチダーゼとエンドペプチダーゼに分類されるが，前者に属する酵素はアルファベットを用いず，カテプシンAをリソソームカルボキシペプチダーゼA(lysosomal carboxypeptidase A)などと作用様式を明示してよぶのが一般的である．エンドペプチダーゼには，パパイン*族であるカテプシンL，S，B，Hなどのシステインプロテアーゼ(いずれも分子量25,000～30,000)とアスパラギン酸プロテアーゼであるカテプシンDが含まれる．好中球由来のセリンプロテアーゼ，カテプシンGは最適pHが中性にある．いずれも，プレプロ型の前駆酵素として生合成され，ゴルジ体からリソソームへ輸送される途上，あるいはリソソーム内で成熟型活性酵素となる．カテプシンは細胞内および細胞外タンパク質の分解だけでなく，外来性抗原のプロセシングにも関与する．

**仮道管組織**［tracheid tissue］ ⇌維管束

**可動性遺伝因子**［mobile genetic element, movable genetic element］ ⇌トランスポゾン

**カドヘリン**［cadherin］ 動物細胞が互いに接着するために必須の分子群．基本形はクラシックカドヘリンとよばれ，Eカドヘリン(上皮組織にありウボモ

ルリン uvomorulin ともよばれる)，LCAM (liver cell adhesion molecule)，Nカドヘリン(ニューロンに見られる．ACAM, adherens junction-specific cell adhesion molecule)，Pカドヘリン(胎盤に見られる)など十数種類があり，細胞によって異なるタイプが発現される．膜貫通タンパク質で，細胞外ドメインには，カドヘリンリピート(カドヘリンモチーフ)とよばれる特有な反復配列があり，向かい合った細胞膜間でこのドメインが相互作用することにより細胞が結びつく．この反応には$Ca^{2+}$が必要である．細胞外ドメイン間の相互作用は，同じカドヘリン同士で最も強く，その結果，選択的細胞接着をひき起こす．細胞内ドメインにはカテニン*が結合し，カドヘリンの接着活性を制御している．カテニンはαカテニン*，βカテニンの2群に分かれ，αカテニンにはαE，αNの2型，βカテニンの類似分子としてプラコグロビン(plakoglobin)が知られる．ショウジョウバエのβカテニンは Armadillo とよばれる．カドヘリン-カテニン複合体はアクチン束を含む細胞骨格系と結びついており，細胞間接着結合を形成する(⇌接着結合)．カドヘリンによる接着は，強固で秩序ある細胞間結合のために必須であり，その不活化により，密着結合*など他の接着構造の形成にも影響が及び組織構造は崩壊する．それぞれのタイプのカドヘリンは，胚発生において特有の空間・時間的発現パターンを示し，これが動物組織の形態形成のために重要な役割を果たしていると考えられている．血管内皮など特定の組織だけで発現されるカドヘリンも知られる．多くの浸潤性がん腫では，カドヘリンまたはカテニンの発現・機能に異常があり，がん細胞の分散活性を高める要因となっている．カドヘリンリピートは他の多くの分子に存在し，これらはカドヘリンスーパーファミリー(cadherin superfamily)と総称される．これらのうちデスモコリン*，デスモグレイン*はクラシックカドヘリンに似ているが，特有なアミノ酸配列をもち，中間径フィラメントと会合して接着装置の一つデスモソーム*を形成する．それぞれ複数の型があり一部は自己免疫病，天疱瘡*の抗原となる．細胞内ドメインをもたないカドヘリン様分子も存在する．また，プロトカドヘリン(protocadherin)とよばれる大きな分子群が存在するがその機能は不明な点が多い．ショウジョウバエの Fat は腫瘍形成抑制因子として知られる．c-Retはカドヘリンリピートを一つもつ受容体型チロシンキナーゼである．(⇌細胞接着分子)

**カドヘリンファミリー**［cadherin family］ カルシウムイオン依存的に細胞間接着を媒介する接着分子の一群で，ホモフィリックな結合を示す(自分と同じ分子に結合する)．細胞外ドメインにカドヘリンモチーフとよばれる特有な反復配列をもつ．カドヘリン*には，Pカドヘリン(胎盤)，Nカドヘリン(神経系)，Eカドヘリン(上皮組織)，VEカドヘリン(血管内皮細胞)など組織特異的に発現するものが多く，カドヘリンファミリーを形成する．カドヘリンの細胞内ドメインにはαカテニン*，βカテニン，γカテニンなどの

分子が会合し，カテニン*はさらにアクチン*などの細胞骨格に結合して，カドヘリンの接着性を制御する．

**カナマイシン**［kanamycin］　放線菌 *Streptomyces kanamyceticus* の生産するアミノグリコシド系抗生物質*の一つで，グラム陽性細菌，陰性細菌，結核菌などに殺菌的に作用するが，嫌気性菌には効かない．聴力・平衡覚障害，腎障害などの副作用を示す．作用機序はタンパク質合成の阻害が主で，細菌のリボソームの 50S および 30S サブユニットに結合し，タンパク質合成の開始およびペプチド鎖の伸長過程に作用し，コドンの読み誤りを起こす．耐性は細菌の修飾酵素（リン酸化，アデニリル化，アセチル転移）の産生による．リボソームの変化による耐性菌もある．ベカナマイシン（bekanamycin＝カナマイシン B）はカナマイシンよりも抗菌力が強いが，毒性もやや強い．

カナマイシン：R＝OH
ベカナマイシン：R＝NH₂

**過敏症**［hypersensitivity］　＝アレルギー

**カフェイン**［caffeine］　＝1,3,7-トリメチルキサンチン（1,3,7-trimethylxanthine），メチルテオブロミン（methyltheobromine）．$C_8H_{10}N_4O_2$，分子量 194.19．コーヒー豆や茶の葉に存在するアルカロイド．アデノシン受容体阻害作用，リアノジン受容体/カルシウム放出チャネル開口促進作用，ホスホジエステラーゼ阻害によるcAMP 増加作用などを示す．その結果，中枢神経興奮作用，骨格筋収縮作用（これらはテオフィリン*，テオブロミン*より強い）のほか，胃液分泌亢進作用，強心作用，平滑筋弛緩作用，利尿作用などを呈する．

**カブ黄斑モザイクウイルス**［*Turnip yellow mosaic virus*］　TYMV と略される．直径 30 nm の球形ウイルス．粒子内には（＋）鎖の一本鎖 RNA（6318 ヌクレオチド）を 1 本もっている．宿主範囲は狭く双子葉植物*に限られ，ハムシ科とゾウムシ科の甲虫によって媒介され，感染すると黄色モザイクや黄斑症状を示す．

**カプシド**　＝キャプシド

**花粉**［pollen］　裸子植物および被子植物の雄性配偶体．被子植物では，やく中の花粉母細胞が減数分裂*を行って 4 個の小胞子となり（四分子），小胞子の核は分裂して，栄養核（花粉管核）と雄性配偶子を形成し，花粉となる．四分子から花粉が成熟する間に花粉の発芽孔と内膜および外膜が形成され，外膜およびその上層の上膜にはそれぞれの種に特有の模様が発達する．花粉の上膜の主成分，スポロポレニン（sporopol-lenin）は分解しにくく，地中に堆積した花粉から古い時代の植物の種類を推定できる．花粉は風や昆虫，動物などに運ばれて移動し，受粉（pollination）する．受粉した花粉は吸水して，花粉管*を発芽させて受精*に至る．花粉は，紫外線や乾燥に耐えて生存できる機構やそれぞれの種特有の移動機構，雌しべに付着したのちに同種の雌しべを認識できる情報や，近親交配を妨げる自家不和合性*に関する情報などにかかわる物質，また動物にアレルギー*を起こす物質などを保有している．

**花粉管**［pollen tube］　花粉*が発芽した時に伸長する花粉細胞の管状構造．花柱内を伸長し，雄性配偶子を胚珠に運ぶ．花粉管は基部にカロース栓（callose plug）を形成しながら，先端を更新して伸長する．先端部の原形質流動*が活発で，アクチン*とミオシン*が関与する．

**カベオラ**［caveola(e)］　1950 年代から記載されてきた細胞内構造物．上皮細胞など種々の細胞の細胞膜直下に存在し，50～100 nm 程度の顆粒状，または細胞膜に開口した陥入状構造をとる．分泌顆粒や貪食顆粒と異なり常に細胞膜下にとどまって存在し，細胞膜上のミクロドメインの形成にも重要と考えられている．生化学的にはトリトン不溶画分として精製され，細胞膜とは異なる特徴的な物質組成をもち，脂質ではスフィンゴミエリンに，タンパク質は PI アンカータンパク質に富む．機能は不明だが，葉酸トランスポーターや cAMP 結合タンパク質が局在するため，これらの物質の細胞内取込みを担っていると考えられ，エンドサイトーシス*，トランスサイトーシス*につぐ第三の概念として potocytosis という言葉が提唱されている．また，最近，シグナル伝達に関与するさまざまな分子（受容体*，G タンパク質*，チロシンキナーゼ*など）がカベオラに濃縮されて存在していることが示され，細胞膜を介したシグナル伝達での重要な役割も示唆されている．（→ カベオリン）

**カベオリン**［caveolin］　カベオラ*に局在し，その主要な構成成分となっている膜タンパク質で，v-src でトランスフォームした細胞の主要なチロシンリン酸化標的タンパク質として単離された．機能は不明だが，まったく独立して上皮細胞内のタンパク質のソーティング*と輸送に関与するタンパク質として単離された VIP21（vesicular integral protein 21）と同一のものだったことから，カベオラの特徴的なタンパク質組成の成因に重要な役割を果たしている可能性が示唆されている．

**カペッキ　CAPECCI**, Mario Renato　米国の分子生物学者．1937.10.6～　イタリアのベローナに生まれる．1961 年オハイオのアンティオック大学で化学・物理学学士号，1967 年ハーバード大学において生物物理学で Ph.D. 取得．1969 年ハーバード大学医学部助教授，1971 年同準教授，1973 年ユタ大学生物学教授，1989 年から人類遺伝学教授．マウスの胚性幹細胞*を使った遺伝子ターゲッティング*法を開発した．2007 年胚性幹細胞を使ってマウ

スに特異的な遺伝子修飾を導入するための原理の発見により E. M. Evans[*], O. Smithies[*] とともにノーベル医学生理学賞受賞．1993 年以降生物学・人類遺伝学の distinguished professor．ハワード・ヒューズ医学研究所研究員を兼任．

**可変部** ＝可変領域

**可変領域** [variable region] 可変部，V 領域(V region)ともいう(→ 定常領域)．【1】抗体[*]や T 細胞受容体[*]のように 1 本のポリペプチド鎖内で，きわめて多様な配列を示す領域．この V 領域の多様性を生み出すのは，V，(D)，J 遺伝子という断片化されそれぞれが複数個(多数)存在する遺伝子間のランダムな組合わせをする DNA 再編成[*]により活性型 V-(D)-J 遺伝子がつくり出される機構によっている．(→ 抗体の多様性)
【2】ヒト免疫不全ウイルス[*]ゲノムのように塩基配列が変化しやすい遺伝子でとりわけ突然変異度の高い領域や，多数遺伝子が存在する嗅覚受容体で多様性の高い領域も V 領域とよばれることがある．

**可変領域遺伝子** [variable region gene] ＝V 遺伝子

**芽胞** ＝胞子

**カポジ肉腫** [Kaposi's sarcoma] 皮膚特発性多発性色素肉腫(idiopathic multiple pigment sarcoma of the skin)，特発性多発性出血性肉腫(idiopathic multiple hemorrhagic sarcoma)ともいう．1872 年，M. Kaposi が初めて報告した，悪性の肉芽腫ないし血管腫瘍様病態で，病理組織学的には血管内皮，間質両細胞成分の腫瘍性増殖が特徴である．多くは四肢，ことに足に発生し，はじめ浮腫性，やがて暗赤色出血性局面となり，徐々に中枢側に拡大，結節状，腫瘤状を呈する．また，他部位にも自矛性に多発する．男性に多く，大部分数年で死亡する．後天性免疫不全症候群[*]（AIDS）や薬剤による免疫不全状態で発生しやすい．免疫力の極度に低下したヒトの血管内皮細胞にヒトヘルペスウイルス 8 型（HHV-8；カポジ肉腫関連ヘルペスウイルス KSHV(Kaposi's sarcoma-associated herpesvirus)）が感染し，がん化させることによって発症する．

**鎌状赤血球症** [sickle cell disease] ＝鎌状赤血球貧血

**鎌状赤血球貧血** [sickle cell anemia] 鎌状赤血球症(sickle cell disease)，ヘモグロビン S 症(hemoglobin S disease)ともいう．鎌状赤血球遺伝子のホモ接合型で見られる慢性溶血性の貧血症である．この遺伝子の第六コドンには GAG→GTG への置換があり，このためにグルタミン酸からバリンに変化したβグロビン鎖が生じる．この変異βグロビン鎖をもつヘモグロビン S は，脱酸素状態では分子間で重合し，ゲル状になるため赤血球が鎌状となる(鎌状化 sickling)．このため血管内溶血による貧血とともに，血管の閉塞による疼痛や足部の潰瘍などをきたす(鎌状化発作 sickling crisis)．マラリア[*]流行地域で高頻度にみられ，マラリア感染に対する抵抗性が考えられている．
(→ ヘモグロビン異常症)

**CAM** [CAM＝cell adhesion molecule] ＝細胞接着分子

**CAM 植物** [CAM plant] ベンケイソウ型有機酸代謝植物(crasulacean acid metabolism plant)ともいう．夜間気孔を開き，$CO_2$ を吸収して，これを液胞内にリンゴ酸などの有機酸として貯え，昼間脱酸反応により $CO_2$ を生成して，これを還元的ペントースリン酸回路[*]により同化する型の光合成的炭酸同化を行う植物(→ 炭酸固定)．ベンケイソウ科植物など，半乾燥地に生育する多肉植物の多くがこのグループに属する．夜間 $CO_2$ は，細胞質に存在するホスホエノールピルビン酸カルボキシラーゼの働きにより，解糖系から供給されるホスホエノールピルビン酸と反応し，オキサロ酢酸として固定され，さらにリンゴ酸に変換されてリンゴ酸プールとして液胞内に貯蔵される．気孔が閉じる昼間，液胞から流出したリンゴ酸の脱炭酸により生じる $CO_2$ は，$C_3$ 植物[*]と同様 Rubisco(→ リブロース-ビスリン酸カルボキシラーゼ)の働きによりホスホグリセリン酸を経てデンプンおよび糖へと合成される．

**可溶性画分** [soluble fraction] → 細胞分画

**ガラクトシルセラミド** [galactosylceramide] ＝セレブロシド

**ガラクトシルトランスフェラーゼ** [galactosyltransferase] UDP ガラクトースを供与体として，ガラクトースを糖，スフィンゴシン，セラミド，ジアシルグリセロール，ヒドロキシリシンなどのヒドロキシ基に転移させる酵素の総称．少なくとも 27 種の分子種が知られ，EC 番号が与えられている．これらは基質特異性，結合特異性を異にしている．β-1,4-(ラクトース合成酵素を含む)，α-1,3-，α-1,4-ガラクトシルトランスフェラーゼの cDNA クローニングがなされ，ゲノム構造が明らかにされたものもある．

**ガラクトース** [galactose] Gal と略記する．$C_6H_{12}O_6$，分子量 180.16(一水和物は 198.2)．アルドヘキ

```
    CHO                    CH2OH
   HCOH                 HO    O  H
   HOCH                   H      H
   HOCH                    OH H
   HCOH                   H    OH
   CH2OH                 H   OH
  D-ガラクトース      α-D-ガラクトピラノース
```

ソースの一種．水に易溶(68％，25℃)，一般には D 体として存在し，通常α型を示す．遊離で存在することはまれで糖タンパク質，糖脂質，ラクトース，乳汁オリゴ糖などの構成成分として存在する．分子生物学では大腸菌ラクトースオペロン[*]誘導剤としてイソプロピルチオガラクトシド[*]（IPTG），$lacZ^+$ 組換え体の検出に 5-ブロモ-4-クロロ-3-インドリル-β-D-ガラクトシド[*]（Xgal）などのガラクトース配糖体が汎用される．

**ガラクトースオペロン** [galactose operon] gal オペロン(gal operon)ともいう．ガラクトースの代謝に

関与する遺伝子群である．大腸菌では UDP ガラクトースエピメラーゼ，ガラクトース 1-リン酸ウリジリルトランスフェラーゼ，ガラクトキナーゼの遺伝子（それぞれ galE, galT, galK）が二つのプロモーター（$P_{G1}$ と $P_{G2}$）の下流に並んでおり，オペレーターはプロモーターの両側に二つ（$O_E$ と $O_I$）存在する（図）．gal

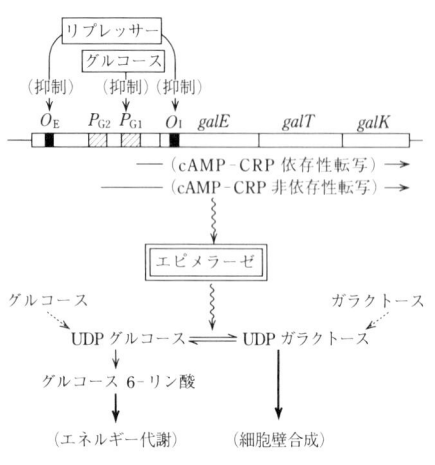

ガラクトースオペロンの構造と調節

リプレッサーと cAMP-CRP（⇌ サイクリック AMP 受容タンパク質）による負と正の調節を受けるが（⇌ カタボライト抑制），$P_{G2}$ よりの転写は cAMP がなくても進行し，グルコース存在下でも GalE による UDP ガラクトース（細胞壁素材）の生産が保証されている．

**ガラクトース血症** [galactosemia] 血液中にガラクトース*の蓄積する遺伝代謝病の総称．ガラクトキナーゼ，ガラクトース-1-リン酸ウリジリルトランスフェラーゼ，UDP ガラクトース-4-エピメラーゼの三つの異なった酵素欠損症がある．いずれも常染色体劣性遺伝病で，乳児期にガラクトース中毒症状を示す．ガラクトキナーゼ欠損症は症状が軽いが，他の二つの病気はガラクトース摂取により，嘔吐，肝障害，白内障，発育障害，知的発達障害を起こす．ガラクトース-1-リン酸ウリジリルトランスフェラーゼの cDNA のクローニングが行われ，白人では患者の 70% にみられる共通突然変異 188 番（Gln→Arg）が知られている．

**カラムクロマトグラフィー** [column chromatography] 最も日常的に使われるクロマトグラフィー*で，微粒子状の充填剤を詰めたカラムに試料溶液を注入し，出口から流出する液をフラクションコレクターなどで分画する．目的分子の検出法を広く選べる，分取にも分析にも適する，弾力性に富むので，生体分子の分離精製，定量，物性解析に不可欠である．固定相がいかにして目的分子を遅れさせるかによって，以下の例のような多種多様な態様がある．1) イオン交換クロマトグラフィー*：静電的引力に

よる．2) 逆相クロマトグラフィー* および疎水性クロマトグラフィー（hydrophobic chromatography）：疎水性相互作用による．3) 分子ふるい*：ゲル瀘過*，サイズ排除クロマトグラフィーなどともいう．ゲル状の充填剤粒子の内部への浸透のしやすさの程度による．4) 分配クロマトグラフィー*：固定相にある溶媒と移動相溶媒との間の分配現象．5) アフィニティークロマトグラフィー*：固定相に存在するリガンドへの親和性．6) スラロームクロマトグラフィー：流体力学的効果，分子の長さを見分ける．これらを有効に組合わせて目的を達成する．分離能，所要時間，検出感度，自動化など，性能の向上は近年著しい．

**カリウムイオン** [potassium ion] $K^+$ と書く．周期表 19 番目のアルカリ金属原子のイオン．哺乳動物では細胞外（約 5 mM）より細胞内（約 150 mM）に多く含まれる．

**カリウムイオンチャネル** [potassium ion channel] ＝カリウムチャネル

**カリウムチャネル** [potassium channel] カリウムイオンチャネル（potassium ion channel），$K^+$ チャネル（$K^+$ channel）ともいう．細胞膜を介した電位差と $K^+$ の濃度勾配から成る駆動力により，$K^+$ を選択的に透過する膜タンパク質．静止膜電位の形成や活動電位の再分極に寄与する．サブユニットの一次構造により，膜 6 回貫通型の電位依存性 $K^+$（$K_V$）チャネル・膜 2 回貫通型の内向き整流性 $K^+$（Kir）チャネル/KCNJ・膜 4 回貫通型の $K^+$（$K_{2P}$）チャネル/KCNK に分類される．それぞれが多様性に富み，たとえば $K_V$ では $K_V1$（Shaker/KCNA），$K_V2$（Shab/KCNB），$K_V3$（Shaw/KCNC），$K_V4$（Shal/KCND）などのサブファミリーがある．同一サブファミリー内の同種あるいは異種のサブユニットが会合し，$K_V$ と Kir は四量体，$K_{2P}$ は二量体で機能的チャネルを形成する．補助的なタンパク質が結合し生理的チャネルをつくるものもある（例：KCNQ と KCNE）．G タンパク質などの情報伝達分子，リン酸化などで活性が制御される．

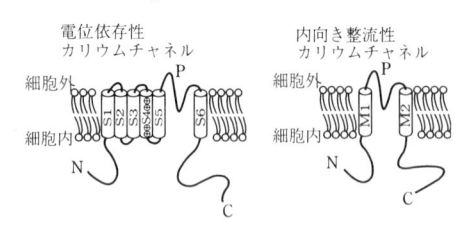

**カリウムポンプ** [potassium pump] 細胞外のカリウムイオン（$K^+$）を電気化学ポテンシャル勾配に逆らって細胞内へ移動させる能動輸送*装置のこと．ATP の消費を伴う．反対方向への同時移動をする対イオンの種類によりナトリウム/カリウムポンプ（$Na^+,K^+$-ATP アーゼ*）とプロトン/カリウムポンプ（proton/potassium pump, $H^+,K^+$-ATP アーゼ）に分かれる．ナトリウム/カリウムポンプは，イカ巨大神経繊

維でその存在が研究され，活動電位発生後カリウムイオンの平衡状態を再び不平衡に戻し，活動電位が再び発生できるようにする．ジギタリスやウワバインのような強心配糖体により抑制され，赤血球1個当たり約1000個存在している．プロトン/カリウムポンプは胃酸分泌細胞の管状小胞や分泌細管に局在し，$H^+$を小胞ないし胃腔に，$K^+$を細胞内に輸送する．3種の$H^+$-ATPアーゼ（⇒プロトンポンプ）のうちP型がこれにあたり，94 kDaの$\alpha$と35 kDaの$\beta$サブユニットから構成される．

**カリオグラム** [karyogram] 細胞にみられる各染色体の形態と染色体数を表す．染色体の形態や大きさなどで図式化(idiogram, ideogram)したものを核型*という．

**カリオフェリン** [karyopherin] ＝インポーチン

**カリクレイン-キニン系** [kallikrein-kinin system] 血管平滑筋収縮・血管透過性亢進・疼痛作用などをもつブラジキニン*の生成系．ブラジキニンは高分子キニノーゲン*および低分子キニノーゲン*の分子内から，血漿セリンプロテアーゼのカリクレイン（血漿カリクレイン*）の限定分解を受けて生成される．カリクレイン-キニン系はC1インヒビター*で制御される．カリクレイン-キニン系にかかわる高分子キニノーゲン，プレカリクレイン，血液凝固XII因子*は内因系血液凝固反応の活性化にも関与するため，キニン系と血液凝固系は協調的に機能する生体防御反応と考えられている．（⇒血液凝固）

**カリフラワーモザイクウイルス** [cauliflower mosaic virus] CaMVと略．開環状二本鎖DNA(約8000塩基)をゲノムとする球形ウイルス（直径50 nm）．CaMVはアブラナ科植物に全身感染する．CaMV DNAはRNAを介して複製する．CaMVのゲノムには，8個のオープンリーディングフレーム*(ORF)が存在する．このうち，RNA依存DNA複製を触媒する逆転写酵素*の遺伝子，アブラムシ媒介に必須なヘルパー成分の遺伝子，細胞質封入体を構成するタンパク質の遺伝子，コートタンパク質*遺伝子が同定されている．二本鎖DNAから転写されるmRNAは2種類(35Sと19S)検出される．高等植物への外来遺伝子導入ベクターとしても利用されている．（⇒ウイルスベクター）

**顆粒球** [granulocyte] 好中球*，好酸球*，好塩基球*の総称として用いる．白血球のうちいずれも胞体内に豊富な顆粒をもつことから命名された．ギムザ染色*，メイギムザ染色，ライトギムザ染色による顆粒の染色性により好中球，好酸球，好塩基球に分類される．また顆粒はペルオキシダーゼ反応，エステラーゼ反応，アルカリホスファターゼ反応，トロイジンブルー染色により明確に区別される．いずれも造血幹細胞*の子孫であり，ヒトでは骨髄中で成熟を完了した後，末梢血に流出している．それぞれの前駆細胞はまったく異なり，その増殖・分化に作用するサイトカインも異なる．生体防御に重要な細胞であるが，それぞれ異なる役割を果たす．

**顆粒球コロニー形成単位** [granulocyte colony forming unit] CFU-Gと略称する．顆粒球コロニー形成細胞(granulocyte colony forming cell)，好中球コロニー形成単位ともいう．好中球*のみに分化が限定された前駆細胞．この細胞を半固形培地中で顆粒球コロニー刺激因子*，顆粒球-マクロファージコロニー刺激因子*，インターロイキン3*いずれかの存在下で培養すると，マウスでは培養5〜7日，ヒトでは培養10日前後に50個以上の好中球のみから成るコロニーを形成する．このコロニーの母細胞として算定される．頻度は骨髄中に多く存在し，末梢血，臍帯血中の頻度は低い．（⇒造血因子）

**顆粒球コロニー刺激因子** [granulocyte colony-stimulating factor] G-CSFと略す．単球/マクロファージ，繊維芽細胞，内皮細胞などから産生される分子量約20,000の糖タンパク質で，健常成人では血清中に$10.9 \pm 6.5$ pg/mL存在する．ヒトG-CSF遺伝子は第17染色体長腕21-22領域に位置する．選択的スプライシング*により2種類のmRNAが生成されるため，177個と174個のアミノ酸残基をもつ2種類のG-CSF分子が産生されるが，後者が活性も高く，生体内のG-CSFの主体を占めている．生物活性としては，好中球*系造血前駆細胞の増殖と分化を促進するほか，成熟好中球に対して，その生存能，スーパーオキシドアニオン産生能，遊走能，貪食能，抗体依存性細胞障害活性などを亢進させる．このように，その作用は好中球造血にほぼ特異的であるが，インターロイキン3*存在下での造血幹細胞*の増殖促進，骨髄性白血病細胞や一部の固形がんの増殖刺激，in vivo投与での末梢血への造血幹細胞の動員，などの作用も有する．これらの生物活性に基づき，種々の原因による好中球減少症の治療，末梢血幹細胞移植*などに臨床応用が行われている．（⇒造血因子）

**顆粒球コロニー刺激因子受容体** [granulocyte colony-stimulating factor receptor] G-CSFRと略す．サイトカイン受容体ファミリーに属し812個のアミノ酸から成る分子量100,000〜150,000の糖タンパク質で，標的細胞当たり数百個存在する．細胞内ドメインにはチロシンキナーゼ*活性はない．リガンドの結合によりホモ二量体となり，シグナルが伝達される．この際，増殖シグナルの伝達には細胞内ドメインN末端の76個のアミノ酸が必須であり，分化のシグナルにはN末端とC末端の両領域が必要である．ヒトG-CSFR遺伝子は第1染色体短腕35-34.3領域に位置する．

**顆粒球-マクロファージコロニー形成単位** [granulocyte-macrophage colony forming unit] 略称CFU-GM．顆粒球-マクロファージコロニー形成細胞(granulocyte-macrophage colony forming cell)ともいう．顆粒球，マクロファージに共通な造血前駆細胞（⇒造血幹細胞）．マウスでヒト骨髄細胞を半固形培地中で顆粒球コロニー刺激因子*，顆粒球-マクロファージコロニー刺激因子*，インターロイキン3*いずれかの存在下で培養すると好中球，マクロ

ファージの両者を50個以上含むコロニーが形成される．このコロニーの母細胞として算定される．好中球コロニー形成単位\*，好酸球コロニー形成単位\*，マクロファージコロニー形成単位\*も含めた総称として用いることもある．

**顆粒球-マクロファージコロニー刺激因子** [granulocyte-macrophage colony stimulating factor] GM-CSFと略す．軟寒天培地中の顆粒球-マクロファージ幹細胞を刺激して，顆粒球\*およびマクロファージ\*のコロニー形成を促進する因子．ヒトGM-CSFは分子量 18,000～24,000 の糖タンパク質．血球系細胞以外にも内皮細胞，繊維芽細胞にその受容体(顆粒球-マクロファージコロニー刺激因子受容体\*)が存在し，多彩な作用をもつ．マウス GM-CSF を骨髄細胞に作用させると好中球\*，マクロファージのコロニーが形成されるが，血清の存在下では好酸球\*，巨核球\*，赤芽球\*のコロニーも形成される．(→ 顆粒球-マクロファージコロニー形成単位)

**顆粒球-マクロファージコロニー刺激因子受容体** [granulocyte-macrophage colony-stimulating factor receptor] GM-CSFRと略す．分子量 80,000 の 鎖と分子量 120,000 の β鎖から成る糖タンパク質で，サイトカイン受容体ファミリーに属する．α鎖は低親和性 GM-CSFR で，その遺伝子はヒトでは X 染色体の短腕 22.3 領域と Y 染色体の短腕 13.3 領域に位置する．β鎖遺伝子は第 22 染色体長腕 12.2-13.1 領域に位置する．α鎖は単独で GM-CSF と結合できるが，β鎖は α鎖と会合することによって初めて結合でき，高親和性 GM-CSFR を構成する．高親和性 GM-CSFR がシグナル伝達に関与すると考えられるが，α鎖，β鎖ともにチロシンキナーゼ\*活性を欠く．ヒトでは GM-CSFR の 鎖はインターロイキン3\*および5\*の受容体で共有されている．GM-CSFR は顆粒球・マクロファージ系造血前駆細胞(→ 顆粒球-マクロファージコロニー形成単位)のほか，好中球，好酸球，単球/マクロファージ，血管内皮細胞，繊維芽細胞，胎盤上皮細胞，ヒトや白血病細胞や固形がんに発現しているが，好中球や好酸球では高親和性受容体のみが，胎盤上皮細胞では低親和性受容体のみが，マクロファージでは両者がみられる．

**顆粒細胞** [granule cell] 小脳皮質の顆粒細胞層に存在し，脳幹の各部からくる苔状繊維より入力を受ける．顆粒細胞の軸索は上行して小脳皮質の分子層で平行繊維を伸ばし，プルキンエ細胞の樹状突起にシナプスをつくる．顆粒細胞はプルキンエ細胞\*に長期抑圧をひき起こし，シナプス感受性を変化させるので，可塑性，記憶との関連で盛んに研究されている．発生学的には顆粒細胞は小脳外表面近くに形成される外顆粒層で形成され，分子層を下降して脳室帯で形成されるプルキンエ細胞層を超え，顆粒細胞層に落ち着く．顆粒細胞は中枢神経系のニューロンの中では最も遅く分化してくるもののうちの一つである．

**加リン酸分解** [phosphorolysis] 加水分解を受ける物質が，水でなく，正リン酸によってリン酸エステルを生じる反応．

$$A\text{-}O\text{-}B + H_3PO_4 \rightleftharpoons A\text{-}O\text{-}PO_3H_2 + B\text{-}OH$$

生体では水の濃度が高いので加水分解は一方向に進みやすいのに対して，加リン酸分解では結合中に貯えられたエネルギーの一部を利用して，ATP の消費なしにリン酸エステルを得ることができる．グリコーゲンを加リン酸分解するホスホリラーゼ\*反応がよく知られている．

***gal* オペロン** [*gal* operon] =ガラクトースオペロン

**カルコンシンターゼ** [chalcone synthase] =ナリンゲニン-カルコンシンターゼ

**カルシウム** [calcium] 元素記号 Ca，原子番号 20，原子量 40.08．アルカリ土類元素の一つで常温で酸素，ハロゲン元素と化合する．水と作用して常温では水酸化カルシウムの保護膜をつくり，加熱して激しく水を分解し水素を発生する．生体成分としては，血液，組織液，細胞内成分として重要な役割を果たしている．生体内の歯，骨の主成分として，活性化ビタミン D，上皮小体ホルモン，カルシトニンなどのホルモンによって調節されて，血中濃度を一定に保つように挙動している．血液，組織液ではカルシウムイオン($Ca^{2+}$) は 1.8 mM 濃度に保持され，細胞内は 100 nM から 10 μM の間に変化する．高い濃度で一般に細胞は活性化し，低い濃度で静止状態にある．このような濃度変化を調節，維持するために細胞膜にはカルシウムポンプ\*と Ca-Na 交換機構があり，細胞内には小胞体膜が特殊化した $Ca^{2+}$ 貯蔵所(→ $Ca^{2+}$ 動員系)があり，カルモジュリン\*のようなカルシウム結合タンパク質\*が $Ca^{2+}$ 濃度変化に応じて調節を行っている．生体にとってこのように重要な $Ca^{2+}$ も 1968 年の江橋節郎らによるトロポニン\*の発見まではさして重要なものとは思われていなかった．1968 年以降，特に 1980 年代以降，発見，同定されたカルシウム結合タンパク質はおびただしい数にのぼり，数十近くが報告されている．細胞内濃度が 100 nM という低濃度にあるため *in vitro* で生体内に近い $Ca^{2+}$ の実験を行うためには，良質の蒸留水に 10 μM 付近にあるので，$Ca^{2+}$-キレート剤の EGTA などを用いて $Ca^{2+}$ 濃度を下げて行う．生体膜には $Ca^{2+}$ を特異的に通すカルシウムチャネル\*があり，表面膜には L，N，T 型などがあり，細胞内小胞体膜にあるリアノジン受容体\*，イノシトール 1,4,5-トリスリン酸受容体\*などはカルシウムチャネルをもち，刺激に応じて，カルシウムチャネルを開口し，細胞内 $Ca^{2+}$ 濃度を上昇させ，$Ca^{2+}$ による活性化をもたらす．このような $Ca^{2+}$ 調節機構を阻害するために種々の抑制剤が導入されており，カルシウムチャネルブロッカー(たとえばデヒドロピリジン)，カルモジュリンアンタゴニスト，リアノジンなどがそれぞれの機能を特異的に抑制するものとして利用されている．

**カルシウムイオノホア** [calcium ionophore] $Na^+$，$K^+$，$Ca^{2+}$ などの陽イオンと脂溶性の複合体を形成し，脂質膜のイオン透過性を高めることによって膜外

のイオンを内へ運搬する作用をもつ化合物(イオノホア*)のうち，特にカルシウムイオンに高い選択性をもつもの．イオノホアは，その作用形式により，中性イオノホア，カルボキシイオノホア，チャネル形成イオノホアに分類される．多く用いられているカルシウムイオノホアとして，抗生物質であるイオノマイシン*と A23187* があるが，これらはカルボキシイオノホアである．カルシウムイオノホアは，細胞内のカルシウムイオン濃度を高める，種々のプロテインキナーゼ*の活性化を含め非特異的に細胞を刺激する，などの目的で実験に使用される．生物学的な作用としては，マスト細胞からのヒスタミン遊離やカルシウム依存性のエキソサイトーシス*や血小板の凝集，ATP およびセロトニンの放出などが知られている．

**カルシウムイオンチャネル** [calcium ion channel] ＝カルシウムチャネル

**カルシウム依存性塩素イオンチャネル** [calcium-activated chloride ion channel, calcium-dependent chloride ion channel] 細胞内 $Ca^{2+}$ 濃度の上昇によって活性化される塩素イオンチャネル*．神経，上皮細胞，卵細胞をはじめ，さまざまな細胞に分布する．特異的阻害薬は知られておらず，分子構造も明らかではない．多くの標本で，弱い膜電位依存性を示し，脱分極*でやや強く活性化する．単一チャネルコンダクタンスは小さい(10 pS 以下)．上皮細胞では，$Ca^{2+}$ 依存性 $Cl^-$ 輸送の責任経路と考えられている．神経では，$Ca^{2+}$ 作用のフィードバック調節をしていると予想されている．非特異的阻害薬である DIDS(diisothiocyanatostilbene-disulfonic acid, ジイソチオシアナトスチルベンジスルホン酸)やニフルム酸(niflumic acid)，利尿薬のフロセミドはこのチャネルを部分的に抑制する．

**カルシウム依存性カリウムチャネル** [calcium-activated potassium channel, calcium-dependent potassium channel] 細胞内 $Ca^{2+}$ 濃度の上昇によって活性化されるカリウムチャネル*．サソリ毒のカリブドトキシン(charybdotoxin, ChTX)感受性で大きなコンダクタンス(約 250 pS)をもつ BK チャネル(BK channel, slo, Maxi-K チャネル，Maxi-K channel ともいう)と，ハチ毒のアパミン(apamin)感受性で小さなコンダクタンス(約 20 pS 以下)をもつ SK チャネル(small-conductance $Ca^{2+}$-activated $K^+$ channel, SK channel)に分類される．BK チャネルは，ポアを構成する α サブユニットとチャネル機能を修飾する β サブユニット($\beta_1$〜$\beta_4$)から成る．それぞれが 1 対 1 で結合し四量体で機能する．α サブユニットは七つの膜貫通領域(S0〜S6)をもち，S4 には $K_V$ チャネルと同じく電位センサーをもつ．事実，BK チャネルは膜電位依存性を呈し，脱分極でより強く活性化する．C 末端の細胞内領域には，負電荷をもつアミノ酸領域(カルシウムボウル, calcium bowl)があり，主としてここの部分に $Ca^{2+}$ が結合すると考えられている．G タンパク質，一酸化窒素，リン酸化，脂肪酸や機械的刺激によっても活性が制御される．SK チャネルサブユニットは六つの膜貫

通領域(S1〜S6)をもち，4 種類(SK1〜SK4, SK4 は IK チャネル，IK channel ともよばれる)が知られている．SK4 のみに，約 40 pS の単一コンダクタンスを示す．他の $K^+$ チャネルと同じく四量体を構成する．S6 の直下の細胞内部分にはカルモジュリン*を結合する領域があり，生体内の機能的なチャネルは両者の複合体として存在する．チャネル活性に膜電位依存性は見られない．両チャネルとも，神経，筋，内分泌，上皮，血液細胞など多彩な細胞に分布する．神経，筋，内分泌細胞では，興奮に伴う $Ca^{2+}$ 上昇で活性化し，膜電位を再分極させる作用をもつ．シナプス*では活性帯に $Ca^{2+}$ チャネルと共存する場合がある．上皮細胞では膜電位を過分極させ，$Cl^-$ 輸送の駆動力をつくると考えられている．

**カルシウム依存性中性プロテアーゼ** [calcium-activated neutral protease] ＝カルパイン．CANP と略す．

**カルシウムイメージング** [calcium imaging] 生きた細胞質のカルシウムイオン($Ca^{2+}$)濃度の分布とその動態をカルシウム指示薬を用いて求めること．細胞や分子の活動のよい指標となり頻用される．蛍光指示薬には Fura 2 に代表される有機合成試薬と Cameleon に代表される緑色蛍光タンパク質*(GFP)の変異体のおもに 2 系統がある．変異 GFP は遺伝子導入が可能であるが反応が遅いなど，改良の余地が大きい．エクオリン*のように $Ca^{2+}$ で発光するタンパク質もあるが，微弱光のため良質な画像を得るのは難しい．有機合成蛍光試薬はアセトキシメチル(AM)誘導体を用いて細胞外から容易に導入が可能である．蛍光検出には CCD カメラ，共焦点レーザー顕微鏡，2 光子励起顕微鏡などが使われる．生きた脳では AM 誘導体の注入により神経細胞に指示薬が取込まれるので，大脳皮質の多数の神経細胞群の活動を 2 光子励起顕微鏡で観察できる．

**カルシウムウェーブ** [calcium wave] 興奮性細胞あるいは非興奮性細胞において，各種の外来性の刺激により細胞内のある局所に起こった細胞内 $Ca^{2+}$ 濃度の上昇が，細胞内 $Ca^{2+}$ 貯蔵器官(滑面小胞体*)のもつ $Ca^{2+}$ 依存性 $Ca^{2+}$ 放出機構の助けにより波状衰的に細胞内を伝播していくこと．最も典型的な例は，受精時における精子付着点より卵の全表層へさらに深部へと伝播する細胞内の $Ca^{2+}$ 濃度の上昇である．このとき一般に $Ca^{2+}$ 濃度は時間的にも振動し(→カルシウム振動)，空間的には波となる．また，カルシウムウェーブはギャップ結合を通って隣接細胞にも伝播し，心筋細胞群，膵島細胞群などで同期した律動的 $Ca^{2+}$ 濃度上昇を示し，収縮・インスリン分泌などに有効に作用することが知られている．小胞体に存在し $Ca^{2+}$ 放出に必須の分子としてリアノジン受容体*，イノシトール 1,4,5-トリスリン酸($IP_3$)受容体*が知られ，伝播の遅れは放出された $Ca^{2+}$ が拡散後，隣接部位からの放出を始動するまでの時間により生じる．

**$Ca^{2+}$-ATP アーゼ** [$Ca^{2+}$-ATPase, calcium ATPase] カルシウムポンプ*．$Ca^{2+}$ 輸送 ATP アーゼ

(calcium transport ATPase)ともいう. 真核細胞の細胞膜および細胞小器官膜に存在する単一ポリペプチドから成る固有膜タンパク質で, Mg・ATP を生理的な基質として加水分解し, 通常, $Ca^{2+}$ を細胞質から細胞外または細胞小器官内腔側へ輸送する高 $Ca^{2+}$ 親和性 ($K_{Ca}$ 0.1～0.5 μM)ATP 分解酵素(ポンプ)である. この作用により細胞質 $Ca^{2+}$ 濃度は低い濃度(～0.1 μM)に保たれ, 膜内外に大きな $Ca^{2+}$ 濃度勾配が形成される. したがって, $Ca^{2+}$-ATP アーゼの実体は, ATP の化学エネルギーを $Ca^{2+}$ の浸透圧エネルギーに変換するエネルギー変換装置である. 原核細胞にも類似した $Ca^{2+}$-ATP アーゼが存在するが, その分子的性質は不明である. $Ca^{2+}$-ATP アーゼは P 型 ATP アーゼ(⇒ATP アーゼ)の一つで, バナジン酸で活性阻害される一群のイオン輸送 ATP アーゼのメンバーである. $Ca^{2+}$-ATP アーゼには細胞膜(PM)タイプと小胞体膜(ER)タイプの 2 種類が知られており, それぞれ異なった遺伝子(群)(哺乳動物の場合, PM タイプには *PMCA1*～4 の 4 種類, ER タイプには *SERCA1*～3 の 3 種類の遺伝子があり, これらはスプライシングによりさらに多様な分子種を生成する)にコードされる. 両タイプの $Ca^{2+}$-ATP アーゼの全体としてのアミノ酸相同性は低い(≦30％)が, 機能ドメイン構造および反応機構はよく似ている. すなわち, 分子の約 2/3 は細胞質に突出して触媒ドメインを形成し, 1/5～1/4 は膜内に存在して $Ca^{2+}$ 結合部位と輸送通路を形成する. $Ca^{2+}$ が $Ca^{2+}$ 結合部位に結合すると, 触媒部位の特定のアスパラギン酸は ATP によりリン酸化されてリン酸化反応中間体が形成され, これに伴う ATP アーゼの構造変化により $Ca^{2+}$ は膜の反対側に輸送される. また, $H^+$ が $Ca^{2+}$ の対イオンとして交換輸送されるが, 筋小胞体 $Ca^{2+}$-ATP アーゼでは 1ATP 当たり 2$Ca^{2+}$ および 2～3$H^+$ が輸送されるので, $Ca^{2+}$ 輸送は起電位的である. 一方, 両タイプの $Ca^{2+}$-ATP アーゼには分子サイズ(PM タイプ ～135 kDa, ER タイプ ～110 kDa), タプシガーギンなどの ER タイプ特異的阻害剤の作用, ならびに, 活性制御機序などに大きな差異がある. PM タイプではその C 末端部分へのカルモジュリンの直接結合による同部分のリン酸化により, 他方, ER タイプではその N 末端部分および他の膜タンパク質ホスホランバンのリン酸化を介して活性増大が起こる. なお, これらの活性化は, 上述した $Ca^{2+}$-ATP アーゼの分子種またはこれらが発現する組織で異なる.

**$Ca^{2+}$ 経路** [$Ca^{2+}$ pathway]　⇒ Wnt

**カルシウム結合タンパク質**　[calcium-binding protein]　タンパク質の中にはカルシウムイオン($Ca^{2+}$)を特異的にかつ高い結合定数(約 $10^6$ $M^{-1}$)で結合するものがあり, 結合部位として EF ハンド* 構造とよばれ酸性アミノ酸を中心とした比較的相同性の高い配列をもつものが多い. カルシウム結合タンパク質は細胞骨格タンパク質, 骨関連タンパク質, 膜関連タンパク質などに数多く同定されている. 細胞骨格タンパク質としては骨格筋の収縮制御に関与するトロポニン*C,

種々の酵素活性の制御に関与するカルモジュリン* など, 骨関連タンパク質としてはオステオカルシン* などのタンパク質が知られている. 膜関連タンパク質としては小胞体* 膜に存在して $Ca^{2+}$ をくみ上げる $Ca^{2+}$-ATP アーゼ*, 小胞体内で 1 分子で 40 個程度の $Ca^{2+}$ を結合しているカルセケストリン*, $Ca^{2+}$ 依存的にリン脂質に結合するアネキシン類(⇒カルパクチン)などが知られている.

**カルシウム振動**　[calcium oscillation]　$Ca^{2+}$ 振動ともいう. $Ca^{2+}$ 振動は, 細胞質内 $Ca^{2+}$ 濃度が周期的に上昇, 下降する現象である. 卵, 肝, 平滑筋, 内分泌腺, 外分泌腺, 神経など多様な細胞で認められ, 細胞内 $Ca^{2+}$ による生理機能の制御に重要な役割をもつと考えられている. 広義には周期的な細胞外からの $Ca^{2+}$ 流入によるものを含むが, 一般的には小胞体などの細胞内 $Ca^{2+}$ 貯蔵部位からの周期的な $Ca^{2+}$ 放出によるものをさす. $Ca^{2+}$ 振動は空間的に見れば, 自己再生的な $Ca^{2+}$ 放出の細胞内伝播, すなわちカルシウムウェーブ* として観測される. このことから細胞質内に放出された $Ca^{2+}$ 自身により $Ca^{2+}$ 放出がさらに活性化されるという正のフィードバックが $Ca^{2+}$ 振動の物理的基盤であると考えられている. $Ca^{2+}$ による正のフィードバックの分子機構として, $Ca^{2+}$ 放出チャネルの $Ca^{2+}$ による活性化, あるいはホスホリパーゼ C の $Ca^{2+}$ による活性化を介したイノシトール 1,4,5-トリスリン酸* ($IP_3$)産生促進が想定されている.

**カルシウムチャネル**　[calcium channel]　カルシウムイオンチャネル(calcium ion channel), $Ca^{2+}$ チャネル ($Ca^{2+}$ channel), 電位依存性カルシウムチャネル (voltage-dependent calcium channel)ともいう. 細胞膜を介した電位差と $Ca^{2+}$ の濃度勾配から成る駆動力(電気化学ポテンシャル)により, $Ca^{2+}$ を選択的に透過する膜タンパク質. $Ca^{2+}$ は, 細胞外で高く(約 2 mM), 細胞内で低く(数百 nM)保たれており, 通常の負の膜電位では, 内向きに大きな駆動力を受ける. $Ca^{2+}$ チャネルは, $Ca^{2+}$ のほかに $Sr^{2+}$, $Ba^{2+}$ などの 2 価のアルカリ土類金属イオンも透過する. このチャネルは, 薬理学的に T 型, L 型, P/Q 型, N 型, R 型に分類され, それぞれ特異的な阻害剤が知られている. L 型のジヒドロピリジン(⇒ジヒドロピリジン受容体), N 型の ω コノトキシン(⇒コノトキシン)などは代表例である. 生体内のチャネルは, ポアを構成する $α_1$ サブユニット($α_{1A}$～$α_{1I}$, $α_{1S}$)と, チャネル機能を修飾する β($β_1$～$β_4$), $α_2δ$, γ サブユニットの異なった組合わせの複合体から成る. 上記の薬理作用はおもに $α_1$ サブユニットの種類によって決定される. $α_1$ サブユニットはポア領域をもち, $K_V$ チャネル(⇒カリウムチャネル)に類似の 6 個膜貫通領域(S1～S6)が 4 回繰返された構造をもつ(リピート I～IV). それぞれの S5-S6 間のリンカー部分には, グルタミン酸が保存されており, イオン選択フィルターの構成に寄与すると考えられている. S4 には正電荷をもつアミノ酸が配置され電位センサーとして機能する. リピート I～II 間の細胞内ループ部分には β サブユニットや G タンパ

ク質*，リピートⅡ～Ⅲ間にはリアノジン受容体*やSNAREタンパク質，C末端細胞内領域にはカルモジュリン*やAキナーゼが結合し，それらのタンパク質により$Ca^{2+}$チャネルの活性は制御される．$Ca^{2+}$チャネルは，筋肉，神経細胞，心筋，平滑筋，内分泌細胞に広く発現しており，生理機能において必須の役割を果たす．前シナプス膜や内分泌細胞では，チャネルを通じて細胞内へ透過した$Ca^{2+}$が神経伝達物質やホルモンを含んだ小胞の膜融合を促す．骨格筋ではT管系細胞内膜に分布．開口に伴って自身およびリアノジン受容体の構造変化を誘引することで，後者を介して筋小胞体*から$Ca^{2+}$を放出し，筋収縮を起こす．心筋細胞では，チャネルから流入した$Ca^{2+}$が，直接，リアノジン受容体を刺激し，筋小胞体からの$Ca^{2+}$遊離を誘引する．$Ca^{2+}$チャネルは薬物標的としても重要で，循環器系作用薬のニフェジピン(nifedipine)，ベラパミル*，ジルチアゼム(diltiazem)などは，L型$Ca^{2+}$チャネルの阻害薬であり，抗不整脈薬や降圧薬として用いる．また，$Ca^{2+}$チャネルの遺伝子異常が，てんかんや不整脈，視力障害などを誘引する．

**カルシウムチャネル阻害剤**[calcium channel blocker] カルシウムチャネル*の電流を特異的に抑制する薬剤．早くからカルシウム電流あるいはカルシウムチャネルを抑制することが知られていたのは$Co^{2+}$，$Mn^{2+}$，$Ni^{2+}$などの2価の重金属イオンである．現在，よく用いられる多価陽イオンには$La^{3+}$，$Cd^{2+}$などがある．その後，心筋・平滑筋作用薬の開発の過程で多くの有機製剤の中にカルシウムチャネル阻害剤とよべるものが数多く発見された．代表的な例としては，ジヒドロピリジン系のニフェジピン，ニカルジピン，パパベリン誘導体のベラパミル*，D600などがある．また，ジヒドロピリジン系の誘導体の中にはBay K 8644に代表されるように，カルシウムチャネルに対して促通作用があるものがある．ポリペプチドの毒素にも特異的にカルシウムチャネルを阻害するものがあり，中でもωコノトキシン(→コノトキシン)はμMオーダーの低濃度で有効になる．

**$Ca^{2+}$動員系**[$Ca^{2+}$ mobilization, calcium ion mobilization] 細胞は，細胞質の遊離$Ca^{2+}$濃度を細胞外液中の濃度に対して4桁ほど低い0.1μM程度に保ち，細胞外から刺激に応じて$Ca^{2+}$を動員して，細胞応答反応を惹起する．イノシトールリン脂質代謝を亢進させるGタンパク質会合型受容体ホルモンや増殖因子が$Ca^{2+}$動員系としてよく知られている．$Ca^{2+}$蛍光指示薬の開発により，細胞内$Ca^{2+}$濃度の上昇を顕微鏡下にとらえることが可能となり，$Ca^{2+}$動員機構には，細胞内$Ca^{2+}$貯蔵部位からの$Ca^{2+}$放出と細胞外液からの$Ca^{2+}$流入の二つの経路があり，細胞および情報の種類によりさまざまな機構が用いられていることが明らかになった．細胞内$Ca^{2+}$貯蔵部位から$Ca^{2+}$を放出させる物質としてイノシトール1,4,5-トリスリン酸*，サイクリックADPリボースが自身が知られているが，細胞外からの$Ca^{2+}$流入機構については現在のところ不明である．

**カルシウム/ナトリウムアンチポーター** =カルシウム/ナトリウム対向輸送体

**カルシウム/ナトリウム対向輸送体**[calcium/sodium antiporter, $Ca^{2+}/Na^+$ antiporter] カルシウム/ナトリウムアンチポーター，ナトリウム/カルシウム交換輸送体(sodium/calcium exchanger)ともいう．$2Ca^{2+}/3Na^+$を対向輸送*する輸送タンパク質で，起電性．細胞内100 nM，細胞外1 mMの$Ca^{2+}$濃度格差を維持するために，$Ca^{2+}$を細胞外にくみ出し，$Ca^{2+}$-ATPアーゼ*とともに多くの細胞に広く認められる．$Na^+$勾配を利用し，細胞内$Ca^{2+}$を細胞外にくみ出すが，逆向きにも働きうる．心臓筋小胞体に存在するものは970アミノ酸，102 kDaで12回膜貫通構造をもつ．中央(ループⅥ～Ⅶ)に親水性のドメインがあり，カルモジュリン結合部位と考えられ，また$Na^+,K^+$-ATPアーゼ*と相同性をもつ部位がある．桿体細胞から単離されたものは$3Na^+,K^+/2Ca^{2+}$で，1199アミノ酸，130 kDaで心臓のそれとは相同性が少ない．

**カルシウムポンプ**[calcium pump, $Ca^{2+}$ pump] 細胞膜$Ca^{2+}$-ATPアーゼ(plasma membrane $Ca^{2+}$-ATPase)，細胞膜カルシウムポンプ(plasma membrane $Ca^{2+}$ pump)ともいう．細胞質$Ca^{2+}$で活性化されてATPを加水分解し，これに共役してこの$Ca^{2+}$を細胞外に能動輸送する．低い細胞質$Ca^{2+}$レベルを設定し，$Ca^{2+}$シグナルの形成に寄与する．輸送$Ca^{2+}$に対する親和性は$Na^+$-$Ca^{2+}$交換輸送体などほかの$Ca^{2+}$排出系に比べ顕著に高い．ATP分解過程では特定アスパラギン酸残基がリン酸基を受取り自己リン酸化中間体を形成する．小胞体カルシウムポンプ，ナトリウムポンプ*，プロトンポンプ*などとともにP型ATPアーゼ(→ATPアーゼ)に属する．四つの異なる遺伝子でコードされ，さらに組織，発達段階依存的選択的スプライシング*を受けて多数のアイソフォームを形成する．分子量約13万，10回膜貫通タンパク質で，ATP分解部位は細胞質領域に，輸送$Ca^{2+}$の結合部位は膜貫通領域にある．C末端領域におけるカルモジュリン*結合やプロテインキナーゼC*(PKC)などによるリン酸化によっても制御される．(→$Ca^{2+}$-ATPアーゼ)

**$Ca^{2+}$輸送ATPアーゼ**[calcium transport ATPase] =$Ca^{2+}$-ATPアーゼ

**カルジオリピン**[cardiolipin] =ジホスファチジルグリセロール(diphosphatidyl glycerol)．グリセロールの1位と3位のヒドロキシ基にホスファチジン酸が結合した構造をもつ酸性リン脂質．微生物とミトコンドリア内膜に固有

$$\begin{array}{ccc} CH_2OC\text{-}R & CH_2O\text{-}P\text{-}OCH_2 \\ O & OH & O \\ R\text{-}COCH & HCOH & HCOC\text{-}R \\ CH_2O\text{-}P\text{-}OCH_2 & & CH_2OC\text{-}R \\ OH & & \\ & & R\text{:アルキル基} \end{array}$$

のリン脂質である．心臓はミトコンドリアに富むため心臓の脂質という意味で名づけられた．この脂質は梅毒のワッセルマン反応に用いられる補体結合試験*の抗原として知られる．細胞内にあっても健常時にはミ

トコンドリア内膜は血清に遊出することはなく，梅毒スピロヘータの破壊で抗原性を得る．

**カルシトニン**［calcitonin］　甲状腺の C 細胞より産生されるアミノ酸 32 個より成るタンパク質で，N 末端は S-S 結合で 7 個のアミノ酸が環状となっている．その遺伝子は，六つのエキソンから成り，選択的スプライシング*により，一つはカルシトニンに，ほかはカルシトニン遺伝子関連ペプチド*となる．血清 $Ca^{2+}$ 濃度の上昇により分泌され，骨吸収を抑制し，腎からの $Ca^{2+}$ 排泄を促進する．甲状腺髄様がん (medullary carcinoma of the thyroid) は C 細胞の腫瘍であり，多量のカルシトニンが産生・分泌される．

**カルシトニン遺伝子関連タンパク質**　［calcitonin gene-related protein］　＝カルシトニン遺伝子関連ペプチド

**カルシトニン遺伝子関連ペプチド**［calcitonin gene-related peptide］　カルシトニン遺伝子関連タンパク質 (calcitonin gene-related protein) ともいい，CGRP と略記される．カルシトニン*遺伝子から，選択的スプライシング*によりつくられるアミノ酸 37 個より成る 2 種類のペプチドである．本タンパク質は，受容体に結合し cAMP 増加を介して血管を拡張させ，降圧・徐脈をきたす．その受容体は，中枢や末梢神経系に同定されている．本タンパク質を含む神経繊維が，多くの血管周囲に分布する．とりわけ，心臓（冠動脈や洞房結節周囲），脳，腸間膜動脈に多く，神経伝達物質*として働いている可能性もある．

**カルシニューリン**［calcineurin］　リン酸化タンパク質のセリン/トレオニン残基のリン酸を特異的に加水分解するセリン/トレオニン特異的ホスホプロテインホスファターゼのうち，カルシウムとカルモジュリン*によって活性制御を受けるもので，プロテインホスファターゼ 2B (protein phosphatase 2B) ともいう．約 60 kDa の A および約 18 kDa の B サブユニットから成るヘテロ二量体である．A サブユニットは触媒部位とカルモジュリン結合部位をもつ．B サブユニットは EF ハンド*構造をもつカルシウム結合タンパク質である．B サブユニットは脳を含む全身各臓器に存在するが，A サブユニットは脳に多量に存在し，その他リンパ球，骨格筋などにも存在する．脳に特に多いことから，プロテインキナーゼ*と拮抗して神経伝達物質放出の調節，あるいはシナプス後部受容体やイオンチャネルの活性調節，さらにはシナプス可塑性*に関与していることが示唆されている．また，リンパ球においてはリンホカイン*遺伝子発現の活性化に関与している．(→ホスホプロテインホスファターゼ)

**カルシマイシン**［calcimycin］　＝A23187

**カルス**［callus, (pl.) calluses, calli］　脱分化*した植物細胞から成る不定形の細胞塊．もともとは傷害部位にできる癒傷組織の細胞塊をさす用語．一般には植物体の一部（外植片）をオーキシン*などの植物成長調節物質（植物ホルモン*）を含む培地で無菌的に培養して得られるものをいう．もとの組織の細胞の性質の多くを失い，植継ぎにより無限に増殖させる．同様に

脱分化した細胞の液体培地での懸濁培養 (suspension culture) と区別して，固形培地上で増殖する細胞塊をさすことが多い．

**カルスペクチン**［calspectin］　＝フォドリン

**カルセケストリン**［calsequestrin］　筋肉細胞の筋小胞体*や小脳プルキンエ細胞の滑面小胞体*内腔に存在する $Ca^{2+}$ 結合タンパク質．$Ca^{2+}$ に対する親和性は 1 mM 程度と低いが，1 分子当たり約 50 個の $Ca^{2+}$ を結合する．これらの細胞小器官は，細胞内 $Ca^{2+}$ 貯蔵部位としての機能をもっており，本タンパク質はこれらの内腔で $Ca^{2+}$ を貯留する役割を担うと考えられている．カルレティキュリン (calreticulin) と構造，機能の面から類似性が高い．カルレティキュリンは，ほぼすべての細胞に存在し，小胞体内での $Ca^{2+}$ 貯蔵以外に細胞増殖など種々の細胞機能に関与すると考えられている．

**カールソン**　CARLSSON, Arvid　スウェーデンの生理学者．1923.1.25～　スウェーデンのウプサラに生まれる．ルンド大学医学部卒業．カルシウム代謝の研究で米国の Ph.D. に相当する M.D. を取得した．その後，ルンド大学教授となり，1959 年にはイェーテボリ大学教授になった．ドーパミン*の蛍光分析法を確立し，ドーパミンが大脳基底核に多いことを発見した．そのことをきっかけにして，ドーパミンは当時考えられていたような単なるノルアドレナリン*の前駆物質ではなく，神経伝達物質*であることを明らかにした．また，降圧剤で抗精神薬のレセルピンの投与によりドーパミン量が減少し，パーキンソン病*様の症状を示すが，ドーパミンの前駆物質である L-ドーパの投与により，その症状が緩和することを明らかにした．2000 年 P. Greengard*，E. R. Kandel* とともにノーベル医学生理学賞を受賞した．

**カルタゲナー症候群**［Kartagener syndrome］　慢性副鼻腔炎，気管支拡張症，内臓逆位を主徴とする症候群．現在ではいわゆる非運動性繊毛症候群*の一型とみなされており，そのおおよそ半数例が本疾患と考えられている．繊毛内のダイニン*という突起構造，放射状に並ぶスポーク構造，中心微小管が障害されて起こる各組織での繊毛運動不全が原因である．精子の鞭毛運動も障害されるためしばしば男子不妊症となる．

**カルタヘナ議定書**［Cartagena Protocol］　2000 年 1 月に採択された遺伝子組換え生物などの取扱いの規制に関する国際的条約で，遺伝子操作や細胞融合などで人為的に改変された生物 (living modified organisms, LMO) を導入する場合の適切な管理や評価制度の整備が盛り込まれている．この議定書に基づき，国内での実施に必要な取扱いを定めた法律が"遺伝子組換え生物等の使用等の規制による生物の多様性の確保に関する法律"でカルタヘナ法 (Cartagena Protocol Domestic Law) の別称でよばれ，2003 年 6 月に成立し 2004 年 2 月から施行されている．遺伝子組換え生物などの輸入・輸出，栽培，飼養，販売などにおいて，開発者や輸入者は必要な手続きを行い，主務大臣の承認を受けることが定められている．カルタヘナ法は研究室で行

われる遺伝子組換え実験にも適用され，これに伴い"組換え DNA 実験指針"は 2004 年に廃止された．(⇨生物学的封じ込め)

**カルチノイド** [carcinoid]　神経内分泌細胞への分化を示す上皮性腫瘍で，消化管や気管支などに生じる．円形で異型の弱い核をもつ細胞から成り，ロゼット(rosette)を形成する．診断には，グリメリウス染色や電子顕微鏡による神経内分泌顆粒の証明が役立つ．同じ神経内分泌細胞への分化を示す小細胞がんよりはるかに悪性度は低いが，転移することもある．時に，産生するセロトニン*などが下痢，血管拡張，皮膚紅斑，喘息など(カルチノイド症候群 carcinoid syndrome)を起こすことがある．

**カルデスモン** [caldesmon]　平滑筋および非筋細胞の $Ca^{2+}$ 依存性アクチン-ミオシン相互作用(⇨筋収縮)を制御しているタンパク質．カルモジュリン*，アクチン*，およびトロポミオシン*結合能をもち，アクチン活性化ミオシン ATP アーゼを阻害する．この阻害は $Ca^{2+}$/カルモジュリン依存性に解除される．分子量により高分子型($h$-カルデスモン)と低分子型($l$-カルデスモン)に分類され，前者は平滑筋に後者は非筋組織においてそれぞれ優先的に発現している．また，平滑筋細胞の形質転換に伴い $l$- および $h$-カルデスモン間で選択的スプライシング*による発現変換を起こす．この現象は平滑筋細胞分化の分子指標となっている．細胞分裂期には Cdc2* によるリン酸化を受けアクチンフィラメントから解離することから，細胞周期*の進行に関与することが示唆される．

**カルニチン対向輸送体** [carnitine antiporter]　アシルカルニチンをカルニチン(($CH_3)_3N^+CH_2CH(OH)CH_2COOH$)と交換輸送する輸送担体．ミトコンドリア内膜に存在する．内膜外側に存在するカルニチンアシルトランスフェラーゼ(carnitine acyl-transferase)により生成されたアシルカルニチンを内膜内側，すなわちマトリックス内に輸送する機能があり，こうしてマトリックス内に運び込まれたアシルカルニチンからアシル CoA* が生成され，$\beta$ 酸化*を受ける．特に長鎖脂肪酸の $\beta$ 酸化にとって重要な要素である．

**カルネキシン** [calnexin]　⇨粗面小胞体

**カルパイン** [calpain]　カルシウム依存性中性プロテアーゼ(calcium-activated neutral protease, CANP)ともいう．EC 3.4.22.17．動物細胞の細胞質に普遍的に存在するカルシウム依存性の中性システインプロテアーゼ．植物，酵母，細菌には類似の酵素は発見されていない．分子量 11 万で，大，小二つのサブユニット(分子量 8 万と 3 万)から成るヘテロ二量体．大小サブユニットは触媒サブユニットで，パパイン*に相同なプロテアーゼドメインを含み，両サブユニットの C 末端領域にはカルシウムを結合するカルモジュリン*に相同なドメインがある．活性発現に必要なカルシウム濃度が異なる 2 種類の分子種($\mu$, m)が普遍的に存在するほか，組織特異的に発現するいくつかの分子種が知られており，ヒトでは 14 種見つかっている．$\mu$, m-カルパインの大サブユニットは異なるが，小サブユニットは同一で，in vitro では活性発現におのおの $\mu M$, $mM$ カルシウムを必要とする．本酵素は内在性の阻害タンパク質，カルパスタチン*やキニノーゲンで阻害されるが，シスタチンでは阻害されない(⇨システインプロテアーゼインヒビター)．活性中心の SH 基に反応する E-64 やロイペプチン，アンチパイン，カルシウムをキレートする EGTA なども本酵素を阻害する．カルパインは活性のない前駆体として細胞質に存在し，細胞内のカルシウム濃度が上昇するとカルシウムを結合して細胞膜に移行して活性化されるので，本酵素が作用する場の一つは生体膜であると予想される．本酵素の活性化の実体は，カルシウムによってサブユニットが解離し，活性をもつ遊離の大サブユニットが生じると考えられている．カルパインは基質タンパク質のアミノ酸残基や配列を識別するというより，ドメイン間のペプチド結合を切断し，タンパク質をドメインに限定分解する作用が強い．細胞骨格タンパク質，膜や受容体タンパク質，シグナル伝達に関係する酵素群(キナーゼなど)，筋タンパク質が本酵素の典型的な基質である．カルパインは限定分解により基質タンパク質の性質を変化させるバイオモジュレーターの一つである．たとえばカルパインがプロテインキナーゼ C* に作用すると，キナーゼドメインが制御ドメインから切離され，キナーゼドメインは活性化因子がなくても活性を発現するようになる．カルパインは細胞内のカルシウム受容体としての細胞機能，たとえば転写やシグナル伝達の制御，細胞増殖・分化などに関与し，最近では記憶，虚血障害，筋ジストロフィーなどへのかかわりも明らかになってきている．また，PEST 配列を見分けて短寿命タンパク質の分解の引き金を引く酵素とも考えられている．

**カルパクチン** [calpactin]　⇨アネキシン

**カルパスタチン** [calpastatin]　カルパイン*を特異的に阻害するタンパク質．分子量 72,000〜75,000．カルシウムの存在下でのみカルパインと複合体を形成し，カルパインの活性中心と直接結合するのではなく，活性中心領域を覆って阻害する．分子中に約 150 残基の 4 個の繰返しドメインがあり，おのおのが 1 分子のカルパインを阻害しうる．最小阻害単位はアミノ酸約 30 残基．大部分は細胞質に，一部は膜に結合して存在する．N 末端付近のプロセシングが組織によって違い，分子的にはしばしば不均一性を示す．

**カルバミド** [carbamide]　＝尿素

**カルバミン酸エチル** [ethyl carbamate]　＝ウレタン

**カルバモイルリン酸シンターゼ** [carbamoyl-phosphate synthase]　尿素*やピリミジン*化合物の生合成過程において高エネルギー中間体であるカルバモイルリン酸($H_2N$-CO-OPO$_3H_2$, Carb-P)の生成を触媒する酵素．I 型酵素(EC 6.3.4.16)と II 型酵素(EC 6.3.5.5)がある．動物では肝ミトコンドリアに存在する I 型酵素は，

2ATP＋$NH_3$＋$CO_2$＋$H_2O$→2ADP＋$P_i$＋Carb-P

の反応を触媒し($P_i$ は無機リン酸)，尿素合成に関与

する．脾臓などのサイトゾルに存在するII型酵素は，
2ATP + L-Gln + $CO_2$ + $H_2O$ →
2ADP + $P_i$ + L-Glu + Carb-P
の反応を触媒し，ピリミジン合成に関与する．

**カルビノース** [carubinose] ＝マンノース

**カルビン　CALVIN**, Melvin　米国の生化学者．1911.4.8.～1997.1.8. ミネソタ州のセント・ポールに生まれる．ミシガン鉱山技術大学を卒業(1931). 1949年カリフォルニア大学で光合成の研究を開始，$^{14}CO_2$ を用いて炭酸固定の経路を解明(1957). カルビン回路(→還元的ペントースリン酸回路)とよばれる．1961年ノーベル化学賞を受賞．1947年カリフォルニア大学教授．1960～80年カリフォルニア大学化学生物学研究所長．

**カルビン回路** [Calvin cycle]　＝還元的ペントースリン酸回路

**カルビンジン** [calbindin]　ビタミンD依存性カルシウム結合タンパク質(vitamin D-dependent calcium-binding protein)ともいう．ビタミン$D^*$投与により増加する$Ca^{2+}$結合タンパク質．分子量が9000と28,000の2種類があり，それぞれカルビンジン-D9k，カルビンジン-D28kとよばれる．前者は，2個のEFハンド*構造をもち，哺乳類の小腸に存在する．後者は，6個のEFハンド構造をもち，哺乳類の脳，腎臓や鳥類の小腸などに存在する．両者は，異なる遺伝子の産物である．

**カルビン・ベンソン回路**　[Calvin-Benson cycle]　＝還元的ペントースリン酸回路

**$N^2$-[(R)-1-カルボキシエチル]-L-アルギニン**　[$N^2$-[(R)-1-carboxyethyl]-L-arginine]　＝オクトピン

**カルボキシジスムターゼ** [carboxydismutase]　＝リブロース-ビスリン酸カルボキシラーゼ

**カルボキシペプチダーゼA** [carboxypeptidase A] EC 3.4.17.1. タンパク質またはペプチドのC末端から順次1個ずつアミノ酸を遊離する酵素をカルボキシペプチダーゼという(⇔アミノペプチダーゼ)．そのうち，芳香族および分枝脂肪族側鎖をもったアミノ酸を好んで切断する酵素をカルボキシペプチダーゼAという．1原子の亜鉛を活性中心に配位する金属酵素*である．亜鉛の結合に関与するアミノ酸残基は69番His, 72番Glu, 196番Hisで，触媒反応には亜鉛と270番Glu, 248番Tyrが関与する．膵臓でプロエンザイムとして合成され，分泌後腸管内でトリプシン*による限定分解を受けて活性化される．トリプシンやキモトリプシン*, エラスターゼ*とともに消化酵素としての機能を果たす．

**カルボキシペプチダーゼY** [carboxypeptidase Y] EC 3.4.16.1. 酵母由来のカルボキシペプチダーゼで，タンパク質やペプチドのC末端から1個ずつアミノ酸残基を遊離する．C末端アミノ酸が芳香族か脂肪族側鎖をもつアミノ酸を好んで切断するが，C末端から二つ目のアミノ酸残基の影響を大きく受け，ここがグリシンの場合はほとんど切断されない．2番目のアミノ酸も芳香族か脂肪族アミノ酸である場合がよい基質となる．その時はC末端がイミノ酸であるプロリンであっても切断される．活性中心の触媒部位はセリンとヒスチジンから成るセリンプロテアーゼ*であって，セリン型カルボキシペプチダーゼ(serine-type carboxypeptidase)ともよばれる．動物由来のカルボキシペプチダーゼの多くがメタロプロテアーゼ*であるのと異なる．

**カルボキシルプロテアーゼ**　[carboxyl protease]　⇌プロテアーゼ

**カルマン症候群** [Kallmann syndrome]　発生時期に嗅球と関連する黄体形成ホルモン放出ホルモン*分泌ニューロンが脳へ向かって正常に遊走しないため，視床下部性の黄体形成ホルモン放出ホルモンが欠損し低ゴナドトロピン(性腺刺激ホルモン*)性性腺機能低下症をきたす疾患．無嗅覚を伴い，類宦官体型をとり，他の原因による低ゴナドトロピン性性腺機能低下症(黄体形成ホルモン*のβサブユニット遺伝子突然変異，プロラクチン過剰症，神経性食欲不振症など)との鑑別が問題となる．X連鎖型のカルマン症候群1の原因遺伝子*KAL1*はGnRHニューロンや嗅神経の視床下部への移動に主要な役割を果たすタンパク質anosminをコードし，常染色体優性のカルマン症候群2の原因遺伝子は線維芽細胞成長因子受容体1(FGFR1)である．(→生殖器異形成)

**カルモジュリン** [calmodulin]　1971年に垣内史朗とW. Y. Cheungによって脳のサイクリックAMP依存性ホスホジエステラーゼの活性因子として発見されたが，$Ca^{2+}$依存性を示したのは垣内であった．トロポニン*Cに類似のアミノ酸配列をもち，熱に安定で，分子量約16,000, $Ca^{2+}$結合部位を4個もった，いわゆるEFハンド*型のカルシウム結合タンパク質*である．真核細胞に広く存在し，アデニル酸シクラーゼ，ホスホリラーゼキナーゼ*, 膜$Ca^{2+}$,$Mg^{2+}$-ATPアーゼ, NADキナーゼ, ミオシンL鎖キナーゼ*(MLCK)などの酵素は$Ca^{2+}$存在下で活性化する．MLCKを例にとって詳しく説明すると，細胞内$Ca^{2+}$濃度が$10^{-7}$ mol以上となるとカルモジュリンの$Ca^{2+}$結合部位(まず2個)に$Ca^{2+}$が結合し，カルモジュリンの構造変化が生じる．この状態で非活性だったMLCKに結合できるようになり，$Ca^{2+}$-カルモジュリンの結合したMLCKは活性化してミオシンL鎖をリン酸化する．リン酸化したミオシンは初めてアクチン*と相互作用ができるようになる．カルモジュリンのアミノ酸配列はよく保たれており，種を超えて保守的なタンパク質である．進化のうえで早く分化したと考えられる．機能的にはカルモジュリンキナーゼII*のように中枢や血小板などで多くの機能に関与しているものがあり，カルシニューリン*のように$Ca^{2+}$-カルモジュリン依存性ホスファターゼ作用をもつものもある．これら酵素ではないカルデスモン*のように構造タンパク質として$Ca^{2+}$-カルモジュリンが結合しアクチンにフリップ-フロップで影響するものもある．サイクリックAMPと同様，$Ca^{2+}$がセカンドメッセン

ジャーとして機能するのは多くはカルモジュリンを介してのことである．一方カルモジュリン自体を構造に組込んで機能しているものに，サブユニットの一つとしてカルモジュリンをもっているホスホリラーゼキナーゼがある．カルパイン*は構造内にカルモジュリンをもっている．

**カルモジュリン依存性プロテインキナーゼⅠ～Ⅴ** [calmodulin-dependent protein kinase Ⅰ～Ⅴ] ＝カルモジュリンキナーゼⅠ～Ⅴ

**カルモジュリン依存性プロテインキナーゼ Gr** [calmodulin-dependent protein kinase Gr] ＝カルモジュリンキナーゼⅣ

**カルモジュリン拮抗薬** [calmodulin antagonist] ＝カルモジュリン阻害薬

**カルモジュリンキナーゼⅠ** [calmodulin kinase Ⅰ] ＝CaMキナーゼⅠ(CaM-kinase Ⅰ)，カルモジュリン依存性プロテインキナーゼⅠ(calmodulin-dependent protein kinase Ⅰ)．シナプシン*Ⅰのサイト1をリン酸化する酵素として見いだされた $Ca^{2+}$/カルモジュリン依存性のプロテインキナーゼである．その後 CREB，ミエリン塩基性タンパク質やヒストン*などさまざまなタンパク質をリン酸化する基質特異性の広い酵素であることが明らかになり，カルモジュリンキナーゼⅡ*やカルモジュリンキナーゼⅣ*と同様多機能性プロテインキナーゼと考えられている．酵素活性は，触媒ドメインの活性化ループ内に存在するトレオニン残基が上流のカルモジュリンキナーゼキナーゼによりリン酸化を受けて活性化される．このカルモジュリンキナーゼキナーゼによるカルモジュリンキナーゼⅠとⅣの活性化経路はカルモジュリンキナーゼカスケードとよばれており，$Ca^{2+}$ を介した細胞内情報伝達系において重要な役割を果たすと考えられている．現在，α，β，γ，δ の4種類のアイソフォーム*が知られており，さまざまな組織に広く分布しているが，その多くは脳に豊富に発現している．細胞内ではおもに細胞質に存在するが，翻訳後修飾*により細胞膜や核への局在が見られる例が報告されている．

**カルモジュリンキナーゼⅡ** [calmodulin kinase Ⅱ] ＝CaMキナーゼⅡ(CaM-kinase Ⅱ)，カルモジュリン依存性プロテインキナーゼⅡ(calmodulin-dependent protein kinase Ⅱ)．$Ca^{2+}$/カルモジュリン依存性のタンパク質リン酸化酵素であり，基質特異性が広く，$Ca^{2+}$ を介した細胞内情報伝達において，重要な働きをする多機能性プロテインキナーゼとして知られている．α，β，γ，δ の4種類のアイソフォーム*から成り，さらにそれぞれ RNA スプライシングの違いにより多数のアイソフォームが存在する．酵素の一次構造は，アミノ末端側に触媒ドメインが存在し，中間部分にはカルモジュリン結合部位や自己阻害部位などの活性制御ドメインが，またカルボキシ末端領域に会合ドメインが存在する．8～12個のサブユニットが会合ドメインを内側に向けて会合し，触媒ドメインが外側に広がった花のような特徴的なオリゴマー構造を形成している．自己リン酸化反応により活性を自己制御してお

り，$Ca^{2+}$/カルモジュリン存在下に 286 番目（α アイソフォーム）のトレオニンが自己リン酸化され，活性化されると同時に $Ca^{2+}$/カルモジュリン非依存型酵素に変化する．カルモジュリンキナーゼⅡは，ほとんどすべての組織に存在しているが，特に脳に豊富に発現しており，海馬では全タンパク質の2％にも達する．脳にはαアイソフォームが多く，神経細胞の中でも特にシナプス後肥厚とよばれる部位に豊富に存在し，記憶・学習の分子素過程であるシナプスの長期増強において重要な役割を果たしている．また，神経伝達物質の合成，分泌，細胞の形態形成や，遺伝子発現の調節などにも関与することが報告されている．

**カルモジュリンキナーゼⅢ** [calmodulin kinase Ⅲ] ＝CaMキナーゼⅢ(CaM-kinase Ⅲ)，カルモジュリン依存性プロテインキナーゼⅢ(calmodulin-dependent protein kinase Ⅲ)．真核生物においてポリペプチド伸長因子2(eEF-2)を特異的にリン酸化する $Ca^{2+}$/カルモジュリン依存性のプロテインキナーゼである．カルモジュリンキナーゼⅠ*，Ⅱ，Ⅳ などの多機能性プロテインキナーゼと異なって，基質特異性が厳密であり，これらのキナーゼとはアミノ酸配列の相同性もほとんど見られない．自己リン酸化ならびにサイクリック AMP 依存性のリン酸化により，部分的に $Ca^{2+}$/カルモジュリン非依存性活性が見られるようになる．eEF-2 がリン酸化されると，リボソームにおけるペプチジル tRNA の転移反応が抑えられ，ペプチド伸長反応が阻害される．この酵素は，動物においてさまざまな組織に広く分布しており，タンパク質合成の制御にかかわると考えられている．

**カルモジュリンキナーゼⅣ** [calmodulin kinase Ⅳ] ＝CaMキナーゼⅣ(CaM-kinase Ⅳ)，カルモジュリン依存性プロテインキナーゼⅣ(calmodulin-dependent protein kinase Ⅳ)，カルモジュリン依存性プロテインキナーゼ Gr(calmodulin-dependent protein kinase Gr)．$Ca^{2+}$/カルモジュリン依存性のプロテインキナーゼで，カルモジュリンキナーゼⅠ*，Ⅱ と同様に基質特異性が広く，$Ca^{2+}$ 応答性の多機能性プロテインキナーゼとして細胞内シグナル伝達に関与すると考えられている．酵素の触媒ドメインの活性化ループ内に存在するトレオニン残基が，上流のカルモジュリンキナーゼキナーゼによりリン酸化されることにより顕著に活性化され，部分的に $Ca^{2+}$/カルモジュリン非依存性活性が見られるようになる．脳と胸腺(T 細胞)に豊富に分布しており，カルモジュリンキナーゼⅡと異なり 53～56 kDa のモノマー酵素である．小脳では，α と β の2種類のアイソフォーム*が存在しているが，大脳などでは，αアイソフォームのみが発現している．細胞内では，おもに核に局在するといわれており，転写因子である CREB の 133 番目のセリン残基をリン酸化し活性化することが知られている．転写因子のリン酸化を介して，高次神経機能だけでなく骨代謝の制御などさまざまな生理機能にも関与することが報告されている．

カルモジュリンキナーゼⅤ [calmodulin kinase V] ＝CaMキナーゼⅤ（CaM-kinase V），カルモジュリン依存性プロテインキナーゼⅤ (calmodulin-dependent protein kinase V). カルモジュリンキナーゼⅤの名前で報告された酵素は，カルモジュリンキナーゼⅠ* と同じものであると考えられている．

カルモジュリン阻害薬 [calmodulin inhibitor]　カルモジュリン阻害剤，カルモジュリン拮抗薬 (calmodulin antagonist) ともいう．カルモジュリン*はカルシウム結合能とカルシウム依存性に酵素などの標的タンパク質に作用するという二つの機能を介して，カルシウムシグナルを細胞内で伝達している．カルモジュリン阻害薬は，この二つの機能を選択的に抑制する薬物である．すなわち，カルシウム結合を抑制する代表例はルテニウムレッド*であり，標的タンパク質への作用を阻害する薬物はナフタレンスルホンアミド誘導体やフェノチアジン誘導体などである．前者は，カルモジュリンのカルシウム結合能を抑制し，その結果酵素活性化を阻害するが，カルシウム濃度の上昇によりその阻害は減弱する．すなわち，カルモジュリンのカルシウム感受性を低下させる作用がある．後者は，現在までに報告されているほとんどのカルモジュリン阻害薬が含まれ，カルモジュリンのカルシウム結合に伴い形成される活性部位（疎水性領域）に作用し標的分子（酵素）との結合を阻害し，カルシウム濃度増加によりその阻害は影響されない．このタイプの薬物の疎水性を上昇させるとカルモジュリンとの親和性が増加する．これらのカルモジュリン阻害薬を使用して数多くのカルシウム依存性細胞機能におけるカルモジュリンの関与が示唆されてきた．カルモジュリン阻害薬トリフルオロペラジンは統合失調症治療薬として使用されている．

カルレティキュリン [calreticulin]　⇒カルセケストリン

カロチノイド　＝カロテノイド

カロチン　⇒カロテノイド

カロテノイド [carotenoid]　カロチノイドともいう．すべての光合成生物に含まれる黄～赤色の水不溶性テトラテルペノイド．炭素数40の不飽和炭化水素（カロテン carotene；カロチンともいう）と酸化されたキサントフィル*が存在する．光合成*の補助色素として光捕獲，クロロフィル*の光酸化防御の役割をもち，果実や花にも存在する．イソプレノイド*から合成され，フィトエン (phytoene) の不飽和化の阻害剤は有効な除草剤である．ある種の細菌，カビ，酵母も合成する．動物には植物由来のカロテノイドが存在し，光受容の役割をもつ．(⇒β-カロテン)

カロテノイド小胞 [carotenoid vesicle]　⇒色素顆粒

カロテン [carotene]　⇒カロテノイド

カロン [chalone]　キャロン，ケイロンともいわれる．組織が創傷を受けた時，周囲の細胞の増殖が起こることを説明するために仮定された物質．正常状態で細胞の分裂を抑制しており，その減少によって分裂が開始されるとする．組織ごとに特異的なカロン

が存在するとされ，心筋の大きさを負に調節する因子としてミオスタチン (myostatin) が同定されている．個体のホメオスタシスを維持する仕組みの一つで，発生中の胚組織，がん組織などでの役割に興味がもたれている．

カロンファージ　＝シャロンファージ

がん（癌）[cancer]　悪性腫瘍 (malignant tumor)，悪性新生物 (malignant neoplasm) ともいう．がんとは，多細胞生物において，正常細胞がさまざまな外因・内因性の発がん要因の影響により変化を受け，単クローン性，または寡クローン性に増殖する結果発生してくる異常細胞集団のうち，周辺もしくは遠隔の正常組織への浸潤をひき起こし，宿主を死に導く可能性のあるものをいう．上皮*細胞のがんをがん腫*とよび，腺がん*，扁平上皮がん*などに分類される．結合組織，筋肉，骨，軟骨など非上皮細胞より発生してくるがんは肉腫*，造血系のがんは白血病*や悪性リンパ腫*，生殖細胞のがんは胚細胞性腫瘍である．がん細胞でよくみられる現象は自律性増殖，異常細胞分化，転移*であり，その細胞生物学的背景には増殖制御および細胞内シグナル伝達*の異常，細胞接着*の異常，免疫応答遺伝子*の発現異常，浸潤能・運動性の異常亢進，遺伝子不安定性などがあげられる．がんの本態はこの遺伝子異常にあり，特異的ならびに非特異的な，複数の遺伝子異常が多段階発がん*過程を通して集積することによりがんが発生・進展する．したがって発がん要因としてあげられている放射線，変異原*性物質，環境中・食品中の発がん物質*，代謝により発生する酸素ラジカル（⇒活性酸素），制がん剤*，ウイルス感染，遺伝的なDNA修復*機構の異常などは，基本的に何らかの機序で宿主の遺伝情報に障害を与えるものであると考えられている．現在，多くのがん関連遺伝子が同定されつつある．当初がんの遺伝子異常はがん遺伝子*およびがん抑制遺伝子*の異常のみで説明されうるようにみえたが，いまではその他の，細胞の増殖・分化・死・接着・運動など，生命の基本機能をつかさどる多くの遺伝子ががんの発生と進展に関与していることがわかってきた．すなわちがんの研究は正常の生物学の発展の大きな原動力であり，かつ基礎生物学・発生学・ヒトゲノムプロジェクト*によるがんの遺伝子異常の解明への貢献も多大である．したがってがん関連遺伝子の定義はぼう漠としてきつつあるが，ヒトがんにおける構造異常が注目されている遺伝子の例としては，K-ras, H-ras, N-ras, hst-1, int-2, K-sam, erbB1, erbB2, ret, yes, abl, c-myc, N-myc, bcl-2, サイクリンD1, RB, p53, p16, APC, DCC, MCC, WT1, NF1, NF2, BRCA1, nm23, hMSH2, hMLH1, Eカドヘリン，カテニンなどがある．これらぞくぞくと集積されるがんの遺伝子異常に関する知見をもとに，ヒトがんの遺伝子診断や遺伝子治療*の開発が盛んに進められている．

肝アシアロ糖タンパク質受容体 [liver asialoglycoprotein receptor]　肝レクチン (hepatic lectin) と

もいう．肝細胞表面に分布し，ガラクトースおよび$N$-アセチルガラクトサミンに高い特異性と親和性をもった受容体．血液中に存在する$N$結合型糖タンパク質*糖鎖の非還元末端に結合したシアル酸が除去されることによって新たに露出したガラクトースと結合し，これをエンドサイトーシスによって細胞内に取込んだのち，リソソーム酵素によって分解する機構に関係している．ガラクトースとの結合には$Ca^{2+}$が必要であり，pH 6.5 以上でないと結合せず，エンドソーム*での低い pH 環境ではリガンドから解離し，受容体は再利用される．C 型レクチンに分類される．複合型糖鎖の分岐が多くなるほど高い親和性を示し，三本鎖では $10^{-9}$ M の解離定数を示す．分子内ジスルフィド結合を切断すると結合活性はなくなる．ヒト肝では細胞当たり 10 万〜50 万分子が基底層に分布し，六量体を形成している．動物種間のアミノ酸配列は相同性が高く，よく保存されたタンパク質である．

**がん遺伝子**［oncogene］　動物の正常細胞に内在し，その活性化突然変異により細胞のがん化を誘導する遺伝子群の総称．当初は RNA 腫瘍ウイルス（⇒レトロウイルス），すなわちトリやマウス・ラットなどの肉腫ウイルスあるいは白血病ウイルスがもつ腫瘍原性の遺伝子として同定されていたが，1975 年に H. Varmus*，J. M. Bishop* らによりラウス肉腫ウイルス*ゲノム中に存在するがん遺伝子 *src** が細胞由来である証拠が示され，がん遺伝子が正常動物細胞に由来することが明らかになった．がん遺伝子はのちに，ヒトのがん組織の DNA を直接マウス培養細胞系（NIH3T3 細胞）に導入した際のがん化能によって検証されるようになり，1981 年にこの方法で R. A. Weinberg，M. C. Barbacid らによって，がん遺伝子 *ras** が単離され，その突然変異による活性化が c-*ras* との構造比較により見いだされた．ウイルスがもつがん遺伝子をウイルス性がん遺伝子*，その由来である正常細胞の遺伝子を細胞性がん遺伝子（⇒原がん遺伝子）といい，おのおの v-*onc*，c-*onc* と略記する．ウイルス性がん遺伝子は細胞性がん遺伝子の一部に活性型の突然変異をもつ状態でウイルスゲノム中に存在する．細胞性がん遺伝子がコードする産物は活性および構造より，増殖因子*，受容体型および非受容体型のチロシンキナーゼ*，セリン/トレオニンキナーゼ*，低分子量 GTP 結合タンパク質*，転写因子* などに分類されるが，多くのものが生理的には細胞の増殖・分化・死へのシグナル伝達に関与する分子であり，相互に活性化しながら細胞増殖のシグナルを核に伝え，最終的に反応に必須な遺伝子を転写活性化する機能を果たす．これらの遺伝子が対立遺伝子の一方に活性型の突然変異を受ける，すなわち点突然変異，増幅，短小化，染色体転座，プロモーター挿入などの機構により活性化されると，細胞増殖のシグナルが過剰かつ異常に伝達されるようになり，細胞は無制限な増殖，さらにはがん化へと導かれる．現在までに約 100 種以上のがん遺伝子が同定されているが，ヒトがんで活性化がみつかっているものはその一部に過ぎない．また，ヒトの遺伝子の 1 % は原がん遺伝子であると推定されている．なお，実際の腫瘍およびがんが単独のがん遺伝子の異常で生じることはほとんどなく，たいていの場合，複数のがん遺伝子の活性化および複数のがん抑制遺伝子*の不活性化が多段階の変化として蓄積することにより細胞は腫瘍化，がん化へ導かれると考えられている（⇒多段階発がん，付録 G）．

**がんウイルス**［oncogenic virus］　＝腫瘍ウイルス

**冠癭**（えい）　＝クラウンゴール腫瘍

**肝炎**［hepatitis］　肝実質に炎症反応が惹起された状態の総称である．狭義には A〜E 型肝炎ウイルスによって起こるものをさすが，広義には肝炎ウイルス以外のウイルス（EB ウイルス，サイトメガロウイルスなど），アルコール，肥満（非アルコール性脂肪性肝炎），薬剤性肝障害，自己免疫性肝炎などによるものも含める．経過により急性肝炎と慢性肝炎に分類される．急性肝炎では肝実質の炎症反応は強いが原因の消失とともに障害が修復，再生される過程をたどる．劇症肝炎は急性肝炎の約 1 % に認められ，肝実質の広範な障害により肝不全をきたし致命率が高い．一方，6 カ月以上肝機能障害が持続するものは慢性肝炎と定義され，肝実質の障害は軽度から中等度にとどまるものの原因が消失しないため障害が持続する．その結果，肝繊維化が進行し小葉構造の改変がみられ，ひいては肝硬変*へと病期が進展する．また病期の進展とともに肝がん*の発症も認めるようになる．このような慢性肝疾患の原因としてはわが国では 70 % 以上が C 型肝炎ウイルス*によるものであり，ついで B 型肝炎ウイルス*，アルコールの順となる．（⇒肝硬変）

**がん化**　＝悪性形質転換

**感覚繊毛**［sensory cilium］　⇒繊毛

**肝がん**［liver cancer］　肝臓に発生する悪性腫瘍であるが，通常は肝細胞がん（hepatocellular carcinoma, hepatoma, hepatocarcinoma, liver cell carcinoma）をさす．肝細胞がんは成人に起こる原発性肝がんの 90 % 以上を占めるがん腫で，肝細胞への分化を示し，間質は血管である．肝炎の持続（⇒肝炎），アフラトキシン*，トロトラスト（Thorotrast，$\alpha$ 線を発生する造影剤）などで起こることが知られており，地域別ではアフリカやアジアに多い．病理学的には，エドモンドソン分類により，I（高分化）型から IV（低分化）型まで分けられ，また胆管がんとの混合型もみられる．臨床的に予後は不良である．$\alpha$ フェトプロテイン*を高率に産生する．

**間期**［interphase］　真核生物の細胞周期*において，顕微鏡下で動的な変化が観察される M 期*（分裂期）以外の，M 期からつぎの M 期までの間を間期とよぶ．視覚的にはただ細胞が成長しているだけの時期であるが，細胞内では実に巧妙かつ複雑なメカニズムで細胞分裂の準備が進められる時期である．間期はさらに $G_1$ 期*，S 期*，$G_2$ 期* に区分される．細胞が周囲の増殖因子の存在，栄養の有無，細胞自身のサイズが十分か，などの条件から増殖サイクルに入るか，あるいは静止期（$G_0$ 期）に入るかを決定する $G_1$ 期，染色

体DNAが複製するのがS期，S期からM期までのギャップが$G_2$期である．この間，細胞はゲノムDNAが全域にわたって複製を完了したかどうかチェックし（細胞周期チェックポイント*），もし不完全な場合にはM期の開始を遅らせることができる．こうした一連の制御機構の中で中心的な役割を占めるのがいくつかの異なるサイクリン依存性プロテインキナーゼ*である．

**眼球** [eyeball] ⇌ 眼
**眼球突出甲状腺腫** [exophthalmic goiter] ＝バセドウ病
**眼球優位コラム** [ocular dominance column]　サルやネコの大脳皮質第一次視覚野（⇌ 視覚野皮質）では，応答の性質が共通な神経細胞が皮質表面に対し垂直方向に群をなして配列しており，この機能単位はコラム（column）とよばれている．コラムには眼球優位コラムと受容野の向きのコラム（方位コラム orientation column）とが存在する．一側の眼からの視覚情報が優位に投射されるコラムを眼球優位コラムとよぶ．コラム（機能円柱）とよばれるが，実際には短冊状をしている．右眼球優位コラムと左眼球優位コラムは交互に配列しており，このコラムの幅は約 0.5 mm である．眼球優位コラムと方位コラムは，ほぼ直角に配列している．
**ガングリオシド** [ganglioside]　シアロ糖脂質（sialoglycolipid）ともいう．シアル酸*をもつスフィ

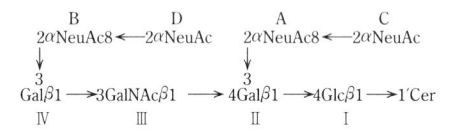

```
    D           B           A           C
2αNeuAc8 ←── 2αNeuAc   2αNeuAc8 ←── 2αNeuAc
    ↓                       ↓
    3                       3
 Galβ1 ──→ 3GalNAcβ1 ──→ 4Galβ1 ──→ 4Glcβ1 ──→ 1'Cer
    Ⅳ           Ⅲ           Ⅱ           Ⅰ
```

ゴ糖脂質*の総称．代表的な化学構造を図に示す．糖鎖部分について少なくとも80種以上のガングリオシドが知られている．セラミド*部分の構造の違いを含めると数百種類の分子種が存在する．IUPAC-IUBで決められた命名法が存在するが，L. Svennerholmによる慣用名が一般によく使われる（表）．植物種や昆虫門に至る分岐に属する動物種には存在せず，棘皮動物以上に存在する．どの臓器・組織にも普遍的に存在するが，その組織含量や分子種は大きく異なる．脳神経系に多量に存在しており，テイ・サックス病*（脂質蓄積症）患者の脳から発見されたので，"脳"にちなんでこの名が付けられた（E. Klenk, 1937）．細胞表面で，脂質ラフト*あるいは脂質ミクロドメインを構成し，細胞間接着や細胞内情報伝達のシグナリングに深くかかわっていると考えられている．ガングリオシドの糖鎖部分は，細胞内器官のゴルジ体*の内腔側で糖ヌクレオチドを供与体としてグリコシルトランスフェラーゼ*（糖転移酵素）により逐次合成される．糖鎖合成経路とそれにかかわるグリコシルトランスフェラーゼ遺伝子のクローニングは完了している．グリコシルトランスフェラーゼ遺伝子ノックアウトマウス*によって得られた表現型から，ガングリオシド生合成は個体発生に必須ではなく，老化・再生，あるいは神経高次機能などに重要な働きをしていることが示されている．

**ガングリオシドーシス** [gangliosidosis] ⇌ スフィンゴ脂質症
**完系統** ＝クレード
**間隙容量** ＝ボイド容積
**がん原遺伝子** ＝原がん遺伝子
**還元剤** [reducing agent, reducing reagent, reductant]　自身は酸化され，他の分子を還元する物質．酸化還元反応において，他の分子（原子）に電子を与える分子（原子）のこと．還元力の強さは，標準酸化還元電位（⇌ 酸化還元電位）を用いて表される．生体内ではNADHやFADH$_2$が還元剤として働くことにより，代謝エネルギーが伝達される（⇌ 電子伝達系）．
**がん原性物質** ＝発がん物質
**還元的ペントースリン酸回路** [reductive pentose phosphate cycle]　リブロースビスリン酸回路（ribulose bisphosphate cycle），カルビン・ベンソン回路（Calvin-Benson cycle），カルビン回路（Calvin cycle），炭素還元回路（carbon reduction cycle），$C_3$経路（$C_3$ pathway）ともいう．M. Calvin*，A. Bensonらの研究

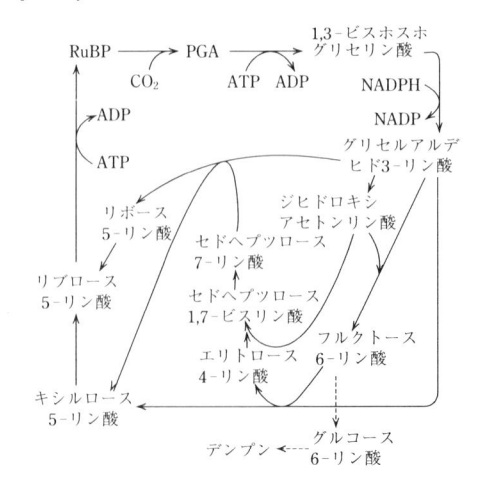

おもなガングリオシド

| IUPAC-IUB 命名法 | 略号[†] | 構造（図中の含まれる残基） |
|---|---|---|
| I³NeuAc-GalCer | $G_{M4}$ | Ⅱ, A |
| I³NeuAc-LacCer | $G_{M3}$ | Ⅰ, Ⅱ, A |
| II³NeuAc-GgOse₃Cer | $G_{M2}$ | Ⅰ, Ⅱ, Ⅲ, A |
| II³NeuAc-GgOse₄Cer | $G_{M1}$ | Ⅰ, Ⅱ, Ⅲ, Ⅳ, A |
| IV³NeuAc, II³NeuAc-GgOse₄Cer | $G_{D1a}$ | Ⅰ, Ⅱ, Ⅲ, Ⅳ, A, B |
| II³(NeuAc)₂-GgOse₄Cer | $G_{D1b}$ | Ⅰ, Ⅱ, Ⅲ, Ⅳ, A, C |
| IV³(NeuAc)₂, II³NeuAc-GgOse₄Cer | $G_{T1a}$ | Ⅰ, Ⅱ, Ⅲ, Ⅳ, A, B, D |
| IV³NeuAc, II³(NeuAc)₂-GgOse₄Cer | $G_{T1b}$ | Ⅰ, Ⅱ, Ⅲ, Ⅳ, A, B, C |
| IV³(NeuAc)₂, II³(NeuAc)₂-GgOse₄Cer | $G_{Q1b}$ | Ⅰ, Ⅱ, Ⅲ, Ⅳ, A, B, C, D |

† Svennerholm法

により解明された光合成\*の炭酸同化経路で，化学合成細菌をも含めて広範囲の生物にみられる基本的な代謝回路である(図参照)．この過程で，二酸化炭素はリブロース 1,5-ビスリン酸(RuBP)と反応して 2 分子のホスホグリセリン酸(PGA)を生成する．ついで，PGA はエネルギー変換反応により生成する還元力(NADPH)とエネルギー(ATP)を利用してグリセルアルデヒドリン酸に転換される．また，二酸化炭素の受容体である RuBP はリブロース 5-リン酸の ATP によるリン酸化によって再生される．この反応系で，3 分子の二酸化炭素が 3 分子の RuBP を受容体として固定されると，6 分子の PGA が生じ，そのうちの 5 分子が 3 分子の RuBP の再生のために消費され，残りの 1 分子がデンプンやスクロースなどの合成に利用されることになる．エネルギー的には，1 分子の二酸化炭素の固定に，3 分子の ATP と 2 分子の NADPH を必要とすることになる．(⇨ $C_3$ 植物)

**還元分裂** [reduction division] ＝減数分裂

**がん抗原** [cancer antigen] 腫瘍抗原(tumor antigen)ともいう．がん細胞\*の細胞表面や細胞質内に発現し，T 細胞\*や抗体\*が担う獲得免疫によって認識されるタンパク質の総称．がん\*に対する免疫療法の標的分子となる．がん抗原の種類として，1) MAGE 抗原のように，がん細胞と精巣に限られて発現するがん・精巣抗原，2) メラノサイト分化抗原や前立腺関連抗原のように，正常メラノサイトや前立腺細胞とともに黒色腫や前立腺がんにも発現する組織分化抗原，3) HER2/neu や p53\*のように，正常細胞にもある程度発現しているが，多種類のがん細胞に高発現するがん共通抗原，4) 子宮頸がんにおけるパピローマウイルス\*のように，特定のがん細胞に感染しているウイルスタンパク質由来抗原，5) がん胎児抗原やαフェトプロテイン\*のように，本来は胎児期に限定して発現するが，細胞のがん化により再発現する胎児性抗原などがある．(⇨ がん免疫，免疫)

**肝硬変** [liver cirrhosis, hepatic cirrhosis] 持続する肝細胞壊死により，グリソン鞘相互間あるいはグリソン鞘と中心静脈間を結ぶ繊維性隔壁の新たな形成・残存肝細胞の結節状再生を招来し，障害を伴う肝小葉構造・肝内脈管系の改築を肝全体にび漫性に認める状態．形態学，原因などの観点から分類されている．臨床的には肝不全症状の有無により代償性・非代償性に分類され，肝予備能に基づいた重症度分類(チャイルド分類)も頻用される．原因としては感染(肝炎ウイルス，寄生虫)，アルコール，胆汁うっ滞(原発性胆汁性肝硬変 primary biliary cirrhosis，慢性非化膿性破壊性胆管炎と抗ミトコンドリア抗体陽性を特徴とする自己免疫性肝疾患，続発性)，肝うっ血，栄養障害，中毒，代謝異常(ウイルソン病\*，ヘモクロマトーシス\*など)，胆管疾患などがあり，これらを起因として慢性肝炎から肝硬変へ至るものが多い．肝繊維化には，類洞\*にある伊東細胞の活性化・形質転換による細胞外基質の異常増生が関与している．

**感作** [sensitization] [1] 免疫反応をひき起こすため，その準備としてあらかじめ抗原を生体に投与し，抗体産生あるいは T 細胞応答を誘導しておくこと．感作する(sensitize)は免疫する(immunize)の意味でしばしば同義に使われる．[2] 受動免疫\*反応をひき起こす際に，抗原の代わりに抗体を生体に投与すること．[3] 生体を用いない固相酵素免疫検定法\*(ELISA)，放射線免疫検定法\*(RIA)，赤血球凝集反応，補体依存性赤血球溶血反応(⇨ 溶血プラークアッセイ，補体結合試験)など in vitro アッセイにおいて，免疫反応を検出するため，プラスチックプレート，赤血球などに抗原あるいは抗体をあらかじめ結合させておくこと．

**肝再生** [liver regeneration] 肝修復(liver restoration)ともいう．肝臓は肝がん摘除や移植後に容易に再生が起こる．実験的にはラット肝部分摘除後の再生(Higgins-Anderson 法)が用いられる．肝組織は 65 % が実質細胞であり門脈周辺の細胞から再生を始め，2 週間で完了する．増殖因子\*として HGF(肝細胞増殖因子\*)，TGF-α(トランスフォーミング増殖因子α\*)が知られている．これらの因子は近傍非実質細胞や血小板から供給され，それぞれ c-Met，EGF(上皮増殖因子)受容体で実質細胞に認識される．逆に TGF-β(トランスフォーミング増殖因子β\*)や IL-1β(インターロイキン 1β)はパラ分泌形式で増殖を抑制する．さらに再生と肝特異機能(血清タンパク質合成，糖新生，尿素形成など)発現は細胞接触(密度)で相反的に調節され，高密度で分化機能発現が，低密度で増殖が促進する．このように肝再生はサイトカイン\*と組織構築で調節されている．肝組織には実質細胞のほかに血管内皮細胞\*，クッパー細胞\*，伊東細胞，胆管細胞などの非実質細胞があり，PDGF(血小板由来増殖因子\*)，FGF(繊維芽細胞増殖因子\*)などで再生すると思われるが機構の詳細は不明である．

**幹細胞** [stem cell] 他種類の細胞に分化する能力を維持しながら自己増殖能をもつ細胞．幹細胞には，細胞分裂により同等の性質をもつ幹細胞を 2 個生じる様式と，1 個の幹細胞と 1 個の細胞を生じる様式がある．前者には初期胚割球や胚性幹細胞\*(ES 細胞)などが，後者には精子幹細胞や表皮幹細胞などが知られる．前者は発生過程で個体の成長(細胞数の増加)に，後者は組織で定期的に老細胞と入れ替わる新生細胞を供給し，個体の恒常性維持に働く．幹細胞の分化能には全能性(totipotent; それのみで個体を作る能力)，多分化能(pluripotent; 体を構成するほぼすべての種類の細胞に分化できるがそれのみで個体にはなれない)，多分化能(multipotent; 複数種類の組織細胞への限定的分化能)，単分化能(unipotent; 単一種類の組織細胞のみへの分化能)がある．マウスやヒトでは体外で維持増殖可能な幹細胞はその由来が，初期胚，生殖細胞，組織細胞の 3 種類に大別される．初期胚由来の幹細胞として胚性幹細胞，胚性がん腫細胞(EC cell; embryonal carcinoma cell)，栄養膜幹細胞(TS cell; trophoblast stem cell)，エピブラスト幹細胞(EpiS cell; epiblast stem cell)などが，生殖細胞由来の

幹細胞として胚性生殖細胞（EG cell; embryonic germ cell）や精子幹細胞（GS cell; germline stem cell）などが，組織細胞由来の組織幹組織（somatic stem cell）（成体幹細胞）として造血幹細胞，神経幹細胞*（neural stem cell），多能性成体幹細胞（MAP cell; multipotent adult progenitor cell）などが知られる．加えて，成体体細胞由来初代培養細胞の再プログラム化*による多能性幹細胞*としてiPS細胞*がある．下等動物では，幹細胞の能力はより強力で，ヒドラ，プラナリア，イモリなどでの器官や個体の完全再生が知られている．ヒトの幹細胞は，体外で増殖させ必要な組織細胞に分化誘導した後に移植する再生医療*への応用が期待されている．

**肝細胞**［hepatocyte, hepatic cell］　肝実質細胞（hepatic parenchymal cell）ともいう．肝小葉を構築する，肝臓の主要構成細胞．肝臓全体の約80％を占める．胞体内にはよく発達した豊富な粗面小胞体，ミトコンドリア，グリコーゲン顆粒が認められる．アミノ酸，グルコース，脂肪酸，トリアシルグリセロール，コレステロールの代謝，ホルモン，薬剤，有害物質の分解・解毒*など肝細胞は多岐にわたる代謝機能を営み，生体のホメオスタシス*（恒常性）を維持する．そのほかに，アルブミン*，血液凝固因子*，補体*など多種の血清タンパク質およびビリルビンを産生し，これらも生体の恒常性の維持に貢献する．生理的条件下では分裂能を示さない定常細胞（stable cell）であるが，胎生期，肝切除，リン中毒や炎症による高度の肝細胞障害に際しては盛んな細胞分裂による増殖・再生能を発揮する．生体の炎症時にはマクロファージなどによりインターロイキン1*が産生されるが，そのインターロイキン1の作用により，肝細胞はC反応性タンパク質*などの急性期反応物質を産生する．

**間細胞**［interstitial cell］　間質細胞ともいう．精巣，卵巣などの間質に存在する内分泌機能をもった細胞．精巣の間細胞はライディッヒ細胞*ともいい，精細管の間に島状に集合して存在し，思春期以降，下垂体ホルモンの間細胞刺激ホルモン（女性の黄体形成ホルモン*と同一物質）の刺激により，男性ホルモンを分泌する．卵巣の間細胞はヒトでは発達が悪いがげっ歯類でよく発達し，下垂体の性腺刺激ホルモンの支配下に女性ホルモンを分泌する．

**がん細胞**［cancer cell, malignant cell］　がんをつくる細胞．がん組織はがん細胞と支持組織である間質細胞などから構成されている．がん細胞は生体のホメオスタシス*のコントロールを受けず，自律性をもって増殖し，周囲の組織に浸潤し，転移する．培養されているがん細胞は，接触阻止*現象，軟寒天内コロニー形成能，永久増殖能（不死化*）などを獲得している．→腫瘍細胞

**幹細胞因子**［stem cell factor］　SCFと略す．造血幹細胞増殖因子（hematopoietic stem cell growth factor），kitリガンド（kit ligand, KL），Sl因子（steel factor）ともいう．248個のアミノ酸から成る分子量約30,000の膜結合型糖タンパク質．膜結合型のほか，プロテアーゼ消化による分泌型の存在も知られているが，in vivoでの造血には前者の方が重要であり，骨髄ストロマ細胞上に存在する膜結合型SCFがc-kit（→kit遺伝子）をもつ造血幹細胞*やマスト細胞*に対して造血刺激を与える，と考えられている（→造血微小環境）．SCF遺伝子はマウスでは第10染色体に位置し，その突然変異は大球性貧血のほか，組織マスト細胞，生殖細胞，メラノサイトの欠如などの表現型を示すSteel（Sl）変異マウスの原因となる．in vitroにおけるコロニー形成に対して，SCFは単独では弱い活性しか示さないが，インターロイキン3*，インターロイキン6*，インターロイキン11*，エリトロポエチン*，顆粒球コロニー刺激因子*など他の造血因子*が存在すると相乗作用を示し，未分化造血幹細胞に由来する芽球コロニーや各種のコロニー形成を著明に促進する．このほか，マスト細胞や一部の白血病細胞の増殖を刺激する作用をもつ．また，in vivo投与により造血幹細胞を末梢血中へ動員する作用などをもつ．

**肝細胞核因子**［hepatocyte nuclear factor］　HNFと略す．肝細胞特異的因子*の一種で，肝特異的遺伝子の発現を調節する転写因子として核内に存在するDNA結合タンパク質．HNF-1はPOUドメインをもち，相同性の高いα（TCF1）とβ（TCF2）の2種がホモまたはヘテロ二量体を形成して標的配列に結合する．HNF-3（α, β, γ, FOXA1〜3）はショウジョウバエのホメオティック遺伝子*産物と相同性があり，HNF-4αはステロイドホルモン受容体ファミリーに属する転写因子で，いずれもHNF-1α遺伝子を活性化させる．HNF-6（Onecut1）は1個のcutドメインとホメオドメインをもち，HNF-4α遺伝子の活性化に働く．これらのHNFは肝細胞や膵細胞の中で複雑なネットワークを形成しており，細胞分化や糖・脂質代謝に重要な関与をしている．HNF-1α（TCF1）とβ（TCF2）およびHNF-4αは糖尿病と深く関係し，それぞれ若年性糖尿病（maturity onset diabetes of the young; MODY）の原因遺伝子として同定されている．

**肝細胞がん**［hepatocellular carcinoma, hepatoma, hepatocarcinoma, liver cell carcinoma］　＝肝がん

**肝細胞増殖因子**［hepatocyte growth factor］　HGFと略す．初代培養肝細胞に対する増殖促進因子として発見，単離，分子クローニングされた増殖因子．69 kDaのα鎖と34 kDaのβ鎖から成るヘテロ二量体タンパク質で，α鎖に4個のクリングル構造*をもつ．繊溶系プロテアーゼであるプラスミノーゲンと構造的類似性をもつ．チロシンキナーゼ活性をもつc-met原がん遺伝子産物はHGFの受容体である．HGFはおもに種々の間葉系細胞によって産生され，多くの上皮系細胞，ニューロン，血管内皮細胞，一部の間葉系細胞を標的とする．細胞増殖促進活性に加え，細胞運動性促進活性，上皮形態形成（管腔構造など）誘導活性，細胞死抑制活性などをもつ．発生過程においては，上皮‐間葉相互作用のメディエーターとして肝臓，腎臓，肺などの内臓器官や胎盤の成長と形態形成を支えるほか，筋芽細胞の遊走を介した骨格筋

や横隔膜の形成，各種ニューロンの投射や生存などにも関与する．成体においては肝臓をはじめ腎臓，肺，消化管などの再生を担う再生因子として機能するほか，神経栄養因子，血管新生因子としても機能することから，さまざまな難治性疾患に対する再生医薬となることが期待されている．また，HGFはがん細胞の浸潤や転移，腫瘍血管新生にも関与する．HGF様タンパク質（マクロファージ刺激タンパク質）はHGFファミリーに属する．

**肝細胞増殖因子受容体** [hepatocyte growth factor receptor]　HGF受容体（HGF receptor），Met受容体（Met receptor）ともいう．HGF受容体はもともとは化学発がん剤で形質転換されたヒト骨肉腫由来細胞株のmetと名づけられたがん遺伝子*として発見された．その後，c-MetはそのcDNAの構造が明らかになると典型的な受容体型チロシンキナーゼであることがわかった．c-Metのリガンドは永らく不明であったが，1991年に肝細胞増殖因子*（HGF）がそのリガンドであることが明らかになった．HGF受容体は全長1390アミノ酸から成る一本鎖の前駆体として生合成され，24残基のシグナルペプチドが除去された後，50 kDaのα鎖と145 kDaのβ鎖にプロセシングされる．α鎖とβ鎖のN末端部分はセマフォリン*と相同なドメイン（SαとSβ）を形成しており，続いてシステインリッチドメイン（C）と4個の免疫グロブリンドメイン（Ig）が細胞外に局在し，細胞内にはシグナル発信機ともいうべきチロシンキナーゼドメインが存在する（図）．HGF受容体の遺伝子はヒトでは第7染色体q31.1-34にマップされる．HGFが受容体に結合すると受容体の二量体化が起こり，C末端近傍の2箇所のチロシン残基（Tyr1349とTyr1356）がリン酸化される．これら二つのリン酸化チロシンには多くのシグナル伝達分子が結合し，HGFの多才な生物活性が発揮される．このことからこの領域はマルチファンクショナルドッキングサイトとよばれる．HGF受容体の細胞膜直下には47アミノ酸残基から成るジャクスタメンブレンドメインというHGFシグナルを負に調節する部位が存在する．多くのがん腫においてHGF受容体遺伝子の変異が見つかっている．たとえば遺伝性乳頭状腎癌細胞がんの原因遺伝子として変異HGF受容体が同定されている．またHGF受容体遺伝子には変異がなくとも多くのがん細胞で過剰発現や遺伝子増幅が見いだされている．がん細胞の浸潤能や転移能が高いものほどHGF受容体mRNAの発現量が高く，がん細胞の悪性度とよく相関している．HGF受容体が高発現すると変異がなくとも，リガンド非依存的に受容体キナーゼの活性化が起こることが知られている．最近，細菌の Listeria monocytogenes やマラリア原虫，アデノ随伴ウイルス2型が宿主細胞内に侵入する際にHGF受容体をコレセプターとしていることが報告された．HGF受容体にはRonとよばれるファミリー分子が一つだけ知られている．RonのリガンドはHGFとアミノ酸配列が50％相同性をもつMSP（マクロファージ刺激タンパク質，macrophage stimulating protein）/HLP（HGF様タンパク質，HGF-like protein）である．がん細胞の増殖や浸潤・転移などの悪性化を阻止する目的でHGF受容体の阻害剤やアンタゴニスト*の開発が進められている．

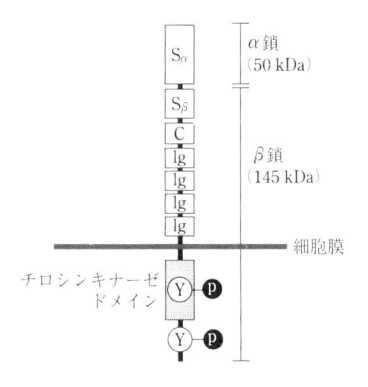

**肝細胞特異的因子** [hepatocyte specific factor]　肝細胞選択的に転写されるアルブミンや尿素回路などの酵素遺伝子の発現を調節する転写因子群で，複数のファミリーが存在し，肝細胞核因子*（HNF），C/EBP*，D部位結合タンパク質（D-site binding protein, DBP）などが含まれる．これらが単独または二量体などの複合体を形成して，標的遺伝子の複数のシスエレメント*に結合し，ホルモンなどの作用と協調的に機能して肝特異的発現をもたらす．

**ガンシクロビル** [gancyclovir]　GANCと略記される．プリン塩基誘導体の一つで，抗サイトメガロウイルス剤．ヘルペスウイルスのチミジンキナーゼ*によってリン酸化され，感染細胞あるいはウイルスチミジンキナーゼによる形質転換細胞*が選択的に死ぬ（→ヨードビニルデオキシウリジン，アシクロビル）．遺伝子ターゲティング*の有用な負の選択マーカーとして用いられる．

**間質** [stroma]　⇌実質細胞
**間質細胞**　＝間細胞
**肝実質細胞** [hepatic parenchymal cell]　＝肝細胞
**がん腫** [carcinoma]　上皮性の悪性腫瘍．ヒトでは，肉腫*に比べはるかに頻度が高いので，単にがんといえば，がん腫をさす．（→がん，腫瘍）
**間充織** [mesenchyme]　間葉ともいう．動物の発生過程で上皮*組織を裏打ちしたりその組織内の間隙を埋める形で存在する細胞集団．細胞は星状あるいは不規則な形をしており，構造・機能ともどちらかといえば未分化なものである．この細胞群は胚葉*という観点からすると，中胚葉に属する．その作用としては，細胞の間隙を埋めるというような消極的なものに

とどまらず，液性の因子を分泌して上皮細胞の分化を支配している場合が多く知られている．たとえば鳥類の胃の粘膜の上皮細胞の分化は間充織を取除いておくと起こらないし，マウスの唾液腺の上皮組織の枝分かれした構造の発達にも間充織の作用が重要である．

**肝修復** [liver restoration] ＝肝再生

**環状 AMP** ＝サイクリックアデノシン 3′,5′－一リン酸

**干渉現象** [interference phenomena] ＝ウイルス干渉

**干渉顕微鏡** [interference microscope]　光の干渉を観察するには，同一光源から出た光を二分して別々の光路を通らせて位相差をつけ，再び合致させればよい．分割法は単色の自然光を，1) スリットまたは反射鏡で波面を二つに分割するか，2) 光の振幅を半透明鏡で分割する方法があり，マイケルソン干渉計や薄膜干渉はこれに属する．ライツ製やクック・トラフトン・スミス製の干渉顕微鏡はこの方法に基づいて顕微定量が可能なようにつくられている．第三の方法は偏光を複屈折性プリズムを透過させ，振動面の異なる光に対する屈折率の差を利用して位相差を与える方法であり，この原理を利用して A. A. Lebedeff (1930) が最初の偏光型干渉顕微鏡を設計・製作した．ツァイス製や AO．ベーカー製がこれに当る．いずれも生体細胞や乾燥標本を透過することで生じた物体光と背景光のわずかな光路程差を干渉縞のずれ，または色の差として定量する顕微鏡なので，光路や光学系の厳密な選択・調整が必要である．また使用者にも複屈折性プリズムの特性，半波長板または 1/4 波長板による偏光の振動面の変化，補償板による定量などについての知識が求められる．測定には被検体の種類，試料の調製法，溶媒の有無などによる補正が必要であるが，乾燥重量 1％ 当たりの屈折率の増加量 (specific increment) はタンパク質で 0.0018，脂肪で 0.00168 と計算される．落射光源による反射型干渉顕微鏡 (reflecting interference microscope) は，むしろノマルスキー型微分干渉顕微鏡*の変法とでもいうべき干渉光学系であって，たとえば培養細胞のガラス面への接着の判定，厚みの検出などに利用される．フォーカルコンタクト*とその周辺にニュートンリングが形成されるからである．ただし，定量性ははるかに劣る．(⇒光学顕微鏡)

**環状 GMP** ＝サイクリックグアノシン 3′,5′－一リン酸

**桿状体** ＝桿体細胞

**感情調整剤** [thymoleptic] ＝抗うつ薬

**環状 DNA** [circular DNA]　ポリヌクレオチド鎖の 5′ 末端と 3′ 末端の間がホスホジエステル結合*で結合し環状化した一本鎖または二本鎖 DNA．腸内細菌のファージ，φX174，M13(f1)などでは一本鎖環状構造をとる．原核生物の染色体やウイルスおよびプラスミド* DNA の多くのもの，さらにミトコンドリア DNA*や葉緑体 DNA*は二本鎖閉環状 DNA (closed circular DNA) 構造をとる．細胞内では二本鎖閉環状 DNA 分子のほとんどは負の超らせん*構造をとっている．超らせん構造をとる分子は，弛緩型閉環状 DNA (relaxed closed circular DNA) や直鎖状 DNA (linear DNA) とはトポロジカルな形状や物理化学的性質に異なるところがあるので，ゲル電気泳動などで区別が可能である．細胞内には超らせんのねじれを増やしたり，逆に減らしたりする活性をもつ酵素，DNA トポイソメラーゼ*があり，これらが二本鎖閉環状 DNA 分子の超らせんの程度を調節する (⇒ねじれ数，超らせん密度)．二本鎖閉環状 DNA のいずれかの鎖の 1 箇所でも切断されると，超らせんのねじれのない開環状 DNA (open circular DNA) となる．この分子も二本鎖閉環状 DNA や直鎖状 DNA とはトポロジカルに形状が異なるので，ゲル電気泳動などで区別が可能である．

**環状 DNA ウイルス** [circular DNA virus]　環状 DNA 分子をゲノム*としてもつ DNA ウイルス*の総称．二つのウイルス科に分けられる．つまり，二本鎖閉環状 DNA 分子をゲノムとしてもつパポーバウイルス*科のウイルス (ポリオーマウイルス*，SV40*，パピローマウイルス*など) と単鎖部分を含む二本鎖環状 DNA 分子をゲノムとしてもつヘパドナウイルス科*のウイルス (B 型肝炎ウイルス*，ウッドチャック肝炎ウイルスなど) である．

**環状ヌクレオチド作動性チャネル** [cyclic nucleotide-dependent channel] ⇒陽イオンチャネル

**肝性幹細胞** [hepatic stem cell]　肝実質細胞，および胆管上皮細胞へ分化する潜在能力をもった細胞．肝性幹細胞に相当すると考えられる細胞は，c-Met⁺ CD49f⁺/low c-kit⁻ CD45⁻ TER119⁻ 細胞として分離された．なお，c-Met タンパク質は肝細胞増殖因子*に対する受容体である．肝性幹細胞は，アルブミンを産生する肝臓細胞とサイトケラチン 19 陽性の胆管上皮細胞へと分化する．また，これらの細胞は，肝臓同様，内胚葉系の組織である小腸ならびに膵臓に移植した場合，それぞれ移植した組織に相当する細胞に分化することが示されている．(⇒幹細胞)

**がん性高カルシウム血症** [humoral hypercalcemia of malignancy]　HHM と略す．(⇒骨吸収)

**間接蛍光抗体法** [indirect fluorescent antibody technique]　間接免疫蛍光法 (indirect immunofluorescence technique) ともいう．抗原をその抗体を用いて検出する方法の一つで，抗原に直接結合する抗体 (一次抗体) を蛍光物質で標識して検出する (直接蛍光抗体法) 代わりに，一次抗体に結合する抗体 (二次抗体) を蛍光物質で標識して検出する方法で，直接蛍光抗体法より汎用性がある．(⇒蛍光抗体法)．抗体の蛍光標識にはフルオレセインイソチオシアネート*(FITC)，ローダミン (テトラメチルローダミンイソチオシアネート)，フィコエリトリン*(PE)，テキサスレッド，サイバー系色素 (Cy5，Cy7) などが使用される．また，最近では近赤外蛍光色素も使用される．(⇒免疫組織化学)

**間接免疫蛍光法** [indirect immunofluorescence technique] ＝間接蛍光抗体法

**関節リウマチ**［rheumatoid arthritis］　RAと略す．リウマチ様関節炎ともいう．以前は慢性関節リウマチとよんだ．多発性関節破壊をきたす慢性関節炎で，病理所見は骨，軟骨破壊，関節滑膜の炎症と増殖によって特徴づけられる．滑膜にはT細胞，B細胞の浸潤，リンパ沪胞形成がみられる．インターロイキン1，6，8，腫瘍壊死因子αなど炎症性サイトカインの産生がみられ，これらが滑膜細胞やマクロファージからのコラゲナーゼ，ストロムライシンなどのタンパク質分解酵素の産生を誘導し，骨，軟骨破壊をもたらすと考えられる．また，滑膜は顕著な増殖を示す．血清中にはIgGのFcフラグメントに対する自己抗体であるリウマトイド因子*や免疫複合体が検出される．全身的合併症として血管炎や間質性肺炎が存在する．HLA-DR4やDR1のサブタイプに存在するDRβ鎖の特定のアミノ酸配列が疾患感受性もしくは重症度に相関する．また，NFKBIL1（NF-κBインヒビター様1），PADI4，PTPN8，SLC22A4，RUNX1，MHC class II transactivator（MHC2TA）などの遺伝子の多型がRAに対する感受性と関係している．病因には感染を契機とした自己免疫機序（⇌自己免疫疾患）の関与が推測されるが，詳細は不明である．動物モデルとして，II型コラーゲン関節炎，アジュバント関節炎，MRL/lprマウスなどがある．血管幹細胞の移植による自己免疫疾患の治療も試みられている．

**乾癬**［psoriasis］　尋常性乾癬と膿疱性乾癬に分けられる．日本では人口10万人当たり13人が罹患し，男女比は2：1と推定されている．遺伝的素因をもった個体が細菌感染やウイルス感染が誘因で発症すると考えられており，HLA-CW6が関与しているといわれている．病理組織学的には，表皮突起の規則的延長と好中球浸潤，真皮乳頭の浮腫が特徴である．病変形成には，補体C5a，インターロイキン8*，単球走化性因子*1，腫瘍壊死因子*α，顆粒球-マクロファージコロニー刺激因子*，ロイコトリエン$B_4$*などがかかわっている．乾癬発症には活性化Stat3をもつケラチナサイト（角質細胞）とT細胞の両方が必要で，Stat3活性化ケラチナサイトではIcam-1の発現が上昇し，細胞表面のIcam-1がT細胞のLFA-1と結合することでT細胞が活性化すると考えられている．

**完全抗原**［complete antigen］　⇌抗原性

**感染性単核症**＝伝染性単核症

**感染多重度**［multiplicity of infection］　m.o.i.と略される．ウイルスやファージを宿主の細胞に感染させる時のウイルスやファージの量と宿主細胞の数の比を感染多重度という．ウイルスやファージの量は，プラーク形成単位*（p.f.u.）などの感染価を用いるが，多くの場合実際の粒子数とは隔たりがある．たとえば，$3 \times 10^5$ p.f.u.のウイルスを$1 \times 10^6$個の細胞に感染させる場合の感染多重度は0.3である．（⇌平板効率）

**完全長cDNA合成法**［full-length cDNA synthesis technology］　ゲノムから取出した完全なmRNAの塩基配列情報を完全に写し取った相補的DNA*（完全長cDNA）の合成法．完全長のmRNAを鋳型とする必要があるため，キャップ構造*をもっているmRNAを選択的に濃縮しなければならないが，いずれの方法もこの点に特徴的な工夫がある．タバコの酸性ピロホスファターゼのもつ，キャップ構造の三リン酸結合を加水分解し，mRNAの5'末端をリン酸基とする活性を利用したオリゴキャッピング法*やmRNAの5'末端にあるキャップ構造を化学処理した後，ビオチン化し，キャップ構造をもたない不完全mRNAから完全長mRNAを分け取るキャップトラッパー*が代表的な方法である．キャップ構造に特異的に結合する合成アダプターヌクレオチドとオリゴ(dT)アダプターを使用して，RACE*を行い完全長cDNAを得る方法も開発されている．キャップ構造をもっているmRNAを選択的に濃縮したうえで，逆転写酵素反応および二本鎖cDNA合成反応を行う．一方，ポリ(A)部分を含む3'末端をもったcDNAを合成するには逆転写酵素を用いた一本鎖cDNA合成の際にオリゴ(dT)をプライマーとして用いる．さらに，mRNAが高次構造をとることによる伸長反応の阻害を防ぐためにトレハロース存在下高温で逆転写酵素反応を行う工夫もなされている．

**感染特異的タンパク質**［pathogenesis related protein］　病原性関連タンパク質，PRタンパク質（PR protein）ともいう．植物が病原菌や害虫の攻撃を受けた後，新たに合成される防御タンパク質群の総称．PRタンパク質は現在17族に分類されており，等電点が酸性側にある酸性PRタンパク質と塩基性側にある塩基性PRタンパク質が存在する．PRタンパク質の中には，そのタンパク質自体が抗菌活性や抗害虫性をもつものがある．また，植物の成熟に伴い，非感染葉や成熟した葉や根において検出されるタンパク質も存在する．

**肝臓**［liver］　肝臓は生体における物質代謝の場として中心的ともいえる大きな役割を果たしている．そのおもなものは，1) 糖代謝：グリコーゲン代謝，糖新生*，解糖*（ペントースリン酸回路*は肝臓で特に活性が高い），2) 脂質代謝：コレステロール，トリアシルグリセロールの合成，超低密度リポタンパク質（VLDL）の合成，肝性トリアシルグリセロールリパーゼによる中間密度リポタンパク質（IDL）の低密度リポタンパク質（LDL）への変換，LDL受容体によるIDLとLDLの取込み，リポタンパク質の形成など，3) アミノ酸代謝：アラニンからのグルコース・尿素合成など，4) タンパク質代謝：アルブミン，フィブリノーゲン，コラーゲン，血液凝固因子，酵素，アポタンパク質合成など，5) ビタミン・ホルモン代謝と異物代謝（解毒*，排泄）などである．異物の9割はクッパー細胞*で処理され，薬物は肝実質細胞で処理される．薬物は滑面小胞体に存在するシトクロムP450*による酸化とグルクロン酸や硫酸などとの抱合を受け，極性化されて排泄される．また，血小板産生因子の合成も肝臓の役割として新たに考えられている．

**乾燥ストレス**［drought stress, dehydration stress］　植物が干ばつなどにより水分欠乏状態になった時に起

こるストレス.基本的には水ストレス*と同様のストレス.乾燥ストレス時の生理的,あるいは遺伝子発現レベルでの応答も基本的には水ストレスと同じである.乾燥ストレスの受容から遺伝子発現に至る細胞内シグナル伝達系は植物ホルモンアブシジン酸*(ABA)の関与する系など複数存在する.耐干性の砂漠の植物ではこれらの応答以外に,進化的に形態変化を伴った適応の仕方もある.(→ストレス応答,順化)

**乾燥ストレス応答性エレメント** [dehydration responsive element] DREと略す.植物における乾燥・塩・低温ストレス応答性遺伝子のプロモーター領域に存在し,転写調節にかかわる特異な塩基配列であるシス因子(→乾燥ストレス,水ストレス,ストレス応答).水ストレス応答機構はアブシジン酸*(ABA)を介するシグナル伝達系と介さない系に分けられる.DREはG/ACCGACをコア配列として,ABAを介さないシグナル伝達経路においてストレス応答性遺伝子の発現調節に関与している.DRE配列に特異的に結合し,転写を活性化するERF(エチレン応答性転写因子,ethylene-responsive element binding factor)/AP-2 (APETALA 2)型転写因子であるDREB1/CBFおよびDREB2が単離されている.DREB1/CBF遺伝子は低温応答性を示し,DREB2遺伝子は高塩・乾燥応答性を示すことから,それぞれストレス応答条件下で機能すると考えられている.DREB1/CBFの高発現植物体では,LEAタンパク質*や適合溶質の生合成遺伝子などの転写が活性化され,水ストレスに非常に強い耐性を示す.

**管 束** =維管束

**桿体細胞** [rod cell] 桿体視細胞(rod photoreceptor cell),桿状体,棒細胞ともいう.脊椎動物網膜の光受容細胞(→光受容器)の一種で,形態的には外節,内節,およびシナプス終末部より成る.外節のディスク膜中に視物質であるロドプシン*が含まれる.光に対する感度は錐体細胞*に比べて約100倍高く,わずか1個の光子を検出する能力をもつ.すなわち桿体細胞は薄暗い環境で機能する.光シグナル伝達は外節で行われ,その細胞膜にはcGMPでゲートされるイオン非選択性の陽イオンチャネル*が存在する.このチャネルは暗時に開いて内向き電流が生じ,細胞は一定のレベルに脱分極している.ロドプシン分子によって受容された光のシグナルは,GTP結合性タンパク質の一種であるトランスデューシン,cGMP加水分解酵素であるホスホジエステラーゼへと伝わり,最終的にcGMPが分解されてチャネルが閉じ,過分極応答が生じる.このシグナル伝達の経路で信号の増幅が起こる.またこの経路は$Ca^{2+}$によって調節を受けている.

**桿体視細胞** [rod photoreceptor cell] =桿体細胞

**がん胎児性遺伝子** [oncofetal gene] ある種のがん細胞において強く発現している遺伝子が,しばしば胎児期に強く発現するものであることがあり,これをがん胎児性遺伝子とよんでいる.これは,がん化という現象が細胞の一種の幼若化,胎児化であるという考えを支持するものと考えられるが,必ずしもすべてのがん細胞に発現するものではない.(→がん胎児性抗原)

**がん胎児性抗原** [carcinoembryonic antigen] CEAと略す.がんの臨床で最も有用な腫瘍マーカー*.分子量約18万.糖を約60%含む糖タンパク質で,約640個のアミノ酸より成り,N末端部ドメインと繰返し構造をもつ六つのドメインがC末端部の糖脂質で膜に結合している.1分子に24〜26個のN結合型糖鎖がある.CEAは免疫グロブリンスーパーファミリー*の一員で,in vitroで細胞接着活性を示すが,それが本来の生物活性であるかは不明である.CEAはこれまで胎児性腫瘍抗原の代表例と考えられてきた.しかし正常大腸粘膜でもCEAを大量に産生しており,糞便中に多量のCEAが存在する.したがってCEAががん化による胎生期への逆行により産生される抗原とは考えられない.正常大腸粘膜ではCEAを速やかに消化管腔へ排出し,血中へ流入させない機構があるらしい.がん化によるこの機構の乱れにCEAの腫瘍マーカーとしてのがん特異性の秘密が隠されているものと思われるが,詳細はなお不明である.(→腫瘍抗原)

**肝中心静脈閉塞症** [veno occulusive disease] VODと略す.死亡率の高い骨髄*移植後の合併症であり,進行性の黄疸,腹水,肝腫大,上腹部痛や体重増加を特徴とする.難治がんを根絶するために極量近く投与された制がん剤*,あるいはその中間代謝産物の濃度が肝臓組織の中で高まり,肝内の細血管内皮や小葉周辺細胞が障害を受け,肝不全をきたすと考えられている.また全身放射線照射によっても肝障害をきたし,高率にVODが発生する.(→移植片対宿主病)

**カンデル** **KANDEL**, Eric Richard 米国の神経科学者.1929.11.7〜 オーストリアのウィーンに生まれ,1939年に米国に移住した.ニューヨーク大学卒業.1983年からコロンビア大学教授になった.アメフラシ*は鰓の周辺を刺激すると鰓を引っ込める防御反射があるが,繰返し刺激を与えると防御反射が早く強くなるという学習が生じる.アメフラシを用いて学習によって感覚ニューロンと運動ニューロン間のシナプスの電位が増強するというシナプス伝達効率の可塑的変化を初めて報告した.また,その時にはセロトニン*が受容体に結合することによりcAMP濃度が上昇し,cAMPによって活性化されたサイクリックAMP依存性プロテインキナーゼ*が$Ca^{2+}$チャネルをリン酸化し,細胞内への$Ca^{2+}$流入を増加させるという分子レベルの変化が起こることを明らかにした.2000年,A. Carlsson*,P. Greengard*とともにノーベル医学生理学賞を受賞した.

**寒 天** [agar] テングサなどの紅藻海草から分離されたガラクトースから成り,硫酸基を含む多糖体.冷水に溶けず沸騰水に溶けるが,40℃以下ではゲル化する.微生物,植物組織,動物細胞などを固定して培養する固形培地の調製に用いられる(→平板培養).また,寒天ないし寒天から精製されたアガロース*

は，タンパク質やDNAの電気泳動の担体に用いられる（→ゲル電気泳動）．

**肝特異的転写活性化タンパク質**　[liver-enriched transcriptional activator protein]　LAPと略称される．C/EBP*ファミリーに属する転写因子．ヒトLAPは345アミノ酸から成る．C/EBPβ，NF-IL6，IL-6DBP，NF-Mなどともよばれる．C末端にロイシンジッパー*構造をもつ．広汎な組織で発現がみられるが，インターロイキン1*，インターロイキン6*，腫瘍壊死因子*，リポ多糖*（LPS）など炎症にかかわるサイトカインや物質により，そのmRNAは著明に誘導される．同一のmRNAから，LAP（活性化因子）とLIP（不活性化因子，→肝特異的転写抑制性タンパク質）の機能の相反する2種のタンパク質がつくられる．急性期タンパク質*やサイトカインを含む炎症反応にかかわる遺伝子の発現に関与すると考えられている．

**肝特異的転写抑制性タンパク質**　[liver-enriched inhibitory protein]　p20$^{C/EBP\beta}$ともいう．LIPと略称する．肝臓での抑制活性に注目して同定された転写調節因子．分子量約2万．肝細胞に豊富に存在するが他の細胞にも存在する．C/EBP*ファミリーに属する転写因子であるLAP（肝特異的転写活性化タンパク質*）と同じmRNAに由来するが，より下流の開始コドンから翻訳されるため，転写活性化ドメインを部分的に欠くと考えられる．ロイシンジッパー*を介してホモ二量体を，またLAPなどとヘテロ二量体を形成する．転写活性化因子，抑制因子両者としての報告がある．

**カンナビノイド**　[cannabinoid]　→大麻

**カンナビノイド受容体**　[cannabinoid receptor]　マリファナ（→大麻）に含まれている$\Delta^9$-テトラヒドロカンナビノールなどのカンナビノイドには，幻覚発現など多彩な生物活性がある．$\Delta^9$-テトラヒドロカンナビノールは脳などに発現している特異的な受容体（カンナビノイド受容体）に結合してその作用を発揮する．カンナビノイド受容体としては，神経系に多量に発現している$CB_1$受容体と，免疫系に多量に発現している$CB_2$受容体の2種類がある．$CB_1$受容体は7回膜貫通型の受容体で，ヒトの場合472個のアミノ酸から成っている．$G_i$タンパク質と共役しており，アデニル酸シクラーゼ*を阻害するほか，カルシウムチャネル*の抑制，MAPキナーゼ*の活性化などを起こす（→Gタンパク質）．$CB_1$受容体は，脳では黒質，淡蒼球，小脳，海馬などに多量に発現しており，運動の調節や記憶，学習などに関与しているといわれている．$CB_2$受容体も7回膜貫通型の受容体で，ヒトの場合360個のアミノ酸から成っている．$CB_1$受容体との間には44%の相同性がある．$CB_1$受容体と同様，共役しているタンパク質は$G_i$タンパク質で，アデニル酸シクラーゼを阻害し，MAPキナーゼを活性化する．$CB_2$受容体を多量に発現している細胞としては，B細胞，ナチュラルキラー細胞，マクロファージ，好酸球などがある．$CB_2$受容体は，炎症反応や免疫応答の調節に関与していると考えられているが，十分なことはまだわかっていない．カンナビノイド受容体（$CB_1$，$CB_2$）の内在性リガンドしてはアナンダミド*と2-アラキドノイルグリセロールの二つがこれまでに同定されている．2-アラキドノイルグリセロールの方が生理的な内在性リガンドである可能性が高い．合成アゴニストとしてはCP55940，HU-210，WIN55212-2などがある．これらは$CB_1$受容体，$CB_2$受容体いずれにも作用する．アンタゴニストとしては，$CB_1$受容体特異的アンタゴニストであるSR141716AやAM251，$CB_2$受容体特異的アンタゴニストであるSR144528などがある．

**陥　入**　[invagination]　動物の胚発生過程でみられる形態形成運動の一つで，上皮性の細胞層がシートの状態を保ったまま内方に落込むこと．その典型例はナメクジウオやウニの原腸胚期の原腸形成*の際にみられ，植物極側の細胞が洋ナシ型となり胚表面近くの細い首の部分で互いに接し合いながらシートとして内側の胞胚腔に向かって落込むことにより，原口が形成される．脊椎動物でもたとえば両生類の原口形成の初期の段階は陥入が引き金となり，陥入部分に瓶子細胞が現れる．陥入部分の細胞に特徴的な形は表面付近におけるミクロフィラメントによる直径の縮小，および微小管による縦方向の伸長に裏づけられている．両生類の原口形成部域の上皮細胞層はこれを胚から分離したり他の部域に移植しても陥入を開始する能力があるが，その能力がいかにして成立するかは不明であるが，原腸胚期の原口陥入域が受精直後に起こる表層細胞質の移動を通じて決まることはわかっている．

**間入盤**　＝境界板

**眼　杯**　[optic cup]　第二次眼胞（secondary optic

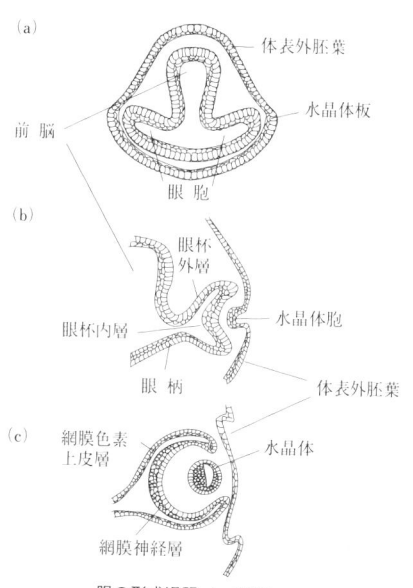

眼の形成過程　（→眼杯）

vesicle)ともいう.眼杯\*の先端が陥入して形成される杯状構造物で,脊椎動物網膜の原基.杯は二重壁から成り,内壁である眼杯内層は将来網膜神経層となり,外壁である眼杯外層は網膜色素上皮層となる(図参照).眼杯の腹側に裂け目ができ,眼柄の方へ延び,眼裂(choroid fissure)を形成する.眼裂は将来網膜中心動脈となるガラス体動脈を包込む.眼柄はやがて視神経\*となる.眼杯の陥入に伴い水晶体板は眼杯中に陥入し,水晶体胞を形成する.(→水晶体)

**乾皮症** [xerosis, xeroderma] = 魚鱗癬

**カンプトテシン** [camptothecin] DNA トポイソメラーゼ\* I の阻害剤.キノリンアルカロイドの一種で,植物(*Camptotheca acuminata*)から分離される.トポイソメラーゼ I の DNA 切断-再結合反応のうち,再結合を効果的に阻害する.カンプトテシンの誘導体であるイリノテカン(irinotecan)は肺がんや転移性大腸がんなどに対する抗腫瘍剤として利用されている.

**眼柄** [optic stalk] → 眼胞

**眼胞** [optic vesicle] 神経管の最前部にあたる前脳の側方が突出してできた一対の球状隆起物(→眼杯[図]).第一次眼胞(primary optic vesicle)ともいう.先端は体表の外胚葉と接触する.眼胞内腔は前脳内腔と連絡している.眼胞の先端は陥入して二重壁の杯状となり,第二次眼胞すなわち眼杯を形成する.眼胞内腔はやがて消失し,眼杯の内壁と外壁は接着する.眼胞基部は眼柄(optic stalk)という.眼胞の誘導により,眼胞と接した体表外胚葉は肥厚し,将来水晶体\*(レンズ)となる水晶体板を形成する.

**γ-アミノ酪酸** → γ-アミノ酪酸(アミノラクサン)

**γ ターン** [γ turn, gamma turn] → β ターン

**γδT 細胞** [γδT cell] T 細胞\*の一種で,γ 鎖と δ 鎖の二量体から成る T 細胞受容体\*(TCR)を発現している.主要組織適合抗原\*に拘束された抗原性ペプチドを認識する αβT 細胞(αβT cell)とは異なり,その認識機構はほとんど解明されていない.偶蹄類や鳥類においては,T 細胞の 15〜35%,ヒトやマウスなどでは数%程度を占める.成人末梢血の γδT 細胞の多くは,Vγ2/Vδ2(別名 Vγ9/Vδ2)型の TCR を発現し,結核菌やマラリア原虫の産生する(E)-4-ヒドロキシ-3-メチル-2-ブテニル二リン酸(HMB-PP)などを認識する.HMB-PP は非ペプチド性ピロリン酸モノエステル系抗原の一種であり,病原性微生物のもつ非メバロン酸系イソペンテニル二リン酸(IPP)合成経路の中間代謝物である.また,この γδT 細胞は,IPP,MHB-PP,窒素含有型ビスホスホン酸などで処理した腫瘍細胞\*を効率よく傷害することから,感染免疫だけでなく,がん免疫にも関与することが示されている.

**γ₁マクログロブリン** [γ₁ macroglobulin] → IgM

**がん免疫** [cancer immunology] 腫瘍免疫(tumor immunology)ともいう.がんの発生・転移や増殖・浸潤を抑制する免疫力.がん免疫は,がんの発生・転移を非特異的に抑制するマクロファージ\*やナチュラルキラー細胞\*などから成る自然免疫と,がん細胞が発現するがん抗原\*やがん抗原由来ペプチドを特異的に認識して,がんの増殖・浸潤を抑制する抗体\*や T 細胞\*から成る獲得免疫で構成される.がん免疫が効果的に機能するためには,自然免疫と獲得免疫の協力が必要であり,それらを橋渡しするのが樹状細胞\*である.自然免疫により破壊されたがん細胞由来のがん抗原を樹状細胞が取込み,抗原ペプチドを T 細胞に提示し,その結果,T 細胞が活性化される.生体内ではがん細胞が常に生じているが,がん免疫がそれを排除していると考えられており,免疫学的監視とよばれる.(→免疫)

**間葉** = 間充織

**間葉系幹細胞** [mesenchymal stem cell] 培養中は繊維芽細胞に類似した形態をもち,自己複製能をもち,少なくとも,骨,軟骨,脂肪細胞への分化能をもつ幹細胞\*.骨,軟骨,脂肪細胞以外にも,靱帯,心筋,など中胚葉系の細胞へと分化する能力をもつとされており,さらには,神経細胞など,間葉系以外の細胞に分化する能力をもっているとする説もある.成体においても存在するが,その数は出生後,成長・老化にともなって減少する.間葉系幹細胞は骨髄中に存在するが,同じく骨髄中に存在する造血幹細胞\*が生理的な血液細胞産生に寄与しているのとは異なり,その生理的機能は不明である.また,その起源も不明であるが,発生途中に出現する未分化な間葉系細胞の遺残ではないかとも考えられている.*ex vivo* 培養\*が可能であることや,骨髄移植\*により骨形成不全症が治癒した例もあることから,再生医療\*に利用できると期待されている.

**寛容原** [tolerogen] 生体内で抗体産生を誘導する性質である免疫原\*性とは逆に,投与によって抗体産生を誘導できなくなる性質をもつ物質.同一の物質でも,投与の条件によって,あるいは動物の状態によって免疫原にも寛容原にもなりうる.血清アルブミンやγ グロブリンの凝集物は強い免疫原性をもつが,超遠心によって可溶性画分にするとしばしば寛容誘導性が著しく高くなる.

**がん抑制遺伝子** [tumor suppressor gene, antioncogene, suppressor oncogene] 劣性がん遺伝子(recessive oncogene)ともいう.失活あるいはドミナントネガティブ突然変異を起こすことによって,がん化に寄与する遺伝子(→ドミナントネガティブ突然変異体).高発がん家系に生じたがんにおいて,高頻度に欠失やヘテロ接合性消失\*(LOH)がみられる染色体領域を詳細に調べることによって発見される例が多い.通常,体細胞は二倍体であるため,ある遺伝子の活性が完全に失われるためには 2 段階の変化が必要である.がんにおいては,1 対の対立遺伝子のうち一方に突然変異が起こり,もう一方が失われる場合が多く,これが LOH として検出される.がん抑制遺伝子の突然変異は,個体レベルでは(一生のうちに 2 段階目の

突然変異が起こった細胞が少数でも生じれば，がんという表現型として現れる確率が上がるため）優性の遺伝様式をとる．遺伝子産物としては，① 細胞周期*〔RB タンパク質(⇌RB 遺伝子)，MTS1(⇌黒色腫)，p53(⇌p53 遺伝子)，CHEK2, p57KIP2〕，② シグナル伝達*〔NF1(⇌神経繊維腫症 1 型)〕，③ 転写*〔WT1(⇌ウィルムス腫瘍)，p53, RB, VHL, BRCA1, BRCA2〕，④ 細胞接着*〔NF2, DCC, APC (⇌家族性大腸腺腫症)〕，⑤ 突然変異修復〔MSH2, MLH1, PMS2〕などにかかわるタンパク質が知られており，これらの失活が細胞増殖のブレーキに異常をきたし，発がん*へのステップを進ませるものと考えられている．(⇌がん遺伝子，付録 G)

**肝類洞** ＝類洞

**寒冷凝集素**〔cold agglutinin〕 低温凝集素ともいう．体温以下の寒冷条件で赤血球を凝集する抗体で，通常 4℃で最大活性を示す．抗体は IgM で，一般に I または i 血液型特異性を示す．まれに IgA や IgG のこともある．自然抗体として健常者血中にも低力価に存在する．病的に異常高値になれば補体を活性化して溶血*を起こし，寒冷凝集素症(病)の原因となる．ウイルス感染，マイコプラズマ感染やリンパ腫に続発する場合と，原因不明(特発性)で慢性経過を示す場合がある．後者の抗体はモノクローナル IgM で抗 I 特異性のことが多く，寒冷暴露後に血管内溶血が誘発される．低力価でも作用温度域が広く活発な溶血を起こすことがあり，低力価寒冷凝集素症とよぶ．(⇌自己免疫性溶血性貧血)

**寒冷不溶性グロブリン**〔cold insoluble globulin〕 ＝フィブロネクチン．CIg と略す．

**肝レクチン**〔hepatic lectin〕 ＝肝アシアログリコプロテイン受容体

**眼裂**〔choroid fissure〕 ⇌眼杯

**肝レンズ核変性病**〔hepatolenticular degeneration〕 ＝ウィルソン病

**緩和応答**〔relaxed response〕 ＝緩和調節【1】

**緩和調節**〔relaxed control〕 【1】リラックスコントロール．緩和応答(relaxed response)ともいう．アミノ酸欠乏状態で大腸菌の緊縮調節*が作動せず，rRNA や脂質などが合成される状態．アミノ酸欠乏下で ppGpp*が合成できないことが主要な原因である．relA 遺伝子*(ppGpp 合成酵素)，relB(タンパク質合成阻害因子の発現調節)，relC(50S リボソームの L11)の突然変異，タンパク質合成阻害剤(クロラムフェニコール*など)の添加，などが ppGpp の合成を阻止する．ppGpp により転写が抑制されない rpoB(RNA ポリメラーゼ β サブユニット)の突然変異も知られる．(⇌緩和突然変異体)
【2】リラックスコントロールともいう．プラスミドには自らのコピー数を一定に保つ調節機能があるが，コピー数が比較的多い場合(10～100 コピー)を緩和調節という．(⇌コピー数制御)

**緩和突然変異体**〔relaxed mutant〕 大腸菌が増殖している時にアミノ酸欠乏状態になると，タンパク質合成だけでなく rRNA や tRNA などの安定な RNA の合成も直ちに停止する(緊縮調節*)．その際 RNA 合成がすぐに停止しない突然変異株．緊縮調節は，GDP と GTP の誘導体である ppGpp*と ppppGpp が蓄積して起こる．その合成を行う，(p)ppGpp 合成酵素 I (分子量 7700)の遺伝子，relA 遺伝子*の突然変異株がよく知られている．(⇌緩和調節)

**緩和法**〔relaxation method〕 平衡にある系に外部から短時間に摂動(温度，圧力，電場，光，磁場など)を加えて系が平衡状態に戻る過程を段階的に追跡する方法をいう．摂動を短時間に加えることが困難な時は周期的な摂動を加えて周期的な応答のずれを見る場合もあるが現在は，短時間に温度ジャンプ，圧力ジャンプ，電場ジャンプ，パルスレーザー光，パルス電磁波などを加えることが可能でさまざまな緩和法が開発されている．

# キ

**キアズマ** [chiasma, (*pl.*) chiasmata] 減数第一分裂前期から後期のはじめにかけてみられる相同染色体の交差部分の構造. キアズマの頻度は遺伝的組換えの頻度を反映し, 染色分体の間の乗換え*を表す. キアズマの位置は固定しておらず, 前期の進行とともに染色体の末端方向に移動する. キアズマの役割として, 1) 対合*が解離した後も, 相同染色体をつなぎ止めておく, 2) 紡錘体に張力を与えることにより第一分裂で相同染色体を両極に正確に分離するなどが考えられる.

**擬一次反応** [pseudo-first-order reaction] 擬単分子反応ともいう. 反応速度が測定上, 反応分子の濃度に比例して進行するようにみえる反応. 一次反応*と似るが, 前者との相違は, 反応に実際関与する分子が2分子以上である点にある. 濃度[A]の分子Aの加水分解の場合のように, 二次反応* A+B=C+D であっても初速度 $v$ は A, B の濃度の積に比例する($v=k[A][B]$)のでなく, 他方の分子(たとえば水=B)の濃度が一定であれば反応は[A]にのみ比例する.

**che 遺伝子** ⇨ *che*(シーエッチイー)遺伝子

**偽遺伝子** [pseudogene] 生体内で機能している遺伝子と塩基配列は酷似しているが, 転写されなかったり, 機能をもつ産物をコードしていなかったりする一群の DNA 配列. ヒトのグロビン, tRNA, 核内低分子 RNA, H-*ras*, インターフェロンを含む多数の遺伝子種および生物種で見いだされている. 特に, 3′末端にポリアデニル酸*をもちイントロン*の欠如しているグループをプロセス型偽遺伝子*といい, mRNA が逆転写されたのち, cDNA がゲノム上に挿入して生じたのではないかと推定されている. また, 遺伝子重複*によって生じた二つの遺伝子のうちの片方の遺伝子が不活性化したと考えられる例もある. 偽遺伝子は他の通常の遺伝子に比べて, 点突然変異*の発生率が数倍から数十倍高いという特徴をもつ. これは, 偽遺伝子が機能的に不必要であるとの考えに一致する.

**キイロショウジョウバエ** [*Drosophila melanogaster*] ⇨ ショウジョウバエ

**キイロタマホコリカビ** [*Dictyostelium discoideum*] いわゆる細胞性粘菌類の中で, 最もよく研究されている種(⇨菌類). 系統分類学的にはタマホコリカビ門(Dictyosteliomycota)に属する. 細菌を食作用で取込み二分裂で増殖するが, 合成培地で生育する変異株もある. えさの枯渇によって発生が開始される. 図のように無性生殖*環では, 細胞から cAMP が分泌され始めると, それに対する走化性*によって約 $10^5$ 個の細胞が集合体を形成する. 細胞融合はしない. このものは一連の形態変化ののち, 約 24 時間で胞子*と柄細胞から成る子実体(fruiting body)となる. 途中のナメクジ型の移動体(slug, 偽変形体 pseudoplasmodium)(長さ約1mm)の時期に, すでに2種類の細胞型への分化が起こっており, パターン形成や細胞型の比率調節がみられる. 有性生殖*環では接合可能な細胞同士

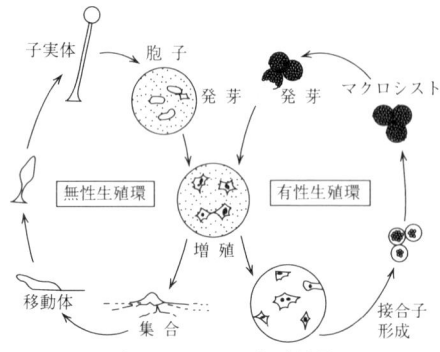

キイロタマホコリカビの生活環

が融合してマクロシスト(macrocyst)を形成する. 生活環*の大部分で細胞は単核で一倍体, かつ粘菌アメーバ*として存在する. ゲノムサイズは約 35 Mbp. 遺伝子操作も可能で細胞運動*, 細胞分化の研究材料として多くの長所を備えている.

**記憶** [memory] 広義には, 先行した行動や経験によって条件付けられている生体の行動あるいは脳機能と定義づけられるが, 一般的には, 体験したり学習*したことを保持および想起することをさす. 記憶は, 記銘, 保持, 想起(再生), 再認, 回想などいくつかの過程から成る. 保持時間によって短期記憶*, 長期記憶に分けられるが, 持続が数秒の即時記憶, 数日に及ぶ近時記憶, 数十年に及ぶ遠隔記憶に分ける場合もある. ただし, この時間による分類は必ずしも厳密なものではない. 最近の神経心理学的研究の結果, 記

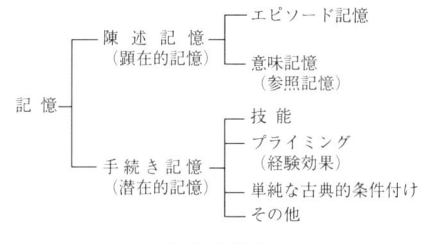

記憶の分類

憶はその内容によっていくつかの種類に分類できることが明らかとなった(図参照). すなわち, 意識にのぼる陳述記憶(declarative memory)または顕在的記憶と, 意識されず体で覚えるたぐいの手続き記憶(procedural memory)または潜在的記憶に大別される．さらに，そのそれぞれは内容や条件によっていくつかに分類される．陳述記憶には海馬*が関与しているという見方が海馬損傷患者の観察などから有力となっている．一方，手続き記憶には海馬は関与せず，たとえば自転車の乗り方を覚えるといった運動記憶(学習)には小脳*が関与していると考えられている．このような記憶が脳内でどのように蓄えられるかに関しては古くよりいくつかの仮説があったが，現在ではシナプス*説が有力となっている．この説ではシナプス伝達効率の持続的変化やシナプス形成によって，記憶の貯蔵を説明しようとする．たとえば，高頻度入力後にシナプス伝達効率が持続的に増大するシナプス長期増強*が陳述記憶の基礎過程と考える．この仮説は長期増強が海馬で最初に見いだされたことから特に注目を浴びるようになった．また，一定の組合わせ入力後に生じるシナプス長期抑圧(long-term depression)が小脳で発見されて以来，小脳のシナプス長期抑圧は運動記憶(学習)の基礎過程と考えられている(→プルキンエ細胞)．

**記憶 T 細胞**［memory T cell］　→免疫記憶
**記憶 B 細胞**［memory B cell］　→免疫記憶
**機械受容**［mechanoreception］　細胞が機械刺激を受容して細胞内シグナル(たとえば膜電位)に変換することをいう．特に中枢と連絡している細胞を機械受容器(mechanoreceptor)とよび，皮膚の圧・触・振動受容器，臓器に分布する伸展受容器，骨格筋の筋紡錘・腱器官などがある．これらは感覚神経の末端が特殊化して機械受容能を獲得したものである．内耳の有毛細胞は感覚神経とは独立した上皮細胞由来の機械受容器である．いずれも刺激に対して脱分極応答(膜電位の上昇)を示し，最終的に神経インパルスを通して中枢にシグナルを送る．これらの特殊化した受容器だけではなく，細菌，原生動物，植物細胞，筋，内皮などの非感覚細胞も機械刺激に対して，細胞内 $Ca^{2+}$ 増加，オータコイド*分泌，形態変化などのさまざまな応答を示す．機械受容の分子機構は未解明であるが，多くの細胞に伸展感受性イオンチャネル*が発見されており，機械受容体の有力な候補分子と考えられている．
**機械受容器**［mechanoreceptor］　→機械受容
**機械受容チャネル**［mechanosensitive channel］　＝伸展感受性イオンチャネル
**幾何異性体**［geometrical isomer］　→異性体
**飢餓状態**［starvation］　細菌や細胞を栄養を含まない培地で培養したり，栄養要求体をその要求栄養素を含まない培地に移した時(→シフトダウン)に起こる栄養不良状態．(→緊縮調節)
**ギガシール形成**［giga seal formation］　＝パッチ形成【1】
**器官形成**［organogenesis］　原腸形成*に続き，種々の器官*あるいは器官が形成されること．その過程では細胞間あるいは組織間の相互作用が重要な役割を果たす．脊索による表皮外胚葉への神経管の誘導，間脳の突起である眼杯と表皮外胚葉の相互作用による水晶体の形成，四肢の発生*における外胚葉頂堤(AER)と中胚葉の相互作用など，発生初期に胚が目ざましい形態変化を遂げる過程である．中胚葉誘導*におけるアクチビンの関与，脊索による神経管の背腹軸の誘導および AER と中胚葉の相互作用においてはヘッジホッグ遺伝子*の関与などが示されており，相互作用が遺伝子発現制御の問題としてとらえられるようになってきた．この相互作用においては，相互作用する組織同士がタイミングよく接し，反応する必要があるので，外的要因により影響を受けやすい．この相互作用が阻害されるとその器官の形成異常をひき起こすことから，催奇形因子に対する感受期(sensitive period)あるいは臨界期(critical period)とも一致する．

**器官脱離**［abscission］　親植物から葉，花，果実，枝などの器官が切離されること．切離される器官の付け根には，木化の程度が少なく，細胞質に富む小さい細胞から成る離層帯(abscission zone)が存在する．脱離期になると，離層帯内の離層(abscission layer)部分で，エチレン*により誘導されたセルラーゼとペクチナーゼが細胞外に分泌される．これにより，中葉と一次細胞壁*の一部が分解され，細胞同士の接着が弱くなり器官が脱離する．(→器官形成)
**器官培養**［organ culture］　→組織培養
**気菌糸**　気中菌糸ともいう．(→菌糸)
**奇形がん腫**［teratocarcinoma］　テラトカルシノーマともいう．奇形腫*のうち悪性のもの．未分化な部分と混在しており，肉眼的には比較的大きな充実腫瘍が主であり，囊胞性を呈することもある．しばしば壊死部分と出血部分を交える．組織学的にはがん性および肉腫性部分が混在していることが多い．
**奇形腫**［teratoma］　テラトーマともいう．内胚葉，中胚葉，外胚葉の三胚葉由来の胎児性(未熟性)組織および成熟性組織を含む腫瘍*．病理学的には灰白色，囊胞性で軟骨・骨組織により蜂巣状構造をつくる．軟骨・平滑筋・粘液腺・呼吸器・消化器・神経組織などの構造がみられ，未熟性のものでは原始的な軟骨・間葉組織・神経外胚葉管などが認められる．小児の三大腫瘍の一つに数えられ，小児では比較的予後は良好である．奇形腫中に幹細胞を保持しているものは悪性で奇形がん腫*とよばれる．
**奇形腫細胞**［teratocarcinoma cell］　＝胚性がん細胞
**気　孔**［stoma, (pl.) stomata］　植物の表皮組織，特に葉に多くみられる二つの孔辺細胞(guard cell)とこれに囲まれた穴である気孔開口部(stomatal pore)から成る構造をいう．狭義には気孔開口部だけを意味することがある．気孔は孔辺細胞の膨圧*変化によって開閉し，植物体内と体外の二酸化炭素と酸素の交換に役立ち，水蒸気の体外への放出も行う．このようにして，光合成*，呼吸*，蒸散に重要なかかわりをもつ．孔辺細胞を囲んで副細胞(subsidiary cell)が分化することが多いが，孔辺細胞も副細胞も特殊化した表皮細胞である．(→クチクラ)

**気孔開口部**［stomatal pore, stomatal aperture, stomatal opening］⇌気孔

**キサンチル酸**［xanthylic acid］⇌キサントシン

**キサンチン**［xanthine］　Xan と略記される．$C_5H_4N_4O_2$，分子量152.11．プリン塩基の一つであり，生体内では，グアナーゼによるグアニンからの生成と，プリンヌクレオシドホスホリラーゼによるキサントシン*よりの生成が主要経路である．再利用経路*におけるキサンチル酸への合成は，*de novo* でのキサンチル酸生合成が閉鎖される時（たとえば，IMPデヒドロゲナーゼ阻害剤存在下）きわめてまれに発動される．本塩基はプリン異化の中間に現れ，キサンチンオキシダーゼにより尿酸*へと酸化，代謝される．（⇌キサンチンホスホリボシルトランスフェラーゼ）

**キサンチンオキシダーゼ**［xanthine oxidase］　ヒポキサンチンオキシダーゼ（hypoxanthine oxidase），キサンチンデヒドロゲナーゼ（xanthine dehydrogenase）ともいう．EC 1.1.3.22．プリン化合物分解の最後の2段階，すなわちヒポキサンチンからキサンチン，そして尿酸に変換する反応を触媒する酵素である．酵素分子にはモリブデン，鉄とFADを含み，基質と結合し，モリブデンが還元され，複合体の加水分解により尿酸化される．この酵素はオキシダーゼ型とデヒドロゲナーゼ型としてヒトでは肝と腸粘膜に多く存在し，母乳にも分泌される．（⇌キサンチン尿症）

**キサンチン-グアニンホスホリボシルトランスフェラーゼ**［xanthine-guanine phosphoribosyltransferase］＝キサンチンホスホリボシルトランスフェラーゼ．XGPRTと略す．

**キサンチンデヒドロゲナーゼ**［xanthine dehydrogenase］＝キサンチンオキシダーゼ

**キサンチン尿症**［xanthinuria］　ヒポキサンチン*とキサンチン*の代謝酵素であるキサンチンオキシダーゼ*の遺伝性欠損症．血液や尿にキサンチンが増加する．再利用経路*によりヒポキサンチンは再利用されるので，尿酸は増加しない．（⇌プリン代謝異常，先天性代謝異常）

**キサンチンホスホリボシルトランスフェラーゼ**［xanthine phosphoribosyltransferase］　XPRTと略記される．EC 2.4.2.22．キサンチン*とPRPP（5-ホスホリボシル 1-ピロリン酸*）からキサンチル酸を合成する再利用経路酵素であり，グアニンをも基質としてグアニル酸も合成できるのでキサンチン-グアニンホスホリボシルトランスフェラーゼ（xanthine-guanine phosphoribosyltransferase, XGPRT）ともよばれる．しかし，ヒポキサンチンを基質とするヒポキサンチンホスホリボシルトランスフェラーゼ*（HPRT）とは別の酵素である．サルモネラ，乳酸菌，大腸菌より分離されているが，動物細胞での含量はきわめて低い．大腸菌の本酵素は Ecogpt と略記され，IMPデヒドロゲナーゼ阻害剤（ミコフェノール酸*など）存在下でのみ発現されうるため選択マーカー*となる．（⇌再利用経路）

**キサンツレン酸尿症**［xanthurenic aciduria］　トリプトファン代謝酵素の一つであるキヌレニナーゼ（kinureninase）欠損を示した同胞例の記載がある．常染色体劣性遺伝病と考えられる．患者は精神遅滞を示し，肝のキヌレニナーゼ活性が著しく低く，トリプトファン負荷後，キサンツレン酸，キヌレニン酸，3-ヒドロキシキヌレニン，キヌレニンの尿中排泄が著しく上昇した．大量のビタミン $B_6$ 投与により，これらの異常は改善された．（⇌先天性代謝異常）

**キサントシン**［xanthosine］　Xao と略記される．$C_{10}H_{12}N_4O_6$，分子量284.23．塩基としてキサンチン*を含むリボヌクレオシド．一リン酸エステルのキサンチル酸（xanthylic acid, XMP）はプリンヌクレオチド生合成（5′-イノシン酸 IMP から 5′-グアニル酸 GMP）の重要中間体として位置づけられる．生体内で 5′-ヌクレオチダーゼ*によって脱リン酸されると直ちにプリンヌクレオシドホスホリラーゼ*により分解されてキサンチンとなり，さらにキサンチンオキシダーゼによって尿酸分解経路に入るので，キサントシドは検出困難である．

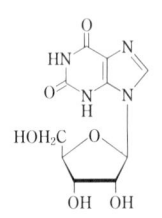

**キサントフィル**［xanthophyll］　1個～数個の酸素原子を含むカロテノイド*色素の総称．カロテンに酸素が導入されて合成される．多種類のキサントフィルが知られ生物によってそれらの分布が異なる．光合成器官に含まれるキサントフィル類は，光エネルギーの捕捉，光障害に対する防御などの機能をもつ．（⇌アンテナ複合体）

**擬似常染色体領域**［pseudoautosomal region］　PARと略す．性染色体*において，相同組換え*が頻繁に行われる領域．哺乳類の雄の減数分裂の過程では常染色体*と同様に，X染色体*とY染色体*は対合し，相同組換えが起こる．しかし，雄決定遺伝子がX染色体とY染色体に分かれて存在しては，性決定がうまくいかなくなるため，雄決定遺伝子群が存在する領域では選択により両者における相同組換えは抑制される．一方でY染色体短腕部にX染色体と99％以上の相同性をもつ部分があり，この領域では精子形成時にX染色体，Y染色体間での相同組換えが頻繁に行われる．この領域を擬似常染色体領域とよぶ．Y染色体においては，擬似常染色体領域以外では相同組換えが起こらないために有害な変異が蓄積しやすい．

**Xist**［Xist＝X inactivation specific transcript］　＝X染色体不活性化特異的転写物

**基質依存性**［substrate dependence］＝足場依存性

**基質菌糸**［substrate hypha］　基中菌糸ともいう．（⇌菌糸）

**基質サイクル**［substrate cycle］　＝空転サイクル

**基質小胞**［matrix vesicle］⇌骨芽細胞

**基質接着分子**［substrate adhesion molecule］　多細胞体制をとる動物細胞は，細胞同士または細胞外マ

トリックス*に接着している.マトリックス(基質)中の細胞接着活性をもつ分子を総称して,基質接着分子とよぶ.細胞が合成,分泌した高分子複合体で,細胞外に不溶性構造体を形成している.基質接着分子としては,フィブロネクチン*,コラーゲン*,フィブリノーゲン*,ビトロネクチン*,テネイシン*,オステオポンチン*,ラミニン*,エンタクチン*など十数種類のタンパク質が知られている.また,細胞接着を調節するプロテオグリカン*には,バーシカン*,シンデカン*など数種類あるが,これらも基質接着分子に含まれる.

**基質非依存性**[substrate independence]=足場非依存性

**基準培養株**[type cell culture] 参考培養株(reference cell culture)ともいう.無限増殖を続ける細胞系の性状は,継代中に変化しやすい.そこで,一時に細胞を大量に培養し,多数のアンプルに小分けして凍結保存する.その一部を用いて細胞の系統としての性状を検定し,残りを実験に使用するような細胞株をいう.米国のATCC(American Type Culture Collection)などの細胞バンクで取扱われている.

**キシログルカン**[xyloglucan] 高等植物の主として一次細胞壁*に存在するヘミセルロース性多糖の一種(⇌細胞壁多糖).双子葉植物では一次細胞壁の20%,単子葉植物では1,2%程度である.β-1,4-D-グルカンの主鎖をもち,グルコース残基の6位の酸素の位置に側鎖としてα-D-キシロース残基をもつ.セルロースミクロフィブリルと水素結合し,細胞壁の伸展性を調節するとされている.(⇌エンドキシログルカントランスフェラーゼ)

**キシログルカンエンドトランスグリコシラーゼ**[xyloglucan endotransglycosylase]=エンドキシログルカントランスフェラーゼ

**キスカル酸受容体**[quisqualate receptor] ⇌ 非N-メチル-D-アスパラギン酸受容体

**傷ホルモン**[wound hormone] 癒傷ホルモン,あるいは傷害ホルモンともいう.植物の場合はトラウマチン(traumatin)と同義.植物または動物の一群の細胞が破壊された時に分泌され,他の細胞の分裂や成長を促すと考えられるホルモン性の物質をさす.しかし,傷ホルモンは単一の物質ではなく,傷害の結果,オーキシン*,エチレン*などの植物ホルモンの合成が促進されたり,細胞内物質の分解による種々の産物が生じたりして,傷ホルモンの作用として見ている現象はこれらの複数の物質の効果ではないかと考えられている.動物でも組織の傷害により周辺の細胞にDNA合成が誘起されたり,増殖の止まった培養組織に傷をつけると成長が再開するなどの現象が知られている.

**寄 生**[parasitism] 共生*の一形態.異種の生物がその行動のうえでも生理のうえでも一緒に生活する現象が共生であるが,その相互利得関係がどの範囲を含むかはかなり漠然としているので,これに種々の名称が付されている.寄生もその一つで,一方が利益を受け,他方が何らかの害を受けている場合に,前者を寄生者,後者を宿主とよぶ.外部に寄生するもの,内部に寄生するもの,卵,または胚の時代に寄生して宿主を殺してしまうものなどさまざまある.

**寄生虫 DNA**[parasite DNA]=利己的DNA

**気相プロテインシークエンサー**[gas-phase protein sequencer] エドマン分解法*を利用してタンパク質やペプチドのN末端からのアミノ酸配列を自動的に分析する装置.エドマン分解法に用いる試薬の一部を気体として供給するため気相シークエンサーとよばれる.タンパク質やペプチドをポリブレン処理したガラス繊維濾紙やポリビニリデンジフルオリド(PVDF)膜の小片に非共有的に固定してシークエンサーの反応槽に設置し,装置を作動させれば,N末端からアミノ酸が切出され,オンライン化された高速液体クロマトグラフィー(HPLC)で同定される.数pmolのタンパク質やペプチドの10〜20残基のN末端アミノ酸配列を決定することができる.N末端アミノ基がアセチル基などで修飾(保護)されているときは配列を決定できない.修飾基を化学的に,あるいは酵素によって除去すれば分析が可能になる(脱保護).アミノ酸の側鎖が修飾されている場合には,たいていHPLCでアミノ酸を同定できない.ゲル電気泳動*で分離されたタンパク質をエレクトロブロッティングによってPVDF膜に転写し,転写されたタンパク質部分を切取ってシークエンサーの反応槽に設置してアミノ酸配列を分析することもできる.

**偽 足**=仮足

**擬単分子反応**=擬一次反応

**既知組成培地**[chemically defined medium]=合成培地

**キチナーゼ**[chitinase] キチン*(β-1,4-ポリ-N-アセチルグルコサミン)を分解し,オリゴ糖とN-アセチルグルコサミン*を生成する酵素(EC 3.2.1.14).節足動物,軟体動物,植物,真菌,細菌に存在し,キチンを加水分解する.細菌には本酵素を分泌し,キチンを炭素源にできるものがある.細菌,酵母の酵素はクローニングされた.植物由来の酵素もクローニングされ,少なくとも三つのファミリーに分類される.植物では真菌や細菌に対する感染防御に重要である.

**基中菌糸** 基質菌糸ともいう.(⇌菌糸)

**気中菌糸**[aerial hypha] 気菌糸ともいう.(⇌菌糸)

**キチン**[chitin] 節足動物,軟体動物の外殻,菌類・植物の細胞壁を形成するβ-1,4-ポリ-N-アセチルグルコサミン.生物界ではセルロースについで豊富な多糖.β-1,4-N-アセチルグルコサミニルトランスフェラーゼの一つキチンシンターゼにより生合成され,キチナーゼ*で分解される.アルカリで脱アセチルされると,キトサン(chitosan,β-1,4-ポリグルコサミン)が,酸加水分解でグルコサミンが,N-アセチル基を温存する酸加水分解でN-アセチルグルコサミンが得られる.キトサンは安価なイオン交換体として,

汚水の浄化などに使われる．

**拮抗阻害** ＝競合阻害．

**拮抗薬** ＝アンタゴニスト

**kit 遺伝子**［kit gene］　HZ4（Hardy-Zuckerman 4）ネコ肉腫ウイルスがコードするがん遺伝子*として見いだされた．v-kit に対応する c-kit は，血小板由来増殖因子受容体やコロニー刺激因子受容体と類似した約 145 kDa のチロシンキナーゼ活性をもつ受容体をコードしている．造血細胞，色素細胞，生殖細胞の増殖，分化が阻害されるため貧血，白斑，不妊といった表現形質を示す W 突然変異マウスで異常を起こしていること，類似した表現形質を示す Sl 突然変異はそのリガンド Sl 因子（⇌幹細胞因子）の異常により起こることが明らかになっている．この事実から容易に想像されるように，c-kit は造血前駆細胞，マスト細胞，色素細胞，生殖細胞で発現し，Sl 因子の作用を受けてこれらの細胞の増殖，分化に重要な役割を果たしている．ヒトの限局性白斑症（piebaldism）の少なくとも一部は kit の突然変異によると考えられている．（⇌マスト細胞増殖因子受容体）

**kit リガンド**［kit ligand］　＝幹細胞因子．KL と略．

**kipl**［kip1］　＝p27

**基底細胞腫**［basal cell carcinoma］　表皮基底層の基底細胞に由来する悪性腫瘍．悪性化してももとの性質であるサイトケラチン合成を続けることが多い．周囲へ浸潤して広がるが，悪性黒色腫と異なり転移して広がる傾向は低い．

**基底小体**［basal body］　基粒，基底体，毛基体，生毛体，キネトソーム（kinetosome）ともいう．線毛あるいは原生動物の鞭毛の軸糸の細胞質端に存在する直径約 0.2 μm，長さ約 0.4 μm の円筒状の，中心子（⇌中心粒）に類似した小体．3 本の壁を共有する微小管*が 9 組，ややねじれながら円環状に配列した構造をとる．3 本の微小管のうち，中心寄りの 2 本が軸糸の 9 対の周辺微小管に連続する．基底小体の 9 組の微小管の間にはリンクをつなぐ構造物があり，中央から車軸様の構造のみられる動物種もあるが，それらのタンパク質組成についてはまだ確定していない．また，多くの動物で基底小体の核側よりの側壁，下壁から基底小根が，中央部側壁からスパー（spur）とよばれる円錐状構造物が伸び出している．基底小体は中心子との形態の類似に加えて，機能的にも相互に移行する例も知られている．基底小体は基底小体自体あるいは中心子が核となってその近傍に複製されるが，クラミドモナスでは基底小体にその構成タンパク質をコードする独自の 600 万〜900 万塩基対から成る直鎖 DNA が発見されている．なお，細菌べん毛基部に存在するべん毛モーター*の本体をなす構造は基底体*（basal body）とよばれ，構造も機能も異なる別のものである．

**基底体** ＝基底小体

**規定度**［normality］　当量濃度（equivalent concentration）ともいう．1 グラム当量の溶質が 1 L の溶液に溶けている場合，1 規定といい記号 N で表す．従来，酸-アルカリ滴定，酸化-還元滴定などに広く利用されてきた．モル濃度（mol・dm$^{-3}$）表示が新計量法で推奨されているので，今後はモル濃度表示に改めるべきであろう．酸と塩基の場合，2 価以上では規定度とモル濃度表示では異なり，規定度と価数が比例関係となる．

**基底板**［basal lamina］　⇌基底膜

**基底膜**［basement membrane, lamina propria］　生体内の上皮細胞，筋細胞，脂肪細胞，シュワン細胞などの，結合組織*に接する面の細胞膜表面にみられる幅 20〜200 nm の層をいう．従来からこの部位に光学顕微鏡観察で過ヨウ素酸-シッフ塩基染色や鍍銀法で染まるものを基底膜とよんでいたが，電子顕微鏡ではそれに相当するものは透明板（lamina lucida または lamina rara，透明無構造にみえる）と緻密板（lamina densa，約 4 nm の繊維が交織する）の 2 層から成る構造で，生体膜から成る構造でないので"膜"の語を用いず基底板（basal lamina）とよんでいる．成分としては緻密板は IV 型コラーゲン，プロテオグリカン*が，透明板にはラミニン*が知られ，またその両者の間をつなぐものにエンタクチン*（分子量 15 万の硫酸化糖タンパク質，別名ナイドジェン）などがあげられる．緻密板からは IV 型コラーゲンの繊維が下の結合組織に伸び出し，基底膜を固定する働きをしている．機能としては機械的支持のほか，細胞変性後も分解しにくいので，神経，上皮などの再生時のガイドとして，また腎臓の糸球体では血液成分の沪過膜として，などが知られている．

**基底膜プロテオグリカン**［basement membrane proteoglycan］　IV 型コラーゲン，ラミニン*などとともに基底膜*を形成する物質．その主成分は分子量 62 万〜72 万のヘパラン硫酸プロテオグリカンで，3 本のヘパラン硫酸から成るグリコサミノグリカンの鎖が，六つの球状領域が縦に連なる長さ 80 nm，分子量 50 万のタンパク質の一端に接続した形態をとっている．IV 型コラーゲン，ラミニンと相互作用する．別名パールカン（perlecan）ともよばれる．硫酸基に由来する負の電荷を基底膜に付与している．

**キトサン**［chitosan］　⇌キチン

**希突起神経膠細胞** ＝オリゴデンドログリア

**キナクリン**［quinacrine］　⇌Q バンド

**キナーゼカスケード機構**［kinase cascade mechanism］　リン酸化カスケード（phosphorylation cascade）ともいう．細胞内シグナル伝達機構において，プロテインキナーゼ*が他のキナーゼを基質としてリン酸化*することによって，シグナルをつぎつぎと下流へ伝えていく機構（⇌シグナル伝達）．あるキナーゼが，上流のキナーゼによるリン酸化によって活性化され，この活性化されたキナーゼがさらに下流のキナーゼをリン酸化して活性化する，という形式の連鎖が一般的である．この機構では，キナーゼがもつ基質特異性のため特定の分子間でシグナルが伝達されるとともに，キナーゼの酵素反応によってシグナルが増幅されうるという特徴がある．そのため，シグナルの伝達を特異的かつ短時間に行うのに適している．カス

ケード中のあるキナーゼの活性は，シグナル伝達経路の上流に位置するキナーゼによって活性化されるばかりではなく，そのキナーゼの直接の基質となるキナーゼまたはさらに下流のキナーゼによっても制御され，正または負のフィードバック(⇨フィードバック阻害)がかかる場合がある．正のフィードバックはシグナル伝達の加速および増幅に，負のフィードバックはシグナル伝達の一過性あるいは停止に貢献する．カスケード反応中のキナーゼ活性はキナーゼだけではなくホスファターゼ*による脱リン酸によっても制御され，シグナル伝達はより微妙に制御されている．キナーゼカスケード機構の例としては，サイクリックAMP依存性プロテインキナーゼ*(Aキナーゼ)を含むグリコーゲン分解を促進するシグナル伝達機構がよく知られている．骨格筋細胞ではアドレナリン刺激によってcAMP濃度が上昇し，Aキナーゼの活性化をひき起こす．Aキナーゼは不活性型ホスホリラーゼキナーゼ*をリン酸化し活性化する．活性化されたホスホリラーゼキナーゼは不活性型グリコーゲンホスホリラーゼをリン酸化し活性化し，グリコーゲンホスホリラーゼはグリコーゲンを分解する．こうしてアドレナリン刺激のシグナルは二つのキナーゼによるキナーゼカスケード機構を経て伝えられ，グリコーゲンの分解を促進する．また別の例としてはMAPキナーゼ*ファミリーを含むキナーゼカスケード機構が知られている(⇨MAPキナーゼカスケード)．MAPキナーゼは，細胞の増殖・分化にかかわる種々の刺激によって活性化するが，その際のシグナル伝達はセリン/トレオニンキナーゼ*であるrafがん遺伝子産物Raf-1がMAPキナーゼキナーゼ*をリン酸化して活性化し，活性化型MAPキナーゼキナーゼがMAPキナーゼのチロシン残基とトレオニン残基をリン酸化して活性化するという連鎖が中枢経路と考えられている(⇨raf遺伝子)．MAPキナーゼキナーゼをリン酸化して活性化するキナーゼには活性化Gタンパク質により活性化されるMAPキナーゼキナーゼキナーゼ(MAPKKKまたはMEKK)もある．RafはRasにより活性化され，Rasは受容体型チロシンキナーゼにより活性化されるので，三量体型Gタンパク質と受容体型チロシンキナーゼの2種類の細胞膜表面での刺激応答がMAPキナーゼキナーゼを活性化する点で収れんし，MAPキナーゼカスケードを活性化できることになる．増殖因子刺激のシグナル伝達の場合，増殖因子受容体からMAPキナーゼまでの間には多くの分子が介在するが，キナーゼカスケード機構の特性によって，MAPキナーゼの活性化はきわめて短時間のうちにしかも効率よく行われる．卵成熟過程においては，c-mosがん遺伝子産物でセリン/トレオニンキナーゼであるMosがMAPキナーゼキナーゼ活性化因子として機能する(⇨mos遺伝子)．このように相同なシグナル伝達経路であっても異なった分子が使い分けられている場合がある．

**キニノーゲン**［kininogen］⇨ブラジキニン，システインプロテアーゼインヒビター

**キニン**［kinin］⇨ブラジキニン

**キネシン**［kinesin］ ATPの加水分解エネルギーを利用して，微小管*上をそのプラス端方向へ移動する微小管依存性モーター*．その移動速度は0.5 μm/secである．キネシンは分子量約38万，長さ約80 nmの巨大分子で，二つの重鎖(分子量12万)と二つの軽鎖(分子量7万)とから成るヘテロ四量体である．キネシン重鎖は，ATPの分解と共役して微小管上を移動する球状の頭部モーター領域と，輸送物質を結合する尾部領域，両者を連結する細長い棒状の中央部領域の三つの領域から構成される．二つの重鎖が中央部領域でαヘリカルコイルドコイル構造をとることによりホモ二量体を形成し，各重鎖の尾部に一つの軽鎖が結合している．キネシンはイカ，ウニ，ショウジョウバエ，哺乳類など真核生物に広く存在している．また数十種類のキネシン様タンパク質とともにスーパーファミリーを形成し，微小管に沿った細胞小器官の輸送を担っている．

**キネチン**＝カイネチン

**キネトコア**［kinetochore］⇨動原体

**キネトコア微小管**＝動原体微小管

**キネトソーム**［kinetosome］＝基底小体

**キネトプラスト**［kinetoplast］ 動原核ともいう．鞭毛虫で鞭毛基部に存在し，核と直角方向に長い，DNAを含んだ棒状構造．光学顕微鏡による観察をもとに付けられた名称であるが，実体は巨大なミトコンドリアである．以前は近傍の基底小体*，ゴルジ体*(副基体)も含んだ意味で使われることもあった．

**起脳炎タンパク質**［encephalitogenic protein］＝ミエリン塩基性タンパク質

**機能獲得(性突然)変異**［gain of function mutation］生物に新たな機能を与え，あるいは機能を充進させるような変異*．変異により機能を失うのが一般的であり(⇨機能喪失(性突然)変異)，機能獲得変異はまれであるが，がん*では染色体再編成によるがん遺伝子*とのキメラ遺伝子の形成をはじめ高頻度にみられる．通常は優性になる．たとえば，$G_s α$タンパク質遺伝子(GNAS)の変異により，受容体が常に活性化された状態になり，多骨性線維性骨異形成症がひき起こされる．また，末梢ミエリンタンパク質遺伝子22(PMP22)の重複により発現量が増加し，末梢神経の変性がひき起こされる．

**機能ゲノミクス**［functional genomics］ ゲノムレベルで遺伝子や遺伝子産物の生物学的機能を解析する学問分野．ポストゲノム(ポストシークエンシング)の生物科学の焦点となっている．各遺伝子の機能を理解するだけでなく，遺伝子間相互作用，核酸分子間相互作用，タンパク質-DNA相互作用，タンパク質-RNA相互作用，タンパク質-タンパク質相互作用，核酸・タンパク質-低分子相互作用などから構成される機能的ネットワークや機能(発現)制御システムを解析することを目標としている．ゲノム*，トランスクリプトーム*やプロテオーム*のレベルでの機能ゲノミクスには，マイクロアレイ*や多種多様な in silico ツー

ルなどを使ったハイスループットの遺伝子機能解析が重要な役割を果たしている(⇒バイオインフォマティクス).日本で進行している転写制御ネットワーク解析システムの構築と種々の転写制御ネットワークの解析を主題とするゲノムネットワークプロジェクトや米国を中心に行われているゲノム中の制御因子の同定・解析を目指すENCODE計画などは機能ゲノミクスの典型的なプロジェクトの例である.

**機能喪失(性突然)変異** [loss of function mutation] LFMと略す.遺伝子が機能を示さなくなる変異のこと.完全に機能喪失した場合をヌル突然変異*またはアモルフ(amorph)という.機能喪失性変異に関係する表現型はたいていの場合,劣性であるが,遺伝子産物を大量に必要とする遺伝子の場合は優性になることもある.例として,ショウジョウバエでは,Minuteとよばれる数十種類の優性突然変異が知られている.いずれもヘテロ接合体*で,剛毛が短くなることで,発育が遅くなる表現系を示す.ホモ接合体*は劣性致死である.Minute突然変異はMinute遺伝子の喪失が原因である.これらの遺伝子座*は細胞で大量に必要とされるリボソームタンパク質*をコードしており,遺伝子が半量ではタンパク質量が不足するため,剛毛の形成や発育速度に影響してしまう(⇒ハプロ不全).この突然変異に関連したヒトの疾患に血友病*,βグロビン突然変異,筋ジストロフィー*などがあげられる.(⇒機能獲得(性突然)変異)

**機能相補クローニング** [complementation cloning] 目的の遺伝子が発現することで宿主の突然変異を抑圧(相補)する能力を指標としてクローニングする方法の一般名.酵母の細胞周期変異株を宿主とした機能相補クローニングが代表例であり,多くの新規遺伝子をクローニングすることに成功してきた.この方法により,突然変異遺伝子のみでなくその下流にあって制御されている遺伝子や,その遺伝子と類似の機能をもつ遺伝子など,ほかの方法ではクローニングできない遺伝子の単離も可能である.機能相補は,異なった生物種間でも起こり,酵母とヒトのような系統的に非常に離れた生物種間でも可能な場合があり,遺伝子の機能解析にも重要である.

**機能的候補遺伝子** [functional candidate] ⇒位置的候補遺伝子

**機能的親和力** [functional affinity] =アビディティー

**機能発現クローニング** =発現クローニング

**キノン** [quinone] 通常キノン骨格に種々のイソプレノイド*が結合した化合物.ミトコンドリアには普遍的にユビキノン*($CoQ_{8-10}$)が存在し,電子伝達系の一成分となっている.NADHからシトクロム系への中間にあり,一電子酸化-還元で中間体としてキノンラジカルを生成する.植物にはプラストキノン*が同様に光化学サイクル内に存在する(⇒光化学系).ラジカルになりやすい性質のため,ラジカルスカベンジャーとして働き(⇒スカベンジャー),類似のものにビタミンE(⇒トコフェロール)がある.

**忌避物質** [chemorepellent, repellent] 負の走化性*をひき起こす物質.細胞膜に直接作用する有害物質が多いが,特異的受容体と結合するものもある.(⇒誘引物質)

**ギー病** [Gee's disease] =セリアック症候群

**ギブズの自由エネルギー** [Gibbs free energy] 熱力学の状態関数の一つ.系の絶対温度を$T$,エントロピー*を$S$,エンタルピー*を$H$とすると,ギブズの自由エネルギー$G$は,$G=H-TS$と定義される.エンタルピー$H$は,系の内部エネルギーを$U$,体積を$V$,圧力を$P$として,$H=U+PV$と定義されるから,前式に代入して$G=U+PV-TS$となる.$A=U-TS$で定義される$A$はヘルムホルツの自由エネルギー*であるから,$G=A+PV$と表すこともできる.$G$の変化は$dG=dA+PdV+VdP$で,定温,定圧下では$dP=0$で$dG=dA+PdV$となり,系のなしうる仕事から膨張による仕事分を差引いた正味の仕事を表す.化学反応においては,系に含まれる成分の組成に関するパラメーターを加えて,系の自由エネルギー変化を

$$dG=-SdT+VdP+\sum_{i=1}^{n}\mu_i dn_i$$

と表す.$\mu_i$は成分$i$の化学ポテンシャル,$n_i$は成分$i$のモル数である.

**ギブズ・ヘルムホルツの式** [Gibbs-Helmholtz equation] 一つの系への熱の出入りにより内部エネルギーの増加$dU$は$(TdS-PdV)$で表されるが($S$:エントロピー),ギブズの自由エネルギー*$G(=H-TS)$とヘルムホルツの自由エネルギー*$A(=U-TS)$は生体の場合同一とみなされ,

$$G=H+T\left(\frac{\partial G}{\partial T}\right)_P \text{ または } G=U+T\left(\frac{\partial G}{\partial T}\right)_P$$

となる.$H$はエンタルピー,$T$は絶対温度,$P$は圧力を表す.これらの式をギブズ・ヘルムホルツの式という.ネルンストの熱定理の基礎となる.(⇒熱力学第三法則)

**基部体** [basal body] 原生動物の鞭毛軸糸*の形成基部として働くもの(基底小体*ともいう)と,細菌べん毛の基部で回転モーターやタンパク質輸送装置として働くものの両方をさす(⇒鞭毛).鞭毛基部体は動物細胞の中心体*にある中心子と同じもので,基部体は間期には鞭毛軸糸の形成基部として働くが,分裂期には細胞の深部に移動し紡錘体*の両極に位置する.典型的な基部体や中心子の構造は,9組の3連微小管が円筒状に並んだもので,約200種類のタンパク質で構成されている(⇒基底小体).一方,細菌べん毛の基部体は,グラム陰性細菌では細胞膜,ペプチドグリカン層,外膜の3層を貫通する構造をもち,回転モーターの回転子,固定子,軸受け,回転軸,反転制御装置,そして,べん毛構築のためにべん毛構成タンパク質をべん毛の中心を貫通するチャネルを通してべん毛先端へ輸送する3型タンパク質輸送装置などで構成されている.約20種類のタンパク質が複数のリング状構造タンパク質複合体や膜貫通型タンパク

質複合体を構成する.

**ギベレリン** ＝ジベレリン

**偽変形体**［pseudoplasmodium］ ⇌キイロタマホコリカビ

**基本数**(染色体の)［basic number, base number (of chromosome)］ 同一，または近縁種内の個体，もしくは細胞間で，1細胞当たりの染色体\*の数を比較するとき，その多くが，ある正数の倍数となっていることがわかる．この倍数例のもとになっている最小の正数を染色体の基本数といい，一般に$x$で表す．したがって，基本数$x$はそれぞれの種に固有の数である．(⇌倍数性，異数性，染色体数)

**基本組織系**［ground tissue system, fundamental tissue system］ J. Sachs の組織系\*の一つ．植物の基本的な生理的機能を営む部分で，おもに柔組織\*からなる．柔組織には根，茎の皮層の柔組織，葉の葉肉組織(柵状柔組織，海綿状柔組織)など細胞間に細胞間隙(空気間隙)を豊富にもつものが多いが，貯蔵組織，内皮，維管束鞘($C_4$植物\*ではメストム鞘と環状葉肉)，内鞘などもある．基本組織系には，このほか厚角組織\*(厚隅厚角組織など)，厚壁組織(繊維組織と厚壁異形細胞\*)がある.

**基本転写因子**［basal transcription factor, general transcription factor］ 真核細胞の転写因子\*の中で転写反応に必須のもの．原核細胞では RNA ポリメラーゼ\*のみで転写が起こりうるが，真核細胞では RNA ポリメラーゼに加えいくつかの基本転写因子が，正確な転写開始点の認識および基本レベルの転写に不可欠である．RNA ポリメラーゼの種類により関与する基本転写因子は異なっている．RNA ポリメラーゼ I 系には SL1\* および UBF が，RNA ポリメラーゼ II 系には TFIIA\*, TFIIB\*, TFIID\*, TFIIE\*, TFIIF\* そして TFIIH\*, TFIIJ, TFIIK が，RNA ポリメラーゼ III 系には TFIIIA\*, TFIIIB\* そして TFIIIC\* がそれぞれ必要である．これらの基本転写因子群と RNA ポリメラーゼがプロモーター DNA 上で転写開始複合体とよばれる高次複合体を形成することにより，転写開始反応が起こると考えられている．基本転写因子はまた，転写調節因子\*による転写調節の作用点としても働いている.

**基本プロモーター**［basal promoter］ 遺伝子の転写開始に重要な配列領域(プロモーター\*)の中で，真核生物において，RNA ポリメラーゼ\*や基本転写因子\*群が集合しオープンプロモーター複合体\*を形成する DNA 領域でオープンプロモーター複合体中のプロモーターと考えてよい．転写開始の起点となることから，コアプロモーター(core promoter)ともよばれる．基本プロモーターにある短い配列がオープンプロモーター複合体の集合に影響を及ぼす．このような配列の中で最も重要なのが TATA ボックス\*とよばれる 5′-TATA$^A_T$A$^A_T$-3′ の特異的配列である.

**ギムザ染色**［Giemsa staining］ ギムザ液による染色法．ギムザ液はドイツの細菌学者 G. Giemsa の考案した染色液で，アズール色素，エオシン，メチレンブルーから成る．血液・骨髄細胞，リンパ節細胞，マラリア原虫，リケッチアなどの染色に頻用される(⇌パパニコロー染色)．薬品，熱，プロテアーゼ(トリプシンなど)で前処理した染色体標本にギムザ染色を施すと，染色体上に濃淡の横縞模様(G バンド\*)が出現する．これを染色体の G バンド分染法といい，より精細な染色体異常の検出に応用される．(⇌染色体バンド)

**キメラ**［chimera, chimaera］ [1] 2種以上の遺伝形質の異なる細胞，あるいは異なる動物種の組織で構成された個体をキメラとよぶ．ギリシャ神話のキメラ(ライオンの頭とヒツジの胴にヘビの尾をもつ怪物)に語源をもつ．両生類や鳥類を利用した実験発生学の領域で胚の一部分を移植することによりキメラがつくられ，細胞移動や細胞系譜の仕事に利用されている．また，哺乳類では ES 細胞(胚性幹細胞\*)で遺伝子組換えや遺伝子ターゲッティング\*を行い，胚盤胞のステージで内細胞塊を入れ替えてつくるキメラマウス(chimera mouse)が盛んに利用されている．[2] キメラタンパク質(⇌融合タンパク質).

**キメラ抗体**［chimeric antibody］ ハイブリッド抗体(hybrid antibody)ともいう．2種類またはそれ以上の特異性または種の異なった抗体分子の一部ずつを組合わせて人工的に新たに作製した抗体分子．抗体の機能，抗原特異性などに新しい特性をもたせることができる．タンパク質分子レベルで組合わせる場合(ハイブリッド抗体)と DNA レベルで組合わせる場合がある．多くの有用なモノクローナル抗体\*は，マウスを抗原で免疫し，その B 細胞\*とマウス骨髄腫細胞株とを細胞融合するハイブリドーマ法を用いて作製されることが多いため，ヒトへ投与すると，マウスの免疫グロブリンタンパク質に対する免疫反応が生じ，またヒト体内では不安定で半減期が短いことから治療目的には適さない．そこでマウスモノクローナル抗体分子のうち，抗原特異性の決定に重要な可変領域\*をコードする遺伝子をヒトの免疫グロブリン(IgG クラス)の定常領域\*をコードする遺伝子に遺伝子レベルで結合させて発現させたキメラ抗体分子が作製されている．このようなキメラ抗体は抗原に対する特異性には変化はないが，ヒト体内でのマウス抗体分子に対する免疫反応が低くなる．例として，関節リウマチ\*の治療にすでに応用されているヒト TNF-α に対する抗体，ヒト IL-6 受容体に対する抗体などがある．さらには，マウス可変領域のうち抗原との結合に必要なごく一部のアミノ酸配列のみを残してほぼ全可変領域をヒト型の免疫グロブリンに変換したヒト化抗体も作製され，治療に応用されている．また，抗原特異性の異なる2種類の抗体分子の H 鎖，L 鎖のペアをそれぞれ再結合させた二重特異性抗体もつくられる．さらに抗体可変領域または抗体分子の F(ab′)2 あるいは Fab, Fv 部分のみを，抗体分子の定常領域ではなく，抗体以外の他のタンパク質分子と結合させる場合もある．これらを総称してキメラ抗体という.

**キメラタンパク質**［chimeric protein］ ＝融合タンパク質

**キメラマウス**［chimera mouse］ ⇒キメラ
**キモスタチン**［chymostatin］ ⇒プロテアーゼインヒビター
**キモトリプシノーゲン**［chymotrypsinogen］ キモトリプシン*の不活性型前駆体.245 アミノ酸残基より成る単鎖ポリペプチドとして膵臓で合成され,トリプシンにより 15 番 Arg と 16 番 Ile の間で切断され活性化キモトリプシンになる.活性化中に遊離するキモトリプシンによる分解も起こり,種々の型のキモトリプシンが生じる.
**キモトリプシン**［chymotrypsin］ EC 3.4.21.1. 分子量約 26,000 のセリンプロテアーゼ*.最適 pH 7.5. 等電点 8.6. 195 番 Ser と 57 番 His と 102 番 Asp が触媒活性中心である.前駆体キモトリプシノーゲン*として膵臓で合成・活性化され,小腸での食物タンパク質の消化や他のプロテアーゼの活性化を行う.エンドペプチダーゼ型であり,トリプトファン,フェニルアラニン,チロシン,ロイシンなど大きい疎水性側鎖をもつアミノ酸残基の C 末端側を切断する.プロリン残基の N 末端側では切断しにくい.
**逆位**［inversion］ 染色体*中の一部の DNA 配列が,その本来の向きを逆転させた状態で染色体上に存在していること.減数分裂時に組換えが逆位部分で起こると,一方の染色体で DNA 配列の重複,他方で欠失*が生じてしまうため染色体異常になる.さらにこの時,逆位部分に動原体*が含まれていると,二動原体染色分体(dicentric chromatid)と無動原体染色分体(acentric chromatid)が生じるため,正常な染色体分配*ができず,卵や精子を形成することができなくなる.
**逆遺伝学**［reverse genetics］ 逆行性遺伝学ともいう.従来とは逆の手順による遺伝的解析方法.［1］従来の遺伝学では,表現型からそれをつかさどる遺伝子を割出し,そのコードする産物タンパク質を研究するという手順(順遺伝学 forward genetics)がとられていた.それとは逆に,タンパク質の一次構造から遺伝子の塩基配列を推定し,遺伝子を同定し,また変異を導入する(⇒部位特異的突然変異誘発)ことにより,その遺伝子の支配する表現型を研究しようとする方法(⇒遺伝子ターゲッティング)をいう.逆遺伝学において目的の遺伝子機能を選択的に(たいていの場合は部分的に)破壊する方法としては最近では RNA 干渉*(RNAi)や Cre/loxP システム*による特異的組換えが特に重要である.［2］従来は病気の原因遺伝子をみつける方法としては,酵素異常やそれらによる代謝産物異常を手がかりとするアプローチ法がとられていたが,まったく手がかりのない病気(特に遺伝性疾患)に対して,病気の家系の解析や患者にみられる染色体異常*を材料に病気の原因遺伝子の染色体上の局在を決定することを出発点として遺伝子を追いかけていく手法が開発された.従来のアプローチ法と順序が逆であることから reverse genetics とよばれるようになった.また,この手法は位置を手がかりにすることからポジショナルクローニング*法ともよばれている.

***gag* 遺伝子**［*gag* gene］ レトロウイルス*のコアタンパク質をつくる遺伝子.レトロウイルス群に特異的な抗原として最初発見された.ウイルスゲノムの 5′ 側上流に位置した Gag タンパク質が発現すると細胞膜に集まる.粒子が宿主細胞膜から発芽様に放出された直後から Gag タンパク質はウイルスプロテアーゼによって三つのタンパク質,MA,CA,NC に分けられる.MA(基質タンパク質,matrix protein)は N 末端のグリシンがミリストイル化されてウイルスエンベロープの脂質に結合し,ウイルスコアとをつなぐ役目を果たしている.CA(キャプシドタンパク質,capsid protein)はウイルスコアを築くおもなタンパク質で正二十面体を形成する.NC(ヌクレオキャプシドタンパク質,nucleocapsid protein)はウイルス RNA と結合してウイルスコアの中心部にある.一部の Gag はウイルスプロテアーゼおよび逆転写酵素と融合した巨大タンパク質をつくり,ウイルスが細胞膜から発芽してから内在するプロテアーゼによって MA,CA,NC およびプロテアーゼ,逆転写酵素にそれぞれ切断される.
**逆作動薬** ＝インバースアゴニスト
**逆相クロマトグラフィー**［reversed phase chromatography］ 極性の小さい固定相と,極性の大きい移動相の組合わせを用いて,混合物の分離を行うクロマトグラフィー.おもに多孔性シリカゲルをもとにして炭化水素鎖の固定相を利用し,メタノール水溶液やアセトニトリル水溶液,リン酸緩衝液に代表される移動相との間でさまざまな極性をもつ試料を分離する方法(⇒カラムクロマトグラフィー).移動相に濃度勾配をつけることによって,試料分別の分解能を上げることができる.核酸・タンパク質・ポリペプチド,その他生体分子などの分離識別に広く使用される.たとえば,数十種類も存在するアミノ酸特異的 tRNA の相互の分離精製も可能である.
**逆ターン**［reverse turn］ ⇒β ターン
**逆転写**［reverse transcription］ ⇒転写［3］
**逆転写酵素**［reverse transcriptase］ リバーストランスクリプターゼ,RNA 依存性 DNA ポリメラーゼ(RNA-dependent DNA polymerase)ともいう.RNA から DNA へ逆に転写*する酵素.1970 年にレトロウイルス*であるマウス白血病ウイルス*とニワトリのラウス肉腫ウイルス*から初めてこの酵素が発見された.それまでは F. H. C. Crick*の提唱したセントラルドグマ*により,遺伝情報の流れは一方通行で,DNA から RNA に転写され,RNA からタンパク質に翻訳される経路だけが知られていた.脊椎動物で発見された白血病ウイルスや肉腫ウイルス,乳がんウイルスなどはすべてこの逆転写酵素をもつ腫瘍ウイルスであり,これらをレトロウイルスとよぶようになった.逆転写酵素はレトロウイルスの *pol* 遺伝子にコードされている.*pol* 遺伝子産物には三つの酵素活性があり,逆転写酵素,リボヌクレアーゼ H*,インテグラーゼ*とよばれている.この中でインテグラーゼは,逆転写酵素とリボヌクレアーゼ H 活性でつくられた二本鎖のウイルス DNA を宿主細胞の DNA の中に組込む

酵素で，ウイルスプロテアーゼにより逆転写酵素から分割される．逆転写酵素は感染細胞の細胞質でウイルスコアを保ちながらウイルスRNAの逆転写を始める（図）．(1) 逆転写の開始点ではウイルスRNAの5′側

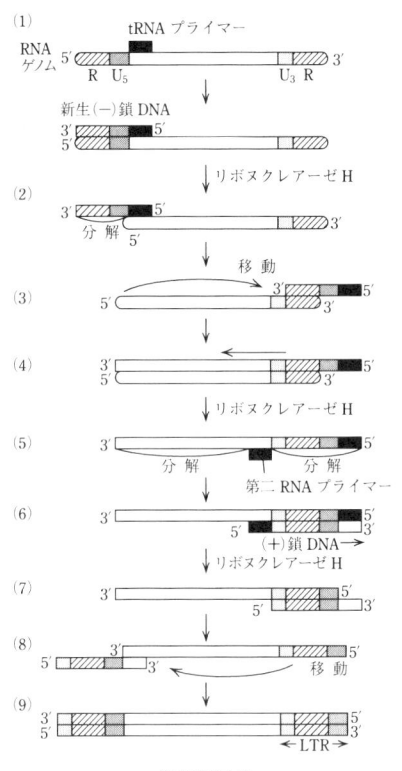

(1)
RNAゲノム 5′ ▨▨▨■□□▨▨▨ 3′
　　　　　　R U₅　　　U₃ R
　　　tRNAプライマー
↓
新生(−)鎖DNA
(2) 3′ ■□□▨▨▨ 3′
　　　　5′
↓ リボヌクレアーゼH
(3) 3′ ■□□▨▨▨ 3′
　分解　5′
↓ 移動
(4) 3′ ←　　　▨▨▨ 3′
　　　5′
↓ リボヌクレアーゼH
(5) 3′ ▨▨▨ 3′
　　分解　　分解
　　　　第二RNAプライマー
(6) ▨▨▨ 3′
　　　　　5′鎖DNA →
↓ リボヌクレアーゼH
(7) 3′ ▨▨▨ 3′
　　　　　5′
(8) 3′ ▨▨▨ 3′
　　　3′ ←移動
(9) 5′ ▨▨▨ 3′
　　　　　　←LTR→

逆転写反応

に近いところにtRNAが結合している．このtRNAをプライマー*としてウイルスコアを鋳型とし，ウイルスの3′→5′方向に短いDNA合成がスタートする．(2) ウイルスRNAの5′末端に達するとリボヌクレアーゼHが新生DNAと二本鎖を形成しているウイルスRNAを取除く．(3) つづいて新生DNAはtRNAプライマーとともにウイルスRNAの3′末端にある同じ繰返しをもつ塩基配列に移る（⇌ LTR）．(4) さらにウイルスRNAの5′の方向に逆転写が進行し，もう一度5′末端までDNA合成が繰返される．(5) その後再びリボヌクレアーゼH活性により，DNA-RNAハイブリッドのRNA部分が加水分解され，(6)〜(9) 逆転写酵素でつくられた(−)鎖DNAを鋳型にして(+)鎖DNAが合成される．このDNA依存性DNAポリメラーゼ活性は逆転写酵素自身がもっている．こうしてできあがった二本鎖ウイルスDNAはインテグラーゼにより宿主DNAに組込まれてプロウイルスとなる．逆転写酵素はレトロウイルスで発見されて以来広く生物界に存在することがわかった．レトロトランスポゾン*，B型肝炎ウイルス*などのレトロイドウイルス，染色体のテロメア*にも逆転写酵素活性が認められる．細菌では多コピー低分子核酸と隣接した逆転写酵素をコードするDNAがレトロンを構成している（⇌ RNA-DNAウイルス）．

**逆転写酵素阻害剤** [reverse transcriptase inhibitor] 逆転写酵素*の活性を阻害する作用をもつ物質のこと．レトロウイルス*の複製・増殖に必須の逆転写酵素を標的として，その活性を阻害する種々の抗ウイルス剤*が合成され，現在そのうちのいくつかはHIV感染症（⇌ 後天性免疫不全症候群）の治療薬として使用されている．これらの阻害剤はヌクレオシド系および非ヌクレオシド系の二つに大別される．前者にはアジドチミジン*（AZT），ジデオキシシチジン（ddC），ジデオキシイノシン（ddI），ジデオキシチミジネン（d4T），チアジデオキシシチジン（3TC）などがあり，生体内では三リン酸型となって各種レトロウイルスの酵素活性を阻害する．後者にはtetrahydro-imidazo-benzo-diazepine-one and-thione（TIBO）誘導体，1-[2-(hydroxyethoxy)methyl]-6-(phenylthio)thymine（HE-PT）誘導体などがあり，HIV-1の逆転写酵素のみを特異的に阻害する．阻害活性の発現に三リン酸化を必要としない．

**逆転写PCR** [reverse transcription PCR] RT-PCRと略される．mRNAに対してPCR*を適用するための変法．PCRにおいて，Taq DNAポリメラーゼはRNAには作用しないので，RNA鎖のPCRを行うにはまずcDNAを作製する必要がある（逆転写酵素とオリゴ(dT)プライマーを用いて逆転写反応をPCRの前段階として行う）．RT-PCRは遺伝子発現*（mRNAが発現しているか）の検索やcDNAのクローニングに用いられる．またmRNAの定量も可能である．定量したmRNAのcDNAをベクターに組込んでおき，T7 RNAポリメラーゼを用いてRNA化して濃度定量の基準として使えば，高い感度で迅速かつ正確に定量できる．この逆転写PCRをリアルタイムに測定し，特異的なRNAの絶対定量や相対定量を行うリアルタイムRT-PCRが開発され，RNA干渉*（RNAi）によるノックダウンの評価，がん細胞などの異常細胞と正常細胞における遺伝子発現パターン比較などに頻用されている．（⇌ リアルタイムPCR）

**逆転電位** [reversal potential] 反転電位ともいう．細胞の膜電位*を変えて，反応の正負の符号が逆転する値をいう．細胞膜を介して発生する電位差は膜内外に存在する分子の濃度差による拡散圧とイオンの濃度差によって生じる電気化学ポテンシャルによって決まる．あるイオンについて，膜電位を変化させ電気化学ポテンシャルと濃度差によって生じる拡散圧が等しくなった時，膜を横切るイオン電流がなくなる．この時の膜電位を平衡電位*とよぶ．平衡電位を境に膜を横切るイオンの流れが反対方向になるため電位は逆向きとなる．通常，逆転電位は静止膜電位に近い値で観察されやすい．シナプス後電位のうち抑制性シナプ

ス後電位*(IPSP)で多く観測され，たとえば GABA$_A$ 受容体(⇒ γ-アミノ酪酸受容体)を介する Cl$^-$ チャネルの活性化によって生じる IPSP は Cl$^-$ の平衡電位が $-80 \sim -70$ mV であるため，浅い膜電位では平衡電位へ向かう過分極型の電位として観察されるが，深い膜電位では脱分極型の電位として観測される．

**逆 PCR** [inverted PCR] IPCR と略称される．また，その増幅する領域から inside-out PCR ともよばれる．PCR 法の変法で，通常の PCR* と異なり，プライマーの両外側の未知の領域を増幅する方法．すなわち，逆 PCR においては，通常とは逆向きにプライマーを作製する．このため DNA では，両プライマーで挟まれた領域ではなく，各プライマーと試料 DNA の 5' 末端の間の互いに相補的でない領域で行われることになる．逆 PCR ではある特定の遺伝子部位の上流や下流の隣接領域を増幅できるので，隣接あるいはオーバーラップしたクローンの同定などが可能である．

**逆フーグスティーン型塩基対** [reverse Hoogsteen base pair] ⇒ フーグスティーン型塩基対

**逆プラークアッセイ** [reverse plaque assay] ⇒ 溶血プラークアッセイ

**逆平行 β 構造** [antiparallel β structure, antiparallel beta structure] ⇒ β 構造

**逆方向繰返し配列** ＝逆方向反復配列

**逆方向反復配列** [inverted repeat sequence] 逆方向繰返し配列ともいう．図のように二つの領域の塩基配列が非常によく似ている，あるいはまったく同じであり，二本鎖 DNA においては方向性が正反対のものをいう．一本鎖 DNA においては相補的な塩基配列をもつ領域が互いに逆方向に存在しているものをいう．なお，これらの塩基配列は接してなくてもよく，二つの領域が接しているものを特にパリンドローム*(回文配列)とよぶ．トランスポゾン*，挿入配列*，LTR* などに存在する(⇒ 十字形ループ)．

```
二本鎖の場合  5'······GAATC······GATTC······3'
              3'······CTTAG······CTAAG······5'

一本鎖の場合  5'······GAATC······GATTC······3'
```

**逆送** [retrograde transport] 逆行性輸送ともいう．細胞内分泌経路において，分泌タンパク質の輸送方向とは逆向き(細胞膜→ゴルジ体→小胞体)の小胞輸送をいう．逆送は，順送*で使われた膜や小胞輸送に必要なタンパク質の回収などに重要であると考えられている．(⇒ 粗面小胞体)

**逆行性遺伝学** ＝逆遺伝学

**逆行性輸送** [retrograde transport] 【1】末梢から細胞体に向かう，神経軸索中のミトコンドリアや前リソソーム構造の輸送．速度 1 μm/sec 程度．これら顆粒と微小管との間でモータータンパク質である細胞質ダイニン*が介在し，ATP のエネルギーを利用して微小管に沿って引張る．末梢で生じた老廃物を細胞体に戻すほか，神経成長因子*，ヘルペスなど向神経

性ウイルスや破傷風毒素を運んだり，末梢情報を細胞体に伝える働きがある．(⇒ 軸索輸送，速い軸索輸送) 【2】＝逆輸送

**CAT** [CAT＝chloramphenicol acetyltransferase] ＝クロラムフェニコールアセチルトランスフェラーゼ

**CAT アッセイ** [CAT assay] 動物遺伝子のプロモーター*活性やプロモーターに結合する転写因子*の転写促進能を検定する方法．大腸菌由来のクロラムフェニコールアセチルトランスフェラーゼ*(CAT)遺伝子をレポーター遺伝子*として，その前後に当該プロモーターを挿入したレポータープラスミドを構築，動物細胞へ導入後，CAT の発現量を酵素活性を測定することで調べ，プロモーターの転写促進・抑制活性を評価する．さらにプロモーターと結合する転写因子の発現ベクターを導入することで，その転写促進能を調べることができる．(⇒ トランジェントアッセイ)

**キャットクライ症候群** ＝ネコ鳴き症候群

**ギャップ**(アラインメントの) [gap] 核酸配列やタンパク質配列のアラインメント*を作成する時に，配列の挿入や欠失部分を処理するために利用するスペーサーのこと．アラインメントは通常，BLAST* などの配列検索ツールによって作成される．アラインメント作成時には配列スコア行列のほかにギャップを入れるコスト値(ギャップペナルティー)を設定する必要がある．配列スコア行列として BLOSUM を利用する場合はギャップの開始ペナルティーを 10，拡張ペナルティーを 2 程度に設定する．

**ギャップ遺伝子** [gap gene] 母性因子により前後，背腹軸が決まり，つぎに分節遺伝子*によって頭部の一部と胸腹部で分節化が起こる．ギャップ遺伝子のホモ欠損胚では隣接したいくつかの体節が欠失する．最初に同定されたハンチバック(hb)遺伝子*，クリュッペル(Kr)遺伝子*，クナープス(kni)遺伝子に加えジャイアント(gt)遺伝子，テールレス(tll)遺伝子，フックベイン(hkb)遺伝子，オルトデンティクル(otd)遺伝子，エンプティスピラクル(ems)遺伝子，バトンヘッド(bth)遺伝子のギャップ様遺伝子が知られている．いずれも転写調節因子*であり，どの遺伝子が欠損するかによって欠失する領域が決まっている．ホモ突然変異個体の突然変異の影響を受けている領域では中胚葉形成期以後，細胞増殖が起こらない．

**キャップ形成** [capping] 真核細胞の mRNA は，多くの場合 5' 末端に原核細胞とは異なる特殊な修飾構造をもっている．これは mRNA 5' 末端のキャップ構造*とよばれている．キャップの形成には，グアニリルトランスフェラーゼと 2 種類のメチルトランスフェラーゼおよびホスホヒドラターゼが働く．グアニリルトランスフェラーゼは哺乳類や酵母，コムギなどから精製されている．細胞 mRNA のキャップ形成は，核内転写反応のきわめて初期(mRNA が RNA ポリメラーゼ II により約 25 ヌクレオチドくらいの長さに伸びた時)に起こり，mRNA のスプライシング*を促

進すると考えられている．転写に共役したスプライソソーム*の集合はキャップ結合複合体を必要とし，スプライシングとキャップ形成は共役していることが知られている．インフルエンザウイルスでは自分のRNA依存性RNAポリメラーゼの構成タンパク質であるPB2が宿主細胞mRNAのキャップ構造を認識し，PB1が宿主mRNAを切断し，キャップ構造をもつ10数ヌクレオチドの切断産物がプライマーとなってウイルスmRNAが合成される．(→ポリアデニル酸)

**ギャップ結合** [gap junction] 細胞間結合*の一つ．隣接細胞へチャネルを通じイオンや低分子(分子量1000以下)を通すことにより細胞間連絡*を可能にする(→細胞結合[図])．植物では原形質連絡*(プラスモデスム)と同義．心筋では境界板*(介在板)の一部を構成，平滑筋ではネクサス，神経細胞では電気シナプスとよばれている．電子顕微鏡の発達で，細胞膜を貫通する巨大タンパク質チャネル(コネクソン*)が細胞接触部位で結合し，細胞膜は直接接触しない構造であることが明らかになり，細胞種ごとに異なっていた名称がギャップ結合と統一された．細胞の種類によりギャップ結合の意義や機能が異なる．(→コネキシン)

**キャップ結合タンパク質** [cap binding protein] RNAポリメラーゼII*転写物の5'末端に形成されるキャップ構造*には，核内ではキャップ構造結合タンパク質複合体(cap binding complex, CBC)が結合する．CBCは80 kDaと20 kDaのサブユニットから成るヘテロ二量体であり，RNAのプロセシング*や細胞質への輸送など多様な機能にかかわる．細胞質では，CBCに代わってeIF4Eとよばれるキャップ結合タンパク質がmRNAに結合し，翻訳開始をつかさどる．

**キャップ構造** [cap structure] 真核生物や真核生物を宿主とするウイルスのメッセンジャーRNA(mRNA)の大部分，ある種のウイルスの遺伝子RNA，または核内低分子RNA(snRNA)のうち5.7S RNAおよび5.9S RNAの5'末端には7-メチルグアノシン，またはsnRNAの場合には2,2,7-トリメチルグアノシンが3個のリン酸基を介して結合している．RNAの5'末端に結合している特異な修飾構造のためにRNA頭部の帽子という意味でキャップ構造とよばれるようになった．構造式を図に示したが，核酸成分の表式としては$m^7G^{5'}$-$ppp^{5'}N^1(m)pN^2(m)p\cdots$と表される．snRNAの場合は$m_3^{2,2,7}G^{5'}ppp^{5'}AmpN(m)p\cdots$となる．RNA鎖5'末端1位と2位のヌクレオシドの糖の2'位置にメチル基がついているか否かはmRNAによって異なるので(m)と表してある．$m^7G$キャップ構造は，翻訳開始時にキャップ結合タンパク質(真核生物翻訳開始因子4E；eIF4E)により認識され，それと結合することにより翻訳開始を効率よく起こさせる働きがある．転写に共役したスプライソソームの集合にはキャップ結合複合体(CBP80とCBP20のヘテロ二量体)が必要で，mRNAの5'末端のキャップ形成は転写とスプライシングを共役させるのに重要であることが示されている．また，mRNAやsnRNA U1, U2, U4およびU5の核から細胞質への輸送は$m^7G$キャップに依存している．キャップ構造をもたないポリオウイルス，植物ウイルスや熱ショックタンパク質のmRNAはIRES*にリボソームが結合して翻訳が起こる．

**キャップ構造結合タンパク質複合体** [cap binding complex] CBCと略す．(→キャップ構造結合タンパク質)

**キャップタンパク質**(アクチンフィラメントの) ≡アクチンフィラメント端キャップタンパク質

**キャップトラッパー** [cap-trapper, cap-trapping] mRNAの5'末端にあるキャップ構造*を化学処理した後，ビオチン化し，キャップ構造をもたない不完全mRNAから完全長mRNAを分け取るための技術．mRNA分子中で2'-OHおよび3'-OH(2価アルコール；ジオール)をもつリボヌクレオチドは5'末端のキャップ構造にある7-メチルグアノシン残基部分と3'末端のみであることを利用する．2価アルコールに過ヨウ素酸を作用させて炭素-炭素結合を酸化的に開裂させ，これにロングアームのビオチンヒドラジドを結合させ，ビオチン化する．ビオチン化したmRNAは磁気ビーズに固定したストレプトアビジンに吸着させて捕捉・濃縮する．ビオチン化はmRNAの5'末端と同様に3'末端にも起こるが，3'末端は一本鎖cDNA合成の際にプライマーとしてオリゴdT配列の5'末端側に適当な制限酵素認識配列(たとえばXhoI部位)を含むヌクレオチド配列を付加しておけば，その部分はポリ(A)配列と対合できず一本鎖状態となり，RNアーゼI処理することによりビオチン化された3'末端を除去できる．RNアーゼH処理によりmRNA部分を分解しアビジンビーズから一本鎖cDNAを遊離させ，オリゴdG配列とその5'末端側に制限酵素認識部位(たとえばSstI部位)を含むオリゴDNA配列をプライマーアダプターとして5'末端に付加し相補的cDNAを合成する．両端側にある制限酵素で切断して生成したDNAフラグメントをベクターにクローニングする．非常に高い効率で完全長cDNAを合成することが確認されている(→完全長cDNA合成法)．

**GAP-43** [GAP-43] ニューロモジュリン(neuromodulin), B-50, F1, pp46ともいう．growth associated protein-43 の略称．電気泳動上の分子サイズは 43 kDa．脊椎動物の神経細胞に特異的な酸性タンパク質．等電点 4.3～4.8．アミノ酸 227 個（マウス），240 個（ヒト），分子サイズ 24 kDa．神経成長円錐*に非常に多く発現するタンパク質であり，軸索ガイダンス分子に応じた成長円錐の伸展，崩壊の制御にかかわる．また，シナプス可塑性*にもかかわると考えられている．N 末端側に，3, 4 番 Cys のミリストイル化*による膜結合部位，プロテインキナーゼ C*によりリン酸化される 41 番 Ser，43 番 Arg から 51 番 Leu までのカルモジュリン結合領域をもつ．非リン酸化型 GAP-43 は，アクチンフィラメント端キャップタンパク質*として働き，アクチンフィラメント*の伸長を阻害する．またその作用は，アポカルモジュリンの相互作用により増強される．一方，プロテインキナーゼ C によるリン酸化は，GAP-43 のアクチンキャッピング能を阻害し，アクチン*の伸長を促す．また，リン酸化されるとカルモジュリン*を遊離することで，カルモジュリンの細胞内濃度調節作用をもつとも考えられている．

**CAD** ［CAD］ caspase-activated DNase の略．DFF40 ともいう．アポトーシス*に伴う染色体 DNA のヌクレオソーム間隙での切断を触媒する分子量約 40,000 のエンドヌクレアーゼ*．通常，阻害タンパク質 ICAD（inhibitor of CAD，別名 DFF45，DNA fragmentation factor 45 kDa subunit）と会合し，不活性な状態で細胞質に存在する．活性のある CAD が合成されるためには ICAD が必要であり，ICAD は CAD のシャペロン*としての機能ももつと考えられる．そのため，CAD は合成されたときから必ず ICAD と複合体を形成している．アポトーシスに伴い活性化されたカスパーゼ*3 によって ICAD が分解されると，ICAD は失活し，CAD は核内へ移行して染色体のヌクレオソームの間隙で二本鎖 DNA を切断する．このため，アポトーシスを起こした細胞の染色体 DNA は，ヌクレオソーム 1 個分に相当する約 180 bp の倍数に相当する長さの DNA 断片に分解される．これをゲル電気泳動で解析すると，はしご状のパターンが見られ，アポトーシスの指標の一つとされる．

**CADM1** ⇌ CADM1（シーエーディーエムワン）

**GABA** ［GABA＝γ-aminobutyric acid］ ＝γ-アミノ酪酸

**GABA 受容体** ［GABA receptor］ ＝γ-アミノ酪酸受容体

**GABA 輸送体** ［GABA transporter］ γ-アミノ酪酸輸送体（γ-aminobutyric acid transporter）ともいい，GAT と略す．ナトリウム／塩素依存性の細胞膜輸送タンパク質．神経終末*から放出された神経伝達物質の GABA（γ-アミノ酪酸*）を再び神経終末内あるいはアストロサイト*内に取込むことにより，GABA による神経伝達の終了と GABA の再利用を担う．GAT-1, GAT-2, GAT-3 に加えて，GABA トランスポーターとアミノ酸配列に高い相同性のある BGT-1（ベタイン／GABA トランスポーター-1）の 4 種類のサブタイプに分類される．GAT-1 は中枢神経系の GABA ニューロンに，GAT-2 は脳の上衣細胞に，GAT-3 はアストログリアに，BGT-1 は腎臓などにおもな発現が認められる．BGT-1 は GABA だけでなく，有機浸透圧物質のベタインを取込むことから，浸透圧を維持する役割が推測されている．4 種類の各サブタイプには特異的な阻害薬がある．GAT-1 阻害薬が抗てんかん薬*として使用されるなど，GAT 阻害薬による疾患への応用が考えられている．

**GAF** ⇌ GAF（ジーエーエフ）

**キャプシド** ［capsid］ カプシド，外被，コートともいう．ウイルスゲノムを包み，保護しているタンパク質の殻（⇌ ビリオン［図］）．ウイルスにより，正二十面体構造またはらせん状構造をとる．ウイルスによってはキャプシドタンパク質がコートタンパク質*である場合がある．（⇌ ヌクレオキャプシド）

**キャプソメア** ［capsomere］ ウイルス核酸を包むタンパク質（キャプシド*）のサブユニットが複数個重合した単位構造の意（⇌ ビリオン［図］）．キャプソメアおよびキャプシドタンパク質はさらに配列し，ウイルス核酸を包込み，ヌクレオキャプシド*とよばれる構造体を形成する．キャプソメアまたはキャプシドタンパク質の配列の仕方によりヌクレオキャプシドの立体構造は決定される．ウイルス核酸に沿ってらせん状に配列するものはらせん状対称構造となり，立方対称に配列すると正二十面体構造となる．キャプソメアまたはキャプシドタンパク質の配列の仕方はウイルスにより決まっている．

**CALI** ［CALI＝chromophore-assisted laser inactivation］ ＝レーザー分子不活性化法

**GAL 上流活性化配列** ［GAL upstream activating sequence］ UAS$^G$ と略す．ガラクトースで誘導される出芽酵母遺伝子群に属する各遺伝子の 5' 非翻訳領域に存在する 17 塩基から成る配列で，転写アクチベーター* GAL4 タンパク質*の認識配列．（⇌ 上流活性化配列）

**GAL4 タンパク質** ［GAL4 protein］ Saccharomyces 酵母のガラクトース代謝系遺伝子の上流にある GAL 上流活性化配列*（UAS$^G$）に結合し，転写を促進する正の調節タンパク質*．881 アミノ酸から成り約 10 万の分子量がある．4 ドメインから構成されていて，DNA 結合ドメイン，二量体化ドメイン，転写活性化ドメイン I および II から成る．転写活性化ドメインは酸性アミノ酸に富む．DNA 結合ドメインに種々の調節タンパク質の転写活性化領域を融合させてその領域の転写活性化能を調べることができる．（⇌ GAL80 タンパク質，ツーハイブリッドシステム）

**GAL11 タンパク質** ［GAL11 protein］ Saccharomyces 酵母の転写補助因子の一種で，RNA ポリメラーゼ II*と結合してホロ酵素内に局在する．1081 個のアミノ酸より成る分子中の 2 箇所に局在する機能領域を介して基本転写因子 TFIIE の大小二つのサブユニットのそれぞれと結合する．酵母の大部分の遺伝子の基本転写を活性化するが，TATA ボックス*をもた

ない遺伝子の転写には影響を及ぼさない．GAL11の劣性突然変異は増殖異常を含む多種多様な効果を及ぼす．

**GAL80タンパク質**［GAL80 protein］ Saccharomyces酵母のガラクトース代謝系遺伝子の転写を抑制する負の調節タンパク質．435アミノ酸から成り分子量は約48,000である．GAL80タンパク質は転写アクチベーター*のGAL4タンパク質*のC末端にある転写活性化ドメインに結合し，その転写活性化能を阻害することによりガラクトース代謝系遺伝子の転写抑制を行う．DNA結合能はない．かつては転写誘導が始まるとGAL80タンパク質がGAL4タンパク質より遊離すると考えられたが，現在では，常にGAL4タンパク質に結合していると考えられている．

**ギャロッド GARROD, Archibald Edward** 英国の医学者．1857.11.25～1936.3.28．ロンドンに生まれ，ケンブリッジに没す．痛風患者の高尿酸値を発見したAlfred Garrod (1848) の四男．オックスフォード大学卒業後，聖バーソロミュー医学校で学び医師の資格を得た（1884）．アルカプトン尿症*が遺伝することをつきとめた（1908）．彼はフェニルアラニンやチロシンの分解にあずかる酵素（ホモゲンチジン酸オキシダーゼ）の欠如のためアルカプトン尿症が生じることを明らかにし，酵素と遺伝子の関連を示した．オックスフォード大学医学部教授（1922～27）．"Inborn Errors of Metabolism"（1923）は分子遺伝病学の古典である．

**キャロン** ＝カロロン

**キュアリング**［curing］ 溶原菌*からプロファージ*を除去すること．放射線照射や温度感受性のリプレッサー*をつくるプロファージをもつ溶原菌を短時間高温処理することなどによりその頻度を上げることができる．

**吸エルゴン反応**［endergonic reaction］ 反応系の自由エネルギー*が増大する反応．熱力学第二法則から，吸エルゴン反応が独立に自発的に進行することはなく，自由エネルギーを供給する必要がある．生体の反応で，生合成や能動輸送*などは吸エルゴン反応であるが，この反応を駆動するにはATPの加水分解による発エルゴン反応が共役する必要がある．

**求核試薬**［nucleophile］ ⇆求電子試薬

**嗅覚受容体**［olfactory receptor］ 鼻腔内嗅上皮の嗅細胞（匂い受容神経）の繊毛上に発現しており，匂い分子（低分子揮発性物質，分子量約30～300）のセンサータンパク質（受容体*）として機能する．嗅覚受容体をコードする遺伝子は，哺乳類において約900～1500個もあり，染色体上で転座*や重複（⇆遺伝子重複）を繰返してできたスーパー遺伝子ファミリー*を形成しており，全遺伝子の数％をも占める．魚類も約90～150個の嗅覚受容体をもち，動物が水生から陸生に進化した時に嗅覚受容体遺伝子の爆発的増加があったと思われる．無脊椎動物の代表であるショウジョウバエなどの昆虫は約60～180個の嗅覚受容体をもつ．そして，線虫も約500個もの化学感覚受容体をもつ．嗅覚受容体遺伝子の一部は機能をしなくなった偽遺伝子*として存在し，魚類で約25～60％，げっ歯類で約25～30％，イヌで約27％，新世界ザルで約30～35％，旧世界ザルで約30～40％，ヒトで約50％，水生哺乳類のクジラ類では約60～80％もの嗅覚受容体が偽遺伝子となっている．進化史上で視覚と聴覚の進化に伴って，嗅覚受容体遺伝子の偽遺伝子化が急速に進んだと考えられる．嗅覚受容体遺伝子はほとんどすべての染色体にクラスターをつくって分布しているが，ヒトでは特に第11染色体に多い．嗅覚受容体タンパク質は7回膜貫通構造をもつGタンパク質共役受容体*であり，哺乳類では，匂い分子が結合すると，$G_{\alpha olf}$という$G_s$タイプのGタンパク質*と共役し，cAMPシグナル伝達系を活性化する．一つ一つの嗅覚受容体は，それぞれ特有の匂い分子結合部位をもっていて，そこにはまる匂い分子のレパートリーはそれぞれ異なる．一方，一つ一つの匂い分子は，複数の嗅覚受容体によって認識される．すなわち，数百種類から千種類の嗅覚受容体のどれと結合するかという組合わせが，それぞれの匂い分子のアイデンティティーを決定するコードとなっている．約千個ある嗅覚受容体は，1嗅細胞には，1種類の嗅覚受容体しか発現していない．嗅覚受容体遺伝子クラスターのなかから，ある一つの遺伝子が選択的に転写され（正の選択），転写・翻訳された嗅覚受容体が他の受容体遺伝子の転写を抑制する（負のフィードバック）という機構が明らかになっている．1種類の嗅覚受容体を発現する神経は，嗅上皮全体ではなくある特定の領域に限って分布しており，それら同一受容体を発現するすべての神経の軸索を，嗅覚一次中枢にあたる嗅球内のある特定の糸球体に収束投射している．（⇆化学受容器）

**吸光係数**［extinction coefficient］ ⇆モル吸光係数
**吸光度**［absorbance］ ⇆モル吸光係数
**休止期**［resting state］ ＝$G_0$期
**吸収細胞**［absorptive cell］ 生体膜*などの膜状物を通して外界から生体内に物質を摂取することを吸収といい，これを行う細胞を吸収細胞という．植物の根毛が吸収細胞の代表的なものである．吸収細胞が集合して吸収組織（系）として機能する場合が多く，高等植物の根の表皮系が主要なものである．特殊化した例として，空気中の水分を摂取する吸水毛，寄生植物の寄生根，着生植物の巣根，気根などがある．

**吸収上皮**［absorptive epithelium］ 腸の粘膜の，吸収を営む細胞から成る上皮．通常単層円柱上皮で，小腸では内壁に絨毛を形成し，その周期的な運動によって吸収を促進する．吸収上皮の自由縁には微絨毛がよく発達し，吸収面積を著明に大きくしている．小腸の微絨毛には糖分解酵素やプロテアーゼが局在する．ヒトでは1日100gの脂肪，50～100gのアミノ酸，数百の糖質が小腸から吸収される．水と電解質は小腸と大腸から吸収される．ヒト吸収上皮細胞の寿命は3～6日．

**吸収スペクトル**［absorption spectrum］ X線領域からマイクロ波・ラジオ波領域の電磁波が物体を通過

すると，吸収のため暗黒な部分が現れる．これを吸収スペクトルとよぶ．エネルギーの高い X 線では，原子が X 線を吸収すると電子は核の束縛を離れて光電子として放出され，光電子の散乱・干渉から，金属タンパク質中の金属原子の配位構造が決定される．電子遷移を伴う紫外・可視領域の吸収は，おもに化合物の定性・定量に用いられ(⇌ 電子スペクトル)，可視領域よりエネルギーの低い赤外領域における吸収では振動状態に基づいた分子構造の知見が得られる(⇌ 赤外分光法)．核スピンをもつ陽子や電子スピンをもつラジカル種，常磁性物質では，強い磁場中でスピンの磁気モーメントにエネルギーが異なる二つの配向が生じる．このエネルギー差に相当する吸収は，ラジオ波・マイクロ波領域で起こる(⇌ 核磁気共鳴，電子スピン共鳴)．

**球状赤血球症** [spherocytosis] 正常では円板状である赤血球が，膜に異常をきたし球状に変化したために，壊されやすくなり貧血をきたす疾患の総称．種々の原因が考えられ，特に遺伝性のものは遺伝性球状赤血球症\*とよばれ，赤血球膜の裏打ちタンパク質であるスペクトリン\*やアンキリン\*，バンド4.1\*やバンド4.2\*の分子異常により起こる．そのほかに酵素異常や自己免疫性溶血性貧血\*でも球状化がみられることがある．

**球状タンパク質** [globular protein] 立体構造が球形もしくはそれに近い形をとるタンパク質．親水性アミノ酸と疎水性アミノ酸から構成されるタンパク質は，水溶液中では疎水性アミノ酸残基が分子内部に埋まった形の球状構造をとることが多い．球状タンパク質は一般に水に溶けやすい．球状構造からはずれている度合いを示すパラメーターとして，軸比と摩擦比がよく使われるが，球状タンパク質では，どちらも 1 に近い．タンパク質の形状は，超遠心機を用いた沈降分析，溶液の粘度，光散乱などを利用して推定することができる．(⇌ 繊維状タンパク質)

**偽優性** [pseudodominance] 雑種二倍体において劣性遺伝子が優性遺伝子のようにふるまう現象．劣性遺伝子座に対立する遺伝子座が欠失しているために観察される．

**急性エリテマトーデス** [acute erythematodes] ＝ 全身性エリテマトーデス

**急性灰白髄炎** [acute anterior poliomyelitis] ＝ ポリオ

**急性期タンパク質** [acute phase protein, acute state protein, acute phase reactant] 感染を含めた炎症性変化により血中に増加する一群のタンパク質．IL-1，IL-6 などにより肝臓で産生される．代表例としてC反応性タンパク質\*(CRP)，マンノース結合タンパク質(MBP)，血清アミロイドタンパク質，フィブリノーゲン，$\alpha_1$アンチトリプシンなどがある．これらのタンパク質の機能は多種多彩であるが，特にCBP，MBP は感染に際し宿主の初期防御反応に関与し，オプソニン\*として働く．

**急性形質転換レトロウイルス** [acute transforming retrovirus] 肉腫ウイルス，急性白血病ウイルスなど急性に腫瘍性病変を誘導し，また短期間で試験管内で培養細胞を転換するレトロウイルス\*の総称．これらのウイルスはそれぞれ固有のがん遺伝子\*を保有する．

**急性骨髄性白血病** [acute myelocytic leukemia, acute myelogenous leukemia] AML と略す．急性非リンパ性白血病(acute non-lymphocytic leukemia, ANLL)ともいう．分化途上の骨髄系幹細胞の単クローン性の増殖と，これに随伴する正常造血の障害を特徴とする悪性腫瘍疾患．AML には臨床的に定型的病態を示すものと非定型的なものが含まれている．FAB 分類\*では定型的の AML を取扱い，増殖している芽球の分化の方向性によって M1～M7，さらに形態的には分化能を規定しえず芽球がもつ抗原性から提唱された M0 の，8型に細分類されている．したがって，FAB 分類では低形成性白血病(hypoplastic leukemia)，細胞マーカーの解析で明らかにされた mixed lineage leukemia は除外されている．AML の発症にはがん遺伝子\*あるいはがん抑制遺伝子\*の異常が指摘されている．GTP 結合タンパク質\*をコードする ras 遺伝子\*の異常は最も高頻度にみられ，前白血病に相当する骨髄異形成症候群\*においてもその異常が認められる．ras 遺伝子の異常は病型的な特異性はないが，白血病発症過程における重要な遺伝子異常と考えられている．AML にはしばしば染色体転座を認め，これらの遺伝子解析から，多くの転写因子\*遺伝子が単離されている(以下の記号の説明 ⇌ 染色体異常)．すなわち FAB 分類 M2 の t(8;21)(q22;q22)症例では AML1 遺伝子\*と MTG8 遺伝子，M3 の t(15;17)(q21-22;q11-22)症例からは PML 遺伝子と RARα 遺伝子が証明されている(⇌ PML/RARα 融合遺伝子)．これらの遺伝子は融合しキメラ遺伝子を形成し，その結果として融合タンパク質\*が形成され，このタンパク質の発現が腫瘍化に重大な影響を及ぼしているものと考えられている．また，M3 症例においては分化誘導療法として全 trans-レチノイン酸(all trans-retinoic acid，ATRA)の投与が有効であることが実証されている．好酸球増多を伴う骨髄単球性白血病 M4E の inv(16)(p13;q22)症例では PEBP2β 遺伝子がH鎖ミオシン遺伝子とキメラ遺伝子を形成していることが証明された．mixed lineage leukemia 症例には 11q23 を含む染色体転座が認められ，同部位より MLL 遺伝子が単離されている．MLL タンパク質はジンクフィンガー\*ドメインと AT hook という二つの DNA 結合部位をもつ転写因子と考えられ，同遺伝子の異常は乳児白血病と二次性白血病\*症例に多く認められる．その他の染色体異常としては＋8，＋21，－7 または del(7q)，－5 または del(5q)，－Y，t(6;9)(p23;q34)，t(3;3)(q21;q26)，del(20q)，t(12p)または del(12p)などが知られている．がん抑制遺伝子の異常としては，RB1(⇌ RB 遺伝子)，p53 遺伝子\*，p16 遺伝子\*の異常が指摘されている．これらがん抑制遺伝子の異常は AML のみならず，他の多くの悪性腫瘍においても認められる．腫瘍発症に関与する遺伝子が単離されたも

のは，サザンブロット法\*，ノーザンブロット法\*，PCR\*，逆転写 PCR\*，蛍光 in situ ハイブリダイゼーション\*（FISH）などに用いられ，遺伝子診断や微少残存白血病（MRD, minimal residual disease）の検索に応用され始めている．（⇒慢性骨髄性白血病）

**急性前骨髄性白血病**［acute promyelocytic leukemia］　APL と略す．急性骨髄性白血病\*の病型の一つで FAB 分類\*の M3 に相当する．芽球の形態は前骨髄球様で，粗大なアズール顆粒を豊富にもち，腫瘍細胞の分化がこのレベルで停止している．発症は急激で，著明な出血傾向，特に播種性血管内凝固\*をしばしば呈する．特徴的な染色体転座 t(15;17)(q21-22;q11-22)が症例の90％以上に認められる（⇒相互転座）．第15染色体上の PML 遺伝子と第17染色体上の RARα 遺伝子が単離されており，この二つの遺伝子が融合し，PML/RARα の融合タンパク質\*が形成される（⇒ PML/RARα 融合遺伝子）．PML，RARα タンパク質はともにジンクフィンガー\*ドメインをもつ転写因子\*であり，融合タンパク質が細胞分化の障害をもたらすものと考えられている．臨床的には全 trans-レチノイン酸を投与すると，APL 細胞の分化が誘導され好中球になり，症例の90％以上に完全寛解が得られる．

**急性白血病**［acute leukemia］　⇒白血病

**急性非リンパ性白血病**［acute non-lymphocytic leukemia］　＝急性骨髄性白血病\*．ANLL と略す．

**急性リンパ性白血病**［acute lymphocytic leukemia］ALL と略す．リンパ球系芽球の単クローン性の増殖により発病する悪性腫瘍疾患．FAB 分類\*では L1～L3 の3型に細分類される（⇒急性骨髄性白血病）．ALL に特異的な染色体転座型が存在し，融合遺伝子を形成する遺伝子異常とそうでないものがある．融合遺伝子を形成する染色体転座型としては t(9;22)(p34;q11)，t(4;11)(q21;q23)，t(1;19)(q23;p13) などがある（記号の説明は ⇒ 相互転座）．うち t(9;22)(p34;q11) は通常，慢性骨髄性白血病\*（CML）でみられるフィラデルフィア染色体\*（Ph¹）で小児 ALL の5％未満，成人 ALL の約25％の症例に認められる．これらの症例の芽球は B 細胞系の形質を示す（プレ BALL，CALLA 陽性 ALL）．遺伝学的には第9染色体の c-ABL 遺伝子と第22染色体の BCR 遺伝子が融合し BCR/ABL 融合遺伝子\*が形成される．Ph¹ 陽性 ALL で産生される融合タンパク質は BCR 遺伝子の切断点の違いから p190 と p210 の2種類が存在する．ABL タンパク質は非受容体型チロシンキナーゼであるが，BCR タンパク質と融合することによりチロシンキナーゼ活性を高め，白血病化に作用すると考えられている．t(4;11)(q21;q23) の転座型はおもに乳児に高頻度にみられ，著明な白血球増加，中枢神経系白血病などの臨床像を伴いやすい．この病型の芽球はリンパ球系および骨髄系の両方のマーカーを示す mixed lineage leukemia のことが多い．転座部では 11q23 の MLL 遺伝子と 4q21 の LTG4 遺伝子が融合遺伝子を形成する．MLL タンパク質はジンクフィンガー\*ドメインと AT hook の二つの DNA 結合部位をもつ転写因子\*とされている．t(1;19)(q23;p13) はプレ BALL の約25％に認める染色体転座で，1q23 の PBX1 遺伝子と 19p13 の E2A 遺伝子により融合遺伝子が形成される．また，PBX1 遺伝子と E2A 遺伝子はともに転写因子をコードしていると考えられている．融合遺伝子を形成しないタイプの ALL は免疫グロブリン\*関連遺伝子（14q32，2q12，22q11 に座位する IgH，Igκ，Igλ 遺伝子）や T 細胞受容体\*遺伝子（14q11，7q35，7p15，14q11 に座位する TCRα，TCRβ，TCRγ，TCRδ 遺伝子）が転座に関与することが多い．8q24 に座位する c-MYC 遺伝子は，B 細胞系腫瘍の一つであるバーキット型 ALL（FAB 分類 L3）においては免疫グロブリン関連遺伝子，一方，T 細胞性急性リンパ性白血病\*においては T 細胞受容体遺伝子に転座する．c-MYC 遺伝子産物はヘリックス・ループ・ヘリックス\*ドメインをもつ転写因子と考えられ，転座に伴いその発現が増強し，リンパ系腫瘍の発症に関与すると考えられる．（⇒慢性リンパ性白血病）

**急速凍結法**［quick-freezing technique, rapid freezing technique］　急冷凍法ともいう．本来の状態を保って試料を急速に凍結する方法．低温電子顕微鏡や極低温電子顕微鏡\*を用いて試料を直接観察したり，凍結レプリカ法\*などによって試料を観察するための試料作製法．急速凍結法には，大きく分けて二つの方法が知られている．すなわち，1）エタンなどのガスを低温に冷却して作製した液体（液体エタンなど）の中に試料を落下させて凍結する方法と，2）液体ヘリウムや液体窒素などで冷却した金属表面に急速に試料を圧着することにより凍結する方法がある．1）の液体の中に落下させる方法では，低温液体の表面張力のために多少の歪みが生じる可能性はあるが，試料を含む薄い水の膜を形成させた電子顕微鏡用グリッドを液体の中に落下させて凍結し，観察することもできる（氷包埋法とよばれる）．この方法で用いる低温液体としては，液体エタンが通常用いられる．比較的安全な液体窒素ではなく，爆発性もある危険なガスのエタンが用いられる理由は，融点と沸点間隔と比熱の特性のためである．すなわち，窒素は融点と沸点の間隔が狭く比熱が小さいので，試料が液体窒素に投入された時に，それらの間に窒素ガス膜が生成される．ガス膜は熱伝導性がきわめて低いので冷却能力が低くなり，結晶性の氷が生成される．この結晶性の氷は，試料を変形させたり破壊したりする．水を急速に凍結することができるとガラス状の氷となって，試料への凍結の影響を最少にすることができる．エタンガスは融点，沸点ともに窒素より高いが，融点と沸点の間隔が広いのと比熱が大きいので，ガス膜の生成が抑えられて高い冷却能力をもつ．プロパンが用いられることもあるが，沸点が高すぎて蒸発させにくいので一般にはエタンが用いられる．2）の金属表面に圧着させる方法で凍結する場合には，1）の方法では表面からせいぜい数 μm の深さまでがガラス状の氷となる程度であるが，表面より数十 μm 程度の深さまでガラス状の氷と

することができる．ただこの方法は，硬い金属表面に試料を圧着するので機械的な変形が生じるおそれがある．試料を高圧に加圧しながら凍結するとガラス状の氷になる割合が増加するので，凍結切片を作製する試料などには有力な方法である．また，マイクロ波を照射しながら凍結する方法も知られている．

**求電子試薬**［electrophile］　イオン反応において，電子過剰の化学種と反応して新しい結合をつくる試薬．反応中に生成するカチオン（陽イオン）種に対して用いる場合もある．炭素-炭素二重結合や三重結合あるいは芳香環状のπ電子と反応し，カルボカチオンを生成する．反対に，核または電子不足反応中に親和性をもつ化学種を求核試薬(nucleophile)という．ふつう非共有電子対または負電荷をもち，2電子を供与して新しい結合をつくる．

**吸熱反応**［endothermic reaction］　⇒ 発熱反応

**嗅脳**［rhinencephalon, smell brain］　＝大脳辺縁系

**休眠**［dormancy］　一般には，動・植物の生活環や微生物の細胞周期において，不適当な環境に耐えるために成長や代謝活性を一時的に極端に低下させる現象．動物の冬眠・夏眠，原生動物の被嚢胞子や菌類・細菌の胞子の休眠がこれに相当する．植物では種子*や芽が，温度・水湿などの環境条件が整っても，一定期間発芽しないでいる状態（自然休眠）をいう．これに対して，環境条件が発芽・成長に適さないために起こる休眠は強制休眠(enforced dormancy)とよばれる．1963年にアブシジン酸*が頂芽に集積して休眠芽(dormant bud)の形成に関与する物質として初めて単離され，その構造が決定されたが，その後の研究においても，休眠器官の形成や休眠の誘導・維持とアブシジン酸との相関を示す事例が多い．ただし，休眠の誘導と解除は，単にアブシジン酸量の変動だけではなく，ジベレリン*やサイトカイニン*など他の植物ホルモン*との相互作用としてとらえるべきである．発芽が誘導される際にはジベレリンにより貯蔵物質の分解が誘導されるが，アブシジン酸はこの分解誘導を阻害する．アブシジン酸はジベレリンとは逆に休眠の誘導に重要な働きをする．アブシジン酸は特定のmRNAの合成調節を通じて発芽の抑制すなわち休眠維持にかかわっているとみられる．オオムギなどのイネ科の種子では，発芽の前提となるα-アミラーゼmRNAやプロテアーゼmRNAの合成はジベレリンにより誘導されるが，アブシジン酸によって抑制される．（⇒ 種子発芽）

**キュウリモザイクウイルス**［Cucumber mosaic virus］　CMVと略す．3種の(+)センスRNAゲノム(RNA1, 2および3)と1種のサブゲノム(RNA4)をもつ植物ウイルス．ビリオン*は直径30 nmの球形であり，RNA1, RNA2, RNA3とRNA4両方を含む3種から成る多粒子型ウイルスである．それぞれの粒子単独では感染性がない．RNA1と2はRNAレプリカーゼ遺伝子をコードしており，RNA3は細胞間移行に関与する遺伝子およびコートタンパク質*遺伝子をコードしている．細胞内ではRNA3から細胞間移行に関与するタンパク質だけが翻訳されるので，コートタンパク質はRNA3の(−)センスRNAから合成されるRNA4から翻訳される．CMV感染葉からRNAレプリカーゼが純化され，in vitroにおいてウイルスRNAが合成されている．CMVはアブラムシなどによって伝搬され，その宿主範囲はきわめて広く，ウリ科，ナス科植物をはじめとし，190種以上の植物を宿主とすることができる．

**急冷凍法**　＝急速凍結法

**キューオシン**［queosine］　⇒ 高修飾ヌクレオシド

**Qタンパク質**［Q protein］　λファージ*のQ遺伝子がコードする，23 kDaの抗転写終結因子*．Q遺伝子の下流にある後期プロモーター$P_R$からは，常に転写は開始しているが，16塩基合成後，数分間の合成休止時間を経て194塩基下流で停止する（転写終結$t_{6S}$）．転写休止点から停止点までがqut部位とよばれ，Qタンパク質が抗転写終結機能を発揮するのに必要である．Qタンパク質の存在下では，$P_R$からの転写が終結せずに溶菌遺伝子群だけではなく，cos部位を越えて，頭部，尾部形成遺伝子群も発現する．

**Qバンド**［Q band］　キナクリン(quinacrine)蛍光色素によって染色される染色体バンド*．この染色には，染色前の前処理を必要としない．バンドパターンはGバンド*とほとんど同一である．キナクリンは，Gバンドを染めるギムザ染色*と同様，AT含量の高いDNAに親和性を示すが，実際に観察される大部分のバンドはAT含量よりもクロマチン*の凝縮の度合を反映しているらしい．QバンドはGバンド，Rバンド*とともに，進化上の近縁種でバンドパターンが保存される傾向が強い．

**Qβファージ**　＝ファージQβ

**Qβレプリカーゼ**［Qβ replicase］　RNAを遺伝子にもつ大腸菌ファージQβ*にコードされているRNA依存性RNAポリメラーゼ*をさす．同種のファージにファージR17，ファージMS2などがある．Qβレプリカーゼはファージ RNAに対して高い特異性をもち，相補鎖RNAを鋳型にしてQβ RNA鎖を合成する．Qβ RNAにはAタンパク質，コートタンパク質およびレプリカーゼの3種類のタンパク質遺伝子があり，レプリカーゼ遺伝子は3′末端側に存在している．

**境界配列**［boundary sequence］　⇒ インスレーター

**境界板**［intercalated disc］　介在板，間入盤ともいう．心筋*細胞間の接合部．細胞の枝分かれに沿って時に階段状に見える．細胞間の機械的結合をつかさどる接着帯*・デスモソーム*，および刺激伝達を可能とするネクサス（ギャップ結合*）に富む．前者は，発達した裏打構造におのおのアクチンフィラメント・中間径フィラメントが結合する．後者はコネキシン*6個がコネクソン*を形成し，細胞間で対særるチャネルとして働く．透過度がATP, cAMP依存性リン酸化などで増す一方，細胞内酸性，高$Ca^{2+}$濃度で閉鎖

し細胞障害の進展を阻止する.

**狂牛病**［mad cow disease］ ＝ウシ海綿状脳症

**狂犬病ウイルス**［Rabies virus］ ⇒ラブドウイルス科

**競合阻害**［competitive inhibition］ 競争阻害,拮抗阻害ともいう.[1]阻害剤が基質と同じ部位に競合して酵素*の活性を阻害する様式のこと.基質の濃度が高くなると阻害剤の作用は減弱する.阻害剤の添加でミカエリス定数*は増大するが最大速度は変化しない.ミカエリス・メンテンの式*を変形したラインウィーバー・バークプロットでは縦軸上で交差する直線が得られる.[2]受容体のリガンド結合部位に阻害剤が競合する阻害様式のこと.スキャッチャードプロットでは横軸で交差する直線が得られる.（⇒非競合阻害,不競合阻害）

**競合ハイブリダイゼーション**［competitive hybridization］ ハイブリダイゼーション*反応時,競合するDNAまたはRNAを共存させることにより,目的の遺伝子を特異的に検出,分離する方法.具体例としては,目的の遺伝子が発現している組織(細胞)から調製したcDNAをプローブ*として放射性同位元素などで標識し,発現していない組織(細胞)から調製した十分量の非標識のcDNA存在下で,検定する核酸とハイブリダイゼーションする.双方の組織(細胞)に共通の遺伝子同士は競合するので,特異的に発現している遺伝子のみが検出できる.（⇒差引きハイブリダイゼーション）

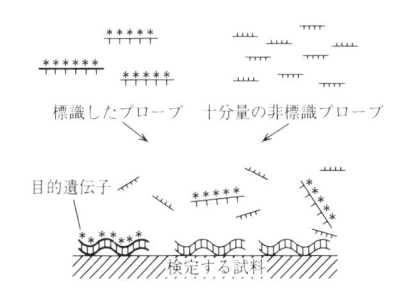

**共刺激受容体**［costimulatory receptor］ リンパ球*が効率的に活性化するために,抗原刺激*とともに必要なシグナルの受容体のことである.T細胞*およびB細胞*は抗原刺激のみでは十分活性化せず,逆にアポトーシス*を起こしたり不活化したりする.リンパ球が効率的に活性化するためには,抗原刺激とともに,共刺激(costimulatory signal)またはシグナル2とよばれるもう一つの刺激が必要である.T細胞ではCD28*が,B細胞ではCD40*が代表的な共刺激受容体である.CD28は,樹状細胞や活性化B細胞などに発現する共刺激分子CD80およびCD83分子に反応し,CD40は活性化T細胞などに発現する共刺激分子CD154(CD40L)に反応し,リンパ球活性化のためのシグナル伝達を誘導する.

**凝集素**［agglutinin］ アグルチニンともいう.赤血球や細菌などの細胞表面に抗原が存在する場合,それに対する抗体を加えると抗体による架橋が起こり,目に見える大きな凝集塊をつくる.このような凝集反応*を起こす物質を凝集素という.レクチン*も多価であるため凝集反応を惹起する凝集素の一つである.（⇒赤血球凝集素）

**凝集反応**［agglutination reaction］ 物質が一箇所に集まり,塊を形成する反応をいう.互いに結合性をもつ物質同士が塊を形成する場合と,他の物質の存在下で初めて塊を形成する場合とがある.細胞同士の凝集反応は,細胞表面に存在する細胞接着分子*を介して進行するほか,ウイルス*やレクチン*など細胞表面分子に対し親和性をもつものを介し進行することもある.インフルエンザウイルス*などが血球凝集活性をもつことはよく知られている.

**凝縮**(染色体の) ⇒染色体凝縮

**共焦点レーザー顕微鏡**［confocal laser microscope］ CLMと略す.共焦点レーザー走査顕微鏡(confocal laser scanning microscope, CLSM),共焦点レーザー蛍光顕微鏡(confocal laser fluorescence microscope, CLFM)ともいう.Kr/Ar, He/Neレーザー光源とコンピューターを光学顕微鏡に接続させて,組織,細胞,細胞小器官または分子に焦点を合わせ,試料から発する蛍光,反射光および透過光について画素(pixel)でイメージング(imaging)を行い,MOディスクやUSBフラッシュメモリーに記録する装置をいう.試料中の特定の物質から発せられる自家蛍光により,あるいは目的とする物質にヘキスト33342やFura 2などの市販の蛍光色素を負荷させることにより,あるいはフルオレセインイソチオシアネート*,テキサスレッド,金銀の粒子(⇒金コロイド)などで標識した抗体を用いて間接的に染色することにより検出され,試料の光学的切断を無傷で行ったり,高速高感度で定量することが可能である(⇒蛍光抗体法).X-Y面の投影像をZ軸方向に向かって焦点面をずらし連続断層像を採取してコンピューター処理することにより,三次元構築を行えば,観察しようとする物質の分布局在を立体的にイメージングすることができる.機能と形態とを一体化して見る次世代顕微鏡の一つとして医学・生物学の分野で広く用いられている.

**共進化**［coevolution］ 複数の生物種が,相互に相手の遺伝的変化に反応して,自身の遺伝的構成を変化させることをいう.植物と昆虫にみられる相互依存的な進化を表現するために,P. R. EhrlichとP. H. Ravenが1964年に提唱した用語.共進化は,相互作用している種が,共生*,寄生者-宿主,競争種,捕食者-被食者などの生態的関係にある場合しばしばみられる.

**共 生**［symbiosis, (pl.) symbioses］ 共生関係(symbiotic relationship)ともいう.狭義には,異なる2種(以上)の生物が住み場所の共有などを通じて,単独では得られない利益を相互に与え合う生活の状態をいう.広義には,異なる生物種間の相互作用によって,少なくとも一方が利益を得ている状態をさす.後者の場合には,相互に利益を得るか,利益を得るのが一方

だけか，他方を犠牲にして一方が利益を得ているかによって，おのおの相利共生(mutualism)，片利共生*，寄生*とよび分けることもある．外部共生と内部共生があり，後者はさらに消化(管内)共生，細胞間共生，細胞内共生に分けられる．内部共生においては，大型で内部に相手を含む方を宿主(host, ホスト)，含まれる方を共生体(symbiont, シンビオント)という(→内部共生生物)．多くの細胞内共生では，真核細胞の細胞質*内に他の細胞が含まれる．この時，共生体が原核細胞の場合には一般に緊密な共生が多く，時間とともに相互依存度が高まった結果，相互不可分な関係に至っている例も多い．(→共生説)

**偽陽性**(相同性検索の)[false positive] 実際は陰性だが検査結果や予測結果が間違って陽性と判断されること．第一種過誤(type I error)ともいう．相同性検索*の結果，実際には相同でない遺伝子が検索されることなどをさす．実際に陽性のもののうち正しく判定された割合を感度，陰性のうち正しく判定された割合を特異度とよぶ．1から特異度を引いた値(偽陽性率)に対して感度をプロットした受信者操作特性曲線(ROC曲線)は予測精度の評価に用いられる．

**共生関係**[symbiotic relationship] ＝共生

**共生説**[symbiotic theory] 内部共生説(endosymbiotic hypothesis)ともいう．真核細胞*特有の細胞小器官の起源を細胞内共生体に求める説(→共生，内部共生生物)．100年以上の歴史をもち，1970年にL. Margulisが提唱して以来，ミトコンドリア*および葉緑体*の起原が，おのおのα族プロテオバクテリアおよびシアノバクテリア*であり，核*・細胞質*の起原がある種の古細菌*であることには，ほぼ共通認識が得られている．ただし，他の細胞小器官の起原をも共生に求める考えには異論が多い．

**共生体**[symbiont] →共生

**共生光細菌**[symbiotic photobacterium] ある種の魚，イカの発光器官に外部共生し発光する細菌．*Photobacterium phosphoreum*，*Photobacterium leiognathi*，*Vibrio fischeri*が知られている．いずれもグラム染色陰性の通性嫌気性細菌．酵素ルシフェラーゼ*で還元型FMNが長鎖アルデヒドとともに分子状酸素で酸化される時に青緑色の発光をもつ．ルシフェラーゼの合成は生育菌密度に依存(自己誘導的)しているが，一部では構成的である．酵素遺伝子の他の生物での発現も試みられている．(→生物発光)

**胸腺**[thymus] T細胞*分化の中枢的役割を担う器官で，B細胞*における骨髄*，ファブリキウス囊*とならんで一次リンパ器官*と称される．ヒト，マウスでは胎生初期の第三咽頭囊の内胚葉および外胚葉上皮に由来する．皮膜に覆われた左右両葉から成り，光学顕微鏡的には，リンパ球*の高密度で存在する皮質領域と，比較的低密度で明るく見える髄質領域に区別できる．構成細胞はリンパ球が主体であるが，マクロファージ*，樹状細胞*など骨髄に由来する細胞群と，上皮細胞，神経内分泌細胞，筋様細胞などがある．骨髄に由来する前胸腺リンパ球は血行性に胸腺内に移入し，まず皮質部に現れ，増殖，分化，ならびに正・負の選択(→胸腺選択)を経つつ深部の髄質領域へ移行する．これらの過程にはインターロイキン7*などの液性因子のほか，上皮細胞などとの相互作用が必須である．胸腺内上皮細胞には細胞質内に多数のリンパ球を取込んだナース細胞(→哺育細胞)とよばれるものも観察され，T細胞の分化に関与すると考えられる．

**胸腺核酸**[thymus nucleic acid] 核酸研究の初期には，デオキシリボース*を成分とする核酸(DNA*)が仔ウシの胸腺に多いことからDNAはこの名でよばれた．(→酵母核酸)

**胸腺選択**[thymic selection] T細胞受容体*のランダムなDNA再編成*の結果生じた多様なT細胞クローンの中から，生体に有害なものが除かれ，有用なもののみが胸腺*内において選択的に分化する現象をさす．自己反応性クローンが除かれる"負の選択*"と，自己MHC抗原を認識できるクローンのみが分化する"正の選択*"とから成る．胸腺選択の結果，分化できなかったT細胞クローンはアポトーシス*を起こし，マクロファージなどにより速やかに処理される．

**鏡像異性体**[enantiomer] ＝光学異性体

**競争阻害** ＝競合阻害

**協調効果** ＝相乗効果

**協調進化**[concerted evolution] 遺伝子重複*によって生じた遺伝子のグループにおいて，個々の遺伝子が独立に進化できず，一群となって進化すること．rRNA遺伝子*群にみられるように，遺伝子座が互いに隣接していて(多重遺伝子族)，相互の相同性が高く，反復配列の形態をとる場合にしばしばみられる．個々の遺伝子には独立に突然変異が起こっているが，協調進化においては，相互の配列を斉一化する機構があると考えられている．不等乗換え(→乗換え)と遺伝子変換*がその例で，両者の違いは，前者ではコピー数が変化するのに対し，後者では変化しない．多重遺伝子族では協調進化が起こりやすくなるため，異なる機能をもった遺伝子が進化しにくい．したがって，異なる染色体に転座することによって新しい機能を獲得する場合がしばしばみられる．

**共通配列**[consensus sequence] コンセンサス配列ともいう．特定のDNA結合因子に関し，結合配列として一般的と見なされる4～10塩基程度の短い塩基配列で，おもにDNA結合性の転写調節因子*について用いられる．転写調節因子の標的塩基配列にはある程度の融通性が存在する．また，細胞内では類似した因子がファミリーを形成していることが多く，実際の遺伝子では，同属の因子を含むDNA結合因子の標的配列は，いろいろな種類が出現しうる．このような一連の結合配列を抽出し，並べることにより，共通に使われる共通配列を導き出すことができる．なお，共通配列の周囲の配列が因子の安定化に寄与する例が多く知られている．結合因子の結合性が補助因子により修飾される例もあり，共通配列に近いほど遺伝子調節の中で果たす役割が高いとは一概にいえない．DNA

結合因子が特定されなくとも，刺激(熱，ホルモン，環状 AMP，金属など)に対して応答を起こす配列が見つかれば，複数の例から共通配列を応答配列*として導き出すことができる．

**協同過程**［cooperative process］　リガンド結合部位間の相互作用によって，リガンド濃度に対するタンパク質とリガンドとの結合程度がミカエリス・メンテン型の式に従わない過程をいう．下に示す式で $n>1$ の場合には正の，また $0<n<1$ の場合には負の協同性(cooperativity)があるという． $n=1$ では協同性がない．この場合，式は形の上ではミカエリス・メンテン式*に類似するが，リガンドの化学変化を前提としない点で，その意味は異なる．

$$\log\{(V_{max}-v)/v\}=\log K-n\log[S]$$

ここで $v$ は結合程度， $V_{max}$ は最大結合度，[S]はリガンド濃度， $K$ は解離定数(ミカエリス定数* $K_m$ は正・逆反応速度の比)であり， $n$ をヒル係数(Hill coefficient)とよぶ． $n$ の値は横軸に $\log[S]$，縦軸に $\log\{(V_{max}-v)/v\}$ をとって得られる直線部分の勾配として求められる． $n$ は整数とは限らないので，タンパク質当たりのリガンド結合部位の数ではなく，リガンド結合部位間の協同性の強さ(結合部位の数に近いほど強い)を表すと考える．ミオグロビン*およびヘモグロビン*の酸素結合程度についての $n$ の値は，それぞれ1.0 および 2.8〜3.0 である．

**協同性**［cooperativity］　⇒ 協同過程

**強毒ウイルス**　⇒ ビルレントウイルス

**強皮症**［scleroderma］　硬皮症，硬化症(sclerosis)ともいう．いわゆる膠原病*の一つ．皮膚の硬化を特徴とするが，それが皮膚に限局する限局性と全身諸臓器に及ぶ全身性の2型に分類される．後者はさらにその程度により I〜III 型(バーネット分類)に分けられる．普通レイノー症状で始まり，浮腫期，硬化期，萎縮期と進行する．女性に多い．硬化はおもに繊維化によるが，それが内臓諸臓器に強い場合，全身衰弱，心不全などで死亡する．抗セントロメア抗体，抗トポイソメラーゼ I 抗体などが出現し，予後の指標となる．(⇒ 全身性エリテマトーデス)

**共鳴ラマン効果**［resonance Raman effect］　ラマン効果(⇒ラマン分光法)を測定する際，対象物質が励起光の波長に近いところに吸収をもつと散乱光の強度が数桁増大する．この現象を共鳴ラマン効果といい，希薄な試料を測定することが可能となる．また，吸収をもつ部分のラマン効果が相対的に強くなるため，生体分子中の発色団を選択的に調べることができる．たとえば，タンパク質中に含まれるヘムやレチナール，着色金属錯体部分の構造解析などに利用される．

**共役因子**［coupling factor］　酸化的リン酸化*において，電子伝達で放出されたエネルギーを ATP 合成に共役する因子．現在では ATP 合成酵素*のサブユニットがその実体であることが確定している．共役因子 1 は ATP 合成酵素の $F_1$ 部分である．共役因子 4 は同酵素の $F_0$ 部分の OSCP(オリゴマイシン感受性付与タンパク質, oligomycin sensitivity conferring protein)とよばれるサブユニットである．

**共役輸送**［cotransport］　⇌ 輸送体

**共有型 Smad**　［common-mediator Smad］　Co-Smad と略す．(⇒ Smad)

**共有結合**［covalent bond］　二つの原子間でいくつかの電子を共有している結合をいい，電気陰性度が同じかほぼ等しい原子間に生じる．すなわち，イオン結合*と相対する概念である．たとえば水素分子($H_2$)は，2個の水素原子(H)がそれぞれ1個しかない電子を共有することによって電子が生じ，ヘリウム型の電子配置となる．両 H 原子は対等であるから電子が一方に偏って存在することはない．電子密度は結合の中央近傍が最も大きく，両方の原子核の引力を受けて結合は安定化する． $O_2$, $Cl_2$ も同様である．共有結合の結合エネルギーは化学結合*中最も強く(数十ないし数百 kJ/mol)，方向性をもち，分子に立体構造を与える．共有結合は2個の同種原子間だけではなく C-O, C-H 間や，$sp^3$ 混成によって4価となった炭素原子同士は共有結合によって大きな分子を構築することができる．ダイヤモンドは炭素の共有結合から成り立っている．生体における核酸，タンパク質，複合糖質などの巨大分子の一次構造も共有結合で成り立っている部分が大部分を占める．

**共優性**［codominant］　相互優性ともいう．遺伝子座 A における二つの対立遺伝子 $A_1$ と $A_2$ の間に優劣の関係がなく， $A_1A_1$, $A_1A_2$, および $A_2A_2$ の遺伝子型に対応して，三つの異なる表現型を示す現象．(例：ABO 式血液型*支配における A 遺伝子と B 遺伝子の関係)

**共輸送**［symport］　シンポートともいう．能動輸送*の一種．ある物質が生体膜を通過して輸送される時，同時に同じ方向に他の物質が輸送される現象をいう．ある物質を濃度勾配に逆行して生体膜を通過させるためには大きな自由エネルギーが必要であり，この輸送は自発的には起こりえない．しかし，他の物質の電気化学ポテンシャル差に蓄えられた自由エネルギーを使ってこの輸送を行うことができる．この場合，特異的な膜タンパク質(共輸送体 symporter, シンポーター)が2種以上の物質を同方向に輸送する．例として，小腸などのナトリウム/グルコース共輸送*による腸管腔からのグルコースの取込みや，大腸菌などのラクトースパーミアーゼによるラクトースと $H^+$ の共輸送などがある．この共輸送とは逆に，2種の物質を反対方向に輸送することによって，濃度勾配に逆らってある物質を輸送する現象を対向輸送*という．(⇒ イオン輸送)

**共輸送体**［symporter］　⇌ 共輸送

**共抑制**［cosuppression］　導入遺伝子*の導入やウイルス感染によって起こる内在性遺伝子の発現抑制．ペチュニアの紫色を濃くする目的でアントシアニン色素産生系遺伝子(カルコン合成酵素遺伝子)を強力なプロモーターの支配下においた導入遺伝子を植物体に導入したところ，多くの花で斑入りになったり白色

なったりすることが観察された．導入された遺伝子と相同的な内在性の遺伝子の両方で発現が抑制されたのでこの現象は共抑制とよばれた．同様の現象はアカパンカビでも見つかり，quelling（鎮圧現象）とよばれている．ある種の植物でみられる導入遺伝子誘導の遺伝子発現抑制は，遺伝子特異的なメチル化により転写が抑制されることによるもので転写レベルの遺伝子サイレンシング（transcriptional gene silencing, TGS）とよばれるが，二本鎖RNAが関与して遺伝子の転写後に発現抑制が起こる転写後遺伝子サイレンシング*（PTGS）もあり，抑制は植物で起こるPTGSである．(→ RNA干渉)

**巨核球**［megakaryocyte］ 造血幹細胞*の子孫で巨核球系前駆細胞（CFU-Meg）より産生される．前巨核芽球，巨核芽球，前巨核球を経て成熟巨核球となる．前巨核芽球の段階は骨髄芽球などの細胞と区別が困難で，その同定には電顕的血小板ペルオキシダーゼ反応，抗CD41, CD42抗体を用いた免疫染色が用いられる．巨核芽球以後，endomitosis（核分裂はするが細胞分裂はしないため核の倍数性*が増す）とよばれる特殊な増殖・成熟過程をたどり，大型で多核（時には256n）の成熟巨核球となる．この過程におもに働くサイトカインはトロンボポエチン*（TPO）である．巨核球の胞体内に細胞膜がくびれ込むことにより血小板分離膜が形成され，やがて胞体の一部が分離し血小板*が産生される．

**巨核球コロニー形成単位**［megakaryocyte colony forming unit］ CFU-Megと略す．(→ 巨核球バースト形成単位)

**巨核球バースト形成単位**［megakaryocyte burst forming unit］ 略称BFU-Meg．巨核球バースト形成細胞（megakaryocyte burst forming cell）ともいう．巨核球系前駆細胞の一つ．巨核球コロニー形成単位（megakaryocyte colony forming unit, CFU-Meg）よりも未分化な段階に位置する．トロンボポエチン*（TPO）あるいはインターロイキン3*（IL-3）を含む半固形培地中で，マウスでは6日目，ヒトでは10～14日目に100個以上の巨核球*から成るコロニーを形成する細胞として同定される．幹細胞因子*，エリトロポエチン*，インターロイキン6*などのサイトカインはTPO, IL-3と相乗的に作用しBFU-Megの増殖を促進する．(→ 造血幹細胞)

**極栄養外胚葉**［polar trophectoderm］ → 栄養外胚葉

**極顆粒**［polar granule］ 極粒ともいう．ショウジョウバエなどの昆虫卵および初期胚の後端部に存在する好塩基性の顆粒．顆粒の内部にはRNAを含む．極顆粒は極原形質（pole plasm）の位置に一致して存在し，走査型電子顕微鏡で同定が容易であるため，極原形質のマーカーとして有用である．

**極原形質**［pole plasm］ → 極顆粒

**極細胞**［pole cell］ 【1】双翅目，膜翅目，鞘翅目など多くの昆虫の発生過程で，卵細胞後極の特殊な原形質（極原形質）に，核分裂で増殖した核が移動して形成される細胞をいう．始原生殖細胞に分化したのちに卵や精子を形成する細胞となる．極細胞は他の体細胞より数サイクル早く形成されるとともに，体細胞のように染色体の退化減少が起こらないので遺伝子全体が保存されている．ショウジョウバエで最もよく研究が進んでおり，母性遺伝子とよばれる母親由来の遺伝子群が極原形質に存在することが生殖細胞への分化に必要なことが知られている．母性遺伝子の中でも*oskar*とよばれるmRNAは分化の鍵を握る遺伝子で，欠損すると生殖細胞は形成されず，また oskar mRNAを人工的に卵の前端に移動させると生殖細胞がその場所に形成される．【2】中生動物二胚虫類の体皮細胞のうち，前端に並ぶものも極細胞とよばれるが，昆虫類の極細胞とはまったく異なる．【3】［polar cell］ ＝極体

**極座標モデル**［polar coordinate model］ → 挿入則

**局所的アラインメント**［local alignment］ 核酸配列やアミノ酸配列の全長ではなく，類似度の高い部分だけに注目してアラインメント*を行ったもの．配列が複数のドメインから成る場合などでは，共通するドメインだけに着目したい時に用いられる．たとえば，ドメインAとBから成るタンパク質とドメインAとCから成るタンパク質の局所的アラインメントを構築すると，ドメインAの部分だけが取出される．配列比較ツールのBLAST*が出力するアラインメントは局所的アラインメントである．

**局所ホルモン**［local hormone］ → オータコイド

**極性**［polarity］ 【1】一つの軸に沿ってある形質あるいは物質の局在性・配向性が認められる場合，極性をもつあるいは極性を示すという．生物界における極性は，1)細胞（細胞小器官の配置など），2)組織，3)個体など種々のレベルで認められる．卵母細胞における母性因子（カエルにおける生殖細胞決定因子，ショウジョウバエにおけるビコイドなど）やヒドラ，プラナリアの再生因子などの分布のほか，分子実体は不明であるが，ウニ胚（植物極*と動物極*を結ぶ軸に沿って将来の発生運命を決定する因子の勾配が存在する）の例などが知られている．特に，母性因子の濃度勾配が前後軸に沿ったパターン形成*をもたらす過程は，ショウジョウバエで解析が進んでいる（→ セグメントポラリティー）．しかし，端緒となる極性（母性因子の濃度勾配）が生じる仕組みについては分子モーターによる能動的輸送の関与が指摘されているが詳細は不明である．(→ 細胞極性，卵極性)【2】→ 遺伝的極性

**極性化域**［zone of polarizing activity］ ＝極性化活性帯．ZPAと略す．

**極性化活性帯**［polarizing activity zone］ 極性化域（zone of polarizing activity, ZPA）ともいう．鳥類において肢芽*の形成過程で前後軸を決める領域で，肢芽の後方のヘリの部分に位置する．この領域は形態形成因子を放出し，まわりの細胞の分化を決定するものとして重要である．実際，この領域を切取り，

肢芽の前方のヘリの部分に移植すると指のパターン形成に変化をひき起こし，前後軸に関して鏡像関係の重複肢を生じる．ただし，この領域は肢芽の基部と先端の違いを生じる仕組みには関与していないようである．この領域の形態形成能に関してはレチノイン酸*やヘッジホッグタンパク質(→ヘッジホッグ遺伝子)などが重要な関係をもっていると考えられている．(→四肢の発生)

**極性基**［polar group］　電気陰性度が異なる2個の原子が共有結合*していると，共有電子は電子親和性の強い方の原子に偏る．したがって核の正電気の中心と電子の負電気の中心が一致しなくなり，一方の原子がわずかに正の電荷を帯び，他方がそれとつり合う負電荷を帯びる．これが結合の極性で，有機化合物中では -OH, -NH$_2$, -NO$_2$, -COOH, -OSO$_3$H などのほかにも，-CH=O, -OR, -COOR, -CN などの基も弱い極性基である．極性基をもつ化合物は一般に水などの極性溶媒に溶けやすい．(→親水基)

**極性脂質**［polar lipid］　→生体膜

**極性突然変異**［polar mutation］　転写下流にある他の遺伝子の発現を抑制する突然変異(→遺伝的極性)．突然変異の位置が翻訳開始場所に近いほどその抑制効果は強い．原核生物のポリシストロニックに転写されている遺伝子の間でみられる．ほとんどすべてのナンセンス突然変異*がこの性質をもつ．ポリシストロン性 mRNA*の転写の際に，すでにその mRNA 上で始まった翻訳がナンセンス突然変異に遭遇すると，不完全なポリペプチド鎖を遊離し，つぎの開始コドンが遠いと，リボソームが mRNA から離れてしまう．リボソームのついていない mRNA には転写終結因子*ρが働きやすく，転写が終結してしまい極性が現れる．(→転写-翻訳共役)

**極体**［polar body］　極細胞(polar cell)ともいう．卵の減数第一・第二分裂により生じる細胞．一次極体と二次極体がある(図参照)．減数第一分裂により一次卵母細胞*から二次卵母細胞*と一次極体が生じ，減数第二分裂により二次卵母細胞から卵子と二次極体が生じる．卵の減数分裂は不均等分裂であるため，細胞質のほとんどが二次卵母細胞，卵子へとひき継がれていく．その結果，極体には細胞質がほとんどなく，卵細胞質内の遺伝情報すなわち核から転写された mRNA は極体には伝達されない．それらの大量の遺伝情報は一次卵母細胞から二次卵母細胞へ，そして卵へと伝達され，受精*を通じて受精卵(胚)の初期発生を制御する．一方，極体はその後の発生過程で退化する．魚類・両生類・爬虫類・鳥類では，卵子の極体が放出された側から精子が侵入することが多く，卵核胞*も極体の存在する側に偏位している．ヒトでは，体外受精を目的として卵巣を穿刺し，得られた卵子に付随する極体を生検して遺伝子診断に供する試みもあり，極体は今やヒトの遺伝性疾患の出生前診断*の材料としても注目されている．

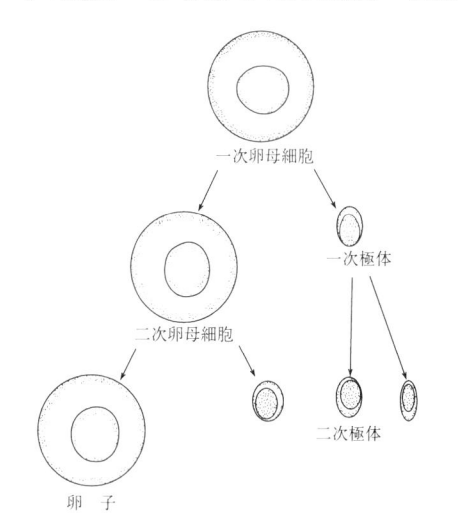

**極低温電子顕微鏡**［cryo-electron microscope］　cryo-EM と略す．液体ヘリウムで試料を冷却できる機構を備えた電子顕微鏡*．液体窒素で試料を冷却する機構を備えた電子顕微鏡も含んで低温電子顕微鏡ともよばれる．生物試料を電子顕微鏡で直接観察する場合には，真空中での試料乾燥の問題と，電子線損傷*の問題が存在する．これら二つの問題を解決するために開発されたのが極低温電子顕微鏡で，急速凍結法*を用いると乾燥の問題を解決でき，試料温度20 K 以下では，電子線損傷を室温の1/10に軽減させることができる．

**極微小管**［polar microtubule］　星状体微小管*，動原体微小管*とともに分裂装置*を構成する3種類の微小管*の一つ(→紡錘体微小管)．紡錘体*の両極にある中心体*から成長して紡錘体赤道面で互いに重なり合う微小管をいう．長さは細胞によって異なり，通常6〜12 μm．この重なりはモータータンパク質*の一つであるキネシン*によると考えられ，それぞれの極微小管の先端にチューブリン*が付加し，キネシンの働きで紡錘体が伸長(両極の分離，または有糸分裂後期 B に相当)すると考えられている．

**棘皮動物**［echinoderm］　無脊椎動物の一分類群．形態学的には水管系をもつことを特徴とし，ウニ*やナマコ類のように五放射相称のものが多い．卵生で，幼生期を浮遊生物(プランクトン*)として過ごす．卵は等黄卵で等割を行い，卵の透明度が高いため，発生学の実験材料として適する．ウニ類などでは初期胚の同調的大量培養が可能なことから，発生過程での遺伝子発現などを生化学的，分子生物学的に研究する材料としても広く用いられる．

**局部獲得抵抗性**［localized acquired resistance］　LAR と略す．(→全身獲得抵抗性)

**極粒**　＝極顆粒

**虚血**［ischemia］　組織・臓器の酸素需要に対し，その供給源である血流が，絶対的または相対的に不足する状態．動脈硬化性血管狭窄による主要臓器の虚血

は，心筋梗塞・脳梗塞など重篤な疾患の原因となる．虚血は，好気性代謝の障害・ATP 産生の低下により，細胞を機能不全・壊死に至らしめるほか，心臓などにおいては，虚血解除後の再灌流に伴うフリーラジカルやサイトカインなどの生理活性物質の産生が，臓器傷害の重要な原因になりうる．

**巨大血小板症候群** [giant platelet syndrome] ＝ベルナール・スーリエ症候群

**巨大染色体** [giant chromosome] 双翅目昆虫などにみられる多糸染色体*で，核内分裂(endomitosis)により多倍数化が進んだ細胞で形成される．数十～千本の DNA が相同部位で対を形成したもので，分裂間期にありながら光学顕微鏡で観察できる．活発な遺伝子発現部位はパフ*を形成し，組織により異なったパターンを示す．繊毛虫の大核形成過程でも形成される．また，両生類卵母細胞などでの，多糸化しないが活発な遺伝子発現を行っているランプブラシ染色体*をさすこともある．

**巨大タンパク質** [giant protein] 分子量が数十万以上の長いポリペプチド鎖から成る巨大タンパク質は，精製が困難なためタンパク質レベルでの全一次構造決定が不可能であり，同定されたものが少ない．最近の分子生物学的技術の進歩に伴い，巨大タンパク質の構造が核酸レベルで解明されている．丸山工作らによって発見されたコネクチン*(タイチンともよばれる)は，筋原繊維に存在する分子量約 300 万の弾性タンパク質であり，線虫やウニの卵にも構造上類似したタンパク質が見いだされるなど動物種を越えて存在する．また，骨格筋のサルコメアには分子量約 80 万のアクチン結合タンパク質であるネブリン*がある．

**巨大分子** [macromolecule] 【1】おおむね 1000～10,000 以上の分子量をもつ分子をさす．タンパク質，多糖類，ポリスチレンなどをはじめとする天然・人工高分子化合物が該当する．
【2】イオン結合*による無機塩の単結晶，共有結合*によるダイヤモンドの結晶，水素結合*を介して結合している氷など，繰返し構造を含む無機イオン，原子の集団をさす．巨大分子は通常の分子にはみられない，特異な物性や作用を示す場合がある．

**許容細胞** [permissive cell] ウイルスは宿主特異性をもつため，感染すると特定の種の細胞内でのみDNA 複製とウイルス粒子の成熟が起こる．このようにウイルス成熟を維持できる細胞を許容細胞とよび，できない細胞を非許容細胞(nonpermissive cell)とよぶ．たとえば，SV40*はサル由来細胞では増殖して成熟ウイルスを放出するが，マウス由来細胞中では増殖できない．さらに，マウス染色体ゲノムに取込まれて，しばしば形質転換細胞を生じる．(→宿主細胞)

**距離行列** [distance matrix] DM と略す．進化系統樹の作成に用いられる配列ペアの進化距離を行列表にしたもの．データセット中のすべての配列ペアについて進化距離を計算し，これを二つの配列間における異なる塩基数やアミノ酸の置換数，あるいはヌクレオチド(アミノ酸)1 個当たりの異なるヌクレオチド

(アミノ酸)数として表(行列)に並べる．つぎに，それぞれのペア間の距離に従って配列同士を結びつける．このアプローチは分子時計*が常に一定であるという仮定に基づいている．

**魚鱗癬** [ichthyosis, fish skin] 乾皮症(xerosis, xeroderma)ともいう．皮膚の乾燥，粗糙を主症状とする病態で，しばしば魚鱗様紋理を示すことからこの名が付けられている．大部分遺伝性で，遺伝子の突然変異の起こる場所がたくさんあるが，いずれに起こっても同じような症状をあらわす．尋常性魚鱗癬はその代表である．これには優性，伴性劣性の 2 型があるが，後者はステロイドスルファターゼの欠損が原因である．そのほか，水疱型および非水疱型先天性魚鱗癬様紅皮症もこれに属すが，前者はケラチン*1, 2 および 10 の点突然変異*により発症する．時に後天性に悪性リンパ腫や代謝異常症などに伴って現れる．

**キラー T 細胞** [killer T cell] 細胞傷害性 T 細胞(cytotoxic T cell, cytolytic T cell)，細胞傷害性 T リンパ球(cytotoxic T lymphocyte, CTL)ともいう．抗原感作により分化，増殖し抗原特異的な細胞傷害機能を発揮する T 細胞集団．細胞表面に発現する T 細胞受容体*と補助分子によって，標的細胞表面の MHC 抗原に提示(→抗原提示)される外来抗原断片ペプチドを認識し傷害する点でナチュラルキラー細胞*とは区別される．標的細胞上の MHC クラス I 分子*を認識する $CD8^+$ T 細胞と，MHC クラス II 分子*を認識する $CD4^+$ T 細胞とが存在する．キラー T 細胞は，ウイルスなどの細胞内寄生体感染細胞や腫瘍細胞などの排除や，移植組織の拒絶などの場面で中心的役割を果たす．細胞傷害機序は標的細胞膜の透過性の亢進と核DNA 断片化を伴うアポトーシス*という細胞死の誘導であり，おもにキラー T 細胞の脱顆粒によるパーフォリン*やグランザイム*とよばれる一連のセリンプロテアーゼなどの細胞傷害因子による．また，キラー T 細胞表面に発現される Fas リガンド*が標的細胞上の Fas 抗原*と結合しアポトーシスを誘導する経路も存在する．

**キラル炭素** [chiral carbon] ⇌異性体

**切出し**(DNA の) ＝DNA 切出し

**切出し酵素** [excisionase] ⇌DNA 切出し

**基 粒** ＝基底小体

**ギルバート** **GILBERT**, Walter 米国の分子生物学者．1932.3.21～ ボストンに生まれる．ハーバード大学で物理学を学び(1953 年卒業)，ケンブリッジ大学に留学．1957 年数学で Ph.D. 取得．ハーバード大学物理学助教授(1959)．J. D. Watson* に刺激され，生物物理学に転向．細菌のラクトースオペレーター遺伝子構造を解明した(1973)．A. Maxam とともにヌクレオチド配列決定法を開発した(1977)．ハーバード大学教授．1980 年 F. Sanger*，P. Berg* とともにノーベル化学賞受賞．

**ギルマン** **GILMAN**, Alfred Goodman 米国の生化学者．1941.7.1～ ニューヘブンに生まれ．エール大学を経てケースウェスタンリザーブ大学

で医学博士号，Ph.D. を取得(1969). 米国国立衛生研究所(NIH)研究員(1969～71)，バージニア大学助教授，教授(1971～81)，テキサス大学薬理学教授(1981). GTP を結合する G タンパク質*のうち $G_s$ (GTP-$\alpha, \beta, \gamma$ の三量体)の単離に成功し(1980)，細胞情報伝達系の基礎を築いた．1994年 M. Rodbell* とともにノーベル医学生理学賞を受賞．

**キレート化** [chelation] 二つ以上の配位原子をもつ1個の配位子(これを多座配位子という)が，一つの金属イオンを挟み込むようにして配位してできた，環構造をもつ錯体化合物(錯イオン)を，特にキレート化合物，または，単にキレートといい，その反応をキレート化という．キレート(chelate)とは，ギリシャ語の chela，すなわち"カニや，サソリのはさみ"に由来する．六座配位子であるエチレンジアミン四酢酸*(EDTA)は，そのキレート生成能が大きいことで有名され，通常の単座配位子では安定な錯体をつくらないアルカリ土類金属 $Ca^{2+}$，$Mg^{2+}$ などとも溶媒殻を取去って配位結合をし，安定な錯イオンをつくることができる．これはキレート配位子の錯体の安定度定数が，対応する単座配位子のそれと比較し，著しく大きいためで，つまり，キレート剤が個々の配位結合の親和性は低くても局所的に配位子を高濃度で提供しているからである．これをキレート効果といい，キレート生成によるエントロピーの寄与による．

**キレート剤** [chelator] キレート試薬(chelating reagent)ともいう．金属イオンに配位し安定なキレート化合物をつくる多座配位子のイオンや分子をさす(⇌ キレート化). 代表的なものに EDTA，EGTA，エチレンジアミン，オキシン，o-フェナントロリンなどがあり，金属に対する特異性，親和性はさまざまである．化学的性質から水溶性と脂溶性(不溶性)に分類され，水溶性キレート剤は，沈殿を生成することなく遊離金属イオンの性質をマスクするので，金属イオンの不可欠な酵素反応の停止や，活性酸素による酸化防止のほか，遊離金属イオンの濃度調節，キレート滴定法による遊離金属イオンの定量に用いられる．一方，脂溶性キレート剤は金属イオンの抽出・分離・精製に用いられる．バリノマイシン*などのイオノホア* も $K^+$, $Ca^{2+}$, $Mg^{2+}$, $Na^+$ などの金属と脂溶性の包接化合物をつくるキレート作用をもつペプチドである．そのほか，$Cu^{2+}$ をキレートする抗腫瘍性抗生物質ブレオマイシン*，細胞内 $Ca^{2+}$ の動態変化の観察に利用されている．Fura 2* やエクオリン*などのようなキレート剤がある．

**キレート試薬** [chelating reagent] ＝キレート剤
**キロミクロン** [chylomicron] ⇌ リポタンパク質
**Ki-1 抗原** ＝CD30(抗原)
**均一染色領域** [homogeneously staining region] HSR と略す．特定の遺伝子が増幅したために，染色体を染色した際正常なバンドパターン(⇌ 染色体バンド)の代わりに均一に染色されるようになった領域が出現する．細胞が継続的に薬剤にさらされると，その薬剤に対する耐性を与える遺伝子が増幅し，均一染色領域を形成するようになることがある．増幅した遺伝子は不安定な染色体外因子に担われていることもあり，この場合は二重微小染色体*とよばれる．

**筋芽細胞** [myoblast] 筋原細胞ともいう．骨格筋*細胞へ分化すべく決定を受けた単核の細胞をいう．発生初期に筋節に生じた筋形成前駆細胞*が筋形成領域に移動して生じる．筋芽細胞の決定因子として MyoD* ファミリー(MyoD, Myf5, ミオゲニン*, MRF4)が知られる．これらは非筋細胞を筋芽細胞に転換させる作用をもつ．筋芽細胞は胚(胎児)などの幼若な筋組織の細胞を解離することにより容易に得られる．培養条件下で増幅し，血清濃度を下げると，細胞周期を離脱して分化過程に入り，細胞融合して多核の筋管*を形成，筋細胞に特異的な形質を発現する．細胞融合能や筋特異形質の発現のない増殖期にある筋芽細胞を特に予定筋芽細胞(presumptive myoblast)とよぶことがある．ラット L6，マウス C2，マウス Sol8 など確立した筋芽細胞株がある．鳥類や哺乳類の筋芽細胞にはいくつかの細胞系譜*があると考えられ，胚(胎児)，新生児，親の筋組織に出現する筋芽細胞，また，体幹部筋と四肢筋の形成を担う筋芽細胞に違いがあるとみなされている．

**筋芽細胞療法** [myoblast therapy] 筋疾患，特にジストロフィン*遺伝子の欠損あるいは突然変異が病因となるデュシェンヌ型筋ジストロフィー*の治療法の一つとして考えられた．病変筋組織に，遺伝子を正常にもつ筋芽細胞*を注入し，外来筋芽細胞と内在細胞との細胞融合により遺伝子を導入，疾患筋細胞の改善を図る手法である．1989年，T. A. Partridge らによりジストロフィン遺伝子欠損マウスへの筋芽細胞の注入実験が行われた．注入筋芽細胞の増殖や拡散，免疫学的拒絶など解決されるべき問題がある．(⇌ 遺伝子治療)

**筋型クレアチンキナーゼ** [muscle type creatine kinase] ＝筋クレアチンキナーゼ

**筋管** [myotube] 筋管細胞ともいう．2個以上の核をもつ幼若な筋細胞をいう．横断像は筒状あるいは円筒形を示す．分裂を停止した筋芽細胞*の細胞融合によって生じ，種々の筋特異タンパク質が活発に合成され，それらが集合して収縮装置(筋原線維*)が形成される．細胞の中央部に核，周辺部に筋原線維が，それぞれ細胞の長軸方向に並んでいる．初期の筋管にさらに筋芽細胞が融合して，より大きな筋管が二次的に形成される．核が細胞表層に移行し成熟筋細胞(筋繊維*)となる．

**筋管細胞** ＝筋管

**筋強直性ジストロフィー** [myotonic dystrophy] スタイナート病(Steinert's disease)ともいう．常染色体優性遺伝性疾患．発症は20～30歳代に多い．筋萎縮，筋力低下，筋収縮が異常に長く続くのが特徴．性腺機能障害，糖尿病など合併症がある．責任遺伝子はタンパク質リン酸化酵素 DMPK(dystrophia myotonica-protein kinase)をコードする第19染色体長腕13.3 領域と考えられている．第15エキソンの3' 非

コード領域に 5〜28 回の CTG 反復配列が存在し，患者では反復配列数が大きい．継代すると反復配列数が増し，重症になる．(⇒トリプレット反復病)

**筋クレアチンキナーゼ** [muscle creatine kinase] MCK と略す．筋型クレアチンキナーゼ(muscle type creatine kinase)ともいう．クレアチンキナーゼ*(CK と略す)には三つのアイソフォーム*，BB，MB，MM がある．CK-BB は主として脳にあり，CK-MM は骨格筋にあるが，このアイソマーが筋クレアチンキナーゼである．CK-MB は心筋に高濃度に存在する．正常な細胞膜では CK は透過できないが，筋ジストロフィー*の患者では CK が細胞膜から漏出し血中から検出され，さらに保因者(女性のヘテロ)でも検出できるので診断に利用される．

**筋形質** [sarcoplasm, (*pl.*) sarcoplasma] 筋漿ともいう．骨格筋細胞中の溶液成分を示す．筋タンパク質の 50% 近くは収縮タンパク質を主とする筋原繊維，25% が筋形質タンパク質，5% が筋繊維鞘，残りがミトコンドリアと筋小胞体膜タンパク質である．筋形質タンパク質のかなりの部分は酵素系，それも解糖系に関したものが多いと考えられる．しかし，ミオグロビン，パルブアルブミン，S-100 タンパク質(後者二つはカルシウム結合タンパク質*)などが動物種によってはかなり多く存在する．タンパク質以外ではグリコーゲン，グルコースが多い．

**筋形成** [myogenesis] 骨格筋*のほとんどは体節中胚葉内の筋節*に出現する筋形成前駆細胞*に由来する．前駆細胞は増殖し，体幹部や四肢の筋形成域に移動して筋芽細胞*となり，骨格筋細胞へと分化する．両生類では中胚葉を誘導する因子としてアクチビン*，塩基性繊維芽細胞増殖因子*(bFGF)などの増殖因子が同定されている．骨格筋細胞の決定と分化は，MyoD*ファミリー(MyoD, Myf5, ミオゲニン*, MRF4)によって導かれる．これらは筋特異タンパク質遺伝子の転写調節因子でもある．MyoD および Myf5 を欠損すると筋形成は妨げられる．分化には MEF2 も関与する．分化誘導された筋芽細胞は，細胞融合によって多核化して筋管*となり，成熟して筋細胞*(筋繊維*)となる．この間に発現される筋タンパク質は集合して，特異的な収縮装置(筋原繊維*)を形成する．神経支配は筋細胞の成熟過程に大きな影響を与え，速筋細胞，遅筋細胞を分化させる．心筋*は側板内臓葉，平滑筋は中胚葉性の間葉細胞に由来するが，これらの筋分化の制御の詳細はまだ不明である．

**筋形成前駆細胞** [myogenic precursor cell] 筋細胞系列へ決定を受けているものの，節分化の過程に入ってはいない細胞群をいう．発生初期に筋節*に生じ，増殖し，体幹部や四肢の筋形成域に移動して筋芽細胞*となり骨格筋細胞へと分化する．成体の骨格筋内にある前駆細胞は衛星細胞*とよばれ，筋変性などの際に増殖を開始，筋細胞へ分化し，筋の再生に寄与する．中胚葉性幹細胞(10T1/2 細胞*)などへの筋決定因子(MyoD*など)の導入によって実験的にもつくられる．

**筋原細胞** ＝筋芽細胞

**筋原繊維** [myofibril] ミオフィブリル，筋フィラメントともいう．横紋筋*(骨格筋と心筋)特有の細胞小器官の収縮構造．直径 1 μm で長い円筒状の構造でサルコメア*とよばれる単位から成る．サルコメアは仕切り膜の Z 線*によって区切られ，I 帯-A 帯-I 帯から成る(図参照)．サルコメア中央の A 帯*は，お

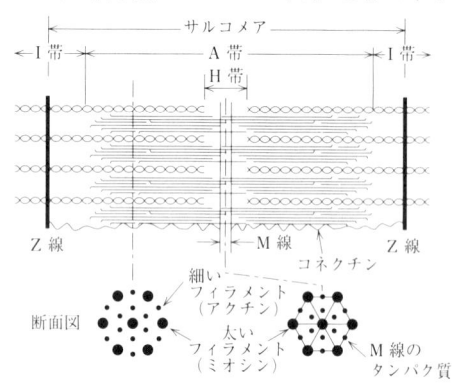

もにミオシンフィラメントから成る(⇒太いフィラメント)．I 帯*は Z 線から伸びたアクチンフィラメント*から成る．ミオシンフィラメントはアクチンフィラメントをサルコメア中央の方にたぐり寄せることによって短縮する．その際 ATP を分解する．休息時のサルコメア長は約 2.4 μm である．筋原繊維は筋小胞体*によって囲まれており，筋細胞膜から続く T 管*が各サルコメア小胞体に接しており，興奮のシグナルを伝達する．(⇒筋収縮)

**近交系** [inbred strain, inbred line] 兄妹交配を 20 代続けると，理論的には 98.7% の遺伝子座がホモ接合になる(⇒ホモ接合体)．20 代以上の兄妹交配世代をもつ生物系統を近交系という．近交系は均一な遺伝子組成をもつので再現性の高い生物実験を行うにはきわめて有用であるが，一つの生物種が本来もっている遺伝的変異を代表するには限界がある．また，自然集団から近交系の育成を試みると，劣性有害遺伝子のホモ接合化などによって奇形の発生や妊性の低下が起こることが少なくない．これを近交弱勢(inbreeding depression)という．

**金コロイド** [colloidal gold] 塩化金酸を適当な薬品で還元するとできる不溶性の粒子．粒子の大きさは還元剤の種類と量によって容易に調節できる．金コロイドはそのままでは不安定で，電解質に触れると直ちに凝集沈殿するが，タンパク質のような高分子に出会うと，これと結合して安定化する．結合したタンパク質はその活性を失わないことが多い．プロテイン A*，抗体*，レクチン*のようなタンパク質と金コロイドの結合体は抗原や糖の局在化に広く用いられている．(⇒フェリチン)

**菌根** [mycorrhiza] 高等植物の根系に菌類*が共生*するものをいう．外(生)菌根(ectomycorrhiza)と内(生)菌根(endomycorrhiza)の 2 型がある．外菌根

は，菌糸\*が植物の根を覆い，表面または組織中で繁殖する場合をいい，マツ，ブナ，カバノキ科などの樹木の根に，担子菌類（マツタケ，ベニタケなど）が付着して生じる．内菌根は，菌糸が植物の根の皮層組織で生活する場合をいい，ラン科やイチヤクソウ科などの腐生植物は，典型的な内菌根をもつ．(⇒真菌)

**筋細胞** [muscle cell]　骨格筋\*細胞，心筋\*細胞，平滑筋\*細胞に大別される．骨格筋細胞は径10〜100 μm，長さ数 cm にも及ぶ大きな多核細胞\*（シンシチウム）で，細胞内に収縮装置（筋原繊維\*）が発達している．筋原繊維はミオシン\*，アクチン\*をそれぞれ主体とする太いフィラメント\*，細いフィラメント\*が整然と配置された規則的な横紋構造をなす(⇒横紋筋)．細胞膜は電気的な興奮性をもち，神経からのシグナルを受容して小胞体から$Ca^{2+}$を放出，収縮装置中の$Ca^{2+}$受容タンパク質トロポニン\*を介して収縮運動系の作動を制御する．心筋細胞は単核（数個の核をもつ場合もある）で，細胞同士は介在板（境界板\*）で連結される．よく発達した横紋性の筋原繊維をもつが，構成タンパク質の分子種（アイソフォーム）は骨格筋とは異なる．平滑筋細胞は単核で，横紋性の収縮装置はもたず，収縮・弛緩の制御も骨格筋，心筋とは異なる．骨格筋，心筋細胞は分化後には増殖しないが，平滑筋細胞は収縮型から増殖型へと可変的である．

**菌糸** [hypha, (pl.) hyphae]　管状の細胞から成る菌類の栄養体．多細胞のものと多核体のものがある．子嚢菌類\*，担子菌類などでは管状構造に隔壁が存在する．子嚢菌類では核はその隔壁を通過可能で，核相は$n$である．担子菌類では胞子\*の発芽によってできた一核菌糸（一次菌糸）と，交配型が異なる一核菌糸が融合した二核菌糸（二次菌糸）の2種の菌糸型をもつものがある．かすがい形成（clamp formation）をして伸長する．担子は二核菌糸より形成され，2核は融合後，減数分裂を行い四つの担子胞子（basidiospore）を生じる．子嚢菌類では二核菌糸として，造嚢糸（ascogenous hypha）が存在する．枝分かれした菌糸の集団は菌糸体（mycelium）という．培地の表面または内部に入って伸長する基質菌糸（substrate hypha）と空中に伸び出す気中菌糸（気菌糸　aerial hypha）が存在する．気中菌糸から分生子柄を形成し，分生子（無性胞子の一型，conidium）を生じる．

**筋ジストロフィー** [muscular dystrophy]　進行性筋ジストロフィー（progressive muscular dystrophy）ともいう．骨格筋および心筋の変性，壊死を主病変とし，臨床的には進行性の筋力低下をみる遺伝性の疾患．臨床的には，遺伝形式，性別，発症年代，病変の分布，経過などによって分類される．全体の2/3を占め，経過の早い X 連鎖性疾患\*型をとり，（遺伝子座Xp21.2；記号の説明 ⇒染色体異常），出生男子10万人に30人程度の発生をみるデュシェンヌ型筋ジストロフィー，およびその軽症のベッカー型筋ジストロフィーはジストロフィン\*の異常による．デュシェンヌ型は30歳までにほとんどが死亡する．類似の症状

を呈し，常染色体劣性遺伝をするサルコグリカノパチー（$\gamma$-サルコグリカン欠損：13q12，$\beta$-サルコグリカン欠損：4q12，$\delta$-サルコグリカン欠損：5q33 および $\alpha$-サルコグリカン欠損：17q21）が注目されている．ほかの筋ジストロフィーには顔面肩甲上腕型(4q35)，肢帯型(15q，2p，5q など)，エメリー・ドレイフュス型（エメリン欠損：Xq28），また先天性では福山型（フクチン遺伝子座にレトロトランスポゾン挿入：9q31-33），メロシン欠損型(6q2)，その他がある．(⇒筋強直性ジストロフィー)

**筋収縮** [muscle contraction]　筋肉運動をまとめて筋収縮というが，その基本原理はアクチン\*とミオシン\*の両フィラメントの相対的な滑り運動である(⇒滑り説)．ミオシンがモーターであり，アクチンはレールである．滑りの方向はアクチンフィラメントの方向性によって規定されている．骨格筋や心筋では筋原繊維\*内のアクチンとミオシンフィラメントが一定の空間的配置をとっている．サルコメア\*の中央に位置するミオシンフィラメントへその両側からアクチンフィラメントが滑り込む．そのため，サルコメアの長さが短縮する．ミオシンフィラメントから突き出た頭部はアクチンフィラメントをその矢じり端方向へ移動させる（図a）．もし，図(b)のようにミオシン頭部

(a) ミオシン頭部が固定されている場合の滑りの方向性

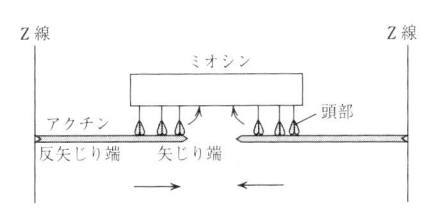

```
         Z 線                                  Z 線
              ┌─────────────────┐
              │     ミオシン     │
              │                 │   頭部
   アクチン   └─────────────────┘
   ←  反矢じり端    矢じり端  →
```

(b) ミオシン頭部が固定されていない場合の滑りの方向性

```
              ←        プラスチック球
   反矢じり端          ○                矢じり端
```

が固定されていなければ，ミオシン頭部は反矢じり端の方向に移動する．後者は植物細胞の原形質流動\*の仕組みに関連する．いずれにしても，エネルギーはミオシン頭部のATP分解反応によってまかなわれる．筋収縮は神経からの刺激によって起こる．筋細胞膜が興奮すると，筋小胞体\*からカルシウムが放出され，トロポニン\*と結合してアクチンを活性化してミオシン頭部との反応を開始させ滑り運動が起こる．カルシウムが筋小胞体に回収されるとアクチンは不活性化し弛緩する．

**緊縮応答** [stringent response]　＝緊縮調節

**緊縮調節** [stringent control]　ストリンジェントコントロール，緊縮応答（stringent response）ともいう．大腸菌の増殖制御の一つ．培養液からアミノ酸を除くと，タンパク質合成が極端に低下し，増殖は停止

する．同時に，rRNAや脂質の合成，呼吸などが抑制される（負の調節*）．突然変異株では，抑制されず，異常なリボソームや細胞膜が形成される（→緩和調節，緩和突然変異体）．野生株は速やかにアミノ酸合成酵素を誘導し（正の調節*），適応するのに対して，突然変異株は容易に適応できない．制御の中心的役割を *relA* 遺伝子*産物の合成する ppGpp* が担う．

**筋漿** ＝筋形質

**筋上皮細胞** [myoepithelial cell]　乳腺，汗腺，唾液腺，涙腺などの外分泌腺や虹彩*などに存在する平滑筋*細胞の一種．一般の平滑筋が中胚葉性の間充織由来であるのと異なり，筋上皮細胞は外胚葉性で，腺では腺細胞の原基から，虹彩では上皮細胞が落込んで分化する．腺では導管末端部の上皮と基底膜の間にあり，かごのように上皮細胞を取囲む．自律神経の興奮やホルモンの作用で，平滑筋のように収縮機能を示し，分泌管の末端部を圧迫して分泌物を放出させる．（→収縮性細胞）

**筋小胞体** [sarcoplasmic reticulum]　筋原繊維*を取巻く膜構造．滑面小胞体に相当し，$Ca^{2+}$貯蔵体として機能する．骨格筋で最もよく発達し，図に示すように嚢状に大きく膨らんだ終末槽（膨大部）とこれに続く縦走管状部（分岐，融合を繰返す）とに分かれる．T管を終末槽が両側から挟むようにして三つ組（triad）をなす．foot（リアノジン受容体*）は終末槽のT管に向いた面に2～3列縦隊をなして配列し，$Ca^{2+}$放出チャネルとして働く．$Ca^{2+}$-ATPアーゼは筋小胞体膜全般に密に，カルセケストリン*は終末槽に局在する．

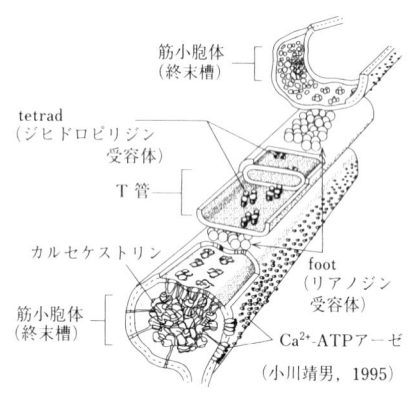

骨格筋筋小胞体の三つ組（triad）構造

**筋制御因子** [muscle regulatory factor]　筋調節因子ともいう．筋収縮・弛緩を調節，制御する因子．筋収縮の基本はミオシン*とアクチン*の相互作用であり，これを調節，制御するのは細胞内$Ca^{2+}$濃度であり，この$Ca^{2+}$濃度の変化に反応し，その変化をミオシン，アクチンに伝える因子である．骨格筋と平滑筋は$Ca^{2+}$調節機構が異なっており，心筋はほぼ骨格筋型で，多くの非筋細胞はミオシン・アクチン相互作用の$Ca^{2+}$制御は平滑筋型である．骨格筋ではアクチン側のトロポニン*Cに$Ca^{2+}$が結合することから始まり，トロポニンI, Tからトロポミオシン*を経てアクチンに変化が及ぶ．一方平滑筋にはトロポニンは存在せず，$Ca^{2+}$濃度上昇はカルモジュリン*を介してミオシンL鎖キナーゼの活性化，ミオシンL鎖のリン酸化，アクチンとの相互作用とミオシン側にある．しかしアクチン側にもカルポニン，プロテインキナーゼC*を介するもの，カルデスモン*，$Ca^{2+}$-カルモジュリンを介するフリップ-フロップなどがあり，複雑である．

**近赤外分光** [near-infrared spectroscopy]　NIRと略す．可視光より長く赤外光より短い領域の波長（800～2500 nm程度）をもつ近赤外光を用いた分光法．分子の電子遷移と振動遷移に相当するエネルギー吸収の狭間に当たるため，近赤外光は物質の透過性に優れ，非破壊・無侵襲の分析法として利用される．主として水素を含む官能基（C-H, N-H, O-Hなど）の伸縮振動の倍音や結合音が複雑に重なったスペクトルが得られるため，水素結合の変化を観測するのに都合がよい．（→赤外分光法）

**筋節**　【1】[myotome]　脊椎動物の体節*の外側でやや腹側の部分が骨格筋の原基となる部位．この部位に筋細胞の決定・分化因子であるMyoD*の発現が導かれる．初期の体節では細胞は上皮状であるが，発生の進行とともに筋節の細胞は著しく増殖して間充織状の筋前駆細胞となり，上方および腹方に広がり，肢芽や翼芽の筋形成領域へも移入する．体幹部と四肢の骨格筋細胞のほとんどが筋節に由来すると考えられる．
【2】[sarcomere] ＝サルコメア

**筋繊維** [muscle fiber]　骨格筋の筋細胞*．多核細胞で幅50～100 nm，長さ数cmに及ぶ．縦方向に多数の筋原繊維*が走っている．

**筋繊維鞘** [sarcolemma]　骨格筋細胞を取囲む膜様構造で，外側の基底膜*と筋細胞形質膜を二つ合わせた総称である．基底膜はラミニン*とコラーゲンⅣ型とプロテオグリカン類から形成され，形質膜タンパク質で外へ突出しているβジストログリカンがラミニンと結合し，つなぎとめている．筋細胞形質膜タンパク質としてはβジストログリカンと連なっているαジストログリカンが膜の裏打ちタンパク質であるジストロフィン*と結合している．

**金属結合タンパク質** [metal-binding protein] ＝金属タンパク質

**金属酵素** [metalloenzyme, metal-containing enzyme, metal-activated enzyme]　金属を酵素の活性部位に配位し，それが酵素活性の発現に直接関与している酵素をいう．$Zn^{2+}$（→亜鉛酵素），$Mn^{2+}$, $Ca^{2+}$, $Co^{2+}$, $Fe^{2+}$など2価の金属イオンが関与する．酵素タンパク質との結合は強固に結合するものと，透析などにより容易に解離するものとがある．金属の解離により酵素活性は消失するが，溶液中に金属イオンを加えることにより活性は回復する．この場合の金属イオ

ンは補酵素*的であり，これに対して強固に結合する場合の金属は補欠分子族*とみなされる．いずれの場合も金属は酵素の基質特異性には関係することなく触媒機能に関与する．(→ メタロプロテアーゼ)

**金属タンパク質**［metalloprotein］　金属結合タンパク質(metal-binding protein)ともいう．金属を結合するタンパク質には，生体内の鉄の量を調節するトランスフェリン*やフェリチン*，亜鉛などの重金属を結合するメタロチオネイン*などがある．また，酵素の中には活性発現や構造の安定化に金属イオンを必要とする金属酵素*も多い．金属結合部位のアミノ酸配列がわかっている金属タンパク質として，カルモジュリン*，トロポニン*，パルブアルブミンなどのカルシウム結合タンパク質がある．これらのタンパク質には，ヘリックス・ループ・ヘリックス*構造から構成されるEFハンド*構造とよばれるカルシウムイオン結合単位が1分子内に2～4個存在する．EFハンド構造を複数個もつタンパク質には，カルパイン*(カルシウム依存性プロテアーゼ)などの酵素も含まれ，活性発現はカルシウムイオンの協同的結合に依存する．またDNA結合タンパク質の中には，DNAとの結合が亜鉛に依存するものがあり，その共通アミノ酸配列をジンクフィンガー*モチーフとよぶ．

**金属配位**［metal coordination］　生体中には，鉄，マンガン，コバルト，銅，亜鉛，ニッケルなどの金属イオンが配位子と結合をつくり，金属錯体としてタンパク質・酵素の活性中心を形成している．金属錯体は，一方の原子の非結合電子対を相手の原子と共有する配位結合によって形成されている．遷移金属錯体における配位結合は複雑であるが，たとえば，配位子の非共有電子対を金属に供与するσ結合と，反対に金属の非結合軌道にあるd電子が配位子の反結合性軌道に供与(これを逆供与という)されてできるπ結合により成り立っている場合が多い．さらに，配位子から金属へのπ型の供与が関与する場合もある．

**金属プロテアーゼ**　＝メタロプロテアーゼ

**筋タンパク質**［muscle protein］　骨格筋*はおよそ重量の20%がタンパク質であり，その半分は筋原繊維*を形成している．後者の主要な成分は，ミオシン*，アクチン*の収縮タンパク質である．その他調節タンパク質(トロポミオシン*，トロポニン*など)と骨格タンパク質(コネクチン*，ネブリン*など)がある．おもな筋タンパク質を下表に示す．

**筋調節因子**　＝筋制御因子

**ウサギ骨格筋筋原繊維の構造タンパク質**（→ 筋タンパク質）

| タンパク質 | 分子量 ($\times 10^3$) | 含量 (% w/w) | 局在 | 機能 |
|---|---|---|---|---|
| 収縮タンパク質 | | | | |
| 　ミオシン† | 520 | 43 | A帯 | 収縮性 |
| 　アクチン† | 42 | 22 | I帯 | 収縮性 |
| 調節タンパク質(主要) | | | | |
| 　トロポミオシン† | 33×2 | 5 | I帯 | アクチン，トロポニンと結合 |
| 　トロポニン | 70 | 5 | I帯 | Caの調節 |
| 　　トロポニンC† | 18 | | I帯 | Caと結合 |
| 　　トロポニンI† | 21 | | I帯 | ミオシン・アクチン反応を阻害 |
| 　　トロポニンT† | 31 | | I帯 | トロポミオシンと結合 |
| 調節タンパク質(微量) | | | | |
| 　ミオシン結合タンパク質 | | | | |
| 　　Cタンパク質† | 135 | 2 | A帯 | ミオシンと結合 |
| 　　Mタンパク質† | 165 | 2 | M線 | ミオシンの架橋 |
| 　　ミオメシン† | 185 | <1 | M線 | ミオシンと結合 |
| 　　86 kDa タンパク質† | 86 | <1 | A帯 | ミオシンと結合 |
| 　　スケルミン | 200 | <1 | A帯 | ミオシンと結合 |
| 　　Hタンパク質 | 74 | <1 | A帯 | ミオシンと結合 |
| 　　Iタンパク質 | 50 | <1 | A帯 | ミオシンと結合 |
| 　アクチン結合タンパク質 | | | | |
| 　　ネブリン | 760 | 5 | I帯 | アクチンフィラメントの長さを決定 |
| 　　αアクチニン† | 95×2 | 2 | Z線 | アクチンと結合 |
| 　　βアクチニン† | 33＋31 | <1 | Z線 | アクチンと結合 |
| 　　euアクチニン† | 42 | <1 | Z線 | アクチンと結合 |
| 　　ABP(フィラミン)† | 240×2 | <1 | Z線 | アクチンと結合 |
| 　　パラトロポミオシン | 34×2 | <1 | I帯 | アクチンと結合 |
| 　　Zタンパク質 | 50 | <1 | Z線 | アクチンと結合 |
| 骨格タンパク質 | | | | |
| 　コネクチン(タイチン)† | 3000 | 10 | A, I帯 | ミオシンをZ線につなげる |
| 　デスミン† | 53 | <1 | Z線周囲 | 筋原繊維間を連結する |
| 　ビメンチン | 55 | <1 | Z線周囲 | |
| 　シネミン | 220 | <1 | Z線周囲 | |

† アミノ酸配列が決定されている．

**緊張繊維** ＝ストレスファイバー
**筋　肉**［muscle］　中胚葉起源の運動組織で骨格筋*，心筋*，平滑筋*がある．いずれも収縮タンパク質アクチン*，ミオシン*に富む．骨格筋，心筋には収縮構造として筋原繊維*が存在するが，平滑筋にはみられない．
**筋フィラメント** ＝筋原繊維
**近隣結合法**［neighbor joining method］　NJ法（NJ method）ともいう．距離行列*を用いて系統樹*を作成する方法の一つ．すべての配列（生物種）について形成されるペア間の距離の和を計算し，この和が最小になるもの同士を"近隣"として一つにくくり，これを繰返すことで全体を一つの樹形にまとめていく．その際に距離行列に基づいた枝長と分岐が決定される．分子時計*が常に一定であるという仮定を必要とせず，進化速度のばらつきが大きい系統から成るデータベースを使って無根系統樹を構築する際に有効である．
**菌　類**［fungi］　菌類界（Kingdom Fungi）および菌類に似た体制をもつ生物の総称．最近の分子系統学的研究により，菌類の範囲や主要分類群の系統進化的関係が明らかになりつつある．その結果，既存の代表的な分類体系，たとえばAinsworthの体系（1973），Hawksworthらの体系（1983）は，緊急な改訂が必要になってきた．ここでは，最新の生体高分子（特にリボソームRNA遺伝子塩基配列）データに基づく系統解析によって，Ainsworth体系を改訂したものを表に示した．その要点は，1）"真"の菌類は，ツボカビ類，接合菌類，子嚢菌類，担子菌類の4大系統群のみとし，これらを菌類界に収容し，暫定的にそれぞれ門に位置づけた．2）不完全菌類は，系統的に子嚢菌類もしくは担子菌類に帰属し，独立の高次分類群を構成しないことが判明しているので，ここでは便宜的に担子菌門の後に1菌群として付随させた．3）地衣類は，子嚢菌門または担子菌門の分類群の中に組入れられる．4）従来，一般的に菌類界の中に含めていた細胞性粘菌類（cellular slime molds，Acrasiomycetes），真正粘菌類（true slime molds＝変形体形成粘菌類 plasmodial slime molds，Myxomycetes），ネコブカビ類（Plasmodiophoromycetes），サカゲツボカビ類（Hyphochytridiomycetes），卵菌類（Oomycetes），ラビリンツラ類（Labyrinthulomycetes）は，菌類界から除外し，それぞれ独立の門として原生動物界もしくはクロミスタ界に位置づけた．分子系統学的データに基づく門-界レベルの分類学的枠組みは，細胞壁組成，リシン生合成経路，細胞微細構造などの主要な表現型性質を比較的よく反映している．"真"の菌類は，他の生物群とは体制，生殖法が基本的に異なる．栄養摂取法は従属栄養，吸収型である．細胞壁にキチンを含み，リシンはα-アミノアジピン酸経路で生合成される．

I．原生動物界（Kingdom Protozoa）に帰属する菌類
1. アクラシス菌門（Acrasiomycota）
アクラシス菌綱（Acrasiomycetes）
2. タマホコリカビ門（Dictyosteliomycota）
タマホコリカビ綱（Dictyosteliomycetes）
3. 粘菌門（Myxomycota）
プロトステリウム菌綱（Protosteliomycetes）
粘菌綱（Myxomycetes）
4. ネコブカビ門（Plasmodiophoromycota）
ネコブカビ綱（Plasmodiophoromycetes）
II．クロミスタ界（Kingdom Chromista）に帰属する菌類
5. サカゲツボカビ門（Hyphochytriomycota）
サカゲツボカビ綱（Hyphochytriomycetes）
6. 卵菌門（Oomycota）
卵菌綱（Oomycetes）
7. ラビリンツラ菌門（Labyrinthulomycota）
ラビリンツラ菌綱（Labyrinthulomycetes）
III．菌類界（Kingdom Fungi）に帰属する菌類
8. ツボカビ門（Chytridiomycota）
ツボカビ綱（Chytridiomycetes）
9. 接合菌門（Zygomycota）
接合菌綱（Zygomycetes）
トリコミケス類（Trichomycetes）
10. 子嚢菌門（Ascomycota）
A. 古生子嚢菌系統群
古生子嚢菌類（Archiascomycetes）
B. 子嚢菌酵母系統群（半子嚢菌系統群）
半子嚢菌類（Hemiascomycetes）
C. 糸状子嚢菌系統群（真正子嚢菌系統群）
不整子嚢菌類（Plectomycetes）
核菌類（Pyrenomycetes）
ラブルベニア菌類（Laboulbeniomycetes）
盤菌類（Discomycetes）
小房子嚢菌類（Loculoascomycetes）
11. 担子菌門（Basidiomycota）
A. クロボキン系統群
クロボキン類（Ustilaginomycetes）
B. サビキン系統群
サビキン類（Urediniomycetes）
C. 菌蕈系統群
菌蕈類（Hymenomycetes）
12. 不完全菌類（Deuteromycetes，＝Mitosporic fungi，＝Anamorphic fungi）
無胞子不完全菌類（Agonomycetes）
不完全糸状菌類（Hyphomycetes）
分生子果不完全菌類（Coelomycetes）

# ク

**グアナゾロ** [guanazolo] ＝8-アザグアニン
**グアニジノデスイミナーゼ** [guanidinodesiminase] ＝アルギニンデイミナーゼ
**グアニリルシクラーゼ** [guanylyl cyclase] ＝グアニル酸シクラーゼ
**グアニル酸** [guanylic acid] グアノシン一リン酸 (guanosine monophosphate) ともいう．GMPと略記される．$C_{10}H_{14}N_5O_8P$, 分子量363.22．RNA中に含まれるヌクレオチド．グアノシン*のリン酸エステル体．一般的には5′位がリン酸モノエステル化されたグアノシン5′-リン酸をさす．2′位，または3′位がリン酸化された異性体もある．

5′-グアニル酸

GMPはシイタケなどのキノコに含まれる呈味物質である．生合成経路はイノシン5′-リン酸(IMP)からキサントシン酸を経由してグルタミンとATPによる2位アミノ化の過程をたどる．再利用経路*ではグアニンからホスホリボシルトランスフェラーゼによって5-ホスホリボシル 1-ピロリン酸*からも生成する．
**グアニル酸環化酵素** ＝グアニル酸シクラーゼ
**グアニル酸シクラーゼ** [guanylate cyclase] ＝グアニリルシクラーゼ(guanylyl cyclase)，グアニル酸環化酵素．GTPを基質としてcGMP(サイクリックグアノシン3′,5′-一リン酸*)とピロリン酸を生成する反応を触媒する酵素(EC 4.6.1.2)で，広く生物一般に存在し，その活性発現には$Mn^{2+}$や$Mg^{2+}$を要求する．動物細胞では細胞膜結合性と可溶性の二つのタイプが存在するが，両者の酵素化学的性状は異なる．アデニル酸シクラーゼ*の場合と同様に，本酵素はホルモンや神経伝達物質などの細胞外シグナル物質によって活性化され，細胞内で産生したcGMPはサイクリックGMP依存性プロテインキナーゼ*(Gキナーゼ)を標的としてシグナルを伝達すると考えられる．膜結合性の心房性ナトリウム利尿ペプチド(ANP)受容体の中には，そのC末端側細胞内領域に本酵素の活性部位が存在するものもあり，ANPの受容体への結合により活性化される．一方，ニトロ化合物，アラキドン酸*およびその代謝物エイコサノイド*類は可溶性の酵素を直接活性化する．また，新しい情報物質として注目されている一酸化窒素*(NO)も可溶性酵素を活性化すると考えられている．
**グアニルピロホスファターゼ** [guanyl pyrophosphatase] ＝GTPアーゼ
**グアニン** [guanine] $C_5H_5N_5O$, 分子量151.13．略号はGua．核酸塩基の一種，プリン誘導体．水に難溶性であり，9位にD-リボフラノシル化されたグアノシン*はRNAの構成成分である．図のように互変異性体をもつが，中性条件下ではラクタム形が主である．おもな生合成経路である de novo 合成はヌクレオ

ラクタム形　　ラクチム形

チドを経由するが，再利用経路*ではヒポキサンチンホスホリボシルトランスフェラーゼ*の基質となり，5-ホスホリボシル 1-ピロリン酸*(PRPP)と反応しグアノシン5′-リン酸(⇌グアニル酸)となる．
**グアニン四重らせん** [guanine tetrad] DNAやRNA中の塩基は互いに特異的な水素結合により会合することができ，ワトソン・クリック型塩基対の相補的な水素結合以外にも種々の会合がある．その中でも図に示すように4個のグアニン間の水素結合は$Na^+$や$K^+$が存在する時に安定に形成される．図のよ

うな4個のグアニン塩基が由来する4本のポリヌクレオチドの鎖の方向はイオンの種類やグアニン四重鎖を形成する前後の配列によって異なる．すべてが平行の場合，4本のうち3本が平行で1本が逆平行の場合，すべてが逆平行の場合などがある．テロメアDNAの3′突出末端はグアニンに富んだ反復配列をもち，たとえば哺乳類ではTTAGGGの反復配列になっているのでTTA配列がループになったグアニン四重らせん構造が形成されていると考えられている．
**グアノシン** [guanosine] ＝9-β-D-リボフラノシルグアニン．$C_{10}H_{13}N_5O_5$, 分子量283.24．三文字記号はGuo，グアノシン残基を示す一文字記号はG．核酸に含まれるプリン系ヌクレオシド．塩基としてグアニン*を含む．4種のヌクレオシド中で水に最も難溶．

RNAをピリジン-水で加熱加水分解するとヌクレオチドを経由し，脱リン酸ののち，結晶として得られる．生体内では5'-リン酸化されたグアニル酸*として合成される．ヌクレオシドはプリン系ヌクレオチドの生合成中，5'-ホスホリボシルアミンの合成を阻害するので，グアノシン誘導体は代謝拮抗剤として用いられる．

**グアノシン一リン酸**〔guanosine monophosphate〕＝グアニル酸．GMPと略す．

**グアノシン5'-三リン酸**〔guanosine 5'-triphosphate〕GTPと略す．$C_{10}H_{16}N_5O_{14}P_3$，分子量523.18.

グアノシン*のリボースの5'位ヒドロキシ基に3分子のリン酸が連続してエステル結合したヌクレオチドをいう．リン酸基間の結合は高エネルギー結合である．pH 7で253 nmに吸収極大を示し，そのモル吸光係数は$1.37 \times 10^4$である．生体内ではGDPからヌクレオシド二リン酸キナーゼ反応によってつくられる．RNAポリメラーゼ*の基質となりRNA合成の前駆物質である．GTPはGTP結合タンパク質*（Gタンパク質）に結合して細胞外からのシグナル伝達に寄与する．真核細胞内チューブリン*が重合して微小管を形成する際，GTPの結合が必要である．ピルビン酸からグルコースを生合成する糖新生の際にも利用される．リボソーム上でのポリペプチド鎖伸長（→タンパク質生合成）の際，関与タンパク質の一つのコンホメーション変化をひき起こす働きをする．GDPグルコースの生成反応に利用される．

**グアノシントリホスファターゼ**〔guanosine triphosphatase〕＝GTPアーゼ

**グアノシン5'-二リン酸3'-二リン酸**〔guanosine 5'-diphosphate 3'-diphosphate〕＝ppGpp

**CURLオルガネラ** ⇄ CURL（シーユーアールエル）オルガネラ

**空間実体模型** ＝空間充填模型

**空間充填模型**〔space-filling model〕 空間実体模型ともいう．分子模型*の一種．原子を表すそれぞれの球はファンデルワールス半径*に比例してつくられ，結合も合うコネクターソケットをもち，自由度に応じた結合の回転もできる．したがって分子の形を三次元的に表現できる．原子核の中心を示す骨格模型と異なり，模型を組んだ時他の原子はその占有空間（ファンデルワールス半径）に入り込めないから，分子の大きさや形，空間を通しての相互作用などを知ることができる．しかし，原子核の位置が見えないから，核間距離はわからない．骨格模型と相補的に用いられる．なお，最近は実際の模型よりコンピューターグラフィックスによる画像処理で分子の形を論じることが多い．

**空転サイクル**〔idling cycle〕 基質サイクル（substrate cycle），無益回路（futile cycle）ともいう．物質の異化と同化あるいは合成と分解にかかわる酵素が同時に存在し，一見無益と思われる反応回路をなす場合をさす．たとえば，解糖*とグルコース新生*におけるグルコース ⇄ グルコース 6-リン酸やフルクトース 6-リン酸 ⇄ フルクトース 1,6-ビスリン酸の段階など．これらは見かけ上ATPの分解以外何ももたらさないが，生体内では正逆両酵素がアロステリック制御*を受け，事実上反応は一方向へのみ進行する．また，昆虫ではこの回路から発生する熱が飛翔筋を温めるのに利用されるといわれている．

**クエン酸回路**〔citric acid cycle〕 クレブス回路（Krebs cycle）ともいう．代謝基質をクエン酸を経て最終的に水と二酸化炭素に分解する回路．細胞の主要な栄養素はまず細胞液で糖，グリセロールはピルビン酸に，脂肪はおもに脂肪酸に，タンパク質は$\alpha$-ケト酸にまで分解されてこの回路に入る（次ページ図）．そして，その大部分から形成されるアセチルCoA*は図に示すクエン酸回路によって炭素部分は脱炭酸され，水素部分は脱水素酵素でおもにNADHとしてミトコンドリア内膜の電子伝達系*に渡される．電子伝達系はその最後のシトクロムオキシダーゼ*によって酸素を用いてこのNADHの水素を酸化して水をつくり，その時に遊離される多量のエネルギーでATP合成酵素*にADPと無機リン酸（$P_i$）からATPを合成させる（図中央）．この回路はミトコンドリアのマトリックス内に存在するが，コハク酸デヒドロゲナーゼだけはミトコンドリア内膜の電子伝達系に含まれる．回路はアセチルCoAをオキサロ酢酸と縮合させてクエン酸とし，以後4回の脱水素，2回の脱炭酸を経て再びもとのオキサロ酢酸を生じる．このオキサロ酢酸を用いてつぎのアセチルCoAを代謝することができる．この間，3種のトリカルボン酸，6種のジカルボン酸を経るためにトリカルボン酸回路（tricarboxylic acid cycle），またはTCA回路（TCA cycle）の別名がある．この回路は好気性の異化の中枢的回路であって，回路1回転で得られる3分子のNADH$_2$と1分子のコハク酸から図のように11分子のATPを形成する．さらにスクシニルCoAシンテターゼの段階でATPに相当するGTP 1分子が形成される．一方，この回路は同化にもきわめて重要な位置を占める．アミノ酸やヘム合成など無数の合成反応の基質の供給系ともなっている．また多くの糖原性物質から，ホスホエノールピルビン酸を供給して糖新生*の出発点となる．生体内で生じる各種の有機酸は各種の輸送体を介してミトコンドリア内に出入し，この回路によってNADHの水素交換（シャトル機能）をはじめ多くの代謝経路の交点ともなっている．

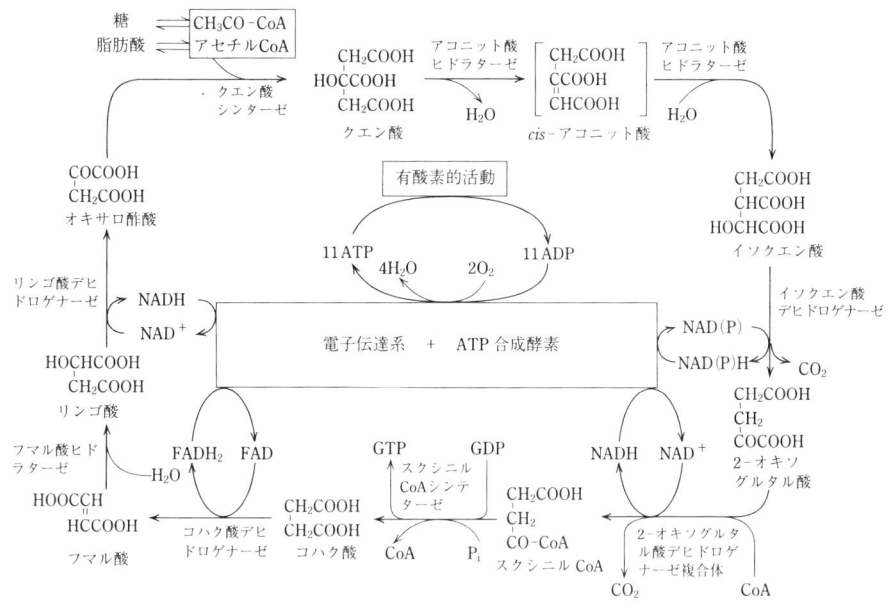

クエン酸回路

**Ku タンパク質**［Ku protein］ ⇌ DNA 依存性プロテインキナーゼ

**クチクラ**［cuticle］ 生物体の表面を覆う物質でクチン（cutin）を主体とする．維管束植物では根，茎，葉の表面を覆い，特に地上部の茎，葉の表面に多い．植物体からの水の蒸発を防ぐが，クチクラを通して水の一部は蒸散するので，クチクラ蒸散（cuticular transpiration）という．蒸散は気孔*からが多く，その調節は気孔で行われる．クチクラ層（cuticular layer）はクチクラの層をいう場合と，外界に接した細胞の表面にクチクラをもつ細胞から成る細胞層をさす場合がある．

**クチクラ蒸散**［cuticular transpiration］ ⇌ クチクラ

**クチクラ層**［cuticular layer］ ⇌ クチクラ

**クチン**［cutin］ ⇌ クチクラ

**屈曲 DNA**［kinky DNA］ ＝折れ曲がり DNA

**屈光性**［phototropism］ 光屈性ともいう．植物や菌類が光刺激の方向に対し一定の角度をもって屈曲する現象．一般に高等植物では，茎や葉は光に向かう正の屈光性を，根は光から逃れる負の屈光性を示す．光を受容する組織の光源側と陰側における光の吸収量の差により，屈曲部における組織内のオーキシン*の不等分布が生じ，屈曲が起こる．菌類，藻類，シダの原糸体など先端成長をする細胞では，光源側に新たな成長点が形成され屈曲が起こる．近紫外・青色光領域が有効であり，光受容体は受容体型キナーゼタンパク質のフォトトロピン*で，N 末端側にある二つの LOV ドメイン（光，酸素，電圧センサータンパク質群に見られる PAS ドメイン）に FMN が青色光受容体色素として 1 分子ずつ結合している．例外的に赤色光が有効な場合があり，光受容体はフィトクロム*である．(⇌ 重力屈性)

**屈触性**［haptotropism］ ＝接触屈性

**クッシング症候群**［Cushing's syndrome］ ⇌ ゾリンジャー・エリソン症候群

**クッシング病**［Cushing's disease］ ⇌ 副腎皮質刺激ホルモン

**屈地性**［geotropism］ ＝重力屈性

**クッパー細胞**［Kupffer cell］ 肝細胞索の間に存在する洞様毛細血管（sinusoid）壁に存在する細胞で，形が星芒状を呈することから，クッパー星細胞（Kupffer's stellate cell, K. W. Kupffer, 1876）ともよばれる．生体の単核貪食系（⇌ 細網内皮系）の一角をなし，血流によって運ばれてきた老化赤血球，腸内細菌，異物などを貪食・処理する．ペルオキシダーゼ反応陽性の顆粒をもち，血液単球由来と考えられている．抗原提示細胞*としての役割も担っている．

**クッパー星細胞**［Kupffer's stellate cell］ ＝クッパー細胞

**クニッツ型プロテアーゼインヒビター**［Kunitz protease inhibitor］ [1] ウシ膵トリプシンインヒビターのうち塩基性のものをクニッツ型（Kunitz bovine pancreatic trypsin inhibitor）とよぶ．M. Kunitz と J. H.

Northrop(1936)により最初に結晶状に取出されたアミノ酸残基数58，分子量6513の単純タンパク質．反応部位はLys(15番)-Ala(16番)である．トリプシンのほかにウシキモトリプシンαやカリクレイン，プラスミンにも阻害作用を示す．[2] Kunitz(1946)により最初に精製され，結晶化されたダイズトリプシンインヒビターの一種(Kunitz soybean trypsin inhibitor)．アミノ酸残基数181，分子量は22,000の単純タンパク質で，反応部位はArg(63番)-Ile(64番)であり，トリプシンのほかにはヒトプラスミンやカリクレイン，ウシキモトリプシンαなどを阻害する．(⇌トリプシンインヒビター)

**クーマシーブリリアントブルー** ［Coomassie Brilliant Blue］ CBBと略し，クーマシーブルーともいう．タンパク質の染色色素．R-250(分子量825.98)とG-250(分子量854.04)の2種類のCBBがよく用いられる．電気泳動後，酸性溶液中でゲルをCBB R-250

R = H : R-250
R = CH₃ : G-250

によって処理すると，電気泳動で分離されたタンパク質が青色に染色されるので，泳動パターンを可視化できる．定量性はかなり高い．G-250もタンパク質を青色に染める．G-250が結合したタンパク質は負に荷電するので，G-250をタンパク質複合体に結合させ，非変性条件下でゲル電気泳動*を行うブルーネイティブゲル電気泳動法が開発されている．タンパク質複合体をブルーネイティブゲル電気泳動で分離した後，分離された複合体を変性条件下のSDSゲル電気泳動によって分離すると複合体を構成するタンパク質を複合体ごとに分離することができる．ゲル上の複合体構成成分については質量分析装置によって同定することができる．

**クーマシーブルー** ＝クーマシーブリリアントブルー

**組換え** ［recombination］ DNA(場合によりRNA)あるいは染色体の間での2分子間のつなぎ換え(入換え)過程．染色体レベル，遺伝子レベルの入換えにも使われる．厳密にその機構が区別できる相同組換え*，非相同組換え*，部位特異的組換え*がある．トランスポゾン*の転位*は厳密には組換えとはいわない．組換えは，DNAの傷(特にDNA二重鎖切断)，停止した複製フォークの回復を通して，ゲノム，染色体の安定化に寄与する．また，遺伝的多様性を生み出す原動力にもなり，集団内での配偶子の多様性の産出，細菌の表面抗原の変化，免疫細胞の抗原受容体の変化にも関与する．

**組換え価** ＝組換え率
**組換え活性化遺伝子** ［recombination activating gene］ RAGと略す．(⇌RAGタンパク質)
**組換え酵素** (部位特異的組換えの) ［recombinase (in site-specific recombination)］ 組換え*反応にかかわるタンパク質の総称．リコンビナーゼともよぶ．相

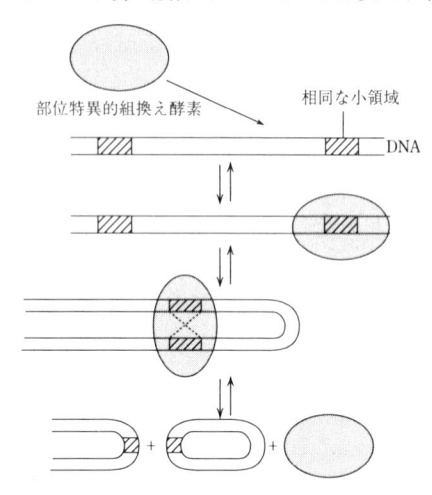

同組換え*，非相同組換え*，部位特異的組換え*，トランスポゾン*の転位反応の各段階にかかわるタンパク質すべてをさすことになる．DNAを切断する，DNAを分解する，DNA間の相同性を検索する，DNAを合成する，DNAをつなぐ，枝状DNA分子を開裂する活性などをもつタンパク質があげられる．近年では，相同組換え反応において，相同性検索，鎖交換反応を行うタンパク質(複合体)を組換え酵素とよぶことが多い．これは細菌ではRecA，古細菌ではRadA，真核生物ではRad51とその減数分裂期型Dmc1に相当する．

**組換えシグナル配列** ［recombination signal sequence］ RSSと略す．免疫系における抗原受容体遺伝子のV-(D-)J組換えのためのシグナル配列で，V,D,Jの各セグメントに隣接するDNA組換え部位に見られる．組換えシグナル配列(RSS)は二つの保存された配列，いわゆるヘプタマー CACAGTG およびノナマー ACAAAAACC，もしくはそれらの相補的配列で構成され，これら二つの配列を隔てるスペーサーの長さは一定で，常に12 bpまたは23 bpとなっている．これは12/23 bpスペーサールール(12/23 bp spacer rule)とよばれる．RSSはRAGタンパク質*の認識配列として重要であり，ノナマーはRAGタンパク質に対する結合配列として，ヘプタマーは部位特異的に二本鎖切断を導入するための標識配列として機能していると考えられている．(⇌DNA再編成)

**組換え修復** ［recombinational repair］ ＝複製後修復

**組換え体** ［recombinant］ 古典的にはその両親の

どちらとも異なる組合わせの対立遺伝子*をもっている生物のことをさす．たとえば両親がAABBとaabbであれば，組換え体はAaBbとなる．このような組換え体は有糸分裂の際の乗換え*によって生じる．遺伝子工学的には，外来のDNA配列によってその一部が置き換えられたDNA分子を意味し，一般的には標的断片であるDNA分子とベクター*分子の組合わせによって形成され，組換えDNA*ともよばれる．

**組換えDNA**［recombinant DNA］ 試験管内(in vitro)でDNAリガーゼ*の作用により外来のDNA配列をファージやプラスミドなどのベクター*分子へ組込んだDNA標品をさす．最近では，DNA複製中にDNAを切断したり，再結合させたりするDNAトポイソメラーゼIの活性とPCR産物を利用するクローニング方法も開発されており，この方法によればDNAリガーゼ反応は不要である．ベクターは宿主細胞の中で複製可能なDNA分子で，外来DNA配列の運搬体の役割を果たす．外来DNA配列はベクターの助けを借りて適当な細胞に導入され，そこで複製され，さらにタンパク質として発現される．組換えDNAを導入した宿主細胞の中から目的とする遺伝子を含むクローン*を選び出す操作(⇌スクリーニング)は，遺伝子クローニング*の成否を決定する重要な段階である．

**組換えDNA技術**［recombinant DNA technology］ 遺伝子あるいはDNAを試験管内で自由に改変し，種を異にする任意の細胞に導入して，複製，発現させる一連の技術の総称．この技術は1970年代に米国スタンフォード大学医学部生化学部門を中心に開発された．組換えDNA技術により，まったく異なる生物に由来するDNA配列同士をつなぎ合わせることが可能

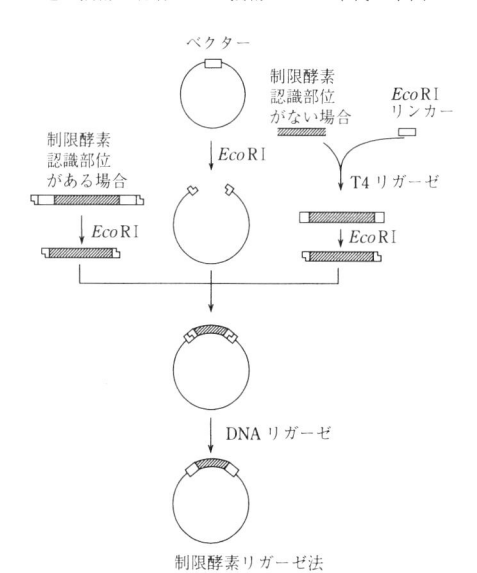

である．分子生物学や医学の研究は，組換えDNA技術の進歩によって革命的に進展しつつある．また組換えDNA技術は家畜の品種改良やヒトの遺伝子治療*の手段としても重要である．標的とする遺伝子の両脇に位置するDNA配列と相同的な塩基配列をもつDNA断片を突然変異遺伝子などの両端につなげて宿主に導入すると，両脇の相同部位で相同組換え*が起こり，標的遺伝子を突然変異遺伝子などと入換えることができる．制限酵素リガーゼ法(図)は代表的な組換えDNA技術の一つである．組換えるDNAとベクターを同じ制限酵素*で切断しておけば，両者は同じ付着末端*をもつことになるので，それを利用してアニーリング*したのち，DNAリガーゼ*を作用させてDNAの切れ目を修復すれば組換え体が構築される．近年はPCR*法と組合わせることで，制限酵素部位の制約なしに，目的遺伝子をベクターへ導入できるようになった．たとえば，PCR法で目的遺伝子を増幅する際に，プライマーDNAに制限酵素部位を付加することで，簡単にクローニングできる．あるいは，TAクローニング法で，制限酵素処理なしで，目的遺伝子をベクターに組入れることができる．ベクターの切断に用いたものとは異なる制限酵素や機械的方法で切断したDNAなど，ベクターと相補的でない末端をもつDNAを用いる場合は，ベクターの切断に用いた制限酵素の認識配列をもつリンカーをDNA末端に結合させたのち，制限酵素処理することによって，ベクターと相補的な付着末端を形成しこの方法による組換え体を構築することができる．

**組換えのホットスポット**［recombination hotspot］ 遺伝的組換え*が高頻度に行われる染色体の部分．遺伝的組換えにより，生物は進化の中で多様性を獲得し，環境変動に対して集団生存適応度を高めていると考えられている．(⇌乗換え，組換え)

**組換え率**［recombination value］ 組換え価ともいう．二倍体の生物では

$$\frac{(組換え型配偶子の数)}{(全配偶子の数)} \quad (1)$$

で与えられる．一倍体の生物でも減数分裂に伴い同様の組換え率が定義されうるが一般に子嚢胞子の四分子分析*では

$$\frac{(組換え型胞子を含む子嚢の数)}{(全子嚢の数)}$$

が組換え率として用いられ，この値は(1)で求める値の2倍になる．(⇌乗換え率)

**組込み**【1】［integration］ ゲノム*上に外来のDNA配列が入り込むこと．たとえば，テンペレートファージやレトロウイルス*は生活環の中で宿主ゲノムに組込まれる時期がある(⇌溶原化サイクル，プロファージ，プロウイルス)．また，遺伝子断片を生物のゲノムに組込ませる技術がいくつかの実験系で実用化されている(⇌トランスジェニックマウス，遺伝子ターゲッティング，遺伝子治療)．組込まれた

制限酵素リガーゼ法

DNA はゲノムの一部として遺伝する．DNA が組込まれる染色体上の位置は，部位特異的である場合(λファージ*など)と，非特異的な場合(レトロウイルスなど)がある．

**[2]** ［insertion］ ＝挿入【1】

**組み込み型形質転換** ［integrative transformation］ 細胞に導入したプラスミド由来の DNA 断片と染色体との間の相同組換え*により，DNA 断片が染色体に組込まれることで，新たな遺伝形質が細胞に与えられること．たとえば栄養要求性を示す突然変異遺伝子をもつ細胞に野生型遺伝子をもつ DNA 断片を導入すると，組換えにより DNA 断片が染色体に組込まれて細胞の栄養要求性は回復する．こうした手法は特定の遺伝子を改変・破壊する遺伝子ターゲッティング*の技術にも応用されている．

**組み込み宿主因子** ［integrative host factor］ IHF と略す．(⮕ λ インテグラーゼ)

**クモ指症** ［arachnodactyly, spider finger］ ＝マルファン症候群

**クラインシュミット法** ［Kleinschmidt technique］ タンパク質単分子膜法(protein monolayer technique)ともいう．DNA を透過型電子顕微鏡*で観察するために，DNA 分子を気液界面に均一に広げる方法．A. K. Kleinschmidt と R. K. Zahn によって開発された．塩基性タンパク質であるシトクロム c と DNA の混合液を水表面に展開させると，単分子膜を形成するシトクロム c に結合した DNA も伸展することを利用している．タンパク質の代わりに界面活性剤*であるベンジルジメチルアルキルアンモニウムクロリド(benzyldimethylalkylammonium chloride, BAC)を用いると，シトクロム c よりバックグラウンドのノイズを低くできるので，核酸ータンパク質複合体を観察することができ，BAC 法(BAC method)ともよばれる．

**クラウンゴール腫瘍** ［crown gall tumor］ 冠癭(えい)，植物癭瘤(えいりゅう)ともいう．*Agrobacterium tumefaciens* *の感染により誘導されるこぶ状の植物腫瘍．この腫瘍細胞の染色体には，元来 Ti プラスミド*に存在していた特定の DNA(T-DNA)領域が組込まれている．ここには植物細胞の増殖に必須なサイトカイニン*とオーキシン*を合成する酵素の遺伝子が存在しているので，T-DNA を取込んだ植物細胞は脱分化し，自律的に増殖するようになると考えられている．(⮕ オクトピン)

**鞍形構造** ［saddle-shaped structure］ 鞍形の立体構造のことを意味し，特に TBP(TATA ボックス結合タンパク質*)の立体構造をさすことが多い．TBP は α ヘリックス，β シートが折り重なった構造で，分子内対称構造をもち，全体の形が鞍形をしているためこのようによばれる．TBP の下面は凹形で，8 個の β シートのみで構成され，ちょうど鞍が馬の背に載るように，凹形の部分で DNA に結合する．

**クラススイッチ** ［class switching］ クラス変換，アイソタイプスイッチ(isotype switching)ともいう．抗体*の生理的・病理的機能は，その定常領域*が担っており，H 鎖定常領域の違いにより，クラス・サブクラス(アイソタイプ)に分類される．B 細胞*がその分化過程においてはじめに発現する抗体は IgM(μ)であるが，抗原や T 細胞*などからの刺激を受けると，抗原に対する特異性(可変領域*によって規定される)を保ちつつ，IgG, IgA など他のクラス(アイソタイプ)の抗体を発現するようになる．この現象をクラススイッチとよぶ．定常領域遺伝子群は転写の向きに，μ-δ-γ-ε-α の順に並んでおり，δ を除くそれぞれのすぐ上流にクラススイッチ組換え(class switch recombination, S-S 組換え S-S recombination)をつかさどる領域(S 領域 S region)が存在する．この領域間の遺伝子組換えにより，中間にある定常領域遺伝子が欠失し，可変領域遺伝子が別の定常領域遺伝子のすぐ上流に運ばれて発現されることによる．この遺伝子組換えには AID(activation induced cytidine deaminase)が必須であり，UNG(uracil *N*-glycosidase)が関与している．

**クラススイッチ組換え** ［class switch recombination］ ⮕ クラススイッチ

**クラスタリング** ［clustering］ データクラスタリング(data clustering)ともいう．類似した対象を異なるグループに分類することである．データの集合を部分集合に分割することであり，その結果，各部分集合のデータはある共通した特徴を共有することになる．クラスタリングの種類は階層型と非階層型の 2 種類に分かれる．階層型クラスタリングは前に作成されたクラスターを使ってつぎのクラスターを見つけるという方法であるが，非階層クラスタリングはすべてのクラスターを同時に決定してしまう．階層型にウォード法(Ward's method)，自己組織化マップ法(self-organizing map, SOM)，非階層型には *k* 平均法(*k*-means)などがある．バイオインフォマティクス*ではゲノム*，転写産物(mRNA や EST)，タンパク質の配列アラインメントの類似度に基づいてクラスタリングが行われる．発現配列タグ*(EST)のグループ化による mRNA の再構築やマイクロアレイの発現プロファイル作成にもクラスタリングは必要な技術となっている．

**クラス Ⅱ 分子関連インバリアント鎖ペプチド** ［class Ⅱ-associated invariant chain peptide］ CLIP と略す．ヒトではインバリアント鎖*(Ii 鎖)の第 81〜第 104 アミノ酸残基(LPKPPKPVSKMRMATPLLM-QALPM)に相当するペプチド．HLA クラス Ⅱα および β 鎖複合体は翻訳された後に，CLIP の第 91 および第 99 アミノ酸残基のメチオニンが，MHC クラス Ⅱ 分子*のペプチド収容溝のポケットに収容された形で会合する．CLIP が MHC クラス Ⅱ 分子のペプチド収容溝を覆うことにより，抗原提示経路*において小胞体(ER)内に存在する MHC クラス Ⅰ 分子*に結合すべきペプチドが MHC クラス Ⅱ 分子に結合するのを防いでいる．CLIP は，あらゆる MHC クラス Ⅱ 分子と結合するが，その親和性は MHC により異なっている．Ii 鎖は，その後 MIIC や CIIV などの細胞内小器官で分解され，最後まで MHC クラス Ⅱ 分子に結合する CLIP は，H-2M あるいは HLA-DM 分子の作用により解離

して，ほかのペプチドに置き換わる．

**クラス変換** ＝クラススイッチ

**クラスリン**［clathrin］　クラトリンともいう．受容体依存性の選択的エンドサイトーシス\*において，被覆小胞\*を覆い，その形成に関与する主要なタンパク質．3本の重鎖と3本の軽鎖が会合したタンパク質複合体であり，トリスケリオン(triskelion)とよばれる三つ巴状構造をとる．これが多数重合して五〜六角形の網目をもつかご状構造を形成して小胞を包込む．エンドサイトーシス能をもつ細胞が細胞外の液性物質（ホルモン，コレステロールなど）を膜上の受容体を介して細胞内に取込む（飲作用\*）際，膜の一部が陥入して被覆小孔\*が形成される．小孔（陥凹部）はさらに細胞内へ入り込んで被覆小胞を形成する．クラスリンは陥凹部を細胞質側で裏打ちして陥凹形成，さらに小胞形成に働く．受容体は被覆小孔結合部位をもち，陥凹部に集積する．クラスリン被覆は被覆小胞の形成後まもなく脱重合を受け，小胞から剝離される．クラスリンの脱重合には，熱ショックタンパク質HSP70ファミリー\*の一種であるHSC70が関与している．その後小胞は早期エンドソームと融合するが(⇒エンドソーム)，早期エンドソームでは輸送小胞\*を形成して細胞質膜に受容体を返したり，晩期エンドソームを経てリソソーム\*へリガンドタンパク質や受容体タンパク質を送ってこれを分解したりする．クラスリンはまた，ゴルジ体\*から晩期エンドソームへの受容体依存性小胞輸送にあずかる輸送小胞の形成にも関与している．そのほか，分泌小胞やファゴソーム\*の形成に関与することもある．

**クラスリン被覆陥凹** ＝クラスリン被覆小孔

**クラスリン被覆小孔**［clathrin-coated pit］　クラスリン被覆陥凹ともいう．受容体依存性エンドサイトーシス\*において細胞膜に形成される陥凹部．陥凹部はさらに細胞内に陥入して被覆小胞\*が形成される．被覆小孔\*の細胞質側でこれを裏打ちするタンパク質がクラスリン\*であり，受容体は被覆小孔結合部位をもつ(リガンドと結合して初めて結合部位を発現する受容体もある)ため，被覆小孔に集積する．

**クラスリン被覆小胞**［clathrin-coated vesicle］　⇒被覆小胞

**crk 遺伝子**［crk gene］　ニワトリCT10肉腫ウイルスゲノムに見いだされたがん遺伝子\*で，c-crk原がん遺伝子に由来する．名称は，CT-10 regulator of kinaseによる．CrkはSH2ドメインとSH3ドメインのみから成るアダプター分子の一つである(⇒SHドメイン)．SH2ドメインがリン酸化されたp130Casやパキシリン\*に結合し，SH3ドメインは，C3G\*およびDOCK180\*などのGDP-GTP交換因子\*に結合することにより，チロシンキナーゼ\*のシグナルをRap1やRac\*などの低分子量GTP結合タンパク質\*へ伝播する．(⇒Rap)

**Crk SH3 結合グアニンヌクレオチド交換因子**［Crk SH3-binding guanine nucleotide exchange protein］＝C3G

**クラッベ病**［Krabbe disease］　グロボイド細胞性ロイコジストロフィー(globoid cell leukodystrophy)ともいう．ミエリン脂質ガラクトセレブロシダーゼの遺伝性欠損症．常染色体劣性遺伝病で，患者は乳児期に重篤かつ進行性の中枢神経および末梢神経症状を示す．形態的に神経系の広範なミエリンの喪失と，マクロファージ由来の大型多核細胞(グロボイド細胞)が多数出現する．酵素遺伝子は第14染色体にあり，669のアミノ酸から成るペプチドをコードする．多くの遺伝子突然変異が同定されている．(⇒スフィンゴ脂質症)

**クラトリン** ＝クラスリン

**グラナ**［granum, (pl.) grana］　葉緑体\*の内膜系で，直径約0.5 μmの円盤状の小さなチラコイド\*(グラナチラコイド grana thylakoid)が数枚から数十枚積み重なった構造．高等植物の葉緑体に特有で，藻類にはみられない．高等植物でも組織や成育環境，葉緑体の発達段階によってグラナ構造がみられない場合がある．陰性植物ではグラナが発達しており，強光下で成育させた植物ではグラナ形成が抑制されることから，光の捕捉効率を高めるために役立っていると考えられる．グラナには光化学系\*Ⅱが多く分布する．(⇒ストロマ)

**グラナチラコイド**［grana thylakoid］　⇒グラナ

**CRAF**［CRAF＝CD40 receptor-associated factor］　CD40受容体結合因子の略称．(⇒TRAF)

**Grb2/Ash**［Grb2/Ash］　Grb2はgrowth factor receptor bound protein 2の略称．217アミノ酸残基より成る約25 kDaのタンパク質で，線虫のSem5とアミノ酸配列において60％の一致を示す．Sem5はlet23という受容体型チロシンキナーゼの下流にありlet60というRas様タンパク質の上流にあって受容体型チロシンキナーゼからRas\*へシグナルを伝える．Grb2/Ashはヒト，哺乳動物でSem5と同様の働きをしていると考えられる．その構造上の特徴はSH3-SH2-SH3というようにSHドメイン\*のみから成り(Ashはabundant SHの略)，もっぱらシグナル伝達の上流と下流のシグナルを結ぶアダプターとして働いている．また，SH2, SH3ドメインをもつタンパク質は数多く知られ，代表的なものとしてSrc, ホスホリパーゼCγ, ホスファチジルイノシトール3-キナーゼ, GAP, Vav, Nckなどがある．これらのタンパク質のもつSH2はおのおの異なったチロシンリン酸化\*部位を含む配列を認識して結合する．一方SH3はプロリンに富む配列を認識して結合する．Grb2/Ashは上皮増殖因子\*(EGF)や血小板由来増殖因子\*(PDGF)のような増殖因子やSrcのようなチロシンキナーゼをコードするがん遺伝子産物の下流に存在し，SH2ドメインを介してチロシンリン酸化部位(Tyr(-Ⓟ)-X-Asn-X, アスパラギンが重要)を含む配列に結合する．Grb2/AshはN末端とC末端に二つのSH3ドメインをもつが，両者のSH3間に結合するタンパク質の違いは認められていない．Grb2/AshのSH3はSOS\*(RasのGDP-GTP交換因子)やダイナミン\*のPXXP

モチーフを認識して結合する．Grb2/Ash に結合した SOS は Ras を活性化させ，そのシグナルは c-Raf を介して MAP キナーゼ* の活性化を生じ，DNA 合成促進をひき起こす．多くのチロシンキナーゼをコードする細胞増殖因子やがん遺伝子産物の下流に Grb2/Ash が存在して，そのシグナルを Ras へ伝えることが細胞増殖，がん化のシグナル伝達の主経路であろうと考えられている．

**KRAB ドメイン** [KRAB domain] ＝KRAB ボックス

**Grb7** [Grb7]　growth factor receptor binding protein 7 の略称．J. Schlessinger らによってクローニングされた分子量約 60,000 の SH2 タンパク質である．その構造は N 末端よりプロリンに富んだ領域，PH ドメイン* が含まれている．C. elegans の F10E9.6 遺伝子産物との相同領域，そして C 末端に SH2 ドメインをもつ構造で，プレクストリン，Ras GAP，3BP-2 などに類似した構造をとっている．grb7 遺伝子はヒト第 17 染色体，マウス 11 番染色体の erbB2 遺伝子座に近接した領域にマップされており，乳がん細胞株や乳がん組織，バレットがん腫や胃がんでともに増幅していることが見いだされている．また Grb7 と ErbB2 タンパク質は特異的に固く結合し，Grb7 が ErbB2 のシグナル伝達に関与している．Grb7 は食道がんの転移とも関係がある．また，ネトリン*-1 シグナルをフォーカルアドヒージョン* キナーゼを介して翻訳装置に伝達し，mRNA の翻訳を制御する RNA 結合タンパク質としても機能する．Grb2 と相同性の高い Grb10 は多発性内分泌腫瘍症* のタイプ 2A，2B の原因遺伝子である Ret チロシンキナーゼに結合する（⇒ ret 遺伝子）．

**KRAB ボックス** [KRAB box]　クルッペル関連ボックス（Krüppel-associated box），KRAB ドメイン（KRAB domain）ともいう．$Cys_2His_2$ フィンガー* を含む約 75 アミノ酸から成るモチーフでジンクフィンガー* タンパク質の約 3 分の 1 に見られ，タンパク質-タンパク質相互作用に関与する．普通二つのエキソンによりコードされる領域 KRAB-A と KRAB-B から成り，A ボックスはコリプレッサーと結合し抑制に重要な役割を果たし，B ボックスは抑制を増強する．KRAB ボックスを含むタンパク質は，細胞増殖*，分化*，アポトーシス*，がん化などにおいて重要な働きをしている．

**グラフ理論** [graph theory]　グラフとはノード（節）がエッジ（辺）によって結ばれたもので，グラフの性質を究明する理論をグラフ理論という．エッジに向きがあるものを有向グラフ，ないものを無向グラフとよぶ．グラフ理論ではノード間のつながり方が重要であり，グラフの形状は問題としない．グラフに情報を付加したものはしばしばネットワーク（network）とよばれる．タンパク質間相互作用ネットワークでは，ノードにタンパク質名，エッジに相互作用情報が付加されている．

**グラミシジン** [gramicidin]　細菌 *Bacillus brevis* が生産する直鎖状および環状の異なった 2 種類のペプチド抗生物質*．直鎖状グラミシジン（Dubos）は A，B，C，D の混合物で，グラム陽性菌，陰性細菌を阻止する．A，B，C（15 アミノ酸残基より成る）はおのおのの 1 位がバリンのものとイソロイシンのものがある．グラミシジン A は細胞膜内で数分子が集ま

HCO-Val-Gly-Ala-Leu-Ala-Val-Val-Val-[Trp-Leu-Trp-NHCH$_2$CH$_2$OH
　　　(L)　　(L) (D) (L) (D) (L) (D) (L)　(D)　](L)

バリン-グラミシジン A

```
┌→ Val → Orn → Leu → Phe → Pro ┐
│                        (D)    │
└ Pro ← Phe ← Leu ← Orn ← Val ←┘
```

グラミシジン S

り環状のチャネルをつくり，イオン輸送* を助ける．グラミシジン S は環状ペプチド（10 アミノ酸残基より成る）で，グラム陽性細菌を阻止する．細胞膜障害のみならず，ミトコンドリアに作用し，電子伝達系と酸化的リン酸化の共役を失わせる．（⇒ 脱共役）

**クラミドモナス**　＝コナミドリムシ

**グラム陰性（細）菌** [Gram-negative bacteria]　グラム染色* 陰性の真正細菌*．菌体表層構造は外膜（リポ多糖，リン脂質，タンパク質を含む），薄いペプチドグリカン層（ムラミン酸を含む），内膜（リン脂質，タンパク質で構成）の三層構造を特徴とする．外膜が存在することで通常グラム染色陰性となる．腸内細菌群をはじめ，紅色硫黄細菌*，根粒菌*，*Agrobacterium*，シアノバクテリア* など遺伝的にも生理的にも多種多様な細菌群から構成される．（⇒ グラム陽性細菌）

**グラム染色** [Gram stain]　C. Gram（1884）によって経験的に考案された実用性の高い細菌の分別染色法．多数の変法があるが，原理的には顕微鏡スライドガラス上に熱固定した細菌を塩基性染色剤（たとえばクリスタルバイオレット）で染色，ついでルゴール液（$I_2$-KI 液）で処理してから，極性溶媒（アルコールかアセトン）で短時間洗浄する．グラム陰性細菌* はこの洗浄により脱色されるので，洗浄後色調の異なる染色剤で再染色すると，陽性，陰性の区別が容易になる．

**グラム陽性（細）菌** [Gram-positive bacteria]　グラム染色* 陽性の真正細菌*．菌体表層に外膜はなく，比較的厚いペプチドグリカン層（ムラミン酸を含む）と細胞膜の二層構造となっている．細菌の形は球状，桿状，糸状とさまざまで，放線菌* は分枝を形成する．増殖は通常二分裂によるが，一部では耐熱性の休眠内生胞子を形成する．光合成細菌* は含まれず，従属栄養* で，好気性，嫌気性，通性嫌気性と多種雑多な細菌を含む．枯草菌* が代表的．（⇒ グラム陰性細菌）

**クラーレ** [curare]　南米の原住民によって用いられた矢毒で，フジウツギ科の *Strychnos* やツヅラフジ

科の Chondrodendron の浸出液から調製. 有効成分の一つ $d$-ツボクラリン* は脊椎動物の運動神経末端から放出される神経伝達物質アセチルコリン* と拮抗して運動終板* に存在するニコチン性アセチルコリン受容体* を阻害するため, 筋弛緩作用をもつ. しかし無脊椎動物の神経筋接合部*, ムスカリン性アセチルコリン受容体* などに対しては無効.

**グランザイム** [granzyme]　キラーT細胞* やナチュラルキラー細胞* はがん細胞やウイルスなどに感染した標的細胞をアポトーシス* により死滅させる. この過程にはFas-Fasリガンドを介したものとパーフォリン*-グランザイムを介するものがある. グランザイムはセリンプロテアーゼであり, 5種類, マウスでは10種類の遺伝子が知られ, グランザイムA, B, M, Hや, トリプターゼ-2などがある. Bは前駆体で合成され, 糖鎖修飾を受けて活性型となる. キラーT細胞や, ナチュラルキラー細胞の分泌顆粒中にある補体成分C9に類似のパーフォリンが標的細胞の膜に孔をあけ, グランザイムはその孔を通り, 侵入して細胞を死滅させる. 特にカスパーゼ3, 7~10などのP-1部位とアスパラギン酸の結合を切断しカスパーゼを活性化させる. また, 標的細胞のミトコンドリアのBcl-2ファミリーのBIDを切断してミトコンドリアから分子を遊離させ, アポトーシスを誘導する.

**グランツマン血小板無力症** [Glanzmann thrombasthenia]　=血小板無力症

**グランツマン病** [Glanzmann disease]　=血小板無力症

**グリア芽細胞腫**　=グリオブラストーマ

**グリア側誘導分子** [glial-guided molecule]　⇒アストロタクチン

**グリア原繊維** [glial fibril]　=グリア繊維酸性タンパク質

**グリア細胞** [glia cell, glial cell]　神経グリア (neuroglia) ともいう. 神経繊維の間を埋める膠質として神経膠と名づけられたが, アストログリア*, オリゴデンドログリア*, ミクログリア*, 上衣細胞* よりなることから, 神経上皮に入れられる. 小脳のベルグマングリア, 網膜のミュラー細胞* はアストログリアの亜型であり, 末梢神経のシュワン細胞* もここに分類される. アストログリアには灰白質に多い原形質型と白質に多い繊維型がある. 脳の形態維持, 神経細胞の遊走, 分化の調節, 機能維持に働くほか, 血管内皮細胞とともに血液脳関門* を構成する. 外傷の際には分裂増殖し, 脳の瘢痕であるグリオーシス (gliosis) を形成する. オリゴデンドログリアとシュワン細胞は髄鞘形成細胞である. ミクログリアは発生期の老廃物の処理のほか, 炎症細胞, 免疫調節細胞としての機能をもつ. 上衣細胞は脳室や脊髄中心管の表面を覆う円柱または立方形の細胞であり, 年齢とともに表面の繊毛は減少する.

**グリア成熟因子** [glia maturation factor]　ブタ脳抽出液中のグリア芽細胞を形態変化させる因子として発見され, 増殖促進能ももつことから, グリア成熟因子と命名された. ほとんどの脊椎動物の脳内に存在する17 kDaの酸性タンパク質で, 胎生期の小脳に多く, 生後減少する. アストログリア*, シュワン細胞* が産生し自己分泌形式に自身の増殖, 形態変化を誘導する. 他のグリア細胞*, 内皮細胞には作用しない. ノックアウトマウスを用いた解析から, 中枢神経系における炎症反応に関与することが示唆されている.

**グリア繊維酸性タンパク質** [glial fibrillary acidic protein]　GFAPと略す. グリア繊維タンパク質 (glial fibrillary protein), グリア原繊維 (glial fibril) ともいう. 中間径フィラメント* タンパク質スーパーファミリー群に分類されるタンパク質 (分子量5万) で, アストログリア* やアストログリア由来の細胞に局在していることから, これらの細胞のマーカータンパク質としても用いられる. 他の中間径タンパク質と同様に, 中心部にαヘリックスから成るロッドドメインがあり両端にヘッド, テールドメインに相当する部分をもち, 二量体を形成し, それがさらに会合して四量体になる. 最終的には10 nmのフィラメントをつくる. 細胞内では束状態で核周辺から細胞突起まで伸びている. 形態変化や分化, 増殖に関与している. 各種キナーゼによってリン酸化され, フィラメント構築の制御を受ける. ビメンチン* と共重合してフィラメントを構成することもある.

**グリア繊維タンパク質** [glial fibrillary protein]　=グリア繊維酸性タンパク質

**グリアフィラメント** [glial filament]　グリア系の細胞に局在する直径が8~10 nmの中間径フィラメント* タンパク質群で, 細い管腔状の束をつくって一定方向に走る傾向がある. 他の中間径フィラメントと同様に中央にαヘリックスから成るロッドドメインがあり, 両端にヘッド (N末端側) とテール (C末端側) ドメインに相当する部分をもつ. それ自身でポリマーをつくりやすく, 他の中間径フィラメントタンパク質とも共有結合する. 高塩濃度溶液中でも不溶性である. ビメンチン* あるいはビメンチン関連タンパク質の分類に入れられる.

**cryo-EM** [cryo-EM=cryo-electron microscope]　=極低温電子顕微鏡

**グリオキシソーム** [glyoxysome]　⇒ペルオキシソーム

**グリオキシル酸回路** [glyoxylate cycle]　高等植物および微生物にみられる代謝経路. 植物種子の発芽時, 酢酸を炭素源とする微生物の生育時に誘導され,

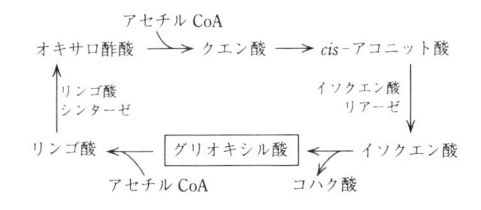

```
                    アセチル CoA
                         ↓
オキサロ酢酸 ─→ クエン酸 ─→ cis-アコニット酸
   ↑                              │
リンゴ酸                        イソクエン酸
シンターゼ                       リアーゼ
   │                              ↓
リンゴ酸 ←─ ┌─グリオキシル酸─┐ ←─ イソクエン酸
            └─────────────┘
        アセチル CoA          コハク酸
```

貯蔵脂肪の利用，$C_4$ 化合物の生成に寄与する．イソクエン酸リアーゼによるイソクエン酸の開裂，リンゴ酸シンターゼによるグリオキシル酸とアセチル CoA からのリンゴ酸の合成の2反応によりクエン酸回路*の脱炭酸過程をバイパスした短絡回路を形成する（図）．本回路の酵素活性は植物ではグリオキシソーム（⇌ペルオキシソーム）とよばれる細胞小器官に局在する．

**グリオブラストーマ**［glioblastoma］　グリア芽細胞腫，膠芽腫，多形膠芽腫（glioblastoma multiforme）ともいう．グリア細胞*を発生母地とする脳腫瘍はグリオーマ（glioma）とよばれ，星膠腫（⇌アストロサイトーマ），乏突起膠腫（oligodendroglioma），上衣腫（⇌神経上皮腫）などがある．その中で臨床的悪性度の最も高い腫瘍がグリオブラストーマで，主として中年期の大脳半球に多く発生し，出血・壊死を伴いつつ白質に沿って進展する．分子遺伝学的研究によりグリオブラストーマでは，第17染色体短腕（がん抑制遺伝子 p53 遺伝子*の座位を含む）の異常や第10染色体の部分欠失，二重微小染色体*の存在，第7染色体短腕上に位置する上皮増殖因子（EGF）受容体*遺伝子の増幅や組換えが報告されている．また，本腫瘍の組織像を特徴づける血管内皮増生のメカニズムとして，腫瘍細胞により産生される血管内皮増殖因子*（VEGF）と VEGF 受容体を発現する内皮細胞間の paracrine loop が想定されている．

**グリオーマ**［glioma］　⇌グリオブラストーマ
**繰返し配列** ＝反復配列
**グリカン**［glycan］　＝多糖
**グリケーション**［glycation］　糖化反応ともいう．非酵素的な反応によりグルコースやフルクトースなどの還元糖のカルボニル基とタンパク質のN末端アミノ基やリシンのε-アミノ基とが反応し，シッフ塩基*を形成し，アマドリ化合物を生成する反応．その後，さらに反応性の強いデオキシグルコソンを生成する．ペントシジン，ピラリン，クロスリンなどのAGE（advanced glycation end product）とよばれる蛍光性をもった物質を生成する．老化*，糖尿病*合併症，動脈硬化などの発症にかかわっていると考えられている．（⇌糖鎖形成）

**グリコカリックス** ＝糖衣
**グリコーゲン**［glycogen］　動物の肝と筋肉に特に多く含まれる α-D-グルコース*から成る貯蔵多糖．グルカンの一種で，$\alpha 1 \rightarrow 4$ 結合の糖鎖から $\alpha 1 \rightarrow 6$ 結合で分岐し，網状構造を形成している．分子量は $10^6 \sim 10^7$，水溶液はコロイド状で，ヨウ素-デンプン反応で赤褐色を呈する．冷水，アルコールには不溶であるが，熱水，ホルムアミドなどには可溶である．細胞内には直径 10～40 nm のグリコーゲン顆粒として存在し，肝グリコーゲンは生体の，筋肉グリコーゲンは筋肉のエネルギー源となり，その含量は摂食・空腹により顕著に変化する．

**グリコーゲンシンターゼ**［glycogen synthase］　グリコーゲン（デンプン）シンターゼ（glycogen (starch) synthase）をさす．EC 2.4.1.11．グリコーゲン*合成を触媒する．

UDPグルコース＋$(1,4-\alpha$-D-グルコシル$)_n \rightarrow$
　　　　　UDP＋$(1,4-\alpha$-D-グルコシル$)_{n+1}$

種々の組織でリン酸化型と脱リン酸型が存在する．サイクリック AMP 依存性プロテインキナーゼ*によりリン酸化され，一般に不活性であるが筋肉酵素ではグルコース 6-リン酸存在下で活性を示す（D 型）．脱リン酸型はグルコース 6-リン酸非存在下で活性を示す（I 型）．ウサギ筋肉では分子量9万のサブユニットから成る二量体および四量体である．

**グリコーゲンシンターゼキナーゼ**［glycogen synthase kinase］　GSK と略す．グリコーゲンシンターゼをリン酸化するキナーゼ群を総称している．その中で GSK-3 は α および β の相同タンパク質がある．発現は脳で特に高いが他の組織でも発現している．この酵素は Ser(Thr)xxxSer(Thr)Pro 配列を認識しリン酸化する．通常活性型として存在するがプロテインキナーゼ A（PKA），プロテインキナーゼ C*（PKC），Akt によるリン酸化によって不活性化される．基質として細胞内シグナルタンパク質，構造タンパク質，転写因子*がある．発生時期では Wnt シグナルの下流で β-カテニン*をリン酸化することで細胞運命決定に，また $IP_3$ シグナルの下流にある NFAT と相互作用することで動物の背腹軸*形成を調節している．さらに，CRMP のリン酸化は神経軸索と樹状突起*の極性決定に関与する．認知症における神経原線維変化形成では GSK-3β によるタウの過剰リン酸化が重要な役割を果たしていることが知られている．

**グリコーゲン蓄積症** ＝糖原病
**グリコーゲン（デンプン）シンターゼ**［glycogen (starch) synthase］　＝グリコーゲンシンターゼ
**グリコーゲンホスホリラーゼ**［glycogen phosphorylase］　＝ホスホリラーゼ
**グリコーゲンホスホリラーゼキナーゼ**［glycogen phosphorylase kinase］　＝ホスホリラーゼキナーゼ
**グリコサミノグリカン**［glycosaminoglycan］　GAG と略す．動物起源のヘキソサミンを含む二糖の繰返し構造をもつ一群の多糖について，系統名として提唱された．以前，K. Meyer がムコ多糖*と命名した（1938）ものにほぼ対応する．酸性ムコ多糖（acid mucopolysaccharide）ともいう．ヒアルロン酸*を除いてグリコサミノグリカンは，その還元末端部分で"橋渡し構造"とよばれる特異構造部位を介してコアタンパク質に結合し，プロテオグリカン*の一部を成して通常，組織に存在する．グリコサミノグリカンは，大きくヘキソサミンとしてグルコサミンから成るグルコサミノグリカン（glucosaminoglycan）と，ガラクトサミンから成るガラクトサミノグリカン（galactosaminoglycan）に分かれる．ヒアルロン酸以外は，さまざまな位置に硫酸基をもち，構造が多様に異なる．おもなものを表に示す．最近，細胞外マトリックス分子や，細胞増殖因子などとの結合能がこのような構造多様性により異なることがわかり，これらの分子の活性調節

## おもなグリコサミノグリカン (⇌グリコサミノグリカン)

| グリコサミノグリカン | 二糖繰り返し単位 A | 二糖繰り返し単位 B | 他の糖成分† | 硫酸基の位置†† A | 硫酸基の位置†† B |
|---|---|---|---|---|---|
| ヒアルロン酸 (hyaluronic acid) | D-グルクロン酸 | D-グルコサミン | なし | 結合していない | |
| コンドロイチン硫酸 (chondroitin sulfate) | D-グルクロン酸 | D-ガラクトサミン | D-ガラクトース D-キシロース | 2-O | 4-O 6-O |
| デルマタン硫酸 (dermatan sulfate) | L-イズロン酸 | D-ガラクトサミン | D-ガラクトース D-キシロース | 2-O | 4-O 6-O |
| ヘパラン硫酸 (heparan sulfate) | D-グルクロン酸と L-イズロン酸 | D-グルコサミン | D-ガラクトース D-キシロース | 2-O | 2-N 6-O |
| ヘパリン (heparin) | D-イズロン酸 | D-グルコサミン | D-ガラクトース D-キシロース | 2-O | 2-N 6-O |
| ケラタン硫酸 (keratan sulfate) | D-ガラクース | D-グルコサミン | D-ガラクトサミン D-マンノース L-フコース シアル酸 | 3-O | 6-O |

† タンパク質との架橋部分の糖も含む．
†† 硫酸基の位置は，構成糖 A, B にそれぞれ結合する位置で，おもなものだけを示す．

としての役割が注目されている．

**グリコシダーゼ**［glycosidase］ ⇌グリコシド結合

**グリコシド結合**［glycosidic bond, glycosidic linkage］ アルデヒドまたはケトンを含む糖は分子内環状ヘミアセタール，あるいはヘミケタール構造を形成しているが，この構造の形成によって新たに出現したヒドロキシ基はアノマーヒドロキシ基(anomeric hydroxy group)とよばれる．このアノマーヒドロキシ基を置換してできた結合をグリコシド結合とよぶ．アルデヒド由来のグリコシド結合をアルドシド結合(aldosidic bond)，ケトン由来のグリコシド結合をケトシド結合(ketosidic bond)とよぶ．また，アノマーヒドロキシ基の立体配位は，鏡像異性体に関与するヒドロキシ基との位置関係から区別され，六員環を形成したピラノシドの場合，アノマーヒドロキシ基と6位の $CH_2OH$ が環面に対してトランス配位のものを $\alpha$-アノマー，シス配位のものを $\beta$-アノマーとして区別する．それぞれが関与した結合を $\alpha$-グリコシド結合，および $\beta$-グリコシド結合とよぶ．グリコシド結合を分解する酵素グリコシダーゼ(glycosidase)は，この立体配位を厳密に区別でき，酵素名には分解できるグリコシド結合のアノマー配位を併記する．

**グリコシル化**(タンパク質の)［glycosylation］ グリコシル基をタンパク質に転移する反応．反応それぞれに特異的なグリコシルトランスフェラーゼ*が触媒し，糖ヌクレオチドを供与体基質とする場合が主である．受容体としてはタンパク質のセリン，トレオニン，アスパラギン，ヒドロキシリシン残基があげられる．それらの残基に転移されたオリゴ糖に逐次単糖を転移する連続反応により複合糖質の合成が可能である．複合糖質は生体組織の構成物質，特に細胞外マトリックスの主成分であるほか，細胞表面で細胞認識にも重要な働きを果たしている．(⇌糖タンパク質)

**グリコシルセラミド**［glycosyl ceramide］ スフィンゴシン*塩基の2位のアミノ基に脂肪酸が酸アミド結合したものがセラミド*であるが，さらに1位にグルコースあるいはガラクトースがグリコシド結合したものをグリコシルセラミドとよぶ．ガラクトースと結合したものはセレブロシド*と称し，脳の白質に多量に存在する．クラッベ病*ではガラクトセレブロシダーゼが欠損しているので，セレブロシドが蓄積する．グルコシルセラミドは糖脂質代謝の出発点をなす．

**グリコシル転移**［transglycosylation］ 糖ヌクレオチドのグリコシル基を受容体に移す反応．糖の UDP, GDP, CMP 誘導体が供与体となる．受容体としては単糖，オリゴ糖，タンパク質のセリン，トレオニン，ヒドロキシリシン，アスパラギンなどがあり(⇌グリコシル化)，糖脂質の糖鎖も受容体となる．グリコシルトランスフェラーゼ*によって触媒されるが，供与体と受容体の特異性は厳密で，1種類の酵素では1個の糖が転移される．

**グリコシルトランスフェラーゼ**［glycosyltransferase］ 糖転移酵素ともいう．グリコシル基を含む供与体から受容体にグリコシル基を転移する反応を触媒する酵素の総称．生体内でオリゴ糖を含めた糖鎖の合成に関与する．単糖の転移を行うもの，オリゴ糖の転移を行うものなどがある．供与体としては，CMP, UDP, GDP, dTDP, CDP などと結合した糖ヌクレオチドが知られ，そのほかにレチノール，ドリコールと糖が結合したものもある．また，スクロースからグルコースあるいはフルクトースを転移してデキストランあるいはレバンをつくるものも知られている．受容体としては，単糖，糖鎖・複合糖質，脂質，タンパク質(セリン，トレオニン，ヒドロキシリシン，アスパラ

ギン残基)がある.特殊な例として,糖分解酵素も条件を選ぶことにより本酵素活性を示すものがあるが,それぞれの酵素の供与体特異性,受容体特異性,糖鎖結合特異性は厳密な場合が多く,このような酵素群が連続的に働くことにより一定配列をもった糖鎖の生合成がなされている.

**グリコシルホスファチジルイノシトールアンカー型タンパク質** [glycosylphosphatidylinositol-anchored protein] ＝GPIアンカー型タンパク質

**グリコプロテイン** ＝糖タンパク質

**グリコペプチド** ＝糖ペプチド

**グリコホリン** [glycophorin] 赤血球膜の主要な糖タンパク質.赤血球膜を可溶化して電気泳動を行うと過ヨウ素酸シッフ染色(PAS染色)されるバンドがいくつか検出されるが,最も強く染まるPAS-1はグリコホリンAの二量体である.全構造が明らかになったグリコホリンAは131個のアミノ酸から成り,細胞外に突き出たN末端側には16箇所の糖鎖結合部位がある.アミノ酸23個の疎水性部位で膜を貫通し,C末端部は細胞質側にある.ヒト赤血球ではこのほかBとCがある.

**グリコール酸** [glycolic acid] ヒドロキシ酢酸(hydroxyacetic acid)ともいう.$CH_2(OH)COOH$.光合成*の過程でつくられ,サトウキビの茎中に存在する.葉緑体*で生じたグリコール酸はペルオキシソーム*に運ばれてグリオキシル酸に代謝され,アミノトランスフェラーゼによってグリシンとなる.高等植物ではこのグリコール酸を経由する還元的ペントースリン酸回路*をグリコール酸経路(glycolate pathway)とよび,$C_3$植物で光合成の中心的な役割を果たしている.$C_4$植物にはこの経路はない.

**グリコール酸経路** [glycolate pathway] →グリコール酸

**クリシジア** [Crithidia] 昆虫の消化管内に寄生するトリパノソーマ類似の原虫.*Crithidia cunninghami*はヒトにも寄生する*Leishmania tropica*と同じものであり,熱帯ライシュマニア(東洋腫)を起こす.

**グリシン** [glycine] ＝アミノ酢酸(aminoacetic acid).GlyまたはG(一文字表記)と略記される.$C_2H_5NO_2$,分子量75.07.最も単純な天然アミノ酸で,不斉炭素をもたないのでD,Lの立体異性もない.別名グリココル(glycocoll)はその甘味に由来する.非必須アミノ酸.(→アミノ酸)

$H_2N-\overset{COOH}{\underset{H}{C}}-H$
L-グリシン

**グリシン受容体** [glycine receptor] 抑制性神経伝達物質であるグリシンの受け皿で,グリシン*が結合するとグリシン受容体は構造を変化させ$Cl^-$が通りやすくなる.$α_1$サブユニット(48 kDa),その共役サブユニットである$β$サブユニット(58 kDa),および93 kDaのゲフィリン(gephyrin)が成熟型グリシン(Gly)受容体を構成する(図a).ラット$α_1$サブユニット,$β$サブユニットは4回の膜貫通部位をもち(N末端を細胞外に露出させている(図b).$α_1$サブユニット

のN末端はGlyおよびストリキニンの結合部位である.成熟型グリシン受容体は3個の$α_1$サブユニットと2個の$β_3$サブユニットより成る塩素イオンチャネル*でゲフィリンが裏打ちタンパク質として細胞骨格と受容体との連結に関与する.Glyが結合すると$Cl^-$の流入による過分極がひき起こされ,神経細胞は抑制される.成熟動物ではほかに$α_3$,$α_{1ins}$などが同定されている.$β$サブユニットは全脳に幅広く分布するが,$α_1$は主として下位脳幹全般に,$α_3$は嗅球,海馬など限られた部位にしか発現しない.したがって上位脳では$α_1$,$α_3$サブユニット以外の未知のサブユニットが$β$と共役する可能性がある.一方,$α_2$は幼若期のみ一過性に全脳に発現する.同時期$β$サブユ

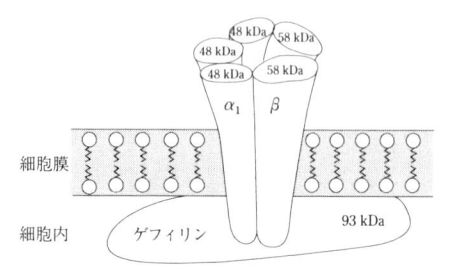

(a) 成熟型グリシン受容体の構造モデル
(P. Priorら, 1992)

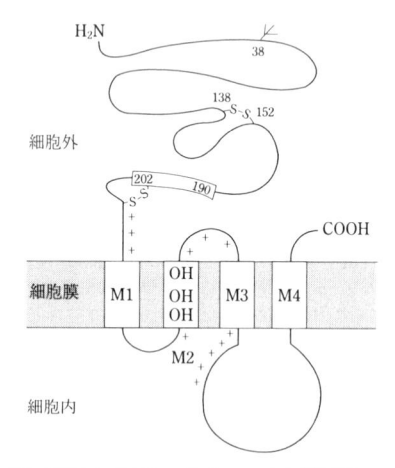

(b) グリシン受容体$α_1$サブユニットと細胞膜との位置関係 (H. Betzら, 1988)

ニットも発現している.$α_2$,$β$で構成される受容体は栄養因子としてのGlyの受け皿と考えられる.A,Bの突然変異体が同定されている.

**クリスタ** ＝クリステ

**クリスタリン** [crystallin] 眼の水晶体*を構成する主要水溶性タンパク質の総称.水晶体の透明度と弾性を保持するために重要な働きをする.クリスタリン

には，α，β，γ，δなど複数のクラスがあり，それぞれ異なる遺伝子ファミリーによりコードされる．α，β-クリスタリンは全脊椎動物に共通に存在するが，それ以外のクラスは動物種により構成が異なる．鳥類と爬虫類にはδ-クリスタリン，それ以外の脊椎動物にはγ-クリスタリンが見いだされる．λ，ε，τ，ρ-クリスタリンなどは特定の種のみに存在する．クリスタリン遺伝子は，おもに転写レベルの調節により水晶体特異的に発現される．多くのクリスタリンについて，機能的にまったく異なる酵素タンパク質などと相同性をもつ，あるいは同一であることが示されている．たとえば，τ-クリスタリンはアルギニノコハク酸リアーゼと高い相同性をもち，αB-クリスタリンはスモール熱ショックタンパク質そのものである．これは，遺伝子の重複と機能分化により生じたものと考えられている．

**クリステ** [crista, (*pl.*) cristae]　クリスタともいう．ミトコンドリアの内膜が内部に向かって陥入し，ひだ状あるいは管状になっている部分(→ミトコンドリア［図］)．ミトコンドリアの内膜には電気化学的なプロトン勾配の形成に働く呼吸鎖の諸酵素や電子伝達体*と，その結果生じるプロトン駆動力を利用してATPの合成を行うATP合成酵素*複合体が存在し，呼吸*と酸化的リン酸化*反応の場となっている．クリステはミトコンドリア内膜の表面積を著しく拡大し，呼吸/ATP合成機能を高めていると考えられる．クリステ部分を含め内膜のマトリックス側には直径9 nmの粒子が一面に付着しているが，これはATP合成酵素複合体の$F_1$部分に当たる．クリステの存在はミトコンドリアを形態的に識別する指標となるが，生物や細胞の種類によってその形や発達の程度は大きく異なる．ミトコンドリアを超音波処理すると，クリステが破片となり，本来マトリックスに面していた側が外側に露出した形で再び閉じた小胞が得られる．これは亜ミトコンドリア粒子(submitochondrial particle)とよばれる．

**クリスマス因子** [Christmas factor]　＝血液凝固Ⅸ因子

**クリスマスツリー様構造** [Christmas tree-like formation]　クロマチン*を広げた試料を電子顕微鏡で観察した際にリボソームRNA遺伝子など高頻度で転写される部分で見いだされる．RNAポリメラーゼ*とそれに結合した転写産物が密に並んでDNAから垂直に伸び出した構造のこと．転写産物の長さの分布がクリスマスツリーの枝のように鋭角三角形を形成してみえる(図)ことからこの名があるが，これは遺伝子の5'側では転写の途中産物の長さが短く，3'末端

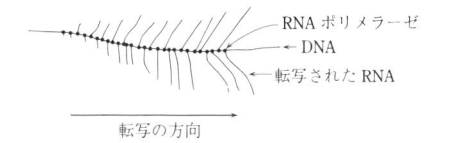

に近づくにつれ長くなることを反映している．

**グリセリン** [glycerin]　＝グリセロール

**グリセルアルデヒド-3-リン酸デヒドロゲナーゼ** [glyceraldehyde-3-phosphate dehydrogenase]　＝トリオースリン酸デヒドロゲナーゼ(triosephosphate dehydrogenase)，ホスホグリセルアルデヒドデヒドロゲナーゼ(phosphoglyceraldehyde dehydrogenase)．$NAD^+$の還元反応と共役して，グリセルアルデヒド3-リン酸と無機リン酸から1,3-ビスホスホグリセリン酸を生成する酵素(EC 1.2.1.12)．この基質レベルの酸化的リン酸化反応により，NADHと生成物中の高エネルギーリン酸結合を同時に生成する解糖系*の酵素である．この生成物中の高エネルギーリン酸基は，ついで3-ホスホグリセリン酸キナーゼによりADPに移されてATPを生成する．$NADP^+$を補酵素*として用いるものもある(EC 1.2.1.13)．

**グリセロリン脂質** [glycerophospholipid]　ホスホグリセリド(phosphoglyceride)ともいう．グリセロリン酸を骨格としたリン脂質*の総称．ホスファチジルコリン*，ホスファチジルセリン*，ホスファチジルエタノールアミン*など細胞膜中に存在する主要なリン脂質が含まれる．

**グリセロール** [glycerol]　＝グリセリン(glycerin)．$C_3H_8O_3$，分子量92.09．三価アルコールの一種．酵素・抗体などのタンパク質安定化剤，細胞を凍結保存する際の凍結保護剤，および組織の免疫蛍光染色の際の封入剤として用いられる．トリアシルグリセロール*，グリセロリン脂質，およびグリセロ糖脂質の構成成分となっている．トリアシルグリセロールからリパーゼ*の分解産物として産生されたグリセロールは，グリセロール3-リン酸を経てジヒドロキシアセトンリン酸となり，解糖系*に入る．

CH₂OH
HCOH
CH₂OH

**グリセロール-3-リン酸デヒドロゲナーゼ** [glycerol-3-phosphate dehydrogenase]　＝α-グリセロリン酸デヒドロゲナーゼ(α-glycerophosphate dehydrogenase)．ミトコンドリア内膜に分布し，つぎの反応

グリセロール3-リン酸＋FAD→
ジヒドロキシアセトンリン酸＋$FADH_2$

を触媒する酵素(EC 1.1.99.5)．ミトコンドリア膜を通過できないNADHを酸化し電子を伝達するグリセロールリン酸シャトル(glycerol phosphate shuttle)の酵素．細胞質に分布し，つぎに示す逆反応を触媒する酵

ジヒドロキシアセトンリン酸＋NADH→
グリセロール3-リン酸＋$NAD^+$

素は，グリセロール-3-リン酸デヒドロゲナーゼ($NAD^+$)(EC 1.1.1.8)と記載する．

**クリック**　CRICK, Francis Harry Compton　英国の分子生物学者．1916.6.8～2004.7.28．ノーサンプトンに生まれる．ケンブリッジ大学でDNAの物理学を学んだ．1953年J. D. Watson*と協同でDNAの二重らせんモデルを提出．1962年ノーベル生理学医学賞をWatson，M. H. F. Wilkins*とともに受賞．ケンブリッジ大学分子生物学研究所長を経てサンディエゴのソーク研

**CLIP** [CLIP＝class II-associated invariant chain peptide] ＝クラスII分子関連インバリアント鎖ペプチド

**グリピカン** [glypican] グリコシルホスファチジルイノシトール (GPI) で細胞膜に固定されたプロテオグリカン. 肺や肝のヘパラン硫酸は, コアタンパク質部分に疎水性の膜貫通ドメインをもたず, GPI アンカーで固定されており, GPI アンカー化をグリピエーションとよんだのにちなんで, この名称が提唱された. 膜貫通ドメインで固定されたヘパラン硫酸をシンデカンとよぶが, 両者を区別するために用いられている. PI 特異的ホスホリパーゼ C 処理により遊離される. (→GPI アンカー型タンパク質)

**クリプトパッチ** [cryptopatch] CP と略す. ヒトやマウスの一層の小腸上皮細胞間には, 全末梢 T 細胞の約半数に匹敵する腸管上皮細胞間 T 細胞 (intestinal intraepithelial T cells, IEL) が存在する. これらの IEL は, その他の生体部位に分布する T 細胞とは各種 T 細胞表面マーカー, 発達分化に伴うセレクションなどが著しく異なっており, いまだに生体内生理的機能はよくわかっていない. 胸腺は末梢 T 細胞が発達分化する一次リンパ組織であり, 胸腺を欠損するヌードマウスの末梢リンパ組織には T 細胞がほとんど存在しない. これに対し IEL は, ヌードマウスにも十分存在することから, IEL の腸管粘膜組織内発達分化が提唱されていた. 1996 年にマウスの腸管粘膜固有層 (主として小腸) の陰窩 (クリプト) に約 1500 個の未分化リンパ球小集積が見いだされ, クリプトパッチと命名された. その後の一連の研究からクリプトパッチは IEL, 主として γδ 型の T 細胞受容体* を保持する γδ-IEL の前駆細胞が発達分化する一次リンパ組織であることが明らかにされた.

**グリーンガード** **GREENGARD**, Paul 米国の神経科学者. 1925.11.25～ ニューヨークに生まれる. ジョンズ・ホプキンズ大学卒業. アルバート・アインシュタイン医科大学, バンダービルト大学, エール大学, ロックフェラー大学教授になった. 中枢神経系にサイクリック AMP 依存性プロテインキナーゼ* (PKA) が存在することを初めて発見した. ドーパミン* などの神経伝達物質* が受容体に結合すると, セカンドメッセンジャーとして cAMP が産生され, cAMP によって活性化された PKA がさまざまなタンパク質をリン酸化することでタンパク質の活性が変化するという神経細胞内のシグナル伝達* の解明で中心的な役割を果たした. また, PKA の基質としてシナプス小胞結合タンパク質シナプシン*I を発見した. 2000 年, A. Carlsson*, E. R. Kandel* とともにノーベル医学生理学賞を受賞した.

**クリングルドメイン** [Kringle domain] クリングル構造 (Kringle structure) ともいう. タンパク質分子中の一種のドメインで, その三重のループ構造がスカンジナビアのパイ菓子に似ているので, その名がある. 凝固因子や繊溶因子は本質的にはセリンプロテアーゼ* であるものが多いが, このうち血液凝固 XII 因子* は 1 個, プロトロンビン* は 2 個, プラスミノーゲン* は 5 個, ウロキナーゼ* は 1 個, 組織プラスミノーゲンアクチベーター* は 2 個, また一種の繊溶阻止因子でもあるリポタンパク質 (a) は最高 38 個のクリングルドメインをもっている. プラスミノーゲン, 組織プラスミノーゲンアクチベーターのドメイン中にはフィブリン結合部位があり, 繊維素溶解* を促進し, リポタンパク質 (a) はプラスミノーゲンと競合して繊維素溶解を阻止する.

**グルカゴン** [glucagon] 膵に存在するホルモン. グルカゴンは 29 個のアミノ酸から成るポリペプチドであり, 膵ランゲルハンス島 α 細胞で生成される (→膵島細胞). 放出されたホルモンは多数の標的器官上にあるグルカゴン受容体に結合し, 多彩な作用を発揮する. その作用の一つに肝でのグリコーゲン分解と糖新生* がある. グルカゴン分泌は, 低血糖, アミノ酸, カテコールアミン, ストレスなどにより促進され, 高血糖, インスリン, ソマトスタチンなどにより抑制される.

**グルカゴン様ペプチド** [glucagon-like peptide] GLP と略す. グルカゴン* と同様に 180 個のアミノ酸から成る前駆体ポリペプチドのプログルカゴンからプロセシング* により生じるアミノ酸. 37 個のアミノ酸から成る GLP-1 が代表的な分子である. GLP-1 は, N 末端がさらにプロセシングを受けて GLP-1 (7-37) や GLP-1 (7-36) アミドとなり, グルコースの濃度に依存したインスリン* 分泌促進, ランゲルハンス島 β 細胞増殖作用, 中枢性食欲抑制作用などのほかにグルカゴン分泌を抑制する活性を示す. 同じくプログルカゴンのプロセシングにより生じ 33 個のアミノ酸から成る GLP-2 の存在も知られており, 腸管における細胞増殖活性をもつ. グルカゴンに類似した構造をもつセクレチン*, VIP (バソアクティブインテスティナルポリペプチド*), PACAP (下垂体細胞アデニル酸シクラーゼ活性化ペプチド), GIP (ガストリックインヒビトリーポリペプチド*), などの一連のペプチドホルモン類をまとめてグルカゴン様ペプチドということもある.

**クルグ** **KLUG**, Aaron 英国の生物物理学者. 1926.8.11～ リトアニアのゼルヴァスに生まれる. ケープタウン大学で物理学の修士を取得 (1946). ケンブリッジ大学に留学 (1949), M. F. Perutz* のもとで X 線解析に従事. バークベック大学で R. E. Franklin* の指導下タバコモザイクウイルスの構造を解明 (1958). 1962 年ケンブリッジ大学分子生物学研究所に転出. 電子顕微鏡像から三次元構造を明らかにする新技術を開発 (1972). クロマチンの DNA 構造を解明. ケンブリッジ大学分子生物学研究所長 (1978). 1982 年ノーベル化学賞受賞.

**グルコキナーゼ**［glucokinase］　解糖系*の律速酵素の一つであるヘキソキナーゼ*の1アイソザイム．他のアイソザイムに比べて，グルコースに対して親和性が低く，グルコース 6-リン酸によって阻害を受けない．分布組織は膵ランゲルハンス島（→ 膵島細胞）と肝である．グルコキナーゼは，膵でのグルコースによるインスリン分泌のためのグルコースセンサーと考えられている．グルコキナーゼ遺伝子異常症は糖尿病*の一亜型として報告されており，膵のグルコース感受性の閾値の上昇のために血糖が上昇する．

**グルココルチコイド**［glucocorticoid］　糖質コルチコイドともいう．副腎皮質で産生・分泌され，糖代謝へ効果をもつステロイドホルモン*の総称で，合成化合物も含む．このほか，抗炎症・ストレス作用も示す．血流により標的器官へ運ばれホルモン結合により細胞質から細胞核へ移行するグルココルチコイド受容体*を介した標的遺伝子発現制御により糖代謝（新生）へ効力を発揮する．一方，抗炎症作用はホルモン-グルココルチコイド受容体複合体が，炎症性転写制御因子である AP-1*のヘテロ二量体形成を阻害することで発現する．

**グルココルチコイド応答配列**［glucocorticoid response element］　グルココルチコイド標的エンハンサー配列（glucocorticoid targeting enhancer element）ともいう．グルココルチコイド受容体*ホモ二量体が結合，リガンド依存的にエンハンサーとして働き，染色体近傍の標的遺伝子の転写を促進する配列．共通配列は 5′-AGAACANNNTGTTCT-3′ の回文型構造である．この配列には，アンドロゲン受容体*，プロゲステロン受容体，ミネラルコルチコイド受容体のホモ二量体も特異的に結合して転写制御を行うが，自然に存在する応答配列では近傍に他の転写制御因子が結合し，受容体の標的特異性を規定する．

**グルココルチコイド受容体**［glucocorticoid receptor］　グルココルチコイド*をリガンドとする核内受容体スーパーファミリー*に属する受容体である．グルココルチコイド受容体は，ほぼ全組織に存在し，リガンド未結合状態では，細胞質にホモ二量体として熱ショックタンパク質*（HSP90*）と結合しており，リガンド結合により HSP90 が遊離し細胞核へ移行する．グルココルチコイド受容体は標的遺伝子プロモーター内に存在するグルココルチコイド応答配列*にホモ二量体として結合し，リガンド依存的に転写を促進する転写制御因子である．グルココルチコイド受容体遺伝子はヒト第5染色体に存在する．グルココルチコイド受容体タンパク質は約 94 kDa であることがそのcDNAから明らかにされており，DNA結合に必須な二つのジンクフィンガー*ドメインをタンパク質分子中央に，C末端側にホルモン結合領域をもつ．グルココルチコイド受容体遺伝子の変異が，グルココルチコイド受容体タンパク質機能を損なう場合には，先天性ホルモン不応症*である．一方グルココルチコイド受容体タンパク質はホルモン依存的に jun 遺伝子*と結合し，AP-1*活性を阻害することで抗炎症作用を発揮することが知られている．

**グルココルチコイド標的エンハンサー配列**［glucocorticoid targeting enhancer element］　＝グルココルチコイド応答配列

**グルコサミン**［glucosamine］　＝2-アミノ-2-デオキシグルコース（2-amino-2-deoxyglucose）．略称はGlcN．$C_6H_{13}NO_5$，分子量 179.17．グルコースの2位のヒドロキシ基がアミノ基に置換された糖で，アミノ糖である．生体内では N-アセチル-D-グルコサミンとして糖タンパク質や糖脂質の糖鎖に組込まれている遊離のグルコサミンはヘキソキナーゼによってグルコサミン 6-リン酸となり，さらに UDP-N-アセチルグルコサミンを経て複合糖質に取込まれる．

**グルコシルセラミドシンターゼ**［glucosylceramide synthase］　UDP グルコースとセラミド*から Glc$\beta$1→1′Cer（グルコシルセラミド）を生合成する酵素．糖転移酵素の多くはゴルジの内腔側に存在するが，本酵素はゴルジ・小胞体の細胞質側に活性中心が存在する．ヒト遺伝子（UGCG）がクローニングされた結果，単一遺伝子でコードされた酵素タンパク質であることが示された．哺乳動物細胞の大部分の糖脂質はグルコシルセラミドから生合成されるので，細胞内糖脂質の発現量を決定する重要な因子であるとともに，生理活性脂質セラミドの細胞内量を制御する働きをあわせもつ．本遺伝子のノックアウトマウスは胎生致死*であり，糖脂質は個体発生に必須な構成要素であることが示されている．

**グルコース**［glucose］　Glc と略す．グルコース（$C_6H_{12}O_6$，分子量 180.16）は最も基本的なエネルギー源である．グルコースのポリマーである動物のグリコーゲン*，植物のデンプン*は，おのおのにおけるエネルギー貯蔵物質である．ラクトース（乳糖：グルコースとガラクトース），スクロース（ショ糖：グルコースとフルクトース），マルトース（麦芽糖：グルコースとグルコース）などの二糖類も，まず単糖に分解されて，そのグルコースがエネルギー源として利用される．乳酸発酵*では最終電子受容体がグルコースの分解産物の乳酸であり，1 mol のグルコースから解糖系*により正味 2 mol の ATP が産生される．最終電子受容体が酸素である好気的呼吸では，1 mol のグルコースと 6 mol の酸素から 6 mol の二酸化炭素と水ができ，36 mol の ATP が産生される．

**グルコース-アラニン回路**［glucose-alanine cycle］　→ 糖新生

**グルコース代謝**［glucose metabolism］　グルコースはエネルギー源の要となるもので，血中での輸送形態でもある．しかもこの血中濃度の最高値と最低値は一定の幅に収まるように調節されている．グルコースの分解は解糖系*で行われ，好気的な条件下ではさら

にクエン酸回路*に入ってATPを産生する．ペントースリン酸回路*もグルコースの分解系といえるが，この系の生理的役割はNADPHをつくり出すことである．一方，エネルギーを蓄積するためにグルコースはグリコーゲン*へ合成され，主として肝臓と筋肉にこの形で蓄えられる．1) 解糖系はグルコースを酸化して乳酸にする代謝で，原始的で酸素のない嫌気的な条件下でも起こり，発酵*もその一例である．筋肉でも急激な収縮時にはこの過程で乳酸が蓄積するが，通常の好気的な状態では，一連の酸化的リン酸化*反応によりグルコース1分子当たり約38分子のATPを産生する．ちなみに解糖系だけであるとグルコース1分子から産生するATPは2分子だけであり，熱効率は31％である．解糖系は細胞内の可溶性画分で行われるが，クエン酸回路はミトコンドリアの内部で行われる．糖新生*の際には，解糖系の大部分の酵素は可逆的に働くが，つぎの三つは不可逆的である．① ピルビン酸からホスホエノールピルビン酸に至る経路は一度ミトコンドリア内のオキサロ酢酸経由で行われ，② フルクトース1,6-ビスリン酸からフルクトース6-リン酸への変換が分解とは別のフルクトースビスホスファターゼによって行われること，および③ グルコース6-リン酸からグルコースへグルコース-6-ホスファターゼによって行われる．②の過程が糖新生における律速段階で，AMPによって強く阻害される．2) ペントースリン酸回路は細胞内の可溶性画分でNADPHを産生する手段であり，脂肪酸やステロイドの合成に欠かせない．ペントース，ことにリボースの生成は核酸合成において重要である．3) グリコーゲンの合成はUDPグルコースを基質としてグリコーゲンシンターゼ*と分枝酵素の働きで行われ，分解はホスホリラーゼと脱分枝酵素により行われる，というようにまったく別の経路である．各段階の酵素異常症が知られ，グリコーゲン蓄積症 (→ 糖尿病) と総称されている．

**グルコース調節タンパク質** [glucose-regulated protein] 動物細胞の培養で，培地のグルコースを奪うことによって誘導されてくるタンパク質をグルコース調節タンパク質 (GRP) という．分子サイズの違いによりGRP94，GRP78 (BiP) が知られ糖タンパク質であるが，前者は熱ショックタンパク質*のHSP90，後者はHSP70ファミリーに属する．小胞体の内腔に存在し，小胞体におけるさまざまなタンパク質複合体の形成に際して働くと考えられる．一例をあげると，GRP94はBiP*とともに免疫グロブリンの軽鎖と重鎖を結合させて免疫グロブリンとして組立てる作用があるので，シャペロン*といえる．GRP140も免疫グロブリンの折りたたみに役立っている．GRPに共通のアミノ酸配列としてC末端の-Lys-Asp-Glu-Leu (KDEL，酵母ではHDEL) が小胞体局在化に必要である (→ KDEL受容体)．

**グルコース1-デヒドロゲナーゼ** [glucose 1-dehydrogenase] グルコース*を酸化してグルコノラクトンにする反応を触媒する酵素 (EC 1.1.1.47)．反応生成物のグルコノラクトンは非酵素的にグルコン酸になる．キシロースも基質とする．そのほかにNADを補酵素とするもの (EC 1.1.1.118) とNADPHを補酵素とするもの (EC 1.1.1.119) がある．ホモ四量体で，単量体は260個のアミノ酸から成り，配列が決定されている．

**グルコーストランスポーター** ＝グルコース輸送体

**グルコーストランスポーターファミリー** ＝グルコース輸送体ファミリー

**グルコース-6-ホスファターゼ欠損症** [glucose-6-phosphatase deficiency] ＝フォンギールケ病

**グルコース輸送** [glucose transport] グルコース*を細胞膜を通過して輸送すること．この輸送には2種類の形式がある．一つは，細胞膜内外のグルコース濃度差を輸送の原動力とする促進拡散*輸送である．もう一つはNa⁺輸送と共役することによりグルコース濃度をさかのぼって輸送できる能動輸送*であり，この能動輸送はナトリウム/グルコース共輸送*ともよばれる．それぞれの輸送はグルコース輸送体*とよばれる特異的な輸送タンパク質*によって行われる．このグルコース輸送体は，その発現する組織や細胞内の分布に違いがある．たとえばGLUT1は細胞膜上に存在し，細胞のおかれた状況にかかわらず常にグルコースを取込む働きがある．一方，GLUT4は大部分細胞内に存在するが，インスリン刺激により細胞膜にトランスロケーションし，細胞のグルコース取込みに寄与する．このようなグルコース輸送体の性質の違いが細胞のグルコース輸送の制御に役立っている．(→ 糖輸送)

**グルコース輸送体** [glucose transporter] グルコーストランスポーター，グルコース輸送担体ともいう．グルコース*を細胞膜を透過させ，細胞内に取込む膜タンパク質．大きく分けて，2種類のグルコース輸送体が知られている．一つは，細胞内外のグルコース濃度の差をグルコース輸送の原動力とする促進拡散*型輸送体であり，哺乳動物のほとんどの細胞に存在すると考えられている．もう一つは，Na⁺輸送と共役することにより，グルコース濃度の勾配に逆らって輸送するナトリウム/グルコース共輸送*をつかさどる能動輸送*型輸送体である．それぞれのグルコース輸送体でcDNAが単離されており，タンパク質の一次構造が決定されている．それによると，促進拡散型には現在6種類知られており，それぞれGLUT1～7と命名されている (うち，GLUT6は偽遺伝子)．GLUT1，GLUT3，GLUT5はほとんどの組織に広く分布し，GLUT2はおもに肝と膵β細胞，GLUT4は筋・脂肪組織に発現，GLUT7はミクロソーム上にある．これらのcDNAから推定される構造は，細胞膜を12回繰返し貫通し，アミノ末端とカルボキシ末端が細胞内に存在する形態をとっており，膜貫通部位1と2の間に糖鎖が付き，膜貫通部位6と7の間には比較的大きな細胞内ループが存在する．促進拡散型グルコース輸送体はいずれも構造が互いに類似しており，一つの

ファミリーを形成している(グルコース輸送体ファミリー).これらのグルコース輸送体は構造上は類似性があるが性質には違いがある.たとえば,グルコースに対する親和性はGLUT1の方がGLUT2に比べはるかに高いが,糖輸送*の$V_{max}$はGLUT2の方がはるかに高い.細胞内分布もGLUT1は大部分が細胞膜上に,GLUT4は細胞内に存在する.この促進拡散型グルコース輸送体の構造は,細胞膜内外にゲートをもつ一種のグルコースチャネルといってもよく,外側と内側のゲートが交互に開閉することにより選択的にグルコースを通過させていると考えられている.つぎに,能動輸送型グルコース輸送体であるが,SGLT1と名づけられた輸送タンパク質*が知られており,そのcDNAも単離されている.これは促進拡散型グルコース輸送体とは構造上の類似性はなく,進化上もまったく別の起原をもつと考えられている.SGLT1はNa$^+$依存性 myo-イノシトール輸送体やNa$^+$依存性ヌクレオチド輸送体と類似性があり,これらとともに一つのファミリーを形成するものと考えられる.SGLT1は小腸や腎尿細管の上皮細胞に存在し,小腸内腔からの糖吸収や近位尿細管での糖再吸収を行っている.(→ 糖輸送体)

**グルコース輸送体ファミリー** [glucose transporter family] グルコーストランスポーターファミリーともいう.現在6種類が知られている促進拡散型グルコース輸送体は互いに構造が類似しており,この集合のことをいう.(→ グルコース輸送体)

**グルコース輸送担体** =グルコース輸送体

**グルコース抑制** [glucose repression] → カタボライト抑制

**グルコース-6-リン酸デヒドロゲナーゼ** [glucose-6-phosphate dehydrogenase] グルコース6-リン酸を酸化して6-ホスホグルコノ-6-δ-ラクトンにする反応を触媒する酵素(EC 1.1.1.49).ペントースリン酸回路*の最初の反応である.NADP$^+$を補酵素としNADPHを生じ,これはNADPHの供給源となる.生成したラクトンは不安定で非酵素的に加水分解されて6-ホスホグルコン酸となる.ホモ二量体またはホモ四量体として働き,ヒトの酵素では単量体は515個のアミノ酸から成る.

**グルコース-6-リン酸デヒドロゲナーゼ欠損症** [glucose-6-phosphate dehydrogenase deficiency] 最も頻度の高い赤血球代謝異常.熱帯アフリカ,中近東,地中海沿岸,亜熱帯アジアなどに多く,マラリアの感染地域と一致する.新生児期から黄疸や溶血性貧血*を示すX染色体関連遺伝病である.薬剤摂取,感染症,ソラマメ(fava bean)の摂取(ソラマメ中毒favism)などにより溶血が誘発される.この酵素異常により,還元型グルタチオン量が低下するため,膜の破壊が起こると説明されている.上記の誘因による溶血発作以外,ほとんどの症例は無症状である.しかし慢性の溶血性貧血を起こす場合もある.多くの遺伝子突然変異が同定されている.生化学的には多様な異常を示すが,遺伝子突然変異との対応は明確でなく,同

じ遺伝子突然変異が異なった生化学的異常を示す場合,異なった遺伝子突然変異が一見同じ生化学的異常を示す場合がある.また構造異常があるにもかかわらず,酵素欠損のない症例もある.(→ 先天性代謝異常)

**グルコセレブロシド** [glucocerebroside] → ゴーシェ病

**クルシフォームループ** =十字形ループ

**CRTH2** [CRTH2] CD294(抗原)ともいう.プロスタグランジンD$_2$*(PGD$_2$)受容体の一つで,G$_i$タイプのGタンパク質共役受容体*.最初,ヒトの2型ヘルパーT細胞(T$_H$2)に発現する遺伝子として同定され,C5aやロイコトリエンB$_4$*などの誘引物質*に対する受容体に相同性をもつことから,chemoattractant receptor homologous molecule expressed in T$_H$2 cells,略してCRTH2と名付けられた.後にPGD$_2$をリガンドとすることが判明した.先に同定されていた別のPGD$_2$受容体DPをDP1,CRTH2をDP2とも称されるが,分子系統樹*解析ではプロスタノイド受容体*の一群とは離れた位置にある.ヒトでは好酸球,好塩基球,約半数のT$_H$2細胞などに発現し,リガンドの結合により細胞の遊走,活性化を誘導することから,アレルギー*への関与が推測されている.

**グルタチオン** [glutathione] =$N$-($N$-L-$\gamma$-グルタミル-L-システイニル)グリシン $N$-($N$-L-$\gamma$-glutamyl-L-cysteinyl)glycine).略称はGSH.C$_{10}$H$_{17}$N$_3$O$_6$S,分子量307.33.酸性トリペプチドであり,水,希アルコールに易溶,アセトンなどの有機溶媒に不溶.細菌,植物,動物に広く存在する最も代表的な低分子チオール化合物.おもな役割は,1)主として肝において,細胞質中のグルタチオントランスフェラーゼ*の補酵素として,発がん性物質から生成する求電子性代謝物をGSH抱合体(→ グルタチオン抱合)として解毒すること,2)主として白血球中で,ロイコトリエンA$_4$*からロイコトリエンC$_4$*の合成に用いられること,3)赤血球,ミトコンドリア,および細胞質中で,過酸化水素および脂肪酸ヒドロペルオキシドをそれぞれ水およびヒドロキシ脂肪酸に還元する含Se酵素グルタチオンペルオキシダーゼの補酵素として,自身は酸化型GSSGとなること,ならびに4)タンパク質中のSH基の酸化によるジスルフィド形成の非酵素的還元による復元などである.GSHが関与するこれらすべての反応において,中心的な役割を演じているのは,GSH中のCys残基のSHであり,1)と2)の抱合反応においては,求核性官能基として,3)と4)の反応においては電子供与基としての役割を演じている.生成したGSSGは,NADPHを要求するグルタチオンレダクターゼ(glutathione reductase)によってGSHに還元される.哺乳動物の各組織中のGSHのレベルはきわめて高く,肝においては7〜10 μmol/gにも達している.血漿中の濃度は低く,30 μM程度である.GSHの生合成は,GluとCysからγ-グルタミルシステインシンターゼ(γ-glutamylcysteine synthase)によって生成するγ-Glu-Cysを経て,グルタチオンシンターゼ(glutathione synthase)によって行われる.

### グルタチオン転移酵素　＝グルタチオントランスフェラーゼ

### グルタチオントランスフェラーゼ　[glutathione transferase]
グルタチオン転移酵素，グルタチオン $S$-トランスフェラーゼ (glutathione $S$-transferase)，グルタチオン $S$-アリールトランスフェラーゼ (glutathione $S$-aryltransferase)，グルタチオン $S$-アルキルトランスフェラーゼ (glutathione $S$-alkyltransferase)，グルタチオン $S$-エポキシドトランスフェラーゼ (glutathione $S$-epoxide transferase) ともいう．EC 2.5.1.18．薬物など種々の化合物にグルタチオン*を転移し，グルタチオン抱合体を産生する酵素群（→グルタチオン抱合）．動物，植物，細菌などに広く分布し，薬剤，発がん剤や生体外異物の解毒*に働く．多くのアイソザイム*（分子種）が存在し，一部の分子種は過酸化脂質などにグルタチオンペルオキシダーゼ活性を，ステロイドホルモンなどにイソメラーゼ活性を示すほか，発がん剤，ホルモン，ヘムなどの結合タンパク質としても働く多機能酵素である．哺乳類の分子種はおもに細胞質に局在し，分子量約 25,000 のサブユニットから成るホモあるいはヘテロ二量体であり，動物種を越えて $\alpha$, $\mu$, $\pi$, $\theta$ の 4 クラスに分類される．それぞれのサブユニットをコードする異なる遺伝子が存在し，同じクラスに属するサブユニットの間で二量体を形成する．これら分子種の発現は組織，発生の時期により異なり，がん組織で $\pi$ クラスが増加する．小胞体膜にサブユニット分子量約 17,000 の分子種が存在する．

### グルタチオンペルオキシダーゼ [glutathione peroxidase]　→グルタチオン，カタラーゼ

### グルタチオン抱合 [glutathione conjugation]
グルタチオン $S$-抱合 (glutathione $S$-conjugation) ともいう．種々の求電子性化合物などにグルタチオン*を転移，付加する反応．グルタチオンを構成するシステイン残基の SH 基で結合する．グルタチオントランスフェラーゼ*によるほか，非酵素的にも生じる．シトクロム P450*により活性化された薬物，発がん剤や異化合物はこの抱合により解毒*されるが，一部の薬物は活性化される．タンパク質のシステイン残基とグルタチオンとのジスルフィド結合の形成は含まれない．

### グルタミルアミノペプチダーゼ [glutamyl aminopeptidase]　→アミノペプチダーゼ

### γ-グルタミルトランスフェラーゼ [γ-glutamyl transferase]
γ-グルタミルトランスペプチダーゼ (γ-glutamyl transpeptidase) ともいう．γ-GTP と略記する．γ-グルタミルペプチドを加水分解して，その γ-グルタミル基を他のアミノ酸やペプチドに転移する細胞膜酵素である．アミノ酸の細胞内取り込み機構であるγ-グルタミル回路の主役をなす酵素で，腎，膵，小腸など多くの臓器に分布している．正常肝の本酵素活性は低いが，肝疾患や各種胆道・膵疾患による二次的肝障害の際に増加し，血清でも上昇するので臨床的に有用である．

### γ-グルタミルトランスペプチダーゼ [γ-glutamyl transpeptidase]　＝γ-グルタミルトランスフェラーゼ．γ-GTP と略す．

### グルタミン [glutamine]
＝2-アミノグルタルアミド酸 (2-aminoglutaramic acid)．Gln または Q（一文字表記）と略記される．L 形はタンパク質構成アミノ酸の一つ．$C_5H_{10}N_2O_3$，分子量 146.15．グルタミン酸の γ-カルボキシ基がアミド化されたもの．D 形は細菌細胞壁のペプチドグリカンの成分として存在する．（→アミノ酸）

```
      COOH
H_2NCH
      CH_2
      CH_2
      C=O
      NH_2
   L-グルタミン
```

### グルタミン酸 [glutamic acid]
＝2-アミノグルタル酸 (2-aminoglutaric acid)．Glu または E（一文字表記）と略記される．L 形はタンパク質を構成する酸性アミノ酸の一つである．$C_5H_9NO_4$，分子量 147.13．L 形がコンブのだし汁のうま味の元と同定されて以来調味料として量産されている．コムギグルテンから見いだされたことからその名が由来する．生化学的には，アミノ基転移反応において重要な役割をもつ．D 形は細菌細胞壁のペプチドグリカン*やバシトラシンの成分である．γ-カルボキシ基の $pK_a$ は 4.25 (25℃)．非必須アミノ酸．（→アミノ酸）

```
      COOH
H_2NCH
      CH_2
      CH_2
      COOH
   L-グルタミン酸
```

### グルタミン酸受容体 [glutamate receptor]
グルタミン酸は高等動物の中枢神経系における主要な興奮性神経伝達物質*であると考えられており，グルタミン酸受容体は中枢における興奮性シナプス*伝達に中心的役割を担っている．さらに，グルタミン酸受容体は記憶・学習の細胞レベルにおける基盤と考えられているシナプス可塑性*や，発達期のシナプス可塑性すなわち経験依存的な神経回路網の形成に関与している．また，虚血など病的条件下における神経細胞死にも関与していることが示唆されている．グルタミン酸受容体はその構造とシグナル伝達機構から，イオンチャネルを内蔵して速いシナプス伝達を担うチャネル型グルタミン酸受容体*と，G タンパク質と共役することにより間接的にシグナルを伝える代謝型グルタミン酸受容体*とに大別される．

### グルタミン酸受容体チャネル [glutamate receptor channel]　＝チャネル型グルタミン酸受容体

### グルタミン酸輸送体 [glutamate transporter]
グルタミン酸輸送体は幅広い生物種に発現するタンパク質でグルタミン酸の取込みを担う．哺乳類では主として脳神経系に発現する．細胞表面膜に存在して神経前終末から放出されたグルタミン酸を取込むものとシナプス小胞膜に存在して神経伝達物質の貯蔵に関係するものに大別される．前者ではこれまで 5 種のアイソフォーム*が報告されており，成体脳では GLAST (EAAT1)，GLT-1 (EAAT2) はグリア細胞*に，EAAC1 (EAAT3) はニューロンに広く存在する．EAAT4 は小脳プルキンエ細胞に，EAAT5 は網膜に限局した分布を示す．いずれも $Na^+$ 依存性に細胞内にグルタミン

酸を取込む．病的状態では脳虚血，てんかん，筋萎縮性側索硬化症を含む神経変性疾患および脳腫瘍で発現の変化が報告されている．特に GLT-1 はシナプス間隙のグルタミン酸濃度の制御に重要な役割を果たし，GLT-1 欠損マウスは致死性痙攣を示す．虚血時などでは ATP の枯渇によるイオン濃度勾配の逆転からグルタミン酸の逆向き輸送がなされ興奮性神経細胞死を助長する可能性が指摘されてきたが，最近の研究から，細胞膜に局在しているグルタミン酸輸送体が病態時に細胞の中に内在化し神経細胞に保護的に作用する可能性が示されている．また GLT-1 の発現低下はモルヒネなどの薬物依存形成に関与するという報告がある．GLAST はラジアルグリア細胞のマーカーとして使用されており神経発生における重要性が指摘されている．神経性グルタミン酸輸送体では結合タンパク質としてそれぞれ EAAC1 では GTRAP3-18, EAAT4 では GTRAP41 と GTRAP48 が同定されている．構造生物学的には嫌気性古細菌 *Pyrococcus* グルタミン酸輸送体の結晶構造解析が報告されている．後者のシナプス小胞に存在するものには VGLUT1, VGLUT2, VGLUT3 の 3 種のアイソフォームが存在する．グルタミン酸に対する親和性は低いが基質特異性が高く，液胞型 ATP アーゼにより形成される電気化学的 $H^+$ 勾配および $Cl^-$ 濃度に依存してシナプス小胞内にグルタミン酸を取込む．シナプス前終末からのグルタミン酸放出，すなわちグルタミン酸作動性ニューロンとしての特性を規定する鍵分子の一つと考えられている．中枢神経系において，VGLUT1 と VGLUT2 はグルタミン酸作動性ニューロンのシナプス終末に相補的に分布，VGLUT1 は大脳皮質と海馬に，VGLUT2 は間脳に多く局在していると報告されている．一方，VGLUT3 は抑制性ニューロンの一部，コリン作動性介在ニューロンおよびモノアミンニューロンにも発現が報告されており機能的に VGLUT1 や VGLUT2 と異なる可能性が指摘されている．細胞膜型，小胞型いずれも遺伝子操作動物や特異的阻害剤の開発が進んでおりそれぞれの分子の生物学的な役割解明が進みつつある．治療薬開発をめざした創薬研究も盛んである．

**クルッペル遺伝子**［Krüppel gene］　*Kr* 遺伝子 (*Kr* gene) と略される．ショウジョウバエのギャップクラス分節遺伝子の一つであるが，類似の遺伝子がヒトを含む哺乳類にも存在し，神経細胞で発現する．ショウジョウバエの *Kr* 突然変異では，胸部と第 1～5 腹節が欠失する．胚における *Kr* mRNA およびタンパク質は後胸部をピークとするすその開いた釣鐘状分布をする．Kr タンパク質はジンクフィンガー* ドメインをもち，クナプス (*kni*) 遺伝子の発現促進，第一次ペアルール遺伝子* およびホメオティック遺伝子* の発現調節を行う．*Kr* 遺伝子の発現は低濃度のハンチバック (Hb) およびビコイド (Bcd) タンパク質により促進されるが，これらのタンパク質が高濃度にあると反対に発現が抑制される．一方，*kni* などの，*Kr* より後方の胚域で発現するギャップ遺伝子のコードするタンパク質は *Kr* 遺伝子の発現を抑制する．これらの調節タンパク質の結合部位は *Kr* 遺伝子のシス調節領域中の 730 bp に集中しており，しかも Hb, Bcd などの促進因子と Kni などの抑制因子の結合部位が重なっていて，競合が起こる．

**クルッペル関連ボックス**［Krüppel-associated box］＝ KRAB ボックス

**グルテン過敏性腸症**［gluten-sensitive enteropathy］＝セリアック症候群

**くる病**［rickets］　骨の石灰化不全と成長障害を主症状とする小児期の骨の病気．成人になってから発症する場合は骨軟化症 (osteomalacia) とよんでいる．くる病患者は著明な低カルシウム血症あるいは低リン酸血症を呈する．その原因として，従来，日照時間の不足や栄養素としてのビタミン D* の摂取不足，腎臓における 1α-ヒドロキシラーゼの欠損に基づく活性型ビタミン D［$1α,25(OH)_2D_3$］の産生障害，ビタミン D 受容体 (VDR) の遺伝子異常などが指摘されてきた．低カルシウム血症を伴ういわゆる I 型くる病 (type I rickets) はビタミン D や活性型ビタミン D の不足によるもので，これらはビタミン D あるいは活性型ビタミン D の投与によって容易に治癒される．VDR の遺伝子異常に起因する II 型くる病 (type II rickets) も同様に低カルシウム血症を示すが，この疾患は生理量の活性型ビタミン D 投与では治癒されない．近年注目されているのは低リン酸血症を主症状とする II 型くる病 (⇒ビタミン D 抵抗性くる病) で，やはり生理量の活性型ビタミン D の投与だけでは症状が改善されない．低リン酸血症を伴う II 型くる病の代表的な疾患は，X 染色体連鎖性低リン酸血症性くる病 (X-linked hypophosphatemic rickets, HYP)，常染色体優性低リン酸血症性くる病 (autosomal-dominant hypophosphatemic rickets, ADHR)，および腫瘍由来低リン酸血症性骨軟化症 (tumor-induced osteomalacia, TIO) の 3 疾患で，これらの疾患には共通して，① 低リン酸血症，② 活性型ビタミン D の血清レベルの低下，③ 腎臓でのリン酸排泄の亢進，④ 骨の石灰化障害などの症状が認められ，それら 3 疾患に共通する原因因子として FGF23 (⇒繊維芽細胞増殖因子) が同定された (⇒DRIP).

**クールー病**［kuru］　⇒プリオン

**クレアチンキナーゼ**［creatine kinase］　クレアチンホスホキナーゼ (creatine phosphokinase), ATP：クレアチンホスホトランスフェラーゼ (ATP：creatine phosphotransferase) ともいう．EC 2.7.3.2. 1934 年 K. Lohman によって骨格筋から発見された．以下のローマン反応 (ホスホクレアチン* から高エネルギーリン酸基を ADP に転移し，ATP を合成する反応) を触媒する．

ホスホクレアチン＋ADP ⇌ クレアチン＋ATP

骨格筋収縮時のように大量に ATP を消費する時，筋内に多量に存在するホスホクレアチンから ATP を供給する．アイソマーがあり骨格筋に存在するのは筋クレアチンキナーゼ* である．

クレアチンホスホキナーゼ ［creatine phosphokinase］ ＝クレアチンキナーゼ

クレアチンリン酸 ［creatine phosphate］ ＝ホスホクレアチン

グレイ ［gray］ 記号 Gy. 単位質量当たりの物質に吸収されるエネルギー量として表現される電離放射線量(吸収線量)の SI 単位. 1 Gy＝1 J/kg. 1985 年以前の旧単位はラド(rad)で 1 rad＝100 erg/g＝1 cGy, 1 Gy＝100 rad に相当する. 放射線生物学, 放射線治療学の分野で重要な単位であっても, 吸収エネルギー量は放射線のエネルギーおよび吸収される物質(元素組成)により異なる. 通常の放射線計測器で空中測定した値は照射線量(C/kg, R)を示し, 細胞や生体軟部組織はほぼ水に近く, 通常の X 線では 1 R がほぼ 1 rad(エネルギーにより 0.89～0.95 rad)に相当する. しかし, 同じ照射線量の X 線でも生体の表面付近と内部では吸収線量は異なり, 生体内の吸収線量の分布を実測するには小さいプローブ(電離部)を水中または, 組織や組織類似の元素組成のプラスチック体中に入れて測定する.

**GRAIL**(グレイル) ［GRAIL］ Gene Recognition and Assembly Internet Link の略. 核酸塩基配列に対し, タンパク質をコードする遺伝子領域やイントロン*, エキソン*領域の予測のほか, プロモーター*領域, CG 島*などのゲノム領域の構造予測を行うことができる遺伝子構造予測プログラムの一つ. 塩基配列の特徴を多くのプログラム群から検出しニューラルネットで組合わせてコード領域の予測を行い, スプライス部位予測なども取込んで拡張されたプログラムである. ほかの遺伝子予測プログラムには隠れマルコフモデル*をアルゴリズムとして用いた GeneScan や GeneMark などがある.

クレード ［clade］ 完系統または単系統群ともいう. 単一の祖先型(生物や分子あるいは DNA 配列)を起点として派生・分岐した 2 種類以上の単系統の集合. クレードを定義する際には, クレードに属さない単系統の存在が必要であり, 3 種類以上の単系統を用いた解析から, クレードを定義する.

クレノウ酵素 ［Klenow enzyme］ クレノウフラグメント(Klenow fragment), DNA ポリメラーゼ I ラージフラグメント(DNA polymerase I large fragment)ともいう. 大腸菌 DNA ポリメラーゼ I* の C 末端側にある 5′→3′ エキソヌクレアーゼ*活性を欠失させたもの. 鋳型, プライマー, dNTP 存在下で 5′→3′ のポリメラーゼ活性と弱い 3′→5′ エキソヌクレアーゼ活性をもつ. 5′突出末端の DNA の平滑化やギャップの修復, サンガー法による塩基配列決定などに用いられる(⇒ DNA 塩基配列決定法). 同様の目的で使用される 3′→5′ エキソヌクレアーゼ活性は T4 DNA ポリメラーゼの方が約 200 倍も高く突出した 3′ 末端をもつ DNA 末端を平滑化する目的にはより効果的である. 分子量は約 75,000 の単一ポリペプチド鎖で, 補因子は $Mg^{2+}$.

クレノウフラグメント ［Klenow fragment］ ＝クレノウ酵素

**CREB** ［CREB＝CRE-binding protein］ CRE 結合タンパク質の略. (⇒ CREB/ATF)

**CREB/ATF** ［CREB/ATF］ CRE(サイクリック AMP 応答配列*：TGACGTCA)に結合するタンパク質で, CRE 結合タンパク質(CRE-binding protein)ともよばれ, CREB と略称される. CRE をもつ遺伝子の転写は, cAMP 濃度の上昇に応答して誘導される. CREB は bZIP 構造*をもつ 43 kDa のタンパク質で, ホモ二量体を形成し DNA に結合する. CREB は A キナーゼにより 133 番セリンがリン酸化され, リン酸化 CREB はコアクチベーター CREB 結合タンパク質 (CBP*/p300)に結合し転写を活性化する. CREB をリン酸化するキナーゼは A キナーゼだけではなく, カルシウム/カルモジュリンで活性化される CaMK-Ⅳ, 細胞増殖因子受容体の下流に存在する Ras/Erk/RSK2, インスリンシグナルの下流 p70-S6K, ストレスや炎症性サイトカインによって活性化されるストレス活性化キナーゼ群など, きわめて多種にのぼる. CRE に結合するタンパク質はこれまでに 10 種類以上同定されており, A キナーゼにより活性化される CREB タイプと, 活性化されない CRE-BP1 タイプに分けられる. CRE-BP1 も bZIP 構造をもち, Jun とヘテロ二量体を形成し CRE に結合する. アデノウイルス E1A による転写活性化を研究していたグループは E1A が CRE を介して転写を活性化することから CRE 結合タンパク質を ATF(activating transcription factor)とよび ATF1～6 を同定した. このうち ATF2 は CRE-BP1 と同じもので, E1A と結合し E1A による転写活性化に関与する. 現在 ATF7 も知られている. CREB は糖や脂質の代謝における重要な制御因子であり, 脳における転写制御にも密接に関与している.

**CREB 結合タンパク質** ［CREB-binding protein］ ⇌ CBP

クレブス **KREBS**, Edwin Gerhard 米国の生化学者. 1918.6.6～　　　　　アイオワ州ランシング生まれ, イリノイ大学を経てワシントン大学で医学博士号取得(1943). ワシントン州立大学研究員(1946～48), 助・準教授(1948～68), 生化学教授(1968～77), 薬理学教授(1977). E. H. Fischer*とともに cAMP 依存性プロテインキナーゼ*を発見し(1968), ノーベル医学生理学賞を受賞した(1992).

クレブス **KREBS**, Hans Adolf 英国の生化学者. 1900.8.25～1981.11.22. ハノーファー近郊のヒルデスハイムに生まれ, オックスフォードに没す. ハンブルク大学医学部を卒業後ベルリンのカイザー・ウィルヘルム生物学研究所で O. H. Warburg の助手を務めた(1926～30). 尿素合成のオルニチン回路を発見 (1932). 英国に亡命(1933). シェフィールド大学講師(1935). 1937 年クエン酸回路*を発見. 1953 年 F. A. Lipmann とともにノーベル医学生理学賞受賞. オックスフォード大学教授(1954～67). ラドクリフ病院研究部長(1967～81).

**クレブス回路** ［Krebs cycle］ ＝クエン酸回路

**グレーブス病**［Graves' disease］ ＝バセドウ病

**クレブス・ヘンゼライト尿素回路**［Krebs-Henseleit urea cycle］ ＝尿素回路

**グレリン**［ghrelin］　GRLN と略す．1999年に成長ホルモン*（GH）分泌促進因子受容体の内因性リガンドとして，ヒトおよびラットの胃から単離されたアミノ酸28残基の脳腸ペプチドであり，3番目のSerの側鎖が中鎖脂肪酸であるオクタン酸によってアシル化修飾されている．脂肪酸修飾を含むアミノ酸7残基のN末端構造が生物活性発現に重要で，哺乳動物から魚類までよく保存されている．ヒトのグレリン遺伝子は単一で，染色体3p25-26に存在する．おもに胃体部内分泌細胞で産生・分泌され，そのシグナルが迷走神経求心路を介して視床下部に伝わり，GH分泌刺激や摂食促進作用を発揮する．血漿グレリン濃度は各食前の空腹時や低栄養状態で上昇し，消化管からの空腹情報の伝達やエネルギー代謝調節に機能していると考えられる．

**Cre/loxP システム**［Cre/loxP system］　ファージ P1*由来の塩基配列特異的なインテグラーゼ*Creとその認識配列 loxPにより起こる組換え機構を利用して特異的な DNA 断片を切出したり挿入したりして遺伝子を破壊（ノックアウト）したり組換え（ノックイン）たりするシステム．Cre はファージ P1 の溶原状態を維持するために使われる．loxP 配列は Cre により認識され DNA の切断・組換えを起こすが，認識配列が34 bp と長いため，非常に特異的な切断・再結合が保証される．通常 Cre 遺伝子を細胞ゲノムに組込ませて発現できるようにしておき，組換えにより欠失または置換を行いたい DNA を二つの loxP 配列で挟んだ形でベクターにクローニングしたものを細胞内に導入する．組織特異的または時期特異的なプロモーター*の下流に Cre 遺伝子をつないでおくと組織または時期に特異的に loxP で挟まれた遺伝子を破壊することもできる．

**GroES**［GroES］　大腸菌の熱ショックタンパク質*の一種で，分子量約1万のもの．他の細菌の同種のタンパク質はシャペロニン10とよばれるが，大腸菌のものに限って，λなどのファージの生育（Growth）に必要な大腸菌側の因子として発見されたいきさつから GroES（大腸菌の λE 遺伝子の small product）とよばれる．GroEL*とともにシャペロニン*粒子を形成し，ATPを利用して他のタンパク質のフォールディング*を補助する．

**GroEL**［GroEL］　大腸菌の熱ショックタンパク質*の一種で，分子量約6万のもの（⇒HSP60）．他の細菌の同種のタンパク質はシャペロニン60とよばれるが，大腸菌のものに限り，λなどのファージ*の生育（Growth）に必要な大腸菌側の因子として発見されたいきさつから GroEL（大腸菌の λE 遺伝子の large product）とよばれる．GroES* と ATP の助けをかりて他のタンパク質のフォールディング*を補助する．大腸菌の生存に必須で，熱ショックがなくても全タンパク質の1%程度を占める．

**クロイツフェルト・ヤコブ病**［Creutzfeldt-Jakob disease］　CJDと略す．1920年代にドイツの H. G. Creutzfeldt と A. Jakob が報告した急激に進行する認知症．認知症のほかに錐体路症状，筋固縮，ミオクローヌスを呈し数カ月以内に荒廃状態に陥る．脳萎縮と皮質の海綿状変性を特徴とする．1968年には動物に伝播が可能であることがわかり，のちにこの責任分子が正常にも存在するプリオン*タンパク質（第20染色体短腕に座をもつ）が異常に転じたものとされた．本症はこのプリオンに異常をもつプリオン病の一つである．遺伝性 CJD をひき起こす原因として，各種の点変異やオクタペプチドリピートの欠失が知られている．（⇒スクレイピー，ウシ海綿状脳症）

**クロショウジョウバエ**［Drosophila virilis］ ⇒ショウジョウバエ

**クローズドプロモーター複合体**［closed promoter complex］ ⇄オープンプロモーター複合体

**グロス白血病ウイルス**［Gross leukemia virus］　1951年，L. Gross によりリンパ性白血病好発系マウス（AKR マウス）から分離された白血病ウイルス．パッサージA（Passage A）ともよばれた．接種後，数カ月で T 細胞系リンパ腫を誘発する．（⇒マウス白血病ウイルス）

**Cro タンパク質**［Cro protein］　λファージ*の cro 遺伝子がつくる．分子量 7351 のタンパク質（⇒λリプレッサー［図］）．λファージがつくる二つのリプレッサーのうちの一つで，CIリプレッサー（⇒CIタンパク質）とは反対に溶菌反応に必要である．二量体をとって構造が安定化し，その立体構造も明らかになっている．このタンパク質は合成されると，まずλファージのオペレーター $O_{R3}$ に結合し，そこと重なっているプロモーター $P_{RM}$ からの CI リプレッサーの転写を停止させる．このタンパク質の濃度がさらに高くなると，オペレーター $O_{R1}$, $O_{L1}$ にも結合するようになり，それらと重なっている $P_R$, $P_L$ からの転写を抑え，初期遺伝子群の発現を停止させ後期遺伝子群の発現に切替える働きをする．

**クロード　CLAUDE, Albert**　ベルギーの細胞生物学者．1899.8.24～1983.5.22．ベルギーに生まれ，ブリュッセルに没す．リエージュ大学医学部を卒業（1928）後，ベルリンのカイザー・ウィルヘルム生物学研究所に留学（1929）．ロックフェラー研究所に就職（1929）．細胞分画の分画法を開発し，ミクロソーム*を単離命名した（1943）．ブリュッセル大学ボルデー研究所長（1949）．ルーバン・カトリック大学教授（1972）．1974年 G. E. Palade*，C. R. de Duve*とともにノーベル医学生理学賞受賞．

**クローニング**［cloning］　クローン化ともいう．クローン*を得ること．[1]細胞の場合は1個の細胞に由来する均一な細胞集団を得ることをさす．細胞のクローニングは単個細胞あるいはコロニー*の分離による．[2]遺伝子の場合は，特定の DNA 配列を分離することをいう．それが cDNA である場合は cDNA クローニング*とよぶ．遺伝子のクローニングは，ベク

ター（⇌クローニングベクター）に組込んだDNA断片を宿主細菌に導入し，目的とするDNA断片を含むコロニーあるいはプラークの分離による．同一幹細胞からクローニングされたマウスの胚や胎児の中には，適切な遺伝子発現を起こさない場合が指摘され，ヒトの胚性幹細胞クローニングに関しても倫理面から議論をよんでいる．未受精卵に核移植後，移植卵を発生させて個体をつくることを核移植クローニング（nuclear-transfer cloning）とよんでいる．（⇌遺伝子クローニング）

**クローニングベクター**［cloning vector］　目的のDNAを挿入し大腸菌などの宿主細胞で増幅・維持するためのベクター．ゲノムDNAライブラリー作製用，cDNAライブラリー作製用がある（⇌遺伝子ライブラリー）．ゲノムライブラリーとしてはλファージベクター\*，コスミドベクター\*，および酵母人工染色体ベクター\*が代表である．cDNAライブラリーにはλファージベクター，プラスミドベクター\*が用いられる．（⇌遺伝子クローニング）

**クローバー葉構造**［cloverleaf structure］　tRNAの共通二次構造で，クローバーの葉の形に由来する．塩基対形成によって二重らせんを形成するステム領域と一本鎖のループ領域が対になったもの（アームという）3個（Dアーム，Tアーム，アンチコドンアーム）から三つ葉のクローバー葉構造ができ，これらがさらに三次元的に折りたたまれてL字形の三次構造を形成する（⇌転移RNA［図］）．ミトコンドリアtRNAを

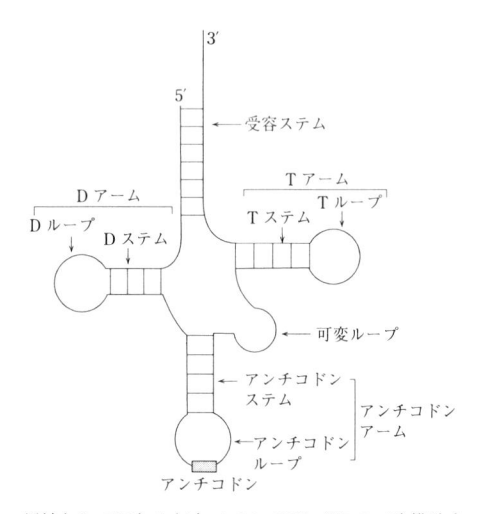

例外としてほとんどすべてのtRNAがこの二次構造をとるが，それはリボソーム上でのタンパク質合成反応の基質として必要な要件であると考えられる（⇌ミトコンドリアRNA）．

**グロビン**［globin］　アポヘモグロビン（apohemoglobin）ともいう．ヘム\*と結合してヘモグロビン\*となるアポタンパク質．ヒトのグロビン鎖には141個のアミノ酸から成る$\alpha$鎖様（$\alpha$鎖と$\zeta$鎖）グロビンと，146個のアミノ酸から成る非$\alpha$鎖様（$\beta$鎖，$\gamma$鎖，$\delta$鎖および$\varepsilon$鎖）グロビンがある．$\alpha$鎖様グロビン遺伝子群は第16染色体短腕上に5'-$\zeta_2$-$\psi\zeta_1$-$\psi\alpha_2$-$\psi\alpha_1$-$\alpha_2$-$\alpha_1$-$\theta_1$-3'のように，非$\alpha$鎖様グロビン遺伝子群は第11染色体短腕上に5'-$\varepsilon$-$^G\gamma$-$^A\gamma$-$\psi\beta$-$\delta$-$\beta$-3'のように配列している．

**グロビン遺伝子**［globin gene］　ヘモグロビン\*のタンパク質部分であるグロビン\*をコードする遺伝子．ヘモグロビン異常症\*，サラセミア\*などの病気に関連した遺伝子変異，分化に伴う遺伝子発現の調節，遺伝子進化などの見地から，ヒトはもちろんのこと，他の生物についても広く詳細に研究されている．他の哺乳動物とほぼ共通するが，ヒトでは$\alpha$鎖様（$\alpha$鎖と$\varepsilon$鎖）グロビン遺伝子群は第16染色体短腕上に5'-$\zeta_2$-$\psi\zeta_1$-$\psi\alpha_2$-$\psi\alpha_1$-$\alpha_2$-$\alpha_1$-$\theta_1$-3'，非$\alpha$鎖様（$\beta$鎖，$\gamma$鎖，$\delta$鎖および$\varepsilon$鎖）グロビン遺伝子群は第11染色体短腕上に5'-$\varepsilon$-$^G\gamma$-$^A\gamma$-$\psi\beta$-$\delta$-$\beta$-3'の順に配列している（⇌遺伝子ファミリー）．このうち$\psi\zeta_1$，$\psi\alpha_2$，$\psi\alpha_1$，$\psi\beta$は偽遺伝子\*である．各遺伝子は個体発生時に発現する順に5'側から3'側へ並んでいる．いずれのグロビン遺伝子も三つのエキソンと二つのイントロンをもち，5'隣接領域内にはTATAボックス\*に加えて，プロモーター上流要素としてCCAATボックス\*が存在する．グロビン遺伝子の発現は転写段階で行われている．

**グロボイド細胞性ロイコジストロフィー**［globoid cell leukodystrophy］　＝クラッベ病

**クロマチド**　＝染色分体

**クロマチン**［chromatin］　染色質ともいう．真核生物の核内で塩基性色素で濃く染色される物質．本来は顕微鏡下で核内に分散して存在する構造体として定義され，分裂期における凝縮した構造体である染色体\*と区別されていたが，現在では生化学的な解析から，DNAとヒストン\*を主成分とし，加えて非ヒストンタンパク質\*，RNAを含む複合体をさす語として用いる．細胞周期\*および遺伝子の活性化，不活性化に対応して構造的に著しい変化を遂げる．細胞周期において基本的には分裂中期に凝縮，間期で脱凝縮という過程を繰返すが，間期においても高度に凝縮したクロマチン領域が存在し，これをヘテロクロマチン\*とよび，残りの真正クロマチン\*とは区別される．真正クロマチンには転写活性の高い遺伝子が含まれており，それらの領域を活性クロマチン\*ともよぶ．これらの構造的差異は光学顕微鏡や電子顕微鏡で観察されるが，生化学的にもたとえばヌクレアーゼ感受性部位の変化などの測定で検出される．クロマチンの基本的な単位構造はヌクレオソーム\*で，165 bpのDNAがヒストン八量体に巻きつき形成される．クロマチン中の連続したDNAのうちミクロコッカスヌクレアーゼに特に抵抗性を示すDNA部分は146 bpでコアDNAとよばれる．ヒストン八量体を2巻きするDNAの長さは165 bpである．ヌクレオソーム単位構造が8～114 bpのDNA（リンカーDNA）を介してビーズ状に繰

返され，間期の染色体ではこれらのヌクレオソームが圧縮されて折りたたまれ，直径30 nmのクロマチン繊維（30 nmフィラメント）を形成している．このクロマチン繊維はループ状の構造を介して非ヒストンタンパク質で構成される染色体骨格に結合し進展した構造をとっている．クロマチンのDNAはATに富む核マトリックス付着領域*（MAR）という特異的な部位で核マトリックス*に付着している．中期染色体では，染色体骨格はらせん状に折りたたまれ，さらに圧縮された構造をとっている．転写されていない染色体領域のクロマチンは凝縮した直径30 nm繊維のソレノイド構造*をとっている．クロマチン構造は特定の領域のDNAのメチル化状態によって変化し，転写制御に重要な影響を与える．CG島*がメチル化されていない状態では，周辺のヒストンのN末端部分がアセチル化されていて，クロマチンは"開いた"状態にあり，転写が可能である．CG島がメチル化されると，メチルCpG結合タンパク質（MBD）が，メチル化されたCpG配列を認識して結合し，さらにMBDがヒストンデアセチラーゼ*（HDAC）と結合し，ヒストンのN末端のリシン残基からアセチル基を除去する．アセチル基によって中和されていたヒストンのN末端は正の荷電状態となり，負の電荷をもつDNAと結合する．MBDはヒストンメチルトランスフェラーゼ*とも結合し，アセチル基が除去されたヒストンのN末端はメチル化されると，メチル化ヒストンを認識するヘテロクロマチンタンパク質HP1が結合し，HP1同士が重合することにより，その領域は凝縮して転写が抑えられる．HP1はDNAメチラーゼ*やHDACを標的クロマチン部分にリクルートし，さらにHP1同士が集合化することにより，周辺クロマチン領域を閉じた状態にし，遺伝子サイレンシング*が起こる．

**クロマチンアッセンブリー因子1** [chromatin assembly factor-1] CAF-1と略す．SV40*の試験管内複製系を用いた解析から，複製と共役して新生鎖DNAへのヌクレオソーム*のアッセンブリーを伸介する因子として同定された．CAF-1はp150, p60, p48の三つのサブユニットからなり，p150サブユニットが複製因子である増殖細胞核抗原*（PCNA）に結合することによって新生DNA鎖を認識する．ATP依存的にヌクレオソーム間のスペーシングを調整するACF（ATP-utilizing chromatin assembly and remodeling factor）が機能して，形成されたヌクレオソーム間の距離が整えられる．

**クロマチン免疫沈降** [chromatin immuno precipitation] 染色体免疫沈降ともいい，ChIPと略す．クロマチン*を構成するヒストン*をおもな標的として，ヒストンの修飾状態と染色体構造の相関を解析するために開発された方法である．現在は，転写因子などのDNA結合タンパク質*の標的配列を解析したり，標的領域を探索するために広く用いられている．本法の利点は，細胞内でのクロマチンタンパク質間，DNA-DNA結合タンパク質間の結合状態を検出できることにある．原理は，適当な処理を施した細胞抽出液に対して標的タンパク質特異的な抗体を用いて，標的タンパク質のみを選択的に濃縮する．その際，DNA結合性のタンパク質の場合はDNA-タンパク質複合体の形で精製される．その後，この複合体からDNAのみを精製し以降の解析に用いる．細胞抽出液を調製する際に，ホルムアミドなどで固定化する方法（X-ChIP）と固定化しない方法（N-ChIP）がある．また，現在では本法とDNAアレイ技術（chip）を組合わせたChIP-chip法（ChIP-chip method）が開発され，解析速度が飛躍的に改善された．

**クロマチンリモデリング** [chromatin remodeling] クロマチン*の構造変換をひき起こす過程の総称．転写調節因子*をはじめ塩基配列特異的なDNA結合タンパク質*が標的DNAを認識して結合するためには，標的DNA配列にアクセスする必要があるが，通常真核生物の染色体DNAはヌクレオソーム*構造やより高次に折りたたまれたクロマチン構造により覆い隠された状態にあるので，ヒストン*とDNAの相互作用を壊してこのようなクロマチン構造を変化させ（クロマチンリモデリング），標的DNA配列を一時的に露出させる必要がある．実際，リモデリングを受けたクロマチンはDNアーゼIやミクロコッカスエンドヌクレアーゼに対して感受性が高くなる．クロマチンリモデリングにはエネルギーが供給される必要があり，そのためATPの加水分解を行う大きな複合体（⇌クロマチンリモデリング複合体）が関与する．リモデリング複合体は，ヌクレオソームをDNAに沿ってスライドさせたり，ヌクレオソームを除去したりして，ヌクレオソーム間の間隔を調整し，転写因子や転写装置がプロモーター領域にアクセスするために機能する．クロマチンリモデリング複合体は塩基配列特異的な転写アクチベーター*によりプロモーター領域にリクルートされる．クロマチンリモデリング複合体としては数種類知られており，構成するATPアーゼの類似性に基づき，酵母のSWI/SNF*（ヒトではBRM/BRG1）複合体，ISW1（ヒトではRSF）複合体，Mi-2（ヒトではNuRD）複合体，などに分類される．SWI/SNF複合体はin vitroでヒストン八量体を取除いたり，クロマチンリモデリングを起こしたりすることが示されている．ISW複合体はヒストン八量体を除去しないでヌクレオソームの配置に影響を与え，ヒストン八量体がDNAに沿って動くヌクレオソームのスライディングが起こることが明らかにされた．これらのクロマチンリモデリング複合体の多くは，それぞれヒストンのアセチル化リシン残基への特異的結合，メチル化ヒストンへの結合，ATに富むDNAへの結合，などに働くブロモドメイン*，クロモドメイン*，ATフックなどの構造をもち，複合体を標的遺伝子のDNA領域に集めたり，転写活性化補助因子をリクルートしたりする．クロマチンリモデリングは転写制御のみならず，DNAの複製，損傷修復や組換えにも関係している．

**クロマチンリモデリング複合体** [chromatin remodeling complex] クロマチン*を構成する最小単位は

ヌクレオソーム\*であり，クロマチンリモデリング複合体とヌクレオソームリモデリング因子(nucleosome remodeling factor)はほぼ同義に用いられる．クロマチンリモデリング\*をひき起こす複合体としてクロマチンリモデリング複合体が知られている．クロマチンリモデリング複合体はATPアーゼサブユニットをもち，そのATPアーゼサブユニットに基づき四つのクラスに分類されている．[1] SWI/SNF 複合体(SWI/SNF complexes)：酵母で同定され，その後，他の生物種においても，酵母 SWI2/SNF2 のホモログが同定された．Brahma (brm)は酵母 SWI2 のショウジョウバエホモログであり，Brahma を含む複合体が存在する．ヒトにおいても，酵母 SWI2 ホモログである Brg1 を含む複合体が存在することが知られている．RSC は SWI2/SNF2 の相同性を用いて酵母より同定された複合体で，十数個のサブユニットより成る．SWI/SNF 複合体と同様に ATP 依存性のヌクレオソームの再構築活性をもつ．[2] ISWI 複合体(ISWI complex)：ISWI (imitation SWI)は SWI2/SNF2 との相同性を利用して同定された ATP アーゼである．ISWI 複合体の中心をなす．NURF 複合体は ISWI を含み，プロモーター領域のヌクレオソームの再構築に必要とされている．CHRAC 複合体は ISWI を含み，ヌクレオソームが可動化し，制限酵素を切断部位に近づきやすくさせる活性をもつ．ACF 複合体も同様に ISWI を含み，クロマチンリモデリング活性に加えて，ヒストン運搬体である NAP-1 と協調しヌクレオソームを形成する．[3] NuRD 複合体(NuRD complex)：皮膚筋炎の自己抗原として知られる Mi-2 は ATP アーゼドメインをもつ．Mi-2 を含む複合体として，単離されたのが NuRD である．NuRD は Mi-2 を ATP アーゼサブユニットとしてもち，他のサブユニットとしてヒストンデアセチラーゼ HDAC1，HDAC2 などより構成される．NuRD は他のクロマチン再構築複合体同様，ATP に依存的なクロマチン再構築活性をもつ．さらに HDAC1，HDAC2 をサブユニットとしてもっていることから予想できるようにヒストンデアセチラーゼの活性をもつ．[4] Swr1 複合体(Swr1 complex)：Swr1 は SWI2/SNF2 タイプのヘリカーゼドメインをもつ．SWR1 複合体は H2AZ と会合し，in vivo での H2AZ のクロマチンへの取込みに Swr1 が必要であることを明らかにされている．in vitro においても SWR1 複合体は H2A と H2AZ の交換を促進する活性をもつ．これらクロマチンリモデリング複合体は，ヒストンタンパク質修飾酵素を中心とした複合体と協調して働き，複雑なネットワークを構成している．

**クロマトグラフィー** [chromatography] 物質の分離法の一つ．移動する気体や液体(移動相)によって運ばれる分子が，流路中で遭遇する固定相と相互作用することによって遅れることを利用する．分子の諸性質の違いによって，遅れの程度が異なるので分離が起こる．気体を移動相としたガスクロマトグラフィー\*は，揮発性分子にのみ適用できる．液体を移動相とするものが圧倒的に多い．固定相の様態によって，沪紙クロマトグラフィー\*，薄層クロマトグラフィー\*，カラムクロマトグラフィー\* などに分けられる．

**クロマトホア** [chromatophore] 【1】光合成細菌\*の光合成\*の初期過程を担うアンテナ複合体\*，光合成反応中心\*，電子伝達反応系や ATP 合成系は細胞内膜系上に存在するが，その膜系の形態は細菌の種類や生育条件などにより大きく変化する．普通に見られる構造は，ラメラ構造か小胞状構造である．紅色光合成細菌の内膜系を細胞外に取出すと，ほぼ球形の小胞構造が得られ，この構造体をクロマトホアとよぶが，一般には，細胞内の構造に対応しているとは限らない．
【2】動物の皮膚組織にみられる色素細胞\* をさす．

**クロマフィン細胞** [chromaffin cell] クロム親和細胞ともいう．組織化学的にクロム親和反応陽性(二クロム酸カリウムを含む固定液で処理すると黄褐色に染まる)の細胞をいう．副腎髄質はクロマフィン細胞を含む最大の組織であり，そのクロム親和性は細胞内に多量に含まれるカテコールアミン\*に由来する．通常，クロマフィン細胞といえば副腎髄質細胞(adrenal medullary cell)をさすことが多い．そのほか，交感神経系と関連して広く分布している．また，腸にはインドールアミンの一種セロトニン\*によりクロム親和反応を示すエンテロクロマフィン細胞(enterochromaffin cell)群が分布している．副腎髄質クロマフィン細胞は外胚葉の神経冠に由来し，発生学的に交感神経節後細胞と同じ起源をもち，節前繊維の支配を受けてカテコールアミンを放出する．腫瘍化した褐色細胞腫\* 細胞 PC12 細胞は培養下で神経成長因子\*(NGF)により神経細胞に分化する．クロマフィン細胞とともに神経細胞のモデル系として，伝達物質の合成，貯蔵，放出機構，伝達物質受容機能の研究，あるいは分化の研究などに用いられる．

**クロマフィン細胞腫** ＝褐色細胞腫
**クロム親和細胞** ＝クロマフィン細胞
**クロモグラニン A** [chromogranin A] CgA と略す．副腎髄質のクロマフィン顆粒内から分離される酸性の糖タンパク質であり(クロマフィン細胞)，ヒトクロモグラニン A は 439 アミノ酸残基から成る．CgA は内分泌・神経系に広く分布し，特に副腎髄質と下垂体に分布する．また，血漿 CgA は腫瘍マーカーとして，唾液 CgA はストレスマーカーとして報告されている．血中 CgA は比較的安定だが，プロセシングによってパンクレアスタチン，β-グラニン，パラスタチンなどの活性ペプチドを生成するといわれている．

**クロモソーム** ＝染色体
**クロモドメイン** [chromodomain] 遺伝子発現において活性化または抑制効果をもつ多くのヘテロクロマチンタンパク質に見られる 60 アミノ酸から成るモチーフ．ヘテロクロマチン\*(ある場合には真正クロマチン\*も)にタンパク質を導く役割を果たす．ヒストンアセチルトランスフェラーゼ\*にも見られ，アセチル化リシンを含む 4 アミノ酸残基を認識する．ポ

リコウムタンパク質（⇌ポリコウム遺伝子），ヒストンメチラーゼ Suv39 ファミリー，クロマチンリモデリング複合体*にも見られる．ヘテロクロマチンに局在し，位置効果による斑入り*に関係する HP1 タンパク質のクロモドメインはヒストンのメチル化リシン残基（ヒストン H3K9）と相互作用し，Suv39h1 をリクルートし．Suv39h1 が H3K9 をメチル化することによりつぎの HP1 をリクルートするプロセスを繰返すことでヘテロクロマチン化の進行が起こると考えられている．

**クロラムフェニコール** [chloramphenicol] ＝クロロマイセチン（chloromycetin）．$C_{11}H_{12}Cl_2N_2O_5$，分子量 323.13. 放線菌 Streptomyces venezuelae, S. omiyaensis などにより得られた抗生物質*．化学合成により製造されている．グラム陽性細菌，陰性細菌，リケッチア，クラミジアに静菌的に作用する．腸チフスに著効を示す．再生不良性貧血などの副作用のために臨床的にはあまり使用されなくなった．細菌のリボソームの 50S サブユニット（L16 タンパク質）に作用し，ペプチド転移反応を阻害する．耐性は細菌のアセチルトランスフェラーゼの産生による．3-OH 基がアセチル化され，これが 1-OH 基に転位し，新たに生じた 3-OH 基もアセチル化される．（⇌クロラムフェニコールアセチルトランスフェラーゼ）

**クロラムフェニコールアセチルトランスフェラーゼ** [chloramphenicol acetyltransferase] CAT と略される．Streptomyces venezuelae から分離された抗生物質，クロラムフェニコール*をアセチル化する酵素．クロラムフェニコールは，50S リボソームに選択的に結合し，ペプチド転移反応を阻害する結果，原核生物のタンパク質合成を阻害する．CAT 酵素によってアセチル化されたクロラムフェニコールは，50S リボソームに結合できないので，クロラムフェニコールのタンパク質合成の阻害作用が解除される．真核生物はこの遺伝子をもたないので，遺伝子導入の発現活性の検出に用いるレポーター遺伝子*として利用されている．遺伝子導入した細胞の抽出液と $^{14}C$ 標識されたクロラムフェニコールを反応させ，薄層クロマトグラフィー*でクロラムフェニコールとアセチル化クロラムフェニコールを分離し，それぞれの放射線量を検出して CAT 活性が測定できる（⇌CAT アッセイ）．レポーター遺伝子に連結した DNA 断片の CAT 活性の解析から，転写の活性化に必要なシスエレメント*やエンハンサー*が同定できる．（⇌ルシフェラーゼ）

**クロールプロマジン** [chlorpromazin] ⇌フェノチアジン

**クロロフィル** [chlorophyll] 葉緑素ともいう．光合成生物がもつ主要な同化色素（⇌光合成色素）．環状テトラピロールにシクロペンタン環が付いたホルビン（phorbin）の誘導体．自然界には側鎖などの違いによる多種類のクロロフィル（クロロフィル $a, b, c,$ バ）クテリオクロロフィル $a, b, c, d, e, g$）が存在し，生物の種類によってどのクロロフィルをもつかは決まっている．さらに，これらのうちにはエピマーの存在も知られており，機能のうえで重要な意味をもつ可能性がある（例，クロロフィル $a'$）．クロロフィル $a$（図）は光合成細菌*以外のすべての光合成生物に含まれ，クロロフィル $b$ は高等植物，緑藻，ミドリムシ類だけに含まれる．クロロフィル $a, b$ のエーテル溶液中での吸収

クロロフィル $a$  R＝$CH_3$
クロロフィル $b$  R＝CHO

極大の波長（nm）は，それぞれ 429 と 661，453 と 642 で，溶液の色はそれぞれ青緑色，緑色である．生細胞中ではこれらの吸収帯は溶液中の場合より 10～40 nm 長波長側へずれている．クロロフィルは有機溶媒中では強い蛍光を発するが，クロロフィルを含む生細胞の発する蛍光はこれよりはるかに弱い．クロロフィルは細胞内では特定のクロロフィル結合タンパク質*と結合し（共有結合ではなく弱い結合），クロロフィル-タンパク質複合体の形で存在し，光エネルギーの吸収，変換を行っている．光エネルギーを吸収したクロロフィル分子は一重項励起状態となり，ついで三重項励起状態へ遷移するが，いずれの励起状態の場合も，集光性クロロフィル（light-harvesting chlorophyll）は他の分子に励起エネルギーを渡し，励起された反応中心クロロフィル（reaction center chlorophyll）は電荷分離を起こし，電子が電子伝達系へ渡される（⇌光合成電子伝達反応）．クロロフィル約 300 分子当たり 1 分子の反応中心クロロフィルが存在する．（⇌光合成）

**クロロフィル結合タンパク質** [chlorophyll-binding protein] クロロフィル*と結合しクロロフィル-タンパク質複合体を形成するアポタンパク質*．疎水性の領域を多く含むタンパク質である．アポタンパク質の種類に応じて多種類のクロロフィル-タンパク質複合体が生じ，特定の複合体が会合して光合成*の光化学系*を形成する．クロロフィル-タンパク質複合体は機能面から，1) 反応中心を含むもの，2) コアアンテナ，3) 集光性複合体（LHC）に大別される．クロロフィルタンパク質（括弧内は遺伝子名）の種類は光化学系 I では反応中心サブユニット I（psaA），II（psaB），LHC-I 群（cab 群）；光化学系 II では反応中心サブユニット D1（psbA），D2（psbD），コアアンテナ CP47（psbB），

CP43（psbC），LHC-Ⅱ群（cab 群）が知られている．これらアポタンパク質遺伝子の多くのものは光で誘導されるいわゆるフォトジーン（photogene）であるが，中には転写後の段階で光による調節を受けるものもある．

**クロロプラスト** ＝葉緑体

**クロロマイセチン**［chloromycetin］ ＝クロラムフェニコール

**ρ-クロロメルクリ安息香酸**［p-chloromercuribenzoic acid］ PCMB と略す．（⇌ SH 試薬）

**クローン**［clone］ 均一の細胞，あるいは均一の DNA 配列の集団をクローンという．細胞の場合は単一細胞に由来する細胞集団をいう．コロニー*に由来するクローンをコロニー性クローン（colonial clone）とよぶこともある．遺伝子の場合は，cDNA*に相当する DNA 配列のクローンを cDNA クローンとよぶ．モノクローナル抗体*は，F. M. Burnet*のクローン選択説*に基づき，リンパ球の単一クローンがつくり出す抗体である．また，ほとんどすべてのヒトのがんは，1 個のがん細胞に由来するクローンである．これをがんの単クローン起源とよぶ．クローンは本来植物学の用語であったが，今日では細胞生物学，分子生物学で汎用されている．（⇌ クローニング）

**クローン化** ＝クローニング

**クローン加齢**［clonal aging］ 単一細胞から体細胞分裂により生じた細胞集団（クローン*）が，一定の分裂回数を経たのち増殖を停止するまでの過程をいう．クローン性老化ともいう．分裂を停止した老化細胞そのものは長期生存でき，細胞死は増殖停止とは別の過程でアポトーシス*，あるいはネクローシス（壊死*）により起こる．その分裂回数は，細胞の由来した生物種により決まり，ハツカネズミで約 9 分裂回数，ヒトで約 50 分裂回数であり，その生物の寿命とよく一致する．

**クローン除去**［clonal deletion］ B 細胞あるいは T 細胞は，その細胞表面受容体により，抗原あるいは MHC 分子により提示された抗原ペプチドに対する特異性をもつ（⇌ B 細胞受容体，T 細胞受容体）．この特異性は受容体分子をコードする遺伝子の再構成によりランダムに形成される．このような B 細胞あるいは T 細胞の集団からある特定の抗原（たとえば自己抗原）に対する特異性をもつクローンを除く機構が存在する．この機構をクローン除去とよぶ．（⇌ 胸腺選択）

**クローン生物**［cloned creature］ クローン動物（cloned animal）ともいう．受精を経ることなくつくり出され，元になる細胞と同じ DNA 配列遺伝情報をもつ生物．クローン生物の作出技術として，初期胚の割球分離法と体細胞核の除核未受精卵への核移植法がある．1950 年代に最初の核移植クローンカエル（両生類）が誕生，1997 年にクローンヒツジが初めて成功した．現在，マウスやウシを含む複数種のクローン哺乳動物が誕生している．体細胞は，未受精卵への核移植により，体細胞エピジェネティクスを消去し，胚発生開始に必要なエピジェネティクス*を獲得すると考えられる．この現象は，再プログラム化*とよばれる．体細胞核移植によりクローン動物が誕生する頻度は 2〜5 ％と低く，核移植の技術的問題や未受精卵による不十分な再プログラム化による全体的な遺伝子発現のアンバランスが原因にあげられる．成体クローン動物では，早死，肺炎，肥満などの異常が見られることがある．ヒトでは，生殖的クローニングと治療のクローニングを区別し，医療応用の可能性が倫理面・技術面から議論されている．

**クローン性老化** ＝クローン加齢

**クローン選択説**［clonal selection theory, clonal election theory］ 1959 年 F. M. Burnet*により提唱された抗体産生に関する理論．P. Ehrlich の受容体（側鎖）説をもとにした N. K. Jerne*による選択説（selective theory）に，さらに細胞クローン*の概念を導入したもの．自己免疫*および免疫寛容*を説明している．この説では，抗体の産生機構は抗原による特異的な抗体産生細胞の選択的分化・増殖によるものとする．免疫系を構成する細胞は，個体発生の過程で幹細胞*から体細胞突然変異により多様に分化したそれぞれの細胞クローンの集まりで，一つの細胞クローンは特定の抗原に対し特異的な抗体を産生する遺伝子をもっている．その産物である細胞受容体（側鎖）に個々の抗原が結合して細胞クローンの分化・増殖を刺激し，この側鎖の細胞外産物が抗体であるとされた．これに対抗する理論として L. Pauling により展開された指令説*があり，1950 年代後半に至るまで大きな論争の的となった．その後，抗体タンパク質の構造解析をはじめ，免疫担当細胞の性質や遺伝子解析などの研究の進展に伴いクローン選択説の妥当性が証明された．現代免疫学の重要な基礎となった学説である．

**クローン動物**［cloned animal］ ＝クローン生物

**クローンマッピング**［clone mapping］ クローン化された特定の遺伝子または，特定の cDNA，特定のゲノム DNA 断片などの遺伝地図*上の位置を決定することを従来マッピングとよんできた（⇌ 遺伝子マッピング）．しかし，最近のゲノム解析計画の進展により，ヒトを含む各種生物ゲノムの物理的地図*の構築が進んできており，染色体上の絶対的な位置を決定することも可能となってきたため，遺伝地図上の位置を同定することに加えて，染色体上の絶対的な位置を決定することもマッピングとよぶようになった．遺伝地図上の位置を決定するためには，遺伝学的手法により既知のマーカー遺伝子との連鎖*を測定するのが通常の方法であったが，最近では蛍光 in situ ハイブリダイゼーション*（FISH）法により直接染色体上に位置づける手法，また，各染色体ごとに用意された整列化 YAC クローンに直接ハイブリダイゼーションなどで位置づけることもよく行われるようになってきた（⇌ 酵母人工染色体ベクター）．特に，ヒトの全染色体にマップされた YAC クローンを用いれば，染色体上の位置を誤差数百 kbp の精度で決定することも可能になりつつある．

**クローン麻痺**［clonal anergy］　B細胞あるいはT細胞は，その細胞表面の抗原受容体で特定の抗原あるいはMHC分子により提示された抗原ペプチドを認識して反応する．ところが，細胞表面受容体で抗原を認識しても細胞の活性化には至らない状態が存在することが明らかにされている．この状態をクローン麻痺という．T細胞の活性化には抗原受容体とCD28分子からの二つのシグナルが必要で，抗原受容体からのシグナルだけではクローン麻痺に陥る．この状態は外来性にインターロイキン2[*]を加えることにより解除される．

**クーロン力**［Coulomb's force］　2個の点電荷$Q_1$と$Q_2$がある時，その間の距離を$r$とすれば，両点電荷を結ぶ直線上に$Q_1Q_2/r^2$に比例する力が働く．$Q_1$と$Q_2$が同符号であればこの力は斥力，異符号であれば引力となる．これをクーロン力とよぶ．この力は2個の点磁荷においても同様であるが，一般には静電力をさす．J. Priestley，H. Cavendish を経て1785年C. Coulombによって確立された．

# ケ

**Ki-1 抗原** [Ki-1 antigen] ＝CD30(抗原)

**Ki-1 リンパ腫** [Ki-1 lymphoma] ALCL(anaplastic large cell lymphoma, 未分化大細胞リンパ腫)ともいう. ホジキン病*由来細胞株を免疫原として作製されたモノクローナル抗体で認識されるCD30*(Ki-1)抗原陽性の悪性リンパ腫のうち塩基性の豊富な細胞質をもち, 核にくびれをもつ多分葉や花冠状を示す大型細胞(anaplastic large cell)のび漫性増殖をきたす病型をいう. CD30はホジキン病や悪性組織球症, 通常のび漫性大細胞型リンパ腫の一部にも陽性を示す. CD25*, HLA-DRが高率に陽性で発症年齢分布は10歳代を中心とした若年層と50歳代にピークをもつ中高年層の2峰性を示す. 若年発症の例ではt(2;5)(p23;q35)の染色体異常が観察されることから, 独立した疾患単位として認識されつつある.

**kin-7** [kin-7] ＝let-23 遺伝子

**kit 遺伝子** ⇨kit(キット)遺伝子

**Kr 遺伝子** [Kr gene] ＝クルッペル遺伝子

**KRAB ボックス** ⇨KRAB(クラブ)ボックス

**krox24** [krox24] ＝egr-1 遺伝子

**ケアンズ型分子** [Cairns type molecule] ＝θ構造

**ケアンズの実験** [Cairns experiment] 大腸菌ゲノムの複製中間体*をオートラジオグラフィー*によって観察した実験. J. Cairns により1963年に行われた. [³H]チミジンで標識した大腸菌を穏やかに溶菌させてDNAをフィルター上に吸着させ, オートラジオグラフィーを行った. この実験により大腸菌ゲノムが二本鎖環状構造をしており, 複製は一点から開始して逐次的に進行することが示された. 観察された複製中間体がθ形分子, θ構造*, ケアンズ型分子などとよぶ. (⇨複製泡)

**蛍光** [fluorescence] 光の吸収によって励起された分子や原子が元の基底状態に戻る時に放出する光のうち, 寿命の短いものを蛍光, 長いものをりん光(phosphorescence)とよぶが両者は厳密には区別されない. 蛍光は微弱光の測定が可能なため吸光度測定よりも高感度である. また, 蛍光は分子の電子状態, 構造変化, 溶媒との相互作用により影響を受けるので, 蛍光スペクトルと蛍光収量の変化は物質とその近傍の環境変化を検出する指標となる. 蛍光偏光は分子の回転あるいはエネルギー移動などの情報を与える. (⇨蛍光タンパク質)

**蛍光 in situ ハイブリダイゼーション** [fluorescence in situ hybridization] FISHと略す. 非放射性標識遺伝子(あるいはDNAマーカー)と染色体標本DNAやRNAとで分子雑種を形成させたのち, 蛍光物質と結合させて, その遺伝子の染色体上の存在部位やRNAの局在場所を蛍光顕微鏡*下で検出する実験技術である. この技術は遺伝子マッピング*やゲノム解析研究(⇨ヒトゲノムプロジェクト)に必須の手法となっているが, 臨床研究にも広く普及しつつある. 標識検出系として, 1) ビオチン*-dUTP(またはdATP)/アビジン-FITC(黄緑色)系と, 2) ジゴキシゲニン-dUTP/抗ジゴキシゲニン-ローダミン(赤色)系, 3) Cy3*, Cy5系などが用いられているが, 複数の系を組合わせて, 2種類以上のDNAマーカーで同時にFISHを行い, 染色体(クロマチン, DNAファイバー)上での配列順序や物理的距離を計測することも可能となっている(⇨染色体地図). また, 染色体の数的あるいは構造異常を検出する技術として, 染色体特異的DNAライブラリーを用いた染色体ペインティング法や, 異なった組織から調製した全DNAを用いた比較ゲノムハイブリダイゼーションなども考案されている. (⇨in situ ハイブリダイゼーション)

**蛍光活性化セルソーター** [fluorescence-activated cell sorter] 細胞自動解析分離装置, 蛍光細胞分析分離装置ともいう. FACSと略す. フローサイトメーター(flow cytometer)の一つで, レーザー発生装置, 光学系, ノズル, データ処理装置から成り, 一括して分別した細胞を採取する装置のことをいう(⇨フローサイトメトリー). その機能は, 1) 蛍光標識細胞の自動分離, 2) 蛍光強度のコンピューターによる分析と細胞動態・分化の解析・記録の二つに大別される. モノクローナル抗体と蛍光標識抗体を用いて, たとえば白血球のような混合細胞を間接的に染めておき(⇨蛍光抗体法), その浮遊液を超音波でノズルから小滴として振落とし, その途中でレーザー光を当てることにより, 染色された細胞の大きさ, 蛍光強度などを光度計で測定する仕組みになっている. 必要に応じて, 滴下した位置に高電圧の電場をつくり, その細胞だけを分離することも可能である. 回収率が低く時間がかかるが, 免疫細胞のサブセットの定量解析, 表面マーカーや細胞膜分子の動態, 染色体解析, 細胞周期の解析などに広く用いられ, 優れた効力を発揮している.

**蛍光共鳴エネルギー転移** [fluorescence resonance energy transfer] ＝FRET(フレット)

**蛍光顕微鏡** [fluorescence microscope] 細胞や組織に励起光を照射し発する蛍光*を観察する顕微鏡. クロロフィル*, 脂質, ビタミン*などの天然の蛍光性物質による自己蛍光のほか, 特定の細胞内構造に親和性のある蛍光性物質による染色や, 蛍光抗体染色を観察するのに用いられる(⇨蛍光抗体法). 最近, 高圧水銀ランプの代わりにレーザー光を励起光源として用いた共焦点レーザー顕微鏡*が開発され, 試料の光学的断面を観察することが可能になった.

**蛍光抗体法** [fluorescent antibody technique] 免疫蛍光法(immunofluorescence technique)ともいう. 蛍光標識(fluorescence labeling)した抗体を利用して組

織や細胞における特定の抗原分子の局在を蛍光顕微鏡*下に観察する方法．抗原に対する特異抗体を蛍光標識して用いる直接蛍光抗体法と，抗原に未標識の特異抗体（一次抗体）を結合させた後に標識した二次抗体（抗免疫グロブリン抗体）を結合させる間接蛍光抗体法*とがある．後者は，蛍光が増幅される，特異抗体ごとに標識する手間が省ける，という利点があり広く用いられている．抗原に対する特異抗体の局在を検出する目的には，組織に抗原を結合させた後に標識した特異抗体を結合させるサンドイッチ法が用いられる．抗体の蛍光標識には緑色系のフルオレセインイソチオシアネート*（FITC）と赤色系のテトラメチルローダミンイソチオシアネート*（TRITC）がよく用いられる．2種類の抗原に対する特異抗体の動物種が異なる場合には，別々の色素で標識した二次抗体を用いることによって，同一の試料で2種類の抗原を染め分ける二重蛍光染色も可能である．

**蛍光細胞分析分離装置** ＝蛍光活性化セルソーター．

**蛍光タンパク質** [fluorescent protein] 自ら蛍光を発するか励起光を照射すると蛍光を発するタンパク質．たとえば，細胞内カルシウムを感知して発光するエクオリン*は，単体では最大蛍光波長460 nmの青色を発するが，オワンクラゲ Aequorea victoria の細胞内では，代表的な蛍光タンパク質である緑色蛍光タンパク質*（GFP）がエクオリンから励起エネルギーを受け，最大蛍光波長508 nmの緑色の蛍光を発する（エネルギー転移）．各種生物に見つかっており，発色団や発色機構に関係する各種のアミノ酸に種々の変異を導入して，発色輝度，可溶性，発色団成熟速度，発色団の安定性，などを高めた変異蛍光タンパク質が多数作製されており，融合タンパク質の細胞内局在性，FRET*を利用したタンパク質-タンパク質相互作用やタンパク質の構造変換を利用した相互作用物質の検出や濃度測定など広く使用され，分子イメージング法や一分子観察（一分子細胞生物学）において重要なマーカータンパク質となっている．GFPや青色蛍光タンパク質*（CFP）や黄色蛍光タンパク質*（YFP）をはじめとする種々のGFP変異タンパク質のほかに，Anthozoa 属の造礁サンゴ類からは，DsRed*（赤色），AsRed（赤色），AmCyan（シアン），ZsGreen（緑色），ZsYellow（黄色）などの蛍光タンパク質が同定されている．また，ウミバラ科のイシサンゴの蛍光タンパク質は四量体で緑色蛍光を発するが，これの変異体は単量体で（物質が光を吸収することによって，色が可逆的に変化するフォトクロミックな性質を示す．蛍光を消す場合に青色のアルゴンレーザー光（488 nm），蛍光を出現させる場合に紫色の半導体レーザー光（405 nm）が用いられる．

**蛍光ディファレンスゲル二次元電気泳動** [two-dimensional fluorescence difference gel electrophoresis] タンパク質のディファレンシャルディスプレイ分析を行うための二次元電気泳動*．略称は2D-DIGE．異なる生体試料から抽出したタンパク質を別々に異なる蛍光色素で標識した後，混合して同一のゲルで二次元電気泳動を行う．各蛍光試薬を励起する蛍光波長によって標識されたタンパク質を発光させ，各試料のタンパク質パターンを検出する．得られたパターンを画像解析によって重ね合わせるとパターンの違い，タンパク質の発現量の違いを容易に判定することができる．異なる試料を異なるゲルで分離する場合と異なり，蛍光試薬は，Cy2，Cy3*あるいはCy5にN-ヒドロキシスクシンイミドエステル基を導入したものと，マレインイミド基を導入したものとがある．前者は，アルカリ条件下でタンパク質のシステイン残基のチオール基を，また後者はリシン残基のε-アミノ基を蛍光標識するために用いる．2D-DIGEによって定量的で再現性の高い分析を行うことができる．

**蛍光標識** [fluorescence labeling] ⇒蛍光抗体法

**軽鎖** [light chain] 【1】（免疫グロブリンの）⇒L鎖．【2】⇒ミオシンL鎖

**形質細胞** [plasma cell] プラズマ細胞ともいう．単一の抗体分子（⇒モノクローナル抗体）を産生，分泌するB細胞*系の終末細胞．全リンパ球の約1％を占める．核は偏在し，好塩基性の細胞質が豊富．免疫グロブリン（Ig）産生の場である小胞体とゴルジ体がよく発達している．小胞体内には時にラッセル小体（Russell's body）が認められる．分裂能，遊走能を欠くものが多い．MHCクラスII分子，表面免疫グロブリンなどのB細胞マーカーは，ほとんど消失している．1個の形質細胞は，1秒間に2000個の免疫グロブリン分子を分泌する能力をもつ．

**形質細胞腫** [plasmocytoma, plasmacytoma] 免疫グロブリン（Ig）を産生する形質細胞*の腫瘍性疾患で40歳以上の人に多い．骨髄を増殖の場とする骨髄腫（myeloma；通常多発するので多発性骨髄腫*とよばれている）と，骨髄外を原発とする髄外形質細胞腫（extramedullay plasmacytoma）に大別される．免疫グロブリンクラス別の頻度はIgG，IgA，ベンスジョーンズタンパク質，IgD，IgEの順である．白血化したものは形質細胞白血病（plasma cell leukemia）とよばれている．形質細胞の増殖因子としてはインターロイキン6が知られている．他の細胞系の腫瘍と同様に免疫グロブリン遺伝子のH鎖（第14染色体長腕32領域）の再編成が観察されることもある．

**形質細胞白血病** [plasma cell leukemia] ⇒形質細胞腫

**形質転換** [transformation] 【1】（細菌の）トランスフォーメーションともいう．F. Griffith（1928）は，肺炎球菌*II型で，莢膜多糖の合成が欠損した（ウリジン二リン酸グルコースデヒドロゲナーゼの欠損による）非病原性の株と，熱で殺したIII型の病原性の株を多量に混合してマウスに注射すると，マウスが肺炎に感染してIII型の病原菌が増えていることを発見した．熱処理した死菌から遺伝子が移行して，II型菌の欠損を補うために起こった現象と考えられ，形質転換とよばれた．その後，形質転換の際に移行する物質，つまり遺伝子物質は何であるかが追究され，O. T.

Avery*，C. M. MacLeod，M. McCarty(1944)によってそれがDNAであることが証明された．通常培養条件下で形質転換が見られるのは肺炎球菌，枯草菌などに限られていたが，1970年に低温下で塩化カルシウム処理をするだけで，大腸菌の形質転換が可能なことが発見され，遺伝子操作発展をもたらす一つの柱となった．また電気穿孔*法も使われるようになり，さらに形質転換頻度が高くなった．

【2】(動物細胞の) ＝トランスフォーメーション

**形質転換因子** [transforming principle]　非病原性の肺炎球菌*(莢膜を欠く)を殺した病原性の肺炎球菌(莢膜をもつ)とともにマウスの腹腔内に注射すると，病原性が現れマウスは死ぬ．しかも，そこで増殖した菌はその後も病原性をもち続けている．この原因となる死菌中にある成分は，明らかに非病原性から病原性(莢膜をつくるようになる)へと形質を変えたので形質転換因子とよばれた．O. T. Avery* らはこれを追究，精製してDNAであることを見いだし，初めてDNAが遺伝物質であることを証明した．(→ 形質転換)

**形質転換細胞** [transformed cell]　形質転換体(transformant)，トランスフォーマントともいう．ある形質を示す細胞(供与細胞)のDNAを，それを示さない細胞(受容細胞)へ導入して生じた供与細胞の形質を示す細胞をいう(→ トランスフェクション)．O. T. Avery* は肺炎球菌*の形質転換*実験により，DNAが遺伝物質であることを証明した．一方，動物の初代培養細胞や非形質転換細胞を長期継代したり，発がん剤で処理すると，増殖能，形態，腫瘍性などの形質が変化した細胞が生じる(→ トランスフォーメーション)．このような細胞も，同様の名称でよんでいる．

**形質転換植物** ＝トランスジェニック植物
**形質転換生物** ＝トランスジェニック生物
**形質転換巣** [transformed focus] ＝フォーカス
**形質転換体** [transformant] ＝形質転換細胞
**形質転換動物** ＝トランスジェニック動物
**形質転換マウス** ＝トランスジェニックマウス

**形質導入** [transduction]　トランスダクションをもいう．細菌の遺伝子が，ある種のテンペレートファージ*に運ばれて，一つの細胞(供与菌)から他の細胞(受容菌)に移し入れられ，その中で遺伝的組換え*を起こして受容菌が組換え体となる現象である．大別して2種あり，普遍形質導入(generalized transduction)はたとえば大腸菌のファージP1*，サルモネラのファージP22などによるものが有名で，受容菌の染色体DNAのランダムな断片がファージのキャプシド*に取込まれ，つぎの感染により供与菌にこのDNAが注入される(→ ファージDNAパッケージング)．したがって統計的にはファージ粒子の集団の中に供与菌の遺伝子がすべて含まれるので，どの遺伝子も受容菌の中で同じチャンスで組換え体形成に寄与する．一方，特殊形質導入(specialized transduction)は，たとえば大腸菌のλファージ*のように細菌染色体の特定の部位にプロファージ*として組込まれていたものが，切出される時に両側の細菌遺伝子のいずれかを伴う形で運ぶものである．形質導入は細菌の微細な遺伝子マッピング*の技法として威力を発揮する．

**形質導入ファージ** [transducing phage]　細菌のテンペレートファージ*のうち，形質導入*に関与するファージをいう．特殊形質導入を行うファージについて用いられる場合が顕著である．たとえば大腸菌のλファージ*，φ80ファージなどのうち，細菌の特定の遺伝子をファージDNAの中に組込んだものをいう(λbio，φ80trp など)．中にはファージ増殖に必須の遺伝子を失いそれらと置換して細菌遺伝子を組込んだもの(λdgal など)もあり，増殖にはヘルパーファージを要する．

**形質膜** [plasma membrane] ＝細胞膜
**傾触性**　接触傾性のこと．(→ 接触屈性)
**形成体** [organizer]　オーガナイザー，編制源ともいう．動物の初期発生で"形づくりのセンター"として働く胚域をさし，予定外胚葉に作用して中枢神経系の原基の形成をひき起こすと同時に，その胚域自身は脊索などの背側中枢葉に分化する．1921年ごろから，H. Proschold(後に O. Mangold 夫人)は H. Spemann や O. Mangold の指導の下で，2種のイモリの初期原腸胚のさまざまな部域を交換し，原基分布図を決める手術をしていた(→ 原腸胚)．そして1924年に，*Triturus cristatus*(クシイモリ)の赤道面付近の原口上唇部を *T. taeniatus*(スジイモリ)の腹側赤道面上に移植した時に，宿主の本来の神経板*以外に，二次胚としてもう一つの神経板ができていることを発見した．切片の観察から，この二次胚では本来の胚体*(体軸の原基)のほかに脊索，体節，前腎については，移植片および宿主胚の双方に由来していたが，神経管は宿主胚由来のものであった．このことから，原口上唇部には脊索や神経管などの背側の中軸構造をつくらせる能力があると解釈して，Spemannはこの部域を形成体とよんだ．その後の W. Vogt らの局所生体染色法を用いたイモリの原基分布図および H. Bautzman の詳細な移植実験から，形成体は脊索前板，脊索，および体節予定域にまたがることが判明した．Spemann(1931)は初期原腸胚の原口上唇部を移植すると宿主胚に頭部神経組織が誘導され，後期原腸胚の原口上唇部を移植すると胴および尾部の神経組織が誘導されることから，初期の原口上唇部を頭部形成体とよび，後期原腸胚の原口上唇部を胴尾部形成体とよんだ．これら原口上唇部が陥入して外胚葉を裏打ちするようになってからも外胚葉に対して神経を誘導する能力をもつことは Mangold(1933) により示された．よって正常胚における神経板の形成は形成体が陥入しながら外側の予定外胚葉に垂直に働きかけて神経板をつくらせる神経誘導*によるものであると考えられている．現在ではこのほかに，胞胚腔*の空隙を介さずに，細胞の直接的なつながりの中を伝わる平面的な神経誘導機構の存在も示唆されている．一方，形成体の移植で，宿主の腹側に一部宿主由来の背側中胚葉組織ができたことから，予定腹側中胚葉も移植された形成体の影響を受けて背側中胚葉組織へと分化の方向を変えたことがわかる．この現

象を背方化(dorsalization)とよぶ．Spemann は神経誘導を一次誘導(primary induction)とよび，発生は一次誘導や，その後の二次誘導(secondary induction)，さらにそれにひき続く一連の誘導の連鎖により進行してゆくと考えた．現在では神経誘導がイモリ胚の最初の誘導であるとは限らず，中胚葉誘導*やニューコープセンター(形成体の成立に先立って背側の植物半球に起こる活性中心)がひき起こす形成体の誘導などの先立つ誘導現象の存在も提唱されている．初期発生における形成体の働きは広く動物界にみられる．鳥類や哺乳類ではヘンゼン結節および原条前方域がこれに相当する．

**形態学的形質転換** [morphological transformation] ⇒ 悪性(形質)転換

**形態形成** [morphogenesis] 多細胞生物では1個の受精卵から，分裂増殖，細胞分化*により新しい組織，器官が形成されてくるが，新たな形態が生じてくる過程を形態形成という．この時細胞，あるいは組織の移動，すなわち形態形成運動(morphogenetic movement)を伴うことが多く，局所的あるいは胚全体のめざましい形態変化を遂げる．形態形成運動の結果新しい器官が形成されることから器官形成*とほぼ同義として使われることが多い．長い距離移動する細胞としては，神経冠*細胞，始原生殖細胞*などがあり，中枢神経系のニューロン*は神経管内で移動する(⇒ 神経発生)．またシート状の構造が陥入して球状の構造(レンズ)を構成したり，管状の構造(神経管)を構成したりする．あるいは上皮組織が管状に伸びていってその先が膨らみ，腺組織に分化する．このような形態変化は組織間あるいは細胞間の相互作用の結果として起こると考えられる．

**形態調節** [morphallaxis] ⇒ 再生

**継代培養** [subculture] ⇒ 細胞培養

**茎頂** シュート頂のこと．(⇒ 頂端分裂組織)

**茎頂培養** [shoot apex culture, stem apex culture, stem tip culture] 成長点培養(growth point culture)，頂端分裂組織培養(apical meristem culture)とほぼ同義．茎頂を培養すること．茎頂とは植物の茎の先端にあり，頂端分裂組織*(成長点)とそれから由来する葉原基などの組織から成り，芽を形成するもととなる部分である．茎頂は病原性生物の感染が少なく，茎頂培養によってウイルスや他の病原体に感染していないウイルスフリー苗，無病苗の育成が実用化されている．また，茎頂を培養しその数を増してさらに分割増殖することにより，マイクロプロパゲーション(micropropagation)の一手法ともなる．

**茎頂分裂組織** [shoot apical meristem, apical meristem of shoot] シュートの頂端分裂組織*をこのようにいうことが多い．多くのシュート頂(茎頂)では細胞組織帯(cytohistological zonation)が認められ，中央部，周辺分裂組織，髄状分裂組織が区別される．被子植物のシュート頂には外衣，内体の構造があり，多くのシダ植物では，一つの大きな頂端細胞がある．多くの裸子植物のシュート頂では，表層の細胞に垂層分裂*も並層分裂*も起こり，明確な細胞層は認められない．

**系統樹** [phylogenetic tree, genealogical tree] 生物がたどった進化の道筋を1本の木にたとえて表現したものを系統樹という．木の根元は最も古い祖先を表し，枝葉は最近分岐した生物を表す．系統樹の推定には，おもに生物の化石や形態などから推定する伝統的な方法と，現存生物の分子の比較から推定する方法とがある．後者から推定された系統樹を，前者と区別して，分子系統樹とよぶ．遺伝子重複*により多様化した遺伝子ファミリー*の進化の道筋を系統樹で表すことがある．核酸の塩基配列やタンパク質のアミノ酸配列の比較により系統発生*を解析し，系統樹を作成することが主流となっている．

**系統発生** [phylogeny, phylogenesis] 生物のグループが誕生から絶滅あるいは今日までにたどった歴史，および他のグループとの進化的関係のこと．個体発生*とともに E. H. Haeckel の造語．系統発生を図示したものが系統樹*である．Haeckel は個体発生は系統発生を繰返すと主張した．これは系統発生にある視点を与えたが，厳密には正しくない．個体は発生の過程で，祖先の成体の段階をたどるのではなく，発生のいろいろな段階をたどるのである．

**茎葉体** [cormus] ⇒ 葉状体

**経路誘導** [pathway guidance] ＝軸索誘導

**ケイロン** ＝カローン

**K-fgf** [K-fgf] ＝hst-1

**$K_m$値** [$K_m$ value] ＝ミカエリス定数

**KL** [KL＝kit ligand] kit リガンドの略称．(⇒ 幹細胞因子)

**K562細胞** [K562 cell] 慢性骨髄性白血病末期の53歳の女性の胸水から樹立された浮遊系培養細胞．細胞集団は未分化の顆粒系細胞で，膜抗原から赤白血病細胞と同定された．多機能性で自然に分化して赤血球，顆粒球，単球の前駆細胞に分化し，また各種の分化誘導物質で同様に分化する．in vitro でナチュラルキラー細胞*の標的細胞として使われる．フィラデルフィア染色体*があり D/E 転移がある．

**K細胞** [K cell] ⇒ 抗体依存性細胞傷害

**K-sam遺伝子** [K-sam gene] K-sam 遺伝子は繊維芽細胞増殖因子(FGF)受容体*ファミリーに属する遺伝子で，繊維芽細胞増殖因子受容体2型遺伝子(fibroblast growth factor receptor type 2 gene, FGFR2 gene)ともよばれる．ヒト第10染色体長腕25.3-26領域に位置し，低分化型胃がんにおいてしばしば遺伝子増幅*・過剰発現をきたす．(名称は，KATO-Ⅲ cell-derived stomach cancer amplified gene に由来する．)図に示すような基本構造をもつ受容体型

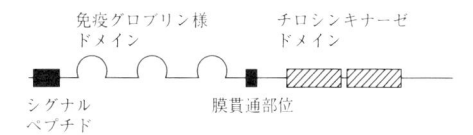

K-sam 遺伝子産物の基本構造

チロシンキナーゼ*をコードし，二量体を形成してリガンドであるFGFファミリーの増殖因子と結合する．選択的スプライシング*により分泌型受容体を含め，多様な転写産物を生成するが，特に細胞外ドメイン第3免疫グロブリン様ループ後半部の違いにより，角化細胞増殖因子受容体(keratinocyte growth factor receptor)型(K-sam-II)と塩基性繊維芽細胞増殖因子受容体型(K-sam-I)に分かれる．

**KGF**［KGF＝keratinocyte growth factor］＝角質細胞増殖因子

**ゲスターゲン**［gestagen］＝プロゲスチン

**$K^+$チャネル**［$K^+$ channel］＝カリウムチャネル

**血液型**［blood type］ 複数の対立遺伝子をもつ細胞抗原によって決定される細胞の型で，狭義には赤血球抗原型をいう．異なる赤血球抗原をもつ血液同士を混合すると，一方の赤血球抗原と他方の血清中に存在する抗体*との反応により血液凝集が起こる．この凝集反応の有無から赤血球抗原をいくつかの型に分類できる．これが一般にいう血液型である．ヒトの場合ABO式血液型*のほか，MN式，Rh式などがある．広義には赤血球抗原だけでなく血清型，赤血球酵素多型，白血球型も含む．

**血液幹細胞** ＝造血幹細胞

**血液凝固**［blood coagulation, blood clotting］ 血液凝固は，止血と創傷治癒，細菌などの有害異物の体内への進入を阻止するための生体防御機構の一つである．止血血栓の形成は傷害部位の血管内皮下組織へのフォンビルブラント因子*を介する血小板*の粘着によって開始され，血小板内顆粒からの凝集促進物質の放出，血小板凝集による血小板血栓の形成へと続く．さらに，より確かな止血とその後の組織修復には，血液凝固反応によるフィブリン*血栓の形成が必要である．血液凝固の開始反応には，傷害組織の細胞膜に存在する組織因子*へのVII$_a$因子の結合によって開始される外因系凝固系(extrinsic coagulation pathway)と，ガラス試験管内の血液凝固のようにカオリン，セライトなどの異物の陰性荷電表面への高分子キニノーゲン*・血漿プレカリクレイン・XII因子の結合によって開始される内因系凝固系(intrinsic coagulation pathway)がある．これらの反応は，その後，おもに活性化血小板上の陰性荷電リン脂質(ホスファチジルセリン)に結合するビタミンK依存性凝固因子(γ-カルボキシグルタミン酸(Gla)残基を含有するIX因子，X因子，プロトロンビンなど)とその補助因子(VIII$_a$因子とV$_a$因子)の複合体によるトロンビン*生成へと続く(凝固増幅反応)．トロンビンは，フィブリノーゲン*とXIII因子を限定分解して活性化し，安定なフィブリン血栓を形成する．こうした凝固反応は基本的にはセリンプロテアーゼ凝固因子とその補助因子の複合体による因子前駆体の連続的な限定分解により進展するため，カスケード凝固反応とよばれる．一方，正常時の血管内では多くの凝固制御因子によって傷害部位以外でのフィブリン血栓の形成は制御されている．プロテアーゼ凝固因子はアンチトロンビンやTFPI*な

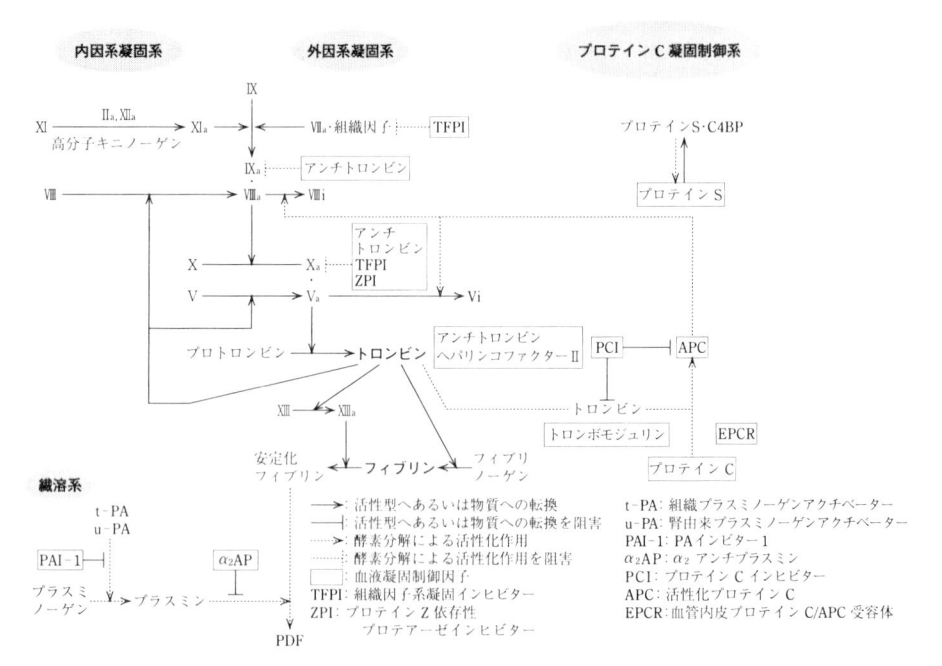

**血液凝固系，血液凝固制御系，繊維素溶解系の概略** (⇌ 血液凝固)

どのプロテアーゼインヒビターによって阻害され，凝固反応増幅因子のⅧ$_a$因子とV$_a$因子はプロテインC凝固制御系による負のフィードバックを受けて制御される．また，傷害部位のフィブリン血栓は組織修復に伴い線維素溶解（繊維素溶解*，繊溶）反応によって除去されるが，繊維素溶解反応も組織修復の状況に応じて進むように複数の繊維素溶解制御因子によって制御されている．このように凝固系と繊維素溶解系は連動して傷害組織の修復にかかわる．他方，凝固制御因子（アンチトロンビン，プロテインC*，プロテインS*，TFPIなど）の先天性欠損症や後天性欠損症である感染症，糖尿病，高血圧症，免疫異常症，妊娠，腫瘍，外科手術時などでは，病的血栓が形成されて血栓症をきたし，また，繊維素溶解制御因子の先天性欠損症や過度の血栓溶解は出血症をきたす．図に血液凝固系，凝固制御系および繊維素溶解系の概略を示す．(⇌ 血液凝固因子，血液凝固制御因子，アンチトロンビン欠損症，プロテインC欠損症，プロテインS欠損症）

**血液凝固因子** [blood coagulation factor, blood clotting factor] 血液凝固反応にかかわる因子．下表に血液凝固因子の慣用名，分子量（アミノ酸数），遺伝子の大きさと染色体局在部位，血漿濃度，活性化因子の機能などの性質を示す．(⇌ 血液凝固，血液凝固制御因子）

**血液凝固Ⅰ因子** [blood coagulation factor Ⅰ] ＝フィブリノーゲン

**血液凝固Ⅱ因子** [blood coagulation factor Ⅱ] ＝プロトロンビン

**血液凝固Ⅲ因子** [blood coagulation factor Ⅲ] ＝組織因子

**血液凝固Ⅳ因子** [blood coagulation factor Ⅳ] ⇌ 血液凝固因子

**血液凝固Ⅴ因子** [blood coagulation factor Ⅴ] Acグロブリン(Ac globulin, accelerator globulin)ともい

### おもな血液凝固因子の性質 (⇌ 血液凝固因子)

| 因子番号 | 慣用名 | 分子量（アミノ酸残基数） | 遺伝子のサイズ[kb]と局在部位 | 血漿濃度[mg/dL] | 活性化因子のおもな機能 |
|---|---|---|---|---|---|
| Ⅰ | フィブリノーゲン | Aα鎖 68,000(625)<br>Bβ鎖 55,000(461)<br>γ鎖 49,000(411) | ~10(4q26-32)<br>~10(4q26-32)<br>10.5(4q26-32) | フィブリノーゲンとして 200~400 | フィブリン血栓形成，血小板凝集，繊溶の基質 |
| Ⅱ | プロトロンビン | 72,000(579) | ~21(11p11-q12) | 10~15 | プロテアーゼ（トロンビン）基質：フィブリノーゲン，血小板PAR-1, PAR-4, プロテインCなど |
| Ⅲ | 組織因子，組織トロンボプラスチン | 37,000(263) | 12.4(1q21-22) | 脳，肺，血管内皮下組織細胞の膜タンパク質 | 補酵素タンパク質<br>酵素：Ⅶa因子 |
| Ⅳ | カルシウムイオン($Ca^{2+}$) | | | 2 mmol/L | 補助因子 |
| Ⅴ | Acグロブリン，不安定因子 | 330,000(2196) | ~80(1q21-25) | 0.5~0.9 | 補酵素タンパク質<br>酵素：Xa因子 |
| Ⅶ | プロコンベルチン，安定因子 | 50,000(406) | 12.8(13q34) | 0.4~0.7 | プロテアーゼ（Ⅶa因子）基質：Ⅸ因子，Ⅹ因子 |
| Ⅷ | 抗血友病因子 | 330,000(2351) | 186(Xq27.3) | 0.01~0.02 | 補酵素タンパク質<br>酵素：Ⅹa因子 |
| Ⅸ | クリスマス因子 | 55,000(415) | 33.5(Xp27.1) | 3~5 | プロテアーゼ（Ⅸa因子）基質：Ⅹ因子 |
| Ⅹ | スチュワート因子 | 56,000(447) | 25~(13q34) | 5~10 | プロテアーゼ（Ⅹa因子）基質：Ⅹ因子 |
| Ⅺ | 血漿トロンボプラスチン前駆物質 | 160,000(607) | 25~(4q35) | 0.5~0.9 | プロテアーゼ（Ⅺa因子）基質：Ⅸ因子 |
| Ⅻ | ハーゲマン因子 | 82,000(596) | 25~(5q33-ter) | 2~3 | プロテアーゼ（Ⅻa因子）基質：Ⅺ因子，プレカリクレイン |
| ⅩⅢ | フィブリン安定化因子 | aサブユニット 75,000(731)<br>bサブユニット 80,000(641) | 160(6q24-25)<br>28(1q31-32) | ⅩⅢ因子として 1~2 | トランスグルタミナーゼ（ⅩⅢa因子）基質：Ⅺ因子，プレカリクレイン |
| | 血漿プレカリクレイン（フレッチャー因子） | 88,000(619) | 22(4q35) | 1~2 | プロテアーゼ（カリクレイン）基質：Ⅻ因子 |
| | 高分子キニノーゲン（Fizgerald, Williams, Flaujeac因子） | 76,000(626) | ~27(3q26-ter) | 20~50 | 補酵素タンパク質，ブラジキニン前駆タンパク質<br>酵素：Ⅻa因子，カリクレイン |
| | フォンビルブラント因子(VWF) | 260,000(2050) | 178(12q12-ter) | 0.5~1.0 | 血小板粘着・凝集促進，Ⅷ因子の安定化 |

う．Ｖ因子は，肝臓，血小板，内皮細胞などで産生される高分子量糖タンパク質でⅧ因子，セルロプラスミンと類似構造をもつ．トロンビン*の限定分解を受けて活性化されたV_a因子は，活性化血小板などの細胞膜リン脂質上で生じる血液凝固反応で，X_a因子によるプロトロンビン*の活性化を促進する補酵素として機能する．V_a因子は活性化プロテインC(APC)により分解されて失活化する．また，Ｖ因子はプロテインS*とともに，APCによるⅧ_a因子の失活化を促進する．APCや他の血漿プロテアーゼで分解されやすく，不安定因子(unstable factor)とよばれる．先天性Ｖ因子欠損症は出血症状をきたす．(⇌血液凝固，血液凝固因子)

**血液凝固Ⅶ因子**［blood coagulation factor Ⅶ］ プロコンベルチン(proconvertine)，安定因子(stable factor)ともいう．肝臓で産生されるビタミンK依存性血漿セリンプロテアーゼ前駆タンパク質．平滑筋細胞などの血管外組織，腫瘍組織，活性化白血球などの表面に存在する組織因子*に結合したⅦ_a因子は，Ⅸ因子およびⅩ因子を活性化して外因系血液凝固反応を開始する．組織因子・Ⅶ_a因子複合体は組織因子系インヒビター(TFPI*)により阻害される．Ⅶ因子の先天性欠損症は出血症状をきたす．(⇌血液凝固，血液凝固因子)

**血液凝固Ⅷ因子**［blood coagulation factor Ⅷ］ 抗血友病因子A(antihemophilic factor A)ともいう．おもに肝臓で産生される高分子量糖タンパク質でⅤ因子，セルロプラスミンと類似構造をもつ．血中では，フォンビルブラント因子*と複合体を形成して安定化される．トロンビン*の限定分解を受けて活性化されたⅧ_a因子はフォンビルブラント因子から遊離し，活性化血小板などの細胞膜リン脂質上に結合して，Ⅸ_a因子と複合体(テンナーゼ複合体)を形成し，Ⅸ_a因子によるⅩ因子の活性化を促進する補酵素として機能する．Ⅷ_a因子はV_a因子とともに活性化プロテインC(APC)の限定分解を受けて失活化する(⇌プロテインC)．先天性Ⅷ因子欠損症は血友病Aとよばれ，広範な組織で出血症状をきたす．(⇌血友病，血液凝固，血液凝固因子)

**血液凝固Ⅸ因子**［blood coagulation factor Ⅸ］ クリスマス因子(Christmas factor)，抗血友病因子B(antihemophilic factor B)ともいう．肝臓で産生されるビタミンK依存性血漿セリンプロテアーゼ前駆タンパク質．Ⅸ因子は$Ca^{2+}$と$Mg^{2+}$の存在下に，組織因子・Ⅶ_a因子複合体あるいはⅪ_a因子の限定分解を受けて活性化される．Ⅸ_a因子は，活性化血小板などの細胞膜リン脂質上でⅧ_a因子と複合体(テンナーゼ複合体)を形成して，効率的にⅩ因子を活性化する．Ⅸ因子の先天性欠損症は血友病Bとよばれ，広範な組織で出血症状をきたす．(⇌血友病，血液凝固，血液凝固因子)

**血液凝固Ⅹ因子**［blood coagulation factor Ⅹ］ スチュワート・プロワー因子(Stewart-Prower factor)ともいう．肝臓で産生されるビタミンK依存性血漿セリンプロテアーゼ前駆タンパク質．外因系凝固活性化において，Ⅶ_a因子・組織因子複合体によって活性化されるとともに，内因系凝固系において，Ⅸ_a因子・Ⅷ_a因子複合体(テンナーゼ複合体)の限定分解を受けて活性化される．活性化X_a因子は，活性化血小板などの細胞膜陰性荷電リン脂質(ホスファチジルセリンなど)に結合し，V_a因子と複合体(プロトロンビナーゼ複合体)を形成して，プロトロンビン*を効率的に限定分解して活性化し，トロンビン*を生成する．Ⅹ因子の先天性欠損症は出血症状をきたす．(⇌血液凝固，血液凝固因子)

**血液凝固Ⅺ因子**［blood coagulation factor Ⅺ］ 血漿トロンボプラスチン前駆物質(plasma thromboplastin antecedent)ともいう．肝臓で産生される高分子量血漿セリンプロテアーゼ前駆タンパク質．高分子キニノーゲン*の存在下にⅫ_a因子によって活性化されるほか，カオリン，スルファチド，ヘパリン，デキストラン硫酸などの陰性荷電物質の表面でトロンビン*の限定分解を受けて活性化される．活性化Ⅺ_a因子はⅨ因子を活性化して内因系凝固反応を開始し，凝固の拡大化に寄与する．先天性欠損症は出血症状をきたす．(⇌血液凝固，血液凝固因子)

**血液凝固Ⅻ因子**［blood coagulation factor Ⅻ］ ハーゲマン因子(Hageman factor)ともいう．肝臓で産生される血漿セリンプロテアーゼ前駆タンパク質．ガラス，カオリン，スルファチド，酸性リン脂質，コラーゲン，リポタンパク質などの陰性荷電物質(異物)の表面で，高分子キニノーゲン*の存在下に血漿カリクレイン*の限定分解を受けて活性化される．活性化されたⅫ_a因子は，高分子キニノーゲンの存在下にⅪ因子を活性化して内因系凝固反応を開始するとともに，プレカリクレインを活性化してカリクレインを生成し，キニン系を活性化する．(⇌血液凝固，血液凝固因子)

**血液凝固ⅩⅢ因子**［blood coagulation factor ⅩⅢ］ フィブリン安定化因子(fibrin stabilizing factor)ともいう．2個ずつのaサブユニット，bサブユニットから成る四量体($a_2b_2$)の高分子．血漿トランスグルタミナーゼとして機能し，フィブリン*，$α_2$プラスミンインヒビター*($α_2$アンチプラスミン)，フィブロネクチン*などの各種タンパク質を分子架橋させる．aサブユニットは血漿のほか，血小板，胎盤，前立腺，子宮，マクロファージなどに存在し，トロンビン*の限定分解を受けて活性化される．bサブユニットは肝臓で産生され，aサブユニットの安定化に寄与する．ⅩⅢ因子の先天性欠損症は出血症状・創傷治癒の異常・習慣性流産などをきたす．(⇌血液凝固，血液凝固因子)

**血液凝固制御因子**［blood coagulation regulatory factor, blood clotting regulatory factor］ 血液凝固制御反応にかかわる因子．次ページの表に凝固制御因子の分子量，遺伝子の大きさと染色体局在部位，血漿濃度，活性化因子の機能などの性質を示す．(⇌血液凝固，血液凝固因子)

**血液細胞**［blood cell］　末梢血中を流れている細胞成分の総称．形態と機能を異にする白血球\*，赤血球\*，血小板\* から成る．白血球はさらに好中球\*，好酸球\*，好塩基球\*，単球\*，リンパ球\* に分類される．白血球，赤血球，血小板とも造血幹細胞が増殖・分化してつくられる（⇨造血幹細胞［図］）．白血球はおもに感染防御，赤血球は酸素と二酸化炭素の運搬を，血小板はおもに止血を担っている．

**血液脳関門**［blood-brain barrier］　脳血液関門（brain-blood barrier）ともいう．血液から脳組織内への物質の移行を制限する関門．これによって脳は有害物質などから守られている．脂溶性物質は血液脳関門を通過できるが，極性物質，強電解質など非脂溶性の物質は通過しにくい．血液脳関門の実体は，脳の毛細血管では内皮細胞が互いに密着結合\* で結合しているためとされる．毛細血管周囲に配置されているグリア細胞\* も関門機能に関与するといわれる．脳の代謝に必要な水溶性物質は担体によって脳組織へ運ばれる．

**結核菌**［*Mycobacterium tuberculosis*］　⇨マイコバクテリア

**血管**［blood vessel］　心臓から駆出された血液を循環させる管状の器官．神経系と同様，末梢伝達系としての機能をもつ．血液循環系の主機能は各組織における物質・ガス交換，免疫応答を中心とする生体防御であり，一層の血管内皮細胞\* と基底膜で形成される毛細血管（capillary）において行われる．動脈（artery）および静脈（vein）は，内皮細胞によって形成される内膜（intima）に加え，平滑筋細胞と弾性繊維・コラーゲン繊維などで構成される中膜（media）と繊維芽細胞と結合組織から成る外膜（adventitia）による三層構造をとり，それぞれ内・外弾性板によって隔てられている．動脈は高圧系のため，中膜が発達し弾力性に富み，抵抗血管（resistance vessel）としての特性をもつ．これに対し，静脈は低圧系で，壁は薄く弾力に乏しいが容量が大きく，容量血管（capacitance vessel）とよばれる．血管，特に血管抵抗を規定する小動脈の緊張性（トーヌス vascular tonus）によって，血圧や組織血流量が調節される．血管トーヌスを規定する中膜平滑筋の収縮弛緩は，血流に対する自己調節機能のほか，血管作動性の自律神経・ホルモン（カテコールアミン\*・アンギオテンシン\* など）・内皮細胞由来因子などにより調節を受ける．血管は，組織の発達・増殖過程などにおけ

**おもな血液凝固制御因子の性質**（⇨血液凝固制御因子）

| 慣用名 | 分子量<br>（アミノ酸残基数） | 遺伝子のサイズ<br>〔kb〕と局在部位 | 血漿濃度 | 活性化因子のおもな機能 |
|---|---|---|---|---|
| プロテインC | 62,000（419） | 11.2（2q14-21） | 0.2～0.6 mg/dL | プロテアーゼ（APC）<br>基質：Va因子，VIIIa因子 |
| プロテインS | 80,000（635） | 50（3q11.1-11.2） | 2.2～3.0 mg/dL | 補酵素タンパク質<br>酵素：APC |
| トロンボモジュリン<br>（TM） | 78,000（557） | 3.7（20p11.2） | 内皮細胞膜糖タンパク質（可溶性分解物として10～15 ng/mL） | 補酵素タンパク質<br>酵素：トロンビン |
| 血管内皮プロテインC/APC受容体<br>（EPCR） | 49,000（238） | 6（20q11.2） | 内皮細胞膜糖タンパク質（可溶性分解物として80～440 ng/mL） | 受容体・補酵素タンパク質<br>酵素：プロテインC・APC |
| アンチトロンビン<br>（AT） | 55,000（432） | 19（1q23-25） | 20～27 mg/dL | セルピン<br>阻害酵素：IXa因子，Xa因子，トロンビン，VIIa因子 |
| ヘパリンコファクターII<br>（HCII） | 72,000（480） | 14.5（22q11） | 6～12 mg/dL | セルピン<br>阻害酵素：トロンビン |
| プロテインZ依存性プロテアーゼインヒビター<br>（ZPI） | 72,000（444） | 14～15（4q32.13） | 0.1～0.2 mg/dL | セルピン<br>阻害酵素：Xa因子 |
| プロテインCインヒビター<br>（PCI） | 57,000（387） | 15（14q32.1） | 0.3～0.7 mg/dL | セルピン<br>阻害酵素：APC, TM結合トロンビン |
| $\alpha_1$-アンチトリプシン<br>（$\alpha_1$AT） | 50,000（394） | 10（14q31-32） | 200～380 mg/dL | セルピン<br>阻害酵素：XIa因子，エラスターゼ，APC |
| 組織因子系凝固インヒビター<br>（TFPI） | 38,000（276） | 70（2q31-32） | 6～18 μg/dL | クニッツ型プロテアーゼインヒビター<br>阻害酵素：VIIa因子，Xa因子 |
| C1インヒビター | 105,000（478） | 10（11q11-13.1） | 11～26 mg/dL | セルピン<br>阻害酵素：カリクレイン，XIIa因子，XIa因子 |

る相対的酸素濃度の低下に応じて，血管新生*の機構により新しい毛細血管網を形成する．また，血流量や血圧など血行動態の変化に応じて血管再構築(vascular remodeling)とよばれる構造上の変化(肥大・平滑筋細胞の再配列など)をきたす．これらの変化は，生体環境の変化に対する生理的適応現象と考えられるが，高血圧や動脈硬化などの循環器疾患の発症や進展における病態生理的意義が注目を集めている．

**血管拡張性失調症** [ataxia telangiectasia] 常染色体劣性疾患*の一つで，ルイ・バー症候群(Louis-Bar syndrome)とよばれることもある．小脳性の失調，毛細血管の拡張(眼球結膜で目立つ)，免疫異常，悪性腫瘍の頻度が著しく高いなどの特徴をもつ．X線やγ線に対する感受性が著しく高く，いわゆる染色体不安定症候群の一つである．6種の相補群に分かれ，うちいくつかは第11染色体の長腕22.3領域にマップされる．*ATM*(ataxia telangiectasia mutated；相補グループA, C, Dを含む)遺伝子の異常が原因となる．*ATM*遺伝子の産物は細胞内信号伝達に深く関わるPI-3キナーゼに非常によく似ている核内プロテインキナーゼであり，細胞分裂や細胞周期の制御に関与している．*ATM*遺伝子の産物は，代謝過程やDNA損傷薬剤・放射線照射などで生じたDNA二本鎖切断によって活性化し，p53, Nbs1, BRCA1, FANCD2, SMC1, Rad17などをリン酸化し，細胞周期チェックポイント*を活性化し，アポトーシス*を起こす．ATMは抗体遺伝子のV-(D-)J組換えにおいてDNA二本鎖切断複合体を安定化させることも見つかり，患者でこの領域における転座を伴ったリンパ腫瘍が増加する理由が説明可能となった．マキュージック番号* 208900.

**血管芽細胞** [angioblast] 血管*の原基となる細胞集団を形成する，中胚葉由来の未分化な間葉細胞．胎生期の血管形成開始機構である血管新生の過程において，融合・管腔形成とともに血島(blood island)を形成する原始血球とそれを取巻く血管内皮細胞*に分化し，血管叢を形成する．

**欠陥干渉性ウイルス** [defective-interfering virus] ⇒不全感染

**血管腫** [hemangioma] 血管壁をなす細胞成分，すなわち内皮細胞・平滑筋細胞・周皮細胞などの異常増殖がもたらす腫瘍．

**血管新生** [angiogenesis, vasculogenesis] 血管形成の機構は，血管芽細胞*が造血幹細胞集団をつくってその融合・管腔形成により血管叢を形成するvasculogenesisと，既存の血管から血管内皮細胞*が出芽し，組織に侵入する形で毛細血管を伸ばしていくangiogenesisに大別される．一般に，血管新生は後者をさす．形成過程は 1) プロテアーゼによる血管基底膜の消化, 2) 血管内皮細胞の遊走・増殖, 3) 管腔形成の順に進行する．正常個体では，胎生期血管形成，子宮・卵巣の性周期変化の際にみられるが，創傷治癒組織や腫瘍組織・糖尿病性網膜症などの病的状態での意義も大きい．(⇒血管新生因子)

**血管新生因子** [angiogenic factor] 血管新生*活性をもつ因子の総称．血管内皮細胞増殖因子*，繊維芽細胞増殖因子*，肝細胞増殖因子*，トランスフォーミング増殖因子α*(TGF-α)，上皮増殖因子*，血小板由来増殖因子*などの増殖因子，インターロイキン1*，インターロイキン8*などのサイトカインがあげられる．トランスフォーミング増殖因子β*(TGF-β)は *in vitro* では血管新生抑制活性を示すが，*in vivo* では逆に血管新生を促進する．(⇒腫瘍血管新生因子)

**血管足** [vascular foot] ⇒アストログリア

**血管透過因子** [vascular permeability factor] ＝血管内皮細胞増殖因子*．VPFと略す．

**血管内皮型NOシンターゼ** [endothelial NO synthase] eNOSと略す．一酸化窒素*(NO)を合成するNOシンターゼ*の中で，おもに血管内皮細胞*に発現し，血管拡張作用に関与する分子量135,000の酵素(⇒NOシンターゼ)．血管内皮細胞，骨芽細胞*，子宮内膜上皮細胞といった特定の細胞に恒常的に発現しており，神経型NOシンターゼ(neuronal NO synthase, nNOS)とともに構成型NOシンターゼ(constitutive NO synthase, cNOS)とよばれる．誘導型NOシンターゼ*(iNOS)とは異なり，本酵素の活性は細胞内カルシウム濃度によって調節されており，L-アルギニンからNOが産生される．ほかの2種類のアイソザイムと同様にC末端側にはシトクロムP450レダクターゼに共通して認められるNADPH, FAD, FMN結合部位が存在する．また，N末端側にはL-アルギニンおよびテトラヒドロビオプテリン結合部位が存在する．ずり応力や低酸素，エストロゲン刺激などによる転写制御を受ける．

**血管内皮細胞** [vascular endothelial cell] 血管内腔を裏打ちして内膜を構成する一層の細胞．中胚葉起源．内膜剥離によりアセチルコリンによる血管弛緩現象が消失することを，1980年にR. F. Furchgott*が示して以来，その機能的重要性が注目されるようになった．この弛緩を媒介する内皮細胞由来平滑筋弛緩因子*や血管収縮作用をもつエンドセリン*などの産生による血管緊張性(トーヌス)の調節のほか，血管内血液凝固の阻止・血管透過性調節・物質交換・白血球細胞との相互作用による生体防御など多彩な機能をもつ．(⇒血管)

**血管内皮(細胞)増殖因子** [vascular endothelial (cell) growth factor] VEGFと略す．培養下垂体folliculo-stellate細胞の上清から血管内皮細胞*に対する増殖活性を指標として単離されたポリペプチド．単一遺伝子から121, 165, 189, 206アミノ酸残基の4種のポリペプチドが翻訳され，S-S結合によるホモ二量体として産生される．マクロファージ・平滑筋細胞・腫瘍細胞などさまざまな細胞で産生される．内皮細胞に選択的に発現する二つの受容体Flt-1*・Flk-1/KDRは，細胞内チロシンキナーゼドメインと細胞外免疫グロブリン様構造をもち，胎生期の血管形成においてそれぞれ異なった段階で主要な役割を果たす．その産生は虚血などの環境因子で誘導され，生理的または腫

組織での血管新生\*の促進因子としても重要である. また, 本物質は血管透過因子(vascular permeability factor, VPF)と同一物質であり, 血管透過性や血液凝固\*の調節にも関与していると考えられている.

**血管内皮(細胞)増殖因子受容体** [vascular endothelial (cell) growth factor receptor] 血管内皮細胞増殖因子\*(VEGF)の受容体でリガンドと結合することで受容体のチロシンキナーゼが活性化し, 細胞の分裂, 遊走, 分化などを刺激する. VEGFRと略す. 微小血管の血管透過性を亢進する働きや単球・マクロファージの活性化にも関与する. 正常な体の血管新生にかかわるほか, 腫瘍の血管形成や転移など, 悪性化の過程にも関与している. これまでに VEGFR1(Flt-1), VEGFR2(KDR/Flk-1), VEGFR3(Flt-4)の3タイプが報告されている. VEGFの7タイプ(VEGF-A, -B, -C, -D, -E, PlGF-1, -2)のうち, VEGFR1に VEGF-A, -B, PlGF-1, -2が, VEGFR2に VEGF-A, -C, -D, -Eが, VEGFR3に VEGF-C, -Dがそれぞれ結合する. VEGFR2 はほぼすべての内皮細胞表面に発現しているが, VEGFR1 および VEGFR3 は一部の内皮細胞にのみ発現している.

**血管内皮プロテインC受容体** [endothelial protein C receptor] EPCRと略す. EPCRは, 血管内皮細胞, 気道上皮細胞などの細胞膜上のプロテインC\*の受容体として機能し, トロンビン・トロンボモジュリン複合体によるプロテインCの活性化を促進する. また, EPCRは活性化プロテインC(APC)の受容体でもある. EPCRに結合したAPCは, 細胞膜プロテアーゼ活性化受容体のPAR-1を活性化して, 転写因子NF-κBの活性化を阻害し, 組織因子, E-セレクチン, PAI-1 などの産生や炎症性サイトカインの TNF-α, IL-1β などの産生を阻害し, 抗炎症作用を示す. また, APC・EPCR 複合体は Bcl2 などのアポトーシス関連分子の遺伝子発現を阻害して組織を細胞死から保護する作用をもつ. (⇒トロンボモジュリン)

**月経周期** [menstrual cycle] ⇒性周期

**結合組織** [connective tissue] 多細胞動物の体を構成する組織の一つ. 細胞成分より細胞間物質の占める部分の方が多く, 種々の組織, 器官などに存在し, それらをつなぐ役割をもつ. 細胞間物質は繊維成分と無構造の基質から成り, 前者は膠原, 細網, 弾性の3種類の繊維が区別される. 膠原繊維(collagenous fiber)は, 特徴的なアミノ酸配列を示す3本のポリペプチド鎖の三重らせんから成るコラーゲン\*分子が一定間隔ずつずれて会合したコラーゲン原繊維(collagen fibril)が束をなしたものである. 張力に対し強い抵抗性を示す. 細網繊維(reticular fiber)も膠原繊維と同様にコラーゲンから成るが, 単位となる細繊維の数, 配列様式と修飾タンパク質の相違などから, また銀塩で強く染色されることから区別される. 体内の分布も膠原繊維は広く分布するのに対し, 細網繊維はリンパ組織, 造血組織など一定の部位にのみみられる. 弾性繊維\* はエラスチンを主成分とし, 伸張性に富む繊維である. 基質はヒアルロン酸, コンドロイチン硫酸, デルマタン硫酸, ケラタン硫酸などを含むグリコサミノグリカン, あるいはそれがタンパク質の芯に結合したプロテオグリカンから成る. グリコサミノグリカンはその分子内の負の電荷により大きく広がった形をとり, しかも親水性なので, 全体として水和したゲルを形成する. この部分は結合組織内の栄養, 老廃物やホルモンなどの拡散経路となるほか, 移動性の細胞の通路ともなる. 細胞成分は上記の細胞間物質を産生する固定細胞と移動性をもつ遊走細胞とに大別される. 固定細胞は結合組織細胞ともよばれ, 繊維芽細胞\*, 脂肪細胞\* がある. 遊走細胞にはマクロファージ\*, マスト細胞\*, 形質細胞\*, 白血球などがあり, 多くは血管から遊走して結合組織内に出てきたもので, 貪食, 抗体産生その他さまざまな免疫反応に関与する. 結合組織は繊維の多少, 成分, 特徴的な細胞の存在から, 疎繊維性結合組織(loose connective tissue), 密繊維性結合組織(dense connective tissue), 膠様組織, 弾性組織, 細網組織, 脂肪組織, 色素組織などに分類されることがある. 結合組織の機能としては, 機械的支持, 血液と組織間の代謝物質の交換, 脂肪細胞としてのエネルギーの貯蔵, 感染予防, 損傷後の修復などがあげられる. 結合組織の固定細胞は発生的に間葉由来であるが, 同じ支持組織に含まれる骨組織の骨細胞, 軟骨組織の軟骨細胞, それにやはり間葉由来の平滑筋細胞をも含めて結合組織細胞ファミリーとよぶ考え方もある.

**結合組織病** [connective tissue disease] ＝膠原病

**結合定数**(NMRの) [coupling constant] スピン-スピン結合定数(spin-spin coupling constant), スピン結合定数(spin coupling constant)ともいい, $J$ 値($J$ value)で表す. 核磁気共鳴\*(NMR)において共有結合で直接結合したスピン間や2本または3本の結合を介したスピン間の相互作用の強さを表す. 直接結合した $^1$H-$^{13}$C や $^1$H-$^{15}$N 間の $J$ 値は約 100 Hz 程度で, 三つの結合を介した結合定数は $^1$H-N-C-$^1$H では中央の結合軸まわりの二面角に依存して 0~15 Hz 程度の大きさをとるのでペプチド鎖のコンホメーションを調べることが可能である. タンパク質を $^{15}$N と $^{13}$C で均一に標識するとタンパク質の骨格はすべてスピン結合でつながっていることになりさまざまな二次元, 三次元, 四次元 NMR を測定することが可能となる.

**結合部位** [binding site] ⇒酵素学
**血色素** [blood pigment] ＝ヘモグロビン
**血色素異常症** ＝ヘモグロビン異常症
**血色素症** ＝ヘモクロマトーシス

**欠失** [deletion] 染色体\*中または遺伝子中の一部の DNA 配列が欠失していること. 染色体の中間部が欠失している場合を介在欠失(intercalary deletion), 末端が欠失している場合を末端欠失(terminal deletion)という. 相同染色体の一方のみに欠失がある場合には, 減数分裂時の対合\*の際に, 対合の相手もない部分が生じ, 介在欠失では欠失ループ\*を形成する. また遺伝子が欠失すると, その対立遺伝子が,

本来は劣性でも優性的に発現する偽優性*という現象がみられることがある.

**欠失突然変異株**［deletion mutant］　ゲノム DNA の一部が欠けて失われた突然変異株のこと．欠失*の規模は単一ヌクレオチドから染色体レベルまでさまざまある．欠失は放射線や化学物質による切断，複製時のエラー，非相同な領域間での遺伝的組換えなどの原因によって起こる．必須遺伝子の欠失は一倍体細胞では致死的である．人工的に欠失突然変異株を作製することが可能であり，遺伝子の機能解析や，染色体マッピングなどに用いられる．

**欠失マッピング**［deletion mapping］　人工的に作製した欠失突然変異株*を用いて遺伝子マッピング*をする方法．単離した染色体 DNA 断片の目的部位を *in vitro* で欠失させたのち，細胞内に導入し染色体 DNA との相同組換え*を起こさせて欠失突然変異株を作製する．この欠失突然変異株を既知のマーカー遺伝子の突然変異株とかけ合わせて遺伝子間の連鎖*を測定することにより，染色体上の遺伝子の位置関係を分子遺伝学的に決定することができる．遺伝子の微細構造の解析に特に有効である．

**欠失ループ**［deletion loop］　ある領域を欠失した DNA とその領域を欠失していない DNA との間にヘテロ二本鎖を形成させた場合，またはある領域を欠失した染色体とその領域を欠失していない染色体との間に対合*が起こった場合に，二本鎖形成あるいは対合の相手がなくはみ出してしまう部分を欠失ループとよぶ

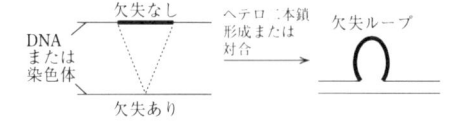

（図）．さまざまな遺伝子欠失突然変異体と野生型の DNA・染色体との間に欠失ループを形成させることで，その遺伝子の遺伝子座を知ることもできる．

**血漿**［plasma］　血液は赤血球*，白血球*，血小板*といった有形成分（血球）を含んでいるが，これらを除いた液状成分が血漿である．血漿中の総タンパク質濃度は約 7 g/dL で，このうちアルブミンは 4.6 g/dL 前後，グロブリンは 2.5 g/dL 前後，フィブリノーゲンが 0.3 g/dL 前後，さらに各種の電解質が含まれていて，血液の膠質浸透圧の維持，粘性，pH の緩衝，物質の運搬，血液凝固*と生じた凝固塊（フィブリン）の溶解，免疫，脂質代謝，栄養源，各種作用物質の前駆体，酵素の阻害など，さまざまな機能をもっている．血液は血管外に取出すと血小板，血液凝固因子*の作用によって凝固するが，凝固塊中には赤血球，白血球，血小板が含まれるので，血液を凝固させたのち凝固塊を除去しても液状成分を得ることができる．しかし，このようにして得られた液状成分には，フィブリノーゲン，Ⅷ因子，Ⅴ因子，プロトロンビン，ⅩⅢ因子など一部の凝固因子が失われており，血漿とは区別して血清*とよぶ．

**結晶化**［crystallization］　結晶化は，溶液中の溶質の溶解度が減少して溶質分子が解離・会合を繰返すことから始まり，それが核となって成長する．このような特異的な会合にはエネルギーが必要であるが，分子が数分子ないし数十分子会合してある一定の大きさに達すると，自由エネルギー変化が負となって自発的に分子の会合が進行する．これがいわゆる核形成で，それに続いて核の表面に分子が供給されて結晶成長が始まる．タンパク質の結晶化はさまざまな要因に支配されており，理論的な取扱いが難しいので，微量のタンパク質溶液を用いてさまざまな条件で結晶化を行っているのが現状で，そのためのロボットも開発されている．

**血漿カリクレイン**［plasma kallikrein］　EC 3.4.21.34．カリクレイン−キニン系*因子，内因系血液凝固因子．ⅩⅡa 因子の限定分解を受けて，セリンプロテアーゼ前駆タンパク質のプレカリクレインから生成される．カリクレインは，高分子キニノーゲン*を限定分解してブラジキニン*を生成し，キニン系を活性化するほか，高分子キニノーゲンの存在下にⅩⅡ因子を活性化し，内因系凝固系を誘発する．また，プロウロキナーゼを活性化し，繊維素溶解*系も活性化する．（⇒血液凝固，血液凝固因子）

**血漿交換（療法）**［plasma exchange］　＝血漿分離交換法

**結晶構造解析**［crystal structure analysis］　隣接する原子間距離に相当する波長をもつ X 線*や中性子線などを結晶に照射した時に観測される回折現象を利用して結晶内の原子や分子の配列を決定する方法．波の性質をもつ X 線や中性子線を物質に照射するとあらゆる方向に散乱波が観測されるが，原子や分子が三次元的に規則正しく配列した結晶ではほとんどの散乱波は打消され，ある特定方向に散乱した波だけが観測される．これが回折波で，写真フィルム上に斑点（回折斑点）として記録される．このような回折斑点の強度（波の振幅の二乗）は結晶内の分子の構造に依存して変化するので，回折斑点の強度分布を測定することにより結晶内の原子や分子の配列（構造）が決定できる．（⇒X 線結晶構造解析）

**血漿トロンボプラスチン前駆物質**［plasma thromboplastin antecedent］　＝血液凝固ⅩⅠ因子

**血小板**［platelet］　止血に重要な役割を果たす核のない（無核）直径 2〜3 μm の血液細胞であり，巨核球から産生される．正常では，一定末梢血中を流れている（ヒトでは 150×10³〜300×10³/μL，マウスは約 1000×10³/μL）．巨核球の細胞膜が胞体内にくびれ込むことにより血小板分離膜が形成され，やがて巨核球の胞体から分離し血小板となる．したがって，血小板自身は増殖することはできず止血のため利用されるか，一定の寿命で崩壊するので，絶えず巨核球から供給されなければ血小板減少をきたす．血小板のα顆粒は血小板第 4 因子*，フォンビルブラント因子*，フィブリノーゲン*，トロンボスポンジン*，フィブロネクチン*などを，濃染顆粒はセロトニン*などを

含んでいる.

**血小板因子**[platelet factor] 血小板凝血因子(platelet coagulation factor)ともいう．略称 PF．血小板*に由来または付着した血液凝固*に関与する種々な物質．アラビア数字で記し，血小板第1因子(PF-1)から第10因子(PF-10)まで存在するが，PF-2, PF-3, PF-4(=血小板第4因子)のみが血小板に固有で，ほかのものには別名がありほとんど用いられない．(PF-1＝血液凝固V因子*，PF-5＝血小板フィブリノーゲン*，PF-6＝血小板プラスミンインヒビター，PF-7＝コトロンボプラスチン(cothromboplastin)，PF-8＝アンチトロンボプラスチン(antithromboplastin)，PF-9＝Ac グロブリン(V因子)安定化因子，PF-10＝セロトニン*)．PF-2(フィブリノーゲン活性化因子 fibrinogen activating factor)はグロブリンで，フィブリノーゲン分解，アンチトロンビンⅢ*阻害，血小板凝集およびトロンビン/フィブリノーゲン反応促進の各作用をもつが生理的意義は不明．PF-3は血小板の凝固促進作用(X因子の活性化，プロトロンビンをトロンビンに転換)に対して用いられてきたが，近年あまり使用されなくなっている．血小板膜のリポタンパク質，特に陰性荷電のリン脂質が重要で血小板が活性化されるとその作用が発現する．

**血小板活性化因子**[platelet-activating factor] PAF と略す．ウサギ可塩基球由来のアナフィラキシー*症状を惹起する化学伝達物質として発見された．のちに構造が，1-O-アルキル-2-アセチル-sn-グリセロ-3-ホスホコリン(1-O-alkyl-2-acetyl-sn-glycero-3-phosphocholine, AGEPC)であることが決定された．生理活性は多岐にわたり，血小板凝集，白血

$$\text{H}_3\text{C-}\overset{\text{O}}{\overset{\|}{\text{C}}}\text{-O-}\overset{\text{O}}{\overset{\|}{\text{C}}}\text{-H} \quad \begin{matrix}\text{CH}_2\text{-O-CH}_2(\text{CH}_2)_n\text{CH}_3 \\ \text{O} \\ \text{CH}_2\text{-O-}\overset{\|}{\text{P}}\text{-O-CH}_2\text{-CH}_2\text{-}\overset{+}{\text{N}}(\text{CH}_3)_3 \\ \text{O}^-\end{matrix}$$

$n=14$ または $16$

球の遊走と活性化，気管支や子宮などの平滑筋収縮，血圧降下，血管透過性亢進，IL-8やVEGFの発現誘導などが報告されている．また，関連疾患としてはアナフィラキシーに加え，気管支喘息，急性肺損傷，急性膵炎，多発性硬化症*，骨粗鬆症*などが考えられている．PAFは細胞膜上の特異的Gタンパク質共役受容体*(血小板活性化因子受容体*)に結合し，標的細胞に生理活性を及ぼすとされる．PAFの生合成には，1) 1-O-アルキル-sn-グリセロ-3-ホスホコリン(リゾPAF)の2位にリゾPAFアセチルトランスフェラーゼ(lyso-PAF acetyltransferase)によってアセチル基が導入されてPAFとなるリモデリング経路，2) 1-O-アルキル-2-アセチル-sn-グリセロールの3位にコリンリン酸がコリンホスホトランスフェラーゼによって導入されてPAFとなる de novo 経路の二つがある．リゾPAFアセチルトランスフェラーゼ活性は好中球，好酸球，マクロファージ，脾，腎，肺，胸腺な

どで，コリンホスホトランスフェラーゼ活性は脾，腎，肺，脳などでともにミクロソーム画分に見いだされている．リゾPAFアセチルトランスフェラーゼはcDNAクローニングされているが，コリンホスホトランスフェラーゼの分子実態は不明である．リモデリング経路は細胞外刺激により促進されることが，FMLP(ホルミルメチオニルロイシルフェニルアラニン*)やカルシウムイオノホア*，LPS(リポ多糖*)で処理した好酸球*やマクロファージ*などで示されている．この経路におけるリゾPAFの供給には，細胞外刺激によって活性化される性質をもつ細胞質ホスホリパーゼ$A_2$*が重要な役割を果たす．PAFは小胞体で合成され細胞膜の外膜に移行し，細胞外へ放出されると考えられている．しかし細胞膜にとどまるPAFの割合が高い例も報告されており，この状態のPAFはPAF受容体を発現する標的細胞との細胞間接着を促している可能性がある．PAFの分解は2位のアセチル基を加水分解してリゾPAFに変換するアセチルヒドロラーゼによる．

**血小板活性化因子受容体**[platelet-activating factor receptor] PAF 受容体(PAF receptor)ともいう．1-O-アルキル型のグリセロリン脂質*である血小板活性化因子*に特異的な細胞膜受容体．モルモット肺mRNAをアフリカツメガエルの卵母細胞に注入する発現クローニング法でcDNAがクローニングされた．ヒトでは342個のアミノ酸残基から構成され，Gタンパク質共役受容体*特有の7回膜貫通構造をもった一本鎖ポリペプチドである．サブタイプは報告されていない．好中球*，好酸球*，単球*，マクロファージ*などの白血球，脾臓，肺などに多く発現し，各種アレルギー疾患および炎症性疾患にかかわると考えられている．また，海馬や大脳皮質の神経細胞*，ミクログリア*など中枢神経系*にも発現しており，長期増強*における役割が考えられている．PAF受容体は百日咳毒素*感受性Gタンパク質($G_i$ や $G_o$)と非感受性Gタンパク質($G_q$ など)の両者を介してホスホリパーゼ$C$*の活性化/細胞内カルシウム濃度上昇，Ras*およびMAPキナーゼ*，細胞質ホスホリパーゼ$A_2$*の活性化など多彩な効果器に連関する．肺炎連鎖球菌*の細胞壁に存在するコリンリン酸が，気道上皮細胞膜上のPAF受容体と結合して菌の付着および細胞内への侵入を促すことが報告されている．PAF受容体アンタゴニストには，イチョウ葉に由来するギンゴライドB(別名 BN 52021)，PAFと化学構造が類似するCV-3988，抗不安薬ベンゾジアゼピン*に由来するWEB 2086などがある．

**血小板凝血因子**[platelet coagulation factor] ＝血小板因子

**血小板結合IgG**[platelet-associated IgG] PAIgGと略す．血小板細胞膜に結合したIgG*．血小板膜抗原に対する1)自己抗体*や2)同種抗体がFabフラグメント*を介して結合したもの，3)免疫複合体がIgGのFcフラグメント*を介して結合したもの，4)IgGが非特異的に血小板に付着したものがあ

る，1）の増加は特発性血小板減少性紫斑病\*の診断に有用と考えられるが，1），2），3），4）の区別ができないため PAIgG 測定の診断的意義は少ない．in vitro で血清\* と反応させた血小板に結合しうる IgG を PBIgG（platelet-bindable IgG）と称することがある．

**血小板第4因子**［platelet factor 4］　PF-4 と略す．血小板因子\*の一つ．巨核球\*や血小板\*のα顆粒内に存在する巨核球・血小板に特異的な糖タンパク質．分子量 78,000．種々の刺激でβトロンボグロブリン（β-thromboglobulin）などとともに血小板から放出されるので，その血漿中濃度は生体内における血小板活性化の指標として血栓性疾患の診断に用いられることがあるが，採血や検体処理中の in vitro での人工的放出反応の完全な阻止が困難なため，不正確となりやすい．ヘパリン\*に高親和性を示し，その抗凝固作用を中和する．好中球や繊維芽細胞のコラゲナーゼ\*を阻害する．

**血小板膜糖タンパク質 IIb-IIIa**［platelet membrane glycoprotein IIb-IIIa］　GPIIb-IIIa と略す．インテグリン αIIbβIII（integrin αIIbβIII），CD41/CD61 ともいう．血小板\*と巨核球系細胞に特異的に発現し，特に血小板では主要な膜糖タンパク質で βIII インテグリンファミリーに属する（⇒インテグリン）．αIIb 鎖と β3 鎖とから成るヘテロ二量体で，両者とも細胞膜を1回貫通し，N 末端が細胞外に C 末端が細胞膜内に存在する．αIIb 鎖はジスルフィド結合した H 鎖と L 鎖とから成る．血小板が活性化されると GPIIb-IIIa の立体構造の変化により可溶性リガンド（フィブリノーゲン\* など）と結合可能となり，その受容体として作用する．（⇒血小板無力症）

**血小板無力症**［thrombasthenia, thrombocytasthenia］　グランツマン病（Glanzmann disease），グランツマン血小板無力症（Glanzmann thrombasthenia）ともいう．常染色体劣性遺伝の先天性血小板機能障害による出血性素因．血小板膜糖タンパク質 IIb-IIIa\*（GPIIb-IIIa）の欠損または質的異常により血小板凝集に必要なフィブリノーゲン受容体が発現しないため，血小板凝集が起こらず出血傾向を呈する（リストセチン凝集のみ正常）．つぎの3型がある．1）I 型：GPIIb-IIIa がほとんど完全に欠損（正常の 1〜5％）し，血餅退縮（clot retraction）は欠如，2）II 型：GPIIb-IIIa が著明に減少（正常の 10〜20％）し，血餅退縮は軽度低下，3）変異型：GPIIb-IIIa は正常の 50〜100％存在するが，質的（機能的）異常が存在する．変異型 GPIIb-IIIa についての詳細な構造的・機能的解析により，正常の GPIIb-IIIa の構造や機能が解明されるのみならず，受容体とフィブリノーゲン\*の相互反応機構が明らかになる点で注目される．GPIIb や GPIIIa の遺伝子解析によりこれらの GP 遺伝子の欠失やミスセンス突然変異\*が明らかにされたものがある．（⇒ベルナール・スーリエ症候群）

**血小板由来増殖因子**［platelet-derived growth factor］　PDGF と略す．血清中にあり，主として間葉系の細胞の増殖を促進する因子．血小板α顆粒内に存在する 27〜33 kDa の糖タンパク質で，18 kDa の A 鎖と 14 kDa の B 鎖の2本のポリペプチドから成る．S-S 結合により，A・A，B・B のホモ二量体，もしくは A・B のヘテロ二量体を形成し，PDGF に特異的な受容体（血小板由来増殖因子受容体\*）を介して，その生理機能を発揮している．

**血小板由来増殖因子受容体**［platelet-derived growth factor receptor］　PDGF 受容体（PDGF receptor）ともいう．血小板由来増殖因子\*（PDGF）の受容体であり，約 180 kDa の糖タンパク質である．構造的に類似した α 型と β 型の2種類で，五つの免疫グロブリン様ループから成る細胞外ドメイン，膜貫通ドメイン，チロシンキナーゼ活性をもつ細胞質ドメインに分けられる．リガンドの結合により重合と，それに伴う受容体のリン酸化\*，チロシンキナーゼの活性化が起こり，シグナルが伝えられる．

**血漿分離交換法**［plasmapheresis］　プラズマフェレシス，血漿交換（療法）（plasma exchange）ともいう．患者血漿を正常者より得られた新鮮凍結血漿などで置き換える療法で，異常抗体や免疫複合体，あるいは正常な因子であるが過剰に産生されることが病因となる疾患において，他の治療法が功を奏さないか不十分な時に行われる．対象疾患としてはグッドパスチャー症候群に代表される抗系球体基底膜抗体病，重症筋無力症\*，ギラン・バレー症候群，壊死性血管炎，血栓性血小板減少性紫斑病\*，家族性高コレステロール血症\* などがあげられる．

**血漿リポタンパク質**　⇒リポタンパク質

**血清**［serum］　生体から取出した血液を静置すると凝固が起こり，血球とフィブリンが固化して透明な上澄みが分離してくる．この上澄みをいう．アルブミン，グロビンなどのタンパク質をはじめ，生体の機能維持に必要なさまざまな成分を含んでいる．動物細胞の培養には，合成培地に血清を添加することが必須である（⇒増殖培地）．ウシやウマ，ヒトなどの血清が用いられるが，ウシ血清が最も普通である．その調製方法は，血液から得た上澄みを遠心して血球を除き，メンブランフィルターを用いて沪過滅菌する．採血時期により，ウシ胎仔血清（fetal bovine serum, FBS），ウシ新生仔血清（newborn calf serum），仔ウシ血清（calf serum），親ウシ血清（bovine serum），などと区別される．細胞増殖を促進する活性は，胎仔血清が最も優れている．この活性は，栄養物やホルモンの補給，老廃物の除去，緩衝作用，器壁への接着促進，などによると考えられている．（⇒血漿）

**血清応答因子**［serum response factor］　SRF と略す．血清応答配列\*（SRE）に結合する MADS 転写調節因子でリン酸化タンパク質として機能する．ヒト SRF はアミノ酸 508 個から成るリン酸化タンパク質で，N 末端部分に DNA 結合領域として MADS ボックスモチーフを，C 末端部分に転写活性化領域をもつ．SRF は SRE 内の CArG ボックス（$CC(AT)_6GG$）に結合する．Ets 関連転写因子 Elk-1，SAP-1 が SRF と複合体を形成して SRE に結合する．血清刺激により

Elk-1, SAP-1の転写活性化能が活性化され遺伝子発現を誘導する. SRFは筋特異的遺伝子発現を制御し, 心発生において筋特異的miRNAを制御する.

**血清応答配列** [serum response element] SREと略す. 新たなタンパク質合成を必要とせず発現が誘導される初期応答遺伝子群(原がん遺伝子 c-fos など)の血清(増殖因子, サイトカインなど)応答性にかかわる転写調節配列. 主としてEts関連転写因子(Elk-1, SAP-1など, ⇌TCF)と血清応答因子*(SRF)の2種類の転写因子が発現誘導を調節している. SRFは単独で, Elk-1/SAP-1はSRFと複合体を形成してSREに結合する. 血清刺激によりElk-1, SAP-1がリン酸化され転写活性化能が増強し, c-fosなどの遺伝子の発現を誘導する.

**血清病** [serum sickness] 毒素などに対する抗体を補充し治療を図る目的で, それを免疫した動物の血清*(抗血清)を注射することがある. 血清は異種タンパク質であるから生体はそれに対し抗体をつくる. 注射1～2週後, つくられてきた抗体は残存する異種タンパク質と反応して免疫複合体(⇌抗原抗体複合体)を形成し, それによって発熱・発疹・関節炎・腎炎・血管炎などの症状が現れることがある. これを血清病という.

**血清レチノール結合タンパク質** [serum retinol-binding protein] ＝レチノール結合タンパク質. SRBPと略す.

**結節** [nodule] ⇌根粒

**結節性硬化(症)** [tuberous sclerosis] ブルヌビーユ・プリンゲル病(Bourneville-Pringle disease)ともいい. 全身のさまざまな臓器における過誤腫を特徴とする. 常染色体優性疾患*. 母斑症(phakomatosis)の一種である. ヒトの発生過程において組織の一部が迷入し異常増殖するものであり, 表皮における母斑, 腎臓における囊胞腎, 中枢神経におけるグリア細胞*の増殖など, さまざまな表現型をもつ. 特に中枢神経異常に伴う難治性のてんかん発作や腎がんの好発をみることもある. 原因遺伝子は1種類ではなく, 第9染色体(9q34, TSC1), 第16染色体(16p13.3, TSC2)などが知られている. 異なる原因における表現型の差は必ずしも明瞭ではなく, 同一原因遺伝子においても表現型は異なっている. またしばしば悪性腫瘍を好発し, 同遺伝子のがん抑制遺伝子*の役割も示唆されている. TSC1遺伝子産物はハマルチン(hamartin)とよばれ, 腫瘍抑制タンパク質のTSC2産物のチュベリン(tuberin)と相互作用し, 最終的にはRAB5に結合したrabaptin-5も含む複合体を形成し, RAB5のGTPアーゼ活性を上昇させる. また, TSC1/TSC2は脳に豊富にあるRASに相同的な低分子GTPアーゼ(Rheb)の負の制御因子でもある.

**結節性リンパ腫** [nodular lymphoma] ＝濾胞性リンパ腫

**血栓** [thrombus] 心臓・血管系の内腔面に形成された血液成分から成る付着物. 動脈血栓(arterial thrombus)と静脈血栓(venous thrombus)に分けられるが, その構成成分の比率は血液のそれと同一ではなく, フィブリン網の中に主として血小板*や他の血球が選択的に存在する. 血液(血小板, 凝固・繊溶系), 血流, 血管の単一または複数の要因の異常で血栓が生じるが, 動脈血栓の形成は血小板とコラーゲン*などの内皮下組織の反応(粘着, 放出, 凝集)で開始され, 血液凝固因子*の活性化で生じたフィブリン*が他の血球をも取囲んで完成される. 動脈血栓の付着部(頭部)は血小板が中心の白色血栓であるが, これより下流では血流障害に伴い拡大するフィブリン網に赤血球が取込まれて赤色血栓(尾部)が形成される. 静脈での血栓形成には血流停滞の関与が大きく, 静脈血栓は主として大量のフィブリンと赤血球から成る赤色血栓である. 血栓はフィブリン分解酵素プラスミン*により溶解される. (⇌繊維素溶解)

**血栓性血小板減少性紫斑病** [thrombotic thrombocytopenic purpura] TTPと略す. モシュコビッツ症候群(Moschkowitz syndrome)ともいう. 溶血性貧血, 血小板減少, 精神神経症状を三大徴候とする原因不明のまれな疾患. 細小血管内皮の障害により生じた多数の微細な血栓*により多彩な症状を呈す. 血中の血小板凝集惹起因子やフォンビルブラント因子*の高分子型のものが血管内皮障害に関与することが示唆されている. 機械的破壊による奇形赤血球の出現が特徴的で, 重症の経過をとることが多いが, 近年血漿分離交換法*などの治療で予後は著明に改善されている. (⇌特発性血小板減少性紫斑病)

**欠損ウイルス** [defective virus] ＝複製欠損性ウイルス

**結腸直腸がん** [colorectal carcinoma] ＝大腸がん

**決定**(細胞分化における) [determination] ⇌前駆細胞

**血脈洞** [blood sinuses] 血管壁の厚さに比べて血管内腔が大きく広がった部分をいう. 有名なものに動脈では大動脈洞, 頸動脈洞などが, 静脈では心臓の冠状静脈洞, 脳硬膜に多数みられる硬膜静脈洞などがあげられる. 動物では口吻周囲の感覚毛である洞毛の根部や眼窩のハーダー腺周囲などに存在する. 毛細血管に当たる部分の内腔が広くなったものは類洞*とよばれ, 肝臓, 脾臓, 骨髄などでみられる.

**血友病** [hemophilia] 遺伝性の血液凝固因子*欠損による出血性疾患の代表的なもので, 血友病AとBの2型があり, それぞれ, 血中の血液凝固Ⅷ因子*またはⅨ因子*の活性が低下ないし欠損している. X染色体上の遺伝子の構造変異により循環血中での因子レベルの低下・消失あるいは活性が低下した異常因子の出現がみられる. 伴性劣性遺伝(⇌X連鎖性疾患)で, 主として女性保因者を経て男性に発症する. 出血症状は, 関節出血, 筋肉内出血, 臓器内出血など反復性深部出血を特徴とする. 治療は低下した凝固因子の補充が行われる. 血友病Bに対して, アデノ随伴ベクターを用いて肝細胞にⅨ因子を導入する遺伝子治療*が試みられている. (⇌フォンビルブラント病)

**KDEL受容体** [KDEL receptor] ゴルジ膜に存在

し，C 末端に KDEL 配列をもったタンパク質に結合する受容体のこと．小胞体*に局在するタンパク質は，その C 末端に四つのアミノ酸 KDEL(Lys-Asp-Glu-Leu) から成る小胞体保持シグナルをもっている．このシグナルにはいくつかのバリエーションがあるが，酵母では Lys が His に変わった HDEL となることが多い．小胞体タンパク質は，他の分泌タンパク質と同様に小胞体からゴルジ体へ輸送されるが，ゴルジ膜に存在する KDEL 受容体に捕捉され，ゴルジ体から小胞体へ逆輸送される．このことによって，全体としてみれば小胞体タンパク質は常に小胞体に局在することになる．酵母の ERD2 をはじめとして複数のタンパク質の存在が知られている．

**kDa**［kDa］ ⇒ ドルトン

**解毒**［detoxication, detoxification］ 生体内に薬物あるいは環境汚染物質などの有機化合物が取込まれると，生体にはこれらの化合物を極性化して体外に尿などとして排除する機能が備わっている．この極性化反応を解毒反応あるいは薬物代謝反応という．生理作用を示す物質は一般的に脂溶性が高く，細胞膜を透過して，細胞内に蓄積してその作用を示す場合が多い．薬物代謝反応はこれらの物質をより極性の高い水溶性の物質に変える反応で，各組織の細胞に備わっているが，肝細胞に特に高い活性が認められる．この反応は一般に第一相反応と第二相反応とに分けて考えられる．第一相反応は小胞体に存在するシトクロム P450* によって触媒される反応で，NADPH と $O_2$ の存在下に起こるモノオキシゲナーゼ反応による酸化，あるいは NADPH による還元反応である．前者の例としては 1) 芳香環あるいはアルキル鎖のヒドロキシ化，2) $N$-や $O$-アルキル化合物の脱アルキル，3) 脱アミノなどであり，後者としてはアゾ基がヒドラゾ基を経てアミンに，またニトロ基がアミンに還元される反応をあげることができる．第二相反応は第一相反応で化学修飾を受けた化合物がさらに極性の高い物質と結合する抱合反応である．この反応によって外来化合物はさらに水溶性を高め体外への排出が促進される．解毒反応にはつぎのようなものがある．1) グルクロン酸抱合，2) グルタチオン抱合*，3) グリシン抱合，4) 硫酸抱合，5) アセチル化．これらの反応によって外来化合物は，その生理活性を失い，尿中に排出される場合が多いが，逆に，薬物代謝反応の結果，生理活性や毒性が増加したり，新たに出現したりする場合も少なくない．したがって，解毒という言葉は，生体によって有益な反応という語感があるので，あまり適当な言葉とはいえない．ベンゾピレン(⇒ベンゾ[a]ピレン)やアミノ酸熱分解物などの発がん物質*は生体内で薬物代謝反応を受けて，初めて核酸との反応性を獲得して，がん原性をもつに至る．これを発がん物質の代謝的活性化という．

**α-ケトグルタル酸**［α-ketoglutaric acid］ ＝2-オキソグルタル酸

**ゲート輸送**［gated transport］ ⇒ タンパク質輸送

**ゲニステイン**［genistein］ チロシンキナーゼ*阻害剤の一つ．4′,5,7-トリヒドロキシイソフラボン (4′,5,7-trihydroxy isoflavone). $C_{15}H_{10}O_5$, 分子量 270.23. 水に難溶．*Pseudomonas* 培養液から最初に精製された．チロシンキナーゼの ATP 結合部位で，競合的に阻害作用を示す．高濃度で，他の ATP 依存性キナーゼ，プロテインキナーゼ A，プロテインキナーゼ C などへの弱い阻害効果がある．種々のチロシンキナーゼに対し，幅広い抑制効果をもつ．

**ゲノミクス**［genomics］ オミックス*の一つでゲノムの構造と機能を解析する学問体系．狭義には，ある生物の染色体上の構造遺伝子，制御配列，非コード DNA 配列を含む全ヌクレオチド配列に関する研究．特に，ゲノム DNA の配列決定と全遺伝子のマッピングが重要な目標である．ゲノミクスは，機能ゲノミクス*，構造ゲノミクス，比較ゲノミクス*，エピゲノミクス (epigenomics；DNA メチル化をはじめとするエピジェネティックな DNA およびヒストンのような DNA 結合タンパク質の修飾によるクロマチン構造の変化とゲノム機能との関係を調べる学問)，薬理ゲノミクス (pharmacogenomics；ゲノム情報をもとに薬剤の標的を探索したり，薬剤やワクチンを設計したりする学問) に分けられる．雑誌 *Genomics* の創刊号では，新しく発達してきたマッピング/シークエンシング (情報解析も含む) 学問分野に対してゲノミクスという用語を適用している．

**ゲノム**［genome］ 1920 年にドイツの H. Winkler により，配偶子がもつ染色体の 1 組を意味するものとして gene と chromosome からつくられた言葉．1930 年に木原 均はゲノムに対してある生物をその生物たらしめるのに必須な遺伝情報とする概念を提唱した．通常の二倍体細胞においてはその半数体に含まれる全遺伝情報をさす．ヒトのゲノムは 22 対の常染色体と XX または XY 性染色体から成り，その塩基数はハプロイドゲノム (半数体) 当たり $3 \times 10^9 \sim 4 \times 10^9$ という大きさである．このゲノムサイズは C 値*ともよばれてきた．三つの連続する塩基が一つのアミノ酸を指定するので，ヒトのゲノムは全体で約 $10^9$ のアミノ酸を指定する能力がある．それは $10^6$ という膨大な種類のタンパク質に相当することになる．しかし，実際にはその 1/10 程度しかタンパク質や "機能的な RNA" (tRNA のように RNA として機能するものという意味) といった，いわゆる遺伝子 DNA を指定していない．残りの 9 割以上の DNA 領域の多くは機能不明確ないわゆる非遺伝子 DNA が占めている (⇒ジャンク DNA)．非遺伝子 DNA の一部には，染色体や核構造の形成に関与する DNA があったり，進化的な遺物である偽遺伝子*があったりする．ゲノム中にいくつものコピーが存在する反復配列*もこのクラスに含まれる．ゲノムの大きさは生物により多様である．一般的には進化した生物ほどサイズが大きいが，これは多くの遺伝情報をもつことからも容易に想像される．

代表的な生物のゲノムサイズを図に示した．大腸菌は$3\times 10^6$塩基対から成る．このように原核生物のゲノ

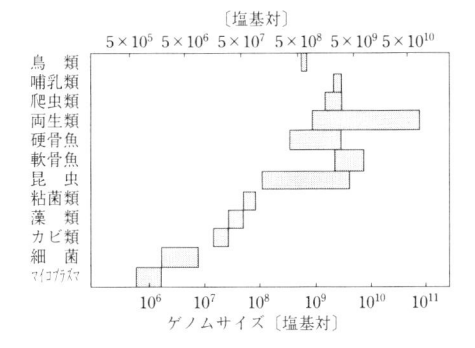

[塩基対]
$5\times 10^5$　$5\times 10^6$　$5\times 10^7$　$5\times 10^8$　$5\times 10^9$　$5\times 10^{10}$

鳥類
哺乳類
爬虫類
両生類
硬骨魚
軟骨魚
昆虫
粘菌類
藻類
カビ類
細菌
マイコプラズマ

　　　　$10^6$　$10^7$　$10^8$　$10^9$　$10^{10}$　$10^{11}$
　　　　　　　ゲノムサイズ〔塩基対〕

ムサイズは小さいが，効率よく遺伝情報を指定していることが知られている．非遺伝子DNA領域はほとんどみられず，時にはDNAの両鎖ともアミノ酸配列を指定する．

**ゲノムインプリンティング**〔genomic imprinting〕 遺伝的刷込みともいう．二倍体生物の中では，通常，母方と父方から受継がれた一対の対立遺伝子は，親由来とは無関係に等しくその機能(発現)をもつ．しかし，ある種の遺伝子は，対立遺伝子の親由来が記憶・識別され，その結果異なる発現様式を示す．これらの現象をゲノムインプリンティングといい，哺乳類特異的な生命現象として知られている．ゲノムインプリンティングの生物学的意義は未だ完全に解明されておらず，結果的であるかもしれないが哺乳類の単為発生*を阻害する機構の一つでもある．さらに，親由来に偏りのある染色体異常を伴う先天性疾患において刷込み遺伝子の発現異常が認められることから，組織特異的・時期特異的な刷込みの制御が正常な個体発生と生理機能の維持に重要であると考えられる．ゲノムインプリンティングは，遺伝情報に恒常的変化を伴わず，可逆的に付加される親由来特異的なエピジェネティクス*により対立遺伝子の親由来が識別され，発現が調節されている．これまでおよそ70を超える刷込み遺伝子の存在が報告され，その多くは，染色体*の特定領域にクラスターを形成し，ドメインレベルで広範囲にわたる発現の調節を受けており，おもに刷込みセンター*(IC)領域のメチル化*を介した修飾により制御されている．この領域は，アリル間でメチル化状態の異なる領域が存在することからDMR(differentially methylated region)とよばれ，周辺領域にCG島*をもつ．たとえば，ヒト11p15.5領域は，*IGF2*, *H19*, *KvLQT1*, *LIT1*, *p57^{KIP2}*など数多くの刷込み遺伝子がクラスターを形成し，少なくとも二つの刷込みドメインの存在が示唆されている．*IGF2*および*H19*遺伝子は，それぞれ父性・母性発現を呈する刷込み遺伝子で，*H19*の下流に存在するエンハンサー*を競合することで対立遺伝子特異的発現が制御されている．これらの対立遺伝子特異的発現パターンは，*H19*の上流に存在する

DMRで決定されている．低メチル化状態を保持する母親由来DMRでは，CTCFインスレーター(CCCTC-binding factor insulator)が結合し，*IGF2*のエンハンサーの利用を抑制する．一方，高メチル化状態を示す父親由来DMRでは，CTCFインスレーターが結合できない結果，エンハンサーが*IGF2*に作用する．(⇒X染色体不活性化)

**ゲノムエンサイクロペディア**〔genome encyclopedia〕 ゲノムに存在する全遺伝子に対応するcDNAの構造と機能に関する情報を集めたもので，マウスゲノムに対して提唱された．その中心は収集された完全長cDNAの配列(103,000個決定済み)とそれによりコードされる産物の構造および機能に関する情報，転写産物の染色体上における位置情報と発現情報である．国際FANTOM(Functional Annotation Of Mouse)コンソーシアムを結成し，過去3回の会議を通じ，マウスcDNAクローンに関するさまざまな情報をもとに遺伝子記号，機能分類(遺伝子分類学)，染色体上の位置(遺伝子地図および物理地図)，発現特異性(器官および細胞・組織特異性)，変異情報(疾患およびノックアウトマウスの情報)などの遺伝子機能アノテーションにおける国際標準を確立してきた．cDNAクローンバンクやシークエンスデータベースの構築のみならず，完全長cDNAから成るマイクロアレイと発生時期の異なる種々の組織から得たRNA標品を用いた発現プロファイルやマウスのタンパク質-タンパク質相互作用に関する大規模なデータベースの構築なども含まれ，マウストランスクリプトームの構造と機能の総合的な情報源として確立されている．

**ゲノムクローニング**〔genomic cloning〕 ゲノム遺伝子ライブラリーから目的とする遺伝子を分離すること．遺伝子がコードするタンパク質のアミノ酸配列を解析するためには，cDNAライブラリーからその遺伝子をクローニングして塩基配列を決定すればよい(⇒cDNAクローニング)．しかしその遺伝子の発現調節機構，プロモーター領域などに結合するDNA結合タンパク質の研究，イントロンを含む構造，遺伝子全体の構造，隣接した他の遺伝子との関係，あるいは遺伝子の多型と疾患の関係などを検討する場合には，イントロンや遺伝子の転写制御に関与している領域をすべて含むゲノムDNA全体をクローン化したゲノム遺伝子ライブラリーを用いる必要がある．(⇒遺伝子クローニング)

**ゲノム結合ウイルスタンパク質**〔genome-linked viral protein〕 ＝VPg

**ゲノム結合部位クローニング法**〔genomic binding-site cloning〕 ⇒フィルター結合アッセイ

**ゲノムシークエンシング**〔genomic sequencing〕 ゲノムDNAの塩基配列を決定すること．まず染色体上の遺伝子位置を見つけ(ゲノムマッピング*)，構造を明らかにする(塩基配列決定法)．8塩基認識の制限酵素(*Not*I*など)，種々の電気泳動法，適当なベクター系(YACベクター，BACベクター*，PACベクター*など)の開発(⇒酵母人工染色体ベクター)，ショット

ガンシークエンシングの発展，ハイスループット自動DNAシークエンサーの改良など新技術の開発や大量遺伝情報処理システムとデータベースの拡充保守も飛躍的に発展して高スループットのゲルシークエンシングが可能となっている．2007年11月現在で，684種の生物のゲノムのシークエンシングが完了しており，879種の真核生物，57種の古細菌類，1391種の原核生物でゲノムシークエンシングが進行中である．また，ある環境化や条件化で集団（叢）を形成する微生物や原生動物種のゲノム集団（メタゲノム）のシークエンシングを114のプロジェクトが同じく進行中であり，微生物の協同関係の理解とともに培養困難な生物種のゲノム解析を可能にするものとして注目されている．（⇒ゲノムプロジェクト）

**ゲノム創薬**［genomic drug discovery］ ゲノム情報を活用し，医薬品を論理的・効率的に創出すること．ゲノム創薬を可能にするには，疾病に関連した未知の遺伝子やタンパク質の発見，それらのタンパク質の立体構造の解析，疾病に関連した遺伝子の発現制御機構（遺伝子ネットワーク*も含めて）やタンパク質の活性調節機構の解明，疾病に関連した遺伝子やタンパク質と相互作用する生体内および生体外の物質の探索や網羅的スクリーニング，その分子間相互作用の解析，などのアプローチが統合される必要がある．一塩基多型*（SNP）のような個人の遺伝的多様性に関する情報を利用することにより，個人に最適の薬剤を設計することも夢ではない（テーラーメイド創薬・医療）．ゲノム創薬技術により，優れた薬効をもち，特異性が高く副作用の少ない医薬品を探索または設計することが可能となり，また，創薬を従来より短期間で成功させることも期待されている．

**ゲノムDNAクローン**［genomic DNA clone］ クローン化されたDNAの由来がゲノムDNAである時は，ゲノムDNAクローンとよばれる．由来がcDNA（すなわちmRNA）である時はcDNAクローン*という．このクローンにはエキソン領域しか含まれない．ゲノムDNAクローンはプラスミド，ファージやコスミドをベクターとすることが多い．大きなDNA断片をクローン化するベクターとして，酵母人工染色体（YAC）ベクター*やBAC（細菌人工染色体）ベクター*が使われている．（⇒遺伝子クローニング）

**ゲノムDNAライブラリー**［genomic DNA library］ ＝遺伝子ライブラリー

**ゲノムの進化**［genome evolution］ ゲノムDNAのサイズや遺伝子構成の変化を伴う進化を，遺伝子内部での塩基の置換，欠失，挿入による遺伝子の進化と区別して，ゲノムの進化とよぶ．ゲノムの進化には，DNA含量の変化，DNAにおける塩基含量の分布の変化，遺伝子重複*による多重遺伝子族やスーパー遺伝子ファミリーの進化，遺伝子変換*による多重遺伝子族内部の遺伝的構成の変化，さまざまな転位因子（⇒トランスポゾン）の増殖に基づく反復DNAの形成，染色体の切断，融合，逆位を含む染色体の再編成などが含まれる．RNA中間体（レトロトランスポゾン）とセグメントゲノム重複（segmental genomic duplication）を介する遺伝子重複は機能遺伝子（無イントロンパラログ（intronless paralog））や不活性遺伝子（偽遺伝子）を生み出し，進化のみならず病気にも関連している．特定のDNA領域の重複（セグメント重複）は染色体内でも染色体間でも起こり，ゲノムの進化に重大な影響を及ぼす．

**ゲノムの複雑度**［genome complexity］ ゲノムの大きさと遺伝子の数や反復配列の含有量などによって決まるゲノム構造の複雑さをいう．マイコプラズマ，細菌類から下等真核生物では一倍体ゲノム当たりのDNA含量と形態的な複雑さには相関がみられるが，高等真核生物ではゲノムサイズと遺伝的・機能的複雑度とはあまり相関しない．高等生物ではゲノム上の大部分の領域からタンパク質をコードするRNAや非コードRNA*が転写により生成しており，また，転写物の多くが重複していて，機能をもつ非コードRNAも多数存在していることが示唆されているので，ゲノムの機能的複雑さはサイズだけでは規定されない．再会合反応速度の測定（⇒再会合キネティックス）によってもゲノムの大きさを測定することができ（kinetic complexity），本法では反復配列とユニーク配列のサイズをそれぞれ区別した値が得られるが，現在ではゲノムDNAのシークエンシングにより比較的簡単にゲノムの複雑度を推定することが可能である．

**ゲノム不安定性**［genome instability］ 染色体数の増減，遺伝子増幅*，DNAへの変異導入や欠失などが起こる確率が上昇することを意味し，外的および内的要因により生じるDNA損傷とその修復*との平衡が崩れることに起因する．ゲノム不安定性は，染色体DNA上に散在する短い反復配列（SINE*）の長さの変化で検出できるマイクロサテライト不安定性（MSI, microsatellite instability）と，染色体の数の増減や構造の異常（転座，欠失，増幅など）を核型*の変異として検出できる染色体不安定性（CIN, chromosome instability）の二つに大別される．MSIではDNA複製後のミスマッチ修復*機構の異常が，一方CINでは細胞分裂時の染色体分配機構の破綻がおもな原因であると考えられている．他のDNA修復経路，DNAポリメラーゼの校正機構，あるいはチェックポイント機能などの変調も要因としてあげられる．ゲノム不安定性は，がんおよびその他の加齢関連性疾患の発症において中心的な役割を果たしている．

**ゲノムフットプリント法**［genomic footprinting］ *in vivo* DNアーゼIフットプリント法（*in vivo* DNase I footprinting）ともいう．単離核にDNアーゼI（⇒デオキシリボヌクレアーゼ）を作用させたのち，核内DNAの感受性部位，抵抗性部位を塩基配列レベルで解析する方法．核内で活性クロマチン構造をとる遺伝子の上流域にDNアーゼI高感受性部位*が認められる．この部位にはヌクレオソームが形成されず，転写調節因子*の結合部位に隣接して出現することが多い．この方法は単離核にDNアーゼIを限定的に作用させるとタンパク質結合部位は比較的分解を受けにくい

ことを利用して，タンパク質が結合した塩基配列をLM-PCR（ligation-mediated PCR）法などによってシークエンスゲル電気泳動パターンとして検出する．タンパク質結合配列はDNアーゼ分解を受けないフットプリント（足跡状の抜け）として，DNアーゼI高感受性部位は濃いバンドとして検出される．精製DNAや，目的遺伝子が発現しない細胞の単離核を同様に処理して，切断パターンを比較する．細胞をホルムアルデヒド処理してDNAと結合タンパク質を架橋したのち，クロマチンを分離し，超音波切断後，特定タンパク質を結合したクロマチン断片を免疫沈降（クロマチン免疫沈降）させ，DNA配列を同定する方法もある．（⇌ DNAフットプリント法）

**ゲノムプロジェクト**［genome project］ 生物のゲノム全体の地図と塩基配列を決定しようとする計画．ゲノムDNAを細片化して塩基配列を決定し，再び組上げてすべての遺伝子の位置と構造を知ろうとする試みである．ゲノムDNAのみならずすべてのmRNA（⇌トランスクリプトーム）から相補的DNA*（cDNA）をつくり，それらの構造（配列）を決めようとする考えもあり，ゲノム機能を理解するためには両方が必要である．その生物を決めているすべての遺伝情報がわかることは生物学研究のみならず，医学，薬学その他にもきわめて大きなインパクトを与える．ただし，すべての遺伝子の配列が決定されたとしても，それらの機能は別途解明されねばならない．したがって，ゲノムプロジェクトの完成は生物学の終わりではなく，新しい出発点になる．2007年11月現在で，700種近くの生物のゲノムのシークエンシングが完了しており，2300種を超す生物ゲノムの解読が進行中である．また，ある環境下や条件下で集団（叢）を形成する微生物や原生動物種のゲノム集団（メタゲノム）の解読プロジェクトも進められている．（⇌ ゲノムシークエンシング，ヒトゲノムプロジェクト）

**ゲノムマッピング**［genome mapping］ ゲノムDNAの地図を作成して遺伝子構造を明らかにすること．ヒトをはじめ，シアノバクテリア*，イネなど，いくつものプロジェクト研究が進められている（⇌ゲノムプロジェクト）．ゲノムDNAからYACベクター（⇌酵母人工染色体ベクター），BACベクター*，PACベクターなどを用いてゲノムDNAライブラリーを作製し，各クローンのコンティグ*マップや制限地図*により物理的地図*を作成する．最終的には塩基配列解析（ゲノムシークエンシング*），cDNAクローニング，そして既知DNAや突然変異体の染色体マッピング（遺伝子マッピング*）の情報をもとに遺伝地図*の作成をめざすものであるが，最近ではハイスループットの全ゲノムシークエンシングが可能となってきており，マッピングの必要性は減少してきている．

**KB細胞**［KB cell］ 白人男性の口腔表皮扁平上皮がん由来の培養株細胞で，ガラス容器内で単層培養で連続的に増殖することができた初期の成功した培養細胞の一つである（⇌細胞培養）．細胞の栄養要求，代謝，造腫瘍性の研究に最も使用された細胞で，がん化学療法のスクリーニング試験，発がん性，ウイルス研究に使用された．しかし，最近になってHeLa細胞*の混入が疑われ，HeLaマーカー染色体の存在や，グルコース-6-リン酸デヒドロゲナーゼアイソザイムがA型であることなどが指摘されている．

**KV1.xファミリー**［KV1.x family］ ＝*Shaker*型カリウムチャネル

**ゲフィチニブ**［gefitinib］ イレッサ（商品名，Iressa）．ZD1839ともいう．上皮増殖因子受容体（EGFR）特異的チロシンキナーゼ阻害剤．2002年世界に先駆けわが国で非小細胞肺がんを対象に認可された経口の抗悪性腫瘍薬である．EGFRのATP結合部位に競合的に結合し，EGFRの自己リン酸化，下流シグナルのMAPキナーゼ経路ならびにPI-3，AKT経路を阻害する．同様の作用機序をもつ小分子化合物にerlotinib，AG1478などがある．日本を含まない28カ国，1692例の既治療進行非小細胞肺がんを対象とした第III相臨床試験（ISEL試験）においてゲフィチニブは，登録肺がん全症例に対して，および肺腺がんに対して，プラセボと比較して有意な生存期間の延長を示すことができなかった．しかし，サブセット解析では，アジア人，非喫煙者に対して，ゲフィチニブはプラセボと比較して有意に生存期間を延長させた．臨床的には東アジア人，女性，腺がん，非喫煙者に高い腫瘍縮小効果を示す．また，エキソン19の欠失型変異，エキソン21のL858Rに代表される*EGFR*遺伝子に遺伝子変異のある肺がん症例に約80％の奏効率を示す．一方，*EGFR*遺伝子増幅症例がゲフィチニブの効果と相関するとの報告もある．また，獲得耐性発現機序は二次的なT790M点突然変異と*c-met*の遺伝子増幅であるという報告がなされた．

**ゲフィリン**［gephyrin］ ⇌グリシン受容体

**K物質** ＝サブスタンスK

**ケモカイン**［chemokine］ ケモタキシス（走化性*）を誘導できるサイトカイン*（chemotactic cytokineの略）．分子量1万程度の塩基性，ヘパリン結合性の分泌型タンパク質で，約40種類のものが報告されている．N末端にシステインを含むよく保存されたモチーフがあり，その配列により四つのファミリーに分類される．CXC型，CX3C型ではそれぞれシステイン残基の間に任意のアミノ酸残基が一つあるいは三つ存在する．CC型ではシステイン残基が二つ連続して存在し，C型ではシステイン残基が一つだけ存在する．また，機能的な分類として，炎症時に誘導されてくる炎症性ケモカイン，恒常的に発現してリンパ球移動に関与するリンフォイドケモカインと分けることもある．構造分類と機能分類に相関はない．（⇌ ケモカイン受容体，CXCケモカイン，CX3Cケモカイン，CCケモカイン，Cケモカイン）

**ケモカイン受容体**［chemokine receptor］ ケモカイン*が作用する標的細胞の細胞膜上に発現するケモカイン結合性の受容体．多種存在するが，いずれもN末端は細胞外，C末端は細胞内に位置し，細胞膜を7回貫通するGタンパク質共役受容体*である．結合

するケモカイン(リガンド)の種類によって CXC, CC, CX3C, C ケモカイン受容体の 4 種に分類される. ケモカインが結合することにより三量体 G タンパク質と共役して，PI3-キナーゼ，PLCβ，MAP キナーゼなどを活性化することにより，細胞運動の促進，細胞分化，生存の促進などにつながるシグナルを伝達する．一部のケモカイン受容体はウイルスの受容体として機能することがある．たとえばヒト免疫不全ウイルス(HIV)のコレセプターとして CCR5, CXCR4 などが知られる．(⇒ CXC ケモカイン受容体，CC ケモカイン受容体，CX3C ケモカイン受容体，C ケモカイン受容体)

**ケモスタット** ＝恒成分培養槽

**ケーラー KÖHLER, Georges J. F.** ドイツの免疫学者．1946.4.17〜1995.3.1．ミュンヘン生まれ．フライブルク大学で生物学を学び，バーゼル免疫学研究所で Ph.D. を取得した(1973)．ケンブリッジ大学分子生物学研究所で C. Milstein* のもとでミエローマ細胞と抗体産生細胞とを融合させ，モノクローナル抗体* の産生に成功した(1975)．マックス・プランク免疫学研究所(フライブルク)所長(1985)．Milstein, N. K. Jerne* とともにノーベル医学生理学賞を受賞(1984)．

**ケラタン硫酸** [keratan sulfate] ⇒グリコサミノグリカン

**ケラチノサイト** ＝角質細胞

**ケラチノサイト増殖因子** ＝角質細胞増殖因子

**ケラチン** [keratin] サイトケラチン(cytokeratin), α ケラチン(α-keratin)ともいう．上皮細胞に特徴的な中間径フィラメント* 構成タンパク質．分子量 4 万〜7 万．非常に多様なケラチンタンパク質は，アミノ酸配列に基づき I 型(酸性)と II 型(塩基性)に分類され，両者のヘテロ二量体が重合してフィラメントが構成される．一つの細胞が数種類のケラチンを発現していることも多い．発現様式は細胞の種類によって特徴があり，臨床医学ではがん組織の原発部位診断にも応用できる．細胞質で網目状のフィラメントを形成して一部は細胞間結合部に集束し，機械的刺激に抗して上皮組織の形態維持に寄与する．機械的刺激によって容易に水疱ができる遺伝性皮膚疾患である単純型表皮水疱症は，上皮基底細胞のケラチン遺伝子の点突然変異によることが知られている．上皮細胞のケラチンフィラメント(keratin filament)は細胞が死滅しても残存し，角質化上皮* の主成分となる．また一部は毛髪や爪を構成する．

**ゲラニルゲラニル化** [geranylgeranylation] ファルネシル化* と合わせて，タンパク質のイソプレノイドによる修飾を総称し，イソプレニル化(isoprenylation) またはポリイソプレニル化(polyisoprenylation)ともいう．ゲラニルゲラニル基(図)によるタンパク質

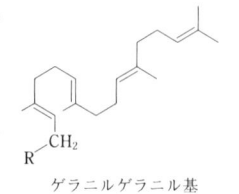

ゲラニルゲラニル基

の翻訳修飾構造．主として Rab, Rho などの低分子量 GTP 結合タンパク質* や，G タンパク質 γ サブユニットの C 末端部位共通配列内システインを標的とする．タンパク質分子に局所的疎水性を与えて膜局在化を助けるほか，これらの機能を制御するタンパク質因子との相互作用にも必要であり，機能発現に必須な構造である．(⇒ ファルネシルトランスフェラーゼ)

**K 領域** [K region] フランスの量子化学者，A. Pullman, B. Pullman によって，1955 年に提唱された芳香族炭化水素の発がん* 活性部位．K は Krebs(ドイツ語でがんを表す)に由来する．ベンゼン環をタイル状に組合わせてできる多環式芳香族炭化水素* の発がん性を，反応性の高い π 電子の局在で説明できるとした．四酸化オスミウムによる付加反応を起こす K 領域は，細胞タンパク質との共有結合部位とは一致したが，細胞 DNA との共有結合部位とは一致せず，Bay 領域(Bay region)の重要性の陰に隠れる形となった．(⇒ L 領域)

ベンゾアントラセンを例とした発がん活性部位

**ゲル化(細胞の)** [gelation] 細胞の抽出物が加温によってゲル になる現象のことをゲル化といったが，のちにゲル化はアクチンフィラメント* をゲル化タンパク質(gel-forming protein)が架橋することによって起こることが判明した(⇒ アクチンフィラメント架橋タンパク質)．ゲル化タンパク質には動物細胞から精製されたフィラミン*，細胞性粘菌のアメーバから精製された ABP120 がある．ゲル化タンパク質は細胞表層* や仮足に濃縮し，アクチンフィラメントの網目構造をつくっている．活発に運動する細胞では細胞質* のゾル-ゲル変換が繰返し起こっているが，細胞質のゲル化はゲル化タンパク質のアクチンフィラメントへの結合によって起こると考えられる．

**ゲルシフト分析** [gel shift assay, gel retardation assay, gel mobility shift assay] バンドシフト分析(band shift assay)，電気泳動移動度シフト分析(electrophoresis-mobility shift assay, EMSA)ともいう．DNA 結合タンパク質* を検出する方法．$^{32}$P またはジゴキシゲニンで標識した DNA 断片と DNA 結合タンパク質を混合し，低塩濃度の未変性ゲルで電気泳動して，DNA をオートラジオグラフィー* で検出する．タンパク質と結合した DNA は，遊離 DNA に比べ，ゲル中で遅れて移動するため，特異的バンドとして検出できる．これにより結合タンパク質の存在を検出することができる．塩基配列に突然変異を導入して，結合の塩基配列特異性を確認する．多くの転写因子* が，この方法により同定された．複数の DNA 結合タンパク質を，感度よく，しかも簡便に検出できる方法．応用実験法として，メチル化干渉法(methylation interference)がある．この方法ではあらかじめ DNA を硫酸ジメチルでメチル化してからゲルシフト分析を行い，ゲルからシフトバンドと遊離 DNA を回

収する．つぎにそれぞれについてマクサム・ギルバート法を行う．出現する G バンドの位置から結合に必要な G を決定することができる．（⇌ DNA フットプリント法）

**ゲルゾリン**［gelsolin］　細胞中のアクチンフィラメントネットワークを調節するアクチン結合タンパク質\*の一つ．哺乳類，鳥類，両生類，昆虫類と生物界一般に広く存在し，血清中にも分泌型（血漿ゲルゾリン，plasma gelsolin）として存在している．ゲルゾリンは 84 kDa の単量体で，アクチンフィラメント\*に対して三つの作用（切断作用，末端結合作用，核形成促進作用）をもっている．これらの作用は μM 以上のカルシウムイオンが必要で，またホスファチジルイノシトール代謝回転産物の一つであるホスファチジルイノシトールポリリン酸\*によって阻害される．ゲルゾリンは，六つの相同なドメイン構造をもち，遺伝子増幅\*によってできた分子だと考えられる．ゲルゾリンと相同なドメイン構造をもち，アクチンフィラメント切断作用，あるいは末端結合作用をもつ分子が数種類見つかっており，ゲルゾリンファミリーを形成している．ゲルゾリンの細胞内合成量は，細胞の分化に従って増加し，逆に脱分化（がん化）に従って減少する．ゲルゾリンの分解産物はフィンランド型家族性アミロイドーシス（familial amyloidosis of Finnish type）の原因物質である．

**ゲル電気泳動**［gel electrophoresis］　親水性で網目の大きい連続的なゲルを担体にした電気泳動\*．チューブ状のゲルも使われるが，平板状ゲル（スラブゲル）やキャピラリーゲルが主流である．ゲル担体は熱対流を防ぐことを主目的として導入されたが，取扱いに便利なこと，他の特性をもつ膜に転写（ブロッティング）できること（⇌ ニトロセルロース膜），網目のふるい効果を利用できるなど，さまざまな利点があり，生体高分子の分離分析にいまや不可欠である．タンパク質には分子量にほぼ比例して SDS（ドデシル硫酸ナトリウム\*）が結合するので，ポリアクリルアミド\*ゲル中で電気泳動すれば，網目にさえ妨げられる度合いにより，陽極へ向かう速度に差ができて，これから分子量を簡便に推定できる（SDS-ポリアクリルアミドゲル電気泳動，SDS polyacrylamide gel electrophoresis，SDS-PAGE）．低分子の核酸の分子量依存的分離にもポリアクリルアミドが使えるが，高分子の核酸には網目がさらに大きいアガロース\*ゲルを使う．さらに巨大な DNA の場合には，電場の方向を変動させて，有効な分離を達成させるパルスフィールドゲル電気泳動（pulsed field gel electrophoresis）がある．ポリアクリルアミドゲルを細管中に作製して電気泳動に使用することもあり，キャピラリー電気泳動（capillary electrophoresis）とよばれる．（⇌ 二次元電気泳動）

**ゲル内二重拡散法**［gel double diffusion］　＝オクタロニー法

**ゲル瀘過**［gel filtration］　分子ふるい\*効果を利用した分離法の一つ．多糖類の一種であるデキストランを架橋し，不溶性の多孔質として精製したセファデックスを J. Porath が利用して以来，セファロースその他のゲル物質が多数考案され，利用されている．溶媒で膨潤させたゲル粒子のカラムに試料を添加し溶媒を流し続けると，高分子物質が先に，遅れて低分子物質が溶出することから，分子量（分子のサイズ）の差異によって試料中成分が分離される．ゲル瀘過は，タンパク質などの生体高分子の分子量推定などの分析にも，精製や脱塩などの調製目的にも頻用される．

**原栄株**［prototroph］　各種の微生物において，野生株の要求する栄養素以外のものを生育に必要としない突然変異株．原栄養体ともいう．（⇌ 栄養要求性突然変異体）

**原栄養体**＝原栄株

**限界希釈培養法**［limiting dilution-culture method］限界希釈法（limiting dilution method）ともいう．細胞集団から遺伝的に均一なクローン系を分離する培養法の一つ．培養動物細胞では，その集団を 1 個/穴以下の限界まで増殖培地\*で希釈し，48 ないし 96 穴プレートに植み込み，顕微鏡下で 1 個の細胞が入っている穴をマークする．これを培養してコロニーを形成させ，クローン系を分離する方法をいう．（⇌ クローニング，細胞培養）

**限界希釈法**［limiting dilution method］　＝限界希釈培養法

**圏外生物学**［exobiology］　狭義の宇宙生物学（space biology）のこと．おもに以下の三つの課題が取上げられている．第一は地球以外の天体上の生物が存在するかどうか，第二はもし存在するならどんな性質の生物がいると予想されるか，第三は地球の生物の移住の問題であるが，これには地球生物による汚染防止の問題も含まれる．第一の課題には，アミノ酸など生物関連有機物の検出や分析も行われている．

**限外瀘過**［ultrafiltration］　UF と略す．膜の孔のサイズよりも小さな低分子化合物を通過させ，高分子化合物を通さない限外瀘過膜を利用して，分子サイズに基づき圧力駆動で化合物を分離する方法．タンパク質などの生体高分子の試料溶液の前処理法として，透析\*と同様に脱塩や溶媒交換の目的で行われる．透析では高分子成分を濃縮することはできないが，限外瀘過では高分子成分を濃縮することができる．試料分子の大きさに適した孔のサイズの限外瀘過膜を用いることが重要である．

**原核細胞**［procaryotic cell, prokaryotic cell］　⇌ 原核生物

**原核生物**［procaryote, prokaryote］　生物は核をもつ真核生物\*と核をもたない原核生物に大きく分類することができ，染色体 DNA を収める核をもたない原核生物には細菌が含まれる．原核生物の細胞を原核細胞（procaryotic cell, prokaryotic cell）とよぶ．細胞壁をもつものが多く，その内側に細胞膜があり，細胞質を内包する．DNA は細胞質中にタンパク質との複合体である核様体\*として存在し，無糸分裂\*で複製する．原核生物は一般にそのサイズが小さく（1～10 μm，真核細胞は 10～100 μm），真核細胞にみられるミトコンドリアや葉緑体などの細胞内小器官をもたないこと

から，真核生物より前に生じた原始的な生物であると考えられている．真核細胞に比較するとゲノムサイズは小さく($10^6$オーダーの塩基対)，多くは環状 DNA であり，コードされる遺伝子の数も少ない($10^3$のオーダー)．転写や翻訳などのあらゆるシステムが真核細胞と異なる．また，核をもたないので，DNA から mRNA への転写とタンパク質への翻訳が細胞質で同時に起こるため，原核生物に特徴的な遺伝子の発現調節機構がみられる(⇌転写減衰)．

**原がん遺伝子** [protooncogene]　プロトオンコジーン，がん原遺伝子ともよばれる．レトロウイルス\*がん遺伝子に対応する細胞側の遺伝子．ウイルス性がん遺伝子\*は本来正常動物細胞にあった遺伝子で，その一部が突然変異しウイルスに取込まれ，がん化能を獲得したものである．細胞側の遺伝子を細胞性がん遺伝子(cellular oncogene)とよび，c-onc(c は cellular の c)と略記する．これは突然変異するとがん化能を獲得するので原がん遺伝子とよばれる．これに対応するウイルス側の遺伝子は v-onc(v は viral の v)と命名されている．(⇌付録 G)

**減感作** [hyposensitization]　＝脱感作

**嫌気性細菌** [anaerobic bacteria]　分子状酸素が存在すると生存できない細菌．グラム陰性細菌\*，グラム陽性細菌\*，古細菌\*に広く分布する．生育のためのエネルギーを多様な有機化合物を基質とした発酵\*に依存するもの，水素，エタノール，乳酸などを電子供与体，硫酸または硫黄を電子受容体とした嫌気的呼吸(⇌呼吸)によるもの，および光エネルギーを利用する一部の光合成細菌\*，水素，ギ酸などを電子供与体として二酸化炭素をメタンに還元するメタン細菌\*がある．(⇌絶対嫌気性生物，通性嫌気性生物，好気性細菌)

**限局性白斑症** [piebaldism]　⇌*kit* 遺伝子

**原形質** [protoplasm]　細胞をつくる諸部分のうち，生きている部分，すなわち生活機能を支えている部分をさしてよんだ言葉であった．しかし，現在では原形質流動や原形質分離などにその跡をとどめるにすぎず，ほとんど意味を失っている．このことは細胞膜に囲まれた内部が，さらに膜性の構造で細かく区切られた区画から成っており，それぞれが特異的な機能を営んでいることを考えれば明らかであり，現在ではサイトゾル\*の概念の方が有効である．

**原形質性星状膠細胞** [protoplasmic astroglia]　⇌アストログリア

**原形質体** ＝プロトプラスト

**原形質分離** [plasmolysis]　液胞\*の発達した植物細胞を高張液に浸すと，液胞中の水が奪われて細胞質が縮小し，細胞膜が細胞壁から分離する現象．(⇌等張液)

**原形質流動** [protoplasmic streaming]　細胞質流動(cytoplasmic streaming)ともいう．植物細胞でみられる細胞質の運動．細胞壁の強度に支えられているため，植物細胞は一般に巨大である．100 μm 以上にも達する細胞の中で小分子，タンパク質分子が機能するには，それらの移動を拡散に依存できない．原形質流動とは巨大細胞がもつ独特な細胞内物質輸送系である．流動は細胞内にとどまらず，原形質連絡\*を通じて隣接する細胞にも物質の輸送をする．広義にはアメーバ細胞や動物細胞でみられる細胞質，特に細胞小器官の運動も含める．原形質流動はモータータンパク質\*と細胞骨格タンパク質から成る繊維との相互作用によって起こる．植物細胞では運動は一般に一方向性か両方向性であり，流速は 1〜60 μm/sec である．真正粘菌の変形体では周期的に反転する往復流動であり，1.35 mm/sec に達する．アメーバ細胞や動物細胞では流動の軌道が判然とせず，流動がモータータンパク質による能動的運動なのか受動的な運動なのか判別しにくい場合もあるが，植物細胞と同様にミオシンとアクチンフィラメント，ダイニンと微小管，キネシンと微小管による運動と考えられている．原形質流動の中には外界の刺激に応答して誘導されるものもあり，光による葉緑体の移動運動が知られている．

**原形質連絡** [plasmodesm(a), protoplasmic connection]　プラスモデスムともいう．高等植物で隣接した細胞間に細胞壁\*を貫いて存在する原形質\*の連絡．電子顕微鏡観察によると，20〜60 nm の管状で単位膜に包まれ，管の中央に電子密度の高い構造が見られる．比較的低分子量(諸説あるが約 1000 まで)の物質を通すほか，一部のウイルスの感染が拡大する通路と考えられている．原形質連絡によって連絡している細胞系はシンプラスト(symplast)とよばれ，電気生理学的には等しい電位をもち，一体の原形質系とみなしうる．

**原口** [blastopore]　両生類などの多細胞動物の初期発生過程では，胞胚期に陥入が起こり，将来の中胚葉および内胚葉の細胞群が胚の内部へ，胚表面から胚の内部へと折れ曲がるようにしてもぐり込んでゆくが，その際生じる円形または曲線状(あるいは馬蹄形)の陥入口を原口とよび，その折れ曲がり部位を原口唇(blastopore lip)という．胚の将来の背腹軸に照らして原口唇の背側に当たる部位を原口背唇\*または原口上唇という．これに対し，折れ曲がりの部位のうち，腹側に当たる部分を原口腹唇(ventral blastopore lip)または腹唇部(ventral lip)，側方の部位を原口側唇(あるいは略して側唇)とよぶ．陥入が進むと，原口唇で取囲まれた円形の部分はしだいに小さくなる．ここには植物極側の大きな細胞群がみられ，卵黄栓(yolk plug)とよばれるが，やがて原口そのものが閉じ卵黄栓の部位の細胞は胚の内部に埋没して見えなくなる．

**原口唇** [blastopore lip]　⇌原口

**原口背唇** [dorsal blastopore lip]　脊椎動物の特に両生類の初期発生の原腸胚(あるいは嚢胚)期において，将来中胚葉を形成する細胞群が胞胚腔\*に向かって陥入してゆく際に生じる曲線状(馬蹄形)の開口の動物極側の領域のこと．この部分はイモリでは特に H. Spemann の形成体\*(オーガナイザー)領域に当たり，陥入したのち胚の中軸構造(中心となる軸構造)を形成し，またまわりの細胞に誘導作用を及ぼす．一般的に

原口*といえばたとえばウニ類の陥入の際にもみられるが,これはむしろ内胚葉をつくるための造形運動の場所をさす.両生類,特にアフリカツメガエルの場合では,原口背唇部分はノギン*,Wntなどの,形態形成因子として重要な分泌タンパク質をつくって他の細胞に影響を及ぼす働きがある一方で,自らはグースコイドなどのホメオドメイン*をもつタンパク質を発現するなど,特異な性質をもつことが知られている.このように,現在では古典的な形態学が先端的な分子生物学の手法で研究されつつあり,特に両生類胚の原口背唇部はその代表的な材料となっている.したがって原口という場合には陥入を行う動物全般の陥入点を意味するが,特に原口背唇部という場合にはほとんどイモリやカエルなどの両生類胚の原口の動物極寄りの領域をさすような状況になっている.

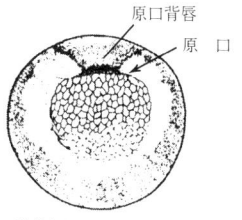

**原口腹唇** [ventral blastopore lip] ⇨ 原口

**原子価** [valence] 一般に水素原子の原子価を1として,ある元素が結合する水素の数をもってその元素の原子価とする.水素と結合しない元素の場合は,別な元素との結合を利用して間接的に原子価を求める.原子価は元素に対して一義的に決まる数値ではなく,複数の原子価をもつことが多い.しかし,安定な化合物をつくる原子価は少数である.安定な有機化合物の構造を図示する時に,各元素が希ガス型電子配置をとるとすると説明しやすいことが多い.

**原子間力顕微鏡** [atomic force microscope] AFMと略す.走査型プローブ顕微鏡の一種であり,鋭利な探針(プローブ)で試料表面を走査し,そのプローブに働く力を位置の関数として取得して像を得る顕微鏡.先端径がナノメートルオーダーのプローブは,ばね定数がnN/nm程度あるいはそれ以下の板バネ(カンチレバー)に取付けられている.試料を載せた台を$x$-$y$-$z$軸の3方向に走査し,試料に近接または接触させることによってプローブに働く力を,カンチレバーのた

わみから計測する.カンチレバーの背面には金属コートしたミラーが取付けられており,このミラーに入射したレーザー光の反射角の変化を4分割フォトダイオードで検出して,カンチレバーのたわみを計測する(図).原子間力顕微鏡は,真空中,大気中,あるいは液中の試料の測定を行うことができる.原子間力顕微鏡は特に水溶液中の測定が可能であり,生体試料を生きたままの状態で高感度計測できる点が電子顕微鏡にはない特徴である.生命科学においては,固体基板上に固定した生体高分子などの形状をナノメートルの分解能で観察するほかに,コネクチン*(タイチン)やDNAのフォールディングやアンフォールディングに伴って分子内に働く微小な力を測定する目的でも用いられている.

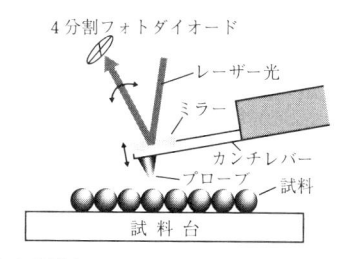

**原色素体** = プロプラスチド

**原子吸光分析** [atomic absorption spectrometry] AASと略す.原子が同種の元素から放射された特定波長の光を吸収する原子吸光の現象を利用して元素の定性・定量分析を行う方法.光源には,分析元素もしくはその合金でできた円筒状の陰極をもつ中空陰極ランプを使用する.測定対象元素の原子化は,試料を霧状にして炎中に導入することや,黒鉛管に取った試料を加熱することで行う.ICP発光分光分析*と異なり,多元素同時分析ができず,化学干渉が起こる場合がある.

**原子散乱因子** [atomic scattering factor] = 散乱因子

**絹糸腺** [silk gland] 主として鱗翅目絹糸昆虫の幼虫がもつ1対の外胚葉起源の腺上皮細胞が合成,分泌した絹タンパク質の輸送器官.カイコの絹糸腺は前部(約280細胞),中部(約270細胞),後部(約500細胞)に分けられ,後部でフィブロイン*H鎖,L鎖,P25が,中部でセリシン*が合成され,腺腔内に分泌される.前部絹糸腺の先端部にフィリッピ氏腺が開口し,1対の絹糸腺は融合,吐糸腺につながる.

**原糸体** [protonema, (pl.) protonemata] 糸状体ともいう.コケ植物やシダ類の胞子が発芽して配偶体をつくる際,最初に細胞が一列に並んだ糸状となる.この糸状体を原糸体という.シダ類ではやがて二次元の体制をとり,原糸体は短く,また苔類では原糸体はほとんど発達しないが,蘚類ではよく発達する.チョウジゴケの仲間では原糸体上に茎葉体を生じることがなく,原糸体が配偶体そのもので,直接造卵器・造精器をつける.藻類*(⇨葉状体)の無性葉状体を原糸体ということもある.

**原始卵胞** = 始原卵胞

**原始リボソーム** = プロトリボソーム

**減数核分裂** [meiotic nuclear division] ⇨ 核分裂

**減数分裂** [meiosis, meiotic division] 還元分裂(reduction division)ともいう.連続して2回の細胞分裂*が起こり,染色体数が半減する核分裂.生殖細胞の形成に伴って起こる減数分裂を特に成熟分裂(maturation division)ということがある.通常の体細胞分裂前にDNA複製を伴わないなどの点が異なる.減数分裂は有性生殖により世代を重ねても細胞当たりの染色体数が増加し続けないための機構といえる.また,減

数分裂に伴って高い頻度で遺伝的組換えを生じるので, 遺伝的な多様性を増やし進化に寄与する. 高等真核生物では配偶子形成に, 下等真核生物では胞子形成に付随して起こる. 減数分裂に先立って起こるDNA複製を減数分裂前DNA合成(premeiotic DNA synthesis)とよぶ. 体細胞周期のS期におけるDNA複製との分子レベルでの相違はまだよくわかっていないが, 共通の複製起点を利用するという報告がある. 複製した姉妹染色分体の接着にはコヒーシン*が重要な働きをするが, 体細胞分裂で働くコヒーシンとは制御サブユニットが異なる. 相同染色体の分離に際してはコヒーシンの分解が起こる. 第一分裂前期は長く, 相同染色体の対合と乗換えが起こる重要な時期であるが, さらに形態的特徴により, 細糸期*, 接合糸期*, 太糸期*, 複糸期*, 移動期*に細分される. 第一分裂の中期, 後期, 終期を経て相同染色体が両極に分離する. 減数第一分裂終了後, 体細胞分裂にみられるDNA複製を含む間期が挿入されず, 染色体は凝縮したまま直ちに第二分裂中期に入る. 卵成熟過程の研究から, 第一分裂前期で休止した卵母細胞の減数分裂開始にはMPF(卵成熟促進因子, ⇌M期促進因子)の活性化が必要であること, MPFの本体がCDK1*とサイクリンBの複合体であることが証明された. このことから, 減数分裂における染色体の凝縮や紡錘体形成は体細胞分裂と同じくCDK1の活性により制御されていることがわかる. 減数分裂の特徴は第一分裂にあり, 相同染色体の対合と還元的な分離がみられる. 染色体の対合には減数分裂期特異的コヒーシンが働く. また, 酵母を用いた研究から, 相同染色体の対合に必要と考えられるDNA塩基配列の相同性の認識に大腸菌のRecAに似たタンパク質が働いていることがわかった(Saccharomyces cerevisiaeやSchizosaccharomyces pombeのRad51タンパク質). 同種のタンパク質は哺乳類, ユリでも発見された. また, 還元分裂(複製したゲノムを同じ方向へ運ぶ)のため, 動原体部分の接着は維持されるが, その維持にはシュゴシンという動原体結合タンパク質が機能している. 遺伝的組換えは二重鎖切断により開始するという説が有力であるが, 減数分裂組換え*の分子機構はまだ不明な点が多い. (⇌細胞分裂)

**減数分裂組換え**[meiotic recombination] 減数分裂*期に起こる遺伝子組換え. 染色体間および染色体内組換えは, 体細胞においても起こるが, 減数分裂期には頻度が著しく高くなる. 減数分裂組換えには, 1)第一分裂に両極へ各相同染色体が分離する際それらの組合わせがランダムに起こること, 2)相同染色体間の乗換えによるものの二つが考えられる. 後者の頻度が高くなるのは減数第一分裂前期で相同染色体が対合することや, 組換え酵素の活性化が起こるためである.

**原生生物**[protista] 単独または群体をつくる単細胞性真核生物の一群を含む生物分類上の一つの界の総称. 原生生物界の定義には, 異説がいろいろあるが, 現在では単細胞ならびに多細胞の真核生物をも含めてプロクティスタ(Protoctista)と改称する説が通説となりつつある. この説では, "胚形成, 組織分化が認められず, 波動毛をもつ場合は微小管が9＋2構造に配列する真核生物"と定義されている. したがって広義には, 原生動物*や, 細胞性粘菌・変形菌(⇌粘菌類), ミズカビ類, 多細胞海草類, 植物性原生生物までが含まれることになる.

**原生動物**[protozoa] 原虫ともいう. 単細胞の動物の総称. 一般に, アメーバ*など肉質虫類(Sarcodina, 根足虫類), ゾウリムシ*などの繊毛虫*類(Ciliophora), トリコモナスなどの鞭毛虫類(Mastigophora), マラリア原虫など胞子虫類(Sporozoa)に分けられる. なお, 鞭毛虫類にはミドリムシなどのように植物性とされているものも多い. 系統的におもなものは肉質虫類と繊毛虫類で, 鞭毛虫類は肉質虫類に近いとされている. 胞子虫類には肉質虫類に近いものと繊毛虫類に近いものがある. 淡水や海水中あるいは土壌中に広く分布し生育する. 自由生活をするもの, 他の生物に付着あるいは寄生生活をするものなどがある. 栄養の摂取は, 有機物を摂る動物性のものと, 無機物を摂る植物性のものとがあり, 分裂, 出芽, 胞子形成などによって増殖する. 分裂は二分裂のほか多分裂をするものもある. 分裂後, ボルボックス(Volvox)のように群体(コロニー)を形成するものも知られている. 有性生殖の存在が知られていない種が多いが, 交配型の異なる細胞同士で融合あるいは接合するものもある.

**原繊維** ＝プロトフィラメント
**原繊条** ＝プロトフィラメント
**懸濁培養**[suspension culture] ⇌細胞培養
**原虫** ＝原生動物
**原腸**[archenteron, primitive gut] ⇌原腸形成
**原腸形成**[gastrulation] 嚢胚形成, 腸胚形成ともいう. 動物の初期発生で, 将来, 内胚葉および中胚葉となる胞胚*表面の細胞群が, 相互移動と細胞間親和性の変化などにより胚内へ移行して原腸(archenteron, primitive gut)を形成し, 内外2層の細胞の壁(胚葉*)をもつ原腸胚*となる過程で, 遺伝子発現のうえでも重大な転換が起こる. 羊膜類では原腸を形成しないが, 原条形成(哺乳類, 鳥類)や脊索中胚葉管の形成(爬虫類)は原腸形成の変型と考えられる.

**原腸胚**[gastrula] 嚢胚, 腸胚ともいう. 動物の胚のうち胞胚*につぐ段階のもので, 原腸形成*によって内外2層の胚葉をもつようになった胚, またはその過程にあるもの. この時期は初期発生における形態・機能上の重要な転換期で, 母性mRNAの翻訳から, 胚自身の遺伝情報に基づく発現への変換などが起こる. 原腸の開口部である原口*が将来, 口になるか肛門になるかは系統分類上重要で, 前者を旧口動物(protostome)または前口動物とよび, 真体腔類(扁形動物, 環形動物, 節足動物など)と触手動物がこれに属する. 後者を, 新口動物(deuterostome)または後口動物とよび, 真体腔中の腸体腔幹(棘皮動物, 脊索動物など)に対応する. 両生類初期原腸胚の原口

背唇*部は，形成体*として機能し，他の初期原腸胚の割腔内に移植すると，その部分に神経管を誘導*し，本来の胚と腹側で連なった二次胚を形成させる．

**原腸胚-神経胚転移** [gastrula-neurula transition] 主として脊椎動物の発生において原腸胚*での陥入が進行し，神経板*が現れて神経胚*となるまでの現象．初期発生において形態的な変化のみならず，機能的にも著しい変化を及ぼし重要な過程である．両生類の胚では胞胚期以前に，胚の帯域で予定中胚葉の決定（中胚葉誘導*）が起こっており，原腸胚初期に原口上唇部から予定中胚葉域細胞が胚の内部に陥入することによって原腸の形成が開始される．原腸形成の結果，中胚葉細胞は予定外胚葉領域を裏打ちするようになるが，このとき背側の中胚葉細胞から外胚葉細胞へと誘導（神経誘導*）が行われると考えられている．この誘導によって予定外胚葉細胞の神経外胚葉への機能的な分化の決定が始まる．神経胚初期において背側中胚葉は脊索を構成し，神経外胚葉は神経板としての分化を表現するようになる．

**検定交雑** [test cross] ⇌ 戻し交雑

**ケンドルー KENDREW, John Cowdery** 英国の生物学者．1917.3.24〜1997.8.23．オックスフォードに生まれる．1939年ケンブリッジ大学に学び，M. F. Perutz*の指導下でミオグロビンの立体構造をX線解析から解明した（1960）．1962年ノーベル化学賞をPerutzとともに受賞．ケンブリッジ大学分子生物学研究所副所長（1953〜74）．ヨーロッパ分子生物学研究所長（1975〜82）．オックスフォード大学セント・ジョン・カレッジ学長（1981〜86）．

**原発性胆汁性肝硬変** [primary biliary cirrhosis] ⇌ 肝硬変

**原発性マクログロブリン血症** [primary macroglobulinemia] ワルデンストレームマクログロブリン血症（Waldenström macroglobulinemia）ともいう．血漿中のIgM*が増加する疾患をマクログロブリン血症という．原発性マクログロブリン血症では，血清タンパク質電気泳動でも単クローン性のピークがみられる．リンパ球〜形質細胞様細胞が増殖し，これらの細胞がIgMを産生する．融解性骨病変や腎不全を伴うことが少なく，頭痛，視力低下などの過粘稠度症候群を合併しやすい．高齢者に多く，病状の進行は比較的遅い．

**原発性免疫不全症候群** [primary immunodeficiency syndrome, primary immunodeficiency diseases, primary immunodeficiency] 免疫系の欠陥を主病態とする先天性または遺伝性の疾患群．リンパ球による特異的免疫機構の欠陥を狭義の免疫不全*症とよび，補体*や食細胞*が関与する非特異的免疫機構が破綻したものを含めて，免疫不全症候群と総称する（表）．肺炎などの気道感染，中耳炎，皮膚化膿症，髄膜炎，敗血症などを反復し，難治性である．水痘や麻疹が重症化しやすい．しばしば自己免疫疾患*を発症する．免疫グロブリン置換療法，サイトカイン療法，骨髄移

**おもな原発性免疫不全症候群** （⇌ 原発性免疫不全症候群）

| 狭義の免疫不全症 | その他広義の免疫不全症 | |
|---|---|---|
| I．抗体欠乏を主徴とする免疫不全症 | IV．補体欠損症 | IV．免疫不全症を伴う先天性あるいは遺伝性疾患 |
| X連鎖性無γグロブリン血症 | C1q欠損症 | ［染色体異常］ |
| 高IgM症を伴う免疫グロブリン欠損症（高IgM症候群） | C1r欠損症 | ブルーム症候群 |
| 免疫グロブリンH鎖遺伝子欠失症 | C2欠損症 | ファンコニ症候群 |
| κ鎖欠損症 | C3欠損症 | ダウン症候群 |
| IgGサブクラス欠損症 | C4欠損症 | ［多臓器異常］ |
| 分類不能の低γグロブリン血症 | C5欠損症 | 部分的白子症 |
| IgA欠損症 | C6欠損症 | チェディアック・東症候群 |
| 乳児一過性低γグロブリン血症 | C7欠損症 | 軟骨毛髪低形成症 |
| II．複合免疫不全症 | C8欠損症 | 脳梁欠損症 |
| 重症複合免疫不全症 | C9欠損症 | 先天性無脾症 |
| X連鎖性劣性 | C1インヒビター欠損症 | ［遺伝性代謝異常］ |
| 常染色体劣性 | I因子欠損症 | トランスコバラミンII欠損症 |
| アデノシンデアミナーゼ欠損症 | H因子欠損症 | 腸性肢端皮膚炎 |
| プリンヌクレオシドホスホリラーゼ欠損症 | D因子欠損症 | I型オロト酸尿症 |
| | プロペルジン欠損症 | ビオチン依存性カルボキシラーゼ欠損症 |
| MHCクラスII欠損症 | V．好中球機能不全症 | ［免疫グロブリン異化亢進］ |
| 細網異形成症 | 先天性好中球機能不全症（コストマン型） | 家族性免疫グロブリン異化亢進症 |
| CD3γ，CD3ε欠損症 | 白血球粘着不全症 | 腸管リンパ管拡張症 |
| CD8欠損症 | 慢性肉芽腫症 | ［その他］ |
| III．その他の明確に定義された免疫不全症 | X連鎖性劣性 | 高IgE症候群 |
| ウィスコット・アルドリッチ症候群 | 常染色体劣性 | 慢性皮膚粘膜カンジダ症 |
| 血管拡張性失調症 | 好中球二次顆粒欠損症 | |
| ディジョージ症候群 | ミエロペルオキシダーゼ欠損症 | |
| | 好中球グルコース-6-リン酸デヒドロゲナーゼ欠損症 | |

植，酵素補充療法などが確立され，アデノシンデアミナーゼ欠損症*では遺伝子治療が試みられる．主要な疾患で病因解明が進んでいる．原因遺伝子として，X連鎖無γグロブリン血症*の btk 遺伝子，高 IgM 血症を伴う免疫グロブリン欠損症（高 IgM 症候群）の T リンパ球 CD40*リガンド遺伝子，X 連鎖劣性重症複合免疫不全症の共通受容体（$\gamma_c$鎖）遺伝子などが注目される．白血球粘着不全症*では $\beta_2$ インテグリン（CD11*/CD18*）の $\beta$ 鎖遺伝子に，慢性肉芽腫症*では NADPH オキシダーゼ*を構成する膜タンパク質シトクロム $b_{558}$ や細胞質因子の遺伝子に異常がある．

**顕微受精**［microinsemination］　精子に起因する受精障害治療のための生殖補助技術．体外受精*法の一種で，マイクロマニピュレーターを駆使した高度な技術を必要とする．卵の透明帯を開口する透明帯開孔法，卵囲腔内に精子を注入する卵囲腔内精子注入法，1 個の精子をマイクロピペットで卵細胞質に注入する卵細胞質内精子注入法などがある．卵細胞質内精子注入法は，1992 年にヒト妊娠例が報告されて以来，最も受精・妊娠率の高い方法として重症の乏精子症や精子無力症などの造精機能障害や射精障害患者などの治療に広く用いられる．電気刺激射精法，精巣内精子採取法，精巣上体精子採取法などを組合わせた生殖医療がある．（→体細胞核移植）

## コ

**コアイソジェニック**［coisogenic］　マウスやラットの系統で，その系統に突然変異\*が起きた遺伝子座のみが異なった近交系\*のこと．胚性幹細胞\*(ES細胞)から作製された系統でも，ES細胞が由来する近交系へ交配され，維持されている場合にはコアイソジェニックとみなすことができる．しかし，それ以外の突然変異が染色体上に存在する可能性もある．同様に，化学物質や放射線などにより誘発された変異をもつ系統もコアイソジェニックとみなしてよい(⇌変異原，突然変異誘発)．ただし，ゲノム上には遺伝的変異が存在するかもしれないので，定期的に親系統に戻し交雑\*をしないと遺伝的浮動\*により，時間の経過とともに遺伝的変異の蓄積が生じてしまうと考えられている．

**コアクチベーター**［coactivator］　転写調節因子および基本転写因子\*と相互作用し，両者の橋渡しを行うことにより転写制御に関与する因子である転写共役因子(コファクター，転写補助因子ともいう)のうち，転写活性化に寄与する因子(⇌転写因子)．CBP\*，p300やPC4\*が代表的で，直接DNAに結合するのではなく，タンパク質-タンパク質相互作用により転写複合体の形成を促進または安定化させることによって転写活性を上昇させると考えられている．複数の転写調節因子に結合能をもつものが多い．ヒストンアセチラーゼ活性をもつものが多く，これらのコアクチベーターはクロマチン\*をアセチル化することで，クロマチン構造を弛緩させ転写活性化に寄与する．(⇌メディエーター)

**コア酵素**(RNAポリメラーゼの)［core enzyme］　DNAを鋳型としてRNAを合成する酵素をRNAポリメラーゼ\*という．原核細胞のRNAポリメラーゼは，$\alpha, \beta, \beta', \sigma$ の四つのサブユニットから $\alpha_2\beta\beta'\sigma$ のホロ酵素\*を形成する．このホロ酵素から $\sigma$ がなくなったものをコア酵素とよぶ．$\sigma$ はDNA上のRNA合成開始点を認識すると考えられている．

**コアヒストン**［core histone］　ヌクレオソームヒストン(nucleosome histone)ともいう．(⇌リンカーヒストン)

**コアプロモーター**［core promoter］　＝基本プロモーター

**コイルドコイル**［coiled coil］　$\alpha$ ヘリックス\*を形成しているポリペプチド上のアミノ酸側鎖を"abcdefg"のように七つのアミノ酸を1単位にして区切った場合に，aとdの位置に疎水性のアミノ酸が繰返し配置されるような2種のポリペプチドが，これら疎水性アミノ酸間の疎水-疎水相互作用によりゆるやかな二重らせん構造を形成することがある(図)．この構造をコイルドコイル構造とよび，タンパク質同士が複合体を形成する際の結合様式の一つとして多くの例が知られている．(⇌ロイシンジッパー)

(a) 軸方向から見た図

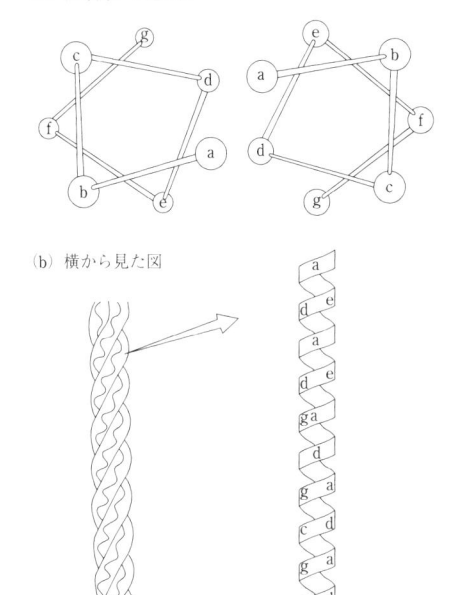

(b) 横から見た図

**綱**［class］　⇌種

**高圧電子顕微鏡**［high-voltage electron microscope］　一般に加速電圧500 kV以上の電子顕微鏡\*を超高圧電子顕微鏡といい，300 kV, 400 kVのものは中間電位電子顕微鏡(intermediate-voltage electron microscope, IVEM)ということもある．高圧電子顕微鏡の利点はつぎのようなものである．1) 電子線の波長が短く，色収差，球面収差が多少大きくても分解能が上がる．2) 電子線の透過力が大きく，厚い試料が観察できる．生物試料への応用として，1000 kVでは厚さ 5 μm の生物試料を 5 nm 以上の分解能で立体的に観察できるので，厚い切片と特殊染色法(ゴルジ黒化法のような銀染色あるいはTPP染色のような酵素細胞化学法など)を用いて細胞小器官，細胞骨格などの三次元的な構造と相互関係を立体視できる．培養細胞は切片にしないで全体像の観察の可能性もある．立体画像からの三次元定量解析，多数傾斜像からの断層撮影解析も行われている．厚い試料には物質の情報が多く含まれているので，免疫細胞化学，電子顕微鏡オートラジオグラフィー\*，電子線エネルギー損失分光法(electron energy loss spectroscopy）などにおける強度上昇が期待される．

**高アルギニン血症**［hyperargininemia］ ＝アルギニン血症

**高アルドステロン症**［hyperaldosteronism］ ＝アルドステロン症

**高アンモニア血症**［hyperammonemia］ 生体内ではタンパク質，アミノ酸代謝でアンモニアが生成されるが，その大部分は肝に存在する尿素回路*によって尿素に転換され解毒される．これらの過程に障害が起これば血中アンモニアが増加し，高アンモニア血症を呈し，嘔吐，痙攣，発育障害をきたす．5種の尿素回路酵素の欠損による先天性代謝異常*症が代表的で，遺伝子異常の研究が進んでいる（→尿素回路異常症）．強度の肝障害や高グリシン血症*，リシン不耐症，ジャマイカ嘔吐症でも起こる．

**抗イディオタイプ抗体**［anti-idiotypic antibody］ 抗体を産生している個体は，その抗体のイディオタイプ*（Id）に対する抗体（抗 Id 抗体）も産生する．モノクローナル抗 Id 抗体はそれぞれのイディオトープ*を認識するが，場合によってはクローン特異的であったり，特定のクローン間で交差反応を示したりする．結晶構造が解析された例では，イディオトープは超可変領域*と枠組み領域にまたがって存在していた．クローン特異的 Id のある例では，D 断片がイディオトープに深く関係していた．抗 Ig 抗体を用いて抗 Id 抗体を作製するとその中には受容体に対する抗体が得られる場合もある．しかしその頻度は場合によって大きく異なる．抗 Id 抗体を少量新生仔マウスに投与するとその Id に特異的な免疫抑制*を惹起できる．

**抗ウイルス剤**［antiviral drug］ ウイルス*疾患を治療するための化学療法*剤の意．ウイルス疾患に対する化学療法は，細胞内でのウイルス増殖の必須の過程を特異的に阻害することにより，ウイルスの増殖を抑え治療することである．例としては，C 型肝炎ウイルスに対する I 型インターフェロン，インフルエンザウイルス* A 型の細胞への侵入阻害剤として，アマンタジン（amantadine），リマンタジン（rimantadine）がある．またヘルペスウイルス*やサイトメガロウイルスの DNA ポリメラーゼ，HIV（ヒト免疫不全ウイルス*）の逆転写酵素*阻害剤として，それぞれガンシクロビル*，アシクロビル*とアジドチミジン*（ジドブジン）などがある．

**抗ウイルス状態**［antiviral state］ ウイルス*が感染しても ウイルス病の発症には至らないようになった宿主の状態．ウイルスの感染により発症した宿主が，そのウイルス疾患から回復した時，またウイルスに対するワクチン*を接種された時，宿主は当該ウイルスに対する体液性免疫*，細胞性免疫*，またはその両者を獲得する．このような状態では，たとえ当該ウイルスの感染を受けた場合でも宿主はウイルス病を発症することはない．

**抗うつ薬**［antidepressant］ 感情調整剤（thymoleptic），精神高揚剤（psychoanaleptic）ともいう．うつ病に治療効果のある薬剤をいい，つぎのようなものがある．モノアミン酸化酵素阻害薬（MAO 阻害薬；副作用が顕著で現在はほとんど使われてない），三環系抗うつ薬（ノルアドレナリンやセロトニン関連神経細胞の受容体に作用し，ノルアドレナリン，セロトニンの神経細胞による吸収を阻害する），選択的セロトニン再取込み阻害薬（SSRI），セロトニン-ノルアドレナリン再取込み阻害薬（SNRI），ドーパミン-ノルアドレナリン再取込み阻害薬（DNRI）など．三環系や四環系抗うつ薬は，神経伝達物質に作用するほか，抗コリン作用，抗$\alpha1$作用などによる副作用もひき起こす．

**抗エストロゲン**［antiestrogen］ 女性生殖器にエストロゲン*依存的に発生する腫瘍の内分泌的治療のために開発されるエストロゲンアンタゴニスト（estrogen antagonist）．抗エストロゲン作用とエストロゲン受容体*との結合能を指標に，タモキシフェン*が開発され，乳がんに効果をあげたが，ある種のがんではアゴニスト*様作用を示した．このため次世代の化合物が開発され，中でも ICI164,384 は，エストロゲン受容体の二量体形成を阻害し，その機能を完全に阻害する純粋なアンタゴニスト*である．

**高エネルギー結合**［high-energy bond］ 生体分子の特定の結合の加水分解反応における標準自由エネルギー変化*が大きい場合にその結合を高エネルギー結合とよぶ．F. Lipmann により ATP のピロリン酸結合やホスホクレアチンのリン酸結合に対して使われたが，今ではリン酸結合以外にも拡張されている．化学構造としては，ピロリン酸やホスホグアニジン以外にアシルリン酸やホスホ硫酸などの混合酸無水物，エノールリン酸エステル，チオエステル，スルホニウムがこのような結合を含む．

**好塩基球**［basophil］ 好塩基性の大きな顆粒をもつ顆粒球*の一つである．白血球*の中で最も頻度が低く，正常人末梢血白血球画分の 1〜2％，マウスではほとんどみられない．顆粒球の中で最大の顆粒が核の上にも載っているため，核形がはっきりしないことが多い．造血幹細胞*から好塩基球系前駆細胞（CFU-Baso）を経て産生される．前骨髄球の段階から他の顆粒球と区別可能で，顆粒は塩基性の色素（pH 2〜3のトロイジンブルー）で異染性（メタクロマジア）を示す．マスト細胞とともに細胞表面に高親和性 IgE 受容体（FcεRI）を多数発現している．IgE と抗原により FcεRI を架橋するとヒスタミンなどの細胞内の各種化学伝達物質を放出しアレルギー*反応の発症に深く関与している．

**好塩菌**［halophile, halophilic bacteria］ 広義には生育に 0.2 M 以上の NaCl の存在を要求する微生物．NaCl 濃度の違いにより低度（0.2〜0.5 M），中度（0.5〜2.5 M），高度（2.5〜5.2 M）好塩菌に分ける．狭義には高度好塩菌（extreme haplophile）をさす．高度好塩菌は古細菌でのみ知られ *Halobacterium*＊やハロコッカス（*Halococcus*）が代表的．酸素分圧を低くし光照射して培養した前者の細胞膜は脊椎動物の視物質に似たバクテリオロドプシン*（光依存性プロトンポンプと

**抗炎症薬**［antiinflammatory drug］　消炎薬(antiphlogistic drug)ともいう．痛みや発熱などの炎症*を抑制する薬物の総称．大別してステロイド系と非ステロイド系(非ステロイド性抗炎症薬 nonsteroidal antiinflammatory drug, NSAID)がある．種々の炎症性疾患や外科手術後および外傷後の炎症の治療に用いられる．ステロイド系薬剤の作用機序としては，細胞核に作用して抗炎症性タンパク質を合成させ作用するとされる．アスピリン*やインドメタシン*などの非ステロイド系薬剤は，アラキドン酸*からのプロスタグランジン*への生合成経路の初期に働く酵素シクロオキシゲナーゼ*の活性を阻害することによって，プロスタグランジン産生を抑制し作用する．

**高温感受性突然変異**　⇌温度感受性突然変異

**抗壊血病因子**［antiscorbutic factor］　＝アスコルビン酸

**口蓋裂**［cleft palate］　上顎隆起に由来する左右の口蓋板の挙上不全，口蓋板同士の接触不全，上皮組織同士の接着不全もしくは間葉組織間の癒合不全により生じる．口蓋板の挙上メカニズムには諸説があるが明らかでない．接着・癒合予定域の細胞死に続いて起こる接着部位の生残った上皮細胞が口腔側と鼻腔側上皮組織へ移動するという報告がある．また間葉細胞に形質転換するという報告がある．またホメオティック遺伝子* msx1 欠損マウスで口蓋裂の発現が報告されている．(⇌口唇裂)

**光化学**［photochemistry］　反応系が光を吸収することにより起こる化学変化を研究する化学の一分野．光化学第一法則(吸収された光のみが光化学反応に関与)，光化学第二法則(光子1個が1個の原子・分子と反応)が基本法則として成り立つ．ピコ秒吸収分光法*などを用いた反応過程の解析が進んでいる．生物学の分野では，ロドプシン*による光情報の受容，フィトクロム*による光形態形成*，光合成*におけるクロロフィル*やカロテノイド*の光エネルギーの捕捉とその移動などが研究の対象となる．

**光化学系**［photosystem, photochemical system］　光化学反応系(photochemical reaction system)ともいう．アンテナ複合体*により捕集された光エネルギーは，光合成反応中心*において第一次電子供与体(P680, P700など)から第一次電子受容体への電子移動反応(初期電荷分離反応)をひき起こす．これら一連の反応に関与する系を光化学系とよぶが，より正確には，アンテナ色素系を除いて，直接初期電荷分離反応に関与する反応系をさす．シアノバクテリア*，藻類*，高等植物などの光合成は，エマーソン効果*で示されるように，光化学系Ⅰ(photosystem Ⅰ)および光化学系Ⅱ(photosystem Ⅱ)とよばれる二つの光化学系を含んでおり，両者は直列に機能して水から NADP$^+$ へのエネルギー勾配に逆らった光合成電子伝達反応*を可能にしている．これに対し，紅色細菌(⇌紅色硫黄細菌)，緑色細菌(⇌緑色硫黄細菌)，ヘリオバクテリアなどの非酸素発生型光合成は，ただ一つの光化学系を含んでいる．

**光化学合成独立栄養**［photoautotrophy］　⇌独立栄養

**光化学反応系**［photochemical reaction system］　＝光化学系

**光化学反応中心**［photochemical reaction center］　＝光合成反応中心

**効果器**［effector］　⇌神経系

**光学異性体**［optical isomer］　鏡像異性体(enantiomer)，エナンチオマーともいう．互いに重ね合わせられない鏡像の関係にある立体異性体(⇌異性体)．旋光計の偏光面を右に回転させる光学異性体は右旋性(dextrorotatory)であるといわれ，(＋)あるいはdと表記される．その逆のものは左旋性(levorotatory)であり，(－)あるいはlをつける．(＋)体と(－)体で旋光度の絶対値は等しい．例として乳酸の光学異性体を図に示した．(＋)体と(－)体が1：1の割合で混じっている

$$\begin{array}{cc}
\text{H} & \text{H} \\
\text{H}_3\text{C}-\text{C}-\text{COOH} & \text{HOOC}-\text{C}-\text{CH}_3 \\
\text{OH} & \text{OH}
\end{array}$$

(＋)-乳酸　　　(－)-乳酸
$[\alpha]_D = +3.82°$　　$[\alpha]_D = -3.82°$

乳酸の2種類の光学異性体

ものをラセミ混合物(racemic mixture)またはラセミ体といい，(±)あるいはdlの記号を用いる．d, l は立体構造が決まっていない鏡像体同士を仮に区別するために用いられ，糖やアミノ酸の立体配置を表すD, Lの記号とは異なる．ラセミ混合物と純粋な光学異性体とでは物理的性質が異なる．

**光学活性**［optical activity］　直線偏光がある物質中を通過した際にその偏光面が右あるいは左に回転する現象を旋光性*といい，このような物質や化合物の性質を光学活性とよぶ．分子式，密度，沸点，融点などの化学的性質が相互に等しいのであるが，互いが逆の光学活性を示す一対の化合物を，光学異性体*という．このような性質を表す化学用語をキラリティー(chirality)といい，キラリティーをもつ分子をキラル分子(chiral molecule)とよぶ．アミノ酸や糖など生体分子の多くはキラル分子であり，生体内では原則として片方の光学異性体のみが使われている．

**光学顕微鏡**［light microscope］　可視光を光源とし，1個または複数のガラスレンズを組合わせ，肉眼では見えない微小な物体(mikros)を拡大して観察できる(skopein)ようにした装置．ガリレオなどの造語による．A. Leeuenhoek は単玉レンズに固執したが，R. Hooke は2組のレンズを用い，現在の複合顕微鏡(compound microscope)への道を拓いた．E. Abbéは屈折率の異なる良質のレンズを組合わせ，光干渉論の立場から各収差を補正して顕微光学をほぼ完成させた．図示したように光学顕微鏡の光路は物体光と背景光とでは異なるが，F. Zernike はこれに着目して独自の結

像理論を展開した．顕微鏡使用の基本は光軸を1本に通すこと，各光学系を正確に配置すること，ケーラー

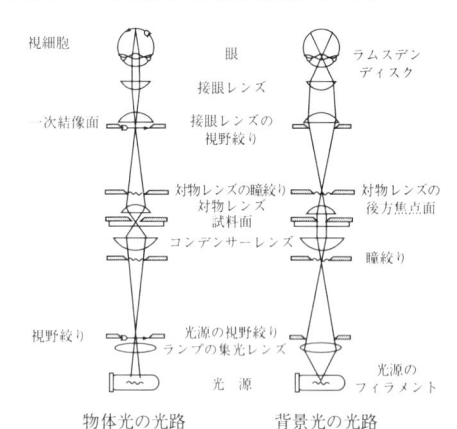

視細胞　眼　ラムスデンディスク　接眼レンズ　一次結像面　接眼レンズの視野絞り　対物レンズの瞳絞り　対物レンズの後方焦点面　対物レンズ　試料面　コンデンサーレンズ　瞳絞り　視野絞り　光源の視野絞り　ランプの集光レンズ　光源　光源のフィラメント

物体光の光路　　　背景光の光路

照明法を維持することである．解像能(optical resolution) $R$ は媒体の屈折率を $n$，光の波長を $\lambda$，コンデンサーと対物レンズの光の入射角をそれぞれ $\theta_c$, $\theta_{ob}$ とすると，$R = 1.22\lambda/(n \cdot \sin\theta_c + n \cdot \sin\theta_{ob})$ から計算される．$n \cdot \sin\theta$ は通常開口数(numerical aperture)といい，各レンズに記入してある．解像能と検出能は異なることに注意．ガラス程度の屈折率をもつ油（エマルションオイル）をレンズ（油浸レンズ）と試料の間に満たして空気とレンズの屈折の影響をなくし，開口数を大きくすることにより解像度を上げて観察することができる．(→電子顕微鏡)

**厚角組織** [collenchyma]　植物を形成する組織の一つで，三つの組織系（表皮組織，維管束系，基本組織）のうち，基本組織に属する．同じ基本組織の一つである死んだ細胞から成る厚壁組織(→厚壁異形細胞)と異なり，生細胞から成るが，細胞壁が厚く支持機能が強い点がもう一つの基本組織の構成員の柔組織*との相違点である．厚角組織は通常細長く縄状に配列し，伸長も可能なので成長しつつある部分に認められる．茎では表皮直下に存在している．

**光学マッピング** ＝オプティカルマッピング

**効果細胞** ＝エフェクター細胞

**膠芽腫** ＝グリオブラストーマ

**硬化症** [sclerosis] ＝強皮症

**高カルシウム血症** [hypercalcemia]　血清カルシウム値が，アルブミン値で補正した値で 10.2 mg/dL を超える病態．副甲状腺ホルモン*や活性型ビタミンD*などの過剰作用により，カルシウムの骨からの動員，腎尿細管での再吸収，腸管からの吸収が促進されるために起こる．主な原因は原発性副甲状腺機能亢進症，悪性腫瘍（骨転移，副甲状腺ホルモン関連ペプチド*分泌，多発性骨髄腫），サルコイドーシスなどの肉芽腫性疾患，サイアザイド，ミルクと併用された制酸剤，ビタミンDの薬用量，ビタミンAの薬用量などである．

**抗カルジオリピン抗体** [anticardiolipin antibody] aCL と略す．抗リン脂質抗体(antiphospholipid antibody)ともいう．ミトコンドリア*のおもな酸性リン脂質であるカルジオリピン*に対する自己抗体*．梅毒などの感染症で検出されるものはカルジオリピンに直接反応するが(→ワッセルマン試験)，自己免疫疾患*のそれは，血中の $\beta_2$ 糖タンパク質 I ($\beta_2$ glycoprotein I, 別名アポリポタンパク質 H, apolipoprotein H)がカルジオリピンの負の極性基と結合して新たに出現させたエピトープに反応する点で異なる．$\beta_2$ 糖タンパク質 I は，326 アミノ酸残基から成る約 50 kDa のタンパク質である．五つの寿司ドメインとよばれる繰返し構造から成り，第一，第五寿司ドメインがリン脂質と結合する．他の陰性荷電をもつリン脂質を用いても同様に反応するので，抗リン脂質抗体と総称される．全身性エリテマトーデス*などの膠原病に出現する抗凝固作用をもつ抗リン脂質抗体は，特にループス抗凝固因子*とよばれる．抗リン脂質抗体をもつ患者は高率に血栓症や神経症状，流産などを合併する．$\beta_2$ 糖タンパク質 I の凝固系に対する作用を修飾して血栓形成を促進すると考えられる．

**睾丸** ＝精巣

**抗がん剤** [anticancer agent, antitumor agent] ＝制がん剤

**交感神経系** [sympathetic nervous system]　生体の自律機能を調節する神経系(→自律神経)の一つで，体あるいは精神的活動状態に適応して興奮する系である．胸髄および第1〜第4腰髄の各脊髄分節の側角に存在する交感神経細胞から発し，その軸索*(節前繊維)は脊髄前根，白交通枝を経て，椎旁交感神経鎖あるいは交感神経節*のいずれかでニューロンを乗換え，その節後繊維が標的細胞に達する．心臓を支配するものは胸髄上部($Th_{1~4}$)，消化器系は胸髄下部($Th_{6~11}$)，骨盤内臓器は主として腰髄から出ている．経路の途中における基本的シナプス伝達は，例外なくニコチン性アセチルコリン受容体*を介して行われる．節後繊維の末端から放出される伝達物質は，主としてノルアドレナリンであるが，汗腺および筋肉を灌流する血管ではアセチルコリンであることが知られている．交感神経系の作用は，効果器の種類，とりわけアドレナリン受容体*($\alpha_1$, $\alpha_2$, $\beta_1$, $\beta_2$)の性質によって決まる．(→副交感神経系)

**交感神経細胞** [sympathetic neuron]　この言葉は現在非常にあいまいに使われている．今までは交感神経節細胞(sympathetic ganglion cell)の意味で用いられてきたが，脊髄のスライス標本の作成が可能になり，脊髄側角細胞(交感神経節前ニューロン preganglionic sympathetic neuron)の研究が盛んに行われるようになってから，最近ではこのニューロンもまた交感神経細胞と同義語に使われるようになって，区別が判然としなくなっている．

**交感神経節** [sympathetic ganglia]　脊髄側角から発する交感神経節前繊維と節後繊維がシナプスを形成する部位．脊柱直側にある，上頸，中頸，下頸（また

は星状)神経節を含む椎旁交感神経節鎖と，側副神経節である．腹腔，上，下腸間膜の各神経節に大別できる．神経節における基本的シグナル伝達は，ニコチン性アセチルコリン受容体*を介するものであるが，ムスカリン性アセチルコリン受容体*，あるいはカテコールアミン*，ペプチドなどによる複雑なシグナル伝達の統合が行われている．

**交感神経節細胞** [sympathetic ganglion cell] ⇒ 交感神経細胞

**交感神経節前ニューロン** [preganglionic sympathetic neuron] ⇒ 交感神経細胞

**交換転座** [interchange] ＝相互転座

**交換輸送** [exchange] ＝対向輸送

**交換輸送体** [exchanger] ＝対向輸送体

**後 期** [anaphase] 有糸分裂*や減数第二分裂において姉妹染色分体が，減数第一分裂においては相同染色体が分離する時期(⇒ 減数分裂)．後期Aと後期Bに分けられる．後期Aでは，分離した染色体が動原体微小管*の縮小とともに紡錘体極*に移動する．後期Bでは，紡錘体極間の距離が伸長する．

**後期遺伝子** [late gene] ウイルスやバクテリオファージの遺伝子のうち，ゲノム複製後に出現するものをいう．後期遺伝子の発現は初期遺伝子*産物により制御されており，ゲノム複製後に発現が誘導される．後期領域はウイルス粒子の構造タンパク質やウイルス粒子の集合過程に関与するタンパク質，溶菌に必要な酵素リゾチーム*などがコードされている．(⇒ アデノウイルス)

**好気性細菌** [aerobic bacteria] 生育に分子状酸素の存在を必要とする細菌．グラム陰性細菌*，グラム陽性細菌*にわたり広く分布し，多様な有機炭素化合物を栄養源として用いる．酸素は呼吸*の際の最終的な電子伝達受容体として利用される．一部の細菌は嫌気条件下で硝酸塩を電子受容体とした嫌気呼吸を行う(⇒ 通性嫌気性生物)．電子伝達系*のシトクロムと酸素と反応する末端酸化酵素をもつ．代謝系としてTCA回路(⇒ クエン酸回路)をもち，炭素化合物の最終産物は多くの場合二酸化炭素であるが，一部の細菌では部分的な酸化にとどまり酢酸などを蓄積する(酢酸菌)．呼吸の際の電子伝達と共役して生じる膜内外の電気化学的プロトン勾配*を主とした電気化学的エネルギーを利用してATPが合成される．電子伝達系とATP合成系の酵素は細胞膜に結合していて，その主要な構成要素は真核生物のミトコンドリア*のものと類似している．ある種の好気性細菌が共生によってミトコンドリアに進化したとの説もある(⇒ 共生説)．(⇒ 嫌気性細菌)

**後期促進因子** [anaphase promoting complex/cyclosome] APC/Cあるいは単にAPCと略す．分裂後期の開始に必要なユビキチンリガーゼ*活性をもつ巨大なタンパク質複合体．中期*に染色体が紡錘体の赤道上に整列すると，紡錘体チェックポイントが解除されることにより活性化される．ヒトでは少なくとも12個，分裂酵母や出芽酵母では13個のコアサブユニットから構成される．その活性化にはCdc20やCdh1などのアダプタータンパク質との結合が必要である．APC/C$^{Cdc20}$は，中期から後期への移行時に活性化され，セキュリン(securin)やサイクリンBをユビキチン化することによって，それらのタンパク質のプロテアソーム*による分解を促進する．APC/C$^{Cdc20}$は，標的タンパク質に存在するdestruction-box(D-box)とよばれる配列を認識する．一方，APC/C$^{Cdh1}$は後期の後半からG$_1$期*にかけて活性化され，D-boxに加えKEN-boxとよばれる配列を認識する．APC/C$^{Cdh1}$の標的タンパク質としては，サイクリンBのほか，M期キナーゼのオーロラキナーゼ*やDNA複製の阻害因子ジェミニンなどが知られている．(⇒ サイクリン，細胞周期)

**恒久的発現** [permanent expression] ＝安定発現

**抗凝血物質** [lupus anticoagulant] ループスアンチコアグラントともいう．SLEなどの自己免疫性疾患患者の血漿中に出現する自己抗体の一種で，試験管内凝固試験で抗凝固活性を示す物質．細胞のアポトーシス*などによって生成したカルジオリピンやホスファチジルセリンなどの陰性荷電リン脂質に結合したタンパク質に現れるネオ抗原に対してできる抗体と推定されている．抗リン脂質抗体が結合する血漿タンパク質には$β_2$グリコプロテインI，プロトロンビン*，プロテインCなどがある．高頻度に血栓症を発症する抗リン脂質抗体症候群患者は抗凝血物質陽性であることが多い．

**抗凝固剤** ＝抗凝血物質

**抗凝固薬** ＝抗凝血物質

**抗胸腺細胞グロブリン** [anti-thymocyte globulin] ⇒ 再生不良性貧血

**後期領域** [late region] 後期遺伝子*産物をコードするウイルスゲノムの領域をいう．

**抗菌性タンパク質** [antibiotic protein] ＝抗菌ペプチド

**抗菌ペプチド** [antimicrobial polypeptide] 抗菌性タンパク質(antibiotic protein)ともいう．好中球*(時にマクロファージ*)のアズール顆粒などに多く含まれる抗菌性タンパク質，ペプチドをいう．これには約30個のアミノ酸から成る環状ペプチドのデフェンシン*やカテプシンG(cathepsin G)，エラスターゼ*，CAP(cationic antimicrobial protein, 抗菌性カチオンタンパク質)37/アズロサイジン(azurocidin)などのサープロサイジン(serprocidin)ファミリータンパク質ならびにBPIタンパク質(bactericidal/permeability increasing protein, 殺菌性/膜透過性亢進タンパク質)(CAP57/BP)などがあり，いずれもグラム陰性細菌*に殺菌作用を示すが，前二者やアズロサイジンなどはグラム陽性細菌*や真菌などにも有効である．またミエロペルオキシダーゼ*，リゾチーム*，ラクトフェリン*なども抗菌ペプチドの範ちゅうに入る．

**高グリシン血症** [hyperglycinemia] 血中グリシンの増加は，いくつかの特にケトーシスを起こす遺伝性疾患(メチルマロン酸血症*，プロピオン酸血症，イ

ソ吉草酸血症*，β-ケトチオラーゼ欠損症など）にみられるが，遺伝性のグリシン代謝異常は非ケトーシス性高グリシン血症（nonketoic hyperglycinemia）とよばれる．新生児期に重篤な脳障害の症状を示し死亡に至る急性の経過をとる．幼児期以後までの生存例は精神遅滞を示す．グリシン開裂反応の障害によりグリシンが体液中に蓄積する病気である．グリシンは NMDA 受容体（⇌ N-メチル-D-アスパラギン酸受容体）のアゴニストであり，その阻害剤であるデキストロメトルファンの投与により，症状や検査所見に改善がみられたという報告はあるが，その効果は確認されていない．グリシン開裂は，ミトコンドリアに存在する P タンパク質（グリシンデカルボキシラーゼ glycine decarboxylase）のほか，H，T，L という四つのタンパク質により進められる．P と T の欠損症が確認されている．P タンパク質は第 9 染色体短腕にあり，3783 残基から成る．その cDNA は 1020 のアミノ酸をコードする．患者の遺伝子突然変異も報告されている．ヒト T タンパク質が結晶化され立体構造が決定されているが，ヒト T タンパク質は，三つのドメインがクローバー葉状に配置された構造をしており，中央に葉酸誘導体（補酵素）が結合する空洞があり，高グリシン血症の原因となる変異部位の多くがこの空洞に面しており，触媒反応や補酵素との結合などが変化することでグリシン開裂反応が阻害されることが示唆されている．（⇌ 先天性代謝異常）

**後形質** [metaplasm] ⇌ 油体

**孔形成性タンパク質** [pore forming protein] ＝パーフォリン．PFP と略す．

**高血圧症** [hypertension] 安静時においてさえ正常人に比べて著明に高い血圧を生じ，多くの循環器系疾患の直接・間接的原因となっている疾病．WHO の診断基準では，収縮期血圧が 140 以上，拡張期血圧が 90 以上が高血圧．腎性高血圧症のように原因の明確なものもあるが，その 9 割は原因のまったく不明な本態性高血圧症（essential hypertension，EH）である．遺伝性素因があることは確かだが，環境要因の果たす役割も大きく，その責任遺伝子の解明は容易でない．多因子病の典型例で，疾患全体としてはがん遺伝子*のように多くの高血圧遺伝子が存在すると予測される．治療には降圧利尿薬，カルシウム拮抗薬，ACE 阻害薬，アンギオテンシンⅡ受容体拮抗薬，β 遮断剤などが用いられる．

**抗血友病因子 A** [antihemophilic factor A] ＝血液凝固Ⅷ因子

**抗血友病因子 B** [antihemophilic factor B] ＝血液凝固Ⅸ因子

**抗原** [antigen] 免疫系を刺激して生体に特異的免疫反応を誘導する物質（⇌抗原性）．抗原物質の種類は非常に多様で，その個体にとって異物であれば原則としてすべて抗原と認識される．タンパク質，多糖質，核酸，脂質そしてこれらの複合体などを天然抗原（natural antigen）という．さらに化学的に合成された物質でも，タンパク質（担体）などと結合すると免疫系を刺激することができる．これらをハプテン*（付着体）または人工抗原（synthetic antigen）という．分子のサイズはさまざまで，アミノ酸数個のペプチド鎖から分子量数十万の物質まで，また，ウイルス，細菌，動物細胞なども抗原となりうる．免疫系が認識する構造は分子上に局在する小さな化学構造で，抗原決定基という．多くの抗原は生体内に侵入すると食細胞に捕捉貪食され，分解などの処理を受けてリンパ系細胞に抗原情報を与える（⇌抗原提示）．免疫応答の誘導には T 細胞の存在が必要な胸腺依存性抗原（thymus-dependent antigen）と，必要としない胸腺非依存性抗原（thymus-independent antigen）とがある．ウシ血清アルブミン（BSA）はタンパク質であり，ウシ以外の動物に対しては免疫原性（immunogenicity）を示し抗体産生を誘導するがウシに対しては免疫原*とならない．一般に抗体産生を誘導する物質を抗原と称するが，実際にある特定の動物に与えて抗体を産生させる場合，"免疫原（immunogen）"という．物質に対するよび名ではなくむしろ能動的な意味で用いる場合が多く，抗原とほぼ同義に用いられる．アレルギーを誘導する抗原をアレルゲン*と称するのと同様である．（⇌抗体）

**抗原結合特異性** [antigen binding specificity] ＝抗体特異性

**抗原結合部位** [antigen binding site, antigen combining site] 通常は，抗体が抗原を結合する部位をいい，抗体の H 鎖と L 鎖の可変領域*から構築されている．可変領域は N 末端から約 110 アミノ酸残基から成り，多様なアミノ酸配列をもつ．この領域で特にアミノ酸の変異が著しい超可変領域*が高次構造上集合して抗原と相補性をもつ抗原結合部位を形成するので，超可変領域は相補性決定領域（CDR）ともよばれている．X 線結晶解析により抗原結合部位は，ポケット状や溝状の構造をとっていることが示されている．

**抗原決定基** [antigenic determinant] 抗原分子上の抗体*と結合する部位や，T 細胞受容体*によって認識される部位．エピトープ（epitope）と同義に使われる．B 細胞受容体（抗体）は抗原分子そのものと直接結合するが，T 細胞による認識のためには，抗原が抗原提示細胞*に取込まれペプチド断片に分解されて主要組織適合抗原*（MHC 抗原）とともに細胞表面に提示される必要がある．したがって，一般的には抗体の認識する部位と，T 細胞の認識する部位は異なる．また抗原分子全体が免疫応答に関与することはまれでありその一部しか関与しない．そこで，この部分を抗原決定基とよぶ（⇌エピトープマッピング）．一方，抗体や T 細胞受容体側の抗原決定基と結合する部分をパラトープ（paratope）とよぶ．（⇌抗原結合部位，イディオタイプ）

**抗原抗体反応** [antigen-antibody reaction] 抗原と特異的抗体間の相互作用．抗原決定基*と抗体活性基との間には結合親和性があり，一般に $10^5 \sim 10^{10}$ L/mol 以上にも及ぶ結合定数を示す．抗体分子は 2 価または多価の結合基をもち，多価の抗原と結合して複合

体をつくり，可溶性抗原では抗体との混合比が最適であれば沈降反応となり，また細菌，赤血球などの粒子状抗原では凝集反応となって観察される．抗原抗体反応の性質を用いて免疫動物の体液をはじめ，抗体産生細胞培養液中の抗体濃度の測定に用いられる．さらに特異的抗体による抗原物質の同定法としても利用される．重層法，ゲル内二重拡散法（⇌二重免疫拡散法），免疫電気泳動法，免疫ブロット法などの定性的分析法，また，定量沈降反応を基準として，放射能（⇌放射線免疫検定法），蛍光（⇌蛍光抗体法），酵素（⇌酵素免疫検定法）などの標識抗体法を応用した高感度定量分析法として$10^{-12}$gのオーダーの物質の検出が可能である．

**抗原抗体複合体**〔antigen-antibody complex〕 抗原抗体間につくられる結合物．一般に免疫グロブリン重合体も含めて免疫複合体（immune complex）という．抗体機能は遊離の単量体では非常に弱いか検出できないが，複合体をつくると多様な活性を発現する．おもなものは，血液中の補体*成分への結合とその活性化，あるいは細胞膜上の受容体と結合して細胞機能に影響を与える．これらの活性は抗体分子の定常領域の構造によるもので，Fcフラグメントに存在し，複合体の形成による抗体分子の高次構造変化，あるいは分子会合による局所濃度の変化に基づく親和性の増加によるものと考えられている．アルサス反応*は補体の関係した免疫複合体疾患*の典型例である．

**抗原刺激**〔antigen stimulation〕 抗原による免疫担当細胞の活性化．通常，抗原は抗原受容体*を介して認識される．T細胞およびB細胞の抗原受容体であるT細胞受容体・CD3複合体と免疫グロブリン受容体・Igα（CD79a）・Igβ（CD79b）複合体には，数種類のチロシンキナーゼが結合しており，抗原刺激を核内へ伝えるためのシグナル伝達系を形成している．

**抗原シフト**〔antigenic shift〕⇌抗原ドリフト

**抗原受容体**〔antigen receptor〕 抗原を認識し，抗原と結合するT細胞上のT細胞受容体*（TCR）と，B細胞上の膜結合型免疫グロブリン（免疫グロブリン受容体*または抗原受容体*）が知られて，それぞれの抗原に特異的に対応できるように，両者ともDNA再編成*により多様性が形成されている．このように抗原受容体はきわめて多種類あるが，一つの細胞には1種類の抗原受容体しか発現されない．したがって，抗原受容体の数だけ異なるリンパ球が存在することになる．これらのリンパ球の中で，ある抗原と結合する抗原受容体をもつリンパ球だけが，その抗原に反応する．TCRおよび免疫グロブリン自身は，細胞質内に数個のアミノ酸しかもっていない．実際には，シグナルを細胞内に伝えるために，TCRはCD3複合体と，免疫グロブリン受容体はIgα（CD79a）・Igβ（CD79b）複合体と，非共有結合性に会合して複合体を形成している．

**抗原処理** ＝抗原プロセシング

**抗原性**〔antigenicity〕 抗体産生を誘導する性質（免疫原性 immunogenicity），抗体と反応する性質（反応原性），免疫寛容*または免疫無反応性を誘導する性質（寛容または無反応誘導性）の三つの性質をさす．抗原性をもつ物質を抗原*とよぶ．免疫原性と反応原性をもつ場合は完全抗原（complete antigen），免疫原性をもたないが反応原性をもつ場合は不完全抗原*あるいはハプテン*とよぶ．これらの性質は必ずしも物質の性質によってのみ規定されるわけではない．

**膠原繊維**〔collagenous fiber〕⇌結合組織

**抗原提示**〔antigen presentation〕 抗原提示細胞*は外来異物を取込んで，細胞内でペプチド断片までに分解（抗原プロセシング*）する．つぎに，MHCクラスⅡ分子*の溝にそのペプチドを入れて細胞表面に出す．このようにして提示された複合物をヘルパーT細胞*はT細胞受容体を介して認識し，反応する（外来経路 exogenous pathway）．これに対して，細胞内で合成された自己タンパク質などの内因性抗原は，主として細胞内で分解を受けペプチドとなり，クラスⅠ分子の溝に入り細胞表面に出される．この複合物をキラーT細胞*が認識する（内因経路 endogenous pathway）．これ以外に，外来抗原がファゴソームに取込まれた後に細胞質に移行しペプチドに分解され，内因経路によりクラスⅠ分子に結合して提示される経路（cross-presentation）も存在する．

**抗原提示経路**〔antigen presenting pathway〕 MHCクラスⅠ分子*またはMHCクラスⅡ分子*を介する二つの経路がある．前者は，すべての有核細胞と血小板において認められ，核あるいは細胞質に存在するタンパク質抗原のリシン残基にユビキチン*が複数結合した後に，プロテアソーム*あるいはLMPとよばれるタンパク質分解酵素の複合体により，ATP依存性にペプチドへと分解される．その後，抗原ペプチドはHSP70などのシャペロン*により小胞体に運搬され，TAP分子によりATP依存性に小胞体の内腔へと導かれ，そこでMHCクラスⅠ分子に結合し，細胞表面に発現してCD8$^+$ T細胞に提示される．一方，樹状細胞*やマクロファージ*，B細胞*などの抗原提示細胞では，細胞外から取込まれた膜あるいは分泌タンパク質抗原が，エンドソーム内の種々の酵素により還元ならびに分解されてペプチドとなり，MIICなどの別の細胞内コンパートメントで，MHCクラスⅡに結合して，細胞表面へ運ばれCD4$^+$ T細胞に提示される．

**抗原提示細胞**〔antigen-presenting cell〕 APCと略す．抗原提示*できる細胞のことで，樹状細胞*，B細胞，マクロファージ*の一部などがあげられる．MHCクラスⅡ分子*に外来抗原ペプチドをのせる過程を効率的に行う細胞小器官は late endosomal compartment であり，この小器官をもつ細胞を，狭義の抗原提示細胞と定義できる．

**抗原ドリフト**〔antigenic drift〕 抗原変異，抗原変動ともよばれる．微生物表面の抗原が微少に変化することをいう．遺伝子の突然変異による．以前の抗原に対して宿主が抗体をつくっても，微生物はそれによって宿主の免疫学的機構の目を逃れ感染を起こすこ

とができるようになる．インフルエンザウイルス*でのこの現象が有名である．遺伝子組換えによる，より大きな抗原の変化は抗原シフト(antigenic shift)あるいは抗原変換(antigenic transformation)という．

**抗原認識機構** [antigen recognition mechanism] 抗原受容体*による抗原認識様式．B細胞の抗原受容体である免疫グロブリン受容体は，折りたたまれたタンパク質抗原の外側を認識し結合する．これに対して，T細胞の抗原受容体であるT細胞受容体は，タンパク質抗原そのものを認識するのではなく，抗原提示細胞内でプロセシングされ10個前後のアミノ酸までに分解されたペプチド断片が，MHC分子の溝に入った複合物を認識する(⇌抗原プロセシング)．この場合，T細胞受容体，MHC分子，抗原ペプチド断片は相互に結合し，三分子複合体(tri-molecular complex)が形成される．したがって，抗原上には，T細胞受容体と結合する部位(エピトープ)とMHC分子と結合する部位(アンカー anchor)が存在する．また，免疫グロブリン受容体およびT細胞受容体ともに，CDR1, 2, 3(⇌超可変領域)が，それぞれ抗原または抗原ペプチド・MHC分子複合物と直接結合すると考えられている．

**膠原病** [collagen disease] 全身性膠原病(diffuse collagen disease)，膠原血管病(collagen-vascular disease)，結合組織病(connective tissue disease)ともいう．1942年，P. Klempererらにより命名された疾患概念で，その特徴は細胞間結合組織に，フィブリノイド変性や，コラーゲン*の硬化といった病理解剖学的変化が，共通して現れるところにある．当初この範ちゅうにあるものとして，全身性エリテマトーデス*，全身性強皮症(⇌強皮症)のほか，リウマチ熱，関節リウマチ*，結節性動脈周囲炎，皮膚筋炎の計6疾患があげられていた．その後，フィブリノイド変性は何も6疾患に限ってみられるものでないことや，シェーグレン症候群*，あるいは混合結合組織病(mixed connective tissue disease, MCTD)といった近縁ないし類似疾患の存在が明らかになったことから，その疾患概念としての明確性は，若干不鮮明となり現在に至っている．こうしたいわゆる膠原病として知られる上記6疾患の原因は，現在なお明らかにされていないが，それら疾患に共通してみられる，各種抗核抗体出現率が高いという所見などから，現在では，一種の自己免疫疾患*であるとの考えが主流をなしている．Fc受容体様ファミリーメンバーの一つをコードするFCRL3のプロモーター領域に関節リウマチに関連したSNPが見つかり，この疾患感受性の遺伝子型をもつとNF-κB結合親和性が変化することによりB細胞での発現が上昇し，自己抗体産生が増加することがわかっている．FCRL3は他の自己免疫疾患感受性にも関係しているらしい．

**抗原プロセシング** [antigen processing] 抗原処理ともいう．抗原が抗原提示細胞内で10数個のアミノ酸より成るペプチド断片になり，MHC分子の溝に入るようになること．ペプチド断片が入って初めて，MHC分子が安定する．外来抗原の場合は，抗原が取込まれてから1〜3時間でプロセシングが行われ，クラスII分子の溝に入ったペプチドが細胞表面に出現する(⇌抗原提示)．この過程で，リソソームのプロテアーゼがpHの低い環境で作用する．したがって，クロロキンや塩化アンモニウムなどの細胞小器官のpHを上げるような薬剤は，強力な抗原プロセシングの阻害剤となる．また，内因性抗原は，細胞内で合成されたのち，細胞質内のプロテアソーム*によりペプチドに分解される．その後，TAP (transporter associated with antigen processing)により小胞体に取込まれ，endoplasmic reticulum aminopeptidase (ERAAP)により8〜10個のアミノ酸より成るペプチドにトリミングされる．その後，クラスI分子の溝に入り，細胞表面へと移動する．(⇌抗原認識機構)

**抗原変異** ＝抗原ドリフト

**抗原変換** [antigenic transformation] ⇌抗原ドリフト

**抗原変動** ＝抗原ドリフト

**抗甲状腺物質** [antithyroid drug, antithyroid agent] 甲状腺*において，取込まれたヨウ素の有機化およびトリヨードチロニン*($T_3$)とチロキシン*($T_4$)への合成過程を阻害する．バセドウ病*，プランマー病，腺腫様甲状腺腫などによる甲状腺機能亢進症*の治療に用いられる．メチルメルカプトイミダゾール(methylmercaptoimidazole, MMI)，プロピルチオウラシル(propylthiouracil, PTU)の2剤が臨床的に使用されており，特にPTUには末梢組織における$T_4$から$T_3$への転換も抑制する作用がある．重篤な副作用として無顆粒球症がある．

**光合成** [photosynthesis] 細菌の一部，藻類，高等植物などが光のエネルギーを用いて有機化合物を合成する過程．"エネルギー変換"の段階と"生合成"

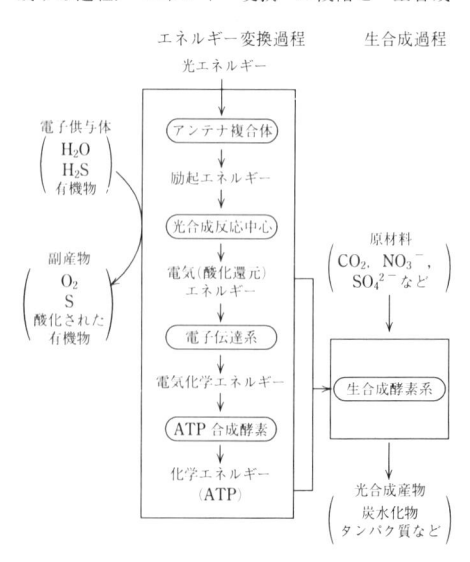

の段階に区別される．エネルギー変換はつぎのような段階をたどる（前ページ図）．1) 光エネルギーはアンテナ複合体*に吸収され色素分子の励起エネルギーに変換される．2) ついで励起エネルギーは光合成反応中心*において電気（酸化還元）エネルギーとなり，光合成電子伝達反応*を駆動する．3) 光合成膜（チラコイド膜）上で進行する電子伝達反応は，同化（生合成）に必要な還元力を提供すると同時に，プロトン輸送などの過程を介して電気エネルギーを電気化学エネルギーに変換する．4) 電気化学エネルギーは F 型 ATP 合成酵素の働きで ATP のリン酸結合のエネルギーとして安定化される．5) 4)の過程で生じた還元力（NADPH）および ATP は，これに続く生合成の段階で，二酸化炭素に代表される無機炭素化合物，無機態の窒素や硫黄の化合物から，炭水化物，タンパク質，核酸などの有機化合物の合成（同化過程）に必要な電子源・エネルギー源として利用される．同化に必要な電子の源からみて，光合成は，水を電子の源として利用し副産物として酸素を発生する酸素発生型光合成 (oxygenic photosynthesis) と，水以外の無機化合物や有機化合物を電子の源として利用する非酸素発生型光合成 (anoxygenic photosynthesis) に区別される．原核性のシアノバクテリア*やプロクロロンおよび真核性の藻類や高等植物などは前者に，古典的には光合成細菌*とよばれる紅色細菌（紅色硫黄細菌*，紅色非硫黄細菌），緑色細菌（緑色硫黄細菌*，緑色滑走細菌）やヘリオバクテリアは後者に属する．光化学系*の構成では，非酸素発生型光合成は一つの光合成反応中心を含み，酸素発生型光合成は光化学系 I および光化学系 II とよばれる二つの光合成反応中心を含んでいる．生合成系における二酸化炭素の固定と同化（⇄ 炭酸固定）に関しては，リブロース-ビスリン酸カルボキシラーゼ*により最初の炭素固定を行う $C_3$ 植物*と，ホスホエノールピルビン酸カルボキシラーゼにより最初の炭素固定を行う $C_4$ 植物*などが区別されるが，緑色硫黄細菌の場合のような特別な例を除いて，いずれの場合にも最終的な炭酸同化は還元的ペントースリン酸回路*によって行われている．

**光合成細菌**［photosynthetic bacteria］　光栄養細菌 (phototrophic bacteria) ともいう．狭義には，紅色細菌（⇄ 紅色硫黄細菌），緑色細菌（⇄ 緑色硫黄細菌），ヘリオバクテリア (heliobacteria) など，酸素発生を伴わない光合成を営む細菌をさすが，より正確には，酸素発生型光合成を営む原核生物であるシアノバクテリア*やプロクロロン (Prochloron, 原核緑藻) が含まれる．非酸素発生型の光合成細菌が，ただ一つの光化学反応系（⇄ 光化学系）をもつのに対し，酸素発生型の光合成細菌であるシアノバクテリアなどは，藻類や高等植物の葉緑体*と同様に，二つの光化学反応系を備える．

**光合成色素**［photosynthetic pigment］　同化色素 (assimilatory pigment) ともいう．光合成*に必要な色素で，クロロフィル*，カロテノイド*，フィコビリン*の3種がある．クロロフィルには側鎖の異なるものが数種類知られている．光エネルギーを捕捉し，反応中心に伝え，電荷分離を行う．カロテノイドには多くの種類があり，集光機能や光障害の防御機能を示す．フィコビリンにはフィコシアニン*，アロフィコシアニン，フィコエリトリンがあり，紅藻，シアノバクテリア，クリプト藻にみられ，集光機能のみを示す．（⇄ アンテナ複合体）

**光合成的リン酸化**［photosynthetic phosphorylation］＝光リン酸化

**光合成電子伝達反応**［photosynthetic electron-transfer reaction］　光合成電子伝達反応は本質において吸エルゴン反応であるため，反応の進行には光化学反応によるエネルギーの供給が必要である（⇄ 光化学系）．紅色細菌，緑色細菌，ヘリオバクテリアなどの営む非酸素発生型光合成の電子伝達系が一つの光化学反応により駆動されるのに対し，シアノバクテリア，藻類，高等植物などの酸素発生型光合成の電子伝達系では光化学系 I および光化学系 II とよばれる二つの光化学系の作動により，水から $NADP^+$ への電位勾配に逆らった電子移動が可能になっている．酸素発生型光合成の電子伝達反応は図のような段階をたどる．光

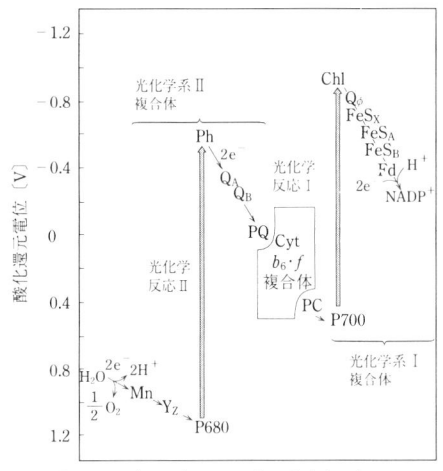

Ph：フェオフィチン　　Cyt：シトクロム
PQ：プラストキノン　　Chl：クロロフィル
PC：プラストシアニン　Fd：フェレドキシン
Mn：マンガンクラスター　Yz：D1 上のチロシン残基

化学系 II における初期電子移動反応：分子量約 3 万の D1 および D2 とよばれる互いに相同性の高い 2 種類のタンパク質 (psbA および psbD 遺伝子産物) のヘテロ二量体(L, M サブユニットで構成される紅色細菌型光合成反応中心と相同性をもつ)を中心に構築される光合成反応中心*内の特殊な分子環境下に存在するクロロフィル a (P680, 第一次電子供与体)からフェオフィチン a (第一次電子受容体)への色素の励起状態を介した1電子の伝達である．この反応の結果として生じた還元力は，それぞれ D2 および D1 タンパク質に結

合し，1電子の授受または2電子2プロトンの授受を行うプラストキノン*分子(それぞれ $Q_A$ および $Q_B$ とよばれる)に渡され，チラコイド膜中のキノンプールを経て，プロトンポンプ*として機能するシトクロム $b_6 \cdot f$ 複合体(細菌やミトコンドリアの電子伝達系*におけるシトクロム $b \cdot c_1$ 複合体に相当)に伝達される．一方，光化学系IIの酸化側では，電子の放出の結果生じた $P680^+$ 上の強い酸化力はD1タンパク質上の近接するチロシン残基($Y_Z$)から電子を引抜き，さらには一連の連鎖反応の結果として，4原子のマンガンより成る Mn クラスターの働きにより，$2H_2O \rightarrow 4e^- + 4H^+ + O_2$ の反応をひき起こし，最終的電子供与体として化学的に安定な水分子を利用し，副産物として酸素を発生することになる．光化学系Iの場合も，分子量約8万の2種類のタンパク質のヘテロ二量体が機能の中心を担い，第一次電子供与体として働くクロロフィル $a$ の二量体(P700)から第一次電子受容体となる他のクロロフィル分子への電子移動がこの色素タンパク質複合体内で進行する．これに続き，酸化側では $P700^+$ が銅タンパク質であるプラストシアニン*(またはC型シトクロム)を介してシトクロム $b_6 \cdot f$ 複合体から光化学系II由来の電子を受取り，還元側では，ヘテロ二量体中の[Fe-S]中心(センターX)，9 kDa の膜表在性タンパク質中の二つの[4Fe-4S]中心(センターA および B)を経て，電子はフェレドキシン(2Fe-2S)に渡され，NADP の仲介などにより還元的ペントースリン酸回路*その他の生合成系に利用される．

**光合成反応中心** [photosynthetic reaction center] 光化学反応中心(photochemical reaction center)ともいう．光合成の光化学系*の中心にあって，第一次電子供与体から第一次電子受容体への電子移動(初期電荷分離反応)をひき起こし，電荷分離状態を安定化する最小限の系を光合成反応中心とよぶ．光合成反応中心は，電子受容体側の構成から大別して，$Q_A$-$Q_B$ 型(フェオフィチン-キノン型ともよばれる)と Fe-S 型に区別され，光化学系IIは前者に，光化学系Iは後者に属する．また，紅色細菌(→紅色硫黄細菌)および緑色滑走細菌の光合成反応中心は $Q_A$-$Q_B$ 型で，緑色硫黄細菌*とヘリオバクテリアの反応中心は Fe-S 型である．これまでに構造の解明が最も進んだ反応中心は紅色細菌の $Q_A$-$Q_B$ 型反応中心で，L, M とよばれる相同性の高い2種類のタンパク質のヘテロ二量体を中心に構築されている．この反応中心における初期電荷分離反応は，バクテリオクロロフィルの二量体(special pair)からバクテリオフェオフィチンへの電子移動で，電子はキノン受容体への移動で安定化される．一方，シアノバクテリア*や高等植物の光化学系II反応中心は，上記のL, M タンパク質と相同性をもつ D1, D2 タンパク質で構成されている．(→光合成電子伝達反応)

**光呼吸** [photorespiration] 植物が光照射のもとで行う呼吸．1955年に J. P. Decker が，タバコ葉が光照射停止直後に"惰性的に"著しく高い $CO_2$ 放出を示し，やがて暗所での呼吸のレベルに落ち着くことを見いだし，この高い $CO_2$ 放出は，光のもとでは暗所よりも盛んな呼吸が行われていたことの反映であると考えた．その後 M. L. Forrester らにより，光のもとでの呼吸は暗所での呼吸(暗呼吸)に比べ高 $O_2$ 分圧による促進，高 $CO_2$ 分圧による阻害が著しく，温度感受性が高いことが明らかにされ，暗呼吸と区別して光呼吸とよばれるようになった．反応経路も暗呼吸とはまったく異なり，光のもとでリブロース-ビスリン酸カルボキシラーゼ*のオキシゲナーゼ活性によりリブロース 1,5-ビスリン酸から生じたグリコール酸の酸化が葉緑体*，ペルオキシソーム*，ミトコンドリア*という3種の細胞小器官の共同作業によって行われる(図)．この経路は全体で一つの回路を形成している．光"呼吸"という名前がついているが，この過程では ATP の生成はグリシンの脱炭酸で生じた NADH が酸化される過程だけであり，一方では ATP の消費がある．$C_3$ 植物*では強光，高温，高 $O_2$ 分圧，低 $CO_2$ 分圧のもとでは光呼吸は増大し，見かけの光合成は低下するが，$C_4$ 植物*では $CO_2$ の回収が速いため，このような低下はみられない．光呼吸の生理学的意義として 1) 還元的ペントースリン酸回路*から派生した2分子のグリコール酸の炭素原子のうち3原子を 3-ホスホグリセリン酸の形で還元的ペントースリン酸回路へ戻す，2) その途中でセリンを合成できる，3) 強光，$CO_2$ 不足のもとで起こる光合成電子伝達系の電子の流れの渋滞を解消し，光化学系の損傷を防ぐ，ことが考えられる．

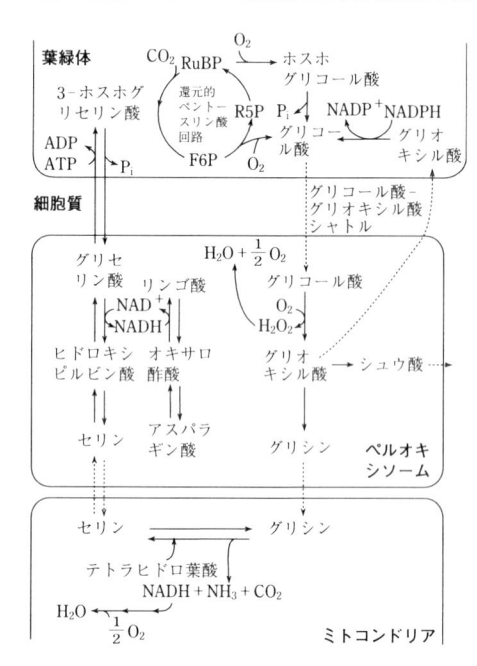

**高コレステロール血症**［hypercholesterolemia］ ⇒ 家族性高コレステロール血症

**後根神経節**［dorsal root ganglia］　各脊髄後根の一部が"節"状に膨らんだ部位をいい，脊髄節（spinal ganglia）ともよばれ，偽単極細胞である一次求心性ニューロン（感覚神経）の細胞体が存在する．シナプスは存在しないが，さまざまな受容体が存在していることが知られている．軸索*の一方は，主として同一脊髄分節内の灰白質に散在する上行性伝導路の起始細胞とシナプス結合する．皮膚感覚神経は主として後角のI～IV層，筋の一次求心性繊維はV～VIII層の細胞とシナプス結合する．

**交差**　交叉とも書く．（⇒乗換え）

**虹彩**［iris］　眼*の水晶体前面をリング状に取巻く薄いひだで，瞳孔を取囲む部分．内部の瞳孔括約筋は副交感神経に支配され，瞳孔散大筋は交感神経に支配され，ともに平滑筋で，瞳孔の大きさを変えて網膜*に達する光を調節する働きがある．虹彩の前面は内皮，後面は網膜虹彩部と虹彩色素上皮層の2層によって，それぞれ覆われている．内部の虹彩支質にはメラニン*色素を含む結合組織細胞があり，いわゆる眼の色をつくっている．

**交差価**　＝乗換え価

**交雑発生異常**［hybrid dysgenesis］　キイロショウジョウバエの特定の系統間の交雑において，その子孫に高頻度で遺伝的異常が出現する現象．トランスポゾン*の転位が一時的に活性化されることによる．キイロショウジョウバエのP系統の染色体には多数のP因子*とよばれるトランスポゾンが存在している．この系統を父親とし，P因子をもたないM系統を母親とする交雑を行うと，受精卵中で，P系統の染色体中のP因子がM系統の染色体に転位し，突然変異を誘発する．（⇒トランスポゾン標識）

**交雑不和合性**［cross-incompatibility］⇒不和合性

**交差反応物質**［cross-reacting material］　機能タンパク質に対する抗体に対して，そのタンパク質の機能は失っても，その抗体に対する抗原性は保持しているタンパク質の総称．

**交差率**　＝乗換え率

**抗酸化剤**［antioxidant］　抗酸化物質ともいう．脂肪などの過酸化反応を抑える物質をいうが，広義には，酸化物質（⇒オキシダント）に対して，低濃度で酸化反応を抑える物質をさし，ヒドロキシルラジカル*やスーパーオキシドアニオン*，過酸化水素*などの活性酸素*を除去するものも含む．低分子物質としては，グルタチオン*，アスコルビン酸*，ビタミンE，尿酸，ビリルビン，フェノール，グルコースなどがある．高分子物質としては，セルロプラスミン*，トランスフェリン*，ラクトフェリン，ハプトグロビン，アルブミン，フェリチン，メタロチオネイン*などのタンパク質，抗酸化酵素とよばれるカタラーゼ*，スーパーオキシドジスムターゼ*（銅亜鉛型およびマンガン型，分泌型，鉄型など），グルタチオンペルオキシダーゼ，グルタチオントランスフェラーゼ*などがある．（⇒スカベンジャー）

**抗酸化物質**　＝抗酸化剤

**好酸球**［eosinophil］　好酸性の大型の顆粒をもつ顆粒球*の一つである．顆粒はペルオキシダーゼ反応，酸性ホスファターゼ反応，スダンブラックB（Sudan black B）により強く染色される．正常人末梢血白血球分画の5～6％存在するが，アレルギー疾患，寄生虫感染，皮膚疾患などで増加する．造血幹細胞*から好酸球系前駆細胞（CFU-Eo）を経て産生される．増殖因子はインターロイキン（IL）3，5，顆粒球-マクロファージコロニー刺激因子*（GM-CSF）であるが，生理的にはIL-5が最も関係している．遅延型アレルギー反応（遅延型アレルギー）では中心的役割を果たしている細胞と考えられている．

**好酸球コロニー形成単位**［eosinophil colony forming unit］　CFU-Eoと略称する．好酸球コロニー形成細胞（eosinophil colony forming cell）ともいう．好酸球*のみに分化が限定された前駆細胞．この細胞の増殖・分化にはインターロイキン3*（IL-3），顆粒球-マクロファージコロニー刺激因子*（GM-CSF），インターロイキン5*のいずれか一つが必要である．in vitroでIL-3あるいはGM-CSFを含む半固形培地中でマウスでは培養7日，ヒトでは培養14日以後に50個以上の好酸球のみからなるコロニーを形成する母細胞として算定される．ヒトでは骨髄，末梢血，臍帯血いずれにも存在する．（⇒造血幹細胞）

**好酸球増加筋痛症候群**［eosinophilia-myalgia syndrome］　好酸球*の著明上昇，高度な疲労感，筋痙攣，筋肉痛，知覚異常，強皮症様皮膚変化を主徴とした症候群．好酸球性筋膜炎，肺臓炎，心筋炎などの併発例もある．末梢組織にトランスフォーミング増殖因子$\beta^*$（TGF-$\beta$）および血小板由来増殖因子*PDGF-AAの沈着，Tリンパ球浸潤が認められる．特定企業で生産されたL-トリプトファンに混入した不純物質が好酸球の脱顆粒，インターロイキン5*（IL-5）受容体の増加，T細胞からのIL-5産生上昇を起こすのが病因と考えられる．

**抗酸菌**［acid-fast bacteria］⇒マイコバクテリア

**光散乱**［light scattering］　物質中を透過する光によって電子が強制振動を受けて進行方向以外に光が発せられる現象．光にとって自己の波長・時間の尺度でみて不均一な媒体中で起こる．溶液のように一見均質でも，分子の分布に時間的なゆらぎがあるために観測される．レーザー光を用いての生体高分子の溶液の光散乱測定は，それらの物性や挙動に関する有用な情報を与えてくれる．散乱光強度の時間的平均あるいは時系列のどちらに着目するかで，静的測定と動的測定に大別される．

**光子**［photon］　光量子ともいう．光は電磁波であるが波動性と粒子性の両方の特性をもち，物質と反応する場合には一定のエネルギーをもつ粒子として扱うことができる．すなわち振動数$\nu$の光は$h\nu$のエネルギーをもつ質量数0の粒子の運動とみなせる．網膜桿体細胞のロドプシン*は500 nmの光子一つのエ

ネルギーを吸収して構造変化を起こし，光受容シグナルを伝えることができる．

**コウジカビ** ⇌ アスペルギルス

**厚糸期** ＝太糸期

**合糸期** ＝接合糸期

**高脂血症**［hyperlipidemia］　高脂血症とは，血中にコレステロール（厳密にはコレステリルエステル），中性脂肪，あるいはその両者が増加した状態をいう．これらは，水に不溶のため血中をリポタンパク質*により目的の臓器まで運搬される．リポタンパク質としては，キロミクロン，超低密度リポタンパク質*（VLDL），中間密度リポタンパク質（IDL），低密度リポタンパク質*（LDL）が存在する．したがって，それぞれが増加した高リポタンパク質血症（hyperlipoproteinemia）が存在する．つぎのI～V型に分類される．I型：キロミクロン増加型，IIa型：LDL増加型，IIb型：LDL＋VLDL増加型，III型：IDL増加型，IV型：VLDL増加型，V型：キロミクロン＋VLDL増加型．このうち原因の明らかなものもあり，I型の中には，リポタンパク質リパーゼ欠損症，アポCII欠損症が，IIa，IIb型の典型としては，LDL受容体欠損症である家族性高コレステロール血症*，アポタンパク質B-100欠損症が，II型の中にはアポタンパク質E2/E2のホモ型が含まれている．また特殊な例として，家族性複合型高脂血症が存在し，この例ではVLDL，LDL，あるいはその両方が同一患者で時期を違えて増加する遺伝病があるが，その原因は不明である．

**仔ウシ血清**［calf serum］　⇌ 血清

**高次構造**［higher-order structure］　【1】（タンパク質の）　タンパク質の立体構造のこと．タンパク質の二次，三次，四次およびそれ以上の構造をまとめてタンパク質の高次構造という．タンパク質の立体構造はその生理機能と密接に関係するので，タンパク質の生理機能を分子レベルで明らかにするためには高次構造の理解が必須である．特有の高次構造が壊れると，多くのタンパク質は生理機能を失い変性*状態になる．精密な高次構造の知見はタンパク質結晶のX線解析やタンパク質溶液のNMRによる解析などで行われる．タンパク質の高次構造は基本的には一次構造によって規定され，アミノ酸配列から二次構造までは予測可能であるが，それ以上の高次構造の予測はまだ困難である．J. C. Kendrew* や M. F. Perutz* らがX線結晶解析によってミオグロビンやヘモグロビンの高次構造を決定したのが高次構造決定の最初の例である．（⇌ フォールディング）

【2】（DNAの）　⇌ DNAの高次構造

**鉱質コルチコイド** ＝ミネラルコルチコイド

**高修飾ヌクレオシド**［hypermodified nucleoside］　転移RNA*中に見いだされる修飾ヌクレオシドのうち，複雑なものの総称．通常のヌクレオシドに比べ，かなり複雑なヌクレオシド，ワイオシン（wyosine）やキューオシン（queosine），およびそれらの誘導体など，20種以上がこれに含まれる．多段階の酵素反応により生成し，たとえばキューオシンはGTPから5段階の反応を経てつくられる．単純なプリンまたはピ

キューオシン　　ワイオシン

リミジンヌクレオシドのメチル誘導体や，ジヒドロウリジン，プソイドウリジン*などは，その範ちゅうには入らない．（⇌ 塩基類似体）

**光周性**［photoperiodism］　昼夜に伴い明期と暗期が周期的に繰返されることで，発生・生理現象が誘起される生物がもつ反応性をいう．明期（または暗期）の長さが重要で，一定の日長（限界日長）より，長い明期が必要な場合を長日性，短い場合を短日性という．四季に伴う日照時間の変化を感知して，来たるべき気候の変化に前もって対応するために生物が獲得した性質．花芽や越冬芽の分化，鳥類の生殖腺の発達，昆虫の越冬期への移行など，生物界に広くみられ，人工的な明暗周期の調節により農業生産に利用されている．植物は暗期の長さを認識しており，限界日長より短い明期（すなわち長い暗期）で花芽を分化するものを短日植物（short-day plant），花芽分化が阻害されるものを長日植物（long-day plant）という．敏感な植物では1回の短日処理で花芽を分化する．また，日長にかかわらず花芽を分化する中性植物（day-neutral plant）もある．花芽形成に重要な役割を果たす遺伝子群とその産物が同定されている（⇌ 花成ホルモン）．暗期における光中断*がフィトクロム*に依存することから，暗期の計時機構にはフィトクロムの関与が示唆されている．動物では最近，ニワトリ，ハト，ヒキガエルの松果体*で光周性の光感知に働くと思われる光受容タンパク質ピノプシン*の塩基配列が明らかになった．視覚以外の光受容体タンパク質としてはトカゲの頭頂眼で機能しているパリエトプシンも知られている．哺乳動物の網膜光感受性神経節細胞でサーカディアンリズム*の光センサーとして機能するオプシン*タンパク質としてはメラノプシンがある．

**恒常性** ＝ホメオスタシス

**甲状腺**［thyroid］　甲状腺泡細胞は視床下部（甲状腺刺激ホルモン放出ホルモン）–下垂体（甲状腺刺激ホルモン）–甲状腺（トリヨードチロニン，チロキシン）系により調節され，血中からヨウ素を取込み生体の成長や熱産生をつかさどる甲状腺ホルモン*であるトリヨードチロニンとチロキシンを合成し分泌する．

甲状腺濾胞細胞膜上の甲状腺刺激ホルモン受容体，細胞核に存在するトリヨードチロニン受容体の塩基配列が判明し，各種甲状腺疾患との関連が遺伝子レベルで解明されつつある．一方，甲状腺特異的転写因子（TTF1）などの検索も進んでいる．

**甲状腺機能亢進症** [hyperthyroidism] 各種の甲状腺刺激物質により甲状腺ホルモン分泌が過多になり，甲状腺中毒症を起こす状態をいう．たとえば，バセドウ病*における甲状腺刺激ホルモン*（TSH）受容体抗体，下垂体のTSH産生腫瘍における甲状腺刺激ホルモン，胞状奇胎・悪性絨毛上皮腫における絨毛性腺刺激ホルモン*など．バセドウ病は自己免疫疾患*と考えられ，自己抗原はTSH受容体の細胞外領域が三次的に主たる抗原決定基を構成していると想定されている．TSH産生腫瘍と遺伝子突然変異との関連はまだはっきりしないが，性腺刺激ホルモンは組換えヒトTSH受容体を用いた実験により，TSH受容体を介して甲状腺を刺激することが証明されている．一方，プランマー病（Plummer's disease）のあるものではTSH受容体の遺伝子突然変異（Gタンパク質と関連するC末端側の細胞内ループと膜貫通部位の点突然変異）による構造的活性化によるという報告がなされている．（→抗甲状腺物質）

**甲状腺刺激ホルモン** [thyroid-stimulating hormone, thyrotropic hormone] TSHと略す．チロトロピン（thyrotropin）ともいう．下垂体甲状腺刺激ホルモン産生細胞で合成分泌される糖タンパク質ホルモンで甲状腺濾胞細胞の基底側細胞膜にある甲状腺刺激ホルモン受容体*に結合し，濾胞細胞の増殖と分化とを促進する．TSHは糖タンパク質ホルモン（TSH，黄体形成ホルモン／絨毛性腺刺激ホルモン，濾胞刺激ホルモン）に共通の$\alpha$鎖とそれぞれの糖タンパク質ホルモンに特異的な$\beta$鎖が非共有結合して生合成される．$\alpha$鎖と$\beta$鎖の遺伝子はそれぞれ第6染色体と第1染色体上にあるが，甲状腺刺激ホルモン産生細胞では両遺伝子の発現は高度に協調している．甲状腺ホルモンのトリヨードチロニン（$T_3$）は$\alpha$鎖と$\beta$鎖の遺伝子の翻訳を負に調節しており，6 bpの共通塩基配列から成る甲状腺ホルモン応答配列*がそれぞれの遺伝子の上流に認められる．一方甲状腺刺激ホルモン放出ホルモン*（TRH）はTSH合成分泌を正に調節しており，TRH受容体への結合によるPit-1*およびAP-1*の二つの転写調節因子の活性増加を介して$\alpha$鎖と$\beta$鎖の遺伝子発現を促進する．ほかにアルギニンバソプレッシンが正の，ドーパミンやソマトスタチンが負の調節を行っている．TSH$\beta$鎖遺伝子の1塩基置換や*pit-1*遺伝子の一塩基置換が遺伝性のTSH分泌障害をひき起こす．血中甲状腺ホルモン濃度が上昇しているにもかかわらずTSH濃度が抑制されない不適合TSH分泌症候群には，TSH産生下垂体腺腫（TSH producing pituitary adenoma）と甲状腺ホルモン不応症であるレフェトフ症候群が含まれる．

**甲状腺刺激ホルモン受容体** [thyroid-stimulating hormone receptor] TSH受容体（TSH receptor）ともいう．甲状腺濾胞細胞の基底側細胞膜に存在する糖タンパク質で，細胞膜を7回貫通する構造をもつGタンパク質共役型受容体*スーパーファミリーに属する．その遺伝子は第14染色体の長腕31領域にあり，10個のエキソンから成っている．甲状腺刺激ホルモン*（TSH）との結合にあずかる細胞外ドメインはN末端の9個のエキソンにコードされ，398アミノ酸から成り6個の$N$-グリコシル化部位がある．膜貫通領域を含むC末端部分は346アミノ酸より成り，10番目のエキソンにコードされ，その細胞内ループや細胞内C末端はGタンパク質との会合に関与している．TSH受容体遺伝子の発現は甲状腺濾胞細胞にほぼ特異的だが，脂肪細胞，外眼筋，リンパ球にもそのmRNAが見いだされるともいわれる．TSH受容体へのTSHの結合により$G_s$タンパク質を介してアデニル酸シクラーゼ*が活性化され濾胞細胞の増殖とチログロブリン*や甲状腺ペルオキシダーゼの誘導によるホルモン合成増加，ホルモン分泌などの機能分化がひき起こされる．また$G_q$タンパク質を介してホスホリパーゼC*も活性化され，ジアシルグリセロールとイノシトール1,4,5-トリスリン酸（$IP_3$）が増加する．前者は濾胞細胞内でチログロブリンのチロシン基のヨウ素化に関与する$H_2O_2$反応を促進し，後者はホルモン分泌を促進する．バセドウ病*患者血中には自己抗体である抗TSH受容体抗体が見いだされ，これが甲状腺機能亢進症*の成因となっていると考えられる．また甲状腺の萎縮（萎縮性甲状腺炎）を伴う甲状腺機能低下症患者にはTSHによるcAMP上昇を阻害する阻害型抗TSH受容体抗体が検出される．これらの抗TSH受容体抗体（TSHの結合を抑制する抗体，cAMPを増加させる刺激型の抗体および阻害型の抗体）の抗原部位がTSH受容体分子のどの部位にあるのか，また自己抗体産生機序についての解明が待たれる．

**甲状腺刺激ホルモン放出因子** [thyrotropin-releasing factor] ＝甲状腺刺激ホルモン放出ホルモン．TRFと略す．

**甲状腺刺激ホルモン放出ホルモン** [thyrotropin-releasing hormone] TRHと略記し，甲状腺刺激ホルモン放出因子（thyrotropin-releasing factor, TRF），チロリベリン（thyroliberin）ともよび，視床下部でつくられる．下垂体*前葉の甲状腺刺激ホルモン*の合成と分泌を調節する視床下部ホルモン*の一つ．プロラクチン*も分泌させる．構造は＜Glu-His-Pro-NH$_2$（＜Gluはピログルタミン酸を表す）で，前駆体分子にはGlu-His-Proの配列が5箇所に繰返して存在し，プロセシング酵素の作用で生成する．甲状腺刺激ホルモン産生細胞の膜上に特異的受容体が存在し，細胞内プロテインキナーゼC*を活性化する．

**甲状腺髄様がん** [medullary carcinoma of the thyroid] →カルシトニン

**甲状腺ホルモン** [thyroid hormone] 甲状腺ホルモンにはチロキシン*（$T_4$）とトリヨードチロニン*（$T_3$）があり，ともに脂溶性のホルモンで，甲状腺濾胞内でチログロブリン*分子中のチロシン基のヨウ素

化反応によりヨードチロシン(モノヨードチロシン；MIT や，ジヨードチロシン；DIT)がまずつくられ，つぎにその縮合反応によって $T_4$ や $T_3$ が合成される．甲状腺ホルモンの作用はほとんどの組織で認められ，酸素消費やタンパク質，炭水化物，脂肪，ビタミンの代謝にかかわり，1) 熱産生作用，2) 交感神経の反応性増加作用，3) 代謝に対する同化作用，4) 胎生期および小児期における分化促進作用などを示す．オンコジーン v-erbA ホモログである核内受容体遺伝子 THRA と THRB が甲状腺ホルモン受容体遺伝子で，甲状腺ホルモンはその受容体との結合を介して標的遺伝子の発現を変化させ，甲状腺ホルモンの多様な作用が発揮される．(→ 甲状腺ホルモン受容体)

**甲状腺ホルモン応答配列** [thyroid hormone response element]　甲状腺ホルモン標的エンハンサー配列(thyroid hormone targeting enhancer element)ともいう．略称 TRE．甲状腺ホルモン*応答エンハンサーとして染色体近傍に存在する標的遺伝子の転写*を促進する配列．共通配列は，AGGTCA を基本モチーフとして，二つのモチーフが直列反復(DR)し，モチーフ間が 4 bp 離れた(DR4) 5′-AGGTCANNNN-AGGTCA-3′ 配列で，甲状腺ホルモン受容体*とレチノイン酸受容体*の一つである RXR がヘテロ二量体として結合する．二つのモチーフ間が 5 bp(DR5)，3 bp(DR3)はそれぞれビタミン A 応答配列(vitamin A response element)およびビタミン D 応答配列*である．

**甲状腺ホルモン結合タンパク質** [thyroid hormone-binding protein]　甲状腺ホルモン*は脂溶性で，血中では大部分が 3 種類の結合タンパク質，チロキシン結合グロブリン(thyroxine binding globulin, TBG)，チロキシン結合プレアルブミン(thyroxine binding prealbumin, TBPA)およびアルブミンと結合して運搬される．チロキシン*($T_4$)は 70~75% が TBG に，15~20% が TBPA に，5~10% がアルブミンに結合し，トリヨードチロニン*($T_3$)は 70~75% が TBG に，残りはアルブミンに結合している．細胞に作用するのは結合ホルモンと平衡状態にある遊離ホルモンである．TBG は 395 個のアミノ酸と 4 本の糖鎖から成る 54 kDa の糖タンパク質で肝臓で合成される．血中濃度は妊娠やエストロゲン投与で増加し肝硬変やネフローゼ症候群で減少する．TBG 遺伝子は X 染色体長腕 22-2 領域上にあり家族性 TBG 異常症は伴性遺伝する．家族性 TBG 完全欠損症，減少症はともに TBG 遺伝子の 1 塩基欠失または 1 塩基置換が原因で細胞内生合成過程が障害され分泌障害が起こる．また TBG 増多症は遺伝子重複*が成因となる．

**甲状腺ホルモン受容体** [thyroid hormone receptor]　TH 受容体(TH receptor)ともいい，TR と略す．おもにトリヨードチロニン*($T_3$)を認識して結合し，種々の甲状腺ホルモン依存性遺伝子の転写を正(例：ミオシン β 鎖遺伝子など)または負(例：TSHβ 鎖遺伝子など)に調節している核タンパク質でリガンド依存性転写因子である．その遺伝子はステロイドホルモン*やビタミン A, D, レチノイド X(RX)の受容体と相同性が高く，ステロイド/甲状腺ホルモン受容体スーパーファミリーとよばれる(→ ステロイド受容体)．第 17 染色体にコードされる TRα と第 3 染色体上の TRβ があり，オンコジーン v-erbA ホモログである．それぞれ複数のアイソフォームをつくるが，おのおのの発現は組織差がある．一次構造は五つの機能ドメインから成り，中央に DNA 結合ドメイン(DBD)，C 末端にリガンド結合ドメイン(LBD)がある．DBD にはジンクフィンガー* が 2 個存在し，これが中心になってホモ二量体またはレチノイド X 受容体(RXR)などとヘテロ二量体を形成し標的遺伝子上の転写調節領域である甲状腺ホルモン応答配列(TRE)に結合する．この結合は甲状腺ホルモンなしで行われ，標的遺伝子を抑制する．甲状腺ホルモンの TR ホモ二量体への結合は TRE との結合を不安定化させ，転写活性化能の高いヘテロ二量体に置き換わることにより転写が活性化される．LBD には α ヘリックスと β シート構造が複数あり甲状腺ホルモンの結合ポケットをつくり，また二量体形成安定化領域とホルモン結合依存性転写活性化領域がある．レフェトフ症候群(Refetoff syndrome)は TH 不応症であるが，TRβ 遺伝子の LBD に変異が見いだされる．変異 TR はホルモン結合能が低くヘテロ二量体でも二量体による転写活性化作用が障害される(ドミナントネガティブ効果)ために不応をもたらす．したがって優性遺伝を示す家系がほとんどである．

**甲状腺ホルモン標的エンハンサー配列** [thyroid hormone targeting enhancer element] ＝ 甲状腺ホルモン応答配列

**恒常部** ＝ 定常領域

**後初期遺伝子** [delayed early gene]　細胞増殖因子やホルモンなどの外界刺激に応答して一過性に発現が誘導される遺伝子群の中で，その発現誘導に新規のタンパク質合成を必要とするもの．タンパク質合成阻害剤シクロヘキシミドにより，その発現は抑えられる．後初期遺伝子の発現は，前初期遺伝子*にコードされた転写因子などのタンパク質性因子を介して，二次的に誘導されるものと考えられる．一般に，刺激後 2~3 時間後に発現が誘導され始める．

**紅色硫黄(細)菌** [purple sulfur bacteria]　嫌気条件下，酸素発生を伴わない光合成を行う紅色細菌(purple bacteria)に属する光合成細菌*．細胞質内に陥入した細胞内膜系に光合成色素*バクテリオクロロフィル a, b およびカロテノイド* が存在する．光合成の過程で硫黄粒子が一時的に細胞内に集積する．光合成反応中心*は植物の光化学系 II に類似．二酸化炭素の固定は還元的ペントースリン酸回路*で行われる．一部は好気条件でも生育する．(→ 緑色硫黄細菌)

**紅色細菌** [purple bacteria] ⇌ 紅色硫黄細菌
**紅色体** [rhodoplast] ⇌ 色素体
**紅色非硫黄細菌** [purple nonsulfur bacteria] ⇌ ロドスピリルム＝ルブルム

**高次らせん** ＝超らせん

**口唇裂**［cleft lip］　単に唇裂ともいう．上唇にみられる片側性・両側性唇裂は内側鼻隆起と上顎隆起との接触不全，両隆起上皮組織同士の接着不全もしくは間葉組織間の癒合不全により生じ，口蓋裂*を合併する場合としない場合がある．正中唇裂と正中下唇裂の頻度はまれである．前者は内側鼻隆起同士が，後者は下顎隆起同士が成長癒合（merging）しないために生じる．近年ホメオティック遺伝子* msx1・msx2 両欠損マウスで両側性唇裂・口蓋裂が報告されている．（→ 形態形成）

**校　正** ＝プルーフリーディング

**合成オリゴヌクレオチド**［synthetic oligonucleotide］　通常，数塩基から数十塩基の短鎖ヌクレオチドをオリゴヌクレオチド*とよぶ．[1] DNA 合成機*の普及により，短い DNA（オリゴデオキシリボヌクレオチド）の合成は，きわめて容易なものとなってきており，現在の遺伝子工学の分野では欠くことのできない道具になっている．通常，DNA 合成機で容易に合成できるのは40～50塩基までであり，このサイズを超えるものは特に合成後の精製工程に格別の注意を払う必要がある．PCR 反応を含む DNA 合成反応のプライマー*やハイブリダイゼーション実験のプローブ*，リンカー DNA* などに用いられる．[2] オリゴリボヌクレオチドは直接合成するのが難しいので，cDNA を自動合成後 RNA ポリメラーゼを用いて in vitro 合成する．合成オリゴリボヌクレオチドは，in situ ハイブリダイゼーション*のプローブ，アンチセンス RNA*，人工リボザイムなどに利用される．現在では，多数の試薬メーカーがリボヌクレオチド，デオキシリボヌクレオチドを問わず，オリゴヌクレオチドのカスタム合成を受注しており，一般的な化学修飾ヌクレオチドを含む合成オリゴヌクレオチドも容易に入手できるようになっている．合成オリゴリボヌクレオチドは siRNA* としての需要が大きい．また，電子チップを作製するフォトリソグラフィーと DNA 固相合成法を組合わせてガラスやナイロン基板上で非常に多種類（>100万種）のオリゴヌクレオチドをハイスループット合成する方法は DNA チップ（DNA マイクロアレイ*）の作製に頻用されている．

**構成型 NO シンテーゼ**［constitutive NO synthase］cNOS と略す．（→ 血管内皮型 NO シンテーゼ）

**構成性分泌経路**［constitutive secretory pathway］　細胞外の刺激に依存して起こる分泌を調節性分泌（regulated secretion）というのに対し，刺激に依存せずに起こる分泌を構成性分泌（constitutive secretion）とよび，そのような分泌のみ行う膜輸送系を構成性分泌経路という．細胞間基質分子の分泌，形質細胞からの抗体分泌，がん化した内分泌細胞からのホルモン分泌，酵母における分泌などが典型例．分泌経路によるタンパク質のソーティング*はトランスゴルジ網*であり，調節性分泌経路*やリソソーム*へのソーティングシグナルがない場合，構成性分泌経路に送られると推定されている．構成性分泌経路の分泌小胞は大小や形が不定であり，トランスゴルジ網で生成されてからまもなく分泌され，分泌量が多い場合でも細胞質内には少ししか見つからない．細胞膜の膜タンパク質の多くもこの膜輸送系で細胞膜に運ばれると考えられている．調節性分泌経路でも自発的な分泌が起こり，それらも構成性分泌といわれることがある．

**構成的合成**［constitutive synthesis］　細胞内において，外的あるいは内的状況の変化や刺激因子の有無にかかわらずタンパク質が常に合成されること．誘導的合成（inducible synthesis）に対する用語．構成的合成は細胞機能に必須の遺伝子，すなわちエネルギー産生，恒常性維持，情報伝達，細胞骨格維持，遺伝情報発現関連因子などのいわゆるハウスキーピング遺伝子*で広くみられる．また特異的遺伝子であっても，一定期間恒常的につくられるタンパク質（肝臓でのアルブミンなど）も，やはり構成的に合成されている．転写アクチベーター*が転写調節領域に恒常的に作用することにより起こる．

**後成的修飾** ＝エピジェネティクス

**構成的突然変異株**［constitutive mutant］　本来，環境条件や細胞周期によって誘導や抑制を受ける遺伝子が，条件によらず常に一定量発現するようになった突然変異株．細胞の生存のために常に必要な構成成分の合成に働く遺伝子を構成遺伝子といい，一般に構成遺伝子の発現は環境条件によらず一定量で継続的であることから，このような遺伝子発現の様式を，構成的発現*とよぶ．オペレーター*やリプレッサー*，または調節遺伝子に突然変異が生じた場合などに構成的突然変異株を生じる．（→ 条件突然変異株）

**構成的発現**［constitutive expression］　遺伝子発現*が細胞内外の刺激によって変化することなく，一定のレベルで起こること．誘導的発現（inducible expression）に対する用語．ハウスキーピング遺伝子*など，細胞機能維持に必須の遺伝子で広くみられる．真核生物ではこのほかにも，一定の分化形質を維持しているような細胞では，特異的タンパク質が構成的に発現している．このような構成的発現を起こす遺伝子では，プロモーター*やエンハンサー*（活性化領域）に恒常的に転写アクチベーター*が結合している．真核生物では，転写調節部分のクロマチン構造が，継続的に変化している場合が多い．

**構成的ヘテロクロマチン**［constitutive heterochromatin］　→ ヘテロクロマチン

**高性能液体クロマトグラフィー**［high-performance liquid chromatography］ ＝高速液体クロマトグラフィー．HPLC と略す．

**合成培地**［synthetic medium］　既知組成培地（chemically defined medium）ともいう．化学的に明らかな成分から成る培地．一般に，微生物や植物細胞では無機塩類のみないし糖を加えた培地をいう．動物細胞では，無機塩類，アミノ酸，ビタミン，グルコースなどから成る培地をいう．これに対して，ニワトリ胚抽出液，ペプトン，血清などから成る培地を天然培地

(natural medium)とよぶ．実際には，多くの動物細胞は合成培地のみで増殖できず，少量の血清を加えて用いる．(⇌増殖培地)

**抗生物質**〔antibiotics〕　微生物が生産し，微生物などの発育を阻止する物質．半合成的に得られる誘導体も含まれる．抗生物質は化学構造と作用とで分類される．作用からは抗細菌，抗真菌，抗ウイルス，制がん抗生物質などに大別される．化学構造からは$\beta$-ラクタム系，アミノグリコシド系抗生物質*，テトラサイクリン系抗生物質*，マクロライド系抗生物質*，ポリエン系抗生物質，核酸系抗生物質などに大別される．$\beta$-ラクタム系はペニシリン系，カルバペネム系，ペネム系，セフェム系，モノバクタム系などに細分類される．

**抗生物質耐性**〔antibiotic resistance〕　抗生物質抵抗性(antibiotic tolerance)ともいう．抗生物質*を使用していると抗生物質に抵抗性の微生物が現れる．臨床で問題になるのはおもにブドウ球菌，赤痢菌，サルモネラなどの腸内細菌，結核菌などで獲得される耐性である．また緑膿菌のようにもともと抗生物質が効きにくい細菌もあり，これらの現象を抗生物質耐性という．細菌が抗生物質に対して抵抗性を示す生化学的メカニズムとしてつぎのものが考えられる．1) 抗生物質により阻害を受ける反応を回する別々の代謝経路を細菌が獲得する．2) 抗生物質と拮抗する代謝産物が生産されて蓄積する．3) 抗生物質が作用する標的酵素の産生が増大する．4) 細菌が抗生物質によって阻害される代謝系を必要としなくなる．5) 抗生物質を不活性化(場合によっては活性化)あるいは代謝してしまう系が増強される．6) 標的となる酵素が変化し抗生物質に対する結合性が弱くなる．また，基質に対する親和性がより強くなる．7) 抗生物質の細胞内への取込みが低下する．臨床でみられる耐性菌の生化学的メカニズムとしては，5)～7)などが証明されている．抗生物質耐性は細菌の染色体遺伝子の変化によって伝えられるものと，細胞質遺伝子であるプラスミドによって耐性が伝えられる場合がある．耐性を支配する遺伝子プラスミドはR(resistance)因子とよばれる．R因子は環状二重らせん構造をもち，分子量は$10^6$〜$10^8$のオーダーであり，耐性化した菌1個で数個〜十数個の因子をもつ．R因子は親から子に伝えられるだけでなく，耐性菌から感受性菌に接合あるいはファージによる形質導入によって伝達される(⇌Rプラスミド，耐性伝達因子)．臨床では患者個々のレベルでの耐性菌の問題に加えて，黄色ブドウ球菌や緑膿菌による病院内感染も問題になっている．(⇌メチシリン耐性黄色ブドウ球菌，薬剤耐性)

**抗生物質抵抗性**〔antibiotic tolerance〕　＝抗生物質耐性

**恒成分培養槽**〔chemostat〕　ケモスタットともいう．微生物の生物活性を研究するための液体培養槽．連続培養*により微生物を培養する際，供給された制限基質の総量と微生物によって消費された量および排出された量がつり合った時，微生物濃度，基質濃度などの環境条件が一定となる．これらの濃度は希釈率(液流量/培養液量)を変えれば，種々の濃度に保つことができるので，この装置を用いれば生理活性に及ぼす環境条件の影響が検討できる．

**合成ベクター**〔synthetic vector〕　＝非ウイルスベクター

**抗接着分子**〔antiadhesive molecule〕　細胞間接着や細胞-マトリックス接着を阻害し，接着の制御因子として働いている分子．たとえば，細胞外マトリックスの構成成分であるテネイシン*やある種のプロテオグリカンは，フィブロネクチンが細胞接着分子*インテグリンに結合することによって誘起される細胞-マトリックス接着を阻害する．こうした活性は接着性の変化を伴う細胞移動，形態形成，細胞分化などの発生現象やがんなどの疾病に関与する可能性が高い．特に，神経系では，神経軸索の伸長を阻止するコラプシン(collapsin)をはじめとして，同様な活性を示す分子が脳，体節などで見いだされ，特異的神経回路の形成などに関与するらしい．こうした活性の発現には，抗接着分子が接着分子を隠蔽するという物理的機構のほかに，接着に必要な細胞内の代謝的シグナル伝達を負に制御する分子機構が介在すると理解されている．

**酵素**〔enzyme〕　生物によって生産され，少数の例外を除きタンパク質を本体とする生体触媒．生命活動を担う多種多様な生体反応のほとんどすべてに関与する．一般触媒と同様に，反応の活性化エネルギー*の低下によって反応速度の増加をもたらすが，以下に述べるようにいくつか無機触媒とは異なる特徴をもつ．1) 酵素による触媒反応は，一般に非触媒反応に対して$10^6$〜$10^{12}$倍の促進をもたらし，これは，同一反応の化学触媒による促進の度合より少なくとも数オーダー高い．2) 酵素触媒反応は，無機触媒に比べて穏やかな条件，すなわち100℃以下の温度，大気圧下，中性付近のpHで進行する．3) 基質および生成物に関して非常に強い特異性(立体特異性)をもち，副反応物をほとんど生成しない(反応特異性)．4) 多くの酵素の触媒活性は，その基質以下の物質の濃度により変化する．これらの調節機構は，基質結合部位とは異なる部位に特定の代謝産物が非共有結合することによって活性を変化させるアロステリック制御*や，リン酸化，アデニリル化などの化学修飾による調節などが含まれる．酸化還元や，基の授受などの反応を触媒する酵素の多くは，補酵素*とよばれる金属イオンやNADHなどの低分子化合物の一時的な結合を反応に必要とする．また，補欠分子族*とよばれる金属や特定の低分子化合物を，活性に必須な構成成分として含む酵素もある．補酵素，補欠分子族などを合わせて補因子とよぶが，触媒活性のある酵素-補因子複合体をホロ酵素*，補因子の除かれた不活性な酵素をアポ酵素*とよぶ．生体内で，個々の酵素は環境の変化や分化・成長に応じてその活性が制御され，多様な代謝系を互いに調和させる．その際，酵素が制御される機構には，1) 酵素の合成・分解速度を変化させ

て酵素量を調節する方法と，2）酵素の基質親和性などをアロステリック制御などによる直接的な構造変化によって制御し，酵素活性そのものを調節する方法がある．酵素の活性は，反応液の温度，pH，イオン強度や，基質の濃度に依存して変化する．酵素活性の阻害様式には，阻害剤が基質結合部位と競合し，基質の濃度増加により阻害が緩和される競合阻害\*と，基質結合に干渉されない，非競合阻害\*とがある．

**構造異性体** [structural isomer, constitutional isomer] ⇨ 異性体

**構造遺伝子** [structural gene] 細胞を構成する酵素や細胞骨格などのタンパク質をコードする遺伝子．かつては，他の遺伝子の発現調節を行う調節遺伝子\*に対立する概念として用いられたが，現在では，調節遺伝子の産物も多くはタンパク質であることが知られている．このため，より広義に，タンパク質をコードする遺伝子を示し，各種 RNA 遺伝子（rRNA, tRNA, 核内低分子 RNA）や，プロモーター\*，エンハンサー\*などの調節領域，偽遺伝子\*と対立する意味合いをもつことがある．(⇨ シストロン)

**構造解析** [structure analysis] 分子生物学ではタンパク質や DNA や RNA などの構造を解析することをいう．通常は立体構造解析をいうが，一次構造や二次構造も含めて構造解析という場合がある．よってアミノ酸の配列解析や DNA の塩基配列解析や遺伝子のマッピングなども構造解析という場合がある．(⇨ 結晶構造解析)

**構造ゲノミクス** [structural genomics] ゲノム\*を構成するタンパク質の機能を網羅的に同定することを目的とした機能ゲノム科学に対し，機能に先んじて構造を網羅的に同定することを目指したポストゲノム研究の一つ．国を挙げた巨大プロジェクトとして実施されることが多く，日本では理化学研究所ゲノム科学総合研究センターが中心機関となり行われた"タンパク 3000 プロジェクト"などが相当する．プロテインデータバンク\*（PDB）に登録されている hypothetical protein の多くは構造ゲノム科学の産物である．

**構造生物学** [structural biology] タンパク質や DNA などの生体高分子の高次構造に基づいて，生体高分子の機能を解明しようとする学問．X 線結晶構造解析\*，核磁気共鳴\*（NMR），電子顕微鏡\*などの物理的手法を用いた原子レベルでの立体構造に基づいて原子レベルで機能を解析する．1953 年に提案された J. D. Watson\* と F. H. C. Crick\* による DNA 二重らせん構造のモデルは構造に基づいて DNA が遺伝子として機能しうることを明確に示したので，構造生物学の起源であるといえる．その後 J. C. Kendrew\* や M. F. Perutz\* によるミオグロビン\*やヘモグロビン\*の構造解析からは，DNA に比べてタンパク質の機能は非常に多様で，個々の構造から機能解明に至るには膨大な労力と時間が必要であることが判明した．しかし最近，放射光や超高磁場磁石を利用した構造解析の手法の迅速化や組換えタンパク質を利用したタンパク質の大量調製法の確立とともに構造生物学は非常にポピュラーになり，特に X 線結晶構造解析は通常の生化学や分子生物学の研究室でも行えるようになってきた．構造生物学は元々は個々のタンパク質およびその標的リガンド（タンパク質や DNA などの核酸や低分子化合物）との複合体の構造を解析し，標的リガンドの認識の調節制御に基づいて機能を解明するという点で個別研究の意味合いが非常に深い．最近のゲノム解析の進展に伴い cDNA ライブラリー\*などから機能未知のタンパク質を網羅的に発現させ，構造解析を行い構造から機能を予測する網羅的な研究を特に構造ゲノミクス\*とよび，区別している．また網羅的にタンパク質のネットワークを構造に基づいて解明しようという研究を特に構造プロテオミクス（structural proteomics）とよぶ場合もある．

**構造タンパク質** [structural protein] 生体内でおもに構造や形態の維持，調節にかかわるタンパク質．多くのものは多分子重合体を形成することにより機能を発揮する．アクチン\*やチューブリン\*など細胞内で細胞骨格を構成するものは，細胞内物質輸送や細胞の形態あるいは運動を制御している．ケラチン\*のように毛髪や爪の構成成分となるもの，また，コラーゲン\*やエラスチン\*のような細胞外結合組織を形成するものが知られている．

**構造プロテオミクス** [structural proteomics] ⇨ 構造生物学

**紅藻類** [red algae] ⇨ 藻類

**合祖解析** [coalescence analysis] 過去から現在に向かって進化の道筋をたどっていくと遺伝子や DNA 配列は一つの共通祖先配列から多数の子孫の DNA 配列へと分岐していく．一方，合祖解析では現存の特定遺伝子座に見られる遺伝的多様性から出発して進化の過程を逆にさかのぼっていく方法をとる．多様な集団から標本を収集して合祖解析を行うと，最も新しい共通祖先に存在する 1 個の祖先 DNA 配列に一本化される，すなわち合祖化される．地球上に現存するヒトの Y 染色体やミトコンドリア DNA 配列について合祖解析を行うと一人の"Y 染色体アダム"や"ミトコンドリアイブ\*"にたどり着くことになる．最も新しい共通祖先にたどり着く（合祖化される）のに必要な世代数を合祖時間（coalescence time）という．

**酵素化学** [enzyme chemistry] ＝酵素学

**酵素学** [enzymology] 酵素化学（enzyme chemistry）ともいう．生物の生体反応を触媒するタンパク質から成る機能性高分子は酵素\*であり，酵素にかかわる酵素反応，酵素の構造と機能，酵素の応用技術（酵素工学 zymotechnology）などにかかわる学問が酵素学である．酵素反応における酵素の機能は遷移状態における活性化エネルギー\*を減少させ，反応を容易にすることにある．酵素は，酸化還元酵素（オキシドレダクターゼ），転移酵素\*（トランスフェラーゼ），加水分解酵素\*（ヒドロラーゼ），リアーゼ，異性化酵素（イソメラーゼ）と合成酵素（リガーゼ）の 6 種に大別される．酵素の一部は補酵素\*あるいは金属イオンを必要とするものがある．酵素の活性部位は触媒部位

(catalytic site)と結合部位(binding site)を含む活性中心*のくぼみクレフト(cleft)より成る．酵素の構造と機能の研究のため，X線による立体構造解析と，酵素遺伝子の部位特異的突然変異誘発*による活性中心の探索が必須となっている．

**酵素-基質複合体**　[enzyme-substrate complex]　酵素反応の第一段階として，酵素と基質が可逆的に結合して形成する複合体．ミカエリス複合体(Michaelis complex)，ES 複合体(ES complex)ともよばれる．この複合体は，つぎに反応産物と遊離の酵素を生成する．基質濃度が十分高い時，すべての酵素が基質と複合体を形成し，反応産物の生成速度が律速反応となって酵素-基質複合体の濃度は一定に保たれる．この仮定に基づいて酵素反応産物の生成速度は，ミカエリス・メンテンの式*で表される．

**拘束**（細胞分化における）[commitment]　→前駆細胞

**高速移動群タンパク質**　[high mobility group protein]　HMGタンパク質(HMG protein)と略称される．非ヒストンタンパク質*の一つのグループ．クロマチン*から0.35 M塩化ナトリウムによって抽出され，電気泳動的に高い移動度を示す高速移動群．HMGタンパク質は現在まで調べられたすべての高等生物の組織で見いだされている．リシン含量が高く，ヒストン*とのある程度の類似性がみられる．HMG1と2，HMG14と17はそれぞれアミノ酸配列と立体構造が似ており，すべて二本鎖DNAと結合する．その作用は塩基性残基を多く含んだN末端の相同性の高い部位(→HMGボックス)を通じて起こるイオン性相互作用である．HMG1(アンホテリン)，2，14，17のいずれもがヌクレオソーム*に特異的に結合していることが見いだされている．さらに，HMG1，2は閉環状DNAに結合すると，二本鎖DNAを巻戻すことによってDNAのリンキング数*に変化を生じさせることから，活性クロマチン*の構造の維持に関与すると考えられている．標準的なHMGは現在三つのファミリーに分類されている：機能的なDNA結合モチーフとしてHMGボックスを典型的な場合には二つ(HMGボックスAおよびB)もつHMGB(以前のHMG-1/-2)，ヌクレオソーム結合ドメインをもつHMGN(以前のHMG-14/-17)，ATの豊富な配列に結合するA-Tフック(典型的には2～3個)をもつHMGA(以前のHMG-I/Y/C)．これらの機能的モチーフは多様な生物の核タンパク質に広く見られ，HMGモチーフタンパク質とよばれる．哺乳類でHMGB1，2，3，4，HMGN1，2，3，3a，4，HMGA1a，b，c，2などがあり，このほかのHMGタンパク質も多数知られている．HMGB1は，胎児期から成熟期の脳で高い発現が認められる神経樹状突起伸長の促進因子であり，ゆがんだDNAに結合して転写を促進し，また，p53ほかさまざまな転写因子と結合することによりそれらのDNAへの結合も促進する．HMGB1とDNAの複合体はToll様受容体*(TLR)に結合して免疫系を活性化するなど多様な機能を発揮する．

**高速液体クロマトグラフィー**　[high-speed liquid chromatography]　高性能液体クロマトグラフィー(high-performance liquid chromatography，HPLC)ともいう．高圧に耐えるカラムに均一サイズのきわめて微細な球形の粒子を充填し，送液ポンプを用いて高速に溶液を流して行うクロマトグラフィー．試料導入装置，検出器，記録装置などと組合わせて用いられる．ガスクロマトグラフィーに匹敵する高分離能と短時間分析が可能である．担体粒子と溶出液の組合わせにより広範囲の物質の分離が行われている．回収も可能であるので分取用にも用いられる．

**酵素工学**　[zymotechnology]　→酵素学

**合祖時間**　[coalescence time]　→合祖解析

**酵素精製**　[enzyme purification]　生体系からの酵素の精製は，一般のタンパク質の場合と同様の手法で行うが，阻害または活性化を及ぼす物質や，同様の生物活性を示す他成分の存在に特に注意する必要がある．安定性の低い，または微量に存在する酵素や，多くの他のタンパク質と似た，特徴のない物理化学的性質を呈する酵素の場合，その精製は困難であることが多い．酵素を生体から単離する第一段階として，物理的手法または界面活性剤を用いて細胞を破壊し，目的の酵素を可溶化する．この際，酵素はさまざまな影響をもたらしうる物質や環境にさらされるため，抽出液中の温度やpHの調整や，他の酵素や化学物質による分解・修飾からの保護，機械的な取扱いの注意などを要する．この細胞抽出液を用い，つぎに目的の酵素のさまざまな物理化学的性質を利用した一連の分別操作によって，段階的に他の物質からの分離を行う．酵素の溶解性，電荷，分子量，吸着性や他の生体分子に対する親和性などに基づいて精製を行うが，そのおもな手段を以下に述べる．おもに取扱う材料のスケールが大きい時，塩の濃度やpHを変化させ，それに対する溶解度の異なるタンパク質を遠心操作により分離する(塩析)ことが一般に行われる．担体との静電的相互作用の違いを利用したイオン交換クロマトグラフィー*や，架橋分子の間を分子の大きさや形に応じて分離させる分子ふるいゲル沪過クロマトグラフィー(→ゲル沪過)は，普遍的に用いられる手法である．特異的な分子間相互作用を利用したアフィニティークロマトグラフィー*は，目的酵素の純度を飛躍的に上げる強力な手段となりうる．そのほか，遠心力に対する沈降速度の違いを利用して，溶液中またはショ糖(スクロース)などの密度勾配中で生体物質を分離させる超遠心*分離法，またネイティブ電気泳動などが有効な場合もある．精製の各操作のたびごとに，目的酵素の活性測定を行い，タンパク質重量当たりの比活性から，その純度を確認していく必要がある．

**酵素標識抗体法**　[enzyme-labeled antibody technique]　＝酵素免疫検定法

**酵素変異肝増殖巣**　[enzyme-altered hepatic foci]　酵素変異増殖巣(enzyme-altered island)，小増殖巣(hyperplastic area)ともいう．ラットやマウスでの肝発がん過程で，比較的初期(3～6週)から肝小葉中に

生じる．酵素変異性肝細胞の小さな増殖巣．細胞は，核小体が多少めだち細胞質が明瞭という特徴はあるが，異形度は軽い．しかし酵素組織学的には，毛細胆管ATPアーゼ，グルコース-6-ホスファターゼ活性の低下，グルタチオンS-トランスフェラーゼ，γ-GTPアーゼ活性の上昇など，肝がん\*のそれに類似した形質の変異が見られる．肝細胞がんの前がん病変とみなされ，がん原性の検出や発がん修飾の定量的解析の優れた指標となっている．

**酵素変異増殖巣**〔enzyme-altered island〕＝酵素変異肝増殖巣

**酵素免疫検定法**〔enzyme immunoassay〕 EIAと略す．エンザイムイムノアッセイ，酵素標識抗体法（enzyme-labeled antibody technique）ともいう．酵素標識抗体を用いた免疫測定法の一つ．抗原または抗体の高感度検出法．多くの変法があるが，最も広く用いられているのは直接法と間接法である．酵素標識抗体と求める抗原との結合物を分離し，酵素分解を受けると着色する基質を加え分解量を光学的に測定して酵素活性を求める．これを結合抗体量に換算し，標準値との比較から抗原量が求められる．間接法では酵素標識抗抗体（二次抗体 secondary antibody）を用い，抗原抗体結合物中の抗原または抗体量を抗体の酵素活性から求められる．間接法では二次抗体を用意すれば一次抗体の特異性にかかわらず応用範囲が広く，また反応が増幅されるため検出感度が高い．しかし同時に非特異反応も増加するので対照実験が必要である．二次抗体として$F(ab')_2$フラグメント\*またはFabフラグメント\*が用いられる．一般に極微量定量と操作の簡便化のため合成樹脂表面への吸着などによる固相化（solid phase）法が応用され，これを特に固相酵素免疫検定法\*（ELISA）とよぶ．さらに高感度法として競合EIA（competitive EIA）または阻害EIA（inhibition EIA）があり，$10^{-12} \sim 10^{-10}$ gの抗原物質の検出が可能である．EIA法は抗原のみならず抗体の高感度検出法としても用いられている．

**酵素誘導**〔enzyme induction〕 細胞に糖やアミノ酸などを与えた時に，それらを代謝する酵素の発現が誘導\*される現象．誘導をひき起こす化合物は誘導物質\*とよばれる．大腸菌のラクトース代謝系における研究で，誘導物質は代謝される基質と同一である必要がないことが明らかにされた．一般に誘導物質は対応する代謝系オペロンのリプレッサー\*と結合してリプレッサーを不活化することによりオペロンの転写，したがって酵素の合成を誘導する．

**酵素抑制**〔enzyme repression〕 微生物などにおいて，ある種の栄養素の存在下で特定の酵素の発現が抑制される現象．酵素誘導\*に対比して用いられる．たとえば，培地にトリプトファンが存在する時，大腸菌のトリプトファン合成系酵素の発現は抑制される．これは，トリプトファンがコリプレッサーとしてアポリプレッサー\*に結合することで活性型のリプレッサー\*となり，トリプトファンオペロン\*の転写を阻害する結果である．

**抗体**〔antibody〕 免疫応答\*によって産生されるタンパク質で血清中に多く含まれ，免疫原（抗原\*）と特異的に反応する免疫グロブリン\*．抗体は，抗原刺激を受けたマクロファージ，T細胞，B細胞など免疫担当細胞の相互作用の結果，B細胞の分化・成熟した形質細胞\*によって産生される．抗体分子はIgGによって代表される4本ポリペプチド鎖から成る基本構造をもち，κまたはλ型L鎖のいずれか2本と，免疫グロブリンクラスに特徴的な構造のH鎖2本とから構成され，左右対称構造をもつ（⇨免疫グロブリン［図］）．分子量はIgGは15万～16万，IgAは16万（二，三，四量体がある），IgEは19万，そしてIgMは90万（五量体）で，1～15％の糖鎖を含む．単量体1分子当たり二つまたはそれ以上（重合体）の抗原結合部位（抗体活性基）をもつ．抗原結合部位はH，L鎖のN末端を含む約100残基に相当する可変領域\*の対構造部位にあり，アミノ酸配列と高次構造によって抗体特異性が決定されている．抗体の産生はアミノ酸配列をコードするB細胞の免疫グロブリン構造遺伝子群と，これらの産生を調節する免疫担当細胞の調節遺伝子群の支配下にあり，さらにこれらの細胞がつくり出すサイトカイン\*により調節されている．特異的抗体との結合は，細菌毒素やウイルスなどの抗原のもつ生物活性を中和したり，あるいは食細胞の貪食作用を増強する（⇨オプソニン）など異物の排除を行い，生体防御の重要な役割を果たしている．一方，H鎖のC末端を含む定常領域\*構造は免疫複合体の形成によりエフェクター活性を発現し，補体成分（C1）の結合・活性化により抗原細胞を溶解したり，あるいは細胞表面の受容体（Fc受容体）と結合して細胞機能を調節制御している．酵素免疫検定法\*，放射線免疫検定法\*など抗原・抗体の特異的反応を利用した定量法が広く用いられている．近年，モノクローナル抗体\*の応用が盛んで，特異性が高く検出感度のきわめて高い抗原物質の同定法として利用されている．

**抗体依存性細胞傷害**〔antibody-dependent cellular cytotoxicity〕 ADCCと略す．標的細胞に対する抗体を介して攻撃側の細胞（エフェクター細胞\*）が標的細胞と結合し，傷害性を発揮する機構．補体は関与しない．すなわち，抗体のFab部分が標的細胞に結合し，Fc部分がエフェクターのFc受容体に結合することによって，反応が開始される．エフェクターとして働く細胞はK細胞（K cell）と総称されるが，これには単球\*，マクロファージ\*や多形核白血球\*のほかに，リンパ系細胞としてナチュラルキラー細胞\*やB細胞\*が属している．

**抗体依存性免疫**〔antibody-mediated immunity〕 ＝体液性免疫

**抗体遺伝子**〔antibody gene〕 抗体\*をコードする遺伝子．免疫グロブリン遺伝子\*のこと．抗体遺伝子は，抗体のもつ特異な性質に応じて，以下のような特色をもつ．1) H鎖，κ鎖，λ鎖がそれぞれ別の染色体にコードされ，各ドメインごとにエキソンに分かれている．2) 可変(V)領域\*はL鎖では$V$と$J$遺伝子，H

鎖では $V, D, J$ 遺伝子に分かれてコードされている．そこで抗体産生細胞は DNA 再編成*の結果，一組の活性型 $V_L$-$J_L$, $V_H$-$D$-$J_H$ 遺伝子を獲得し発現する．3) H 鎖定常(C)領域*には抗体のクラスに対応して $\mu$-$\delta$-$\gamma$-$\varepsilon$-$\alpha$ 遺伝子が並んでいる．H 鎖のクラススイッチ*は S-S 結合型の DNA 再編成により起こる．4) 抗体の膜結合型と分泌型の変更は，RNA スプライシングの起こされ方の違い(→選択的スプライシング)によって起こる．5) 抗体 V 領域の配列の多様性を増加するため突然変異が高頻度に導入されるという性質ももっている．(→抗体の多様性)

**抗体親和性**［antibody affinity］ 抗体と抗原との結合は鍵と鍵穴の関係のように特異的であり，抗体とその特異的抗原との相互作用の強さを抗体親和性とよぶ．相互作用の強さは抗原決定基*と抗体の抗原結合部位*の間に働く，ファンデルワールス力，疎水結合，水素結合，静電結合などにより決定され，結合定数は $10^4$〜$10^{12}$ L/M 程度である．この結合の強さは酵素-基質結合の親和性と同程度か，あるいはそれ以上である．抗体の可変領域*(V 領域)遺伝子は $V, D, J$ の三つの遺伝子断片の組合わせによってできるが，中でも CDR3 領域が最も抗体特異性を多様化することに寄与しているが，相補性決定領域(CDR)のアミノ酸は変異を起こしやすく，抗原刺激*の回数によって変異は蓄積され抗体との結合のチューニングをし，抗体親和性が上がっていく(→超可変領域)．抗原への親和性が高い抗体が生み出された場合，体内に侵入した病原体を，いち早く抗体が認識することにより，効率よく病原体を除去できる利点がある．

**抗体スクリーニング**［antibody screening］ 特定の抗原*に対する抗体*の存在を検出することにより，抗原の存在を調べる方法である．特定抗原に対する抗体をスクリーニング*する方法としては，酵素結合二次抗体を使用した ELISA(固相酵素免疫検定法*)，特異抗原を結合させた粒子を使用したゼラチン粒子凝集法，免疫クロマトグラフィーなどが用いられている．臨床検査では HIV(ヒト免疫不全ウイルス*)感染の有無を調べるための抗 HIV 抗体の検出，輸血時の血液型不規則性抗体の検出など広く利用されている．

**抗体チップ**［antibody chip］ ＝抗体マイクロアレイ

**抗体特異性**［antibody specificity］ 抗原結合特異性(antigen binding specificity)ともいう．抗原*とそれに結合する抗体*は 1 対 1 の関係にあり，これを抗体特異性とよぶ．抗体分子は 2 本の重鎖と軽鎖から構成されるが，それぞれは 110 個のアミノ酸から成るドメインが連なって重鎖と軽鎖を構成する．N 末端のドメインは可変領域*(V 領域)とよばれる．この可変部には，重鎖と軽鎖ともに 3 箇所の超可変領域*とよばれ，抗体ごとにアミノ酸配列の異なる部位があり，抗原と結合する部分と一致し，抗体の特異性を決定している．超可変領域のアミノ酸は変異を起こしやすく，抗原刺激*によって変異が蓄積され抗体との結合のチューニングをしていく．これによって特異性は強くなる．抗体特異性は抗体と抗原の熱力学反応の結果として表現することができ，抗体親和性*が高ければ高いほど特異性は高い．

**抗体の多様性**［antibody diversity］ 抗体はさまざまな分子を抗原として認識し特異的に結合できる性質をもっているが，この抗原と結合する部分は抗体 H, L 両鎖の N 末端に位置する可変(V)領域*で，この V 領域のアミノ酸配列が抗体ごとに異なる高い多様性を示す．抗体 V 領域の立体構造は免疫グロブリンフォールドとよばれる二面の $\beta$ シートが向かい合った構造をしているが，$\beta$ シートを構成するペプチド間のループ部分(H, L それぞれ 3 箇所)が抗原結合部を形成する．この部分のアミノ酸配列の多様性はとりわけ高く，そのためにさまざまな抗原と特異的に結合できる抗体が存在する．この V 領域の多様性は，抗体遺伝子座における DNA 再編成*機構および突然変異機構(→体細胞超突然変異)によって生み出され，個体当たり $10^6$〜$10^8$ 種類と見積もられている．塩基配列レベルでは，事実上 B 細胞ごとにすべて異なる程度に多様化しているが，結合する抗原の種類という点では，多様な抗原を十分カバーする程度と考えられている(→免疫グロブリン遺伝子)．

**抗体マイクロアレイ**［antibody microarray］ 抗体チップ(antibody chip)ともいう．スライドガラスなどの基板上に高密度に抗体を固定化したタンパク質マイクロアレイ*の一種である．試料中の多種類の抗原の相対的存在量を一度に測定することができる．試料とアレイ上の抗体を反応させた後，緩衝液で洗浄し抗体に捕捉された目的とする抗原を解析する．異なる試料中のタンパク質を異なる蛍光物質で標識し同一アレイ上で抗体と反応させ，蛍光強度の比から試料間のタンパク質の発現レベルを比較できる．目的とする抗原の検出手法としては，蛍光標識した抗原を使う方法以外にも，酵素結合二次抗体を使用した ELISA(固相酵素免疫検定法*)，蛍光標識二次抗体を使用したサンドイッチ免疫測定法や質量分析法*などが用いられる．大規模プロテオーム解析やバイオマーカーの検出のほかにも化学物質の検出による環境モニタリングなどにも適用可能である．(→ハイスループット技術，プロテオミクス)

**抗体療法**［antibody therapy］ 白血球分化抗原，増殖因子受容体*，増殖因子*，サイトカイン*，ウイルスタンパク質などを標的分子としたモノクローナル抗体*による治療法．標的分子に対するマウス，ヒト・マウスキメラあるいはヒト化抗体を使用し，抗体依存性細胞傷害*活性や補体依存性細胞傷害活性もしくは中和活性により，標的細胞のアポトーシス*や標的分子の失活を目的とする．腫瘍細胞の表面に発現する CD20, HER2 を標的としたリツキシマブ*，トラスツズマブ，また増殖因子 VEGF，炎症性サイトカイン TNF-$\alpha$ に対するベバシズマブ，インフリキシマブなどが実用化されている．また，制がん剤あるいは放射性同位元素をモノクローナル抗体に結合し，抗腫瘍効果の増強を目的とした抗体も実用化されている(→

放射線抗体療法）．

**硬タンパク質** [scleroprotein] 水や塩類水溶液に溶けないタンパク質の総称．骨や軟骨のコラーゲン\*，毛髪や爪のケラチン\*，腱のエラスチン\*，絹のフィブロイン\*など，分子間に共有結合性の強固な結合をもつ繊維状タンパク質がこの特質をもつ．化学的物理的処理やプロテアーゼに高い抵抗性を示すが，強い酸やアルカリ条件，特異的酵素などにより分解されうる．

**好中球** [neutrophil] 顆粒球\*の一つで，最も密度が高く健康成人末梢血白血球画分の約60％を占める．造血幹細胞\*から顆粒球系前駆細胞を経て増殖・分化する．好中球の産生に関与するサイトカインは顆粒球コロニー刺激因子\*（G-CSF）である．骨髄中で骨髄芽球，前骨髄球，骨髄球，後骨髄球，桿状核球としだいに成熟し分葉核球となる．桿状核球と分葉核球を合わせて成熟好中球とする．生体防御の中心をなす細胞で，細菌感染，真菌感染防御には必須である．好中球減少症，好中球の質的異常（慢性肉芽腫症\*など）では著明な易感染性がみられる．

**好中球アルカリホスファターゼ** [neutrophil alkaline phosphatase] NAPと略す．白血球アルカリホスファターゼ（leukocyte alkaline phosphatase）ともいう．GPIアンカー型タンパク質\*の一つ．遺伝子は第1染色体短腕34-36.1領域に局在し，ゲノムDNAの大きさは50 kbp以上に及び，12個のエキソンより成る．524個のアミノ酸（うち17個はシグナルペプチド\*）より成る．アルカリの最適pHでリン酸モノエステル結合を加水分解する本酵素の活性を組織化学的半定量法で測定して検査に用いる．好中球が増多しても低値を示す慢性骨髄性白血病\*の診断に重要である．発作性夜間ヘモグロビン尿症\*でも低下する．

**好中球コロニー形成単位** ⇒顆粒球コロニー形成単位

**腔腸** [coelenteron] ヒドラ，イソギンチャク，クラゲなどの腔腸動物\*において，開口部より体内に陥入した腔で，食物を消化する機能をもつ．壁は外界と接している外胚葉細胞と，腔内に面する内胚葉細胞，両者の間にある神経細胞から成っている．内胚葉細胞は互いに結合し，上皮の層を形成し，その細胞の中には，腔内に消化酵素を分泌する腺細胞あるいは分解された分子を吸収する消化細胞が存在し，消化吸収に適した内部環境がつくられている．

**高張液** [hypertonic solution] ⇒等張液

**腔腸動物** [coelenterate] 触手上に刺胞をもつことから有刺胞類（Cnidaria）と古くは称された．体型的には内胚葉，外胚葉の2層から成り，口のみで肛門をもたない．感覚器はクラゲ類では平衡器と眼点をもつ．網状の周囲神経系のみで中枢神経系\*をもたない．雌雄異体で，有性生殖と無性世代の交代がみられる（⇒世代交代）．ヒドラ\*，サンゴ類を含むヒドロ虫綱とクラゲ，イソギンチャク類の鉢虫綱に大別される．海水産の種が多く，淡水産はヒドラなど少数が知られる．ヒドラやサンゴのゲノム解読が進行中である

る．

**口蹄疫ウイルス** [Foot-and-mouth disease virus] ⇒ピコルナウイルス

**抗てんかん薬** [antiepileptic drug] てんかん発作の発現機序として，興奮性神経系（⇒興奮性神経伝達物質）と抑制性神経系の不均衡状態と神経細胞膜興奮性の増大が考えられている．すなわち，抗てんかん薬を作用機序から分類すると，抑制系GABA（γ-アミノ酪酸\*）系を強化するフェノバルビタール\*，バルプロ酸，ベンゾジアゼピン\*，電位依存性$Na^+$チャネルを抑制し，神経細胞膜の安定化を図るフェニトイン，カルバマゼピン，$Ca^{2+}$流入を遮断し，群発状の活動電位を抑制するエトスクシミドなどがあげられる．

**抗転写終結** [antitermination] 転写終結\*を解除する機構．大腸菌に感染したλファージの転写がρ因子依存性転写終結シグナル（⇒ρ依存性ターミネーター）において終結せず続行する現象として発見された．λファージにおける抗転写終結にはファージ由来の特定のタンパク質（Nタンパク質\*やQタンパク質\*）が大腸菌の因子とともに関与する．細菌遺伝子についても抗転写終結機構の例が報告されている．また，アミノ酸合成系の転写アテニュエーター\*における転写継続も抗転写終結機構と考えてよい．（⇒抗転写終結因子）

**抗転写終結因子** [antitermination factor] 抗転写終結\*において働く因子．λファージのNタンパク質\*とQタンパク質\*がよく知られている．前者はλファージの初期遺伝子における抗転写終結に，後者は後期遺伝子の抗転写終結に必要な因子である．NusAタンパク質\*など大腸菌の因子とともにRNAポリメラーゼに作用すると考えられているがその分子機構は不明である．大腸菌のBglGタンパク質（BglG protein）は bgl オペロン\*内の転写終結シグナルに作用してその構造を変換することで転写終結を解除させる．

**後天性免疫** ⇒免疫

**後天性免疫不全ウイルス** [acquired immunodeficiency syndrome virus] エイズウイルス（AIDS virus）ともいう．後天性免疫不全症候群\*（エイズ）の病因ウイルス．ヒトではヒト免疫不全ウイルス\*の感染によってエイズが発症する．ヒト免疫不全ウイルスはHIVとよばれている．これに対して先天性免疫不全はウイルス感染症ではなく先天性の遺伝病である．アデノシンデアミナーゼ欠損症\*などの遺伝病が知られている．（⇒免疫不全）

**後天性免疫不全症候群** [acquired immunodeficiency syndrome] AIDS（エイズ）と略される．ヒト免疫不全ウイルス\*（HIV）の感染で起こる$CD4^+$Tリンパ球減少を主徴とする細胞性免疫不全に，各種の日和見感染（例，カリニ肺炎）や日和見腫瘍（⇒カポジ肉腫）が発現した症候群で，臨床症状としての日和見疾患と，50％以上の症例に起こる原発性の中枢神経障害により起こる．HIVは血液，精液，リンパ液などの中に分布し，性的接触，輸血，臓器移植などで伝播さ

れる．HIV に感染した母体が妊娠し，分娩，授乳すると周産期感染が起こる．HIV 感染後 5〜10 年で末梢血の CD4$^+$ T リンパ球数が 200/μL 以下になったところで，日和見疾患が出現して臨床的 AIDS 症例となる．AIDS 発症後の予後は悪いが，直接の死因は日和見疾患であるから，日和見感染の予防法，治療法の進歩で，生存期間が有意に延びるようになった．レトロウイルス科レンチウイルス亜科に属する HIV の予防ワクチンの開発が gag, pol, env, nef, rev, tat などのウイルス由来の遺伝子の欠損株を用いた弱毒性生ワクチンについて集中的に検討されているが，ウイルスの変異や抵抗性が問題となっている．逆転写酵素阻害剤やプロテアーゼ阻害剤を中心とする化学療法剤の開発が行われ，すでにアジドチミジン*(AZT), 2',3'-ジデオキシイノシン(ddI), 2',3'-ジデオキシシチジン(ddC)などは臨床的に利用されている．また，ウイルスのエンベロープと宿主細胞膜との融合に関わる gp41 の機能阻害を起こすペプチドや HIV と宿主細胞受容体 CD4 との結合やコレセプター CCR5 あるいは CXCR4 との結合を競合的に阻害する低分子化合物も報告されている．

**高度好塩菌** [extreme halophile] → 好塩菌
**高度好熱菌** [extreme thermophile] → 好熱菌
**抗トロンビンⅢ** ＝アンチトロンビンⅢ
**抗トロンビン物質** ＝トロンビン阻害物質
**高内皮細静脈** [high endothelial venule] HEV と略す．リンパ球ホーミングを媒介する特殊な血管(→ホーミング)．リンパ節，パイエル板などに存在する．この血管は解剖学的には細静脈であり，内皮細胞の丈が高く，厚い基底膜をもつ．この血管にはリンパ球ホーミングを媒介する接着分子が部位特異的に発現し，その例として，リンパ節 HEV 内皮細胞に特異的な peripheral node addressin(PNAd)やパイエル板や腸間膜リンパ節 HEV 内皮細胞に特異的な MAdCAM-1 などがあげられる．これらの分子を介してリンパ球のローリング現象が HEV 内皮細胞上に誘導され，さらに HEV 内皮細胞特異的に発現するケモカイン* によってリンパ球のインテグリン* が活性化され，これによりリンパ球の HEV における接着と通り抜けが起こる．

**高尿酸血症** [hyperuricemia] → 痛風
**好熱菌** [thermophile, thermophilic bacterium] 55℃ 以上の高温環境下で生育する細菌の総称．75℃ までの温度で生育する菌は中等度好熱菌(moderate thermophile)とよばれ，*Bacillus* 属，*Clostridium* 属の菌などが知られている．それ以上の高温で生育する菌は高度好熱菌(extreme thermophile)とよび，*Thermus* 属の菌が代表的．さらに，90℃ 以上で生育する菌は超好熱菌(hyperthermophile)とよび，真正細菌も古細菌も存在し，温泉，工場熱排水，海底火山，深海底熱水孔周辺などから多種が分離されている．分子系統樹上では，超好熱菌は原始的な位置を占める．好熱菌の酵素，核酸，細胞膜などは熱安定である．この性質は PCR* 法などに利用されている．(→ *Taq* ポリメラーゼ)

**好熱好酸菌** [thermoacidophile] 高い温度と低い pH という条件で増殖できる細菌．生育温度は 45℃ 以上で中には 110℃ で生育するものもある．高温酸性温泉，火山の硫気噴気口，海底の熱水噴気口付近，またボタ山から分離されている．好気性，嫌気性また独立栄養*, 従属栄養* と多様な細菌が存在するが，いずれも古細菌* に属し嫌気条件では元素状硫黄を硫化水素に還元し，好気条件では硫化水素または元素状硫黄を硫酸に酸化する．*Sulfolobus* や *Thermoplasma* が代表的．

**広範囲散在反復配列** [long interspersed repetitive sequence] ＝LINE
**硬皮症** ＝強皮症
**高頻度可変領域** ＝超可変領域
**高頻度反復配列** [highly repetitive sequence] → 反復配列
**高フェニルアラニン血症** [hyperphenylalaninemia] → フェニルケトン尿症
**抗プロモーター** [antipromoter] 発がんプロモーター* の作用を抑制する化合物を総称して抗プロモーターとよぶことがある．発がんプロモーターは発がん二段階実験に用いられる言葉で，たとえば，古典的なクロトン油，その主成分である 12-O-テトラデカノイルホルボール 13-アセテート*(TPA あるいは PMA)，最近新しく見いだされたものとしてテレオシジン(teleocidin)，アプリシアトキシン(aplysiatoxin)，オカダ酸* などがある．たとえば，マウス皮膚に微量の発がん剤 7,12-ジメチルベンズ[a]アントラセン*(DMBA)を塗布し，イニシエーションとする(→発がんイニシエーション)．つぎに，TPA を繰返しその部位に塗布すると，ほとんどのマウスに腫瘍(100 %)が生じる．TPA を塗布する 15 分〜1 時間前に，レチノイド* などの化合物を毎回塗布すると，腫瘍の発生が抑制され 50〜30 % と減少する．抑制する化合物はたくさんみつかっており，また，抑制の機構もさまざまである．これら抑制化合物は発がんプロモーターの作用を阻止したと解釈し，抗プロモーターとよばれている．しかし，発がんプロモーター抑制物質の方が言葉として正しい．これら抑制物質はがんの化学予防薬として注目されている．

**高分子キニノーゲン** [high molecular weight kininogen] カリクレイン-キニン系* 因子，血液凝固因子*．血漿中の多機能タンパク質である高分子キニノーゲンは，カリクレインによる限定分解を受けて分子内からブラジキニン* を放出するとともに，プレカリクレインおよびⅪ因子と複合体を形成してⅫa 因子による内因系凝固の開始反応を促進する．(→低分子キニノーゲン)

**興奮収縮連関** [excitation-contraction coupling] 神経からの刺激によって筋細胞膜が興奮して筋収縮* が起こる一連の現象をいう．細胞膜の興奮は膜から細胞内に入る縦断細管(T 管*)を通じて筋小胞体* に伝達され，カルシウムが放出される．カルシウムはトロポニン* と結合してアクチンを活性化し，ミ

オシンとの反応を開始させ，筋収縮が起こる．

**興奮性シナプス**［excitatory synapse］　神経伝達物質*がシナプス後部の受容体に作用した時，$Na^+$ や $Ca^{2+}$ などの流入によりシナプス後部の膜電位が脱分極する場合には，そのシナプスは興奮性であるという．このようなシナプス反応を起こす物質を興奮性神経伝達物質*とよぶ場合があるが，受容体の種類によっては過分極を起こしたり，伝達物質放出を抑えたりする場合もある（⇒ グルタミン酸受容体）．したがって，興奮性伝達物質の作用するシナプスはすべて興奮性であるとは限らない．

**興奮性シナプス後電位**［excitatory postsynaptic potential］　EPSPと略す．シナプス後膜に発生する電位（シナプス後電位*）のうち，細胞の興奮により活動電位*を発生させる方向に向かうものをいう．通常はシナプス後膜の伝達物質受容体を介して $Na^+$, $K^+$ あるいは $Ca^{2+}$ のチャネルが開き，これらのイオンの透過性増大によって生じるが，ムスカリン性アセチルコリン受容体*のように $K^+$ の透過性の減少によって脱分極性の興奮性シナプス後電位が発生する場合もある．

**興奮性神経伝達物質**［excitatory neurotransmitter］　神経細胞の興奮が活動電位として軸索*を伝導して，シナプス前終末部に到達した時に，シナプス間隙に放出され，シナプス後膜の受容体に結合し，シナプス後神経細胞に脱分極性の興奮性シナプス後電位*（EPSP）を発生させる物質．神経筋接合部，自律神経系，大脳皮質のアセチルコリンをはじめ，アドレナリン*，ノルアドレナリン*，ドーパミン*，セロトニン*，グルタミン酸，アスパラギン酸，ヒスタミン，サブスタンスP*，ATPなどが興奮性神経伝達物質として同定または候補とされている．シナプス前終末部ではカルシウムの流入によりシナプス小胞に蓄えられていた神経伝達物質*がエキソサイトーシス*によって放出される．伝達物質が神経伝達物質受容体*に結合した時にシナプス後神経細胞で起こる反応の機構の差によって，シナプス伝達の受容体は直接イオンチャネルの開口を起こすイオンチャネル型受容体（ionotropic receptor）とGタンパク質-酵素系を介する代謝調節型受容体（metabotropic receptor）に分類される．（⇒ 抑制性神経伝達物質）

**厚壁異形細胞**［sclereid］　植物に存在する細胞で，種皮や果実に多くみられる．植物の強化・支持という役割を果たす厚壁組織（sclerenchyma）の構成要素の一つである．厚壁組織はリグニン*が沈着した厚い二次細胞壁をもっているため，植物の生長に応じた伸長はできない．この中に，通常2種の細胞がある．細長い，束状になっていることの多い繊維細胞と，短い分枝をもち複雑な形をした厚壁異形細胞である．厚壁異形細胞は孤立性に存在する傾向がある．

**厚壁組織**［sclerenchyma］　⇒ 厚壁異形細胞

**抗ペラグラ因子**［antipellagra factor］　＝ニコチンアミド

**孔辺細胞**［guard cell］　⇒ 気孔

**酵母**［yeast］　出芽*で増える単細胞の時期を生活環にもつ菌類の総称．厳密な分類学の用語ではない．出芽でなく二分裂で増殖する分裂酵母も酵母に含める（⇒ *Schizosaccharomyces pombe*）．子嚢菌類に幅広く分布するが，一部担子菌類にも含まれる．高いアルコール発酵能を利用して，醸造に用いられるものが多い．自然界では，植物表面，樹液，果実などに生息するが，動物に寄生したり，ヒトに対して病原性を示すものもある．単細胞期の細胞の大きさは 5～10 µm で楕円体，球形のものが多い．核膜に包まれた核をもち真核細胞である．ミトコンドリア，小胞体，ゴルジ体などの細胞小器官をもち，細胞膜の外側に細胞壁がある．酵母は培養が容易であること，世代時間が短く，遺伝解析が可能であるなどの利点をもつ．特に，出芽酵母（*Saccharomyces cerevisiae*\*）と分裂酵母（*Schizosaccharomyces pombe*）はゲノムシークエンシングが終了しており，ポストゲノム解析が最も進んだモデル真核生物として重要である．

**候補遺伝子マッピング**［candidate gene mapping］　疾患の原因遺伝子の位置を大まかに決定すること．連鎖解析法*，罹患同胞対連鎖解析法*，連鎖不平衡マッピング*の三つがあげられる．

**酵母エピソーム様プラスミド**［yeast episomal plasmid］　YEpと略す．*Saccharomyces* 酵母と大腸菌の両細胞で複製できるシャトルベクター*で，酵母の内在型 2 µm プラスミドの複製起点と母娘細胞への分配を行うシスに働く部位をもつ．酵母への形質転換*が高頻度で行えること，いわゆる多コピーベクターで形質転換体では 10～40 コピー数程度のプラスミドが保持されていること，細胞分裂に際して，比較的安定に母娘細胞に分配されることなどの特徴がある．（⇒ 酵母組込み型プラスミド，酵母自己複製型プラスミド）

**酵母核酸**［yeast nucleic acid］　20世紀前半，核酸が見いだされたころ，その糖成分としてリボースを含むものとデオキシリボースを含むものに大別されることがわかった．前者は酵母菌中に多かったので酵母核酸とよばれたが，これは現在の RNA* に相当する．（⇒ 胸腺核酸）

**酵母組込み型プラスミド**［yeast integrative plasmid］　YIpと略す．*Saccharomyces* 酵母の選択マーカーをもつが酵母細胞で複製できない大腸菌プラスミド．したがって YIp を酵母細胞に形質転換すると，YIp 内の酵母遺伝子と宿主染色体上の相同遺伝子が相同組換え*を起こし，YIp は染色体中に組込まれる．いったん組込まれた YIp は安定に染色体に存在できる．この組込みによる形質転換の頻度は YEp（酵母エピソーム様プラスミド*）や YRp（酵母自己複製型プラスミド*）の形質転換頻度の $1/10^4$ 以下である．選択マーカーとしては *URA3* 遺伝子*，*HIS3* 遺伝子*，*LEU2* 遺伝子*がある．

**酵母ゲノム**［yeast genome］　代表的な出芽酵母*である *Saccharomyces cerevisiae*\* のゲノムは全長が 12,068 kbp で，16本の線状染色体に分かれている．

このゲノムには，5885 個のタンパク質コード遺伝子，約 140 個の rRNA 遺伝子\*，275 個の tRNA 遺伝子\*があると予測されている．酵母ゲノムはほかの真核生物種に比べて遺伝子密度が高く，約 2 kbp ごとにタンパク質コード遺伝子がみつかっており，全体の 70 % のゲノム配列にオープンリーディングフレーム\*（ORF）が存在している．分裂酵母（Schizosaccharomyces pombe\*）のゲノム（13.8Mbp）も決定されている．分裂酵母では約 40 % の遺伝子がイントロン\*をもっているが，出芽酵母では 4 % しかイントロンがなく，もっていたとしても通常は一つの小さなイントロンしかない．出芽酵母ゲノムには反復配列\*が少ない．（→ ゲノム，酵母，付録 J）

**酵母自己複製型プラスミド**〔yeast replicating plasmid〕 YRp と略す．Saccharomyces 酵母と大腸菌の両細胞で複製できるシャトルベクター\*で，酵母の染色体自律複製配列\*（ARS）をもつ．YRp は高頻度で酵母に形質転換でき，細胞当たり 5〜10 コピー数が保持される．しかし YRp は細胞分裂時に娘細胞への分配効率が低い．したがって多コピーベクターとしては YEp（酵母エピソーム様プラスミド\*）が YRp より多く使われる．YRp に酵母セントロメア配列を組込んだのが CEN 含有プラスミド\*（YCp）である．（→ 酵母組込み型プラスミド）

**酵母人工染色体ベクター**〔yeast artificial chromosome vector〕 YAC ベクター（YAC vector）ともいう．酵母染色体が正確に複製され，かつ分配されるためには，複製起点（自律複製配列\*ARS）・セントロメア配列（CEN）・テロメア配列（TEL）の三つの機能領域が必要である．酵母人工染色体ベクター（YAC ベクター）は，pBR322\* にテトラヒメナのテロメア，酵母のセントロメア（CEN4），複製起点として ARS1 を組込み，酵母内で染色体として複製され，かつ安定に保持されるようにした大腸菌・酵母の両方に導入しうるシャトルベクター\*である．酵母内での選択マーカーとしてトリプトファン遺伝子（TRP1）・ウラシル遺伝子（URA3）が組込まれており，また，クローニング部位にサプレッサー遺伝子（SUP4）が導入されている．本ベクターの使用により，クローニング可能な DNA サイズは一挙に 10 倍以上に拡大され，1 Mb を超えるサイズのゲノム DNA 断片の単離が可能になった（→ ゲノムシークエンシング）．本ベクターの開発により，ヒト全染色体をカバーする YAC コンティグ（→ コンティグ）の作製が可能になり，ヒトゲノムの解析計画は大きく進展した．元来，酵母では相同的組換えの活性が高く，たとえば，ヒトゲノムに広く散在する Alu 反復配列（→ Alu I ファミリー）同士での組換えに起因すると思われるキメラクローン（chimera clone；元来無関係の複数の DNA 断片が一つのクローンに組込まれたもの．ヒトゲノムの YAC ライブラリーでは，その半数近くがキメラである場合もある），クローン内での欠失突然変異，不安定性などが問題とされ，宿主の酵母の改良が検討されてきている．一方，細菌人工染色体ベクターの BAC ベクター\*や PAC ベクター\*は安定に 300 kb 程度までの大きな DNA 断片をクローニングできるので，マッピングやシークエンシングに利用されている．

**酵母性決定**〔yeast sex determination〕 酵母の性特異性は接合の際にみられ，異なる接合型をもつ細胞間でのみ接合が可能である．酵母の性決定はペプチド接合フェロモンとその受容体，および細胞表層のアグルチニン（糖タンパク質）による．接合型は一対の接合型対立遺伝子（Saccharomyces cerevisiae\* では MAT 遺伝子\*）により遺伝的に決定されている．接合型遺伝子産物は性決定にかかわる遺伝子の発現を制御する転写因子として機能する．（→ 酵母接合型，酵母の接合）

**酵母接合型**〔yeast mating type〕 酵母の一倍体細胞が融合し二倍体化する接合の際の細胞特異性．異なる接合型をもつ細胞間でのみ接合できる．酵母の交配は通常二極性で，接合型は二つに分かれる．出芽酵母（Saccharomyces cerevisiae\*）では **a** 型と α 型，分裂酵母（Schizosaccharomyces pombe\*）では $h^+$ 型と $h^-$ 型とよばれる．接合型は一対の対立遺伝子（接合型遺伝子）により支配されているので，接合によりできた二倍体細胞の減数分裂により 1：1 の頻度で二つの接合型が生じ，性比が一定に保たれる．（→ 酵母の接合）

**酵母 Ty1**〔yeast Ty1〕 出芽酵母（Saccharomyces cerevisiae\*）のレトロトランスポゾン\*．Ty1 は全長 5.9 kbp で一倍体ゲノム当たり 25〜35 コピー存在する．両末端に約 330 bp の繰返し配列（LTR\*）がある．転写産物は 5.7 kbp で細胞内に存在する最も豊富な mRNA である．二つの読取り枠があり，DNA 結合タンパク質および逆転写酵素，リボヌクレアーゼ H，インテグラーゼに類似した領域をもつタンパク質をコードしうる．（→ Ty 因子）

**酵母の接合**〔yeast mating〕 一倍体細胞が細胞融合と核融合により二倍体化する酵母の生活環の重要な過程．酵母フェロモン\*の分泌と受容，細胞壁の糖タンパク質（アグルチニン）による細胞凝集，細胞融合，核融合を経て二倍体の接合子が形成される．Saccharomyces cerevisiae\* では，α 因子，**a** 因子とよばれるペプチドのフェロモンが細胞凝集の誘導，接合管の誘導，細胞周期の $G_1$ 期停止などの作用をもつ．フェロモン受容体は 7 回膜貫通型で三量体 GTP 結合タンパク質と共役しており，さらに MAP キナーゼカスケード\*を経てシグナルを核に伝達する．フェロモンにより活性化した転写因子（STE12 タンパク質）は接合に関連した多くの遺伝子の転写を誘導する．接合管の形成は局所的な細胞壁の分解と合成を伴い，一過的なカルシウムの流入が観察される．接合の最終段階である核の融合は核膜上のスピンドル極体により制御されている．

**酵母フェロモン**〔yeast pheromone〕 酵母の有性生殖を調節する細胞外分泌性の作用物質をさす．Saccharomyces cerevisiae\* や Schizosaccharomyces pombe\* などのフェロモンが構造決定され，いずれも 10〜30 個程度のアミノ酸から成るペプチドである．一つまたは複数の遺伝子によりコードされ，プロテアーゼによ

るプロセシングや，C末端のファルネシル化やメチル化などの修飾を受けたのち，細胞外に分泌される．たとえば，出芽酵母*(*S. cerevisiae*)のα因子は*MFα1*および*MFα2*遺伝子によりコードされ，おのおののシグナル配列と4個のペプチドをコードする部分から成り，プレプロタンパク質前駆体として翻訳されたのち，3種類のプロテアーゼにより成熟ペプチドにプロセシングされる．分泌されたフェロモンは細胞膜の7回膜貫通型受容体により受容されたのち，細胞内にシグナルが伝達される．細胞周期の$G_1$期停止，接合関連遺伝子の転写誘導の二つの作用を示す．(⇨酵母の接合)

**酵母プラスミド** [yeast plasmid] *Saccharomyces cerevisiae*\*の大多数の株の核質に内在している環状二本鎖DNAの2μmプラスミド\*が代表的．2μmプラスミドはハプロイド細胞当たり60～100コピー存在する．全長は6318 bpあり，599 bpの逆方向反復配列を挟み，自己増殖に必要な4遺伝子をコードしている．薬剤耐性遺伝子はコードしていない．2μmプラスミドのARS(⇨自律複製配列)を用いて種々の有用な多コピーベクターが構築されている．

**抗マラリア剤** [antimalarial agent] クロロキン(chloroquine)，メフロキン，キニーネ，キナクリン，ドキシサイクリン，ピリメサミン・スルファドキシン合剤などが内服薬として用いられる．重症例にはキニジン・グルクロン酸塩の静脈内注射も行われる．細胞小器官(ミトコンドリアやアピコプラスト−葉緑体に類似した胞子虫類に見られる細胞小器官)が標的として注目され，ミトコンドリアの呼吸鎖(シトクロム*b*)を阻害する抗マラリア剤アトバコンが開発されている．また，マラリア原虫や媒介昆虫のマラリア蚊のゲノムが解読され，分子標的薬の開発も進められている．マラリア\*は熱帯病で，日本では症例が少なく臨床研究ができないので，抗マラリア剤の多くは市販が承認されていない．世界的にはクロロキンが広く使用されるが，近年クロロキン耐性マラリアが問題となっており，耐性は原虫の薬剤排出機構によることが報告されている．

**高密度体** [dense body] 稠密体ともいう．平滑筋細胞内に長軸にほぼ平行に分散配列する直径0.1～0.2μmの電子密度の高い紡錘形の構造物．ここから細胞内のアクチンフィラメント\*が伸び出している．また，中にαアクチニンを含んでおり，骨格筋のZ線\*に相当する構造と考えられている．高密度体には中間径フィラメント\*も付着しており，この中間径フィラメントによって高密度体は空間的に保持されていると考えられている．

**高密度リポタンパク質** [high density lipoprotein] HDLと略記する．血液中の脂質はタンパク質とともに複合体を形成して，水に可溶性となっている．その組成において，タンパク質含量が多くなるに従ってその密度は高くなる．比重が1.063～1.21に相当するリポタンパク質\*をHDLとよび，電気泳動で分離したαリポタンパク質に相当する．アポA-I，A-IIが主たるタンパク質であり，アポC群，Eも含有する(⇨アポリポタンパク質)．末梢に蓄積したコレステロールの細胞からの排泄を促進して，そのコレステロールを受取り，肝に輸送する働きがあり，抗動脈硬化作用を示す．

**抗葉酸剤** ＝葉酸拮抗薬

**抗利尿ホルモン** [antidiuretic hormone] ADHと略す．(⇨バソプレッシン)

**抗リプレッサー** [antirepressor] リプレッサー\*に結合してその機能を不活化するタンパク質因子．サルモネラファージP22のリプレッサーに作用するタンパク質がその例．(⇨誘導物質)

**高リポタンパク質血症** [hyperlipoproteinemia] ⇨高脂血症

**光量子** ＝光子

**光リン酸化** [photophosphorylation] 光合成的リン酸化(photosynthetic phosphorylation)ともいう．光合成電子伝達反応\*の結果形成される電気化学ポテンシャルを利用して，F型ATP合成酵素の働きによりATPが合成される反応(⇨プロトンポンプ)．この際，電子伝達反応が，たとえば光化学系Ⅱと光化学系Ⅰの協調により水から$NADP^+$へと，非循環的に起こる場合を非循環的光リン酸化反応(non-cyclic photophosphorylation)，非酸素発生型光合成細菌の多くの場合や，光化学系Ⅰについてみられるように循環的(cyclic)に起こる場合を循環的光リン酸化反応(cyclic photophosphorylation)とよぶ．前者においては還元力(NADPH)とATPが生じるが，後者においてはATPの生成のみが認められる．

**抗リン脂質抗体** [antiphospholipid antibody] ＝抗カルジオリピン抗体

**CoA** [CoA＝coenzyme A] ＝補酵素A

**5S rRNA** [5S rRNA] 細胞内のタンパク質合成の場であるリボソームの構成要素の一つ(⇨リボソームRNA)．その全長は大腸菌で121塩基長で，他の生物種でもほぼ同等の大きさをもつ．リボソーム内ではサブユニットの中心突起部分に局在し，5S rRNAはL5などのリボソームタンパク質と複合体を形成し，23S rRNAが活性のある立体構造へと折りたたまれ，ペプチジルトランスフェラーゼ活性中心の構造を形成するのに関与すると考えられている．真核生物には細胞質，葉緑体，ミトコンドリアに独自のリボソームが存在し，独自の特異な5S rRNAをもっている．これまで700種以上の5S rRNA塩基配列が決定されている(⇨付録K参照)．

**5S rRNA遺伝子** [5S rRNA gene] 5S rRNA遺伝子は大腸菌のような原核生物では，その他のリボソームRNA\*であるSSU rRNA(小サブユニットrRNA，16S rRNA)やLSU rRNA(大サブユニットrRNA，23S rRNA)とともに，染色体上でオペロンを形成し同時に転写され発現する．しかし真核生物では通常，別の転写単位を形成し，その転写はSSU rRNAやLSU rRNAがRNAポリメラーゼⅠであるのに5S rRNAはポリメラーゼⅢにより，染色体上の位置も大

きく異なるのが普通である. (→ rRNA 遺伝子)

**コーエン** **COHEN**, Stanley　米国の生化学者. 1922.11.17〜　ニューヨーク市ブルックリン生まれ. ブルックリン大学, オーバリン大学で学んだのちミシガン大学で Ph.D. 取得. ワシントン大学動物学準教授(1953)の時, R. Levi-Montalcini* と神経成長因子(NGF)の精製に従事. バンダービルト大学生化学科に移り, 助教授(1959), 準教授(1962), 教授(1967)に昇任. 1952年上皮増殖因子*(EGF)を発見し, その一次構造を解明した(1975). Levi-Montalcini とともにノーベル医学生理学賞受賞(1986).

**コエンザイム A**　＝補酵素 A
**コエンザイム M**　＝補酵素 M
**コカイン** [cocaine]　＝ベンゾイルメチルエクゴニン(benzoylmethylecgonine). ペルーコカの主成分であるトロパンアルカロイドとエクゴニンのエステル. $C_{17}H_{21}NO_4$, 分子量 303.36. A. Nieman がコカ葉から結晶化し(1860), 精神分析で名高い S. Freud が最初に局所麻酔作用を発見していたが, 発表を怠っている間に K. Koller によって報告され(1884), 医薬品として用いられるようになった. 現在局所麻酔薬としてよりは, その陶酔作用による乱用で習慣性, 依存性のため慢性中毒を起こし, 社会的にも, 政治的にも大きな問題となっている.

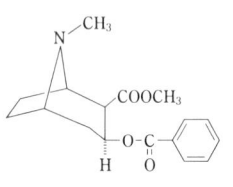

**小型デルマタン硫酸プロテオグリカン** [small dermatan sulfate proteoglycan]　＝ビグリカン

**ゴキブリ** [cockroach]　昆虫綱多新翅類の最も原始的な仲間. 化石はペンシルベニア紀以降に出現する. 野外性と人家性があり, 実験には, 主としてワモンゴキブリ(*Periplaneta americana*), チャバネゴキブリ(*Periplaneta germanica*)など人家性のものが使用される. 集合ホルモン(フェロモン*)やその受容体機能の解析, フェロモンを中心とした感覚生理学の分野の研究, およびトレハロース*(昆虫類体液中に普遍的に存在する糖)を加水分解する酵素(トレハラーゼ), リポホリン(lipophorin, 脂質キャリヤータンパク質)などの研究が行われている.

**CoQ** [CoQ＝coenzyme Q]　補酵素 Q の略. (→ユビキノン)

**呼吸** [respiration]　有酸素的な異化反応に伴う電子伝達系*の酸化還元反応. 過去には肺臓やえらにおける酸素の吸入と二酸化炭素の放出という外呼吸が注目された. しかし呼吸の本質は細胞における有機物分解の酸化還元反応である. これを内呼吸(internal respiration)とよぶ. 微生物による嫌気的異化反応の発酵*と対照的である. 内呼吸の機能は真核生物ではミトコンドリア, 原核生物では細胞膜にある. この酸化還元反応の生理学的意義は酸化的リン酸化*反応によって生体のエネルギーの基本物質であるATPを合成するところにある. したがって呼吸は生体内の主要な有機物の最終酸化経路であるクエン酸回路*で発生する二酸化炭素の放出と, 電子伝達系の末端に存在するシトクロムオキシダーゼにおける酸素の水への還元である. 呼吸はしばしば燃料の燃焼にたとえられるが, まずクエン酸回路における脱炭酸が先行するので, 二酸化炭素中の酸素は基質に由来し, 燃焼水の中に呼吸で得られた酸素が現れるという根本的な相違がある.

**呼吸欠損突然変異株** [respiration-deficient mutant]　＝プチ突然変異株

**呼吸鎖** [respiratory chain]　＝電子伝達系

**呼吸商** [respiratory quotient]　＝呼吸率(respiratory coefficient)ともいう. RQ と略される. 呼吸*において酸素消費量で炭酸ガス発生量を割った値. 呼吸商によって代謝で消費された栄養素の量を知ることができる. 糖質の場合は

$$C_6H_{12}O_6 + 6 O_2 \longrightarrow 6 CO_2 + 6 H_2O$$

から呼吸商は 6/6＝1 である. しかし, 脂質ではほぼ 0.7 である. 呼吸商だけからは糖質・脂質比のみが求まるが, 尿素排出量から, 呼吸商 0.8 のタンパク質の消費量も補正できる. 脂肪合成が行われる時には値は 1 を超える.

**呼吸率** [respiratory coefficient]　＝呼吸商

**コクサッキーウイルス** [*Coxackievirus*]　→ピコルナウイルス

**黒色素胞** [melanophore]　メラノソームの細胞内移動(集合・拡散)により生物の体色の急速な変化をきたす, 色素胞の一種(→色素細胞). 変温脊椎動物の真皮の最表層部に存在する. 色素顆粒の集合・拡散は脳下垂体中葉の黒色素胞刺激ホルモン, 松果体のメラトニン*, 色素胞神経によって調節される. 無脊椎動物(甲殻類, 昆虫類)の黒色素胞のなかには, メラニンに代わるオモクロムを含むものが知られている. 恒温脊椎動物ではメラノサイト*がこれに相当する.

**黒色腫** [melanoma]　メラノーマ, 悪性黒色腫(malignant melanoma)ともいう. メラニン*を産生するメラノサイト*および黒あざやほくろの細胞である母斑細胞から発生し, 皮膚のみでなく, 全身への転移を起こしやすく, 悪性度の高い腫瘍. 最近, 増加傾向にある. 転移腫瘍において遺伝子治療*の対象となっている. 白人では家族性のものが 5〜10% といわれている. 最近, ヒト第9染色体短腕に連鎖する家族性黒色腫(familial malignant melanoma)の感受性遺伝子として, 細胞周期を制御する *INK4*(p16* または MTS1)遺伝子が同定されている.

**固形培地** [solid medium]　→培地

**コケイン症候群** [Cockayne's syndrome]　新生児, 小児期に発症するまれな常染色体劣性疾患*. 1936年, E. A. Cockayne によって報告された. 早老症候群に分類される疾患で, 成長障害を示すとともに, 精神発達遅延, 老人様顔貌, 皮膚の菲薄化, 皮膚光線過敏症, 薄い毛髪, 視神経萎縮, 白内障, 難聴, 齲(う)歯などの早老症*の症状を呈し, 平均寿命は12歳前後である. 本疾患の体細胞は紫外線照射による DNA 修

復\*の欠損，RNA 合成障害を示す．皮膚がんをひき起こす色素性乾皮症\*の原因遺伝子 XPB/ERCC3 がコケイン症候群の原因遺伝子であることがわかっている．その発症機構はまだ不明であるが，分裂酵母の XPB/ERCC3 機能的相同遺伝子 Ptr8p は DNA 除去修復だけでなく，mRNA 核外輸送にも関与していることが証明されている．

**古細菌**［archaebacteria］ C. R. Woese ら(1977)は，高度好塩菌(⇒好塩菌)，好熱菌\*，メタン細菌\*，硫黄細菌\*などを含む一群の原核生物が，系統的に従来の細菌や真核生物と大きく異なることをみつけ，古細菌と名づけた．従来の細菌のグループに区別して真正細菌\*とよび，したがって生物界は，真正細菌，古細菌，真核生物\*の三大生物超界(⇒界)に分けられることとなった．分子系統的に古細菌は真正細菌よりも真核生物に近縁とされている．

**コザック共通配列**［Kozak's consensus sequence］真核生物 mRNA 中の 5′-RNNAUGG-3′ という短い配列で，開始コドン\*(AUG)を含む．mRNA からの翻訳開始を高効率に行うのに有効な共通配列\*として知られ，さまざまな遺伝子発現用ベクターにこの配列が採用されている．コザック共通配列の 5′ 側のプリン\*がピリミジン\*に置換されると，転写効率が 95 % 程度低下することから，この共通配列の有効性が支持されている．

**枯死** ＝アポトーシス

**ゴーシェ病**［Gaucher disease］ グルコセレブロシド(glucocerebroside)の分解酵素である β-グルコシダーゼ(グルコセレブロシダーゼ)の遺伝性欠損症．グルコセレブロシドはマクロファージ系の細胞に取込まれ，多くの組織や臓器にゴーシェ細胞(Gaucher cell)として出現する．臨床的には血液異常(貧血，血小板減少による出血傾向，白血球減少)，肝脾腫，骨破壊などが目立つが(1 型)，中枢神経症状が乳児期(2 型)あるいは幼児期以後(3 型)に出現する病型もある．一般臨床検査の中で，血清中酸性ホスファターゼ活性の著しい上昇を示すことが特徴であり，骨髄中のゴーシェ細胞とともに，臨床診断の根拠となる．グルコセレブロシダーゼ遺伝子は第 1 染色体長腕にあり，欠損症は常染色体劣性遺伝病として発現する．東欧アシュケナージ地方由来のユダヤ人に多く発生する．この酵素の遺伝子の近傍には相同性の高い偽遺伝子がある．患者には多くの遺伝子突然変異が同定されており，アシュケナージ由来のユダヤ人の 95 % には五つの突然変異のどれかが発見されている．また中枢神経症状の有無と遺伝子型とについては多くの報告があるが結果は一定でなく，最終的な結論は得られていない．日本人にはこれらとは違った多様な突然変異が発見されている．胎盤由来の酵素の糖側鎖の修飾によりマクロファージへのターゲッティングが可能となり，酵素補充療法に用いられる．非神経型の病型の患者の臨床的改善が確認され，治療薬として用いられている．(⇒先天性代謝異常)

**50 % 致死量** ＝半致死量

**COS 細胞**［COS cell］ 複製開始部位を欠失した SV40\* でトランスフォームしたアフリカミドリザルの腎臓由来の細胞．ウイルスは産生されないが，T 抗原\*を発現しており，SV40 の複製開始部位をもつ DNA をプラスミド状に核内で増殖させることができる．Y. Gluzman の研究室で樹立された．COS-1, COS-7 などの細胞株がある．

**COS 細胞導入系**［COS cell transfection system］アフリカミドリザル腎由来培養細胞株 CV-1 を，複製起点は欠損しているが，複製開始に必要な T 抗原遺伝子をもつ SV40 突然変異株のウイルスゲノムで形質転換\*した細胞で，COS-1, -3 および -7 の 3 種類の細胞株が樹立され，cDNA 発現およびクローニング系として用いられる．細胞には SV40 初期遺伝子領域が染色体に挿入されているので初期遺伝子を欠いた SV40 突然変異株や SV40 の複製起点を含むプラスミドの自己増殖を支持する．複製起点はもつが，T 抗原遺伝子を欠損している SV40 ウイルス DNA をベクターにして外来遺伝子を COS 細胞\*に導入すれば，細胞中にすでにある T 抗原により遺伝子が発現する．この系は，分泌タンパク質や膜表面機能タンパク質の遺伝子の一過性発現に基づくクローニングなどに利用される．

**ゴースト**［ghost］ ＝赤血球ゴースト

**cos 部位**［cos site］ λ ファージを代表とするテンペレートファージ\*の一群は，二本鎖線状構造の DNA の両 5′ 末端が 12 塩基突出した一本鎖構造になっており，その両塩基配列は互いに相補的である．その間で二本鎖を形成すると，環状構造の DNA 分子が形成される．この 12 塩基の突出部分を付着末端\*部といい，この間で塩基対合して形成される二本鎖部分を cos 部位とよぶ．cos 部位にターミナーゼ(遺伝子 A と Nu1 の産物)が働いて付着末端部ができる．(⇒λ ファージ［図］)

**コスミドベクター**［cosmid vector］ 大腸菌 λ ファージの cos 部位\*をもったプラスミド．λ ファージの試験管内パッケージングキットを用いることにより，約 40 kbp の外来 DNA を挿入できるため，ゲノムライブラリー作製に用いられる(⇒コスミドライブラリー)．λ ファージベクター\*よりも長い外来 DNA を挿入できるので，染色体歩行\*に有利である．ファージとして宿主細胞に感染し，感染後はプラスミドとして宿主細胞内で機能する．スクリーニングにはコロニーハイブリダイゼーション\*の技術を用いる．

**コスミドライブラリー**［cosmid library］ コスミドベクター\*により作製されたゲノム DNA ライブラリー．挿入される DNA の平均長は約 40 kbp であり，$4 \times 10^5$ 個のサイズのライブラリーは動物細胞のハプロイドゲノムサイズ($3 \times 10^6$ kbp)の 4 倍を超える．したがってこれ以上のサイズなら運悪く目的の遺伝子を含まない確率はかなり低くなり，スクリーニングに値する．多くの場合コスミドベクターの BamHI 部位に，Sau3AI で大きく部分切断したゲノム断片を挿入する．

**枯草菌**［Bacillus subtilis］　真正細菌，Bacillus 属の好気性細菌\*で，内生胞子を形成する．培養，形質転換\*が容易で，早くから分子遺伝学的研究がなされ，グラム陰性細菌の大腸菌\*とならび，最も遺伝的解析が進んでいるグラム陽性細菌\*の代表株．ゲノム全 DNA 配列決定が終了しており，サイズは 4214 kb で 4105 の ORF が同定されている．また，近縁の B. stearothermophilus, B. cereus, B. thuringiensis, B. claussi, B. licheniformis, B. anthracis などの全ゲノムも解読されている．Marburg 168 株はコンピテント細胞が容易に調製でき，形質転換効率が高いこと，各種変異株の作製やそれらを用いた遺伝学的解析が容易であること，胞子形成や代謝系に関する知見が蓄積していること，種々の酵素を細胞外に分泌すること，などから遺伝学研究の材料として，また遺伝子操作の宿主菌として広く利用されている．(→付録 J)

**固相合成**［solid phase synthesis］　有機合成一般に使われてきた液相中での反応を不溶性樹脂（ポリスチレンビーズ）上で行う方法である．古く R. B. Merrifield によってペプチド合成に応用されたのを機に一般化された．現在，タンパク質や DNA の化学合成に広く活用されており，固相（ポリスチレン担体やシリカゲル）に保護基のついたヌクレオチドやアミノ酸を固定させ，それから保護基を除去（脱保護）し，つぎの保護基のついたヌクレオチドやアミノ酸を結合させ（カップリング），未反応物をブロックし，脱保護→カップリングの過程を続けて，最後に脱保護・担体からの切出しを行い目的の配列をもったオリゴマーを合成する．RNA も基本的には DNA の化学合成法と同じ原理で固相合成が可能であるが，2'-ヒドロキシ基にも適切な保護基をつけて反応させる必要がある．

**固相酵素免疫検定法**［enzyme-linked immunosorbent assay］　ELISA と略される．固相で行う酵素免疫検定法\*．抗原\*または抗体\*を酵素\*で標識（共有結合）し，抗体または抗原の存在を酵素活性を利用して検出する方法．1971 年，E. Engvall らにより開発された．放射線免疫検定法\*の放射性標識を非放射性の酵素に置き換えたもので，開発当初は感度が少し劣っていたが，現在ではほぼ同じかより高感度が得られる．一般的に固相化した抗原に対する酵素標識抗体が用いられる．目的により直接抗体法，間接抗体法，競合法，二抗体サンドイッチ法などが使用される．固相として，アガロース，マイクロタイターウエル，ラテックス粒子などが利用される．標識酵素としては，西洋ワサビ由来のペルオキシダーゼ（→西洋ワサビペルオキシダーゼ）が最もよく用いられるが，アルカリホスファターゼ\*，ガラクトシダーゼなども用いられる．酵素標識された特異抗体が多数市販され，各種臨床診断薬やさまざまな生化学および生物学的検査に広く利用されている技法の一つである．

**固相 DNA 精製法**［solid-phase DNA purification method］　DNA を磁気ビーズやラテックス粒子のような固相担体を用いて精製する方法．PCR\*を含む DNA 合成反応を，ビオチン標識したプライマーかビオチン標識した基質を用いて行えば，ビオチン標識された新生鎖が形成される．この新生鎖は変性させた後にビオチンと強い親和性をもつストレプトアビジン\*を結合させた担体により，単離することができる．最近，担体として磁気を帯びたビーズやラテックスの顆粒がよく用いられる．磁気ビーズを用いた手法は cDNA ライブラリーの作製・シークエンス反応を含め広範な分野で用いられている．このようにビオチンとストレプトアビジンの親和性を用いた方法のほかに，二本鎖 DNA の相補的結合を用いた方法も実用化されており，たとえばあるゲノム領域に存在する遺伝子の cDNA を cDNA ライブラリーの中から濃縮するのに，そのゲノム領域をカバーするコスミド DNA をラテックスビーズに結合させておき，その DNA と相補的な配列をもつ目的の cDNA を結合させる方法が広く試みられている．

**固体 NMR**［solid-state NMR］　固体状態の試料を測定する核磁気共鳴\*(NMR)．溶液状態では原子核はランダムに配向しているので化学シフト\*やスピン間の相互作用などは平均化されているが固体 NMR では各原子と磁場の向きによって異なるので一般にはスペクトルの幅は広い．

**個体発生**［ontogeny, ontogenesis］　多細胞から成る個体が，1 個の細胞から生じる過程をいう．出発点となる細胞は通常は受精卵であるが，単為発生卵であったり，無性的に生じた胞子であることもある．ふつうに発生\*といえば個体発生をさすのであるが，生物の種についての成立から絶滅までの変遷を系統発生\*とよぶことを E. H. Haeckel が提唱し，同時に個体発生の語をも導入した．Haeckel によれば，個体発生の過程は系統発生をたどっているかのようにみえるという．

**五炭糖尿症**　＝ペントース尿症

**骨格**［skeleton］　脊椎動物の支持器官として発達した，コラーゲン\*(I 型) とヒドロキシアパタイト\*を主成分とする硬組織で，筋とともに運動器として働く．甲殻類や節足動物にみられるような外骨格 (exoskeleton) は細胞を含まないが，脊椎動物の骨は内骨格 (endoskeleton) として発達し，その中に含まれる骨芽細胞\*と破骨細胞\*によって一生涯骨は改造を行う（骨リモデリング）．ヒトの骨格系は約 200 個の骨から成り，四肢の骨は軟骨性骨化により，頭蓋骨と下顎骨の一部は膜性骨化により形成される (→骨形成)．

**骨格筋**［skeletal muscle］　骨を動かす筋肉．脊椎動物の主要な運動器官．骨格筋は組織学的には横紋筋である．骨との結合は腱によってなされる．腱はコラーゲン繊維から成り，筋細胞の基底膜と結合する．骨格筋は多数の筋繊維\*からできており，各筋繊維は多核細胞で収縮構造の筋原繊維\*をもっている．(→平滑筋)

**骨格タンパク質**［scaffold protein］　生物の個体レベルから機関・組織・細胞・細胞内小器官レベルに至る各組織階層で見られる各種構造の構築に働くタンパク

質の総称．血管，肺，靱帯，皮膚などに存在するエラスチンや動物組織の細胞外マトリックスの腫瘍構成成分であるコラーゲンなどは細胞外で働く骨格タンパク質である．細胞内には，ミクロフィラメント，中間径フィラメント*，微小管*などの細胞骨格*があり，構成するアクチン*やミオシン*，プロフィリン，コフィリン，ゲルゾリン，アクチン関連タンパク質（Arp），ラミン，ビメンチン，チューブリン*，スペクトリンなどをはじめとする多様な骨格タンパク質が存在する．(⇒核マトリックス，核マトリックススタンパク質)

**骨格模型** [framework model] ⇒分子模型

**骨芽細胞** [osteoblast] 造骨細胞ともいう．骨原性の未分化間葉系細胞から分化した，骨形成能をもつ単核細胞．骨芽細胞は類骨*表面に一列に並び，コラーゲン*（I型）のほか，オステオカルシン*，オステオポンチン，オステオネクチン*などの非コラーゲン性タンパク質を産生する（骨基質の形成）．また，骨芽細胞は細胞膜の一部を発芽によって類骨中に分泌する．これを基質小胞(matrix vesicle)とよぶ．骨の石灰化は基質小胞内で開始される(⇒骨形成)．未分化の間葉系細胞から骨芽細胞への分化の調節機構は不明であるが，骨誘導因子*(BMP)が関与する可能性がある．分化した骨芽細胞はアルカリホスファターゼ活性をもち，上記の多くの骨基質タンパク質を産生する．骨芽細胞は，活性型ビタミン D ($1\alpha,25(OH)_2D_3$)，副甲状腺ホルモン*(PTH)，エストロゲン*($E_2$)，プロスタグランジン $E_2$($PGE_2$)などのホルモンや局所因子の受容体をもち，破骨細胞*の形成と機能を制御する作用もある．

**骨γ-カルボキシグルタミン酸含有タンパク質**
[bone γ-carboxyglutamic acid-containing protein] ＝オステオカルシン

**骨吸収** [bone resorption] 骨組織は生体の支持組織として脊椎動物の運動機能に関与するほか，カルシウムの膨大な貯蔵庫として生体のカルシウムホメオスタシスの維持，ひいてはすべての細胞の機能維持に重要な役割を果たしている．このような骨の機能を保つためには，骨は常に破壊と形成を繰返し，新鮮な状態に保たれていなければならない(骨リモデリング*)．このうち，骨組織の破壊の過程を骨吸収とよんでいる．骨吸収をつかさどる細胞は破骨細胞*であるが，その形成と機能発現には骨芽細胞*や骨髄ストロマ細胞の存在が不可欠である．また，骨細胞*自身も骨吸収を行うという報告もある(骨細胞性骨吸収 osteocytic resorption)．骨吸収に際しては，骨基質と骨ミネラルが同時に骨から除かれる．このように，骨吸収は元来，骨の成長や改造に際して起こる生理的な現象であるが(生理的骨吸収)，炎症やがん細胞の骨転移に際しても骨吸収が起こる(病的骨吸収)．また，骨転移を起こさなくてもがん細胞は激しい骨吸収を起こす場合がある(がん性高カルシウム血症 humoral hypercalcemia of malignancy, HHM)．この場合，がん細胞から分泌される副甲状腺ホルモン関連ペプチド*(PTHrP)が

HHM の原因物質とされている．逆に，何らかの原因で骨吸収が起こらないと骨の改造は行われず，骨髄腔も形成されない(⇒大理石骨病)．マクロファージコロニー刺激因子*遺伝子の突然変異マウス(op/op マウス)，c-src や c-fos 遺伝子のノックアウトマウスは大理石骨病の症状を呈する．骨吸収を促す因子の多くは骨芽細胞を介して破骨細胞の形成を促す．一方，カルシトニン*とビスホスホネートは破骨細胞に直接働いて骨吸収を抑制する．(⇒骨形成)

**骨グラタンパク質** [bone Gla protein] ＝オステオカルシン．BGP と略す．

**骨形成** [bone formation] 骨芽細胞*による骨基質(類骨*)の形成とその石灰化(calcification)現象を包含した言葉．軟骨を経て骨をつくる軟骨性骨化(cartilaginous ossification)と，直接骨形成を行う膜性骨化(membranous ossification)に分けられる．軟骨性骨化は四肢の長管骨で起こる骨形成であり，膜性骨化は頭蓋骨と下顎骨の一部でみられる骨形成方式である．軟骨性骨化では，まず未分化の間葉系細胞から分化した軟骨細胞*がコラーゲン*(II型)とプロテオグリカン*から成る軟骨基質を産生・分泌する．それが軽度に石灰化した後に，破軟骨細胞(chondroclast)によって吸収され，その後に侵入してきた骨芽細胞によって骨が形成される．骨誘導因子*(BMP)は骨形成の一連の過程を誘導する因子として発見された．石灰化現象については，R. Robison のアルカリホスファターゼ説，W. F. Neuman のエピタキシー説を経て，現在では軟骨性骨化においても膜性骨化においても，基質小胞が初期石灰化で重要な役割を果たすと考えられている．

**骨形成因子** ＝骨誘導因子

**骨細管** [bone canaliculi] 骨小管ともいう．骨細胞*は多数の細胞質突起をもつが，この細胞質突起を入れる骨基質中にあいた管をいう．骨細管は直径 0.1～0.2 μm で，多数の枝分かれを示す．骨細胞の突起同士，骨細胞の突起と骨芽細胞*の突起同士はこの細管の中でギャップ結合*により結合し，骨質中に網目をつくる．ハバース層板(Harversian lamella)の中の骨細管は，ハバース管(Harversian canal)に向かって放射状に，かつ層板に平行に配列する．血管を介しての骨への物質の輸送は，これらの骨細管を通じて行われる．

**骨細胞** [osteocyte] 骨基質中に埋込まれた骨芽細胞*で，$1mm^3$ の皮質骨(cortical bone)中に平均 700～900 個存在する．骨芽細胞よりやや扁平な形状を示し，多数の細胞質突起をもつ．それらは骨細管*中や類骨*の中で近接する骨細胞や骨芽細胞とギャップ結合*で細胞性網目をつくる．類骨中に存在し活発な骨基質形成能をもつ幼若骨細胞(young osteocyte)，石灰化した骨質中に存在する成熟骨細胞(mature osteocyte)，骨吸収を営む吸収期の骨細胞(resorptive osteocyte)などに分けられる．

**骨細胞性骨吸収** [osteocytic resorption] ⇒骨吸収

**骨シアロタンパク質1** [bone sialoprotein-1] ＝オ

ステオポンチン．BSP-1 と略す．

**骨小管** ＝骨細管

**骨小腔** [lacunae of bone] 骨質中で骨細胞*を入れている小腔．含まれる骨細胞が，活発な骨芽細胞*の機能を保持している幼若骨細胞の場合は石灰化していない類骨*層に多く，成熟骨細胞の場合は石灰化している骨質中に多く存在する．骨細胞による骨吸収が起こると，骨小腔と骨質との境界線が消失する．骨小腔は骨細管*を介しての物質の輸送路となっている．

**骨髄** [bone marrow] 骨組織の内部の破骨細胞*によって形成された腔（骨髄腔）に存在する組織であり，主要な造血組織である．骨髄は，血液細胞，ストローマ（造血支持）細胞，脂肪細胞，骨芽および破骨細胞，（類洞）血管内皮細胞，神経組織などの細胞成分とコラーゲン，プロテオグリカン，フィブロネクチンなどの細胞外マトリックス成分により構成される．血球の産生は，系統進化において，魚類（円口類）では腸壁，硬骨魚類では肝（静脈洞），より高等な魚類，両生類，爬虫類では脾臓や腎臓において営まれるが，両生類以上では骨髄が主要な造血組織となる．発生学的には，哺乳類の造血は胎生期に卵黄嚢（yolk sac）の血島で開始し，肝，脾，骨髄へと移行し，出生後には骨髄がおもな造血の場になる．骨髄には，すべての血球系（赤血球，顆粒球，単球-マクロファージ，巨核球-血小板，マスト細胞，リンパ球）の前駆細胞が存在し，成熟分化した後に末梢血中に放出される．T リンパ球のみは骨髄から胸腺*に移行し，そこで成熟する．これらすべての前駆細胞は（多能性）造血幹細胞*に由来し，造血幹細胞は自己複製，および分化を伴う増殖により，骨髄のホメオスタシスの維持（恒常的造血）と感染やストレスに対処する誘導的造血を行っている．造血細胞を取巻く細胞および細胞外マトリックス成分は造血微小環境*とよばれ，サイトカイン*の産生や血液細胞-ストロマ細胞*および血液細胞-細胞外マトリックス間の相互作用により造血細胞の増殖，分化，自己複製を制御している．後者の相互作用は，インテグリン*，ICAM-1（細胞間接着分子1*）などの細胞表面受容体，マトリックス結合型サイトカイン，プロテオグリカンやフィブロネクチンなどの細胞外マトリックス分子により介在される．造血幹細胞およびストロマ細胞は共通の未分化間葉細胞に由来すると考えられている．白血病*や骨髄腫*の腫瘍細胞はおもに骨髄中で増殖し，再生不良性貧血*では骨髄中の造血細胞数が著減する．骨髄の造血能は *in vitro* コロニーアッセイによって測定されるが，より未分化な多能性造血幹細胞数は，マウスでは脾コロニー（CFU-S）法，芽球コロニー法，骨髄長期培養系（デクスタ培養系），放射線照射マウスの長期骨髄再構築能などにより測定される．

**骨髄異形成症候群** [myelodysplastic syndrome] MDS と略す．前白血病（preleukemia）ともいう．すべての系統の血液細胞に分化，成熟可能な造血幹細胞*の病的変化が原因で発症する．血球形態の異常（異形成）および無効造血が特徴的な疾患群・FAB 分類*により以下の五つの病型に分類される．1) RA：不応性貧血（refractory anemia），2) RARS：環状鉄芽球を伴う RA（RA with ringed sideroblasts），3) RAEB：芽球増加を伴う RA（RA with excess of blasts），4) RAEB-T：白血病へ進展する途中の RAEB（RAEB in transformation），5) CMMoL：慢性骨髄単球性白血病（chronic myelomonocytic leukemia）．その後に発表された WHO 分類では，1) RA, 2) RARS, 3) RCMD (refractory cytopenia with multilineage dysplasia)，4) RCMD-RS（RCMD and ringed sideroblasts），5) RAEB-1, 6) RAEB-2, 7) MDS-U：分類不能型 MDS, 8) 5q- 症候群の各病型に分けられる．第 5 染色体長腕の欠損に代表される種々の染色体異常や *ras* 遺伝子*，*p53* 遺伝子*などの遺伝子変異が高率に認められ，本疾患発症との関連が指摘されている．予後は病型により異なるが高率に白血病*に移行したり骨髄不全に陥るため不良である．治療は輸血などの補助療法のほかに，急性白血病に準じた化学療法や分化誘導療法，免疫抑制療法，造血幹細胞移植などが行われている．5q- 症候群には lenalidomide が有効である．

**骨髄移植** [bone marrow transplantation] BMT と略す．骨髄*中には，すべての種類の血液細胞を産生する造血幹細胞*と，骨，軟骨などに分化する間葉幹細胞*が存在するが，通常の場合，骨髄移植は，造血幹細胞を移植し，造血能を回復させる治療法をさす．骨髄移植は，血液細胞の産生不全である再生不良性貧血*，血液細胞の悪性腫瘍である白血病*，先天性免疫不全症，放射線による造血障害，がんに対する化学療法による造血不全，などの治療に用いられる．骨髄移植は，骨髄を手術的に移植するのではなく，ドナーの骨髄から穿刺吸引した造血幹細胞を含む骨髄液を，レシピエントの静脈内投与することにより行う．移植された造血幹細胞は骨髄にホーミングし，増殖・分化することにより造血能を回復させる．造血幹細胞の移植には，骨髄細胞だけでなく，臍帯血や，顆粒球コロニー刺激因子などのサイトカイン*で骨髄から造血幹細胞を動員した末梢血も用いられる．同種移植では，組織適合性を合わせることにより，拒絶反応を防ぐ必要がある．（→同種骨髄移植）

**骨髄芽球** [myeloblast] 骨髄中に存在し，形態的に同定できる最も幼若な段階の顆粒球系細胞である．直径 15～20 μm の細胞で，顆粒を認めない塩基性の細胞質と類円形の核をもつ核胞体比の大きい細胞である．核クロマチン構造が繊細で，明るく抜ける核小体*を 2～3 個認める．骨髄芽球が成熟すると前骨髄球となるが，この段階では好中球系，好酸球系，好塩基球系の区別は可能である．（→骨髄細胞）

**骨髄球** [myelocyte] 骨髄中に存在する形態的に同定できる顆粒球系細胞の成熟段階の一つである．骨髄芽球，前骨髄球を経て骨髄球となり，さらに後骨髄球，桿状核球，分葉核球に成熟する．好中球系と好酸球系はこの六つの成熟段階の細胞を明瞭に分類できるが，好塩基球系ではこのような区別は困難で幼若好塩基球，成熟好塩基球に分けることが多い．（→骨髄細胞）

**骨髄系細胞** ＝骨髄細胞

**骨髄細胞**［myeloid cell, bone marrow cell］　骨髄系細胞ともいう。骨髄の多能性造血幹細胞はリンパ系と骨髄性幹細胞に分化できる。後者はさらに赤芽球*系，白血球*系および巨核球*系に分化してゆくが，この一連の系列の細胞群をさす。白血球系前駆細胞は骨髄芽球，前骨髄球，骨髄球へと増殖分化し，最終的には単球および成熟顆粒球として末梢血液中に送り出される。成熟顆粒球は特異的顆粒の染色性から好中球，好酸球，および好塩基球に分けられる。骨髄の顆粒球系幼若細胞が自律的増殖を呈したものが骨髄性白血病である。(→白血病)

**骨髄腫**［myeloma］　ミエローマともいう。免疫グロブリンを産生する形質細胞腫*である。通常骨髄内で多発するので，多発性骨髄腫*とよばれる。

**骨髄ストロマ細胞**［bone marrow stroma cell］＝ストロマ細胞

**骨髄性白血病**［myelocytic leukemia, myelogenous leukemia, myeloid leukemia］　→白血病

**骨髄繊維症**［myelofibrosis］　全身の骨髄組織に繊維化をきたす病態の総称。繊維化のため骨髄*内での血球の産生(造血)ができず，脾臓や肝臓などで造血(髄外造血)が行われる。髄外造血と骨髄様化生(myeloid metaplasia)は同じ意味合いで使われる。末梢血には幼若細胞や涙滴赤血球がみられる。原発性骨髄繊維症のほか，真性多血症*，本態性血小板増多症，骨髄異形成症候群，がんの骨転移などでも骨髄繊維化がみられる。急性の骨髄繊維症は急性巨核芽球性白血病であることが多い。診断のための骨髄穿刺は困難であり，骨髄生検が必要になる。

**骨髄増殖性疾患**［myeloproliferative disease］MPDと略す。多能性造血幹細胞の異常による骨髄系細胞のクローナルな増殖を主体とする疾患の総称。真性多血症，本態性血小板血症，原発性骨髄繊維症と，慢性骨髄性白血病を含む。真性多血症ではおもに赤血球数の増加を認め，*JAK2*遺伝子変異が検出される。本態性血小板血症ではおもに血小板数の増加を認める。原発性骨髄繊維症では広範な骨髄の繊維化と脾腫を認め，最近*MPL*遺伝子変異が報告されている。慢性骨髄性白血病では顆粒球の増加を主体とするが，ほぼ全例に染色体転座 t(9;22)を認め，キメラ遺伝子*BCR/ABL*が検出される。いずれの疾患も進行例では急性白血病化を呈することがある。特に慢性骨髄性白血病では数年の経過にて移行期，急性転化期へ進行するので，根治のため同種造血幹細胞移植が行われてきたが，Ablキナーゼ阻害薬であるイマチニブの登場により，治療成績が格段に向上した。

**骨髄非破壊的同種造血幹細胞移植**［non-myeloablative allogeneic hematopoietic stem cell transplantation］　ミニ移植(mini transplantation)ともいい，NSTと略す。被移植者の骨髄造血能を廃絶させることなく，提供者の造血幹細胞*を輸注する移植法。従来の骨髄破壊的同種造血幹細胞移植では，強力な化学療法および放射線照射から成る移植前治療により，骨髄を廃絶させ移植を成立させていた。前治療により腫瘍細胞を死滅させることが期待されるが，相当の治療関連毒性のため，若年者に対象が限られていた。近年，前治療の強度を減弱し，移植後の同種免疫反応，すなわちGVL(移植片対白血病細胞)効果にて腫瘍細胞を駆逐する治療戦略が考案され，骨髄非破壊的移植の概念が生まれた。強力な免疫抑制効果をもつプリン誘導体および，少量の全身放射線照射などから成る前治療により移植を行う。骨髄破壊的移植に比べ，治療関連毒性の減弱，好中球減少期間短縮による感染症の減少が図られ，より高齢者に移植適応が拡大されたが，最大の合併症である移植片対宿主病の頻度は変わらないとされる。

**骨髄無形成クリーゼ** ＝(骨髄)無形成発症

**(骨髄)無形成発症**［aplastic crisis］　骨髄無形成クリーゼ，造血低下性クリーゼともいう。溶血性貧血*の経過中に赤血球造血の急激かつ一過性の停止が起こり，貧血が急速に悪化する状態をさす。誘因として感染や葉酸欠乏，薬剤の関与などが指摘されるが，最も定型的には遺伝性球状赤血球症*などの先天性溶血性貧血の幼少児がパルボウイルス*B19の初感染(伝染性紅斑，リンゴ病)とともに起こす場合がある。ウイルスが赤血球の前駆細胞に選択的に感染し，増殖して破壊することによる。この時骨髄中の赤芽球は一時消失するので急性赤芽球癆(→赤芽球癆)ともよばれる。免疫抗体の出現とともに7〜10日で回復に向かい，その早期に特徴的な巨大前赤芽球(giant proerythroblast)が出現する。また，感染などを契機に溶血*の急激な亢進が起こり，貧血・黄疸が悪化する場合を溶血発症(hemolytic crisis, 溶血クリーゼ)という。

**骨髄様化生**［myeloid metaplasia］＝骨髄繊維症

**骨粗鬆(しょう)症**［osteoporosis］　オステオポローシスともいう。骨吸収*と骨形成*のバランスが崩れ，相対的に骨吸収が優位となり，骨量が減少し骨折が起こりやすくなる病態。女性の場合，閉経や卵巣摘除により骨量の減少が急速に起こるが，これはエストロゲン*の投与により予防できることが知られている。老年者の増加とともに，骨粗鬆症患者は500万人(1992)にも達し，公衆衛生の観点からもその治療と予防は大きな課題となっている。

**Cot解析**［Cot analysis］　一本鎖DNAは相補性をもつ配列と会合する。この時の反応速度を分析する方法。(→再会合キネティックス)

**骨軟化症**［osteomalacia］　→くる病

**骨肉腫**［osteosarcoma］　骨または類骨を形成する肉腫*で，骨がんの大半を占める。若年者の膝などに多いが，まれに軟部組織にも起こる。遺伝的背景のあるものもある。

**COP被覆小胞**［COP-coated vesicle］　→被覆小胞

**骨誘導因子**［bone morphogenetic protein］　BMPと略す。骨形成因子ともいう。脱灰骨中に存在し，骨形成*を誘導する因子として1965年 M. R. Uristによって命名されたタンパク質で，そのcDNAは1988

年 J. M. Wozney によってクローニングされた．現在までに 9 種類の BMP(BMP-1～BMP-9)がクローニングされている．BMP-3 はオステオゲニン(osteogenin)，BMP-7 は OP-1，BMP-6 は Vgr-1 ともいう．このうち，BMP-1 を除くと，ほかはすべてトランスフォーミング増殖因子 $\beta$* (TGF-$\beta$)のスーパーファミリーに属している．BMP-2～BMP-9 は，C 末端の 110～140 個のアミノ酸がホモまたはヘテロの二量体を形成して作用を発現する．BMP を筋肉内に移植すると，まず軟骨が形成される(移植 5～7 日目)．軟骨組織に毛細血管が侵入すると軟骨は吸収され，骨組織と骨髄に置換されて，筋肉内に異所性の骨組織が形成される(移植後約 3 週間)．BMP は骨形成ばかりでなく，ショウジョウバエやオタマジャクシの形態形成* にも関与する．ヒトの BMP-2 と BMP-4 はショウジョウバエの形態形成因子 Dpp(→ デカペンタプレージック遺伝子)と相同性がきわめて高く，またヒト BMP-5～BMP-8 はショウジョウバエの 60A と類似している．Dpp や 60A をラットに移植すると骨形成を誘導するので，BMP の活性は，BMP そのものの特性ではなく，受け手側の細胞によって決定されると考えられる．

**骨誘導因子受容体** [bone morphogenetic protein receptor] BMP 受容体(BMP receptor)ともいい，BMPR と略す．骨誘導因子*(BMP)はトランスフォーミング増殖因子 $\beta$* (TGF-$\beta$)スーパーファミリーの一員である．BMP は 3 種類の I 型受容体：ALK2(アクチビン受容体様キナーゼ 2, activin receptor-like kinase 2)，ALK3(BMPRIA)，ALK6(BMPRIB)，および 3 種類の II 型受容体：BMP II 型受容体(BMPRII)，アクチビン II 型受容体(ActRII)，アクチビン IIB 型受容体(ActRIIB)を認識する．細胞内のシグナル伝達* は Smad* 依存的な経路と Smad 非依存的な経路がある．Smad 依存的な経路では，リガンドが受容体に結合すると，II 型受容体により I 型受容体の GS ドメイン(GS domain，SGSGSG 配列を含むドメイン)がリン酸化され，受容体の基質である Smad1,5 あるいは Smad8 をリン酸化し，シグナルが核内へと伝わる．また，Smad はさらに多種多様なタンパク質と相互作用している．このうち阻害因子として，BAMBI(BMP and activin membrane-bound inhibitor)，Smurf1* が報告されている．Smad 非依存的な経路としては TAB1，そして TAK1* を介する経路がある．

**骨リモデリング** [bone remodeling] 骨格の形状，大きさの変化を伴わずに古い骨を新しい骨で置換する現象．ヒトの骨は，骨成長が停止した後も絶えず破骨細胞* による骨吸収* と骨芽細胞* による骨形成* の均衡を保ちながら再構築すなわち骨リモデリングを繰返している(→ RANK, RANK リガンド)．これは皮質骨，海綿骨に存在する多数の基礎的多細胞単位(basic multicellular unit：BMU)レベルで，非同調的に行われている健全な骨代謝の維持に重要な代謝過程であり，骨吸収と骨形成の機能連関(カップリング)により，形態，骨量，骨質さらにはカルシウムの動的平衡が維持

されている．活性化，吸収，逆転，形成，休止という五つの相から成り，ヒトにおいてはこの一つのサイクルの完了に数カ月を要する．この過程は全身性のホルモンや骨局所のサイトカイン* によって制御され，転写因子* による遺伝子発現の調節を伴い，同時に細胞間や細胞-骨基質間の密接な共同作業のもとに営まれている．

**固定化**(タンパク質の) [immobilization (of protein)] タンパク質やペプチドを樹脂やスライドガラスのような固相担体上に結合させること．固定化は，タンパク質，ペプチド，抗体，抗原などのリシン残基や N 末端の第一級アミン(アミノカップリング*)や SH を介した共有結合により行われるのが普通で，第一級アミンとアルデヒド基で活性化された担体との反応によるシッフ塩基* 形成を利用した共有結合を基礎とするものが多い．おもに，アフィニティークロマトグラフィー* に利用されており，タンパク質-タンパク質相互作用やタンパク質-DNA 相互作用の解析，特異的リガンドとの結合解析やリガンドの濃縮，特異的に結合する DNA の濃縮，酵素反応やその解析，酵素反応，など幅広い用途がある．種々のタンパク質をスライドガラスやマトリックス上に固定化して，ハイスループットの結合解析を行うタンパク質マイクロアレイ* も開発されている．

**固定化酵素** [immobilized enzyme] 不溶化酵素 (insolubilized enzyme)ともいう．さまざまな方法を用いて一定の空間内に閉じこめ，保持させることによって，連続反応や，反応後の回収・再利用が可能なような状態に加工された酵素のことをいう．固定化の方法としては，共有結合，イオン結合などで酵素を不溶性の担体に結合させる担体結合法，架橋試薬により酵素分子同士を共有結合で結びつけ不溶化する架橋法，高分子ゲルや半透膜などで酵素を包込む包括法などがある．

**固定部** ＝定常領域
**コーテッドピット** ＝被覆小孔
**コーテッドベシクル** ＝被覆小胞
**古典経路**(補体活性化の)[classical pathway] ⇌ 補

**古典的条件付け** [classical conditioning] レスポンデント条件付け(respondent conditioning)ともいう．与えられた刺激に対して，受動的な条件反射(conditioned reflex)が形成される場合をいう．I. P. Pavlov により 1900～04 年にかけて発表された，イヌの唾液分泌を指標に，一定の音を聞かせ餌を与えることにより音と餌による唾液分泌が，音のみで唾液分泌を起こすようになる現象をいう．音は最初は，イヌには何の関係もないものであるが餌を与えることを続けると，イヌは音を特定の刺激，すなわち餌を獲得できる信号であると認識するようになる．これにより唾液分泌が起こってくる．これを条件反射といい，音は条件刺激* という．古典的条件付けに対して，道具的条件付け(instrumental conditioning，あるいはオペラント条件付け operant conditioning)がある．これはたまたま，

学習箱にあるレバーを触れたり，押したりして報酬である餌を獲得した際に，この行動をいつまでも繰返して行うようになることをいう．B. F. Skinner が考え出したため，スキナー型条件付けともいう．(⇒条件付け，連合学習)

**5.8S rRNA** [5.8S rRNA] 真核細胞リボソーム RNA*(rRNA)の一種で，リボソーム大サブユニットの中に含まれる．18S, 28S rRNA と共通の RNA 前駆体* として合成され，プロセシングののち形成される．リボソーム大サブユニット中の 28S rRNA と RNA-RNA 複合体を形成する．ポリペプチド鎖伸長反応におけるトランスロケーション* に関与しているらしい．

**コート** ＝外被【1】

**コード RNA** [coding RNA] タンパク質をコードする RNA．メッセンジャー RNA*(mRNA) と同義で非コード RNA* と対比させる場合に用いられる．ゲノム DNA から転写され合成される RNA にはコード RNA とタンパク質をコードしない非コード RNA があるが，細菌や真核微生物では mRNA のほかは転移 RNA*(rRNA)やリボソーム RNA*(rRNA)を除いてほとんどがタンパク質をコードする RNA である．一方，マウスをはじめ高等生物の場合は，全転写物における非コード RNA の割合が増加する．最近のマウストランスクリプトームの解析では，同定された全長 RNA の中，47 % がコード RNA であることが示されている．ただし，コード RNA (多分非コード RNA も)は選択的スプライシング* を起こし，構造が異なる成熟 mRNA を産生し，アミノ酸配列の異なるタンパク質（アイソフォーム）を創出することができるので，実際に遺伝子によりコードされるタンパク質の種類は遺伝子数よりもかなり多くなる．

**コード鎖** [coding strand] ゲノム二本鎖 DNA から RNA が転写* される場合，RNA 産物と同様の塩基配列をもつ側（遺伝暗号* を含む側）の DNA 鎖をコード鎖という．RNA は，相補的な塩基配列をもつ側の DNA 鎖（アンチセンス鎖*）を鋳型* として合成される．このため，鋳型に用いられない側の DNA 鎖，つまりコード鎖は（RNA のウラシル (U) に対し DNA ではチミン (T) となる点を除いて）mRNA と同じ配列を含むことになる．(⇒センス鎖)

**コートタンパク質** [coat protein] 外被タンパク質ともいう．エンベロープ* をもたないビリオン* を構成するタンパク質．ウイルス核酸を保護する以外に，粒子の形態を保つ，宿主域を決定する，ウイルス抗原性を担うなどの役割が知られている．エンベロープをもつウイルスの場合，ウイルス粒子の表面は脂質二重膜とその上に存在するウイルスタンパク質であり，コートタンパク質に当たるものは存在しない．(⇒キャプシド)

**コートマー** [coatomer] ⇒被覆小胞

**コード領域** [coding region] タンパク質のアミノ酸配列を直接規定する遺伝暗号* から成る遺伝子内の領域．mRNA では翻訳領域 (translated region) つまり開始コドンから終止コドンまでの配列に相当する．これに対応するゲノム上の領域（アンチセンス鎖なら相補的な領域）もコード領域とよぶ．遺伝子産物に関する情報が不十分だが，終止コドンを含まないコドンが長く連続しているゲノム上の領域は，オープンリーディングフレーム* という．

**コトロンボプラスチン** [cothromboplastin] ⇒血小板因子

**コドン** [codon] タンパク質を構成するアミノ酸に対応する，3 塩基連鎖（トリプレット triplet）のヌクレオチド配列がコドンであり，遺伝暗号* を構成している (⇒遺伝暗号[表])．mRNA が翻訳を受ける際，開始コドン* から終止コドン* までの領域であるコード領域* を構成するコドンは，特定のアミノアシル tRNA* のアンチコドン* により順次認識され，タンパク質のアミノ酸配列を規定していく (⇒コドン−アンチコドン対形成)．コドンとアミノ酸の対応は，原核，真核生物を通じ共通であるが，ミトコンドリアでは一部異なっている (⇒ミトコンドリアコドン)．また UGA が，特殊な mRNA の高次構造の影響で，終止コドンではなく，セレノシステイン* のコドンとなることがある．各アミノ酸に対するコドンは通常複数あり，互いの出現頻度は（生物種によって異なるが）著しく偏る (⇒コドン出現頻度)．この偏りを利用し，未知の配列にコード領域が含まれているか否かを推定することがある．

**コドン−アンチコドン対形成** [codon-anticodon pairing] タンパク質生成* において，mRNA のコドン* が対応するアミノアシル tRNA* 上のアンチコドン* により認識される過程．アンチコドンの 3, 2 番目の塩基は，コドンの 1, 2 番目の塩基と，ワトソン・クリックモデル* により塩基対を形成する．アンチコドンの 1 番目の塩基はコドンの 3 番目の塩基との間で，ワトソン・クリック型塩基対のほか，厳密度の低い，ゆらぎ塩基* 対を形成し，2 個以上の塩基を認識することがある．

**コドン出現頻度** [codon frequency] コドン使用頻度 (codon usage) ともいう．核酸配列からタンパク質配列への情報変換には，塩基 3 文字のコドンを単位としてアミノ酸 1 文字に翻訳される．64 種類のコドン* が 20 種類のアミノ酸に対応するため必然的に遺伝暗号の縮重* があり，標準の遺伝暗号では一つのアミノ酸は一つ (Met, Trp の場合) から六つ (Leu, Ser, Arg の場合) の同義コドンをもつ．生物種ごとに多数の遺伝子の塩基配列を集めてコドン出現頻度を解析すると，同義コドンは一様には使われておらず，特定のコドンに偏りがみられる．偏りのパターンは生物種が類似であれば類似であること，発現量の多い遺伝子ほど偏りが強くなる傾向のあること，偏りの大きさと tRNA の量との相関があることなどが報告されている (⇒微量 tRNA)．またコドンの 3 文字目の違いはアミノ酸に影響を与えないため，ゲノムの GC 含量* と 3 文字目の選択に関連があることも指摘されている．

**コドン使用頻度**［codon usage］＝コドン出現頻度

**ゴナクリン**［gonacrine］＝アクリフラビン

**ゴナドトロピン**［gonadotropin］＝性腺刺激ホルモン

**コナミドリムシ**［*Chlamydomonas reinhardii*］ クラミドモナスともいう．緑藻類，オオヒゲマワリ目に属する．長さの等しい2本の鞭毛*をもつ単細胞緑藻で，核相は$n$である．群体はつくらない．雌雄性として$mt^+$と$mt^-$がある．両者は鞭毛の先端部分で接合が開始され，接合体を形成する．この過程に$Ca^{2+}$，cAMPなどがかかわることが示されている．眼点をもち，走光性*を示す．接合体では雄($mt^-$)のミトコンドリアDNA($1.58 \times 10^4$ bp)および葉緑体DNA($1.9 \times 10^5$ bp)が分解される．多数の変異株の解析から17の連鎖地図*が作成されている．

**コネキシン**［connexin］ ギャップ結合*のチャネルタンパク質粒子コネクソン*を六量体で構成するタンパク質ファミリーの総称．一次構造のC，N両末端ともに細胞内にあり，膜を4回貫通する．細胞間の接合にかかわる二つの細胞外ループは相同性が高く，細胞内ループの相違により複数のサブグループに分かれる．ゲノム解析から，ヒトでは21種，マウスでは20種が同定され，分子量は約2万5千〜6万，その差はおもに細胞内のC末端の長さによる．α型のコネキシン43(Cx43；GJA1)やCx40(GJA2)，Cx37(GJA4)は心筋，平滑筋，血管内皮などに，Cx46(GJA3)，Cx50(GJA8)は目の水晶体に多い．肝臓や上皮などに分布するβ型のコネキシン32(Cx32；GJB1)やCx26(GJB2)などのほか，ニューロンや膵臓β細胞に分布するCx36，発生時に多いCx45など組織や発達により分布特異性がみられる．コネクソンのヘミ(半)チャネルは，構成コネキシン六量体の同種集合か異種集合かにより，また細胞間のコネクソン対合の同種性，異種性により，チャネル特性や整流性などの伝導特性が生じる．種々の遺伝子変異によりヒトでは遅発性の難聴や末梢神経疾患，白内障，心拍動障害などが知られている．

**コネクソン**［connexon］ コネキシン*の六量体よりなるチャネル．多数集合してギャップ結合*を構成する．細胞膜中に埋込まれ，膜の両面に突出する．ギャップ結合は，隣接細胞の外面に突出するコネクソンが多数集合し，互いに結合したもの．低分子物質を他細胞に移動させるチャネルを形成する．チャネル開閉は細胞内コネクソン近傍のカルシウム濃度や細胞接触部の他の接合タンパク質状態で制御されている．構成コネキシンの種類により制御のされ方も異なる．なお，細胞間交流機能に加えて，コネクソンヘミチャネルによるATPなどの細胞外放出や細胞間選択接着などの機能も報告されている．

**コネクチン**［connectin］ タイチン(titin)ともいう．骨格筋タンパク質．分子量300万．これまで見いだされた最大のペプチドである．免疫グロブリン*やフィブロネクチン*の構造(〜100アミノ酸)を数多く繰り返し構造としてもつ．長さ約1μmで横紋筋サルコメア*のZ線から出てI帯*部を経てミオシンフィラメントと結合し，ミオシンフィラメント上を走りM線に至る．I帯部分はばねのように弾性を示し，ミオシンフィラメントを両側から支える．また骨格筋を伸長させると張力を発生するのはコネクチンの弾性による．

**コノトキシン**［conotoxin］ 沖縄以南の太平洋，インド洋，カリブ海などに生息する有毒イモ貝(*Conus*)が産生するペプチド毒素の総称．イモ貝の種類によって毒素の一次構造はかなり異なる．αコノトキシン(13残基)は神経筋接合部のニコチン性アセチルコリン受容体*を阻害し，その結合部位はαブンガロトキシン*と拮抗する．μコノトキシン(22残基)は筋肉の電位依存性$Na^+$チャネルを阻害するが，神経の$Na^+$チャネルは阻害しない．その結合部位はフグ毒テトロドトキシン*と拮抗する．ωコノトキシン(25〜29残基)は神経系の電位依存性$Ca^{2+}$チャネルを阻害する．このうち，GVIAはN型$Ca^{2+}$チャネルを選択的に抑制する．コノトキシンはいずれも塩基性でジスルフィド結合に富み，C末端はほとんどの場合アミド化されている．μおよびωコノトキシンの中にはヒドロキシプロリン*を含むものがある．

**コハク酸**［succinic acid］ クエン酸回路*の中間体．コハク酸チオキナーゼ(スクシニルCoAシンテターゼ)，およびコハク酸デヒドロゲナーゼの基質である．嫌気呼吸の一種であるフマル酸呼吸の最終産物として蓄積する．

**コバラミン**［cobalamin］＝ビタミン$B_{12}$．Cblと略す．

**コピア因子**［copia element］ キイロショウジョウバエのレトロトランスポゾン*の一つ．通常，染色体DNA当たり数十コピー存在する．脊椎動物のレトロウイルス*と構造的，機能的によく似ている．全長は約5000塩基対で，両端に265塩基対の末端反復配列(LTR*)とよばれる反復配列を含む．レトロウイルスの*gag*，*pol*と相同性の高い読み取り枠をもつが*env*に対応する読み取り枠はない．培養細胞中でウイルス様粒子*(VLP)を形成することが知られている．VLPはコピア因子のコードするGag様タンパク質より成り，その中にコピアの*pol*類似遺伝子によりコードされたプロテアーゼ，逆転写酵素，RNアーゼH，インテグラーゼとコピアのゲノムRNAおよび逆転写のプライマー(メチオニンtRNA)が存在する．VLP内で逆転写反応が起こり，その後ゲノム上にほぼランダムに挿入すると考えられている．そのためコピアは染色体内のDNA性の突然変異原になりうる．しかし，その転位の速さは小さい．

**コヒーシン**［cohesin］ 姉妹染色分体接着*の過程に中心的な役割を果たすタンパク質複合体．コアとなる二つのSMCタンパク質*(Smc1とSmc3)と二つの制御サブユニット(Scc1/Rad21とScc3/SA)から構成される．Smc1-Smc3がV字形のSMC二量体をつくり，その両端部分をScc1が架橋することにより，

リング様構造をとる．その構造をもとにして，コヒーシンは2本の染色分体*を抱きかかえることにより両者を接着させているというモデルが提唱されている．M期*に入ると，染色分体腕部にある大部分のコヒーシンが解離し，中期までに腕部の接着が弱くなる．後期に入ると，Scc1がセパレースによって切断され，おもにセントロメア*周辺に残存していたコヒーシンが解離することにより，姉妹染色分体が完全に分離する．減数分裂*では，いくつかのサブユニットが特殊な分裂サブユニットと置き換えられ，減数分裂特有の染色体分離を制御する．

**コピー数制御**［copy number regulation］　プラスミド*が自らのゲノムの数を一定に保つ機構．プラスミドのコピー数は少ない（1〜3）ものと多いもの（10〜100）に大別される．前者（緊縮調節*）の例はRプラスミド*やFプラスミド*など100 kbpかそれ以上の大型のプラスミドで菌の分裂に伴い分配機構をもつ．後者（緩和調節*）の例はColE1由来のpBR系など小型のプラスミドであり，分裂後の分配は偶然による．両者ともに高コピー突然変異株が存在し，時々利用される．

**コピーチョイス**　＝選択模写

**コフィリン**［cofilin］　真核生物全般に存在する約20 kDaのアクチン結合タンパク質*．類似の構造と機能をもつタンパク質としてADF（⇌デストリン）などがある（⇌アクチン脱重合タンパク質）．GアクチンにもFアクチンにも結合し，Fアクチン脱重合ならびに切断活性を示し，細胞内のアクチン代謝回転を促進する．これらの活性は，LIMキナーゼ*によるリン酸化により不活性化され，スリングショットによる脱リン酸により再活性化される．また，イノシトールリン脂質*の結合により不活性化される．コフィリンは，移動細胞の先導端の葉状仮足や分裂細胞の分裂溝*などにおいてFアクチンと共局在し，アクチンの動態を制御することによって，方向性をもった細胞の移動や細胞質分裂*など多くの細胞活動に関与している．

**糊（こ）粉層**　＝アリューロン層

**互変異性シフト**［tautomeric shift］　互変異性系において，片方の異性体*または両者の混合物から出発して，条件により異性体比が変化する現象を互変異性シフトという．ケト-エノール系，イミン-エナミン系，ラクタム-ラクチム系が代表的である（図）．異性体比は物理的手段で測定可能な場合が多く，これが理論的に不可能な共鳴と混同してはならない．

**互変異性体**［tautomer］　⇌異性体

**コムギゲノム**［wheat genome］　パンコムギ（*Triticum aestivum*）ゲノムのサイズは最大 16,000 Mbp あり，ヒトゲノムの約5倍である．染色体数は全部で42本あり，六倍体である．ゲノム進化上は，二倍体*の一粒コムギ（einkorn, *T. monococcum*）と雑草の交雑により四倍体のイギリスコムギ（*T. turgidum*）が生じ，さらに別の雑草との交雑によりパンコムギが生じた．染色体数は一粒コムギ 14（＝7×2），イギリスコムギが 28（＝7×4），パンコムギが 42（＝7×6）である．（⇌ゲノム）

**コムギ胚芽凝集素**［wheat germ agglutinin］　WGAと略記する．コムギ胚芽（*Triticum vulgaris*）に含まれる植物レクチン（⇌レクチン）で，分子量約 22,000 のサブユニット2個から成る．グリシンとシスチンに富むタンパク質でサブユニット内に4回の繰返し構造をもつ．これらのサブユニットは，それぞれ2個の糖結合部位をもつ．単糖としては，N-アセチルグルコサミンと親和性が高く，これを末端にもつハイブリッド型の糖鎖と強く結合する一方，N-アセチルグルコサミンを含まないがシアル酸（N-アセチルノイラミン酸）を含む糖鎖とも親和性をもつ．後者の親和性は，スクシニル化によって低下するといわれる．

**コムギ胚芽（翻訳）系**［wheat germ (translation) system］　コムギ胚芽の抽出液を用いて種々のメッセンジャーRNA*（mRNA）の翻訳，すなわち無細胞タンパク質合成を行わせる系．ウサギ網状赤血球ライセート系（⇌網状赤血球溶解液）とともに最もよく用いられる．内在性のmRNAが少ないため外部から加えたmRNAから効率よくタンパク質を合成する．翻訳阻害因子であるRNA N-グリコシダーゼのトリチン（tritin），チオニン（thionin），リボヌクレアーゼ，プロテアーゼなどが含まれたコムギの胚乳部分の除去，胚芽の粉砕などを行うことによってより効率の高い翻訳系が開発されている．しかしこの系で合成したタンパク質は，一般に細胞内輸送の実験には適さない．（⇌無細胞系）

**コラゲナーゼ**［collagenase］　生理的な条件下で，コラーゲン*らせんに対し分解作用をもつプロテアーゼ．細菌性コラゲナーゼはコラーゲンに特有の配列中のグリシンの前のペプチド結合を切断する．動物細胞の単離あるいはコラーゲン性のポリペプチド鎖の同定に用いる．高等動物のコラゲナーゼにはI型，II型，III型コラーゲンに特異的にアミノ末端から約3/4の部位1箇所を切断するものと，IV型コラーゲンに特異的な作用を示すものとがある．（⇌ゼラチナーゼ）

**コラゲナーゼインヒビター**［collagenase inhibitor］　＝TIMP

**コラーゲン**［collagen］　三本鎖のコラーゲンらせ

ん構造を分子内にもつタンパク質.ヒトではらせん構造を形成しうる遺伝子は30種以上にのぼる.分子はこれらのうちの3本から成る.コラーゲンタンパク質は繊維性コラーゲン（Ⅰ型，Ⅱ型，Ⅲ型，Ⅴ型，Ⅺ型），繊維結合性コラーゲン（Ⅸ型，Ⅻ型，ⅩⅣ型），Ⅳ型コラーゲン（構成ポリペプチド鎖の種類は$\alpha 1 \sim \alpha 6$の6種），短鎖コラーゲン（Ⅷ型，Ⅹ型），その他（細胞膜貫通部位が推測されるものもある.Ⅻ型，ⅩⅤ型，ⅩⅦ型，ⅩⅧ型）に大分類される.インテグリン*$\alpha_2\beta_1$はコラーゲン中のAsp-Gly-Glu-Ala領域に結合する.単離したⅠ型コラーゲン溶液は生理的な環境で67 nmの横紋構造を示す繊維を再構成するとともにゲルになる.三次元ゲル中に細胞を含んだ形で細胞を培養できる.プラスチック培養皿上に比べて，遺伝子発現が著しく異なる.たとえば，単離した膵臓の$\beta$細胞はコラーゲンゲル内ではインスリンを生成する.

**コラーゲン原繊維** [collagen fibril] ⇌ 結合組織

**コラーゲン侵入アッセイ** [collagen invasion assay] がん細胞*の浸潤能の測定法の一つ.Ⅰ型，その他の型のコラーゲンゲルの上にがん細胞を播き$1 \sim 2$週間，場合によっては$2 \sim 3$週間培養する.培養後，細胞を固定し，通常の組織学的手法により染色標本を作製し，がん細胞がコラーゲン内へどの程度の頻度で侵入しているかを調べる.ゲル内への浸潤頻度の高いがん細胞ほど浸潤性増殖能が高いと判定される.コラーゲンゲル内に正常繊維芽細胞*を組込んでがん細胞の浸潤能をアッセイする変法もある.

**コラーゲンヘリックス** [collagen helix] ⇌ 三重らせんタンパク質

**コラナ KHORANA, Har Gobind** 米国の分子生物学者．1922.1.9〜 パキスタンのパンジャーブ州に生まれる.パンジャーブ大学で化学を専攻して修士号を取得(1945)後リバプール大学に留学，有機化学でPh.D.取得(1948).カナダのブリティッシュ・コロンビア大学有機化学研究所長(1952).アセチルCoAを合成(1959).ウィスコンシン大学酵素研究所長(1960).遺伝暗号の解明に貢献(1962〜64).1968年 R. W. Holley*，M. W. Nirenberg*とともにノーベル医学生理学賞.27個のヌクレオチドから成るDNA遺伝子を合成(1970).マサチューセッツ工科大学(MIT)教授(1971).

**コラプシン** [collapsin] ＝セマフォリン

**コラム** [column] ⇌ 眼球優位コラム

**コリオゴナドトロピン** [choriogonadotropin] ＝絨毛性性腺刺激ホルモン

**コリオン** 【1】＝漿膜．【2】＝卵膜

**コリオン遺伝子** [chorion gene] ショウジョウバエの卵殻（コリオン）の構成タンパク質をコードする遺伝子群（⇌ 卵膜）.コリオン形成時に，沪胞細胞において特異的に発現する.これに先立ち沪胞細胞のコリオン遺伝子が選択的に増幅されることが知られている.この増幅はゲノム上のこの領域のみにおいてDNA合成が起こることによりもたらされる.昆虫や両生類のrRNAも，遺伝子を特異的に増幅させ

ることにより，大量のRNAの合成を可能にする例として有名である.

**コリ回路** [Cori cycle] ⇌ 糖新生

**コリシン** [colicin] 大腸菌やその近縁の細菌がつくる抗菌性タンパク質.分子量は$50,000 \sim 80,000$で，それぞれ固有のプラスミド（コリシン因子 colicin factor）上の遺伝子にコードされている（⇌ 性因子）.これらの遺伝子はSOSレギュロン*に属し，誘導産生した細胞は死ぬ.同時に酸性の小さな免疫タンパク質もつくられ，産生菌の中では，コリシンのC末端領域に結合してその活性を抑えている.コリシンはコリシン受容体を通じて細胞の中に入り，コリシンE2はDNAを壊すエンドヌクレアーゼ活性，E3は16S rRNAの3'-OH末端の49ヌクレオチドを切りタンパク質合成を阻害する活性，E1は内膜に障害を与えエネルギー代謝系を妨害する活性を示す.コリシンは同時に合成される溶菌タンパク質の働きで細胞外に出るが，細胞が溶菌してしまうことはない.

**コリシン因子** [colicin factor] ⇌ コリシン

**コリ病** [Cori disease] ＝フォーブス病

**コリプレッサー** [corepressor] オペレーターDNAに結合しないアポリプレッサー*に結合して，そのDNAへの結合性を強める物質のこと.アミノ酸合成酵素系のオペロンでは，反応最終産物（またはその誘導体）がコリプレッサーとして働き，オペロンの発現を抑制するのが一般的である.トリプトファンオペロンではトリプトファンかその誘導体がコリプレッサーになる.解糖系オペロンの反応系の基質となる糖かその誘導体が誘導物質*（インデューサー）としてアポリプレッサーを不活化するのと対照的である.

**コリン** [choline] ＝トリメチルエタノールアミン (trimethylethanolamine). $HOCH_2CH_2N^+-(CH_3)_3$，分子量104.17.卵黄や生体膜の主要リン脂質であるホスファチジルコリン*（レシチン）の構成成分である.血小板活性化因子*の前駆物質となる.抗脂肪肝因子であるビタミン$B_{12}$複合体にも含まれる.ベタイン，メチオニン生合成を介して生体内反応のメチル基供与体となる.神経伝達物質アセチルコリン*の前駆物質であり，アセチルコリン遊離後に分解生成するコリンは神経終末に取込まれ，再利用される.

**コリンアセチラーゼ** [choline acetylase] ＝コリン $O$-アセチルトランスフェラーゼ

**コリン $O$-アセチルトランスフェラーゼ** [choline $O$-acetyltransferase] コリンアセチラーゼ (choline acetylase) ともいう.アセチルCoAからコリンへアセチル基を転移し，アセチルコリン*を合成する酵素.系統名は，アセチル-CoA：コリン $O$-アセチルトランスフェラーゼ.EC 2.3.1.6.コリン作動性ニューロン*に存在し，特にその神経終末に多い.ウシ脳の酵素の分子量は65,000と報告されている.合成されたアセチルコリンは，神経終末に存在するシナプス小胞中に蓄えられる.刺激に伴って神経終末より放出されたアセチルコリンは，標的細胞のアセチルコリン受容体に結合したものもしなかったものも，ただちにアセ

**コリン作動性シナプス**［cholinergic synapse］　化学シナプス\*のうち，神経伝達物質\*としてアセチルコリン\*を用いるもの．コリン作動性ニューロン\*の神経終末に存在するシナプス小胞\*中には，アセチルコリンが多量に含まれている．興奮が伝わると，シナプス前膜の脱分極が起こり，シナプス小胞がシナプス前膜と融合して，アセチルコリンがシナプス間隙に放出される．アセチルコリンは，シナプス後膜のアセチルコリン受容体\*と結合し，ニコチン性アセチルコリン受容体\*ではその陽イオンチャネルを開き，膜電位の変化を生じ，興奮を伝達する．ムスカリン性アセチルコリン受容体\*では，Gタンパク質\*の活性化を通じて刺激を伝達する．神経終末から放出されたアセチルコリンは，そのまま，またはアセチルコリンエステラーゼによって分解されたのち，再び神経終末，あるいはまわりのグリア細胞などに取込まれ，迅速にシナプス間隙から除かれる．このような機構により，シナプスでの正確で素早い情報の伝達が可能となっている．

**コリン作動性ニューロン**［cholinergic neuron］　デールの原理（Dale's principle）によれば，軸索が分岐して多数のシナプスを形成する場合でも，その末端から遊離される神経伝達物質\*は同一ニューロンについては1種類と考えられる．神経伝達物質としてアセチルコリン\*を放出する神経のことをコリン作動性ニューロンという．交感神経の節後繊維以外のすべての自律神経繊維および運動神経繊維がコリン作動性ニューロンである．この神経は，高濃度のアセチルコリンによって遮断される．副交感神経と効果器の接合部はアトロピン\*によって遮断され，ムスカリンやピロカルピン（pilocarpine）によって刺激される．自律神経\*はアドレナリン作動性とコリン作動性に分類される．

**コリン作動性分化因子**［cholinergic differentiation factor］　CDFと略す．培養交感神経細胞をアドレナリン作動性からコリン作動性に転換する活性因子．心臓などの非神経組織由来の培養細胞液中に存在し，アミノ酸配列の分析の結果などから，LIF（白血病阻害因子\*）と同一遺伝子産物であることが判明した．ほかに，CNTF（ciliary neurotrophic factor，毛様体神経栄養因子\*）やOSM（oncostatin M，オンコスタチンM）も同様の活性をもつ．これは，この三つの因子の受容体複合体がgp130とLIF受容体を共有するヘテロ二量体（LIF）または，さらにCNTF受容体やOSM受容体（仮想的）を含むヘテロ三量体であるためである．CDF/LIFは，坐骨神経などの損傷に伴い，その発現が顕著に増加し，脊髄や後根神経節などに逆行性に輸送され，神経損傷の修復に関与すると考えられる．なお，ラットの汗腺などで，アドレナリン作動性交感神経が発生途上でコリン作動性に転換する現象があり，その仮想的原因因子を同じ名称でよぶ場合もあるが，その分子的実体はなお不明である．

**コルジセピン**［cordycepin］　＝3'-デオキシアデノシン

**ゴルジ装置**［Golgi apparatus］　＝ゴルジ体

**ゴルジ体**［Golgi body］　ゴルジ装置（Golgi apparatus），ゴルジ複合体（Golgi complex），ディクチオソーム（dictyosome）ともよばれる．C. Golgi (1898) によって見いだされた細胞小器官\*．真核細胞の核周辺に存在し，脂質二重層とタンパク質から成る扁平な袋状の槽（嚢，システルナ）が3層かそれ以上重なって特徴的な層板（stack）を形成している（図）．ゴルジ層板の小胞体\*に近接する面をシス（cis）面，反対の面をトランス（trans）面とよんでいる．一般に，ゴルジ層板は杯状に湾曲しており，シス面は凸面，トランス面は凹面となる．小胞体とゴルジ体間およびゴルジ層板の周辺には小胞\*が多数存在する．ゴルジ体は粗面小胞体から細胞膜への細胞内輸送の最も重要な中継基地であり，ゴルジ体のシス面には小胞体で合成された分泌タンパク質\*，リソソームタンパク質，細胞膜タンパク質などが運び込まれる．ゴルジ体では，糖タンパク質の糖鎖の修飾，タンパク質の限定分解などのプロセシング\*が行われ，タンパク質は選別され，ゴルジ体のトランス面からおのおのの目的地に向け発送される（⇌ソーティング）．ゴルジ体は，機能的には，シスゴルジ網\*，シス部層板，中間部層板，トランス部層板，トランスゴルジ網\*の亜区画から成る．シスゴルジ網はシス側に広がる網状の構造で，小胞体から輸送されたタンパク質の受入れ口となっており，リソソーム酵素の糖鎖のマンノース残基のリン酸化などが行われる．シス部層板にはマンノシダーゼⅠが，中間部層板には，マンノシダーゼⅡ，N-アセチルグルコサミニルトランスフェラーゼ，トランス部層板には，ガラクトシルトランスフェラーゼ，トランス部層板とトランスゴルジ網には，シアリルトランスフェラーゼが局在し糖鎖の修飾を順次行う．これらの糖転移酵素はゴルジ膜（Golgi membrane）に存在し，活性部位をゴルジ層板の内腔に向けている．トランスゴルジ網では目的地ごとにタンパク質が選別され，分泌顆粒\*，分泌

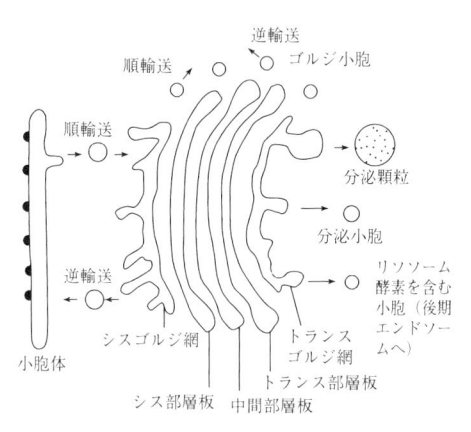

小胞*，リソソーム酵素を含む小胞などが形成される．リソソーム酵素はトランスゴルジ網に存在するマンノース 6-リン酸受容体により選別され，クラスリン被覆により出芽する小胞に梱包されて後期エンドソームに輸送され，さらに，リソソーム*へ運ばれる．トランスゴルジ網では，糖タンパク質の硫酸化，限定分解によるタンパク質の成熟化なども行われる．ゴルジ体内のタンパク質輸送には，小胞輸送説と層板成熟説が提唱されている．小胞輸送説では，各層板から出芽して形成された小胞（ゴルジ小胞）が次の層板と融合することによって輸送されるとする．これらとは別に，小胞体からの輸送小胞が集まってシスゴルジ網が新たに形成され，それがシス部層板，中間部層板，トランス部層板へと成熟し，最後に，トランスゴルジ網となって消失する．この場合，糖転移酵素などのゴルジ体各層板の構成タンパク質はゴルジ小胞によって逆輸送されリサイクルすると考えられている．最近，出芽酵母において，層板成熟モデルを支持する結果が報告されている．それぞれのゴルジ層板からは，非クラスリン性の被覆タンパク質 COPI と ADP リボシル化因子（⇌ Arf）により被覆された COPI 小胞が出芽する．COPI 小胞は，ゴルジ体の順輸送あるいは逆輸送を担っていると考えられている．ブレフェルジン A は，Arf，COPI をゴルジ膜から遊離させ，ゴルジ体の層板構造を消失させる．シスゴルジ網からは小胞体へ向けての小胞輸送*（逆輸送）も行われる．この逆輸送にも COPI が必要である．小胞体からゴルジ体へ向けての輸送小胞が出芽する際には，別種の非クラスリン性の被覆タンパク質 COPII が働いている．（⇌ 付録 C）

**ゴルジ複合体**［Golgi complex］＝ゴルジ体

**コルセミド**［colcemid］　一種の分裂毒（微小管毒）であるコルヒチン*の誘導体で，デメコルチン（demecolcine）ともいい，正式名は $N$-デアセチル-$N$-メチルコルヒチン．$C_{21}H_{25}NO_5$，分子量 371.43．コルヒチンと同様に遊離の $α，β$ チューブリン二量体と特異的に結合してチューブリン*から微小管への重合能を失わせるとともに，微小管内のチューブリン分子と結合して微小管を脱重合させる効果をもつ．コルヒチンと比べ，チューブリンとの結合の解離定数が大きいため，その阻害がより可逆的で，微小管毒として多用される．

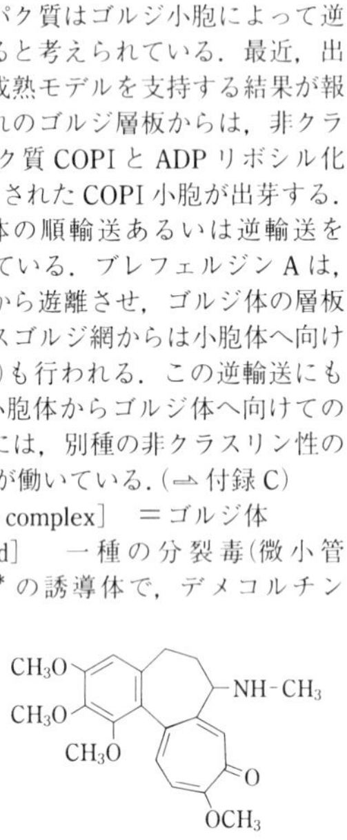

**コルチゾール**［cortisol］　副腎皮質より分泌されるグルココルチコイド*の代表とされるステロイドホルモン．$C_{21}H_{30}O_5$，分子量 362.47．下垂体前葉からの副腎皮質刺激ホルモン*（ACTH）の刺激により分泌される．糖代謝調節，抗炎症，抗アレルギー作用をもち，ストレスにより分泌増

加がみられ，早朝に高値，深夜に低値という日内変動パターンを示す．

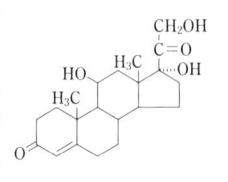

**ゴールデンハムスター**［golden hamster］＝シリアンハムスター

**ゴールドバーグ・ホグネスボックス**［Goldberg-Hogness box］＝TATA ボックス

**ゴールドマン・ホジキン・カッツの式**［Goldman-Hodgkin-Katz equation］⇌ 静止電位，平衡電位

**コルヒチン**［colchicine］　ユリ科植物イヌサフラン *Colchicum autumnale* の種子や鱗茎から抽出されるアルカロイド*で，チューブリン*重合の阻害剤．$C_{22}H_{25}NO_6$，分子量 399.44．淡黄色の結晶または粉末．紡錘体形成を阻害するため，細胞を有糸分裂期中期で停止させる働きをもつ．このため，凝縮染色体の観察を容易にするのに用いられる．また，染色体の異数化，倍数化をひき起こしたり，がん細胞の増殖を抑制したりする効果が知られている．（⇌ 有糸分裂阻害剤）

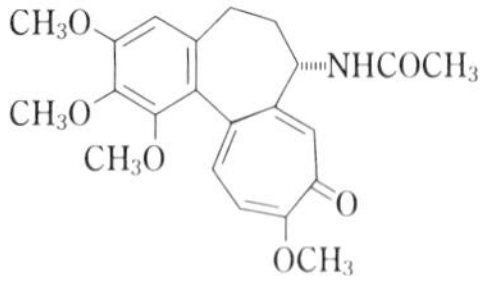

**コルメラ細胞**［columella cell］⇌ 重力屈性

**コレカルシフェロール**［cholecalciferol］⇌ ビタミン D

**コレシストキニン**［cholecystokinin］＝パンクレオザイミン（pancreozymin）．コレシストキニンは胆嚢収縮と膵液分泌を促進する消化管ホルモンであるが，脳にも多量に含まれ神経伝達物質*として機能している．ヒトでは，アミノ酸 115 個の前駆体はプロセシングにより 8，12，33，39，58 個のアミノ酸の活性型ホルモンとなる．これらの C 末端は同一で，いずれも 103 番目の Phe がアミド化されており，また 97 番目の Tyr は硫酸化されている．遺伝子は全長 9 kbp で三つのエキソンから成り，ヒトでは第 3 染色体短腕テロメア-短腕 21 領域にマップされている．

**コレステロール**［cholesterol］　$C_{27}H_{46}O$，分子量 386.66．ステロール環（シクロペンタノペルヒドロフェナントレン骨格）の 3 位にヒドロキシ基，17 位に側鎖をもつ炭素数 27 のステロール．細胞膜の重要な構成成分であり動物界に広く分布するが，植物界には存在しない．水には溶けない．ジギトニンと分子化合物をつくり，これも難溶性である．コレステロールは胆汁酸，ステロイドホルモン類，脂溶性ビタミン類などの前駆体分子である．体内での合成は主として肝臓で行われるが，潜在的にはどの細胞も合成系をもっている．アセチル CoA を出発物質として，3-ヒドロキ

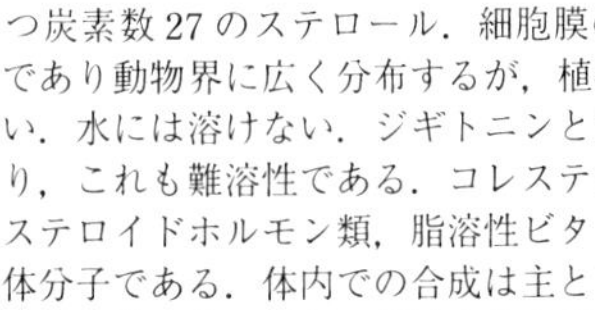

シ-3-メチルグルタリル CoA(HMG-CoA)，メバロン酸，スクワレンを経て合成される．ヒドロキシメチルグルタリル CoA レダクターゼ*が律速酵素であり，コレステロールによってフィードバック調節を受ける．コレステロールは細胞内小器官の間をゴルジ体経由の小胞輸送に依存しない機構で輸送される．腸管で食餌からも取込まれ，吸収能は 0.3～0.5 g/日，肝での合成は約 1 g/日である．胆汁酸への変換が異化経路で，ステロール環の 7 位のヒドロキシ化に始まり，$7\alpha$-ヒドロキシラーゼが律速段階である．3 位が脂肪酸エステルとなったものが輸送型(コレステロールエステル)である．コレステロールの体内輸送の概略は以下の通りである．食餌のコレステロールはキロミクロンにより小腸から組織へと運ばれる．肝臓へはレムナント受容体を介して取込まれる．内部に由来するコレステロールは低密度リポタンパク質*(LDL)粒子のLDL 受容体を介したエンドサイトーシス*により肝臓に取込まれ，超低密度リポタンパク質*(VLDL)が肝臓から各組織へコレステロールを輸送する．高密度リポタンパク質*(HDL)は組織から肝臓へコレステロールを逆輸送し，肝臓からコレステロールを分泌させる．血漿タンパク質であるコレステリルエステル輸送タンパク質 CETP は血中で HDL から VLDL と LDL にコレステリルエステルを移し，コレステロールは LDL 受容体により肝臓へと輸送される．コレステロールはある種のタンパク質の機能発現にも関与し，形態形成に重要なタンパク質ヘッジホッグの機能発現にはコレステロールによる共有結合修飾が必須である．

**コレステロールエステル蓄積症** [cholesterol ester storage disease] ⇒ウォールマン病

**コレステロール合成阻害剤** [cholesterol synthesis inhibitor] =スタチン

**コレラ毒素** [cholera toxin] コレラ菌(Vibrio cholerae)の産生する菌体外毒素で，コレラ菌に感染した時の下痢症状の原因毒素と考えられる．本毒素は分子量約 28,000 と 11,000 の A および B とよばれる 2 種類のサブユニットから成る分子量約 84,000 の六量体($A-B_5$)タンパク質で，ジフテリア毒素*や百日咳毒素*と同様に A-B 型毒素に分類される．B サブユニットで動物細胞の細胞膜に結合して A サブユニットを細胞質内に送り込み，A サブユニットは細胞内で $A_1$ および $A_2$ フラグメントに断片化される．$A_1$ フラグメントには $NAD^+$ の ADP リボース部分を G タンパク質*($G_s$ や $G_t$ など)$\alpha$ サブユニットのアルギニン残基に転移させる(ADP リボシル化*)酵素活性があり，毒素としての本体を担う部分である．本毒素が $G_s$ を ADP リボシル化すると，$G_s$ に存在する GTP アーゼ*活性が低下して G タンパク質は活性型状態に維持され続ける．その結果，$G_s$ の標的分子であるアデニル酸シクラーゼ*が活性化され，細胞内に cAMP(サイクリックアデノシン $3',5'$ーー リン酸*)が異常蓄積して腸管内への多量の水分の漏出(すなわち下痢)となる．

**コロイド** [colloid] メゾスコピックな大きさ(1～100 nm)の粒子・原子集合体(固相・液相・気相)が，分散媒(固相・液相・気相)に分散したものは，拡散が遅く，特徴ある性質があり，コロイドとよばれる(T. Graham)．H. Staudinger は大きさというより原子数が $10^3\sim10^9$ 程度であることが重要と唱えた．金原子凝集体である金コロイド*粒子は電子顕微鏡的標識に使われ，電子密度がより高いナノゴールドやウンデカゴールドなどの金原子クラスターも使われ始めている．

**コロナウイルス科** [Coronaviridae] この科のウイルスはコロナウイルス属とトロウイルス(Torovirus)属に分類される．前者は風邪や上気道感染を起こすヒトコロナウイルス(human coronavirus)やトリ感染性気管支炎ウイルス(Avian infectious bronchitis virus)を含む．コロナウイルスは直径 80～220 nm のほぼ球形のエンベロープ*をもつ粒子で大きな花弁状突起をもつ．ゲノムは一本鎖の(+)鎖 RNA で $2.0\times10^4\sim3.0\times10^4$ 塩基から成る．これは RNA ウイルス*の中で最大のゲノムである．独特の機構で複製し，組換え体が高頻度で出現する．最長の RNA ゲノム*(30 kb 以上)をもつ(+)鎖 RNA ウイルスである．ゲノムには感染性がある．感染細胞内には，ゲノム RNA 以外に 6 種類のサブゲノム RNA がつくられ，それぞれ異なるウイルスタンパク質に対応する mRNA として働く．エンベロープをもち，ヌクレオキャプシド*はらせん対称形である．ビリオン*は赤血球凝集活性をもつ．ヒトの上気道炎の病因となる．実験動物舎の汚染として問題となるマウス肝炎ウイルス(Murine hepatitis virus)もこのウイルス科に属する．

**コロニー** [colony] 集落，細胞集落ともいう．同一種の生物の集団(個体群)．細胞学では，液体や固形培地上に生育した動物細胞やカビ，細菌など，単一の細胞から増殖してできた細胞群(細胞集落)をさす．単一の細胞系をつくるにはコロニーをつくらせ単離する必要がある．作製には，希釈した細胞浮遊液を，細胞が個々に離れて存在するような密度で培地に入れ，培養，増殖させる．一定期間培養するとコロニーの形成がみられる．

**コロニー形成細胞** [colony forming cell] =コロニー形成単位．CFC と略す．

**コロニー形成単位** [colony forming unit] 【1】コロニー形成細胞(colony forming cell, CFC)ともいう．CFU と略称する．骨髄細胞などを各種サイトカイン存在下にメチルセルロースなどの半流動培地中で培養すると，さまざまな血球を含むコロニー*が形成される．このようなコロニーを形成するもとになった細胞をコロニー形成単位とよぶ．コロニーの構成細胞を分析することにより，その分化能が推定される．好中球，マクロファージ系コロニーを形成する CFU-GM, 赤芽球系コロニー，バーストを形成する CFU-E, BFU-E, 巨核球，好酸球，好塩基球，マスト細胞のコロニーをそれぞれ形成する CFU-Meg, CFU-Eo, CFU-Baso, CFU-Mast や多系列の血球に分化できる

CFU-GEMM, さらに未分化な CFU-Blast などに分類される. (→ 造血幹細胞, コロニー刺激因子)

**【2】** ＝CFU

**コロニー刺激因子** [colony-stimulating factor] CSF と略す. 軟寒天培養中で顆粒球マクロファージ系コロニーの形成を刺激する因子として同定された一群のサイトカイン*. 骨髄細胞などの造血幹細胞*を 0.3 % 軟寒天に混ぜ, 支持細胞*を混ぜて固めた 0.5 % 軟寒天の上に重層して約 1～2 週間培養すると上層中に好中球やマクロファージから成るコロニーを観察することができる (in vitro コロニー形成法 in vitro colony assay). さらに支持細胞などの培養上清を用いた軟寒天一層法が考案された. この培養法においてコロニーの形成はある特定方向に分化する前駆細胞の存在を示すことから, これら分化能のある前駆細胞をコロニー形成単位*(CFU)とよび, それぞれ顆粒球コロニー形成単位*(CFU-G), マクロファージコロニー形成単位*(CFU-M), 顆粒球-マクロファージコロニー形成単位*(CFU-GM)と名づけた. この培養法で支持細胞から分泌され前駆細胞を刺激する液性因子の存在が明らかとなり, コロニー刺激因子と命名された. コロニー刺激因子には好中球コロニーをつくる活性をもつ顆粒球コロニー刺激因子*(G-CSF), マクロファージコロニーをつくる活性をもったマクロファージコロニー刺激因子*(M-CSF), 顆粒球/マクロファージ混合コロニーをつくる活性をもった顆粒球-マクロファージコロニー刺激因子*(GM-CSF)があり, これに赤芽球・顆粒球・単球・巨核球を含むコロニーを形成させる活性をもつ multi-CSF (インターロイキン 3*, IL-3)を加える. このほかにも血球分化には種々のサイトカイン(造血因子*)がかかわっており, CSF の名前を冠した別名でよばれることがある. 主要な血球系統におけるその作用点は造血幹細胞*の項の図に示す.

**コロニー刺激因子 1** [colony-stimulating factor-1] ＝マクロファージコロニー刺激因子. CSF-1 と略す.

**コロニー刺激因子受容体** [colony-stimulating factor receptor] 種々のコロニー刺激因子*に結合する 1 回膜貫通型受容体. I 型糖タンパク質. インターロイキン 3*(IL-3), 顆粒球-マクロファージコロニー刺激因子*(GM-CSF), 顆粒球コロニー刺激因子*(G-CSF), エリトロポエチン*(EPO)などの受容体はサイトカイン受容体ファミリー(cytokine receptor family)に含まれ, 細胞外ドメインに約 210 アミノ酸の共通のモチーフ配列をもち, その C 末端には WSXWS 配列(Trp-Ser-X-Trp-Ser 配列)をもつ. IL-3, インターロイキン 5*(IL-5), GM-CSF の受容体は共通の β サブユニットを, LIF, オンコスタチン M(OSM), インターロイキン 6*(IL-6) の受容体は gp130 を共有する(→ コリン作動性分化因子). マクロファージコロニー刺激因子*(M-CSF), 幹細胞因子*(SCF)の受容体はチロシンキナーゼ受容体*ファミリー(クラス III)に属し, 細胞内ドメインにキナーゼ活性をもつ.

**コロニー性クローン** [colonial clone] → クローン

**コロニーハイブリダイゼーション** [colony hybridization] プラスミドベクター*によって作製した cDNA ライブラリーなどから目的とするクローンを選び出す方法. コロニーを形成したプレートにニトロセルロース膜またはナイロン膜を接着させることでコロニーを膜に移行させ, アルカリ処理, 中和化, 高温処理(80℃, 2 時間)によりプラスミド DNA を変性状態にしてから, 標識した DNA(RNA)プローブとハイブリッド形成させて, 多くのコロニーの中からプローブと結合しうるクローンをすばやく選び出すことができる. (→ プラークハイブリダイゼーション)

**コロミン酸** [colominic acid] ＝ポリシアル酸

**コンカテマー** [concatemer] 鎖状体ともいう. ファージゲノムなど, ある一単位の直鎖状 DNA 分子が, 二つ以上互いに末端部で同方向に連結したものによって構成される DNA 集合体. 細胞内でファージが増殖する過程では, ファージゲノムが付着端で互いに結合することによりコンカテマーが形成されることが知られている. 発現解析や転写開始部位(RNA の 5' 末端)などの cDNA の特定の部位の解析などに使用される SAGE(連続的遺伝子発現解析*)や CAGE ではタイプ IIS 制限酵素を利用して短い DNA 断片(タグ)を生成し, これを多数連結させたコンカテマーの配列を決定する.

**コンカナバリン A** [concanavalin A] ConA と略す. タチナタマメ(Canavalia ensiformis)中に存在する α-D-マンノース残基および α-D-グルコース残基に親和性をもつレクチン*. 結合には α-D-マンノース残基, α-D-グルコース残基の 3, 4, 6 位の OH が重要である. 特に Manα1→3(Manα1→6)Man の三糖と強い親和性をもち, 糖タンパク質との相互作用では, この三糖構造を含む N 結合型糖鎖と結合する. 中性近辺では四量体(分子量 104,000)構造をとり, 酸性(pH 5 以下)では二量体構造をとる. 各サブユニットには糖は含まれないが, $Mn^{2+}$ と $Ca^{2+}$ が各 1 個ずつ含まれる. これらのイオンは高次構造の維持, 糖結合性に関係する. ウサギ, モルモット, ラット, マウスなどの赤血球は強く凝集するが, ヒトやウシの赤血球は凝集しないという特徴がある. また T 細胞マイトジェンとしての作用があり, T 細胞の増殖を促進するとともに, インターロイキン 2* など各種リンホカインの産生を促す.

**混合結合組織病** [mixed connective tissue disease] MCTD と略す. (→ 膠原病)

**混合コロニー形成単位** [mixed colony forming unit] → 造血幹細胞

**混合腫瘍** [mixed tumor] → 腫瘍

**混合生殖** [alloiogenesis] → 世代交代

**混合リンパ球培養反応** [mixed lymphocyte reaction] MLR と略す. MHC クラス II 対立遺伝子が異なるリンパ球同士を混合培養した際に観察される, おもに $CD4^+$ T リンパ球が示す増殖反応を混合リンパ球培養反応とよぶ. MLR は臓器移植における拒絶反応の原因の一つであり, 古くより試験管内における移植片拒

絶反応のモデルとして研究されてきた．このMLRは，輸血や臓器移植などにより過去に非自己MHCクラスII分子に遭遇した経験がなくても，*MHCクラスII対立遺伝子の不一致があれば，どのような個体間においても観察される*という特徴をもつ．CD4$^+$ T細胞は通常，T細胞受容体*を介して自己のMHCクラスII分子と非自己抗原ペプチドとの複合体を認識するが，非自己MHCクラスII分子と何らかのペプチドの複合体に交差反応性を示すためにMLRが生じるという考え方が最も有力である．また，非自己のMHCクラスII分子が抗原提示細胞により処理されてできたペプチドが，自己のMHCクラスII分子上に提示されてT細胞を活性化する反応もMLRの中に含まれている．MLRは，同種(アロ)のみならず異種のMHCクラスII不適合においても観察され，アロMHCクラスII反応性T細胞は，T細胞全体の数％に及ぶとされている．ヒトでは，HLA-DR(DRB1)分子が最も強い一次MLR刺激活性をもち，DP分子は二次MLR刺激活性をもつ．従来，MHCクラスIIホモ接合体細胞を刺激細胞として，MLRの刺激活性を指標として，*MHCクラスII対立遺伝子*(たとえば現在のDRB1対立遺伝子とよく対応する，従来のHLA-D特異性がこれに相当する)の同定がなされてきたが，現在ではDNAレベルでのタイピングに取って代わられている．(⇒ HLAタイピング)

**コンジェニック系統** [congenic strain]　遺伝的方法によって作製される遺伝子導入動物の系統．基本的には導入を目的とする変異遺伝子をもつ個体または系統に，特定の近交系*1種類を用いて戻し交配(⇒ 戻し交雑)を繰返し行い作製する．戻し交配の各世代に変異遺伝子の表現型*を指標に子孫を選抜し，バックグラウンド系統への戻し交配が少なくとも10回行われた場合にコンジェニック系統とみなされている．樹立以後は兄妹交配(sister×brother mating)によって維持される．導入遺伝子に対して遺伝的背景(⇒ 遺伝子型)の影響がどの程度あるのかということを検証したり，副組織適合遺伝子複合体のように，ミスマッチした主要組織適合遺伝子複合体*(MHC)存在下では，その機能発現が阻害されるような場合の実験に必要である．表記法はレシピエント系統(完全な名称または略記号)とドナー系統の略記号の間にピリオドを入れ，ドナー系統の後にハイフンと導入された遺伝子の記号を入れて表す．(⇒ ヌードマウス)

**Consed** [Consed]　アセンブルしたDNAコンティグを表示・編集させるプログラム．phred/phrap/consedは米国ワシントン大学のPhil Greenのプロジェクトで開発されたソフトウエアで，オートシークエンサーのファイルからのベースコール，配列の連結(アセンブル)，元の波形データを参照しながらのコンティグの編集というショットガンシークエンシングに必要なモジュール一式をさす．Phredによりシークエンサーから出力された波形データをもとに塩基配列を決定しPhrapはコンティグのアラインメント上の位置でそれぞれの品質スコアを読み取り，最も高いスコアの配列を用いて共通配列を構築し，アセンブルさせるのに用いる．(⇒ バイオインフォマティクス)

**コンセンサス配列** [consensus sequence]　【1】(アラインメントの) 核酸配列やタンパク質配列のアラインメント*を作成した時に，多くの種の配列で保存している領域のこと．一般には機能的要請があって配列が保存していることを期待するので，酵素の基質結合領域，プロモーターの転写因子結合領域，局在を制御するシグナルペプチドなどの機能部位が好例となる．しかし保存部位の役割が未知であっても，ある特定の配列グループを識別したい時には利用価値が高い．【2】＝共通配列

**コンソミック系統** [consomic strain]　受容系統の染色体1本を丸ごと供与系統の染色体で置き換えた動物(主としてマウスやラット)の系統．コンソミック系統は，ある近交系にある染色体1本を丸ごと戻し交雑*によって導入して育成される．一つまたは一部の遺伝子のみが異なるコンジェニック系統*と同様，系統を確立するには少なくとも10回の戻し交雑が必要で，F$_1$世代を1世代と数える．マウスの遺伝命名標準化国際委員会ならびにラットゲノムおよび命名規約委員会によって規定されたマウスおよびラットの系統命名規約では受容系統-染色体$^{供与系統}$のように記述し，たとえば，SHR-Y$^{BN}$という系統ではBNのY染色体がSHRに戻し交雑で導入されたことを意味し，C57BL/6J-19$^{SPR}$はM. spretusの19番染色体がC57BL/6Jに戻し交雑で導入されたことを意味する．コンソミック系統は受容系統と供与系統の示す様々な遺伝的基盤を解析するのに有用である．

**コンダクタンス** [conductance]　⇒ 膜コンダクタンス，塩素イオンコンダクタンス

**根端** [root apex]　⇒ 頂端分裂組織

**根端分裂組織** [root apical meristem, apical meristem of root]　根の頂端分裂組織*をこのようにいうことがある．この分裂組織は下方と側方を根冠(root cap)に覆われ，下方と側方へは根冠の細胞を，そして上方へは根の組織の細胞をつくる．側根の原基は根の組織である内鞘に発生するので，根端分裂組織から直接につくられることはない．発生中もしくは小さな根を除いて，この分裂組織の中心部には，構成する細胞がほとんど分裂をしない静止中心(quiescent center)が存在する．

**コンティグ** [contig]　重複しつつ連続したクローン化DNAの集合体をコンティグという．染色体全体あるいは特異的な領域をもれなくカバーするためには，相互に一部重複しつつ連続しているクローンの集合体を用意する必要がある．たとえば，ヒトゲノムをカバーするためには，サイズの大きなDNAをクローニングできるYACクローン(最大2 Mb)やPACクローン(150 kb)，コスミドクローン(40 kb)を用いる．また，これらのクローン化DNAの塩基配列を決定する際にも，重複しつつ連続するデータのセットが得られるが，この場合も，これらのデータのセットをコンティグとよぶ．(⇒ 染色体歩行)

**コンデンシン**［condensin］　M期*の染色体凝縮*に中心的な役割を果たすタンパク質複合体．コアとなる二つのSMCタンパク質*（Smc2とSmc4）に，三つの制御サブユニットを加えた五つのサブユニットから構成される．凝縮に必須な染色体結合性タンパク質としてカエル卵抽出液から最初に同定され，その後，多くの真核生物でその存在が示された．近年，ヒトやカエルなどいくつかの生物種では，異なるセットの制御サブユニットをもつコンデンシンⅡも存在することが明らかにされた（従来型をコンデンシンⅠとよぶ）．二つのコンデンシン複合体はともに分裂中期染色体の中心軸上に分布する．また，精製されたコンデンシンⅠは，ATPの加水分解に依存してDNAに正の超らせん*を導入する．しかし，こうした細胞内局在や生化学的活性が，どのように染色体凝縮に貢献するのかについてはいまだ不明な点が多い．遺伝子発現の抑制やDNA複製チェックポイントの制御などM期以外の時期にも重要な機能を果たすことが明らかにされつつある．

**コンドリオソーム**［chondriosome］　＝ミトコンドリア

**コンドロイチン硫酸**［chondroitin sulfate］　代表的な硫酸化グリコサミノグリカン鎖（ムコ多糖）．$N$-アセチルガラクトサミンとグルクロン酸から成る二糖繰返し構造を含み，硫酸基の結合位置の違いからコンドロイチン硫酸A（コンドロイチン4-硫酸）やC, D, E, Kなどと区別されている．ペプチド鎖との結合部位はGal$\beta$1→3Gal$\beta$1→4Xyl$\beta$構造であり，キシロースとセリンとの間でグリコシド結合*している．軟骨，血管壁，腱などの結合組織に含まれている．（→グリコサミノグリカン）

**コンドロイチン硫酸プロテオグリカン**［chondroitin sulfate proteoglycan］　＝プロテオコンドロイチン硫酸（proteochondroitin sulfate），コンドロムコタンパク質（chondromucoprotein）．コンドロイチン硫酸*とタンパク質の複合体（図）．軟骨基質を構成する主要な生体高分子．ウシ鼻軟骨では，コアタンパク質（分子量$2\times10^5$）に，約100本のコンドロイチン硫酸鎖と約50本のケラタン硫酸鎖が共有結合した単量体（分子量$2.5\times10^6$）が，リンクタンパク質を介して鎖状のヒアルロン酸に非共有結合で結合し，巨大複合体を形成している．軟骨の弾性やイオン透過性，石灰化に関与していると考えられている．（→プロテオグリカン）

**コンドロムコタンパク質**［chondromucoprotein］　＝コンドロイチン硫酸プロテオグリカン

**コーンバーグ**　KORNBERG, Arthur　米国の生化学者．1918.3.3〜2007.10.26．ニューヨーク州ブルックリンに生まれる．ニューヨーク州ロチェスター大学医学部卒業（1941）後，兵役を経てニューヨーク市立大学のS. Ochoa*の助手（1947）．米国国立衛生研究所（NIH）研究員（1949）．補酵素（NAD, FAD）の生合成を研究した．ワシントン大学教授（1953）．DNAの試験管内合成に成功（1957）．1959年ノーベル医学生理学賞をOchoaと共同受賞．スタンフォード大学教授（1959）．DNA合成酵素を発見（1967）．

**コーンバーグ**　KORNBERG, Roger David　米国の分子生物学者．1947.4.24〜　A. Kornberg*の長男．ミズーリ州セント・ルイスに生まれる．1967年ハーバード大学卒業，1972年Ph.D.取得．1978年からスタンフォード大学医学部教授．1986年からはヘブライ大学客員教授を兼任．ヌクレオソーム*の発見，パン酵母の忠実なin vitro転写系*の開発，メディエーター*の発見，RNAポリメラーゼⅡ*のX線結晶構造解析，など真核生物の転写の機構と制御に関して多くの重要な研究を行っている．2006年ノーベル化学賞受賞．

**コンパクション**［compaction］　初期胚の各割球*が互いに密に接着し合い，胚細胞の表面が一様につながり合って緊密化する現象をいう．各割球間の接触面が著しく増大するために，胚細胞全体としての体積は減少し，囲卵腔が拡大するかたちとなる．コンパクションには割球のCa$^{2+}$依存の細胞接着因子の働きと，細胞質内の細糸や小管の働きが重要な役割を果たしており，胚盤胞*を形成する前段階の現象と考えられている．動物種によって時期的に相違がみられ，マウスやラットの胚では8細胞後期で起こる．しかし，同じ哺乳類でもチャイニーズハムスターにおいては，コンパクションが存在しないか，あるいはそれほど顕著でないことが知られている．

**コンパクチン**［compactin］　→スタチン

**コーンバーグの酵素**［Kornberg enzyme］　→DNAポリメラーゼ

**コンパートメント**［compartment］　→体節形成

**コンピテント細胞**［competent cell］　DNAを取込めるように処理された細胞．多くは，大腸菌へ遺伝子導入を行う時に用いる菌体の意味で使われる．大腸菌の場合は菌をカルシウム溶液で処理する方法（→リン酸カルシウム法）と，ルビジウム溶液を用いる方法とがある．前者は簡便であるが，後者の方が効率が高い．（→トランスフェクション）

**コンプレキシン／シナーフィン**［complexin/synaphin］　→SNARE関連タンパク質

**コンホメーション病**［conformation disease］　＝フォールディング病

**根粒**［root nodule］　種々の原因で生物体の各

所，あるいは，植物の培養細胞中などに生じる瘤状構造を結節(nodule)とよぶ．このうち根粒菌*の感染によってマメ科植物の根に生じるものを根粒という．根粒細胞内で，根粒菌が宿主マメ科植物から供給された光合成産物を用いて窒素固定*を行い，固定した窒素化合物を植物に提供することで両者の共生*関係が成立する．(⇌ノジュリン)

**根粒菌** [leguminous bacteria, root nodule bacteria] マメ科植物の根に感染して根粒*を形成し，共生窒素固定*を行う細菌．*Rhizobium* 属と *Bradyrhizobium* 属とに大別される．根粒形成遺伝子群(nod genes)は巨大プラスミド上にコードされており，宿主植物から分泌されるシグナル物質により nodD 産物が活性化されると，他の nod の発現が誘導され，根粒形成を促すシグナル物質を宿主植物に渡す．その結果，皮層細胞の活発な細胞分裂が誘発され，根粒が形成される(⇌ノジュリン，アゾトバクター)．広義には，ハンノキ，サンザシなどのマメ科以外の植物と，同様に共生する *Frankia* 属の細菌を含む．

**根粒形成遺伝子群** [nod genes] ⇌ 根粒菌

# サ

**Sar** [Sar]　低分子量 GTP 結合タンパク質*のファミリーの一つで，これまでに Sar1a と Sar1b が同定されている．名称は secretion-associated and Ras-related protein に由来する．*Sar1* 遺伝子が当初酵母において発見されたが，その後，幅広く動植物に存在することが明らかになっている．おもに，小胞体*からゴルジ体*への小胞輸送*に関与し，GTP を結合した活性型の Sar1 は小胞体膜に結合して被覆小胞*の形成を促進するが，逆に，GDP を結合した不活性型の Sar1 は被覆を分解する方向に作用する．Sar1 とは逆にゴルジ体から小胞体への小胞輸送を制御する低分子量 GTP 結合タンパク質 Arf*ファミリーの分子と，Sar1 はアミノ酸配列で約 40％の相同性をもち，広義には Arf ファミリーに含まれる．

**座(位)**　＝遺伝子座

**再会合**　→再生【2】

**再会合キネティックス** [reassociation kinetics]　DNA は熱処理などにより変性*し一本鎖状態になるが，適当な条件下におくと再会合し二本鎖に戻る（→再生【2】）．この再会合反応の速度は DNA 濃度に依存し，濃度の 2 乗に正比例する．

$$\frac{C}{C_0} = \frac{1}{1+KC_0 \cdot t}$$

$C$ は一本鎖 DNA の濃度，$C_0$ は DNA 初濃度，$K$ は反応定数，$t$ は反応にかかる時間を示している．このキネティックスは種々の DNA（RNA）についてよく検討され，Cot 解析*（RNA の場合は Rot 解析 Rot analysis）ともよばれている．この解析により，ゲノムの複雑度*（ゲノムサイズ），DNA 溶液中での特定の DNA 断片の濃度（すなわち反復度）などが測定できる．

**細菌** [bacterium, (*pl.*) bacteria]　核膜*がなく核質と細胞質が明確に区別されない原核生物*の単細胞微小生物群で，一部は細胞の集合体を形成する（→コロニー）．細胞構成物質や分子生物学上の特徴から真正細菌*と古細菌*に区別される．細胞分裂に伴った周期性の変化は現れず，葉緑体，ミトコンドリアなどの細胞小器官*はなく，微小管も形成されない．呼吸*，光合成*の機能は細胞膜系に付随しているが，シアノバクテリア*では光合成を行うチラコイド*膜系が独立している．リボソーム*は 70S 型であるが，古細菌のグループのリボソームは，もう少し大きい S 値をもつ．リボソームは細胞質中に分散していて，リボソームが付着した小胞体は存在しない．原形質流動*はない．細胞は通常固い細胞壁*をもち，栄養物を分子の形で取込む．細胞分化は，付着構造，休止胞，細胞形の変化に限られている．遺伝子伝達，組換え機構はあるが，生殖細胞，接合子*は形成されない．増殖はおもに二分裂法で，一部は出芽するものもある．

**細菌ウイルス** [bacterial virus]　＝ファージ

**細菌化学受容体** [bacterial chemoreceptor]　＝メチル基受容走化性タンパク質

**細菌性発熱物質** [bacterial pyrogen]　⇌リポ多糖

**細菌染色体** [bacterial chromosome]　＝核様体

**細菌毒素** [bacterial toxin]　細菌が産生する毒素*のこと．菌体から分泌されるタンパク質の外毒素と，細胞壁*に存在するリポ多糖*から成る内毒素に大別される．外毒素には，ADP リボシル化毒素（ジフテリア毒素*，百日咳毒素*など），神経毒素（ボツリヌス毒素*，破傷風毒素*など），細胞膜溶解毒素（ストレプトリシン*O など）などがあり，その特異性を利用して細胞機能の解析に使われている．内毒素の多彩な生理活性はリポ多糖のリピド A*によるところが大きい（→内毒素ショック）．

**細菌の接合** [bacterial conjugation]　細菌から細菌へ，プラスミドや細菌染色体が伝達する過程を接合という．接合するプラスミドは伝達に関係する大きな遺伝子領域をもち，F プラスミド*（F 因子，全長 94.5 kbp）では 35 個の *tra* 遺伝子が約 34 kbp を占めている．そのうち DNA を伝達するのに直接関係している遺伝子は 4 個で，大部分は接合装置である F 線毛*の形成や接合細胞の集合を安定化するのに関与している．F 因子をもつ株を雄株，もたない株を雌株という．接合は，雄細胞のもつ F 線毛の先端部が雌細胞の受容体（おそらくリポ多糖）と接触すると，F 線毛が縮み両細胞が接触する．そして TraN と TraG タンパク質の働きで，その接触部分が安定化する．DNA の移行はその接触に応じた何らかの信号で開始する．F 因子の *oriT* 部位に一般にリラクソソーム（relaxosome）とよぶタンパク質複合体が結合する．F 因子の場合は，少なくとも TraY と TraI（180 kDa）が含まれる．*oriT* のニックは TraI が入れ，その 5′末端に結合する．TraI は結合した，そのヘリカーゼ I の活性で DNA 鎖を 5′→3′方向へ解いて行く．結合した鎖はループアウトし，雌細胞に TraD タンパク質の働きで入りそこで相補鎖が合成される．雄細胞に残っている一本鎖も相補鎖が合成される．1 単位の F 因子が移行すると移行鎖に結合している TraI の働きで，*oriT* 部位で切断結合が起こり環状の F 因子ができる．腸球菌の雌菌はペプチド性フェロモンを分泌しプラスミド獲得のシグナルを雄菌へ働きかけ，性的凝集を誘導し雄菌から雌菌へのプラスミド伝達が行われる．このフェロモンはプラスミドの種類により異なる．

**サイクリックアデノシン 3′,5′−リン酸** [cyclic adenosine 3′,5′-monophosphate]　サイクリック AMP（cyclic AMP），環状 AMP ともいう．$C_{10}H_{12}N_5O_6P$，分子量 329.21．環状ヌクレオチドの一つで，cAMP と略記される．1957 年に E. W. Sutherland*と T. W. Rall

によって，アドレナリンやグルカゴンの血糖上昇作用を仲介する細胞内因子として発見された．その後，他の多くのホルモンや神経伝達物質も細胞内 cAMP 量の増加を介してそれらの作用を細胞に発揮させることが認められ，ホルモンなどの細胞外情報物質（ファーストメッセンジャー*）に対して，cAMP が細胞内の情報物質（セカンドメッセンジャー*）として作用するというセカンドメッセンジャー学説（second messenger theory）が確立した．cAMP は広く生物一般に存在し，その細胞内濃度の基礎値は $10^{-7} \sim 10^{-6}$ M と低く，cAMP 結合タンパク質のサイクリック AMP 依存性プロテインキナーゼ*（A キナーゼ）を用いる方法や放射線免疫検定法*によって測定されている．動物細胞では細胞膜結合性酵素のアデニル酸シクラーゼ*によって ATP から生成され，細胞質に存在するサイクリックヌクレオチドホスホジエステラーゼによって 5'-AMP に分解される．細胞内で増加した cAMP は，触媒サブユニット（C）と調節サブユニット（R）より成る $R_2C_2$ 四量体（不活性型）の A キナーゼの R に結合して R から C を遊離させ，キナーゼ活性をもつ C が種々の機能タンパク質や酵素などをリン酸化*してホルモン作用を発現させる．細菌では，サイクリック AMP 受容タンパク質*（カタボライト活性化タンパク質，CAP ともいう）と結合して複合体を形成し，グルコース感受性オペロンのプロモーター*部分に結合して転写活性を促進する作用をもつ．また，cAMP には RNA の分解の際に中間体として生成する 2',3'-環状型のものも存在する．

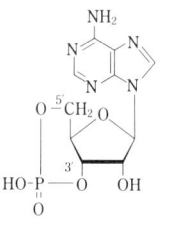

**サイクリック AMP** ［cyclic AMP］ ＝サイクリックアデノシン 3',5'—リン酸

**サイクリック AMP 依存性プロテインキナーゼ**
［cyclic AMP-dependent protein kinase］ A キナーゼ（A kinase），プロテインキナーゼ A（protein kinase A, PKA）ともいう．A キナーゼは，cAMP（サイクリックアデノシン 3',5'—リン酸*）依存性にホスホリラーゼキナーゼをリン酸化し活性化する酵素として，1968 年 E. G. Krebs によって発見された．この発見はホルモンの作用機序において cAMP のセカンドメッセンジャー*としての役割を確立した点で，生化学史上偉大な発見の一つである．酵母から哺乳動物に至るまで存在しており，哺乳動物では全身組織にほぼまんべんなく分布している．この酵素の構成は触媒サブユニット（C）と調節サブユニット（R）二つずつから成り，ホロ酵素は $R_2C_2$ の四量体である．R 1 分子当たり 2 分子の cAMP が結合すると R と C が解離し活性型となる．タイプ 1 と 2 の 2 種のアイソザイムがあるが，おもに R（R1 および R2）の違いによる．R1 はウシ骨格筋から精製され，N 末端はアセチル基が結合しており，379 アミノ酸残基から成る分子量が 42,804 のタンパク質である．R2 はウシ心臓から精製されており，4000 アミノ酸残基から成り，分子量は 45,004 である．C はウシ心臓では 350 アミノ酸残基から成り，分子量 40,862 である．N 末端はミリスチン酸が結合している．$R_2C_2$ の分子量は約 17 万である．生理的基質タンパク質は非常に多く，発見の端緒となったホスホリラーゼキナーゼのほか，グリコーゲンシンターゼ，脱リン酸酵素 1 型，脱リン酸酵素 1 型インヒビター 1，ホルモン感受性リパーゼ，6-ホスホフルクト 2-キナーゼ/フルクトース 2,6-ビスホスファターゼ，肝臓のピルビン酸キナーゼなど，糖代謝や脂質代謝の重要な律速酵素をリン酸化し，これらの活性を調節している．リン酸化アミノ酸はセリン/トレオニンのみであり，最も好んでリン酸化する一次構造は X-R-R-X-Ser(Thr)-X で（R はアルギニン），N 末端側に塩基性アミノ酸の存在が必須である．この基質認識はカゼインキナーゼ*が酸性アミノ酸を認識するのと好対照をなしている．このような明確な一次構造認識はチロシンキナーゼ*には見られない．

**サイクリック AMP 応答配列** ［cyclic AMP-responsive element］ CRE と略す．細胞内のサイクリック AMP 濃度が上昇すると発現が亢進する遺伝子群（⇌サイクリック AMP 誘導性遺伝子）の転写調節領域中に共通して存在する塩基配列．TGACGTCA というパリンドローム*配列である．この配列を欠くと，サイクリック AMP に反応できなくなることから，サイクリック AMP 応答配列とよばれる．この塩基配列には，CREB（⇌ CREB/ATF），ATF-1，CREM などの転写因子が結合する．これらの転写因子は，ロイシンジッパーを介しヘテロ二量体を形成しうる．サイクリック AMP からの情報は，以下のように伝達される．上昇した細胞内のサイクリック AMP がサイクリック AMP 依存性プロテインキナーゼ*（プロテインキナーゼ A）ホロ酵素の調節サブユニットに結合すると，調節サブユニットが解離する．遊離した触媒サブユニットは核内に移動し，CREB の 133 番目のセリン残基をリン酸化し，CREB の転写活性化能を上昇させる．リン酸化された CREB は，CRE をもつ遺伝子の転写を促進する．

**サイクリック AMP 受容タンパク質** ［cyclic AMP receptor protein］ CRP と略称される．大腸菌の代表的な転写調節タンパク質で，ラクトースオペロンなど糖代謝系の遺伝子の転写をアデノシン 3',5'—リン酸（cAMP）と共同して促進するタンパク質因子として発見された．これらの遺伝子がカタボライト抑制*を受けることからカタボライト遺伝子アクチベータータンパク質（catabolite gene activator protein, CAP）ともよばれる．標的遺伝子は多数にわたり CRP レギュロンを構成している．209 アミノ酸残基から成るサブユニットが二量体を形成している．N 末端側には cAMP 結合ドメインが，C 末端側には DNA 結合ドメインがあり，X 線構造解析から DNA モチーフとしてヘリックス・ターン・ヘリックス構造が提唱された．cAMP の結合によりアロステリックな構造変化を生じ，22 塩基対から成る標的配列へ結合して DNA を折り曲げ，

RNA ポリメラーゼと相互作用して転写を活性化する．リプレッサーとして作用する場合もある．カタボライト抑制は cAMP と CRP のレベル低下により生じる．

**サイクリック AMP 制御因子**［cyclic AMP regulation element］　サイクリック AMP(cAMP)はアデニル酸シクラーゼ*によって ATP から合成され，サイクリック AMP ホスホジエステラーゼによりアデノシン 5′―リン酸へと加水分解される．大腸菌などの細菌では炭水化物の取込みとリン酸化が共役している．培養液中にグルコースが存在しない条件ではⅢ$^{glc}$ タンパク質がリン酸化された状態(Ⅲ$^{glc}$-P)にある．アデニル酸シクラーゼが活性であるためにはⅢ$^{glc}$-P を必要する．したがって，グルコースが存在しない条件ではアデニル酸シクラーゼが活性化され，細胞内 cAMP 濃度は高くなる．培養液中にグルコースが添加されると，細胞膜のⅢ$^{glc}$ によりグルコースが細胞内に取込まれる際Ⅲ$^{glc}$-P が脱リン酸され，グルコースはグルコース 6-リン酸となり解糖系に入る．Ⅲ$^{glc}$-P が脱リン酸されるとアデニル酸シクラーゼは非活性となり，cAMP のレベルは下がる．

**サイクリック AMP ホスホジエステラーゼ**［cyclic AMP phosphodiesterase］　サイクリックヌクレオチドホスホジエステラーゼ*(PDE)の一種(⇒サイクリック GMP ホスホジエステラーゼ)．cAMP を 5′-AMP に加水分解する酵素で，cAMP の濃度調節に重要な役割を果たしている．EC 3.1.4.17 に分類されている．サイクリックヌクレオチドホスホジエステラーゼのうち事実上 cAMP のみを基質とするのは 4, 7, 8 型で，cAMP のみならず cGMP も基質とするものは 1, 2, 3 型と 10, 11 型である．ここでは 1, 2, 3 型と 4, 7, 8 型について説明する．1 型はカルシウム/カルモジュリン依存性の特徴的な PDE で cGMP をやや好むが cAMP も基質とする．カルモジュリンの発見を導いた PDE であり，脳，心臓，平滑筋などほとんどすべての組織の細胞質に存在しカルシウム依存的に cAMP や cGMP の濃度を調節している．サイクリック AMP 依存性プロテインキナーゼ*(A キナーゼ)やカルモジュリンキナーゼⅡ*によってリン酸化され，活性は抑えられる．2 型は cGMP が結合する GAF-A と GAF-B 構造をもち，cGMP によって活性が促進するタイプで，脳や副腎など全身に存在し，両サイクリックヌクレオチドの濃度を調節している．3 型は心臓，平滑筋，脂肪細胞，血小板に存在し，cGMP と拮抗的に働く．N 末端側の膜結合部位は A キナーゼやプロテインキナーゼ B*によってリン酸化され酵素は活性化される．3 型の阻害剤は急性心不全や，抗血栓作用薬として使用されている．4 型は cAMP にのみ作用するが，おもに免疫細胞や脳に存在する．A キナーゼのリン酸化によって活性化される．4 型の阻害剤は慢性閉塞性肺疾患や，気管支喘息の治療薬などに広く使用されている．遺伝子工学的に見いだされた，7 型と 8 型は cAMP に特異的である．7 型は他の PDE のような調節部位構造はもたないが，8 型は特異的な PAS 構造をもつ．いずれもこれからの研究が待たれている PDE である．

**サイクリック AMP 誘導性遺伝子**［cyclic AMP inducible gene］　細胞内セカンドメッセンジャー* cAMP の濃度上昇に応答して転写が誘導される遺伝子．種々の増殖因子やペプチドホルモンが細胞膜上の受容体に結合すると細胞内 cAMP の濃度が上昇する．この時転写が誘導される遺伝子は調節領域にサイクリック AMP 応答配列*(CRE)とよばれる配列(TGACGTCA)をもつ．この配列は C キナーゼの活性化に応答して転写が誘導される遺伝子のもつ TPA 応答配列(TRE: TGAGTCA)とよく似ており(⇒AP-1)，TRE の中央に C を加えたものが CRE である．CRE に結合する転写因子は 10 種類以上同定され，すべて塩基性アミノ酸クラスター・ロイシンジッパーの bZIP 構造をもつ．機能的には A キナーゼにより活性化される CREB タイプと，A キナーゼによる活性制御を受けない CRE-BP1(ATF-2)タイプに分けられる．CREB は A キナーゼで直接 133 番セリンがリン酸化され，リン酸化 CREB のみがコアクチベーター CREB 結合タンパク質(CBP)あるいは p300 と結合し，転写を活性化する．

**サイクリックグアノシン 3′,5′―リン酸**　［cyclic guanosine 3′,5′-monophosphate］　サイクリック GMP(cyclic GMP)，環状 GMP ともいい，cGMP と略記する．生体内に広く分布しているが，cAMP(サイクリックアデノシン 3′,5′―リン酸*)に比べてその量は約 1/10 である．グアニル酸シクラーゼ*によって GTP から合成される．cAMP と並んで細胞内シグナル伝達物質*として注目されてきたが cAMP ほどではない．しかし，網膜の桿体細胞のイオンチャネルタンパク質に結合して脱分極状態にし Na$^+$ を通過させる働き(光受容に重要)や，特異的なタンパク質リン酸化酵素(サイクリック GMP 依存性プロテインキナーゼ*)やホスホジエステラーゼ*(サイクリックヌクレオチドホスホジエステラーゼ)を活性化する働きをしている．

**サイクリック GMP**［cyclic GMP］　＝サイクリックグアノシン 3′,5′―リン酸

**サイクリック GMP 依存性プロテインキナーゼ**［cyclic GMP-dependent protein kinase］　G キナーゼ(G kinase)，プロテインキナーゼ G(protein kinase G, PKG)ともいう．cGMP(サイクリックグアノシン 3′,5′―リン酸*)の作用点の一つ．G キナーゼは A キナーゼ(サイクリック AMP 依存性プロテインキナーゼ*)に 1 年遅れて発見されたが，その分布は A キナーゼに比べて著しく偏っている．すなわち小脳や肺，平滑筋，心臓の細胞質に多く存在しているが，他の組織には少ない．カイコなどの昆虫類，エビの筋肉には多量に存在している．cGMP に対する親和性が cAMP(サイクリックアデノシン 3′,5′―リン酸*)に対するよりも 2 桁ほど高い．G キナーゼはウシ肺より単一に精製され，N 末端同士が縦に結合している同一ポリペプチドから成る二量体酵素である．その分子量

は 76,331×2 であり，それぞれ 2 分子ずつの cGMP が結合する．N 末端側にそれぞれ阻害ドメインがあり，C 末端側に存在する触媒ドメインと結合した形をとっていると想像される．ここに cGMP が結合すると触媒ドメインを遊離させ，キナーゼ活性が現れる．セリン/トレオニンをリン酸化し，触媒部位を含むドメインは他のキナーゼ（A キナーゼ，ホスホリラーゼキナーゼ*など）と高い相同性を示している．特異的な基質に関する情報は少なく今後の問題である．

**サイクリック GMP ホスホジエステラーゼ**［cyclic GMP phosphodiesterase］ サイクリックヌクレオチドホスホジエステラーゼ*(PDE) の一種（⇒サイクリック AMP ホスホジエステラーゼ）．cGMP を 5′-GMP に加水分解する酵素で，細胞内の cGMP の濃度調節に重要な役割を果たしている．EC 3.1.4.35 に分類されている．サイクリックヌクレオチドホスホジエステラーゼのうち cGMP のみを基質とするのは 5, 6, 9 型で，cGMP のみならず cAMP も基質とするものは 1, 2, 3 型と 10, 11 型である．ここでは特異的に cGMP に作用する PDE について説明する．特に cGMP ホスホジエステラーゼの特異的な阻害剤の研究は進んでおり臨床的に多いに活用されている．5 型は平滑筋や血小板，小脳の細胞質に存在し，cGMP が結合する二つのドメイン，GAF-A と GAF-B をもっている．GAF-A のさらに N 末端側はサイクリック AMP 依存性プロテインキナーゼ*(A キナーゼ）やサイクリック GMP 依存性プロテインキナーゼ*(G キナーゼ）によってリン酸化されると酵素活性は増強される．当初肺性高血圧や心不全治療薬として開発された 5 型の阻害剤は平滑筋を弛緩させ局所的な血流量を増大させることから，予想外に男性の性機能障害の治療薬（シルデナフィル，商品名バイアグラ）として脚光を浴びることになった．6 型も 5 型と同じような構造をしているが，C 末端側にデルタ構造をもつことと阻害作用をもつγサブユニットの存在が特異的である．この 6 型は網膜に特異的に存在しており網膜が光を感じるとγサブユニットが PDE から離れることによって PDE 活性が出現し cGMP を分解して光を感じる．6 型の特異的な阻害剤はないが，5 型と触媒構造的に類似しているので多くの 5 型阻害剤が作用する．9 型は腎臓に多く存在するが肝臓，肺，脳にも存在する．cGMP に対する親和性は著しく高く 5 型や 6 型の比ではない．特異的な機能についてはこれからの問題である．10 型と 11 型はともに cGMP と cAMP の双方を基質とするが，構造的にともに GAF-A と GAF-B をもつ．N 末端側は A キナーゼによってリン酸化される報告もあるが詳細は不明．しかし両酵素はサイクリックヌクレオチドに対する酵素化学的な性質は明白に異なる．生理的な機能についてはこれからの研究を待つ．

**サイクリックヌクレオチドホスホジエステラーゼ**［cyclic nucleotide phosphodiesterase］ PDE と略す．cAMP を基質とするサイクリック AMP ホスホジエステラーゼ*(EC 3.1.4.17) と cGMP を基質とするサイクリック GMP ホスホジエステラーゼ*(EC 3.1.4.35) に分けられる．哺乳類では 11 型に分類されており，遺伝子的には 21 種類存在する．さらにスプライシングバリアントを数えると 100 種以上存在するといわれている．1〜6 型は量も多く，局在性も明確で，古くから見いだされていたが，7〜11 型は量も少なく遺伝子工学的に最近見いだされたものである．それぞれ特異的な阻害剤が研究されており，臨床的に大いに活用されている．

**サイクリン**［cyclin］ 細胞周期*の進行に関与し，時期特異的にその量が増減するタンパク質の総称．四つのクラスに分けられ，$G_1$ 期*の進行，$G_1$/S 期の転移，S 期*の進行，M 期*の進行にかかわるサイクリンが知られている．これらサイクリンは，その分子の中央にサイクリンボックスとよばれるサイクリン依存性キナーゼ*CDK と結合し活性化するドメインをもち，CDK の活性化に必要である．哺乳動物細胞で $G_1$ 期サイクリンであるサイクリン D は CDK4, 6 と，$G_1$/S サイクリンであるサイクリン E は CDK2 と，S 期サイクリンであるサイクリン A は CDK2, CDK1 と，M 期サイクリンであるサイクリン B は CDK1 と複合体を形成する．サイクリンが CDK と複合体を形成し働くためには CDK 活性化キナーゼ (CAK, CDK activating kinase) によって CDK がリン酸化される必要がある．高等動物では，この CAK もサイクリン依存性キナーゼであり，サイクリン H と CDK7 を含む複合体である．この複合体は転写の活性化制御にも働いている．

**サイクリン依存性キナーゼ**［cyclin-dependent kinase］ cdk と略す．タンパク質としては通常 CDK と略す．真核生物の細胞周期*の進行に中心的な役割を果たす．分子量約 3 万 4 千のセリン/トレオニンキナーゼ*である．非触媒サブユニットとしてサイクリン*を必要とするため，このように名づけられた．触媒制御部位に保存された PSTAIRE 配列をもつ CDK1 (Cdc2 ともよばれる)，CDK2(Eg1)，CDK3, CDK4*(PSK-J3)，PSSALRE 配列をもつ CDK5*, PLSTIRE 配列をもつ CDK6, CAK サブユニットの CDK7 などがある．CDK1 はサイクリン A/B と結合して M 期の開始と進行に，CDK2 はサイクリン A, E と結合して $G_1$ 期の転移および S 期進行に，CDK4, 6 はサイクリン D と結合して $G_1$ 期の進行に働く．活性化した CDK は細胞内タンパク質をリン酸化して細胞周期の進行を制御する．これらキナーゼの細胞内における基質とその機能の解析が進んでおり，たとえば脊椎動物の M 期 CDK は染色体の凝縮にかかわるコンデンシン*のサブユニットをリン酸化することで，その機能を促進していることが示されている．また出芽酵母の S 期開始では Sld2, Sld3 とよばれる二つのタンパク質が CDK によってリン酸化される標的であることが示された．細胞周期の調節だけでなく，転写や代謝調節に関与している CDK 類似キナーゼも存在する．

**サイクルシークエンス法**［cycle sequencing］＝直接シークエンス法

**サイクロスポリン A**〔cyclosporin A〕 ＝シクロスポリン

**再構成細胞**〔reconstituted cell〕 ⇌ 細胞質雑種

**再構成膜小胞**〔reconstituted vesicle〕 ＝膜小胞

**ザイゴテン期** ＝接合糸期

**最小致死量**〔minimum lethal dose, least fatal dose〕 MLD, LFD と略. 化学物質が動物を死に至らせることのできる最小量. 急性毒性の指標の一つ. 値は動物の種類, 投与経路によって異なる. 化学物質の作用は, 一般に十分少量ではまったく現れず, ある量(最小有効量)以上になって出始め, それ以上用量を増すほど強くなる. 十分大量では中毒を起こし, さらに大量の投与によって動物は死に至る. 最小致死量は, テスト群中に極端に感受性の高い個体が一つでもあると非常に低い値となる. (⇌ 半致死量)

**最少培地**〔minimal medium〕 微生物や動物細胞を培養する時, その野生型細胞の増殖に必要な最小限の成分から成る培地*をいう. たとえば, 大腸菌では無機塩類と糖を含む培地であり, 培養動物細胞では, 無機塩類, アミノ酸, ビタミン, グルコース, 血清を含む培地をいう. (⇌ 増殖培地)

**最小変倚(い)肝がん**〔minimal deviation hepatoma〕 分化肝がん(differentiated hepatoma)ともいう. 1960年に V. R. Potter(米国ウィスコンシン大学マッカードル研究所)は当時入手可能なラットの肝がん*を検索し, 米国国立衛生研究所(NIH)の H. P. Morris の 5123 肝がんが, 従来の肝がんに欠損している肝としての分化機能に関するほとんどの酵素を保有し, 組織像も正常肝に近いことを見いだした. 5123 肝がんと同じく, 純系のラットに弱い発がん操作を加えて増殖の遅い肝がんを選べば, 同様の肝がんが何系統も樹立できるので, Potter は最小変倚肝がんの概念を提唱した. がん化に必須の変化以外に正常肝からの変倚がほとんどないという意味を込めたものであるが, 単に低増殖肝がん(slowly growing hepatoma)と称すべきであるとの批判はある.

**再生** 【1】(タンパク質の)〔protein renaturation〕 リフォールディング(refolding)ともいう. 変性*したタンパク質を巻戻して機能をもつタンパク質を再生すること. タンパク質の折りたたみ(フォールディング*)は基本的にはアミノ酸配列で規定されるので, 適当な条件を選べばタンパク質を変性し, 変性剤を徐々に除いて活性のあるタンパク質を再生できる. 変性したタンパク質の凝集を抑えるのにシャペロニン*, ポリエチレングリコールなどを添加したり, -S-S- 結合の形成の促進にジスルフィドイソメラーゼを使うこともある. 封入体*となったタンパク質の再生は切実な問題であるが, 万能な方法はない.

【2】(DNA の)〔DNA renaturation〕 復元, 再会合ともいう. DNA は相補的な二本鎖から成るが, 熱を加えると変性*し, 2 本の一本鎖 DNA となる. この反応は可逆的で, 適当な温度でこの一本鎖 DNA をインキュベートすると, 二本鎖に戻る. まったくもとの二本鎖に戻る時は再生またはリアニーリング*とよぶが, 別の相同性の高い配列と二本鎖になったり, DNA-RNA の二本鎖になる時はハイブリダイゼーション*とよばれる.

【3】〔regeneration〕 形成された器官または個体の一部が失われた時, その部分が補われる現象. 発生初期に起こった場合は調節と区別できない. 残った部分全体が再編成される形態調節(morphallaxis)と, 切断面に再生芽*が形成され, その部分が再生体になる付加形成(epimorphosis)がある. 形態調節として最も研究されているヒドラ*の再生では, 頭部(触手の側)と足部(足場の側)からそれぞれ活性化因子, 抑制因子が出て濃度勾配をつくっており, その濃度が再生の際の位置情報(⇌ パターン形成)になっていると考えられているが, それぞれの因子の実体は明らかでない. 付加形成ではイモリ*などの有尾両生類の四肢の再生が最も研究されており, 四肢の発生*の場合と同様, 位置価としてのホメオボックス*遺伝子群の関与, シグナル分子としての細胞増殖因子の関与が示されている. 四肢の再生芽は膝, 足首など切断された時のレベルを記憶しており, 再生の際は必ず切断部より先端を順につくる. その結果, 正常なパターンを再生する. これを先端形成の法則(rule of distal transformation)とよぶ. この性質をレチノイン酸は変える. たとえば前肢の足首で切断する前後一定時間内にレチノイン酸を投与すると, 再生は濃度に応じてより基部側のレベルから始まる. 高濃度の場合は肩帯から始まり, 上腕部, 前腕部を重複することになる. またレチノイン酸の前駆体レチノール処理によって, カエル幼生の尾の再生芽に後肢をつくることができる.

**再生医療**〔regenerative medicine〕 各組織や細胞の元となる多能性幹細胞*を無菌培養条件下で増やし, 必要な組織細胞に分化させた後に患者に細胞移植*する新しい治療方法であり, 提供者不足を解決する切り札として注目されている. 脳のドーパミン産生神経や膵臓のインスリン産生 β 細胞の移植によるパーキンソン病*や糖尿病*などへの治療応用が期待されている. 胚性幹細胞*(ES 細胞)や組織幹細胞などの多能性幹細胞, 各組織細胞への分化誘導技術, 移植細胞への分化や生体内での機能を補助する医工学などの総合的発展により新たな細胞移植治療の可能性が試されている.

**再生芽**〔regeneration blastema〕 器官の再生*の際に切断部に集まる未分化の, または脱分化した細胞集団. 脊椎動物の四肢の再生芽の場合は, 傷の表面に形成された傷表皮からの作用で形成されたメタロプロテアーゼによって細胞間物質が分解され, 筋組織, 骨組織, 結合組織, 神経組織など由来の細胞が脱分化して, 再生芽を形成する. 再生芽の形成には傷表皮が必須で, 正常な表皮を移植して傷口を覆うと再生芽は形成されない. 再生芽細胞の起源には虹彩から水晶体が再生される時のように分化転換によるもの, プラナリアの新生細胞のように未分化細胞が集まってくるものもある.

**再生回路** ＝再利用経路

**再生不良性貧血**［aplastic anemia］ 骨髄不全の一つである．多能性造血幹細胞*の増殖分化の障害により血球産生が低下し，骨髄の低形成と末梢血の汎血球減少症（赤血球，白血球，血小板のすべてが減少）をきたした病態で，汎血球減少を伴う他の疾患を除外したもの．先天性のものと後天性のものがあり，後者はさらに特発性のものと二次性のものに分けられる．特発性の場合，病因は多様であるが，抗胸腺細胞グロブリン（anti-thymocyte globulin）やシクロスポリン*などによる免疫抑制*療法が奏効するケースが多いことから，免疫学的機序に基づく造血抑制がおもな原因と考えられる．活性化Tリンパ球に由来するインターフェロンγ*や腫瘍壊死因子*（TNF）などの造血抑制作用をもつサイトカイン*が増加しているとの報告もある．なお，造血微小環境の異常は通常認められない．染色体分析では通常正常核型を示す．RFLP-メチル化分析*では，一般に多クローン性のパターンが得られるが，単クローン性を示す症例も報告されており，骨髄異形成症候群*との鑑別が難しい場合もある．また，造血幹細胞のクローン性の異常である発作性夜間ヘモグロビン尿症*（PNH）を経過中に移行し，再生不良性貧血-PNH症候群とよばれる病態を呈することがある．二次性の再生不良性貧血としては，放射線あるいは放射性物質，制がん剤*などの薬物によるものがあり，これらの場合は被曝量ないし投与量に比例した骨髄障害が認められる．また，投与量とは関係なく再生不良性貧血の原因となる薬剤も知られており，これらは特異体質によるものとされている．ウイルスが原因となるものとしては，既知の肝炎ウイルス以外の原因による肝炎後の再生不良性貧血がある．先天性の再生不良性貧血としては，常染色体劣性遺伝のファンコニ貧血*が代表的である．DNA修復酵素に異常があると考えられており，マイトマイシンC*などのDNA架橋物質に対する感受性が高い（染色体脆弱症候群の一つに数えられる）．進行性の骨髄不全と奇形を伴い，白血病*などがんを発症しやすい．変異遺伝子の種類によって11の相補群に分類され，そのうち八つの原因遺伝子がクローニングされている．

**最大節約法**［maximum parsimony method］ MP法（MP method）ともいう．進化系統樹*作成の際に進化のステップ数を最小にしようとする方法．観察された配列関係を説明できるすべての進化系統樹を考え，その中から必要とする変化が最も少ないものを選ぶ．

**サイトカイニン**［cytokinin］ 植物ホルモン*の一種．1955年にC. O. Millerらがタバコカルスの細胞分裂促進因子としてカイネチン*（フルフリルアミノプリン，DNAの分解産物，図a）を単離し，その後これと同様の生理活性をもつ物質が見いだされ，1965年以降，これらを総称してサイトカイニンとよぶこととなった．現在では多くの化合物が知られているが，アデニンの6位の窒素に脂溶性の側鎖をもつものとN,N′-ジフェニル尿素系のものとに大別される．天然のtrans-ゼアチン（trans-zeatin，図b）やイソペンテニルアデニン（isopentenyladenine）や合成サイトカイニンであるベンジルアデニン*は前者に属し，アデニン環がアミノベンゾイミダゾール環に置き換わったもの（4-ベンジルアミノベンゾイミダゾール）も活性を示す．後者の類似化合物のピリジルフェニル尿素類には著しく活性の高いものがある（例，N-（2-クロロ-4-ピリジル）-N′-フェニル尿素 N-(2-chloro-4-pyridyl)-N′-phenylurea，図c）．植物体内のサイトカイニン量を上げる実験手段として*Agrobacterium tumefaciens* のサイトカイニン合成遺伝子が植物の形質転換にしばしば用いられる．高温，低温，乾燥，水過

(a) カイネチン　　　(b) *trans*-ゼアチン

(c) *N*-(2-クロロ-4-ピリジル)-*N*′-フェニル尿素

剰，低pHなどの環境ストレスによって植物体内のサイトカイニン量は急速に低下する．生理活性は細胞分裂促進のほかに休眠芽・種子の発芽，緑化，葉の成長，側芽の成長，茎の肥大成長の促進；気孔の開放，単為結実の誘起，吸引中心（サイトカイニン濃度の高い所へ物質を集積）の形成，葉の老化抑制，根の成長阻害などである．サイトカイニンは植物体内ではATPまたはADPのイソペンテニル化に続いてリン酸とリボースが脱離していくことで合成される．イネの茎頂分裂組織で働くリン酸化リボースを脱離させる加水分解酵素が単離され，サイトカイニンの活性化反応を担うこの酵素をコードするイネの*LOG*遺伝子も同定されている．

**サイトカイン**［cytokine］ 各種の血球細胞の増殖と分化を制御するタンパク質性の生理活性物質の総称．主として感作リンパ球（lymphocyte）や単球（monocyte）から産生されることから，従来，リンホカイン*やモノカイン（monokine）ともよばれてきたが，上皮系細胞，繊維芽細胞，神経系細胞など多くの細胞から産生されることが知られ，サイトカインと総称されることになった．広義には，非免疫系細胞を含む細胞の増殖因子および増殖抑制因子をさすこともある．作用の特性から，インターロイキン*，コロニー刺激因子*，インターフェロン*（IFN），ケモカインなどに分類されることもある．さらに，サイトカイン受容体は構造や共有する受容体サブユニットの特徴などから，サイトカイン（ヘマトポエチン）受容体スーパーファミリー型，IFN型，腫瘍壊死因子（TNF）型，チロシンキナーゼ型，トランスフォーミング増殖因子

(TGF-β)型, ケモカイン型, 免疫グロブリン型(インターロイキン1)などに分類される. サイトカインは, 細胞複製, 分化, 生存維持および細胞死, 機能発現など多彩な細胞応答を制御し, 免疫系の制御や炎症反応, 細胞や組織のホメオスタシスの維持に働く. 単一のサイトカインが多数の活性をもつこと(多能性 pleiotropy), 複数のサイトカインが重複した活性をもつこと(重複性 redundancy), 単一の細胞において多数のサイトカインが相互作用すること(クロストーク)などによりサイトカインネットワークが形成される(⇒付録E). サイトカインの作用は, それが結合する特異的受容体とそれに接続するシグナル伝達系により規定される. 後者には Ras* タンパク質を活性化し AP-1* の活性化に至る経路, チロシンキナーゼ(JAK* など)の活性化により特異的な転写因子(STAT タンパク質* など)を活性化する経路, c-myc やサイクリン*-サイクリン依存性キナーゼ* を活性化し DNA 複製に至る経路などの存在が明らかになっている. サイトカイン作用の特異性は, サイトカインの産生と分泌, サイトカイン受容体の発現, 受容体に接続するキナーゼやアダプター分子, トランスデューサー分子の種類, 活性化される転写因子の種類, などの各段階において制御され, 複数の経路の組合わせとバランスによるシグナルネットワークにより決定されていると考えられる. (⇒付録D)

**サイトカイン受容体ファミリー**[cytokine receptor family] ⇒コロニー刺激因子受容体

**サイトカイン療法**[cytokine therapy] リンパ球から分泌される免疫グロブリン以外の生理活性物質をリンホカイン*, マクロファージ系細胞から産生される物質をモノカインとよび, これらを総称してサイトカイン* とよぶ. この中で, 特に造血に関与するものを造血因子* とよぶ. 骨髄における造血幹細胞* や前駆細胞の増殖・分化を制御する造血因子には, エリトロポエチン*(EPO), トロンボポエチン*(TPO), 顆粒球コロニー刺激因子*(G-CSF), 顆粒球-マクロファージコロニー刺激因子*(GM-CSF), M-CSF*, 各種インターロイキン* などが知られている. 化学療法後の骨髄抑制の回復や再生不良性貧血*, 骨髄異形成症候群* による血球減少の回復などにこれら造血因子を用いる治療法をサイトカイン療法という. 実際には, 化学療法後の白血球減少の回復や末梢血幹細胞移植の際の幹細胞の動員に G-CSF が用いられるほか, 腎不全による貧血の改善を目的に EPO が用いられている. 今後, さらに多くの造血因子の臨床応用が期待される. また, 最近注目されている白血病幹細胞(leukemic stem cell)は通常 $G_0$ 期に停止しているが, 造血因子により細胞周期に導入し制がん剤の効果を高める使用法なども考えられる.

**サイトカラシン B**[cytochalasin B] 菌類 *Helminthosporium dematioideum* が分泌する代謝産物. $C_{29}H_{37}NO_5$, 分子量 479.62. ミクロフィラメント* 系の関与する現象を阻害することにより, 細胞質分裂, 移動運動, 食作用などの細胞運動を妨げる.

1.0 µg/mL 程度を作用させることでマウスの培養繊維芽細胞は核分裂のみが進行して多核化する. また, ウニにおける原腸陥入の阻止, カエルにおける受精卵卵割溝形成の阻止など発生過程における効果も知られている. (⇒有糸分裂阻害剤)

**サイトキサン**[cytoxan] =シクロホスファミド

**サイトケラチン**[cytokeratin] =ケラチン

**サイトゾル**[cytosol] 細胞質ゾル, シトゾルともいう. 細胞骨格を主成分とするゲル化* した領域と細胞小器官* を除いた細胞質の成分. さまざまな細胞小器官が活動する場である. サイトゾルではアクチンフィラメント* が脱重合している. ゲル化タンパク質の結合によって形成されているアクチンゲルはゲルゾリン* などのアクチンフィラメント切断タンパク質* がアクチンフィラメントを切断することによってゾルになる. またゾル状態はプロフィリン* などの G アクチン結合タンパク質* によって安定化する. サイトゾルはまた細胞成分を分画する際に, 膜成分を遠心分離したのちに得られる上澄み分画(可溶性画分)の名称でもある. (⇒細胞分画)

**サイトタクチン**[cytotactin] =テネイシン

**サイトメガロウイルス**[cytomegalovirus] CMV と略される. ヘルペスウイルス科の一属として分類される DNA 型ウイルスで, 宿主域は狭いが多種の動物を宿主とするものもある. ヒトサイトメガロウイルスは人類に広く分布し, 先進国では 90 % 以上の人が感染している. しかし, ほとんどの場合不顕性感染である. ゲノムは 230 kbp の線状二本鎖 DNA であり, ヒト由来の培養細胞でのみ増殖可能. 感染細胞は肥大し核内に封入体* をつくる(cytomegalic inclusion)ことに基づいて命名された. ウイルスは体液に放出されるが, これが感染源である. 近年臓器移植などに伴う免疫抑制処置により顕在化し, 肺炎などで死亡する問題が生じている.

**SYBR Green**[SYBR Green] インターカレート剤* の一種. DNA や RNA の電気泳動後の染色や, リアルタイム PCR* などに用いる.

**PSI-BLAST**[PSI-BLAST] ⇒位置特異的スコア行列

**再プログラム化**(分化細胞の)[reprogramming] リプログラミングともいう. 分化細胞が多能性幹細胞* に変わる現象を示す. 動物では, 1個の受精卵が細胞増殖と分化* を繰返して複雑な個体を形成する(⇒個体発生). 発生過程では, 細胞が分化し特殊機能を獲得する代償に多分化能* を失うが, 各種分化細胞がもつ DNA 配列遺伝情報は変わらない. 再プログラム化では, 分化細胞特異的な遺伝子発現を制御する記憶(⇒エピジェネティクス)が消去され, 多能性幹細胞に特有の記憶を獲得することにより, 発生とは逆

に分化細胞または細胞核が多分化能を獲得する．除核未受精卵への体細胞核移植，胚性幹細胞\*と体細胞の細胞融合\*，組織幹細胞の脱分化\*などにより再プログラム化が起こる．再プログラム化技術により作出される体細胞由来の多能性幹細胞は，再生医療\*への応用が期待されている．(→クローン生物)

**再分極(膜の)**［repolarization (of membrane)］ →膜再分極

**細 胞**［cell］　生物の構造および機能の基本的単位を構成する生命体(organism)を細胞とよぶ．cellという言葉は"部屋"に由来する．R. Hooke が顕微鏡で植物の組織を見た時，それが隣合った微小な小部屋のように分かれて存在したのでこの名が付けられた(1665)．細胞の構造は原核生物\*と真核生物\*でかなり異なる．大腸菌のような原核生物は原則として単細胞であり，いくつかのタンパク質と結合したゲノムDNAをもつが，核膜\*で仕切られてはいない(→単細胞生物)．細胞膜の外に厚いペプチドグリカン層をもつもの(グラム陽性細菌\*)ともたないもの(グラム陰性細菌\*)に分かれる．真核生物には酵母\*やアメーバ\*のような単細胞のもの(原生動物\*)もあるが，多くは細胞の秩序立った集合体をつくる多細胞生物\*(後生動物)である．通常，細胞の中央部に二重膜で囲まれた核があり，その中には細胞のゲノムDNAがヒストン\*および非ヒストンタンパク質と結合してクロマチン\*を形成している．クロマチンの最小単位はヌクレオソーム\*とよばれる構造である．核の中にはまた，核小体\*(あるいは仁)とよばれる小構造があり，これはリボソーム RNA 遺伝子の集まりに RNA ポリメラーゼIやその他のタンパク質(リボソームタンパク質を含む)が集合し，活発な転写を行い，リボソームを組立てている場所である．このほかに核内には何種類かの構造体があり，たとえば，スプライソソーム\*という mRNA 前駆体をプロセスする巨大な構造体がある．また，特殊なタンパク質 PML (promyelocytic leukemia 遺伝子の産物)などの抗体で染まる小体も報告されている(→PML 小体)．このほか，有糸分裂\*の時には，核膜は消えて染色体\*，紡錘体\*，中心体\*などが現れる．核の二重膜の内側は固有の核膜であるが外側は小胞体\*に続いている．核膜には核膜孔\*があり，各種巨大分子の出入口と考えられている．核の外側の細胞質は可溶性の酵素や tRNA，自由リボソームなどを含む．細胞質内の構造としては，その中にトンネル状に走る小胞体がある．小胞体には結合型リボソームの結合した粗面小胞体\*があり，分泌タンパク質の合成を行っている．小胞体と似た胞状構造が核の比較的近傍にあり，ゴルジ体\*(またはゴルジ器官)とよばれるが，これは主として合成されたタンパク質の修飾(前駆体の成熟を含む)を行っている．また細胞内にはミトコンドリア\*があり，主として酸化的リン酸化により ATP の産生にあずかっている．ミトコンドリアは自身の DNA をもち，細胞とともに複製する．このほかに，リソソーム\*があり，各種の分解酵素を蓄えている．そのほか，細胞の種類により異なるさまざまな器官(オルガネラまたは細胞小器官\*)をもっていることがあり，単細胞生物で特にこれらが発達している．一番外側の細胞膜は動物細胞では脂質二重層より成る形質膜であり，諸種の受容体などのタンパク質を担って外界との物質および情報の交換を行っている．植物細胞ではこの外側にセルロースの膜があり，形質膜と区別して，これを"細胞膜"と称することがある．このように細胞は単独で環境に順応して生きることもあるが，多細胞生物においては多くの異なる組織・器官に分化\*して個体を形成し生命活動の源となっている基本的な生命の単位である．(→付録 A)

**細胞アレイ**［cell array］　＝細胞マイクロアレイ．CAと略す．

**細胞移植**［cell transplantation］　細胞(組織)を本来の場所，または異なる場所に移植する方法．生物学では1921年の H. Spemann によるイモリ胚の交換移植実験が有名．マウス胚盤胞への胚性幹細胞\*(ES 細胞)の注入によるキメラ個体の作製も細胞移植の実験例である(→多能性幹細胞)．細胞の運命決定を検索する手法として，カエル，ウズラ，マウスなどで広く用いられる．医学での細胞移植は，自分(自家)もしくは他人(同種)の細胞を患者に移植する治療法．身近な細胞移植に輸血がある．1900年に K. Landsteiner により ABO 式血液型が発見され，安全な輸血が可能になった．輸血成分の赤血球や血小板の寿命は約100日であり患者の体内に生着することはなく，厳密な意味での移植とは異なる．ほかに骨髄移植\*があり，骨髄移植では，輸血された造血幹細胞\*が患者の骨髄中に生着し，生涯にわたり造血に働く．骨髄移植は，1960～70年代に G. Mathe と E. D. Thomas の研究により本格的な臨床応用時代の幕が開き，現在ではがん，白血病，重症再生不良性貧血などの治療に広く貢献している．骨髄移植技術の確立は，ヒト白血球組織適合抗原\*(HLA)の発見や抗生物質，免疫抑制剤の開発による，感染症と拒絶反応への対策技術の向上によってもたらされた．感染症と拒絶反応への対策技術の向上は，心臓，肺，肝臓，膵臓，腎臓などの臓器移植の成功率と安全性の向上をもたらした．移植医療の発達に伴い，患者に対する提供者不足が問題となっている．骨髄バンクや臓器ドナー登録などの社会支援の仕組みが整備されている．(→再生医療)

**細胞遺伝学**［cytogenetics］　遺伝現象を細胞の構造と機能を基礎として解明しようとする遺伝学\*の分野．古典的な研究では染色体\*の構造とその突然変異についての形態学的研究が中心であった．分子生物学の発展により，最近ではゲノム解析的研究アプローチによって染色体の分子構築，染色体の複製と分配および突然変異と染色体異常などの分子機構を明らかにして，遺伝子作用の調節機能を染色体の構造と変異と関連づけて理解しようとする研究が活発に進められている．

**細胞遺伝(学的)地図**［cytogenetic map］　＝細胞学的地図

**細胞移動**［cell migration］　細胞が発生の段階，発生後でもその位置をダイナミックに変えること．長距離を移動する代表的な例では発生期の生殖細胞の移動，神経細胞の移動があげられる．また，体軸の形成過程においても収れん伸展とよばれる比較的短い距離の移動と，異なった細胞同士の混和が見られる．発生後では免疫細胞が外来物の侵入に伴う炎症に反応し，排除する場合や，外傷や虚血に伴う組織の壊死の治癒過程での損傷部位に対する繊維芽細胞の侵入，血管新生など一般的に見られる大変重要な現象である．その過程は外界からのシグナルの感知，伝達さらに微小管，アクチンに代表される細胞内骨格の再編，また適切な時期における移動の終了が重要である．病態においても細胞移動は重要であり，がん細胞の浸潤，転移など病態の進展に幅広く細胞移動の現象は見られる．

**細胞運動**［cell motility, cell movement］　細胞は多種多様な動きを示すが，それを総称して細胞運動という．その最も典型的な運動は筋収縮*であるが，広く動物・植物細胞には，アメーバ様運動（⇒アメーバ運動），繊毛*・鞭毛*運動，細胞分裂（染色体移動・細胞質分裂），原形質流動*，細胞小器官や顆粒の移動，細胞外形の変化などがみられる．これらの運動は，一連の特定タンパク質の機能に基づき，それぞれいくつかのタンパク質間の相互作用で運動がひき起こされる．そのおもなものはアクチン－ミクロフィラメント*系とチューブリン－微小管*系である．細胞は主としてATPなどの化学エネルギーを機械的エネルギーに変換して運動を行う．アクチン系にはミオシン*がATP分解酵素として働き，筋収縮をはじめ，アメーバ様運動，細胞質分裂，原形質流動などの運動の原動力となっている．チューブリン系にはダイニン*，キネシン*，ダイナミン*が分解酵素として働き，繊毛・鞭毛運動，細胞小器官の移動，染色体移動などに関係している．

**細胞運命決定**［cell commitment］　個体発生や細胞分化においては，多能性の未分化細胞から，最終的に機能する細胞へと分化*が進行する．この細胞分化過程は，運命決定と成熟という二つの段階に分けて考えることができる．まず，いろいろな種類の細胞に分化する能力をもった多能性の幹細胞*あるいは前駆細胞*から，1種類の細胞にしか分化できない前駆細胞，すなわち，単能性前駆細胞へと細胞の運命が決定づけられる．この過程は，細胞分化の運命決定，あるいは，運命付けとよばれる．多能性幹細胞*から前駆細胞への途中に，分化能がある程度限定された寡能性前駆細胞を経ることもある．運命づけられた前駆細胞が最終的に分化する細胞へと終末分化する段階を成熟という．細胞運命の決定には，増殖因子など外部からの刺激により決定される誘導的運命決定と，未分化細胞そのものに内在する性質によって確率的に決定される確率論的運命決定がある．

**細胞外シグナル制御キナーゼ**［extracellular signal-regulated kinase］　ERKと略記する．哺乳類MAPキナーゼ*, ERK1(MAPK3), ERK2(MAPK1), ERK3 (MAPK6), ERK4(MAPK4), ERK5(MAPK7), ERK6 (MAPK12), ERK7/8(MAPK15)などが同定されている．Elk1をはじめ多数の転写調節因子をリン酸化することにより減数分裂や有糸分裂および分化細胞の有糸分裂後の機能発現に関与する．インスリンで刺激したRat1細胞より，精製された43 kDaのMAPキナーゼをコードする遺伝子がクローニングされ，ERK1と命名された．ERK2（41 kDa MAPキナーゼ）は，ERK1のcDNAをプローブとしてクローニングされた．ERK1および2のmRNAは，ほぼすべての組織・器官で発現しており，ERK1産物とERK2産物のアミノ酸配列は90％同一で，ERK1産物とERK2産物との間に機能的差異は見いだされていない．ERK1/2は古典的MAPキナーゼとよばれる．EGF, PDGF, インスリン，ERBB2, TGF-βなどが細胞膜受容体に結合すると，受容体のチロシンリン酸化が起こり，活性化された受容体型チロシンキナーゼはアダプターであるGrb2に結合し，Grb2はSOSタンパク質に結合し，膜に運び，そこで活性化SOSはRasの近傍にきてこれを活性化する．Rasはセリン/トレオニンキナーゼのRaf(MAPKKK)を活性化し，これがMEKキナーゼ(MAPKK)をリン酸化して活性化し，活性化MEKによりMAPKであるERK1やERK2がトレオニン/チロシンのリン酸化を受け活性化され，核内へと移動する．核内ではElk1, c-Myc, Sap-1などの転写調節因子がリン酸化され標的遺伝子群の転写が制御され，一連のMAPキナーゼカスケードが起こる．活性化されたERKはRskのようなセリン/トレオニンキナーゼも活性化する．ERK3とERK4は構造が類似し二量体化またはオリゴマー化して機能する．ERK5はbig MAP kinase-1(BMK1)ともよばれ，EGFはBMK1/ERK5の活性化を介して細胞増殖を誘導し，また，インターフェロンによっても活性化されることが知られている．ERKは免疫系や神経系のシグナル伝達でも重要な働きをする．ピロリ菌が胃粘膜上皮細胞内へ分泌するCagAタンパク質が，宿主上皮細胞のERKキナーゼを活性化させて，アポトーシス抑制因子のMCL1の発現を促進することにより胃粘膜の細胞死を抑制した結果，上皮細胞のターンオーバーを遅らせることがわかっている．

**細胞外マトリックス**［extracellular matrix］　組織中の，細胞外の空間を満たしている，生体高分子の複雑な集合体（図）．ECMまたはecmと略記．結合組織に多量に存在するが，量を問わなければ，すべての組織に存在する．基底膜*は，細胞外マトリックスの一種．細胞により合成され，細胞外に分泌，蓄積した分子より構成される．構成分子としては，コラーゲン*，エラスチン*といった繊維性タンパク質，プロテオグリカン*，グリコサミノグリカン*といった複合糖質，フィブロネクチン*，ラミニン*などの細胞接着性糖タンパク質がある（⇒基質接着分子）．中では，コラーゲンやエラスチンにも，細胞接着活性があることがわかっている．それぞれの分子は，多価の結合部位をもち，同じ分子同士が凝集したり，また

は，他の分子と結合し，巨大なマトリックスを構築している．細胞外マトリックスは，骨，歯，腱，皮膚

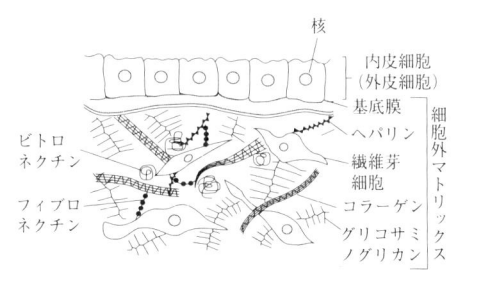

[図: 細胞外マトリックスの構造。核、内皮細胞（外皮細胞）、基底膜、ヘパリン、繊維芽細胞、コラーゲン、グリコサミノグリカン、ビトロネクチン、フィブロネクチンのラベル付き]

などに多く含まれることからわかるように，古くから知られている機能として，組織の支持・結合，物理的境界，力の吸収，弾性要素といった物理的役割がある．近年になって，細胞増殖，細胞移動，細胞内代謝，細胞分化，細胞の形態などを細胞の外から調節する生理化学的役割が明らかになってきた．発生，加齢，がんの転移，組織構築，創傷治癒，生体防御などの現象においても，細胞外マトリックスが機能している．細胞機能の制御機構については，分子レベルでの解析が進められ，インテグリン*を代表とする細胞外マトリックス受容体が，細胞膜表面上に見いだされている．細胞外マトリックス(特に接着タンパク質)は，インテグリンを介して，細胞外の情報を，細胞内に伝達している．

**細胞核** [cell nucleus] ＝核

**細胞学** [cytology]　細胞学は 1665 年に英国人 R. Hooke がコルクの薄片で"細胞"を観察，記述して始まった．約 200 年を経て，19 世紀中ごろに T. Schwann, M. J. Schleiden, R. Virchow らによって細胞は細胞からのみ生じるとの概念が確立されて近代的な細胞学が成立した．細胞は生物の構成単位であり，近代細胞学はまず発生学と結びつき，ついでメンデルの遺伝法則の再発見の前後から遺伝学*とともに遺伝子の本態，自己複製方式の解明，細胞分化の解析に進んだ．生物の物理的，化学的な，また生物学的な構成単位としての細胞の研究は 1950 年代の，J. D. Watson*, F. H. C. Crick*による遺伝子としての DNA の構造解明以後，分子生物学*の展開とともに細胞生物学として急速に発展しつつある．

**細胞学的地図** [cytological map]　細胞遺伝(学的)地図 (cytogenetic map) ともいう．染色体上の遺伝的単位を，形態学的に観察される構造と関係づけてその位置を決定した図．有名な細胞学的地図には，ショウジョウバエの唾腺染色体*などにみられる横縞と，遺伝子の局在を示した図がある．位置決定は，目的となる部位の欠失，重複，転座，逆位などの染色体異常によって行われる．細胞学的地図と遺伝地図(連鎖地図*)の間には，遺伝子の位置の順序は同一であるが，遺伝子間の距離が異なることがある．これは遺伝子間の物理的距離が同一でも，その組換え率*が異なることがあることを表している．

**細胞株** [cell strain]　生体組織を培養器に移し継代していくと，初期は旺盛に増殖するがしだいに増殖能を失い分裂を停止する．この現象は細胞の老化*とよばれている．しかし，この分裂を停止した集団からまれに高い増殖能を示す細胞が出現し，以後無限増殖を示す細胞集団となる(→不死化)．これを細胞株という．また，細胞系*から特定の性質をもったクローン細胞や突然変異細胞を樹立した時，これらを細胞株とよぶ．しかし，しばしば細胞系と区別せず用いられる．

**細胞間結合** [cell-cell junction]　細胞間相互作用 (cell-cell interaction) ともいう．生体内ではほとんどの細胞が別の細胞や基質に結合し，情報を交換しながら増殖，分化，運動，死(→アポトーシス)を行い，組織の恒常性を維持している．細胞間(おもに上皮細胞)の結合は，電子顕微鏡で 2～30 nm に両細胞膜が接近している構造であり，上皮細胞では細胞の管腔側から，1) 密着結合*(タイトジャンクション)，2) 接着結合*(アドヘレンスジャンクション)，3) デスモソーム*(接着斑)が接着複合体*を形成している(→細胞結合[図])．密着結合は細胞と細胞を堅くつなぎとめ物理的なバリヤーをつくる．接着結合，デスモソームは接着分子を介して隣の細胞と結合し，細胞内では裏打ちタンパク質を介して前者はアクチン，後者は中間径フィラメントに連結している．これとは別に，実際に，イオン，分子が通過するギャップ結合*があり，これは六つの膜貫通型タンパク質コネキシン*がつくるチャネルで，物質の透過性は $Ca^{2+}$ が制御している．(→細胞-マトリックス結合)

**細胞間接着分子 1** [intercellular adhesion molecule-1]　ICAM-1, CD54 ともいう．細胞接着分子*として最初に認識された LFA-1(リンパ球機能関連抗原 1*)が接着する相手方の分子(リガンド)として発見された膜タンパク質．五つの免疫グロブリン様ドメインをもち(→免疫グロブリンスーパーファミリー)，コアタンパク質の分子量は 57,000 だが，生体内では 5 万～10 万前後の種々の分子量で存在する．血管内皮細胞，抗原提示細胞，繊維芽細胞，上皮細胞などに存在し，炎症性サイトカインにより発現量が数倍に増加する．LFA-1-ICAM-1 経路は CTL(キラー T 細胞*)の細胞傷害をはじめ，細胞接着を必要とするほとんどの免疫反応に関与すると考えられ，特に炎症刺激の存在下で重要である．ICAM-1 はさらに感冒の原因ウイルスの一つであるライノウイルスやマラリア感染赤血球などとも特異的に結合し，ライノウイルスに対する感染成立，マラリア感染赤血球の血管内皮細胞への接着によるさまざまな臓器障害の惹起にも関与すると推測されている．

**細胞間接着分子 2** [intercellular adhesion molecule-2]　ICAM-2, CD102 ともいう．細胞間接着分子 1*(ICAM-1)とともに LFA-1(リンパ球機能関連抗原 1*)のリガンドとなる細胞接着分子*の一つらしい，培養血管内皮細胞とリンパ球との LFA-1 依存性接着が，抗 ICAM-1 抗体で完全に阻害されないことから

発見に至った．生体内では 55,000～65,000 の分子量で存在する．2個の免疫グロブリン様ドメインをもち（→免疫グロブリンスーパーファミリー），これらは ICAM-1 の N 末端の 2 個の同ドメインすなわち LFA-1 との結合エピトープと高い相同性をもつ．すべての血管内皮細胞上に発現が見られるが，ICAM-1 と異なり刺激による発現誘導や発現量の増加がまったくみられない．しかし刺激非存在下での発現量は ICAM-1 より明らかに多いことから，細胞接着を必要とする免疫反応において LFA-1 のリガンドは，刺激の有無によって ICAM-1 と ICAM-2 とが使い分けられていると考えられる．

**細胞間接着分子 5** [intercellular adhesion molecule-5] ＝テレンセファリン．ICAM-5 と略す．

**細胞間相互作用** [cell-cell interaction] ＝細胞間結合

**細胞間連絡** [intercellular communication] 　細胞と細胞が接触結合し，単に機械的に結合するだけでなく，低分子の細胞の中身が他細胞へ移動する状態をいう．機能的には細胞の接触による制御の一種である．現在はギャップ結合*に総称されるが，歴史的には細胞の種類により境界板*（心筋），ネクサス（nexus，平滑筋），セプタ（septa，神経と神経）ともよばれる．上皮細胞群などでは細胞間結合の減少や消失は発がんやがん増殖にも関係する．

**細胞-基質接着** [cell-stroma adhesion] ＝細胞-マトリックス結合

**細胞極性** [cell polarity] 　細胞の形が完全に対称形ではなかったり，細胞内の骨格系，小器官，タンパク質などの局在が不均等で細胞に方向性が定義できる場合，細胞極性があるという．細胞極性の存在により，分裂後等価ではない細胞が生じ分化*が起こったり，細胞成長の方向が決定されたりする．腸の上皮細胞において管腔の側だけに微絨毛がみられたり，動物の卵細胞における動物極*，植物極*の存在などは代表的な細胞極性の例である．(→極性）

**細胞系** [cell line] 　生体組織を無菌的に取出して細胞を分散し培養器に移して初代培養*し，増殖した細胞を継代していくと，安定した増殖を示す細胞集団が得られる．このような集団を細胞系とよぶ．たとえば，ヒト胎児肺組織をトリプシン処理で分散した細胞を培養し継代すると，安定した増殖能をもつ細胞系が得られる．この系は，繊維芽細胞様で正常二倍体の染色体を示し，50～70 回分裂増殖することができる．(→細胞株）

**細胞系譜** [cell lineage] 　細胞系列ともいう．細胞が子孫細胞へと分裂し分化する道筋をたどったもの．特に，個体発生で受精卵から成体に至る細胞の系図，またはその一部．線虫，ホヤなどの無脊椎動物では，遺伝学的な背景が同じならば細胞系譜の個体差がほとんどないことが知られている．マボヤでは 110 細胞期まで，線虫 Caenorhabditis elegans* では雌雄同体の全細胞系譜が解明されている．C. elegans の初期発生では，まず不等分裂によって 6 個の創始細胞ができ，その後は比較的均等な分裂が起こる．また，腸と生殖細胞はそれぞれ独立した枝からできるが，神経・下皮・筋肉などに分化する細胞は系譜内で混在する．一般に，細胞系譜で娘細胞間の運命が分かれる原因として，1) 細胞分裂そのものが不均等，2) 近傍の細胞により誘導*を受ける，の二つが考えられる．後者では，誘導する細胞からの距離の差が運命の差となる．C. elegans では，細胞系譜が異常な突然変異が解析されている．(→lin 遺伝子）．

**細胞系譜遺伝子** [cell lineage gene] ＝lin 遺伝子
**細胞系列** ＝細胞系譜

**細胞結合** [cell junction] 　多細胞生物において，細胞同士または細胞と細胞外マトリックスを結びつけている構造．これらの構造の模式図を関連接着分子，細胞骨格などとともに，おもに上皮細胞の場合を例に次ページの図に示した．各接着装置の詳細はそれぞれの項を参照されたい．[1] 細胞間結合*として，上皮細胞の場合，細胞を物理的に結びつけている接着複合体*と，細胞間の情報，物質交換を担うギャップ結合*がある．接着複合体は，管腔側から，以下の三重の構造をなす．1) 密着結合*：タイトジャンクションともいう．細胞を取巻いて周囲の細胞と密に結合し，閉鎖帯を形成する．2) 接着結合*：アドヘレンスジャンクションともいう．細胞を取巻いて接着帯をなす．3) デスモソーム*：接着斑ともいう．[2] 細胞-マトリックス結合*としては，上皮細胞の場合，ヘミデスモソーム*（半接着斑），フォーカルアドヒージョン*（細胞-マトリックス接着結合），培養細胞では，フォーカルコンタクト*などがある．(→付録 B）

**細胞工学** [cell engineering] 　センダイウイルス*による細胞融合現象の発見を契機として，1960 年代から急速に発展した，培養細胞を駆使した細胞レベルの研究手法の総称．生きた細胞を生きたまま解析できる手法であることが一つの特徴である．DNA の二重らせんモデルの提唱に始まる遺伝子工学*の進歩と歩調を合わせるように進歩していったことから，遺伝子工学という言葉に対比する形で命名された．具体的には，雑種細胞*（ヘテロカリオン）形成による遺伝子発現制御に関する研究，遺伝子地図作成，ヒト遺伝病細胞を用いた相補性テスト*などに応用されたり，ハイブリドーマ*によるモノクローナル抗体作製技術に貢献している．また，赤血球ゴースト法やリポソーム法，マイクロキャピラリーによる微小注入法といった，生きた細胞への物質導入方法も開発され，幅広く生命科学の研究に活用される方法論となっている．

**細胞骨格** [cytoskeleton] 　細胞を内部から支える骨格的役割を果たす構造の総称．細胞はそれぞれ特徴的な外形をもち，内部でも核をはじめ各種の細胞小器官がある一定の分布・配列を示す．このような形態をつくり維持する基本構造が細胞骨格である．細胞骨格を構成するおもな要素は，微小管*，アクチンミクロフィラメント*，および中間径フィラメント*の 3 種のタンパク質性繊維構造である．これらの繊維構造には多

| 細胞間結合
| 上皮細胞接着複合体
密着結合（TJ, タイトジャンクション）…細胞を取巻き閉鎖帯をなす
接着結合（AJ, アドヘレンスジャンクション）…細胞を取巻き接着帯をなす
デスモソーム（D, 接着斑）

ギャップ結合（GJ）

| 細胞-マトリックス結合
ヘミデスモソーム（HD）
細胞-マトリックス接着結合
（FA, フォーカルアドヒージョン）
（FC, フォーカルコンタクト）
…培養細胞の場合）

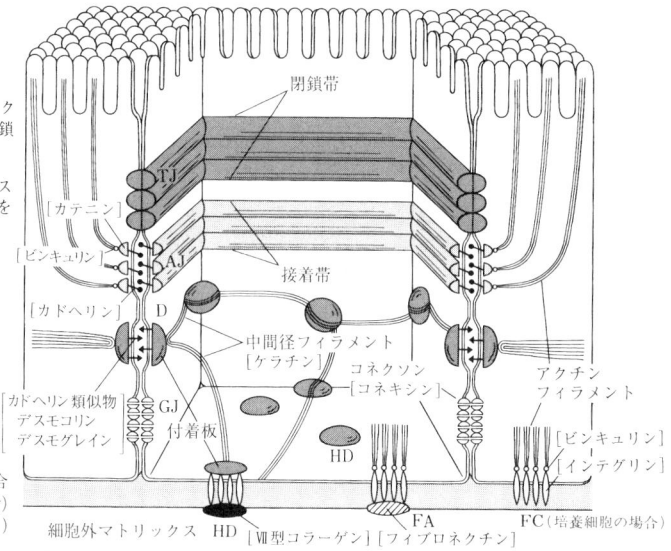

[ ]内は接着に関連する分子，その他は細胞構造物名
**上皮細胞における細胞接着装置の模式図**（⇌細胞結合）

くのタンパク質が関係し，繊維構造の存在様式をコントロールしている．通常，集合束や網細工など高次の構造体をつくっている．また，これらの繊維構造は細胞運動*の原動力を発生する装置，運動装置をつくる．したがって，細胞骨格は細胞運動にも重要な役割を果たす．実際，細胞骨格は一定不変の構造ではなく，つくったり壊したりするきわめて動的な構造体であるといえる．微小管はチューブリン*という球状タンパク質分子が重合して，直径約 24 nm の細管構造をなす．微小管は細胞内，特に突起内に分布し，これに機械的支持を与えるが，ダイニン*やキネシン*など特定のタンパク質が関連すると，運動の原動力を発生する．繊毛*や鞭毛*の運動，染色体の移動，細胞小器官の移動などは微小管細胞骨格が担っている．アクチンミクロフィラメントはアクチンを主成分とした繊維構造で，球状のアクチン分子が二重らせん状に連なって，直径約 7 nm の重合体をつくる．集合束や網細工をつくり，細胞を機械的に支持し，また硬さを与えている．さらに，ミオシンが結合することによって，筋細胞のみならず広く動物・植物細胞内で収縮装置を構築する．筋細胞の筋原繊維*がその典型的な例であるが，アメーバ様運動（⇌アメーバ運動）や原形質流動*などの一種の収縮運動も担っている．中間径フィラメントは直径約 10 nm のフィラメントで，微小管とアクチンフィラメントの中間の大きさの繊維構造である．構成するタンパク質は細胞の種類によって異なるが，基本的なアミノ酸配列は互いに類似している．多くの上皮細胞の中間径フィラメントはプレケラ

チンから成り（⇌ケラチン），間葉系細胞のそれはビメンチン*，筋細胞ではデスミン*，また，神経細胞のニューロフィラメント*や，神経膠細胞のグリアフィラメント*はまた別のタンパク質から成る．

**細胞-細胞外マトリックス結合** ［cell-extracellular matrix junction］ ＝細胞-マトリックス結合

**細胞-細胞間接着** ［cell-cell adhesion］ ⇌細胞接着

**細胞雑種形成** ［cell hybridization］ 2種類の細胞 A と B を化学的ないし物理的処理により融合させたのち，適切な選択培地を用いて A＋B 雑種細胞を分離する方法をいう．動物細胞の融合はセンダイウイルス*，ポリエチレングリコールなどの処理ないし高電圧処理により，また植物細胞ではスフェロプラスト*にしたのち高電圧処理を行う（⇌細胞融合）．動物細胞の雑種細胞を選択分離するため，HAT培地*が用いられる場合がある．

**細胞死制御オペロン** ［controlling cell death operon］ ＝ccdオペロン

**細胞質** ［cytoplasm］ 真核生物*の細胞において，細胞内から核を除いた部分をいう．細胞質は大部分の細胞内の代謝活動の行われる場であり，さらに細胞小器官*，封入体*とサイトゾル*に分けることができる．細胞小器官としては粗面および滑面の小胞体*，ミトコンドリア*，ゴルジ体*，リソソーム*，ペルオキシソーム*，中心粒*，エンドソーム*などがあげられる．封入体としては色素顆粒，グリコーゲン，脂質滴などがあげられる．サイトゾルは細胞質体積の半分以上を占め，微小管*，アクチンフィラメント*，中間径

フィラメント\*などの細胞骨格\*を入れるとともに，大量の自由水を擁し，その中に多数の可溶性物質を含んで，種々の代謝物，小胞などの通過経路となっている．細胞質は細胞内区画化\*によっていくつもの区画に分けられており，複雑かつ微妙な生命活動を効率よく行えるようになっている．

**細胞質RNA** [cytoplasmic RNA] 細胞中のRNAで細胞質に局在するもの．これにはリボソームRNA\*（28S, 18S, 5.8Sおよび5S RNAより成る），メッセンジャーRNA\*，転移RNA\*およびその他の細胞質低分子RNA\*などがある．ミトコンドリア中のRNAは通常この範ちゅうには入れない．通常，細胞質RNAは全細胞RNAの90％以上を占めるがその中でもリボソームRNAが大きな部分を占める．

**細胞質遺伝** [cytoplasmic inheritance] 染色体外遺伝（extrachromosomal inheritance），核外遺伝（extranuclear inheritance）ともいう．細胞質遺伝子\*（核外遺伝子）およびこれらに支配される形質の遺伝様式で，現在ではゲノムインプリンティング\*とともに非メンデル遺伝\*に分類される．オシロイバナの$F_1$の葉の色の形質（緑，白，斑入り）が親の卵細胞の細胞質中の遺伝子によって支配されるのは古くから知られている例で，そのほか，トウモロコシやイネの細胞質雄性不稔\*，酵母やアカパンカビの呼吸欠損突然変異（→プチ突然変異株），ヒトの難聴やミトコンドリア病，クロラムフェニコール\*耐性などの細胞質遺伝（母性遺伝\*）が有名である．細胞質遺伝子が存在するのはミトコンドリアDNA\*と葉緑体DNA\*で，一般に雌雄の配偶子の細胞質遺伝子の量に極端な差があることから，母性遺伝である例が多い．したがって，細胞質遺伝と母性遺伝は同義に使われる場合が多いため混同されがちであるが，両者はつねに同じとは限らない．まず母性遺伝の中には細胞質遺伝の範ちゅうに入らない，すなわち母性遺伝であるにもかかわらず形質を支配する遺伝子が核ゲノムに存在する特殊な例も含まれる．たとえば，モノアラ貝の殻の巻き方（右巻，左巻）やカイコの越年卵の色（黒色，褐色）は，$F_1$の表現型が母親の遺伝子型によって支配されるため，遺伝子はメンデル遺伝しているにもかかわらず，その形質は母親を通してつぎの世代にずれて発現されることになる（遅滞遺伝 delayed inheritance）．逆に細胞質遺伝の中にも母性遺伝ではない例がある．たとえば，マツ科やスギ科の裸子植物の中には花粉細胞由来のミトコンドリアDNAや葉緑体DNAだけが$F_1$に遺伝（父性遺伝）する例が知られているし，酵母のように同型配偶子をもつ種の中には，雌と雄の配偶子の細胞質の量がほぼ同じであるため，生殖によって両親由来の異なった突然変異をもつミトコンドリアゲノムが$F_1$接合子に共存する状態（ヘテロプラスミー）を生じるものもあり，これらはいずれも細胞質遺伝の範ちゅうに含まれるが母性遺伝ではない．高等動物の種内交配では，けっして父親のミトコンドリアゲノムが子孫に伝わることはないので，酵母のように生殖の際ヘテロプラスミーが生じることはないが，雌の生殖系列のミトコンドリアゲノムに突然変異が生じるとヘテロプラスミーになる．しかしいずれの場合も野生型と突然変異型の細胞質遺伝子の同一個体内での共存は不安定で，両者はランダムに子孫の個体に分配される．このような細胞質遺伝子のランダムな分配が細胞質遺伝の基礎的原理となっている．

**細胞質遺伝子** [plasmagene] 細胞質に存在し細胞質遺伝\*する形質を支配する遺伝子のことで，核外遺伝子（extranuclear gene）と同義に使われている．自己増殖能をもつ核外ゲノム（プラスモン）であるミトコンドリアゲノム\*と葉緑体ゲノム\*に含まれるすべての遺伝子がこれに該当し，それぞれ呼吸と光合成において重要な役割を果たしている．なお，原核生物では核と細胞質の明確な区別がないため，プラスミド\*上の遺伝子は細胞質遺伝子の範ちゅうに含まれないのが一般的で，これらは細胞質遺伝子とともに染色体外遺伝子（→染色体外DNA）として扱われている．細胞質遺伝子と核遺伝子は互いに独立して存在しているが，両者の相互作用によって一つの形質が決まる例（母性遺伝\*するマウスの細胞表面抗原\*）などもある．細胞質遺伝子の遺伝様式は核遺伝子とまったく異なる．

**細胞質雑種** [cytoplasmic hybrid, cybrid] A細胞とサイトカラシンB\*処理で除核したB細胞の細胞質体\*を融合させた雑種細胞をいう．すなわち，核はA細胞，細胞質はAとB両細胞に由来する．細胞質に局在するミトコンドリアDNA\*の厳密な機能解析のために，核はA細胞，細胞質はB細胞のみに由来する雑種細胞（これを再構成細胞 reconstituted cellとよぶ）をつくることも可能である．そのためには，核体に混在が避けられない細胞質中のミトコンドリアDNAを除くために，A細胞をあらかじめ臭化エチジウム\*添加培養し，ミトコンドリアDNAを消滅させておく（この場合，ヒト細胞に有効）．再構成細胞は，たとえば，異種間におけるミトコンドリア遺伝子と核染色体遺伝子との相互作用の解析や，株化できない細胞のミトコンドリアDNAの保存を可能にし，また，ヒトのミトコンドリア脳筋症の病因がミトコンドリアDNAの突然変異に起因することを証明する実験系を提供している．原理的には同じ技法として核移植\*がある．（→細胞融合）

**細胞質スプライシング** [cytoplasmic splicing] ＝フレームスイッチスプライシング

**細胞質ゾル** ＝サイトゾル

**細胞質体** [cytoplast] 真核細胞\*を処理することにより，細胞から核\*を除去した残りの細胞膜\*で包まれた部分．通常，細胞をサイトカラシンB\*で処理して遠心することにより，核を細胞膜の一部で囲まれた形（核体\*）で取除くことができ，核のない細胞質だけが細胞膜で包まれた細胞質体ができる．タンパク質合成装置などが残っているので，しばらくの間，生きている．ある細胞の細胞質に存在する因子の影響だけを観察したい場合などに有効で，他の細胞と融合させることにより，細胞質に存在する情報を導入することが可能である．また，細胞質体から細胞質に存在する

**細胞質ダイニン** [cytoplasmic dynein]　微小管関連タンパク質1C(microtubule-associated protein 1C, MAP1C)ともいう．鞭毛\*，繊毛\*のダイニン\*が軸糸微小管に結合しているのに対し，細胞質中に存在することから名づけられた．細胞質ダイニンは微小管関連タンパク質\*の一種，MAP1Cと同一であり，2本の重鎖と数本の中間鎖とから成る．細胞質ダイニンと鞭毛ダイニンの重鎖はC末端側2/3において高いアミノ酸配列の相同性(四つのATP結合配列を含む)を示す．細胞質ダイニンは微小管\*をレールとした細胞内物質輸送を行うモータータンパク質\*であり，運動は微小管のプラス端(重合・脱重合が活発な端)からマイナス端(重合・脱重合が不活発な端)方向に起こる．細胞質ダイニンは，神経細胞において逆行性軸索輸送\*を行う．また，ゴルジ膜の輸送，色素細胞の色素胞輸送，細胞分裂における極の移動に関与すると考えられている．(→キネシン)

**細胞質多角体病ウイルス** [cytoplasmic polyhedrosis virus]　CPVと略す．(→二本鎖RNAウイルス)

**細胞質低分子RNA** [small cytoplasmic RNA]　scRNAと略す．細胞質に存在する低分子RNAの総称．高等真核生物の細胞質低分子RNAとしては7SL RNA\*やRoリボ核タンパク質の構成成分であるY-RNA，脳に存在し翻訳阻害能をもつBC1RNAなどが知られている．

**細胞質微小管** [cytoplasmic microtubule]　微小管\*系細胞骨格のうち，分裂間期に細胞質中に存在しているもの．微小管形成中心\*(MTOC)とよばれる核に近接した箇所に存在する細胞内構造から放射状に形成されるが，それとは独立に形成される場合も多い．MTOCから伸長した細胞質微小管は微小管の極性がそろっており，その極性を認識して固有の方向に駆動力を発生する多種のモータータンパク質(→キネシン，ダイニン)が結合している．これにより細胞質微小管は細胞形態の維持という役割以外に，小胞や細胞小器官の輸送や局在化に重要な役割を果たす．細胞質微小管は微小管関連タンパク質\*(MAP)の結合により安定化された静的状態にあるが，分裂期にはM期特異的なリン酸化酵素群による細胞質因子のリン酸化によって一度解体され，きわめて動的な分裂装置微小管に再構築される．

**細胞質分裂** [cytokinesis, cytoplasmic fission]　M期\*の終期に核分裂\*にひき続いて起こる細胞質の分裂をいう．細胞質分裂は収縮環\*形成を伴う動物細胞型と，細胞板\*形成を伴う高等植物型の二つの基本形がある．前者ではM期後期に分裂細胞の赤道面の細胞質表層直下に収縮環を形成し，この構造体の収縮によって細胞膜が細胞内側へくびれ込み，分裂溝\*を生じて細胞が二分される．後者ではM期終期，姉妹染色分体の分配後に残存している紡錘体中間域から隔膜形成体\*を生じその中央部から細胞板を形成して細胞を二分する．一部の植物細胞や分裂酵母の分裂，粘菌の胞子形成などでは二つの基本形の中間型が観察される．昆虫の初期発生では細胞質分裂を欠いて核分裂を繰返し多核体を形成したり，ある種の胚性細胞では核分裂から著しく遅れて細胞質分裂が起こることから，核分裂と細胞質分裂とは分離可能な過程である．分裂後の娘細胞の大きさから均等分裂と不均等分裂とに二分される．

**細胞質ホスホリパーゼ$A_2$** [cytosolic phospholipase $A_2$]　哺乳動物に存在するホスホリパーゼ\*分子種の一つで，cPLA$_2$あるいは85 kDa PLA$_2$とよばれる．酵素学的には，中性から弱アルカリ性領域に最適pHをもち，μMオーダー以下の$Ca^{2+}$存在下，グリセロリン脂質のsn-2位からアラキドン酸\*を選択的に遊離する．また，ホスホリパーゼ$A_2$活性以外にリゾホスホリパーゼ活性およびアシルトランスフェラーゼ活性を併せもつ．通常細胞質に局在するが，細胞の活性化に伴い細胞質$Ca^{2+}$濃度が上昇すると小胞体または核膜に移行し，アラキドン酸を遊離する．この膜への移行に必要な酵素上のドメインはN末端近傍に存在し，CaLBドメインとよばれる．活性中心のSer(228番)の周囲領域は放線菌由来ホスホリパーゼBの触媒部位と弱い相同性がある．505番のSerを中心にMAPキナーゼ\*認識配列があり，ここがMAPキナーゼによりリン酸化されると酵素活性が上昇する．繊維芽細胞や単球系細胞では，炎症性刺激によるプロスタノイド産生と相関してcPLA$_2$タンパク質の発現の増加が見られる．

**細胞質雄性不稔** [cytoplasmic male sterility]　顕花植物に一般的に認められる雄性不稔\*(おもに花粉形成の異常による不稔)の原因は核遺伝子によるものと細胞質遺伝子\*によるものの二通りあり，細胞質雄性不稔は後者に相当する．細胞質雄性不稔の系統では，花粉親に稔性系統を用いて戻し交雑\*を繰返し，核ゲノムを稔性系統のもので置き換えても稔性は回復しない．したがってこれは雌性配偶子のみを通して細胞質遺伝\*する雄性配偶子(花粉)の不稔現象である．この現象はおもにミトコンドリアDNA\*の突然変異によって生じるが，具体的にミトコンドリアDNA上のどの遺伝子のどのような突然変異がなぜ花粉の稔性だけに異常をひき起こすのかという問題は未解決である．自殖性植物で雑種強勢\*を行う際，細胞質雄性不稔系統を母本として交配すると，この系統の雄ずいを一つ一つ除去しなくても$F_1$雑種種子だけが選択的に得られる利点がある．なお細胞質雄性不稔系統では，核ゲノムにある稔性回復遺伝子が存在すると稔性が回復することから，細胞質雄性不稔系統と核ゲノムに存在する稔性回復遺伝子をもった系統を花粉親として交配することにより稔性を回復した$F_1$雑種種子だけが得られる．この原理を利用してトウモロコシやイネのように栄養体ではなく種子や果実を生産の対象とする作物では，$F_1$雑種種子が市販され重要な営利育種戦略の一つとなっている．

**細胞質流動** [cytoplasmic streaming]　＝原形質流動

**細胞質レチノイン酸結合タンパク質** [cellular retinoic acid-binding protein]　CRABPと略記する．細

胞質に存在する，約 15 kDa の結合タンパク質で，CRABPI, II の 2 種が存在し，レチノイン酸*の細胞核内への転送を調節する．CRABP の空間・時間的な発現は，レチノイン酸の細胞内存在量を規定するため，ビタミン A (レチノール*) の組織特異的な効果をひき出している．細胞内には 16 kDa の CRBP (cellular retinolbinding protein 細胞質レチノール結合タンパク質) I, II も存在し，CRABP とともにビタミン A 代謝酵素の供与体としても働く．(⇨レチノール結合タンパク質)

**細胞質レチノール結合タンパク質**［cellular retinol-binding protein］　CRBP と略す．(⇨細胞質レチノイン酸結合タンパク質)

**細胞自動解析分離装置**　＝蛍光活性化セルソーター

**細胞周期**［cell cycle］　細胞は増殖に際し，そのゲノム DNA を複製，娘細胞に均等に分配したのち，分裂するというサイクルを繰返す．そのサイクルのことを，特に真核生物*について，細胞周期または細胞分裂周期 (cell division cycle) という．細胞周期は基本的に四つに区切られる (図参照)．染色体 DNA が複製する S 期*，複製した染色体が紡錘体*によって分離したのち細胞質が分裂する M 期*．そして M 期が終わり S 期が始まるまでの間を $G_1$ 期*，S 期が完了してから M 期までの間を $G_2$ 期*とよぶ．M 期以外の $G_1$，S，$G_2$ 期をまとめて間期*とよぶこともある．細胞周期の長さは細胞の種類あるいは状態により大きく異なる．たとえば，ショウジョウバエ発生初期の割*時には 1 サイクルは 8 分間であり，しかも $G_1$，$G_2$ 期はほとんどなく M 期と S 期を繰返す．一般的な哺乳類の細胞では 1 サイクルは約 24 時間である (たとえば，ヒトの HeLa 細胞*の場合，$G_1$ 期が 10～11 時間，S 期が 6～9 時間，$G_2$ 期が 2～5 時間，M 期が 1 時間)．細胞はそのサイクルごとに，周囲の環境に応じて細胞周期に入り，分裂を続けるかあるいは細胞周期のサイクルをはずれて増殖を停止し静止期 ($G_0$ 期*ともよばれる) に入るかの決断を $G_1$ 期に行う．増殖を続けつぎのサイクルに入る (具体的には DNA の合成，すなわち S 期を開始する) 決断の行われる時点を開始点，あるいは $G_1$ チェックポイントとよぶ．ここで重要な点は，いったんこの開始点を越えた細胞は途中でサイクルを抜け出すことはできず，S 期，$G_2$ 期，M 期の 1 サイクルを遂行することである

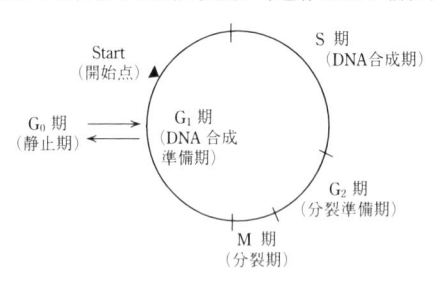

(ある種の細胞では $G_2$ 期から静止期に入ることも知られている)．また細胞には細胞周期の進行をモニターし，細胞の状態がつぎの段階に進めるまで停止するチェックポイントがある (⇨細胞周期チェックポイント)．S 期の開始，M 期の開始はそれぞれ異なるサイクリン依存性キナーゼ* (CDK) の活性によって制御されている．多細胞生物はその組織の体制を保つため細胞の増殖を巧妙に制御している．分化した細胞は増殖を停止し静止期 ($G_0$ 期) に入る．この制御機構が失われ無秩序な細胞増殖が起こるのが細胞のがん化である．こういった意味で細胞周期の制御機構の研究は近年とみにその重要性を増している．

**細胞周期制御遺伝子**［cell cycle regulatory genes］　細胞周期*の制御に関与する因子 (細胞周期制御因子) をコードする遺伝子の総称．細胞周期エンジンとよばれるサイクリン*とサイクリン依存性キナーゼ* (CDK) の特異的な組合わせおよび活性化状態により細胞周期の各段階の開始と終了が制御されており，種々のサイクリンと CDK をコードする遺伝子は細胞周期制御遺伝子の代表的なものである．また，細胞周期の進行をチェックして，異常がある場合には細胞周期を停止させたり，進行速度を低下させたりするのに働くチェックポイント制御因子遺伝子も代表的な細胞周期制御遺伝子である．$G_1/S$ 期チェックポイントでは，$G_1$ 期 DNA の損傷の有無，DNA 複製のためのヌクレオチドの存在量，細胞の大きさ，増殖能などがチェックされ，DNA 複製の速さを制御し，DNA 複製に不具合が検知された場合，複製を遅らせる．TP53，RB，RB 様タンパク質，RB 結合タンパク質などが関与する．$G_2/M$ 期チェックポイントでは，少なくとも 6 種類存在するセンサータンパク質が損傷した DNA や複製できなかった DNA に結合し，プロテインキナーゼの ATM と ATR が活性化され，それぞれチェックポイントキナーゼの Chk2 と Chk1 をリン酸化して活性化する．活性化された Chk2 と Chk1 は Cdc25C をリン酸化し活性化 Cdc25C は Cdc2 を脱リン酸化しその結果 CDK1 が活性化される．$p21^{CIP1/WAF1}$ や $p16^{INK4a}$，$p27^{KIP1}$ などの CDK インヒビター類も重要な細胞周期制御因子である．乳がんの原因遺伝子産物 BRCA1 や BRCA2 も $G_2$ チェックポイントで DNA 修復や細胞周期制御に関与していることが知られている．M 期 (有糸分裂期) の途中にある紡錘体形成チェックポイントでは染色分体ペアが互いにセントロメア付近でコヒーシン*複合体によって架橋結合し，コヒーシンを切断するセパラーゼがセキュリンと結合して不活性状態で存在する．紡錘体が正常に形成されると，阻害タンパク質である Mad2 と相互作用していた Cdc20 が解離してユビキチンリガーゼ* APC/C と複合体を形成する．活性化したユビキチンリガーゼ複合体によりセキュリンがユビキチン化*され，プロテアソームにより分解されることでセパラーゼが遊離して活性化され，コヒーシンを切断した結果，染色分体は紡錘体極へと移動できるようになる．染色分体のセントロメアが両極から伸びた紡錘糸微小管と適切に結合

されないうちは、オーロラキナーゼ*AやBなどによってAPC/Cの活性化が阻害されて染色分体の分離が抑制される。これらの諸因子も細胞周期制御因子であるといえる。(⇒付録F)

**細胞周期チェックポイント**[cell cycle check point] チェックポイント(checkpoint)ともいう。細胞周期*において、ある特定の段階の進行をモニターして、もしそれが未完の場合それが完了するまでつぎの段階の開始を遅らせる機構が存在する。その細胞周期が停止する時点あるいはその機構そのものをチェックポイントとよぶ。具体的には $G_1$ 期の開始点*、DNA損傷に応答して細胞周期を阻害するDNA損傷チェックポイント(DNA damage checkpoint, $G_1$/S, S, $G_2$/M 期の各ポイント)、$G_2$/M 期の境界でDNA複製の進行が阻害された場合にM期の開始を遅らせる $G_2$/M チェックポイント(DNA複製チェックポイント DNA replication checkpoint)、M期ですべての染色体が中期板上に整列するまで後期の開始を遅らせる紡錘体形成チェックポイント(spindle assembly checkpoint, 分裂中期チェックポイント metaphase checkpoint)が知られている。

**細胞周期同調法**[cell synchronization] 細胞周期*は $G_1$ 期*($G_0$ 期*)、S 期*、$G_2$ 期*、M 期*より成り、それぞれの時期で起こる事象の研究に考案された。栄養飢餓状態にすると $G_1(G_0)$ 期で同調され、可逆的にDNA複製を止める薬剤をS期同調に用いられる。$G_2$ 期に同調する方法はなく、S期同調からの経過時間で行われる。M期同調には微小管形成阻止薬剤(コルヒチン、ノコダゾールなど)を用いるが、薬剤を除去した時に、細胞に毒性が現れる。代わって、効率は低いが、M期細胞の分裂特性を生かして、動物由来培養細胞では培養皿をゆすることで、分裂中の細胞のみを培養皿から剥がして集める方法がとられる。動物培養細胞の $G_1(G_0)$ 期同調にはイソロイシン欠損培地や低濃度血清(0.25~0.5%)が、S期同調にはヒドロキシ尿素(HU)、アフィジコリン、高濃度チミジン(1~2 mM)が用いられる。S期同調はその後に続く $G_2$ 期同調と関連するので、特に重要である。イソロイシン欠損培地や低濃度血清(0.25~0.5%)で1~2世代培養した後に、HUを約7~10時間処理して、二重チミジンブロック法*が用いられている。

**細胞周期突然変異株**[cell cycle mutant] ＝細胞分裂周期突然変異株

**細胞周辺腔**[periplasmic space] 単に周辺腔、ペリプラズムともいう。大腸菌などのグラム陰性細菌の細胞表層は、細胞質膜、細胞壁(ペプチドグリカン)、外膜の三層構造から成る。細胞質膜と細胞壁との間には一定の空間があり、時には細胞容積の10%近くを占めることがある。この空間は生理的にも重要な役割を果たしており、(細胞)周辺腔とよばれる。プロテアーゼ、ヌクレアーゼ、アルカリ性ホスファターゼなどの加水分解酵素や、糖やアミノ酸の輸送に関与する結合タンパク質など、生理的に重要なタンパク質が局在している。タンパク質分子内のジスルフィド結合の形成に関与する特殊な酵素などの存在も知られている。したがって、物質代謝や物質輸送などの細胞機能にとって重要な細胞空間である。周辺腔に局在するタンパク質の多くは前駆体として合成され、膜透過機構を介して周辺腔に輸送される。

**細胞集落** ＝コロニー

**細胞寿命**[cellular life span] ある細胞の生成から細胞死あるいは増殖の停止に至るまでの期間。発生過程で細胞死する細胞や(⇒アポトーシス)、培養系の正常な増殖細胞でその寿命が知られている。特に、単一の細胞由来の細胞集団が分裂加齢により分裂を停止するクローン加齢*による寿命をさすことが多い。これはヒト胎児由来正常二倍体繊維芽細胞で約50分裂回数、ゾウリムシで約100分裂回数である。ゾウリムシでは接合によって再び分裂能が回復することが知られている。

**細胞傷害型アレルギー**[antibody-mediated cytotoxic type allergy] ＝II型アレルギー

**細胞傷害性T細胞**[cytotoxic T cell, cytolytic T cell] ＝キラーT細胞

**細胞傷害性Tリンパ球**[cytotoxic T lymphocyte] ＝キラーT細胞、CTLと略す。

**細胞小器官**[organelle] オルガネラ、細胞器官、細胞内小器官などともいう。人体に種々の器官が存在するように、真核細胞*の内部に存在する、細胞のさまざまな機能を分業している構造単位。細胞小器官には、膜構造をもつ膜性小器官と、リボソーム*、微小管*、紡錘体*、核小体*のように膜構造をもたない非膜性小器官とが存在するが、狭義には細胞小器官は膜性小器官のことをさす。膜性小器官系は、細胞内膜(⇒細胞内膜系)に囲まれた構造体で、細胞質の他の空間とは区切られた細胞内区画(intracellular compartment)を形成しており、固有の微小環境を保持している。各小器官には固有の酵素(標識酵素*)を含むタンパク質が存在し、それぞれの細胞小器官は固有の機能をもつ。細胞小器官には、2枚ないし3枚の膜で囲まれた、核*、ミトコンドリア*、葉緑体*(植物細胞)と、1枚の膜で囲まれた小胞体*、ゴルジ体*、分泌顆粒*、分泌小胞*、リソソーム*、ファゴソーム*、エンドソーム*、液胞*(植物細胞)、ペルオキシソーム*などがある(図)。核は、2枚の膜(外膜、内膜)から成る核膜によって囲まれた構造物で、その中に遺伝子DNAが保存されており、細胞増殖に伴うDNAの複製やDNAからRNAへの転写などが行われる。核膜*には核膜孔*とよばれる内径約80 nmの孔が多数存在する。細胞質からは転写調節因子や新たに合成された核タンパク質が核膜孔を通って核へ移行し、逆に核からは、リボソームサブユニットやmRNAなどが細胞質に向けて輸送される。ミトコンドリアも2枚の膜(外膜、内膜)から成るが、内膜はクリステとよばれる特徴的なひだ状構造をもつ。内膜で囲まれた区画、つまり基質(マトリックス)にはクエン酸回路の酵素群が、内膜には電子伝達系*ならびに $F_oF_1$-ATPアーゼ(⇒ATP合成酵素)が存在し、クリステ内腔と

基質の間に形成される電気化学ポテンシャル差を利用してATPを合成し，細胞に供給している．葉緑体は外膜，内膜，チラコイド膜の3枚の膜から成る細胞小器官で，植物に存在し，光合成の場となっている．ペルオキシソームは，脂肪酸$\beta$酸化系その他の酸化酵素やカタラーゼなどの酵素を含み，脂質代謝，種々の有機物の酸化，過酸化水素の分解などを行っている．小胞体，ゴルジ体，分泌顆粒，分泌小胞，リソソーム，ファゴソーム，エンドソーム，液胞は，小胞輸送*によって相互に結ばれており，細胞内に一大ネットワーク，つまり中央空胞系(central vacuolar system)を形成している．中央空胞系は，分泌，吸収，タンパク質分解などの重要な細胞機能を果たしている．小胞体は細胞内に網目状に広がる構造で，そのうち，粗面小胞体*にはリボソームが結合しており，分泌タンパク質や中央空胞系のタンパク質合成を行っている．ゴルジ体は層板構造をもち，タンパク質の選別，濃縮，プロセシングを行い，分泌顆粒，分泌小胞などを形成する．分泌顆粒，分泌小胞は，エキソサイトーシス*を行う．リソソームは，加水分解酵素群を含み細胞内外の物質の分解を担っている．ファゴソーム，エンドソームは，細胞内への物質の取込み，選別を行い，取込まれたタンパク質の大部分はリソソーム系で分解される．植物の液胞は，細胞内物質の貯留と分解などを行っている．

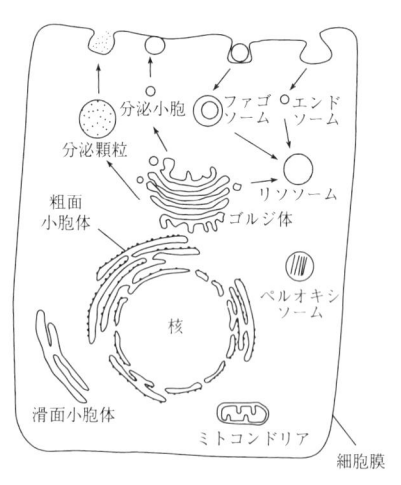

**細胞自律性**［cell autonomy］　多細胞生物では個体維持のためにすべての細胞の増殖，分化，運動が一定のプログラムの制御下にある．細胞ががん化すると，この制御から独立し，勝手に増殖し周囲へ浸潤したり，転移したりする．このような獲得された性質を細胞の自律性という．

**細胞伸長**［cell elongation, cell extension］　細胞成長*の一種であり，細胞極性*が存在する細胞においてその極性軸に沿って伸長し成長することをいう．細胞伸長の機構は特に植物細胞においてよく研究されている．細胞伸長は，おもに，浸透圧*の高くなった細胞内部に水分が流入することにより起こる．水分の流入により細胞がただ大きくなるのではなく特定の方向に伸びるのは，細胞壁*中のセルロース繊維が特定の向きに配向しているからであり，また，セルロース繊維の向きは細胞膜内側の微小管*の配列によって決定されている．植物細胞は固い細胞壁に覆われているため個体の成長に合わせて移動したり混ざり合ったりすることができない．そこで植物細胞においては個体の成長および形態形成*は主として細胞の伸長によって起こっている．

**細胞性がん遺伝子**［cellular oncogene］　c-*onc*と略す．（⇌原がん遺伝子）

**細胞成長**［cell growth］　細胞が分裂を伴いながらその数を増やし増殖することと，分裂を伴わずにその大きさのみが増加することを合わせて一般に細胞成長とよぶが，厳密には後者のみを細胞成長といい，前者は細胞増殖*とよんで区別する．細胞成長は体細胞の場合細胞分裂*に先立つ必須条件で，分裂に必要な細胞の大きさは細胞の種類，栄養条件などによって厳密に制御されており，その特定の大きさになるまでは細胞は分裂することはない（細胞径制御 cell size control）．また，高等生物の細胞では細胞成長は成長因子（増殖因子*）によっても制御されており，成長因子の種類によっては細胞増殖のみを促進するものや，細胞成長のみを促進するものがあり，その場合は細胞成長と細胞分裂の間には必ずしも厳密な依存関係はない．その結果，各組織の機能に対応した大小に差のある分化した細胞ができあがる（⇌細胞分化，細胞伸長）．

**細胞性粘菌**［cellular slime mold］　⇌菌類

**細胞性胞胚**［cellular blastoderm］　昆虫の表割卵の初期発生において，1層の体細胞層が卵表に形成され中央部の卵黄塊を覆う段階にある胚．受精後，胚は卵黄内核分裂期を経て分裂核が卵表に一様に分布する多核性胞胚となる．さらに受精後3時間で卵表層から細胞膜がひだのようにおのおのの核の間，卵黄部との間が仕切られ，中央部の卵黄塊を覆うように卵表に1層の体細胞層が形成され細胞性胞胚となる．このあと，腹溝が形成され，形態形成*が始まる．

**細胞性免疫**［cellular immunity, cell-mediated immunity］　体液性免疫*と対比される概念で，血清抗体によっては他の個体に移入できないが，細胞によってその反応を他個体に移入できる免疫現象を意味する．1945年にM. W. Chaseらがモルモットのツベルクリン反応が，リンパ球を主とする細胞によってツベルクリン感作動物から非感作動物に移入できるという所見を得て以来明確になった概念である．したがって，ツベルクリン反応型の遅延型アレルギーは最も典型的な細胞性免疫反応の一つである．その後の研究によって，キラーT細胞*，ナチュラルキラー細胞*などによる反応が，この範ちゅうに属することが

わかった．細胞性免疫の一次的担い手は T 細胞*である．特に抗原刺激を受けた CD4 陽性 T 細胞はインターロイキン 2*，インターフェロン γ* をはじめとするサイトカインを放出して，他の T 細胞，たとえば，キラー T 細胞になる CD8 陽性 T 細胞に直接作用して，その分裂・活性化を促し，インターフェロン γ はマクロファージを活性化し，食作用を高める．この第一段階で活性化した CD4 陽性 T 細胞は主要組織適合抗原クラス II によって提示される抗原(→MHC クラス II 分子)を認識する細胞であり，抗体産生応答に働くヘルパー T 細胞と区別することはできない．したがって細胞性免疫応答を体液性免疫応答と完全に分離して考えることはできない．たとえば，抗体依存性細胞傷害*(ADCC)性細胞は体液性免疫応答の結果産生された抗体を Fc 受容体* を介して細胞表面に付着させ，この抗体の特異性によって標的細胞を見分け傷害する細胞である．この細胞も細胞免疫の効果細胞として一般には分類されている．すなわち，抗体が二義的な役割を果たす細胞による反応をすべて含む広い意味で用いられることが多い．感染防御，異物排除の面からいえば，細胞性免疫は体液性免疫とは異なり，細胞内に存在する外来性物質の排除に主要な役割を果たしている．

**細胞説** [cell theory] すべての生物は細胞という単位から成り立っているとする学説．1838 年に M. J. Schleiden が 1839 年に T. Schwann が初めてこれを唱え，1858 年，R. Virchow の"細胞病理学"の出版によって確立された．現在でも，生物学の重要な概念である．

**細胞接触阻止** [contact inhibition of cell] ＝接触阻止

**細胞接着** [cell adhesion] 単に接着(adhesion)ともいう．細胞−細胞間接着(cell-cell adhesion)および細胞−細胞外マトリックス接着(→細胞−マトリックス結合)をいう．これは多細胞組織の形成，維持に基本的に重要である．細胞は液性因子群，細胞外マトリックス群，および近接細胞の膜表面タンパク質群との接触，接着によって影響を受ける．各種ホルモン，成長，増殖，栄養，生存維持に関わる液性因子群に対して，細胞外マトリックス群は細胞間に沈着して存在する物質で，近接の細胞またはその細胞自身から放出される．各種プロテオグリカン*，コラーゲン*，フィブロネクチン*，ラミニン* などが代表的なものであり，これらは細胞に種々の生理活性を示す．たとえば多くのプロテオグリカンは神経突起伸展に抑制的であり，ラミニンは逆に促進的に働く．細胞外マトリックスと膜表面タンパク質との区別は必ずしも明確なものではなく，膜表面タンパク質にはイノシトールを介して膜の外側に結合し，時に応じて細胞外に放出されるものがある．細胞接着に関与する膜表面タンパク質群は細胞接着分子* とよばれ，特徴的なものが存在する．細胞外における接着は細胞内の細胞骨格系，シグナル伝達系と関連して，細胞機能を調節している．特に免疫系と神経系において，種々の免疫反応，形態形成，再生修復などの過程で重要な役割を果たしている．

**細胞接着性糖タンパク質** [cell-adhesive glycoprotein] 広義には，細胞の接着を担う糖タンパク質である．実際は，動物細胞を基質に接着する機能をもつフィブロネクチン*，ビトロネクチン*，ラミニン* などの十数種類の糖タンパク質をさす．細胞接着の活性部位は RGD 配列*(Arg-Gly-Asp)が有名である．細胞側の反応分子は細胞表面膜に組込まれたインテグリン* というタンパク質である．

**細胞接着分子** [cell adhesion molecule] CAM と略す．接着分子(adhesion molecule)，接着因子(adhesion factor)，接着タンパク質(adhesion protein)ともいう．細胞同士または細胞と細胞外マトリックスとの接着に関与する細胞膜の分子．多細胞組織の形態形成，維持，再生，炎症，腫瘍の転移などに関与し，重要な役割を果たす．多くのものは細胞膜を貫通し，細胞内で細胞骨格系と結合するか，セカンドメッセンジャー系を介して，シグナルを細胞内に伝達している．他の細胞の同種の分子との接着をホモフィリックな接着(homophilic adhesion)，異種の分子との接着をヘテロフィリックな接着(heterophilic adhesion)とよぶ．細胞接着分子の命名法はまだ確定していないが，下記のように分類される．1) 免疫グロブリンスーパーファミリー*：免疫グロブリンに類似のドメインを一つ以上細胞外に含む分子．ホモフィリックまたはヘテロフィリックな接着を行う．免疫グロブリンドメインは 90〜100 個のアミノ酸より成り，7〜9 個の β 鎖による 2 枚の β シートが 2 個のシステインによって安定化された構造をもつ．免疫系では各種免疫グロブリンをはじめ，主要組織適合抗原(MHC)クラス I, II，各種 T 細胞受容体，CD2, CD3, CD4, CD8, CD28, ICAM など種々の免疫反応に関わる重要な機能分子群が含まれている．神経系では NCAM*, L1* (NgCAM), NrCAM, Thy1, MAG, PO, TAG1, SC1, テレンセファリン*, ファスシクリン II, III などが細胞接着* を介して神経系の発生，分化，形態形成，再生の過程に関与している．2) カドヘリン* スーパーファミリー：カルシウム依存性に細胞間の接着に関与する細胞膜タンパク質として竹市雅俊らによって最初に報告され，その後関連のタンパク質が続々と見いだされ大きなスーパーファミリーを形成することが示された．基本的には 5 個の分子内繰返し構造をもつ細胞外ドメイン，膜貫通領域，細胞内ドメインより成り，繰返し構造には酸性アミノ酸，芳香族アミノ酸などによる特徴的モチーフを含んでいる．I 型のうち N, R, P タイプは神経系に，そのほかは非神経系に発現がみられる．典型的なカドヘリンのほかに，膜貫通部位を含まずイノシトールを介して膜と結合する短型，細胞内ドメインに特徴的な構造をもつデスモソーム型，細胞外繰返し構造が多く含まれるプロト型など多くのサブタイプが見いだされている．細胞内でカテニン* との結合を介して細胞骨格系と連絡している．機能的には神経系などの形態形成，腫瘍の

転移などに関与する．3) インテグリン*スーパーファミリー：αβの2種のサブユニットのヘテロ二量体で，細胞と細胞外マトリックス間の接着に関与し，細胞内では細胞骨格系と密接に関係する．αには10種以上あり，リガンドと結合するIドメイン，3～4個の2価金属結合ドメインを含む．βは8種あり，4個のシステインに富むドメインを含む．4) セレクチン*(LECAM)ファミリー：レクチン様ドメイン，EGF(上皮増殖因子)様ドメインと複数の補体結合様ドメインを細胞外にもつ膜タンパク質群で，LECAM-1(L-セレクチン), -2, -3(P-セレクチン)などのが，血管内皮や白血球系に発現し，糖鎖を認識して，リンパ球のホーミング*現象に関与する．5) そのほかMAMスーパーファミリー(MAM superfamily)はMAMドメイン(メプリン，A5, μより命名)を含む接着性膜タンパク質群で，特徴的なアミノ酸配列を含み，βシートを形成する．A5(neuropilin)は神経回路形成に関与する．ヒアルロン酸受容体ファミリー(hyaluronic acid receptor family)はCD44の複数のアイソフォームが含まれ，ヒアルロン酸のほか，コラーゲン，フィブロネクチンとも結合能をもち，腫瘍の転移，造血，ホーミングに関与する(⇒ヒアルロン酸結合タンパク質)．LRR(ロイシンリッチリピート*)ドメインファミリー(LRR domain family)は血小板や神経筋肉系で見いだされており，接着作用が報告されている．これらの多種多様な接着タンパク質群は時間的，空間的に特定の部位に特定の期間発現し，特定のリガンドと接着することを介して機能を発揮する．

**細胞増殖**［cell proliferation］ 細胞が細胞分裂*によって増えること．原核生物および下等真核生物では周囲のアミノ酸，ビタミン，グルコース，無機塩類などの栄養や温度などの環境条件によって増殖が支配される．高等真核生物の増殖，特に組織培養，細胞培養ではこうした環境条件に加えて増殖因子*とよばれる因子の存在が増殖には不可欠である．こうした因子の多くはタンパク質性で特異的な受容体を介し標的の細胞の細胞分裂を促進させるペプチドホルモンであるが，それ以外にコルチゾール*，甲状腺ホルモン*なども増殖因子として作用する．正常な動物細胞を単層培養すると，細胞が培養器の底に一面にシートをつくるとそれ以上の増殖が停止し多層にはならないという接触阻止*が見られ，周囲の細胞との相互作用によっても増殖は支配されている．また正常細胞は一定の回数分裂するとそれ以上分裂できない(⇒細胞寿命，細胞の老化，アポトーシス)のに対して，腫瘍細胞*では無限に増殖し接触阻止も見られない．

**細胞増殖巣** ＝フォーカス

**細胞体**［cell body, soma］ 核周体(perikaryon)ともいう．神経細胞は長い突起を出しているが，特に核を含む細胞本体を細胞体とよぶ．長い突起である軸索*にはタンパク質合成のためのリボソームや小胞体が含まれないので，神経終末で使われるタンパク質は細胞体で合成され，終末まで運ばれる．

**細胞凍結保存法**［cell cryopreservation］ 動物培養細胞を比較的高濃度のグリセロールないし10％ジメチルスルホキシド(DMSO)などの凍結保護剤を加えた増殖培地に懸濁してアンプルに入れ，−80℃以下の冷凍庫内ないし液体窒素中に凍結保存すること．冷凍庫内で1～2年，液体窒素中では5年以上生きた状態で保存できる．また，動物の血球や精子，受精卵，組織片など，さらに植物細胞や微生物などにも同様の保存法が用いられる．

**細胞特異性**［cell specificity］ いろいろな生命現象や細胞の構造，機能または反応が，細胞の種類によって異なることをいう．

**細胞内区画化**［cell compartmentalization］ 真核生物*にみられ，細胞内をいくつもの部分に区分けし，生命活動を行う現象．細胞内の区画化により，複雑な生命活動を効率よく行うことが可能となっている．区画にはいくつものレベルのものがある．1) 核*と細胞質*の区画，2) 細胞小器官*による区画，3) 細胞小器官内の区画(ゴルジ体*の各層板，ミトコンドリア*の内膜，外膜，基質など)，4) 細胞膜上の区画(上皮における頂部と基底面-側面の区画)，5) 細胞骨格*の不均一分布に基づく細胞質の区画(神経細胞の樹状突起-細胞体と軸索)．これらの区画の維持やその間の物質輸送には低分子量GTP結合タンパク質*が関与する．

**細胞内シグナル伝達**［intracellular signal transduction］ ⇒シグナル伝達

**細胞内シグナル伝達物質**［intracellular signal transducer］ 細胞外からの刺激に反応して，1) 細胞内のプールより動員され，あるいは2)細胞内で前駆体より合成されて，拡散により標的に到達して作用をひき起こす，刺激に対する最終効果へのシグナル伝達*に関与する低分子量の化学物質．タンパク質-タンパク質の相互作用，プロテインキナーゼ*によるリン酸化カスケードなどと並んで細胞内シグナル伝達系を担う重要な役割を果たしている．カルシウム*，cAMP(サイクリックアデノシン3′,5′—リン酸*)，cGMP，イノシトール1,4,5-トリスリン酸*，などが例としてあげられる．(⇒セカンドメッセンジャー)

**細胞内受容体**［intracellular receptor］ ＝核内受容体

**細胞内膜系**［internal membrane system］ 細胞表面に存在する細胞膜に対して，細胞内部に存在する膜系をいう．真核細胞*では，脂質二重層と種々の膜タンパク質から成る細胞内膜系が発達して，(膜性)細胞小器官*が形成されている．細胞内の膜系は，種々の代謝が行われる場として重要なだけでなく，細胞質とは異なる，各細胞小器官に固有な内部微小環境をつくるうえでも重要である．細胞内膜系のうち，ゴルジ体*，特にトランスゴルジ網*，分泌顆粒*，分泌小胞*，エンドソーム*などは，エキソサイトーシス*あるいはエンドサイトーシス*により細胞膜と結ばれている．

**細胞培養**［cell culture］ 生体組織を無菌的に取出してトリプシン*やプロナーゼ(各種プロテアーゼの

混合物の商品名）などの消化酵素で処理して単細胞に分散し，初代培養*を行う．また，継代している細胞系や細胞株を同様の酵素処理により分散し，得られた単細胞を増殖培地*に植込んでつぎの継代培養(sub-culture)を行う．このように，タンパク質分解酵素などの処理により，単細胞に分散して培養する方法を細胞培養という．今世紀初頭から始まった動物組織の培養は組織培養*とよばれていた．これは，生体組織を無菌的に取出し，はさみやかみそりなどで細切して生じた組織断片を培養するか，増殖した細胞集団をラバーポリスマンなどで培養器壁から剥ぎ取り，分散して継代していた．したがって，単細胞を培養するものではなかった．1950 年代に入り，R. Dulbecco*らはトリプシン処理による細胞分散法を開発し，いわゆる細胞培養が始まったといえる．細胞培養法の開発は，生体を構成していた細胞を単細胞生物のように扱うことを可能にした．この方法により，大腸菌などで得られた知見や技術をもとに，動物細胞を解析する流れが確立した．この結果，細胞の基本的機能である代謝，増殖，分化，老化，発がん，ウイルス感染などを細胞レベルで，定量的に扱えるようになった．細胞培養には，細胞が培養器に付着して増殖する単層培養(monolayer culture)と，細胞が付着・伸展することなく浮遊状で増殖する懸濁培養(suspension culture, または浮遊培養)がある．また，単一の細胞を培養してコロニーを形成させる単細胞培養(single cell culture)や，逆に大量の細胞を培養する大量培養(mass culture)がある．培養された細胞は，上皮様，繊維芽様，リンパ球状の形態を示す．生体から分離・培養を始めた初代培養細胞は正常二倍体の染色体構成を示す．また，初代培養細胞は正常な性質をもつが，継代するに従い増殖能，染色体，形態などの変化（トランスフォーメーション*）を伴い，腫瘍性をもつに至る．その細胞の由来組織でもっていた分化機能をしばしば消失する．近年，この分化機能を保持した細胞株がかなり樹立されている．(⇌細胞株)

**細胞板**［cell plate］　高等植物の M 期終期に娘核間に新しく形成される隔壁．極性小管の残存物などの隔膜形成体*の赤道領域へ輸送されたゴルジ小胞が融合し初期細胞板を形成する．その内腔で小胞から放出された多糖分子が重合してペクチン，ヘミセルロースなどの一次細胞壁成分となる．小胞の融合に伴い細胞板の外縁部が成長し親細胞の細胞壁に接して細胞は 2 個の娘細胞に分割され，セルロース，ミクロフィブリルが細胞板内に沈着して細胞壁が完成する．

**細胞表層**［cell cortex］　細胞膜直下のアクチンフィラメント*およびその関連タンパク質が豊富に存在する層をいう．細胞壁のない動物細胞では細胞膜を内側から機械的に支持するとともに，貪食，有糸分裂の際の細胞質分裂，細胞運動などの動的性質を細胞膜に与えている．細胞膜直下のアクチンフィラメントの存在様式にはつぎの四つのものが知られている．1) 短いオリゴマーから成り，スペクトリン，アンキリンなどのタンパク質と膜の裏打ち構造(plasmalemmal undercoat, 膜骨格 membrane skeleton)をなすもの．赤血球膜に代表的にみられる．2) 方向のそろったアクチンフィラメントがフィンブリンなどのタンパク質に束ねられ，約 10〜20 nm 間隔で密に平行に配列したもの．糸状仮足*(⇌アメーバ運動)，微絨毛*などにみられる．3) 二方向性のアクチンフィラメントが 30〜60 nm 間隔で混在しつつ平行に配列したもの．αアクチニンで束ねられ，ミオシン II が存在することが多い．有糸分裂の収縮環*，培養細胞のストレスファイバー*などにみられる．4) アクチンフィラメントがフィラミン，WASP/WAVE タンパク質により活性化された Arp2/3 複合体などとともに三次元的なゲル状の網目をつくるもの．葉状仮足*などにみられる．これら細胞表層のつくる構造の多くは Rho ファミリーの低分子量 GTP 結合タンパク質による調節を受けており，たとえば 2) の糸状仮足は Cdc42*の，3) のストレスファイバーは Rho*の，4) の葉状仮足は Rac*の活性化がその形成にとり重要な役割を果たしている．

**細胞表面抗原**［cell-surface antigen］　免疫担当細胞*の細胞膜表面に結合している分子．これらの分子をマーカーとして，機能または分化段階の異なる免疫担当細胞が分類されている(⇌分化抗原)．また，これらの分子はマーカーとしてだけではなく，細胞内にシグナルを伝えることが多く，免疫学では重要な研究対象となっている．これらの分子は名称が統合整理され，CD(cluster of differentiation)番号がつけられている．

**細胞表面タンパク質**［cell-surface protein］　膜タンパク質のうち，1) ポリペプチド鎖(の末端部分)が 1 回だけ膜を横切っていてタンパク質の大部分が細胞の外に出ており，その生理的機能が細胞外で完結しているようなもの，または，2) ポリペプチド鎖に共有結合した脂質分子が膜の脂質二重層に溶け込む形で細胞膜とその外表タンパク質が結合しているもの．1) に属するものでは，小腸の微絨毛表面にあるスクラーゼ*-イソマルターゼ複合体がよく知られている．このヘテロ二量体のイソマルターゼがその N 末端部分で膜に，スクラーゼはイソマルターゼに非共有的に結合している．2) の脂質成分として代表的なものは，グリコシルホスファチジルイノシトール(GPI)である．これはホスファチジル基の 2 本の脂肪酸基が脂質二重層に錨(いかり)を降ろした形になるので，しばしば GPI アンカー(⇌GPI アンカー型タンパク質)とよばれる．

**細胞表面糖タンパク質**［cell-surface glycoprotein］　分子の少なくとも一部を細胞の外側に露出している糖タンパク質で，さまざまな存在状態がある．代表例は，ヒト赤血球膜の主要糖タンパク質(グリコホリン*)で初めて示されたように，タンパク質の疎水性部分を細胞膜に埋込み，N 末端側を細胞外に，また C 末端側を細胞質側に露出して膜を貫通して存在するというものである．糖鎖は，細胞外ドメインに局在するという特徴をもつ．ヒト赤血球膜のバンド 3*とよば

れる糖タンパク質のように N 末端側を細胞質に，C 末端側を細胞外に露出して貫通している場合もある．細胞膜の貫通の仕方も多様であり，グルコース輸送タンパク質，ロドプシン，アセチルコリン受容体のように，細胞膜を複数回も貫通している例もある．また，膜貫通型とは異なり，PI アンカーを介して細胞の表面に結合している例もあり，原虫の表面糖タンパク質やヒトの補体制御因子などが知られている（⇒ GPI アンカー型タンパク質）．

**細胞分化**［cell differentiation, cytodifferentiation］ 多細胞生物は 1 個の受精卵から発生してくるが，分裂増殖と細胞分化により，複雑な多細胞生物の個体ができあがる．分化* とは発生の過程で，細胞が形態的，機能的に特殊性(specification)を獲得していく過程だと考えられる．分化した細胞の核を受精卵に移植する研究により，脊椎動物では分化した細胞でもすべての遺伝子のセットをもっていることが示されているので，遺伝子のレベルで考えると，分化とは特定の遺伝子を働かせ，別の遺伝子をマスクすることであると考えられる．この遺伝子のオン，オフは細胞間相互作用により制御されるが，この細胞間相互作用も遺伝子の発現制御の問題としてとらえられている．ホメオボックス*，ジンクフィンガー* などのモチーフをもつ遺伝子産物は DNA に直接結合し，その遺伝子の転写を制御することが知られている（⇒ DNA 結合タンパク質）．古典的な実験発生学により，両生類胚の予定運命図* がつくられた．最近ではいろいろな生物の胚で細胞系譜* が明らかにされている．胚組織のある一部を培養系などほかから影響を受けない系に移した時，元の発生運命をたどるなら，その部域の発生運命は決定されている(determined)という．発生初期には胚の細胞はいろいろな組織に分化できる可能性をもっているが，だんだんに決定を受けそのレパートリーが狭まってゆき，最後にはある組織に分化するよう決定される．いったん決定を受けるとその細胞の子孫は安定してその形質を維持するが，ある条件下では別の種類の細胞に分化することもある．これを分化転換とよぶ（⇒ 分化決定機構）．たとえばイモリではレンズを取去ると，虹彩の細胞が色素を失い(脱分化*)，レンズの細胞が分化する．

**細胞分画**［cell fractionation］ 細胞を破砕し，特定の細胞小器官* を含む細胞画分を超遠心機や電気泳動法などにより分離し，調製する方法．得られた試料を画分という(たとえば，ミトコンドリア画分)．細胞小器官の分子構築や機能の研究に広く用いられている．目的とする細胞小器官によって，最良の細胞破砕法，溶液の塩濃度や浸透圧，スクロースやフィコールの濃度，タンパク質分解酵素の阻害法，遠心方法や遠心条件などを決定して用いる．細胞の破砕には，ホモジナイザー(homogenizer)などによる機械的破砕法や超音波処理などが用いられる．細胞を破砕して得た懸濁液のことをホモジネート(homogenate)とよぶ．細胞の破砕，遠心などの操作は通常冷温下で行う．0.25 M スクロース存在下では，ラット肝ホモジネートを 1000×$g$ で 10 分程度遠心すると，核，未破壊の細胞などが沈渣(ペレット, pellet)に回収される．この上澄み(supernatant)をさらに 10,000×$g$ で 20 分程度遠心すると，ミトコンドリア，リソソーム，ペルオキシソームなどが沈降する．上澄みをさらに 100,000×$g$ で 60 分程度遠心すると，ミクロソーム*(おもに小胞体)が沈降し，上澄みに細胞質の可溶性画分(soluble fraction)であるサイトゾル* が回収される．細胞小器官をさらに精度よく分離するためには，スクロースなどの直線密度勾配や段階的密度勾配上で，沈降速度の違いや，平衡密度勾配遠心分離法* により分離を行う．細胞小器官によっては，無担体電気泳動(free electrophoresis)などの電気泳動法や抗体によるアフィニティークロマトグラフィー* などを併用することもある．細胞小器官の構成部分をさらに細かく細分画することも行われる．リソソームは，低張の液で処理して破裂させることにより，ミクロソーム(小胞体)やペルオキシソームでは，炭酸ナトリウムでアルカリ処理することにより，膜とその中に含まれる可溶性の成分とを分けることができる．ミトコンドリアでは，ジギトニンに対する感受性の違いを用いて，外膜，内膜を分離することが可能である．細胞分画における問題点は，他の細胞小器官の混入(コンタミネーション)が避けられないことである．細胞小器官の標識酵素* などによる生化学的検討や電子顕微鏡などによる形態学的検討を行い，必要な純度の標品が収率よく得られているか調べておく必要がある．

**細胞分裂**［cell division］ 1 個の細胞(母細胞)から 2 個以上の細胞(娘細胞)が新たに生じること．一般には母細胞が均等分裂して同じ形質をもった娘細胞が 2 個生じる均等二分裂である場合が多いが，分化を伴う場合には母細胞とは遺伝子の配列や細胞質内容の異なった細胞を生じることも多い．この例としてマウスのリンパ球で，遺伝子配列の異なった細胞が生じることが知られている．分裂期(M 期*)は，前期*，前中期*，中期*，後期*，終期*，の五つに分けられ，染色体の分裂(核分裂*)とそれに続く細胞質体の分割(細胞質分裂*)の二つの過程から成る．M 期に入る前に染色体 DNA や分裂に必要なタンパク質，ミトコンドリアやゴルジ体などの細胞小器官などは複製や合成を完了している．細胞質分裂は核分裂が完了したのち必ず起こるとは限らず，ショウジョウバエの発生初期の胞胚形成のように多核化することもある．細胞質分裂は，くびれ(収縮環*)が生じる場合と細胞板* 形成によるものとがある．

**細胞分裂周期**［cell division cycle］ ＝細胞周期

**細胞分裂周期突然変異株**［cell division cycle mutant］ cdc 突然変異株(cdc mutant)，細胞周期突然変異株(cell cycle mutant)ともいう．L. Hartwell* は細胞周期* の制御に関与する遺伝子を同定する目的で，出芽酵母を用い，温度感受性突然変異株で細胞周期の特定の段階で停止するものを選び出した．これを細胞分裂周期突然変異株という．この戦略はその後，分裂酵母，アカパンカビ，培養細胞などにも適用された．

細胞周期研究はこうして分離された cdc 突然変異株の解析により急速に発展した．$G_1$ 期における開始点*（Start, CDC28 遺伝子），細胞周期チェックポイント*，$G_2$/M 転移（または M 期促進因子*，cdk1 遺伝子）などの重要な概念が細胞周期突然変異株の解析から提出された．

**細胞分裂停止因子** ＝細胞分裂抑制因子

**細胞分裂抑制因子**［cytostatic factor］ 略称 CSF．細胞分裂停止因子ともいう．脊椎動物の未受精卵中に存在し，受精まで M 期促進因子*（MPF）の活性を安定化させ，減数第二分裂中期に停止させる活性をもつ因子をいう．その必須構成成分の一つは mos がん遺伝子産物（Mos）である．また CSF 活性は二細胞期胚に注入したときに分裂中期に停止させる活性として測定される．受精に伴い MPF 活性，CSF 活性はともに不活性化されるが，CSF 不活性化の生物学的意義は受精卵を正常な卵割（体細胞分裂）へ移行させるためと考えられている．

**細胞壁**［cell wall］ 原形質膜の外側を覆っている親水性ゲル構造体．細胞壁は細胞の形を規定し，無制限な浸透的細胞吸水を抑制し，原形質*体の破裂を防ぐ．生物界で細胞壁をもつものは細菌*，シアノバクテリア*，菌類*，藻類*，維管束*植物などである．細菌の細胞壁の主成分はムレインとよばれ，ペプチドグリカン*からできている．シアノバクテリアの細胞壁も基本的には細菌のそれと同じと考えられている．菌類や植物細胞の細胞壁はミクロフィブリルとマトリックス多糖が主成分である（⇒細胞壁多糖）．高等植物では成長を続けている細胞は一次細胞壁*をもつ．成長停止後に一次細胞壁の内側に二次細胞壁*を形成するものもある．高等植物の細胞壁には無数の穴（直径 20〜40 nm）があいており，この穴を通して原形質同士が隣の細胞とつながっている．（⇒原形質連絡）

**細胞壁グリカン**［cell wall glycan］ ＝細胞壁多糖

**細胞壁多糖**［cell wall polysaccharide］ 細胞壁グリカン（cell wall glycan）ともいう．細胞壁*に強度と形を与えている構造多糖．結晶状のミクロフィブリルと無定形のマトリックス多糖がある．コケ植物，維管束植物のミクロフィブリルはセルロース*である．藻類にはセルロース以外にキシラン（xylan）やマンナン（mannan）のフィブリル（原繊維）をもつものがある．マトリックス多糖はヘミセルロース*性多糖，ペクチン*性多糖に分かれる．高等植物のヘミセルロース性多糖には，キシログルカン*，グルクロノアラビノキシラン（glucuronoarabinoxylan），グルコマンナン（glucomannan），β-1,3-D-グルカン（β-1,3-D-glucan），β-1,3-β-1,4-D-グルカンなどが，ペクチン性多糖にはガラクツロナン（galacturonan），アラビナン（arabinan），ガラクタン（galactan），アラビノガラクタン（arabinogalactan）などがある．菌類ではキチン*がミクロフィブリルで，マトリックス多糖には β-1,3-D-グルカン，マンノプロテイン（mannoprotein）などがある．

**細胞壁タンパク質**［cell wall protein］ 高等植物の細胞壁*に存在するもので，構造タンパク質と酵素とがある．これらのタンパク質は高濃度塩溶液，キレート剤，細胞壁分解酵素によって可溶化される．構造タンパク質にはアラビノガラクタンプロテイン（arabinogalactan protein）とエクステンシン*がある．ともにタンパク質鎖に多くのヒドロキシプロリン*を含む．前者は細胞壁を摩砕するだけで容易に緩衝液で抽出されるが，後者は亜塩素酸ナトリウムでフェノール性物質オリゴマーを酸化的に開裂しなければ抽出されない．細胞壁酵素には，リグニン*合成に関与すると考えられているペルオキシダーゼやリンゴ酸デヒドロゲナーゼ*，糖分解に関与するエンド-β-1,3-D-グルカナーゼ，エンド-β-1,4-D-グルカナーゼ（セルラーゼ），ペクチンメチルエステラーゼ，ポリガラクツロナーゼ，インベルターゼ，キシログルカナーゼ，各種のグリコシダーゼのような加水分解酵素，エンドキシログルカントランスフェラーゼ*などがある．

**細胞マイクロアレイ**［cell microarray, transfected cell microarray］ 細胞アレイ（cell array）ともいい，CA と略す．cDNA マイクロアレイの応用として報告された技術のこと（⇒DNA マイクロアレイ）．最初に報告された方法としては，発現ベクターに挿入した状態の cDNA クローンをスライドガラス上にスポットし，その上で細胞を増殖させ，スポットされた遺伝子を導入することにより，外来遺伝子が発現した状態の細胞アレイを作成する．このような細胞マイクロアレイは過剰発現型細胞マイクロアレイ（overexpression-type microarray）とよばれている．また，cDNA クローンではなく siRNA*や短いヘアピン RNA（shRNA）を産生する発現ベクターや，合成の siRNA をスポットすることで大規模な RNAi スクリーニングが行われている（⇒RNA 干渉）．これは RNAi 細胞マイクロアレイ（RNAi microarray）とよばれており，過剰発現型細胞マイクロアレイよりも現在最もよく研究，開発されている方法である．RNAi 細胞マイクロアレイは，特にキイロショウジョウバエ細胞系においてスクリーニングを簡単，安価に行うことができ全ゲノムスクリーニングに非常に適している．この系は，通常用いられる細胞株が貪食能を示し，形質転換試薬が必要なく，また，RNAi の成功率が哺乳細胞のそれと比べて非常に高いという特徴がある．これは各 600〜800 bp の dsRNA のすべてが多数の有効な 21 ヌクレオチド siRNA に切断されるためである．この系を用いて，同時にレポーター，ATP 産生，細胞形態を読取ることを全ゲノムスクリーニングで行うことでこれまで機能未知とされていた遺伝子の機能が明らかにされた．現在では 384 種類の RNAi 細胞マイクロアレイが高解像度で自動に画像を収集し解析する方法が利用されている．哺乳類細胞を用いた同様の実験も行われており，p53* 経路や NF-κB* シグナル伝達経路やヒトプロテアソーム機能に関連する遺伝子の同定に利用されている．しかし，哺乳類細胞系では多数の目

的遺伝子を効率よく抑制する優れた siRNA の収集が大きな課題となっている．また，プロテオミクス\*の代表技術としてタンパク質マイクロアレイ\*があげられるが，その安定性やタンパク質を精製しなくてもよいという面から，細胞マイクロアレイの方が利点の多い方法だと考えられる．そのほか，細胞マイクロアレイを使って低分子アゴニスト\*，アンタゴニスト\*のハイスループットスクリーニング，抗体医薬開発研究を効率的に行える可能性が期待される．(⇌ マイクロアレイ，ハイスループット技術)

**細胞膜** [cell membrane] 形質膜(plasma membrane)ともいう．細胞膜は生体膜の一種である．他の生体膜と異なる点は，他の生体膜が細胞内に存在するのに対し，細胞膜は細胞外と細胞内を仕切ることである．そこから細胞膜の五つの特徴が説明される．1) 細胞内膜より丈夫でなければならないことから，膜脂質にコレステロールが加わる．コレステロールがリン脂質と1:1のモル比で複合体をつくることにより膜の剛性が上昇する．2) 細胞膜の外表に長短の糖鎖をもつ．糖鎖は糖脂質\*のものであることもあれば，糖タンパク質\*のものであることもある．細胞膜タンパク質の糖鎖には O 結合型糖鎖より N 結合型糖鎖が多い．3) 細胞膜タンパク質(⇌ 膜タンパク質)は裏打ちタンパク質を介して細胞骨格\*と結合している．このように，細胞膜は上記コレステロールで剛性を増し，裏打ち構造でさらに丈夫さ(変形に対する抵抗性)を増している．4) 細胞膜にはドメイン構造がある．遊走細胞などに比べ組織を形づくっている細胞はその外表が複数の外界に面している．外界に応じて膜はその部分(ドメイン)で特殊化している．これらのドメインにはそれぞれに特異な膜タンパク質(酵素，チャネル，トランスポーター，受容体など)が分布している．各ドメイン間の境界には密着結合\*がある．側膜の特定の部分にはギャップ結合\*やデスモソーム\*がある．膜脂質もドメインによって組成が異なる．5) 細胞膜タンパク質には細胞内膜にはない膜結合型式がある．一つは，膜タンパク質に共有結合した脂肪酸の非極性尾部が脂質二重層にもぐり込むことによる結合である．同様に，イソプレニル基を介した結合もある．もう少し複雑な結合基としてグリコシルホスファチジルイノシトールを介したものもある(⇌ GPI アンカー型タンパク質)．管腔に面したドメインを頂膜(apical membrane)，細胞間に面したそれを側膜(lateral membrane)，細胞底部のそれを底膜(basal membrane)とよぶ．側膜と底膜を一緒にして側底膜(lateral-basal membrane，または縮めて basolateral membrane)とよぶことが多い．これらのドメイン構造が明白にみられるのは上皮細胞のような極性をもった細胞の場合である．

**細胞膜裏打ちタンパク質** [membrane-skeletal protein] 膜骨格タンパク質ともいう．細胞膜直下で細胞膜タンパク質の細胞質ドメインと結合し，細胞膜の静的および動的構造を支持するタンパク質の総称．赤血球膜\*では，膜タンパク質グリコホリン\*がバンド 4.1\*タンパク質を介して，またバンド 3\*タンパク質(陰イオン輸送タンパク質)がアンキリン\*を介して，それぞれスペクトリン\*に結合している(図)．ス

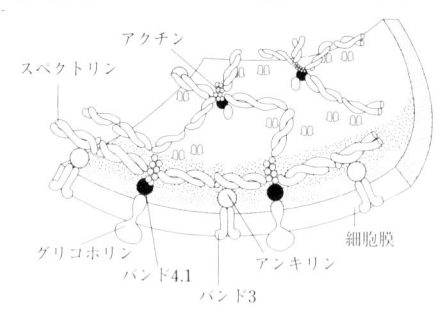

赤血球膜裏打ちタンパク質

ペクトリンは四量体を単位として連結し，膜直下のネットワーク構造を形成している．赤血球ゴースト\*からスペクトリンを抽出して除くと，赤血球膜はすぐに壊れてしまう．スペクトリン様のタンパク質は赤血球以外の細胞にも存在し，細胞膜の構築に寄与している．細胞接着装置のデスモソーム\*，接着結合\*，焦点接着(⇌ フォーカルコンタクト，フォーカルアドヒージョン)には，それぞれ特殊な裏打ち構造があり，接着装置を支持している(⇌ 細胞結合[図])．細胞性粘菌や培養繊維芽細胞のように培養基質に接着しながら運動する細胞では，腹側のデスモソームと背側の波うち膜\*で，細胞膜とアクチン系細胞骨格が相互作用して動力を生み出している．

**細胞膜 $Ca^{2+}$-ATP アーゼ** [plasma membrane $Ca^{2+}$-ATPase] ＝カルシウムポンプ

**細胞膜カルシウムポンプ** [plasma membrane calcium pump] ＝カルシウムポンプ

**細胞膜結合型ヘパラン硫酸プロテオグリカン** [membrane-bound heparan sulfate proteoglycan] ＝フィブログリカン

**細胞膜受容体** [cell-membrane receptor] 細胞膜上に存在する受容体の総称．細胞膜上には細胞外界のさまざまな因子と特異的に結合するタンパク質が存在している．この中でその結合を介して細胞内に反応を起こす能力をもつタンパク質を細胞膜受容体とよぶ．これらの受容体はアロステリックタンパク質\*であり，細胞外界領域でリガンド\*と結合すると，細胞膜を貫通する領域を通じて細胞質内領域に高次構造の変化を起こす．ペプチド性の細胞増殖因子などと結合する受容体群(signaling receptor, ⇌ 増殖因子受容体)ではセカンドメッセンジャー\*の産生にかかわる細胞内タンパク質と相互作用するようになり，これが細胞応答反応の引き金となる．また非可溶性の細胞外界の細胞接着分子\*や細胞外マトリックス\*と結合することによって細胞内に諸反応を起こす受容体群(adhesion receptor)がある．さらに低密度リポタンパク質(LDL)受容体\*の場合のようにコレステロールなどの物質を

取込む受容体群(transport receptor)がある.(⇌ Gタンパク質共役型受容体)

**細胞膜タンパク質** [plasma membrane protein] ＝膜タンパク質

**細胞膜ブレビング** [membrane blebbing]　細胞膜が細胞外に向かって小さく風船状に膨らむ現象.アポトーシス*の後期に見られ,アクチン*骨格とアクトミオシン*の収縮性に依存して起こる.ミオシンL鎖キナーゼ(MLCK)やROCK-IなどのキナーゼによるミオシンL鎖のリン酸化がアクトミオシン収縮の引き金となり,ブレビングをひき起こす.ROCK-IはRho GTPアーゼのエフェクターであり,カスパーゼ*による切断によっても活性化される.アポトーシスの際のブレビングは通常一過性で,ひき続いて細胞の断片化が始まる.ブレビングを抑制してもホスファチジルセリンの露出などの過程は阻害されない.なお局所的なブレビングはグルタルアルデヒド固定などの際の人工産物としても生じることがあるので注意を要する.

**細胞‐マトリックス結合** [cell-matrix junction]　細胞‐細胞外マトリックス結合(cell-extracellular matrix junction),細胞‐基質接着(cell-stroma adhesion),または細胞‐マトリックス相互作用(cell-matrix interaction)ともいう.生体内では多くの細胞は他の細胞かあるいは細胞外マトリックスに結合して存在する.上皮細胞と間充織細胞は,通常いろいろなマトリックス分子から構成される基底膜に接着している.それにはアクチンに結合する細胞‐マトリックス接着結合(フォーカルアドヒージョン*)と中間径フィラメントに結合するヘミデスモソーム*がある(⇌細胞結合[図]).この結合は細胞外マトリックスの膜貫通型受容体を介して行われ,その代表はインテグリン*,シンデカン*,CD44抗原*である.組織再構築過程(tissue remodeling)では細胞はマトリックスから離れ移動する.これにかかわる抗接着分子としてSPARC(オステオネクチン*),テネイシン*,トロンボスポンジン*がある.これら受容体とその関連分子には多くの変異種があり,細胞内伝達情報の多様性をつくり出す.(⇌フォーカルコンタクト)

**細胞‐マトリックス接着結合** [cell-matrix adhesion junction]　＝フォーカルアドヒージョン

**細胞‐マトリックス相互作用** [cell-matrix interaction]　＝細胞‐マトリックス結合

**細胞密度** [cell density]　一定の空間内の細胞の量(数)をいう.一般には,細胞培養において,容器の一定の面積内の細胞の数をもって表す.正常の繊維芽細胞は,一定の細胞密度になると増殖を止めるが,細胞が悪性化(がん化)すると細胞密度が高くなり,遂には重なり合ってくる(piling up).(⇌接触阻止)

**細胞免疫療法** [cell-based adoptive immunotherapy]　試験管内で活性化したリンパ球を生体に戻してがんに対する傷害を期待する治療法.細胞免疫療法としてはリンホカイン活性化キラー(LAK)細胞療法が最初のものである.LAK(細胞)療法は1980年代に米国のS. A. Rosenbergらにより行われたもので,がん患者からリンパ球を取出し,IL-2で数日間刺激し活性化リンパ球を大量のIL-2とともに生体に戻すことにより,抗腫瘍性を期待したものである.この療法は期待したほどの効果はみられず,それ以上にIL-2の副作用が強く,その後この治療は進展していない.ただし,同様の方法でより高いがん治療効果を期待して,腫瘍組織浸潤活性化リンパ球療法(TIL)や細胞傷害性活性化リンパ球療法(CTL)が試された.しかし,いずれの方法もLAK療法と同様に期待したほど効果はみられなかった.その後,抗CD3抗体とIL-2で刺激することによって,リンパ球を1000倍以上に増やす方法が開発され,現在,活性化リンパ球療法として,肝臓がんの手術後の再発予防などを目的として用いられている.(⇌免疫療法,樹状細胞免疫療法)

**細胞融合** [cell fusion]　2個以上の細胞の細胞膜が融合して連続した膜となり,これにより多核細胞が形成される現象.受精や骨格筋の形成の際などに起こるが,人工的にセンダイウイルス*(HJV)やその他のパラミクソウイルスの作用,ポリエチレングリコール*処理でも誘導できる.また,高電圧パルスによる電気穿孔*法でも融合可能である.この方法によって,2種類の細胞を融合し,両者の染色体をいろいろな割合でもつ雑種細胞*をつくることもできる.(⇌ヘテロカリオン)

**細胞溶解素** [cytolysin]　＝パーフォリン

**細胞レオロジー** [cell rheology]　生体物質および生体構造の変形・流動・歪力・破壊などを研究対象とするバイオレオロジーの一分野(⇌レオロジー).特に細胞構成物質および細胞構造を対象とする.筋肉の収縮,原形質流動,鞭毛繊毛運動,血流や血球の変形,細胞分裂時の細胞の変形や運動などのほか,染色体・クロマチンの構造変化なども研究対象に含まれる.特に最近,走査型プローブ顕微鏡や顕微操作などの新しい解析手段の開発と応用によって分野が広がろうとしている.

**細胞老化** [cellular senescence]　テロメラーゼ*活性をもたない正常細胞は有限回の細胞分裂の後,テロメア長*が閾値まで短小化し,細胞増殖を非可逆的に停止する.このような細胞は,扁平で巨大な細胞質形態,老化細胞特異的ガラクトシダーゼ活性陽性,p16$^{INK4a}$などの細胞周期制御因子の活性化,遺伝子発現プロファイルの変化など,特徴ある一群の表現型を示し,分裂寿命(replicative senescence)にあるといわれる.一方,低容量の酸化ストレス,活性化Rasがん遺伝子の構成的発現などの種々のストレス負荷によっても正常細胞は同様な表現型を示し,これをストレス誘導性細胞老化(stress-induced cellular senescence)あるいは早発性細胞老化(premature cellular senescence)という.分裂寿命とストレス誘導性細胞老化を総称して細胞老化とよぶ.細胞老化の成立にはp53とRBタンパク質機能が必要で,これらを失活させると細胞老化がバイパスされ細胞は増殖を持続させる.細胞老化には,個体老化の一部を説明する可能性

とともに，ストレスを受けた細胞を増殖停止させることでがん細胞の出現を防ぐがん抑制機構としての役割があると考えられている．

**細網異形成症** [reticular dysgenesis] ⇌ 重症複合免疫不全症

**細網細胞** [reticulum cell, reticular cell] ⇌ 組織球

**細網繊維** [reticular fiber] ⇌ 結合組織

**細網内皮系** [reticuloendothelial system] RES と略し，網内系，単核食細胞系 (mononuclear phagocyte system) ともいう．骨髄，末梢血およびエンドサイトーシス機能が発達した組織 (肝臓, 骨髄, リンパ節などの類洞，肺胞上皮，皮下組織，脾臓など) にまたがる単核球系によって形成される系．骨髄幹細胞，単芽球に由来する流血中の単球が血管外に遊走し，これらの組織に付着して肥大化・特徴化したマクロファージ*となり，病原体や炎症産物の食食，抗原提示による免疫系の賦活，多形核白血球の動員などの作用を通じて生体を防御している．

**細網内皮症ウイルス** [Reticuloendotheliosis virus] REV と略す．トリレトロウイルスの一種．REV-T は強い発がん性をもち単独では増殖できない欠損ウイルス株．REV-A は単独で増殖できる株で REV-T の増殖を支える (ヘルパーとして働く)．REV-T はがん遺伝子 v-rel をもち，これはウイルスの env 遺伝子の大部分と置き換わっている．v-rel に対応する原がん遺伝子 c-rel はシチメンチョウ由来の遺伝子で，ウイルスがシチメンチョウで増殖した際組み込まれたものと考えられる．c-rel の産物は転写因子 NF-κB* やショウジョウバエ dorsal の産物と高い相同性をもつ．

**サイモシン** ＝チモシン

**ザイモリアーゼ** [zymolyase] 微生物 Oerskouvia xanthinolytica の培養汚液から調製された酵母細胞壁溶解酵素．種々の酵母のプロトプラスト*の形成に用いられる．ザイモリアーゼは 2 種の成分を含む．一つは β-1,3-グルカンラミナリペンタオヒドロラーゼ (β-1,3-glucan laminaripentao hydrolase) で β-1,3-グルカンを分解し，ラミナリペンタオースを生じる．あと一つはセリンプロテアーゼで酵母細胞壁から特異的にペプチドマンナンを遊離させ，β-1,3-グルカンラミナリペンタオヒドロラーゼが細胞壁に作用するのを促進させる．

**最尤法** [maximum likelihood estimation] MLE と略す．進化系統樹*作成の際に，考えられるすべての樹を作成してからどの樹が確からしいかを統計学的手法により評価する手法．配列の数が少ない場合には問題ないが，配列数が多い場合には経験則を用いて作成すべき樹を選択する．

**再利用経路** [salvage pathway, salvage cycle] サルベージ経路，再生回路ともいう．ヌクレオチド生合成経路の一つ．5-ホスホリボシル 1-ピロリン酸* (PRPP) を出発物質として，細胞に必要なヌクレオチド骨格を組立てて行く新生経路*に対して，DNA や RNA，あるいは生体内遊離ヌクレオチドの代謝分解によって生成した塩基や，ヌクレオシドを再度活性化して，ヌクレオチドプールに回収する経路である．プリン塩基の再利用には，ヒポキサンチンホスホリボシルトランスフェラーゼ* (HPRT または HGPRT)，アデニンホスホリボシルトランスフェラーゼ (APRT)，時としてキサンチンホスホリボシルトランスフェラーゼ* (XPRT または XGPRT) が主役となる (図)．ウラ

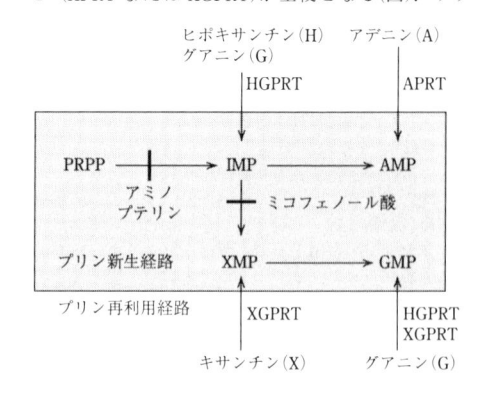

シルでは，ウラシルホスホリボシルトランスフェラーゼ (UPRT) である．チミンや，シトシンは再利用されない．一方，プリンヌクレオシドの再利用ではアデノシンキナーゼ*，イノシン-グアノシンキナーゼがかかわり，ピリミジンヌクレオシドでは，ウリジン-シチジンキナーゼがかかわっている．デオキシ系列では，チミジンキナーゼ*とデオキシシチジンキナーゼ*，さらにデオキシアデノシンキナーゼ，デオキシグアノシンキナーゼが関与している．この経路が，実験室における放射性前駆体による核酸の標識などに使われ，さらに，制がん，抗ウイルス薬として用いられる類似体の効果発現の基礎となっている．また，遺伝子導入の際の組換え体を選別する手段として用いられるアミノプテリン*によりプリン，ピリミジン新生経路を阻害し (⇌ ジヒドロ葉酸レダクターゼ)，培地にチミジン，ヒポキサンチンを加えると，HGPRT をもつ組換え体のみを選択できる (⇌ HAT 培地)．また，ミコフェノール酸*により GMP 新生を阻害するとXGPRT (Ecogpt) が誘導されるので，これらの酵素に対する遺伝子をもつ組換え体を選択することができる．

**サイレンサー** [silencer] その近傍に位置する遺伝子の転写を抑制する真核生物に特徴的なシスエレメント*．1985 年 K. Nasmyth らが，出芽酵母の HM 遺伝子座を抑制状態に保っているシスエレメントを，エンハンサー*と対比させてサイレンサーと名づけたのが最初である．サイレンサーは，遺伝子に関してシスの位置に存在する必要があり，遺伝子との距離や方向，配列の向きに依存せずに転写を抑制する，などエンハンサーとよく似た性質をもっている．その後，高等真核生物でもリゾチーム遺伝子，DNA ポリメラーゼ β 遺伝子，インターフェロン β 遺伝子，CD4 遺伝子などでサイレンサーが見つかった．サイレンサーに

はサイレンサー結合因子が結合して転写を抑制する．その転写抑制機構としては，サイレンサー結合タンパク質がヘテロクロマチン結合タンパク質と結合し，遺伝子座を抑制型のヘテロクロマチン領域に転移させる，サイレンサー結合タンパク質がクロマチンリモデリング活性をもつ分子（HDACやSin3のような）をリクルートし発現不可能なヘテロクロマチン構造を生成する，DNAのループ形成により転写開始反応を直接阻害する，転写活性化因子のDNA結合を競合的に阻害する，などのモデルが提案されている．

**サイレンシング** ＝遺伝子サイレンシング
**サイレンシングRNA** [silencing RNA] ＝siRNA
**サイレント突然変異** [silent mutation] 沈黙突然変異ともいう．ある遺伝子が突然変異をもつにもかかわらず突然変異体としての表現型*が現れない突然変異．突然変異部位がその遺伝子機能に直接関与していない場合，あるいは野生型と類似の性質をもつアミノ酸に置換された突然変異の場合などの例があり，これらの突然変異をもつタンパク質は野生型細胞の細胞機能に影響を与えないため突然変異体として検出されない．しかしサイレント突然変異が他の突然変異と多重突然変異になることによりその表現型を現す例もある．

**サイロキシン** ＝チロキシン
**サイログロブリン** ＝チログロブリン
**Thy-1抗原** [Thy-1 antigen] 免疫グロブリンスーパーファミリー*に属する分子量約19,000の糖タンパク質で，ホスファチジルイノシトール*を介して細胞膜上に結合している．マウスにおいては代表的なT細胞マーカー*であり，ほかに上皮細胞，表皮内樹状細胞，神経細胞などに検出される．Thy-1分子を抗体により架橋するとT細胞を活性化するが，現在までそのリガンドは未同定であり，かつヒトT細胞には発現しないため，生理的に意味のある現象かどうか不明である．

**SINE** [SINE] 短い散在反復配列（short interspersed repetitive sequence）の略称．哺乳類のゲノムに散在している反復配列*のうち長さの短いもの（<500塩基対）をSINEという．哺乳類のSINEの起源はtRNAが逆転写されて挿入されたものと考えられているが，ヒトではこれに加えて，Alu配列とよばれる配列中に制限酵素AluIで切断されるSINEがよく知られている（=AluIファミリー）．このAlu配列はゲノム当たり数十万コピーと非常にコピー数が多いが，タンパク質の分泌に関与しているSRP（シグナル認識粒子*）の構成要素の一つである7SL RNA*と類似していることからこれが逆転写されて挿入されたものであると推測されている．このSINEのゲノムへの挿入が病気の発生につながることもあり，神経線維腫症1型*や遺伝性乳がんの原因遺伝子である*NF1*や*BRCA2*遺伝子にAlu配列が挿入して遺伝性のがんにつながったことが報告されている．(⇌LINE)

**サウスウェスタンブロット法** [south western blotting, south western method] DNAプローブでタンパク質を検出する方法．ブロッティングによりDNAをDNAで検出するサザンブロット法*とタンパク質を抗体で検出するウェスタンブロット法*から由来する造語．電気泳動ゲル中，あるいは発現ライブラリー中に存在するDNA結合性タンパク質を検出するのに用いる．メンブランフィルターに転移させたタンパク質をそのまま，あるいは塩酸グアニジンで変性後再生させ，標識DNAプローブを用いて検出する．DNA結合因子のクローニングに用いられる．

**坂口反応** [Sakaguchi reaction] アルギニンの検出反応．アルカリ性にした検体溶液にα-ナフトールと次亜臭素酸ナトリウムを加えると赤色になる．坂口昌洋により考案された．遊離アルギニンだけでなく，タンパク質中のアルギニンとも反応する．沪紙の上でも検出が可能である．アルギニンだけでなく*N*-モノ置換グアニジン誘導体とも反応する．尿素で過剰の次亜臭素酸ナトリウムを分解すると生成色素が安定に保たれ，退色が遅くなる．

**杯細胞** ＝杯（はい）状細胞
**サーカディアンリズム** [circadian rhythm] 概日リズムまたは日周リズム，日内周期ともいう．ほぼ24時間の周期で繰返す生理現象．睡眠・覚醒，摂食・摂水行動に限らず代謝，ホルモン分泌などもサーカディアンリズムを呈する．このリズムをつくる時計は，哺乳類では視交叉上核に，鳥類では松果体にある（⇌生物時計）．通常の環境下では，これらの生理現象は地球の自転に同期して正確に24時間周期のリズムを呈する．したがって環境同調因子（光など）がリズムを修正している．ショウジョウバエ（*Period*, *Timeless*）やアカパンカビ（*frq*），マウス（*Clock*, *Bmal1*）でサーカディアンリズムに関与する遺伝子（⇌時計遺伝子）がクローニングされ，ヒトでも相同遺伝子（ホモログ*）が存在し，機能していることがわかってきた．

**鎖間架橋** [interstrand crosslinking] DNA二本鎖間のある特定の原子間に共有結合や水素結合などの化学結合を形成させること．マイトマイシンC*，ソラレン*，サルファーマスタード*などにより二本鎖DNA間の架橋が生じる．DNA間の会合を安定化させたり分子間や残基間の近接度の測定，高次構造の解析などのために用いられる．鎖間架橋はDNA複製やRNA合成の阻害などの生物学的作用を示し，特に白金錯化合物であるシスプラチンはDNAの一本鎖内架橋や二本鎖間架橋をつくり，DNA合成や腫瘍細胞の分裂を阻害するので，化学制がん剤として頻用されている．

**鎖間交換** [cross-strand exchange] 一組の相同な二本鎖DNAが組換え*を起こす時に，互いのDNAを部分的に交換すること．この過程のモデルは，提唱者の名前にちなんでホリデイ構造*とよばれている．

**src遺伝子** [*src* gene] ラウス肉腫（sarcoma）ウイルス*ゲノムに見いだされた遺伝子で*，v-Srcとよばれるチロシンキナーゼをコードする．正常細胞ゲノム中には原がん遺伝子*としてc-*src*（細胞性*src*）が存在する．v-*src*はc-*src*に突然変異が加わり，

チロシンキナーゼ活性が亢進して発がん性を獲得したものである．Src タンパク質は分子量約 6 万で，SH2 および SH3 ドメインをもち，チロシンリン酸化とタンパク質間相互作用により細胞増殖シグナルを伝達する．(⇨ SH ドメイン)．

**Src 関連タンパク質** ［Src-related protein］ ＝Src ファミリー

**Src ファミリー** ［Src family］ 代表的な RNA 腫瘍ウイルスであるラウス肉腫ウイルス*から初めてがん遺伝子が同定され，src 遺伝子*と命名された．その後他の RNA 腫瘍ウイルスから src と酷似する yes がん遺伝子や fgr がん遺伝子が見いだされた．また細胞染色体上には，src, yes, fgr のほかに src 類似遺伝子として fyn, lyn, lck, hck, blk, yrk 遺伝子が同定された．これら 9 種の遺伝子の産物は互いに類似し（一次構造を図に示す），Src ファミリータンパク質あるいは Src 関連タンパク質(Src-related protein)と称される．Src ファミリータンパク質は約 60 kDa の非受容体型チロシンキナーゼで，ミリスチン酸を介して細胞膜に結合している．さらに Src ファミリータンパク質は細胞表面タンパク質と会合し，外来シグナルの伝達に関与している．代表的なものとして，T 細胞抗原受容体と会合する Fyn, T 細胞表面抗原 CD4 や CD8 と会合する Lck, B 細胞抗原受容体や高親和性 IgE 受容体と会合する Lyn があげられる．

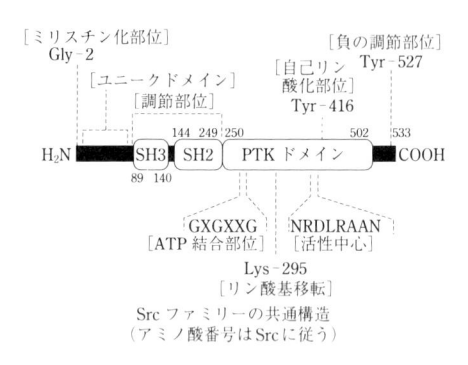

**サザランド** Sutherland, Jr., Earl Wilbur 米国の生化学者．1915.11.19〜1974.3.9．東カンザスのバーリンゲームに生まれ，マイアミに没す．1942 年ワシントン大学医学部卒業．C. F. Cori の薦めで生化学研究を開始．ホスホリラーゼとアドレナリン作用について研究．ホスホリラーゼの活性化機構を解明(1953)．サイクリック AMP を発見(1957)．バンダービルト大学教授(1963)．1971 年ノーベル医学生理学賞受賞．マイアミ大学教授(1973)．

**サザンブロット法** ［Southern blot technique, Southern blotting］ 特定の遺伝子または DNA 断片をフィルター上に検出する方法で，考案者の E. M. Southern の名前でよばれている．この方法により試料 DNA 内にプローブ DNA と相同な配列があるのか，あれば制限酵素*で切断された長さがいくらであるのかを決定できる．具体的には，DNA を制限酵素で切断し，アガロースゲル電気泳動法でサイズに従い分画する．ゲル内の DNA 断片をそのままフィルター上に写し(この操作をブロッティング*という)，標識したプローブとハイブリダイズさせて検出するという方法である．(⇨ ノーザンブロット法，ウェスタンブロット法)

**差引きハイブリダイゼーション** ［subtractive hybridization］ ある組織や細胞に特異的に発現している遺伝子を濃縮，単離する方法．目的の遺伝子を発現している細胞(組織)と発現していない細胞(組織)から mRNA を調製し，一方から cDNA(⇨ 相補的 DNA)を合成後，両者をハイブリダイゼーション*させる(図)．双方に共通の遺伝子はハイブリッドを形成するので，それを適当な方法で分離することにより特異的な遺伝子を濃縮できる．この方法により細胞(組織)特異的なプローブ*や遺伝子ライブラリー*を作製できる．(⇨ ディファレンシャルハイブリダイゼーション，競合ハイブリダイゼーション，差分化ライブラリー)

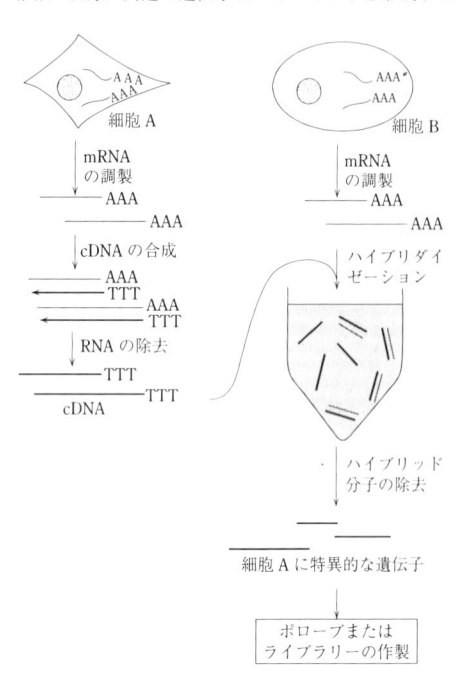

**鎖状体** ＝コンカテマー

**SARS** ［SARS］ 重症急性呼吸器症候群(severe acute respiratory syndrome)の略称．2002 年末から 2003 年初めにかけ，中国広東省，ベトナム，香港，北京，さらに世界へと広がったヒトの呼吸器感染症である．38℃ 以上の高熱，非定型肺炎 X 線像，咳，筋肉痛，息切れ，時に下痢を主徴とする．2003 年 7 月

終息したが，この間，8千人あまりが感染，うち約800人が死亡した．病原体はSARSコロナウイルスで，細胞吸着に関与するS糖タンパク質が王冠状に取巻く粒子構造をもち，特有な形態をもつ．プラス極性の一本鎖RNAをゲノムとし，非構造タンパク質（RNAポリメラーゼなど）がゲノム上流，構造タンパク質が下流に位置し，ゲノム長RNAのほか，5′リーダー配列を共有する数種のmRNAからつくられる．ハクビシンから酷似したウイルスが分離されたことから，野生動物のウイルスが，動物市場を介しヒトに感染したと推測される．病院内あるいはホテル内感染で，感染経路は気道分泌物の飛沫感染，接触感染が主とされる．実験室感染報告がある．

**左旋性**［levorotatory］ ⇌ 光学異性体

**サソリ毒**［scorpion venom］ サソリから得られる毒で，神経，筋など興奮性細胞に存在するナトリウムチャネル*に作用を及ぼす．多くのサソリ種から得られているが，いずれもアミノ酸60ないし70個より成る塩基性ペプチドで，3または4個の分子内S-S結合部位も含めて配列の相同性は高い．しかしその生理作用から，α-サソリ毒，β-サソリ毒の2種に分類されている．α-サソリ毒は*Leiurus quinquestriatus*や*Androctonus australis*などから得られ，ナトリウムチャネルの不活性化過程を著明に延長すること，したがって活動電位*の脱分極相を著明に延長することが知られている．β-サソリ毒は*Centruroides sculpturatus*や*Tityus serrulatus*などから得られ，ナトリウムチャネル活性化過程の膜電位依存性を電位軸に沿って過分極側に数十mVシフトさせること，したがって活動電位の反復発射をひき起こすことが知られている．

**サッカラーゼ**［saccharase］ ＝β-フルクトフラノシダーゼ

**サッカリン**［saccharin］ ＝o-スルホ安息香酸イミド．"saccha"は"sugar"を意味するが，本物質は発酵せず，水溶液がスクロース（ショ糖）の500倍の甘さをもつ．1879年に合成法が発表された．人工甘味料として，第二次世界大戦後の窮乏の時代に日本でも広く使われたが，その後発がん性が問題にされ，現在はアスパルチルフェニルアラニンメチルエステル（アスパルテーム aspartame）が低カロリー甘味料として，医療にも使われている．

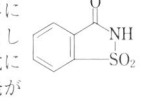

**サッカロース**［saccharose］ ＝スクロース

**サッカロミセス＝セレビシエ**［*Saccharomyces cerevisiae*］ 子嚢菌類に属する代表的な酵母*．パン酵母（baker's yeast）やビール酵母（brewery yeast）をはじめ醸造に用いられる酵母の多くはこの種と近縁である．真核細胞*特有の細胞構造をもつ．すなわち，核膜に包まれた核，ミトコンドリア，小胞体，ゴルジ体などの細胞小器官をもち，分裂装置として，紡錘体微小管，スピンドル極体を備えている．細胞は長さ5～10 μmの楕円体で，出芽により増殖する（⇌ 出芽酵母）．一倍体および二倍体で栄養増殖し，栄養培地での世代時間は約2時間である．接合と胞子形成による有性生殖世代をもつ．一倍体細胞のゲノムサイズは12.1 Mbで，23万～153万 bpの大きさに分布する16本の染色体をもつ．ゲノムシークエンシングから約6600個の遺伝子をもつことが推定されている．遺伝子発現プロファイル，タンパク質相互作用マップなどのさまざまなポストゲノム解析データが集積しており，また全遺伝子破壊株セットなどのバイオリソースもよく整備されている．

**サックマン SAKMANN**，Bert ドイツの生理学者．1942.6.12〜 シュトゥットガルト生まれ．チュービンゲン大学とミュンヘン大学で医学を学び医学博士取得（1970）．ロンドン大学に留学した（1971〜73）のち，ゲッティンゲンのマックス・プランク生物物理化学研究所助教授（1974）．同研究所教授（1985）．マックス・プランク医学研究所生理学教授（1989）．E. Neher*と協力してパッチクランプ*法を開発し，ノーベル医学生理学賞を受賞（1991）．

**刷子縁**［brush border, striated border］ 光学顕微鏡による観察で，上皮表面の縦に走る細かい線状構造を伴った光を強く屈折する部分をいう．腸の吸収上皮，腎臓の近位尿細管でよく発達している．電子顕微鏡的には方向のそろった微絨毛*が多数集合したものである．吸収率を上げるなどの目的で細胞表面積を増大させるのに適応した構造と考えられ，小腸吸収上皮では多数の消化酵素がここに局在している．

**雑種核酸分子形成** ＝ハイブリダイゼーション

**雑種強勢**［heterosis］ Aaのヘテロ接合体が，AAやaaよりも強い生活力を示す現象．

**雑種細胞**［hybrid cell］ 遺伝的性質が異なる2種の細胞を融合させて得られた，両者の染色体を合わせもつ細胞をいう（⇌ 細胞融合）．雑種細胞は哺乳類細胞間だけでなく，ヒトと鳥類の間などにもでき，それらは増殖能力をもつが，培養を続けると一方の親細胞の染色体が徐々に失われる．これによりヒト染色体のいくつかの染色体をもつ細胞を得ることができ，ある特定の遺伝子の染色体上の存在や，その発現制御の研究に用いられる．（⇌ 雑種細胞クローンパネル，遺伝子マッピング）

**雑種細胞クローンパネル** ［hybrid clone panel］ 染色体パネル（chromosome panel）ともいう．通常，ヒト染色体1本を保持するヒト・マウス（あるいはハムスター）融合雑種細胞クローンのセット（常染色体22本と性染色体X, Yについて）をいう．上記雑種細胞では，ヒト染色体が一方向に脱落し，1本あるいは数本が残った雑種細胞クローンが得られる．この雑種細胞をコルヒチン*やコルセミド*処理して微小核化させ，ついで，サイトカラシンB*の脱核作用によってヒト染色体1本のみをもつ微小核細胞（microcell）を選択する．これを再度マウス親細胞と融合させ，目的のクローンパネルが作製できる．雑種細胞クローンパネルは種々の病因遺伝子の特定染色体への割当て（assignment）に威力を発揮している．

**雑色体** ＝有色体

**サットン** SUTTON, Walter 米国の遺伝学者. 1877.4.5〜1916.11.10. ニューヨーク州ウチカに生まれ, カンザス・シティに没す. カンザス大学生物学科卒業(1900)後, コロンビア大学へ進学, 医学博士号を取得した(1907). その後故郷のカンザス・シティで開業した. Sutton はコロンビア大学院生時代の3年間(1901〜03)に遺伝における染色体の役割を明確に示した. 彼の主著 "The Chromosomes in Heredity" (1903)は古典的名著である.

**SAPキナーゼ**〔SAP kinase〕 ストレス活性化プロテインキナーゼ(stress-activated protein kinase)の略称. SAPK とも略される. ヒトで同定された JNK* と同じもの. 細胞内シグナル伝達を担う. MAP キナーゼ*スーパーファミリーに属するセリン/トレオニンキナーゼ*の一つ. 触媒サブユニットだけから成る単量体の酵素で, 分子量約 46,000 と 54,000 の 2 種類が存在する. ラット(SAPKα1, α2, β と γ)とヒト(JNK1(MAPK8), JNK2(MAPK9), JNK3(MAPK10))で存在が示されており, ほとんどすべての組織で発現している. ラットにシクロヘキシミド*を投与した際に活性化するキナーゼとして同定された. c-Jun N 末端の転写活性化ドメインに存在するセリン残基をリン酸化し, c-Jun の転写活性を増強する. MAP キナーゼとはアミノ酸配列レベルで 40〜45% の相同性が見られる. 紫外線, 高浸透圧, 熱刺激やタンパク質合成阻害剤などのストレスに対する応答, もしくはインターロイキン1*や腫瘍壊死因子*などの炎症性サイトカイン刺激のシグナル伝達, さらには T 細胞受容体と CD28 による T 細胞の活性化やアポトーシス, 分化, 形態形成など多彩な系で活性化することが明らかにされている. キナーゼサブドメイン VII と VIII との間に位置する Thr-Pro-Tyr(TPY)配列のトレオニン残基とチロシン残基がともにリン酸化を受けて初めて活性化する. この配列は MAP キナーゼの Thr-Glu-Tyr(TEY)配列, p38*の Thr-Gly-Tyr(TGY)配列とともに MAP キナーゼスーパーファミリーの特徴である. 両者のリン酸化は, シグナル伝達の上流に位置する SEK1(もしくは MKK4/JNKK/XMEK)や MKK7 により行われる. そのほか, ホスファチジルイノシトール 3-キナーゼを介して活性化されるプロテインキナーゼ B*(Akt)や低分子量 G タンパク質ファミリーに属する Rap1 を介して活性化される経路も示唆されている. SEK1 は MEKK*により活性化されることが示されている.

**SAP90**〔SAP90〕 ＝PSD-95

**ZAP-70**〔ZAP-70〕 ζ鎖結合プロテインチロシンキナーゼ(ζ-associated protein tyrosine kinase)の略. Syk* に類似する, 70 kDa の細胞質型のチロシンキナーゼ*で, 二つの SH2(→SH ドメイン)と一つのキナーゼドメインをもつ(図参照). おもに T 細胞とナチュラルキラー細胞に発現し, T 細胞受容体*刺激後, Src ファミリーチロシンキナーゼによってチロシンリン酸化された ζ 鎖に, 自身の SH2 を介して結合するとされている. ある種の免疫不全(選択的 T 細胞欠損症)の原因遺伝子とされ, $CD8^+$ T 細胞の分化と, $CD4^+$ T 細胞のシグナル伝達に必須である.

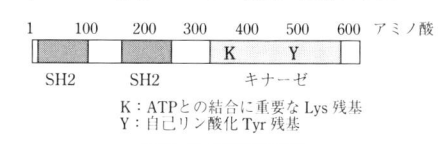

```
1    100    200    300    400    500    600  アミノ酸
 ▨▨▨▨   ▨▨▨▨        K
  SH2     SH2         Y
                    キナーゼ
```
K：ATP との結合に重要な Lys 残基
Y：自己リン酸化 Tyr 残基
ZAP-70 の構造模式図

**サテライト RNA**〔satellite RNA〕 sat-RNA と略す. ヘルパーウイルス*に依存して複製し, かつヘルパーウイルスのコードするコートタンパク質*で包まれている RNA をいう. 自己のコートタンパク質をコードするサテライトウイルス*とは区別される. キュウリモザイクウイルス*, タバコ輪点ウイルスをはじめ多くのウイルスに見いだされている. 一般に, ヘルパーウイルスのゲノムとは相同性がなく, ヘルパーウイルスのひき起こす病徴にさまざまな影響を及ぼす. (→ウイルソイド)

**サテライトウイルス**〔satellite virus〕 衛星ウイルスともいう. 他のウイルスに付随した状態で常に見いだされ, 単独では増殖できないウイルス. 約 20 nm の球形粒子であり, (+)鎖の一本鎖 RNA を 1 本もっている. RNA はコートタンパク質*の情報のみをもっており, ヘルパーウイルスのレプリカーゼ*によって複製する. これまで 4 種類のサテライトウイルスが知られており, 代表的なものにアデノウイルスのサテライトウイルスであるアデノ随伴ウイルス*があげられる. また, タバコネクローシスウイルス*のサテライトウイルスはヘルパーウイルスと同様に *Olpidium* 菌によって媒介され, 病徴に影響を与える. (→サテライト RNA)

**サテライト DNA**〔satellite DNA〕 ゲノム DNA を塩化セシウム密度勾配遠心分離法*で分画すると, その GC 含量*に応じてバンドが形成される. この時, 主要なバンドのほかに小さなバンドが現れることがある. このバンドに含まれる DNA をサテライト DNA という. プラスミドのような独立な DNA 分子がサテライトを形成することもあるが, ゲノム上の反復配列*のような著しく GC 含量の異なった部分の DNA 断片がサテライトを形成することもある. マウスのサテライト DNA は, 染色体のセントロメア領域に局在する縦列反復配列*から成る.

**作動薬** ＝アゴニスト

**サブクローニング**〔subcloning〕 クローン化された DNA の全部, または一部をクローニング*し直すこと. 塩基配列の決定, プローブの作製, 遺伝子の発現など, さまざまな目的のため, 目的の DNA 断片のみを目的に応じたベクターにクローニングすること. この際, 任意の制限酵素認識配列をもった短い DNA(リンカー DNA*)などを結合し, 制限酵素切断部位に挿入することが多い.

**サブゲノム RNA**〔subgenomic RNA〕 →RNA ウイルス

**サブスタンス K** [substance K] ＝K 物質，ニューロキニン A(neurokinin A)，ニューロメジン L(neuromedin L)，ニューロキニン α(neurokinin α)．サブスタンス P* 前駆体 cDNA のクローニングおよびペプチドの研究の結果から発見された哺乳類のタキキニン* の一つで，His-Lys-Thr-Asp-Ser-Phe-Val-Gly-Leu-Met-NH$_2$ の 10 個のアミノ酸から成る．その本来の生理機能はいまだ不明であるが，神経細胞の興奮，平滑筋の収縮・弛緩など他のタキキニンと類似の生理活性をもつ．また細胞の分裂増殖を促すペプチドの増殖因子としての作用も報告されている．(→サブスタンス K 受容体)

**サブスタンス K 受容体** [substance K receptor] NK$_2$ 受容体(NK$_2$ receptor)ともいう．タキキニン受容体* の一つ．アフリカツメガエル卵母細胞の発現系と電気生理学的アッセイ方法を組合わせた新しい機能的 cDNA クローニング法(→発現クローニング)を用いて，ペプチド受容体として初めて，その構造が決定された．初めてクローニングされたウシサブスタンス K 受容体は 384 個のアミノ酸から成る推定分子量 43,066 の膜タンパク質であった．本受容体のアミノ酸配列は，アドレナリンやアセチルコリン受容体およびロドプシンなど一群の G タンパク質共役受容体* と相同性を示し，そのスーパーファミリーに属する．また，これら受容体群と同様に，N 末端側を細胞外に，C 末端側を細胞内にもち，ほとんど疎水性アミノ酸から成る 7 個の膜貫通領域をもつ構造をとり，G タンパク質を介して細胞内シグナル伝達系を活性化することが明らかになった．本受容体は三つのタキキニン受容体のうちで最も脱感作性が弱く，その分布は末梢が中心である．したがって中枢神経系ではサブスタンス K* ペプチドは存在しても，その受容体が存在しないミスマッチの現象がみられる．

**サブスタンス P** [substance P] P 物質ともいう．哺乳類のタキキニン* の一つで，11 個のアミノ酸(Arg-Pro-Lys-Pro-Gln-Gln-Phe-Phe-Gly-Leu-Met)から成る．最初の，そして最もよく研究されている神経ペプチド* で，脳脊髄から中枢神経系のみならず腸管など末梢にも広く分布し，一次知覚神経における痛覚の伝達物質と考えられている．また血圧降下，平滑筋の収縮や唾液分泌の促進など多彩な生理作用を示す．サブスタンス P 受容体(NK$_1$ 受容体 NK$_1$ receptor)を介して作用を発揮する．(→タキキニン受容体)

**サブメタセントリック染色体** ＝次中部動原体染色体

**サブユニット** [subunit] 何かの同種または異種のポリペプチド鎖が非共有結合で会合して機能を発揮する一つのタンパク質を構成する場合，その構成単位をサブユニットという．たとえば，サイクリック AMP 依存性プロテインキナーゼ* は調節サブユニット(R)と触媒サブユニット(C)各 2 個から成る $R_2C_2$ として単離される．尿素，塩酸グアニジン，ドデシル硫酸ナトリウムなどのタンパク質変性剤の存在下では，タンパク質はサブユニットに解離する．(→四次構造)

**サプレッサー** [suppressor] 遺伝子間抑圧* が起こっている時，それをひき起こしている遺伝子のこと．

**サプレッサー感受性突然変異体** [suppressor-sensitive mutant] sus 突然変異体(sus mutant)ともいう．tRNA のアンチコドンあるいは他の部位が突然変異して，ナンセンスコドンに対応するアミノアシル tRNA ができると，ナンセンス突然変異* の起こった遺伝子の表現型を野生型にすることができる．そのような突然変異 tRNA をサプレッサー tRNA* とよび，それの有無で野生型と突然変異型の二様の表現型をとることのできる突然変異体のことをいう．タンパク質をコードする，あらゆる遺伝子(必須遺伝子を含む)について分離することが可能である．

**サプレッサー tRNA** [suppressor tRNA] mRNA を翻訳する際に，あるアミノ酸に対応するコドンを別のアミノ酸に対応させたり(ミスセンスサプレッサー*)，終止コドンを何らかのアミノ酸に対応させたりする(ナンセンスサプレッサー)ような構造的変化が tRNA 上で起こり，突然変異により機能を失っていたタンパク質の代わりに(部分的に)活性のあるタンパク質の生成が可能になることで変異が抑圧* されることがある．この時，その tRNA をサプレッサー tRNA という．

**サプレッサー T 細胞** [suppressor T cell] 抑制 T 細胞，調節 T 細胞ともいう．T$_S$ と略記される．免疫反応を統御する T 細胞* には機能の相反する 2 種類が存在する．その一つは免疫反応を惹起するヘルパー T 細胞* であり，もう一方が免疫反応を負に抑制するサプレッサー T 細胞である．1970 年代のはじめ，R. Gershon と今渡和成および多田富雄らによって，その存在が記載された．サプレッサー T 細胞による免疫抑制* は，寛容の感染(infectious tolerance)すなわち，細胞移入によって正常動物に免疫抑制を導入できることを特徴としている．この点，胸腺内で起こっている自己免疫反応性 T 細胞の除去にみられるクローン除去* や，T 細胞活性化にあたって，必要とされる二つのシグナルの一方が欠損した場合に起こるクローン麻痺* とは区別される．サプレッサー活性をもつ細胞は CD4 や CD8 陽性 T 細胞集団が報告されているが，最近ナチュラルキラー細胞* にもその活性が見いだされている．機能発現の機序は Fas 抗原* を介するアポトーシス* や，パーフォリンを誘導し，エフェクター細胞を殺すあるいはインターロイキン 4/インターフェロンγを分泌して T$_H$1/T$_H$2 バランスを変えることによって免疫系を調節している．

**サプレッション** ＝抑圧

**差分化ライブラリー** [subtraction library] 二つの条件で発現レベルの異なる遺伝子を単離する方法．ある細胞や組織と，別の細胞・組織または異なる条件下に置かれ，遺伝子の発現状態が異なる同種の細胞や組織とから別々に cDNA を調製しておき，一方の cDNA あるいは mRNA と，もう一方の mRNA あるいは cDNA とハイブリッドを形成させ，二本鎖核酸を

除去することで，一方の細胞・組織に特定または多く発現している cDNA のみを単離する手法である．ある遺伝子の mRNA が条件 A に比べ，条件 B において低レベルに発現している際，A と B に由来する mRNA/cDNA/cRNA でハイブリッドを形成させ，これを除去することにより条件 B において発現している遺伝子をクローン化することが可能である．

**サーベラス** [cerberus]　両生類の形成体*（オーガナイザー）付近で発現し，頭部構造を誘導する分泌タンパク質として1996年に単離された．アフリカツメガエルでは270アミノ酸から成り，C 末端にシステイン残基から成る特徴的な構造 (C-knot) が存在する．広く脊椎動物に類似の遺伝子が存在する．活性としてはBMP, Wnt*, Nodal などのシグナル因子と細胞外で結合し，それらのシグナルが細胞内に伝達されることを抑制している．

**サポニン** [saponin]　サポノシド (saponoside) ともいわれる．植物界に広く分布するトリテルペノイドまたはステロイドを非糖部（この場合はサポゲニン）とする起泡性のある配糖体の総称．大多数が無定形粉末で，水，メタノール，熱希エタノールに可溶，他の有機溶媒には不溶．水に溶かすとコロイド性の水溶液となり，著しく泡立つ (sapo はラテン語でせっけん) ので，起泡剤として用いられる．油脂を乳濁させるのに，乳化剤としても用いられる．このような界面活性剤*としての性質を利用して，洗浄剤として使われるほか，生体膜の構造を破壊するのに用いられる．低濃度でも溶血作用を示すが，これは赤血球中のコレステロールと結合するためである．

**サポノシド** [saponoside]　=サポニン

**サムエルソン** SAMUELSSON, Bengt Ingemar　スウェーデンの生化学者．1934.5.21〜　ハルムスタードに生まれる．ルンド大学に医学を学び，カロリンスカ医科大学で医学博士号を取得 (1960)．ハーバード大学に留学．S. K. Bergström* のもとでプロスタグランジンがアラキドン酸から生成されることを発見した (1965)．スウェーデン王立獣医大学教授 (1967〜72)．カロリンスカ医科大学化学教授 (1973)．カロリンスカ医科大学長 (1982)．1982 年 Bergström, J. R. Vane* とともにノーベル医学生理学賞を受賞した．

**サーモリシン** [thermolysin]　微生物由来の代表的なメタロプロテアーゼ*の一種 (EC 3.4.24.27) で，*Bacillus thermoproteolyticus* が産生する．熱や有機溶媒，変性剤で処理しても失活しない安定な酵素．その安定化には，1分子中に含まれる4原子の Ca が寄与しており，EDTA, 1,10-フェナントロリンで失活する．分子量は37,500，最適 pH は中性からアルカリ性にあり，おもに疎水性アミノ酸残基を含むペプチド結合を切断する．活性部位にはメタロプロテアーゼに固有の His-Glu-X-X-His 配列をもっており，ここに $Zn^{2+}$ が配位し結合水の酸素の求核性を増すことによって触媒機能を発現する．

**サラセミア** [thalassemia]　地中海沿岸地域で最初に証明された疾患のため地中海貧血 (Mediterranean anemia) とよばれることもある．グロビン*鎖の合成障害により起こる遺伝性の小球性，低色素性貧血症であり，その病態はグロビン鎖合成比の不均衡に基づく溶血と，無効造血である．障害を受けるグロビン鎖ごとに種々のサラセミアが知られている．中でも α や β グロビン鎖の減少や消失で起こる α や β サラセミアの頻度が高く，これらはマラリア*感染地域に集中しており，マラリア感染への抵抗性が考えられている（→ ヘモグロビン異常症）．α サラセミアは遺伝子の欠失で起こるものが多く，一方 β サラセミアは，塩基レベルでの異常が大部分を占め，これまでに100種類以上の突然変異が同定されている．これは転写*，RNA プロセシング*，翻訳*そして翻訳後の過程のいずれかに障害を及ぼす．治療法としては，輸血やキレート剤の投与など対象療法が主体であり，重症のホモ接合体や複合ヘテロ接合体は若年でおもに感染症で死亡する．現在骨髄移植も行われており，遺伝子治療*の開発も進行している．一方，サラセミアの予防として，出生前診断*に基づく産児制限がサラセミア頻度の高い地域で行われ，効果が得られつつある．

**サリドマイド** [thalidomide]　=2,6-ジオキソ-3-フタルイミドピペリジン (2,6-dioxo-3-phthalimidepiperidine)．$C_{13}H_{10}N_2O_4$，分子量258.33．非バルビツール系鎮静睡眠剤．1957年西ドイツで，日本でも1958年に発売された．催奇形性があることがわかり1961年に市場から回収された．胃腸薬としても用いられたため妊娠初期 (34〜50日ごろ) に服用した場合，胎児に四肢の奇形が発生した．特に長管骨が欠損あるいは低形成をきたし，手指が直接に躯幹についているアザラシ肢症 (phocomelia) は代表的な奇形である．そのほかに無耳症，難聴，心奇形，腎奇形などがある．

**サル後天性免疫不全症候群** [simian acquired immunodeficiency syndrome]　サルにみられる後天性免疫不全症候群* (AIDS) 様疾患．ヒト免疫不全ウイルス* (HIV) 類似のサル免疫不全ウイルス* (SIV) が感染したアカゲザルなどのアジア産のマカク属サルのみでみられ，自然宿主であるアフリカ原産のサルではみられない．感染後10カ月から2年後に，CD4陽性リンパ球の減少や日和見感染などのヒトの AIDS と同様症状を呈して，死亡する．HIV はサルに感染せず，SIV 遺伝子の構造と機能が類似していることから，AIDS の動物モデルとして利用されている．

**サルコシル** [sarkosyl]　N-ラウリルサルコシン酸ナトリウム (sodium N-laurylsarcosinate) の商標．陰イオン性界面活性剤．SDS (ドデシル硫酸ナトリウム*) よりも高塩濃度中での溶解性が高いことや，界面活性剤としての作用が弱いことから，高塩濃度下や，より穏やかな処理が必要な場合に SDS の代用として用いられる．

**サルコフスキー反応** [Salkowski reaction]　コレス

テロール*の呈色反応で，クロロホルム溶液に等量の濃硫酸を加えて振ると，クロロホルム層が赤色になり，硫酸層が黄色で緑色の蛍光を発する．コレステロール類似の不飽和ステロールでも呈色する．

**サルコーマ** ＝肉腫

**サルコメア** [sarcomere] 筋節ともいう．横紋筋*の収縮装置である筋原繊維の単位となる構造(⇒筋原繊維[図])．筋原繊維を光学顕微鏡や電子顕微鏡でみると，暗くみえるA帯*，明るくみえるI帯*が規則的に交互に並び，I帯の中央にZ線*がある．サルコメアはZ線-I帯-A帯-Z線から成る．おもにミオシン*から成る太いフィラメント*がA帯に，おもにアクチン*から成る細いフィラメント*がI帯からA帯にかけて規則的に配列され，両フィラメント間の相互作用による滑り運動によって収縮が起こる(⇒筋収縮)．

**サルストン** SULSTON, John Edward 英国の細胞学およびゲノム学者．1942.3.27〜 英国生まれ．1963年ケンブリッジ大学卒業，1966年Ph.D.取得．ソーク研究所のL. Orgelの下で生命の起源について研究．F. H. C. Crick*の薦めにより1969年よりケンブリッジ大学分子生物学研究所研究員．S. Brenner*と線虫の突然変異体を単離して神経細胞の解析を続け，1983年線虫の卵から成虫までの全細胞系譜を決定．雌雄同体は1090細胞から131個が計画的細胞死により959個になることを示した(⇒アポトーシス)．1986年線虫ゲノムの物理的地図作成．1998年に全塩基配列を決定．ゲノム解析データの特許申請などに対抗して解析データを開放するなど基礎研究重視．同一課題の重複研究の無駄(競争)を避けるために情報交換の大切さを強調．1992年ケンブリッジ近郊ヒンクストンにつくられたウエルカム・トラスト・サンガー・センター初代所長を2000年まで務めた．1986年英国王立協会会員．1996年英国王立協会ダーウィンメダル，2000年米国遺伝学会ビードルメダル．2002年Brenner, H. R. Horvitz*らとともにノーベル賞医学生理学賞受賞．

**サル肉腫ウイルス** [Simian sarcoma virus] SSVと略す．1971年，南米産のウーリーモンキーの繊維肉腫から分離された複製欠損性ウイルス*．増殖にはヘルパーウイルスであるSSAV(サル肉腫随伴ウイルス，simian sarcoma associated virus)が必要である．がん遺伝子として血小板由来増殖因子*(PDGF)遺伝子由来のv-sisをもつ．(⇒sis遺伝子)

**サルファーマスタード** [sulfur mustard] マスタードガス(mustard gas)ともいう．第一次世界大戦において毒ガス(イペリット，Yperite)として使用された．化学式($ClCH_2CH_2$)$_2$S．からし油に似た臭気と形状をもつあわい黄色油性液体．ヒトに対しては結膜炎から失明，気管支や皮膚の浮腫，潰瘍，水疱形成，壊死などの致命的な作用を示す．また肺や喉頭にがんをひき起こす．次亜塩素酸ナトリウムなどの漂白剤が中和作用をもつ．作用機作はDNAに対しアルキル化剤*として作用し，DNAの二重鎖に架橋を形成する．これをもとにアルキル化抗がん剤が初めてつくられた．(⇒ナイトロジェンマスタード)

**サルベージ経路** ＝再利用経路

**サル免疫不全ウイルス** [Simian immunodeficiency virus] SIVと略す．サルから分離されたレトロウイルス*で，レンチウイルス亜群に属するものをサル免疫不全ウイルスと総称している．チンパンジー，マカク，アフリカミドリザル，マンドリルなど種類の異なるサルからSIVが分離されているが，免疫不全*を発症するSIVは限られており，多くは宿主のサルと共生関係にある．

**サルモネラ** [Salmonella] ヒト，その他の脊椎動物の腸管に生息する通性嫌気性の運動性をもつグラム陰性細菌*．DNA-DNAの相同性比較から大腸菌，赤痢菌と近縁である．S. typhi(チフス菌)とS. paratyphi(パラチフス菌)はヒトに特有な病原菌であるが，S. typhimurium(ネズミチフス菌*)など大多数の菌株の宿主特異性は低く，汚染された食物を摂取して食中毒となることが多く，細かな血清型に分類される．普通スクロース，ラクトースを利用できないが，例外も多い．

**サルモネラテスト** [Salmonella test] ＝エイムス試験

**サンガー** SANGER, Frederick 英国の生化学者．1918.8.13〜 グロスター州のレンドクームに生まれる．1939年ケンブリッジ大学を卒業，1943年アミノ酸代謝の研究で学位を取得．1945年2,4-ジニトロフルオロベンゼン(サンガー試薬)がペプチド鎖のN末端に結合し黄色いアミノ酸をつくることを示した．インスリンのアミノ酸配列を1956年に解明した．1958年ノーベル化学賞受賞．ケンブリッジ大学分子生物学研究所でRNAの塩基配列(1967)，DNAの塩基配列(1975)の新しい決定方法を開発した．1980年2度目のノーベル化学賞受賞．1983年引退．

**酸化還元酵素** [oxidoreductase, oxidation-reduction enzyme] ⇒酸化還元反応

**酸化還元電位** [oxidation-reduction potential, redox potential] 酸化還元反応*は電子の授受反応である．酸化還元電位($E_h$)は電子の授受の際に発生する電位を表す．単位はV．電子は酸化還元電位が低い所から高い所へと流れ，反応系における電子の流れは以下のように予測できる．

酸化還元電位が高い：
　　　電子を受取りやすい＝酸化力が強い
酸化還元電位が低い：
　　　電子を放出しやすい＝還元力が強い

通常酸化還元電位は25℃における$H_2 \rightleftharpoons 2H^+ + 2e^-$を基準として考え，その値(標準酸化還元電位)は，ネルンストの式*から算出される．電子を放出する酸化反応において酸化電位は

$$E_h = E^0 - \frac{RT}{nF} \ln\left(\frac{a_R}{a_O}\right)$$

と書ける．ここで$R$は気体定数，$T$は絶対温度，$F$はファラデー定数，$a_R$, $a_O$は還元および酸化型の活量

($R \to O + ne^-$)を示す．通常生化学ではpH 7の標準状態を$E^0$の標準電位に用いる．一般に酸化還元反応は対で起こるので

$$AH_2 + B \rightleftharpoons A + BH_2$$

の場合，平衡時には(25℃で)

$$\Delta E_h = \Delta E_h^0 - \frac{0.06}{n} \log \frac{[A][BH_2]}{[AH_2][B]}$$

で与えられ，自由エネルギー，$\Delta G = -nF\Delta E_h$と結びつく．$E_m^0$は室温，pH 7(25℃)での標準酸化還元電位であり，酸化あるいは還元されやすさの目安となる．生体の電子伝達を行う分子として，NADPHやチオレドキシン，グルタチオン，ユビキノン，シトクロムなどがあり，これらの標準酸化還元電位を以下に示す．$-320\,\mathrm{mV}$(NADPH), $-270\,\mathrm{mV}$(チオレドキシン), $-240\,\mathrm{mV}$(グルタチオン), $+45\,\mathrm{mV}$(ユビキノン), $+250\,\mathrm{mV}$(シトクロム$c$)

**酸化還元反応**［oxidation-reduction reaction］　広い意味で電子あるいは水素原子の移動に伴う化学反応．酸素分子が直接含まれるオキシゲナーゼ(酸素添加酵素)もこの中に分類される．生体においては，通常水素原子の移動を行うNADHおよびNADPH，電子と$H^+$を別々に移動させ，2電子および1電子移動を触媒するフラビン，そして電子のみを移動するシトクロム類が広く存在する．生体系における酸化反応は大別してエネルギー産生(解糖系とミトコンドリアにおける酸化的リン酸化*)と，種々の物質の生合成と分解がある．一般に酸化あるいは還元されやすさは，それらの化合物の酸化還元電位*によって決まっておりたとえばNADHで$-320\,\mathrm{mV}$，酸素分子で$810\,\mathrm{mV}$である．酸化還元反応を触媒する酵素は酸化還元酵素(oxidoreductase)と総称される．NADHあるいはNADPHを水素受容体とした還元酵素(たとえばアルコールデヒドロゲナーゼ*)では

$$AH_2 + NAD(P)^+ \rightleftharpoons A + NAD(P)H$$

酸素を受容体としたフラビン酵素では

$$BH_2 + FAD^+(FMN) \rightleftharpoons B + FADH_2(FMNH_2)$$
$$FADH_2(FMNH_2) + O_2 \longrightarrow FAD^+(FMN) + H_2O_2$$

全体として　$BH_2 + O_2 \longrightarrow B + H_2O_2$

となり，通常酸素は$H_2O_2$となる．酸素を水に還元するシトクロムオキシダーゼはミトコンドリアで

$$4\,\mathrm{Cyt}c^{2+} + O_2 \xrightarrow{H^+} 4\,\mathrm{Cyt}c^{3+} + 2\,H_2O$$

を触媒する．なおシトクロム類は電子の授受のみを行う酸化還元酵素であるが，一般に電子伝達系*とよばれる．このような電子伝達系はミトコンドリア以外にミクロソーム*がよく知られている．生体における酸化還元反応は，グルコースの酸化によるエネルギー生成であり，これは基質レベルのリン酸化とミトコンドリアの酸化的リン酸化で，必要なエネルギーの大部分をつくっている．酸素添加酵素(オキシゲナーゼ)もまた酸化還元反応でつぎの式に従っていろいろな物質の合成にかかわっており，たとえばカテコールアミンやプロスタグランジン，あるいは種々の物質のヒドロキシ化と解毒*に関与している．

$$CH_2 + O_2 \longrightarrow CO_2H_2 \qquad (1)$$
$$CH_2 + O_2 + DH_2 \longrightarrow COH_2 + D + H_2O \qquad (2)$$

ここで，$CH_2$は基質，$DH_2$は水素供与体(通常はNADPH)を示す．(1)はオキシゲナーゼ，(2)はミクロソームに代表されるヒドロキシ化反応である．近年注目を集めている活性酸素*による酸素ストレスもまた，酸化還元反応の一例である．このように，生体においては最終的に酸素を利用した酸化還元反応は，1) エネルギー産生，2) 生合成・分解，3) 酸素ストレスの三つの大きな化学反応の柱である．酸化酵素は金属(鉄，銅)を含むものが多い．

**酸化剤**［oxidizing agent］　⇌ オキシダント

**Ⅲ型アレルギー**［type Ⅲ allergy］　免疫複合型アレルギー(immune complex type allergy)ともいう．Ⅲ型アレルギーは可溶性抗原とIgG抗体から成る免疫複合体によって起こる過敏反応である．免疫複合体が組織や血管に沈着すると，白血球*やマスト細胞*などのエフェクター細胞*がFcγ受容体を介して活性化され，組織傷害をひき起こす．免疫複合体は補体*系も活性化し，白血球上の補体受容体と結合して炎症反応をひき起こすが，補体がなくてもⅢ型アレルギー反応がひき起こされることから，活性化型Fcγ受容体，特にFcγ受容体Ⅲ型が重要であるとされている．Ⅲ型アレルギー機序で起こる代表的な疾患としては，異種血清の投与で生じる血清病*や全身性エリテマトーデス*でみられるループス腎炎，関節リウマチ，過敏性肺臓炎などがある．またⅢ型アレルギー反応の有無をみる検査として行われる，皮膚局所に標的抗原を注入した際に生じる炎症反応を，アルサス反応*とよんでいる．(⇌ アレルギー)

**酸化窒素**［nitric oxide］　＝一酸化窒素

**酸化(的)ストレス**［oxidative stress］　生体の酸化レベルは，活性酸素*産生系および消去系のバランスで通常はほぼ一定に保たれているが，薬物，放射線，虚血などさまざまな要因でこのバランスが崩れた状態を酸化的ストレスとよぶ．細菌ではこれにより誘導される防御系の一群の酵素があり，転写因子OxyRが直接酸化により活性化されることが原因となる．高等生物でも多くの遺伝子が酸化ストレスで誘導されるが，細胞内シグナル伝達系を活性化した結果と考えられる．転写以外にも，酸化的ストレスはRNA結合因子を介し翻訳レベルの調節も行う．酸化ストレスの結果，細胞傷害(特に細胞膜の脂質過酸化)，DNA塩基の修飾による突然変異，アポトーシス*誘導などが起こるが，酸化還元状態の変化は増殖，分化における生理的シグナルの一部となる場合もある．酸化ストレスは心血管疾患，糖尿病性腎症，膵炎，孤発型パーキンソン病およびある種のがんを含む多くの疾患において原因の一つとして関係づけられている．スーパーオキシドを過酸化水素に変換するスーパーオキシドジスムターゼ(SOD)，過酸化水素を水に変換する酵素カタラーゼ，過酸化水素だけでなく，過酸化脂質も還元する活性をもつグルタチオンペルオキシダーゼ(GPx)などは，酸化的ストレスに対する生体防御系

**酸化的代謝** [oxidative metabolism]　広義の酸化は脱水素と酸素添加に分類され,前者は水素受容体が酸素分子であれば酸化,酸素以外のものであれば狭義の脱水素と区別される.このような酸化・脱水素・酸素添加の反応が,多くの場合は酵素反応として,生体物質の変換やエネルギー代謝にかかわっている.ATP生成に至る解糖系*・クエン酸回路*・ミトコンドリア電子伝達系*では,種々の脱水素酵素や電子伝達体が介在し,その末端ではシトクロムオキシダーゼが働いて,分子状酸素を還元して水を生じる.脂肪酸の$\beta$酸化*やアミノ酸炭素骨格の代謝には,酸化酵素・脱水素酵素・酸素添加酵素が関与する.薬物・発がん物質の代謝やステロイドホルモンの生合成には,酸素添加酵素のシトクロムP450*が重要な役割を果たし,アラキドン酸由来のプロスタグランジンやロイコトリエンは,酸素添加酵素のシクロオキシゲナーゼやリポキシゲナーゼにより合成される(⇌アラキドン酸カスケード).このように酵素による酸化反応は,生体物質の代謝に深くかかわっている.

**酸化的リン酸化** [oxidative phosphorylation]　電子伝達系*の酸化還元によって形成されたプロトンの電気化学ポテンシャルのエネルギーによってATPを産生する反応.酸化的リン酸化の主要な構成要素は電子伝達系のプロトンポンプ活性をもつ複合体I,III,IVおよびTCA回路と呼吸を直接結ぶ複合体II(コハク酸脱水素複合体)とこの酸化のエネルギーでATPを合成するATP合成酵素*である.ミトコンドリア内膜*や細菌細胞膜に存在する好気的エネルギー産生の最も重要な反応であって,呼吸*の意義もこの反応の維持にある.

**サンガー法** [Sanger method]　【1】(核酸の)　⇌DNA塩基配列決定法
【2】(タンパク質の)　⇌DNP法

**残基** [residue]　有機化合物が重合した状態にある場合,その化合物の最小単位を一般に残基とよぶ.たとえば,ポリペプチド結合したアミノ酸はアミノ酸残基,DNAのヌクレオチドはヌクレオチド残基とよぶなど,化合物の遊離の状態と区別するために使われる.したがって,タンパク質の構成アミノ酸の数は残基数で表すのが正しい.最小単位とは,アミノ酸,単糖,ヌクレオチドなどに相当するもので,これら重合体の構成単位をいう.

**参考培養株** [reference cell culture]　＝基準培養株

**散在性反復配列** [interspersed repeated sequence]　反復配列*はゲノム上での分布に従い,2種類に分類される.一つは配列単位が縦列に繰返す縦列反復配列*で,おもにセントロメアやテロメア領域に存在する.第二は反復単位が染色体中に散在するもので,$Alu$Iファミリー*,L1ファミリーなどが代表例である.ゲノム中に散在する機構として,RNAへの転写物がcDNAとなり,その配列がさまざまな位置に挿入されるというモデルが提唱されている(⇌プロセス型偽遺伝子).散在性反復配列の中には転座*を担うものがある.

**酵素遺伝子を指定するものがある.**

**三次構造** [tertiary structure]　1本のポリペプチド中の遠く離れたアミノ酸の間の立体配置を示すもので,通常,この情報は結晶のX線回折から得られる(⇌X線結晶構造解析).一般的にタンパク質は,疎水性アミノ酸を内側に,親水性アミノ酸を外側にして自然に折りたたまれるため,タンパク質のアミノ酸配列(一次構造*)が,三次構造を指定しているといえる.そのため,一次構造から二次構造*,三次構造を推定することも可能である.(⇌高次構造【1】)

**30 nm フィラメント** [30 nm filament]　⇌ソレノイド構造

**三重らせんタンパク質** [triple helix protein, triple-stranded helix protein]　三本鎖ヘリックスタンパク質ともいう.3本のポリペプチド鎖がらせん構造を形成するタンパク質.コラーゲン*が代表的で,コラーゲンヘリックス(collagen helix)ともよばれる(図).3残基で1回転する左巻きのポリプロリンII型のらせん構造をとるコラーゲン鎖3本が,水素結合により安定な三重らせんを形成し,全体としては右巻きとなる.コラーゲン中に3残基ごとにグリシンが存在する繰返し構造が三重らせんの安定化に重要である.

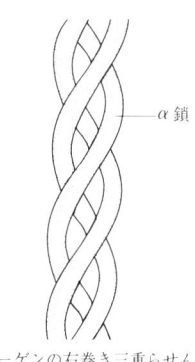

コラーゲンの右巻き三重らせん

**サンショウウオ** [salamander]　両生類有尾目に属する淡水産動物.動物中最大のゲノムサイズ(ヒトの約30倍)をもつ種がいる.日本産種は,$Hynobius$属に属し,体長約15 cm,2月から5月にかけて産卵するものが多く,卵はバナナ状の卵鞘に包まれる.実験発生学の材料として使用される.欧米では,終生えらをもつアホロートル類($Necturus$, $Amphiuma$属)が臭覚,視覚などの感覚生理学,薬理学で使用される.神経系は脊椎動物中最も単純だといわれ,cAMP依存性イオンチャネルの解析に大きく貢献した(⇌イオンチャネル).ゲノム解読を目指してメキシコアホロートルのESTのクローニングとシークエンシングが進行中である.

**酸性繊維芽細胞増殖因子** [acidic fibroblast growth factor]　aFGFと略す.1974年,マウス繊維芽細胞増殖因子*として脳,下垂体より単離された.約18 kDa,等電点4.0～5.0の一本鎖ペプチドで,ヘパリン結合性をもち塩基性繊維芽細胞増殖因子*とともにヘパリン結合増殖因子*のファミリーを形成している.おもに脳組織の血管内皮などより産生され,細胞外マトリックス*に結合した状態で貯蔵される.細胞表面の繊維芽細胞増殖因子受容体*に結合し,細胞増

殖促進，分化誘導など多様な作用を及ぼす．

**酸成長説**［acid-growth hypothesis］ オーキシン*(IAA)の作用機構に関する仮説．茎や幼葉鞘の切片をpH 3～5の水溶液に浮かべると伸長成長が促進される(酸成長)．A. Hager らは 1971 年に，IAA による細胞の速やかな成長は，IAA が原形質膜に存在するプロトンポンプ*に作用して，細胞内から細胞壁*中に $H^+$ を放出させ，その結果細胞壁中の pH が低下して，細胞壁に結合した酵素の活性が上昇し，細胞壁の進展性が増大するために起こる，という仮説を提出した．事実，IAA 溶液に茎や幼葉鞘切片を浮かべると，溶液の pH が低下する．また，低 pH は細胞壁の伸展性を高める．IAA を与えると約 10 分の潜在期ののちに成長速度が上昇するが 30 分後には低下し始める(第一相)．そして 40 分ごろから再び速度は上昇を始め，100 分ごろに成長速度は一定になる(第二相)．膜局在性 ATP アーゼの阻害剤は第一相の成長を抑制し，タンパク質合成阻害剤は第二相を抑制する．この事実から，第一相は $H^+$ によるもので，第二相はタンパク質代謝を介した IAA 作用によるものと考えられている．(⇌ インドール-3-酢酸)

**酸性プロテアーゼ**［acid protease］ ⇌ プロテアーゼ

**酸性ホスファターゼ**［acid phosphatase］ 酸性ホスホモノエステラーゼ(acid phosphomonoesterase)ともいう．EC 3.1.3.2．つぎの反応を触媒し，酸性側に最適 pH をもつ酵素の総称．

$$ROPO_3H^- + H_2O \longrightarrow ROH + H_2PO_4^-$$

$p$-ニトロフェニルリン酸はよく用いられる基質．動物，植物，酵母から細菌まで広く分布．動物の肝臓ではリソソームに存在する．ヒトでは前立腺，赤血球，肝臓および脾臓に活性が高く，臨床検査項目の一つとして利用される．血清中の異常高値を示す疾患には，前立腺がん，骨転移または肝臓転移を伴った悪性腫瘍，骨疾患，肝臓および胆道疾患などがある．

**酸性ホスホモノエステラーゼ**［acid phosphomono-esterase］ ＝酸性ホスファターゼ

**酸性ムコ多糖**［acid mucopolysaccharide］ ⇌ グリコサミノグリカン

**三染色体性**［trisomy］ トリソミーともいう．高数性(⇌ 異数性)の一種．二倍体の個体または細胞において，ある染色体*が 1 対の相同染色体*のほかにもう 1 本余分に存在する状態．二倍体の染色体数を($2n$)とすると，($2n+1$)の染色体をもつ状態ともいえる．この時この 1 本余分に存在し，計 3 本存在する染色体を三染色体(trisome)とよぶ．ヒトのダウン症候群*は第 21 染色体が 3 本になった三染色体性である．

**産前診断**［prenatal diagnosis］ ＝出生前診断

**酸素添加酵素**［oxygenase］ オキシゲナーゼともいう．分子状酸素を基質に取込む反応を触媒する一群の酵素であり，一原子酸素添加酵素(monooxygenase，モノオキシゲナーゼ，混合機能オキシダーゼ mixed-function oxidase ともいう)と二原子酸素添加酵素(dioxygenase，ジオキシゲナーゼともいう)がある．

一原子酸素添加酵素反応により基質にヒドロキシ基が導入される場合，水酸化酵素(hydroxylase，ヒドロキシラーゼ)ともよばれる．アミノ酸・脂質・ホルモンなどの生体必須物質の代謝，薬物代謝，ビタミン D の活性化，ペプチドホルモン・プロスタグランジン・一酸化窒素の生合成などに関与する．シトクロム P450*(ヘム酵素)は副腎・肝臓などの顆粒画分に存在する一原子酸素添加酵素で，副腎ではステロイド代謝に，肝臓では薬物代謝におもに関与する．

**酸素発生型光合成**［oxygenic photosynthesis］ ⇌ 光合成

**残存イントロン**［retained intron］ 保留イントロンともいう．スプライシング*のあとに残存しているイントロン*．選択的スプライシング*のタイプにはエキソンスキップ，3′スプライス部位の選択，5′スプライス部位の選択とともにイントロンが残存するものなどがある．ヒトの既知の遺伝子を調べることにより 15 % 近くに少なくとも一つのイントロンが残存することが示されている．たいていのイントロン残存は非翻訳領域に存在している．コード領域*内にあるイントロンの 26 % はタンパク質ドメインをコードするのに使用されている．ヒトの残存イントロンの 22 % はマウスのトランスクリプトーム*にも存在しており，生物学的意義を反映している可能性が示唆されている．

**3T3 細胞**［3T3 cell］ マウス胎仔由来の繊維芽様細胞．random-bred Swiss 白色種由来の細胞と，BALB マウス由来の BALB/3T3, clone A31 細胞(⇌ BALB/c 3T3)がある．3T3 の名称は，$3 \times 10^5$ の細胞を 21 $cm^2$ の容器に播種し，3 日間経過後に採集して同数を継代(transfer)することによる．3T3 細胞は細胞分裂の接触阻止*に高感受性であり，SV40，ポリオーマウイルス，マウス肉腫ウイルスによる形質転換に高感受性である．増殖には血清要求性が高い．また，増殖期には繊維芽細胞様，プラトー期には敷石状の形態を呈する．染色体は低四倍体，通常の培養条件下では移植性はない．それぞれの 3T3 細胞の亜株は，長時間の安定培養，形質転換の容易さ，培養中の自然がん化，その他の性質において違いが見られる．(⇌ NIH3T3 細胞)

**三点交雑**［three-point cross］ 互いに連鎖した三つの遺伝子マーカーに着目して行う交雑実験．二重乗換え率，干渉，ならびに当該遺伝子座の相対的な位置関係に関する情報が得られる．

**サンドホフ病**［Sandhoff's disease］ ⇌ テイ・サックス病

**産熱効果**(食物の)［thermic effect of food］ ＝特異動的作用

**三分子複体**［tri-molecular complex］ ⇌ 抗原認識機構

**酸分泌細胞**［oxyntic cell］ ＝旁細胞

**三本鎖形成性オリゴヌクレオチド**［triplex-forming oligonucleotide］ TFO と略す．ゲノムの二本鎖 DNA における特異的部位を認識し結合できる，短い DNA

一本鎖断片をいう．細胞核に TFO を導入することで，その結合部位において三本鎖 DNA* を形成する．これを利用して遺伝子機能の操作を行うことができる．たとえば TFO の塩基配列を置換しておくことで，その配列の標的となる遺伝子に組換え*を生じさせ，変異を導入するが可能である．また，標的となる転写調節領域に配列特異的な TFO を設計することで，転写因子*の結合を妨げ，下流遺伝子の転写を抑制することも提案されている．

**三本鎖 DNA**［triple-stranded DNA］　ピリミジン鎖とプリン鎖から成る二本鎖 DNA に，大きい溝に沿ってもう一本のピリミジン鎖がプリン鎖に対して平行に結合し，三重らせん構造をした DNA．図に示す

T·A·T　　　　　　　　C·G·C⁺

ようにワトソン・クリック型塩基対とフーグスティーン型塩基対*が組合わさった T·A·T または C·G·C⁺ の塩基対を形成する．ピリミジン鎖にシトシンを含む場合は，シトシンの3位がプロトン化される必要があるため酸性溶液中で安定である．組換えやテロメア端での t ループの形成，転写や翻訳反応などに種々の生物学的過程において役割を果たしていると考えられている．

**三本鎖ヘリックスタンパク質**　＝三重らせんタンパク質

**残余小体**［residual body］　→ファゴソーム

**残余窒素**［residual nitrogen］　非タンパク質性窒素（nonprotein nitrogen, NPN）ともいう．血中のタンパク質以外の窒素化合物．正常値は 25～40 mg/dL．尿素，尿酸，クレアチニン，クレアチン，アミノ酸，アンモニアなどから成る．主として腎臓*からの排泄の寡多によって変化し，正常人では尿素が約半分を占めるが，腎機能低下による高窒素血症では尿素が 80～90 % を占める．測定が煩雑で結果の解釈が非特異的なので，最近は残余窒素の個々の成分を測定して解釈することが一般的になっている．

**散乱因子**［scattering factor］　波と物質との相互作用である散乱の程度を表す量で，通常は波と原子との相互作用を表す原子散乱因子（atomic scattering factor）のことをいう．波として電子との相互作用で散乱される X 線を考えると，原子は原子核を中心として半径1～2Åまで広がった電子雲で包まれており，このような核外電子の存在確率（電子密度）は原子波動関数の二乗で与えられる．したがって，1個の原子からの X 線散乱は原子波動関数の二乗を電子雲が占める空間で積分した量で表され，これを原子散乱因子と称している．（→X 線結晶構造解析，結晶構造解析）

**残留シグナル**［retention signal］　あるタンパク質が，一つの細胞小器官あるいはその特定の部位にとどまりそこに残留するために，その分子内にもつシグナルのことをいう．特定のタンパク質を常にその場所にとどめるために働くシグナルをもつ場合と，外へ出たタンパク質をもとの場所に回収するためのシグナルをもつ場合とがあり，後者は回収シグナル（retrieval signal）とよばれる．小胞体残留シグナル（endoplasmic reticulum retention signal）として，小胞体内腔タンパク質の C 末端に存在するリシン，アスパラギン酸，グルタミン酸，ロイシンモチーフ（→KDEL 受容体）や小胞体膜タンパク質のジリシン（KKXX）モチーフがよく知られている．この二つのモチーフは回収シグナルとして働いている．ゴルジ体膜タンパク質，トランスゴルジ網膜タンパク質にも残留シグナルが存在することが明らかになっている．

**三連微小管**［triplet microtubule］　→中心粒

# シ

**C**［C＝complement］ ＝補体

**CIN**［CIN＝chromosome instability］ 染色体不安定性の略称．(→ゲノム不安定性)

**GIF**［GIF＝growth hormone-release-inhibiting factor］ 成長ホルモン放出抑制因子の略．(→ソマトスタチン)

**CIg**［CIg＝cold insoluble globulin］ 寒冷不溶性グロブリンの略．(→フィブロネクチン)

**GITR**［GITR］ glucocorticoid-induced tumor necrosis factor receptor related protein の略称．グルココルチコイド*の一つであるデキサメタゾン*で T 細胞ハイブリドーマを処理することにより，発現が誘導されてくる分子として同定された．TNF 受容体ファミリーに属し，228 個のアミノ酸から成る I 型膜タンパク質*．CD4 T 細胞の亜集団の一つである免疫抑制性 CD4 T 細胞上に強く発現しており，他の CD4 T 細胞，CD8 T 細胞，B 細胞*，マクロファージ*，樹状細胞*には弱く発現している．細胞の活性化に伴い，すべての CD4 T 細胞と CD8 T 細胞に強い発現が誘導される．GITR に対するアゴニスティック抗体は，免疫抑制性 CD4 T 細胞による免疫抑制現象を阻害することも知られている．GITR と相互作用するリガンド (GITR-L) も同定されており，未成熟樹状細胞，マクロファージ，B 細胞に発現している．

**GIP**［GIP＝gastric inhibitory polypeptide］ ＝ガストリックインヒビトリーポリペプチド

**G アクチン**［G actin, globular actin］ 重合していないアクチン*分子．アクチン単量体．塩濃度を上げたりマグネシウムイオンを加えれば，重合してアクチンフィラメント*となる．

**G アクチン結合タンパク質**［G actin-binding protein］ 遊離アクチン単量体(G アクチン*)に結合するがアクチンフィラメント*に対する結合は弱いか，検出されない．プロフィリン*，チモシン*$\beta_4$，デオキシリボヌクレアーゼ I, Gc グロブリン(ビタミン D 結合タンパク質)などがこれに当たる．またチモシン $\beta_4$ に相同な領域を 2 箇所もつアクチン二量体結合タンパク質アクトバインディン(actobindin)がアメーバから報告されている．このほかにアクチン脱重合タンパク質*は G アクチンとも 1：1 の結合をする．アクチンフィラメント切断タンパク質*もカルシウムイオン存在下で G アクチンと結合し，1：1 あるいは 1：2 の複合体をつくる．

**ジアシルグリセロール**［diacylglycerol］ ＝ジグリセリド(diglyceride)．グリセロールのヒドロキシ基に 2 分子の脂肪酸がエステル結合したもので 1,2-ジアシルグリセロールと 1,3-ジアシルグリセロールがある．1,2-ジアシルグリセロール(DG または DAG と略記)は各種グリセロリン脂質生合成の前駆体として重要である．もう一つの重要な役割はプロテインキナーゼ C*(C キナーゼ)を活性化させる作用をもつことである．イノシトールリン脂質経路*を活発にする多くのホルモンや神経伝達物質はホスホリパーゼ C* を活性化してホスファチジルイノシトール 4,5-ビスリン酸*を分解し，1,2-ジアシルグリセロールとイノシトール 1,4,5-トリスリン酸($IP_3$)を産生する．新たに産生された 1,2-ジアシルグリセロールはプロテインキナーゼ C を活性化して各種機能タンパク質のリン酸化を促す．1,2-ジアシルグリセロールは $IP_3$ とともにイノシトールリン脂質経路におけるセカンドメッセンジャー*である．

**ジアシルグリセロールキナーゼ**［diacylglycerol kinase］ DGK と略す．EC 2.7.1.107．ジアシルグリセロールキナーゼには，多数の性質の異なったアイソザイムが存在する．これまで 4 種類の DGK ($\alpha, \beta, \gamma, \delta$) cDNA がクローン化されている．EF ハンド* を欠く DGK$\delta$ を除き，いずれもおのおの 2 箇所の EF ハンドとジンクフィンガー*をもつ同一基本構造を示す．DGK$\alpha$ はオリゴデンドログリアとリンパ球，$\gamma$ は網膜，$\delta$ は骨格筋に特異的に発現する．最近，分子量 58,000 のアラキドノイルジアシルグリセロール特異的 DGK が精製された．DGK のヒト遺伝子の解析が行われたが，細胞特異的転写調節機構は不明である．DGK$\gamma$ には不活性の内部短縮型酵素が発現している．DGK$\alpha$ の EF ハンドは，$Ca^{2+}$ 結合部位として機能している．ジンクフィンガーには亜鉛が結合しているが，ホルボールエステル結合能はない．DGK 阻害剤として R59022 の効果が多数報告されているが，DGK の機能はわかっていない．さまざまなアイソザイムの構造と機能の解明が注目される．

**1,2-ジアシルグリセロール 3-リン酸**［1,2-diacylglycerol 3-phosphate］ ＝ホスファチジン酸

**ジアスターゼ**［diastase］ ＝アミラーゼ

**ジアステレオマー**［diastereomer］ ⇌ 異性体

**O-ジアゾアセチル-L-セリン**［O-diazoacetyl-L-serine］ ＝アザセリン

**ジアゾアセチル-DL-ノルロイシンメチルエステル**［diazoacetyl-DL-norleucine methyl ester］ DAN と略す．(→プロテアーゼインヒビター)

**シアノコバラミン**［cyanocobalamin］ ＝ビタミン $B_{12}$

**シアノバクテリア**［cyanobacteria］ ラン(色)細菌，ラン(藍)藻(blue-green algae)ともいう．原核生物のうち，クロロフィル*を用いる光合成*を行うもので，クロロフィル *a* と色素タンパク質フィコビリン*を含んでいる．単細胞性のものから糸状の多細胞のものまであり，一般の細菌より大型で，淡水域，海水域の広い範囲の環境に生育し，多量に発生してアオ

コ("水の華")を形成したり,温泉のような高温の場所に生育するものまである.多細胞性の種類の中には窒素固定*をする異質細胞*(ヘテロシスト)を分化しているものもある.有性生殖*はしない.

**4′,6′-ジアミノ-2-フェニルインドール** [4′,6′-di-amino-2-phenylindole] =DAPI

**シアリダーゼ** [sialidase] =ノイラミニダーゼ (neuraminidase),エキソ-α-シアリダーゼ (exo-α-sialidase). EC 3.2.1.18. 糖鎖末端にα配位ケトシド結合したシアル酸を加水分解により切取るエキソ型グリコシダーゼ.微生物由来シアリダーゼについてよく調べられており,糖鎖構造の研究に汎用されている.起源によって基質特異性が異なる.切断のされやすさは $Arthrobacter\ ureafaciens$ シアリダーゼでは $\alpha2→6 > \alpha2→3 > \alpha2→8$,$Clostridium\ perfringens$ シアリダーゼでは $\alpha2→3 > \alpha2→6 = \alpha2→8$,$Vibrio\ cholerae$ シアリダーゼでは $\alpha2→3 > \alpha2→6 > \alpha2→8$,ニューカッスル病ウイルスシアリダーゼでは $\alpha2→3 > \alpha2→8 \gg \alpha2→6$,$Salmonella\ typhimurium$ LT2 シアリダーゼは $\alpha2→3$ 結合特異的である.一般にシアリダーゼは $N$-アセチルノイラミン酸に比べて,$N$-グリコリルノイラミン酸には作用しにくく,また 4-O-アセチル体になるとほとんど働かない.動物由来のシアリダーゼに関しては不明な点が多い.

**シアリルトランスフェラーゼ** [sialyltransferase] CMP シアル酸から糖鎖を基質糖鎖のガラクトース,$N$-アセチルガラクトサミン,シアル酸に転移する酵素.酵素はゴルジ体*の嚢状構造の内腔側に存在している.N 末端側から,小さな細胞質ドメイン,つぎに膜貫通ドメイン,ステム領域,触媒ドメインから成る.どの糖鎖($N$結合型,$O$結合型糖鎖,糖脂質糖鎖)のどの糖のどの位置にシアル酸を転移するか,酵素の基質特異性により決まる.CMP シアル酸結合部位と考えられる共通部分(シアリルモチーフ sialyl motif)が保存されている.これまでにクローニングされた酵素は 10 種を超える.

**CRE** [CRE=cyclic AMP responsive element] =サイクリック AMP 応答配列

**Cre/loxP システム** ⇒ Cre/loxP(クレロックスピー)システム

**CRE 結合タンパク質** [CRE-binding protein] =CREB/ATF

**CREB** ⇒ CREB(クレブ)/ATF

**CREB/ATF** ⇒ CREB(クレブ)/ATF

**GRAIL** ⇒ GRAIL(グレイル)

**CRAF** ⇒ TRAF(トラフ)

**CRH** [CRH=corticotropin-releasing hormone] =副腎皮質刺激ホルモン放出ホルモン

**GRH** [GRH=growth hormone-releasing hormone] =成長ホルモン放出ホルモン

**gRNA** [gRNA=guide RNA] =ガイド RNA

**CRABP** [CRABP=cellular retinoic acid-binding protein] =細胞質レチノイン酸結合タンパク質

**CRF** [CRF=corticotropin-releasing factor] 副腎皮質刺激ホルモン放出因子の略.(⇒副腎皮質刺激ホルモン放出ホルモン)

**GRF** [GRF=growth hormone-releasing factor] 成長ホルモン放出因子の略号.(⇒成長ホルモン放出ホルモン)

**GRLN** [GRLN=ghrelin] =グレリン

**GroES** ⇒ Gro(グロー)ES

**GroEL** ⇒ Gro(グロー)EL

**Cro タンパク質** ⇒ Cro(クロ)タンパク質

**GRK** [GRK=G protein-coupled receptor kinase] =G タンパク質共役型受容体キナーゼ

***crk* 遺伝子** ⇒ *crk*(クラック)遺伝子

**シアル酸** [sialic acid] Sia, SA などと略記する.ノイラミン酸の $N$-アシル体とその誘導体の総称.$N$-アセチルノイラミン酸*(Neu5Ac)と $N$-グリコリルノイラミン酸(Neu5Gc)があり,さらに,ヒドロキシ基がアセチル基,硫酸基,リン酸基などで修飾を受けた誘導体がある.自然界に存在するシアル酸誘導体は30 種を超える.シアル酸は旧口動物には検出されず,細菌,棘皮動物,新口動物には検出される種が多い.哺乳動物細胞では,$N$-アセチルマンノサミン 6-リン酸とホスホエノールピルビン酸から生成される.Neu5Ac と CTP から CMP-Neu5Ac が核にある酵素で生合成され,細胞質で CMP-Neu5Ac がヒドロキシ化を受けて CMP-Neu5Gc となり,両者はゴルジ膜に存在する CMP シアル酸輸送体でゴルジ膜の内腔に輸送され,シアリルトランスフェラーゼで糖タンパク質,糖脂質の糖鎖に組込まれる.シアル酸を含む特定の糖鎖が細胞接着,細胞間認識にかかわることが明らかにされている.

**CRTH2** ⇒ CRTH2(クルスツー)

**Crt 値** [Crt value] =Rot 値

**CRP$^{(1)}$** [CRP=C-reactive protein] =C 反応性タンパク質

**CRP$^{(2)}$** [CRP=cyclic AMP receptor protein] =サイクリック AMP 受容タンパク質

**GRP$^{(1)}$** [GRP=gastrin-releasing peptide] =ガストリン放出ペプチド

**GRP$^{(2)}$** [GRP=glucose-regulated protein] =グルコース調節タンパク質

**GRP78** [GRP78] 78 kDa glucose-regulated protein の略で,HSP70 ファミリー*に属する.BiP* ともよばれる.グルコース飢餓によって誘導されるタンパク質の一つとして最初報告された(⇒グルコース調節タンパク質).真核細胞の小胞体内腔に局在し,出芽酵母では KAR2 とよばれ,接合後の核融合に必要な因子の一つにあげられる.分泌系タンパク質が小胞体内で正しく折りたたみ(⇒フォールディング)を行うための補助を行うシャペロン*として機能する.糖タンパク質の小胞体におけるフォールディングにおいて見られる糖タンパク質とシャペロンとの直接相互作用はグリカンの結合位置によりその相手が GRP78 かカルネキシン*(またはカルレティキュリン)かが決まるらしい.

**GRP94** ［GRP94＝94 kDa glucose-regulated protein］ ⇌ HSP90 ファミリー

**Grb2/Ash** ⇌ Grb2/Ash（グラブツーアッシュ）

**CRBP** ［CRBP＝cellular retinol-binding protein］ 細胞質レチノール結合タンパク質の略．（⇌ 細胞質レチノイン酸結合タンパク質）

**シアロタンパク質**［sialoprotein］ ＝シアロ糖タンパク質

**シアロ糖脂質**［sialoglycolipid］ ＝ガングリオシド

**シアロ糖タンパク質**［sialoglycoprotein］ シアロタンパク質(sialoprotein)ともいう．糖鎖にシアル酸*を含む糖タンパク質．アスパラギンに結合する$N$結合型糖鎖およびセリンまたはトレオニンに結合する$O$結合型糖鎖のいずれにもシアル酸をもつ糖鎖がある．神経細胞接着分子*(NCAM)のポリシアル酸* は NCAM のホモ型相互認識に関わる．E-セレクチンのリガンドは Neu5Ac-Gal-(Fuc-)GlcNAc をもつ．さらに CD22，MAG（ミエリン結合糖タンパク質），シアロアドヘシンのリガンドはシアル酸-ガラクトースをもつシアロ糖タンパク質で，シアル酸結合位置特異的な認識が存在する．

**シアロホリン**［sialophorin］ ＝CD43（抗原）

**シアロムチンファミリー**［sialomucin family］ ムチン様糖鎖修飾をもつ糖タンパク質性接着分子の一群で，細胞表面にてセレクチンリガンドとして機能する．細胞外ドメインは強い$O$結合型糖鎖修飾を受け，これらの糖鎖の非還元末端にはシアル酸修飾とともにシアリルルイス X 構造が存在する．セレクチンファミリー* 分子はこの糖鎖部分を認識してシアロムチンファミリー分子と結合する．代表的なシアロムチンとして，PSGL-1，CD34，GlyCAM-1 などがある．

**シアン蛍光タンパク質**［cyan fluorescent protein］ CFP と略す．オワンクラゲ(*Aequorea victoria*)の緑色蛍光タンパク質*(GFP)の変異型（アミノ酸置換，F64L, S65T, Y66W, N146L, M153T, V163A, H231L）でシアン色を発する．吸収極大波長は 433 nm　蛍光極大波長は 475 nm．（⇌ 化学発光，蛍光タンパク質）

**シアン耐性オキシダーゼ**［cyanide in-sensitive oxidase］ 高等植物，藻類，真菌類，トリパノソーマなどのミトコンドリアに存在し，還元型キノンを酸素を用いて酸化する酵素．同じくミトコンドリアに局在するシトクロム$c$オキシダーゼとは起源も構造もまったく異なっており，オルタナティブオキシダーゼ（alternative oxidase，AOX）とよばれている．この酵素による呼吸は ATP 合成と共役せず，植物では熱の発生源となってアミン類の拡散による昆虫の誘引を介して受粉を促進している．さらに高等植物の器官特異的な分化など多くの重要な生物現象にかかわっている．また嫌気的環境や呼吸阻害で蓄積した過剰な還元型キノンを酸化することによって活性酸素の発生を抑制し，酸化ストレスから生体を防御している．トリパノソーマでは解糖系で生成した NADH の再酸化を通して過剰な還元力の蓄積を緩和し，ATP 合成を維持するとともに細胞内レドックス環境を調節している．酵素反応にかかわる触媒部位は鉄を結合する "di-iron protein" の特徴を備えており，2分子の鉄を配位する Glu-Xxx-Xxx-His モチーフを含むヘリックス2個と，グルタミン酸残基が保存されたヘリックス2個をもっている．

**CERK**［CERK＝ceramide kinase］ ＝セラミドキナーゼ

**CEA**［CEA＝carcinoembryonic antigen］ ＝がん胎児性抗原

**CEN 含有プラスミド** ⇌ CEN（セン）含有プラスミド

**CENP**［CENP＝centromere protein］ ＝セントロメアタンパク質

**CEF**［CEF＝chicken embryo fibroblast］ ＝ニワトリ胚繊維芽細胞

**GEF**［GEF＝GDP-GTP exchange factor］ ＝GDP-GTP 交換因子

**ジイソプロピルフルオリン酸**［diisopropyl fluorophosphate］ DFP と略す．（⇌ プロテアーゼインヒビター）

**C1**［C1＝first component of complement］ ＝補体第一成分

**C1 インヒビター**［C1 inhibitor］ 接触相凝固・キニン系，古典的補体系の阻害因子．肝臓で産生され，血中に存在するセリンプロテアーゼインヒビター*（セルピンファミリー*）の一つ．皮膚繊維芽細胞，単球・マクロファージでも産生される．補体系因子の C1r，C1s のほか，凝固系因子の XIIa 因子，XIa 因子，血漿カリクレインを阻害する．分子量 105,000 の糖タンパク質で，分子の N 末端領域は糖鎖に富み，C 末端領域にセルピン構造が存在する．先天性欠損症の遺伝性血管神経性浮腫（hereditary angioneurotic edema，HANE）は血管透過性が亢進する脈管神経浮腫をきたす．（⇌ 補体，補体第一成分，血液凝固）

**CI タンパク質**［CI protein］ λファージ* の $cI$ 遺伝子がコードする．236 アミノ酸（分子量 26,000）から成るリプレッサー* タンパク質（⇌ λ リプレッサー［図］）．このファージの溶原化とその維持に必須である．N 末端の 92 アミノ酸が DNA 結合部でオペレーター* への結合に関与し，C 末端（132～236）は，このリプレッサーの二量体形成に関与する．その間の 40 アミノ酸は両ドメインの連結部で，溶原菌に DNA 傷害が起こると，RecA タンパク質* の介添えで，111 番目のアラニンと 112 番目のグリシンの間で切断され，リプレッサー機能を失い，プロファージの誘発が起こる．（⇌ Cro タンパク質）

**C1 複合体**［C1 complex］ ＝補体第一成分

***ced-3* 遺伝子** ⇌ *ced-3*（セッドスリー）遺伝子

**C 遺伝子**［C gene］ 定常領域遺伝子(constant region gene)ともいう．C は constant の略．抗体や T 細胞受容体の定常領域のアミノ酸配列を示す定常領域* をコードする遺伝子を示し，V 遺伝子* と一組にして1本のポリペプチド鎖をコードする．抗体 L 鎖の λ および κ，H 鎖の $\mu$, $\delta$, $\gamma$, $\varepsilon$, $\alpha$，それに T 細胞受容体

の α, β, γ, δ それぞれに対応した C 遺伝子が存在する．C 遺伝子は，原則的にそれぞれ 1 個存在する．動物によっては ε, β, γ(T 細胞)では複数個存在するが機能上の差は見いだされていない．(⇨ 免疫グロブリン遺伝子)

**C/EBP** [C/EBP] CCAAT/エンハンサー結合タンパク質(CCAAT/enhancer-binding protein)の略称．CCAAT ボックス*，あるいはエンハンサーコア配列とよばれる DNA 塩基配列特異的な DNA 結合タンパク質．C/EBP α, β, γ, δ, ε および CHOP-10(C/EBPζ)の 6 種類のタンパク質がファミリーを構成する．ロイシンジッパー*構造を介してホモ二量体あるいはファミリー内の分子とヘテロ二量体を形成する．C/EBPα は肝臓や脂肪細胞の分化，C/EBPβ(肝特異的転写活性化タンパク質*)が炎症反応にかかわる細胞遺伝子の活性化にそれぞれ関与する．老化に伴う肝の増殖能の低下は C/EBPα による細胞増殖停止経路が CDK の活性阻害から E2F による転写の抑制へと切り替えられることによることが示されている．(⇨ 転写因子)

**CA** [CA=cell array] 細胞アレイの略称．(⇨ 細胞マイクロアレイ)

**GA**[1] [GA=genetic algorithm] =遺伝的アルゴリズム

**GA**[2] [GA=gibberellin] =ジベレリン

**シェイエ症候群** [Scheie syndrome] ⇨ ハーラー症候群

**CALI** [CALI=chromophore-assisted laser inactivation] =レーザー分子不活性化法

**JAK** ⇨ JAK(ジャック)

**JH** [JH=juvenile hormone] =幼若ホルモン

**$Ca^{2+}$-ATP アーゼ** ⇨ $Ca^{2+}$(カルシウム)-ATP アーゼ

**CAAT ボックス** [CAAT box] =CCAAT ボックス

**JNK** [JNK] Jun-N 末端キナーゼ(c-Jun N-terminal kinase)の略称．ラットで同定された SAP キナーゼ*と同じもの．細胞内シグナル伝達を担う，MAP キナーゼスーパーファミリーに属するセリン/トレオニンキナーゼ*の一つ．分子量は約 48,000 と 54,000 で，ヒト(JNK1, 2, 3)とラット(SAPKα1, α2, β, γ)で存在が示されている．c-Jun N 末端の転写活性化ドメインに存在するセリン残基をリン酸化し，c-Jun の転写活性を増強するキナーゼとして同定された．

**CANP** [CANP=calcium activated neutral protease] カルシウム依存性中性プロテアーゼの略称．(⇨ カルパイン)

**CAF-1** [CAF-1=chromatin assembly factor-1] =クロマチンアッセンブリー因子 1

**GAF** [GAF=gamma activated factor] インターフェロンγ刺激によって誘導される転写活性化因子．インターフェロンγ受容体から JAK キナーゼを介しチロシンリン酸化された STAT1 タンパク質(⇨ STAT タンパク質)がホモ二量体を形成し，GAF を形成する．GAF はインターフェロン誘導型遺伝子に存在するインターフェロンγ活性化配列(gamma activated sequence, GAS)に結合し，その転写を活性化する．インターフェロンα/β刺激でも同様に STAT1 ホモ二量体(alpha activated factor, AAF)が形成され，GAS を介する転写活性化に関与する．

**CAM** [CAM=cell adhesion molecule] =細胞接着分子

**CaM キナーゼ I〜V** [CaM-kinase I〜V] =カルモジュリンキナーゼ I〜V

**CAM 植物** ⇨ CAM(カム)植物

**cAMP** [cAMP=cyclic adenosine 3',5'-monophosphate] =サイクリックアデノシン 3',5'—リン酸

**CaMV** [CaMV=cauliflower mosaic virus] =カリフラワーモザイクウイルス

**gal オペロン** =ガラクトースオペロン

**GAL4, 11, 80 タンパク質** ⇨ GAL(ギャル)4, 11, 80 タンパク質

**Shaker 型カリウムチャネル** [Shaker-type $K^+$ channel] ショウジョウバエの Shaker 突然変異体から単離された電位依存性 $K^+$($K_V$)チャネルのことで，$K_V1.x$ ファミリー($K_V1.x$ family)ともよばれる(⇨ カリウムチャネル)．その後，多くのサブファミリー(Shab: $K_V2.x$, Shaw: $K_V3.x$, Shal: $K_V4.x$)が同定された．他の $K_V$ チャネルと同じく，6 回の膜貫通領域(S1〜S6)をもち，四量体を構成することにより機能的なチャネルとして働く．細胞内の補助サブユニットとして 3 種類の β サブユニット($K_Vβ1$〜$K_Vβ3$)が同定されている．このチャネルの電流の特徴の一つとして，活性化してから迅速に閉じる(数十ミリ秒以内)現象がある．これは N 型，あるいは A 型不活性化とよばれ，そのメカニズムとして，正電荷をもつ細胞内の N 末端領域が S4 と S5 の連結部の負に帯電している部分を内側から閉鎖するという，鎖付きボールモデルが提唱された．最近の結晶構造解析により，N 末端が単なるボールではなく，細胞質内領域(T1 ドメイン)と膜貫通領域をつなぐ連結部の間を通過できる線状構造をとり，これがポア内の部分に結合することで，不活性化機構に深くかかわることが明らかとなった．また，β サブユニットが不活性化を修飾することも報告され，これを含めた種々のメカニズムが $K_V$ チャネルの多様な不活性化を制御していることが判明した．

**シェーグレン症候群** [Sjögren's syndrome] ミクリッツ病(Mikulicz disease)ともいう．乾燥性角結膜炎，慢性唾液腺炎を主徴とする原因不明の自己免疫疾患*で，外分泌腺に著しいリンパ球浸潤を認める．病気の進行に伴い，腺房の破壊，萎縮をきたす．末梢血では T リンパ球機能低下と B リンパ球機能亢進がみられる．特に B リンパ球は著しく活性化されており，著明なポリクローナル高γグロブリン血症がみられる．一部には，オリゴクローナルからモノクローナルな B リンパ球クローンの拡大が起こり，B 細胞リンパ腫*に進展する．病変局所に浸潤しているリンパ球

の大半は，記憶型のTリンパ球で，そのT細胞レパートリーが限られているとの報告もある．罹患期間が長くなるにつれてBリンパ球の浸潤も認められるようになる．

**CAK** ［CAK＝CDK activating kinase］ CDK活性化キナーゼの略号．（⇒サイクリン）

**JAK** ⇒ JAK（ジャック）

**J鎖** ［J chain］ 連結鎖（joining chain），連関鎖ともいう．多量体のIgAまたはIgMクラスの免疫グロブリン*の1分子当たり1分子含まれ，多量体形成に関与している分子量15,000のポリペプチド鎖で，$H_α$ および $H_μ$ 鎖の定常領域*のC末端に近いシステイン残基とジスルフィド結合をつくっている．J鎖はB細胞*系列で広く産生され，免疫グロブリンのアイソタイプとは関係ない．IgA，IgMが，涙，唾液，消化管粘膜などからの外分泌液中に分泌されるには分泌成分（secretory component，SC）の結合が必要であり，それにはJ鎖の結合が不可欠である．

***gag* 遺伝子** ⇒ *gag*（ギャグ）遺伝子

**JCウイルス** ［JC virus］ JCVと略す．ヒトを自然宿主とするポリオーマウイルス*．1971年に進行性多巣性白質脳症（progressive multifocal leukoencephalopathy，PML）患者の脳から分離された．命名は患者の頭文字に由来する．正式なウイルス名はJCポリオーマウイルス（*JC polyomarvirus*，略称はJCPyV）であるが，以前からのウイルス名であるJCウイルス（JCV）が汎用される．ヒトに感染するBKウイルス*やアカゲザルに感染するSV40*とは高い塩基配列の相同性（70％以上）がある．大部分のヒトは子供の時にJCVに不顕性感染する．成人の80〜90％が抗体陽性となるが，ウイルスは尿細管上皮に感染しており，増えたウイルスは尿中に排泄される．排泄率は加齢とともに上昇し，50歳以上では60〜70％に達する．JCVの伝播様式に関しては，一緒に住んでいる成人（通常は親）から子へ伝播することが明らかにされている．JCVは免疫が正常なヒトに対しては何らの症状も示さないが，(1) AIDS患者，血液腫瘍患者，先天性免疫疾患患者，免疫が低下する疾患をもつ患者，(2) 臓器移植後患者，自己免疫疾患患者など，免疫抑制剤が投与される患者に対しては，中枢神経系の脱髄性疾患であるPMLを惹起する．ゲノムは約5100 bpの環状二本鎖DNAで，その遺伝子構成は近縁のSV40（アカゲザルのポリオーマウイルス）のそれとほとんど同じである．複製起点と*Agno*遺伝子の間に転写調節領域がある（以下，調節領域と略す）．健常人の尿や腎組織から分離されたJCV DNAの調節領域は原型調節領域とよばれる一定の基本構造をもつ．一方，PMLの患者の脳組織や脳脊髄液から分離されるJCV DNAの調節領域（PML型調節領域）は多様に変化し，患者ごとに異なる．PML型調節領域は原型調節領域から塩基配列の再編成（すなわち，欠失と重複または欠失のみ）によって患者体内でつくられるとする説が有力である．しかし，調節領域の再編成がPMLの発症とどうかかわるかについては明らかでない．世界中のJCVは塩基配列の違いにより約20系統に分かれるが，各系統はヒト集団とともに進化したと考えられている．したがって，JCVはヒト集団の起原や移動の解析に役立つ．

**GAGA因子** ⇒ GAGA（ガガ）因子

**JCPyV** ［JCPyV＝JC polyomavirus］ JCポリオーマウイルスの略称．（⇒ JCウイルス）

**JCV** ［JCV＝JC virus］ ＝JCウイルス

**JCポリオーマウイルス** ［*JC polyomavirus*］ ＝JCウイルス．JCPyVと略す．

**GSH** ［GSH］ ＝グルタチオン

**cSNP** ［cSNP＝coding SNP］ coding SNPの略称．（⇒ 一塩基多型）

**gSNP** ［gSNP＝intergenic SNP］ intergenic SNPの略称．（⇒ 一塩基多型）

**CSF**[(1)] ［CSF＝colony-stimulating factor］ ＝コロニー刺激因子

**CSF**[(2)] ［CSF＝cytostatic factor］ ＝細胞分裂抑制因子

**CSF-1** ［CSF-1＝colony-stimulating factor-1］ コロニー刺激因子-1の略号．（⇒ マクロファージコロニー刺激因子）

**Csk** ［Csk］ C末端Srcキナーゼ（C-terminal Src kinase）の略称．Srcファミリー*の活性を抑制するチロシンキナーゼ*．Srcファミリー のC末端近傍のチロシン残基（ニワトリのc-Srcで527番目のチロシンに相当する部位）を特異的にリン酸化する活性をもつ．分子量約5万の細胞質タンパク質で，触媒ドメインのほかにSH3，SH2ドメイン（⇒ SHドメイン）を一つずつもち，これらのドメインを介してパキシリン*などの細胞骨格関連タンパク質と会合する．神経系や免疫系組織での発現が多い．

**GSK** ［GSK＝glycogen synthase kinase］ ＝グリコーゲンシンターゼキナーゼ

**GS細胞** ［GS cell＝germline stem cell］ 精子幹細胞のこと．（⇒ 生殖性幹細胞）

**CStF** ［CStF＝cleavage stimulatory factor］ 切断促進因子の略号．（⇒ ポリアデニル酸）

**cs突然変異** ［cs mutation］ ⇒ 温度感受性突然変異

**J値** ［*J* value］ ＝結合定数（NMRの）

**$Ca^{2+}$チャネル** ［$Ca^{2+}$ channel］ ＝カルシウムチャネル

**ジエチルスチルベストロール** ［diethylstilbestrol］ ＝スチルベストロール（stilbestrol）．$C_{18}H_{20}O_2$，分子量268.34．合成エストロゲン*の一種．強力なエストロゲン作用を示し，生体内では比較的安定で，有機合成されるため安価であるが，催奇形性などの副作用があるため，薬用より研究用に優れている．化学立体構造は，エストロゲンの中でも最も強力な17β-エストラジオール*に類似する部分もあるが，ステロイド骨格をもたない点が特徴的である．強力な生理活性

に相関し，エストロゲン受容体\*への結合能や，転写促進能も強力である．

**ジエチルニトロソアミン** [diethylnitrosamine] ＝ $N$-ニトロソジエチルアミン($N$-nitrosodiethylamine). $(C_2H_5)_2N-N=O$. 代表的なニトロソアミン\*の一つ．ニトロソ化合物は，胃内で亜硝酸と食品由来のアミノ系化合物とが反応し生成される．ニトロソ化合物は，アルキル基の $\alpha$ 位炭素のヒドロキシ化反応が酵素的に起こり，ジアゾニウムイオンを経てアルキルカチオンを生成する．これが，DNA のグアニン 6 位の酸素をアルキル化し，発がん\*を誘発すると考えられている．マウス，ラットやサルなど多くの動物種で発がん性が認められており，また，強い突然変異原性をもっている．

**ジエチルピロカルボネート** [diethyl pyrocarbonate] ＝エトキシギ酸無水物 (ethoxyformic anhydride). $(CH_3CH_2OCO)_2O$. 強力なリボヌクレアーゼ\*(RNアーゼ)の不可逆的阻害剤で，RNA の抽出や RNA を用いた実験，特に試薬や器具から混入した RNアーゼを不活性化するために用いられる．タンパク質のアミノ基，イミダゾール基をエトキシホルミル化するため，タンパク質の化学修飾試薬としても用いられる．

**CXCR** [CXCR＝CXC chemokine receptor] ⇨ CXC ケモカイン受容体

**CXC ケモカイン** [CXC chemokine] ケモカイン\*は，N 末端に存在する保存されたアミノ酸モチーフの配列により，四つのファミリーに分類される．なかでも CXC 型は，上記モチーフ中のシステイン残基の間に任意のアミノ酸残基が一つ存在する一群のケモカインである．CXCL1〜CXCL16 まで 16 種類のものが存在する．これらの中で，CXC モチーフの前に ELR (Glu-Leu-Arg) の 3 アミノ酸残基から成るモチーフをもつものがあるが，これらのケモカイン(たとえば IL-8/CXCL8, Groα/CXCL1, Groβ/CXCL2, Groγ/CXCL3)は好中球に対してケモタキシス(走化性\*)を誘導するとともに血管新生作用をもつ．一方，ELR モチーフをもたないものにはリンパ球に対してケモタキシスを誘導するものが多く，T 細胞，B 細胞に働く SDF-1α/CXCL12, B 細胞に選択的に働く BLC/CXCL13 などがある．(⇨ CXC ケモカイン受容体)

**CXC ケモカイン受容体** [CXC chemokine receptor] CXC ケモカイン\*を結合する受容体で，CXCR と略記される．この受容体ファミリーには CXCR1〜CXCR7 まで 7 種のものがある．CXCR1, CXCR2 は好中球に発現して，IL-8(CXCL8) の結合により，細胞内にシグナルを伝達する．(⇨ ケモカイン受容体)

**CX3CR1** [CX3CR1＝CX3C chemokine receptor 1] ⇨ CX3C ケモカイン受容体

**CX3C ケモカイン** [CX3C chemokine] ケモカイン\*は，N 末端に存在する保存されたアミノ酸モチーフの配列により，四つのファミリーに分類される．なかでも CX3C 型は，上記モチーフ中のシステイン残基の間に任意のアミノ酸残基が三つ存在するケモカインで，フラクタルカイン (fractalkine)/CX3CL1 のみが知られる．フラクタルカイン/CX3CL1 には分泌型と膜結合型の 2 種類のものが存在し，活性化血管内皮細胞，ニューロン，樹状細胞\*などで産生される．特異的受容体 CX3CR1 に結合して細胞内にシグナルを伝達する．(⇨ CX3C ケモカイン受容体)

**CX3C ケモカイン受容体** [CX3C chemokine receptor] CX3C ケモカイン\*であるフラクタルカイン (CX3CL1) を結合する受容体で，CX3CR1 と略記される．この受容体ファミリーには CX3CR1 の 1 種類しかない．CX3CR1 は単球，活性化 T 細胞やナチュラルキラー細胞上に発現し，フラクタルカイン (CX3CL1) の結合により，細胞内にシグナルを伝達する．(⇨ ケモカイン受容体)

**GH** [GH＝growth hormone] ＝成長ホルモン

**GHRIH** [GHRIH＝growth hormone-release-inhibiting hormone] 成長ホルモン放出抑制ホルモンの略．(⇨ ソマトスタチン)

**GHRH** [GHRH＝growth hormone-releasing hormone] ＝成長ホルモン放出ホルモン

**GHRF** [GHRF＝growth hormone-releasing factor] 成長ホルモン放出因子の略号．(⇨ 成長ホルモン放出ホルモン)

**$che$ 遺伝子** [$che$ gene] 細菌の走化性\*シグナル伝達系の細胞質タンパク質をコードする遺伝子 $cheAWRBYZ$ をさす．CheA キナーゼと CheW は，細胞膜貫通型受容体と複合体を形成する(図)．CheA か

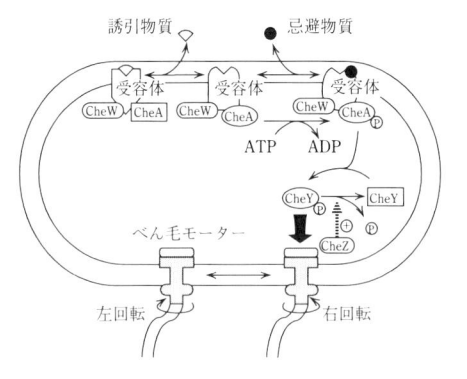

ら CheY へのリン酸基転移は，忌避物質\*，誘引物質\*が受容体に結合すると，それぞれ促進・抑制される(⇨ 二成分調節系)．リン酸化型 CheY はべん毛モーター\*を右回転させ，菌の方向転換を促進する．CheZ は，この CheY の脱リン酸を促進する．CheR と CheB は，適応に際して受容体のメチル化と脱メチルを触媒する．

**GHF-1** [GHF-1] ＝Pit-1

**CHO 細胞** [CHO cell] ＝チャイニーズハムスター卵巣細胞

**CHK1, CHK2** ⇨ CHK(チェック)1, CHK2

**CAT** [CAT＝chloramphenicol acetyltransferase] ＝クロラムフェニコールアセチルトランスフェ

ラーゼ
**CAD** ＝CAD（キャド）
**GAT** ［GAT＝γ-aminobutyric acid transporter］γ-アミノ酪酸輸送体の略称．（⇌GABA 輸送体）
**CAT アッセイ** ⇌CAT（キャット）アッセイ
**GATA 因子群** ⇌GATA（ガタ）因子群
**CADM1** ［CADM1］ cell adhesion molecule 1 の略．TSLC1(tumor suppressor in lung cancer 1)，Necl-2，SynCAM1，IGSF4，SgIGSF ともいう．免疫グロブリンスーパーファミリー細胞接着分子の一つ．がん細胞の腫瘍原性を抑えるがん抑制遺伝子*として染色体 11q23 領域から単離された．脊椎動物では類似分子が 4 種（CADM1～4）存在する．CADM1 は上皮，神経，精巣などで発現し，数種のスプライシングバリアントを認めるが，上皮型は 442 アミノ酸残基から成り，$N, O$ 結合型糖鎖修飾を受ける約 100 kDa のタンパク質である．上皮細胞側面でホモ二量体を形成し，4.1 群タンパク質や膜結合型グアニル酸キナーゼ分子群と結合して接着シグナルを細胞骨格に伝え，形態を制御する．肺がんなど多くの腫瘍で遺伝子欠失やメチル化による 2 ヒットの不活化を示し，その進展にかかわる．一方，シナプス間や精子細胞・支持細胞間の安定した接着や，マスト細胞と組織間，ナチュラルキラー細胞と標的細胞などの一過性接着にもかかわり，遺伝子欠損マウスは精子形成障害を示すなど多彩な病態に関与する．（⇌細胞接着）
**GnRH** ［GnRH＝gonadotropin-releasing hormone］性腺刺激ホルモン放出ホルモンの略．（⇌黄体形成ホルモン放出ホルモン）
**cNOS** ⇌構成型 NO シンターゼ
**ジェネティシン** ［Geneticin］ ＝G418
**Genomapper(RIKEN)** ［Genomapper(RIKEN)］ポジショナルキャンディデートクローニング*を容易にするために作成されたマウス cDNA のヒトゲノムへのマッピングビューアー．マウスの cDNA をヒトの RefSeq および UniGene クラスターの代表的な配列とともに UCSC でアセンブルされたヒトゲノムドラフト配列上にマップしたもの．（⇌バイオインフォマティクス）
**CA 反復配列** ［CA repeat］ ⇌マイクロサテライト DNA
**CAP** ［CAP＝catabolite gene activator protein］カタボライト遺伝子アクチベータータンパク質の略号．（⇌サイクリック AMP 受容タンパク質）
**GAP** ［GAP＝GTPase activating protein］ ＝GTPアーゼ活性化タンパク質
**GABA** ［GABA＝γ-aminobutyric acid］ ＝γ-アミノ酪酸
**GABA 受容体** ＝γ-アミノ酪酸受容体
**CapZ** ［CapZ］ ⇌アクチニン
**CAP102** ［CAP102］ ＝α カテニン
**GAP-43** ⇌GAP（ギャップ）-43
**CF**[1] ［CF＝cleavage factor］ 切断因子の略号．（⇌ポリアデニル酸）
**CF**[2] ［CF＝cystic fibrosis］ ＝囊胞性繊維症
**Ca$_V$1 チャネル** ［Ca$_V$1 channel］ ＝L 型カルシウムチャネル
**Ca$_V$2.1 チャネル** ［Ca$_V$2.1 channel］ ＝P/Q 型カルシウムチャネル
**Ca$_V$2.2 チャネル** ［Ca$_V$2.2 channel］ ＝N 型カルシウムチャネル
**Ca$_V$2.3 チャネル** ［Ca$_V$2.3 channel］ ＝R 型カルシウムチャネル
**Ca$_V$3 チャネル** ［Ca$_V$3 channel］ ＝T 型カルシウムチャネル
**GFAP** ［GFAP＝glial fibrillary acidic protein］ ＝グリア繊維酸性タンパク質
**CFC** ［CFC＝colony forming cell］ コロニー形成細胞の略称．（⇌コロニー形成単位）
**CFTR** ［CFTR＝cystic fibrosis transmembrane conductance regulator］ ＝囊胞性繊維症膜貫通調節タンパク質
**CFP** ［CFP＝cyan fluorescent protein］ ＝シアン蛍光タンパク質
**GFP** ［green fluorescent protein］ ＝緑色蛍光タンパク質
**CFU** ［CFU＝colony forming unit］ コロニー形成単位ともいう．細菌や酵母の培養液を寒天培地にまいて培養した時に形成されるコロニー数．培養液中の生細胞の濃度を表す．たとえば，$10^5$ に希釈した培養液 0.1 mL をまいた時，150 個のコロニー*ができれば，その培養液のコロニー形成単位は $1.5 \times 10^8$ 個/mL である．
**CFU-E** ［CFU-E＝erythroid colony forming unit］ ＝赤芽球コロニー形成単位
**CFU-Eo** ［CFU-Eo＝eosinophil colony forming unit］ ＝好酸球コロニー形成単位
**CFU-S** ［CFU-S＝spleen colony forming unit］ ＝脾コロニー形成単位
**CFU-M** ［CFU-M＝macrophage colony forming unit］ ＝マクロファージコロニー形成単位
**CFU-G** ［CFU-G＝granulocyte colony forming unit］ ＝顆粒球コロニー形成単位
**CFU-GEMM** ［CFU-GEMM＝granulocyte-erythrocyte-macrophage-megakaryocyte colony forming unit］ ⇌造血幹細胞
**CFU-GM** ［CFU-GM＝granulocyte-macrophage colony forming unit］ ＝顆粒球-マクロファージコロニー形成単位
**CFU-Blast** ［CFU-Blast＝blast colony forming unit］ ＝芽球コロニー形成単位
**CFU-Mix** ［CFU-Mix＝mixed colony forming unit］ 混合コロニー形成単位の略称．（⇌造血幹細胞）
**CFU-Meg** ［CFU-Meg＝megakaryocyte colony forming unit］ 巨核球コロニー形成単位の略称．（⇌巨核球バースト形成単位）
**ジェミニウイルス** ［geminivirus］ 核酸成分が環状

一本鎖 DNA(約 2700 塩基)である植物ウイルス*のグループ名.ウイルスは球形粒子が 2 個つながった双球型である.ヨコバイまたはコナジラミによって永続的に媒介されるが,ウイルスによっては汁液接種も可能である.ジェミニウイルス DNA はローリングサークル型複製*機構で複製する.高等植物への外来遺伝子導入ベクターとして改良されたウイルスもある.(⇀ウイルスベクター)

**GMEM** [GMEM=glioma mesenchymal extracellular matrix] =テネイシン

**G$_{M1}$ ガングリオシドーシス** [G$_{M1}$-gangliosidosis] リソソーム酵素である β-ガラクトシダーゼ遺伝子突然変異により生じる常染色体劣性遺伝病.G$_{M1}$ のほかに糖タンパク質由来のオリゴ糖の蓄積もある.おもに乳児期に中枢神経系を含む重篤な全身病として発現するが,まれに学童や以後成人の例もある.第 3 遺伝子短腕にあるこの遺伝子は 16 エキソンから成り,677 アミノ酸のペプチドをコードする.イタリア人乳児例,日本人幼児例,日本人成人例にそれぞれ共通な突然変異(482 番 Arg→His, 201 番 Arg→Cys, 51 番 Ile→Thr)などが知られている.(⇀スフィンゴ脂質症)

**cmc** [cmc=critical micellar concentration] =臨界ミセル濃度

**GM-CSF** [GM-CSF=granulocyte-macrophage colony stimulating factor] =顆粒球-マクロファージコロニー刺激因子

**GM-CSFR** [GM-CSFR=granulocyte-macrophage colony-stimulating factor receptor] =顆粒球-マクロファージコロニー刺激因子受容体

**CMTS** [CMTS=microbodies C-terminal targeting signal] =ミクロボディ C 末端標的シグナル

**CMP** [CMP=cytidine monophosphate] シチジン一リン酸の略号.(⇀シチジル酸)

**GMP** [GMP=guanosine monophosphate] グアノシン一リン酸の略号.(⇀グアニル酸)

**c-mpl 遺伝子** [c-mpl gene] は,巨核球の増殖・分化を促し血小板産生を増強するトロンボポエチン*(c-Mpl リガンド)の受容体である.c-mpl はマウスの急性白血病ウイルス MPLV(myeloproliferative leukemia virus)のがん遺伝子 v-mpl の細胞性相同遺伝子であり,エリトロポエチン受容体などと相同性があり,サイトカイン受容体ファミリーに属している.ヒト c-Mpl 分子は,572 および 635 アミノ酸残基から成る二つの型が知られている.

**CMV**[1] [CMV=*Cucumber mosaic virus*] =キュウリモザイクウイルス

**CMV**[2] [CMV=cytomegalovirus] =サイトメガロウイルス

***jun* 遺伝子** ⇀ *jun*(ジュン)遺伝子

**シェリントン SHERRINGTON, Charles Scott** 英国の神経生理学者.1857.11.27~1952.3.4. ロンドンに生まれ,サセックス州イーストボーンに没す.ケンブリッジ大学を卒業後,ベルリン大学に留学した.シナプス*の用語を使用(1897).筋肉に達している神経が脳に感覚を伝えることを明らかにした(1894).拮抗筋の反射作用を発見(1906).大脳皮質の運動野を決定.1932 年 E. D. Adrian とともにノーベル医学生理学賞受賞.リバプール大学教授(1895).オックスフォード大学教授(1913).

**CLIP**[1] ⇀ クラス II 分子関連インバリアント鎖ペプチド

**CLIP**[2] [CLIP=corticotropin-like intermediate lobe peptide] ACTH 様中葉ペプチドの略称.(⇀プレプロオピオメラノコルチン)

**CLM** [CLM=confocal laser microscope] =共焦点レーザー顕微鏡

**CLL** [CLL=chronic lymphocytic leukemia] =慢性リンパ性白血病

**Cl$^-$ チャネル** [Cl$^-$ channel] =塩素イオンチャネル

**GLP** [GLP=glucagon-like peptide] =グルカゴン様ペプチド

***C. elegans*** ⇀ セノラブディティスエレガンス

**GO** [GO=Gene Ontology] =Gene Ontology

**COS 細胞** ⇀COS(コス)細胞

**COS 細胞導入系** ⇀COS(コス)細胞導入系

***cos* 部位** ⇀*cos*(コス)部位

**COSY** [COSY=correlation spectroscopy] ⇀二次元 NMR

**ConA** [ConA=concanavalin A] =コンカナバリン A

**c-onc** [c-onc=cellular oncogene] 細胞性がん遺伝子の略号.(⇀原がん遺伝子)

**ジオキシゲナーゼ** ⇀酸素添加酵素

**ジオキシン** =ダイオキシン

**Co-Smad** [Co-Smad=common-mediator Smad] 共有型 Smad の略称.(⇀Smad)

**肢芽** [limb bud] [1] 両生類と両生類より高等な脊椎動物の四肢の原基.胚の体側に 2 対できる突起で,初期は先端方向に伸長し,後期は前後方向に幅広くなる.中胚葉性の細胞集団を外胚葉性の細胞層が覆う基本形から成り,前者は軟骨と繊維性結合組織(真皮,腱など)に,後者は表皮に分化する.筋肉,血管,神経などは,肢芽の伸長の際に体幹から入ってくる.肢芽の発生はパターン形成*のモデルとなっている.[2] 不完全変態昆虫の脚の原基.外胚葉性の袋状突起で,胸の各節に計 3 対できる.先端方向に伸長し,筋肉,神経が中に入って,幼虫,成虫の脚になる.

**視蓋** [optic tectum] 視神経*によって運ばれる視覚情報を中継する脳の構造の名称.大脳皮質*のない(したがって大脳視覚領がない)鳥類,爬虫類,両生類,魚類などでは視覚の中枢となっている.これらの動物では,脳の後背部,終脳と小脳の間に位置する左右対称の大きなドーム状の隆起として認められる.大脳皮質が発達した哺乳類では,別名"上丘"ともいい,大脳と小脳の間にある四丘体のうち,大脳に近い側の左右対称な二つの小さな隆起をさす(⇀視覚野皮質).視蓋の表面の神経細胞群は視覚の補助的中枢

の役割を果たす(外側膝状体と大脳視覚領が視覚中枢となっている)が，深い部分の神経細胞は，眼球や内臓の運動を制御している．脊椎動物全体を通じて，視神経は独特の空間パターンをもちつつ視蓋神経細胞を支配している．すなわち，網膜の上の一点から生じる視神経は視蓋の一点に対応する神経細胞群にシナプス*をつくり，結果として網膜の二次元像が視蓋にも投影されるような繊維投射が形成されている．こうした1対1でしかも二次元的な位置関係を維持したまま視神経が視蓋に投射される様子を網膜投射図(retinotopical projection)あるいは網膜地図(retinotopy)といい，脳の情報処理の仕組みを理解していくうえで興味深い．この網膜地図は，脳が形成される時ばかりでなく，形成された後においても，可塑性をもちつつ長く維持されている．すなわち，両生類や魚類の眼球をいったん切離して異なる場所に植え変えても，視神経繊維は，視蓋の同じ部分を支配するように再生し，数週間後には機能を取戻す．また，網膜の一部分を手術で取去ると，切取られた周囲の網膜に由来する視神経から新しい繊維が発芽して，神経支配の失われた視蓋の神経細胞群を支配し，1対1の網膜地図が再び形成される(expansion，拡張と名づけられている)．視蓋の一部分を手術で取去っても，その部分に投射していた視神経から発芽して，切除された周囲の部分の視神経細胞を支配することにより，網膜地図が再び完成される(compression，圧縮と名づけられている)．こうした網膜地図の達成に，視神経に発現しているTOP(toponymic，番地指定分子，局所命名の意)分子が関与していると考えられる．すなわち，TOPに対する免疫染色を行うと，網膜の最も背側から生じる視神経は最も多量にTOPを発現し，腹側にゆくに従ってTOPの発現量がしだいに減少してゆく．こうした視神経のTOP含有量の違い(含有量の平方根に比例か？)を視蓋の細胞が認識しつつシナプスを形成することにより，1対1の二次元的神経繊維の投射が形成，維持されていると考えられる．哺乳類ではTOP分子の存在は確認されてはいるものの，視神経が非常に再生しにくいために，移植，切除法を用いた網膜-視蓋投射の可塑性は調べられていない．TOP分子以外にも網膜地図形成にかかわる数種類の分子が候補としてあげられている．

**紫外吸収** [ultraviolet absorption]　UV吸収(UV absorption)ともいう．紫外線は波長が10～400 nmすなわち可視光線より短く，X線より長い不可視光線である．生物試料の対象となる200～400 nmの紫外部における光の吸収は電子状態間の遷移を伴うので，紫外吸収スペクトルを電子スペクトル*ともいう．この領域における強い紫外吸収は，二重結合のπ電子に由来するπ-π*遷移であり，孤立したC=C結合は190 nm付近に吸収を示す．トリプトファンやチロシン，核酸の塩基のように二重結合の共役が伸張するにより波長の長い，いい換えるとエネルギーの低い光で遷移が起こり，前者では約280 nmの紫外吸収を示し，後者では約260 nmの紫外吸収を示す．

**自家移植** [autograft, autotransplantation]　⇌ 移植
**紫外線エンドヌクレアーゼ** [UV endonuclease]　放射線や薬剤によるDNA傷害に対して，大腸菌の約18倍もの抵抗性，つまり同じ生存率を与えるのに18倍も多い線量や濃度を必要とする細菌，Deinococcus radiodurans のDNA傷害の除去修復*に関与するエンドヌクレアーゼのこと．紫外線により損傷が起こったDNAの修復に関与するエンドヌクレアーゼをさすこともも多い．αとβの2種類あり，両者欠損して初めてDNA傷害に対する抵抗性を失う．αのアミノ酸配列は大腸菌の除去修復酵素の一つUvrAと非常によく似ているので，大腸菌UvrABCエンドヌクレアーゼ*と同じ経路に働くと考えられる．βは別の修復経路の酵素と考えられる．

**紫外線回復** [UV reactivation]　現在はワイグル回復(Weigle reactivation)，またはW回復(W reactivation)とよばれる．1953年にJ. Weigleが見つけた回復現象で，紫外線を照射したλファージを紫外線を照射した大腸菌に感染すると，紫外線を照射しない大腸菌に感染するよりも，ファージの生存率が回復する現象．そのとき同時に突然変異の生成も増加する(ワイグル(またはW)突然変異生成)．紫外線照射により大腸菌がSOS応答の誘導を行うため，ファージのDNA傷害の修復および突然変異の増加が起こる．(⇌ 除去修復[図])

**紫外線照射** [ultraviolet irradiation]　UV照射(UV irradiation)ともいう．紫外線を照射すること．波長400～10 nm前後の電磁波を近紫外(400～290 nm)，遠紫外(290～190 nm)，真空紫外(<190 nm)とよぶ．真空紫外の短波長側を極端紫外とよぶこともある．通常254 nm前後の電磁波(水銀の線スペクトル)を利用する．核酸塩基・芳香族アミノ酸に特異的に吸収され，分子の架橋や損傷を誘起する．DNA中に誘起されたピリミジン二量体*は細胞死や突然変異の原因となる．蛍光物質の励起・観察を目的とする場合もある．

**紫外線損傷(DNAの)** [ultraviolet damage (of DNA)]　UV損傷(UV damage)ともいう．DNAの塩基が紫外線を吸収する際に起こる損傷．DNA塩基の極大吸収波長は260 nmであり，波長320 nm以下の紫外線を吸収し励起される(⇌ 紫外線照射)．その結果ピリミジン二量体*，ピリミジン(6-4)付加体などが生成する．これらの生成物は，DNA複製の阻害あるいは突然変異をひき起こす．ピリミジン二量体，ピリミジン(6-4)付加体といった紫外線損傷の修復機構としては，1) 光回復*，2) ヌクレオチド除去修復*，3) 複製後修復*(組換え修復ともよばれる)の三つが知られている．大腸菌では多量の紫外線損傷を受けるとSOS応答によってDNA修復酵素系が誘導される(⇌ SOS修復)．

**視覚系** [visual system]　視覚情報処理に関与する神経系*をさし，哺乳類では網膜，視神経，外側膝状体*背側核，大脳皮質視覚野(視覚野皮質*)から成る膝状体系と，上丘およびそれ以外の視覚中枢を含む膝状体外系に分けることができる．後者は明暗情報，

対光反射，眼球運動などに関与する．前者は，サルやヒトではさらに外側膝状体背側核の大細胞層を通る系と，小細胞層を通る系に分けられる．大細胞系は両眼立体視や運動視に関係し，小細胞系は色覚や形態視に関与するとされている．

**視覚色素** ＝視物質
**視覚野地図** [visual map] ⇌ 視覚野皮質
**視覚野皮質** [visual cortex]　大脳皮質視覚領(visual cortical area)ともいう．大脳皮質\*の中で直接視覚情報処理に関与する領域をさす(⇌視覚系)．後頭葉に存在する．K. Brodmannの分類でいう17野に当たる一次視覚野，18野に当たる二次視覚野などは古くより知られていたが，最近のサルを用いた研究によると，視覚に関係する領野は32に分けることができるという．これら多数の視覚関係領野は，頭頂葉へ情報を送る背側系と，下側頭葉へ情報を送る腹側系に大別することができる．前者は見ているものがどこにあるのかという空間視，後者は見ているものが何であるかという物体視におもに関与するとされている．一次視覚野は多数の視覚関係領野の中で最も広い面積を占めるが，どの部位が網膜のどこから入力を受けるかは正確に決まっている．これを網膜部位復元(retinotopic representation)あるいは視野対応視覚野地図(visual map)という．(⇌視蓋)

**自家骨髄移植** [autologous bone marrow transplantation]　自己骨髄移植ともいう．難治がん疾患に対して自家骨髄移植を行うには，体内に残存するがん細胞の数が少ない寛解状態にある患者自身の骨から骨髄液を採取して凍結保存する．その後超大量化学療法あるいは放射線照射を行ったのちに，骨髄液を解凍して輸注すると，やがて正常な造血機能を再構築する．自家骨髄移植ではドナーが不要で，移植片対宿主病\*が発生しないために，重症の副作用や移植関連死も同種骨髄移植\*に比べて少ない．しかし骨髄採取には依然として麻酔を行う必要があり，同種骨髄移植と比較しても，移植後の造血機能の回復が遷延するため重症感染症や出血の危険が高い．また，移植片中にがん細胞が混入する危険性も無視できない．一方，末梢血より幹細胞を採取した場合には，麻酔は必要でなく，大量の幹細胞が採取されるうえに，がん細胞が混入する度合いも少ないとされている(⇌末梢血幹細胞移植)．このため今後は，自家骨髄移植の代わりに自家末梢血幹細胞移植が増えていくと考えられる．

**C型肝炎ウイルス** [Hepatitis C virus]　HCVと略す．フラビウイルス科に属する全長約9500塩基の一本鎖RNAウイルス\*である．ウイルスゲノムには単一の大きなオープンリーディングフレーム\*が存在し，3000アミノ酸を超える大きな前駆体タンパク質が翻訳される．ついで前駆体タンパク質が宿主細胞のシグナルペプチダーゼとウイルス自身のもつプロテアーゼによって切断され，その産物は最終的に10種類のウイルスタンパク質となる．N末端からは構造タンパク質(コア，エンベロープ)，C末端からは非構造タンパク質(プロテアーゼ，ヘリカーゼ，RNAポリメラーゼなど)が生成される．HCVは主として血液を介して感染し，肝細胞内で増殖する．約70％の感染患者において慢性化をきたし慢性肝炎から肝硬変\*，肝がん\*へと病期が進行する．現在，日本の慢性肝疾患の70％以上がHCVによるものである．HCVは遺伝子配列の違いにより遺伝子型が存在し，日本では70％が1型，30％が2型に分類される．C型慢性肝炎に対する抗ウイルス治療はインターフェロン製剤が主体であり遺伝子型1型より2型で，また血中ウイルス量が低値の症例でより治療効果が高い．最近，治療法が急速に進歩を遂げており，最も治療効果の低い遺伝子型1型，血中ウイルス量最高値の症例でも48週間のPEGインターフェロンとリバビリンの併用療法で約半数の症例でウイルスの持続的な消失(著効)を得ることが可能となっている．(⇌肝炎，B型肝炎ウイルス)

**C型粒子** [C-type particle]　W. Bernhardが1960年，腫瘍組織を電子顕微鏡で観察し提唱したオンコウイルス(レトロウイルス\*の亜科)の形態学的分類の一型．宿主細胞質内ではウイルスコアがみられず，宿主細胞膜から出芽したのち，初めてウイルス粒子が形成される(⇌A型粒子[図])．成熟したウイルス粒子は直径80～110 nmで，出芽直後はウイルスコアに同心円状の模様が観察されるが，やがて中央に濃縮したヌクレオイド構造をもつようになる．マウス白血病ウイルス\*，トリ白血病ウイルス\*をはじめヒトT細胞白血病ウイルス1\*に至るまで，ほとんどのオンコウイルスがC型粒子に分類される．

**志賀毒素様毒素** [Shiga-like toxin] ＝ベロ毒素
**自家不和合性** [self-incompatibility]　SIと略す．両性花をもつ被子植物において，異株間の交配では受精が成立するのに対して，同株内の交配(自家受粉)では受精できない現象．この場合，雌雄の生殖器官は機能的・形態的に正常である．過半の植物種にこの形質がみられることから，近交弱勢の回避や種の遺伝的多様性維持に貢献していると考えられる．多くの植物種の場合，1遺伝子座の数十から百を超すS複対立遺伝子系によって制御されている．花粉と雌ずいが同一のS遺伝子を表現型としてもつ場合に，その花粉は自己と判断され，花粉管\*の発芽・侵入・伸長が抑制されて受精できない．したがって，S遺伝子を介した自他識別機構ともいえる．自家不和合性の分子機構は，植物種によって異なることが明らかになっている．アブラナ科植物では，雌ずい側S遺伝子産物の受容体キナーゼ(SRK, S-receptor kinase)と，花粉側S遺伝子産物の低分子量リガンド(SP11)との間で，S対立遺伝子特異的な相互作用がみられる．それに伴いSRKが自己リン酸化を受け，最終的に不和合反応をひき起こすことが示されている．SP11遺伝子の発現部位が薬中の2nの核相であるタペート細胞であることから，花粉側の自家不和合性の表現型にはヘテロ接合な個体において優劣性がみられる．この優劣性発現には，エピジェネティックな制御が関与しており，劣性となる対立遺伝子のSP11のプロモーター領域が特異的にメチル化を受けることにより，遺伝子発現が抑制されることが示

されている。ナス科、バラ科、ゴマノハグサ科植物では、雌ずい側 S 遺伝子産物はリボヌクレアーゼ*($S$-RNase)であり、花粉側 S 遺伝子産物は F ボックスドメインをもつタンパク質(SLF)である。花粉管内に取込まれた $S$-RN アーゼによる RNA 分解が自己花粉管の伸長抑制をひき起こすと考えられるが、SLF によるプロテアソーム*を介したタンパク質分解と自他識別との関連には議論の余地が残されている。ケシ科植物では、機能未知な低分子量タンパク質である雌ずい側 S 遺伝子産物(S protein)が、自己花粉管のアポトーシス*を誘導することが知られている。

**ジカルボン酸回路** [dicarboxylic acid cycle] ＝$C_4$ ジカルボン酸回路

**師管** [sieve tube] ⇒維管束

**時間差顕微鏡** [time-lapse microscope] ＝微速度顕微撮影装置

**ジキシン** [zyxin] 分子量 82,000 の細胞膜裏打ちタンパク質*で、インテグリン*が接着分子として働くフォーカルアドヒージョン*、または培養細胞ではフォーカルコンタクト*に濃縮している。この分子は、やはりフォーカルコンタクトの細胞膜裏打ち構造の構成タンパク質の一つである α アクチニンに直接結合する。cDNA クローニングの結果、LIM ドメインをもつことが知られており、さらに、LIM ドメインを複数もつタンパク質とも直接結合する。このようなことから、インテグリンを介した細胞間基質の接着の情報を細胞質の中へ伝えるうえで重要な役割をしているのではないかと想像されている。

**色素芽細胞** ＝メラニン芽細胞

**色素顆粒** [pigment granule] 生物体内に含まれる色素を含んだ粒状物をいい、多くは色素細胞*(色素胞,メラノサイト*,網膜の色素上皮など)の中に含まれるものをさす。黒ないし黒褐色のメラニンを含んだメラノソーム(melanosome)、赤ないし黄色のプテリン、カロテノイドを含んだプテリノソーム(pterinosome)、カロテノイド小胞(carotenoid vesicle)、虹彩色ないし白色のプリンを含んだ反射小板(reflecting platelet)、イリドソーム(iridosome)、ロイコソーム(leucosome)などが知られている。細胞種によってはホルモン、薬物などで顆粒が微小管に沿って移動し顆粒の凝集、拡散が観察されるが、そのモータータンパク質などは同定されていない。

**色素細胞** [pigment cell] 色素を産生・保有する細胞の総称。メラニン生成細胞であるメラノサイト*と各種動物、主として両生類、魚類などの皮膚に見られる色素胞(chromatophore)が含まれる。色素細胞にはメラニンを含む黒色素胞*、黄色のカロテノイドないしプテリジンを含む黄色素胞あるいは赤色素胞、白色のプリンおよび白色素胞の 3 種がある。皮膚のメラノサイトおよび色素胞はいずれも神経節に由来し、動物の体色の主たる調節を行っている。

**色素細胞刺激ホルモン** ＝メラニン細胞刺激ホルモン

**色素性乾皮症** [xeroderma pigmentosum] XP と略

す。日光紫外線による高頻度皮膚がん発生と精神神経症状の合併を臨床的特徴とする常染色体性劣性疾患*である(⇒皮膚がん)。A から G 群の七つの遺伝的相補性群とバリアント(変異体)の計八つのサブタイプが存在する。A から G 群の色素性乾皮症(XPA~XPG, XPV と略す)は、DNA 除去修復*の初期過程、すなわち、DNA 傷害の認識、傷害部位の 5′ 末端および 3′ 末端での DNA 一本鎖の切断、傷害部位を含むオリゴヌクレオチドの除去のいずれかの段階に異常をもち、バリアント XP は複製後 DNA 修復過程に異常をもつ。XPA は DNA 傷害を認識するタンパク質である。XPB および XPD タンパク質はヘリカーゼ活性をもち、基本転写因子 TFIIH*の構成要素である。TFIIH 全体が転写と修復に必要であり、XPB や XPD 患者では転写機能の異常も予測されている。また、XPF と XPG タンパク質は、5′ 末端あるいは 3′ 末端での DNA 切断にかかわるエンドヌクレアーゼ複合体の構成要素であることが明らかになりつつある。XPC と UV-DDB(XPE)は DNA 修復の最初に損傷 DNA 部位に結合し修復に関与するが、細胞に紫外線を照射すると UV-DDB(XPE)複合体のもつユビキチンリガーゼにより XPC タンパク質が可逆的にポリユビキチン化され、損傷 DNA との結合がより強くなる。XPV は損傷部位を乗越える DNA 複製を行う DNA ポリメラーゼηをコードする。(⇒ERCC 遺伝子)

**色素体** [plastid] プラスチドともいう。植物細胞に固有な、葉緑体*とその類縁の細胞小器官*の総称。二重の包膜で包まれており、固有の DNA とその複製・転写・翻訳系をもつ半自律的な細胞小器官である。既存の色素体の分裂によってのみ増殖する。その起源は、原核藻類の細胞内共生によると考えられている(⇒共生説)。高等植物では組織特異的な分化が著しく、その形状、大きさ、内部構造、機能は多様である。色素体には、1) 光合成*を営む葉緑体、2) 根などクロロフィル*を欠く細胞の白色体*、3) 黄化組織のエチオプラスト*、4) 貯蔵デンプンを蓄積するアミロプラスト*、5) カロテノイドを蓄積する有色体*、6) タンパク質の顆粒や結晶を含むプロテノプラスト(proteinoplast、またはプロテオプラスト proteoplast)、7) 多量の油滴や脂質の顆粒をもつオレオプラスト(oleoplast)、エライオプラスト*、リポプラスト(lipoplast)などがある。いずれも分裂組織のプロプラスチド*(原色素体)から発達し、ある程度相互に変換可能である。褐藻、紅藻の葉緑体はそれぞれ褐色体(phaeoplast)、紅色体(rhodoplast)とよぶ場合もある。

**色素体ゲノム** [plastid genome] プラストーム(plastome)ともいう。色素体*のもつ遺伝情報の総体。その実体は約 80~220 kbp の環状二本鎖 DNA で、rDNA をはじめ色素体の形成にかかわる約 130 種の遺伝子をコードしている。細胞内共生した原核藻類のゲノムが進化の過程で大量の遺伝情報を喪失あるいは宿主の細胞核に移し、小型化したものと推定される(⇒共生説)。生体内では色素体核、核様体*などとよばれる DNA-タンパク質複合体の状態で存在する。通

常，色素体ゲノムは母性遺伝するが，父性遺伝や両性遺伝する植物種もある．(⇨細胞質遺伝)

**色素胞** [chromatophore] ⇨色素細胞

**C キナーゼ** [C kinase] ＝プロテインキナーゼ C

**G キナーゼ** [G kinase] ＝サイクリック GMP 依存性プロテインキナーゼ

**子宮** [uterus] 雌性生殖器官の一つ．膀胱後方，直腸前方に位置し，霊長類で逆西洋ナシ形(ヒト，9×4×3 cm)，その他の哺乳類で V 字形をしている．体部と頸部に分けられ，構造と機能が異なる．特に頸部の内腔を子宮頸管，腟内の頸部を子宮腟部とよぶ．体部は内膜，筋層(平滑筋)，外膜より成る．ヒトの場合，頸部は精子・月経血通路や産道となるが，体部は非妊時は着床準備，妊娠時は着床・胎児発育の場となり，分娩時は収縮して胎児・胎盤*などを排出する．

**C9 関連タンパク質** [C9-related protein] ＝パーフォリン

**子宮頸がん** [cervical cancer, cervical carcinoma, carcinoma of uterine cervix] 子宮頸部に発生するがん腫*．多くは扁平上皮がん*で，一部が腺がん*である．ヒトパピローマウイルス*の関与が知られている．

**子宮内診断** [intrauterine diagnosis] ＝出生前診断

**子宮内膜** [endometrium] 子宮内腔を覆う粘膜．子宮体部の内膜をさすことが多い．上皮部分と間質部分から成る．前者には被覆上皮と子宮腺の腺管上皮(ともに単層円柱)があり，時に繊毛細胞も認める．後者にはコラーゲン*など豊富な細胞外成分に間質細胞，繊維芽細胞様の細胞など多くの細胞が混在する．真猿目霊長類では月経を認め，剥がれる部分を機能層，残る部分を基底層とよぶ．前者は月経期，増殖期，分泌期で変貌する．細胞外成分を基質として細胞混合培養，細胞分離培養が可能である．

**軸索** [axon] 神経線維(nerve fiber)ともいう．神経細胞体から伸びる突起．時には 1 m に達する．2～3 mm の長さの樹状突起*と比べてきわめて長い(⇨神経細胞)．太さは，大きな細胞体ほど太く，30～0.25 μm にわたる．軸索鞘*に包まれ，微小管やニューロフィラメントなど骨格成分の間を，滑面小胞体，ミトコンドリア，前リソソーム構造などが行き来している．活動電位を伝導し，筋肉に運動命令を伝えたり(運動神経)，末梢からの情報を中枢に伝えたりする(感覚神経)．前者は前シナプス終末に終わり，後者は受容器に終わる．有髄神経ではミエリン*鞘が何重にも包み込んでいるが，無髄神経は外側をシュワン細胞*が囲んでいるのみ．無脊椎動物では無髄神経．ミエリン鞘は 1～2 mm 間隔で途切れて細くなる(ランビエ絞輪*)．太い軸索ほどミエリン鞘が厚くなり，絞輪の間隔も大きくなる．活動電位はランビエ絞輪を跳躍伝導*するので速度が速い．太い軸索ほど速い．軸索が集合し神経幹をなす．ミエリンは白く見え，中枢では軸索の分布域を白質*という．(⇨神経突起)

**軸索鞘** [axolemma] 軸索膜ともいう．神経軸索を包む 7 nm 程度の厚さの細胞膜．この半透性の膜内

で電位勾配が形成されるので，軸索内側が外側より 70 mV 程度電位が低い(静止電位*)．各種リン脂質で構成された二層膜に島状にタンパク質が分布，流動する．タンパク質のうち，チャネルタンパク質はナトリウムやカリウムを通し電気的興奮をひき起こす(活動電位*)．ポンプの ATP アーゼタンパク質は，流入したナトリウムを汲み出し内外のイオン勾配を維持する．

**軸索伸長** [axonal elongation] 神経軸索*は，切断されると切断端付近から多数の細い軸索が発芽し，標的組織に向かって伸びてゆく．このような再生や成長の際に，軸索が 1 日に 1 mm 程度の速さで伸びる現象．これは，軸索骨格である微小管やニューロフィラメントなどの構成タンパク質が分子のまま細胞体から補給され(遅い軸索輸送*)，軸索中で重合して軸索構造を形成しているのである．タイムラプス(コマ落とし)顕微鏡撮影で記録すると，先端の神経成長円錐*が盛んに運動し標的を探索しながら進むのがわかる．神経成長因子*(NGF)，脳由来神経栄養因子といったニューロトロフィン*ファミリーや，神経突起伸展因子など，軸索を伸長させる多くの種類のタンパク質性促進因子も知られている．途中をガイドする物質もある．基底膜に沿って伸長することが多いが，そこに含まれるラミニン*も伸長を促進する．

**軸索伸長促進因子** [neurite extention promoting factor] ＝軸索誘導

**軸索膜** ＝軸索鞘

**軸索誘導** [axonal guidance] 経路誘導(pathway guidance)ともいう．神経細胞の軸索*が自己の結合相手である別の神経細胞や骨格筋，感覚器などの標的に向かって伸長誘導されること．伸長しつつある軸索の先端には神経成長円錐*とよばれる構造があり，その細胞表面には各種の細胞接着分子*，細胞外マトリックス分子に対する受容体，あるいは，標的が分泌する軸索伸長促進因子(neurite extention promoting factor)に対する受容体が存在し，これにより，軸索が特定の方向にガイドされる．また，神経組織には軸索の進入を阻止する機能を備えた各種の忌避因子があり，これらも軸索の伸長方向の決定に大きな役割を演じている．軸索を特定の方向に導く機能をもつ道しるべ細胞*が存在することも知られている．軸索は物理的・機械的な道筋に沿って受動的にガイドされることも知られている(⇨接触誘導)．

**軸索輸送** [axonal transport] 神経軸索*中の物質輸送．タンパク質などの合成は大部分細胞体で行われるので，軸索末梢で必要な物質は軸索輸送で補給される．速い軸索輸送*と遅い軸索輸送*に分けられる．速い輸送は細胞小器官を輸送しており，順行性輸送*と逆行性輸送*に分けられる．前者により滑面小胞体，シナプス小胞，ミトコンドリアが輸送され，後者により前リソソームやミトコンドリアが細胞体に戻って行く．速度は数 10 cm/日．微小管を上行輸送されるが，モータータンパク質(ATP アーゼ)は，順行性の場合キネシン*，逆行性の場合細胞質ダイニン*．遅い輸送は，細胞骨格成分であるチューブリ

ン*，ニューロフィラメント*，アクチン*や，各種酵素タンパク質などを分子のまま運んでいる．速度は数mm/日以下で，順行性のみ．古くは軸索流(axonal flow)と称された．軸索構造を補給代謝しており，量的には速い輸送より大量のタンパク質を運んでいる．軸索の成長，再生も担っている．

**軸索流** [axonal flow] ⇌ 軸索輸送

**軸糸** [axoneme, axonema, axial filament]　繊毛上皮，ゾウリムシ，精子の運動部位である繊毛*や鞭毛*の基本構造．周囲に9対，中心に2個の微小管で構成され(9+2構造)，周囲を細胞膜で包まれている．界面活性剤であるトリトンで細胞膜を除去したトリトンモデルにより，その細胞内運動機序が解明された．ダイニンのATPアーゼ活性により微小管同士がずれて運動をひき起こす．カルシウム濃度がダイナミックに変化し，むち打ち運動の頻度や方向を調節している．

**軸性** [axiality]　生物体において体軸*に沿ってある勾配をもつような構造的・機能的方向性がある場合，これを軸性があると表現する．これには卵あるいは卵母細胞の時代からすでにはっきりわかるものもある．最もよく知られる例としては動物・植物両極を結ぶもの(動物極-植物極軸)がある．また体の中軸構造(中心の軸となる構造)として前後軸*がある．また，背腹にも軸を想定することができるのでそれを背腹軸*とよぶ．多くの生物は左右対称になっているが，左右のそれぞれの側の構造に関しても基部から先端部への軸性(基部-先端部軸，proximo-distal axis)というものも考えられている．これらの軸性が現れてくる基盤には卵の時代の細胞質の物質の分布の片寄り，局在などがあり，軸性はそれがはっきりと形態学的に見えるようになる前から分子的な物質の存在の勾配としてとらえることができるようになってきている．

**軸特異化** [axis specification]　動物の胚発生において体軸*が決定されてゆく(body axis determination)様子をさす．生物体には種々の軸性*，あるいは構造が存在するが，そのようなある方向に沿った構造・機能の勾配あるいは方向性が，それが構造的に明瞭になる前から物質的な変化を遂げることによってその基盤が築かれていることが多い．したがって種々の軸構造あるいは体軸に沿った特殊化の仕組みはまさに軸特異化の問題であり，現在の生物のパターン形成*において最も重要な研究課題となっている．そして，種々の軸の特異化のために作用する分子(ホメオボックス*遺伝子産物のようなDNA結合タンパク質や成長因子などの液性因子)がしだいに明らかになりつつある．

**シグナルアンカー配列** [signal anchor sequence] ⇌ 膜貫通タンパク質

**シグナル伝達** [signal transduction]　多細胞生物の生命はホメオスタシス*(恒常性)によって維持されており，このホメオスタシスは，基本的には細胞間と細胞内のシグナル伝達機構によって制御されている．細胞間シグナル伝達機構とは，内分泌系，神経系，パラ分泌系，自己分泌*系，および細胞-細胞の直接接着系の五つの様式で，ホルモン*や神経伝達物質*，細胞増殖因子*，サイトカイン*など，種々の細胞外シグナル物質を介して細胞間でコミュニケーションを行うことによって，個々の細胞機能を制御する機構のことである．また，細胞内シグナル伝達(intracellular signal transduction)機構とは，これら五つの様式で到達した細胞外シグナル物質を受容した細胞が，これを細胞内に正確に伝達し，的確に処理して応答する機構のことである．ある特定の細胞外シグナル物質にどの細胞が反応するかは，細胞外シグナル物質によって決定されるのではなく，個々の細胞がその細胞外シグナル物質に対する受容体を発現しているか否かによって決定される．また，その細胞が細胞外シグナル物質にどのように応答するのかも，細胞外シグナル物質によって決定されるのではなく，その細胞にすでに備わっている機構によって決定される．このように，細胞間と細胞内のシグナル伝達機構では，あくまでもシグナル"信号"が伝達されるのであり，メッセージ"情報"が伝達されるのではないが，これを情報伝達ということもある．この細胞内シグナル伝達機構では，1) AキナーゼやCキナーゼなどのセリン/トレオニンキナーゼ*，血小板由来増殖因子，上皮増殖因子の受容体やSrcファミリーメンバーなどのチロシンキナーゼ*，ホスファターゼ1, 2A, 2B, 2Cなどのセリン/トレオニンホスファターゼ，CD45やLARなどのチロシンホスファターゼ，2) cAMPや$Ca^{2+}$，ジアシルグリセロール，イノシトールトリスリン酸などのセカンドメッセンジャー*，3) 受容体とアデニル酸シクラーゼ*やホスホリパーゼ$C^*$を連結する$G_s$，$G_q$などの$\alpha\beta\gamma$サブユニット型Gタンパク質，4) Ras, Rho, Rabなどの低分子量GTP結合タンパク質*，などが基本因子となっている．これらの4種類の基本因子は，基本的には，上流のシグナルを受けて"ON(活性型)"になり，下流にシグナルを伝達した後に"OFF(不活性型)"に戻るということを繰返しながら，シグナルを伝達している．また，これらの4種の基本因子はいろいろな組合わせで数多くの細胞内シグナル伝達経路を構成し，個々の伝達経路と互いに相互作用(クロストーク cross-talk)しながら，シグナルを細胞内のすみずみにまで伝達し，種々の細胞機能を制御している．(⇌ 付録D)

**シグナルトラップ法** [signal trapping method]　シグナル配列トラップ(signal sequence trap)ともいう．シグナルペプチド*の性質とレポーター遺伝子*を利用し，cDNAライブラリー*から分泌タンパク質や膜タンパク質を選抜する手法である．細胞表面に発現した時のみ活性をもつ胎盤アルカリホスファターゼ(PLAP)をレポーターとした例では，シグナルペプチドを除いたPLAP遺伝子を目的遺伝子の下流に連結したcDNAライブラリーを構築する．このライブラリーを細胞に導入すると，シグナルペプチドを含む分泌タンパク質がコードされているcDNAが導入された細胞でのみ，PLAP融合タンパク質が細胞表面に発

現し,活性染色によってその細胞を選抜できる.

**シグナル認識粒子** [signal recognition particle] SRPと略記する.新しく合成された分泌タンパク質*などのN末端に存在するシグナルペプチド*を認識し,これに特異的に結合しタンパク質を合成しつつあるリボソーム*を小胞体*膜に導く細胞質因子.分子量約30万の粒子で,7S RNAと6本のポリペプチド(72, 68, 54, 19, 14, 9 kDa)から成る.分泌タンパク質などのN末端には20〜30残基程度の疎水性アミノ酸から成るシグナルペプチドが存在し,小胞体膜を透過する信号となっている.図に示すようにリボソーム上で新生ポリペプチドが合成され,シグナルペプチドがリボソームの大サブユニットから顔を出すと,細胞質に存在するSRPが結合し,ポリペプチド鎖の伸長が一時停止する.リボソーム,ポリペプチドと複合体を形成したSRPは,小胞体膜の細胞質側に存在するSRP受容体(SRP receptor, docking protein)と結合する.するとSRPとシグナルペプチドとの結合は切れ,SRPはSRP受容体から離れる.同時にSec61p複合体(⇒粗面小胞体)などから成るタンパク質透過チャネルが小胞体膜中に形成され,ポリペプチド鎖の伸長が再開され,タンパク質は小胞体内腔に移行する.小胞体内腔でシグナルペプチダーゼ*によりシグナルペプチドが切断されると,分泌タンパク質は小胞体内腔に遊離される.SRP受容体から離れたSRPは細胞質に戻り再利用される.SRPのタンパク質サブユニットのうち,シグナルペプチドを認識し結合するのは,54 kDaサブユニットであると考えられている.54 kDaサブユニットは,GTP結合タンパク質*で,C末端付近にメチオニンに富む領域をもつ.14 kDa, 9 kDaサブユニットはポリペプチド鎖の伸長停止に,68 kDa, 72 kDaサブユニットはSRPとSRP受容体の相互作用に,19 kDaサブユニットは54 kDaサブユニットのSRPへの組込みに必要であることが示されている.小胞体膜のSRP受容体はGTPアーゼ領域をもつα(72 kDa), β(30 kDa)の二つのサブユニットから成る.αサブユニットのGTPアーゼ活性は,SRPがSRP受容体から離れる際に必要であることが示されている.パン酵母の*SEC 65*の遺伝子産物は,SRPの19 kDaサブユニットである.大腸菌にもSRPあるいはSRP受容体と相同性をもつ分子が見いだされており,FfhはSRPの54 kDaサブユニット,4.5S RNAはSRPの7S RNA, FtsYはSRP受容体サブユニットと相同性を示す.SRPがシグナルペプチドと特異的に結合するのに必要なタンパク質としてNAC (nascent-polypeptide-associated complex, 新生ポリペプチド結合複合体)が報告されている.

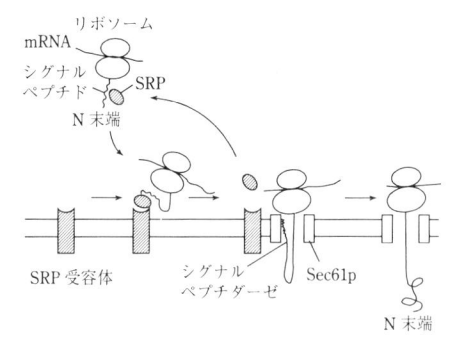

**シグナル配列トラップ** [signal sequence trap] ＝シグナルトラップ法

**シグナルペプチダーゼ** [signal peptidase] 分泌タンパク質*や膜タンパク質*などは,前駆体ポリペプチドとして合成され,そのN末端に小胞体膜までの選択的な輸送と,膜通過のために働くシグナルペプチド*(シグナル配列)をもっているが,その配列は小胞体膜を通過したあとに切断され,成熟型タンパク質には含まれない.その切断に関与するタンパク質をシグナルペプチダーゼとよぶ.この酵素は粗面小胞体膜に局在している.

**シグナルペプチド** [signal peptide] 分泌タンパク質*と膜タンパク質*は,成熟型タンパク質のN末端に残基数15〜30個に及ぶ伸長ペプチド,すなわちシグナルペプチドをもつ前駆体として合成される.シグナルペプチドは疎水性アミノ酸領域をもち,新生ポリペプチド鎖の小胞体膜への付着(シグナル認識粒子*との相互作用を介して)および膜通過に先導役を務める.シグナルペプチドは膜透過後,例外もあるが,一般的にはシグナルペプチダーゼ*によって切断される.(⇒タンパク質分泌)

**σ因子** [σ factor, sigma factor] 原核生物のRNAポリメラーゼ*のサブユニットの一つでσサブユニット(σ subunit)ともよばれる.プロモーター*の認識と転写*の開始に必須の因子.当初は転写を促進する因子として同定された.RNAポリメラーゼホロ酵素*は,転写活性をもつコア酵素*に複数種存在するσ因子の一つが特異的に会合することにより形成される.各ホロ酵素は特定のプロモーター群からの転写を担う.大腸菌においては主要なσ因子($\sigma^{70}$)以外に,熱ショック遺伝子に特異的な$\sigma^{32}$,窒素代謝系遺伝子に特異的な$\sigma^{54}$,定常期に特異的に発現する遺伝子の転写に関与する$\sigma^{s}$などが知られている.σ因子はある種の転写活性化タンパク質(アクチベーター)の作用点としても働いている.枯草菌では胞子形成*時において数種のσ因子が連続して置き換わること(σカスケード σ cascade)で細胞分化の基礎となる遺伝子の特異的転写が進行する.$\sigma^{70}$ファミリーと$\sigma^{54}$ファミリーに分類されており,いずれもヘリックス・ターン・ヘリックス*モチーフをもつDNA結合タンパク質*である.*Thermus thermophilus*のRNAポリメラーゼホロ酵素の立体構造が解析されており,それによると,σサブユニットのN末端側の二つのドメインが活性部位にある割れ目のDNA結合チャネルの開口部の近くでV型の構造を形成しており,C末端ドメインはRNAが出てゆくチャネルの出口近くにある.

**σ回路** [σ cycle, sigma cycle] 原核生物のRNA

ポリメラーゼ*は，RNA合成機能をもつコア酵素*と，遺伝子のプロモーター*を認識するσサブユニット(⇌σ因子)から形成されている．σサブユニットをもつホロ酵素*は，プロモーター上でオープンプロモーター複合体*を形成し転写を開始するが，RNA鎖ができ始めるとσサブユニットは酵素から解離し，再び遊離コア酵素に結合し，転写開始に参画する．この機能回路をσ回路とよぶ．

**σ 構造** [σ structure, sigma structure]　投げ縄状構造*ともいう．【1】ローリングサークル型複製*途上に形成されるσ字形の，尻尾をもった環状二本鎖DNA．(⇌ 複製中間体)
【2】RNAスプライシング*途上に形成される．σ字形のRNA鎖の構造．

**σ サブユニット** [σ subunit, sigma subunit] ＝σ因子

**ジグリセリド** [diglyceride] ＝ジアシルグリセロール

**シグレックファミリー** [siglec family]　siglecはsialic acid-binding immunoglobulin-like lectinの略称．シグレックファミリーは，シアル酸を含む糖鎖を認識する一群のレクチン*であり，その構造的特徴から免疫グロブリンスーパーファミリーにも属する．ヒトでは10数種知られているが神経系に発現しているシグレック4以外はすべて免疫系細胞に発現している．その多くは細胞質領域にITIMとよばれる抑制性モチーフをもち，活性化シグナルを抑制するとされている．

**シクロオキシゲナーゼ** [cyclooxygenase]　プロスタグランジンエンドペルオキシドシンターゼ(prostaglandin endoperoxide synthase)ともいう．EC 1.14.99.1．プロスタグランジンHシンターゼ(prostaglandin H synthase)ともよばれる．アラキドン酸カスケード*と称するプロスタグランジン(PG)生合成系のはじめの反応で，アラキドン酸*(C20:4)に2分子の酸素を添加して，$PGG_2$を生成する脂肪酸シクロオキシゲナーゼ反応と$PGG_2$から$PGH_2$を生成するヒドロペルオキシダーゼ反応の二つの反応を触媒する．ヘムを補欠分子族とする糖タンパク質で小胞体と核膜に存在する．本酵素は，非ステロイド系の抗炎症剤であるアスピリン*やインドメタシン*によって脂肪酸シクロオキシゲナーゼ反応が特異的に阻害される．二つのアイソザイムが存在し，1型は，精嚢腺や血小板などに多く発現しているほかさまざまな組織で構成的に発現している．2型は腎臓・脳以外では正常な生理的条件下ではほとんど認められないが，リポ多糖，炎症性サイトカイン，ゴナドトロピンなどにより速やかに誘導され，グルココルチコイドやインターロイキン4や10，抗酸化剤により発現が抑制される．1型酵素は，ヒツジやウシの精嚢腺ヒト血小板から精製され，阻害剤との複合体の立体構造がR. M. Garavitoらによって明らかにされている．ヒト1型酵素遺伝子は，第9染色体長腕32-33.3領域(マウスでは2番染色体)に存在し，11個のエキソンから成り5′転写調節領域にTATAボックス*をもたない約22 kbpのハウスキーピング遺伝子*である．2.8 kbpのmRNAには23残基のシグナル配列と分子量67,000の576残基から成る成熟酵素がコードされている．成熟酵素には，上皮増殖因子およびミエロペルオキシダーゼに類似した構造と3箇所の糖鎖結合部位が存在する．ヒト2型酵素遺伝子は，第1染色体長腕25.2-25.3領域(マウスでは1番染色体)に存在し，10個のエキソンから成り，5′転写調節領域にTATAボックスやサイクリックAMP応答配列，NF-IL6，NF-κB結合配列などの転写調節因子認識配列をもつ約8.3 kbpの遺伝子で，エキソン1，10を除いて，1型酵素遺伝子と類似のエキソン構造を示す．4 kbpのmRNAには17残基のシグナル配列と577残基の成熟酵素をコードしており，1型成熟酵素と60％の相同性を示す．2型酵素mRNAは，1型酵素と異なりmRNAを不安定化させるAU-UUA配列を多く含むAUに富む長い3′非転写領域をもつ．系統樹解析により少なくとも鳥類や哺乳類の分岐以前に遺伝子重複*により生じたと考えられる．

**シクロスポリン** [ciclosporin, cyclosporin]　サイクロスポリンA(cyclosporin A)ともいう．免疫抑制剤*の一種．臓器移植における拒絶反応の予防と治療，自己免疫疾患に効果がある．分子量1202，11個のアミノ酸から成るポリペプチド．1970年代はじめにスイスのサンド社で発見され，70年代後半に英国のケンブリッジ大学で実験臓器移植の拒絶反応抑制効果が認められ，臨床に使用された．80年代から副腎皮質ステロイドと併用で臓器移植に使用され，成績が著しく向上し，臓器移植が盛んに行われるきっかけとなった．(⇌ シクロフィリン)

**シクロフィリン** [cyclophilin]　シクロスポリン*の細胞内の受容体．プロリンイミド結合の異性化を促進する酵素ペプチジルプロリルイソメラーゼ*である．シクロスポリンはシクロフィリンに結合して複合体を形成する．この複合体は脱リン酸酵素カルシニューリン*に結合してその酵素活性を阻害し，インターロイキン2(IL-2)遺伝子の転写因子NF-ATの核内への移行が阻害される．その結果，IL-2などのサイトカインの遺伝子の転写が抑えられ，産生が低下し，免疫が抑制される．(⇌ イムノフィリン)

**シクロヘキサンヘキソール** [cyclohexanehexol] ＝イノシトール

**シクロヘキシトール** [cyclohexitol] ＝イノシトール

**シクロヘキシミド** [cycloheximide]　$C_{15}H_{23}NO_4$，分子量281.35．*Streptomyces griseus*が産する抗生物質*で，真核細胞のタンパク質生合成の阻害剤である．リボソームの60Sサブユニットに結合し，伸長因子EF-2*に依存するトランスロケーションの過程(⇌伸長サイクル)を阻害する(原核細胞に対するクロラムフェニコール*の作用に同じ)．原核細胞やミトコンドリアのタンパク質

生合成系には作用しない.生細胞と同様無細胞系でも働き,タンパク質の半減期($t_{1/2}$)の測定にもよく用いられている.

**シクロホスファミド** [cyclophosphamide] =エンドキサン(endoxan),サイトキサン(cytoxan).$C_7H_{15}$-$Cl_2N_2O_2P$,分子量261.09.ナイトロジェンマスタード*系アルキル化剤*.制がん剤*としてよく用いられるが,免疫抑制剤としても使われる.アルキル化剤の中では副作用が少なく,各種のがんおよび肉腫,白血病,悪性リンパ腫に広く使用される.骨髄抑制,出血性膀胱炎などの副作用を示す.生体内でホスホルアミドマスタードとなり活性化され(図),クロロエチル

$$\underset{\text{シクロホスファミド}}{\begin{array}{c}O\\\parallel\end{array}\text{N-P}\begin{array}{c}CH_2CH_2Cl\\CH_2CH_2Cl\end{array}} \longrightarrow \underset{\text{ホスホルアミドマスタード}}{H_2N\begin{array}{c}O\\\parallel\\HO\end{array}P\begin{array}{c}CH_2CH_2Cl\\CH_2CH_2Cl\end{array}}$$

$$\longrightarrow H_2N\begin{array}{c}O\\\parallel\\HO\end{array}P\text{-}N^+\begin{array}{c}CH_2\\|\\CH_2\end{array} + Cl^- \\ CH_2CH_2Cl$$

シクロホスファミドの活性化

基が環状構造をとり,エチレンイミンイオンが核酸やタンパク質などの求核中心と反応し,アルキル化修飾を行う.おもにDNAのdG塩基と反応し,dG塩基間に架橋をつくり,DNA合成を阻止する.

**2,4-ジクロロフェノキシ酢酸** [2,4-dichlorophenoxyacetic acid] 2,4-Dと略す.(→オーキシン)

**CKI** [CKI=CDK inhibitor] =CDKインヒビター

**雌型接合子** [gynogenetic zygote] =雌性胚

**刺激** [stimulus] 個体は外界および体内の情報(刺激)を,特異的に分化発達させた受容器(たとえば光エネルギーに対する網膜視細胞)を介して,電気信号に変換したのち中枢に伝達する.電気刺激はすべての受容器に適当刺激となる.感覚の大きさは刺激の強さの対数に比例する(ウェーバー・フェヒナー則Weber-Fechner law).体内では血圧や血中$CO_2$分圧が圧受容器や化学受容器*の刺激となる.神経伝達物質*やホルモン*による化学刺激も生体制御にとって重要である.

**Cケモカイン** [C chemokine] ケモカイン*は,N末端に存在する保存されたアミノ酸モチーフの配列により,四つのファミリーに分類される.なかでもC型は,最もN末端側に存在する上記モチーフ中のシステイン残基を一つだけもつケモカインである.リンホタクチン$α$/XCL1とリンホタクチン$β$/XCL2の2種類が知られる.いずれもXCR1という受容体に特異的に結合して細胞内にシグナルを伝達する.(→Cケモカイン受容体)

**Cケモカイン受容体** [C chemokine receptor] Cケモカイン*のリンホタクチン$α$(XCL1),リンホタクチン$β$(XCL2)を結合する受容体で,XCR1と表記

される.この受容体ファミリーはXCR1一種類しか知られていない.(→ケモカイン受容体)

**試験管内人工進化法** [in vitro evolution] =SELEX(セレックス)

**始原生殖細胞** [primordial germ cell] 多細胞生物において,将来生殖細胞に分化することが決定されている未分化細胞,あるいは前駆細胞*の総称.カエルやショウジョウバエでは,生殖細胞*の起源を受精卵細胞質中の決定因子にまでさかのぼることができ,この因子が卵割によって特定の割球に分配される結果,生殖細胞系列が決定されるものと考えられている.哺乳類における始原生殖細胞の起源は,円筒形胚の尿嚢基部までさかのぼることができるが,それ以前の胚における始原生殖細胞の存在は不明である.

**始原生物** [progenote] プロゲノートともいう.地球の歴史のうえで,化学進化の結果生じた最初の生命形態をいう.ただし,どのような段階の有機物質の存在状態をよぶのかについての統一的見解はない.ある種の情報と自己複製能力を併せもつRNA分子がこれに当たるのか,他の機能分子と協働するようになった段階をさすのか,限界膜があったかなど,人によるイメージはさまざまである.

**始原濾胞** [primordial follicle] 原始卵胞ともいう.一次卵母細胞が単層の濾胞細胞(顆粒膜細胞)に囲まれた状態.卵原細胞は体細胞分裂を繰返したのち,減数分裂の第一分裂を開始して一次卵母細胞となるが(ヒトで妊娠16週~出生),第一分裂前期の段階で性成熟期(思春期)まで分裂を停止する.その間,一次卵母細胞は濾胞細胞に囲まれ,ギャップ結合から拡散により小分子の,エンドサイトーシス*で巨大分子の栄養を受取る.やがて一部の始原濾胞は成長し濾胞細胞が多層化して発育濾胞(発育卵胞)となる.(→始原生殖細胞)

**視紅** [visual purple] =ロドプシン

**自己寛容** [self-tolerance] 生体内の種々の組織成分(自己抗原*)に対する免疫寛容*状態のこと.未熟B細胞のうち骨髄中の微小環境の抗原と反応する抗原受容体*(細胞表面免疫グロブリン)を表現するものは除去される.T細胞は胸腺で成熟する過程で,胸腺上皮細胞・樹状細胞上に表現される主要組織適合遺伝子複合体*(MHC)分子に結合して提示される自己抗原に反応性のT細胞受容体*を表現する細胞が除去される.このような中枢でのクローン除去*のほかに,末梢でのクローン麻痺*の機序も加わって,自己抗原に対する免疫寛容状態が形成される.しかし,このように形成される自己寛容も完全ではなく,時として破綻をきたし,自己免疫疾患*として知られる種々の病態をひき起こす.(→一次リンパ器官)

**ジゴキシゲニン** [digoxigenin] DIGと略す.核酸ハイブリダイゼーションのプローブ標識用ハプテン.強い熱安定性をもち,放射性同位体に代わるきわめて感度の良い非放射性物質としてプローブ標識に広く利用される.ハイブリダイゼーションシグナルはジゴキシゲニンに対する抗体を用いた発色発光によって検出される.ジゴキシゲニンは植物のジギタリスに

限って分布するステロイド性分子であるため，特異性の高い抗原抗体反応を得ることができる．

**自己キナーゼ活性** [autokinase activity] 自己リン酸化活性(autophosphorylation activity)ともいう．多くのプロテインキナーゼ*は自分自身をリン酸化する活性をもつ．セリン/トレオニンキナーゼ*であるホスホリラーゼキナーゼ*は自己リン酸化により活性が著しく増強する．またチロシンキナーゼの場合も，Srcをはじめ多くのキナーゼが自己リン酸化され，活性が増加する．これらの反応の多くは分子内リン酸化反応とされている．(⇌自己リン酸化)

**自己抗原** [self-antigen] 自己の生体内に存在する種々の組織成分のうち免疫系を動かしうるものをいう．生体は自己抗原に対して免疫寛容*になっているが，その破綻により発症すると考えられている自己免疫疾患*では，自己抗原に対する種々の自己抗体*が知られている．アセチルコリン受容体*(重症筋無力症*)，ミエリン塩基性タンパク質*(多発性硬化症*)，チログロブリン*(橋本病)など，臓器を構成する多くの抗原のうち限られた分子が自己抗原となり(臓器特異的自己抗原)，臓器特異的自己抗体の産生，自己免疫疾患の発症がみられる．ミトコンドリアなどの細胞質分子や核構成分子も臓器非特異的自己抗原となるが，病態の形成との関連は明らかではない．自己抗原に対して，外来性の抗原を総称して非自己抗原(nonself-antigen)という．

**自己抗体** [autoantibody] 自己の構成成分(⇌自己抗原)に反応する抗体．発生過程で，一つのクローンのB細胞は1種類の特異性をもつ抗体のみを産生するようになる．抗体の特異性は抗原結合部位の構造をコードする抗体V領域遺伝子の再編成(⇌DNA再編成)によって形成されるが，この遺伝子再編成は無作為に起こるので，自己反応性B細胞クローンも発生することとなる．正常ではこれらのクローンは，クローン除去*されたり，クローン麻痺*またはクローン抑制などの機構で制御されている．(⇌自己寛容)

**自己骨髄移植** =自家骨髄移植

**自己触媒** [autocatalysis] [1] 一般に，反応物自身がその反応の触媒になる時，それを自己触媒という．[2] 自分自身に触媒活性を及ぼす酵素などを自己触媒という．たとえば，ペプシノーゲンは自己切断により自分自身を活性化する(⇌自己切断プロテアーゼ)．また，RNAを触媒活性の中心とするリボザイム*は，自分自身に作用することから自己触媒であるといい，その多くはリン酸エステルの加水分解による自己切断反応，またはリン酸エステルの交換反応である．自己スプライシング*を起こすグループI，グループIIイントロンも自己触媒の一種である．

**自己スプライシング** [self-splicing] タンパク質酵素の関与なしに，RNA単独で自分自身を切断し，前後のエキソンを再結合させる能力を自己スプライシングとよぶ．自己スプライシング型イントロン(self-splicing intron)は，おもに下等真核生物や植物の細胞小器官遺伝子に存在し，その構造やスプライシング反応機構の違いによって，グループI，グループII自己スプライシング型イントロンの2種類に分類されている．(⇌リボザイム)

**自己スプライシング型イントロン** [self-splicing intron] ⇌自己スプライシング

**自己切断プロテアーゼ** [self-cleaving protease] 不活性な前駆体タンパク質として合成されるが，環境の変化によって分子内に活性部位を形成し，自己ペプチド鎖の特定部位を切断して活性化プロテアーゼを生じるような酵素をいう．これはプロテアーゼ*活性のまったくないところから活性化プロテアーゼを生じるための分子内反応であって，同種の近隣の酵素によって切断を受けるものではない．したがって活性化反応は1分子でも起こりうるものであり濃度に非依存的であることが特色である．活性化が起こるための環境の変化にはpHの変化，イオン強度の変化，特定のペプチドの結合などがあげられる．たとえば胃酸酸性下で初発反応として起こるペプシノーゲン*の自己活性化，ピコルナウイルスのポリタンパク質*が生合成後に自己ペプチドを切断して起こる活性化，大腸菌SOS応答タンパク質 LexA(⇌lexA遺伝子)やファージλリプレッサー*が特定のペプチド結合により活性化されて自己切断が起こる反応などである．いったん自己切断プロテアーゼ前駆体から活性化プロテアーゼが生じるとそれ以降は分子間反応が加わり反応は加速されたり，つぎのステップの活性化が導かれる．

**自己調節** [autogenous regulation] ある遺伝子産物が細胞内でその産物の存在量が適量になるように自身の遺伝子の発現を調節すること．たとえば大腸菌のリボソームタンパク質*はリボソームRNAに対して過剰に合成されると，自身をコードする遺伝子を含むリボソームタンパク質オペロンのmRNAの翻訳開始部位に結合し，オペロン全体の翻訳を止めリボソームタンパク質量を必要量に抑える．これは負の自己調節であり，特に翻訳フィードバック調節とよばれている．(⇌フィードバック調節，翻訳調節)．大腸菌のトリプトファンオペロン*はトリプトファンが過剰にあると trp リプレッサーによりmRNAへの転写が抑制されているが，trp リプレッサーをコードする遺伝子も trp リプレッサー自身により転写が抑制されていて，trp リプレッサーは少量だけ生産されている(負の自己調節)．一方λファージの溶原化に必要な cI リプレッサー遺伝子の転写は，cI リプレッサー自身により促進され，溶原化が維持される(⇌CIタンパク質)．この場合は正の自己調節である．同様な自己調節機構は真核細胞にもある．

**自己貪食** [autophagocytosis] =オートファジー

**自己分泌** [autocrine] オートクリンともいう．従来ホルモン*とはある部位で産生分泌されたのち全身循環を通じて遠隔の臓器，組織に運搬されて作用する物質と定義されている．これに対しある細胞で産生分泌された物質が自らの受容体を通じて自らの細胞に作用する様式を自己分泌とよぶ．一方，特定細胞で産生分

泌されたものが隣接または近傍の細胞に作用することをパラ分泌*という．多くの増殖因子やサイトカインは自己分泌またはパラ分泌機序で作用している．

**自己免疫疾患** [autoimmune disease] 免疫系は本来外来抗原に対応した生体防御機構である．これが自己抗原*にも免疫反応を起こし，その結果疾患を誘発した場合を自己免疫疾患という．進化の過程で，免疫系はあらゆる抗原に対応できる抗原受容体*を抗原受容体V領域遺伝子の再編成（→DNA再編成）によってつくり，しかもその一つ一つを1個のリンパ球クローンにもたせるという機構をつくり上げてきた．免疫系の多様性を広げるために仕組まれたこの再編成機構は，各遺伝子の無作為な組合わせという現象の上に成り立っているので，この際自己反応性リンパ球クローンも当然発生することとなる．しかし，健常人の免疫系は一般に自己反応性を示さない．これを自己寛容*とよんでいるが，現在複数の機構が知られている．その一つはクローン除去*あるいは負の選択*とよばれ，発生した特に高自己抗原親和性受容体をもつリンパ球クローンがアポトーシス*で除去されるという機構である．このアポトーシスは抗原受容体を介したシグナルで誘発されるので，発生の過程で抗原にさらされる機会のなかった自己反応性クローンは除去されず，末梢に分布する．このような自己反応性クローンにはクローン麻痺*やクローン抑制という機構が用意されており，そのクローンの活性化が阻止されている．T細胞の活性化には抗原受容体を介した主シグナルと接着分子間の副シグナルが必要であるが，主シグナル経路のみの刺激はT細胞にクローン麻痺を誘発する．また，親和性の低い抗原から抗原受容体を介して伝わるシグナルもT細胞を麻痺させる．クローン抑制機構にはサプレッサーT細胞の関与する抗原特異的機構と，サイトカインなどのメディエーターを介した非特異的機構がある．自己免疫疾患の発症はこれら免疫寛容機構の異常で説明されている．たとえば，アポトーシスのシグナル分子であるFas抗原*の異常やアポトーシス抵抗性遺伝子bcl-2の遺伝子導入はマウスの自己免疫疾患の一要因であることが示されている（→bcl-2遺伝子）．導入遺伝子による副シグナル分子とMHCクラスⅡ分子*の強制発現が膵島β細胞に自己免疫性膵島炎を誘発すること，またサプレッサーT細胞の消失の誘導が多臓器自己免疫疾患を誘発することなどが報告されている．最近，T_H1型とT_H2型自己反応性CD4陽性T細胞の関与する二つの型の自己免疫疾患のあることが明らかにされた．T_H1細胞とT_H2細胞はおのおのが産生する特有のサイトカインで相互に抑制的であるので，これら細胞型の偏りが自己免疫疾患を抑制する場合もある．種々の素因遺伝子が自己免疫疾患の発症を拘束しているが，これらの多くは自己免疫反応に働く機能分子をコードしていることが明らかになってきている．

**自己免疫性血小板減少性紫斑病** [autoimmune thrombocytopenic purpura] ＝特発性血小板減少性紫斑病

**自己免疫性溶血性貧血** [autoimmune hemolytic anemia] AIHAと略す．自己赤血球の膜抗原に対して自己抗体*が産生され，その結果赤血球が傷害され，溶血*をきたすことによる貧血．自己抗体の出現につながる病因と病態発生の詳細は不明であるが，抗原側と抗体産生機構のいずれか，または両者の変調を基盤とする．溶血の成立には自己抗体のほかに補体や網内系貪食細胞，また単球やリンパ球も関与する．抗体は37℃あるいは低温条件で自己赤血球と結合し，凝集，溶血，あるいは抗グロブリン血清（クームス血清）の添加により凝集を起こす．37℃が最適温度のものを温式抗体，低温（通常4℃）が最適温度のものを冷式抗体という．温式抗体による場合が多く，狭義にはこの場合を自己免疫性溶血性貧血ともよぶ．冷式抗体には寒冷凝集素*と二相性または寒冷溶血素ないしドナート・ランドスタイナー抗体（Donath-Landsteiner antibody, D-L antibody）の2種が知られ，それぞれによる病態は寒冷凝集素症，発作性寒冷ヘモグロビン（血色素）尿症とよばれ，特徴的な臨床像を示す．

**自己リン酸化** [autophosphorylation] プロテインキナーゼ*が自分自身をリン酸化すること．多くのプロテインキナーゼに認められている．その機構として，分子内と分子間が考えられるが，多くは分子内のリン酸化である．原則として，セリン／トレオニンキナーゼ*はセリン，トレオニン残基の，チロシンキナーゼ*はチロシン残基の自己リン酸化を生じる．これらの自己リン酸化がプロテインキナーゼの機能にどのような影響を与えるかは，個々のキナーゼによって異なり一定の傾向はない．サイクリックAMP依存性プロテインキナーゼ*は，触媒サブユニットと調節サブユニットより成るが，どちらのサブユニットの自己リン酸化もサブユニット間の相互作用に影響を与え，触媒サブユニットの自己リン酸化は基質とのより強固な結合に必要と考えられている．サイクリックGMP依存性プロテインキナーゼ*にも自己リン酸化は生じ，自己リン酸化が酵素の活性化に関与している可能性がある．ホスホリラーゼキナーゼ*の自己リン酸化はキナーゼの活性化と相関している．プロテインキナーゼC*にも自己リン酸化は生じ，活性化との相関やホルボールエステル*への親和性の増加が指摘されている．一方，チロシンキナーゼにも自己リン酸化は生じる．受容体型チロシンキナーゼではリガンドの結合により自己リン酸化が生じる．インスリン受容体*や肝細胞増殖因子受容体*ではキナーゼドメインの自己リン酸化によりキナーゼ活性が上昇することが知られている．またインスリン受容体では細胞内のC末端部にも自己リン酸化部位が存在し，この部位の自己リン酸化はインスリンの細胞増殖作用の伝達に抑制的に働いている．一方，上皮増殖因子（EGF）受容体*や血小板由来増殖因子（PDGF）受容体*では，チロシンキナーゼドメイン以外の部分も自己リン酸化され，これらの部位はSH2ドメイン（→SHドメイン）をもつ各種のシグナル伝達分子の結合部位となる．この結合は，シグナル伝達分子のチロシンリン酸化，活

**自己リン酸化活性**〔autophosphorylation activity〕
＝自己キナーゼ活性

**視細胞**〔visual cell〕　＝光受容体

**師細胞組織**〔sieve cell tissue〕　⇌維管束

**自殺遺伝子**〔suicide gene〕　SGと略す．この遺伝子の発現により産生されたタンパク質酵素は正常な細胞には無毒である薬剤を代謝することで毒性のある薬剤に変え，自身の細胞を死へと導く（⇌アポトーシス）．このような薬剤はプロドラッグ(prodrug)とよばれている．自殺遺伝子はヒトの遺伝子には存在していないがある種のウイルスには存在している．現在，自殺遺伝子とプロドラッグを組合わせた遺伝子治療が行われている．たとえば自殺遺伝子をもったウイルスをがん細胞に送り込めば，がん細胞に自殺遺伝子タンパク質が産生され，そこにプロドラッグが投与されれば，プロドラッグが毒性に変わり，がん細胞をアポトーシスへと導くことになる．プロドラッグと自殺遺伝子の組合わせとして5-フルオロシトシン(5-FC)とCD(シトシンデアミナーゼ)遺伝子，5-フルオロウラシル*(5-FU)とupp遺伝子，アジドチミジン(AZT)とチミジンキナーゼとチミジル酸キナーゼの融合遺伝子*(tdk::tmk)，ガンシクロビル*と単純ヘルペスウイルスのチミジンキナーゼ遺伝子(HSV-tk)が挙げられる．

**四酸化オスミウム染色**〔osmium tetraoxide stain〕　酸化剤である四酸化オスミウムが，不飽和脂質のエチレン基やタンパク質のSH基，アミノ基などと反応して架橋結合を形成し，オスミウム酸エステルやオスミウム酸ジエステルなどの黒色産物となることを利用して，固定・染色すること．免疫組織化学で酵素やタンパク質の局在を検出する際に，最終段階の反応生成物に四酸化オスミウムを架橋させて検出効率を高める．また走査型電子顕微鏡*用試料作製法の一つである導電染色法にも用いられる．

**$C_3$ 経路**〔$C_3$ pathway〕　＝還元的ペントースリン酸回路

**C3 コンベルターゼ**　＝C3転換酵素

**C3G**〔C3G〕　Crk SH3結合グアニンヌクレオチド交換因子(Crk SH3-binding guanine nucleotide exchange protein)の略称．RasファミリーGTP結合タンパク質*の一つであるRap1に対するGDP-GTP交換因子*で，細胞質可溶性画分に存在する．7.5 kbのmRNAにコードされるタンパク質の計算値は121 kDaだが，SDS-ポリアクリルアミドゲル電気泳動上では135〜145 kDaの2ないし3本のバンドとして検出できる．C3Gはアダプター分子Crk(⇌crk遺伝子)のSH3ドメインにC末端側の四つの高プロリン配列を介して恒常的に結合している．Crk同様，ほぼすべての組織に発現しており，ヒトでは第9染色体長腕34.3領域にマップされている．

**C3/C5 転換酵素**〔C3/C5 convertase〕　＝C3転換酵素

**$C_3$ 植物**〔$C_3$ plant〕　最初の固定産物が3-ホスホグリセリン酸(炭素数3個の化合物)である還元的ペントースリン酸回路*により二酸化炭素を固定する植物．この回路の鍵酵素であるリブロース-1,5-ビスリン酸カルボキシラーゼ*が基質への酸素添加の活性をもつため，この型の植物の光合成は酸素により阻害され，光呼吸*を伴う(⇌ワールブルク効果)．一般に，$C_3$植物の光合成は，$C_4$植物*の場合に比べて，光飽和点が低く，最適温度も低い．

**C3d 受容体**〔C3d receptor〕　＝CD21(抗原)

**C3 転換酵素**〔C3 convertase〕　C3コンベルターゼ．補体第三成分(C3)は，α鎖とβ鎖の2本のペプチド鎖から成るが，α鎖のN末端の76個目のアルギニンの後でトリプシン様のタンパク質分解酵素によって切断され，N末端の76個のアミノ酸であるC3aが除かれ，残りの部分がC3bとなる．このC3aとC3bに切断する補体系の酵素をC3転換酵素とよぶ．C4とC2が活性化C1によって形成するC4b2aが古典経路C3転換酵素であり，C3bに結合したB因子がD因子の作用を受けたC3bBbが第二経路C3転換酵素である(⇌補体[図])．C3転換酵素に新たに形成したC3bが追加結合するとC5をC5aとC5bに分解する作用をもつのでC3/C5転換酵素(C3/C5 convertase)ともよばれる．

**CG**〔CG＝chorionic gonadotropin〕　＝絨毛性性腺刺激ホルモン

**CCR**〔CCR＝CC chemokine receptor〕　⇌CCケモカイン受容体

**CGRP**〔CGRP＝calcitonin gene-related peptide〕　＝カルシトニン遺伝子関連ペプチド

**CgA**〔CgA＝chromogranin A〕　⇌クロモグラニンA

**CCAAT/エンハンサー結合タンパク質**〔CCAAT/enhancer-binding protein〕　＝C/EBP

**CCAAT 結合因子I**〔CCAAT-binding transcription factor 1〕　CTFIと略す．(⇌NF-I)

**CCAAT ボックス**〔CCAAT box〕　CAATボックス(CAAT box)ともいう．多くの動物細胞遺伝子の転写開始点より80塩基対上流に存在する5′-GCCAAT-3′配列．最初グロビン遺伝子において見いだされ，多くの遺伝子に存在することが示された．この部位を欠失させると転写が顕著に低下することから，転写に重要な役割を果たすことが示されている．CTFI(NF-I*ともよばれる)，C/EBP*，NFIX(NF1A)など複数種のタンパク質が結合する．このうちNF-Iはアデノウイルス DNAの複製の開始因子でもあり，転写と複製の両方に関与する．

**G-CSF**〔G-CSF＝granulocyte colony-stimulating factor〕　＝顆粒球コロニー刺激因子

**G-CSFR**〔G-CSFR＝granulocyte colony-stimulating factor receptor〕　＝顆粒球コロニー刺激因子受容体

**CJD**〔CJD＝Creutzfeldt-Jacob disease〕　＝クロイツフェルト・ヤコブ病

**CGN** [CGN=cis Golgi network] =シスゴルジ網

**GCN4** [GCN4] 出芽酵母の転写活性化因子の一種．アミノ酸合成酵素群の遺伝子上流に普遍的に存在する特異的配列に結合する．劣性突然変異は培地中のアミノ酸が欠乏した時，アミノ酸合成遺伝子の脱抑制が起こらない(general control non-derepressible)ところから名づけられた．GCN4 mRNAは5′末端側に異常に長い非翻訳領域をもち，その中の4個の短いオープンリーディングフレーム*と翻訳開始因子の働きで翻訳濃度による翻訳調節*を受ける．GCN4はヒストンアセチルトランスフェラーゼ*であるGCN5を含むタンパク質複合体と相互作用してGCN4結合部位の近傍のヌクレオソーム*上のヒストンN末端尾部の高アセチル化をひき起こし，続いて転写開始に必要な基本転写因子*の結合が促進される．

**cGMP** [cGMP=cyclic guanosine 3′,5′-monophosphate] =サイクリックグアノシン3′,5′-一リン酸

**GC含量** [GC content] DNAは4種類の塩基，すなわちアデニン(A)，グアニン(G)，シトシン(C)，チミン(T)から成るが，AとT，GとCが対合するので通常の二本鎖DNAの塩基組成*はGC含量として表される．生物によりゲノムのGC含量は異なるが，50％前後のものが多い．GC対合はAT対合より強固な水素結合をとるので，DNA断片中のGC含量が増大するほど変性*(一本鎖DNAとなる)する温度は高くなる．ヒト染色体では高いGC含量をもつ染色体領域と低い染色体領域とが交互に存在する．GCに富む領域はRバンド*法でよく染色され，その領域に多くの遺伝子が存在する．一方，ATに富む領域は細胞周期の間でも凝縮する傾向にあり，反復配列が多く存在する．この領域はGバンド*法またはQバンド*法で染別される．(→AT/GC比)

**視色素** =視物質

**CCケモカイン** [CC chemokine] ケモカイン*は，N末端に存在する保存されたアミノ酸モチーフの配列により，四つのファミリーに分類される．なかでもCC型は，最も N末端側に存在する上記モチーフ中のシステイン残基を二つ連続してもつケモカインである．CCL1～CCL28の28種類のものが知られる．活性化リンパ球を含む炎症細胞に働くものとして，MCP-1/CCL2，MIP-1α/CCL3，MIP-1β/CCL4，RANTES/CCL5，エオタキシン/CCL11などがある．リンパ球に働くものとしてSLC/CCL21，ELC/CCL19，TARC/CCL17，TECK/CCL25，CTACK/CCL28などがあり，部位特異的に産生されて，組織特異的なリンパ球移動において重要な役割を果たす．(→CCケモカイン受容体)

**CCケモカイン受容体** [CC chemokine receptor] CCケモカイン*を結合する受容体で，CCRと略記される．この受容体ファミリーにはCCR1～CCR10まで10種のものがある．CCR7はリンパ球，成熟樹状細胞に発現して，SLC/CCL21，ELC/CCL19の結合により，細胞内にシグナルを伝達して，インテグリン*の活性化をひき起こす．(→ケモカイン受容体)

**支持細胞**【1】(培養細胞の) [feeder cell] 動物細胞を増殖培地*の入ったシャーレに培養してもうまく増殖しない場合がある．そこで，まず別の細胞をシャーレに植えて増殖させたのち，マイトマイシンC*処理ないしX線照射を行う．この細胞層の上に目的の細胞を植込むと，増殖させることができる．この時，最初に植込んだ細胞を支持細胞という．支持細胞は分裂増殖できないが代謝活性をもち，さまざまな代謝物質を産生し，目的細胞の増殖を助けると考えられている．(→哺育細胞【2】)
【2】(骨髄の) =ストロマ細胞

**子実体** [fruiting body] →キイロタマホコリカビ

**脂質二重層** [lipid bilayer] 両親媒性(同一分子内に疎水性部分と親水性部分をもつ)脂質が水性溶媒中で疎水性部分同士が疎水結合*で集合して内側を構成し，親水性部分は水相に面するように外側を構成する際，2分子が向かい合い，疎水部分同士が内側に親水部分は反対側に位置するように並んで層をつくる時(図)，この層は二重をなすので，脂質二重層という．この構造は人工膜(リポソーム*，黒膜)にもみられるが，すべての生体膜*にみられる．細菌の細胞膜は1種類の主要リン脂質*で構成されているが，動物の細胞膜(脂質)はリン脂質，コレステロール，糖脂質より成る．生体膜の種類によりその脂質組成は異なるが，リン脂質が主成分である．脂質二重層の1層内の流動性は高く，拡散は頻繁に起こっている．しかし脂質分子が一つの層から反対の層に移るフリップ・フロップ運動*の頻度は高くない．膜の流動性は構成リン脂質の炭化水素鎖の長さと不飽和度により影響される．細菌，酵母などでは膜の流動性を保つために，温度が低下すると二重結合の多い脂肪酸を合成して流動性の低下を回避する．コレステロールも膜の流動性や力学的安定性に大きく影響する．生体膜では膜機能を担うタンパク質が脂質二重層中に埋め込まれており(→膜貫通タンパク質)，極性分子の輸送(イオン，糖，アミノ酸，ヌクレオチドなど)，シグナル伝達，脂質の合成などに関与している．(→流動モザイクモデル)

**脂質メディエーター** [lipid mediator] 生理活性をもつ脂質をよぶ．狭義では，プロスタグランジン*，ロイコトリエン*などの不飽和脂肪酸由来のもの，血小板活性化因子*，リゾホスファチジン酸*，スフィンゴシン1-リン酸*(S1P)，アラキドノイルグリセロール(内因性カンナビノイド)などのリゾリン脂質*に分類される．これらの分子は生体膜よりホスホリパーゼA₂*などの酵素カスケードにより産生され，細胞外に放出される．脂質メディエーターの多くは細胞膜のGタンパク質共役受容体*と結合し，細胞内セカンドメッセンジャー*を動員してその作用を発揮する．また，作用が終わると速やかに酵素的に分解さ

れ，不活性物となり，肝臓，腎臓などから排出される．一部の分子は再び生体膜に取込まれる．なお，脂質メディエーターが核内受容体（PPAR など）に結合し，作用を示すとの報告もあるがまだ不確実である．コレステロールに由来するステロイドホルモン，ビタミン D，また，ビタミン A などの脂質分子は核内受容体をもち，これと結合し転写を制御することがわかっている．これらは広義では脂質メディエーターに含めることもある．

**脂質ラフト** [lipid raft] 単にラフト（raft）ともいう．スフィンゴ脂質とコレステロール*に富み，液体秩序相を示す膜領域．K. Simons らが上皮細胞の頂部細胞膜への輸送にかかわる構造として提唱した．人工脂質膜では，液体無秩序相では不飽和結合をもつアシル基が優勢であるのに対し，液体秩序相では飽和度の高いアシル基が高密度に集中する．外葉の GPI アンカー型タンパク質や内葉の Src などのタンパク質もこの領域に親和性を示す．密度勾配遠心法で得られる界面活性剤難溶性浮遊画分がラフトと等価に扱われることが多かったが，界面活性剤処理自体が液体秩序相の形成を誘導することなどから，この解釈は疑問視されている．生細胞でのラフトの大きさや寿命などには諸説がある．リガンド結合などによってラフトは安定化し，シグナル伝達の基盤となると考えられている．

**CCT** [CCT＝chaperonin-containing TCP1] ＝TCP1

**ccd オペロン** [ccd operon] 細胞死制御オペロン（controlling cell death operon）ともいう．大腸菌の F プラスミド上にある解毒-毒素系をコードするオペロン．解毒遺伝子 *ccdA* と毒素遺伝子 *ccdB* の両方を含んでおり，CcdB タンパク質は *ccdA* 遺伝子産物がないと DNA ジャイレースによる DNA 再結合の段階を阻害し，その結果染色体はずたずたに切断される．細胞致死をもたらす *ccdB* 遺伝子を含む DNA 断片が組換えによりほかの DNA 断片と置換されて致死性を喪失することを利用して目的の組換えプラスミドクローンを選択するのに使用される．

**CCD カメラ** [CCD camera] CCD（charge coupled devise）は固体撮像素子の一種である．光がシリコンチップに当たって電子が生じる光電効果を利用する．CCD のシリコンチップを顕微鏡の像面に置いて，受光器の上に直接画像をつくるので像の歪みがない．また，当たった光子に比例した電子が発生するので，定量性が高い．シリコンチップには縦横に整列した電極が埋込まれ，発生した電子が電場にトラップされる．チップ上で電子を蓄積でき，暗い画像でも長時間露光して画像を積算できる．蓄積した電荷は，埋込まれた電極の電位を順次変化させて，バケツリレーの要領で移動し，電荷を読み出す．電荷をデジタル化して出力し，コンピューターに記録する．電荷をアナログでビデオ出力するものもある．肉眼が緑に感度が高いのに対して，CCD カメラは赤から赤外にかけて感度が高い．

**CG 島** [CG island] CpG 島（CpG island）ともいう．遺伝子の 5′ 末端側のプロモーター*領域にはシトシンとグアニンが並ぶ配列（CG 配列）が頻繁にみられるが，その傾向は特に組織特異的な発現を示さない遺伝子（ハウスキーピング遺伝子*）で顕著である．この CG 配列の集まり（10 塩基程度のものがよくみられる）を CG 島とよぶ．ヒト遺伝子の 50 %以上に CpG 島が見つかっている．逆配列の GC にはそのようにプロモーター領域に偏在する傾向はなく，このことが CG 配列の機能意義を示唆している．実際，遺伝子発現と関連した機能モチーフを担うと考えられ，この配列に特異的に結合するタンパク質も単離されている．ゲノム上での遺伝子領域を検索する一つの方法として，この CG 島が目印とされる．CG 島のシトシンがメチル化されていないプロモーターは転写活性が認められるものが圧倒的に多い．逆に CpG 配列のメチル化は転写抑制へと導く．メチル化 CpG はメチル化 DNA 結合タンパク質（MBD）によって特異的に認識される．（⇌ CpG 配列）

**四肢の発生** [limb development] 四肢の発生は肢芽*形成から始まる．肢芽は体側部の背腹の境目に 2 対形成される．両生類胚では鼻の原基の移植，セロイジン片の挿入などで，鳥類胚では繊維芽細胞増殖因子*の局所投与などで前肢と後肢の間に過剰肢がつくれるので，肢芽形成能は，この領域に広く存在すると考えられる．四肢は基部-先端部軸以外に，前後軸と背腹軸をもつが，両者は体幹の軸と一致する．ニワトリやマウスの肢芽の先端には外胚葉性頂堤（AER, apical ectodermal ridge）とよばれる外胚葉の肥厚部が存在し，そこから分泌される因子によって，その内側の中胚葉組織，進行帯（ニワトリでは AER より 300～400 μm 以内）の細胞は未分化な状態に維持されている．この AER 因子の一つは繊維芽細胞増殖因子である．初期の進行帯細胞は，たとえば前肢では上腕部など基部側の領域をつくる能力をもつが，その子孫の進行帯細胞は前腕部，さらに掌というように，より先端部をつくる能力をもつように性質が変わる．肢芽の伸長に伴って基部側にきて AER 因子の影響からはずれた細胞は最後の能力に従って発生をするので，上腕部，前腕部，掌という構造が順次にできる．四肢の前後は肢芽後端部の極性化活性帯*（ZPA）からの因子で決まる．この因子の作用を受けるのはおもに進行帯の細胞である．ZPA 因子，またはその形成の前段階にソニックヘッジホッグ*遺伝子産物の関与が考えられている．進行帯の細胞はこのように AER, ZPA の作用下につくるべき四肢の領域を決めてゆく．ホメオボックス*遺伝子のうち *HoxA* の発現は基部-先端部軸に応じて順に変わり，*HoxD* の発現は基部-先端部軸と前後軸に応じて変わるので，これらの遺伝子発現が協調し細胞接着因子などを介して四肢の軟骨パターンを決定していると考えられる．

**GC ボックス** [GC box] 下記のような共通配列で表される転写調節配列の一つ．多くの遺伝子のプロ
5′-(G/T)GGGCGG(G/A)(G/A)(C/T)-3′
モーター*領域にあってその遺伝子の転写のエンハンサー*として働く．特に TATA ボックス*のない，い

わゆるハウスキーピング遺伝子*の上流によく見いだされる．Sp1*などの転写調節因子が結合して転写の活性化に働く．(→上流調節配列)

**自主栄養** ＝独立栄養

**視床** [thalamus]　間脳の一部で，感覚情報を大脳皮質*に送る最終の中継部位．大脳皮質の特定の部位に投射する特殊核(腹側基底核群と後核群)と，広範な大脳皮質に投射する非特殊核(髄板内核群と内側核群)に大別できる．神経伝達物質*として，γ-アミノ酪酸*(GABA)，グルタミン酸，ノルアドレナリン*，ドーパミン*，セロトニン，アセチルコリン，エンケファリン，コレシストキニン，ニューロテンシン，カルシトニン遺伝子関連ペプチド，ソマトスタチン，サブスタンスPなどがある．

**歯状回** [dentate gyrus]　大脳辺縁系の海馬*体内部に位置し，嗅内野より貫通繊維束を介して入力を受ける．出力繊維である苔状繊維は海馬CA3錐体細胞にシナプス結合している．分子層，顆粒細胞層，多形細胞層の三層から成り，V字形に屈曲していて，その開いた側が海馬采に面している．顆粒細胞層には顆粒細胞の細胞体が，分子層，多形細胞層にはそれぞれ顆粒細胞の樹状突起および軸索が存在する．多形細胞層にはかご細胞などの介在神経細胞も存在する．

**歯状回顆粒細胞** [dentate granule cell]　海馬歯状回*の出力細胞であり嗅内野より貫通繊維束による入力を受け，苔状繊維とよばれる出力繊維で海馬CA3錐体細胞にシナプス結合をつくる．樹状突起は顆粒細胞層とは直角に伸び，分子層に広がって分枝を形成しており，軸索は多形細胞層の方に伸びている．顆粒細胞への入力系と出力系である，貫通繊維束と歯状回顆粒細胞，および苔状繊維と海馬CA3錐体細胞の間のシナプス伝達は可塑的で，長期増強*が起こることが知られている．

**糸状仮足** [filopodium, (pl.)filopodia]　フィロポディア，糸状突起ともいう．真核細胞にみられる細胞膜と細胞質の一時的な突出を仮足といい，細長い円筒状の仮足を糸状仮足とよぶ(→葉状仮足[写真])．糸状仮足の内部を埋める束状のアクチンフィラメント*が突出した形態を維持しており，アクチンフィラメントの重合が促進すると糸状仮足が伸長する．一方，糸状仮足のアクチンフィラメント束は後方へ移動しているため，アクチンフィラメントの重合速度が後方移動速度を下回ると，糸状仮足は退縮する．成長円錐に存在する糸状仮足は，成長円錐が正しい方向に移動する過程で，周囲の細胞外環境を探るアンテナとして機能すると考えられている．アクチン細胞骨格制御にはRhoサブファミリーに属する低分子量GTP結合タンパク質*が重要な役割を果しており，その一つCdc42*はアクチン重合に関与するWASP(ウィスコット-アルドリッチ症候群の原因遺伝子がコードするタンパク質)に相同なN-WASPと相互作用し，糸状仮足形成を制御している．(→アメーバ運動)

**視床下部** [hypothalamus]　間脳の一部で，視床の腹側に位置する自律神経*系の最高の中枢であり，下部自律神経系，大脳辺縁系*，内分泌系(主として下垂体*)と密接な関連をもつ．ここには特定の反応をひき起こす種々のプログラムが組込まれている．脳温(体温)，グルコース，浸透圧などの変化を感知するニューロンが存在し，種々の出力系を介して内部環境の恒常性に寄与している．また，種族保存のための行動を発現するプログラム，日内周期(サーカディアンリズム*)の調節中枢も存在している．

**視床下部因子** [hypothalamic factor]　＝視床下部ホルモン

**視床下部ホルモン** [hypothalamic hormone]　視床下部因子(hypothalamic factor)ともいう．間脳腹側の複数のニューロン集団が構成する視床下部*で合成される一群のペプチドホルモン．下方にある正中隆起に軸索を送り，その終末が接する下垂体門脈の毛細血管に分泌される．おもに，下垂体ホルモンの合成や分泌を制御している．甲状腺刺激ホルモン放出ホルモン*，性腺刺激ホルモン放出ホルモン(→黄体形成ホルモン放出ホルモン)，成長ホルモン放出ホルモン*，副腎皮質刺激ホルモン放出ホルモン*などがあり，それぞれに特異的な受容体が存在する．

**糸状菌(類)** [Filamentous fungus, mold(米), mould(英)]　一般にカビともよばれ，糸状の菌糸を栄養体とする菌類の俗称．光合成を行わない下等植物として位置づけられる．ケカビ，アオカビ(→ペニシリウム)，コウジカビ(→アスペルギルス)，アカパンカビ*のような接合菌類，子嚢菌類，不完全菌類に属するものをよんでいる．糸状菌細胞壁の主要多糖は，子嚢菌類はキチン，グルカン，接合菌類はキチン，キトサンである．したがってアカパンカビ，コウジカビなどの糸状菌はβ-1,3-グルカナーゼとキチナーゼの併用で溶解される．遺伝子工学には糸状菌のプロトプラスト化が必要であるが，カタツムリ酵素，トリコデルマから調製されたノボザイム234，アクロモバクターのエンドペプチダーゼ，アースロバクターのβ-グルカナーゼなどが市販されている．

**糸状体**　【1】＝ミトコンドリア．【2】＝原糸体
**糸状突起**　＝糸状仮足
**自食作用**　＝オートファジー

**視神経** [optic nerve]　脊椎動物の第二脳神経の名称(→視覚系)．網膜内の神経細胞の軸索突起が束となって形成されている有髄繊維(ごく一部は無髄繊維)で，視覚情報を外側膝状体ならびに視蓋*に伝えている．網膜のX細胞とY細胞から成る繊維が大半を占める．視神経繊維の発芽，成長はBDNF(脳由来神経栄養因子)によって制御されていると考えられている．脳への投射は動物の種類によって大きく異なる．ヒト，サル，ネコ，フクロウなど両眼視をする動物の場合，神経繊維の半数は頭蓋内腔の視交差と称される部分で交差して反対側の脳に投射する．残り半数の神経繊維は交差せず，同側の脳に投射する．ネズミ，ウマ，イヌなど両眼視を行わない動物では，ほとんどの視神経繊維は交差して対側の脳に投射する(動物の種類によって交差の程度が異なる)．視交差のない動物

もいる．こうした視神経繊維の交差の程度は，視交差周囲の細胞が分泌するL1* ならびに CD44* によって制御されていると考えられている．視神経の再生も動物によって異なる．冷血動物の視神経は，傷ついたり，切れたりしても再生するが，鳥類，哺乳類では視神経の再生はまれである．これは，視神経の髄鞘を形成しているオリゴデンドログリアが細胞膜表面に繊維の発芽，再生を抑制する分子(NI35)を発現していることに起因すると考えられている．したがって，末梢神経を視神経の断端につなぐと，末梢神経の髄鞘が抑制分子を発現していないシュワン細胞* であるため，視神経が再生することがある．

**sis 遺伝子**［*sis* gene］　サル肉腫ウイルス*(SSV)のコードするがん遺伝子* で，血小板由来増殖因子* のB鎖に由来する．SSVはウーリーモンキーに多発性繊維肉腫と骨髄異形成を伴う骨髄繊維症をひき起こすRNA型腫瘍ウイルスとして見いだされた．遺伝子産物は血小板由来増殖因子-受容体* に結合して細胞増殖，がん化をひき起こす．

**シスエレメント**［cis element］　遺伝子の転写を制御する，シス作動性のDNA領域．RNAポリメラーゼ* やさまざまな転写因子* の結合配列を含んでいる．大部分の遺伝子に存在し，転写開始位置の決定および基本レベルの転写維持に関与する基本転写エレメント(⇌TATAボックス，CCAATボックス)と，遺伝子特異的に存在し，転写の活性化あるいは抑制に関与する転写調節エレメント(⇌上流調節配列，エンハンサー，サイレンサー)とに大別できる．

**シスゴルジ網**［cis Golgi network］　CGNと略記される．ゴルジ体* のシス側に広がる網状の構造．シスゴルジ網様体(cis Golgi reticulum)ともいう．シスゴルジ網は小胞体* から輸送されたタンパク質の最初の受け入れ口となっており，分泌タンパク質などゴルジ層板以降に輸送されるタンパク質と逆輸送により小胞体へ返送されるタンパク質とが選別される．このため，シスゴルジ網には小胞体残留シグナルであるKDEL(Lys-Asp-Glu-Leu)モチーフを認識するKDEL受容体* などが存在する．シスゴルジ網では，リソソーム酵素の糖鎖のリン酸化(マンノース6-リン酸の形成)，O結合型糖鎖の形成，膜タンパク質のアシル化なども起こるとされている．シスゴルジ網と同じく，小胞体とゴルジ体の中間に存在する構造として，サルベージ区画(salvage compartment)，小胞体-ゴルジ中間区画(ER-Golgi intermediate compartment, ERGIC)，小胞小管クラスター(vesicular tubular clusters, VTCs)などが報告されている．これらは，シスゴルジ網と同一あるいは少なくともその一部を共有しているものと考えられる．

**シスゴルジ網様体**［cis Golgi reticulum］＝シスゴルジ網

**シススプライシング**［cis splicing］　同一のRNA鎖上に存在するスプライス供与部位とスプライス受容部位間で起こるスプライシング* 反応．高等真核生物のmRNA前駆体* のスプライシング反応は，ほとんどの場合シススプライシングによって行われている．(⇌トランススプライシング)

**シスタチン**［cystatin］　⇌システインプロテアーゼインヒビター

**シスチン**［cystine］　＝3,3′-ジチオビス(2-アミノプロピオン酸)(3,3′-dithiobis(2-aminopropionic acid))．$C_6H_{12}N_2O_4S_2$，分子量240.30．L形はタンパク質を構成する含硫アミノ酸の一つ．システイン* が酸化されて2分子結合したもの．毛髪や角などのケラチンには特に多く含まれる．タンパク質の高次構造保持に重要な役割を果たしている．水に難溶で膀胱結石はしばしばシスチンを含む．還元すれば容易にシステインとなる．(⇌アミノ酸)

**システイン**［cysteine］　＝チオセリン(thioserine)，2-アミノ-3-メルカプトプロピオン酸(2-amino-3-mercaptopropionic acid)．CysまたはC(一文字表記)と略記される．酸化型のシスチン* に対し，還元型であることを明らかにするためCySHと略記されたこともある．L形はタンパク質を構成する含硫アミノ酸の一つ．$C_3H_7NO_2S$，分子量121.16．酸化溶液中では比較的安定であるが，中性や弱アルカリ性溶液中では微量の重金属イオンにより空気酸化されてシスチンになりやすい．SH基は2価金属イオンと容易にメルカプチドを形成し，アルカリハライドによりアルキル化される．しばしば酵素の活性中心として機能することがある．SH基の$pK_a$は8.33(25℃)．非必須アミノ酸．D形はルシフェリンに存在する．(⇌アミノ酸)

**システインシンターゼ**［cysteine synthase］　⇌硫黄同化

**システインプロテアーゼ**［cysteine protease］　SHプロテアーゼ(SH protease)，チオールプロテアーゼ(thiol protease)ともいう．SH基を触媒基とするプロテアーゼ* の総称で，植物由来のパパイン*，ブロメラインなど，動物ではカテプシンB, H, L，カルパインがその代表例である．分子量2万から10万までさまざまなものがあり，最適pHも酸性とアルカリ性にあるものなど，起源によって大きく異なる．基質特異性は一般に低く，カテプシン群はおもに細胞内タンパク質分解に関与する．多くはロイペプチン，アンチパイン，E-64によって阻害され，タンパク質性インヒビターとしてシスタチン族，ステフィン族が知られている．(⇌システインプロテアーゼインヒビター)

**システインプロテアーゼインヒビター**　［cysteine protease inhibitor］　SHプロテアーゼインヒビター(SH protease inhibitor)，チオールプロテアーゼインヒビター(thiol protease inhibitor)ともいう．システインプロテアーゼインヒビターには，高分子でタンパク質性のもの，低分子で微生物由来のもの，人工製剤などがあり，そのほかにも重金属や酸化剤がインヒビター

となる．標的となるシステインプロテアーゼ*にはパパイン*と系統発生を同じくするパパインスーパーファミリーに属するプロテアーゼが多いが，自然界でそれに対応するインヒビターはシスタチン(cystatin)スーパーファミリーに属するタンパク質性のインヒビターである．シスタチンスーパーファミリーは構造上，ステフィン類(ファミリー1)，シスタチン類(ファミリー2)，キニノーゲン(kininogen)類(ファミリー3)，その他に分類される．ファミリー1は細胞内，ファミリー2は体液および分泌液，ファミリー3は血漿中に主として分布する．いずれも分子内に反応部位としてGln-Val-Val-Ala-Glyかその一部が他のアミノ酸に置換した構造をもつ．細胞内システインプロテアーゼであるカルパイン*はファミリー3により阻害を受けるが，細胞内には固有のインヒビターであるカルパスタチン*が存在する．微生物由来のインヒビターとしてはE-64とその誘導体があげられる．誘導体には特異性の異なるものがあるが，E-64はカテプシンB, H, L，カルパイン，パパインなどシステインプロテアーゼを最も普遍的に阻害する．合成阻害剤としては，ヨードアセトアミド(iodoacetamide), テトラチオネート(tetrathionate), $N$-エチルマレイミド($N$-ethylmaleimide), $p$-クロロメルクリ安息香酸などがある．(⇌プロテアーゼインヒビター)

**システミン**［systemin］　トマトで見いだされた18アミノ酸から成る生理活性ポリペプチド．物理的傷や虫の摂食などの刺激に応じてその前駆タンパク質であるプロシステミンから生成されると，ジャスモン酸*の生合成を活性化する．蓄積したジャスモン酸が傷害応答性遺伝子群の発現を誘導することで，一連の生理反応がひき起こされる．このように，システミンは傷害応答の内生シグナルとしての役割を担う．(⇌ストレス応答)

**システム生物学**［systems biology］　生物系における複雑な相互作用を体系的に研究する学問分野．従来生物学的研究は要素還元主義的なアプローチがなされてきたが，システム生物学は生物系で行われるプロセスを全体的に把握し，体系的かつ統合的に生物を理解することを目標としている．システム生物学は多様な技術基盤またはそれを基礎とする学問領域(ゲノミクス*，トランスクリプトミクス*，プロテオミクス*，メタボロミクス，グリコミクス，インタラクトミクスなど)を利用して産生された膨大なデータをバイオインフォマティクス*により統合的に処理して，各種生物反応系の機構の原理やモデルの構築・シミュレーションなどを通して新しい生命原理ともいうべき概念を創出することを目指している(⇌オミックス)．システム生物学の根幹は，細胞内の各構成分子を要素とするネットワークであり，遺伝子間，遺伝子-タンパク質間，タンパク質間相互作用のデータベース化はその第一歩であり，これらを統合的にまとめるゲノムネットワークはシステム生物学の典型的な例である．生化学反応のネットワークの代表的なモデルを表現するためのコンピューターを基礎とした様式(たとえば，Systems Biology Markup Language, SBML)も開発されており，シグナル伝達経路，制御ネットワーク，代謝経路ネットワークなどを表現するのに利用され始めている．

**システルナ**［cisterna］　＝嚢

**シス-トランス位置効果**［cis-trans position effect］　組換えによって分離できる二つの突然変異aとbが，それぞれの野生型(+)とヘテロ接合性*の時に，二つの突然変異が相同染色体のともに一方の染色体上にある場合(ab/++，シスの位置)と相同染色体二つにおのおのの分かれてある場合(a+/+b，トランスの位置)で表現型が異なる時がある．その時二つの突然変異は，古典遺伝学上では偽対立遺伝子の突然変異であるといい，分子遺伝学では同一シストロンの突然変異であるという．(⇌位置効果)

**シス-トランステスト**［cis-trans test］　＝相補性テスト

**ジストロフィン**［dystrophin］　筋細胞膜細胞骨格タンパク質．その欠損によってデュシェンヌ型筋ジストロフィー*(CMD)がひき起こされる．遺伝子はX染色体短腕21領域に存在し，3 Mbpから成る．エキソン数は79，mRNAは14 kb．プロモーターは筋型，脳型，プルキンエ型(小脳)とリンパ球型をもち，5′末端に多少の変化がある．筋型はアミノ酸数3685，分子量427,000のタンパク質分子である．細長い構造をもち，N末端側でFアクチン系に，C末端側でジストロフィン結合タンパク質と直接間接に結合している．このほかにジストロフィン遺伝子にコードされているものとしてC末端近くを用いたDp71, Dp116, Dp140およびDp220とよばれる四つの短いジストロフィンがある．ジストロフィン結合タンパク質は，膜貫通性で糖タンパク質のジストログリカン複合体(基底膜ラミニン*と結合)，サルコグリカン複合体，非膜貫通タンパク質のシントロフィン複合体から成る．類似のタンパク質にユートロフィン(utrophin, 第6染色体長腕24領域)がある．ジストロフィンタンパク質をコードしている*DMD*遺伝子の変異に起因する筋疾患でジストロフィン異常症の軽症型には無症候性高CK血症，ミオグロビン尿症を伴う筋けいれん，大腿四頭筋ミオパチーが，重症型には，デュシェンヌ/ベッカー型筋ジストロフィーおよび*DMD*遺伝子関連性拡張型心筋症がある．また，サルコグリカン複合体をコードする遺伝子変異が原因の肢帯型筋ジストロフィーもある．

**シストロン**［cistron］　二つの突然変異が同じ遺伝子にあるのか異なる遺伝子にあるのかを決める相補性テスト*で定義される遺伝子単位のこと．二つの突然変異が相補性を示さない場合には，これらの突然変異は同一シストロンにある．相補性を示せば異なるシストロンに含まれる．二つの突然変異が同一染色体にある場合をシス(*cis*)配置，異なる染色体にある場合はトランス(*trans*)配置というが，シストロンはこの両語を合わせたものである．構造遺伝子*の同義語として使われたことがあった．

**Cys₂/His₂ フィンガー**　[Cys₂/His₂ finger]　ジンクフィンガー*の一種. 2個のシステイン*と2個のヒスチジン*を含む12個程度のアミノ酸から成るループで隔てられ，2個の短いβ構造*部分に続いてDNAを認識して主溝に入り込み結合するαヘリックス*を形成する. 2個のシステインと2個のヒスチジンに亜鉛原子が配位結合している部分を付け根とした指のような構造"フィンガー"を形成している.

**シスプラチン**　[cisplatin]　=cis-ジアンミンジクロロ白金(II)(cis-diamminedichloroplatinum (II)). 白金原子に二つの塩素とアンモニアが配位した，制がん作用を示す化合物. $\text{Cl} \diagdown \text{Pt} \diagup \text{NH}_3$ / $\text{Cl} \diagup \text{Pt} \diagdown \text{NH}_3$ 1965年にB. Rosenbergによって白金錯塩が大腸菌の分裂を阻止することから見いだされた. 作用機作はDNAに反応しDNA鎖間あるいは鎖内で架橋をつくりDNA合成を阻害し, 細胞障害をもたらす. 多くの固形がんに有効性を示す優れた制がん剤*であるが, 腎毒性などの副作用もある. 誘導体に毒性の低いカルボプラチン(carboplatin)がある.

**シス優性**　[cis-dominance]　⇌ 優性突然変異

**C3HC4型ジンクフィンガー**　[C3HC4 type zinc-finger]　=RINGフィンガー

**ジスルフィド結合**　[disulfide bond]　=S-S結合(S-S bond). ポリペプチド中の二つのシステイン残基のSH基間で形成される架橋結合. タンパク質の高次構造*を安定に保つために重要な役割を果たす. 自動酸化により形成されるが, 細胞内にはそれを防ぐ還元物質(グルタチオン*やチオレドキシン*)が存在する. また, 小胞体膜の内腔側には, 自由エネルギー的に最も安定な結合へと導くタンパク質ジスルフィドイソメラーゼ*が膜タンパク質として存在し, 合成された分泌タンパク質に正しいジスルフィド結合を形成させる.

**雌性前核**　[female pronucleus]　⇌ 受精

**雌性胚**　[gynogenone]　雌型接合子(gynogenetic zygote), 雌性発生体ともいう. 受精卵の雄性前核を除去あるいは不活性化したうえ, 他の雌性前核を導入して発生させた胚(⇌ 受精), 第二の雌性前核を導入せずに発生させた胚を意味することもある. 単為発生に由来する場合は単為発生胚(parthenogenone), 雄性前核のみに依存するものは雄性胚(androgenone)とよばれる. マウスでは, 雌性胚は胚自体は正常らしいが胎盤絨毛膜の形成不良で, 雄性胚は逆に絨毛は発達するが胚自体の形成不良により, いずれも途中で死ぬ.

**雌性発生**　[gynogenesis]　⇌ 雄性発生

**雌性発生体**　=雌性胚

**G₀期**　[G₀ phase]　静止期(quiescent state), 休止期(resting state)ともいう. 細胞周期*中G₁期*にある細胞は増殖サイクルをはずれてG₀期とよばれる休止状態に入ることができる. 多細胞高等真核生物の場合, 細胞は組織へと分化するにあたっての増殖を止めるが, この時もG₀期に入ると考えられる. G₀期にある細胞も増殖因子などの刺激によりG₁期へ帰り, そこから再び細胞周期に戻る場合がある. たとえば肝臓切除による肝細胞の増殖誘導や傷口の周辺にある細胞の増殖再開などがあげられる.

**自然細胞死**　[naturally occurring cell death]　⇌ 神経細胞死

**自然選択**　[natural selection]　自然淘汰ともいう. 生物の進化*を説明するために, C. Darwin*によって導入された概念で, 進化の主要なメカニズム. Darwinは, 作物や家畜を選択的に交配させることによって, 生物に基本的な変化を起こさせうることに着目して, 自然界に生息する生物には常に激しい生存争があるので, 生存・繁殖に少しでも有利な突然変異を受けた個体はそういう突然変異を受けなかった個体よりも生き延び, その特徴が遺伝によって次世代に引き継がれることでより繁栄すると考えた. A. R. Walleceもほとんど同時に同じ着想に至った. 集団遺伝学*では, 集団内に存在する異なる遺伝子型をもつ個体の間で繁殖率に差があれば, 自然選択が働いていると考える. 自然選択は集団の適応的変化を起こすうえでの重要な要因である.

**自然淘汰**　=自然選択

**自然免疫**　[natural immunity]　⇌ 免疫

**シゾサッカロミセス＝ポンベ**　[Schizosaccharomyces pombe]　子嚢菌*に属する桿形の単細胞真核微生物. 有性世代をもつが, 通常は一倍体で増殖する. 出芽ではなく, 細胞伸長と二分裂で増殖するので分裂酵母(fission yeast)とよばれる. 栄養が欠乏すると接合により二倍体化したあと, 直ちに減数分裂を経て胞子*を形成する. 3本の染色体から成るゲノムのサイズは約12.5 Mbで, 全塩基配列が決定されている. 5000弱の遺伝子しかもたないが, 出芽酵母*(Saccharomyces cerevisiae)に比べ, イントロンを保有する遺伝子の頻度が高く, 分裂装置や染色体構造などもより動物細胞に近い性質を示す. Cdc2(CDK1*)の同定など, 細胞周期*制御機構の研究に大きく貢献したモデル実験生物である.

**子孫**　[progeny]　一つの細胞, 個体, あるいは交雑から繁殖する細胞, あるいは個体.

**θ形分子**　[θ form molecule, theta form molecule]　=θ構造

**θ構造**　[θ structure, theta structure]　θ形分子(θ form molecule), ケアンズ型分子(Cairns type molecule)ともいう. 二本鎖環状DNAの複製中間体*の構造の一つ. 細菌, プラスミド, ウイルスなどの二本鎖環状ゲノムの複製は, 通常ゲノム上に1箇所存在する複製起点*から一方向または両方向に逐次的に進行する. したがって複製中間体は複製泡*をもった環状二本鎖として電子顕微鏡などで観察され, これをθ構造とよぶ.(⇌ ケアンズの実験)

**Cタンパク質**　[C protein]　ミオシンフィラメントを束ねるタンパク質. 分子量約14万で, 免疫グロブリンに共通した繰返し配列があり, ミオシン*フィラメント上43 nmごとの周期でM線に左右対称に7本結合している. ミオシンフィラメントをたがのように取巻いているものと考えられている.(⇌ 太いフィ

ラメント）

**Gタンパク質**［G protein］ GTP（グアノシン5′-三リン酸*）またはGDP（グアノシン5′-二リン酸*）と特異的に結合し，結合したGTPをGDPに加水分解する酵素GTPアーゼ*の活性をもつ一群のタンパク質ファミリーを一般にGTP結合タンパク質*と総称するが，この中でホルモンや神経伝達物質などの細胞外情報物質（アゴニスト*）が結合する細胞膜上の受容体と共役し，細胞内へのシグナル伝達・増幅因子（トランスデューサー）として機能するファミリーを，特にGタンパク質と略称している．Gタンパク質は分子量の大きい順に$\alpha$，$\beta$，$\gamma$とよばれる3種の異なるサブユニットから成る三量体で，動物細胞の場合，分子量39,000〜52,000の$\alpha$サブユニットに，GTP（またはGDP）の結合部位およびGTPアーゼ活性が存在する．また多くの$\alpha$サブユニットには，コレラ毒素*や百日咳毒素*の触媒作用によって$NAD^+$のADPリボース部分が転移（ADPリボシル化*）されるアミノ酸残基（アルギニンやシステイン）が存在し，ADPリボシル化によってGタンパク質のもつ機能が修飾される．分子量35,000または36,000の$\beta$サブユニットと$\gamma$（分子量6000〜9000）サブユニットとは常に会合状態にある．細胞膜を7回貫通するタイプの受容体にアゴニストが結合すると，三量体型Gタンパク質の$\alpha$サブユニットに結合しているGDPは細胞内のGTPと交換し，Gタンパク質は活性化されてGTP結合型$\alpha$サブユニットと$\beta\gamma$複合体とに解離する．こうして活性化されたGタンパク質のどちらかのサブユニットが，細胞内にセカンドメッセンジャー*を生成するアデニル酸シクラーゼ*やホスホリパーゼ*などの酵素あるいはイオンチャネル分子と結合し，それらの活性を制御すると考えられる．Gタンパク質はその$\alpha$サブユニットが果たす機能および遺伝子の違いから，$G_s$，$G_i$，$G_o$，$G_q$，$G_t$，$G_{olf}$などと略称されるサブファミリーに分類されるが，アデニル酸シクラーゼ活性の促進と抑制はそれぞれ促進性（$G_s$）と抑制性（$G_i$）の別種のGタンパク質によって調節されている．また，$G_q$はホスホリパーゼC（$\beta$タイプ）の活性化に関与すると考えられている．また，感覚器官の視細胞（網膜）と嗅細胞にはそれらの組織に特異的な$G_t$と$G_{olf}$が発現しており，サイクリックGMPホスホジエステラーゼ*とアデニル酸シクラーゼの活性化を介して視覚と嗅覚のシグナルを伝達している（→嗅覚受容体）．

**Gタンパク質共役型カリウムチャネル**［G protein-coupled potassium channel］ Gタンパク質*により直接制御されるカリウム（$K^+$）チャネル*のことで，心房筋細胞のムスカリン性$K^+$チャネル（$K_{ACh}$チャネル）がその代表である．心房筋細胞や神経細胞では膜受容体（$m_2$ムスカリン，$A_1$プリン，$\mu\delta\kappa$オピオイド，GABA$_B$，$\alpha_{2A}$アドレナリン，$D_2$ドーパミン，$5HT_{1A}$，ソマトスタチンなど）が刺激され，これに共役した百日咳毒素感受性三量体Gタンパク質の$\beta\gamma$サブユニットがチャネルを直接活性化する．このチャネルの活性化は膜の過分極をもたらし，心臓では洞徐脈や房室伝導遅延を起こす．神経では後シナプスにこの機構があり抑制性の伝達を担うと考えられている（→抑制性シナプス後電位）．ラットの心臓から$K_{ACh}$チャネルの遺伝子（GIRK1）が単離され，このチャネルが二つの想定膜貫通領域とそれに挟まれた想定ポア（孔）形成部位を含み，IRK，ROMK1，$K_{ATP}$-1と同じスーパーファミリーに属することが明らかになった．二つのサブタイプ（GIRK2，GIRK3）が単離されている．

**Gタンパク質共役受容体**［G protein-coupled receptor］ 三量体型Gタンパク質と共役して，細胞内に外界刺激を伝達する受容体．多くのホルモン*，オータコイド*，神経伝達物質*などの受容体や，視覚，嗅覚，味覚など感覚器の受容体などが含まれる．cDNAクローニングされているものだけで現在数百種類が知られており，千種類以上存在すると予想される．構造上の特徴は細胞膜を7回貫通していることで，アミノ末端が細胞外にカルボキシ末端が細胞内に存在する．アミノ末端付近に$N$-グリコシル化部位が存在するものが多い．細胞内ループ部分によりGタンパク質*を活性化すると考えられる．アゴニスト刺激された受容体はGタンパク質と複合体を形成し，Gタンパク質$\alpha$サブユニットに結合しているGDPを解離させGTPとの交換反応を促進する．GTP結合型となった$\alpha$サブユニットは，受容体およびGタンパク質$\beta\gamma$サブユニットと解離して，効果器である酵素やイオンチャネル*に作用する．その結果，細胞内セカンドメッセンジャー*の生成・分解やイオンチャネルの開閉の制御が行われる．また$\beta\gamma$サブユニットも酵素やイオンチャネルを制御することが知られるようになった．

**Gタンパク質共役受容体キナーゼ**［G protein-coupled receptor kinase］ GRKと略記される．アゴニスト*刺激されたGタンパク質共役受容体*をリン酸化するセリン/トレオニンキナーゼ*．現在まで6種類のcDNAがクローニングされており，GRK1（ロドプシンキナーゼ*），GRK2，3（$\beta$アドレナリン受容体キナーゼ$\beta$-adrenergic-receptor kinase，$\beta$ARK1，2ともいう），4，5，6と分類されている．網膜に存在するロドプシンキナーゼが最初に同定され，ついで$\beta$アドレナリン受容体*を刺激依存性にリン酸化する酵素として大脳からGRK2（＝$\beta$ARK1）が精製された．これらの分子はアゴニスト刺激を受けたGタンパク質共役受容体により活性化され，その受容体をリン酸化する．このリン酸化により受容体の脱感受性を促進すると考えられている．GRK1はカルボキシ末端がファルネシル化*されている．またGRK6はパルミトイル化されている．またGRK2，3はカルボキシ末端付近にPHドメイン*をもちその部分で三量体型Gタンパク質$\beta\gamma$サブユニットと相互作用する．これらの修飾および$\beta\gamma$サブユニットとの相互作用が細胞膜への移行に重要である．

**Gタンパク質$\beta$WD-40リピート**［G protein $\beta$WD-40 repeat］ WDリピート（WD repeat），$\beta$トラ

ンスデューシンリピート（β transducin repeat）ともいう．Gタンパク質*のβサブユニットに共通に見られる40アミノ酸程度のモチーフが4～16回繰り返した構造．しばしばトリプトファン-アスパラギン酸のジペプチドで終結する．環状のβプロペラ構造を形成し，リピート構造がタンパク質相互作用の強固な足場となることにより，協同的な多タンパク質複合体の集合に関与する．すべての真核生物に存在し，大きなファミリーを構成している．

**C 値** ［C value］ 半数体当たりのゲノムDNA含量．ウイルス（$10^3$ bp），マイコプラズマ（$10^5$ bp），大腸菌（$10^6$ bp），酵母（$10^7$ bp），線虫（$10^8$ bp），ヒト（$10^9$ bp）と，生物が生体としての複雑さを増すに従ってC値は増加する傾向がある．しかしながら，両生類や昆虫類の中でのC値のばらつきは100倍もあり，近縁種間でもC値は大きく変動する．また，両生類の中にはヒトよりも大きな$10^{10}$ bpのC値をもつものもある．このようにC値の大きさと系統発生的な生物の複雑さに相関関係が認められない現象がC値パラドックス*とよばれている．

**シチジル酸** ［cytidylic acid］ シチジン一リン酸（cytidine monophosphate，CMP）ともいう．$C_9H_{14}N_3O_8P$，分子量は323.20．シチジン*のリン酸エステルであるヌクレオチド．2′-，3′-，および5′-の3種類の異性体が存在する．[1] 2′-シチジル酸：2′-CMPと略記．RNAのアルカリ加水分解により3′-シチジル酸とともに得られる．[2] 3′-シチジル酸：3′-CMPと略記．RNAをリボヌクレアーゼT2などによって加水分解することにより得られる．[3] 5′-シチジル酸：シチジン5′-リン酸*ともいう．5′-CMPと略記．また，単にCMPと表記した時にはこれをさす．CMPをヘビ毒ホスホジエステラーゼなどにより加水分解することにより得られる．生体内ではRNAの分解経路で生成するとともに，再利用経路*によりシチジンのリン酸化（シチジンキナーゼによる）により生成する．

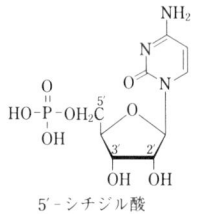

**シチジン** ［cytidine］ ＝4-アミノ-1-β-D-リボフラノシル-2(1H)-ピリミジノン（4-amino-1-β-D-ribo-flanosyl-2(1H)-pyrimidinone）．$C_9H_{13}N_3O_5$，分子量243.22．シトシン*を塩基部分に含むリボヌクレオシド．CおよびCydと略記．RNAを加水分解することにより得られる．生体内において，5′-ヌクレオチダーゼによりシチジル酸*より生成される．シチジンはシチジンデアミナーゼの作用により脱アミノされてウリジン*となる．また，ウリジン/シチジンキナーゼの作用によりシチジル酸に変換される．

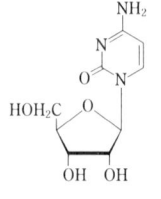

**シチジンアミノヒドロラーゼ** ［cytidine aminohydrolase］ ＝シチジンデアミナーゼ

**シチジン一リン酸** ［cytidine monophosphate］ ＝シチジル酸．CMPと略す．

**シチジン5′-三リン酸** ［cytidine 5′-triphosphate］ CTP，pppCと略記．$C_9H_{16}N_3O_{14}P_3$，分子量483.16．シチジン*の5′位のリボースのヒドロキシ基にリン酸が3分子結合したヌクレオチド．1分子中に高エネルギーリン酸結合を二つ含む．RNA合成の直接の前駆体の一つである．生体内においてCTPシンターゼにより，UTPの4位がアミノ化されることによって生合成される．CTPはレシチンなどのリン脂質生合成の中間体の合成に関与し，ホスホコリンやホスホエタノールアミンと酵素的に反応してCDPコリンやCDPエタノールアミンをつくる．

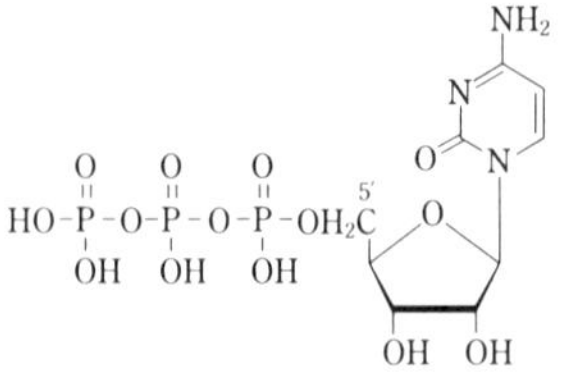

**シチジンデアミナーゼ** ［cytidine deaminase］ シチジンアミノヒドロラーゼ（cytidine aminohydrolase），シトシンヌクレオシドデアミナーゼ（cytosine nucleoside deaminase）ともいい，CDAと略す．シチジン*のC4位をヒドロキシ攻撃し，アミノ基を脱離させることでウリジン*に変換する酵素．RNA編集*にも関与する．ショウジョウバエでは本酵素の潜在的な16の標的遺伝子すべてが神経伝達に関与するものであることが知られている．アポリポタンパク質B*(ApoB)mRNAのRNA編集を行うAPOBECやBリンパ球でのクラススイッチと体細胞突然変異を制御するactivation induced cytidine deaminase(AICDA)などは本酵素活性を示す．APOBECによる部位特異的RNA編集には，補助因子が必要とされ，補助因子がない場合には，RNAに対して非特異的で低い親和性しか発揮しない．

**シチジン5′-二リン酸** ［cytidine 5′-diphosphate］ CDP，ppCと略記．$C_9H_{15}N_3O_{11}P_2$，分子量403.18．シチジン*のリボースの5′位のヒドロキシ基にリン酸が2分子結合したヌクレオチド．1分子中に高エネルギーリン酸結合を一つ含む．生体内において，ウリジル酸-シチジル酸キナーゼの作用によりCMPから合成される．また，リボヌクレオチドレダクターゼの作用によりdCDPに変換され，あるいはヌクレオシド二リン酸キナーゼの作用によりCTPに変換される．

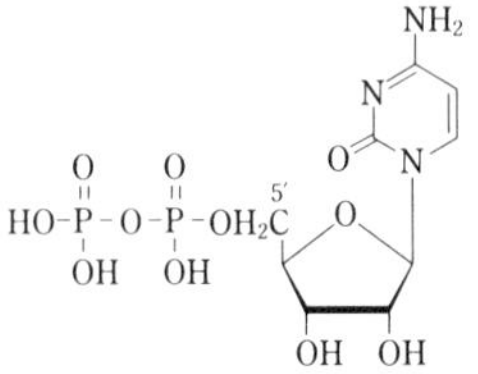

**シチジン5′-リン酸** ［cytidine 5′-phosphate］ ⇒シチジル酸

**C値パラドックス**［C value paradox］　C 値* はゲノムサイズを示す言葉として古くから使用されてきた. 多種多様な生物で C 値を比較すると, 進化した生物ほどその値が大きくなる傾向にある. これは遺伝情報が蓄積してきた結果と考えると納得できるが, 中には近縁種間でも著しく異なった C 値を示す生物が存在する. これを C 値パラドックスとよぶ. この差は表現型に影響を与えない非遺伝子 DNA の量的差に帰すると考えられている.

**次中部動原体染色体**［submetacentric chromosome］　サブメタセントリック染色体ともいう. 動原体* が染色体の末端と中央部の間にある型の染色体のこと.

**膝蓋(腱)反射**［knee jerk, knee reflex］　膝反射ともいう. 筋肉に急激に伸展刺激を加えると, 筋紡錘が引伸ばされて Ia 繊維が興奮し直接シナプスを形成している脊髄前角細胞を興奮させてその筋肉の収縮をもたらす. これが深部反射であり膝蓋腱反射はその代表である. 膝蓋腱を叩くことによって大腿四頭筋を伸展させ, その筋を支配する L3～4 の脊髄前角細胞の興奮をもたらし膝の伸展をきたす. このレベルより上の錐体路の障害により亢進し, この反射弓そのものの障害により減弱・消失する.（⇒反射）

**疾患感受性遺伝子**［disease susceptibility gene］　特定の疾患に対する危険性を高める遺伝子. 罹患同胞対連鎖解析法などの遺伝子連鎖解析により統計学的に疾患と関連性があると考えられる遺伝子をいう. 生まれつき疾患感受性遺伝子に一塩基多型*（SNP）などの変異があったり, 何らかの理由で疾患感受性遺伝子の発現量に変化が生じたりすると疾患を発症しやすくなる. 多くの疾患において, 同じ疾患に対していくつかの疾患感受性遺伝子が存在し, 一つの疾患感受性遺伝子の変化によって必ず疾患を発症するというわけではなく, 複数の疾患感受性遺伝子の変化が疾患発症につながる. II 型糖尿病, 関節リウマチ*, 変形性関節症*, 椎間板ヘルニア, 片頭痛, 強皮症*, がん* など, それぞれの疾患において疾患感受性遺伝子がいくつか知られている. また, これらの疾患は遺伝因子のみではなく, 食生活などの環境因子と複雑に絡み合うことで発症すると考えられている.（⇒主要感受性遺伝子）

**疾患モデル**　⇒モデル動物

**$G_2$ 期**［$G_2$ phase］　細胞周期* 中, DNA が複製される S 期* から細胞が分裂する M 期* までの間のギャップの時期を $G_2$ 期という.

**Syk**［Syk］　$p72^{syk}$ ともいう. 血液細胞に広く存在する非受容体型チロシンキナーゼ*. ブタ脾臓から見いだされ, cDNA がクローニングされた. 628 個のアミノ酸からなり, 分子量 72,000 である. N 末端側に SH2 ドメイン（⇒SH ドメイン）が二つあり C 末端側に触媒部位をもち, Src とは異なる構造で脂肪族結合部位はない. 血小板において, トロンビン* などの生理的リガンドによって速やかに活性化される. 血球系の細胞内シグナル伝達に重要な役割を果たしていると考えられている.

**Zic**［Zic］　真正後生動物で広く保存されているジンクフィンガー* タンパク質をコードする遺伝子. マウス小脳に発現の多いことから, zinc finger protein of the cerebellum の略として名付けられた. 脊椎動物では 5 ないし 6 種の関連遺伝子が存在し, 神経外胚葉・神経冠組織への分化, 神経管形成, 小脳形成, 視交叉における神経軸索の走行制御, 骨格系の形態形成, 左右軸決定など, 発生過程での細胞分化・増殖の調節因子として働く. ヒトでは ZIC1/ZIC4 変異が Dandy-Walker 奇形, ZIC2 変異が全前脳症, ZIC3 変異が内臓左右不定位症の発症に関与する. 無脊椎動物ホモログでは, ホヤホモログが神経・筋肉・脊索などへの初期細胞分化に, ショウジョウバエ odd-paired が分節形成・中腸の形態形成に, 線虫 ref-2 が陰門形成に関与する. 多くは核に局在し, さまざまな遺伝子の発現制御にかかわる.

**Shc 遺伝子**［Shc gene］　がん遺伝子 c-fes の SH2 ドメイン（⇒SH ドメイン）をコードする部分の遺伝子をプローブとして得られた. 産物タンパク質が Src の SH2 領域と相同性の高い領域と α コラーゲンに類似の構造をもつことから Shc（Src homology and collagen）と名づけられた. 広く動物種を超えて存在している. 翻訳開始部位と考えられる ATG が 2 箇所存在し, 51.7 kDa と 46.8 kDa のタンパク質ができる. Shc の SH2 領域は Tyr(-℗)-XX-(Ile/Leu/Met) を認識して結合し, チロシン残基のリン酸化を受ける. その部位に Tyr(-℗)-X-Asn-X という Grb2/Ash* SH2 の結合構造をもつため, さらに Grb2/Ash が結合する. その結果 Shc-Grb2-SOS*（Ras の GDP-GTP 交換因子*）の複合体を形成し Ras を活性化する.

**実験的アレルギー性脳炎**［experimental allergic encephalitis］　EAE と略す.（⇒ミエリン塩基性タンパク質）

**実質細胞**［parenchymal cell］　組織や器官では, その機能をつかさどる部分を実質とよび, それを支える部分を間質（stroma）とよぶが, 実質を構成する細胞を実質細胞といい, 多くの場合, 上皮細胞である. たとえば, 肝臓の実質細胞は肝細胞であり, 肺では肺胞上皮細胞である. 腫瘍* の場合, 腫瘍細胞を実質, 取巻く繊維や血管を間質とよぶことが多いが, 腫瘍細胞と反応性に出現した細胞との区別が困難なこともある.（⇒ストロマ細胞）

**10T1/2 細胞**［10T1/2 cell］　C3H マウス胎仔細胞の細胞系から分離された clone 8 細胞で, 密集した細胞は強い接触阻止* を示す. $5×10^4$/mL の細胞を $25\ cm^2$ のフラスコに播種し, 10 日後に採取して同数を播種し, 継代培養する. 種々の化学物質, X 線, 紫外線照射による発がん*（トランスフォーメーション*）の定性, 定量実験に用いられる.（⇒3T3 細胞）

**Syt**［Syt＝synaptotagmin］　＝シナプトタグミン

**C2 ドメイン**［C2 domain］　【1】プロテインキナーゼ C*（PKC）に存在する調節モジュールで $Ca^{2+}$ と酸性リン脂質が結合する. すべての PKC サブタイプのアミノ末端側半分にはサブタイプ特異的な構造をもつ

制御領域が存在し,連続したジンクフィンガー*から構成されるC1ドメインおよびCa1Bドメインから構成されるC2ドメインが存在する.C1ドメインおよびC2ドメインは,それぞれジアシルグリセロールと$Ca^{2+}$に対して高い親和性をもつ.
【2】シナプトタグミン*に見られる$Ca^{2+}$との結合部位.C2ドメインをもつタンパク質は,$Ca^{2+}$シグナルをシナプス小胞に伝える機能をもっている.高濃度の$Ca^{2+}$に依存してSNARE関連タンパク質*に結合するシナプトタグミンは小胞膜と終末膜の融合を駆動する.

**膝反射** =膝蓋(腱)反射
**シッフ塩基** [Schiff base] イミン(imine),またはアゾメチン(azomethine)ともいう.C=N基をもつ化合物.痕跡量の酸触媒存在下に第一級アミン(R-NH$_2$)とアルデヒド(R'CH=O)またはケトン(R'$_2$C=O)が脱水縮合して生じたR'CH=NRまたはR'$_2$C=NR型化合物で,その生成速度はpHに依存する.通常シスおよびトランス異性体が存在する.生体内でもアルドラーゼ*とジヒドロキシアセトンリン酸複合体,コラーゲン*やエラスチン*におけるヒスチジン-アルドール架橋,ピリドキサミンリン酸,ピリドキサールリン酸*-アミノ酸複合体,ロドプシン*,トリプトファン合成中間体などに広く関与している.

**シッフ試薬** [Schiff's reagent] フクシン-アルデヒド試薬(fuchsin-aldehyde reagent)ともいう.塩基性フクシン200 mgと亜硫酸水素ナトリウム2 gの水溶液(200 mL).アルデヒドの検出に用いられ室温で反応して赤紫色の色素が生成する.ケトンでは発色しないので,アルデヒドとケトンの判別に用いられる.

**質量スペクトル** [mass spectrum] ⇌質量分析法
**質量分析法** [mass spectrometry] マススペクトロメトリーともいう.MSと略す.原子,分子を気体状のイオンにした後,高真空にした質量分析計を用いてイオンの運動を観測し,電荷当たりのイオンの質量$m/z$を測定する分析法.横軸に$m/z$,縦軸にイオンの相対または絶対強度を表した質量スペクトル(またはマススペクトル)(mass spectrum)が得られる.イオン化法と質量分析計の組合わせにより,さまざまな装置がある.イオン化法にはエレクトロスプレーイオン化(ESI, electrospray ionization)法,マトリックス支援レーザー脱離イオン化(MALDI, matrix-assisted laser desorption/ionization)法,電子イオン化(EI, electron ionization)法,化学イオン化(CI, chemical ionization)法,高速原子衝撃(FAB, fast atom bombardment)法,二次イオン質量分析(SIMS, secondary ion mass spectrometry)法,電解脱離(FD, field desorption)法などがある.これらのうち,ESI法とMALDI法はタンパク質や核酸など分子量が10,000を超える不揮発性の生体高分子でも,また,FAB法,SIMS法,FD法はペプチドのような難揮発性の分子量数千程度の化合物でもイオン化することができ,分子量に関連した質量情報を得られる.これに対し,EI法およびCI法は揮発性化合物しかイオン化することができない.また,EI法では多くのフラグメントイオン(fragment ion)が観測され,分子量に関連した質量情報を獲得することが難しいが,低分子化合物の化学構造の解析に有効である.質量分析計の種類には,飛行時間型(TOF, time-of-flight),四重極型(Q-pole, quadrupole),イオントラップ型,磁場型,フーリエ変換イオンサイクロトロン共鳴型などがある.分析の目的に合わせて適切なイオン化法と質量分析計を組合わせた質量分析装置を用いることが重要である.(⇌プロテオミクス,エレクトロスプレーイオン化質量分析,マトリックス支援レーザー脱離イオン化-飛行時間型質量分析計)

**CD**[1] [CD=circular dichroism] =円二色性
**CD**[2] [CD=cluster of differentiation] ⇌分化抗原
**CDI** [CDI=CDK inhibitor] ⇌CDKインヒビター
**CDR** [CDR=complementarity-determining region] 相補性決定領域の略号.(⇌超可変領域)
**CD1(抗原)** [CD1 (antigen)] $\beta_2$ミクログロブリン*と結合するMHCクラスI分子類似の糖タンパク質(43〜49 kDa)で,五つの異なった遺伝子を第1染色体上にもち,うち四つのタンパク質産物(CD1a〜d)が同定されている.未熟な胸腺細胞やB細胞に強く発現され,分化に伴い低下する.一部の表皮細胞,粘膜上皮細胞,また白血病細胞にも発現され,樹状細胞*の重要なマーカーでもある.CD1を認識するT細胞の存在も確認され,樹状細胞の抗原提示機能への関与も想定される.

**CDA** [CDA=cytidine deaminase] =シチジンデアミナーゼ
**CDS1** [CDS1] ⇌CHK(チェック)1, CHK2
**GTH** [GTH=gonadotropic hormone] =性腺刺激ホルモン
**cDNA** [cDNA=complementary DNA] =相補的DNA
**cDNAクローニング** [cDNA cloning] cDNAライブラリー*から目的とする遺伝子を分離すること.ある遺伝子をクローニングする場合,ゲノムDNAを用いると,イントロンや種々の転写制御に関連する部分などが含まれているので,その遺伝子がコードするタンパク質の構造や機能解析が困難となる(⇌ゲノムクローニング).したがって興味の中心がその遺伝子がコードするタンパク質の構造や機能にある場合は,これらの情報はmRNAに含まれているので,mRNAをターゲットにした方がよい.ただしmRNAは非常に壊れやすく,ヌクレアーゼにより不活化されやすく,また現在の遺伝子操作は二本鎖DNAを基本として行われているために,そのままでは扱いにくい.したがってmRNAの塩基配列に相補的なDNA(cDNA)に変換し,cDNAライブラリーを作製して研究するのが一般的である(この場合はゲノムDNAと異なり,イントロンなどの余分な配列領域が含まれていない).すなわち,mRNAの解析は実際にはこれらをコードするcDNAライブラリーを用いて行われる.細胞内

で生じた完全長の転写物をクローニングする方法も開発されており，特に mRNA の場合には，その構造的特徴である 5′ 末端のキャップ構造と 3′ 末端のポリ(A) が完全長 cDNA 作製に利用されている．また，最近では種々の非コード RNA*，特に，機能性のマイクロ RNA*(miRNA)や siRNA* のクローニングも盛んに行われている．(→遺伝子クローニング)

**cDNA クローン** [cDNA clone] 単一な cDNA(→相補的 DNA)を，組換え DNA* 実験などにより増幅して得られる均一な遺伝子集団のこと．(→cDNA クローニング)

**cDNA マイクロアレイ** [cDNA microarray] →DNA マイクロアレイ

**cDNA ライブラリー** [cDNA library] 組織や細胞由来のポリ(A)$^+$ RNA(→メッセンジャー RNA)をまるごと cDNA(相補的 DNA*)化し，ベクターに挿入して多種類の cDNA 分子種の集合体としたものをいう．遺伝子の転写開始点や転写終結点，(選択的)プロモーターの検索や選択的スプライシング産物をもれなく同定したい場合などには完全長の cDNA を用いてライブラリーを作製する必要がある．ツーハイブリッドシステム* で用いる cDNA は，通常転写因子の活性化ドメインとの融合タンパク質として機能発現させるため，5′UTR の存在は不要で(ある場合は邪魔となる)，必ずしも完全長 cDNA のライブラリーを作製する必要はない．また，最近では低分子の RNA，特に機能性非コード RNA に対応する cDNA ライブラリーも作製されており，各種 RNA の機能解析に用いられている．(→遺伝子ライブラリー)

**CTAB** [CTAB=cetyltrimethylammonium bromide] =セチルトリメチルアンモニウムブロミド

**CDF** [CDF=cholinergic differentiation factor] =コリン作動性分化因子

**GDF** [GDF] growth differentiation factor の略．TGF-β スーパーファミリーに属し，組織の分化や維持にかかわる因子．一般に TGF-β スーパーファミリーは TGF-β/ノーダル*/アクチビングループ，BMP/GDF グループに分けられ，TGF-β/ノーダル/アクチビングループは Smad2, Smad3 を，BMP/GDF グループは Smad1, Smad5, Smad8 を活性化することが知られている(→Smad)．現在までにヒトにおいては GDF1, GDF2, GDF3, GDF5, GDF6, GDF7, GDF8, GDF9, GDF10, GDF11, GDF15 の 11 種類の GDF が報告されており，その機能は左右軸形成(GDF1)，骨格形成(GDF5, 6, 7, 11)，骨格筋の維持(GDF8)，卵母細胞の増殖・機能(GDF9)など多岐にわたる．

**CTFI** [CTFI=CCAAT-binding transcripton factor 1] CCAAT 結合因子 1 の略称．(→NF-I)

**CTL** [CTL=cytotoxic T lymphocyte] 細胞傷害性 T リンパ球の略称．(→キラー T 細胞)

**CD95(抗原)** [CD95 (antigen)] =Fas 抗原

**CD95 リガンド** [CD95 ligand] =Fas リガンド

**cdk, CDK** [CDK=cyclin-dependent kinase] =サイクリン依存性キナーゼ

**CDK1** [CDK1] サイクリン依存性キナーゼ* に属し，Cdc2 ともいう．34 kDa のセリン/トレオニンキナーゼ* で M 期促進因子*(MPF)の触媒サブユニットを構成する．最初，分裂酵母の遺伝的解析から細胞周期* の $G_1/S$ 期および $G_2/M$ 期の制御遺伝子として単離された．その後ヒトを含む種々の生物からも相同遺伝子が単離され，その $G_2/M$ 期の制御機能は酵母からヒトに至るまで普遍的である(高等生物の $G_1/S$ 期の制御は CDK2 によって行われている)．タンパク質量は細胞周期を通じて一定である．遊離の CDK1 分子はキナーゼ活性をもたず，サイクリン* との複合体形成と自身のリン酸化により活性が制御されている．CDK1 の基質としては，ヒストン H1，ラミン，ビメンチンなど十数種類発見されているが，in vitro での活性測定にはおもにヒストン H1 キナーゼ(histone H1 kinase)活性が用いられる．出芽酵母の CDK1 相同遺伝子が CDC28 であることから，出芽酵母では CDC28 キナーゼ(CDC28 kinase)という．(→付録 F)

**CDK インヒビター** [CDK inhibitor] サイクリン依存性キナーゼ*(CDK)のタンパク質性阻害物質．CKI または CDI と略される．CDK とサイクリンの複合体(主としてサイクリン D-CDK4，サイクリン E-CDK2，サイクリン A-CDK2)に結合するグループと CDK にのみ結合しサイクリン* との複合体形成を阻害するグループに分かれる．前者は CIP/KIP ファミリーとよばれ p21$^{CIP1/WAF1/SDI1}$，p27$^{KIP1}$，p57$^{KIP2}$ などがあり多くの種類の CDK に作用し，後者には INK4 ファミリーとよばれアンキリンリピート* をもつ p15$^{INK4b}$，p16$^{INK4a}$，p18$^{INK4c}$，p19$^{INK4d}$ が知られ，サイクリン D 依存性の CDK である CDK4* と CDK6 に作用する．p21 は CDK2，CDK4，CDK6 を含む CDK・サイクリン複合体すべてに結合し，細胞周期の $G_1/S$ 期のすべての過程の進行を阻害すると考えられる．CDK・サイクリン二量体に 1：1 で p21 が結合している場合には阻害効果は現れないが，p21 の結合量が増加すると CDK のキナーゼ活性が阻害されるようになる．また，DNA ポリメラーゼ δ の会合に関与する PCNA(増殖細胞核抗原*)に結合し DNA 複製を阻害する．p21 遺伝子の発現は p53 により誘導を受ける．p27 も p21 同様 CDK4,6/サイクリン D や CDK2/サイクリン E 複合体に結合し，過剰に発現した場合には S 期の進行が停止する．p27 は CDK2/サイクリン E によりリン酸化され，哺乳類 SCF 複合体によるポリユビキチン化を受け分解される．p57$^{KIP2}$ はインスリンにより制御され，CDK4 ほかの CDK 活性を阻害するほか PCNA 結合ドメインももち DNA 複製を阻害する．INK4 ファミリーメンバーは $G_0/G_1$ 移行に関連していると考えられている．p16(MTS1)は CDK4，CDK6 および CDK4,6/サイクリン D 複合体に結合し，RB を欠損した細胞の増殖を抑制できないので，CDK・サイクリンキナーゼが RB を基質としてリン酸化できないようにして，E2F を遊離させない状態を維持することで S 期の開始を阻害するものと考えられる．p16 と p19 は CDK6 の ATP 結合部位の近くに

結合し，その触媒活性を阻害するとともに高次構造の変化によりサイクリンに結合できないようにする．

**CDK 活性化キナーゼ** ［CDK activating kinase］ CAK と略す．(⇒サイクリン)

**CDK5**［CDK5］　CDK5 はセリン/トレオニンキナーゼ*であり，同様の機能をもつCDK1*が細胞分裂のM期*の開始に重要な役割を果たしているのに対して，CDK5 は分化終末細胞である神経細胞特異的に発現している．CDK1 がリン酸化活性をもつのにサイクリンA，B が必要であるのに対して，CDK5 はp35/p39 と結合することにより活性化する．機能的にはCDK5 のノックアウトマウスは神経細胞の遊走異常を示し，中枢神経系の発生にも必須の遺伝子であることがわかっている．CDK5 の基質としてはDab1（Disabled-1），FAK*，Ndel1 などが知られており，微小管ネットワークの制御，細胞接着の制御などに関与していると考えられている．また，アルツハイマー病*においてはCDK5 の活性が亢進しているとの報告もあり，神経細胞のアポトーシス*との関連も注目されている．(⇒サイクリン依存性キナーゼ，細胞周期，付録F)

**CDK4**［CDK4］　サイクリン依存性キナーゼ4（cyclin dependent kinase 4）の略称．PSK-J3 ともいう．CDK4 はサイクリン依存性キナーゼ*（CDK）の一つで，サイクリン*D と結合して $G_1$ 期に活性化する34 kDa の細胞周期調節タンパク質である．$G_1$ 期の終わりに，RB はサイクリンD/CDK4 複合体によりリン酸化されて高リン酸化状態になりE2F が遊離し，$G_1$ 期からS 期へ移行する(⇒RB遺伝子)．一方で，数種のがんでCDK4 の阻害タンパク質をコードするp16/MTS1 遺伝子の欠失，突然変異が発見されており，悪性黒色腫をはじめとする種々のがんとの関連が強く示唆されている．分裂中の筋芽細胞でMyoD と相互作用するが，サイクリンD1 がCDK4 の核移行を制御することでMyoD の機能と筋形成の開始を制御する．(⇒付録F)

**CD5(抗原)**［CD5 (antigen)］　Ly-1 抗原(Ly-1 antigen)ともいう．アミノ酸471 個から成る分子量67,000 の糖タンパク質であり，胸腺細胞を含めたほとんどのT 細胞*の膜上に発現している．分化が進むとその発現量が増す．B 細胞*上のCD72 分子と結合し，T-B 細胞間の相互作用に関係すると思われる．B 細胞の一部もCD5 を発現し，CD5$^+$ B 細胞として知られている．自己抗体*を産生する系統発生学的に古いタイプのものと考えられ，自己免疫疾患*と深い関連がある．B 細胞性慢性リンパ性白血病(B cell-type chronic lymphocytic leukemia, B-CLL)の多くはCD5 を発現している．

**CD59(抗原)**［CD59 (antigen)］　⇒発作性夜間ヘモグロビン尿症

**CD55(抗原)**［CD55 (antigen)］　⇒発作性夜間ヘモグロビン尿症

**CD54(抗原)**［CD54 (antigen)］　＝細胞間接着分子1

**CD3(抗原)**［CD3 (antigen)］　T 細胞受容体*（TCR)と会合して，抗原認識複合体を形成する分子群．TCR 複合体の発現には，TCR 二量体とCD3 複合体の完全な会合が必要である．類似性から2 グループ，$\gamma$, $\delta$, $\varepsilon$ と $\zeta$, $\eta$ に分けられる．細胞表面では，3 種の二量体 $\gamma\varepsilon$, $\delta\varepsilon$, $\zeta\zeta$ がTCR 二量体と会合して八量体構造の受容体複合体を形成する．$\eta$ は $\zeta$ の異なるスプライシング*産物だがヒトでは検出されない．$\zeta$ はTCR 発現に重要であるとともに，ナチュラルキラー細胞でも発現し，CD16*と会合する(⇒$\zeta$ 鎖)．CD3 は分化においては，TCR 二量体より早期に発現し，プレTCR と会合すると考えられている．CD3 分子は，TCR と比べて細胞内ドメインが長く，抗原認識シグナルを細胞内に伝える役割を担う．各CD3 分子の細胞内ドメインには共通の活性化モチーフITAM（immunoreceptor tyrosine-based activation motif)が存在し，抗原刺激でチロシンリン酸化が誘導され，チロシンキナーゼZAP-70*が2 個のSH2 ドメインを介して結合し，下流へシグナルを伝達する．

**CD30(抗原)**［CD30 (antigen)］　ホジキン病*由来細胞株を免疫原に作製された抗体Ki-1 と反応する抗原(Ki-1 抗原Ki-1 antigen)として知られる．分子量12 万の腫瘍壊死因子(TNF)受容体*スーパーファミリーに属する受容体型膜タンパク質であり，活性化T 細胞，B 細胞，単球に発現する．TNF 類似構造を示すリガンドとの結合は，これら細胞の増殖，分化にかかわるものと推定される．抗体を用いた検索は，ホジキン病，Ki-1 リンパ腫*などのリンパ増殖性疾患の診断・鑑別に有用である．

**CD32(抗原)**［CD32 (antigen)］　＝Fc$\gamma$ 受容体Ⅱ型

**CD34(抗原)**［CD34 (antigen)］　造血幹細胞抗原．CD34 抗体の認識する抗原は，105～120 kDa の糖タンパク質で，造血幹細胞*のほか，血管内皮細胞やストロマ細胞にも発現されている．353 個のアミノ酸から成るⅠ型膜貫通タンパク質で，多くの糖鎖付加構造をもち，分子の2/3 は，細胞特異的な糖鎖から成る．内皮細胞のCD34 は，L-セレクチン(⇒セレクチン)を結合因子とするが，幹細胞CD34 の結合因子はまだ同定されていない．幹細胞の接着に関与する分子として注目されている．

**CD3$\zeta$(抗原)**［CD3$\zeta$ (antigen)］　＝$\zeta$ 鎖

**cdc 突然変異株**［cdc mutant］　＝細胞分裂周期突然変異株

**Cdc2**［Cdc2］　＝CDK1

**Cdc25**［Cdc25］　cell division cycle 25 の略．分裂酵母*の有糸分裂*開始が遅くなる温度感受性の細胞分裂周期突然変異株*で同定された遺伝子 cdc25 によりコードされるホスファターゼ．不活性型の有糸分裂サイクリン(Cdc13，後生動物ではサイクリンB)-CDK1*複合体(M 期促進因子*，MPF)中のCDK サブユニットCDK1*を脱リン酸してMPF を活性化し，細胞周期*をM 期*へと進行させる．細胞周期チェックポイント*キナーゼ(CHK1 やCHK2, 酵母ではRad53)の標的となり，リン酸化されて14-3-3 タンパク質*と結合しCDK1 脱リン酸活性が抑制され，

細胞周期の進行が停止する．動物細胞は Cdc25A, B, C の 3 種をもち，細胞周期の進行の制御においてそれぞれ異なる役割も果たす．(⇒付録 F)

**CDC28 キナーゼ** [CDC28 kinase] ⇒ CDK1

**CD11(抗原)** [CD11 (antigen)] 白血球インテグリン (leukocyte integrin)，$\beta_2$ インテグリン ($\beta_2$ integrin) ともいう．CD11 抗原は，LFA-1(CD11a)，Mac-1 (CD11b) および p150/95(CD11c) から成る細胞接着分子*群であり，リンパ球・白血球細胞表面に広範に分布している．おのおのに特異的な $\alpha$ 鎖 (CD11a～c，180～150 kDa) と共通の $\beta$ 鎖 (CD18，95 kDa) から成るヘテロ二量体で，$\beta_2$ インテグリンファミリーに属する (⇒インテグリン)．ヒトでは第 16 染色体短腕 11-13 領域上に遺伝子がマップされており，白血球間相互作用，血管外への浸潤，異物への付着，貪食などに関与している．

**CD19(抗原)** [CD19 (antigen)] CD19 は 1984 年の国際ワークショップの際に確立され，基準抗体は B4，HD37AB1 である．遺伝子がクローニングされそれがコードするタンパク質は glycosylated type I integral membrane protein であり，予想される前駆タンパク質の分子量は 51,800 あるいは 60,000 とされる．細胞外部分は 2 個，あるいは 3 個の免疫グロブリン様構造をもち，免疫グロブリンスーパー遺伝子ファミリーに属する．細胞内部分は EB ウイルスの二つのタンパク質とヒト int-1 がん遺伝子と有意に関連がみられ，構造から想像される CD19 タンパク質の機能は膜貫通シグナル伝達と考えられる．約 90 kDa の糖タンパク質であり，$N$ 結合型の糖鎖を切断すると約 70 kDa となり，遺伝子構造から想像されるタンパク質よりやや大きい．最も B 細胞系細胞に広く分布する "pan B 細胞マーカー" であり分布の初期で最も早い段階，免疫グロブリン H 鎖遺伝子の再構成に先だって陽性となり，最後の分化段階である形質細胞への分化時まで発現される．CD19 分子の機能は，まだ十分には理解されていないが，IgM，IgG いずれの受容体を介する刺激をも制御・抑制しているものと思われる．

**CD15(抗原)** [CD15 (antigen)] ⇒ SSEA-1

**CD18(抗原)** [CD18 (antigen)] インテグリン*スーパーファミリーのうち，$\beta_2$ インテグリンに属する白血球の細胞接着受容体に共通する $\beta$ サブユニット．$\beta_2$ サブユニット ($\beta_2$ subunit) ともよばれる．分子量 95,000 の膜貫通型糖タンパク質で，異なる $\alpha$ サブユニット (CD11a，CD11b，CD11c) と非共有結合でヘテロ二量体 (リンパ球機能関連抗原 1*(LFA-1)，Mac-1，p150/95) を形成する．

**CD16(抗原)** [CD16 (antigen)] Fc$\gamma$ 受容体 III 型 (Fc$\gamma$ receptor III) ともいい，Fc$\gamma$RIII と略す．Fc$\gamma$ 受容体はヒトでは Fc$\gamma$RI，RII，RIII の 3 種類が，マウスでは，Fc$\gamma$RIV を加えた 4 種類が存在する．Fc$\gamma$RIII は，二つの遺伝子 Fc$\gamma$RIIIA および IIIB から成る．Fc$\gamma$RIIIA は膜貫通部位で ITAM をもつ Fc$\gamma$R 鎖と会合している．Fc$\gamma$RIIIB は，GPI アンカー型タンパク質*である．Fc$\gamma$RIIIA，IIIB ともに IgG1，IgG3 の免疫複合体と結合する．Fc$\gamma$RIIIA はマクロファージ*，単球*，好中球*，マスト細胞*，好酸球*，樹状細胞*，ナチュラルキラー細胞* に発現しており，活性化型受容体として働く．IgG 型抗体が結合した標的細胞の NK 細胞による傷害(⇒抗体依存性細胞障害)，好中球による傷害あるいは貪食反応を誘起するのに働いている．

**Cdc42** [Cdc42] Rho* ファミリーに属する低分子量 GTP 結合タンパク質*．他の G タンパク質* と同様，GTP を結合した活性型と GDP を結合した不活性型がある．アクチンフィラメント* の再編成を介して，糸状仮足* とよばれる細長い突起を細胞辺縁部で形成するのを促進する(⇒神経成長円錐)．また，別の Rho ファミリー低分子量タンパク質 Rac* とともに，細胞運動を亢進し，細胞間接着形成を促進する．さらに，細胞極性形成，小胞輸送，遺伝子発現も制御する．Cdc42 はアクチン重合に関与する WASP，PAK，RAC1 や微小管捕捉に関与する IQGAP1 などと相互作用する．(⇒GTP 結合タンパク質)

**CTD** [CTD = C-terminal domain] 真核細胞 RNA ポリメラーゼ II* 最大サブユニットの C 末端領域．ヘプタペプチド(Tyr-Ser-Pro-Thr-Ser-Pro-Ser)配列が酵母，ショウジョウバエ，ヒトでそれぞれ 26，42，52 回繰返されている．CTD の Ser，Thr 残基がリン酸化されたポリメラーゼを IIO，脱リン酸化されたものを IIA とよぶが，転写開始とともに CTD は TFIIH によりリン酸化される(⇒プロモータークリアランス)．リン酸化 CTD には Srb タンパク質群などのメディエーター* が結合し，転写制御に重要な役割を果たすほか，キャッピング酵素，切断酵素，ポリ(A)ポリメラーゼ，などの pre-mRNA 修飾酵素やスプライシング因子が結合し，転写と転写後修飾が共役していることが強く示唆されている．分裂酵母の RNA ポリメラーゼ II の CTD を欠失させると siRNA* による転写サイレンシングが見られなくなり，RNAi が関係するクロマチン修飾も転写と共役していることが示されている．

**CD79a・CD79b** [CD79a・C79b] = Ig$\alpha$・Ig$\beta$

**CD2(抗原)** [CD2 (antigen)] ヒト胸腺 T 細胞，末梢 T 細胞，ナチュラルキラー細胞に発現している分子量約 5 万の膜貫通型タンパク質．ヒト T 細胞がヒツジ赤血球とロゼット形成する際の E ロゼット受容体 (E-rosette receptor)，およびキラー T 細胞が標的細胞を認識する際に機能する LFA-2(lymphocyte function-associated antigen-2 リンパ球機能関連抗原 2) と同一分子である．この分子は細胞外に二つの免疫グロブリン様ドメイン(分子内ジスルフィド結合をもたない V 領域と，ジスルフィド結合をもつ C2 領域)から構成されている免疫グロブリンスーパーファミリー* に属する分子である．CD2 はヒツジ赤血球や抗原提示細胞，標的細胞上に幅広く発現している LFA-3 (CD58) と結合する細胞間接着分子であるとともに，T 細胞を活性化する活性化抗原としても機能している．このように CD2 は T 細胞を中心とした細胞性免

疫\*応答反応に重要な役割を担っている分子の一つである．

**CD21**(抗原)［CD21 (antigen)］　補体受容体 2(complement receptor 2), EB ウイルス受容体(EB virus receptor), C3d 受容体(C3d receptor)ともいう．細胞外に 15 もしくは 16 の短い共通繰返しをもつ約 145 kDa の糖タンパク質．B 細胞, 沪胞性樹状細胞, T 細胞表面上に発現が認められる．B 細胞上では CD19, TAPA-1 と複合体を形成し, 補体成分 C3d と結合して B 細胞の活性化・増殖の副刺激成分として機能する．また CD23 と結合し, IgE 産生を増強する．EB ウイルス\*の受容体として感染の成立にも関与する．意義は不明だがインターフェロン α との結合も認められる．

**CD20**(抗原)［CD20 (antigen)］　モノクローナル抗体 B1 によって認識される抗原として同定された．主として B 細胞上に存在する分子量 37,000〜35,000 の抗原. 297 個のアミノ酸残基をもち三つの疎水性領域をもつ. 遺伝子座は第 11 染色体の長腕 12-13 領域. プレ B 細胞から $\mu^+$, $\mu^+\delta^+$ さらに活性 B 細胞に表現されており形質細胞\*へ分化する直前で消失する．機能としては B 細胞の活性化の調節と, イオン輸送への関与が示唆されている．

**CD25**(抗原)［CD25 (antigen)］　活性化 T 細胞\*と反応する抗体として作製された抗 Tac 抗体の認識する Tac 抗原(Tac antigen)のこと．インターロイキン 2 (IL-2)受容体\* α 鎖(interleukin 2 receptor α chain)ともいう. 251 個のアミノ酸より成る分子量 55,000, 等電点 4.2〜4.7 の糖タンパク質で, 単独では低親和性の, また β, γ 鎖とともに高親和性の IL-2 受容体を形成する．細胞膜貫通部および細胞質内部分を欠如した可溶型も存在し, その血清値の測定は種々の疾患の診断に有用である．

**CD23**(抗原)［CD23 (antigen)］　低親和性 IgE 受容体(low affinity receptor for IgE)ともいう．B 細胞の活

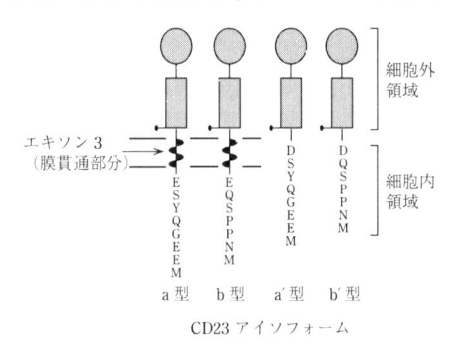

性化抗原で, IgE の Fc 部分に対する低親和性受容体(Fcε 受容体 II 型 Fcε receptor II, FcεRII). 321 個のアミノ酸から成る約 45 kDa の一本鎖糖タンパク質で, 細胞外領域のみをもつ可溶型分子としても存在する．免疫グロブリンスーパーファミリーに属さず, N 末端を細胞内, C 末端を細胞外にもつ II 型膜タンパク質．細胞外にレクチン様の配列をもち, CR2/CD21 とも結合することから, 細胞接着\*への関与もある．図に示すように細胞内領域が異なる二つのアイソフォームが存在し, さらに膜貫通部分を欠失した mRNA の存在も明らかにされている．

**CD28**(抗原)［CD28 (antigen)］　免疫グロブリンスーパーファミリー\*に属する 44 kDa のホモ二量体より成る T 細胞表面抗原. CTLA-4(cytolytic T lymphocyte associated antigen-4)は CD28 と高い相同性および機能的類似性をもつ. CD28 および CTLA-4 のリガンドとして CD80(B7, B7-1), CD86(B70, B7-2)が同定されている. CD28 を介した副刺激シグナルは T 細胞受容体からの T 細胞活性化を増強し, T 細胞は抗原特異的不応答を免れる．

**CD294**(抗原)［CD294 (antigen)］　＝CRTH2(クルスツー)

**CD227**(抗原)［CD227 (antigen)］　＝MUC-1

**CD8**(抗原)［CD8 (antigen)］　古くからキラー T 細胞\*ならびにサプレッサー T 細胞\*のマーカーとして知られている細胞表面抗原．ヒトでは T8 抗原(T8 antigen), Leu2 抗原(Leu2 antigen)(どちらも CD8α 鎖に相当), マウスでは Lyt-2 抗原(Lyt-2 antigen, CD8α 鎖に相当), Lyt-3 抗原(Lyt-3 antigen, CD8β 鎖に相当)などとよばれている．現在ではヒト, ラット, マウスで CD8 が α 鎖および β 鎖のヘテロ二量体より構成されており, クラス I MHC 拘束性 T 細胞上に発現して, 抗原提示している MHC クラス I 分子\*の定常領域($\alpha_3$ ドメイン)に結合することにより T 細胞受容体の抗原認識を補助する補助受容体としての機能をもつことが明らかにされている．また CD8 は胸腺細胞にも発現されていて, 胸腺内における T 細胞の正の選択にも重要な役割を果たしている．CD8α 鎖, β 鎖はヒト, マウスともにそれぞれ同一染色体上に連鎖して存在する独立した遺伝子によってコードされている. α 鎖は免疫グロブリン可変領域(V 領域)様の構造を, β 鎖は V ならびに J 領域様の構造をもつ免疫グロブリン遺伝子\*スーパーファミリーのメンバーである．

**CD89**(抗原)［CD89 (antigen)］　＝Fcα 受容体 I 型

**GT 反復配列**［GT repeat］　⇌マイクロサテライト DNA

**CTP**［CTP＝cytidine 5′-triphosphate］　＝シチジン 5′-三リン酸

**cTP**［cTP＝chloroplast transit peptide］　葉緑体移行シグナルの略称.(⇌トランジットペプチド)

**CDP**［CDP＝cytidine 5′-diphosphate］　＝シチジン 5′-二リン酸

**GTP**［GTP＝guanosine 5′-triphosphate］　＝グアノシン 5′-三リン酸

**γ-GTP**［γ-GTP＝γ-glutamyl transpeptidase］　γ-グルタミルトランスペプチダーゼの略.(⇌γ-グルタミルトランスフェラーゼ)

**GTP アーゼ**［GTPase］　グアノシントリホスファ

CD23 アイソフォーム

ターゼ（guanosine triphosphatase），グアニルピロホスファターゼ（guanyl pyrophosphatase）ともいう．GTP（グアノシン5′-三リン酸*）のγ位のリン酸を加水分解してGDP（グアノシン5′-二リン酸*）と無機リン酸（Pi）を生成する反応を触媒する酵素で，その活性発現には$Mg^{2+}$などの2価陽イオンを必要とする．本酵素は広く生物一般に多種類存在するが，機能のうえで重要なものはGTP結合タンパク質*分子に存在する活性である．GTP結合タンパク質はGTP結合型とGDP結合型の二つのコンホメーションをとるが，一般にシグナル伝達経路の下流の標的分子に対して活性を示すGTP結合型から不活性なGDP結合型への転換（消灯反応）は，タンパク質分子に内在する本酵素の活性によって行われる．がん遺伝子産物のRasに対するGTPアーゼ活性化タンパク質*（GAP）のように，GTP結合タンパク質と相互作用するタンパク質によって，GTPアーゼ活性が促進される場合が知られている．

**GTPアーゼ活性化タンパク質**［GTPase activating protein］　GAPと略記する．GTP結合タンパク質*のもつ内在性のGTP加水分解活性を促進するタンパク質因子．最初にrasがん遺伝子産物であるRas*タンパク質に作用する因子が見いだされたが，現在では類似の低分子量GTP結合タンパク質であるR-Ras，Rap*，Rho*，Rac*，Rabなどに対しても，それぞれ特異的に作用するGAPの存在が知られている．これまでに哺乳動物のRasに作用するGAPとしては，最初に同定されたp120GAPのほか，ヒトの神経繊維腫症1型*の原因遺伝子として同定されたNF1遺伝子産物ニューロフィブロミン，脳において活性の高いGAP1m（p100GAP），の3種類が知られている．これらのGAPはいずれも活性型であるGTP結合型のRasに作用しこれを不活性型のGDP結合型に変換することから，Rasによる細胞の増殖，分化のシグナル伝達系に対して負の制御機能をもつと考えられている．またGAPがRasの標的分子としてシグナルの伝達を直接担う分子である可能性も示唆されている．

**GTP結合タンパク質**［GTP-binding protein］　グアノシン5′-三リン酸*（GTP）およびグアノシン5′-二リン酸（GDP）と特異的に結合し，また結合したGTPをGDPと無機リン酸Piに加水分解する活性をもつ一群のタンパク質の総称．この中には，1)タンパク質生合成系において機能する開始，伸長因子，2)ホルモン，神経伝達物質などの細胞内シグナル伝達系に関与するGタンパク質*，3)細胞増殖，分化のシグナル伝達に働くrasがん遺伝子産物であるRas，細胞骨格系の動的制御に関与するRho/Rac，細胞内の細胞小器官輸送，物質輸送，分泌に働くRab，などを含む分子量2万～3万の低分子量GTP結合タンパク質*，4)微小管の構成成分であるチューブリン*，など多岐にわたる生体反応の制御分子が含まれる．チューブリンを除くすべてのGTP結合タンパク質においては，アミノ酸配列上の相同性あるいは高次構造上の類似性が認められる．また機能の点でも，GTP結合型とGDP結合型という2種類の異なるコンホメーションをとることによって，他の生体高分子に対する反応性が質的にまた可逆的に転換されるという共通の性質をもっている．

**GDP-GTP交換因子**［GDP-GTP exchange factor］　GEFと略記する．GTP結合タンパク質*に結合したグアノシン5′-二リン酸（GDP）をグアノシン5′-三リン酸*（GTP）に交換する反応を促進する因子．交換反応の律速段階であるGTP結合タンパク質からのGDPの解離を促進することから，グアニンヌクレオチド解離因子（guanine nucleotide-releasing factor，GRF，あるいはguanine nucleotide dissociation stimulator，GDS）ともよばれる．GEFはGTP結合タンパク質に対してGDP結合型からGTP結合型への変換を促進するという共通した性質をもっているが，個々の分子はその構造，生理機能の点で大きく異なっている．大腸菌のタンパク質生合成系で働く伸長因子においては，EF-Ts*がGEFとして作用する．シグナル伝達系において機能するGタンパク質*の場合，ホルモン，神経伝達物質などの受容体がGEFとして機能する．rasがん遺伝子産物であるRas*タンパク質に代表される低分子量GTP結合タンパク質*の場合にも多種類のGEFの存在が知られており，Rasに対して作用するCDC25，SOS*，K-Ras，Rap*やRho*などに広く作用するSmgGDS，Ralに特異的なRal-GDS，Rab*ファミリーのタンパク質に作用するMss4，酵母のRhoに対するBem1などがそのなかに含まれる．またヌクレオチド交換反応に対して抑制的に働くグアニンヌクレオチド解離抑制因子（guanine nucleotide dissociation inhibitor，GDI）の存在も知られている．

**CD102（抗原）**［CD102 (antigen)］　＝細胞間接着分子2

**CD分類**［CD classification］　白血球*の細胞表面抗原の国際的分類法．CDはcluster of differentiationの略．2007年現在CD1～CD350まで存在する．この分類は血液細胞の機能的亜群や細胞系譜・分化成熟段階を規定するうえできわめて有用であり，複数の名前をもつ種々の分化抗原*を分子レベルで規定するためのコード番号となっている．それぞれのCD番号は，ヒト白血球分化抗原に関する国際ワークショップ（Human Leucocyte Differentiation Antigens, HLDA Workshop. 2006年以降はHuman Cell Differentiation Molecules, HCDM）において定義される．CD番号はワークショップで決定された順につけられ，番号には特別な意味はない．その他，詳細はhttp://www.hlda8.org/に掲載されている．

**CD4（抗原）**［CD4 (antigen)］　ヘルパー機能をもつT細胞（⇌ヘルパーT細胞）の細胞膜糖タンパク質（55 kDa）の一つ．4個の免疫グロブリン可変領域様のドメインをもち，短い細胞内ドメインはsrcファミリーに属するLck*と結合している．T細胞の分化，機能発現に重要な役割を果たす．T細胞受容体*がMHCクラスII上のペプチドを認識する際にMHC抗

原と結合し，補助受容体として作用し，抗原結合能を安定化する．ヒト免疫不全ウイルス*の外膜糖タンパク質(gp120)とはV1を介して結合し，本ウイルスの第一の細胞側受容体であることも知られた．

**CD41/CD61**［CD41/CD61］ ＝血小板膜糖タンパク質IIb-IIIa

**CD40(抗原)**［CD40 (antigen)］ 47～50 kDaの膜糖タンパク質で，TNF(腫瘍壊死因子*)/NGF(神経成長因子*)受容体ファミリーの一つ．B細胞，単球，樹状細胞，上皮細胞，一部がん細胞などに発現する．活性化ヘルパーT細胞に表出する膜タンパク質であるCD40リガンド(CD40L)と結合する．CD40からの刺激は，各種サイトカインと協調して，B細胞の分化・増殖，抗体産生，クラススイッチ*誘導を促したり，アポトーシス*を抑制する．

**CD45(抗原)**［CD45 (antigen)］ 白血球共通抗原(leukocyte common antigen, common leukocyte antigen)，Ly-5抗原(Ly-5 antigen)ともいう．CD45は造血系細胞の主要膜糖タンパク質で，細胞内にチロシンホスファターゼ*ドメインをもつ180～220 kDaの単鎖受容体型分子．細胞外ドメイン遺伝子には3個のオルタナティブエキソンがあり，そのスプライシングにより8個の異なるアイソフォームが形成される(⇒選択的スプライシング)．それぞれのオルタナティブエキソンの発現は，CD4およびCD8陽性T細胞を機能的なサブセットに分画するマーカーとなる．CD45の発現はT細胞においてはCD3*を介したシグナル伝達に必要であり，細胞内のチロシンホスファターゼドメインによって，Lck*あるいはFynなどのチロシンキナーゼの脱リン酸を通じて，これらのチロシンキナーゼを活性化すると考えられている．

**CD43(抗原)**［CD43 (antigen)］ シアロホリン(sialophorin)，ロイコシアリン(leukosialin)ともいう．CD43分子は糖鎖，特にO結合型糖鎖に著しく富む細胞膜単鎖糖タンパク質である．リンパ球や顆粒球に多く分布するが，細胞の種類や活性化の有無で糖の組成や量が違う113～150 kDaの多くのアイソフォームが存在する．ペプチド領域は共通して235アミノ酸の細胞外，23アミノ酸の膜貫通，123アミノ酸の細胞内ドメインから成る．CD43は免疫機能と密接に関連した分子で，その発現異常が免疫不全症である一部のウィスコット・アルドリッチ症候群*にみられる．CD43はシアル酸に富む糖鎖によって，細胞間の接着に負の影響を与えることにより細胞間接着を調節する可能性がある．

**CD40受容体結合因子**［CD40 receptor-associated factor］ CRAFと略す．(⇒TRAF)

**CD48(抗原)**［CD48 (antigen)］ 休止期B細胞にEBウイルス*を感染させ，トランスフォームさせた時に発現増強する細胞膜タンパク質の一種．活性化B細胞のみならず，T細胞，マクロファージなどの血球細胞にも発現する分子量約5万の糖タンパク質Blast-1とCD48は同一分子である．CD48は細胞外に二つの免疫グロブリン様ドメインをもつ免疫グロブリンスーパーファミリー*に属する分子であり，T細胞に発現しているCD2と結合し，細胞接着分子*として機能する．

**CD44(抗原)**［CD44 (antigen)］ Pgp-1，ヘルメス抗原(Hermes antigen)ともいう．細胞接着機能をもつI型膜貫通糖タンパク質の一つ．細胞外領域のN末端にはリンクタンパク質と相同性をもつ領域が存在し，ヒアルロン酸*に結合する．この領域はまた，造血系細胞の顆粒に存在するプロテオグリカンの一つ，セルグリシン(serglycin)にも結合する．選択的スプライシング*によってさまざまなアイソフォームがつくり出され，85～90 kDaの標準型CD44(血液細胞に発現)，200 kDaの上皮型CD44(上皮細胞に発現)，さまざまな分子サイズを示す変異型CD44(がん細胞に発現)などがある．

**CD69(抗原)**［CD69 (antigen)］ 白血球，血小板上のシグナル伝達分子．II型の膜貫通タンパク質でCタイプレクチン構造をもつ，ナチュラルキラー遺伝子複合体ファミリーの分子．コアタンパク質は同一で糖鎖修飾の異なる28 kDaと32 kDaの分子がジスルフィド結合した形をとる．胸腺細胞の一部，単球，血小板には恒常的に発現．リンパ球，ナチュラルキラー細胞*，好中球では，刺激により急速に発現．CD69抗体の刺激で，Gタンパク質*依存的にホスホリパーゼ$A_2$*が活性化し，リンパ球では12-O-テトラデカノイルホルボール13-アセテート*存在下で増殖が誘導される．リガンドは不明．

**CD62(抗原)**［CD62 (antigen)］ ＝P-セレクチン
**CD64(抗原)**［CD64 (antigen)］ ＝Fcγ受容体I型
**ジデオキシ法**［dideoxy method］ ⇒DNA塩基配列決定法

**ジデオキシリボヌクレオシド三リン酸**［dideoxyribonucleoside triphosphate］ ddNTPと略す．通常2′,3′-ジデオキシリボヌクレオシド 5′-三リン酸をさす．DNAポリメラーゼの基質類似体の一種．試験管

$$-O-\overset{O^-}{\underset{O^-}{P}}-O-\overset{O^-}{\underset{O^-}{P}}-O-\overset{O^-}{\underset{O^-}{P}}-O-CH_2 \cdots B$$

B: アデニン，グアニン，シトシン，チミンなど

内でのDNA合成反応においてジデオキシリボヌクレオシド一リン酸の部分がDNAに取込まれるが，3′位にヒドロキシ基がないためつぎのヌクレオチド重合が起こらず，したがってチェーンターミネーターとして働く．サンガー法に基づくDNAの塩基配列決定に利用されている．(⇒DNA塩基配列決定法)

**シデロフィリン**［siderophilin］ ＝トランスフェリン

**自動DNAシークエンサー**［automated DNA sequencer］ ⇒DNA塩基配列決定法

**シトクロム**［cytochrome］ チトクロムともいう．シトクロムとはその活性部位にヘム鉄をもち，そ

の鉄原子価の可逆的変換 $Fe^{2+} \rightleftarrows Fe^{3+} + e^-$ によって電子伝達を行う一群のヘムタンパク質をいう．1876年，H. C. Sorby がカタツムリの腸に酸化還元を繰返すことのできるヘモクロム様の吸収スペクトルをもつ物質が存在することを初めて報告，その約 10 年後，C. A. MacMunn が哺乳動物の脱酸素した筋肉内に，605, 560, 550, 520～530 nm に 4 本の吸収帯をもつヘモグロビンやミオグロビンとは異なる物質を発見しミオヘマチンと命名した．1939 年に，D. Keilin がウシの心筋を還元して同様の吸収帯を見いだしたが，これは MacMunn がいうような単一な物質が示すのではなく，タンパク質に結合した 2 種以上の物質が示すスペクトルであり，しかもそれらは細胞の呼吸に関与する物質であることを示した．その後，Keilin は好気性，嫌気性生物を問わずほぼ生物全般にこのスペクトルを観察し，細胞呼吸に関与する色素という意味でシトクロム (cytochrome) と命名した．シトクロムの還元型は，400 nm 付近のソーレー (Soret) 帯 (γ 帯ともいう) とともに 500～600 nm に二つの吸収帯 (長波長側から α, β 帯という) を示すが，その特徴的な 帯スペクトルにより $a$ (600～605 nm), $b$ (560～564 nm), $c_1$ (552～554 nm), $c$ (540～550 nm), $d$ (620～630 nm), $o$ (557～567 nm) などと分類される．高等生物のミトコンドリア内膜にはシトクロム $b$, $c_1$, $c$, $a_3$ などが存在し，シトクロム供与体からの電子を酸素に渡す電子伝達系*（呼吸鎖ともよばれる）を構成する．この間，電子伝達と共役して酸化的リン酸化*が起こり，生体のエネルギー源となる ATP が生成される．葉緑体のチラコイド膜やラン藻の光合成膜で行われる光合成*過程に必要な電子を供給する電子伝達系を構成するものにシトクロム $b_{559}$ や $b_{563}$ がある．この電子伝達系は水から電子を奪って酸素を発生させ NADP$^+$ にまで電子を運ぶ．光合成においても電子伝達に伴って光リン酸化が起こり，ATP が生成される．その他，シトクロム $c$ オキシダーゼ*や，シトクロム P450*など，シトクロムという名を冠したヘムタンパク質がある．しかしこれらは，酸素の水への還元や有機基質の酸化を触媒する酵素である点が，電子の授受のみを行う上述のシトクロムとは異なっている．

**シトクロム $aa_3$** [cytochrome $aa_3$] ＝シトクロム $c$ オキシダーゼ

**シトクロムオキシダーゼ** [cytochrome oxidase] ＝シトクロム $c$ オキシダーゼ

**シトクロム $c$ オキシダーゼ** [cytochrome $c$ oxidase] シトクロムオキシダーゼ (cytochrome oxidase)，シトクロム $aa_3$ (cytochrome $aa_3$) などともよばれる．EC 1.9.3.1. 原核生物の酵素は原形質膜に，真核生物の場合はミトコンドリア内膜に存在する電子伝達系の末端酸化酵素．前者は 2～4 個，後者は 7～13 個のサブユニット（分子量は 16 万～20 万）から成り，多くの場合，分子内に 2 分子のヘムと 3 原子の銅をもつ．ウシ心筋ミトコンドリアおよび脱窒菌 *P. denitrificans* から本酵素が結晶化されて，それぞれの分子構造が解析されている．どちらの場合も酵素は，サブユニットⅡに結合した還元型シトクロム $c$ からの電子を，同じサブユニットに存在する $Cu_A$ 部位（2 原子の銅から成る），ついでサブユニットⅠに存在するヘム a へ，そして，1 分子のヘム $a_3$（酸素や CO, シアン化物などと結合しうるヘム a につけられた名称）と 1 原子の銅 ($Cu_B$) から成る二核中心へと伝達すると考えられている．そして，酵素は最終的に，ヘム $a_3$ に配位した酸素 1 分子を 4 電子還元して水 2 分子を生成する．この際，ミトコンドリア内膜の内側から膜間腔へプロトンを輸送する（プロトンポンプ*）．生体はこの結果生じる膜内外のプロトン濃度勾配を利用して，ADP と無機リンから ATP を合成する．したがって好気性生物にとっては必須不可欠な酵素である．なお，大腸菌は，ヘム a および $a_3$ の代わりにヘム b およびヘム o をもち，膜結合性のユビキノールを直接の電子供与体とする末端酸化酵素をもつ．活性は CO, アジ化物，シアン化物などにより阻害される．

**シトクロム P450** [cytochrome P450] チトクロム P450, あるいは単に P450 という．還元型一酸化炭素 (CO) を結合させた時に 450 nm 付近に特異的な吸収帯（ソーレー帯）を示すプロトヘム IX 含有タンパク質の総称．1958 年，M. Klingenberg と D. Garfinkel が別々に，肝臓のミクロソーム画分にこのスペクトルを示す物質があることを報告したが，その本態は不明であった．タンパク質によるスペクトルであることを証明したのは大村恒雄，佐藤 了である (1962 年)．彼らはこれを 450 nm に吸収極大を示す色素 (pigment) という意味で P450 と命名した．ヘモグロビンやミオグロビンなどのヘムタンパク質は第 5 配位子がヒスチジン残基であるが，P450 ではシステイン残基の SH 基が S$^-$ にイオン化してヘム鉄に配位しており，これが通常のヘムタンパク質にはみられない CO 結合型スペクトルを示す原因と考えられている．動物・植物から，細菌，酵母に至るまで広く生物界に存在しているが，一部の細菌，菌類の可溶性 P450 を除き，細胞内のミトコンドリア内膜，あるいはミクロソームに局在している．生理活性脂質であるコレステロール，ステロイドホルモン，胆汁酸，活性型ビタミン D の生合成，ヘム，脂肪酸やエイコサノイドの代謝，そして薬物を含む外来化学物質の代謝などに関与している．外来化学物質の多くは P450 の触媒反応によって無毒化されるが，アレーン類やアリールアミン類などある種のものは反応によって発がん性が生じたり増大したりする．各反応系において P450 はいずれも NAD(P)H からの 2 個の電子と分子状酸素を利用して基質のヒドロキシ化や脱アルキルまたはジオール間の開裂反応などを触媒する（一原子酸素添加反応）．これらの反応には P450 に電子を供給する還元系が必要であり，これには大別して 2 種類ある．一つは，真核生物のミトコンドリアや細菌に存在する還元系であり，FAD を活性中心にもつフラビンタンパク質 (NADPH または NADH-P450 レダクターゼ) と鉄-硫黄タンパク質（副腎の P450 系の場合にはアドレノドキシン，*Pseudomonas putida* の P450 系の場合にはプチダレド

キシンなどという）から成る．他の一つはミクロソーム系に存在する還元系で，FADとFMN各1分子を活性中心にもつNADPH-P450レダクターゼがこれに相当する．ミクロソームに存在するP450の中にはその還元にさらにシトクロム$b_5$を要求するものもある．なお，*Bacillus megaterium* の脂肪酸のヒドロキシ化に関与するシトクロム$P450_{BM3}$ は，同一分子内にP450とその還元酵素を合わせもつ天然の融合酵素として知られている．現在までに400余種にものぼるP450が確認されているが，近年の分子生物学の進歩に伴いこれらP450のほとんどのcDNAならびに遺伝子構造が解明されている．一次構造の比較ではほとんどのP450は460〜540個のアミノ酸残基から成る，これらP450は超伝子族（スーパーファミリー）を形成し，約35億年前，共通の祖先から分かれて，おのおの進化してきたものと考えられている．最近その生理的役割が注目されているNOシンターゼ*も，COと結合するとソーレー帯の吸収極大を450 nmに与えるチオレートに配位したヘムIXを含んでいる．この酵素は，同一分子内にP450還元酵素を合わせもっており，一原子素添加反応によってアルギニンからNOを生成する．したがってこれもP450の一種である．しかし，通常のP450の一次構造とはその相同性が低いため，P450スーパーファミリーからは除外して考えている．薬物代謝に関与するP450の多くは薬物で誘導される．また，ステロイドホルモン産生異常症の多くはそのホルモン産生に特異的なP450の遺伝子欠損であることが知られている．

**シトシン**［cytosine］＝4-アミノ-2-オキソピリミジン（4-amino-2-oxopyrimidine）．$C_4H_5N_3O$，分子量111.10．核酸の構成成分となるピリミジン*塩基．Cytと略記．DNAおよびRNA中においてグアニン*と3個の水素結合を介し結合する．pH 7では267 nmに紫外線吸収の極大波長をもつ．また，亜硝酸あるいは亜硫酸の作用により，脱アミノされウラシル*となる．生体内においては，核酸合成のための前駆体とはならず，分解経路を経て排泄される．

**シトシンアラビノシド**［cytosine arabinoside］＝1-β-D-アラビノフラノシルシトシン（1-β-D-arabinofuranosylcytosine）．スポンゴシチジン（spongocytidine）ともいう．araCと略記する．$C_9H_{13}N_3O_5$，分子量243.22．生体内ではデオキシシチジンキナーゼ*によりaraCMPとなり，araCTPまでリン酸化され，DNAポリメラーゼ反応を阻害して細胞増殖を停止させる．哺乳類DNAポリメラーゼ反応においてはdCTPの取込みを拮抗的に阻害し，かつ低い確率で取込まれる．大腸菌DNAポリメラーゼIによってDNAの末端に取込まれ反応を停止する．制がん剤*として，急性骨髄性白血病*の治療などに用いられる．

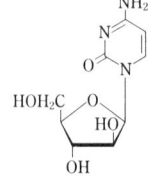

**シトシンヌクレオシドデアミナーゼ**［cytosine nucleoside deaminase］＝シチジンデアミナーゼ

**シトゾル** ＝サイトゾル

**ジドブジン**［zidovudine］＝アジドチミジン

**シトルリン血症**［citrullinemia］ シトルリン尿症（citrullinuria），アルギニノコハク酸シンターゼ欠損症（argininosuccinate synthase deficiency）ともいう．常染色体劣性遺伝形式をとる先天性尿素回路異常症*の一つ．尿素回路を構成する第3番目の酵素であるアルギニノコハク酸シンターゼの機能障害に基づく．小児期発症のI型・III型と成人期発症のII型に大別され，後者は日本人に多い．I型・III型の責任遺伝子は第9染色体長腕に位置するアルギニノコハク酸シンターゼ遺伝子であるが，II型の責任遺伝子はSLC25A13遺伝子（7q21.3にマップされている）で，Ca結合能をもち，ミトコンドリアに局在するシトリン（citrin）をコードする．疾患変異の遺伝的異質性が目立つ．（⇌アルギニノコハク酸尿症）

**シトルリン尿症**［citrullinuria］＝シトルリン血症

**シナプシン**［synapsin］ 中枢および末梢神経系において，神経終末に特異的に存在する相同性の高い四つのタンパク質Ia, Ib, IIa, IIb各シナプシンの総称．それらは，シナプス小胞*の細胞質表面を覆う形で存在し，細胞骨格を構成する成分と結合する性質をもつ．$Ca^{2+}$-カルモジュリン依存性のキナーゼの基質であり，結合性がそのリン酸化により異なる．このことから，神経終末においてシナプス小胞を細胞骨格につなぎ止めておく役割を果たしており，神経伝達物質の放出調節に関与していると考えられている．

**シナプス**［synapse］ 神経細胞相互の接合部位．通常，ニューロンの軸索終末またはその途中が膨らんでシナプス小頭部となって，その標的のニューロンや筋細胞と接触する時につくる継ぎ目構造をいう．化学シナプス*と電気シナプス（electrical synapse）の2型があり，後者ではシナプス間隙が20 nmである．前者ではシナプス伝達は終末からの化学伝達物質の放出の結果起こり，後者はシナプス前部の活動電流で直接起こるものである．化学シナプスはつぎのような特異な生理的性質を示す．1) 一方向伝達：興奮は一方向にしか伝わらない．この伝達の方向によりシナプス前部とシナプス後部とに分けることができる．2) シナプス遅延：興奮がシナプスを通過するには，神経繊維を伝導するよりはるかに遅い特別の時間を要する．3) 薬物・障害高感受性：薬物や$Ca^{2+}$の欠如などに感受性が特に高い．4) 逆転電位が存在する．また形態学的にはシナプス肥厚，シナプス小胞の集積，20〜50 nm幅のシナプス間隙などによって特徴づけられる．特殊な場合では，樹状突起間，軸索間にシナプスがつくられる場合もある．電気シナプスはギャップ結合*ともよばれ，コネクソン*とよばれる構造で細胞間が結合しており，ここをイオンや低分子量の分子が通過する．したがって1)〜4)のような性質はみられ

ず，時間的に速い応答を示すのが特徴である．成熟哺乳類の中枢神経系ではあまりみられないが，発達期や下等脊椎動物では珍しくない．化学シナプスではインパルスが終末に到達すると，カルシウムイオンの終末内への流入が起こり，これが引き金となって化学反応の連鎖によりシナプス小胞がシナプス前膜に融合し，エキソサイトーシス*により小胞に含まれる化学伝達物質が放出されると考えられている．伝達物質の受容体への結合の結果，シナプス後膜におけるイオンの透過性が変化し，シナプス後膜において脱分極性の興奮性シナプス後電位*（EPSP）または過分極性の抑制性シナプス後電位*（IPSP）が生じる．

**シナプス可塑性**［synaptic plasticity］ 神経可塑性（neural plasticity）ともいう．神経細胞間の接点であるシナプス*の伝達効率あるいはその形状が，シナプス前部，後部あるいは両者の活動によって持続的に変化することをさす．伝達効率の変化には，一定の信号が通ったあとに持続的に増大するシナプス長期増強と減弱するシナプス長期抑圧がある．長期増強*を起こす信号としては高頻度入力や同一神経細胞の複数のシナプスへの同期した連合入力が海馬*や大脳新皮質で知られている．また，長期抑圧を起こす信号としては小脳*では登上線維と平行線維からの連合入力，海馬や新皮質では低頻度連続刺激が見いだされている．一方，シナプスの形状変化には，シナプス前終末からの発芽，シナプス間隙対向面積の増大，シナプス前部の退行などが示唆されている．このようなシナプス可塑性がもつ機能的意義は多岐にわたるが，現在つぎの3点が最も注目を浴びている．1）記憶*・学習*の基礎過程．一定のパターンの信号が通ったあと，あるいは複数の入力が同期して通ったあとにそのシナプスの伝達効率が持続的に変わることは，一種の情報の蓄積と考えられる．特に，臨床的に古くより記憶の座と考えられてきた海馬でシナプス長期増強が最初に見いだされたことからこの考え方が強くなった．2）生後環境への脳機能の適応的変化．生後初期の臨界期とよばれる時期には視覚野皮質*の神経細胞機能は視覚入力に対応して変化することが知られている．またこの生後入力による脳内神経細胞機能の変化の基礎にはシナプス伝達効率の変化やシナプス形状の変化があると考えられている．3）脳の部分損傷後に起こる神経回路機能の変化．脳を部分的に損傷しても損傷部位が一定のサイズ以下であればその部分の機能は代償によって回復してくることが知られている．この脳の機能代償にシナプス可塑性が重要な役割を果たしていると考えられている．シナプス可塑性の基礎にあるメカニズムとして，上述した一定のパターンの信号によって増大する細胞内$Ca^{2+}$濃度，この$Ca^{2+}$によって賦活されるプロテインキナーゼ*，ホスホプロテインホスファターゼ*，逆行性シナプス間メッセンジャー産生系，遺伝子発現系などが注目されている．

**シナプス下膜**［subsynaptic membrane］＝シナプス後膜

**シナプス後細胞**［postsynaptic cell］ シナプス後ニューロン（postsynaptic neuron）ともいう．細胞体の細胞膜上に，他の神経細胞からの軸索先端のシナプスを結合し，神経刺激を受けている細胞で，一般的には神経細胞*をさす．刺激伝達物質をシナプス後膜*にある受容体に結合し，イオンチャネルを開口してイオンの流出入を起こし，その細胞膜電位を変化させる．伝達物質の名称を冠して，（アセチル）コリン受容性細胞，γ-アミノ酪酸（GABA）受容性細胞などと分類される．興奮性伝達物質（アセチルコリンなど）により，チャネルを通じて$Na^+$，$Ca^{2+}$が流入し，膜電位が上昇（脱分極）して興奮性シナプス後電位*を，また抑制性伝達物質（GABAなど）により$Cl^-$を流入させ，膜電位が低下（過分極）し抑制性シナプス後電位*をひき起こし，シナプスを通じる神経刺激を伝達したり中断したりして，脳神経機能を遂行する．また刺激に反応して細胞内で一酸化窒素を合成し，周囲のシナプスに逆向性に拡散させ，それらの機能を制御している．またギャップ結合により電気シナプスに結合する後細胞は，直接刺激を受ける．

**シナプス後電位**［postsynaptic potential］ PSPと略す．シナプス後膜*に発生する電位をいう．神経細胞間の情報の伝達は通常化学シナプス伝達とよばれる機構によってなされる．神経の軸索突起の末端にある神経終末部に興奮が伝わると神経伝達物質*が放出され，シナプス間隙を介してシナプス後膜*にある神経伝達物質受容体に結合する．この結果受容体の立体形態に変化が起こり，受容体と共役しているチャネルのイオン透過性が変わり，これによって生じる電位がシナプス後電位である．（⇌抑制性シナプス後電位，興奮性シナプス後電位）

**シナプス後ニューロン**［postsynaptic neuron］＝シナプス後細胞

**シナプス後膜**［postsynaptic membrane］ シナプス下膜（subsynaptic membrane）ともいう．シナプス間隙に向かうシナプス後細胞*の細胞膜部分で，神経刺激伝達を行う．化学シナプス*では，そのシナプスに特異的な伝達物質の受容体や，同一タイプのイオンチャネルが集中している．伝達物質の分解酵素やアデニル酸シクラーゼ，カルモジュリン，シグナル伝達タンパク質や種々の糖タンパク質を結合する．その細胞質面にアクチンやフォドリンを主体とし，上述のタンパク質を支えるシナプス後濃染物質（シナプス後膜肥厚*）が付着する．

**シナプス後膜肥厚**［postsynaptic density］ PSDと略す．シナプス後細胞のシナプス後膜*にある非常に密度の高い領域で，神経伝達の受容にかかわる多くのタンパク質複合体の集積した部位．一般に30～50 nmの厚さ，200～800 nmの幅（平均300～400 nm）をもつ構造体である．その構成要素は神経伝達物質を受容し神経伝達を担うイオンチャネル*，チロシンキナーゼ受容体，Gタンパク質共役受容体*，シグナル伝達分子，前細胞と物理的接続しシナプス構造を維持する細胞接着分子，それらの機能と構造を維持，調節する核マトリックスタンパク質および細胞骨格関連分子

等から成る．シナプス後膜肥厚の構成は一様ではなく，部位，細胞，発生段階などによって種々あり，その構成タンパク質を変化させることで神経伝達の強さを調節すると考えられている．このような調節機構は記憶学習などの基盤となる神経可塑性を担う分子メカニズムの一つとしても知られている．

**シナプス修飾**［synaptic modification］　シナプス修飾には，シナプス伝達の変化によって生じる促進，周波数増強，長期増強*，長期抑圧などと，シナプス結合の形態学的変化を伴うシナプス結合の可塑性とがある．前者はシナプス活動の結果生じるもので比較的短期間持続するものである．後者は多くの場合，変性などの結果生じる入力の除去によって起こり，異所性投射を生じたり神経細胞上のシナプスの位置の変化を生じたりする．成熟脳でも起こるが発達期の脳において著しい．このようなシナプスの柔軟な性質はシナプス可塑性*ともよばれることがある．

**シナプス終末**［synaptic ending］　＝神経終末

**シナプス小胞**［synaptic vesicle］　神経信号の伝達に神経伝達物質*を必要とする化学シナプス*において，シナプス前終末部にみられる小胞．この小胞には直径 20～60 nm の小型球形，約 30×60 nm の扁平形，80～120 nm の大型球形を示すものがある．この中に伝達物質を含んでいる．その放出は，シナプス前部に興奮性信号が伝わってくる電位依存性カルシウムチャネルの開口によって $Ca^{2+}$ の流入が起こり，小胞膜がシナプス間隙膜に融合し一種のエキソサイトーシス*によって起こるとされている．

**シナプス除去**［synapse elimination］　脊椎動物の脳の発達過程では一時的に過剰な数のシナプス*が形成されたのち，その一部が退化して消失するものと考えられている．これをシナプスの除去という．シナプスの除去は，神経筋接合部*から脳に至るさまざまな部位で起こる．その結果，一部では多重支配の除去が起こるだけであるが，多くの場合誤った結合の除去が行われるとされており，これは細胞死や軸索側枝の退化が関係していると考えられている．(→アポトーシス)

**シナプス前細胞**［presynaptic cell］　シナプス前ニューロン(presynaptic neuron)ともいう．化学的伝達を行う化学シナプス*において，シグナル伝達は通常一方向性であり，情報の流れの上流に位置する細胞をシナプス前細胞，下流に位置する細胞をシナプス後細胞*という．神経回路網において，一つのシナプスのシナプス前細胞は，他のシナプスのシナプス後細胞になりうる．

**シナプス前ニューロン**［presynaptic neuron］　＝シナプス前細胞

**シナプス前膜**［presynaptic membrane］　化学的伝達を行う化学シナプス*において，シナプス前細胞*の膜をシナプス前膜といい，シナプス後細胞*の膜をシナプス後膜という．シナプス前膜は，神経伝達物質*を1ミリ秒足らずの短時間に放出するために特殊に分化したエキソサイトーシス*の機構を備えており，シナプス小胞*が結合してエキソサイトーシスを行う部位は膜内粒子が線状に並んでおり，活性帯*とよばれる．また，融合したシナプス小胞を回収するためのエンドサイトーシス*の機構ももっている．神経刺激が神経終末に達すると，電位依存性 $Ca^{2+}$ チャネル(→カルシウムチャネル)が活性化され，細胞内カルシウム濃度が高まる．これが引き金となってシナプス小胞が活性化領域に結合し，神経伝達物質のエキソサイトーシスが起こると考えられている．

**シナプスボタン**［synaptic button］　＝神経終末

**シナプトソーム**［synaptosome］　神経終末*の膨大部が軸索からちぎれ，直径 1 μm ほどの袋状顆粒となったもの．脳を等張液中で軽くホモジナイズすることによって生じた顆粒を，密度勾配遠心で精製する．シナプス小胞*やミトコンドリア*を内包し，シナプス後膜*が付着している場合も多く，形態的・生化学的に神経終末を反映するモデルとして，伝達物質の代謝やシナプスタンパク質の検索などに用いられる．脳以外にシビレエイ電気器官から純度の高いものが得られる．

**シナプトタグミン**［synaptotagmin］　カルシウムセンサーの一種で，Syt と略す．N 末端側に膜貫通領域を1箇所，C 末端側に $Ca^{2+}$，リン脂質の結合ドメインである C2 ドメインをタンデムにもつタンパク質の総称．神経細胞のシナプス小胞*や神経内分泌細胞の分泌小胞には 65 kDa のシナプトタグミンIが存在し，小胞と細胞膜の融合(エキソサイトーシス*)の際のカルシウムセンサーとして機能すると考えられている．シナプトタグミンIの C2 ドメインには膜融合装置 SNARE 複合体(→SNARE 関連タンパク質)が結合し，膜融合の促進への関与が示唆されている．分泌小胞上にはシナプトタグミン以外にもタンデム C2 ドメインをもち，N 末端側で低分子量 GTP 結合タンパク質 Rab27 を結合する SLP(synaptotagmin-like protein)が存在し，小胞のエキソサイトーシス*過程(特に細胞膜への結合)に関与するとされている．

**シナプトネマ構造**［synaptonemal complex］　シナプトネーム複合体，対合複合体ともいう．減数分裂*前期の接合糸期*から太糸期*にかけてみられる相同染色体が対合*した構造．姉妹染色体の長軸方向に形成される軸構造(アキシアルエレメント，axial element)に由来する二層の側面要素(ラテラルエレメント，lateral element)が中心要素(セントラルエレメント，central element)を挟んで配置した三層構造から成る．クロマチン繊維はループ状に外に向かって分散する．相同染色体を安定に保持する構造であるが，シナプトネマ構造が形成されない菌類があることから，減数分裂組換え*には必ずしも必要ではない．組換え部位の近傍での乗換えを防ぐ干渉現象には必須と考えられる．マウスと酵母でシナプトネマ構造の構成タンパク質が同定されている．パン酵母の中心要素の構成タンパク質 Zip1 はコイルドコイル構造をもち，長軸の長さは約 100 nm と推定され，シナプトネマ構造での側面要素を対合させる機能が想定される．

**シナプトネーム複合体**　＝シナプトネマ構造

**シナプトフィジン**［synaptophysin］ 神経細胞や神経内分泌細胞のシナプス小胞膜に存在している，38 kDa の糖タンパク質．細胞質側の部位は $Ca^{2+}$ 結合能をもつ．一次構造上，4回の膜貫通部位をもつ．単量体は集まって，ホモオリゴマーを形成し，人工膜に組込むと，チャネル様構造を形成する．同様の構造をとった細胞膜タンパク質と共役し，エキソサイトーシス*（開口分泌）に際しての膜融合に関与していると示唆されている．

**シナプトブレビン**［synaptobrevin］ ⇌ VAMP

**C23**［C23］ ＝ヌクレオリン

**CIIタンパク質**［CII protein］ 大腸菌に感染した λ ファージ* が，増殖と溶原化のどちらをとるかの鍵をにぎるタンパク質（⇌ λ リプレッサー［図］）．λcII 遺伝子由来で，97個のアミノ酸から成り，λ のプロモーター $P_E$ と $P_I$ の−35領域にある $TTGCN_6TTGC$ に結合して，cI リプレッサー遺伝子と λ ゲノムの組込みに必要な int 遺伝子の転写をそれぞれ促進する．菌内に CII タンパク質の量が十分あれば溶原化にまわる．CII タンパク質は，菌の Hfl タンパク質，あるいはそれに制御されるタンパク質分解酵素で分解され非常に不安定であるが，CIII タンパク質と複合体をつくると安定化する．Hfl タンパク質が欠損すると λ はほぼ100 ％ 溶原化するようになる．（⇌ 溶原化サイクル）

**ジニトロフェニルハプテン**［dinitrophenyl hapten］ ジニトロフェニル基（図）から成るハプテン* で DNP と略す．

**2,4-ジニトロフェノール**［2,4-dinitrophenol］ DNP と略される．$C_6H_4N_2O_5$，分子量 184.11．膜を通

過するプロトン担体として作用し，ミトコンドリア内膜でのプロトン勾配を解消する．電子伝達系における酸化的リン酸化と ATP 合成反応を切離す（脱共役*）ので，ATP 合成を阻害する脱共役剤として汎用される．

**シヌソイド** ＝類洞

**シネミン**［synemin］ 筋肉細胞や赤血球など一部の細胞において，デスミン* やビメンチン* から成る中間径フィラメント* 同士を架橋する，分子量23万のタンパク質．ただしニワトリ，ウサギ以外の動物種での存在は，現在知られていない．

**子 嚢**（のう） 【1】［ascus,（pl.）asci］ 子嚢菌類* では交配型の異なる2核をもつかぎ形細胞が発達して子嚢を形成する．子嚢内部で2核は DNA 合成後癒合し，減数分裂* を行い，さらに体細胞分裂* を1回行い，通常8個の子嚢胞子（ascospore）を内生する．アカパンカビ* では減数分裂時の染色体の移動方向が子嚢に沿う方向性をもつため，子嚢胞子が減数第一および第二分裂を反映して配列する．

【2】［theca］ コケ植物の胞子嚢のこと．蘚類では朔（さく）というのに対し，苔類のものを子嚢という．

【3】［sporosac］ 刺胞動物ヒドロ虫類の生殖体．

**子嚢菌門**［Ascomycota, Ascomycotina, Ascomycetes］ 本門は，1）古生子嚢菌類（Archiascomycetes），2）子嚢菌酵母（Ascomycetous yeast，＝半子嚢菌類 Hemiascomycetes），3）糸状子嚢菌類（Filamentous ascomycetes，＝真正子嚢菌類 Euascomycetes）の三大系統群より構成される（⇌ 菌類）．3255属，32,267種が含まれる．さらに糸状子嚢菌類は，子嚢果・子嚢の形態から不整子嚢菌類（Plectomycetes），核菌類（Pyrenomycetes），ラブルベニア菌類（Laboulbeniomycetes），盤菌類（Discomycetes），小房子嚢菌類（Loculoascomycetes）に区別される．菌類と藻類の共生関係にある地衣類は，高等菌類のいくつかの主要系統群の中に位置し，分子系統学的研究から，少なくとも五つの独立した起源をもつことが明らかにされている．有性生殖* により子嚢* を生じ，通常八つの子嚢胞子を形成する．出芽酵母 Saccharomyces cerevisiae*，分裂酵母 Schizosaccharomyces pombe* それぞれ半子嚢菌類，古生子嚢菌類に属し，四つの子嚢胞子を生じる．四分子分析* により遺伝解析が行われる．交配型は通常二極性（a, α）などで，性フェロモンの受容体となっている．交配型からの信号は Ras* タンパク質，MAP キナーゼ* を経由することが示唆されている．真正子嚢菌類にはアカパンカビ* が含まれる．交配型は A, a で，子嚢殻（perithecium）の中に多数の子嚢を生じ，八つの子嚢胞子を生じる．四分子分析により遺伝解析が行われる．

**子嚢胞子**［ascospore］ ⇌ 子嚢

**cNOS**［cNOS＝constitutive NO synthase］ 構成型 NO シンターゼの略称．（⇌ 血管内皮型 NO シンターゼ）

**Cバンド**［C band］ 強アルカリやホルムアミドなどの変性剤による処理後，ギムザ染色で出現する染色体バンド*．おもに動原体（centromere）領域に見いだされることからこのようによばれる．通常のクロマチン領域はこのような変性処理によって分散してしまうが，C バンド領域はヘテロクロマチン* であり凝縮状態を保ったままである．また，C バンド領域は，高度に繰返された反復配列を含んでいる場合が多いこともわかっている．

**Gバンド**［G band］ トリプシン，温生理食塩水，熱，アルカリ溶液などで前処理した染色体に対するギムザ染色* により現れる染色体バンド*．この染色法によれば色素は AT 含量の高い DNA に親和性を示すが，その親和性は低いため G バンドの染色は AT 含

量よりむしろ染色体の高次構造によるらしい。キナクリン蛍光色素によって染色されるQバンド*と基本的に一致し，進化上の近縁種では保存される傾向にある．

**C反応性タンパク質**［C-reactive protein］ CRPと略す．肺炎球菌*の細胞壁に存在するC多糖体のホスホコリンと結合する血清タンパク質で，急性期タンパク質*の一種．感染や外傷が引き金となって炎症反応が起こる時その初期に急性期反応が伴う．本タンパク質はヒトにおいてインターロイキン1*や腫瘍壊死因子*によって肝臓で誘導合成される．

**CP**［CP＝cryptopatch］ ＝クリプトパッチ

**GPIアンカー型タンパク質**［GPI-anchored protein］ グリコシルホスファチジルイノシトールアンカー型タンパク質（glycosylphosphatidylinositol-anchored protein），ホスファチジルイノシトールアンカー型タンパク質（phosphatidylinositol-anchored protein），PIアンカー型タンパク質（PI-anchored protein）ともいう．特殊な糖脂質を介して細胞膜面につながれているタンパク質群．膜へはホスファチジルイノシトール*でつなぎとめられ，それにグルコサミン，マンノース3分子，エタノールアミンが順に結合し，さらにタンパク質分子が結合した共通構造をとっている（図）．広く真核細胞に存在し，細胞膜のアルカリホスファターゼ*など100種以上の膜タンパク質が知られている．タンパク質アンカーとこの結合との機能的な違いはなお明らかではないが，膜上での流動性の速さなどに注目されている．（⇒ *PIG-A* 遺伝子）

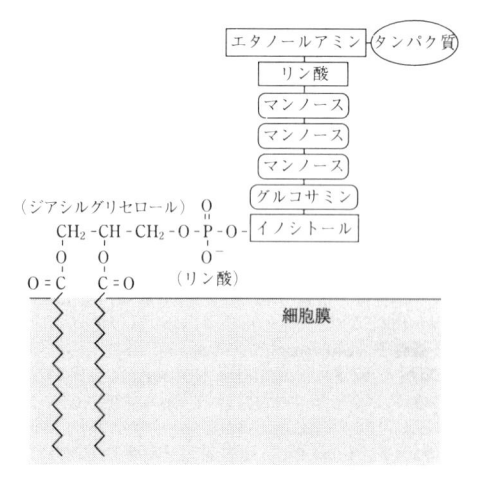

**CPSF**［CPSF＝cleavage/polyadenylation specificity factor］ 切断/ポリアデニル酸化特異的因子の略号．（⇒ ポリアデニル酸）

**Cbl**［Cbl＝cobalamin］ コバラミンの略号．（⇒ ビタミン $B_{12}$）

**cPLA₂**［cPLA₂＝cytosolic phospholipase $A_2$］ ＝細胞質ホスホリパーゼ $A_2$

**CBC**［CBC＝cap binding complex］ キャップ構造結合タンパク質複合体の略号．（⇒ キャップ結合タンパク質）

**CpG島**［CpG island］ ＝CG島

**CpG配列**［CpG sequence］ 脊椎動物においてDNAのメチル化*はシトシン，グアニンと並んだ配列中のシトシンに限定される．この配列をCpG配列という．CpG配列はDNA二重らせんの相補鎖において同じ配列と塩基対を形成するが，一方のCpG配列中のシトシンがメチル化されている場合，相補鎖側のシトシンもメチル基依存メチラーゼによりメチル化される．CpG配列はゲノム中に不均一に存在しており，この配列に富む領域をCG島*とよんでいる．（⇒ DNAメチラーゼ）

**5,6-ジヒドロウリジン**［5,6-dihydrouridine］ $C_9H_{14}N_2O_6$．分子量246.22．Dと略記する．転移RNA*に含まれる修飾ヌクレオシドの一つで，多くのtRNA分子種のDループ中（おもに16位，17位，および20位）に見いだされる（⇒ Dアーム）．ウリジン残基のウラシル環の5位，6位間の二重結合が還元されて生成する．このために，ピリミジン環に特徴的な260nm付近の吸収極大をもっていない．また，塩基対形成や塩基間スタッキング相互作用は行わない．

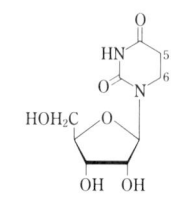

**ジヒドロウリジンアーム**［dihydrouridine arm］ ＝Dアーム

**7,8-ジヒドロ-8-オキソグアニン**［7,8-dihydro-8-oxoguanine］ 8-oxoG，8-OGと略す．DNA中やデオキシヌクレオチドプール中のグアニン塩基と活性酸素*種との反応で生成する酸化損傷塩基の一種である．化学的には比較的安定でありDNAの酸化損傷マーカーの一つとして使用されている．8-oxoGは複製過程でアデニン塩基とミスマッチ塩基対を形成し，GC→TAトランスバージョンをひき起こし強力な突然変異原性を示す．生理的条件下では，8位がヒドロキシ形(-OH)よりもむしろ，オキソ形(=O)互変異生体が優先し，シン形のグリコシル結合まわりの立体配座をとることでアデニン塩基と水素結合する（図）．8-oxoGをはじめとする酸化損傷塩基の細胞への蓄積と，発がん，老化や神経疾患との関連が議論されている．

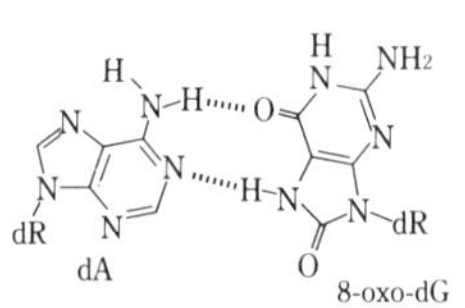

**ジヒドロオロト酸デヒドロゲナーゼ**［dihydroorotic acid dehydrogenase］ EC 1.3.3.1．生体内でのピリミジン*ヌクレオチドの生合成経路において，ジヒドロオロト酸を酸化してオロト酸*を生じる反応を触媒する酵素．$NAD^+$を補酵素として，ジヒドロオロト酸

の5位や6位の炭素原子から水素を引抜き，二重結合を形成させる．活性の発現に，$Mg^{2+}$，システインを必要とする．ミトコンドリアにこの酵素が存在することが知られている．

**24,25-ジヒドロキシコレカルシフェロール** [24,25-dihydroxycholecalciferol] ＝24,25-ジヒドロキシビタミン $D_3$(24,25-dihydroxyvitamin $D_3$)．24,25(OH)$_2D_3$と略記される．ビタミン $D_3$ の24位ならびに25位がヒドロキシ化された代謝産物で，1972年M. F. Holickらによって同定された．$C_{27}H_{44}O_3$，分子量416.64．エタノール中における吸収極大を示す波長は265 nm，吸収極小を示す波長は228 nmである．$1\alpha,25(OH)_2D_3$ によって特異的に誘導される24-ヒドロキシラーゼによって $25(OH)D_3$ から合成される．$25(OH)D_3$ についで血液中に多量に存在する．血漿レベルは約2 ng/mLであり，ビタミン$D^*$の投与量が増えると増加する．24,25(OH)$_2D_3$ の生理作用については明らかでないが，一般には不活性代謝物と考えられている．

**24,25-ジヒドロキシビタミン $D_3$** [24,25-dihydroxyvitamin $D_3$] ＝24,25-ジヒドロキシコレカルシフェロール

**3,4-ジヒドロキシフェニルアラニン** [3,4-dihydroxyphenylalanine] ＝ドーパ

**3,4-ジヒドロキシフェニルエチルアミン** [3,4-dihydroxyphenylethylamine] ＝ドーパミン

**1,2-ジヒドロキシベンゼン** [1,2-dihydroxybenzene] ＝カテコール

**ジヒドロスフィンゴシン** [dihydrosphingosine] ＝スフィンガニン(sphinganine)．$C_{18}H_{39}NO_2$，分子量301.51．融点60～61℃．炭素数18，飽和の長鎖アミノアルコールで，(2$S$,3$R$)-2-アミノ-1,3-オクタデカンジオールをさす．セリンとパルミトイル CoA から合成される3-ケトジヒドロスフィンゴシン(KDS)がKDS還元酵素によって還元されてジヒドロスフィンゴシンとなる．ジヒドロセラミドの前駆体である．分解経路では，ジヒドロスフィンゴシン1-リン酸に変換後，リアーゼ反応でホスホエタノールアミンとヘキサデカナールとなる．スフィンゴ脂質の構成成分でもあるが，スフィンゴシンより含有量は少ない．

$CH_3(CH_2)_{14}CH\text{-}CHCH_2OH$
        $OH\ NH_2$

**ジヒドロスフィンゴシン-1-リン酸アルドラーゼ** [dihydrosphingosine-1-phosphate aldolase] ＝スフィンゴシン-1-リン酸アルドラーゼ

**ジヒドロピリジン受容体** [dihydropyridine receptor] ジヒドロピリジン系血管拡張薬に高親和性を示す膜タンパク質をいう．のちにL型カルシウムチャネル*と同一タンパク質であると確認された．ジヒドロピリジン受容体は，筋細胞のみならず，神経細胞や分泌細胞などにも広く分布する．骨格筋型，心筋・平滑筋型，神経型の少なくとも3種のサブタイプに分類され，各サブタイプをコードする遺伝子も異なる．骨格筋のジヒドロピリジン受容体は，横行小管系の膜に高密度に分布し，筋小胞体*終末槽の膜にあるリアノジン受容体*と結合していわゆる三つ組を形成し(→筋小胞体[図])，興奮収縮連関*を担っていると考えられている．なお，多剤耐性腫瘍細胞(→多剤耐性遺伝子*)の薬剤排出ポンプ(P糖タンパク質)もジヒドロピリジン結合性を示すが，混同を避けるためジヒドロピリジン受容体とはよばない．

**ジヒドロ葉酸レダクターゼ** [dihydrofolate reductase] DHFRと略される．ジヒドロ葉酸還元酵素，テトラヒドロ葉酸デヒドロゲナーゼ(tetrahydrofolate dehydrogenase)ともいう．核酸の *de novo* 合成に必要な還元酵素．EC 1.5.1.3．分子量23,000．最適pH 4および7.4．NADPHを電子供与体として，ジヒドロ葉酸のテトラヒドロ葉酸への還元および葉酸のジヒドロ葉酸への還元を触媒する．動物細胞ではDNA合成の材料となるプリンヌクレオチドおよびピリミジンヌクレオチドの生合成は，核酸塩基を最初から組立てていく新生(*de novo*)経路と，すでに存在する塩基を直接利用してヌクレオチドを合成する再利用経路*(サルベージ経路)の二つの経路によって行われている．再利用経路に必須の酵素はピリミジンの場合はチミジンキナーゼ*(TK)，プリンの場合はヒポキサンチンホスホリボシルトランスフェラーゼ*(HPRT)である．したがってTK欠損(TK$^-$)やHPRT欠損(HPRT$^-$)を突然変異により起こさせた二つのタイプの突然変異細胞はおのおのピリミジンヌクレオチドあるいはプリンヌクレオチドの再利用経路による合成ができない．核酸の新生経路においてはDHFRによって葉酸から生成された前駆体がチミジル酸シンターゼの作用によってdTMPに変えられ核酸合成に用いられる．アミノプテリン*あるいはメトトレキセート*はDHFRの競合的阻害剤でありDHFRの関与するすべての反応を阻害するので，核酸の *de novo* 合成を阻害する．したがってこれらの薬物存在下ではTK$^-$，HPRT$^-$いずれの細胞も核酸合成ができず死滅する．(→HAT培地)

**GPⅡb-Ⅲa** [GPⅡb-Ⅲa＝glycoprotein Ⅱb-Ⅲa] →血小板膜糖タンパク質Ⅱb-Ⅲa

**CBB** [CBB＝Coomassie Brilliant Blue] ＝クーマシーブリリアントブルー

**CBP** [CBP＝CREB-binding protein] CREB結合タンパク質ともいう．1993年J. C. Chriviaらによりクローニングされた．リン酸化されたCREB(→CREB/ATF)に特異的に結合する265 kDaの核タンパク質．CBPは二つのジンクフィンガー*をもつが，直接DNAに結合するのではなく，転写調節因子*CREBと基本因子TFⅡBの両者に結合することによってコアクチベーター*として作用すると考えられている．アデノウイルスのがん遺伝子産物であるE1Aと結合するタンパク質p300*と構造と機能が非常に類似しており，p300/CBPとよばれる．ただし，両者は別々の遺伝子によりコードされている．p300/CBPはE1Aのほか，各種の核内受容体，CREB，p53，MyoD，c-Junなど多数の転写調節因子と結合し，さらに基本

転写因子 TFⅡB と相互作用する普遍的なメディエーター*の代表でヒストンアセチルトランスフェラーゼ活性を発揮する．また，p300/CBP はサイクリン E/CDK2 類とも結合し，細胞増殖，アポトーシス，発生，分化などにおいて重要な関与をしている．

**gp120**［gp120］ ⇒ CD4（抗原）

**CPV**［CPV = cytoplasmic polyhedrosis virus］ 細胞質多角体病ウイルスの略．(⇒ 二本鎖 RNA ウイルス)

**師部**［phloem］ ⇒ 維管束

**GVHD**［GVHD = graft-versus-host disease］ ＝移植片対宿主病

**GVL**［GVL = graft-versus-leukemia effect］ ＝移植片対白血病効果

**ジフェニルアミン反応**［diphenylamine reaction］ ディッシェ反応（Dische reaction），バートン反応（Burton reaction）ともいう．かつて DNA の定量に用いられた反応であり，デオキシペントースを検出する反応．ジフェニルアミンを硫酸を加えた氷酢酸に溶かし，使用直前に少量のアセトアルデヒドを加え，検体を含んだ溶液と混合し，30℃ 前後で一夜放置し，生じた青色を 600 nm で吸光度測定する．Z. Dische によってつくられ，K. Burton によって改良された特異性の高い定量法である．

**ジブチリルサイクリック AMP**［dibutyryl cyclic AMP］ ブクラデシン（bucladesine）ともいい，dBcAMP と略記する．$N^6,2'-O$-ジブチリルアデノシン 3',5'-サイクリック一リン酸（$C_{18}H_{24}N_5O_8P$）．cAMP（サイクリックアデノシン 3',5'-一リン酸*）誘導体．脂質溶解性があり，細胞外表から投与すると，細胞膜を透過して細胞内にて cAMP と同様にサイクリック AMP 依存性プロテインキナーゼ*（A キナーゼ）を活性化する．同様の作用をもつ誘導体として 8-ブロモサイクリック AMP（8-bromo cyclic AMP）もよく使われる．有効濃度は 10 μM～1 mM．

**視物質**［visual pigment］ 視覚色素，視色素ともいう．動物網膜の視細胞に存在する色素タンパク質（⇒ 錐体細胞）．光を吸収して視覚をひき起こす．分子量は脊椎動物で約 4 万，無脊椎動物では 8 万程度のものもある．いずれも，ペプチド鎖が細胞膜を 7 回貫通するアポタンパク質（オプシン*）と発色団である 11-cis-レチナール（またはその 3-OH 体や 4-OH 体）から成る．光を吸収すると，発色団が全 trans 形に光異性化してオプシンの構造が変化し，視細胞の G タンパク質*に光信号を伝える．(⇒ ロドプシン，イオドプシン)

**ジフテリア毒素**［diphtheria toxin］ ジフテリアトキシンともいう．ジフテリア菌が産生する分子量約 59,000 の，タンパク質である．A フラグメントと B フラグメントに分けることができ，前者はペプチド伸長因子 EF-2*を ADP リボシル化*する活性をもち，後者は標的細胞にあるジフテリア毒素受容体への結合能と A フラグメントの膜通過を助ける長い疎水領域をもつ．細胞質内に侵入した A フラグメントはその ADP リボシル化活性によって EF-2 をつぎつぎと失活させ，きわめて微量で細胞を死に至らしめる．細胞のジフテリア毒素感受性は細胞側の多くの因子に依存するが，とりわけ重要なのが細胞表面のジフテリア毒素受容体である．膜結合型細胞増殖因子 HB-EGF（ヘパリン結合性 EGF 様増殖因子*）がジフテリア毒素受容体であり，ジフテリア毒素はこの因子の上皮増殖因子（EGF）ドメインに結合してその増殖促進活性を阻害する．マウス，ラット細胞のジフテリア毒素感受性はきわめて低いが，これはジフテリア毒素が両種の HB-EGF に結合しないためである．

**ジフテリア毒素受容体**［diphtheria toxin receptor］ ⇒ ヘパリン結合性 EGF 様増殖因子

**シフトアップ**［shift up］ 一般的に微生物の培養条件を増殖に有利な方向に急激に変えることをいう．シフトアップの例としては，微生物が利用しやすい炭素源や窒素源への変更，酸素の供給を増大，培養温度の上昇などがある．高温感受性細菌における温度の上昇など，培養条件の変更が生育に不利な場合もある．シフトアップにより核酸，タンパク質などの代謝が影響を受けるため，制御機構研究の手法の一つとして有用である．(⇒ シフトダウン)

**シフトダウン**［shift down］ 一般的に微生物の培養条件を急に悪くすることをいう．シフトアップ*の対語．たとえば，栄養源を微生物が利用しにくいものに変えたり，酸素の供給量を下げたりすると細胞の増殖速度は低下する．シフトアップと同じく培養条件の急激な変更により核酸やタンパク質の合成や分解などの変動が容易に観察できるため，それらの制御機構の研究に利用できる．

**四分子分析**［tetrad analysis］ 酵母などの菌類の遺伝学で用いられる減数分裂*を利用した最も基本的な遺伝解析法．減数分裂でできた小嚢に含まれる四つの一倍体子嚢胞子をミクロマニピュレーター（顕微解剖器）で単離し，その遺伝的性質を調べる分析方法．減数分裂でのマーカー遺伝子の分離をもとに，染色体の乗換えを推定することができる．ある突然変異に関与する遺伝子の数を調べたり，遺伝子間および遺伝子と動原体間の連鎖関係を明らかにすることができる．

**四分染色体**［chromosome tetrad］ ＝二価染色体

**ジペプチジルアミノペプチダーゼ**［dipeptidyl aminopeptidase］ ⇒ アミノペプチダーゼ

**ジペプチド**［dipeptide］ ⇒ ペプチド

**シーベルト**［sievert］ 記号 Sv．線量当量（equivalent dose）の単位でヒトの放射線防護・管理の分野で使われ，旧単位としてレム*（rem）が使われた（Sv は SI 単位で 1985 年以降使用され，1 Sv = 100 rem に相当）．電離放射線の生物効果（RBE, relative biological effectiveness）は，同じ吸収線量（Gy, rad）でも，その線質，エネルギー，生体組織の種類およびその生理的条件，何を指標とするかなどにより大きく異なることが放射線生物学的にわかっている．ヒトの放射線防護・管理上，各種電離放射線を含めた被曝線量計算のために線質による生物効果の違いを加味した実用単位とし

て考案され，

$$(等価線量) = (吸収線量) \times (放射線荷重係数)$$
$$[Sv, rem] \quad [Gy, rad] \quad (W_R)$$

で定義された．効果の違いを示す放射線荷重係数 $W_R$ として，X線，β線には1，α線には20，中性子線にはエネルギーにより5，10，20を計算上使用することが約束されている（ICRP publication 60）．等価線量のSI単位は単位質量当たりに吸収されたエネルギーを示す点でグレイ*（Gy）と同様に J/kg である．

**ジベレリン** [gibberellin] ギベレリンともいう．GAと略す．植物ホルモン*の一種．$C_{20}$ と $C_{19}$ のものがある．1926年にイネ馬鹿苗病菌 *Gibberella fujikuroi* の培養液中からイネ苗の徒長をひき起こす物質として黒沢英一によって発見され，1938年に藪田貞治郎・住木諭介によって $GA_1$, $GA_2$, $GA_3$ の混合物が結晶化された．それ以来，単離された順にジベレリン $A_1$ ($GA_1$) のように番号をつけてよばれる．現在，約90種のジベレリンが知られているが，高い生理活性を示すものは少数である．$GA_3$（ジベレリン酸，図）は実験によく使われる．植物では未熟種子，頂芽，根などで合成される．葉では葉緑体*とエチオプラスト*に合成能があるといわれている．維管束*を通って移動する．生理活性は発芽（特に光または低温要求性のもの），α-アミラーゼなどの酵素の誘導，茎の伸長，葉の成長，頂芽の細胞分裂，花芽形成，雄花への分化，果実の成長の促進，単為結実の誘起（種なしブドウ生産に応用），葉の老化抑制，休眠の抑制または解除など多岐にわたる．細胞伸長促進機構はオーキシン*の場合と異なり，細胞液の浸透ポテンシャルを下げ吸水力を高めることにより細胞伸長を促進すると考えられている．

$GA_3$（ジベレリン酸）

**脂肪細胞** [adipocyte, adipose cell] 脂肪組織のおもな構成成分であり，脂質代謝に深く関与する．脂肪細胞は白色と褐色に大別される．白色脂肪細胞は全身に分布するが部位によって代謝の特性に違いがあるといわれ，腹腔内脂肪は皮下脂肪に比べて分解されやすい．神経支配はない．褐色脂肪細胞*は肩甲骨間，頸部，胸腹部の大血管近傍などに存在する．ミトコンドリアが多く，この内膜には褐色脂肪に特異的な脱共役タンパク質が存在する．交感神経支配を受ける．脂肪細胞は，脂肪酸とグリセロール三リン酸をエステル結合し，トリアシルグリセロールとして貯蔵する．トリアシルグリセロールは細胞内で脂肪滴をつくり，白色脂肪細胞ではほとんどが単胞性となり，時には細胞全体の90%を占める．グリセロール三リン酸は取込まれたグルコースの代謝によってつくられる．脂肪酸の de novo の合成も行われるが，取込みの方が比重が高く，特にヒトでは de novo の脂肪酸合成活性は低い．トリアシルグリセロールの分解はリパーゼによって行われる．インスリン，グルカゴン，カテコールアミン，ステロイドホルモンなどのホルモンはこれらの脂質の合成と分解を調節する．インスリンは GLUT4 を細胞膜へ移行させグルコースの取込みを促進するほか，リポタンパク質リパーゼ*（LPL）の脂肪細胞における合成と内皮細胞表面への輸送の促進，アセチルCoAカルボキシラーゼ（ACC）の活性化，グルカゴンによるホルモン感受性リパーゼ（HSL）活性化に対する拮抗作用をもつ．グルカゴン，カテコールアミンは細胞内 cAMP 濃度を上昇させ，HSL をリン酸化により活性化し，これを油滴に移行させトリアシルグリセロールを加水分解する．また，LPL の合成を抑制し，グリセロールリン酸アシルトランスフェラーゼやピルビン酸デヒドロゲナーゼをリン酸化し，活性を抑制する．一方，褐色脂肪細胞ではカテコールアミンは LPL の転写を増加させ，脂肪酸取込みを促進する．カテコールアミン受容体は長期の持続刺激で脱感作を受けるが，脂肪細胞に多く存在する β3 受容体は，脱感作を受けない．ステロイドホルモンは LPL の発現を調節するほか，カテコールアミンによる脂肪分解刺激に対する感受性を高める許容効果をもつ．近年，前駆脂肪細胞の褐色脂肪細胞への分化の決定因子がオーファン受容体*の一つペルオキシソーム増殖活性化受容体*γ（PPARγ）と転写コアクチベーターの PGC1 であることが示されると同時に，脂肪細胞がホルモンやサイトカインの分泌器官としての役割が注目されている．たとえばレプチン*は肥満マウス *ob/ob* マウスの原因遺伝子としてポジショナルクローニングされ，脂肪細胞から分泌されることが明らかとなり，腫瘍壊死因子α は肥満に伴い脂肪細胞に多く発現することが確認されている．

**脂肪細胞化因子** [adipogenic factor] 前脂肪細胞の脂肪細胞*への分化促進因子．インスリン*やインスリン様増殖因子*は前脂肪細胞の脂肪細胞への分化に必須な因子とされている．分化の過程で，インスリンは脂肪の合成系や分解系の酵素の遺伝子を誘導し，グルコースの取込みや中性脂肪の合成を促進する．グルココルチコイド*はそれ自体には分化誘導作用はないが，インスリンの分化促進作用と協同的に作用する．その他，成長ホルモン*，甲状腺ホルモン*，アラキドン酸*，プロスタグランジン $I_2$* が分化を促進するとされている．

**脂肪細胞化抑制因子** [adipogenesis inhibitory factor] ＝インターロイキン 11．AGIF と略す．

**脂肪酸** [fatty acid] 鎖式モノカルボン酸の総称．天然には直鎖状のものが多い．不飽和結合（二重結合）をもつものも多いが主として炭素数18個と20個の脂肪酸に限られ，一般にシス形の立体配置をとる．動物体内の脂肪酸のほとんどは炭素数が偶数個で一般に 12〜20個の範囲である．脂肪酸は β 酸化*を受けて異化する．そのほか，α 酸化，ω 酸化*などの代謝経路がある．脂肪酸合成はアセチル-CoA カルボキシラーゼ*と脂肪酸合成酵素系により行われる．

**脂肪族炭化水素** [aliphatic hydrocarbon] 炭素原子と水素原子のみから構成されている化合物のうち，炭

素原子が鎖状に結合しているものの総称．開鎖状あるいは非環式炭化水素ともよばれる．この中には，$C_nH_{2n+2}$ の一般式で表される飽和炭化水素，炭素-炭素二重結合を1個含む不飽和炭化水素（一般式，$C_nH_{2n}$），炭素-炭素二重結合を2個あるいは三重結合を1個含む不飽和炭化水素（一般式，$C_nH_{2n-2}$）などが含まれる．

**脂肪体** [fat body] 動物体内で脂肪組織が独立の器官のように存在する時，これを脂肪体とよぶ．房状あるいは塊状をなし，カロテノイドの含有量により白色から橙色のさまざまな色調をとる．両生類，爬虫類，昆虫などで認められる．前二者で冬眠するものでは，著明な季節的変動を示し，冬眠中の熱産生，エネルギー源として利用される．

**脂肪肉腫** [liposarcoma] 脂肪への分化を示す肉腫で，脂肪芽細胞の存在が特徴的である．筋肉などの軟部組織に発生する．中高年に多い．

**ジホスファチジルグリセロール** [diphosphatidyl glycerol] ＝カルジオリピン

**1,3-ジホスホグリセリン酸** [1,3-diphosphoglycerate] ＝1,3-ビスホスホグリセリン酸

**ジホスホピリジンヌクレオチド** [diphosphopyridine nucleotide] ＝NAD．DPN と略す．

**G ボックス** [G-box] 植物遺伝子の赤色光およびUV 光，嫌気環境や傷害などのさまざまな環境刺激応答，アブシジン酸*(ABA)およびジャスモン酸*などの植物ホルモン応答における転写調節に関与するシス因子(⇌ ストレス応答). G ボックスは ACGT という塩基配列をコアとするパリンドローム*型配列(CACGTG)から成り，Rubisco 遺伝子，カルコンシンターゼ遺伝子，アルコールデヒドロゲナーゼ遺伝子などの転写制御に関与する．アブシジン酸誘導性遺伝子*の転写調節因子であるアブシジン酸応答配列*はG ボックス様の配列を示す．G ボックスに結合するタンパク質としてロイシンジッパー*をもつ bZIP 型転写因子 GBF が単離されている．また，ヘリックス・ループ・ヘリックス*(bHLH)型転写因子は DNA との結合に CANNTG を共通配列とし，G ボックス(CACGTG)にも結合し転写調節を行う．G ボックスに結合した bHLH 型転写因子 PIF3 は，赤色光刺激により活性化された光受容体フィトクロムと相互作用することで活性化され G ボックスを介した転写を制御する．また bHLH 型転写因子シロイヌナズナ*AtMYC2 は光，ABA，JA 応答性遺伝子の G ボックス様配列に結合し転写を調節することが示されている．

**姉妹染色分体** [sister chromatid] 複製によって同じ染色体から生じた相同な染色分体*のこと．

**姉妹染色分体交換** [sister chromatid exchange] 有糸分裂中期で染色体複製により生じた姉妹染色分体（姉妹染色分体*）が両極に分離する前に，両姉妹染色分体の同一箇所で切断と再結合により交換される現象．紫外線照射などにより姉妹染色分体交換の頻度が上がる．ブロモデオキシウリジン存在下で2回 DNA 複製させたのち，ヘキストを用いて蛍光染色し姉妹染色分体を分染することにより，検出できる．

**姉妹染色分体接着** [sister chromatid cohesion] 姉妹染色分体*を分裂後期の開始までつなぎ止めておく過程．その分子的実体は，コヒーシン*などのタンパク質を介した結合と複製された DNA 鎖間の絡まりの二つに分けて考えることができる．高等真核細胞の体細胞分裂では，前期*から前中期にかけての染色体凝縮*とカップリングして，染色分体の腕部における接着が部分的に解除される．さらに後期の開始時には，セントロメア*領域の接着が失われることで，染色分体の分離が完了する．この間，コヒーシンは2段階の異なるメカニズムにより染色体から解離し，DNA 鎖の絡まりはⅡ型トポイソメラーゼなどの働きにより解消される．減数分裂*では，その第一分裂において，キアズマ*より外側の腕部の接着が相同染色体の結合を担っており，それが解消されることによって相同染色体が分離する．セントロメア領域の接着は減数第二分裂まで維持され，これが第二分裂後期に解消されることにより姉妹染色分体の分離が起こる．

**C 末端アンカー型膜タンパク質** [tail-anchored membrane protein] ⇌ 膜貫通タンパク質

**C 末端 Src キナーゼ** [C-terminal Src kinase] → Csk

**シミアンウイルス 40** [simian virus 40] ＝SV40

**ジムプロット** [Zimm plot] 巨大高分子の溶液について光散乱*を測定すると，強度は濃度と測定角度の双方に依存する．両者についてゼロ外挿を一つの図上で行えるように，B. H. Zimm が工夫したプロット法．左右両辺に濃度と角度が含まれるのでパラメーターを調整して見やすい図を描いていたが，今日では測定装置に組込まれたソフトウエアが自動的に最適のプロットを描き出す．補外線の縦軸切片値から分子量，濃度ゼロの補外線の勾配と切片値から分子サイズに関する情報が得られる．

**視紫** [visual violet] ＝イオドプシン

**1,3-ジメチルキサンチン** [1,3-dimethylxanthine] ＝テオフィリン

**3,7-ジメチルキサンチン** [3,7-dimethylxanthine] ＝テオブロミン

**ジメチルスルホキシド** [dimethyl sulfoxide] ＝メチルスルホキシド(methyl sulfoxide). DMSO と略す．無色無臭で吸湿性の有機溶剤．$(CH_3)_2SO$，分子量78.13．非プロトン性極性溶媒で多くの有機化合物や無機塩，さらには $SO_2$, $NO_2$ などのガスに対してきわめて優れた溶剤である．水と自由に混和する性質から低温保護剤として，ファージ*をはじめ細菌，動物細胞の凍結保存に7%(v/v)濃度で用いられる(10%(v/v)濃度以上は有害)．また大腸菌やフレンド白血病細胞*での形質転換*，分化誘導に用いられたり，変性RNA の電気泳動においても有用である．

**ジメチルニトロソアミン** [dimethylnitrosamine] ＝N,N-ジメチルニトロソアミン(N,N-dimethylnitrosamine). 代表的なニトロソアミン*の一つ．$(CH_3)_2N-N=O$，分子量74.08．その毒性はジエチルニトロソア

ミン*より約10倍強く,ラット経口投与でLD$_{50}$が26 mg/kgである.

**7,12-ジメチルベンゾ[a]アントラセン** [7,12-dimethylbenz[a]anthracene] ＝9,10-ジメチル-1,2-ベンゾアントラセン(9,10-dimethyl-1,2-benzanthracene). コールタール中に発見された多環式芳香族炭化水素の一種である.自動車の排気ガスやタバコの煙などに存在する.薬物代謝酵素であるシトクロムP450*系酵素群のうちおもにCYP1A1により代謝活性化を受け,発がん性や変異原性を示すことが知られている.(⇒発がん物質)

**c-met** [c-met] がん原遺伝子*の一つ. c-met (mesenchymal epithelial transition factor)は,細胞表面膜のHGF受容体(肝細胞増殖因子*受容体*)であるc-Metタンパク質をコードする. c-Metはチロシンキナーゼファミリーに属し,145 kDのβ鎖に50 kDのα鎖がジスルフィド結合したヘテロダイマーである. β鎖にはチロシンキナーゼドメインおよび膜貫通ドメインならびに細胞外ドメインをもち,そのβ鎖に細胞外ドメインのα鎖が結合した構造をもつ.これまでに,遺伝性乳頭状腎細胞がんの原因遺伝子としてミスセンス変異をもったc-metが同定され,構成的に活性化されたc-metからのシグナル伝達の異常が発がんにつながることが明らかにされている.

**シャイン・ダルガルノ配列** [Shine-Dalgarno sequence] SD配列(SD sequence)ともいう.細菌ではmRNA上で翻訳が始まる時,リボソーム*が翻訳開始部位AUGの5～10ヌクレオチド上流の短い配列に結合してから開始部位に至る.この短い配列は,発見者,J. ShineとL. Dalgarnoにちなんで,シャイン・ダルガルノ配列とよばれる.図に示すような7塩基から成る構造をしているが,細菌の16S rRNAの3'末端近傍の配列と相補的であり,ここにリボソームが結合すると考えられる.

```
              シャイン・ダルガルノ配列
mRNA 5'-AGGAGGU-(5～10 ヌクレオチド)-AUG…
     3'-AUUCCUCCACUAG…
      16S rRNAの3'末端
```

**ジャガイモYウイルス** [Potato virus Y] PVYと略す. 12～13×730 nmの大きさのひも状の植物ウイルス*.ゲノムの(+)センスRNAは約9500塩基から成り,5'末端には小さなタンパク質を共有結合しており,3'末端にはポリ(A)配列をもっている.ゲノムRNAからポリタンパク質*として分子量340,000のタンパク質が合成される.その後,ポリタンパク質に内在するタンパク質分解酵素により,ポリタンパク質は8個のタンパク質に分解される.すなわち,ウイルスは8個の遺伝子をもっていることになる. PVYは主としてナス科植物を宿主とし,アブラムシによって伝搬され,ジャガイモの重要病害の原因となる.

**弱毒ウイルス** [attenuated virus] 病原性を抑制された,すなわち弱毒化されたウイルスの意.(⇒ビルレントウイルス)

**ジャコブ** JACOB, François フランスの遺伝学者. 1920.6.17～ ナンシーに生まれる.パリ大学医学部卒業(1947).大戦中ドイツ軍と抗戦.パスツール研究所助手(1950).大腸菌の環状DNAを観察し(1951), J. L. Monod*と協同でmRNAの発見(1953).オペロン説(1958),アロステリック調節(1961)を提唱した. 1964年コレージュ・ド・フランス教授. 1965年A. M. Lwoff*, Monodとともにノーベル医学生理学賞受賞. 1982～88年パスツール研究所所長.

**ジャスモン酸** [jasmonic acid] 多価不飽和脂肪酸であるリノレン酸から合成され,類似化合物を含めて植物界に広く分布する動物のプロスタグランジン*と類似した構造の生理活性物質.葉の老化促進,実生の成長抑制,ジャガイモの塊茎形成促進などの生理作用を示す.細胞の微小管破壊,光合成系遺伝子の翻訳抑制などの作用のほか,種々の植物でストレス応答*にかかわる多くの遺伝子発現を誘導し,ストレスに応答して内在性ジャスモン酸レベルが増加することも知られる.

**遮断抗体** [blocking antibody] ⇒脱感作

**JAK** [JAK] サイトカイン・ホルモン・増殖因子などの受容体シグナル伝達に関与する非受容体型チロシンキナーゼ. Janus kinaseに由来する.現在, JAKファミリーはJAK1, JAK2, JAK3, Tyk2の四つが知られている.これらのキナーゼは, 12万～14万の分子量から成り, SHドメイン*(⇒Srcファミリー)をもたないが,典型的なチロシンキナーゼドメインのほかにもう一つのチロシンキナーゼ様ドメイン構造をもつ. STATファミリー(⇒STATタンパク質)メンバーをチロシンリン酸化する.

**JAK-STATシグナル伝達経路** [JAK-STAT signaling pathway] サイトカイン*が関与する主要なシグナル伝達経路.細胞膜上でサイトカイン受容体ファミリーの各メンバーは特定のJAK(Janus kinase/Just another kinase)型チロシンキナーゼ(JAK1, 2, 3とTyk2)と結合し,これを活性化する.たとえば, IFN-α/β受容体(⇒インターフェロン受容体)はJAK1とTyk2, IFN-γ受容体はJAK1とJAK2,エリトロポエチン*(EPO)受容体やインターロイキン3(IL-3)受容体*β鎖はJAK2, IL-6受容体はJAK1と結合し,これらの複合体にSTATファミリーの特定のメンバー(IFN受容体複合体にはSTAT1やSTAT2, EPO受容体複合体にはSTAT5, IL-2受容体複合体にはSTAT5, IL-6受容体複合体にはSTAT3など)が結合し,リン酸化を受け,ホスホチロシンとSH2ドメイン(⇒SHドメイン)を介してホモまたはヘテロ二量体化した後核内に移行する.リン酸化STAT二量体は

標的 DNA と結合して転写を活性化する．STAT ファミリーメンバーには STAT1, 2, 3, 4, 5A, 5B, 6 の 7 種が知られている．

**シャドウイング** [shadowing] ⇒ 凍結レプリカ法

**シャトルベクター** [shuttle vector] 2 種類の宿主で複製可能で，相互に往復的な利用ができるベクター．たとえば pBR 系プラスミドの複製起点とアンピシリン耐性遺伝子に加えて，酵母のプラスミド複製起点や *LEU2\** などの酵母の選択マーカーを備えたプラスミドは，大腸菌で DNA を調製し酵母で増殖発現させることができる．ウシパピローマウイルス\* DNA と pBR 系を組合わせたプラスミドは大腸菌と動物細胞（この場合はマウス C127 細胞）のシャトルベクターの例．

**シャープ　SHARP, Phillip Allen**　米国のウイルス学者．1944.6.6～　ケンタッキー州ファルマス生まれ．ユニオンカレッジを経てイリノイ大学アーバナ校から Ph.D. 授与(1969)．カリフォルニア工科大学，コールド・スプリング・ハーバー研究所を経てマサチューセッツ工科大学(MIT)生物学助教授(1974)．同教授(1979)．アデノウイルス DNA と mRNA を結合させたところ，mRNA の結合しない DNA 部分がみられ，分断された遺伝子\* と名づけた(1977)．これはイントロンに相当する．R. J. Roberts\* とともに 1993 年ノーベル医学生理学賞受賞．

**シャペロニン** [chaperonin] HSP60\*，あるいは細菌では GroEL\* ともよばれ，細菌細胞ではサイトゾルに，真核細胞ではミトコンドリア，葉緑体に存在する．パートナータンパク質の GroES\* および相同体をシャペロニン 10 とよぶこともあり，この場合は GroEL および相同体をシャペロニン 60 とよんで区別する．シャペロニン 60 は，七量体から成る環構造が二つ重なった形の四次構造を形成する．シャペロニン 60 は ATP アーゼ活性をもち，タンパク質の高次構造形成反応（フォールディング\*）の中間体をシャペロニン 60 とシャペロニン 10 がつくる空間内に閉じ込めることにより，中間体の凝集を防ぎ，正しい高次構造形成や複合体形成の効率を増加させるシャペロン\* 機能がある．古細菌細胞や真核細胞のサイトゾルに存在する TCP1\* 複合体をシャペロニンに含めることもある．

**シャペロン** [chaperone] 分子シャペロン(molecular chaperone)ともいう．タンパク質の正しい高次構造形成（フォールディング\*）や複合体形成を助けるが，最終的な構造体には組込まれないタンパク質．さらにそのままでは凝集しやすいなど，不安定な状態にある他のタンパク質に結合して，その状態を安定化するなどして，細胞内で進むべき正しい反応（生体膜透過，機能転換，分解などの反応を含める場合もある）に導くタンパク質に対しても使われる．シャペロンの機能をもつタンパク質ファミリーは，熱ショックタンパク質\* のファミリーと重複するものが多いが，生理的条件下の細胞内で構成的に発現しているものも多い．代表的なシャペロンとしては，HSP60\*，HSP70\* の各ファミリーがある．HSP60 はシャペロ

ニン\* ともよばれ，細菌細胞ではサイトゾルに，真核細胞ではミトコンドリア，葉緑体に見いだされている．古細菌細胞や真核細胞のサイトゾルには，HSP60 と相同性のある TCP1\* 複合体が存在する．HSP60 は ATP アーゼ活性をもち，タンパク質の高次構造形成反応の中間体をシャペロニン 60 とシャペロニン 10 がつくる空間内に閉じ込めることにより，中間体の凝集を防ぎ，正しい高次構造形成や複合体形成の効率を増加させるものと考えられている．HSP70 は，原核細胞ではサイトゾルに，真核細胞ではサイトゾル，ミトコンドリア，葉緑体，小胞体に見いだされている．HSP70 は ATP アーゼ活性をもち，高次構造がほどけた状態のタンパク質に結合・解離することにより，タンパク質の凝集を防ぎ，シャペロニンによるタンパク質の正しい高次構造形成の効率を増加させたり，タンパク質の生体膜透過を助けたりする．細胞小器官の HSP70 の場合は，細胞小器官膜を通過するタンパク質に細胞小器官内部から結合することにより，方向性をもったタンパク質の膜透過反応の駆動力の一部を提供する機能もある．HSP70 が，正しい高次構造を形成できなかったタンパク質の分解反応を促進する可能性も考えられている．HSP70 の機能上のパートナータンパク質として，DnaJ\*(HSP40)およびその相同体，GrpE およびそれの相同体が知られている．DnaJ およびその相同体にも，高次構造がほどけたタンパク質に結合するシャペロン機能がある．

**シャペロン介在性オートファジー** [chaperone-mediated autophagy] ⇒ オートファジー

**シャルガフの法則** [Chargaff's rule] DNA 中のアデニン残基数はチミン残基数に等しく，またグアニン残基数はシトシン残基数に等しいことから，プリン塩基の総和(A+G)はピリミジン塩基の総和(T+C)に等しいという法則．米国の生化学者 E. Chargaff は DNA の塩基組成を濾紙クロマトグラフィーを用いて分析・解析することによりこの定量性を導き出し，J. D. Watson\* と F. H. C. Crick\* による DNA の二重らせん構造モデル(⇒ ワトソン・クリックモデル)にヒントを与える重要な法則ともなった．

**シャルコー・マリー・トゥース病** [Charcot-Marie-Tooth disease] 下腿・足に始まる四肢遠位部の萎縮・筋力の低下を主徴とする遺伝性の神経障害．遺伝子の異常により，末梢神経の髄鞘などに異常が起こり，軸索が死滅することが知られている．単一の病気というより，いくつかの異なる病型に分類され，症状はタイプによる．大部分のタイプは常染色体の優性形質として遺伝するが，常染色体劣性遺伝，X 染色体劣性遺伝形式をとるものなどもある．

**シャロンファージ** [Charon phage] カロンファージともいう．F. R. Blattner により 1977 年開発された λファージベクター\*．クローニングする DNA の大きさや用いる制限酵素に合わせ，約 20 種類作製された．このベクターを用いて多くの遺伝子が単離された．このベクターの開発が契機となり，多くの λファージベクターが開発され使用されている．シャロ

ン(カロン)とは，ギリシャ神話上の，冥界との境にある川レテの渡し守の意．

**ジャンク DNA** [junk DNA]　ゲノム DNA 中で何の遺伝情報も担っていないと考えられる部分．酵母のような下等真核生物ではジャンク DNA は非常に少ない．ヒトのゲノム DNA のうち遺伝情報を担っているのはせいぜい数％といわれていたが，マウスやヒトの広範なトランスクリプトーム解析により，ゲノム DNA の大半の部分から転写物が生成しており，これらの転写物のうちの少なくとも一部は機能をもっていることが証明されたり，示唆あるいは予測されたりしている．機能がまだ特定されていない DNA 領域でもクロマチン構造変換やクロマチン構造の維持や染色体の分離や対合に働く部分もあり，また，DNA 複製や修復，転写制御，テロメア構造の機能維持，その他多様なゲノム機能の発揮に関与する DNA 領域がゲノム中に多く含まれていることが予測されている．これらの中には転写物を生成することのない DNA 領域も含まれており，実際にまったく機能をもたないゲノム DNA 領域を特定することの方が困難であると考えられる．

**種** [species, (pl.) species]　生物分類の基本的単位で，生物命名法上最も基礎となる属名と種名の組合せより成る二命名法で表される(例：*Homo sapiens* L. (ヒト)，*Oryza sativa* L. (イネ)：L. は，命名者のリンネ(Linne)を表す)(→種の命名法)．種の認識は，歴史的には形態的形質の類似性に基づいて類型的に認識された形態種(morpho-species)とよばれる単位概念が基本とされてきたが，今日では"種"は，相互に有性生殖によって交配し合う個体より成る自然集団の集合体として定義される生物学的種概念が一般的に受け入れられている．この場合，異なる種間には生殖的隔離が存在することによって，個々の種は，一定期間(地史的時間)は独立した繁殖社会としての地位が維持されることになる．ちなみに，分類単位(taxa)は下位から上位に向かって種，属(genus)，科(family)，目(order)，綱(class)，門(phylum)，界*(kingdom)に分類・系統化される．

**CURL オルガネラ** [CURL organelle]　compartment of uncoupling of receptor and ligand の頭文字をとって命名された細胞小器官．受容体を介するエンドサイトーシス*により細胞内のエンドソーム*に取込まれたリガンド*は，エンドソーム膜上の V 型 $H^+$-ATPアーゼにより pH が 5 付近まで下がると受容体から外れる．そして一次リソソームと融合することで消化されるが，この ATP アーゼをエンドソームに供給する膜性小器官をさして CURL オルガネラとよぶこともあれば，pH の下がったエンドソームをさしていうこともある．

**自由エネルギー** [free energy]　熱力学の状態関数の一つ．通常の実験室条件下における熱力学的平衡の基準を表す．状態が変化可能な系は平衡に近づくに従ってエントロピー*は極大に，内部エネルギーは極小へと変化していき，系が平衡状態になった時に自由エネルギーが極小値となる．すなわち，系の自発的変化は自由エネルギー極小の方向へと変化する．化学反応においても同様で，化学平衡状態では系の自由エネルギーが極小となる．定圧過程に適したギブズの自由エネルギー*と，定容過程に適したヘルムホルツの自由エネルギー*がある．

**臭化エチジウム** [ethidium bromide]　＝エチジウムブロミド．$C_{21}H_{20}BrN_3$，分子量 394.31．DNA または RNA に結合する色素で，DNA の検出や精製に用いる．二本鎖 DNA の GC 結合の間に定量的に入り込むが，一本鎖 DNA または RNA でも弱く結合し，紫外線により橙色の強い蛍光を発するので，電気泳動した DNA 分子の検出に頻用される．またプラスミドの閉環状 DNA では開環状や直鎖状 DNA よりも結合量が立体的に制限され，比重に差ができることを利用しプラスミドの精製に用いられる．発がん性物質なので使用の際は手袋が必要である(⇌ インターカレーション，インターカレート剤)．現在では，Cyber Safe のような変異原性が低く高感度で DNA を検出できる試薬も発売されている．

**終　期** [telophase]　有糸分裂*の終わりの時期で，核膜の再形成，染色体脱凝縮*，核小体の再形成，極微小管の消失などが始まる．

**周期性単性生殖** [heterogony]　⇌ 世代交代

**19S 免疫グロブリン** [19S immunoglobulin]　免疫グロブリン*には五つのクラスがあり，それぞれ分子サイズが異なるので超遠心にかけると沈降度に差がある．こうしてみた場合，免疫グロブリンには沈降係数 19S のものと 7S のものがある．19S のものは IgM* で，IgM は通常五量体で分子量が大きく 90 万ほどであることを反映している．2-メルカプトエタノール処理で単量体となり，8S のものになる．(→7S 免疫グロブリン)

**終結因子**(タンパク質生成の) [release factor, termination factor]　ポリペプチド鎖終結因子(polypeptide chain release factor, polypeptide chain termination factor)ともいう．RF と略記した場合，通常，原核細胞の終結因子を意味し，真核細胞の場合は eRF* と略記する．メッセンジャー RNA*(mRNA)上の終止コドン*を認識し，完成したポリペプチド鎖をリボソームから遊離させるのに必要なタンパク質性因子．大腸菌の場合，RF-1, -2, -3 の 3 種類が存在し，RF-1 は終止コドンのうち UAA と UAG を，RF-2 は UAA および UGA を認識する．RF-3 の作用の詳細は不明であるが，RF-1 および RF-2 の機能を促進することが知られている．RF-1 あるいは RF-2 が，リボソーム A 部位*に到達した終止コドンを認識してリボソームに結合すると，50S リボソームサブユニット中のペプチジルトランスフェラーゼ*の作用により伸長してきたポリペプチド鎖と tRNA 間のエステル結合

が加水分解される．(→ 翻訳，タンパク質生合成)

**終結コドン** [stop codon]　=終止コドン

**重合** [polymerization]　分子内に複数の反応点をもつ1種または2種以上の分子(単量体またはモノマー)がつぎつぎと反応し，単量体に基づく繰返し構造をもつ分子(重合体またはポリマー*)を生成する過程をいう．たとえばエチレンからポリエチレン，ε-カプロラクタムから6-ナイロンを生成する過程などである．重合反応に関与する活性種から，ラジカル，カチオン，アニオン重合などの分類がある．また出発単量体の種別や，重合体の性質などからの分類もなされている．

**集光性クロロフィル** [light-harvesting chlorophyll]
→ クロロフィル

**集光性色素タンパク質複合体** [light harvesting chlorophyll-protein complex]　=アンテナ複合体

**集合性リンパ小節** [aggregated nodule]　=パイエル板

**重合体**　=ポリマー

**重合臨界濃度** [critical concentration for polymerization]　非共有結合により自己重合しうる単分子の飽和濃度．代表的分子として，チューブリン*やアクチン*があげられる．重合体(P)と単分子(M)との化学反応式は，$P+M \rightleftharpoons P$ と示される．解離定数($K_d$)は，$K_d = [P]\cdot[M]/[P] = [M]$ となる．すなわち，単分子の濃度は平衡状態において常に一定であり，重合臨界濃度以上の分子はすべて重合することになる．重合臨界濃度は結晶学における溶解度と同じものである．

**重鎖** [heavy chain]　【1】(免疫グロブリンの)
→ H鎖
【2】→ ミオシンH鎖

**十字形ループ** [cruciform loop]　クルシフォームループともいう．二本鎖DNAから両側に突き出した2本のヘアピンループ*をもつ十字形構造をいう(図)．DNA分子の中に逆方向反復配列*があるために，それぞれ同じ鎖の中で塩基対がつくられることによってできる．ヘアピンループの一本鎖の部分を生じるためには最少3塩基が必要である．十字形の結合の部分はホリデイ構造*と同じく分枝点移動*がみられるからきわめて柔軟であるか，あるいは屈曲を含む時には安定である．しかしこの構造が生きている細胞の中に実在するかどうかについての確証はない．

**終止コドン** [termination codon]　終結コドン(stop codon)，ナンセンスコドン(nonsense codon)ともよばれる．タンパク質生合成*の終了を指示するコドン．UAA(オーカー)，UAG(アンバー)，UGA(オパール)の3種がある．原則的には終結因子*(RF)により認識される．大腸菌では，RF-1がUAAとUAGを，RF-2がUAAとUGAを認識するが，真核生物では1種のeRFがすべての終止コドンを認識する．ただし例外的に，テトラヒメナなどの繊毛虫類ではUAAやUGAがグルタミンのコドンとして，マイコプラズマや真核生物(緑色植物を除く)のミトコンドリアではUGAがトリプトファンのコドンとして(→ ミトコンドリア遺伝暗号)，また，哺乳類のグルタチオンペルオキシダーゼや大腸菌のギ酸デヒドロゲナーゼなどをはじめとするいくつかの遺伝子ではUGAがセレノシステイン*のコドンとして使われる．さらに，ミトコンドリアではAGAとAGGはArgのコドンではなく終止コドンとして使われる．このような例外を除けば，通常，終止コドンを認識する転移RNA*(tRNA)は存在しないが，突然変異によりあるtRNAが終止コドンを認識できるようになることがあり，このようなtRNAをサプレッサーtRNA*という(→ 抑圧，読み過ごし)．

**収縮環** [contractile ring]　動物細胞の分裂で，M期後期に形成されるアクチンフィラメント*とミオシン*などを成分とする細胞骨格構造．分裂細胞の赤道面の細胞膜内側にアクチンフィラメントの束が環状に付着し，筋収縮と同様の機構で収縮して細胞膜を内側へ引張り込んで細胞をくびり切り2個の娘細胞を分離する．この過程で分裂溝*の陥入が観察される．環形成，収縮過程はプロフィリン*などのアクチン調節タンパク質やリン酸化反応により制御されると考えられている．

**収縮性細胞** [contractile cell]　収縮機能をもつ骨格筋*，心筋*，平滑筋*の細胞および筋上皮細胞などをいう．骨格筋細胞と心筋細胞は発達した収縮装置(筋原繊維*)をもち，効率的な収縮運動のために特殊化している．骨格筋は収縮特性の異なる遅筋(赤筋)，速筋(白筋*)細胞，張力受容器官として働く筋紡錘，筋形成の予備軍たる未分化細胞(衛星細胞*)などを含む．心筋には，通常の心筋細胞のほか，プルキンエ繊維がある(→ プルキンエ細胞)．平滑筋細胞や筋上皮細胞は筋原繊維をもたない．

重症急性呼吸器症候群 [severe acute respiratory syndrome] ⇨ SARS(サーズ)

重症筋無力症 [myasthenia gravis] MGと略す.骨格筋の易疲労感と筋力低下を特徴とする神経筋疾患.病因は自己抗体の出現による神経筋接合部の後シナプス筋膜上のアセチルコリン受容体*数の減少,ならびに後シナプス溝の平担化が考えられている.本疾患は約1/10,000の頻度で発症し,女性にやや多い.症状は眼ならびに外眼筋の筋力低下から始まり,全身の骨格筋に広がっていく.診断は抗コリンエステラーゼ試験,誘発筋電図試験,抗アセチルコリン受容体抗体の検出などによる.治療法は抗コリンエステラーゼ剤の投与,胸腺摘出,免疫抑制剤投与,血漿交換療法などがある.

重症複合免疫不全症 [severe combined immunodeficiency disease] SCIDと略す.リンパ球系幹細胞の発生障害により,T細胞・B細胞両系統に先天的な欠損あるいは欠陥が合併し,細胞性免疫*・液性免疫*のいずれも欠損している疾患で,成因および病型は多様である.顆粒球系の発生障害を伴うものは細網異形成症(reticular dysgenesis)とよばれ,常染色体性劣性遺伝と考えられる.遺伝子の点突然変異によるアデノシンデアミナーゼ欠損症*でもT細胞・B細胞の発生障害が起こり,重症複合免疫不全症を呈する.X染色体上のインターロイキン2受容体*γ鎖遺伝子の異常によるX連鎖性重症複合免疫不全症(X-linked severe combined immunodeficiency disease, XSCID)ではT細胞前駆細胞での分化異常のためT細胞およびナチュラルキラー細胞*を欠損しており,細胞性免疫を欠如している.またB細胞数は正常かあるいは増加傾向にあるが,免疫グロブリンの産生はみられない.(⇨ SCIDマウス)

修飾 [modification] ⇨ 制限

修飾塩基 [modified base] 核酸中に存在する五つの塩基(DNAではアデニン,グアニン,シトシン,チミン,RNAではチミンの代わりにウラシルを含む)以外の塩基誘導体の総称(⇨ 塩基類似体).これらを含むヌクレオシドとよばれ,天然ではtRNA中に非常に多種の微量塩基*を含む修飾ヌクレオシドが存在する.天然に存在するもののほかに化学的に修飾された塩基や生体内で化学発がん物質や酸素ラジカルの作用で生成したDNA中の修飾塩基もこれに含まれる.なお,化学的に合成した5-フルオロウラシル*などは制がん剤として用いられている.

修飾メチラーゼ [modification methylase] ⇨ DNAメチラーゼ

雌雄性 ＝有性

重層扁平上皮 [stratified squamous epithelium] ⇨ 扁平上皮

従属栄養 [heterotrophy, heterotrophism] 他栄養,他養ともいう.生育のための炭素源として,炭素の最も酸化された形である二酸化炭素を利用することができず,炭素の供給源を有機栄養物質に依存すること.この意味で有機栄養ともよばれ,有機化合物は電子供

与体としても利用されている.大部分の有機栄養物質の炭素は,細胞有機成分の炭素とほぼ同じ酸化レベルにあるので,細胞成分の生合成素材として利用されると同時に,分解,酸化を受けて細胞のエネルギー源ともなり,最終的に一部の炭素を二酸化炭素として放出する.独立栄養生物以外の栄養形式.(⇨ 独立栄養)

収束進化 [convergent evolution, convergence] 収斂(れん)進化ともいう.系統的に異なる祖先に由来する生物間あるいは分子間に類似の機能あるいは構造が進化することを収束進化という.魚とクジラは直接の共通祖先をもたないが,水中で泳ぐことへの適応の結果,形態上の類似性が収束進化によって生じた.分子レベルでの収束進化の例はまれだが,セリンプロテアーゼ*とズブチリシン*はその例で,活性中心の立体配置は両者でよく似ているが,起源が異なるため,全体の構造はまったく異なる.(⇨ 分岐進化)

柔組織 [parenchyma] 【1】(植物の) 植物を形成する組織の一つで,三つの組織系(表皮組織,維管束系,基本組織)のうち,基本組織に属する.柔細胞とよばれる分裂能力をもつ細胞壁の薄い細胞から成り,成長点などで増殖して細胞を供給するほか,光合成,分解,貯蔵などさまざまな機能をもっている.創傷治療,再生もこの組織が行う.(⇨ 基本組織系)
【2】(動物の) 無脊椎動物の器官の間に存在する柔らかい組織.大量のコロイド状の基質の間に少数の中胚葉性の細胞が散在している.

集団遺伝学 [population genetics] 生物集団の遺伝的構造を支配する法則の探求を行う,すなわち生物集団の遺伝的多様性*と進化*の仕組みについて研究するのが集団遺伝学である.集団遺伝学で最も基本となる量は対立遺伝子頻度*すなわち,集団中の遺伝子の割合で,これが自然選択*,遺伝的浮動*,突然変異,個体の移住などでどのように変化するかを理論的に明らかにした.現在ではこれら要因の役割を知るために,遺伝子の進化と変異に関するデータと,理論的予測との比較検討が行われている.この時一番役に立つのが自然選択に有利でも不利でもない中立遺伝子の理論(⇨ 分子進化の中立説)に基づく予測で,実際のデータが中立モデルに合っているかどうかを検討する.たとえば遺伝子DNAの同義置換と非同義置換のパターンを比較し,アミノ酸置換*における自然選択の働き方を明らかにする.また中立遺伝子の系図学を用いて近縁種や亜種の間の関係を推定することも行われている.(⇨ 分子進化学)

集中的伸長 [convergent extension] ⇨ 中胚葉誘導

重同位体 [heavy isotope] 元素には中性子数の異なる同位体*が複数個存在するものがある.この中で天然に最も多く存在する同位体よりも質量の大きい同位体を重同位体という.最近ではあまり用いられない用語になっている.

柔突起 ＝絨毛
雌雄二形 ＝性的二態

**12/23 bp スペーサールール** [12/23 bp spacer rule] ⇨ 組換えシグナル配列

**終　板**［endplate］　＝運動終板

**終板電位**［endplate potential］　EPPと略す．(→運動終板)

**修復(DNAの)**［repair (of DNA)］　生物の遺伝情報*を担うDNA分子は，構成する塩基の酸化，脱アミノや脱プリン反応さらにホスホジエステル結合の切断(DNA切断*)などにより自然発生的に損傷を被っている．また，紫外線などの電離放射線やアルキル化剤などの化学物質にさらされることによっても損傷が生じる．さらに，DNAの複製*の際には塩基の互変異性体やDNAポリメラーゼのエラーにより非常に低い頻度ながら間違った塩基対合(ミスマッチ)が生じる．ミスマッチやDNA損傷は，間違ったDNA複製やDNA複製阻害をひき起こし，最終的に突然変異*，あるいは細胞の死を誘発する．このような生物にとって致命的なDNA損傷を取除き，もとの損傷のないDNAに回復する機構がDNA修復である．修復機構にはつぎのようなものが知られている．1) DNA損傷の直接修復：光回復*，メチル基転移，1-メチルアデニンや3-メチルシトシンの酸化的脱メチル，2) 除去修復*：塩基除去修復，ヌクレオチド除去修復*，3) 複製後修復*，組換え修復，4) 誘導修復系(inducible repair system)：SOS修復*，適応応答*．哺乳動物においても紫外線などによる遺伝子発現の誘導現象は観察されているが，DNA修復との関係は明らかでない．

**修復合成**［repair synthesis, repair replication］　除去修復*やミスマッチ修復*の過程では，損傷をもつDNA部分が数塩基から数千塩基にわたって除去され一本鎖のギャップが生じる．このようなギャップは，DNAポリメラーゼ*が既存のDNAの3′末端から正常なDNA鎖を鋳型として新たに相補鎖を合成することによって埋められる．この段階を修復合成とよぶ．大腸菌の修復合成は合成されるDNAの長さ(patch)から，20塩基前後の狭い部分の修復(short patch repair)と数千塩基に及ぶ長い部分の修復(long patch repair)に分かれるが，前者にDNAポリメラーゼI，後者にはDNAポリメラーゼIIIが必須である．哺乳類細胞の場合，修復合成のパッチサイズは数塩基から数十塩基と短い．

**重複性**　⇌重複(ちょうふく)性

**周辺腔**　＝細胞周辺腔

**絨　毛**［villus, (pl.) villi］　柔突起ともいう．小腸粘膜の表面に認めることのできる，密生した(10〜40本/mm²)，太さ約0.1 mm，長さ0.5〜1.5 mmほどの柔突起．これは粘膜のシワないしヒダとみなすことができ，粘膜表面積を増す意味のある構造である．ラテン語としてのvillusは，ふさふさとした毛をさす．単一細胞(たとえば絨毛の最表層をなす多数の腸粘膜上皮細胞のうちの一つ)の表面に密生する微絨毛*(太さ80 nm，長さ1 μm程度)や，胎盤の絨毛膜絨毛*(chorionic villi)との異同に注意．

**絨毛がん**［choriocarcinoma］　絨毛上皮腫(chorioepithelioma)ともいう．胎盤*を構成する栄養膜細胞と合胞体栄養細胞(多核細胞)に類似する細胞とから成る上皮性悪性腫瘍で，浸潤性破壊性増殖を示し，きわめて出血性で絨毛の形態を認めない．多くは妊娠後，特に胞状奇胎を基礎にして子宮に生じる．子宮以外では，子宮外妊娠の卵管，卵巣，および精巣などに起こり，ごくまれには縦隔などにも生じる．臨床的には，ヒト絨毛性性腺刺激ホルモン*が腫瘍マーカー*として用いられる．

**絨毛上皮腫**［chorioepithelioma］　＝絨毛がん

**絨毛性性腺刺激ホルモン**［chorionic gonadotropin］　コリオゴナドトロピン(choriogonadotropin)ともいい，CGと略記する．絨毛組織から産生される糖タンパク質*であり，黄体形成ホルモン*(LH)と同様の黄体刺激作用をもつ．妊娠の成立とともに血中で検出されるようになり，初期妊娠維持と母児間の免疫寛容*の成立に必要な物質であると考えられている．卵胞刺激ホルモン*(FSH)，LH，甲状腺刺激ホルモン*(TSH)と類似したαサブユニットとLHと類似したβサブユニットをもつ．LH受容体に結合して細胞内カルシウム濃度を上昇させることで生物活性を示すと考えられている．

**絨毛膜絨毛**［chorionic villi］　妊娠子宮内で胎児や羊水を包んでいる膜は外側から，脱落膜(decidua)，絨毛膜(chorion)，羊膜*の3層から成っている．妊娠初期に絨毛膜の前面を覆っている細かい突起を絨毛膜絨毛とよび，初期妊娠維持に必要な絨毛性性腺刺激ホルモン*の産生臓器として重要である．妊娠の進行とともに分化し，受精卵着床部位ではしだいに肥厚し，底脱落膜とともに胎盤*を形成するのに対して，それ以外の部位では絨毛が退化して卵膜を形成する絨毛膜となる．発生学的には受精卵由来のもので，内側の中胚葉由来の結合組織部位と外側の上皮栄養芽層から成る．

**雌雄モザイク**［gynandromorph］　昆虫のように，体細胞での性決定*が細胞自立的に行われる生物でしばしばみられる，雌細胞と雄細胞が同一の個体に混在する現象．たとえば，ショウジョウバエではX/X細胞は雌，X/YまたはX/O細胞は雄となるが，X/X胚の初期発生過程で片方のX染色体が一部の細胞で欠失するとX/X細胞とX/O細胞から成るモザイク個体が生じる．高頻度で欠失する環状X染色体を利用したモザイク解析法(mosaic analysis)は，X染色体上の遺伝子の機能解析や胚の予定運命図*作成に利用される．

**14-3-3タンパク質**［14-3-3 protein］　ヒトから酵母に至る動植物界に広く分布するタンパク質のファミリー．分子量約3万，等電点4.7〜5.1のサブユニットから成る二量体で，アミノ酸配列が異なる多様な分子種が存在する．プロテインキナーゼ*が関与する細胞内シグナル伝達経路の調節因子として，モノアミン合成，エキソサイトーシス，細胞内のタンパク質輸送，細胞の増殖を分化，細胞周期の調節など，多彩な機能が推定されている．

**集　落**　＝コロニー

**重力屈性** [gravitropism]　屈地性(geotropism)ともいう．植物体が重力加速度の作用する方向または反対の方向に成長する性質．通常，根は重力方向に伸長(正の重力屈性)し，茎は重力と反対方向に伸長(負の重力屈性)する．植物体には動物の平衡器官に似た器官はないが，根の先端部の細胞(根冠のコルメラ細胞 columella cell)が重力刺激を感知すると考えられている．コルメラ細胞中に存在する多数のデンプン粒が平衡石の役割をもつといわれているが，感知機構については不明である．重力刺激のシグナルは根の伸長域に伝達され，上側の細胞が下側の細胞よりもよく伸長するために根は下向きに屈曲する．シグナル伝達には $Ca^{2+}$ およびオーキシン*の輸送が関与していると考えられている．重力屈性が異常になった突然変異体がトウモロコシやシロイヌナズナ*から分離されている．(⇒屈光性)

**縦列繰返し配列** ＝縦列反復配列

**縦列反復数変異** [variable number of tandem repeat]　VNTRと略す．ゲノム中に数百から数千箇所の存在が確認されている数塩基～数十塩基を単位とする反復頻度が変化しやすい配列である．反復数に多型が見られ，またヘテロ接合頻度が非常に高い(多型性に富む)ことから，これまで有用な多型マーカーとして連鎖解析などに用いられてきた．塩基の挿入/欠失によるVNTRは，ミニサテライトマーカー(mini-satellite marker)ともいい，マイクロサテライトマーカーよりは長いが，1単位が7～40 bpという短い単位の反復数に変異があることによって生じる多型である(⇒マイクロサテライトDNA, サテライトDNA)．制限断片長多型*(RFLP)に比べれば対立遺伝子数が多いために情報量が多く，通常サザンブロット法*でこの多型を検出することができる．インスリン遺伝子の5′末端のVNTRは，反復配列の前後をPCR*法で簡単に増幅でき，PCR産物の長さの多型として検出できることもあって，それぞれ高脂血症*や糖尿病*の病因遺伝子の解析に用いられている．

**縦列反復配列** [tandem repetitive sequence, tandem repeat]　縦列繰返し配列ともいう．図のように二つ以上の同じ，あるいは非常によく似た塩基配列がスペーサー領域*を挟んで並んでいる場合，その領域を縦列反復配列という．

```
5′……GAATC……GAATC……3′
3′……CTTAG……CTTAG……5′
```

なおこれらの配列は同じ染色体上にある．スペーサーをもたない場合これらの配列は直列反復配列*とよばれる．リボソームDNAのように発現量の多い遺伝子がこれを形成することが多い．またこの領域は組換え頻度も高く，組織によって(卵母細胞や体細胞など)反復の数は異なってくる．

**収斂(れん)進化** ＝収束進化

**GU-AG則** [GU-AG rule]　真核生物の核にコードされる遺伝子のmRNA前駆体に含まれるイントロン*の塩基配列は，5′側はGUで始まり3′側はAGで終わるという規則．これらの配列は種を問わず非常によく保存されており，少数の例外を除いてほとんどすべてのイントロンにおいて成り立つ．GUおよびAG配列の周辺に存在するやや保存度の低いブランチ部位やピリミジンクラスター配列などとともに，スプライス部位*が決定される際の重要なシス配列を構成している．(⇒スプライシング)

**GUS** [GUS＝β-glucuronidase]　β-グルクロニダーゼの略．(⇒β-グルクロニダーゼ遺伝子)

**縮合** [condensation]　【1】2分子間あるいは分子内で水やアルコールなどの分離を伴う反応により新たな結合を生じること．生体内では種々の脱水縮合により生体高分子などの代謝産物が生成する．縮合反応の繰返しにより高分子(縮合重合体)を生成する反応を縮合重合(＝重合)という．
【2】T偶数ファージ*の成熟初期に起こる凝縮．

**宿主** [host]　⇒共生

**宿主域** [host range]　ウイルスやファージ，プラスミド，原虫などが複製または維持される細胞または菌の範囲．ウイルスの場合は一般に宿主域が本来の動物種を越えることは少ないが，日本脳炎ウイルスが蚊と人間を宿主とするように種を越える場合もある．また実験的にあるいは自然界からも，特定の性質をもった宿主でのみ増殖可能な宿主域突然変異株が数多く分離され，それらの解析は遺伝子レベルの機能研究に重要な役割を果たしてきた．

**宿主依存性修飾** ＝宿主誘導修飾

**縮重** [degeneracy]　縮退ともいう．複数の自由度に対応する量が同等の値をもつこと．たとえば $n$ 個の線形独立な固有関数に対し同じ一つの固有値が対応している場合，この固有値は $n$ 重に縮重しているという．分子生物学では，塩基配列からアミノ酸配列への変換を規定する遺伝暗号*で，一つのアミノ酸に対応するコドン*が複数個あることを縮重という．これは4種類の塩基3文字から成る64種類のコドンが20種類のアミノ酸に翻訳されるために，コドンの3文字目の違いはアミノ酸の違いに反映しない場合が多い．(⇒コドン出現頻度，ゆらぎ塩基)

**宿主細胞** [host cell]　ウイルス*の感染に用いる細胞，またはプラスミド*やファージ*DNAなどのベクター*と挿入遺伝子の増殖に用いる細菌をいう．(⇒コンピテント細胞)

**宿主DNA** [host DNA]　ウイルスやファージなどの宿主側のDNAをさす．レトロウイルス*やλファージ*では宿主DNAへの組込みが起こる．

**宿主-ベクター系** [host-vector system]　組換えDNA実験において，外来DNAを組込んだベクターが遺伝子導入後に複製可能な宿主の特定の組合わせをいう．大腸菌，出芽酵母，枯草菌を宿主とする特定の宿主-ベクター系はガイドラインで認定されている．またこれら以外の宿主-ベクター系についても構造と機能が既知の遺伝子について，生物学的封じ込め*および物理的封じ込め*レベルが記載され，実験の安全指針となっている．"遺伝子組換え生物等の使用等の規制

による生物の多様性の確保に関する法律(カルタヘナ法)"が施行されて,自然条件において個体に成育しない培養細胞は生物から除外され,動植物培養細胞に組換え DNA を導入する実験は遺伝子組換え実験の対象外となった.現在,B1 区分とされている宿主-ベクター系は,大腸菌 K12 株の EK1,出芽酵母の SC1,枯草菌の BS1 のほか,*Thermus* 属細菌,*Rhizobium* 属細菌,*Pseudomonas putida*,*Streptomyces* 属細菌,アカパンカビ,*Pichia pastoris*,*Shizosaccharomyces pombe*,大腸菌 B 株などで,B2 区分は,EK2, SC2, BS2 となっている.(⇨ 組換え DNA 技術,カルタヘナ議定書)

**宿主誘導修飾** [host-induced modification] 宿主依存性修飾ともいう.ファージやウイルスが,増殖した宿主特有の一過性の修飾を DNA に受けること.それによってその宿主のもつ制限酵素*の攻撃を避けることができる.たとえば大腸菌 K12 株で増えた λファージは,K12 株では増殖できるが B 株では制限されて増殖できない.しかし約 $10^{-4}$ の頻度で B 株で増殖できたファージは,B 株特有の修飾を受けたので B 株で増殖するが,逆に K12 株特有の修飾を失っているので K12 株では増殖できなくなる.一般に修飾は生物種に特有で,特定の塩基や塩基配列のみに起こり,そのおもなものはメチル化やグルコシル化である.(⇨ 制限修飾系)

**粥状動脈硬化** =アテローム性動脈硬化

**縮退** =縮重

**樹形図** [tree view] 階層構造の情報を視覚的に表現したものである(図参照).実際の木を逆さまにした構造をしている.一番上の構成要素をルート(根)とよぶ.各要素をつないでいる線はエッジ(枝)とよばれ,各要素はノード(節点)とよばれる.これ以上先にエッジがないものを葉とよぶ.進化の系統樹*も樹形図で表されている.

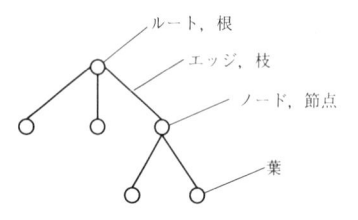

**種形成** [speciation] 種分化ともいう.ある種が二つ以上の新しい種に分かれること(分岐進化*),または,時間をかけて新しい別の種に変化すること(前進進化).地理的に隔離された同種の集団間に徐々に遺伝的変異が蓄積した結果,生殖障壁が形成されるという異所的種分化(allopatric speciation),地理的隔離を伴わず,その他の要因によって生殖的隔離を発達させるという同所的種分化(sympatric speciation)など,いくつかのモデルが提出されているが,地理的隔離が種分化に好都合であることは,群島で急速な種の分化が起こることによって裏付けられる.なお,染色体の同質あるいは異質倍数化による即時的な種形成も起こることがある(植物に多い).種分化の段階で,集団の大きさが著しく減少することによる生物集団の遺伝的多様性への影響や,DNA 配列データを用いた種の間の分岐時間の推定法などの研究がある.また,生殖的隔離が生じるためには一般に二つまたはそれ以上の遺伝子座での突然変異が必要とされているが,その分子レベルでの研究はこれからの課題である.

**主溝** [major groove] ⇨ DNA

**種子** [seed] 種子植物において受精後,胚珠全体から発達する部分.種子は一般に休眠*状態を経て発芽する.発芽に光を要するものは光発芽種子(light germinater)という.被子植物の種子は種皮,内乳(普通 3n の細胞から成る),胚から成るが,種子形成中に内乳がなくなる無胚乳種子も多く,その多くは子葉に養分を蓄える.種子の中で胚の養分となる物質を胚乳(albumen)という.胚乳は内乳(endosperm)や周乳(perisperm,珠心起源の部分)に含まれる物質の名称である.

**主軸** [main axis, principal axis] ⇨ 体軸

**種子タンパク質** [seed protein] 種子発生*の後期に合成され,種子*に貯蔵されるタンパク質.イネ科などではアリューロン層*と胚乳中の,また双子葉類マメ科などでは子葉中のタンパク粒*におもに蓄えられ,発芽期に芽ばえの成長のための養分を供給する.溶解性やポリペプチド構成に基づき,プロラミン,7S グロブリン,11S グロブリン,2S アルブミン,種子レクチンの各タイプに分けられる.植物遺伝子発現の調節機構を調べるうえで有効な実験系である.

**種子発芽** [seed germination] 種子植物の一生は受精に始まり,胚成長の初期に種子を形成して親植物から離れ,休眠*期を経て適度な環境を与えられると芽ばえる.発芽(germination)は胚成長の再開である.発芽には適当な温度と水湿が不可欠であり,酸素や光によっても影響される.発芽過程は,まず種子の物理的吸水に始まり,ついで細胞小器官や酵素類が働き始める原形質再活性化の時期,そして貯蔵物質の分解と物質の新合成が起こる時期を経て,芽ばえの成長につながる.

**種子発生** [seed development] 種子植物では,受精卵が胚となり,幼芽・幼根・子葉に分化するが,この胚成長の初期に寒冷期や乾燥期を克服するために種子*を形成する.この種子発生は,胚成長の休止(休眠*)とその再開(種子発芽*)に備えるための貯蔵物質の合成・集積の過程である.イネ科穀粒のような胚乳種子では胚乳が貯蔵組織となる.これに対して,マメ科種子などの無胚乳種子では,胚発達の初期に胚乳は胚に吸収され,栄養分はおもに子葉に蓄えられる.

**樹状細胞** [dendritic cell] 造血幹細胞*由来の樹枝状形態をとる細胞で,強い抗原提示能をもっている.リンパ系器官以外にも広く分布している.MHC 分子(⇨ 主要組織適合抗原)の発現が強く,T 細胞に対して抗原提示*をし,免疫応答の開始に重要な役割を果たす.外来抗原を貪食した未成熟樹

状細胞は，リンパ系器官に移動し，抗原を提示する．この時には，成熟樹状細胞となっており，外来抗原貪食能はなくなっているが，接着分子*の増強やリンホカイン*の分泌により，T細胞反応を増強すると考えられている．(→抗原提示細胞，樹状細胞免疫療法)

**樹状細胞免疫療法** [dendritic cell-based immunotherapy]　リンパ球にがん細胞などの抗原情報を伝える樹状細胞を使った細胞免疫療法の一種である．血液中の単球は樹状細胞*に分化させることができるが，さらに，抗原としてがんから抽出したタンパク質や合成したペプチドを食食させ，細胞表面に提示させるようにした樹状細胞を体内に戻すことにより，生体内で細胞傷害性Tリンパ球(キラーT細胞*, CTL)を誘導する療法である．また，このような樹状細胞を使って体外で特異的なCTLを誘導し，そのCTLを注入する治療も行われる．後者は，樹状細胞ワクチン療法とよばれる．一方，リンパ球と樹状細胞を混ぜて抗CD3抗体とIL-2を使って活性化培養することによって，効率よく活性化リンパ球を誘導する方法も考案されている(樹状細胞活性化リンパ球療法)．樹状細胞療法は1998年に初めて実施され，2006年現在まで，2000人以上の前立腺がん，甲状腺がん，婦人科がん，非小細胞肺がんの進行がんに対して試みられて，20%程度の有効性が得られている．(→細胞免疫療法，免疫療法)

**樹状突起** [dendrite]　神経細胞の細胞体*から樹枝状に伸びる突起で，多くの場合神経情報を受容する機能をもつことから，出力系の突起である軸索*とは区別される．樹状突起の分枝パターンはゴルジ染色法などで見ることができ，多様であるが，同様の機能をもつ神経細胞は，同様の形態を示すと考えられている．樹状突起には多数のシナプス*があり，その部分は隆起したり突出したりしている．樹状突起の膜は興奮性をもたないことが多く，そこで発生したシナプス後電位*は減衰しながら細胞体や軸索起始部に伝わるというケーブル特性を示す．複数のシナプス後電位が細胞体などで加重されて閾値に達すると活動電位*が発生する．

**受精** [fertilization]　雄性と雌性の生殖細胞*同士が特殊に分化した配偶子(精子・卵子)が互いに認識し合い，結合し，融合し，最終的に両者の核が一つになることで新しい遺伝的構成をもった核を形成するまでの過程をいう．哺乳類においては配偶子同士の相互認識には両者の表面に発現する糖鎖が重要な役割を果たしている．大半の脊椎動物では精子は先体*反応を起こし，二次卵母細胞の放線冠・透明帯*・卵細胞膜を貫通して卵子の細胞質に至る．精子侵入のシグナルは動物種により異なり，複雑な伝達機構を介して卵子の最終的成熟をひき起こす．結果的に卵子は減数第二分裂を終了し，雌性前核(female pronucleus)を形成する．そして透明帯は他の精子が侵入できないように変化し，精子の頭部は尾部から切離され膨張して雄性前核(male pronucleus)となる．受精の結果，染色体は倍数性*を回復し，染色体の性が決定し，卵割が開始する．(→受精卵)

**受精卵** [fertilized egg]　受精*により雄性前核と雌性前核が融合し，新しい遺伝的構成をもった状態の細胞をいう．個体発生の最初の状態．雄性前核と雌性前核がそれぞれのDNAを複製したのち，両者の染色体が混ざり合い有糸分裂を経て二細胞期となる．未受精卵の時点からの連続的な変化により，時間的・空間的に制御された遺伝子群が発現し，形態形成が進行する．

**出芽** [budding]　酵母菌特有の細胞分裂様式．母細胞の一端から形成される芽が成長することにより娘細胞が生じる．出芽と芽の成長にはアクチン*が重要な働きをする．芽と母細胞のネックの細胞壁にはキチンから成るリングができる．芽の先端には分泌小胞が集合する．新しい芽は一倍体では前回の出芽部位の近傍から，二倍体では細胞の反対側から生じる．こうした出芽位置の決定にはRhoファミリーの低分子量GTP結合タンパク質*やGDP-GTP交換因子*が関係する．(→出芽酵母)

**出芽酵母** [budding yeast]　出芽*により増殖する酵母の総称．酵母には，出芽でなく二分裂で増殖する*Schizosaccharomyces pombe*のような分裂酵母もあるが，大部分の酵母は出芽により増殖する．代表的なものにパン酵母(*Saccharomyces cerevisiae**)がある．多くの出芽酵母は出芽による無性生殖とともに有性生殖世代をもつが，*Candida*酵母のような有性生殖が知られていない不完全菌類に属する酵母もある．

**出生前診断** [fetal diagnosis]　産前診断(prenatal diagnosis)，子宮内診断(intrauterine diagnosis)ともいう．出生前に先天異常を診断すること．胎児試料の細胞遺伝学，生化学的解析や画像検査などによる．先天異常の発生予防，胎児治療，早期療育，母性保護，分娩方針決定を目的とする．手技は侵襲的方法(羊水穿刺，絨毛採取，胎児採血，胎児皮膚生検，胎児肝生検)と非侵襲的方法(超音波，母体血中胎児細胞採取など)がある．前者の適応は夫婦が染色体異常または重篤な遺伝病*保因者，異常児分娩歴，高齢妊娠，超音波で重篤な胎児異常を認める場合に限る．染色体異常，単一遺伝子病，先天代謝異常*などが対象となる．核型分析には安全性から羊水穿刺が好まれ，妊娠15〜18週に経腹的に採取する．DNA診断には絨毛採取も行われ，妊娠9〜11週に経腟または経腹的に採取する．胎児採血は妊娠16週以後に臍帯から経腹的に採取する．細胞遺伝学的診断としてFISH法(→蛍光*in situ*ハイブリダイゼーション)や胎児由来細胞培養による核型*の検索が行われ，分子遺伝学診断としてサザンブロット法，PCR法などによる直接診断，制限断片長多型*(RFLP)，PCR-RFLPなどによる間接診断が行われる．ヒトゲノムの完全解読により，各種疾病の責任遺伝子や感受性遺伝子の同定やDNA配列を基礎とした各種遺伝子疾患の診断がますます容易になってきており，倫理的な諸問題に対する対応策の整備も重要な検討課題となっている．(→遺

**受動感作**［passive sensitization］ ＝受動免疫

**受動免疫**［passive immunity, passive immunization］ 受身免疫，受動感作(passive sensitization)ともいう．免疫刺激を受けていない個体に，感作された個体由来の抗体またはリンパ球を移入することによって得られる免疫で，特にリンパ球を移入する場合を養子免疫(adoptive immunity)という．実際に，ヘビ毒，ジフテリア，破傷風菌由来の毒素*に個体が侵襲された場合に治療で用いる抗毒素抗体も受動免疫による方法である．また，担がん患者に，in vitro で再感作，活性化したリンパ球を投与する養子免疫療法(→免疫療法)も受動免疫である．

**受動輸送**［passive transport］ 細胞膜が物質を通過させる方法の一つ．細胞内外の物質の濃度勾配に応じて物質が移動する．熱エネルギー・濃度勾配・分子の大きさだけで輸送速度が規定され物質に対する選択性の少ない単純拡散と，拡散ではあるが輸送体*で促進されるので選択性の生じる促進拡散*とがある．(→能動輸送)

**シュート頂**［shoot apex］ → 頂端分裂組織

**シュードノット構造**［pseudoknot structure］ 核酸のヘアピン構造のループ部位に(→ヘアピンループ)，一本鎖の核酸が塩基対*を形成して対合した際に形成される構造(図)．二つのステムと，二つないしは三つのループから構成される．ループ 1.5 の残基数はゼロの場合とそうでない場合がある．シュードノット構造は天然に広く存在し，レトロウイルス*の DNA 複製，翻訳制御などのさまざまなプロセスにおいて重要な役割を担っている．テロメラーゼ*中の鋳型 RNA にも存在する．

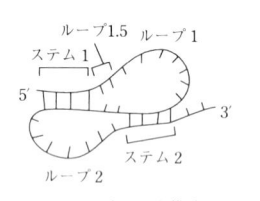

**シュナイダー法**［Schneider procedure］ 組織中の核酸およびタンパク質を定量的に抽出する古典的方法の一つ．組織を薄い，冷トリクロロ酢酸*または過塩素酸でホモジナイズした後の沈殿を同じ酸に懸濁し，十数分加熱したのち，冷却遠心すると上澄みに核酸，沈殿にタンパク質が得られる．タンパク質，およびジフェニルアミン反応*による DNA の定量には使えるが，RNA の定量には向かない．(→シュミット・タンホイザー法)

**種の命名法**［nomenclature of species］ 種*は国際的には学名により命名されるが，国産種や一部の外国種の場合には和名も併用される．学名は C. von Linne により提唱された二命名法を用いる．二命名法は正式には属名，種小名，命名年より成り，言語は基本的にラテン語を用いる．属名と種小名を併せて種名とよぶ．たとえばヒトの場合には Homo sapiens Linnaeus 1758 のように記載する．Homo が属名で必ず語頭は大文字で始め，つぎに sapiens という種小名が続く．種小名の語頭は必ず小文字で始める．また，種名(属名，種小名)には必ず斜字体を用いる．Linnaeus は命名者，1758 は命名年であり，すべての種の表記はこの形式に従う．通常，命名者と命名年は省略される場合が多く，Homo sapiens のように表される．種の命名には正基準標本(Holotype)を指定しその保管場所の提示が公表の際に義務づけられる．新種の記載は，それまでその種が未記載であった場合のみ行うことができる．文献調査の不徹底から，同一の種に異なった学名が記載された場合は，先に記載したものがその権利をもつ．種としての記載が不十分な場合は sp. という記号を用い(たとえば Mus sp.)，また同じ属に複数の種が存在し，種の特定を行わない場合には spp. という記号を用いる(Trypanosoma spp.)．また，亜種の場合には種名の後に亜種名を続けて記載する(たとえば Mus musculus domesticus)．

**種分化** ＝種形成

**シュペーマン** SPEMANN, Hans ドイツの発生生物学者．1869.6.27～1941.9.12．ドイツのシュトゥットガルトに生まれ，フライブルクに没す．ハイデルベルク大学動物学科卒(1892)．ロストック大学教授(1908～14)，カイザー・ウィルヘルム生物学研究所教授(1914～19)，フライブルク大学教授(1919～38)．イモリ胚の原口背唇部は移植すると脊索中胚葉性器官となり，近くの外胚葉に働いて神経管などを誘導した．未分化の細胞群に作用して分化を起こす部分を形成体*(オーガーナイザー)とよんだ．1935 年ノーベル医学生理学賞を受賞した．

**シュミット・タンホイザー法**［Schmidt-Thannhauser procedure］ 組織中の DNA および RNA を定量的に抽出する古典的方法の一つ．組織を薄いアルカリ溶液でホモジナイズし，一晩保温したのち遠心すると，RNA は分解されて上澄みにくる．沈殿を熱トリクロロ酢酸*で処理することによって，DNA 画分を可溶化する．アルカリ処理の前に，必要に応じてエタノール・エーテルによる脂質除去の操作を入れることもある．(→シュナイダー法)

**腫瘍**［tumor］ 新生物(neoplasia, neoplasm)ともいう．体の一部の細胞から発生し，自律的に過剰に増殖する組織．増殖の本体である実質と，支持組織である間質とから成る．臨床的に良性と悪性とに分けられ，また悪性腫瘍(→がん)は，分化傾向により上皮性悪性腫瘍(がん腫*)と非上皮性悪性腫瘍(肉腫*)とに分けられる．悪性腫瘍の診断は，現在でも最終的には病理組織学的になされる．上皮組織と非上皮組織の混合から成る腫瘍は混合腫瘍(mixed tumor)とよばれる．(→良性腫瘍，腫瘍細胞)

**腫瘍ウイルス**［tumor virus］ がんウイルス(oncogenic virus)ともいう．DNA または RNA をゲノムにもつウイルスのうち，個体に感染させて腫瘍化を起こし，あるいは培養細胞に感染させるとトランスフォーメーション*を誘導するもの．RNA をゲノムとしてもつレトロウイルス*から初めてがん遺伝子*が発見さ

れ，正常細胞にも相同遺伝子(ホモログ*)が見いだされた．正常細胞の遺伝子は原がん遺伝子*とよばれ，生理的に細胞の増殖・分化を担って機能している．(→ DNA 腫瘍ウイルス，レトロウイルス)

**腫瘍壊死因子** [tumor necrosis factor]　TNF と略す．マクロファージなどから生産されるサイトカイン*の一種．in vivo である種の腫瘍に出血性の壊死*を誘導する因子として発見された．また，in vitro ではある種のがん細胞にアポトーシス*を誘導する活性がある．がんの治療薬として期待されたが，一部のがん細胞にしか有効でなく，内毒素ショック*や悪液質*を直接ひき起こす原因物質であるので，治療薬としては適さないとされている．TNF は腫瘍壊死因子 $\alpha$(TNF-$\alpha$, tumor necrosis factor $\alpha$)とよばれることもあり，活性化されたマクロファージ，ナチュラルキラー細胞，一部の T 細胞やある種の腫瘍細胞から生産される．157 個のアミノ酸から成る分子量 17,000 の可溶性タンパク質として細胞外に存在するが，本来は 76 アミノ酸から成る疎水性ペプチドを N 末端側にもつ II 型細胞膜貫通タンパク質であり，これがプロセシングされて細胞外に放出される．グラム陰性細菌，ウイルス，マイトジェン*などの刺激によって in vivo で誘導され，グルココルチコイド，プロスタグランジン $E_2$*，トランスフォーミング増殖因子 $\beta$* などによって生産が抑えられる．リンホトキシン*は TNF-$\beta$ ともよばれ，これは T 細胞から分泌される 171 アミノ酸から成る分子量 25,000 の糖タンパク質である．TNF-$\alpha$ と $\beta$ のアミノ酸一次配列は 30 % の相同性があり，共通の受容体に結合する．三次構造は，ともに $\beta$ シートが重なったサンドイッチ状の構造を示し，三量体を形成する．これが腫瘍壊死因子受容体*に結合し，三量体の受容体からシグナルが細胞内に伝達される．そして，タンパク質のチロシンホスファターゼ，ホスホリパーゼ A，プロテインキナーゼ C，ホスファチジルコリン特異性ホスホリパーゼ C，スフィンゴミエリナーゼなどの活性化といったシグナル伝達機構が働く．そして，転写因子 NF-$\kappa$B の活性化などがひき起こされる．その結果，細胞傷害性のほか，抗ウイルス活性，繊維芽細胞の増殖促進，造血細胞の分化誘導，MHC(主要組織適合遺伝子複合体*)の発現増強，c-fos や c-jun，Mn-SOD(スーパーオキシドジスムターゼ*)，プロスタグランジン $E_2$，ICAM-1 や ELAM-1 の発現，IL-1，IL-6，GM-CSF や M-CSF の発現が導かれる．また，HIV ウイルスの増殖を促進したり，自己免疫疾患*である関節リウマチを悪化させる活性もあることがわかっている．TNF とよく似た構造をもつ細胞膜貫通タンパク質として，Fas 抗原*のリガンド，B 細胞表層抗原 CD40，T 細胞表層抗原 CD27 や CD30 のリガンドなどが存在し，これらは TNF ファミリーを構成している．また，TNF ファミリーに属する分子の受容体群は TNF 受容体ファミリーを構成する．

**腫瘍壊死因子 $\alpha$** [tumor necrosis factor $\alpha$]　⇒ 腫瘍壊死因子

**腫瘍壊死因子受容体** [tumor necrosis factor receptor]　TNF 受容体(TNF receptor)ともいう．腫瘍壊死因子*/神経成長因子*受容体ファミリーに属する I 型膜貫通タンパク質であり，TNF とリンホトキシン*を共通のリガンドとして別々に結合する．分子量 55,000 の I 型受容体と 75,000 の II 型受容体の 2 種類の分子が存在する．I 型は上皮由来の細胞や，がん細胞株，繊維芽細胞，血管内皮細胞など多くの細胞で，II 型は末梢血リンパ球やマクロファージなどの免疫担当細胞で発現し，それぞれが異なったシグナルを伝達する．

**腫瘍壊死因子 $\beta$** [tumor necrosis factor $\beta$]　＝リンホトキシン

**腫瘍学** [oncology]　腫瘍およびがんの病態および病因論について研究する学問．腫瘍の原因，発生および進展の機構を追究し，最終的にがんの予防，診断および治療に役立つ知見を集めることを目的とする学問を総称する．その包含する研究領域は病理学・生化学・分子生物学・免疫学・遺伝学・ウイルス学・疫学・内科学・外科学など医学・生物学の広範な分野にわたる．特に近年，がん遺伝子*およびがん抑制遺伝子*の存在が証明されるなど，分子生物学的手法を駆使した分子腫瘍学領域の進展が目覚ましい．

**主要感受性遺伝子** [major susceptibility gene]　疾患感受性遺伝子*のうち，疾患との関係が特に大きいと考えられている遺伝子．疾患との関係の大きさは連鎖解析や関連解析などの結果から考えられる(→ 連鎖解析法)．この関係の大きさは統計学的に見て大きい場合と，その遺伝子の機能的に見て大きい場合とに分けられる．機能は未知であるが連鎖解析などにより主要感受性遺伝子が特定されている疾患もある．一方で，その遺伝子をノックアウトすることで疾患がひき起こされるため，主要疾患感受性遺伝子とよばれている遺伝子も存在する．I 型糖尿病，喘息，強直性脊椎炎，家族性黒色腫，若年性ミオクローヌスてんかんなどで主要感受性遺伝子と考えられる遺伝子，もしくは主要感受性遺伝子が存在すると考えられる遺伝子座が見つかっている．

**受容器** [receptor]　⇒ 神経系

**受容器電位** [receptor potential]　感覚の刺激によってそれを受取る受容器に発生する電位のこと．代表的なのは痛覚，圧覚，熱冷覚などの侵害性刺激を受取る侵害受容器の興奮による電位である．受容器電位は全か無かの法則に従わず段階的であるとされているが，求心性の神経終末がきわめて細いために電気生理学的手法では直接観測することができない．より中枢側の神経からは刺激の強さに応じた活動電位の発射が記録され，これを符号化(transformation)とよぶ．

**腫瘍血管新生因子** [tumor angiogenesis factor]　腫瘍性血管形成因子ともいい，TAF と略す．腫瘍内に血管を誘導，新生する因子．血管新生は腫瘍の増殖や転移巣の形成に不可欠であり，その調節因子として増殖因子が最も重要と考えられている．中でも血管内皮細胞増殖因子*(VEGF)，繊維芽細胞増殖因子*(FGF)，肝細胞増殖因子*(HGF)などが注目されてい

る．これら因子は，内皮細胞の増殖，遊走，管腔形成やプロテアーゼ産生を促進する．特に VEGF は内皮細胞に選択的に作用する．種々の正常細胞に加えて腫瘍細胞によっても産生される．(→血管新生因子)

**腫瘍抗原** [tumor antigen] ＝がん抗原

**腫瘍細胞** [tumor cell] 腫瘍*の実質を構成する細胞．腫瘍細胞は単クローン性であると考えられており，この点で過形成*などの非腫瘍や，腫瘍内の間質細胞と区別できるとされる．腫瘍細胞は，形態，遺伝子の突然変異や発現，細胞周期，細胞-細胞および細胞-基質の相互作用など多くの点で他の体細胞と異なっている．近年の分子生物学的，細胞生物学的手法の進展により，腫瘍細胞の特性についての研究が急速に進んでいる．(→がん細胞)

**腫瘍性血管形成因子** ＝腫瘍血管新生因子

**主要組織適合遺伝子複合体** [major histocompatibility complex] MHC と略す．免疫系において，T 細胞に抗原ペプチドを提示する膜タンパク質である主要組織適合抗原*(MHC 抗原)をコードする一連の遺伝子が存在する領域．MHC は，生物の遺伝子の中で最も高度の多型*性を示し，その不一致が臓器や腫瘍の移植に際して強い拒絶反応を誘導する共優性の遺伝形質として，まずマウスにおいて同定された．MHC にはクラスIとクラスIIの2種類が存在し，それぞれに複数の遺伝子座が存在する(→MHC クラス I 分子, MHC クラス II 分子)．また動物種によっては，古典的クラスI(クラス Ia)に類似した非古典的クラスI(クラス Ib)遺伝子座のあるものが MHC に連鎖している．マウスの MHC は，H-2 複合体(→H-2 抗原)とよばれ，ヒトの MHC は，HLA(→ヒト白血球組織適合抗原)とよばれる．MHC の出現は4億年前と考えられ，無顎類を除くすべての脊椎動物に，その存在が知られている．MHC 領域にはクラスIあるいはIIに類似するが，遺伝子発現の認められない偽遺伝子*が多数存在する．MHC 遺伝子群は，おそらく $\beta_2$ ミクログロブリン*遺伝子を祖先遺伝子として進化し，遺伝子重複*を繰返し，現在のような多重遺伝子族を形成するに至ったと考えられる．また MHC 遺伝子領域には，このほかにも抗原プロセシング*および抗原提示*に重要な TAP, LMP あるいは DM 遺伝子などが密に連鎖している．さらにクラスIとII遺伝子領域の間には，補体*成分，腫瘍壊死因子*あるいは熱ショックタンパク質*をコードする遺伝子群が多数連鎖しており，これらをクラスIII遺伝子とよぶこともある．MHC 遺伝子は，リーダーペプチドをコードする第一エキソンに続いて，タンパク質のドメイン構造にほぼ一致した5〜8個のエキソン-イントロン構造をもっている．構造遺伝子の上流には，MHC 遺伝子の組織特異的発現あるいはサイトカインによる発現の誘導などの遺伝子発現の調節にかかわる領域があり，この部分に結合する転写因子*がいくつも同定されている．MHC 遺伝子の先端は，抗原ペプチドを結合する溝状の構造を形成する．MHC 遺伝子中のペプチド収容溝をコードするコドンにおいては，同種の個体間で認められるアミノ酸の変異を伴うような塩基置換(非同義置換)の頻度が，他の遺伝子と比較して非常に高いという特徴をもつ．さらに MHC 遺伝子の多型は，点突然変異のみならず，遺伝子変換*により生み出されたと考えられる．しかし，このような遺伝子の突然変異が一定時間内に生じる頻度は，他の遺伝子と比べて MHC において特に高いわけではなく，長い年月をかけて蓄積されたものと考えられている．これを反映して，類似した MHC 対立遺伝子が異なる動物種に出現するという現象が認められる．また MHC の多型は，膨大な数の抗原の中で特定の MHC をもつ個体が有効な免疫応答を示すことにより生存し，種を保存するという適応的進化の結果生じたものであるとの説がある．

**主要組織適合抗原** [major histocompatibility antigen] MHC 抗原(MHC antigen), MHC 分子(MHC molecule)ともいう．同種異系(アロ)の個体間での組織移植において，移植片が生着するか拒絶されるかを決定する最も強力な因子となる膜タンパク質の総称．タンパク質抗原がタンパク質分解酵素により分解されてできたペプチドを結合して，これを T 細胞に提示する機能をもつ(→抗原提示)．MHC 抗原には，構造，組織分布および T 細胞に提示できる抗原ペプチドの由来が異なる，クラスIおよびクラスIIの2種類が存在する(→MHC クラス I 分子, MHC クラス II 分子)．次ページの図のようにクラス I 分子の場合には $\alpha_1$ および $\alpha_2$ ドメインが，またクラス II 分子の場合には $\alpha_1$ および $\beta_1$ ドメインが，分子の細胞外部分の先端に溝状の構造を形成し，この部分に抗原ペプチドが結合する(→抗原プロセシング)．MHC 分子のペプチド収容溝のよく保存されたアミノ酸残基と，抗原ペプチドの主鎖との間には 10 数箇所で水素結合が生じる．ペプチド収容溝には 3〜5 個の小さなポケット構造が存在し，ペプチドが特定の MHC 分子に結合する際には，ペプチド上の特定の位置に存在する数個のアミノ酸残基の側鎖が，このポケット構造に収容される．これらのアンカー残基に位置するアミノ酸としては，特定の数種類が許容される(MHC 結合モチーフ)．このようなアミノ酸残基の側鎖と，ペプチド収容溝のポケットを構成する MHC 分子のアミノ酸残基との間では水素結合，イオン結合，あるいは疎水結合が生じている．MHC の多型*は，ペプチド収容溝を構成するアミノ酸残基に集中しており，異なる対立遺伝子(アリル)の MHC ではポケットの構造も異なるため，これに結合するペプチドの構造モチーフに違いがある．

**受容体** [receptor] レセプターともいう．ホルモン*，神経伝達物質*，オータコイド*などの外来性の物質や，物理的，化学的刺激が何らかの細胞応答をひき起こす時に，その物質，または刺激を特異的に認識するシグナル伝達*の入口．受容体の多くは，もともと拮抗物質を使った薬理学的研究，結合実験による生化学的研究，パッチクランプ*法を用いた電気生理学的研究などでその存在が示されてきたが，分子生物学的手法の発達で，遺伝子レベルでその構造が

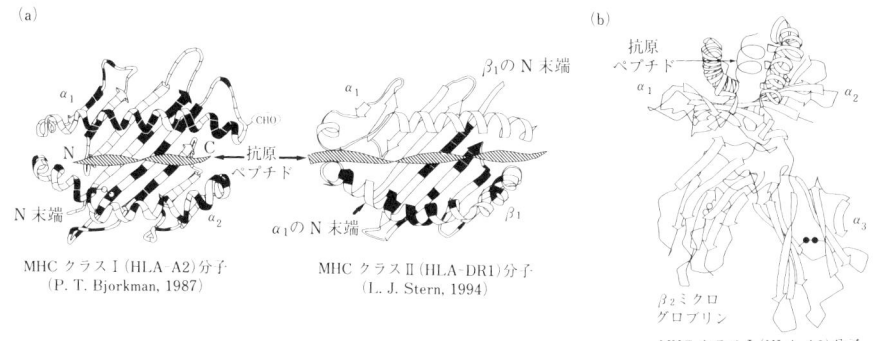

MHCクラスI (HLA-A2) およびクラスII (HLA-DR1) 分子の立体構造.
(a) T細胞受容体側から見た上面図. 黒い部分のアミノ酸は多型を示す.
(b) 側面図. クラスI分子のもののみを示す. クラスII分子もほぼクラスI分子と同様の構造をもつ

**主要組織適合抗原**

解析され,一般的には細胞膜,小器官膜や,細胞質内に存在する特定の物質や刺激で活性化されるタンパク質をさすようになった. その受容体が認識するものが物質の場合は総じてリガンド*とよび,一般に特異性の高い結合をする. リガンドまたは刺激が,その受容体をもつ細胞に作用して受容体を活性化し,直接,またはセカンドメッセンジャー*を介して間接的に,細胞応答をひき起こす. また,広い意味で,セカンドメッセンジャーの標的物質に対しても受容体という言葉が使われる. 遺伝子クローニングされていないものも残るが,遺伝子から解明されたタンパク質の一次構造,存在場所,機能などにより受容体はさまざまに分類されている. 代表的なものは,1) 三量体Gタンパク質共役型(7回膜貫通型): N末端を細胞外にC末端を細胞内に向けて7個の疎水性部が細胞膜を貫通する構造をとる. アセチルコリン,ノルアドレナリンなどの化学物質,光(ロドプシン)などを認識して,ヘテロ三量体のGタンパク質を活性化し,種々のエフェクター分子にシグナルを伝達する(⇒Gタンパク質共役受容体). 2) 受容体型キナーゼ: 1回膜を貫通し,細胞質内のC末端側がプロテインキナーゼ活性をもち,リガンドにより酵素が活性化され,標的タンパク質をリン酸化することでシグナルを伝達するもの. チロシンキナーゼの上皮増殖因子受容体*,セリン/トレオニンキナーゼのトランスフォーミング増殖因子β受容体* など. 3) サイトカイン受容体型: 1回膜を貫通するが,細胞質内C末端が短く,特定の機能をもたず,共役する他のタンパク質を活性化してシグナルを伝達する. ホモ,ヘテロの多量体構造をとるものが多い. インターロイキン2受容体*,インターロイキン3受容体* など. 4) イオンチャネル型: リガンドや種々の刺激で内在するイオンチャネルの透過性が変化してシグナルを伝達するもので,膜を4回貫通するN-メチル-D-アスパラギン酸受容体*,1回貫通するイノシトール1,4,5-トリスリン酸受容体* などがある. また,電位依存性や,Gタンパク質共役型チャネルもタンパク質としてはこれらに近い構造をもつ. 5) 脂溶性ホルモン受容体: 細胞質内,核内の可溶性のタンパク質受容体で,細胞膜を通過したリガンドが結合して直接転写を活性化する. ステロイドや脂溶性ビタミン受容体* など.

**受容体依存性エンドサイトーシス** [receptor-dependent endocytosis] =インターナリゼーション

**受容体キナーゼ** [receptor kinase] 受容体* の細胞内部分に内在するプロテインキナーゼ* のこと. インスリン受容体や多くの増殖因子受容体* には,チロシン残基に特異的なチロシンキナーゼ活性が内在し,リガンドのシグナル伝達* に必須な役割を果たしている. 一方,トランスフォーミング増殖因子β* とアクチビン* のII型受容体の細胞内部分には,セリン,トレオニン残基に特異的なプロテインキナーゼ活性が内在している. ANP(心房性ナトリウム利尿ポリペプチド)の受容体も,細胞内にプロテインキナーゼ様の構造をもつ.

**受容体経由エンドサイトーシス** [receptor mediated endocytosis] タンパク質などの細胞外物質(リガンド*)が細胞膜表面にある特異的な受容体* と複合体を形成して,選択的にエンドサイトーシス* されることをいう. エンベロープ* をもたないウイルスやインフルエンザウイルスなどもこの系を利用して細胞内に取込まれる. リガンドと複合体を形成した受容体は,多くの場合クラスリン被覆小孔* に捉えられて細胞膜

上で濃縮され，そこから細胞膜が陥入してクラスリン被覆小胞が形成されることにより細胞内に選択的に取込まれる（⇒被覆小胞）．取込まれたクラスリン被覆小胞は速やかにクラスリンを脱離させ初期エンドソーム*と融合する．エンドソーム内腔は酸性に保たれているため，ここで受容体の構造変化が起こり，リガンドが受容体から解離してエンドソーム内腔に放出される．エンドソームでは，リソソーム*に運ばれ分解されるもの，再び元の細胞膜に運ばれるもの，取込んだ領域と別の細胞膜領域に再配置されるもの（⇒トランスサイトーシス）に選別される（⇒ソーティング）．受容体の多くは再利用されるために元の細胞膜へと回帰する．（⇒受容体リサイクリング）

**腫瘍退縮**［tumor regression］　腫瘍*，特に悪性腫瘍が自然に小さくなること．黒色腫*や白血病*でごくまれに自然退縮があるという．

**受容体脱感受性**［receptor desensitization］　アゴニスト*刺激を続けることにより，受容体の応答は最初の応答に比べて減弱する．この現象を受容体の脱感受性とよぶ．Gタンパク質共役受容体*では，受容体の細胞内移行，脱共役*，ダウンレギュレーションの三つの機構が考えられている．細胞内移行は，刺激を受けた受容体が細胞内小胞に取込まれ，細胞表面の受容体数が減少する現象である（⇒インターナリゼーション）．ムスカリン性アセチルコリン受容体* m2 サブタイプの細胞内移行はGタンパク質共役受容体キナーゼ*によるリン酸化で促進される．脱共役は受容体とGタンパク質との共役が阻害される現象である．Gタンパク質共役受容体キナーゼによりリン酸化されたβアドレナリン受容体*はβアレスチンというタンパク質と相互作用するようになり，その結果Gタンパク質との相互作用が抑制される．ダウンレギュレーションは受容体量が減少するもので，数時間以上の時間経過で起こる．細胞内移行と脱共役は数分～数十分の経過で起こる．イオンチャネル受容体であるニコチン性アセチルコリン受容体*では数秒間アセチルコリンで刺激を続けると，チャネルの閉じた脱感受性状態に移行する．この脱感受性状態への移行は，プロテインキナーゼAやプロテインキナーゼC，チロシンキナーゼなどによる受容体のリン酸化によって早まることが観察されている．

**受容体電流**［receptor current］　伝達物質受容体を介するイオンチャネル*の活性化によって流れる電流．伝達物質や受容体の種類によってイオンチャネルの種類が異なり，透過するイオン電流が異なる．シナプス活動によってシナプス後膜*の受容体を介する電流が発生するが，中枢細胞では多くの受容体が加わるために複雑となる．単純な形の受容体電流を観察するにはシナプス後膜に伝達物質のアゴニストを与えてパッチクランプ法によって要素的な電流を解析する必要がある．

**受容体リサイクリング**［receptor recycling］　エンドサイトーシス*により細胞内に取込まれた受容体*が，再利用されるために再び元の細胞膜へ回帰すること．細胞膜上でリガンド*と結合した受容体は，クラスリン被覆小孔*に捉えられ，エンドサイトーシスによってクラスリン被覆小胞へ取込まれる（⇒被覆小胞）．取込まれた受容体は，エンドソーム*に到着し，さらにリソソーム*に運ばれて分解されるか，再利用されるために再び元の細胞膜にリサイクリングされるかの選別を受ける．（⇒ソーティング，受容体経由エンドサイトーシス）

**腫瘍特異性移植抗原**［tumor-specific transplantation antigen］　TSTAと略す．腫瘍特異抵抗性誘導抗原（tumor-specific resistance-inducing antigen）ともいう．腫瘍を同種同系の動物に移植した時に，当該の腫瘍が特異的に腫瘍塊が拒絶される場合，この免疫現象に関与する抗原をいう（⇒移植抗原）．腫瘍拒絶は抗体による場合と，T細胞を主体とするいわゆる細胞性免疫*機構による場合がある．前者の場合は補体依存性あるいは抗体依存性細胞傷害*機構が作動し，後者の場合は抗原で刺激されたT細胞からの各種サイトカインによって活性化されたマクロファージやキラーT細胞などが腫瘍細胞の破壊をひき起こす．

**腫瘍特異抵抗性誘導抗原**　［tumor-specific resistance-inducing antigen］　＝腫瘍特異性移植抗原

**腫瘍発生**［tumorigenesis］　腫瘍を発生させること．悪性と良性の両方の腫瘍を考慮する場合に用いるが，発がん*とほぼ同義に用いる．

**腫瘍発生能**［tumorigenicity］　腫瘍を形成する能力．特に細胞（群）についていう．（⇒発がん）

**腫瘍プログレッション**［tumor progression］　前がん病変が悪性になること，また悪性腫瘍（がん*）が経過とともにより悪性度を高めることを腫瘍のプログレッションとよぶ．プログレッションは飛躍的な現象で，現今の知見に照らすと，それぞれにがん関連遺伝子の変化を伴うと考えられる．プログレッションの概念は，起始細胞や前がん細胞が多段階的に悪性腫瘍としての性格を獲得していく過程全体に広げて用いることもできる（⇒多段階発がん）．遺伝子不安定が生じた状態では，プログレッションが加速される．

**腫瘍マーカー**［tumor marker］　腫瘍やがんで特異的に発現したり，正常，良性疾患に比べ量的に増加あるいは減少し，腫瘍の検出に役立つ物質の総称（＝がん抗原）．血液などの体液中の物質に限定する場合もあるが，組織や画像診断などに役立つ物質にも用いられる．がん細胞が産生する胎児性抗原（αフェトプロテイン*，がん胎児性抗原*），糖鎖抗原（CA19.9など），ホルモンやアイソザイム，腫瘍ウイルス抗原や正常細胞の産生する急性期タンパク質*などがあげられる．

**腫瘍免疫**［tumor immunology］　＝がん免疫

**シュライデン　SCHLEIDEN, Matthias Jakob**　ドイツの植物学者．1804.4.5～1881.6.23．ハンブルクに生まれ，フランクフルトにて死去．1827年ハイデルベルク大学法学部卒．弁護士となったが，1833年，植物学に転向，ゲッティンゲン大学，ベルリン大学に学んだ．顕微鏡下で植物組織を観察し，組織が細胞からで

きているという細胞説を 1838 年に提出した．翌年，T. Schwann* によって動物で細胞説は体系化された．1839 年イェーナ大学から学位を得た．1850 年イェーナ大学植物学教授．

**樹立細胞株** [established cell strain] ⇒ 不死化

**シュワノーマ** [Schwannoma] シュワン腫ともいう．シュワン細胞* から成る腫瘍で，細長い突起が目立つ神経鞘（シュワン鞘）内に発生するために基底膜で囲まれている．腫瘍細胞間には頻繁に long-spacing collagen がみられ，免疫組織化学では S-100 タンパク質* 陽性である．組織学的な特徴で柵状に配列された核や細胞と繊維の渦巻き状の配列が観察される．良性の病変で頭頸部，四肢の伸側に好発する．正常シュワン細胞と同様に，細胞接着因子 L1* のアイソフォームである L1$_{cs}$（細胞内ドメインの四つのアミノ酸 Arg-Ser-Leu-Glu が欠損したもの）を発現している．

**シュワノミン** [schwannomin] ＝NF2 遺伝子

**シュワルツマン・サナレリ現象** [Shwartzman-Sanarelli phenomenon] ＝シュワルツマン反応

**シュワルツマン・サナレリ反応** [Shwartzman-Sanarelli reaction] ＝シュワルツマン反応

**シュワルツマン反応** [Shwartzman reaction] シュワルツマン・サナレリ現象（Shwartzman-Sanarelli phenomenon）ともいう．細菌培養濾液を皮内注射し，約 20 時間後同じものを静脈内注射すると，皮膚に出血・壊死を伴う炎症が生じる現象．G. Shwartzman が腸チフス菌培養濾液を用いて発見した．内毒素が成因物質と予想されている．マクロファージが活性化され，血液凝固活性化因子を放出して血管内凝固をもたらすことによると考えられている．2 回とも静脈内注射した場合は播種性血管内凝固* 症候群状の多種臓器の病変が生じ，致死的となる．これをシュワルツマン・サナレリ反応（Shwartzman-Sanarelli reaction）あるいは全身性シュワルツマン反応（systemic Shwartzman reaction）という．

**シュワン SCHWANN, Theodor** ドイツの生理学者．1810.12.7～1882.1.11．ドイツのノイスに生まれ，ケルンに没す．1833 年ビュルツブルク大学医学部卒業後，ベルリン大学病理学教室で J. P. Müller の助手となった．胃からペプシンを発見（1834）．自然発生説の否定（1835）．酵母がアルコール発酵を起こすことを示した（1836）．1839 年に動物組織が細胞からできていることを示した（細胞説）．1839 年ベルギーのルーバン大学解剖学教授，ついでリエージュ大学生理学教授（1858～79）．

**シュワン細胞** [Schwann cell] 末梢神経系でミエリン鞘（⇒ミエリン）をつくるグリア細胞で，中枢神経系でのオリゴデンドログリア* に相当する．発生過程で神経管が形成される時期にその背側に位置する外胚葉性の神経冠* に由来し，シュワン細胞前駆細胞から少なくとも 6 段階の細胞系譜* を経て多分化能を備えた未熟シュワン細胞へと移行した後で，ミエリン形成担当細胞とミエリン非形成細胞へと分化する．こ

の分化誘導には軸索からの情報が関与し，形成細胞ではミエリン関連タンパク質を発現する．

**シュワン腫** ＝シュワノーマ

**順遺伝学** [foward genetics] ⇒ 逆遺伝学

**jun 遺伝子** [jun gene] c-jun, junB, junD の三つの遺伝子から成る，転写因子 AP-1* をコードする遺伝子ファミリーの総称．junD はほとんどの組織や細胞で構成的に発現するが，c-jun, junB は通常の発現レベルは非常に低く，特異的な組織や細胞で種々の増殖刺激や分化シグナル，さらに神経興奮に応答して発現が誘導される．Jun タンパク質の共通構造は DNA 結合ドメインであり，塩基性のアミノ酸に富む領域と隣接するロイシンジッパー* から成る（⇒ bZIP 構造）．Jun タンパク質はロイシンジッパーを介して二量体を形成し，塩基性領域を介して特異的な DNA 配列（TGACTCA と類似の配列）に結合する．DNA に結合した Jun は，転写を活性化するが，その強さは c-Jun ＞ JunD ＞ JunB の順である．Jun は類縁の Fos ファミリータンパク質と最も安定なヘテロ二量体を形成し（図），DNA に強く結合するが，その転写調節能

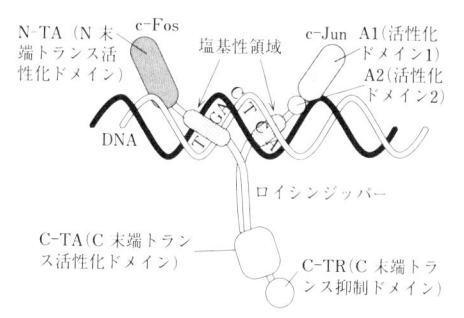

ロイシンジッパーによる Jun/Fos ヘテロ二量体形成と DNA 結合

は Fos ファミリーのメンバーによって決定される（⇒ fos 遺伝子）．ニワトリに繊維肉腫をひき起こすトリ肉腫ウイルス 17（Avian sarcoma virus-17，ASV-17）のがん遺伝子* v-jun はその原がん遺伝子* c-jun をウイルスゲノムに取込んだものである．jun という名称は 17（junana）に由来する．Jun タンパク質は過剰発現あるいは再編成により細胞をトランスフォームする能力をもつことから，細胞の増殖を促進的に制御すると考えられている．c-Jun は特に肝臓細胞の分化発生に必須である．

**Jun-N 末端キナーゼ** [c-Jun N-terminal kinase] ＝JNK

**順化** [acclimation] 馴化とも書く．微生物，無脊椎動物，植物が定期あるいは不定期におとずれる乾燥，高温，低温などの環境ストレスに個体レベルで順応する現象（⇒ 乾燥ストレス，水ストレス）．生物個体があらかじめ軽度のストレス環境にさらされると，徐々に耐性を増加して強度のストレスにも耐えるよう

になる．人工条件による順化は耐性強化(hardening，ハードニング)とよばれることもある．順化の過程では，それぞれのストレス因子を信号としたシグナル伝達機構を通じて遺伝子発現が調節され，細胞内に耐性増加にかかわる特別なタンパク質や代謝産物が合成され蓄積される．(→ストレス応答)

**循環的光リン酸化反応** [cyclic photophosphorylation] →光リン酸化

**純系** [pure line] すべての遺伝子が同型接合(→ホモ接合性)となった細胞・個体．着目する遺伝子について同型接合となっている時に純系という場合もある．

**順行性輸送** [anterograde transport] 【1】神経軸索中の物質輸送において，細胞体から末梢へ向う速い軸索輸送*．【2】=順輸送

**順輸送** [anterograde transport] 順行性輸送ともいう．細胞内分泌経路において，分泌タンパク質の輸送方向(小胞体ゴルジ体→細胞膜)の小胞輸送*をいう．(⇌粗面小胞体，逆輸送)

**自養** =独立栄養

**上衣細胞** [ependymal cell] 脳室および脊髄中心管の内壁を構成するおもな上皮細胞．円柱または立方形の単層上皮で表面に多数の繊毛を備えるので，脳脊髄液のかくはんあるいは繊毛表面に存在するレクチンにより脳脊髄液中の不要物を捕捉して除去するなどの役割が示唆されているが，機能については不明な点が多い．発生学的には初期神経管の最内層を構成する上衣層または脳室層に由来し，そこでは活発に細胞分裂を行い，神経芽細胞やグリア細胞*を生じるが，やがて分裂を止め最終的に単層上皮となる(→神経発生)．下等脊椎動物では中枢神経系の再生にあたってニューロンに分化しうるともいわれる．

**消炎薬** [antiphlogistic drug] =抗炎症薬

**消化** [digestion] 高等動物では，消化管内(口腔・胃・腸)において行われる食物中の栄養素を分解し，吸収する過程をいう．下等動物では，体外消化もある．タンパク質，糖質，脂肪はそれぞれアミノ酸，グルコース，脂肪酸・グリセロールとなり吸収される．唾液腺，膵臓よりアミラーゼ，トリプシン，リパーゼなどの消化酵素が外分泌され，栄養素の分解を行う．

**傷害ホルモン** =傷ホルモン

**消化管** [alimentary canal, digestive tract] →腸管上皮

**小核** [micronucleus] 原生動物の繊毛虫*は大小核をもつ．小核は生殖核として完全なゲノムセットを保持するが，無性的増殖期には転写が認められない．しかし，接合時には小核特異的転写が認められ，減数分裂*にかかわる遺伝子が発現される．小核は大核*とは違ったヒストン*や転写活性化機構をもつともいわれている．繊毛虫は分裂を繰返すうちに小核依存的な老化*を起こす．しかし，ある繊毛虫では無小核株が存在し，それらは接合も老化も起こさない．

**硝化細菌** [nitrifying bacteria] →硝酸細菌

**松果体** [pineal gland, corpus pineale, pineal body, epiphysis cerebri] 第三脳室背側壁より発達した光受容，生物時計，内分泌器官であり，鳥類までは，細胞内のロドプシン*様視物質が直接光を感受しメラトニン*合成を調節する．哺乳類では，光とリズム情報はおのおの網膜，視交差上核から交感神経を経て入力し，松果体細胞でβ受容体，cAMPを介しセロトニン*N-アセチルトランスフェラーゼ活性を修飾して，夜間に高いメラトニンサーカディアンリズム*を形成する．メラトニンは季節性繁殖を調節し，光で合成が抑制される．

**松果体オプシン** [pineal opsin] =ピノプシン

**小割球** [micromere] 胞胚期に達するまでの動物の初期胚を構成する細胞を割球*とよび，それらのうち相対的にサイズの小さい割球をさす．一般に卵割*は一，二回目の経割に続いて第三回目は緯割になり，その際卵割面は卵黄の含量の少ない動物極側に偏ることが多いので，小割球は動物極側に生じやすい．そのため小割球由来の細胞は外胚葉系の細胞になることが多いが，もともと割球のサイズの大小に発生学的な意味はない．しかし，環形動物や軟体動物などでは割球の極端なサイズの違いを指標に発生過程での細胞系譜*の詳細な追跡が行われている．特殊な例として，ウニでは16細胞期になる際，それまで同じサイズであった8個の割球のうち植物極側の4個が極端な不等分裂をして植物極側に4個の小割球を生じ，これらが幼生の骨片に分化することが知られている．なお，小割球を生じる極端な不等分裂は卵黄の分布のみに依存するのではなく，小割球になる側で紡錘体が細胞膜の内面に接着した結果，星状体が扁平になることによって起こる．

**上丘** =視蓋

**消去剤** [quencher] →スカベンジャー

**条件遺伝子ターゲッティング法** [conditional gene targeting] 遺伝子は種々の組織，細胞で異なった機能をもつ場合があるため，単純な遺伝子ノックアウトでは，その遺伝子の機能を解明しきれないような場合がある．このため，特定の組織や細胞で遺伝子を変異させたり，薬剤により遺伝子ノックアウトを誘導したりする方法が，条件遺伝子ターゲッティング法である．特に遺伝子ノックアウトが胚性致死*となる場合に有効な方法であり，胚性致死を回避して，特定の組織での遺伝子機能の解析が可能となる．よく用いられる方法として，バクテリオファージP1のCre/loxPシステム*や酵母のFLP-frtシステムが知られている．標的遺伝子の変異(ノックアウト)させたいエキソン両端のイントロンに認識配列であるloxPを配し(floxといわれることがある)．それ自体では遺伝子発現に影響しないようにしておく．一方，特定の組織で発現するプロモーター下流にCre遺伝子を配したベクターを作成し，細胞レベルあるいは個体レベルでCreを発現させることにより，loxPで挟まれたエキソンの欠失が生じて標的遺伝子がノックアウトされるというシステムである．またloxPの向きによっては逆位も可能

である．個体レベルでは，組織特異的な発現が見られるCreトランスジェニックマウスと交配することにより，目的とするマウスが得られる．点突然変異の導入，薬剤耐性遺伝子の除去などにもこのシステムは用いられている．またFLP-frtシステムもCre/loxPシステム同様に使用されるが，FLP遺伝子に変異を導入することにより37℃での酵素活性が上昇し，実用的に用いることが可能となってきた．さらには両システムを組合わせた方法も用いられている．一方，誘導型遺伝子ノックアウトとは，Cre遺伝子が薬剤により誘導されるシステムである．インターフェロンで誘導がかかるMx1プロモーター，人工ステロイドであるタモキシフェン*で誘導されるエストロゲン受容体プロモーター，テトラサイクリンの存在あるいは非存在下で誘導がかかるシステム(tetオンまたはtetオフシステム)などがよく用いられている．ただ系により誘導をかけなくても組換えが生じるバックグラウンドの問題や，薬剤のクリアランスの組織差，などがあるので注意を要する．(⇒遺伝子ターゲッティング)

**条件刺激**［conditioned stimulus］　I. P. Pavlovによって初めて発見された後天的に獲得した反射を起こす刺激のことをいう．イヌに特定の音を聞かせて，餌を与えることを繰返していると，音を聞いただけで唾液が分泌するようになる．音と唾液の分泌とは無関係であるが，音を聞かせて餌と関連づけさせ続けることにより，唾液分泌という新しい反射が形成される．これに対し，生まれつきの反射をひき起こす刺激を，無条件刺激(unconditioned stimulus)という．(⇒古典的条件付け，連合学習)

**条件致死突然変異株**［conditional lethal mutant］⇒条件突然変異株

**条件付け**［conditioning］　条件刺激*によって条件反射が起こるように訓練することをいう．I. P. Pavlovの古典的条件付け*はイヌの唾液分泌反射を指標に，餌とメトロノーム音刺激を結び付けたものである．もう一つはB. F. Skinnerの道具的条件付けで，学習箱内に設置されたレバーをたまたま押すことにより，報酬としての餌ペレットを獲得することができて，繰返しレバー押し反応をすることをいう．(⇒連合学習)

**条件的嫌気性生物**　＝通性嫌気性生物

**条件的ヘテロクロマチン**［facultative heterochromatin］⇒ヘテロクロマチン

**条件突然変異株**［conditional mutant］　特定の環境条件に依存して野生型と異なる表現型を示す突然変異株．温度感受性突然変異*株や，サプレッサー感受性突然変異株*などが代表的である．このような突然変異株が野生株と同じ表現型を示す条件を許容条件といい，変異表現型を示す条件を制限条件という．制限条件下において致死となる変異株は条件致死突然変異株(conditional lethal mutant)とよばれ，細胞増殖や個体生育に必須な遺伝子の機能欠損表現型を呈示するため，必須遺伝子の機能解析において特に有用である．(⇒構成的突然変異株)

**条件反射**［conditioned reflex］⇒古典的条件付け

**小膠細胞**　＝ミクログリア

**嬢細胞**　＝娘(むすめ)細胞

**小細胞がん**［small cell carcinoma］⇒肺がん

**硝酸細菌**［nitrate bacteria］　還元型無機窒素化合物を酸化することによりエネルギーを獲得する細菌を硝化細菌(nitrifying bacteria)というが，その中で亜硝酸を硝酸にまで酸化する細菌をいう．Nitrobacter属，Nitrococcus属，Nitrospina属などがある．一方，アンモニアを亜硝酸に酸化するものは亜硝酸細菌(nitrite bacteria)という．これらの基質特異性は高く，両方の還元型窒素化合物を利用できるものはみつかっていない．これらの細菌は成長に必要なエネルギーを無機化合物の酸化により得るので化学合成無機栄養生物(chemoautotroph)とよばれる．

**硝酸植物**［nitrate plant］　硝酸カリウムを多量に蓄えている植物をいう．キク科，ナス科，アカザ科などにみられる．植物は通常硝酸塩を取込み，それを還元して利用する(⇒硝酸同化)が，この植物では硝酸塩を多量に蓄積する．

**硝酸同化**［nitrate assimilation］　植物は通常硝酸塩を吸収して，それをアンモニウム塩まで還元して，生体成分に利用する．この還元の過程を硝酸同化という．硝酸塩は硝酸レダクターゼ(nitrate reductase)をはじめとする4種の酵素により，アンモニウム塩まで還元される．植物では硝酸同化は色素体*で行われる．

**硝酸レダクターゼ**［nitrate reductase］⇒硝酸同化

**ショウジョウバエ**［Drosophila, fruit fly］　節足動物門・昆虫綱・双翅目・ショウジョウバエ属に属する．キイロショウジョウバエ(D. melanogaster)，クロショウジョウバエ(D. virilis)などが実験によく用いられる．特にキイロショウジョウバエは，T. H. Morgan*以来，遺伝学の実験材料として用いられてきたが，近年，発生学，神経生物学の分子レベルでの研究の中心的なモデル生物となっている．飼育が容易で世代交代は25℃で約10日である．胚期，幼虫期，蛹期を経て完全変態する．雌雄の決定はX染色体と常染色体の比率により決定されY染色体の有無には関係がない(⇒性決定)．幼虫の唾液腺の多糸染色体*は細胞学的マッピング，in situハイブリダイゼーションに用いられる．染色体の5059本のバンドは102の領域に分割され，さらにA～Fに分かれ個々のバンドの番号で表す．染色体の多くの領域において欠失・重複・逆位・転座の染色体異常系統が得られている．染色体の減数分裂期における交差は雌に特異的である．交差を抑制する多重逆位をもった平衡致死系統(バランサー系統)が作製されている．既知のタンパク質をコードする遺伝子，新規タンパク質をコードする遺伝子，RNA遺伝子はそれぞれ4751個，9288個，612個見つかっている．多数のトランスポゾンが野外集団から同定され，なかでもP因子*はショウジョウバエ独自の分子生物学的手法の開発に大きく影響してきた．クロー

ニングした遺伝子をP因子内に導入し，胚に微量注入することで容易に形質転換体が得られる．改変したP因子ベクターを利用し，時期・組織特異的遺伝子発現のモニター(エンハンサートラップ*法)，P因子挿入突然変異作製法，遺伝子の異所的発現を誘導する系(GAL4-UAS)，体細胞モザイク誘導法などが確立されている．突然変異系統，クローニングされた遺伝子をはじめさまざまな情報はFlyBaseというデータベースに収録されている．系統維持のためのストックセンターが世界に3箇所ある．ショウジョウバエを用いた研究は，進化，行動というマクロなレベルから細胞内情報伝達などのミクロなレベルに至るまで広範な範囲で行われている．初期発生における体節分化に関する研究は，E. B. Lewisらによる古典遺伝学的解析に始まり，ホメオティック遺伝子*のクローニングを経て，ホメオボックス*が他の生物でも発見されるに至り，ショウジョウバエをモデル動物として使うことの有用性を再認識させた．現在は，複眼や剛毛などの発生をモデルとした神経発生*や，器官形成*に関する研究，サーカディアンリズム*，学習など行動に関する研究が注目を集めている．

**ショウジョウバエ EGF 受容体シグナル**［Drosophila EGF receptor signal］ ＝DERシグナル

**常染色体**［autosome］　性染色体*以外の染色体．すなわち高等真核生物で雌雄によってもつ数の変わらない染色体のこと．ヒトでは22種あり，ヒトの体細胞は44本の常染色体をもっていることになる．通常大きいものから順に，第1，第2，…染色体と番号がついている．

**常染色体優性疾患**［autosomal dominant disorder, autosomal dominant disease］　ヒトの22対の常染色体*のいずれかに座位を占める遺伝子の異常による疾患のうち，対立遺伝子の片方が異常な個体(Aa)と両方が異常な個体(AA)が発症し，aa個体のみが正常な場合にこの遺伝形式がみられる疾患．A遺伝子の産物が有害な場合や，サブユニットが2個(3個)など集まって構造タンパク質をつくる際にaa(aaa)のみが正常で，aAやaA(Aaa, aAA, AAA)がいずれも機能をもたない場合などが発生機構の例である．しばしば親子など複数の世代にわたり，患者がみられる．(→常染色体劣性疾患，X連鎖性疾患)

**常染色体優性低カルシウム血症**［autosomal dominant hypocalcemia］　ADHと略す．カルシウム感知受容体遺伝子の活性型変異による疾患．本受容体は，血中カルシウム濃度の上昇による副甲状腺ホルモン*(PTH)分泌抑制を媒介する．したがって本症では，より低いカルシウム濃度でPTH分泌が抑制され，低カルシウム血症，正〜高リン血症，低PTH血症を示す．カルシウム感知受容体は腎尿細管でのカルシウム再吸収を抑制することから，本症では低カルシウム血症の存在下でも尿中カルシウム排泄が比較的多いことが特徴とされる．

**常染色体劣性疾患**［autosomal recessive disorder, autosomal recessive disease］　ヒトの22対の常染色体*のいずれかに座位を占める遺伝子の異常による疾患のうち，対立遺伝子の両方が異常な個体(aa)で発病し，AaまたはAAの個体では症状を認めないものである．既知の疾患の大部分は先天性代謝異常*と総称され，酵素の異常に原因を求められる．Aa個体(保因者carrier)では体内のすべての細胞で当該酵素の活性が正常の50%であるが，通常は活性にゆとりがあるため，基質の蓄積など生命活動に問題を生じないと理解される．(→常染色体優性疾患，X連鎖性疾患)

**小増殖巣**［hyperplastic area］ ＝酵素変異肝増殖巣
**少　糖** ＝オリゴ糖
**小児高尿酸血症**［child hyperuricemia］ ＝レッシュ・ナイハン症候群
**小児脂肪便症**［intestinal infantilism］ ＝セリアック症候群
**小児伴性無γグロブリン血症**［infantile X-linked agammaglobulinemia］ ＝X連鎖性無γグロブリン血症
**小児麻痺ウイルス** ＝ポリオウイルス
**漿尿膜**［chorioallantoic membrane］ ⇌ 漿膜

**小　脳**［cerebellum］　小脳は脳を背側から見た時に大脳の尾側，脳幹の背側に位置する部分である．小脳が傷害されると推尺異常，変換運動障害など小脳失調とよばれる運動異常が起こることから，適切な動的運動の遂行に必要なことがわかる．(→小脳性運動失調)．このメカニズムは前庭動眼反射などの小脳による調節と適応的変化について電気生理学的に研究された結果，神経回路モデルによる適応制御系として理解できるようになった．最近は，運動や技能の習得のような非陳述的記憶・学習における小脳の役割が注目され，学習機能をもつ運動制御器と位置づけられている．これに対応する細胞レベルの可塑性機構としてプルキンエ細胞*のシナプスにおける長期抑圧現象が注目されている．各種の小脳変性疾患(小脳以外の部位にも変性が併発する)のうち，遺伝性のMachado-Joseph病，オリーブ橋小脳萎縮症，脊髄小脳変性症，歯状核赤核淡蒼球ルイ体萎縮症については遺伝子座が決定されるなど分子遺伝学的研究が進められている．

**小脳性運動失調**［cerebellar ataxia］　運動失調とは，筋力低下がないのに協調的な運動ができないことをいう．元来，脊髄癆のような深部感覚障害に基づくものを意味した言葉であったが，のちに小脳病変や前庭機能障害によっても運動の協調性が失われることがわかり，これを小脳性あるいは前庭性運動失調(vestibular ataxia)とよぶようになった．小脳性運動失調の内容は，一連の運動の協調性が失われた運動の分解，交互変換運動の拙劣さ，測定異常特に過剰反応，筋トーヌスの低下，などを主とする小脳半球症状のほか，爆発的で断綴性の言語障害，酩酊様の歩行障害などを主とする小脳前葉症状，さらに標的に近づくにつれて振幅が大きく激しくなるいわゆる企図振戦など小脳核あるいは上小脳脚症状などがある．そのほかには眼振(ニスタグムス)もある．小脳に病変をもつ病気だけでなく，小脳との繊維連絡をもつ脊髄，脳幹，視床

あるいはそれら連絡繊維そのものの病変によっても,臨床的には区別しにくい小脳性失調が起こる.

**小脳プルキンエ細胞**［cerebellar Purkinje cell］ ＝プルキンエ細胞

**小脳プルキンエ細胞欠失ミュータントマウス**［Purkinje cell deficient cerebellar mutant mouse］ 小脳プルキンエ細胞が発生過程において欠失するミュータントマウスで,その遺伝背景や表現型に違いはあるが,いずれも小脳の変性により運動障害などの失調症状を呈する.これまで報告された代表的なものにナーバスマウス*, pcdマウス*, ラーチャーマウス(Lurcher mouse), topplerマウス(toppler mouse), woozyマウス(woozy mouse)などがある.

**上皮**［epithelium, (pl.)epithelia］ 多細胞生物,ことに動物の体の内外の遊離面を覆う細胞層のことで,上覆(epithel)ともいう.その細胞層を上皮組織といい組織構成細胞を上皮細胞(epithelial cell)という.細胞が隙間なく多角柱の石畳状に配列し,二次元的な広がりをもった細胞層を形づくっている.このような上皮は,眼の色素上皮のように一層の細胞層でできている単層上皮(monolayer epithelium)と多層上皮(multilayer epithelium)とに分けられるが,上皮の構成細胞の形態的特徴を基準として,柱状上皮(columnar epithelium),立方上皮(cubical epithelium),扁平上皮*などに区別されている.また,機能的特徴を基準として,粘膜上皮(mucosal epithelium),分泌上皮(secretory epithelium),繊毛上皮(ciliated epithelium),色素上皮(pigmented epithelium)などにも分けられている.動物に限らず,植物でも同様に,細胞層を形成している組織は上皮として位置づけられているが,動物に比べ多細胞の体制が非常に単純であり,個体を構成する細胞種の数も少なくそれらの細胞社会的構造もまた単純なので,上皮と他の組織との区別は,動物の場合ほど厳密にはなされていない.また,その必要もない.動物の上皮を形づくっている細胞は,上皮そのものの機能を反映し多様に特異化している.たとえば,表皮では細胞相互を機械的に結合するデスモソーム*とトノフィラメントが極度に発達している.消化管の粘膜上皮では,組織内と管腔とを生理的に遮断できるような水すらも通さない閉鎖帯(⇨密着結合)とよばれる細胞間結合が形成されている.また,組織や器官の種類によっては,細胞と細胞との生理的連絡をつかさどるギャップ結合*が発達している.また,上皮はその発生的由来により,外胚葉性上皮(例：皮膚の表皮),中胚葉性上皮(例：腹膜上皮),内胚葉性上皮(例：腸の粘膜上皮)に分けられるが,体の内外の遊離面で細胞集団として形態学的に二次元的な配列をもつ層構造を形成することを一般に上皮化(epithelization)という.個体の発生における胚葉の種類に関係なく,外胚葉,中胚葉,内胚葉のいずれの胚葉に由来する細胞でも上皮構造を形成しうるし,これに生体外実験系で,特異的な機能発現を伴わずとも,細胞が上皮様の形態と配列パターンを形成する場合も,上皮化という術語が使われている.(⇨表皮細胞,皮膚)

**上皮化**［epithelization］ ⇨上皮
**上皮細胞**［epithelial cell］ ⇨上皮
**上皮小体ホルモン** ＝副甲状腺ホルモン
**上皮成長因子** ＝上皮増殖因子

**上皮増殖因子**［epidermal growth factor］ EGFと略す.上皮成長因子,表皮増殖因子ともいう.アミノ酸53個から成り,上皮細胞や繊維芽細胞を標的細胞とする増殖因子*である.もともと,マウス新生仔の眼瞼開裂や歯の発育を早める因子として同定された.ヒト尿由来で胃酸分泌抑制作用をもつウロガストロン(urogastrone)も同一物質である.乳がんや胃がんなどで上皮増殖因子受容体*の過剰発現が報告されている.EGFは特徴的な三つのジスルフィド結合をもち,類似の構造はEGFモチーフとよばれ,種々のタンパク質に見いだされている.

**上皮増殖因子受容体**［epidermal growth factor receptor］ EGF受容体(EGF receptor)ともいう.上皮増殖因子*(EGF)のほか,トランスフォーミング増殖因子α*(TGF-α)などのEGFファミリーの受容体であり,170 kDaの糖タンパク質である.細胞外リガンド結合ドメイン,膜貫通ドメイン,チロシンキナーゼ活性をもち,かつ自己リン酸化*を受ける細胞質ドメインから構成される.がん遺伝子産物(v-*erbB*)と相同性をもつことから,正常細胞においても細胞の増殖に重要な役割を果たしていると考えられる.

**上皮増殖因子様ドメイン**［epidermal growth factor-like domain］ EGF様ドメイン(EGF-like domain)ともいう.上皮増殖因子*(EGF)にみられる6個のシステイン残基によって形成される3個のジスルフィド結合から成る構造に類似の構造をもつドメイン.アンチパラレルβシート構造-ループ-カルボキシ末端側の短い二本鎖シート構造が主要な構造である.EGFと類似の構造をもつEGFファミリーのメンバーとしてはTGF-α,ヘパリン結合EGF様成長因子(HB-EGF),ニューレグリン*1～6ほか13種類が知られているが,これらすべてのメンバーは膜タンパク質として合成され,プロセシングを受けて遊離型となる.EGFファミリーは,1個以上のEGF様ドメインをもち,受容体型チロシンキナーゼEGF受容体(EGFR)ファミリー(別名ErbBファミリー)に直接結合し,これを活性化するポリペプチドである.ビタミンK依存性の血液凝固因子であるⅦ, Ⅸ, Ⅹ因子もEGF様ドメインをもっており,組織因子*との結合に関与している.

**上覆**［epithel］ ＝上皮

**小胞**［vesicle］ 生体膜で包まれた小型,球状の細胞小器官*の総称.真核細胞の細胞質にみられ,原核細胞はもたない.小胞には多種類のものがあり,エンドサイトーシス*の結果できるもの,神経終末のシナプス小胞*のもの,エキソサイトーシス*のためのもの,細胞小器官の間をシャトルのようにつないでその間の物質輸送を担うものなどがあげられる.これら多種類の小胞が特定の目的とする場所に正しく送られ融合しうるのは,さまざまな低分子量GTP結合タ

ンパク質*が重要な役割を果たす．

**小胞体**［endoplasmic reticulum］　ERと略記する．真核細胞のもつ細胞内膜系*の一つ（→細胞小器官）．一重膜に囲まれた細管状あるいは平板状の膜系がつながり，細胞全体に広がる一つの網状構造を形成する．その内部に小胞体内腔（endoplasmic reticulum lumen，ルーメンlumen）をもつ．小胞体膜と核膜*の外膜との間には連続性が認められることがある．多くの細胞で，小胞体膜は動物細胞に含まれる膜の総量の約1/2以上を占める．小胞体には，リボソーム*を結合しタンパク質合成を行う粗面小胞体*とリボソームを結合していない滑面小胞体*とが存在する．小胞体の機能は以下の1)～4)にまとめられる．1) 粗面小胞体におけるタンパク質合成．粗面小胞体では，分泌タンパク質，細胞膜タンパク質，ゴルジ体タンパク質，リソソームタンパク質，小胞体タンパク質などが合成される．粗面小胞体におけるタンパク質合成の詳細については，粗面小胞体の項を参照されたい．2) リン脂質やコレステロールなどの複合脂質の合成．小胞体膜には，これらの反応に関与する酵素が存在する．3) 種々の物質の代謝．小胞体膜にはNADPHとNADHを水素供与体とし，シトクロムP450，シトクロム$b_5$とそれぞれの還元酵素から成る二つの電子伝達系*や，グルコース-6-ホスファターゼやエステラーゼなどの酵素が存在し，種々の内因性，外因性物質の代謝に関与している．4) $Ca^{2+}$貯留．小胞体には，カルレティキュリン（CRP55），カルセクエストリン*（筋小胞体*の場合）などの$Ca^{2+}$結合タンパク質，$Ca^{2+}$-ATPアーゼ*，イノシトール1,4,5-トリスリン酸（$IP_3$）受容体*が存在し，動員可能な細胞内$Ca^{2+}$貯留を構成し，細胞内シグナル伝達に重要な役割を果たしている．2)～4)の機能は粗面小胞体にも存在するが，主たる機能の担い手は滑面小胞体で，2)～4)の機能のよく発達した細胞には多量の滑面小胞体が存在する．このように小胞体の形態はその細胞の担う分化機能を鋭敏に反映する．たとえば分泌タンパク質を多量に合成する膵外分泌腺細胞では粗面小胞体が著明に発達し，分泌タンパク質の合成とともに，3)の機能もよく発達した肝細胞では粗面小胞体と滑面小胞体の比率が1：1に近く，2)の機能の発達した副腎皮質細胞や副睾丸間質細胞では滑面小胞体がきわめてよく発達している．4)の機能の発達した筋細胞や神経細胞では固有の滑面小胞体が存在する．

**小胞体関連分解**［endoplasmic reticulum-associated degradation］　ERADと略．フォールディング異常により小胞体に蓄積したタンパク質や不要になったタンパク質がユビキチン-プロテアソーム系により分解される機構．タンパク質の品質管理*の一つである．合成されるタンパク質の約30％で間違ったフォールディングが起こると推定されているが，これらの異常タンパク質の小胞体内蓄積により，まずHSP90，70，60，47，27などのシャペロンの発現が誘導され，異常フォールディングの修復が試みられる．これらのシャペロンによる修復が不可能なタンパク質はタンパク質合成・輸送系とは逆方向に小胞体から細胞質に輸送され，シャペロンによって品質管理ユビキチンリガーゼE3（C-terminus of Hsc-70-interacting protein（CHIP）など）へと運ばれユビキチン化を受けて分解される．この機構を小胞体関連分解という．異常な構造をとっているタンパク質の小胞体から細胞質への移行には膜融合やアポトーシスにかかわるAAA ATPアーゼ*であるp97/VCPなどが関与する．

**小胞体残留シグナル**［endoplasmic reticulum retention signal］　→残留シグナル

**小胞体ストレス**［endoplasmic reticulum stress］　→小胞体ストレス応答

**小胞体ストレス応答**［endoplasmic reticulum stress response］　異常タンパク質応答（unfolded protein response），UPRともいう．分泌タンパク質や膜タンパク質の品質を管理する細胞小器官として知られる小胞体*の機能が損なわれ，高次構造の異常なタンパク質が小胞体内に蓄積している状態（小胞体ストレス，endoplasmic reticulum stress）に対する細胞応答．外的な要因だけでなく，内的な要因（過剰合成や遺伝的変異をもつタンパク質の生産）によっても小胞体ストレスは惹起される．小胞体における品質管理*は，内腔のシャペロン*やフォールディング酵素による高次構造形成促進と，折りたたまれ損なったタンパク質を排除する小胞体関連分解*という二つの機構により成立している．小胞体ストレスを受けた細胞は，翻訳を一時的に停止して負荷を軽減するとともに小胞体シャペロンや小胞体関連分解因子を転写誘導して処理容量を増強する．それでも小胞体の恒常性を維持しきれない場合は細胞死へと導かれる．

**小胞体内腔**［endoplasmic reticulum lumen］　→小胞体

**情報伝達**　→シグナル伝達

**小胞輸送**［vesicular transport］　一般に，直径約50 nmの輸送小胞*によって細胞内のある部位から他の部位に，多数の分泌タンパク質*などの分子が一団となって輸送される現象．小胞体*→ゴルジ体*→細胞膜（分泌経路：エキソサイトーシス*経路），細胞膜→エンドソーム→リソソーム（吸収経路：エンドサイトーシス*経路）などは小胞輸送によって結ばれている（→細胞小器官）．小胞輸送においては，発送元の膜（ドナー膜）の出芽により形成された輸送小胞が受容先の膜（標的膜）と融合することにより，その内容と膜成分が目的地に運ばれる（→ソーティング，順輸送，逆輸送）．（→付録C）

**漿膜**［chorion］　コリオンともいう．脊椎動物羊膜類胚の最外層の胚膜．羊膜*とともに，外胚葉に裏打ちされた体壁板（somatopleure）に由来する．発生初期においては，胚体の体壁板と連続した細胞層で，羊膜の外方に位置するが，羊膜形成を経て，独立した胚膜となり，最終的에最外層を取囲む．鳥類，爬虫類においては，卵殻に接合し，尿膜とともに漿尿膜（chorioallantoic membrane）を形成し胚の呼吸に重要な役割を果たす．哺乳類（単孔類，有袋類を除

く)においては絨毛膜へと発達し，胎児性胎盤(⇒胎盤)を構成する．(⇒卵膜)

**上流活性化配列**［upstream activating sequence］ UASと略す．構造遺伝子*の上流に位置し，その遺伝子の転写活性化因子が認識・結合する配列．シスエレメント*の一つ．エンハンサー*と対比されるが，エンハンサーとは異なり遺伝子の下流側からは働くことができない．(⇒転写調節，上流抑制配列)

**上流調節配列**［upstream regulatory sequence］ URSと略す．真核生物のプロモーター*領域内で，基本転写エレメントの上流に遺伝子特異的に存在するシスエレメント*．遺伝子ごとにさまざまな異なった転写調節因子の結合配列が存在しており，それぞれの遺伝子のプロモーター活性を規定している．RNAポリメラーゼIIによって転写される遺伝子の上流調節配列にはSp1*やC/EBP*の結合配列がよく見いだされる．(⇒GCボックス)

**上流抑制配列**［upstream repressing sequence］ URSと略す．構造遺伝子*の上流に位置し，その遺伝子の転写抑制因子が認識し結合する塩基配列．(⇒上流活性化配列，転写調節)

**初期遺伝子**［early gene］ ウイルス(およびファージ)の増殖過程において，宿主への感染初期に転写・発現されるウイルス遺伝子(群)．初期遺伝子は，ウイルスに有利な宿主遺伝子を動員するためのトランスアクチベーター*やウイルスの核酸合成に必要な材料を準備する核酸分解酵素や修飾酵素などをコードする．初期遺伝子の働きによって準備された状態を利用して感染後期にはウイルス核酸の合成，粒子形成のためのタンパク質合成などが進む．

**初期遺伝子領域1A**［early region 1A］ ＝E1A
**初期遺伝子領域1B**［early region 1B］ ＝E1B

**初期化**(核の)［nuclear initialization］ 分化した細胞の核記憶を未分化な多能性細胞の核記憶に書き換える現象(⇒エピジェネティクス)．狭義での体細胞エピジェネティクスの再プログラム化*．体細胞核の除核未受精卵への核移植，胚性幹細胞*(ES細胞)と体細胞の細胞融合，組織幹細胞の多能性幹細胞化など，体細胞の人工的処理によって誘導される．除核未受精卵への核移植により体細胞核が全能性*核に，ES細胞との細胞融合により体細胞核が多分化能性*核に初期化される．初期化された核は，生殖細胞を含む内・中・外の基本的三胚葉のさまざまな分化細胞の核として機能する能力を獲得する(⇒多能性幹細胞)．体細胞由来の初期化幹細胞は，胚盤胞への注入により正常発生に寄与しキメラ個体を形成する．一方，免疫不全マウスの皮下への移植などにより奇形腫*(テラトーマ)を形成する．核の初期化の分子マーカーとして，体細胞核由来の*Oct4*や*Nanog*遺伝子の再活性化，雌性細胞では不活性化X染色体の再活性化などがある．

**初期自己食胞**［initial autophagic vacuole］ ＝オートファゴソーム．AViと略す．

**除共役** ＝脱共役

# シヨキヨシ 455

**除去修復**［excision repair］ 切除修復ともいう．DNAに生じた損傷を修復*する機構の一つ(図)．異

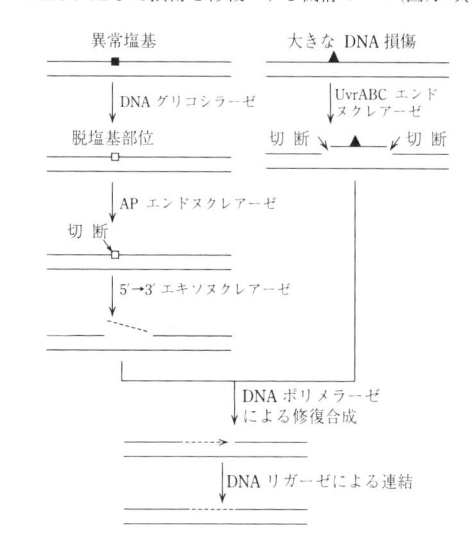

```
異常塩基                    大きなDNA損傷
   ↓ DNAグリコシラーゼ        ↓ UvrABCエンド
                              ヌクレアーゼ
 脱塩基部位
                          切断 ▲  ▼ 切断
   ↓ APエンドヌクレアーゼ
 切断
   ↓ 5'→3'エキソヌクレアーゼ

   ↓ DNAポリメラーゼ
     による修復合成

   ↓ DNAリガーゼによる連結
```

常塩基やミスマッチおよびデオキシリボースと塩基間のN-グリコシド結合が切断されて起こる脱塩基部位(AP部位)などの塩基除去修復とピリミジン二量体や二本鎖DNA中の隣接するピリミジン塩基が互いの6と4の位置で結合して生成する(6-4)光産物などの大きな損傷に対するヌクレオチド除去修復*(NER)の二つの除去修復が知られている．塩基除去修復では，塩基とデオキシリボース間のN-グリコシド結合を切断する異常塩基特異的DNAグリコシラーゼが異常塩基部位に作用し塩基を除去し，AP部位にしたうえで，APエンドヌクレアーゼの働きで一本鎖DNAに切断が起こる．続いてDNA鎖の切断点から5'→3'エキソヌクレアーゼによりヌクレオチドが除去されたのち，DNAポリメラーゼによる修復合成が起こり除去部分が修復され，最後にDNAリガーゼによりDNA鎖が連結される．ヌクレオチド除去修復では，大きな損傷を挟んで5'側と3'側にDNA一本鎖の切断が起こり，損傷を含んだDNA断片が除去される．このプロセスは大腸菌ではUvrA，UvrB，UvrC，DNAヘリカーゼ(UvrDともよばれる)から構成されるUvrABCエンドヌクレアーゼ*酵素複合体により行われる．まずUvrA-UvrB複合体が損傷部位に結合すると，UvrAは解離し，その後UvrBがUvrCをリクルートし，UvrCが損傷から5'側に7ヌクレオチド，3'側に3〜4ヌクレオチドのところに計2箇所切れ目を入れ，DNAヘリカーゼが働いて切れ目の間の13ヌクレオチドの一本鎖DNAが放出される．その後は塩基除去修復と同様に，生じた一本鎖DNAのギャップがDNAポリメラーゼとDNAリガーゼにより修復される．哺乳動物では，損傷部位にTFIIHが結合し，DNAヘリカーゼ活性を担うXPDとSPBサブユニットの働きに

より二本鎖DNAが開き，つぎにエンドヌクレアーゼのXPGが欠損部位の3'側にニックを入れ，エンドヌクレアーゼXPF/ERCC1が5'側にニックを入れる．NERは転写と共役した形でも起こり，転写を行っているRNAポリメラーゼがチミン二量体部分にくるとRNAポリメラーゼは転写を続けることができずに，損傷部位で停止して，NERタンパク質をリクルートする．色素性乾皮症*という遺伝病では，除去修復能が低下していることが知られている．(⇒紫外線損傷)

**初期領域**［early region］　ウイルスが宿主細胞に感染した後，ウイルスゲノムの複製が開始するまでの間に発現する遺伝子を初期遺伝子*という．この初期遺伝子産物をコードしているウイルスゲノムの領域を初期領域という．初期領域には宿主細胞タンパク質の合成阻害因子，DNA複製因子，後期遺伝子*の発現調節タンパク質など，感染の確立に必須なタンパク質がコードされている．

**食細胞**［phagocyte］　貪食細胞ともいう．多細胞動物において，異物を食作用*により除去することによって生体防御と恒常性維持に貢献している細胞で，多形核白血球*とマクロファージ*に大別される．多形核白血球は炎症部位に早期に集積し，外界より侵入した細菌や真菌などの貪食，殺菌を行う．マクロファージは外来微生物に加え，死細胞や変性した組織構築物など，自己に由来する不要な物質を幅広く貪食，清掃する役割を担う．(⇒スカベンジャー受容体)

**食作用**［phagocytosis］　ファゴサイトーシス，貪食ともいう．細胞の物質輸送の一形式で，光学顕微鏡可視域(1μm程度)以上の大きさの細菌や粒子などを，細胞膜を内側へ陥凹させて細胞内へ取込む輸送形式．接近期，吸着期，摂取期，濃縮・消化期の4期に分けられる．摂取期に偽足を出して細菌や粒子などを包込み，細胞膜が陥凹して物質を摂取する段階だけが飲作用*と異なるが，細胞内骨格系の働きなどは共通である．アメーバ，大食細胞，白血球，網膜色素上皮細胞などに認められる機能である．(⇒ファゴソーム)

**触媒**［catalyst］　一般に化学反応において，正逆ともに反応速度を増大するが，化学平衡に影響を与えない化学物質．酵素*はこの触媒でありリボザイム*もすべてタンパク質である．通常の化学反応に使われる触媒に比べ，酵素は，常温，常圧で働き，基質に対する特異性に優れ，また触媒能(ターンオーバー)もはるかに大きい．酵素の触媒作用において，酵素-基質複合体が形成され，その立体構造もかなりわかってきている．現在酵素を目標とした，人工触媒の合成が多大の興味をもたれている．(⇒RNA触媒)

**触媒サブユニット**［catalytic subunit］　複数のポリペプチド鎖(サブユニット)から成るオリゴマー酵素において，触媒機能を担うサブユニットのことをさす．これに対し触媒サブユニットの活性を調節するポリペプチド鎖を調節サブユニット*という．たとえば，シグナル伝達経路の中で働いているcAMP依存型のプロテインキナーゼは触媒サブユニット(C)と調節サブユニット(R)が2個ずつ会合したオリゴマー酵素で，cAMPがRサブユニットに結合するとRが解離してCが活性化される．

**触媒部位**［catalytic site］　⇒酵素学

**植物**［plant］　植物は，動物との対語であるが，狭義には緑色のタンパク質色素クロロフィル*をもち，独立栄養*(腐生，寄生植物などの例外もある)の約30万種の植物群をさす．いずれも固着性，分裂組織の局在性(成長点)，細胞壁*の形成，可塑性に富む形質発現など，進化過程を反映したいくつかの共通形質を備えている．広義には，ウイルス*のモネラ界，担子菌，子嚢菌を含む菌界，菌類*と藻類*が共生する地衣界，多様な藻類，コケ，シダ，裸子，被子植物を含む植物界に大別するのが，通説である．

**植物ウイルス**［plant virus］　ウイロイド*を含め植物に感染するウイルス*のことをいう．これまで600種以上が報告されている．ウイルスの形態はおもに球状あるいは棒状・ひも状であり，前者は直径25～70 nm，後者は10×20～100×2000 nmである．そのほかに桿菌状，弾丸状，双球状のものがある．植物ウイルスの大部分はRNAをゲノム*としておりDNAをゲノムとする植物ウイルスは少ない．ほとんどのウイルスはコートタンパク質*とゲノム核酸から成っており，ごく一部のウイルスでエンベロープをもっているものがある．ゲノムの種類は多く，二本鎖DNA，一本鎖DNA，二本鎖RNA，一本鎖(+)鎖RNA，一本鎖(−)鎖RNA，一本鎖の一部が(+)鎖で他の部分が(−)鎖のアンビセンスRNA(ambisense RNA)などである．また，その遺伝子発現様式も多様である．(⇒動物ウイルス)

**植物癭瘤**（えいりゅう）　＝クラウンゴール腫瘍
**植物塩基**　＝アルカロイド
**植物凝集素**［plant agglutinin］　＝フィトヘマグルチニン

**植物極**［vegetal pole］　卵細胞の二つの極のうちの一方で，極体の位置する動物極*に対立する極．初期胚でもこれに準じてこの語を用いる．この極の存在する側の半球を植物半球(vegetal hemisphere)という．両生類の植物半球には色素顆粒はほとんど含まれず，卵黄顆粒によって占められている．初期発生の過程で，植物極の細胞は最初は内胚葉に分化し，やがて外胚葉との境界領域が誘導因子により中胚葉へ分化誘導される．(⇒動物極［図］)

**植物成長調節物質**［plant growth regulator］　植物の成長，分化に顕著な影響を与える天然物質，化学合成物質の総称．植物ホルモン*を含む．

**植物胚**［plant embryo］　植物体の発生初期の段階をいう．特に種子植物の胚が詳しく研究されている．種子植物では通常は成熟した種子*の中に胚があり，種子が発芽すると胚は芽ばえ(seedling)とよばれる段階に入る．胚も芽ばえも幼植物体である．胚は一般に種子の中で休眠*状態となるが，この時期の胚には子葉(cotyledon)，胚軸*，幼根(radicle)が分化してい

て，組織としては，シュートと根の頂端分裂組織*や維管束*になる前形成層(procambium)などがすでに分化しているのが普通である．胚軸の上端にはシュートの頂端分裂組織から数個の葉原基(leaf primordium)をもつ幼芽(plumule)がつくられているものもある．子葉は双子葉類では2枚，単子葉類では1枚，さらに裸子植物では数枚のものがあるが，いずれも胚の段階で分化している．なお，藻類，コケ植物，シダ植物の発生初期にも胚といわれる段階がある．

**植物半球**［vegetal hemisphere］⇌ 植物極
**植物プランクトン**［phytoplankton］⇌ プランクトン
**植物ホルモン**［plant hormone, phytohormone］内生の植物成長調節物質*をさす．植物*が生産し，植物の成長，分化，発育を調節する．栄養素，ビタミン以外の物質の総称．一般に幼若組織で微量生成され，生活環の各過程や環境変動などによって顕著に生成量が変化する．オーキシン*，ジベレリン*，サイトカイニン*，アブシジン酸*，エチレン*に五大別されるが，前三者は群析，後二者は固有物質である．近年ブラシノステロイド*，ジャスモン酸*，サリチル酸も植物ホルモンと考えるようになりつつある．このほか，花成ホルモン*，傷ホルモン*の存在が古くから推定されている．オーキシン，ジベレリンは細胞伸長，サイトカイニンはオーキシンの存在下で細胞分裂，アブシジン酸は前三者の作用の抑制，エチレンは落葉，果実追熟を主として調節すると考えられているが，いずれも細胞齢，細胞型あるいは組織，器官によって異なった多種類の生理作用を示すほか，2種の共存により相乗作用あるいは抑制作用など相互作用することを特徴とする．作用によっては標的組織をもつ場合もあるが，生成細胞と標的細胞との明確な区別はない．いずれの組織でも何らかの応答性をもち，特定複数の遺伝子の発現を転写レベルで調節することが明らかにされているが，生理作用と直接結びついた遺伝子の解析には至っていない．また，植物ホルモン感受性などに関する各種の突然変異体がシロイヌナズナ*で単離されており作用の分子遺伝学的研究も進められている．

**食 胞** ＝ファゴソーム
**助酵素** ＝補酵素
**助酵素 A** ＝補酵素 A
**処女生殖** ＝単為発生
**初代培養**［primary culture］　生体から組織を無菌的に取出し，機械的ないしトリプシン処理などにより分散した細胞を適当な培地の入った培養器に植込み，生育させることをいう．一般に，培養した一代目を意味することに使われるが，一代目からその後の継代する期間全体を意味することにも使われる．しかし，初代培養細胞は，継代を繰返していくとしだいに分裂能を失い，増殖を停止する．（⇌細胞培養，不死化）
**ショットガンシークエンス法**［shotgun sequence method］　【1】（DNAの）　塩基配列を決定するための戦略として，サイズの大きなDNA(通常5 kbp以上)の塩基配列決定を行う際によく用いられる．以下の2段階の手順をふんで行われる．1) ランダムなDNA断片を生成し，それらを順次配列決定する．DNAをランダムに切断するためには超音波処理がよく用いられる．切断したDNAはその末端をT4 DNAポリメラーゼ，Bal31ヌクレアーゼなどで修復した後，M13またはプラスミドベクターにクローニングされショットガンライブラリー(shotgun library)が作製される．2) 決定した塩基配列データを塩基配列結合編集プログラム(DNA sequence assemble program)により結合して完成させる．通常，決定されるべきサイズの5～6倍のデータを集積した段階で各断片の塩基配列データを結合する．実際には，これだけで全長が決まるということはなく，塩基配列データが存在しないギャップが生じることが多い．ギャップの部分を，プライマーウォークなどで埋めて，シークエンスを完成させる．最近のさまざまな生物のゲノム塩基配列の決定に常用される手法となっている（⇌ゲノムシークエンシング，染色体歩行）．解析されたDNA断片の配列についてアラインメント*を行い，つなぎ合わせて(アッセンブリー)，ゲノム全体のように長いDNA配列とする必要があり，そのための強力なアルゴリズムとコンピューターパワーが必要となる．ショットガンシークエンス法はヒトゲノムの解読にも利用された．従来のショットガンシークエンス法では，DNA断片がいったんクローニングされる必要があったが，最近開発された一分子シークエンシング技術を適用すると，クローニングの工程は必要なくなる．

【2】（タンパク質の）　生体中のタンパク質を多次元液体クロマトグラフィー*と質量分析装置を用いてハイスループットで網羅的に同定する方法．この方法では，生体中から抽出したタンパク質混合物試料を還元アルキル化した後，トリプシンのようなプロテアーゼで消化する．消化物を二次元ナノ液体クロマトグラフィーによって分画し，オンライン化されたエレクトロスプレーイオン化質量分析装置(MS/MSモード)によってペプチドのアミノ酸配列を分析し，試料中のタンパク質を網羅的に同定する．二次元ナノ液体クロマトグラフィーで得られるペプチド画分をマトリックス支援レーザー脱離イオン化質量分析装置(MS/MSモード)の試料ターゲット基板に添加すれば同装置でもショットガン分析が可能である．血液タンパク質のような試料では，タンパク質量のダイナミックレンジが広く($10^9$～$10^{10}$)，そのままショットガン分析を行うと多量に含まれるアルブミンやトランスフェリンなどのタンパク質だけが検出・同定されてしまう．そこで，このような試料についてはあらかじめ多量に存在するタンパク質を抗体カラムや限外沪過*などによって除去しておく必要がある．（⇌質量分析法）

**ショ糖**［cane sugar］ ＝スクロース
**ショ糖密度勾配遠心分離法**［sucrose density-gradient centrifugation］　核酸などの生体高分子や細胞内顆粒などを分離・分析するために行うゾーン遠心分

離法*の一つ．通常遠心管内に5～20％(w/v)程度のショ糖(スクロース)の直線密度勾配を作製し，少量の試料溶液を重層してスイングローターまたは垂直ローターを用いて分離用超遠心機で遠心する．試料が多量の場合はゾーナルローターを使用する場合もある．試料中の粒子はおのおのの沈降速度に従って密度勾配中をバンド(ゾーン)となって移動してゆく．沈降速度(→沈降係数)から分子量が推定できる．一定の溶媒および温度ではバンドの沈降距離は(回転数(rpm))$^2$×遠心時間にほぼ比例する．バンド形成を安定化させるための密度勾配形成媒体としてショ糖を用いる場合にこの名でよばれるが，目的によってはグリセロールやその他の化合物を用いる場合もある．(→塩化セシウム密度勾配遠心分離法)．一本鎖DNAの分離を行う場合は0.1～0.2M NaOH存在下のアルカリ性ショ糖密度勾配遠心を行う．遠心終了後は通常遠心管の底に穴をあけて一定量ずつ採取して分析する．

**ショープ乳頭腫ウイルス** ＝ショープパピローマウイルス

**ショープパピローマウイルス** [Shope papilloma virus] ショープ乳頭腫ウイルスともいう．R. E. Shopeが1932年にウサギのいぼの抽出液より乳頭腫をつくるウイルスとして分離したのでこの名がついた．現在では多くの動物種で多数のパピローマウイルス*が発見されている．このウイルスにより粘膜や皮膚に形成された良性の乳頭腫は，時として悪性化しがんになることがある．乳頭腫ウイルスは，ポリオーマウイルス*とともにパポーバウイルス科に属し，正二十面体のウイルス粒子内に，二本鎖環状DNA(分子量$5×10^6$)をゲノムにもつ．

**G418** [G418] ＝ジェネティシン(Geneticin). アミノグリコシド系抗生物質*の一つで，タンパク質合成の阻害により強い細胞毒性を示す．トランスポゾンTn5由来のネオマイシン耐性遺伝子*の産物によりリン酸化され，失活する．そこで，この遺伝子を組込んだベクターの選択試薬として利用される．(→選択マーカー)

**C$_4$ジカルボン酸回路** [C$_4$-dicarboxylic acid cycle] ハッチ・スラック回路(Hatch-Slack cycle)，ジカルボン酸回路(dicarboxylic acid cycle)ともいう．C$_4$植物*の営む炭素同化経路(→炭酸固定)．この回路では，葉肉細胞中でホスホエノールピルビン酸カルボキシラーゼ(PEPC)の働きにより，HCO$_3^-$がホスホエノールピルビン酸(PEP)と結合し炭素数4個(C$_4$)のジカルボン酸であるオキサロ酢酸が生成し，これは直ちに還元されリンゴ酸になるか，またはアミノ化されアスパラギン酸へと変化する．これらのC$_4$有機酸はつぎに維管束鞘細胞へと移行し，細胞中の脱炭酸酵素の働きでCO$_2$とC$_3$有機酸へと分解する．CO$_2$は維管束鞘細胞葉緑体中の還元的ペントースリン酸回路*によりC$_3$経路で固定されデンプンや糖へと変化する．C$_3$有機酸は維管束鞘細胞から葉肉細胞へと戻り，ピルビン酸-P$_i$ジキナーゼ(PPDK)の働きによりPEPへと変化し，C$_4$回路は完結する(図)．C$_4$光合成には，維管束鞘細胞における脱炭酸反応の相異で区別されるサブタイプがある．

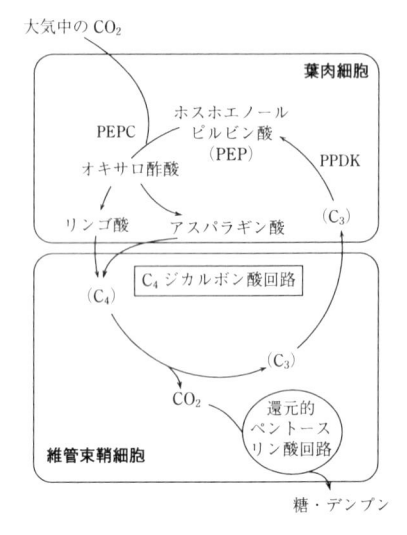

**C$_4$植物** [C$_4$ plant] 光合成*における二酸化炭素の最初の固定産物が3-ホスホグリセリン酸であるC$_3$植物*とは対照的に，リンゴ酸やアスパラギン酸のようなC$_4$ジカルボン酸(→C$_4$ジカルボン酸回路)である植物．カルボキシル化に関与する酵素はホスホエノールピルビン酸カルボキシラーゼである．この型の植物では，C$_3$植物とは対照的に，葉肉細胞と維管束鞘細胞の分化が著しく，後者は維管束を取巻く"kranz"構造をつくって配列している．二酸化炭素の固定は葉肉細胞で行われ，固定産物であるC$_4$ジカルボン酸は維管束鞘細胞に輸送されたのち，NADP-リンゴ酸酵素，NAD-リンゴ酸酵素あるいはホスホエノールピルビン酸カルボキシラーゼにより脱炭酸され，その結果生じる二酸化炭素がそこで機能する還元的ペントースリン酸回路*に高濃度で供給され再固定される．C$_4$植物による二酸化炭素の固定は，C$_3$植物*の場合とは対照的に，酸素の存在による阻害を受けず，一般に高い光飽和点と高い最適温度を示す．(→ワールブルク効果)

**G4ファージ** ＝ファージG4

**白子症** ＝白皮症

**シリアンハムスター** [syrian hamster] ゴールデンハムスター(golden hamster)ともよばれる．げっ歯類キヌゲネズミ科に属し，学名は*Mesocricetus auratus*．シリアンハムスターが正式和名．染色体数は$2n=44$，性成熟期間は35～50日，性周期は4日，姓娠期間は実験用げっ歯類中で15～17日と最も短い．産子数は平均7頭，哺乳期間は平均18～24日である．実験用系統はシリアで採集された雌2頭，雄1頭に由来する．頰袋をもち，この部分を利用してがんの移植，ウイルスの接種などの実験に用いられる．こ

のほか，寄生虫，微生物，内分泌，ビタミンなどの研究にも用いられる．胎仔由来の初代培養細胞は，化学発がん剤でトランスフォーメーション*が誘発されやすいため，また，呼吸や気道系の研究によく利用されている．発がん物質*のスクリーニングなどに使用される．

**自律神経**［autonomic nervous system］　全身の臓器に分布し，内分泌系と並んでエネルギー代謝，循環，呼吸および生殖など生体にとって最も基本的な機能を調節する神経系．一般的に意識を伴わず内部環境の恒常性維持に大きく貢献している．自律神経系は副交感神経系*と交感神経系*に分けられ，副交感神経は一般にエネルギーを蓄積する方向（同化作用）に，交感神経はエネルギーを消費する方向（異化作用）に働く．また，自律神経繊維には，血圧や循環血液量，消化管の伸展，および血中のブドウ糖濃度などを感知し，中枢へ伝える求心性繊維も存在する．自律神経の活動は，脊髄または脳幹レベルでの制御に加え，間脳の視床下部の影響も強く受けている．最近，リンパ節や脾臓などの免疫臓器を支配する自律神経繊維がリンパ球などの免疫担当細胞を直接支配し，機能的にもストレス応答としての免疫機能低下などに，重要な役割を果たしていることが明らかになってきた．

**自律的複製**［autonomous replication］　染色体に組込まれずに行われる複製*．自律的複製を行う分子は複製起点*を含む．複製起点を含む複製単位をレプリコン*という．プラスミド，ウイルス，および細菌の染色体は一つのレプリコンから成るが，真核細胞の染色体はいくつものレプリコンから成る．真核細胞染色体中の複製起点としては出芽酵母のものが最初に単離された．出芽酵母を高い頻度で形質転換*するプラスミドは染色体に組込まれずに，染色体外DNA*として維持される．この現象を利用して，自律的複製を可能にする多数のDNA断片が単離された．当初，これらのDNA断片が複製起点として働くかどうか不明であったため自律複製配列*（ARS）とよばれていたが，ARSのうちのいくつかのものは複製起点として機能することが証明されている．

**自律複製配列**［autonomously replicating sequence］　ARSと略す．複製起点*をもつDNA断片は，細胞中で染色体に組込まれず複製を自律的に続けることができる．真核生物では，出芽酵母*で最初に自律複製配列が分離された．受容菌で選択できるマーカーをもつDNA断片に酵母のDNA断片をつなぎ，環状構造にしたのち，高頻度で形質転換できる断片を選択した．これらの断片では，50塩基が自律複製に必要で，その中には，完全に配列が保存された11のAT対を含む14塩基対（コア領域）と，保存が完全でないが，変化すると複製能力の落ちる，いくつかの領域からできている．酵母の染色体上には約40 kbpごとにARSがあるが，すべてが実際に使われてはいない．大腸菌やプラスミドの複製起点は自律複製配列で，別のプラスミドに挿入した場合増殖を可能とするDNA断片として単離されている．

**糸粒体**　＝ミトコンドリア
**C領域**［C region］　＝定常領域
**試料損傷**［specimen damage, damage］　＝電子線損傷
**指令説**［instructive theory］　抗体産生の理論の一つ．K. Landsteinerに始まり，J. Alexander, S. Mudd, F. Haurowitzらにより提唱された指令説は，L. Pauling*により鋳型説（template theory）として展開され，当時のタンパク質化学の影響を大きく受けている．この説では抗体は，活性をもたない共通のグロブリンタンパク質として存在しているが，これが抗原に出会うと抗原の指令を受け，または抗原を鋳型に，抗原と相補的な高次構造を形成することにより，特異抗体としての活性を生じると説明した．当時の酵素タンパク質化学の分野での誘導適合*の考えによるところが大きい．現代生物化学の分析技術の進展に伴い，アミノ酸分析精度の飛躍的な向上により，抗体活性の特異性の違いは個々の抗体分子の一次構造の違いによることが証明され（⇌可変領域），指令説はその論拠を失っている．（⇌クローン選択説）

**シロイヌナズナ**［*Arabidopsis thaliana*］　アブラナ科の越年生草本．学名は *Arabidopsis thaliana* L. Heynh. 草丈は約30 cm．長日条件下では発芽後約3週間で開花し，5～8週間で最初の種子が得られる．自家受精するが人工交配が可能．染色体数は $n=5$．ゲノムサイズは顕花植物の中では最小で，一倍体当たり $1.25 \times 10^8$ bp．2000年末に全塩基配列が決定された．約26,000個のタンパク質をコードする遺伝子が認められた．植物科学のモデルとして，広く用いられている．遺伝子導入*系や培養細胞株なども開発された．温帯から亜寒帯にかけて広く分布しており，採取された多数の生態型や，突然変異体，各遺伝子の過剰発現体などの種子やcDNA研究用リソースの収集と配布を行うリソースセンターが日・米・英に設置され，データベースの整備が進んでいる．

**C6アストロサイトーマ**［C6 astrocytoma］　＝C6グリオーマ細胞
**C6グリオーマ細胞**［C6 glioma cell］　C6アストロサイトーマ（C6 astrocytoma）ともいう．ラットにN-ニトロソメチル尿素を投与して発生した腫瘍を *in vitro* で培養し，不死化したグリア細胞*系の株化腫瘍細胞で，5種類の形態的に異なる細胞株が得られたが，その中の一つ，グリア細胞のマーカーであるS-100タンパク質*を産生するクローン（C-6）がその名の由来である．この株化細胞の世代時間は35～45時間で，全可溶性タンパク質に対するS-100タンパク質が占める割合は細胞の成長に伴って10倍以上になる．グリア細胞の性質ももっていることから代用細胞として用いられる．

**白子症**　＝白皮症
**シロリムス**［sirolimus］　ラパマイシン*の一般名．
**Cy5**［Cy5］　⇌ Cy3
**Cy3**［Cy3］　二つのジヒドロインドール環をポリ

メチン鎖で結合したシアニン系の蛍光性化合物．メチン鎖が三つのものを Cy3，五つのものを Cy5 とよぶ．Cy3 では極大吸収波長と極大蛍光波長がそれぞれ 550 nm と 565 nm 付近．Cy5 では 650 nm と 667 nm 付近である．下図の $R^1$，$R^2$ としてアミノアルキル基やカルボキシアルキル基を導入することで，種々の生体高分子をアミンカップリング*を用いて標識することができる．下図の $R^3$ に硫酸残基をもつものは水溶性が高く，蛍光色素同士の凝集や生体高分子との非特異的相互作用が低減されている．

$n=1$：Cy3 系化合物
$n=2$：Cy5 系化合物

**$G_1$/S チェックポイント** [$G_1$/S check point] ⇌ 開始点

**$G_1$ 期** [$G_1$ phase]　細胞周期中，細胞の分裂(M期)が終わってから，S 期が始まるまでの間を $G_1$ 期という(⇌ 細胞周期[図])．$G_1$ 期は細胞が増殖するためつぎのサイクルを始めるか，あるいは増殖を止めて休止期($G_0$)へ入るかを決定する重要な段階である(⇌ 開始点)．細胞周期の開始は $G_1$ サイクリン依存性キナーゼの活性化によって起こるが，がん抑制遺伝子*のあるものはこのキナーゼの活性化を阻害することを通して機能する．

**$G_1$ 期サイクリン** [$G_1$ cyclin] ⇌ サイクリン

**仁** ＝核小体

**人為授精** ＝人工授精

**Gene Ontology** [Gene Ontology]　GO と略する．Gene Ontology は遺伝子の機能や性質を記述するために論理的で構造化された専門用語をまとめたものであり，Gene Ontology Consortium によって運営されている．Gene Ontology では遺伝子産物を記述するために用語は生物学的過程，細胞の構成要素，分子機能という三つのクラスに分かれている．一つの遺伝子産物は一つ以上の GO 用語で記述されうる．たとえば，シトクロム $c$ は生物学的過程として酸化的リン酸化と細胞死の誘導，細胞の構成要素としてミトコンドリアマトリックス(基質)とミトコンドリア内膜，分子機能として酸化還元酵素活性となっている．

**進化** [evolution]　突然変異*を受けた個体が集団全体に広まり，突然変異体で置き換わることを進化とよぶ．突然変異は種を形成する個体に生じた変化であり，進化は集団の変化である．進化を論じる場合，生殖細胞に生じた突然変異を問題にし，体細胞突然変異*は問題にしない．進化を説明する主要な理論として，C. R. Darwin* による自然選択*説と木村資生による進化の中立説*が知られている．前者は形態レベルの進化を説明し，後者は分子レベルの進化を説明する．

**真核細胞** [eucaryotic cell, eukaryotic cell]　核膜*をもつ核をもつ細胞．細胞は原核細胞と真核細胞に分けられるが，真核細胞は原核生物*より進化した真核生物*を構成する細胞である．一般に原核細胞より格段と大きなゲノムをもち，その DNA はヒストン*その他の核タンパク質と結合してクロマチン*として核内に存在する．したがって，転写の場(核内)と翻訳の場(細胞質)は分かれており，原核細胞とは異なる遺伝子発現調節機構をもつ．(⇌ 古細菌)

**真核生物** [eucaryote, eukaryote]　真核細胞*から成る生物．約35億年前に発生したと考えられる原核生物*の進化の中で約10億年前に生じたと考えられる．膜に囲まれた核をもつことが特徴であるが，同時に原核生物に比べて格段の大きなゲノムをもち，単細胞のものもあるが，多細胞で個体をつくっているものが多い．そして動物，植物，昆虫などを含む生物界の大きな部分を占めている．

**真核生物開始因子** [eucaryotic initiation factor] ＝eIF

**真核生物終結因子** [eucaryotic release factor, eucaryotic termination factor] ＝eRF

**真核生物伸長因子** [eucaryotic elongation factor] eEF と略す．(⇌ 伸長因子)

**真核生物ポリペプチド鎖開始因子** [eucaryotic polypeptide chain initiation factor] ＝eIF

**真核生物ポリペプチド鎖終結因子** [eucaryotic polypeptide chain release factor, eucaryotic polypeptide chain termination factor] ＝eRF

**進化系統樹** [evolutionary phylogenetic tree] ⇌ 系統樹

**腎芽細胞腫** [nephroblastoma] ＝ウィルムス腫瘍

**SynCAM1** [SynCAM1] ＝CADM1(シーエーディーエムワン)

**心筋** [myocardium, heart muscle, cardiac muscle]　心臓を構成する筋肉で形態学的に横紋筋*である．発生学的に筋芽細胞*が骨格筋では癒合し多核の合胞体(シンシチウム，⇌ 多核細胞)を形成するのに対し，心筋では単核であるが，接着部に境界板*を形成することにより機能的にシンシチウムとして働く．心筋の収縮には細胞外カルシウム($Ca^{2+}$)を必要とする．興奮(脱分極)により細胞膜 $Ca^{2+}$ チャネル(ジヒドロピリジン受容体*)を介して流入した少量の $Ca^{2+}$ が引き金となり，細胞内の小胞体から多量の $Ca^{2+}$ を細胞質に遊離させ，収縮が惹起される．弛緩は，小胞体 $Ca^{2+}$-ATP アーゼのほかに，心筋では細胞膜 $Na^+$-$Ca^{2+}$ 交換機構が発達し，細胞質 $Ca^{2+}$ の低下により達成される．心肥大，心不全，刺激伝導障害などをもたらす心筋症の原因として，心筋ミオシン H 鎖，$\alpha$ トロポミオシン，トロポニン T 遺伝子の点突然変異や，ミトコンドリア DNA 異常，およびジストロフィン遺伝子のコード領域・プロモーター領域欠失，などの報告がある．

**真菌** [fungus, (*pl.*)fungi, true fungi]　真菌類ともいう．カビ・酵母・キノコを含む 72,000 種以上の菌

種から成る微生物群で，核膜をもつ真核生物に属し，ミトコンドリア，小胞体などの細胞小器官*が発達しており，キチン・グルカンなどから成る細胞壁をもつ．多くは多細胞性の菌糸を形成して伸長発育し，有性生殖および無性生殖を営み繁殖体として胞子形成がみられるが，一部の菌種(酵母*)は単細胞性増殖を行う．おもに腐生菌として自然界の有機物分解にあずかるが，一部は動植物に寄生し感染をひき起こしたり，菌根*を形成して共生する．(⇌菌類)

**真空蒸着法** [vacuum evaporation]　炭素(カーボン)や金属を，高い真空度で試料や基盤上に蒸着する方法．電子顕微鏡*用試料支持膜としては，通常炭素膜(カーボン膜)が用いられる．新たに剥離した雲母(マイカ)のへき開面を真空蒸着装置に入れて，細く削った炭素棒に電流を流して加熱蒸着することでカーボン膜を作製する．紙や白いタイルへの着色によってカーボン膜の厚さを知ることができる．金のような金属は，タングステンワイヤーに金属線を巻いて加熱することで蒸着できる．

**ジンクフィンガー** [zinc finger]　DNA結合タンパク質*のDNA結合ドメインに特徴的な立体構造の一つ．結合ドメイン中の亜鉛に配位したシステインあるいはヒスチジン残基の間のアミノ酸領域が指状のループ構造をつくるためこのようによばれる．ジンクフィンガードメインをもつタンパク質はRNAポリメラーゼⅢの転写因子(TFⅢA*)として発見され，その後各種のフィンガータンパク質が同定されている．ジンクフィンガータンパク質は核酸結合タンパク質に属し，種々の機能をもつ転写調節因子として作用している．TFⅢAはRNAポリメラーゼⅢの転写を調節しているが，他のフィンガータンパク質はRNAポリメラーゼⅡの開始を調節している．また，発生過程への関与も示唆されている．フィンガータンパク質と亜鉛の結合する構造のうえから，特定の核酸を認識する能力をもつフィンガータンパク質は少なくとも2種類存在することが知られている．すなわち亜鉛結合部位にシステイン残基(C)2個とヒスチジン残基(H)2個を含む構造をもつ$C_2H_2$クラスと亜鉛結合部位にいくつかのシステインのみを含む$C_x$クラスである．$C_2H_2$クラスは12個のアミノ酸配列によるループを挟んで，2個のシステインと2個のヒスチジンが向かい合う基本構造単位を何回か繰返す構造をもつ(図).

$C_2H_2$クラス　　　　　　$C_x$クラス($C_4$ファミリー)

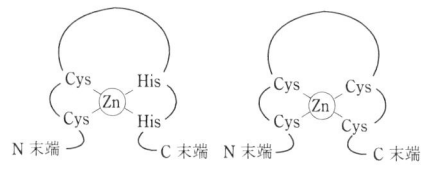

TFⅢA, 精巣決定因子*(TDF), NGFI-A(nerve growth factor-induced A), 転写因子Sp1*, ショウジョウバエクルッペル遺伝子*産物, ショウジョウバエハンチバック遺伝子*産物などが知られている．アフリカツメガエルの卵母細胞の転写因子(TFⅢA)には，(Tyr/Phe)-X-Cys-$X_{2〜4}$-Cys-$X_3$-Phe-$X_5$-Leu-$X_2$-His-$X_{3〜4}$-His-$X_{2〜6}$の基本単位が9回繰返す構造がある．ここでXには，いずれのアミノ酸が入ってもよい．Zn(Ⅱ)は二つのCysと二つのHisに配位する．二つのCysを含む10アミノ酸残基の部分が逆平行β構造(⇌β構造)を形成してDNAと結合する．また，レトロウイルスでは$C_3H$クラスも見いだされている．$C_x$クラスは亜鉛の結合部位のシステインの数により$C_4$ファミリー(図), $C_5$ファミリー, $C_6$ファミリーといったように分けることができる．たとえば，酵母の転写に関するGAL4*の場合は$C_6$ファミリーに属し，6個のシステインから成る一定のクラスターによりフィンガータンパク質部位が成り立っている．ステロイドホルモン受容体の場合には，$C_4$および$C_5$ファミリーより成るフィンガー部分をもっている．

**シングルチャネル記録法** [single channel recording]　⇌パッチクランプ

**神経** [nerve]　神経は，動物に見られる組織で情報伝達の役割を担う．機能によって分類すると，外界の情報を受容する感覚神経系と，外界へ生体が働きかける運動神経系とがある．また神経系にとっての外界を個体の体内と外部環境とに分けると，前者に対しては自律神経*系によって情報処理がなされ，後者の情報処理は体性神経系(somatic nervous system)が担っている．神経系の中枢である脳には，体性神経系を統御する大脳皮質*と自律神経系をコントロールする視床下部*とがある．大脳皮質には，感覚神経からの入力情報を処理する感覚野と運動神経への出力情報をつくる運動野があるが，そのほかに連合野(association cortex)がある．動物が高等になるほど連合野の占める面積が拡大し，ヒトでは連合野が圧倒的である．連合野では認知，判断，言語，記憶・学習，創造といった高度な精神機能が営まれている．このことは，高等な動物ほど外界からの刺激入力に対してより複雑な反応を示すことからもうなずける．この情報処理システムを構成する素子が，神経細胞*(ニューロン)である．ニューロンはきわめて分化した細胞で，分裂能をもたないといわれてきたが，近年では海馬歯状回でのニューロン新生が報告されている．ニューロンを取巻くようにグリア細胞*が配置している．いずれも発生は外胚葉由来で，マトリックス細胞から神経芽細胞を経てニューロンが分化し，グリア芽細胞からグリア細胞が分化する．刺激の受容ニューロンと効果器(筋細胞, 腺細胞など)に働くニューロンは，その機能発現にかなうよう分化している．またこれらのニューロンはシナプス*を介して連絡し，複雑な神経回路網を構成している．生化学的には，刺激の受容・伝達・情報処理の分子的機構を解明することが，基本的課題といえる．刺激受容の分子機構，活動電位の発生機序，シナプスを介するシグナル伝達機構，ニューロン内での物質輸送などは，かなりの部分が明らかにされている．現在関心を集めている問題の一つに，シナプス伝達に

おける可塑性(シナプス可塑性*)がある．これは学習・記憶の素過程と考えられている現象で，シナプス活動の頻度に応じてシナプスの伝達効率が変化するというものである．新しい遺伝子操作(⇒遺伝子ターゲッティング)が開発され，この問題に対する分子生物学的アプローチの成果が注目されている．また学習・記憶に限らず高次脳機能を担うと考えられている特異的なニューロン集団の構築，すなわちニューロン回路網の形成という問題は，いまだに模索の段階にある．分子生物学的アプローチの待たれるところである．

**神経栄養因子** [neurotrophic factor] ⇒神経成長因子

**神経栄養因子受容体** ＝ニューロトロフィン受容体

**神経芽細胞** [neuroblast] ⇒ニューロン前駆細胞

**神経芽細胞腫** [neuroblastoma] ニューロブラストーマともいう．通常3歳までに発病し，多くの場合不幸な転帰をとる神経節神経細胞の小児悪性腫瘍．カテコールアミン産生を活発に行うので，その代謝産物である尿中のホモマンデル酸を指標に乳児の早期発見スクリーニングが行われている．神経への機能分化が進むと自然治癒もあるとされる．Neuがん遺伝子が関与することも知られている．ヒト由来のGOTO株やSH-SY株が単離されている．マウス由来のものとしては，C1300株が有名で，これは1940年に米国メイン州，ジャクソン研究所のA/Jマウス腹腔内に見つかった腫瘍である．1968年に培養系に移された．神経細胞様の形態を示し種々の伝達物質合成酵素活性をもつ．米国国立衛生研究所(NIH)のM. W. Nirenberg研究室で天野武彦がクローニングし，以後N18など世界中で使われている細胞株が確立された．

**神経下垂体** [neurohypophysis] ⇒下垂体

**神経可塑性** [neural plasticity] ＝シナプス可塑性

**神経型NOシンターゼ** [neuronal NO synthase] nNOSと略す．(⇒血管内皮型NOシンターゼ)

**神経冠** [neural crest] 神経堤，神経稜ともいう．神経管*が癒合した直後(脊髄レベル)あるいは癒合する前(脳胞レベル)に，表皮外胚葉と神経管の境界部分で神経管内部に位置する細胞が，神経管から遊離して胚の間葉組織中へと移動し始める．これらの細胞群が神経冠細胞である(⇒神経発生[図])．前脳胞(正確には将来の間脳レベル)から仙髄に至る神経管の全域背側から遊走する．細胞は一定のルートを移動することと，ルートによって細胞分化が決定されることが確かめられている．腹内側へ移動する細胞は，脊髄神経節・シュワン細胞*・交感神経節*に分化する．やや発生段階が遅れて，表皮外胚葉に沿って外側へ移動する細胞はメラノサイト*に分化する．同じ神経冠細胞でありながら，頭部と体幹部で細胞分化能が異なる．頭部神経冠細胞(cephalic neural crests)は，体幹部の神経冠細胞の細胞分化に加えて，さらに間葉細胞に分化する．すなわち，軟骨細胞・骨細胞・結合織細胞・平滑筋細胞などに分化し，顔面頭蓋や顔面の皮下組織を構成する．神経冠細胞もまた，神経管と同様にそれぞれのレベルに関係したHoxやPax遺伝子を発現する．細胞移動するために，細胞外マトリックスのフィブロネクチンやラミニンと，神経冠細胞のもつ接着分子としてインテグリンの関与が報告されている．腸管神経叢を形成する神経冠細胞の移動とメラノサイトの移動に関して，Steel遺伝子とc-Kit受容体の関係が報告されている．腸管内における神経冠細胞と神経叢形成に関して，ヒルシュスプルング病の変異体からエンドセリンB受容体が正常発生には必要であることが，またret遺伝子*のノックアウトマウスにおいて腸管神経節が欠損することが確認されている．

**神経管** [neural tube] 神経板*の周囲がもち上がって神経褶*となり，正中背外側で合して管状に閉じることによって，神経管は形成される．その後，神経管の頭方は脳胞を形成し，尾方は脊髄へと分化する(⇒神経発生[図])．神経管の頭尾軸は，前脳胞から第三菱脳胞(ロンボメア)にかけてはOtxとEmx遺伝子によって区分され，ロンボメア内の8個の区分はHox遺伝子により制御される．また背腹軸はPax遺伝子の発現により決定される．神経管の横断面において，背腹軸に関する予定運命図から，神経管を4部分に分けることができる．脊索に接する部分を底板(フロアープレート*)，腹側半分を基板(basal plate)，背側半分を翼板(alar plate)，表皮外胚葉に接する部分を蓋板(roof plate)とよぶ．神経管内細胞分化に脊索が影響することは，実験発生学的に早くから知られていた事実であるが，それらの誘導に関係する遺伝子や分子が具体的に決定され始めている．脊索から分泌されるHNF-$3\beta$分子によって，神経管内に底板への分化誘導が生じ，底板はShhを分泌して神経管に運動神経細胞の分化を決定する．また，脊索からのシグナルが神経管背側の分化に関係するドーサリン1*の発現を制御しており，蓋板と神経冠細胞にmRNAの発現が確かめられている．

**神経管形成** [neurulation] 神経板*の周辺がもち上がり，正中部外側で癒合して神経管*が形成される(⇒神経発生[図])．頸部から始まり，頭尾両方向へとジッパーが閉じる状態で癒合は進行する．仙racle下部より尾端は発生起源が異なり，中胚葉細胞塊の管腔化によって神経管が形成される．頭側と尾側の神経孔が最終的に閉じて神経管形成は完了する．Pax-1異常，Splotch異常，T-curtailed，Loop-tailなど多くの突然変異マウスで各遺伝子と神経管奇形(neural tube defects)の関連が証明されているが，神経板レベルでの分化異常や神経冠細胞の移動異常や細胞外マトリックスの量的変化など，複合的な要因があげられているが，いまだ解決されていない．この発生過程障害として二分脊髄(spina bifida)が有名である．

**神経幹細胞** [neural stem cell] in vitroで増殖し継代を繰返すのと同時に，自己複製能)，中枢神経系を構成する3種類の細胞(ニューロン(神経細胞*)およびグリア系細胞であるアストログリア*，オリゴデンドログリア*)をつくり出すことができる

(多分化能)未分化な細胞(⇒神経細胞,グリア細胞).中間径フィラメント*ネスチン,RNA結合タンパク質*Musashi-1,転写因子*GroupB1 Sox 群などが神経幹細胞のマーカー分子として知られている.哺乳類個体において神経幹細胞は発生段階に応じてその形態を変化させながら存在し,胎生初期から幼若期にかけてはおもにニューロンを産生し,胎生後期になるとグリア細胞を産生するようになる.成体になると,神経幹細胞は一部の領域を除いてニューロンの産生を終了しているが,グリア細胞の産生は続く.神経幹細胞は,胎生期の神経管周囲で層をなす神経上皮細胞がその起原となり,まず対称分裂によりその細胞数を増大させ,その後非対称分裂によりニューロンを産み出す.神経上皮細胞はその後脳室面と脳皮質表面の両方に突起を伸ばした形態をとる放射状グリア細胞となる.この放射状グリア細胞もまた神経幹細胞であり新生ニューロンの移動を支持するとともに非対称分裂によりニューロンを産み出す.これは後の成体における神経幹細胞となる.成体の神経幹細胞はげっ歯類において研究が進められており,脳室下帯(subventricular zone, SVZ)と歯状回*(DG)の2箇所に限定してニューロンの新生が起こることがわかっている.SVZ は,脳室面に接した繊毛をもつ上衣細胞とアストログリア(type B 細胞),一過性増殖細胞(type C 細胞)とニューロブラスト(type A 細胞)といった細胞群から成り,type B 細胞が成体の神経幹細胞であるという説が有力である.また DG においては,顆粒細胞下層に神経幹細胞が存在している.このような成体における神経幹細胞の発見により,さまざまな神経幹細胞の選択的培養法を用いて,自己複製能と多分化能をあわせもつ神経幹細胞が中枢神経系の胎生期のみならず成体からも分離培養できるようになり,中枢神経系の再生,再構築への治療につながるツールとして注目されるようになっている.

**神経冠由来ニューロン**[neural crest-derived neuron] 神経堤由来ニューロンともいう.脊椎動物の神経組織を構成する細胞は,神経管*由来のものと神経冠*由来のものとに大別できる.脊髄神経節(spinal ganglion)を構成するすべてのニューロンと支持細胞,脳神経節(cranial ganglion)の一部のニューロンとすべての支持細胞は神経冠由来である.また,毛様体神経節(ciliary ganglion),交感神経節*,消化管壁のマイスナーの神経節(Meissner's ganglion),アウエルバッハの神経節(Auerbach's ganglion)など副交感性,交感性の神経節のニューロンと支持細胞も神経冠由来である.末梢神経の髄鞘をつくるシュワン細胞*も神経冠由来である.

**神経筋シナプス**[neuromuscular synapse] =神経筋接合部

**神経筋接合部**[neuromuscular junction] 神経筋シナプス(neuromuscular synapse)ともいう.神経と筋肉との境の部分は神経筋接合部とよばれ,神経細胞間と同じように,化学伝達物質を介する情報の伝達が行われている.脊椎動物の骨格筋の代表としてカエルの脚の神経筋接合部を用いた実験により,シナプス伝達の基本的な事象が詳細に研究されてきた.図に示すよう

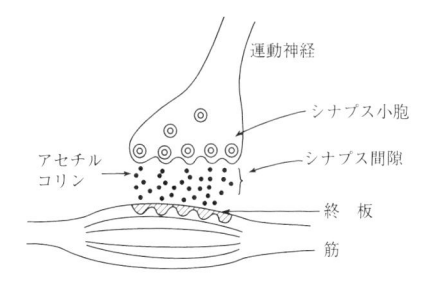

に脊髄の運動神経細胞に発する軸索の末端の神経終末が骨格筋細胞膜に接する部分にはシナプス間隙(synaptic cleft)とよばれる 50～100 nm の隙間があり,シナプス前膜*である神経終末から伝達物質のアセチルコリンがこの間隙に放出される.シナプス後膜側の筋細胞膜は終板(運動終板*)とよばれ,アセチルコリンは終板にあるニコチン性アセチルコリン受容体*と結合し,この結果 $Na^+$ および $K^+$ の膜透過性の変化が起こり終板電位が発生する.神経終末にはシナプス小胞*とよばれる直径 40～60 nm の小胞がシナプス接触点(活性帯*とよばれる)に密集しており,これはアセチルコリンの貯蔵部としての役割をもつと考えられている.

**神経筋接合部基底層** =神経筋接合部基底膜

**神経筋接合部基底板**[junctional basal lamina] =神経筋接合部基底膜

**神経筋接合部基底膜**[junctional basal membrane] 神経筋接合部基底板(junctional basal lamina),神経筋接合部基底層ともいう.運動神経の軸索末端が骨格筋細胞(繊維)に接続する部分(神経筋接合部*)の基底膜.この部位ではこの2種の細胞の基底膜は融合してシナプス間隙に深く入り込んでいる.この部位の基底膜は,神経筋接合部のシナプスの再生に必要な情報の多くを担っているアグリン*や,神経伝達物質のアセチルコリンを分解するアセチルコリンエステラーゼ*,基底膜タンパク質であるIV型コラーゲンやラミニン*の特殊なアイソフォームなど,他の基底膜*には存在しないかまたは少ない成分が局在している.

**神経筋伝達**[neuromuscular transmission] 脊髄の運動神経細胞からのインパルスによって筋収縮*が起こる過程をいう.運動神経軸索の末端に活動電位が達すると,神経終末からアセチルコリンが放出され終板電位が生じる.終板電位により筋の膜電位が脱分極し閾値を超えると活動電位が発生し,筋繊維全体にこの興奮が伝導して筋の収縮が起こる.骨格筋の場合1個の運動神経の興奮により同時に収縮する筋の数を運動単位(motor unit)とよび,細かい運動を行う筋ほど運動単位が小さい.

**神経グリア**[neuroglia] =グリア細胞

**神経系**[nervous system] 動物の体中に張りめぐ

らされた情報処理システム．生体における神経系の役割は，環境の変化を受容器(receptor)からの感覚情報として受け，これを統合して筋肉や分泌腺などの効果器(effector)に指令を与えるという機能にある．無脊椎動物の神経系は通常神経節*とよばれる神経細胞*の集団が身体の体軸に沿ってつながって存在し，それぞれの神経節がある程度独立した統合機能をもっている．これに対して脊椎動物の神経系は中枢神経系*と末梢神経系*に分けられ，前者は脳や脊髄を含み体の中心となる．発生学的には個体発生の初期に外胚葉の背面が正中に沿って肥厚し，管状になって落ち込み，神経管*ができる．この頭部が太くなって脳管となり残りは脊髄となる．脳管から前脳胞，中脳胞，菱形脳胞ができ，それぞれ大脳，間脳と中脳および小脳，延髄に分化する．脊椎動物では進化により高等動物になるほど脳の発達が著しく，下等動物では脊髄にあった統合機能は脳へ移る．これを"神経作用頭端移動の法則"とよぶ．

**神経系前駆細胞** [neural progenitor cell] 神経系のさまざまな細胞を産生できる前駆細胞．広義には神経幹細胞*とほぼ同義に用いられることもある．神経前駆細胞はターンオーバーが著しく変化することから，これを実験的に区別することは難しい．神経幹細胞と比べてニューロンやグリア細胞*への細胞分化運命が決定した一過性増殖前駆細胞を含む場合もある（→神経細胞）．

**神経系の初期発生** [early development of nervous system, beginnings of the nervous system] 神経系の発生は，脊索*の誘導によって外胚葉に神経板*がつくられることに始まる．神経板は，発生が進むと左右両端が盛り上がって神経褶*をつくり，ついでこれが背面で融合して神経管*となる（→神経管形成）．神経管の吻側の部分から脳が，尾側から脊髄が分化する（→神経分化）．神経管の発生が進むと管腔に接して胚芽層，その外側に外套層，さらに最外層に辺縁層が区別されるようになる．細胞増殖は胚芽層に限られ，この部で生まれた神経芽細胞はもはや分裂能力はなく，あとは運命づけられた定位置へと移動し（→ニューロン移動），同時に軸索などの伸長，および他の神経細胞とのシナプス*連結を形成して神経細胞として成熟完成する．神経褶をつくっていた細胞群の一部は，神経管の形成直後に，左右両側に並ぶ体節*の誘導によって神経管から離れて両側に一列に並んだ細胞塊として残る．この細胞群は神経冠*といわれ，のちに脊髄神経節，交感神経節などをつくる．（→神経発生）

**神経原繊維変化** [neurofibrillary tangle] 一般老人の脳では海馬を中心に，アルツハイマー病*患者の脳ではさらに大脳皮質全体にわたって錐体細胞体内に嗜銀性構造物が存在する．これが1907年 A. Alzheimer の発見した神経原繊維変化である．微細形態的には，80 nm ごとにくびれがあるペアードヘリカルフィラメント*(PHF)の束からできている．主要構成成分は微小管結合タンパク質の一つであるτタンパク質*と同定された．このτは正常のそれと異なり，過剰にリン酸化されているのが特徴である．

**神経膠** ＝グリア細胞

**神経細胞** [nerve cell] 通例，ニューロン(neuron)と同義に用いられる．神経細胞のもつ特徴としてあげられるのは，形状と機能である．神経細胞は形態がきわめて多種で，直径2～3 μmの小型のものから200 μmに達する大型の細胞もある．機能的には核をもつ原形質部分を細胞体*とよび，これからは2種類の突起が伸びている（図参照）．一つは樹状突起*であ

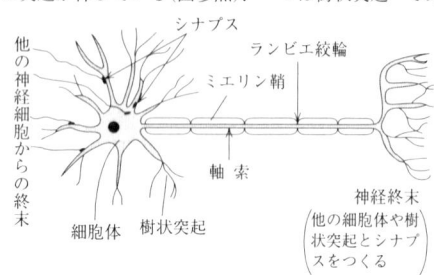

り細胞体から直接突起を伸ばし，多数の分枝を出す．ほかは軸索突起で通常1本の長い繊維で他の神経細胞に向かって伸びている．樹状突起は他の神経細胞からの情報を受取る機能をもち，シナプス後膜*部には spine とよばれる無数のとげ状の突起がある．一方，軸索*は他の細胞へ情報を伝える役割をもつ．軸索の末端は神経終末*とよばれ，特殊に分化した膜構造をもち神経伝達物質*を放出する．細胞体と軸索では主として $Na^+$ の流入と $K^+$ の流出による活動電位*が発生して興奮が伝導し，神経終末ではカルシウムチャネル*が豊富に存在し，$Ca^{2+}$ の流入によって伝達物質の放出が起こる．

**神経細胞死** [neuronal death] 細胞死とは，1個の細胞が呼吸やエネルギー産生などの基本的生命現象を非可逆的に失うことである．その際，大規模なカルシウム動員を伴う．神経細胞死の場合，多彩な形態学的変化を示しながらついに貪食あるいは自食によって消滅してしまうのであるが，その特徴によって細胞死は大まかに二つに分類される．一つは発生の段階でみられる現象で，過剰に産生された神経細胞が標的細胞数や標的組織の大きさに応じた適数になるまで，余分の神経細胞がアポトーシス*の形をとりつつ死滅する自然細胞死(naturally occurring cell death，あるいはプログラムされた細胞死*)である．他の一つは高温，虚血など物理的，化学的，生物学的原因によって死滅する不慮の死(accidental death，あるいは壊死*)である．虚血ニューロン死の過程でも DNA の断片化など部分的にアポトーシスの様相を示すことがある．（→遅延性神経細胞死）

**神経細胞接着分子** [neural cell adhesion molecule] NCAM と略す．神経組織に存在する免疫グロブリンスーパーファミリー*に属する接着性膜糖タンパク質．遺伝子は1種であるが，mRNA の選択的スプラ

イシング*により，分子サイズの異なる 180, 140, 120 kDa タンパク質が存在する．いずれもアミノ末端側の細胞外部分は共通で，5 個の免疫グロブリン C2 ドメインと 2 個のフィブロネクチンタイプ III 様ドメインをもち，180 と 140 kDa 分子は細胞内ドメインと膜貫通ドメインを含むが，120 kDa 分子は直接膜にイノシトールリン酸を介して結合した分泌型である．180 kDa 分子は分化した神経細胞に発現し，その細胞内ドメインは細胞骨格タンパク質のフォドリンと結合し，細胞接着*による情報を細胞内に伝達している．NCAM 同士で接着を行い，その接着活性はアミノ末端部分に存在する．胎生期には細胞外の膜近傍の糖鎖に多量のシアル酸が α2-8 結合で結合した接着性の弱い胎生型 NCAM が存在し，神経細胞の移動期に神経細胞とグリア細胞に発現するが，その後，シアル酸の少ない成体型へ変化する．胎生型から成体型への変換が空間的，時間的に細胞接着，細胞移動，シナプス形成の調節を行う可能性がある．NCAM は神経細胞*，アストログリア*，オリゴデンドログリア*のほか，筋，皮膚の細胞にも発現している．NCAM は発育過程では出生期前後にピークを示し，神経細胞の成長期に重要なことを示唆する．神経軸索に発現のみられるラット TAG1，アクソニン-1，ニワトリ F11，マウス F3 はいずれも類似の基本構造をしたタンパク質群である．(→細胞接着分子)

**神経褶** [neural fold]　神経管形成は，表皮外胚葉と神経板*の境界が隆起することに始まる．神経板周辺のこの隆起部分を神経褶とよぶ．持ち上がるメカニズムとして，神経板の神経上皮細胞が瓶形に変形することによって，あるいは直下の間葉細胞の増殖や細胞外マトリックスの増加との関連性，あるいは神経溝が尾方へと伸長することによって神経板の正中部がヒンジとして凹み，凹みが周辺に及ぼす物理的な力による可能性など，種々類推されている．しかし，いまだメカニズムはわかっていない．

**神経修飾物質**　=神経調節物質

**神経終末** [nerve ending, nerve terminal]　シナプス終末(synaptic ending)，シナプスボタン(synaptic button)ともいう．神経細胞*の軸索終末部のボタン状の構造をいい，この終末部がつぎの細胞に投射してシナプスを形成する．神経終末には，ミトコンドリアやシナプス小胞*が存在し，それ以外の小器官はまれである．神経終末に存在するシナプス小胞は，直径 20〜40 nm の透明で小さな小胞と，それよりも大きい有芯小胞がある．小胞を含めて神経終末に特徴的な一群のタンパク質が小胞の輸送と開口分泌にかかわると考えられている．

**神経上皮腫** [neuroepithelioma]　神経管に面する神経上皮細胞に由来する腫瘍．髄様上皮腫(medulloepithelioma)，脳室上衣腫(ependymoma)などがある．

**仁形成体**　=核小体オーガナイザー

**神経成長因子** [nerve growth factor]　NGF と略す．神経細胞*に外から働いて，その分化・生存を助ける神経栄養因子(neurotrophic factor)の一種．神経栄養因子としては最も初期に発見された．発見者 R. Levi-Montalcini*は 1986 年ノーベル医学生理学賞を受けた．マウスから精製されたものの分子性状が詳細に調べられている．分子量 13,000, 118 個のアミノ酸対から成るポリペプチドが通常は二量体で存在する．結晶構造も明らかにされており，二つの逆方向の β シート部分のつくる平面構造が特に注目されている．この平面部分が合わさって二量体が形成されているとされる．mRNA の塩基配列が決定され，これをプローブとしてヒト，ラット，ニワトリなどの同様のタンパク質分子の存在が明らかになっている．多種の種間でのアミノ酸一次構造の比較から突然変異はわずかであり，分子として長い進化の過程でよく保存されたタンパク質の一つであることが明らかにされた．この分子は神経組織中ではごく微量にしか存在しない．末梢神経系では交感神経系*と知覚神経系に局在している．作用する神経細胞が交感神経細胞と知覚神経細胞であることが知られており，これら神経細胞の支配する部位に特に高い生合成活性があることが見いだされた．すなわち，シナプス形成過程において標的となる細胞がつくり，分泌し特異的なシナプスを形成させる作用をもっていることが，のちに明らかとされている．このことはこの分子によって影響を受ける神経系がきわめて限られており，作用の受けない系には他の因子が関与していることを示唆している．この示唆に沿って多くの神経栄養因子が分離同定された．それらには脳由来神経栄養因子，毛様体神経栄養因子(→コリン作動性分化因子)がある．前者はのちにこの分子と構造的に類似していることが明かされニューロトロフィン*と総称された．一方，脳におけるこの分子の存在と分布も明らかになり前脳基底野のコリン作動性ニューロン*に対して特異的に作用することが示されている．この神経細胞群はアルツハイマー病*において著明な脱落がみられることから，この分子が当該神経疾患に深くかかわっていることが指摘されている．

**神経成長因子受容体** [nerve growth factor receptor]　神経成長因子*(NGF)の受容体．おもに神経細胞膜上に発現しているタンパク質．受容体タンパク質として 2 種知られている．p75 タンパク質と p140 タンパク質である．前者は低親和性($K_D$=〜$10^{-9}$ M)であり，ラットとヒトのものがクローニングされ構造が決められた．腫瘍壊死因子*(TNF)とか Fas 抗原*と類似した構造をしており，ファミリーを形成している．細胞の死，特にアポトーシス*に関与していると考えられている．細胞質ドメインには特徴的なシグナル伝達をつかさどる構造はない．シグナル伝達はスフィンゴミエリンの分解に伴うセラミドを介するものと推定されているが，その分子的な仕組みは不明である．後者の p140 タンパク質は単独で高親和性($K_D$=〜$10^{-11}$ M)を示すという説と p75 タンパク質とヘテロ二量体をつくって高親和性の性質を示すという二つの説に分かれている．いずれにしても高親和性受容体を構成する重要なタンパク質である．*trk* 原がん遺伝子(*trk* protooncogene)の一つである *trk*A の産物であ

る．ファミリーをつくっていて trkB, trkC と相似な構造をしている．いずれも細胞質ドメインにチロシンキナーゼ領域をもっていることから，細胞内シグナル伝達はチロシン残基のリン酸化によってなされているとされる．trkA の産物は NGF の高親和性受容体を構成しているが，trkB と trkC の産物はそれぞれ脳由来神経栄養因子およびニューロトロフィン-4/5 とニューロトロフィン-3 に対する高親和性受容体（ニューロトロフィン受容体*）と考えられている．なお，p75 低親和性受容体はこれらすべてのニューロトロフィン*の低親和性の受容体となりうることが知られている．NGF の生理的な作用は p75 タンパク質を経由しておらず，おそらく p140 タンパク質を介しているとされる．しかし後者についてはその mRNA 発現分布は調べられているがタンパク質レベルでの局在については不明な点が多い．trkA mRNA の発現は脳においてはほぼ前脳基底野と線条体のコリン作動性ニューロン*に局在している．一方，trkB と trkC については脳内の広く種々の領域，特に大脳皮質*，海馬*などに存在していることが知られている．p75 タンパク質については mRNA レベルでタンパク質レベルでも脳ではほぼ前脳基底野コリン作動性ニューロンに存在している．これら受容体タンパク質の発現と生理的役割はまだ完全に解明されたとはいえない．これらの不明点の解明によって，脳神経系における形態形成の謎，シナプス形成の分子機構が明らかになるものと期待される．trkA, B および C についてノックアウトマウスの作製が行われている．これらの結果ではすべて，マウスは生後まもなく死ぬことから，これらの遺伝子産物が生育に必須の成分であることが明らかとなっている．今後，ニューロトロフィンの作用機構，また，これらニューロトロフィンの関与するアポトーシス*の分子機作，さらには脳の老化における細胞死のメカニズムが明らかにされることが望まれる．

**神経成長因子ファミリー**　[nerve growth factor family]　＝ニューロトロフィン

**神経成長因子誘導性大膜糖タンパク質**　[nerve growth factor inducible large external glycoprotein]　＝L1. NILE と略す．

**神経成長円錐**　[nerve growth cone]　培養神経が突起を伸ばす時に，先端に見られる平たい不定形構造．成長円錐から伸びる数本の糸状仮足*（フィロポディア filopodia）はアクチン*を含み，運動性に富む（→道しるべ細胞）．成長円錐も絶えず動いて周囲の物質を探索する．不適当な物質は避け，適切な標的に接触するまで伸長し続ける．顕微鏡で観察すると，細胞小器官が盛んに流入しているのがわかる．標的に接触すると，シナプスを形成する．（→軸索伸長）

**神経節**　[ganglion, (pl.)ganglia]　一般に，神経細胞体の集合をいう．下等無脊椎動物では神経節が，体の長軸方向にはしご状に配列した神経突起でつながり，神経系*を形成している．脊椎動物のように中枢神経系*が発達している動物では，末梢神経系*における神経細胞体の集合を神経節とよび，中枢神経系の

それは神経核とよび分けることが多い．脊椎動物の神経節は，その機能によって，感覚神経節（後根神経節ともよぶ）と自律神経節（交感神経節*など）に分けられる．

**神経繊維**　[nerve fiber]　＝軸索

**神経繊維腫**　[neurofibroma]　神経繊維腫症1型*(NF1)患者にみられる柔らかな腫瘍．臨床的に NF1 患者の皮膚に思春期以降に無数に多発する皮膚神経繊維腫(cutaneous neurofibroma), 曲面状で巨大なものは懸垂状に垂れ下がるび漫性神経繊維腫(diffuse plexiform neurofibroma), 末梢神経内の神経繊維腫(nodular plexiform neurofibroma) などがあり，悪性化したものは悪性神経鞘腫(malignant schwannoma) とよばれる．組織学的にはシュワン細胞*，神経周膜細胞，神経内膜細胞および繊維芽細胞様細胞から構成され，組織化学的には S-100 タンパク質*，XIII$_a$ 因子および CD34 陽性の細胞が混在する．皮膚の神経繊維腫は高齢者にみられる皮膚色のホクロとは，臨床的・組織学的に区別はつかない．治療は外科的に切除するが，巨大なび漫性神経繊維腫は血管に富み大出血を起こすことがあるので注意が必要である．小型のものは電気メスや炭酸ガスレーザーで焼灼することもある．

**神経繊維腫症1型**　[neurofibromatosis type 1]　NF1 と略す．神経繊維腫症には種々の病型があるが，遺伝学的に明らかになっているものには，古典的なレックリングハウゼン病(Recklinghausen disease)である神経繊維腫症1型と，両側性に聴神経腫瘍の発生をみる神経繊維腫症2型(NF2)とがある．NF1 では思春期以降に全身に多発する神経繊維腫*，カフェオレ斑(cafe au lait spots)とよばれる特有な色素斑，脊椎の側弯などの骨変化がおもな症候であるが，このほかに虹彩小結節(Lisch nodules), 視神経膠腫などの眼病変，脳腫瘍，貧血母斑，脳波の異常など多彩な症候がみられる．常染色体優性疾患*で，人口約3300に1人の割合でみられ，わが国の有病者は 36,000～47,000 人と推定されている．NF1 遺伝子は第17染色体長腕の 11.2 領域に座位するが，約 350 kbp と巨大であり，59 のエキソンの存在が明らかになっている．コードするタンパク質はニューロフィブロミン(neurofibromin)とよばれ，ras 遺伝子*の機能を抑制する GTP アーゼ活性化タンパク質*の触媒領域と類似している．

**神経繊維腫症2型**　[neurofibromatosis type 2]　→ NF2 遺伝子

**神経束**　[fascicles of nerve fiber]　神経系において同一方向に走向する神経繊維の集団をいう．発生途上の神経突起は，特定の経路を通って標的ニューロンとシナプス*をつくるが，後続の神経突起は最初の神経突起の接触誘導*によって同じ道筋をたどる．この結果，神経繊維は緊密な束を形成することになる．末梢神経や中枢神経系の神経路はその例である．

**神経組織**　[neural tissue]　脳，脊髄および末梢神経を包含した，活動電位を媒体とする情報処理組織をいい，基本的には神経細胞*とグリア細胞*から形成

されている．神経組織は，外胚葉の一部である一層の神経上皮細胞から成る神経板*に起源をもつ．これは盛んな分裂能力をもち神経管*が形成され，これが脊髄および脳になる．神経管の内腔に面した神経上皮細胞は，2系列の細胞を造成する．すなわち，一つは神経芽細胞で，ほかの一つはグリア母細胞である．神経芽細胞は遊走性に富み，発生の間にある特定の位置に移動し，原形質の突起を伸ばして神経細胞に成熟する．個々の神経繊維はカドヘリン*などの細胞接着分子*により束になり，いわゆる神経*が形成される．グリア細胞には，上衣細胞，オリゴデンドログリア*，アストログリア*，ミクログリア*があり，ミクログリアだけが中胚葉起源である．末梢神経では，シュワン細胞*，外套細胞もグリア細胞の一種に分類される．

**神経調節物質**［neuromodulator］　神経修飾物質ともいう．シナプス後膜*のイオン透過に基づくコンダクタンスを直接には変えずに神経伝達物質*の作用の強弱や持続時間を調節している物質．多くの場合これらはペプチド(脳ペプチド brain peptide)やホルモンであり，低分子の古典的伝達物質とよばれるものとともに放出される種類もある．バソアクティブインテスティナルペプチド(VIP)，サブスタンスPやエンケファリン，アンギオテンシンIIなども神経調節物質とされているが，受容体が同定されたこれらを広く伝達物質の中に含める考え方もある．(→神経分泌，神経ホルモン)

**神経堤**＝神経冠

**神経堤由来ニューロン**＝神経冠由来ニューロン

**神経伝達物質**［neurotransmitter］　神経細胞間のシナプス*伝達の際に軸索の末端にある神経終末から放出される化学物質をいう．最初は骨格筋神経筋接合部*におけるアセチルコリン*や交感神経終末から出るノルアドレナリン*が典型的な神経伝達物質として詳細に研究され，シナプスにおける化学伝達の概念が確立された．その後グルタミン酸やγ-アミノ酪酸*(GABA)，グリシンなどアミノ酸類，セロトニン*やドーパミン*などのアミン類が神経伝達物質に加わった．これら低分子量の古典的な伝達物質に加えて，多数のペプチドやホルモン(→神経ホルモン)も神経伝達物質とよばれるようになった．従来は伝達物質の同定には，神経終末における局在と刺激による放出，合成酵素や分解酵素の存在，薬理作用の一致などの厳しい基準があった．しかし近年はすべての必要条件を満たさなくとも神経活動によって放出され，生理作用の明らかなものはすべて神経伝達物質の範ちゅうに入れられるようになり，きわめて多数のものが神経伝達物質としてあげられている．(→神経調節物質)

**神経伝達物質受容体**［neurotransmitter receptor］　シナプス後膜*に存在し神経伝達物質*と結合し，さまざまな生理的変化を細胞内へ伝えるタンパク質をいう．大別してイオンチャネル*内蔵型，Gタンパク質*結合型，およびチロシンキナーゼ*内在型の3種がある．イオンチャネル内蔵型は神経伝達物質との結合により受容体の立体構造の変化が起こり，$Na^+$，$K^+$の透過性を上げて興奮を，また$Cl^-$や$K^+$による抑制を起こす．この過程で特異的なのは伝達物質と受容体の結合の段階のみで，細胞が興奮するか抑制するかは伝達物質の種類ではなく受容体のもつイオンチャネルの特性によって決まる．Gタンパク質共役受容体*は，イオンチャネルの開閉を直接制御したり，cAMP，イノシトール 1,4,5-トリスリン酸($IP_3$)などのセカンドメッセンジャー*を介して，$Ca^{2+}$代謝など細胞内シグナル伝達系に作用する．チロシンキナーゼ内在型受容体は受容体の一部が酵素活性を示し，伝達物質との結合によりタンパク質のリン酸化による生理応答の変化を起こす．

**神経毒**［neurotoxin］　毒物は生体の種々の組織や器官に作用するが，特に神経系に特異的に働くものをいう．神経毒には決まった標的器官があり，部位特異的な結合によって的確に毒作用を発揮するように仕組まれている．フグ毒のテトロドトキシン*(TTX)は$Na^+$チャネルのイオン通路をふさぎ，$Na^+$スパイクの発生を止める．伝達物質受容体に働く神経毒素にはヘビ毒αブンガロトキシン(⇌ブンガロトキシン)のように伝達物質(アセチルコリン)と競合して結合を妨げるタイプのものや，受容体の活性化によって開いたチャネルを阻害するチャネルブロッカー(channel blocker)とよばれる多種類のものがある．また神経終末部膜に特異的に結合し，伝達物質放出に関連する$Ca^{2+}$チャネルやシナプス小胞膜タンパク質に作用して毒性を発揮するものがある．ボツリヌス毒素*は伝達物質放出を阻害し，逆にクロゴケグモ毒は過剰に伝達物質を放出させる．さらにはコレラ毒素*あるいは百日咳毒素*のようにGタンパク質*に働き作用を阻害する毒などもある．

**神経毒性**［neurotoxicity］　神経毒*による毒性の発現は神経細胞の機能との対応で分類することができる．軸索や細胞体のもつ興奮性膜に作用する毒として$Na^+$チャネルや$K^+$チャネルタンパク質に結合し，活動電位の発生を阻止したり，あるいは逆に活動電位の反復発射を起こす場合がある．一方，神経終末膜に作用する毒素は伝達物質の放出を止めたりあるいは過剰に促進する．またシナプス後膜*にある伝達物質受容体に作用する毒は，特定の伝達物質の作用を阻害することによってシナプス伝達を遮断する．またある種の毒は伝達物質の分解酵素やその輸送体に働き，シナプス伝達を増強あるいは減弱させる．神経毒性の発現は，投与直後から始まるものと，慢性的に蓄積作用によって起こるものもある．神経毒性研究の目的は特定の疾患の原因物質あるいはその治療の開発に始まったが，その後毒素を利用して作用機構を探る手段として用いられるようになってきている．

**神経突起**［neurite］　神経細胞体の樹状突起*の一つが長く伸びたものをいい，軸索*，神経繊維と同じように用いられている．現在は軸索の意味ではあまり用いられず，培養神経細胞の樹状突起全体をさすこともあり，軸索が伸びてきた時にはこれを特にニューラ

イトとよぶことが一般化されてきている．軸索内の原形質には球状タンパク質が2列のらせん状に配列した直径約8nmのニューロフィラメント*およびチューブリン*と微小管関連タンパク質から成る直径約25nmの環状の微小管*が軸索の長軸に沿って配列している．後者は，軸索内の物質輸送（軸索輸送*）に関連をもつといわれている．順方向の軸索流は，軸索の成長，再生に必要な物質，あるいは伝達物質などを輸送する．逆方向は，神経終末で取込んだ神経栄養因子（たとえば神経成長因子*）などを輸送する（→逆行性輸送）．神経突起成長促進因子（neurite outgrowth-promoting factor）は突起の成長に関与している．

**神経突起成長促進因子** [neurite outgrowth-promoting factor]　→神経突起

**神経内分泌** [neuroendocrine]　神経系と内分泌系の情報伝達の結び付きを示す概念．すなわち，神経のスパイク電位とホルモン*という異なる種類の信号を用いる両制御系で信号変換を行うのが神経分泌細胞*である．神経分泌細胞はその細胞体で種々の分泌顆粒が生成され，軸索輸送*により神経終末まで運ばれる．細胞体は各種の情報を受容して興奮し，それを伝導性のスパイク電位として神経軸索内を終末部まで伝導する．終末部は他の神経細胞とシナプスをつくることなく，毛細血管内に伝達物質（ホルモン）を放出して遠隔の特定の細胞に情報を伝える．その標的細胞は通常シナプス後膜のような特定の膜構造をもたない．神経内分泌系の例として視床下部*と下垂体*との機能的結び付きがよく知られている．すなわち，視床下部（内側視束前野，脳室周囲核，室傍核内側，弓状核）-下垂体門脈-下垂体前葉系，および視床下部（視索上核，室傍核）-下垂体後葉系は一つの基本的な神経内分泌系を構成している．

**神経胚** [neurula]　動物の発生において将来の神経構造をつくるための原基がつくられてゆく過程にある胚．受精卵は卵割期，胞胚期，原腸胚期を経て神経胚となる．原腸胚の段階では外胚葉，内胚葉に加えて陥入によって胚体内に生じた中胚葉がその誘導作用を発揮し，動物極側にある外胚葉性の細胞群に働きかけ，まず神経板*の形成を誘導する．神経板の両側の外胚葉はやや隆起し，神経襞*を形成し，やがてこれらが外胚葉組織から分離，融合しながら胚の内部へ沈んでゆくようになり，神経管*を形成する．この動きに並行して中胚葉は中軸となる脊索を形成する一方で，その両脇に体節*をつくる．神経構造の形成にはノギン*やヘッジホッグ遺伝子*産物などの分泌性タンパク質の作用が重要であると考えられている．また，上記の神経誘導の際には陥入した中胚葉組織からの上部垂直方向への誘導が起こるのみならず，陥入中の中胚葉性細胞群からそれに連続した外胚葉性細胞群への水平方向への刺激の伝達が起こり，これも重要であると考えられている．また，神経管の形成には接着因子も重要な働きをしており，他方で神経細胞接着分子*（NCAM）遺伝子の発現の活性化なども起こる．（→原腸胚-神経胚転移）

**神経発生** [neurogenesis]　神経系*には中枢神経と末梢神経系があるが，脊椎動物では中枢神経系は脊索との相互作用によって表層外胚葉から形成される神経管*から，末梢神経系は神経管が閉じる時にその背側から移動する神経冠*（堤）細胞と表皮プラコードにより形成される（図参照）．神経管が閉じるとその前方

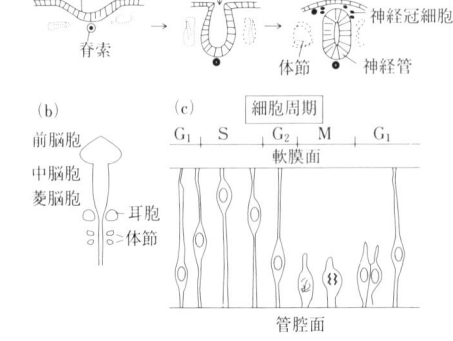

(a) 神経板　神経溝　神経冠細胞
脊索　体節　神経管

(b) (c) 細胞周期
前脳胞　$G_1$ | S | $G_2$ | M | $G_1$
中脳胞　軟膜面
菱脳胞　耳胞　体節　管腔面

(a) 外胚葉に神経板が誘導され，つぎのステップで陥入し，ついには神経管となって表皮外胚葉と分離する．神経管の背側からは神経冠細胞が遊去する．
(b) 神経管
(c) 神経管内での細胞周期と核の位置関係をみると分裂は管腔に面したところで起こり，細胞体は外表面（軟膜面）に近い方に移動して，DNA合成を行う（S期）．その後また管腔面に移動して分裂を行う（M期）．ある時期になると細胞は分裂する能力を失い神経細胞となって，さらに外に移動していき外套層を形成するようになる．

に前脳胞，中脳胞，菱脳胞という三つの膨らみができ複雑な脳の基礎となる．また神経管の腹側部を基板といい運動神経が，背側部を翼板といい感覚系のニューロンが分化するが，運動神経の分化には脊索から出されるヘッジホッグタンパク質が働くことが示されている．発生初期の神経管で細胞は盛んに分裂するが，ある時期を過ぎるともはや分裂する能力を失い，神経細胞（ニューロン）として分化する．分裂は管腔に面したところで行い，細胞体が外表面に近い方に移動し，そこでDNA合成を行い，再び管腔面に移動しそこで分裂する．最後の分裂を終えた神経細胞は脳室帯（ventricular zone）よりも外の外套層（mantle zone）に移動していく．大脳皮質は6層の細胞層をもっているが，同じ細胞層内の神経細胞は発生の同じ時期に最終分裂を終えたものである．皮層構造をとるところでは，後に分裂を終えた細胞がその前に分裂を終えた細胞を乗越えていく，いわゆるinside outの移動様式をとる．分裂を終えた神経細胞は移動の際は放射状グリア細胞*とよばれる細胞の突起を足場にして移動する．ショウジョウバエやバッタなどの昆虫では胞胚の腹側

正中線の神経上皮域から神経細胞が分化する．これらの細胞から神経細胞までの細胞系譜*がかなり正確にわかっている．神経細胞の分化にはノッチ(Notch)などの遺伝子が働いていることが知られている．神経発生においては形態形成の問題と同様神経回路形成も大きな研究課題である．脊髄の中で交連繊維を出すインターニューロンは脊髄背側に分化するが，その軸索は底板を越えて反対側にいく．これは底板から吸引因子が出されるからだといわれており，その候補がネトリン(netrin)という物質であることが示されている．ネトリンは線虫の神経回路形成に関与する unc-6 と相同の遺伝子である．現在，神経回路形成に関しても分子レベルの解析がなされている．

**神経板**［neural plate］ 胚盤葉上層に原始線条が形成され，神経溝から中胚葉と内胚葉になる細胞が陥入して内下方あるいは外側方へと遊走移動する．脊索突起が前方へ伸長することによって，裏打ちされる位置にある外胚葉細胞(残された胚盤葉上層細胞)の一部分が細胞の高さを肥厚させ，神経板が形成される．その主たる部分は，将来の中枢神経系(脳・脊髄)と眼胞の原基である．最近のデータによれば，原始線条を形成する細胞にニューロトロフィン3やTrkタンパク質の早期局在が示されており，神経細胞の発生ステージで神経細胞分化決定遺伝子である Delta, Notch を発現し，すでに3種類の神経細胞(m, l, n ; primary neuron)の分化が決定されていることが報告されている．(→神経発生)

**神経分化**［neuronal differentiation］ 神経系細胞の最初の分化は，外胚葉から神経管*が形成されるとともに始まる．このころの神経管は一層の上皮性の細胞層から成り，細胞はまだ神経系としての働きは何ももたず，一般の胚細胞と同じく盛んな分裂能力をもつ．このような神経上皮細胞の幹細胞*的な細胞分裂から，神経芽細胞とグリア芽細胞の二系列の細胞が差時的に造成される．その結果，形質の異なる各種の神経細胞*(ニューロン)とグリア細胞*が共通の前駆細胞から発生してくる．また細胞種の決定は，神経上皮細胞時に成立している細胞間接触，近接細胞間の分子拡散による信号の伝達などの細胞間相互作用に依存している．神経芽細胞は発生の間に組織中をそれぞれある定まった位置へと移動し(→ニューロン移動)，同時に原形質の突起を伸ばして神経細胞へと成熟し，さらに軸索などの伸長，および他の神経細胞とのシナプス連結をつくることによって神経系をつくり上げる．このように，神経細胞の分化は，細胞の増殖期・細胞の移動期・神経細胞の結合期という3段階を経て行われる．神経冠*に由来する末梢神経細胞も，基本的にこれらの過程をたどって神経分化する．

**神経分泌**［neurosecretion］ 狭義には神経細胞*がホルモン活性をもつ物質を産生し，直接血中へ放出する現象をさす(→神経内分泌)．広義には各種ペプチドやアミン，インパルスの伝達に関与する種々の活性物質を産生する神経細胞の分泌活動全般を示す．すなわち，狭義には視床下部下垂体後葉系(古典的神経分泌系)や視床下部下垂体前葉系をおもにさす．前者は，視床下部視索上核や室傍核の神経分泌細胞*で産生されたバソプレッシン*やオキシトシン*が下垂体後葉で血管内へ放出される(→神経ペプチド)．後者は，視床下部視束前野や弓状核などでの甲状腺刺激ホルモン放出ホルモン*(TRH)，黄体形成ホルモン放出ホルモン*(LHRH)などの産生をさす(→神経ホルモン)．

**神経分泌細胞**［neurosecretory cell］ 個体発生的にも形態的にも神経細胞*であるが，その軸索終末は他の神経細胞とシナプス結合をせず，毛細血管内皮細胞の基底膜に終り，軸索終末から血中に伝達物質を放出するような，内分泌機能を兼ね備えた神経細胞．この細胞体は種々の情報に対して興奮し，スパイクを発射し，軸索終末部からいわゆる神経ホルモン*を血中に放出し，血液を介して遠隔の特定の標的細胞に作用してその働きを制御している．脊椎動物では，神経分泌細胞は視床下部*に存在している．視床下部の隆起・漏斗部に存在する小細胞性神経分泌細胞の神経終末が正中隆起内の第一次毛細血管叢に終わり，各種のペプチドホルモンを分泌し，下垂体門脈を介し下垂体前葉の分泌を制御している．また，視索上核，室傍核に存在する大細胞性神経分泌細胞は軸索を下垂体後葉の毛細血管に投射し，バソプレッシン(または抗利尿ホルモン，ADH)，オキシトンを分泌する．(→神経分泌)

**神経分泌ホルモン**［neurosecretory hormone］ ＝神経ホルモン

**神経ペプチド**［neuropeptide］ ニューロペプチドともいう．中枢や末梢の神経細胞体で生合成され，軸索終末に貯蔵されたのち，外部からの刺激に応じて放出され，近傍あるいは遠隔の標的細胞の受容体に作用して必要な情報を伝達し，生体の生理機能を調節するペプチドの総称．神経ペプチドは，その前駆体がゴルジ体から軸索終末へ運ばれる途中でプロセシングを受け，塩基性ジペプチド配列などが開裂し，数個から数十個のアミノ酸残基から成るペプチドとして生成される．多くの神経ペプチドは，神経伝達物質*あるいは神経調節物質*として神経系の情報伝達にかかわっていると考えられるが，神経ホルモン*のように神経細胞から直接，血中に放出されて非神経細胞にも作用して生理機能の調節に関与している神経ペプチドもある．また最近，内分泌器官から分泌されると考えられていたペプチドホルモン*が脳内でも産生されることが明らかになった例も多数あり，今や神経ペプチドは，神経伝達のみならず広範囲な生理的役割をもつものと考えられている．代表的な神経ペプチドとしては，サブスタンスP，オピオイドペプチド類(エンケファリン，ダイノルフィンなど)，ニューロペプチドY，ニューロテンシン，オキシトシン，バソプレッシン，ソマトスタチン，コレシストキニン，VIP(バソアクティブインテスティナルペプチド)，ガラニン，GRP(ガストリン放出ペプチド)，CGRP(カルシトニン遺伝子関連ペプチド)，ニューロキニン類，ニュー

ロメジン類，DSIP(delta-sleep inducing peptide，デルタ睡眠誘発ペプチド)などが知られている．また，視床下部ホルモン*である甲状腺刺激ホルモン放出ホルモン(TRH)，黄体形成ホルモン放出ホルモン(LHRH)，副腎皮質刺激ホルモン放出ホルモン(CRH)，成長ホルモン放出ホルモン(GHRH)なども神経ペプチドである．

**神経ホルモン** [neurohormone] 神経分泌ホルモン(neurosecretory hormone)ともいう．神経細胞の軸索末端から血液などの体液中に放出され，標的器官に運ばれて作用を発現するホルモン*の総称．オキシトシン*とバソプレッシン*がその代表である．どちらも視床下部*の神経細胞で合成され，軸索輸送で下垂体後葉に運ばれて血中に放出される．甲状腺刺激ホルモン放出ホルモン，副腎皮質刺激ホルモン放出ホルモン，成長ホルモン放出ホルモンなどの視床下部ホルモン*も神経ホルモンである．これらは，正中隆起から放出され，門脈血流で下垂体前葉に運ばれて下垂体前葉ホルモンの分泌を調節する．(→ 神経ペプチド)

**神経誘導** [neural induction, neuralization] 動物の初期発生の胚軸*形成に関し，中胚葉誘導に続いて原腸胚期に起こり，頭尾軸をもった中枢神経系(脳および感覚器官など)の原基をつくる誘導現象をいう．この誘導には3方法が知られている．一つは陥入以前の原口上唇部から外胚葉域に直接にシグナルが伝わるとする水平的神経誘導であり，2番目は原口上唇部を含む中胚葉域が陥入し，その中胚葉が外側の外胚葉を裏打ちするようにしてシグナルが伝わる垂直的神経誘導であり，正常な胚発生ではこれが主である．3番目は神経決定細胞から隣の細胞を神経化する同質神経誘導である．このような神経誘導を担う因子として，ノギン*，コーディン，フォリスタチン(→ アクチビン)などが候補にあがっている．(→ 形成体)

**神経稜** = 神経冠

**人工塩基対** [non-standard base pair] 非天然型塩基対(unnatural base pair)ともいう．DNAを構成するA-TとG-Cの2種類の塩基対*に加えて，複製*・転写*・翻訳*で機能するように人工的につくられた塩基対．人工塩基対をDNA中に組込むことで遺伝情報を拡張し，複製・転写・翻訳による人工の構成成分をDNA・RNA・タンパク質中の特定部位に導入することができるようになる．現在，複製や転写あるいは翻訳で機能する各種人工塩基対が開発され，人工塩基対を組込んだDNAのPCR*による増幅も可能になっている．

**人工授精** [artificial fertilization] 人工媒精(artificial insemination)，人為授精ともいう．雌雄の配偶子の融合，受精を人為的に起こす行為の総称．植物では受精と受粉は同義ではない．動物における人工授精の応用は，漁業・畜産業への応用とヒトの生殖医療への応用に大別できる．体外受精を行う魚類の人工授精は容易で，日本でも江戸時代後期からマス卵の人工授精が行われてきた．人工孵化・養殖技術の改良により漁業資源確保や品種改良に貢献しており，サケが成功例としてあげられる．体内受精の家畜では，種雄畜から精子を採取し発情雌の子宮に注入し受精させる．基礎技術は20世紀初頭にロシアで確立され，その後の凍結精子保存技術の発達に伴い家畜全般に広まった．品種(有用遺伝形質)改良，伝染病予防，系統保存の手段として広く実用化されている．家畜では，人工授精と胚移植により種雄畜の飼育頭数と飼育に要する労働力の削減により大きな経済効果がもたらされた．現在では，乳牛・肉牛のほぼすべてが人工授精により生産される．(→ 顕微受精，体細胞核移植)

**人工神経回路網** [artificial neural network] = ニューラルネットワーク

**人工真皮** [artificial dermis] → 人工皮膚

**進行性筋ジストロフィー** [progressive muscular dystrophy] = 筋ジストロフィー

**人工染色体ベクター** [artificial chromosome vector] 染色体のように，細胞中で安定に維持され，ほぼ均等に娘細胞に分配されるように工夫されたベクター．染色体DNAの複製を開始させるのに必要なDNA配列，染色体の末端に位置し安定化に寄与するテロメア，染色体の均等分配にかかわるセントロメアなどのDNA要素配列を含む．ゲノムDNAの解析のために大きなDNAを挿入し，安定に維持できるクローンを獲得することを目的に最初大腸菌でつくられ(細菌人工染色体，→ BACベクター)，ファージP1由来の配列を用いた(PAC，PACベクター)，酵母人工染色体ベクター*(YACベクター)などが構築された．人工染色体ベクターを用いて大きなDNA断片として多数のコンティグ*を作製し，これらの配列をつなぎ合わせる(アセンブルする)ことで，全ゲノムをカバーすることができる．最近では，哺乳類人工染色体*も構築されており，クロマチンの構成や形成・機能などを解析するツールとしても注目されている．

**人工多能性幹細胞** = iPS細胞

**人エニューラルネットワーク** [artificial neural network] = ニューラルネットワーク

**人工媒精** [artificial insemination] = 人工授精

**人工万能細胞** = iPS細胞

**人工皮膚** [artificial skin] 外傷や熱傷など皮膚欠損創の治療に用いられる，人工的に作成された皮膚代替物の総称．大別して，合成または生体由来基材で細胞を含まない創傷被覆材および真皮欠損用グラフト(以下，人工真皮 artificial dermis)と，培養ヒト細胞を組込んだ培養皮膚代替物がある．創傷被覆材は，創面保護・湿潤環境維持・疼痛軽減などを目的に，人工真皮は真皮欠損部位の真皮様組織構築を目的に使用される．培養皮膚代替物は，自家または同種より採取した皮膚から，利用する細胞を分離・培養し，作成する．利用する細胞の種類により，角質細胞*を利用した培養表皮(cultured epithelium)，真皮の繊維芽細胞*を利用した培養真皮(cultured dermis)，両者の細胞を組合わせた複合型培養皮膚(cultured skin)に分類される．自家由来のものは自家皮膚移植の代替として，永久生着による創閉鎖を主眼とし，同種由来のものは，表皮細

胞や繊維芽細胞が放出する各種細胞増殖因子による創傷治癒促進効果を主眼とする．また，細胞増殖因子は培養過程においても生成されるため，その利用を主眼とする場合には，凍結および凍結乾燥保存も可能である．

**シンシチウム**［syncytium, (*pl.*) syncytia］ ⇌ 多核細胞

**浸潤性**［invasiveness］ 悪性腫瘍（⇌ 腫瘍）が示す特徴の一つで，周囲の組織を破壊したり，組織に分け入ったりして増殖する性質．（⇌ 転移）

**腎上体**［suprarenal gland］ ＝副腎

**親水基**［hydrophilic group］ 水との親和性が強い基．すなわち静電気的相互作用や水素結合*などにより水分子と弱い結合を形成しうる原子団．たとえば，-OH, -COOH, -NH₂, -OSO₃H, -SO₃H, -OPO₃H₂, -N⁺R₃ など．複合脂質やセッケンのように分子内に親水基と疎水基*とがともに存在すると親水基側が水相に配向し，疎水基側が油相に配向するから，界面活性を示す．（⇌ 極性基）

**真正クロマチン**［euchromatin］ 真正染色質，ユークロマチンともいう．核内のクロマチン*のうち，ヘテロクロマチン*でないものの総称．すなわち間期*には凝縮度の低い形態をとるクロマチンのこと．染色体総体の大部分をなす．転写活性の高いクロマチンはこの中に含まれるが，真正クロマチンのすべてが高い転写活性をもつわけではなく，真正クロマチンの10％程度が残りの部分よりもより凝縮度の低い，転写活性の高いクロマチンであると考えられている．（⇌ 活性クロマチン）

**新生経路**［de novo pathway］ *de novo* 経路ともいう．生体内のヌクレオチドは，プリンもピリミジンも 5-ホスホリボシル 1-ピロリン酸*（PRPP）からスタートし（⇌ ジヒドロ葉酸レダクターゼ），リボヌクレオチドとして合成される．プリンヌクレオチド合成では，IMP が重要な中間体として合成された後に AMP, GMP へと変換される．ピリミジンでは，オロチジル酸がまず生成し，UMP となり，UTP のレベルで CTP へと変換される．これがリボヌクレオチド新生経路である．デオキシヌクレオチドでは，リボヌクレオシド二リン酸の 2′位のヒドロキシ基を還元するリボヌクレオチドレダクターゼ*が重要である．もう一つは，dUMP から，dTMP を生成するチミジル酸シンターゼ*で，ここまでを含めて，デオキシヌクレオチド新生経路という．前段階でも，生産物阻害，フィードバック阻害，アロステリック制御*などによってヌクレオチドプールは，常にバランスを保たれながら供給されている．このバランスが崩れることにより，増殖細胞のアポトーシス*が誘導されたり，アデノシンデアミナーゼ欠損症*のような，先天免疫不全などの遺伝病の原因となる．

**真正コリンエステラーゼ**［true cholinesterase］ ＝アセチルコリンエステラーゼ

**真正細菌**［eubacteria］ 細胞壁*中に N-アセチルムラミン酸*（真正細菌にのみ存在）を含む単細胞微生物群．リボソーム*は 70S 型．タンパク質合成はカナマイシン*，クロラムフェニコール*で阻害される．生理的，遺伝的に種々雑多な細菌群があり，便宜的にグラム染色性によりグラム陽性細菌*，グラム陰性細菌*に二大別される．また一部の細菌群（マイコプラズマ*）は細胞壁を欠いている．16S rRNA の配列一覧の比較からは 10 大群に区別される．（⇌ 古細菌）

**真正世代交代**［metagenesis］ ⇌ 世代交代

**真性赤血球系無形成（症）** ＝赤芽球癆

**真性赤血球増加症** ＝真性多血症

**真正染色質** ＝真正クロマチン

**真性多血症**［polycythemia vera］ 真性赤血球増加症ともいう．慢性骨髄増殖性疾患の一つで，循環赤血球量の絶対量が増加する．白血球や血小板の増加もしていることが多い．本疾患では，Janus キナーゼ（JAK）-2 の遺伝子変異（1849G→T, JAK2-V617F）がみられる．その結果，エリトロポエチン受容体*が恒常的活性化された状態と同じになり，赤血球系細胞がクローン性に増加する．症状は頭痛，顔面紅潮，血栓症（脳血栓，心筋梗塞，深部静脈血栓）などである．二次性あるいは相対的赤血球増加症とは区別される．

**新生短鎖 DNA**［nascent short DNA］ ⇌ 岡崎フラグメント

**真正粘菌**［true slime mold］ ⇌ 菌類

**新生物**［neoplasia, neoplasm］ ＝腫瘍

**真正胞子**［euspore］ ⇌ 胞子

**新生ポリペプチド結合複合体**［nascent-polypeptide-associated complex］ NAC と略す．（⇌ シグナル認識粒子）

**腎臓**［kidney］ 腎臓は後腹腔内に 2 個，大動脈をはさみ対称的に存在し，血流は左右の腎動脈によって確保されている．大きさは約 12×6×3 cm, 150 g である．糸球体と尿細管から成るネフロン*が約 200 万個/人存在し，皮質内の表層部と傍髄質部に分布している．糸球体は，メサンギウム細胞，また血管内皮細胞と上皮細胞，その間の基底膜から成り，上皮細胞足突起が血管を覆い，濾過に適した構造となっている．尿細管は近位，ヘンレの係蹄，遠位，集合管などに分けられる．腎臓の機能はおもに，尿を生成し，生体内体液中の電解質の量，pH を一定に維持することである．糸球体で濾過された原尿は，近位尿細管にて多くのイオン，糖，アミノ酸などが能動輸送，共輸送または対向輸送によって再吸収される．つぎのヘンレの係蹄，遠位尿細管での吸収，分泌はアルドステロン*，抗利尿ホルモン（⇌ バソプレッシン）などにより調節されており，最終尿が形成される．このネフロンの各部位には各種の輸送体，イオンチャネル，ポンプなどが分布し，それぞれが特徴ある機能をもっており，これらの細胞機能を調節するホルモンの受容体が発現している．腎臓はまた，ホルモンの生成，活性化に重要である．生成されるものとして，造血刺激のエリトロポエチン*，昇圧作用の糸球体傍細胞から分泌されるレニン*がある．またビタミン D*は近位尿細管で活性化され，副甲状腺ホルモン*，カルシ

**心臓神経冠細胞**［cardiac neural crest cell］　心臓神経堤細胞ともいう．神経冠*細胞は神経管が閉じる時その背側から移動してくる細胞であるが，心臓の交感神経，副交感神経，それに大・肺動脈中隔を形成する細胞群は神経冠より移動してくる．交感神経細胞は10～20体節のレベルの神経冠より，副交感神経細胞は1～3体節のレベルの神経冠より，大・肺動脈中隔の細胞も1～3体節のレベルの神経冠より分化する．

**心臓神経堤細胞** ＝心臓神経冠細胞

**シンタキシン**［syntaxin］　syxと略す．細胞内の膜輸送*に関与する膜タンパク質でヒトでは20種（1A，1B，2～19）あり，酵母にもホモログがある．C末端の膜貫通部位の直前に70～80残基のSNAREモチーフをもつ40 kDa以下のSNAREタンパク質である．受容膜（ゴルジ膜，細胞膜，エンドソーム膜など）に存在し，SNAREモチーフで他の2種のSNAREタンパク質（受容膜に存在するSNAP-25またはSNAP-23，および輸送小胞に存在するシナプトブレビン）と複合体を形成し，膜小胞の受容膜への融合が起こる（⇌ VAMP）．膜輸送の各区間において，特異的なSNAREタンパク質複合体が働く．多くのシンタキシンは通常SNAREモチーフがN末端ヘリックスと結合した構造をとり，他のSNAREと結合できないが，おそらくMunc13（⇌ SNARE関連タンパク質）によりSNAREモチーフが露出した構造に変換され，SNARE複合体が形成される．（⇌ ソーティング）

**伸長因子**（タンパク質合成の）［elongation factor］　延長因子ともいう．ポリペプチド鎖伸長因子（polypeptide chain elongation factor）ともいう．EFと略記される．タンパク質合成*において，ポリペプチド鎖の伸長反応に必要とされる細胞質可溶性タンパク質因子．原核細胞では，EF-Tu*，EF-Ts*，EF-G*の3種が，真核細胞では，EF-1$\alpha$，EF-1$\alpha\beta\gamma$（⇌ EF-1），EF-2*の3種が存在し，それぞれ機能的に対応している．真核細胞の伸長因子はeEF（eucaryotic elongation factor，真核生物伸長因子）-1$\alpha$，-1$\beta\gamma$，-2と略記することもある．EF-Tu（EF-1$\alpha$）はEF-Tu（EF-1$\alpha$）・GTP・アミノアシルtRNA三重複合体を形成し，アミノアシルtRNAをmRNAの遺伝暗号*に従ってリボソームのA部位*に結合させる．EF-Ts（EF-1$\beta\gamma$）はこの反応で遊離するEF-Tu（EF-1$\alpha$）・GDP（不活性型）をEF-Tu（EF-1$\alpha$）・GTP（活性型）に変換する反応を促進し，新たな三重複合体の形成を可能にする．EF-G（EF-2）は，ペプチジルトランスフェラーゼ*の作用によって1アミノ酸残基ぶん長くなったペプチド鎖をもつペプチジルtRNA（その結果リボソームA部位に移動した）を再びP部位*に転位させる反応を促進する．ペプチジルtRNAはEF-TuやEF-GなどのGタンパク質のGTPアーゼ活性を制御する．（⇌ 伸長サイクル）

**伸長因子1**［elongation factor 1］ ＝EF-1
**伸長因子2**［elongation factor 2］ ＝EF-2
**伸長因子G**［elongation factor G］ ＝EF-G
**伸長因子Ts**［elongation factor Ts］ ＝EF-Ts
**伸長因子Tu**［elongation factor Tu］ ＝EF-Tu

**伸長サイクル**［elongation cycle］　ポリペプチド鎖伸長サイクル（polypeptide chain elongation cycle）ともいう．ポリペプチド鎖生合成において，開始反応が起こった後，mRNAに含まれる遺伝暗号*に従って順次アミノ酸が重合し，ポリペプチド鎖が伸長していく過程．この過程は，(1)アミノアシルtRNA*のリボソームA部位*への結合反応，(2)ペプチド結合の形成反応（ペプチジル転移反応 peptidyl transfer），(3)ペプチジルtRNA*のリボソームA部位からP部位*への転位反応（トランスロケーション*）の三つの段階が繰返し起こることにより進行する（図）．基本的な反応機構は原核細胞と真核細胞で共通であり，数種類の伸長因子*およびGTPが必要である．段階(1)には伸長因子EF-Tu*とEF-Ts*（原核細胞），EF-1*$\alpha$とEF-1$\alpha\beta\gamma$（真核細胞）が関与する．段階(2)のペプチド結合形成は，リボソーム大サブユニット（原核細胞では50S，真核細胞では60Sサブユニット）中に内在するペプチジルトランスフェラーゼ*により触媒される．段階(3)にはEF-G*（原核細胞），あるいはEF-2*（真核細胞）が関与する．伸長サイクルの回転に伴って，伸長因子はGTPと結合した活性型で作用し，GTPの加水分解を伴ってGDPと結合した不活性型としてリボソームから遊離する．EF-Ts（EF-1$\beta\gamma$）は，GDP結合型のEF-Tu（EF-1$\alpha$）をGTP結合型に変換する反応を促進する．（⇌ タンパク質生合成）

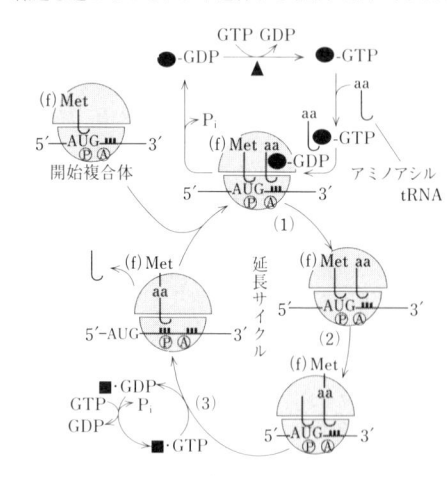

Ⓐ アミノアシル部位　Ⓟ ペプチジル部位

| 記号 | 原核細胞 | 真核細胞 |
|---|---|---|
| ● | EF-Tu | EF-1$\alpha$ |
| ▲ | EF-Ts | EF-1$\beta\gamma$ |
| ■ | EF-G | EF-2 |
| (f)Met | fMet-tRNA$_i^{fMet}$ | Met-tRNA$_i^{Met}$ |

**シンチレーション計数管**　[scintillation counter]　放射線の励起作用により物質が起こす発光(scintillation)を，光電子増倍管により電流に変換し，電気的パルスとして検出し，放射線量とエネルギーの分布を計測する．シンチレーターとして固体，液体，気体がある．核医学診断検査，生物，化学実験に用いられるガンマカウンターは，γ線用の固体シンチレーター，たとえば，タリウム活性化ヨウ化ナトリウム(NaI(Tl))を使用する．一方，$^3H$，$^{14}C$，$^{32}P$ などの低エネルギーγ線を測定するためには，液体シンチレーションカウンターが用いられ，蛍光物質をトルエン，キシレンなどの有機溶媒に溶かし，放射性同位元素を含む試料を直接混合して測定する．放射性同位元素実験で使うサーベイメーターやガイガー・ミュラー計数管(Geiger-Müller counter)，電離箱などは放射線による気体の電離量を増幅測定する．その他，近年よく使用されるようになった検出器として，ケイ素(Si)やゲルマニウム(Ge)の結晶を用いた高いエネルギー分解能を示す半導体検出器(semiconductor (radiation) detector)がある．最近では，Cd(Zn)Te半導体を使用した検出器も開発されている．

**シンデカン**　[syndecan]　ヘパラン硫酸をおもな多糖側鎖とする細胞膜貫通型プロテオグリカンである．シンデカン1，シンデカン2(フィブログリカン*ともいう)，シンデカン3(N-シンデカン N-syndecan)，およびシンデカン4(アンフィグリカン amphiglycan，リュードカン ryudocan)により，ファミリーを構成する．狭義には，シンデカン1をさす．これは，マウスの乳腺上皮から最初に同定された．コアタンパク質は，N末端のシグナル配列を含む311個のアミノ酸から成る．膜貫通部と細胞内領域のアミノ酸配列は，ファミリー構成分子間でよく保存されている．シンデカンは，ヘパラン硫酸部分で，ヘパリン親和性のさまざまな増殖因子や細胞外マトリックス分子と結合する．また，細胞内領域はアクチン*の繊維化を調節する機能をもつ．このように，シンデカンには細胞外の生理活性物質と細胞とを"結びつける"(ギリシャ語でsyndein)機能をもつことから，この名前がつけられた．

**シンデカン2**　[syndecan-2]　=フィブログリカン

**シンテニー**　[synteny]　U. Francke, R. T. Taggart (1980)によってヒトとマウスのX染色体間で発見され，J. H. Nadeau, B. A. Taylor(1984)により普遍化された概念．語源的には syn-(同じ)teny(糸)に由来する．シンテニーとは，異なる二つの生物種の染色体を比較した時，一つの生物種の1本の染色体上のある領域に連鎖して存在する遺伝子に対する相同遺伝子(ホモログ*)が，もう一方の生物種の特定の染色体の一部の領域にクラスターをつくって存在する状態をいう．またこの領域を相同領域(syntenic region)とよぶ．種々の動物種でのシンテニーのうち，特にヒトとマウス間での相同領域地図(syntenic map)が公表されている(図参照)．このシンテニーは，モデル動物*によるポジショナルクローニング*を通じて，あるヒト疾患の原因遺伝子を単離する場合には必須の情報となる．またこの場合，目的とする疾患の遺伝子座が，ヒトとモデル動物の間で位置的候補遺伝子*の関係にあることを事前に確認しておかなければならない．

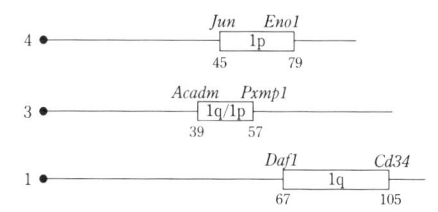

```
        Jun    Eno1
4 ●─────┬─────┬─────
        │ 1p  │
        └─────┘
        45    79

        Acadm  Pxmp1
3 ●─────┬─────┬─────
        │1q/1p│
        └─────┘
        39    57

        Daf1         Cd34
1 ●─────┬────────────┬─────
        │     1q     │
        └────────────┘
        67           105
```

ヒトの第1染色体にシンテニーをもつ部分は，マウスではこの図の □ で示されるように3本の染色体上に分割されて存在している．左端の数字はマウスの染色体番号，下の数字は動原体からの距離(cM：センチモルガン)，上の記号はマウス式表示法で示された遺伝子記号でシンテニーの境界，□ の中の記号はヒト第1染色体の短腕(p)と長腕(q)をそれぞれ表している．なお，これら3本のほかにマウス5番，13番染色体にもごく短いシンテニーが存在する．

ヒト・マウス間のシンテニーの例

**伸展活性化イオンチャネル**　=伸展感受性イオンチャネル

**伸展感受性イオンチャネル**　[stretch-activated channel]　伸展活性化イオンチャネル，機械受容チャネル(mechanosensitive channel)ともいう．非選択的陽イオンチャネル活性を示すものが多い．細胞レベルでは浸透圧，膨圧，ずり応力などによる膜変形，細胞活動に伴う形態変化などを感知し，動物の個体レベルでは聴覚，触覚，平衡感覚などに，植物の個体レベルでは根や花粉管の伸長制御，重力屈性などに関与する．細菌のMscLは，ホモ五量体から成り，機械刺激によって生じた脂質二重層の張力変化のみにより開口する．細菌のMscSのホモログは植物に存在する．動物では，TREK-1，一過性受容体電位イオンチャネル*(TRPチャネル)ファミリー(TRPV, TRPC, TRPA, TRPP, TRPN)，線虫のMEC-4とMEC-10などが知られている．ブロッカーでは$Gd^{3+}$が知られているが，伸展感受性イオンチャネルに対する特異性は低い．一方，34のアミノ酸残基から成るGsMTx-4は特異性が高い．どちらのブロッカーも，チャネルに直接作用するのではなく，脂質二重層に結合し，チャネル近傍の膜の状態に影響を与えることによりブロックする．(⇨ 機械受容)

**浸透圧**　[osmotic pressure]　半透膜*を隔てて溶媒と溶液が存在する時に生じる圧力差をいう．J. H. van't Hoffにより決定されたファントホッフの式*により求められる．

$$\Pi = RTC$$

は $\Pi$ 溶液の浸透圧，$T$ は絶対温度，$C$ は溶質のモル数，$R$ は気体定数である．半透膜を隔てて，水を満たし片側に電解質を添加すると，長時間かけて膜の両側

**浸透圧受容体** [osmoreceptor] ＝浸透圧センサー

**浸透圧センサー** [osmosensor] 浸透圧受容体 (osmoreceptor) ともいう．細胞の浸透圧*を感知してシグナル伝達*をつかさどる環境シグナル受容体のこと．浸透調節*は細胞恒常性を維持するための重要な機能の一つであり，浸透調節機能を備えた細胞は浸透圧（膨圧，水の化学ポテンシャル，静水圧，細胞膜の状態など）という物理的シグナルを感知するセンサーをもっていると考えられる．大腸菌の浸透圧センサーEnvZや出芽酵母のSln1pがその例である．一般的な化学シグナル受容体とは異なり，その実体についてはよくわかっていない．(→膨圧センサー)

**振動スペクトル** [vibration spectrum] 分子の振動数を与えるスペクトルのことであり，通常赤外分光法*とラマン分光法*により得られる．観測されるピークは分子内振動に伴う化学結合の伸縮や結合角変化のエネルギーに対応し，通常波数単位 ($cm^{-1}$) で表される．一般に振動スペクトルは分子の立体配座や官能基を鋭敏に反映し，指紋のように分子固有のパターン（指紋領域）を示すため，物質の同定や構造解析にきわめて有用である．$N$個の原子から成る分子は最大$3N-6$個（直線分子では$3N-5$個）のピークを示すため，大きな分子ほどスペクトルは複雑となる．ピークがどの分子内振動に由来するか帰属するためには，力の定数や原子間の結合長・結合角を用いた理論計算（基準振動計算）や，原子の同位体置換によるピークシフトの観察を行う．

**浸透調節** [osmoregulation, osmotic regulation] 浸透圧調節ともいう．ほとんどの細胞は細胞外液の変化に応じて細胞内の浸透圧*を調節する働きをもっており，これを浸透調節という．細胞膜は一種の半透膜と考えられるので，細胞外液と細胞質（原形質）間には溶質（水）の移動に伴う物理的圧力差，いわゆる浸透圧が生じる．細胞に働く浸透圧は細胞質の含水量を規定したり膨圧*を発生させるので，細胞の分裂や増殖に大きな生理的影響を与える環境要因となる．浸透調節の機構は細胞によって多様である．

**シンドビスウイルス** [sindbis virus] SINと略す．トガウイルス*科アルファウイルス属に分類されるウイルス．約$1.17 \times 10^4$塩基をもつ1本の(+)鎖RNAゲノムがヌクレオキャプシド*としてエンベロープ*に覆われている．ナイル川沿岸の蚊より分離され，新生マウスに致死的感染が起こるがヒトには通常感染しない．このウイルスを利用して作製したベクターは，宿主細胞である神経細胞に対して高い感染効率を示し，挿入した遺伝子の発現レベルも非常に高いという特徴がある．

**シンドローム X** [syndrome X] ＝メタボリック症候群

**心肺部圧受容器** [cardiopulmonary baroreceptor] ＝容量受容器

**シンパテドリン** [sympatedrine] ＝アンフェタミン

**真皮** [dermis, corium] 表皮の直下にあり，表皮とともに皮膚を形成する結合組織．表皮と接する乳頭層とその下層の網状層を区別する．乳頭層は通常表皮と接する面に凹凸を示し，その凸部分に毛細血管，神経終末などを入れている．網状層はその下の密繊維性結合組織であり，三次元的に走る膠原繊維，弾性繊維が豊富に存在し，皮膚に強靱さと弾力性を付与している．網状層の下は疎繊維性結合組織から成る皮下組織である．

**真皮節** ＝皮板

**ジンピーマウス** [jimpy mouse] 生後3週齢前後に体後半部に振戦，痙攣などの行動異常を生じる劣性の突然変異をもつマウス．遺伝子座($PLP^{jp}$)はX染色体上にあり，伴性遺伝をする．ヘミ接合体の雄($PLP^{jp}/Y$)は生後20日から40日の間に死亡する．異常はミエリン*の形成不全で，中枢神経系では顕著であるが，末梢神経系ではほとんど正常と変わらない．脊髄や視神経では軽度の異常が部分的に出現する．ミエリン形成の初期にオリゴデンドログリア*が著しく減少する．突然変異はミエリンに多量に存在するタンパク質（プロテオリピドタンパク質, proteolipid protein, PLP）の遺伝子内の1塩基置換による異常なスプライシング*が原因で起こる．突然変異個体では，PLPをコードするmRNAの発現量の著しい減少，およびPLP mRNA分子内に74塩基の欠失が観察され，これがもとで異常なPLPが産生されると考えられている．実際，免疫組織学的検索によってPLP分子は検出されない．また，形成が不全なミエリンでは他のさまざまな構成成分に二次的とみられる異常が観察される．ヒトのX連鎖性ペリツェウス・メルツバッハー病（X-linked Pelizaeus-Merzbacher disease）のモデル動物と考えられている．

**シンプラスト** [symplast] →原形質連絡

**心房性ナトリウム利尿ペプチド** [atrial natriuretic peptide] ANPと略す．(→ナトリウム利尿ペプチド)

**シンポーター** [symporter] →共輸送
**シンポート** ＝共輸送
**唇裂** ＝口唇裂
**親和(性)標識** ＝アフィニティーラベル

# ス

**膵エラスターゼ** [pancreatic elastase] ⇒エラスターゼ

**髄外形質細胞腫** [extramedullay plasmacytoma] ⇒形質細胞腫

**水酸化アパタイト** ＝ヒドロキシアパタイト

**水酸化酵素** [hydroxylase] ⇒酸素添加酵素

**髄鞘** [marrow sheath] ⇒ミエリン

**水晶体** [lens] 　レンズともいう。眼球内で虹彩の後方に位置する両凸レンズ形の透明な組織で, 外界からの光線を屈折させ網膜上に結像させる. コラーゲンに富む水晶体包に覆われ, 角膜側半球の表層に一層の水晶体上皮, 網膜側に繊維状の細胞から成る水晶体繊維が位置する. 発生学的には, 水晶体細胞は眼胞*(将来の網膜)に隣接する外胚葉が肥厚して生じた水晶体板(lens placode)に由来する. 眼胞の発生が進み眼杯を形成するにつれ, 水晶体板も陥入して水晶体胞(lens vesicle)となる(⇒眼杯[図]). 水晶体胞の前壁を構成する細胞は上皮細胞のまま増殖を続ける一方, 後壁側の細胞は繊維状に伸長し, 水晶体繊維細胞に分化する. 赤道付近の上皮細胞は増殖が続き, 前方に送り出される細胞は上皮細胞のままとどまるが, 後方に送り出される細胞は順次分化して水晶体繊維となり, 水晶体の成長が進行する. 水晶体はタンパク質を多量に含有する組織で, その80～90%はクリスタリン*と総称される水晶体に特異的な水溶性タンパク質である.

**錐状体** ＝錐体細胞【1】

**膵小胞体** [pancreatic acinus] 　膵外分泌部に認められる多数の小葉から成る大きな複合管状胞状腺. この腺は純粋な漿液腺であり, 終末部(腺房), 介在部, 導管から成っている. その形態はちょうど, ブドウの房にたとえられ, 中央の茎(導管)から多数の柄(介在部)がでて, その先にブドウの実(腺房)がついているという構造をとっている.

**水素イオン指数** [hydrogen ion exponent] ＝pH

**膵臓** [pancreas] 　膵臓は, 原腸から内胚葉が突出してできてくる. 第一腰椎から第二腰椎の前面に位置し腹腔の後壁に接着する, 長さ約15 cm, 幅約5 cmの後腹膜臓器である. 上・右・下の三方を十二指腸に囲まれるように存在し, 右端より頭部, 体部, 尾部とよばれている. 大部分が各種消化酵素を分泌する外分泌部で構成されているが, その中に糖代謝に関連するホルモンを分泌する内分泌部(ランゲルハンス島)が散在している. 外分泌部はさまざまな消化酵素を含む膵液を十二指腸内腔に分泌している. その分泌量はヒトでは1日に1000 mL以上となる. 一方内分泌部(ランゲルハンス島)は4種類の細胞($\alpha$細胞, $\beta$細胞, $\delta$細胞, PP細胞)から成り, それぞれグルカゴン, インスリン, ソマトスタチン, 膵性ポリペプチドを血中に分泌している.(⇒膵島)

**垂層分裂** [anticlinal division] 　表面に垂直な面に細胞板*をつくる細胞分裂. 並層分裂*に対する用語. 植物の頂端分裂組織*の表層の細胞が常に垂層分裂を繰返せば, 表層に1層の細胞層をつくることになる. 被子植物ではこのような層がシュートの頂端分裂組織の表層を含めて1～数層ある. この部分を外衣(tunica)といい, 外衣第一層, 第二層などという. 外衣より内方は内体(corpus)という. 内体の細胞はいろいろな方向に分裂する. 細胞系譜*は外衣の各層と内体でそれぞれ独立である.

**膵臓ミクロソーム** [pancreatic microsome] 　膵臓から調整したミクロソーム*画分. 膜タンパク質あるいは分泌タンパク質のプロセシング, 翻訳後修飾の研究目的で使用される. 膵臓ミクロソーム画分は主として粗面小胞体*に由来するため, in vitroのタンパク質翻訳系においてもタンパク質合成時のペプチドと膜との相互作用, 内腔でのプロセシングが観察される. 膵臓を用いるのは粗面小胞体の含有量が高く収率がよいためである.

**水素結合** [hydrogen bond] 　電気陰性度の大きな原子Xと極性結合をして部分的に正電荷をもつ水素原子が, 電気陰性度の大きい原子Yとの間でX-H…Y型の弱い結びつきをしている時, H…Yを水素結合とよぶ. この距離は両原子のファンデルワールス半径*の和より短い. Xは水素供与体, Yは水素受容体である. Y原子としては孤立電子対(lone pair, 非共有電子対 unshared electron pair をもつハロゲン, N, O, Sなどが最も一般的であるが, π電子の場合もある. 水素結合はX-H…Yが一直線上に並んでいる時最も強いが, 五員環や六員環の一部をなす場合もある. 水素結合のエネルギーは8～100 kJ/molとされているが, 20 kJ/mol程度がふつうである. タンパク質の三次構造*やDNAの二重らせん*骨格を支えるなど, 生体では重要な役割をもっている.(⇒化学結合, 親水基)

**錐体細胞** 【1】[cone cell] 　錐状体, 錐体視細胞(cone photoreceptor cell)ともいう. 桿体細胞*とともに, 脊椎動物網膜を構成する視細胞の一種(⇒光受容器). 細胞構造は, 網膜色素上皮細胞に接する外節, ミトコンドリアの豊富な内節, さらに核をもち双極細胞とシナプスをつくる細胞体から成る. 外節は円錐形であるため, 錐体細胞とよばれ, ヒトでは約700万個存在し, 網膜中心窩に最も多く, 周辺部に向かって急激に減少する分布を示す. また外節内の円板状多重膜構造に, 特定の吸光特性をもつ光受容体である視色素をもち色識別をつかさどる. この分布および吸光特性が, 視力, 色覚に重要である. ヒトでは, 赤, 青, 緑に吸光特性をもつ3種の視色素がある(⇒視物質). 【2】[pyramidal cell] 　大脳皮質*には円錐状あるい

はピラミッド状の細胞体をもつ神経細胞*があり，錐体細胞という．特に新皮質の錐体細胞は細胞体の先端より垂直に走る太い樹状突起*が伸びていて，これを尖端樹状突起という．また，細胞体の基底部より基底樹状突起が水平方向に伸びており，これらの樹状突起には無数の棘突起があって，ここで棘シナプスを形成している．錐体細胞はゴルジI型ニューロンに属し，軸索は長く伸びて，同側の他の皮質や反対側の皮質に投射するばかりでなく，皮質下の灰白質，脳幹あるいは脊髄へ情報を送る．錐体細胞には小錐体細胞(10~12 μm)と大錐体細胞(45~50 μm)があるが，運動野には100 μmを超えるBetzの巨大錐体細胞がある．系統発生的に古い原皮質に当たる海馬の錐体細胞は先端と基底の両方向に樹状突起を出していて，先端樹状突起の分枝は新皮質のものより多い．軸索は脳弓という太い繊維束を形成し，主として視床下部の乳頭体へ投射する．

**錐体色素**［cone pigment］ ⇌ イオドプシン
**錐体視細胞**［cone photoreceptor cell］ ＝錐体細胞【1】
**垂直感染**［vertical infection］ ＝垂直伝播【2】
**垂直軸**［vertical axis］ ＝背腹軸
**垂直伝達** ＝垂直伝播【1】
**垂直伝播**［vertical transmission］ 【1】垂直伝達ともいう．水平伝播*に対し，遺伝子や遺伝形質が通常の遺伝経路により継代的に伝えられること．
【2】垂直感染(vertical infection)ともいう．母親から子に感染することをいい，同世代宿主間の感染(水平感染)と区別している．胎児では胎盤を介して感染する経胎盤感染，分娩時の傷と出血による児の産道感染，新生児では母乳を飲むことで感染する母乳感染がおもな垂直感染の経路である．トキソプラズマ，リステリア，梅毒トレポネマ，水痘帯状疱疹ウイルス，B型肝炎ウイルス，風疹ウイルス，サイトメガロウイルス，単純ヘルペスウイルスなどは経胎盤，単純ヘルペスウイルス2型，サイトメガロウイルス，B型肝炎ウイルス，コクサッキーウイルス，HIVは産道，HTLV-1,2は母乳感染が多い．

**SWI/SNF**［SWI/SNF］ 出芽酵母のHOエンドヌクレアーゼ遺伝子やSUC2インベルターゼ遺伝子の発現を制御する遺伝子としてSWI(Switch)とSNF(Sucrose nonfermenting)遺伝子群が見いだされた．SWI1，SWI2/SNF2，SWI3，SNF5，SNF6とSNF11タンパク質は複合体を形成し，クロマチン構造を介して一群の遺伝子の発現を誘導する．SWI/SNF複合体はその構成因子であるBrmのATPアーゼに依存してクロマチン構造のリモデリングを行う転写制御複合体(クロマチン構造変換因子)で，メディエーター*をリクルートし転写を誘導する．SWI/SNF遺伝子群は酵母からヒトまで広く真核生物に保存されている．(⇌ HO遺伝子)
**SWI/SNF複合体**［SWI/SNF complex］ ⇌ クロマチンリモデリング複合体
**膵島**［pancreatic islet］ 別名ランゲルハンス島(Langerhans islet)ともいわれ，α細胞，β細胞，δ細胞，およびPP細胞の4種類の内分泌細胞で構成されている．膵臓全体にわたって広く存在するが特に尾部に多く存在する．またその構築は中心部にα細胞が位置しそのまわりは1~3層の非α細胞の外套により不連続的に囲まれている．α細胞よりグルカゴン*，β細胞よりインスリン*，δ細胞よりソマトスタチン*，PP細胞より膵性ポリペプチドがそれぞれ分泌されている．

**水痘ウイルス**［Varicello virus］ ＝水痘帯状ヘルペスウイルス
**水痘帯状ヘルペスウイルス**［Varicella-zoster virus］ 水痘ウイルス(Varicello virus)，帯状疱疹ウイルス(herpes zoster virus)ともいう．ヒトに水痘(みずぼうそう)，帯状疱疹を起こすDNAウイルス*．ヘルペスウイルス*科アルファヘルペス亜科に分類され，単純ヘルペスウイルス1型・2型に近縁のウイルスである．直径120~200 nmのエンベロープ*をもち，エンベロープを取去ったウイルスコアは約100 nmの正二十面体型である．

**膵分泌性トリプシンインヒビター**［pancreatic secretory trypsin inhibitor］ PSTIと略す．(⇌ トリプシンインヒビター)
**水平感染** ＝水平伝播【2】
**水平伝達** ＝水平伝播
**水平伝播**［horizontal transmission］ 水平伝達ともいう．【1】遺伝子や遺伝的形質が同世代の細胞，個体間に伝播すること．ウイルス*やプラスミド*の介在による伝播や，細胞と細胞の接触による伝播が知られている．
【2】寄生体が同世代宿主間に広がること．水平感染ともいう．(⇌ 垂直伝播)
**水疱性口内炎ウイルス**［Vesicular stomatitis virus］ VSVと略す．水疱性口内炎の病因となる(−)鎖RNAウイルスであり，ラブドウイルス*科に分類されている．ゲノムRNAは非分節型であり，ヌクレオキャプシド*はらせん対称型である．ビリオン*はエンベロープ*をもち，その構造は砲弾型をしている．ビリオン表面には1種類のウイルス特異的タンパク質(Gタンパク質)が存在する．粒子内部には，ウイルス特異的なRNA依存性RNAポリメラーゼ*をもつ．
**SCAR**［SCAR］ WASPファミリーバーブロリン相同タンパク質のこと．(⇌ WAVEファミリータンパク質)

**スカウ　SKOU, Jens Christian** デンマークの化学者．1918.10.8~ レムビに生まれる．1944年コペンハーゲン大学薬学部を卒業．1954年Ph.D.取得．1977年オーフス大学生物物理学教授．1988年退職．1957年膜貫通タンパク質のNa⁺,K⁺-ATPアーゼを単離し，1997年P. Boyer*，J. E. Walker*とともにアデノシン5′-三リン酸*(ATP)の合成に関する酵素機構の解明でノーベル化学賞を受賞．
**スカベンジャー**［scavenger］ 一般的には不純物，ごみなどを取除くものをいうが，生物学ではラジカル

スカベンジャー(radical scavenger)をさすことが多い. すなわち, 活性酸素*あるいはフリーラジカル(→遊離基)を捕捉して安定化させる性質をもつ化合物の総称. ラジカル捕捉型抗酸化剤(radical-scavenging antioxidant)と同意語に使われることも多い. 生体内物質の中ではビリルビン, 尿酸, ビタミンE, カロテノイドなどがあげられる. スーパーオキシドジスムターゼ*, カタラーゼ*, あるいは鉄キレート剤などは, それ自身がオキシダント*, あるいはラジカルを捕捉するわけではなく, 抗酸化剤*ではあるがスカベンジャーとは区別される. 生体内物質以外の試薬でこのような作用をもつものとしてはエタノール, メタノール, 1-プロパノール(以上ヒドロキシルラジカルを捕捉), 1,4-ジアザビシクロ[2.2.2]オクタン(DABCO)(一重項酸素を捕捉)などがあげられる. 特定のオキシダントと反応し付加物がつくられるものを捕捉剤(狭義のスカベンジャー), それ自身がオキシダントからの電子移動を受けたり, エネルギー移動を介して消去効果を発揮するものを消去剤(quencher)として区別する場合もある.

**スカベンジャー受容体** [scavenger receptor] おもにマクロファージに発現し広範な陰性荷電の巨大分子を結合し取込む三量体の膜受容体で, 泡沫細胞*形成を担い, アテローム性動脈硬化*進展に重要な役割を果たす. 低密度リポタンパク質(LDL)受容体*欠損症の研究途上で, 変性したLDLを取込むマクロファージ特異の機能として発見され, はじめはアセチルLDL受容体(acetyl LDL receptor)と名づけられたが, その後, 変性タンパク質, 酸化LDL, 核酸(ポリ(I), ポリ(G)は結合するが, ポリ(A), ポリ(C), ポリ(U)は結合できない), 糖鎖, など広範な陰性荷電のクラスターをもつ巨大分子を認識することから, スカベンジャー受容体とよばれるようになった. C末端側の異なるI型, II型がクローニングされており, pH依存のリガンド解離を担うロイシンジッパー*様構造をもつコイルドコイルドメイン, リガンドを結合するコラーゲン様ドメインなど六つのドメインから成る. I型に特異的なシステインに富む構造はSRCRドメイン(SRCR domain)とよばれる.

**ski 遺伝子** [ski gene] トリ白血病ウイルス*のもつがん遺伝子*として初めて見いだされた. 名称は遺伝子が単離された研究所のSloan-Kettering Instituteに由来する. Skiは核内に局在するリン酸化タンパク質であり, ホモ二量体あるいは関連遺伝子のsno 遺伝子(sno gene)産物などとの間でヘテロ二量体を形成し, 転写因子*として機能すると考えられる. ski は細胞をがん化させる一方で, 未分化細胞を筋肉細胞に分化させる能力もあり, 多面的な機能を示す. ヒトでは第1染色体長腕22-24領域に位置する. ヒトのがん細胞において増幅・再配列などの構造異常はまだ見いだされていない.

**SCID マウス** [SCID mouse] 重症複合免疫不全症*(severe combined immunodeficiency, SCID)を表現形質とする突然変異マウス. 常染色体劣性の遺伝形式をとるPrkdc$^{scid}$(protein kinase, DNA activated, catalytic polypeptide, scid)変異が原因で, 重症複合型免疫不全症を表現型とするマウス. 免疫グロブリン*やT細胞受容体遺伝子の再編成に関与する組換え酵素*(リコンビナーゼ)あるいやその関連因子の異常により, 成熟した機能的T細胞およびB細胞が欠損している. このマウスにNOD変異やIL-2受容体γ鎖ヌル突然変異などを組合わせて, さらに重症の免疫不全マウスを作製する試みがなされている. このマウスにヒト造血幹細胞を移植して, ヒト型の造血系や免疫系を再構築したものを免疫系ヒト化マウスとよぶ. 白血病やがん, HIVをはじめとするウイルス感染症, 自己免疫疾患などの研究にも応用されている. (→モデル動物)

**スキャッチャード式** [Scatchard equation] 受容体*などの高分子とリガンド*の結合特性を解析する計算式. 単一の親和性をもつ受容体へのリガンドの結合量を$B$, 最大結合量を$B_{max}$, 解離定数を$K_d$, 遊離リガンド量を$F$とするとスキャッチャード式は

$$B/F = -(1/K_d)(B - B_{max})$$

と表される. 横軸を$B$, 縦軸を$B/F$としてリガンド濃度を変えた時の結果をプロットすると直線が得られる. これをスキャッチャードプロット(Scatchard plot)とよび, 横軸との交点が$B_{max}$, 傾きが$-1/K_d$になる.

**スキャッチャードプロット** [Scatchard plot] ⇌ スキャッチャード式

**スクシニル CoA** [succinyl-CoA] スクシニル補酵素A(succinyl-coenzyme A)ともいう. HOOCCH$_2$-CH$_2$CO-CoA. コハク酸の補酵素A(CoA)エステル. クエン酸回路*の一員で, 2-オキソグルタル酸の脱水素反応で脱炭酸とCoAの結合が共役してつくられる. その後, スクシニル-CoAシンテターゼによってコハク酸とCoAになる. メチオニン, プロピオン酸, ポルフィリンなどの生合成の出発物質として重要である. また, カルボン酸にCoAを供給することも大切な役割である.

**スクラーゼ** [sucrase] ＝スクロースα-グルコシダーゼ

**スクラーゼイソマルターゼ** [sucrase-isomaltase] ＝スクロースα-グルコシダーゼ

**スクランブラーマウス** [scrambler mouse] 1991年に近交系に発見された自然発症性のミュータントマウスでヨタリマウス*と同様Dab1遺伝子の変異により大脳皮質や小脳の層構築が異常となり, リーラーマウス*に似た症状を呈する. スクランブラーマウスの変異はDab1のコード領域の570番目にIAP(intracisternal-A particle)とよばれる転位性反復配列が挿入されることで, フレームシフト突然変異が生じている.

**スクリーニング** [screening] 目的の性質や構造をもった生物や分子を選択すること. 従来は特に特定の物質や酵素を生産する微生物を選択し取得することが盛んに行われ, このための自動化装置も開発されている. 目的の遺伝子を保持する細菌や細胞を選択するこ

ともスクリーニングとよばれる．最近は，特定の遺伝子(たとえば遺伝病の原因遺伝子やがん遺伝子など)や特定の構造をもった DNA 断片をハイブリダイゼーション*などにより同定，選別，取得することもスクリーニングとよんでいる．迅速に膨大な数の検体を対象にしたスクリーニングをハイスループットスクリーニングとよぶ．

**スクレイピー** [scrapie] スクレピーともいう．ヒツジおよびヤギに発症する感染症であり，自然感染の場合には 2 年半～4 年の潜伏期の後に小脳症状をもって発症し，数カ月から数年の経過をとる進行性致死的疾患である．体躯を壁などにこすりつける行動(scraping)がみられることからこの病名がつけられた．病理学的には，海綿状脳症の組織所見を呈し，伝達性海綿状脳症の一種．感染因子は，S. Prusiner*により明らかにされ，脳内接種実験により，タンパク質分解酵素で感染力は消失するが，核酸を修飾させたり分解させる処置には影響を受けない点から，タンパク質と結論され，プリオン*と命名された．このタンパク質は正常脳で合成されるが(正常型プリオンタンパク質，$PrP^C$)，翻訳後修飾を受け，感染型プリオンタンパク質($PrP^{SC}$)となるとされている．この $PrP^{SC}$ は細胞内に入ると，鋳型となり $PrP^C$ をつぎつぎに $PrP^{SC}$ に変えて，これが，シナプス部位に沈着して，神経細胞を変性させると考えられている．(⇒ウシ海綿状脳症，クロイツフェルト・ヤコブ病)

**スクレピー** ⇌ スクレイピー

**スクロース** [sucrose] ＝ショ糖(cane suger)，サッカロース(saccharose)．$C_{12}H_{22}O_{11}$，分子量 342.30. 1-α-D-グルコピラノシル-2-β-D-フルクトフラノシドをさす．D-グルコースと D-フルクトースがグリコシド結合した二糖で，還元性ももたない．甘味を呈する白色結晶である．融点 185℃．200℃でカラメルになる．比旋光度 [α] +66.5°．希酸あるいはスクラーゼにより D-グルコースと D-フルクトースに分解される．甘味料として重要．ショ糖密度勾配遠心分離法*に用いられる．

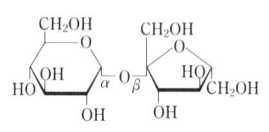

**スクロース α-グルコシダーゼ** [sucrose α-glucosidase] スクラーゼイソマルターゼ(sucrase-isomaltase)，スクラーゼ(sucrase)ともいう．EC 3.2.1.48. スクロース*(ショ糖)分子のグルコース側から加水分解する酵素で，α-グルコシダーゼの一種である．マルトース(麦芽糖)も分解する．哺乳類の小腸吸収上皮細胞の微絨毛膜表面に N 末端アミノ酸ドメインで繋留されている．この酵素はスクラーゼ部位とイソマルターゼ部位の二つのサブユニットから成る．小胞体で一本鎖のポリペプチドとして合成されるが，微絨毛膜で膵臓由来のプロテアーゼによってスクラーゼ部位とイソマルターゼ部位の間のペプチドが切断されて複合体となる．両部位の構成アミノ酸はヒトでは 41%の相同性をもつ．ラットでは，プロテアーゼによりスクラーゼ部位から分解されるため，腸管の上部と下部ではスクラーゼとイソマルターゼの存在比が異なる．ラット小腸のこの酵素の反応の最適 pH は 6 付近にあり，$K_m$ 値は 18 mM，SH 基阻害剤の影響は受けない．(⇒ β-フルクトフラノシダーゼ)

**スクロースリン酸シンターゼ** [sucrose-phosphate synthase] UDP グルコースとフルクトース 6-リン酸からスクロース 6-リン酸を合成する反応を触媒する酵素(EC 2.4.1.14)．植物に広く存在し，スクロース合成に寄与している．反応産物のスクロース 6-リン酸はスクロースホスファターゼにより不可逆的にスクロースに変換される．両基質はともに，コムギ胚芽でシグモイド型基質飽和曲線を示し，ヒル係数は $Mg^{2+}$ の存在下と不在下で異なるが，1.4～1.8 である．アロステリック酵素*として植物における糖代謝の調節に関与している．

**スコトホビン** [scotophobin] Ser-Asp-Asn-Asn-Gln-Gln-Gly-Lys-Ser-Ala-Gln-Gln-Gly-Gly-Tyr-NH$_2$, $C_{62}H_{97}N_{23}O_{26}$, 分子量 1581．暗闇を避けるように訓練されたラットの脳に含まれるが，非訓練ラット脳には含まれない物質として構造決定されたペプチド．非訓練ラット，マウス，金魚，ゴキブリに投与することにより，暗闇を避ける性質が付与されると報告された．学習結果が移植できるとして注目されたが，ストレスとの関係など作用機序に問題が提起されている．

**スタイナート病** [Steinert's disease] ＝筋強直性筋ジストロフィー

**スタイン** STEIN, William Howard 米国の生化学者．1911.6.25～1980.2.2．ニューヨーク市に生まれ，ニューヨーク市に没す．ハーバード大学で化学を専攻，修士号を取得(1933)．コロンビア大学で Ph.D. 取得(1938)．ロックフェラー研究所で S. Moore* とともにアミノ酸分析機を開発した(1958)．ロックフェラー大学教授(1954)．リボヌクレアーゼのアミノ酸配列を解明(1960)．1972 年 Moore, C. B. Anfinsen* とノーベル化学賞を受賞．

**スタウロスポリン** [staurosporin] *Streptomyces staurosporeus* の産生する微生物アルカロイド．非常に強力なプロテインキナーゼ阻害剤．$C_{28}H_{26}N_4O_3$, 分子量 466.53．水に難溶．ATP と競合し，阻害作用を示すと考えられている．プロテインキナーゼ C だけでなく，他のプロテインキナーゼ，プロテインキナーゼ A，チロシンキナーゼ，ミオシン L 鎖キナーゼにも強い阻害効果をもつ．

**スター活性** [star activity] 制限酵素*の塩基認識の特異性が緩くなり，本来の切断部位以外の DNA を切断する活性．制限酵素の名前の肩に*印を付けて表す．[G↓AATTC]を認識・切断する *Eco*RI の場合，*Eco*RI*は[↓AATT]を認識・切断する．*Bam*HI，*Hind*III などいくつかの酵素で知られている．スター活性は高グリセロール濃度，低塩濃度，高 pH，$Mg^{2+}$ 以外の金属の使用，高酵素濃度，そしてエタノール

**スタゲラーマウス** ［staggerer mouse］ 1955 年に見つかった自然発症型のミュータントマウスで，転写因子である *ROR-alpha* 遺伝子に変異があり，小脳の顆粒細胞数およびプルキンエ細胞数の減少ならびに平行繊維シナプス形成の障害を有し，失調性歩行，筋緊張低下といった症状を呈する．スタゲラーマウスの変異は *ROR-alpha* 遺伝子の第 5 エキソンの 122 塩基が欠失したためフレームシフト突然変異が生じたものである．

**スタチン** ［statin］ コレステロール合成阻害剤（cholesterol synthesis inhibitor）ともいう．スタチンは，コレステロール合成経路の律速酵素であるヒドロキシメチルグルタリル CoA レダクターゼ（HMG-CoA 還元酵素）の阻害剤の総称である．1970 年代，日本において HMG-CoA 還元酵素の阻害活性をもつ化合物が青カビから単離，精製され，コンパクチン（compactin）と命名された．本化合物は分子内に，HMG-CoA 還元酵素の基質である HMG-CoA と酷似した構造をもち，競合阻害によりメバロン酸への変換を抑制する．各種スタチンは基本構造として同様の構造をもつ．現在，おもに高コレステロール血症の治療を目的として世界中で 1 日 3 千万人以上の人が服用している．

**STAT タンパク質** ［STAT protein］ サイトカイン・ホルモン・増殖因子などの細胞内シグナル伝達にかかわる SH3/SH2 構造（⇒ SH ドメイン）をもつ転写因子．名前は signal transducers and activators of transcription に由来する．各種リガンドが，受容体に結合すると，JAK*により，C 末端のチロシン残基がリン酸化を受け，その後 SH2 ドメインを介して二量体を形成し，細胞質から核へ移行する．現在，STAT1, 2, 3, 4, 5a, 5b, 6 までの七つのファミリーメンバーがクローニングされている．サイトカインやホルモンの作用の特異性が，STAT ファミリーメンバーの使い分けによると考えられている．たとえば，インターフェロンγがインターフェロン II 型受容体に結合すると，受容体の Box1 領域に JAK1 と JAK2 が結合し，受容体のチロシンがリン酸化を受け，その部位に STAT1 が結合して JAK によりリン酸化され，リン酸化 STAT は互いの SH2 を認識し合って二量体を形成する．IL-12 の場合には受容体に Tyk2 と JAK2 が結合し，STAT4 のリン酸化と二量体化が，IL-4 や IL-13 および IL-2 の場合には受容体に JAK1 と JAK3 が結合し，IL-4 と IL-13 では STAT6 が，IL-2 では STAT5 のリン酸化と二量体化が起こる．（⇒ JAK-STAT シグナル伝達経路）

**Start** ［Start］ ⇒ 開始点

**スタフィロキナーゼ** ［staphylokinase］ ブドウ球菌が菌体外に分泌する酵素の一つ．プラスミノーゲンを酵素活性のあるプラスミンに変換する．溶血性連鎖球菌の分泌するストレプトキナーゼ*とは，抗原的・酵素学的に異なる．遺伝子は溶原化したファージ上にあり，ほとんどの黄色ブドウ球菌株が産生するが，病原因子としての意義は明らかではない．

**スタフィロコッカス** ＝ブドウ球菌

**スタリーナイト** ［Starry night］ ＝フラミンゴ

**スチュワート・プロワー因子** ［Stewart-Prower factor］ ＝血液凝固 X 因子

**スチルベストロール** ［stilbestrol］ ＝ジエチルスチルベストロール

**ステムループ** ［stem loop］ ＝ヘアピンループ

**ステロイド受容体** ［steroid receptor］ ステロイドホルモン受容体（steroid hormone receptor）ともいう．ステロイドホルモン*をリガンドとする核内受容体*の総称で，甲状腺ホルモン*，ビタミン A*，ビタミン D* 受容体とともに，一つの核内受容体スーパーファミリー*を形成している．リガンド誘導性転写制御因子として働き，標的遺伝子プロモーター内の標的ホルモン応答エンハンサー配列にホモ二量体として結合し，ホルモン依存的に標的遺伝子の発現を正負に転写制御する．受容体遺伝子への変異が，受容体の機能に及ぶ場合には，先天性ホルモン不応症となる．

**ステロイドホルモン** ［steroid hormone］ コレステロールを原料として，シトクロム P450* などの特異的代謝酵素により生合成されるステロイド骨格をもつ脂溶性ホルモンの総称で，男性・女性ホルモン，グルココルチコイド*，ミネラルコルチコイド* がある．いずれも核内受容体スーパーファミリー* に属する受容体を介し，標的遺伝子の発現を制御し，その遺伝子産物（タンパク質）により生理作用が発揮される．生合成は下垂体の支配下にあり，産生器官より過不足なく合成，血中へ分泌される．

**ステロイドホルモン受容体** ［steroid hormone receptor］ ＝ステロイド受容体

**ストークスの式** ［Stokes' equation］ 溶液中の高分子に力が加わると溶媒との摩擦があり，力 $F$ と比例するものは高分子の定常的移動速度 $v(=F/f)$ である．$f$ は摩擦係数で，粒子の形状と溶媒粘性 $\eta$ で決まる．G. Stokes は，球（半径 $r$）の摩擦係数を $f=6\pi\eta r$ と求めた（ストークスの式）．摩擦係数は拡散係数 $D$ から $k_B T/D$ と実験的に得られる（$k_B$：ボルツマン定数），沈降係数* からも得られる．分子が球状でなくとも，$r_s=f/6\pi\eta$ をストークス半径（Stokes' radius）とよび，ゲル沪過で経験式から推定できる．

**ストークス半径** ［Stokes' radius］ ⇌ ストークスの式

**ストップトフロー法** ［stopped-flow technique］ ⇒ ラピッドフロー法

**ストリキニーネ** ［strychnine］ $C_{21}H_{22}N_2O_2$．分子量 334.42．インド原産の *Strychnos nux vomica* の種子から抽出されたアルカロイド．ストリキニーネは脊髄の反射性興奮を高めて，高濃度では強直性痙攣をきたす．このような痙攣は知覚神経刺激によって誘起される．作用機序は運動ニューロ

ンの介在ニューロンであるレンショウ(Renshaw)細胞がその神経終末から伝達物質であるおそらくグリシン*によって運動ニューロンに対してシナプス前抑制を行っているが,ストリキニーネはここで競合抑制するため,結果として興奮に至る.

**ストリンジェントコントロール** 【1】＝緊縮調節.【2】厳格調節ともいう.(→ コピー数制御)

**ストレス応答** [stress response]　細胞は原始細胞のころより,外部環境の変動にさらされてきた.外部環境は温度,圧力,放射線,光,酸素,金属イオン,有機化合物などを含む多くの因子から成る.外部環境の変動は細胞にストレスとして感知され,細胞は特有の応答を示す.高温,重金属イオン,エタノールなどに対しては,いわゆる熱ショック応答*とよばれる反応を示す.中でも,数種類のタンパク質の合成が起こる(あるいは合成が盛んになる).これらのタンパク質が熱ショックタンパク質*(HSP)である.熱ショックタンパク質は,変性タンパク質の不可逆的沈殿を予防し,それらの再生を助けるので,ストレス応答は細胞をストレスから防御する合目的性をもった反応である.活性酸素*の発生などによって,細胞の酸化還元状態に変化が生じると,酸化的ストレス*応答が誘起される.酸化的ストレス応答では,活性酸素を消去する機構,たとえばスーパーオキシドジスムターゼ*が誘導される.酸化ストレス応答で,熱ショックタンパク質の一部も誘導される.このほかにも,紫外線などによるDNA鎖の損傷によって誘導されるSOS応答(→ SOS 修復),栄養飢餓によって誘導される飢餓応答(→ 緊縮調節)なども,ストレス応答の一部である.これらのストレス応答は,互いに連携し合って,いろいろなストレスから細胞を守る働きをしている.熱ショック応答におけるHSPの発現は,転写・翻訳両レベルの促進によって起こる.熱ショック遺伝子の転写促進は熱ショック転写因子*(HSF)の活性化によって起こる.同時にHSPのmRNAが安定化され翻訳も促進される.熱ショックによるHSP遺伝子の転写促進は一過性である.たとえば,細胞を高温に保つと,HSPが蓄積し負のフィードバックがかかって,転写が終結する.哺乳類細胞が,浸透圧・紫外線・熱・放射線・酸化・重金属などのストレス刺激にさらされると,ストレス応答性MAPキナーゼカスケード(→ SAPキナーゼ)が活性化され,生理的応答反応をひき起こす.この経路は,炎症性サイトカインによっても活性化される.細胞にウイルスが感染してもストレスとして感知されストレス応答が誘導される.このように,ストレス応答は細胞防御機構,ひいては生体防御機構として重要な生体反応である.

**ストレス活性化プロテインキナーゼ** [stress-activated protein kinase]＝SAPキナーゼ

**ストレスタンパク質** [stress protein]＝熱ショックタンパク質

**ストレスファイバー** [stress fiber]　緊張繊維,張力繊維ともいう.アクチンフィラメント*が密に束になった針様の,時には分岐した細胞骨格*構造で,おもに細胞表層*にある.接着依存性培養細胞での発達が顕著だが,生体組織でも血管内皮細胞*,腸間膜中皮細胞,尿細管上皮細胞,魚鱗構成細胞などに存在する.アクチンフィラメントの極性*はふぞろいで,ミオシン*,αアクチニン(→ アクチニン),トロポミオシン*その他種々のアクチン結合タンパク質*がそれぞれに特徴的な局在パターンで組込まれている.末端部ではビンキュリン*,テーリン*,インテグリン*などで代表される細胞-マトリックス間接着分子の集積が起こり,細胞とマトリックス間の頑強な接着装置を形成する.針様形態はこうした両端を固定したアクトミオシンフィラメントの等尺性収縮によると考えられる.細胞の生理状態で分布パターン,数,サイズなどが変わる動的性質をもつ.広く伸展し移動運動の乏しい細胞によくみられ,運動の活発な細胞,分裂細胞,浮遊細胞などには少なく,観察できない場合も多い.(→ アクチンケーブル)

**ストレス誘導性細胞老化** [stress-induced cellular senescence]　→ 細胞老化

**ストレプトアビジン** [streptavidin]　放線菌のつくる分子量約6万のタンパク質で,卵白のタンパク質アビジン*と同様に4分子のビオチン*を強固に結合するので,ビオチン化したタンパク質と組合わせて,顕微鏡や電子顕微鏡観察のための標識法および酵素標識抗体法に広く用いられる.アビジンとは異なり塩基性ではないので,非特異的吸着が問題になる時にはよい.

**ストレプトキナーゼ** [streptokinase]　溶血性連鎖球菌(溶連菌)が菌体外に分泌する酵素.プラスミノーゲンアクチベーターと複合体を形成し,プラスミノーゲン*からプラスミン*への変換を触媒する.産生されたプラスミンはフィブリン*を分解する.感染病巣の凝血を溶解し感染拡大に役立つと考えられるが,証明されていない.A群溶連菌が2種類,C群溶連菌はそれらと抗原性の異なるストレプトキナーゼを産生し,後者は血栓溶解の目的で臨床応用されている.(→ スタフィロキナーゼ)

**ストレプトコッカス**＝連鎖球菌

**ストレプトゾトシン** [streptozotocin]　ストレプトゾシン(streptozocin),2-デオキシ-2-[(メチルニトロソアミノ)カルボニル]アミノ-D-グルコピラノース(2- deoxy-2-[(methylnitrosoamino)carbonyl]amino-D-glucopyranose).$C_8H_{15}N_3O_7$,分子量 265.22.*Streptomyces achromogenes* から分離された抗生物質でおもにインスリノーマ*(インスリン産生腫瘍)の治療に用いられている.グルコースにニトロソ尿素が結合した化合物である.インスリン産生膵β細胞に特異的に親和性を示し,この細胞を壊死・破壊する.動物に投与すると実験的に糖尿病*を誘発する.膵β細胞破壊の機構はDNA切断→ポリ(ADPリボース)ポリメラーゼ*の活性化→細胞内 $NAD^+$ とサイクリックADPリボ

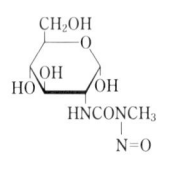

スの低下(岡本モデル)で説明されており，これはDNA損傷を修復しようとする細胞自身の自滅応答である．

**ストレプトドルナーゼ**[streptodornase] 溶血性連鎖球菌(溶連菌)が菌体外に分泌する数多くの酵素のうちの一つで，DNA分解酵素(デオキシリボヌクレアーゼ*)である．感染巣に形成される膿は，壊れた組織，白血球，菌体などに由来する高分子(DNAなど)により粘稠である．DNAを分解することにより膿の粘性を下げ，菌が広がるために役立つとの考え方もあるが，病原因子としての意義は必ずしも明らかではない．

**ストレプトバリシン**[streptovaricin] 放線菌 *Streptomyces spectabilis* が生産するナフトヒドロキノン核を含むアンサマイシン系抗生物質で，A～J各成分の混合物で，Cが主成分である．アンサマイシン系のリファンピシン*と同じく細菌のRNAポリメラーゼ*を阻止するが，動物のRNAポリメラーゼにはほとんど作用しない．細菌のRNAポリメラーゼのコア酵素に結合するが，$\alpha_2, \beta, \beta'$サブユニットに分解すると結合しない．大腸菌の耐性変異株ではRNAポリメラーゼの$\beta$サブユニットが変異している．

**ストレプトマイシン**[streptomycin] $C_{21}H_{39}N_7O_{12}$, 分子量581.58. 放線菌 *Streptomyces griseus* の生産するアミノグリコシド系抗生物質*の一つで，結核菌，グラム陽性細菌，グラム陰性細菌などに殺菌的に作用するが，嫌気性細菌には効かない．聴力・平衡覚障害，腎障害などの副作用を示す．作用機序はタンパク質合成の阻害が主で，細菌のリボソームの30Sサブユニットに等モル比で結合し，タンパク質合成の開始複合体の崩壊およびコドンの読誤りを起こす．耐性は細菌がアミノグリコシド修飾酵素(ホ

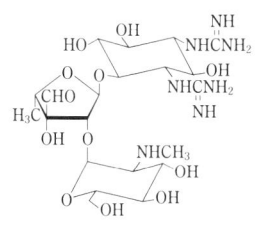

スホトランスフェラーゼおよびアデニリルトランスフェラーゼ)を産生することによる．リボソームの変化による耐性菌もある．

**ストレプトミセス**[*Streptomyces*] 放線菌の一属．菌糸*(直径0.5～2 μm)をつくり，気菌糸の胞子柄に長い分節胞子の直線状，らせん状などの連鎖を形成する．胞子の表面は平滑，とげ状などを示す．細胞壁はI型(LL-ジアミノピメリン酸，グリシンをもつ)．キノン系はMK-9($H_6, H_8$). GC含量は69～78%. 土中に広く分布する．約2千種類の抗生物質*を生産し，微生物工業上重要である．抗生物質生産の改良は単胞子分離と紫外線，X線，突然変異誘起物質による突然変異とを組合わせて行うが，近年DNA技術が導入され，宿主-ベクター系*の開発も盛んである．

**ストレプトリジジン**[streptolydigin] 放線菌 *Streptomyces lydigus* が生産する抗生物質．$C_{32}H_{44}N_2O_9$. 分子量600.71. 細菌のRNAポリメラーゼの$\beta$サブユニットに作用し，RNA鎖の伸長合成を *in vivo* および *in vitro* で阻害する．ストレプトリジジン耐性突然変異は$\beta$サブユニットにマップされる．ただし通常の大腸菌はストレプトリジジンの透過性が悪い．

**ストレプトリシン**[streptolysin] 連鎖球菌溶血素ともいう．ストレプトリシンは連鎖球菌*由来の溶血毒であり，ストレプトリシンO(SLO)とストレプトリシンS(SLS)の2種類がある．ほとんどのA群連鎖球菌株が産生し，この菌が血液寒天上で完全溶血($\beta$溶血)帯を示す原因である．ともにポリペプチドであるが，SLSが抗原性を示さないのに対し，SLOの抗原性は高い．咽頭や全身感染の後に抗SLO抗体(ASO)が上昇し，連鎖球菌感染のマーカーとなる．

**ストロファンチン**[strophanthin] ⇌ ウワバイン

**ストロマ**[stroma, (*pl.*)stromata] 葉緑体*の中で，内包膜とチラコイド*の間の水溶性の部分．炭酸固定*反応，脂質合成，タンパク質合成の場である．(⇌ グラナ)

**ストロマ細胞**[stroma cell] 支持細胞，骨髄ストロマ細胞(bone marrow stroma cell)ともいう．造血幹細胞*を取巻く微小環境を構成する細胞(⇌ 造血微小環境)．前脂肪細胞，繊維芽細胞*，内皮細胞，マクロファージ*などから構成され，これらの産生する分泌型，膜結合型サイトカイン*，細胞外マトリックス*，あるいは細胞接着*因子などが造血幹細胞の増殖・分化に関与していると考えられる．ストロマ細胞上で造血幹細胞の増殖を長期間支持することのできるデクスタ培養法(Dexter culture)が確立している．造

血幹細胞の長期支持能をもったストロマ細胞株がいくつか作製されている．(→実質細胞)

**SNAP**［SNAP］　soluble NSF attachment protein の略．NSF（N-ethylmaleimide-sensitive fusion protein）と複合体を形成し，小胞輸送*における膜の融合に関与する．J. E. Rothman らはゴルジ体の嚢（槽，システルナ）間の小胞輸送の再構成系で細胞質因子の NSF と SNAP が膜上のタンパク質に作用して膜融合をひき起こすことを発見した．その後 NSF/SNAP 複合体がゴルジ体の小胞融合だけでなくシナプス小胞膜にある VAMP*（t-SNARE）とシナプス前膜の活性部位に局在するシンタキシンや神経終末に局在する SNAP-25（v-SNARE）に作用してそれぞれの膜融合をひき起こすことが明らかとなり，SNARE 仮説が立てられた．現在は，NSF/SNAP 複合体は，膜の融合には直接関与せず，小胞あるいは標的膜の不活性で安定な cis-SNARE 複合体を解きほぐして，活性化し，小胞と標的膜の間での trans-SNARE 複合体の形成をひき起こすことが明らかとなっている．(→ソーティング)

**SNAP 受容体**［SNAP receptor］　SNARE と略す．小胞と標的膜との融合に関与する膜内在性タンパク質．小胞の融合は低濃度の N-エチルマレイミド（NEM）により阻害されるが，これはサイトゾルに存在する ATP アーゼの N-エチルマレイミド感受性因子（N-ethylmaleimide-sensitive factor, NSF）が失活することによる．NSF は可溶性 NSF 結合タンパク質（soluble NSF attachment protein, SNAP）を介して膜に結合でき，この SNAP の膜内受容体が SNARE である．SNARE には2種類あり，細胞質ドメインにアルギニンをもつ R-SNARE は小胞に存在するので v-SNARE ともよばれ，グルタミンをもつ Q-SNARE は標的膜に結合しており t-SNARE ともよばれる．R-SNARE と Q-SNARE は特定の組合わせで強く会合し，小胞を標的膜につなぎ止める（ドッキング）．ドッキングした R-SNARE と Q-SNARE の複合体は SNAP に結合した NSF により ATP 加水分解エネルギーを利用して解離する．NSF の作用は膜融合の結果，形成される安定だが不活性な R-SNARE/Q-SNARE 複合体を解離して，つぎの膜融合反応に働く活性型 SNARE に変換することと考えられている．神経シナプスで働く SNARE はよく調べられており，シナプトブレビン（VAMP-1）が R-SNARE で，シンタキシン*と 25 kDa のシナプトソーム会合タンパク質 SNAP-25 が Q-SNARE に相当する．(→VAMP，ソーティング)

**スナップバック構造**［snap-back structure］　→ヘアピンループ

**snurp**［snurp＝small nuclear ribonucleoprotein］＝核内低分子リボ核タンパク質

**SNP**［SNP＝single nucleotide polymorphism］＝一塩基多型

**SNP 測定法**［SNP typing］　SNP タイピングともいう．SNP を対立遺伝子 A，対立遺伝子 B と仮定すると個人が AA, AB, BB のいずれの遺伝子型*であるかを決定する方法のことを SNP 測定法という（→一塩基多型）．従来 SNP は制限酵素断片長多型*（RFLP）で測定されていた．しかしこの方法では測定可能な SNP が限られ，実験操作が煩雑であるためより簡便で汎用性の高い方法が開発されている．Taq ポリメラーゼのエキソヌクレアーゼ活性を利用した TaqMan 法，蛍光共鳴エネルギー転移（FRET*）を利用した融解曲線分析法，クリーベース酵素を応用したインベーダー法などが大量解析に適用されている．さらに DNA チップ技術により数十万の SNP を測定する計測系も実現している．測定した SNP の品質管理*のためにハーディー・ワインベルクの法則を満たすかどうかが検討されている．疾患と有意な相関が認められた SNP であってもそれは単なるマーカーであって，それと連鎖不平衡にある SNP が疾患の原因である可能性が考えられる．測定 SNP の選択は研究計画の重要なポイントとなる．

**SNP タイピング**　＝SNP 測定法
**SNF**［SNF］　⇌SWI/SNF
**SNARE**［SNARE＝SNAP receptor］　＝SNAP 受容体

**SNARE 関連タンパク質**［SNARE-related proteins］　細胞内の膜輸送*に関与する SNARE タンパク質に結合し，その活性を制御するタンパク質群（→ソーティング）．哺乳動物ではシナプタグミン*，nSec1/Munc18-1（酵母 Sec1，線虫 unc18 のホモログ），コンプレキシン/シナフィン（complexin/synaphin），Munc13（線虫 unc13 のホモログ），NSF（N-ethylmaleimide-sensitive factor），SNAP*（soluble NSF attachment protein），トモシン（tomosyn）などがある．nSec1/Munc18-1 は主として神経細胞のサイトゾル*に存在し，シンタキシン*の閉じた構造に結合し，SNARE 複合体の形成を妨げる．しかし，その遺伝子ノックアウトマウスでは神経伝達物質*の放出が強く抑制される．放出の過程において重要な役割を果たすと考えられるが，その作用機構は不明である．4種類のホモログ（Munc18-1〜4）が知られている．コンプレキシン/シナフィンはきわめて親水性の小さなサイトゾルタンパク質で，SNARE 複合体に高親和性に結合し，膜融合の直前に働くが，その作用機構はわかっていない．神経伝達物質放出や非神経細胞におけるインスリン，ヒスタミンなどの分泌に関与する．哺乳動物では4種類あり，1，2は主として神経系に，3，4は網膜に存在する．1，2の脳内分布はかなり異なる．Munc13 はシナプスでの神経伝達物質や非神経細胞でのホルモンなどの放出に関与する細胞膜結合タンパク質である．4種（Munc13-1〜4）が存在するが1〜3は脳に圧倒的に多い．C1, C2 ドメインをもち，前者にはジアシルグリセロール*，ホルボールエステル*が結合する．シンタキシンの N 末端に結合し，おそらくその構造を変換させることにより，細胞膜にドックした分泌小胞を膜融合可能な状態に変化させる過程（プライミング）に関与する．Munc13-1/Munc13-2 二重ノックアウトマウスの脳では神経刺激による神経伝達物質放出が完全に抑制される．トモシンは C 末端に SNARE モチーフを

もつサイトゾルタンパク質で, シナプトブレビン(→VAMP)と拮抗してシンタキシンおよびSNAP-25と複合体を形成し, 輸送小胞とその受容膜との膜融合を阻害すると考えられるが生理的役割は不明である. 2種類(トモシン1, 2)あり, さまざまな組織に存在する.

**SNARE複合体** [SNARE complex] →ソーティング

**スネル** SNELL, George Davis 米国の遺伝学者. 1903.12.19～1996.6.6. マサチューセッツ州ブラッドフォードに生まれる. ダートマス大学卒業(1926)後ハーバード大学で遺伝学を学び学位取得(1930). メーン州ジャクソン研究所で哺乳類の突然変異について研究(1935～69). 1950年代に組織適合性遺伝子を同定, MHCとよばれるようになった. 1980年B. Benacerraf*, J. Daussetとともにノーベル医学生理学賞を受賞.

**スーパー遺伝子ファミリー** [supergene family] 超遺伝子族ともいう. 共通の祖先をもつ複数の遺伝子群は遺伝子ファミリー*とよばれるが, その中で類似性が低く明らかに異なる機能をもつ遺伝子群をよぶ. 本来共通の祖先遺伝子をもつ二つの遺伝子は全体によく保存されているタイプの遺伝子群と, 進化的によく保存される部分にのみ共通性がみられるタイプのものがある. 後者のものは遺伝子組換えにより生じた, 機能ドメインのみを共有する遺伝子と区別できないことがある. 遺伝子全体ではなく, ドメインにのみ類似性をもつ遺伝子群もスーパー遺伝子ファミリーとよばれることがある. (→スーパーファミリー)

**スーパーオキシド** [superoxide] =スーパーオキシドアニオン

**スーパーオキシドアニオン** [superoxide anion] =スーパーオキシド(superoxide). 活性酸素*種の一つで, 通常の酸素分子に電子が1個取込まれた1電子還元体. 1個の不対電子をもつアニオンラジカルである. 過酸化水素*の前駆体であり, 鉄や銅の存在下でフェントン反応によりヒドロキシルラジカルを生成する. また一酸化窒素と反応してペルオキシ亜硝酸($ONOO^-$)を生成する. 生体内で白血球, マクロファージ, 細菌などの細胞, ミトコンドリアやミクロソームの酸化還元系により, また, アドリアマイシン*などの薬剤などからも生成する. スーパーオキシドジスムターゼ*により消去される.

**スーパーオキシドジスムターゼ** [superoxide dismutase] EC 1.15.1.1. SODと略される. 活性酸素*の一種であるスーパーオキシドアニオン*は, 2分子の自発的な不均化反応で酸素分子と過酸化水素を生じる. 反応速度はpHに依存し, 生理的pHでの速度定数は$5×10^5$/M·secである. 反応は酸性側でさらに速くなるが, アルカリ側ではほとんど停止する. 赤血球由来のスーパーオキシドジスムターゼはこの反応をさらに促進し, 速度定数は$1.6×10^9$/M·secに達する. 酵素は微生物, 植物, 動物と広範に存在し, 含有する金属イオンの種類により大きく3種類に分かれる. 銅と亜鉛を含む酵素は酵母, 植物, 動物などすべての真核細胞に存在する. 分子量は約32,000. 2個のサブユニットはおのおのが亜鉛イオンと銅イオンそれぞれ1原子をもつ. マンガン酵素は分子量が約40,000, 多くの微生物や動物, 植物組織の抽出液に含まれている. 鉄酵素はおもに微生物や藻類に存在するが, アミノ酸配列はマンガン酵素にきわめて類似している.

**スーパーコイル** [supercoil] =超らせん

**スーパー抗原** [superantigen] 超抗原ともいう. MHCクラスII分子*にプロセシングされることなしに結合して, 特定のT細胞受容体のβ鎖可変領域($V_\beta$)に認識される抗原(→抗原提示). 一つのT細胞受容体を発現するT細胞クローンのみが反応する一般抗原と異なり, 特定の$V_\beta$をもつ多数のT細胞クローンがスーパー抗原に反応する. 一般抗原の認識に特有な自己MHC拘束性もみられない(→MHC拘束). スーパー抗原は細菌性スーパー抗原とウイルス性スーパー抗原に分類される. 細菌性スーパー抗原にはブドウ球菌エンテロトキシン(staphylococcal enterotoxin, SE)A, B, $C_1$, $C_2$, $C_3$, D, E, トキシックショック症候群外毒素1(toxic shock syndrome toxin-1, TSST-1), 連鎖球菌発熱性外毒素(streptococcal pyrogenic exotoxin, SPE), ExFT(exfoliating toxin)などがあり, 全身性急性感染症の病態形成の原因となる. ウイルス性スーパー抗原の代表としてはマウス乳がんウイルス*(MMTV)の3'LTRにコードされる遺伝子産物があげられる. ウイルス感染症の進展に重要な役割を担う.

**スーパーソレノイド** [super solenoid, unit fiber] →ソレノイド構造

**スーパーファミリー** [superfamily] 多くの遺伝子の一次構造が決定され, タンパク質のアミノ酸一次配列の相互比較が可能になり, 一次配列上, 生物機能上, さらにタンパク質の立体構造上相互に類似したタンパク質(もしくは遺伝子)をスーパーファミリーとよぶようになった. 免疫グロブリンスーパーファミリー*はその代表的な例である. (→スーパー遺伝子ファミリー)

**スーパーヘリックス** =超らせん

**スパルソゲニン** [sparsogenin] =スパルソマイシン

**スパルソマイシン** [sparsomycin] =スパルソゲニン(sparsogenin). $C_{13}H_{19}N_3O_5S_2$, 分子量361.44. 放線菌 Streptomyces sparsogenes が生産するピリミジンを含む抗生物質. グラム陽性細菌, グラム陰性細菌, 真菌, がん細胞などの発育を阻止する. その一次作用点はタンパク質合成系である. 原核細胞および真核細胞のリボソームの大サブユニットに作用しピューロマイシン*反応を阻害することから, ペプチド転移反応の阻止がおもな作用機作であると思われる. fMet-tRNA

($N$-ホルミルメチオニル tRNA*)などのペプチド供与体とリボソームの大サブユニットとの結合を促進し,安定な結合物をつくるためにペプチド供与体とピューロマイシンの反応を阻害すると考えられる.

**スピン結合定数**〔spin coupling constant〕 =結合定数(NMR の)

**スピン-格子緩和時間**〔spin-lattice relaxation time〕 縦緩和時間ともいう.(→核緩和)

**スピン-スピン緩和時間**〔spin-spin relaxation time〕 横緩和時間ともいう.(→核緩和)

**スピン-スピン結合定数**〔spin-spin coupling constant〕 =結合定数(NMR の)

**スピンドル極体**〔spindle pole body〕 SPB と略す.(→紡錘体極)

**スピン標識法**〔spin labeling〕 スピンラベル法ともいう.不対電子をもつ化合物を生体分子に標識し,不対電子に由来する電子スピン共鳴*(ESR)の電磁波吸収スペクトルを解析して,生体分子の物理的情報を得ようとする方法.このような目的のための不対電子化合物はスピンラベルとよばれ,安定なニトロキシラジカル*が用いられる.生体膜の研究では,脂質のニトロキシ誘導体を膜に溶かした試料を用いる.タンパク質の場合には,遺伝子組換え技術によってシステインの部位を特定したタンパク質を発現精製し,そのタンパク質と SH 基に反応する官能基をもったスピンラベルを混合した後,未反応のラベルを除去した試料を作成する.ニトロキシラジカルでは不対電子はスピン量子数1である窒素核と超微細相互作用し吸収線は3本に分裂する.分裂の大きさや $g$ 値が,分子軸と静磁場との角度に依存して変化するので,生体分子の配向を知ることができる.またこれらの大きさや値は分子が回転すると平均化されるのでスペクトルの形状は大きく変化し,その程度から分子の回転相関時間やゆらぎの程度を示すオーダーパラメーター*を推定することができる.電子スピン同士が近隣にある時にもスピン-スピン相互作用により吸収線が分裂して広がるので,不対電子すなわちスピンラベル間の距離が測定できる.測定精度は $0.8 \sim 2.5 \times 10^{-9}$ m であるが,核磁気共鳴で使われるパルス技術を用いると $5 \times 10^{-9}$ m を超す精度が得られる.

**スピンラベル法** =スピン標識法

**スフィンガニン**〔sphinganine〕 =ジヒドロスフィンゴシン

**スフィンゲニン**〔sphingenine〕 →スフィンゴシン

**スフィンゴ脂質活性化タンパク質**〔sphingolipid activator protein〕 SAP と略す.後期エンドソーム・リソソーム内に局在している糖タンパク質で,疎水性のスフィンゴ脂質が生理的分解を受ける時,補因子として機能する.$G_{M2}$ 活性化因子(SAP-3)は,ヒト第5染色体に局在する遺伝子によってコードされ,162個のアミノ酸から成り N 末端に面した部位がグリコシル化された糖タンパク質である.特異性が非常に高く,$\beta$-$N$-アセチルヘキソサミニダーゼ*A による $G_{M2}$ 糖鎖の $N$-アセチルガラクトサミンの加水分解を促進する.$G_{M2}$-ガングリオシドーシスの AB 変異型はこの因子の欠損による.SAP-1〜2は,ヒト第10染色体に局在する単一 SAP 前駆体遺伝子によりコードされ,隣接した領域に存在する相同活性化因子である.SAP-1 はスルファチド*を分解するアリールスルファターゼ A 活性化因子で,欠損により異染性ロイコジストロフィー*と類似症候を示す.SAP-2 は,グルコシルセラミダーゼの活性化因子で,ゴーシェ病*患者の脾臓で最初に存在が示された.この因子の欠損によりゴーシェ病類似症候を示す.哺乳動物細胞に貪食された細菌由来の糖脂質が後期エンドソーム・リソソームにおいて CD1*に転移されることにも SAP は関与している.

**スフィンゴ脂質活性化タンパク質欠損症**〔sphingolipid activator protein deficiency〕 水に難溶性のスフィンゴ脂質を基質とするリソソーム加水分解酵素活性の発現には,いわば天然の界面活性剤としての低分子糖タンパク質が必要である.その遺伝子突然変異は酵素自体の遺伝子突然変異に似た表現型を示す.2種のタンパク質群が知られ,第5染色体遺伝子は $G_{M2}$ に特異的に働くタンパク質($G_{M2}$ 活性化タンパク質)を,第10染色体遺伝子は四つの相同性の高い活性化タンパク質(サポシン A〜D)にプロセスされる前駆体タンパク質(プロサポシン)をコードする.現在,$G_{M2}$ 活性化タンパク質欠損症(AB 型 $G_{M2}$ ガングリオシドーシス),プロサポシン欠損症,サポシン B 欠損症(異染性ロイコジストロフィー様蓄積症),サポシン C 欠損症(ゴーシェ病様蓄積症)の存在が知られている.

**スフィンゴ脂質症**〔sphingolipidosis〕 =スフィンゴリピドーシス.スフィンゴ脂質(→スフィンゴ糖脂質)の糖側鎖あるいはコリン側鎖を加水分解するリソソーム酵素の遺伝子欠損症.糖側鎖は末端より順に特異的な酵素により切断される.その活性欠損により,基質は細胞内に蓄積する.脂質の種類により病態の発生する組織が異なる.スフィンゴ脂質症の中で,シアル酸をもつガングリオシド*は神経系に多く存在し,その代謝異常はおもに小児期の脳の病気として発現する.まとめてガングリオシドーシス(gangliosidosis)とよぶ.これまでに $G_{M1}$ と $G_{M2}$ の蓄積症(それぞれ $G_{M1}$ ガングリオシドーシス*,$G_{M2}$ ガングリオシドーシス)が知られている.ミエリン脂質(→スフィンゴミエリン)の分解障害は,中枢および末梢神経系のミエリン崩壊を起こし,ロイコジストロフィー*とよばれる(ガラクトセレブロシダーゼ欠損によるクラッベ病,アリールスルファターゼ A 欠損による異染性ロイコジストロフィー*).そのほかファブリー病*,ニーマン・ピック病*,ゴーシェ病*,ファーバー病*など,それぞれの蓄積脂質の分布に対応した臨床像を示す.ファーバー病以外すべての酵素の遺伝子分析が進められ,臨床像との対比が試みられている.X 関連性遺伝病であるファブリー病以外は常染色体劣性遺伝病である.(→リソソーム病)

**スフィンゴシン**〔sphingosine〕 広義には炭素数

16～20の長鎖アミノアルコールの総称であるが、狭義には炭素数 18, 不飽和の長鎖アミノアルコール(2S, 3R, 4E)-2-アミノ-4-オクタデセン-1,3-ジオールをさす(図)。これをスフィンゲニン(sphingenine)ともいう。$C_{18}H_{37}NO_2$, 分子量 299.50. 融点 82.5～83℃. 比旋光度 $[\alpha]_D^{25} +3°$. スフィンゴ脂質の構成成分である。セラミドの脱アシルによって生成、分解では、スフィンゴシン 1-リン酸に変換した後、リアーゼ反応でホスホエタノールアミンと 2-ヘキサデセナールとになる。プロテインキナーゼ C 阻害や細胞死誘導作用などの生物学的活性が報告されている。スフィンゴ脂質の新合成は、3-ケトジヒドロスフィンゴシン→ジヒドロスフィンゴシン*→ジヒドロセラミド→セラミド*→複合スフィンゴ脂質(スフィンゴミエリン*, スフィンゴ糖脂質*)という順序で進むので、スフィンゴシンそのものは本合成経路途上では生産されない。

**スフィンゴシンキナーゼ** [sphingosine kinase] SPHK と略す。EC 2.7.1.-. スフィンゴシン*の 1 位のヒドロキシ基をリン酸化し、スフィンゴシン 1-リン酸*(S1P)を生成する酵素。酵母から哺乳動物まで分布している。ヒトでは 2 種類のアイソザイム*(SPHK1, SPHK2)が同定されている。生理活性脂質スフィンゴシン 1-リン酸の合成酵素として重要であり、SPHK1 遺伝子、SPHK2 遺伝子二重欠損マウスは S1P を合成できず胚生致死*である。

**スフィンゴシン 1-リン酸** [sphingosine 1-phosphate] S1P と略す。脂質メディエーター*の新たなグループとして注目されているリゾリン脂質*の一つ。スフィンゴシン*がスフィンゴシンキナーゼ*によりリン酸化されて産生される。この酵素は細胞内の酵素であり、細胞外 S1P の重要な作用を考えると細胞からの S1P 放出機構が存在すると想定されているが、その実体は不明である。S1P の分解に関与するものとして、細胞内ではリアーゼが重要である一方、細胞表面では脂質リン酸脱リン酸酵素がエクト酵素として、その脱リン酸に関与していると想定されている。当初、S1P はスフィンゴ脂質代謝の一中間代謝産物としか考えられていなかったが、近年は多彩なシグナル分子として注目されている。まず、細胞生存・増殖にかかわる細胞内セカンドメッセンジャーとして注目されだしたが、その細胞内作用点はいまだに明確になっていない。一方、その細胞表面上の G タンパク質共役受容体*の存在が明らかになるに及び、細胞間メディエーターとしての位置づけがなされている。特に哺乳類細胞においては、この作用が大部分と思われている。S1P は、同じリゾリン脂質メディエーターであるリゾホスファチジン酸*と受容体ファミリーを共有している(→Edg 受容体)。生体において、実に多彩な作用をもっているが、特に血管生物学と免疫学の領域において注目を浴びている。流血中では、スフィンゴシンキナーゼ活性が高い一方 S1P リアーゼ活性を欠如する血小板* が S1P の貯蔵庫の役割を果たしており、血小板活性化に伴って放出される S1P が血管内皮細胞*や平滑筋細胞に発現する S1P 受容体に作用して、血管新生*をはじめとする多彩な作用を発揮していると考えられている。血管内皮細胞上の最も重要な S1P 受容体である $S1P_1$ の欠損マウスは胎生 12.5～14.5 日の間に、出血により子宮内で死亡することが報告されている。血管平滑筋細胞/周皮細胞による血管の補強がなされず血管の成熟が不完全なことで出血したと考察されている。一方、リンパ球のリンパ節からの動員にも関与しているとされており、新しい免疫抑制薬 FTY720 の作用点がリンパ球上の $S1P_1$ とされ、特に注目されている。S1P 受容体のアゴニスト、アンタゴニストは創薬の重要なターゲットと目されている。

**スフィンゴシン-1-リン酸アルカナールリアーゼ** [sphingosine-1-phosphate alkanal lyase] ＝スフィンゴシン-1-リン酸リアーゼ

**スフィンゴシン 1-リン酸受容体** [sphingosine 1-phosphate receptor] EDG 受容体(EDG receptor)ともいう。スフィンゴシン 1-リン酸*(S1P)は血液中に $10^{-7}$ M のオーダーで存在し、また、血小板、赤血球を含む全身のさまざまな組織・細胞で産生・放出される脂質メディエーター*である。S1P は細胞の増殖、運動、形態変化、分泌の調節などの多彩な作用を発揮する。これらの作用のほとんどは、細胞膜に存在するG タンパク質共役 S1P 受容体ファミリー(別名 EDG ファミリー)を介して発現する。ある種の細胞では、S1P による細胞増殖や悪性形質転換は S1P の細胞内作用によることが示唆されているが、その詳細な機構は不明である。S1P 受容体ファミリーは、$S1P_1$ (別名 EDG-1)、$S1P_2$(EDG-5)、$S1P_3$(EDG-3)、$S1P_4$(EDG-6)、$S1P_5$(EDG-8)の 5 種のサブタイプから成る。EDG ファミリーには、ほかに EDG-2、EDG-4、EDG-7 の 3 受容体があり、これら 3 受容体はリゾホスファチジン酸*(LPA)に特異的な受容体である。S1P 受容体ファミリーは S1P に特異的であり、LPA は結合しない。新しい免疫抑制剤として注目されている FTY-720 は体内でリン酸化を受けて活性化体となるが、FTY-720 のリン酸化体は $S1P_2$ を除く 4 種類の S1P 受容体に作用しうる。$S1P_1$, $S1P_2$, $S1P_3$ の各受容体は全身のほとんどの組織、臓器に発現している。一方、$S1P_4$ と $S1P_5$ の発現は、それぞれおもにリンパ系組織、神経組織に限局している。S1P 受容体ファミリーはサブタイプ別に情報伝達能力が異なる。$S1P_1$ は三量体 G タンパク質 $G_i$ を介してタンパク質リン酸化酵素 ERK の活性化やサイクリック AMP 産生の減少をひき起こすが、一方、$S1P_2$ と $S1P_3$ は $G_q$, $G_{12/13}$, $G_i$ を介して、ホスホリパーゼ C*活性化、Rho*活性化、ERK 活性化などのより多彩な情報伝達能をもつ。$S1P_4$ と $S1P_5$ の情報伝達機構は十分に明らかとなっていない。S1P 受容体遺伝子ノックアウトマウスの解析などから、$S1P_1$ は発生期の血管の成熟過

程や腫瘍血管新生，リンパ組織・末梢血中の間のリンパ球移行に，S1P$_2$ と S1P$_3$ は，S1P$_1$ と共同して血管形成・新生に関与する．(→ G タンパク質，G タンパク質共役受容体)

**スフィンゴシン-1-リン酸リアーゼ** [sphingosine-1-phosphate lyase] ジヒドロスフィンゴシン-1-リン酸 アルドラーゼ (dihydrosphingosine-1-phoshate aldolase)，スフィンゴシン-1-リン酸アルカナールリアーゼ (sphingosine-1-phosphate alkanal lyase) ともいい，SPL, SGPL と略す．EC 4.1.2.27. スフィンゴシン1-リン酸*などのスフィンゴイド塩基1-リン酸の2位と3位の炭素-炭素結合を切断し，長鎖アルデヒドとホスホエタノールアミンに変換する酵素．すでに SPGL 1 種類が同定されている．SPL は小胞体に局在し，細胞質側に活性部位がある．補酵素*としてピリドキサールリン酸*を必要とする．

**スフィンゴ糖脂質** [sphingoglycolipid, glycosphingolipid] 脂肪酸および長鎖塩基であるスフィンゴシン*を含むセラミド*に糖がグリコシド結合した脂質をいう．哺乳動物ではセラミドにグルコースが付加したグルコシルセラミド*とガラクトースが結合したガラクトシルセラミド (→ セレブロシド) の2種類に大別される．前者は，さらにアミノ糖を含むグロボ系列，シアル酸を含むガングリオ系列 (ガングリオシド*)，ABO 式血液型活性を含むラクト系列に分類される．前者が臓器・組織に普遍的に存在するのに対し，後者はミエリン膜，腎臓，精巣に特徴的に分布する．いずれも糖鎖を細胞表面に突出した形で細胞膜に存在し，細胞間接着，認識，膜輸送などにかかわっている．また，コレラ菌，大腸菌などの毒素やインフルエンザ感染時の受容体として機能している．スフィンゴ糖脂質は，リソソーム*で分解されるが，先天的に分解酵素が欠損するとスフィンゴ脂質症*になる．ガングリオシド合成酵素が先天的に欠損すると神経機能に重篤な障害をひき起こす．

**スフィンゴミエリン** [sphingomyelin] 長鎖塩基に脂肪酸が結合したセラミド*にホスホコリンがリン酸

$$\text{CH}_3(\text{CH}_2)_{12}\text{CH=CHCH-CHCH}_2\text{O-}\overset{\text{O}}{\underset{\text{OH}}{\text{P}}}\text{-OCH}_2\text{N}^+(\text{CH}_3)_3$$
$$\underset{\underset{\underset{R}{\text{CO}}}{\text{NH}}}{\text{OH}}$$

ジエステル結合したスフィンゴリン脂質の一種．脳，神経組織に多く存在するが，他の組織にも広く分布する．融点約 196 ℃，比旋光度 $[\alpha]_D^{20} + 6 \sim +7°$．細胞膜の構成成分で，細胞情報伝達機構にかかわっていると考えられている．先天的にリソソームにおいてスフィンゴミエリンを分解する酵素，酸性スフィンゴミエリナーゼが欠損するとニーマン・ピック病*になる．細胞内ではスフィンゴミエリンは細胞膜の脂質二重層*の外葉におもに分布する．スフィンゴミエリンおよびスフィンゴ糖脂質*はコレステロールとの物理的相互作用が比較的強い．コレステロールとスフィン

ゴ脂質を主成分とした膜脂質微小ドメイン (脂質ラフトともよばれる) が細胞膜上に形成され，そこはさまざまな情報伝達分子の集合場となると考えられつつある．

**スフィンゴリピドーシス** = スフィンゴ脂質症

**スフェロプラスト** [spheroplast] 細胞壁*をほとんど取除いた細胞．たとえばグラム陰性細菌*をリゾチーム*で処理すると細胞壁を失い球形となる．細菌や酵母の細胞では多くの場合細胞壁の除去が不完全であるため，プロトプラスト*と区別してこうよぶ．浸透圧*に感受性で，低張液中で破裂させ細胞分画に供することができる．一般にスフェロプラストは細胞より効率よく DNA を取込む．またスフェロプラストと他の細胞を融合させることで遺伝子導入*の手段となる．

**スフェロプラスト融合** [spheroplast fusion] 高電圧をかけて植物細胞同士を融合させ，雑種細胞*をつくる方法．植物細胞は細胞壁をもっているため，そのままでは融合できない．細菌，酵母や植物細胞などを，カタツムリなどから分離した細胞壁分解酵素セルラーゼで処理し，細胞壁を除去した細胞をスフェロプラスト*とよぶ．2種類のスフェロプラストの植物細胞の混合液に約 1200 V の高電圧をかけると，スフェロプラスト同士が融合して，雑種細胞ができる．(→ 細胞融合)

**ズブチリシン** [subtilisin] 枯草菌 (*Bacillus subtilis*) の産生するセリンプロテアーゼ* (EC 3.4.21.62) で，Carlsberg, Novo, BPN′ (ナガーゼ) の3種が知られ，いずれも一次構造上の相同性は高い．分子量 26,000，活性基は 32 番の Asp, 64 番の His, 22 番の Ser にあり，触媒基の 221 番の Ser の周辺は高次構造的にトリプシンと酷似するものの，全アミノ酸配列はトリプシンとまったく異なる．最適 pH は中性からアルカリ性にあり，非特異的にタンパク質を消化する．通常のセリンプロテアーゼの合成インヒビターのほか，タンパク質性のズブチリシンインヒビターにより阻害される．

**スプマウイルス** = 泡沫ウイルス

**スプライシング【1】**(RNA の) [splicing, splice] RNA 前駆体*中に存在するイントロン*を除去しその前後のエキソン*を再結合する反応．スプライシングの反応機構は除去されるイントロンの種類によって異なる．[1] 核の mRNA 前駆体*のスプライシング: ATP と Mg$^{2+}$ を要求する2段階の反応によって行われる (図参照)．反応の第一段階では，スプライス供与部位*での切断が起こり，それと同時に，切断されたイントロンの 5′ 末端のグアノシン残基が，イントロン内のスプライス受容部位*よりに存在するブランチ (枝分かれ) 部位のアデノシン残基の 2′-OH との間で 2′,5′-リン酸ジエステル結合を形成し，投げ縄状 (ラリアット) 構造をもつイントロンと下流側エキソンから成る中間体が生じる (→ GU-AG 則)．第二段階目の反応では，投げ縄状構造をもつイントロンの切出しと，前後のエキソンの再結合反応が行われる．mRNA

前駆体スプライシングはRNAとタンパク質の巨大複合体であるスプライソソーム*において行われる（→

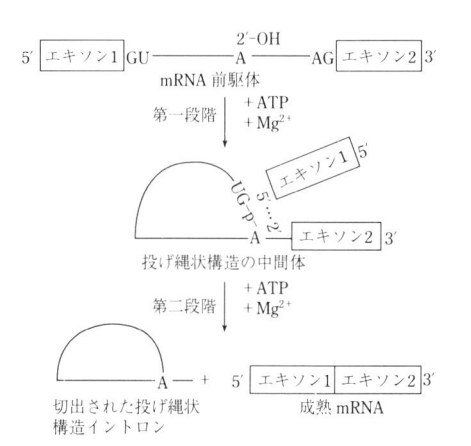

```
5' [エキソン1] GU————2'-OH————AG [エキソン2] 3'
         mRNA前駆体
            │ +ATP
    第一段階 │ +Mg²⁺
            ↓
              ┌─[エキソン1] 5'
         5'──UG-P
          ...A──[エキソン2] 3'
      投げ縄状構造の中間体
            │ +ATP
    第二段階 │ +Mg²⁺
            ↓
    ───A── + 5'[エキソン1][エキソン2]3'
   切出された投げ縄状       成熟mRNA
      構造イントロン
```

核のmRNA前駆体のスプライシング反応経路

選択的スプライシング）．[2] tRNA前駆体*のスプライシング：tRNA遺伝子の一部には8〜60ヌクレオチド程度の非常に短いイントロンが存在する場合がある．それらのイントロンはほとんどの場合アンチコドンより1塩基3'側に存在する．イントロンを含むtRNA前駆体のスプライシングは，まずエンドヌクレアーゼによるスプライス供与部位および受容部位での切断が起こり，直鎖状のイントロンが切出される．その後，前後のエキソンがリガーゼにより連結され成熟tRNAが産生される．tRNA遺伝子の中にはこれらとは別に自己スプライシング*型イントロンを含むものもある．[3] 自己スプライシング型イントロンを含むRNA前駆体のスプライシング：自己スプライシング型イントロンはタンパク質酵素の関与なしにRNA単独で自分自身のスプライシング反応を行う．これらのイントロンはその構造，スプライシングの反応機構の違いによってグループIおよびグループII自己スプライシング型イントロンの二つに分類される．自己スプライシング型イントロンのスプライシング反応には，補因子として$Mg^{2+}$が必要とされるが，グループI自己スプライシング型イントロンの反応には$Mg^{2+}$に加えてグアノシンが必須である．グループII自己スプライシング型イントロンのスプライシング反応経路は核のmRNA前駆体のスプライシング反応経路と同じく投げ縄状構造をもつ中間体を経由する2段階の反応によって行われている．

【2】＝プロテインスプライシング

**スプライシング因子** [splicing factor]　mRNA前駆体のスプライシング*反応に関与する一群の因子．HeLa細胞の核抽出液などを用いた試験管内スプライシング反応系を利用しておもに同定された．スプライス供与部位*の選択にかかわるASF/SF2 (alternative splicing factor 選択的スプライシング因子/splicing fac-

tor 2 スプライシング因子2) やhnRNP A1，スプライシング反応の中間体形成時に使用されるブランチ部位に結合するU2AF (U2 snRNP auxiliary factor, U2 snRNP補助因子) などスプライシング反応の際に常に必要とされる因子と，選択的スプライシング*の調節機構に関与するSex-lethal (Sxl) やtransformer (tra) などの因子が知られている．スプライシング因子の中で，セリン(S)とアルギニン(R)が交互に繰返した配列を含むものはSRタンパク質（SR protein）とよばれている．

**スプライシングエンハンサー** [splicing enhancer]　SEと略す．イントロン*の切出しを促進するゲノム上の領域．多くの場合，エキソン*中にあり，その上流のイントロンのスプライシング*を促進する．この領域を含むエキソンの上流にあるイントロンは共通配列*との相同性が低いスプライス部位をもち，スプライシングを受けにくく，時に，選択的スプライシング*が生じる．*Drosophila*の中でよく研究されているものは，選択的スプライシングを受けるイントロンの下流300塩基部分に存在する．

**スプライシング複合体** ＝スプライソソーム

**スプライス供与部位** [donor splice site, donor splice junction]　スプライシング*反応において使用されるスプライス部位*のうち，イントロンの5'末端側に存在するスプライス部位．5'スプライス部位 (5' splice site) ともいう．核の一般的なmRNA前駆体におけるスプライス供与部位は，イントロンの5'末端に存在するGU配列の5'側である．また，スプライス供与部位付近にはGU配列を含んだ共通保存配列がみられる．出芽酵母では厳密に保存されたスプライス供与部位配列GUAUGUが同定されている．（→GU-AG則）

**スプライス受容部位** [acceptor splice site, acceptor splice junction]　スプライシング*反応において使用されるスプライス部位*のうち，イントロンの3'末端側に存在するスプライス部位．3'スプライス部位 (3' splice site) ともいう．核に存在する一般的なmRNA前駆体のスプライス受容部位はイントロンの3'末端に存在するAG配列の3'側である．スプライス受容部位付近には共通した保存配列がみられる．脊椎動物の遺伝子ではスプライス受容部位の5'側直前に連続したピリミジン塩基が存在する領域がある．（→GU-AG則）

**スプライス先導RNA** ⇌トランススプライシング

**スプライスリーダーRNA** [spliced leader RNA]　SL RNAと略す．（⇌トランススプライシング）

**スプライス部位** [splice site, splice junction]　エキソン*とイントロン*の境界部位．スプライシング*反応においてイントロンの切除とその前後のエキソンの再結合反応が行われる部位．イントロンの5'末端側に存在するスプライス部位をスプライス供与部位* (5'スプライス部位)，3'末端側に存在するスプライス部位をスプライス受容部位* (3'スプライス部位) とよぶ．それぞれのスプライス部位付近にはイントロン間で高度に保存された共通配列が同定されてい

る．ほとんどのイントロンでは，スプライス供与部位にGU配列が，スプライス受容部位にAG配列が見られる（⇌GU-AG則）が，まれにスプライス供与部位にAU配列，スプライス受容部位にAC配列をもつイントロンも存在する．

**スプライセオソーム** ＝スプライソーム

**スプライソーム**［spliceosome］　スプライセオソーム，スプライシング複合体ともいう．mRNA前駆体*のスプライシング*反応を行う場となるRNAとタンパク質の巨大な複合体．イントロンを含むmRNA前駆体上に，U1, U2 snRNPなどの核内低分子リボ核タンパク質*やその他多数のスプライシング因子*が結合して組立てられる．スプライソームの形成にはATPが必要とされる．動物細胞では50～60S，酵母細胞では40Sの沈降係数を示す大きさのスプライソームがそれぞれ同定されている．

**ズーブロット法**［zoo blot technique, zoo blotting］　さまざまな異なる生物種のゲノムDNAを制限酵素*などで切断，電気泳動*を行いメンブランフィルターに転写した後，目的とする生物種の遺伝子またはその相補的な配列をもつDNAを標識してプローブとしハイブリダイゼーションさせるサザンブロット法*の一種．ズーブロット法により，目的とする遺伝子の塩基配列が，ほかの生物種のゲノムに保存されているかどうかがわかり，遺伝子の進化的な保存度を明らかにすることができる．重要な遺伝子は進化的に保存されている場合が多い．たとえばヌクレオソーム*を形成するヒストン*は広い種間で高度に保存されている．これら種間で保存されている遺伝子はオルソログ*とよばれ，生物の進化を解明するのに重要な要素となる．

**スペクチノマイシン**［spectinomycin］　$C_{14}H_{24}N_2O_7$，分子量332.35．放線菌 Streptomyces spectabilis や S. flavopersicus が生産するアミノグリコシド系抗生物質*の一種．アクチナミンとアクチノスペクトースがアセタールおよびヘミアセタール結合で結合した特異な構造を示す．グラム陽性細菌，グラム陰性細菌に広い抗菌スペクトルを示すが，抗菌力はあまり強くない．淋菌ことにペニシリン耐性菌に対し筋肉注射で用いられる．タンパク質合成系が一次作用点で，細菌のリボソームの30Sサブユニットに作用し，タンパク質合成の開始とペプチド鎖伸長過程に作用する．後者では転座*反応を阻止するが，コドンの読誤りを起こさない．

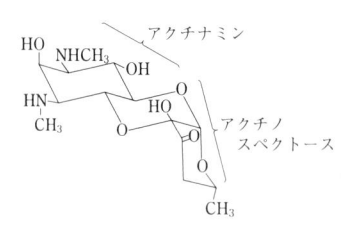

**スペクトリン**［spectrin］　赤血球膜裏打ち構造の主要な膜タンパク質（⇌細胞膜裏打ちタンパク質［図］）．全赤血球膜タンパク質の約25％を占め，細胞当たり$2.5×10^5$コピー発現している．ヒトでは，分子量24万のα鎖と，分子量22万のβ鎖のヘテロ二量体より成る長さ約100 nmの柔軟ならせん状桿状体であり，さらにそれが端-端結合による四量体をつくってアンキリン*，アクチン*，バンド4.1*などとの結合によりネットワークを形成する．膜の裏打ち構造は細胞膜の形態や流動性，膜タンパク質の可動性などに関与し，スペクトリンの突然変異体による多くの赤血球形態異常が報告されている．βスペクトリンのC末端部にリン酸化部位がある．αスペクトリン遺伝子は第1染色体長腕22-23領域に局在し，2429残基のアミノ酸を，βスペクトリン遺伝子は第14染色体長腕23-24.2領域に局在して2137残基のアミノ酸をコードしている．いずれも一次構造は106残基を単位とする反復配列を多く含み，それぞれの単位は三つのαヘリックスが束ねられた立体構造をとる．このような構造上の特性は，赤血球以外の細胞のスペクトリン様タンパク質，フォドリン*，ジストロフィン*とその関連タンパク質，αアクチニンなどにも共通にみられ，スペクトリンスーパーファミリー（spectrin superfamily）をなしている．また，細胞骨格系を構成するためのタンパク質-タンパク質相互作用に関与しているモチーフももっている（⇌SHドメイン，PHドメイン）．

**スペクトリンスーパーファミリー**［spectrin superfamily］　⇌スペクトリン

**スペーサー領域**［spacer region］　遺伝子と遺伝子との間に存在する配列をよぶために使用されてきた言葉で，その内容は不明瞭である．したがって，その配列は遺伝子としての機能をもたないものが想定されている．その中には遺伝子発現を活性化または不活性化させる働きをもつものが存在する可能性や遺伝子間の働きの混線を防ぐ機能が存在するはずである．もともと，重複遺伝子*であるrRNA遺伝子*の非転写領域をよぶ名前として使用されたものである．（⇌rRNA前駆体）

**スベドベリ単位**［Svedberg unit］　沈降係数*の単位．沈降係数は時間の次元をもち，球状タンパク質の沈降係数は$10^{-13}$秒のオーダーなので，超遠心*法の先駆者T. Svedberg（スウェーデン人）の名から$10^{-13}$秒を1スベドベリ単位Sと定義する．超遠心ローターに表記されているkファクターを，沈降係数（スベドベリ単位）で割れば，高分子をペレットとして得るための遠心時間（hr）が推定できる．たとえば，ウシ血清アルブミン*の沈降係数は5Sであり，kファクターが6.6の遠心ローターで80分でペレットにできる．

**滑り説**［sliding theory］　H. E. Huxley, A. F. Huxley*らが提唱した筋収縮*モデル（滑り説）によれば，筋収縮は，アクチンフィラメント*がミオシンフィラメントに沿って滑り込むことによってひき起こされる．この滑り説は，おもに筋肉繊維（細胞）の形態

観察から導かれたものであったが，のちに in vitro 運動再構成モデルによって，実際アクチンフィラメントがミオシン分子に沿って滑り運動する様子が直接観察された．in vitro 運動再構成モデルは，蛍光性ファロイジン*で標識したアクチンフィラメント1本を直接イメージングする蛍光顕微鏡*法の開発によって可能になったもので，滑り運動観察はつぎのようになされる．ガラスの表面をシリコーンやメチルセルロース膜でコートし，筋肉や細胞から抽出精製したミオシン分子またはミオシンフィラメントを固定する．そこに，蛍光標識したアクチンフィラメントを ATP とともに加えると，ガラス表面に固定したミオシンに沿って滑り運動するアクチンフィラメントが蛍光顕微鏡で観察される．

**スペルミジン**［spermidine］ $=N$-(3-アミノプロピル)-1,4-ジアミノブタン($N$-(3-aminopropyl)-1,4-diaminobutane). $NH_2(CH_2)_3NH(CH_2)_4NH_2$, 分子量145.25. ポリアミン*の一種．プトレッシン*とアデノシンメチルチオプロピルアミンからスペルミジンシンターゼの作用により生合成される．ほとんどすべての生物体内に存在する．動物組織中の含量は約10 μM. 生理作用として，DNA, RNA 構造の安定化，DNA, RNA, ポリ(ADP リボース)* 各ポリメラーゼの活性化，tRNA のアミノアシル化，アミノアシル tRNA のリボソームへの結合，ヒストンのアセチル化および非ヒストンタンパク質のリン酸化の促進などが知られている．

**スペルミン**［spermine］ $=N,N'$-ビス(3-アミノプロピル)-1,4-ジアミノブタン($N,N'$-bis(3-aminopropyl)-1,4-diaminobutane). $NH_2(CH_2)_3NH(CH_2)_4NH(CH_2)_3NH_2$, 分子量202.34. ポリアミン*の一種．広く動物組織に存在し，特に，核酸やタンパク質合成の盛んな組織に多い．スペルミ(ジ)ンシンターゼの作用でスペルミジン*とアデノシルメチオプロピルアミンから生合成される．一価金属イオン要求性酵素の活性調節のほか，DNA や RNA の構造の安定化，種々の核酸(DNA, RNA, ポリ(ADP リボース)*)の合成，ヒストンのアセチル化や非ヒストンタンパク質のリン酸化の促進などの作用が知られている．

**スポットデスモソーム**［spot desmosome］⇒ デスモソーム

**スポンゴシチジン**［spongocytidine］=シトシンアラビノシド

**Smad**［Smad］ トランスフォーミング増殖因子$β$*(TGF-$β$), アクチビン*や骨誘導因子*(BMP)など，TGF-$β$ ファミリーの増殖分化因子のシグナル伝達*を担う一群の細胞内タンパク質である．Smad の名称はショウジョウバエと線虫でのオルソログ*である Mad と Sma に由来する．哺乳類では Smad1〜Smad8 までの8種類が知られており，その機能により特異型 Smad(receptor-regulated Smad, R-Smad), 共有型 Smad(common-mediator Smad, Co-Smad), 抑制型 Smad(inhibitory Smad, I-Smad) の3グループに分類される．R-Smad は活性化した受容体によってC末端の Ser-X-Ser-Ser 配列をリン酸化され，シグナルを下流に伝達する．TGF-$β$ やアクチビンのシグナルを伝える R-Smad は Smad2, 3, BMP のシグナルを伝える R-Smad は Smad1, 5, 8 である．リン酸化された R-Smad は Co-Smad(Smad4) と複合体を形成後，核内移行し，転写因子*や転写共役因子と協調して標的遺伝子の転写を調節する．一方，I-Smad(Smad6, 7) は TGF-$β$ や BMP の刺激によって誘導される負のフィードバック因子であり，受容体と強く結合して，その機能を抑制する．Smad7 は TGF-$β$ ファミリー全般のシグナルを抑制するのに対し，Smad6 はおもに BMP シグナルを抑制する．Smad には N 末端と C 末端に構造がよく保存された領域があり，それぞれ MH(Mad homology)1 ドメイン，MH2 ドメイン(MH2 domain) とよばれている．R-Smad の MH1 ドメインは DNA との結合に，MH2 ドメインは受容体との相互作用，Smad 複合体の形成や他の転写因子との結合などに関与している．I-Smad は典型的な MH1 ドメインの構造をもたないが，MH2 ドメインを介して受容体と結合する．

**Smad ユビキチン化調節因子1**［Smad ubiquitination regulatory factor 1］=Smurf1

**Smurf1**［Smurf1］ Smad ubiquitination regulatory factor 1(Smad ユビキチン化調節因子1)の略．HECT 型 E3 ユビキチンリガーゼで，N 末端に膜脂質との結合に関与する C2 ドメイン，中央部にタンパク質間相互作用に働く二つの WW ドメイン，C 末端領域に触媒ドメインである HECT ドメインをもつ．Smurf1 は骨誘導因子*(BMP)特異型 Smad をユビキチン化して分解に導くことで，BMP のシグナルを負に制御する．さらに抑制型 Smad を介してトランスフォーミング増殖因子$β$*(TGF-$β$) や BMP の受容体に結合し，その分解にもかかわる．(⇒ Smad, ユビキチンリガーゼ)

**スミシーズ** S<small>MITHIES</small>, Oliver 英国生まれの米国の遺伝学者．1925.7.23〜 ウエストヨークシャーのハリファックスに生まれる．オックスフォード大学バリオール・カレッジにて生理学で 1946 年学士号，1951 年修士号，同年生化学で Ph.D. 取得．1953〜60 年トロント大学在籍中にデンプンゲル電気泳動法(⇒ 電気泳動)を開発した．1985 年にヒト組織培養細胞で $β$ グロブリン遺伝子座位に相同の DNA 配列を挿入することに成功し，ゲノム DNA とトランスジェニック DNA の相同的組換えを利用して動物のゲノムを変化させるための信頼できる方法を確立した．さらに，1987 年，相同組換え技術を用いて作製した HPRT 遺伝子欠損の胚性幹細胞*を利用してノックアウトマウス*を作製した．2007 年胚性幹細胞を使ってマウスに特異的な遺伝子修飾を導入するための原理の発見により M. R. Capecci*, M. Evans* とともにノーベル医学生理賞受賞．1960〜88 年ウィスコンシン大学遺伝学・医学遺伝学の助手，助教授，教授を経て 1988 年以降ノースカロライナ大学病理学の excellent professor.

**スミス** S<small>MITH</small>, Hamilton Othanel 米国の分子生

物学者．1931.8.23～　ニューヨーク市に生まれる．イリノイ大学で数学を学んだ後，カリフォルニア大学で生物学を専攻(1952)．バクテリオファージの遺伝を研究．1969年に，細菌の制限酵素をW. Arber*とともに発見した．ジョンズ・ホプキンズ大学教授(1973)．1978年，Arber, D. Nathans*とともにノーベル医学生理学賞受賞．

**スミス　SMITH, Michael**　英国生まれのカナダの分子生物学者．1932.4.26～2000.10.4．英国ブラックプールに生まれる．マンチェスター大学卒，Ph.D.取得(1956)．ウィスコンシン大学に留学(1956～61)後，カナダ魚類研究所員(1961～66)．ブリティッシュ・コロンビア大学準教授(1966～70)．同生化学教授(1970～93)．同生物工学教授(1994)．DNA上の特定位置への塩基置換導入法を開発(1982)．遺伝子操作に大きく貢献した．1993年K. B. Mullis*とともにノーベル化学賞受賞．

**SUMO**［SUMO＝small ubiquitin-related modifier］⇒SUMO化

**SUMO化**［SUMOylation］　SUMO修飾(SUMO modification)ともいう．SUMO(small ubiquitin-related modifier)は，ユビキチンフォールドをもつ低分子量(～15 kDa)のタンパク質であり，プロセシングを受けて成熟型になる．特異的なE1, E2, E3酵素により，成熟型SUMOのC末端のグリシン残基が，被修飾タンパク質のリシン残基側鎖にイソペプチド結合する．この反応をSUMO化とよぶ．ΦKXE(Φ：疎水性アミノ酸，K：リシン，X：任意，E：グルタミン酸)配列中のリシン残基がSUMO化の標的となることが多い．出芽酵母で150種，高等動物ではそれ以上の被修飾タンパク質が存在すると考えられる．SUMO化による分子間相互作用の変換は，タンパク質の局在や複合体形成の制御，あるいは，ユビキチン修飾やその他の修飾との連係によるシグナル伝達の制御にかかわると考えられている．SUMO化は脱SUMO酵素により可逆的に制御されることも知られている．

**SUMO修飾**［SUMO modification］＝SUMO化
**スモールT抗原**［small T antigen］⇒T抗原

**刷込み**［imprinting］　生後数時間の間に歩くことができる早成性の動物にみられる現象．ヒツジ，ヤギ，モルモットでも認められるが，鳥類でよく研究されている．ニワトリやアヒルは孵化後すぐ母ドリの後を追う行動をする(imprinting behavior)．これは，母ドリでなくても起こり，ヒナに動く物体を続けて見せていると，それを追うようになる．刷込みの起こる時期は孵化後24時間以内とされており，脳の発育の早期に感覚刺激によって脳に刷込まれるものと考えられている．また，性的刷込みは生殖期になってから現れる．孵化直後に認められるトリの刷込みは学習・記憶の原型として神経機構の研究に用いられる．刷込み刺激として光や色のある物体が用いられ，実験室内での光や物体への追従行動を指標にして研究が行われる．その結果，刷込みを支配している部位は，トリ脳の前頭蓋部の腹側中線条体(medial hyperstriatum ventrale)であることが知られ，ここでの新しいシナプス形成により獲得されるものと考えられている．

**刷込みセンター**［imprinting center］　ICと略す．刷込み遺伝子の多くは，ゲノムの特定領域にクラスターを形成し，ドメインレベルで広範囲にわたる発現の調節を受けている．その制御の中心となる領域が刷込みセンターである．刷込みセンターは，シスにその機能を発揮し，メチル化*を介した修飾により制御されている．この領域は，対立遺伝子間でメチル化状態の異なる領域が存在することからDMR(differentially methylated region)とよばれ，周辺領域にCG島*をもち，精子および卵子形成過程にDNAのメチル化を獲得する．(⇒ゲノムインプリンティング，エピジェネティクス)

**SLP**［SLP＝synaptotagmin-like protein］⇒シナプトタグミン

**3T3細胞**⇒3T3(サンティースリー)細胞
**3D-1D法**［3D-1D method］＝スレッディング法
**$3_{10}$ヘリックス**［$3_{10}$ helix］　$\alpha$ヘリックス*以外のヘリックス構造のうちの一つ．まれにしかみられず，短く不安定なことが多い．普通みられるのは，$\alpha$ヘリックスの両端の一回転部分である．らせん一回転当たりの残基数が3で，$i$番目のアミノ酸のカルボニル酸素原子と$(i+3)$番目のアミノ酸のアミド水素原子とが水素結合を形成し，その閉じた環の構成原子数が10であることから，この名がついた．ちなみに，$\alpha$ヘリックスは，$3.6_{13}$ヘリックスと表せる．1残基当たりの軸方向のピッチは2.0 Åで，同様のピッチが1.5 Åである$\alpha$ヘリックスに比べ，細く急である．ねじれ角が$\alpha$ヘリックスに近い値をとるが，やや禁制範囲となり，側鎖には少し立体障害がかかる．

**スリーハイブリッドシステム**［three hybrid system］　酵母でタンパク質間相互作用を検出するのに用いられるツーハイブリッドシステム*を応用し，第三のタンパク質を発現させた時に見られる三者間でのタンパク質相互作用を検出するシステム．三者のうちの一つのタンパク質に特異的RNA配列に結合するドメインを融合させたタンパク質を用いることで，RNAとタンパク質の相互作用を調べる系も開発されている．(⇒ワンハイブリッドシステム)

**スルファターゼ**［sulfatase］　硫酸エステルを加水分解する酵素．基質の違いによりアリールスルファターゼA*(EC 3.1.6.8．基質はセレブロシド硫酸，別名スルファチド)，アリールスルファターゼB(EC 3.1.6.12．デルマタン硫酸中の$N$-アセチルガラクトサミン4-硫酸)，ステロールスルファターゼ(EC 3.1.6.2．3$\beta$-ヒドロキシステロール硫酸)，イズロン酸スルファターゼ(EC 3.1.6.13．デルマタン硫酸やケラタン硫酸中のイズロン酸)，$N$-アセチルガラクトサミン-6-スルファターゼ(EC 3.1.6.4．コンドロイチン硫酸の$N$-アセチルガラクトサミン6-硫酸やケラタン硫酸のガラクトース6-硫酸)，グルコサミン-6-スルファターゼ(EC 3.1.6.14．ヘパラン硫酸やケラタン硫酸中の$N$-アセチルグルコサミン)などが知られてい

る。ステロールスルファターゼはミクロソーム*の酵素であるが、ほかはリソソーム*の酵素である。ウニや大腸菌のアリールスルファターゼ(EC 3.1.6.1)を含め、これらのスルファターゼはN末端近くに活性中心のアルギニンがあって、その前後の配列は共通している。N-アセチルガラクトサミン-6-スルファターゼは522個のアミノ酸から成るが、欠損するとモルキオ症候群といわれるムコ多糖症*となる。

**スルファチド**〔sulfatide〕 広義には、スフィンゴ糖脂質*の糖鎖部分に硫酸基がエステル結合した物質

$$\begin{array}{l} CH_3(CH_2)_{12}CH=CHCHCHCH_2O-\!\!\!\!-\!\!\!\!-\!\!\!\!- \\ \quad\quad\quad\quad\quad\quad HO\;\;NH\quad\quad HC \\ \quad\quad\quad\quad\quad\quad\quad\quad CO\quad\quad HCOH \\ \quad\quad\quad\quad\quad\quad\quad R\;HO_3SOCH\quad O \\ \quad\quad\quad\quad\quad\quad\quad\quad\quad\quad HOCH \\ \quad\quad\quad\quad\quad\quad\quad\quad\quad\quad\quad HC-\!\!\!\!-\!\!\!\!- \\ \quad\quad\quad\quad\quad\quad\quad\quad\quad\quad\quad\quad CH_2OH \end{array}$$

の総称であるが、狭義には、セレブロシド*のガラクトースの3位ヒドロキシ基に硫酸基が結合した硫糖脂質をさす。融点209〜210℃、比旋光度$[\alpha]_D^{18}$ $-0.14°$。脳に多く含まれるが、腎臓その他各臓器に広く分布する。細胞膜に存在し、分子内に強い陰性荷電基をもつことから、$Na^+$、$K^+$の捕捉など生理学的な機能のほか、細胞接着にも関連していると考えられている。

**スレオニン** ⇌トレオニン

**スレッディング法**〔threading method〕 構造未知のタンパク質構造を予測する手法の一種。タンパク質の基本骨格は進化的に保存されている。進化の過程でタンパク質の立体構造の骨格はよく保存される。また進化的に独立だとしても物理化学的性質から構造が類似する場合もある。このような性質を利用し、スレッディング法では既知構造のデータベースをもとに、問合わせ配列(クエリー配列)と物理化学的に類似する構造を検索し評価することで、その配列が取りうる構造を予測する手法である。一次元の配列情報から三次元構造を予測するため、3D-1D法(3D-1D method)とよばれることもある。

**スロットブロット法**〔slot blotting, slot blot assay〕⇌ドットブロット法

**SWI/SNF** ⇌SWI/SNF(スイッチスニフ)

# セ

**trans-ゼアチン** [*trans*-zeatin] ⇨ サイトカイニン

**性** [sex] 遺伝的に異なった個体間あるいは細胞間で有性生殖*が行われる時の個体あるいは細胞の区別．雌雄や接合型として表される．

**性因子** [sex factor] 接合性プラスミド(conjugative plasmid)，伝達性プラスミド(transferable plasmid)ともいう．接合*により自己伝達能をもつプラスミド*で，代表的な大腸菌のFプラスミド*のほか，一部のRプラスミド*やコリシン*因子などがある．Fプラスミドの場合，F線毛*をつくり，それを介してこの因子をもたない細胞と接合し，この因子のコピーを相手に移行する．

**生化学** [biochemistry] 生物化学(biological chemistry)ともいう．生命現象の化学的基礎を解明することを目的とした生物学の一分野である．生化学は最初は生命体を構成する物質の化学的構造を明らかにし，それらの物質の生合成と分解(代謝)の経路を研究することから出発したが，現在ではより複雑で神秘的な多くの生命現象の背後に存在する分子的基盤を明らかにすることを志向している．生化学は有機化学および生理学*という二つの異なる学問の潮流から進展してきた．F. Wöhler(1828)の尿素の化学合成により，生物の構成成分は生命体によってのみ合成されるという古い考えが打破された．同様に，E. Buchner(1896)の酵母の摩砕液で糖の発酵が行われうるという発見によって，"生命なきところに発酵なし(L. Pasteur)"という固定観念からの脱却が行われた．19世紀末においては生理化学または医化学が生化学の前身であった．わが国では東京大学医学部の柿内三郎が"生化学"の名称を最初に用いたとされている．彼は1925年に日本生化学会を創立し，1927年に当時の医化学教室を生化学教室と改めている．20世紀前半の生化学においては酵素学*が主流となり，酵素の分離精製と中間代謝の研究が盛んに行われた．生命現象を精製したタンパク質から無細胞系で再現しようという，いわゆる解体と再構成(reconstitution)がその中心的手法であった．1940年代に放射性同位元素を用いるラジオアイソトープ実験技術が導入され，生化学は動的生化学(dynamic biochemistry)の時代に入った．1950年代ではDNAの二重らせん構造の提唱(J. D. Watson*とF. H. C. Crick*, 1953)に始まる，遺伝子としてのDNAの構造，機能，生合成の研究が進展した．遺伝子のようにすべての生命体にとって普遍的かつ重要な生命現象の分子レベルでの解明が可能となったことの意義は大きい．分子生物学*という言葉が誕生したのもそのころである．その後，遺伝情報の保存と発現の分子機構の研究が盛んに行われ，遺伝子のもつ情報が細胞内でどのように保存され発現されるかという過程が明らかにされた．ついで生化学の研究は生体情報の受容と，伝達の研究に移行し，従来の細胞内での物質の動きの研究に代わって，情報伝達の分子機構の研究が大きく取上げられた．細胞内シグナル伝達に関与するタンパク質は，いわゆるがん遺伝子*のプロト型(原がん遺伝子*)に当たるものが多く，がんの研究にも生化学・分子生物学が大きく寄与した．1970年代に導入された組換えDNA技術*は，生化学に第二の技術革命をもたらした．この技術は，生化学のあらゆる分野の発展にとって，かつてのラジオアイソトープ実験技術と同じく，必要不可欠のものとなった．現代では，生化学は生物学の分野で数学，物理学，化学と同じような一つの基礎学問分野として定着している．今後，免疫学*，発生生物学*，神経科学などのさまざまな分野で，未知の生命現象の根底に基盤として存在している分子の動きを解明していくうえで，生化学・分子生物学の果たす役割はますます大きくなっていくことと思われる．

**生活環** [life cycle] 生物が世代*ごとに繰返す発生，成長の過程を，世代交代，核相交代，減数分裂*，受精，生殖細胞*の発達などに視点をあてて示したもの．動物では一般に，個体は複相の接合体であり，単相の配偶子(⇨生殖細胞)の接合によって生じる．しかし，植物では複雑である．たとえば，シダでは単相の胞子*から発芽した配偶体が卵と精子をつくり，それらが接合して複相の胞子体(普通にみられるシダ)となって，減数分裂によって再び胞子を生じる．(⇨有性生殖，無性生殖)

**生活習慣病** [lifestyle related disease] もともと多くは成人病(adult disease)とよばれていた疾患群に対して，1996年に厚生省(当時)が導入した言葉．その際，"食習慣，運動習慣，休養，喫煙，飲酒などの生活習慣が，その発症，進行に関与する疾患群"という概念付けがなされた．具体的疾患では，大きく分けて，がん，心臓病，糖尿病，脳卒中，高血圧などがあげられる．わが国の死因の第1位を占める心血管疾患(心筋梗塞，脳梗塞など)の危険因子が一個人に重積するメタボリック症候群*はその代表といえる．2005年に診断基準が定められたころより非常に注目を集め，生活習慣の改善が治療につながるという啓発活動に一役買っている．肥満に伴い脂肪細胞から分泌される生理活性物質アディポカインの発現・分泌が異常となり，インスリン抵抗性を基盤として代謝異常および動脈硬化が発症・増悪することが明らかになってきている．

**制がん剤** [carcinostatic agent] 抗がん剤(anticancer agent, antitumor agent)ともいう．がんの治療の目的で用いられる薬剤．制がん剤はアルキル化剤*に始まるが，現在多くの薬剤が開発されている．主要な薬

剤をおもにその作用機作から分類すると以下のようになる．1) アルキル化剤：ナイトロジェンマスタード*，シクロホスファミド*やニトロソ尿素(NH$_2$-CONHNO)系化合物，チオテパ*がある．これらはDNAあるいはタンパク質をアルキル化する活性がある．また，シスプラチン*や誘導体カルボプラチンなどがある．2) 代謝拮抗剤：葉酸拮抗薬*であるメトトレキセート*がある．メトトレキセートはジヒドロ葉酸レダクターゼ*を阻害し，DNA合成阻害をひき起こす．代謝拮抗剤に分類される制がん剤には核酸の塩基類似体が多い．メルカプトプリンおよび，シトシンアラビノシド*，5-フルオロウラシル*関連薬剤すべてがこの分類に含まれ，作用機序としてはおもにDNA(あるいはRNA)合成阻害をひき起こす．3) 抗がん抗生物質：抗生物質の中にはがん細胞の増殖を阻止する活性をもつものも見いだされている．アクチノマイシンD*やアントラサイクリン系化合物であるダウノマイシン(daunomycin)，アドリアマイシン*さらにはマイトマイシンC*や，ブレオマイシン*，ネオカルチノスタチン*がある．これら抗生物質のほとんどはDNAにインターカレートする(→インターカレート剤)，DNAに反応する，あるいはDNA鎖を切断するなどの作用によっておもにDNA(あるいはRNA)合成を阻害する．4) 植物アルカロイド：植物アルカロイドの有効成分としてビンカアルカロイド*とよばれるアルカロイドが見いだされた．このうちビンクリスチン*，ビンブラスチン*は白血病などの有力な制がん剤となっている．ポドフィロトキシン系化合物としてはエトポシド*がある．これら薬剤はがん細胞の有糸分裂を阻害する．エトポシドはトポイソメラーゼⅡを阻害する．5) ホルモン拮抗剤：がん細胞にはホルモン依存性の増殖を示すものがある．乳がん，子宮がん，前立腺がんなどであるが，これらのがんは競合的に作用するホルモン剤を使うことによってその増殖を阻止できる．6) 免疫系薬剤：免疫系薬剤も制がん剤として用いられる．患者の免疫力一般を高める薬剤として，ピシバニール(picibanil)，クレスチン(krestin)，レンチナン(lentinan)，シゾフィラン(sizofiran)，ベスタチン(bestatin)などがある．また補助療法的に用いられる白血球増加作用をもつG-CSF(顆粒球コロニー刺激因子*)などのサイトカイン，制がん剤に起因する嘔吐に対する制吐剤がQOL(quality of life)を高める薬剤として用いられている．

**制御遺伝子** ＝調節遺伝子
**制御配列** ＝調節配列
**性決定** [sex determination]　性的二態*の種において個体の性が雄または雌に決まることをいう．多くの動物には性染色体としてXとYがあり，減数分裂の結果，雄の配偶子(精子)はXまたはYを1本ずつもち，雌の配偶子(卵子)はXを1本もつ．Y染色体をもつ精子が受精すれば胚の性染色体はXYとなり雄が発生する．X染色体をもつ精子が受精すれば雌(XX)が発生する．これを雄ヘテロ型の性決定という．

ヒトではY染色体の短腕に精巣決定因子*(TDF)をコードする遺伝子群が存在し，中でも*SRY*(Y染色体性決定領域*)と命名された遺伝子が性決定の必要条件であると考えられている．一方，体細胞にも性決定の十分条件としての遺伝子群の存在が示唆されている．マウスにも同様の遺伝子*sry*がある．このほか，鳥類・爬虫類・鱗翅類・毛翅類は雌ヘテロ型の性決定様式をもち，膜翅類やある種の半翅類・ダニ類・ワムシ類などでは，受精によって生じた倍数体は雌に，そうでない半数体は雄になる．ショウジョウバエでは体細胞の性決定は，X/A(常染色体)の比を反映してセックスリーサル遺伝子産物の選択的スプライシングが行われ，雌型，あるいは雄型のmRNAがつくられ，雌型mRNAのみが完全なセックスリーサルタンパク質に翻訳される．この経路はさらに選択的スプライシング*によりトランスフォーマー遺伝子を雌でオン，雄でオフにする．結果としてダブルセックス遺伝子からの雌あるいは雄型タンパク質の生産が起こり，以下雌雄それぞれの性分化遺伝子の発現に至る．XあるいはY染色体が過剰な，XXX/A，XYY/Aは，それぞれ超雌(metafemale)，超雄(metamale)とよばれているが，性決定機構においてはそれぞれ雌，雄以上のものではない．ただし，両者とも不妊であることから，生殖細胞の性決定機構の経路が何らかの変更を受けている可能性があるがまだ解明されていない．

**生 検** ＝生体組織検査
**制 限** [restriction]　細菌類がバクテリオファージなどの外来DNAを分解する防御機構につけられた分子遺伝学的用語で，細菌自体のDNAはメチル化による修飾(modification)によって防御されていることから，制限修飾系*とよばれる．この現象にかかわる酵素として，DNAの特異的配列を識別して切断する制限酵素*および同じ配列を識別してメチル化する修飾酵素(→DNAメチラーゼ)が多数発見されている．

**精原幹細胞** [spermatogonial stem cell]　→精祖細胞

**制限酵素** [restriction enzyme]　二本鎖DNAの3～8ヌクレオチドから成る特異的配列を識別し，二本鎖DNAを切断するエンドヌクレアーゼ*の総称．酵素活性に必要な因子の要求性と切断様式の違いからⅠ型，Ⅱ型，Ⅲ型に分類される．細菌類に広く分布しており，酵素の種類や認識配列は菌種によって異なるので，種類はきわめて多い．Ⅰ型酵素はMg$^{2+}$，*S*-アデノシルメチオニン，ATPを必要とし，認識塩基配列と切断点との位置関係が一定しておらず，認識部位からさまざまな距離(400～7000 bp)で二本鎖DNAを切断するメチラーゼ活性をもつ．切断箇所には再現性が乏しく，また，DNAのメチル化をひき起こすため，通常の遺伝子工学には使えない．Ⅱ型制限酵素は単一のサブユニットで構成され，その活性にMg$^{2+}$のみを必要とし，認識配列内もしくは隣接した特異的な位置でDNAを切断する(表)．Ⅲ型酵素は，認識配列から24～26 bp離れた位置を切断する．ATPと*S*-アデノ

シルメチオニンを要求するが，ATP の加水分解は伴わない．I 型と同様，メチラーゼ活性をもつ．II 型酵素は，認識配列の出現する位置で DNA 鎖を正確に切断するので，組換え DNA 実験や DNA 塩基配列の分析に不可欠な酵素となっている．(→組換え DNA 技術，制限地図)

汎用されている II 型制限酵素とその認識配列

| 制限酵素 | 認識配列 | 制限酵素 | 認識配列 |
|---|---|---|---|
| AatII | GACGT↓C | NcoI | C↓CATGG |
| AgeI | A↓CCGGT | NdeI | CA↓TATG |
| AluI | AG↓CT | NheI | G↓CTAGC |
| ApaI | GGGCC↓C | NotI | GC↓GGCCGC |
| ApaLI | G↓TGCAC | NruI | TCG↓CGA |
| AscI | GG↓CGCGCC | PacI | TTAAT↓TAA |
| BamHI | G↓GATCC | PmeI | GTTT↓AAAC |
| BclI | T↓GATCA | PstI | CTGCA↓G |
| BglII | A↓GATCT | PvuII | CAG↓CTG |
| BssHII | G↓CGCGC | RsaI | GT↓AC |
| ClaI | AT↓CGAT | SacI | GAGCT↓C |
| DraI | TTT↓AAA | SalI | G↓TCGAC |
| EcoRI | G↓AATTC | Sau3AI | ↓GATC |
| EcoRV | GAT↓ATC | ScaI | AGT↓ACT |
| HaeIII | GG↓CC | SfiI | GGCCN₄↓NGGCC |
| HhaI | GCG↓C | SmaI | CCC↓GGG |
| HindIII | A↓AGCTT | SphI | GCATG↓C |
| HpaI | GTT↓AAC | SspI | AAT↓ATT |
| HpaII | C↓CGG | StuI | AGG↓CCT |
| KpnI | GGTAC↓C | TaqI | T↓CGA |
| MboI | ↓GATC | XbaI | T↓CTAGA |
| MluI | A↓CGCGT | XhoI | C↓TCGAG |
| MscI | TGG↓CCA | XmaI | C↓CCGGG |

↓は切断される部位を示す．

**制限酵素(切断)断片長多型** ＝制限断片長多型
**制限酵素切断地図** [restriction enzyme cleavage map] ＝制限地図
**制限酵素地図** ＝制限地図
**制限酵素認識部位ランドマークゲノムスキャニング** [restriction landmark genomic scanning] RLGS と略す．ゲノム DNA 上の特定の制限酵素認識部位を目印とし，ゲノム上の多数の座位を同時に検出する方法．あらかじめヌクレオチドアナログを取込ませることにより，DNA 分子中のニックやギャップを埋めたうえで，認識配列が出現する機会の少ない制限酵素(rare-cutter)で切断し，生じた DNA 断片の末端(restriction landmark)を放射性標識し，必要な場合は，さらに平均鎖長の短い制限酵素で切断する．標識 DNA 断片をアガロースゲル電気泳動により分離し，さらに平均鎖長の短い制限酵素(10 kb 以下)で切断した後，アクリルアミドゲルを用いて二次元目の電気泳動を行い，オートラジオグラフィーによりスポットを検出する．この手法を拡張し，メチル化感受性制限酵素を利用することによって，メチル化部位を大量スクリーニングする試みもなされ，疾病に関与する数個のゲノムインプリンティング遺伝子が発見されている．

**精原細胞** ＝精祖細胞
**制限修飾系** [restriction-modification system] 外来のプラスミドやバクテリオファージ DNA から自己を守るための細菌のもつ防御機構．制限酵素* による外来 DNA の分解(制限*)とメチル化酵素による自己 DNA の分解からの保護(修飾)により担われている．それぞれの細菌は異なる制限修飾系をもっているので，さまざまな細菌から多くの種類の制限酵素とメチル化酵素が単離され，遺伝子操作に利用されている．

**制限断片** [restriction fragment] 制限酵素* による切断で生じる DNA 断片のこと．酵素の特異性が高いので，DNA 断片の長さは認識配列間の距離を正確に反映し，生じる断片は決まった末端配列をもつ．(→制限地図，制限断片長多型)

**制限断片長多型** [restriction fragment length polymorphism] RFLP と略す．制限酵素(切断)断片長多型ともいう．制限酵素* で切断した時にみられる DNA 多型をいう(→遺伝的多型)．ゲノム DNA を制限酵素で切断すると，特定の長さをもつ種々の DNA 断片が生じる．それらの長さは一定の生物種内では同一であることが多いが，種内で制限酵素認識配列に多型があると異なる長さとなる．その差は通常サザンブロット法* で検出される．一方，反復配列* のコピー数の違いによる多型は SSLP(simple sequence length polymorphism, 単純配列長多型)とよばれる．これらは遺伝解析のマーカーや個体識別に利用される．

**制限地図** [restriction map] 制限酵素地図，制限酵素切断地図(restriction enzyme cleavage map)ともいう．DNA 上の制限酵素の認識配列の相対位置を示す物理的地図* のこと．認識配列の出現位置は DNA の塩基配列によって一義的に決まるので，各 DNA に固有の制限地図が得られる．DNA の塩基配列解析や遺伝地図* 作成の絶対的なランドマークとなる．

**制限点** [restriction point] →開始点
**制限部位** [restriction site] 制限酵素* が特異的に認識し，切断反応を行う部位をいう．特に，II 型制限酵素は制限部位に一定の構造の末端を形成するので，遺伝子操作において DNA の"のりしろ"としてこの部位が利用される(→付着末端)．また，この部位の分布は各 DNA に特徴的なものであるので，制限地図* として利用される．

**精管** [seminiferous tubule] 精巣(睾丸)は繊維性の隔壁により約 250 の小葉に分かれている．各小葉は屈曲する精細管と，精細管の間隔を埋める結合組織より成っている．各小葉には 1 ないし 4 個の精細管が存在し，その長さは約 60 cm である．精細管の最外層には基底膜があり，その内側，管腔に向かい支持細胞としてのセルトリー細胞* が並び，セルトリー細胞の間には生殖基幹細胞に始まり精子細胞までの各発育段階の生殖細胞が存在している．つまり，精細管は生殖細胞が形成され，増殖する場所となっている．

**精細胞** [spermatid] 動物の精子形成* の過程で

精原細胞*から生じた一次精母細胞は第一回目の成熟分裂ののち，二次精母細胞となるが，これがさらに分裂して生じる4個の細胞を精細胞という．精細胞は2回の成熟分裂の過程ですでに減数分裂を経ているので，染色体数は一倍体となっており，ゲノムとしてはハプロイドである．これは一連の複雑な形態変化(精子完成あるいは狭義の精子形成)を行ったのち精子となる．

**精子** [sperm, spermatozoon, (pl.) spermatozoa] 精虫ともいう．多細胞生物のつくる小形で運動能をもった雄性配偶子．これが卵子に合体して受精*が起こる．動物の精子は精母細胞*が2回の減数分裂を行ったのち，精子形成*とよばれる形態形成を行い，多くの場合鞭毛虫型の構造をとるようになる．その頭部のほとんどを核が占め，ここには体細胞核の半分の(半数体の)DNAとプロタミン*とよばれる塩基性タンパク質が含まれている．これに中片部および尾部がつながっている．精子形成の際には細胞質が大部分失われるが，頭部の先端には受精に際して重要な役割を果たす先体が形成される．中片部には中心小体とミトコンドリアが，また尾部には9+2の構造をもった軸糸が含まれ，受精の際の運動に寄与している．(→生殖細胞)

**精子幹細胞** [germline stem cell] GS細胞ともいう．(→生殖性幹細胞)

**静止期** [quiescent state] =$G_0$期

**精子形成** [spermatogenesis] 精原細胞*から精子*が形成されるまでの過程．動物の卵には多くの場合その植物極側に生殖質とよばれる細胞質領域があるが，この特殊な細胞質を含むようになった細胞は将来配偶子となる運命をもつ．そのような細胞(始原生殖細胞*)はゆっくりと分裂しながら胚の生殖隆起とよばれる部位に移動し，その中に入り込んで生殖細胞となる．この部分は雄の場合は精巣*となる．精巣中の始原生殖細胞は精原細胞となり，有糸分裂を行って増殖し，成熟分裂を行うようになる．この時期の細胞は一次精母細胞であり，これが第一回目の成熟分裂を行って二つの二次精母細胞となる．これがさらに分裂し，4個の精細胞を生じる．このどちらかの分裂の際に減数分裂が行われ，染色体数は半減する．また，細胞質の縮小が進行し，精子の形態に変化する．この形態変化が狭義の精子形成である．その際ゴルジ体の小胞から先体*がつくられ，他方中心小体の一つから鞭毛の中軸である軸糸が伸びる．精子の頭部につづく中片部では軸糸のまわりにミトコンドリア*が集まり，精子運動のエネルギーを供給する．

**精子受容体** [sperm receptor] 精子*は受精*の際に卵の卵黄膜に種特異的な結合を行うが，その際卵黄膜の外側に存在する精子受容体に結合する．この受容体は糖タンパク質であるが，そのタンパク質部位あるいは糖鎖，あるいはその両方が受精の際の精子と卵との結合の特異性を決めていると考えられる．受精後，他の精子の侵入を妨ぐため，精子受容体糖タンパク質は卵表層粒から分泌されるプロテアーゼやグリコシダーゼにより除去または不活性化される．一方，精子側にも精子受容体を認識する分子があり，これは精子受容体の糖鎖構造と相補的な構造をしていると考えられている．

**静止繊毛** =不動毛

**静止電位** [resting potential] ガラス微小電極で細胞内電位を測定すると，神経や筋肉細胞の細胞膜を挟んで $-90 \sim -80$ mVの細胞内負の膜電位が存在する．これを静止電位という．静止電位はネルンストの式(1)により電気化学的に$K^+$や$Cl^-$の平衡電位*(拡散電位)である$E_K$や$E_{Cl}$にほぼ近い値を示し，外液中の$K^+$濃度($[K]_o$)を10倍に増加させると58 mV近く減少し，ネルンストの式から得られる理論値に比較的よく一致する．

$$E_K = \frac{RT}{nF} \ln \frac{[K]_o}{[K]_i} \fallingdotseq 58 \log_{10} \frac{[K]_o}{[K]_i} \quad (1)$$

$n$は電荷，$F$はファラデー定数，$R$は気体定数，$T$は絶対温度，$[K]_o$と$[K]_i$は外液と内液の$K^+$濃度を表す．しかし，厳密には静止電位は$E_K$よりやや浅く(脱分極側)，さらに$[K]_o$が5 mM以下の場合は$E_K$よりも著しく脱分極側にあり，理論値に一致しなくなる．これは細胞膜が$K^+$のみに選択的に透過性であるのでなく，$Na^+$その他のイオンにも多少透過性があり，これらが膜電位形成に寄与しているからである．よって実際の細胞膜を介する電位については，細胞膜を横切る$K^+$や$Cl^-$の濃度勾配や膜透過性などを総合的に考慮する必要がある．1949年，A. L. Hodgkin*とB. Katzは，静止時において$K^+$, $Na^+$, $Cl^-$のフラックスはネルンストの式の場合と異なって0ではなくそれぞれ定常値を示すが，その総和は0である．また膜中での電場は場所によらず一定である(constant field theory)などの仮定に基づいてイオンフラックスの式を積分し，ゴールドマン・ホジキン・カッツの式(Goldman-Hodgkin-Katz equation，式2)を得た．

$$E_m = \frac{RT}{F} \ln \frac{P_K[K]_o + P_{Na}[Na]_o + P_{Cl}[Cl]_i}{P_K[K]_i + P_{Na}[Na]_i + P_{Cl}[Cl]_o} \quad (2)$$

$E_m$は膜電位，$P_K$, $P_{Na}$, $P_{Cl}$はそれぞれのイオンの透過係数であり，各イオンの寄与を総合的に考慮した静止電位である．実際にイカ巨大神経では，$P_K : P_{Na} : P_{Cl} = 1 : 0.04 : 0.45$である．すなわち$P_K$は$P_{Na}$の25倍も大きい．骨格筋では50倍も大きい．いずれにせよ式(2)を用いると，膜電位の実測値と理論値が$[K]_o$が小さくともよく一致する．静止電位は以上述べた物理化学的要素で決定される拡散電位成分に加えて，細胞内外のイオンの濃度勾配に逆らって細胞内に貯蓄した$Na^+$を汲み出し，細胞内へ$K^+$を取込むイオン能動輸送の際に発生する電気発生性ポンプ電位(過分極性)も関与する．これは代謝電位ともよばれる．$Na^+, K^+$-ATPアーゼのウワバインや低温下で完全に抑制される．代謝電位は生体内物質に敏感に反応して増減することにより静止電位の絶対値に影響を与え，生体の必要に応じて細胞レベルでの興

奮の微調節を行っているものと考えられる.（⇌活動電位）

**脆弱X症候群**［fragile X syndrome］　家族性の精神遅滞症の中で最も頻度の高い遺伝性疾患で，X染色体の脆弱部位の発現と密接に関連している（⇌X連鎖性疾患）．本症はX連鎖遺伝性疾患の中でも特異的で，正常伝達男性保因者，軽度知的障害女性保因者，表現促進などの非典型的な遺伝様式をとる疾患である．最近，脆弱部位領域に原因遺伝子（*FMR1*）が同定され，その非翻訳領域に存在する遺伝的に不安定な三塩基反復配列（CCG）$_n$の動的な突然変異が原因であることが判明した．*FMR1*は細胞質に局在するRNA結合タンパク質FMRPをコードし，しかもmRNPとしてリボソームに結合することから，その機能はある種のmRNAの発現を翻訳のレベルで調節することと考えられており，MAP1Bが標的mRNAであることが示唆されている．また，*FMR1*遺伝子が破壊されたノックアウトハエではPeriodやTimelessといった生物時計タンパク質の周期的変動に異常が確認され，生物リズムとの関係が注目されている（⇌生物時計，時計遺伝子）．*FMR1*の遺伝子変異（点変異，欠失など）による場合もある．密接に関連した疾患としてfragile X-associated tremor/ataxia syndrome（FXTAS）があり，これも*FMR1*が原因遺伝子とされている．（⇌トリプレット反復病）

**性周期**［sexual cycle］　生殖を目的とした機能・形態上の一連の周期的変化のこと．動物においては発情周期（estrous cycle），特に霊長類では月経周期（menstrual cycle）をさす．ヒトでは間脳・下垂体・卵巣から成る系が存在し，種々の遺伝子産物による巧妙な正および負のフィードバック機構により周期が制御されている．環境条件に支配されやすい生物では不適当な温度環境や栄養の欠乏により有性期に入るが，これも一種の性周期と考えられる．

**成熟分裂**［maturation division］　⇌減数分裂
**正常型**［normal type］　＝野生型
**星状膠細胞**［　　　　　　］＝アストログリア
**星状細胞腫**［　　　　　　］＝アストロサイトーマ
**星状体**［aster］　微小管形成中心*とそこから放射状に伸びた微小管*が形成する構造体．微小管伸長の核となる構造を微小管形成中心とよぶが，有糸分裂においては紡錘体極*がその形成中心となり，二つの星状体が形成され，それらが相互作用して紡錘体*が形成される．紡錘体を構成する微小管のうち，紡錘体極から細胞質側に向かって放射状に伸びているものは星状体微小管*とよばれている．

**星状体繊維**［astral fiber］　＝星状体微小管
**星状体微小管**［astral microtubule］　有糸分裂細胞の中心体*から放射状に形成される繊維状構造のこと．光学顕微鏡観察から星状体繊維（astral fiber）とよばれた．電子顕微鏡観察から極微小管*，動原体微小管*とともに分裂装置*を構成する3種類の微小管*のうちの一つであることが証明された．特にウニ卵のように海産動物卵でよく発達する微小管で，紡錘体

構成する微小管の一部となる（⇌紡錘体微小管）．また，その一部は，紡錘体に組込まれないで細胞表層まで到達して分裂シグナル*を伝達する．

**生殖**［reproduction］　生殖とは，男性と女性の生殖細胞である精子と卵子が，受精によって合体し，染色体数が倍加され，両者の遺伝情報が，親から子へと段階的に伝達されていく生命現象をいう．最近の世界人口会議でも議論されたように，reproductive healthという場合には，従来の生殖という概念を越えて，性と生殖を広く含む新しい定義がなされてきている．すなわち，生殖と関連した性差の問題，性の調節機構，妊娠の成立から避妊機序，性の社会的背景までを含む，生物学的，医療社会学的領域を包括する．したがって，生殖という概念が，狭義の生殖生物学の域にとどまっていた時代は終わり，不妊症の治療法として脚光を浴びている体外受精*，顕微授精などの技術（assisted reproductive technology）の応用に代表されるように，生殖機序は，もはや神秘のヴェールの下に隠されたものではなく，人為的コントロールの可能な生命現象ということができる．

**生殖器異形成**［genital dysplasia］　生殖器組織の器官形成*における形態発生異常．遺伝子工学*により原因遺伝子解明が進んでいるが，生殖器異形成は多様な要因（母体のホルモン環境，胎児の代謝異常，器官形成の遺伝子異常，遺伝子の多相的発現異常）でひき起こされるため，個々における解釈は困難である．常染色体劣性のローレンス・ムーン・ビードル症候群（Laurence-Moon-Biedl syndrome）は第16，第13染色体，X染色体性のカルマン症候群*はX染色体短腕22.3領域（*KAL1*遺伝子），陰茎，陰核の神経繊維腫*をきたす常染色体優性のフォンレックリングハウゼン病（⇌神経繊維腫症1型）は第17染色体長腕11.2領域が原因遺伝子（*NF1*）とされる．

**生殖器系**［reproductive system］　⇌泌尿生殖系
**生殖細胞**［germ cell］　生殖*を担うために特殊化した一倍体（*n*）の細胞で，配偶子（gamete）ともいう．広義には無性生殖*における胞子*なども含まれるが，多細胞生物の有性生殖*を担う細胞に対して用いられることが多い．有性生殖における特殊化は著しく，雌雄の生殖細胞をそれぞれ卵および精子，また，その形成過程を卵形成および精子形成という．受精によってゲノムサイズは再び二倍体（2*n*）となり，個体発生が開始される．また，生殖細胞以外の細胞を総称して体細胞*という．

**生殖性幹細胞**［embryonic germ cell］　EG細胞（EG cell）ともいう．始原生殖細胞*（PGC）から塩基性繊維芽細胞増殖因子*（bFGF）存在の培養条件下で樹立された多能性幹細胞*．ヒトやマウスを含む数種類の哺乳類で樹立が報告されている．胚性幹細胞*（ES細胞）と同様に，無限自己増殖，多分化能および体細胞再プログラム化能をもつ．マウス胚盤胞への注入によりキメラ個体を形成し，生殖細胞にも寄与する．マウスES細胞は受精後3.5日齢の胚盤胞の内部細胞塊細胞に由来するが，EG細胞は受精後8.5〜12.5

日齢胚の PGC に由来する．受精後 8.5〜10.5 日齢マウス胚の移動期 PGC から樹立された EG 細胞では，ゲノムインプリンティング*記憶が保持されるが，受精後 11.5〜12.5 日齢胚の生殖巣移入後の PGC から樹立された EG 細胞では消去されている．他の生殖細胞由来の幹細胞として，雄の精原細胞に由来する精子幹細胞(GS cell, germline stem cell)がある．

**精神高揚剤** [psychoanaleptic] ＝抗うつ薬

**成人 T 細胞白血病** [adult T cell leukemia] 成人 T 細胞リンパ腫(adult T cell lymphoma)ともいう．ATL と略す．ヒト T 細胞白血病ウイルス 1*(HTLV-1)抗体が陽性で腫瘍細胞にプロウイルス DNA が単クローン性に組込まれた末梢性 T 細胞由来の腫瘍．表面マーカーとして $CD2^*$, $CD3^*$, $CD4^*$ が陽性でヘルパー T 細胞*の性格を示す．HTLV-1 の感染から腫瘍化に至る機構はまだ不明な点が多いが，感染にひき続いて感染 T 細胞では HTLV-1 がもつ転写活性化因子 $p40^{tax}$ によってインターロイキン 2*およびインターロイキン 2 受容体*の発現が誘導され多クローン性の増殖が生じると考えられている．感染から ATL の発症に至る過程には発症年齢分布の解析から約五つの独立した事象が関与するものと推定されている．ATL の発症頻度は HTLV-1 保因者の約 1000 人に 1 人と推定され，九州，沖縄などのわが国の西南部とカリブ海沿岸地方に高い．好発年齢は中高年者で 50 歳代にピークをもち，性差はない．臨床症状および検査所見からつぎの 4 型に分類される．1) 急性型：花冠状の核をもつ異常リンパ球(ATL 細胞)が出現してしばしば肝脾腫を伴い乳酸デヒドロゲナーゼ(LDH)の高値，高カルシウム血症をきたして急激な経過をとる予後不良群，2) リンパ腫型：リンパ節腫大を主徴とし，末梢血に ATL 細胞の出現はなく，LDH の上昇はみられるが高カルシウム血症をきたす例は少ない．3) 慢性型：末梢血に ATL 細胞を含む 4000/μL 以上のリンパ球増多を示すが臓器腫大や LDH，血清カルシウム値の異常をきたさず，約半数例は無治療で経過観察されている．5) くすぶり型：ATL 細胞の 5 ％以上の出現以外にリンパ球数の増加もなく他の臨床所見のないもので化学療法の対象としない．ATL における高カルシウム血症の成因として，HTLV-1 の $p40^{tax}$ が感染細胞に副甲状腺ホルモン関連ペプチド*の発現を誘導し，これが骨よりカルシウムを血中に遊離させる機序が明らかにされている．定型的な ATL の中に HTLV-1 陰性例が報告されている．この場合，HTLV-1 抗体が陰性であるのみでなく，サザンブロット法*や PCR*法によって腫瘍細胞にプロウイルス DNA が組込まれていないことを証明する必要がある．HTLV-1 陽性 ATL と陰性 ATL でウイルスの感染以外に疫学的，臨床的ならびに生物学的な差は認められていない．(⇒T 細胞急性リンパ性白血病)

**成人 T 細胞白血病ウイルス** [adult T cell leukemia virus, adult T cell lymphoma virus] ＝ヒト T 細胞白血病ウイルス 1．ATLV と略す．

**成人 T 細胞リンパ腫** [adult T cell lymphoma] ＝成人 T 細胞白血病

**成人病** [adult disease] ⇒生活習慣病

**精神分裂病** ＝統合失調症

**性ステロイドホルモン** [sex steroid hormone] ＝性ホルモン

**性腺形成不全症** [gonadal dysgenesis] ＝ターナー症候群

**性腺刺激ホルモン** [gonadotropic hormone] GTH と略す．ゴナドトロピン(gonadotropin)ともいう．黄体形成ホルモン*(LH)と卵胞刺激ホルモン*(FSH)は協同して作用するため一括して性腺刺激ホルモンと称される．ともに黄体形成ホルモン放出ホルモン*(LHRH)の刺激によって下垂体前葉の好塩基性細胞から分泌されるホルモンであり，性腺の分化成熟や，生殖過程の調節に中心的な役割を果たしている．LH は分子量約 29,000, FSH は分子量約 37,000 の糖タンパク質であり，一次構造の類似した α サブユニットと，別の構造をもつ β サブユニットから成るヘテロ二量体である．分子量の約 3 割は付加されている糖鎖によるものである．それぞれ一次構造の似通った膜 7 回貫通型の受容体がクローニングされている．

**性腺刺激ホルモン放出ホルモン** [gonadotropin-releasing hormone] ＝黄体形成ホルモン放出ホルモン．GnRH と略す．

**性染色体** [sex chromosome] 雌雄の分化がみられる生物において，雌雄で形態や数の異なる染色体を性染色体という．これに対し常染色体*は雌雄で相同である．性染色体は通常 1 対で存在するが，雌が同じ性染色体を 2 本もつ場合この染色体を X 染色体*とよぶ．この時雄は X 染色体を 1 本と雄に特有な Y 染色体*を 1 本もつ．ヒトを含めた哺乳類やショウジョウバエの性染色体の組合わせがこの XY 型である．雄が X 染色体を 1 本もつのみで Y 染色体をもたない場合は XO 型という．一方雄が同型の性染色体 2 本をもつ場合，これを Z 染色体といい，雌は Z 染色体と雌特有の W 染色体を 1 本ずつもつ．鳥類やヘビなどがこの ZW 型である．減数分裂過程において性染色体もほかの相同染色体*と同様に対をつくり分配される．この結果 XY 型では雌が X 染色体をもつ卵のみを形成するのに対し，雄は X 染色体と Y 染色体のどちらかをもつ精子を形成する．(⇒伴性遺伝子)

**性線毛** [sex pilus, (pl.)sex pili] 接合線毛(conjugative pili)ともいう．細菌の細胞表面に存在する繊維状の構造体で，細菌同士を接着させ，自分のもつプラスミド*を相手の菌に移行させる機能(⇒細菌の接合)をもつ．大腸菌の性線毛には F 線毛*と I 線毛(I pilus)の 2 種類がある．前者は F プラスミド*や R プラスミド*などに由来し，後者はコリシン因子 Ib に代表される性因子に由来する．

**精巣** [testis] 睾丸ともいう．男性生殖腺であり，通常陰嚢内に左右一対が下降している．成人の大きさは $4 \times 3 \times 2.5$ cm である．繊維性の白膜に包まれ，これが精巣内部へ隔壁として延び，内部は 250

の小葉に分かれている．小葉内の85〜90％は屈曲する精細管\*より成り，その他の間質部は結合組織で埋められている．間質部にはライディッヒ細胞\*が存在し，これは下垂体から分泌される黄体形成ホルモン\*(LH)の刺激によりアンドロゲン\*を分泌する．精細管の最外層には基底膜があり，その上に内腔に向かいセルトリー細胞\*が並んでいる．正常成人では，セルトリー細胞の間には生殖基幹細胞に始まり精子細胞に至る各種の成熟段階の生殖細胞がみられる．生殖細胞の発育，成熟にはライディッヒ細胞の分泌するアンドロゲンと，濾胞刺激ホルモン\*(FSH)が関与すると．また成人になってできてくる成熟した生殖細胞が，非自己として拒絶されないのはセルトリー細胞間の密着結合\*と間質にある筋様細胞が関連して，血液-精巣隔壁を形成しているためとされている．

**精巣決定因子** [testis determining factor] TDFと略す．雌雄の決定は性染色体\*の構成によりなされるが，哺乳動物の場合，Y染色体\*があれば精巣が，X染色体\*のみだと卵巣が形成される．したがって，Y染色体上に，精巣を決定する因子(精巣決定因子)があると推定された．ポジショナルクローニング\*により，この因子をコードする遺伝子の同定が行われた結果，*SRY*(Y染色体性決定領域\*)とよばれる遺伝子が単離された．この遺伝子を雌個体に導入すると，精巣形成を誘導することから，SRYが精巣決定因子そのものであると結論された．*SRY*遺伝子は，HMGドメインとよばれる約80アミノ酸から成るDNA結合ドメインをもつ転写因子をコードしている．ATTGTTおよび類似配列を認識する．SRYは，雌雄が未決定な時期の生殖細胞において発現し，精巣形成に必要な他の遺伝子の発現を制御することにより，雄性への性分化を促す機能をもつと考えられる．

**精祖細胞** [spermatogonium, (*pl.*) spermatogonia] 精原細胞ともいう．精子形成\*の始まりの段階の細胞．動物の精子\*が形成される場合，始原生殖細胞\*は体細胞とは異なる速度でゆっくり分裂しながら胚体内で移動し，分化しつつある精巣(これを生殖隆起とよぶ)の中に移動する．ここで将来の精子となる精原細胞となり，通常の体細胞分裂を繰返す増殖期に入る．精子\*は精巣において，精祖細胞から，一次精母細胞，二次精母細胞，精細胞\*を経て産生される(⇌ 精母細胞)．精細胞から精子の形成過程は精子完成(spermiogenesis)とよばれる．一次精母細胞と二次精母細胞の間に第一減数分裂が，二次精母細胞と精子の間に第二減数分裂が生じ，減数分裂\*が完成される．また，精祖細胞のうち最も未分化な細胞が自己複製能をもった精子幹細胞(spermatogonial stem cell)である．(⇌ 生殖性幹細胞)

**生体異化合物** ＝生体異物

**生体異物** [xenobiotics] 生体内異物，生体異化合物ともいう．生体では元来産生されず，生体にとって異物であるもので，多くの人工化学物質，薬物，食品添加物，環境汚染物質などを含む．生体にとって多くは有害である．特に脂溶性の物質は細胞膜を通過し毒性を示す．肝臓ではシトクロムP450\*などの作用により極性を増して水溶性になり，尿や胆汁から多くは無毒化されて排泄される(⇌ 解毒)．この過程には第1相と第2相があり，前者ではシトクロムP450や酸化還元酵素，エポキシドヒドロラーゼ\*などによる酸化(ヒドロキシ化)，還元，加水分解，第2相では，グルタチオン\*，グルクロン酸，硫酸などとの抱合反応が行われる(⇌ グルタチオン抱合)．特定の生体異物に対して，シトクロムP450遺伝子などの遺伝子発現がみられることが知られている．

**生体エネルギー論** [bioenergetics] 生体のエネルギーの変換を研究する生物物理学の一分科．熱力学の第一，第二法則や電磁気学の法則は生物においても例外ではないが，その変換様式は生物においてきわめて特殊である．化学エネルギーを力学エネルギーに変換する装置を考えた場合，熱機関のような熱エネルギーを介さず，またモーターのような電磁気力も用いない．生体エネルギー変換はATP(アデノシン5'-三リン酸\*)の合成分解を基本とし，力学エネルギーを発生する筋肉のアクトミオシンなどの素材と反応も無生物界とは基本的に異なる．生体では特異的な高次構造をもつ生体高分子とその集合体がエネルギー変換の場である．また生体膜における電気的エネルギーの伝達と変換においても，膜の輸送体タンパク質を通過して輸送されるイオンの電気化学的ポテンシャル差が実体であって，金属導体を介する電子機器とは異なる原理による．光エネルギーの受容装置である葉緑体，網膜，またその発生装置のルシフェリンも特有の生体機構による．

**生態学** [ecology] 特定の生物の生活様式を研究する学問分野．多くの場合，個体以上の単位(個体・集団・種)を研究対象として，生物と生物の関係，生物とそれを取巻く環境との関係を研究する．

**生体恒常性** ＝ホメオスタシス

**生体高分子** [biopolymer] タンパク質，核酸，多糖類などの生体を構成する高分子のことで，合成高分子に対比してよばれる．植物のセルロース\*，動物のコラーゲン\*，ケラチン\*などの構造形成を機能とするものを含む場合もあるが，狭義には酵素や受容体などのタンパク質や核酸などの本質的な意味で生命活動に関与しているものをいう．生体高分子はアイソタクチック(立体規則性重合体)で分子の一次構造がほぼ一義的に決まっている．環境に応じて可逆的に変化しうる高次構造をとって，生体高分子間で，または脂質や無機イオンなどと相互作用して会合体や分子集合体を形成し，分子認識，反応触媒，情報の蓄積，情報の変換，情報の運搬，エネルギー変換，運動などの機能を発現する能力をもっている．

**生体酸化** [biological oxidation] 細胞における酸化還元酵素を介する酸化還元反応．脱水素，電子伝達，酸素添加の3種に分類される．脱水素酵素(デヒドロゲナーゼ)は基質からの水素をNADなどの補酵素\*に移す．酸化酵素(オキシダーゼ)やペルオキシダーゼも脱水素酵素に属する．電子伝達は鉄や銅イオ

ンを含む電子伝達体*への電子の転移である．酸素添加は酸素分子自体が基質に結合する反応である(⇨酸素添加酵素)．

**生体組織検査** [biopsy] 生検と略称する．皮膚を切開することなく中空針を生体内器官に刺入して，病理組織学的検査用に組織の一部を採取する検査法．このため針生検(needle biopsy)ともよばれた．なお，生検という語は剖検(autopsy)や屍検(necropsy)と対語をなす．当初は腎臓，肝臓などの実質臓器や骨髄が対象とされていたが，その後，内視鏡と組織片採取装置を組合わせて，消化管，尿路，気道などの管腔臓器あるいは管腔をもつ臓器について広く行われるようになった．

**生体内異物** ＝生体異物

**生体分子** [organic molecule] 生物を構成する，あるいはまた生物の機能をつかさどる特有の分子の総称．ほとんどすべて生体によってつくられる．その中で分子量の大きなものを生体高分子といい，核酸，タンパク質，ある種の高分子多糖類があげられる．いずれも，生物の構造，機能，情報伝達などに必要な分子である．

**生体膜** [biomembrane] 細胞に見いだされる厚さ約 10 nm の膜構造．極性脂質(polar lipid)と膜タンパク質*を主成分とする．極性脂質は主としてリン脂質であり，二分子構造を形成し(⇨脂質二重層)，それを貫通する膜タンパク質(⇨膜貫通タンパク質)や外表に結合する膜タンパク質がある(⇨細胞表面タンパク質)．細胞表面の細胞膜と内部の小器官を囲む膜構造から成る．生体膜は無数の生体反応の場である．膜タンパク質にはシグナル伝達系(受容体，Gタンパク質など)，輸送体(チャネル，担体，ポンプ)，酵素，構造タンパク質などがある．

**生体リズム** [biorhythm] 生物はすべて一日のうちに昼夜があるように，それぞれに対応して一日のうちに昼と夜の別々の行動をとる．これは，一年のうちも同様であり，春夏秋冬の季節に合わせて，一年のそれぞれの時期に対応した行動をとる．これらの変化をひき起こす因子としては，太陽の光や，磁場およびこれらの要因によりひき起こされた環境条件の変化などがある．これらの変化に生体が反応し，かつ周期的な変動を起こすことを生体リズムという．(⇨サーカディアンリズム，生物時計，時計遺伝子)

**生体レドックス反応** [in vivo redox reaction] 生体内における酸化還元反応を介した生理機能，それに伴う活性種生成，活性種と生体分子の反応全体を指す．放射線・有害物質以外にも，ミトコンドリアの電子伝達系における生理機能，低酸素状態・炎症にともなって，活性酸素・活性窒素・フリーラジカル($\cdot$OH, $O_2^-$, $^1O_2$, $^-$OCl, ONOO$^-$ など)が生成される．それらは，DNAの塩基の酸化および鎖の切断，タンパク質の酸化やニトロ化による不活性化，脂質の過酸化をひき起こす．不安定な活性酸素やラジカルは，スピントラップ剤と反応させて安定なラジカル化合物としての電子スピン共鳴*によって定量したり，直接，不対電子の生体内分布をオーバーハウザー効果*を利用した核磁気共鳴断層画像法で測定する．

**精虫** ＝精子

**成虫原基** [imaginal disc] 昆虫の体内に存在し，成体を形づくるための前駆細胞を含む細胞群．不完全変態の昆虫では各器官を構成する細胞自身が原基となり，成虫の諸器官を形成する．完全変態の昆虫は幼虫と成虫の体制がまったく異なり，幼虫組織とは別個に成虫構造の始原細胞として原基が形成される．ショウジョウバエを含む双翅類では，肢，眼・触角，翅，平均棍，生殖器などの原基が存在する．腹部の体表はヒストブラストとよばれる成虫原基細胞群からつくられる．原基の細胞は胚発生過程で形成され，ヒストブラストを除いて，上皮細胞から陥入する．幼虫期に細胞数を増加させ，円盤状の構造をなすようになる．蛹化*と同時にエクジソン*の刺激による細胞群の動的な移動(反転)によって形態形成を行う．ショウジョウバエでは各原基の予定運命図*が作成されている．原基におけるパターン形成*について極座標モデルが提出されている(⇨挿入則)．付属肢の先端を中心とした円周と中心からの放射軸によって形成される極座標により位置情報が与えられるという考えである．最近では，原基におけるさまざまな遺伝子の発現の研究によって，基部先端軸，前後軸，背腹軸に沿った位置情報決定における遺伝子カスケードが明らかにされつつある．眼原基，翅原基では，感覚細胞の分化決定にかかわる遺伝制御機構の研究が進んでいる．

**成長** [growth] 生長とも書く．生物の個体，あるいは生体群など一つの生体系の量が増加することをいう．発育とほぼ同義だが，あまり定義ははっきりしない．水分量が増えても，原形質量が増えても，殻などが増えても成長であるし，がん・肉腫組織も成長し，森林も成長する．したがって，使われている場合に応じて何をさしているかを判断する必要がある．植物の成長点，動物の成長ホルモンなど，種々の場合に多用されている．

**成長因子** ＝増殖因子
**成長因子受容体** ＝増殖因子受容体
**成長円錐** [growth cone] ⇨神経成長円錐
**成長制御** [growth control] 真核細胞の成長は，一定の成長関連遺伝子群により制御されている．成長している細胞にみられる成長関連タンパク質(例 GAP-43*)や細胞骨格タンパク質などの動態が示すように，成長する細胞の周囲の基質・他の細胞が放出するホルモンや種々の栄養(増殖)因子などを，細胞膜上の受容体や細胞内の受容体に結合し，これらのシグナルを直接またはシグナル伝達タンパク質を通じて，成長関連遺伝子発現の制御情報として用い，細胞の成長が制御されると考えられる．

**成長点培養** [growth point culture] ⇨茎頂培養
**成長軟骨** [growth cartilage] 成長板(growth plate)ともいう．軟骨細胞*の増殖・分化により長管骨の伸長，骨への置換をつかさどる硝子軟骨．骨端部より静止軟骨細胞層，増殖軟骨細胞層，肥大軟骨細胞層

から成り，静止軟骨細胞層・増殖軟骨細胞層で軟骨細胞は増殖，その後軟骨細胞は成熟肥大化し，肥大軟骨細胞となる．最終分化した肥大軟骨細胞層の基質は石灰化し，血管侵入を受け，骨へと置換されていく（軟骨内骨化）．この過程は，インディアンヘッジホッグ（Indian hedgehog, Ihh）による軟骨細胞の増殖促進，副甲状腺ホルモン関連ペプチド*（PTHrP）による軟骨細胞の成熟抑制，転写因子 Runx2・Runx3 による軟骨細胞の成熟促進により調節される．

**成長板** [growth plate] ＝成長軟骨

**成長ホルモン** [growth hormone] GH と略す．ソマトトロピン（somatotropin, somatotropic hormone, STH），下垂体成長ホルモン（pituitary growth hormone, PGH）ともよばれる．下垂体前葉から分泌されるペプチドホルモン*で，個体の発育，成長を促進する．動物の種によって分子構造がやや異なるが，ヒト，ウシ，ヒツジ，ウマの成長ホルモンはいずれもアミノ酸 191 個から成り，分子量約 22,000 で 2 個の S-S 結合をもつ．成長ホルモンの分泌は，おもに視床下部から分泌される成長ホルモン放出ホルモン*により促進され，ソマトスタチン*によって抑制される．よく知られている成長ホルモンの生理作用は，軟骨形成促進，タンパク質同化促進，血糖上昇および脂肪組織からの遊離脂肪酸放出促進作用などである．軟骨形成促進にはインスリン様増殖因子*1 の関与が不可欠である．（→成長ホルモン受容体）

**成長ホルモン受容体** [growth hormone receptor] 成長ホルモン*の受容体．成長ホルモンを結合する受容体はサイトカイン*の受容体に類似した構造をもち，細胞膜を 1 回貫通する構造をもつ．細胞内ドメインに JAK* とよばれるチロシンキナーゼが結合してシグナルを内部に伝達する．細胞外ドメインはプロテアーゼにより分解されて血中に遊離し，成長ホルモン結合タンパク質として機能することが知られている．

**成長ホルモン放出因子** [growth hormone-releasing factor] ＝成長ホルモン放出ホルモン．GHRF, GRF と略す．

**成長ホルモン放出ホルモン** [growth hormone-releasing hormone] GHRH, GRH などと略記する．成長ホルモン放出因子（growth hormone-releasing factor, GHRF, GRF）ともいう．視床下部*で合成され，下垂体門脈系を介して下垂体前葉に運ばれ，成長ホルモン*（GH）の産生と放出を促進する 44 アミノ酸から成るペプチドホルモンである．神経ペプチド*の一つであり，視床下部の弓状核に存在すると考えられている細胞体で産生される．下垂体から，バソアクティブインテスティナルペプチド*，セクレチン*，カルシトニン*，副甲状腺ホルモン*（PTH）の受容体と相同性をもつ受容体遺伝子が単離されている．膜 7 回貫通型の構造をもち，$G_s$（＝G タンパク質）を介して細胞内 cAMP，カルシウム濃度を上昇させる．

**成長ホルモン放出抑制因子** [growth hormone-release-inhibiting factor] ＝ソマトスタチン．GIF と略す．

**成長ホルモン放出抑制ホルモン** [growth hormone-release-inhibiting hormone] ＝ソマトスタチン．GHRIH と略す．

**成長抑制** [growth retardation] 一般に成長とは，細胞の増殖の結果生じる現象であるとみなすことができるので，分子生物学的には，細胞の増殖を抑制することを成長抑制とよぶ．酵母などが栄養飢餓状態において，細胞分裂を自ら停止させる現象が知られており，高等生物においても，形態形成に関与するトランスフォーミング増殖因子 $\beta$* などの成長抑制因子，またがんの発生を抑えるがん抑制遺伝子*の存在などからも，成長抑制が生物にとって重要な役割を果たしているといえる．

**性的二形** ＝性的二態

**性的二態** [sexual dimorphism] 性的二形，雌雄二形ともいう．卵巣をもつ個体すなわち雌と，精巣をもつ個体すなわち雄の，主として外的な特徴が異なること．性差が存在する状態．性決定*に関与する遺伝子の直接的および間接的な発現による．脊椎動物の大部分をはじめとして，動物界では性的二態の種が圧倒的に多い．外的特徴のほかに，身体的・精神的な種々の差異や，2 種類の形態をもちうることを性的二態と称することもある．

**性的 PCR** [sexual PCR] ＝DNA シャッフリング

**静電相互作用** [electrostatic interaction] 電荷を帯びた物体間に働く相互作用．力の起源は電場が粒子のもつ電荷に及ぼすクーロン力 $F$ であり，二つの粒子の電荷を $q_1$, $q_2$, 距離を $r$, 誘電率を $\varepsilon$ とすると $F = q_1 \cdot q_2 / 4\pi\varepsilon r^2$ と表される．イオン化した電荷間に働くクーロン力は共有結合に匹敵するほど強いが，水（誘電率約 80）を主成分とする細胞中では 2 桁ほど弱くなる．静電相互作用には，イオンや永久双極子，誘起双極子間に働く相互作用も含まれる．

**青銅色糖尿病** [bronze diabetes] ＝ヘモクロマトーシス

**正の制御** [positive control] ＝正の調節

**正の選択（T 細胞の）** [positive selection] ポジティブセレクション，ポジティブ選択ともいう．T 細胞*の胸腺内分化過程で起こるクローン選択（→胸腺選択）の一つで，その個体の MHC 分子（主要組織適合抗原*）により提示された抗原を認識するクローンのみが選択的に分化する．この選択は CD4, CD8 の双方を発現するダブルポジティブとよばれる分化段階で起こり，選択されたクローンは CD4, CD8 のいずれか一方の発現を失い，成熟 T 細胞となる．成熟 T 細胞が，自己と同じ MHC をもつ抗原提示細胞にのみ反応する MHC 拘束*性は，この正の選択の過程において獲得される．（→負の選択，胸腺選択）

**正の調節** [positive regulation] 正の制御（positive control）ともいう．生体内で起こる種々の反応，たとえば複製*や遺伝子発現*が特定の調節因子によって促進される場合，これを正の調節とよび，その因子を正の調節因子という．真核生物では特定の塩基配列を認識して DNA に結合する転写因子*が多数知

られており，認識配列と正や負の調節因子の組合わせによって空間および，時期特異的遺伝子発現が制御されている．(→負の調節)

**正の超らせん** [positive superhelix] →超らせん
**正倍数性** [euploidy] →倍数性
**性フェロモン** [sex pheromone] →フェロモン
**生物** [organism] 生きもの．生命体．代謝を営み，自己複製し，その構造と機能を次世代に伝えていくもの．通常，核酸とタンパク質の両方をもち，自然環境内で生きていけるものをいい，核酸と少量のタンパク質からなり，細胞に感染して初めて増殖しうるウイルス*は生物には入れない．マイコプラズマ*は寄生性であるが，構造や機能上，原核生物に近いのでこの辺から生物とする考えが有力である．
**生物医学的モデル動物** [biomedical animal model] →モデル動物
**生物化学** [biological chemistry] =生化学
**生物学的定量法** =バイオアッセイ
**生物学的封じ込め** [biological containment] 組換え DNA 実験で，実験室外で生存しにくい宿主-ベクター系*を用いることにより組換え体が環境に拡散しないように制限すること．物理的封じ込め*と組合わせることにより，安全性を確保する．封じ込めレベルは B1 と B2 に分けられる．B1 は大腸菌の EK1，酵母の SC1 などの宿主-ベクター系で，自然環境での生存能力が低く，ベクターの宿主依存性が高く，安全なものと定義されている．B2 は，B1 の条件を満たし，かつ細胞の生存能力が特に低く，またベクターの宿主依存性が特に高いものと規定され，特殊な条件下以外では，24 時間後の細胞生存率が 1 億分の 1 以下になるような宿主-ベクター系である．大腸菌の場合は EK2 宿主-ベクター系．
**生物工学** =バイオテクノロジー
**生物情報科学** =バイオインフォマティクス
**生物時計** [biological clock] 体内時計(endogenous clock)，生理時計(physiological clock)ともいう．睡眠・覚醒や摂食・飲水行動は，環境因子を不変に保っても一定の周期で繰返す(→サーカディアンリズム)．したがって，動物の体内に時間を測る機構が存在する．この機構を生物時計という．哺乳類の生物時計は，視床下部*の視交差上核にある．ラットの視交差上核を破壊すると睡眠・覚醒のリズムが消失する．視交差上核を他の脳部位から隔離しても，視交差上核のニューロン活動はサーカディアンリズムを維持する．哺乳類では少なくとも *Per1, Per2, Cry1, Cry2, Clock, Bmal1, Timeless, Casein Kinase Iε* などが時計遺伝子*として機能するとされている．Clock, Bmal1 産物が正の Period, Cry 遺伝子産物が負の転写制御を行う生物時計のネガティブフィードバック機構が哺乳類に共通して存在している．(→松果体)
**生物発光** [bioluminescence] バイオルミネッセンスともいう．また単に発光(luminescence)ともいう．生物による可視光の放出で，発熱を伴わない冷光である．ルシフェリン-ルシフェラーゼ*系のように基質

が酸素あるいは過酸化水素により酸化され発光する系と，特定のイオン($H^+$, $Ca^{2+}$)による活性化を必要とする系がある．ホタルのルシフェラーゼ遺伝子をレポーター遺伝子とした転写活性の測定．クラゲの発光タンパク質エクオリン*は cDNA 発現系を用いた細胞内 $Ca^{2+}$ の測定などに応用されている．またオワンクラゲの緑色蛍光タンパク質*もタンパク質の細胞内局在の測定に利用され，その遺伝子はレポーター遺伝子として広く利用されている．(→化学発光，蛍光タンパク質)
**生物量** =バイオマス
**性分化** [sexual differentiation] 個体発生の進行につれて雌雄の表現型としての特徴が現れてくること．分化*の方向を決定するものは基本的には遺伝的な要因だが，線虫類などでは環境条件などの外的要因が性分化に影響を与える例もある．ヒトにおいては Y 染色体の短腕上の *SRY* 遺伝子(Y 染色体性決定領域*)の存在が性決定*に重要な役割を果たしている．SRY タンパク質は体細胞中の特定の遺伝子を不活性化し，始原生殖細胞の集合から成る未分化生殖腺を精巣へと分化させる．*SRY* 遺伝子が存在しないか，もしくは *SRY* 遺伝子領域の突然変異があると，上述の体細胞中の遺伝子は活性化され，結果的に未分化生殖腺は卵巣へと分化すると考えられている．このような精巣または卵巣への分化を経て，胚発生の器官形成期に生殖管が性ホルモンの影響による分化を遂げて性的二態*が特徴づけられる．さらに個体としての性成熟期に性分化の最終段階を迎え，配偶子(精子・卵子)の形成と有性生殖*が可能になる．
**精母細胞** [spermatocyte] 精子形成*の過程で精巣中の精祖細胞*は増殖ののちに成熟分裂の準備段階に入るが，その段階の細胞(一次精母細胞 primary spermatocyte)とそれが第一回目の成熟分裂を行ったのちに生じる細胞(二次精母細胞 secondary spermatocyte)のことをいう．精母細胞はこの 2 回の成熟分裂の過程で染色体数を半減して精細胞*となる(核は 4n から n へと変化する)．精細胞は精子形成過程とよばれる形態変化を経て精子*となる．
**性ホルモン** [sex hormone] 性ステロイドホルモン(sex steroid hormone)ともいう．アンドロゲン*やエストロゲン*，プロゲステロン*などの男性・女性ステロイドホルモンの総称で，合成化合物も広義には含まれる．生殖器や胎盤などで合成・分泌され，血流に乗り標的器官へ運ばれる．標的組織細胞核内において核内受容体スーパーファミリー*に属する受容体に作用し，標的遺伝子発現を主として転写レベルで制御することで生理作用を現す．性ホルモンの標的遺伝子として同定された例は各ホルモン当たり数例以下である．
**性ホルモン結合グロブリン** [sex hormone-binding globulin] =アンドロゲン結合タンパク質
**生毛体** =基底小体
**西洋ワサビペルオキシダーゼ** [horseradish peroxidase] 化学発光基質，オルトアミノフェノール，

3,3',5,5'-テトラメチルベンジジン(TMB)，ジアミノベンジジン(3,3'-diaminobenzidine, DAB)，クロロナフトールなどを基質として過酸化水素水の存在下で発色反応を行わせることができる．活性をもったままタンパク質に結合させることができるので，一次抗体や二次抗体に結合させて，光学顕微鏡で抗原の存在部位を示すのに使ったり，また，二次的にオスミウムの沈殿をつくらせて透過型の電子顕微鏡で抗原の存在部位を示すのにも用いられる(⇌四酸化オスミウム染色)．また，ウェスタンブロット法の二次抗体としても用いられる．(⇌免疫電子顕微鏡)

**生理学** [physiology] 生命現象を物理学的，化学的手法で研究する生物学の一分野の学問をいう．物理的方法としては生物物理学と電気生理学がその代表的なものである．化学的方法は生理化学を代表とするが，近年は生化学および分子生物学との境界がなくなってきている．福沢諭吉『福翁百話』には"構造組織を示すは解剖学にして，其働を説くものを生理学と言ひ"とある．身体の働きを主題にした生命現象を研究する学問を意味し，機能を中心に研究する領域である．

**生理時計** [physiological clock] ＝生物時計

**ゼイン** [zein] ツェインともいう．トウモロコシの種子タンパク質*の約55%を占めるプロラミン型貯蔵タンパク質で，α，β，γという3種のポリペプチドからなる．

**セカンドメッセンジャー** [second messenger] 第二メッセンジャーともいう．細胞内シグナル伝達物質*．細胞にリガンドと総称されるホルモン*や神経伝達物質*などの外来性の物質や，物理的，化学的刺激が働くとその受容体*が活性化されて，何らかの細胞応答がひき起こされる．この外来性一次情報による受容体活性化と細胞応答までの現象を細胞内シグナル伝達(⇌シグナル伝達)とよび，この中でシグナルを伝える役割を果たす物質がセカンドメッセンジャーであり，細胞内二次シグナル伝達物質の意味で二次メッセンジャー(secondary messenger)ともよぶ．セカンドメッセンジャーは，さらにその受容体を活性化したり，または何らかの効果器に働いてシグナルの空間・時間的拡散，増幅を行う．歴史的には，E. W. Sutherland*らのグルカゴン*の研究をはじめとして，リガンドの投与により細胞内のcAMP濃度や，遊離カルシウム濃度が増加，または減少すること，これらの物質濃度を人為的に変化させることでリガンドの投与と同様の細胞応答をひき起こすことができることが発見され，細胞内シグナル伝達物質としてのセカンドメッセンジャーの概念ができた．しかし，これらの物質濃度を決定しているものの多くは酵素タンパク質であり，研究がこれらの活性調節機構に重点をおくようになったことや，酵素反応連鎖であるキナーゼカスケード機構*などの重要な役割も解明されてきたため，より広い概念である細胞内シグナル伝達という言葉の方が一般的に使われるようになった．以下に代表的なセカンドメッセンジャーをあげる．1) 環状ヌクレオチド(cAMP, cGMP)：シクラーゼ，ホスホジエステラーゼで合成・分解され，両酵素とも調節を受ける．cAMPを合成するアデニル酸シクラーゼ*は，ヘテロ三量体Gタンパク質*の$G_s\alpha$で活性化され$G_i\alpha$で抑制される．網膜に存在するホスホジエステラーゼはトランスデューシン*で活性化され，cGMP濃度を下げる．2) イノシトール 1,4,5-トリスリン酸*($IP_3$)とジアシルグリセロール*(DG)：リン酸化を受けたホスファチジルイノシトールがホスホリパーゼC*で分解された結果生じる．$IP_3$はその受容体を介して細胞内遊離カルシウム濃度を増加させ，DGはプロテインキナーゼC*を活性化する．ホスホリパーゼCにはさまざまなサブタイプがあり，ヘテロ三量体Gタンパク質で活性化されるもの，チロシンキナーゼ*でリン酸化されて活性化されるものがある．3) 細胞内遊離カルシウム：上記の$IP_3$による増加以外にも，種々の機構で調節される．

**赤外線吸収分光法** [infrared absorption spectroscopy] ＝赤外分光法

**赤外分光法** [infrared spectroscopy] IRと略し，赤外線吸収分光法(infrared absorption spectroscopy)ともいう．赤外領域の光(波長2.5～25μm付近)の吸収から分子の振動数を知る分光法(⇌振動スペクトル)．分子内に含まれるカルボニル基やリン酸基のような比較的独立した原子団は特徴的な吸収(特性吸収)を示すので，物質の同定や構造解析に用いられる．他の分光法と比べて固体・溶液いずれでも簡便に測定できる利点があるが，水溶液試料では水の強い吸収が障害となる．水素結合の定性・定量分析，アミド結合の特性吸収に基づくポリペプチド鎖の二次構造推定などが可能である．(⇌ラマン分光法)

**赤芽球** [erythroblast] 骨髄中に存在し，形態的に同定できる赤血球系の幼若な細胞である．造血幹細胞*から赤芽球系前駆細胞(赤芽球バースト形成単位*：BFU-E，赤芽球コロニー形成単位*：CFU-E)を経て産生される．赤芽球の産生に関与するサイトカインはエリトロポエチン*(EPO)である．赤芽球はさらに成熟段階により前赤芽球(proerythroblast)，好塩基性赤芽球(basophilic erythroblast)，多染性赤芽球(polychromatophilic erythroblast)，正染性赤芽球(orthochromatic erythroblast)に分類される．正染性赤芽球が脱核すると無核の赤血球となる．前赤芽球以後2～3回の細胞分裂は可能である．

**赤芽球コロニー形成単位** [erythroid colony forming unit] CFU-Eと略称する．赤芽球コロニー形成細胞(erythroid colony forming cell)ともいう．赤血球系前駆細胞の一つ．増殖にはエリトロポエチン*(EPO)が必須である．マウス，ヒト骨髄細胞を半固形培地でEPO存在下に培養するとマウスでは2日目，ヒトでは7日目に8～数十個の赤芽球*のみから構成されるコロニーが観察される．このコロニーの母細胞として同定される．エリトロポエチン受容体を多数発現し，EPOに対する反応性が最も高い細胞である．(⇌造血幹細胞)

**赤芽球バースト形成単位** [erythroid burst forming unit] BFU-E と略称する．赤芽球バースト形成細胞 (erythroid burst forming cell) ともいう．赤血球系前駆細胞の一つ．赤芽球コロニー形成単位\*（CFU-E）よりも未分化な段階に位置する．マウス，ヒト骨髄細胞，末梢血単核球を半固形培地中でエリトロポエチン\*（EPO）およびインターロイキン3\*（IL-3）などとともに培養するとマウスでは7日目，ヒトでは14日目に3個以上のサブコロニーから構成され，あたかも花火が飛び散ったような形態を示す赤芽球集団が観察される．このバーストの母細胞として算定される．BFU-E は通常量の EPO では増殖・分化せず，IL-3，幹細胞因子，顆粒球-マクロファージコロニー刺激因子\* などのバースト形成促進因子活性 (burst promoting activity, BPA) を示すサイトカインの共存が必要である．(→ 造血幹細胞)

**赤芽球分化誘導因子** [erythroid differentiation factor] EDF と略す．(→ アクチビン)

**赤芽球癆** [pure red cell aplasia] PRCA と略す．真性赤血球系無形成（症）ともいう．赤血球産生が選択的に低下する病態で，急性型と慢性型がある．急性赤芽球癆は，溶血性貧血\* などにより赤血球寿命の短縮と赤血球造血の亢進がみられる患者にパルボウイルス\*B19 が初感染した場合に惹起され，骨髄無形成発症\*（無形成発作）ともよばれる．B19 ウイルスは赤血球系前駆細胞に特異的に感染し，直接的に細胞を傷害する．時に薬剤性の場合もある．慢性赤芽球癆には，後天性のものとして特発性と続発性（胸腺腫やがん，自己免疫疾患に合併）があり，免疫学的機序による赤血球系造血の抑制が想定されている．先天性のものにはダイアモンド・ブラックファン症候群 (Diamond-Blackfan syndrome) がある．

**赤筋** [red muscle] → 白筋

**脊索** [notochord] 胚盤葉上層に原始線条が形成され，内下方へと中胚葉細胞と内胚葉細胞が陥入遊走する．原始線条の頭方端にヘンゼン結節 (Hensen's node) が形成され，結節から頭方へと細胞が陥入伸長することによって脊索突起が形成され始める．ヘンゼン結節は，尾方へと後退しながら脊索突起をさらに伸長させ，同時に神経管\* の底板の細胞をも正中線上へ残しながら移動する．頭方の脊索突起は，仙尾髄端に形成される中胚葉起源の脊索部分とつながって，脊索は完成する．胚において，脊索は下垂体の後方より始まり，神経管の直下に接して位置し，全長にわたって存在する．さらに発生が進むと，脊索は椎骨椎体部分の骨組織内に取込まれ，椎間円板内では繊維軟骨内に取込まれて髄核となる．実験発生学的に，脊索は背方に接する外胚葉に神経板\* を誘導することや，神経管内における運動神経細胞の分化を決定することが知られている．哺乳類のヘンゼン結節は両生類の原口背唇\* 部に相当し，アクチビン\*（TGF-β スーパーファミリー；Vg-1，ノーダルなど）の合成分泌により中胚葉誘導を生じる．その後に goosecoid, noggin (→ ノギン)，chordin などの遺伝子を発現させて，原腸陥入運動，すなわち哺乳類での三胚葉形成と脊索突起の形成は進行する．Bracury(T) 遺伝子が脊索に発現して脊索の伸長に影響することや，脊索が HNF-3β を分泌して神経管の底板誘導作用をもつこと，また神経冠や蓋板にドーサリン1\* 発現を誘導して神経管に背側細胞を分化させることなどが報告されている．

**赤色胆汁色素** ＝ビリルビン

**脊髄** [spinal cord] 中枢神経系\* の一部で，頸髄，胸髄，腰髄，仙髄および尾髄から成る．蝶形をした灰白質\* に神経細胞体が存在し，白質\* には上下に走る伝導路がある．脊髄は末梢と中枢を結ぶ伝導路の役割ばかりではなく，合目的な信号の統合も行われている．脊髄内のシグナル伝達物質には，ソマトスタチン，サブスタンス P，セロトニン，エンケファリン，グルタミン酸，γ-アミノ酪酸（GABA），ニューロテンシン，カルシトニン，カルシトニン遺伝子関連ペプチドなどが知られている．

**脊髄小脳失調症** [spinocerebellar ataxia] ＝脊髄小脳変性症．SCA と略す．

**脊髄小脳変性症** [spinocerebellar degeneration] 脊髄小脳失調症 (spinocerebellar ataxia) ともいい，SCD，SCA と略す．失調症を主体とする神経変性疾患であり，孤発性と遺伝性に分類される．常染色体優性遺伝でこれまで明らかになったものは，原因遺伝子内のタンパク質翻訳領域に存在する CAG リピートに異常伸長が認められる．これらはポリグルタミン病\* として分類されることもあり，伸長したポリグルタミンをもつタンパク質が神経細胞に対して何らかの障害を及ぼすと考えられている．

**脊髄性筋萎縮** [spinal muscular atrophy] 脊髄前角の一次性変性によって筋力低下，筋萎縮および繊維束性攣縮をきたす疾患の総称．原因候補遺伝子として神経性アポトーシス抑制タンパク質遺伝子と生存運動神経細胞遺伝子の二つが同定されている．脊髄性進行性筋萎縮症 (spinal progressive muscular atrophy, SPMA) のほかに，X 染色体性劣性遺伝を示しアンドロゲン受容体\* の第一エキソン内の CAG 反復配列が異常に伸長している球髄性筋萎縮症，第5染色体短腕 5q13.1 に座をもつ遺伝子の欠失などの異常によるクーゲルベルク・ヴェランダー病 (Kugelberg-Welander disease) とウェルドニッヒ・ホフマン病 (Werdnig-Hoffmann disease)，X 染色体上のエメリン (emerin) 遺伝子異常によるエメリー・ドレイフュス病 (Emery-Dreifuss disease) などがある．(→ 筋ジストロフィー)

**脊髄性小児麻痺** ＝ポリオ

**脊髄性進行性筋萎縮症** [spinal progressive muscular atrophy] SPMA と略す．(→ 脊髄性筋萎縮)

**脊髄節** [spinal ganglia] ＝後根神経節

**脊椎動物** [vertebrate] 脊椎をもつ動物群の総称．哺乳類\* を頂点とし，鳥類，爬虫類，両生類\*，魚類が含まれる．体型は左右相称，通常頭部，胴部，尾部に分かれる．胴部には対をなすひれ，肢または翼と，頭部に発達した中枢神経系\* と感覚器をもち運動性に優れる．体表は多くの場合，うろこ，羽毛また

は毛髪で覆われ，内骨格，および内部体節構造をもつ．循環器官は閉鎖系で，発達した心臓をもつ．雌雄異体が多く，有性生殖*（まれに単為生殖）を行う．（→無脊椎動物）

**赤道板** [equatorial plate] ＝中期板

**赤白血病** [erythroleukemia] ディ・グリエルモ症候群(Di Guglielmo syndrome)ともいう．赤血球系細胞を主体に他系統も含んだ腫瘍性増殖をきたす疾患．その一部は骨髄性白血病（→白血病）でFAB分類*のM6に相当するが，両者の異同にはいまだ議論がある．異常赤芽球を中心とした多彩な血液像とその経過による変化，高度な無効造血などが特徴的である．症例によりさまざまな臨床経過をとるが，多くは最終的に急性骨髄性白血病*へ転換し治療はきわめて困難である．本症の特異的染色体異常はみつかっていないがその頻度は高く約6割に認められる．（→フレンド白血病細胞）

**石綿** ＝アスベスト

**セグメントポラリティー** [segment polarity] 昆虫の各体節*は，前部コンパートメントと後部コンパートメントに分けられる．セグメントポラリティーとは，このような体の前後軸*に沿った体節内極性に異常を示す一群のショウジョウバエ突然変異をいう．これらの突然変異体では体節数は正常だが，各体節の後部コンパートメントに当たる構造の代わりに前部コンパートメントが前後軸の逆転により重複形成される結果，前部コンパートメントが鏡像対称構造をとっている．この突然変異を起こす遺伝子がセグメントポラリティー遺伝子*群であり，体節の境界および体節極性の形成・維持に働いている．セグメントポラリティー遺伝子群にはホメオティックタンパク質をコードするエングレイルド(en)遺伝子，膜タンパク質をコードするパッチド(ptc)遺伝子，分泌タンパク質をコードするウイングレス(wg)遺伝子，ヘッジホッグ(hh)遺伝子などが含まれる．（→体節形成）

**セグメントポラリティー遺伝子** [segment polarity gene] ショウジョウバエの発生では前後，背腹軸が決まるとつぎに分節遺伝子*によって分節化が起こる．この遺伝子群は分節遺伝子カスケードの下位に位置し，各体節の中の前後軸*に沿った構造決定に機能している．実際，この遺伝子群に突然変異をもつホモ接合の胚ではすべての体節においてその一部が欠損し，その代わりに欠損部分には残った部分が前後軸に対して鏡像対称の形で重複している．その機構として，このグループの突然変異では遺伝子産物を必要とする部分で細胞死が起こり，再生によって鏡像対称構造ができると考えられている．この遺伝子群の発現は階層の上位のギャップ遺伝子*群，ペアルール遺伝子*群によって影響を受けるがセグメントポラリティー遺伝子の発現突然変異はギャップ遺伝子群，ペアルール遺伝子群の発現に影響を与えない．また，セグメントポラリティー遺伝子の突然変異は他のセグメントポラリティー遺伝子の発現パターンの変化をひき起こす．セグメントポラリティー遺伝子として，

11座の遺伝子が知られており，各体節においては前後軸に沿って前方よりネーキド(nkd)，パッチド(ptc)，ウイングレス(wg)，エングレイルド(en)の順で発現している．

**セクレチン** [secretin] C末端がアミド化された27個のアミノ酸残基から成るペプチドホルモンで，十二指腸粘膜を中心に存在するセクレチン細胞(S細胞)から，おもに酸による刺激によって分泌され，膵の炭酸水素イオン分泌を促進する．バソアクティブインテスティナルポリペプチド*(VIP)，ガストリックインヒビトリーポリペプチド*(GIP)などの生理活性ペプチドはセクレチンと構造的に類似しており，セクレチンファミリーペプチドとよばれている．

**SAGE** [SAGE = serial analysis of gene expression] ＝連続的遺伝子発現解析

**世代** [generation] いくつか異なった使われ方がなされている．[1]ある生物種が生殖の方式を周期的に交代することがある．配偶子*をもつ時期ともたない時期が交代する場合，それに伴って核相が異なる場合など複雑であるが，これらを一般に世代交代*という．[2]細胞が分裂してからつぎの分裂に入るまでの期間をさして世代とよぶが，細胞の集団でもこのよび方が使われる．[3]生殖時期が季節によって決まっている動物では各年齢層を世代という．

**世代交代** [alternation of generations] 世代交番ともいう．同一の生物種が生殖の方法が異なる世代*を交互に現すこと．両性生殖と無性生殖*とが交代する最も典型的な世代交代を真正世代交代(metagenesis)というが(例：ミズクラゲ)，そのほかに両性生殖と単為生殖とが交代する周期性単性生殖(heterogony)(例：アリマキ)がある．幼生のみが単為生殖を行う場合は特に混合生殖(alloiogenesis)(例：カンテツ)という．世代の交代に伴って核相は単相と複相を交代する．

**世代交番** ＝世代交代

**世代時間** [generation time] 倍加時間(doubling time)ともいう．多細胞生物*では，誕生あるいは発芽して成長した個体が繁殖可能な状態になるまでの平均時間をいう．培養細胞や細菌など，単細胞生物*では，分裂から分裂までの平均所要時間をさす．また，ヒドラや酵母など，出芽*で増殖するものは，一つの細胞が出芽により二つになるまでの平均所要時間をさす．一般に，世代時間は生物の種，細胞の種類によってほぼ一定であるが，環境や培養の条件によって著しく変わることがある．

**ζ鎖** [ζ chain, zeta chain] CD3ζともいう．T細胞受容体複合体を形成する16 kDaのタンパク質．ζ鎖，あるいは選択的スプライシング*により生じるη鎖と二量体を形成し，T細胞受容体*の細胞表面での発現に重要である(図)．またCD3ε や δ，γ鎖同様，その細胞内の活性化モチーフITAM中のTyr残基のリン酸化は，T細胞活性化におけるシグナル伝達に重要である．ナチュラルキラー細胞でも類似の機能を担い，η鎖や，類似するタンパク質FcRγ鎖とともに

Fcγ 受容体(CD16)と会合している.

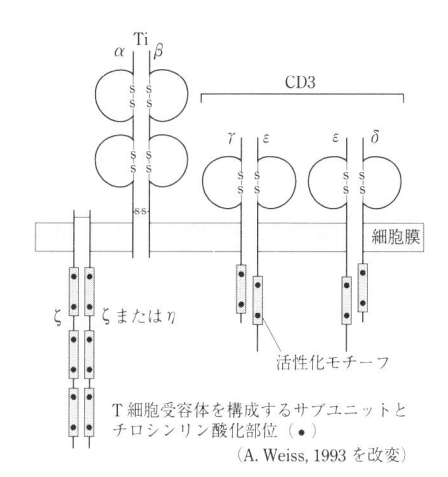

T 細胞受容体を構成するサブユニットとチロシンリン酸化部位(●)
(A. Weiss, 1993 を改変)

**ζ 鎖結合プロテインチロシンキナーゼ** [ζ-associated protein tyrosine kinase, zeta-associated protein tyrosine kinase] =ZAP-70

**セチルトリメチルアンモニウムブロミド** [cetyltrimethylammonium bromide] CTAB と略す. 陽イオン性の変性剤. 低イオン溶液中で核酸と酸性の多糖を沈殿させるが, タンパク質と中性多糖は溶液中に残る. 高イオン濃度下では CTAB はタンパク質と大部分の酸性多糖と複合体を形成するが, 核酸は溶液中に残る. これらの性質を利用し, 多糖を多く含む植物組織からの DNA 抽出に多用される.

**石灰化** [calcification] ⇄ 骨形成

**石灰化前線** [calcification front] ⇄ 類骨

**SEC 遺伝子** [SEC gene] タンパク質分泌*に関与する遺伝子. 分泌遺伝子(secretory gene)というよび方をすることもある. 酵母と大腸菌で多数の SEC 遺伝子が発見されている. また SEC という名前がついていない分泌遺伝子も多数同定されている. 名前のつけ方に厳密なルールがあるわけではない. そもそも, タンパク質分泌の過程に損傷をもつ突然変異株(sec 突然変異株)としてまず同定された. 歴史的には, 1979 年に出芽酵母 Saccharomyces cerevisiae の温度感受性突然変異株の中から見いだされた sec1 と sec2 が最初に分離された sec 突然変異株である. その後, 酵母で続々と新たな突然変異株が分離され, 大腸菌でも, さらにまた哺乳動物細胞でも sec 突然変異株が分離されて, その相補性を利用して野生型遺伝子がクローン化され解析されてきた. それ以外の方法で, たとえば, 試験管内の輸送系を利用してまずタンパク質として生化学的に同定されたものや, たまたま別の方法でみつかっていたものでも分泌における機能が明らかになったものを, その遺伝子は広い意味で分泌遺伝子とみなされる. タンパク質分泌の過程は, 細胞表面の拡張に必須であり, したがって細胞増殖にも必須である. 実際, これまでに同定された分泌遺伝子の大部分は必須遺伝子であることが確認されている. 大腸菌では, secA, secY, secE, secG などの遺伝子が同定され, それぞれの産物を精製して再構成することにより, 分泌タンパク質*の膜透過が再現された. この中で, secY 産物は secE 産物と共同で細胞質膜の膜透過孔そのものを構成し, secA 産物は, 細胞質で合成された分泌タンパク質をこの膜透過孔へ送り込む働きがある. secB 遺伝子産物は分泌タンパク質の運搬に働くシャペロン*である. 酵母では, 分泌の主経路に関するものだけで 50 個以上, VPS(vacuolar protein sorting)遺伝子のようなゴルジ体から液胞への選別に関与するものも含めれば, 実に 100 個以上の SEC 遺伝子が同定されている. 酵母を含めて, 真核細胞の分泌経路は, 小胞体の膜透過に始まり, 小胞体→ゴルジ体→細胞膜という膜から膜への小胞輸送*の過程を経て最終的な目的地である細胞外に至る. そのおのおののステップに関与する分泌遺伝子が多数同定され, その構造と機能が明らかにされてきた. スイッチタンパク質の GTP アーゼスーパーファミリーのメンバーで, 低分子量 GTP 結合タンパク質である Rab ファミリーに属する Sar1 や ADP リボシル化因子 Arf は小胞輸送においてゴルジ膜からの被覆小胞*の形成, エンドサイトーシス*, 輸送小胞*の形成, 小胞と適切な標的となる膜との融合などに関与している. 酵母の SEC4 遺伝子は Rab タンパク質をコードし, 欠損変異株では分泌小胞と細胞膜の融合は見られない. 哺乳動物細胞では初期エンドソームに Rab5 タンパク質が結合しているが, 初期エンドソームの融合に必要であると考えられている. また, 小胞特異的な膜タンパク質 v-SNARE や種々の細胞内標的の膜にある t-SNARE が対になって小胞と標的膜の融合を促進する.

**Sec61p 複合体** [Sec61p complex] ⇄ 粗面小胞体

**赤血球** [erythrocyte, red blood cell] RBC ともいう. 直径 6〜8 μm で中央の凹んだ円板状の形態をしている. 造血幹細胞*から赤血球系前駆細胞(赤芽球バースト形成単位*: BFU-E, 赤血球コロニー形成単位*: CFU-E), 赤芽球*を経て成熟した. 正染性赤芽球が脱核し赤血球となるので無核である(動物によっては赤血球が有核のものもある). 赤血球内にある大量のヘモグロビン*は肺で酸素と結合し, 末梢組織に運搬し, また末梢組織で生じた二酸化炭素と結合し肺から体外に放出するという生命維持に最も大切な働きを担っている.

**赤血球凝集素** [hemagglutinin] 凝集素*の一つで, 特に赤血球の凝集を惹起するものをいう. 植物種子中などに含まれているレクチン*の多くは, 赤血球を凝集させる細胞凝集素である. ほかにいろいろなウイルスによっても赤血球の凝集を起こすことができるが, 多くの場合ウイルスの表面にレクチンが含まれているためであり, これらも赤血球凝集素とよばれている.

**赤血球ゴースト** [red blood cell ghost, erythrocyte ghost] 単にゴースト(ghost)ともいう. 赤血球を低

張溶液にさらし破裂させ,直後に等張溶液に戻すと,サイトゾルを失った赤血球の殻が得られる.これを赤血球ゴーストという.裏表が逆になったゴーストの膜断片も得られるが,それらを表裏反転膜胞(inside-out vesicle)という.

**赤血球ゴースト法** [erythrocyte ghost method] 任意の物質を赤血球ゴースト*に取込ませ,細胞融合*を利用して細胞に物質を導入する方法.目的とする物質を含む溶液を入れた透析チューブに赤血球を入れ低浸透処理すると,赤血球内の可溶性成分が溶出し,赤血球の細胞膜だけのゴーストができるとともに,ゴースト内に目的の物質が取込まれる.このゴーストと細胞をセンダイウイルス*を用いて融合させると,細胞内へ物質を導入できる.この方法を利用して,1分子のジフテリア毒素が細胞を殺すことが明らかにされた.

**赤血球膜** [red blood cell membrane, erythrocyte membrane] タンパク質(39.6 重量%),脂質(35.1%),糖質(5.8%),水分(19.5%)の成分組成をもつ細胞膜.基本構造は脂質二重層であり,これに種々の膜タンパク質が関与している.膜タンパク質は比較的抽出容易な末梢性タンパク質(スペクトリン*など)と,低張溶血の条件化で抽出困難な構造タンパク質(バンド3*など)とに分けられる.機能的には,脂質二重層の細胞質側に裏打ちする構造として存在する細胞骨格タンパク質群(スペクトリン,アクチン*,バンド4.1*)や脂質二重層内に埋込まれている構造タンパク質群(バンド3,グリコホリン*など),この両者を結ぶアンカータンパク質群(アンキリン*,バンド4.2*など)に大別することもできる.このうち構造タンパク質は凍結割断法による電子顕微鏡観察で膜間粒子として可視化されており,細胞骨格タンパク質網も電子顕微鏡で確認しうる.膜総脂質量は約 $5.0 \times 10^{-10}$ mg/赤血球であり,リン脂質 60%,遊離コレステロール 30%などから成り,膜外・内表面でリン脂質の非対称性分布が存在する.膜機能としては,細胞変形能,物質輸送(Na, K, Ca, 陰イオンなど),血液型抗原の発現など多彩である.

**接 合** 【1】[conjugation] ⇒ 細菌の接合 【2】[mating] ⇒ 酵母の接合

**接合型遺伝子座** [mating-type locus] *MAT* 座 (*MAT* locus)ともいう.酵母の有性的生活環に必須な接合型を決定する遺伝子座.接合型として,出芽酵母 *Saccharomyces cerevisiae** では **a** と α (分裂酵母 *Schizosaccharomyces pombe** では $h^+$ と $h^-$)が存在する.接合型は,*MAT* 座に **a** あるいは α の情報があるかによって決定され,それぞれの情報は,同一染色体上の別の座位に存在する不活性な遺伝情報を利用して変換される.(⇒ 酵母接合型,酵母の接合)

**接合菌類** [Zygomycota, Zygomycotina] 本門は,接合菌類(Zygomycetes)とトリコミケス類(Trichomycetes)の2菌群より成る.前者にヒゲカビ(*Phycomyces*)が含まれ,その胞子嚢柄が屈光性*の研究に用いられている.菌糸*は管状で隔壁がない.ホルモン(トリスポリック酸)により二つの配偶子嚢の形成が誘導される.それらは接合し,接合子(接合胞子*)を生じる.配偶子嚢が形態的に雌雄の区別のあるもの(卵菌門のミズカビ属,ワタカビ属,フハイカビ属など)と,区別のないもの(接合菌門のケカビ属,ヒゲカビ属,クモノスカビ属など)とがある.(⇒ 菌類)

**接合子** [zygote] 接合*により形成される二倍体細胞.接合体ともいう.

**接合糸期** [zygotene stage] ザイゴテン期,合糸期,対合期ともいう.減数第一分裂前期において細糸期*に続く時期.染色体の短縮化が始まり,相同染色体が側面で対合し,二価染色体が形成されはじめる.分子レベルでは,この時期にすでに DNA 分子の二重鎖切断による組換え反応が開始している.ユリなどの高等植物では,この時期にわずかな特異的な DNA 合成が認められる.この DNA は対合*に関係すると考えられる.(⇒ 減数分裂)

**接合性プラスミド** [conjugative plasmid] = 性因子

**接合線毛** [conjugative pili] = 性線毛

**接合体** = 接合子

**接合胞子** [zygospore] 接合菌門(Zygomycota)の菌類の有性生殖*でみられる(⇒ 接合菌類).ホルモン(トリスポリック酸)によってその形成が誘導された1対の接合型の異なる特別な菌糸,接合子柄(zygophore)にそれぞれ配偶子嚢(gametangium)が形成される.それらが融合して接合子*を形成し,その接合子は成熟して接合胞子を生じる.ヒゲカビ(*Phycomyces*)では,接合胞子は休眠した後に発芽して,生殖胞子嚢柄(germsporangiophore)を分化し,生殖胞子嚢(germsporangium)が分化する.

**接合誘発** [zygotic induction] 大腸菌 Hfr*株の染色体や,移行可能なプラスミド*上に組込まれたプロファージ*が,接合によって,同ファージをもたない受容菌に移行すると,誘発してファージを産生する現象をいう.これはプロファージが,リプレッサーのない受容菌に入り増殖状態に移行するために起こる.トランスポゾン*の高頻度転位や,もっと一般的に,負の調節*を受けている遺伝子の一時的な発現が,接合時に受容菌で見られるのも,これと同じ現象である.(⇒ 細菌の接合)

**節後神経** [postganglionic fiber] 自律神経系で,神経節から標的細胞までの間の神経をいう.交感神経系*では長く,副交感神経系では通常神経節をつくらず標的組織内でニューロンを乗換えるのできわめて短い.したがって多くの場合交感神経系*の場合をさす.C 繊維が主で,一部は B 繊維も交じっている.伝達物質は,副交感神経系ではアセチルコリン*,交感神経系ではノルアドレナリン*,例外としてアセチルコリン,また ATP の混在も知られている.

**接触屈性** [thigmotropism] 屈触性(haptotropism)ともいう.物理的接触に応答して屈曲すること,植物の屈性の一つ.巻ひげやつるで典型的に見られ,刺激の方向に対して正の屈性を示す場合が多い.接触で誘導されるが刺激の方向と関係ない屈曲は接触傾性(thigmonasty, 傾触性)として区別される. 一般に接触刺激の受容は成長点付近に限られ, 受容後10～30分ほどで屈曲が見られ始める. 屈曲初期にはATPアーゼ*を介した膨圧*変動, 後期は細胞伸長の偏差成長*によって屈曲しているといわれている.

**接触傾性** [thigmonasty] ⇌ 接触屈性

**接触阻止** [contact inhibition] 細胞接触阻止(contact inhibition of cell)ともいう. [1]培養皿上で培養した高等動物細胞は, 物理的障害物や細胞同士との接触によって細胞膜を介して細胞骨格*に変化を生じ, 細胞運動の方向を変えたり運動が減少する. これを細胞運動の接触阻止(contact inhibition of cell movement)とよぶ. [2]正常繊維芽細胞や正常上皮細胞は, がん細胞*と異なり培養皿一面に殖えると増殖を停止するので, これを細胞増殖の接触阻止(contact inhibition of cell division)とよぶ. この性質を利用して細胞の増殖能を単位面積当たりに殖える細胞数(飽和細胞密度)で表し, 細胞のトランスフォーメーション*の指標の一つとして用いる. 実際, 細胞密度の上昇により増殖停止(cell density-dependent arrest)した細胞で特異的に発現する分子群が単離され, その中には抗増殖作用をもつものがある. 細胞同士の接触は増殖停止の一因であり, 細胞密度の上昇により単位細胞の占有できる面積が減少し, 増殖のための足場(⇌ 足場依存性)を失うことも要因と考えられる.

**接触誘導** [contact guidance] メカニカルガイダンス(mechanical guidance)ともいう. 神経細胞の軸索*が物理的・機械的な道筋に沿ってガイドされる現象. 適当な形状の溝を掘った培養皿で神経細胞を培養すると, 神経細胞から伸び出した突起はこの溝に沿って伸長することが確認されている. また, 発生時の神経組織では細胞が比較的まばらに配列しており細胞間に空隙が形成されている. 軸索はこの細胞間隙を伸長すると考えられており, 接触誘導は軸索を一定の方向にガイドする機構の一つである. しかしながら, 接触誘導だけでは特異的で多様な軸索誘導*を説明することはできない.

**切除修復** =除去修復

**節前神経** [preganglionic fiber] 自律神経系に属する神経で, 脊髄あるいは脳幹を出た神経が中継部位に至るまでの間をいう. 特に交感神経系*では, その中継部位が"節"状をなしているのでその名がつけられている. したがって多くの場合, 節前神経というと交感神経系の場合をさす. B繊維とC繊維から成り立っている. 伝達物質は例外なくアセチルコリン*であるが, 両生類のC繊維にはLHRH(黄体形成ホルモン放出ホルモン*)が混在している.

**絶対嫌気性生物** [strict anaerobe, obligate anaerobe] 偏性嫌気性生物ともいう. 発酵性細菌や光合成細菌*, メタン細菌*, また, ある種の寄生性原生動物など, 酸素があると生育できない生物. (⇌ 通性嫌気性生物)

**絶対不応期** [absolute refractory period] ⇌ 不応期

**切断再結合** [breakage-reunion, break and union] 組換え*の機構を説明するための基礎的な概念として, C. D. Darlingtonにより提唱されて(1935), 近年広く受け入れられている. 染色体, DNAの間で切断が起こり, それが相手を変えることで, 新しいキメラ分子ができ上がる反応モデル. 二つの相同な配列をもつDNA(染色体)同士で起こると相同組換え*の産物であり, 広義では乗換え*(交差)と同義である. 概念的に単純であるが, 実際の分子機構は複雑で, さまざまな中間体を経て, 切断再結合反応が起こる. 切断末端同士, あるいは相同な配列をもたない分子同士の反応は非相同組換え*に分類される. (⇌ 切断模写)

**切断接合実験** [interrupted mating experiment] 供与菌と受容菌を混合すると接合が始まり, 供与菌から染色体である1本のDNA分子の一本鎖が受容菌に移行を始める. 全体(47.5 kb)の移行には大腸菌で100分間かかる. 接合開始後, 時間を追って試料の一部をとり, ブレンダーで激しくかくはんするなどして接合している細菌を引離し, 移行開始端から限られた染色体部分だけを受容菌に移行させることができる. この方法で染色体上の遺伝子の連鎖*を調べたり, 染色体の特定部分の組換え体を得ることができる. (⇌ 遺伝子地図, 細菌の接合)

**切断促進因子** [cleavage stimulatory factor] CStFと略す. (⇌ ポリアデニル酸)

**切断点クラスター領域** [breakpoint cluster region] =bcr

**切断/ポリアデニル酸化特異性因子** [cleavage/polyadenylation specificity factor] CPSFと略す. (⇌ ポリアデニル酸)

**切断/ポリアデニル酸化複合体** [cleavage/polyadenylation complex] ⇌ ポリアデニル酸

**接着** [adhesion] ⇌ 細胞接着

**接着域** =フォーカルアドヒージョン

**接着因子** [adhesion factor] =細胞接着分子

**接着結合** [adherens junction] アドヘレンスジャンクションともいう. 接着結合は, 大きく二つに分類することができる. 一つは, 細胞間接着結合(⇌ 細胞間結合, 接着帯)で, カドヘリン*が接着分子として働いているものである. 隣接する細胞間の接着結合においてはEカドヘリン二量体の細胞外ドメインが$Ca^{2+}$依存的に相互作用を行う. 他の一つは, 細胞-マトリックス接着結合で, インテグリン*が接着分子として働いているものである(⇌ 細胞-マトリックス結合, フォーカルアドヒージョン). どちらの接着結合も, 細胞膜裏打ち構造がよく発達しており, そこにはビンキュリン*, αカテニン, βカテニンなどが濃縮しており, この裏打ち構造を介してアクチンフィラメント*が密に結合しているという特徴をもつ. 培養細胞では, この細胞-マトリックス接着結合のことを, しばしばフォーカルコンタクト*とよぶ. 生体内では, 各種上皮細胞のほかに, 内皮細胞, 心筋細胞など, 広く分布しており, 生体の形態形成に中心的役割を果たしている.

**接着帯**［zonula adherens］　アドヘレンスジャンクション(adherens junction)，ベルトデスモソーム(belt desmosome)，中間結合(intermediate junction)ともいう．上皮細胞間の接着装置である．密着結合\*の直下で，細胞周囲を取囲むように存在する(⇒細胞結合［図］)．細胞間隙は約20 nmで，電子密度の高い物質が満ちている．細胞膜に接した細胞質側にはアクチンフィラメントが付着している．細胞接着分子\*のEカドヘリンや細胞骨格タンパク質のαアクチニン，ビンキュリンも局在する．(⇒接着結合)

**接着タンパク質**［adhesion protein］　＝細胞接着分子

**接着斑**［macula adherens］　【1】＝デスモソーム　【2】⇒フォーカルアドヒージョン

**接着複合体**［junctional complex］　上皮細胞にみられる細胞間接着装置の複合体のことで，通常，外側から，密着結合\*，接着結合\*，およびデスモソーム\*が並んでいる．それぞれの場所で働いている細胞接着分子\*は，オクルディン，カドヘリン\*，デスモグレイン\*で，後二者は広い意味でのカドヘリンファミリーに属し，互いに似ている．機能としても，密着結合が細胞間のバリヤーや，細胞膜内のフェンスとして働くのに対し，接着結合とデスモソームは機械的接着がおもな役割と考えられる．この3種の接着装置の組合わせは，細胞によって若干異なり，たとえば，心筋細胞では，密着結合は存在せず，残りの2種類の接着装置が複合体をつくっている．(⇒細胞結合［図］)

**接着分子**［adhesion molecule］　⇒細胞接着分子

***zif268***［zif268］　＝egr-1遺伝子

***Zic***　⇒Zic(ジック)

**ZNFN1A1**［ZNFN1A1］　＝Ikaros(イカロス)

**ZAP-70**　⇒ZAP(ザップ)-70

**Z形DNA**［Z-form DNA］　DNA分子のとりうる三次元的構造の一つで，プリン-ピリミジン交互の配列をもつものなどがとる型をいう．らせん一巻きのピッチが4.56 nm，直径が1.84 nmのジグザグの左巻きのらせん構造．らせん一巻きに12塩基対が含まれ，塩基対当たりの長さは0.38 nm．B形DNA\*に比べて細く長い構造となる．特定のDNA領域がある条件下でB形からZ形に変化するのが遺伝子発現のためのスイッチとして機能するらしく，Z-DNA結合ドメインをもつタンパク質のファミリーも同定されており，その一つであるRNA編集酵素ADAR1はZ-DNA/Z-RNA結合ドメインをN末端にもち，RNA編集にも働く．(⇒DNAの高次構造，A形DNA)

***ced-3*遺伝子**［ced-3 gene］　cell death abnormalに由来する．線虫Caenorhabditis elegansの細胞死調節遺伝子の一つ．この遺伝子の機能欠失突然変異体では，細胞死する運命にある細胞に，細胞死が誘導されない．アミノ酸配列から，システインプロテアーゼの機能をもつと考えられる．(⇒アポトーシス)

**Z線**［Z line］　Z膜(Z band)，Z盤(Z disc)ともいう．横紋筋\*(骨格筋，心筋)の筋原繊維サルコメア\*を仕切る円盤状(直径約1 μm)の構造(⇒筋原繊維［図］)．一辺15 nmの正方形の立体的格子があり，その頂点からアクチンフィラメント\*が突き出ているが，左右のアクチンフィラメントは独立しており方向性が異なる．Z線の格子と結合している末端が反矢じり端である．αアクチニンはこの格子にセメント状に結合していると考えられている．

**ZD1839**［ZD1839］　＝ゲフィチニブ

**Z盤**［Z disc］　＝Z線

**ZPA**［ZPA＝zone of polarizing activity］　極性化域の略号．(⇒極性化活性帯)

**ZP3糖タンパク質**［ZP3 glycoprotein］　透明帯の主要構成成分の一つ．ZP1，ZP2糖タンパク質とともに鎖状の多量体を形成している．P. M. Wassarmanらによりマウス卵の透明帯から分子サイズ83 kDaの糖タンパク質として同定され，その後ヒト，ハムスター，ラット，ウサギなど他の哺乳類にも類似の分子が広く存在することが確かめられている．受精時の精子は卵細胞膜に到達する前に透明帯のZP3の糖鎖部分に結合し，先体反応が誘発されると考えられている．

**Z膜**［Z band］　＝Z線

**セネッセンス**［senescence］　＝老化

**ゼノトロピックウイルス**　＝他種指向性ウイルス

**セノラブディティス＝エレガンス**［Caenorhabditis elegans］　土壌自活性線虫(nematode，ネマトーダ)の一種．1965年ごろS. Brenner\*により発生と行動の分子生物学の研究材料として取上げられて以来，世界中で盛んに研究されるようになった．実験材料としての長所は，以下の通りである．1) 飼育・保存が簡単である．実験室では大腸菌を餌として寒天培地や液体培地で増殖させ，液体窒素中で凍結保存することができる．15～25℃でよく増殖し，1匹の虫は自家受精で約300個の受精卵を産む．卵は孵化後4回の脱皮を経て成虫になる．2) 小型の生物なので多数の個体を扱え，世代時間が短いので実験時間が短くて済む．体長は成虫で1.2 mm，世代時間は20℃で約3日である．3) 遺伝学に適している．自家受精する雌雄同体のほかに雄がいて，交雑により遺伝子地図をつくることができる．現在，約1000遺伝子の突然変異体が分離され，六つの連鎖群(I～V，X)にマップされている．これに対応して，雌雄同体には6対の染色体が存在する．性決定\*はXO型で，雄にはX染色体が1本しかない．ゲノムサイズは約100 Mbで全ゲノム配列が解読されており，23,209個のORFが同定されている．4) 形態学的手法に適している．体や卵殻は透明で，微分干渉顕微鏡\*を用いて生きたまま発生や細胞系譜\*を追うことができる．体細胞核数が成虫の雌雄同体で959個，雄で1031個と少ないうえに，神経・筋肉・腸・生殖器などが分化しており，モデル生物としての条件を備えている．細胞系譜は個体差がほとんどなく，1983年にJ. E. Sulston\*らにより雌雄同体の全細胞系譜が完成している．また，302個の神経細胞から成る雌雄同体成虫の全神経回路が，J. G. Whiteらにより電子顕微鏡の連続切片からの再構成により決定され，

1986年に発表された．5) 突然変異株や遺伝子クローンの供与，ニュースレターの発行，データベースの構築など，研究協力体制が整っている．このような長所を生かして，C. elegans は現在ではショウジョウバエ*と並んで代表的なモデル生物となっている．特に，siRNA*を発現するプラスミドをもつ大腸菌を餌として飼育したり，siRNAを含む溶液に浸漬することで容易に特定の遺伝子サイレンシング*をひき起こすことができるという利点を生かして，逆遺伝学的操作によりゲノムワイドの遺伝子機能解析が行われている．(→付録 J，アポトーシス)

**セービンワクチン** [Sabin vaccine]　ポリオウイルス*によるポリオ*(急性灰白髄炎)予防のために開発された病原性の非常に弱い(弱毒)ポリオウイルス．自然感染経路である経口で投与される．消化管ではよく増殖し，粘膜上皮への分泌型IgAを含む中和抗体産生を促すのでワクチン*効果がある．中枢神経系に対する毒性は非常に弱い．ポリオウイルスの3種類の血清型に応じて3種類のセービン株(Sabin 1株，Sabin 2株，Sabin 3株)が開発されている．開発者 A. B. Sabin の名に由来する．(→ソークワクチン)

**セプタ** [septa]　→細胞間連絡

**セプチン** [septin]　酵母細胞の細胞質分裂*に必要なタンパク質として見いだされた．広く真核細胞に保存され，GTPに結合し(→GTP結合タンパク質)，重合して細胞骨格*様のフィラメントを形成するが，サブユニット構成は均一ではない．神経細胞にも存在することから，細胞の分裂そのものに働くわけではなく，細胞内小胞輸送*関連因子やシグナル伝達*系の因子などを集積させる場としての役割や，膜タンパク質*の拡散を防ぐためのフェンスとしての役割が考えられている．

**ゼブラフィッシュ** [zebrafish, *Danio rerio*]　インド原産の淡水魚．成魚は3〜4cm．受精卵を得やすい(成魚の雌は，数日おきに点灯直後に50〜200個の卵を産む)，胚の成長が早い(受精卵は2日半で発生を完了する)，胚を観察しやすい(胚は透明で，比較的少数の細胞から構築されている)，世代交代が比較的早い(幼魚は，2〜3ヵ月で生殖可能な成魚になる)などの理由で，その胚は，脊椎動物の発生機構を調べるための最も単純なモデルとして使われている．特に遺伝学的解析の材料として注目されており，おもに化学的突然変異誘発物質を用いて，胚発生過程に異常を示す突然変異系統がすでに1000系統以上作製・分離されている．遺伝子連鎖地図やトランスジェニック技術も確立されてきており(→連鎖地図，トランスジェニック動物)，全ゲノムが解読されている．(→付録 J，メダカ)

**セブンレス遺伝子** [*sevenless* gene]　*sev* 遺伝子(*sev* gene)と略称される．ショウジョウバエの複眼形成に関与する遺伝子．*sev* 欠損突然変異体の複眼では個々の個眼において紫外線を感じる光受容細胞であるR7が消失し，その結果紫外線に対する走光性を示さなくなる．*sev* はX染色体上10Aに存在し，2554アミノ酸から成る受容体型チロシンキナーゼをコードしている．*sev* はR7前駆体を含む限られた数の複眼前駆体細胞で一過的に発現するが，そのリガンドであるBossタンパク質(Boss protein)がR7に隣接するR8の細胞膜上にのみ存在することから，R7に存在するSevタンパク質だけが活性化されることになる．Bossにより活性化されたSevはSOS，Ras1，D-Raf，Rolled(MAPキナーゼ)といったシグナル因子を介して情報を核へと伝え，さまざまな遺伝子の発現を制御することにより，最終的にはR7の分化を促進していると考えられている．(→トルソ遺伝子)

**Sema** [Sema=semaphorin]　=セマフォリン

**セマフォリン** [semaphorin]　コラプシン(collapsin)ともいい，Semaと略す．神経細胞の軸索*に対する反発性ガイダンス分子．後根神経節の軸索先端の神経成長円錐*を退縮させる活性を指標にして脊椎動物で最初に同定されたのがセマフォリン3A(Sema3A)であり，解析が最も進んでいる．ウイルスからヒトにいたるまで存在し，現在20種類以上知られている．構造により七つのクラス(1〜7)とウイルス(V)に分けられる．クラス1と2は無脊椎動物，クラス3〜7は脊椎動物である．分泌型(2, 3, V)と細胞膜結合型(1, 4〜7)に分けられる．セマフォリン(sema)領域とよばれる約500アミノ酸の領域を共通にし，クラス3のマウスSema3Aは772アミノ酸から成り，シグナル配列，sema領域，免疫グロブリン様領域，塩基性領域をもつ．クラス3以外ではほかに細胞膜貫通領域，トロンボスポンジンタイプ1反復配列，GPIアンカー領域をもつ．ほとんどは軸索に対して反発活性をもつので，おもに反発性軸索ガイダンス分子として機能すると考えられているが，誘引活性をもつセマフォリンもある．また非神経系でも発現はよく認められ，軸索ガイダンス以外の機能も解明されつつある．たとえば，Sema3C, Sema3Eは心臓血管系形成に関与し，Sema4A, Sema4D(CD100), Sema7A, SemaVは免疫系に関与している．Sema3Bはがん抑制遺伝子*として機能でき，Sema3Fはがん発生に関与していると考えられている．クラス3のセマフォリン受容体はニューロピリン*であり，プレキシン-A(1, 2, 3, 4の4種類)と受容体複合体を形成する．プレキシン*は細胞外領域にsema領域をもっている約2000アミノ酸の膜タンパク質である．例外としてSema3E受容体はプレキシンD1である．クラス3以外のセマフォリン受容体の多くはプレキシンである．脊椎動物のプレキシンにはA，D1以外にB1, B2, B3, C1の4種類があり計9種類である．プレキシン以外の受容体としては，Tim-2(免疫系のSema4A受容体)，CD72(免疫系のSema4D受容体)，インテグリン*(Sema7A受容体)が同定された．セマフォリンのシグナル伝達*経路には，L1, Fyn, CRMP, Fes, MICAL, GSK-3, Rac, Rnd1, R-Ras, Rho, LIMキナーゼなどさまざまな分子が関与していることが報告されている．

**セミノース** [seminose]　=マンノース

**ゼラチナーゼ** [gelatinase]　IV型コラゲナーゼ

(type IV collagenase)ともいう．ゼラチナーゼA (MMP2，EC 3.4.24.24)とゼラチナーゼB(MMP9，EC 3.4.24.35)の2種類が存在し，いずれも動物細胞のマトリックスメタロプロテアーゼ*(MMP)ファミリーに属する．両酵素は分子内の活性部位に$Zn^{2+}$をもち，数mMの$Ca^{2+}$の存在下，最適pH 7.5～8.0でゼラチンやIV型基底膜コラーゲンを強く分解する．分子量の違いから，A酵素は72 kDa IV型コラゲナーゼ，B酵素は92 kDa IV型コラゲナーゼとよばれることもある．B酵素はA酵素に比べて10倍以上高い比活性を示す．繊維芽細胞はA酵素を，また多形核白血球，単球，およびマクロファージはB酵素を恒常的に合成，分泌する．このほか，多くのがん細胞がこれらのゼラチナーゼを合成，分泌し，それらの作用ががん細胞の浸潤・転移に重要と考えられている．両酵素は不活性前駆体として分泌され，A酵素前駆体にはインヒビターのTIMP-2が，B酵素前駆体にはTIMP-1が結合する(⇌ TIMP)．

**セラミダーゼ** [ceramidase] EC 3.5.1.23．N-アシルスフィンゴシンデアシラーゼ(N-acylsphingosine deacylase)ともいう．セラミド*の酸アミド結合を加水分解する酵素である．リソソーム*でセラミド代謝に携わる酵素の最適pHは4.5～5.5で，酸性セラミダーゼとよばれる．本酵素遺伝子の欠損，機能的変異は，リソソームにセラミドが蓄積するファーバー病*の原因となる．一方，pH 6.5～7.5の中性領域に最適pHをもつ中性セラミダーゼは細菌からヒトまで広く見いだされ，一つのファミリーを形成している．興味深いことに，進化的に脊椎動物以上の中性セラミダーゼにはN末端のシグナルアンカー配列の直後にセリン，トレオニン，プロリンに富んだドメイン構造(ムチン様ドメイン)が存在し，O結合型糖鎖が付加されている．脊椎動物の中性セラミダーゼは，ムチン様ドメインおよび触媒部位を細胞外，N末端を細胞内にもつ，II型細胞膜貫通タンパク質である．遺伝子工学的手法で，ムチン様ドメインを欠損させたり，ドメインにO結合型糖鎖が付加しないようにした変異酵素は分泌型となるため，このドメインは細胞膜貫通II型酵素として存在するために必須な領域と考えられる．このドメインをもたない細菌や無脊椎動物の中性セラミダーゼはすべて分泌型である．脊椎動物の中性セラミダーゼは，細胞膜や細胞外でのセラミド代謝，特に，スフィンゴシン1-リン酸*(S1P)の産生に重要な役割を果たしている．酸性，中性セラミダーゼ以外に，最適pHが8.5～9.0，小胞体に局在するアルカリ性セラミダーゼが酵母とヒトからクローニングされているが，その生理機能に関してはよくわかっていない．これら最適pHが異なる三つのセラミダーゼファミリー相互に一次構造の相同性がまったくなく，それぞれ異なる祖先遺伝子から進化したと考えられている．セラミダーゼは遊離のセラミドにしか作用しない．一方，糖脂質やスフィンゴミエリンのセラミド残基の酸アミド結合を加水分解する酵素が細菌などに見いだされ，スフィンゴ脂質セラミドN-デアシラーゼ(sphingolipid ceramide N-deacylase)とよばれている．セラミダーゼと異なり，本酵素は脊椎動物では報告されていない．

**セラミド** [ceramide] 長鎖塩基(スフィンゴシン*)と脂肪酸が酸アミド結合した脂質．スフィンゴミエリン*，スフィンゴ糖脂質*の前駆物質として重要であるとともに，セラミド自身さらにその代謝産物のスフィンゴシンが細胞の増殖制御分子として注目されている．セラミドによる細胞死誘導に関しては，各種プロテインキナーゼまたはプロテインホスファターゼの活性化を介する経路やセラミドがミトコンドリア外膜を直接損傷する経路などが提唱されている．

$$CH_3(CH_2)_{12}CH=CHCH-CHCH_2OH$$
$$\quad\quad\quad\quad\quad\quad\quad OH\ NH$$
$$\quad\quad\quad\quad\quad\quad\quad\quad\quad C=O$$
$$\quad\quad\quad\quad\quad\quad\quad\quad\quad R$$

**セラミドキナーゼ** [ceramide kinase] アシルスフィンゴシンキナーゼ(acylsphingosine kinase)ともいい，CERKと略す．EC 2.7.1.138．セラミド*を基質として，長鎖塩基(スフィンゴシン*)の1位のヒドロキシ基をリン酸化しセラミド1-リン酸を生成する．活性にはATPと$Mg^{2+}$のほか，$Ca^{2+}$も必要とする．脂肪酸の炭素数が六つ以上のものは基質にするが，二つのものや長鎖塩基は基質にしない．ヒトセラミドキナーゼタンパク質は538アミノ酸残基から成り，PHドメイン*，ジアシルグリセロールキナーゼ*ドメインをもっている．また，大腸菌のジアシルグリセロールキナーゼは，セラミドキナーゼ活性をもつ．

**セリアック症候群** [celiac syndrome] セリアックスプルー(celiac sprue)，小児脂肪便症(intestinal infantilism)，グルテン過敏性腸症(gluten-sensitive enteropathy)，ギー病(Gee's disease)ともいう．食事性グルテンにより小腸粘膜が障害され，吸収不良を生じる疾患．嘔吐，下痢が持続し脂肪便を大量に排出するが，無グルテン食により症状は著明に改善する．絨毛の平坦化，陰窩の延長，炎症性細胞浸潤などを認める．原因については酵素欠損による小麦に対する免疫異常，アデノウイルス12との関連が考えられている．白人に多く認め，アジア人，黒人にはまれである．HLA-DR3，DR7またはDQ2との強い相関が報告されている．

**セリアックスプルー** [celiac sprue] ＝セリアック症候群

**セリシン** [sericin] カイコの中部絹糸腺細胞が合成，分泌する4種の主成分と数種の少成分から成る一群の糖タンパク質で，分子量は65,000～40万と多様．絹糸腺*腺腔内でフィブロイン*の周囲を層状に覆い，1対の絹糸腺に由来する2本のフィブロイン繊維を糊づけしたような形で吐糸され，繭を形成する．絹糸の精練過程でアルカリ性熱水に抽出される．アミノ酸組成はセリン(約30％)，アスパラギン酸，グリシンで約60％を占める．

**セリン** [serine] ＝2-アミノ-3-ヒドロキシプロピオン酸(2-amino-3-hydroxypropionic acid)．Serまた

はS(一文字表記)と略記される．L形はタンパク質を構成するアミノ酸の一つ．$C_3H_7NO_3$, 分子量105.09. D形はカイコやミミズの血液やポリミキシンD, シクロセリンなどに含まれる．ヒドロキシ基の$pK_a$は約13.6. 酵素の活性中心で求核基として機能することがある．タンパク質中のセリン残基の一部はリン酸化されてo-ホスホセリンとなることがある．非必須アミノ酸．(→アミノ酸)

COOH
|
H$_2$NCH
|
CH$_2$
|
OH

L-セリン

**セリン/トレオニンキナーゼ** [serine/threonine kinase] ＝セリン/トレオニンプロテインキナーゼ(serine/threonine protein kinase). タンパク質もしくはトレオニン残基のヒドロキシ基にATPのγ位のリン酸を転移する酵素(EC 2.7.11)の総称．細胞質や核に局在するセリン/トレオニンキナーゼは，機能タンパク質の働きをリン酸化により調節することにより，外来性シグナルの伝達，細胞周期，転写翻訳，細胞運動，代謝などの制御に関与している．また，膜貫通型のセリン/トレオニンキナーゼも知られており，動物細胞ではTGF-β, BMPなどTGF-βファミリーの増殖分化因子の受容体として機能している．一方，植物細胞で膜型セリン/トレオニンキナーゼは数百以上のメンバーから成る大きなファミリーを形成し，病原体はじめ，さまざまな外来性刺激への応答に関与すると考えられている．一次構造上はセリン/トレオニンキナーゼの特徴をもちながら，セリン/トレオニンの他にチロシン残基もリン酸化するキナーゼも知られており，セリン/トレオニン/チロシンキナーゼ*として分類されている．(→プロテインキナーゼ)

**セリン/トレオニン/チロシンキナーゼ** [serine/threonine/tyrosine kinase] デュアルスペシフィシティキナーゼ(dual specificity kinase)ともいう．一次構造上の特徴からはセリン/トレオニンキナーゼ*に分類されるが，実際にはセリン/トレオニンおよびチロシン残基にATPのγ位のリン酸を転移することができる酵素(EC 2.7.12群)の総称．代表例のMAPキナーゼキナーゼ*はMAPキナーゼ*の触媒ループ上のThr-(Glu/Gly/Pro)-Tyrモチーフを認識し，トレオニンとチロシンをリン酸化して活性化する．このほかにCLK1(Cdc-like kinase 1)やMps1(monopolar spindles 1)などが知られている．

**セリン/トレオニンプロテインキナーゼ** [serine/threonine protein kinase] ＝セリン/トレオニンキナーゼ

**セリン/トレオニンホスファターゼ** [serine/threonine phosphatase] セリン/トレオニンホスファターゼはおもにタンパク質の結合によって活性調節されるホスホプロテインホスファターゼP(PPP)ファミリーおよび活性化に$Mg^{2+}$を必要とするホスホプロテインホスファターゼM(PPM)ファミリーの二つに分類される．PPPファミリーにはPP1, PP2A, PP2B, PP4, PP5, PP6, PP7が知られており，PPMファミリーにはPP2Cが含まれる(PP2は金属イオン非依存性(PP2A), $Ca^{2+}$依存性(PP2B), $Mg^{2+}$依存性(PP2C)に基づいて細分されるようになった)．PP1, PP2A, PP2Bは酵素活性をつかさどる触媒サブユニットとその活性調節や細胞内局在を担う制御サブユニットから構成されており，ホロ酵素*として機能している．カルシニューリン*として知られるPP2Bの活性化は$Ca^{2+}$/カルモジュリン複合体に依存しているが，これは通常PP2Bの触媒サブユニットは制御サブユニットによって抑制されているが，ひとたび制御サブユニットに$Ca^{2+}$が結合するとこの抑制が解除されることによることが知られている．一方, PP2Cは単量体で作用すると考えられている．(→タンパク質のリン酸化，ホスホプロテインホスファターゼ)

**セリンプロテアーゼ** [serine protease] 活性中心の触媒残基としてセリンをもつプロテアーゼ*の総称. EC 3.4.16および21群をさす．プロテアーゼは活性中心の触媒残基の種類によって4種，すなわちセリンプロテアーゼ，システインプロテアーゼ，アスパラギン酸プロテアーゼ，メタロプロテアーゼに分類される．セリンプロテアーゼの多くは中性ないし弱アルカリに最適pHをもち，哺乳類においては特に他のタイプのプロテアーゼに比べて多彩で重要な働きをしている．トリプシン*，キモトリプシン*，エラスターゼ*などの消化酵素，トロンビン*，プラスミン*などの血液凝固・線溶に関与するプロテアーゼ，補体系の各成分のほとんどはセリンプロテアーゼである．顆粒球の中性プロテアーゼであるカテプシン*G, メダラシン(medullasin), プロテイナーゼ3(proteinase-3)は顆粒球外へ遊離し，生体防御機構において重要な働きをしている．セリンプロテアーゼの活性中心には195番Ser, 57番His, 102番Asp(キモトリプシン番号)が空間的に近接して存在し，Asp-Hisの電荷リレー系によりSerのヒドロキシ基のプロトンが取られ，親核性の増したSerのγ位の酸素がペプチド結合の炭素原子を攻撃し，Hisからアミド基へプロトンが渡されてペプチド結合が切断される．哺乳動物のセリンプロテアーゼの活性中心の102番Asp, 57番His周辺の一次構造は類似し，195番Ser周辺(セリンループ)もAsp(194番)-Ser(195番)-Gly(196番)の構造であり，プロ酵素が限定分解を受けて活性化される際にはN末端の$\alpha$-$NH_3^+$が194番Aspのカルボキシ基とイオン対をつくることにより活性中心が開放される．しかし植物や細菌のあるもの，たとえば枯草菌のズブチリシン*は活性中心のアミノ酸の空間的位置関係は哺乳類のそれと類似するが，セリンループはThr-Ser-Metであり，活性中心の開放機序は異なると思われる．ジイソプロピルフルオロリン酸(DFP)は活性中心のSerと特異的に結合してジイソプロピル(DIP)-プロテアーゼとなり，失活させる．フェニルメタンスルホニルフルオリド(PMSF)も活性セリン残基と反応して失活させる．セリンプロテアーゼの基質結合部位に作用して失活させる阻害剤としては，各タイプのセリンプロテアーゼによって異なるものが知られている．特に放線菌培養濾液から得られたエラスタチナール(エラスターゼおよびメダラシンを阻害)，キ

モスタチン(キモトリプシン様プロテアーゼを阻害), ロイペプチン(トリプシン様プロテアーゼを阻害)などは各種生体物質の精製の際に利用されている. (⇒プロテアーゼインヒビター, セリンプロテアーゼインヒビター)

**セリンプロテアーゼインヒビター** [serine protease inhibitor] プロテアーゼのうち特にセリンプロテアーゼ*に作用する阻害剤. セリンプロテアーゼに広く作用するものと特定のセリンプロテアーゼのみを阻害するものがある. 動物体内の多くのものは高分子のタンパク質であるが, 微生物由来の低分子性のインヒビター, 合成された低分子インヒビターもある. セリンプロテアーゼは動物体内では広く分布するので, そのインヒビターもほとんどすべての組織にある. 血中の $\alpha_1$ アンチトリプシン*, $\alpha_2$ プラスミンインヒビター*, 組織中のアプロチニン(aprotinin), 膵のインヒビター, 尿, 乳, 精囊中のインヒビターの多くは高分子のタンパク質より成り, 活性中心に結合して広くセリンプロテアーゼを阻害するが, $\alpha_1$ キモトリプシンインヒビターのように特異性の高いものもある. 放線菌由来のエラスタチナール, アンチパイン, ロイペプチンなどは低分子ペプチドであり, 基質結合部位に結合して各セリンプロテアーゼを特異的に阻害する. 豆類, 卵, 回虫にもタンパク質のインヒビターがある. (⇒プロテアーゼインヒビター)

**セリンプロテアーゼインヒビターファミリー** [serine protease inhibitor family] ＝セルピンファミリー

**セルソーター** [cell sorter] ⇒蛍光活性化セルソーター

**セルトリー細胞** [Sertoli cell] 哺乳類における精子形成の場である精細管*壁にある支持細胞をいう. 非常に複雑な形をしており, 各段階の精細胞の間隙を埋めている. 以前はシンシチウム(⇒多核細胞)をなすものと考えられていたが, 電子顕微鏡による観察から細胞質連絡はないことが明らかになった. 発生学的には一次性索(primary sex cord)に由来する. 従来, その機能としては, 精細胞の物理的な保持・栄養因子の供給および成熟精子の排出などが考えられていた. 今日では, 胎児期における性分化の決定に重要な役割を果たしているのではないか, と考えられている.

**セルピンファミリー** [serpin family] セリンプロテアーゼインヒビターファミリー(serine protease inhibitor family)ともいう. セリンプロテアーゼ*の阻害因子の一群. $\alpha_1$ アンチトリプシン*, アンチトロンビンIII*, $\alpha_2$ プラスミンインヒビター*, C1-エステラーゼインヒビターなどが代表的なメンバーで, アミノ酸配列の相同性がある. それぞれに特異的な酵素阻害活性部位(反応部位ループ)が C 末端側にあり, 特定の酵素と安定な四面体形中間体を形成することによって不活性化する. 酵素・セルピン複合体が検出されれば生体内で酵素の活性化反応が起こっている証拠となるので, 各種の病態の指標として利用される. (⇒セリンプロテアーゼインヒビター)

**セルブレビン** [cellubrevin] VAMP-3 ともいう. (⇒VAMP)

**セルロース** [cellulose] $\beta$-D-グルコースが $(1\rightarrow4)$ 結合で重合している直鎖状分子. 細胞壁*中では数十本のセルロース分子が水素結合により束になり, 断面の直径が $10\sim25$ nm のミクロフィブリル*を形づくる. セルロース分子は結晶構造をとり, 細胞壁に力学的な強度を与える. セルロースは UDP グルコースから合成されると考えられ, 合成の場は原形質膜であるとされている. その理由は, 細胞壁を電子顕微鏡で観察すると, ロゼット状に配列した顆粒体があり, そこからセルロースミクロフィブリル様の繊維が突き出ているからである. しかし, この顆粒体がセルロースシンターゼかどうかの生化学的証拠はまだない. (⇒細胞壁多糖)

**セルロースシンターゼ** [cellulose synthase] セルロース分子生合成の最終段階で, セルロースポリマー末端にグルコース分子を付加し鎖を伸ばす酵素. グルコース供与体として UDP グルコースを基質とする UDP 形成型(EC 2.4.1.12)と, GDP グルコースを基質とする GDP 形成型(EC 2.4.1.29)があり, UDP(または GDP)グルコースからグルコシル基を $\beta1\rightarrow4$ 結合で $\beta1\rightarrow4$ グルカン末端に転移する. 細胞質膜内在性の複合体として存在し, 細菌では UDP 形成型, 高等植物では GDP 形成型と UDP 形成型がそれぞれ単離されている. *Acetobacter xylinum* ではセルロース生合成 bcs オペロンがクローニングされ, 四つの遺伝子(*bcsA, B, C, D*)の塩基配列が決定されている. *bcsA* 遺伝子産物(83 kDa)が触媒サブユニット, *bcsB* 遺伝子産物(93 kDa)が活性化因子サイクリックジグアニル酸の結合サブユニットであり, *bcsC* および *bcsD* 遺伝子産物はセルロースポリマーの細胞外への分泌と結晶化に関与すると考えられている.

**セルロプラスミン** [ceruloplasmin] フェロオキシダーゼ(ferroxidase)ともいう(EC 1.16.3.1). 血液中に常在する銅タンパク質(分子量 132,000). 血漿濃度 $27\sim63$ mg/dL. 電気泳動で分画すると $\alpha_2$ グロブリンの位置に含まれる. 糖質 $8\sim9$% を含む糖タンパク質で四量体として存在する. 1分子当たり 8 原子の銅を結合し, 精製すると青色($Cu^{2+}$)を呈する. 等電点 4.4. 吸光係数 $E_{280}^{1\%}=15.3$. 最大吸収波長 605 nm. トランスフェリン*鉄の酸化還元に関与するので酸化酵素の一種ともみなされる. この欠乏症としてウイルソン病*が知られている.

**セレクチン** [selectin] LECAM(lectin type cell adhesion molecule)ともいう. I型膜貫通糖タンパク質の一つで, $Ca^{2+}$ 依存的に糖鎖を認識する接着分子*. N 末端から細胞内部に向かって, C型レクチンドメイン(L), EGF様ドメイン(E), 補体結合タンパク質ドメイン(C)が並び, これら三つのドメインの頭文字をとって LEC-CAM(CAM は cell adhesion molecule の略)ともよばれたが, 最近はセレクチン(選択的なレクチンの意)の名前でよばれることの方が多い. いずれもシアリルルイス x, シアリルルイス a などの特定の

糖鎖を認識する．つぎの3種類の分子が存在する．[1] L-セレクチン*．ほとんどの白血球*に発現する70～90 kDaの分子で，白血球のローリング現象に関与する．リンパ球が末梢リンパ節に移住する際のホーミング受容体*として機能するとされる．[2] E-セレクチン*．炎症性サイトカインなどの刺激により血管内皮細胞*上に発現が誘導される分子で約110 kDaのサイズを示す．[3] P-セレクチン*．活性化に伴い内皮細胞や血小板の表面に発現するようになる140 kDaの分子．(→細胞接着分子，セレクチンファミリー)

**セレクチンファミリー** [selectin family] カルシウムイオン依存的に糖鎖を認識するC型レクチンドメインをN末端にもつ一群の糖タンパク質性接着分子．L-セレクチンは白血球，P-セレクチンは血小板，活性化血管内皮細胞，E-セレクチンは活性化血管内皮細胞に発現し，いずれも血管内皮細胞上での白血球のローリングを媒介し，白血球の血管外移動に重要な役割を果たす．セレクチン*が結合する糖鎖構造としておもなものはシアリルルイスxであり，L-セレクチンの場合には特に硫酸化シアリルルイスxに結合する．L-セレクチンはリンパ球を含むほとんどすべての白血球表面に発現し，この分子が欠損するとリンパ節へのリンパ球ホーミングは著しく減少する．(→ホーミング)

**SELEX** (セレックス) [SELEX] systematic evolution of ligands by exponential enrichmentの略称．試験管内人工進化法(in vitro evolution)ともいう．タンパク質などのターゲット分子に高いアフィニティー*で結合することができる機能性核酸(アプタマー*)を得るための手法．SELEXでは，ランダムな配列部分をもつ合成DNAを核酸プールとして，DNAアプタマーを得る場合にはそのまま，RNAアプタマーを得るにはいったんPCR*によってプロモーター配列を末端に付加した二本鎖DNAプールを作製してRNAポリメラーゼ*により転写したRNAを，ターゲット分子と混ぜ，アフィニティーの低い結合核酸を洗浄し除去し，高いアフィニティーで結合している核酸を回収，PCRによって増幅する．この操作を複数回繰返すことにより，核酸プールの中から最も高いアフィニティーでターゲット分子に結合する核酸分子を選別する．選別の際にはターゲット分子以外の担体などに結合する核酸をあらかじめ除去したり，競合剤などを添加してより厳しい条件にしたり，生体内での半減期を長くしたり，細胞毒性や免疫原性を低下させたりするため修飾塩基*を導入するなどのさまざまな工夫がなされている．

**セレノシステイン** [selenocysteine] アミノ酸のシステイン中にある硫黄の代わりにセレン*が入ったもので天然からも検出される．$C_3H_7NO_2Se$，分子量168.05．高等動物のグルタチオンペルオキシダーゼの活性中心に含まれている．セレンはセレノラト(E-Se$^-$)となって過酸化物である基質

```
       COOH
       |
    H_2NCH
       |
       CH_2
       |
       SeH
    L-セレノシステイン
```

ROOHをROHに還元し，自身はセレネン酸(E-SeOH)の形になる．これに還元型グルタチオン(GSH)が付加されセレノスルフィド(E-Se-S-G)となり，もう1分子のGSHによって酸化型グルタチオン(GSSG)とセレノラトが再生される．

**セレブロシド** [cerebroside] ＝ガラクトシルセラミド(galactosylceramide)．スフィンゴシン*塩基の2位に脂肪酸が酸アミド結合し，1位にガラクトースがβ-グリコシド結合したもの．ミエリンの細胞膜の構成成分で脳組織に多く含まれているスフィンゴ糖脂質*である．セラミド*にガラクトースがグリコシル転移して合成される．クラッベ病*ではセレブロシドを分解するガラクトセレブロシダーゼが欠損しているのでこの糖脂質が蓄積したグロボイド細胞が脳に出現する．

**セレンディピティー遺伝子** [serendipity gene] Sry遺伝子(Sry gene)と略称される．ショウジョウバエの遺伝子で，唾腺染色体上では99Dにマップされる．同方向に転写される三つの遺伝子があり，5'から順に$Sry\beta$，$\alpha$，$\delta$とよばれる．$Sry\beta$と$\delta$は相同性があり，$C_2H_2$タイプのジンクフィンガー*ドメインをもつDNA結合タンパク質をコードする．遺伝子産物$Sry\beta$，$\delta$は，母性因子として胚に存在するとともに，発生過程を通してさまざまな組織で発現がみられる．$Sry\delta$は，前後軸の決定に働くビコイド遺伝子*(bcd)の哺育細胞での発現にかかわることで注目される．なお，遺伝子名は，"偶然に，運よく見つけられたもの"という語義に由来する．

**ゼロ次反応** [zeroth-order reaction] 一定条件下で反応速度が反応物質の濃度に関係なく，一定速度で進行する反応．酵素*など触媒の量に比べて反応物質(酵素の基質)の濃度がミカエリス定数*$K_m$よりも十分に大きい場合にみられる．これは全酵素が基質で飽和されて酵素-基質複合体量が律速段階になるためである．したがって酵素活性定量の場合はゼロ次反応に近い条件で測定する．この時の反応速度は最大速度とよばれる．

**セロトニン** [serotonin] ＝5-ヒドロキシトリプタミン(5-hydroxytryptamine)．5-HTと略記する．$C_{10}H_{12}N_2O$，分子量176.22．生理活性(インドール)アミン．おもに神経伝達物質*として作用する．アミノ酸のトリプトファンからトリプトファンヒドロキシラーゼ*および芳香族L-アミノ酸デカルボキシラーゼ*の作用により合成され，モノアミンオキシダーゼ*により分解される．脳や脊髄では主として脳幹の縫線核を起源とする神経系に存在し，覚醒や意識，情動の制御，うつ病などに関

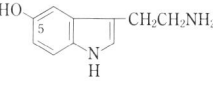

与する．また，消化管の運動や分泌を制御する腸の神経の主要な伝達物質でもある．

**セロトニン受容体**［serotonin receptor］　5-ヒドロキシトリプタミン受容体ともいう．セロトニン受容体は5-HT$_1$〜5-HT$_7$に分類される．5-HT$_1$はA〜Fの6種に分かれ，1Dには$\alpha$と$\beta$の2型がある．受容体は多くの異なる細胞に存在する．5-HT$_3$受容体以外は，Gタンパク質共役受容体*であり，セカンドメッセンジャー*を介してさまざまな生理反応をひき起こす．たとえばヒトの5-HT$_{1B}$受容体は7回膜を貫通する構造をもち，ドーパミン受容体*やアドレナリン受容体*と類似した組成および機能をもつ．5-HT$_{1A,B,D,E,F}$受容体はアデニル酸シクラーゼを不活性化し，5-HT$_{4,6,7}$は活性化する．5-HT$_{1C}$と5-HT$_2$はホスホリパーゼC*活性を調節し，イノシトールリン脂質代謝回転（→イノシトールリン脂質経路）を制御する．5-HT$_3$受容体はイオンチャネル型受容体であり，膜を4回貫通する構造をもつ．非選択的な陽イオン透過性を示し，速い脱分極性の電位反応を起こす．5-HT$_3$受容体には多くのアンタゴニストが知られ，制嘔吐剤，抗不安剤，精神安定剤の中に親和性の高いものがある．

**セロトニン輸送体**［serotonin transporter］　SERTと略す．5-ヒドロキシトリプタミン輸送体（5-hydroxytryptamine transporter）ともいう．5HTTと略す．セロトニン輸送体は，脳では神経終末に存在し，分泌されたセロトニン*を再取込みすることにより神経伝達を終了させるとともに，セロトニンを神経終末に回収し再利用させる役割をもつ．輸送体タンパク質は脳のセロトニン作動性神経に広く分布し，mRNAは神経の起源となる縫線核におもに存在する．12回膜貫通型構造をとるアミノ酸やアミン輸送体のファミリーに属す．ヒトのセロトニン輸送体は1種類の遺伝子から産生され630アミノ酸から構成される．セロトニンはNa$^+$とCl$^-$とともに取込まれる．感情や情動の制御，および気分障害やうつ病と密接に関係する．アンフェタミン*，コカイン*などの薬物乱用や薬物依存を起こす薬剤，あるいは抗うつ剤によって阻害され，これらの薬物の作用点となる．遺伝子にいくつかの多型があり，輸送体の発現量や活性の違いが生じ，それが不安，うつ病などの精神疾患と関連する．セロトニン輸送体は中枢神経のみならず，小腸，副腎，血小板，胎盤などの末梢組織にも存在し，脳と同様にセロトニンを取込み，その作用を終了させる役割をもつ．

**腺**［gland］　血液が運ぶ諸物質を材料として取込み，それの加工産物を分泌する装置，あるいは器官．腸粘膜上皮に散在する杯細胞は粘液分泌性の単一細胞腺である．多細胞腺には唾液腺・胃腺・膵臓・肝臓・汗腺・肺（CO$_2$分泌）・腎臓（尿分泌）などの外分泌腺，血液またはリンパ液中への分泌を重点的に行う内分泌腺*，などの種類がある．内分泌腺の多くは，発生の途中で外分泌用の導管を二次的に失うという過程を経て形成される．

**繊維芽細胞**［fibroblast］　線維芽細胞とも書く．結合組織の固有細胞で，粗面小胞体とゴルジ体の良好な発育を特徴とする楕円形の核と紡錘状の原形質をもつ細胞．多くの臓器に存在する間葉系細胞で実質細胞を埋める役をする細胞も含める．コラーゲンとプロテオグリカンなどの細胞間物質合成分泌能をもつ．機能分化する前の未分化な細胞としていう場合がある．筋芽細胞*とは密接な関係にあり，高橋国太郎らがホヤでその機能分化を研究した．また，がん組織や筋肉などの初代培養において，実質細胞以外に存在する細胞を総称する．血清や繊維芽細胞増殖因子*（FGF）などにより増殖し，接触阻止*が生じ石垣様になる．正常繊維芽細胞では，継代培養を繰返すと50代ほどで死滅する．クローン化されたNIH3T3細胞*などではこの限りではない．がん細胞の特徴である接触阻止機能喪失を利用し，発がんのスクリーニング*に使われる．細胞の増殖研究，ことに増殖因子*のシグナル伝達機構を研究するのに好んで用いられる．

**繊維芽細胞インターフェロン**［fibroblast interferon］　＝インターフェロン$\beta$

**繊維芽細胞増殖因子**［fibroblast growth factor］　FGFと略す．D. Gospodarowiczは1974年にウシ脳下垂体から分離精製した増殖因子を繊維芽細胞増殖因子*（bFGF）とよばれていた．その後，等電点が酸性の酸性繊維芽細胞増殖因子*（aFGF）が分離精製された．aFGFとbFGFは17〜19 kDaのポリペプチドで，アミノ酸レベルで約55％の相同性をもつ．分泌シグナルをもたず，特異な細胞外放出系をもつと考えられている．マウス繊維芽細胞に対する増殖促進活性に関しては差はない．またaFGFおよびbFGFは繊維芽細胞のみならず神経系細胞や血管内皮細胞など多くの細胞を標的とする．培養細胞系では増殖促進のみならず細胞運動促進や分化促進などの作用を示す．生体内では血管新生促進や創傷治癒に関与する．また核への集積も観察される．アミノ酸配列上で相同性を示す因子が発見され，FGFファミリーを形成している．ヒト/マウスでは22種類のFGFが存在し，同定された順に，FGF$n$のようによぶ．FGF1はFGF1，bFGFはFGF2である．Int-2遺伝子*産物（FGF3）やHst-1*（FGF4），FGF5*のようにがん遺伝子産物の例もある．角質細胞*に特異的な増殖促進活性を示す角質細胞増殖因子*（KGF；FGF7）もFGFファミリーの増殖因子である．またFGF10は，FGF7と同様に角質細胞の増殖促進活性をもち，KGF2ともよばれる．FGFファミリーの増殖因子はヘパリン結合性をもち，ヘパリン結合性増殖因子*ともよばれる．多くのFGFは*flg*，*bek*などの遺伝子にコードされる繊維芽細胞増殖因子受容体群に結合する．

**繊維芽細胞増殖因子受容体**［fibroblast growth factor receptor］　FGFRと略す．繊維芽細胞増殖因子*（FGF）ファミリーの増殖因子に結合するチロシンキナーゼ型受容体．この受容体は*flg*（FGFR1），*bek*（FGFR2），FGFR3，FGFR4の，異なる四つの遺伝子にコードされている．いずれも細胞外に三つの免疫グ

ロブリン様構造,膜貫通領域,細胞内にチロシンキナーゼ領域をもつ.それぞれ,選択的スプライシング*により,多様な分子種がつくられる.それらはそれぞれ独自の発現分布を示し,またFGFファミリーの種々の増殖因子と異なる親和性をもつ.特に細胞外第三免疫グロブリン様構造後半部の選択的スプライシングによる違いは,リガンド特異性の決定に重要である.FGFリガンドの結合に伴い,受容体の二量体形成,自己チロシンリン酸化,アダプタータンパク質であるFRS(FGFR substrate)などのチロシンリン酸化が進行する.活性化されたFRSは,さらにRas-MAPキナーゼ経路などを活性化する.ヘパラン硫酸などの細胞外マトリックスは,FGFとFGFRとの結合に関与している.

**繊維芽細胞増殖因子受容体2型遺伝子** [fibroblast growth factor receptor type 2 gene] ＝K-sam遺伝子

**遷移元素** [transition element] 長周期型周期表で3〜11族に属する金属元素をさし,陽イオンを生じる.Sc, Ti, V, Cr, Mn, Fe, Co, Ni, Cu, Y, Zr, Nb, Mo, Tc, Ru, Rh, Pd, Agなど56個の元素が該当する.不完全なdまたはf亜殻をもっているのが特徴で,種々の酸化数をとり,一般に多彩な色を呈し,種々の錯体をつくる.

**繊維状タンパク質** [fibrous protein] 安定な立体構造が球状からかけ離れているタンパク質.代表的な例として,コラーゲン*,フィブロイン*,ケラチン*,ミオシン*などがある.エラスチン*などのように,ポリペプチド鎖が繊維状の会合体を形成する場合も繊維状タンパク質とよぶことがある.(⇌球状タンパク質)

**繊維性星状膠細胞** [fibrous astroglia] ⇌アストログリア

**繊維素** ＝フィブリン

**繊維素溶解** [fibrinolysis] 繊溶ともいう.血液凝固*の結果出現したフィブリン*繊維を溶解すること.溶解は,主としてトリプシン様酵素であるプラスミン*によって行われる.酵素原として血中に存在するプラスミノーゲンがプラスミノーゲンアクチベーターにより活性化され,プラスミンとなる.反応はフィブリンが補因子として働くことで効率よく進行し,生理的阻害因子であるプラスミノーゲンアクチベーターインヒビター*1と$\alpha_2$プラスミンインヒビター*により制御される.

**繊維肉腫** [fibrosarcoma] 繊維芽細胞*の形態を示す細胞から成る肉腫.杉綾模様をつくって増殖し,細胞はそろっている.コラーゲンを産生する.

**前核** [pronucleus] 受精*の過程における卵*と精子*由来の一倍体*の核.配偶子が接合すると,精子由来の雄性前核が卵由来の雌性前核に向かい卵の中を移動し,二つの前核が融合して二倍体*の核を形成する.受精が完了する.トランスジェニックマウス*を作製する時には,雄性前核にDNAを注入することが多い.

**前核移植** [pronuclear transfer] 体外受精*卵移植法の一つ.培養液中で受精した卵が2細胞期となる以前,すなわち精子核と卵子核が卵内で別々に存在する段階(前核期)に受精卵を卵管内に注入する方法.原理的には,受精前の卵と精子を卵管内に注入する配偶子卵管内移植と,受精後4細胞期に達した原胚子を子宮内に注入する体外受精胚移植(in vitro fertilization embryo transfer, IVF-ET)との中間的な性格をもつ.IVF-ETに比べ妊娠率が高く,免疫性不妊に対しても有効.

**腺下垂体** [adenohypophysis] ⇌下垂体

**全割** [holoblastic cleavage] ⇌卵割

**腺がん** [adenocarcinoma] 代表的ながん腫*の一種で,乳頭構造,腺管構造,粘液産生を示す.それぞれの特徴から,単に,乳頭がん,腺管がん,粘液がんなどともいわれる.また,分化度に応じて高分化,中分化,低分化と分けることも多い.印環細胞がん*は,低分化腺がんに属する.胃がんでは,分化型がんと未分化型がんとに分かれ,発生部位,年齢層,進展形式,予後に差がみられる.大腸では,ほとんどが高分化ないし中分化腺がんである.(⇌腺腫)

**CEN含有プラスミド** [CEN-containing plasmid] YCpと略す.Saccharomyces酵母のセントロメア配列(⇌動原体)を含むプラスミドで,酵母細胞でのコピー数が1コピーである.細胞分裂に際し安定に母娘細胞に分配される.(⇌酵母自己複製型プラスミド)

**前期** [prophase] 真核生物の細胞周期*中,M期*の最初の段階.特徴として,1)核膜の崩壊はまだ起こっていない,2)染色体が凝縮を始める,3)核小体が消失する,4)細胞質微小管が消失し,二つの中心体*の間に紡錘体*の形成が始まる,があげられる.核膜の崩壊とともにM期のつぎの段階,前中期*へ入るとされる.前期の開始と進行には,分裂期に活性がピークになる分裂期キナーゼが重要な役割を果たす.分裂期キナーゼは,分裂期サイクリン依存性キナーゼ,NIMA関連キナーゼ,ポロ関連キナーゼ,オーロラ関連キナーゼ,MEN/SIN関連キナーゼ,チェックポイント関連キナーゼに分類されている.サイクリンB-CDK1はM期の開始に働き,オーロラキナーゼ(ヒトではオーロラキナーゼA)は中心体分離,紡錘体形成,染色体分離など,おもに分裂期前期のイベントにかかわり,Plk1(polo-like kinase; 出芽酵母ではCDC5)はサイクリンB-CDK1の活性化,中心体の分離,紡錘体の形成,ほか多様な機能を発揮する.

**前胸腺** [prothoracic gland] 昆虫の内分泌腺で,その存在についてはP. Lyonet(1762)がボクトウガの幼虫で記載している.カイコガでは,前胸腺が脱皮ホルモン(エクジソン*)の分泌器官であることが福田宗一(1945)により証明された.前胸腺の形態は昆虫の種類により異なり,鱗翅目では分枝した帯状をなし第一気門の近傍に1対存在し,双翅目では環状腺をなす.大多数の昆虫では成虫に変態後は退化,消失する.脱皮に関与することで甲殻類のY器官に相同と

**前胸腺刺激ホルモン**［prothoracicotropic hormone］ PTTHと略称される．昆虫神経ホルモンの一種で，前胸腺*を刺激しエクジソン*の合成・分泌を促すホルモンで，古くは脳ホルモン（brain hormone）とも称された．カイコガでは，脳側方部2対の神経分泌細胞で合成され，脳中央部で反対側の脳半球に入る軸索を経由して，アラタ体*から体液中に分泌される糖タンパク質性の物質．109残基のアミノ酸から成り，アミノ末端から41残基目に糖鎖が結合したサブユニットがジスルフィド結合を介して二量体構造をなす．

**前胸腺ホルモン**［prothoracic gland hormone］ → エクジステロイド

**前駆細胞**［progenitor cell, precursor cell, committed stem cell］ 子孫にあたる細胞（仮にXとする）が特定の分化形成を発現することが明らかな場合，分化形質を発現していない未分化な親細胞を，Xの前駆細胞とよぶ．例として，神経細胞*（ニューロン）に対する神経芽細胞（→ ニューロン前駆細胞），筋管*細胞に対する筋芽細胞*などがある．多能性をもつ幹細胞*の娘細胞が多能性を失い，ある特定な分化細胞の前駆細胞となることを，細胞分化*における決定（determination）あるいは拘束（commitment）という．実際に分化形質を発現することをさす分化*という用語と決定とは区別して用いられる．分化細胞から前駆細胞，多能性幹細胞，そして受精卵へと細胞系譜*をたどることで，細胞分化の過程を明らかにする試みがなされており，特に線虫（*Caenorhabditis elegans*）*では全細胞系譜が解明されている．

**前駆体タンパク質**［precursor protein］ プレプロインスリンのように，いまだ加工されていない状態にあるタンパク質をさす．たとえば，トリプシノーゲンやキモトリプシノーゲンなどのプロ酵素（チモーゲン*）はトリプシン，キモトリプシンの前駆体タンパク質であり，またmRNAからの一次翻訳生成物も含まれる．前駆体タンパク質は成熟タンパク質とほぼ同じ構造をとっているが，活性化やプロセシング，スプライシングなどの過程を経て機能をもつ成熟タンパク質へ変換される．（→ プレプロタンパク質）

**全欠失突然変異** → ヌル突然変異

**旋光性**［optical rotation］ 直線偏光が通過する際に，その振動面が回転すれば，その物質は旋光性であるという．直線偏光は振動面が右回り（右旋性）と左回り（左旋性）の円偏光から成るとしてよい．旋光性は右回りと左回り円偏光の光学活性物質中での速度が異なるために生じる．この場合の吸収の違いは円二色性*として観測されるが，旋光性は吸収帯から外れた可視部でも容易に検出できるので，光学活性の目安として有用である．旋光性と円二色性は屈折と吸収に対応する現象である．（→ 光学異性体）

**旋光分散**［optical rotatory dispersion］ 旋光性*（数量的には旋光度）が光の波長とともに変化する現象．旋光性は屈折率に関連する性質であるので，それと同様に短波長域で急激に顕著になるのが常である．吸収帯においては急激な上下変動を示し，これを異常分散（anomalous dispersion）とよんだ．測定装置の光学部分が吸収を示さない可視領域で測定できるので光学活性の評価に旋光分散は愛用されたが，吸収帯域を含むことの多い紫外域での円二色性*の測定が容易になったので大方の関心は後者に移行した．

**前後軸**［anterior-posterior axis, antero-posterior axis］ 頭尾軸（craniocaudal axis）ともいう．胚の発生過程において，各部分の前端と後端を結んだ座標軸をいう．胚軸*の一つ．背腹軸*は受精後に決定されるのに対し，前後軸は受精前から母方の遺伝子により決定される．ショウジョウバエでは，母親の卵巣内でビコイド遺伝子*（*bcd*）由来のmRNAが卵母細胞内に輸送され，卵の前端の細胞骨格と会合して固定される．受精シグナルによりそのmRNAからビコイドタンパク質が産生され，その濃度は卵の後端方向に沿ってしだいに低下し，濃度勾配を形成する．初期胚の形態形成に関与する遺伝子の一つであるハンチバック遺伝子*（*hb*）の発現の有無はビコイドタンパク質の濃度に依存し，一定濃度以上が存在する部位においてのみビコイドタンパク質が転写調節領域に結合して遺伝子発現が起こる．このようにして濃度勾配が前後軸の決定に重要な役割を果たすと考えられている．同様に後部の卵極性はナノス遺伝子（*nanos*）により決定され前後軸の形成に関与する．またレチノイン酸は位置情報（→ パターン形成）を前後軸に沿って移動させる働きをもつ可能性が示唆されている．（→ 軸性）

**仙椎稜細胞**（トリの）［sacral crest cell］ トリの胎仔期に出現する細胞で，仙骨領域の神経稜（→ 神経冠）に存在する．この部位の吻側の細胞集団は遊走して後腸（hindgut）に至り，腸管壁の神経細胞およびグリア細胞に分化する．腸間膜のレマク神経節（Remak ganglion）も本細胞の遊走・分化によって形成される．ニワトリ胎仔では胎齢4日（Day E4）ないし5日（Day E5）でほぼこの細胞の腸管あるいは腸間壁への遊走が終了する．尾側の細胞集団も遊走し，腸管を取巻くように分布する．

**潜在性**［latency］ 【1】 ファージが宿主細菌に感染後，溶原化サイクル*を経てプロファージ*となりファージの自律的増殖を抑制している状態．溶原菌が紫外線などの刺激を受けると，活性化されたRecAタンパク質*がリプレッサーを不活化し，ファージタンパク質やDNAの合成が誘導され多数のファージ粒子が溶菌に伴って放出される．溶原化を経ない溶菌化サイクルにより感染する場合も，一定期間の潜伏期（latent period）を経て溶菌が起こり成熟ファージ粒子が放出される．

【2】 ウイルスが宿主細胞内で遺伝子発現を部分的に抑制し増殖を止めた状態．単純ヘルペスウイルス*は皮膚や粘膜の感染局所で増殖後，知覚神経を通って神経節に到達し潜伏感染（latent infection）する．EBウイルス*は口腔の上皮細胞で増殖後，さらにBリンパ球で感染増殖し潜伏状態に入る．いずれの場合も細胞が何らかの刺激を受け，ウイルス複製が誘発され増殖

サイクルに移行する.

**センサーキナーゼ** [sensory kinase] ⇌ ヒスチジンキナーゼ

**前色素体** ＝プロプラスチド

**腺腫** [adenoma]　アデノーマともいう. 腺上皮から成り, 腺管・乳頭構造をもつ良性腫瘍. 消化管では隆起性のものをよぶことが多い. 腺がん*の前がん病変のことがある.

**線状 DNA ウイルス** [linear DNA virus]　直線状 DNA ウイルス, 直鎖状 DNA ウイルスともいう. 線状 DNA をゲノムにもつウイルスの総称. DNA ウイルス*は, 遺伝子の形状により環状 DNA ウイルス*あるいは線状 DNA ウイルスに分類される. 後者に属するものとして, ウイルス粒子中に一本鎖線状 DNA をもつパルボウイルスや二本鎖線状 DNA をもつアデノウイルス*, ヘルペスウイルス*, ポックスウイルス*などがある. その大部分はゲノム末端に特殊な繰返し配列をもつ. ゲノム構造・サイズの違いにより, 個々に固有な感染・増殖様式を示す.

**前初期遺伝子** [immediate early gene]　IEG と略される.【1】(細胞性の)　即時型遺伝子(early growth response gene, EGR)ともいう. 細胞増殖因子やホルモン, 神経伝達物質などの外界刺激に応答して一過性に発現が誘導される遺伝子の一群で, その発現誘導に新規のタンパク質合成を必要としない. これらの遺伝子は, 他の遺伝子の発現を誘導する転写因子*などをコードしている. 一般に刺激後数分間で発現し, 数時間後には発現が認められなくなる. (⇒ egr-1 遺伝子)

【2】(ウイルスの)　初期遺伝子*のうち, その発現に新規のタンパク質合成を必要としないもの.

**染色糸** [chromonema, (pl.) chromonemata] ⇌ 染色小粒

**染色質** ＝クロマチン

**染色小粒** [chromomere]　染色粒ともいう. 有糸分裂*および減数分裂*前期染色体において, 染色体の主軸に沿って規則的に多数配置した粒状構造体. 染色体上で局所的に染色糸(chromonema)が高密度に凝縮した領域であると考えられている. 染色小粒の領域に含まれる遺伝子の転写活性は低い. ランプブラシ染色体*では活発に転写されている遺伝子を含むクロマチンループ, ループの根元部分に形成された染色小粒, および隣合った染色小粒を結ぶ凝縮度の低い領域が繰返し多数観察される.

**染色体** [chromosome]　クロモソームともいう. 真核生物の核内に存在する DNA とタンパク質から成る遺伝情報を担う物体のこと. 本来は M 期*にみられる凝縮染色体をさす言葉であったが, 現在では間期*のクロマチン*も含めて染色体とよぶ. またウイルスや原核生物の核様体*, 葉緑体やミトコンドリアなどの細胞小器官にある遺伝子連鎖のことを広く染色体ということもある. 真核生物の染色体は線状の DNA 分子とヒストン*を主とするタンパク質が主体となってできており, DNA の塩基配列に遺伝情報が担われている. 一般に一つの細胞は複数の染色体をもつが, その数(基本数*)や大きさ, 形は生物種に固有のものになっている(⇒ 核型). 染色体は S 期*の DNA 複製で倍加し, M 期において染色体凝縮*, 染色体分離*を経て二つの娘細胞に均等に分配される. このような細胞周期*ごとの正確な複製, 分配のために, 染色体は複製起点*, 動原体*, テロメア*の 3 種の特別な塩基配列をもつ. 実際, 酵母細胞中ではこの 3 種の塩基配列をもつ外来 DNA 分子が人工染色体としてふるまうことが知られている(⇒ 酵母人工染色体*など).

**染色体異常** [chromosome abnormality, chromosomal aberration]　染色体は真核細胞の核内に存在する DNA とタンパク質の複合体であり, 細胞分裂期に光学顕微鏡で観察しうる. 染色体異常には数的異常と構造的異常がみられる. 数的異常は倍数性*異常と異数性*(トリソミーなど)があり, 構造的異常には欠失*, 逆位*, 重複*, 挿入*, 転座*などがある. 表記方法は An International System for Human Cytogenetic Nomenclature(ISCN)により決定される. たとえば, t(2;5)(p23;q35)は第 2 染色体 p23 バンドと第 5 染色体 q35 バンドの間の相互転座*を示す. p は染色体の短腕を, q は長腕を表す. inv(16)(p13q22)は第 16 染色体の p13 から q22 の間で逆位が起こったことを示す. +8 は第 8 染色体のトリソミーを, -5 は第 5 染色体のモノソミーを表す. del(5q)は第 5 染色体長腕の部分欠失を示す. 特定の染色体異常と疾患との間に密接な関連性が認められる.

**染色体位置効果** [chromosomal position effect] ＝位置効果

**染色体外遺伝** [extrachromosomal inheritance] ＝細胞質遺伝

**染色体外 DNA** [extrachromosomal DNA]　細胞内で染色体*とは独立して複製, 分配される DNA. 原核生物ではファージ*, コリシン*因子などの薬剤耐性因子, F プラスミド*などが知られている. 真核生物ではミトコンドリア DNA*が普遍的に存在し, 植物では葉緑体 DNA*が染色体外 DNA として存在する. 両生類では rRNA 遺伝子*の増幅の際に rRNA 遺伝子が染色体外に切除され増幅されることが知られている. また免疫系の細胞などでは染色体から組換えによって切除された環状 DNA が観察されている.

**染色体凝縮** [chromosome condensation]　間期*の細胞核内に分散して存在するクロマチン*が, 前期*から中期*にかけてコンパクトな棒状の構造(染色体*)へと変換される過程. M 期*を特徴づける劇的な事象の一つとして, 光学顕微鏡下で容易に観察される. 染色体の高次構造や凝縮の素過程には不明な点が多いが, 凝縮が起こる間には, 姉妹染色分体の解離と各染色分体そのものの組織化が相まって起こっていると考えられる. この事象の本質は, 複製した DNA 同士の絡まりを解き, さらに分離可能な強度をもつ構造を形成させることであり, 後期に起こる染色分体の分離に必須の過程といえる. 染色体凝縮に必要

なタンパク質としては,古くからII型トポイソメラーゼ*が知られていたが,近年になって,さらに本質的な役割を果たすコンデンシン*とよばれるタンパク質複合体が同定された.M期促進因子*の分子的実体であるサイクリンB-CDK1が,コンデンシンをリン酸化して分子活性を亢進させることで,染色体凝縮を促進すると考えられている.(→染色体脱凝縮)

**染色体再編成** [chromosomal rearrangement]　逆位*や転座*,挿入*,欠失*,組換え*などによってひき起こされる,染色体分節の配列換えによる染色体変化.

**染色体数** [chromosome number]　同一種内の染色体*の数を比較すると,その多くがある正数の倍数となっていることがわかる.この倍数列のもとになっている最小の正数を染色体の基本数*といい,一般に$x$で表す.したがって,基本数$x$はそれぞれの種に固有である.染色体数が$x, 2x, 3x, \cdots$である個体もしくは細胞をそれぞれ一倍体*,二倍体*,三倍体とよぶ(→倍数性).一方,染色体数が基本数の整数倍になっていないものを異数体という(→異数性).また,配偶子やその世代の染色体数を単数*といい,一般に$n$で表す.たとえば,一粒系コムギは$2n=2x=14$の染色体をもち,二粒系コムギでは$2n=4x=28$,普通系コムギは$2n=6x=48$の染色体をもつ.

**染色体切断配列** [chromosome breakage sequence]　化学薬品や放射線などで染色体切断が誘起された場合,切断が起こりやすい特定の部位.たとえばマイトマイシンC*は染色体の切断を起こすが,その部位はほとんどが構成的クロマチン領域で起こる.また動物細胞をジスタマイシン(distamycin)存在下などの特殊な条件下で培養した場合,染色体上の特定部位が姉妹染色分体*の相同な位置で切断されることがある.これは脆弱部位(fragile site)とよばれ,ある種の遺伝的疾患と密接に関連している.(→脆弱X症候群)

**染色体脱凝縮** [chromosome decondensation]　M期*の終結に際して姉妹染色分体*が紡錘体極に分配された後,その凝縮度が低下して個々の染色体を視覚的に区別できなくなる過程.光学顕微鏡下で観察できることから,古くから終期を特徴づける現象として記載されてきた.転写やDNA複製など$G_1$期*以降にクロマチン上で起こる現象に促進的に働くと考えられている.CDK1の不活性化と同期して起こるため,コンデンシン*を始めとするCDK1の標的タンパク質の脱リン酸が関与すると考えられているが,凝縮過程に比べて脱凝縮にかかわる分子やそのメカニズムについての知見は少ない.前中期に核膜崩壊を起こす生物種では,染色体の脱凝縮に先立って核膜*の再形成が観察される.(→染色体凝縮)

**染色体断片化** [chromosome fragmentation]　染色体DNAが切断され複数の断片となる現象.テトラヒメナなどの繊毛虫類の大核*DNAのように世代のある時期に起こる場合であり,放射線*やアルキル化剤*のような化学薬品によって誘起される場合がある.前者は正常な増殖,発生過程で起こる現象であり,たとえばテトラヒメナの場合には多数のrRNA遺伝子*が線状DNAとして細胞内に残存する.後者の場合は染色体の欠失,転座,異数体などの染色体異常*の原因となり細胞増殖に著しい影響を与えることがある.(→染色体切断配列)

**染色体地図** [chromosome map]　[1]連鎖している遺伝子をその相対的位置に応じて染色体*上に一列に並べて図示したもの.その作製法により,1)連鎖地図,2)物理的地図*,3)細胞学的地図*に分けられる.1)は組換え頻度を距離の尺度(単位,モルガン)とし,2)は塩基対数を距離の尺度(単位,塩基対)とする.また,3)は染色体の縞模様などを座標としたものである.染色体地図と,細菌やファージのDNA上の遺伝子の位置を図示したものをまとめて遺伝子地図*とよぶことがある.[2]狭義には,細胞学的地図を意味する.特定の試薬によって染色体を染色した際に生ずるパターン(染色体バンド*),あるいはショウジョウバエの唾腺染色体*のようにおのずから成る縞模様に基づいて染色体および染色体上の位置を特定したもの.各遺伝子の所在はそのバンドパターンを座標として染色体上に特定することができる.

**染色体パッセンジャータンパク質** [chromosomal passenger protein]　＝オーロラキナーゼ

**染色体パネル** [chromosome panel]　＝雑種細胞クローンパネル

**染色体パフ** [chromosome puff]　＝パフ

**染色体バンド** [chromosome band]　さまざまな染色法により染色体*を染色すると,特異的な縞状のバンド構造が有糸分裂中期染色体に観察され,これを染色体バンドとよぶ.染色体バンドのパターンは染色体ごとには異なるが,相同染色体*間では類似しており,個々の染色体を区別し同定するのに非常に有力な手段となっている.染色体バンドはヌクレオソーム*によるクロマチン*構造の規則性とは無関係である.また,バンドパターンと有糸分裂*期の巨視的レベルでの染色体構造との間の関係が示唆されているが,詳しいことはわかっていない.染色体バンドには,動原体*領域に観察されるCバンド*,ギムザ染色*により得られるGバンド*,Rバンド*,キナクリン染色により得られるQバンド*,核小体領域に観察されるNバンド*などがある.Gバンド,Rバンド,Qバンドは進化的に近縁種にあたる生物種間で保存される傾向が強いのに対し,Cバンド,Nバンドは種間での多様性が非常に大きいことがわかっている.

**染色体不安定性** [chromosome instability]　CINと略す.(→ゲノム不安定性)

**染色体分染法** [differential stain of chromosome]　染色体標本作製法の一つで,個々の染色体上に横縞模様(分染帯＝バンド)を染め分け出す方法(→染色体バンド).本法によって生じるバンドの数・幅・位置は個々の染色体にほぼ特有で,相同染色体の同定,欠失・転座など染色体の部分的異常の識別などに有用である.本法にはキナクリン,キナクリンマスタードを用いるQ分染法(→Qバンド),加熱あるいはトリプ

シン処理後にギムザ染色\*を施すG分染法(⇌Gバンド), G分染法とはバンドの濃淡が逆になるR分染法(⇌Rバンド)などがある.

**染色体分配** [chromosome separation, chromosome partitioning] 姉妹染色分体\*が二つの娘細胞へ分配されること. 細胞質分裂に先立って姉妹染色分体が分離し, 細胞分裂面を挟んで両側に分かれることによりなされる(⇌染色体分離). 真核細胞では紡錘体\*を中心とする染色体分配機構によりこの過程が行われる. 原核生物でも正確な染色体分配のために何らかの機構が働いていると考えられるが, その分子機構についてはよくわかっていない.

**染色体分離** [chromosome segregation, chromosome disjunction] 細胞分裂においてM期\*を経て姉妹染色分体\*が二つの娘細胞\*へ分配される際に分離すること. M期中期から後期に入る時に姉妹染色分体間の結合が切れ, おのおのの染色分体が動原体\*を介して結合した紡錘体微小管\*に引かれて両紡錘体極へ分かれていくことによりなされる. 姉妹染色分体は正確に二つの娘細胞に分配され, 分離の誤りは$10^5$回の分裂当たり1回程度にすぎない. この正確さは真核生物のもつ複雑な有糸分裂の機構によりもたらされると考えられている. 減数分裂\*においては, DNA複製を経ずに2度の染色体分離がつづいて起こり, 一つの二価染色体\*を形成する四つの染色分体が四つの娘細胞へ分配される. また, M期中期から後期に入る時に姉妹染色体間の結合が切れることをさすこともある. 真核細胞では, コヒーシン\*が姉妹染色分体の接着に中心的な役割を果たしているが, 2本の姉妹染色分体への分離には染色体腕部からコヒーシンが部分的に解離することに加え, II型トポイソメラーゼの働きが必須である. 減数分裂期ではRec8とSMC1βを含む減数分裂特異的コヒーシン複合体が腕部から離れ, まず腕部において姉妹染色分体の接着が解除される(第一分裂, 相同染色体の分離)が, セントロメアのRec8はそのまま残り, 第二分裂の時まで姉妹染色分体同士をくっつけている. 続いて減数分裂特異的コヒーシン複合体がセントロメアにおいて解除することで第二分裂(姉妹染色分体の分離)が起こる.

**染色体歩行** [chromosome walking] 遺伝子歩行(gene walking)ともいう. ある一つのDNA断片から出発してこれと一部がオーバーラップするDNA断片を遺伝子ライブラリーからクローン化すれば, これは元のDNA断片と染色体上で隣接するDNA断片と考えられる. この操作を繰返すことにより遺伝子ライブラリーから同一の染色体上の一続きのDNA断片を順次クローン化していくことができる. この一連の操作を染色体歩行とよぶ. 単独のDNA断片としてクローン化困難な長大な遺伝子の解析などに用いられる.

**染色体マッピング** [chromosome mapping] =遺伝子マッピング

**染色体免疫沈降** =クロマチン免疫沈降

**染色中央粒** =染色中心

**染色中心** [chromocenter] 染色中央粒ともいう. 間

期または分裂前期染色体の一部に形成される高度に凝縮した塊状の構造体. 染色体当たりの数や染色体上の位置は同一種でも細胞や発生過程によって変化する. この領域はヘテロクロマチン\*に対応し間期核においても脱凝縮しない. このことから光学顕微鏡による間期核内の染色体観察の指標の一つとして用いられる. ショウジョウバエの多糸染色体\*では動原体\*近傍のヘテロクロマチン領域で巨大な染色中心が形成され4対の染色体が染色中心で結合しているのが観察される.

**染色分体** [chromatid] クロマチドともいう. 中期染色体\*は平行に並んだ二つの同等な棒状の物体からなっているが, そのおのおのの棒状物を染色分体という. 一つの中期染色体を構成する一対の染色分体(姉妹染色分体\*)は, S期\*の半保存的複製により一つの染色体から生じた同じ遺伝情報をもつ物体である. M期\*中期から後期に入ると一対の染色分体は互いに離れて反対の極に向かい, それぞれ娘染色体になる. 減数分裂期の二価染色体\*は相同染色体\*が接合してできているので, 4本の染色分体で構成されていることになる.

**染色粒** =染色小粒

**全身獲得抵抗性** [systemic acquired resistance] SARと略す. 植物の体の1箇所にストレスが与えられた時, この情報を直ちに全身に伝え, 全身的にそのストレスに対する新たな抵抗性が誘導される現象. 病原体の感染を受けた植物細胞が, 病原体のさらなる拡大を抑えるために感染細胞の自発的な細胞死を誘導する(過敏感反応). 過敏感反応の結果, 病原体の感染部位は壊死病斑として観察される. 過敏感反応は病斑部に病原体を封じ込めるだけではなく, その周辺に再感染に対する抵抗性を誘導する. これを局部獲得抵抗性(localized acquired resistance, LAR)という. さらに, 植物は個体の一部分が病原体に侵されたという情報を全身に伝え, 残された健全組織が再び病原体に侵されないように備えるため, 病斑部またはその隣接健全部が感染緊急シグナルを生産して全身的に発信し, 未感染組織に防御態勢を誘導する. これは植物における免疫応答とも考えられ, 新たに攻撃してきた病原体の侵入を食い止め, 生き残るための重要な機構である. SARのシグナル物質としてサリチル酸が注目されており, 感染部位周辺や, 病斑形成部位から離れたSARを示す部位でも健全葉よりも数倍のサリチル酸が蓄積していることが報告されている. SARが認められる植物組織ではサリチル酸によって誘導される酸性PR遺伝子(⇌感染特異的タンパク質)の高レベルの発現が認められる. 同様の全身抵抗性は傷害や根に共生する非病原細菌(共生菌)によっても誘導される. 傷害による全身誘導抵抗性をwound-induced systemic resistance(WSR)といい, シグナル物質としてジャスモン酸\*およびエチレン\*が重要な役割を果たしていると考えられている. 傷害で誘導されるのは塩基性PR遺伝子のみで, 酸性PR遺伝子は誘導されないことから, SARとは別のシグナルを介していると考え

られる．また，根圏微生物の共生による誘導抵抗性を induced systemic resistance(ISR)といい，シグナル物質としてジャスモン酸とエチレンを必要とするが，サリチル酸を必要とせず，SAR とは異なる誘導機構として区別されている．

**全身性エリテマトーデス** [systemic lupus erythematosus, systemic lupus erythematodes] 全身性紅斑性狼瘡，急性エリテマトーデス(acute erythematodes)ともいう．SLE と略される．代表的ないわゆる膠原病*の一つ．血清中に抗二本鎖 DNA 抗体をはじめ，さまざまな抗核抗体が出現し，全身諸臓器に変性を伴う炎症反応と免疫複合体の沈着をみるのが特徴．しばしば日光照射により誘発される．全身倦怠，発熱などで始まり，顔面など皮膚に蝶形ないし不定形の紅斑が出現する．赤沈亢進，好中球減少，血小板減少，補体価低下，また LE 現象(LE phenomenon)という特異な現象がみられる．ループス腎炎，心筋炎，心膜炎などを伴う．原因は不明．自己免疫疾患*と考えられている．

**全身性紅斑性狼瘡** ＝全身性エリテマトーデス

**全身性シュワルツマン反応** [systemic Shwartzman reaction] ⇒シュワルツマン反応

**センス RNA** [sense RNA] ⇒アンチセンス RNA

**センス鎖** [sense strand] ゲノム二本鎖 DNA 上の遺伝子から RNA が転写*される場合，RNA 産物と同様の(RNA のウラシル(U)に対し DNA ではチミン(T)となることを除いて同一の)塩基配列をもつ側の DNA 鎖がセンス鎖である．RNA はセンス鎖と反対側の DNA 鎖(アンチセンス鎖*)を直接の鋳型として，核酸の相補性を利用して合成される．このため，直接の鋳型ではない DNA 鎖がセンス鎖となる．ウイルスの二本鎖 RNA ゲノムの場合も同様である．高等生物では，センス鎖からのみならずアンチセンス鎖からも転写物が産生され，これらのセンス-アンチセンスペアが同じ組織内で共存していることが多く，相手の鎖の発現制御にかかわっている場合が見つかってきている．(⇒コード鎖)

**前生物的合成** [prebiotic synthesis] 生命の起原以前の有機化合物の非生物的合成．現在の有機化合物は生物が合成するが，生物体が発生する以前の宇宙空間，天体にもシアン，メタンなどの低分子炭素化合物が存在している．これらから地球誕生後 10 億年の間に原始海洋，海膨(vent)においてアミノ酸，ヌクレオチドが重合したと考えられる．ATP がエネルギー源であり，RNA に酵素活性が発見されたので(⇒リボザイム)，RNA から成る自己複製体による RNA ワールド*が初期の生態系と推定される．

**先体** [acrosome] アクロソームともよばれ，尖体とも書く．精子頭部の先端部に存在しているゴルジ体由来の細胞器官．哺乳類精子の先端部は，先体頂端部，先体主部(頭帽)，先体赤道部の 3 領域から成り，後方は，先体後域とよばれ，受精時に，卵子の微絨毛と最初に膜融合が行われる．(⇒先体反応)

**センダイウイルス** [*Sendai virus*] HVJ(hemagglutinating virus of Japan)とよばれることもある．マウスやラットを自然宿主とするパラミクソウイルス科レスピロウイルス属のウイルスである．ヒトパラインフルエンザウイルス 1 型に最も近縁である．ウイルス粒子はおおよそ球形でエンベロープをもち，直径 150～250 nm である．ウイルスゲノムは非分節(−)一本鎖 RNA で，全長約 1 μm，15,384 塩基から成る．1957 年，岡田善雄により細胞融合*能が発見され，細胞生物学のツールとして著名である．

**先体反応** [acrosome reaction] AR と略す．受精*

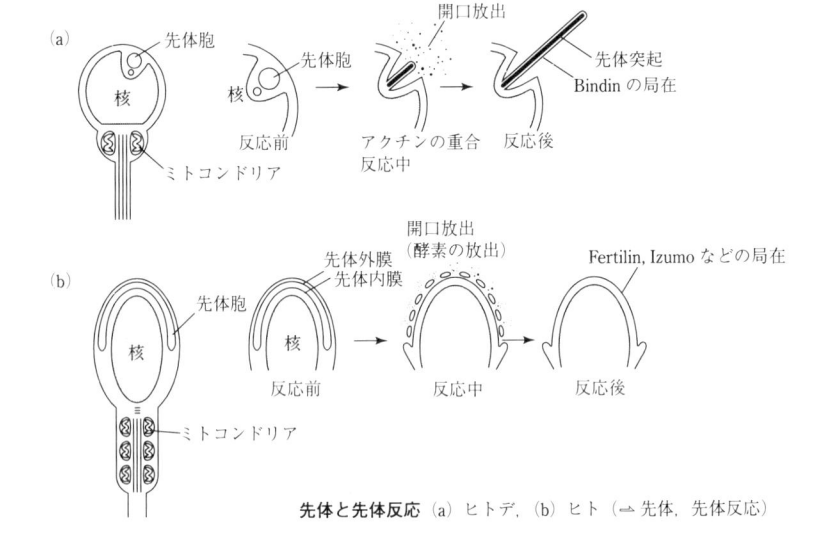

**先体と先体反応** (a) ヒトデ，(b) ヒト (⇒先体，先体反応)

の際，精子頭部にありゴルジ体*由来である先体胞がエキソサイトーシス*する現象．エキソサイトーシス時に先体胞内にあるライシン（lysin）とよばれるプロテアーゼが放出あるいは細胞膜上に露出し，そのライシンの作用によって卵表上にある卵黄膜を精子が通過することを可能としている．ライシンの実体としては長い間トリプシン様酵素であるアクロシンであると考えられてきたが，近年になってアクロシンはライシンとしての作用はなく，新規のユビキチン-プロテアソーム系酵素がライシンとして働くことが明らかとされている．ウニやヒトデ，カキなど，一部の動物ではエキソサイトーシスと同時にアクチン*の重合が起きて先体胞内膜が反転伸長し，先体突起という特徴的な構造をつくる．哺乳類の精子では先体突起は生じないが，大きな先体をもつ．先体反応後に露出する先体胞内膜には，Bindin や Izumo, Fertilin など，卵との結合や融合に必須な膜タンパク質が存在し，先体反応を起こして初めて受精することが可能となる．先体反応の誘起は，卵外被に存在する誘起物質により生じる．最もよく調べられているヒトデを例にとると，卵ゼリー層を構成する巨大糖タンパク質 ARIS が主因誘起物質として存在し，ゼリー層に含まれるステロイドサポニンの Co-ARIS，ペプチドの Asterosap の二つが補助因子として働いて先体反応を誘起している．さらに ARIS の生理活性を担うのは糖鎖であり，その構造は -Xyl-Gal-(SO$_3$)Fuc-(SO$_3$)Fuc-Fuc- という五糖の規則的な繰返し構造である．ほかにもウニではやはり卵ゼリー層に含まれるフコース硫酸重合体が，哺乳類では透明帯*の構成タンパク質である ZP3 が先体反応誘起物質として働いている．先体反応誘起物質の精子側受容体やその後の分子機構はまだよくわかってはいないが，ホスホリパーゼ Cδ4 および store-operated カルシウムチャネルを介した精子頭部内での数分程度にわたる $Ca^{2+}$ 上昇が先体反応に必須であることがわかっている．この先体反応の誘起機構は種特異性が高く，特に体外受精を行う生物において異種間交雑の防止に大きく働いているといえる．

**選択遺伝子** [selective gene] ＝選択マーカー

**選択的スプライシング** [alternative splicing] オルタナティブスプライシング，択一的スプライシングともいう．mRNA 前駆体*中に複数のイントロンが存在する場合，通常は互いに隣接ったスプライス部位間でスプライシング*が行われるが，遺伝子発現の調節機構の一つとして，異なるスプライス部位を選択してスプライシング反応を行うことにより，同一のmRNA 前駆体から最終的に異なった構造をもつ成熟 mRNA（スプライシングアイソフォーム）を産生する場合がある．この現象を選択的スプライシングとよび，異なる組織間で，分化・発生の過程で起こることが多い．ショウジョウバエの神経発生に関与する DSCAM 遺伝子は 24 個のエキソンから成るが選択的スプライシングにより数千種のタンパク質ができうることが実験的にわかっている．ヒトでは，全遺伝子の少なくとも 2/3 が選択的スプライシングを受けていると考えられている．選択的スプライシングを制御するシス配列およびトランス因子の存在が知られており，ショウジョウバエの性決定経路で最もよく研究されている．また，ショウジョウバエの P 因子の第三イントロンにおけるスプライシングを阻害する PSI も選択的スプライシングに関与する．

**選択的透過** [selective permeability] 細胞において，生体膜を物質が通過する現象を透過という．透過性は，物質の大きさ，電荷，膜内外の電気化学的勾配，さらに輸送体*により決定される．透過係数（⇌膜透過性）によりその程度を示す．透過は，非特異的な透過（受動輸送）と輸送体を介する選択的な透過（担体輸送，能動輸送*）に分けられる．受動輸送は，主として拡散により行われ，透過は速い．選択的透過は，膜内外の電気化学的勾配に逆行して行われる現象をいう．たとえば，細胞のアミノ酸の輸送などがあり，正の自由エネルギー変化を伴い，これに共役して負の自由エネルギー変化が起こる．このエネルギー共役のタイプにより，イオンポンプ*などの第一次能動輸送と，第二次能動輸送に分けられる．（⇌ 化学浸透共役）

**選択的引きずり** [selective sweep] 新しい変異の生じる頻度が高くなるにつれて隣接する染色体領域も引きずられて固定されること．好ましい対立遺伝子が新たに生じると強い選択圧により選択的引きずりが起こって塩基の多様性が非常に低い領域ができる．現代人とチンパンジーとの遺伝学的な違いを明らかにするための標的となっている．

**選択的分解** [targeted degradation] タンパク質やペプチドを化学的または酵素特異的作用により特定のアミノ酸の N 末端側または C 末端側のペプチド結合部で分解（切断）することをいう．化学的分解には，臭化シアンが用いられることが多く，メチオニンの C 末端側で切断される．酵素作用による分解では各種のプロテアーゼ*が用いられ，代表的なプロテアーゼとしてはトリプシン*（リシン，アルギニンの C 末端側で切断）．キモトリプシン*（おもにチロシン，フェニルアラニン，トリプトファン，ロイシンの C 末端側で切断）などがあげられる．

**選択培地** [selective medium, selection medium] 突然変異体，形質転換体や組換え体などある特定の形質をもった細胞を集団の中から選択し，増殖させるための培地．たとえばアンピシリン耐性遺伝子をもつプラスミドを大腸菌に形質転換し，アンピシリンを含む選択培地で培養するとプラスミドをもつ大腸菌，すなわち形質転換体のみが増殖してくる．あるいはロイシン要求性の微生物をロイシンを含まない選択培地で増殖させるとロイシン非要求性復帰突然変異株が生育してくる．（⇌ 陽性選択，陰性選択，HAT 培地）

**選択複写** ＝選択模写

**選択マーカー** [selective marker] 選択遺伝子（selective gene）をさす．培養細胞に，外来遺伝子を導入する際に，その遺伝子産物を解析することなしに，導入された細胞を選択する簡便法に用いられるマーカー

である．例としては，有名な pSVZneo 遺伝子があり，その実際は，入れたい遺伝子とともに，コトランスフェクション操作を行い，G418* 存在下で培養し，耐性となった細胞を拾えばよいことになる（⇒ネオマイシン）．同様の目的で，ハイグロマイシン耐性遺伝子などの薬剤耐性遺伝子も用いることができる．（⇒選択培地，再利用経路）

**選択模写**［copy choice, copying choice］ 選択複写，コピーチョイスともいう．DNA の相同組換え*機構の説明として J. Belling が提唱（1931）し，古くから切断再結合*モデルとともに論じられた仮説．このモデルによれば，組換えは染色体の複製によって生じるので，父方染色体を鋳型とする複製から母方を鋳型とする複製に，またはその逆にスイッチする結果起こる．したがって両親の遺伝情報を受継いでいるが，組換え体には親染色体そのものは含まれない．現在では完全には否定されてはいないものの，有力なモデルとは考えられていない．しかし両モデルの折衷型である切断末端を起点として，DNA 合成により，新規組換え体分子を形成するモデルによって起こることには多くの証拠がある．逆に RNA ウイルスの組換えには切断再結合によるという確証はなく，むしろ相同または非相同の RNA の間の選択模写によって起こることが，ポリオウイルスをはじめとして多くの RNA ウイルスで明らかになってきている．ただし RNA ウイルスでは相同組換えといっても 2 本の RNA の間のスイッチされる相互位置は DNA の場合と違って厳密ではない．RNA ウイルスの変異しやすさや DI 粒子（DI particle, 干渉性欠損粒子, defective interfering particle）の形成の原因にもなっていると理解されている．

**先端巨大症**［acromegaly］ 末端肥大症ともいう．骨端閉鎖以降に下垂体前葉に発生した好酸性または嫌色素性腺腫からの成長ホルモン*（GH）分泌が過剰となった場合に発症する．まれに他臓器腫瘍や視床下部での成長ホルモン放出ホルモン*（GRH）過剰産生による二次的な GH の分泌亢進によることもある．GH は肝でのインスリン様増殖因子（IGF）-1 産生を高め，全身軟部組織や骨などの増殖を促す結果，特徴的な臨床症状となる．また，GH の直接作用と考えられる代謝作用により，耐糖能の低下，リン排泄の低下などが認められる．

**センチモルガン**［centimorgan］ 乗換え率*の単位．交差単位．同一染色体上の遺伝子間の遺伝的距離を表す単位．1 センチモルガンは二つの遺伝子間に 1％の頻度で交差が起こる場合の両遺伝子間の距離を示し，1 マップ単位（map unit）に等しい．（⇒組換え率）

**線虫**［nematode, Nematoda］ ⇒セノラブディティス＝エレガンス

**前中期**［prometaphase］ 有糸分裂*あるいは減数分裂*において，紡錘体極*から伸長した微小管が動原体に結合してから，中期板が形成されるまでの時期．高等真核生物においては，この時期に核膜が消失

する．染色体は，動原体-紡錘体極間に形成された動原体微小管*や，紡錘体極から伸長した星状体微小管*と染色体腕部との相互作用により，紡錘体の両極間を振動する．

**前庭性運動失調**［vestibular ataxia］ ＝小脳性運動失調

**先天性代謝異常**［inborn errors of metabolism］ 遺伝性代謝病（inherited metabolic disease）ともいう．ある特定の遺伝子の突然変異によりその支配下にある酵素の活性欠損をきたし，その結果当該酵素が触媒する反応が障害され代謝の異常をきたす疾患をいう．たとえばフェニルケトン尿症*ではフェニルアラニン 4-モノオキシゲナーゼを支配する遺伝子の突然変異が病因となり，酵素活性が欠損してフェニルアラニンが血中に増加し，その結果脳発達が抑制され高度の知能低下をきたす．狭義の先天性代謝異常はこのような遺伝性酵素欠損症（hereditary enzyme defects）をさす．遺伝子の支配下にあるタンパク質は酵素のほか，構造タンパク質である場合（ヘモクロマトーシス*など），物質の転送をつかさどる担体である場合（転送障害），受容体である場合（受容体病）などさまざまであり，広義の先天性代謝異常は単一遺伝子病（single gene disorders, 約 4000 種類）と同義語に用いられる．最近の遺伝子工学的手法の導入によりこれら疾患の病因遺伝子が同定され，DNA レベルの異常が究明され，その結果 DNA 診断（発症前，出生前診断*）が可能となり，さらに遺伝子治療*の発展へと展開している．

**先天性パラミオトニア**［paramyotonia congenita］ パラミオトニアは，筋収縮ののちの弛緩が困難ないわゆるミオトニア（myotonia）とは異なり，寒さで誘発され運動でかえって増悪する．このような症状が先天性に生じたものを 1886 年にドイツの A. Eulenburg は先天性パラミオトニアとよんだが，これは現在では第 17 染色体長腕に局在する骨格筋のナトリウムチャネルの突然変異による高カリウム血症性周期性四肢麻痺（hyperkalemic periodic paralysis）の一型であると考えられている．四肢麻痺はカリウム負荷で誘発される特徴がある．

**先天性免疫**［innate immunity］ ⇒免疫

**セントラルドグマ**［central dogma］ 中心教義ともいう．1958 年 F. H. C. Crick* によって遺伝情報伝達の一般原理として唱えられた考え方．すなわち DNA によって担われた遺伝情報*は，DNA 自身の複製*によって子孫へと維持，伝達されていく．その一方で遺伝情報は DNA から RNA，そして RNA からタンパク質へと伝達，発現していくが，その流れは一方通行であり，いったんタンパク質として発現されると，その情報が核酸に戻されることもなければ，RNA から DNA に戻ることもない．つまり遺伝情報の流れは一方向のみで，逆流することはないという考え方である．しかし，1970 年の H. M. Temin* および D. Baltimore* らによる逆転写酵素*の発見により，RNA から DNA という流れもあることが証明され，セントラルドグマの一角を修正することを余儀なくされ

た．さらに，DNA メチル化によるゲノムインプリンティング*やヘテロクロマチン形成，選択的スプライシング*やトランススプライシング*，RNA 編集*による転写物の一次構造の変化，プロテインスプライシング*，など多様なエピジェネティックな DNA や RNA の修飾や構造変化が知られてきており，従来のセントラルドグマの概念上のさらなる拡張が余儀なくされている．

**全 trans-レチナール** [all trans-retinal] ビタミン A*（全 trans-レチノール）の酵素酸化や β-カロテン*の酵素的開裂により生成する分子量 284.44 のアルデヒド．水に不溶．融点 61～62 ℃の黄色結晶．エタノール中の紫外吸収は，$\lambda_{max} = 381$ nm ($\log \varepsilon = 4.64$)．酵素的還元にてビタミン A，酸化にてレチノイン酸*（全 trans-レチノイン酸）を生成する．幾何異性体の 11-cis-レチナールがオプシン*と共有結合して視物質ロドプシン*を形成し，視覚サイクルにおいて重要な役割を果たす．(⇒レチナール，視覚系)

**セントロメア** ⇒動原体

**セントロメアタンパク質** [centromere protein] CENP と略す．セントロメアを構成する（あるいはこの領域に結合する）タンパク質の総称．キネトコア*の構成タンパク質を含めて使われる場合が多い．古典的には，自己免疫疾患の患者由来の血清が認識する抗原として，CENP-A, -B, -C などが発見された．近年では，遺伝学・生化学的アプローチによりさらに数十種類のタンパク質が同定され，その種類は増え続けている．このうち，CENP-A はセントロメア特異的に局在するヒストン H3 のバリアントであり，キネトコア構築の土台となる特殊なヌクレオソームを形成する．CENP-A のように細胞周期*を通じてセントロメアに局在するグループとは別に，M 期*のある特定の時期だけキネトコアに結合するタンパク質も存在する．後者の例としては，微小管モータータンパク質 (CENP-E, MCAK, ダイニンなど) や，紡錘体チェックポイントにかかわるタンパク質 (Mad1, Mad2, Bub1, BubR1 など) がある．

**前脳** [forebrain] 発生期の脳の分節構造の最前方部をさす．神経管*の将来脳になる部分は，発生が進むにつれて著しい形態変化を示す．神経管の吻側部に最初に認められる 3 個の膨大部のうち，最も吻側の構造を前脳とよぶ．その後，前脳は終脳と間脳という二つの構造に分かれる．終脳は，成熟動物においては，大脳新皮質，大脳辺縁系，および大脳基底核，という三つの構造に分化し，間脳は，視床および視床下部を含む構造になる．

**全能性** [totipotency] 分化全能性ともいう．全能性とは，細胞が成体を構成するあらゆる体細胞*および生殖細胞*への分化能をもつことをいう (⇒分化)．胚を構成する各細胞が発生のどの時期まで全能性をもつかは，動物の種類により大きく異なる．哺乳類では胚盤胞の内部細胞塊*の細胞は全能性をもつ．培養細胞では，この内部細胞塊を培養することにより樹立された胚性幹細胞*が唯一全能性をもつ．これに対し，多能性とは体細胞には分化できるが，生殖細胞には分化できない状態をいう．(⇒多能性幹細胞，iPS 細胞)

**前白血病** [preleukemia] ＝骨髄異形成症候群

**全反射蛍光顕微鏡** [total internal reflection fluorescence microscope] TIRFM と略し，エバネッセント場蛍光顕微鏡 (evanescent-field fluorescence microscope)，エバネッセント波蛍光顕微鏡 (evanescent-wave fluorescence microscope) ともいう．高屈折率媒体と低屈折率媒体 (たとえば，それぞれ，ガラスと水) が接する界面に臨界角以上の入射角で光を入射して全反射させた時に発生するエバネッセント波 (evanescent wave) を蛍光励起光として用いる蛍光顕微鏡*．屈折率が $n_1, n_2 (n_1 > n_2)$ の二つの媒体が接する界面へ臨界角 ($\sin^{-1}(n_2/n_1)$) より大きい入射角 $\theta$ (界面の法線とのなす角) で入射したエバネッセント波の強度は，その界面からの距離に対して指数関数的に減衰し，強度が $1/e$ になる深さは

$$\frac{\lambda}{4\pi\sqrt{n_1^2 \sin^2\theta - n_2^2}}$$

として知られている．ここで，$\lambda$ は入射光の (真空中の) 波長である．入射角が臨界角に近くない限り，このエバネッセント波の貫通距離 (しみ出し距離) を，入射光の波長と同じオーダー以下まで減少させることがしばしば可能である．プリズムやガラス基板と観察試料を含む水溶液相か気相が接する界面で光を全反射させてエバネッセント波を発生させ，エバネッセント波の貫通域に試料を置くことによって，観察すべきポイントを選択的に蛍光励起して，蛍光顕微鏡像を得る．一般的な蛍光顕微鏡法である落射蛍光顕微鏡で蛍光励起照明される空間に比べて，エバネッセント波による蛍光励起照明では，照明する空間サイズをはるかに小さく限定することができるので，全反射蛍光顕微鏡では高コントラストかつ低背景光の顕微鏡像を得ること

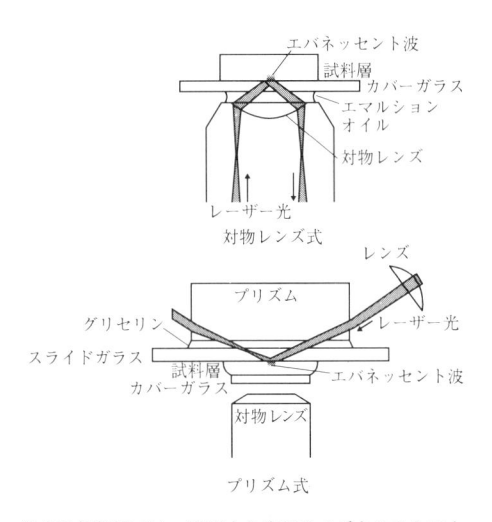

ができる．全反射蛍光顕微鏡には，照射光を(落射蛍光顕微鏡と同じく)対物レンズから導入して(カバーガラスなどの)ガラス基板と試料相の界面で全反射させる対物レンズ式，そして顕微鏡鏡筒の外からプリズムを使って照射光を導入してガラス基板と試料相の界面で全反射させるプリズム式がある(図)．1995 年に船津高志らは，光学系細部まで慎重に検討した全反射蛍光顕微鏡を用い，水溶液中の蛍光修飾タンパク質分子の 1 分子イメージングを世界に先駆けて成功させた．

**前 B 細胞** ＝プレ B 細胞
**潜伏感染**［latent infection］⇒潜在性【2】
**選別**(タンパク質の) ＝ソーティング
**線毛**［pilus, (pl.) pili, fimbria, (pl.) fimbriae］ 細菌細胞外に突き出た長さ数 μm，外径数 nm の直線的管状構造体．鞭毛* とは構造も機能もまったく異なる．普通線毛(common pili)と性線毛* の 2 種類があり，時には前者をフィンブリエ(fimbriae)，後者をピリ(pili)とよんで区別する．普通線毛(大腸菌 I 型線毛など)は動物細胞などへの細胞接着* に関与しており，感染やコロニー形式に重要であるらしい．性線毛(大腸菌 F 線毛など)はプラスミド* 支配で，その接合伝達に関与する．おもな構成タンパク質はピリン(pilin)とよばれ，細胞表層側から重合する．

**繊毛**［cilium, (pl.)cilia］ 運動(繊)毛(motile cilium)と感覚繊毛(sensory cilium)とがある．原生動物の繊毛虫類や後生動物の繊毛上皮細胞に存在し，運動または感覚・分泌に関与する細胞小器官．長さは数 μm〜数十 μm で，直径は約 0.2 μm．内部には軸糸* をもち，原則的には 9＋2 型配列を示す微小管* のほかにダイニン* 腕，ネキシン* 繊維，スポーク，中心鞘などで構成されている．感覚性の繊毛は中心の 2 本の微小管を欠く．運動性の繊毛はアデノシン三リン酸(ATP)をエネルギー源として運動を行う．繊毛打は有効打と回復打から成る．(⇒鞭毛【2】，不動毛)

**繊毛虫**［ciliate］ 原生動物* 中最も進化した繊毛虫綱に属する単細胞生物．体表を覆う繊毛* で，運動，捕食を行う．自由生活が多いが着生生活するものもある．また，寄生生活を営むものも多い．淡水，海水に広く分布する．大核* と小核* をもち，大核は一般の生活機能に，小核は生殖に関係する．無性，有性両方の生殖法で増殖する．前者では，横分裂が多いが，出芽* をするものもある．後者は 2 匹の個虫で接合が起こり，接合中は大核が消失し，小核を交換する．ゾウリムシ* は遺伝学の分野で，テトラヒメナ* は同調培養が可能なことから，細胞分裂などの研究に使用される．

**繊溶** ＝繊維素溶解
**前立腺**［prostate］ 膀胱下面に接し，前立腺部尿道を取囲み，下方は尿生殖隔膜に接する男性副性器の一つ．正常男性のものは約 15〜20 g で，栗の実の形の臓器である．組織学的には，腺組織と繊維筋組織より成る．通常 50 歳を越すころより，内層部形成する移行帯部の組織が結節状に増殖し，前立腺肥大症となり，頻尿，排尿困難をひき起こす．前立腺がんは肥大症と異なり，辺縁帯と称する外層部より発生し，アンドロゲン* 依存性が強く，エストロゲン*，去勢による治療が有効のことが多い．

# ソ

**槽** ＝嚢

**走化性** [chemotaxis]　化学走性ともいう．化学物質の濃度差が刺激となる走性．細菌や原生動物の行動，細胞性粘菌による細胞集合，白血球の炎症部位への移動，発生分化に伴う細胞の移動，昆虫の性行動や食物探知行動など，細胞・個体レベルの合目的な運動の多くに走化性が関与している．その機構は多様で，細菌は方向転換頻度を制御して試行錯誤的に誘引物質*に近づく（⇌ che 遺伝子）が，白血球は走化性因子の濃度の高い方へ直線的に移動する．

**双極細胞** [bipolar cell]　脊椎動物網膜の二次ニューロンをなす細胞で，典型的な双極型をとるのでこの名がある．細胞体は内顆粒層にあり，樹状突起*を外網状層に出し，光受容細胞（⇌ 光受容器）からの刺激を受け，軸索*を内網状層に出して視神経細胞に刺激を伝えている．双極細胞は水平細胞，無軸索細胞などとともに光受容細胞でとらえられた光の強度と色調の信号化を行い，同時に像としてのコントラスト強調などの処理を行っている．詳しくは数種類が区別される．

**双極子モーメント** [dipole moment]　分子の極性を表す量．分子の正電荷（＝負電荷）を $e$(esu)，電荷間の距離を $d$(cm) とすると，双極子モーメント $\mu$（単位デバイ，D）はつぎのように定義される．

$$\mu = e \times d \times 10^{18} (\mathrm{D})$$

たとえば，NaCl 9.0，$CH_3NO_2$ 3.46，$H_2O$ 1.85，$CH_3$-OH 1.70，$NH_3$ 1.47，$O_2$ 0．$CH_4$，$CCl_4$，$BF_3$，$CO_2$，$C_6H_6$ は分子中の個々の結合に極性があっても分子全体では極性がなく，$\mu=0$ である．

**早期老化症** ＝早老症

**遭遇複合体** [encounter complex]　タンパク質やDNAの生体高分子が複合体を形成する時に，構造変化をして安定な複合体が形成される前に，互いの高分子が出会った時の複合体を遭遇複合体とよぶ．DNA結合タンパク質*では特異的な塩基配列を認識する前に非特異的に静電的にDNAに結合しスライドした後で特異的な塩基配列を認識することや，天然変性タンパク質が安定な複合体を形成する前に，一部が折りたたまれた構造体ができることなどが実験的に指摘されている．

**造血** [hematopoiesis]　造血幹細胞*が増殖・分化して成熟血球が産生される過程を造血とよぶ．血液中には，赤血球*，白血球*，血小板*など形態や機能を異にするさまざまな血球が存在するが，これら血球はすべて造血幹細胞に由来する．ヒトでの造血は胎児期には主として肝臓*で，出生後は骨髄*で行われる．造血は，寿命によって失われた血球を補充し，定常状態を維持するための造血（構成的造血 constitutional hematopoiesis）と，感染や出血などの刺激に対する反応としての造血（誘導的造血 inducible hematopoiesis）の二つに分けて考えることができる．

**造血因子** [hematopoietic glowth factors]　造血*に関与するサイトカイン*を造血因子とよぶ．これには，顆粒球コロニー刺激因子*（G-CSF）をはじめとするコロニー刺激因子*類，インターロイキン3*をはじめとするインターロイキン類，その他エリトロポエチン*，トロンボポエチン*，幹細胞因子*（SCF）など，20種類以上が知られている．造血因子の産生細胞は，骨髄ストロマ細胞*，T細胞*，単球*/マクロファージ*，血管内皮細胞*，繊維芽細胞*などであるが，構成的造血には主として骨髄ストロマ細胞（⇌ 造血微小環境）の産生する造血因子が，誘導的造血にはT細胞，単球/マクロファージの産生する造血因子が関与している．また，造血細胞には分化の進行とともに未分化な造血幹細胞→中間段階の前駆細胞→成熟血球という階層性がみられるが，造血因子もこれに対応して，SCF，インターロイキン3，インターロイキン11*などの主として初期の造血に関与するものと，G-CSF，エリトロポエチン，トロンボポエチンなどの主として後期の造血に作用するものに分けることができる．

**造血幹細胞** [hemopoietic stem cell, hematopoietic stem cell]　造血幹細胞は多分化能と自己複製能を併せもった細胞である．一生にわたり枯渇することなく血球が産生されるためには造血幹細胞のもつ自己複製能は最も重要な性質と考えられる．マウスでは，大量放射線照射後，造血幹細胞を移植し，長期骨髄再構築能を調べることにより定量的に測定できるが，ヒトでは一定の測定法がない．SCIDマウス*やヒツジ胎仔腹腔への移植も試みられている．芽球コロニー形成単位*，ストロマ細胞*上で5週以上にわたり造血前駆細胞を産生する能力をもった細胞（long term culture initiating cell，LTIC）で便宜的に代用することが多い．造血前駆細胞（hemopoietic progenitor cell）は造血幹細胞の子孫であり，さまざまな分化段階の前駆細胞が存在する．多系列の血球に分化できる多能性造血前駆細胞（multipotential hemopoietic progenitor），2〜3系統の血球に分化できる前駆細胞（寡能性造血前駆細胞 oligopotential hemopoietic progenitor），一つの血球系に分化が限定された前駆細胞（単能性造血前駆細胞 monopotential hemopoietic progenitor）に分けられる．各前駆細胞は in vitro コロニー法で定量的に測定される．骨髄細胞などを各種サイトカイン存在下にメチルセルロースなどの半流動培地中で培養し，形成されたコロニーの構成細胞を分析することにより，コロニーのもとになった前駆細胞の分化能が推定される（⇌ コロニー形成単位）．好中球，マクロファージ系のコロニーを形成する顆粒球-マクロファージコロニー形成

単位\*(CFU-GM), 好中球コロニー形成単位\*(CFU-G), マクロファージコロニー形成単位\*(CFU-M), 赤芽球系コロニー, バーストを形成する赤芽球コロニー形成単位\*(CFU-E), 赤芽球バースト形成単位\*(BFU-E), 巨核球コロニー, バーストを形成する巨核球コロニー形成単位(CFU-Meg), 巨核球バースト形成単位\*(BFU-Meg), 好酸球, 好塩基球, マスト細胞のコロニーをそれぞれ形成する好酸球コロニー形成単位\*(CFU-Eo), 好塩基球コロニー形成単位(CFU-Baso), マスト細胞コロニー形成単位\*(CFU-Mast)などの造血前駆細胞や多系列の血球に分化できる混合コロニー形成単位(mixed colony forming unit, CFU-Mix, granulocyte-erythrocyte-macrophage-megakaryocyte colony forming unit, CFU-GEMM)などの造血前駆細胞の測定が可能となっている(図). これら造血前駆細胞が in vitro で増殖しコロニーを形成するためには, 培養系にさまざまなサイトカインを添加する必要がある. 造血幹細胞は, Sca-1 などの各種表面マーカーを用いた選択, ならびにヘキストなどの色素を排出する能力をもった細胞の分画といった組合わせによりかなり純化することができる. また, 造血幹細胞は, HOXB4 の発現により体外増幅できることが示されている. (→ 造血因子, 付録 E)

**造血幹細胞増殖因子** [hematopoietic stem cell growth factor] ＝幹細胞因子
**造血前駆細胞** [hemopoietic progenitor cell] → 造血幹細胞
**造血低下性クリーゼ** ＝(骨髄)無形成発症
**造血微小環境** [hemopoietic inductive microenvironment] HIM と略す. 造血幹細胞\*を取巻く微小環境. マウスに造血幹細胞を移植すると骨髄ではおもに顆粒球造血, 脾臓では赤芽球造血が営まれることから, 造血幹細胞の分化を誘導する環境要因として命名されたが, 現在ではこの考えは否定的である. 微小環境を構成する細胞としてストロマ細胞\*の名称が用いられることが多い. ストロマ細胞は前脂肪細胞, 繊維芽細胞, 内皮細胞, マクロファージなどから構成され, これらの細胞の産生する分泌型サイトカイン, 膜結合型サイトカイン(→ 造血因子), 細胞外マトリックス\*, あるいは細胞接着\*因子などが造血幹細胞の増殖・分化に関与していると考えられる.

**走光性** [phototaxis] 光走性ともいう. 鞭毛\*や繊毛\*による運動性をもつ藻類や原生動物, 遊走子などが, 光の入射方向と一定の方向性を保って移動する現象. 光受容体はフラビン類, ロドプシン\*などが考えられているが, ほとんどが未同定. 有効波長はおも

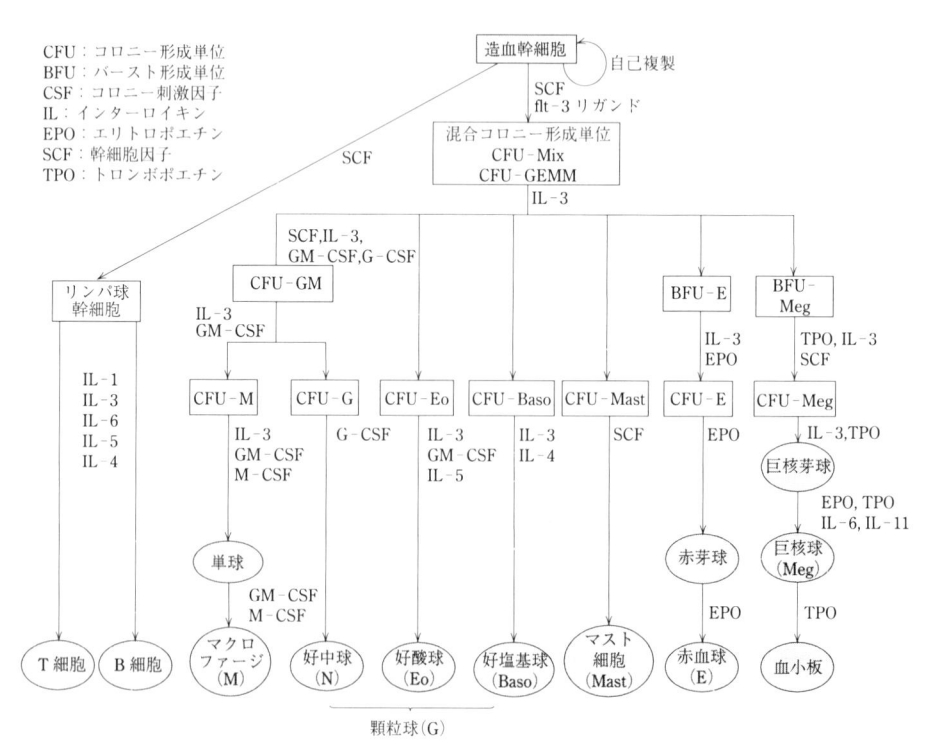

**造血幹細胞の分化と造血刺激因子の作用点** (→ 造血幹細胞)

に近紫外・青色光であるが，緑色光，近紫外光のものもある．藻類では，遊泳中の体の回転に伴い，光を遮る眼点(eye spot)によって周期的に生じる光のオン・オフを光受容体が感知し，光源方向の認識をしていると考えられている．(→コナミドリムシ)

**相互組換え** [reciprocal recombination] 2本の相同染色体*またはDNAの間で互いに相同な部分を交換すること．たとえば相互組換えの結果，ABCDEFという遺伝子をもつ染色体とabcdefという遺伝子をもつ染色体から，ABCDefとabcdEFが得られる．(→非相互組換え)

**相互作用クローニング** [interaction cloning] タンパク質間の相互作用を指標として目的遺伝子をクローニングする方法．抗体を用いるウェストウェスタンブロット法*とツーハイブリッドシステム*がある．

**造骨細胞** ＝骨芽細胞

**相互転座** [reciprocal translocation] 交換転座(interchange)ともいう．2本の染色体またはDNAが相同性のない部分を互いに交換すること．たとえば相互転座により，ABCDEFという遺伝子をもつ染色体とUVWXYZという遺伝子をもつ染色体から，ABCDYZとUVWXEFが得られる．ISCNの表記法(→染色体異常)では，たとえば第2染色体p23バンドと第5染色体q35バンドの間の相互転座はt(2;5)(p23;q35)と表す．pは染色体の短腕，qは長腕を表す．相互転座によるがん遺伝子，がん抑制遺伝子の異常が，がん化に影響を与えていると考えられる例がしばしば認められる．(→転座，急性骨髄性白血病)

**相互ホリデイ構造** [reciprocal Holliday structure] →ホリデイ構造

**相互優性** ＝共優性

**走査型電子顕微鏡** [scanning electron microscope] SEMと略す．収束させた電子線(電子プローブ)を走査しながら照射して，試料表面の形態やそこに存在する元素の分析を行う電子顕微鏡*．電子線の走査に伴って，試料表層から反射電子線や二次電子線，特性X線などが放出される．シンチレーターと光電子増倍管を組合わせた検出器で二次電子や反射電子線を電気信号に変えてブラウン管に表示する．試料の外形を広範囲にわたり立体的に観察することができる．臨界点乾燥法や凍結真空乾燥法で乾燥させた試料の表面をイオンスパッタリングや真空蒸着装置を用いて金属の薄膜で覆い，帯電を防ぐとともに二次電子線の放出効率を高める．金粒子やフェリチン*で標識した二次抗体の反射電子線を検出することにより，試料表面における抗原の分布を分析できる(→免疫電子顕微鏡法)．またエネルギー分散型X線分光法を用いて特性X線を分析することにより，試料を構成する元素の分布を定性的かつ定量的に調べることができる．

**走査型トンネル顕微鏡** [scanning tunneling microscope] STMと略す．走査型プローブ顕微鏡の一種で，トンネル電流を利用して試料表面の形状を分析する顕微鏡(→走査型電子顕微鏡)．金属性探針と導電

ソウショウ 527

性試料の間に流れるトンネル電流が一定になるように走査した探針の上下方向の動きから，試料表面の原子レベルの立体構造を知ることができる．大気中で観察できることが特徴であるが，超高真空環境下ではより清浄な表面の観察ができる．探針と試料の間の原子間力を利用した原子間力顕微鏡*では，非導電性試料も分析できる．

**双糸期** ＝複糸期

**桑実胚** [morula, (pl.)morulae] 初期胚の卵割期の一過程で，割球がコンパクション*を起こして集塊状となり，外形的に"クワの実"に類似することから桑実胚とよばれる．桑実胚期の割球数は動物種によって異なるが，マウスやラットでは16～32細胞期がこれに相当する．この時期になると割球は，外側と内側に位置するものに分かれ，前者からは栄養芽層*が，後者からは内部細胞塊*が分化する．

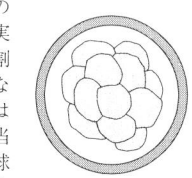

桑実胚(マウス)

**相乗効果**(転写制御の) [synergism, synergistic effect] 協調効果ともいう．エンハンサー*に結合する転写因子*は，転写開始点近傍に構築される基本転写装置に作用して，転写開始を活性化もしくは抑制する．この際エンハンサーには複数の転写因子が結合し相互作用して転写開始を有効に調節するために必須である．複数の転写因子のDNA結合ドメインのDNAへの結合，あるいは活性化ドメイン同士の相互作用が協調的に起こり(相乗効果)，その結果転写開始が，劇的にアップまたはダウンすることになる．また，このような転写における相乗効果には転写調節因子*と基本転写因子*の間をつなぐ転写共役因子*やメディエーター*などが介在するタンパク質-タンパク質相互作用が重要な役割を果たす．

**双子葉植物** [dicots, dicotyledons, dicotyledonous plant] 双子葉植物は，その名のとおり種子(または果実)からの発芽時における子葉が2枚であることによって定義される．花は四または五数性，葉は網状脈，維管束は真正中心柱，根は主根と支根である，など，共有形質が多く，被子植物の進化傾向を反映した自然群であるとみなされている．しかし，近年における分子系統学的解析の成果によって，その起源は複雑な多系統である可能性も示唆されている．(→単子葉植物)

**創傷治癒** [wound healing] 外力による組織の連続性破綻後の修復過程をいう．創傷が間質に深く及ぶと，生体は肉芽組織をつくり，それを修復する．この機転は，まず創部の清掃に始まり，ついで毛細血管の増生，繊維化へと進み，さらに上皮形成が加わって，最終的には瘢痕(→瘢痕組織)をつくって終了する．これが創傷治癒で，この過程にはさまざまな細胞や因子の関与が複雑である．まず血小板*が凝集すると，トランスフォーミング増殖因子β*(TGF-β)，血小板由来増殖因子*(PDGF)，上皮増殖因子*(EGF)

などの細胞増殖因子が遊離される．それが血管内皮，貪食細胞，繊維芽細胞，上皮細胞などに働きかけ，その遊走や増殖を促すとともに，それら細胞自身も自己分泌*的に繊維芽細胞増殖因子*(FGF)，トランスフォーミング増殖因子 $\alpha^*$ (TGF-$\alpha$)，インターロイキン 1*(IL-1)などの物質を産生，放出し，この機転は進行する．ただ，なぜ創傷治癒が一定方向に整然と順序だって，しかも最終的に過不足なく進むのか，その詳細はなお明らかでない．したがって，創傷治癒過程からの逸脱と考えられるケロイドや肥厚性瘢痕の本体もまた不明のまま残されている．

**増　殖**　＝過形成

**増殖因子**［growth factor］　成長因子ともいう．局所の細胞により産生され，そこで自己の細胞あるいは傍細胞に働いて，細胞の成長，増殖のみならず，分化，運動などの各種の作用をひき起こす物質であり，生体の局所において細胞間のコミュニケーションをはかる"言語"として働いている．その多くはポリペプチドであり，特定の産生器官がなく局所で働くため，純化，同定が困難であったが，近年つぎつぎとその純化に成功し遺伝子が単離された．現在では大量生産され，各種の病気の治療にもその使用が試みられている．

**増殖因子受容体**［growth factor receptor］　成長因子受容体ともいう．リガンドと結合する細胞外部分，膜を1回貫通する部分そして細胞内部分より成る．この種の多くの受容体は細胞内にチロシンキナーゼドメインをもつが，トランスフォーミング増殖因子 $\beta$ 受容体*のⅡ型ではセリン/トレオニンキナーゼドメインをもつ．チロシンキナーゼドメインをもつ受容体はその構造からいくつかに分類されている．免疫グロブリン様ドメインを細胞外に七つもつ血管内皮増殖因子*受容体群，五つもつ血小板由来増殖因子受容体*群，2～3個もつ繊維芽細胞増殖因子受容体*群，細胞外に二つのシステインに富むドメインをもつ上皮増殖因子受容体*群，細胞外ドメインが $\alpha$，$\beta$ 鎖より成る肝細胞増殖因子*受容体群，S-S 結合で $\alpha$，$\beta$ 鎖が結ばれたヘテロ四量体より成るインスリン様増殖因子受容体*群などである．リガンドが細胞外部分に結合すると受容体の二量体化が生じ，つぎに受容体の細胞内部分のチロシンリン酸化*(自己リン酸化)が生じる．このチロシンリン酸化が受容体キナーゼ自身の活性に変化を与えたりあるいは SH2 ドメインの結合部位となることにより，リガンドのシグナルを伝達する．

**増殖期**［growth phase］　＝栄養期

**増殖曲線**［growth curve］　細胞集団を培養したとき，時間の経過に対応して細胞数がどのように変化するかを示す曲線(図)．増殖速度は各時点での曲線の傾きとして表される．一般に細胞を新しい培地へ移植すると，しばらくは増殖せずにいる誘導期(induction phase, lag phase)を経て，指数関数的に細胞数が増加する対数増殖期(logarithmic growth phase)に入り，細胞密度がある限界を越えて高くなると定常期(stationary phase)に入り細胞数の増加が低下して増殖を停止する．さらに培養を続けると死滅期に入って生細胞数は減少する．

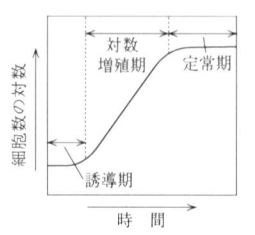

**増殖細胞核抗原**［proliferating cell nuclear antigen］　PCNA と略す．膠原病患者の血清中の抗体に反応する抗原としてS期*の細胞核に特異的に見いだされることからこのように名づけられた．真核生物に高度に保存されており染色体複製の必須因子として機能する．精製されたヒト PCNA は 29 kDa のサブユニット三つから成るリング状複合体で，DNA ポリメラーゼ $\delta$ に結合して一緒に二本鎖 DNA 上を移動してその活性を促進する．このことから，DNA スライディングクランプ(略してクランプ)ともよばれる．PCNA が機能するためにはローダーとよばれる複製因子Cが必要で，この ATP アーゼ活性によって一時的に PCNA のリング構造が開いて DNA に結合する．この二つの因子と DNA ポリメラーゼ $\delta$ の組合わせは複製時にリーディング鎖とラギング鎖が協調して合成されるための中心的役割を果たす．また同時にこれらの DNA 合成活性はさまざまな DNA 修復や組換え反応にも要求される．また PCNA は DNA 合成への直接的な関与だけでなく，数十の多様な DNA 代謝系酵素と直接的な相互作用をもち，これら因子と複製中の DNA 間のアダプターとして機能し，複製した染色体構造の再構築でも重要な役割を果たす．また DNA 損傷時にモノユビキチン化されることが知られ，この修飾は DNA 損傷で停止した複製フォークでの複製型から DNA 損傷乗越え型へ DNA ポリメラーゼのスイッチとして機能すると考えられている．

**増殖性感染**［productive infection］　⇌不全感染

**増殖培地**［growth medium］　細胞の増殖を維持できる栄養源を含む培地*をいう．栄養源の一部を欠く培地，薬剤を含む培地などの選択培地*と区別するために用いる．動物細胞の培養では，塩類，グルコース，アミノ酸，ビタミンから成る培地を合成培地*とよんでいる．この合成培地だけでは，細胞増殖を維持することができず，さらに血清*を加えることにより完全な増殖培地となる．

**増　生**　＝過形成

**相対遠心力**［relative centrifugal force］　RCF と略す．遠心機の中で，角速度 $\omega$ [rad/sec] で回転するローターの中の溶液中の溶質分子には，$m(1-v\rho)r\omega^2$ [dyn] の遠心力が働く．ここに $m$ は溶質の質量，$v$ は溶質の偏比容，$\rho$ は溶質の密度，$r$ は溶質分子から回転軸までの距離 [cm] である．$r\omega^2$ は遠心力の場の強さを表し，通常地球の重力の場の強さ $g$ を単位として示される．これを相対遠心力という．RCF $= r\omega^2/g$

**相対不応期**［relative refractory period］　⇌不応期

**相対分子質量**［relative molecular mass］　＝分子量

**相同遺伝子**［homologous gene］＝ホモログ

**相同組換え**［homologous recombination］　二つの DNA 塩基配列の似た分子間の交換反応をさす．その効率は相同性の割合，あるいは相同な領域の長さに依存する．細胞内では 80% の相同性でもあれば，組換えは低頻度で起こる．相同組換えには大きく二つ，交差型（乗換え型）と非交差型（遺伝子変換型）に分けられる．交差型は 2 分子間の相互入換え反応であるのに対し，非交差型では相互入換えは伴わず，ドナーからレシピエント分子への 1 方向的な情報の転位反応をさす．交差型組換えは減数分裂期に，非交差型組換えは体細胞分裂期に高頻度である．この二つのタイプの分類は生物学的に意味があり，交差型は遺伝子編成の多様性を増す可能性が高く，さらに，減数分裂期のキアズマ*に変換されるために，減数第一分裂期における相同染色体*の分配に必須になる．一方，非交差型組換えは情報の 1 方向的やりとりゆえに，酵母の性決定遺伝子の変換，トリパノソーマの表面抗原遺伝子の変換などの，遺伝子発現の調節に使われることが多い．減数分裂期の組換えは体細胞分裂期に比べ，100～1000 倍頻度も高く，染色体上で不均一に，ホットスポット*とよばれる部位において高頻度で起きることが知られている．相同組換えは DNA 上に一本鎖あるいは二本鎖切断が入ることで開始する．近年では二本鎖切断が主たる開始反応と考えられており，二本鎖切断で開始する組換えのモデルを一般的に二本鎖切断修復モデルといい，これが近年の組換えのひな形的モデルである．二本鎖切断の後，一本鎖 DNA 領域の形成，相同鎖検索，鎖交換，DNA 合成を経て，組換え中間体として有名なホリデイ構造*形成を経て，最終的な組換え産物が形成される．ホリデイ構造の解離は 2 通りあり，解離の方向に応じ，交差型，非交差型組換え体が生じる．また，非交差型組換えの形成にはホリデイ構造を経ない経路，synthesis-dependent strand annealing（SDSA）モデルも提唱されている．（⇒ 修復，非相同組換え，部位特異的組換え）

**相同性**［homology］　同一もしくは類似の配列をもつことを意味する用語．これは DNA や RNA の塩基配列にも，タンパク質のアミノ酸配列についても用いられる言葉である．遺伝子（または DNA）の同一性もしくは近縁性を表すことになる．2 種類の DNA 断片が相同性を示すかどうかは実験的にはハイブリダイゼーション法で調べることができる．会合のしやすさにより相同性の程度が判定できる．もちろん，両者の塩基配列を比較するとより確かな相同性が決定され，MegaBLAST および BLASTN や BLASTP（⇒ BLAST）のような相同的なヌクレオチド配列やアミノ酸配列をデータベースから探索するための効率のよいプログラムが開発されている．（⇒ 相同性検索，バイオインフォマティクス）

**相同性クローニング**［homology cloning］　核酸塩基配列間の相同性*を利用して目的の遺伝子を検出し，クローニング*する方法．そのためには目的遺伝子に相補的な塩基配列をもつプローブが必要である．その遺伝子がコードするタンパク質の部分構造（アミノ酸配列）をまず解析し，部分的なアミノ酸配列から考えられる塩基配列のすべて（コドンの縮重によりかなりの種類になるが）を合成し，末端を標識してプローブとすることができる．この場合，2 箇所以上のアミノ酸配列に対するプローブを用いて二重陽性クローンを選ぶことにより，偽陽性のクローンを避けることができる．目的遺伝子と相同性の高い遺伝子がすでに得られている場合は，その配列のうち共通に保存されている可能性の高い部分をプローブとして利用することができる．さらにこのプローブを逆向きに設計し，DNA ポリメラーゼによって通常の二本鎖 DNA に変えた cDNA ライブラリーに PCR*を適用し迅速に目的の cDNA をクローニングすることも可能である．現在では PCR の発達に伴って標的に適したさまざまな巧妙な方法が利用できる．

**相同性検索**［homology search］　ホモロジー検索ともいう．核酸の塩基配列やアミノ酸配列をデータベース内の既知配列と比較し，類似した配列を探す手法．たとえば，機能未知の遺伝子の塩基配列を相同性*を検索することにより，配列の似た既知遺伝子の機能から，未知遺伝子の機能を予測することも可能である．相同性検索の代表的なプログラムとして，FASTA*，BLAST*がある．（⇒ バイオインフォマティクス，比較ゲノミクス）

**相同染色体**［homologous chromosome］　一倍体*でない細胞のもつ，大きさ，形状が同じで塩基配列レベルでもよく似た一組の染色体のこと．たとえば二倍体細胞に 2 本ずつ存在する各常染色体*や，同型対の性染色体がこれに当てはまる．複相の細胞では一組の相同染色体のうち半数は父方の，半数は母方の細胞に由来する．1 対の相同染色体は減数第一分裂に入ると対合して二価染色体*を形成し，キアズマ*を生じて染色体の一部を交換する（⇒ 乗換え）．減数第一分裂の進行とともに 1 対の相同染色体は二つの娘細胞へ分離する．

**挿　入**　【1】［insertion］　組込みともいう．既存の DNA 配列に他の DNA 配列が入り込むこと．遺伝子に挿入が起こった場合はたいていフレームシフト突然変異*などの突然変異が生じる．挿入される DNA としては挿入配列*やトランスポゾン*がよく知られている（⇒ 部位特異的組換え）．これらの配列は両端の逆方向反復配列*によって相同性*をもたない DNA に入り込み，つぎつぎと DNA 中を転位*することができる．トランスポゾンは挿入反応を触媒するトランスポゼース*の遺伝子も含んでいる．（⇒ 非相同組換え）

【2】［intercalation］　＝インターカレーション

**挿入因子**［insertion element］　＝挿入配列

**挿入則**［rule of intercalation］　イモリや昆虫の肢での付加的な再生*における調節機構を，位置情報（⇒ パターン形成）の概念に立脚して説明した S. V. Bryant 夫妻，V. French らによる経験則"極座標モデ

ル(polar coordinate model)"の根幹をなす前提の一つ.このモデルでは肢の各部域を基部から先端への軸を指定する放射値(A～E)と前後軸を指定する円周値(0～12)の二つで表される極座標系として位置づけ,細胞は肢の発生過程で自身の相対的な位置を示す位置値(positional value)を与えられる,とする.肢が切除されたり違ったレベルで切断された肢がつなげられると,切断面で位置値の連続しない細胞同士が接触することになるので,接触点では細胞分裂が起こり,その結果生じた娘細胞が新しい位置値を獲得してその不連続を埋める.その際挿入される細胞の位置値は,放射値についてはより先端の値(先端化則),円周値については隔たりの小さい方を優先してとる(最短挿入則),とすれば過剰肢形成を含めたいろいろな再生現象を統一的に説明できる.

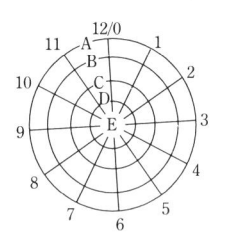

**挿入配列** [insertion sequence] IS と略称され,挿入因子(insertion element)ともよばれる.原核生物の染色体やプラスミド上に存在するトランスポゾン*のうち,転位に関与する遺伝子をコードするが,それ以外の遺伝的マーカーをもたない小型(通常2 kbp 以下)の因子.IS*1*, IS*3*, IS*4*, IS*10*, IS*50*, IS*630* などが代表的である.2 コピーの挿入配列によって挟まれた領域は一つの単位として転位することが可能で,これを複合トランスポゾン(composite transposon)という.たとえば,Tn*5* は 2 コピーの IS*50* がカナマイシン*耐性遺伝子を挟む構造をしている.

**早発性細胞老化** [premature cellular senescence] ⇌ 細胞老化

**層 板【1】**=ラメラ
【2】[stack] ⇌ ゴルジ体

**増幅単位**=アンプリコン

**相変異**(べん毛抗原型の)[phase variation] べん毛相変異(flagellar phase variation)ともいう.複相型サルモネラ菌株は二つの異なる抗原型のべん毛相をもち,その間で一定の頻度で交互に変換する.このような菌株はべん毛繊維構成タンパク質であるフラジェリン*の構造遺伝子を二つ(*fliC* と *fljB*)もち,それらの間の発現変換がべん毛相の変換をひき起こす.*fljB* 遺伝子のプロモーターは可逆的に逆位を行う DNA セグメント中にあり,その向きによってこの遺伝子の転写の有無が決定される.*fljB* 遺伝子は *fliC* 遺伝子のリプレッサー遺伝子とオペロン*を形成しているため,*fljB* 遺伝子が発現している時には *fliC* 遺伝子は抑制される.(⇌ べん毛レギュロン)

**相補遺伝子**=補足遺伝子

**相補グループ** [complementation group] 相補性*を示さない同一遺伝子内の突然変異グループ.一般的には一つの相補グループが一つの遺伝子に対応すると考えてよい.しかし同じ遺伝子からスプライシング*の違いにより複数のポリペプチド鎖が生じる場合や,一つの遺伝子が多機能のポリペプチドをコードしている場合などは相補グループ=遺伝子の関係は成立しないので注意を要する.

**相補性** [complementation] ある一つの表現型に関与する二つの突然変異遺伝子を同一細胞内に共存させた時に,その細胞が野生型の表現型を示すこと.おのおのの突然変異が異なる遺伝子の変異であれば,互いに欠損している機能を相補するので,両突然変異をもつ細胞は野生型を示す.まれには同じ遺伝子の異なる部位の突然変異が相補性を示すこともあり遺伝子内相補性*とよばれる.(⇌ 相補性テスト)

**相補性決定領域** [complementary-determining region] =超可変領域.CDR と略す.

**相補性テスト** [complementation test] シス-トランステスト(cis-trans test)ともいう.ある一つの表現型に関与する複数の突然変異が,同一遺伝子の突然変異なのか否かを調べるテスト.一つの劣性突然変異 a をもつ細胞に別の劣性突然変異 b を交雑や形質導入*で入れ,同一細胞内に二つの突然変異が共存するヘテロ接合体をつくる(真核細胞の場合は二倍体細胞である).両突然変異はシス配列(ab/＋＋)かトランス配列(a＋/＋b)のどちらかの配列をとる.シス配列では二つの突然変異が同一染色体上にあり,トランス配列では異なる染色体上にある.二つの突然変異がトランス配列の場合その細胞が野生型を示すと,両突然変異は相補できるといい(⇌ 相補性),おのおのの突然変異は異なる遺伝子またはシストロン*に属していることがわかる.この場合両突然変異がシス配列にあっても野生型を示す.一方二つの突然変異がトランス配列をとる場合にその細胞が突然変異型を示すと,両突然変異は同じ遺伝子またはシストロンに属していることになる.この場合両突然変異がシス配列にあると細胞は野生型を示す.

**相補的塩基対合**=相補的塩基対形成

**相補的塩基対形成** [complementary base pairing] 塩基対形成,相補的塩基対合ともいう.核酸の塩基のアデニンとチミン(RNA ではウラシル),グアニンとシトシンの間で水素結合により対合すること.この特異的な組合わせを相補的であると表現する.(⇌ ワトソン・クリックモデル)

**相補的構造** [complementary structure] 塩基の相補的構造は水素結合に基づく.アデニンとチミン,アデニンとウラシルは 2 本の水素結合,グアニンとシトシンは 3 本の水素結合で相補的構造をとり塩基対を形成する(⇌ 相補的塩基対形成).塩基の相補構造によって二本鎖 DNA ができ,結晶化されている.DNA の複製*では鋳型の各 DNA 一本鎖に対応する相補的な塩基が配列して DNA 合成が進み,相補的 DNA がつくられる.DNA から RNA に転写*する際も鋳型の DNA 一本鎖に相補的な塩基配列をもった RNA が合成される.ウイルスゲノムの複製,転写,逆転写を含むすべての核酸合成は塩基の相補的構造に基づいて

おり，遺伝情報をつぎの時空に伝達する生命の基本をなしている．

**相補的 DNA**［complementary DNA］ cDNA と略す．mRNA に相補的な一本鎖 DNA をさし，mRNA を鋳型として逆転写酵素*を用いて合成できる．また，その二本鎖 DNA をさすこともある．逆転写酵素は他の DNA ポリメラーゼ*と同様，反応に適当なプライマー*を必要とする．通常，真核生物の mRNA の 3′末端にはポリ(A)*配列が存在するので，この反応のプライマーとしては，オリゴ(dT)が用いられる．一般に，高等生物の遺伝子クローニング*は cDNA を用いて行われる．

**相利共生**［mutualism］ ⇌ 共生

**ゾウリムシ**［Paramecium］ 原生動物門，有毛類亜門，毛口類(目)に属する．走性に関与するイオンチャネル*の変異株，また走性および接合活性に関する概日性リズム(⇌ サーカディアンリズム)の研究，光生物学，また教材に用いられている．P. caudatum, P. aurelia, P. bursalia, P. multimicronucleatum などが研究に用いられる．生殖核である小核*と，栄養核である大核*をもつ．接合*による有性生殖*を行い，小核の交換，減数分裂を行う．大核は有性生殖時に消失し，小核より分化する．大核の分化の途中で DNA は部位特異的に除去され，残された DNA 部位は複製し，その両側はテロメラーゼ*によりテロメア*構造を形成する．

**藻類**［algae］ 光合成*を行う独立栄養生物のうちで，主として水中(淡水・汽水・海水)を生育場所としている生物群の総称．光合成色素*(クロロフィル*)の種類，運動性細胞のもつ鞭毛装置の構造など，生物の系統を示す形質について大きな差があり，真核生物の緑藻類(green algae)，褐藻類(brown algae)，紅藻類(red algae)，渦鞭毛藻類，クリプト藻類，珪藻類，シャジクモ類など多くの群があり，原核生物のシアノバクテリア*，原緑藻類も含まれる．

**早老症**［progeria, premature senility］ 早期老化症，プロジェリアともいう．常染色体優性遺伝の疾患．早老症には，プロジェリア症候群，ウェルナー症候群などがあり，狭義にはハッチンソン・ギルフォード症候群(Hutchinson-Gilford syndrome)をさす．ハッチンソン・ギルフォード症候群の原因遺伝子はラミン A 遺伝子(LMNA)で 1q21.2-21.3 に，ウェルナー症候群の原因遺伝子は ATP 依存性の DNA ヘリカーゼで 8p12 にそれぞれ位置している．皮膚繊維芽細胞の培養で，その分裂速度の遅延および寿命の短縮が認められる．出生時は正常であるが，乳幼児期より発育遅延を呈し，10 歳代で死亡する．低身長，禿頭，皮下脂肪萎縮，骨形成不全などの老人様変化を特徴とする．全身に動脈硬化を認め，高血圧症，狭心症，脳梗塞などを併発する．内分泌学的には，耐糖能低下，性腺機能低下を合併する．

**属**［genus, (pl.)genera］ ⇌ 種

**側芽抑制**［lateral bud inhibition］ ＝ 頂芽優勢

**即時型アレルギー**［immediate-type allergy］ 即時型過敏症(immediate-type hypersensitivity)，Ⅰ型アレルギーともいう．抗原投与後数分以内に発症するので即時型アレルギーとよばれる．このⅠ型アレルギーは，IgE 抗体がマスト細胞や好塩基球に強く結合し，対応する抗原がさらに結合するとヒスタミンなどの化学伝達物質が放出された結果生じる．なお，Ⅱ型アレルギー*は，細胞や組織に向けられた抗体による細胞や組織の障害である．また，Ⅲ型アレルギーは，抗原抗体複合体が組織に沈着すると好中球が反応し周辺の組織を障害する反応である．(⇌ アレルギー，遅延型アレルギー)

**即時型遺伝子**［early growth response gene］ ＝ 前初期遺伝子[1]．EGR と略す．

**即時型過敏症**［immediate-type hypersensitivity］ ＝即時型アレルギー

**促進拡散**［facilitated diffusion］ 促進拡散ともいう．水溶性物質の生体膜を介した受動輸送*機構の一つ．輸送される分子に特異的な膜タンパク質(チャネルタンパク質)や輸送タンパク質(担体・輸送体)などの膜輸送タンパク質が関与するが，膜内外での物質の濃度差および電気化学的ポテンシャルの差に依存して輸送される点で能動輸送*と異なる．

**促通拡散** ＝促進拡散

**促通ニューロン**［facilitator neuron］ シナプス*を介して，近傍にある他のシナプスの伝達効率を増大させる機能をもったニューロン(図の斜線部)をい

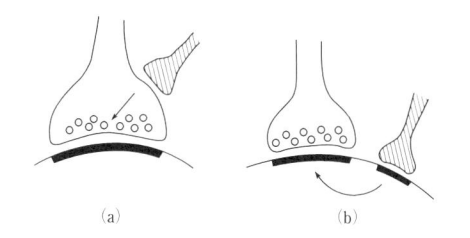

(a)　　　(b)

う．シナプス前終末に作用して神経伝達物質*の放出を増加させる場合(図 a)とシナプス後膜*に作用して神経伝達物質に対する感受性を増大させる場合(図 b)とがあるが，いずれもセカンドメッセンジャー*系が関与すると考えられている．前者の例として，アメフラシのエラ引込め反射に対する頭部刺激による感作*があり，頭部の感覚ニューロンが水管からの感覚ニューロンとエラの運動ニューロンとの間のシナプスに対して促通ニューロンとして機能している．このようなシナプス伝達の増大は異シナプス性促通(heterosynaptic facilitation)ともよばれ，学習や記憶などに関連する神経可塑性(⇌ シナプス可塑性)の一つの機構をなすと考えられる．

**側底膜**［lateral-basal membrane, basolateral membrane］ ⇌ 細胞膜

**速度定数**［rate constant］ 反応速度定数(reaction velocity constant)ともいう．化学反応の速度は単位時間($t$)における反応物($A$)または生成物($P$)の濃度変化

より求められ，その時点での物質の濃度に比例する．反応速度式

$$-d[A]/dt = k[A]$$

における比例定数 $k$ を速度定数とよぶ．素反応

$$A_1 + A_2 + \cdots + A_n \rightarrow P$$

において同時に衝突すべき分子の個数により，一次(一分子)反応，二次(二分子)反応とよばれるが，三分子反応はまれであり，また反応次数によって $k$ の次元は異なる．(⇌ ミカエリス定数)

**続発症** [secondary disease] ⇌ 移植片対宿主病
**側部分裂組織** [lateral meristem] ⇌ 頂端分裂組織
**側方拡散** [lateral diffusion] 並進拡散ともいう．細胞膜成分の膜面に平行な方向における拡散，動き．膜流動性の指標の一つ．一般的に脂質成分の拡散速度は速く，タンパク質成分の速度は約 1/100 遅い．脂質の場合マトリックスが液晶では $10^{-2}$ cm$^2$/sec，ゲル状態では 2〜3 桁減少する．側方拡散の測定法として蛍光退色回復法(⇌ FRAP)，スピン標識法* などがある．グリコシルホスファチジルイノシトールをアンカーとした膜タンパク質(⇌ GPIアンカー型タンパク質)の拡散速度は脂質分子なみに速い．
**側膜** [lateral membrane] ⇌ 細胞膜
**ソークワクチン** [Salk vaccine] ポリオウイルス* によるポリオ*(急性灰白髄炎)を制御するために開発された予防ワクチン* の一つ．ポリオウイルスをホルマリンで処理することにより，抗原性(免疫原性)を残したまま，ウイルスとしては不活化されたワクチンである．注射により接種される．血中の中和抗体産生に至るが，セービンワクチン* と異なり，粘膜上皮への分泌型 IgA の産生は起こらない．
**組織** [tissue] 多細胞生物では，1個の卵から分裂増殖を繰返した細胞群は，さらに遺伝子発現制御によりいろいろな機能をもつに至る．同様の機能をもつ細胞は同様の形態をとり，集合している．このように似たような機能をもち，似たような形態の細胞の集まりを組織という．さまざまな性質の組織が組合わされて器官を形成する(器官形成*)．目，肝臓，胃などは器官である．胃を例にとると内胚葉性の胃粘膜上皮，中胚葉性の結合組織などで構成される．組織は上皮組織，支持組織，筋組織，神経組織に大別できる．
**組織因子** [tissue factor] TF と略す．血液凝固Ⅲ因子(blood coagulation factor Ⅲ)，組織トロンボプラスチン(tissue thromboplastin)ともいう．組織因子は，血管外組織の平滑筋細胞や繊維芽細胞に存在する細胞膜タンパク質で，傷害箇所に止血血栓を形成して出血を阻止する．また，感染時には細菌内毒素(エンドトキシン，リポ多糖)などで活性化された単球やマクロファージ，内皮細胞，リンパ管細胞などの表面に発現し，創傷治癒を促す．TF 結合Ⅶ$_a$ 因子は，リン脂質上でⅨ因子およびⅩ因子を活性化して，外因系凝固系を活性化する．また，TF はがん細胞表面に高発現し，Ⅶ$_a$ 因子・TF・X$_a$ 因子複合体は PAR-2 を活性化して，がん細胞の増殖，移動，転移などを促進する．Ⅶ$_a$ 因子・TF 複合体は組織因子系インヒビター(TFPI*)により阻害される．(⇌ 血液凝固，血液凝固因子)
**組織因子系凝固インヒビター** [tissue factor pathway inhibitor] = TFPI
**組織球** [histiocyte] 大食球ともいう．組織に存在する貪食細胞であるが，その由来も含め時代とともに概念が大きく変遷している．組織球(肝臓クッパー細胞*，リンパ洞胚中心のマクロファージなど)と細網細胞(reticulum cell；例，ランゲルハンス細胞，かみ合い樹状細胞(interdigitating dendritic cell，IDC)，洞樹状細胞(follicular dendritic cell，FDC)など)は関連した細胞と考えられている．リンパ洞に存在する IDC を除く細胞は造血幹細胞の子孫であり，その多くは単球を経てそれぞれの組織で固有の分化・成熟過程をたどると考えられる．MHC クラス II, CD45, CD68 などの抗原を発現しているが，抗原提示細胞* としての能力は組織球より細網細胞の方が高い．
**組織系** [tissue system] 一つか複数の組織が一定のまとまりをもつ時，これを組織系という．根，茎，葉はそれぞれ複数の組織系から成り立つと考える．とりわけ表皮系(dermal system)，維管束系(vascular bundle system)，基本組織系* の三つの組織系を認める J. Sachs の組織系(1875)が注目される．表皮系は気孔，孔辺細胞，毛などを含む表皮(epidermis)，コルク形成層，コルク組織，コルク皮層を含む周皮(periderm)などから成り，保護などの機能をもつ．維管束系(⇌ 維管束)は道管・仮道管組織をもつ木部，師管・師細胞組織をもつ師部から成り，通道の機能をもつ．また，木部，師部には繊維組織があることも多く，機械的な支持の機能ももつ．基本組織系には，柔組織，厚角組織，厚壁組織があり，植物体における生理的機能の中心的な役割をもつ．特に柔組織には，根，茎の皮層の柔組織，葉の葉肉組織があり，光合成，呼吸，蒸散など，植物にとって不可欠な機能を果たす中心となっている．
**組織適合抗原** [histocompatibility antigen] ⇌ 移植抗原
**組織特異的遺伝子発現** [tissue-specific gene expression] 多細胞生物は，細胞が分化し，機能が特異化した各種組織から構成されている．各組織では，組織特有の遺伝子が発現している．この特異的な遺伝子発現は，遺伝子上の特定の領域(シスエレメント*)と転写因子* の相互作用により制御されている．この領域は，プロモーターからの距離や方向に依存しないエンハンサー* や遺伝子座調節領域*(LCR)の場合が多い．組織特異な因子，あるいは種々の転写因子の組合わせによって，組織特異的な遺伝子発現が制御されている．
**組織トロンボプラスチン** [tissue thromboplastin] = 組織因子
**組織培養** [tissue culture] 生体から無菌的に取出した組織片をはさみ，メス，かみそりなどを用いて細切し，適当な増殖培地を含む培養器に植込んで生育させる技術をいう．一方，器官そのものを培養する技術

を器官培養(organ culture)とよぶ.また,上の組織片をトリプシン,プロナーゼなどの消化酵素で消化し,遊離した単一細胞集団を集めて培養する方法を細胞培養*とよんで区別している.一般には,器官培養,細胞培養を含めて組織培養と総称する場合が多い.

**組織プラスミノーゲンアクチベーター** [tissue plasminogen activator] tPAと略称する.EC 3.4.21.68. プラスミノーゲン*を活性型のプラスミン*に変換するセリンプロテアーゼ*.530アミノ酸残基から成る,68 kDaの一本鎖の糖タンパク質である.プラスミンやカリクレイン*によって限定分解され,二本鎖型に変換される.N末端側のA鎖はフィブロネクチン*のタイプIに相同性のあるフィンガードメイン,上皮増殖因子ドメイン,2個のクリングルドメイン*から成る.クリングル2とフィンガードメインにフィブリン*との結合部位がある.C末端側のB鎖は酵素領域で,三つの活性アミノ酸残基を含む.おもに内皮細胞から血中に放出され,血液凝固*反応により生じたフィブリンにプラスミノーゲンとともに結合して効果的に活性化し,血栓を溶解する.高いフィブリン親和性と,フィブリン存在下では一本鎖のままでも酵素活性が著しく増強されることが特徴で,その組換えタンパク質が各種の血栓症の治療に用いられている.放出低下に基づく血栓症と放出過剰による出血傾向の症例報告がある.(→ウロキナーゼ)

**組織マイクロアレイ** [tissue microarray] TMAと略す.個々の組織が挿入されたパラフィンの各ブロックがアレイ状に配置されたもの.TMAを利用することにより,in situでの遺伝子発現や遺伝子状態の解析をハイスループットに行うことができる.固定した腫瘍組織などの微小な組織切片をスライドガラスに貼り付けたものを利用して,多検体のin situハイブリダイゼーション*が可能となっている.同様のハイスループットの遺伝子機能解析の手法としてtransfected cell microarray(→細胞マイクロアレイ)があるが,これはcDNA発現クローンのセットをスライドガラス上にアレイ状にプリントし,乾燥後リポフェクション試薬で処理したものを培養皿に設置して,培地に懸濁した付着性の哺乳動物培養細胞と接触させることによりトランスフェクションを行うものである.個々のスポットで別々のcDNAの発現を行わせることができ,siRNA*発現クローンを用いればハイスループットの発現撹乱実験も可能であり,多様な機能スクリーニングに利用できる系である.(→ハイスループット技術)

**SOS** [SOS] ショウジョウバエのセブンレスという受容体型チロシンキナーゼの下流に存在することからson of sevenlessと名づけられた(→セブンレス遺伝子).SOSはRas*のGDP-GTP交換反応を促進し,Rasを活性化する因子である(→GDP-GTP交換因子).線虫のSem5や哺乳動物でのGrb2/Ash*のSH3ドメインに結合する.細胞増殖因子やがん遺伝子産物のチロシンキナーゼのシグナルはGrb2/Ash-SOSの複合体形成を介してRas活性化を生じ,DNA合成を促進するものが多い.

**疎水基** [hydrophobic group] 水(hydro-)と反発性(-phobic)をもつ官能基.-OH, -NH$_2$, -COOH, -OSO$_3$H, -OPO$_3$H$_2$などの基は親水性をもっているため,分子内にそれらの基が占める割合が大きければ分子は水溶性を示す(→親水基).しかし炭化水素やハロゲン化アルキル,有機ケイ素化合物など,水分子と親和性をもたない部分が大きければ水には溶けにくくなり,有機溶媒に対する溶解性が増す.このように水分子を排除する官能基を疎水基とよぶ.疎水性部分は互いに近寄って水との接触面積を減少させる.この現象は両親媒性分子*が水中でミセルを形成したり,生体膜の脂質二重層*や球状タンパク質の三次構造を決める時重要な役割を果たす.(→疎水結合)

**疎水結合** [hydrophobic bond] 分子中に水や極性溶媒との親和性が弱い無極性の基をもつ部分があると,見かけ上,水溶液中で溶媒との界面が小さくなるように互いに集合して安定化する.しかし,実際には極性溶媒分子間には水素結合*のような結合力があるので,疎水性部分が極性溶媒相から排除されるために起こる現象である.水中で両親媒性分子*がミセル*状態で存在したり,球状タンパク質が安定な立体構造をとり,生体膜*が脂質二重層*を形成しているのも疎水結合の寄与によるところが大きい.

**疎水親水指数** [hydropathy index] →ヒドロパシー分析

**疎水性クロマトグラフィー** [hydrophobic chromatography] →カラムクロマトグラフィー

**疎水性相互作用** [hydrophobic interaction] 水中に置かれた無極性基は水分子を避け,互いに凝集する.この際働く力を疎水性相互作用(疎水結合)とよぶ.無極性基の周囲では水分子が秩序化し(氷状構造),エントロピー的に不利な状態にある.無極性基同士が接近することで,水の再配置とそれに伴うエントロピーの増加・自由エネルギーの減少が起こり,系がより安定化する.疎水性相互作用はタンパク質のフォールディングや脂質二重層の形成などに重要な役割を果たすとされる.

**疎繊維性結合組織** [loose connective tissue] →結合組織

**Soxファミリー** [Sox family] HMGボックス*とよばれるDNA結合領域をもつSox(SRY関連HMGボックス)ファミリー転写因子.Y染色体性決定領域*(SRY)のHMGボックスと高い相同性をもつHMGボックススーパーファミリーの中の1遺伝子群.Soxファミリーはヒトからショウジョウバエまで幅広く存在し,マウスでは少なくとも20種類以上ある.Soxファミリーは転写因子として標的遺伝子のAACAATに類似した配列に特異的に結合し,特に個体の初期発生過程においてさまざまな細胞運命の決定や細胞分化に重要な役割を果たす.Sox2は初期胚の内部細胞塊や胚性幹細胞*(ES細胞)において多分化能の維持に必須の役割を果たし,Sox9はSRYと並び精巣決定に必須の因子である.またSox1は眼球の形成,Sox4は心臓やリンパ球の分化に重要である.こ

れら Sox ファミリーは臨床的にも先天性疾患の原因遺伝子となっている．さらに時期，組織特異的遺伝子改変マウスを用いた研究から Sox5, Sox6, Sox9 がⅡ型コラーゲンなどの軟骨特異的遺伝子の発現を制御して軟骨分化に必須の役割を果たすことが明らかとなった．

**ソーティング**（タンパク質の）[sorting, protein sorting] 選別ともいう．小胞体*で合成された種々のタンパク質は選別され，定められた機能すべき細胞部位へ小胞輸送*によって運ばれる．このようなタンパク質の選別をソーティングとよぶ．このため，1) タンパク質を選別して特定の輸送小胞に包装する，2) 特定の輸送小胞を選別的に定められた標的膜に融合させる，という2段階のソーティング機構が必要となる．1) の選別のため，タンパク質分子内にはソーティングシグナル (sorting signal) が存在する (表参照)．ソーティングシグナルは，移行化シグナル，タ

空胞系におけるソーティングシグナルの例

| 細胞小器官 | ソーティングシグナル |
|---|---|
| リソソーム | マンノース6-リン酸，GY モチーフ (Gly-Tyr)，LL モチーフ (Leu-Leu) |
| トランスゴルジ網小胞体 | YQRL モチーフ (Tyr-Gln-Arg-Leu) KDEL モチーフ (Lys-Asp-Glu-Leu)，KKXX モチーフ (Lys-Lys-X-X) |

グ (tag, 荷札のこと) ともよばれる．ソーティングシグナルをもたないタンパク質は，小胞輸送*の流れにのって，小胞体から，動物細胞では細胞膜へ，酵母細胞では液胞へ輸送される．この輸送をデフォールト輸送 (default transport) とよぶ．2) については，特定の輸送小胞に固有の膜タンパク質 v-SNARE (vesicle SNAP receptor) が存在し，それが標的膜の t-SNARE (target SNAP receptor) と特異的に結合して，SNAP (soluble NSF attachment protein)，NSF (N-ethylmaleimide sensitive fusion protein) とともに SNARE 複合体 (SNARE complex) を形成した結果，輸送小胞と標的膜との選別的ドッキング，融合が起こる (SNARE 仮説，図)．輸送小胞には，Rab* ファミリーなど，それぞれに特異的な低分子量 GTP 結合タンパク質*

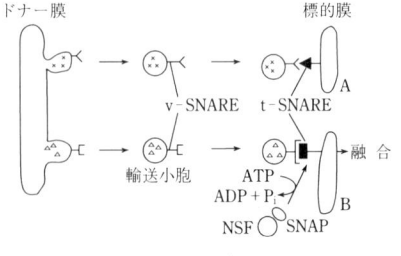

SNARE 仮説

が存在して，おのおのの SNARE 複合体形成のオン-オフを調節する分子スイッチとして機能している．それぞれの輸送小胞が特定のタンパク質を選別する機構については，不明な点が多く，今後の研究が待たれる．(⇌ ターゲッティング，タンパク質輸送，付録C)

**ソーティングシグナル** [sorting signal]　⇌ ソーティング

**ソニックヘッジホッグ** [sonic hedgehog]　shh と略す．ショウジョウバエのセグメントポラリティー遺伝子*ヘッジホッグの脊椎動物相同遺伝子として脊椎動物で単離された分泌性シグナル因子である．哺乳類では，この他にインディアンヘッジホッグ (indian hedgehog, ihh)，デザートヘッジホッグ (desert hedgehog, dhh) が存在する．興味深いことに，線虫では相同なリガンドがみつかっていない．脊椎動物の胚では，脊索，神経管フロアープレート*，肢芽の極性化活性帯* (ZPA) などのシグナルセンターに発現して，組織や器官のパターン形成に重要な役割を担っている．受容体は哺乳類で2種類のパッチド (Patched 1&2, 12回膜貫通型) が存在する．パッチドはヘッジホッグ非在下では膜上に存在するスムースンド (Smoothend, 7回膜貫通型) の活性を抑制する機能をもっている．リガンドが受容体に結合すると，この抑制が解除され，スムースンドを介したシグナルが細胞内に伝達される．(⇌ ヘッジホッグ遺伝子)

**SOAP** [SOAP]　SOAP は simple object access protocol の略称．異なるプラットフォーム間でメッセージをやりとりするための通信規約．生命科学分野では遺伝子注釈情報を取出したり，配列相同性検索を行ったりするサービスに応用されている．実際には HTTP という通信規約を利用しインターネット回線を介しメッセージをやりとりする．このときメッセージは付加情報とともに XML で記述されている．SOAP を利用する利点は異なるプラットフォーム間でも双方がオブジェクトの生成・解釈エンジンをもつことでオブジェクト呼出しが可能であることである．これにより複数のプログラムを自在に統合することが可能になる．SOAP を用いてインターネット上で再利用可能なプログラムを Web サービスとよぶ．プログラマーは自分のプログラムに公開されている Web サービスを組合わせることで機能を拡張することができる．生命科学分野でもこのような Web サービスを組合わせることで典型的な解析をワークフローとして利用する動きがある．

**ソーマ** [soma, (pl.) somata]　生物の体のうち，生殖細胞系列に属する細胞以外の部分．

**ソマクローナル変異** [somaclonal variation]　体細胞性変異ともいう．植物の組織培養*の過程で生じた体細胞突然変異*，またそれに起因し，植物細胞のもつ分化全能性によって再生した植物体にみられる変異．一般に植物組織培養系においては，カルス*や懸濁細胞の培養や分化・脱分化の過程で成長，代謝，形態，栄養要求性，分化能などに遺伝性または非遺伝性

の変異が高頻度に生じるが，体細胞性変異は細胞のクローンや再生した植物体に遺伝的に伝えられる．またソマクローナル変異では他の突然変異誘発手法より変異がより多岐にわたることがあり，このため再生植物体に固定された変異は育種素材として利用可能性がある．体細胞性変異には倍数体などゲノムレベルの変異から，欠失・転座・逆位・重複などの染色体レベルの変異，遺伝子の点突然変異まであり，それらの遺伝様式も，メンデル遺伝，母性遺伝が確認されているほか，自殖系での非分離の変異が報告されている．

**ソマトスタチン**［somatostatin］ ＝成長ホルモン放出抑制ホルモン（growth hormone-release-inhibiting hormone, GHRIH），成長ホルモン放出抑制因子（growth hormone-release-inhibiting factor, GIF），ソマトトロピン放出抑制因子（somatotropin-release-inhibiting factor, SRIF）．1973 年にヒツジ視床下部から成長ホルモン分泌抑制因子として，単離・構造決定されたアミノ酸 14 個のペプチド（ソマトスタチン-14）である．ソマトスタチンは視床下部のみならず，中枢神経系，甲状腺，膵内・外分泌組織，消化管，腎臓など生体内に広く分布する．ソマトスタチン-14 のほか，N 末端にアミノ酸が 14 個伸展したソマトスタチン-28 も存在する．ソマトスタチンは，下垂体ホルモン，膵ホルモン，消化管ホルモン分泌の抑制，膵外分泌の抑制，消化管運動の抑制作用をもつ．中枢神経系においては抑制性あるいは興奮性神経伝達物質として作用する．ソマトスタチンは，ある種の細胞で細胞増殖抑制作用を発揮する．現在，種々のソマトスタチン類似体が開発され，一部は下垂体腫瘍などに対し腫瘍の縮小やホルモン分泌の抑制の目的で，すでに臨床応用されている．これらのソマトスタチン作用は G タンパク質共役受容体* を介して発揮される．

**ソマトスタチン受容体**［somatostatin receptor］ ソマトスタチン* をリガンドとする受容体．1992 年にソマトスタチン受容体遺伝子がクローニングされ，現在まで五つのソマトスタチン受容体サブタイプ（SSTR1〜SSTR5）が同定されている．ソマトスタチン受容体は，細胞膜を 7 回貫通する典型的な G タンパク質共役受容体* である．各サブタイプ間で約 40〜60 % のアミノ酸の一致が認められる．ソマトスタチン受容体はサブタイプにより組織特異的な発現が認められる．ヒトでは SSTR1 は脳，胃，小腸，大腸，肺，腎，膵（ランゲルハンス）島で発現，SSTR2 は脳，腎，肝，副腎，小腸，膵島に，SSTR3 は脳に，SSTR4 は脳と膵島に，SSTR5 は下垂体に発現が認められる．しかし，これらの発現分布は種により異なる．ソマトスタチン受容体は種々の G タンパク質* と共役することにより，ソマトスタチンのアデニル酸シクラーゼ，$K^+$ チャネル，$Ca^{2+}$ チャネル，チロシンホスファターゼなどの効果器に対する作用を媒介する．

**ソマトトロピン**［somatotropin, somatotropic hormone］ ＝成長ホルモン．STH と略す．

**ソマトメジン**［somatomedin］ ＝インスリン様増殖因子

**粗面小胞体**［rough endoplasmic reticulum, rough ER］ リボソーム* を結合した小胞体* のこと．粗面小胞体では，分泌タンパク質，細胞膜タンパク質，ゴルジ体*，リソソーム，小胞体などのタンパク質が合成される（⇨ゴルジ体［図］）．膵外分泌腺細胞などの分泌細胞では，粗面小胞体が膜状で，非常に発達して何層も平行に配列している．粗面小胞体には，SRP 受容体（⇨シグナル認識粒子），Sec61p 複合体（Sec61p complex）などから成るタンパク質透過チャネル，シグナルペプチダーゼ* などが存在し，翻訳と共役したリボソームの小胞体膜への結合，タンパク質の膜透過，オリゴ糖トランスフェラーゼによる $N$ 結合型糖鎖の付加が行われ，分泌タンパク質は小胞体内腔に輸送される．オリゴ糖トランスフェラーゼは 66, 63, 48 kDa のサブユニットから成る．リボホリン I，II はおのおの 66, 63 kDa サブユニットと同一タンパク質であることが明らかになった．Sec61p 複合体の $\alpha$ サブユニットは大腸菌の SecY と，$\beta$ サブユニットは SecE と相同性を示す．リボソームの結合はおもに Sec61p を介すると考えられている（⇨ *SEC* 遺伝子）．粗面ミクロソームはおもに粗面小胞体に由来する（⇨ミクロソーム）．小胞体内腔にはタンパク質ジスルフィドイソメラーゼ*（PDI）が存在し，新生ポリペプチドの分子内，分子間ジスルフィド結合（S-S 結合）の形成を触媒し，タンパク質の折りたたみ（フォールディング*），多量体形成を含む会合体形成に関与する．小胞体内腔には，また，BiP（GRP78*），エンドプラスミン（endoplasmin, GRP94），カルネキシン（calnexin）などの分子シャペロン* が存在し，新生ポリペプチドの折りたたみ，会合体形成を促進し，異常なタンパク質が小胞体から搬出されないよう品質管理を行っている．BiP が高次構造形成の初期に，GRP94，カルネキシンはより後期で作用するらしい．カルネキシンは糖タンパク質に特異的なシャペロンと考えられている．なお小胞体には独自のタンパク質分解系が存在し，異常タンパク質は速やかに分解される．ゴルジ体の近くには，ゴルジ体に面する側は滑面で，その反対面が粗面の小胞体が存在し，移行型小胞体（transitional endoplasmic reticulum, transitional element）とよばれている．移行型小胞体の滑面では，ゴルジ体へ向かう輸送小胞* が出芽により形成され，完成した分泌タンパク質，細胞膜タンパク質などは，これらの輸送小胞によりゴルジ体のシスゴルジ網まで輸送される（順輸送）．シスゴルジ網からは逆に小胞体へ向けて小胞輸送（逆輸送）が行われ，小胞体膜の枯渇を補っている．ブレフェルジン*A は小胞体・ゴルジ体間の順輸送を停止させる．逆輸送は阻害せず，ゴルジ体の糖転移酵素などを小胞体に逆流させる．粗面小胞体にはタンパク質合成ならびにタンパク質輸送以外に，複合脂質の合成，電子伝達系その他の小胞体酵素によって触媒される中間代謝や薬物代謝機能，$Ca^{2+}$-ATP アーゼや $Ca^{2+}$ 結合タンパク質，イノシトール 1,4,5-トリスリン酸（$IP_3$）受容体などによって構成される細胞内情報伝達機能などももっている

(小胞体の項を参照).しかし,タンパク質合成ならびにその輸送以外の機能の主力を担うのは滑面小胞体*である.

**粗面ミクロソーム** [rough microsome] ⇌ ミクロソーム

**ソラレン** [psoralen] 核酸の架橋剤.RNA あるいは DNA の高次構造*の研究に用いられる.(⇌ 光増感剤)

**ソリブジン** [sorivudine] 水痘・帯状疱疹ウイルスに対し,強力な抗ウイルス作用をもつ薬剤として開発された.しかし体内でブロモビニルウラシル(bromovinyluracil, BVU)に変化して持続的にジヒドロピリミジンデヒドロゲナーゼ活性を阻害するため,フルオロウラシル系薬剤を併用した場合にはそのクリアランスを著しく遅延させ副作用の因となる.がん患者などに両剤が併用されたための死亡例報告が相ついで大きな社会問題となった.(⇌ ピリミジン代謝異常)

**ゾリンジャー・エリソン症候群** [Zollinger-Ellison syndrome] ガストリン産生腫瘍(gastrinoma),ガストリノーマともいう.膵島の腺腫を伴った難治性の消化性潰瘍として記載された病気であるが,現在,本質的には副腎皮質刺激ホルモン*(ACTH)分泌性腫瘍によるクッシング症候群(Cushing's syndrome)と同じ優性遺伝病の異なった発現と理解されている.多発性の内分泌腺腫瘍を起こす疾患群(MEN, ⇌ 多発性内分泌腫瘍症)の一つ(MEN1型)で消化性潰瘍とともに,下垂体,副甲状腺,膵臓などの内分泌系の障害を起こす.実際,ゾリンジャー・エリソン症候群と診断された症例が副甲状腺機能亢進やクッシング症候群を合併することがある.その原因遺伝子は第 11 染色体長腕 11q13 にマッピングされている.

**ゾル化** [solation] アクチンなどの細胞骨格*フィラメントに架橋タンパク質を加えるとゲル化*し粘弾性固体となる.このゲルは,振とうやアクチンフィラメント切断タンパク質*で分散され,再び粘弾性流体となる.これがゾル化である.静置でゲル化し強い振とうでゾル化する性質をチクソトロピー(thixotropy)という.微小振とうがゾルのゲル化を促進する時,レオペクシー(rheopexy)とよぶ.粘弾性流体であるゾルの粘性は流体の速度勾配に依存し,毛細管粘度計ではなく円錐回転粘度計で測定するとよい.

**ソレノイド構造** [solenoid structure] 一つの繊維状物質が一定の直径とピッチ*でとったらせん構造の名称.クロマチン*では,ヌクレオフィラメント(nucleofilament)がソレノイド構造をとって 30 nm フィラメント(30 nm filament)を形成し,さらにソレノイド構造をとってスーパーソレノイド(super solenoid, unit fiber)を形成していると考えられている.ヌクレオフィラメントがソレノイド構造をとることにより各ヌクレオソーム*は規則的に配列され,コイル 1 巻きには 6 個のヌクレオソームが含まれることになる.クロマチンのソレノイド構造の維持にはヒストン*H1 と 2 価金属イオンが必須である.

**ゾーン遠心分離法** [zonal centrifugation] 沈降速度法の一種でゾーン沈降(速度)法(zone sedimentation (velocity) method),帯領域沈降(速度)法,バンド沈降(速度)法(band sedimentation (velocity) method)などともいう.細胞や細胞内顆粒,ウイルス粒子,生体高分子物質などを分離,分析するための手法.ショ糖(スクロース)などの密度勾配の上に少量の試料を重層し遠心すると,試料中の高分子粒子は固有の沈降速度で密度勾配中をバンドを形成しながら沈降する.分離用超遠心機を用いる場合は通常遠心後,遠心管の底に穴をあけて一定量ずつ採取し分析する.沈降係数*を正確に測定する場合には分析用超遠心機を用いる.(⇌ 密度勾配遠心分離法,ショ糖密度勾配遠心分離法)

**ゾーン沈降(速度)法** [zone sedimentation (velocity) method] ＝ゾーン遠心分離法

**ゾーン電気泳動** [zone electrophoresis] 自由境界面電気泳動(free boundary electrophoresis)に対する,支持体電気泳動(supporting medium electrophoresis)の現象または方法.前者の代表であるチセリウスの電気泳動法では,陰陽両端部分の濃度差のほかは濃度勾配を光学方式の微分変換(シュリーレン法)で分離目的画分を記録するが,本法では各画分が泳動速度の順位どおりにゾーンを形成して配列分離される.支持体としては沪紙,セルロースアセテート膜,デンプン,ポリアクリルアミドゲル,アガロースゲルなどが用いられる.(⇌ 沪紙電気泳動,ゲル電気泳動)

# タ

**Diaphanous 類似フォルミン** ［Diaphanous-related formin］ ＝mDia

**ダイアモンド・ブラックファン症候群** ［Diamond-Blackfan syndrome］ ⇌ 赤芽球癆

**第一次眼胞** ［primary optic vesicle］ ＝眼胞

**第一メッセンジャー** ＝ファーストメッセンジャー

**第一種過誤** ［type Ⅰ error］ ＝偽陽性(相同性検索の)

**体液性免疫** ［humoral immunity］　液性免疫，抗体依存性免疫(antibody-mediated immunity)ともいう．抗体産生による免疫応答＊を総称した語．主役は体液中に放出された抗体＊，IgM, IgG, IgA, IgE であり，これらが体外から侵入した異種タンパク質，病原体成分などと特異的に結合し，場合によっては補体＊成分もこれにさらに結合して，外界からの物質を排除し，生体を防御する．外界からの物質に対する抗体産生応答はきわめて特異性が高く，1個の抗体産生細胞が産生する抗体の特異性は一つである．したがって，生体は特異性を異にする抗体を産生するように多くの細胞クローンをもつ．外界からの侵入異物に応答する免疫応答を能動免疫とよぶが，抗体産生応答には一定の時間がかかるので，至急に対応する場合には，すでに存在する抗体を体内に注入することも行われる．これを受動免疫＊とよぶ．以前に行われた血清療法は後者の例である．細胞性免疫＊とともに免疫系＊を構成する．

**ダイオキシン** ［dioxin］　ジオキシンともいう．塩素数と位置が異なる，ジベンゾ-p-ジオキシン，ジベンゾフラン，コプラナー PCB の同族体/異性体の中で，Ah 受容体＊(ダイオキシン受容体, AhR)と結合する性質をもつものがダイオキシン類と称される．最も毒性が高い 2,3,7,8-テトラクロロジベンゾ-p-ジオキシン(2,3,7,8-tetrachlorodibenzo-p-dioxin, TCDD)をさす場合もある．燃焼反応によって生成され，環境中に広く存在する．脂溶性で生体内に蓄積しやすく代謝されにくい．転写因子である AhR と結合した複合体は，核内において遺伝子調節領域の異物応答配列に結合し，この配列をもつシトクロム P4501A1, 1B1 や UDP グルクロノシルトランスフェラーゼなどの薬物代謝酵素を誘導する．高用量で体重減少(消耗性症候群)による死亡が起こり，胎児期・授乳期における低用量曝露で雌雄の生殖内分泌機能，学習機能，免疫機能への影響が観察される．

**ダイオキシン受容体** ［dioxin receptor］ ＝Ah 受容体

**体外受精** ［external fertilization］　母体外で受精＊が行われること．水生動物の多くは水中に生んだ卵に精子がかけられて受精する．ヒトでも卵管閉鎖，精子形成(運動)不全や機能性不妊などによる不妊症に対して母体外受精(ectosomatic fertilization, in vitro fertilization)が行われる．排卵直前の卵胞卵を採取し，培養器に移し，その培養液中の卵子に精子を加えて受精させる．受精卵はさらに培養を続け，2〜8細胞胚期まで発育させてから子宮に入れて着床させる．ヒトの人工授精は，男女のパートナーから体外に取出した精子と卵子をペトリ皿の中で受精させる方法の総称である．1978年に英国で初の体外受精児が誕生し試験管ベビーとして騒がれた．しかし，体外受精の技術改良が進み，40歳未満の女性からの採取卵と正常精子の体外受精による胎児の発生率は，自然交配受精による発生率と有意差がなく，生殖医療として一般化している．現在では，新生児の約1％が体外受精により誕生する．体外受精はヒトに応用された最初の生殖補助技術である．現在では，透明帯開孔法，卵囲腔内精子注入法，卵細胞質内精子注入法，配偶子卵管内移植法，接合子卵管内移植法などの体外受精の変法に加え，凍結卵保存法，凍結精子保存法，胚移植法など高度な生殖補助技術の発達が生殖医療を支えている(⇌ 顕微授精, 体細胞核移植)．一方で，生殖医療技術の発達は，受精卵診断や産み分けなどの生命倫理の問題や長期凍結保存された胚や精子による死後生殖などの社会問題をもたらす結果となった．特に，ヒトゲノムプロジェクト＊の完了と遺伝子診断技術の進歩により不都合な胚の選別が可能になり，人工授精は新たな倫理問題に直面している．

**体外増幅** ［ex vivo expansion］ ＝ex vivo 培養

**大核** ［macronucleus］　原生動物の繊毛虫＊類は生殖核としての小核＊と機能核としての大核をもつ．大核は有性生殖の接合時に小核ゲノムに由来して形成分化するが，その際，小核ゲノム中でプログラムされた DNA 再編成＊と断片化が起こり，不要な部分が削除され，必要な遺伝子を含んだ DNA 断片はテロメア＊が添加され数十倍に増幅するので大きな栄養核(vegetative nucleus)となる．小核ゲノムからの DNA 削除は繊毛虫の種によって異なるが 10〜90％の範囲で起こる．

**大割球** ［macromere］　卵割＊期の動物の初期胚を構成する細胞(割球＊)のうち，極端な不等分裂の結果生じた大きなサイズの割球をいう(⇌ 小割球)．一般に卵黄の量は卵の植物半球に多いので，緯割が起こる際卵割面が動物極側にずれるため大割球が植物極側に生じやすく，したがって大割球は内胚葉に分化することが多いが，割球のサイズの大小は発生学的意味合いはない．一部の環形動物，軟体動物の最初の3回の卵割の際，一時的に細胞質が極葉とよばれる大きな突出を形成し，これが卵割終了とともに特定の割球に吸収されると，その割球が結果的に大割球となる

という例もある.

**退形成** [anaplasia] 悪性腫瘍において腫瘍細胞*が分化能を失って未分化な形態をとり,その発生母地の正常組織像とはかけ離れた状態に移行することを,退形成あるいは脱分化*という.腫瘍*は多少とも発生母地の正常組織を模倣しているが,退形成を示す腫瘍は正常からのかけ離れが強く,しばしば腫瘍の起源を推測するのが難しい.また,このような腫瘍は,一般に増殖能が著しく亢進し悪性度が高い.

**対合**(染色体の)[synapsis, pairing] 相同組換えにおいて,異なる DNA 鎖の相補的な DNA 間に形成される構造.また,減数分裂*の前期で相同染色体が長軸に沿って接着し二価染色体*をつくる過程.接合糸期*から始まり,太糸期*に完成する.対合により減数分裂特有の相同染色体間の組換え*と部分交換が可能になる.対合は二つの段階を経て進行する.まず二つの相同染色体が約 300 nm 離れて緩やかに接着した段階を経て,両者が約 100 nm の距離に接近したシナプトネマ構造*に移行する.酵母の $zip1$ 突然変異体では,第一段階の緩やかな対合は起こるが完全なシナプトネマ構造はできない.したがって,二つの対合様式は明確に区別される過程といえる.対合には DNA の塩基配列の相同性と細糸期*から形成され始める染色分体の軸成分(アキシアルエレメント)タンパク質が関与するものと考えられる.双翅類の多糸染色体*では体細胞でも相同染色体の対合がみられる.

**対合期** ＝接合糸期

**対合複合体** ＝シナプトネマ構造

**対向輸送** [antiport, countertransport] アンチポート,交換輸送(exchange)ともいう.二つ以上の基質が同じ輸送タンパク質*(対向輸送体*)によって,逆向きに流れる現象.たとえば基質 A が膜の内外に等量存在し,基質 B が外側に多く存在する場合,B が濃度勾配に従って内側に流れるとともに A が濃度勾配に逆らって外側に流れる.A と B は同じ基質でもよい.この現象の特異的な阻害剤がみつかることも輸送タンパク質の存在を示唆する.対向輸送は能動輸送*によってつくられた膜内外の濃度勾配を利用して,二次的に基質(A)を濃度勾配に逆らって輸送することができるという点で,共輸送*と同様の意義をもつ.輸送は電気的に中性であるほか,電子を発生する(起電性)場合もある.(⇌イオン輸送)

**対向輸送体** [antiporter] アンチポーター,交換輸送体(exchanger)ともいう.対向輸送*を担うタンパク質.ミトコンドリア,細胞膜などに存在する膜貫通タンパク質で,基質結合や調節を受ける部位をもつ.交換されるイオン種による分類として 1) 陽イオン/陽イオン対向輸送: $Na^+(Li^+)/H^+$,$Na^+/Mg^{2+}$,$Na^+$,$K^+/Ca^{2+}$,$Ca^{2+}/nH^+$,$nH^+/K^+$,$Li^+(Na^+)/Na^+$ など,2) 陰イオン/陰イオン対向輸送: $Cl^-/HCO_3^-$,$Cl^-/OH^-$,$Cl^-/Cl^-$,$SO_4^{2-}/HCO_3^-$ など,3) 陽イオン/有機陽イオン対向輸送: $H^+$/モノアミン,$H^+$/有機陽イオン,$H^+$/テトラサイクリン(大腸菌)など,4) 陰イオン/有機陰イオン対向輸送: $SO_4^{2-}$/シュウ酸,$HCO_3^-$,$Cl^-$/シュウ酸,$Cl^-$/ギ酸,$Cl^-$/シュウ酸,$OH^-(HCO_3^-)$/尿酸など,5) 有機イオン/有機イオン対向輸送: オキソグルタミン酸/リンゴ酸,アルギニン/オルニチン,ATP/ADP,シスチン/グルタミン酸,プロリン/グルタミン酸,アスパラギン酸/グルタミン酸,$p$-アミノ馬尿酸/2-オキソグルタル酸,$p$-アミノ馬尿酸/オキソグルタミン酸などが知られている.(⇌陽イオン輸送,陰イオン輸送)

**Dicer** [Dicer] RNA 干渉*(RNAi)において pre-miRNA や長い二本鎖 RNA(dsRNA)に作用して短い siRNA を生成する分子量約 22 万の RN アーゼⅢタイプのリボヌクレアーゼ.N 末端から,DEAD/DEAH ボックスヘリカーゼ*ドメイン,RNA ヘリカーゼ C 領域,多数の Argonaute タンパク質*に存在し,siRNA や miRNA と相互作用する PAZ 領域,dsRNA 切断活性をもつ RN アーゼⅢ部分,dsRNA 結合部分の五つの部分から構成されている.完全な Dicer の結晶構造が解析されており,dsRNA の末端に結合するモジュールである PAZ ドメインは正に荷電した分子表面により二つの RN アーゼⅢドメインと 25 bp の dsRNA が伸びている距離に隔てられている.Dicer そのものが dsRNA を認識し二本鎖 RNA ヘリックスの端から特定の距離にあるホスホジエステル結合*を切断するための定規として働くらしい.Dicer は RISC* 中でヒト免疫不全ウイルス*(HIV)のトランス活性化応答 RNA 結合タンパク質である TRBP と結合しており,TRBP は Dicer に結合している siRNA への Ago2 のリクルートに必要で Dicer は RNA 干渉過程の初期に起こる siRNA の生成のみならず RISC の集合にも重要な関与をしている.ショウジョウバエには Dicer 1 と Dicer 2 が存在し siRNA を生成するのは Dicer 2 である.

**体細胞** [somatic cell] 多細胞生物*において,生殖細胞以外のすべての細胞のこと.染色体は二倍体($2n$)である.筋芽細胞などの例外を除いて,通常の状態で互いに融合することはない.一般に,有糸分裂*によって増殖する.

**体細胞遺伝学** [somatic cell genetics] 個体に由来する細胞を均一な集団とみなし,微生物遺伝学の手法を適用することから生まれた.遺伝解析の方法としては,突然変異株の分離,細胞融合*による相補性テスト*,体細胞雑種*の解析,シャトルベクター*による遺伝子 DNA の移入と回収などがある.未知遺伝子のクローン化,染色体マッピングなどを通じて体細胞の変異機構,細胞シグナル伝達,分化,がん化,老化などの分子生物学的解析になくてはならないものである.

**体細胞核移植** [somatic nuclear transfer, nuclear transplantation of somatic cell] 体細胞核をほかの細胞に移植する顕微操作を駆使した技術.核移植クローン胚はマイクロマニピュレーターを駆使した顕微操作により未受精卵には除核未受精卵への細胞核の移植により作製される(⇌顕微受精).移植される核が減数分裂後の精子細胞や卵子細胞または受精卵前核など半数体由来の場合は未受精卵に,一方,初期胚細胞や始原生殖細胞などの二倍体由来の場合は除核未受

精卵に移植される。核移植クローン胚作製技術の中で、体細胞由来の核を用いた核移植\*を体細胞核移植とすることが多い（⇒クローン生物）。クローン胚作製のための体細胞核移植には、移植体細胞核と除核未受精卵を細胞融合させる手法と、マイクロピペットを除核未受精卵の細胞質に挿入し体細胞核を直接注入する方法がある。ともに体細胞核移植とよばれる。体細胞として胎児繊維芽細胞、卵丘細胞、皮膚細胞などが用いられ、体細胞の種類により移植胚の発生率が異なる。哺乳類の体細胞では、ヒストンアセチル化などの移植前処理により移植胚の発生率の改善が報告されている（⇒人工授精）。

**体細胞核分裂** [somatic nuclear division] ⇒核分裂
**大細胞がん** [large cell carcinoma] ⇒肺がん
**体細胞組換え** [somatic recombination] 有糸分裂組換え(mitotic recombination)ともいう。体細胞の有糸分裂\*の際にみられる組換え\*。その頻度は減数分裂の時に起こる組換えの頻度に比べるとはるかに低い。初期の研究では体細胞の相同な染色糸の乗換え\*により起こるといわれたが、おもに非相互組換え\*による。減数分裂組換え\*はDNA複製の後、第一分裂に先立って起こるが、体細胞組換えは自然状態ではDNA複製とは関係なく、細胞周期\*の主として$G_1$期に行われ($G_2$期でもみられるが少ない)、組換え率は減数分裂組換えの1/100から1/1000と低い。体細胞組換えは障害修復に関連があり、その頻度はX線や紫外線の照射、マイトマイシンC\*の投与、チミジル酸の飢餓処理などのDNAに障害を与える処理によって、減数分裂組換えのレベルにまで高めることができる。減数分裂の相同組換えを減少させる突然変異、たとえば酵母のrad50、spo11、hop1、ショウジョウバエのC(3)Gなどは体細胞組換えには影響しない。このことは体細胞組換えと減数分裂組換えの機構が異なることを明らかにしている。しかしある遺伝子(酵母のrad52)の突然変異は両方に影響するから、その機構には共通する部分もあると考えられている。

**体細胞性変異** ⇒ソマクローナル変異
**体細胞超突然変異** [somatic hypermutation] 通常DNAの塩基配列は簡単には変化せず、突然変異率は$10^{-8}$程度と見積もられているが、抗体可変領域\*は$10^{-3}$〜$10^{-4}$という高頻度で突然変異が観察され、特別な機構が働くと考えられている。同じ抗原に繰返しさらされると抗原親和力が増大した抗体が産生され始めることが知られ、抗体の成熟とよばれているが、体細胞超突然変異のためであることが示されている。この機構は胚中心(⇒リンパ節)で働き、突然変異した抗体はIgMはみられずIgGであることが多い。(⇒免疫グロブリン遺伝子)

**体細胞突然変異** [somatic mutation] 生殖細胞\*以外のすべての細胞(体細胞\*)で起こる突然変異を総称して体細胞突然変異とよび、遺伝子の突然変異による場合も、染色体異常による場合も含む。体細胞突然変異は、生殖細胞に起こる突然変異とは異なり、子孫には伝わらないので遺伝的な意味はない。個体発生の過程で体細胞突然変異が起こりその細胞で新しい形質が発現すると、キメラ\*、モザイク\*、斑入りなどの個体を生じる。不安定で自然突然変異を起こしやすい易変遺伝子(mutable gene)がある場合には非常に高い頻度で観察される（⇒体細胞超突然変異、ソマクローナル変異）。

**体細胞不定胚形成** [somatic embryogenesis] ⇒不定胚形成
**胎仔** [embryo] ⇒動物胚
**太糸期** [太糸(ふといと)期]
**体軸** [body axis] 生物の体にみられる種々の軸性\*をもった構造あるいはそれに沿った軸構造。背腹軸\*あるいは前後軸\*などが含まれる。卵にも動物極\*、植物極\*があるので動物極-植物極軸(animal-vegetal axis)という表現をとるが、この場合はより簡単に卵軸ともいう（⇒胚軸）。初期胚では体軸といわず胚の中心的な軸という意味で中軸(central axis)あるいは中軸構造という表現も用いられる。ただしこれはおもに脊椎動物の場合であり、前後軸に沿った中軸構造ということで、神経管・脊索(あるいは頭尾軸)などの構造がこれに含まれる。また、最も中心となる軸という意味で主軸(main axis, principal axis)という表現も用いられる。これは一般には頭尾軸に一致しているが、放射相称の動物では上下軸になる。また主軸に対して、それに付随して副軸(accessory axis, second axis)という表現もあり、これには左右相称構造をもつ動物の背腹軸や放射相称動物の放射軸が含まれる。体軸の形成機構についてはショウジョウバエなどを用いた遺伝学的解析から、これに関与する重要なホメオボックス\*遺伝子群が明らかにされている。他方で脊椎動物胚においても中軸中胚葉の形成を支配する成長因子(⇒中胚葉誘導因子)やホメオボックス遺伝子が分離されつつある。これらの因子の中にはすでに卵の段階から存在して後の軸形成をつかさどるものもある。その意味で体軸形成の仕組みを調べる研究は卵の細胞質における母性因子の局在性にまでさかのぼる場合が多い。体軸形成に関与する母性因子の細胞質(卵の場合)あるいは胚体内(卵割による分裂が始まった後の胚の場合)における勾配は軸勾配(axial gradient)という言葉で表現される場合もある。

**代謝回転数** [turnover number] モル活性(molar activity)、分子触媒活性(molar catalytic activity)。単位時間(通常1分間、新単位1秒間)に酵素1分子が変換する基質分子の数で、それぞれの酵素の触媒能を表す。他の触媒能を表す比活性(μmol/min・mgタンパク質あるいは単位/mgタンパク質)との関係は、

(代謝回転数)＝(比活性)$\times 10^{-6} \times$分子量$\times 10^3$

である。代謝回転数は触媒中心活性も表す。酵素1分子に1個の触媒中心が存在する場合は(触媒中心活性)＝(分子活性 molecular activity)であるが、酵素1分子に$n$個の触媒中心が存在する場合は(触媒中心活性)＝$1/n$(分子活性)となる。

**代謝型グルタミン酸受容体** [metabotropic glutamate receptor] Gタンパク質\*と共役してシグナ

ルを伝達するグルタミン酸受容体*が代謝型グルタミン酸受容体とよばれている。高等動物の中枢神経系に広く分布している。代謝型グルタミン酸受容体はムスカリン性アセチルコリン受容体やアドレナリン受容体などのような他の多くのGタンパク質共役型神経伝達物質受容体と同様に，シナプス伝達やシナプス伝達の修飾に関与していることが予想される。遺伝子のクローニングにより，代謝型グルタミン酸受容体には8種類のサブタイプが見いだされ他のGタンパク質共役受容体*と同様に七つの疎水性領域で膜を貫通していると推定されている。代謝型グルタミン酸受容体は，イノシトールリン脂質代謝回転の促進やサイクリックAMP産生の抑制をひき起こし，薬理学的特性や共役するセカンドメッセンジャー系を異にする三つのグループに大別されており，感覚シグナル伝達や中枢シナプス可塑性*への関与が明らかにされつつある。

**代謝協同**［metabolic cooperation］＝代謝共役

**代謝共役**［metabolic coupling］　代謝協同（metabolic cooperation）ともいう。細胞外空隙を経ず細胞同士の接着面に存在する透過性接合部を介して細胞間に物質の交換が行われること。主としてギャップ結合*を介する。血管の発達していない組織では，細胞間での栄養分補給路として重要。また，ホルモン刺激により生じたセカンドメッセンジャー*などを他の細胞へ伝達する経路としても用いられる。この経路の存在により，細胞の酵素欠損株と野生株を混ぜておくと，野生株での酵素代謝産物が欠損株へと送られ，欠損株がその性質を表面上失う。

**代謝制御**［metabolic control］＝代謝調節

**代謝阻害物質**［metabolic inhibitor］　生体物質の合成と分解にかかわる酵素を阻害する物質。1) 基質の類縁体が酵素の活性中心に結合して本来の基質の結合を拮抗的に阻害するもの（例，ペニシリンによるトランスペプチダーゼ阻害で細胞壁合成阻害，スルファニルアミドによる葉酸合成阻害），2) 活性調節部位に結合してアロステリック効果で酵素反応を阻害（アスパラギン酸カルバモイルトランスフェラーゼのCTPによるフィードバック阻害），3) 活性中心の金属に結合して触媒作用を阻害するもの（シアンによるシトクロムオキシダーゼの阻害），4) 酵素タンパク質のアミノ酸残基のヒドロキシ基やチオール基などに結合して活性中心への立体障害によって酵素活性を阻害するもの（アスピリン*によるシクロオキシゲナーゼ阻害），5) 酵素タンパク質の合成を転写（アクチノマイシンD*）あるいは翻訳（シクロヘキシミド*）の段階で阻害するもの，などがある。生体にとって薬剤や毒物となるもの，また，実験用試薬として用いられるものがある。

**代謝調節**［metabolic regulation］　代謝制御（metabolic control）ともいう。生体内の代謝が個々の反応が無秩序ではなく，恒常性を維持すべく合目的に調節されていること。調節の基本はフィードバック制御であり（図），個体レベルでの調節で重要なのは神経系と内分泌系である。神経伝達物質やホルモンの支配のもとに細胞の中では，酵素の量の調節と質的な調節が行われている。後者には代謝物質との非共有結合的相互作用（アロステリック効果）と，特定な酵素による共有結合的修飾（リン酸化など）とがある。

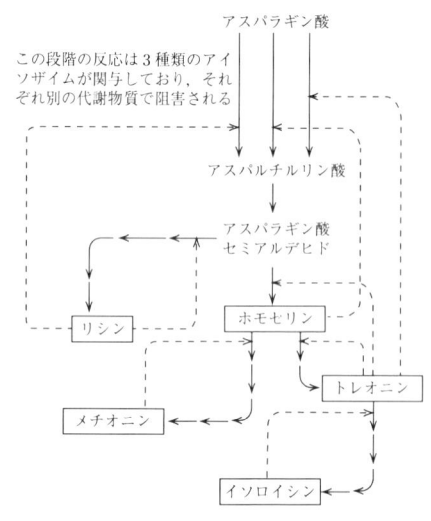

---> は代謝産物が → の反応に関する酵素をフィードバック阻害していることを示す

細菌におけるリシン，メチオニン，トレオニン，イソロイシン合成系の調節

**帯状疱疹ウイルス**［herpes zoster virus］＝水痘帯状ヘルペスウイルス

**大食球**＝組織球

**大食細胞**＝マクロファージ

**対数成長**＝対数増殖

**対数増殖**［logarithmic growth, exponential growth］　対数成長ともいう。微生物や培養細胞を新しい培地に植込んで培養すると，まず増殖の遅い誘導期が起こり，つづいて細胞数が対数曲線的に増加する時期がくる。さらに，これを過ぎると増殖が低下し，ついには停止する定常期に入る。この対数期の増殖の様式をいう。（⇒増殖曲線）

**対数増殖期**［logarithmic growth phase］⇌増殖曲線

**ダイズトリプシンインヒビター**［soybean trypsin inhibitor］　STIと略す。（⇒トリプシンインヒビター）

**耐性強化**［hardening］⇌順化

**胎生致死**＝胚性致死

**耐性伝達因子**［resistance transfer factor］　FⅡ不和合群に属する$R_{100}$をはじめ，伝達性Rプラスミド*は，その構造上，耐性伝達因子と耐性決定遺伝子群（r領域）から成り立つものが多い。耐性伝達因子はレプリコン*としての基本的機能である複製*，分配とその調節にかかわる遺伝子群と，接合にかかわる多

数の tra 遺伝子群を必須要素としてもつ．耐性伝達因子にトランスポゾン*またはその複合体である r 領域が挿入されて R プラスミドが生じてきたと推定されている．(⇨ 性因子)

**体節** [somite]　脊椎動物の胚発生において神経胚期から尾芽胚期にかけて脊索の両側に明瞭に認められるようになる中胚葉性の分節した(同様の単位構造が縦に連結したようにみえる)構造．脊椎動物胚では陥入した中軸中胚葉は脊索を形成する一方でその外側を覆っている外胚葉と内側構造(脊索および内胚葉)の間に中胚葉組織を生じるが，その背側領域は体節を，腹側領域は側板中胚葉となる．したがって，体節は左右対称につくられる脊側中胚葉ということになり，その上方の内側部位は中心を通る神経管に，下側部位は同じく中心を通る脊索に接することになる．体節はやがて前後軸*に沿って分節し，前方から後方に左右対称に並ぶ分節構造として胚体外からもそれとわかるようになる．脊椎動物胚の場合，体節の数はたとえばニワトリでは 52 個あり，その数の増加は発生段階の進行に伴って起こる．体節は筋腔とよばれる内腔をもつ．体節の内側からは筋節が，外側からは真皮節が生じ，筋節からは背部の骨格筋が分化する．

**体節形成** [segmentation]　分節化ともいう．昆虫の発生過程において，ある細胞の子孫細胞が明瞭な境界によって区切られる特定の領域にのみ存在する場合，その領域をコンパートメント(compartment)とよ

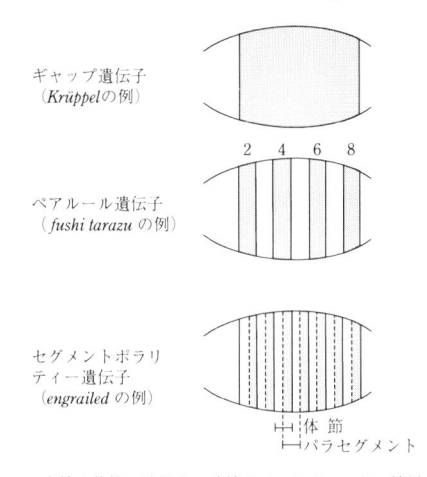

分節遺伝子群の発現パターンの模式図
実線は体節の境界を，破線はパラセグメントの境界を示す．網点部は遺伝子の発現領域を模式的に示したもの．数字は体節の番号を示す

ぶ．昆虫の体節形成過程はショウジョウバエでの解析から，母性決定因子の勾配をもとに，胚が数多くのより小さなコンパートメントへと分割されていく過程であるとみなすことができる．その過程では，母性決定因子の濃度勾配に基づく位置情報が分節遺伝子*群の

領域特異的な発現パターンに変換され，最終的に明瞭な境界をもつ体節構造の形成に至ることが明らかになっている(図参照)．すなわち，卵母細胞内の母性決定因子(ビコイド分子など)の濃度勾配に基づいてギャップ遺伝子*群が比較的大きな領域(3 ないし 5 体節に相当する)に発現し，胚を前後軸に沿っておおまかに区分する．ついで，ペアルール遺伝子*群が前後軸に沿って帯状に発現し，2 体節分ごとに区分する．さらに，セグメントポラリティー遺伝子*群の発現により体節の前部コンパートメントと後部コンパートメントが確立される．しかし，こうして形成された遺伝子発現単位としての領域は上皮の繰返し構造である体節とずれており，パラセグメント(parasegment)とよばれる．パラセグメントが確立される結果，個々の体節の境界と極性が形成されることになる．また，個々の体節に特有な形質は，ホメオティック遺伝子*の限局された発現にしたがって誘導される．

**体節形成遺伝子**　＝分節遺伝子

**大腸がん** [colon cancer]　結腸直腸がん(colorectal carcinoma)ともいう．大腸にできた悪性腫瘍．近年，食生活の変化に伴い，罹患率および死亡率は男女ともに増加している．その発生場所によって右側結腸(盲腸，虫垂，上行結腸，横行結腸)がん，左側結腸(下行結腸，S 状結腸)がん，直腸がんとよばれる．家族性大腸腺腫症*の原因遺伝子である APC 遺伝子，および右側結腸に多い遺伝性非腺腫性大腸がん*の原因遺伝子である DNA ミスマッチ修復遺伝子(MSH1, MSH2, MLH1, PMS1, PMS2)の単離・同定により多段階的大腸がん発生のメカニズムは遺伝子レベルで解明されつつある．

**大腸菌** [Escherichia coli]　哺乳類の腸内細菌で，大きさが約 $2 \times 0.5$ μm の通性嫌気性の桿菌であり，グラム染色陰性で乳糖の発酵性をもつ．広く用いられている大腸菌 K12*株のほか，B，C，15 株などがあり，また毒素を産生するもの(⇨ 病原性大腸菌 O157)もある．

**大腸菌 K12** [Escherichia coli K12]　現在の分子生物学で欠くことのできない大腸菌 K12 株は，1922 年にスタンフォード大学で分離されたものである．後にこの株は λ ファージ*の溶原菌*であるとともに，F 因子をもち(⇨ F プラスミド)，接合による遺伝的組換え体の作製が可能であることが判明した．以来，X 線や紫外線あるいは各種の化学物質により多くの突然変異株*が分離され，接合(⇨ 細菌の接合)と各種のファージによる形質導入*を用いて詳細な遺伝的解析が行われてきた．この菌は世代時間*が短く(最短で約 20 分)，簡単な組成の完全培地・最少培地*が知られ，大量培養と長期の保存もしやすく，また，レプリカプレート法*などにより多数の突然変異株の解析が容易である．さらに，λ ファージや P1*，あるいは F 因子やコリシン*因子などに由来するプラスミド(⇨ 大腸菌プラスミド)をベクターとし，λ ファージの生育の宿主依存的"制限"という現象を端緒として発見された制限酵素*を用いて，遺伝子ク

ローニング\* の方法が考案された.

**大腸菌ゲノム**［*Escherichia coli* genome］　大腸菌ゲノムの中で最初に塩基配列の解読が完了したK-12 MG1655 株のゲノムは 4,639,675 bp の一つの環状二本鎖 DNA から成り，4288 個のタンパク質コード遺伝子がある．そのうち 38％は機能が同定されていない．K-12 MG1655 株にはプラスミド\* はない．ゲノムの遺伝子密度は比較的高く，タンパク質や構造 RNA をコードする遺伝子が配列の約 88％を占めており，非コード領域は 12％に過ぎない．大腸菌ゲノムには 2584 個のオペロン\* があると見積もられた．ほかに K-12 W3110, O157:H7 Sakai, O157:H7 EDL933, CFT073 の四つの株のゲノムが解読されており，O157:H7 Sakai 株には 93 kbp の pO157 と 3.3 kbp の pOSAK1 という 2 種類のプラスミドがある．pO157 はタイプⅡ分泌系や ToxB などの病原遺伝子をもち，染色体上には 2 種類のベロ毒素遺伝子をもつ．O157:H7 Sakai 株のゲノムは K-12 MG1655 株より 859 kbp 長くなっており，全ゲノムサイズは 5.5 Mbp で，そのうちの 1.4 Mbp は O157:H7 特有の配列であり，しかもその大部分は水平伝播\* による他種 DNA 由来である．(⇒ ゲノム，大腸菌，大腸菌 K12, 大腸菌染色体，大腸菌プラスミド，病原性大腸菌 O157)

**大腸菌染色体**［*Escherichia coli* chromosome］　大腸菌のゲノム DNA．1 本の環状二本鎖 DNA で菌体内では強く凝縮して細胞中央部にあり，核様体\* という構造をとる．その染色体複製は，1 箇所の特定の配列である複製起点\* *oriC* から始まり，両方向へ複製フォーク\* は進行し，複製起点とちょうど反対の領域で再び出会い，複製\* は終結する．この複製終結領域には，方向依存的な複製フォークの停止配列（*ter*）が散在する．複製終結領域の中央には，部位特異的組換え配列（*dif*）があり，二量体化した染色体の一量体化反応を促し，染色体の分離を助ける．大腸菌 K12 株由来する二つの株でゲノム配列が決まった．その一つ MG1655 株は 4,639,675 ヌクレオチド，別の W3110 株は 4,646,332 ヌクレオチドと同一系統にもかかわらず，挿入配列\*（IS）やファージ\* の有無により総配列数に違いがある．また染色体配列の約 88％は遺伝子をコードしていると見積もられ，4400 以上の遺伝子が見つかっている．

**大腸菌 DNA トポイソメラーゼⅠ**［*E.coli* DNA topoisomerase Ⅰ］　＝ω タンパク質

**大腸菌プラスミド**［*Escherichia coli* plasmid］　大腸菌のプラスミド\* としては，性決定因子 F（F プラスミド\*），コリシン産生因子 ColE1 類（⇒ コリシン），薬剤耐性因子 R（R プラスミド\*）などが見つかっている．またファージ P1\* のように，溶原化時にプラスミドになるものもある（⇒ 溶原化サイクル）．F プラスミドは自立複製能に加えて，伝達能をもつ．F プラスミドの伝達能は *tra* 遺伝子群の働きによるもので，F プラスミドを保持する大腸菌は細胞表層にピリという線毛\* があり，これにより F プラスミドをもたない他の菌への接合を行う．F プラスミドは高頻度で染色体と組換えを起こし，染色体の一部をもつことがある．そのため接合時に，この染色体がともに伝達される．特に高頻度で染色体が伝達される菌体が Hfr\* 株である．コリシン産生因子や薬剤耐性因子の中にも，この伝達能を獲得したものがあり，薬剤耐性の伝搬の一因ともなる．薬剤耐性としてはストレプトマイシン\*，ペニシリン\*，カナマイシン\* などほぼすべての抗生物質耐性遺伝子が出ており，薬剤耐性因子が複数の耐性をもつようになった多剤耐性因子も出現している．異種の細菌の間でも接合による伝達は起こることから，多剤耐性の伝搬の原因ともなる（⇒ 細菌の接合）．応用面では組換えベクターとしても利用され，F プラスミドは BAC\* ベクター，ColE1 は pUC 系のベクター\* の元として利用されている．

**タイチン**［titin］　＝コネクチン

**多遺伝子疾患**［polygenic disease］　複数の遺伝子の影響下でひき起こされる疾患のこと．通常，高いレベルの遺伝的な疾患ではないとされており，家系に強く遺伝しないが，わずかに家族性遺伝の傾向が見られる．多くの場合，複数の遺伝要因と複数の環境要因が重なって発病する．糖尿病，高血圧，高脂血症などの発病に環境要因が強く関与する生活習慣病\* は多遺伝子疾患の代表的な例である．したがって原因が多岐にわたるため完治させる治療も困難である．

**耐凍タンパク質**　＝不凍化タンパク質

**体内時計**［endogenous clock］　＝生物時計

**ダイナミックプログラミング**［dynamic programming］　ある問題の最適解を求める際，問題を部分に分割し，各部分の最適解を順に求めることで問題全体の最適解を得るアルゴリズム\*．動的計画法ともいう．生物学分野では複数本の核酸配列・アミノ酸配列から最適アラインメントを得るために用いられる．すなわち，対象の配列に含まれる核酸・アミノ酸を端から順に比較し，配列間の類似度スコア\* が常に最大となるよう塩基・残基を並べていくことで，全長での最適解（最適アラインメント）を得ることができる．

**ダイナミン**［dynamin］　GTP 感受性の微小管関連タンパク質\*．分子量 10 万．GTP 結合タンパク質\* の一員で，GTP 加水分解酵素である．この酵素活性は微小管\* の添加により上昇する．また，微小管の側面に 13 nm の周期で結合し，微小管を束化するが，GTP を加えることにより微小管より遊離する．その生理機能はエンドサイトーシス\* における細胞膜の出芽\* の制御と考えられているが，微小管結合能の生理的意義はまだ明らかでない．

**第二経路**（補体活性化の）［alternative pathway］　⇒ 補体

**第二経路 C3 転換酵素**［alternative pathway C3 convertase］　⇒ 補体

**第二次眼胞**［secondary optic vesicle］　＝眼杯

**第二メッセンジャー**　＝セカンドメッセンジャー

**ダイニン**［dynein］　真核細胞の鞭毛\* および繊毛\* の運動器官である軸糸\* に結合して存在する ATP アーゼ．ダイニン分子は 2 本または 3 本の重鎖

（分子量約 50 万）と数種類の中間鎖および軽鎖から成る．重鎖の一種であるβ鎖のポリペプチド鎖の中央部には 4 個の ATP 結合配列が存在する．ダイニン分子は 2 あるいは 3 個のサクランボ（頭部）が柄の付け根の部分で連結されたような形態を示し，重鎖は頭部および柄の部分を形成し，中間鎖および軽鎖は柄の付け根付近に存在する（図a）．ダイニンは，柄の付け根

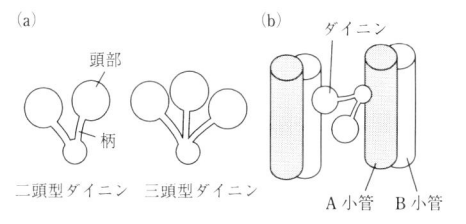

(a) 頭部／柄 二頭型ダイニン 三頭型ダイニン
(b) ダイニン／A 小管 B 小管

の部分で一つの周辺微小管（A 小管と B 小管が管壁の一部を共有した二連構造をとる）の A 小管に結合し，頭部で隣の周辺微小管の B 小管と相互作用する（図b）．まず，ダイニンに ATP が結合して微小管から解離し，ついで ATP の分解が起こり，ダイニン-ADP-リン酸複合体と B 小管が再結合する．つぎに，ADP とリン酸が遊離し，力の発生が起こる．このサイクルの繰返しによりダイニン頭部が微小管*のマイナス端方向（鞭毛，繊毛の付け根の方向）に運動する．その結果，隣合う周辺微小管の間にずれが生じる．軸糸中で微小管同士のずれが局部的に起こることにより，鞭毛，繊毛が屈曲して運動が起こる．（→細胞質ダイニン）

**大脳**［cerebrum］ 中枢神経系*はおおよそ，大脳，脳幹，小脳，脊髄に分けられる（→脳）．大脳は左右の大脳半球と，両半球を結合する神経繊維群の脳梁体から成り，基底核，時に間脳も含めることがある．大脳半球は，前頭葉，頭頂葉，側頭葉，後頭葉に分けられ，表面 2～3 mm は神経細胞の多い灰白質*（大脳皮質*）に覆われる．半球内側面は系統発生的に古い皮質（辺縁皮質，→大脳辺縁系）が多くを占める．高等動物になるほど大脳が大きくなり，高次の統御作用を営む中枢部位と考えられる．

**大脳皮質**［cerebral cortex］ 大脳半球表面（溝の中を含めて）を覆う 2～3 mm の，多数の神経細胞が集まった層状構造をいう．系統発生的に新しい新皮質がヒトなどでは半球外側面を構成し，半球内側面には原皮質，古皮質，中間皮質などが多い（大脳辺縁系*）．細胞構築的に表面から深部に向け I～VI 層が区別される．主として III，V 層に錐体細胞*が存在し，特有の尖樹状突起が皮質表面に向けて直角方向に伸びて，脳電図*，事象関連電位などのおもな発生源となる．大脳皮質への求心性入力は，視床*および他の領野の大脳皮質からで，遠心性出力は，ほとんどあらゆる脳脊髄部位に及ぶ．感覚入力が多い感覚野，運動系出力細胞の多い運動野，高次統御機能に関連深い連合野などが区別される．感覚野と運動野には顔，手，足の領域などの体性局在が認められる．ヒトの記憶，認知，識別，判断，意志，随意運動などの知的精神活動には新皮質が，本能，情動などには大脳辺縁系がより重要な働きをもつと考えられる．

**大脳皮質視覚領**［visual cortical area］ ＝視覚野皮質

**大脳辺縁系**［limbic system］ 辺縁系，嗅脳（rhinencephalon, smell brain），内臓脳（visceral brain）ともいう．1878 年，フランスの人類学者兼神経学者 P. P. Broca が，大脳半球の内側の壁に大脳皮質*下を輪のように取巻いている構造に注目して，大辺縁葉（le grand lobe limbique）と名づけた．1952 年に P. MacLean は，大辺縁葉とそれに連絡する皮質下核でつくる神経回路が，情動の形成と表出に関係すると考え，その回路を辺縁系と名づけたのである．辺縁系は，系統発生的に古い領域で，皮質の内側部にあり情動に関係している．他方，皮質の外側部にある新皮質は認知機能に関係していると考えた．比較解剖，個体発生，系統発生，古生物学のデータから，MacLean はヒトの前脳は大きくなるが，爬虫類，初期の哺乳類，後期の哺乳類と共通の構造と働きをもっていると考えた（図a）（三位脳一体発達説 triune brain theory）．

(a) 哺乳類の脳の 3 段階発達（P. MacLean, 1967）

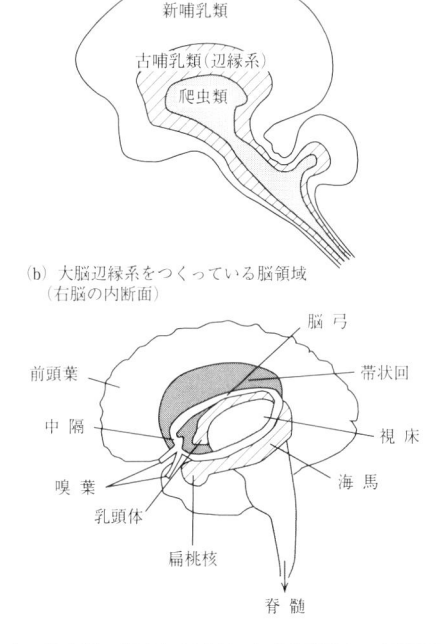

新哺乳類／古哺乳類（辺縁系）／爬虫類

(b) 大脳辺縁系をつくっている脳領域
　　（右脳の内断面）

前頭葉／中隔／嗅葉／乳頭体／扁桃核／脳弓／帯状回／視床／海馬／脊髄

古い哺乳類で発達する脳が，古哺乳類脳（＝大脳辺縁系）と考え，新哺乳類脳（＝新皮質）の下位にあり，基底核（R-complex, reptile complex）を支配する．辺縁系はつぎの三つの小部分に分けられる（図b）．1）扁桃核と関連皮質（前頭眼窩回など）：自己保存（食べ物

を探し, 食べ, 闘い, 自己を守るなど)に必要な感情やそれの表出に関係している. 2) 中隔と関連皮質(海馬*など): 種族保存(性行動など)に導く感情やそれの表出に関係している. 3) 帯状回とそれに関連する視床核(前核と内側核): 爬虫類にはなく, 母性育児行動, 母子間の言語行動や遊び行動など爬虫類から哺乳類に進化するに当たって重要となる行動に関係する. 辺縁系は, 自己保存と種族保存のために必要な行動を導くような感情の形成と表出に関係すると考えたのである. 1937年, J. W. Papezは, 情動に障害のあられた患者の脳の病理解剖所見から, 海馬-乳頭体-視床前核-帯状回-海馬でできる閉回路が情動表現のための構造ではないかと考えた(情動回路説). 扁桃核, 中隔などの電気刺激や外科的破壊で, さまざまな情動性行動の異常や自律神経の働きの変化が出現するので, 辺縁系情動発生説はある程度裏付けがあると考えられるが, 快・不快, 怒りなどの基本的な情動や感情, フィーリングなどが, 辺縁系のどこでどのように形成されるかは, まだわかっていない. 海馬の破壊では認知記憶が障害されるので, 新皮質の働きを補って, 最初に記憶する時に海馬が働いていると考えられる. 辺縁系は新皮質のほとんどすべての領域に繊維連絡があるので, 新皮質の働きを助けるために辺縁系が情動表出以外の働きで働いている可能性がある.

**ダイノルフィン** [dynorphin] プレプロエンケファリンBから生成される内因性オピオイドペプチド(⇌オピオイド). A(アミノ酸残基17個)とB(リモルフィンともいう; 13個)のほか, 近縁のものにロイモルフィン, $\alpha$ ネオエンドルフィンがある. いずれもN末端部にロイシンエンケファリンを含む. Aは中枢神経系に広く分布しているが, 均一ではない. $\kappa$ オピオイド受容体にかなり選択的に結合する. 鎮痛, 精神活動変容, バソプレッシン遊離抑制による利尿などの作用を起こす.

**胎盤** [placenta] 真胎生の生物において胚組織と母体組織の間に介在して物質交換・ホルモン産生などが行われる組織. 胚性脱盤(卵黄嚢, 栄養膜)と母性胎盤(脱落膜)から成る. 間葉細胞や胎児血管が栄養膜合胞体層(シンシチウム栄養芽層, げっ歯類で欠如)と栄養膜細胞層(ラングハンス細胞)の二層のバリヤーで覆われ, 球根の根状の構造物(絨毛膜絨毛*)を構成する. 絨毛は霊長類では脱落膜に接着, 深く侵入し, 母体血管が破綻してできた絨毛間腔に浮遊して物質交換を行う. げっ歯類の胎盤は迷路性血液漿膜胎盤, 霊長類の胎盤は絨毛性血液漿膜胎盤に分類される.

**胎盤ホルモン** [placental hormone] 胎盤で産生されるホルモンをさす. ステロイドホルモンとしてはエストロゲン*とプロゲステロン*が代表的なものである. エストロゲンは胎児副腎由来のアンドロゲンをもとに胎盤で産生される. ペプチドホルモンとしては絨毛性性腺刺激ホルモン*, 胎盤性ラクトゲンがよく知られているが, それ以外に黄体形成ホルモン放出ホルモン*, 甲状腺刺激ホルモン放出ホルモン*, ソマトスタチン*, 副腎皮質刺激ホルモン放出ホルモン*, インヒビン*など多数のホルモンが存在している. これらは妊娠維持, 胎児発育, 胎盤機能調節などに関与していると考えられる.

**体壁板** [somatopleure] ⇌漿膜

**大麻** [cannabis] 繊維原料として栽培される大麻(Cannabis sativa)からとれる樹脂を含む製品は産地により呼称が異なり, マリファナ(marihuana), ハシッシュ(hashish)などとよばれる. 北米では一般に, 乾燥した大麻の葉や花穂をマリファナ, チャラス(charas), 乾燥した大麻樹脂をハシッシュなどとよぶ. 大麻の全草表面の腺毛中にはカンナビノイド(cannabinoid)と総称される生理活性物質を含む. この生理活性物質に多幸感催眠作用があるため, 大麻は古くから吸煙などにより乱用され, わが国では大麻取締法・覚せい剤取締法で規制されている. 大麻樹脂には$\Delta^9$-テトラヒドロカンナビノール($\Delta^9$-tetrahydrocannabinol, $\Delta^9$-THC)その他多数の成分が含まれる. 脳にはアラキドン酸誘導体アナンダミド*を内因性リガンドとするカンナビノイド受容体*があり, $\Delta^9$-テトラヒドロカンナビノールはこの受容体に結合して作用を現す.

**大理石骨病** [osteopetrosis, marble bone disease] アルバース・シェーンベルグ病(Albers-Schönberg disease)ともいう. 骨硬化と骨髄腔の狭小化を起こす全身性の骨疾患. 遺伝的に常染色体優性遺伝(遅発性, 軽症)と劣性遺伝(先天性, 重症)の2型に分けられる. 大理石骨病には骨髄移植により治癒するものと治癒しないものがある. 治癒するタイプの大理石骨病は破骨細胞の前駆細胞に異常があり, 治癒しない大理石骨病は破骨細胞形成の微細環境に異常があると考えられている. マウスでは遺伝的に大理石骨病の症状を示すいくつかのタイプ(op/op, oc/oc, mi/miなど)が知られている. いずれも破骨細胞*が先天的に欠損しているか機能不全を呈す. op/opマウスでは, M-CSF(マクロファージコロニー刺激因子*)遺伝子の262番目の塩基にフレームシフト型の突然変異が起こり, 終止コドンが出現するため, 活性をもつM-CSFが産生されない. そのため, op/opマウスでは破骨細胞がまったく形成されない. mi/miマウスではヘリックス・ループ・ヘリックスタイプの転写因子の異常により, 破骨細胞が成熟しない. また, c-fosやc-src遺伝子をノックアウトすると大理石骨病を呈することが報告されている.

**対立遺伝子** [allele] アリル, アレルともいう. 倍数体のゲノムをもつ生物において, 相同染色体の相同な場所(遺伝子座)に位置する1組の遺伝子. 単一の遺伝子座に三つ以上の対立遺伝子がある場合にはこれらは複対立遺伝子*とよばれる. 同一の対立遺伝子のセットをもつ生物を同型接合体(ホモ接合体*), それぞれの対立遺伝子のDNA配列が異なる生物を異型接合体(ヘテロ接合体*)という. ヘテロ型の性染色体上の遺伝子のように対立遺伝子が存在しない場合には半接合体*(ヘミ接合体)という. もともとは, 対立形質(allelomorph; 個体集団にみられる複数の遺伝形質において一つの個体ではいずれか一つの形質しか現れ

ないようなもの)を支配する2個以上の遺伝子として定義された.ヘテロ接合体の対立遺伝子は突然変異によって生じたもので,対立遺伝子のうち,正常な(本来の)機能をするものが野生型(wild type)(対立)遺伝子である.ヘテロ接合体で表現型*として現れる形質を優性形質*とよび,その形質発現にあずかる対立遺伝子を優性遺伝子*とよぶ.表現型として現れない形質は劣性形質*であり,それにかかわる対立遺伝子は劣性遺伝子*とよばれる.しかし,両方の対立遺伝子が活性を示し,両方の形質が同時に現れる共優性*や両方の形質が混合されて現れる不完全優性(融合遺伝)などの現象も知られている.通常,野生型と異なる対立遺伝子の頻度が全体の1%以上を占める場合を遺伝的多型*という.通常タンパク質をコードする遺伝子をいうが,タンパク質をコードしない遺伝子(非コード遺伝子)についても同様に定義される.転写によりRNAを生成しない(機能をもたない)スペーサーのようなDNA配列には多型が多く観察され,遺伝子マーカーとして利用されるが,これらについても"allele"という用語が使用され,対立遺伝子頻度*はしばしばこれらの遺伝子マーカーに対して計算される.

**対立遺伝子排除** [allelic exclusion]　生物個体でみた時,対立遺伝子の両方に由来する形質が表現されている(共優性*)にもかかわらず,個々の細胞では対立遺伝子のどちらかのみがランダムに発現し,他方の発現が排除されていることをいう.抗体*やT細胞受容体*の遺伝子にみられる.これら遺伝子の発現に必須な可変領域遺伝子の組換え(⇒V-D-J結合)が,完全な産物の発現が信号となって停止し,完全な遺伝子が一つしか完成されないことによる.

**対立遺伝子頻度** [allele frequency]　遺伝子頻度(gene frequency)ともいう.集団を形成する各個体がもつすべての対立遺伝子*(遺伝子型*)の集合から,ある対立遺伝子の出現頻度の割合を算出したもの.対立遺伝子頻度に影響を与えるものとして,自然選択*や遺伝的浮動*があり,値が変動する.有性生殖を行う集団が十分に大きい時,対立遺伝子頻度は1世代で一定となり,その後は世代を越えて一定に保たれるというハーディー・ワインベルクの法則(Hardy-Weinberg law)が成り立つ.また遺伝子型の頻度は,この遺伝子型を構成する遺伝子の頻度の積で表すことができる.(⇒一塩基多型)

**帯領域沈降(速度)法** ＝ゾーン遠心分離法
**大量培養** [mass culture]　⇒細胞培養
**タイリングアレイ** [tiling array]　DNAチップは,シリコンウエハー上でフォトリソグラフィー技術などを用いて数十塩基程度のDNAオリゴマーを直接合成したオリゴアレイと,PCR産物などの数百塩基対の二本鎖DNAをスライドガラスなどの基板上にスタンプしたマイクロアレイに大別できる.特に,ゲノム配列に基づき,等間隔に抜き出した塩基配列を検出用のプローブDNAとして,ゲノム全体,もしくはある一定領域を高密度・高精度にタイルを並べるように敷き詰めたDNAチップのことをタイリングアレイとい

う.タイリングアレイは,遺伝子の発現解析や転写調節因子*結合領域の同定などをゲノムワイドに行うことができ,特に,プローブがゲノムのあらゆる部分を網羅しているために,未知の転写産物なども検出することができる.遺伝子の位置的情報と発現量を同時に網羅的に同定できる技術として注目されている.

**ダイレクトリピート** ＝直列反復配列
**ダーウィン** DARWIN, Charles Robert　英国の生物学者.1809.2.12〜1882.4.19.シュルーズベリーに生まれ,ケントに没す.はじめ医学や神学を学んだが成功せず,しだいに博物学に興味をもつようになる.1831〜36年測量船ビーグル号に乗り,ガラパゴス諸島でゾウガメやフィンチの隔離による変化に気づき,進化の概念を育むに至った.1858年,『自然選択,すなわち生存競争において適者が存続することによる種の起源』を出版し,進化論の古典的労作となった.Darwinは研究と著作を自宅で行い,いっさい教職につかなかった.

**τタンパク質** [τ protein, tau protein]　微小管関連タンパク質*の一種で,50〜65 kDaのいくつかのアイソフォームから成る.元来,チューブリンの微小管重合促進因子として同定された.MAP2と同じく,熱耐性であり,カルモジュリン*と結合し,長軸比の大きな分子である.中枢神経に多量存在するが,特に軸索に多いとされたが,神経細胞体,樹状突起にも分布することが知られた.さらに,神経細胞以外にアストログリア*,オリゴデンドログリア*にも発現していることが明らかにされた.ヒトでは,τタンパク質は6種類のアイソフォームから成る.アミノ末端部分の29または58アミノ酸残基の挿入,カルボキシ末端部分の三または四つの繰返し構造(微小管結合部位とされている)の選択的スプライシング*から六つのアイソフォームが生じる.in vivoでは微小管の安定性に寄与している.アルツハイマー病*でみられる異常繊維のペアードへリカルフィラメント*(PHF)の主要構成成分である.

**ダウノマイシン** [daunomycin]　⇒制がん剤
**ダウン症候群** [Down syndrome]　蒙古症(mongolism),モンゴリズムとよばれたこともある.常染色体のうち最も小型のG群に属する第21染色体が,正常に比べ1本多く計3本存在すること(21トリソミー(21 trisomy),⇒三染色体性)により発症する先天異常症候群である.精神遅滞,外上がりの眼裂,低い鼻,胴に比べ四肢が短くずんぐりした体型,手指が短い,心奇形の合併が高頻度であるなどの特徴をもつ.心奇形の合併あるいは感染症への抵抗性などの問題により従来は寿命が短かったが,最近では生命予後が著しく改善している.染色体数47の標準トリソミー(47, XX, +21などと表記)がほぼ95%を占め,残りは染色体数46で,過剰な第21が第14,第22など他の染色体に転座(付着)した型で存在するものである.標準型のトリソミーは主として母親の第一減数分裂の不分離により生じ,母親の年齢とともに頻度が上昇する.ダウン症候群原因遺伝子の候補としては

Down syndrome critical region(21q22.3)にマップされている *DSCR1〜4* の遺伝子が同定されている.

**他栄養** ＝従属栄養

**唾液腺** [salivary gland] 口腔に唾液を分泌する外分泌腺. 哺乳類の口腔には, 顎下腺, 舌下腺, 耳下腺という三大唾液腺が備わっている. これらの腺は, 分岐する導管の末端に分泌部をもっている. 分泌部は漿液性細胞と粘液性細胞の両者またはどちらかを備えており, 電解質液のほかに消化酵素やムチン*を分泌する. 導管には電解質の吸収に特殊化した線条部がしばしば見られる. また分泌部と導管の上皮の基底部には, 筋原繊維を豊富にもつ筋上皮細胞がみられる.

**唾液腺染色体** ＝唾腺染色体

**多核細胞** [multinucleate cell, apocyte, polykaryocyte] 複数の核をもつ細胞をいう. 多核体(coenocyte)ともよばれる. その形成過程は, 1) 細胞質分裂*を伴わずに核分裂*のみが起こった場合と, 2) 複数の細胞が融合した場合に大別される. 個々の核は必ずしも二倍体*(2n)ではなく, 倍数化している例もある. 1)の例としては肝臓の肝実質細胞, 2)の例としては骨格筋における筋管細胞などがある. また, 2)の場合を特にシンシチウム(syncytium)ということがある. 多細胞生物では, ゲノムサイズは厳密に制御されており, 多核化は特定の細胞で例外的にしか起こらない.

**多核体** [coenocyte] ＝多核細胞

**多角体** [polyhedra] ⇒核多角体病ウイルス

**多核白血球** ＝多形核白血球

**多環式芳香族炭化水素** [polycyclic aromatic hydrocarbon] 共役した2個以上のベンゼン環をもつ炭化

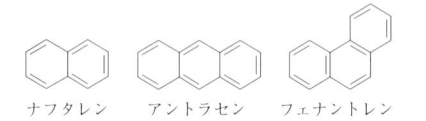

ナフタレン　　アントラセン　　フェナントレン

水素化合物の総称. 一般に, 環状不飽和化合物で環内に隣接するπ電子の数が $4n+2 (n=0, 1, 2\cdots)$ 個存在する時安定な芳香環を形成する(ヒュッケル則). 多環式化合物ではπ電子は複数のベンゼン環上の共役系で非局在化している. ベンゼン環が二つのナフタレン, 三つのアントラセンおよびフェナントレンが代表的なものとしてあげられる.

**タキキニン** [tachykinin] 平滑筋収縮, 血管拡張(血圧降下)作用をもち, ブラジキニン*の緩やかな(brady-)作用に対して, 速い(tachy-)作用を示し, C末端側に Phe-X-Gly-Leu-Met-$NH_2$ という共通構造をもつ一群の生理活性ペプチドを総称する. 哺乳動物のタキキニンはサブスタンスP*(P物質), サブスタンスK*(K物質またはニューロキニンA), ニューロメジンK(neuromedin K, またはニューロキニンB)の3種類から成り, サブスタンスPとサブスタンスKは共通の前駆体遺伝子 *PPTA* (preprotachykinin A)から, またニューロメジンKは別の前駆体遺伝子 *PPTB* (preprotachykinin B)から生成される. 前者からは, 選択的スプライシング*の結果, サブスタンスPとともにサブスタンスKを含む前駆体と含まない前駆体が生成され, その割合は遺伝子自体の発現とともに組織特異的な調節を受けている. また二つの前駆体遺伝子の構造は互いに似通っており, 共通の祖先遺伝子から進化したと考えられる.

**タキキニン受容体** [tachykinin receptor] 哺乳動物の三つの異なるタキキニン*に対して, おのおののサブスタンスP*($NK_1$)受容体, サブスタンスK($NK_2$)受容体*およびニューロメジンK($NK_3$)受容体という異なる3種類の受容体が存在する. cDNAクローニングの結果, これら三つの受容体は7回膜を貫通するGタンパク質共役受容体*群に属し, 一次構造上互いに高い相同性をもつとともに, 共通の細胞内シグナル伝達系(イノシトール 1,4,5-トリスリン酸($IP_3$)-$Ca^{2+}$と cAMP)を活性化することが明らかになった. すなわち, ペプチド受容体も, アセチルコリンやアドレナリンなどの低分子の古典的神経シグナル伝達物質と同じ機構を用いて細胞内へシグナルを伝える. 一方, 各受容体のペプチドに対する親和性, 脱感作性, および組織での発現分布は互いに異なり, 固有の特徴を有する. したがって, タキキニンの示す中枢や末梢での多彩な生理作用や薬理作用は, これらペプチドの産生機構のみならず, 受容体の示す多様な受容機構を介して発揮されるものと考えられる.

**タキソール** [taxol] ＝パクリタキセル

**多機能性プロテアーゼ** [multicatalytic protease] ＝プロテアソーム

**タグ** [tag] 【1】 分子生物学の分野では, ある分子に目印となる短い配列(ヌクレオチドまたはアミノ酸)を付ける時, その配列をタグという. 放射性同位体や蛍光物質で目印を付けるときはラベル(標識)するといい, 通常タグとはいわないが, 時には蛍光タグなどということもある. 【2】 ⇒ソーティング

**択一的スプライシング** ＝選択的スプライシング

**ダクチノマイシン** [dactinomycin] ＝アクチノマイシンD

**多クローン** ＝ポリクローン

**多クローン抗体** ＝ポリクローナル抗体

**多型** [polymorphism] 一般には遺伝的多型*をさす. 一つの遺伝子座に複数の対立遺伝子*(アレル)が存在することを意味する. 多型の代表例としてABO式血液型遺伝子座があげられる. この遺伝子座にはA, B, Oの3種類の対立遺伝子が存在し, 個人識別に用いられている. 最近, 多型を示しやすい配列としてCA反復配列(またはマイクロサテライトDNA*)が発見され, 遺伝子座のマーカーとして利用されている.

**多形核白血球** [polymorphonuclear leukocyte] 多核白血球ともいう. 顆粒球*のうち核が分葉した成熟細胞をさすが, 多核の成熟好中球の表現として用いられることが多い. 健康成人末梢血白血球画分の50%以上を占める. 骨髄中で骨髄芽球, 前骨髄球, 骨髄球, 後骨髄球, 桿状核球としだいに成熟し多形核白血

球となる．生体防御の中心をなす細胞で，細菌感染，真菌感染防御には必須である．

**多形膠芽腫** [glioblastoma multiforme] ＝グリオブラストーマ

**多形質発現** ＝多面的発現

**ターゲッティング** [targeting] 【1】（タンパク質の）生合成されたタンパク質は真核細胞では，核，ミトコンドリア，ペルオキシソーム，小胞体，ゴルジ体，リソソーム，植物細胞ではさらに葉緑体などへ移行する．この移行によるタンパク質の特定部位への局在化をターゲッティングとよぶ．小胞体へのタンパク質の移動は，翻訳中のタンパク質のシグナル配列（シグナルペプチド*）に依存し，シグナル認識粒子* (SRP) とその受容体が関係している(⇒小胞輸送)．原核細胞における細胞膜へのタンパク質の移行にも同様な機構がある．(⇒ソーティング)
【2】⇒遺伝子ターゲッティング

**多酵素複合体** [multienzyme complex] ＝複合酵素系

**多剤耐性遺伝子** [multidrug resistant gene] *mdr* 遺伝子(*mdr* gene)ともいう．がん細胞がアントラサイクリン系抗がん抗生物質，あるいはビンカアルカロイド*系抗がん抗生物質に対し同時に耐性化する多剤耐性細胞に見いだされ，多剤耐性の原因となるP糖タンパク質 (P glycoprotein) をコードする遺伝子 (*MDR1*)．多剤耐性遺伝子では細胞に取込まれた抗がん剤がエネルギー依存性に細胞外へ排出され，その結果細胞内抗がん剤濃度が低くなり耐性化することが知られていた．多剤耐性遺伝子はその細胞に存在する耐性関与遺伝子として見いだされた．遺伝子産物のP糖タンパク質は，以下の特徴をもつ．1) アミノ酸1280残基，前半と後半が43％の相同性をもつ．2) 膜を12回貫通する．3) 膜の内側の部分にヌクレオチド結合部位を2箇所もつ．4) 膜の外側の部位に糖鎖結合部位をもつ．5) 細菌における物質の膜輸送タンパク質 (HisP, MalK, OppD) などと相同性が高い．これらのことから，P糖タンパク質は分子内二重構造を有する膜タンパク質であり，ATP依存性に制がん剤を細胞外に排出するポンプ作用をもつタンパク質であるとされている．*MDR2*とよばれる類縁遺伝子も存在する．

**多剤耐性プラスミド** [multiple drug resistance plasmid] 抗生物質に耐性の細菌から分離されたプラスミド*で，同時に4剤や5剤に対する耐性の遺伝子群をもっており，しかも接合能をもつので細胞から細胞へ伝達して抗生物質耐性菌を増やすことができる．薬剤耐性の遺伝子はそのうえトランスポゾン*上に乗っており，転位によっても薬剤耐性を増やすことができる．薬剤耐性遺伝子は，主として抗生物質をリン酸化やアセチル化またはアデニリル化して不活性化する酵素をコードしている．(⇒Rプラスミド)

**多剤耐性輸送体** [multidrug resistance transporter] ＝ATP駆動薬物輸送体

**多細胞生物** [multicellular organism] 多種多様の細胞から成る生物．細胞の独立性が低く，単細胞生物*と異なり個体から分離された個々の細胞は，未分化型のみ人工的な環境下(無菌的培養条件下)で長期生存が可能となる．同一の構造と機能をもつ細胞群は組織*をつくり，いくつかの組織が集合して器官を構成する(⇒器官形成)．器官はさらにある特定の機能を果たすための器官系を構成し，器官系の集合として個体が存在する．系統進化上，高次に位置する生物では一般的に器官系の種類も多く，その構成も複雑である．細胞は生殖細胞*と体細胞*に大別される．生殖細胞はその個体のゲノムを次世代に伝達するために存在し，全能性*をもつ．体細胞は生殖細胞がその機能を果たすための栄養体として存在する．また，体細胞には分裂・増殖を繰返す未分化型細胞(幹細胞*)と，分裂を中止しある特定の構造・機能を果たす細胞(分化型細胞)に分かれる．体型上，独立栄養*を行う植物では分散型，捕食など従属栄養*を行う動物では集中型となる．

**多次元液体クロマトグラフィー** [multi-dimensional liquid chromatography] 複数の異種のカラムを用いて，1種類のカラムでは分離できない複雑な成分を分離する液体クロマトグラフィー．サイズ排除クロマトグラフィー，イオン交換クロマトグラフィー，アフィニティークロマトグラフィー，逆相クロマトグラフィーなどのカラムを複数タンデムに接続してクロマトグラフィーを行うことが多い．生体中から抽出したタンパク質試料をトリプシンなどのプロテアーゼで消化し，消化物を一次元目にイオン交換カラム，二次元目に逆相カラムを用いた二次元ナノ液体クロマトグラフィーによって分画した後，オンライン化されたエレクトロスプレーイオン化質量分析装置(MS/MSモード)などによってペプチドのアミノ酸配列を分析し，試料中のタンパク質を網羅的に同定するショットガン分析はプロテオミクス*の重要な手法になっている．

**多次元NMR** [multi dimensional NMR] 三次元NMRや四次元NMRを総称していう．タンパク質を$^{15}$Nや$^{13}$Cなどの安定同位体*で標識すると水素原子以外に$^{15}$Nや$^{13}$Cの核が観測できる．水素原子を含めたこれらの核の間にはさまざまな相関がある．たとえば水素原子間のNOESYを$^{15}$N核や$^{13}$C核で展開したり，タンパク質中のアミドのNHとC$\alpha$の相関を測定する(HNCA)などさまざまな多次元NMRがありうる．

**多糸染色体** [polytene chromosome, polytenic chromosome] ショウジョウバエやユスリカなど双翅類の唾液腺*，食道や小腸の表皮，マルピギー管，神経細胞などにみられる巨大な染色体．娘染色体の分離や細胞分裂を伴わずにDNA複製が十数回繰返された結果生じたもので，1000コピー以上のDNAが集まって束ねられた状態になっており，その大きさは通常の体細胞分裂中期や減数分裂期の染色体の約200倍にも達する．多糸染色体においては各染色分体*の等しい位置にある染色小粒*同士が接合した状態になっており，DNA密度の高い縞(band)とDNA密度の比較的低い縞(interband)とが交互に繰返され独特の横縞模様を形成している(⇒パフ)．この横縞模様は染色体特異

**多重遺伝子族**［multigene family］　共通の祖先をもつ複数の遺伝子群は遺伝子ファミリー*とよばれるが，その中の一つのタイプといえる．生物進化の過程で遺伝子は重複，時には増幅する性質をもっている（→遺伝子重複）．その結果，ゲノム中に共通の塩基配列，または類似のアミノ酸配列を指定する塩基配列をもつ遺伝子が多く存在する．その類似性の高いものから順番に，多重遺伝子族，遺伝子ファミリー，スーパー遺伝子ファミリー*と区別してよばれる．多重遺伝子族の代表的な遺伝子はリボソームRNA遺伝子である（→rRNA遺伝子）．そのおのおののコピーの保存度は高く，それぞれの遺伝子コピーは同じ機能を担うと考えられている．遺伝子コピー間で異なる機能をもつ場合は遺伝子ファミリーとよばれる．機能の明らかでない反復配列も時には多重遺伝子族とよばれることもあるが，一般的ではない．

**他種指向性ウイルス**［xenotropic virus］　異種指向性ウイルス，ゼノトロピックウイルスともいう．レトロウイルス*のうち，ウイルスが分離された動物種では感染せず，他種動物に感染し増殖するもの．マウスで分離された．ミンク細胞にフォーカスをつくるマウスの多指向性ウイルスは他種指向性をもつ．内在性ウイルス*の形で存在することが多い．（→同種指向性ウイルス，両種指向性ウイルス）

**多精拒否**［polyspermy block］　→表層反応

**唾腺染色体**［salivary (gland) chromosome］　唾液腺染色体ともいう．双翅目昆虫幼虫の唾液腺*細胞の染色体が細胞分裂を伴わずに複製を繰返し，多糸染色体*を形成したもの．ユスリカ（*Chironomus tentans*）では13回の複製による8192本の染色糸が並列，部分的に対合する．ショウジョウバエでは動原体*周辺のヘテロクロマチン*の複製回数が著しく少ない．顕微鏡下で多数の縞（バンド）が観察され，遺伝子の局在との対応が知られている．転写活性の顕著な部分は各染色糸がループ状となりパフ*とよばれる．ホルモン処理や熱ショックにより特定部位のパフ形成が誘導できる．

**TATA因子**［TATA factor］　＝TATAボックス結合タンパク質

**TATAエレメント**［TATA element］　＝TATAボックス

**TATAボックス**［TATA box］　ゴールドバーグ・ホグネスボックス（Goldberg-Hogness box），TATAエレメント（TATA element）ともいう．真核細胞のmRNAをコードする遺伝子の転写開始位置より約25塩基対上流域にあって，転写開始反応に重要なDNAエレメント．DNA配列としては，

$$5'\text{-TATA}^T_A{}^A_T{}^T_A\text{-}3'$$

と一般化されているが，この配列より若干ずれているものもある．初期に解析された遺伝子のほとんどは，このDNAエレメントを含んでいたが，種類の異なる多くの遺伝子に対してプロモーター解析が進むにつれ，TATAボックスとは異なるDNAエレメントの存在も知られるに至っている．また，転写調節因子*による働きを考える時，機能的に差異の見いだされるTATAボックスも存在し，組織特異性に関与するものも知られ始めている．このDNAエレメントに結合するタンパク質としてTATAボックス結合因子TFⅡD*中のTBP（TATAボックス結合タンパク質*）が知られ，転写開始反応に際してTFⅡA*とともにまずDNA上に結合し，転写開始をひき起こすことが知られている．その後，TFⅡB*とよばれる基本転写因子*の一つが結合し，転写開始位置の設定に寄与する．転写開始複合体形成には，他の基本転写因子群も多数関与し，原核細胞の転写開始複合体とは比較にならないほど複雑な様相を呈している．酵母の遺伝子の約20％しかTATAボックスをもっていない．TATAボックスをもつ酵母遺伝子はストレス応答に関係しており，それらの発現は高度に制御されているがTATAボックスをもたないプロモーターと比較してTFⅡDよりも転写共役因子のSAGAを優先的に利用している．RNAポリメラーゼⅢにより転写が行われるpolⅢ系遺伝子のプロモーターにはTATAボックスをもつものがあり，U6 snRNA*や7SK RNAなどがその例である．（→プリブナウボックス）

**TATAボックス結合因子**［TATA box-binding factor］　＝TATAボックス結合タンパク質

**TATAボックス結合タンパク質**［TATA box-binding protein］　TATAボックス結合因子（TATA box-binding factor），TATA因子（TATA factor）ともいう．転写開始位置より約25塩基対上流域に存在して，転写開始反応に重要な役割を果たすDNAエレメントであるTATAボックス*に結合するタンパク質．真核細胞の転写開始反応に関与する因子として知られた複数の開始因子のうちTFⅡD*と名づけられた画分にTATAボックス結合活性が検出されたので，TFⅡDがTATAボックス結合タンパク質とよばれるようになった．このTFⅡDは，その後の解析から，転写開始反応そのものだけでなく，転写調節因子による転写活性化反応においても重要な役割を果たしていることが示され，複雑多岐にわたる転写調節因子のさまざまな機能に対応するように，さまざまな働きをもつサブユニットから構成されていることが示されてきた．TFⅡDサブユニットのうち，TATAボックスに結合する活性をもつサブユニットTATA box-binding proteinを略して，いわゆるTBPとよび，転写開始反応には，このサブユニットのみで十分である．しかしながら，転写調節因子による転写活性化反応には，TBP以外にTAF*すなわちTBP結合因子群が必要なサブユニットとして存在し，さまざまな転写調節因子との相互作用に関与することが明らかとなってきている．実際，TBPは多くの基本転写因子*やTAF，CTD*，転写調節因子のTat, RB, VP16などと結合する．

**多段階発がん** [multistage carcinogenesis] 発がん*は多くの段階を経て進行し,その過程で遺伝子の突然変異が蓄積されてがんになるという考え.発がんのメカニズムを説明するためのキーワードの一つ.現在,多段階発がんは,がん遺伝子*,がん抑制遺伝子*が関与する多遺伝子発がんとして理解されている.多段階発がんは,ヒトのがんの自然史,疫学,実験的発がん,遺伝子変化の四つのレベルで証明されている.1) ヒトがんの自然史:ヒトのがんの中には,はっきりとした段階を経ながら進行するものがある.たとえば,大腸がんはポリープ*を経てがん化する.子宮頸がん*では上皮の異形成からがん粘膜内がんが,がんに先行する.がん化した後もさらに悪性化が進行し,転移浸潤するようになる(→腫瘍プログレッション).2) 疫学分析:大腸がん,胃がんのように上皮に由来するがんは,年齢の対数と年齢別死亡率(あるいは罹患率)の対数値の間に直線関係が成立する.このことはがんが多ヒット現象であることを示している.複数のヒットが同時に起こる確率は低いため,多ヒットは多段階を意味している.3) 実験的発がん:発がんに段階が存在することは,最初,マウス皮膚の二段階発がん実験系で証明された.発がん物質によるイニシエーションとプロモーターによるプロモーションを経て皮膚がんが生じる(→がんイニシエーション,発がんプロモーション).発がんのプロセスが,外部からの複数の因子によって段階的に進行することは,のちに,大腸がん,胃がん,肝がんなどの実験がんでも証明されている.4) 遺伝子レベルの変化:がんが多段階で進行するのは,その間に多くの遺伝子の突然変異が蓄積するためであると考えられている.そのような遺伝子として,がん遺伝子,がん抑制遺伝子,転移遺伝子がある.たとえば,大腸がんにおいて,$APC$ がん抑制遺伝子が最初にポリープをつくり,つぎに $K$-$ras$ 遺伝子の突然変異が加わって初期のがんとなり,さらに $p53$ がん抑制遺伝子の突然変異が加わり,がん化が進行する.このように変異が蓄積するのはがん細胞において遺伝子不安定性の状態にあり,それはミスマッチ修復に関わる遺伝子に突然変異が生じているためであると考えられている(→付録G).

**脱アデニル依存経路** [deadenylation-dependent pathway] mRNA 分解経路の一つ(→脱アデニル非依存経路).真核生物の mRNA は通常この経路で分解される.まず 3′ 末端のポリ(A) 鎖がエキソヌクレアーゼ*であるデアデニラーゼにより切取られ,A が 30 塩基程度まで短縮する.すると 5′ 末端のキャップ構造*が除去(デキャッピング)され,5′→3′ の分解が起こる.また,これとは別に,ポリ(A) 鎖短縮後に 3′→5′ 方向の分解がエキソソーム*というエキソヌクレアーゼ複合体によって起こる経路も存在する.この場合,最後にキャップ構造の分解が行われる.いずれも脱アデニルが最初に起こり,律速段階となっている.

**脱アデニル非依存経路** [deadenylation-independent pathway] mRNA 分解経路の一つで,変異したり不正確なスプライシングを受けた mRNA を分解する経路と考えられている(→脱アデニル依存経路).この経路は特定の mRNA の 3′ 側非翻訳領域(3′UTR) 配列特異的なエンドヌクレアーゼ*が,3′ 末端のポリ(A) 鎖を mRNA からまとめて切り離す反応から始まる.ポリ(A) 鎖がなくなった mRNA は,5′ 末端のキャップ構造*が除去(デキャッピング)され,5′→3′ の分解が起こる.また,これとは別に 3′→5′ 方向の分解がエキソソーム*というエキソヌクレアーゼ*複合体によって起こる経路も存在する.この場合,最後にキャップ構造の分解が行われる.脱アデニル非依存経路にはこのようなエンドヌクレアーゼによる 3′UTR 分解を開始反応とする経路に加えて,ナンセンスコドン介在性 mRNA 分解*(NMD) のようなポリ(A) 鎖が付いたまま 3′ 末端からエキソソームによって分解される(デアデニラーゼによる分解ではない) 経路も存在する.

**脱アミノ反応** [deamination] アミノ基の切断を伴う生化学反応.酸化的反応と非酸化的反応に大別され,おもな様式は以下の通りである.[1] 酸化的反応:アミノ基が酵素的に脱水素されて生じたイミノ基の加水分解によるアンモニアの生成(例:グルタミン酸デヒドロゲナーゼ,モノアミンオキシダーゼ*).[2] 非酸化的反応:1) 脱離反応によるアンモニアの遊離と二重結合の生成(例:ヒスチジンアンモニアーリアーゼ),2) アミノ基加水分解反応(アデノシンデアミナーゼ*,グルタミナーゼ),3) 酵素的脱離反応で生じた中間体イミノ基の加水分解(例:L-セリンデヒドラターゼ),4) アミノ基転移反応における供与体からのアミノ基切断(例:アラニンアミノトランスフェラーゼ).

**脱感作** [desensitization] 減感作(hyposensitization)ともいう.IgE 抗体が関与するアレルギー*において,微量のアレルゲン*(原因抗原) を一定日数をあけてしだいに増量しつつ皮内ついで皮下に注射し,アレルゲンが侵入してきてもアレルギー反応が生じないようにする方法.IgG クラスの抗体が産生され,抗原と IgE 抗体との反応を遮断することなどにより,しだいに当の抗原に対する IgE 抗体の産生が低下してくるとされる.このような作用の抗体を遮断抗体(blocking antibody)という.あるいは,アレルゲンを少量数十分間隔で与えしだいに増量していき,所定量のアレルゲンを投与しても当面のアレルギー反応が生じないようにする場合もさす.

**脱感受性(受容体の)** →受容体脱感受性

**脱共役** [uncoupling] 除共役ともいう.吸エルゴン反応とそれを駆動する発エルゴン反応の間のエネルギー授受(共役) の停止.生化学では酸化的リン酸化*反応における発エルゴン反応である電子伝達と吸エルゴン反応である ATP 合成酵素*反応の分断を意味する.これは電子伝達で形成された生体膜の電気化学ポテンシャル差($\Delta\mu_{H^+}$) の消滅による.脱共役剤(uncoupler) は電子伝達も ATP 合成酵素も阻害せず,$H^+$ 透過性を促進する(→2,4-ジニトロフェノール,イオノホア).膜破壊でも脱共役する.

**脱共役剤** [uncoupler] →脱共役

**Tac 抗原**［Tac antigen］ ＝CD25(抗原)

***tax* 遺伝子**［*tax* gene］ ヒト T 細胞白血病ウイルス 1*(HTLV-1)の遺伝子の一つで，転写促進因子 Tax をコードしている．HTLV-1 のプロウイルスゲノムの 5'LTR* に働いてウイルス RNA の転写を促進する．Tax はウイルス遺伝子のみならず，宿主細胞の遺伝子にも働いて転写を調節することが知られている．インターロイキン 1〜4，顆粒球マクロファージコロニー刺激因子，腫瘍壊死因子 β，などのサイトカイン，インターロイキン 2 受容体，MHC クラス I，*fos* などの転写を促進する．逆に DNA 修復酵素 β-ポリメラーゼや顆粒球コロニー刺激因子は転写の抑制を受ける．こうした宿主細胞の遺伝子に対する転写調節の結果，T 細胞を不死化させたり，繊維芽細胞をトランスフォーメーションさせる働きがあり，*tax* 遺伝子がウイルス性がん遺伝子であることを示唆している．Tax は CREB/ATF*，NF-κB*，CAAG などの転写シス因子に働くことが知られている．

***Taq* ポリメラーゼ**［*Taq* polymerase］ 耐熱菌 *Thermus aquaticus* のもつ DNA ポリメラーゼ*．72℃ が最適温度で高温(94℃)でも失活しないため，PCR*(ポリメラーゼ連鎖反応)に用いられる．3'→5' エキソヌクレアーゼ* 活性をもたないため校正機能(プルーフリーディング*)がなく，間違った塩基を導入する確率が高い．最近は，ポリメラーゼ，緩衝液，反応条件を総合的に検討することで 40 kb の DNA を正確に増幅することが可能となり，long and accurate (LA) PCR とよばれる方法ができた．この系では酵素として，3'→5' エキソヌクレアーゼ活性(校正活性)を含む Ex *Taq*，LA *Taq* を使用する．

**TAK1**［TAK1］ TGF-β 活性化キナーゼ 1 (TGF-β activated kinase 1)の略．MAP キナーゼカスケード* の MAPKKK ファミリーキナーゼの一つ．MAP キナーゼキナーゼ*(MAPKK または MEK)である MKK3，MKK4，MKK6，MKK7 を活性化し，それらを介して MAP キナーゼ*(MAPK)である JNK* と p38* を活性化する．また，転写因子 NF-κB の阻害因子である IκB* をリン酸化するキナーゼ IKK を活性化することにより NF-κB を活性化する．Wnt シグナル伝達経路* において MAP キナーゼ様キナーゼである NLK の活性化にも働く．TGF-β，Wnt*，IL-1，TNF-α や高浸透圧などにより活性化される．

**脱髄**［demyelination］ → オリゴデンドログリア

**脱髄性疾患**［demyelinating diseases］ 髄鞘(ミエリン*)が免疫学的機序あるいは代謝異常などによって崩壊することによる病態を脱髄性疾患と総称する．その代表が多発性硬化症* である．

**Tat 膜透過系**［Tat membrane translocation system］ ツインアルギニン分泌経路(twin arginine export pathway)ともいう．原核細胞と古細菌の細胞質膜および植物細胞の葉緑体膜に存在するタンパク質膜透過装置(→ トランスロコン)の一種．Tat は twin-arginine translocation の略．Tat 膜透過系を介して輸送されるタンパク質前駆体のシグナル配列は，その N 末端側親水性領域に Ser-Arg-Arg-X-Phe-Leu-Lys から成る共通配列をもち，中でも二つのアルギニン残基が高度に保存されていることから，ツインアルギニンシグナル配列(twin arginine signal sequence)とよばれる．主要なタンパク質膜透過経路を構成する Sec 膜透過装置が折りたたまれていない線状のポリペプチド鎖のみを通すのとは対照的に，Tat 膜透過装置は立体構造を形成したタンパク質を膜を越えて輸送することができる点で際だっている．細胞表層で働く呼吸系の金属酵素の多くは，細胞質で立体構造を獲得して初めて金属の配位が可能となる．そして，これらの酵素は細胞質で金属の配位に至るまでの構造形成過程を終え，その後 Tat 膜透過系の働きにより細胞表層へ局在化される．この機構により複数のサブユニットが会合したタンパク質複合体の輸送も可能である．シグナル配列をもたないタンパク質が Tat シグナル配列をもつタンパク質に便乗してともに運ばれるという，いわゆるヒッチハイク機構の存在も知られている．Tat 膜透過系は主として，TatA，TatB，TatC の 3 種類の膜タンパク質により構成される．このうち，TatC，TatB から成る複合体が前駆体タンパク質のシグナル配列を認識して結合する，それを契機に TatA 複合体がさらに集合し巨大な透過孔を形成すると考えられている．また，細胞質には Tat シグナル配列に結合することによって金属補因子の配位，サブユニット集合，そして輸送を共役させる働きをもつ，それぞれの酵素複合体に特異的なシャペロン* 因子の存在も明らかになりつつある．すなわち，Tat 膜透過装置は輸送機能をもつばかりではなく，正しく構造形成を成し遂げた酵素複合体を選択的に細胞表層に配置するという品質管理の役割ももつものと考えられている．

**脱皮**［ecdysis, (*pl.*)ecdyses, molting］ 節足動物など，体表が硬い外骨格で覆われた動物が，成長・変態* の過程で不要となった古い外骨格を脱ぎ捨てる現象．昆虫類では前胸腺* から，甲殻類では Y 器官から分泌される脱皮ホルモン(エクジソン* または 20-ヒドロキシエクジソン)の作用によって誘導される．また，ヘビやトカゲなどの爬虫類で，硬い上皮の一部が成長の過程で脱ぎ捨てられる現象も脱皮とよばれる．この現象は鳥類の羽換と同じ現象であるとされている．

**脱皮ホルモン**［molting hormone］ → エクジステロイド

**脱ピリミジン**［depyrimidination］ DNA にヒドラジン($NH_2NH_2$)を作用させると，ピリミジン* 塩基であるシトシンやチミンの環が分解し，尿素のグリコシドとなる．これは容易に加水分解されアベーシック部位(abasic site)となる．アルカリで β 脱離機構による鎖切断が起こると，プリンクラスターから成るアピリミジン酸* となる．マクサム・ギルバート法では 3 M NaCl 中で反応を行うことにより，チミンへの反応を抑制し，シトシン選択的反応条件も使われる．

**脱プリン**［depurination］ DNA 中のデオキシグアノシンやデオキシアデノシンのようなプリン* のグリ

コシル結合は酸に弱く，ギ酸などで容易に加水分解される．このプリンの外れたアプリン酸部位(apurinic site)は，アルカリでβ脱離機構による鎖切断を起こす．DNAをギ酸とジフェニルアミンで処理すると，ピリミジンクラスターであるアプリン酸\*が得られる．このような分解法をバートン分解(Burton degradation)とよぶ．プリンのメチル化により脱プリンはより容易となる．(⇒ ジフェニルアミン反応)

**脱分化**［dedifferentiation］ 特定の分化形質を発現している機能的な組織細胞が，一時的あるいは永続的にその分化形質を失うこと．一般に，増殖能を保持している組織細胞は，分化\*した状態ではその増殖能の発現は抑制されているが，何らかの要因によって分化形質を失うと，増殖能を発現するようになる．また，正常な細胞の分化形質は非常に安定に決定づけられていて，脱分化によって分化のレパートリーが変わったり増したりすることは容易には起こらない．

**脱分極**［depolarization］ 膜脱分極(membrane depolarization)ともいう．興奮性細胞，非興奮性細胞に限らず，細胞は負の静止電位\*をもつ(すなわち膜の内側は負に分極している)．イオンチャネル\*の開閉によって膜電位が正の方向に変化することを脱分極という．興奮性細胞には電位依存性ナトリウムチャネル\*やカルシウムチャネル\*があり興奮が発生する．脱分極が持続するとこれらのチャネルは不活性化して閉口する(⇒ 不応期)．非興奮性細胞では脱分極は駆動電位を減少することによって$Ca^{2+}$の流入を減少する．

**脱リン酸**(ホスホチロシンの)［dephosphorylation (of phosphotyrosine)］ ＝ チロシン脱リン酸

**縦緩和時間** スピン-格子緩和時間ともいう．(⇒ 核緩和)

***tat* 遺伝子**［*tat* gene］ ヒト免疫不全ウイルス\*(HIV)の遺伝子の一つで，ウイルスゲノムの転写と転写後の両方に作用する．*tax* 遺伝子\*と同様にHIVのLTR\*のU3部位にあるNF-κB/Sp1部位に働いて転写を促進する．LTRのR領域の最初から転写が始まるが，1番から57番塩基までのRNAはステムループを形成する．この部位をTAR配列\*とよばれ，転写されてから働くのでRNAエンハンサーであり，TatはTARに特異的に結合して下流の転写を促進するタンパク質である．TARの存在の有無にかかわらず，Tatタンパク質は核小体\*に集積する．

**多糖**［polysaccharide］ グリカン(glycan)ともいう．単糖\*が脱水縮合して生じた糖質の総称．1種類の単糖から成るものを単純多糖(ホモ多糖 homopolysaccharide)，複数の単糖から成るものを複合多糖(ヘテロ多糖 heteropolysaccharide)とよぶ．構成糖の荷電により中性多糖と酸性多糖に分類する場合もある．単純多糖の場合，構成糖の"オース(ose)"を"アン(an)"に置き換え，グリコシド結合の種類を付けて示す．たとえばα1→6結合を主体としたグルコースから成るデキストラン(dextran)は(α1→6)-グルカンとよばれる．

**多糖類ゲル**［polysaccharide gel］ 固体と液体の分散系としてのゲルの素材として多糖\*を利用したもの．精製アガロースを30℃以下の温度でゲル化させたり，セルロース，アガロース，デキストランなどの多糖をエピクロロヒドリン，2,3-ジブロモプロパノール，ポリアクリルアミドなどで架橋してゲル化する．分子ふるい\*効果をもちゲル沪過\*材としてタンパク質，核酸，ウイルス，細胞の分離や，官能基の導入によりイオン交換クロマトグラフィー，逆相クロマトグラフィーの素材として広範囲に利用される．

**多内分泌腺腫瘍症**［multiple endocrine adenopathy］ ＝ 多発性内分泌腫瘍症

**田中 耕一 TANAKA, Koichi 1959.8.3〜** 富山市に生まれる．東北大学工学部卒業後，島津製作所に勤務．1985年試料とコバルト粒子の混合物に，さらにグリセリンを添加するというマトリックスの工夫により高エネルギー下にタンパク質をイオン化する際に起きていた分解を防ぎ，気化させること(ソフトレーザー脱離法)に成功した．生体高分子の同定および構造解析のための手法の開発により2002年ノーベル化学賞受賞．2003年1月から田中耕一記念質量分析研究所所長．(⇒ 質量分析法，マトリックス支援レーザー脱離イオン化法-飛行時間型質量分析計)

**ターナー症候群**［Turner syndrome］ 性腺形成不全症(gonadal dysgenesis)ともいう．定型的な染色体所見は染色体数45で性染色体はX1本のみである．著明な低身長，原発性の無月経，二次性徴の欠如，乳児期の著明なリンパ浮腫，骨格の小奇形などがみられる．外陰部は正常女性型で，未発達ながら腟，子宮，卵管が存在する．性腺は，卵巣の位置に痕跡的な繊維組織(streak gonad)を認めるのみである．正常なXに加え長腕イソ染色体など構造異常のXをもつ例もあるが，後者の群では短腕の欠失が共通にみられる．正常女性の2本のX染色体は1本が不活化(ライオニゼーション)しているが，不活化を免れる部分があるため，短腕またはX1本の消失により本症の表現型が生じるものと理解される．いい換えれば不活化を免れる部分(X染色体の短腕の最も遠位側の22領域付近など)に，欠失により本症を生じる遺伝子(群)が存在し，またそれと相同の遺伝子がY上にもあることになる．原因遺伝子としてRPS4Xが報告されたが，ターナー症候群とRPS4Xのハプロ不全との関係は否定されている．(⇒ X染色体不活性化，低身長型連続性染色体欠失症候群)

**TUNEL法**［TUNEL method］ TUNELはTdT-mediated dUTP nick end labelingの略称．細胞レベルでDNA断片化を検出するための方法．細胞内のDNA断片の3′末端にターミナルデオキシリボヌクレオチジルトランスフェラーゼ\*(TdT)で標識dUTPを付加し，染色する．アポトーシス\*を起こした細胞では染色体DNAが切断され，多量の3′末端が生じるため，TUNEL法により強く染色される．しかし，ほかの原因でDNAが断片化しても染色されるため，この方法単独で細胞死のタイプをアポトーシスと断定するのは

**多能性** [pluripotent, multipotent] ⇌ 多能性幹細胞

**多能性幹細胞** [pluripotent stem cell]　基本的三胚葉，内・中・外胚葉のすべての系譜細胞に分化する能力を備えた未分化細胞．未分化性と正常核型を維持したままの自己増殖性（自己複製能）をもつ．全能性*はそれ自体で個体をつくれる能力．動物では受精卵や初期胚割球のみがもつ．多能性には，pluripotentとmultipotentがある．pluripotentな多能性幹細胞は，体を構成するすべての細胞に分化する能力をもつ．キメラ胚形成能をもつが，細胞自体で個体形成はない．multipotentな多能性幹細胞は，由来する組織の細胞のみならず，別種類または別系譜の細胞に分化する能力をもつが，分化能は限定される．分化能の観点から，totipotent＞pluripotent＞multipotent＝個体形成能＞キメラ形成能＞組織細胞形成能といえる．多能性幹細胞のpluripotent能は，キメラ胚形成や奇形腫*（テラトーマ）形成により示される．初期胚に由来するpluripotentな多能性幹細胞として，胚性がん細胞*（EC細胞），胚性幹細胞*（ES細胞），生殖性幹細胞*（EG細胞）などが知られる．初期胚以外に由来する多能性幹細胞として，mGS細胞（multipotent germ stem cell），iPS細胞*，体細胞とES細胞の融合細胞などが知られる．大部分の組織幹細胞はmultipotentであるが，成体骨髄中にわずかに含まれる多能性成体幹細胞（MAPC, multipotent adult progenitor cell）はpluripotentとされる．多能性幹細胞は，個体の発生や恒常性維持に中心的な役割を果たす．植物のカルス形成，下等動物のプラナリアやヒドラの個体再生，両生類の尾や肢の再生にかかわる細胞も多能性幹細胞とされる．医学の分野では，多能性幹細胞の再生医療*への応用が考えられている．（⇌再プログラム化）

**多能性グリア前駆細胞** [bipotential glial progenitor cell] ＝O-2A前駆細胞

**多能性造血幹細胞** [multipotential hemopoietic stem cell]　すべての成熟血球を自己複製するとともに，多種類の細胞に分化できる幹細胞．この細胞がもつ自己複製能ゆえ骨髄移植が成立し，一生の間枯渇することなく造血が維持される．赤血球，好中球，好酸球，好塩基球，単球-マクロファージ，リンパ球，巨核球，マスト細胞，ナチュラルキラー細胞，破骨細胞，肝臓クッパー細胞，肺胞マクロファージ，脳グリア細胞の一部，皮膚ランゲルハンス細胞などはいずれもこの細胞の子孫である．マウスではThy-1$^{low}$Sca-1$^+$c-Kit$^+$Lin$^-$（血球系統特異的抗原陰性）の細胞画分に，ヒトではCD34$^+$CD38$^-$c-Kit$^+$Lin$^+$細胞画分に存在すると考えられている．（⇌造血幹細胞）

**タバコえそ（壊疽）性ウイルス** ＝タバコネクローシスウイルス

**タバコネクローシスウイルス** [Tobacco necrosis virus]　タバコえそ（壊疽）性ウイルスともいう．TNVと略す．直径28 nmの球形の植物ウイルス*．粒子内には（+）鎖の一本鎖RNAを1本（3759ヌクレオチド，D株）もっている．本ウイルスにはサテライトウイルス*が付随しており，病徴に影響を与える．タバコに感染すると生育不良を起こす．ウイルスの宿主範囲は広く，単子葉・双子葉植物ともに感染する．ウイルス粒子は機械的接種によって感染するが，自然界では，サテライトウイルスとともに Olpidium brassicae 菌によって媒介される．

**タバコモザイクウイルス** [Tobacco mosaic virus]　TMVと略される．タバコモザイク病の病原体．長さ300 nm，直径18 nmの棒状ウイルスで，分子量17,500のコートタンパク質*サブユニット約2130分子と約6400ヌクレオチドの一本鎖RNAゲノムから成る．ゲノムは5'末端にキャップ構造をもち，3'末端にtRNA様構造をもち，複製にかかわる2種のタンパク質，細胞間移行にかかわるタンパク質，コートタンパク質の少なくとも4種のタンパク質をコードする．複製は細胞質で起こり，DNAを経ない．寄主範囲はきわめて広く，汁液により傷口から感染する．TMVと同様の特徴をもつウイルスはタバモウイルス（Tobamovirus）属に分類され，約10種が知られている．TMVは最初に発見された濾過性病原体すなわちウイルスであり（D. I. Iwanowski, 1892），かつ最初に結晶化されたウイルスでもある（W. M. Stanley, 1935）．また，コートタンパク質とゲノムRNAだけからの感染性粒子の試験管内再構成反応（H. Fraenkel-Conrat, R. C. Williams, 1955）は，自己集合の概念を導いた．

**多発性硬化症** [multiple sclerosis]　多発性硬化症とは，中枢神経系に生じた脱髄性病変に基づく神経症状を呈する，いわゆる脱髄性疾患*の代表である．病理学的には脳・脊髄など中枢神経系に複数の限局性病巣をもつこと，および視神経が侵されやすいことが特徴であり，これらがそのまま臨床症状の特徴である病変の空間的多発性として現れる．さらに，このような多彩な神経症状が増悪・寛解を繰返したびたび再発するいわゆる時間的多発性も臨床的にきわめて重要な特徴である．脳室に接する小脱髄巣が多発する特徴的な様子が脳MRIでわかることが多い．脱髄巣ではミエリンの脱落部にグリオーシスが生じて触れると硬いての硬化症の名がある．臨床症状はほとんどあらゆる症状が起こりうるが，視力障害，運動障害，発作性症状などが比較的多い．脊髄液中のIgG指数が高く，末梢血液中の励起されたリンパ球が何らかの機序で中枢神経内に入りそこで免疫グロブリンの産生が高まった状態であろうと推定されている．

**多発性骨髄腫** [multiple myeloma]　形質細胞の腫瘍性増殖より成る悪性骨腫瘍（⇌形質細胞腫）．形質細胞様の腫瘍細胞が骨内で増殖するために骨梁が減少し，骨はもろく軟らかくなり病的骨折が起こる．骨内に局所的に結節状に増殖し，X線上打抜き像を呈することもあるが，造血のある全身の骨内にび漫性に腫瘍細胞の浸潤のみられることが多い．通常，腫瘍は内限局しているが，骨外の軟部に腫瘍細胞の浸潤を伴うこともある．腫瘍細胞が破骨細胞活性化因子を産生するために骨粗鬆症*（オステオポローシス）となり，骨がもろく軟らかくなるとされている．また，高カルシ

ウム血症*が1/3の症例にみられ，血漿中に異常なタンパク質（パラプロテイン paraprotein）が3/4以上の症例にみられ，それはIgGのことが多い．患者の約20％には免疫グロブリンの軽鎖（ベンスジョーンズタンパク質*）が尿中に排出される．正常の造血は障害され，貧血，白血球減少による感染，骨折による痛み，血液の粘稠度の増加，骨髄腫腎（myeloma kidney）などが生じる．治療にはメルファランやシクロホスファミド*とプレドニソロン*の組合わせによる化学療法が適用される．（⇒骨髄腫）

**多発性内分泌腺腫瘍症**［multiple endocrine neoplasia］ MENと略す．多発性内分泌腺腫瘍（multiple endocrine adenomatosis），多内分泌腺腫瘍症（multiple endocrine adenopathy）ともいう．特定の組合わせの複数の内分泌腺の腫瘍あるいは過形成を合併する症候群で，つぎの3種類がある．1型：下垂体腺腫，副甲状腺過形成および膵島腫瘍のすべてまたは2種を合併する．2型：甲状腺髄様がん（全例）と副腎褐色細胞腫（症例の30～50％）の合併を中心とし，2A型はこのほかに副甲状腺の腺腫（または過形成）を伴う（約20％）ことがある．2B型は粘膜神経腫による特異な顔貌と消化管や骨格系の異常を示すが，副甲状腺の異常はほとんどみられない．いずれの型も常染色体優性の遺伝性腫瘍症候群で，1型は第11染色体長腕（11q13）に座位を占めるあるがん抑制遺伝子*（MEN1）の突然変異が原因と思われる．2A型は第10染色体長腕上のret原がん遺伝子の膜外ドメインのシステインが他のアミノ酸に置き換わるような生殖細胞系点突然変異が原因であり，2B型はretのコドン918のメチオニンがトレオニンに換わる点突然変異が原因である．2A関連疾患に他の成分を欠く家族性甲状腺髄様がん（familial medullary thyroid carcinoma）がある．

**多発性内分泌腺腫瘍**［multiple endocrine adenomatosis］⇒多発性内分泌腺腫瘍症

**（多発性）嚢胞腎**［polycystic disease］ 常染色体優性遺伝により腎臓，肝臓に多数の嚢胞を生じる疾患であり，約1000人に1人の割合で，人種を問わず高頻度に発症する．タイプ1およびタイプ2多発性嚢胞腎の原因遺伝子はそれぞれPKD1（ポリシスチン-1；16p13.3）とPKD2（ポリシスチン-2；4q21-q23）であり，前者はカルシニューリン/NF-ATシグナル伝達経路を活性化し，後者は$Ca^{2+}$チャネルである．脳動脈瘤，僧帽弁逸脱症を合併する．嚢胞により，腎実質は浅薄化し，半数の患者は腎不全に陥る．早期診断には，遺伝子診断が試みられている．嚢胞形成の進行を阻害する治療は現在なく，随伴する高血圧症や尿路感染，結石に対する対症療法が主体である．

**タバコモウイルス**［Tobamovirus］⇒タバコモザイクウイルス

**TAF**［TAF］【1】 TBP随伴因子（TBP-associated factor）の略称．TBP（TATAボックス結合タンパク質*）と複合体を形成する転写因子の総称．TBPは真核細胞の3種類の転写系（RNAポリメラーゼI，II，III）において，それぞれ特異的なTBP-TAF複合体を形成して機能する．複合体としてSL1（I系），TFIID*（II系），TFIIIB*（III系），SNAPc（II系，III系）などが知られ，いずれもTBPと複数のTAFを含む．おもに転写調節において重要な役割を果たし，コアプロモーター*エレメントの認識や転写調節因子*からの転写活性化シグナルの受容に働く．多くのTAFの遺伝子がすでに単離されている．ヒトでは少なくとも18種のTAFが同定されている．
【2】 腫瘍血管新生因子（tumor angiogenesis factor）の略称．

**WRKYファミリー**［WRKY family］⇒Wボックス

**WAGR症候群**［WAGR syndrome］ 第11染色体の短腕13領域付近には，欠失によりウィルムス（Wilms）腫瘍*，無虹彩（aniridia），外陰部の異常（genitourinary abnormality），精神遅滞（mental retardation）を生じる遺伝子が近接して分布する．付近の欠失により，これらの症状が種々の組合わせで生じることから，WAGRの名がつけられた．隣接遺伝子症候群*の一種である．ウィルムス腫瘍はWT1，無虹彩は転写調節因子PAX6が原因遺伝子とされているが，その他の遺伝子の関与も考えられている．マキュージック番号*194072.

**Wnt-1遺伝子**　⇒Wnt-1（ウィントワン）遺伝子

**WNV**［WNV＝West Nile virus］ ウエストナイルウイルスの略称．（⇒ウエストナイル熱）

**W回復**［W reactivation］＝紫外線回復

**wg遺伝子**［wg gene］＝ウイングレス遺伝子

**WGA**［WGA＝wheat germ agglutinin］＝コムギ胚芽凝集素

**WT1遺伝子**［WT1 gene］⇒ウィルムス腫瘍

**WDリピート**［WD repeat］＝Gタンパク質βWD-40リピート

**Wボックス**［W-box］ 植物の生体防御などの抵抗性反応を誘導するエリシター*に応答するシスエレメント．塩基配列（T）（T）TGAC（C/T）をもち，TGACがコア配列である．タバコのキチナーゼ遺伝子，パセリ，ジャガイモ，シロイヌナズナのPR関連遺伝子，イネのフィトアレキシン*生合成関連遺伝子など，植物の生体防御関連遺伝子のプロモーター領域に存在している．Wボックスに特異的に結合する転写因子としてWRKYファミリー（WRKY family）が同定されている．WRKYは，植物特異的な転写因子であり，Wボックス依存的なエリシター応答性遺伝子の発現誘導は，WRKYファミリーの発現によって制御されることが示されている．また，Wボックスは，サリチル酸応答性シスエレメントとしても機能することが示されており，サリチル酸による防御遺伝子の発現誘導においてもWボックス/WRKY転写因子の制御系がかかわっていると考えられている．

**ダブルマイニュート染色体**＝二重微小染色体

**Dab1**［Dab1］ disabled homolog 1の略．SrcファミリーチロシンキナーゼのSH2ドメインと結合する細胞内アダプター分子で，PTB（phosphotyrosine binding)ドメインを含み，胎児期特異的にチロシンリン酸化を受ける．Dab1遺伝子に変異が生じることで大脳皮質や小脳の層構築に異常が生じるマウスとしてスクランブラーマウス* やヨタリマウス* が知られている．大脳皮質層構築において新生の神経細胞は放射状グリア細胞に沿って移動し，正常な位置で離脱することで層構造を構築する．スクランブラーマウスでは神経細胞の放射状グリア細胞からの離脱に障害がある．神経細胞の放射状グリアからの離脱はインテグリンα3シグナル伝達に依存的であり，Dab1の220番目と232番目のチロシンのリン酸化がこのインテグリンα3シグナル伝達を調節している．

**多房性脂肪細胞** [multilocular fat cell, multilocular adipose cell] ＝褐色脂肪細胞

**玉棒模型** [ball-and-stick model] ⇒分子模型

**ターミナーゼ** [terminase] λファージ* の増殖時，成熟ファージを形成するうえで重要な機能をもつ酵素．以下の二つの反応を行う．1) ローリングサークル型複製* によりコンカテマー* となったλDNAを一定方向にスキャンしながら，cos部位* にて切断し，12ヌクレオチドの突出末端である付着末端* を形成する．2) ATPアーゼ活性をもちATPをエネルギー源として，λDNAをファージ頭部の前駆体(prohead)に移行させる．λDNAのNu1とAの両遺伝子の産物から成るヘテロ会合体である．(⇒ファージDNAパッケージング)

**ターミナルデオキシリボヌクレオチジルトランスフェラーゼ** [terminal deoxyribonucleotidyl transferase] 末端デオキシリボヌクレオチジルトランスフェラーゼ，ターミナルトランスフェラーゼ(terminal transferase)ともいい，TdTと略す．EC 2.7.7.31．一本鎖，または二本鎖DNAの3′-OH末端に，鋳型非依存的にデオキシリボヌクレオチド，またはリボヌクレオチドを重合する酵素．前リンパ球が特異的に産生し，白血病の診断などのマーカー酵素として使われる．仔ウシ胸腺より精製されたものが製品化されている．遺伝子クローニングの際，ベクターと挿入配列をつなぐための(dC-dG)のホモポリマーをアニーリングさせる方法に用いられた．放射能標識したdNTPを使えば，DNAの3′末端を高い比放射能で標識できる．基質に3′-デオキシアデノシン*(コルジセピン)や2′,3′-ジデオキシヌクレオシド三リン酸を用いると3′末端に1塩基のみを付加し標識することもできる．

**ターミナルトランスフェラーゼ** [terminal transferase] ＝ターミナルデオキシリボヌクレオチジルトランスフェラーゼ

**ターミネーター** [terminator] 転写を終結させるに必要なDNA塩基配列であって，RNAポリメラーゼの反応を停止させるとともに，合成されたRNAをDNAから遊離させる．転写終結にはρ因子* を要求するものとしないものがある．ρ依存性ターミネーター* のシグナル配列は明確なものでなく，特徴的な配列をもつρ非依存性ターミネーターとは遺伝子制御における意義が異なると考えられる．後者のシグナル配列は多くの遺伝子末端やオペロンのアテニュエーター* に見られ，より一般的である．DNAの15〜20塩基の回文配列(G-C対合が多い)に続いて6〜8塩基のA配列をもち，転写はA配列で終結する．G-C配列がRNAに転写されて対合構造(ヘアピン)が形成されると転写が減速し，A配列で転写複合体がDNAと解離しやすくなると考えられている．オペロンにナンセンスコドンが突然変異で発生して翻訳が停止すると，転写がオペロンの途中で未熟終結する(遺伝的極性*，⇌転写-翻訳共役)．この終結はρ因子で誘導される．真核生物のRNAポリメラーゼⅠとⅢによる転写には特定のターミネーター配列が関与し，RNAポリメラーゼⅠでは〜18ヌクレオチドの転写終結部位に転写終結因子(マウスのTTF-1や出芽酵母のReb1p)が結合し，その上流にはATに富む配列が存在することが多い．RNAポリメラーゼⅢの場合には，細菌のRNAポリメラーゼによる転写終結と類似しており，転写終結は普通連続した4個のUの二番目のUで起こる．RNAポリメラーゼⅡの場合は，AAUAAA配列がmRNAの切断とそれに続くポリ(A)付加のためのシグナルになることは明らかであるが，転写終結そのものについては未知の点が多い．

**Damメチラーゼ** ⇌Dam(ディーエーエム)メチラーゼ

**多面的突然変異** [pleiotropic mutation] ⇌多面的発現

**多面的発現** [pleiotropism] 多形質発現ともいう．一つの遺伝子の発現が複数の遺伝形質に影響を与えること．また，このような遺伝子の突然変異により，一見，互いに直接関連のない複数の表現型を生じるような場合，これを多面的突然変異(pleiotropic mutation)という．このような遺伝子に支配された形質の遺伝は，メンデルの法則* には必ずしも従わないことがある．

**タモキシフェン** [tamoxifen] エストロゲン受容体*(ERα，ERβ)への合成リガンドの一種．非ステロイド系抗エストロゲン剤として英国ICI社が開発し，1980年代から，女性ホルモン依存性乳がん内分泌療法剤として最も多用されている．女性生殖器へは抗エストロゲン作用を示すが，骨組織や，心血管系はエストロゲン様作用を示し，骨代謝・脂質代謝などへ改善作用を示す．そのため近年では組織選択的な性ホルモン受容体作動薬(SERM)の第一世代と位置づけられている．ERα，ERβに対し，エストロゲンと競合して結合し，受容体の立体構造変化をひき起こすが，本来のエストロゲン結合型とは異なる構造を示す．そのため，ホルモン結合型受容体へ結合する本来の転写共役因子群とは，量的・質的に異なる共役因子群と相互作用すると考えられている．このような特徴的な受容体の構造変化とそれを伴う共役因子群との相互作用が，組織特異的なエストロゲンアゴニスト/アンタゴニスト活性を示す分子基盤と考えられている．

**他養** ＝従属栄養

**多様性** [diversity] ⇌遺伝的多様性，抗体の多様性

**多量体** ＝ポリマー

**タリン** ＝テーリン
**垂井病** [Tarui disease] ⇒ 糖原病
**ダルトン** ＝ドルトン
**ダルベッコ** **DULBECCO**, Renato 米国の分子生物学者．1914.2.22～ 北イタリアのカタンツァロに生まれる．トリノ大学医学部を卒業(1936)後，兵役に従事．1947年S. E. Luria*の招待でインディアナ大学に留学．1949年カリフォルニア工科大学に移りファージの遺伝学に従事した．同大学教授．1970年逆転写酵素*をH. M. Temin*とともに発見．1975年Temin, D. Baltimore*とともにノーベル生理学賞受賞．1977年ソーク研究所教授．1993年イタリアCNR生物医学研究所所長．
**単為生殖** ＝単為発生
**単一遺伝子病** [single gene disorders] ⇒ 先天性代謝異常
**単一塩基多型** ＝一塩基多型
**単一ミトコンドリア仮説** [unit mitochondrion hypothesis] ミトコンドリア*は条件によっては機能的，形態学的に1個に融合するという仮説．ミトコンドリアは1細胞内に数千個存在する場合が多く，トリパノソーマなど1個の場合は例外である．ミトコンドリアDNAの部分欠失では構造遺伝子間にある数個のtRNAが失われるためタンパク質合成は起こらないが，二つの構造遺伝子の融合タンパク質ができる．これは同一細胞内の野生型ミトコンドリアDNAからtRNAが膜融合によって供給されるためである．
**単為発生** [parthenogenesis] 単為生殖または処女生殖ともいう．雌性生殖細胞である卵子が，精子の関与なしに単独で発生する現象をいい，自然状態で起こる自然単為発生と，実験的な処置によって起こる人為単為発生とがある．自然単為発生は，アリマキ，ミツバチ，ミジンコ，ワムシなどで知られている．哺乳類でも，卵巣内卵子や卵管内卵子が自然に卵割を始めて発生することがあるが，これらの多くは異常卵割で，発生の初期に死滅する．また，マウスのある種の系統(LT/Sv系など)では，卵巣内の卵子が単為発生して奇形種を生じる例がある．人為単為発生は，電気，温度，浸透圧などの物理的刺激，酸素やエタノールなどの化学的刺激で誘起できる．哺乳類では今のところ，人為的な単為発生卵を単独で個体まで発生させることはできないと考えられているが，マウスでは正常卵(胚)と凝集させてキメラ*胚とすることによって，単為発生卵由来の細胞をもつキメラ個体を得ることが可能である．
**単為発生胚** [parthenogenone] ⇒ 雌性胚
**胆液** ＝胆汁
**単核球** ＝単球
**単核食細胞系** [mononuclear phagocyte system] ＝細網内皮系
**短期記憶** [short-term memory] 記憶*を保持時間によって分類した場合，数時間までのものをさす．ただし，保持時間が数秒以内の即時記憶を除外する場合や，数日にわたるものを含める場合もある．一般的に，長期記憶に比べて容量が小さく，安定性が悪い特徴がある．たとえば，同時に保持できる項目の数は7±2に限られ，リハーサルを繰返さない限り数十秒から数分で減衰する．
**単球** [monocyte] 単核球ともいう．白血球の一つで健康成人末梢血白血球の5～10％を占める．マクロファージ系細胞の分化の一段階にある細胞で，主として血液中に存在する．マクロファージ系細胞は，骨髄において造血幹細胞*より単芽球(monoblast)，前単球(promonocyte)を経て単球へと分化成熟し，血中に流出したのち，組織に移行してマクロファージ，組織球，ランゲルハンス細胞，樹状細胞などに分化成熟する．細菌感染，真菌感染などに対する防御に重要な細胞である．また，抗原提示細胞の中心となる細胞である．単球は成熟マクロファージと同様に付着性や食作用*，サイトカイン産生能などを示すが，スカベンジャー受容体*をもたないなど，機能的に異なる点も存在する．
**単球走化性因子** [monocyte chemotactic-activating factor] MCAFと略す．MCAF/MCP-1は76個のアミノ酸から成る分子量8700のタンパク質でN末端から11，12，36，52番目に四つのシステインがあり，C-Cケモカインファミリーに属する．MCAF/MCP-1は単球だけでなく好塩基球にも作用する．マウスおよびラットのMCP-1はJE遺伝子の産物である．ヒトMCP-1と相同性が高いMCP-2(相同性62％)およびMCP-3(同71％)も最近クローニングされている．
**単クローン** ⇒ ポリクローン
**単クローン(性)抗体** ＝モノクローナル抗体
**単系統群** ＝クレード
**単細胞生物** [unicellular organism] 1個の細胞より成る生物ですべての原核生物と，真核生物に属する一部のものがある．原生動物門(protozoa)のすべての種と，酵母が含まれる．原生動物では約3万種が知られ，大きさはほとんどが顕微鏡で判定できる程度であり，多細胞生物同様さまざまな生活様式をもつ．石灰質や珪質をもつ原生動物の化石は古生代カンブリア期以降から広く出現する．繊毛虫*のように淡水や海水中で自由生活をするものか，マラリア原虫(*Plasmodium* spp. ⇒ プラスモジウム)，トリパノソーマ*(*Trypanosoma* spp.)のように寄生生活をするものがある．寄生生活者の多くは中間宿主と最終宿主とをもち，非常に複雑な生活環を示す．原形質の分化により種々の細胞器官をもち，運動に必要な繊毛*や鞭毛*，食物の摂取，消化，排泄のための細胞口，食胞，収縮胞，さらには色素胞や光を感じる眼点をもつものもある．核は1個から多数もつものまでさまざまで，大核*，小核*に分化しているものもある．後者の場合，小核が生殖をつかさどる．生殖は無性と有性があり，無性生殖では二分法や出芽法で，有性生殖は接合で行なう．核外遺伝子もキネトプラストのように特殊な分化をしているものが多く，RNA編集*のような現象も観察される．トリパノソーマのような寄生性のものでは宿主の免疫監視機構から逃れるために，体表の抗原性を著しく変化させる．

**単細胞培養**［single cell culture］ ⇌ 細胞培養
**単鎖ファージ** ＝一本鎖ファージ
**炭酸固定**［carbon dioxide fixation, carboxylation］ 炭酸同化(carbon dioxide assimilation)，炭素同化(carbon assimilation)ともいう．光合成*のエネルギー変換反応により生成する還元力(NADPH)とエネルギー(ATP)を用いて二酸化炭素を有機炭素化合物に転化する過程．二酸化炭素の同化は，典型的には還元的ペントースリン酸回路*により行われるが，高等植物では生理・生態学的必要から，$C_4$植物*にみられる$C_4$ジカルボン酸回路*およびベンケイソウ科植物などにみられるベンケイソウ型酸代謝(⇌ CAM植物)などの補完的な系が分化し，二酸化炭素の固定と有機化合物合成が環境条件に適応して効率よく行われている．
**炭酸同化**［carbon dioxide assimilation］ ＝炭酸固定
**担子菌(門)**［Basidiomycota, Basidiomycotina, Basidiomycetes］ 子実体の中に担子器を生じる菌類で，担子器の相違に基づく分類法では，クロボキン，サビキンを含む原生担子菌類，キクラゲ，シロキクラゲを含む異型担子菌類，サルノコシカケ，マツタケを含む真正担子菌類に分けられる．分子系統学的には，クロボキン類，サビキン類，菌藻類の三大系統群に分けられる．担子菌酵母はさらにサビキン系統群に含まれる．菌糸*は栄養体をなし，単相($n$)1核の一次菌糸と，2核で重相($n+n$)の二次菌糸が存在する．担子胞子は発芽して一次菌糸を生じるが，2極性，4極性の性の分化がみられる．異なる性をもつ一次菌糸が体細胞接合によって二次菌糸を生じる．二次菌糸は子実体を形成し，その中に担子器を生じる．重相は共役核分裂によって維持され，かすがい形成を行うものが多い．担子器内の核ではDNA複製後，核癒合が行われ，すぐに減数分裂を経て，単相4核となる．担子器から生じた小柄の先に外生し，4個の担子胞子を生じる．
**短日植物**［short-day plant］ ⇌ 光周性
**胆汁**［bile, gall］ 胆液ともいう．肝実質細胞で生産される分泌液(C胆汁)で，細胆管・胆管を通って胆嚢に蓄えられ(B胆汁)，総胆管を通じて十二指腸へ分泌される(A胆汁)．絶えず分泌されているが，胃から食物が入ってくると総胆管の括約筋が弛緩して多量に出され，1日に500 mLが分泌される．胆汁酸*，胆汁色素(ビリルビン*)，コレステロール*が主成分で，リン脂質，脂肪酸，陽イオンなども多い．脂質のミセル化と消化吸収に働く．
**胆汁細管** ＝毛細胆管
**胆汁酸**［bile acid］ コレステロール*の代謝産物で，A/B環がシス結合し，3位と7位に$\alpha$結合でヒドロキシ基が付いていることが特徴で，両親媒性を示す．ヒトでは一次胆汁酸としてコール酸とケノデオキシコール酸，二次胆汁酸としてデオキシコール酸とリトコール酸があり，さらにウルソデオキシコール酸も存在する．胆汁*中にグリシンやタウリン抱合体として分泌され脂質の消化吸収に役立つ．大部分は腸肝循環で再吸収される．

**単純胚様体**［simple embryoid body］ ⇌ 胚様体
**単純配列長多型**［simple sequence length polymorphism］ SSLPと略す．(⇌ 制限断片長多型)
**単純ヘルペスウイルス**［*Herpes simplex virus*］ HSVと略される．ヘルペスははうようにゆっくり進む(creep, crawl)に対応するギリシャ語が語源．皮膚病変の広がりの様子を示す．$1.5 \times 10^5$塩基対の線状DNAをゲノムとしてもつウイルス．タイプ1と2(HSV-1, HSV-2)がある．前者は主として皮膚・粘膜より進入し，知覚神経を通って後根ガングリアに達し，潜伏感染する．後者は肛門，外陰部に感染する．特徴としては生涯にわたり潜伏感染を保ち，ストレス，紫外線などで顕在化し，初期に感染した部分に水泡状の病変をつくる．
**単子葉植物**［monocots, monocotyledons, monocotyledonous plant］ 双子葉植物*と並び，被子植物を二分する一群．子葉は1枚，花は三数性，維管束は不斉中心柱で形成層を欠き，胚は発芽後幼根を失い，不定根より成るという特徴をもつ．葉は平行脈であるものが多いが，ヤマノイモ，サトイモ，オモダカ科など，網状脈をもつものも多い．離生心皮をもつオモダカなどの存在とも併せて，双子葉植物の多心皮類から派生，進化したとみなす見解もある．最新の分子系統学の成果によると，サトイモ科のショウブが単子葉植物の祖先型を代表することが示唆されている．
**淡色効果**［hypochromic effect, hypochromism］ ⇌ 濃色効果
**タンジール病**［Tangier disease］ 家族性HDL欠損症(familial HDL deficiency)，無$\alpha$リポタンパク血症(analphalipoproteinemia)ともいう．扁桃腺がオレンジ色に腫大し，肝脾腫，リンパ腺腫，慢性反復性の末梢神経障害，低コレステロール血症などを示す優性遺伝病．さらに動脈硬化を起こしやすいことも報告されている．血漿中の高密度リポタンパク質*(HDL)の著しい低下，キロミクロン異常などがあり，胸腺と網内系の細胞にはコレステロールエステルを中心とする脂質が蓄積する．原因遺伝子は*ABCA1*(ATP-binding cassette transporter-1；9q31)で，cAMP依存性でスルホニル尿素感受性の陰イオン輸送体である．アポA-I遺伝子は正常である(⇌ アポリポタンパク質)．HDLがマクロファージ内に取込まれたあと再び分泌されずにリソソームで分解されるという報告もあるが，確認されていない．(⇌ 先天性代謝異常)
**単数**［haploid number］ 半数ともいう．単相世代(haploid generation)の細胞一つ当たりの染色体数*．配偶子の染色体数がこれに当たる．一般に$n$で表される．単数の染色体数をもつ細胞またはそのような細胞から成る個体を半数体(⇌ 一倍体)という．半数体には単相世代の場合と，単為発生*などにより複相世代の染色体数が半減している場合とがある．
**単数体** ＝一倍体
***dunce* 突然変異**［*dunce* mutation］ *dnc*突然変異(*dnc* mutation)と略記する．ショウジョウバエの最初の学習突然変異体(learning mutant)として1976年

に Y. Dudai らによって分離された．匂いに対する電気ショックの罰刺激で条件付けすると，成虫・幼虫ともに，連合学習・記憶の異常を示す．しかし，報酬学習では正常に学習するが記憶は持続せず，学習はできるが短期記憶への移行に異常があると考えられている．*dnc* は cAMP 特異的ホスホジエステラーゼⅡをコードする．突然変異体では cAMP レベルは野生型よりも高い．免疫組織化学および *in situ* ハイブリダイゼーションの結果，DNC タンパク質は脳内のキノコ体(mushroom body)において特に多く発現していることがわかった．*dnc* は，記憶異常のほかにさまざまな程度の雌不妊を起こす．この不妊は，記憶突然変異 *rutabaga*（アデニル酸シクラーゼ*をコードする）により部分的に抑制されるが記憶に関しては変化がない．

**弾性繊維** [elastic fiber]　結合組織に板状，繊維状，ひも状に存在する構造体で，組織の弾力性の保持に寄与する．オルセイン，レゾルシン，フクシンなどで染色され，ヘマトキシリン，エオシンで染色されない．電子顕微鏡的には膠原繊維のような周期構造をもたない．血管，肺，靱帯，皮膚など伸縮性に富む臓器に多量に存在するほか，心臓，消化器，生殖器などほぼ全身の臓器に分布する．中央の無構造の部分と，それを取巻く微細繊維（ミクロフィブリル*とよばれる）とからできている．無構造の部分とミクロフィブリルの割合は発育時期によって異なり，幼若弾性繊維ではミクロフィブリルが多く存在し，成熟とともに減少する．無構造の部分は主としてエラスチン*から成り，弾性作用をもつ．ミクロフィブリルの構成成分としてはフィブリリンなど数種類の糖タンパク質が報告されている．ミクロフィブリルは弾性繊維構築の際，エラスチンの前駆体であるトロポエラスチンの沈着の足場になるといわれている．

**男性ホルモン** [male sex hormone]　⇒ アンドロゲン

**男性ホルモン受容体** [male sex hormone receptor]　＝アンドロゲン受容体

**胆赤素**　＝ビリルビン

**単染色体性** [monosomy]　モノソミー，一染色体性ともいう．低数性(⇒異数性)の一種．二倍体*の個体または細胞において，ある一対の相同染色体*のうち一方が欠け，もう一方しか存在しない状態．二倍体の染色体数*を(2n)とすると，(2n-1)の染色体をもつ状態ともいえる．この時，この欠けてしまって一方しか存在しない染色体を単染色体(monosome)または一染色体とよぶ．

**断層撮影法** [tomography]　通常の単純撮影では体内のすべての構造が重複した像として投影されるのに対し，X 線管と被写体および X 線フィルムのうちのいずれか二つを同時して動かし撮影することにより，ある断層面について鮮明な像(他の部分はぼかされる)を得る撮影方法である．たとえば，被写体を固定し，撮影したい断層面上の点を支点として，X 線管と X 線フィルムを同期し反対方向に移動させる．支点のある面は明確に投影され，他の部分はぼける．CT スキャン(computed tomography)や MRI*(magnetic resonance imaging)，超音波断層撮影法などの出現により特殊な場合を除き過去のものとなった．(⇒陽電子放射断層撮影法)

**単相世代** [haploid generation]　⇒ 単数

**単相体**　⇒ 一倍体

**単層培養** [monolayer culture]　⇒ 細胞培養

**単層扁平上皮** [simple squamous epithelium]　⇒ 扁平上皮

**炭素還元回路** [carbon reduction cycle]　＝還元的ペントースリン酸回路

**炭素同化** [carbon assimilation]　＝炭酸固定

**担体** [carrier]　＝トランスロカーゼ【1】

**単糖** [monosaccharide]　＝モノサッカリド．加水分解によってそれ以上簡単な分子にはならない糖質．

おもな単糖

| 炭素数 | 総称 | アルドース (aldose) | ケトース (ketose) |
|---|---|---|---|
| 3 | トリオース (triose) | グリセルアルデヒド | ジヒドロキシアセトン |
| 4 | テトロース (tetrose) | エリトロース トレオース | エリトルロース |
| 5 | ペントース (pentose) | アラビノース キシロース リボース* リキソース | リブロース キシルロース |
| 6 | ヘキソース (hexose) | ガラクトース* グルコース* タロース マンノース* | ソルボース タガトース フルクトース プシコース |

単糖の炭素数は 2 個以上ある．炭素数 3 個以上のものには不斉炭素原子があり異性体が存在する．誘導体として，デオキシ糖，アミノ糖，メチル化糖，ウロン酸などがあり，核酸や複合糖質の構成成分となっている．

**タンニン** [tannin]　タンニン酸(tannic acid)ともいう．植物の二次代謝物質の一群でポリフェノール化合物．植物界に広くふくまれる物質であり，プロトカテク酸と没食子酸とその誘導体から成る．ある種の果実中のインベルターゼの酵素作用を抑える働きがある．またイオン交換性とカルシウムを保持したりする細胞・組織生理的作用があるが，十分に解明されていない．水溶液はタンパク質と結合するので皮なめしに用いられるほか，食品の品質を調整したり，薬品に(効き目を持続させたり，賦形剤となる)添加される．また，茶に含まれており収斂作用がある．

**タンニン液胞** [tannin vacuole]　植物細胞中にあるタンニン*を含む液胞*．マメ科植物であるオジギソウ(*Mimosa pudica* L.)は各種の刺激を感受し運動する．運動器官である葉枕(leaf cushion, pulvinus)の細胞には球形のタンニン液胞があり，運動前にはその表面に $Ca^{2+}$ が存在する．運動の際には液胞中にある収縮性タンパク質の小繊維と結合し超沈殿する．この時液胞中の $K^+$ は細胞間隙に出され結果的に運動細胞の膨圧*を失う(図)．すなわちタンニン液胞は筋収縮*

における小胞体*の役割をもつ．ハエトリソウ，モウセンゴケなどの捕虫葉の運動細胞・組織中にもタンニン液胞がある．

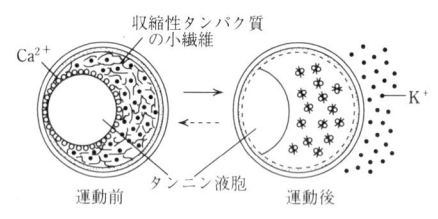

オジギソウの運動細胞

**タンニン酸**［tannic acid］ 【1】＝タンニン．【2】 $m$-ガロイル没食子酸（$m$-galloylgallic acid）をさす．$C_{14}H_{10}O_9$．タンニンの加水分解で得られ，コロイドを沈殿させるなど性質も似ている．

$m$-ガロイル没食子酸

**タンパク顆粒**［protein grain］ ＝タンパク粒

**タンパク質**［protein］ α-L-アミノ酸（グリシンを含む）約20種類がペプチド結合で直鎖状につながったもの．アミノ酸のみから成る単純タンパク質と，アミノ酸以外の構成成分を含む複合タンパク質*（糖タンパク質，核タンパク質，リポタンパク質，ヘムタンパク質，金属タンパク質など）がある．通常，アミノ酸100残基（アミノ酸の平均残基分子量は約110）以上から成る分子量1万以上のポリペプチドをさす．シトクロム$b$，$c$には分子量1万以下のものもあるが，最小のタンパク質としてはウシ膵臓リボヌクレアーゼ（124残基），リゾチーム*（ニワトリで129残基）が有名．インスリン*（51残基）も歴史的にはタンパク質とみなされる．1本のポリペプチド鎖はほとんど分子量10万以下であるが，コネクチン*のように一本鎖ではあるが分子量は300万にもなるものもある．分子量の大きなタンパク質は一般に複数個のサブユニット*，すなわち，複数本のポリペプチド鎖から成る．サブユニットをもつタンパク質には二量体，三量体などのオリゴマーが多いが，ウイルス粒子の中にはサブユニット1000個以上が集合し，分子量も数千万以上のものもある．タンパク質のポリペプチド鎖はαヘリックス*，β構造*，βターン*などの一定の二次構造を形成し，さらに複雑に折りたたまれて一定の立体構造を形成する（⇌高次構造【1】）．タンパク質の機能や活性はその立体構造によって規定される．一次構造は壊れなくても，立体構造が壊れるとタンパク質の機能などは消失する（⇌変性【1】）．タンパク質を

低温，中性pH領域で取扱うのは変性による失活を防ぐためである．タンパク質の立体構造は基本的にはアミノ酸配列（一次構造）によって決まる．したがって，変性したり，封入体*となって沈殿したタンパク質でも適当な条件で処理し，ポリペプチド鎖をもとのように巻戻すことができれば，機能や活性が回復する（⇌再生【1】）．タンパク質は普通前駆体として合成され，局在が決まり，成熟体に変換され，機能を発揮したのち，一定の寿命に従って分解される．これらすべての過程も基本的にはアミノ酸配列で規定される．分泌を規定する配列，局在を規定する配列（核移行シグナル*，残留シグナル*など），寿命を決める配列（N末端法則*，PESTドメイン*など）などが同定されている．また，合成から分解に至る各過程で特異的なプロテアーゼ*による限定分解が重要な機能を果たす（⇌プロセシング【1】）．タンパク質の検出，定量には抗原抗体反応，紫外吸収（280 nm），ブラッドフォード試薬（⇌ブラッドフォード法），プロテアーゼや熱に対する感受性などが使われる．

**タンパク質-アルギニンデイミナーゼ**［protein-arginine deiminase］ ⇌アルギニンデイミナーゼ

**タンパク質アレイ**［protein array］ ＝プロテインチップ．PAと略す．

**タンパク質結合部位**［protein-binding site］ 遺伝子の転写調節領域内のタンパク質が結合する特異的部位．プロモーター*やエンハンサー*は種々の転写因子が結合する特異DNA配列を含んでいる．通常プロモーター内にはTATAボックス*，CCAATボックス*，GCボックス*などが存在し，おのおのTBP，NF1，Sp1などの転写因子*が結合する．またエンハンサーやサイレンサー*などはプロモーターの上流やイントロン内部，また遺伝子下流にも存在し，種々の転写因子が結合する．（⇌DNA結合タンパク質）

**タンパク質工学**［protein engineering］ プロテインエンジニアリングともいう．主として遺伝子工学*の手法を用いて，天然由来のものとは異なる，望みのアミノ酸配列をもつ新規なタンパク質を作製し，それらのタンパク質の解析を通して，タンパク質における構造-機能相関や安定性など，タンパク質の諸性質を研究する分野で，機能性タンパク質の分子設計を目的としている．具体的には，特定の遺伝子シストロン*に対して部位特異的変異導入法などにより塩基の置換，欠失，挿入を施し，それらを大腸菌，酵母などの生細胞に導入してタンパク質を合成した後，それら新規タンパク質の諸性質を調べる．そのためには遺伝子操作，タンパク質の分離精製，酵素反応や安定性の詳細な解析，X線やNMRによる立体構造解析，コンピューターグラフィックスなど，さまざまな技術が必要となる．いろいろなタンパク質について，基質に対する結合の強度や特異性，補酵素など特定因子の要求性，最適pH，熱や溶媒や変性剤に対する安定性，アロステリック特性などの改変が行われ，タンパク質研究には欠かせない研究手段であるとともに，新機能タンパク質や有用酵素の創製が試みられている．

**タンパク質ジスルフィドイソメラーゼ**［protein disulfide-isomerase］　EC 5.3.4.1. チオールージスルフィド交換反応を触媒する酵素. タンパク質分子内のジスルフィド結合*の組換えを促進する. 小胞体*に存在し, 分泌タンパク質のジスルフィド結合の形成によりタンパク質の折りたたみに関与すると考えられている(⇒フォールディング). 活性部位はチオレドキシン*と高い相同性をもつ. プロリル-4-ヒドロキシラーゼ*やミクロソームトリアシルグリセロール転移タンパク質(microsomal triacylglycerol transfer protein)のサブユニットとしても知られており, さらに分子シャペロン(⇒シャペロン)としての働きが示唆されている. in vitro では, 還元された酵素に作用し, ジスルフィド結合の組換えにより, 活性を回復させることがある.

**タンパク質スプライシング**　＝プロテインスプライシング

**タンパク質生合成**［protein biosynthesis］　タンパク質の生合成は遺伝情報発現の最終段階であり, 多数の因子の関与のもとに DNA (時には RNA) に保存されている遺伝情報を正確に翻訳*して所定のタンパク質として表現するきわめて重要な反応であり, 細胞内では膜結合型あるいは遊離型リボソーム(実際にはポリソームを形成している場合が多い)上で行われる. 反応は大別して四段階に分けられるが, 各段階の概略と関与する諸因子について以下に略述する. 1) 反応の第一段階はアミノ酸の活性化の段階であり, 20種のアミノ酸が各アミノ酸に特異的に対応する tRNA の 3′末端のリボースにエステル結合で結合しアミノアシル tRNA*となる段階である. 2) 第二段階は DNA のもつ情報を転写することにより生じた mRNA がリボソームと結合し, 開始複合体を形成する段階である. この段階には mRNA, リボソームのほかに, N-ホルミルメチオニル tRNA*(原核細胞の場合), あるいはメチオニル tRNA*(真核細胞の場合), および多くのポリペプチド鎖開始因子*, GTP, $Mg^{2+}$などが関与し, さらに真核細胞の場合には ATP も関与する. 3) 第三段階は mRNA のコードする遺伝暗号*に従ってペプチド鎖が伸びていく段階であり, この段階ではポリペプチド鎖伸長因子*, GTP, $Mg^{2+}$の存在下に遺伝暗号はアミノアシル tRNA の示すアンチコドンとの塩基対を介してアミノ酸の配列順序に翻訳され, リボソームサブユニット中に存在するペプチジルトランスフェラーゼの作用でペプチド結合を形成し, ペプチド鎖が順次伸長していく(⇒伸長サイクル). 4) 第四段階は最終段階で, ペプチド鎖合成が終了する段階である. 前段階でペプチド鎖が順次伸長し, ついにmRNA の示す暗号が終止コドン*に達するとポリペプチド鎖終結因子*の作用で新生ポリペプチド鎖はtRNA から切離されリボソームから遊離する. 1)〜4)の過程を通じて mRNA は 5′→3′方向に読み取られ, また, ペプチド鎖は N 末端→C 末端の方向に合成されている. リボソームから遊離した新生ポリペプチド鎖はさらに種々の修飾を受け完成したタンパク質となるが, これには N 末端の何個かのアミノ酸の除去および N 末端アミノ酸のブロック, S-S 結合の新生による分子内架橋, リン酸化, メチル化, グリコシル化, さらには特異的ペプチダーゼによる分解, 他のポリペプチドとの会合などが含まれる.

**タンパク質ゼロ**［protein zero］　＝$P_0$タンパク質
**タンパク質単分子膜法**〔protein monolayer technique〕　＝クラインシュミット法
**タンパク質同化ステロイド**［anabolic steroid］　アナボリックステロイドともいう. 男性ホルモンの誘導体で, タンパク質同化作用を増強し, 男性化作用を減弱したものをいう. 製剤にはオキシメトロン(oxymetholone), メタノロンアセテート(metanolone acetate)などがあり, 再生不良性貧血(免疫抑制剤無効例), 進行性乳がん, 下垂体性小人症, ターナー症候群などに用いられる. 副作用には, 痤瘡, 多毛症, 性欲亢進, 無月経, 音声男性化(女性), 陰核肥大, 肝障害などがある. 最近, スポーツ選手の筋肉増強薬として用いられ, 問題となっている.

**タンパク質のグリコシル化**　⇒グリコシル化
**タンパク質の高次構造**　⇒高次構造【1】
**タンパク質の再生**　⇒再生【1】
**タンパク質のターゲッティング**［protein targeting］　⇒ターゲッティング【1】
**タンパク質のプロセシング**　⇒プロセシング【1】
**タンパク質の変性**　⇒変性【1】
**タンパク質のメチル化**　⇒メチル化【2】
**タンパク質分解**［protein degradation］　プロテアーゼ*によって起こる生体内のタンパク質の代謝. 狭義にはタンパク質を消失させる分解のみをさすが, 広義にはペプチド結合の切断を伴うタンパク質の修飾をさし(⇒翻訳後修飾), 生合成されたタンパク質前駆体が機能をもつ成熟タンパク質になる過程(⇒プロセシング【1】)をも含む. 生体内での半減期が2時間以内のタンパク質を短寿命, 2時間以上のものを長寿命タンパク質とよぶ. 最も寿命の短いタンパク質の一つにオルニチンデカルボキシラーゼ*(半減期約10分)がある. 短寿命タンパク質には細胞機能制御で重要な役割を果たすものが多く, 情報伝達系の酵素, 転写因子, 増殖因子などの多くが該当する. 長寿命タンパク質には構成的な酵素やタンパク質が多く, 解糖系の酵素やヒストンなどが含まれる. 細胞内のタンパク質分解系はリソソーム*系と細胞質系に大別される. リソソーム系ではおもに長寿命タンパク質や生体膜タンパク質がオートファジーやエンドサイトーシスなどで取込まれ, リソソーム中のプロテアーゼ, カテプシン*群が作用して分解する. 分解の制御はおもにリソソームへの取込みにある. オートファジー-リソソーム系は大規模なタンパク質分解が必要な飢餓時などに誘導される. この系では最初に細胞質の一部を隔離膜が取囲みながら二重膜のオートファゴソームが形成される. つぎにオートファゴソーム外膜とリソソームが融合して内膜ごと分解される. 細胞質タンパク質分解系ではプロテアソーム*とカルパイン*がおもに働

く．短寿命タンパク質の多くのものはユビキチン化されたのち26Sプロテアソームによって分解される（⇨エネルギー依存性タンパク質分解）．カルパインはカルシウム依存的にタンパク質，特に短寿命タンパク質を分解する．短寿命タンパク質には分解を規定するシグナル（アミノ酸配列）があると考えられる．種々の修飾や変性などによってタンパク質の構造が変化し，内在する分解シグナルがタンパク質の分子表面に露出するとタンパク質分解系で認識，分解されると予想される．詳細な分子機構は不明である．分解シグナルとしてN末端法則*，PEST配列（⇨PESTドメイン），その他の仮説が提出されているが，*in vivo* の分解シグナルとして証明されたものはない．長寿命タンパク質には分解シグナルがないと考えられている．タンパク質の分解はこれまで単なる負の過程として重要性が認識されなかったが，量的な制御を通じてタンパク質の活性や機能を制御する非常に重要な過程であることが明らかになりつつある．タンパク質分解系は抗原の提示においても主役を果たし，内在性および外来タンパク質の提示にはそれぞれプロテアソームとカテプシンがおもに作用する（⇨抗原プロセシング）．

**タンパク質分解酵素**［proteolytic enzyme］　⇨プロテアーゼ

**タンパク質分泌**［protein secretion, secretion］分泌タンパク質*は，持続的にあるいは刺激に応じてエキソサイトーシス*によって分泌されるが，小胞体膜上で生合成されたタンパク質の一部は，細胞外へ分泌される（⇨ソーティング）．分泌タンパク質は一般にアミノ末端に15～30残基のシグナルペプチド*をもっている．グラム陰性細菌では，トランスロカーゼ*と可溶性シャペロンから構成される一群の内膜タンパク質（⇨SEC遺伝子）に依存した経路と，分泌タンパク質が直接細胞外に出る非依存的経路が存在する．真核細胞のタンパク質分泌にはGTP結合タンパク質*が関与している．

**タンパク質マイクロアレイ**［protein microarray］　＝プロテインチップ

**タンパク質輸送**［protein transport, transport］　真核細胞の細胞質で生合成されたタンパク質は，一次構造に含まれる情報に従って細胞質にとどまるか，しかるべき場所に輸送される．輸送方法には，ゲート輸送（gated transport），膜貫通輸送（transmembrane transport），小胞輸送*がある．核移行シグナル*をもつタンパク質は，核膜孔*を通り核内に輸送される（⇨核への輸送）．また核膜孔を介して核外へと輸送されるタンパク質もある．シグナルペプチド*をもつタンパク質は，膜貫通輸送によってミトコンドリア，ペルオキシソーム，葉緑体（植物），小胞体へ運ばれる．リソソーム，細胞表層へさらに分泌されるものは，シグナル認識粒子*（SRP）を介して粗面小胞体に結合したリボソームで合成され，小胞輸送によって輸送される（⇨タンパク質分泌）．SRPは大腸菌などの原核細胞にも存在し，ターゲッティング*に関与している．

**タンパク質-リシン6-オキシダーゼ**［protein-lysine 6-oxidase］　＝リシル-6-オキシダーゼ

**タンパク質リン酸化**［protein phosphorylation］多くの細胞内タンパク質にみられる翻訳後修飾*反応．リン酸化*はタンパク質の局部構造を直接変化させると同時に，多くの場合アロステリックに作用してタンパク質のコンホメーション変化を誘起し，その性質を瞬時に変化させる．タンパク質のリン酸化と脱リン酸はおのおののタンパク質リン酸化酵素（プロテインキナーゼ*）とタンパク質脱リン酸酵素（ホスホプロテインホスファターゼ*）により行われる．おのおの多種の酵素が知られている．リン酸化反応，脱リン酸反応は，刺激応答系としての細胞内シグナル伝達系の素反応としてきわめて重要であるが，これはその瞬時性と可逆性による．プロテインキナーゼとホスホプロテインホスファターゼの活性制御機構がその基礎となっている．細菌の走化性などの刺激応答も，その要はタンパク質のリン酸化，脱リン酸である．細胞内シグナル伝達におけるタンパク質リン酸化の意義は肝臓におけるホルモンによる糖代謝調節の研究から示されたのが始まりである．ホルモンの刺激応答系にcAMPにより活性化されるプロテインキナーゼ（サイクリックAMP依存性プロテインキナーゼ*）などの複数のプロテインキナーゼから成るキナーゼカスケード機構がかかわっており，これがホスホプロテインホスファターゼをも含んだ複雑な制御系を構成していることが生化学的に示された．その後多くのプロテインキナーゼが生化学的に同定されると同時に，発がんプロモーター*の標的（⇨プロテインキナーゼCアクチベーター，プロテインキナーゼC），がん遺伝子産物の多く，増殖因子の受容体の多く，細胞周期の調節因子の多くがプロテインキナーゼであることが明らかとなった．発がんプロモーターの一つであるオカダ酸*はある種のホスホプロテインホスファターゼの阻害剤である．種々の細胞外刺激により共通に活性化されるMAPキナーゼ*とその活性化にかかわるプロテインキナーゼカスケードにも注目を集めている．個々の刺激応答系にかかわるプロテインキナーゼの同定，その活性制御機構の解明，リン酸化される基質タンパク質とそのリン酸化部位の同定，リン酸化による活性制御機構の解明などが，生命現象の多くの局面において焦点となっている．

**タンパク質リン酸化酵素**　＝プロテインキナーゼ

**タンパク粒**［protein body］　プロテインボディ，タンパク顆粒（protein grain）ともいう．植物の種子の胚乳あるいは貯蔵組織の細胞にみられる直径0.1～25 μmの膜性小器官．内部に高濃度のタンパク質が存在する．このタンパク質は発芽時に分解され，アミノ酸その他の窒素化合物となって植物の成長に利用される．

**端部動原体染色体**［acrocentric chromosome］　アクロセントリック染色体ともいう．動原体*が染色体の末端近くにある型の染色体のこと．

**単輸送**［uniport］　⇨輸送体
**単量体**［monomer］　⇨ポリマー

# チ

チアミン [thiamin] ＝ビタミン$B_1$

チェック CECH, Thomas Robert 米国の分子生物学者．1947.12.8〜　シカゴに生まれる．カリフォルニア大学で化学を学び，Ph.D.を取得(1975)．コロラド大学助教授(1978)，同教授(1983)．テトラヒメナのリボソームRNAについて研究中，RNAの触媒作用を発見した(1981)．1989年 S. Altman* とともにノーベル化学賞受賞．

CHK(チェック)1, CHK2 [CHK1, CHK2] CHKはcheckpoint kinaseの略．CHK2のことをCDS1, CHEK2ともいう．CHK1, CHK2はともにDNA傷害などの刺激に伴い活性が誘導されるセリン/トレオニンキナーゼ*である．CHK1およびCHK2は，それぞれDNA傷害およびDNA複製阻害により活性化される細胞周期*のチェックポイント*機構に関与する因子として，分裂酵母より同定された．哺乳動物においては，CHK1,2は，DNA傷害により活性化されたATM*, ATR*キナーゼなどによりリン酸化，活性化を受ける．活性化型CHK1, 2は，p53がん抑制因子やCdc25*, BRCA1, E2Fなどの基質のリン酸化を介して，細胞周期の停止，DNA傷害の修復，アポトーシス*の誘導などをひき起こすと考えられている．これらのキナーゼの機能低下はチェックポイント機構の破綻による細胞周期の異常やがん化を誘発すると考えられ，実際CHK2遺伝子の不活性型変異により高頻度の発がんをひき起こすヒトの症例が知られている(→リー・フラウメニ症候群)．

CHEK(チェック)2 [CHEK2] →CHK1, CHK2

チェックポイント →細胞周期チェックポイント

チェックポイントキナーゼ [checkpoint kinase] →CHK(チェック)1, CHK2

チェディアック・東症候群 [Chédiak-Higashi syndrome] 常染色体劣性遺伝を示すまれな疾患であり(→常染色体劣性疾患)，部分的白皮症*，日光過敏症，羞明(光線忌避)，易感染性などを特徴とする．顆粒含有細胞である白血球，メラニン細胞，神経細胞，肝細胞，その他種々の細胞に巨大顆粒が存在し，機能異常がみられる．本質的な欠陥はまだ不明であるが，膜・微小細管を構成する基本的成分の異常が考えられる．ヒトの原因遺伝子(CHS1, LYST)は第1染色体長腕(1q42.1-q42.2)に局在し，その産物は，エンドソームにあるタンパク質を多胞性エンドソームへと輸送するのに必要なリソソーム膜結合タンパク質でマウスのベージュ酵母のVPS15に相同性をVPS15示す．(→原発性免疫不全症候群)

遅延型アレルギー [delayed-type allergy] Ⅳ型アレルギー(type Ⅳ allergy)ともいう．Ⅳ型アレルギーは，抗体*や補体*が関与するⅠ〜Ⅲ型アレルギー反応とは異なり，抗原特異的エフェクターT細胞によってひき起こされる組織傷害である．Ⅳ型アレルギーは発症機序の違いにより3種類に分類される．一つ目は，$T_H1$がIFN-γなどのサイトカイン*を産生し，マクロファージ*を活性化させることで起こる．接触性皮膚炎やツベルクリン反応に代表される過敏反応．二つ目は$T_H$がIL-4,5などのサイトカインで好酸球*を活性化させることで起こる，慢性気管支喘息に代表される過敏反応．三つ目はキラーT細胞*による直接の組織傷害で，接触性皮膚炎の発症に関与している．いずれのエフェクターT細胞も，局所の樹状細胞*をはじめとする抗原提示細胞*による抗原の提示を受けて活性化されることから，過敏反応の発症まで24〜72時間を要することが特徴である．(→アレルギー)

遅延型突然変異 [delayed-type mutation] 生物体の一生涯に起こる突然変異*のうち，比較的遅い段階で影響が現れてくるもの．放射線や大気汚染などの暴露によって，生殖細胞に影響を及ぼすことから，次世代において変異が現れることがある．ゲノム不安定性による遅延型突然変異は，原爆被爆者の数十年という長潜伏期の発がん機構としても研究対象になっている．近年，研究の結果，精子によってもち込まれたDNA損傷は発生後期においても体組織で非標的性遅延型突然変異を誘発することが解明されてきた．このタイプの変異は，原因，発症機序が解明困難なため，治療法をみつけるのが難しい．

遅延性カリウムチャネル [delayed potassium channel] 遅延整流性カリウムチャネル(delayed rectifier potassium channel)ともいう．電位依存性$K^+$チャネルの一つであり，共通の構造をもつ(→カリウムチャネル，Shaker型カリウムチャネル)．膜の脱分極により開口する．神経細胞や筋細胞など，多くの細胞に発現し，ナトリウムチャネル*の開口に遅れて活性化するため，活動電位の下降相(再分極相)に大きく寄与する．また，C型不活性化とよばれる，電流の遅い不活性化を示すものもある．代表的な遅延性カリウムチャネルとして，HERG(human ether-a-go-go related gene)や$K_VLQT$が同定されている．それぞれ四量体で存在して機能する．HERGは，S1〜S6の膜貫通領域に加えて，サイクリックヌクレオチド結合ドメインをもつ．また，ポア部分のシグナチャー配列がGYGではなくGFGであり，またC型不活性化が非常に顕著なため内向き整流性を示すという特徴がある．生体では，MiRP1とよばれる補助タンパク質と複合体をつくって機能していると考えられている．$K_VLQT$にminKとよばれるβサブユニットを共発現させると，電流量が著明に増大し，非常に遅い活性化と脱活性化が観察できる．$K_VLQT$はKCNQともよばれ，4種類(KCNQ1〜4)が同定されている．心臓のほかに，内耳

にも発現が認められる．心筋細胞では，その電気生理学的特性から，HERG/MiRP1は$I_{Kr}$電流を，$K_VLQT1$/minKは$I_{Ks}$電流を形成し，活動電位の再分極に大きく貢献している．特に前者は，有効にプラトー相を維持しながら再分極を促進する働きがある．特発性QT延長症候群の1型，2型は，それぞれ$K_VLQT1$，HERGの遺伝子異常が原因である．また，$K_VLQT1$やminKの異常により，難聴と不整脈を伴うジェルベル・ランゲーニールセン症候群が誘引される．E-4031やドフェチリド(dofetilide)，MS-551はHERGの阻害薬であり，抗不整脈薬として使用することもある．

**遅延性神経細胞死** [delayed neuronal death] 虚血環境に陥り酸素，グルコースの供給がほぼ完全に断たれると，神経細胞は2時間を経ずして崩壊し始める(壊死*)．一方，一過性虚血でも，脳の特定の神経細胞は血流再開ののちある生存期間を経て崩壊する(遅延性神経細胞死)．この虚血に特に脆弱な細胞は，海馬CA1領域の錐体細胞，線条体細胞，小脳プルキンエ細胞*などである．スナネズミの両側総頸動脈を5分間結紮したのち血流を再開させると，海馬CA1錐体細胞では虚血直後に自発放電を停止するが，血流再開約数十分の間に虚血前の放電頻度に戻り，見かけ上完全に機能が回復したかにみえる．しかし，50〜60時間後から再び放電頻度が低下し始め，100時間後には細胞はことごとく崩壊する．この細胞死の初期の過程には，グルタミン酸毒性が深くかかわるが，その後AP-1*などの転写調節因子の異常な発現様式がみられ，またDNA断片化現象などアポトーシス*を思わせる所見も出現している．(→神経細胞死)

**遅延整流性カリウムチャネル** [delayed rectifier potassium channel] ＝遅延性カリウムチャネル

**チェーンターミネーション法** [chain-termination method] →DNA塩基配列決定法

**6-チオイノシン** [6-thioinosine] →6-チオグアニン

**チオウラシル** [thiouracil] ウラシル*の2位あるいは4位の炭素原子に結合した酸素原子が，硫黄原子に置換された修飾塩基．この塩基を含むヌクレオシドとして，天然では，2-チオウリジン，4-チオウリジン，2'-O-メチル-2-チオウリジンなどが原核生物tRNA中にみられる．

**チオエステル結合** [thioester bond] 一般式としてRCOSR'で表される化合物の結合で，カルボン酸をもつ化合物とSH基をもつ化合物とのエステル結合のことである．細かく分類すれば，RC(=O)SR'で表される結合のことをチオール(thiol)結合といい，RC(=S)ORで表される結合のことをチオンエステル(thionester)結合とよぶが，両者を総称する場合もある．生体においては，補酵素A*が関与する代謝経路における反応やSH酵素による酵素-基質結合体をつくる結合様式にみられる．

**6-チオグアニン** [6-thioguanine] グアニン*の6位のケト基を硫黄に置換して得られるプリン誘導体．9-β-D-リボフラノシル体となったチオグアノシンは

グアニンの代謝拮抗剤として合成された．制がん剤*としては6-チオイノシン(6-thioinosine)と同様にイノシングアノシンキナーゼによって5'位がリン酸化されイノシン5'-リン酸(IMP)と拮抗し，グアノシン5'-リン酸(GMP)プールを低下させることによって働く．DNA合成をも阻害し抗がん性は6-チオイノシンよりも強い．免疫抑制剤*としても用いられる．(→塩基類似体)

**チオテパ** [Thiotepa] トリエチレンチオホスホルアミド(triethylenethiophosphoramide)，テスパミン(Tespamin)ともいう．アルキル化剤に属する制がん剤*でおもな作用機序は生物学的に重要なアミノ基，カルボキシ基またリン酸基などをアルキル化することにより細胞の機能を阻害する．従来は0.2 mg/kg，5日間静脈内注射が欧米では広く用いられていたが，近年は自己骨髄移植を併用して6 mg/kg，3日間と高投与量が使われている．有効ながんは乳がん*，悪性リンパ腫*で，膀胱がんには膀胱内注入で投与される．投与量規制因子は白血球減少で，血小板減少，悪心，嘔吐も発現する．

**チオテンプレート機構** [thiotemplate mechanism] 非リボソーム性ペプチド合成(non-ribosomal peptide synthesis)，チオテンプレート酵素複合体機構(thiotemplate multienzymic mechanism)ともいう．リボソームの系を用いない，酵素複合体によるペプチド合成機構．おもにBacillus属の細菌が産生するペプチド系抗生物質，グラミシジン*，チロシジン(tyrocidine)，バシトラシン(bacitracin)などの生合成機構として知られる．ペプチドシンテターゼ*複合体の各ドメインの活性部位に，それぞれ特異的なアミノ酸がATP依存性に活性化され，アミノアシルアデニル酸*となり，各ドメインの活性部位にあるSH基に転移し，アミノアシルチオエステルを形成する．これが補因子の4'-ホスホパンテテイン(4'-phosphopantetheine)のSH基に転移し，さらに隣接するドメイン上のアミノ酸と縮合し，ポリペプチド鎖の伸長が起こる．このようにしてタンパク質は，酵素複合体のSH基をもった各活性部位ドメインの配列を鋳型(チオテンプレート)として合成される．

**チオテンプレート酵素複合体機構** [thiotemplate multienzymic mechanism] ＝チオテンプレート機構

**チオネイン** [thionein] →メタロチオネイン

**チオール** [thiol] →チオエステル結合

**チオールプロテアーゼ** [thiol protease] ＝システインプロテアーゼ

**チオールプロテアーゼインヒビター** [thiol protease inhibitor] ＝システインプロテアーゼインヒビター

**チオレドキシン** [thioredoxin] TRXと略す．分子量10,000〜13,000の低分子タンパク質．リボヌクレオチドレダクターゼ*がリボヌクレオチドを還元する際のプロトン供与体として大腸菌から単離された．

活性中心に存在する1対のシステイン残基は原核生物から真核生物に至るまで保存されており，NADPHとチオレドキシンレダクターゼ*の存在下に標的タンパク質のジスルフィド結合を還元開裂させる活性をもつ．ヒト TRX/ADF(成人T細胞白血病由来因子 adult T cell leukemia-derived factor)は細胞増殖や転写因子制御にも関与する．

**チオレドキシンレダクターゼ** [thioredoxin reductase] TR と略す．チオール基の酸化還元機構の一つにチオレドキシン*(TRX)-チオレドキシンレダクターゼ系があり，チオレドキシンレダクターゼはNADPHの共存下でチオレドキシンのチオール基を還元する．チオレドキシンレダクターゼはホモ二量体で，分子量はラット肝臓では 116,000，ヒト胎盤では 130,000～160,000 である．チオレドキシンレダクターゼの活性はインスリンまたは 5,5'-ジチオビス(2-ニトロ安息香酸)の還元能により測定され，チオレドキシンレダクターゼのチオレドキシンジスルフィド結合に対するミカエリス定数は大腸菌で 20 mM，ヒトで 4.3 mM である．

**チオンエステル** [thionester] ⇒チオエステル結合

**チカノバー CIECHANOVER, Aaron** イスラエルの生化学者．1947.10.1～ ハイファに生まれる．エルサレムのヘブライ大学ハダサー医学校 1971 年卒業，1982 年 M.D. 取得．1982 年テクニオン・イスラエル工科大学で Ph.D. 取得．ユビキチン*を介したタンパク質分解の発見の業績により 2004 年 A. Hershko* と I. A. Rose* とともにノーベル化学賞受賞．1992 年からイスラエル工科大学医学部ラパポート医科学研究所教授．

**逐次モデル** [sequential model] ⇒アロステリック制御

**致死遺伝子** [lethal gene] 致死突然変異遺伝子(lethal mutation gene)ともいう．遺伝子機能の欠損が致死となるような遺伝子．

**致死突然変異遺伝子** [lethal mutation gene] ＝致死遺伝子

**遅速度成分** [slow component] SC と略す．(→遅い軸索輸送)

**遅滞遺伝** [delayed inheritance] ⇒細胞質遺伝

**地中海貧血** [Mediterranean anemia] ＝サラセミア

**窒素関連オペロン** [nitrogen-related operon] 窒素同化*および窒素固定*に関連するオペロン群．腸内細菌では窒素同化の調節に関与する多数の ntr オペロン(ntr operon, nitrogen regulation operon)群(レギュロン*)が知られている．さらにその中でも，窒素固定能をもつ Klebsiella pneumoniae では窒素固定に関与する nif オペロン(⇒窒素固定遺伝子)が存在する．ntr オペロンのうち，中心的な役割を担うものは lnALG(glnA ntrBC)オペロンで，glnA は，グルタミンシンテターゼをコードし，glnG は転写因子の NR$_I$ (NtrC)を，glnL はヒスチジン特異的プロテインキナーゼである NR$_{II}$(NtrB)(NR$_I$ のリン酸化，脱リン酸に関与)をコードする．窒素源の枯渇により，α-ケトグルタル酸：グルタミンの比が増大すると，他の ntr オペロンの glnD によりコードされるウリジリルトランスフェラーゼが，ntr オペロンの glnB によりコードされる P$_{II}$ をウリジリル化する．ウリジリル化された P$_{II}$ は，NR$_{II}$ による転写因子 NR$_I$ のリン酸化を促進することにより，NR$_I$ を活性化する．一方，窒素源が過剰になると，P$_{II}$ は脱ウリジリル化され，これは逆に，NR$_{II}$ による NR$_I$ の脱リン酸を促進することにより，NR$_I$ を不活性化する．リン酸化により活性化された NR$_I$ は，glnALG オペロン自身のプロモーター(glnAP2)をはじめとする ntr オペロン群の σ$^{54}$(ntrA)依存プロモーターからの転写を活性化する．ntr オペロン群をもつ K. pneumoniae では，nifLA とよばれるオペロンの転写が上述の NR$_I$ により活性化され NifA タンパク質(転写因子)を産生する．この NifA は，nifLA 以外の nif オペロン群の転写を活性化する．このように，nif オペロンも ntr オペロンの支配下にあり，転写調節のカスケードにより発現が調節されている．

**窒素固定** [nitrogen fixation] 生物が窒素分子(N$_2$)をアンモニアに還元し同化すること．窒素固定生物は，一部の細菌，光合成細菌*，シアノバクテリア*に限られており，単生で窒素固定を行うもの(のアゾトバクター)，高等植物と共生*して行うものがある．後者に属する根粒菌*(Rhizobium)は，マメ科植物の根と共生して窒素固定を行い，農業生産上特に重要である．窒素固定を触媒するニトロゲナーゼ*は，種々の窒素固定生物の間で性質の類似した酵素で，反応に多量のエネルギーを必要とし，酸素に対しきわめて不安定である．ニトロゲナーゼの発現は，窒素源となりうる化合物と酸素の存在によって抑制される．光合成細菌では，ニトロゲナーゼの ADP-リボシル化により活性が調節される．酸素発生型の光合成*は，窒素固定と細胞内で共存することが困難であり，ある種の糸状性のシアノバクテリアでは，窒素固定系が特異的に発現するヘテロシスト(異質細胞*)を分化させ，酸素発生系と分離している．

**窒素固定遺伝子** [nitrogen fixation gene] nif 遺伝子(nif gene)ともいう．窒素固定に関係する遺伝子群の総称．通性嫌気性の窒素固定菌 Klebsiella pneumoniae ではニトロゲナーゼ*の三つのポリペプチド鎖をコードする遺伝子(nifHDK)のほかに，ニトロゲナーゼへの電子伝達タンパク質，nif 遺伝子の発現調節タンパク質などおよそ 20 種の遺伝子がクラスターとして存在する．シアノバクテリア Anabaena では，栄養細胞から異質細胞への分化に伴って nifD の読み取り枠中の DNA 領域が再編成され，nifD 遺伝子が機能する．(⇒窒素関連オペロン)

**窒素同化** [nitrogen assimilation] 無機態窒素がグルタミンやグルタミン酸などのアミノ酸に取込まれ，さらに種々の窒素化合物に変換されていく一連の反応の総称．動物をはじめとする地球上の生物のほと

んどは窒素源を植物, 細菌類の行う無機窒素同化に依存している. 窒素は硝酸イオンもしくはアンモニアの形で輸送体を介し細胞内に取込まれるが, 硝酸イオンは硝酸レダクターゼ(⇒硝酸同化), 亜硝酸レダクターゼによりアンモニアに還元されたのち同化される. アンモニアから窒素化合物への同化(アンモニア同化 ammonia assimilation)は, 植物ではグルタミンシンテターゼ(glutamine synthetase)が, その他の生物ではグルタミン酸デヒドロゲナーゼ(glutamate dehydrogenase)がおもにその役割を担う. グルタミンは種々のグルタミンアミドトランスフェラーゼ(glutamine amidotransferase)の働きによりアミド基をさまざまな化合物に転移し, アミノ酸や核酸などに変換される.

**ChIP** [ChIP = chromatin immunoprecipitation] = クロマチン免疫沈降

**チップ** [chip]　分子生物学では小さな基板(おもにスライドガラス)上に DNA やタンパク質を配列・固定化したものをチップとよんでいる. 網羅的実験を行う時に用いられる. (⇒マイクロアレイ, ハイスループット技術, プロテインチップ, プロテオミクス)

**チトクロム** = シトクロム

**チトクロム P450** = シトクロム P450

**チミジル酸** [thymidylic acid]　チミジン一リン酸(thymidine monophosphate)ともいう. チミジン 3′- または 5′-一リン酸. $C_{10}H_{15}N_2O_8P$, 分子量 322.21. DNA に含まれるデオキシリボヌクレオチド型が主で, RNA 中のリボ型は微量成分である. デオキシチミジン 5′-一リン酸(deoxythymidine 5′-monophosphate)は dTMP と略記する. DNA をウシ膵臓デオキシリボヌクレアーゼ I とヘビ毒ホスホジエステラーゼで分解するとチミジン 5′-リン酸が生じ, 膵臓ホスホジエステラーゼでは 3′-リン酸が得られる. 生合成ではデオキシウリジン 5′-リン酸から L(+)-5,10-メチレン-5,6,7,8-テトラヒドロ葉酸*とチミジル酸シンターゼ*の作用により生じる. この反応は DNA 生合成の重要な段階として化学療法剤の標的となる.

**チミジル酸キナーゼ** [thymidylate kinase]　⇒チミジンキナーゼ

**チミジル酸シンターゼ** [thymidylate synthase]　EC 2.1.1.45. 細胞内で 5′-デオキシウリジル酸(dUMP)から 5′-チミジル酸(dTMP)を *de novo* 合成する唯一の酵素で, その反応はほかの 3 種のデオキシヌクレオチド合成と違い, 還元型葉酸の酸化反応を伴う. したがって, 本酵素は DNA 合成の律速酵素として制がん剤メトトレキセート*や 5′-フルオロデオキシウリジン(⇒5-フルオロウラシル)の標的となっている. 本酵素の阻害または欠損は細胞をチミジン要求性(細菌ではチミン要求性)にする. (⇒チミン要求性突然変異)

**チミジン** [thymidine] = デオキシチミジン(deoxythymidine). チミン*の 2-デオキシ-β-D-リボフラノシド. dThd または dT と略す. デオキシウリジンの 5-メチル化体. $C_{10}H_{14}N_2O_5$, 分子量 242.23. 通常 DNA に含まれるため, デオキシ体を単にチミジンとよび, リボ型をリボチミジン(ribothymidine)とよぶ. DNA をカビなどのヌクレアーゼおよびホスファターゼにより加水分解して得られる. 他のデオキシリボヌクレオシド*と同様, 三リン酸(dTTP)を経由して DNA に取込まれる. 5 位のメチル化は生体内ではウリジン 5′-リン酸*の段階で, L(+)-5,10-メチレン-5,6,7,8-テトラヒドロ葉酸*とチミジル酸シンターゼ*により起こる.

**チミジン一リン酸** [thymidine monophosphate] = チミジル酸

**チミジンキナーゼ** [thymidine kinase]　EC 2.7.1.21. デオキシヌクレオチド生合成の再利用(サルベージ)系酵素の一つ. チミジン*をはじめとするデオキシウリジン誘導体を一リン酸エステルにする. ヒト単純ヘルペスウイルス(HSV)や水痘ウイルス, 帯状疱疹ヘルペスウイルスなどが独自にコードするチミジンキナーゼは宿主細胞の核およびミトコンドリアのチミジンキナーゼに比べて基質特異性が厳密でなく, デオキシシチジンキナーゼ*の性質ももつ. また, HSV-I 型のチミジル酸キナーゼ(thymidylate kinase)はチミジンキナーゼと同一タンパク質上にあって同じく基質特異性が低い. このことを利用した抗ウイルス剤の開発や相同組換え*による遺伝子ターゲッティング*技術における負の選択マーカーとしての応用がある. (⇒ガンシクロビル, アシクロビル, ヨードビニルデオキシウリジン)

**緻密板** [lamina densa]　⇒基底膜

**チミン** [thymine]　$C_5H_6N_2O_2$, 分子量 126.12. Thy と略記される. DNA に含まれるおもな 4 種の塩基のうちの一つ. ピリミジン*系塩基. DNA の二重らせん中ではアデニンと塩基対*を形成する. RNA 中には微量塩基*として tRNA などに存在し, 5 位の

メチル基の疎水性が機能に関与すると推定される．ラクタム形，ラクチム形の互変異性が生じるが中性条件下ではラクタム形が主である．紫外線照射により二量体を生じる(→ピリミジン二量体).

**チミン飢餓死** [thymineless death]　チミジル酸シンターゼ*の欠損株を，チミンの欠乏した培地で培養すると急激な死をひき起こす．この細胞死は，新しいタンパク質合成に依存している．大腸菌では，recA突然変異株でもみられ，DNAに一本鎖切断が蓄積す，oriC付近に電気泳動のゲルに入らない構造のDNAが蓄積するといわれている．動物細胞では，約100 kbを中心とした長さのDNA断片が蓄積するという報告がある.

**チミン二量体** [thymine dimer]　⇌ピリミジン二量体

**チミン要求性突然変異** [thymine auxotrophic mutation, thymine-requiring mutation]　最少培地*にチミン*を添加しないと生育できなくなる突然変異（→栄養要求性突然変異体）．DNA合成の基質dTTPは，細胞内のUTPおよびCTPからCTPシンターゼ，リボヌクレオチドレダクターゼ*，dCMPデアミナーゼ，チミジル酸シンターゼ*などによる反応を経て供給される．したがって，このうちどの酵素に突然変異が生じても，チミン（動物細胞ではチミジン）要求性になる．特に，チミジル酸シンターゼの欠損突然変異は完全な要求性をもたらし，チミン飢餓死*を誘発する．チミジル酸シンターゼ欠損突然変異株は，大腸菌ではアミノプテリン耐性，動物細胞ではメチル化還元型葉酸存在下のメトトレキセート*耐性を指標に選択分離できる.

**チモーゲン** [zymogen]　プロ酵素(proenzyme)ともいう．リボソームで合成された酵素前駆体をいう．膵臓消化酵素が代表的なもので，トリプシノーゲン，キモトリプシノーゲン，プロカルボキシペプチダーゼなどがある．多くのチモーゲン酵素はプロテアーゼによる限定的開裂（限定分解）を受け活性化され，たとえばトリプシン，キモトリプシン，カルボキシペプチダーゼなどの活性型となる．その分子機構は，限定分解により酵素前駆体の構造変化を来たし，活性中心が露出するためと考えられている．

**チモシン** [thymosin]　サイモシンともいう．胸腺*より産生される胸腺因子の一種で，おもに仔ウシ胸腺から抽出された第五画分に含まれるポリペプチドをいう．チモシンは等電点の違いにより現在までのところ $\alpha_1$, $\alpha_7$, $\beta_1$, $\beta_3$, $\beta_4$ が精製されており，$\alpha_1$, $\alpha_7$ はT細胞の分化誘導能をもっている．$\beta_1$ チモシンは分化誘導能をもっていないが，$\beta_3$ および $\beta_4$ はT細胞の分化の初期段階に強く関係しており，骨髄中の幹細胞の分化を誘導するターミナルデオキシリボヌクレオチジルトランスフェラーゼ*(TdT)を増強する．

**チャイニーズハムスター卵巣細胞** [Chinese hamster ovary cell]　CHO細胞(CHO cell)ともいう．1956年，T. T. Puckらによってチャイニーズハムスター卵巣組織から培養に移され，樹立された繊維芽様の形態をもつ細胞株．21本の染色体($2n=22$)をもち，各染色体は互いに見分けやすいので，体細胞遺伝学の標準細胞系として最もよく利用され，多くの突然変異株が分離されている．また，ヒトの生理活性物質の遺伝子を導入し，大量生産を行う目的には浮遊性のCHO細胞株が利用される．

**チャネル型グルタミン酸受容体** [ionotropic glutamate receptor]　グルタミン酸受容体チャネル(glutamate receptor channel)ともいう．チャネル型グルタミン酸受容体は，グルタミン酸の結合により自身の陽イオンチャネルを開口する受容体-イオンチャネル複合体であり，高等動物の中枢神経系における速い興奮性シナプス*伝達を担っている．チャネル型グルタミン酸受容体は，特異的アゴニストやアンタゴニストに対する反応性と内蔵するイオンチャネルの電気生理学的特性により，N-メチル-D-アスパラギン酸(NMDA)受容体*と非N-メチル-D-アスパラギン酸受容体*に大別され，非NMDA受容体はさらにAMPA受容体*とカイニン酸受容体に分類されてきた．遺伝子のクローニングと発現により，複数のサブユニットがそれぞれのグルタミン酸受容体サブタイプを構成していることが示されている．非NMDA受容体は $Na^+$ と $K^+$ を透過させ，主として速い興奮性シナプス伝達を担っている．一方，NMDA受容体は $Na^+$ と $K^+$ に加え $Ca^{2+}$ にも高い透過性を示し，かつ $Mg^{2+}$ による電位依存的阻害を受けるために，シナプス可塑性*の引き金となる重要な生理機能を担っている．

**チャネル型受容体** [channel-linked receptor]　シナプス後膜に存在するイオンチャネル内蔵型の神経伝達物質受容体イオンチャネル複合体であり，神経伝達物質の結合により内蔵するイオンチャネルを開口することにより，化学信号を電気信号に変換し，脳神経系の情報伝達の中心となる速いシナプス伝達を担っている．アセチルコリン，グルタミン酸，セロトニンなどの受容体は陽イオン選択性のチャネルを内蔵し(⇌陽イオンチャネル)，これらの伝達物質の結合により，$Na^+$ を流入させ，神経細胞の興奮をひき起こす．一方，$\gamma$-アミノ酪酸(GABA)，グリシンなどの受容体は陰イオン選択性のチャネルを内蔵し(⇌陰イオンチャネル)，これらの伝達物質の結合により，$Cl^-$ を流入させ，神経細胞の抑制をひき起こす．代表的なチャネル型受容体である骨格筋のアセチルコリン受容体*は4種類のサブユニットから成る五量体であり，各サブユニットは同心円上に配位し，中央にチャネルを形成する．各サブユニットは互いによく似た構造をもち，4箇所の疎水性領域で膜を貫通しており，疎水性領域の一つがチャネルの内壁を構成していると考えられている．アセチルコリンはチャネル形成部位とは異なる領域に結合し，2分子のアセチルコリンの結合によりイオンチャネルが開口する．パッチクランプ*法による1分子のアセチルコリン受容体の解析から，アセチルコリン受容体チャネルが開と閉の二つの状態をとることにより，イオンの流れを調節している様子が示されている．チャネル型受容体は互いに類似した基本

構造を共有していると推定されている．チャネル型受容体は複数のサブユニットから構成され，一般に複数の遺伝子またRNAのスプライシングなどにより生じる多種類のサブユニットの組合わせにより多様なサブタイプが存在しており，多様な生理機能を生み出している．手術時の麻酔の補助薬としての筋弛緩薬はアセチルコリン受容体に作用し，精神安定剤や催眠薬などがGABA受容体に作用するなど，チャネル型受容体は多くの薬物の標的となる．

**チャラス** [charas] ⇒ 大麻

**中央空胞系** [central vacuolar system] ⇒ 細胞小器官

**中央体** [midbody] 動物細胞の有糸分裂*終期の細胞質分裂の最終段階に，二つの娘細胞を連絡する細い紐状の細胞質の中央にみられる密度の高い物質をいう．光学顕微鏡時代から知られ，電子顕微鏡でもここに均質な電子密度の高い物質が存在することが確かめられた．残存する紡錘糸すなわち微小管*はこの中を貫通している．物質組成，意義はわかっていないが，細胞質分裂はこの中央体のどちらかの側で切れることによって完了する．

**中割球** [mesomere] 動物(特に後生動物)の卵割で，16細胞期から64細胞期において割球*の大きさが著しく異なることが多く，大割球*，中割球，小割球*を生じる．カエルのような不等黄卵では植物極側には卵黄が多いので大割球となり，反対に動物極側では卵黄が少なく，よく分裂するので小割球となる．その中間に位置する帯域あたりが中割球となり，将来，脊索や体節など中胚葉となる．またウニ卵は等黄卵であるが，16細胞期の植物極側に小割球ができ，その上に大割球ができるので，動物半球側の8細胞が中割球になり，将来，表皮などの外胚葉となる．

**中間型自己貪食胞** [intermediate autophagic vacuole] AVi/dと略す．アンフィソーム(anfisome)ともいう．(⇒ オートファゴソーム)

**中間径フィラメント** [intermediate filament] 中間フィラメントともいう．細胞骨格*の一種．中間径フィラメントとは，アクチンフィラメント*(直径5〜7 nm)と微小管*(直径24 nm)の中間の太さ(直径10 nm)であることによる．主として細胞質で網目構造を形成し，細胞の形態維持に寄与する．構成タンパク質は多様であり，細胞の種類や発生段階により異なる．共通構造としてヘッド(head)，ロッド(rod)，テール(tail)の三つのドメインをもつ．ヘッドドメインのセリン残基は各種キナーゼによりリン酸化・脱リン酸化され，フィラメント構築の制御を受ける．多様な構成タンパク質は，1)酸性ケラチンタンパク質および塩基性ケラチンタンパク質，2)ビメンチン*，デスミン*，グリア繊維酸性タンパク質*，ペリフェリンなど，3) 3種のニューロフィラメント*タンパク質，4)核ラミン*の4種に分類できる．

**中間結合** [intermediate junction] ＝接着帯

**中間代謝** [intermediary metabolism] 生体は生存するために外界から摂取した物質(図のA)を代謝して必要な物質(P)を合成したり(同化)，あるいは物質のエネルギーを利用できる形で取出したり(異化)している．そのような物質代謝を効率よく制御することが大切であるが，そのために物質(A)はいくつかの中間代謝産物(B……M)を経て代謝される．このような中間代謝産物を経る反応経路を中間代謝とよんでいる．

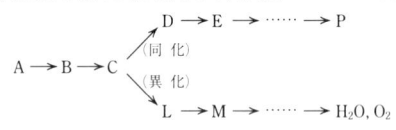

$$A \rightarrow B \rightarrow C \begin{matrix} \nearrow (同化) \\ \searrow (異化) \end{matrix} \begin{matrix} D \rightarrow E \rightarrow \cdots \rightarrow P \\ L \rightarrow M \rightarrow \cdots \rightarrow H_2O, O_2 \end{matrix}$$

**中間電位電子顕微鏡** [intermediate-voltage electron microscope] IVEMと略す．(⇒ 高圧電子顕微鏡)

**中間フィラメント** ＝中間径フィラメント

**中間密度リポタンパク質** [intermediate density lipoprotein] ⇒ リポタンパク質

**中間リンパ球性リンパ腫** [intermediated lymphocytic lymphoma] ⇒ マントル細胞リンパ腫

**中期** [metaphase] 有糸分裂*あるいは減数分裂*において，姉妹動原体(減数第一分裂においては相同染色体のそれぞれの動原体)にそれぞれ異なる紡錘体極から伸長した微小管が相互作用することにより全染色体が紡錘体赤道面に集合してから，姉妹染色分体(減数第一分裂においては相同染色体)が分離するまでの時期．

**中期染色体** [metaphase chromosome] M期中期*に形成される高度に凝縮した形状の染色体．中期染色体はM期後期*に起こる染色体分配*のために形状を変化させた染色体であり，つぎのような性質をもつ．1)一般に染色体凝縮*の最も進んだ状態である．2)長軸方向に平行に並んだ二つの姉妹染色分体*から成る．つまり姉妹染色分体は分離の一歩手前の状態にまで達している．3)各染色分体はその動原体で別々の紡錘体極から伸びてきた紡錘体微小管*に付着している．すべての染色体がこのような配置をとり中期板*上に整列するまで，M期後期が始まらないような機構が存在しており，紡錘体形成チェックポイントという．(⇒ 細胞周期チェックポイント)．

**中期板** [metaphase plate] 赤道板(equatorial plate)ともいう．真核生物の染色体分離過程において，M期中期*に細胞内の全染色体が紡錘体*の赤道面に集合することにより形成される状態．小さな染色体が中央部に，大きなものが周辺部に配置される傾向がある．

**中期胞胚転移** ＝中期胞胚変移

**中期胞胚変移** [mid-blastula transition] 中期胞胚転換，中期胞胚変遷あるいは中期胞胚転移ともいい，MBTと略す．両生類，特にアフリカツメガエルの中期胞胚では卵割期にはみられなかったこととして細胞周期に$G_1$期が現れ，胚の一部の細胞(主として原腸胚に陥入する細胞群)が運動性を獲得し，さらに核の転写活性が活発となる．このような変化を総合的に中期胞胚変移とよんでいる．これはJ. NewportとM. Kirschnerが1982年に提唱したものである．当初この

ような変化は12回の分裂ののちに突然現れるとされ、その変化は12回目の分裂を境として不連続的に起こるものであるかのようにいわれ、また受取られた。しかし、卵割期で同調的に起こる分裂が胞胚期を中心としてしだいに非同調となることは以前から知られていたものである。したがってMBTの考えは従来あまり重要視されていなかった胞胚期という時期に対し、特に細胞学的あるいは分子生物学的にみて重要な変化が起こる変わり目であると指摘したものとして意義のあることである。ただし、その英文の名称の示すように中期胞胚変移(12回の分裂の直後)に、はっきりと不連続的にその変化が起こるのかどうかは今後の検討課題である。また、これらの変化のうち、たとえば転写活性については胚当たりでみて活性が高くなると測定されるものの、細胞数(あるいは核)当たりでみるとMBT以前の胚に必ずしも活性がないわけではない(アフリカツメガエルで32細胞期、アホロートルでは1～32細胞期の間から転写が始まるとされている)ので、転写活性の点からみても不連続的にMBT期に変化が起こるということではないようである。また、この関連で、たとえば受精卵に注入されたSV40のプロモーターをもつ外来性遺伝子の発現もMBTから活性化されるといわれたが、感度を上げて測定すると実は卵割期から活性が認められることがわかっている。そのような意味で、"変わり移るおおまかな節目"との意味で中期胚胚変移という訳語は考えられたものである。ちなみに、ウニ胚でも両生類胚と同様、卵割期には活発な細胞分裂が起こるが、この場合には胚表面から容易にトレーサーが取込まれる(両生類胚では表面のコートつまりsurface coatがあるので取込まれない)ので転写活性はよく調べられており、卵割のごくはじめから核が転写活性をもっていることが明らかにされている。

**中 軸**[central axis] ⇌ 体軸
**注 釈** ＝アノテーション
**注釈付け** ＝アノテーション
**中心教義** ＝セントラルドグマ
**中心細胞性リンパ腫**[centrocytic lymphoma] ⇌ マントル細胞リンパ腫
**中心子** ＝中心粒
**中心小体**[central corpuscle] ＝中心粒
**中心体**[centrosome] 有糸分裂中心(mitotic center)ともいう。一対の中心粒*を外周物質が取囲んだ粒状の自己複製細胞小器官で、微小管形成中心*であり、分裂中心(division center)として機能する。褐藻植物では動物細胞と同様に中心体があるが、陸上植物細胞では認められない。直径が2～3 μmで、有糸分裂中期に球状、後期には円盤状となり、終期には核に付着するように形態が変化する。星状体および紡錘体の極となっている。微小管を構成する核となるのは中心粒外周物質*で、その微小管形成中心としての機能にかかわるタンパク質として、51 kDa Gタンパク質とγチューブリンが同定されている。高等植物では微小管はおもに細胞表層に存在し、微小管はγチューブリンγチューブリン結合タンパク質を介した枝分かれによってできる。

**中心体マトリックス**[centrosome matrix] ＝中心粒外周物質

**中心粒**[centriole] 中心小体(central corpuscle)、中心子ともいう。動物細胞の中心体*の中心部に存在する自己複製細胞小器官の名称。9本の三連微小管(triplet microtubule)が直径0.2 μm、長さ0.5 μmほどの安定な管状構造体を構成する(図)。その基部と先端部には特別な構造がみられる。中心体中には、2本の中心粒が通常対になり、互いに直交した配置をとる。中心粒は細胞周期*のS期に自己複製し、それぞれ親中心粒と子中心粒の対が有糸分裂*前期になると核の両側に配置される。ついで、そのまわりに中心粒外周物質*を集積する。哺乳動物培養細胞では、中心粒はde novoには形成されない。細胞から中心粒を含む中心体を除去すると、細胞のクロマチン*の凝集が起こらず、また、核膜の崩壊も起こらず細胞は分裂しないので、中心粒は動物細胞の有糸分裂に必須な細胞小器官である。ただし、植物細胞には中心粒は存在しない。鞭毛や繊毛が形成されるときの基底小体にもなる。

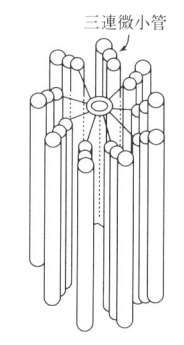

**中心粒外周物質**[pericentriolar material] 中心体マトリックス(centrosome matrix)ともいう。中心体*の中心部に位置する中心粒*を取囲む物質。培養哺乳動物細胞では不定形で、時に繊維状も呈し微小管*の形成中心となる。ウニ卵では直径約90 nmの顆粒が確認され、それぞれγチューブリン、51 kDaタンパク質が同定されている。細胞がS期に入ると中心体が2分してそれぞれ中心粒を複製し、対をつくる親娘中心粒のまわりに外周物質が蓄積し、分裂期の星状体微小管*、極微小管*、紡錘体微小管*の形成中心となる。

**中枢神経系**[central nervous system] 脳*と脊髄*から成る神経系。脊髄の上方延長に、脳幹*(延髄、橋、中脳)が続き、延髄背側には小脳*がある。中脳に続いて間脳(視床、視床下部、視床上部、視床下部)、大脳基底核があり、その上方に大脳皮質*がそれらを覆っている。大脳皮質は系統発生的および個体発生的に、新皮質と古い脳に分けられる。前者は皮質の外側から、分子層、外顆粒層、外錐体細胞層、内顆粒層、内錐体細胞層、多型細胞層の6層構造(個体発生の途中で少なくとも一度は6層構造をとるもの)を示し、感覚野、運動野、連合野がこれに相当する。これに対し古い脳は、個体発生のどの時期でも6層構造をとらない皮質で、異種皮質とよばれ、梨状葉、海馬体、小帯回、脳梁灰白質、辺縁回などがこれに含まれる。大脳皮質は多数の"溝"とそれにはさ

まれる"回"から成っている。中心溝（ロランド溝），外側裂溝（シルビウス溝），頭頂後頭溝を境として前頭葉，頭頂葉，側頭葉，後頭葉の四つに区分されている。さらに，K. Brodmann(1909)により52の領野に細分され，今日よく用いられている。新皮質は，運動，感覚，知覚，認知，記憶，学習などの高次の神経活動を営んでおり，辺縁皮質は情動，種族保存などの本能行動を営んでいる。大脳は神経のネットワークであり，無数のシナプスが形成されている。これらシナプス間の伝達物質は，さまざまなペプチド，アミン類などがつぎつぎに明らかにされてきているが，その機能との結び付きは必ずしも明らかでない点が多い。おもなものは，ノルアドレナリン細胞，アドレナリン細胞，ドーパミン細胞（主として網様体，孤束核，一部は視床下部），ヒスタミン細胞（孤束核，視床下部），セロトニン細胞（縫線核，孤束核，視床下部），サブスタンス P 細胞（網様体，縫線核，橋背外側被蓋核，孤束核，三叉神経核，視床下部），ソマトスタチン細胞（網様体，縫線核，橋背外側被蓋核，孤束核，三叉神経核，手綱核，不確帯，基底核，新皮質），γ-アミノ酪酸（GABA）細胞（孤束核，小脳，不確帯，視床下部，基底核，新皮質，辺縁系），アセチルコリン細胞（運動性脳神経核，手綱核，視床下部，基底核，新皮質），グルタミン酸細胞（視床下部，基底核，新皮質）などがある。そのほか，カルシトニン遺伝子関連ペプチド，コレシストキニン，ニューロペプチド Y，ニューロテンシン，α メラニン細胞刺激ホルモン（MSH），γ-MSH，バソプレッシン，オキシトン，エンドルフィンなどが知られている。

**中枢免疫組織**［central lymphoid tissue(organ)］＝一次免疫組織

**中枢リンパ器官**［central lymphoid organ］＝一次リンパ器官

**中性子解析**［neutron analysis］　物質を構成する原子の原子核との相互作用によって生じる中性子線の回折現象を利用して結晶中の原子の位置を決定する方法。原理的はX線*と同じであるが，X線は電子との相互作用で散乱するために個々の原子からのX線散乱は原子番号と比例関係にあるが，中性子散乱は原子番号には無関係に散乱の大きさが異なる。したがって，X線では原子番号1の水素原子からの散乱は非常に弱いが，中性子では水素原子からの散乱は炭素や酸素原子からの散乱と同程度であるので，水素原子も含めた分子の全構造を精度よく決めることができる。（→結晶構造解析）

**中性植物**［day-neutral plant］⇌光周性

**中等度好熱菌**［moderate thermophile］⇌好熱菌

**中胚葉**［mesoderm］⇌胚葉

**中胚葉化因子**［mesodermalizing agent］＝中胚葉誘導因子

**中胚葉形成**［mesoderm formation］　両生類では，中胚葉誘導*と，形成体*によりひき起こされる背方化を通じて脊索・筋肉が形成され，一方腹方化因子により血島や体腔壁などの腹側中胚葉組織が形成されると考えられる。一方線虫やホヤにおいては受精卵の細胞質中で局在化した筋肉細胞決定因子により筋肉系列の決定が起こる。ショウジョウバエにおいては細胞質中で翻訳されたドーサル（dl）遺伝子産物が，腹側の胚盤葉細胞の核中へと移動して中胚葉分化の引き金をひく。このように，細胞質決定因子と誘導の双方の働きでさまざまな中胚葉組織が形成される。

**中胚葉分化誘導因子**［mesoderm differentiation factor］＝中胚葉誘導因子

**中胚葉誘導**［mesoderm induction, mesodermal induction］　両生類の初期胚において，赤道面付近にあたる帯域の細胞が，植物半球側に位置する予定内胚葉域の細胞からの誘導を受けて中胚葉組織へと分化する現象をさす。帯域に位置する予定中胚葉域の細胞を単離して，いつごろ中胚葉組織への自律分化能を獲得するのか調べると，桑実胚期から胞胚期にかけて分化能が増大している。また，胞胚期に帯域を除いて動物極側の予定外胚葉細胞と植物極側の予定内胚葉細胞とを再結合して培養すると，予定外胚葉の細胞中に中胚葉組織が分化する。よって，中胚葉誘導は桑実胚期から胞胚期にかけて内胚葉域から動物半球に向かって分泌される分子シグナル（これを中胚葉誘導因子*という）によって起こると考えられる。内胚葉にも部域差があり，腹側に位置する予定内胚葉域は腹側中胚葉（体腔上皮，間充織，血球様細胞）を，また背側に位置する予定内胚葉域は背側中胚葉（脊索，筋肉）を誘導する。中胚葉誘導を受けると赤道面付近の細胞は特徴的な集中的伸長（convergent extension）とよばれる形態形成運動を開始し，これが原腸陥入の原動力となることから，中胚葉誘導は細胞分化にとどまらず，胚全体の形態形成にとって重要な現象である。

**中胚葉誘導因子**［mesoderm-inducing factor］　中胚葉誘導物質（mesoderm-inducing substance），中胚葉分化誘導因子（mesoderm differentiation factor），中胚葉化因子（mesodermalizing agent）ともいう。アフリカツメガエルやイモリ胚の予定外胚葉片に作用して中胚葉組織を誘導する物質群で，FGF（繊維芽細胞増殖因子*）ファミリーと TGF-β（トランスフォーミング増殖因子 β*）ファミリーに分かれる。FGF ファミリーの中では，実際に胚中に存在する XeFGF や bFGF などが中胚葉誘導*にかかわる候補である。このほか，aFGF，kFGF，int-2 原がん遺伝子産物がこの中に入る。このグループの物質は血球様細胞，体腔上皮，間充織などの腹側中胚葉を誘導し，高濃度で作用させると筋肉まで誘導する。一方 TGF-β ファミリーの中では，Vg-1 およびアクチビン*が中胚葉誘導にかかわる候補である。このほかにやや活性が弱いが TGF-β や BMP（骨誘導因子*）がこの中に入る。このグループの物質は，低い濃度で腹側中胚葉組織から筋肉まで誘導し，高濃度で作用させると脊索も誘導する。よって，FGF 系物質が腹側中胚葉の形成にかかわり，TGF-β 系物質が筋肉，脊索などの背側中胚葉の形成にかかわると考えられている。一方，レチノイン酸や BMP はアクチビンなどの背側中胚葉誘導能を抑制し

て腹側中胚葉を分化させる．背側中胚葉誘導抑制因子であると考えられている．

**中胚葉誘導物質**［mesoderm-inducing substance］＝中胚葉誘導因子

**中頻度反復配列**［moderately repetitive sequence］⇒反復配列

**中部動原体染色体**［metacentric chromosome］　メタセントリック染色体ともいう．動原体*が染色体の中央部にある型の染色体のこと．

**稠密度**＝高密度度

**中立説**［neutral theory］＝分子進化の中立説

**中立突然変異説**［neutral mutation theory］＝分子進化の中立説

**チューブリン**［tubulin］　1968年に毛利秀雄によって命名された微小管*を構成する主要単位タンパク質．細菌を除くすべての細胞にαチューブリンとβチューブリンが存在する．両チューブリンとも分子量がほぼ5万前後で，種々の微小管関連タンパク質*と共同して微小管を構成する．多くの動植物種の間で一次構造がよく保存されているタンパク質種である．αチューブリンには交換不能のGTP結合部位があり，βチューブリンには交換可能のGTP結合部位がある．通常ヘテロ二量体として細胞内に存在し，微小管と平衡状態にある．分裂毒としてのコルヒチン，コルセミド*，ポドフィロトキシンなどを特異的に結合し，微小管への重合能を失う．カルシウムイオンの存在も重合を阻害する．また，チューブリンタンパク質の一つとして，α，βチューブリンのアミノ酸配列と相同性の高いタンパク質（γチューブリン）が生物界に普遍的に存在し，動物細胞の中心体*や，酵母などのスピンドル極体（⇒紡錘体極）に局在する．

**腸**［intestine, gut, digestive tube］　腸管ともいう．内胚葉で境される食物通過管．これを頭腸（成体の咽頭がこれに該当）と体幹腸に大別し，後者をさらに前腸（腹腔動脈分布域であり，食道から十二指腸乳頭部まで），中腸（上腸間膜動脈分布域，横行結腸まで），後腸（下腸間膜動脈分布域，直腸まで）に分ける．腸壁をなすものは原始的状態では内胚葉と隣接中胚葉組織との二者であるが，発生の進行とともに前者は粘膜上皮層と腸腺を形成し，後者は粘膜固有層，筋層，外膜または漿膜を形成する．（⇒腸管上皮）

**超遺伝子族**＝スーパー遺伝子ファミリー

**超遠心**［ultracentrifuge］　超遠心機を用いて行う遠心操作をいう．超遠心機は空気の摩擦による発熱を防ぐために減圧室の中でローターを回転させる．最高回転数は35,000～120,000 rpmで遠心加速度はローターの材質や形，大きさによるが，最大で800,000×$g$ 程度である．分析用超遠心機や分離用超遠心機を用いて沈降速度法や等密度遠心分離法*により細胞内顆粒やウイルス粒子，生体高分子などの分析，分離を行う．

**超界**［superkingdom］　⇒界

**聴覚有毛細胞**［auditory hair cell］　聴覚の受容細胞は，その一端に感覚毛（不動毛）をもつことから有毛細胞（hair cell）とよばれる．蝸牛にある基底膜上のコルチ器は，内外2種類の有毛細胞を含む（⇒蝸牛管有毛細胞）．有毛細胞の不動毛は蓋膜と接触している．中耳・耳小骨の振動がリンパ液を介して基底膜に伝えられると，有毛細胞と蓋膜が相対的に変位して不動毛が曲げられる．不動毛の屈曲が刺激となって，有毛細胞に受容器電位*が発生する．有毛細胞からの信号は聴神経に伝えられる．

**超可変部**＝超可変領域

**超可変領域**［hypervariable region］　超可変部，高頻度可変領域ともいう．数多くの抗体可変領域のアミノ酸一次配列を相互に比較すると，H, L 両鎖ともとりわけ多様性の高い領域がそれぞれ3箇所判明し，超可変領域とよばれた．抗原抗体複合体のX線構造解析が行われた結果，その領域が抗原結合部位*を形成していることがわかり，相補性決定領域（complementarity-determining region, CDR）ともよばれるようになった．抗体のさまざまな抗原と特異的に結合できる能力は，このCDRを構成するアミノ酸配列の多様性に起因する．（⇒抗体の多様性）

**頂芽優勢**［apical dominance］　頂芽優性，頂芽優位，側芽抑制（lateral bud inhibition）ともいう．頂芽があるとその近くの側芽の成長が抑えられる現象をいう．頂芽優勢が強いと分枝が少なく，弱いと分枝の多い植物体となる．頂芽を切除すると側芽は成長し始めるが，切口にオーキシン*を与えるとその成長は抑制される．他方，頂芽があってもサイトカイニン*を直接与えた側芽は成長し始める．これらのことから，側芽の成長調節にはオーキシンとサイトカイニンの相互作用がかかわっていると考えられるが，その機構はまだ明らかでない．

**腸管出血性大腸菌**［enterohemorrhagic *Escherichia coli*］　⇒病原性大腸菌 O157

**腸管上皮**［intestinal epithelium］　口より肛門に至る食物の通路を消化管（alimentary canal, digestive tract）といい，その中で胃幽門開口部から肛門までを腸管とよぶ．腸管上皮はその内面を被覆する上皮で，腸管の部位により特徴ある形態・配列を示し，その特徴から十二指腸，小腸，結腸あるいは肛門を識別することができる．上皮はところどころで粘膜固有層の方へ落ちこんで腺をつくる．食物の消化・吸収（おもに小腸）・排泄（おもに結腸）をつかさどる．（⇒吸収上皮）

**腸管上皮細胞間 T 細胞**［intestinal intraepithelial T cells］　IELと略す．（⇒クリプトパッチ）

**腸管ペプチド輸送体**［intestinal peptide transporter］　腸管粘膜上皮細胞刷子縁からのペプチドやβラクタム系抗生物質*などをプロトン勾配を利用して輸送する膜タンパク質で，ヒトでは12の膜貫通領域をもつ708個のアミノ酸残基から成る．腎にはこの輸送体と相同性をもつ別のペプチド輸送体が発現されている．なお，このほかカドヘリンスーパーファミリーに属し，1個の膜貫通ドメインから成る127 kDa 腸管ペプチド輸送体関連タンパク質もクローニングさ

れているが，その生理的意義は不明である．

**長期増強** [long-term potentiation]　海馬\*などではシナプスが激しく活動した後に，そのシナプスの伝達効率が高まった状態が長時間にわたって持続する．この現象を長期増強という．実際にこの現象を観察するには，入力繊維束を低頻度(0.1 Hz 以下)で刺激し，それに応じてシナプス後細胞\*に発生する興奮性シナプス後電位\*(EPSP)を記録する．対照の EPSP を観察したうえで刺激頻度を短時間(1〜10秒間)だけ約 100 Hz に高めた後に元へ戻し，EPSP の観察を続ける．長期増強が起これば，高頻度刺激後 EPSP の振幅が増大し，その状態が長時間続く．長期増強は，高頻度刺激を加えた経路に特異的に生じる．長期増強には，高頻度刺激中に $N$-メチル-D-アスパラギン酸(NMDA)受容体\*の賦活を要するものと要しないものがあり，海馬体においては前者の例としてシェファ側枝の長期増強，後者の例として苔状繊維の長期増強があげられる．NMDA 受容体は，グルタミン酸(脳のおもな興奮性伝達物質)に対する受容体の 1 亜型であるが，その賦活は細胞内のカルシウムイオン濃度の上昇を起こす．NMDA 受容体依存性長期増強の場合には，高頻度刺激中に入力繊維終末から放出されるグルタミン酸が，シナプス後膜の NMDA 受容体に作用してシナプス後細胞内のカルシウム濃度を高める．これが引き金となって長期増強が生じるが，その過程で種々のプロテインキナーゼ\*が関与しているらしい．長期増強中は，入力繊維終末からの伝達物質の放出が増大し，その結果シナプス伝達が亢進するとの説が有力である(シナプス前起源説)．しかし伝達物質に対するシナプス後細胞の感受性増大によってシナプス伝達が亢進する可能性(シナプス後起源説)も否定できない．シナプス前起源説が正しければ，カルシウムイオン濃度増大に続くシナプス後細胞内での反応の結果，シナプス後細胞から逆行性伝達物質が遊離し入力繊維終末へ働いて，終末からの伝達物質放出を増加させると考えられる．このような逆行性伝達物質の候補として一酸化炭素 CO や一酸化窒素 NO が擬せられている．NMDA 受容体非依存性の長期増強についても，シナプス前起源説とシナプス後起源説が提出されている．長期増強は，そのニューロン機構が記憶の基礎過程をなすと考えられ，注目を集めている．事実，チロシンキナーゼの遺伝子欠如マウスなどのように長期増強の低下した動物では学習も障害される．しかし長期増強と記憶\*の間の因果関係はまだ十分解明されていない．(⇒ シナプス可塑性)

**長期抑圧** [long-term depression]　⇒ 記憶
**超コイル** [supercoil]　＝超らせん
**超高圧電子顕微鏡**　⇒ 高圧電子顕微鏡
**超好熱菌** [hyperthermophile]　⇒ 好熱菌
**超高密度リポタンパク質** [very high density lipoprotein]　VHDL と略記する．リポタンパク質\*は脂質とタンパク質の組成比により，超遠心した際の分離パターンが決定される．密度 1.21〜1.25 の間で分離されるリポタンパク質を超高密度リポタンパク質とよんでいる．その生理的意義は十分に明らかにされていないが，タンパク質に富み，脂質成分が少なく，末梢に蓄積したコレステロールを取込む能力が高いと考えられている．抗動脈硬化作用の強い高密度リポタンパク質\*と考えられる．

**長日植物** [long-day plant]　⇒ 光周性
**調節遺伝子** [regulatory gene, regulator gene]　制御遺伝子ともいう．F. Jacob\* と J. L. Monod\* が提唱したオペロン説の中で，構造遺伝子\*の発現を調節する働きをもつ非構造遺伝子として定義された遺伝子．調節遺伝子は構造遺伝子の発現によるタンパク質の生産量を調節する遺伝子のことで，遺伝子を活性化させるオペレーター\*の機能を抑制する物質(当時実体は明らかではなかった)の生産に関与する遺伝子をさすものとされた(⇒ オペロン)．現在では，リプレッサーやアポリプレッサーの構造遺伝子，転写反応で機能するプロモーターやオペレーター遺伝子，転写因子\*や転写調節因子\*の遺伝子をさすことが多い．調節遺伝子には発現を抑制するものと促進するものがあり，調節遺伝子の遺伝子産物であるタンパク質が，調節される遺伝子の発現制御領域に直接的・間接的に作用して調節する．最近では，マイクロ RNA\*(miRNA)のような非コード RAN\*(ncRNA)も遺伝子発現の制御を行うことが知られてきているので，これらの RNA の遺伝子も調節遺伝子といえる．

**調節サブユニット** [regulatory subunit]　複数のポリペプチド鎖から成るタンパク質において，タンパク質の生理活性機能を調節する役割を担うサブユニットのこと．たとえば，ホルモン作用などのシグナル伝達機構の中で働いているサイクリック AMP 依存性プロテインキナーゼ\*は触媒サブユニット\*(C)と調節サブユニット(R)が 2 個ずつ会合した構造をとっているが，サイクリック AMP が R サブユニットに結合すると R が解離して C は活性化され，キナーゼ活性が発現する．

**調節性分泌経路** [regulated secretory pathway]　非構成性分泌経路(nonconstitutive secretory pathway)ともいう．広義の開口分泌のうち，分泌顆粒の内容が細胞外に放出される経路をいう．この経路は，素材の摂取期，分泌物合成期，濃縮期，細胞内移動・貯蔵期と放出期の 5 期から構成される．2 期から 4 期でプロホルモンからホルモンへのプロセシングが刺激なしにも進行する．分泌細胞の放出期は受容体への分泌刺激によって調節され，G タンパク質を介する細胞内 $Ca^{2+}$ 濃度の上昇が分泌顆粒のエキソサイトーシス\*頻度を上げる．(⇒ 構成性分泌経路)

**調節 T 細胞**　＝サプレッサー T 細胞
**調節配列** [regulatory sequence, control sequence]　制御配列ともいう．遺伝子転写効率の増減に働く DNA 上の配列で，遺伝子そのものと対比して用いられる．調節配列に DNA 結合性因子(おもにタンパク質)が結合し，それが基本転写装置と直接，あるいはメディエーター\*を介して間接的に相互作用することで機能が発揮される．調節配列には，転写開始に機能

するプロモーター*や，転写の活性化や抑制，さらには特異的遺伝子発現に関与するエンハンサー*やサイレンサー*など多くのものがある．RNAの安定性・移送・修飾を調節するRNA上の配列の意味に用いられることもある．(⇌ シスエレメント)

**頂端分裂組織**［apical meristem］　頂端分裂組織は側部分裂組織(lateral meristem, 形成層とコルク形成層)に対する用語で，シュートの頂端分裂組織(茎頂分裂組織*)と根の頂端分裂組織(根端分裂組織*)がある．前者と後者の存在付近全体をそれぞれシュート頂(shoot apex, 茎頂ともいう)，根端(root apex)という．茎頂分裂組織は直接に葉原基や腋生頂端分裂組織(側枝を形成する)をつくる．根ではこのようなものはつくらないが，根端分裂組織は根冠に覆われる．シュート頂と根端は成長点とよばれることもあるが，その意味する内容が不明確なため，あまり使用されない．

**頂端分裂組織培養**［apical meristem culture］　⇌ 茎頂培養

**超低密度リポタンパク質**［very low density lipoprotein］　VLDLと略記する．リポタンパク質*，特に生体内で合成された脂質を輸送するリポタンパク質では最も密度が低く，1.006より密度の低い画分に相当する．1.006～1.019を中間密度リポタンパク質(IDL)とよぶことも多い．主として肝で合成された中性脂肪を輸送し，その中性脂肪が加水分解されると，しだいにコレステロール成分が増え，IDLを経て低密度リポタンパク質*(LDL)へと変換する．アポB-100，アポC群，アポEをもっている．(⇌ アポリポタンパク質)

**超低密度リポタンパク質受容体**［very low density lipoprotein receptor］　VLDL受容体(VLDL receptor)と略称する．VLDL受容体は五つのドメインを低密度リポタンパク質受容体*(LDL受容体)とし，アポEをもつVLDL，IDL(中間密度リポタンパク質)，β-VLDLを結合する．(⇌ アポリポタンパク質，リポタンパク質)．二つの受容体遺伝子のエキソン/イントロンの構成はほぼ同一であるが，VLDL受容体がアポB-100をもつLDLに対して親和性が著しく低い点，LDL受容体のリガンド結合ドメインの反復配列が7個であるのに対し，VLDL受容体は8回繰返している点，ヒトVLDL受容体遺伝子は第9染色体に存在するのに対しLDL受容体遺伝子は第19染色体に存在する点，LDL受容体は肝臓に最も多く発現しているのに対し，VLDL受容体は脂肪酸代謝の活発な心臓，筋肉に局在している点，LDL受容体がリガンドにより負の転写制御(ダウンレギュレーション)を受けるのに対し，VLDL受容体は負の転写制御は受けない点で異なる．LDL受容体がコレステロールの取込みを担うのに対し，VLDL受容体は中性脂肪の取込みに機能すると考えられている．ニワトリのVLDL受容体は卵細胞膜の被覆小孔*に存在し，肝臓で合成・分泌される卵黄前駆体であるVLDLを結合し，卵細胞に取込む．この受容体を欠損するRO(restricted ovulater)とよばれる突然変異体は卵形成が著しく阻害

され，不完全な卵を産む．

**腸内ウイルス**［enterovirus］　エンテロウイルスという．腸管内で増殖するウイルスの総称としても用いられるが，一般にはピコルナウイルス*科のエンテロウイルス属のウイルスを意味する．ポリオウイルス*，コクサッキーウイルス，エコーウイルス(echovirus)などが含まれる．(+)鎖RNAをもち，エンベロープ*はもたない．ゲノムの5′末端にはVPg*，3′末端にはポリ(A)が存在する．腸管で増殖後，局所リンパ組織から，ウイルス血症となり他の臓器に伝播すると考えられている．

**超二次構造**［supersecondary structure］　ペプチド鎖の$\alpha$ヘリックス*や$\beta$構造*などの二次構造が集まったものを超二次構造という．典型的なものには$\beta\alpha\beta$構造がある(⇌ $\beta$バレル構造，ロスマンフォールド)．また，ペプチド鎖には50～400個のアミノ酸によって構成されるドメイン*という単位があり，大きなタンパク質はいくつかの機能ドメインと，それをつなぐ介在配列から成り立っている．ドメインは一つのエキソン*からつくられることも多く，タンパク質は進化的に遺伝子重複*によってつくられたことを示唆している．(⇌ 高次構造【1】)

**腸胚**　＝原腸胚
**腸胚形成**　＝原腸形成

**チョウ・ファスマン法**［Chou-Fasman method］　タンパク質の一次構造から二次構造を経験的に予測する方法のうちの一つ．P. ChouとG. Fasmanにより提案された．すでに二次構造が解明されているタンパク質から，20種のアミノ酸残基について$\alpha$ヘリックス*，$\beta$構造*，$\beta$ターン*構造に含まれる傾向値(それぞれ，$P_\alpha$，$P_\beta$，$P_t$とする)を計算する．たとえば，$P_\alpha$が1より大きい場合，そのアミノ酸は$\alpha$ヘリックスに含まれる傾向が平均より高いといえる．$\alpha$ヘリックスについては，$\alpha$ヘリックス形成アミノ酸(グルタミン酸，メチオニン，アラニン，ロイシンなど)が6残基中4残基以上含まれていると核となり，その前後方向に連続する4残基の$P_\alpha$の平均値が1.0以上の間拡大する．ただし，プロリンは$\alpha$ヘリックスのN末端のみとする．$\beta$構造については，$\beta$構造形成アミノ酸(バリン，イソロイシン，チロシン，フェニルアラニン，トリプトファン，ロイシンなど)が5残基中3残基以上含まれているとそれが核となり，その前後方向に連続する4残基の$P_\beta$の平均値が1.0以上の間拡大する．また，$\alpha$と$\beta$の両構造が重複する部分については$P_\alpha$と$P_\beta$の平均値が大きい方の二次構造をとるものとする．この方法により，一般に50%程度の確率で二次構造を予測できる．しかし，一次構造上離れた残基間で空間的に近接して二次構造を形成するものは，この方法では予測できない．

**重複遺伝子**　【1】［duplicate gene］　類似の遺伝子が複数個ゲノム中に存在する時，それらを重複遺伝子とよぶ．重複した遺伝子がまったく同じ機能をもつものとしてはrRNA遺伝子*があり，それぞれが異なった塩基配列と機能をもつものとしてはヘモグロビ

ン遺伝子があげられる．重複遺伝子の形成は進化過程での DNA 重複（と突然変異）に起因する．(⇒ 遺伝子重複)

**【2】**[overlapping gene] ＝オーバーラップ遺伝子

**重複性** [redundancy] ある遺伝子もしくは遺伝子群が正常に存在する数を上回って染色体に存在すること．遺伝子の重複は染色体複製時や分裂期，トランスポゾン*の働きにより生じると考えられ，同一染色体上に生じる場合と他の染色体で起こる場合がある．(⇒ 遺伝子重複)

**超分子** [supermolecule, supramolecule] ⇒ 非共有結合

**頂膜** [apical membrane] ⇒ 細胞膜

**超ミクロトーム** [ultramicrotome] ⇒ ミクロトーム

**跳躍進化** [saltation, saltatory evolution] 動物門などの高次分類群の形質の多くは，漸進的に進化したのではなく，ごくわずかな突然変異によって跳躍的に進化した，という仮説．O. H. Schindewolf(1936)や R. B. Goldschmidt(1940)らは，高次分類群の間には中間型がみられないことを論拠に，この説を提唱した．この説は発表当時においても，また現在においても，一般には信じられていない．

**跳躍伝導** [saltatory conduction] 神経細胞の軸索*のうち，有髄繊維に起こる活動電位*の伝導の様式をいう．軸索には髄鞘（ミエリン*）で包まれている有髄繊維と髄鞘のない無髄繊維がある．有髄繊維の髄鞘は中枢神経系ではオリゴデンドロサイトが軸索の周りを幾重にも取巻いてできあがり，その各層は複合脂質の 2 枚の単位膜から成り，電気的な絶縁性が高い．髄鞘は一定の間隔でくびれて消失している．この部分をランビエ絞輪*とよぶ．活動電位が伝導する際には電気的抵抗の高い髄鞘を跳び越えて隣の抵抗の低いランビエ絞輪へ電流が流れる．したがって，絞輪部のみがつぎつぎに興奮していく．これを跳躍伝導とよぶ．このため有髄繊維の興奮伝導速度は無髄繊維に比べて速くなっている．有髄繊維では伝導速度が軸索の直径にほぼ比例する．これは，絞輪間の距離と軸索直径の間に比例関係があるが絞輪間の伝導に要する時間はほぼ一定であることによる．一方，無髄繊維では伝導速度は直径の平方根に比例する．

**超らせん** [superhelix] スーパーヘリックス，超コイル（supercoil），スーパーコイル，高次らせんなどともよばれる．ワトソン・クリックモデルの DNA の二重らせんにさらにねじれ*が生じ，高次のらせん状となった DNA 構造．共有結合で閉環した DNA 分子では二重らせんと超らせんのリンキング数*の和は一定である．超らせんの向きが二重らせんと同じ場合（右巻き）は正の超らせん（positive superhelix），逆の場合（左巻き）は負の超らせん（negative superhelix）という．細胞内の閉環状 DNA 分子はほとんどが負の超らせんをもっていると考えられる．原核生物においては適度の負の超らせんが DNA の複製・転写・組換え，またファージの組込み，トランスポゾンの転位と制御に

必要であることが示されている．負の超らせんをもった DNA は弛緩型 DNA よりも局所的に単鎖部分を形成しやすく（⇒ 変性【2】），このことがさまざまな現象に必要な理由の一つであると考えられる．生体内において，DNA トポイソメラーゼ* が超らせんの程度の調節を行っている（⇒ 超らせん密度）．

**超らせん密度** [superhelix density, superhelical density] DNA 超らせん*の程度は，弛緩型閉環状 DNA とのリンキング数*の差（$\Delta Lk$）で表される．二重らせんのピッチが $h$ 塩基対で，全長 $N$ 塩基対の線状 DNA をひずみがまったくない状態で閉環したと仮定した時の仮想的リンキング数を $Lk^0$ とすると
$$Lk^0 = N/h,\quad \Delta Lk = Lk - Lk^0$$
となる．実際には同じ $\Delta Lk$ 値でも小さい DNA ほどひずみが大きいので，鎖長の異なる DNA の超らせんの比較には，超らせん密度 $\sigma = \Delta Lk/Lk^0$ が用いられる．

**張力繊維** ＝ストレスファイバー

**直鎖状 DNA ウイルス** ＝線状 DNA ウイルス

**直接シークエンス法** [direct sequencing] サイクルシークエンス法（cycle sequencing）ともいう．PCR* を用いた塩基配列の決定法．微量の DNA 試料を PCR によって増幅したのち，PCR 産物をサブクローン化せずにジデオキシ法により塩基配列を決定する．PCR による DNA の増幅は一方のプライマー*を大過剰に加えておき，片方の鎖のみを大量に増幅する非対称 PCR* 法を用いれば都合がよい．ある特定の塩基に着目すれば数百分の一の読み間違いはシークエンスゲル上のパターンには影響を与えないので，直接シークエンス法では，PCR の弱点である読み間違いを無視できる．

**直線状 DNA ウイルス** ＝線状 DNA ウイルス

**直列反復配列** [direct repeat sequence] ダイレクトリピートともいう．レトロウイルス*や反復配列*が染色体に挿入される時に生じる反復配列で，挿入配列*の両端にみられる．通常数塩基から数十塩基から成る同一配列が，順方向に並んでいる．染色体 DNA への挿入時には数塩基から数十塩基の一本鎖 DNA 部位が生じるように切断が起こる．その切断部位がずれて複製されることにより直列反復配列が生じる．縦列反復配列*もこのようによばれることがあるので注意が必要である．(⇒ 逆方向反復配列)

**チラコイド** [thylakoid] ラメラ*ともよばれる．シアノバクテリア*および葉緑体*の内膜系の基本構造となる扁平な膜嚢．膜厚 5〜7 nm，内腔の幅 10〜30 nm．チラコイド膜には光合成の光吸収系，電子伝達系*，ATP 合成酵素*が組込まれており，光エネルギーを化学エネルギーに変換する場となる．積み重なった層状構造を形成することが多いが，各層の内腔は互いに連絡している．高等植物にはグラナ*を形成する小型のグラナチラコイド（grana thylakoid）と，より大型のストロマチラコイド（stroma thylakoid）があり，機能的にも分化している．

**チラミン** [tyramine] $C_8H_{11}NO$，分子量 137.18．チロシンの脱炭酸化物．神経性アミン取込み機構（uptake 1)により交感神経終末に取込まれ，ノルアドレナリン*と置換することによりノルアドレナリンを遊離させて，間接的に交感神経刺激作用を示す．この作用は，除神経，レセルピンまたは三環抗うつ薬の前処置により減弱する．モノアミンオキシダーゼ阻害薬使用時にチラミン含有食物（熟成チーズ，ニシン，ニワトリ肝，チョコレートなど）を摂取すると，高血圧発作を起こすことがある．

**チロキシン** [thyroxine] サイロキシンともいう．$C_{15}H_{11}I_4NO_4$，分子量 776.88．甲状腺内および血中の主要な甲状腺ホルモン*で，二つのフェノール環が酸素を介して結合した構造（図参照）をしており，一方の環（内環）にはアラニン基が他方の環（外環）にはヒドロキシ基が結合している．チロキシンは内環の 3 位と 5 位，および外環の 3′ 位と 5′ 位にそれぞれヨウ素が結合したテトラヨードチロニン (tetraiodothyronine, $T_4$) である．甲状腺内では $T_4$ はトリヨードチロニン*($T_3$)の 10〜20 倍多量につくられている（⇌ チログロブリン）．血中濃度の正常値は約 10 nmol/L，その代謝クリアランス速度は 1.18 L/日・70 kg，生成速度は 130 nmol/日・70 kg である．$T_4$ も $T_3$ も甲状腺ホルモンとして生物活性をもっていると考えられているが，等モルで比較すると $T_3$ は $T_4$ の 3〜4 倍ホルモン活性が強い．甲状腺ホルモン核受容体は $T_3$ に強い親和性をもっており，また $T_4$ の多くは肝臓，腎臓，心筋，下垂体などの末梢組織で 5′-デイオジナーゼによりヨウ素が一つはずれて $T_3$ となる（転換 conversion）ため，甲状腺ホルモン作用全体に及ぼす $T_4$ 自体の影響はその 35 % 程度で，$T_4$ は $T_3$ のプロホルモンとしての役割が大きい．しかし，$T_4$ は $T_3$ と異なり甲状腺からのみ分泌されているためその血中濃度は甲状腺の活動をよく反映する指標であること，また下垂体でも $T_4$ の合成分泌の調節は TSH 産生細胞内での $T_4 \rightarrow T_3$ 転換に大きく依存しているため，血中で TSH 濃度と強い相関があるのは $T_4$ 濃度であり，$T_3$ 濃度ではないことなど $T_4$ のもつ生物学的意義は少なくない．$T_4$ は血中では約 99.97 % が結合タンパク質と結合しており遊離 $T_4$ は 0.03 % である．バセドウ病*などによる甲状腺機能亢進症*や無痛性甲状腺炎などによる甲状腺中毒症では血中濃度は上昇し，甲状腺機能低下症では低下する．$T_4$ 製剤は甲状腺機能低下症の補充療法で投与後の経時的な血中濃度変動がゆるやかなために最初に選ぶべき薬として使用されている．

**チロキシン結合グロブリン** [thyroxine binding globulin] TBG と略す．(⇌ 甲状腺ホルモン結合タンパク質)

**チロキシン結合プレアルブミン** [thyroxine binding prealbumin] TBPA と略す．(⇌ 甲状腺ホルモン結合タンパク質)

**チログロブリン** [thyroglobulin] サイログロブリンともいい，Tg と略記する．分子量 669,000 の糖タンパク質で等電点は 7.4，沈降係数は 19S，1 分子中に 10〜60 分子のヨウ素を含んでいる．約 10 % の糖を含有する．Tg 遺伝子は第 8 染色体上にあり，42 個以上のエキソンによってコードされ全長は 200 kbp 以上の巨大な遺伝子である．進化上は N 末端側と C 末端側の二つの分子が一緒になって Tg 遺伝子がつくられたようであるが，両者ともにホルモン生合成に関与する．ヒト Tg 分子は 2748 アミノ酸から成るが，Tg 分子内に 134 個あるチロシン基の中でヨウ素化されるチロシン基は 25〜30 個で，さらにチロキシン*やトリヨードチロニン*の生合成に使われるのは 6〜8 個にすぎない．フェノール環の受容体としてチロキシン生合成には N 末端近くの 5 番目の Tyr が最も効率よく用いられており，トリヨードチロニン生合成には C 末端近くの 2746 番目の Tyr が最も効率よく用いられる．Tg のヨウ素化は濾胞内の濾胞側細胞膜に面する場所で行われ，甲状腺ペルオキシダーゼと $H_2O_2$ 産生系が関与する．Tg は甲状腺刺激ホルモン*や異常甲状腺刺激物質によってその生合成と分泌が刺激される．血中 Tg 濃度は，バセドウ病*の寛解の指標として，また悪性甲状腺腫瘍の手術後の経過観察の指標として有用である．

**チロシナーゼ** [tyrosinase] ＝モノフェノールモノオキシゲナーゼ (monophenol monooxygenase)．種々のフェノール誘導体を基質として分子状酸素を取込んでジフェノールとし，さらに酸化してキノンとする反応を触媒する．チロシン*と L-ドーパからはドパキノンが生成する．2 分子の銅を結合したオキシダーゼで，メラニン合成にかかわっており，欠損すると白皮症*となる．529 個のアミノ酸から成るが，1〜18 はシグナルペプチドで，474〜497 は膜貫通部位である．糖タンパク質である．

**チロシン** [tyrosine] ＝p-ヒドロキシフェニルアラニン (p-hydroxyphenylalanine)，2-アミノ-3-ヒドロキシフェニルプロピオン酸 (2-amino-3-hydroxyphenylpropionic acid)．Tyr または Y（一文字表記）と表記される．L 形はタンパク質を構成する芳香族アミノ酸の一つ．$C_9H_{11}NO_3$，分子量 181.19．フェノール環により，キサントプロテイン反応，ミロン反応，パウリ反応，フォリン反応など多くの呈色反応を示す．ヒドロキシ基の $pK_a$ は 10.07 (25 ℃)．フェノール核は非常にハロゲン化されやすく，定量やタンパク質の標識（$^{125}$I または $^{131}$I）に利用される．フェノール核の紫外部吸収スペクトルは解離状態により大きく変化する．非必須アミノ酸．タンパク質中のチロシン残基はチロシンキナーゼ*によりリン酸化され o-ホスホチロシンとなることがある．(⇌ アミノ酸)

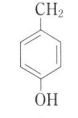

**チロシンアミノトランスフェラーゼ欠損症** [tyrosine aminotransferase deficiency] ⇌ チロシン血症

**チロシンキナーゼ**［tyrosine kinase］　プロテインチロシンキナーゼ(protein tyrosine kinase)ともいう．ATPのγ位のリン酸をタンパク質のチロシン残基のヒドロキシ基に転移する酵素(EC 2.7.10)の総称．多細胞生物において外来性シグナルの細胞内伝達などに関与している．受容体型チロシンキナーゼと非受容体型チロシンキナーゼに大別され，前者は膜貫通型の構造をもち，多くのものは増殖因子受容体*として機能している．後者の中にはミリスチン酸修飾により膜にアンカーされているもの，細胞質や核に局在しているものが知られている．従来は単細胞生物には存在しないと考えられていたが，単細胞遊泳性の襟鞭毛虫でSrc*ファミリーの非受容体型チロシンキナーゼの存在が報告された．一方，原核生物でも真核生物のものとは異なるタイプのチロシンキナーゼの存在が明らかにされている．(→セリン/トレオニン/チロシンキナーゼ)

**チロシンキナーゼシグナル経路**［tyrosine kinase signaling pathway］　チロシンリン酸化シグナル経路(tyrosine phosphorylation signaling pathway)ともいう．チロシンキナーゼ*は，タンパク質のチロシン残基を特異的にリン酸化する酵素であり，受容体型および非受容体型チロシンキナーゼに分類される．増殖因子*，ホルモン*，およびサイトカイン*などは，標的細胞表面の特異な受容体に結合し細胞応答を誘導するが，その際受容体は自身のチロシンキナーゼ活性(受容体型)，あるいは受容体と共役する非受容体型チロシンキナーゼを活性化することにより細胞内へシグナルを伝達する．チロシンキナーゼシグナル経路においては，チロシンキナーゼによりリン酸化を受けたチロシン残基とSH2領域(→SHドメイン)を介するシグナル伝達分子間の相互作用が重要な役割を担っており，その結果，Ras-MAPキナーゼカスケード，JAK-STATシグナルカスケードをはじめとする細胞内シグナル伝達カスケードが活性化される．

**チロシンキナーゼ受容体**［tyrosine kinase receptor］　細胞の増殖・分化・がん化・形態形成などに関与するきわめて重要なタンパク質群である．例として，上皮増殖因子受容体*，神経成長因子受容体*，インスリン受容体*，造血幹細胞増殖因子受容体など多数がある．受容体はこれら増殖・分化因子と細胞外で結合した時のみ，細胞内チロシンキナーゼを活性化してシグナルを伝える．ヒトの上皮がんや脳腫瘍では上皮増殖因子受容体の異常増加が，また一部の糖尿病ではインスリン受容体の突然変異が認められる．

**チロシン血症**［tyrosinemia］　チロシン代謝異常による遺伝性疾患の総称．いずれも常染色体劣性遺伝病である．手掌足底皮膚の角化と疼痛ならびに羞明を伴う角膜潰瘍の起こるチロシンアミノトランスフェラーゼ(16q22.1)欠損症(tyrosine aminotransferase deficiency, II型)，脳障害を起こす4-ヒドロキシフェニルピルビン酸ジオキシゲナーゼ欠損症(I型)，肝と腎の機能障害を起こすフマリルアセト酢酸ヒドロラーゼ欠損症(III型)の3病型が知られている．ヒトのフマリルアセト酢酸ヒドロラーゼの遺伝子は第15染色体にあり，遺伝子のクローニング，突然変異遺伝子の解析が行われているが，I型とII型の遺伝子情報は得られていない．

**チロシン脱リン酸**［tyrosine dephosphorylation］　タンパク質のチロシンのヒドロキシ基に結合したリン酸の加水分解反応をいう．この反応を触媒する酵素がチロシンホスファターゼ*である．この酵素はチロシンキナーゼ*とは逆反応を触媒する．チロシンキナーゼの多くがん遺伝子として発見されたことから，プロテインチロシンホスファターゼの細胞の増殖・分化とのかかわりが注目されている．たとえば，血液細胞に発現する受容体型プロテインチロシンホスファターゼであるCD45*分子は，細胞質型のチロシンキナーゼであるLckやFyn分子の脱リン酸を行い，これらのチロシンキナーゼの活性を制御することが知られている．

**チロシンヒドロキシラーゼ**［tyrosine hydroxylase］＝チロシン3-モノオキシゲナーゼ(tyrosine 3-monooxygenase)．EC 1.14.16.2．L-チロシンから3,4-ジヒドロキシ-L-フェニルアラニン(L-ドーパ)を生成する一原子酸素添加酵素で，つぎの反応を触媒する．

L-Tyr＋THBp＋O$_2$→ L-ドーパ＋
キノノイドジヒドロビオプテリン＋H$_2$O

補酵素はテトラヒドロビオプテリン*．カテコールアミン*生合成の律速酵素であり，副腎髄質，脳などカテコールアミン生合成の盛んな組織に存在する．副腎髄質の酵素と脳の酵素は同一である．約5.9 kDaのサブユニットから成るホモ四量体で，活性発現に必須の非ヘム鉄をもつ．ヒトではスプライシングの違いによりN末端部分がやや異なる4種の酵素が存在する．活性調節機構には，カテコールアミンによるフィードバック阻害と，サイクリックAMP依存性プロテインキナーゼ*，カルモジュリンキナーゼII*によるリン酸化がある．後者によるリン酸化では14-3-3タンパク質*が存在する場合にのみ活性化が起こる．この二つのプロテインキナーゼは異なるセリン残基をリン酸化するので，効果は相加的である．

**チロシンホスファターゼ**［tyrosine phosphatase］　プロテインチロシンホスファターゼ(protein tyrosine phosphatase)，ホスホチロシンホスファターゼ(phosphotyrosine phosphatase)ともよばれ，PTPアーゼ(PTPase)と略す．タンパク質のチロシンのヒドロキシ基に結合したリン酸の加水分解反応(チロシン脱リン酸*)を触媒する酵素．この酵素はチロシンキナーゼ*とは逆反応を触媒する．チロシンホスファターゼは，その構造から比較的低分子量の細胞質型酵素と高分子量の受容体型酵素に分けられる．これらのチロシンホスファターゼは活性中心を含む約300アミノ酸残基のよく保存されたホスファターゼ領域を共通にもつ．チロシンホスファターゼ遺伝子はペスト菌，酵母，ショウジョウバエ，哺乳類などから単離されている．まず，細胞質型チロシンホスファターゼでは，ヒト胎盤から分子量約5万のPTP-1Bが精製され，そ

の遺伝子が単離された。PTP-H1 の N 末端領域は、赤血球の骨格タンパク質であるバンド 4.1 タンパク質に相同性を示し、細胞骨格構造の制御を行っている可能性がある。微生物では、酵母の細胞周期*制御に重要な機能をもつ Cdc2(CDK1*)に特異的なチロシンホスファターゼである Cdc25 ホスファターゼが知られている。Cdc25 は Cdc2 をチロシン脱リン酸することによりそのセリン/トレオニンキナーゼ活性を活性化する。受容体型チロシンホスファターゼでは CD45* をはじめとして多数の分子が知られている。CD45 はすべての血液細胞に共通にみられる分子量 18 万〜22 万の細胞表面抗原である。CD45 の細胞質内領域には、ホスファターゼ領域が 2 個存在する。T リンパ球が細胞表面の抗原受容体から刺激を受けると、抗原受容体と結合しているチロシンキナーゼの Fyn* および CD4/CD8 と結合している Lck* が活性化される。CD45 は、これら Fyn および Lck のチロシンキナーゼの制御領域をチロシン脱リン酸しキナーゼ活性を上げる。CD45 以外にも多くの受容体型チロシンホスファターゼ遺伝子が単離されている。これらのチロシンホスファターゼの大部分は細胞質内に二つのホスファターゼ領域をもち、細胞外領域に免疫グロブリン様領域、フィブロネクチンの第三反復領域、炭酸デヒドラターゼ領域などをもつものが多い。

**チロシン 3-モノオキシゲナーゼ** [tyrosine 3-monooxygenase] =チロシンヒドロキシラーゼ

**チロシンリン酸化** [tyrosine phosphorylation] チロシン残基のリン酸化*。生物学的意義としては、おもに以下の二つがある。1) リン酸化タンパク質の機能の変化、たとえばチロシンキナーゼ*の活性がチロシンリン酸化により変化する。リン酸化部位により活性化したり抑制したりする。2) SH2 ドメイン(⇌ SH ドメイン)の結合部位となり、各種の SH2 ドメインを含むタンパク質を結合し、そのタンパク質の機能に変化を与える。SH2 ドメインは、チロシンで始まる四つのアミノ酸配列をリン酸化依存性に認識、結合するので、SH2 ドメインによりチロシンリン酸化のシグナルがタンパク質同士の結合として伝達される。

**チロシンリン酸化シグナル経路** [tyrosine phosphorylation signaling pathway] =チロシンキナーゼシグナル経路

**チロトロピン** [thyrotropin] =甲状腺刺激ホルモン

**チロリベリン** [thyroliberin] =甲状腺刺激ホルモン放出ホルモン

**沈降係数** [sedimentation coefficient] 沈降定数 (sedimentation constant)ともいう。分子を遠心する時の定常的沈降速度 $v$ は、遠心加速度 $a$ に比例する($v = sa$)。比例係数 $s$ は沈降係数とよばれ、浮力の効果を密度増加 $\phi$ で補正した分子質量に比例し($\phi = 1 - V\rho$; $V$ は分子の偏比容、$\rho$ は溶媒密度)、分子の形状と溶媒粘性 $\eta$ で決まる摩擦係数 $f$ に逆比例し、$s = M\phi/fN_A$ であり($M$ は分子量、$N_A$ はアボガドロ数)、時間の次元をもつ。$10^{-13}$ 秒を 1 スベドベリ単位*S と定義する。タンパク質の沈降係数 $s$ は数 S である。$s$ から $f$ を実験的に求められる。

**沈降速度法** [sedimentation velocity method] ⇌ 密度勾配遠心分離法

**沈降定数** [sedimentation constant] =沈降係数

**沈黙突然変異** =サイレント突然変異

# ツ

対合 ⇒ 対合(たいごう)
ツイスト ＝ねじれ
追跡子 ＝トレーサー
ツインアルギニンシグナル配列 [twin arginine signal sequence] ⇒ Tat 膜透過系
ツインアルギニン分泌経路 [twin arginine export pathway] ＝Tat 膜透過系
ツインカーナーゲル **ZINKERNAGEL**, Rolf Martin 1944.1.6〜　　　　　スイスの医学者, 免疫学者. バーゼル生まれ. 1970 年バーゼル大学で医学の学士を取得. 1970 年ローザンヌ大学生化学部門にて免疫学を学ぶ. 1973 年キャンベラのオーストラリア国立大学にてリンパ球性脈絡骨髄膜炎ウイルス(lymphocytic choriomeningitis virus, LCMV)に対する細胞性免疫, 特に T 細胞の抗原認識について研究を行い, T 細胞が抗原を認識する場合, 抗体の抗原認識と異なり, 抗原を直接認識できないだけでなく, MHC 分子とともに認識することを発見した. これが T 細胞の MHC 拘束* といわれている現象であり, この発見により, 1996 年, 共同研究者 P. C. Doherty* とともにノーベル医学生理学賞を受賞した. 1975 年オーストラリア国立大学で Ph.D. を取得. 同年, La Jolla Scripps 研究所に移り, 1979 年チューリヒ大学医学部実験病理学教授, 1992 年よりチューリヒ大学実験免疫学研究所長. 1986 年ガードナー国際賞, 1995 年アルバート・ラスカー基礎医学研究賞を受賞.

**通性嫌気性細菌** [facultative anaerobic bacteria] ⇒ 通性嫌気性生物

**通性嫌気性生物** [facultative anaerobe]　条件的嫌気性生物, 任意嫌気性生物ともいう. 嫌気条件では発酵*, 好気条件では呼吸* によりエネルギーを得ている生物. 腸内細菌をはじめ多数の細菌*(通性嫌気性細菌 facultative anaerobic bacteria)がこの性質を示す. (⇒ 絶対嫌気性生物)

**痛風** [gout]　高尿酸血症(hyperuricemia)を基盤として, 繰返す関節炎(激しい疼痛と腫脹)・腎機能障害・血管障害を主症状とする疾患. 患者は思春期以後の男性が圧倒的に多い. 原発性痛風(尿酸過剰産生型および腎排泄障害型)と二次性痛風(白血病・糖尿病などの経過中や薬物投与による)に分類される. 急性関節炎の発作に対してはコルヒチン* が有効. 安定期には尿酸産生阻害剤(アロプリノール*)と排泄促進剤(ベンツブロマロンなど)を用いる.

ツェイン ＝ゼイン
**ツェルベーガー症候群** [Zellweger syndrome] ⇒ ペルオキシソーム病
**2D-DIGE** [2D-DIGE = two-dimensional fluorescence difference gel electrophoresis] ＝蛍光ディファレンスゲル二次元電気泳動

**ツニカマイシン** [tunicamycin]　放線菌 *Streptomyces lysosuperificus* の生産するヌクレオシド抗生物質. グラム陽性細菌, 真菌, 糖タンパク質外被をもつウイルスなどを阻止する. UDP-$N$-アセチルグルコサミンの類似体で, 真核細胞ではドリコールピロリン酸 $N$-アセチルグルコサミン生合成を選択的に阻害し, 糖タンパク質の $N$-グリコシド化を阻止する. また原核細胞では細胞壁ペプチド合成系で脂質中間体合成反応を阻止する. 糖タンパク質の生化学的研究試薬として広く使用されている.

**ツーハイブリッドシステム** [two hybrid system] *in vivo* でタンパク質-タンパク質相互作用を検出するシステム. 酵母細胞を用いて開発された手法であるが, 哺乳動物の培養細胞や大腸菌を用いたシステムも開発されている. このシステムでは酵母の転写アクチベーターである GAL4 タンパク質* がよく使われる. GAL4 の DNA 結合ドメインに X タンパク質を融合させる(図). 一方転写活性化ドメインに Y タンパク質

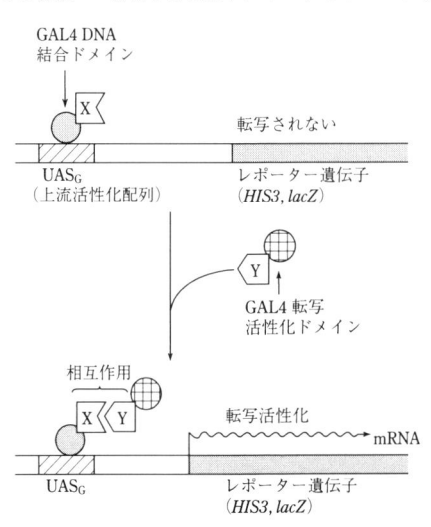

を融合させる．両タンパク質をレポーター遺伝子*存在下で細胞に発現させる時，もしXとYがタンパク質-タンパク質相互作用すると二つのハイブリッドタンパク質が複合体を形成しレポーター遺伝子の転写が活性化されるので，XとYの相互作用は容易に検出できる．Xに既知のタンパク質を使用し，Yにランダムに合成したcDNAライブラリー*を使用するとXに相互作用するタンパク質をコードする遺伝子をcDNAライブラリーからスクリーニングできる．ピロリ菌，出芽酵母，線虫，ショウジョウバエ，ヒト，マウスではすでにゲノムワイドまたは大規模なツーハイブリッド解析が報告されている．これらの生物から得られたタンパク質相互作用ネットワークは，多くのタンパク質と相互作用する少数のハブタンパク質と1～2個のタンパク質と相互作用する大多数のタンパク質から構成されている．このようなネットワークは全体でも局所でもスケールに関係なく同様のネットワーク構造をもつためスケールフリーネットワークとよばれる．

**ツベルクリン検査**［tuberculin test］ 結核菌のソートン培地の培養液を加熱殺菌沪過後，三塩化酢酸あるいは硫安半飽和によりタンパク質画分を精製した精製ツベルクリンを用いて，結核菌に対する既感染の有無を調べる検査．結核菌の感染の既往があれば，結核菌に感作されたT細胞による遅延型過敏反応が惹起され，皮膚の発赤を伴う反応が認められる．（→遅延型アレルギー，アレルギー，BCG）

***d*-ツボクラリン**［*d*-tubocurarine］ 南米原住民が矢毒として使用していたクラーレの主成分だった植物アルカロイド．分子量 610.75, $C_{37}H_{42}N_2O_6^{2+}$．塩素塩として利用される．骨格筋肉の運動神経終末のアセチルコリンのニコチン様受容体（→ニコチン性アセチルコリン受容体）に結合し，アセチルコリンを競合的に抑制し，結果として筋弛緩を惹起する．ほかに自律神経節のニコチン様受容体も抑制する．外科手術に際しては骨格筋の緊張が高まり，手術遂行を阻害するので，他の脱分極性抑制薬とともに筋弛緩薬（muscle relaxant）として用いられる．（→神経筋接合部）

**積み荷タンパク質**［cargo protein］【1】単に積み荷ともいう．小胞輸送により輸送されるタンパク質のこと．膜タンパク質であることが多い．真核生物の細胞小器官間のタンパク質の輸送は，ある細胞小器官から積み荷としてタンパク質を包み込んで形成された輸送小胞が，標的細胞小器官の膜と融合して積み荷を受け渡すことにより行われる．輸送小胞による積み荷タンパク質の輸送は厳密に制御されており，このメンブレントラフィック*は高度に組織化された方向性のある経路に沿って起こる．トランスゴルジ網*（TGN）とエンドソーム/リソソームや細胞膜の間の輸送は，主としてクラスリン被覆小胞を介して行われ，輸送される積み荷タンパク質とクラスリンの結合はアダプタータンパク質（AP）複合体により起こり，積み荷のクラスリン小胞への取込みが仲介される．AP複合体はこれまでに4種類（AP-1～AP-4）同定されており，それぞれ異なった積み荷の異なる細胞小器官間の輸送に関与する．糖鎖認識ドメイン（carbohydrate recognition domain，CRD）をもち，クラスリンと結合したアダプタータンパク質（Emp46p, Emp47p）やGGA（Golgi-localizing, gamma-adaptin ear homolgy domain, ARF-binding protein）1～3なども輸送タンパク質受容体ARF-GTPと相互作用し，積み荷タンパク質の糖鎖を認識して積み荷タンパク質受容体の役割をする．ユビキチンはエンドソームにおける積み荷の選別において，積み荷の膜タンパク質をリソソームでの分解へと向かわせるためのタグとして機能する．

【2】核外輸送受容体であるエクスポーチン1とRan GTPに結合し複合体（積み荷複合体）を形成し，核から細胞質に輸送されるタンパク質で核外輸送シグナル*（NES）をもつ．このNESはロイシンに富むことが多い．

# テ

**TIRFM** [TIRFM＝total internal reflection fluorescence microscope] ＝全反射蛍光顕微鏡

**TIF-1B** [TIF-1B] ＝SL1

**TIMP** [TIMP] メタロプロテアーゼ組織インヒビター(tissue inhibitor of metalloprotease)の略称．コラゲナーゼインヒビター(collagenase inhibitor)ともよばれる．TIMPは，動物細胞のマトリックスメタロプロテアーゼ*(MMP)の作用を調節する内在性のインヒビターである．これまでTIMP-1～4の4種が知られている．いずれも特徴的な12個のシステインを含む，200個あまりのアミノ酸から成り，TIMP-1には糖鎖が存在する．TIMP-1と2は多くのMMPの活性部位に結合し，それらの活性をほぼ不可逆的に阻害する．また，TIMP-1と2はそれぞれゼラチナーゼ*BおよびA前駆体の非活性部位にも特異的に結合し，両前駆体の活性化や安定性を調節する．さらに，両TIMPは種々の細胞に直接的に作用し，増殖促進活性を示す．ほとんどの培養細胞は両TIMPを分泌しており，それらの合成は種々の増殖因子やサイトカインによって影響される．TIMP-3はマトリックスに沈着する不溶性タンパク質であるが，同様なMMP阻害活性を示す．TIMP-4の詳細はまだ不明である．

**TIM複合体** [TIM complex＝translocase of the mitochondrial inner membrane complex] ＝ミトコンドリア内膜トランスロカーゼ複合体

**DIC** [DIC＝disseminated intravascular coagulation] ＝播種性血管内凝固

**DIG** [DIG＝digoxigenin] ＝ジゴキシゲニン

**Dicer** ⇒ Dicer(ダイサー)

**Tiプラスミド** [Ti plasmid] tumor-inducing plasmidの略称．*Agrobacterium tumefaciens*＊がもつ約200,000塩基対のプラスミド．クラウンゴール腫瘍*の原因因子である．このプラスミドには，同一方向を向いた一対の25塩基対から成る境界配列に囲まれたT-DNA*領域がある．細菌が植物に感染すると，Tiプラスミド上の*vir*領域*などの働きによりT-DNA領域内のDNAが植物細胞の染色体へ転位する．T-DNA領域は，特定のVirタンパク質により境界配列の中で一本鎖切断を受け，一本鎖DNAとして切出される．この分子が植物へ移動し，染色体に組込まれると考えられている．したがって，異種のDNAでも境界配列で囲めば，*Agrobacterium*の機能を介して植物染色体へ導入できる(⇒ バイナリーベクター)．また，*vir*領域は，T-DNA領域とは異なるDNA分子に存在しても機能できる．植物染色体に組込まれたT-DNAは細胞分裂や個体の交配を通しても安定に後代へ受継がれる．(⇒ トランスジェニック植物, Riプラスミド)

**ディアキネシス期** ＝移動期

**低圧受容器** [low pressure receptor] ＝容量受容器

**Dアーム** [D arm] ジヒドロウリジンアーム(dihydrouridine arm), DHUアーム(DHU arm)ともよぶ．転移RNA*(tRNA)のクローバー葉構造*にみられる三つのアームのうちの一つ．3～4個の塩基対を含むステム領域(Dステム)と，8～11残基のループ領域(Dループ)から成る．多くのtRNA分子種のループ内にはジヒドロウリジン*が見いだされるため，この名前がつけられた．Dループ中18位, 19位には，ほとんどのtRNAでグアノシン残基が存在し，Tループ内の特定の残基と三次構造塩基対を形成している．また，Dアーム内の特定の塩基対は，可変ループ内の残基とも相互作用して塩基トリプルを形成する．これらの塩基トリプルは，DループとTループの間の相互作用とともにtRNAのL字形三次構造の形成に寄与している．ただし，ミトコンドリアtRNAのDアームは，細胞質型tRNAと比べて縮小しているか，時にはほとんど欠失している分子種が存在する．

**TR**[1] [TR＝thioredoxin reductase] ＝チオレドキシンレダクターゼ

**TR**[2] [TR＝thrombin receptor] ＝トロンビン受容体

**TR**[3] [TR＝thyroid hormone receptor] ＝甲状腺ホルモン受容体

**TriC** [TriC＝TCP1 ring complex] ＝TCP1

**TRITC** [TRITC＝ tetramethylrhodamine isothiocyanate] ＝テトラメチルローダミンイソチオシアネート

**DRIP** ⇒ DRIP(ドリップ)

**TRE**[1] [TRE ＝ thyroid hormone response element] ＝甲状腺ホルモン応答配列

**TRE**[2] [TRE ＝ TPA response element] TPA応答配列の略号．(⇒ AP-1)

**DRE** [DRE＝dehydration responsive element] ＝乾燥ストレス応答性エレメント

**Dr1** [Dr1] down-regulator of transcription 1の略．NC2(negative cofactor 2; NC2β)ともいう．TATAボックス結合タンパク質*(TBP)と結合してRNAポリメラーゼⅡおよびⅢによる転写を普遍的に抑制する転写リプレッサー．1992年, D. Reinbergらにより精製，クローニングされた．Dr1はプロモーター上でTBPとともにDr1-TBP-DNA複合体を形成し，基本転写因子TFⅡA*やTFⅡB*のTBPへの結合を競合的に阻害することで転写を抑制すると考えられる．Dr1による転写抑制には，Dr1とヘテロ複合体を形成する転写抑制補助因子DRAP1(NC2α)が必要である．NC2の活性はリン酸化により制御されている．

**TRAIL** ⇒ TRAIL(トレイル)

**TRAF** ⇌ TRAF(トラフ)
**TRX** [TRX=thioredoxin] =チオレドキシン
***trx* 遺伝子** [*trx* gene] =トリソラックス遺伝子
**TRH** [TRH=thyrotropin-releasing hormone] =甲状腺刺激ホルモン放出ホルモン
**tRNA** [tRNA=transfer RNA] =転移 RNA
**D-RNA** [D-RNA=DNA-like RNA] =DNA 様 RNA
**tRNA 遺伝子** [tRNA gene] 転移 RNA*(tRNA)をコードする遺伝子. 原核生物の tRNA 遺伝子にはイントロンがなく, 3′末端の CCA 配列もコードされているが, 真核生物の場合アンチコドンループにイントロンを含む場合があり, 転写後に切出される. CCA 配列も通常はコードされておらず転写後, 酵素的に付加される. 原核生物の転写プロモーターは遺伝子の上流に存在するのに対し, 真核生物の場合は tRNA の D ループ, T ループに対応する領域が RNA ポリメラーゼⅢによる転写の内部プロモーターとして機能している.

**tRNA 前駆体** [tRNA precursor] tRNA 遺伝子*から転写された直後の tRNA 配列を含む長い RNA. その後種々のプロセシング*や塩基の修飾を受け成熟 tRNA になる. tRNA の 5′末端と 3′末端の余分な配列は大腸菌のリボヌクレアーゼ P* をはじめとする tRNA のプロセシング酵素によって切断され, 真核生物の多くの tRNA に含まれるイントロンも特異的なヌクレアーゼとリガーゼの作用によって除去される. 3′末端の CCA 配列は真核生物の場合酵素的に付加される. また種々の修飾塩基もそれぞれに特異的な修飾酵素により段階的に導入される.

**TRF** [TRF=thyrotropin-releasing factor] 甲状腺刺激ホルモン放出因子の略. (⇌甲状腺刺激ホルモン放出ホルモン)

***trk* 原がん遺伝子** [*trk* protooncogene] ⇌神経成長因子受容体

**DRTF** [DRTF=differentiation-regulated transcription factor] =E2F

***trp* オペロン** [*trp* operon] =トリプトファンオペロン

**TRP チャネル** [TRP channel] =一過性受容体電位イオンチャネル

**DEAE/DEAH ボックスヘリカーゼ** [DEAE/DEAH box helicase] DEAD(Asp-Glu-Ala-Asp)または DEAH(Asp-Glu-Ala-His)モチーフ(それぞれ DEAD ボックス, DEAH ボックス)をもつ ATP 依存性の RNA ヘリカーゼ*. 二本鎖 RNA を基質としてその巻戻しを行うが, RNA の巻戻しを伴わずにタンパク質の解離を触媒することも報告されている. DEAE/DEAH ボックスヘリカーゼは, 核内での転写, mRNA 前駆体のスプライシング, リボソーム生成, 核-細胞質間輸送, 翻訳, RNA 分解, 細胞小器官での遺伝子発現など種々の RNA 代謝に関与する. (⇌Dicer)

**TEM** [TEM=transmission electron microscope] =透過型電子顕微鏡

***T* 遺伝子座** [*T* locus] 1927 年短尾のマウスとして発見された優性突然変異で, ヘテロ接合体は短尾, ホモ接合体は致死胚となる(⇌致死遺伝子). *T/t* ヘテロ接合体が無尾となることから, 多数の *t* 突然変異遺伝子が 17 番染色体上の *T* を含む約 10 cM の領域に見いだされ, *t* 複合遺伝子座(*t*-complex locus)と名づけられた. これは七つの相補群*から成り, 二つの染色体逆位を含む. *t* 遺伝子ホモ接合体は相補群特異的な致死胚となる. 自然集団では *t* 遺伝子の子孫への伝達率は正常の遺伝子より有意に高い. (⇌マウスの遺伝学)

**D 因子** [differentiation stimulating factor] =白血病阻害因子

**Da** [Da] ⇌ドルトン

**TAR 配列** [TAR element] ヒト免疫不全ウイルス*(HIV)の mRNA の 5′側にあり, ウイルス遺伝子産物 TAT が結合する約 60 塩基の配列で, trans-acting responsive element の略. プロウイルス DNA の LTR* 内の転写開始点下流の R 領域にある. 転写後 TAR 配列は二次構造をとり, そのステム突出部に結合した TAT が LTR の U3 領域に結合した TATA ボックス結合因子*や Sp1*と相互作用し, さらに転写を活性化させる. RNA ポリメラーゼⅡ転写伸長因子である P-TEFb はサイクリン T1 タンパク質と CDK9 から成るが, サイクリン T1 は TAT の転写活性化ドメインと特異的に相互作用し, TAT-TAR 相互作用の特異性と親和性を高める. TAT 単独では認識されない TAR のループ部分はサイクリン T1 の関与で認識されるようになる. (⇌*tat* 遺伝子)

***tax* 遺伝子** ⇌*tax*(タックス)遺伝子

**DAN** [DAN=diazoacetyl-DL-norleucine methyl ester] ジアゾアセチル-DL-ノルロイシンメチルエステルの略号. (⇌プロテアーゼインヒビター)

**TAF** ⇌TAF(タフ)

**DAF** [DAF=decay accelerating factor] 崩壊促進因子の略号. (⇌発作性夜間ヘモグロビン尿症)

**TAFI** [TAFI=thrombin-activatable fibrinolysis inhibitor] =トロンビン活性化繊維素溶解系インヒビター

**Dam メチラーゼ** [Dam methylase] =DNA アデニンメチラーゼ(DNA adenine methylase). DNA 鎖の 5′-GATC-3′配列中のアデニン残基を特異的にメチル化する酵素. S-アデノシルメチオニンをメチル基供与体としてアデニンの 6 位の窒素をメチル化する. メチル化された DNA は複製後にヘミメチル化*DNA を生じるため, 染色体のある領域における複製の有無, 複製後の鋳型鎖と娘鎖の識別が可能となる. そのため腸内細菌細胞内では DNA 複製の同調, ミスマッチ修復*, ある種のトランスポゾン*の転位の調節などに関与する(⇌メチル化【1】).

***Taq* ポリメラーゼ** ⇌*Taq*(タック)ポリメラーゼ

**DAG** [DAG=1,2-diacylglycerol] 1,2-ジアシルグリセロールの略. (⇌ジアシルグリセロール)

**Tac 抗原** [Tac antigen] ⇌CD25(抗原)

**Ds** [Ds] ⇌Ac

**dsRBD** [dsRBD=double-stranded RNA binding domain] ＝二本鎖 RNA 結合ドメイン

**TSH** [TSH=thyroid-stimulating hormone] ＝甲状腺刺激ホルモン

**Dsh** [Dsh=Dishevelled] ＝Dishevelled(ディシェブルド)

**TSH 受容体** [TSH receptor] ＝甲状腺刺激ホルモン受容体

**dsl-1** [dsl-1=dorsalin-1] ＝ドーサリン 1

**TSLC1** [TSLC1] tumor suppressor in lung cancer 1 の略. (⇒ CADM1(シーエーディーエムワン))

**TSTA** [TSTA=tumor-specific transplantation antigen] ＝腫瘍特異性移植抗原

**dsDNA ウイルス** [dsDNA virus] ＝二本鎖 DNA ウイルス

**ts 突然変異** [ts mutation] ＝温度感受性突然変異

**TSP** [TSP=thrombospondin] ＝トロンボスポンジン

**ts 変異株** [ts mutant] ＝温度感受性変異株

**DsRed** [DsRed] サンゴ礁に生息するカイメンの一種(学名 *Discosoma*)からとられた赤色の蛍光タンパク質*. 吸収極大波長は 558 nm, 蛍光極大波長は 583 nm. この色素の問題点は, 四量体を形成しやすいことで, そのためタンパク質に融合させた時にタンパク質機能に影響することがある. この問題を回避するために, 四量体をつくらない変異体もつくられている. (⇒ 化学発光)

**TX** [TX=thromboxane] ＝トロンボキサン

**$T_H$** [$T_H$=helper T cell] ＝ヘルパー T 細胞

**THF** [THF=L(−)-5,6,7,8-tetrahydrofolic acid] ＝L(−)-5,6,7,8-テトラヒドロ葉酸

**DHFR** [DHFR=dihydrofolate reductase] ＝ジヒドロ葉酸レダクターゼ

**THFA** [THFA=L(−)-5,6,7,8-tetrahydrofolic acid] ＝L(−)-5,6,7,8-テトラヒドロ葉酸

**TH 受容体** [TH receptor] ＝甲状腺ホルモン受容体

**$T_H2$ サイトカイン** [$T_H2$ cytokine] 2 型ヘルパー T 細胞が産生するサイトカイン*の総称で, IL-4 や IL-5, IL-13 などが含まれる. *IL-4, IL-5, IL-13* 遺伝子はヒトでは第 5 染色体, マウスでは第 11 染色体上で近傍に位置しており, この領域は $T_H2$ サイトカイン遺伝子座とよばれている. 2 型ヘルパー T 細胞の分化に伴い $T_H2$ サイトカインは協調的な発現パターンを示すことから, 染色体上で一つの遺伝子領域として制御されると考えられている. 実際, $T_H2$ 細胞分化のマスター転写因子である GATA-3 は $T_H2$ サイトカイン遺伝子に共通のエンハンサー領域に会合し, クロマチンリモデリングを誘導することが知られている. IL-4 や IL-13 は B 細胞*に作用して抗体産生を誘導し, IL-5 は好酸球*の生存を促進することで, 細胞外寄生細菌や寄生虫に対する感染防御を行うとともに, 即時型アレルギー疾患の発症や病態形成に深くかかわっている.

**DHU アーム** [DHU arm] ＝D アーム

**Thy-1 抗原** ⇒ Thy-1(サイワン)抗原

**$T_H1$ サイトカイン** [$T_H1$ cytokine] 細胞性免疫*を誘導する 1 型ヘルパー T 細胞が産生するサイトカイン*の総称で, IL-2 や IFN-γ などが含まれる. IL-2 は T 細胞*, B 細胞*, ナチュラルキラー細胞*などの増殖因子としてのみならず, T 細胞の活性化因子として作用する. IFN-γ は抗原提示細胞*の *MHC*(主要組織適合遺伝子複合体*)の発現を促進すると同時に, キラー T 細胞やナチュラルキラー細胞の活性化を促進する. $T_H1$ サイトカインは協調的に働くことで細胞性免疫を誘導し, ウイルス感染に対する免疫応答や細胞内寄生細菌の排除を行うと同時に, 遅延型アレルギー*などの発症や病態形成にも深くかかわっている.

**TAT** [TAT=thrombin-antithrombin III complex] ＝トロンビン・アンチトロンビンIII複合体

***tat* 遺伝子** ⇒ *tat*(タート)遺伝子

**TATA ボックス** ⇒ TATA(ターター)ボックス

**Tn** [Tn] ⇒ トランスポゾン

**DN アーゼ** [DNase=deoxyribonuclease] ＝デオキシリボヌクレアーゼ

**DN アーゼ I 高感受性部位** [DNase I hypersensitive site] DN アーゼ I 超感受性部位ともいう. 単離核にデオキシリボヌクレアーゼ*I(DN アーゼ I)を低濃度, 短時間, 低温下で作用させた時, 選択的に分解されるクロマチン*中のヌクレオソーム*構造をとらない特定部位. DNA を抽出後, 制限酵素分解し, 制限酵素認識部位に近接したプローブによるサザンブロット法*により切断部位を推定する. 通常, 遺伝子上流の転写調節領域中のタンパク質因子結合部位や核マトリックス*結合部位に隣接して構成的または誘導的に出現する. (⇒ ゲノムフットプリント法)

**DN アーゼ I 超感受性部位** ＝DN アーゼ I 高感受性部位

**DNA** [DNA] デオキシリボ核酸(deoxyribonucleic acid)の略称. 遺伝情報*の化学的本体. 1869 年 F. Miescher により白血球より核の主要な酸性構成成分ヌクレインとして初めて単離された. その後, 1944 年の O. T. Avery* らによる肺炎球菌の形質転換実験, 1948 年の A. Hershey* の大腸菌ファージの感染実験により遺伝子本体として認識された. さらに, 1950 年の E. Chargaff による DNA の塩基成分の解析(アデニンとチミン, グアニンとシトシンの等量関係の発見. ⇒ シャルガフの法則)および M. H. F. Wilkins*, R. E. Franklin* らによる X 線結晶構造解析*の結果をもとに, 1953 年, J. D. Watson*, F. H. C. Crick* らにより DNA の二重らせん*構造モデルが提唱され, その化学構造が明らかとなった(⇒ ワトソン・クリックモデル). DNA は 2-デオキシリボース, プリンもしくはピリミジン塩基およびエステル結合にリン酸基の 3 成分より構成されるヌクレオチド残基が 3',5'-ホスホジエステル結合し, 糖とリン酸基が交互に連なったポリデオキシリボヌクレオチドである.

DNAに含まれるおもなプリン塩基はアデニン(A)およびグアニン(G)，ピリミジン塩基はシトシン(C)とチミン(T)で，ほかにメチル化などの修飾を受けた微量塩基を含むこともある．RNAに比べDNAは2′位の炭素にヒドロキシ基が付いておらず，このことがDNAの化学的安定性に大きく寄与している．DNAが二重らせん構造をとる場合は，2本のポリデオキシリボヌクレオチド鎖が互いに逆位平行になり，外側に糖とリン酸の骨格が，内側に塩基が配置する．内側に配置された塩基はAとT，CとGの各塩基間でそれぞれ，2本および3本の水素結合を形成し(相補的塩基対形成*，図a参照)，これら塩基対がらせん階段状に重なり合う(図b, c参照)．DNAの半保存的複製*はこの相補性により保証される(→複製)．二重らせんを横から見ると大きな溝(主溝 major groove)と小さな溝(副溝 minor groove)が交互に繰返す．二重らせん構造はらせん軸に対して垂直な相互作用(水素結合)と平行な相互作用(塩基スタッキング*)により安定化する．構造を不安定化するのは，リン酸骨格間の静電気的斥力と熱運動である．DNA二重らせんは常に部分的開裂と会合を繰返しており，温度の上昇または極端なpHの変化により，可逆的に融解し一本鎖となる(→変性【2】)．変性したDNAは緩やかに冷却すると相補性をもつ塩基間で水素結合をつくり再生する．ほとんどの場合，二本鎖DNAは右巻きのらせん構造をとっている(→DNAの高次構造)．細胞によってDNAの鎖長，含量は異なっており，原核生物の大部分を占める細菌のゲノム*は数百万塩基対より成る1個の環状DNA分子である．一方，塩基対の総量が細菌の約千倍に達する真核生物ゲノムは種に固有の数の染色体*に分かれており，おのおのの染色体が1個のDNA分子である．

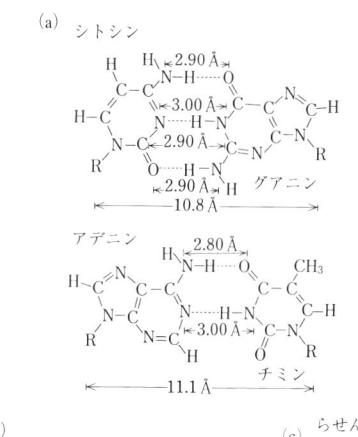

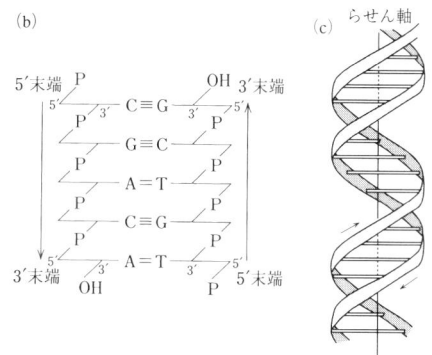

**DNA アデニンメチラーゼ**　[DNA adenine methylase] ＝Dam メチラーゼ

**DNA アフィニティークロマトグラフィー**　[DNA-affinity chromatography]　DNA結合タンパク質を分離精製する目的で，DNAを固定化した親和性吸着体を用いるアフィニティークロマトグラフィー*．親和性が塩基配列に依存しないデオキシリボヌクレアーゼ*，ヒストン*などならば，一般的なDNAを固定化する．転写調節因子，制限酵素*などの場合は，それらが認識する配列を繰返し含むDNAを合成して使うと効果的である．DNAが支持体に多数の点で固定化されると，タンパク質との相互作用が妨げられる恐れがある．

**DNA-RNA ハイブリダイゼーション**　[DNA-RNA hybridization]　RNA-DNAハイブリダイゼーション(RNA-DNA hybridization)ともいう．一本鎖DNAとRNAが相補的塩基配列である時，適当な条件下で塩基間の水素結合により会合して二本鎖の分子になることをいう．この二本鎖構造はDNAの二重らせん構造のA形に近い(→A形DNA)．適当な方法により二本鎖形成を検出することにより，DNAとRNA間における相補的塩基配列の同定や相同性を調べることができる．ノーザンブロット法*をはじめ，rRNAやtRNA遺伝子を解析する場合などに用いられる．また，染色体DNAとmRNAをハイブリダイゼーションさせると，DNA鎖のエキソンはmRNAと塩基対形成できるが，イントロンはmRNA上に相同な部分が存在しないためハイブリッドを形成せず，ループアウトする(→Rループ形成法)．このループ形成を電子顕微鏡解析やヌクレアーゼ処理(→S1マッピング)により分析することでイントロンの存在などのRNA転写産物の研究にも応用される．(→ハイブリダイゼーション)

**DNA 依存性 RNA ポリメラーゼ**　[DNA-dependent RNA polymerase]　⇌RNAポリメラーゼ

**DNA 依存性 DNA ポリメラーゼ**　[DNA-dependent DNA polymerase]　DNAを鋳型としてDNA鎖の3′末端にホスホジエステル結合により一度に1ヌクレオチドずつ付加し，5′→3′の方向に伸長させる反応を触媒する酵素の総称(EC 2.7.7.7)．この伸長反応にはDNAまたはRNAのプライマー*を必要とする．原核生物にも真核生物にも複数種存在している．それらのうちDNAの複製に関与するものは限られており，DNAレプリカーゼ*とよばれ，ほかは複製において補助的な働きをするかDNA修復*に関与するものである．真正細菌にはDNAポリメラーゼⅠ～Ⅴが見つかって

おり，Ⅲ が DNA 複製に働く．真核生物には DNA ポリメラーゼ $\alpha^*$, $\beta^*$, $\gamma^*$, $\delta^*$, $\varepsilon^*$ ほか多数の種類が知られている．(⇌ DNA ポリメラーゼ)

**DNA 依存性プロテインキナーゼ** [DNA-dependent protein kinase] DNA 活性化プロテインキナーゼ (DNA-activated protein kinase) ともいう．アミノ酸配列 X-Ser/Thr-Gln あるいは Pro-Ser/Thr-X をもつ多くの複製・転写因子のリン酸化反応を，二本鎖 DNA 存在下に触媒する．レトロウイルス DNA の染色体への組込みにも関与している．触媒サブユニット(DNA-PK catalytic subunit, DNA-PKcs)と DNA 結合性調節成分 Ku タンパク質 (Ku protein, p70/p80) から成る．p465 は，DNA 二本鎖切断修復と，V-D-J 組換えが異常な SCID マウス* の原因遺伝子産物である．ヒトでは第 8 染色体長腕 11.1-11.2 領域にマップされる．Ku は自己免疫疾患* の強皮症*・多発性筋炎重複症候群の自己抗原として発見された．

**DNA ウイルス** [DNA virus] DNA 分子をゲノム* とするウイルスの総称．以下の 3 群から成る．1) 線状一本鎖 DNA 分子をゲノムとするパルボウイルス* 科 (アデノ随伴ウイルスなど)，2) 線状二本鎖 DNA 分子をゲノムとするアデノウイルス* 科 (ヒトアデノウイルスなど)とヘルペスウイルス* 科 (単純ヘルペスウイルス* Ⅰ型，Ⅱ型，ヒトサイトメガロウイルス* や EB ウイルス* など)，ポックスウイルス* 科 (ワクシニアウイルス* など)，3) 環状 DNA 分子をゲノムとするパポーバウイルス* 科 (ポリオーマウイルス*，SV40*，パピローマウイルス* など)とヘパドナウイルス科* (B 型肝炎ウイルス* など)．(⇌ RNA ウイルス)

**DnaA ボックス** [DnaA box] ⇌ 複製起点

**DNA 塩基配列** [DNA sequence] DNA シークエンス，DNA ヌクレオチド配列 (DNA nucleotide sequence) ともいう．DNA は塩基部分の構造のみが異なるデオキシヌクレオチドの重合体なので，通常，DNA の一次構造を合成方向である 5' から 3' への塩基の並びで示す．

**DNA 塩基配列決定法** [DNA sequencing method] DNA シークエンシング法ともいう．塩基特異的な化学分解を利用するマクサム・ギルバート法 (Maxam-Gilbert method, 化学法) と，DNA ポリメラーゼ* による修復合成を利用するサンガー法 (Sanger method, 酵素法) が 1975〜77 年に発表され，DNA の塩基配列決定の迅速化が始まった．化学法では，一方の末端だけを標識した均一 DNA 断片を分析材料として，4 種の塩基それぞれに特異的な分解反応を行うが，この際，数百個に 1 個くらいの確率でランダムに切断が生じるような条件を用いることが重要である．生成した部分分解産物はポリアクリルアミドゲル電気泳動により鎖長に従って分離し，各塩基特異的切断産物のバンドの相対位置から配列を読み取る(図 a)．一方，酵素法では，分析しようとする DNA 領域を鋳型とし，そのすぐ上流に結合する標識プライマーを用いて DNA ポリメラーゼによる修復合成を行う．この際，基質の類似体としてジデオキシヌクレオシド三リン酸を少量加えておくと，ジデオキシヌクレオチドが取込まれた位置で DNA 鎖の伸長が停止する(⇌ ジデオキシリボヌクレオシド三リン酸)．4 種の塩基それぞれに対応

(a) マクサム・ギルバート法 (化学法) の原理

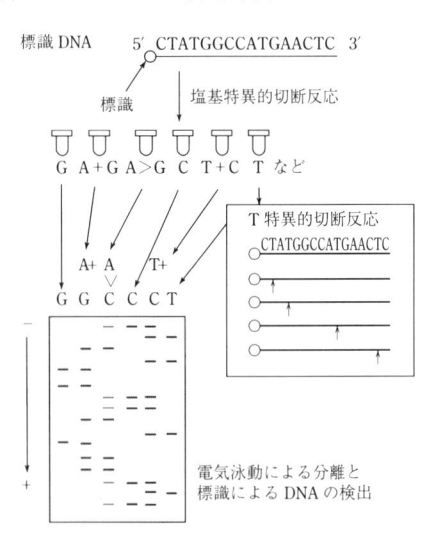

(b) サンガー法 (酵素法) の原理

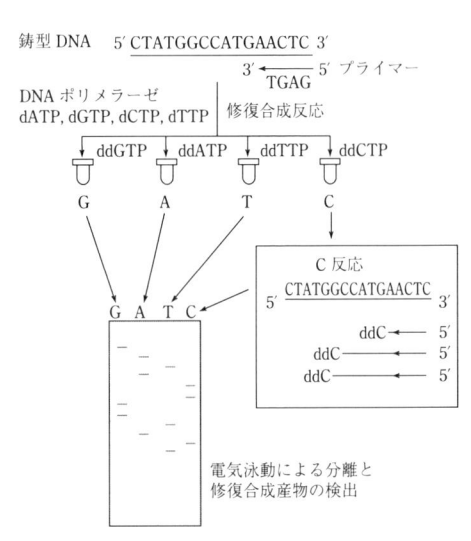

**DNA 塩基配列決定法**

するジデオキシヌクレオチドを用いて反応を行い，化学法と同様にポリアクリルアミドゲル電気泳動により鎖長に従って産物を分離し，4種の反応産物のバンドの相対位置から配列を読み取る(図b)．こうした原理のゆえに，酵素法はジデオキシ法(dideoxy method)，チェーンターミネーション法(chain-termination method)とよばれることもある．一本鎖DNAファージ*を用いたクローニングベクター*系などが開発されたため，現在では分析試料作製が簡単になった酵素法が汎用される(→M13ベクター)．また，当初はDNAバンドの検出は放射性同位体標識により行っていたが，蛍光標識したプライマーやターミネーターを用いて得られた反応産物を自動DNAシークエンサー(automated DNA sequencer)により光学的に読み取る方法が一般的となった．当初はガラス板を用いたポリアクリルアミドゲル電気泳動法が用いられていたが，ポリマーを詰めたキャピラリー電気泳動へと移行し，384ウエルプレートを用いたハイスループットシークエンシング法も開発された．さらに，ジデオキシチェーンターミネーション法に代わる高速シークエンシング法としてピロシークエンス法*が開発され，高速の塩基配列決定を可能とした．これは，ヌクレオシド一リン酸がDNAに取込まれる時に基質として使用したヌクレオシド三リン酸から遊離するピロリン酸をATPに変化させて発光反応にし，ヌクレオチドがどれくらいDNAに取込まれたかを定量できるという原理に基づいている．実際にはデオキシリボヌクレオチドを1種類ずつ加えて発光量を測定しては除去することを繰返すことで，配列を決定する．現状では一度に数十塩基から100塩基程度しか決定できないが，比較的低コストで配列を決定できるためにSNP解析などで使われている(→一塩基多型)．特に2005年にこの原理を応用した大規模シークエンサーが発売され，サンガー法の10分の1のコストで大量の配列決定ができるとして注目を集めている．さらによりハイスループットなシークエンシングシステムがいくつか開発されてきた．SolexaシークエンサーではランダムなDNAフラグメントの両端にアダプターを結合し，一本鎖化したうえでフローセルチャネルの内表面に固定化させる．DNA合成のためのプライマーも固定化される．固定化プライマーに固定化された一本鎖DNAの遊離末端側の相補的なアダプターが相補的に対合し，橋が形成される．未標識のヌクレオチドとDNAポリメラーゼを加えることにより，プライマーからのDNA合成が起こり，二本鎖DNAが生じる．二本鎖DNAを変性させ，一本鎖DNAとするとこれが鋳型となり重合反応により二本鎖DNAを生成する．これを繰返すことによりフローセルの各チャネル内に数百万の二本鎖DNAのクラスターが形成される．フローセルに標識ターミネーター，プライマー，DNAポリメラーゼを加え，シークエンシング反応を開始する．取込まれなかった試薬をすべて洗い流し，レーザー光を照射し各クラスターからの蛍光を捕捉して，各クラスターについて最初の

ヌクレオチドを記録する．ブロックされた3′末端と取込まれた塩基から発色団を除去する．再び，標識ターミネーターと酵素を加えてつぎのヌクレオチド付加反応を行い，2番目のヌクレオチドを記録する．このプロセスを1回繰返すごとに1ヌクレオチドずつ配列を同定することができる．フローセル中で4種の塩基に対応する蛍光ヌクレオチドを1種類ずつ順次DNAポリメラーゼ反応させ，取込まれた蛍光標識塩基からの発色蛍光を記録した後，発色団を除去するという4種類の反応セットを25サイクル以上繰返し塩基配列をハイスループットで読取るHeliscope 1分子シークエンサーも開発された．また，454シークエンサーでは，DNAフラグメントの末端にアダプターを付け，変性後生じた一本鎖DNAをそれぞれ1種類ずつビーズに固定化し，生じた一本鎖DNAライブラリーを一つのビーズが1個のマイクロリアクター(増幅試薬を含むエマルジョン中)になるように取込ませる．これらマイクロリアクターを1本のPCRチューブに集め増幅反応を行うと，それぞれのビーズは数万コピーに増幅された一本鎖DNAに覆われる．プレートのそれぞれのウエルに1個ずつのビーズを入れ，プレート上に各ヌクレオチドを順番に流し，各ヌクレオチドが取込まれて生じる化学発光を検出するピロシークエンシング法により塩基配列をハイスループットに決定する．さらに，SOLiDとよばれるシステムでは，1ランで3Gbをシークエンシングできるという．ここでは，標識したランダムなオリゴヌクレオチドを二つのアダプターとDNAリガーゼで連結し，ビーズ上に固定したアダプターに連結したDNAフラグメントをアニールさせ，エマルジョン中でPCR増幅させて，増幅したDNAをもったビーズをスライド上に固定する．たとえば5′末端から4番目と5番目のヌクレオチドだけ固定し，残りはランダムなオリゴヌクレオチドプールをスライド上のDNAとハイブリダイズさせる．配列が合致したものではDNA連結が優先的に起こり，その場所で相補的な配列に相当するシグナルが得られる．3′側のアニールしていないヌクレオチド配列(これがほとんどすべて)を切断・除去して，つぎのランダムオリゴヌクレオチドプールをハイブリダイズさせると，同様にうまくハイブリダイズしたものだけから強いシグナルが得られる．完全にハイブリダイズしていない(3′末端が対合していない)ヌクレオチド配列を除去する．これを繰返し，また，最初に用いるユニバーサルプライマーを1ヌクレオチドずつずらしてアニールさせることにより，1ヌクレオチドずつずれた配列を読取ることができる．これらの読取った配列をアラインして正しい配列を読取るという方法である．その他，配列が既知のDNAを配置したマイクロアレイを使ったハイブリダイゼーションによる方法，通常のチェーンターミネーション法で合成した長さの異なるDNAフラグメントについて質量分析を行う方法，なども開発されているほか，ハロゲンのような重原子でヌクレオチドを標識した長いDNA鎖の中で特定のヌクレオチドをAFM

や電子顕微鏡を利用して読取る方法なども開発が試みられている.

**DNA 活性化プロテインキナーゼ**　［DNA-activated protein kinase］　＝DNA依存性プロテインキナーゼ

**DNA がんウイルス**　［DNA oncogenic virus］　＝DNA腫瘍ウイルス

**DNA ギラーゼ**　＝DNA ジャイレース

**DNA 切出し**　［DNA excision］　【1】プロファージ*が誘発されて宿主DNAからファージゲノムDNAが切出されること．ファージDNAが宿主DNAに組込まれる（⇒部位特異的組換え）のと逆の現象であるが，組込み部分ではDNA配列が変化するから機構は完全な逆過程ではない．たとえばλファージでは組込みはファージの int 遺伝子の産物であるインテグラーゼ*と宿主大腸菌の組込み宿主因子(IHF)タンパク質によって行われるが（⇒λインテグラーゼ），切出しにはこのほかにDNA切出しタンパク質である，ファージ遺伝子 xis の産物の切出し酵素(excisionase)が必要で，さらに試験管内の反応ではその濃度が低い時には宿主タンパク質の Fis(factor for inversion stimulation, 逆位促進因子)によって促進される．しかし切出し酵素には酵素活性はみられず，IHF や Fis, Int タンパク質と同じくDNAに結合して屈曲させる特性があるので，DNAの構造変化を起こさせることに意味があるのであろう．

【2】DNA に受けた障害を除く手段の一つとして障害を含む一本鎖を取除く過程．残った一本鎖を鋳型にした複製により修復する．(⇒除去修復)

**DNA 駆動ハイブリッド形成**　［DNA-driven hybridization］　ハイブリッド形成反応を利用した測定法(Cot 解析*など)では，少量の放射能標識したプローブに対し，試料DNAを(プローブ濃度は無視できるほど)多量に加え反応させる．このときのハイブリッド形成速度は，試料DNA濃度のみに依存する．これをDNA駆動によるハイブリッド形成反応という．プローブ濃度が無視できるので，簡単な理論式通りの反応結果が期待できる．

**DNA グリコシラーゼ**　［DNA glycosylase］　DNAの塩基とデオキシリボース間の結合を切断する酵素．原核生物，真核生物に広く分布するが，化学修飾や損傷による異常な塩基を切取る性質をもつ．チミンの代わりにDNAに入ったウラシルやメチル化アデニンを除去するものなど数種類が知られている．塩基が除去されたあと，APエンドヌクレアーゼ*などの働きによりデオキシリボースが除かれ，DNAポリメラーゼ*とDNAリガーゼ*によって修復される．(⇒除去修復)

**DnaK**　［DnaK］　原核細胞の熱ショックタンパク質*の一つで，HSP70 ファミリー*に属するシャペロン*である．タンパク質の高次構造の形成や，分泌などの過程に関与すると考えられている．熱ショック時には，発現量が増加し，変性化したタンパク質に結合する．DnaK の ATP 加水分解を促進する DnaJ*と，ATP-ADP 交換反応を促進する GrpE が補助因子として働くと考えられている．

**DNA 結合体**　＝DNA 付加物

**DNA 結合タンパク質**　［DNA-binding protein］　DNAに対して親和性をもち，DNAと特異的あるいは非特異的に結合するタンパク質の総称．その結合様式と機能から，おおよそつぎの五つのタイプに分類される．1) 染色体DNAに比較的強く結合し染色体の高次構造の保持に関与するもの．2) 二本鎖DNAに結合し遺伝子の発現調節に関与するもの．3) 二本鎖あるいは一本鎖DNAに結合し切断，修飾などを行う酵素性をもったもの．4) 一本鎖DNAに結合し複製，修復，組換え，あるいは一部の遺伝子の発現調節に関与するもの．5) DNAの構造やトポロジー変化を触媒するもの．1)に属する代表的なタンパク質は真核生物のヒストン*である．ヒストンタンパク質はDNAとともにヌクレオソーム*構造を形成し，染色体DNAを密に折りたたむ働きをする．また，非ヒストンタンパク質として高速移動群(HMG)タンパク質*なども知られている．原核生物では，ヒストン様のHタンパク質(⇒H-NS)などが見いだされており，これらにより原核生物の染色体DNAもヌクレオソーム様の構造をとると考えられている．2)に属する主たるタンパク質は転写因子*であり，DNA結合タンパク質として最も種類が多い．3)に属するタンパク質にはDNAの特定の塩基配列を認識して切断する EcoRI などの制限酵素*や非特異的に切断・分解をしたり，あるいはニックを入れる DN アーゼ類がある．また，DNAメチラーゼ，DNAポリメラーゼなどの修飾酵素類もこれに属する．4)に属するタンパク質は一本鎖DNA結合タンパク質*(SSB)と総称され，原核生物・ファージから真核生物に至るまで多くの生物種から見いだされている．T4 ファージの遺伝子 32 産物は最初に見いだされた SSB である．また，遺伝子のプロモーター領域などの一本鎖DNAに結合するタンパク質も最近見いだされており，現在のところ転写に何らかの関与をしていると考えられている．5)に属するタンパク質には，複製の際にDNAの巻戻しを促進するDNAヘリカーゼ*類や，組換えに関与する RecA タンパク質*，超らせん構造のトポロジーを変化させる DNA トポイソメラーゼ*Ⅰ, DNA ジャイレース (DNA トポイソメラーゼⅡ)などがある．

**DNA 結合ドメイン**　［DNA-binding domain］　DNAに結合するために機能するタンパク質内部の機能ドメイン．これまでに多くのDNA結合タンパク質の構造と機能が研究され，いくつかのタンパク質のDNA結合ドメインは類似構造をもつことが示されている．その中の代表的なものとしては，ヘリックス・ターン・ヘリックス*構造，メタルフィンガー構造（⇒ジンクフィンガー），bZIP 構造*，ヘリックス・ループ・ヘリックス*構造，トリプトファンクラスター構造などがあり，結晶解析や NMR により構造が明らかにされている．

**DNA 合成機**　［DNA synthesizer］　DNA自動合成装置ともいう．固相担体にデオキシヌクレオシドを結

合させたものの 5′ 方向にヌクレオチドを結合し鎖を伸長させる反応を繰返し，任意の塩基配列をもつオリゴヌクレオチド*を合成する装置．5′位に保護基をつけたデオキシヌクレオチドの 3′位に 3 価のリンをもつホスホルアミダイト（phosphoramidite）を結合させた単量体ユニットを用いることが多い．リボヌクレオシド誘導体を用いることにより RNA を合成することもできる．担体からの切断を機械的に行うものもあるが，保護基の除去と精製は合成機で行うことはできない．

**DNA 再構成** ＝ DNA 再編成
**DNA 再配列** ＝ DNA 再編成
**DNA 再編成** ［DNA rearrangement］ 遺伝子再編成(gene rearrangement)，DNA（遺伝子）再配列，DNA（遺伝子）再構成ともいう．一般には DNA 分子内での塩基の再配列による遺伝情報の変換を意味し，可逆的なものと不可逆的なものに分けられる．サルモネラにおける DNA 断片の逆位*の繰返しによるべん毛抗原の交代は可逆的な遺伝子再編成の例である．ある種の枯草菌の胞子形成*時，繊毛虫類テトラヒメナでの大核*の発生過程，哺乳類の免疫グロブリン*や T 細胞受容体*の多様性の産生に当たっては，遺伝子 DNA から内部配列が除去され，新しい塩基配列をもった遺伝子が構成されるので不可逆的 DNA 再編成といえる．免疫系 B 細胞や T 細胞の分化過程でみられる DNA 再編成がよく研究されている．抗原受容体分子は抗原の多様性に対応した可変領域と一定のアミノ酸配列の定常領域から成る．可変領域の遺伝子は二つまたは三つの遺伝子断片から構成されている．それぞれの遺伝子断片は複数個の類似した重複配列として，染色体の上流から順に V，(D)，J 遺伝子群を形成しているので，その組合わせによって多様性が生じる（⇒抗体の多様性）．V-D-J 結合は，それぞれの断片，V では 3′側に，J では 5′側に，D では両側に存在する組換えシグナルによって保証されている．すなわち，組換えシグナル配列*はパリンドローム構造(CACA-GTG)をとる 7 塩基（ヘプタマー）と AT に富む 9 塩基（ノナマー）が 12 または 23 のスペーサー塩基を挟んだ構造をしている．それぞれを 12 塩基シグナル，23 塩基シグナルとよび，原則的には，組換えはこの間にしか生じない．この DNA 組換えは Rag1，Rag2 遺伝子産物により触媒される．再編成された可変領域と下流の定常領域との間の内部配列は，転写後スプライシングによって除去される．免疫グロブリン H 鎖では同じ抗原特異性を保ちながら，さらに定常領域のみを組換えて，生理活性の異なるクラスの抗体を産生する（⇒クラススイッチ）．この組換えは，下流に存在する複数個の定常領域遺伝子による置換である．その組換えのシグナルはそれぞれの遺伝子の上流のスイッチ(S)領域に存在する相同性の高い反復配列であって，(C/G)TG(A/G)5 塩基の共通配列の重複としで説明される．この DNA 組換えは AID 遺伝子産物が触媒する．このイントロン間のクラススイッチ組換えには，組換え点の任意性があるが，ひきつづく RNA スプライシングによって調整されている．

**DnaG** ［DnaG］ 大腸菌 dnaG 遺伝子産物で，プライマーゼ*として働く．DNA 複製*において岡崎フラグメント*合成のために必要な RNA プライマー*を合成する．分子量 6 万のタンパク質で，G4 ファージ一本鎖 DNA 上では一本鎖 DNA 結合タンパク質*(SSB)存在下で 29 ヌクレオチドの RNA 鎖を合成する．大腸菌染色体複製においては，ヘリカーゼ活性をもつ DnaB タンパク質とともに働くと考えられており，プリンに富む 10～12 ヌクレオチドの RNA 鎖を合成する．

**DnaJ** ［DnaJ］ 大腸菌の熱ショックタンパク質*の一つ．約 40 kDa の塩基性タンパク質で，HSP40*とよぶこともある．もともと DnaJ 遺伝子は DnaK や GrpE とともに λ ファージ DNA の複製に関与する遺伝子として同定された．DnaJ は DnaK*や GrpE と協同して新生ポリペプチドの折りたたみやタンパク質複合体の会合・解離，変性タンパク質の修復などを手助けしており，シャペロン*の一つでもある．DnaJ は他のタンパク質の安定性や分解にも関与している．

**DNA シークエンシング法** ＝ DNA 塩基配列決定法
**DNA シークエンス** ＝ DNA 塩基配列
**DNA 自動合成装置** ＝ DNA 合成機
**DNA 指紋** ［DNA fingerprint］ ⇌ DNA フィンガープリント法

**DNA ジャイレース** ［DNA gyrase］ DNA ギラーゼともいう．細菌の DNA トポイソメラーゼ*Ⅱ型の一つ．ATP 存在下で弛緩型閉環状 DNA 分子に負の超らせん*を導入することができる点が特徴．大腸菌の DNA ジャイレースは，gyrA，gyrB 遺伝子にコードされる二つのタンパク質から成り，$A_2B_2$ のサブユニットをもつ分子量 40 万の四量体である．A サブユニットが DNA の切断・再結合活性を，B サブユニットが ATP 加水分解活性をもつ．Streptomyces 由来のクマリン系抗生物質ノボビオシン*や合成キノロン系抗生物質シプロフロキサシンにより阻害され，細菌の DNA 複製と転写が強く阻害される．

**DNA シャッフリング** ［DNA shuffling］ 性的 PCR(sexual PCR)ともいう．in vitro で，同じ遺伝子に由来する複数の突然変異体を出発材料として，ランダムな断片化と PCR*を用いる再結合により，遺伝子を再構築する方法．定向進化*実験に用いられる．

**DNA 腫瘍ウイルス** ［DNA tumor virus］ DNA がんウイルス(DNA oncogenic virus)ともいう．DNA 分子をゲノム*としてもつ腫瘍ウイルス*の総称．二本鎖 DNA をゲノムとしてもつウイルス科のいずれも DNA 腫瘍ウイルスを含んでいる（⇒二本鎖 DNA ウイルス）．in vitro 細胞培養系で細胞の不死化*活性やトランスフォーメーション*活性を示す．大別して，自然宿主には造腫瘍性を示さないが，げっ歯動物に造腫瘍性を示す群（実験 DNA がんウイルス）と，自然宿主において造腫瘍性を示す群（自然 DNA がんウイルス）

DNA 腫瘍ウイルス

| ウイルス科(属) | ウイルス種 | 自然宿主 | 関係する腫瘍 |
|---|---|---|---|
| パポーバウイルス ポリオーマウイルス | SV40 | サル | げっ歯動物に肉腫 |
| | ポリオーマウイルス | マウス | 新生マウスにがん,肉腫 |
| | BKウイルス,JCウイルス | ヒト | げっ歯動物,サルに神経性腫瘍 |
| パピローマウイルス | ヒトパピローマウイルス | ヒト | 皮膚・生殖器粘膜のいぼ(悪性化)†,子宮頸がん† |
| | ウシパピローマウイルス | ウシ | 消化器,生殖器粘膜,皮膚のいぼ(悪性化)† |
| | ウサギパピローマウイルス | ウサギ | 皮膚乳頭腫(悪性化)† |
| アデノウイルス | ヒトアデノウイルス | ヒト | ハムスターに肉腫(A,B亜群) |
| ヘルペスウイルス | EBウイルス | ヒト | バーキットリンパ腫,上咽頭がん† |
| | サルヘルペスウイルス | クモザル,リスザル | マーモセットにTリンパ腫,白血病 |
| | マレック病ウイルス | ニワトリ | T細胞性神経リンパ腫† |
| | カエルヘルペスウイルス | ヒョウガエル | Lucké腎腺がん† |
| ポックスウイルス | 伝染性軟属腫ウイルス | ヒト | 皮膚に小腫瘍† |
| | ウサギ繊維腫ウイルス | ウサギ | 足皮膚に繊維腫† |
| | Yaba腫瘍ウイルス | サル | 皮膚繊維腫† |
| ヘパドナウイルス | B型肝炎ウイルス | ヒト | 肝がん† |
| | ウッドチャック肝炎ウイルス | ウッドチャック | 肝がん† |
| | リス肝炎ウイルス | リス | 肝がん† |

† 自然宿主の腫瘍

とに分けられる.実験 DNA がんウイルスとしてはパポーバウイルス*科の SV40*とポリオーマウイルス*,アデノウイルス*科のアデノウイルスが代表格で,細胞のがん化の分子機構の研究ばかりでなく,真核細胞分子生物学全般における研究に多大の貢献をしている.たとえば DNA 複製の研究,転写因子による転写調節機構の研究,スプライシングを含む mRNA のプロセシングの研究など先導的な役割を果たしてきた.自然 DNA がんウイルスとしてはパポーバウイルス科のパピローマウイルス*,ヘパドナウイルス科*のB型肝炎ウイルス*,ヘルペスウイルス*科の EB ウイルス*が代表格である.それぞれ,ヒトパピローマウイルスはヒト子宮頸がんや皮膚がんの一部,B型肝炎ウイルスはヒト肝がん,EB ウイルスはバーキットリンパ腫*,上咽頭がんの重要な要因の一つと考えられている.(表参照)

**DNA 診断** [DNA diagnosis] =遺伝子診断

**DNA 生合成** [DNA biosynthesis] DNA ポリメラーゼ*,および逆転写酵素*による細胞内の DNA 合成反応全般をさす(→複製).DNA の生合成はすべて以下の法則に従い進行する.1) DNA の生合成は必ず既存の DNA もしくは RNA の鋳型が必要である.2) DNA ポリメラーゼおよび逆転写酵素による伸長反応は必ず 5′-リン酸末端から 3′-ヒドロキシ末端へ進行する.3) DNA ポリメラーゼは新規に新しい DNA 鎖を合成できず,反応にはプライマー*の 3′-ヒドロキシ末端が必要である.

**DNA 切断** [DNA cleavage] DNA は長い糸状の高分子で,物理化学的に安定な性質をもつ.その切断には超音波処理(sonication)法のような物理的な方法と酵素を用いる生物学的な方法が一般的である.超音波処理や通常の DNA 消化酵素は塩基または塩基配列に非特異的な DNA 切断を行う.遺伝子組換え技術の基礎となる塩基配列特異的な切断は制限酵素*の発見により初めて可能となった.たとえば,EcoRI 制限酵素は GAATTC という配列を認識し切断する.

**DNA 増幅** [DNA amplification] =遺伝子増幅

**DNA 損傷チェックポイント** [DNA damage checkpoint] →細胞周期チェックポイント

**DNA チップ** [DNA chip] =DNA マイクロアレイ

**DNA 等温増幅法** [DNA isothermal amplification] 等温核酸増幅法(isothermal nucleic acid amplification)ともいう.一定の反応温度条件下で,目的とする核酸配列(鋳型)を増幅させる方法.PCR*法のように,増幅のサイクルにおいて鋳型を熱変性させるような温度変化を伴う増幅反応ではない.DNA 等温増幅法の反応においては,鎖置換活性や鋳型置換活性をもつ DNA ポリメラーゼを利用したもの,ローリングサークル型の DNA 合成を利用したものなどいくつかの異なる方法が報告されている.プライマーの伸長や,一本鎖伸長生成物(または元の標的配列)へのプライマーのアニーリングや,それに続くプライマーの伸長は,一定温度で保温された反応混合物中で同時に起こる.伸長反応のプライマーも種々の工夫がなされたものが開発されている.また,転写反応を利用して特異的な RNA を等温増幅する方法も開発されている.

**DNA トポイソメラーゼ** [DNA topoisomerase] 単にトポイソメラーゼ(topoisomerase)ともいう.DNA 分子に超らせん*を導入・解消したり,カテナンDNA 分子および結び目のある DNA 分子を形成・解離することのできる一群の酵素の総称.生体内では DNA の複製,修復,転写,組換えのほか,染色体凝縮やループ構造の形成に関与していると考えられる.

DNAトポイソメラーゼはアミノ酸配列の相同性と反応機構から二つの型に分けられる。DNAトポイソメラーゼI型は二本鎖の一方を切断し、その切れ目をもう一方の鎖が通過したのち、切れ目を閉じることで1反応ごとにリンキング数*を一つ変えることができる。Ⅱ型DNAトポイソメラーゼは二本鎖の両方を切断し、その切れ目を二本鎖が通過したのち、切れ目を閉じることで1反応ごとにリンキング数を二つ変えることができる。大腸菌にはI型・Ⅱ型がそれぞれ一つずつ、真核生物には複数のトポイソメラーゼが存在する。細菌ではⅡ型(DNAジャイレース、トポイソメラーゼⅣ)が生育に不可欠である。真核生物のトポイソメラーゼは原核生物の酵素と類似性はなく、トポイソメラーゼIは複製フォークの移動や転写により生じた負の超らせんを弛緩させるのに必要である。またトポイソメラーゼⅡは複製後の染色体の分離に必要でほかのトポイソメラーゼは組換えやDNA修飾に関与すると考えられている。(⇌ωタンパク質)

**DNAトポイソメラーゼI**(大腸菌の) ＝ωタンパク質

**DNAヌクレオチジルトランスフェラーゼ** [DNA nucleotidyl transferase] ＝DNAポリメラーゼ

**DNAヌクレオチド配列** [DNA nucleotide sequence] ＝DNA塩基配列

**DNAの高次構造** [higher-order structure of DNA] DNA二重らせん構造には基本的には右巻きのA形とB形および左巻きのZ形が存在する(⇌A形DNA、B形DNA、Z形DNA)。結晶中では塩基配列に依存してGG/CC配列が多いとA形、AA/TT配列があるとB形、CGCG配列が多いとZ形をとるが、細胞内の基本的な構造はB形である。真核生物ではDNAはタンパク質との相互作用によりクロマチン*構造を形成している。クロマチン構造の構成単位は146〜147 bpのDNAが4種類のヒストン分子(H2A, H2B, H3, H4)の各二量体から成るヒストン八量体のまわりに1.75回巻き付いたヌクレオソームコアである。ヒストンH1はヌクレオソームコアがさらに折りたたまれたソレノイド構造*の形成に必要である。ヌクレオソームコアのX線結晶構造解析から、DNAとヒストン分子の相互作用は基本的には塩基配列に依存しておらず、多くの認識は水を介していることがわかっている。DNAは水を潤滑油としてヒストン八量体上で滑ることができると考えられる。各ヒストン分子は3本のヘリックスを基本構造とするヒストンフォールドをもっていて、各中央のヘリックスでH2AとH2BおよびH3とH4がそれぞれ相互作用する。各ヒストン分子のN末端やC末端のヒストンテイルとよばれる箇所には、クロマチン構造の制御に特異的なリシン残基、アルギニン残基やセリン残基があり、特異的な残基の化学修飾が転写の制御などに重要である(ヒストンコード仮説)。特にリシン残基のアセチル化、脱アセチル、メチル化、脱メチルは遺伝子の発現制御において非常に重要な役割を担っている。多くの場合、エンハンサー*に結合した転写活性化因子はヒストンアセチルトランスフェラーゼ*(HAT)をリクルートし、サイレンサー*に結合した転写抑制因子はヒストンデアセチラーゼ*(HDAC)をリクルートする。ヌクレオソームコア中のDNAは基本的にはB形構造をとっている。巨視的にはB形構造をスムーズに曲げた構造に類似しているが、一部ではDNAの大きな溝(主溝)や小さな溝(副溝)で湾曲が見られる。その中でも、特にTG/CA配列でのDNAの折れ曲がり(⇌折れ曲がりDNA)が見つかっており、TG/CA配列は特に構造的に弱いヌクレオソームであることと対応している。多くの研究から細胞内のDNAの基本構造はB形であることがわかっている。RNAポリメラーゼの結晶構造解析中に合成されている途上のDNA-RNAハイブリッドの構造はA形に近い。閉環状DNAで超らせん構造などのストレスが加わるとCG配列が連なるところではZ形になる。またZ形DNAに結合するタンパク質が発見されているが生物学的機能の詳細は不明な点がある。その他、グアニン塩基が規則的につながっている部位ではグアニン四重らせん*構造が形成される。テロメア*の3'末端やある種のプロモーター*中でのグアニン四重らせん構造が議論されている。また二重らせん中の片側でプリン配列(相手側はピリミジン配列)が連続している場合は、一部の二重らせんがほどけて三重らせん構造を形成することが知られている。二回回転軸をもつような配列ではその部位で十字架形構造が形成され、クロマチン構造の不安定化に関与しているといわれている。

**DNAの再生** ⇌ 再生【2】
**DNAの修復** ⇌ 修復
**DNAの複製** ⇌ 複製
**DNAの変性** ⇌ 変性【2】
**DNAの巻戻し** ⇌ 巻戻し

**DNAパッケージング** [DNA packaging] 真核生物の細胞当たりのDNAは約2 mに及ぶ。この大きなDNA分子がヒストン*などのDNA結合タンパク質によってきわめて小さな染色体にたたみ込まれている。このようなDNAの生理的存在様式への折りたたみをDNAパッケージングとよぶ。遺伝子組換え実験ではDNAクローニングのための遺伝子ライブラリーをλファージベクター*で作製する際、組換えファージDNAをファージタンパク質と結合させて折りたたみ、ファージ粒子を形成させる操作を *in vitro* パッケージング*とよぶ。

**TNF** [TNF＝tumor necrosis factor] ＝腫瘍壊死因子

**DNAファージ** [DNA phage] DNA*を遺伝物質としてもつファージ*。DNA種としては線状二本鎖、環状二本鎖、環状一本鎖の3種である。1) 線状二本鎖DNAファージ：ファージ粒子は、正二十面体構造のキャプシド*にDNAを詰込んだ頭部と宿主への吸着器官である尾部に分化している。ただし、脂質を含むファージ(ファージPRD1)は正二十面体のキャプシドの中にDNAを包む脂質小胞を詰込んだ構造をもつ。大部分の線状二本鎖DNAは末端に同方向同一配

列(T2 ファージ\*, T4 ファージ\*, T7 ファージ\* など)または相同一本鎖配列(λファージ\* など)をもち，これらの配列を介して連なったコンカテマー\* として合成され，粒子形成の際，ゲノム DNA が切出されて頭部に詰込まれる．ファージ P2\* DNA は環状で複製し，線状化されて詰込まれる．5′ 末端にタンパク質が結合している線状二本鎖 DNA(φ29 ファージ，ファージ PRD1 など)はタンパク質プライミングにより単分子として複製され詰込まれる．2) 環状二本鎖ファージ：ファージ PRD1 のようにキャプシドに脂質を含む(ファージ PM2\*)．3) 一本鎖 DNA ファージ：ファージ粒子は正二十面体構造(φX174 ファージ，ファージ G4\* など)か繊維状構造(ファージ fd, M13 ファージ など)をもつ．一本鎖 DNA(+鎖)は細胞に注入されると，環状二本鎖(RF-DNA)になる(⇒複製型)．RF-DNA として複製したのちに，特定部位にニックが入り，その 3′-OH 末端をプライマーとして(+)鎖が 1 ゲノム長合成されたのち，切断・再結合され環状一本鎖になり詰込まれる．(⇒ RNA ファージ)

**TNF-α** [TNF-α＝tumor necrosis factor α] 腫瘍壊死因子 α の略号．(⇒腫瘍壊死因子)

**DNA フィンガープリント法** [DNA fingerprinting] 多型\* を示すミニサテライト DNA\* またはマイクロサテライト DNA\* をプローブとしたサザンブロット法\* である．染色体 DNA の多くの部位にミニサテライトは存在するので，フィルター上で数十本のバンドとして検出される．このバンドパターンは個体により特有なことから，DNA 指紋(DNA fingerprint)とよばれる．個人識別や親子鑑定などに利用されている．制限酵素断片長多型(RFLP)法 もその一つであるが，PCR\* で増殖させた DNA の長さの違いによって DNA 多型を迅速・簡便に検出する RAPD(random amplified polymorphic DNA)法やこれらの方法を組合わせた AFLP(amplified fragment length polymorphism)法も開発されている．(⇒フィンガープリント法)

**DNA 付加物** [DNA adduct] DNA 結合体ともいう．発がん物質や突然変異原物質と DNA との共有結合体．アルキル化剤\* で最初に見いだされ，ついで芳香族炭化水素や芳香族アミンで詳しく調べられた．DNA 塩基の修飾に伴って，DNA 塩基対合の誤りによって突然変異の原因となる以外に，DNA の高次構造\* 変化(B 形から Z 形へ)や主鎖切断，さらに立体障害，架橋形成による DNA 合成，RNA 合成阻害につながる．結合体は，いずれは酵素的に除去されるが，脱プリンでも消失する．

**DNA 複製チェックポイント** [DNA replication checkpoint] ⇒ 細胞周期チェックポイント

**TNF 受容体** [TNF receptor] ＝腫瘍壊死因子受容体

**TNF 受容体結合因子** [TNF receptor-associated factor] ⇒ TRAF(トラフ)

**DNA フットプリント法** [DNA footprinting] DNA 結合タンパク質と相互作用する DNA 領域を，塩基配列レベルで決める方法．DNA の片側鎖の一方の末端を $^{32}P$ で標識し，これと DNA 結合タンパク質を混合したのち，1 分子当たり 1 箇所で切断が起こるように DNA を切断する．これを変性ゲルで電気泳動ののち，オートラジオグラフィー\* で検出する．タンパク質の結合している部分では DNA 分解から保護されるため，オートラジオグラフィー上で足跡状に抜けて見える．DNA 切断には DN アーゼ I (⇒デオキシリボヌクレアーゼ)，硫酸ジメチル(dimethyl sulfate, DMS)/ピペリジン処理などが用いられる．(⇒ゲルシフト分析，フットプリント法)

**TNF-β** [TNF-β＝tumor necrosis factor β] 腫瘍壊死因子 β の略号．(⇒リンホトキシン)

**DNA プライマー** [DNA primer] ⇒プライマー

**DNA プライマーゼ** [DNA primase] ＝プライマーゼ

**DNA ヘリカーゼ** [DNA helicase] DNA 巻戻し酵素(DNA unwinding enzyme)ともいう．二重らせん DNA を巻戻して一本鎖 DNA をつくり出す酵素(⇒ 巻戻し)．DNA ヘリカーゼは ATP の加水分解のエネルギーを利用して，二本鎖 DNA 中のワトソン・クリック塩基対間の水素結合を壊し，単鎖 DNA を生成していく．DNA ヘリカーゼは DNA の複製，組換え，修復，転写など，多くの生体反応にかかわっている．DNA の巻戻しには 5′→3′ と 3′→5′ の二つの方向性があり，各 DNA ヘリカーゼはどちらかの方向性をもつ．多くの DNA ヘリカーゼは共通配列をもつスーパーファミリーを形成するが，これに属さないものもある．大腸菌ではヘリカーゼ II，Rep，RecBC，RecQ，DnaB，PriA などの DNA ヘリカーゼが見つかっているが，真核生物では SV40 の T 抗原や動物細胞の Mcm4-6-7 複合体などが知られている．ヒトの RecQ 様タンパク質の欠損はウェルナー症候群の原因となる．

**DNA ホトリアーゼ** [DNA photolyase] ＝光回復酵素

**DNA ポリメラーゼ** [DNA polymerase] DNA ヌクレオチジルトランスフェラーゼ(DNA nucleotidyl transferase)ともいう．一本鎖の核酸を鋳型として，それに相補的な塩基配列をもつ DNA 鎖を合成する酵素の総称．DNA を鋳型とする DNA 依存性 DNA ポリメラーゼ\*(EC 2.7.7.7)と RNA を鋳型とする RNA 依存性 DNA ポリメラーゼ\*(EC 2.7.7.49)(⇒逆転写酵素)の 2 種類がある．合成中の DNA 鎖の 3′ 末端のヒドロキシ基に新たなヌクレオチドを付加して DNA 鎖を 5′→3′ の方向に伸張させる．ヌクレオチド付加にはプライマー\* が必要である．DNA ポリメラーゼ III による大腸菌の DNA 複製の際には，DNA 依存性 RNA ポリメラーゼ\* の一種である DNA プライマーゼ\* により合成された短い RNA 鎖がプライマーとして働く．PCR\* には普通オリゴ DNA がプライマーとして用いられる．プルーフリーディング\* 機能をもつ DNA ポリメラーゼも多く知られている．アデノウイルスや T4 ファージのようにウイルス DNA を選択的に複製する DNA ポリメラーゼをコードしているもの

DNA ポリメラーゼの分類と特徴（⇌ DNA ポリメラーゼ）

| | 特徴 | 代表例 |
|---|---|---|
| A | 除去修復や岡崎フラグメントの処理に関与. | DNA ポリメラーゼ I, DNA ポリメラーゼ γ（ミトコンドリア DNA の複製）, Taq ポリメラーゼ, T7 DNA ポリメラーゼ |
| B | 強い 3′-5′ エキソヌクレアーゼ活性をもち，正確な複製を行う（α と ζ は校正活性をもたない）. | DNA ポリメラーゼ II, DNA ポリメラーゼ α, δ, ε, ζ, T4 DNA ポリメラーゼ |
| C | 細菌の染色体複製やプラスミド，一本鎖 DNA ファージなどの DNA 複製に関与. | DNA ポリメラーゼ III |
| D | 古細菌の Euryarchaeota 門に見いだされており，複製に関与しているらしい. | |
| X | DNA 修復（非相同末端結合）や組換えに関与. | DNA ポリメラーゼ β, σ, λ, μ, Pol4 (Saccharomyces cerevisiae) |
| Y | 傷害塩基の修復. 損傷をもたない DNA に対する複製の忠実度は低いが，損傷乗越え DNA 合成ができる. | DNA ポリメラーゼ ι, κ, Rev1, PolIV (DINB), PolV (UMUC) |
| RT | 逆転写を行う. | AMV 逆転写酵素，テロメラーゼ |

もある．DNA ポリメラーゼはアミノ酸配列の類似性に基づき，A, B, C, D, X, Y, RT の七つのファミリーに分類されている．

**DNA ポリメラーゼ I** [DNA polymerase I] 大腸菌の DNA ポリメラーゼ*の一つ．polI ともよばれ，103 kDa. 最初に見いだされた DNA ポリメラーゼで，発見者にちなんでコーンバーグの酵素 (Kornberg enzyme) ともよばれる．polA 遺伝子によりコードされる polI は，5′→3′ 方向への DNA 鎖重合活性，3′→5′ 方向および 5′→3′ 方向へのエキソヌクレアーゼ活性の三つの主要な活性をもつ．3′→5′ エキソヌクレアーゼ活性は，誤って取込まれたヌクレオチドを除去することにより，ポリメラーゼの校正機能（プルーフリーディング*）に貢献する．5′→3′ エキソヌクレアーゼ活性は，これまで polI のみに見いだされており，RNA プライマーの除去に関与すると考えられている．また，タンパク質分解酵素により DNA 鎖重合機能と 3′→5′ エキソヌクレアーゼ活性をもつ大断片（⇌クレノウ酵素）と 5′→3′ エキソヌクレアーゼ活性のみをもつ小断片に分離される．polI は大腸菌の生育に必須でないため，複製フォークでの DNA 鎖の伸長に関与しないと考えられる．

**DNA ポリメラーゼ I ラージフラグメント** [DNA polymerase I large fragment] ＝クレノウ酵素

**DNA ポリメラーゼ II** [DNA polymerase II] 大腸菌の DNA ポリメラーゼ*の一つ．polII ともよばれ 90 kDa. polB 遺伝子によりコードされ，DNA 鎖重合活性と 3′→5′ エキソヌクレアーゼ活性をもつ．polII は DNA の修復*および紫外線誘導性突然変異に関与する可能性が示唆されているが，通常の複製には要求されない．

**DNA ポリメラーゼ III** [DNA polymerase III] 大腸菌の DNA ポリメラーゼ*の一つ．polIII ともよばれる．DNA 鎖重合をつかさどる α サブユニット（dnaE 遺伝子）を含む 10 個のサブユニットから成る polIII ホロ酵素として機能し（表参照），複製フォークにおいて

DNA ポリメラーゼ III ホロ酵素のサブユニットと機能

| サブユニット | 機能 | | |
|---|---|---|---|
| α | DNA 鎖重合 | | |
| ε | 3′→5′エキソヌクレアーゼ | polIIIコア | |
| θ | 二量化 | | polIII′ |
| τ | dnaB との相互作用 | | | polIIIホロ酵素 |
| γ | | γ複合体 | |
| δ | | | |
| δ′ | | | |
| χ | | | |
| ψ | | | |
| β | クランプ (processivity factor) | | |

必須な役割を果たす．polIII ホロ酵素は高い連続的合成能 (processivity) をもち，in vitro での DNA 鎖重合速度は 700 ヌクレオチド/sec に達し，in vivo での複製フォークの進行速度 1000 ヌクレオチド/sec に近づく．α および θ サブユニットとともにコア酵素を形成する ε サブユニット (dnaQ 遺伝子) は 3′→5′ エキソヌクレアーゼ活性を担っている．polIII ホロ酵素は，非対称二量体として存在し，一方がリーディング鎖，もう一方がラギング鎖の合成を複製フォークにおいて同時に行っているというモデルが提出されている．

**DNA ポリメラーゼ α** [DNA polymerase α] 真核生物に存在する 5 種の DNA ポリメラーゼ*の一つ．染色体 DNA の複製*において開始反応およびラギング鎖*合成を担う．緊密な複合体を形成するプライマーゼ*と結合して複製中間体である RNA プライマーを伴った短い DNA 鎖，岡崎フラグメント*を合成する．この酵素を構成する 4 種のポリペプチドのうち 180 kDa のポリペプチドが活性を担う．複製開始

から約20塩基ほどヌクレオチド重合が進行するとラギング鎖ではDNAポリメラーゼδ*と,リーディング鎖ではDNAポリメラーゼε*と交替する.特異的な阻害剤としてはdehydroaltenusinがある.(⇌DNAポリメラーゼδ)

**DNAポリメラーゼβ**［DNA polymerase β］　真核生物に存在する5種のDNAポリメラーゼ*の一つで脊椎動物のものは分子量39,000のポリペプチド1分子より構成される.損傷を受けたDNAの修復*や組換え*にかかわっていると考えられている.DNAポリメラーゼαなどの複製に関与する酵素とは異なり,その遺伝子発現は細胞増殖とは協調していない.遺伝子の突然変異が細胞がん化の要因である可能性を示唆する報告がある.

**DNAポリメラーゼγ**［DNA polymerase γ］　真核生物に存在する5種のDNAポリメラーゼ*の一つ.その細胞内局在からミトコンドリアDNA*の複製*を担うと予想される.ショウジョウバエのものは分子量125,000と35,000の2種のポリペプチドより構成されている.この酵素は,重合反応の際間違って重合されたヌクレオチドを除去する校正機能(プルーフリーディング*)を担う3′→5′エキソヌクレアーゼ活性を伴っている.植物のゲノムにはDNAポリメラーゼγをコードする遺伝子は見つかっていないが,イネにおいて植物細胞小器官型のDNAポリメラーゼが見つかっている.

**DNAポリメラーゼδ**［DNA polymerase δ］　真核生物に存在する5種のDNAポリメラーゼ*の一つ.染色体DNAの複製*においてラギング鎖*の合成を担う.重合活性と3′→5′エキソヌクレアーゼ活性を担う125 kDaポリペプチドはDNAポリメラーゼα*と部分的な相同性をもち,PCNA*と相互作用することにより活性が上昇する.DNAポリメラーゼδはSV40のDNA複製にも働く.この酵素自体のDNA鎖合成の伸長機能は低いが,補助因子となる増殖細胞核抗原*によって促進される.

**DNAポリメラーゼε**［DNA polymerase ε］　真核生物に存在する5種のDNAポリメラーゼ*の一つ.染色体DNAの複製*には必須とされリーディング鎖の合成に関与することが酵母の系で示された.活性を担う約250 kDaポリペプチドはDNAポリメラーゼと部分的な相同性をもつ.この酵素自体のDNA合成の伸長機能は非常に高く,また校正機能(プルーフリーディング*)を担う3′→5′エキソヌクレアーゼ活性を伴っている.

**DNAポリメラーゼσ**［DNA polymerase σ］　姉妹染色体の接着に不可欠なDNAポリメラーゼ*で,姉妹染色分体の対を結合させる機構に必須のタンパク質であるTrf4(topoisomerase-related function protein 4)であると同定された.新しく複製した姉妹染色体の接合は,細胞周期のS期*(DNA合成)で確立され,後に続く後期で二つの推定的な娘細胞核に正確に分離されていくうえで重要である.最近,酵母から精製されたTrf4はDNAポリメラーゼ活性をもたず,ポリ(A)ポリメラーゼ活性をもつことが報告されている.

**DNA-ホルモン受容体相互作用**［DNA-hormone receptor interaction］　ホルモン受容体(hormone receptor)は一般にホモあるいはヘテロ二量体となって標的遺伝子のホルモン応答配列*(HRE)に結合してその発現を調節する.ホルモン受容体分子のアミノ酸配列のほぼ中央にある2回繰返したジンクフィンガー*構造(Cys-X$_2$-Cys-X$_{13}$-Cys-X$_2$-Cys-X$_{15}$-Cys-X$_5$-Cys-X$_9$-Cys-X$_2$-Cys-X$_4$-Cys)のN末端側の構造の3番目のCysから始まる13アミノ酸からなるαヘリックスがHREの主溝にはまり込み,塩基配列を認識して結合する.特に,3番目のCysに続く二つのアミノ酸と4番目のCysから2番目のアミノ酸が塩基配列の認識に重要である.

**DNAマイクロアレイ**［DNA microarray］　DNAチップ(DNA chip)ともいう.スライドガラスなどの小さな基板上に数千～数万もの遺伝子(ターゲットDNA)を固定し,蛍光標識をした遺伝子検体(プローブDNA)をハイブリダイズさせることによってその性質を一度に解析する方法である.DNAマイクロアレイにはおもにcDNAマイクロアレイ(cDNA microarray)とオリゴアレイ(oligo array)が存在する.cDNAマイクロアレイはcDNAクローンをPCR*により増幅させ,その反応液をポリエルリジンなどでコーティングしたスライドガラスに高密度にスポットし作成される.発現差異をみたい2種類の試料よりRNAを抽出し,逆転写によってcDNAを合成する際に異なる蛍光物質を取込ませることで2種類の蛍光標識をしたプローブDNAを得ることができる.それらをマイクロアレイのスポット上で競合ハイブリダイズさせ,それぞれの蛍光強度を比較することで発現強度を検出することができる.一方,オリゴアレイの代表的なものとしてはAffymetrix社のオリゴヌクレオチドアレイ(商品名GeneChip)と,Agilent社のDNAマイクロアレイがある.Affymetrix方式は,フォトリソグラフィー技術と光照射化学合成を組合わせて,基盤上で20～25mer程度のオリゴヌクレオチドを合成することにより作成され,プローブ配列の設計上特異的なハイブリダイゼーション*と非特異的なハイブリダイゼーションを区別するため,目的とする配列に対してパーフェクトマッチと1塩基ミスマッチのオリゴヌクレオチドが対になっていることが特徴である.これに対しAgilent社の製品では,基板上でインクジェット方式でDNAを合成することにより作成し,約60merのオリゴヌクレオチドが用いられている.オリゴヌクレオチドアレイには発現アレイとマッピングアレイが存在する.発現アレイは,試料由来のRNAから逆転写によって合成したcDNAを鋳型として*in vitro*転写により標識cRNAを合成し,ハイブリダイゼーションし,専用スキャナーによる蛍光イメージの測定を行う.一方マッピングアレイはゲノム上に存在する特定の変異遺伝子の配列(SNP)部位が固定されたもので,遺伝子多型解析(genotyping)ができる技術である.ゲ

ノムDNAを制限酵素処理，リンカーライゲーション後PCRで増幅し，DNAの断片化と蛍光標識を行い，遺伝子の各位置と相補的なオリゴとハイブリダイズさせることでゲノム上の変異遺伝子の場所を検出することができる．(→バイオインフォマティクス，プロテオミクス，ゲノミクス，ハイスループット技術)

**DNA巻戻し酵素**［DNA unwinding enzyme］＝DNAヘリカーゼ

**DNMT**［DNMT＝DNA methyltransferase］＝DNAメチルトランスフェラーゼの略称．(→DNAメチラーゼ)

**DNAメチラーゼ**［DNA methylase］ DNAメチルトランスフェラーゼ(DNA methyltransferase)ともいい，DNMTと略す．DNAにメチル基を付加し，メチル化する酵素．DNAメチラーゼは$S$-アデノシルメチオニン*をメチル供与体としてDNA上の特定塩基配列中のアデニンあるいはシトシンにメチル基を転移し，それぞれ$N$-6-メチルアデニンおよび5-メチルシトシンを生じる．大腸菌をはじめとする原核生物では，DNA複製後の親DNA鎖と新生DNA鎖を区別するためのアデニンメチラーゼ(Damメチラーゼ*)や自己と外来性のDNAを識別する機構(→制限修飾系)として塩基配列特異的なメチラーゼ(修飾メチラーゼmodification methylase)が発達している．DNAのメチル化は哺乳類ではおもに遺伝子発現制御に働き，CpG配列*のシトシンがメチル化される．哺乳類のDNAメチラーゼには，DNAの複製後，片鎖のCpGのシトシンのみがメチル化されている状態(ヘミメチル化)を両鎖がメチル化した状態(フルメチル化)にする，維持型メチル化酵素と，メチル化していないCpG配列を新たにメチル化する新規型メチル化酵素がある．哺乳類ではこれまで，Dnmt1，Dnmt2，Dnmt3aとDnmt3bという四つのDNAメチラーゼが同定されている．Dnmt3aとDnmt3bがDNAメチル化パターンをゲノムに書き込み，形成されたパターンを，DNA複製の過程でPCNA*と結合して複製点に局在するDnmt1が娘細胞に伝えると考えられている．DNAメチル化活性をもたないDnmt3Lは生殖細胞でメチル化パターンが書込まれるうえで必須な因子である．植物における新規型(de novo型)酵素としてはタバコのメチル化酵素NtMET3が推定されており，また，植物特有のクロモメチラーゼが植物に特徴的なCpNpG配列のメチル化に重要である．(→エピジェネティクス)

**DNAメチル化** →メチル化[1]

**DNAメチルトランスフェラーゼ**［DNA methyltransferase］＝DNAメチラーゼ

**DNA様RNA**［DNA-like RNA］ D-RNAと略記する．かつて，分離した核または"核画分"からRNAを抽出すると，その RNAの塩基組成がATに富み(細胞RNAの80％以上を占めるリボソームRNAはGCに富む)，その"種"のDNA組成に似ていたことから，核内のRNAはこのようによばれた．内容的にはヘテロ核RNA*(hnRNA)と同じと考えられる．

**DNAリガーゼ**［DNA ligase］ DNA連結酵素(DNA joinase)，ポリデオキシリボヌクレオチドシンターゼ(polydeoxyribonucleotide synthase)ともいう．DNA鎖連結反応を触媒する酵素．DNA複製フォークのラギング鎖*において岡崎フラグメント*の連結に働く酵素として有名である．本酵素は，DNAの複製*のみならず，修復*や組換え*にも関与する．補酵素としてNADを必要とする細菌型(EC 6.5.1.2)と，ATPを要求するT4ファージ，真核生物型(EC 6.5.1.1)とに分類される．T4ファージのDNAリガーゼ(T4 DNAリガーゼ，T4 DNA ligase)は，相補的塩基対を形成しえない平滑末端*同士も結合させるという特異な性質をもつ．(→連結反応)

**DNAレプリカーゼ**［DNA replicase］ DNA複製においてDNA合成を触媒する酵素．大腸菌のDNAポリメラーゼIII*や真核生物のDNAポリメラーゼ$\alpha$*，$\delta$*，$\varepsilon$*などが含まれる．(→DNAポリメラーゼ)

**DNA連結酵素**［DNA joinase］＝DNAリガーゼ

***dnc*突然変異**［*dnc* mutation］＝*dunce*突然変異

**DNP**[1]［DNP＝2,4-dinitrophenol］＝2,4-ジニトロフェノール

**DNP**[2]［DNP＝dinitrophenyl hapten］＝ジニトロフェニルハプテン

**TNV**［TNV＝*Tobacco necrosis virus*］＝タバコネクローシスウイルス

**DAPI**［DAPI＝4',6'-diamino-2-phenylindole］4',6-ジアミノ-2-フェニルインドール．抗トリパノソーマ薬の探索のために合成された蛍光性の色素で，460 nmに青色の蛍光をもち(励起波長 360 nm)，DNAのAT配列に特異的で副溝に結合するminor groove binderである．現在広く蛍光顕微鏡下でのDNA検出(葉緑素，ウイルス，マイコプラズマ，酵母のミトコンドリア，染色体中のDNAなど)に用いられている．

**Dab1**［Dab1＝Disabled-1］＝Disabled-1

**TF**［TF＝tissue factor］＝組織因子

**TFID**［TFID］＝SL1

**TFIIA**［TFIIA］ RNAポリメラーゼII*による転写開始反応に必要な因子群の一つ．ヘテロダイマーとしてTFIIB*の反対側でTFIID*のTATAボックス結合タンパク質*(TBP)のN末端に結合することによって転写開始前複合体に会合し，TBPのDNAへの結合を安定化する．抗リプレッサーとして作用し，他の転写因子の結合を阻害したり，TBPをDNAから排除したりするような転写抑制因子を妨害することによりTFIID結合を安定化する．転写活性はこのTFIIAの機能に依存しているらしい．TFIIAはTBP/TATA複合体中のDNAのコンホメーションを変化させることによりその動力学的安定性を増加させる．ヒトやショウジョウバエのTFIIAは三つのサブユニットから成っており(酵母では二つ)，またそのうちの二つのサブユニットは一つのサブユニットから産生されている．

**TFIIB**［TFIIB］ RNAポリメラーゼII*による転写開始反応に必要な因子群の一つ．TFIID*とRNAポリメラーゼIIとの橋渡しの役割を果たし，TATAボックス結合タンパク質*(TBP)のTATA配列への結合を安定化し，RNAポリメラーゼIIの開始前複合体への会合に必要である．TFIIBのN末端にある亜鉛リボンドメインは，RNAポリメラーゼIIのdockドメインと結合し，C末端ドメインはTATAボックス*の上流または下流に直接結合して，亜鉛リボンドメインおよびC末端側のフィンガードメインはRNAポリメラーゼIIの活性中心へと挿入されて，プロモーターDNA，TFIIDおよびRNAポリメラーゼIIとの橋渡しの役割を果たし，転写の開始位置を設定する．転写調節因子群の標的因子として転写調節*にも関与することが示され，TFIIDについで広く解析がなされている因子である．

**TFIID**［TFIID］ RNAポリメラーゼII*による転写開始反応に必要な基本転写因子*の一つ．TATAボックス*に結合する活性をもち，転写開始複合体形成の引き金になる因子で，他の基本転写因子群や転写酵素RNAポリメラーゼIIをプロモーター*上に分子集合させる能力をもつ．この働きを担うにはTFIIDサブユニットのうちTATAボックス結合活性を担うTBP(TATAボックス結合タンパク質*)のみで十分である．しかしながら，転写調節因子による転写活性化反応には，TBP以外に，15種以上のTAF*とよばれるTBP結合因子群が必須であって，これらはプロモーター選択，特にTATAボックスを含まないプロモーターへのTBPの結合に重要な働きをし，さまざまな転写調節因子群との相互作用にかかわる．

**TFIIE**［TFIIE］ RNAポリメラーゼII*による転写開始反応に必要な基本転写因子*の一つ．57 kDaのαと34 kDaのβの2サブユニットから成る．βサブユニットはRNAポリメラーゼIIと結合しながらプロモーターの転写開始点すぐ上流に結合し，βサブユニットがもう一つの基本転写因子TFIIH*と結合して転写開始複合体にリクルートし，転写開始だけでなくプロモータークリアランス*にも関与する．ヒトのαサブユニットは，N末端にフォークヘッド，中央にジンクフィンガーの各モチーフ，C末端に酸性領域をもち，酸性領域とその周辺でTFIIHのp62サブユニットと結合する．一方，βサブユニットは中央にフォークヘッドモチーフをもちプロモーターの二本鎖DNAと結合し，C末端の塩基性ヘリックス・ループ・ヘリックス領域で一本鎖DNA，RNAポリメラーゼII，TFIIB，TFIIFβなどと結合する．転写開始の際にはβサブユニットの二つのDNA結合領域の二本鎖結合領域でプロモーター開裂の引き金を引き，一本鎖結合領域で開裂したDNAを安定化して転写開始を促進する．またC末端領域でプロモータークリアランス段階に機能していると考えられている．

**TFIIF**［TFIIF］ RNAポリメラーゼII*による転写開始および伸長反応に必要な基本転写因子*の一つ．二つのサブユニットから成り，おのおのα(RAP74, RNA polymerase II associating protein 74)，β(RAP30)とよばれ，RNAポリメラーゼIIと相互作用する性質から単離された因子と同一であることが後になって明らかにされたものである．RNAポリメラーゼIIと相互作用し，TFIID-TFIIB-DNA複合体に分子集合させる能力をもつ．TFIIFβがRNAポリメラーゼIIのDNAへの非特異的結合活性を抑える働きをもち，原核細胞におけるσ因子*の作用の働きの一部を担っていると考えられる．TFIIFαはC末端の球状構造でRNAポリメラーゼIIとTFIIBに結合し，RNAポリメラーゼIIがTFIIBと相互作用できるようにRNAポリメラーゼII構造の変化を起こしていると考えられている．

**TFIIH**［TFIIH］ RNAポリメラーゼII*による転写開始反応に必要な基本転写因子*の一つ．10個のサブユニットから成る巨大複合体で，七つのサブユニットから成るリング状構造にCDK7，サイクリンC，Mat1の3サブユニットから成るCAKサブ複合体が乗った形をとっている．三つの酵素活性(DNAヘリカーゼ，キナーゼ，ATPアーゼ)をもち，転写と細胞周期調節，DNA損傷修復のそれぞれに機能する．そのうちDNAヘリカーゼサブユニットXPBやXPD，あるいは小さなp8サブユニットに変異が入ると，3種の遺伝病(色素性乾皮症*，コケイン症候群*，硫黄欠乏性毛髪発育異常症)がひき起こされることが明らかになった．また，CAKサブ複合体が担っているキナーゼ活性により行われるRNAポリメラーゼIIのC末端CTDのリン酸化により，転写開始とプロモータークリアランス*，RNAプロセシング，そしてクロマチン制御が真核細胞の核内で協調的に行われていることが示された．

**TFIIK**［TFIIK］ 出芽酵母*では，RNAポリメラーゼII*の基本転写因子*TFIIH*のサブユニットの一部が，複合体としてTFIIHから容易に分離する．これが，残ったTFIIH成分(コアTFIIH)とともに転写に必要で，かつCTD*-キナーゼ活性をもつため，R. D. Kornberg*らにより新たな基本転写因子として命名された．47, 45, 33 kDaの3ポリペプチドより成り，大きい二つはともに*CCL1*遺伝子産物で，33 kDaのものは*KIN28*遺伝子産物であった．ヒトなどの脊椎動物でもこれらのホモログは，TFIIHのサブユニットであるが，ヒトではおのおのサイクリンH，CDK7に相当する．ただし，それらは出芽酵母と以下の二点で異なる．1) 前者は，CAKとよばれる，細胞周期制御キナーゼの活性化キナーゼ活性をもつ．一方，出芽酵母のTFIIKにCAK活性は存在しない．ヒトの場合，TFIIHのサブユニットMAT1と三つで安定な複合体を形成する．2) 脊椎動物では，CAKには転写活性は存在せず，10サブユニットのTFIIHとして転写活性を示す．またTFIIHから容易には分離されない．以上の理由から，TFIIKの名は，出芽酵母以外では一般的でない．

**TFIIS**［TFIIS］ ＝SII

**TFIIIA**［TFIIIA］ RNAポリメラーゼIII*転写開始反応系における5S rRNA遺伝子*転写の開始反応に必要な因子TFIIIA，IIIB，IIICの一つ．同じくRNA

ポリメラーゼⅢによって転写されるtRNA遺伝子*の転写開始反応には関与しない．このTFⅢAは，5S rRNA遺伝子内部のプロモーター*領域に結合するDNA結合活性転写因子で，真核細胞から最初に精製された特異DNA配列結合タンパク質であるばかりでなく，さらに最初にcDNAが単離された転写因子でもある．また，このTFⅢAはDNA結合ドメインとして，ジンクフィンガー*構造をもつことが示された最初の転写因子でもある．

**TFⅢB** ［TFⅢB］ RNAポリメラーゼⅢ*系の基本転写因子の一つで，TBP(TATAボックス結合タンパク質*)と数個のタンパク質を含む複合体で，RNAポリメラーゼⅢ系のすべての遺伝子の転写に必須である．サブユニットの一つはBRFとよばれ，RNAポリメラーゼⅡ系の基本転写因子のTFⅡBと相同性がある．TFⅢCが，tRNA遺伝子および5S rRNA遺伝子の内部プロモーターに結合後，それらの遺伝子の上流に結合し，RNAポリメラーゼⅢの結合を促進する．原がん遺伝子産物のc-MycがTFⅢBに結合しRNAポリメラーゼⅢの転写を活性化するが，同じくTFⅢBと相互作用するRbはRNAポリメラーゼⅢの転写を阻害する．

**TFⅢC** ［TFⅢC］ RNAポリメラーゼⅢ*系の基本転写因子で，RNAポリメラーゼⅢ系のすべての遺伝子の転写に必須であり，複数のペプチドから成る複合体である．TFⅢCは，tRNA遺伝子では，内部プロモーター内のAボックスに結合するが，5S rRNA遺伝子では，TFⅢAがその内部プロモーターのCボックスに結合したのち，その複合体に結合する．いずれの遺伝子の場合も，TFⅢCの結合がTFⅡBおよびRNAポリメラーゼⅢの結合を促進する．

**DFF40** ［DFF40＝DNA fragmentation factor, 40 kDa subunit］ ＝CAD

**DFF45** ［DFF45＝DNA fragmentation factor, 45 kDa subunit］ ICADともいう．(⇒CAD)

**TFO** ［TFO＝triplex-forming oligonucleotide］ ＝三本鎖形成性オリゴヌクレオチド

***Dfd*遺伝子** ［*Dfd* gene］ ＝デフォームド遺伝子

**DFP** ［DFP＝diisopropyl fluorophosphate］ ジイソプロピルフルオロリン酸の略号．(⇒プロテアーゼインヒビター)

**TFPI** ［TFPI］ 組織因子系凝固インヒビター(tissue factor pathway inhibitor)の略号．リポタンパク質結合性プロテアーゼインヒビター(lipoprotein-associated coagulation inhibitor, LACI)，外因系凝固インヒビター(extrinsic pathway inhibitor, EPI)ともいう．外因系血液凝固反応の阻害因子(⇒血液凝固)．34〜40 kDaの糖タンパク質で，おもに内皮細胞で産生される．276アミノ酸残基から成る成熟タンパク質は三つのKunitz型酵素阻害ドメインをもつ．第二ドメインが活性化Ⅹ因子に，第一ドメインが活性化Ⅶ因子・組織因子*複合体に結合してそれぞれの因子の活性を阻害する．血中ではリポタンパク質結合型が多く，活性の強い遊離型は少ないが，内皮細胞表面に大量に存在するのでその抗血栓性の一部を担っていると考えられる．

$T_m$ ［$T_m$＝melting temperature］ 融解温度の略号．(⇒変性【2】)

**TM** ［TM＝thrombomodulin］ ＝トロンボモジュリン

**DM** ［DM＝distance matrix］ ＝距離行列

**tmRNA** ［tmRNA＝transfer-messenger RNA］ ＝転移・メッセンジャーRNA

**TMA** ［TMA＝tissue microarray］ ＝組織マイクロアレイ

**DMS** ［DMS＝dimethyl sulfate］ 硫酸ジメチルの略称．(⇒DNAフットプリント法)

**DMSO** ［DMSO＝dimethyl sulfoxide］ ＝ジメチルスルホキシド

**DM染色体** ［DM chromosome］ ＝二重微小染色体

**DMD** ［DMD＝Duchenne muscular dystrophy］ ＝デュシェンヌ型筋ジストロフィー

**TMV** ［TMV＝*Tobacco mosaic virus*］ ＝タバコモザイクウイルス

**TLR** ［TLR＝Toll-like receptor］ ＝Toll様受容体

***Tl*遺伝子** ［*Tl* gene］ ＝トール遺伝子

**TLC** ［TLC＝thin layer chromatography］ ＝薄層クロマトグラフィー

**TLCN** ［TLCN＝telencephalin］ ＝テレンセファリン

**TLCK** ［TLCK＝$N^α$-tosyl-L-lysyl chloromethyl ketone］ $N^α$-トシル-L-リシルクロロメチルケトンの略称．(⇒アフィニティーラベル)

***tor*遺伝子** ［*tor* gene］ ＝トルソ遺伝子

**TOMコア複合体** ［TOM core complex］ ⇒ミトコンドリア外膜トランスロカーゼ複合体

**TOM複合体** ［TOM complex＝translocase of the mitochondrial outer membrane complex］ ＝ミトコンドリア外膜トランスロカーゼ複合体

**DOCK180** ⇒DOCK(ドック)180

**低温感受性突然変異** ［cold sensitive mutation］ ⇒温度感受性突然変異

**低温凝集素** ＝寒冷凝集素

**低温ショックタンパク質** ［cold shock protein］ 高温が細胞にとってストレスであるのと同様に，低温もまたストレスとして細胞に感知される．特に，植物のように環境依存性が高い生物では，低温による損傷を防ぐための機構が備わっており，それらの多くは低温によって誘導される低温ショックタンパク質である．原核生物では，低温下で低温ショックタンパク質(CspA, E, Cなど)が誘導され，抗転写終結を行うRNAシャペロンとして機能することが示されている．植物でもコムギでCspAと保存性の高い低温ショックドメインとグリシンに富んだ領域および3個のジンクフィンガーモチーフをもつWCSP1タンパク質が見つかっている．WCSP1もRNAと結合して二次構造を解消させるRNAシャペロン活性をもつ．(⇒熱

ショックタンパク質)

**低温ストレス**［cold stress］　生育温度以下の低温にさらされた時に生体内で起こる現象が原義であるが，通常低温そのものをさす．12℃以下のプラス域の冷温および氷点下温度によりそれぞれ冷温傷害と凍結傷害が起こり，栄養成長や生殖成長に影響が見られる（⇒花粉）．温度低下の一次作用部位は膜系で，膜脂質流動性の低下により膜タンパク質が失活し，光合成*の活性やイオン恒常性に傷害が起こる．光合成活性の低下は光合成系IのFe-S中心中のPsaBの分解が原因で，それに伴い活性酸素*が発生し酸化(的)ストレス*が生じる．また，低温下ではプロトンポンプ*がいち早く失活するため，液胞*からプロトンが放出されて細胞質が酸性になり，各種酵素の活性が低下する．氷点下温度では細胞外の凍結により細胞内の水分が氷晶に吸収され，水ストレス*や膜系収縮のような機械ストレスが生じる．低温に対する感受性は，熱帯・亜熱帯原産植物（イネ，キュウリ，カボチャ，トマトなど）で温帯・亜寒帯原産植物（コムギ，ホウレンソウなど）に比べて高い．これは，後者が低温下で低温順化により耐冷性および耐凍性を獲得できるからである（⇒順化）．この場合，膜脂質流動性や膜輸送*機能の維持，活性酸素消去系の活性化などを通して冷温傷害や凍結傷害に耐性になることが知られている．（⇒ストレス応答）

**低温スペクトル**［low temperature spectrum］　おもに液体窒素温度，液体ヘリウム温度の凍結状態における可視領域の吸収スペクトル*．低温スペクトルの利点は，低温により吸収帯が尖鋭化するため近接した吸収帯の分離が可能になること，溶媒が水の場合は氷の微結晶による散乱のため見かけ光路長が増加し測定感度が上昇することがあげられる．溶媒が水の場合はほとんど光が通らない凍結状態の試料を対象とするので，濁ったミトコンドリアなどの細胞小器官や細胞内の色素タンパク質の吸収スペクトル測定も可能である．また，閃光分解法（flash photolysis）と組合わせて，ロドプシンなどの光受容体の短寿命反応中間体解析に用いられている．酵素の不安定な反応中間体の解析においては，反応液にグリセロールなどの不凍液を添加し，−40〜−10℃程度の氷点下温度下の不凍結状態で反応中間体を安定に捕捉してその分光学的解析をする方法が用いられている．

**低温電子顕微鏡**　⇒極低温電子顕微鏡，低温電子顕微鏡法

**低温電子顕微鏡法**［cryo-electron microscopy］　水を含む細胞や水溶液中に存在している生体高分子を低温状態に保ったまま，無固定・無染色で電子顕微鏡観察する方法．ウイルスなどの懸濁液の薄い水の層をグリッド上に形成し，それを液体エタンを用いて急速凍結した試料を，急速凍結法），液体窒素で冷却したクライオトランスファーホルダーに装着して透過型電子顕微鏡*で観察することにより，溶液中における構造を保った像が得られる．電子線による損傷を受けやすいので，1000電子/nm²以下の低電子線量による照射条件で撮影する．おもに位相コントラストによる像を観察することになる．またクライオミクロトームで作製した凍結超薄切片を装着することにより電子線トモグラフィー*用のデータを収集できる．凍結あるいは凍結割断した試料を凍結したまま，金属でコーティングせずに，あるいは薄くコーティングして走査型電子顕微鏡*で観察することもできる（⇒凍結割断法）．

**低温分光法**［cryospectrophotometry］　試料を冷却・凍結して，紫外・可視吸収スペクトルや近赤外スペクトル（⇒近赤外分光），蛍光，りん光スペクトルなどを測定する方法．通常，低温では分子の並進・回転運動が低下して基底状態にある確率が上昇するため，スペクトルが先鋭化・分裂して，常温では現れない明瞭な微細構造が見られる．凍結状態では氷の微結晶による多重反射により吸光度が約50倍に増大し（ケイリン・ハートレー効果 Keilin-Hartree effect），微量物質の検出・同定も可能となる．また，一般に低温では反応速度が低下するため，室温では短寿命な酵素・基質中間体を捕捉して酵素反応素過程に関する直接的な情報を得たり，不安定ラジカル種を構造解析することが可能となる．

**低温誘導遺伝子**［cold inducible gene］　低温ストレス*からの回避のため低温順化の過程で新規に発現する遺伝子の総称．転写因子，シグナル伝達因子，アブシジン酸関連因子，適合溶質*合成酵素などの遺伝子が含まれ，膜脂質流動性や膜輸送*機能の維持，活性酸素消去系の活性化などを通して冷温傷害や凍結傷害の克服にかかわっている．多くの低温誘導遺伝子の発現は転写因子 CBF/DREB1により調節されているが，その遺伝子の転写が恒常的に発現している転写因子 ICE1により温度低下後15分以内に促進される．そのため，植物では低温検知→ICE1の活性化→CBF/DREB1の発現→低温誘導遺伝子発現が低温のシグナル伝達*の主要経路と考えられている．なお，この経路の調節因子が同定されているが，低温センサーは未同定である．

**低角度シャドウイング法**［low angle shadowing technique］　水平に近い角度のシャドウイングによって高分子量タンパク質分子の微細構造を観察する方法．50％グリセリンを含む塩溶液に希釈した精製タンパク質を雲母劈開面に噴霧し，真空蒸着装置に移して乾燥させる（⇒真空蒸着法）．白金を2〜5度の低角度で1nm程度の厚さに，ついで真上から炭素を回転蒸着してレプリカ膜を作製する．グリセロールにより乾燥時のタンパク質分子の変形が防がれ，さらに塩の析出が試料滴中心部に限られるので容易に試料を観察できる．

**T型カルシウムチャネル**［T type calcium channel］　$Ca_V3$チャネル（$Ca_V3$ channel），$Ca_V3$ともいう．低閾値活性化型で活性化，不活性化がともに速く，ペースメーカー的な機能に適したチャネルである．本チャネルには特異的な阻害剤が存在しないが，$Ca_V1$および$Ca_V2$がすべて高閾値活性化型であるため，電気生理

学的に区別可能である（T は開口が transient であることから命名）．3 種のサブタイプ $Ca_V3.1〜Ca_V3.3$ が知られており個々の遺伝子破壊マウスの解析から，それぞれの機能に特異性が存在することが明らかにされている．（⇌ カルシウムチャネル，R 型カルシウムチャネル，N 型カルシウムチャネル，L 型カルシウムチャネル，P/Q 型カルシウムチャネル）

**D型粒子** [D-type particle] W. Bernhard が 1960 年，腫瘍組織を電子顕微鏡で観察し提唱したオンコウイルス（レトロウイルス*の亜科）の形態学的分類の一型．B 型粒子*と同様に粒子表面の糖タンパク質のノブが顕著で，ウイルスコアが宿主細胞質内で形成されるが，出芽した後は，むしろ C 型粒子*に似ていて，濃縮後も粒子中央に見られる（⇌ A 型粒子[図]）．メーソン・ファイザーサルウイルス（Mason-Pfizer monkey virus）などが D 型ウイルスに分類される．

**T 管** [T tubule, transverse tubule, T-system] 横紋筋*の筋鞘が筋繊維*の長軸に対し直角方向に細管状に陥入したもの．横行系ともいう．しかし全体の走行を見ると長軸方向に走るものもある．陥入部位は動物種，骨格筋，心筋により一定している．筋鞘に生じた活動電位を筋繊維の内部に速やかに伝える．骨格筋では T 管に局在するジヒドロピリジン結合タンパク質（ジヒドロピリジン受容体*）が膜電位センサーとして働き，これに密接した筋小胞体終末槽対向面にある foot（リアノジン受容体*）から $Ca^{2+}$ を放出させる．（⇌ 筋小胞体[図]）

**T 奇数ファージ** [T-odd phage] 1945 年，M. Demerec と U. Fano は T. Rakieten がもっていたファージを宿主域とプラークの形で分類し，T1 から T7 の番号で名前をつけた．T は type に由来する．そのうちの T1，T3，T5，T7 がこのグループで，残りが T 偶数ファージ*である．偶然ながら，各グループのファージは性質がよく似ているので，この分け方がよく用いられる．このグループの T3 と T7 は非常によく似ていてよく研究に使われる．しかし T1，T5 はあまりほかと似てはいない．

**T 偶数ファージ** [T-even phage] T2，T4，T6 ファージをまとめたよび名．大きさもほぼ同じで，抗血清に対しても互いに交差反応を示し，シトシンが一定の割合で修飾され，グルコシル化されたヒドロキシメチルシトシンをもつ．塩基配列も 85 % の相同性があり，互いに組換え体をつくることもできる．M. Delbrück*を中心とするファージグループが研究材料をほとんど T2 と T4 に限定して研究を行ったので，研究結果の比較が容易で，急速な進展がもたらされた．（⇌ T 奇数ファージ）

**ディクチオソーム** [dictyosome] ＝ゴルジ体

**ディ・グリエルモ症候群** [Di Guglielmo syndrome] ＝赤白血病

**T 抗原** [T antigen] SV40*やポリオーマウイルス*などの DNA 型がんウイルスの初期遺伝子がコードするタンパク質で，細胞のトランスフォーメーション*に関与する．SV40 の T 抗原にはスプライシング供与部位が異なる初期 mRNA から翻訳される分子サイズ 100 kDa のラージ T 抗原（large T antigen）と 17 kDa のスモール T 抗原（small T antigen）の 2 種類がある．ラージ T 抗原は，非特異的 DNA 結合能，SV40 DNA 複製開始部位への特異的結合能，ヘリカーゼ活性，転写活性化能，さらに DNA ポリメラーゼ α，RB タンパク質（⇌ RB 遺伝子），p53（⇌ p53 遺伝子）などの細胞タンパク質との結合能など驚くほど多様な活性をもつ．本来の機能は，ウイルスの初期遺伝子および後期遺伝子の転写調節およびウイルス DNA 複製に必要な転写因子の発現を誘導することである．また，ヘリカーゼとしてウイルスの DNA 複製に関与する．一方，がん抑制遺伝子*産物である RB タンパク質や p53 と結合してこれらの機能を阻害することにより細胞のトランスフォーメーションをひき起こすと考えられている．スモール T 抗原は，N 末端側約半分が T 抗原と同一のアミノ酸配列，C 末端側半分がユニークな配列から成る．転写調節能，ホスホプロテインホスファターゼ*と結合して不活化する活性をもつ．ウイルス増殖に必須ではないが，スモール T 抗原のユニーク部分をコードする領域に欠失のある変異株の増殖効率は低い．また，細胞のトランスフォーメーションにはラージ T 抗原だけで十分だが，スモール T 抗原はラージ T 抗原によるトランスフォーメーションを増強する活性がある．ポリオーマウイルスは，ラージ T 抗原，スモール T 抗原に加えてさらに 55 kDa のミドル T 抗原（middle T antigen）をコードしている．ポリオーマウイルスのミドル T 抗原はラージ T 抗原が細胞の不死化*をひき起こすのに対しトランスフォーメーションをひき起こす．ミドル T 抗原は Src，Yes，Fyn などのチロシンキナーゼ活性をもつがん遺伝子産物と結合してこれらを活性化すると同時にチロシンリン酸化を受けホスファチジルイノシトール 3-キナーゼや Shc と結合することが知られている．

**定向進化** [directed evolution] 【1】T. Eimer，E. D. Cope，H. F. Osborn らが唱えた進化論で，生物は環境や自然選択*とは無関係に一定の方向に進化するという考えである．アンモナイトの殻が巻かれる方向に進化したことや，オオツノジカの巨大な角などが代表的な例とされる．

【2】工学的手法を用いて自然にはない望ましい性質をもつタンパク質や RNA を進化させること（⇌ DNA シャッフリング）．

**T 細胞** [T cell] T リンパ球（T lymphocyte）ともいう．末梢血リンパ球の 60〜80 % を占める亜集団で骨髄（発生早期には肝臓）の幹細胞に由来し，そのほとんどは胸腺*で成熟する．αβ，または γδ の二量体から成る T 細胞受容体*を細胞表面にもち，これを介して各種抗原を認識する．多くの T 細胞は αβ 型の T 細胞受容体をもち，血管，リンパ管によって循環しており，一部はリンパ節，脾臓などに集積する．一方，γδ 型をもつ T 細胞は，消化管，皮膚などに比較的多く分布する．γδ 型 T 細胞受容体のリガンドは必ずし

も明らかでなく，このタイプの受容体をもつT細胞の生理的意義も不明の点が多い．$\alpha\beta$型のT細胞受容体はMHC分子と，そこに挟みこまれたペプチド断片に特異的に結合する．このペプチド断片は，抗原提示細胞\*内において処理された各種の抗原に由来するものである．多様な抗原およびMHCの多型性に対応できるよう，T細胞受容体も免疫グロブリンと同様にDNA再編成\*によって可変領域の多様性を獲得している．MHC分子＋抗原ペプチドとT細胞受容体の間で特異的結合が起こると，T細胞受容体の近傍に非共有的に結合しているCD3複合体を介して細胞質内にシグナルが伝達され，各種サイトカイン産生や細胞分裂を誘導する．この初期シグナルの伝達に際しては，Lck\*，Fyn\*，ZAP-70\*などのチロシンキナーゼ\*群，プロテインキナーゼC\*などの関与が指摘されている．T細胞は，T細胞受容体・CD3複合体のほか，T細胞に特異的な各種糖タンパク質を細胞膜上に発現しており，これらはT細胞マーカー\*と総称されている．これらの中でもCD4\*，CD8\*は特に重要で，それぞれMHCクラスⅡ分子\*，MHCクラスⅠ分子\*の定常領域と結合することが知られている．この結合は，T細胞受容体・MHC分子間の結合を補助するだけでなく，細胞内へのシグナル伝達にも関与すると考えられている．成熟したT細胞のほとんどはCD4，CD8のいずれかを発現しており，前者の多くはヘルパーT細胞\*，後者の多くはキラーT細胞\*と考えられているが，この区分は絶対的なものではない．ヘルパーT細胞は抗原刺激により各種サイトカインを産生してB細胞，T細胞，マクロファージなどに働いて免疫反応の促進，増強を誘導し，キラーT細胞は，移植片，ウイルス感染細胞，腫瘍細胞を認識してこれを傷害する活性をもっている．

**T細胞急性リンパ性白血病**［T cell acute lymphocytic leukemia］　T細胞\*由来の白血病\*で，成人の急性リンパ性白血病\*の約15％を占める．縦隔腫瘍，中枢神経浸潤を特徴とする．診断にはヒツジ赤血球とのロゼット形成能，CD2，CD3，CD5，CD7，CD4，CD8などのT細胞マーカー\*陽性，T細胞受容体\*遺伝子の再構成が重要である．染色体分析では，t(1;14)(p34;q11)，t(11;14)(p13;q11)，t(7;11)(q35;p13)などT細胞受容体$\alpha/\delta$鎖遺伝子と$\beta$鎖遺伝子がそれぞれ存在する14q11，7q35を含んだ異常(→染色体異常)が代表的である．わが国では一部に成人T細胞白血病\*の症例が含まれる．

**T細胞抗原受容体**［T cell antigen receptor］　＝T細胞受容体

**T細胞受容体**［T cell receptor］　TCRと略．T細胞抗原受容体(T cell antigen receptor)ともいう．T細胞はB細胞と異なり，抗原提示細胞や標的細胞中でプロセシングを受けてMHC分子に結合し，細胞表面に提示された抗原-MHC複合体を認識する(→MHC拘束)．このT細胞の抗原認識を担うのがT細胞受容体である(→抗原認識機構)．TCRは$\alpha$鎖と$\beta$鎖から成るヘテロ二量体と$\gamma$鎖と$\delta$鎖から成るヘテロ二量体の2種類が存在する．末梢リンパ組織の大部分のT細胞が$\alpha\beta$型TCRを発現し，腸管，表皮などの上皮間には$\gamma\delta$型T細胞が多く存在する．TCR各鎖とも可変(V)領域\*と定常(C)領域\*から成る．$\alpha$鎖と$\gamma$鎖のV領域は$V$(variable)と$J$(joining)遺伝子領域，$\beta$鎖と$\delta$鎖のV領域は$V$, $D$(diversity), $J$遺伝子領域によりコードされる．各領域をコードする遺伝子は生殖細胞では離れて存在する．$V$, $D$, $J$遺伝子セグメントに隣接するDNA配列には，ヘプタマーとノナマーが12ないし23塩基対のスペーサーで隔てられているシグナル配列がつくられる．T細胞に分化する過程でシグナル配列間でDNA再編成\*が起こり，V領域をコードする一つの連続した遺伝子が産生される．TCRのV領域の多様性はDNA再編成による$V$, $(D)$, $J$遺伝子セグメントの組合わせと再編成結合部のずれ，および結合部へのN配列の挿入によって生じる．免疫グロブリン\*にみられる体細胞超突然変異はTCRではみられないことが多い．$\alpha$鎖と$\beta$鎖のV領域にはアミノ酸配列の変異が高い超可変領域\*(CDR)が認められる．CDR1とCDR2は$V$遺伝子によってコードされ，CDR3は$V$-$J$や$V$-$D$-$J$の結合部によってコードされる．プロセシングを受けたペプチドはMHCクラスⅠ分子またはMHCクラスⅡ分子のN末端側の多型性面でつくられる$\alpha$ヘリックスと$\beta$シートに囲まれた溝に入り込む．CDR1, CDR2がMHC分子の$\alpha$ヘリックス構造の外側を認識し，CDR3がペプチドを認識すると考えられる．$\gamma\delta$型TCRの抗原認識機構は不明な点が多い．リガンドとして，MHCクラスIb，ミコバクテリア抗原(ピロリン酸化物)やストレスタンパク質などがあり，MHC拘束性が見られない．TCRは細胞表面でCD3\*分子と非共有性に会合している．CD3分子は$\gamma$, $\delta$, $\varepsilon$, $\zeta$, $\eta$の5個のサブユニットより構成され(→$\zeta$鎖)，Fyn\*，ZAP-70\*のチロシンキナーゼ\*と会合して，抗原認識と機能発現をつなぐシグナル伝達系として働く．

**T細胞マーカー**［T cell marker］　T細胞に特異的に発現し，抗体によって検出可能な細胞膜上分子の総称．この中の多くはT細胞の分化に伴って順次発現するので，T細胞分化抗原ともよばれる．T細胞すべてに発現するものとしてはThy-1抗原\*，CD2\*，CD3\*，CD5\*抗原などが知られている．Thy-1はすべてのマウスT細胞に発現するが，ヒトT細胞には検出されない．CD3はT細胞受容体\*に非共有的に結合するポリペプチド群で，T細胞受容体による抗原認識をシグナルとして細胞内に伝達する機能をもつ．このほかに各種のT細胞サブセットに特有なマーカーとしてCD4\*，CD8\*抗原などがある．従来CD4はヘルパーT細胞\*，CD8はキラーT細胞\*，サプレッサーT細胞\*のマーカーとして機能不明のまま扱われてきた．最近CD4はMHCクラスⅡ分子，CD8はクラスⅠ分子の定常領域と結合することが判明した．この結合はT細胞がT細胞受容体を介して各種の抗原提示細胞を認識するのを補助するものと考えられている．(→分化抗原)

**テイ・サックス病**［Tay-Sachs disease］　常染色体劣性遺伝疾患で，進行性の神経変性症状で 2～3 歳で死亡する．生後 6 カ月以内に発育停滞，麻痺，認知症が現れ，眼底所見として網膜にはチェリーレッドスポットがみられる．β-N-アセチルヘキソサミニダーゼ* は Hex-A($\alpha_1\beta_2$) と Hex-B($\alpha_2\beta_2$) というアイソザイムから成るが，テイ・サックス病では Hex-A の欠損によりガングリオシド*$G_{M2}$ が中枢神経系に蓄積する．Hex-A の α サブユニットをコードする遺伝子に異常があるために活性が失われる．若年性のテイ・サックス病では 0.5％，成人型では 2～4％の活性がみられ，11～20％以上の活性があれば発症しない．遺伝子異常は第 15 染色体の長腕 23-24 領域に存在し，1 塩基置換，欠失，挿入などさまざまな異常が見つかっている．複合ヘテロ接合体(compound heterozygote)も知られている．Hex-B が欠損するとサンドホフ病(Sandhoff's disease)となる．

**低酸素誘導因子 1**　［hypoxia-inducible factor 1］HIF-1 と略す．低酸素環境への対応にかかわる転写因子で"酸素センサーシステム"として機能し，HIF-1α および HIF-1β サブユニットから構成される．酸素存在下では HIF-1α のプロリンがヒドロキシ化され，フォンヒッペル・リンダウ病 (von Hippel-Lindau disease) の原因遺伝子である VHL が結合した結果，ユビキチン化*されプロテアソーム*によって分解する．低酸素下では安定な HIF-1α が核に移行し，HIF-1β と二量体を形成してさまざまな遺伝子の低酸素反応領域(hypoxia-responsive element, HRE)に結合し，転写を誘導する．たとえば高地における赤血球増加は低酸素に反応した HIF-1 によるエリトロポエチン*の誘導で起こる．HIF-1 は糖代謝や血管新生にもかかわり，低酸素状態のがん組織でも機能している．プロリンのヒドロキシ化は低酸素のほか，高濃度のコハク酸などクエン酸回路中間代謝物や鉄(II)キレート剤で阻害される．また熱ショックタンパク質 90(HSP90)や C キナーゼ受容体 1(RACK1)などによってもその活性が調節されている．

**DG**［DG＝1,2-diacylglycerol］　1,2-ジアシルグリセロールの略．(→ ジアシルグリセロール)

**TCR**［TCR＝T cell receptor］＝T 細胞受容体

**tg$^{rol}$**［tg$^{rol}$］＝ローリング(マウス)名古屋

**TCA 回路**［TCA cycle］　トリカルボン酸回路の略．(→ クエン酸回路)

**TGS**［TGS＝transcriptional gene silencing］　転写レベルの遺伝子サイレンシングの略称．(→ 共抑制)

**TGN**［TGN＝trans Golgi network］＝トランスゴルジ網

**TCF**［TCF＝ternary complex factor］　c-fos 遺伝子などのプロモーターに存在する血清応答配列*(SRE)に，2 分子の血清応答因子*(SRF)とともに三量体(ternary complex)を形成して結合する転写因子．TCF は SRF を介して SRE に結合し，自身は SRE 近傍に存在する ets 配列とよばれる DNA 領域に結合する．Elk-1 はパートナータンパク質 SRF の発現を制御する．MAP キナーゼにより TCF の C 末端がリン酸化されると，ternary complex の形成促進と SRE を介する転写の活性化が起こる．TCF として，Elk-1, SAP-1, ERP/NET/SAP-2 が知られている．転写コアクチベーターであるミオカーディンは Elk-1 と SRF を競合して平滑筋における遺伝子発現制御に働く．

**TGF-α**［TGF-α＝transforming growth factor-α］＝トランスフォーミング増殖因子 α

**TGF-β**［TGF-β＝transforming growth factor-β］＝トランスフォーミング増殖因子 β

**TGF-β 活性化キナーゼ 1**［TGF-β activated kinase 1］＝TAK1

**TGF-β 受容体**［TGF-β receptor］＝トランスフォーミング増殖因子 β 受容体

**Dishevelled**［Dishevelled］　Dsh と略す．細胞内リン酸化タンパク質であり，Wnt*の受容体 frizzled の直接下流に位置する．その下流には，β カテニン*を活性化する古典的経路と，β カテニンを活性化しない非古典的経路があるが，これらの分岐点に位置している．古典的経路では，Dishevelled を介して Wnt シグナルがアキシン*や GSK(グリコーゲンシンターゼキナーゼ*)に伝達される．非古典的経路では，PCP (planar cell polarity, 平面内細胞極性)経路と $Ca^{2+}$ 経路があるが，$Ca^{2+}$ 経路に関与するかどうかは不明であるが，PCP 経路では Dishevelled を介して Rho*や Rac*が活性化されると考えられる．Dishevelled の分子内には DIX, PDZ, DEP ドメインが同定されている．それぞれ，アキシンの DIX ドメインとの相互作用，PDZ ドメインをもつタンパク質とのタンパク質間相互作用，PCP 経路の伝達に重要と考えられる．(→ Wnt シグナル伝達経路)

**DGK**［DGK＝diacylglycerol kinase］＝ジアシルグリセロールキナーゼ

**TGGE**［TGGE＝temperature-gradient gel electrophoresis］＝温度勾配ゲル電気泳動

**Tsix**［Tsix］　Xist(X 染色体不活性化特異的転写物*)のアンチセンス RNA*．Xist の発現をシスに抑制するものである．

**TCDD**［TCDD＝2,3,7,8-tetrachlorodibenzo-p-dioxin］　2,3,7,8-テトラクロロジベンゾ-p-ジオキシンの略号．(→ ダイオキシン)

**TCP1**［TCP1］　T-complex polypeptide 1 の略称．TriC(TCP1 ring complex), CCT(chaperonin-containing TCP1)もほぼ同じ意味に使われる．真核細胞の細胞質に存在するシャペロン*．当初，マウスの精子の成熟に関係する T 座位の遺伝子産物として知られた．少なくとも 8 種のサブユニットから成る分子量約 90 万の巨大な複合体として存在する．各サブユニットはアミノ酸配列上の類似性があり，さらに大腸菌の HSP60*である GroEL*とも類似性がある．また，HSP70*が結合している場合もある．アクチン*およびチューブリン*の生合成直後のフォールディング*に必要なことがわかっている．細胞の生存に必須なタンパク質．

**定常期**［stationary phase］ ⇌ 増殖曲線
**定常部** ＝定常領域
**定常領域**［constant region］ 定常部，C 領域(C region)，不変部，固定部，恒常部ともいう．抗体はそれぞれ 2 本の H 鎖，L 鎖計 4 本のポリペプチド鎖が S-S 結合で連結された分子である（⇌ 免疫グロブリン[図]）．さらに 90～110 アミノ酸残基から成る球状をしたドメインが数珠状につながって全体として Y 字形をしているが，それぞれのポリペプチド鎖の N 末端側はアミノ酸配列の多様な可変(V)領域*が抗原結合部を形成し，C 末端側は一定のアミノ酸配列をしているので定常(C)領域とよばれる．L 鎖は V ドメインと 1 個の C ドメインから成り，H 鎖は V ドメインと複数個の C ドメインから成る．$C_L$ドメインと$C_H1$ドメインは会合して S-S 結合で連結され，それにつづくヒンジ領域*で 2 本の H 鎖間は連結される．さらに C 末端側の 2 個のドメイン$C_H2$と$C_H3$は Fc 領域とよばれ（⇌ Fc フラグメント），補体との結合，Fc 受容体との結合などさまざまな生物活性を担う．IgM, IgD, IgG, IgE, IgA という抗体のアイソタイプごとに H 鎖 C 領域の構造は異なり生物活性も相互に異なる（⇌ クラススイッチ）．T 細胞受容体も分子の基本構造は抗体と似ており，V 領域と C 領域から成る．

**定常領域遺伝子**［constant region gene］ ＝C 遺伝子

**ディジョージ症候群**［Di George syndrome］ 胸腺*や副甲状腺など第 3，第 4 咽頭嚢から発生し下降して定位置に達する器官の（無）低形成があり，心奇形，眼球隔離などの顔貌異常，口蓋裂などがみられる．胸腺の異常に伴う重篤な感染症，副甲状腺の異常に伴う低カルシウム血症と痙攣なども本症の特徴をなす．発生の際に働く転写調節因子の一つ Tbx1(T-box protein 1)の遺伝子(22q11.21)が循環器系に見られる主症状の原因だと同定されている．二本鎖 RNA 結合タンパク質をコードする *DGCR8*(22q11.2)も原因遺伝子群の一つとされている．隣接遺伝子症候群*の一種である．マキュージック番号* 188400.

**低身長型連続性染色体欠失症候群**［short stature continuous deletion syndrome］ 染色体の特定の領域がまとまって欠失しそこに位置する遺伝子の機能が低下，ないし失われるもの．本来そのような個体がヒトにおいてホモ接合型になることはまれであるが，広範囲に遺伝子が欠失した場合一方の対立形質が健常であっても，遺伝子の機能低下として表現型に現れる場合が多く，一般的に低身長である．このような例は第 2, 第 10, 第 22 染色体にみられる．また特殊なものとして X 染色体全体の失われるターナー症候群*がある．

**低浸透圧ショック法**［osmotic shock procedure］ ⇌ 等張液

**低親和性 IgE 受容体**［low affinity receptor for IgE］ ＝CD23(抗原)

**Disabled-1**［Disabled-1］ Dab1 と略す．Dab1 は脳の形成に関係した細胞内シグナル伝達における Fyn*, Src, Abl チロシンキナーゼ*のアダプタータンパク質．脳にしわのないマウスは神経異常を呈し，この異常の原因遺伝子が Src チロシンキナーゼ(Src ファミリー)の SH2 ドメイン(⇌ SH ドメイン)に結合するタンパク質をコードするショウジョウバエの *disabled* 遺伝子のマウスホモログ遺伝子 *mDab1* であることがわかっている．

**ディスク**［DISC＝death-inducing signaling complex］ ⇌ カスパーゼ

**底生生物**［benthos］ ⇌ プランクトン

**低増殖肝がん**［slowly growing hepatoma］ ⇌ 最小変倚肝がん

**D ダイマー**［D dimer］ 安定化フィブリンが繊維素溶解*反応により分解されたもののうち DD を含む画分．安定化フィブリンはプラスミン*により，YD・DY・YY・DXD・DD を含む複数の分解産物を経て，最小単位として DD・E 画分まで限定分解される（⇌ フィブリノーゲン/フィブリン分解産物[図]）．フィブリノーゲンからは DD・E 画分は産生されない．DD を特異的に認識する抗体を利用して定量されるものを通称 D ダイマーとよんでいる．血中に証明されれば安定化フィブリンの出現と分解を示唆する．

**低張液**［hypotonic solution］ ⇌ 等張液

**ディッシェ反応**［Dische reaction］ ＝ジフェニルアミン反応

**ディフ遺伝子**［DIF gene］ マウス胚性幹細胞にダイオキシン*を曝露することによって遺伝子発現が誘導される遺伝子群．これまで DIF-1, 2, 3 の三つの遺伝子が報告されている．DIF-1 はヒスタミン放出因子(HRF)と同一であり，アレルギー*との関連性が注目される．DIF-2, 3 は精巣で高い発現が観察される核内因子である．DIF-2 は子宮頸がん*にて高発現し，繊維芽細胞に過剰発現させると形質転換を誘導することからがん化との関与も指摘されている．ダイオキシンには発がん，生殖毒性，アレルギー反応など多様な毒性機構が報告されてきたが，高発現したディフ遺伝子群が細胞や個体に作用する影響を明らかにすることで，ダイオキシンの毒性メカニズムを解明する研究が進められている．

**DD**［DD＝differential display］ ＝ディファレンシャルディスプレイ

**TTX**［TTX＝tetrodotoxin］ ＝テトロドトキシン

**T-DNA**［T-DNA］ transferred DNA の略称．*Agrobacterium tumefaciens**の保有する Ti プラスミド*上の特定領域で，一対の 25 塩基対の配列に囲まれている．この細菌が植物に感染すると，25 塩基の内側の DNA が植物細胞へ転位し，核染色体に組込まれる．このような DNA 転位には 25 塩基対の存在が必須である．T-DNA には，オパインシンターゼ遺伝子やオーキシン*とサイトカイニン*の合成にかかわっている遺伝子があり，後者二つがクラウンゴール腫瘍*の原因遺伝子である．

**ddNTP**［ddNTP＝dideoxyribonucleoside triphosphate］ ＝ジデオキシヌクレオシド三リン酸

**TDF**［TDF＝testis determining factor］ ＝精巣

決定因子

**dTMP** [dTMP = deoxythymidine 5′-monophosphate] デオキシチミジン 5′-一リン酸の略号. (⇒ チミジル酸)

**低 $T_3$ 症候群** [low $T_3$ syndrome] ⇒ トリヨードチロニン

**TdT** [TdT = terminal deoxyribonucleotidyl transferase] = ターミナルデオキシリボヌクレオチジルトランスフェラーゼ

**TTP** [TTP = thrombotic thrombocytopenic purpura] = 血栓性血小板減少性紫斑病

**DT40 細胞** [DT40 cell] ニワトリ B 細胞由来の細胞株. DT40 細胞は, 哺乳類細胞に比べて, 数十から数百倍の頻度で相同組換えを起こすことが知られている. この特徴から遺伝子ターゲッティング実験に用いられることが多く, 特定の遺伝子の変異細胞や破壊細胞の作製, 抗体作製によく用いられる.

**T7 RNA ポリメラーゼ** [T7 RNA polymerase] 大腸菌ファージ T7 の遺伝子産物で, 約 20 塩基対から成るファージ固有のプロモーター配列を識別する RNA ポリメラーゼ*. in vitro 転写に頻用される.

**T7 DNA ポリメラーゼ** [T7 DNA polymerase] 大腸菌ファージ T7 の遺伝子産物. ファージ DNA の複製に関与する DNA ポリメラーゼ*. 感染菌からはチオレドキシンとの複合体として精製され, 試験管内で強い DNA 重合活性を示す.

**T7 ファージ** [T7 phage, phage T7] 線状二本鎖 DNA をもつ大腸菌ファージ. ファージ粒子は正二十面体の頭部と, 短い非収縮性尾部から成る. ゲノム DNA の全塩基配列が決定されている (39,936 bp, 末端に 160 bp の同方向同一配列をもつ). ゲノムの左端約 20 % が宿主 RNA ポリメラーゼにより, 残りが単分子 (100 kDa) のファージ RNA ポリメラーゼにより, ゲノム右方向にのみ転写される. 近縁ファージに T3 ファージ (T3 phage) がある. (⇒ T 奇数ファージ)

**T7-based RNA 増幅法** [T7-based RNA amplification] リニア増幅法 (linear amplification) ともいう. 相対量を変化させずに微量 RNA を増幅する方法. mRNA ポリ(A) 尾部配列と相補的なポリ(T) 配列に T7 プロモーター配列を付加したプライマーを用いて逆転写反応を行い第一鎖 cDNA を合成, ひき続きランダムプライマーを用いて第二鎖 cDNA を合成する. 合成された二本鎖 cDNA を鋳型として T7 ポリメラーゼによる in vitro 転写反応を行うことで, 元の微量 RNA が増幅される.

**T2 ファージ** [T2 phage, phage T2] 170 kbp の線状二本鎖 DNA をもつ大腸菌ファージ. T4 ファージ* ときわめて近縁で粒子構造や生活環は T4 と基本的には同じと考えてよい. ただし, ファージ吸着受容体, 尾部および尾部繊維のタンパク質構成, トポイソメラーゼの遺伝子構成 (T4 ファージは 2 遺伝子から成り, そのうちの一つはスプライシングを受けない特異なイントロンをもつが, T2 ではこれら遺伝子が融合しており, イントロンをもたない) など少し異なっている. (⇒ T 偶数ファージ)

**底板** = フロアープレート

**DB** [DB = database] = データベース

**TPR** [TPR = tetratricopeptide repeat] = テトラトリコペプチドリピート

**tPA** [tPA = tissue plasminogen activator] = 組織プラスミノーゲンアクチベーター

**TPA** [TPA = 12-$O$-tetradecanoylphorbol 13-acetate] = 12-$O$-テトラデカノイルホルボール 13-アセテート

**TPA 応答配列** [TPA response element] ⇒ AP-1

**TPN** [TPN = triphosphopyridine nucleotide] トリホスホピリジンヌクレオチドの略称. (⇒ NADP)

**DPN** [DPN = diphosphopyridine nucleotide] ジホスホピリジンヌクレオチドの略称. (⇒ NAD)

**TP53INP1 遺伝子** [TP53INP1 gene] = p53DINP1 遺伝子

**TP53 遺伝子** [TP53 gene] = p53 遺伝子

**TBG** [TBG = thyroxine binding globulin] チロキシン結合グロブリンの略号. (⇒ 甲状腺ホルモン結合タンパク質)

**dBcAMP** [dBcAMP = dibutyryl cyclic AMP] = ジブチリルサイクリック AMP

**低比重リポタンパク質** = 低密度リポタンパク質

**DP2** [DP2] = CRTH2 (クルスツー)

**TBP** [TBP = TATA box-binding protein] ⇒ TATA ボックス結合タンパク質

**DBP** [DBP = D-site binding protein] D 部位結合タンパク質の略号. (⇒ 肝細胞特異的因子)

**Dpp 遺伝子** [Dpp gene] = デカペンタプレージック遺伝子

**TBPA** [TBPA = thyroxine binding prealbumin] チロキシン結合プレアルブミンの略号. (⇒ 甲状腺ホルモン結合タンパク質)

**TBP 随伴因子** [TBP-associated factor] = TAF【1】

**ディファレンシャルディスプレイ** [differential display] RNA 任意プライム PCR (RNA arbitrarily primed PCR, RAP-PCR) ともいう. DD と略す. 複数検体間で発現量に差のある遺伝子を検出する技法 (⇒ DNA マイクロアレイ). 逆転写 PCR* (RT-PCR) を応用した方法であるため微量検体にも対応可能である. 検体 RNA の逆転写反応後, 任意プライマーを組合わせ, ある程度ミスマッチを許容するよう緩い条件下で PCR* を行う. PCR の際に放射性同位体で標識された核酸を用いることで, さまざまな長さの非特異的 PCR 産物がシークエンスゲルにラダー状に展開された様子をフィルムオートラジオグラフィーにて可視化できる. また蛍光標識プライマーや感度良い染色試薬を用いることにより非放射性 DD も可能である. 検体間で濃さの異なるバンドを切出し, クローニング*し, 塩基配列を決定することで発現量に差のある遺伝子の部分的 cDNA 情報を得ることができる.

**ディファレンシャルハイブリダイゼーション** [differential hybridization] ある組織や特定条件下の細

胞で特異的に発現している遺伝子をクローニングする方法．特異的遺伝子の取得を目的とする細胞または組織（以下A）と対照の細胞または組織（以下B）から調製したmRNAを用いて，放射性同位元素などで標識したcDNAのプローブ*をそれぞれ合成する．Aから作製したcDNAライブラリー*を寒天プレートにまき，同一プレートからコロニー（またはプラーク）を2枚のフィルターにレプリカする．1枚のフィルターをA由来のプローブで，他方をB由来のプローブで，コロニー（またはプラーク）ハイブリダイゼーション*を行う．この結果を比較し，Aのプローブを用いたフィルターのみに陽性となるクローンを選択し，単離する．それぞれ異なった由来の細胞から得られたRNAやDNAをプローブとしてマイクロアレイ*やDNAチップとハイブリダイズさせるのも一種のディファレンシャルハイブリダイゼーションである．（→差引きハイブリダイゼーション）

**D部位結合タンパク質**［D-site binding protein］DBPと略す．（→肝細胞特異的因子）

**ディープエッチング法**［deep etching method］凍結エッチング法（freeze-etching method），フリーズエッチング法ともいう．急速凍結法*が成功するとガラス状の凍結が試料表面から20μmまで得られる．そこを高真空下，−120℃前後で凍結割断したのち，温度を−90℃に上昇し，5分程度凍結乾燥*する．乾燥の深さは純水の場合が参考となるが（1分間に−90℃で840 nm，−95℃で360 nm），分離した緩衝液中の細胞質構造，細胞質溶液を緩衝液に置換した細胞，水っぽい細胞などでは割断面から250 nmの深さにある親水性部の構造が出現する．この操作をエッチングとよぶ．金属の蒸着は25°上方より試料を回転させながら行い，レプリカの写真は陰画として提出する．（→凍結レプリカ法）

**T4ファージ**　→T4（ティーヨン）ファージ

***t*複合遺伝子座**［*t*-complex locus］　→*T*遺伝子座

**ディプロテン期**　＝複糸期

**低分子キニノーゲン**［low molecular weight kininogen］カリクレイン-キニン系*因子．カリクレイ

| キニノーゲン | 分子量 | 血中濃度 [mg/mL] | 血中半減期 [hr] | 遺伝子 全長 [kb] | 染色体 |
|---|---|---|---|---|---|
| 高分子 | 120,000 | 74 | 150 | 27 | 3q26-qter |
| 低分子 | 68,000 | 135 | ? | 27 | 3q26-qter |

ンによる限定分解を受けて分子内からブラジキニン*を放出する．高分子キニノーゲン*と異なり，凝固活性化機能はもたない．低分子キニノーゲンのN末端領域は高分子キニノーゲンと同じ構造であり，システインプロテアーゼインヒビター活性をもつ．両分は同一遺伝子から転写された11個のエキソンをもつmRNAから，選択的スプライシング*によって，分子内の一部に共通構造をもつ異なる分子として生成される．共通構造をもつ部分にシステインプロテアーゼインヒビター活性が存在し，高分子キニノーゲンの非

共通構造部分に内因系凝固促進活性が存在する．

**低分子量Gタンパク質**［small G protein］＝低分子量GTP結合タンパク質

**低分子量GTPアーゼ**［small GTPase］＝低分子量GTP結合タンパク質

**低分子量GTP結合タンパク質**［small GTP-binding protein］　低分子量GTPアーゼ（small GTPase），低分子量Gタンパク質（small G protein）ともいう．GTP結合タンパク質*とは，GDPとGTPを特異的に結合し，かつGTPアーゼ活性をもつ一群のタンパク質のことであり，このうち分子量が2万～3万でサブユニット構造をもっていない一群のGTP結合タンパク質が低分子量GTP結合タンパク質とよばれている．低分子量GTP結合タンパク質はGDPを結合している状態では不活性型であり，この不活性型に上流から何らかのシグナルが入ると，GDPが解離しGTPが結合して活性型に転換される．活性型は標的タンパク質に作用してシグナルを下流に伝達する．シグナルを伝達した後，結合しているGTPは，その内在性GTPアーゼ活性によってGDPに加水分解され，不活性型に戻る．低分子量GTP結合タンパク質は，哺乳動物から酵母に至るまで100種類以上見いだされており，スーパーファミリーを形成している．このスーパーファミリーは大きくRas*，Rho*，Rab*，Arf*/Sar，Ranの五つのグループに分類される．RasグループのRasは細胞膜受容体から種々のシグナルを受けて活性化され，活性化されたRasはRafキナーゼ（→*raf*遺伝子）を活性化してMAPキナーゼ*カスケードを作動させる．その結果，種々の遺伝子の発現を介して細胞の増殖や分化を制御している．また，Rasに突然変異が生じると細胞ががん化する．RhoグループのRhoやRac*も細胞膜受容体からシグナルを受けて活性化される．Rhoはアクチンフィラメントの再編成を介して平滑筋の収縮や細胞質分裂，細胞運動，細胞形態を制御している．Racは，白血球やマクロファージでは，NADPHオキシダーゼ*によるスーパーオキシドの産生を，繊維芽細胞では細胞膜のラッフリング（→ラッフリング）を制御する．また，他のRhoグループのCDC42とRacはJNKキナーゼカスケードを活性化することもできる．Rabグループのすべてのメンバーはエキソサイトーシスやエンドサイトーシスなどの細胞内小胞輸送*を制御している．また，Arfグループのメンバーも細胞内小胞輸送に関与している．一方，Ranは核へのタンパク質輸送に関与している．

**底膜**［basal membrane］　→細胞膜

**低密度リポタンパク質**［low density lipoprotein］LDLと略し，低比重リポタンパク質ともいう（→リポタンパク質）．比重1.019～1.063の血漿リポタンパク質，IDL（中間密度リポタンパク質）とLDL両者を合わせてLDLとする場合も多い．肝において生成された超低密度リポタンパク質*（VLDL）は，血中でリポタンパク質リパーゼの作用を受けて，中性脂肪およびリポタンパク質表層のアポC群，アポEを失

い，VLDL より IDL を経て最終代謝産物として LDL を生成する．LDL は，肝および肝外組織により低密度リポタンパク質受容体*を介して利用される．LDL 受容体経路は，血中コレステロール異化の中心的機構であり，この受容体に異常が生じると，家族性高コレステロール血症*を呈する．ヘテロ接合体は 500 人に 1 人の頻度で発生し，血漿コレステロール値は 350 mg/dL 以上である場合が多い．若年性に虚血性心疾患を発症する．ホモ接合体は，100 万人に 1 人の割合で発生し，血漿コレステロール値は 500 mg/dL 以上であり，20 歳以前に虚血性心疾患を発症する．[LDL コレステロール]＝[総コレステロール]－[HDL コレステロール]－[中性脂肪/5]の計算式により，LDL 値を推定することができる．

**低密度リポタンパク質受容体** [low density lipoprotein receptor] LDL 受容体(LDL receptor)と略称する．LDL 受容体は血中の主要コレステロール運搬体である LDL(低密度リポタンパク質*)を結合し細胞内に取込む．LDL 受容体はアポ B-100 をもつ LDL のみならず，アポ E(⇌アポリポタンパク質)をもつ VLDL, IDL(中間密度リポタンパク質)，β-VLDL も結合し，細胞内に取込む．受容体は細胞膜に存在する被覆小孔*でリガンドを結合し，被覆小孔が細胞膜から離脱することにより細胞内に取込まれる．その結果クラスリンタンパク質によってつくられる被覆小胞*が形成され，被覆小胞内に封じ込められた形でリガンドと受容体がエンドソーム*に輸送され，エンドソーム内部が酸性であるために受容体とリガンドの解離が起こる．リガンドを解離した受容体は再び細胞膜へ運ばれ再利用されるとともに受容体から解離されたリガンドはリソソームに運ばれ分解を受け，最終的にコレステロールが細胞内に供給される．LDL 受容体により細胞内にコレステロールが供給されると，細胞内コレステロール生合成の律速酵素であるヒドロキシメチルグルタリル-CoA レダクターゼ*と受容体自身の遺伝子の転写が抑制(ダウンレギュレーション)され，細胞内のコレステロールプールが一定に保たれる．LDL 受容体の遺伝子異常は人類で最も頻度の高い遺伝病である家族性高コレステロール血症*の原因遺伝子として，1974 年 J. L. Goldstein, M. S. Brown により発見された．家族性高コレステロール血症は人種を問わず 500 人に 1 人の割合で起こる常染色体優性の遺伝病で，LDL 受容体異常により高コレステロール血症を呈する．家族性高コレステロール血症の LDL 受容体遺伝子異常の解析から，LDL 受容体の構造と機能の関連が明らかになった．LDL 受容体は 1)リガンド結合ドメイン，2) EGF 前駆体相同ドメイン，3) O 結合糖ドメイン，4) 細胞膜ドメイン，5) 細胞質ドメインの五つの異なるドメインから構成されている．リガンド結合ドメインはアポ E とアポ B との結合を仲介する．EGF 前駆体相同ドメインは，エンドソームのような酸性条件下でのリガンド解離に機能する．O 結合糖ドメインにはセリン/トレオニン残基が局在し，O 結合糖による修飾を受けるが，機能は不明である．細胞膜ドメインは細胞膜に結合するために必要で，このドメインを欠損すると受容体は細胞外に分泌されてしまう．細胞質ドメインは受容体が被覆小孔に局在するために重要で，このドメインの異常は結合したリガンドの細胞内への取込みを阻害する．(⇌ インターナリゼーション，リポタンパク質)

**TUNEL 法** ⇌ TUNEL(タネル)法

**T4 RNA 結合酵素** [T4 RNA joining enzyme] ＝ T4 RNA リガーゼ

**T4 RNA リガーゼ** [T4 RNA ligase] T4 RNA 連結酵素, T4 RNA 結合酵素(T4 RNA joining enzyme)ともいう．T4 ファージ*感染大腸菌から単離された RNA 結合酵素．ATP を補酵素とし，酵素のリシンがアデニリル化されたのち，RNA の 5′末端リン酸モノエステルに AMP がピロリン酸結合する．RNA の 5′末端リン酸モノエステルが，他の RNA 分子の 3′末端ヒドロキシ基と結合する．この反応は同一分子内でも起こり，その場合には環状 RNA を形成する．高次構造をもつ RNA では反応が起こりにくい．3′末端受容体がアデノシン*の場合に結合収率がよく，ピリミジンの場合には収率が低い．(⇌ RNA リガーゼ)

**T4 RNA 連結酵素** ＝ T4 RNA リガーゼ

**T4 DNA リガーゼ** [T4 DNA ligase] ⇌ DNA リガーゼ

**T4 ファージ** [T4 phage, phage T4] 線状二本鎖 DNA(168 kbp)をもつ大腸菌ファージ．ファージ粒子は 5 回対称軸に沿って伸展した正二十面体の頭部と，長くて，複雑な収縮性尾部から成る．粒子内ゲノム DNA は末端がゲノム長の 3 % ほど重複しており，環状順列をなし，遺伝子地図は環状である．DNA のシトシンはすべてジヒドロキシメチル化され，さらにグリコシル化されている．少なくとも三つの遺伝子がイントロンをもち，そのほか一つの遺伝子がスプライシングされず，翻訳段階でスキップされる特殊なイントロン様配列をもつことが知られている．(⇌ T 偶数ファージ)

**T4 ポリヌクレオチドキナーゼ** [T4 polynucleotide kinase] ⇌ ポリヌクレオチドキナーゼ

**定量リアルタイム RT-PCR** [quantitative real-time RT-PCR] ⇌ リアルタイム PCR

**定量リアルタイム PCR** [quantitative real-time PCR] ＝ リアルタイム PCR

**T リンパ球** [T lymphocyte] ＝ T 細胞

**t ループ** [t-loop] テロメリックループ(telomeric loop)ともいう．真核生物の染色体の末端を保護するテロメア*の先端に存在する投げ縄様構造．3′末端単鎖領域部分が，より内側の同じ塩基配列をもつ二重鎖部分に割り込んで相補鎖と対合することで 10 数 kb のループになっている．1999 年に，Jack Griffith らと Titia de Lange らの共同研究で発見された．テロメアの保護と長さの制御に働いている 6 種のテロメア結合タンパク質(TRF1, TRF2, RAP1, TIN2, POT1, TPP1)から成る複合体(telosome/shelterin)のうち，TRF2 が，テロメアリピート配列をもつ 3′末端単鎖領域を，内側

の同じ配列をもつ二重鎖に割り込ませてtループをつくる活性をもつことが，単離したタンパク質を用いた試験管内実験で示されている．tループは染色体末端の保護に働くといわれているが，異論もある．

**Dループ**［D loop］ 【1】displacement loop の略称．二本鎖 DNA の一方の鎖にこれと相同な塩基配列をもつ一本鎖 DNA が部分的に置き換わることによって生じるループ構造(図)．生体内では DNA の複製や

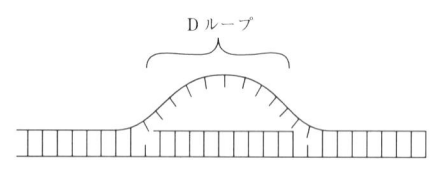

相同組換えなどの初期過程で生じる(→ 分枝点移動)．元来ミトコンドリアの DNA 複製の開始初期産物として，一方の鎖に相補的な DNA 合成だけが起こり，この DNA が他方の DNA 鎖と置き換わったような構造体に与えられた名称．置き換わる一本鎖が RNA の場合は R ループ(R loop)という．(→ R ループ形成法)
【2】tRNA のジヒドロウリジンループ(dihydrouridine loop)の略称．(→ 転移 RNA［図］)

**Ty 因子**［Ty element］ *Saccharomyces* 酵母のゲノム中に存在するレトロトランスポゾン\*の総称．Ty とは transposons of yeast の略．Ty1(→ 酵母 Ty1)，Ty2, Ty3, Ty4 の 4 種類があり，おのおののハプロイド細胞当たり，25〜35，5〜15，1〜4，1〜4 コピーある．Ty1 のゲノムは 5.9 kbp ありレトロウイルスの *gag, pol* に相当する遺伝子をもっている．両端には 334〜338 bp から成る末端反復配列(LTR\*)がある．Ty2, Ty3, Ty4 も同様の大きさ，構造をもっている．

**TYMV**［TYMV＝*Turnip yellow mosaic virus*］＝カブ黄斑モザイクウイルス

**3′-デオキシアデノシン**［3′-deoxyadenosine］ $C_{10}H_{13}N_5O_3$，分子量 251.25．dA, dAdo と略記される．コルジセピン(cordycepin)と通称する抗生物質．*Cordyceps militaris* から単離された．生体内でリン酸化され，3′-デオキシアデノシン三リン酸(3′-dATP)となって，RNA ポリメラーゼ\*反応を阻害する．3′-dATP はポリ(A)ポリメラーゼ\*をも阻害するが，アデノシンデアミナーゼ\*の基質ともなる．抗生物質としての作用点は RNA 合成阻害のほか，ATP の関与する反応，リボース 5-リン酸から 5-ホスホリボシル 1-ピロリン酸\*の反応を最も強く阻害する．(→ 塩基類似体)

**デオキシシチジンキナーゼ**［deoxycytidine kinase］ EC 2.7.1.74．デオキシシチジン，デオキシアデノシン，デオキシグアノシンおよびそれらの類似体の 5′ 位を一リン酸化する酵素．5′-一リン酸化されたヌクレオシド類似体は三リン酸化され，拮抗的に DNA 合成を阻害したり，DNA 中に取込まれて鎖伸長を阻害する．チミジンキナーゼ\*が S 期において働くことと対照的に，細胞周期とは無関係に働く．制がん剤\*となるヌクレオシド類似体はほとんどこの酵素の基質となる．

**デオキシチミジン**［deoxythymidine］＝チミジン
**デオキシチミジン 5′-リン酸**［deoxythymidine 5′-monophosphate］ dTMP と略記する．(→ チミジル酸)

**デオキシリボ核酸**［deoxyribonucleic acid］＝DNA

**デオキシリボジピリミジンホトリアーゼ**［deoxyribodipyrimidine photolyase］＝光回復酵素

**デオキシリボース**［deoxyribose］ $C_5H_{10}O_4$，分子量 134.13．通常 D-2-デオキシリボースをさす．DNA に含まれるデオキシリボヌクレオシド\*の構成成分．通常フラノース型をとり，1 位の炭素が核酸塩基と β-グリコシド結合を形成している．RNA に含まれる D-リボースのグリコシド結合よりも酸による加水分解を受けやすい，特にプリン塩基と結合した場合に不安定である(→ アプリン酸)．2 位にヒドロキシ基がないために，DNA のアルカリによる加水分解においてはジアルキルリン酸エステルと同様の安定性を示す．

**デオキシリボヌクレアーゼ**［deoxyribonuclease］ DN アーゼ(DNase)と略す．DNA に特異的に作用し，ホスホジエステル結合を加水分解することにより，DNA を分解する酵素．DNA 分子の内部に働くエンドヌクレアーゼ\*と，分子の末端から DNA を分解するエキソヌクレアーゼ\*とに大別される．エンドヌクレアーゼにはデオキシリボヌクレアーゼ I(deoxyribonuclease I)のように 5′ 末端にリン酸基をもつオリゴヌクレオチドを生じるタイプと，デオキシリボヌクレアーゼ II(deoxyribonuclease II)のように 3′ 末端にリン酸をもつ分解物を生じるものとが存在する．遺伝子工学に欠くことのできない制限酵素\*もエンドヌクレアーゼの一種である．動物細胞においてはアポトーシス\*の際，DNA の断片化に働く酵素も含め，これまでに 10 種類以上のエンドヌクレアーゼが精製され，性質が調べられている．一方，エキソヌクレアーゼも，DNA を 5′ 末端から分解していく 5′→3′ エキソヌクレアーゼと，それとは逆の 3′→5′ エキソヌクレアーゼとに分けられる．後者には，DNA の複製の際の校正(プルーフリーディング\*)に働く酵素が含まれる．

**デオキシリボヌクレオシド**［deoxyribonucleoside］ DNA に含まれる糖部分が 2-D-デオキシリボースであるヌクレオシド\*．おもなものはプリン系のデオキシアデノシン，デオキシグアノシン，ピリミジン系のデオキシシチジン，チミジンである．それぞれアデニン\*，グアニン\*，シトシン\*，チミン\*の 2′-デオキシリボフラノシド体である．生体内では 5′-二リン酸

または三リン酸の状態で，リボヌクレオシド*からNADPH，チオレドキシン*，リボヌクレオチドレダクターゼ*による還元によって合成される．チミジンの場合はdCDPからdCMPを経由して生成したdUMPのL(+)-5,10-メチレン-5,6,7,8-テトラヒドロ葉酸*によるメチル化により生成する．

**デオキシリボヌクレオチド** [deoxyribonucleotide]  デオキシリボヌクレオシド*のリン酸エステルの総称．DNAに含まれるものはアデニン*，グアニン*，シトシン*，チミンのデオキシリボヌクレオチドからなる．生合成経路は通常リボヌクレオシド二リン酸*のレベルでリボヌクレオチドレダクターゼ*によりデオキシリボヌクレオシド二リン酸(dNDP)となる．哺乳動物においてはDNA合成に必要な量のdNDPが生合成されるようフィードバック機構が働いている．

**テオチン** [theocin]  =テオフィリン

**テオフィリン** [theophylline]  =1,3-ジメチルキサンチン(1,3-dimethylxanthine)，テオチン(theocin)．$C_7H_8N_4O_2$，分子量180.17．茶の葉に存在するアルカロイド．ホスホジエステラーゼ阻害によるcAMP増加作用，リアノジン受容体/カルシウム放出チャネル開口促進作用，アデノシン受容体阻害作用などを示す．その結果，強心作用，平滑筋弛緩作用(血管拡張，気管支筋弛緩など)，利尿作用，胃液分泌亢進作用などを呈する．中枢神経興奮作用もあるが，カフェイン*(1,3,7-トリメチルキサンチン)と比べると弱い．(⇌テオブロミン)

**テオブロミン** [theobromine]  =3,7-ジメチルキサンチン(3,7-dimethylxanthine)．$C_7H_8N_4O_2$，分子量180.17．ココアやチョコレートの原料のカカオ豆に存在するアルカロイド．テオフィリン*と同様の作用を示す．いずれの作用もテオフィリンより効力が弱いが持続性がある．(⇌カフェイン)

**テオレル** THEORELL, Axel Hugo Theodor  スウェーデンの生化学者．1903.7.6～1982.8.15．オステルゲトランドのリンケピングに生まれ，スウェーデンのリュステロに没す．1930年カロリンスカ医科大学卒業．1932年ウプサラ大学準教授．ベルリンのカイザー・ウィルヘルム生物学研究所でO. H. Warburgの指導下に呼吸酵素を研究(1933～35)．1937年ノーベル医学研究所教授．補酵素リボフラビンリン酸を発見(1935)．1955年ノーベル医学生理学賞受賞．

**デカテネーション** [decatenation]  一つの環状構造のDNAが複製や組換えによって二つの環状構造のDNAになる時に，形成された二つのDNAが分離せず，鎖状に連結した分子，カテナン*ができるが，このカテナンを二つの環状分子に分離することをいう．カテナンの解消には，連結している一方の環状分子の二本鎖を切断し，もう一方の環状分子の二本鎖をくぐらせてからつなぎ直さなければならない．この反応を行うのは，DNAトポイソメラーゼ*II型の酵素で，大腸菌のDNAジャイレース*が代表的である．トポイソメラーゼI型の酵素もニックやギャップをもつカテナンを試験管の中で二つの環状構造の分子に解離できる．(⇌カテネーション)

**デカペンタプレージック遺伝子** [Decapentaplegic gene]  Dpp遺伝子(Dpp gene)と略す．背腹軸*の決定，特に背側の形成に必要な分子として同定されたトランスフォーミング増殖因子(TGF)β*ファミリー遺伝子の一つで，ドーサル(Dorsal)によって転写が制御されている接合遺伝子である．腹側で活性化されたDorsalによって腹側のDppの発現が抑制されるために，ショウジョウバエの多能性胚胞では Dppの発現は背側の40%に限られ，背側の形成に機能している．また，前後軸形成においてもその重要性が明らかにされており，羽の成虫原基では後部コンパートメント細胞で発現したヘッジホッグ(Hh)シグナルの制御のもとに，前後部コンパートメントの境界の前方側で発現し，前後部両コンパートメントの形成を制御している．重要なことはDppのシグナルは隣接細胞を越えて遠方に拡散しており，さらに勾配を形成し，その濃度に依存して下流の標的遺伝子(オプトモーターブラインド optomotor-blind, omb，スパルト spalt)の発現が制御されていることである．低い Dpp 濃度領域では ombのみが発現し，高い濃度領域では omb, spaltの両方が発現する．この結果は Dpp がモルフォゲン*として機能していることを示している．

**適応応答** [adaptive response]  適応応答は大腸菌のアルキル化剤による損傷などの例でみられる．低濃度のアルキル化剤で大腸菌を前処理しておくと，高濃度のアルキル化剤に対して抵抗性を獲得する．これは，アルキル化されたDNAからアルキル基を受容した極微量の Adaタンパク質(メチルトランスフェラーゼ活性をもつ)が，ada遺伝子自身や alkA, aidB など適応応答遺伝子の転写を活性化しその発現を誘導した結果である．(⇌修復)

**適合浸透圧調節物質** [compatible osmolyte]  =適合溶質

**適合溶質** [compatible solute]  適合浸透圧調節物質(compatible osmolyte)ともいう．広義には，細胞内浸透圧調節にかかわる無機イオンを含む高水溶性物質である．一般的に適合溶質は，細胞内に高濃度に蓄積しても代謝機能を阻害しない低分子の有機化合物として狭義に用いられる．高等植物，藻類，細菌や昆虫など多くの生物で，水ストレス*など外界の環境変化に応答した適合溶質濃度の上昇が確認されているが，蓄積される化合物は生物種により異なる．これまでに報告された適合溶質には，アミノ酸(プロリン，シトルリン，エクトイン，グルタミン酸)，糖アルコール(マンニトール，トレハロース，グリセロール，ピニトール)，単糖および二糖(グルコース，フルクトース，スクロース)，ラフィノース属オリゴ糖(ラフィノース，

スタキオース),第四級アンモニウム化合物(グリシンベタイン,β-アラニンベタイン,プロリンベタイン,ヒドロキシプロリンベタイン,コリン-O-硫酸),スルホニウム化合物(ジメチルスルホニオプロピオン酸)がある.適合溶質の一義的な機能は,細胞内水ポテンシャルの調節である.乾燥ストレス*や塩ストレスによって細胞外の水ポテンシャルが低下した場合,細胞の吸水が阻害される.この時,適合溶質濃度を上昇させることで細胞内の浸透ポテンシャルが低下し,細胞内外に水ポテンシャル勾配(細胞内 $\Psi_w$ < 細胞外 $\Psi_w$)が生じ,細胞の吸水力が確保される.植物細胞では,ナトリウムイオンなど有害なイオンを液胞に隔離するが,イオンの蓄積によって液胞の浸透ポテンシャルが低下する.細胞質に蓄積する適合溶質は,液胞-細胞質間の浸透ポテンシャルの平衡化に役立っている.一方適合溶質には,浸透圧調節以外の機能をもつものがある.適合溶質は,非イオン性もしくは両性イオンであり,タンパク質の保護作用や活性酸素種の消去能により,細胞質や細胞小器官*における代謝機能維持をはかっている.細胞内での適合溶質の消長や局在性は,同化作用,異化作用や輸送システムにより制御される.合成を担う適合溶質の合成酵素,分解酵素や輸送体*(トランスポーター)の各分子が同定されており,高環境耐性トランスジェニック生物*作出のための候補遺伝子として利用されている.たとえば,プロリン,グリシンベタイン,マンニトールやトレハロースなどを過剰に蓄積させた遺伝子組換え植物は,乾燥,高塩濃度や低温に対する耐性が向上した.

**テキサスレッド**[texas red] ⇌ テトラメチルローダミンイソチオシアネート

**デキサメタゾン**[dexamethasone] $C_{22}H_{29}FO_5$,分子量392.47.グルココルチコイド*様の生理活性をもつ合成ステロイドで,その強力な抗炎症作用や抗ショック作用を利用した薬品として利用される.また負のフィードバック調節により下垂体からの副腎皮質刺激ホルモン*(ACTH)産生を抑制する作用をもつため,副腎皮質ホルモンの抑制試験の際の投与薬としても利用される.ステロイドホルモン*と同様,受容体とともに核内に移行し,転写促進あるいは抑制の機序により生理活性を発揮すると考えられている.

**デキストラン**[dextran] ⇌ 多糖

**滴定曲線**[titration curve] 溶液Aを溶液Bに少量ずつ混合する際の,混合した溶液の性質の変化と,添加した溶液Aの量との関係を表す曲線.通常,前者を縦軸に,後者を横軸にとる.溶液の性質の指標として,pH,蛍光強度,紫外・可視光の吸収極大波長,核磁気共鳴信号の化学シフトなどがあげられる.二液の溶液同士の相互作用に起因する滴定曲線の場合,滴定曲線を相互作用モデルに対して非線形回帰解析を行うことにより,結合当量や解離定数が求まる.

**テクチン**[tektin] 真核細胞の鞭毛*,繊毛*の軸糸*を構成する微小管壁(大部分はチューブリン*から成る)中に存在し,繊維状重合体を形成するタンパク質.分子量は約5万であり,テクチンA,B,Cの三つの分子種が存在する.ポリペプチド鎖の中央部には α ヘリックス構造を形成する四つの部分が存在し,2分子間で,コイルドコイル構造をとると考えられる.テクチンと中間径フィラメント*タンパク質のアミノ酸配列にはあまり類似性が認められないが,分子の全体的構造は互いに類似している.

**デコイ**[decoy] 【1】特定のタンパク質をとらえるためのおとり(decoy)の核酸分子.アプタマー*の一種.たとえば,DNA結合性転写調節因子のゲノム上の結合部位と同じ配列を含むオリゴヌクレオチドを細胞内に導入するか細胞内で産生させると,転写調節因子タンパク質と結合し,その作用を阻害し,結果的に遺伝子の発現を抑制することになる.デコイを核酸医薬品として臨床的に用いる動きもあり,たとえば,NF-κB*に対するデコイオリゴヌクレオチドは,アトピー性皮膚炎,関節リウマチおよび血管再狭窄予防など免疫反応を原因とする疾患の治療薬として開発が進められている.通常の二本鎖核酸を用いると血清中で分解されやすいことや細胞へ取込まれにくいなどの問題点があるため,デコイ型核酸の構造を修飾・変化させてヌクレアーゼに対する抵抗性を向上させたり,細胞への取込み効率を上げたりして,より効果的なデコイ核酸をつくる工夫もなされている.

【2】TNF スーパーファミリーのメンバー 6b(DCR3, TR6, M68 と同義).Fas リガンド*(FasL)と結合して,FasL 誘導のアポトーシス*を阻害する.

**デコーダー**[decoder] アミノアシル tRNA* をさす.特定のコドンを認識して RNA に結合し,そのコドンに対応するアミノ酸をリボソーム上のA部位に運ぶ役割をするのでデコーダーとよばれる.

**DECODER**[DECODER] DNA や RNA 配列からそれがコードするアミノ酸配列を予測するプログラム.RNA-Decoder などともいわれる.本来は,暗号化されているデータをほかの形式に変換する装置のこと.ミトコンドリアの mRNA などにみられる特殊なコドン出現頻度*を認識してヌクレオチド配列をアミノ酸配列に翻訳することも可能である.

**デコリン**[decorin] ⇌ ビグリカン

**デコンボリューション顕微鏡法**[deconvolution microscopy] デコンボリューションは,コンピューター演算により顕微鏡の分解能を上げる手法である.三次元の顕微鏡像は,焦点面の像以外に非焦点面からの像の混入を含んでいる.これは,1点から出た光が顕微鏡を通って,1点に結像せず三次元的に広がるために起こる.この広がりを記述する三次元関数を点像分布関数(point spread function)とよぶ.三次元の試料物体の各点から出た光は,点像分布関数に従ってそれぞれに広がり,互いに重なり合って三次元像を形成する.この光学的な"にじみ"が顕微鏡像の分解能を低下させ

る．これを数学的に表現すると，顕微鏡像の輝度分布は，試料物体の輝度分布と点像分布関数とのコンボルーション(convolution，たたみ込み積分)になる．点像分布関数を用いて数学的に"にじみ"を除去する演算を，コンボルーションの逆演算としてデコンボルーション(deconvolution)とよぶ．

**デス因子** [death factor]　細胞にアポトーシス\*を誘導するサイトカイン\*．Fas リガンド\*，腫瘍壊死因子\*(TNF)，リンホトキシン，TRAIL(TNF-related apoptosis-inducing ligand)など，代表的なデス因子は TNF ファミリーに属する II 型膜貫通タンパク質である．それらの受容体である Fas 抗原\*，I 型 TNF 受容体，DR4，DR5 はデス受容体\*とよばれる．細胞死の制御は，増殖や分化の制御とともにサイトカインの重要な機能の一つといえる．デス因子はキラー T 細胞\*やナチュラルキラー細胞\*，マクロファージ\*などの細胞傷害因子としてウイルス感染細胞やがん細胞の殺傷に働くと同時に，これら免疫系細胞自身の死も制御しており，免疫系の調節と機能の両面で重要な役割を果たしている．

**デス受容体** [death receptor]　細胞にアポトーシス\*を誘導するサイトカイン受容体．Fas 抗原\*，I 型 TNF 受容体，DR3，DR4，DR5 など，代表的なデス受容体は TNF 受容体ファミリーに属する I 型膜貫通タンパク質で，細胞質領域には下流のシグナル伝達因子と結合するためのデスドメインとよばれる特徴的な領域が存在する(⇒デス因子)．デス受容体と類似の構造をもちデス因子には結合するが，細胞死は誘導しないタンパク質はデコイ\*(おとり)受容体とよばれる．

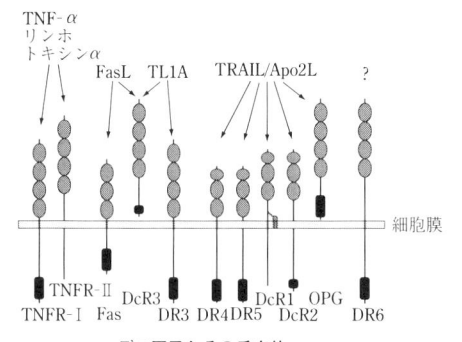

TNF-α
リンホトキシンα
FasL　TL1A　TRAIL/Apo2L　?

細胞膜

TNFR-I　Fas　DR3　DR4 DR5　DcR2　DR6
　　　　　　　　　DcR3　　　DcR1　OPG
TNFR-II

**デス因子とその受容体**
デス因子は複数の受容体に結合することが知られている．これら受容体のうち，アポトーシス誘導作用をもつデス受容体(TNFR-I，Fas，DR3，DR4，DR5，DR6)には細胞内領域にデスドメイン(■)が存在する．デスドメインを欠く，または不完全なデスドメインをもつ受容体(DcR1，DcR2)や可溶型の受容体(DcR3，OPG)はデス因子に結合するがアポトーシス誘導作用をもたないおとり受容体である．II 型 TNF 受容体(TNFR-II)はアポトーシス誘導作用をもたないが，NF-κB の活性化などを誘導する作用があり，単純なおとり受容体ではない．DR6 のリガンドは不明である．

**テストステロン** [testosterone]　$C_{19}H_{28}O_2$，分子量 288.43．精巣で合成され，最も活性の高い男性ホルモン(アンドロゲン\*)で，アンドロステンジオン\*を前駆体とする．前立腺，精嚢などの標的器官で 5α-レダクターゼにより 5α-ジヒドロ体に変換されると，より強い活性を示す．核内に局在するテストステロン受容体(アンドロゲン受容体\*)を介した転写制御により標的遺伝子の発現を活性化し，その遺伝子産物が，生理活性を担う．男性生殖器官の発達，機能維持のほか，骨格筋のタンパク質同化作用がある．

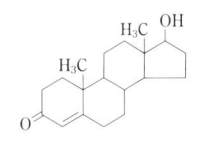

**デストリン** [destrin]　哺乳類のアクチン結合タンパク質\*で，構造的にも機能的にもコフィリン\*にきわめて類似している．生理的条件下ではコフィリンより強い F アクチン脱重合活性を示すが，その活性もコフィリン同様，リン酸化やイノシトールリン脂質\*により阻害される．細胞内の局在もコフィリンと同様であるが，組織分布や個体発生に伴う発現量の推移には差が見られる．鳥類ではアクチン脱重合因子(ADF)とよばれる．(⇒アクチン脱重合タンパク質)

**テスパミン** [Tespamin]　＝チオテパ

**デスミン** [desmin]　筋細胞に特徴的な中間径フィラメント\*タンパク質．分子量 53,000．平滑筋，横紋筋，心筋において格子構造を形成し，収縮装置を支持する．アクチン\*，ミオシン\*フィラメント同士を架橋するとされ，横紋筋では Z 線近傍に集積している．ビメンチン\*と共重合してフィラメントを構成することもある．

**デスモカルミン** [desmocalmin]　デスモソーム\*に存在するスペクトリン\*様タンパク質で，推定分子量 24 万，等電点 5.5．溶液中では二量体として存在しており，回転蒸着法による電子顕微鏡観察では 100 nm のロッド状を呈している．デスモカルミンは，$Ca^{2+}$ 存在下でカルモジュリン\*と結合すること，また $Mg^{2+}$ 存在下でケラチン\*繊維と結合することが示されている．重層上皮細胞には存在するが，どの組織のデスモソームにも普遍的に存在するかどうかは不明．

**デスモグレイン** [desmoglein]　デスモソーム\*に存在する膜貫通型糖タンパク質で，カドヘリン\*ファミリーに属するが，ユニークで大きな細胞質ドメインをもつ．遺伝子の異なる 4 種の分子，Dsg1, Dsg2, Dsg3, Dsg4 が知られており，分子量は糖部分を含めて 130,000～165,000．細胞質部分でデスモソーム斑に存在するプラコグロビンと結合する．Dsg1 と Dsg3 はおもに重層上皮細胞に発現しており，自己免疫性皮膚疾患の一種，天疱瘡\*の標的分子でもある．Dsg2 は各種の組織に普遍的に存在しており，デスモソームのマーカー分子ともなっている．

**デスモコリン** [desmocollin]　デスモソーム\*に存在する膜貫通型糖タンパク質であり，カドヘリン\*ファミリーに属する．分子量は糖部分を含めて 105,000～120,000．遺伝子の異なる 3 種，さらにそれ

それが細胞質ドメインのスプライシングにより2種に分かれ合計6種類の分子(Dsc1a, 1b, Dsc2a, 2b, Dsc3a, 3b)が知られている．組織により発現パターンが異なり，同一上皮内でも差がみられる．Dsc1とDsc3はおもに重層上皮に，Dsc2は各種の組織で発現している．

**デスモ小管**［desmotubule］　高等植物では，ほとんどすべての生細胞が細胞壁*を貫通する直径20〜60 nm の原形質*の小管によって隣の細胞と連絡している．この小管をプラスモデスムとよぶ(⇌原形質連絡)．大部分のプラスモデスムでは，その中央部を通る細い管状構造が観察される．これがデスモ小管とよばれるもので，その両端はしばしば両側の細胞の小胞体*と連結している．細胞分裂終期の細胞板*形成の際に，小胞体の一部が細胞板を貫通する形で残ったものに由来すると考えられている．

**デスモシン**［desmosine］　⇌エラスチン

**デスモソーム**［desmosome］　接着斑(macula adherens)ともいう．中間径フィラメント*が裏打ちす

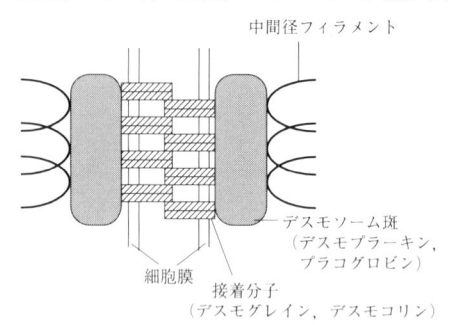

中間径フィラメント

デスモソーム斑
(デスモプラーキン，プラコグロビン)

細胞膜

接着分子
(デスモグレイン，デスモコリン)

る細胞間接着装置で，上皮細胞や心筋細胞，髄膜細胞などに存在する(⇌細胞結合［図］)．特に単層上皮ではスポットデスモソーム(spot desmosome)ともよばれる．直径約 0.5 μm の斑状の構造体で(図参照)，平行に向かい合う細胞膜の間隔は 25〜35 μm で細胞間には介在板(境界板)がある．細胞質側にはデスモソーム斑(desmosome plaque, デスモソームプラーク)があり，ここに中間径フィラメントが結合している．デスモソームに結合するフィラメントは上皮細胞ではケラチン*であるが，心筋細胞ではデスミン*，髄膜細胞ではビメンチン*である．デスモソームの分子構築は，接着分子である膜貫通型糖タンパク質と，それを細胞質側から支えるタンパク質群から成っている．デスモソームの接着分子としてデスモグレイン*とデスモコリン*が知られているが，これらはカドヘリン*ファミリーに属する分子である．デスモソーム斑の構成分子としてはデスモプラーキン*，プラコグロビンなどが知られている．デスモソームは外液の $Ca^{2+}$ 濃度の変化により，形成，解離をひき起こす．

**デスモプラーキン**［desmoplakin］　デスモソーム斑(プラーク)の主要構成分子で，分子量 31 万のデスモプラーキン(DP)-I とスプライシングで生じる分子量 24 万の DP-II の2種の分子がある．中間径フィラメント*をデスモソーム*につなぐ分子と考えられている．分子の両端は球状構造をとり，中央のαヘリックス部分でコイルドコイルから成る二量体を形成する．N 末端側ドメインはデスモソームに組込まれるのに，C 末端側ドメインは中間径フィラメントとの相互作用にそれぞれ必要である．

**データクラスタリング**［data clustering］　＝クラスタリング

**データバンク**［databank］　＝データベース

**データベース**［database］　データをある目的に向けて整理し，容易に利用できるようにしたもの．データバンク(databank)ともいい，DB と略す．計算機上に構築されたデータベースは，格納されたデータおよびデータを管理するためのデータベース管理システムから成る(⇌リレーショナルデータベース)．生物学分野の代表的なデータベースとしては，文献データベースである PubMed や塩基配列データベース DDBJ/EMBL/GenBank，タンパク質の立体構造を収めたプロテインデータバンク*などがある．

**テータム**　TATUM, Edward Lawrence　米国の生化学者．1909.12.14〜1975.11.5．コロラド州ボールダーに生まれ，ニューヨークに没す．ウィスコンシン大学で Ph.D. を取得(1934)後，スタンフォード大学の助教授となり G. W. Beadle* とともにアカパンカビの遺伝生化学研究を行った．酵素遺伝子が1対1の関係にあることを実証した．1958年 Beadle，J. Lederberg とともにノーベル医学生理学賞を受賞．エール大学教授(1945〜48)．スタンフォード大学教授(1948〜56)．ロックフェラー研究所教授(1957〜74)．

**鉄結合性グロブリン**［iron-binding globulin］　＝トランスフェリン

**tet オン，tet オフ**［tet on, tet off］　テトラサイクリン遺伝子発現誘導系を示す．野生型 tet リプレッサーはテトラサイクリン非存在下のみ tetO 配列に結合し，テトラサイクリンが tet リプレッサーに直接結合するとtetO 配列に結合しないことを利用して，tet オフシステムが開発された．tet オンでは tet リプレッサーのアミノ酸置換を行い，逆にテトラサイクリン存在時のみ tetO 配列に結合するように改変されている．ドキシサイクリン(Dox)の方がより強い転写誘導活性を示すため，通常は Dox を用いる．tet オンシステムにおいては目的遺伝子を発現誘導する時に Dox を添加することで遺伝子の発現が誘導される．tet オフシステムにおいては通常の条件では目的遺伝子が発現しているが，Dox を添加することでその発現が抑制される．本システムを培養細胞やトランスジェニックマウス*に導入し特定の遺伝子の発現を増減させることで機能探索を行うことができる．

**2,3,7,8-テトラクロロジベンゾ-p-ジオキシン**　[2,3,7,8-tetrachlorodibenzo-p-dioxin]　TCDD と略す．⇌ダイオキシン

**テトラサイクリン系抗生物質**［tetracycline antibiotics］　テトラサイクリン環を母核とする抗生物質．

テトラサイクリン(tetracycline), オキシテトラサイクリン(oxytetracycline), デメチルクロルテトラサイクリン(demethylchlortetracycline), ドキシサイクリン(doxycycline), ミノサイクリン(minocycline)などが臨床的に使用されている. グラム陽性細菌, 陰性細菌, リケッチア, クラミジア, マイコプラズマを阻止する. 作用機序はタンパク質合成阻害が主で, アミノアシルtRNAがリボソームのA部位*に結合するのを阻止する. 耐性は細菌の細胞膜に生じたTetタンパク質による能動排出による.

**テトラチオネート** [tetrathionate] ⇒システインプロテアーゼインヒビター

**12-O-テトラデカノイルホルボール 13-アセテート** [12-O-tetradecanoylphorbol 13-acetate] TPAと略記する. ホルボールエステル*の中でも最も強力な発がんプロモーター*作用があり, ホルボール 12-ミリステート 13-アセテート(phorbol 12-myristate 13-acetate, PMA)ともよばれる. 他のホルボールエステルの中でホルボール 12,13-ジブチレート(PDBu)はTPAとほぼ同様の活性をもち, $^3$H で標識したPDBuはホルボールエステルのレセプターアッセイに使用される. TPAには発がんプロモーター作用のみならず, 細胞増殖, 細胞分化, 遺伝子発現の促進など多彩な生物学的作用がある. TPAの作用機序は長らく不明であったが, 1982年に西塚泰美らにより, TPAがプロテインキナーゼC*(Cキナーゼ)を活性化することが明らかにされた. TPAはCキナーゼのカルシウムとリン脂質に対する親和性を高めることによって, Cキナーゼを活性化する. TPAはCキナーゼの特異的な活性化因子として用いられている.

**テトラデカン酸** [tetradecanoic acid] =ミリスチン酸

**テトラトリコペプチドリピート** [tetratricopeptide repeat] TPRと略す. 進化上保存されている34個のアミノ酸から成るモチーフの繰返し. 細胞内シグナル伝達*においてタンパク質-タンパク質間認識モジュールとして機能する. 既知のTPRドメインはヘリックス・ターン・ヘリックス構造をとるTPRモチーフ 3 コピーとC末端にヘリックス構造をもっている. 多様な種類の機能をもつタンパク質にみられ, タンデムモチーフはたとえば, 細胞周期*に関係するCdc23p や Cdc27p にみられる.

**テトラヌクレオチド仮説** [tetranucleotide hypothesis] 1900年代初頭に P. A. Levene により提案された仮説で, 核酸は 4 種類のヌクレオチド(グアニル酸, アデニル酸, シチジル酸, ウリジル酸)が等量の割合でテトラヌクレオチドを形成したものから成るとするもの. この仮説は長らく信じられていたが, 1950年代以降の厳密な核酸の塩基組成定量分析や物理化学的計測の結果, 完全に否定された. 核酸研究の科学史上, 大きな意味合いをもつ.

**Δ$^9$-テトラヒドロカンナビノール** [Δ$^9$-tetrahydrocannabinol] ⇒大麻

**テトラヒドロビオプテリン** [tetrahydrobiopterin] 5,6,7,8-テトラヒドロビオプテリンをさす. 補酵素などとしての生理活性をもつ非抱合型プテリンで, 天然のものは L-erythro-6R 型. GTP から GTP シクロヒドロラーゼに始まる 4 段階の酵素反応で合成される. 芳香族アミノ酸モノオキシゲナーゼ反応に対する電子供与体としてフェニルアラニンの代謝およびカテコールアミン*, インドールアミンの生合成に関与する. 最近, 神経伝達物質(ドーパミンなど)遊離促進作用や, 機構は不明であるがNOシンターゼ*の反応に必要であることが見いだされている.

**L(−)-5,6,7,8-テトラヒドロ葉酸** [L(−)-5,6,7,8-tetrahydrofolic acid] H$_4$葉酸(H$_4$-folic acid), H$_4$FA, THF, THFA などと略される. $C_{19}H_{23}N_7O_6$, 分子量 445.43. プテリジン塩基, p-アミノ安息香酸, および グルタミン酸から成る葉酸の還元型. メチル, メチレン, メテニル, ホルミル, およびホルムイミノ基などの炭素 1 個の官能基の転移や代謝において中心的役割を果たしている. メチレンH$_4$葉酸はデオキシウリジル酸へのメチル基転移によってデオキシチミジル酸を合成する反応に, メテニルH$_4$葉酸やホルミルH$_4$葉酸は核酸のプリン, ピリミジンの合成に不可欠となっている. ホモシステインへのメチル基転移によってメチオニンを生成する反応においてはメチルコバラミンのメチル基が使われるが, この反応と共役してメチルH$_4$葉酸からメチル基がコバラミンに転移される. したがって, H$_4$葉酸の欠乏はアミノ酸や核酸代謝を障害し赤血球形成の低下による悪性貧血をひき起こす. またH$_4$葉酸を合成するジヒドロ葉酸レダクターゼの阻害剤メトトレキセート*は制がん剤として用いられている.

**テトラヒドロ葉酸デヒドロゲナーゼ** [tetrahydrofolate dehydrogenase] =ジヒドロ葉酸レダクターゼ

**テトラヒメナ** [Tetrahymena] 原生動物*の一種. 繊毛虫*類に属し, 11種の変種と 4種の無小核系から構成されている. 前者は, 増殖に機能する大核*(直径10 μm, 無糸分裂)と生殖に機能する小核*(直

径3μm, 有糸分裂)をもち, おのおのの変種には交配可能な接合型が存在する. 後者は大核だけをもち, 増殖のみ行う. 大核は接合時, 小核から新生される. 合成培地による無菌培養が可能で, 中でも Tetrahymena pyriformis GL は温度処理によって細胞分裂の同調培養が可能である. 細胞分裂, 繊毛運動などの研究に用いられる. (⇨リボザイム)

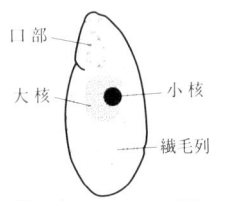

口部
大核
小核
繊毛列

*Tetrahymena thermophila*

**テトラメチルローダミンイソチオシアネート** [tetramethylrhodamine isothiocyanate] TRITC と略す.

蛍光標識に用いられるローダミン (rhodamine) 系色素. 分子量 443, 最大吸収波長 550 nm, 最大蛍光波長 620 nm. イソチオシアナト基でタンパク質に結合する. 緑色系のフルオレセインイソチオシアネート*(FITC) と対照的な赤橙色光を発するため, 同一標本で2種類の抗原を染め分ける二重蛍光染色に適している. 二重染色法にはローダミン系のテキサスレッド (texas red) や藻類の産生する紅色の色素タンパク質フィコエリトリン (⇨フィコシアニン) も用いられる. (⇨蛍光抗体法)

**テトロドトキシン** [tetrodotoxin] スフェロイジン (spheroidine), タリカトキシン (taricatoxin), フグ毒 (fugu toxin) ともよばれ, TTX と略す. ナトリウム ($Na^+$) チャネル*に選択的に細胞外から結合し $Na^+$ の細胞内への流入を抑制して神経や骨格筋の信号発生を阻止する (50% 阻害量 3〜10 nmol) 麻痺性毒である. 心筋の $Na^+$ チャネルは感受性が低い. この特異性を利用して生理学の分野でつぎの三つの成果があげられた. 1) $Na^+$ チャネルは独立した構造体であることを確認した. 2) $Na^+$ チャネルタンパク質の単離に標識として役立った. 3) $Na^+$ チャネルの孔の外側のアミノ酸配列について情報をもたらした. すなわち, $Na^+$ チャネルの四つのドメインのおのおのの S2 領域に酸性アミノ酸残基がイオン通過孔を取巻くようにあることが TTX 結合に重要である. たとえば神経型 $Na^+$ チャネルのこの部分にある 387 番 Glu を Gln に置換すると TTX 感受性は大幅に低下する. さらに近傍の 401 番のアミノ酸の性質も TTX 結合に密接な関連をもつ. 神経型 $Na^+$ チャネルでは Tyr, 骨格筋型では Phe であるが, 心筋では Cys である. これらアミノ酸残基を相互に置換すると TTX 結合に関してはおのおのの性質に変換された.

**テニュイン** [tenuin] 肝臓から分離された接着結合*の主要高分子量構成成分として同定された細胞膜裏打ちタンパク質*. 分子量は SDS 電気泳動上で40万ぐらいであり, 長さ 400 nm のきわめて細長い分子である. 培養細胞では, 細胞間接着結合とフォーカルコンタクト*の細胞膜裏打ち構造に局在するが, それ以外にいわゆるストレスファイバーに沿っても局在している. アミノ酸配列などについては調べられていない.

**テネイシン** [tenascin] サイトタクチン (cytotactin), GMEM (glioma mesenchymal extracellular matrix), ヘキサブラキオン (hexabrachion), マイオテンディナス抗原 (myotendinous antigen) ともいう. 190〜350 kDa で S-S 結合により通常六量体の多型をもつ高分子の細胞外マトリックス糖タンパク質. 構造は EGF (上皮増殖因子) 様反復配列, フィブロネクチンⅢ型の反復およびフィブリノーゲン β, γ 鎖をもつキメラ分子である. 発生, 創傷治癒およびがんなど組織再構築過程に一過性に発現する. 生体内ではおもに間充織細胞が産生し, トランスフォーミング増殖因子β1, アンギオテンシンⅡ, 塩基性繊維芽細胞増殖因子, インターロイキン2, 機械刺激などで誘導される. 代表的な機能は細胞抗接着作用で, そのほか増殖, 分化, 運動, 形態形成など多様である. 遺伝子発現をノックアウトしたマウス (⇨ノックアウトマウス) は目立った異常を示さないが, 分子進化的な解析から, この遺伝子がジャンクではなく大切であることが明らかなので, 機能を補う別の物質の存在が考えられる. 構造のよく似たテネイシン R (レストリクチン) とテネイシン X がある.

***de novo* 経路** ＝新生経路

**デフェンシン** [defensin] 抗菌活性をもつ30個前後のアミノ酸から構成される陽性荷電ペプチド. 不活性型の前駆体として合成され, プロセシングを受けて活性型になり, グラム陽性, 陰性細菌のみならず, 真菌, ウイルスにまで幅広く抗菌作用を示す. 哺乳類デフェンシンは, 3対のジスルフィド結合によって安定化された疎水性の β シート構造をもち, その構造から, おもに α, β の二つのサブファミリーに分類される. α デフェンシンは, 好中球, 小腸 Paneth 細胞から産生され, 好中球では顆粒中に活性型として保持されている (ただし, マウスでは好中球での発現はない). β デフェンシンは, おもに上皮細胞から産生され, Toll 様受容体* あるいはサイトカイン* の刺激で産生量が増強される. 作用機序は不明の部分が多い

が，微生物の膜成分に直接作用することに加えて，免疫担当細胞にも作用することが知られている．

**デフォームド遺伝子**［Deformed gene］　Dfd 遺伝子(Dfd gene)と略記する．ショウジョウバエのホメオティック遺伝子\*の一つ．他のホメオティック遺伝子同様，ホメオボックス\*をもつ転写因子をコードする．アンテナペディア遺伝子群\*に含まれる．頭部の下顎(mandibular)体節および上顎(maxillary)体節において発現し，その個性を決定する．突然変異体においては，これら体節由来の構造の欠失がみられる．

**デフォールト輸送**［default transport］　⇒ソーティング

**テミン**　TEMIN, Howard Martin　米国の分子生物学者．1934.12.10〜1994.2.9．フィラデルフィアに生まれる．1955年スウォースモア大学で修士号を取得後メーン州のジャクソン遺伝学研究所員．カリフォルニア工科大学で R. Dulbecco\* の指導下でラウス肉腫を研究して Ph.D. 取得(1959)．翌年ウィスコンシン大学助教授．1970年逆転写酵素\*を発見．1975年 Dulbecco, D. Baltimore\* とともにノーベル医学生理学賞受賞．1980年ウィスコンシン大学教授．

**デメコルチン**［demecolcine］　＝コルセミド

**デュアルスペシフィシティキナーゼ**［dual specificity kinase］　＝セリン/トレオニン/チロシンキナーゼ

**デュシェンヌ型筋ジストロフィー**［Duchenne muscular dystrophy］　DMD と略．1868年 Duchenne de Boulogne によって記載された進行性筋ジストロフィーの一型．X 染色体劣性の遺伝形式をとり，新生男児約 3000 人に 1 人の割合で発症する．2〜5 歳で歩行障害により発見され，進行性の筋力低下を示し，30 歳以前に死亡する．血清クレアチンキナーゼの高値を認め，全身の骨格筋と心筋の変性・壊死を主徴とする．1980 年代後半 L. M. Kunkel らによりポジショナルクローニング\*の手法を用いて同定された DMD 遺伝子は，同一遺伝子座位(Xp21)に原因があり，軽症のベッカー型筋ジストロフィー(Becker muscular dystrophy, BMD)の 60〜70 % で欠失ないし重複する．同遺伝子がコードしている骨格筋，心筋の細胞膜下に発現する分子量 427,000 の筋細胞骨格タンパク質，ジストロフィン\*は，DMD ではまったく認められず，BMD では分子量は小さく発現も低下し不均一である．ジストロフィン結合性の筋細胞糖タンパク質としてはジストログリカン，サルコグリカン，シントロフィン，神経型 NO シンターゼ\*，アクアポリン-4 などが知られているが，これらはデュシェンヌ型筋ジストロフィーおよび他の筋ジストロフィー\*の発症に重要な役割を果たしている．ジストロフィンと直接結合する膜タンパク質 β-ジストログリカンと結合している細胞外タンパク質 α-ジストログリカンは筋細胞の安定性に重要な働きをしていて，これに変異が起こるとデュシェンヌ型筋ジストロフィーが発症する．

**デュ ブィニョー**　DU VIGNEAUD, Vincent　米国の生化学者．1901.5.18〜1978.12.11．シカゴに生まれ，ニューヨーク州スカースデールに没す．イリノイ大学で修士号取得(1924)後，ロチェスター大学でインスリンの化学研究をした(Ph.D., 1927)．1932 年ジョージ・ワシントン大学教授．1936 年グルタチオンを合成．コーネル大学教授(1938)．オキシトシンを合成(1953)．1955 年ノーベル化学賞受賞．

**テラトカルシノーマ**　＝奇形がん腫

**テラトーマ**　＝奇形腫

**テーラーメイド医療**［tailor-made medical treatment］　オーダーメイド医療(order-made medical treatment)ともいう．個人差(遺伝的体質の違い)に合わせた病気の予防や治療を行う医療．薬剤の効果は個人差が大きいことは知られているが，以前は薬剤の選択と投与量は年齢や身長・体重，あるいは経験や勘に頼って決められてきた．近年では薬効の個人差は一塩基多型\*(SNP)によると考えられている．その要因となる SNP が判明すれば，患者の遺伝子型を事前に調べることで，最適な薬剤を選択して効果をもたらし，さらに副作用を回避することができる．また，病気にかかりやすい SNP の情報を利用し，病気の予防に利用することも考えられている．(⇒遺伝子治療，ゲノム創薬)

**テーリン**［talin］　タリンともいう．分子量 27 万の細胞膜裏打ちタンパク質\*で，インテグリン\*が接着分子として働く細胞-マトリックス接着結合(⇒フォーカルアドヒージョン)または，フォーカルコンタクト\*に濃縮している．インテグリンのβ鎖の細胞質領域と直接結合し，一方で他の細胞膜裏打ちタンパク質ビンキュリン\*と結合する．その N 末端には，赤血球の細胞膜裏打ちタンパク質バンド 4.1\* タンパク質の N 末端に似たアミノ酸配列があり，バンド 4.1 スーパーファミリーの一員である．エズリンともアミノ酸配列の相同性がある．カルパイン II で分子量 5 万と 19 万の断片に二分される．波うち膜\*にも濃縮することがある．

**DER シグナル**［DER signal］　ショウジョウバエ EGF 受容体シグナル(Drosophila EGF receptor signal)ともいう．発生過程のさまざまな時期・部域で発現し，卵殻および胚の背腹極性の決定，胚の腹側部の細胞の運命決定，成虫原基細胞の増殖，翅脈形成，複眼形成など，きわめて多面的な機能を果たす．DER の主要なリガンドは，Spitz(Spi)であるが，ほかに卵細胞特異的に発現する Gurken などがある．Spi は不活性な膜結合タンパク質として産生され，分泌過程で Rhomboid(Rho)による分解を受けて活性型として分泌される．そして，隣接する 1〜2 細胞を DER を介して活性化する．Rho の発現が動的に制御されている結果，DER の活性化は特定の細胞に限局される．DER が活性化されると二量体化し，自己チロシンリン酸化が行われる．これに，DRK-Sos 複合体が結合し，細胞内膜に存在する Ras\* が活性化される．Raf, Dsor1(MEK)，Rolled(MAPK)が順次活性化される．Rolled は核に移行し，転写抑制因子である Yan をリン酸化して不活化するとともに，転写活性化因子であ

るPointedをリン酸化して活性化することにより,さまざまな標的遺伝子の発現を誘発する.また,DERシグナルの活性化のレベルにより,Argos, Sprouty, Kekkonといった負の因子の発現が誘導され,フィードバック制御される.

**ΔpH**［ΔpH］　＝pH勾配

**デルブリュック** DELBRÜCK, Max　米国の分子生物学者.1906.9.4～1981.3.9.　ベルリンに生まれ,カリフォルニア州パサデナに没す.ゲッティンゲン大学から物理学でPh.D.を取得(1930).ブリストル,コペンハーゲン,チューリヒで理論物理学の研究をした後ベルリン大学で放射線化学に従事.カリフォルニア工科大学のT. H. Morgan*のもとで遺伝学を学ぶ(1937).1943年A. D. Hershey*とバクテリオファージの研究を開始.遺伝子組換えを発見(1946).1947年カリフォルニア工科大学教授.1969年Hershey, S. E. Luria*とともにノーベル医学生理学賞受賞.

**テルペノイド**［terpenoid］＝イソプレノイド

**テルペン**［terpene］＝イソプレノイド

**デルマタン硫酸**［dermatan sulfate］　⇌グリコサミノグリカン

**テレビ顕微鏡**［television microscopy］＝ビデオ顕微鏡

**テレンセファリン**［telencephalin］　TLCNと略し,細胞間接着分子5(intercellular adhesion molecule-5), ICAM-5ともいう.脳の終脳部位(大脳新皮質,海馬,線条体,嗅皮質などを含む部位)の主要ニューロンに選択的に発現するⅠ型膜タンパク質で,樹状突起*や細胞体の表面膜に局在し,軸索*には発現がない.細胞外領域には九つの免疫グロブリン様ドメインをもち,第一～第五ドメインはICAM-1, ICAM-3と高い相同性をもつ.テレンセファリンはホモフィリックな結合能力をもつほか,免疫細胞に発現するLFA-1インテグリン(CD11a/CD18)と結合する.テレンセファリンとLFA-1の結合は,終脳ニューロンとT細胞との接着に関与する.側頭葉てんかんや急性脳炎の際には,細胞外ドメインのみからなる可溶性テレンセファリン(soluble telencephalin, sTLCN)が血液中や脳脊髄液中に検出される.生後発達期のニューロンにおいてテレンセファリンは,樹状突起フィロポディアの発達や維持を促し,スパインへの成熟を遅らせる.(⇌細胞接着分子)

**テロセントリック染色体**　＝末端動原体染色体

**テロメア**［telomere］　末端小粒ともいう.染色体*の末端領域のこと.多くの場合単純な反復配列*(ヒトでは,5′-TTAGGG-3′)から成る.真核生物の染色体の安定性に必須の領域.哺乳類のテロメアDNAは折れ曲がりTループとよばれる構造をとる.突出した3′末端部分は二本鎖DNAの間に挿入されDループ*を形成し,末端の安定性を維持するのに寄与している.ヒトの早老症,ウェルナー症候群の原因遺伝子はDNAヘリカーゼをコードし,Dループ形成に機能しているらしい.TRFとよばれるタンパク質がループした二本鎖DNA部分に結合しており,これを介して他のタンパク質とテロメアが相互作用する(⇌テロメア結合タンパク質).DNAポリメラーゼはその5′側を複製することができないため,一般に線状DNAは複製のたびに短くなってしまい非常に不安定となる.それゆえ真核細胞では染色体の末端にこのような特殊な配列をもつことによってこの末端複製問題を解決している.この配列の反復の数は個々の細胞によってまちまちで,テロメラーゼ*によって付加される.またテロメア近傍はヘテロクロマチン*となっている.ヘテロクロマチンは,テロメア付近の遺伝子の転写を抑制し,テロメアのヘテロクロマチン形成にはRNA干渉*(RNAi)にかかわる因子が関与することが報告されている.ショウジョウバエや出芽酵母においてテロメア近傍に組込まれた遺伝子は不活性化される.さらにこのテロメアの反復数の漸次減少と老化やがんが密接な関係にあるということもわかっている.

**テロメア結合タンパク質**［telomere binding protein］　テロメア*は短いテロメア反復DNA(脊椎動物ではTTAGGG/CCCTAA)から成り,最末端部分では一本鎖TTAGGG反復DNA(G-tailとよばれる)をもつ.狭義のテロメア結合タンパク質は,これらの二本鎖テロメアDNAやG-tailに特異的に結合するテロメアDNA結合タンパク質をさし,脊椎動物では前者としてTRF1(telomere repeat binding factor 1)とTRF2,後者としてPot1(protection of telomeres)が知られている.広義のテロメア結合タンパク質は,これらのDNA結合タンパク質によってリクルートされるテロメアタンパク質を含む.TRF1はテロメラーゼ*の作用を制御し,TRF2はテロメアDNAを末端融合反応やDNA消化から保護する機能をもつ(⇌セントロメアタンパク質).

**テロメラーゼ**［telomerase］　テロメア*DNAを付加するために必要なRNAとタンパク質から成る酵素.ゲノムを複製するDNAポリメラーゼ*とは異なり,鋳型DNAを必要とせず,代わりに自身の成分であるRNAを鋳型として反復配列*をDNAの3′末端へと付加していく.RNAはTERC (telomere RNA component),逆転写酵素はTERT (telomere reverse transcriptase)とよばれる.1 MDa以上の巨大な複合体を形成しており,完全な機能には他の構成要素も必要である.最初に,テトラヒメナ*で同定されたが,生物種を通じて保存されている.ヒトの場合,生殖細胞やがん細胞では活性が高いが,体細胞では年齢に応じて活性が落ちており,老化との関連が示唆されている.

**テロメリックループ**［telomeric loop］＝tループ

**転位**［transposition］　【1】転移とも書く.DNA上のある部位から他の部位へDNA単位が移動すること.この能力をもつDNA単位をトランスポゾン*という.トランスポゾンの転位は,トランスポゼース*の作用でトランスポゾンの両端のDNAが切断され,生じたトランスポゾンの末端と転位標的部位のDNA鎖がつなぎかわることにより起こる.トランスポゾンの転位には自己のコピーを新規の場所に挿入する複製型と,複製を伴わず,自身を元の場所から新しい場所に

移動させる(非複製型)の2種類がある.
**【2】**(塩基の) ⇌ トランジション
**【3】**(ペプチド伸長における) ⇌ トランスロケーション【1】

**転移**(がんの) [metastasis] がんが原発巣を離脱して，近接組織あるいは遠隔臓器で増殖すること．転移は，がん細胞の原発巣からの遊離に始まり，組織内での浸潤が起こり，基底膜を破ってリンパ管や血管に侵入，遠隔部位の内皮細胞へ接着し，管壁より組織へ浸潤，増殖して腫瘤を形成する．原発巣からの離脱にはカドヘリン\*など接着因子の異常が，浸潤にはプロテアーゼ\*が，脈管内皮細胞や標的臓器に対する接着にはセレクチン\*やCD44\*などの接着因子の関与が考えられている．

**転移 RNA** [transfer RNA] tRNAと略称される．トランスファーRNAともいう．メッセンジャーRNA\*の遺伝情報を，タンパク質のアミノ酸配列に翻訳するアダプター分子(⇌アダプター仮説)．通常70〜90の鎖長のRNAで，修飾塩基\*を多く含む．相補的な塩基対形成により二次元的に折りたたまれ，三つのステム・ループから成る共通のクローバー葉構造\*をとり，さらに三次元的に折りたたまれてL字形構造(L shape structure)をとる(図)．各アミノ酸

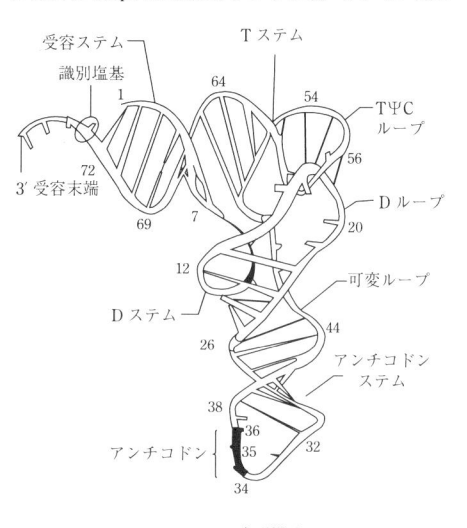

tRNAのL字形構造

に対して通常複数個のtRNA(アイソアクセプターtRNA isoacceptor-tRNA)が存在し(⇌縮重)，64種類のコドンのうち終止コドンを除く61個のコドンを認識し，遺伝暗号\*表に従って対応するアミノ酸へ正確に変換する．コドンを認識するのは34位〜36位のアンチコドン\*とよばれる部位であり，対応するコドンと相補的な配列をもつ．34位の塩基はゆらぎ塩基\*とよばれ，修飾塩基である場合が多く，この部位に限りA-U，G-C以外の塩基対合(ゆらぎ塩基対という)が許さ

れる．tRNAはアミノ酸特異的なアミノアシルtRNAシンテターゼ\*によって認識され，その3′末端にコドンに対応するアミノ酸を結合する．アミノアシルtRNAシンテターゼはtRNAのアイデンティティー決定因子(identity determinant)を特異的に認識するが，それは多くの場合アンチコドンや3′末端から4番目の識別塩基を含む．

**電位依存性陰イオンチャネル** [voltage-dependent anion-selected channel] ＝ポーリン．VDACと略す．

**電位依存性カリウムチャネル** [voltage-dependent potassium channel] ＝カリウムチャネル

**電位依存性カルシウムチャネル** [voltage-dependent calcium channel] ＝カルシウムチャネル

**電位依存性チャネル** [voltage-gated channel, voltage-dependent channel] 膜電位依存性チャネルともいう．イオンチャネル\*分子は複数の状態をとり，開状態ではイオンを透過させ，閉状態では透過させない．この状態変化をゲートの開閉(gating)とよび，イオンチャネルのうちゲートの開閉が膜電位レベルによって制御されるものを電位依存性チャネルという．電位依存性チャネルの分子構造中には電荷の集合した領域または電気双極子を構成する領域があり(⇌電位センサー)，これらが膜にかかる電場の変化に応じて移動することにより，開状態と閉状態の間の遷移が起こると考えられており，実験的にもチャネルの開閉の際にチャネル分子内の電荷分布の変位に伴って発生するゲーティング電流(gating current)を記録することができる．神経細胞，筋細胞などのいわゆる興奮性細胞の細胞膜に存在する主要な電位依存性チャネルには，ナトリウムチャネル\*，カルシウムチャネル\*，カリウムチャネル\*があり，静止電位，活動電位などの膜電気現象の多くはこれらのチャネルの活動により発生する．

**電位依存性ナトリウムチャネル** [voltage-dependent sodium channel] ＝ナトリウムチャネル

**転移酵素** [transferase] トランスフェラーゼともいう．ある種の原子団(G)を一つの分子(A)から他の分子(B)へ転移する反応を触媒する酵素の総称で，つぎの反応式で表される．

$$A\text{-}G + B \rightleftharpoons A + B\text{-}G$$

転移する原子団によって分類されており，炭素1個(メチル基，ホルミル基，カルボキシ基，カルバモイル基など)，アルデヒドおよびケト基，アシル基，グリコシル基，アルキル基およびアリール基，窒素を含む官能基(アミノトランスフェラーゼ\*など)，リン酸基(プロテインキナーゼ\*など)，硫黄を含む官能基(グルタチオントランスフェラーゼ\*など)がある．

**電位固定** [voltage clamp] 活動電位など，生体電気現象はすべて細胞膜を通って流れるイオン電流により生じる．このイオン電流は，細胞内の電位を特定の値に維持することで直接測定することができる．この方法を電位固定(法)という．一般に電位固定は，測定される膜電位\*とコマンド(指令)電位との差を帰還用増幅器で検出，増幅し，通電電極から細胞内にフィー

ドバックして，膜電位を与えられたコマンド電位レベルに固定することで行われる．(⇌パッチクランプ)

**転位性遺伝因子** [transposable genetic element] ＝トランスポゾン

**電位センサー** [voltage sensor] 電位依存性チャネル*ではチャネル分子内の荷電粒子または電気双極子が膜電位の変化に応じて移動することによりチャネルの開閉が制御される．このチャネル分子内で膜電位変化の受容に関与する部分を電位センサーという．ナトリウムチャネル*などの電位依存性チャネルの膜貫通領域の一部には陽電荷をもつアルギニン，リシンが三つおきに規則的に並ぶ特徴的な構造があり，この部分が電位センサーとしての機能をもつと考えられている．

**転移・メッセンジャー RNA** [transfer-messenger RNA] SsrA RNA，10Sa RNA ともいい，tmRNA と略す．真正細菌に広く存在する 350 残基程度の RNA で，5′末端と 3′末端でアミノ酸受容ステムと T アームを含む tRNA ドメインを形成し，その間に四つのシュードノット構造と 10 アミノ酸残基程度のタグペプチドのコード領域から成る mRNA ドメインがある．SmpB タンパク質とともに，mRNA の切断などによる滞った翻訳を解消し，リボソームを再利用するともに，異常タンパク質に分解を促進するタグペプチドを付加するトランス・トランスレーション(trans-translation)反応を行う．

**10Sa RNA** [10Sa RNA] ＝転移・メッセンジャー RNA

**転換(塩基の)** ＝トランスバージョン

**電気泳動** [electrophoresis] 溶液に直流電圧をかけた時，イオンが反対電荷をもつ極に向かって泳動する現象を利用した分離分析法．A. W. K. Tiselius が血清タンパク質を移動界面法により分析したのに始まる．しかし自由溶液中では電流による発熱で熱対流が起こり分離を乱すので，これを抑えるため，沪紙，デンプンなどを担体として使うことが行われた．やがてポリアクリルアミドやアガロースなど，網目の大きい親水性の連続的なゲルが担体として使われるようになって(⇌ゲル電気泳動)，研究室での日常的な手段となった．当初は対象分子の総電荷の差に基づく分離のみであったが，担体ゲルによるふるい効果を利用したサイズ分離，等電点 pH に収束する等電点電気泳動*，特異的相互作用を利用したアフィニティー電気泳動，等電点電気泳動と SDS-ポリアクリルアミドゲル電気泳動を組合わせた二次元電気泳動，電場の方向を交互に変化させて高分子をゲル中で泳動分離するパルスフィールド電気泳動，マイクロチップを用いて作製した微小流路中で泳動を行うマイクロチップ電気泳動など，さまざまな様式が開発され，タンパク質や核酸などの生体高分子の分離分析に不可欠となった．ゲルのような担体を用いず溶液状態で行う無担体電気泳動ではジュール熱によって対流が起こりやすいが，毛細管(キャピラリー)中では対流が起こりにくく，ま

た，発生するジュール熱の放熱も容易なので，迅速かつ高分能の電気泳動が可能であり(キャピラリー電気泳動)，DNA シークエンサーに利用されている．

**電気泳動移動度シフト分析** [electrophoresis-mobility shift assay] EMSA と略す．(⇌ゲルシフト分析)

**電気化学** [electrochemistry] 電子やイオンなどの電気に関係した化学の領域をいう．分子細胞生物学の領域では，膜輸送*などの物質移動，神経や筋の興奮，ミトコンドリアや葉緑体での電子伝達系*とエネルギー変換が関連する．また，実験技術も電気泳動*法など電気化学に基礎をおくものが少なくない．特に，膜を横切るイオンの移動では，イオン濃度勾配と両側の電位差(膜電位*)の両者によってイオンの駆動力が決まるので，それを電気化学的駆動力(electrochemical driving force)，またイオンのもつモル比自由エネルギーを電気化学ポテンシャル(electrochemical potential)という．イオンの移動は，そのイオンの両側の電気化学ポテンシャルが等しいところで平衡に達する．その時の膜電位をそのイオンの平衡電位*といい，ネルンストの式*で表される．

**電気化学的駆動力** [electrochemical driving force] ⇌電気化学

**電気化学的プロトン勾配** [electrochemical proton gradient] プロトンの電気化学ポテンシャル差*のこと．生体膜*の片側から反対側の水相にプロトン($H^+$)を 1 当量輸送するのに要するエネルギー量．濃度差に抗して輸送する浸透圧的仕事と膜電位差に抗して輸送する電気的仕事の項の合計値である．浸透圧の項は pH 差に比例し($-A\Delta pH$)，膜電位差の項は電圧に比例($F\Delta\psi$)する．正確には電気化学ポテンシャル差*($\Delta\tilde{\mu}_{H^+}=F\Delta\psi-A\Delta pH$)という．酸化的リン酸化*をはじめとする生体膜エネルギー変換の基本概念である化学浸透圧説のエネルギーの量的表現である．ミトコンドリアの電子伝達系は酸化還元で遊離されるエネルギーでミトコンドリアのマトリックス側から外膜側に $H^+$ を輸送し，その $H^+$ が ATP 合成酵素*を通ってマトリックスに戻る時に $H^+$ を利用して ATP を合成する．$\Delta\tilde{\mu}_{H^+}$ は $J \cdot mol^{-1}$ の単位なので $H^+$ を動かす力を mV で表す時は $\Delta\tilde{\mu}_{H^+}/F=\Delta P$(⇌プロトン駆動力)を使う．基質の水素からの電子を酸素で水に変えてエネルギーを取出す点では，ミトコンドリアは水素酸素燃料電池に似ている．

**電気化学ポテンシャル** [electrochemical potential] ⇌電気化学

**電気化学ポテンシャル差** [electrochemical potential difference] 生体膜の片側と反対側の水相の電位差($\Delta\psi$)とイオン B の化学ポテンシャル差($\Delta\mu_B$)の和．イオン B を膜の反対側に輸送するには化学ポテンシャル差と膜電位差の合計の力に抗して輸送しなければならない．B の化学ポテンシャル($\mu_B$)とは混合物中における B のギブス自由エネルギー($G$)の部分モル量である．モル数を $n$，B のモル数を $n_B$，イオン C のモル数を $n_C$，$T$ を絶対温度，$p$ を圧力とし，$n_C$ 以下を一

定とし

$$\mu_B = (\partial G/\partial n_B)_{T,p,n_C}$$

である.膜エネルギー変換の基本概念である.(→ 電気化学的プロトン勾配)

**電気器官** [electric organ]　シビレエイ,デンキウナギなどの電気魚の発電器官のこと.最小単位である電函(電気板)が積み重なって電気柱となり,電気柱が平行に並んで電気器官を形成する.発生学的に横紋筋組織に由来し,コリン作動性ニューロン*の神経支配を密に受けている.したがって,電気器官は大量にニコチン性アセチルコリン受容体を含み,そこから精製された受容体は,ニコチン性アセチルコリン受容体の構造,機能解明の研究に広く用いられてきた.カリフォルニア産シビレエイの場合,神経毒を固定化したアフィニティーカラムを用いて,$100 g$ の電気器官から約 $10 mg$ のニコチン性アセチルコリン受容体を得ることができる.

**電気細胞融合** [electrofusion]　高電圧パルス刺激を利用した細胞融合*.動物細胞や植物プロトプラスト*に交流電流をかけることにより細胞をじゅず状に整列させてから電気パルスにより融合させる効率的な方法が開発されており,これを用いて抗体産生リンパ細胞と増殖性の高いミエローマ細胞とを融合させて増殖性の高い抗体産生細胞(ハイブリドーマ*)の作製が行われる.核移植操作においては電気パルス刺激により発生開始もひき起こされる.植物のプロトプラスト融合には普通より温和なポリエチレングリコール* が用いられている.

**電気シナプス** [electrical synapse]　→ シナプス

**電気生理学** [electrophysiology]　生体における電気現象,特に細胞レベルでの電気現象を研究対象とする生理学の一分野をいう.電気現象がその機能発現に重要な意味をもつ細胞としては,神経細胞*(ニューロン),筋細胞,感覚受容細胞,腺細胞などがある.微小電極を用いてこれらの細胞の活動を調べると,まず静止電位*が観測され,刺激に対して膜電位の変化が現れる.膜電位の変化には活動電位*,シナプス後電位*,受容器電位*などがある.これらの電位変化は各種イオンに対する細胞膜の選択的透過性の変化によってもたらされることが明らかにされた.電気生理学的方法の特徴は,時間分解能と空間分解能のよさにある.細胞が示すミリ秒オーダーの電気現象を的確にとらえることができる.また技術的進歩により,サブミクロンオーダーの単一イオンチャネル*の振舞いも記録できるようになった.多数の細胞から構成される複雑な回路網をもつ神経系*特に脳の研究には,不可欠の実験方法である.

**電気穿孔** [electroporation]　エレクトロポレーションともいう.物理的に細胞に遺伝子を導入する直接核酸導入法の一つ.動物,植物および微生物に広く用いられる.動物と核酸を適切な緩衝電解質液に懸濁し,電極間に直流矩形パルスを瞬間的に与え,形成された可逆的な細胞膜の小孔から核酸を導入する.培養細胞や大腸菌などへの遺伝子導入*に加え,生体組織細胞に直接核酸を導入する生体エレクトロポレーション技術もある.一方,交流電流で圧着させた細胞に直流矩形パルスを与え,細胞膜の再構成時に隣合う細胞を融合する電気細胞融合* にも原理が応用されている.(→ 細胞融合)

**電気的単位** [electrical unit]　細胞の挙動を電気化学的に取扱う時に用いる単位.細胞膜内外に正負の電荷(クーロン coulomb, C)が分離して膜電位*(ボルト volt, V)をつくり出す.一定の膜電位を生じるのに必要な電荷の量を膜容量(ファラッド farad, F)とよぶ.電気化学的駆動力は膜電位とイオンの濃度勾配で決まり(ネルンストの式*),イオンが膜を通過する時の抵抗値を膜コンダクタンス*(ジーメンス siemens, S)で表す.

**電気的ポテンシャル** [electric potential]　電磁気学でいう電圧,または電位差.エネルギーは必ず強度因子と容量因子の積で表されるが,電気的エネルギーにおいては,その強度因子が電気的ポテンシャル($V$,単位はボルト),容量因子は流れた電気量($Q$,単位はクーロン)である.しかし生体では,金属導体の中の電子が駆動されるのではなく,主としてイオン流である.生体エネルギー学では生体膜の両側の水相の間の電位差($\Delta \Psi$)を測定する.(→ 電気化学的プロトン勾配)

**電気溶出** [electroelution]　ゲル電気泳動*により分離したタンパク質または核酸をゲルから回収する方法の一つである.電気泳動終了後,目的とする試料を含む断片をゲルから切出し,改めて電場に置くことにより,ゲル片から溶出されてくる試料を透析チューブ,高濃度緩衝液,イオン交換沪紙などに回収する.溶出物の回収方法によりさまざまな装置が考案されており,DNA 断片のサブクローニング*やタンパク質の簡易精製などの目的で使用されている.

**デングウイルス** [Dengue virus, breakbone fever virus]　デング熱の病因となるウイルスである.(+)鎖 RNA ウイルスであり,フラビウイルス科*のフラビウイルス属に分類される.エンベロープをもち,ヌクレオキャプシドは正二十面体である.4 種類の血清型が存在する.媒介動物は蚊であり,吸血の際に伝播する.型の異なるデング熱ウイルスに再感染した場合,デング出血熱(dengue hemorrhagic fever)をひき起こす場合がある.発病のメカニズムはいまだ解明されていない.予防ワクチンは開発途上にある.

**転座** [translocation]　染色体異常*の一種で,染色体の一部分が他の場所に移動すること.移動する先は同じ染色体の場合も,別の染色体の場合もある.別の染色体へ転座する場合は染色体当たりの動原体*数が 1 に保たれるように転座が起こらなければならない.2 個の非相同染色体が互いに一部分を交換した形の転座を特に相互転座* という.転座は連鎖*を乱すため,減数分裂時に異常を生じることが多い.

**電子** [electron]　$1.602176 \times 10^{-19}$ クーロンの負電荷と $9.109382 \times 10^{-31} kg$ の静止質量をもつ素粒子で,スピン量子数は 1/2 である.ボーアの原子モデ

では電子は負の単位電荷をもった粒子として考えられているが，本来は量子力学的に記述されるべき素粒子である．化合物の化学構造を表現する手段としての原子価*や化学反応過程の表現などでは，この粒子モデルがよく使われる．また，生体反応における電子伝達系*などの水素移動を伴う生体酸化還元反応では相補的に電子移動が起こることから，この反応を電子移動反応としてとらえている．

**電子回折** ＝電子線回折

**電子顕微鏡** [electron microscope]　電子線を用いて試料の拡大像を得る装置．試料を透過した電子を電子レンズを用いて結像する透過型電子顕微鏡*と，収束した電子線を走査した試料表面から生じる二次電子線などを検出する走査型電子顕微鏡*などがある．透過型電子顕微鏡は電子線源である電子銃，集束レンズ系，試料台，対物レンズ・中間レンズ・投影レンズの結像系，および蛍光板とカメラ室の観察記録装置から成る．通常，電子線の加速電圧は 100～200 kV で，理論的分解能の約 0.2 nm に近い分解能が得られている．500 kV 以上のものを特に超高圧電子顕微鏡(⇌ 高圧電子顕微鏡)という．走査型電子顕微鏡は，電子線を 0.5～30 kV に加速する電子銃，電子プローブをつくる収束レンズ系，走査用偏向コイル，試料室，検出器および観察記録用のブラウン管とカメラ部で構成されている．試料による分解能は通常 2 nm 程度とされており，おもに電子プローブの直径に依存する．透過型電子顕微鏡を適用した走査型電子顕微鏡は解像度が高い．(⇌ 光学顕微鏡)

**電子顕微鏡オートラジオグラフィー** [electron microscopic autoradiography]　放射性同位体*で標識した物質を取込ませた試料の切片に写真乳剤を密着・露出・現像・定着して形成される銀粒子と，試料の構造を透過型電子顕微鏡で同時に観察して，その物質やそれを含む生体分子の分布を調べる方法．飛程が短いために高分解能が得られ，また露出時間が十分に確保できる β 線を放出する $^3$H の化合物がおもに利用されている．$^3$H 標識しにくい抗体などは $^{125}$I でヨウ素化したものが用いられる．固定・脱水・包埋*した試料の超薄切片を，スライドガラスに並べたものをオートラジオグラフィー用写真乳剤液に浸漬して乳剤の薄膜で切片を覆い，露出・現像後にグリッドに載せる方法と，先に切片を付着させた白金グリッドに，小さなワイヤーループで乳剤液をすくって形成した乳剤薄膜を重ねる方法がある．超微粒子現像を行い，最終的に直径 100 nm 前後の微小な銀粒子を得る．また凍結乾燥切片を用いると可溶性成分を分析することができる．

**電子常磁性共鳴** [electron paramagnetic resonance] ＝電子スピン共鳴．EPR と略す．

**電子スピン共鳴** [electron spin resonance]　ESR と略す．電子常磁性共鳴(electron paramagnetic resonance, EPR)ともいう．電子は，スピン量子数 1/2 をもつので外部静磁場 $H$ に置くと，電子スピンの磁気モーメントと磁場との相互作用(ゼーマン効果)により静磁場に平行および反平行の二つの状態をとる．この状態のエネルギー差に等しい光量子エネルギーに相当する振動数 $\nu$ をもつ電磁波(マイクロ波)を静磁場と直角方向に加えるとスピン状態が反転し，その時電磁波の吸収が起こる．吸収の起こる条件は $\nu=1.4\times 10^6 gH$ である．$g$ は $g$ 因子または $g$ 値とよばれ物質固有の値である．電磁波の振動数一定で共鳴条件を満たす磁場強度は一つではなく，数本の吸収線に分裂して観測されるので ESR 分光学といわれる．その要因は電子スピンと核スピンとの超微細相互作用によるものであり，吸収線の分裂の数や $g$ 値から不対電子周辺の構造を決定することができる．核磁気共鳴法と同様に，共鳴振動数の電磁波によるパルス磁場を複数回加え，磁化周期の緩和や再収束を記録する方法も開発され，スピン-スピン相互作用に伴う緩和などが精度良く測定されるようになった．生物系ではセミキノン，フラビンラジカルやヘム鉄，銅タンパク質の研究が行われ，酸化還元状態，イオン配位構造，分子の運動性に関する知見が得られる．不対電子がない場合でも，生体分子にニトロキシラジカル*を結合させるスピン標識法*を用いて，生体膜の運動性やタンパク質の立体構造の解析が行われる．

**電子スペクトル** [electronic spectrum]　分子内の電子状態間の遷移を伴う光吸収スペクトル．分析化学技術として広く利用されており，生物学領域においては，おもに紫外領域から可視領域，すなわち波長が 200～800 nm の光の吸収を対象にする．分子内の電子は，それぞれ定まったエネルギー準位の軌道にある．分子に適切な光を当てると電子は光のエネルギーを吸収して，最もエネルギー準位の低い電子状態である基底状態から，それより高い励起状態へ遷移する．この領域で起こる電子遷移は，おもに二重結合の π 電子に由来する遷移である π-π$^*$ 遷移，カルボニル基などの非共有電子対に由来する遷移である n-π$^*$ 遷移などがある．前者は，π 結合にあずかる電子の基底状態の軌道から反結合軌道(π$^*$ 軌道)への遷移であり，後者はカルボニル酸素原子などの非共有電子対が π$^*$ 軌道に励起するために起こる吸収である．(⇌ 紫外吸収)

**電子線回折** [electron diffraction]　電子線回折ともいい，ED と略す．周期性のある結晶性試料に電子線を照射すると X 線回折と同じように，試料の格子状構造で散乱した波の性質をもつ電子線が干渉して強め合うことによってシャープな点が観察される(⇌ X 線結晶構造解析)．二次元結晶*から電子線回折をさまざまな試料傾斜角度で測定することによって，タンパク質の立体構造を X 線結晶学と同じように解析することができる．電子顕微鏡の場合には像も撮影できるので，より正確に密度図を計算できる可能性がある．(⇌ 電子線結晶学)

**電子線結晶学** [electron crystallography]　英国で開発された方法で，1975 年にバクテリオロドプシンの二次元結晶*を用いて，初めて膜タンパク質の構造が解析された方法．当初の解析は 6 Å 分解能であったが，水チャネル*の構造が 1.9 Å 分解能で解析され，水分子や脂質分子の構造も分離して解析された．

この方法は，膜タンパク質が本来の状態に近い膜の中に存在する状態で，しかも結晶内で生じる人為的相互作用の影響が少ない構造解析ができるなどの特徴がある．

**電子線損傷**［radiation damage］　試料損傷(specimen damage, damage)ともいう．高エネルギーの電子線によって，生物試料や有機物の結合が切断されること．生物試料で起こるこの損傷は，金属や無機物で問題になるノックオンダメージと比べると桁違いに大きい確率で起こる最も深刻な問題である．液体ヘリウムで試料を冷却する極低温電子顕微鏡*で観察すると，結合が切れた部分が動かないで，結合を形成していた同じ相手とエネルギー放出後再結合する確率が増加する．(⇨ 電子線トモグラフィー，電子顕微鏡)

**電子線トモグラフィー**［electron tomography］　細胞など複雑な試料を，いろいろな傾斜角度で撮影して同一試料から多くの像を得ることによって立体構造を解析する方法．一つの試料からいろいろな傾斜角度で多くの像を撮影する必要があるために，電子線結晶学*のように一つの結晶からは一つの傾斜角度の像しか撮影しない場合に比べて，電子線損傷*の問題が最も深刻で，数十Åより高い分解能での解析は困難である．しかし，周期性がない複雑な試料の構造を解析できるという特徴がある．

**電子伝達系**［electron transport system］　電子伝達鎖(electron transport chain)，呼吸鎖(respiratory chain)ともいう．生体内で行われる基質(A)の酸化還元反応*はつぎの3種である．

1) 脱水素：$AH_2 + B \rightleftharpoons A + BH_2$ (BはNADなど)
2) 電子伝達：$Fe^{3+} + e^- \rightleftharpoons Fe^{2+}$
　　　　　　　(Feはシトクロムなど)
3) 酸素添加：$A + O_2 \rightleftharpoons AO_2$

このうちでエネルギー獲得に関するものは脱水素と電子伝達であって，酸素添加はステロイド合成や解毒*に用いられる．電子のみを授受するタンパク質があり，そのうちでヘムをもつものをシトクロム*という．シトクロムには$aa_3, b, c, c_1, d, o$などがある．ヘム以外の鉄を利用する電子伝達体が非ヘム鉄であり(⇨ フェレドキシン)，ほかに銅タンパク質もある．電子伝達系は無数の基質の脱水素で送られてくるHを$H^+$と$e^-$に分け，$e^-$のみを電子伝達体の集合すなわち電子伝達系で酸化する(図)．この電子伝達体は4種の複合体(I, II, III, IV)に分かれる．複合体IIは電気化学的プロトン勾配*$\Delta \tilde{\mu}_{H^+}$形成はしない．複合体IはFMN(フラビンモノヌクレオチド)と非ヘム鉄を含みNADHを酸化して補酵素Q(CoQ)を還元する．複合体IIはFAD(フラビンアデニンジヌクレオチド)と非ヘム鉄シトクロム$b$などを含み，コハク酸を酸化してCoQを還元する．こうして生じた還元型のCoQを複合体IIIが酸化してシトクロム$c$を還元する．そして複合体IVすなわちシトクロムオキシダーゼが還元型シトクロム$c$の電子と$H^+$を$O_2$で酸化して水$H_2O$を生じるのである．CoQは膜脂質に局在して複合体間の酸化還元を媒介し，シトクロム$c$は膜間腔の水相に局在して，複合体III，IV間の電子伝達をする．電子伝達の最初の段階であるNADH/NADの酸化還元系の標準酸化還元電位は$-0.322$ Vと最も低く，フラビン(FAD, FMN)はこれより高く，電子は最も高い水の酸化還元電位$+0.82$ Vに向けて複合体I→III→IV→$O_2$またはII→III→IV→$O_2$へと流れていく．この電子伝達複合体は，ミトコンドリア内膜の内側から外側へ$H^+$を輸送してエネルギーを$\Delta \tilde{\mu}_{H^+}$に変換する．ミクロソームにはシトクロムP450やシトクロム$b_5$へ

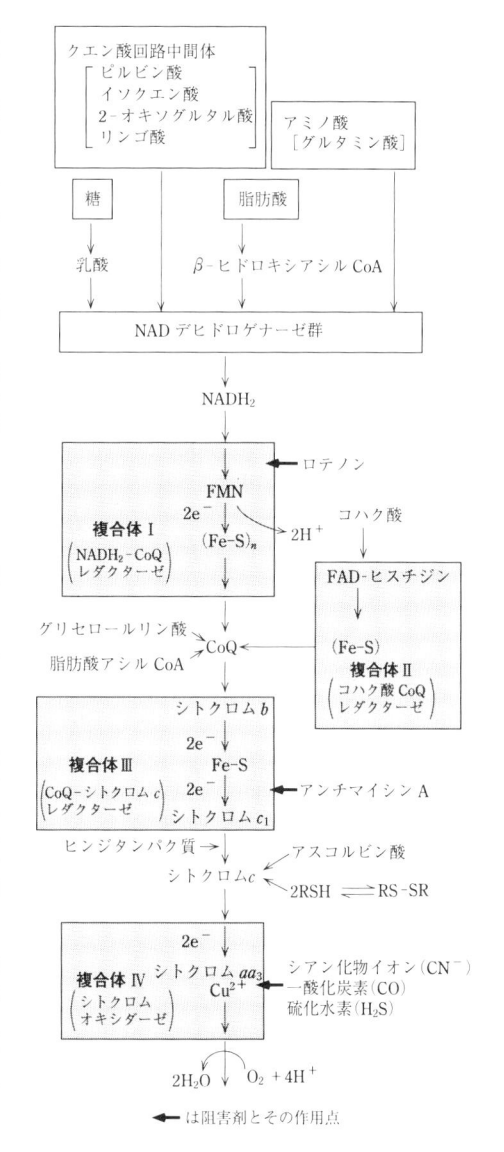

```
        クエン酸回路中間体
        ┌─────────────┐
        │ ピルビン酸    │
        │ イソクエン酸  │         アミノ酸
        │ 2-オキソグルタル酸│    [グルタミン酸]
        │ リンゴ酸     │
        └─────────────┘
            ↓
         糖      脂肪酸
         ↓        ↓
        乳酸   β-ヒドロキシアシル CoA
            ↓
      ┌─────────────────┐
      │ NAD デヒドロゲナーゼ群 │
      └─────────────────┘
              ↓
            NADH_2
              ↓
      ┌─────────┐        ← ロテノン
      │   FMN    │
      │  2e⁻↓   │ ← 2H⁺    コハク酸
      │ (Fe-S)_n │            ↓
      │複合体I   │        ┌──────────┐
      │(NADH_2-CoQ│       │ FAD-ヒスチジン │
      │ レダクターゼ)│     │   (Fe-S)    │
      └─────────┘        │  複合体II    │
                         │ (コハク酸CoQ  │
    グリセロールリン酸→ CoQ ←│  レダクターゼ) │
    脂肪酸アシルCoA →       └──────────┘
              ↓
      ┌─────────┐
      │ シトクロム b │
      │   2e⁻↓   │
      │  Fe-S    │
      │複合体III  │     ← アンチマイシン A
      │   2e⁻↓   │
      │(CoQ-シトクロムc│
      │ レダクターゼ)│
      │ シトクロム c_1│
      └─────────┘
              ↓
    ヒンジタンパク質→
           シトクロム c      ← アスコルビン酸
              ↓           2RSH ⇌ RS-SR
              2e⁻
      ┌─────────┐       ← シアン化物イオン(CN⁻)
      │シトクロム aa_3│      一酸化炭素(CO)
      │   Cu^{2+}   │      硫化水素(H_2S)
      │複合体IV    │
      │(シトクロム   │
      │ オキシダーゼ)│
      └─────────┘
          2H_2O ↑  O_2 + 4H⁺

      ← は阻害剤とその作用点
```

NAD(P)Hからの電子伝達系があり，酸素添加を行う．ペルオキシソームにはフラビン酵素からペルオキシダーゼなどへの系がある．

**電子伝達鎖**［electron transport chain］＝電子伝達系

**電子伝達体**［electron carrier］　酸化還元の際に電子を $Fe^{3+}+e^- \rightleftharpoons Fe^{2+}$ にみられるような反応で伝える物質．このFeはシトクロム*のヘムに含まれる鉄や非ヘム鉄タンパク質の鉄-硫黄複合体である．そのほかに銅などの金属を含むタンパク質もある．シトクロムなどを酵素とよばず電子伝達体というのは，反応の基質が物質でなく，電子の授受であるためである．電子伝達系*の重要な構成成分で，酸化還元電位の低い電子伝達体から高い電子伝達体へ電子を伝える．(⇒酸化還元反応)

**電子密度図**［electron density map］　電子との相互作用で散乱(回折)されるX線*の強度分布から計算される結晶内の電子の存在確率を等高線などで表示したもの．回折X線*には波としての位相情報が欠落しているために，回折X線の強度から直接結晶内の電子密度を求めることができない．そこで，タンパク質などの巨大分子では水銀や白金などの重原子をタンパク質分子の特定部位に結合させた結晶を新たに作製し，元の結晶と新しく作製した結晶の回折X線の強度差から位相を計算して，結晶内の電子密度を求める．

**転　写**［transcription］　[1] DNA依存的RNA合成で，遺伝子発現の第一段階の反応．DNAを鋳型として塩基の対合則に従い相補的なRNA(アデニンに対してはウラシル，グアニンに対してはシトシン)を5′から3′の方向へ合成する．転写はつぎの四つの過程から成る．1) RNAポリメラーゼ*の転写開始位置への結合と鋳型DNAの開鎖：RNAポリメラーゼはまず遺伝子DNAのプロモーター*内の特定の塩基配列を認識し結合する．転写開始位置に結合したRNAポリメラーゼが構造変化し，結合している数十塩基対の領域の二重らせんが部分的にほどけ，オープンプロモーター複合体*が生じる．2) RNA鎖の合成開始：転写開始位置のDNAの塩基と対合できるヌクレオシド三リン酸(NTP)がオープンプロモーター複合体に取込まれる．ついで二番目のNTPが取込まれ，二つのヌクレオチドは重合する．この過程で生じるヌクレオチド鎖はDNAと対合したままであり，反応は遅々としている．3) RNA鎖の伸長：数ヌクレオチドが重合されたあとは，DNAと対合できるNTPがつぎつぎと取込まれ安定した重合反応が起こる．転写が完了した領域のDNAは再び閉鎖し，RNAはDNAとの対合から離される．4) 終結と新生RNAの解離：転写の終結は，DNAの特定の配列(ターミネーター*)部位で起こる．原核細胞では，通常1種類のRNAポリメラーゼによってrRNA，mRNA，tRNAのすべての遺伝子が転写される．これらの転写の開始はリファンピシン*によって阻害される．一方，真核細胞においては3種類のRNAポリメラーゼによる転写系が存在する．1) RNAポリメラーゼI*によるrRNA遺伝子の転写．2) RNAポリメラーゼII*によるmRNAの合成．3) RNAポリメラーゼIII*によるtRNAと5S rRNAなどの低分子RNA遺伝子の転写．真核生物のRNAポリメラーゼに対する阻害剤としてαアマニチン*が知られているが，その感受性はそれぞれで異なり，IIが最も高く，III，Iの順に低くなる．このことを利用して in vitro 転写の実験にしばしばαアマニチンが用いられる．転写の過程には種々の転写因子*が関与しているが，特に転写開始を調節する因子の研究が進んでいる．(⇒転写開始因子)．[2] RNAウイルスにおけるRNA依存的RNA合成(⇒RNA依存性RNAポリメラーゼ)も転写という．[3] [1]，[2]の転写とは逆に，RNAを鋳型とするRNA依存的DNA合成を逆転写(reverse transcription)という．

**転写アクチベーター**［transcription activator］　転写活性化因子(transcriptional activation factor)ともいう．プロモーターからの基本レベルの転写効率を上昇させるように働く因子．DNA結合能をもつタンパク質で，大腸菌のCRP(サイクリックAMP受容タンパク質*)，酵母のGCN4*，動物細胞のSp1*因子など多くの種類が知られている．DNA結合ドメインと二量体形成ドメインの組合わせにより，bZIP構造*，塩基性ヘリックス・ループ・ヘリックス(⇒ヘリックス・ループ・ヘリックス)，ヘリックス・ターン・ヘリックス*，ジンクフィンガー*など，いくつかのファミリーに分類することができる．DNAに単独あるいは二量体となって結合するが，実際の局面では，相互作用する因子との組合わせによっては，不活化(抑制)因子として機能することもある．活性化ドメインは，酸性アミノ酸，グルタミン，セリン/トレオニン，あるいはプロリンに富む．(⇒トランスアクチベーター，エンハンサー結合タンパク質)

**転写因子**［transcription factor］　転写*反応においてRNAポリメラーゼ*以外に必要とされるタンパク質．広義には，転写開始に必須な基本転写因子*，および転写の開始(⇒転写開始因子)，伸長(⇒転写伸長因子)を正あるいは負に調節する因子，終結に関与する因子(⇒転写終結因子)など転写調節にかかわるすべての因子を意味するが(⇒転写調節因子)，狭義には，転写開始に関与するものをさしている場合が多い．一般に，原核細胞ではRNAポリメラーゼホロ酵素のみで遺伝子上の正しい転写開始位置からの転写を行いうるが，真核細胞では，正しい転写開始を行うためには，RNAポリメラーゼI*，II*，III*による転写のいずれにおいてもこれ以外に転写因子が必要である．転写因子には，DNAに結合するものと，DNAには結合せず，因子間相互作用を介して機能するものとがあるが，いずれも転写調節には欠かせないものである．転写因子はDNAと結合するドメインや，RNAポリメラーゼや他の転写因子と相互作用する機能ドメインなどの構造上の特徴がみられる．この特徴に基づいて，bZIP型(⇒bZIP構造)，HLH(ヘリックス・ループ・ヘリックス*)型，HTH(ヘリックス・ターン・ヘリックス*)型，ジンクフィン

ガー*型などにグループ分けされることもある．(→付録H)

**転写開始因子** [transcription initiation factor] 転写機構そのものに関与する基本転写因子*群のうち，転写伸長以前に働くタンパク質で，真核生物に特有であるが，原核生物のσ因子*もRNAポリメラーゼの中では開始因子としての性格をもつ．真核生物の特異的転写開始には複数の開始因子が必要である．この中にはRNAポリメラーゼI(polI)用のSL1*やUBF*，polII用のTFIIA*，B，D，E，F，H，polIII用のTFIIIA*，B，Cなどがある．これらは順次プロモーターに集合し，当該RNAポリメラーゼを取込み，そこで機能的複合体がつくられる．多くの転写開始因子は，転写アクチベーター*，コアクチベーター*やメディエーターと結合することができる．

**転写開始複合体** [transcription initiation complex] 転写*の開始において，プロモーター*を含むDNA上でRNAポリメラーゼとそれに関連する基本転写因子*群が集合して形成される複合体(→転写開始因子)．転写開始前につくられる転写開始前複合体 (transcription preinitiation complex) と区別しないで使われることが多い．原核生物ではRNAポリメラーゼホロ酵素が結合してつくられるクローズドプロモーター複合体と，その活性化状態であるオープンプロモーター複合体*がこれに相当する．真核生物の場合はRNAポリメラーゼの種類により含まれる因子が異なる．RNAポリメラーゼI(RNAPI)では基本転写因子SL1*とUBF*を含むが，RNAPIIの場合はより多くの基本転写因子(TFIIA*，TFIIB*，TFIID*，TFIIE*，TFIIF*，TFIIH*)を含む．RNAPIIIの場合はプロモーターの種類により三つに分けられ，タイプ1(5S RNA遺伝子)プロモーターではTFIIIA*，TFIIIB*，TFIIIC*が，タイプ2(tRNA，VA1遺伝子など)プロモーターではTFIIIB，TFIIICが，そしてタイプ3(U6 snRNA，7SK遺伝子など)プロモーターではTFIIIB-like，SNAPc(これにオクタマー因子を加える場合もある)が含まれる．

**転写開始前複合体** [transcription preinitiation complex] →転写開始複合体

**転写活性化** [transcriptional activation] プロモーターに依存する基本レベルの転写の効率が高まること．転写の活性化は"開始"と"伸長"のそれぞれの段階で起こりうる．前者の場合，転写アクチベーター*がプロモーターの上流やエンハンサーに結合し，さらにそれらが転写開始因子*あるいはRNAポリメラーゼと結合することにより，RNAポリメラーゼの安定化や，基本転写因子*自身の活性化が起こる．後者の場合，真核生物ではSII*やSIII*(エロンギン)などがRNAポリメラーゼと結合し，その伸長速度を高める．TFIIF*やVP-16*のように，両方の過程を活性化するものもある．

**転写活性化因子** [transcriptional activation factor] =転写アクチベーター

**転写共役因子** [transcriptional co-factor] 転写調節因子*や基本転写因子*装置に結合することで，転写*の促進や抑制などにかかわるタンパク質のこと．転写調節因子は標的の遺伝子の制御領域に直接結合して転写を制御するのに対し，転写共役因子は制御領域には直接結合しない．転写共役因子は，ヒストンのアセチル化や脱アセチル化などのクロマチン*の構造変化(クロマチンリモデリング)を誘引する活性をもっているものが多く，転写調節因子，基本転写因子装置と同様転写調節において非常に重要な役割を担っている．さらに，近年，核内受容体型の転写調節因子の制御する遺伝子の組織特異性や分化方向性を，転写共役因子が決定しているとの報告もあり，さまざまな研究分野で注目されている．

**転写共役修復** [transcription coupled repair] ヌクレオチド除去修復*のうちDNAが転写される際に損傷に遭遇した場合に行われる修復*．転写共役修復では，RNAポリメラーゼ*がチミン二量体のような損傷を認識し，ヌクレオチド除去修復酵素をリクルートし，損傷をもつ領域を除去し，生じた一本鎖DNAのギャップをDNAポリメラーゼI*やIII*が埋め，最後にニックがDNAリガーゼにより閉じて修復が終了するが，その詳細な機構については不明な点が多い．

**転写減衰** [transcription attenuation] アテニュエーション (attenuation) ともいう．遺伝子の発現が，上流で起こる転写終結によって抑制的に調節されること．アミノ酸合成系オペロンの重要な発現調節の様式である．転写減衰を起こすシグナル配列(アテニュエーター*)がプロモーターと第一構造遺伝子間に存在し，最終産物のアミノ酸が存在すれば転写減衰が起こって発現が抑制される．最終産物のアミノ酸を配列中に含むリーダーペプチド*のコード領域はρ非依存性ターミネーター*のすぐ上流にあり，そのアミノ酸が存在してリーダーペプチド合成が完了した場合には，その翻訳終止コドンの近辺のmRNA塩基配列にターミネーター構造(G-C対合の多いヘアピン)が形成される仕組みになっている．トリプトファンオペロンのリーダーペプチドは二つのトリプトファン残基をもつ14アミノ酸から成る．トリプトファン欠乏下ではペプチド合成は9アミノ酸の長さで止まり，ターミネーター構造は形成されずにオペロンは転写される．枯草菌ではトリプトファンが過剰に存在するときはトリプトファンを結合したtrp mRNA結合転写減衰タンパク質(TRAP)がtrp mRNAに結合して転写終結ヘアピンを形成して転写を抑制する．トリプトファンが欠乏するとTRAPはRNAに結合せずトリプトファンをもたないtRNA Trpがanti-TRAP mRNAの合成を促進し，できたanti-TRAPがTRAPと複合体を形成して，活性を阻害する．ヒスチジンオペロンのリーダーペプチドは16アミノ酸から成り，うち7個はヒスチジン残基の連続配列である．ほかに，ロイシンオペロンなど，四つのアミノ酸合成系オペロンで同様の調節様式が判明している．

**転写コアクチベーター** [transcriptional coactivator] →コアクチベーター

**転写後遺伝子サイレンシング** [posttranscriptional gene silencing] PTGSと略す．遺伝子が転写された後にRNAの機能発現が抑制される現象．内在性の遺伝子と相同的な配列をもつ二本鎖RNA，導入遺伝子*またはウイルスの細胞内導入により起こる．標的遺伝子の転写は正常に起こるが，転写物は蓄積しないで分解される．最初，ペチュニアなど数種類の植物で見つかったが，現在では多くの植物，分裂酵母，繊毛虫，ショウジョウバエ，哺乳動物などで知られている．ウイルス感染防御やトランスポゾン*の発現抑制など細胞が示す防御機構の一つである．siRNA*による特異的なmRNAの分解(RNA干渉*)や植物で見られる共抑制*などはPTGSの例である．siRNAは相補的なmRNAの分解だけでなく，相同的なゲノム上の座位でDNAまたはクロマチンの修飾を誘導し，転写サイレンシングまたは配列の除去を起こす．分裂酵母でのクロマチンの修飾は，相同的なDNA配列が転写される場合にのみRNAiにより誘導される．RNAiエフェクターのRISC/RITS複合体の成分であるAgo1は標的転写物およびRNAポリメラーゼIIに結合しているが，RNAポリメラーゼIIの制御C末端ドメインを欠失させると転写サイレンシングが見られなくなり，RNAiにより指令されるクロマチンの修飾も転写と共役していることが示されている．(⇌Argonauteタンパク質)

**転写工場** [transcription factory] 転写*に必要な転写因子*や酵素*の複合体．遺伝子の発現は，遺伝子の上流域で遺伝子の発現を制御している転写調節因子*複合体と，実際にDNAからRNAに遺伝情報を転写するRNAポリメラーゼ*を含む複合体である基本転写因子*装置が相互作用することで開始される．広義ではこれら全体の複合体のことをいうが，狭義では基本転写装置，もしくは実際に転写が行われている状態にある基本転写装置のことをさす．(⇌オープンプロモーター複合体，ターミネーター，プロモーター)

**転写酵素** [transcriptase] ⇌RNAポリメラーゼ

**転写後修飾** [posttranscriptional modification] RNAは一般に転写後にさまざまな修飾を受ける．原核細胞，真核細胞ともにrRNA，tRNA，mRNA，ほかのほとんどすべてのRNAでプロセシング*(切断)やスプライシング*(切継ぎ)が行われたり，塩基やリボースのメチル化*などの修飾が転写後に行われる．tRNA中のプソイドウリジン*は塩基ウラシルへのリボースの結合位置が変換した結果として生じる．tRNAでは，アミノ酸受容部位である3'末端のCCA配列が転写後に付加される．真核細胞mRNAの多くには5'末端にキャップ構造が形成され(⇌キャップ形成)，また3'末端にはポリ(A)尾部(⇌ポリアデニル化)が付加される．一次転写物としてのhnRNAが合成された後，リボヌクレオチドの挿入，欠失および修飾が起こり，DNAのヌクレオチド配列から予想されるアミノ酸配列とは異なる配列をもつタンパク質をコードするRNAがつくられるRNA編集*も転写後修飾の典型的な例である．これらの転写後修飾は，RNAの機能に重要な役割をもっている．

**転写後調節** [posttranscriptional regulation, posttranscriptional control] mRNAの転写後，タンパク質への翻訳に至るまでの間における遺伝子発現調節の総称．おもにRNAレベルでの調節をさすが，転写終結*あるいは翻訳と協調する機構も多く，これらを含む場合もある．真核細胞においては，プロセシング*，mRNAの輸送と細胞内局在，mRNAの安定性の各レベルでの調節に大別される．mRNAへのキャップ構造やポリ(A)の付加(⇌転写後修飾)，スプライシング*などのRNAプロセシングは，mRNAの被翻訳効率や安定性および核から細胞質への輸送と密接に関連していることが示されている．一方，選択的スプライシング*やRNA編集*の機構は，一つの遺伝子から多様性に富んだ複数の翻訳産物の産生を可能にする．mRNAの細胞内局在性および被翻訳性の調節は初期発生における重要な調節様式であることが知られている(⇌翻訳調節)．mRNAの安定性を介した調節は，ホルモンの作用によるカゼインなど分泌タンパク質の発現制御などに見られる．RNAスプライシングの調節やRNAの転写後調節を行うタンパク質群は，互いにRSドメイン(RNA結合タンパク質に見いだされるドメイン)を介し複合体形成を行うことが知られている．DNA，RNAの双方に結合する活性をもち，核の中では転写因子として働き，転写後はRNAに結合してその転写後調節にもかかわるタンパク質も存在している．

**転写後プロセシング** [posttranscriptional processing] RNAポリメラーゼ*によってDNAを鋳型として合成されたRNA一次転写産物*は転写後にさまざまなプロセシング*を受けて機能のある成熟RNAになる．rRNAやtRNAは，原核生物，真核生物ともに長い一次転写産物から特異的なヌクレアーゼによって切出される．mRNAの場合，原核細胞では一次転写産物がそのまま翻訳されることがほとんどであるが，真核細胞ではスプライシング*によってイントロンが除かれてエキソン同士が連結することにより翻訳可能な形になる．マイクロRNA*(miRNA)も前駆体RNA(pri-miRNA)がDroshaによりプロセシングされpre-miRNAになり，それがさらにDicer*によりプロセシングされ，成熟miRNAになる．

**転写産物** [transcript] 遺伝子DNAからRNAポリメラーゼ(真核生物ではI，IIおよびIIIがある)によって合成されるRNA．RNAポリメラーゼI，III*によって合成されるRNAは，おのおのリボソームRNA*，転移RNA*となる．RNAポリメラーゼII*によって合成されるメッセンジャーRNA*は，タンパク質をコードするエキソンと，コードしないイントロン部分から成る．核内でスプライシングを受けイントロン部分が除去され，細胞質に輸送されタンパク質合成の鋳型となる．高等生物のゲノムからは膨大な数の非コードRNA*が転写されているが，それに働くRNAポリメラーゼの種類も含めてそれらの転写機構は未知の部分が多い．

**転写シークエンシング法** [transcriptional sequencing] デオキシリボヌクレオシド三リン酸をRNAポリメラーゼ*反応液中に加えて,プロモーターからのRNA鎖の伸長を部分的に終結させ,反応産物を長さに応じて分離してRNA配列を決定するシークエンシング法.サンガー法*でジデオキシヌクレオチドをDNAポリメラーゼ*反応液中に加えてDNA鎖の伸長を部分的に終結させるのと類似した戦略である.デオキシリボヌクレオチドにローダミン色素などの蛍光色素を結合させたものが使用されている.サンガー法のように一本鎖DNAを鋳型とした酵素(DNAポリメラーゼ)反応の場合,二次構造を組んでいる領域やGCに富む配列を読取るのが困難なことがあるが,転写シークエンシング法は二本鎖DNAを鋳型としたRNAポリメラーゼ反応なので,これらの解読困難な配列も解読できる場合が多い.RNAポリメラーゼとしては,ファージのRNAポリメラーゼがよく使用される.

**転写終結** [transcription termination] RNA鎖を伸長してきたRNAポリメラーゼがDNA上の特定の位置で転写*反応を終了することを転写終結とよび,その部位を転写終結点(transcription termination site)という.ポリメラーゼが転写終結シグナル(ターミネーター*)を認識して終結する因子非依存性終結(factor-independent termination)と,転写終結因子*の助けを借りて終結する因子依存性終結(factor-dependent termination)がある(→ρ因子).真核生物のRNAポリメラーゼIIによる転写では,転写伸長因子がポリ(A)シグナルに出会い,解離するというモデル(anti-termination model)と,ポリ(A)部位でのmRNAの切断により生じたRNAポリメラーゼに結合しているRNAの5′末端が5′→3′エキソヌクレアーゼで消化されRNAポリメラーゼIIが鋳型のDNAから解離するというtorpedoモデルが提唱されている.ヒトのβグロビンのmRNAではポリ(A)部位のほかにその下流に存在する共転写切断部位とよばれる箇所でも切断が起こり,個々に生じたRNAの5′末端に5′→3′エキソヌクレアーゼが結合する.これらのタンパク質はRNAポリメラーゼIIのリン酸化CTDによりリクルートされる.

**転写終結因子** [transcription termination factor] RNA鎖を伸長しているRNAポリメラーゼに作用しDNA上の特定の位置(ターミネーター*)で転写終結*をひき起こすタンパク質性因子を転写終結因子とよぶ.たとえば,大腸菌のρ因子*や,マウスのTTF-1,出芽酵母のReb1pがあげられる.一方,転写終結点に達したRNAポリメラーゼに作用してさらに下流まで転写し続けるようにするタンパク質性因子も知られており,抗転写終結因子*とよばれている.

**転写終結点** [transcription termination site] → 転写終結

**転写伸長** [transcriptional elongation] RNAポリメラーゼ*が,鋳型DNA上を5′→3′方向にRNA合成を進行していく過程.転写開始反応で2～9塩基の短いRNA合成が行われた後に伸長反応が続く.転写伸長の場では,DNA鎖はほどかれ,RNAポリメラーゼ・DNA・RNAの転写バブル(transcription bubble)がつくられる.この部位では,ほどかれた鋳型DNAと合成されたRNAとのハイブリッドがつくられるが,転写された部位は二重鎖に戻る.転写伸長は,転写伸長因子*により制御される.

**転写伸長因子** [transcriptional elongation factor] RNAポリメラーゼの転写伸長*反応を制御するタンパク質因子.一般に遺伝子にはポリメラーゼが停止(pause)しやすい配列が散在しており,転写反応の途中でRNAポリメラーゼが停止してしまうことがある.この場合,伸長因子が停止配列の読み過ごし*を促進したり,転写伸長速度を上げることで遺伝子発現を調節している.RNAポリメラーゼIIの転写伸長因子には,これまでSII*,TFIIF*,SIII*(エロンギン),p80,ELL,p-TEFbなどが報告されている.DSIF(Spt4,Spt5を含む)やSpt6,NELFなどは協同して転写伸長を阻害する.

**転写制御** = 転写調節

**転写単位** [transcription unit] RNAポリメラーゼにより,単一のプロモーター*から1本のRNAとして転写されるDNA領域.転写開始および転写終結のシグナル配列と,一つあるいは複数の遺伝子とを含んでいる.真核生物では通常,転写単位は単一の遺伝子から成っているが,原核生物では,複数の遺伝子が一つの転写単位を形成し,単一のプロモーターの支配下におかれている場合が多い.高等生物,特にマウスのトランスクリプトーム*の広範な解析の結果,多数の転写物が一部重複してゲノム上にマップされ,二本鎖DNAの同じ鎖から生じる転写物でエキソン領域を1塩基でも共有するものを一つの転写単位とするという提案がなされている.この定義によれば,選択的スプライシング*,選択的転写開始点や転写終結点をもつ転写物はすべて同一の転写単位に由来するとみなされる.(→オペロン)

**転写調節** [transcriptional regulation, transcriptional control] 転写制御ともいう.遺伝子の転写レベルが状況に応じて必要な水準に調節されること.原核生物,真核生物ともに,転写量の違いはプロモーター構造の違いと転写調節配列の種類とその組合わせの違いにより起こる.転写の調節は,それら転写のシスエレメント*に結合する因子の活性の強弱により決定される.転写調節因子*は基本転写装置と相互作用することができ,基本転写因子*の活性化やRNAポリメラーゼの安定化というステップを経て,転写効率の調節を行う.真核生物では,遺伝子が発現するかどうかの第一歩は,クロマチン構造が解放されているかどうかで決められると考えられる.転写調節は転写の伸長過程にも起こり,伸長因子がRNAポリメラーゼに結合して機能を発揮する(→転写伸長).転写調節に関連する因子は,他の因子と結合したり,あるいはシグナル伝達経路の標的となり,リン酸化などの修飾を受けることによってその活性を変化させている.以上の

ように，遺伝子の転写レベルは複数の段階，複数の因子により調節されている．(→遺伝子調節)

**転写調節因子**［transcriptional regulatory factor］ 転写因子*の中で転写の調節に関与するもの．RNAポリメラーゼと基本転写因子*によりひき起こされる基本レベルの転写は，生体内のさまざまな局面において大きく増減する．転写調節因子はこの転写調節を担っており，遺伝子特異的に存在する転写調節エレメント（上流調節配列*，エンハンサー*）への直接的または間接的な結合を介して転写反応を促進，あるいは抑制する．転写をひき起こす作用はもたず，基本転写因子*とは機能的に異なるタンパク質因子である．多くの転写調節因子は，分離可能な DNA 結合ドメイン*と転写活性化ドメイン（transactivation domain）をもち合わせている．DNA 結合性転写調節因子が認識・結合する標的となる転写調節エレメントは，それぞれ特有のヌクレオチド配列から成っているが，多くの DNA 結合性転写調節因子では，その認識ヌクレオチド配列は長いものでせいぜい 10 ヌクレオチド程度，短いものでは 4 ヌクレオチド程度が固定されているだけで，その他のヌクレオチドは遺伝ごとにかなり変動する．転写活性化ドメインはそのアミノ酸配列の特徴から，酸性アミノ酸領域，グルタミンに富む領域，プロリンに富む領域などに分類されている．DNA に直接結合せずタンパク質-タンパク質相互作用を介して DNA 結合性転写調節因子と基本転写因子を結びつけ，転写複合体の形成を制御することにより転写を調節するタンパク質群があり，転写共役因子または転写コファクター，転写補助因子と総称されている．転写共役因子のうち，転写の活性化に働くものをコアクチベーター*，転写の抑制に働くものをコリプレッサー*とよんで区別している．これまで数百種類もの転写調節因子が同定されているが，これらが細胞内で複雑なネットワークを形成し，膨大な数の遺伝子の発現を巧妙に制御している．タイリングアレイを用いた ChIP-on-chip（または ChIP-chip）実験により少なくとも数種の DNA 結合性転写調節因子は遺伝子のイントロンや 3'UTR 領域および遺伝子間領域に結合していることが明らかとなってきているが，これらは未知のエンハンサーや未知の遺伝子（転写単位）の上流または下流の調節領域に相当する可能性がある．

**転写調節因子の活性化**［activation of transcriptional regulatory factor］ 転写調節因子*は外界からの刺激や細胞の分化段階によって動的に制御されている．転写調節因子自身の遺伝子発現は主要な制御点の一つである．しかし迅速な活性調節には翻訳後の制御が重要である（→翻訳後修飾）．細胞内に不活性型で存在する転写調節因子はリン酸化，リガンドの直接的結合，転写阻害因子の解離，プロテアーゼによる解製などにより活性化され，転写促進活性が増大する（→転写調節因子のリン酸化）．転写調節因子のリン酸化・脱リン酸化が，細胞膜や細胞質で相互作用している相手のタンパク質との解離，さらに核内への移行をひき起こすこともあり，転写調節因子活性化の重要な帰結となっている．

**転写調節因子のリン酸化**［phosphorylation of transcriptional regulatory factor］ 転写調節因子*のリン酸化は，最も重要な転写調節機構の一つであると考えられている．転写調節因子はさまざまなプロテインキナーゼによってリン酸化を受けることにより，細胞内局在，DNA 結合能，阻害因子との相互作用，基本転写因子*や転写補助因子との相互作用などに変化が生じ，その結果，転写促進活性が制御される．

**転写調節ネットワーク**［transcriptional regulatory network］→遺伝子ネットワーク

**転写複合体**［transcription complex］ 転写*反応は，基本的には転写酵素 RNA ポリメラーゼによってひき起こされるのであるが，その際には転写酵素が DNA 上で複合体を形成していることが必要である．また真核細胞においては，さまざまな数多くの相互作用因子が働いて初めて転写をひき起こすのに必要な複合体が形成される．転写開始時に必要な複合体（→オープンプロモーター複合体），伸長時に必要な複合体，終結時に必要な複合体など，おのおのの反応素過程によって複合体を構成する因子が異なるのは当然で，伸長時には RNA 自身も含まれることになる．真核細胞においては，転写開始複合体形成過程がよく研究されており，その mRNA 合成における素過程の様子を示すと以下のようになる．TFIID*がまず TATA ボックス*に結合し，転写開始複合体形成の引き金となる．TFIIA*は，TFIID-TATA ボックス相互作用の効率に関与する．その複合体に TFIIB*が結合し，転写開始位置の設定に関与し，TFIIF*/RNA ポリメラーゼ II の結合を促進する．つづいて，他の基本転写因子群が相互作用し，転写開始複合体が形成される．その後，基質が取込まれ，RNA 合成の反応がひき起こされる．

**転写−翻訳共役**［transcription-translation coupling］ 転写が翻訳の効率もしくはその異常によって影響されること．オペロンの構造遺伝子に突然変異でナンセンスコドンが生じると，その位置で翻訳が終わる．この際，オペロンの転写はその突然変異を過ぎて間もなく未熟終結（premature termination）する．複数の構造遺伝子をもつラクトースオペロンやトリプトファンオペロンなどで，一つの遺伝子内のナンセンス突然変異が，その遺伝子を失活させるのみならず，下流の遺伝子群の発現を一斉に低下させることから，これをオペロンの極性現象（polarity）という（→遺伝的極性）．この転写阻止にはρ因子*が関与しており，mRNA の翻訳が停止すると，転写が減速しやすい塩基配列で，ρ因子が mRNA を介して転写終結に導くと考えられている．構造遺伝子内で突然変異の位置が C 末端側になると極性現象は弱くなる．翻訳がアミノ酸飢餓で低下すると，翻訳の異常で生産された ppGpp などを介して転写の緊縮調節*が起こるが，これは広義の共役現象である．真核生物細胞や葉緑体などの細胞小器官の場合は，転写と翻訳の場が異なり両方の反応における共役はない．

**転写レベルの遺伝子サイレンシング** [transcriptional gene silencing] TGSと略す.(⇌ 共抑制)
**点状骨端形成異常** [dysplasia epiphysialis punctata] ＝点状軟骨異形成症
**点状軟骨異形成症** [chondrodysplasia punctata] 斑点状骨端症(stippled epiphysis), 点状骨端形成異常(dysplasia epiphysialis punctata)ともいう. X線上, 乳児期に骨端に点状石灰化を示す疾患群. 肢短縮と平坦な顔面を認め, 白内障と魚鱗癬*様皮膚病変を伴うことがある. 近位肢型(AR), Conradi-Hünermann型(XLD), X連鎖性劣性型(XLR), 脛骨中手骨型と症候性の群がある. 近位肢型はジヒドロキシアセトンリン酸アシルトランスフェラーゼ活性の低下, フィタン酸酸化障害, 3-オキソアシルCoAチオラーゼ前駆体の成熟障害がありペルオキシソーム病*に属する.
**点染検定** ＝ドットブロット法
**伝染性単核症** [infectious mononucleosis] 感染性単核症ともいう. おもに思春期および青年期に発症し, 発熱, 咽頭炎, リンパ節腫脹などと, 異型リンパ球増多およびIgM異好抗体出現を伴う症候群. 1〜4週で完全に回復する良性の疾患である. EBウイルス*初感染が原因であり, 異型リンパ球はウイルス感染Bリンパ球に反応性の幼若化T細胞である. 特異血清診断は急性期血清中のEBウイルスキャプシドに対する高いIgM抗体価による. 異型抗体はポール・バンネル試験(Paul-Bunnell test)で証明する.
**デンソウイルス** [Densovirus] ⇌ パルボウイルス
**伝達性プラスミド** [transferable plasmid] ＝性因子
**10T1/2 細胞** ⇌ 10T1/2(ジッティーニブンノイチ)細胞
**点突然変異** [point mutation] 点変異ともいう. DNA上の小さな領域に突然変異部位をもつ突然変異. DNAの塩基置換(base substitution)がその例で, 広い領域にわたる欠失*や, 染色体の転座*などによる変異に対して用いられる. タンパク質をコードする遺伝子のアミノ酸の置換, あるいはフレームシフト突然変異*をひき起こす. 広い領域にわたる欠失などの場合に比べるとタンパク質機能に与える影響が比較的少ない場合が多く, 条件致死突然変異(⇌ 条件突然変異株)として同定される変異の多くは点突然変異による.
**天然痘ウイルス** [smallpox virus] ＝痘瘡ウイルス
**天然培地** [natural medium] ⇌ 合成培地
**電場** [electric field] 空間に電荷が存在することで, その空間の状態が変化すると考える. この時の空間状態を電場とよぶ. 各点での場の状態量は, その点に単位電荷を置いた時に, その電荷に働く力のベクトルで表される. すなわち, 点電荷$e$に力$F$が働く電場$E$は$E = F/e$となる. 平板の正電極と負電極を平行に置くことによって空間に均一電場をつくることができる. 電場により電荷が受ける力は電荷の質量には依存しないが, 運動する複数の電荷を均一電場の中に直交方向から導けば, 各電荷がもつ運動エネルギーの差によってそれぞれに分離することができる.(⇌ 電気泳動)

**デンプン** [starch] α-D-グルコース(α-D-Glc)が$α1→4$あるいは$α1→6$グリコシド結合した多糖. 高等植物の貯蔵多糖である. 植物種により生成した粒の形が異なる. アミロース(D-グルコースが$1→4$結合した直鎖部分)とアミロペクチン(D-グルコースが$α1→6$結合した分枝鎖を多く含む)より構成され, その割合はデンプンの種類により異なる. アミラーゼ*によりマルトース(Glc$α1→4$Glc)に分解される. デンプンの検出には鋭敏なヨウ素-デンプン反応が用いられる.
**デンプン形成体** ＝アミロプラスト
**テンペレートウイルス** [temperate virus] 溶原(性)ウイルス(lysogenic virus)ともいう. 溶原化できるウイルスまたはファージをいう. 溶原化とは感染細胞の中でウイルスゲノムが宿主細胞遺伝子に組込まれ, 増殖過程に進行しない状態をいう.(⇌ 溶原化サイクル, ビルレントウイルス)
**テンペレートファージ** [temperate phage] 溶原(性)ファージ(lysogenic phage)ともいう. 感染すると増殖して溶菌*もするが, 生育条件によってはプロファージ*として宿主を溶原菌*とすることもできるファージ.(⇌ 溶原化サイクル, ビルレントファージ)
**点変異** ＝点突然変異
**天疱瘡** [pemphigus] 自己免疫疾患*の一つで, 棘融解(acantholysis)に基づく弛緩性水疱が, 全身皮膚(または粘膜)に多発するのが特徴. 臨床, 組織像などから, 尋常性, 増殖性, 落葉状, 紅斑性の4型に分類される. 落葉状天疱瘡では棘融解は顆粒層に, 尋常性天疱瘡では基底層直上に目立つ. 両者はいずれも表皮細胞間デスモソーム*部にIgG*の沈着をみるが, その抗原は, 前者がデスモグレインⅠ, 後者がデスモグレインⅢである. なお, 水疱の形成はタンパク質分解酵素の活性化によると考えられている.
**電離放射線** [ionizing radiation] ＝放射線
**転　流** [translocation] 植物体内における物質輸送. 根や葉から吸収された栄養素や光合成産物およびその代謝産物は植物体内のある組織(器官)から他の組織(器官)へ運搬されるが, おもに根から吸収された物質が木部通道組織内を水溶液として上方へ輸送される木部輸送と葉で合成された光合成産物や代謝産物が師部通道組織を通って輸送される師部輸送がある. 木部輸送は蒸散流に乗って行われるので, 輸送の速さは葉の蒸散速度や根圧に依存する蒸散流の速さによって決まる. 一方, 師部輸送の機構としては物質を送り出す側の組織(供給源)の浸透圧が成長点や根などの物質を受け取る側の組織(受容部)よりも高く, このために生じる膨圧の差により供給源側の細胞内溶液が原形質連絡*や師孔を通して出て行くとする圧流説(pressure flow theory)が有力視されている.
**伝令RNA** ＝メッセンジャーRNA

# ト

**糖衣**［glycocalyx］ グリコカリックスともいう．膜結合性の糖タンパク質の糖鎖，あるいは分泌された糖タンパク質糖鎖が細胞表面を覆って，物理的および化学的な傷害，酵素による消化から細胞を保護していると考えられている．細菌・ウイルスには糖鎖認識分子が存在するが，感染の成立に糖衣の糖鎖が関与する．細胞の表層に存在する複合糖質をさす．胃や消化管の上皮細胞は分泌されたムチン*で保護される．ムチン，分泌されたプロテオグリカン*も糖衣である．

**同位元素** ＝同位体

**同位体**［isotope］ アイソトープ，同位元素ともいう．原子番号（陽子数）が同じで質量数（陽子数＋中性子数）の異なる元素をいう．元素記号の左肩に質量数をつけて表す．同位体には安定なもの（安定同位体）と不安定なもの（放射性同位体*）がある．同位体間では化学的性質はほぼ同じで，物理的性質が異なる．たとえば，水素の同位体は，中性子1個の水素（$^1H$），2個の重水素（$^2H$: deuterium, D），3個の三重水素（$^3H$: tritium, T）があるが，重水素は安定同位体，三重水素は放射性同位体である．化学的性質が同じため，元素をその同位体で置換し，物理的性質の違いを利用して化合物の挙動を検討する方法がよく用いられる．この方法を同位体置換法あるいは同位体トレーサー法（isotope tracer technique）とよぶ．同位体で置換した化合物を標識化合物という．同位体が放射性の場合には放射性標識化合物で，その放射能を定量する（→同位体希釈法）．安定同位体標識化合物の場合には，質量の違いあるいは核スピンの違い（→核磁気共鳴）を利用する．なお，同位体の使用で生物活性に影響が及ぶことがある．（→トレーサー）

**同位体希釈法**［isotope dilution method］ 混合物中の特定成分の存在量を定量分析する方法．元素の場合にはその同位体*，化合物の場合にはその同位体標識化合物を同位体存在比（単位量当たりの同位体量）および添加量既知として混合物に添加し，混合物中の目的成分の一部を純品として単離精製する．精製標品中の同位体存在比より混合物中の存在量が算定できる．放射性同位体*で標識した化合物が用いられてきたが，質量分析器の普及で，安定同位体を利用した同位体希釈質量分析法も開発され使用されている．

**同位体効果**［isotope effect］ 原子番号は同じであるが，質量が異なることにより，元素の物理・化学的性質，挙動に違いが生じうることがわかっており，原子番号が小さいほど質量の違いの影響は大きい．例として，電磁場に対する応答の違いや質量の違いを利用した各種の同位体分離法（遠心分離，低温蒸留，電気分解），地球環境の $^{12}CO_2$ と $^{13}CO_2$ の平衡状態が植物活動の集積として季節変動することなどがあげられる．一方，分子生物学実験では分子の一部を放射性同位元素標識して，細胞・組織内の代謝や分子の移動を追跡するが，このような生体分子の挙動には放射性同位元素置換の影響が無視できる（実験誤差範囲である）ことを前提としている．（→パルス-チェイス実験）

**同位体トレーサー法**［isotope tracer technique］ →同位体

**等温核酸増幅法**［isothermal nucleic acid amplification］ ＝DNA等温増幅法

**等温滴定型熱量計**［isothermal titration calorimetry］ ITCと略す．二種の溶液を混合する際に生じる熱量を測定し，これを指標に滴定を行う装置．本装置の恒温槽には，二液の一方を満たした試料セルおよび緩衝液の入った対照セルが等温に平衡化されている．滴定シリンジから試料セル内へ，他方の溶液が注入される際に起こる発熱・吸熱を，各セル付属のヒーターからの熱量の増減により補償し両セルの等温を維持する．各滴定において供給された熱量の時間変化は等温曲線（isotherm）であり，これを時間に対して積分することにより各滴定点における熱交換量が得られる．この熱交換量を指標とした滴定曲線に，適切な相互作用モデルに対して非線形回帰解析を行うことにより，結合当量，解離定数（$K_d$），エンタルピー変化量（$\Delta H$），エントロピー変化量（$\Delta S$）といった相互作用の熱力学的パラメーターを求めることができる．さらに複数の温度で実験することで，$\Delta H$ の温度依存性である熱容量（$\Delta C_p$）が得られる．

**透過型電子顕微鏡**［transmission electron microscope］ TEMと略す．平行な電子線を用い，試料を透過した電子線を電子レンズで拡大して観察する電子顕微鏡*．直接倍率の範囲が通常は100倍から100万倍程度の像を蛍光板上に投影して観察し，電子顕微鏡用フィルムに記録する．電子線が試料を透過する際に生じる散乱コントラストと位相コントラストによって像のコントラストが得られる．超薄切片法では，試料の断面像（厚さのある三次元の切片を平面上に投影した像）を観察する．凍結レプリカ法*は膜構造の分析に適している．ウイルスなどの外形や微細な表面構造を調べる方法としては，ネガティブ染色法*がある．低角度シャドウイング法*を用いると，精製した核酸やタンパク質などの分子形状を調べることができる．特定の分子の分布は免疫電子顕微鏡法*で分析する．また回折像による結晶構造の分析も可能である．超高圧電子顕微鏡で1 μm程度の厚い切片の立体対写真を撮影することにより，試料を立体的に観察することができる．

**同核共存体** ＝ホモカリオン

**透過係数**［permeability coefficient］ →膜透過性

**透過酵素**［permease］ ＝トランスロカーゼ【1】

**同化作用**［anabolism］ anaはギリシャ語から派生

し up を，ballein は to throw を意味する．同化作用は別語で生合成ともいい，代謝の中でも合成的局面を示し，アンモニア，リン酸などの単純な低分子や，アミノ酸，有機酸，ヌクレオチド，単糖，脂肪酸などの基礎単位分子から，これらのポリマーで，細胞構成要素であるタンパク質，核酸，多糖，脂肪などの高分子物質や，ヘムやコレステロールのような複雑な有機化合物を合成する反応系全体をさす．これと逆方向の代謝，すなわち，酸化，分解は異化作用(catabolism)という．一方，同化・異化代謝にはクエン酸回路*に代表される共通の代謝中間体が存在する．クエン酸回路のような合成・分解の両方向に関係している代謝は特に，両用代謝(amphibolic metabolism)という．同化作用ではごく限られた種類の化合物や共通の代謝中間体から，最終的にはより組織性の高いさまざまな物質となるが，これらは化学エネルギー的には高準位であるので，この反応には ATP の高エネルギーリン酸エステル結合が切断されてもたらされる自由エネルギーの供給が必須である．また，多くの細胞構成成分の生合成にはさらに還元力，すなわち，NADPH などにより供与される水素原子も必要とする．これらは，動物においてはすべて異化作用で遊離し蓄えられたエネルギー ATP および NADH により供給される．このように，同化作用は分化・成長などを遂げ，生体系のさまざまな性質，特徴を保持・修繕するための代謝系であり，異化作用は生合成はもちろん，能動輸送，情報伝達，筋肉の収縮などに必要なエネルギーを得るための代謝系で，ともに生命に必須の代謝系であって，同化・異化反応を中心とする物質代謝と ATP の生成と分解に代表されるエネルギー代謝は緊密な共役系を形成する．したがって，同化・異化代謝の同一細胞内での調節は，その平衡を保つために大変重要で，その代謝速度は律速酵素のアロステリック的調節や，ホルモンや基質濃度による酵素タンパク質自身の濃度調節などにより，それぞれ独立に制御されている(⇌ 代謝調節)．また，同化・異化作用を生体全体に一斉に上昇・促進・誘導させる制御因子として重要な役割を果たしている代表的なものに黄体形成ホルモン/卵胞刺激ホルモン，アンドロゲン，ヒドロコルチゾン，インスリン，成長ホルモンなど，アナボリックホルモン(anabolic hormone)とよばれる一群がある．これらのホルモンの作用により，標的組織で遺伝子発現に始まるタンパク合成・代謝作用が非常に活発になり，発生，分化，生体維持，繁殖などの生理作用発現が可能となっている．

**同化色素**［assimilatory pigment］　＝光合成色素
**糖化反応**　＝グリケーション
**道管**［vessel］　⇌ 維管束
**同義遺伝子**［multiple gene, polymeric gene］　異なる遺伝子座に位置するか，同一の機能をもつ遺伝子．$A_1$ と $A_2$ は表現型 A を決定する同義遺伝子であるとき，$A_1$ あるいは $A_2$ のいずれか一方が存在すれば表現型は A となる．$A_1a_1A_2a_2$ の $F_1$ から由来する $F_2$ における表現型の分離は A：a＝15：1 となる．(⇌ 補足遺伝子)

**同義 SNP**［synonymous SNP］　⇌ 一塩基多型
**同義コドン**［synonymous codon］　⇌ 遺伝暗号
**同義突然変異**［synonymous mutation］　サイレント突然変異*の一種．ある遺伝子に突然変異*が生じる際，その遺伝子にコードされるタンパク質のアミノ酸配列には全く変化が生じない変異，すなわち同義コドン間の変異のこと．(⇌ ナンセンス突然変異，読み過ごし)

**道具的条件付け**［instrumental conditioning］　⇌ 古典的条件付け
**同系交配**［inbreeding］　同一系統間の交配のこと．イネやマメ類，アサガオなどで見られる自家受精はその極端な例である．異なる系統間の交配は異系交配(outbreeding)という．動物では，カタツムリ，ナメクジなどのように雌雄同体のものでは，同一個体内に精子も卵細胞もできるが，自家受精は行わず，精子や卵細胞の成熟時期の違いのため，同じ系統のものの間で受精するので広い意味では同系交配である．血縁関係の度合いによって分類される．自家受精，兄弟姉妹交配，親子交配，部分自殖，複数の雌雄同株個体の集団(インライン)あるいは複数の雄雌別個体から成る集団(アウトライン)などいろいろな状況の場合がある．同系交配が繰返されると一般に，ヘテロ接合性*が減少した分，ホモ接合性*が増加する．同系交配を繰返すと突然変異*がない限り究極にはホモ接合体*だけになる．遺伝子型*による生殖力差がない限り，遺伝子頻度に変化はない．

**同型接合性**　＝ホモ接合性
**同型接合体**　＝ホモ接合体
**動径分布関数**［radial distribution function］　気体，液体，非晶質固体において，ある特定原子を中心にした周辺の原子の位置を，距離だけの統計的な分布で表す関数．気体の電子回折，液体の EXAFS* などの実験から求めることができる．たとえば，EXAFS の振動部分を光電子波数についてフーリエ変換すると，X 線吸収原子を中心にした散乱原子の動径分布関数が求まる．

**凍結エッチング法**［freeze-etching method］　[1]＝ディープエッチング法，[2]＝凍結レプリカ法
**凍結割断法**［freeze-fracture method］　フリーズフラクチャー法ともいう．凍結レプリカ法*として発想された細胞の透過型電子顕微鏡標本作製法からエッチング操作を省いたもの．試料にグリセリンをなじませたのち，急速凍結法*を用いると表面から 0.5 mm 深部まで良好な凍結が得られる．まず凍結試料を高真空下で割断する(カミソリで削る，中央で折る)．生体膜のみは脂質二重層の中央部でへき開されて割断面に姿を現すが，他の構造はグリセリンに埋没したままである．つぎに割断面に対し斜め上方(45°，60°)から白金・炭素などの金属を 1～2 nm の厚さに真空蒸着し，つづいて炭素のみを真上から 10～20 nm の厚さに蒸着する．最後に試料を漂白剤で溶かすことによって蒸着膜(レプリカ)を回収し，洗浄して鏡検する．へき開された半分膜の面は，細胞質に付着している側を P

面*，細胞外に付着している側をE面という．そこに生体膜の疎水性タンパク質としての膜内粒子が存在する．ほとんどの試料はグリセリンによくなじませるためアルデヒド固定を必要とする．

**凍結乾燥** [lyophilization, freeze-drying] 微生物，核酸やタンパク質等の生体高分子および不安定な低分子化合物の長期保存，細胞の組織化学やX線微量分析，走査型電子顕微鏡試料の乾燥，分離した高分子や生体膜内外表面の凍結レプリカの作製などに用いる（⇒凍結レプリカ法）．もし細胞の完璧な凍結が得られたら，そこから水だけを減圧して昇華すると，他の物質はすべて本来の位置に保存されるという考えが前提となる．樹脂に包埋した乾燥試料の超薄切片で組織化学が行えることが注目されている．乾燥は高真空下−90℃前後で試料の大きさにより2分から数時間行われる．凍結割断装置を用いるのが便利．

**凍結融解** [freeze-thawing] 細胞や核の懸濁液を何回か繰返し凍結・融解させることにより細胞や核を破壊すること．タンパク質や核酸などの抽出する方法の一つとして用いられる．懸濁液が凍結する際の氷の結晶化による細胞や核の機械的破壊による比較的穏和な抽出法であり，RNAポリメラーゼや基本的転写因子の抽出などに有効である．核酸や酵素，ほかのタンパク質を繰返し凍結融解を行うと失活する傾向があるので注意を要する．

**凍結レプリカ法** [freeze-replica method] フリーズレプリカ法ともいう．凍結している細胞集塊をカミソリの刃で切り，切られた方は捨て，残って平坦になった切断面を表面から細胞構造が浮出す程度に乾燥する操作をエッチング（etching）とよぶ．その鋳型を金属と炭素を蒸着すること（シャドウイング shadowing）によって被膜の中に写し取り（レプリカ），これを透過型電子顕微鏡*の標本として回収する．当初1960年代はこのように計画され，結果すらその通りに得られたものと解釈された．それゆえ，本法は最初凍結エッチング法（freeze-etching method）ともよばれた．しかし細胞集塊の完璧な凍結がグリセリンの助けを借りずには得られなかったこと，グリセリンを乾燥できなかったこと，刃で切られたと思われた部分は割断された部分であり実際に切られた部分は溶融していたこと，割断によって生体膜は疎水性部に沿ってへき開されその凹凸によって細胞構造が示されていたこと，などの理由からエッチングは操作から省かれ，凍結レプリカ法（凍結エッチング法）は凍結割断法*と改名された．しかし当初の凍結エッチング法の名は，急速凍結法*の成功の結果，ディープエッチング法*を意味するものとして1980年代によみがえった．

**動原核** ＝キネトプラスト

**動原体** [centromere] セントロメア，キネトコア（kinetochore）ともいう．セントロメアが動原体DNA自体をさし，キネトコアがそこに形成されるDNA–タンパク複合体をさすこともある（図）．遺伝学的には減数分裂*において組換えが起こらず，常に還元分離する遺伝子座*として定義される．細胞生物学的には，有糸分裂*において動原体微小管*の結合する染色体上の部分のことである．多くの場合，高等真核生物細胞の染色体では動原体は一次狭窄部位に相当する．動原体DNAには，多くのタンパク質が結合し（⇒セントロメアタンパク質），このDNA–タンパク質複合体が有糸分裂，減数分裂での染色体分配*に重要な働きをしているらしい．ヘテロクロマチン化しており，遺伝子発現は構成的に抑制されているが，この過程にsiRNA*が関与する．分裂酵母のリボヌクレアーゼEri1はヘテロクロマチン領域由来のsiRNAを分解し，ヘテロクロマチン形成を抑制するが，この酵素の欠損株ではsiRNAが蓄積し，これがsiRNAが結合したRITS複合体*を増加させて，ヘテロクロマチン化を促進する．電子顕微鏡的には，3層から成る層状構造が観察される．出芽酵母*では約120塩基対の動原体DNAを含むプラスミドは有糸分裂において安定に分配され，なおかつ細胞内で1コピーに抑えられる．分裂酵母（*Schizosaccharomyces pombe*）のセントロメアは数十kbpから成り，対称的に並んだ反復配列*を含む．哺乳類細胞では動原体は数メガ塩基対から成り，アルフォイド配列（alphoid sequence）などの高頻度反復配列を含む．（⇒テロメア）

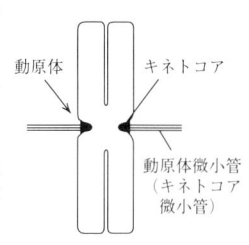

**動原体微小管** [kinetochore microtubule] キネトコア微小管ともいう．紡錘体*を構成する微小管のうち染色体の動原体*（キネトコア）と結合するもの．姉妹染色分体の動原体は紡錘体極*から伸びた動原体微小管によって捕らえられ，動原体微小管の伸縮に伴い激しく移動する．分裂後期に入ると動原体微小管は両紡錘体極に向かって収縮し始め，これに伴い姉妹染色分体は両極へと分離する．紡錘体極と染色分体は動原体微小管によって結び付けられており，紡錘体極の移動とともに染色体はさらに移動する．

**糖原病** [glycogen storage disease, glycogenosis] グリコーゲン蓄積症ともいう．グリコーゲン代謝異常による遺伝性蓄積症の総称．肝臓へのグリコーゲン蓄積により肝腫大や低血糖，あるいは骨格筋への蓄積により筋の痙攣，易疲労性や進行性の筋力低下などが起こる．欠損酵素の種類により大きく七つの病型に分類される．そのほかにも遺伝性グリコーゲン代謝異常症が知られているが，必ずしも蓄積症としての所見を示すわけではない．肝型糖原病にはI型（Ia型：グルコース-6-ホスファターゼ欠損症＝フォンギールケ病*，Ib型：グルコース6-リン酸転送障害，Ic型：リン酸転送障害，Id型：グルコース転送障害），III型（脱分枝酵素欠損＝フォーブス病*），IV型（分枝酵素欠損＝アンダーセン病 Andersen disease），VI型（肝ホスホリラーゼ欠損＝ハース病 Hers disease，ホスホリラーゼキナーゼ欠損）などがある．筋型糖原

病にはⅡ型（α-グルコシダーゼ欠損＝ポンペ病 Pompe disease），Ⅴ型（筋ホスホリラーゼ欠損＝マッカードル病 McArdle disease），Ⅶ型（ホスホフルクトキナーゼ欠損＝垂井病 Tarui disease）などがある．（→リソソーム病）

**糖原病Ⅰa型**　[glycogen storage disease type Ⅰa] ＝フォンギールケ病

**糖原病Ⅲ型**　[glycogen storage disease type Ⅲ] ＝フォーブス病

**統合失調症**　[schizophrenia]　精神分裂病，分裂病ともいう．病因はまだ明らかではないが，神経生化学的にはドーパミン*神経伝達と興奮性アミノ酸神経伝達の異常が関与することが示唆される．前者は覚醒剤精神病と統合失調症の症状（特に陽性症状）類似性，抗精神病薬のドーパミン遮断作用などから推定され，後者はフェンシクリジン（N-メチル-D-アスパラギン酸受容体*の非競合的阻害）による分裂病様症状（陽性，陰性とも）の発現から示唆される．一方，形態学的には側頭葉内側部，とりわけ海馬，海馬傍回，嗅内野における神経細胞の減少や移動の異常が報告され，CTやMRI*による画像研究においても，これを裏付ける所見として側脳室や第三脳室の拡大が報告されている．従来の遺伝研究から（特に一卵性双生児法），発病に遺伝素因が関与することが示唆されるが，遺伝子連鎖研究では今のところ陽性所見はない．最近，$D_2$受容体の点変異（$D_2$の311番目のセリンがシステインに変化，→ドーパミン受容体）が報告され注目される．統合失調症の原因遺伝子の候補としては，DISC1（Disrupted In Schizophrenia 1；遺伝子産物は試験管内での神経突起伸長や神経細胞の遊走に必要），dysbindin-1, neuregulin-1(NRG1)，D-アミノ酸オキシダーゼ(DAO)とこれを活性化するDAOA（旧名G72），Gタンパク質信号伝達4調節因子(RGS4)などをコードする遺伝子など，グルタミン酸シナプスの機能に影響を与える可能性をもつ遺伝子群が有力視されているが，多遺伝子性の疾患と考えられている．

**糖鎖形成**　[sugar chain formation]　糖鎖合成酵素（グリコシルトランスフェラーゼ*）により酵素的に形成される（グリコシレーション＝グリコシル化）ものと，非酵素的に形成される（グリケーション*）がある．前者は糖ヌクレオチド（たとえばUDP-ガラクトース）が供与体となり，糖，脂質，タンパク質，ペプチドなどを受容体として，糖が1個ずつ，グリコシルトランスフェラーゼにより付加される．主としてゴルジ体で行われる．後者は，タンパク質のN末端アミノ酸またはリシン残基のε-アミノ基にグルコースなどの還元糖が反応してシッフ塩基*を形成し，アマドリ化合物，AGEなどを生成する．

**糖脂質**　[glycolipid]　糖鎖と疎水性の脂質とから成る物質．さまざまな糖脂構造のものが知られ，糖鎖構造を越えて保存されているものと，種差がある場合とがある．脂質部分はセラミド*あるいはジアシルグリセロールとその誘導体から成る．哺乳動物細胞の糖脂質はセラミドをもつスフィンゴ糖脂質*である．細胞の糖脂質の多くは膜結合性の物質として糖鎖を細胞の外に向け，脂質部分を二重膜の外層に挿入した形で存在する．それ自身が細胞増殖，細胞分化誘導物質として生物活性を示す局面と，特異的な認識分子の関与によるシグナル伝達に関与する可能性とが考えられる．

**糖質コルチコイド**　＝グルココルチコイド

**同質倍数性**　[autopolyploidy]　→倍数性

**同種異系移植**　[allograft]　→移植

**同種移植**　[allograft, allotransplantation]　→移植

**同種抗血清**　[alloantiserum]　→同種抗原

**同種抗原**　[alloantigen]　アロ抗原ともいう．同じ種に属する異なる個体間で免疫した結果得られる抗血清（同種抗血清 alloantiserum）によって認識される抗原．すなわち，同種異系の個体間で免疫学的に異物と認識される抗原．マウスではH-2抗原*，ヒトではHLA抗原（→ヒト白血球組織適合抗原），血液型抗原がその代表的な例であるが，細胞膜タンパク質だけでなく可溶性タンパク質（たとえば免疫グロブリン）にも存在する．（→アロタイプ）

**同種骨髄移植**　[allogen(e)ic bone marrow transplantation]　造血幹細胞*移植に用いる幹細胞を，ヒト白血球組織適合抗原*の適合した正常ドナーから採取する場合を同種移植，また患者自身から採取する場合を自家移植という．一方，幹細胞を骨髄から採取する場合を骨髄移植*(BMT)といい，血液から採取する場合を末梢血幹細胞移植*という．同種骨髄移植は，難治性の白血病*や再生不良性貧血*，免疫不全*症などに対する有効な治療法であり，1980年代にはわが国においても定着した．1991年12月には全国規模の公的骨髄バンクも発足した．しかし同種骨髄移植を行った後には，移植片対宿主病*や間質性肺炎などの重症合併症により死亡する患者も多く，正常ドナーに麻酔をかける必要もある．一方正常ドナーに顆粒球コロニー刺激因子*などの造血因子*を投与して，その末梢血から幹細胞を採取する同種末梢血幹細胞移植では，麻酔が不要となる．加えて同種末梢血幹細胞移植後の造血回復は速く，今後は同種骨髄移植に代わり，本法の施行が増えると考えられる．（→自家骨髄移植）

**同種指向性ウイルス**　[ecotropic virus]　エコトロピックウイルスともいう．宿主動物種の細胞内では感染増殖できるが，他種動物細胞内では感染増殖できないウイルス．（→他種指向性ウイルス，両種指向性ウイルス）

**同種同系移植**　[isograft, syngraft]　→移植

**同種免疫病**　[homologous disease]　→移植片対宿主病

**同所的種分化**　[sympatric speciation]　→種形成

**糖新生**　[gluconeogenesis]　乳酸，アミノ酸，グリセロールなどの非炭水化物基質から新たにグルコース*が生成される．脳はグルコースを唯一のエネルギー源としているため，グルコースの絶え間ない供給が必要である．ヒトにおいては食後2～3時間は食物中の消化吸収されたグルコースが，ついで肝におい

てグリコーゲン分解により生成されたグルコースが主要な供給源となる．さらに絶食が続くと糖新生がおもなグルコースの供給源となり，一晩絶食では肝から供給されるグルコースの35～60％が，60時間絶食後では95％以上が糖新生による．糖新生の最も重要な基質は乳酸*であり，筋肉，赤血球，腎髄質などの末梢組織で産生された乳酸は血流により運ばれ肝に取込まれ，ピルビン酸を経て糖新生経路によりグルコースへ転換される．このグルコースは再度末梢組織で利用され乳酸となる．この肝と末梢組織の間をグルコースが乳酸を介してリサイクルする過程をコリ回路(Cori cycle)とよぶ．つぎに主要な基質はアミノ酸，とりわけアラニンである．筋肉で産生されたアラニンは血流により運ばれ肝に取込まれ，アミノ基転移反応によりピルビン酸となり糖新生経路によりグルコースへ転換される．このグルコースは筋肉で再度利用されピルビン酸となり，これがアミノ基転移反応によりアラニンとなる．すなわち，コリ回路と同様のグルコース-アラニン回路(glucose-alanine cycle)が肝と筋肉の間で仮定されている．もう一つの基質は脂肪組織での代謝産物であるグリセロールで，肝と腎臓に存在するグリセロキナーゼによりグリセロール3-リン酸へ転換され，その後酸化されてジヒドロキシアセトンリン酸となり，糖新生経路の終末の段階(フルクトース1,6-ビスリン酸以下の段階)を経てグルコースへ転換される．解糖経路(⇒解糖系)には非可逆的な段階がいくつかあり，糖新生経路は解糖経路の単なる逆行とはなっていない．すなわち，ピルビン酸からホスホエノールピルビン酸へは，ピルビン酸カルボキシラーゼとホスホエノールピルビン酸カルボキシキナーゼ*という2種の酵素の助けを借りてオキサロ酢酸を介して行われる．フルクトース1,6-ビスリン酸からフルクトース6-リン酸へは，フルクトース-ビスホスファターゼによって触媒される．そして，グルコース6-リン酸からグルコースへは，グルコース-6-ホスファターゼにより触媒され，組織から血中へグルコースが放出されることになる．これらの糖新生に必要な酵素がすべて備わっているのは肝と腎臓のみであり，これらの組織で糖新生が行われることになる．またこれらの酵素活性は，グルココルチコイド，グルカゴンなどで誘導され，インスリンで抑制される．

**痘瘡ウイルス** [*Variola virus*] 天然痘ウイルス(smallpox virus)ともいう．ヒトに天然痘を起こすDNAウイルス*．ポックスウイルス科オルトポックスウイルス属に分類される．約230×270 nmのサイズは，ウイルスの中で最も巨大で，適切な染色法により光学顕微鏡でも観察される．DNAウイルスとしては例外的に宿主の細胞質で増殖する．1966年WHOが開始した種痘による天然痘撲滅運動が効を奏し，1977年ソマリアでの症例が地球上における最後の自然感染例となっている．約18万対の全塩基配列はすでに決定されている．

**同体性株** [homothallic strain] 菌類において，1個の胞子に由来する無性的に増殖した細胞集団(クローン)内で接合し二倍体化する株(⇒異体性株)．酵母の同体性株では，接合型変換により異なる接合型をもつ細胞が混在するため，クローン内で接合し二倍体化する．*Saccharomyces cerevisiae*\*では接合型遺伝子の変換に必須のHOエンドヌクレアーゼ(⇒HO遺伝子)活性をもつ株が同体性株になる．異体性株に比べ，自然界で有性生殖が容易である利点をもつ．(⇒酵母の接合)

**糖タンパク質** [glycoprotein] グリコプロテインともいう．タンパク質に糖鎖が結合した一群の物質の総称．糖鎖が二糖繰返し構造をもつものはプロテオグリカン*として区別される．糖鎖部分が2～6種類の単糖(N-アセチル-D-グルコサミン(GlcNAc)，N-アセチル-D-ガラクトサミン(GalNAc)，D-マンノース(Man)，D-ガラクトース(Gal)，L-フコース，シアル酸，植物ではこのほかD-キシロース，D-アラビノースが含まれる)から構成され，一定の繰返し構造をもたず，タンパク質と共有結合した複合タンパク質をさす．糖タンパク質1分子当たりの糖鎖の数は，1本(例，ウシリボヌクレアーゼ)から800本(例，ヒツジ顎下腺ムチン)にわたり，多種多様である．糖タンパク質糖鎖は基本的に糖鎖とタンパク質の結合様式から2種類に分類される．[1] Asn型糖鎖：Asn型糖鎖はAsn-X-Ser/Thrというアミノ酸配列のAsn残基にN-アセチルグルコサミンがN-β-グリコシド結合する(⇒N結合型糖タンパク質)．Asn型糖鎖にはManα1→6(Manα1→3)Manβ1→4GlcNAc1→4GlcNAcという枝分かれ五糖が共通の母核として含まれているが，この五糖母核の外側に結合する糖鎖の構造によって，さらに高マンノース型糖鎖(high mannose type glycoprotein)，複合型糖鎖(complex type glycoprotein)，混成型糖鎖(hybrid type glycoprotein)に分けられる．複合型糖鎖，混成型糖鎖にはさらに根元のN-アセチルグルコサミン残基の6位の炭素にα-フコシル残基が，五糖母核のβ-マンノシル残基の4位の炭素にN-アセチルグルコサミン残基のわれかが付加した構造が存在する．[2] ムチン型糖鎖：ポリペプチドのSerまたはThr残基にN-アセチルガラクトサミンがO-α-グリコシド結合している糖鎖の総称であり，O-グリカン型糖鎖に属する(⇒O結合型糖タンパク質)．O-グリカンにはN-アセチルガラクトサミンがSer/Thrに結合しているムチン型糖鎖のほか，N-アセチルグルコサミンがSer/Thrに結合しているもの，コラーゲンや補体第一成分C1qのヒドロキシリシンに結合するガラクトースなどが動物では報告されている．個々の糖タンパク質にはAsn型，ムチン型の両方の糖鎖が含まれることも多く，両方もしくはどちらかの型の糖鎖が通常，複数の部位に結合している．たとえば，ヒト赤血球グリコホリンAには，1 molのAsn型糖鎖と15 molのムチン型糖鎖が含まれる．フェチュインには3 molのAsn型と3 molのムチン型が，ヒトトランスフェリンには2 molのAsn型糖鎖のみ，カゼインや顎下腺ムチンにはムチン型糖鎖のみが含まれる．

**銅蓄積症** [copper storage disease] ＝ウイルソン病

**等張液** [isotonic solution] 細胞を浸した時に正味の水の移動がない溶液を等張液という．等張液は細胞の培養や機能の解析に欠かせない．高張液(hypertonic solution)中では細胞内の水が奪われ，低張液(hypotonic solution)中では細胞内に水が侵入し，どちらの場合も細胞機能が障害を受ける(→浸透圧)．低張液は，細胞を短時間さらして細胞外の物質を取込ませる低浸透圧ショック法(osmotic shock procedure)に，高張液は，植物細胞に原形質分離*を起こさせるのにそれぞれ利用されている．

**同調培養** [synchronous culture, synchronized culture, phased culture] 一般的に培養細胞は細胞周期*が一定時期にそろっていない．個々の細胞で起こっている現象を拡大して細胞集団全体の現象としてとらえるため，細胞周期を一定時期にそろえて培養し，増殖させることをさす．細胞同調は大別して，1) 誘導同調法と 2) 選択同調法とがある．1)には，DNA 合成阻害剤(たとえば 5-フルオロ-2′-デオキシウリジン，ヒドロキシ尿素*)により DNA 前駆体合成を阻害し，S 期*(DNA 合成期)に同調する方法，培養液からイソロイシン，グルタミンなどの必須アミノ酸を除いて，$G_1$ 期*(DNA 合成準備期)に同調する方法，血清に依存度の高い細胞では，培養液から血清を除いて間期*に同調させる方法，DNA 合成阻害剤とコルセミドの併用やノコダゾールのような細胞分裂阻害剤処理により M 期*(分裂期)に同調させる方法などがある．2)には，分裂期の細胞が剝がれやすいことを利用して分裂期の細胞のみを集める寺島法，ショ糖やフィコールなどの密度勾配遠心分離法*により特定の細胞周期の細胞を密度の相違で選択する方法がある．

**動的計画法** ＝ダイナミックプログラミング

**動的平衡** [dynamic equilibrium] 生物学的には，生体の形態・成分が見かけ上一定に保たれている状態をいう．化学反応における平衡では，反応物も生成物もその量や濃度が変化しなくなった状態，つまり自由エネルギー変化の最小の状態をいう．生体系は外界とエネルギーおよび物質交換を行う開放系であるがゆえに，反応に伴う自由エネルギーの減少があっても定常状態を保ちうる．生体内の物質が絶えず変化していることは，代謝回転のあることを意味しており，その中で起こる熱平衡や化学平衡は動的平衡の一つである．

**糖転移酵素** ＝グリコシルトランスフェラーゼ

**等電点** [isoelectric point] 等電 pH (isoelectric pH)ともいう．溶媒中においてタンパク質などの両性電解質の電荷が見かけ上なくなる pH 値．等電点を決定するためには，種々の pH の溶液中で電気泳動を行い，その移動度が 0 になる pH を求めるが，低分子量両性電解質の混合物を担体とする等電点電気泳動*による方法が一般的である．タンパク質の溶解度は等電点付近の pH において低下するので，この性質が精製の一手段として利用されることもある(等電点沈殿 isoelectric precipitation)．

**等電点沈殿** [isoelectric precipitation] ⇌等電点

**等電点電気泳動** [isoelectric focusing] タンパク質のもつ特有の等電点($pI$)の違いを利用してタンパク質を分離する方法．ゲルを担体として電気泳動を行うことが多い．ゲル中に pH 勾配を形成させる必要があるが，この場合，両性担体(carrier ampholyte)をゲルに添加して電気泳動時に pH 勾配を形成させる方法と，種々の $pI$ の側鎖をもつアクリルアミド誘導体を用いてゲル作製時に pH 勾配を形成させる方法とがある．前者を等電点電気泳動，後者を固定化 pH 勾配等電点電気泳動 (immobilized pH gradient isoelectric focusing：IPG)法と区別してよぶことが多い．タンパク質試料をゲルに添加して電場をかけると，タンパク質は，固有の等電点と同じ pH に向かって pH 勾配を形成したゲル中を移動し，同じ pH に到達すると正味の電荷が 0 となるので，そこで静止する．分離能は等電点電気泳動の場合 0.01〜0.02 pH 単位，IPG の場合は 0.001 pH 単位．IPG は，pH が固定化されているので pH ドリフトがなく再現性が高い．等電点電気泳動では塩基性タンパク質の分離がむずかしいことが多いが，IPG では容易に分離できる．一次元目に等電点電気泳動または IPG，二次元目に SDS ゲル電気泳動を用いた二次元電気泳動は高分離能電気泳動法としてよく använderれている．

**等電点分離法** ＝等電点電気泳動

**等電 pH** [isoelectric pH] ＝等電点

**導入遺伝子** [transgene] トランスジーンともいう．組換え DNA 技術*により外から人工的に導入された遺伝子．トランスジェニック動物*において染色体に組込まれた遺伝子．

**糖尿病** [diabetes mellitus] インスリン*作用の相対的あるいは絶対的な不足によってひき起こされる糖質代謝異常を中心とする種々の代謝異常である．長期間にわたる高血糖は特有の細小管合併症(網膜症，腎症，神経症)と動脈硬化をきたす．75 g ブドウ糖負荷試験により静脈血漿において空腹時血糖が 140 mg/dL 以上，あるいは食後 2 時間値(随時)が 200 mg/dL 以上の場合，糖尿病と診断される．糖尿病は大きくインスリン依存性糖尿病(IDDM, insulin dependent diabetes mellitus, または I 型)とインスリン非依存性糖尿病(NIDDM, non-insulin dependent diabetes mellitus, または II 型)に分類される．IDDM は自己免疫的な機序により膵島*β 細胞の破壊が進行し，インスリン分泌低下をきたす．自己抗体である抗 ICA 抗体，抗 GAD 抗体が出現．急激に進行するものと緩徐に進行するもの(slowly progressive IDDM)とが存在し DR4, 9 などの特定の HLA をもつものに多く発症する．若年発症の傾向がある．ヒト I 型糖尿病モデル動物としては NOD マウス*が知られている．NIDDM は遺伝的なインスリン分泌低下と骨格筋でのインスリン抵抗性の素因に，肥満によるインスリン抵抗性が加わり発症に至り，おもに成人発症であると考えられている．なお，その成因により I 型と II 型という分類が提唱されている．疫学的には全糖尿病の 95 ％以上が

NIDDMであり，NIDDMでは家族歴，肥満歴を認めることが多い．両疾患とも男女差はなく，一般にNIDDMに比べてIDDMは若年にて発症する．現在遺伝子レベルで原因がわかっているものにはインスリン異常症，インスリン受容体異常症，グルコキナーゼ遺伝子異常症(MODY2)，ミトコンドリアDNA異常による糖尿病である．また連鎖解析によりMODY1，3，NIDDM1，2の遺伝子の染色体上の位置がマップされている．IDDMではしばしば糖尿病性ケトアシドーシスの形で，急激に発症することが多い．NIDDMでは慢性に経過することが多く，高血糖のときは口渇，多飲多尿をきたす．糖尿病性ケトアシドーシスを起こすことはまれである．IDDMにおいてはインスリン療法が絶対適応である．NIDDMでは食事療法，運動療法が中心となり必要に応じて経口血糖降下薬，インスリンが必要になる場合もある．細小血管合併症として網膜症，腎症，神経症，大血管合併症として虚血性心疾患，動脈硬化があげられる．細小血管合併症に関してはいずれの場合も厳格な血糖管理にてその発症，進展が阻止できることが証明されている．

**糖ヌクレオチド** [sugar nucleotide] ヌクレオチド糖(nucleotide sugar)，ヌクレオシド二リン酸糖(nucleoside diphosphate sugar)ともいう．ヌクレオシド5′-二リン酸の末端リン酸基に糖が結合したもの．UDP(ウリジン二リン酸)グルコース*(UDPG)をはじめとしてUDP糖が糖供与体として働いている．UDPグルコースはUTPとD-グルコース1-リン酸から生成し，グルコース部分の構造変化により糖代謝の重要中間体となる．α-N-アセチル-D-グルコサミンとUTPから生成するUDP-N-アセチル-D-グルコサミンは糖タンパク質などの前駆体となる．GDP-D-マンノースやCDP-D-グルコースも糖代謝に働く補酵素*である．(→ヌクレオチド補因子)

**頭尾軸** [craniocaudal axis] ＝前後軸

**動物ウイルス** [animal virus] 動物に感染し，増殖するウイルス*の総称．ウイルスは，寄生する生物に対応して，動物ウイルス，植物ウイルス*，およびファージ*(細菌ウイルス)に大別される．ウイルスにより感染・増殖できる生物種が決まっているのは，増殖する際に必要とする宿主側分子群がウイルスによって異なるからである．これらのウイルスは，ゲノムの存在様式，粒子構造の類似性，さらに抗原性などの生物学的性質の違いにより，科，亜科，属，種に分類される．

**動物極** [animal pole] 多細胞動物の卵細胞で極体の生じる極，および初期胚でこれに相当する極．両生類の卵細胞では，動物極の側の半球を動物半球(animal hemisphere)といい，色素顆粒を豊富に認める(図)．また，精子は動物極側に侵入する場合が多い．一次卵母細胞*では卵核胞すなわち核が動物極に偏って位置することがしばしばある．この極の付近から動物的器官すなわち神経系・感覚器官・運動器官が形成されると従来考えられていたことから動物極という名称がついた．(→植物極)

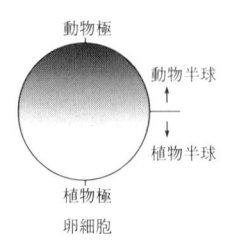

**動物胚** [animal embryo] 動物の卵が受精して受精卵が生じるが，それが分裂して発生してゆく段階の個体を特に胚(embryo)とよんでいる．一般的には器官原基が完成するころまでを胚とよび，たとえば両生類のオタマジャクシは胚とはよばないし，哺乳類の場合もその発生の後期では胎仔(embryo)とよんで，胚とは区別している．動物胚ははじめ活発に卵割を行い細胞数があるところまで増えたのちに，細胞の大幅な移動を行って胚全体として形を変える．昆虫胚でははじめ核のみが分裂してシンシチウム胚盤葉を形成し，のちに細胞質が区切られて多細胞の胚となる．初期胚では種々の細胞間相互作用が起こり，最終的には外胚葉・内胚葉・中胚葉の3胚葉形成が起こる．それぞれの胚葉*はさらに相互作用を行い，器官原基がつくられる．通常の時間経過は卵割期ののち胞胚期に至り，つぎに原腸胚形成(あるいは嚢胚形成)を行う．この時期には細胞間では各種の液性の形態形成因子が作用する(→中胚葉誘導因子)．その典型的な例である誘導作用の結果，神経・筋肉などの原基がつくられてゆく．胚細胞の大きな特徴は増殖と分化の活性がいずれも非常に高いことである．しかし，胚形成の過程は見かけ上は生物種によって大きく異なる．これは卵の大きさや卵割のパターンが細胞質における物質(特に卵黄)の分布によって大きく規定されているためである．

**動物半球** [animal hemisphere] →動物極

**動物プランクトン** [zooplankton] →プランクトン

**糖ペプチド** [glycopeptide] ＝グリコペプチド．糖とペプチドが共有結合したもの．糖タンパク質のプロテアーゼ処理で得られるほか，尿中に検出される．糖とペプチドの結合様式は，糖タンパク質のN-アセチル-β-D-グルコサミンとアスパラギン間のN-グリコシド結合，およびN-アセチル-α-D-ガラクトサミンとセリンまたはトレオニン間のO-グリコシド結合，プロテオグリカンのβ-D-キシロースとセリン間の結合，コラーゲンのβ-D-ガラクトースとヒドロキシリシン間の結合などがある．

**等密度遠心分離法** [isopycnic centrifugation] 浮遊密度の差を利用して細胞や細胞内顆粒，ウイルス粒子，生体高分子などを分離する方法．試料溶液にアルカリ金属塩などの密度勾配形成媒体を溶かして超遠心*を行うと，試料中の粒子は遠心力場によって形成された密度勾配中で自分と等しい浮遊密度の位置に集まってバンドを形成する．平衡密度勾配遠心分離法*とほぼ同義であるが，等密度遠心分離法では密度勾配形成が必ずしも平衡に達しなくても目的粒子がバンドを形成し他の粒子から分離できた時点で遠心を終了する．(→密度勾配遠心分離法)

**透明帯** [zona pellucida] 哺乳類卵子の細胞外表面を囲う透明な卵膜．主として卵子由来の糖タンパク

質から成り，それらの鎖状の多量体が網目状の構造をなしている．卵子を物理的な障害から保護する働きのほか，受精の際の精子結合部位としての役割ももち，中でも構成成分の一つである ZP3 糖タンパク質* は精子の先体反応を誘発するとされている．また，受精後の表層反応* を介した多精拒否にもかかわっている．

**透明帯反応** [zona reaction] ⇌ 表層反応
**透明板** [lamina lucida, lamina rara] ⇌ 基底膜
**糖輸送** [sugar transport] 糖を細胞内に取込むために，細胞膜を通過して輸送すること．この輸送には2 通りの方法があり，細胞膜内外の糖の濃度差を輸送の原動力とする促進拡散* と，$Na^+$ 輸送と共役することにより糖の濃度勾配を逆行して輸送できる能動輸送* に分けられる．それぞれの輸送は，糖輸送体* とよばれる特異的な膜タンパク質* が行っている．糖輸送体の中には，GLUT1 のようにグルコースのみを輸送するものだけでなく，GLUT2 のようにグルコースとフルクトースを輸送するものがある．GLUT5 はフルクトースの輸送体である（⇌ グルコース輸送体）．糖輸送の性質や発現組織は糖輸送体ごとに異なる．その他の糖輸送の方法として，グラム陰性菌でのグループ転移による糖輸送がある．例としてはホスホエノールピルビン酸依存性ホスホトランスフェラーゼ系があり，この系ではホスホエノールピルビン酸のリン酸を用いて，糖が輸送されると同時にリン酸化されるのが特徴である．

**糖輸送体** [sugar transporter] 糖輸送担体ともいう．糖を細胞膜を透過させ，細胞内に取込む膜タンパク質（⇌ 糖輸送）．促進拡散型の糖輸送体は GLUT1～6, 8～12, 14（ヒトでは SLC2A ファミリーで SLC2A1～6, 8～12, 14 が知られている）と名づけられ，多くはグルコースを輸送するが，輸送する糖の特異性には違いがみられ，GLUT2 はグルコースのほかにフルクトースも輸送することができ，GLUT5 はフルクトースのみと輸送する（⇌ グルコース輸送体）．また，能動輸送型の糖輸送体は $Na^+$ 依存性で SGLT ファミリー（ヒトでは SLC5A ファミリーで 1～12 のメンバーが同定されている）に属する膜内在性タンパク質である．SGLT1(SLC5A1), 2(SLC5A2), 3(SLC5A4), 4(SLC5A9), 5(SLC5A10), 6(SLC5A11) はグルコース輸送体であるが，SLC5A3 はイノシトール，SLC5A5 は NaI, SLC5A8 は I の輸送体である．（⇌ 糖輸送体スーパーファミリー）

**糖輸送体スーパーファミリー** [sugar transporter superfamily] 糖輸送体* の構造上の類似性から分類した集合のこと．促進拡散型糖輸送体は現在 6 種類知られており，それぞれ GLUT1～7 と命名されている（GLUT6 は偽遺伝子）．これらの cDNA から推定される構造は，細胞膜を 12 回繰り返し貫通し，N 末端と C 末端が細胞内に存在する形態をとっており，膜貫通部位 1 と 2 の間に糖鎖が付き，膜貫通部位 6 と 7 の間には比較的大きな細胞内ループが存在する．促進拡散型グルコース輸送体はいずれも構造が互いに類似しており，一つのファミリーを形成している．能動輸送型グルコース輸送体は，SGLT1 という輸送タンパク質が知られており，促進拡散型グルコース輸送体とは構造上の類似性はない．SGLT1 は $Na^+$ 依存性の myo-イノシトール輸送体やヌクレオチド輸送体と類似性があり，これらとともに一つのファミリーを形成している．これらのファミリーの各アイソフォームは細胞や組織，または生理的状態によって発現が異なる．（⇌ グルコース輸送体）

**糖輸送担体** = 糖輸送体
**洞様血管** = 類洞
**当量濃度** [equivalent concentration] = 規定度
**糖リン酸** [sugar phosphate] 単糖またはオリゴ糖のヒドロキシ基がリン酸またはピロリン酸とエステル結合した化合物．その多くが糖の代謝中間体である．たとえば，グリコーゲン* から加リン酸分解によりグルコース 1-リン酸が生成し，ついでリン酸が転移してグルコース 6-リン酸になる．細胞内に取込まれたグルコースはヘキソキナーゼ* によりグルコース 6-リン酸になる．

**トガウイルス** [togavirus] アルファウイルス (Alphavirus) 属とルビウイルス (Rubivirus) 属を含む分類上の科名．前者にシンドビスウイルス*, セムリキ森林ウイルス (Semliki forest virus, SFV) など，後者に風疹ウイルス* を含む．一本鎖 RNA ゲノムはアルファウイルスの場合は約 $1.2×10^4$ 塩基，ルビウイルスは約 $9.8×10^3$ 塩基より成る．これは (+) 鎖で mRNA として機能し，5′ 末端にはキャップ，3′ 末端にはポリ(A)がついている．多くのメンバーは蚊で増殖し伝播される．動物ウイルスの中で最も単純なエンベロープウイルスである．すなわち一種のタンパク質から成るキャプシドタンパク質に覆われ，それがエンベロープ* を被っている．このエンベロープは宿主の細胞表面膜由来である．

**トキシン** = 毒素
**トキソイド** [toxoid] アナトキシン (anatoxin) ともいう．破傷風やジフテリアは細菌の産生する外毒素が病気を起こす（⇌ 細菌毒素）．したがって，その予防には毒素に対する抗体をつくらせることが望まれる．予防接種に毒素そのものを用いることはできないので，毒素にホルムアルデヒド，グルタルアルデヒド，ジアゾ化などの処理を加え，免疫原性を残したまま毒性が失われたものをワクチン* として用いる．これをトキソイドという．

**トキソホルモン** [toxohormone] ヒトを含めて動物ががんにかかり，それが進行すると全身の衰弱が現れ，いわゆる悪液質* の状態となる．1948 年，中原和郎はこれががんによって生産分泌される何らかの物質によると考え，これをトキソホルモンと命名した．いくつかのグループがその単離を試みたが，いずれも成功していない．一時は肝のカタラーゼを低下させる物質としても追究されたが，単離には至らなかった．

**ドキソルビシン** [doxorubicin] = アドリアマイシン

**特異型 Smad** [receptor-regulated Smad] R-

Smad と略す．(→ Smad)

**特異的コリンエステラーゼ** [specific cholinesterase] ＝アセチルコリンエステラーゼ

**特異動的作用** [specific dynamic action] 食物の産熱効果 (thermic effect of food) ともいう．摂食後数時間，代謝が安静時のレベル以上に亢進し，エネルギー消費量が増加する現象．栄養素の代謝，他物質への変換，貯蔵などに要するエネルギーである．特にタンパク質摂食後に顕著であり，肝臓における脱アミノ反応，尿素合成などのためと考えられ，摂取した全エネルギーの約 30 % が消費される．糖質では約 6 %，脂質では約 4 % である．この特異動的作用によるエネルギーは，仕事のエネルギーには利用されず熱として失われる．

**特殊形質導入** [specialized transduction] →形質導入

**特性 X 線** [characteristic X-rays] →X 線

**毒性ファージ** ＝ビルレントファージ

**毒素** [toxin] トキシンともいう．生物の産出する有毒性代謝物の総称．この意味で金属や人工の化学合成物などの毒物とは区別される．毒素はその起源として微生物，植物，動物に分けて考えられる．1) 微生物起源の毒としては大部分の細菌毒素*があてはまるが，食中毒の原因物質としてのエンテロトキシン*あるいは，嫌気性菌としてボツリヌス毒素*や破傷風毒素などがある．2) 植物性の毒はきわめて種類が多く，キノコ毒や，矢毒として用いられたフジウツギ科植物のクラーレ*，トリカブト毒のアコニチン (aconitine) などがある．なかには薬の原料として医療に利用されているものもある．3) 動物起源性の毒にはヘビ毒*，カエルの皮膚毒のほかサソリ，ハチ，クモなど節足動物の毒から貝類，イソギンチャクなど海産の有毒生物にいたるまで非常に多彩である．一般に動物性の毒は微量でも作用が強力で効果の早い特徴がある．成分に関しても低分子のものから，アルカロイド，ペプチド，タンパク質まで幅広く存在する．(→神経毒)

**特発性血小板減少性紫斑病** [idiopathic thrombocytopenic purpura] ITP と略す．ウェルホフ病 (Werlhof disease)，自己免疫性血小板減少性紫斑病 (autoimmune thrombocytopenic purpura) ともいう．血小板減少をもたらす基礎疾患がなく，血小板がそれに対する自己抗体*により破壊されて生じる紫斑病．急性型 (小児に多く性差なし) と慢性型 (成人女性に多く女性：男性 = 3：1) がある．血小板膜糖タンパク質 IIb-IIIa* などに対する自己抗体が検出されるものがあり，血小板結合 IgG* は増加することが多い．診断には骨髄巨核球数の減少を認めないことが重要である．治療には副腎皮質コルチコステロイド薬の投与や脾臓の摘出が有効であるが，一部の症例は難治性．

**特発性多発性出血性肉腫** [idiopathic multiple hemorrhagic sarcoma] ＝カポジ肉腫

**独立 (遺伝) の法則** [law of independent assortment] →メンデルの法則

**独立栄養** [autotrophy, autotrophism] 自主栄養，自養ともいう．生物が二酸化炭素，無機窒素化合物などの簡単な無機物質から有機栄養物を合成すること．この意味で無機栄養ともよばれる．石材化合物の合成に無機物の酸化により生じるエネルギーを利用する化学合成独立栄養 (chemoautotrophy) と，光のエネルギーを利用する光化学合成独立栄養 (photoautotrophy) がある．前者は原核生物 (硝化細菌，硫黄細菌，鉄細菌など) にのみみられ，後者は原核生物 (光合成細菌，シアノバクテリア)，真核生物 (植物) にみられる．

**独立の法則** [law of independence] →メンデルの法則

**時計遺伝子** [clock gene] サーカディアンリズム* (概日リズム) の発振を行っている因子．哺乳類では $Bmal1$, $Clock$, $Per1$, $Per2$, $Cry1$, $Cry2$, $Rev$-$Erbα$, $Rorα$, カゼインキナーゼ Iε (CKIε) がある．$Bmal1$, $Clock$ 遺伝子は bHLH-PAS (basic helix-loop-helix-PAS，塩基性ヘリックス・ループ・ヘリックス PAS) 型転写因子をコードしており，HLH ドメインと PAS ドメインを介してヘテロ二量体を形成した BMAL1/CLOCK は，$Per1$ ($Period1$)，$Per2$，$Cry1$ ($Cryptochrome1$)，$Cry2$ 遺伝子のエンハンサー領域にある E ボックス (CACGTG) に結合して，それぞれの遺伝子の転写を活性化する．産生された $Per1$, $Per2$, $Cry1$, $Cry2$ 遺伝子産物は複合体を形成して BMAL1/CLOCK に結合し，$Per1$, $Per2$, $Cry1$, $Cry2$ の転写を抑制する．Rev-Erbα，RORα は $Bmal1$ の転写を，それぞれ抑制，促進する転写因子である．CKIε は PER1, PER2 をリン酸化してその分解を調節する．時計遺伝子の転写・翻訳から成るフィードバック機構と時計遺伝子産物のリン酸化による翻訳後修飾が，サーカディアンリズム発振の本体であると考えられている．他の生物種の時計遺伝子として，シアノバクテリアに $kaiA$, $kaiB$, $kaiC$ が，アカパンカビ ($Neurospora$ $crassa$) に $wc$-1, $wc$-2, $frq$, ショウジョウバエ ($Drosophila$ $melanogaster$) に $clock$ ($clk$), $cycle$ ($cyc$), $per$ ($period$), $tim$ ($timeless$), $dbt$ ($doubletime$) がある．(→生物時計)

**トコフェロール** [tocopherol] ビタミン E (vitamin E) に属する $α$, $β$, $γ$, $δ$ の 4 種のトコールのメチル誘導体．脂質に対する抗酸化作用によって抗不妊効果をもつ脂溶性ビタミン．効果は $α：β：γ = 100：33：1$ である．栄養所要量は $α$ として男 8 mg/日，女 7 mg/日である．$α$ は分子量 430.7，メチル基はトコールの 5, 7, 8 位に存在する．$β$ は 7 位，$γ$ は 5 位，$δ$ は 5, 7

| トコフェロール | $R^1$ | $R^2$ | $R^3$ |
|---|---|---|---|
| $α$- | CH$_3$ | CH$_3$ | CH$_3$ |
| $β$- | CH$_3$ | H | CH$_3$ |
| $γ$- | H | CH$_3$ | CH$_3$ |
| $δ$- | H | H | CH$_3$ |

位のメチル基を欠く点がαと異なる.

**ドーサリン1** [dorsalin-1]　dsl-1と略す. T. M. Jessellらによって発見されたトランスフォーミング増殖因子β*(TGF-β)スーパーファミリーに属する分泌タンパク質であり,ニワトリ胚神経管の背側において特異的に発現し,神経管背側から形成される背根神経節細胞やメラニン細胞などの細胞分化を促進する生物活性をもっている.ドーサリン1は427アミノ酸から成り,そのアミノ酸配列はTGF-βスーパーファミリーの中でもBMP(骨誘導因子*)サブファミリーと50％台の比較的高い相同性をもっている.ドーサリン1は神経管背側細胞の分化促進活性をもっているが,逆に神経管腹側から形成される運動ニューロンに対しては分化抑制活性を発揮する.このことからドーサリン1が胚発生期に神経管背側に特異的に発現することが,神経管に背腹側に沿った細胞分化のパターンが形成されるうえで重要であると考えられている.

**ドーサル遺伝子** [dorsal gene]　⇌背方化決定遺伝子

**$N^\alpha$-トシル-L-リシルクロロメチルケトン**　[$N^\alpha$-tosyl-L-lysyl chloromethyl ketone]　TLCKと略す.(⇌アフィニティーラベル)

**ドーセ** DAUSSET, Jean　フランスの免疫学者. 1916.10.19〜　トゥールーズに生まれた.パリ大学医学部入学後第二次世界大戦に応召し,1945年卒業.国立輸血研究所(1946〜63),パリ市立病院(1963〜78)で研究に従事.白血球に対する抗体生成が移植に大きな影響を及ぼすことを1958年に実証した.組織適合性(MHC)概念の確立に貢献.1980年B. Benacerraf*, G. D. Snell*とともにノーベル医学生理学賞を受賞.

**DOCK180** [DOCK180]　180 kDa Crk結合タンパク質(180 kDa downstream of Crk)の略称.DOCK1ともいう.アダプター分子Crk(⇌crk遺伝子)のSH3ドメインに結合するタンパク質の一つとして同定された.血球系を除くすべての組織に発現している.DOCKファミリータンパク質としてヒトではDOCK2〜DOCK11があり,DHR(DOCK homology region)1および2を共通のドメインとしてもつ.DHR1はイノシトールリン酸*との結合に必要であり,DHR2は低分子量GタンパクRac*を活性化する. DOCK180のN末端のSH3ドメインおよびC末端のプロリンを多く含む配列にはそれぞれELMO・Crkが結合し,DOCK180の活性を正に制御する.DOCK180の線虫オルソログはアポトーシス細胞を貪食するのに必要な分子であるCed-5,ショウジョウバエオルソログは細胞運動をつかさどるMbcである.すなわちCrk-DOCK180-Racの情報伝達経路は線虫およびショウジョウバエでも保存されている.

**突然変異** [mutation]　突然変異ともいう.遺伝物質の構造変化を総称して突然変異とよぶ.突然変異の単位は,染色体,染色体の一部から,遺伝子,ヌクレオチドにまで及び,突然変異の様式により,点突然変異*,逆位*,欠失*,挿入*,重複,転座*などに分類される.突然変異はDNA複製の誤りが原因で自然に起こる場合(自然突然変異)と,紫外線などの物理的原因,塩基類似化合物などの化学的変異原(⇌変異原)によって起こる場合とがある.またトランスポゾン*やウイルスのゲノムが,生物のゲノムに組込まれることも突然変異の原因となる.突然変異の効果は,個体致死を含む,激しい表現効果を伴うものから,統計処理などにより初めて検出可能になるもの,表現型*としてはまったく現れてこないもの(⇌サイレント突然変異)まで,さまざまである.突然変異がある部位に生じる確率は,その表現効果の大きさとは独立であり,有利な突然変異が多く生じやすいなどということはなく,DNA配列の物理的,化学的特徴が変異の生じやすさを決定する.(⇌分子進化の中立説,突然変異率)

**突然変異遺伝子** [mutant gene]　野生型遺伝子のヌクレオチド配列に塩基置換,欠失*,重複,挿入*,逆位*,転座*などの変化を生じた遺伝子のこと.(⇌突然変異株)

**突然変異荷重** [mutational load]　遺伝的荷重の主要因の一つ.集団中に突然変異が発生することによるその集団の適応度の低下を,最も高い適応度との相対値として表した値をいう.

**突然変異株** [mutant]　突然変異体あるいは単に変異体,変異株ともいう.野生型のゲノムDNAのヌクレオチド配列に何らかの突然変異を生じた生物,細胞またはウイルスのこと.突然変異の大きさは,ヌクレオチド配列の1塩基から染色体レベルまでさまざまであり,また,突然変異の種類は,塩基置換,欠失*,重複,挿入*,逆位*,転座*などに分類される.遺伝子内の同義的コドン内での突然変異は,遺伝子産物の変化を伴わない.また,遺伝子産物の機能に比較的重要でない領域のみに生じた突然変異は,表現型に大きな変化をもたらさないこともある.反対に,必須遺伝子の機能的欠損を伴うような突然変異は一倍体細胞においては致死となる(⇌条件突然変異株).突然変異株を研究することにより,その発現形質と遺伝子とを結びつけることができるため,遺伝学の進歩には突然変異株の研究は不可欠であった.突然変異株を単離するためには,放射線や突然変異原物質を用いて人工的に突然変異を誘発したうえでスクリーニング*をすることが一般に行われる(⇌突然変異誘発).

**突然変異原**　＝変異原
**突然変異体**　＝突然変異株
**突然変異導入**　＝突然変異誘発
**突然変異誘起**　＝突然変異誘発
**突然変異誘起物質**　＝変異原

**突然変異誘発** [mutagenesis]　突然変異*が起こること,あるいは起こすこと.突然変異誘起,突然変異導入,変異誘発ともいう.1)突然変異(⇌変異原)によって起こるもの.細胞あるいは生物個体を突然変異原にさらすことにより,人工的に突然変異を誘発できる.生物の進化は,自然界に存在する突然変異

原(紫外線,放射性同位体,宇宙線など)による突然変異誘発が一つの原因である.2) DNA ポリメラーゼ*が誤ったヌクレオチドを DNA 鎖へ取込むことによるもの(⇌ミスマッチ修復).3)遺伝子工学*的手法によるもの.遺伝子塩基配列中の任意の塩基を試験管内で置換あるいは欠失させる技術が確立されている(⇌ in vitro 突然変異誘発,部位特異的突然変異誘発).また染色体上の任意の遺伝子を適当なマーカー遺伝子と置換し,破壊することが可能である(⇌遺伝子ターゲッティング).

**突然変異誘発遺伝子**［mutator gene］　ミューテーター遺伝子,あるいは単にミューテーター(mutator)ともいう.他の遺伝子の突然変異率*を上昇させるような突然変異遺伝子*のこと.校正機能が失われた DNA ポリメラーゼ*遺伝子や,ミスマッチ修復*系の突然変異遺伝子などがその例である.ある種の遺伝性結腸がんは,ミスマッチ修復酵素遺伝子の突然変異に起因することが明らかとなっている(⇌MSH2).

**突然変異誘発物質**　＝変異原

**突然変異率**［mutation rate］　変異率ともいう.突然変異が生じる率のことで,細胞分裂当たり,または世代当たり特定の部位に生じる突然変異の割合で表す.自然突然変異率(遺伝子座当たり,配偶子当たり)の値は,普通 $10^{-9} \sim 10^{-8}$(大腸菌), $\sim 10^{-5}$(ショウジョウバエ), $\sim 10^{-6}$(マウス)である.しかし突然変異率はゲノム全体にわたって一様ではなく,特に突然変異率の高い部位や低い部位も存在する.(⇌ホットスポット,易変部位)

**トッド**　TODD, Alexander Robertson　英国の化学者.1907.10.2～1997.1.10.グラスゴーに生まれる.グラスゴー大学化学科卒業(1929).フランクフルト大学で Ph.D. 取得(1931).オックスフォード大学でアントシアニンの構造を解明したのち,エディンバラ大学でビタミン $B_1$ の合成法を開発.リスター研究所でビタミン $B_{12}$ の構造を解明(1936).1944年ケンブリッジ大学教授.核酸の研究をし,FAD, ATP を合成.1957年ノーベル化学賞受賞.1964年クライスト・カレッジ学長.英国王立協会会長(1975～80).

**ドットブロット法**［dot blotting, dot blot assay］点染検定ともいう.DNA または RNA 試料中の特異的な配列を定量,比較するための簡便法.ニトロセルロースなどのメンブランフィルターに,段階希釈した核酸を変性,固定して,特異的なプローブをハイブリダイズし大まかな量を調べる.核酸を固定する際,円形(ドット)に固定するか,長方形の形(スロット)で固定するかによってドットブロット法,スロットブロット法(slot blotting, slot blot assay)とよばれる.タンパク質溶液をドットとして固定し,ウェスタンブロット法*を適用して特異的抗体と反応させたり,化学あるいは放射標識したリガンドと反応させたりしてタンパク質を検出することも行われている.

**ドットマトリックス法**［dot matrix method］　1組の DNA やアミノ酸配列を整列させる簡単な手法.比較する配列をそれぞれ格子(マトリックス)の行と列に配置し,一致した位置の配列に相当する要素に印を付ける方法である.仮によく整列する1組の配列の場合は格子の対角線上の要素に印(ドット)が付けられる.ただしこの方法だと偶然の一致などのノイズを含むことになる.そこで連続した3要素の中で三つの要素が一致していた時印を残すなどのフィルターを用いることでノイズを減らすことが可能である.この手法はアルゴリズムが簡単に比較的流し配列に応用できる.また繰返しや部分的な一致などを簡単に可視化できる点も利点である.

**トップダウンマッピング**［top-down mapping］　長い認識配列をもつレアカッター制限酵素により染色体を大きな断片とし,並べ替え,グループ化した断片をさらに,マップすること.この手法により,隙間なく連続してマップすることが可能であるが,マップ解像度は高くないため,特定の遺伝子を同定するには適していない.また,この手法ではマップ箇所の長いストレッチは産出できない.近年,この手法により DNA 断片を 100 kb から 1 Mb の領域にマップすることができるようになった.マップする手法はパルスフィールドゲル(PFG)電気泳動の開発により,10 Mb まで分離が可能になり,大きなゲノム領域のマッピングにも使用可能となった.

**ドデシル硫酸ナトリウム**［sodium dodecyl sulfate］SDS と略す.硫酸ドデシルナトリウム,ラウリル硫酸ナトリウム(sodium lauryl sulfate)ともいう.生物科学分野において最も大量かつ頻繁に使用されている界面活性剤*.直鎖ドデシルアルコールが硫酸の片方のヒドロキシ基とエステルを形成したもののナトリウム塩($CH_3(CH_2)_{11}OSO_3^-Na^+$).タンパク質に対してきわめて高い親和性をもっており,重量比 1:1 以上で結合して多量のマイナス荷電を導入してタンパク質を変性*させる(⇌変性剤).その産物を試料とするポリアクリルアミドゲル電気泳動(⇌ゲル電気泳動)はタンパク質の分析あるいは分子量の簡便な評価に有用である.

**ドデューブ**　DE DUVE, Christian Rene　ベルギーの生化学者.1917.10.2～　ロンドン郊外のテムズ・ディットンに生まれる.ルーバン・カトリック大学医学部を卒業(1941),化学の修士号を得た(1946)後,細胞分画法を開発した.リソソーム*を 1949 年に発見.1950 年代にペルオキシソームを単離した.1951 年ルーバン・カトリック大学教授.1962 年ロックフェラー大学教授.1974 年 A. Claude*, G. E. Palade* とともにノーベル医学生理学賞受賞.

**ドニス・ケラー法**［Donis-Keller method］　⇌RNA 塩基配列決定法

**利根川 進**　TONEGAWA, Susumu　日本の分子生物学者.1939.9.5～　名古屋市に生まれる.京都大学理学部化学科を卒業(1963).渡江格の薦めで渡米,カリフォルニア大学で分子生物学 Ph.D. 取得(1968).ソーク研究所を経てバーゼル免疫学研究所に留学(1971～81).抗体遺伝子の再編成が抗体産生細胞の分化の過程で起こり,多様な抗体産生の原

因であることを実証した(1976). 1981年マサチューセッツ工科大学(MIT)教授. 1987年ノーベル医学生理学賞受賞.

**トノプラスト**［tonoplast］ ＝液胞膜

**ドーパ**［DOPA］ 3,4-ジヒドロキシフェニルアラニン(3,4-dihydroxyphenylalanine)の略称. $C_9H_{11}NO_4$, 分子量197.19. アミノ酸の一種で天然のものはL形. 動物の色素細胞(メラノサイト*)ではメラニン*生合成の中間体で, チロシンからチロシナーゼ*の作用で生じる. 脳, 交感神経, 副腎髄質ではカテコールアミン*生合成の中間体で, チロシンよりチロシンヒドロキシラーゼ*の作用で生じ, ドーパミン*へ, さらにはノルアドレナリン*, アドレナリン*への変換を受ける. パーキンソン病*では脳黒質線条体系のドーパミンが不足しているので, 前駆体であるL-ドーパ(L-DOPA)経口投与による補充療法が有効である.

**ドハティ DOHERTY**, Peter C.  オーストラリアの免疫学者・病理学者. 1940.10.15～ クイーンズランドのブリズベーンに生まれる. 1962年クイーンズランド大学卒業, 1970年エディンバラ大学でPh.D.取得. T細胞*が抗原*としてのウイルスタンパク質由来のペプチド断片とそれに結合する抗原提示細胞*上の自己の主要組織適合抗原*(MHC抗原)の両方を認識することを発見した. このMHC拘束*の発見を通してT細胞による抗原認識の仕組みを解明した業績によりR. M. Zinkernagel*とともに1996年にノーベル医学生理学賞を受賞. 1988年からテネシー州メンフィスのセント・ジュード子供病院免疫学部長.

**ドーパデカルボキシラーゼ**［DOPA decarboxylase］ ＝芳香族L-アミノ酸デカルボキシラーゼ

**ドーパミン**［dopamine］ ＝3,4-ジヒドロキシフェニルエチルアミン(3,4-dihydroxyphenylethylamine), 3-ヒドロキシチラミン(3-hydroxytyramine). L-ドーパの脱炭酸化物. 生体内ではチロシンからチロシンヒドロキシラーゼにより生成するL-ドーパを基質として, 芳香族L-アミノ酸デカルボキシラーゼ*により合成される. ノルアドレナリン, アドレナリンの前駆物質でもある. 脳の全カテコールアミン量の50%を占め, 黒質-線条体系, 中脳-辺縁系および漏斗-下垂体系などのドーパミン性神経に含まれ, それぞれ運動調節, 情動調節および下垂体ホルモン分泌調節などにかかわる. 末梢神経(脾神経など), 肺, 小腸にも含まれる. カテコール-O-メチルトランスフェラーゼおよびモノアミンオキシダーゼにより代謝され, 3-メトキシチラミン, 3,4-ジヒドロキシフェニル酢酸を経てホモバニリン酸となり, 尿中に排泄される. ドーパミン塩酸塩は腎血管拡張作用や強心作用をもち, 心原性または出血性ショックの循環改善に用いられる. ドーパミン受容体*のほか$\beta_1$アドレナリン受容体, 高濃度では$\alpha_1$アドレナリン受容体にも作用する.

**ドーパミン作動性ニューロン**［dopaminergic neuron］ ドーパミン*を合成し, 伝達物質として放出しているニューロンをいう. ドーパミン作動性ニューロンは中脳の中脳網様体($A_8$), 黒質($A_9$), 腹側被蓋野($A_{10}$)に細胞体が分布し, 線条体, 辺縁系へ投射している. ドーパミン生合成経路の律速段階は, チロシンヒドロキシラーゼに触媒される反応である. パーキンソン病*は, 黒質-線条体系ドーパミン作動性ニューロンの変性によることが明らかになっているが, 変性の原因は不明である. (⇒カテコールアミン作動性ニューロン)

**ドーパミン受容体**［dopamine receptor］ ドーパミン*との結合シグナルを細胞内に伝える7回膜貫通型(Gタンパク質共役型)のペプチド(⇒Gタンパク質共役受容体). 中枢神経性($D_1$～$D_5$)および末梢組織性($DA_1$, $DA_2$)受容体がある. $D_1/D_5$受容体間, $D_2/D_3/D_4$受容体間の相同性が高い. 副甲状腺や線条体にある$D_1$受容体は, アデニル酸シクラーゼ*を促進してホルモンの分泌やドーパミン生合成の調節にかかわる. $D_2$受容体は線条体や下垂体におもにシナプス前受容体として存在し, アデニル酸シクラーゼの抑制, $K^+$チャネルの開口またはCa$^{2+}$チャネルの抑制により神経伝達物質やプロラクチンの遊離を抑制する. $D_2(D_4)$受容体遮断薬は抗精神病薬として重要である. 辺縁系や前頭葉にある$D_3$, $D_4$受容体は, それぞれCa$^{2+}$チャネルやアデニル酸シクラーゼを抑制する. 海馬にある$D_5$受容体はアデニル酸シクラーゼを促進する. 腎動脈にある$DA_1$受容体や自律神経終末上の$DA_2$受容体は, それぞれアデニル酸シクラーゼの促進と抑制を介し, 血管拡張や神経伝達物質遊離の抑制にかかわる.

**ドーパミン輸送体**［dopamine transporter］ 神経伝達物質*であるドーパミン*に結合し, 輸送を行う膜貫通型タンパク質. ドーパミンとナトリウムイオンが結合することで構造変化を起こし, ナトリウムイオンの濃度勾配を利用して膜を隔てた内側にドーパミンを輸送する. 細胞膜上に局在しシナプス間隙に放出されたドーパミンの再取込みを行うタイプと, 細胞内の分泌小胞膜上に局在し小胞内にドーパミンを取込むタイプがある. 細胞膜上のタイプは再取込みによりドーパミン神経伝達を止める役割を担っているため, 注意欠陥多動症, 双極性障害, うつ病, アルコール依存症などのドーパミン関連疾患への関与が示唆されている. コカインの標的分子の一つとしても知られており, コカインはドーパミン輸送体に結合し取込み活性を抑制することで, シナプス間隙のドーパミン量を増加させる. これによりドーパミン神経回路の一つである報酬系回路を異常活性化することがコカインの依存性発揮に寄与している.

**Tob**［Tob］ Tob(transducer of ErbB-2)は, 細胞増殖抑制作用をもつTob/BTGファミリーに属する45 kDaのタンパク質で, ErbB-2の結合因子として同定された. N末端にBox-A, Box-Bというファミリー内で保存された二つの領域をもつ. Tobは生理的な骨

形成抑制因子であり，Tob 遺伝子欠失マウス(Tob−/−)は骨形成促進に基づく骨量増加を呈する．Tob の発現は BMP-2 で誘導され，Tob 自身は核内で Smad*1/5/8(BMP 作用を媒介する下流転写因子)の機能を抑制することから，BMP シグナル抑制因子としてフィードバック調節に重要な役割を果たしていると考えられる．一方，Tob はサイクリン D1 の転写を抑制するがん抑制遺伝子*でもあり，Tob−/−マウスは悪性リンパ腫などの腫瘍性病変を発症する．(⇒ 骨誘導因子，サイクリン)

**トポアイソマー** [topoisomer] ⇒ リンキング数
**トポアイソメラーゼ** [topoisomerase] ＝ DNA トポアイソメラーゼ
**ドミナントネガティブ突然変異体** [dominant-negative mutant] 優性ネガティブ突然変異体ともいう．欠損突然変異と同じ表現型を示すが，野生型に対して優性を示す突然変異をもつ株，系統，個体．遺伝子産物(タンパク質)が複数のサブユニットから成る場合，突然変異型サブユニットだけから成るタンパク質は不活性となる．ヘテロ接合体では，野生型サブユニットと突然変異型サブユニットが共存し，両種のサブユニットから混成タンパク質が生じる．この混成タンパク質が機能欠損になるため，突然変異形質が優性となる．ヘテロ接合体内では正常なサブユニットから成る正常タンパク質も生じる可能性はあるが，何らかの原因でその量が少ないためこのような現象が生じる．また，野生型タンパク質が，他のタンパク質と複合体を形成してその生理作用を現す場合，突然変異タンパク質が優先的に不活性複合体を形成・蓄積することにより，野生型タンパク質と共存しても変異形質を現す場合も知られている．

**ドメイン** [domain] 【1】 タンパク質，特に分子量の大きな球状タンパク質*の構成単位で，アミノ酸配列，立体構造，機能，進化などの面でまとまった領域．通常 50〜200 個ほどのアミノ酸残基から成り，空間的に独立したコンパクトな構造をもつので，プロテアーゼ*で切出すこともできる場合がある．複数のドメインをもつタンパク質の機能はドメインの接触部分で営まれることが多い．分子進化的にドメインは一つのエキソン*に対応すると考えられ，事実，ドメインとエキソンの境界が一致する場合が多い．ドメインよりさらに小さいモジュール(module，アミノ酸 20〜40 残基)もエキソンに対応する構造と機能の単位として知られている．
【2】(生物分類単位の) ⇒ 界

**ドメイン混成** [domain shuffling] 進化の過程で，異なるドメインを組合わせ，一つの大きな遺伝子に統合することをドメイン混成とよぶ．遺伝子の多様化機構の一つ．既存の遺伝子中にあるドメインをコピーし，コピーされた異なるドメインを転移シャッフリング)

**トモシン** [tomosyn] ⇒ SNARE 関連タンパク質
**トラウマチン** [traumatin] ⇒ 傷ホルモン
**トラスツズマブ** [trastuzumab] ハーセプチン(商品名，Herceptin)．EGF 受容体ファミリーメンバーのヒトがん遺伝子 *HER2/neu* (c-*erbB2*)産物である HER2 タンパク質の細胞外領域に特異的に結合し，抗腫瘍効果を発揮するヒト化モノクローナル抗体*(⇒ 上皮増殖因子受容体)．HER2 タンパク質は約 185 kDa の細胞表面糖タンパク質で，受容体型チロシンキナーゼ*であり，正常細胞では細胞の増殖や分化などの調節に関与しているが，遺伝子増幅や過剰発現および変異などがあると，細胞増殖の制御が異常となり，細胞はがん化する．トラスツズマブは HER2 の過剰発現が認められる転移性乳がんの治療薬として用いられている．HER2 に結合した後，ナチュラルキラー(NK)細胞*や単球*を標的とした抗体依存性細胞障害*(ADCC)活性により抗腫瘍効果を発揮する．

**TRAF** [TRAF＝TNF receptor-associated factor] TNF 受容体結合因子の略．CRAF(CD40 receptor-associated factor，CD40 受容体結合因子)ともいう．腫瘍壊死因子受容体*(TNF 受容体)や Toll/IL-1 受容体に結合して，これらサイトカイン*のシグナルを細胞内に伝えるアダプター分子で，MAP キナーゼ*や転写因子 NF-κB*の活性化を介して，細胞の増殖や分化に重要な機能を果たす．TRAF1〜TRAF7 の七つのメンバーから成る．N 末端側から，RING フィンガー*，ジンクフィンガー*，コイルドコイルドメイン，C 末端側に TRAF-C ドメインをもつ．TRAF2 と TRAF6 は，E3 ユビキチンリガーゼ活性をもつ．ノックアウトマウスの表現型から，B 細胞の分化やリンパ節・胸腺の形成などの免疫系，破骨細胞の形成で骨代謝における役割が注目される．TRAF6 欠損マウスは，RANK*のシグナル伝達異常により破骨細胞*が形成されず，大理石骨病*を呈することで知られる．

**トランジェントアッセイ** [transient assay] 遺伝子のプロモーター*やエンハンサー*の活性を調べる方法の一つ．調べたい遺伝子断片を，クロラムフェニコールアセチルトランスフェラーゼ*(CAT)やルシフェラーゼ*遺伝子につないだプラスミド*をレポーター遺伝子*として，培養細胞にトランスフェクション*する．一過性発現*した酵素活性を測定することにより，プロモーターや特異的なシスエレメント*の解析を行う．

**トランジション** [transition] 塩基の転位ともいう．DNA 上の突然変異の一種でピリミジン*と別のピリミジン間の置換．TA 塩基対と CG あるいは AT 塩基対と GC が置換した突然変異．(⇒ トランスバージョン)

**トランジットペプチド** [transit peptide] 葉緑体移行シグナル(chloroplast transit peptide)，cTP ともいう．高等植物の葉緑体ゲノム*には，約 100 種類の葉緑体タンパク質*がコードされているだけで，そのほかの 3000〜4000 種類の葉緑体*で機能しているタン

パク質は核ゲノムにコードされている．核ゲノムにコードされている葉緑体タンパク質遺伝子は，細胞質のリボソームでN末端側に葉緑体移行に必要な付加配列をもつ前駆体タンパク質として翻訳される．このN末端付加配列をトランジットペプチドとよぶ．トランジットペプチドは，通常20～100残基程度のアミノ酸から成り，セリンやトレオニンのようなヒドロキシアミノ酸を多く含む傾向があるが，一次配列の類似性はない．トランジットペプチドをもつ前駆体タンパク質は，葉緑体の包膜に達すると，その配列を認識する輸送機構によって透過し，ストロマ*に存在するペプチダーゼによりトランジットペプチドが切断され，成熟型タンパク質となる．チラコイド内腔で機能するタンパク質はストロマターゲッティングドメインとチラコイド内腔ターゲッティングドメインの二つから成るトランジットペプチドをもち，チラコイド膜透過装置によって透過する．

**トランスアクチベーター**［transactivator］　トランス活性化因子ともいう．遺伝子の転写を活性化するトランス作動性因子の総称．特に，転写活性化能をもつウイルス遺伝子産物をさす場合が多い．こうした例としては，アデノウイルスのE1A*やヒト免疫不全ウイルスのTat（＝tat遺伝子）などが知られている．その作用機構はさまざまであり，DNA結合能をもち，シスエレメント*への結合を介して直接転写を促進するものや，DNA結合能をもたず，他の因子を活性化することで間接的に転写を促進するものなどがある．（⇒転写アクチベーター）

**トランスアミナーゼ**［transaminase］　＝アミノトランスフェラーゼ

**トランス活性化**［transactivation］　トランス作動性の因子が遺伝子の転写を活性化する現象．通常，タンパク質因子が遺伝子DNAの近傍に存在するシスエレメント*へ結合することによりひき起こされる．

**トランス活性化因子**　＝トランスアクチベーター

**トランスクリプターゼ**　⇒RNAポリメラーゼ

**トランスクリプトミクス**［transcriptomics］　トランスクリプトーム*に関する研究．生物は時間，細胞・組織・器官，環境・外部からの刺激などの生育条件などに従って，それぞれ発現する遺伝子集団が異なり，さまざまな転写物集団を生産する．これらの転写物全体について網羅的に構造や機能の解析を行う研究が主要なモデル生物およびヒトで行われている．哺乳動物ではマウスやヒト，植物ではイネなどのトランスクリプトミクスが進んでおり，特にマウスではタンパク質をコードするRNAよりも多数のタンパク質非コードRNA*の存在，ゲノム上の膨大な数の転写開始点の存在，多数のセンス/アンチセンスRNAペアの存在，などの興味深い事実が明らかにされている．（⇒オミックス）

**トランスクリプトーム**［transcriptome］　生物個体のある特定の場所である特定の時期にゲノムから産生される転写物（RNA）の完全なセットのこと．また，概念的にはある生物種の場所や時期を問わずそのゲノムから産生される全RNAのセットをさすこともある．トランスクリプトームは動的に変化し，異なった環境（条件），発生時期，場所（細胞種，組織や器官）では異なる．トランスクリプトームに関する研究をトランスクリプトミクス*という（⇒オミックス）．哺乳動物ではマウスやヒト，植物ではイネなどのトランスクリプトームが広範に調べられている．マウスのトランスクリプトーム解析の結果，コードRNA*よりも多数の非コードRNA*（23,000個以上）が存在すること，ゲノムに存在する転写開始点が180,000個以上存在すること，二本鎖DNAの双方の鎖から産生されるセンス/アンチセンスRNAペアが31,000ペア以上もあること，などの新事実が明らかにされている．

**トランスゴルジ網**［trans Golgi network］　TGNと略記される．ゴルジ体*のトランス側に存在する網状の構造のこと．トランスゴルジ網様体（trans Golgi reticulum）ともいう．TGNでは，限定分解によるタンパク質のプロセシング*，シアル酸の転移反応，糖タンパク質の硫酸化などが行われる．また，TGNではリソソームタンパク質，調節性分泌タンパク質，構成性分泌タンパク質，細胞膜タンパク質などが選別されおのおのの目的地へ向けて輸送される．TGNの内腔は弱酸性でpH約5～6であることが示されている．この酸性環境は，タンパク質のプロセシングや調節性分泌タンパク質の濃縮に必要であると考えられている．

**トランスゴルジ網様体**［trans Golgi reticulum］　＝トランスゴルジ網

**トランスサイトーシス**［transcytosis］　上皮細胞の頂面（apical surface）あるいは基底側面（basolateral surface）でエンドサイトーシス*によってエンドソーム*に取込まれたタンパク質分子が，細胞内を輸送され，別の面からエキソサイトーシス*によって細胞外に放出される現象（⇒細胞極性）．結果として，タンパク質分子は上皮細胞層を横断したことになることから，トランスサイトーシスとよばれている．トランスサイトーシスされるタンパク質分子は，もとの細胞表面に戻る分子やリソソームに輸送される分子とエンドソーム内で選別され，エンドソームから出芽して形成される輸送小胞*により別の細胞表面に運ばれると考えられている．トランスサイトーシスの例として，新生児の小腸上皮細胞における母親免疫グロブリンの吸収（頂面から基底側面へ），小腸上皮細胞や肝細胞における免疫グロブリンA二量体の分泌（基底側面から頂面へ）などが知られている．ブレフェルジン*Aは，トランスサイトーシスを阻害するが，エンドサイトーシス，エンドソームの再循環，エンドソームからリソソームへの輸送は阻害しないことが報告されている．

**トランスサイレチン**　＝トランスチレチン

**トランス作用座**［trans-acting locus］　その遺伝子座の作用が，別の染色体上の他の遺伝子に働くものをよぶ．

**トランスジェニック植物**［transgenic plant］　遺伝子導入植物，形質転換植物ともいう．外来遺伝子を導

入して染色体に組込んだ細胞より成る植物個体．体細胞に遺伝子を導入し，その細胞の分裂・増殖と再分化によって個体を得るのがトランスジェニック植物作製の一般的な方法であり，1) 遺伝子の細胞への導入と染色体への組込み，2) 遺伝子導入細胞の選別・増殖と個体再分化の二つのステップより成る．1980年代初期のタバコ，ペチュニアなどでの成功以来，トランスジェニック植物は多くの種で作製されているが，個体再分化の過程が障害されている種も多い．双子葉植物*への遺伝子導入には，病原菌 *Agrobacterium tumefaciens*（アグロバクテリウム＝ツメファシエンス*）の感染時に起こる Ti プラスミド*中の T-DNA の植物細胞への移行と染色体組込みを利用した方法がよく使われ，Ti プラスミドから遺伝子導入に必要な領域だけを残して大腸菌との間を往復可能にした小さなバイナリーベクター*が開発されている．単子葉植物*ではプロトプラスト*への電気穿孔*（エレクトロポレーション）などによる DNA の直接導入法が一般に使われるが，アグロバクテリウム感染法，パーティクルガン法，DNA ボンバードメント法による成功例も報告されている．トランスジェニック植物は遺伝子の発現調節の解析に使われ，転写調節の解析には植物遺伝子のプロモーター*と大腸菌 β-グルクロニダーゼ(GUS)遺伝子(*uidA*)の翻訳領域配列との融合遺伝子がよく使われる（→レポーター遺伝子）．GUS の活性は発色基質を使って組織化学的に検出することが可能で，導入した融合遺伝子の発現を細胞レベルで追跡することができる．また，種々のプロモーター下流に cDNA をつないだ融合遺伝子を導入することで，特定タンパク質を植物個体の中で種々の様式で発現させることができる（→発現ベクター）．こうしたタンパク質発現系は，タンパク質の構造と機能や局在化の解析のみならず，農作物の改良へも応用されている．単一タンパク質の発現によって，農薬，ウイルス，病原菌，害虫などに対する抵抗性の高められた植物がつくられている．トランスジェニック植物における導入遺伝子の発現レベルは，個々の個体によって大きく異なることが多く，導入遺伝子の染色体への組込み部位の違いがもたらす位置効果*によると考えられている．一方，アンチセンス RNA*遺伝子や siRNA*の導入による遺伝子発現の抑制も多くの植物遺伝子で効果をあげている．また，遺伝子導入によって，導入した遺伝子のみならず内在性の遺伝子の発現も抑制される共抑制(co-suppression)の現象もいくつかの遺伝子で報告されて注目されている．トランスジェニック植物は植物遺伝学にも新展開をもたらしている．染色体に組込まれた T-DNA はそれ自体が突然変異因子となり，Ti プラスミドによって作製された多数のシロイヌナズナ*(*Arabidopsis thaliana*)のトランスジェニック植物ライブラリーから，突然変異株を分離して突然変異遺伝子を単離すること(T-DNA 標識 T-DNA tagging)が盛んに進められている．また，トウモロコシのトランスポゾン*である *Ac/Ds* は，それを導入したシロイヌナズナやイネなどの染色体においても転位し，これらモデル植物でのトランスポゾン標識*も可能になってきている．

**トランスジェニック生物**［transgenic organism］形質転換生物ともいう．単離した遺伝子を受精卵や初期胚の段階で注入し，その遺伝子を新たに組込んだ生物個体のこと．組込まれる染色体上の位置はランダムであり特定することはできないが，多くの場合 1 箇所である．組込まれるのは発生のごく初期であり，したがって生殖細胞も含む体を構成するすべての細胞が遺伝子を組込んでいる．このためつぎの子孫がこの遺伝子を受継ぐことができる．

**トランスジェニック動物**［transgenic animal］形質転換動物ともいう．外来遺伝子を組込んだ動物のこと．哺乳類，鳥類，魚類，昆虫などで可能である．哺乳類では，マウス，ラット，ウシ，ブタ，ヒツジ，ヤギなどへの遺伝子導入が可能である．受精卵や初期胚に，マイクロマニピュレーター，組換えレトロウイルス*，トランスポゾン*を用いて導入可能である．哺乳類の場合は，生き残った受精卵を仮親の卵管に移植して作製する．マウスの場合，100 個の受精卵に注入したとすれば，数匹のトランスジェニックマウス*が生まれる．また，あらかじめ外来性遺伝子を組込んだ組換えレトロウイルスを 8 細胞期胚に感染させて導入する場合，各割球にレトロウイルスが感染し，異なった染色体上の位置に組込まれることもある．また，マウスの場合は，多分化能をもつ胚性幹細胞*(ES 細胞)を利用する方法もある．すなわち，ES 細胞を培養中に遺伝子を導入しておき，この ES 細胞を受容動物の胚盤胞に注入することによりキメラマウスを作製する方法である．効率のよい遺伝子発現のためには，遺伝子の単離に用いたベクターを除去すること，cDNA の場合にはイントロンを挿入することが必要である．多くの場合，導入した遺伝子は，遺伝子内に含まれる発現調節領域によって支配された組織特異的，時期特異的発現パターンをとる．しかし，組込まれた位置の影響を受けて発現パターンが変化することもある(位置効果)．また，組込まれたコピー数と発現量は必ずしも一致しない．内在性遺伝子の中に組込まれた場合，挿入変異を生じることもある．しかし，組込みの際には，内在性 DNA 側に大きな欠失や再構成が生じることがあり，遺伝子の単離同定が困難なこともある．細菌人工染色体(BAC)によって，約 20 万〜30 万塩基対の DNA が単離可能であるが，これを直接受精卵に注入し，トランスジェニックマウスを作製できることが可能になった．大きな DNA を導入した場合は，遺伝子の発現効率がよく，組込まれた位置による影響を受けないことが多い．トランスジェニック動物を用いて，遺伝子発現に関与するエレメントの同定，遺伝子機能の解析，ヒト疾患モデル動物の作製，家畜の品種改良，生理活性物質の生産などの研究や応用が行われている．

**トランスジェニックマウス**［transgenic mouse］形質転換マウスともいう．外来遺伝子を受精卵または初期胚，胚性幹細胞*などに導入して得たマウスのこ

と．（⇨トランスジェニック動物）
　**トランスジーン**　＝導入遺伝子
　**トランススプライシング**［trans splicing］　異なるRNA分子上に存在するスプライス供与部位とスプライス受容部位間で行われるスプライシング\*反応．線虫（Caenorhabditis elegans\*），原生動物（トリパノソーマ\*），ミトコンドリアや葉緑体などの遺伝子の中にトランススプライシングを経て発現される例が知られている．ショウジョウバエや哺乳類および植物の細胞中でも数種のmRNA前駆体について起こっていることが報告されている．C. elegans では，80％程度のmRNAにおいて，スプライス供与部位を含むスプライスリーダー RNA（スプライス先導 RNA, spliced leader RNA, SL RNA）とよばれる100ヌクレオチド前後の短いRNAとmRNA前駆体との間のトランススプライシングが検出されている．トランススプライシングの結果，mRNAの5′末端にSL RNA由来の22ヌクレオチドから成る5′非翻訳配列が付加される．トリパノソーマのmRNAにはすべて同じ35ヌクレオチドのSL RNAがついている．トリパノソーマのmRNA前駆体にはイントロンがなく，また，U1 snRNPやU5 snRNPをもたないがSL RNAがU1 snRNPの代わりの機能を果たす．長いイントロンの存在によって転写とスプライシングの共役がうまくいかなくなるとトランススプライシングが起こると考えられている．（⇨シススプライシング）
　**トランスダクション**　＝形質導入
　**トランスチレチン**［transthyretin］　トランスサイレチンともよばれる．血漿タンパク質の一つ．127個のアミノ酸残基から成るサブユニットが血中で四量体を形成する．レチノール結合タンパク質\*と結合してレチノール\*（ビタミンA）を輸送すると同時にチロキシン\*とも結合する．電気泳動でアルブミン\*の前を移動することからプレアルブミン（prealbumin）とよばれていた．1アミノ酸の点突然変異を含む種々の異型トランスチレチンは常染色体性優性遺伝性難病，家族性アミロイドポリニューロパシー（familial amyloid polyneuropathy）の病因となる．
　**トランスデューシン**［transducin］　網膜視細胞外節に存在するGTP結合タンパク質\*の一種．$\alpha\beta\gamma$のサブユニットから成る典型的なヘテロ三量体構造をとる．数百個の$\alpha$サブユニットが光活性化ロドプシン\*1分子によってGDP-GTP交換反応を行い光情報を増幅する（⇨GDP-GTP 交換因子）．GTP結合型$\alpha$サブユニットはcGMP分解酵素を活性化し，細胞内cGMP濃度が低下する．その結果，外節細胞膜のcGMP感受性陽イオンチャネルが閉鎖し，視細胞に過分極性電位が発生する．
　**トランス・トランスレーション**　［trans-translation］　⇨転移・メッセンジャー RNA
　**トランスバージョン**［transversion］　塩基の転換ともいう．DNA上の突然変異の一種で，ピリミジン\*とプリン\*の置換．たとえばTA塩基対がTの置換によりATあるいはGC塩基対に変化した突然変

異．（⇨トランジション）
　**トランスヒドロゲナーゼ**［transhydrogenase］＝NADPH：NAD$^+$オキシドレダクターゼ（NADPH：NAD$^+$ oxidoreductase）．つぎの反応
$$NADPH + NAD^+ \rightleftharpoons NADP^+ + NADH$$
を触媒する酵素であり，ピリジン環の4位で水素を相互に転移する．反応の平衡定数は1.4である．水素転移の性質が異なる2種類の酵素があり，一つはNADH，NADPHとも4B位の水素を転移する（EC 1.6.1.1），ほかの一つはNADHの4A位の水素とNADPHの4B位の水素を転移する（EC 1.6.1.2）．前者はFAD酵素であるが，後者はフラビンを含まない膜結合型酵素である．
　**トランスファー RNA**　＝転移 RNA
　**トランスフェクション**［transfection］　ファージDNAを受容細菌に感染させること，また感染して形

おもなトランスフェクション法

| 大腸菌 | 真核生物 |
|---|---|
| スフェロプラスト法 | DNA-リン酸カルシウム沈殿法 |
| 高濃度 Ca$^{2+}$ 処理法 | リポフェクション |
| ヘルパーウイルス法 | レトロウイルス法 |
| 電気穿孔法 | 電気穿孔法 |

質転換\*が起こり感染性ファージを生産するようになること．最近では，真核生物の培養細胞に外来遺伝子を試薬，ウイルスや電気穿孔法\*などを用いて導入することをいう．ファージDNAを用いた大腸菌の形質転換の場合は，大腸菌のスフェロプラスト\*を使用する，高濃度 Ca$^{2+}$で大腸菌を処理する，ヘルパーウイルス\*を使用するなどの方法がある．真核生物の場合，DNA-リン酸カルシウム沈殿法（⇨リン酸カルシウム法）あるいはリポフェクタミンなど商品化された試薬とDNAを混合して細胞を処理する方法が代表的である（⇨リポフェクション）．遺伝子導入したレポーター遺伝子の一過性の発現を測定し，シスエレメント\*の解析や発現細胞の同定，突然変異遺伝子を用いた遺伝子の機能発現の解析などを行うことができる．また，導入遺伝子を染色体に組込み，胚性幹細胞\*を用いたノックアウトマウスの作製，遺伝子導入株細胞の樹立ができる．真核生物の遺伝子発現の制御機構，機能解析の有力な手段の一つである．
　**トランスフェラーゼ**　＝転移酵素
　**トランスフェリン**［transferrin］　シデロフィリン（siderophilin），鉄結合性グロブリン（iron-binding globulin）ともいう．血漿中の$\beta_1$グロブリン画分に存在する分子量約 80,000 の鉄輸送タンパク質．鉄を結合していない状態をアポトランスフェリンという．Fe$^{3+}$を2分子結合することができ，赤芽球や分裂・増殖する細胞に鉄イオンをトランスフェリン受容体\*を介して供給する．おもに肝で合成され，その遺伝子転写レベルは貯蔵鉄量に応じて調節されている．血漿中に 2.5～3.5 mg/mL の濃度で存在するが，鉄欠乏時には増加する．また，悪性疾患，慢性炎症，肝疾患などで

減少する.(⇒ヘモグロビン合成)

**トランスフェリン結合タンパク質** [transferrin binding protein] ＝トランスフェリン受容体

**トランスフェリン受容体** [transferrin receptor] トランスフェリン結合タンパク質(transferrin binding protein)ともいう. 細胞内に鉄を取込むためのトランスフェリン*に特異的な受容体. 分子量 95,000 のポリペプチド鎖のホモ二量体から成り, そのおのおのの鎖に鉄イオン2個を結合したトランスフェリンが1分子ずつ結合する. ヘモグロビン合成を行う赤芽球や活発に増殖する細胞に存在する. 発現量は細胞内鉄量の多寡を反映し, mRNA 3′末端側の鉄応答エレメント(iron-responsive element)を介して翻訳レベルで調節されている. 微量ながら血漿中にも存在し, その量は造血能と相関する.

**トランスフォーマント** ＝形質転換細胞

**トランスフォーミング遺伝子** [transforming gene] 正常細胞に腫瘍細胞の形質を付与するような遺伝子, すなわち細胞に遺伝子を導入した際に細胞をトランスフォーム(⇒トランスフォーメーション)させうる遺伝子を総称する. がん遺伝子*と同義に使われることもあるが, それよりも広い概念で動物細胞に由来しない遺伝子群も含む. すなわちがん遺伝子*のほかに, RNA 腫瘍ウイルスの腫瘍原性遺伝子のうち, 動物細胞に由来しないものや, DNA 腫瘍ウイルスの腫瘍原性遺伝子などがこの中に含まれる. 具体的には成人T細胞白血病ウイルス*の tax 遺伝子*, SV40*のラージT抗原遺伝子, ポリオーマウイルス*のミドルT抗原遺伝子, ヒトパピローマウイルス*のE6, E7 遺伝子などがある. これらの遺伝子の産物(⇒トランスフォーミングタンパク質)は細胞内の細胞周期制御分子と相互作用し, 増殖に正のシグナルの活性化因子, あるいは負のシグナルの抑制因子として機能するために細胞の腫瘍化を誘導すると考えられている.

**トランスフォーミング増殖因子α** [transforming growth factor-α] TGF-α と略す. TGF-α は上皮増殖因子*(EGF)と類似した構造をもち, 上皮増殖因子受容体*を介して作用する. TGF-α は正常の繊維芽細胞*のトランスフォーメーション*を起こし軟寒天培地での増殖を促進する物質の一つとして発見された. TGF-α は 160 個のアミノ酸から成る膜結合型タンパク質としてつくられたのち, プロテアーゼの作用によって遊離型 TGF-α となる. 膜結合型 TGF-α も細胞同士の接触によって作用する. TGF-α は皮膚角化細胞やさまざまな胎児組織, がん細胞などでつくられる.

**トランスフォーミング増殖因子β** [transforming growth factor-β] TGF-β と略す. 12.5 kDa のサブユニットがジスルフィド結合した二量体構造をとる細胞増殖因子である. もともとは軟寒天培地中での正常繊維芽細胞の足場非依存性増殖を促進する因子の一つとして同定された. その後, 上皮細胞や内皮細胞, 血球細胞など広範な種類の細胞に対して強い増殖抑制作用を示すことがわかり, 腫瘍形成には抑制的に働くと考えられている. また, 最近では, 腫瘍の浸潤・転移を促進するという二面性も明らかにされている.

**トランスフォーミング増殖因子β受容体** [transforming growth factor-β receptor] TGF-β 受容体ともいう. TGF-β 受容体にはI型(53 kDa), II型(75 kDa), III型(約 300 kDa)の3種類があり, この三つが多くの細胞で発現している. I型, II型受容体は細胞内にセリン/トレオニンキナーゼ*領域をもち, TGF-β がII型受容体に結合するとI型受容体を活性化してシグナルを伝える. III型受容体(β-グリカンともよばれる)はグリコサミノグリカン*鎖をもちシグナル伝達には直接関与しない. 内皮細胞などではIII型受容体に類似したエンドグリン(endoglin)が存在する.

**トランスフォーミングタンパク質** [transforming protein] 正常細胞に腫瘍細胞の形質を付与するようなタンパク質, あるいはトランスフォーミング遺伝子*がコードするタンパク質のことをいう. がん遺伝子*産物のほかに, DNA 腫瘍ウイルス*の産物などが含まれる. このようなタンパク質の中にはがん抑制遺伝子*産物と結合し, その機能を不活性化することにより細胞の腫瘍化を誘導すると考えられているものがある. RB(⇒ *RB* 遺伝子)や p53(⇒ *p53* 遺伝子)とおのおのの結合するヒトパピローマウイルス*の E7, E6 タンパク質がその代表例である.

**トランスフォーメーション** [transformation]
【1】(細菌の) ＝形質転換【1】
【2】(動物細胞の) 形質転換ともいう. 正常な培養細胞, 特に哺乳動物細胞の表現形質が変化して, 腫瘍細胞あるいはがん細胞の形質の一部を呈するようになること. このような変化は細胞へのX線照射, 化学発がん物質の曝露(⇒発がん物質), 腫瘍ウイルス*の感染, がん遺伝子*の導入(⇒トランスフェクション)などによって起こるが, 長期培養中に自然に起こることもある. トランスフォーメーションの指標としては, 形態学的変化, 無限増殖性の獲得(不死化*), 細胞間の接触阻止*現象の喪失, 寒天培地中でのコロニー形成(⇒足場非依存性), 増殖における血清要求性の低下, 細胞接着能の減弱およびフィブロネクチン*発現の消失, ヌードマウスへの腫瘍形成などがある(⇒フォーカス). DNA 導入法によるヒトがん遺伝子の検索は, ヒトがん細胞の全 DNA をマウス NIH3T3 細胞に導入した際のこのような変化を指標として行われる. この際, DNA を導入した NIH3T3 細胞を同系マウスあるいは胸腺欠失ヌードマウスへ移植することにより検索の感度を工夫することもある. (⇒悪性形質転換)

**トランスポザーゼ** ＝トランスポゼース

**トランスポゼース** [transposase] トランスポザーゼともいう. ある DNA 分子から他の DNA 分子へと移動する遺伝子単位トランスポゾン*が転位*する際の DNA 組換え反応(DNA 鎖の切断と再結合)を触媒する酵素. トランスポゾンは, ファージ, 細菌, 酵母, ショウジョウバエなどに広く分布しており, 通常トラ

ンスポゼースをコードする遺伝子をもつ．真核生物*のトランスポゼースとして，ショウジョウバエのP因子*の転位を起こす分子が有名であり，人工的変異誘発に広く応用されている．

**トランスポゾン**［transposon］　転位性遺伝因子(transposable genetic element)，可動性遺伝因子(mobile genetic element, movable genetic element)ともいう．DNA上のある部位から他の部位へ転位*するDNA単位．両端に通常10～50 bpの逆方向反復配列*(IR)をもち，内部に自らの転位に必要な酵素トランスポゼースをコードしている．IRはこのトランスポゼースの認識部位である．トランスポゾンは通常，ランダムな位置に転位し，転位の標的部位の数塩基対の配列をトランスポゾンの両端に重複させる．単純挿入により遺伝子不活性化や活性化を起こすため表現型を変えるが，欠失や逆位などのDNA組換え反応も起こすためゲノム再編成にかかわっている．原核生物のトランスポゾンはその構造から1) 挿入配列*，2) Tn(transposonの意，研究の初期にはこれをトランスポゾンとよんだ)，3) Mu ファージ*，に大別される．Tn はトランスポゼース以外に薬剤耐性遺伝子などの遺伝的マーカー*を運び，Tn3(アンピシリン耐性)，Tn5(カナマイシン耐性)，Tn10(テトラサイクリン耐性)などが代表的である．真核生物ではトウモロコシの Ac* やショウジョウバエのP因子* などがよく知られており，遺伝子操作に利用されている．(⇌ トランスポゾン標識)

**トランスポゾン標識**［transposon tagging］　トランスポゾン*の挿入によって生じた突然変異型遺伝子を，そのトランスポゾンをプローブ*としてクローン化する遺伝子工学の手法．いったん，突然変異型遺伝子がクローン化されればつぎはそれをプローブとして野生型遺伝子をクローン化することができる．Ac, Spm, Mu などのトランスポゾンを用いたトウモロコシの系や Tam3 を用いたキンギョソウの系でこの方法を利用してアントシアニン*生合成系の遺伝子や花芽形成の調節遺伝子(花系ホメオティック遺伝子*)などが分離されている．

**トランスポーター**　＝輸送体

**トランスポーチン**［transportin］　インポーチンβファミリーに属する分子の一つで，hnRNP A1 がもつグリシンに富んだ核移行シグナル*を認識し，hnRNP A1 の核内移行を担う輸送因子．インポーチンαといったアダプター分子を介することなく直接輸送基質と結合する．核膜孔複合体構成因子(ヌクレオポリン*)や GTP 結合型 Ran* と相互作用する能力をもつという性質はインポーチンβと共通である．(⇌ インポーチン)

**トランスレーショナルリサーチ**［translational research］　1980年代に始まった分子生物学の急速な進歩は医学におけるベーシックサイエンスの進展を促した．その結果，細胞の特性を規定する分子機構が明らかにされるに伴い，それらの機構に関与する分子を明確にし，その機能を制御することによって診断，治療，予防に結びつけようとする研究が盛んに行われるようになった．トランスレーショナルリサーチは，これらの生物学，分子生物学の基礎研究成果を診断，治療，予防に応用(トランスレート)するための研究である．研究のステージの視点からは，純粋の基礎研究は含まれず，ヒトへの応用を意図した段階からの研究と考えられる．したがってそこには非臨床研究(規格，毒性，基礎薬効薬理など)と，少なくとも前期第II相までの臨床研究が含まれることが望まれる．

**トランスロカーゼ**［translocase］　【1】輸送体*，担体(carrier)，透過酵素(permease)，パーミアーゼともいう．生体内で物質(イオン，糖，アミノ酸，タンパク質，脂質，ヌクレオチドなど)の選択的な輸送を担うタンパク質．生体膜に存在するものが多い．(⇌ 膜輸送)
【2】タンパク質生合成におけるポリペプチド鎖伸長過程の転位反応に関与する因子(⇌ 伸長サイクル)．GTP を必要とする．原核生物では EF-G*，真核生物では EF-2* とよばれる．(⇌ 翻訳)

**トランスロケーション**［translocation］　【1】転位ともいう．ペプチド伸長反応において，P部位のペプチジル tRNA のペプチド鎖が A 部位のアミノアシル tRNA のアミノ酸に転移した後，P 部位の空になった tRNA が遊離し，A 部位から一つ鎖長の伸びたペプチジル tRNA が P 部位に転位すること．(⇌ 伸長サイクル)
【2】(染色体の)　⇌ 転座

**トランスロケーター**［translocator］　＝トランスロコン

**トランスロコン**［translocon］　トランスロケーター(translocator)ともいう．細胞小器官*の膜上に存在する膜透過装置．リボソーム*で合成されたタンパク質は，細胞小器官の核*，小胞体*，ミトコンドリア*，ペルオキシソーム*，葉緑体*に直接移行する．このとき核以外の細胞小器官では，トランスロコンとよばれる複数の膜タンパク質から成る複合体が，タンパク質の脂質二重層*透過，あるいは脂質二重層への組込みのための装置として働いている．それぞれの細胞小器官にターゲットするタンパク質は，それ自身のアミノ酸配列上に固有のシグナル配列をもっており，トランスロコンは，そのシグナルを認識して，その受容体として働く部分と，ポリペプチドを透過させるチャネルとして働く部分から構成される．小胞体，ミトコンドリア，葉緑体包膜のトランスロコンは，アンフォールディングされたタンパク質を透過させる．小胞体では，翻訳と共役してポリペプチドの透過が起きている．一方，葉緑体チラコイドやペルオキシソームでは高次構造を保ったままのタンパク質やオリゴマーを形成しているタンパク質を透過させることができる．

**トリアシルグリセロール**［triacylglycerol］　グリセロール*の3個のヒドロキシ基に脂肪酸3分子がエステル結合した構造．トリグリセリド(triglycride)ともよばれる．動植物に広く分布しており，動物では脂肪細胞と血中リポタンパク質，植物では種子，果肉や根

幹などに特に高濃度に含まれている．栄養源として重要な分子でありトリアシルグリセロールリパーゼの作用により脂肪酸に変換され吸収される．動物ではグリセロール3-リン酸のアシル化，続く脱リン酸後のアシル化により合成される．

**トリアシルグリセロールリパーゼ** [triacylglycerol lipase] ⇌ リパーゼ

**トリエチレンチオホスホルアミド** [triethylenethiophosphoramide] ＝チオテパ

**トリオースリン酸デヒドロゲナーゼ** [triosephosphate dehydrogenase] ＝グリセルアルデヒド-3-リン酸デヒドロゲナーゼ

**トリカルボン酸回路** [tricarboxylic acid cycle] ＝クエン酸回路

**トリグリセリド** [triglyceride] ＝トリアシルグリセロール

**トリクロロ酢酸** [trichloroacetic acid]　酢酸の $\alpha$ 位の三つの水素が塩基に置き換わった物質．化学式 $CCl_3COOH$．酸性も強くなり，5％の濃度でタンパク質を変性し，沈殿させる作用が強いので，可溶性の混合液（たとえば動植物組織）からタンパク質を沈殿させるために用いられる．高分子核酸も不溶性となり沈殿する．

**トリ骨髄芽球症ウイルス** [Avian myeloblastosis virus]　AMVと略す．現存する株は1941年にニワトリの神経リンパ腫から分離されたもので，ヘルパーウイルス*を含め，数種類のウイルスから成る．骨髄芽球症，リンパ性白血病などをひき起こす．このウイルス株よりがん遺伝子 v-myb が単離されている（→ myb 遺伝子）．従来，AMV感染ニワトリの白血病細胞が出すウイルス粒子から逆転写酵素*を精製していた．

**ドリコールリン酸** [dolichol phosphate]　主として動物細胞に分布している微量膜リン脂質の一つで，ドリコール（dolichol）の末端アルコール基がリン酸化されたもの．単糖類がエステル結合したドリコールリン酸マンノースならびにドリコールリン酸グルコースは，タンパク質のアスパラギン結合（N-グリコシド）型糖鎖生合成の糖脂質中間体であるドリコールピロリン酸オリゴ糖に，粗面小胞体内腔においてマンノースやグルコースを転移する際の糖供与体基質となっている．

**トリスケリオン** [triskelion] ⇌ クラスリン

**トリ赤芽球症ウイルス** [Avian erythroblastosis virus]　AEVと略す．がん遺伝子 v-erb（受容体型チロシンキナーゼ遺伝子由来）をもつ複製欠損性ウイルス*とヘルパーウイルス*であるトリ白血病ウイルス*（ALV）から成る株．静脈内接種により，赤芽球症と貧血症をひき起こす．AEV-H，AEV-26があり，それぞれ v-erbB，v-erbA＋v-erbB をもつ．（→ erbA 遺伝子，ErbB1，ErbB2）

**トリソミー**　＝三染色体性

**トリソラックス遺伝子** [trithorax gene]　trx 遺伝子（trx gene）と略す．ホメオティック遺伝子*群の発現はホメオティック遺伝子間の相互作用と調節遺伝子群によって担われている．調節遺伝子群はポリコウム（Pc）遺伝子*，エキストラセックスコウム（extra sex combs, esc）遺伝子に代表されるグループとレギュレーターオブバイソラックス（Regulator of bithorax, Rg-bx）遺伝子，trx のグループに分かれており，trx 遺伝子はバイソラックス遺伝子群*の発現を正に調節する転写制御因子で，負の調節をしている Pc 遺伝子群と拮抗的に作用している．なお，trx 突然変異個体ではセックスコウムレデュースト（Scr）遺伝子，アンテナペディア（Antp）遺伝子*，ウルトラバイソラックス（Ubx）遺伝子*の発現が低下しておりホメオティック突然変異*が観察される．

**トリチウム** [tritium]　記号は $^3H$ または T．質量が3の，水素の放射性同位元素．18 keV の弱い $\beta$ 線を出して崩壊（半減期約12年）する．核酸代謝その他の前駆分子を $^3H$ で標識し，トレーサー*としてあるいはオートラジオグラフィー*に用いる．自然界にも存在するが，人工的には原子炉でリチウムを中性子照射して製造する．また，核融合炉が実用化されると大量に発生する．

**DRIP** [DRIP]　vitamin D receptor interacting protein の略称．ビタミンD受容体（VDR）とリガンド依存性に相互作用して転写を制御する分子．分子量を示す数字とともに DRIP65 などとよばれる．分子量 65,000〜250,000 の分子から成る DRIP 複合体として機能するが，ヒストンアセチル化酵素複合体やクロマチンリモデリング因子複合体とは機能的に異なり，RNAポリメラーゼIIを含む基本転写因子複合体とVDRの双方に相互作用することで，転写を活性化すると考えられている．加えて，甲状腺ホルモン受容体と相互作用するTRAP複合体と多くの分子を共有しており，同様の複合体が広く転写活性化に際して動員されることが示されている．骨形成異常をきたすII型くる病の患者で見いだされた変異型VDRの中に，DRIP205との相互作用不全を示すものが同定されており，骨代謝制御でのVDRの機能においてDRIP複合体は重要な役割を果たすことが示唆されている（→くる病）．

**トリトン** [Triton]　Rohm & Haas 社製の一連の非イオン系界面活性剤*の商品名（たとえば Triton X-100）．ポリエチレングリコール-p-イソオクチルフェニルエーテル（polyethyleneglycol-p-isooctylphenyl ether）．細胞，組織，膜からその構成成分を分離精製する時に溶解剤として加えたり，組織，細胞や水溶性画分に取込まれた放射性同位元素（たとえば $^3H$）の放射能測定を液体シンチレーションカウンターを用いて行う時，試料の溶剤として加え，シンチレーター溶液に混合しやすくするなど多くの用途に使われる．

**トリ肉腫ウイルス** [Avian sarcoma virus] ⇌ トリ白血病ウイルス

**トリ白血病ウイルス** [Avian leukemia virus, Avian leukosis virus]　ALVと略す．トリ肉腫ウイルス（Avian sarcoma virus）とまとめて，トリ白血病・肉腫ウイルス（chicken leukosis/sarcoma virus）とよばれたこと

もある．それ自身，トリに白血病をひき起こしうるが，ほかの複製欠損性ウイルス*のヘルパーウイルス*としても働く（→トリ赤芽球症ウイルス）．内在性ウイルス*としても存在する．組込みにより宿主のc-mycを活性化，腫瘍化する現象が観察されたのは有名である（挿入突然変異）．

**トリ白血病・肉腫ウイルス** [chicken leukosis/sarcoma virus] ⇌ トリ白血病ウイルス

**トリパノソーマ** [*Trypanosoma*] 原生動物門，動物性鞭毛虫類（亜綱），原鞭毛虫類（目）に属する，睡眠病病原虫．通常，脊椎動物と無脊椎動物の両者を宿主とする．ヒル，ダニ，昆虫などを中間宿主とする．T. cruzi はマウスに寄生し，T. evansi はアフリカでラクダなどに寄生する．T. cruzi は中南米ではヒトにも寄生し，死にも至る疾患をひき起こす．Trypanosoma brucei, Trypanosoma rangeli が研究用に多用される．前者は病原性があるが，後者は病原性はない．後者は14の染色体をもち，各染色体は $3.5 \times 10^5$ bp〜$1.6 \times 10^6$ bp である．T. cruzi では二つのヒストン H2A が $7 \times 10^5$ bp 染色体上に，熱ショックタンパク質*HSP70が $1.6 \times 10^6$ bp 染色体上に存在する．パルスフィールドゲル電気泳動*で染色体を分離し，これら多数のcDNAなどの染色体上での位置が決定されている．

**トリパフラビン** [trypaflavine] ＝アクリフラビン

**トリパンブルー** [trypan blue] $C_{34}H_{24}N_6Na O_{14}S_4$．ジアゾ系色素で Direct Blue 14，Chlorazol blue 3B，Benzo blue 3B，Dianil blue H3G，Congo blue 3B，Anphtnamine blue 3BX，Benzamine blue 3B，Azidine blue 3B，Niagara blue 3B，Diamine Blue 3B などの別名がある．深青色の色素でタンパク質に強く結合し，生細胞には吸収されないが，死細胞の膜は透過でき細胞質を青く染色するため生細胞と死細胞を染め分ける色素排除試験（dye-exclusion test）に類用される．壊死細胞とアポトーシス*による死細胞とは区別できない．トリパノソーマ*を殺す能力があることから命名された．CAS番号は[72-57-1]．

***trp*オペロン** [*trp* operon] ＝トリプトファンオペロン

**トリプシン** [trypsin] EC 3.4.21.4. 脊椎動物の膵臓由来のタンパク質加水分解酵素（セリンプロテアーゼ*）の一種．不活性な前駆体であるトリプシノーゲンとして消化管に分泌され，自己分解により活性化される（→自己切断プロテアーゼ）．ウシのトリプシンはアミノ酸残基数223，分子量約23,000で分子内に6個のジスルフィド結合をもつ一本鎖の単純タンパク質である．ペプチド結合しているアミノ酸の中でアルギニン，リシンのC末端側を特異的に加水分解する．基質特異性が非常に高いのでタンパク質の構造解析のための限定分解に利用されることが多い．（→トリプシンインヒビター）

**トリプシンインヒビター** [trypsin inhibitor] トリプシン*およびトリプシン様（型）プロテアーゼの阻害物質．トリプシンの活性中心は195番セリンと57番ヒスチジンから成る触媒部位と負に帯電した189番アスパラギン酸を含む特異性決定部位から成る．トリプシンインヒビターの反応部位はその特異性決定部位に相補的な構造をもつもので，一般に塩基性アミノ酸であるアルギニンかリシン残基，あるいはそれに類似した構造を一部に含んでいる．したがってトリプシン以外にも，負に帯電しこれに類似した特異性決定部位をもつプロテアーゼ（トリプシン様（型）プロテアーゼ）はトリプシンインヒビターによって阻害を受ける．またトリプシンのようなセリンプロテアーゼ*に限らず，システインプロテアーゼ*であっても特異性決定部位がトリプシンに類似のものは阻害作用を受けることがある．天然に存在するトリプシンインヒビターは，1) 動・植物および微生物由来のタンパク質性のインヒビターと，2) 微生物由来のペプチド性インヒビター，それに 3) 低分子の合成阻害剤に分けられる．動物由来の代表的なトリプシンインヒビターにはウシの膵臓で発見されたクニッツ型ウシ膵臓トリプシンインヒビター（bovine pancreatic trypsin inhibitor, BPTI, ⇌クニッツ型プロテアーゼインヒビター），同じくカザール型膵分泌性トリプシンインヒビター（pancreatic secretory trypsin inhibitor, PSTI），血漿中に存在する $\alpha_1$ アンチトリプシン*（$\alpha_1$AT），インター$\alpha$トリプシンインヒビター（inter-$\alpha$-trypsin inhibitor, I$\alpha$I），鳥類の卵白中に存在するオボムコイド*などがあり，植物由来のものではクニッツ型ダイズトリプシンインヒビター（soybean trypsin inhibitor, STI），ボーマン・バーク型プロテアーゼインヒビター（Bowman-Birk protease inhibitor, BBI）などがある．また微生物由来のタンパク質性インヒビターにはプラスミノストレプチンがある．微生物由来のペプチド性インヒビターの代表的なものにはロイペプチンやアンチパインがあり，合成トリプシンインヒビターとしては TLCK（N-トシル-L-リシルクロロメチルケトン），FOY などがあげられる．これらのインヒビターはトリプシンに特異性の高いものもあるが，多くはトリプシン型プロテアーゼであるカリクレイン（⇌カリクレイン-キニン系）やプラスミン*，C1エステラーゼ，$X_a$（⇌血液凝固X因子），トロンビン*などのいくつかに，また中にはシステインプロテアーゼであるパパイン*，カテプシン*Bなどにも交差性の阻害作用を示すものがある．

**トリプトファン** [tryptophan] ＝2-アミノ-3-(3-インドリル)プロピオン酸(2-amino-3-(3-indolyl) propionic acid). Trp またはW（一文字表記）と略記される．L 形はタンパク質を構成する芳香族アミノ酸の一つ．$C_{11}H_{12}N_2O_2$，分子量204.23．種々のタンパク質に含まれているが含量は低い．インドール環によりホプキンス・コール反応，ローゼンハイム反応，アダムキーウィッツ反応，エールリッヒ反応，フォリン反応など多くの呈色反応を示す．通常の酸加水分解ではほとんど完全に破壊される．必須アミノ酸*．（→アミノ酸）

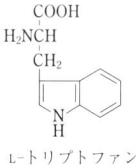

**トリプトファンオペロン** [tryptophan operon] trp オペロン(trp operon)ともいう．コリスミ酸からトリプトファンを合成する反応に関与する遺伝子群．大腸菌では trpE, trpD, trpC, trpB, trpA 遺伝子がプロモーター*とオペレーター*の下流にこの順序で並んでオペロン*を構成し，染色体の 27.7 分座に位置している．プロモーターと trpE の間にリーダーペプチド*をコードする領域(trpL)があり，オペロンの転写減衰*による調節を行っている．オペロンの転写は trp リプレッサーがオペレーターに結合して負の調節を受けるが，細胞内のより微妙なトリプトファンの量的変動に応じた調節は trpL の転写減衰の強弱で行われる．トリプトファンレベルが低い時にはこの減衰が弱くなり，オペロン転写が進行する．trp リプレッサーをコードする遺伝子(trpR)は染色体の 99.7 分座にあり，trp オペロン以外の二つの遺伝子(trpR, aroH)もこのリプレッサーで抑制される．aroH は芳香族アミノ酸の代謝酵素の遺伝子で，染色体の約 37 分座に存在する．trpR の抑制は自己調節の意味をもつ．

**トリプトファンヒドロキシラーゼ** [tryptophan hydroxylase] ＝トリプトファン 5-モノオキシゲナーゼ(tryptophan 5-monooxygenase)．EC 1.14.16.4．L-トリプトファンから 5-ヒドロキシ-L-トリプトファン(L-5HTP)を生成する一原子酸素添加酵素で，補酵素はテトラヒドロビオプテリン*．

L-Trp＋THBp＋$O_2$ → L-5HTP＋キノノイドジヒドロビオプテリン＋$H_2O$

セロトニン生合成の律速酵素とされており，セロトニン合成を行っている脳，マウスマスト細胞腫，カルチノイド腫瘍，腸粘膜エンテロクロマフィン細胞，およびメラトニン生合成を行っている松果体に存在する．主として脳に存在する中枢型酵素とマウスマスト細胞腫など，末梢の細胞に存在する末梢型酵素があると推定される．いずれも 5.3〜5.9 kDa のサブユニットから成る四量体で，適切な条件で添加された $Fe^{2+}$ が活性に必要である．中枢型酵素の活性調節機構としてリン酸化が知られており，ラット脳の酵素はカルモジュリンキナーゼⅡ*によりリン酸化を受けかつ 14-3-3 タンパク質*が存在すると活性化される．

**トリプトファン 5-モノオキシゲナーゼ** [tryptophan 5-monooxygenase] ＝トリプトファンヒドロキシラーゼ

**トリプレット** [triplet] ⇒コドン

**トリプレット反復病** [triplet repeat disorder] 3 塩基を単位とする縦列反復配列*が，繰返し数の増加によって伸長し，そのために発症する一群の遺伝性疾患．これらの疾患では，世代を経るごとに若年発症化し重篤化するという表現促進効果(genetic anticipation)が認められ，それは伸長した反復配列の一層の伸長による．伸長する反復配列には CAG, CTG, CGG(または CCG), GAA があり，それぞれハンチントン病*, 筋強直性ジストロフィー*, 脆弱 X 症候群*, フリードライヒ失調症*で代表され，発症の分子機構はそれぞれ異なる．

**トリホスファターゼ** [triphosphatase] ＝ATPアーゼ

**トリホスホピリジンヌクレオチド** [triphosphopyridine nucleotide] ＝NADP. TPN と略す．

**トリメチルエタノールアミン** [trimethylethanolamine] ＝コリン

**1,3,7-トリメチルキサンチン** [1,3,7-trimethylxanthine] ＝カフェイン

**トリメトプリム** [trimethoprim] ⇒アミノプテリン

**トリヨードサイロニン** ＝トリヨードチロニン

**トリヨードチロニン** [triiodothyronine] トリヨードサイロニンともいい，$T_3$ と略記する．生物活性の最も強い甲状腺ホルモン*で，3, 5, 3'位にヨウ素が結合している．1 日につくられる $T_3$ の一部分(約 25％)は甲状腺内で生合成されて分泌されているが，大部分は肝臓，腎臓，筋肉，下垂体などの甲状腺以外の末梢組織でチロキシン*($T_4$)から 5'-デイオジナーゼの作用によりヨウ素が一つはずれて(転換)$T_3$ がつくられている．正常血中濃度は約 2.1 nmol/L で，代謝クリアランス速度は 23.6 L/日・70 kg，生成速度は 48 nmol/日・kg である．血中では結合タンパク質と結合しており，遊離 $T_3$ は 0.3％であるが遊離ホルモンが生物活性をもつ．甲状腺ホルモン受容体*は $T_3$ に強い親和性をもっており，$T_3$ の作用はおもにこの核の受容体を介している．血中 $T_3$ 濃度は甲状腺の活動性と末梢組織での転換の影響を受けて変動し，甲状腺機能亢進症*や破壊性甲状腺中毒症では上昇し，甲状腺機能低下症では減少する．甲状腺刺激ホルモン*や甲状腺刺激物質による刺激下では $T_4$ と比べ $T_3$ が相対的に多量に合成，分泌される．また飢餓，発熱疾患，糖尿病，心筋梗塞など全身疾患では転換が障害され，血中 $T_4$ 濃度は正常範囲であっても血中 $T_3$ 濃度が低下する低 $T_3$ 症候群(low $T_3$ syndrome)を呈する．(⇒チログロブリン)

**トール遺伝子** [Toll gene] **Tl 遺伝子** [Tl gene] と略す．ショウジョウバエの背腹軸*決定に機能する母性遺伝子の一つで，膜タンパク質をコードしている．細胞外にはロイシンに富むモチーフが 2 個並んでおり，タンパク質間あるいは膜との相互作用に機能していると推定されている．細胞質ドメインはインターロイキン 1 受容体のそれと相同性が高く，機能上の類似性が示唆されている．背側化突然変異グループの遺伝子カスケード上では細胞外に遺伝子産物が発現する遺伝子群の下流で，チューブ(tube, tb)遺伝子，ペル(pelle, pll)遺伝子，ドーサル(dorsal, dl)遺伝子の上流，すなわちカスケードの真ん中に位置しており，機能的にも上流の細胞外シグナルを細胞内に伝達する役割を担っている．多核性胚，細胞性胚盤胞の細胞膜に普遍的に発現しているが，腹側側の Tl 分子のみが活性化されることによって細胞質の不均一を生み出し，背腹軸に沿った dl 活性の勾配を生み出している．(⇒背方化決定遺伝子, Toll 様受容体)

**トルソ遺伝子** [torso gene] tor 遺伝子(tor gene)

と略称される．ショウジョウバエの胚において，頭部・尾部の構造の形成にかかわる遺伝子．母性遺伝子で，この遺伝子のホモ接合体の雌由来の胚は，口や第8体節より後ろの構造が欠損する．tor は胚の表面全体に分布する 923 アミノ酸から成る受容体型チロシンキナーゼをコードしており，リガンドによって胚の前端・後端でのみ活性化されると考えられている．Tor タンパク質の活性化は胚期で起こり，この時，卵以外の卵形成にかかわった細胞は，すでに卵の周りに存在していない．おそらく不活性な Tor のリガンド分子も母性遺伝子産物で卵表面に局在化されており，Tor 活性化に先立ってリガンドが活性化されるのではないかと考えられる．Tor タンパク質が活性化されると，Raf, Ras, MAP キナーゼキナーゼ，MAP キナーゼなどを活性化し，最終的に転写因子*を介して特定の下流遺伝子の転写をひき起こすと考えられている．（⇌トルソシグナル）

**トルソシグナル** [Torso signal] ショウジョウバエの初期胚において，母性遺伝子産物によって前後軸方向に頭胸部，腹部，末端部の 3 領域に大きく区画化される（⇌体節形成）．このうち，体節構造の不明瞭な両末端部の細胞の運命決定にかかわるのが，トルソシグナルである．その中心的な働きをする Tor は受容体チロシンキナーゼで，受精後，母性 mRNA から翻訳されて，胚表面全体に発現する．受精後，胚から分泌される Trunk がプロセシングされて，Tor を活性化すると予想されている．卵形成過程で，卵細胞の両端部に位置する沪胞細胞で発現される Torsolike が，Tor の胚末端部での活性化にかかわると考えられている．Tor の下流では，Ras* と Rap1 が活性化され，さらに，Raf, Dsor1 (MEK), Rolled (MAPK) が順次活性化される．そして，最終的に転写抑制因子である Capicua と Groucho が不活性化されて，Tail-less と Huckebein（いずれも転写因子）の発現が誘導されることにより，末端部としての運命決定がなされる．（⇌トルソ遺伝子）

**ドルトン** [dalton] ダルトンともいう．原子や分子 1 個の質量を表す時の単位．炭素 12 ($^{12}$C) 1 原子の質量の 1/12 を 1 ドルトンとする．記号 Da. $10^3$ Da＝1 kDa. 1 Da＝$1.661 \times 10^{-27}$ kg. 英国の化学者 J. Dalton にちなむ．原子や分子の質量をドルトンで表すと，数値は分子量*と等しくなるが，分子量は 1 mol の物質の相対質量で，無名数であるので，混同しないよう注意を要する．タンパク質や核酸，細胞小器官などの生体高分子の質量を表すのに，分子量に代わってしばしば用いられる．

**Toll 様受容体** [Toll-like receptor] TLR と略す．細菌，ウイルスおよび寄生虫などの病原体に対する初期段階の生体防御機構である自然免疫（⇌免疫）において，病原体を構成している成分の特有の分子パターンを直接認識する受容体である．Toll は *Drosophila* の個体発生において背腹軸を決定する分子として同定されていたが，1996 年に *Toll* 遺伝子に変異をもつ個体は真菌感染に弱いことが発見されたことから生体防御への関与が示唆され，後にそのヒトホモログとして TLR が同定された．1997 年に最初の TLR がクローニングされてから現在に至るまでに，哺乳類では 11 種の TLR が報告されている．TLR2 は TLR1 や TLR6 と協調的に作用し，前者が細菌由来トリアシル化リポタンパク質 (BLP) を認識し，後者はジアシル化 BLP を認識する．TLR3 はウイルスの二本鎖 RNA (dsRNA) を，TLR4 はグラム陰性細菌由来リポ多糖 (LPS) を

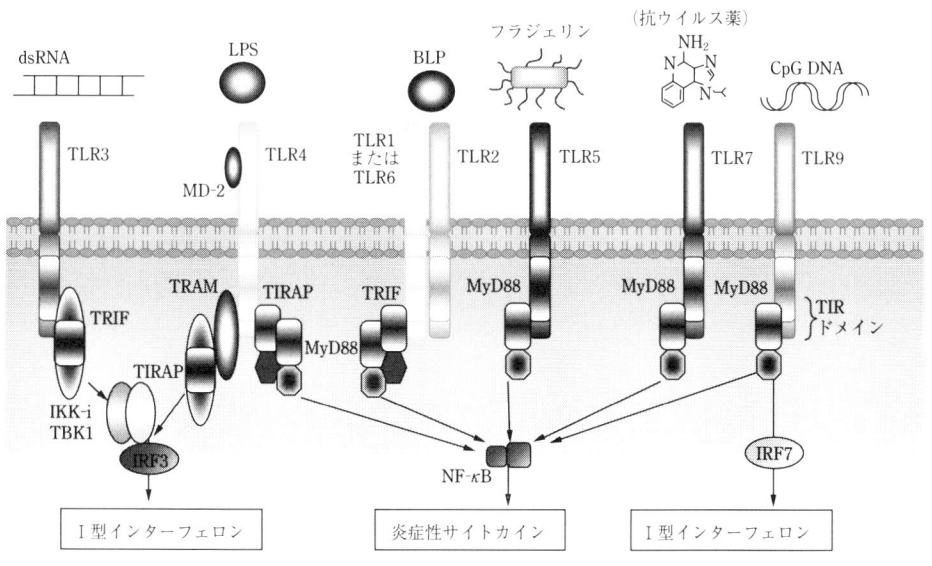

おもな Toll 様受容体 (TLR) のシグナル伝達（⇌Toll 様受容体）

認識し，TLR5 は細菌のべん毛タンパク質であるフラジェリンを認識する．TLR7 はウイルスの一本鎖 RNA や抗ウイルス薬のイミダゾキノリンを認識し，TLR9 は非メチル化 CpG モチーフを含む細菌およびウイルス由来 DNA(CpG DNA)を認識するほか，マラリア原虫による赤血球代謝物であるヘモゾインを認識する．TLR11 は寄生原虫である *Toxoplasma gondii* がもつプロフィリン様分子や大腸菌の尿路病原性株(UPEC)を認識する．TLR は 1 回膜貫通型の膜タンパク質であり，細胞外領域にタンパク質間の相互作用にかかわるロイシンリッチリピート*をもち，細胞内領域はインターロイキン 1 受容体*(IL-1R)の細胞内領域と Toll/IL-1R 相当領域である TIR ドメインを所持している．Toll リガンドが TLR に結合するとアダプター分子である MyD88 や TRIF を介してシグナルが伝達され，炎症性サイトカイン，I 型インターフェロンおよびケモカイン*を含む各種遺伝子発現を誘導する．その結果，感染初期における病原体の排除といった生体防御反応だけでなく，さらには感染後期に誘起される獲得免疫応答の活性化にも寄与している(図参照．⇒トール遺伝子)．

**TRAIL** [TRAIL] TNF-related apoptosis-inducing ligand の略．腫瘍壊死因子*(TNF)関連アポトーシス*誘導リガンドで，TNF ファミリーに属する膜貫通タンパク質．*in vitro* でさまざまな形質転換細胞に細胞傷害活性を示し，アポトーシス性細胞死を選択的に誘導するが，正常細胞には細胞死を誘導しない．NKT 細胞(ナチュラルキラー T 細胞*)や通常の T 細胞*では検出されないが，肝臓から分離された NK 細胞(ナチュラルキラー細胞*)の細胞表面に発現されている．

**トレオニン** [threonine] ＝2-アミノ-3-ヒドロキシ酪酸(2-amino-3-hydroxybutyric acid)．スレオニンともよぶ．Thr または T (一文字表記)と略記される．L 形はタンパク質構成アミノ酸の一つ．$C_4H_9NO_3$，分子量 119.12．必須アミノ酸*．タンパク質中のトレオニン残基の一部はリン酸化されて o-ホスホトレオニンとなることがある．糖のタンパク質への付加部位ともなる．(⇒アミノ酸)

COOH
H₂NCH
HCOH
CH₃
L-トレオニン

**トレーサー** [tracer] 追跡子ともいう．一般には，放射性同位元素で標識した放射性トレーサー(radioactive tracer)の放射能を追跡することにより，ある分子または物質が生体，細胞，組織などに取込まれ，分布，代謝される過程を追跡，解析することができる．目的に応じて，放射能エネルギー，半減期，化学体の特性などを考慮して核種を選択する．体外からモニターするためには多くは γ 線を出す放射性同位元素を使い，生化学，分子生物学的研究では β 線を出す $^3H$，$^{14}C$，$^{32}P$ などが使われる．

**トレッドミル状態** [treadmilling] 単分子とその重合体の平衡下において，構成単分子が全体として重合体の中を一方向へ流れる状態．アクチンフィラメント*や微小管*などの細胞骨格で見られる．これらの繊維では，重合臨界濃度*がその両端で異なる．したがって，重合反応が平衡に達すると，プラス端での分子の付加とマイナス端での分子の離脱が同じ速度で起こる．その結果，繊維の長さは一定に保たれるが，構成単分子は繊維の中をプラス端からマイナス端へ一定の速度で移動する．

**トレハロース** [trehalose] ミコース(mycose)，ミコシド(mycoside)ともいう．$C_{12}H_{22}O_{11}$，分子量 342.30．2 分子のグルコースが 1→1 結合した二糖で，還元力はない．天然のものは α,α 体であるが，合成すると α,β 体，β,β 体もつくられる．昆虫の主要な血糖である．

**トレーラー配列** [trailer sequence] 主として原核生物やウイルスの mRNA のコード領域の下流端(終止コドン*)に続く翻訳されない領域で，終止コドンと mRNA 3' 末端(またはポリ(A))との間にある配列．これに対応する(または相補的な)ウイルスゲノム RNA, DNA，原核生物 DNA 上の配列をいう．ポリシストロン性 mRNA* では最も 3' 側の非翻訳配列．(−)鎖 RNA をゲノムとするウイルスの場合，5' 側に存在するので 5' トレーラーという(⇒リーダー配列)．5' 側のトレーラー配列は翻訳開始の効率や制御に，3' 側のトレーラー配列は mRNA のプロセシング*や mRNA の安定性に関係している．

**トレランス** [tolerance] ＝免疫寛容

**トロポエラスチン** [tropoelastin] ⇒エラスチン

**トロポニン** [troponin] 横紋筋*の収縮弛緩は $Ca^{2+}$ によって制御されている．トロポニンはこの制御に関与する 2 種の $Ca^{2+}$ 調節タンパク質の一つで，1965 年に江橋節郎によって発見された．もう一つの $Ca^{2+}$ 調節タンパク質トロポミオシン*とともに，筋原繊維の細いフィラメント*上で，アクチン二重らせん構造に沿って周期的に分布している．$Ca^{2+}$ がトロポニンに作用しない状態では，トロポニン-トロポミオシンによって収縮タンパク質ミオシン*・アクチン*の収縮反応が抑制されているため弛緩状態が保たれるが，$Ca^{2+}$ が作用するとこの抑制が解除されて収縮反応が活性化される．またトロポニンは三つの成分(トロポニン C, I, T)によって構成される複合タンパク質で，このうちのトロポニン C(troponin C)が EF ハンド*型 $Ca^{2+}$ 結合能を示す筋収縮*のカルシウム受容タンパク質である．トロポニン I が収縮抑制作用，トロポニン T がトロポミオシン結合と，それぞれがトロポニンの特徴的な性質を分担している．

**トロポミオシン** [tropomyosin] 1946 年 K. Bailey によって主要な筋肉タンパク質*の一つとして発見された．分子量約 68,000，長さ 400 nm，幅 1.5 nm の棒状分子で，α，β トロポミオシンがある．二つのサブユニットから成り，おのおのが α ヘリックス構造をとり互いにコイルドコイル*構造をなす．アクチンフィ

ラメント*の二重らせんの溝に沿って存在し,横紋筋では$Ca^{2+}$結合タンパク質トロポニン*を結合,$Ca^{2+}$に依存した筋収縮・弛緩の制御に寄与する.アクチン7分子に対してトロポミオシン1分子,トロポニン1分子の割合で存在する.筋肉以外のさまざまな細胞(繊維芽細胞,血小板,脳など)や粘菌などにも広く存在し,おもにアクチンフィラメントに局在するが,平滑筋や非筋細胞でのトロポミオシンの機能的役割は明らかではない.ラットの$\alpha$トロポミオシン,$\beta$トロポミオシン遺伝子には13個,11個のエキソンが存在し,RNAの選択的スプライシング*によりおのおのの数種の異なる分子種(アイソフォーム)を生じ,それらは組織(細胞)特異的に分布する.

**トロンビン** [thrombin]  活性Ⅱ因子(activated factor Ⅱ),フィブリノゲナーゼ(fibrinogenase)ともいう.EC 3.4.21.5.ビタミン K* の存在下で肝で生成される血液凝固因子*の一種であるプロトロンビン*(Ⅱ因子)が活性 X 因子($X_a$)により活性化(限定分解)されて生じる一種のセリンプロテアーゼ*.フィブリノゲンを限定分解してフィブリンに転化して凝固を生じるほか,血小板の凝集,血液凝固Ⅶ因子*,Ⅷ因子*,Ⅴ因子*,Ⅺ因子*,ⅩⅢ因子*の活性化などの作用により凝固を促進する.このほか,トロンボモジュリン*と結合して凝固阻止的にも作用する.

**トロンビン・アンチトロンビンⅢ複合体** [thrombin-antithrombin Ⅲ complex]  TAT と略す.トロンビン*とアンチトロンビンⅢ*の複合体.血管内で形成されたトロンビンは,アンチトロンビンⅢ・ヘパリン複合体と結合し,さらにこの複合体からヘパリン*が外れてトロンビン・アンチトロンビンⅢ複合体を形成して中和される.血中に生じたトロンビンは急速に消失するのでその濃度を測定できないが,TAT の濃度は測定可能で,その増加は血管内でのトロンビン形成の亢進,つまり血栓傾向の指標として用いられる.

**トロンビン活性化繊維素溶解系インヒビター** [thrombin-activatable fibrinolysis inhibitor]  TAFI と略す.肝臓で産生され血中に存在する亜鉛含有メタロプロテアーゼ前駆体であり,プロカルボキシペプチダーゼの一種である(プロカルボキシペプチダーゼ B,U あるいは R ともよばれる).TAFI 前駆体はトロンビン*やプラスミン*の限定分解を受けて活性型 TAFIa となる.TAFIa はフィブリン*分子上のプラスミノーゲン*や t-PA の結合部位である C 末端 Lys 残基を切除し,これにより,フィブリン上での t-PA によるプラスミノーゲンの活性化が低下し,繊維素溶解*系が阻害される.

**トロンビン受容体** [thrombin receptor]  TR と略す.血小板,血管内皮細胞,平滑筋細胞,繊維芽細胞など多くの細胞に存在する7回膜貫通構造をもつ細胞膜受容体で,プロテアーゼ活性化受容体*(PAR)の一つ.トロンビン*は TR(PAR-1)のヒルジン様構造に結合して TR の一部を限定分解し,GTP 結合タンパク質の活性化を介して細胞を活性化する(血小板凝集,内皮細胞の機能変化,平滑筋細胞の増殖,心筋細胞からのホルモン分泌など).TR 結合トロンビンは細胞内に移行し,リソソームで分解される.

**トロンビン阻害物質** [thrombin inhibitor]  抗トロンビン物質ともいう.トロンビン*の凝固活性を阻害する物質であり,天然物としては,血漿中アンチトロンビンⅢ*,ヒルジン(hirudine),各種ヘビ毒*因子が知られている.血漿抗トロンビンの活性はヘパリン*によって著しく促進される.ヒルジンはヒルの唾液腺から分泌される分子量 10,800 のポリペプチドで,トロンビンの活性部位に選択的に結合してトロンビン活性を阻害する.合成トロンビン阻害剤のアルガトロバン(argatroban)はトロンビン活性部位に選択的に作用する.

**トロンボキサン** [thromboxane]  アラキドン酸*などの炭素数 20 個のエイコサポリエン酸からシクロオキシゲナーゼ*とトロンボキサンシンターゼ(thromboxane synthase)によって合成される生理活性物質の一種.TX と略される.オキサン環をもち,血小板で多く産生されることからトロンボキサンとよばれる.側鎖の二重結合の数に応じて 1〜3 群があるが,生体内においては 2 群の $TXA_2(C_{20}H_{32}O_5)$ が主体である.トロンボキサンシンターゼは血小板に最も多く,ついでマクロファージに多く存在している.$TXA_2$ は非常に不安定で,生理的条件下では半減期約 30 秒で分解し,$TXB_2$ となる(図参照).$TXA_2$ は強力な血小板活性化作用や血管・気管支平滑筋収縮作用を示し,血栓性疾患,虚血性心疾患,気管支喘息などの病因の一つと考えられている.これらの作用は細胞表面上にある特異的な受容体を介して発揮されている.トロンボキサン $A_2$ 受容体*は,7 回膜貫通構造をもち G タンパク質と連関するロドプシン型の受容体に属し,現在までにその C 末端のみ構造を異にする 2 種類のアイソフォームの存在が知られている.その発現は血小板,血管・気管支平滑筋,血管内皮細胞,腎臓のメサンギウム細胞,マウス胸腺や脾臓の T 細胞などに認められる.

**トロンボキサン $A_2$ 受容体** [thromboxane $A_2$ receptor]  トロンボキサン $A_2$/プロスタグランジン $H_2$ 受容体(thromboxane $A_2$/prostaglandin $H_2$ receptor)ともいう.トロンボキサン $A_2$(thromboxane $A_2$, $TXA_2$)と結合し,GTP 結合タンパク質*と共役する受容体.ヒト血小板*のものは 343 残基のアミノ酸より成るペプチドで,七つの膜貫通領域をもつ.$G_q$ と共役してホスホリパーゼ $C^*$ の活性化,イノシトールリン脂質代謝の亢進および細胞内 $Ca^{2+}$ 濃度の上昇をもたらす.内皮細胞や血小板ではアイソ

フォームが同定されている.ヒトの受容体遺伝子は第19染色体短腕13.3領域にマップされている.

**トロンボキサン $A_2$/プロスタグランジン $H_2$ 受容体** [thromboxane $A_2$/prostaglandin $H_2$ receptor] ＝トロンボキサン $A_2$ 受容体

**トロンボスポンジン** [thrombospondin] TSPと略す.血小板α顆粒から放出される多機能な糖タンパク質.140 kDaのサブユニットがS-S結合した同種三量体として血中に存在する.N末端側にヘパリン*結合ドメイン,つぎにコラーゲン*,フィブロネクチン*,ラミニン*,フィブリノーゲン*との結合ドメイン,C末端側に $Ca^{2+}$ 結合ドメインをもつ.これらの細胞外マトリックス*のタンパク質と相互作用して細胞増殖や分化に関与すると考えられる.また,フィブリノーゲンによる凝集血小板の間の架橋を補強する.

**トロンボポエチン** [thrombopoietin] 血球は骨髄中の共通の幹細胞より生じる.幹細胞*は赤血球,単球/顆粒球,リンパ球,血小板などへ分化する性質を秘めたさまざまの前駆細胞に分化するが,それぞれの前駆細胞の増殖,分化を誘導する刺激物質が発見された.そのうち巨核球/血小板への増殖,分化を誘導する物質をトロンボポエチンとよぶ.赤血球におけるエリトロポエチン*,好中球における顆粒球コロニー刺激因子*に比べその発見が遅れたが,1995年現在,その臨床応用が期待されている.(⇌ c-*mpl* 遺伝子)

**トロンボモジュリン** [thrombomodulin] TMと略す.血管内皮細胞,胎盤の合胞体栄養細胞,リンパ管内腔などの体液と接触する細胞の表面に存在するトロンビン結合タンパク質の一つで,トロンビン機能変換物質である.TMはトロンビン*の凝固活性を直接阻害するとともに,トロンビンによる血液凝固制御因子のプロテインC*の活性化を著しく高め,血液などの体液の凝固を阻止する.近年,TMには抗炎症作用,抗腫瘍作用,細胞の増殖・分化の調節作用なども見いだされ,多機能タンパク質であることが明らかになった.先天性欠損症は胎生致死をきたすと考えられる.

**貪食** ＝食作用
**貪食細胞** ＝食細胞
**貪食胞** ＝ファゴソーム

# ナ

**ナイアシン** [niacin] ⇌ ニコチンアミド
**ナイアシンアミド** [niacinamide] ＝ニコチンアミド
**内呼吸** [internal respiration] ⇌ 呼吸
**内在性ウイルス** [endogenous virus] ウイルスゲノム(プロウイルス DNA)のすべてまたは一部が生物個体のゲノムに組込まれ細胞内遺伝子として受継がれているもの．もともとはレトロウイルス*が宿主生殖細胞に感染した結果，宿主ゲノムに組込まれたと考えられる．内在性ウイルスをもつ細胞の中には野生型とまったく同じウイルスを産生するものもある．(⇌ トリ白血病ウイルス)
**内在性膜タンパク質** [integral membrane protein] 疎水力により膜に強く結合し，界面活性剤や有機溶媒により脂質二重層全体を破壊しないと膜から遊離しないタンパク質．一方，表在性膜タンパク質(peripheral membrane protein)は膜の表面にゆるく結合しており，比較的穏やかな方法で膜から分離できる．
**内在性レトロウイルス** [endogenous retrovirus] 生物の進化の過程で，レトロウイルス*ゲノム RNA が逆転写された後に宿主のゲノム DNA に取込まれ，プロウイルス*として遺伝的に受け継がれてきたウイルスゲノムのこと．末端反復配列(LTR*)とウイルス粒子のコアを構成するタンパク質をコードする *gag* 遺伝子*，またインテグラーゼ*や逆転写酵素*をコードする *pol* 遺伝子をもち，さらにエンベロープ糖タンパク質をコードする *env* 遺伝子をもつものを内在性レトロウイルスとよび，LTR と *gag*, *pol* 遺伝子をもつだけのレトロトランスポゾン*と区別する．ヒトゲノムの 8％程度が内在性レトロウイルス遺伝子であるといわれるが，多くの内在性レトロウイルス遺伝子は進化の過程における変異により，現在では完全なウイルス粒子は産生できない．内在性レトロウイルスの複製が宿主遺伝子に挿入変異をひき起こし，それが遺伝的疾患の原因と考えられている例もあり，宿主ゲノムのDNA の改変をひき起こし，宿主の進化に寄与してきた可能性がある．
**内(生)菌根** [endomycorrhiza] ⇌ 菌根
**内臓逆位** [situs inversus, visceral inversion] 胸・腹部の臓器が部分的または完全な左右逆転を示しているような先天性異常．完全の時はまったく無症候性である．(⇌ カルタゲナー症候群)
**内臓脳** [visceral brain] ＝大脳辺縁系
**内体** [corpus] ⇌ 垂層分裂
**内毒素** [endotoxin] エンドトキシンともいう．細菌細胞壁に存在するリポ多糖*，O 抗原*，コアオリゴ糖，リピド A*の三要素より成る．内毒素の多彩な生物活性はリピド A 部分によるところが大きい．
**内毒素ショック** [endotoxin shock] エンドトキシンショックともいう．グラム陰性桿菌感染症，腸手術，腸間膜血栓症，拘扼性イレウス，汚染した輸血や輸液，がんの末期などに際して，グラム染色陰性桿菌の細胞壁*成分である内毒素(⇌ 細菌毒素)が原因となって起こるショックをいう．内毒素によってマクロファージから誘発，産生される腫瘍壊死因子*α(TNF-α)やインターロイキン 1*(IL-1)などが原因となり，ひき続き産生される血小板活性化因子*やプロスタグランジン*，ロイコトリエン*などのアラキドン酸代謝産物が関与すると考えられている．
**ナイドジェン** [nidogen] ＝エンタクチン
**ナイトロジェンマスタード** [nitrogen mustard] ＝メチルビス(2-クロロエチル)アミン(methylbis-(2-chloroethyl)amine), メクロレタミン(mechlorethamine). $CH_3N(CH_2CH_2Cl)_2$, 分子量 156.06. DNA をアルキル化する制がん剤*でがんの化学療法*において最初に使われた薬剤(⇌ アルキル化剤)．毒ガスイペリットガスにさらされた患者では白血球が減少していたことから，DNA をアルキル化する作用の$-CH_2CH_2Cl$基をもつ化合物が白血球の増える白血病に有効になる可能性が考えられ合成された化合物．その後選択毒性のより高い誘導体が合成され，ナイトロミン(nitromin), さらにはシクロホスファミド*が合成された．シクロホスファミドは種々の固形がん，白血病，リンパ腫に有効な優れた制がん剤である．(⇌ サルファーマスタード)
**内胚葉** [endoderm] ⇌ 胚葉
**内皮細胞由来平滑筋弛緩因子** [endothelium-derived relaxing factor] EDRF と略す．アセチルコリン*・ブラジキニン*などによって惹起される内皮依存性血管弛緩反応を媒介する因子．その本体は一酸化窒素*(NO)と考えられており，L-アルギニンを基質として NO シンターゼ*(NOS)により産生される．誘導または非誘導 NO シンターゼは内皮細胞以外にもマクロファージ・血管平滑筋細胞・神経細胞にも発現し，平滑筋弛緩による血流増加作用のほか活性酸素*との反応による細胞傷害・殺菌作用ももつ．
**内部回転角** [internal-rotation angle] ＝ねじれ角
**内部共生生物** [endosymbiont] 動植物の体内にすむ他種の生物のことで，そのすみかは細胞内であるとは限らない．各種の腸内細菌のように動物の消化管にすむ微生物，ある種の昆虫などの組織の細胞間隙にすむ微生物，マメ科植物の細胞内にすむ根粒菌*などが典型的例である．これらは養分のやりとりなどを通じて多かれ少なかれ宿主と相利的関係にあるが，広義には宿主に犠牲を強いる，さまざまな寄生虫や寄生バチ，寄生バエの類もこれに含めることがある．(⇌ 共生)
**内部共生説** [endosymbiotic hypothesis] ＝共生説

**内部細胞塊**［inner cell mass］　ICM と略す．哺乳類の胚において，胚盤胞\*の胞胚腔\*内に形成される胚子発生にあずかる細胞集塊をいう．胚盤胞期になると，それまで同じ性質だった胚細胞は，胚の外側を構築する栄養芽層\*と，胞胚腔の内辺縁部の片側に集塊状となって形成される内部細胞塊との2種類の細胞集団に分かれる．これが哺乳類における初期発生での最初の分化となる．内部細胞塊の細胞には全能性\*があり，将来，胎児・羊膜・卵黄嚢などに発生する．また，栄養芽層の細胞は，胎児胎盤部を構築する．マウスでは内部細胞塊の細胞を，未分化の状態を保ったまま培養して維持できる．このような細胞は，胚性幹細胞\*（ES細胞）とよばれ，正常胚とキメラ\*胚にすることによって個体に発生させることができる．

**内分泌**［endocrine, internal secretion］　⇒内分泌腺，内分泌細胞

**内分泌細胞**［endocrine cell］　古典的には，遠隔臓器の標的細胞に作用するホルモン\*を分泌する腺細胞（⇒ホルモン分泌細胞）と定義されていたが，近年種々の内分泌（endocrine）の形式が明らかとなり，拡大的に解釈されている．すなわち，産生細胞と標的細胞が離れており，血液を介して運搬される活性物質によって制御される内分泌，血中に入らず直接隣接した標的細胞に作用するパラ分泌\*，さらに自らに作用する自己分泌\*といった形式が内分泌の概念に含まれている．ホルモンも構造上少なくとも，1) タンパク質およびペプチドホルモン，2) アミン類，3) ステロイド，4) 極性脂質，に分けられ，その産生の形式，標的細胞に至る経路，受容体の構造，受容体以降のシグナル伝達なども大きく異なっている．現在，これらのホルモン様生理活性物質を産生あるいは放出する細胞を，広く内分泌細胞とよんでいる．

**内分泌腺**［endocrine gland］　ある特定の臓器で産生された化学物質が全身循環血液中に流入し遠隔の組織，臓器に種々の生理的作用を及ぼす現象を内分泌（endocrine）とよび，当該物質の産生臓器を内分泌腺という．内分泌的調節系は神経系や免疫系にも存在しており，現在内分泌の概念は拡大し定義が不明確となりつつあるが，内分泌腺といった場合には古典的なホルモン産生臓器である下垂体，甲状腺，副甲状腺，膵臓，副腎，性腺などをさすことが多い（⇒ホルモン）．

**内膜**（ミトコンドリアの）［inner membrane］　ミトコンドリア\*を形成している2枚の膜系の内側の膜．電子伝達系\*，ATP合成酵素\*，それに数十種の輸送体（ジカルボン酸，リン酸，ATPの輸送体）などを含む．酸化的リン酸化\*の主要な場である．電子伝達系によって形成された電気化学的プロトン勾配\*を維持し，化学浸透共役\*によってATP合成酵素を駆動する．内膜は複雑に入り組んでクリステ\*とよばれる構造をつくっていることが多い．タンパク質が内膜を通過するための機構も存在する．

**NILE**　＝L1

**長い末端反復配列**［long terminal repeat］　＝LTR

**流れ学**　＝レオロジー

**投げ縄状構造**［lariat structure, lariat form structure］　ラリアット構造ともいう．真核生物のmRNA前駆体のスプライシング\*反応の際の反応中間体にみられる構造．第一段階反応によって5′スプライス部位\*が切断されると同時に，イントロン\*の5′末端のグアニンヌクレオチドの5′-リン酸が下流の分枝部位のヌクレオチドのリボースの2′-ヒドロキシ基とエステル結合することによって投げ縄状の構造をとる．第二段階反応によって除去されたイントロンにもこの特殊なリン酸エステル結合は残るが，特異的な酵素によって解裂され直鎖状に戻ることが知られている．（⇒σ因子）

**ナース**　**NURSE, Paul M.**　英国の医学者・遺伝学者．1949.1.25〜　1970年バーミンガム大学卒業後，1973年東アングリア大学でPh.D.を取得．サイクリン\*とCdcが支配する細胞周期移行の活性シグナル機構について解明した．分裂酵母\*を用いて多数の細胞周期\*の欠損変異株の分離を行い，Cdc2（CDK1\*）が，サイクリンと複合体を形成して，細胞周期の進行を制御することを発見し，cdc2遺伝子が細胞周期の主要な制御因子であることを示した．1987〜93年オックスフォード大学教授．1984〜87年および1993〜2003年英国王立がん研究基金（ICRF）．2001年にL. H. Hartwell\*，R. T. Hunt\*とともにノーベル医学生理学賞を受賞した．2003年からロックフェラー大学学長．

**ナース細胞**　＝哺育細胞【2】

**ナチュラルキラー細胞**［natural killer cell］　NK細胞と略す．抗原感作なしにMHC非拘束性（⇒MHC拘束）に腫瘍細胞やウイルス感染細胞などを傷害し，生体の恒常性維持のために働く細胞集団（⇒エフェクター細胞）．形態学的には細胞質内にアズール顆粒を有する大型顆粒リンパ球（large granular lymphocyte）で，ヒト末梢血リンパ球の約5〜15％を占める．骨髄から分化し，T細胞受容体や表面免疫グロブリンを発現せず，T細胞，B細胞とは異なる系列に属する．代表的な表面マーカーとしてCD16，CD56などがある．NK細胞はNKG2Dなどの活性化受容体を介して感染細胞や変異細胞上に発現するストレス誘導性のMHCクラスI様分子を認識して活性化されるが，通常のMHCクラスI分子\*に対する抑制性受容体も発現しているために正常細胞は傷害しない．

**ナチュラルキラーT細胞**［natural killer T cell］　NKT細胞（NKT cell）と略す．インバリアントNKT細胞（invariant NKT cell），iNKT細胞（iNKT cell），Vα14 NKT細胞（Vα14 NKT cell）ともいう．唯一のVα14抗原受容体（invariant）を発現し，それによって種属に一つしかないMHC様分子CD1dに提示された糖脂質を抗原として認識するリンパ球である．T細胞が$10^{15}$のレパートリーから成る抗原受容体で，多型性に富むMHC分子に結合したペプチドを認識することに比べると大きな違いがある．さらに，T細胞と異なり機能分化しておらず，受容体刺激によって瞬

時に$T_H1/T_H2$サイトカインを同時に産生する．それは，NKT細胞が内在性の糖脂質抗原によって活性化されているため，サイトカインmRNAを常に保有しており，感染症などに伴ってToll様受容体*(TLR)からの刺激によって産生されるIL-12がNKT細胞に作用すると瞬時にIFN-γが産生され，自然免疫系や獲得免疫系の細胞群を活性化し強力なアジュバント効果を発現し，がんや感染症制御に必須の細胞として機能する．一方，NKT細胞が洞胞B細胞や抑制性樹状細胞と反応すると$T_H2$サイトカインであるIL-4, IL-10を産生し，抗原特異的抑制性T細胞を誘導して臓器移植や自己免疫疾患発症抑制を担う免疫制御反応を行う．

**NAC** [NAC＝nascent-polypeptide-associated complex] 新生ポリペプチド結合複合体の略号．(→ シグナル認識粒子)

**ナトリウムイオンチャネル** [sodium ion channel] ＝ナトリウムチャネル

**$Na^+,K^+$-ATPアーゼ** [$Na^+,K^+$-ATPase, sodium/potassium ATPase] 神経や筋肉などの興奮の際にチャネルで細胞内に流入する$Na^+$, 細胞外に流出する$K^+$を絶えずもとの濃度に維持する重要なポンプ(一次能動輸送体)である．また消化管や腎臓の尿細管上皮細胞にも強い活性があって，アミノ酸や糖を細胞外から$Na^+$の流入の駆動力によって担体が共輸送*する場合(二次能動輸送)に，細胞内に流入した$Na^+$も汲み出している．図(a)の構造をもち，2本のポリペプチド鎖から成っている．その遺伝子構造から臓器によって，αサブユニットには$α_1, α_2, α_3$のアイソフォームがあり，βサブユニットにも機能に応じた分化が確認されている．このATPアーゼのαサブユニットは図(b)に示すように多数の膜のイオン輸送性ATPアーゼと相同性がある．膜イオン輸送性ATPアーゼの中でもATP合成酵素*(F型ATPアーゼ)と異なって，酵素が反応中にそのアスパラギン酸残基がアシルリン酸化されるという特徴があり，$E_1$, $E_2$などの高次構造変化を示すため，E型ATPアーゼに分類されている．また細胞膜にあるP型ATPアーゼの一つでもある．この型に属する胃の壁細胞の塩酸分泌のための$H^+,K^+$-ATPアーゼ，さらに筋肉弛緩に必要な筋小胞体や細胞膜の$Ca^{2+}$-ATPアーゼなどとの相同性が高い．また銅の代謝異常によるメンケス病やウィルソン病などにかかわる，この酵素と相同性の高い$Cu^{2+}$-ATPアーゼが発見されている．αサブユニットにもβサブユニットにも膜貫通αヘリックスがある．強心配糖体として広く利用されているジギタリス剤の作用点であって，実験ではウワバイン*が使われる．強心作用は，$Na^+$のポンプによる汲み出しが阻害されると細胞内の$Ca^{2+}$の交換輸送が低下してその濃度が上昇し，筋肉の収縮が高まるためである．

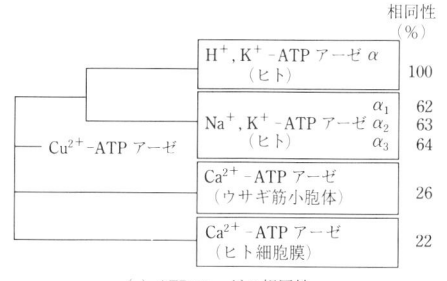

**ナトリウム/カリウム/塩素共輸送体** [sodium/potassium/chloride symporter, $Na^+/K^+/Cl^-$ symporter, sodium/potassium/chloride cotransporter] ナトリウム/カリウム/塩素シンポーターともいう．おもに上皮に存在し，$Na^+/K^+/2Cl^-$を細胞内に電気的中性に輸送するタンパク質である．フロセミド，ブメタマイドによって阻害される．腎臓より単離されたcDNAは12回膜貫通型で，タンパク質115 kDaをコードする．サイアザイドによって阻害される$Na^+/Cl^-$輸送体と塩基配列上60％の相同性をもつ．生理学的にはNaClを再吸収する上皮では上皮側，排泄する細胞では基底膜側に存在し，NaCl一方向輸送に関与している．

**ナトリウム/カリウム/塩素シンポーター** ＝ナトリウム/カリウム/塩素共輸送体

**ナトリウム/カルシウム交換輸送体** [sodium/calcium exchanger, $Na^+/Ca^{2+}$ exchanger] ＝カルシウム/ナトリウム対向輸送体

**ナトリウム/グルコース共輸送** [sodium/glucose symport] $Na^+$/グルコースシンポートともいう．細胞内にグルコースを取込む際，$Na^+$の輸送と共役することによってグルコースを濃度勾配に逆らって輸送することができる．このグルコース輸送形態をナトリウム/グルコース共輸送といい，SGLT1とよばれる特異的なグルコース輸送体*によって行われている．SGLT1は小腸や腎尿細管の上皮細胞に存在する．SGLT1の点突然変異による先天異常として，グルコース・ガラクトース吸収不良症候群が報告されている．(→ 共輸送)

| | | 相同性(%) |
|---|---|---|
| | $H^+,K^+$-ATPアーゼ α (ヒト) | 100 |
| $Cu^{2+}$-ATPアーゼ | $Na^+,K^+$-ATPアーゼ (ヒト) $α_1$ $α_2$ $α_3$ | 62 63 64 |
| | $Ca^{2+}$-ATPアーゼ (ウサギ筋小胞体) | 26 |
| | $Ca^{2+}$-ATPアーゼ (ヒト細胞膜) | 22 |

(a) ATPアーゼの相同性

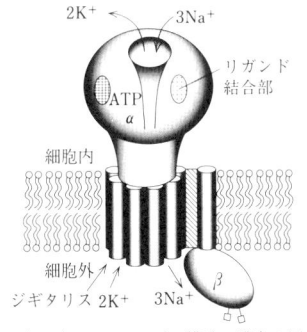

(b) $Na^+, K^+$-ATPアーゼの構造．膜を8回貫通するαヘリックスの上に触媒部をもつαサブユニットと，1回貫通するαヘリックスをもつβサブユニット(糖タンパク質，□は糖)から成る．

**ナトリウムスパイク**［sodium spike］　神経細胞，骨格筋細胞，心筋細胞の細胞膜に発生する一過性の膜電位変化をいう．ナトリウムに依存する活動電位*．電位変化の振幅は 100 mV に及ぶ．$Na^+$ チャネルが数ミリ秒開き $Na^+$ が電気化学的勾配に従って 1 チャネル当たり約 1 万〜2 万個細胞内に流れ込むことにより発生する．この電位変化は局所的に発生するため，その他の部位との間に電流が流れ細胞外に電位変化を生じる．これを記録したものが脳電図*，心電図，筋電図であり，医学ではいろいろな診断・治療の場面で利用されている．各種の細胞上に発生する電位変化の中でナトリウムスパイクが最も大きいので，脳機能の研究に際しては，記録部位の細胞活動を知る確かな証拠となる．

**ナトリウムチャネル**［sodium channel］　ナトリウムイオンチャネル(sodium ion channel)，$Na^+$ チャネル($Na^+$ channel)，電位依存性ナトリウムチャネル(voltage-dependent sodium channel)ともいう．カリウムチャネル*とともに神経細胞，筋肉細胞などの興奮性細胞において活動電位の発生と伝播に中心的役割を担うイオンチャネル*．1950 年代はじめ A. L. Hodgkin* と A. F. Huxley* による電気生理学的研究により，神経軸索における活動電位の伝播は $Na^+$ に対する細胞膜透過性の一過性の上昇と，それに続いて起こる $K^+$ に対する透過性の上昇によって起こることが明らかとなった．その後，テトロドトキシン(TTX)，サキシトキシン(STX)が $Na^+$ 電流を，テトラエチルアンモニウムイオン(TEA)が $K^+$ 電流を選択的にブロックすることが明らかとなり，それぞれが別のチャネル分子に担われることが予見されるとともに，電気生理学的，薬理学的，生化学的解析が進んだ．その後，cDNA クローニングとその発現によってその分子的実体が明らかとなった．ナトリウムチャネルタンパク質は 270 kDa の糖タンパク質（α サブユニット）であり，哺乳類では現在脳から四つ，心臓から二つ，骨格筋より二つ，グリア細胞から一つの cDNA がクローン化されており，多重遺伝子族*を構成していることがわかっている．α サブユニットに加えて，骨格筋あるいは脳では一つあるいは二つの小さいサブユニット（β1, β2）が存在するといわれている．電位依存性 $Na^+$ チャネルは，細胞膜が静止電位（通常 $-90$〜$-70$ mV）にある時は閉じているが，細胞膜が脱分極*（0 mV に近づくこと）するとチャネルが開き（活性化），膜が脱分極した状態で 1 ミリ秒程度の短時間の後，チャネルが閉じる（不活性化）．したがって本分子は膜電位を感受する電位センサー*とそれに連動して動く活性化ゲート，$Na^+$ を選択的に透過するための選択性フィルター，および不活性化ゲートを構成している．α サブユニットは約 2000 アミノ酸から成り，分子内に 4 回の繰返し構造が存在する．四つの繰返し構造内にはそれぞれ 5 個の疎水性領域(S1, S2, S3, S5 および S6)と 1 個の正に荷電した領域(S4)が存在し，この領域で膜を貫通しながら四つの繰返し単位が対称的に配位し，チャネルを構成していると想定される（図参照）．人工突然変異チャネルの機能解析から，S4 領域の正電荷が電位センサーとして，また繰返し単位ⅢとⅣを連絡する領域が不活性化に関与していることが示されている．β1 サブユニットはこの不活性化の調節に関与している．また S5 と S6 の間に位置するループが膜の外側から内側に向かって陥入し，チャネルの外口および選択性フィルターを形成していることが示された．上記の TTX, STX のほかに，α,β-スコルピオントキシン，ベラトリジン，バトラコトキシンなどの神経毒およびプロカインなどの局所麻酔薬の作用分子でもある．また遺伝病として，QT 延長症候群が心筋 $Na^+$ チャネル遺伝子の，高カリウム血性周期性四肢麻痺と先天性パラミオトニア*が骨格筋 $Na^+$ チャネル遺伝子の突然変異であることがわかっている．

**ナトリウム/プロトン交換輸送体**　［sodium/proton exchanger］　＝ナトリウム/プロトン対向輸送体

**ナトリウム/プロトン対向輸送体**　［sodium/proton antiporter, $Na^+/H^+$ antiporter］　ナトリウム/プロトン交換輸送体(sodium/proton exchanger)ともいう．$H^+$ が電気勾配に従った場合，細胞内 pH は 6.2 であり，実測値 7.2 とは 1 単位異なる．この pH を維持しているのが $Na^+/H^+$ 対向輸送体で，すべての細胞に普遍的に存在すると考えられる．細胞内外の $Na^+$ 勾配を利用して $H^+$ を細胞外に排泄する二次輸送であるが，輸送は可逆的で，電気的には中性である．$Na^+/H^+$ 対向輸送体は膜を 12 回貫通する構造をもち，普遍的に存在する 815 アミノ酸，90 kDa の NHE1($Na^+/H^+$ exchanger 1)，主として小腸，腎上皮に存在する NHE2, 3, 胃に認められる NHE4 の 4 種が知られている．これらは，アミロライド感受性に差があることで区別できる．またアミロライド感受性部位，プロテインキ

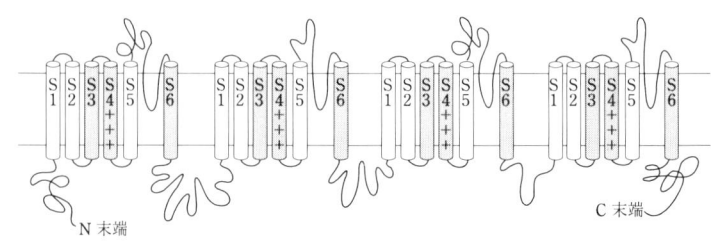

**ナトリウムチャネル**

ナーゼCリン酸化部位，カルモジュリン*結合部位（C末端）がわかっている．生物学的には細胞分化，増殖，病態としては高血圧，腎疾患とも関係していると考えられる．

**ナトリウムポンプ**［sodium pump］ $Na^+,K^+$-ATPアーゼ*の簡略な通称．生理学神経細胞の興奮伝導の仕組みとして，まず軸索局所への $Na^+$ 流入によって分極が消失し（脱分極），わずかに遅れて $K^+$ が流出して分極が回復し，この電位変動（活動電位）は軸索に沿って伝播するという仮説が，1950年ごろに確立されたナトリウムポンプ説だった（これにより A. L. Hodgkin* と A. F. Huxley* は1963年度ノーベル医学生理学賞を受賞）．細胞内を低 $Na^+$ 濃度に保ち，また流出入した陽イオンを興奮後に元に戻す仕事は，細胞膜のポンプ機構によるとされた．イカの巨大軸索を実験材料としたこの仮説では，ポンプは理論的に存在が要請されたが，J. C. Skou*（1957）はカニの神経節ミクロソーム画分に $Na^+$ と $K^+$ の同時存在で活性化される ATP 分解酵素を検出し，$Na^+,K^+$-ATPアーゼ* と名付けた（NaK-，(Na/K)- など表記は多様）．この酵素は細胞膜のみに局在し，これがポンプ（ナトリウム-カリウムポンプ）の実体である．細胞内外間で $Na^+$ と $K^+$ が濃度勾配を維持していることは，神経以外の動物細胞でも，たとえば赤血球でも，ポンプ説以前から知られていたが，これらもすべて $Na^+,K^+$-ATPアーゼによることが判明した．植物や原核細胞でもイオン濃度勾配を維持する細胞膜のポンプは存在するが，これらは別種の酵素によるもので，$Na^+,K^+$-ATPアーゼの分布は動物細胞膜に限られる．

**ナトリウム利尿ペプチド**［natriuretic peptide］強力な利尿および血管拡張作用を示すペプチド性ホルモンである．哺乳類心房から単離された心房性ナトリウム利尿ペプチド（atrial natriuretic peptide，または A 型ナトリウム利尿ペプチド A-type natriuretic peptide，ANP）に続き，B 型ナトリウム利尿ペプチド（B-type natriuretic peptide, brain natriuretic peptide，BNP）および C 型ナトリウム利尿ペプチド（C-type natriuretic peptide，CNP）が発見され，ナトリウム利尿ペプチドファミリーと総称される．ANP および BNP は心臓から分泌され，生体の血圧調節に関与する．CNP は神経ペプチドとしての作用のほか，血管内皮やマクロファージから分泌され，血管損傷の修復効果が注目されている．ANP には α 型（28 アミノ酸），β 型（56 アミノ酸），γ 型（126 アミノ酸）の3タイプがあり，α 型は γ 型のタンパク質プロセシング* により生じた C 末端部分に相当し，β 型は α 型の二量体である．脳内にも存在し，神経ペプチドとしても作用することが示唆されている．受容体としては，グアニル酸シクラーゼ構造を含む3種の受容体やシグナル伝達系を含まないクリアランス受容体が知られている．ヒト心房性ナトリウム利尿ペプチド（human atrial natriuretic peptide）を hANP（ハンプ）とよぶ．

**7SL RNA**［7SL RNA］ シグナル認識粒子*（SRP）に含まれる大きさ300ヌクレオチド前後の低分子 RNA．タンパク質合成の停止に関与する2種類のタンパク質因子が結合する *Alu* 領域と，シグナル配列の認識およびタンパク質の分泌促進に関与する4種類のタンパク質因子が結合する S 領域の二つの部分に分けられる．*Alu* 領域の塩基配列はヒトのゲノム内に存在する繰返し配列群の一つである *Alu* 反復配列（⇌ *Alu* I ファミリー）と高い相同性をもつ．RNA ポリメラーゼIII により転写され，転位活性をもつ短い散在反復配列である SINE の多くは 7SL RNA の *Alu* 配列に由来する．

**7S 免疫グロブリン**［7S immunoglobulin］ 免疫グロブリンには五つのクラスがあり，それぞれ分子サイズが異なるので，超遠心にかけると沈降度に差がある．7S のものには $IgG^*$，$IgA^*$ 単量体，$IgD^*$ があるが，IgG が代表的なので，7S 免疫グロブリンというと IgG をさしていることが多い．ちなみに IgG の分子量は15万である．（⇌ 19S 免疫グロブリン）

**ナノエレクトロスプレー**［nanoelectrospray］ ⇌ エレクトロスプレーイオン化質量分析

**ナノスタンパク質**［nanos protein］ Nos と略称される．ショウジョウバエの受精卵はすでに胚軸の基本型の一つである前後軸*（または頭尾軸）が決定しており，ナノス mRNA は卵の後極に局在する．このナノス mRNA が翻訳されたナノスタンパク質は後極から前極に向かって勾配をなし，腹部体節形成にかかわっている．ナノスタンパク質と反対に，前極から後極に向かってはビコイドタンパク質が勾配をなしている（⇌ ビコイド遺伝子）．この二つのタンパク質の相対する勾配の活性化によって胚軸形成に必要な分節遺伝子のカスケードが働き出す．それゆえナノス mRNA を正常卵の前極の部分に注入すると双腹奇形を生じ，また逆にナノス突然変異体は腹部体節の欠失となる．さらに，ナノス mRNA は後極の生殖質に局在し，生殖細胞決定にも重要な役割を果たしている．ナノス mRNA はショウジョウバエのみでなく，他の双翅目昆虫にもみられるし，カエル卵にも生殖質中にナノス様タンパク質が存在する．

**ナノバイオロジー**［nanobiology］ ナノメートルオーダー，あるいは以下の空間サイズで起こる現象の操作，制御，計測，理論化などを行うことを通して生命を理解しようする学問分野，そして，そのオーダーの空間サイズで起こる生命現象を応用して新しい技術を創成しようとする学問分野．生体内で機能するタンパク質，核酸，脂質自己集合体などのサイズはしばしばナノメートルのオーダーであるため，生体分子を対象としているさまざまな研究分野がナノバイオロジーとして認知され始めている．ナノメートル計測，ピコニュートン計測，分子操作，1分子イメージング*，原子間力顕微鏡* などの技術を駆使することにより，モータータンパク質* やチャネルタンパク質のような生物分子機械の動作の素過程の計測，タンパク質・DNA のフォールディングや分子間相互作用に伴って働く力の計測，そして細胞表面における受容体*・リガンド* 間相互作用の分子イメージングなどが1990

年代より進展し，研究分野としてのナノバイオロジーが定着してきた．さらに現在では，構造生物学*，タンパク質工学*に基づく分子設計や分子創薬，そしてナノ・マイクロ微細加工技術，lab-on-a-chip，μ-TASそしてMEMSなどをベースとしたプロテオミクス*やゲノミクス*のような分野も，ナノバイオロジーとして認知されている．また，生命現象の理解という方向だけではなく，生体分子の自己組織化能，触媒能，分子認識などの性質をナノテクノロジーへ応用する研究分野も始まっており，このような方向性もナノバイオロジーと見なされることもある．

**ナノパーティクル** [nanoparticle] ⇄ ミクロスフェア【1】

**ナーバスマウス** [nervous mouse] 小脳のプルキンエ細胞が選択的に欠落するミュータントマウスで，この遺伝変異の分子標的は未だ不明である．生後9日にはすでに小脳プルキンエ細胞のミトコンドリアに変化が見られ，15日にはミトコンドリアが肥大化および球状化する．19日までには細胞内小器官が溶解し，急激な細胞内マトリックスの凝集を経て細胞死が起こる．生後20日までに，小脳半球において90％のプルキンエ細胞が欠失し，小脳虫部において50％のプルキンエ細胞が欠失する．

**1-ナフタレン酢酸** [1-naphthaleneacetic acid] NAAと略す．(⇄ オーキシン)

**ナフチリジン** [naphthyridine] 2個のピリジン環が縮合した化合物の総称．$C_7H_6N_2$，分子量130.15．環内窒素原子の位置が異なる六つの異性体がある．環内窒素原子は弱い塩基性を示し，共役酸のp$K_a$は，1,5-ナフチリジンで2.9，1,6-ナフチリジンで3.8，1,7-ナフチリジンで3.6，1,8-ナフチリジンで3.4程度である．

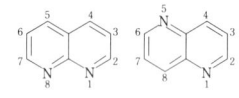

1,8-ナフチリジン　1,5-ナフチリジン

**2-ナフトキシ酢酸** [2-naphthoxyacetic acid] ⇄ オーキシン

**波うち膜** [ruffled membrane] 培養細胞の辺縁部が幅広く薄く(厚さ0.1〜0.4μm)なった部分で，内部には細胞小器官を欠き，主として三次元的網工をなすミクロフィラメントが入っている．この部分は活発な運動性があり，細胞の移動する側の先端(leading edge)にみられる．また，先端部に始まり中央部へと移動しながら消滅する板状の細胞膜のせり上がり(ruffling)もみられ，砂浜に打寄せる波のようなので波うち稜(ruffled edge, ruffled border)の名称がつけられている．(⇄ ラッフリング，糸状仮足，葉状仮足)

**波うち稜** [ruffled edge, ruffled border] ⇄ 波うち膜

**ナリジキシン酸** [nalidixic acid] $C_{12}H_{12}N_2O_3$，分子量232.23．オキソリン酸(oxolinic acid)やノルフロキサシン(norfloxacin)と並んで細菌のDNAジャイレース*のAサブユニットに作用してDNA複製を阻害するキノロン(quinolone)化合物の一つ．DNAジャイレースの阻害剤としては，これらのほかにBサブユニットに作用するノボビオシン*，クーママイシン$A_1$ (coumermycin-$A_1$)，クロロビオシン(chlorobiocin)などのクマリン化合物が知られている．

**ナリンゲニン-カルコンシンターゼ** [naringenin-chalcone synthase] カルコンシンターゼ(chalcone synthase)，フラバノンシンターゼ(flavanone synthase)．EC 2.3.1.74．フェニルプロパノイド共通経路の生成物であるクマロイルCoAと3分子のマロニルCoAから縮合反応によりナリンゲニン-カルコンを生成し，フラボノイド*生合成の分岐点に位置する酵素．その発現は組織特異的(例，花の器官形成)のみならず紫外線，傷害，微生物の感染など環境刺激に応答して発現が調節され，複数の遺伝子の存在が知られている．

**軟骨異形成症** [chondrodystrophy] 軟骨内骨化の障害によるさまざまな先天性骨格異常の総称をさし，1997年国際分類用語で詳細に分類されている．四肢や脊柱が短くなるため小人症(dwarfism)を示す軟骨無形成症*は，繊維芽細胞増殖因子受容体Ⅲ型(FGFR3)の膜貫通ドメインのG380R変異でFGFR3の恒常活性が誘導され，軟骨細胞*の増殖が抑制される．また，FGFR3$^{R248C}$やFGFR3$^{K650E}$では致死型軟骨無形成症が発症する．一方，ヤンセン型骨幹端軟骨形成症*はPTH/PTHrP受容体*における第1細胞内ループのH223Rおよび第6細胞膜ドメインのT410Pで生じ，この場合も受容体の恒常活性が誘導される．また，ブロムストランド型軟骨異形成症(Blomstrand type chondrodystrophy)では，母親由来のPTH/PTHrP受容体遺伝子1176番目の塩基がGからAに変異し，PTH，PTHrPと結合できない．

**軟骨形成** [chondrogenesis, cartilage formation] 脊椎動物の胚では未分化間葉系細胞が凝集して軟骨芽細胞となり，豊富な基質を産生・分泌する．個々の軟骨細胞*は基質の増加に伴って相互の間隔が広がり，基質の中に浮かんだ状態になる．その周囲をコラーゲン原繊維，プロテオグリカン重合体などが取囲み，カイコの繭状のカプセル，すなわちコンドロン(chondron)となって軟骨細胞とその周囲の微小環境が維持される．荷重がかかった時にはコンドロンは軟骨細胞の機能を保護する役割を果たす．関節炎などの変性初期にはコンドロンが膨潤し，変性をきたす．軟骨細胞の増殖と分化を制御するコンドロモジュリンⅠ(chondromodulin-I, ChM-I)がクローニングされている．このほかにも軟骨細胞が自ら産生する種々の機能性基質が見いだされている．発生初期には軟骨が骨格の大部分を構成するが，のちに石灰化を経て骨組織に置換される(軟骨性骨化)．成体では軟骨は関節や気管壁などに残る．(⇄ 骨形成)

**軟骨細胞** [chondrocyte, cartilage cell] 軟骨組織

を構成する細胞．コラーゲン*（II，IX，X，XI 型）やプロテオグリカン* などの基質および増殖因子を豊富に合成・分泌する．軟骨小腔には細胞が 2～4 個ずつ集団として存在することが多い．軟骨形成* 期や再生時には小胞体が多く認められ，活発に基質を産生する．骨端の成長軟骨部では，肥大化した細胞が柱状に規則正しく配列し，遂には骨に置換される．軟骨膜細胞は新たに軟骨細胞に分化しうる機能を保持している．

**軟骨性骨化** [cartilaginous ossification] ⇌ 骨形成

**軟骨低形成症** [hypochondroplasia] HC と略す．軟骨無形成症* に類似のきわめてまれな先天性骨系統疾患で，幼児期に低身長で見つかることが多い．内軟骨性骨化の障害に基づき四肢短縮を呈するが，通常顔貌異常はない．膜型チロシンキナーゼ受容体である FGFR3（繊維芽細胞増殖因子受容体 3 型）のヘテロ活性化変異による．近位チロシンキナーゼ領域の N540K 変異が最も高頻度で他部位の変異はまれだが，変異が同定できない例もあり，遺伝的不均一性がみられる．FGFR3 変異による軟骨形成異常症の特殊な亜型として重症の SADDAN（発達遅延と黒色棘細胞症を伴う軟骨無形成症，severe achondroplasia with developmental delay and acanthosis nigricans）やさらに重症で致死型軟骨無形成症（thanotophoric dysplasia）などがあり，下流シグナル活性化の程度やスペクトラムを反映していると考えられる．（⇌ 骨形成，軟骨形成）

**軟骨無形成症** [achondroplasia] ACH と略す．小人症をきたす最も代表的な先天性骨系統疾患の一つで，FGFR3（繊維芽細胞増殖因子受容体 3 型）のヘテロ活性化変異（G380R）により起こる．常染色体優性遺伝形式をとるが，大部分は de novo 変異による．発生頻度は約 2 万～3 万人に 1 人．膜性骨化は正常で内軟骨性骨化の異常に基づき骨の長軸成長が障害され，前頭・下顎の突出した特徴的顔貌，四肢短縮，中指の短縮による starfish hand，O 脚などを呈する．FGFR3 は膜型チロシンキナーゼ受容体で，膜貫通領域の G380R 変異は受容体の二量体を安定化させて細胞外シグナル制御キナーゼ*（ERK）や STAT1/5 などの下流シグナルを増強することにより軟骨細胞の増殖や最終分化を障害するものと考えられている．（⇌ 骨形成，軟骨形成）

**ナンセンスコドン** [nonsense codon] ＝終止コドン

**ナンセンスコドン介在性 mRNA 分解** [nonsense codon-mediated mRNA degradation] NMD と略す．タンパク質コード領域に終止コドン*（ナンセンスコドン；未成熟終止コドン premature termination codon, PTC）をもつ変異 mRNA の特殊な機構による分解のこと．mRNA 監視（サーベイランス）機構の一つで酵母からヒトまで普遍的に存在する．スプライシングを経た mRNA 上の過去のエキソン-イントロン結合部位にはマークタンパク質が結合してエキソンジャンクション複合体（EJC）を形成しており，リボソームが mRNA 上をスキャンしてタンパク質合成を行う場合にこのマークを目印に PTC の有無を検出し，PTC がある場合には分解し，ない場合には通常のタンパク質合成を行う．しかし，PTC が後ろから二つ目のエキソンの最後部から 55 塩基以内であれば正しい終止コドンと認識されて mRNA は分解されないという例外がある．EJC にはホスファチジルイノシトールキナーゼ関連プロテインキナーゼ（PIKK）ファミリーメンバーの SMG-1，DNA/RNA ヘリカーゼの UPF-1/SMG-2 が UPF-2/SMG-3 や UPF-3/SMG-4 と複合体（mRNA サーベイランス複合体；eRF1 や eRF3 も含まれるらしい）を形成し，これがマークタンパク質と終止コドンの位置関係，つまり PTC の有無を検出していると考えられている．SMG-1 による Upf-1 のリン酸化が PTC 認識に重要である．

**ナンセンス突然変異** [nonsense mutation] タンパク質をコードする遺伝子内で，あるアミノ酸に対応するコドンがナンセンスコドン（終止コドン*）である UAG（アンバー），UAA（オーカー），UGA（オパール）のいずれかに変化した突然変異．この変異をもつ遺伝子では突然変異部位で mRNA からタンパク質への翻訳が停止し，野生型よりポリペプチド鎖長の短いタンパク質が合成される．多くの場合合成されたタンパク質は機能的にも不完全であり，突然変異体として検出される．（⇌ ミスセンス突然変異）

**2R 仮説**〔2R hypothesis〕　脊椎動物の進化の過程でゲノム重複が2回起こったという仮説．ショウジョウバエなどの無脊椎動物にとって非常に重要な遺伝子や遺伝子クラスターが存在し，脊椎動物ではこれらに対応するものが3～4個あるという観察に基づいている．脊椎動物ではホックス遺伝子クラスターやMHCクラスターが四つあるが，脊椎動物に最も近い無脊椎動物であるナメクジウオではこれらの遺伝子クラスターは一つだけである．

**二因子調節系**　＝二成分調節系

**二塩化エチレン**〔ethylene dichloride〕　＝1,2-ジクロロエタン(1,2-dichloroethane)．$C_2H_4Cl_2$．ゴムや樹脂などの溶剤として用いられる有機溶剤である．急性あるいは慢性のいずれの暴露においても肝障害が起こり，脂肪肝や肝細胞壊死を生じる．また，麻酔作用もある．

**二回(回転)対称軸**〔dyad axis of rotation〕　⇒二回対称

**二回対称**〔dyad symmetry〕　ある構造を180度回転させることにより元の構造と完全に一致させることができる時，その構造は二回対称性をもつという．この時，回転の中心を二回(回転)対称軸(dyad axis of rotation)とよぶ．この構造が二本鎖や一本鎖のDNAもしくはRNAにみられる時，その配列はパリンドローム*配列(逆方向反復配列)とよばれる．パリンドローム配列は，酵素の認識部位として，また，転移RNAやリボソームRNAといった生体物質の調節的な機能の発現にとって非常に重要であり，生体内で起こるさまざまな反応に寄与している．

**二価染色体**〔bivalent chromosome〕　減数第一分裂前期において，相同染色体が対合した結果できる染色体．おのおのの染色体は複製を終了しており2本の染色分体*から成るので，二価染色体は四つの染色分体から成り，四分染色体(chromosome tetrad)ともよばれる．この時期の染色体数は二倍体であるが，一倍体細胞の染色体数と一致する．キアズマ*の存在により2本の染色体から成ることがわかる．太糸期*には二価染色体はシナプトネマ構造*をとる．(⇒減数分裂)

**II型アレルギー**〔type II allergy〕　細胞傷害型アレルギー(antibody-mediated cytotoxic type allergy)ともいう．II型アレルギーは細胞や間質を抗原として認識したIgG*が直接結合することによってひき起こされる過敏反応である．白血球*やマクロファージ*，ナチュラルキラー細胞*などのエフェクター細胞がFcγ受容体に結合して活性化され，組織傷害をひき起こす．II型アレルギー機序で起こる代表的な疾患としては，赤血球に対するIgGが原因で起こる自己免疫性溶血性貧血や，血小板に対するIgGが産生されることで生じる血小板減少症がある．これらの疾患では，Fcγ受容体をもつ脾臓マクロファージによって循環血中から細胞が排除されることが原因とされている．また糸球体基底膜に対するIgGによってひき起こされるグッドパスチャー症候群や，慢性甲状腺炎，Rh因子不適合反応も代表的なII型アレルギー疾患である．(⇒アレルギー，即時型アレルギー，遅延型アレルギー)

**II型くる病**〔type II rickets〕　＝ビタミンD抵抗性くる病

**肉芽(げ)腫**〔granuloma〕　⇒慢性肉芽腫症

**肉腫**〔sarcoma〕　サルコーマともいう．悪性腫瘍のうち，上皮以外，すなわち間葉を起源とする細胞(筋肉，血管，骨，軟骨，血球など)への分化を示すもの．骨肉腫*，悪性繊維性組織球腫，白血病*などが代表的である．ヒトではがん腫*に比べ，発生頻度がはるかに低く，また若年層に発生することが多い．動物では，肉腫を起こすウイルスが多く発見されているが，ヒトでは，成人T細胞白血病*の原因ウイルスであるヒトT細胞白血病ウイルス1*が，1981年に初めて同定された．

**ニコチンアミド**〔nicotinamide〕　ナイアシンアミド(niacinamide)，抗ペラグラ因子(antipellagra factor)ともいう．$C_6H_6N_2O$，分子量 122.13．ビタミンB複合体*に属する水溶性ビタミン．ビタミン$B_3$(vitamin $B_3$)あるいは$B_5$(vitamin $B_5$)などとよばれたこともある．ニコチン酸(nicotinic acid)とともに植物体内に広く存在する．動物では肝臓に多い．生理作用および必要量(15～23 mg/日)はニコチン酸と同等で，栄養学的にナイアシン(niacin，本来ニコチン酸をさす)の名のもとに一括されることもある．ペラグラ*などの欠乏症の予防や末梢循環損傷の治療に用いられる．細胞内では大部分が補酵素NAD*およびNADP*として存在し，酸化還元に重要な役割を担う．

**ニコチンアミドアデニンジヌクレオチド**　〔nicotinamide adenine dinucleotide〕　＝NAD

**ニコチンアミドアデニンジヌクレオチドリン酸**〔nicotinamide adenine dinucleotide phosphate〕　＝NADP

**ニコチンアミドリボヌクレオシドキナーゼ**〔nicotinamide ribonucleoside kinase〕　ピリジン(リボ)ヌクレオシド(ホスホ)キナーゼ(pyridine (ribo)nucleoside (phospho)kinase)ともいう．ニコチンアミド*のリボ(ヌクレオ)シドにATPからリン酸基を転移してNMN(ニコチンアミドモノヌクレオチド)を生成する酵素．ニコチンアミドのほかにニコチン酸も基質とし(この場合はニコチン酸モノヌクレオチドを生成する)，さらに，弱い活性ながらグアノシンやその

誘導体もリン酸化する.本酵素は多くの生物において,トリプトファンやニコチン酸,ニコチンアミドからのNAD$^+$生合成の主要経路から外れたバイパス経路としての意味しかもたない.しかし,ニコチンアミドを再利用できないパラインフルエンザ菌(*Haemophilus parainfluenzae*)では,再利用経路*として重要である.

**ニコチン酸**[nicotinic acid] ⇌ニコチンアミド
**ニコチン受容体**[nicotinic receptor] ⇌ニコチン性アセチルコリン受容体

**ニコチン性アセチルコリン受容体**[nicotinic acetylcholine receptor] ニコチン受容体(nicotinic receptor)ともいい,nAChRと略記する.アセチルコリン受容体*のうちニコチンにより薬理作用が模倣される受容体.d-ツボクラリン*により拮抗的に阻害される.イオンチャネル受容体で,アセチルコリンの結合によりチャネルが開いてNa$^+$が流入し,K$^+$が流出する.生理的な膜電位のもとでは差引き,Na$^+$の流入が多く脱分極がひき起こされる.-90 mVの膜電位の時,一つのチャネル分子は平均約1ミリ秒開口しており,その間に約17,000個のNa$^+$が流入する.骨格筋や神経細胞に分布しており,骨格筋型と神経型に分類される.骨格筋型はヘビ毒中のαトキシン(α toxin)の標的となり,αトキシンにより不可逆的に阻害される.シビレエイの電気器官*は骨格筋が特殊に分化したもので,ニコチン性アセチルコリン受容体が高密度に存在し,そこからαトキシンに結合する分子として単離された.その分子量は25万で$\alpha_2\beta\delta\varepsilon$の五量体から成っている.αサブユニットにアセチルコリンの結合部位がある.各サブユニットの一次構造が解析されており,互いに相同性がある.神経支配を受けていない幼若筋細胞では$\alpha_2\beta\gamma\delta$の五量体として存在し,神経支配を受けると成熟型の$\alpha_2\beta\delta\varepsilon$五量体となる.神経型は神経節細胞などに分布し,中枢神経にも存在する.αトキシンにより阻害されない.αサブユニット8種($\alpha_2$〜$\alpha_9$)とβサブユニット4種($\beta_2$〜$\beta_5$)の一次構造が報告されている.これらのサブユニットが五量体を形成していると考えられる.

**二次元NMR**[two-dimensional NMR] 水素原子間の核オーバーハウザー効果*(NOE)や結合定数を測定する時に測定のためのパルスの前に相関を測定するためのパルスと時間を変えて照射しシグナル測定のための時間との二次元のフーリエ変換*を行うことで得られるNMRのことをいう.NOEの相関を得る時はNOESY(nuclear Overhauser effect spectroscopy)とよび,結合定数の相関を得る時はCOSY(correlation spectroscopy)とよぶ.またタンパク質のアミドの$^1$H-$^{15}$Nの相関を測定するHSQC(heteronuclear single quantum coherence)もよく用いられる.

**二次元結晶**[two-dimensional crystal] 2D結晶(2D-crystal)ともいう.シート状の結晶で,立体的(三次元的)ではなく平面方向にのみ周期性をもつ結晶.膜タンパク質のように,本来シート状の生体膜の中に存在するような分子の立体構造を解析する場合に有用

な結晶で,電子線結晶学*による構造解析には必要不可欠である.膜タンパク質の場合には,適当な界面活性剤で可溶化した試料に脂質を加えて透析することによって作製される.電子線回折*を撮影することによって,その結晶性を確認できる.

**二次元電気泳動**[two-dimensional electrophoresis] ディスクあるいは平板ゲルを用いて一次元目のゲル電気泳動*を行った後,一次元目とは異なる原理あるいは条件の電気泳動の平板ゲル上部に一次元目のゲルを設置し一次元目の方向と垂直の方向に電気泳動を行ってタンパク質を分離する方法.一次元目にゲル等電点電気泳動,二次元目にSDSゲル電気泳動を用いた二次元電気泳動は1975年にP. H. O'FarrellとJ. Kloseが独立して開発した方法で通常オファーレルの二次元電気泳動とよばれる.分離能が高く,タンパク質粗抽出液中の数千のタンパク質を分離できることもまれではない.一次元目に非還元条件下,二次元目に還元条件下でSDSゲル電気泳動を行う二次元電気泳動は,対角線電気泳動とよばれ,S-S結合をもつタンパク質の解析に用いられる.また,一次元目にブルーネイティブゲル電気泳動,二次元目にSDSゲル電気泳動を用いた二次元電気泳動は,タンパク質複合体の検出や複合体構成成分の同定に使われている.二次元電気泳動で分離されたタンパク質は,クーマシーブルー染色,銀染色,蛍光染色などによって検出することができる.また,分離されたタンパク質をゲル中で消化した後,質量分析装置で分析すれば,ペプチドマスフィンガープリンティングによってタンパク質を同定することができる.

**二次構造**[secondary structure] ペプチド側鎖の水素結合の相互作用によってつくられた近接したアミノ酸の間の空間的配置を二次構造という.αヘリックス*は,1本のペプチド鎖中の主鎖アミノ酸の-COと-NHの間で水素結合をつくり安定化されているもので,右巻きのらせん構造(直径0.5 nm,らせん1回転につき3.6個のアミノ酸)をとる.β構造*は,いくつものペプチド鎖が平行に並んで薄い板状になったもので,隣の列のアミノ酸と水素結合をつくって安定化されている.(⇌高次構造【1】)

**二次細胞**[secondary cell] 【1】動物組織から細胞を分散し初代培養*を行うと,細胞は増殖し単層を形成する.この細胞をトリプシン処理などで分散し,新しい培地へ植込み培養した細胞を二次細胞または二次培養細胞(secondary culture cell)とよぶ.
【2】遺伝子クローニング*などを目的に,細胞に全ゲノムや遺伝子ライブラリー*などを導入して初代形質転換胞を分離する.ついで,この細胞のゲノムDNAで遺伝子導入*を行い,得られた形質転換細胞も二次細胞とよんでいる.

**二次細胞壁**[secondary cell wall] 二次壁(secondary wall)ともいう.高等植物細胞の成熟に伴って一次細胞壁*の内側に形成される細胞壁*.この形成は細胞成長停止後に起こる細胞分化の一局面である.
(⇌リグニン)

**二次性白血病**［secondary leukemia］　制がん剤*や放射線療法*などの治療後に、それらによって誘発され、発症したと考えられる治療関連性白血病の総称．アルキル化剤*に起因する白血病は5〜7年後に発症することが多く、骨髄異形成症候群*の病態を経て、FAB分類*のM1，M2を呈するものが多い．染色体異常としては第5，第7染色体の欠失が多い．トポイソメラーゼⅡ阻害剤による白血病は2〜3年後に認められ、しばしばFAB分類のM4，M5を呈し、第11染色体長腕23領域に座位する*MLL*遺伝子が転座によって他の転写因子*遺伝子との間で融合遺伝子を形成することが多い．

**二次精母細胞**［secondary spermatocyte］　⇒精母細胞

**二次培養細胞**［secondary culture cell］　⇒二次細胞【1】

**二次反応**［second-order reaction］　反応の次数が2となる反応．すなわち反応物質Aの反応速度$v$がその濃度[A]の2乗に比例する反応．反応物質がA，Bの2種の場合は反応速度が濃度[A]と濃度[B]の積に比例する反応．

$$v = k[A]_2 \quad または \quad v = k[A][B]$$

ここで$k$は速度定数を表す．反応が2分子の衝突による場合に二次反応となる．

**二次壁**［secondary wall］　＝二次細胞壁

**二次メッセンジャー**［secondary messenger］　＝セカンドメッセンジャー

**二次免疫応答**［secondary immune response］　すでに感作*を受けている抗原が再び生体内に侵入した時の免疫反応のこと．抗原に対する受容体をもつT細胞，B細胞が記憶リンパ球として準備されているため、反応は一次免疫応答*に比べ迅速である（⇒免疫記憶）．産生される抗体もIgG，IgEなどクラススイッチ*を終えたアイソタイプが主要となり、抗体の抗原に対する親和性も親和性成熟の過程を経て高いものとなっている．

**二次免疫組織**［secondary lymphoid tissue(organ)］　末梢免疫組織（peripheral lymphoid tissue(organ)）ともいう．一次免疫組織*で分化、成熟したリンパ球が移住することによってできる免疫組織．リンパ節、脾臓、パイエル板、扁桃などがこれに当たる．リンパ節へは、外来性抗原は通常、輸入リンパ管を経て抗原提示細胞*とともに侵入する．一方、リンパ節へは血行性に多数のリンパ球が常時、流入してくることから、当該抗原に対応する特異的リンパ球クローンの抗原依存的な活性化が起こり、その結果、抗原特異的なリンパ球増幅、すなわち免疫応答*が起こる．脾臓への抗原の流入は血行性であり、脾臓は外来性抗原に対する血液系のフィルターとして働くとともに、当該抗原に対して全身性の免疫応答を起こす．

**二重逆数プロット**［double reciprocal plot］　＝ラインウィーバー・バークプロット

**二重チミジンブロック法**［double thymidine block method］　高濃度のチミジン*を入れると細胞複製がS期*で止まることに基づき、指数関数的に複製している細胞集団をS期に同調させる方法．チミジン1〜2 mM（HeLa細胞）をS期の長さに合わせて加え、その後、チミジンを除去し、1世代培養後、再び、同じ濃度のチミジンを同じ時間か少し、短く加えると、すべての細胞がS期に同調される．チミジン濃度、処理時間は細胞ごとに異なるので、サイトフルオログラフを見ながら、調節する．（⇒細胞周期同調法、細胞周期）

**二重微小染色体**［double minute chromosome］　ダブルマイニュート染色体、DM染色体（DM chromosome）ともよぶ．ヒトの染色体異常*の一種で染色体DNAの特定の部位が高度に増幅されて染色体外に切除され、もとの染色体とは独立に複製する小さな染色体．がん化した細胞にみられ、顕微鏡下で対をなす点状の構造体として観察される．増幅された遺伝子はがん化に伴う特殊な遺伝子産物の過剰生産をひき起こし、たとえば多剤耐性となったがん細胞中で、多剤耐性遺伝子*がこの染色体から検出されることがある．（⇒均一染色領域）

**二重免疫拡散法**［double immunodiffusion］　抗体あるいは抗原を寒天などのゲル内の一定部位に入れると、それらはじわじわと周囲に拡散していき、濃度勾配ができる．抗体と抗原とを一定間隔の別の部位に入れると、互いに拡散していって出会い、濃度比が最適の部位で多分子同士が結合した集塊がつくられて肉眼でも沈降物として観察できるようになる．試験管内の上下に両者を入れ一次元でみる方法と、平板の2箇所の孔にそれぞれを入れて二次元でみる方法（オクタロニー法*）とがある．沈降反応の一種である．既知の抗原を用いてそれに対する抗体を検出・定量したり、その逆もできる．二次元法は二つの抗原検体の異同の同定にも応用できる．

**二重らせん**［double helix］　M. H. F. Wilkins*らのX線解析に基づいて、1953年、J. D. Watson*とF. H. C. Crick*により提出されたDNAの分子構造モデルをさす（⇒ワトソン・クリックモデル）．その構造上最も重要な特徴は以下の二つである．1）2組のプリン-ピリミジンの塩基（AとT，GとC）間で特異的水素結合による相補的塩基対が形成される、2）2本のDNA鎖が互いに逆位平行になっている（双極性）．この二つの特徴は、二重らせん構造それ自体が、複製可能な物質であることを端的に示している．（⇒DNAの高次構造、複製、シャルガフの法則）

**二次卵母細胞**［secondary oocyte］　一次卵母細胞*から、第一減数分裂を経て核が複相（$2n$）になったものをいう．二次卵母細胞は第二減数分裂を行い、第二極体を放出して単相（$n$）の成熟卵となる．多くの哺乳類では、二次卵母細胞になると排卵され、第二減数分裂中期に精子が貫入し、第二減数分裂完了後、卵前核と精前核が融合するが、イヌやキツネでは卵核胞期に排卵されて、第一減数分裂中期に精子が貫入する．（⇒卵母細胞）

**二次リンパ器官**［secondary lymphoid organ］　末

梢リンパ器官(peripheral lymphoid organ)ともいう．一次リンパ器官*で産生されたリンパ球は末梢に出て，二次リンパ器官に移住する．二次リンパ器官としては，脾臓*，リンパ節*，粘膜付属リンパ装置がある．これら器官にはリンパ球に抗原を提示する抗原提示細胞*が存在し，リンパ球の増殖，分化の場となっている．また，末梢循環から各二次リンパ器官に特定のリンパ球集団が取込まれるホーミング*とよばれる現象が知られており，各種の細胞接着分子*が関与している．

**二成分調節系**［two-component regulatory system］ 二因子調節系ともいう．原核生物の環境応答たとえば，大腸菌の走化性*(⇒*che*遺伝子)，浸透圧*応答(⇒*omp*遺伝子)，窒素代謝，枯草菌の胞子形成*などに，普遍的にみられるリン酸基転移によるシグナル伝達系．自己リン酸化能をもつ環境センサー(多くは膜タンパク質)，およびリン酸基を受取り応答の調節をつかさどるレギュレーター(多くは転写因子*)が中心となる．前者はトランスミッター，後者はレシーバーという構造的・機能的に相同なドメインをもち，それぞれ特定のヒスチジン残基とアスパラギン酸残基がリン酸化される．センサーの中には両方のドメインをもつものもある．また，酵母や高等植物にも相同な系がみつかっている．(⇒ヒスチジンキナーゼ)

**二染色体性**［disomy］ 体細胞を構成する染色体のうち，哺乳類の雄の性染色体(XY)のようにヘテロな性染色体*を除き，雌(XX)の性染色体および常染色体が2本ずつの相同染色体*より成り，染色体数が$2n$で表されること．転じて相同染色体を表す．染色体数が$(2n+1)$となる三染色体性*，$(2n-1)$となる一染色体性(⇒単染色体性)などとの対比で用いられる．相同染色体には同一または対立遺伝子が同じ順序で並んでおり，減数分裂の際には互いに対合し遺伝子の乗換え*が起こりうる．

**二段階発がん**［two-stage carcinogenesis］ ⇒発がんイニシエーション

**日内周期** ＝サーカディアンリズム

**ニチニチソウアルカロイド** ＝ビンカアルカロイド

**ニッカーゼ**［nickase］ DNAにニックを導入する活性をもつ酵素をよぶが，非特異的にニックを導入する酵素(たとえば，デオキシリボヌクレアーゼ*Ⅰなど)ではなく，ニックの導入が生物学的に何らかの意味合いをもつことが明らかな場合，たとえばDNAの修復*，複製*などに関与する酵素に対して使用されることが多い．

**ニックトランスレーション**［nick translation］ DNAを標識する方法の一つ．1977年に開発された．ハイブリダイゼーションに用いるDNAプローブを作製するときによく利用される．反応では，まずDNAをデオキシリボヌクレアーゼ*Ⅰで処理して切れ目(ニック)をつくらせ，つぎに4種のデオキシリボヌクレオチドとDNAポリメラーゼⅠを加えて修復合成させる．2番目の反応の際に標識したヌクレオチドをDNAに取込ませる．DNAの標識のため取込まれる

ヌクレオチドとしては，放射性同位元素，ビオチン，ジゴキシゲニンのほかCy3やCy5のような蛍光色素で標識されたヌクレオチドも用いられる．ランダムプライミング法も，同様の目的でよく利用される．(⇒ランダムプライマー)

**日周リズム** ＝サーカディアンリズム

**ニッスル小体**［Nissl body］ ＝ニッスル物質

**ニッスル物質**［Nissl substance］ ニッスル小体(Nissl body)，虎斑(tigroid body)，好色素性物質(chromophilic substance)ともいう．光学顕微鏡下，神経細胞の胞体内に塊状ないし細網粒状に認められる好塩基性物質．その主成分はリボソーム*のRNAであり，アルコール固定後，チオニン，トルイジンブルーなどのアニリン色素でよく染色される．電子顕微鏡的検討から，平行に配列した粗面小胞体*や細胞質のポリソーム*の集合に相当すると考えられる．軸索小丘を除く細胞体*，樹状突起*に存在するが，軸索*には認められない．本物質の分布状態は，細胞の生理的，病理的状態により種々異なる．

**2D結晶**［2D-crystal］ ＝二次元結晶

**2D-DIGE** ⇒蛍光ディファレンスゲル二次元電気泳動

**二点交雑**［two-point cross］ 二つの連鎖した遺伝子マーカーに着目して行う交雑実験．

**二 糖**［disaccharide］ 2個の単糖*がグリコシド結合*した糖質．同一種の単糖から成るホモ二糖と，異なる単糖から成るヘテロ二糖に分類される．二糖の名称として慣用名が用いられることが多い．$\beta$-D-ガラクトースと$\alpha$-D-グルコースが$\beta1\rightarrow4$結合したラクトースのように還元性ヒドロキシ基と非還元性ヒドロキシ基の間で結合する場合が多いが，スクロース*のように$\beta$-D-フルクトースと$\alpha$-D-グルコースの還元性ヒドロキシ基同士が脱水縮合したものもある．

**ニトロキシド**［nitroxide］ ＝ニトロキシラジカル

**ニトロキシラジカル**［nitroxy radical］ ニトロキシド(nitroxide)，ニトロキシルラジカル(nitroxyl radical)ともよばれ安定であるためスピン標識法*による生体分子の電子スピン共鳴*の測定に用いられる．>N-O・を骨格とした，2,2,6,6-テトラメチルピペリジン$N$-オキシド(TEMPO)，2,2,5,5-テトラメチル-3-ピロキシル(PROXYL)誘導体などがある．これらのニトロキシラジカルを脂質の炭化水素鎖や，タンパク質へ結合する化合物などに組込んでスピンラベルを化学合成する．タンパク質の1個または2個のシステインの側鎖SH基に共有結合できるように特別な官能基マレイミド，メタンチオスルホン酸などを1個ないし2個含むスピンラベルは，タンパク質の構造解析に広く利用されている．

**ニトロキシルラジカル**［nitroxyl radical］ ＝ニトロキシラジカル

**4-ニトロキノリン1-オキシド**［4-nitroquinoline 1-oxide］ 分子式$C_9H_6N_2O_3$，分子量190.16．黄色結晶，融点154℃．アセトン，エタノールなどに易溶，水に難溶．略称は4NQO．肝発がん性物質．4NQO自

身には DNA に対する化学修飾作用はない. 4位の $-NO_2$ が肝のニトロレダクターゼによって $-NHOH$ に変換されたのち, アミノアシル tRNA シンテターゼ* によってアミノ酸(主としてセリン)と結合して反応性に富むエステルとなり, DNA 塩基の求核性官能基を修飾する.

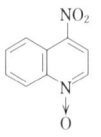

**ニトロゲナーゼ** [nitrogenase] 窒素固定* 細菌に存在し, モリブデンと鉄を含む Fe-Mo タンパク質と鉄のみを含む Fe タンパク質で構成される. Fe タンパク質はフェレドキシン* やフラボドキシンより電子を受取り, ATP を消費して Fe-Mo タンパク質を還元する. ついで Fe-Mo タンパク質に結合した $N_2$ を $NH_3$ にまで還元する. 両タンパク質は酸素に対して不安定であり, 環境中の $NH_4^+$ 濃度の上昇により発現が抑制される. また細胞内の ADP/ATP 比により活性調節される.

**ニトロセルロース膜** [nitrocellulose membrane] ニトロセルロースから成る多孔質($0.45〜0.2\ \mu m$)の膜フィルター(メンブランフィルター)で, 核酸やタンパク質に強い親和性をもつ. 二本鎖 DNA に比べ, 一本鎖 DNA, DNA-RNA ハイブリッドに特に親和性が高く, RNA は吸着しない. このような性質を利用して, 液相ハイブリッド形成反応における一本鎖と一本鎖核酸の分離や定量, あるいはタンパク質と複合体をつくっている核酸の分離や定量などに用いられる. 核酸などをフィルターに移した後に固定化し(ブロッティング*), そのままハイブリッド形成反応に用いることもできる. DNA を電気泳動後, ニトロセルロース膜に泳動パターンをそのまま写し取る方法をサザンブロット法*, RNA ではノーザンブロット法*, タンパク質ではウェスタンブロット法* とよび, 写し取った膜に相補性のある DNA や RNA, 抗体などを作用させて検出する. また寒天培地上の大腸菌を写しとり, コロニーハイブリダイゼーション* やプラークハイブリダイゼーション* にも用いられる.

**ニトロソアミン** [nitrosamine] $N$-ニトロソ化合物($N$-nitroso compound)ともいう. 図に示した一般式をもつ化合物. R がアルキル基のものはジメチルニトロソアミン*, ジエチルニトロソアミン* など発がん性をもつものが多い. 野菜, 果物, 飲み水に含まれる硝酸塩が体内で還元され亜硝酸塩となり, これらが食品中のアミン, アミド類と胃内で反応しニトロソアミンが生成される. 約 300 種あり, 動物の種々の臓器に悪性腫瘍を形成する. 亜硝酸とアミン類が反応してニトロソ化合物が生成される反応は, ビタミン C ではほぼ抑制される.

**ニトロソエチル尿素** [nitrosoethylurea] = 1-エチル-1-ニトロソ尿素(1-ethyl-1-nitrosourea), $N$-ニトロソ-$N$-エチル尿素($N$-nitroso-$N$-ethylurea). 水, 有機溶媒に可溶. 光に感受性の高い化合物. 過去ジアゾエタンの合成に使用された. 自然界に存在しない. サ

ルモネラ, ショウジョウバエに対し変異原性を示す. in vitro でヒト繊維芽細胞の染色体異常を誘起する. げっ歯類, ブタ, サルなどに, 腎臓, 神経系腫瘍, また白血病* を形成する. ヒトに対する発がん性の報告はない.

**ニトロソグアニジン** [nitrosoguanidine] = $N$-メチル-$N'$-ニトロ-$N$-ニトロソグアニジン($N$-methyl-$N'$-nitro-$N$-nitrosoguanidine), $N$-メチル-$N$-ニトロソ-$N'$-ニトログアニジン($N$-methyl-$N$-nitroso-$N'$-nitroguanidine). 強い変異原物質で, 直接発がん物質とよばれ, 生体内で代謝を必要とせず, DNA や生体成分と直接反応して発がんする. 環境中には存在しない. 水に溶かしてラットに飲ませるとヒトの胃がんに似た腺がんができる. 注射で肉腫も形成する. ラットのほか, ハムスター, マウス, ウサギ, イヌなどにもがんを形成する. in vitro で細胞を悪性転換する. 胃や腸で吸収され, 肝臓を通過したのちは, 速やかに不活性化される.

**$N$-ニトロソジエチルアミン** [$N$-nitrosodiethylamine] ⇒ ジエチルニトロソアミン

**ニトロソメチル尿素** [nitrsomethylurea] = 1-メチル-1-ニトロソ尿素(1-methyl-1-nitrosourea, MNU), $N$-ニトロソ-$N$-メチル尿素($N$-nitroso-$N$-methylurea). 水, 有機溶媒に可溶. 自然光や蛍光灯で容易に分解. 強力な変異原* 物質で, 分子遺伝学の分野で広く使用されている. 本剤単独で, またシクロホスファミド* とともに脳腫瘍のための化学療法剤として使用される. 妊娠ラットに投与すると生まれた仔に脳腫瘍が, 経口投与をすると消化管系の腫瘍, 肺や腎臓に悪性腫瘍が形成される. サルにも発がん性を示す.

**$o$-ニトロフェニルガラクトシド** [$o$-nitrophenyl galactoside] ONPG と略す. $\beta$-ガラクトシダーゼ* 活性測定用の基質. $C_{12}H_{15}NO_8$. 分子量 301.3. $\beta$-ガラクトシダーゼにより加水分解されると, $o$-ニトロフェノールが遊離する. 遊離した $o$-ニトロフェノールは弱アルカリ性で黄色を呈し, 420 nm に最大吸収波長を示す. そこで加水分解により生じた $o$-ニトロフェノール量を 420 nm で測定することにより $\beta$-ガラクトシダーゼ活性を測定する.

**ニトロプルシド定性反応** [nitroprusside reaction] ⇒ ホモシスチン尿症

**二倍体** [diploid, diplont] 二組のゲノム* をもつ細胞, またはそのような細胞から成る個体. 基本数* の 2 倍の染色体数* をもつ細胞, またはそのような細胞から成る個体ともいえる(⇒ 倍数性). 普通, 相同ゲノムを二組もつ場合をいうが, 異種ゲノムを一

組ずつもつ場合もある．

**nif 遺伝子**[*nif* gene＝nitrogen fixation gene] ＝窒素固定遺伝子

**二方向複製**[bidirectional replication] 両方向複製ともいう．DNA の複製\* 様式の一つで複製起点\* から両方向へ複製が進行する場合をいう．一本鎖 DNA をゲノムにもつバクテリオファージや多くのプラスミド，および二本鎖 DNA をゲノムとするバクテリオファージの一部では一方向へのみ複製が進行する（一方向複製 unidirectional replication）が大腸菌をはじめとする原核生物および真核生物のゲノム複製は，両方向に逐次的に進行する．複製フォーク\* が逆方向から進行してきた複製フォークに出会うと複製は終了し，二つの二重らせんに分離すると考えられるが，最近，大腸菌などの細菌で複製終点付近に存在する特定の塩基配列に結合して，ヘリカーゼの活性を阻害することにより，複製フォークの進行を停止させるタンパク質が発見され，複製終結への関与が示唆されている．

**二本鎖 RNA**[double-stranded RNA] 2 本の RNA 分子鎖が 1 本の軸のまわりにらせん状に互いにからみ合った状態をいう．ウイルスの中には遺伝子として二本鎖 RNA を含むものがある．動物のレオウイルス，カイコや昆虫の細胞質多角体病ウイルス，イネ萎縮ウイルス，大腸菌の φ6 ファージなどの場合である．また，一本鎖 RNA を遺伝子として含むウイルスの場合でも細胞内で増殖する過程でいったん，二本鎖 RNA 状態の複製型\* となる段階がある．二本鎖 RNA では 2 本の分子鎖は相補的な塩基対，すなわち，グアニンとシトシンの組合わせ，またはアデニンとウラシルの組合わせの塩基対をつくる．二つの塩基は定まった位置に水素結合が生じて対をつくる．DNA の場合と違って二本鎖 RNA は湿度によらず溶液中の場合と同じ型である．A 形 DNA\* のように塩基面はらせん軸に対して水平でなく，少し傾いている．上からみると，塩基対の中心はらせん軸から外れたところを回っている．二重らせんの幅は DNA の場合よりやや広く，2.2 nm ある．二本鎖 RNA の融解温度は同じ塩基組成の二本鎖 DNA よりも約 15 ℃ 高い．細胞内で二本鎖 DNA の両鎖からそれぞれ転写が起こり，生成したセンス RNA とアンチセンス RNA がペアを組むことが知られており，これも完全なまたは部分的な二本鎖 RNA となる．翻訳制御を始め相手の相補的な RNA 分子の種々の機能制御にかかわっている例が知られてきている．センス-アンチセンス RNA のペアは特に高等生物で顕著である．また，RNA 干渉\*（RNAi）をひき起こす siRNA\* やマイクロ RNA\*（miRNA）前駆体も二本鎖 RNA である．(⇨ 二本鎖 DNA)

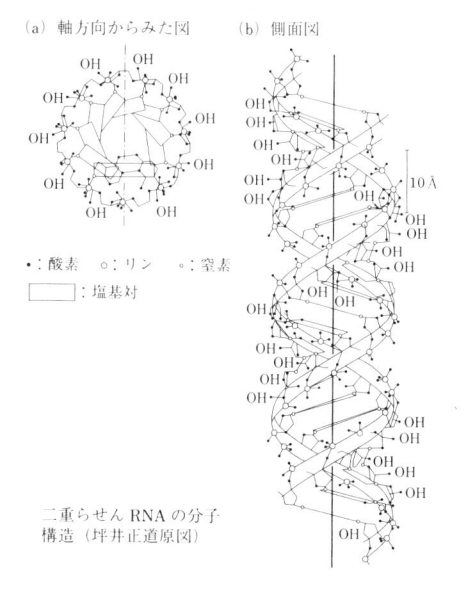

**二本鎖 RNA 依存性プロテインキナーゼ** [double-stranded RNA-dependent protein kinase] p68（ヒト），p65（マウス），二本鎖 RNA 活性化プロテインキナーゼ（double-stranded RNA-activated protein kinase），P1/eIF2 キナーゼ（P1/eIF2inase），PKR ともよばれる．ある種のウイルス遺伝子などの二本鎖 RNA，あるいはステム-ループ構造をもつ一本鎖 RNA との結合により活性化するセリン/トレオニンキナーゼ\*．N 末端に 2 個の二本鎖 RNA 結合モチーフから成る二本鎖 RNA 結合ドメインを，C 末端にキナーゼドメインをもつ．本酵素はインターフェロン\*，ヘパリン，ポリ（L-グルタミン），デキストラン硫酸，コンドロイチン硫酸などで活性が増強される．活性化された本酵素は自己リン酸化\* および eIF2 の α サブユニットのリン酸化を起こす．リン酸化された eIF2・GDP は eIF2・GTP にリサイクルされなくなり，タンパク質合成の開始が阻害される．インターフェロンの抗ウイルス作用および増殖抑制作用は本酵素の作用によるものと考えられている．ウイルスは種々の方法で PKR 活性を阻害する．たとえば，アデノウイルスの VA（virus-associated）RNA は PKR に結合し dsRNA のアンタゴニストとして働く．また，ワクシニアウイルスの K3L タンパク質は eIF2A の N 末端領域に似た構造をもち PKR の偽基質として働き，E3L 遺伝子産物は dsRNA に結合することによって PKR 活性化を阻害する．さらに，ポリオウイルスやインフルエンザウイルスはそれぞれ異なる機構で PKR を分解する．

**二本鎖 RNA ウイルス** [double-stranded RNA virus] 二本鎖 RNA をゲノム\* としてもつ RNA ウイルス\*．レオウイルス\* 科とビルナウイルス科（*Birnaviridae*）が存在する．カイコの細胞質多角体病ウイルス（cytoplasmic polyhedrosis virus，CPV）複製研究が，真核細胞系 mRNA 5′ 末端のキャップ構造の発見をもたらしたことは有名．ゲノムは分節型である．ウイルス粒子はエンベロープ\* をもっていない．粒子内部には RNA 依存性 RNA ポリメラーゼ\* が存在する．ロタウイルス\* は，非細菌性の乳幼児下痢症の主要病因である．(⇨ 一本鎖 RNA ウイルス)

(a) 軸方向からみた図　(b) 側面図

●：酸素　○：リン　◦：窒素
□：塩基対

二重らせん RNA の分子構造（坪井正道原図）

**二本鎖RNA活性化プロテインキナーゼ** ［double-stranded RNA-activated protein kinase］ ＝二本鎖RNA依存性プロテインキナーゼ

**二本鎖RNA結合ドメイン** ［double-stranded RNA binding domain］ dsRBDと略記される．二本鎖RNAに結合するタンパク質（DRBP；double-stranded RNA binding protein たとえばRNAヘリカーゼ（RNA helicase, RHA），nuclear factor 90（NF90））に共通に見られる二本鎖RNA結合に関与するドメインで65～68アミノ酸残基から成り，進化上保存されている真核生物のdsRBDは～5個のdsRBDから成る．RNPドメイン（リボ核タンパク質ドメイン）と似ており，$\alpha$-$\beta$-$\beta$-$\beta$-$\alpha$という構造をとっている．RNA結合機能は，構造の端にある$\beta$と$\alpha$との間に存在しているが，特異的なヌクレオチド配列は認識せず，A形の二本鎖RNAに結合する．

**二本鎖RNA特異的アデノシンデアミナーゼ** ［double-stranded RNA-specific adenosine deaminase, adenosine deaminase acting on RNA］ ＝RNA特異的アデノシンデアミナーゼ．ADARと略す．

**二本鎖切断修復** ［double-strand break repair］ DNA二本鎖の両側とも切断された時に修復＊する方法．切断された二本鎖DNAの末端を並べてDNAリガーゼにより再びつなぐ方法（非相同的末端連結）と特殊な組換えタンパク質により，無傷のDNA二本鎖の塩基配列情報を壊れたDNAの二本鎖切断部へと写し取り，修復する方法の2種類の異なる修復機構がある．

**二本鎖DNA** ［double-stranded DNA］ DNA＊は細胞核内やミトコンドリア内では通常二本鎖状態として存在する．ある種のウイルスの遺伝子も二本鎖DNAである（⇌二本鎖DNAウイルス）．二本鎖DNAは2本のDNA分子鎖が1本の軸のまわりにらせん状に互いにからみ合った状態である（⇌二重らせん）．2本の鎖の方向（5'末端→3'末端）は互いに逆向きで，らせんは右巻きである．2本の分子鎖は相補的な塩基対＊を介して対合している（⇌ワトソン・クリックモデル）．二本鎖DNAは湿度によって構造が異なる（⇌DNAの高次構造）．加熱により二本鎖が解離することをDNAの融解とよび，その温度を融解温度とよぶが，これはDNAの塩基組成と直線関係があり，GC含量＊が高いほど融解温度が高い．（⇌変性【2】）

**二本鎖DNAウイルス** ［double-stranded DNA virus］ dsDNAウイルス（dsDNA virus）ともいう．二本鎖DNA分子をゲノム＊としてもつウイルスの総称．パルボウイルス＊科のウイルス（アデノ随伴ウイルスなど）を除く他のDNAウイルスはすべて二本鎖DNAウイルスである．線状DNA分子をゲノムとしてもつウイルス（アデノウイルス＊科，ヘルペスウイルス＊科，ポックスウイルス＊科）と環状DNA分子をゲノムとしてもつウイルス（ポリオーマウイルス＊，SV40＊，パピローマウイルス＊，B型肝炎ウイルス＊など）とに分けられる．

**2μmプラスミド** ［2μm plasmid］ 出芽酵母＊（Saccharomyces cerevisiae＊）が保持する全長6318 bpから成る二本鎖DNA環状プラスミド．一倍体細胞でコピー数は60～100である．細胞の生育にはほとんど影響しない．一対の逆方向反復配列により隔てられた二つのユニーク配列にはFLP1, REP1, REP2, RAF1の四つの遺伝子が存在する．そのうち，FLP1遺伝子産物（Flp1）は逆方向反復配列での部位特異的な組換え反応を触媒する．

**ニーマン・ピック病** ［Niemann-Pick disease］ 肝脾腫やリンパ腺腫大などの一般症状を示し，いわゆるニーマン・ピック細胞（Niemann-Pick cell）が出現する病気はまとめてニーマン・ピック病と分類されてきた．しかし最近の細胞学的・生化学的分析により，A型とB型はスフィンゴミエリナーゼ（⇌スフィンゴミエリン）の遺伝的欠損による蓄積症であり，C型とE型（おそらくD型も）は外来性コレステロールのエステル化障害による病気であることが明らかにされた．したがってこれら二つのグループは，遺伝的にもまったく異なった病気であり，別の命名法を考えるべきであろうが，第二のグループの本態が明らかにされていない現在，この慣習的な呼称がいまだに用いられている．スフィンゴミエリナーゼはリソソーム酵素で，その遺伝子は第11染色体にあり，629のアミノ酸から成るペプチドをコードする．A型症例は重篤な中枢神経症状を示すが，B型症例には脳障害はない．この違いの起こる理由はわかっていない．これまでに確認された突然変異遺伝子のうち，3種が東ヨーロッパアシュケナージ地方由来のユダヤ人のA型症例の92％にみられた．A, B型ともにこの人種に高頻度に発生することが知られている．（⇌スフィンゴ脂質症）

**二面角** ［dihedral angle］ ＝ねじれ角

**乳がん** ［mammary cancer, mammary carcinoma, breast carcinoma］ 乳腺＊にできるがん腫で，ほとんどは腺がん＊である．この腺がんを，乳管への分化を示す乳管がん，乳腺小葉への分化を示す小葉がんに分ける．わが国では急速に増加しており，50歳前後の女性に多い．女性ホルモン受容体の証明される例も少なくない．部位的には，外側上半部に多発し，境界不整な硬結として触れる．進行すると繊維化と発赤のため，赤黒く固くなることが多く，漢字の癌（＝岩）や英語のcancer（＝蟹）の語源となった．

**乳酸** ［lactic acid］ $CH_3CH(OH)COOH$，分子量90.08．$pK_a = 3.86$．解糖＊の最終生成物はL-乳酸で，乳酸デヒドロゲナーゼによるピルビン酸の還元により生成する．一方，微生物による乳酸発酵＊の最終生成物としては，生物種によってL-, D-, ラセミ体のいずれかが生成する．筋肉運動の結果として筋肉内には乳酸が蓄積するが，その一部はクエン酸回路＊を経由して酸化的に代謝され，他の一部は血流によって肝臓に運ばれてグルコースの再合成（糖新生＊）に利用される．

**乳酸発酵** ［lactic acid fermentation］ 微生物の作用により，糖質から乳酸を生成する現象のこと．糖質から乳酸の前駆体であるピルビン酸に至る経路は酵母

によるアルコール発酵*と同様で，糖質は単糖を経て解糖系*で分解される際にATPとNADHを生じる．乳酸発酵では，このNADHにより解糖系の最終生成物であるピルビン酸が乳酸デヒドロゲナーゼの働きで還元されて乳酸として蓄積される．筋肉などの動物組織でも嫌気的条件下でピルビン酸は乳酸に還元され，その一部は血流により，肝臓に戻されて糖新生*経路に入る．筋肉では光学異性体L形のみが生じるが，乳酸菌など微生物による産物は菌種ごとにD形，L形，DL形とさまざまである．

**乳腺**［mammary gland］ 哺乳類で進化してきた外胚葉由来の皮膚付属器である．特徴的な樹枝状構造をもち，カゼイン，αラクトアルブミン，WAP（whey acidic protein）など特異な乳タンパク質を合成し，発現はプロラクチン，インスリン，ステロイドホルモンによって調節されている．がんの好発臓器であり，マウスではレトロウイルス，ヒトでは第17染色体（17q21-q24）にあるBRCA1とBRCA2（13q12-q13）が有力な原因遺伝子と考えられている．(⇒BRCA遺伝子)

**乳腺刺激ホルモン**［lactetropic hormone］ ＝プロラクチン

**乳頭腫**［papilloma］ 乳頭のような形状の上皮性良性腫瘍で，組織学的には乳頭構造を示す．全身の上皮に発生しうる．(⇒パピローマウイルス)

**乳頭腫ウイルス** ＝パピローマウイルス

**乳房パジェット病**［Paget's disease of breast］ ⇒パジェット病【2】

**ニューカッスル病ウイルス**［Newcastle disease virus］ NDVと略される．(−)鎖RNAウイルスであり，パラミクソウイルス*科パラミクソウイルス亜科アブラウイルス属に分類されている．エンベロープ*をもち，そこに存在するウイルス糖タンパク質F（fusion，細胞融合に関与）とHN（hemagglutinin-neuraminidase，血球凝集，シアリダーゼ活性をもつ）が宿主細胞側のプロテアーゼにより切断されることによりウイルスは感染性を獲得する．ヌクレオキャプシド*はらせん対称形である．ニワトリが最も高い感受性を示すが，鳥類は一般的に感受性である．結膜，呼吸器，消化管に感染し増殖する．

**ニュスライン-フォルハルト** **NÜSSLEIN-VOLHARD**, Christiane ドイツの遺伝学者．1942.10.20〜
ヨーロッパ分子生物学研究所員（1978）．マックス・プランク発生生物学研究員．ショウジョウバエの体節形成を支配する遺伝子を研究するため突然変異飽和法を開発．体節の前後方向を決定するビコイドタンパク質（⇒ビコイド遺伝子）を発見した（1988）．E. F. Wieschaus*，E. B. Lewis*とともに1995年ノーベル医学生理学賞を受賞．

**ニュートロフラビン**［neutroflavine］ ＝アクリフラビン

**ニューライト** ＝神経突起

**ニューラルネットワーク**［neural network］ 神経細胞とその結合を似せてつくられた数学モデル．人工ニューラルネットワーク（artificial neural network），人工神経回路網ともいう．神経細胞の代わりにノード，シナプス強度の代わりにノード間の結合荷重を考え，各ノードは他ノードからの入力信号に結合荷重をかけたものの合計を計算，閾値以上なら他ノードに出力信号を出す．予測器として用いるには，まず学習によって入力に対し望ましい出力が得られるよう結合荷重を調整する必要がある．タンパク質二次構造予測やシグナルペプチド予測，遺伝子発見など応用例は数多い．

**ニューレグリン**［neuregulin］ 上皮増殖因子*（EGF）ファミリーに属する糖タンパク質．多くのサブタイプタンパク質が確認されており，中には発見の経緯からneu differentiation factor（NDF）やヒレグリン（heregulin）などの名称が付けられているものもある．そのほかに グリア増殖因子（glial growth factor, GGF），アセチルコリン受容体誘導活性（acetylcholine receptor inducing activity, ARIA）などのサブタイプがある．サブタイプにより乳がん細胞の分化やシュワン細胞*の増殖を促進するなどの異なる生物活性をもつ．ニューレグリンはEGF受容体ファミリータンパク質であるHer2/Neu/Erb2, Her3やHer4に結合し，そのチロシンキナーゼを活性化する．

**ニューロキニンα**［neurokinin α］ ＝サブスタンスK

**ニューロキニンA**［neurokinin A］ ＝サブスタンスK

**ニューロスフェア**［neurosphere］ ⇒ニューロスフェア法

**ニューロスフェア法**［neurosphere method］ 1992年B. A. Reynoldsらによって開発された神経幹細胞*の選択的培養法．神経幹細胞を含む細胞群をインスリン*，トランスフェリン*，セレン，プロゲステロン*を含む無血清培地*で，細胞増殖因子である上皮増殖因子*（EGF）または塩基性繊維芽細胞増殖因子*（bFGF）存在下で浮遊培養すると，多くの細胞の生存が障害され，増殖能をもつ神経幹細胞だけが選択的に増殖し球状の細胞塊（ニューロスフェア neurosphere）を形成する．この細胞塊は，分散し再度培養すると継代できる．

**ニューロスポラ** ＝アカパンカビ

**ニューロD**［Neuro D］ β細胞EボックストランスアクチベーSター2（β-cell E-box transactivator 2, BETA2），ニューロD1（Neuro D1），BHF1ともいう．神経系で発現する塩基性ヘリックス・ループ・ヘリックス（bHLH）型転写制御因子であるが，膵臓でも高発現する．普遍的bHLH因子であるE2A遺伝子産物（E12，E47）とのヘテロ二量体となってEボックス（CANNTG）に結合し，転写活性化能を発揮する．bHLH部分の相同性から，他の神経系特異的bHLH因子である，ショウジョウバエのatonal，哺乳動物のMath2，Math3と，そしてニューロD2，ニューロD3などとファミリーを形成する．神経系において，ニューロDはニューロンへと運命決定された後の細

胞の成熟に働き，とりわけ小脳や海馬における顆粒細胞の分化に機能を発揮する．ニューロD2(NDRF)は生後の小脳や海馬で高い発現を示す．ニューロDは膵臓のβ細胞においても必須の機能を果たし，ノックアウトマウスはβ細胞形成不全やインスリンレベルの低下により生後まもなく死亡する．

**ニューロD1** [Neuro D1] ＝ニューロD

**ニューロテンシン** [neurotensin] NTと略す．13個のアミノ酸より成る脳ペプチド．NT，ニューロメジンN(neuromedin N, NN)，NT様ペプチドの三者をコードするプレプロNT/NN遺伝子より由来する(図)．NTの脳内分布の大きな特徴は個体発生途上に

```
NT   pGlu-Leu-Tyr-Glu-Asn-Lys-Pro-Arg-Arg-Pro-Tyr-Ile-Leu
NN                                   Lys-Ile-Pro-Tyr-Ile-Leu
NN様ペプチド                          Lys-Phe-Pro-Thr-Ala-Leu
```

NT：ニューロテンシン    NN：ニューロメジンN

(a) 内因性ニューロテンシン様ペプチド群

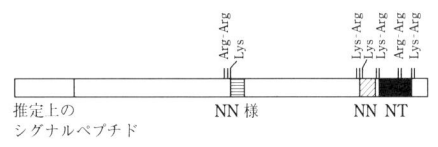

```
        Arg Lys              Lys Lys Arg Arg
                              Arg Arg Arg
 ┌──────┬────────┬────────────┬─────┬───────┐
 │      │        │  NN様      │  ■ NN NT    │
 └──────┴────────┴────────────┴─────┴───────┘
 推定上の
 シグナルペプチド
```

(b) プレプロニューロテンシン/ニューロメジンNの構造（木山博資，1994）

おける発現量の著変である．脳の特定の部位では幼若期にのみ一過性に豊富な発現が認められる．遺伝子の5′フランキング領域の$-200 \sim -50$塩基にAP-1*，CRE（サイクリックAMP応答配列*），GRE（グルココルチコイド応答配列*）があり，この部位がNT遺伝子の転写調節に関与する．

**ニューロテンシン受容体** [neurotensin receptor] 高親和性($K_D < 1$ nM)と低親和性($K_D \geq 1$ nM)の2種が存在し，前者は主として幼若期の一時期に大量に発現するのに比べ，後者は成熟とともに増加する．ラット高親和性受容体がクローニングされている．424個のアミノ酸より成り，7回膜貫通型のGタンパク質共役型で，イノシトール1,4,5-トリスリン酸($IP_3$)/ジアシルグリセロールの系を活性化する．ニューロテンシン*(NT)の受容体への結合部位はNTのC末端($8 \sim 13$)である．細胞レベルの分布，発生についても明らかにされている．

**ニューロトロフィン** [neurotrophin] 神経成長因子ファミリー(nerve growth factor family)ともいう．$26 \sim 28$ kDaのタンパク質性の神経栄養因子の総称で，哺乳類には，神経成長因子*，脳由来神経栄養因子(brain-derived neurotrophic factor, BDNF)，ニューロトロフィン-3，ニューロトロフィン-4/5の4種類がある．これらの因子は$13 \sim 14$ kDaサブユニットのホモダイマーを形成し，塩基性アミノ酸の多い等電点9以上のタンパク質である．mRNAは$1.3 \sim 1.4$ kbであるが，BDNFには4.2 kbも存在する．前駆体として合成された因子は酵素的に分解され，成熟体として細胞外に放出される．そして，細胞外からそれぞれに固有の受容体(Trkファミリー)あるいはp75受容体に結合して細胞内にシグナルを伝達する．神経系では神経細胞で産生され，個々の因子により作用する細胞や時期，さらには機能に差異が見られるが，神経系の発生と維持に幅広い役割を果たしている．

**ニューロトロフィン受容体** [neurotrophin receptor] 神経栄養因子受容体ともいう．ニューロトロフィン受容体はニューロトロフィン*(NT)と結合する細胞膜の受容体で，Trk(tropomyosin-related kinase)とp75$^{NTR}$に分かれる．Trk受容体は1回膜貫通型の受容体型チロシンキナーゼファミリーの一種で，TrkA，TrkB，TrkCの3種類があり，それぞれNGF（神経成長因子*），BDNF（脳由来神経栄養因子*）およびNT-4/5，NT-3と高親和性で結合する．細胞によってはすべてのTrkタイプがNT-3と結合する．二つのシステインクラスター，三つのロイシンリッチリピート，および二つのIg様ドメインから成る細胞外ドメインでNTと結合すると，Trkは二量体化し，細胞質内ドメインのチロシンキナーゼが活性化されて，チロシン残基を自己リン酸化する．特定のリン酸化チロシン残基にアダプタータンパク質Shcや基質となるPLC-γ1などが結合し，下流のシグナル伝達カスケード（おもにRas-MAP経路，PI3K-Akt経路，PLC-γ1経路）のエフェクター分子群がリクルートされて，ニューロンの生存や分化，神経突起の伸長，シナプス可塑性などが促進される．また，NTと結合したTrkはエンドサイトーシス*によって細胞内に取込まれたのち，細胞体へ逆行性輸送*されて，核内における転写を制御する．一方，p75$^{NTR}$はTNF受容体(腫瘍壊死因子受容体*)ファミリーの一種の1回膜貫通型の糖タンパク質で，細胞内ドメインにデスドメインをもち，キナーゼ活性はない．いずれのNTとも低親和性で結合するpan-neurotrophin receptorであり，JNK*などを介した細胞死を誘導する．また，p75$^{NTR}$-Trk複合体形成によりTrkのNT結合性を変調したり，p75$^{NTR}$-sortilin複合体はNT前駆体(pro-neurotrophin)と結合して細胞死を誘導する．

**ニューロピリン** [neuropilin] A5ともいい，Nrp，Npと略す．軸索ガイダンス分子セマフォリン*と血管内皮（細胞）増殖因子*(VEGF)の受容体．中脳視蓋の細胞を抗原とした得られたモノクローナル抗体*によって認識される分子として同定された．長い細胞外領域(a1/a2, b1/b2, cの3領域)と短い細胞内領域をもつ．ニューロピリンには1と2の2種類がある．発現は発生中に多く，生後は特定の領域だけで発現している．クラス3のセマフォリン受容体であり(Sema3A受容体は1，Sema3F受容体は2)，VEGFのアイソフォームVEGF$_{165}$などの補助受容体でもある．このように神経と血管形成にかかわっている．ニューロピリンは受容体複合体を形成してシグナルを伝達する．セマフォリンではプレキシン-A，VEGFではVEGF受容体である．このほか細胞移動，がん，骨形成，免疫系に関与している．

ニューロフィシン [neurophysin] ⇌ オキシトシン

ニューロフィブロミン [neurofibromin] ⇌ 神経繊維腫症1型

ニューロフィラメント [neurofilament] 神経細胞に特異的な中間径フィラメント．他の中間径フィラメントと異なり細かい側枝をもつのが特徴．神経細胞体，樹状突起内では比較的粗に，軸索内では密に存在し，互いに無数の架橋でつながっている．ニューロフィラメントの密度が軸索の直径を決めるとされている．遅い軸索輸送* で末端に運ばれ，この解析から3成分の存在が推測されている．70 kDa(NF-L)，145 kDa(NF-M)および200 kDa(NF-H)の三つの成分から構成されている．NF-L が中間径フィラメントの骨格を形成し，NF-M，NF-H，特にそれらのC末端側が，架橋部分を構成する．ここにはLys-Ser-Pro(KSP)の繰返し構造が多数みられ，in vivo ではこの部分が高度にリン酸化されている．神経細胞体，樹状突起内に存在するNF-M，NF-Hはリン酸化されていないが，軸索に存在するこれらの成分はリン酸化されている．多くの神経疾患でニューロフィラメントの分布およびリン酸化の異常が観察される．

ニューロブラストーマ ＝神経芽細胞腫

ニューロプロテクチン D1 [neuroprotectin D1] NPD1 と略す．ω3 脂質メディエーター(ω3 lipid mediator)の一種．マウス脳梗塞組織より見いだされたドコサヘキサエン酸(DHA)由来の脂質メディエーター*．脳神経系に豊富に存在するDHAが炎症時に細胞膜から遊離し，15-リポキシゲナーゼによる酵素反応によって局所的に合成される．脳神経系および網膜色素細胞の保護作用ならびに角膜上皮組織の再生を促進する作用が報告されている．いったんダメージを受けた神経組織を守るための内在性の防御因子であると考えられている．

ニューロペプチド ＝神経ペプチド

ニューロメア [neuromere] 脊椎動物の脳の発生期にみられる前後軸に沿った分節構造．ニューロメアは特定の神経を生み出す基本単位として機能することがしられている．

ニューロメジン K [neuromedin K] ⇌ タキキニン

ニューロメジン L [neuromedin L] ＝サブスタンス K

ニューロメジン N [neuromedin N] NN と略す．(⇌ ニューロテンシン)

ニューロメジン S [neuromedin S] ⇌ ニューロメジン U

ニューロメジン U [neuromedin U] NMU と略す．ニューロメジンUはラット子宮筋の収縮活性を指標としたアッセイを用いてブタ脊髄から単離・構造決定された神経ペプチド* であり，脳，脊髄や腸管などに多く存在する．NMUは摂食抑制，ストレス反応の制御，生物時計* の調節，痛覚や炎症反応の制御など多彩な生理作用を示す．NMUに類似した別の神経ペプチドのニューロメジン S(neuromedin S)が存在し，これは視交差上核に特異的に分布し生物時計を調節する．

ニューロモジュリン [neuromodulin] ＝GAP-43

ニューロン [neuron] ＝神経細胞

ニューロン移動 [neuronal migration] 神経細胞* の移動のこと．発達中の神経組織では，神経細胞の定着する場所とそれが誕生した場所が一般に異なる．中枢神経系では，脳室壁に生まれた神経芽細胞がこの部分から放射状に外側へと移動する．大脳皮質などでは後からのものが先行する細胞を追い越してより表層に出る．末梢神経系は，神経冠* ならびに表皮プラコードの細胞の移動に伴っておこなわれる．こうした神経芽細胞の移動は，細胞外マトリックス*，細胞接着分子* などによって制御されている．また神経芽細胞は移動過程に同期して神経分化* する．

ニューロングリア細胞接着分子 [neuron-glia cell adhesion molecule] NgCAMと略す．(⇌ L1)

ニューロン前駆細胞 [neuron precursor cell] ニューロン(神経細胞*)に分化していく細胞のこと．脊椎動物では中枢神経系はすべて神経管* より形成されるが，その中で発生初期には細胞は盛んに分裂を繰返している．これらの細胞は最終的にはニューロンとグリア細胞* に分化するので，この分裂している細胞がニューロン前駆細胞である．ある時期を過ぎるとニューロン前駆細胞は分裂をやめて最終位置まで移動するが，最終分裂を終えた細胞も軸索，樹状突起を伸ばしてニューロンとしての形を整えるまではニューロン前駆細胞あるいは未熟な神経細胞(young neuron)とよぶ．最終分裂を終えた細胞を神経芽細胞(neuroblast)とよぶこともある．末梢神経系のニューロン前駆細胞は神経冠(堤)細胞あるいは表皮プラコードの細胞である．(⇌ 前駆細胞)

ニューロン特異的エノラーゼ [neuron specific enolase] エノラーゼ(enolase)は解糖系の酵素で，3種類のサブユニットの二量体($\alpha\alpha$：非ニューロン性，$\beta\beta$：筋肉特異的，$\gamma\gamma$：ニューロン特異的)のアイソザイムから成る．2-ホスホグリセリン酸を加水分解してホスホエノールピルビン酸を生じる反応を触媒する．脳の発達につれてその発現量は増加するが，明確な特異性はなくすべてのニューロンには存在しないし，ニューロン以外の細胞にも存在する．$\gamma$ 鎖 mRNA は433アミノ酸をコードし，その遺伝子は全長9 kbpで12個のエキソンから成る．ヒトで第12染色体短腕13領域にマップされている．

**尿酸** [uric acid] ＝2,6,8-トリヒドロキシプリン(2,6,8-trihydroxypurine)．$C_5H_4N_4O_3$，分子量168.11．ケト形とエノール形の互変異性をもつ．弱い二塩基酸($pK_1=5.4$，$pK_2=10.6$)で，水にはごく微量溶ける(約0.007 %)．鳥類，陸棲爬虫類，昆虫類(双翅類を除く)では窒素代謝の主要な最終生成物として排出される(⇌ 尿酸排出動物)．哺乳類のうち霊長類ではプリン分解の最終生成物として排出されるが，他の哺乳類ではさらに分解される．高尿酸血症で血中濃度が上

昇し,痛風\*では尿酸塩が関節や組織内に沈着する.

ケト形 ⇌ エノール形

**尿酸オキシダーゼ**[urate oxidase] ＝ウリカーゼ(uricase). EC 1.7.3.3. 尿酸\*分解の最初の酵素でつぎの反応を触媒する.

尿酸 + $O_2$ + 2 $H_2O$ ⟶ アラントイン + $H_2O_2$ + $CO_2$

霊長類(プリン体を尿酸の形で排出する)以外のすべての哺乳類の肝臓,腎臓などに多く含まれる.哺乳類の酵素は分子量 32,000 のサブユニット 4 個より成り,銅を含む.細胞内ではペルオキシソーム\*に依存し,C 末端にペルオキシソーム移行シグナル SKL(Ser-Lys-Leu)モチーフをもつ.ヒトでは不活化した尿酸オキシダーゼ遺伝子が存在する.

**尿酸排出動物**[uricotelic animal] 尿酸排泄動物ともいう.窒素代謝の最終産物として主として尿酸\*を排出する動物.アンモニア排出動物\*,尿素排出動物\*と対比される.鳥類,ヘビ,トカゲ類,大部分の昆虫類がこれに属する.動物の生態との関係が深く,陸上動物では閉鎖卵内で発生が行われるものにみられる.水の供給との関係が深く,カメ類で水生のものは窒素をアンモニアと尿素の形で,陸生のものは尿酸と尿素の形で排出する.尿酸の合成はプリン合成経路で行われる.

**尿酸排泄動物** ＝尿酸排出動物

**尿素**[urea] ＝カルバミド(carbamide).タンパク質代謝の最終産物として尿中に排泄される比較的安定な化合物.$H_2NCONH_2$,分子量 60.06.これは肝臓内で尿素回路\*によってつくられ腎臓から排泄されるが,腎機能が低下すると血中濃度が上昇するのでその指標としても使われる.生化学の実験では高濃度の溶液(たとえば 8 M)でタンパク質や核酸を変性\*させ,二次構造を失わせるのに用いられる.

**尿素アミドヒドロラーゼ**[urea amidohydrolase] ＝ウレアーゼ

**尿素回路**[urea cycle] オルニチン回路(ornithine cycle),クレブス・ヘンゼライト尿素回路(Krebs-Henseleit urea cycle)ともいう.アミノ酸から遊離されたアンモニアを解毒\*する機構で,肝臓において無毒の尿素\*に転換する.図に示すように(1)～(5)の五つの酵素による反応から成る.(1)アンモニアはカルバモイルリン酸シンターゼ\*によりカルバモイルリン酸を生成する.(2)カルバモイルリン酸のカルバモイル基がオルニチンに転移され,シトルリンを生成する.(3)シトルリンがアスパラギン酸と反応して,アルギニノコハク酸を生成する.(4)アルギニノコハク酸が,アルギニンとフマル酸に分解される.(5)アルギニンが加水分解され,尿素を生成,またオルニチン

が再生される.(1),(2)の反応はミトコンドリアで行われ,(3)～(5)の反応は細胞質で行われる.(5)の反応により再生されたオルニチンはミトコンドリアに移行する.それぞれの酵素が欠損する先天性代謝異常\*が知られている(⇒尿素回路異常症).吐乳,意識障害,痙攣などの臨床症状とともに高アンモニア血症\*を呈する.

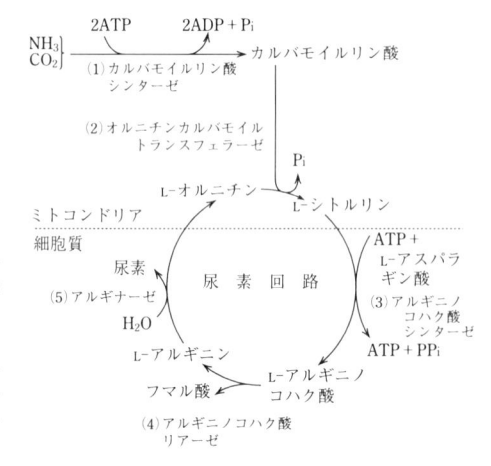

**尿素回路異常症**[urea cycle disorder] 尿素回路病(urea cycle disease)ともいう.生体内でタンパク質,アミノ酸代謝で生じたアンモニアは肝に存在する尿素回路\*によって尿素に転換され解毒される.主として 5 種の尿素回路酵素の欠損によるもので,カルバモイルリン酸シンターゼ\*I 欠損症,オルニチンカルバモイルトランスフェラーゼ欠損症,シトルリン血症\*,アルギニノコハク酸尿症\*,アルギニン血症\*を含む.いずれの疾患でも高アンモニア血症\*を呈し,嘔吐,痙攣,発育障害などを伴う.遺伝子レベルの解析が進んでいる.

**尿素浸透性動物**[ureosmotic animal] ⇌尿素排出動物

**尿素排出動物**[ureotelic animal] 尿素排泄動物ともいう.窒素代謝の最終産物として主として尿素\*を排出する動物.アンモニア排出動物\*,尿酸排出動物\*と対比される.哺乳類,爬虫類中のカメ類の一部,両生類中の無尾類,魚類中の軟骨魚類,肺魚類(夏眠中)などがこれに属する.生息環境,特に水の供給と関係が深い.カエルは変態\*に伴い,アンモニア排出性から尿素排出性に変わる.海産軟骨魚類は大量の尿素を合成して体内に保持しており,体内の浸透圧を保っている.これらの動物は通常の尿素排出動物と区別して尿素浸透性動物(ureosmotic animal)とよぶこともある.尿素合成は主として肝に存在する尿素回路\*により行われる.

**尿素排泄動物** ＝尿素排出動物

**尿崩症**[diabetes insipidus] ⇌バソプレシン

**2,4-D** [2,4-D＝2,4-dichlorophenoxyacetic acid] 2,4-ジクロロフェノキシ酢酸の略号. (→オーキシン)

**二リン酸** [diphosphoric acid] ピロリン酸(pyrophosphoric acid, pyrophosphate)ともいう. $PP_i$ と略される. 無機のリン酸無水物. リボヌクレオシド三リン酸*が RNA ポリメラーゼによって重合する場合や, デオキシリボヌクレオシド三リン酸が DNA ポリメラーゼによって重合する場合に生じる $PP_i$ はピロホスファターゼ*によって加水分解され, 正リン酸($P_i$)となる. アミノアシルアデニル酸*を経由して tRNA がアミノアシル化される反応においても $PP_i$ が生成し, これが分解されて反応が進行する(→アミノアシル tRNA シンテターゼ). DNA 合成時に遊離されるピロリン酸を ATP に変え, ルシフェラーゼ存在下でルシフェリンと反応させ生成する化学発光の検出を利用したシークエンス法(→パイロシークエンス法)が開発されている.

$$HO-\overset{O}{\underset{OH}{P}}-O-\overset{O}{\underset{OH}{P}}-OH$$

**ニーレンバーグ** NIRENBERG, Marshall Warren 米国の分子生物学者. 1927.4.10～ ニューヨーク市に生まれる. フロリダ大学で動物学を学び(修士号, 1952), ミシガン大学で生化学を研究(Ph.D., 1957). 米国国立衛生研究所(NIH)研究員(1957). 1961年ポリウリジル酸がフェニルアラニンと対応する遺伝暗号であることを実証した. 1968年 R. W. Holley*, H. G. Khorana* とともにノーベル医学生理学賞受賞. その後神経分化の研究に従事.

**ニワトリ胚** [chick embryo] ニワトリ胚は, 一般的にはホワイトレグホンの受精卵が使用される. ホワイトレグホンは採卵を目的とする養鶏業のために品種改良されて, 2～3種の系がかけ合わされているために遺伝的には純系でないことに注意を要する. 孵卵後, 21日間で孵化する. 胚成長段階の同定には, V. Hamburger, H. L. Hamilton(1951)のステージ表が利用される. また, 卵管内や産卵直後の発生初期の胚発生ステージの同定には, H. Eyal-Giladi, S. Kochav(1976)の表が利用され, ローマ数字でステージ番号が表示される. 体外発生なので発生過程の観察が容易であり発生生物学の好適な実験材料である.

**ニワトリ胚繊維芽細胞** [chicken embryo fibroblast] CEF と略す. ニワトリの胚由来の繊維芽細胞*は, 10日前後孵卵したニワトリ受精卵より胚を分け, その組織を細切し, さらにトリプシンなどの酵素処理後, 培養液中に分散させることにより, 容易にその初代培養を得ることができる. その入手が比較的容易であることから, 未熟な繊維芽細胞の起源として, 今世紀の初期より, 発生学あるいは分化の研究に広く用いられているほか, ウイルスのアッセイシステムとして用いられる場合もある.

**任意嫌気性生物** ＝通性嫌気性生物

**認知症** [dementia] いったん, 正常に発達を完了した知能が, 脳の障害により低下した病態と定義される. これは, 脳が発達段階で障害されて起こってくる知能障害である精神遅滞とは, 脳障害の時期により区別される. 認知症は, 大脳皮質の障害によって出現する皮質性認知症(cortical dementia)と基底核や視床などの皮質下核の病変による皮質下性認知症(subcortical dementia)に大別される. 前者は, 獲得した知識の崩壊と記憶力の低下が特徴であり, 代表的疾患がアルツハイマー病*である. 後者は, 知識を働かせる能力の障害で, 思考過程の緩慢化と感情鈍麻が中核症状であり, パーキンソン病*, 進行性核上性麻痺などがこれに属する. 認知症は, このような神経変性疾患のほか, 脳血管障害, 甲状腺機能低下症やビタミン $B_{12}$ 欠乏症, 水頭症などが病因となる. 一方, 治療可能な認知症は, treatable dementia とよばれ, この鑑別診断は, 臨床上重要である.

**ニンヒドリン** [ninhydrin] $C_9H_6O_4$, 分子量 178.15. アミノ酸やペプチドの検出や定量に用いる試薬. 常温では淡黄色固体. 水, アルコールに可溶. ニンヒドリン水溶液によるアミノ酸の呈色反応は, ニンヒドリン反応(ninhydrin reaction)またはアブデルハルデン反応(Abderhalden's reaction)とよばれる. アミノ酸と2分子のニンヒドリンが反応するとルーヘマン紫(Ruhemann's purple)とよばれる青紫色の物質(吸収極大波長 570 nm)とアミノ酸の還元によるアルデヒドが生成する. プロリンの場合は, 他の α-アミノ酸と異なり, 窒素に結合する1分子の水素とニンヒドリン1分子が反応し, 黄赤色の物質(吸収極大波長 440 nm)が生成する. ニンヒドリン反応を利用したアミノ酸分析法は定量性が高い. 濾紙や薄層クロマトグラフィー*後にニンヒドリン溶液を噴霧し, クロマトグラフィー*で分離したタンパク質やペプチドを検出することもある. なお, ニンヒドリンは核酸の塩基(グアノシン, シチジン)にも反応する.

# ヌ

**ヌクレアーゼ** [nuclease] 核酸分解酵素．ヌクレオデポリメラーゼ(nucleodepolymerase)ともいう．当初，核酸およびその分解産物の代謝に関与する全酵素の総称として提出されたが，今日では，核酸やポリヌクレオチドのヌクレオチド間を連続するホスホジエステル結合を開裂する酵素，ヌクレオホスホジエステラーゼ(nucleophosphodiesterase)の総称として用いられる．基質の糖部分に対する特異性で分けると，DNAだけを分解するデオキシリボヌクレアーゼ*(DNアーゼ)，RNAに作用するリボヌクレアーゼ*(RNアーゼ)，糖部分を識別せずDNAにもRNAにも作用する酵素の3種に分類される．狭義にはこの第三の酵素を単にヌクレアーゼということもある．分解様式で分類すると，ポリヌクレオチド鎖内部の3′,5′-ホスホジエステル結合を切断するエンドヌクレアーゼ*と，鎖の5′末端または3′末端からヌクレオチドを順次1個ずつ切断していくエキソヌクレアーゼ*に分けられる．エンドヌクレアーゼ，エキソヌクレアーゼともに，分解産物からは5′末端にリン酸基をもつヌクレオチドを生成する5′-p生成酵素と，3′末端にリン酸基をもつヌクレオチドを生成する3′-p生成酵素に分けられる．特異的な部位でDNAを分解するエンドヌクレアーゼには，1) 特定の塩基配列を認識し，その認識配列の内部(II型)，または一定距離離れた部位(I, III型)で二本鎖DNAを切断する一群の5′-p生成酵素(⇒制限酵素)，2) DNA上に生じた損傷部位(ミスマッチ部位，脱塩基部位，立体構造に大きなひずみを生じる修飾塩基部位)を認識して損傷鎖を切断するDNA修復関連の酵素(APエンドヌクレアーゼ*，UvrABCエンドヌクレアーゼ*など)などがある．制限酵素はDNAを切断する"分子はさみ"として利用され，遺伝子工学発展の原動力となった．RNAを分解するエンドヌクレアーゼには特定の塩基配列を認識する酵素は知られていないが，特定の塩基を認識して一本鎖RNAを分解する塩基特異的酵素(RNアーゼA, RNアーゼT₁, RNアーゼU₂などの3′-p生成酵素)がある．これらの酵素はRNAの構造解析に利用された．非特異的なエンドヌクレアーゼとしては，主として二本鎖のDNAやRNAに作用する酵素(DNアーゼI, DNアーゼII, RNアーゼIIIなど)，一本鎖のDNAやRNAに作用する酵素(T4エンドヌクレアーゼIV, RNアーゼII, RNアーゼT₂, S1ヌクレアーゼP1など)，DNA-RNAハイブリッドのRNA鎖を分解する酵素(RNアーゼH)などがある．しかし，特定の部位でのRNAプロセシング*，すなわち一次転写RNAからのrRNAやtRNAの切出しや，イントロン*の除去によるmRNAの生成(⇒スプライシング)は上述のようなタンパク質性の酵素ではなく触媒活性をもつRNA(⇒リボザイム)によって行われる．

**ヌクレアーゼS1** [nuclease S1] ＝S1ヌクレアーゼ

**ヌクレアーゼ保護実験** [nuclease protection experiment] 二本鎖領域がヌクレアーゼから保護されることを利用した実験．
【1】DNAまたはRNAがタンパク質に結合する部位を決定する方法．タンパク質が結合している領域はDNアーゼI・RNアーゼIなどのヌクレアーゼ*や硫酸ジメチルなどのメチル化剤による処理から保護されることを利用する(⇒DNAフットプリント法)．
【2】目的のプローブ*にDNAまたはRNAが相補的な二本鎖を形成する領域の検出・定量・マッピングを行う方法．DNAプローブとS1ヌクレアーゼを使うS1マッピング*とRNAプローブとRNアーゼを用いるリボヌクレアーゼマッピングがある(⇒リボヌクレアーゼ保護)．

**ヌクレオキャプシド** [nucleocapsid] ウイルス核酸とそれを包むタンパク質の殻(キャプシド*)の複合体の意(⇒ビリオン[図])．ウイルス粒子の基本の型はヌクレオキャプシドである．エンベロープ*をもつウイルスも，エンベロープの内部にはヌクレオキャプシドをもつ．ウイルスにより，ヌクレオキャプシドの型は決まっており，立方対称(正二十面体)構造をもつものとらせん対称構造をもつものが存在する．らせん対称構造のヌクレオキャプシドをもつウイルスは必ずエンベロープをもつ．

**ヌクレオシド** [nucleoside] 核酸塩基*がD-リボフラノース(⇒リボース)の1位にβ-グリコシド結合したもの(β-D-リボフラノシド)の総称．RNAに含まれるものはリボヌクレオシド*とよばれる．デオキシリボヌクレオシド*はDNAの構成成分である．RNA, DNAに含まれるおもなもの以外にヒポキサンチン*の9-β-D-リボフラノシドはイノシン*とよばれる代表的修飾ヌクレオシドである．

**ヌクレオシド三リン酸** [nucleoside triphosphate] 通常ヌクレオシド*の5′位三リン酸の総称．リボヌクレオシド三リン酸*にはアデノシン5′-三リン酸*(ATP)，グアノシン5′-三リン酸*(GTP)，シチジン5′-三リン酸*(CTP)，ウリジン5′-三リン酸*(UTP)があり，デオキシリボヌクレオシド三リン酸には，デオキシリボヌクレオシド*由来のdATP, dGTP, dCTP, チミジン三リン酸(dTTP)がある．DNAの複製にはデオキシリボヌクレオシド三リン酸がDNAポリメラーゼの基質として使われる．生合成はいずれも5-ホスホリボシル1-ピロリン酸*(PRPP)が関与するリボヌクレオシド5′-リン酸を経由する．

**ヌクレオシド二リン酸** [nucleoside diphosphate] ヌクレオシド*の二リン酸エステルの総称．5′位にピ

ロリン酸結合したリボヌクレオシド二リン酸*のアデノシン 5′-二リン酸*(ADP), グアノシン 5′-二リン酸 (GDP), シチジン 5′-二リン酸*(CDP), ウリジン 5′-二リン酸*(UDP), デオキシリボヌクレオシド二リン酸の dADP, dGDP, dCDP, チミジン 5′-二リン酸 (dTDP) がある. デオキシリボヌクレオチド*生合成に重要な 2′ 位の還元はリボヌクレオシド二リン酸のレベルで起こる. 3′ 位と 5′ 位がそれぞれ一リン酸化された異性体は, ヌクレオシド 3′,5′-ビスリン酸 (nucleoside 3′,5′-bisphosphate) とよぶことが提唱されている.

**ヌクレオシド二リン酸キナーゼ** [nucleoside diphosphate kinase, nucleoside diphosphokinase] NDP キナーゼ (NDP kinase) と略称する. ヌクレオシド三リン酸の γ-リン酸をヌクレオシド二リン酸に転移する反応を触媒する酵素. 原核生物や真核生物の各組織に広く分布し, これらのタンパク質一次構造の保存性は高い. 細胞内では細胞質のほか, ミトコンドリアなどに存在する. 高等動物細胞には 2 種類のアイソフォームが知られ, 構成比の異なるヘテロ六量体を形成するため多型を呈する. リン酸受容体, 供給体の基質特異性は低い. 粘菌酵素の結晶構造が解明されている. 本酵素は三量体 G タンパク質など GTP 結合タンパク質の活性化にかかわるとされる. また, がん転移抑制因子 (nm23), ショウジョウバエ形態形成関連因子 (Awd), 転写調節因子 (PuF) と同一物であることから, 増殖, 分化, がん化などの局面で多彩な調節能を示す多機能性タンパク質という見方が有力である. PuF 活性は酵素活性のない突然変異体にもあり, 酵素という概念が崩れつつある. 必須酵素とされるが大腸菌や酵母では遺伝子破壊による致死効果はみられない.

**ヌクレオシド二リン酸糖** [nucleoside diphosphate sugar] =糖ヌクレオチド

**ヌクレオシド膜輸送** [nucleoside membrane transport] =ヌクレオシド輸送

**ヌクレオシド輸送** [nucleoside transport] ヌクレオシド膜輸送 (nucleoside membrane transport) ともいう. 核酸関連物質のうちでリン酸基をもたないヌクレオシドと遊離核酸塩基のみが一般的に細胞膜を透過しうる. 動物細胞膜のヌクレオシド輸送系は複数あり, $Na^+$ を要求せず, 担体を介して濃度差依存的に多くのヌクレオシドを共通して輸送する一般的な系と, 腸管, 肝, 腎細胞などがもち, $Na^+$ を要求して濃縮的に輸送する系とがある. これらは基質特異性の差などからさらに複数種に区別される. 細菌も輸送系をもつが, なお情報が十分でない.

**ヌクレオソーム** [nucleosome] クロマチン*の基本構造をなす単位構造体. ヌクレオソームは, ヒストン*H2A, H2B, H3, H4 各 2 分子の会合体であるヒストン八量体のまわりに DNA が 1.75 回巻付いたヌクレオソームコア (nucleosome core) と, DNA の巻始めと巻終わりの部位に結合した 1 分子の H1 ヒストンで構成されている. H2A, H2B, H3, H4 ヒストンは主として分子中央から C 末端側で相互作用し, N 末端領域で DNA とイオン結合している. 各ヌクレオソームはリンカー DNA*により互いに連結され, 規則的に配置している. ヌクレオソームコアは直径 11 nm, 高さ 5.5 nm の円筒形をしており (図), 146 塩基

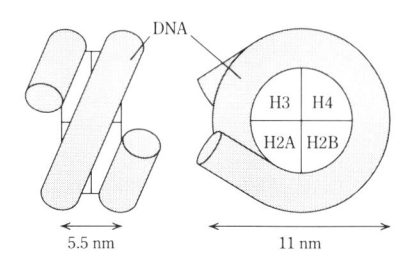

対の DNA を含んでいる. ヌクレオソームは連なって直径約 10 nm の繊維 (ヌクレオフィラメント) を形成し, さらに高次構造をとることにより直径 30 nm の繊維を形成していると考えられる (⇒ ソレノイド構造).

**ヌクレオソームアッセンブリータンパク質 1** [nucleosome assembly protein-1] NAP-1 と略す. NAP-1 は, ヌクレオソーム*構造形成を促進する因子ファミリーの最初の一つとしてヒト HeLa 細胞抽出液より同定された. 酵母, ショウジョウバエ, アフリカツメガエルなど多くの生物種でファミリーが同定されている. NAP-1 は, ヒストン*を DNA 上に配置してヌクレオソーム形成を促進する一方, 逆にヌクレオソームからヒストンを解離させる活性ももつことが示されている. ショウジョウバエでは, 発生初期の特異的な時期を除きおもに細胞質に局在するが, 核-細胞質間をシャトリングしてヒストン H2A/H2B の核内輸送や, 他の因子の輸送を制御していると考えられている. 出芽酵母においては, NAP-1 の核-細胞質間輸送が細胞周期*の進行に関与していることが示されている.

**ヌクレオソーム位相** [nucleosome phasing] =ヌクレオソームポジショニング

**ヌクレオソーム形成** [nucleosome formation] 転写*や DNA 複製*および一部の DNA 修復*などの核内反応の進行には DNA 二本鎖の解離が必要なため, ヌクレオソーム*構造の変換が起こり, 新しいヌクレオソームが形成される. ヌクレオソームの形成はまず, ヒストンシャペロン*CAF-1 や RCAF によりヒストン H3, H4 が先に DNA 上に運搬され, ヒストン (H3-H4)$_2$ 四量体が DNA 上に結合した状態で, 続いてヒストンシャペロン NAP-1 によりヒストン (H2A-H2B) 二量体が DNA 上に転移されヌクレオソームの形成が起こると考えられている. ヌクレオソームの破壊はこの逆のプロセスで起こると考えられており, ヒストンシャペロンの CIA/ASF1 がヒストン (H3-H4)$_2$ 四量体中の (H3-H4) 二量体に結合することで二つの (H3-H4) 二量体に分割し, 別の新しいヒストン (H3-H4) 二量体とともにそれぞれの娘ヌクレオ

ソームに取込まれうる.

**ヌクレオソームヒストン** [nucleosome histone] コアヒストン(core histone)ともいう. (⇌ リンカーヒストン)

**ヌクレオソームポジショニング** [nucleosome positioning] ヌクレオソーム位相(nucleosome phasing)ともいう. 特定遺伝子構造上のヌクレオソーム*の位相を示す語. 一般的にはポジショニングとよばれる. ヌクレオソームは DNA 塩基配列に対して選択性がなくランダムに配列している. しかし特定塩基配列(たとえば, CENP-B box 配列をもつアルフォイド配列(αI 型アルフォイド配列)を認識するタンパク質性因子(セントロメア局在タンパク質 CENP-B のような)が DNA と結合するとそれに隣接するヌクレオソームは正確にポジショニングしている. また超らせん*を形成しているクロマチンは遺伝子発現ができず, それを形成しているヌクレオソームはポジショニングしている.

**ヌクレオソームリモデリング因子** [nucleosome remodeling factor] ＝クロマチンリモデリング複合体

**5′-ヌクレオチダーゼ** [5′-nucleotidase] ＝5′-リボヌクレオチドホスホヒドロラーゼ(5′-ribonucleotide phosphohydrolase). EC 3.1.3.5. 5′-リボヌクレオチドをリボヌクレオシドと正リン酸に加水分解する酵素. 原則として 3′-リボヌクレオチドには作用しない. 生物界に広く分布し, 脊椎動物の各組織, 精液, ヘビ毒, 酵母, 細菌などから精製されている. 真核生物では細胞膜に局在し, 細胞膜の代表的標識酵素である. 脳ではミエリン*酵素として知られ, その活性はミエリン形成期に著しく増大する. この酵素は糖タンパク質で, 酵素的性質も物理化学的性質も酵素源により異なる.

**ヌクレオチド** [nucleotide] ヌクレオシド*(プリンやピリミジンが糖と $\beta$-$N$-グリコシド結合したもの)のリン酸エステル. 糖部分が D-リボースであるリボヌクレオチド*は RNA の構成成分であり, 糖部分が D-2-デオキシリボースであるデオキシリボヌクレオチド*は DNA の構成成分である. リン酸が糖のどの位置のヒドロキシ基とエステル結合するかによっていくつかの異性体が存在するが, 5′の位置にリン酸が三つついた ATP, GTP, CTP, UTP は RNA の前駆体として, dATP, dGTP, dCTP, dTTP は DNA の前駆体として重要である. また, ATP と ADP, GTP と GDP の間の変換反応はエネルギー代謝として重要である. さらに, ヌクレオチドは各種の酵素の補酵素*としても働き, また NAD や NADP などの補酵素の構成成分でもある. ATP や GTP はリン酸供与体となり, UDP はグルコースと結合してグルコース供与体となる. cAMP や cGMP はセカンドメッセンジャー*としてシグナル伝達*に関与する.

**ヌクレオチド除去修復** [nucleotide excision repair] NER と略す. 除去修復*の一種で, 紫外線で誘起されたチミン二量体やピリミジン(6-4)付加体のような DNA 損傷を除去する. 大腸菌での NER は ATP に依存し, UvrA, UvrB, UvrC タンパク質が関与する(UvrABC エンドヌクレアーゼ). UvrAB 複合体がピリミジン二量体やほかの大きな DNA 損傷を認識し, 次に ATP 依存的に UvrA が解離し, UvrC が UvrB と結合して, ATP 依存的に傷害部位の 5′ 側から 7 塩基と 3′ 側から 3〜4 塩基それぞれ離れた部位に一本鎖切断(ニック)を入れる. つづいて DNA ヘリカーゼ*の UvrD が DNA 鎖をほどき, DNA ポリメラーゼ I * により損傷部位が除去され, 同時に DNA 合成も行われ, 最後にリガーゼによりニックが閉じ, 修復が完了する. ヒトの NER は XPA〜XPG, XPV, CSA, CSB などの遺伝子が関与し, これらの遺伝子の変異により色素性乾皮症*やコケイン症候群*のようなヒトの病気が起こる. (⇌ 塩基除去修復)

**ヌクレオチド糖** [nucleotide sugar] ＝糖ヌクレオチド

**ヌクレオチド補因子** [nucleotide cofactor] 補酵素*として働くヌクレオチド誘導体. 非対称型ピロリン酸を含むものが多い. 代表的なものはアデノシン 5′-三リン酸*(ATP)である. ニコチンアミドアデニンジヌクレオチド*(NAD), ニコチンアミドアデニンジヌクレオチドリン酸*(NADP), フラビンアデニンジヌクレオチド*(FAD)は酸化還元反応に関与する代表的な補酵素である. NAD は酵素や基質のアデニリル化*や ADP リボシル化*に使われる. 最も複雑な構造をもつ補酵素 A*(CoA)はアシル基転移反応に働き, 脂肪酸酸化, 脂肪酸合成, ステロイド合成などにおいてアシル基担体となる. 糖代謝に関与する糖ヌクレオチド*も一種の補酵素である.

**ヌクレオデポリメラーゼ** [nucleodepolymerase] ＝ヌクレアーゼ

**ヌクレオヒストン** [nucleohistone] 核タンパク質の一種で DNA-ヒストン*結合体. 真核細胞 DNA は等量の塩基性タンパク質ヒストンと塩様結合しており, 一般的にはクロマチン*とよばれる. クロマチンは細胞生物学上の名称でありヒストン以外のタンパク質も多数含れる. ヌクレオソーム*構造が発見される以前は DNA-ヒストン複合体を化学成分のうえからヌクレオヒストンの名前でよんだ. 現在でも細胞内成分を示す際に時折使用される.

**ヌクレオフィラメント** [nucleofilament] ⇌ ソレノイド構造

**ヌクレオプラスミン** [nucleoplasmin] アフリカツメガエル*の核タンパク質の一つであるが, 哺乳類などにも類似のタンパク質の存在が示されている. 卵母細胞に豊富に含まれる. 分子量約 30,000 のサブユニットがホモ五量体を構成している. DNA がヌクレオソーム構造を形成する時に働くタンパク質として同定され, 初めて "シャペロン*" という概念が提唱されたタンパク質である. 酸性タンパク質で精製が容易であることなどの理由から, 核タンパク質輸送の研究など, 幅広く研究に用いられている.

**ヌクレオプロタミン** [nucleoprotamine] ⇌ プロタミン

**ヌクレオホスホジエステラーゼ** [nucleophosphodi-esterase] ⇌ ヌクレアーゼ

**ヌクレオホスミン** [nucleophosmin]　B細胞の増殖にかかわる核マトリックス*タンパク質として同定され，ヌマトリン(numatrin), B23, あるいはNO38ともよばれている．リボソーム生合成の場である核小体*に局在し，rRNAのプロセシングに関与している．ヒストンシャペロン*活性ももつほか，中心体複製のライセンシング因子であり，ゲノムの安定性に大きな役割を果たしている．がん抑制遺伝子*の一つであるARF*と相互作用し，ARFを核小体にトラップすることでMDM2とARFの相互作用に競合する．ストレス条件下では，ヌクレオホスミンとARFの相互作用は解除され，ARFはMDM2と相互作用してp53 (⇌p53遺伝子)の分解を抑制する．同時に，p53と直接相互作用し，p53の安定性を増加させ転写活性化能を増強する．ある種のリンパ腫では，ヌクレオホスミン遺伝子がチロシンキナーゼ遺伝子に転座し，がん遺伝子を構成している．

**ヌクレオポリン** [nucleoporin]　核膜孔複合体(⇌核膜孔)を構成するタンパク質の総称．プロテオミクス*解析から，酵母から哺乳動物細胞まで，ヌクレオポリンの種類はいずれも約30種類であることが明らかとなっている．多くのヌクレオポリンは膜貫通ドメインをもたず，他のヌクレオポリンと相互作用することで核膜孔*に局在しており，隣接するヌクレオポリン間でサブコンプレックスを構成する．酵母と哺乳動物細胞の相当するヌクレオポリン間でアミノ酸の相同性は高くないが，数多くのヌクレオポリンがフェニルアラニン-グリシン反復配列をもつという保存された特徴がある．この反復配列が，インポーチン*などの核-細胞質間物質輸送に働く輸送因子と相互作用する(⇌核-細胞質間シャトル)．さらに，トリプトファン-グルタミン酸反復配列をもつヌクレオポリンも同定されている．(⇌エクスポーチン)

**ヌクレオリン** [nucleolin]　C23ともよぶ．核小体*に豊富に含まれるRNA結合タンパク質．核小体の中でリボソームのサブユニットが形成される時に働くと考えられているが，形成されたリボソームの中には最終的には含まれていない．核小体と細胞質を行き来する(シャトルする)タンパク質であることが示されたが，その意義は不明である．

**ヌードマウス** [nude mouse]　アルビノ非近交系より発見された無毛・胸腺*欠損を表現型とする劣性突然変異($nu$)により生じる．ヒトのディジョージ症候群*やネゼロフ症候群(Nezelof syndrome)の疾患モデルと考えられている．遺伝子座は第11染色体の中央部付近に位置し，遺伝子産物はある種の転写因子*が候補とされる．無毛はケラチン化の異常，胸腺欠損は第三鰓嚢の外胚葉に由来する胸腺原器の発生異常により生じる．同じ起源をもつ他の器官，副甲状腺などには異常は認められない．リンパ球も潜在的に正常な分化能力をもつ．免疫学的にはT細胞*機能はほぼ完全に欠損するが，T細胞依存性を除くB細胞*機能は正常で，マクロファージ*やナチュラルキラー細胞*の機能はむしろ亢進している．T細胞機能欠損のため同種，異種を問わず移植が成立する．種々のヒト腫瘍細胞の移植に使用され(移植率は20〜30％)，腫瘍細胞の維持，がん化学療法剤の開発が行われている．多種類のコンジェニック系統*が作製され，ICR-$nu/nu$系統，BALB/c-$nu/nu$系統は市販のため入手が容易である．対立遺伝子として，AKR/Jに生じた$nu^{str}$(ヌードストリーカー nude streaker)が知られる．また，ラットにも同様の突然変異が存在する．(⇌モデル動物)

**ヌマトリン** [numatrin] ＝ヌクレオホスミン

**ヌル突然変異** [null mutation]　全欠失突然変異ともいう．機能をもつ遺伝子産物をまったく産生しない突然変異．遺伝子産物をまったく産生しない場合と，機能をまったくもたない遺伝子産物を産生する場合とがある．自然突然変異によって生じたヌル突然変異株では，1塩基の置換や挿入，欠失だけでなく，大きなDNA断片の挿入や欠失，また，染色体レベルでの構造の再編成などが起こっていることが多い．

# ネ

**ネイサンズ** NATHANS, Daniel　米国の分子生物学者.1928.10.30～1999.11.16.デラウェア州ウィルミントンに生まれる.ワシントン大学医学部卒業(1954)後,分子生物学研究に従事.ジョンズ・ホプキンズ大学助教授(1962),教授(1967).H. O. Smith* の発見した制限酵素を用いてゲノム解析法を開発した(1970).1978年 W. Arber*,Smith とともにノーベル医学生理学賞を受賞.

**ネオカルチノスタチン** [neocarzinostatin]　放線菌 *Streptomyces carzinostaticus* の生産する高分子抗がん抗

```
Ala -Ala -Pro -Thr -Ala -Thr -Val -Thr -Pro -Ser
Ser -Gly -Leu -Ser -Asp -Gly -Thr -Val -Val -Lys
Val -Ala -Gly -Ala -Gly -Leu -Gln -Ala -Gly -Thr
Ala -Tyr -Asp -Val -Gly -Gln -Cys -Ala -Trp -Val
Asp -Thr -Gly -Val -Leu -Ala -Cys -Asn -Pro -Ala
Asp -Phe -Ser -Ser -Val -Thr -Ala -Asp -Ala -Asn
Gly -Ala -Val -Ser -Cys -Phe -Ser -Leu -Thr -Gly
Arg -Ser -Phe -Glu -Gly -Val -Thr -Thr -Asp -Gly
Thr -Arg -Trp -Gly -Thr -Val -Asp -Cys -Thr -Thr
Ala -Ala -Cys -Gln -Val -Gly -Leu -Ser -Asp -Ala
Ala -Gly -Asn -Gly -Pro -Glu -Gly -Val -Ala -Ile
Ser -Phe -Asn
```

ネオカルチノスタチンのアポタンパク質

ネオカルチノスタチンの発色団

生物質で,発色団と分子量約1万のタンパク質より成る.発色団が活性本体で,ジエンジイン構造をもつ.アポタンパク質は発色団を安定化している.胃がん,膵がん,急性白血病に用いられる.細胞膜およびDNAに作用し,DNA鎖切断,DNA合成阻害,細胞分裂阻害,微小管のパラクリスタル形成阻害などを起こすことが報告されている.(→ 制がん剤)

**ネオシゾマー** [neoschizomer]　→ アイソシゾマー

**ネオマイシン** [neomycin]　放線菌が生産するアミノグリコシド性の抗生物質(→アミノグリコシド系抗生物質).細菌の30Sリボソームに結合して翻訳を阻害する.誘導体であるG418*は真核細胞の翻訳を阻害し,形質転換細胞の選択に用いられる.その場合,G418を不活性化する酵素の遺伝子をもつベクターに目的の遺伝子を組込んで細胞に導入し,つぎに G418存在下でも増殖できる細胞の中から目的とする形質を獲得した細胞を選び出す.(→ 陽性選択)

|  | $R^1$ | $R^2$ |
|---|---|---|
| ネオマイシン B | H | $CH_2NH_2$ |
| ネオマイシン C | $CH_2NH_2$ | H |

**ネオマイシン耐性遺伝子** [neomycin resistance gene]　細菌のトランスポゾン*Tn5に見いだされた薬剤耐性*遺伝子.ネオマイシンホスホトランスフェラーゼ(neomycin phosphotransferase;アミノグリコシド3′-ホスホトランスフェラーゼⅡ aminoglycoside 3′-phosphotransferase Ⅱ ともいう)をコードする.カナマイシン*やG418*などをリン酸化し,抗生物質耐性を付与することから,外来遺伝子導入を行う際,遺伝子導入された個体を選抜するための選択マーカー*としても用いられている.

**ネオマイシンホスホトランスフェラーゼ** [neomycin phosphotransferase]　→ ネオマイシン耐性遺伝子

**ネガティブセレクション** 【1】(T細胞の) → 負の選択.【2】(形質転換細胞の) → 陰性選択

**ネガティブ染色法** [negative staining]　電子顕微鏡*の試料作製法の一つ.電子密度の高い染色剤,たとえば酢酸ウランなどに試料を埋込んで観察する方法.試料の方が電子線の透過度が高いため,染色剤に対して試料が負のコントラストをなして見える.試料の周辺や試料内部の孔,すき間などに染色剤が入り込み,濃淡のコントラストをつくる.ウイルス粒子,タンパク質の結晶構造,フィラメント状の構造物など生体高分子の観察に適している.(→ ポジティブ染色法)

**ネガティブ選択** 【1】(形質転換細胞の) → 陰性選択.【2】(T細胞の) → 負の選択

**ネキシン** [nexin] 【1】ネクシンともいう.真核細胞の鞭毛*,繊毛*の軸糸*を構成する周辺微小管(2本の微小管が管壁の一部を共有する二連microtubule),それぞれA小管とB小管とよばれる)のA小管と隣のB小管を結びつける構造体は,ネキシンリンク(nexin link)とよばれる.この構造体によって軸糸の

安定性が保たれている．ネキシンリンクが鞭毛，繊毛運動に伴う周辺微小管同士のずれを保証する柔軟な構造をもつという説と，ずれに伴い，微小管上をわずかに移動するという説がある．ネキシンリンクを構成するタンパク質はネキシンとよばれるが，その実体は必ずしも明確でない．

**[2]** 細胞外に分泌されるプロテアーゼインヒビター*の一種．プロテアーゼネキシン*と同じ．(⇒アミロイド前駆体タンパク質)

**ネキシンリンク** [nexin link] ⇒ネキシン**[1]**
**ネキサス** [nexus] ⇒細胞間連絡
**ネキシン** ＝ネキシン**[1]**
**ネクチン** [nectin] $Ca^{2+}$非依存性の免疫グロブリン*様の細胞接着分子*で，四つのメンバーから成るファミリーを構成している．その細胞外領域で同一あるいは異なったメンバーとトランスに結合して細胞を接着させ，カドヘリン*と協調して，上皮細胞や繊維芽細胞などでは接着結合*（アドヘレンスジャンクション）を，神経細胞ではシナプスを形成させる．精巣のセルトリー細胞-精子細胞間ではカドヘリンとは関係なく接着を形成する．ネクチンの細胞内領域はアクチン結合タンパク質であるアファディン*や細胞極性因子であるPar-3を直接結合している．一方，その細胞外領域はシスにある種のインテグリン*を結合し，細胞内にシグナルを送ってアクチン細胞骨格を再編成し，アファディンやPar-3とともにカドヘリンと協調して細胞間接着の形成を促進する．ネクチンは他の免疫グロブリン様分子とトランス結合して細胞の運動や増殖も制御している．さらに，ネクチン-1とネクチン-2はアルファヘルペスウイルスの受容体としても機能しており，PRR, Hveとよばれている．

**ネクトン** ⇒プランクトン
**ネクローシス** ＝壊死
**ネコ鳴き症候群** [cat cry syndrome, cri du chat syndrome] ネコ鳴き病，キャットクライ症候群ともいう．第5染色体短腕の欠失により生じ，精神遅滞を伴う先天性異常症候群である．小頭，眼球隔離，アーモンド状の眼裂，小顎などがみられ，乳児期には仔ネコを思わせる特徴的な泣声を聴く．声の特徴は1歳過ぎには徐々に消え，生命予後も良いため，学童期以後には原因不明の精神遅滞などとして施設に収容されている場合がある．標準型の5p$^-$（第5染色体短腕の末端型欠失）のほかに，まれだが第5染色体の環状化や転座に伴う短腕の欠失による例がある．三つの疾患関連遺伝子が同定されており，その一つはユビキチン結合酵素E2タイプのタンパク質をコードしている．

**ネコ鳴き病** ＝ネコ鳴き症候群
**ネコ白血病ウイルス** [*Feline leukemia virus*] ネコの白血病*の病因となるウイルスで，レトロウイルス*科のC型オンコウイルス(type C oncovirus)に分類される．正二十面体のヌクレオキャプシド*をもち，その外側にエンベロープ*が存在する．さらに互いに重感染可能な3種類のサブグループA, B, Cに分類されている．Aはネコの細胞のみに感染するが，BおよびCはヒトやイヌなどの細胞にも感染する．このウイルスに感染したネコの唾液，尿，糞便にはウイルスが排泄されており，他のネコへ伝播する．(⇒白血病ウイルス)

**ねじれ(DNAの)** [twist] ツイストともいう．DNAの二重らせんの軸のねじれをいう．弛緩型閉環状DNA分子では二重鎖のリンキング数*とねじれ数*は同じである．二本鎖DNAは約10.4塩基ごとに二つのDNA鎖が1回転からみ合っているが，ここにさらにねじれが加わると超らせん*となる．ねじれは，臭化エチジウムのようなDNAの塩基対間にインターカレーション*する薬剤や，温度，塩濃度などのさまざまな物理化学的条件で容易に変化する．

**ねじれ角** [torsion angle] 二面角(dihedral angle)，内部回転角(internal-rotation angle)ともいう．結合の自由度を表す．たとえばX-C-C-Yの短結合でつながった原子団は中央のC-C軸に回転の自由度がある．C-C軸方向を見て$x$軸と$y$軸が重なる時にシス配置とよび，ねじれ角を0°とする．60°の時ゴーシュ配置，180°の時をトランス配置とよぶ．

**ねじれ細管** [twisted tubule] ＝ペアードヘリカルフィラメント

**ねじれ数** [twisting number, twist number] 閉環状二本鎖DNAにおいて，1本の鎖が二重らせんの軸に沿って何回巻いているかを示す数で，$Tw$と略記する．らせん軸が平面状にあるDNA(よじれ数* $Wr = 0$)では，リンキング数* $Lk = Tw$ である．通常，最も弛緩したトポイソマーでも閉環する時に少しよじれが入るため，この関係は成立しない．よじれのあるDNAでは，

$$Lk = Tw + Wr$$

となる．すなわち，超らせん*のよじれによって二重らせんのねじれが解消される．

**ネスチン** [nestin] 神経上皮幹細胞(neuroepithelial stem cell)にある中間径フィラメント*(intermediate filament)を短縮してnestinと命名された．15日胎仔ラット脳のcDNAライブラリーからモノクローナル抗体Rat401によるスクリーニングで単離された．240 kDa，中央のロッドドメインは307残基のアミノ酸が$\alpha$ヘリックス構造の4コイルを構成し，既知の5タイプに加え6番目の新しい中間径フィラメントであることが明らかになった．神経幹細胞のマーカーとして使われる．

**ネステッドデリーション法** [nested deletion method] **[1]** 大きなDNAの塩基配列決定を行う際に用いられる方法(⇒ショットガンシークエンス法)．配列を決定したい長鎖DNAの片端から200～400 bpずつ(1回の配列決定で読み切れて，隣接するつぎのクローン配列と結合させるのに十分なのりしろを含む長さ)欠失した1連の欠失クローンを作製し，これらを鋳型として共通のプライマーで塩基配列を決定する方法．

**[2]** タンパク質の機能ドメイン解析を行う際に用い

る方法．目的遺伝子の全長から段階的に欠失させたクローンを作製し，本来その遺伝子産物がもつ活性が，遺伝子領域のどこに存在するか調べる方法．

**ネステッドPCR**［nested PCR］　プライマーシフトPCR(primer shift PCR)ともいう．2段階のPCR*のステップをもち一つの遺伝子座*に2組のPCRプライマーを用いる増幅法のことである．1組目のプライマーは，通常のPCR実験に用いられるのと同様の遺伝子座を増幅させる．2組目のプライマー(ネステッドプライマー)ははじめのPCR産物の内側に結合する．このネステッドPCRのプライマー設計の結果，1組目のプライマーセットによる間違った領域を増幅させてしまったとしても，2組目のプライマーセットにより増幅されないことで大幅に特異性を向上させることが可能となった．近年，ゲノム配列解読が進み，ゲノムDNAから直接目的領域を増幅すること(ダイレクトPCR)が可能になったことで，混雑物の中から目的領域を通常のPCRより高い感度で増幅させる技術が必要となったことを背景に開発された方法である．

**ネズミチフス菌**［*Salmonella typhimurium*］　グラム染色陰性の腸内細菌群に属する通性嫌気性細菌．ヒトの食中毒の起因となる．サルモネラ*の細菌は外膜多糖成分によるO抗原*，べん毛フラジェリン*タンパク質によるH抗原の相違により数千もの血清型に分けられ，本菌はO抗原B群に属する．大腸菌*と近い類縁関係にあり，遺伝子地図も似ている．外膜リポ多糖の構造，べん毛の構造ならびに運動性，2種類のフラジェリンタンパク質遺伝子の発現調節機構など生化学，分子生物学の研究材料となっている．

**Necl-2**［Necl-2］　＝CADM1(シーエーディーエムワン)

**熱ショック遺伝子**［heat shock gene］　ある温度で生育する細胞あるいは個体が，より高い温度にさらされた時に発現する遺伝子．熱ショックタンパク質*(HSP)をコードする遺伝子は当然熱ショック遺伝子である．真核生物の熱ショック遺伝子のプロモーター領域には，熱ショック転写因子*(HSF)が結合する領域(熱ショックエレメント*，HSE)がある．原核生物には別のモチーフがあり，熱ショック遺伝子の発現を支配している．

**熱ショックエレメント**［heat shock element］　HSEと略す．熱ショックプロモーター*にある特殊な配列で，熱ショック転写因子*が結合する領域である．この領域は，5′-NGAAN-3′という塩基配列のモチーフが複数個，頭と頭，尾と尾に連結した配列である．

**熱ショック応答**［heat shock response］　細胞，組織，生物個体を高温にさらすと，一連の反応が誘導され，それらは協同的に高温に対し細胞を防御する反応となっている．熱ショック応答では，熱ショックタンパク質*の合成誘導が代表的な反応である．細胞を直接致死的な高温にさらすと当然すぐ死んでしまう．しかし，熱ショック応答は誘導されるが細胞にとって致死でない高温にさらしておいた細胞は，本来致死的な高温に対しても強い抵抗性(熱耐性 thermotolerance)を示す．これは，細胞内に熱ショックタンパク質が蓄積し，タンパク質の不可逆的変性を防ぐためである．しかし，熱ショックタンパク質の合成を止めても，細胞はある程度高温に対する抵抗性を獲得するので，熱ショックによる，もともと発現している熱ショックタンパク質の再編成，細胞膜や細胞小器官の構造変化，細胞骨格の再構築なども，熱ショック抵抗性に寄与していると考えられている．したがって，正確には，熱ショック応答は，熱ショックタンパク質の合成誘導を中心とする総合的な細胞防御反応である．

**熱ショックタンパク質**［heat shock protein］　熱ショックによって合成が誘導されるタンパク質で，すべての生物に共通に存在する．熱ショック以外にも，重金属，放射線，多様な化学物質，誤ったフォールディングの結果，生じた異常なタンパク質などでも誘導され，ストレスタンパク質(stress protein)ともよばれる．代表的な熱ショックタンパク質として，約90 kDa，70 kDa，60 kDa，40 kDaなどのタンパク質が知られている．これらは heat shock protein の頭文字HSPに分子量(単位は千)を示す数値を付け，HSP90*，HSP70*，HSP60*，HSP40*と称される．熱ショックタンパク質は原核生物から高等真核生物まで高度に保存されており，大腸菌のHtpG，DnaK*，GroEL*，DnaJ*はそれぞれHSP90，HSP70，HSP60，HSP40の相同タンパク質である．また，大腸菌のHsp10であるGroES*に相同なヒトの熱ショックタンパク質はHSPE1(シャペロニン10)である．低分子のHSPとしてはHSP27*も知られている．これらの熱ショックタンパク質は，シャペロン*として，完成した立体構造をとっていないタンパク質に結合し，それらの分子間会合形成を防ぐと同時に，再生を促す機能をもつ．このため，熱ショックタンパク質が大量に蓄積している細胞は高温に対し抵抗性を示すのである．これらの熱ショックタンパク質のシャペロン機能は，平常時の細胞にも利用されており，合成されたばかりの未成熟なタンパク質にも結合し，それらの高次構造形成，細胞内輸送，細胞小器官の膜透過などで重要な役割を担っている．そのため，代表的な熱ショックタンパク質は，高温やその他のストレス条件下にない平常状態の細胞が生存するためにも必須のものとなっている．同種のストレスタンパク質である小胞体のGRP78(BiP)，GRP94，ミトコンドリアのHSP75などもシャペロン活性をもっている．熱ショックタンパク質のもう一つの大切な機能は，変性*したタンパク質を分解することである．ユビキチン*も代表的な熱ショックタンパク質であるが，変性タンパク質に共有結合し，プロテアソーム*による分解の指標として働いている．(⇌ストレス応答，低温ショックタンパク質)

**熱ショック転写因子**［heat shock transcription factor, heat shock factor］　HSFと略す．熱ショックによる転写促進を支配する転写調節因子．平常状態の真核生物の細胞では，熱ショック転写因子は非活性型で

サイトゾルに存在するが，細胞が熱ショックを受けると活性化されて核内に移行し，熱ショック遺伝子*の転写を促進する．活性化された熱ショック転写因子は三量体として熱ショック転写調節領域（熱ショックエレメント*）に結合する．原核生物の大腸菌では，$\sigma^{32}$ が RNA ポリメラーゼのホロ酵素のサブユニットとして，熱ショック転写因子の働きをしている．哺乳動物では 3 種の HSF アイソフォームが知られており，それぞれ異なったセットの遺伝子の発現を制御する．その結合特異性は HSF の NGAAN 単位の数やスペース，方向などにより決定されるらしい．HSF の活性は SUMO 修飾により調節されている．

**熱ショックプロモーター** [heat shock promoter] 熱ショックタンパク質*をコードする遺伝子部位の上流にあるプロモーター*領域．熱ショックエレメント*を基本構造とする転写調節領域である．

**熱耐性** [thermotolerance] ⇌ 熱ショック応答

**Nedd8** [Nedd8] ユビキチン*と相同性の高いタンパク質の一つであり，Nedd8 活性化酵素（APP-BP1と Uba3 のヘテロ二量体），Nedd8 転移酵素（Ubc12）によって酵素反応で標的タンパク質に共有結合する．主要な標的タンパク質として Cullin ファミリータンパク質群が知られる．Cullin ファミリータンパク質は複合体型ユビキチンリガーゼ*を構成し Nedd8 修飾はその活性を促進する．

**Nedd タンパク質** [Nedd protein] Nedd（neural precursor cell expressed developmentally down-regulated）は中枢神経系の発生とともに発現が抑制される遺伝子群の一つとして同定され，ユビキチンリガーゼ*の機能があることが明らかとなった．Nedd タンパク質はファミリーを形成し，Nedd1～Nedd9 までが報告されている．標的分子は多岐にわたり，タンパク質分解の領域で注目されている．（⇌ Nedd8）

**ネットワーク** [network] ⇌ グラフ理論

**熱変性** [thermal denaturation, heat denaturation] 熱を加えて温度を上げる（一般に 65℃ から 100℃ くらいまで）ことにより高分子（タンパク質や核酸）の構造が変化すること．二本鎖 DNA を熱変性すると塩基対合の水素結合が切断され一本鎖 DNA となるが，冷却すると元の二本鎖 DNA に戻るような可逆的な熱変性と，ほとんどのタンパク質の熱変性のように不可逆的なものがある．（⇌ 変性）

**熱力学第一法則** [first law of thermodynamics] 巨視的現象におけるエネルギー保存則のこと．系はその環境との間でエネルギーを熱と仕事の形で交換する．このとき系のエネルギーは環境が系に与えたエネルギー量だけ増加し，環境ではその分減少する．この法則から内部エネルギー（系の重心移動の運動エネルギーを除いた系の全エネルギー）はその変化量が系の最初と最後の状態だけで定まり，状態変化の道筋によらない状態量であることが導かれる．

**熱力学第三法則** [third law of thermodynamics] 絶対温度 0 度におけるエントロピー*の値に関する法則．ネルンストの熱定理（Nernst heat theorem）ともよばれる．凝縮系の状態変化に伴うエントロピー変化は温度が絶対零度に近づくにつれて 0 に近づくという観察事実から，すべての物質のエントロピーは絶対零度で一定値になると考えられる．この一定値を 0 とすればエントロピーは常に正である．統計力学の立場からは絶対零度でも正のエントロピーが定義されて，この値を残余エントロピー（residual entropy）という．

**熱力学第二法則** [second law of thermodynamics] 巨視的な現象が一般に不可逆であるという経験則．たとえば自発的な熱エネルギーの移動は必ず高温物体から低温物体（熱エネルギー分布を均一にする）方向であり，混合された溶液中の物質は自発的に拡散して濃度分布が均一になる．したがって巨視的な孤立系では自発的な変化がそれ以上まったく期待できない状態が存在して，それを平衡状態（equilibrium state）という．このような自発的変化の方向性を記述するため状態量，エントロピー*が定義されており，第二法則は"系とその環境のエントロピーの和は自発的な変化において常に増大し，平衡点で最大になる"と表現される．

**熱力学第零法則** [zeroth law of thermodynamics] "物質 A と B が熱平衡で，物質 B と C も熱平衡であれば物質 A と C も熱平衡である"という経験則を熱力学第零法則とよぶ．熱平衡であるということは熱の移動がない，すなわち，温度が等しいということに当たる．したがって，B が温度計であると考えれば，温度という概念はこの経験則に基づいていることがわかる．

**ネトリン** [netrin] 線虫から哺乳動物まで広く分布する軸索ガイダンス分子．脊椎動物の神経管腹側正中部で発現する交連神経軸索誘引分子として同定された．線虫ホモログは UNC-6 である．分泌型と GPI アンカー型に分けられ，分泌型は脊椎動物において 4 種類（1,2,3,4）あり，GPI アンカー型は 2 種類（G1, G2）ある．ドメインⅣ，Ⅴ，Ｃより構成されⅣとⅤ（三つの EGF リピート構造）はラミニン*と相同性があり，C は塩基性アミノ酸に富む．分泌型ネトリン受容体として DCC（deleted in colorectal cancer；線虫ホモログは UNC-40）と UNC-5 がある．DCC（二量体）は誘引性受容体として，UNC-5 は反発性受容体として機能する．一方，ネトリン G1, G2 には軸索ガイダンス機能はないと考えられている．ネトリンは軸索ガイダンス機能以外に，内耳や乳腺の形成，アポトーシス*の制御に関与している．

***nef* 遺伝子** [*nef* gene] ヒト免疫不全ウイルス*（HIV）遺伝子の一つで，はじめウイルスゲノムの転写調節に negative factor として作用すると考えられて *nef* と命名された．現在この考えは否定されている．その後 *nef* 遺伝子産物は CD4 抗原が細胞質から細胞表面に移動することを抑制する働きがあることがわかった．*MHC* クラスⅠ遺伝子の発現を抑制し，ウイルスのエピトープが細胞表面に提示されることを阻害するので，感染細胞がキラー T 細胞によって認識されなくなる．*nef* はまた CD4* レベルも低下させる．ま

た nef 遺伝子の欠損した SIV の nef がサルでの発症に関係しており，nef 欠損 SIV のワクチン効果が高いことが示され，さらに，長期にわたって AIDS を発症しない HIV1 感染者から分離された HIV 株で nef が欠損していることが確認されたので，弱毒性生ワクチンの開発が試みられた．しかし，nef 欠損 SIV によるサルのエイズ感染が報告されたり，nef 遺伝子欠損が認められなくなったりして，生ワクチンの開発は難航している．

**ネブリン** [nebulin]　骨格筋*の構造タンパク質．分子量(ヒト骨格筋)773,000. 35 個のアミノ酸から成る繰返しドメイン 184 個が全長の 96 % を占める．分子の長さは 1 μm．筋原繊維 I 帯*に局在し，アクチンフィラメント*にネブリン 1 分子が端から端まで結合しており，アクチンフィラメント長(1 μm)を規定していると考えられている．1980 年米国の K. Wang によって発見された．(⇌ コネクチン)

**ネフロン** [nephron]　体液恒常性の維持をつかさどる腎臓*の機能単位．ヒトでは左右の腎臓にそれぞれほぼ 60 万〜100 万個ずつ存在する．解剖学的には毛細血管が糸玉状に走行する糸球体と上皮細胞が管腔を形成する尿細管とに大別される．糸球体で血液から原尿が沪過され，尿細管で原尿の処理(特定成分の再吸収・代謝・分泌)がなされ，尿ができる．そのほか，ネフロンはビタミン D*を活性化するといった内分泌機能ももつ．

**ネマトーダ** [nematode, Nematoda]　⇌ セノラブディティス＝エレガンス

**ネーヤー** NEHER, Erwin　ドイツの生物物理学者．1944.3.20〜　　バハリアのランズベルク生まれ．ミュンヘン工科大学，ウィスコンシン大学で物理学を学び，Ph.D. を取得(1970)．ゲッティンゲンのマックス・プランク生物物理化学研究所で神経生理学の研究に従事．B. Sakmann*と協同して，単一イオンチャネルを研究するパッチクランプ法を開発した．マックス・プランク生物物理化学研究所教授(1983)．ゲッティンゲン大学教授を兼任(1987)．1991 年，Sakmann とともにノーベル医学生理学賞を受賞．

**ネルソン症候群** [Nelson syndrome]　⇌ 副腎皮質刺激ホルモン

**ネルンストの式** [Nernst equation]　イオン選択膜の両側に一定の濃度のイオンが存在した時に発生する電位差(⇌ 平衡電位)を与える式(次式)．

$$E = \frac{RT}{zF} \ln \frac{c_0}{c_1}$$

ここに $c_0$, $c_1$ は二つの溶液のイオン濃度，$E$ は $c_0$ 側の電位を 0 とした時の $c_1$ 側の電位，$R$ は気体定数，$T$ は絶対温度，$z$ は電荷，$F$ はファラデー定数．室温で電荷 $z$ が 1 の時は

$$E = 58 \log \frac{c_0}{c_1} \text{ (mV)}$$

となる．

**ネルンストの熱定理** [Nernst heat theorem]　＝熱力学第三法則

**粘液アメーバ**　＝粘菌アメーバ

**粘液細菌** [myxobacteria]　ミクソバクテリアともいう．土壌に生息する桿状の細菌で，細胞は分裂後も互いに分離せず，ゆるやかなコロニーをつくり，分泌した分解酵素を効率よく利用して栄養分を摂取する．飢餓状態にすると細胞は滑走によって強固な集合体を形成し，分泌した細胞外マトリックス*で覆われた子実体となって，胞子*に分化する．*Myxococcus xanthus* はこれらの過程における細胞間相互作用が，分子遺伝学的に最もよく研究されている種である．

**粘菌アメーバ** [myxoamoeba]　粘液アメーバ，ミクソアメーバともいう．細胞性粘菌(類)あるいは粘菌類*(＝変形体形成菌類)のアメーバ状の細胞をさす．細胞性粘菌では胞子*が発芽後，増殖期や分化期の子実体形成の直前まで粘菌アメーバとして存在する．集合体を形成しても細胞融合はしない(⇌ キイロタマホコリカビ)．粘菌類では，胞子から発芽した細胞は，水分の少ない条件では粘菌アメーバになるが，多い条件下では鞭毛*をもつ遊走細胞(⇌ 遊走子)となる．この両型は条件により相互に変換する．これらの単細胞は接合して多核の変形体*となる．(⇌ アメーバ)

**粘菌類** [slime molds, slime moulds]　変形菌(類)，変形体形成菌類ともいう．広義の菌類の中で他の菌類などとは大きく異なる特徴をもつグループ．細胞性粘菌(類)はこれとは独立群に属する(⇌ 菌類)．モジホコリカビ(*Physarum polycephalum*)は細胞運動*や同調的核分裂の研究材料として最もよく用いられる種．増殖期の細胞は細胞壁をもたず，細胞分裂を伴わない核分裂によって，一つながりの原形質に多数の核をもつ変形体*となる(図)．変形体は細菌などを摂取して増殖し，不定形で大きく広がり，時には

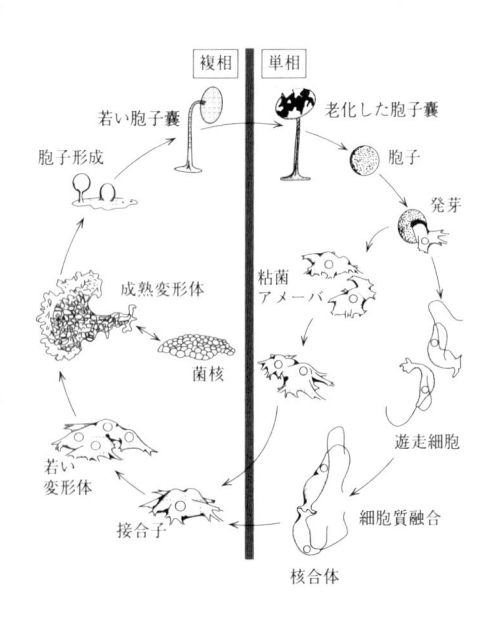

1mに達するものもできる．変形体の原形質は，速さ 1mm/secを超えることもある活発な往復流動を示し，全体もゆっくり移動する(⇌原形質流動)．適当な環境条件下で胞子*と，分泌物でできた柄から成る胞子嚢(子実体)を形成する．この過程で，細胞質分裂と減数分裂が起こり一倍体となる．胞子は発芽して，条件により粘菌アメーバ*または鞭毛*をもった遊走細胞(⇌遊走子)を生じる．これらは接合可能な相手と接合して，再び変形体となる．

**粘　性** ＝粘度

**稔性因子** [fertility factor] ＝Fプラスミド

**粘性率** [viscosity coefficient] ＝粘度

**粘弾性** [viscoelasticity] 弾性はバネのように，力(応力)が加わると，即座にその時点の応力のみで定まる変形が生じる固体的性質で，粘性はダッシュポット(ピストン)のように，応力の作用時間に比例して変形が増え，応力を取去ってももとに回復しない流体的性質である．粘弾性はこの両者の中間的性質をいう．細胞骨格*や繊維状高分子溶液の粘弾性は，ゾル化*状態ではバネとダッシュポットの直列結合で，ゲル化*すると固体的でバネとダッシュポットの並列結合で模型化される．

**粘着末端** ＝付着末端

**粘　度** [viscosity] 粘性，粘性率(viscosity coefficient)ともいう．流れている液体の中で，溶質と溶媒のひずみ応力とひずみ速度の比を粘性率あるいは粘度という．一般に粘度とよぶのは，切断面積当たりの粘性率のことで$\eta$で表す．単位は$dyn \cdot s \cdot cm^{-2} = g \cdot cm^{-1} \cdot s^{-1}$またはポアズ(poise, P)を用いる．粘度は，温度の上昇に反比例して低下する．溶解液の粘度が溶媒の粘度より高いのは，溶質により液体の流れにひずみが生じ，その分，液体の流速が低下するからである．溶液の粘度を各種溶液濃度で測定し，これを濃度0に外挿した値，固有粘度$[\eta]$と物質の分子量$M$の関係は，$[\eta] = KM^a$で表すことができる．この時の$K, a$は，溶質または溶媒の種類，温度に依存する定数である．

**粘度平均分子量** [viscosity-average molecular weight] ⇌分子量

**粘膜固有層** ＝ラミナプロプリア【1】

# ノ

**ノイラミニダーゼ** [neuraminidase] ＝シアリダーゼ

**脳** [brain] "脳"という漢字が示すように，生体の中部(ニクズク，月で示す)にあって，上部に毛(ツで示す)の生えている箱(凵で示す)の中(つまり頭蓋骨の中)にある組織(細胞の集団，メで示す)のことである．脊椎動物の神経系*の中で，神経作用の中心的な働きをしている部位(中枢神経系の上位)のことである．無脊椎動物では，食道上神経節が脳に相当する．脳には，大脳*と小脳*と脳幹*が含まれる．脳の働きは，外環境や生体内環境(内臓その他)から情報を受け入れて，内環境を恒常的に保ったり，筋肉に情報を送って適応的な運動や行動を起こすことである．子孫をつくる配偶行動も支配している．大脳と小脳は，高等動物になるほど大きくなり，より複雑で高次な感覚情報処理と行動制御を行うようになる．ヒトで大脳の表面の新皮質が最大となり，精神活動も制御できるようになる．ヒトの大脳新皮質のことを脳ということもある．

**嚢** [sac] 袋状の膜構造のこと．槽(システルナ cisterna)ともいう．

**脳下垂体** ＝下垂体

**脳幹** [brain stem] 哺乳類の脳は，大きく四つに分けられる．終脳(側脳室を囲む部分，大脳半球と

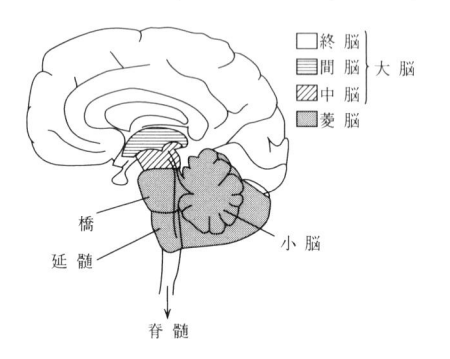

ヒトの中枢神経系の区分（正中断面：右）

もいう)，間脳(第三脳室を囲む部分)，中脳(中脳水道を囲む部分)と菱脳(第四脳室を含む部分)である(図参照)．菱脳は，前半部(後脳)は橋と小脳に分かれ，後半部は延髄(髄脳)となる．延髄が脊髄*につながる．終脳，間脳と中脳をまとめて大脳*とよぶ．終脳の表面と脊髄を結んでいる部分は，脳の幹の部分に当たるので，脳幹とよばれ，大脳基底核，間脳，中脳，橋と延髄が含まれる(広義の脳幹)．しかし，小脳を除いた，中脳から延髄までの部分(中脳，橋と延髄)を脳幹ということが多い(狭義の脳幹)．脳幹は脊椎動物に共通して存在する脳構造で，基本的な生命活動(呼吸，循環などを反射的に維持調節する)に関係している．視覚や聴覚に関係した被蓋が中心的な構造で網目状の神経と神経細胞から成る脳幹網体がある．脳幹の働きが非可逆的に低下すると脳幹死に至る．脳幹が死んでいるのに終脳が生きていることはないので脳幹死は脳の死である．脊髄が生きていても脳幹死はある．

**脳血液関門** [brain-blood barrier] ＝血液脳関門

**濃縮液胞** [condensing vacuole] 濃縮空胞，濃縮胞ともいう．ゴルジ体*の成熟面(分泌面)近傍に存在する未熟な電子密度の低い分泌顆粒*．その中で分泌物の濃縮が行われる．ゴルジ体層板で糖付加などの処理を受けた分泌タンパク質は，最もトランス側の層板から液胞の形でちぎり出される．こうして形成された未熟な分泌顆粒が濃縮液胞で，$H^+$-ATPアーゼの働きで急速に分泌タンパク質の濃縮が起こり，成熟した分泌顆粒となる．濃縮の程度は細胞によってはゴルジ内腔の分泌タンパク質濃度の200倍にも及ぶ．

**濃縮空胞** ＝濃縮液胞

**濃縮胞** ＝濃縮液胞

**嚢状胚様体** [cystic embryoid body] ⇌胚様体

**濃色効果** [hyperchromic effect, hyperchromism] 紫外光や可視光のモル吸光係数*(モルおよび単位長さ当たりの吸光度)が増大する現象をいう．逆に減少する淡色効果(hypochromic effect, hypochromism)と対をなす用語．例としては，二本鎖核酸の260 nm付近の吸光度が加熱変性によって40%近く増大する現象があり，これを利用して核酸鎖の融解点($T_m$)を求めることができる．260 nmに吸収をもつ核酸塩基の重なり(塩基スタッキング*)によって吸光度の減少が起こっているところで，変性*によって重なりが解消されるため吸光度の増大が生じる現象．

**脳心筋炎ウイルス** [encephalomyocarditis virus] EMCVと略される．ピコルナウイルス科，カルジオウイルス属に分類される．約$7.8 \times 10^3$塩基をもつ(＋)鎖RNAをゲノムとしてもつ．ピコルナウイルスの特徴としてウイルスタンパク質の前駆体であるポリタンパク質*が生成されるが，A型肝炎ウイルスのポリタンパク質と相同性が高い．宿主は主としてマウス．受容体は血管細胞接着分子(VCAM-1*)．感染細胞に腫瘍壊死因子*(TNF-$\alpha$，TNF-$\beta$)の合成を誘導する．

**脳脊髄液** [cerebrospinal fluid] 脳室，脊髄の空腔，クモ膜下腔を満たしている液．血漿と同様の無機成分，タンパク質，糖などを含む．中枢神経系の病気で脳脊髄液の組成，圧力に変化が起こることが多いので，腰椎穿刺により液を採取し，診断に使われる．過剰産生あるいは吸収障害で液が過剰になり，脳室の拡

張した状態が小頭症である.

**脳電図**［electroencephalogram］ 脳波（brain wave）ともいう．ヒト，動物の脳の電気活動を頭皮上の電極で記録した律動的電位で，EEG と略す．振幅は通常 100 μV 以下で周波数成分 0.5〜100 Hz を含む．α波（8〜13 Hz），β波（17〜30 Hz），θ波（4〜7 Hz），δ波（0.5〜3.5 Hz）などに分類される．まとまった数の大脳皮質錐体細胞の尖樹状突起に生じた興奮性シナプス後電位*（EPSP）による細胞外電流が律動性に同期して頭皮上に伝わったものとされる．視覚刺激などへの注意，睡眠など意識のレベルに応じて変化する．

**能動免疫**［active immunity］ ⇌ 免疫

**能動輸送**［active transport］ 生体膜を通過する輸送現象の一つで，電気化学ポテンシャル勾配に逆らって溶質を輸送すること．輸送のためのエネルギー源として，ATP 加水分解*，光や酸化エネルギーが利用される．これらは一次能動輸送とよばれ，輸送性 ATP アーゼ（⇌ ATP アーゼ），光駆動型プロトンポンプや電子伝達駆動型プロトンポンプがある（⇌ プロトンポンプ）．輸送性 ATP アーゼは分子構造と反応機構から P 型 ATP アーゼと V 型 ATP アーゼに分けられる．細胞膜の $H^+$-ATP アーゼ，$Na^+,K^+$-ATP アーゼ，$H^+,K^+$-ATP アーゼ，$Ca^{2+}$-ATP アーゼや，小胞体膜 $Ca^{2+}$-ATP アーゼは P 型 ATP アーゼに含まれる．小胞体膜，ゴルジ膜，エンドソーム膜，リソソーム膜や細菌細胞膜の $H^+$-ATP アーゼは V 型 ATP アーゼに属する．また他の溶質の電気化学的ポテンシャル勾配をエネルギー源にするものは二次能動輸送あるいは共役輸送とよばれ，$Na^+$ の輸送と共役するものと $H^+$ の輸送と共役するものがある．

**脳波**［brain wave］ ＝脳電図

**囊胚** ＝原腸胚

**囊胚形成** ＝原腸形成

**脳ペプチド**［brain peptide］ ⇌ 神経調節物質

**囊胞性繊維症**［cystic fibrosis］ CF と略す．白人に高頻度に発症する致死性の劣性遺伝子疾患．呼吸器をはじめ，膵，消化管，生殖器など外分泌腺臓器の障害をきたし，汗中 $Cl^-$ 濃度の上昇を特徴とする．第 7 染色体長腕（7q31-q32）の 250 kbp にわたる囊胞性繊維症膜貫通調節タンパク質*（CFTR）遺伝子のさまざまな突然変異により発症し，上皮細胞における $Cl^-$ の透過性異常をもたらす．この CFTR は，170 kDa の膜貫通型の糖タンパク質で，cAMP 依存性の塩素イオンチャネル* である．気道上皮にアデノ随伴ベクターなどを用いて CFTR 遺伝子を導入する遺伝子治療* が試みられている．

**囊胞性繊維症膜貫通調節タンパク質**［cystic fibrosis transmembrane conductance regulator］ CFTR と略す．囊胞性繊維症の原因遺伝子産物．囊胞性繊維症は常染色体劣性疾患* として 1938 年に報告されている．同疾病は外分泌腺の分泌不全を起こし，粘液の粘着性が異常に高くなり，膵管，胆管，腸管，気管支などの通路が詰まり，汗中の $Cl^-$ 濃度が増加する．慢性の咳，気腫，太鼓ばち指を伴う．呼吸器病変は再発を繰

返し，進行性に肺機能低下をきたし，これが死因の 95 % を占める．原因遺伝子は第 7 染色体長腕 31 領域に位置することが家系分析で明らかにされていたが，1989 年に L. C. Tsui と F. Collins の 2 グループにより単離された（⇌ ポジショナルクローニング，ヒトゲノムプロジェクト）．この疾患においての，上皮における $Cl^-$ の輸送欠陥が示唆されていたが，単離された囊胞性繊維症膜貫通調節タンパク質遺伝子の構造から類推される産物は，予想どおり塩素イオンチャネル* そのものであった．その構造は，五つのドメイン，すなわち，6 回膜を貫通する膜貫通ドメインが二つ，ヌクレオチド結合ドメインが二つ，調節に関するドメインが一つより成る（図）．サイクリック AMP 依存性

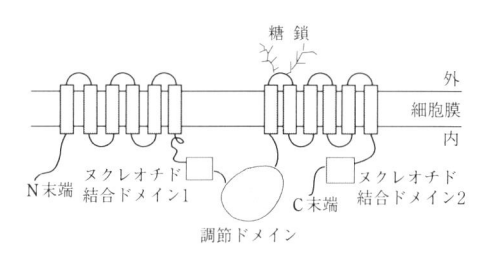

図

プロテインキナーゼ* により，調節に関与するドメインがリン酸化されることによってチャネルが開くとされている．制がん剤に対する多剤耐性に関与する MDR（⇌ ATP 駆動薬物輸送体）や MRP など，他の種々の輸送体* と大変よく似た構造をしており，ABC 輸送体スーパーファミリー* を構成している．MDR は $Cl^-$ チャネル機能，MRP は $K^+$ チャネル機能にもおのおの関与していることが明らかにされ，また MDR と CFTR の組織特異的発現は互いに相補的であること，さらに妊娠に伴い子宮での発現が切替わることも報告されており，ABC 輸送体スーパーファミリーのメンバーが相補的な機能分担をしていることを予想させる．囊胞性繊維症の患者からこれまでに 200 以上の突然変異が同定されているが，これらは突然変異遺伝子産物の性質により四つのクラスに分類されている．クラス 1：スプライス部位異常，フレームシフト，ナンセンス突然変異により翻訳が中途で停止し，正常な遺伝子産物が産生されない．クラス 2：プロセシング異常．これまでに調べられた突然変異の 67 % を占める 508 番フェニルアラニンの欠失（ΔF508）がこのタイプである．糖形成が異常になり，細胞膜への局在もできなくなる．クラス 3：突然変異産物は膜へアンカリングできるが，ATP による活性化に異常を示す．クラス 4：膜への局在，リン酸化と ATP による調節はすべて正常であるが，$Cl^-$ 流量が減少する．予期されるとおり，変異は膜貫通ドメインに同定される．治療については，1) 野生型 CFTR 遺伝子を発現させたり，2) 他の $Cl^-$ チャネル活性を促進することが検討されている（⇌ 遺伝子治療）．

**脳ホルモン**(昆虫の) [brain hormone] ＝前胸腺刺激ホルモン

**脳由来神経栄養因子** [brain-derived neurotrophic factor] BDNFと略す．(→ニューロトロフィン)

**ノギン** [noggin] アフリカツメガエルの体軸*形成にかかわる遺伝子として，塩化リチウム処理したツメガエル胚の遺伝子ライブラリーより単離された．ノギンは33 kDaのタンパク質で二量体を形成する．腹側中胚葉になるべき細胞から筋肉を分化させる背方化活性と，中胚葉を経ず直接神経分化を促す神経誘導活性の二つの重要な活性を担っている．これらの活性はどちらも骨形成タンパク質(骨誘導因子*，BMP)と拮抗することによるものであると考えられている．

**ノコダゾール** [nocodazole] オンコダゾール(oncodazole)ともいう．$C_{14}H_{11}N_3O_3S$，分子量 301.3. ベンズイミダゾール系微小管重合阻害剤の一つ．真菌類に対し特に強い活性を示し，分裂期での紡錘体*形成阻害を介して細胞周期*の進行停止をひき起こす．微小管の主要構成成分であるβチューブリンに結合し，チューブリン*のGTPアーゼ活性の促進，重合阻害をひき起こすと考えられている．類縁の低分子化合物にはチアベンダゾール(thiabendazole)，ベノミール(benomyl)など，多くの微小管阻害剤がある．

**ノーザンブロット法** [northern blot technique, northern blotting] 細胞中で発現している遺伝子転写産物(mRNA)のサイズや存在量を解析する方法．細胞から抽出した全RNAもしくはmRNAを変性アガロースゲル電気泳動後，ナイロン膜やニトロセルロース膜*などに写しとり，膜上で固定する．この操作までをノーザンブロッティングといい，このあと，この膜を用い，目的の遺伝子プローブとのハイブリダイゼーション*を行うことで，遺伝子のmRNAのサイズ，存在量の解析を行う．(→サザンブロット法，ウェスタンブロット法)

**ノジュリン** [nodulin] マメ科植物の根粒で特異的に合成，蓄積される植物由来のタンパク質の総称．根粒が形成されるまでの根粒形成初期過程で合成される初期ノジュリン(ENOD)と根粒菌が根粒細胞内で共生関係を成立して共生窒素固定を行うに至るまでの過程で合成される後期ノジュリンがある．後期ノジュリンには根粒細胞内の根粒菌を包む膜構造を構成するもの，根粒菌による窒素固定に関与するもの，固定された窒素化合物の代謝にかかわるものなどがある．

**NOS** [NOS＝NO synthase] ＝NOシンターゼ

**ノーダル** [Nodal] 細胞へシグナルを入れる分泌性のタンパク質で，TGF-βスーパーファミリーに属する．体の左右非対称性を決める二つの遺伝子(lefty1)，cerlとともに体の左右軸を決定するために重要な因子である．左右の決定では，ノーダルは左側決定因子として働くことが知られている．さらに，これらの左右軸決定因子が頭尾の決定においても重要であることが知られている．

**ノックアウトマウス** [knockout mouse] 遺伝子ターゲッティングマウス(gene targeting mouse)，標的遺伝子破壊マウス(gene disrupted mouse)ともいう．人為的に標的とする遺伝子が破壊された突然変異マウスのこと．現在では標的遺伝子に標識遺伝子を導入したり，ヒトの相同遺伝子と置き換えたりすることもできるので，そのような方法で標的遺伝子を他の目的の遺伝子と計画的に置換したマウスのことをノックインマウス(knockin mouse)とよぶことがある．最近ではレンチウイルス，レトロウイルスやアデノウイルスをベクターとして用いてsiRNA*を個体で発現(制御された発現も可能)させることができるマウスも作製されるようになっており，この場合，標的遺伝子の発現レベルを低下させるので，ノックダウンマウス(knockdown mouse)とよんでいる．典型的なノックアウトマウスの作製に用いられる主要なプロセスは以下の通りである．1)胚性幹細胞*(ES細胞)に遺伝子ターゲッティングベクターを導入し，相同組換え*を起こした変異ES細胞を選択し，2)マウスの胚盤胞や8細胞期の胚に注入し，その胚を偽妊娠マウスの子宮に移植し，キメラマウスを作製し，3)野生型マウスと交配し，相同遺伝子組換えが起こった遺伝子座をもつ子孫マウスを選択し，4)相同染色体の片方だけ相同遺伝子組換えが起こっているヘテロ遺伝子欠損マウス同士を掛け合わせ，両方の染色体で相同組換えをもつホモ遺伝子欠損マウスを得る．

**ノックインマウス** [knockin mouse] →ノックアウトマウス

**ノックダウンマウス** [knockdown mouse] →ノックアウトマウス

**ノッチ遺伝子** [Notch gene] N遺伝子(N gene)と略す．Notch分子はN末端よりシグナルペプチド，上皮増殖因子(EGF)様構造の36個の繰返し，システインに富むNotchリピート，膜貫通ドメイン，CDC10/アンキリンリピートをもつ細胞内ドメインより成る膜タンパク質である．Notchの機能としては，ショウジョウバエにおいて神経幹細胞に分化した細胞が隣接する細胞の神経系への分化を抑制するシグナルを仲介(側方抑制)する分子としてよく解析されているが，このほかにも発生過程の多様な局面で，隣接する細胞間のシグナル伝達を仲介する受容体分子として機能し，細胞運命の決定に関与していると推定されている．生物種を越えて保存された分子，関連する分子の存在が報告されている．Notch分子を介したシグナルの到達点の一つはSuppressor of Hairless(Su(H))/RBP-Jκであると報告されており，リガンドの結合により活性化されたNotch分子とRBP-Jκが複合体を形成して標的遺伝子の制御領域に結合すると考えられている．なお，リガンドの一つとしてDeltaが同定されている．ウイングレス(Wg)シグナル伝達経路の受け手であるDishevelledが一方でNotchのC末端に結合し，Notchシグナルの流入を抑えており，この両シグナル伝達経

路の間で観察される抑制的な相互作用の分子的基盤と考えられている.

**ノッチフィルター**［notch filter］　特定の波長をもつ光や電波だけを選択的に減衰させる光学素子や電気回路.　可視光領域では中心波長±5nm程度の狭い範囲の光のみを選択的に100万分の1程度以下まで減衰させることができるため,ラマン分光法*や蛍光測定において用いられるレーザー*由来の強い光を除去し,測定を容易にするのに有用である.この場合,レーザーの発振波長に合わせたノッチフィルターを使用する必要がある.

**Nodファクター**［Nod factor］　リポキチンオリゴ糖(lipochitin oligosaccharide)ともいい,NF,LCOと略す.マメ科植物−根粒菌の窒素固定共生において,根粒菌 Nod 遺伝子群によって生産・分泌される共生シグナル物質.N-アセチルグルコサミン3～5分子から成るキチンオリゴ糖を骨格とし,非還元末端のNにアセチル基の代わりに $C_{16-18}$ 脂肪酸をもつ.宿主マメ科植物に根粒形成を誘導すると同時に,感染プロセスにも必須である.キチン骨格両末端にさまざまな修飾があり,これら(特に還元末端の修飾基)によって宿主特異性が決定される.

**Not**I ［*Not*I］　*Nocardia otitidis-caviarum* 由来の制限酵素*.認識配列は下記の8塩基対でヒト,マウス

```
GC|GGCC GC
CG CCGG|CG
```

のゲノムでは,平均約1Mbpに一つの割合で存在し,まれである.CG島*に存在することが多く,遺伝子探索の道標となる.

**ノパリン**［nopaline］　⇌ オパイン

**ノボビオシン**［novobiocin］　$C_{31}H_{36}N_2O_{11}$, 分子量612.63.大腸菌などの細菌のDNAジャイレース*の特異的阻害剤.ATPがDNAジャイレースのBサブユニットに結合するのを妨げる.真核生物のDNAトポイソメラーゼ*Ⅱも阻害する.

**ノマルスキー型(微分)干渉顕微鏡**［Nomarski interference microscope］　微分干渉顕微鏡(differential interference microscope)ともいう.基本的には偏光顕微鏡*の光学系を利用し,コンデンサーレンズと対物レンズの後方焦点面にそれぞれウォラストンプリズム

$W_1, W_2$：ウォラストンプリズム,P：偏光子,A：検光子

$W_1$ と $W_2$ を組込んだ装置(図参照).直線偏光を光源とする.まず $W_1$ で偏光ベクトルを正常光($n_o$)と異常光($n_e$)の二つの成分に分け,被検体を透過した後にわずかなずれを起こした二つの相似な波面を $W_2$ でもとに戻し,ここで生じた二つの波面の横ずれによる干渉像を明暗が周辺部で強調された立体像として観察する.これまで各種の干渉顕微光学系が提案されているが,ノマルスキー型が最も簡便で調整しやすく,また鋭敏な検出能をもつため広く一般に使用される.二つの波面のずれの方向は横方向であり,そのため検出感度は偏光の振動面となす角度によって影響される.また $W_2$ を1波長ずらすことで被検体と背景を異なった色(干渉色)で見分けることができるが,解像度は0次の付近で最大となる.位相差像と比較すると平板な立体像に見えるが,被検体周辺部に暈(halo)がなく,開口数最大として使用できるから高解像能が得られる.(⇌干渉顕微鏡)

**乗換え**［crossover, crossing over］　交差,交叉ともいう.相同な染色体間の相互変換反応をさす.減数分裂第一分裂期に観察されるキアズマ*は交差型組換えが染色体の交換に変換された構造体であり,染色体分配に必須である.ほとんどの生物の減数分裂期では染色体当たり,必ず1回乗換えが起こるように制御されている.体細胞分裂期では減数分裂期に比べ,乗換えによる組換え頻度が低い.体細胞分裂期の姉妹染色体分体の交換も乗換えから生じた染色体の交換反応である.

**乗換え価**　＝乗換え率

**乗換え率**［crossing over value］　乗換え価,交差率,交差価ともいう.一般に減数分裂*において二つの遺伝子の間で生じる乗換え*(交差)の頻度で,両遺伝子間の距離を表す.もしも二つの遺伝子の間で2度の乗換えが生じると見かけ上,乗換えが生じなかった場合と区別できない.したがって見かけの値である組換え率*からの補正により求められる.(⇌センチモルガン)

**ノリー病**［Norrie disease］　網膜病変による視覚障害,進行性の感音性難聴,精神発育遅延を主徴とする伴性劣性遺伝形式をとる疾患.ポジショナルクローニング*によって原因遺伝子が単離され,本疾患では,欠失や点突然変異が認められる.原因遺伝子座位はX染色体短腕(Xp)11.3領域で133個のアミノ酸から成る分泌タンパク質ノリン(Norrin)をコードし,網膜と内耳の血管の発達において Wnt 受容体の Frizzled-4(Fz4)のリガンドとして作用し,Wntシグナル伝達経路*を活性化することが知られている.

**ノルアドレナリン**［noradrenalin(e)］　ノルエピネフリン(norepinephrine)ともいう.$C_8H_{11}NO_3$, 分子量169.18.モノアミン神経伝達物質*に属す.カテコールアミンの一種.l体が生理活性をもち,交感神経節後繊維および中枢神経の化学的伝達物質である.副腎髄質,交感神経終末の分布する臓器のほか,

青斑核などの中枢神経系に含まれる．ノルアドレナリンはこれら細胞中でチロシンからドーパ，ドーパミン*を経て合成され，神経終末内顆粒中に貯蔵され，細胞の興奮により血中やシナプス間隙に放出される．放出されたノルアドレナリンは，神経細胞・平滑筋・分泌腺などの細胞膜上のアドレナリン受容体*に結合して生理作用を現す．遊離したノルアドレナリンの大部分は速やかにもとの神経終末に再取込み(reuptake)され作用が消失する．一部はモノアミンオキシダーゼ*，カテコール-$O$-メチルトランスフェラーゼにより代謝され尿中に排泄される．ノルアドレナリンを注射すると交感神経が興奮したのと同様の作用を示すので，薬物として利用される．

**ノルアドレナリン作動性ニューロン**［noradrenergic neuron］⇌アドレナリン作動性ニューロン，カテコールアミン作動性ニューロン

**ノルエピネフリン**［norepinephrine］＝ノルアドレナリン

# ハ

**胚** [embryo] → 動物胚

**肺** [lung] 空気を取入れて，血液との間でガス交換をする臓器．気管支が細かく枝分かれして，細気管支，終末細気管支となり，その末端の多数の小さな肺胞*でガス交換が行われる．肺胞の壁は，扁平なⅠ型肺胞上皮細胞と，界面活性物質を分泌するⅡ型肺胞上皮細胞から成る．肺胞の間には毛細血管が収まり，また弾性繊維が豊富に含まれている．血液と空気の間のガス交換は，毛細血管内皮，基底膜，肺胞上皮細胞を通して行われる．

**配位結合** [coordinate bond] 一方の原子の非共有電子対が他方の原子に与えられて生じる結合で，いったん生成した結合は共有結合*である．無機化学では錯体においてリガンドの非共有電子対が中心金属と配位結合して半極性配位結合を生成することが知られているが，生体内でよく遭遇する例としてO:，N:，S:が関与する配位結合がある．

**配位子** [ligand] → リガンド

**灰色新月環** [gray crescent(米)，grey crescent(英)] 灰色三日月環，灰色半月環ともいう．両生類の特にイモリにおいて受精後第一卵割の始まる前に植物極と赤道の間に現れる新月状の部位．これは受精の結果，卵の内部に対し表層がわずかに回転するために生じる色素のやや薄い部位

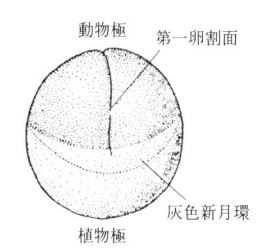

第一卵割中の両生類卵

であり，これが存在する部位が将来の背側となる．多くの場合，第一卵割面はこの部分を二分する子午線に沿って起こり，その面が将来の胚の正中面になる．のちに原腸胚期にはこの部分の細胞は形成体*領域の細胞となり，陥入を行い積極的に形態形成運動に参加してゆく．

**灰色半月環** ＝灰色新月環

**灰色三日月環** ＝灰色新月環

**パイエル板** [Peyer's patch] 集合性リンパ小節(aggregated nodule)ともいう．腸付随リンパ組織(gut-associated lymphoid tissue)の一型．空腸と回腸の粘膜固有層の下，筋層の上にある，濾胞形成の著明なリンパ小節の集合体．成人で200個以上に達する．M細胞を含み，絨毛を欠く特殊な上皮細胞を介し，腸管腔より侵入した抗原に対する局所免疫を担う．濾胞周囲にある高内皮細静脈周辺には，再循環したT細胞*が密集，濾胞にはB細胞*が密集し，IgA産生前駆細胞の分化成熟が特に盛んである．鳥類のファブリキウス嚢*に相当するB細胞の初期分化の場と考えられた時期もあるが，現在では否定的である．

**肺炎球菌** [pneumococcus，*Streptococcus pneumoniae*, (旧名) *Diplococcus pneumoniae*] 肺炎双球菌，肺炎連鎖球菌ともいう．グラム陽性の三角形に近い形の直径0.5～1.0 μmの二連球菌で，時に短い連鎖状に配列することがある．新鮮分離株では周囲に多糖体(specific soluble substance, SSS)より成る莢(きょう)膜(capsule)をもっており，このため，好中球による貪食に抵抗性を示す．莢膜抗原(capsular antigen)により84の血清型に型別されている．血液寒天培地上では周囲に緑色の溶血環をもつ小円形の集落を結び，オプソニン感受性，イヌリン分解陽性，胆汁による溶菌などが特徴であり，ヒトに肺炎，中耳炎などの化膿性炎症を起こさせる．(→連鎖球菌)

**肺炎双球菌** ＝肺炎球菌

**肺炎連鎖球菌** ＝肺炎球菌

**バイオアッセイ** [bioassay, biological assay] 生物学的定量法ともいう．生理活性物質の検定を，種々の生物またはその臓器に対する生理作用を指標にして測定する方法．特にビタミン*，ホルモン*，毒素*などのように非常に微量で高い生理活性がある物質の定量に威力を発揮する．例として化学物質の毒性や変異原性の検定，細菌を用いた抗生物質*の効力検定，ジフテリア毒素*などの毒素に対する抗毒素血清の力価試験などがある．アッセイの再現性については，実験条件(種類，性別，週齢など)に細心の注意をする必要がある．

**バイオインフォマティクス** [bioinformatics] 生物情報科学ともいう．既存の生物学的情報からコンピューターを用いて生命現象を解析していく研究分野である．生物学的情報はおもにDNA塩基配列*，タンパク質アミノ酸配列，タンパク質立体構造データ，DNAマイクロアレイ*データ(発現情報データ)，タンパク質発現データなどがある．実験を用いた解析をwetというのに対比させて，バイオインフォマティクス解析はdryということがある．ゲノムプロジェクトの進展に伴い大量の情報が得られる中で，有用な生物学的意義を実験的手法のみを用いて抽出することが困難であることが認識されてきたため，コンピューター上でさまざまなアルゴリズムを駆使し情報解析を行う手法が注目されてきた．機能未知の遺伝子やタンパク質からも有用な生物学的情報を引き出すことが可能なため，バイオインフォマティクス手法を用いた遺伝子の機能解析，さらには遺伝子産物の構造，機能解析を行うことにより，新薬の開発などに応用されることが期待されている．(→プロテオミクス，ゲノミクス，トランスクリプトミクス)

**バイオテクノロジー** [biotechnology]　生物工学ともいう．生物体の機能を利用した新しい技術全般をいう．これは分子生物学の発達に基づき，遺伝子クローニングを中心とした遺伝子工学技術の進歩とともに発展してきた．これに細胞工学，胚工学，発生工学などの新しい分野の技術が融合し，かつては想像もされなかった新しい技術が続々と誕生している．クローン化したcDNAによる有用物質の生産，それに突然変異を導入した人工物質やそれらを生産する新しい生命体の作出，バイオチップ，バイオセンサーなどの製作などその応用は限りない．人類の発展，福祉の向上に非常に役立つ技術体系として期待が大きいが，個人の全遺伝子配列が比較的簡単に読み取れるようになりつつあり，個人情報の保護が大きな社会的問題となる日も近く，また発生工学的技術の進歩による胚性幹細胞や体細胞を用いたクローン生物の創製技術も使い方次第では大きな危険性をはらんでおり，生命倫理の確立と保守が不可避の課題となってきている．

**バイオマス** [biomass]　生物量ともいう．ある生態系中のすべての生物体の有機物の総量．その大部分は太陽エネルギーを光合成*で有機化合物の化学的エネルギーに固定したものである．したがって，再生可能な資源であるため，化石燃料と異なり，資源の枯渇，地球温暖化などの環境問題の点からも重要視される．農業，林業，畜産業，水産業などの産物はもとより，廃棄物や副生物も含める．高い光合成能をもつ植物が資源に期待される．

**バイオルミネッセンス** ＝生物発光

**バイオレオロジー** [biorheology]　→レオロジー

**倍加時間** [doubling time] ＝世代時間

**肺がん** [lung cancer, pulmonary carcinoma]　気管支または肺*組織に発生する悪性腫瘍で，通常はがん腫*をさす．わが国の悪性新生物による死因で，肺がんは男性で1993年から1位，女性も1998年から1位を占め，世界的にみても肺がんは最も頻度の高いがんである．組織型には，腺がん*，扁平上皮がん*，小細胞がん(small cell carcinoma)，大細胞がん(large cell carcinoma)などがある．腺がんは，乳頭構造や腺腔構造をもち，肺の末梢に多く，また女性肺がんの大部分を占める．扁平上皮がんは，角化や細胞間橋のみられるがんで，末梢だけでなく中枢側の気管支にも多く，喫煙や吸入発がん物質が原因と考えられる．小細胞がんは，細胞質の少ない小型の細胞から成るがんで，エン麦細胞型と中間細胞型とがあり，神経内分泌顆粒をもつことがある．制がん剤や放射線照射で小さくなるが，再発しやすく，特に予後が悪い．大細胞がんは，特定の分化傾向を示さない大型の細胞から成るがんで，肺の末梢に多い．肺がんのがん原因子として，喫煙，大気汚染，粉塵，放射能(ラドンなど)，ビタミン不足などが知られている．

**胚幹細胞** ＝胚性幹細胞

**肺気腫** [pulmonary emphysema, emphysema]　肺胞*壁のタンパク質分解による破壊的変化により，終末気管支から末梢の含気区域の異常な拡大を特徴とする解剖学的変化をさす．通常喘息などの可逆的変化は含まない．喫煙による慢性炎症刺激を外因とし，未知の内的素因により50歳から70歳で呼吸不全をきたす．単一遺伝子異常としてはコーカシア人種に高率に集積するZ型$\alpha_1$アンチトリプシン*(342番Glu→Lys)による血中$\alpha_1$アンチトリプシン欠損の臨床表現型として，1963年S. Ericksson, C. B. Laurellにより若年発症肺気腫症が記載され，その物質的背景の一端が明らかになった．その機序は，喫煙により活性化される好中球由来のタンパク質分解酵素，ことにエラスターゼ*に対して，$\alpha_1$アンチトリプシンが1対1に不可逆的に結合し阻害する．プロテアーゼ-アンチプロテアーゼ均衡の破綻として概念化された．日本ではSiiyama型欠損亜型(53番Ser→Phe)が報告されているがまれである．家族に本疾患をみる場合，喫煙は危険因子である．

**配偶子** [gamete] ＝生殖細胞

**配偶子形成** [gametogenesis]　配偶子の形成過程．通常は，精子形成*と卵形成*の総称．多細胞動物の始原生殖細胞*は分化途上の生殖巣に移動して，精祖細胞*，卵祖細胞になる．精巣で精祖細胞が一次および二次精母細胞，精細胞を経て精子に，卵巣で卵祖細胞が一次卵母細胞*，二次卵母細胞を経て成熟卵になる過程をそれぞれ精子形成(医学では精子発生)，卵形成とよぶ．(→生殖細胞，減数分裂)

**バイグリカン** ＝ビグリカン

**ハイグロマイシン** [hygromycin]　アミノグリコシド系抗生物質*の一つで，タンパク質合成の阻害により強い細胞毒性を示す．大腸菌のハイグロマイシンホスホトランスフェラーゼによりリン酸化され，失活する．そこで，この酵素をコードする遺伝子を組込んだベクターの選択試薬として使用される．(→選択マーカー)

**胚軸**　【1】[embryo axis]　胚の前後・左右などを結ぶ座標軸．脊椎動物では前後軸*，背腹軸*，左右軸により三次元的位置関係が規定される．初期発生の過程で胚の個々の細胞は自らの位置情報(→パターン形成)を取得して，その位置にふさわしい分化を遂げる必要がある．その位置情報の基準が胚軸という座標系である．胚軸は卵極性*に沿って決定され，卵極性は遺伝子群により決定される．現象的には，胚軸に一致して特定の遺伝子産物の濃度や細胞内局在パターンに一定の傾向すなわち勾配が認められる．これら遺伝子産物は主として転写調節に関与する因子であり，分化に必要な遺伝子の発現を制御することにより細胞の分化に影響を与えると考えられている．前後軸に沿った細胞の分化には現在約50個の遺伝子，背腹軸に関しては約20個の遺伝子の関与が示唆されている．卵細胞にも同様の軸の概念があり，卵軸(egg axis)とよばれる．

【2】[hypocotyl]　植物胚*の子葉と幼根の間の部分．芽ばえや成体でも，胚軸に由来する部分は茎と根の間に存続する．組織的にも子葉と幼根に連絡し，胚

軸-幼根系を構成し，胚の軸となる．胚軸は茎のようにみえるが，茎とはいわない．胚軸の上端に分化するシュートの頂端分裂組織*から幼芽がつくられて，茎や葉原基が形成される．胚軸に由来する部分では維管束*が複雑な配列を示し，配列方式の違う根と茎の維管束を途切れることなく連絡する．

**杯状細胞** [goblet cell]　杯細胞ともいう．哺乳類の種々の粘膜の円柱上皮細胞に混在している粘液細胞で，その名称は洋酒のグラス様の形に由来する．細胞の下部には核と少量の好塩基性の細胞質を含み，核上部の細胞質は分泌小滴で満たされ，カップ状に中部が広がっている．含まれる粘液はムコ多糖で，過ヨウ素酸シッフ反応で良好に赤色に染色される．分泌様式はアポクリン分泌であるともいわれているが，詳細は不明である．

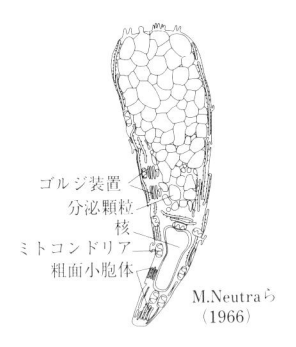

**倍数性** [ploidy, polyploidy]　広義には，同一もしくは近縁種内の細胞，個体または系統間で1細胞当たりの染色体数*に差のある現象をいう．対象とする細胞，個体または系統の染色体数が基本数*の整数倍になっている時，つまり，その細胞，個体または系統が完全なゲノム*のみを重複してもつ時を正倍数性(euploidy)といい，基本数の整数倍に対して1～数本分はずれている時，つまり，不完全な構成をしたゲノムを含んでいる時を異数性*という．普通，倍数性は正倍数性と同義に使用されることが多い．相同ゲノムの重複により生じた(正)倍数性を同質倍数性(autopolyploidy)，異種ゲノムの重複による場合を異質倍数性(allopolyploidy, allopolyploidy)とよぶ(⇒遺伝子重複)．(正)倍数性を示す細胞または個体が倍数体(polyploid)である．染色体数が基本数の何倍であるか，もしくは重複したゲノムの数により一倍体*，二倍体*，三倍体，…とよばれるが，二倍体を基準に一倍体を半数体，三倍体以上の多倍数体を狭義の倍数体とすることがある(二倍体を狭義の倍数体に含めることもある)．植物では自然界でもしばしば倍数体がみられ，またコルヒチン*処理などにより人工的につくり出すことも比較的容易であるが，動物ではまれである．

**倍数体** [polyploid]　⇒倍数性

**ハイスループット技術** [high throughput technology]　大規模な物質処理のプロセス(合成・加工やスクリーニング)やデータや情報の解析・計測プロセスなどを高速・高効率・高精度・低コストで行う技術．特に膨大な情報を生産し解析する必要のあるゲノミクス*の領域では，ハイスループット技術の発展は必須であり，DNA塩基配列決定法*，オリゴヌクレオチド合成，ツーハイブリッドシステム*によるタンパク質-タンパク質相互作用の解析，DNAチップ(マイクロアレイ*)を用いた発現解析，などがハイスループット化されている．シークエンシング技術の発展により大量の遺伝子配列情報が日々生産されている．ハイスループット技術の開発には複数の技術の融合が不可欠で，たとえば，半導体の微細加工技術を用いたDNAチップの作製などのアレイ関連技術がその一例である．核酸やタンパク質の構造決定に関連した技術に比べて機能解析・スクリーニングのハイスループット化が遅れている．(⇒バイオインフォマティクス)

**胚性幹細胞** [embryonic stem cell]　胚幹細胞，ES細胞ともいう．多分化能をもつ樹立細胞株．培養皿で培養できるが，他の胚盤胞腔中に注入した時は生殖細胞も含む種々の細胞に分化できる細胞のこと．マウス胚盤胞*を培養することによって直接樹立した細胞で，いったん奇形腫を経過して樹立された胚性がん細胞*(EC細胞)と区別してその名がついた．すべてのマウス系統から樹立できるとは限らず，現在129系統由来のCCE，E14，D3，R1や，BCF1由来のTT2が広く用いられている．分化能を保ったまま培養するためには，あらかじめ選択したウシ胎仔血清や白血病阻止因子の添加を必要とする．培養中に相同的遺伝子組換えを行い，特定の遺伝子を破壊したり，アミノ酸置換を行ったり，遺伝子の全置換を行うことができる(⇒遺伝子ターゲッティング)．相同組換えを行ったES細胞を他の胚盤胞腔中に注入などによりキメラ*マウスを作製し，これをさらに交配することにより，特定の遺伝子を改変したマウスを作製できる．他の動物由来のES細胞の樹立が試みられているが成功していない．(⇒トランスジェニックマウス，iPS細胞)

**胚性がん細胞** [embryonal carcinoma cell]　EC細胞(EC cell)，奇形腫細胞(teratocarcinoma cell)ともいう．奇形腫*から多分化能をもつ未分化細胞を分離し，細胞株としたものを胚性がん細胞とよぶ．胚性がん細胞は，精巣細胞に由来するものと，卵巣細胞に由来するものとがある．また胎児性のがんの中でもきわめて発生初期のがんに由来するものの中からも奇形腫が得られる．マウスでは，数種類の胚性がん細胞株が樹立されており，ヌードマウス*やSCIDマウス*など免疫不全マウスの皮下に移植すると，神経細胞，筋肉細胞，血管内皮細胞，骨細胞などさまざまな細胞に分化するが，その細胞構築は個体発生のように整然とはしていない．ヒトの奇形腫を免疫不全マウスの皮下に移植しても，さまざまな細胞に分化することが知られている．しかし，胚性幹細胞*とは異なり，生殖細胞を通して子孫へとその遺伝子が伝達されるものは知られていない．細胞がその置かれた環境条件によってどのように分化していくかを研究するのに大いに役立っている．

**胚性致死** [embryonic lethal]　胎生致死ともいう.個体発生に重要な機能をもつ遺伝子が変異,あるいはノックアウトされた際,その個体が胎生期に死亡することがある.死亡時期やどのような変異がみられるかを特定してその原因を探ることが重要であるが,個体の遺伝的背景にも影響されることもある.遺伝子は種々の組織,細胞でさまざまな機能をもつ場合があるため,胚性致死を回避し,特定の組織での機能を解析する方法として,条件遺伝子ターゲッティング法*が開発されている.

**胚成長因子**　=胚増殖因子

**胚増殖因子** [embryonic growth factor]　胚成長因子ともいう.細胞の増殖を促進する物質のうち,特に胚細胞に関連するもの.胚増殖因子は胚の分化・誘導因子としての可能性が示唆されている.中胚葉誘導因子の候補として,上皮増殖因子*(EGF),血小板由来増殖因子*(PDGF),繊維芽細胞増殖因子*(FGF),トランスフォーミング増殖因子(TGF)βスーパーファミリーのアクチビン*などがある.これらはタンパク質のリン酸化を通じて胚細胞の遺伝子の発現調節を行っていると考えられている.

**バイソラックス遺伝子群** [bithorax complex]　BX-Cと略す.ショウジョウバエの第3染色体右腕の89El-4に位置し,約300 kbpの領域から成り,三つのホメオティック遺伝子*(Ubx, abd-A, Abd-B)がマップされている(⇒ウルトラバイソラックス遺伝子).機能欠損型の突然変異遺伝子をホモにもつ個体では,その遺伝子の機能領域に相当する構造がそれより前方の構造の特徴をもつようになるというホメオティック突然変異*を示す.正常発生においてはUbxは後胸節と第1腹節,abd-Aは第2～第4腹節そしてAbd-Bは第5～第8腹節の発生経路選択を行う機能を担う調節遺伝子である.これらの遺伝子はそれぞれ独自のホメオボックス*をもち,ホメオドメイン*タンパク質産物はDNA結合性の転写因子として機能し,下流にある転写因子,シグナル分子,細胞間認識分子などをコードする遺伝子群の発現調節を通じて体節に固有の形態形成*を行う.正常胚発生においてそれぞれの遺伝子は,分節遺伝子に由来する転写因子によって転写調節を受け,前後軸に沿って固有の機能領域で発現する.(⇒ホックス遺伝子)

**胚体外外胚葉** [extraembryonic ectoderm]　⇒栄養外胚葉

**培地** [medium]　メディウムともいう.細菌や胚の培養に用いる溶液(液体培地 liquid medium)または,これを寒天*などで固化させたもの(固形培地 solid medium).生物の生存や増殖を維持するため,塩類,炭素源,窒素源などを含む.また,細胞に適した浸透圧やpHを維持するための緩衝液系を含む.これらは,生物が独立栄養*系か従属栄養*系かにより異なる.たとえば,独立栄養系の植物細胞は,塩類と無機窒素源でよい.一方,従属栄養系の哺乳類細胞の培地は,塩類とともにグルコース,ビタミン,アミノ酸,などの有機物質を必要とする.緩衝液系はリン酸塩-炭酸水素ナトリウムと二酸化炭素ガスから成る.(⇒増殖培地)

**バイナリーベクター** [binary vector]　AgrobacteriumのTiプラスミド*を利用した植物への遺伝子導入*に用いられるベクター.大腸菌とAgrobacteriumで複製可能なプラスミドで,T-DNA*境界配列の間に,形質転換体植物選抜用の薬剤耐性遺伝子と,導入する遺伝子を作製して挿入する部位などがある.T-DNAの植物染色体への転位にトランスに作用する遺伝子を含みT-DNA領域を欠くヘルパーTiプラスミドをもつAgrobacteriumに移してから植物に感染させると,境界配列に挟まれた配列が植物に導入される.

**胚乳** [albumen]　⇒種子

**ハイネ・メジン病** [Heine-Medin disease]　=ポリオ

**ハイパーテンシン** [hypertensin]　=アンギオテンシン

**胚盤胞** [blastocyst]　哺乳類の発生において,内部に胞胚腔*が形成された着床間近い初期胚をいう.形態的には1層の扁平な胚盤から成る栄養芽層*で構築され,胚胚腔内の辺縁部の片側に内部細胞塊*が形成される.胚盤胞期になると,それまで同じ性質であった胚細胞は,将来胎児の胎盤部を構築する栄養芽層と,胎児・羊膜・卵黄嚢に発生する内部細胞塊との2種類の細胞集団に分かれる.これが哺乳類における初期発生での最初の分化となる.

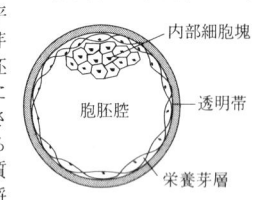

**胚盤胞腔** [blastocoelic cavity]　=胞胚腔

**胚盤葉**　=胚胚葉

**背腹軸** [dorso-ventral axis]　垂直軸(vertical axis)ともいう.胚の発生過程において,将来の背側および腹側に分化する部分を結んだ座標軸をいう.胚軸*の一つ.前後軸*が受精前に決定されているのに対し,背腹軸は受精後に決定される.両生類の卵では,精子の侵入する動物極*側が腹側になり,反対側は背側になる.精子の侵入を機に卵の細胞質が回転し,それにより背方化決定遺伝子*とよばれる一連の遺伝子群が活性化される.ショウジョウバエでは,背方化決定遺伝子の一つであるドーサル(dorsal)遺伝子産物の細胞内局在が背側と腹側の細胞で異なり,腹側ではドーサルタンパク質が細胞質から核へと移動し,核内遺伝子の転写を調節して腹側へと分化させる.一方,背側ではドーサルタンパク質は核内に侵入せず,腹方化遺伝子が活性化されない.同時に背方化遺伝子が活性化して背側の分化が進行する.背腹軸の決定にはこのほかに胚増殖因子*やイノシトールリン酸代謝,それにギャップ結合*を介した物質の移動も関与している可能性が示唆されている.

**ハイブリダイゼーション** [hybridization]　核酸雑

種分子形成,雑種核酸分子形成ともいう.一本鎖DNAまたはRNAが相補的塩基対形成*によってハイブリッド(雑種二本鎖核酸分子)を形成することをいう.相同性をもつ核酸分子同士は,熱変性後,徐冷により相補的塩基配列部分で二本鎖を形成することができる(⇌再生,アニーリング).DNA同士で二本鎖分子を形成することをDNA-DNAハイブリダイゼーションといい,DNAとRNAで二本鎖分子を形成することをDNA-RNAハイブリダイゼーション*という.適当な方法で二本鎖形成を検出することにより,相補的な塩基配列をもつ核酸分子の同定や核酸分子間の塩基配列の相同性を調べることができる(⇌プローブ).サザンブロット法*,ノーザンブロット法*,コロニーハイブリダイゼーション*,プラークハイブリダイゼーション*など,遺伝子検出法として最も広く使われている技術の基礎となっている.また,差引きハイブリダイゼーション*,競合ハイブリダイゼーション*など,特定遺伝子の検出や分離,濃縮などにも広く応用されている.

**ハイブリッド抗体** [hybrid antibody] =キメラ抗体

**ハイブリッド選択翻訳法** [hybrid-selected translation] mRNAの相補的塩基配列をもったDNA,RNAあるいはオリゴヌクレオチドを用いて特定のmRNAをハイブリッド形成によって釣り出し,それを鋳型にしてin vitroあるいはin vivoタンパク質合成系でタンパク質を合成させる方法.与えられたヌクレオチド鎖の塩基配列が,あるmRNAの相補的塩基配列をもっているかなどの検定に用いられる.

**ハイブリッドタンパク質** [hybrid protein] =融合タンパク質

**ハイブリッドプロテアソーム** [hybrid proteasome] 真核生物のATP依存性プロテアーゼである26Sプロテアソームは触媒ユニットである20Sプロテアソームの両端に調節ユニットであるPA700が会合した多成分複合体であるが,調節ユニットにはPA700のほかにPA28やPA200が存在する.PA28は$\alpha \cdot \beta \cdot \gamma$の3種類のサブユニットから構成されており,インターフェロンで誘導される$PA28\alpha \cdot \beta$のヘテロオリゴマーから成る分子種(細胞質に局在)と$PA28\gamma$のホモオリゴマーから成る分子種(核質に局在)に区別される.ハイブリッドプロテアソームはPA28とPA700を20Sプロテアソームの両端に共有した酵素(PA700-20S-PA28複合体)である.$PA28\gamma$の欠損マウスは成長遅延を,そして$PA28\alpha \cdot \beta$の欠損マウスは特定の内在性抗原のプロセシング反応が異常となる.ハイブリッドプロテアソームは,26Sプロテアソームと同様にATP依存性プロテアーゼとして作用するが,$PA28\alpha \cdot \beta$を含むハイブリッドプロテアソームは免疫プロテアソーム*と同様に内在性抗原のプロセシング酵素として機能する.(⇌プロテアソーム)

**ハイブリッド翻訳阻害法** [hybrid-arrested translation] mRNAの相補的塩基配列をもったDNA,RNAあるいはオリゴヌクレオチドを用いて特定のmRNAとハイブリッドを形成させることによってin vitroあるいはin vivoの翻訳系でそのmRNAの鋳型活性を阻害すること.これによってある塩基配列がmRNAの相補配列であるかなどの検定に用いられる.in vivoでは特定のタンパク質の翻訳阻害による機能の検定,あるいはいわゆるがん遺伝子やがん関連遺伝子などの発現阻害による治療法(アンチセンス法*)として利用されている.miRNA(マイクロRNA*)はmRNAの5'末端と相補的な配列をもつことで,翻訳を阻害する活性をもち,生体内で起こる発生・分化やその他の多様な反応を制御している.

**ハイブリドーマ** [hybridoma] 増殖可能な腫瘍細胞と,増殖できないが重要な機能をもつ分化した細胞(たとえば抗体産生細胞)とを人工的に融合させ,分化細胞のもつ機能と腫瘍細胞のもつ増殖能を合わせもつようにした雑種細胞*.抗体産生細胞と融合させる腫瘍細胞には,適当な骨髄腫*(ミエローマ)細胞を用いる.これでできたハイブリドーマをクローン化すれば,単一な抗体のみをつくる細胞を得ることができる.このようにしてつくられた抗体をモノクローナル抗体*とよび,抗原エピトープ認識の特異性が高い.また,T細胞とT細胞の腫瘍から得られたハイブリドーマによって,特定の性質をもった増殖可能なT細胞をつくることができる.

**胚胞**=卵核胞

**肺胞** [alveolus, (*pl.*) alveoli] 気管支が約20回の分岐を重ね,終末部に出現する半球状の構造.肺動脈もこの分岐に並走し,肺で毛細血管となって,ガス交換の場となる.大きさは直径約150 μm,約3億個より成り,総表面積は約70 m²,肺胞上皮細胞は表面を覆うI型と,界面活性物質合成など活発な代謝活性をもつII型が存在し,毛細血管内皮細胞も代謝活性に富む.これら細胞間は基底膜*で隔てられるが,障害により破壊され,肺水腫,繊維化など炎症の場となる.

**背方化** [dorsalization] ⇌形成体

**背方化決定遺伝子** [dorsalizing gene] 胚の形態形成において背腹軸*を基準に背側の器官の分化を制御すると考えられている一連の遺伝子群.たとえばショウジョウバエでは,ドーサル遺伝子(*dorsal* gene),カクタス遺伝子(*cactus* gene),トール(*Toll*)遺伝子*の三つの遺伝子が中心となり背方化すると考えられている.背側の細胞ではドーサルタンパク質が細胞質内に存在するのに核内には存在しない.また腹側の細胞においてはその逆の分布パターンを示す.またドーサル群に突然変異のあるショウジョウバエでは発生の過程で全組織が背方化し,ドーサルタンパク質が細胞質内に分布していることから,背方化には翻訳タンパク質の細胞内分布の勾配が関与していると考えられる.ドーサルタンパク質はカクタスタンパク質と結合してヘテロ二量体を形成し細胞質内に分布し,トールタンパク質からカクタスタンパク質に伝達されたシグナルによりドーサルタンパク質がカクタスタンパク質から解離して核内へ移行することによって,分布の勾配が

形成されると考えられている．背方化する標的細胞内のシグナル伝達機構は，まだ完全には解明されていない．

**胚葉** [germ layer] 卵割期を経た動物胚は，1～2層の上皮様細胞に取囲まれた胞胚*となる．これらの細胞層が陥入*などに代表される形態形成運動を通じて大がかりな配列換えを起こし(→原腸形成)，その結果生じる細胞層または細胞集団をいう．原腸形成の結果生じた胚体内での相対的な位置に従って内胚葉(endoderm)，中胚葉(mesoderm)，外胚葉(ectoderm)として三つが区別されるが，胚が卵筒(egg cylinder)とよばれる形をとるマウスでは一時期例外的に外胚葉が内側に位置する．正常な発生過程では，外胚葉から表皮，神経，感覚器など，中胚葉から筋肉，生殖器，骨や多くの結合組織，内胚葉から消化器とその付随器官などが生じるので，各器官はその上皮の由来に応じてX胚葉性器官とよばれる．しかし両生類胚の予定外胚葉組織が実験的に中胚葉や内胚葉組織に分化誘導されることに示されるように，胚葉の区別は絶対的なものではない．また，中胚葉としての性質が卵割期に予定内胚葉細胞の影響下に成立することも知られている．

**培養真皮** [cultured dermis] →人工皮膚

**胚様体** [embryoid body] エンブリオイドボディーともいい，EBと略す．胚性幹細胞*(ES細胞)，生殖性幹細胞*(EG細胞)，胚性がん細胞*(EC細胞)などの多能性幹細胞*の凝集細胞塊．シャーレ中での浮遊細胞培養や腹腔内接種により形成される．構造が桑実胚*や胚盤胞*に似ており，初期胚発生の研究材料．さまざまな因子の存在または非存在下での胚様体形成は，ES細胞などの組織特異的な分化誘導系にも応用される．未分化細胞の周りを一層の原始内胚葉細胞が取囲んだ単純胚様体(simple embryoid body)，分化が進行し中央が空洞化した囊状胚様体(cystic embryoid body)，より大きく膨らんだ風船状胚様体(balloon-like cystic embryoid body)がある．

**培養皮膚** [cultured skin] →人工皮膚

**培養表皮** [cultured epithelium] →人工皮膚

**排卵** [ovulation] 一定の成熟段階に達した卵*細胞が卵巣から排出される現象．おもに脊椎動物に関して用いられる．排卵された卵細胞はいったん腹腔中に出て，やがて輸卵管に入る．排卵は脳下垂体前葉の，沪胞刺激ホルモン*(FSH)と黄体形成ホルモン*(LH)の支配を受ける．哺乳類では排卵後の沪胞の部位に黄体*が形成され，妊娠・授乳中は排卵が抑制される．卵の受精可能な時間は排卵後24時間以内．受精しない時は貪食細胞に貪食されるか排泄される．

**配列標識部位** [sequence-tagged site] STSと略す．染色体上にマップされたDNAマーカーの一種であり，部分塩基配列(たいていの場合数百塩基)が既知であり，その配列の中から適当な部分を選ぶことによりPCR*反応のプライマーセットを設計することができる．現在は，プライマーセットの配列と，具体的なPCRの反応条件および増幅されるDNAのサイズで定義されることが多い．特に，染色体上の位置が不明の場合はアノニマスSTS(anonymous STS)とよばれる．染色体上にYACクローンなどをマップする目的に頻繁に利用されている．(→酵母人工染色体ベクター)

**バイロイド** =ウイロイド

**POU1F1** [POU1F1] =Pit-1

**POU遺伝子** [POU gene] POUドメイン*とよばれるDNA結合ドメイン*をもつ転写因子をコードしている遺伝子．POUドメインは約150アミノ酸残基で，ホメオボックス*に類似した部分(60アミノ酸残基)とPOU特異的な部分より構成される．POUドメイン全体で，オクタマー配列*などに高親和性に結合し，また他の転写因子との相互作用に関与する．高等動物では，オクタマー結合タンパク質*やPit-1*を含み，10種以上のPOU遺伝子が知られている(最初に見つかったPit-1, Oct-1/Oct-2, 線虫のunc-86の頭文字をとって，POUと命名された)．POUドメインのアミノ酸配列の類似性に基づき六つのクラスに分類される．Oct-1を除くすべてのものは，細胞種・組織特異的に発現される．一群の遺伝子の発現を制御することにより，細胞分化を制御し，細胞の特性を与えていると考えられる．

**ハウスキーピング遺伝子** [housekeeping gene] 細胞の一般的な機能に必要なタンパク質をコードする遺伝子でいつも構成的に発現している遺伝子のこと(→構成的発現)．解糖系などの普遍的な代謝経路の酵素や構成タンパク質をコードする遺伝子が含まれる．分化の異なるどのような細胞でも多かれ少なかれ常に発現しており，ヘモグロビンや免疫グロブリンなどの分化した細胞で特異的に発現される遺伝子(ラクシャリー遺伝子 luxury gene)と区別される．これに含まれる遺伝子の転写開始点上流域の構造には，RNAポリメラーゼⅡ*により転写される遺伝子に特異的な-30付近に位置するTATAボックス*を欠き，その代わりに1個～数個のGCボックス*(GGGCGGまたはその相補配列)が転写開始部位の上流にあるなど特殊な制御構造がみられる．また，これら遺伝子からの転写産物の5'末端は均一ではなく，RNA合成の開始点が複数存在するのが特徴である．

**POUドメイン** [POU domain] 転写因子*にみられるDNA結合ドメイン*の一つ．ホメオドメイン*とともに存在することが多い．約150アミノ酸残基で，ホメオドメインに類似した部分(60アミノ酸残基)とPOU特異的な部分より構成される．POUドメイン全体で，オクタマー配列などに高親和性に結合し，またほかの転写因子との相互作用に関与する．最初に見つかったPit-1, Oct-1/Oct-2, unc-86という遺伝子の頭文字をとってPOUと命名された．

**パキシリン** [paxillin] 細胞-マトリックス接着結合(フォーカルアドヒージョン*，培養細胞におけるフォーカルコンタクト*など)局在性タンパク質．557アミノ酸残基(61 kDa，電気泳動では見かけ上68 kDa)から成る．細胞-マトリックス接着形成に伴い，チロ

シンリン酸化される．細胞-マトリックス接着結合の細胞骨格構成性タンパク質，シグナル伝達性タンパク質とも相互作用し，細胞-マトリックス接着結合の形成とシグナル伝達に重要なマルチアダプタータンパク質である．N 末端約半分には LD モチーフ（LD motif）とよばれるロイシンに富む配列が 5 個存在し，このモチーフを介して ILK，ビンクリン*，FAK*，GIT らと結合する．また N 末端約半分に存在する 31，40，118 番および 181 番チロシンがリン酸化を受け，このうち 118 番のリン酸化を介して Csk*，31 番および 118 番のリン酸化を介して Crk および p120RasGAP の SH2 ドメイン（⇒ SH ドメイン）と結合する．N 末端約半分にはほかに，c-Src（⇒ src 遺伝子）の SH3 ドメインとの結合が観察されているプロリンに富む配列をもつほか，上記の特徴的なモチーフ以外の部位でインテグリン* α4，インテグリン α9 とも複合体を形成しうる．また詳細な結合部位の解析はないものの，インテグリン β1 やテーリン* との結合も報告されている．C 末端約半分には LIM ドメインが 4 個存在し，このうち LIM2/3 がフォーカルアドヒージョンへの局在に重要であるほかチューブリン* との結合に，また LIM3/4 が PTP-PEST との結合に用いられる．タンパク質相互作用能の異なった複数のアイソフォームが同定されている．転移性の小細胞肺がんにおいて発現の減少が観察される一方で，転移性の腎がん細胞においては発現の亢進が報告されるなど，がんとの関連にはまだ不明な点が多い．細胞レベルでは，コータクチン，PKCμ とともにがん細胞の浸潤仮足の形成に寄与することが知られている．

**バーキットリンパ腫**［Burkitt lymphoma］　小児に多い，B 細胞性リンパ腫．アフリカおよびニューギニアなどの多発地帯では EB ウイルス*（EBV）の感染が病因として考えられている．ウイルスによってできることが確認された最初のヒトがんである（1958）とともに，放射線療法* および制がん剤* に感受性が高く，治せることが証明された最初のヒトがんでもある．日本などの非多発地帯では EBV との関連はなく，前者をバーキットリンパ腫，後者をバーキット型リンパ腫として区別する場合もある．日本では腸管，特に回腸末端部のリンパ腫には後者の型が多い．病理学的には腫瘍細胞間に大食細胞が散在し星空様（starry sky appearance）を呈することが特徴である．発がんの分子機構として，t(8;14)(q24;q32) の染色体転座が 80〜90% にみられ，残りは t(2;8)(p12;q24) または t(8;22)(q24;q11) が観察されている（記号の説明 ⇒ 相互転座）．8q24 にはがん遺伝子* である c-myc 遺伝子（⇒ myc 遺伝子）が局在しており，14q32，2p12，22q11-12 には免疫グロブリン遺伝子 H 鎖，κ 鎖，λ 鎖遺伝子がそれぞれ局在している．これらの転座の結果 c-myc の異常発現が起こり腫瘍化すると考えられている．

**パキテン期**　＝太糸期

**バキュロウイルス**［baculovirus］　約 13 万塩基対の二本鎖環状 DNA から成るゲノムが棒状のキャプシドに包まれ，さらにエンベロープに覆われて封入体をつくる昆虫ウイルス．封入体の大きさにより二つの属がある．一般的なものは核多角体病ウイルス* に属し，核内に大きなポリヘドロン（polyhedron，複数形ポリヘドラ polyhedra）とよばれる複数のウイルス（occlusion derived virus, ODV）を含む多角体をつくる．ポリヘドラが幼虫に食べられると，腸内のアルカリ性環境で溶解して中のウイルスが中腸上皮細胞に感染する．中腸上皮細胞間や組織間の感染では，発芽型ウイルス（budded virus, BV）の形で中腸上皮から発芽した子孫ウイルスにより伝播される．ポリヘドロンを構成するポリヘドリン（polyhedrin）とよばれるタンパク質はウイルス増殖にとって不可欠ではなく，そのうえ強力なプロモーターでつくられるので，ポリヘドリン遺伝子の代わりに外来遺伝子を入れた組換えウイルスが昆虫細胞での大量タンパク質合成のためのベクターとして広く使われている．（⇒ バキュロウイルス発現系）

**バキュロウイルス発現系**［baculovirus expression system］　バキュロウイルス* の一種である核多角体病ウイルス*（NPV）のゲノム DNA の一部を遺伝子工学的手法により外来遺伝子と組換え，NPV のもつ強力なプロモーターを利用して生物学的活性をもつ外来遺伝子産物を大量発現させる．バキュロウイルスは節足動物，とりわけ昆虫に特異的なウイルスで，NPV は感染細胞の核内に多角体（polyhedra）とよばれる封入体* をつくることがその名の由来である．多角体の主要構成タンパク質であるポリヘドリン（polyhedrin）は分子量約 3 万で，感染後期の細胞のタンパク質成分のおよそ 20〜30% を占める．多角体の役割はウイルス粒子を包埋して宿主体外の環境中で保護することなので，ウイルスの増殖そのものには必須ではない．このポリヘドリンプロモーターの非常に強力な活性を利用して，ポリヘドリンの代わりに任意の外来遺伝子を発現させる．NPV のゲノムは大腸菌で直接遺伝子操作を行うには大きすぎるので，組換えウイルスの作製にはトランスファーベクターによる相同組換え* を利用する．またトランスポゾン* による部位特異的組換えを利用して，大腸菌内で組換えウイルス DNA を作製する方法も開発された．得られた組換えウイルスは多角体を形成できないが，培養細胞に接種すれば増殖し，外来遺伝子産物を生産する．現在利用されているバキュロウイルス発現系は *Autographa californica* NPV（AcNPV）の系とカイコガ NPV（*Bombyx mori* NPV, BmNPV）の系の二つがある．後者は培養細胞系に加えてカイコ幼虫体を利用することにより，より大量の発現を期待できる．バキュロウイルスで発現したタンパク質は，糖鎖，脂肪酸の付加，リン酸化などの翻訳後修飾が本来のものと同じように行われ，分子の折りたたみや S-S 結合も通常正常に行われる．その結果，高次構造や生物学的活性においてほぼ本来のものと同様であることが多い．また，ポリヘドリンプロモーターによる遺伝子発現はウイルスが宿主細胞を殺す感染の最終段階において最大になるため，宿主細胞に毒

性のあるタンパク質であっても高度な発現を起こす可能性が高いという利点もある．一方，プロテアーゼ活性が高く，産生させた外来性のタンパク質が分解を受ける場合もあるので注意を要する．(→ワクシニアウイルス発現系)

**バキュロウイルスベクター** [baculovirus vector] 組換えウイルスベクターに属する．バキュロウイルス\*は節足動物に感染する環状二本鎖ゲノムをもつウイルスで，宿主細胞の核内に多角体を大量に生産する性質を利用して，昆虫細胞での外来タンパク質大量生産系として利用されてきた．最もよく使われるのはヨトウガ科のバキュロウイルス，すなわち *Autographa californica* 核多角体病ウイルス\*であるが，1990年代中頃から哺乳類細胞で働くプロモーター\*をもつ組換えウイルスが作成され，哺乳類細胞への遺伝子導入ベクターとして使われ始めた．最初は肝細胞への高効率導入ベクターとして注目されたが，ウイルス表面に水疱性口内炎ウイルス\*(VSV)のGタンパク質\*をもつシュードタイプのバキュロウイルスベクターが開発され，さまざまな培養細胞への遺伝子導入\*が可能になった．このヌクレオキャプシド\*は核膜孔\*を速やかに通過できるので非分裂細胞への遺伝子導入による遺伝子発現も可能である．生体組織への遺伝子導入も試みられているが，このベクターが補体\*によって分解されやすいので，血液中での安定性が低く，条件によって遺伝子導入効率が大きく異なる．それを解決するために補体調節分子である崩壊促進因子(decay accelerating factor, DAF)をもつバキュロウイルスベクターも開発されている．(→バキュロウイルス発現系，ウイルスベクター，ベクター)

**パーキン** [Parkin] 465アミノ酸から成るユビキチンリガーゼ\*(E3)であり，標的タンパク質にユビキチン\*を転移しプロテアソーム\*での分解を促す．ヒトでは第6染色体(6q25.2-q27)上にコードされており，この遺伝子(*PARK2*)上に変異が生じることで常染色体劣性若年性パーキンソン病(AR-JP)を発症することが知られている．(→パーキンソン病)

**パーキンソン病** [Parkinson's disease] 1817年に英国のJ. Parkinsonによって初めて正確に記載された運動障害を主とする神経変性疾患．中年以降に性差なく徐々に生じ，通常は遺伝性がない．きわめて多い疾患であり，おおよそ10万人当たり100～150人の患者がいる．臨床症状は動作が鈍く遅い(無動)，じっとしている時に手足が震える(安静時振戦)，筋肉が固い(固縮)，身体のバランスが悪い(姿勢反射異常)などを特徴とする．病理学的には中脳の黒質のドーパミン作動性ニューロン\*および青斑核のノルアドレナリン作動性ニューロンがかなり選択的に脱落する．そのため，特にドーパミン作動性ニューロンを受ける線条体でのドーパミン\*が著減する．線条体ではドーパミン受容体\*は健常であり，ドーパミンの前駆体であるL-ドーパが著効を示す．黒質細胞の脱落の原因物質は不明であるが，テトラヒドロイソキノリン群がその候補と考えられている．その他，酸化的ストレスによるとの考えもある．遺伝性のパーキンソン病の原因遺伝子としては，α-シヌクレインとパーキン\*が同定されており，前者は常染色体優性遺伝に関与し，小脳の神経細胞内で凝集・繊維化を起こし，後者はユビキチンリガーゼ活性をもち，その基質となるタンパク質パエル受容体が分解されずに神経細胞に蓄積すると細胞死を起こす劣性遺伝の型の遺伝子で，第6染色体の端 6q25.2-q27 に位置する．パーキンに結合して酵素活性を強化するタンパク質としてHSP90とCHIPが同定されている．

**バーグ** BERG, Paul 米国の分子生物学者．1926.6.30～　ニューヨーク州ブルックリンに生まれる．ウェスタンリザーブ大学(オハイオ)でPh.D.を取得(1952)．コペンハーゲン大学，ワシントン大学で研究後，ワシントン大学助教授(1955)．スタンフォード大学教授(1969)．SV40ウイルスと大腸菌のDNA組換えを研究(1970)．1980年W. Gilbert\*，F. Sanger\*とともにノーベル化学賞受賞．

**白筋** [white muscle] 白色筋ともいう．脊椎動物の骨格筋\*のうち，比較的白い色をした筋肉．赤筋(red muscle)と対比される．ミオグロビン\*の含量が少ないために白い．ミトコンドリアの量も少なく，解糖系の酵素は逆に豊富である．収縮速度が速く，速筋(fast muscle)である．ただし，赤筋も一部は速筋である．ミオシンATPアーゼ活性が高く，トロポニンは1分子に4個のカルシウムを結合する(赤筋は2個)．赤筋が持続的な収縮に適しているのに対して速い収縮を担うが，疲労も速い．

**白質** [white matter] 脊髄や脳の灰白質\*以外の部分は，肉眼的に白く反射して見え白質とよばれる．脊髄では白質は灰白質を覆って外側に位置し，大脳，小脳では灰白質に覆われて内側に存在する．白質は神経性要素としては神経繊維のみを含んでおり，その大部分は有髄性である．白く見える理由は，有髄繊維の髄鞘の光の反射による．(→ミエリン)

**白質ジストロフィー** ＝ロイコジストロフィー
**白質変性症** ＝ロイコジストロフィー
**白色筋** ＝白筋

**白色体** [leucoplast] ロイコプラストともいう．狭義には根や地下茎など緑化しない組織の，分裂・増殖をすでに停止した細胞に含まれている色素体\*．比較的小さく，内膜構造は未発達で小胞構造がごく少量認められる．分裂組織に存在するプロプラスチド\*に比べ，DNA含量が低い．広義には色素を含まない色素体の総称としても使用され，その場合はアミロプラスト\*，オレオプラスト，プロテノプラストなどを含むことになるが，構造的に特徴のあるものはそれぞれの名称でよぶのが普通である．

**薄層クロマトグラフィー** [thin layer chromatography] TLCと略す．ガラス，アルミシート，プラスチックシートなどにシリカゲル，アルミナ，セルロースのような吸着剤を薄く塗布(0.1～0.3 mm)したプレートを用いて行うクロマトグラフィー．試料を塗布後，密閉した展開槽の中で展開溶媒を用いて展開す

る．発色試薬を噴霧して特定の物質を発色させて検出する．蛍光色素や紫外線を吸収する物質は紫外線ランプで検出できる．回収が可能で，試料の量は高速液体クロマトグラフィー*(HPLC)とガス液体クロマトグラフィー(GLC)の中間で，両者に比べ分離能が劣るものの，簡便で短時間の定性・定量分析に向いている．

**バクテリオファージ**［bacteriophage］＝ファージ

**バクテリオロドプシン**［bacteriorhodopsin］　好塩菌 *Halobacterium halobrium* の紫膜に存在する感光色素タンパク質で，光感受性のプロトンポンプ*として機能する．脊椎動物の眼の光感受体細胞にあるロドプシン*に似ており，274アミノ酸残基から成る7回膜貫通 α ヘリックスに一つの補欠分子族としてレチナール*(ビタミンAに類似)とよばれる発色団がシッフ塩基を形成して216番のリシン残基の ε-アミノ基に結合した径4.5 nm の球状構造をもつ．一つのレチナールは一つの光子により励起される．光子によりレチナールの $C_{13}=C_{14}$ 結合間で *trans*→13-*cis* の異性体変換が誘導され(最大吸光度が570 nm から412 nm に変わる中間体となる)，シッフ塩基の窒素からプロトンがはずれる．バクテリオロドプシン自体にもわずかな構造変化をもたらし，その結果一つのプロトン($H^+$)が細胞の内側から外側方向に移動する．一般的に明るい光のもとでに，1秒間にバクテリオロドプシン1分子につき数百のプロトンが輸送される．このため細胞膜を挟んでプロトンの濃度勾配が生じ，細胞膜上のATP合成酵素によるATP合成が誘導される．したがって，バクテリオロドプシンは太陽光エネルギーを細胞エネルギーに変換するトランスデューサーとしての役割の一部を担っている．一種の光合成といえるが，植物でみられる光リン酸化反応に基づく電子伝達系は関係しない．

**白子症**［albinism］　白子症ともいう．先天性メラニン*合成障害を特徴とする遺伝性疾患の総称．眼皮膚型白皮症(oculocutaneous albinism)と眼型白皮症(ocular albinism)に大別される．本疾患群において，メラノサイト*の数と構造は正常である．概念的には，メラニン合成経路に関与するすべての因子の異常が白皮症の病因となりうるが，現在までにチロシナーゼ遺伝子(第11染色体長腕)，P遺伝子(第15染色体長腕)の突然変異例が報告されている．後者はチロシナーゼ陽性型患者の一部に対応する．

**パクリタキセル**［paclitaxel］　タキソール(taxol)ともいう．$C_{47}H_{51}NO_{14}$，分子量853.9．*Taxus brevifolia*(イチイの一種)の樹皮から単離されたジテルペン誘導体であり，子宮がん・乳がんの化学療法剤として用いられる(⇌制がん剤)．微小管*の主要構成成分であるβチューブリン(⇌チューブリン)に結合し，βチューブリンをGTP結合型の構造に安定化することにより微小管の重合促進・脱重合阻害活性を示す．培養細胞に対して安定化した微小管の束化をひき起こし，細胞周期*の進行を分裂期で停止，および細胞によってはアポトーシス*を誘導する．同様な活性をもつ低分子化合物としてはエポチロン類などがある．

**ハーゲマン因子**［Hageman factor］＝血液凝固XII因子

**破骨細胞**［osteoclast］　溶骨細胞ともいう．骨吸収能をもつ多核の巨細胞で，通常ハウシップの吸収窩(Howship's resorption lacunae)とよばれる骨表面の陥凹部に入り込んでいる．破骨細胞は，骨芽細胞*がつくる微細環境の中で，活性型ビタミンD($1α, 25-(OH)_2D_3$)，副甲状腺ホルモン(PTH)，インターロイキン1*(IL-1)，インターロイキン6*(IL-6)，プロスタグランジン$E_2$*(PGE$_2$)などの刺激の下で，マクロファージ系の造血幹細胞から分化する．破骨細胞の形成には骨芽細胞のつくるマクロファージコロニー刺激因子*(M-CSF)が必須で，M-CSFを遺伝的に欠損した *op/op* マウスは破骨細胞をつくることができない(⇌大理石骨病)．破骨細胞は酒石酸抵抗性酸ホスファターゼ活性に富む加水分解小体を多数もち，II型の炭酸脱水酵素によって産生されたプロトンを骨表面に接した波状縁に局在する液胞型$H^+$-ATPアーゼ(⇌プロトンポンプ)を介してハウシップの吸収窩に放出する．破骨細胞にはカルシトニン受容体が多数あり，カルシトニン*がこの受容体に結合すると破骨細胞の機能は抑制される．

**破骨細胞形成抑制因子**［osteoclastogenesis inhibitory factor］＝オステオプロテジェリン

**破骨細胞分化因子**［osteoclast differentiation factor］＝RANKリガンド

**ハーシー　HERSHEY, Alfred Day**　米国の分子生物学者．1908.12.4～1997.5.22．ミシガン州ウォッツ生まれ．ミシガン州立大学でPh.D.取得(1934；細菌学)，ワシントン大学助教授(1938)．M. Delbrück* と協同してバクテリオファージの遺伝学研究(1940～47)．コールド・スプリング・ハーバー研究所員(1950)．1952年M. Chaseとともにファージの細菌への感染を解明．ファージの環状DNA構造を発見(1960)．1969年 Delbrück, S. E. Luria* とともにノーベル医学生理学賞受賞．

**パジェット骨病**［Paget's disease of bone］＝パジェット病【1】

**パジェット病**［Paget's disease］　ページェット病ともいう．【1】パジェット骨病(Paget's disease of bone)．変形性骨炎(osteitis deformans)ともいう．局所での骨吸収が亢進するとともに，骨新生がモザイク状に起こり繊維化と血管新生を伴う骨疾患．骨痛，骨の変形をきたす．血管新生，動静脈瘻の形成により高心拍出量性心不全を起こすこともある．頭蓋骨，椎

骨，肋骨，骨盤，長管骨に多い．本態は骨吸収を担う破骨細胞*の局所的な増加である．病因としては，ウイルス感染により前破骨細胞の融合が亢進し破骨細胞が増加するという機序が想定されているが，遺伝素因の関与も考えられている．パジェット病を起こす変異としては，18q22.1 にある TNFRSF11A 遺伝子（破骨細胞を形成するのに必須の RANK* をコードする），RANK 経路に関係する SQSTM1 遺伝子のほかに 6p や 5q31 にマップされている座位の変異が知られている．

【2】**乳房パジェット病**（Paget's disease of breast）をさす．乳がんの一種．乳管細胞に原発した腺がんが乳頭，乳輪に進展し，同部位の発赤，びらんなど湿疹様の皮膚病変を起こす．悪性腫瘍ではあるが，周囲組織への浸潤性は低く予後は良好とされる．本疾患の乳がんに占める頻度は約 0.5 ％．

**はしかウイルス**［Measles virus］ ⇨ モルビリウイルス

**バーシカン**［versican］ 分泌型のコンドロイチン硫酸プロテオグリカンであり，ヒト繊維芽細胞の培養液から同定された．中程度(M)の沈降速度をもつプロテオグリカン(PG)ということで PG-M ともよばれる．成熟ラットでは，おもに脳に検出される．遺伝子は，ヒト第5染色体長腕 13.2 領域に，またマウスでは 13 番染色体上に存在する．選択的スプライシングにより，$V_0$，$V_1$ および $V_2$ の三つの分子型をとり，狭義には，$V_1$ をバーシカンとよぶ．ヒトバーシカンのコアタンパク質は，20 アミノ酸残基のシグナルペプチドを含む 2409 個のアミノ酸から成り，アグリカンファミリーに属する一群のプロテオグリカンと共通のドメイン構造をもつ．バーシカンは，ヒアルロン酸*，フィブロネクチン*，コラーゲン* と親和性をもつ．また，種々の細胞の基質への接着を阻害する．バーシカンという名前は，構造の異なる多くのドメインから成り，種々の分子と多様に作用し合う(versatile)プロテオグリカンという意味でつけられた．

**ハシッシュ**［hashish］ ⇨ 大麻

**ハーシュコ** HERSHKO, Avram イスラエルの生物学者．1937.12.31〜 ハンガリーのヤース・ナジクン・ソルノクカウンティのカルツァグに生まれる．イスラエルのヘブライ大学ハダサー医学校で 1965 年 M.D. を 1969 年 Ph.D. をそれぞれ取得．A. Ciechanover* と I. A. Rose* とともに網状赤血球* のATP 依存性のタンパク質分解系を研究し，ATP 依存性タンパク分解因子1(APF1)(ユビキチン* に同じ)がタンパク質に多数鎖状に結合して，タンパク質が分解される機構を発見した．2004 年 Ciechanover, Rose とともにノーベル化学賞受賞．1980 年からイスラエルのハイファにあるイスラエル工科大学ラパポート医科学研究所教授．

**播種性血管内凝固**［disseminated intravascular coagulation］ DIC と略す．全身の細小血管内に血栓が形成され，組織壊死と臓器の虚血性機能不全が出現するとともに，血液凝固因子*，血小板* の消費性減少と，繊維素溶解* 反応の二次的活性化により出血傾向を招来する症候群．種々の基礎疾患，病態に併発する．病態生理は2種類に大別される．1) 羊水栓塞や外傷などの際に，血中に流入した組織因子* が，Ⅶ因子と結合し，外因系凝固を活性化する（⇨ 血液凝固），あるいはヘビ毒* が直接凝固反応を活性化する．2) グラム陰性桿菌感染症などで，内毒素（⇨ 細菌毒素）が健常血管内皮細胞には認められない組織因子を内皮に発現させ，血栓形成を刺激する．いずれの場合も，凝固反応の進行により，各種臓器内の循環障害，機能不全をきたす．また血小板，フィブリン* は血栓に取込まれ消費される．フィブリン* 生成の結果，繊維素溶解が活性化されフィブリノーゲン/フィブリン分解産物* が出現する．これらは，止血栓の形成不全，早期崩壊を促し，出血傾向を招来する．

**バー小体**［Barr body］ ⇨ X 染色体不活性化

**破傷風毒素**［tetanus toxin］ 破傷風菌が放出する神経毒* で分子量約15万のタンパク質．上行性破傷風では，末梢の運動神経に取込まれ，逆行性輸送* に乗って脊髄前根に達する．さらにその側枝から反回抑制の介在ニューロンにトランスシナプティックに乗り移って抑制性伝達物質の放出を阻害する．運動神経は，以上のような機序によって抑制が失われ，中枢性痙攣をひきおこす．ほかに下行性破傷風や，神経筋接合部への直接作用による弛緩性麻痺もある．

**パスツール** PASTEUR, Louis フランスの化学者．史上最高の科学者とみなされている．1822.12.27〜1895.9.28．ジュラのドールに生まれ，パリ近郊のサン・クルーに没す．パリの高等師範学校化学科卒業(1846)．ストラスブール大学化学教授(1849〜54)．ソルボンヌ大学化学教授(1867〜74)．高等師範学校生理化学教授(1867〜88)．パスツール研究所長(1888〜95)．酒石酸結晶に L 形とラセミ体の2種類あり，光学異性体であることを示した(1848)．第二は発酵の研究で，アルコール発酵は酵母により，酢酸や乳酸の発酵は細菌によることを実証した(1860)．低温殺菌法(パスツール法)を開発した．また自然発生説を否定した(1860)．カイコの微粒子病の原因について調べ，その予防法を開発した(1865)．Pasteur は病気細菌説を提唱した(1868)．さらに免疫療法を考案し，脾脱疽病に対するワクチンをつくった(1881)．ニワトリコレラや狂犬病にもワクチンを適用した(1885)．

**パスツール効果**［Pasteur effect］ 有酸素条件(好気条件)による解糖系* の抑制．その本質は解糖系の律速酵素であるホスホフルクトキナーゼ* のアロステリック効果である．酸素は酸化的リン酸化* で ADP を ATP に変えるため，ADP からアデニル酸キナーゼで生成される AMP が減少する．AMP はホスホフルクトキナーゼを活性化し，過剰の ATP は阻害する．L. Pasteur* が酵母のアルコール発酵* の酸素による抑制を初めて記載したためこの名がある．アルコール発酵も解糖系と同一の機構で制御される．ミトコンドリアのない赤血球にはこの効果はない．

**ハース投影法**［Haworth projection］ 単糖の表記

法の一つ．W. N. Haworth は，5 位のヒドロキシ基の酸素原子がアルデヒド炭素と結合した六員環構造および 4 位の酸素原子が閉環した五員環構造を，それぞれピランおよびフランに由来すると考えて，ピラノース(pyranose)，フラノース(furanose)とよぶことを提唱した．α-D-グルコピラノースと α-D-グルコフラノースを例として図に示す．

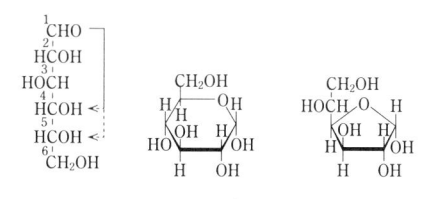

```
    1CHO                                        
    2|                                          
    HCOH           CH2OH           CH2OH        
    3|            H   O  H        HOCH   O      
    HOCH          /  \ / \           \  / \     
    4|           OH  H     H        H  H    H  
    HCOH          \ /  \  /         /  \  / \   
    5|            H    OH          H    OH   H  
    HCOH           OH  H            OH  H       
    6|                                          
    CH2OH                                       
  D-グルコース   α-D-グルコピラノース   α-D-グルコ
                                       フラノース
```

**ハース病** [Hers disease] ⇌ 糖原病

**バセドウ病** [Basedow's disease] グレーブス病(Graves' disease)，眼球突出甲状腺腫(exophthalmic goiter)ともいう．甲状腺刺激ホルモン(TSH)受容体*を自己抗原とする自己免疫疾患*．血中の自己抗体である甲状腺刺激抗体(TSAb)により，甲状腺機能亢進症*となる．TSH 受容体抗体には甲状腺刺激阻害抗体(TSBAb)もあり，甲状腺機能低下症の原因にもなる．TSH 受容体はアミノ酸約 700 から成り，7 回膜貫通型の G タンパク質共役受容体*である．自己抗体は多様性に富み，自己抗原としては TSH 受容体の細胞外領域のさまざまな部分が想定されている．

**ハーセプチン** [Herceptin] トラスツズマブの商品名．

**バソアクティブインテスティナル(ポリ)ペプチド** [vasoactive intestinal (poly)peptide] VIP と略記する．血管拡張作用をもつ 28 個のアミノ酸残基から成る生理活性ペプチドとして腸管から単離された．腸管では神経細胞に含まれ，消化管運動，分泌，血流などの調節を行っていると考えられている．その前駆体には，ヒトでは PHM (peptide histidine methionine)とよばれる類縁の生理活性ペプチド構造が含まれており，プロセシングにより VIP，PHM の 2 種類の活性ペプチドが生成することが明らかにされている．

**バソトシン** [vasotocin] ＝アルギニンバソトシン (arginine vasotocin, AVT)．両生類，鳥類の抗利尿ホルモンで，アルギニンバソプレッシン(AVP)の Phe が Ile に置換した，アミノ酸 9 個より成るナノペプチド(⇌ バソプレッシン)．脳内の視床下部で合成され，血漿浸透圧を調節している．両生類では，腎，膀胱，皮膚の一部で水透過性を亢進させ，その作用は cAMP (サイクリックアデノシン 3′,5′ーリン酸)*産生を介している．鳥類では，腎での水保持作用のほかに，子宮に働いてオキシトシン*様作用を現し，血漿浸透圧の上昇と産卵期に分泌が促進される．鳥類では血管収縮作用はほとんどない．

**バソプレッシン** [vasopressin] VP と略す．バソプレッシンは抗利尿ホルモン(antidiuretic hormone, ADH)で，9 個のアミノ酸より成るペプチドである．ヒトをはじめ多くの哺乳動物では，8 番目のアミノ酸がアルギニンのアルギニンバソプレッシン(arginine vasopressin, AVP)である(図)．ヒトでは，視床下部の

H-Cys-Tyr-Phe-Gln-Asn-Cys-Pro-**Arg**-Gly-NH₂
アルギニンバソプレッシン

視束上核などでニューロフィシン II などとともに合成され下垂体後葉に運ばれ貯蔵され，刺激に応じて血中に放出される．刺激の種類は浸透圧刺激と非浸透圧刺激の 2 種類あり，生理的には浸透圧刺激が重要である．脱水などによる血漿浸透圧の上昇によって分泌が促進されたバソプレッシンは腎臓に作用し，集合尿細管の水透過性を亢進させることによって尿を濃縮し水分の喪失を防ぐ．このホルモンの作用が障害され，尿の濃縮障害のため多尿となる病態が尿崩症(diabetes insipidus)で，ホルモンの分泌が障害されているものが中枢性尿崩症，ホルモン分泌は保たれているが集合尿細管の反応が障害されているのが腎性尿崩症である．非浸透圧刺激としては出血などによる体液量の減少がある．バソプレッシンには腎の集合尿細管以外に，血管平滑筋などに作用し収縮をひき起こす作用がある．

**バソプレッシン受容体** [vasopressin receptor] バソプレッシン受容体は G タンパク質*共役型スーパーファミリーに属し，7 回膜貫通型の受容体である．$G_s$ に共役し cAMP(⇌ サイクリックアデノシン 3′,5′ーリン酸)産生を促進する受容体は $V_2$ 受容体($V_2$ receptor)とよばれ，$V_1$ 受容体($V_1$ receptor)は百日咳毒素*に非感受性 G タンパク質と共役し，ホスホリパーゼ C*を活性化しイノシトール 1,4,5-トリスリン酸*の遊離を介して細胞内カルシウム濃度を上昇させ，ジアシルグリセロール*の産生をもたらし，プロテインキナーゼ C の活性化をもたらす．この両受容体は相同性が高く，また他の哺乳類の間でも比較的相同性が保たれている．$V_1$ 受容体は血管平滑筋に存在し，細胞内カルシウム濃度の上昇を介して血管収縮をもたらす．一方 $V_2$ 受容体は腎の集合尿細管のみに存在し cAMP 産生，プロテインキナーゼ A の活性化を介し集合管の水透過性を亢進させる．腎性尿崩症では $V_2$ 受容体の遺伝子異常によって起こるものがあり，受容体タンパク質が途中までしか合成されないもの，途中のタンパク質が欠失しているもの，途中の塩基の置換によってフレームシフトが生じているものなどがある．腎性尿崩症の原因としてそのほかに水チャネル*の異常がある．

**パターン形成** [pattern formation] 胚などにおいてある特定の部域を占める細胞集団が，その周囲の細胞集団と異なった発生運命をたどるようにその状態を変化させること．多くの場合，遺伝子発現の差異が現れる．形態形成*のように細胞もしくは細胞集団の運動による細胞集団相互の配置の転換を伴うことはな

い．研究の進んでいる現象としては，ショウジョウバエの初期胚における前後軸に沿った体節の形成・分化の過程や，幼虫の成虫原基に見られる区画（コンパートメント）の形成（⇌体節形成），ニワトリなどの脊椎動物の肢芽における骨の形成（⇌四肢の発生），ヒドラの出芽域の位置の決定などがよく知られている．また，チョウやガの翅の紋様の形成もパターン形成の典型的な例といえる．パターン形成のメカニズムを説明するために位置情報（positional information）という概念がL. Wolpert（1968）によって提案された．つまり，細胞のその含まれる細胞集団内における自分の相対的な位置を何らかの情報によって知り，それに基づいてその状態を変えるという考えで，具体的な位置情報を担う実体としては，その細胞集団内における特定の物質の濃度勾配などがあげられた．現在では，このようにパターン形成に先立ち，胚などの個体内で細胞が相互の位置を知るシステムを分子レベルで解析していくということが，パターン形成に関する研究の対象となってきている．1）ショウジョウバエの卵中のビコイドタンパク質の前後軸に沿った濃度勾配のように，一つの細胞内で信号分子が濃度勾配をつくる細胞内の信号システム（⇌モルフォゲン），2）ニワトリの肢芽におけるレチノイン酸のように細胞が拡散性の信号分子を分泌するような比較的広範囲に伝わる細胞間の信号システム，3）細胞接着分子のように細胞表面に信号分子を出し，接する細胞へ信号を伝える場合などの近接した細胞間での信号システムなどが考えられる．最も研究が進んでおり，遺伝子レベルでの解析の進められている例として，ショウジョウバエの初期胚における前後軸に沿った体節の形成・分化の時のパターン形成がある．まず，産卵された卵内には母性効果遺伝子の産物（ビコイド（Bcd）やナノス（Nos）タンパク質）が前後軸に沿って勾配をなして分布しており，それらの濃度に依存して部域特異的にギャップ遺伝子*（ハンチバック（hb）遺伝子* など）が発現し，それらのタンパク質がペアルール遺伝子*（ヘアリー（hairy）遺伝子やフシタラズ（ftz）遺伝子* など）の胚の前後軸に直交する縞状の発現パターンをひき起こす．その後セグメントポラリティー遺伝子*（エングレイルド（en）遺伝子やウイングレス（wg）遺伝子*）が胚を前後軸に沿った体節サイズの細胞集団ユニットに分け，ペアルール遺伝子との相互作用によってホメオティック遺伝子*の体節ごとの発現の違いを決定していく．このようにショウジョウバエの初期胚では，パターン形成が一連の遺伝子発現を介して起こっていることが示されている．

**発芽**［germination］ ⇌種子発芽

**発がん**［carcinogenesis, oncogenesis］ がんを発生させること，がんが発生すること．発がんの過程は以前，発がんイニシエーション* と発がんプロモーション* とに分けて考察されることが多かったが，現在はいくつかのがん遺伝子*，がん抑制遺伝子*の突然変異が重なったもの（多段階発がん*）と考えられており，このことは発がんに至る潜伏期をよく説明する．たとえば，網膜芽細胞腫* では一対の RB 遺伝子*の両方が不活化されて発がんに至る．遺伝性（両眼性）の場合，一方に生来突然変異をもつので，生後の1ヒットで発がんするが，孤発性（片眼性）の場合2ヒット必要なので，潜伏期は遺伝性の場合の約2倍である．成人の腫瘍の場合は，RB 遺伝子のみでなくその他の多くの遺伝子の突然変異が関与しており，潜伏期は長くなり，また機構も複雑である．発がん因子としては，多くの化学物質や放射線などが知られているが，それらの大部分は突然変異原でもある．しかし，変異原のすべてが発がん因子ではないこともわかってきた．（⇌発がん物質）

**発がんイニシエーション**［tumor initiation］ イニシエーション（initiation）ともいう．発がん* の引き金ともいうべき，初期の反応をさす．本来，マウス皮膚を用いた二段階発がん（two-stage carcinogenesis）の最初の段階をさした．イニシエーションをひき起こす物質を発がんイニシエーター* という．イニシエーションは通常発がん物質* によって誘起され，遺伝子，たとえばマウス皮膚発がん実験系では ras 遺伝子* の突然変異を伴う．イニシエーションにひき続き，プロモーション期を経て，がんとなる．（⇌発がんプロモーション）

**発がんイニシエーター**［tumor initiator］ 発がんイニシエーション* を起こすものをいう．多くの場合，突然変異誘発能をもつ発がん物質* がこの作用をもつ．低用量のイニシエーターは単独でがんをつくることはできず，プロモーションを必要とする（⇌発がんプロモーション）．しかし，量を増やした場合，あるいは繰返し投与すると，イニシエーターのみでがんをつくることができる．

**発がん促進剤** ＝発がんプロモーション

**発がん物質**［carcinogen］ がん原性物質ともいう．実験動物にある物質を投与して動物にがんができた場合，その物質には発がん性があるという．1977年，世界保健機構（WHO）の組織である国際がん研究機関は，ある物質を動物に投与した場合，投与しない対照群に比べて発生頻度が高いか，発生するまでの期間が短かった場合には，その物質を発がん物質とよぶと定義した．発がん物質は自然界に広く存在している．カビ毒，ワラビ毒，食べ合わせでできるニトロソアミン*，物が燃えてできるベンゾピレン（⇌ベンゾ［a］ピレン），ニトロピレン，複素環式アミン，また近代工業産物としての合成化合物，薬品などに大別される．代謝を必要とせず DNA や生体成分と反応して発がん性を示すものを直接発がん物質（direct carcinogen）というが，代謝され最終発がん物質（ultimate carcinogen）となって発がん性を示す物質もある．発がん性の強さはさまざまで，動物の半数にがんをつくることのできる量（$TD_{50}$）はマイクログラムからグラム単位までの開きがある．（⇌変異原）

**発がんプロモーション**［tumor promotion］ 発がん促進期，プロモーション（promotion）ともいう．発がん* を促進する過程．マウス皮膚二段階発がん実験

系における，発がん物質*による発がんイニシエーション*にひきつづく第二段階をさす．この段階に働く物質を発がんプロモーター*という．二段階発がん実験において，イニシエーションとプロモーションの段階を入れ替えた時には発がんしない．このことから，プロモーション期はイニシエーションによって生じた初期のがん細胞の増殖を促し，クローン性増殖を起こすものと理解されている．

**発がんプロモーター**［tumor promotor］ 発がんプロモーション*に働く物質．多くの場合，プロモーターはそれ自身発がん性をもたず，また突然変異誘発作用ももたない．最初，マウス皮膚二段階発がん実験系において，植物油の一種，クロトン油がプロモーターとして用いられた．その有効成分としてホルボールエステル*類が分離された．ホルボールエステルは，プロテインキナーゼC*と結合し，それを活性化する．ヒトのがんにおいては，喫煙，塩分，胆汁酸などがプロモーターとして働いているものと思われる．（⇌抗プロモーター）

**発がんプロモーター抑制物質** ⇌抗プロモーター

**バック BUCK**, Linda B. 米国の分子生物学者．1947.1.29〜 シアトルに生まれる．1975年シアトルのワシントン大学を卒業，1980年テキサス大学南西医療センターで学位取得．その後，コロンビア大学の R. Axel の研究室で嗅覚受容体*の研究を進め，嗅覚受容体遺伝子のクローニングに成功，Gタンパク質共役受容体*の一種であることを示した．1991年ハワード・ヒューズ医学研究所，ハーバード大学医学部，2002年フレッド・ハッチンソンがん研究センター，ワシントン大学教授．2004年 Axel とともにノーベル医学生理学賞を受賞．

**Bax**［Bax］ Bcl-2タンパク質に結合する因子として最初に単離された因子で，Bcl-2と相同性を示すが Bcl-2 とは異なり，アポトーシス*を促進する機能をもつ（⇌bcl-2遺伝子）．生細胞では Bax は細胞質に存在し，アポトーシス刺激によりミトコンドリア外膜に移行する．Bax の発見を契機にその後，多くのBcl-2類似タンパク質が単離され，アポトーシス促進機能をもつメンバーは，Bax や Bak のように複数のドメインで構造が保存されているものと BH3ドメインとよばれる領域でのみ構造の保存がみられる BH3-only タンパク質（Bid, Bad, Bim など）の2種類に分けられる．Bax と Bak はアポトーシス時のミトコンドリア膜透過性亢進に必須の分子であり，アポトーシス刺激により構造変化と多量体化を呈する．Bax と Bak 両者を欠損したマウス胚繊維芽細胞や胸腺細胞などはアポトーシスを起こさない．しかし，Bax などがいかにしてミトコンドリア膜透過性亢進を誘導するかに関しては統一的な見解は得られていない．BH3-only タンパク質は，Bcl-2などのアポトーシス抑制タンパク質に結合しその機能を抑制するものと Bax や Bak の活性化を直接誘導できるものに分類できると考えられている．Bax はリン脂質膜上でイオンチャネルを形成することが知られている．

**Pax**［Pax］ 胎生期の器官形成に重要な転写因子ファミリーで，細胞増殖，自己複製，細胞死抑制，胚性前駆体細胞の移動，協調性分化メカニズムを調節する．近年幹細胞における役割についても報告されている．これまでに Pax-1〜Pax-8 まで報告されている．

**Pax-5**［Pax-5］ B細胞特異的アクチベータータンパク質（B-cell-specific activator protein）ともいい，BSAPと略．Pax-5はB細胞*の発生・分化に必須な転写因子*である．*Pax-5*遺伝子はアミノ酸にして391個，分子量約50,000のタンパク質をコードしている．発現はB細胞系列に特異的で，他の血球系細胞には発現していない．Pax-5ノックアウトマウスでは脾臓*中の成熟B細胞がまったく認められず，骨髄ではB細胞分化が早期プロB細胞の段階で止まっている．Pax-5の重要な標的遺伝子として CD19 やBLINK があり，CD19 や BLINK のノックアウトマウスでは Pax-5 ノックアウトマウスと同様な段階でB細胞分化が障害されている．Pax-5はB細胞特異的な遺伝子群を活性化するだけでなく，B細胞分化に不適当な遺伝子群，たとえば M-CSFR や Notch1 の発現を抑制する機能もある．Pax-5が欠損した株化プロB細胞ではこの機能が障害されているため，ナチュラルキラー細胞*，樹状細胞*，マクロファージ*，破骨細胞*などの他の血球系細胞へと分化するポテンシャルをもっている．

**ハックスリ HUXLEY**, Andrew Fielding 英国の生理学者．1917.11.22〜 ロンドン近郊のハンプステッドに生まれる．ケンブリッジ大学で生理学を学び，プリマス臨海実験所で A. L. Hodgkin*の助手となった（1939）．1940〜45年戦時研究に従事．ケンブリッジ大学研究員としてイカの巨大神経の興奮機作をナトリウムイオンの膜透過性の変動から解明，ナトリウムポンプの作動を示した（1952）．1963年 J. C. Eccles*, Hodgkin とともにノーベル医学生理学賞を受賞．1952年から筋収縮の仕組みの研究を開始，収縮中にA帯幅が変わらないことから滑り説を提唱した（1954, 1957, 1972）．ケンブリッジ大学研究部長（1951〜59）．ロンドン大学生理学教授（1960〜83）．ケンブリッジ大学トリニティ・カレッジ学長（1984〜89）．

**BAC ベクター**［BAC vector］ BACは bacterial artificial chromosome の略．〜300 kbの大きなサイズのゲノム DNA 断片をクローニング*する目的で作製された人工染色体ベクター*の一つ．大腸菌のプラスミド*であるFプラスミド*のDNA複製*の開始と方向決定に関与する *oriS* や *repE* および染色体分配*に関与する遺伝子 *parA* や *parB* を利用することで大腸菌が分裂して増殖する際に長い外来DNAを挿入した組換えプラスミドが大腸菌ゲノム当たり1〜2コピーとなって各細胞に均等に分配され，細胞内で安定に維持される．形質転換体の検出を容易にするために *lacZ* のα相補を利用するものやクローン化されたDNA配列の回収を容易にするためにファージP1*の *loxP*（⇌Cre/loxP システム）やλファージ*の *cosN* 部

位を挿入したものなどの改良型が開発されている．(→PACベクター)

**PACベクター**［PAC vector］　PACはP1 derived artificial chromosomeの略．通常130～150 kb，最大300 kbの大きなサイズのゲノムDNA断片をクローニング*する目的で作製された人工染色体ベクター*の一つ．大腸菌のテンペレートファージ*であるファージP1*由来のレプリコン*，線状ファージDNAの末端にあってファージP1のCreタンパク質の作用により組換えを起こす重複配列 loxP(→Cre/loxPシステム)，パッケージング部位，およびpBR322*由来のColE1レプリコンなどを主要な要素として構成される．大腸菌細胞内で組換えプラスミドのコピー数を1～2に抑えることが可能であるため，長い外来DNAを安定にクローニングできる点が最大の利点である．(→BACベクター)

**パッケージング**［packaging］　→in vitro パッケージング，DNAパッケージング，ファージDNAパッケージング

**白血球**［leukocyte, leucocyte］　血液細胞*成分の一つで好中球，好酸球，好塩基球，単球，リンパ球(Tリンパ球，Bリンパ球)から構成される．リンパ球亜画分を除き一般的な染色により容易に分類することができる．リンパ球亜画分は細胞表面抗原の違いにより区別される．白血球はすべて造血幹細胞*の子孫であるが，それぞれの前駆細胞や増殖・分化に作用するサイトカインは異なる．Tリンパ球以外の白血球は骨髄中で増殖・分化し，成熟を完了したのち，末梢血に流出していく．多くのTリンパ球は胸腺内で増殖・分化する．

**白血球アルカリホスファターゼ**［leukocyte alkaline phosphatase］＝好中球アルカリホスファターゼ

**白血球インターフェロン**［leukocyte interferon］＝インターフェロンα

**白血球インテグリン**［leukocyte integrin］＝CD11(抗原)

**白血球エラスターゼ**［leukocyte elastase］→エラスターゼ

**白血球共通抗原**［leukocyte common antigen, common leukocyte antigen］＝CD45(抗原)

**白血球接着不全症**＝白血球粘着不全症

**白血球接着分子**［leukocyte adhesion molecule］　白血球*の移動，細胞間シグナル伝達，活性化などは，白血球がそれぞれの細胞間または他の組織細胞や

おもな白血球接着分子 (→白血球接着分子)

| | 接着分子 | 保持白血球 | リガンド(結合相手) |
|---|---|---|---|
| インテグリンファミリー | $\beta_1$サブファミリー | | |
| | VLA-1(CD49a/CD29) | T, Bリンパ球 | ラミニン，コラーゲン |
| | VLA-2(CD49b/CD29) | Tリンパ球 | ラミニン，コラーゲン |
| | VLA-4(CD49d/CD29) | リンパ球，単球 | フィブロネクチン，VCAM-1 |
| | VLA-5(CD49e/CD29) | Tリンパ球 | フィブロネクチン |
| | VLA-6(CD49f/CD29) | Tリンパ球 | ラミニン |
| | $\beta_2$サブファミリー | | |
| | LFA-1(CD11a/CD18) | T, Bリンパ球，NK細胞，単球，好中球 | ICAM-1, ICAM-2, ICAM-3 |
| | Mac-1(CD11b/CD18) | NK細胞，単球，好中球 | C3bi, フィブリノーゲン，ICAM-1 |
| | p150/95(CD11c/CD18) | 単球，好中球 | C3bi, フィブリノーゲン |
| | $\beta_3$サブファミリー | | |
| | ビトロネクチン受容体(VNR)(CD51/CD61) | Bリンパ球，単球，好中球 | ビトロネクチン，フィブロネクチン |
| 免疫グロブリンスーパーファミリー | LFA-2(CD2) | Tリンパ球，NK細胞 | LFA-3, CD48 |
| | CD4 | Tリンパ球，単球 | MHCクラスII分子 |
| | CD8 | Tリンパ球 | MHCクラスI分子 |
| | LFA-3(CD58) | ほとんどの白血球 | LFA-2 |
| | ICAM-1(CD54) | 単球，Bリンパ球，活性化Tリンパ球 | LFA-1 |
| | NCAM(CD56) | NK細胞，単球 | NCAM |
| | CD28 | 活性化Tリンパ球 | CD80, CD86 |
| セレクチンファミリー | L-セレクチン(CD62L) | ほとんどの白血球 | 糖鎖，Gly-CAM-1, CD34 |
| | E-セレクチン(CD62E) | 単球，好中球 | 糖鎖(シアリルLe$^x$), CD62 |
| | P-セレクチン(CD62P) | 単球，好中球 | 糖鎖(Le$^x$), CD15, PSGL-1 |
| CD44ファミリー | CD44 | T, Bリンパ球，NK細胞 | ヒアルロン酸，コラーゲン，フィブロネクチン |

VLA: very late antigen, LFA: リンパ球機能関連抗原, VNR: ビトロネクチン受容体, ICAM: 細胞間接着分子, NCAM: 神経細胞接着分子, VCAM: 血管細胞接着分子, MHC: 主要組織適合遺伝子複合体, PSGL: P-セレクチン糖タンパク質リガンド, NK: ナチュラルキラー

細胞外マトリックスタンパク質との間で直接に接することによって可能となる．この細胞接着*を助ける膜タンパク質を総称して，白血球接着分子という．細胞の接着は受容体とリガンドの結合によって行われる．接着分子はこれまでに多数同定され，構造上の類似性からいくつかのファミリーに分類される（前ページ表参照）．接着分子の異常が感染，炎症，免疫異常などに深く関与する．（⇒白血球粘着不全症）

**白血球粘着不全症** [leukocyte adhesion deficiency] 白血球接着不全症ともいう．常染色体劣性遺伝の免疫不全*症であり，化膿性感染を反復する（⇒常染色体劣性疾患）．感染創部位に好中球が移動できないために，感染創は膿瘍形成がなく，潰瘍となる．好中球増多が目立つ．白血球の付着能が著しく低下し，付着をベースにした機能が障害される．食細胞の運動能や食食能が障害され，リンパ球キラー活性が著減する．骨髄移植の生着率が高い．白血球膜上の接着タンパク質であるインテグリン* $\beta_2$（LFA-1, Mac-1, p150/95）の欠損による．これら3分子はいずれも $\alpha$ 鎖と $\beta$ 鎖から成り，$\alpha$ 鎖は CD11a（LFA-1），CD11b（Mac-1），CD11c（p150/95）と異なるが，$\beta$ 鎖は CD18 で共通である．$\beta$ 鎖の欠失または構造異常によって $\alpha$ 鎖との会合不全が起こるために，これら3分子がともに欠損する．$\beta$ 鎖異常は，遺伝子の点突然変異または mRNA の合成障害に基づくアミノ酸欠失，変異，糖質の異常付加などで起こる．$\beta$ 鎖遺伝子は第21染色体長腕22領域に局在する．セレクチン*のリガンド異常でも酷似した病態を示す．（⇒原発性免疫不全症候群）

**白血球遊走阻害因子** [leukocyte migration inhibitory factor] LIF と略す．白血球遊走阻止因子ともいう．T，Bリンパ球で産生され，好中球の遊走を阻害する．マクロファージ遊走阻害因子*とは別の分子．分子量約70,000でエステラーゼ活性を示す．LIF は好中球のホルミルメチオニルロイシルフェニルアラニン*に対する走化性を向上させ，脱顆粒を誘導する．N-アセチル-D-グルコサミンにより，これら活性の抑制，好中球への結合阻害がみられる．

**白血球遊走阻止因子** ＝白血球遊走阻害因子

**白血病** [leukemia] 造血幹細胞のある段階で自律増殖性の異常なクローンが出現し，骨髄や末梢血その他の臓器で増殖するため正常造血能の抑制や，臓器浸潤による症状をきたす疾患．白血病はその腫瘍細胞の起源により，リンパ性白血病（lymphocytic leukemia, lymphoid leukemia）と骨髄性白血病（myelocytic leukemia, myelogenous leukemia, myeloid leukemia）に分けられ，また血液学的特徴により急性白血病（acute leukemia）と慢性白血病（chronic leukemia）に分けられる．急性白血病は FAB 分類*により骨髄性は M0～M7の八つに，リンパ性は L1～L3の三つに分けられる（⇒急性骨髄性白血病，急性リンパ性白血病）．その後における WHO 分類も用いられる．近年，分子生物学を利用して染色体転座およびがん遺伝子*，がん抑制遺伝子*を中心とした病態解析が進み，白血病の原因遺伝子がいくつか明らかにされてきている．転座型白血病では融合遺伝子部位に RT-PCR 法を用いることにより遺伝子診断が行われ，治療後の微量残存白血病細胞の検出に役立っている．治療は多剤併用化学療法，造血幹細胞移植，免疫療法，分化誘導療法，および造血因子投与，輸血などの支持療法など集学的治療が行われる．

**白血病ウイルス** [leukemia virus] 感染の結果，宿主に白血病を起こすウイルスの総称であるが，ほとんどはレトロウイルス*である．マウス白血病ウイルス*（MuLV），トリ白血病ウイルス*（ALV）をはじめ，ヒトでは成人T細胞白血病*（ATL）をひき起こすヒトT細胞白血病ウイルス1*（HTLV-1）が知られている．また一部には，エイブルソン白血病ウイルス*やフレンド白血病ウイルス*のように，固有の腫瘍原性遺伝子をもち，ヘルパーウイルスの重複感染で複製が可能となっているものもある．（⇒複製欠損性ウイルス）

**白血病増殖阻止因子** ＝白血病阻害因子

**白血病阻害因子** [leukemia inhibitory factor] LIF と略す．白血病増殖阻止因子，D 因子（differentiation stimulating factor）ともいう．180個のアミノ酸から成る20 kDa のペプチドに20～40 kDa の糖鎖が結合した分子量40,000～60,000の糖タンパク質．ヒト LIF 遺伝子は第22染色体長腕14領域に位置する．LIF は白血病細胞を分化誘導し，その増殖を抑制する物質として見いだされたのであるが，胚性幹細胞*の分化抑制，肝での急性期タンパク質の産生刺激，血小板増加作用，神経細胞の分化誘導（⇒コリン作動性分化因子），破骨細胞による骨吸収の促進，などの多彩な生物活性をもつ．

**白血病多発マウス** [high-leukemic inbred mouse] 近交系* AKR, C58に代表される．いずれもリンパ性白血病（⇒白血病）を自然環境下でほぼ100％発症する．骨髄性白血病の高発系は現存しないが，かつて存在した記録が残っている．AKR には白血病発症をおもに支配する2種類の遺伝子，$Emv11$（旧名 $Akv-1$）と $Emv12$（同 $Akv-2$）が知られ，これらはアジア産マウス由来といわれる．遺伝子本体は，内在性ウイルス*の核ゲノム挿入体で，産物として感染性のウイルス粒子を放出し，これが白血病発症にかかわると考えられている．

**発現** [expression] 【1】（タンパク質の） タンパク質の機能や構造を解析する時に，機能している生体などから抽出精製することなく，対応する cDNA を大腸菌や細胞などに組換え，大量に発現させ効率よく精製タンパク質を得ること．さらにはこれらの生細胞を用いることなく，無細胞系で必要な RNA ポリメラーゼやタンパク質合成用抽出液を加えてタンパク質を得ることも可能である．これらの発現系を使用することにより試験管内でのタンパク質の機能解析が行えるとともに，大量にタンパク質を調製して結晶化する X 線結晶構造解析*や安定同位体*でタンパク質を標識して NMR 法での構造解析が可能となった．
【2】（遺伝子の） ⇒遺伝子発現

**発現カセットPCR**　[expression cassette PCR]　EC PCRと略す．(→アダプター付加PCR)

**発現クローニング**　[expression cloning, phenotype cloning]　機能発現クローニングともいう．目的の遺伝子が発現して示す機能を指標として遺伝子をクローニングする方法．遺伝子の塩基配列や遺伝子産物のアミノ酸配列などの情報はまったく不要であり，発現量の少ない遺伝子のクローニングにその威力を発揮する．多くの受容体遺伝子がこの方法でクローニングされた．プローブとしてはリガンド（受容体に特異的に結合する物質），抗体，標識した核酸（転写因子やDNA結合タンパク質などの解析の場合）などが用いられる．プローブとしてDNA断片あるいはオリゴヌクレオチドを用いる場合はサウスウェスタンブロット法＊とよぶ．タンパク質自身の鋭敏なアッセイ法がある時は，プローブを用いる代わりにその活性を指標にクローンを同定することもできる．

**発現配列タグ**　[expressed sequence tag]　ESTと略す．cDNAの構造のうち配列が決定された部分で，通常作製したcDNAライブラリー＊からランダムに選択されたクローンの5′末端または3′末端から数百ヌクレオチドを読んだもの．遺伝子マーカーやPCR＊用のプライマー＊として利用できる．細胞内で転写されたRNA分子全体が逆転写され，配列が決定された完全長cDNAと比べるとはるかに多数のESTがデータベースに登録されている．ゲノムDNA配列とESTの配列を比較することで，転写物の位置をゲノムDNAにマップでき，ゲノムDNA中のエキソンおよびイントロンの位置がわかる．染色体上にマップされたDNAマーカーの一つに配列識別部位(STS)があるが，ESTはcDNAであるため反復配列を含まないはずなので，STSよりも有用なマーカーとなる．ESTデータベースの中には誤ったRNAプロセシングの結果生じたcDNA配列も含まれており，その利用には注意を要する．

**発現プロファイル**　[expression profile]　＝遺伝子発現プロファイル

**発現ベクター**　[expression vector]　挿入した外来遺伝子のコードしているタンパク質を目的細胞で発現するためのベクター．目的タンパク質をコードする遺伝子のほか，適当なプロモーター＊とターミネーター＊を含む．タンパク質の細胞内機能を研究したり，特定タンパク質を大量生産したりする目的に用いられる．

**発光**　[luminescence]　→生物発光，化学発光

**発酵**　[fermentation]　微生物による嫌気的な異化反応．生体物質の分解に酸素を要するのが呼吸＊であるが，発酵はアルコールや乳酸の形成など無酸素的に進行する分解反応をさす．異化反応の初期の加水分解の段階も含めるが，加水分解のみをさす時には消化＊という．発酵による有機物の低分子化には炭素鎖の無酸素的切断段階を伴う．ただし酢酸発酵のように一部で電子伝達，酸素消費を伴うものも習慣上発酵とよぶ．

**パッサージA**　[Passage A]　＝グロス白血病ウイルス

**発情期**　[estrus]　性成熟に達した哺乳類の雌が雄との交尾を許容する時期をさす．発情期は生殖腺刺激ホルモンの分泌変化を基調として周期的に反復して起こり，発情周期を形成してさまざまな身体的変化，行動変化（発情徴候）を伴う．発情期の期間は厳密には，雄に対する雌の許容にて決められるが，実際には発情徴候により判定される場合が多い．また，霊長類の性行動は社会的因子の影響を受け，ほとんどの種であらゆる時期に交尾が行われている．

**発情周期**　[estrous cycle]　→性周期

**発情ホルモン**　[estrogenic hormone]　＝エストロゲン

**発生**　[development]　広義には系統発生＊と個体発生＊を含むが，慣用的には個体発生をさす．多細胞生物において，雌性生殖細胞すなわち卵が分裂を繰返し，胚を経て成体となり，死ぬまでの全過程をいう．通常，発生は卵が雄性生殖細胞（精子）と融合する（受精）ことで開始されるが，たとえば，ミツバチの雄のように未受精卵から個体が形成されることもある．このように，卵が受精しないで無性的に個体を形成するのが単為発生＊である．また，ヒドラで代表されるように，個体の一部分から新しい個体が形成される出芽＊も個体発生の一様式といってよい．単純な卵が，反復的であると前進的に複雑化し，種に固有な多細胞体制を形づくり，その体制を維持し，やがて死に至る全過程が発生であり，一般に，その変化は初期において急激である．受精卵から個体が形成されていく形態形成＊の過程は，胚形成，器官形成＊，組織形成などに分けて考えられ，研究されてきた．発生に固有で基本的な問題は，生物種の巨視的な姿・形の形成を支配するルールと，個体の形成過程で生物自身が示す調整性(flexibility)である．前者については，ショウジョウバエでホメオティック遺伝子＊が発見されたことが契機となって，生物の形態形成あるいは発生そのものの調節・制御にかかわる遺伝子群およびそれらの機能の研究が著しく進歩し，発生のルールが生物種を越えて普遍的に研究されるようになっている．一方，一卵性の双生児が産まれるとか，失われた個体の部分が完全に復元・再生＊されるとかいった現象は，生物がその発生過程で示す調整性の代表例である．発生を理解するには，このような現象の成立機構も明らかにされねばならないが，近年，再生に代表されるような発生における調整性についても，遺伝子の機能に立脚した研究が展開されるようになっている．植物の発生も大筋としては動物と同じ過程をたどると考えられ，シロイヌナズナ＊を材料とした形態形成遺伝子の研究も急速に進展しつつある．しかし，特に高等植物では，遊離した受精卵から発生が開始されるのではないので，ことに発生の初期過程の細部については，今後の研究を待つところが多い．

**（発生）運命予定図**　＝予定運命図

**発生学**　[embryology]　→発生生物学

**発生生物学**［developmental biology］　生物の一世代の間で起こる変化を研究する生物学の分野をいう．問題とする現象のなかで中心となるのは，胚の時期の発生についてのものである．したがって，この分野は伝統的には発生学(embryology)とよばれてきた．しかし，この英語は胚の研究のみを意味している．個体の一世代での変化は，さらに再生，生殖，細胞の病理的変化なども含まれており，胚のにみ研究の対象を制約することはできないので，1950年代から米国の研究者によって，より包括的な発生生物学なる語が提唱され，これが現在では定着している．その研究の基幹をなす対象としては，細胞分化*と，形態形成*とがある．発生生物学の分野は，世代を超えて生物の形質の遺伝を扱う遺伝学*とは相補う位置にある．しかし，発生現象の第一義的要因は，遺伝子にあることは疑いのないところで，発生生物学は広義の遺伝子発現*の論理の追究ともいえる．

**発生段階特異的胎児性抗原1**［stage-specific embryonal antigen-1］＝SSEA-1

**バッセン・コルンツバイク病**［Bassen-Kornzweig disease］　無βリポタンパク質血症(abetalipoproteinemia)ともいう．血液中アポBタンパク質欠損のためにコレステロールおよび中性脂肪の著しい低下を示す常染色体劣性遺伝病．赤血球は棘状となり溶血性貧血を，神経系では知覚異常や運動障害を起こす．最近，小腸のミクロソームトリグリセリド輸送タンパク質(MTP)遺伝子(4q22-q24)突然変異による症例があることがわかった．このタンパク質は細胞内で脂質をアポBに転送する．この遺伝子突然変異がすべての患者に存在するのか，他の輸送タンパク質の異常による病気があるのかは確定していない．

**パッチクランプ**［patch-clamp］　細胞膜に先端直径1〜数µmのガラス管微小電極(パッチピペット)を密着させて，ピペット内領域を外領域から電気的に隔絶すること(→パッチ形成【1】)により，電極先端の細胞膜(パッチ膜)または細胞全体を電位固定*する方法．この方法によってイオンチャネル*の1個または複数個を流れ出ていくイオン電流が記録される．パッチ膜の単一イオンチャネルを通過するピコアンペア(pA)程度の矩形電流を記録するシングルチャネル記録法(single channel recording)と，パッチ膜を破壊し細胞内とピペット内を交通させ，全細胞を電位

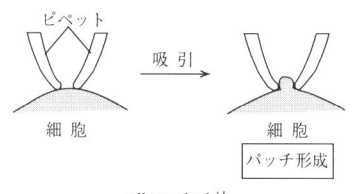

cell-attached法

固定し膜電流*を記録するホールセル記録法(whole-cell recording)に大別される．シングルチャネル記録法にはピペットを細胞上に密着したまま記録するcell-attached法(図)と，パッチ膜を細胞から切離して記録するexcised patch法がある．後者には細胞膜外面がピペット内に面するinside-outモードとピペット外に面するoutside-outモードがある．

**パッチクランプ RT-PCR**［patch-clamp RT-PCR］＝パッチクランプ PCR

**パッチクランプ PCR**［patch-clamp PCR］　パッチクランプ*法と逆転写 PCR*(RT-PCR)を組合わせて，単一細胞レベルで細胞の機能的性質を調べたのち，当該細胞に発現しているmRNAを検出する実験法であり，パッチクランプ RT-PCR(patch-clamp RT-PCR)とよぶこともある．実験の手順はつぎの通りである．1)単一細胞を対象として受容体やイオンチャネル*の機能的性質をホールセルパッチクランプ法により解析する．2)細胞質をパッチクランプ用電極内に回収し，細胞質中のmRNAから逆転写反応によりcDNAを合成する．3) PCRにより特定のcDNAを増幅し，制限酵素解析，サザンブロット解析を行う．この方法により機能的に同定された細胞にどのようなタンパク質のmRNAが発現しているか，受容体やイオンチャネルの電気生理学的性質とそれらを形成するタンパク質分子の遺伝子発現との関連などについて調べることができる．

**パッチ形成**［patch formation］　【1】パッチクランプ*法に際して，パッチピペットを細胞膜に密着させることによりピペット内外を電気的に隔絶すること．ギガシール形成(giga seal formation)ともいう．ギガシールを形成するためには，多くの場合，細胞膜表面やピペット先端のごみや組織断片を除去する工夫が必要である．ピペット内に陰圧を加えることにより，ギガオーム〜百ギガオーム($10^{10}$〜$10^{12}$Ω)のシール抵抗が得られる．シール抵抗(Ω)＝ピペット内外電圧差(V)/シールを通過する電流(A)．

【2】細胞表面の抗原や受容体が，多価の抗体やリガンドにより架橋され，膜に沿って拡散運動をして集合体を形成すること．パッチング(patching)ともいう．

**ハッチ・スラック回路**［Hatch-Slack cycle］＝$C_4$ジカルボン酸回路

**パッチド遺伝子**［*patched* gene］　*ptc*遺伝子(*ptc* gene)と略す．ショウジョウバエのすべての体節はエングレイルド(*en*)遺伝子*を発現する後区画とその影響を受けない前区画から成っており，前区画ではネーキド(*nkd*)遺伝子，*ptc*，ウイングレス(*wg*)遺伝子*を発現する細胞が前後軸に沿って規則正しく並び，*wg*を発現する細胞と*en*を発現する細胞の間が前，後区画の境界となっている．この前後軸に沿った極性をセグメントポラリティー遺伝子*群が制御しており，*ptc*はその一つとして同定された．*ptc*遺伝子産物は膜貫通ドメインにより細胞膜上に局在する分子で，*ptc*発現細胞において*en*の発現や*wg*の発現を抑制するシグナルを伝えていると推定されている．実際，*ptc*突然変異株では*wg*発現細胞の前方側の細胞列(各

体節に2列の *ptc* 発現細胞がある)が *wg* 発現細胞となるために *wg* の幅広い発現(3 細胞列)が観察され,さらに前方の(*nkd* 側)1 細胞列が *en* 発現細胞となる. *ptc* の同様の機能は成虫原基の前後軸に沿った極性決定においても報告されており,また,神経系細胞に位置情報を与える分子群の一つとしても機能していると推定されている.

**パッチング** [patching]　＝パッチ形成【2】

**ハッチンソン・ギルフォード症候群**　[Hutchinson-Gilford syndrome]　＝早老症

**HAT 培地** [HAT medium]　ヒポキサンチン*(H),アミノプテリン*(A),チミジン*(T)を含む動物培養細胞の選択培地*.アミノプテリンはプリンとピリミジンヌクレオチド合成経路を阻害する.しかし,野生株はヒポキサンチンホスホリボシルトランスフェラーゼ*によりヒポキサンチンをイノシン酸(IMP)に,チミジンキナーゼ*によりチミジンをチミジル酸(TMP)に変換し,増殖できる(⇒再利用経路).一方,それら酵素の欠損株は(⇒HPRT⁻突然変異株),その変換ができず,死滅する.HAT 培地は,雑種細胞形成や遺伝子導入株樹立に利用される.

**発熱反応**　【1】[exothermic reaction]　原系から生成系への変化に伴って熱の放出を伴う化学反応.有機化合物の酸化など,一般に進行しやすい反応である.反応の進行を定めるのは自由エネルギー変化であるから,塩類の溶解など,エントロピーの増加が多い場合に,分子運動のために熱を奪う吸熱反応(endothermic reaction)もある.反応に伴う発熱量は熱量計で測定する.

【2】[exoergic reaction]　原系から生成系への変化に伴って総質量が減少する核反応.

**発熱物質** [pyrogen]　⇒リポ多糖

**PAP 法** [PAP technique = peroxidase-antiperoxidase complex technique]　＝ペルオキシダーゼ-抗ペルオキシダーゼ複合体法

**パーティクルガン法** [particle gun method]　植物細胞に DNA を導入する方法.植物細胞は細胞壁をもっているため,動物細胞に用いられている各種遺伝子導入法は利用できない.金あるいはタングステン粒子に DNA を凝集させ,火薬銃,ヘリウムガス圧縮銃を利用するか,電気的に金属粒子を植物細胞や植物体に打込むことによって,植物体に DNA を導入する方法である. *Agrobacterium* の Ti プラスミド*を用いる方法よりも一般性があるため,最近利用度が高い.また,最近では,神経細胞などへの遺伝子導入*にも利用されている.

**ハーディー・ワインベルクの法則** [Hardy-Weinberg law]　⇒対立遺伝子頻度

**ハートウエル HARTWELL**, Leland H.　米国の分子生物学者.1939.10.30～　カリフォルニア州ロサンゼルスに生まれる.1961 年カリフォルニア工科大学卒業,1964 年マサチューセッツ工科大学(MIT)で Ph.D. 取得.カリフォルニア大学を経て 1968 年ワシントン大学に移り,1971～72 年に多数の細胞周期変異酵母株を作製し,それらを用いて多くの細胞周期制御遺伝子*を同定した. *CDC28* 遺伝子産物 Cdc28 が細胞周期の中心的な制御因子であることを発見.出芽酵母を用いたサイクリン*とサイクリン依存性キナーゼ*による細胞周期制御の研究により,R. T. Hunt*,P. M. Nurse* とともに,2001 年にノーベル医学生理学賞を受賞.1980 年代には同じく出芽酵母を用いた遺伝解析から細胞周期チェックポイント*の概念を提出した.1996 年からフレッド・ハッチンソン研究センターに所属.

**ハードニング**　耐性強化のこと.(⇒順化)

**パドロックプローブ** [padlock probe]　一分子検出に用いる,連結反応*(ライゲーション)により形成される単鎖環状 DNA プローブ.padlock は "南京錠" のこと.タンパク質や核酸の量や局在を一分子単位で可視化できる.複数の抗体*やリンカー DNA*などを併用するので特異性が高い.特定のタンパク質に特異的な抗体にリンカー DNA をつけておき,相補的配列をもつパドロックプローブを用いてそのタンパク質を検出することもでき,またタンパク質分子間相互作用の検出などにも応用できる.リンカー DNA を挟んで標的とする DNA に相補的配列を含む合成オリゴヌクレオチドで標的とする相補的 DNA をアニーリング*し,DNA リガーゼ*によってライゲーションされると環状 DNA になる.DNA ポリメラーゼ*により環状 DNA の配列を蛍光標識ヌクレオチド存在下で増幅し,蛍光を検出する.

**バートン反応** [Burton reaction]　＝ジフェニルアミン反応

**バートン分解** [Burton degradation]　⇒脱プリン

**破軟骨細胞** [chondroclast]　⇒骨形成

**バニリルマンデル酸** [vanillylmandelic acid]　＝バニルマンデル酸(vanilmandelic acid),3-メトキシ-4-ヒドロキシマンデル酸 (3-methoxy-4-hydroxymandelic acid)と略称する.VMA と略称する.$C_9H_{10}O_5$,分子量 198.18.ノルアドレナリン*とアドレナリン*の主代謝物.モノアミン酸化酵素とアルデヒドデヒドロゲナーゼ,カテコール *O*-メチルトランスフェラーゼにより,いずれの酵素が先に作用するかによって,3,4-ジヒドロキシマンデルアルデヒド→3,4-ジヒドロキシマンデル酸より,またはノルメタネフリンかメタネフリンより生じる.ノルアドレナリンとアドレナリンの他の主代謝物はモノアミンオキシダーゼとアルデヒドレダクターゼ,カテコール *O*-メチルトランスフェラーゼにより生じる,3-メトキシ-4-ヒドロキシフェニル(エチレン)グリコール(MHPG)である.MHPG の一部は酸化されて VMA を生じる.

**バーネット BURNET**, Frank Macfarlane　オーストラリアの免疫学者.1899.9.3～1985.8.31.ビクトリア州のトララルゴンに生まれ,メルボルンに没す.メルボルン大学医学部卒業(1923).ウイルスの研究中,ニワトリ胚はウイルスに対する抗体を産生しないこと

を発見.抗体産生に関して,自己非自己認識論を展開(1949).メルボルン大学医学研究所長(1944～65).1960年 P. B. Medawar* とともにノーベル医学生理学賞受賞.

**パパイヤペプチダーゼ I** [papaya peptidase I] ＝パパイン

**パパイン** [papain] ＝パパイヤペプチダーゼ I (papaya peptidase I). EC 3.4.22.2. パパイヤに存在するシステインプロテアーゼ.分子量は約 24,000.立体構造も明らかになっている.最適 pH は 6～7.基質に対するアミノ酸配列の選択性は低い.E-64 などのエポキシコハク酸誘導体によって活性中心の 25 番システイン残基の SH 基がふさがれ,不可逆的に失活するが,一部のセリンプロテアーゼの阻害剤にも感受性を示す.

**パパニコロー染色** [Papanicolaou stain] G. N. Papanicolaou がマッソントリクローム染色法を改良した方法で,載物ガラス面に塗り付けた(塗抹)細胞を染めることからパパニコロー塗抹(Papanicolaou smear)ともよばれる.塗抹細胞が乾燥しないうちにアルコールで固定(湿固定)し,ヘマトキシリン* で核染,ついで細胞質をエオシン,オレンジ G,ライトグリーンで染める.角化した細胞(⇒扁平上皮)と,細胞の核の所見が明瞭に染め出されるのが本法の特徴で,子宮頸膣部のがんをはじめ種々の腫瘍性病変や感染症の検査のための細胞診に頻用される.(⇒ギムザ染色)

**パパニコロー塗抹** [Papanicolaou smear] ＝パパニコロー染色

**パピローマウイルス** [*Papillomavirus*] 乳頭腫ウイルスともいう.二本鎖環状 DNA 分子(約 8000 塩基対)をゲノム* としてもつ正二十面体構造のパポーバウイルス科のウイルス.ヒト,ウシ,ウサギ,ウマ,イヌ,マウスなど多くの動物の皮膚(あるいは粘膜上皮)に良性腫瘍,乳頭腫*(一部に悪性の腫瘍)をつくる.種特異的でウイルス型別は由来動物種とゲノム DNA の塩基配列の相同性による.ウイルス増殖は宿主細胞の分化と密接に関連し,成熟ウイルス粒子は分化した上皮細胞にのみ認められる.

**パフ** [puff] 染色体パフ(chromosome puff)ともいう.双翅目の幼虫の唾液腺* などの多糸染色体* において観察される局部的に体積が膨張した構造(⇒唾腺染色体).これは多糸染色体の特定の横縞の染色体 DNA がほどけて開いた状態になったもので,発生過程において,脱皮や変態といった特定の時期に特定の順序で出現,消失する.またパフの出現,消失は組織によっても異なっていたり,特定のホルモンに対しそれぞれに対応する特定の領域がパフ構造をとるようになっていることも知られている.パフ領域においては遺伝子の発現が活性化し,盛んに mRNA が合成されているため,RNA パフ(RNA puff)ともよばれる.(⇒バルビアニ環).これに対し,キノコバエにおいては,細胞周期 S 期* のゲノム DNA の複製とは独立の DNA 複製による局部的な遺伝子の増幅によるパフが観察されており,DNA パフ(DNA puff)とよばれる.

**PAF** [PAF＝platelet-activating factor] ＝血小板活性化因子

**Vav** [Vav] 血球系細胞にのみ発現しているシグナル伝達因子.T 細胞受容体,B 細胞 IgM 受容体の活性化に伴いチロシンリン酸化され,PLC-γ(⇒ホスホリパーゼ C),Ras GAP(⇒GTP アーゼ活性化タンパク質),Grb2(⇌Grb2/Ash),Crk(⇌*crk* 遺伝子)などと複合体を形成する.チロシンリン酸化依存性にまたはジアシルグリセロール存在下に活性化され,Ras* を活性化する.ノックアウトマウス* の胚は子宮に着床できず致死となる.キメラマウスの実験から T 細胞および B 細胞のシグナル伝達に必須なことが示されている.

**PAF-アセチルヒドロラーゼ** [PAF-acetylhydrolase] 血小板活性化因子*(PAF)のグリセロール骨格 sn-2 位に結合したアセチル基を加水分解するエステラーゼの総称.一種のホスホリパーゼ $A_2$*.産物であるリゾ PAF には PAF 受容体との親和性は認められないことから,PAF の活性を消失させる"スイッチオフ"の役割を担っていると考えられてきた.実際には PAF 以外に,酸素で修飾された多価不飽和脂肪酸鎖を切断する活性をもつ酵素もこの範ちゅうに入るので命名には問題がある.高等動物に 4 種類のアイソフォームが知られる.いずれも $Ca^{2+}$ 非要求性のセリンエステラーゼであり,マクロファージなどより分泌され,血清中に検出される酵素と細胞質に存在する $I_a$,$I_b$,II の 3 種類のアイソフォームが知られる.血清中の酵素と II 型アイソフォームは基質特異性,および構造上の類似性がある.ヘテロ三量体である $I_b$ は胎児期には特に脳に多く発現し,脳の形態形成にかかわると想定される.事実,$I_b$ 中の α サブユニット異常が神経芽細胞の移動異常を起こすことも最近判明した.(⇒ミラー・ディーカー症候群)

**パーフォリン** [perforin] 孔形成性タンパク質(pore forming protein, PFP),細胞溶解素(cytolysin),あるいは C9 関連タンパク質(C9-related protein, C9RP)ともよばれる.分子量約 7 万のキラー T 細胞* やナチュラルキラー(NK)細胞* に発現している糖タンパク質で,標的細胞の細胞膜に孔を形成することにより細胞を傷害する.これらの細胞傷害性リンパ球に特徴的な細胞質内のアズール顆粒に貯蔵されているが,標的細胞との接触などの刺激により細胞傷害性リンパ球と標的細胞間の間隙に放出される.細胞質内では低 pH と低カルシウム濃度により不活性化されていたパーフォリンは,放出されると $Ca^{2+}$ と結合して活性化され,標的細胞膜上に結合,挿入する.そして 10～20 個が重合したポリマーによって内径約 16 nm の小孔を形成し,細胞内外の浸透圧差を消失させて標的細胞を破壊する(細胞傷害の顆粒放出モデル).パーフォリンは補体成分 C6～C9 と機能的にも構造的にも類似した細胞傷害因子である.

**PAF 受容体** [PAF receptor] ＝血小板活性化因子受容体

**ハプテン** [hapten]　宿主の免疫系を刺激し，抗体の産生やT細胞の活性化を誘導する能力(免疫原性)をもたないが，産生された抗体と結合する能力(反応原性)をもつ低分子化合物をいう．ジニトロフェニル基やフェニルアルソニル基は，代表的なハプテンである．ハプテンに対する抗体は，免疫原性をもつタンパク質にハプテンを共有結合させて免疫することによって得られる．

**ハプテン−担体複合体** [hapten-carrier complex]　ハプテン*は遊離の状態では，抗体の産生を誘導できないが，これを異種由来のタンパク質などの生体高分子(担体)と共有結合させて免疫するとハプテンに対する抗体産生を誘導することができる．このようなハプテン結合物をハプテン−担体複合体という．哺乳動物へ免疫する際の担体としてオボアルブミン*，ニワトリγグロブリン，スカシガイのヘモシアニン*などのタンパク質が用いられる．

**バブル構造** [bubble structure]　＝複製泡
**ハプロイド** [haploid]　⇌一倍体
**ハプロタイプ** [haplotype]　1本の染色体上に多型(個体差)をもつ遺伝子座が密に連鎖して存在している場合，同一の染色体上に連鎖する各遺伝子座の対立遺伝子の組合わせをハプロタイプとよび，これにより遺伝子領域を識別することができる．ハプロタイプを形成する対立遺伝子の間には連鎖不平衡(linkage disequilibrium)が観察されることが多い．たとえば日本人の代表的な HLA ハプロタイプとして，*HLA-A24-B52-Cw blank-DR15*(DRB1*1501)*-DQ6* や *HLA-A24-B54-Cwl-DR4*(DRB1*0405)*-DQ4* などがある(⇌ヒト白血球組織適合抗原)．連鎖不平衡とは，以下のような現象を意味する．仮に，対立遺伝子(*a1,a2, …, an*)あるいは，(*b1,b2, …, bn*)をもつ，二つの密に連鎖した遺伝子座 *A* および *B* を想定してみる．*a1* と *b1* が同一の染色体上に連鎖してハプロタイプを形成する確率は，対象集団における *a1* および *b1* の遺伝子頻度を乗じたものと期待される．しかし，特定の対立遺伝子の組合わせにおいて，ハプロタイプを形成する頻度が期待値より有意に高く観察されることが知られており，この場合，これらの対立遺伝子間には正の連鎖不平衡があるという．連鎖不平衡が生じる原因としては，二つの遺伝子座間の物理的距離が小さく，組換えが生じにくいことが必須であるが，さらに1)多型をもつ遺伝子座の近傍の遺伝子座に突然変異により新しい対立遺伝子が出現して間もない場合，および2)特定のハプロタイプが自然淘汰に対して有利である場合などが考えられる．

**ハプロタイプマッピング** [haplotype mapping]　ハプロタイプ*の組合わせパターンの多様性を，個人について明らかにし，データベース化すること．これらのデータはゲノム構造の多様性の解明につながる．進化過程で自然選択*にさらされてきた遺伝子座の検出を可能にする．ヒトゲノム上に存在する DNA 多型*の一般集団におけるパターンのデータベース化を目的に，ヒト全染色体におけるハプロタイプマッピングを行う国際ハップマッププロジェクトが進行している．

**ハプロ不全** [haploinsufficiency]　一組の相同染色体*上にある遺伝子のうちの一方に機能喪失(性突然)変異*が起こることにより，その個体の表現型*を変えてしまうこと．正常な表現型を示すために1コピーの遺伝子では足りない場合に起こる．通常，ヘテロ接合体*をもつ場合，その個体の表現型は正常である．このため，機能喪失変異は劣性遺伝が多い．一方，ハプロ不全は優性の形質をもち，関係する疾患としてはエラスチン遺伝子(*ELN*)の不足によって起こる弁部大動脈狭窄症などがある．

**パポーバウイルス** [papovavirus]　ウイルスの分類で以前採用された科名．この科に含まれた二つの属(ポリオーマウイルス属，パピローマウイルス属)はそれぞれ独立して科となった(⇌マウスポリオーマウイルス，パピローマウイルス)．

**バーマス VARMUS, Harold E.**　米国の分子生物学者．1939.12.18〜　ニューヨーク州オーシャンサイドに生まれる．ハーバード大学で文学修士号を得たのち，コロンビア大学医学部を卒業した(1966)．1970年 J. M. Bishop*の研究室でがんウイルスの研究を始め，がん遺伝子*を発見した(1976)．1979年カリフォルニア大学教授．1989年 Bishop とともにノーベル医学生理学賞受賞．

**パーミアーゼ** [permease]　＝トランスロカーゼ【1】
**ハムスター**　⇌シリアンハムスター
**速い軸索輸送** [fast axonal transport]　神経軸索中の物質輸送のうち，1日に数10 cm の速度の顆粒輸送．順行性輸送*と逆行性輸送*に分けられる．順行性輸送では，滑面小胞体，シナプス小胞，ミトコンドリアが運ばれており，おのおの，軸索膜の補給，末端における化学伝達，エネルギー補給を支えている．これら顆粒と微小管の間にモータータンパク質であるキネシン*が介在し，ATP のエネルギーを利用して微小管の上を引張る．(⇌軸索輸送)

**パラオキソン** [paraoxon]　⇌パラチオン
**パラクリン**　⇌パラ分泌
**ハーラー症候群** [Hurler syndrome]　ムコ多糖症*の I 型と分類される α-イズロニダーゼ欠損症で，いわゆる古典的な"ガーゴイリズム"の病像を示す．特異な顔貌，厚い皮膚，多毛，関節拘縮を伴う骨格変形，肝脾腫，角膜混濁などの全身症状に進行性の知能障害を伴う(IA 型)．知能障害を伴わない IB 型(シェイエ症候群 Scheie syndrome)もある．尿中にはデルマタン硫酸とヘパラン硫酸の過剰排泄がある．この酵素をコードする遺伝子は第4染色体短腕(4q16.3)にあり，14のエキソンをもつ．多くの突然変異が患者で同定されている．軽症例であるシェイエ症候群では，少なくとも一つの突然変異は残余活性のある酵素タンパク質をコードする．本質的な治療法はないが，骨髄移植は軟部組織の病変を軽減するのに有効である．しかし骨関節系の変形には著明な効果はない．

**パラセグメント** [parasegment]　⇌体節形成
**パラチオン** [parathion]　＝ホリドール(Folidol)

$C_{10}H_{14}NO_5PS$, 分子量 291.26. 1934 年にドイツにおいて発明された有機リン系殺虫剤. 淡黄色油状物質, 沸点 113 ℃ (0.05 mmHg). 生体内でパラオキソン (paraoxon) に酸化され, アセチルコリンエステラーゼ*を阻害することにより, 効力を発揮する. わが国では特定毒物 (マウス $LD_{50}=6$ mg/kg, 経口) に指定され農薬としての使用は禁止されている.

$$C_2H_5O-\overset{\overset{S}{\|}}{\underset{C_2H_5O}{P}}-O-\!\!\!\left\langle\;\right\rangle\!\!\!-NO_2$$

**パラーデ PALADE, George Emil** 米国の細胞生物学者. 1912.11.19〜 ルーマニアのヤッシに生まれる. 1940 年ブカレスト大学医学部卒業. 兵役に従事したのち, ニューヨーク大学助手. A. Claude* のロックフェラー研究所に参加. 電子顕微鏡下で細胞構造 (ミトコンドリア, 小胞体, リボソーム, ゴルジ体) を解明 (1953〜56). リボソームを発見 (1956). 1956 年ロックフェラー大学教授. 1973 年エール大学教授. 1974 年 Claude, C. R. de Duve* とともにノーベル医学生理学賞受賞.

**パラトープ** [paratope] ⇒抗原決定基

**パラトルモン** [parathormone] ＝副甲状腺ホルモン

**パラ分泌** [paracrine] 傍分泌, パラクリンともいう. ある細胞でつくられた分泌物が隣接または近傍の細胞に作用する様式をさす. パラ分泌機序で作用する物質は同様に自己分泌*機序またはホルモン*として作用することがある. さらにある組織ではパラ分泌として作用するものが他の組織ではホルモンとして働くこともある. またホルモンは標的臓器に直接単独で作用することもあるが, 局所において各種増殖因子などの産生を促し, それがパラ分泌, 自己分泌機序でホルモン作用を仲介していることも多い.

**パラ分泌型シグナル** [paracrine signaling] 傍分泌型シグナルともいう. 分泌細胞から放出された分泌物が拡散により細胞間隙を浸透し, 近傍の標的細胞に作用するシグナル伝達様式をいう. 膵島内の D 細胞から放出されるソマトスタチン*は近傍の A 細胞または B 細胞に作用してこれを抑制するのが, その一例と考えられる. また, 神経終末内に古典的な伝達物質のほかにニューロペプチドが共存しており, それが神経信号により共伝達され, シナプス後膜の受容体に作用するのも広義のパラ分泌型シグナル伝達といえる.

**パラミオシン** [paramyosin] 無脊椎動物の斜紋筋, 平滑筋には脊椎動物の骨格筋, 平滑筋同様, 太いフィラメント*と細いフィラメント*が存在するが, 太いフィラメントの中心部にコアタンパク質として存在する. ミオシン*はその表面にパラミオシンと結合して存在する. 低イオン強度で重合してフィラメントを形成し, 高イオン強度で可溶化するのはミオシンと似ている. 単体分子量は 22 万, S-S 結合で 11 万サブユニットの二量体であり, 完全に近い α ヘリックス*である.

**パラミクソウイルス** [Paramyxovirus] エンベロープ*をもつ一本鎖 RNA ウイルスで, ゲノムは分断しておらず, $1.6\times10^4\sim2.0\times10^4$ 塩基の (-) 鎖 (mRNA と相補的) である. エンベロープの糖タンパク質の性質はオルトミクソウイルスと似ており, ゲノム構造はラブドウイルスに似る. ウイルス粒子に存在する RNA ポリメラーゼは, 6〜10 の mRNA を生成し, ウイルスタンパク質がつくられる. その後全長 RNA がつくられ, それを鋳型としてゲノム RNA がつくられる. 表面糖タンパク質はノイラミニダーゼ (シアリダーゼ*), 血球凝集, 膜融合活性をもつものもある. センダイウイルス*, ムンプスウイルス (Mumpsvirus), はしかウイルス, ヒト気道融合ウイルス (human respiratory syncytial virus) などを含む.

**パラロガス遺伝子** [paralogous gene] ＝パラログ

**パラログ** [paralog] パラロガス遺伝子 (paralogous gene) ともいう. 相同遺伝子の分類の一つ (⇒オルソログ). 同一の生物種において, 異なる遺伝子座を占めるにもかかわらず, 類似した配列をもつ遺伝子同士のこと. これらは種の分化によってではなく, ゲノム内の遺伝子重複*が生じた後に分岐していった遺伝子群であると考えられる. (⇒多重遺伝子族)

**針生検** [needle biopsy] ＝生体組織検査

**パリディン** [pallidin] ＝バンド 4.2

**バリノマイシン** [valinomycin] 放線菌 Streptomyces fulvissimus が生産する環状ペプチド抗生物質.

$$\begin{array}{c}D\text{-Val}\to L\text{-Lac}\to L\text{-Val}\to D\text{-Hiv}\to D\text{-Val}\\ \uparrow\qquad\qquad\qquad\qquad\qquad\downarrow\\ D\text{-Hiv}\qquad\qquad\qquad\qquad L\text{-Lac}\\ \uparrow\qquad\qquad\qquad\qquad\qquad\downarrow\\ L\text{-Val}\leftarrow L\text{-Lac}\leftarrow D\text{-Val}\leftarrow D\text{-Hiv}\leftarrow L\text{-Val}\end{array}$$

D-Hiv: D-α-ヒドロキシイソ吉草酸

グラム陽性細菌の活動を阻害するが, 毒性が強い. 環状分子の内部に金属イオンをキレートして, 細胞膜内で脂溶性配位結合物を形成し, 細胞膜のイオン輸送*を助けるイオノホア*で, 金属イオンの中では $K^+$ とキレートをつくりやすい. 真核細胞のミトコンドリアにおいて, 電子伝達系*と酸化的リン酸化*の共役を失わせる脱共役剤としても作用する. その作用により呼吸は起こっているが, ATP は生成されない状態を起こす.

**バリン** [valine] ＝2-アミノイソ吉草酸 (2-aminoisovaleric acid). Val または V (一文字表記) と略記される. L 形はタンパク質を構成する分枝アミノ酸の一つ. $C_5H_{11}NO_2$, 分子量 117.15. D 形はアクチノマイシン D*, グラミシジン* D, バリノマイシン* などの抗菌性物質に含まれている. 必須アミノ酸*. (⇒アミノ酸)

$$\begin{array}{c}COOH\\ |\\ H_2NCH\\ |\\ CHCH_3\\ |\\ CH_3\end{array}$$

L-バリン

**パリンドローム** [palindrome] 回文構造ともいう. 二本鎖 DNA において, たとえば

5'-GAATTC-3'
3'-CTTAAG-5'

のように 2 回転対称な構造をもつ配列をいう．分子生物学ではよく利用されるⅡ型制限酵素\*の認識配列はパリンドローム構造をとっている．(→ 逆方向反復配列)

**パールカン** [perlecan] → 基底膜プロテオグリカン

**Bal31 エキソヌクレアーゼ** [Bal31 exonuclease]
海洋細菌 *Alteromonas espejiana* Bal31 が産生する酵素で，本来は一本鎖核酸に特異的なエンドヌクレアーゼ．二本鎖 DNA に対しては一本鎖核酸非存在下で，5′,3′-エキソヌクレアーゼとして作用する．二本鎖 DNA に作用させると反応時間に依存して両端から順次欠失させることができる．この性質を利用して一連の欠失 DNA をつくり，遺伝子の機能的配列の同定，一つのプライマーを使った長い塩基配列の決定などに用いられる．

**バルジ** [bulge]　二重鎖の核酸の片側の鎖に余剰の残基が存在する時に形成される構造(図)．余剰残基の塩基は，二重鎖中に取込まれてスタックする場合と，二重鎖外にフリップアウトする場合がある．バルジは二重鎖の湾曲，熱安定性の低下などをひき起こす．バルジは天然の RNA に広く存在する．また HIV (ヒト免疫不全ウイルス\*) の TAR 配列\* にもバルジが存在する．バルジは RNA-RNA 相互作用および RNA-タンパク質相互作用に利用されることがある．

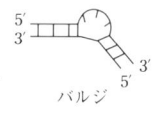

**バー(ル)小体** [Barr body] → X 染色体不活性化

**パルス-チェイス実験** [pulse-chase experiment, pulse-chase technique]　放射性同位元素で標識された前駆物質を短期間細胞に取込ませ，その後非標識の前駆物質を細胞や組織に取込ませることにより，代謝経路，代謝の速度，半減期，細胞内の物質移動，細胞分裂周期の各期の経過時間などを知ることができる．たとえば，トリチウム ($^3$H) 標識チミジンの短時間取込みにつづく非標識チミジンの取込み (chase チェイス) により細胞周期の各期の経過時間を求める方法を標識分裂期法 (labeled mitosis method) とよぶ．G. E. Palade\* はブタ膵臓の切片を 3 分間，放射性同位元素標識アミノ酸溶液に保温し，ついで過剰の非標識アミノ酸を加え (chase)，いろいろな時間経過後，電子顕微鏡オートラジオグラフィー\* 写真をつくる，あるいは細胞分画することによって，タンパク質が合成されゴルジ体などを経て移動分泌される過程を時間経過とともに示すことに成功した．蛍光タグなどをつけたタンパク質やペプチド分子を用いて時系列的に生体内での挙動を調べる実験もパルスチェイス実験に含めている．

**パルスフィールドゲル電気泳動** [pulsed field gel electrophoresis] → ゲル電気泳動

**パルスフーリエ変換法** [pulse Fourier transform] → 核磁気共鳴

**バルビアニ環** [Balbiani ring]　双翅類ユスリカなどの唾腺染色体\* にみられる結節状構造を示す巨大な RNA パフ (→ パフ)．発見者 E. G. Balbiani にちなんでバルビアニ環と命名された．バルビアニ環も他の RNA パフと同じように転写活性が，劇的に増加しており，密に折りたたまれた染色体構造が，特定の部分においてほどけたために膨らんだ構造を示すようになると考えられている．バルビアニ環は，発生過程において大きさが変化し，RNA 転写量が調節されている．

**バルビタール** [barbital]　マロン酸と尿素のアミノ基二つが結合したバルビツール酸 (barbituric acid) の誘導体の一つ．バルビタールは $C_8H_{12}N_2O_3$，分子量 184.19．バルビツール酸誘導体は鎮静催眠薬として用いられてきたが，現在その領域ではベンゾジアゼピン\* が使用されており，むしろ抗痙攣薬，静脈麻酔薬として利用されている．バルビタールは長時間作用薬である．作用機序は $\gamma$-アミノ酪酸 (GABA) 受容体\*-塩素イオンチャネル\* 複合体でピクロトキシン結合部位と結合し，塩素イオンチャネルを開口させ，Cl$^-$ を細胞内に流入させ，過分極による抑制効果を示す．

**バルビツール酸** [barbituric acid] → バルビタール

**BALB/c 3T3 細胞** [BALB/c 3T3 cell]　近交系\* BALB/c マウス\* の胎児から樹立された培養細胞株．3T3 方式で株化されたためにこの名称がつけられた．3T3 方式とは 3 日ごとに $3×10^5$ の細胞を継代する方式である．ウイルス，紫外線，化学発がん剤によるトランスフォーメーション\* 実験，増殖因子のシグナル伝達機構の解析などに用いられる．また胚性幹細胞\* (ES 細胞)，マウス奇形腫細胞を培養する時の支持細胞\* としても使用される．形質転換によって接触阻止が見られなくなるため，種々の形質転換実験に使用される．(→ 3T3 細胞)

**BALB/c マウス** [BALB/c mouse]　アルビノ近交系\* マウスの一種．名称は樹立者 H. J. Bagg (Bagg's Albino) に由来する．免疫遺伝学の分野で多用され，多くのコンジェニック系統\* が作製されている．近交系 C3H，CBA などは BALB/c と DBA の交配により作製されたものの子孫系統である．BALB/c を用いていくつかの有名な培養細胞株が樹立され，BALB/c 3T3 細胞\* はその代表である．ゲノム全体の塩基配列が解読されている (→ 付録J)．

**パルボウイルス** [*Parvovirus*]　ウイルス粒子は小形球状 (直径 18〜26 nm) で 5 kb の線状一本鎖 DNA をゲノムにもつ動物ウイルスの一科．以下の 3 属より成る．1) パルボウイルス属: ヒト (ヒトパルボウイルス B19 *Human parvovirus B19*)，ラット (キルハムラットウイルス *Kilham rat virus*)，ウシ，ブタ，ネコなどで知られ，B19 は鎌状赤血球貧血\*，伝染性紅斑

の原因となる．2) アデノ随伴ウイルス*(AAV)属：自己増殖能欠損ウイルスでアデノウイルス*の助けで増殖する．ヒトAAVは第19染色体に入って潜伏するため，遺伝子治療用ベクターとして利用できる可能性がある．3) デンソウイルス(Densovirus)属：すべて昆虫ウイルスである．

**パルミチン酸**［palmitic acid］ ＝ヘキサデカン酸(hexadecanoic acid)．$CH_3(CH_2)_{14}COOH$，$C_{16}H_{32}O_2$，分子量256.43．炭素数16の直鎖飽和脂肪酸である．最も広く存在する飽和脂肪酸の一つである．パーム油(palm oil)中に多く含まれるのでこの名がある．ほとんどすべての動植物に合成酵素活性が存在するが，動物では肝，脂肪組織，乳腺に高い活性がある．パルミトイルCoAとなったのち，β酸化*されて分解される．

**パルミトイル化**［palmitoylation］ ⇌ミリストイル化

**ハロバクテリウム**［*Halobacterium*］ 高度好塩性古細菌の代表的な属の名．赤色をした長桿菌で，増殖には20%以上のNaClという高塩濃度を必要とする．塩田，塩湖から分離される．細胞膜脂質は2,3-ジフィタニルグリセロール，いわゆるジエーテル脂質から成る．さらに，細胞膜にはバクテリオロドプシンと脂質とからのみ成る紫膜*が存在し，植物とはまったく異なる機構で光合成を行う．代表種は*Halobacterium halobium*．（⇌好塩菌）

**盤割**［discoidal cleavage］ ⇌胞胚葉
**反拮抗阻害** ＝不競合阻害
**反競争阻害** ＝不競合阻害
**パンクレオザイミン**［pancreozymin］ ＝コレシストキニン
**半減期**［half-life］ 物質の量や原子の数が1/2に減少するのに要する時間．放射性同位元素の原子数は放射性崩壊により時間の指数関数に従って減少し，初期数を$N_0$，時間$t$後の原子数を$N$，崩壊定数を$\lambda$とすると，

$$N = N_0 e^{-\lambda t}$$

の関係にある．放射性同位元素の半減期($T$)は，

$$T = (\ln 2)/\lambda \doteqdot 0.693/\lambda$$

で表される．生体内の物質が代謝・排泄により半減する時間は生物学的半減期($T_b$)といい，生体内に存在する放射性同位元素の原子数が半減する時間を有効半減期($T_{eff}$)といい，$1/T_{eff} = 1/T + 1/T_b$の関係にある．

**パン酵母**［baker's yeast］ ⇌サッカロミセス＝セレビシエ

**バンコマイシン**［vancomycin］ 放線菌*Streptomyces orientalis*が生産する糖ペプチド抗生物質．グラム陽性細菌を阻止し，静脈内注射によりMRSA(メチシリン耐性黄色ブドウ球菌*)感染症に用いられる．また骨髄移植時の消化管内殺菌のため他の抗菌剤，抗真菌剤と併用して内服される．細菌の細胞壁ペプチドグリカン生合成を阻害する．ペプチドグリカン合成系の脂質中間体の末端D-Ala-D-Alaと結合し，その重合を阻止する．*Enterococcus*の耐性菌では中間体がD-Ala-D-乳酸に変化しバンコマイシンとの親和性が低下している．

**瘢痕組織**［scar tissue］ 創傷，潰瘍，膿瘍，炎症などにより皮膚が真皮に達する断裂あるいは組織欠損を生じた場合，生体は肉芽組織をつくって，これを修復しようとする．この過程が創傷治癒*とよばれるもので，最終的に病変部は膠原繊維によって置き換わり(繊維化)，その上部を薄い表皮で覆う形で終息する．この最終の状態が瘢痕で，初期には暗紅褐色，硬く，しばしば隆起し(肥厚性瘢痕)，後に萎縮性となる．組織学的には繊維芽細胞と膠原繊維の増加が目立つ．

**伴細胞**［companion cell］ 被子植物において，師管の外に隣接して存在している細胞で，師管の壁に存在する多数の孔を通じて，師管の外から中へ，あるいは中から外へ，糖などの分子の輸送を調節する役割をもつ．師管の細胞と同じ母細胞に由来しているが，師管には核はなく，伴細胞は有核である．

**反射**［reflex］ 生体に作用する刺激が，神経系の単純な活動を介して，意識の共同作用なしに生体からの特定の応答を規則的に誘発する現象．関与する神経経路(反射弓)には，感覚受容器，求心性神経，反射中枢，遠心性神経，効果器が含まれ，反射中枢内で少なくとも1回以上シナプス接続を行う．反射中枢の部位に応じて脊髄反射，延髄反射，中脳反射などが区別され，さらに中枢の分布範囲により分節内反射と分節間反射に区別される．反射はまた筋肉を効果器とする体性反射と，血管・内臓・腺を効果器とする自律反射に大別される．具体的には，膝蓋腱反射*，アキレス腱反射，屈曲反射，対光反射や動脈圧受容器反射などがよく知られている．これらの反射は生得的だが，生後発達や病的状態においてさまざまな修飾を受けることが知られている．これに対し，生後一定の条件下で形成される反射のことを条件反射とよぶ(⇌条件付け)．

**反射型干渉顕微鏡**［reflecting interference microscope］ ⇌ 干渉顕微鏡

**反射小板**［reflecting platelet］ ⇌ 色素顆粒

**半数** ＝単数

**半数性不定胚形成**［pollen embryogenesis, androgenesis, haploid embryogenesis］ ⇌ 不定胚形成

**半数体** ⇌ 一倍体

**バンスライク法**［Van Slyke method］ アミノ基の定量法．亜硝酸を反応させて生じる窒素ガスを定量する．ε-アミノ基はα-アミノ基よりも反応が遅いので，α-アミノ基の定量が可能である．

**伴性遺伝子**［sex-linked gene］ 性染色体*上にある遺伝子をさすが，通常X染色体*上にあってY染色体*上にはない遺伝子をいう．常染色体*上の遺伝子とは異なり，性と深い関連をもって遺伝する．ショウジョウバエの眼の色に関与する遺伝子や，ヒトの色盲および血友病*に関する遺伝子が例として知られている．(⇌ X連鎖性疾患)

**伴性遺伝性疾患**［sex-linked disorder］ ＝X連鎖性疾患

**伴性導入**［sex duction］ ⇌ F′プラスミド

**伴性劣性遺伝性疾患**［sex-linked recessive disorder］ ＝X連鎖性疾患

**半接合体**［hemizygote］ ヘミ接合体ともいう．1対の相同染色体*のうちの一方の上に位置する対立遺伝子*が，以下の理由により存在しないために，対立遺伝子が単独で存在する細胞あるいは生物．1) XY, XO, ZW, ZO型などヘテロ型性染色体上の遺伝子，2) 欠失，3) 一染色体性二倍体（モノソーム）．

**半接着斑** ＝ヘミデスモソーム

**ハンセン病**［Hansen's disease］ 癩（らい）(leprosy)ともいう．A. Hansenが発見した癩菌によって起こる病気の別名．癩腫型患者の鼻汁や皮疹滲出液から経皮感染する．ほとんどが不顕性感染で，ごく一部が長い潜伏期の後発病する．細胞性免疫の程度によりレプロミン反応陰性で菌が多数いる癩腫型と，レプロミン反応陽性で菌の少ない類結核型に分けられ，国際的には境界型を考慮して5型に分けている．世界中の患者総数は1200万人を超える．日本の新患者発生数は年間数十人で，患者は老齢化しつつある．

**半致死量**［median lethal dose, mean lethal dose］ 50 %致死量ともいい，$LD_{50}$と略す．化学物質を一群の動物に与えた時，その半数(50 %)が死亡すると推定される投与量．値は，動物の種類と投与経路によって異なる．用量と致死率との関係は，$LD_{50}$付近で一番急峻になるので，最小致死量*などに比べて，最も正確に値を定めることができる．また，特別に感受性の高い，または，低い少数の個体の存在によって左右されにくいので，物質の急性毒性の指標としては一番妥当なものであると考えられている．

**ハンチバック遺伝子**［hunchback gene］ hb遺伝子(hb gene)と略記される．ショウジョウバエのギャップクラス分節遺伝子の一つ．hb突然変異では下唇体節および胸部とともに第7, 8腹節が欠失する．hb遺伝子の発現は胞胚前端の核で最も強く，後方にいくに従って減衰する．一方，母性hb遺伝子由来のmRNAが受精直前の卵全体に均一に分布するが，予定腹部領域ではナノスタンパク質*(Nos)がhb mRNAの3′UTRにあるNRE（ナノス応答配列，nanos responsive element）に結合するために，その翻訳が起こらない．その結果，Hbタンパク質の胚内分布は前極をピークとする濃度勾配となる．HbタンパクはジンクフィンガードメインをもちKr遺伝子発現を制御して，発現領域の前縁を規定し，つづいて頭部・胸部域でペアルール遺伝子*およびホメオティック遺伝子*の発現調節を行う．hb遺伝子の二つのプロモーターはそれぞれ3.2 kb（卵形成期），2.9 kb（卵割期）のRNAをつくるが，両者のつくるタンパク質は同一である．2.9 kb mRNAの転写開始には −300bpにあるビコイド（Bcd）タンパク質結合部位にBcdタンパク質が結合することが必要十分条件である．

**ハンチントン病**［Huntington's chorea］ ハンチントン舞踏病ともいう．1872年に米国のG. Huntingtonによって正確に記載された遺伝性精神神経疾患の一つである．臨床的には，舞踏運動を中心とする不随意運動および性格変化，統合失調症様精神症状あるいは認知症などの精神障害を特徴とし，成人発症の常染色体優性遺伝病である．特に本症では一卵性双生児での発病年齢がきわめて一致することからも，遺伝の要素が著しく高い疾患であることがわかる．病理学的には線条体細胞の著しい脱落があり，特にGABA（γ-アミノ酪酸*）およびエンケファリン*を含有する小型神経細胞の脱落が著明であるという．責任遺伝子は第4染色体短腕先端部（16.3領域）に位置するIT15遺伝子（ハンチンチンともいう）であり，その異常の本態はIT15の第一エキソンに存在するCAG反復配列数が正常範囲（30回以下）を超えて異常に伸長していることである．すなわち本症では異常に長いポリグルタミン鎖をもつ異常なタンパク質が発現している．ハンチンチンは360 kDaの巨大なタンパク質であり，異常に伸長したポリグルタミン鎖がユビキチン化され，プロセシングを受けて核内に移行・蓄積して神経細胞死をひきこすと考えられている．(⇌ トリプレット反復病，ポリグルタミン病，コンホメーション病)

**ハンチントン舞踏病** ＝ハンチントン病

**斑点状骨端症**［stippled epiphysis］ ＝点状軟骨異形成症

**反転電位** ＝逆転電位

**ハント　HUNT**, R. Timothy　英国の医学者．1943.2.19～　米国カリフォルニア州ロサンゼルスに生まれる．1968年ケンブリッジ大学でPh.D.取得．1982年ウッズホールの臨海研究所においてウニの初期発生におけるタンパク質合成を解析する研究の中で，細胞周期の進展に伴ってそのレベルが増減するタンパク質サイクリン*を見いだした．ついで，サイクリンがサイクリン依存性キナーゼ*（CDK）と結合し，これを活性化することも発見した．1991年から英国王立がん研究基金（ICRF）．2001年細胞周期の

主要な制御因子の発見により L. H. Hartwell*, P. M. Nurse* とともにノーベル医学生理学賞を受賞した.

**半導体検出器**　[semiconductor (radiation) detector]　⇌シンチレーション計数管

**半透膜**　[semipermeable membrane]　化学的な用語で,溶媒(ふつうには水)と溶質の一部のみの透過を許すが,他の溶質の透過を許さない性質をいう.細胞膜は種々の点で厳密な半透膜としては扱えない.まず,脂質二重層*から成っているので,脂溶性分子の透過を許すこと,能動輸送が可能であるので物理化学的な傾向に反する分子の移動があること,さらに興奮などの生理状態に応じて透過性が変化すること,などがその理由である.

**バンド 3**　[band 3]　陰イオン交換タンパク質 1 (anion exchange protein-1, AE1)ともいう.バンド 3 は赤血球膜*の主要な糖タンパク質の一つで,$Cl^-$ と $HCO_3^-$ の交換輸送を行う陰イオン輸送タンパク質 (anion transport protein)である.赤血球ではおもにヘモグロビンと酸素との結合・解離に伴う $HCO_3^-$ の移動にかかわる.バンド 3 は分子量 93,000 でホモ二量体として存在する.C 末端側には 12 個の膜貫通領域があり,陰イオンチャネル形成にかかわる.N 末端側は細胞質側にあり,アンキリン*と結合し細胞骨格タンパク質のアンカーとなる.また解糖系酵素やヘモグロビンも結合する.陰イオン交換輸送活性は 4,4′-ジイソチオシアノジヒドロスチルベン-2,2′-ジスルホン酸 (DIDS)により特異的に阻害される.ヒトでは少なくとも 3 種のアイソフォーム(AE1, AE2, AE3)があり,AE1 は赤血球と腎臓に,AE2 は広く分布し,AE3 は中枢ニューロンと心筋に発現する.それぞれ陰イオンチャネル活性をもつ.*AE1* 遺伝子は第 17 染色体長腕 21-22 領域にマップされ,欠損や突然変異などに伴う赤血球の形態異常が報告されている.

**バンドシフト分析**　[band shift assay]　＝ゲルシフト分析

**バンド沈降(速度)法**　[band sedimentation (velocity) method]　＝ゾーン遠心分離法

**バンド 4.1**　[band 4.1]　本膜タンパク質は赤血球全膜タンパク質の約 5％を占め,大きさは約 80 kDa (SDS-PAGE による),コピー数は約 20 万/赤血球で,アミノ酸 588 個から成る(⇌赤血球膜).第 1 染色体短腕 33-34.2 領域に局在し,遺伝子(略称 *EL1*)はサイズ 100 kbp 以上で,多数のスプライシング多型を示す.本膜タンパク質は,分子構造上,N 末端部(30 kDa)にグリコホリン*結合部が,つぎの 16 kDa 部に続く 10 kDa 部にスペクトリン*結合部が存在し,C 末端部(24 kDa)は調節ドメインである.本膜タンパク質は $Ca^{2+}$ 依存性にスペクトリン,アクチンと結合し,収縮タンパク質網を形成する.(⇌遺伝性楕円赤血球症)

**バンド 4.2**　[band 4.2]　パリディン(pallidin)ともいう.本膜タンパク質は赤血球全膜タンパク質の約 5％を占め,分子量約 72,000(SDS-PAGE による),コピー数は約 20 万/赤血球で,アミノ酸 691 個から成る.第 15 染色体長腕 15-21 領域に局在し,遺伝子(略称 *EPB42*)はそのサイズ約 20 kbp で,13 エキソンから成る.本膜タンパク質はミリスチン酸を含み,パルミチン酸との結合をみる.機能的には,バンド 3* との結合による垂直方向への膜安定化のほか,細胞骨格タンパク質網の安定化にも寄与する(⇌赤血球膜).本膜タンパク質の欠損症は日本人に特有とされる.(⇌遺伝性球状赤血球症)

**反応中心クロロフィル**　[reaction center chlorophyll]　⇌クロロフィル

**VAMP**　[VAMP]　vesicle-associated membrane protein の略称.細胞内小胞輸送にかかわる SNARE タンパク質.哺乳類では VAMP-1(シナプトブレビン 1, synaptobrevin-1), VAMP-2(シナプトブレビン 2), VAMP-3(セルブレビン, cellubrevin), VAMP-4, VAMP-5(ミオブレビン, myobrevin), VAMP-7 および VAMP-8(エンドブレビン, endobrevin)の 7 種類のアイソフォームが発現する.分子量は 13,000～25,000 で,C 末端に膜貫通部位を,細胞質側にコイルドコイルモチーフをもち,N 末端側の構造はアイソフォーム間で大きく異なる.多くは小胞膜に存在し v-SNARE に分類され,シンタキシン*や SNAP-25(⇌SNAP)などの t-SNARE とともに SNARE 複合体を形成し,細胞内小胞輸送や細胞膜での開口放出に不可欠な役割を果たす.SNARE 複合体の中央に存在する 0 レイヤーとよばれる部位のアミノ酸がアルギニンであることから,R-SNARE としても分類される.VAMP-1 や VAMP-2 は脳のシナプス小胞に存在し神経伝達物質放出に必須の役割を果たすが,非神経細胞にも広く発現する.VAMP-3, -4, -7, -8 はさまざまな細胞のエンドソームに,VAMP-4 はゴルジ体に,VAMP-5 および -7 は細胞膜に見いだされ,それぞれの膜系での細胞内小胞輸送に関与していると考えられる.破傷風毒素やボツリヌス毒素(B, D, F および G 型)は VAMP-1 や -2, -3 などをタイプ特異的に切断し,開口放出を阻害する.

**反復配列**　[repetitive sequence, repeated sequence, reiterated sequence]　繰返し配列ともいう.ゲノム上で同一,あるいはきわめてよく似た塩基配列が二つ以上反復して存在する場合,その配列をさす.反復の度合いにより高頻度反復配列(highly repetitive sequence)と中頻度反復配列(moderately repetitive sequence)に分類される.ゲノム DNA を適当な長さに切断し,変性*させ,再び二本鎖形成させる(⇌Cot 解析).この時二本鎖形成の速度は反応溶液中の濃度,すなわちゲノム中での反復の頻度に依存する.反復頻度の高い塩基配列ほど速く二本鎖を形成する.経時的に二本鎖形成の進行を観察すると三つのピークが観察される.最初のピークに属するのが高頻度反復配列で,ヒトのαサテライトなどがこれに属する.つぎのピークに属するのが中頻度反復配列で,リボソーム RNA*をコードする遺伝子などゲノム中に複数コピー存在する遺伝子配列などがこれに属する.最後のピークには,ゲノム上に一つしかない単一配列が含まれる.(⇌直列反復配列,縦列反復配列,逆方向反復

配列，挿入配列，サテライト DNA）

**半保存的 DNA 複製**［semiconservative DNA replication］ ⇌ 半保存的複製

**半保存的複製**［semiconservative replication］　二本鎖 DNA の複製\*様式をいう．二本鎖 DNA の複製に際しては親分子の二重らせんが解離し，それぞれの一本鎖が 1 本の娘鎖の鋳型となり新たな二つの娘二本鎖がつくられる．親分子の半分が娘分子に保存されることからこのようによばれる．複製が半保存的様式で行われることは，1958 年に M. Meselson と F. Stahl によって最初に証明された（⇌ メセルソン・スタールの実験）．

**ハンマーヘッド型リボザイム**［hammerhead ribozyme］ ⇌ リボザイム

**半優性**［semidominance］　Aa のヘテロ接合体\*が，AA と aa の中間的な表現型を示す現象．

# ヒ

**PI** [PI＝phosphatidylinositol] ＝ホスファチジルイノシトール

**PIアンカー型タンパク質** [PI-anchored protein] ＝GPIアンカー型タンパク質

**PIキナーゼ** [PI kinase] ＝ホスファチジルイノシトールキナーゼ

**PI(3)P** [PI(3)P＝phosphatidylinositol 3-phosphate] ＝ホスファチジルイノシトール 3-リン酸

**PIG-A遺伝子** [PIG-A gene] グリコシルホスファチジルイノシトールアンカー合成系の最初のステップに関与する因子群のうち，クラスAにかかわる遺伝子．発作性夜間ヘモグロビン尿症*(PNH)の病因遺伝子としてクローニングされた．ヒトではX染色体の短腕22.1に位置し，6個のエキソンより成る．X染色体にあるため造血幹細胞での1ヒットで発病し，これまで検索されたPNH症例は全例この遺伝子に異常がみつかっている．

**PI代謝回転** [PI turnover] ＝イノシトールリン脂質経路

**Pit-1** ⇌ Pit-1(ピットワン)

**Pitx** [Pitx＝pituitary homeobox] ＝下垂体ホメオボックス

**PITC** [PITC＝phenyl isothiocyanate] フェニルイソチオシアネートの略号．(⇌ エドマン分解法)

**BiP** ⇌ BiP(ビップ)

**PI-PLC** [PI-PLC＝phosphatidylinositol specific phospholipase C] ホスファチジルイノシトール特異的ホスホリパーゼCの略号．(⇌ ホスホリパーゼC)

**PIP$_2$** [PIP$_2$＝phosphatidylinositol 4,5-bisphosphate] ＝ホスファチジルイノシトール 4,5-ビスリン酸

**PI(4)P** [PI(4)P＝phosphatidylinositol 4-phosphate] ＝ホスファチジルイノシトール 4-リン酸

**ビアコア** [Biacore] ⇌ 表面プラズモン共鳴

**ピアッティ法** [Peattie method] ⇌ RNA塩基配列決定法

**PRR** [PRR] ⇌ ネクチン

**prad1遺伝子** [prad1 gene] ＝bcl-1遺伝子

**PRL** [PRL＝prolactin] ＝プロラクチン

**PRCA** [PRCA＝pure red cell aplasia] ＝赤芽球癆

**BRCA遺伝子** [BRCA gene] 家族性乳がん遺伝子(gene responsible for familial breast cancer)ともいう．家族性(遺伝性)に乳がんをひき起こす遺伝子でBRCA1(第17染色体長腕)とBRCA2(第13染色体長腕)の2種類の遺伝子がすでに単離されている．これらの遺伝子は家族性乳がんの原因の30～40％を占めると推測されている．コードされるタンパク質は分泌タンパク質であるグラニンに類似した構造をとっている．BRCA1の異常は卵巣がんも起こしやすくしているのに対し，BRCA2ではそのような傾向はない．

**PRタンパク質** [PR protein] ＝感染特異的タンパク質

**PRD** [PRD＝proline-rich domain] ＝プロリンリッチドメイン

**ビアル反応** [Bial reaction] ＝オルシノール反応

**pRB** [pRB＝RB protein] RBタンパク質の略号．(⇌ RB遺伝子)

**PRPP** [PRPP＝5-phosphoribosyl 1-pyrophosphate] ＝5-ホスホリボシル 1-ピロリン酸

**PrV** [PrV＝pseudorabies virus] ＝仮性狂犬病ウイルス

**ヒアルロニダーゼ** [hyaluronidase] ＝ヒアルロン酸リアーゼ

**ヒアルロネクチン** [hyaluronectin] ⇌ ヒアルロン酸結合タンパク質

**ヒアルロン酸** [hyaluronic acid] $\beta$-D-N-アセチルグルコサミン(GlcNAc)と$\beta$-D-グルクロン酸(GlcA)が$\beta$1→3結合してできた二糖繰返し単位(→4GlcA$\beta$1→3GlcNAc$\beta$1→)をもつ直鎖高分子多糖で，グリコサミノグリカン*(古くはムコ多糖とよばれた)の一群．硫酸基は結合していない．鎖の長さは著しい多分散性を示し，分子量は5×10$^4$～400×10$^4$の分布を示す．細胞外マトリックスに局在する．哺乳動物の結合組織，ニワトリのとさかに多量に存在する．ヒアルロン酸にコアタンパク質があるのか，さらにプロテオグリカン*と同様にコアタンパク質をもとにして糖鎖の合成が進行するのかはっきりしていない．ヒアルロン酸合成酵素は細胞膜に局在しており，合成されたヒアルロン酸は直接細胞外に出ていくと考えられている．

**ヒアルロン酸結合タンパク質** [hyaluronan-binding protein] ヒアルロン酸と特異的に結合するタンパク質群．細胞外マトリックス成分として存在するもの，および，ヒアルロン酸受容体として細胞表面に存在するものに分類される．前者には，アグリカン，バーシカン*，リンクタンパク質(link protein)，ヒアルロネクチン(hyaluronectin)などがある．後者には，リンパ球ホーミング受容体(CD44)，およびRHAMM(receptor for hyaluronate-mediated motility)があげられる．ヒアルロン酸，アグリカン，および，リンクタンパク質は巨大な分子集合体を形成し，軟骨基質の主要な構成成分となっている．ヒアルロン酸結合タンパク質は，このような構造タンパク質としてのみならず，細胞接着，脱着の制御，細胞運動の調節などを通じて，神経冠細胞の移動，リンパ球の活性化，腫瘍細胞の転移，心臓や肢芽の発生など，さまざまな生理過程に関与していると考えられている．(⇌ プロテオグリカン)

**ヒアルロン酸リアーゼ**〔hyaluronate lyase〕＝ヒアルロニダーゼ（hyaluronidase）．EC 4.2.2.1．ヒアルロン酸*の $\beta$-D-$N$-アセチルグルコサミニド結合を $\beta$ 脱離によって開裂し，結合していたグルクロン酸は 4,5-不飽和ウロン酸として非還元性末端に形成される．*Streptomyces* 酵素はエンド型分解を示し，不飽和四糖または六糖を生成するが，*Streptococcus* 酵素（ヒアルロニダーゼ SD）はエキソ型分解で不飽和二糖を生成する．後者はコンドロイチンにも作用するが，両者ともコンドロイチン硫酸には作用しない．

**PE**〔PE＝phosphatidylethanolamine〕＝ホスファチジルエタノールアミン

**BER**〔BER＝base excision repair〕＝塩基除去修復

**PEST ドメイン**〔PEST domain〕　タンパク質分解酵素の基質認識構造としてプロリン，グルタミン酸，セリン，トレオニンを含む部位があると分解されやすいという考え．M. Rechsteiner により提出された．事実，半減期の短いタンパク質（がん遺伝子産物や一部の酵素）にはこのようなドメインが存在するが，必ずしもこの規則に合わないタンパク質も存在する．また別の仮説も提唱されている．（⇌ N 末端法則）

**PEM**〔PEM〕＝MUC-1

**PEMT**〔PEMT〕＝MUC-1

**PEG**〔PEG＝polyethylene glycol〕＝ポリエチレングリコール

**PI/eIF2 キナーゼ**〔PI/eIF2 kinase〕＝二本鎖 RNA 依存性プロテインキナーゼ

**P1 ファージ**＝ファージ P1

**PET**〔PET＝positron emission tomography〕＝陽電子放射断層撮影法

**BETA2**　⇌ ニューロ D

**PEPCK**〔PEPCK＝phosphoenolpyruvate carboxykinase〕＝ホスホエノールピルビン酸カルボキシキナーゼ

**P 因子**〔P element〕　ショウジョウバエの P 株の雄と M 株の雌をかけ合わせると子孫にたくさんの突然変異が生じることがある．この原因は P 株雄のトランスポゾン*であり，これを P 因子という．完全長 2.9 kbp で P 因子自身を転位*する転位酵素（トランスポゼース*）をコードしており，その両端に 31 bp の末端逆方向の反復配列をもっている．活性型転位酵素は生殖細胞でのみ合成されることから転位は生殖細胞でのみ起こる．この性質は形質転換個体の作製に基づく生物機能解析に利用されている．すなわち，P 因子の誘発による挿入突然変異個体を作製し，ついで目的の突然変異表現型をもつ株のスクリーニングを行い，さらに P 因子を目印として挿入点近傍の目的の遺伝子をクローニングしており，一方，P 因子に野生型あるいは改変した遺伝子を組込み生殖細胞ゲノムに導入し，形質転換個体を作製し，遺伝子機能の解析を行っている．

**非ウイルスベクター**〔non-viral vector〕　合成ベクター（synthetic vector）ともいう．非ウイルスベクターは組換えウイルスを用いずに DNA を細胞内に導入する担体であり，多くの場合，生体高分子や化学合成分子が担体として用いられ，遺伝子としてはプラスミド*が用いられている．これは一般にウイルスベクター*と比較して安全性は高いが，遺伝子導入効率が低いのが欠点である．しかし遺伝子以外にもタンパク質や合成核酸，制がん剤などの細胞内導入も可能でありいわゆる薬物送達系として汎用されている．非ウイルスベクターとして最初に開発されたのはリポソーム*であり，脂質二重膜で包まれた閉鎖小胞内への遺伝子の封入もしくは遺伝子などとの複合体形成により細胞内への導入が可能である（⇌ リポソーム法）．正電荷をもつさまざまな合成脂質を用いたり，細胞融合*を起こすウイルス（⇌ センダイウイルス，インフルエンザウイルス）の融合分子を結合させる，などによる導入効率の増強もなされている．ゼラチンやコラーゲンなどの生体高分子，プルラン，デキストランなどの多糖体，さらには高分子ミセルも遺伝子や合成核酸，制がん剤などの担体として用いられ，培養細胞だけではなく生体組織への薬物送達系として応用されている．またプラスミドそのものを組織に注入する方法もこれに含まれ，骨格筋や心筋，皮膚などで遺伝子導入に成功しており安全性の観点から評価されている．その効率をさらに増強させるため電気パルス法，超音波法との併用も行われている．（⇌ ベクター）

**ビウレット反応**〔biuret reaction〕　ビウレット（$H_2N-CO-NH-CO-NH_2$）の NaOH アルカリ性溶液が硫酸銅と反応して赤紫～青紫に呈色する反応．アミド基，イミド基が同様の反応をする．アミノ酸は呈色しないが，すべてのタンパク質は反応陽性なので，定性・定量分析に用いられている．タンパク質の定量反応としてはローリー（Lowry）法より感度の点で劣るが，最も信頼性のある反応である．

**非運動性繊毛症候群**〔immotile cilia syndrome〕　繊毛内のダイニン*という突起構造，放射状に並ぶスポーク構造，中心微小管のさまざまな程度の欠損が原因で，精子の運動低下に基づく男子不妊症や，小児期より繰返す慢性副鼻腔炎・慢性気管支炎・気管支拡張症，白血球の化学走性障害などを呈する疾患群．常染色体劣性遺伝様式をとる．カルタゲナー症候群*はこの一型である．第 6 染色体短腕 21.3 領域にある $\beta$ チューブリン遺伝子の突然変異例もある．

**PA**〔PA＝protein array〕　タンパク質アレイの略称．（⇌ プロテインチップ）

**PAI**〔PAI＝plasminogen activator inhibitor〕＝プラスミノーゲンアクチベーターインヒビター

**PAIgG**〔PAIgG＝platelet-associated IgG〕＝血小板結合 IgG

**PAR**[1]〔PAR＝protease-activated receptor〕＝プロテアーゼ活性化受容体

**PAR**[2]〔PAR＝pseudoautosomal region〕＝擬似常染色体領域

**BASH** [BASH] ＝BLNK
***pas* 部位** [*pas* site] ⇒プライモソーム
**Pax** ⇒Pax(パックス)
**PAF** ＝血小板活性化因子
**PAF 受容体** ＝血小板活性化因子受容体
**Bal31 エキソヌクレアーゼ** ⇒Bal(バル)31 エキソヌクレアーゼ
**BALB/c 3T3 細胞** ⇒BALB(バルブ)/c 3T3 細胞
**BALB/c マウス** ⇒BALB(バルブ)/c マウス
**PAGE** [PAGE＝polyacrylamide gel electrophoresis] ポリアクリルアミドゲル電気泳動の略.(⇒ゲル電気泳動)
**BAC ベクター** ⇒BAC(バック)ベクター
**PAC ベクター** ⇒PAC(パック)ベクター
**PS** [PS＝phosphatidylserine] ＝ホスファチジルセリン
**PSI-BLAST** ⇒位置特異的スコア行列
**BSE** [BSE＝bovine spongiform encephalopathy] ＝ウシ海綿状脳症
**BSAP** [BSAP＝B-cell-specific activator protein] B 細胞特異的アクチベータータンパク質のこと.(⇒Pax-5)
**BSF-1** [BSF-1＝B cell stimulatory factor-1] B 細胞刺激因子 1 の略号.(⇒インターロイキン 4)
**BSF-2** [BSF-2＝B cell stimulatory factor-2] B 細胞刺激因子 2 の略号.(⇒インターロイキン 6)
**BSO** [BSO＝buthionine sulfoximine] ブチオニンスルホキシミンの略号.(⇒グルタチオン)
**PSK** [PSK＝phytosulfokine] ＝フィトスルフォカイン
**PSK-J3** [PSK-J3] ＝CDK4
**PS-341** [PS-341] ＝ボルテゾミブ
**PSD** [PSD＝postsynaptic density] ＝シナプス後膜肥厚
**PSTI** [PSTI＝pancreatic secretory trypsin inhibitor] 膵分泌性トリプシンインヒビターの略号.(⇒トリプシンインヒビター)
**PSD-95** [PSD-95] SAP90 ともいう. シナプス後膜肥厚*(PSD)に豊富な分子量 95,000 の足場タンパク質(⇒シナプス後膜). N 末端から C 末端に向かって三つの PDZ ドメイン*, SH3 ドメイン(⇒SH ドメイン), GK ドメインをもつ. これらのドメインを介して複数の分子と相互作用することで, タンパク質をシナプス部位に集積させる機能をもつ. 特に PDZ ドメインで *N*-メチル-D-アスパラギン酸受容体*および TARP(transmembrane AMPA receptor regulatory protein)とよばれる分子(AMPA 受容体*と結合する膜タンパク質)と結合することが機能的に重要であり, このような相互作用を通してシナプス後部におけるグルタミン酸を介した情報伝達を制御すると考えられる.
**PSP** [PSP＝postsynaptic potential] ＝シナプス後電位
**BSP-1** [BSP-1＝bone sialoprotein-1] 骨シアロタンパク質 1 の略.(⇒オステオポンチン)
***pX* 遺伝子領域** [*pX* gene] ヒト T 細胞白血病ウイルス 1*(HTLV-1)の 3′ 領域に位置し, ウイルスの増殖を制御する遺伝子群をもつ約 1.6 kb の領域. このような領域は他の一般的 RNA 腫瘍ウイルスにはなく, HTLV-1 を特定のウイルス群にグループ化する根拠となっている. この領域には, 転写を活性化する *tax* 遺伝子*, mRNA プロセシングを制御する *rex* 遺伝子*, 機能不明の 21 kDa タンパク質をコードする遺伝子が存在する. この領域は 2 回のスプライシングを受けて初めて発現することができる.
**BX-C** [BX-C＝*bithorax* complex] ＝バイソラックス遺伝子群
**pH** [pH] 水素イオン指数(hydrogen ion exponent)ともいう. 水溶液の水素イオン($H^+$)の濃度(活量)を $a_{H^+}$ とすると pH ＝ $-\log_{10} a_{H^+}$ と表される. 1 気圧, 25 ℃ における水のイオン積は $10^{-14}$ であることから, pH＜7 が酸性, pH＝7 が中性, pH＞7 がアルカリ性である. 水素イオン選択性のガラス電極を用いた pH メーターにより測定できる. 細胞内の pH は一般に中性であるが, エンドソーム, リソソーム内部は酸性である. アクリジンオレンジ*, フルオレセインデキストランなどを用いて細胞内の酸性小器官を観察することができる.
**Ph¹ 染色体** [$Ph^1$ chromosome] ＝フィラデルフィア染色体
**PHA** [PHA＝phytohemagglutinin] ＝フィトヘマグルチニン
**PHF** [PHF＝paired helical filament] ＝ペアードヘリカルフィラメント
**BHF 1** [BHF 1] ＝ニューロ D
**PHM** [PHM＝peptide histidine methionine] ⇒バソアクティブインテスティナル(ポリ)ペプチド
**bHLH** [bHLH] ＝ヘリックス・ループ・ヘリックス
**Phk** [Phk＝phosphorylase kinase] ＝ホスホリラーゼキナーゼ
**pH 勾配** [pH gradient] プロトン勾配(proton gradient), $H^+$ の濃度勾配(concentration gradient of protons), ΔpH ともいわれる. ミトコンドリア内膜, 葉緑体チラコイド膜, 細菌細胞膜に存在する電子伝達鎖(⇒電子伝達系)によって $H^+$ が輸送され, 細胞小器官内外に膜電位*とともに pH 勾配が形成される. pH 勾配, 膜電位ともに ATP 合成の駆動力となっている. シナプス小胞, リソソーム, 液胞などでは液胞型 ATP アーゼが ATP を分解し pH 勾配と膜電位を形成している. この pH 勾配がモノアミン, γ-アミノ酪酸などをシナプス小胞内に輸送する駆動力となっている.
**PH ドメイン** [PH domain] プレクストリン相同ドメイン(pleckstrin homology domain)ともいい, リン脂質結合ドメインの一種. 血小板中に存在する 47 kDa のタンパク質, プレクストリン中に存在し, 多くの細胞内シグナル伝達や小胞輸送に関与するタンパク質に

も共通に見いだされる領域として PH ドメインと名づけられた. Ras GAP, Vav*, Bcr, Dbl, SOS*, ダイナミン*, Btk*, Akt, PLC-γ などの分子中に見いだされている. PH ドメインの機能の一つとしてはホスファチジルイノシトール 4,5-ビスリン酸*などのリン脂質を結合することによる膜への移行が知られている. イノシトールリン脂質に対する結合特異性は PH ドメインごとに異なるため, 細胞内の特定のリン脂質の検出に PH ドメインが利用されている. ある種のPH ドメインでは三量体 G タンパク質の $G_{\beta\gamma}$ サブユニットを結合するなど, タンパク質結合ドメインとしての機能も報告されている.

**PNA**[1] [PNA=peanut agglutinin] =ピーナッツ凝集素

**PNA**[2] [PNA=peptide nucleic acid] =ペプチド核酸

**PNH** [PNH=paroxysmal nocturnal hemoglobinuria] =発作性夜間ヘモグロビン尿症

**非 NMDA 受容体** [non-NMDA receptor] =非 N-メチル-D-アスパラギン酸受容体

**BAPTA** [BAPTA] =1,2-ビス(2-アミノフェノキシ)エタン四酢酸(1,2-bis(2-aminophenoxy)ethane-tetraacetic acid). $Ca^{2+}$ の滴定のほか, 遊離 $Ca^{2+}$ の除去, $Ca^{2+}$ 濃度の緩衝などの目的で使用するキレート剤である. EGTA(エチレングリコールビス(2-アミノエチルエーテル)四酢酸*)に比べ $Ca^{2+}$ に対する選択性が高いので, 従来 EGTA が用いられてきたが, $Ca^{2+}$ の関与を否定したい場合は, EGTA では不十分で BAPTA を使用する必要がある 1. EGTA, BAPTA とも $Ca^{2+}$ への選択性は $Mg^{2+}$ のそれの約 $10^5$ 倍であるが, BAPTA の方がキレート力が強い. また, EGTA の $\log K_{Ca}$ は pH 7 付近で直線的に変化し, キレート力が pH の影響を強く受ける. これに対して, BAPTA では pH 6 以上で安定なキレート作用を発揮するので生理的条件下での実験に適している. BAPTA は細胞膜非透過性であるが, 4 個のカルボキシ基をすべてアセトキシメチルエステル(AM)化した AM 体は細胞膜に容易に取込まれる. 細胞内でエステラーゼにより AM は分解されて BAPTA になる. $Ca^{2+}$ 濃度をより高濃度で緩衝化したい時は, 5,5′-ジブロモ体などがあり, $^{19}F$ 核磁気共鳴(NMR)測定用には 5-フルオロ体がある.

**PAP 法** ⇌ ペルオキシダーゼ-抗ペルオキシダーゼ複合体法

**PF-1～10** [PF-1～10=platelet factor 1～10] ⇌ 血小板因子

**PFC** [PFC=plaque-forming cell] プラーク形成細胞の略号. (⇌ 溶血プラークアッセイ)

**bFGF** [bFGF=basic fibroblast growth factor] =塩基性線維芽細胞増殖因子

**bFGFR** [bFGFR=basic fibroblast growth factor receptor] =塩基性線維芽細胞増殖因子受容体

**PFC 法** [PFC assay] =溶血プラークアッセイ

**PFP** [PFP=pore forming protein] 孔形成性タンパク質の略号. (⇌ パーフォリン)

**p.f.u.** [p.f.u.=plaque forming unit] プラーク形成単位の略. PFU とも書く. ファージやウイルスの力価の単位. 寒天培地上の宿主(ファージでは細菌, ウイルスでは単層培養した動物細胞)に対して形成しうるプラーク*の数で表す. ファージの場合絶対粒子数とよく一致する場合が多い(RNA ウイルスでは不完全ファージが多く一致しない). ウイルスの場合は, 通常 $10^2$～$10^3$ の粒子に対し 1 個の割でプラークが形成される. (⇌ 感染多重度)

**BFU-E** [BFU-E=erythroid burst forming unit] =赤芽球バースト形成単位

**BFU-Meg** [BFU-Meg=megakaryocyte burst forming unit] =巨核球バースト形成単位

**PF-4** [PF-4=platelet factor 4] =血小板第 4 因子

**PMA** [PMA=phorbol 12-myristate 13-acetate] ホルボール 12-ミリステート 13-アセテートの略. (⇌ 12-O-テトラデカノイルホルボール 13-アセテート)

**PMSF** [PMSF=phenylmethanesulfonyl fluoride] フェニルメタンスルホニルフルオリドの略号. (⇌ プロテアーゼインヒビター)

**BmNPV** [BmNPV=*Bombyx mori* NPV] カイコガ NPV の略号. (⇌ バキュロウイルス発現系)

**pmf** [pmf=proton motive force] =プロトン駆動力

***PML/RARα キメラ遺伝子*** [*PML/RARα* chimeric gene] =*PML/RARα* 融合遺伝子

***PML/RARα 融合遺伝子*** [*PML/RARα* fusion gene] *PML/RARα* キメラ遺伝子(*PML/RARα* chimeric gene)ともいう. 急性前骨髄性白血病*に認められる特異的染色体転座 t(15;17)(q22;q21)により形成され, 同症の病因の本質をなす遺伝子(⇌ 相互転座). 第 15 染色体上の *PML*(promyelocytic leukemia)遺伝子(*PML* gene)と第 17 染色体上の *RARα*(retinoic acid receptor α)遺伝子(*RARα* gene)の間で再構成が生じるが, 症例による *PML* 遺伝子側の切断点の違いにより主として二つのタイプの異なる融合遺伝子が形成される. PML/RAR α 融合タンパク質はレチノイン酸*の結合能を保持しており, all trans-レチノイン酸の添加による核内局在様式が変化するとともに, PML 部分が結合している転写抑制因子が解離する. これらが同剤の本症に対する有効性の基礎を与えていると考えられる. 本融合遺伝子の検出により急性前骨髄性白血病の遺伝子診断が可能である.

***PML 遺伝子*** [*PML* gene] ⇌ *PML/RARα* 融合遺伝子

**PML 小体** [PML body] PML は promyelocytic leukemia の略. PML タンパク質(PML protein)に対する抗体で検出される核内構造体で, 哺乳類細胞でみられる数は 10～30 個程度. この タンパク質は小体構造の維持に必須であり, 急性前骨髄性白血病(acute promyelocytic leukemia)では, 染色体転座により PML タンパク質とレチノイン酸受容体*RARα の融合産物が産生される結果, PML 小体の断片化をひき起こす

(⇌転座)，転写*，修復*，ウイルス感染，ストレス応答*，細胞周期*，タンパク質の修飾や分解，アポトーシス*など，多彩なプロセスに関与するとされる．(⇌核内小体)

**PMLタンパク質**［PML protein］　⇌ PML小体

**BMT**［BMT＝bone marrow transplantation］　＝骨髄移植

**BMD**［BMD＝Becker muscular dystrophy］　ベッカー型筋ジストロフィーの略号．(⇌デュシェンヌ型筋ジストロフィー)

**PM2ファージ**　＝ファージPM2

**BMP**［BMP＝bone morphogenetic protein］　＝骨誘導因子

**PMB**［PMB＝$p$-mercuribenzoic acid］　$p$-メルクリ安息香酸の略号．(⇌プロテアーゼインヒビター)

**BMPR**［BMPR＝bone morphogenetic protein receptor］　＝骨誘導因子受容体

**BMP受容体**［BMP receptor］　＝骨誘導因子受容体

**BMV**［BMV＝brome mosaic virus］　＝ブロムモザイクウイルス

**BM-40**［BM-40］　＝オステオネクチン

**plex**［plex＝plexin］　＝プレキシン

**PLA₁**［PLA$_1$＝phospholipase A$_1$］　＝ホスホリパーゼA$_1$

**PLA₂**［PLA$_2$＝phospholipase A$_2$］　＝ホスホリパーゼA$_2$

**BLAST**　⇌ BLAST（ブラスト）

**Blast-1**　＝CD48(抗原)

**plx**［plx＝plexin］　＝プレキシン

**plxn**［plxn＝plexin］　＝プレキシン

**BLNK**［BLNK］　BASH, SLP-65ともいう．BLNKはB細胞質内に特異的に発現するアダプタータンパク質分子でB細胞抗原受容体(BCR, B cell antigen receptor)からの細胞内でのシグナル伝達に重要な働きをする分子である．すなわち，B細胞抗原受容体に抗原が結合すると受容体複合体に会合するチロシンキナーゼ*が活性化され，チロシンキナーゼによりBLNK分子はチロシンリン酸化を受けて下流の効果分子へと抗原刺激のシグナルを伝える役割を担っている．BLNKはT細胞に発現するアダプター分子SLP-76などと共通の構造をもち，N末端側にはリン酸化を受けるチロシンに富む領域，分子の中央部にはプロリンに富む領域，C末端側にはSH2ドメインをもっている．これらの領域を介して多くの種類のシグナル伝達分子がBLNKと会合する．しかし酵素活性はもたない．B細胞抗原受容体からの抗原刺激情報を下流に伝え，最終的にはB細胞の活性化，細胞増殖につながるシグナル伝達複合体の中核として機能する分子である．BLNK遺伝子欠損マウスでは脾臓，リンパ節などの末梢リンパ組織においてB細胞数の減少と血液中の免疫グロブリン(抗体)量の低下が見られ，B細胞抗原受容体刺激によって誘導されるB細胞の活性化(抗体産生細胞への分化)や細胞増殖は著明に障害されている．一方，BLNK遺伝子欠損マウスでは骨髄におけるB細胞分化でも障害が見られ，多くのB前駆細胞は大型プレB細胞の段階で分化が停止している．すなわち，BLNKはプレB細胞受容体からのシグナル伝達においても重要な役割を担っているアダプター分子である．

**Plk**［Plk＝polo-like kinase］　ポロ様キナーゼの略．(⇌ポロキナーゼ)

**PLC**［PLC＝phospholipase C］　＝ホスホリパーゼC

**PLD**［PLD＝phospholipase D］　＝ホスホリパーゼD

**PLP**［PLP＝pyridoxal phosphate］　＝ピリドキサールリン酸

**POMC**［POMC＝preproopiomelanocortin］　＝プレプロオピオメラノコルチン

**ビオチン**［biotin］　ビタミンH(vitamin H)，補酵素R(coenzyme R)ともいう．炭酸固定*などカルボキシ基転移反応の補酵素(活性化$CO_2$の担体)として働くビタミン．$C_{10}H_{16}N_2O_3S$，分子量244.31．卵白中に含まれるアビジン*(糖タンパク質)と特異的に強く結合する．ピルビン酸カルボキシラーゼ，アセチルCoAカルボキシラーゼ*などの触媒部位のリシン残基とアミド結合して存在し(ビオシチン biocytin)，これの$N$-1′位がカルボキシ化された反応中間体から基質にカルボキシ基を供給する．

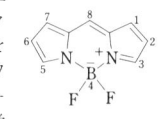

**BODIPY**［BODIPY］　boron dipyrolomethene(ボロンジピロロメテン)を基本骨格とする蛍光性化合物．1位，3位，5位，7位などの置換基を導入することができ，種々の極大吸収波長，極大蛍光波長をもつ誘導体が合成されており，フルオレセイン，テトラメチルローダミン(TMR)などの伝統的な蛍光色素の代わりに用いることができる．また，置換基として，カルボキシアルキル基をもつ化合物は，生体高分子のアミノ基との脱水縮合反応により共有結合を形成することができるため，生体高分子の蛍光標識試薬として用いることができる．

***POU*遺伝子**　⇌ *POU*(パウ)遺伝子

**POU1F1**［POU1F1］　＝Pit-1

**比較ゲノミクス**［comparative genomics］　複数の生物種のゲノム*のDNA塩基配列*やタンパク質を比較して，未知の遺伝子の機能を予測したり，生物の進化系統を調べる学問である(⇌相同性検索)．さらにコンピュータを用いてゲノム上の遺伝子や遺伝子間領域の保存性や遺伝子位置の順序の保存性，ゲノム上の遺伝子制御領域の存在やパターンを予測することも目的としている．領域比較ゲノム学のためのデータベースとして，COGs(系統関係に基づいたタンパク質の相同遺伝子のデータベース)，NCBIのHomolo-

Gene, KEGG(網羅的代謝経路情報), MBGD(微生物ゲノムの相同遺伝子のデータベース)がウェブ上で公開されている. 比較ゲノム学にとって異種間のゲノムのDNA塩基配列のアラインメント*情報は重要であり, BLASTZ(BLAST*にギャップ機能を付け足したもの), LAGAN(FASTAのアルゴリズムを利用している), AVIDなどがウェブ上で公開されている. (⇌バイオインフォマティクス, 付録K)

**P型ATPアーゼ** [P-type ATPase]　⇌ATPアーゼ

**B型肝炎ウイルス** [Hepatitis B virus]　HBVと略す. ヘパドナウイルス科に属する全長約3200 bpの環状二本鎖DNAウイルスである. ウイルス粒子は直径約40 nmの球形をなしており, ウイルスゲノムを内蔵するヌクレオカプシド(コア抗原)とこれを覆うエンベロープ(⇌HBs抗原)から成る. HBVの増殖様式は非常に特徴的であり, その過程に逆転写を含んでいる. すなわちウイルスゲノムはいったんプレゲノムRNAに転写された後, ウイルス自身がコードする逆転写酵素*により複製がなされる. HBVは主として血液を介して感染した後に肝細胞内で増殖し, さまざまな肝障害をひき起こす. 成人の初感染ではB型急性肝炎となり強い肝障害が起こるが, ほとんど一過性であり慢性化は少ない. 約1%の急性肝炎は劇症化し, この場合致命率は高い. 一方, 母児感染などによる幼小児期の感染は高率でHBV保因者となり, この場合無症候期を経てB型慢性肝炎を発症し, 時に肝硬変*や肝がん*へと進展することがある. HBVはHB免疫グロブリンやワクチンで感染防御が可能であり, 特にHBV保因者母からの児には国家事業で感染防御が行われている. B型慢性肝炎には抗ウイルス療法が行われており, インターフェロン製剤や逆転写過程を特異的に阻害する核酸アナログ製剤が広く用いられている. (⇌肝炎, C型肝炎ウイルス)

**B形DNA** [B-form DNA]　DNA分子がとりうる三次元的立体構造の一つで, 最も一般的なワトソン・クリックモデル*のとる型. らせん一巻きのピッチが3.4 nm, 直径が2.37 nmの右巻きのらせん構造. らせん1巻きに10.4個の塩基対が含まれ, 塩基対当たりの長さは0.33 nm. (⇌DNAの高次構造, A形DNA, Z形DNA)

**B型粒子** [B-type particle]　W. Bernhardが1960年, 腫瘍組織を電子顕微鏡で観察し提唱したオンコウイルス(レトロウイルス*の亜科)の形態学的分類の一型. ウイルスコアは宿主細胞質内で形成され, 宿主細胞膜から出芽する際にエンベロープを獲得するもの. 成熟したウイルス粒子は直径125 nmほどで, 中心からはずれた電子密度の高いコアをもつ. マウス乳がんウイルス*が代表例. 粒子表面の糖タンパク質の突起もC型粒子*に比べ, 顕著である. (⇌A型粒子)

**比活性** [specific activity]　＝力価

**光アフィニティーラベル** [photoaffinity label(l)ing]　光親和性標識ともいう. 光照射により活性化される反応基をもち本来のリガンドに構造が類似した試薬を用いて, リガンドの特異的結合部位を標識するアフィニティーラベル*法. アジド化ベンゼン誘導体から発生するニトレン, ジアゾ化合物から発生するカルベン, カルボニル化合物から発生する三重項ケトンなどがしばしば使用され, 二重結合への付加, NH基に対する求核反応, CH結合への挿入反応などにより標識する. この方法の標識収率は一般に低い.

**光栄養細菌** [phototrophic bacteria]　＝光合成細菌

**光応答性遺伝子** [light-regulated gene]　光に応じて遺伝子発現が変化する遺伝子のことをいう. 光応答性遺伝子は, 動物, 植物, カビ, 細菌など幅広く生物界に存在する. これら生物の中でも, 光応答性遺伝子は, 光に応答してその形態を大きく変化させる植物に多く存在している. そのため, 光応答性遺伝子は植物で最もよく研究されている. ここでは植物についてより詳細に述べる. 植物は二つの目的で光を利用する. 一つは光合成*のエネルギー源としての利用であり, もう一つはシグナルとしての利用である. 発芽, 葉の展開, 色素体の分化, 開花などの植物のさまざまな変化はおもに, シグナルとしての光によってひき起こされるが, これらの変化はおもに遺伝子発現の調節を介して行われる. そのため, 光応答性遺伝子は多数存在している. 光合成にかかわるタンパク質や二次代謝にかかわるタンパク質をコードしている遺伝子などである. 植物が光を受容してから遺伝子発現の変化をひき起こすまでの過程は三つに分けることができる. すなわち, 光の受容, シグナルの伝達, 遺伝子発現の変化である. これら過程に関与するさまざまな因子は, モデル植物シロイヌナズナを用いた遺伝学的解析などにより同定されている. 光の受容は, フィトクロム*, クリプトクロム, およびフォトトロピン*などの光受容体が担っている. シグナルの伝達は, COP9シグナロソームやE3ユビキチンリガーゼCOP1などの因子が仲介している. また, 遺伝子発現の変化に関しても, 転写因子やシス配列が同定されている. なお, これらのシグナル伝達系のいくつかは, 動物にも存在しており, たとえば, COP1はがん抑制遺伝子産物p53(⇌p53遺伝子)のE3ユビキチンリガーゼとしても知られている.

**光回復** [photoreactivation]　光再活性化, 光修復ともいう. 光によって, 細胞内に生じている損傷が軽減される現象をさす. 酵素的光回復, 非酵素的光回復に大別される. 前者は, 紫外線によってDNA上に形成されるピリミジン二量体*を, 可視光線により活性化される光回復酵素*が開裂させ, 復元することで, ほとんどの生物種でみられる. 後者は, 近紫外線照射によりDNA複製や細胞分裂に遅れが生じ, 除去修復*などが働く時間が延びることにより, 間接的に回復効果がみられることをさす. (⇌紫外線損傷)

**光回復酵素** [photoreactivating enzyme]　デオキシリボジピリミジンホトリアーゼ(deoxyribodipyrimidine photolyase, EC 4.1.99.3)をさす. DNAホトリ

アーゼ（DNA photolyase）ともいう．紫外線照射*によりDNAに生じたピリミジン二量体*を，300〜500 nmの光照射を受けるとチミンに開裂して修復する酵素．生物全般に存在するが，胎生の哺乳動物では見つかっていないが，光回復酵素遺伝子ホモログ（mCry1, mCry2）がマウスから単離されており，日周リズムに必須であることが報告されている．二つの発色団，1,5-ジヒドロフラビンアデニンジヌクレオチド（$FADH_2$）とL（＋）-5,10-メチレン-5,6,7,8-テトラヒドロ葉酸*（MTHF）（または8-ヒドロキシ-5-デアザフラビン，8-HDF）をもつ．大腸菌の酵素（分子量 54,000）が最もよく調べられていて，MTHFが光の吸収に，$FADH_2$がピリミジン二量体特異的な結合と，二量体の開裂に関与することがわかっている．（⇌ 光回復）

**光活性化架橋法** [photo-activated crosslinking, photocrosslinking]　紫外線やレーザーなどの光照射により活性化される試薬あるいは原子団を用いて架橋する方法．核酸・タンパク質複合体の場合，光活性化ヌクレオチド誘導体（8-アジドアデニンなど）を導入したDNAを用いて架橋する方法や，特別の試薬を用いず，Nd-YAGレーザーの短時間（$10^{-12} \sim 10^{-9}$ 秒）の照射により塩基自体を光活性化させ，近傍の原子団と架橋させる方法がある．タンパク質・タンパク質複合体の場合，アジド化ベンゼン誘導体の2価性試薬から光照射で発生するニトレンを用いて架橋する方法がよく用いられる．また，光活性化架橋反応の収率は一般に低く，副反応で多量体化が起こる場合もある．

**光屈性**　＝屈光性

**光形態形成** [photomorphogenesis]　高等植物の種子発芽*，茎の伸長，葉緑体や花芽の発達，菌類の分生子，担子菌の子実体の発達など，植物や菌類の発生や分化の過程が光によって制御される現象．緑色植物には赤色光が有効な現象と，青色光・近紫外光域が有効な現象があるが，菌類では青色光・近紫外光依存の現象が主である．赤色光の受容体は色素タンパク質のフィトクロム*，近紫外・青色光の受容体は，物質としては未同定の青色光吸収色素である．最近青色光吸収色素を構成するタンパク質と考えられる遺伝子の塩基配列が解読された．このほかに290〜300 nmに作用をもつ現象があり，紫外光吸収色素の存在が示唆されている．

**光呼吸**　⇌ 光（こう）呼吸
**光再活性化**　＝光回復
**光散乱**　⇌ 光（こう）散乱
**光修復**　＝光回復

**光受容器** [photoreceptor]　視細胞（visual cell）ともいう．光刺激を受容する器官または細胞の総称．脊椎動物では網膜*中に桿体細胞*と錐体細胞*の2種類の光受容器があり，光刺激に対して過分極方向の電位応答を示す．視物質*によって受容された光シグナルは，cGMPをセカンドメッセンジャーとするシグナル伝達系で外節膜のcGMP依存性チャネルに伝えられ，電気的シグナルに変換される．これに対して，無脊椎動物では光刺激に対して脱分極応答を示す．またシグナル伝達系は脊椎動物とは異なり，視物質で受容された光シグナルはGタンパク質を活性化し，それがホスホリパーゼCを介してイノシトール1,4,5-トリスリン酸*（$IP_3$）の合成を促進する．$IP_3$は水溶性の物質でセカンドメッセンジャーとして膜を脱分極*すると考えられているが，$IP_3$の合成からチャネルの開閉に至るメカニズムに定説はない．これらのほかに，いくつかの種の動物の松果体にも光受容器があり，サーカディアンリズム*と密接な関係があると考えられている．

**光親和性標識**　＝光アフィニティーラベル

**光増感剤** [photosensitizer]　光照射により，励起状態に上げられた原子または分子が化学反応を行わず，エネルギー移動，電子移動，水素引抜き反応などを通して，他の分子に励起エネルギーを移し，その結果，その分子に光化学反応を起こさせることを光増感（photosensitization）といい，光増感を起こさせる物質を光増感剤という．光増感剤としては，水銀，カドミウム，ベンゼン，ベンゾフェノン，ポルフィリン，フタロシアニンが知られている．ポルフィリン系化合物やフォトフリンは光増感剤としてがんの治療に使われている．

**光走性**　＝走光性

**光阻害** [photoinhibition]　光合成*に利用される可視光の照射下で光合成活性が低下する現象．この現象は，二酸化炭素濃度の低い条件や低温など，光合成の進行に不利な環境条件下で強光にさらされた場合に著しい．光阻害の部位と阻害機構については諸説があるが，そのターゲットの一つは光化学系Ⅱ反応中心のD1タンパク質である（⇌ 光合成電子伝達反応）．この場合，損傷を受けたタンパク質は除去され，新たに合成されたタンパク質の挿入で機能が回復する．

**光退色蛍光減衰測定** [fluorescence loss in photobleaching]　＝FLIP（フリップ）

**光退色後蛍光回復測定** [fluorescence recovery after photobleaching]　＝FRAP（フラップ）

**光中断** [light break]　光周期の暗期に，適当なタイミングで短時間の光処理をすると，光周性*により誘導されるはずの現象が回避される．この光処理を光中断という．高等植物の花芽誘導などでは，光中断には赤色光が有効で，B型フィトクロムの関与が示唆されている（⇌ フィトクロム）．菌類の増殖器官形成などでは近紫外・青色光領域が有効である（⇌ 光形態形成）．

**光トラップ** [optical trapping]　光ピンセット（optical tweezers）ともよばれる．レーザー光を対物レンズを用いて集光すると，焦点付近では強い電場勾配が生じる．電場中にある物体には分極が誘導されるが，分極した物体は電場と相互作用して，電場の強い方，すなわち，焦点の方へ引き寄せられる．屈折率（複素）が水より大きい球体の場合には，焦点より少し先で，捕捉力のポテンシャルが最も深くなり，そのあたりで安

定に捕捉される．この方法により，直径数十 nm 程度以上の物体をレーザー光を用いて捕捉し，動かすことが可能である．光源として赤外光を用いると生物試料に対する影響も小さく，細菌では，捕捉している間に細胞分裂したケースも報告されている．米国の A. Ashkin によって 1986 年に開発された．物体の捕捉だけでなく，捕捉した物体に働く力を測定する方法としても用いられる．レーザー光がレンズで集光された場合，光は空間的にほぼガウス分布の頂点，すなわち焦点では力は働かない．焦点から遠ざかるにつれてある程度までは，距離に比例した大きさの力が働く．捕捉力は，光源のレーザー強度に比例し，捕捉した物体の大きさや材質，まわりの環境などに左右される．通常使われる光トラップの測定可能な力の範囲は 0.1〜100 pN 程度である．生体分子を結合したマイクロビーズを光学顕微鏡下で観察しながらマイクロマニピュレーションする実験や生体分子が発生する力の測定に用いられる．

**光ピンセット** [optical tweezers] ＝光トラップ
**光捕集色素タンパク質複合体** [light harvesting chlorophyll-protein complex] ＝アンテナ複合体
**光リン酸化** ＝光(こう)リン酸化
**非拮抗阻害** ＝非競合阻害
**PQ** [PQ=plastoquinone] ＝プラストキノン
**P/Q 型カルシウムチャネル** [P/Q type calcium channel]　$Ca_V2.1$ チャネル($Ca_V2.1$ channel)，$Ca_V2.1$ ともいう．$Ca_V2.1$ 遺伝子は電気生理学的，薬理学的に分類される P 型と Q 型の $Ca^{2+}$ チャネルの両方をコードする．チャネルタイプの決定には RNA の選択的スプライシング*とタンパク質の翻訳後修飾が重要と考えられているが，発現環境の違いがチャネル特性に影響することからこれだけでは不十分であることも確かである．本チャネルは中枢神経系におけるシグナル伝達機構において必須の $Ca^{2+}$ チャネルであり，本チャネル遺伝子の変異を起因とする多くの疾患が明らかにされている．ヒトの疾患においては，それぞれ優性遺伝形式を示す家族性片麻痺性片頭痛 1 型(FHM1)，反復発作性失調症 2 型(EA2)，脊髄小脳変性症*6 型(SCA6)が知られている．FHM1，EA2 に関してはさまざまな $Ca_V2.1$ 遺伝子上の変異が報告されている．SCA6 に関しては，すべて共通してカルボキシ末端領域にポリグルタミン伸長が認められ，ポリグルタミンのリピート数と発症年齢との間に逆相関の関係がある．そこで SCA6 はポリグルタミン病*の一つとしても分類されている．しかしながら，SCA6 におけるポリグルタミン伸長は，他のポリグルタミン病における正常範囲内の伸長であり，神経変性のメカニズムが異なる可能性も示唆されている．単一の $Ca_V2.1$ 遺伝子の変異から，なぜこのような多彩な疾患が表出するのかに関しては不明である．複数種の $Ca^{2+}$ チャネルが個々の神経細胞に共存しているのが一般的であるが，神経細胞の種類によって本チャネルの貢献度が異なることが原因ではないかと考えられる．マウスの疾患ではトッタリング(tottering, tg)，ローリング名古屋(Rolling Nagoya, tg$^{rol}$)，ロッカー(Rocker, tg$^{rkr}$)，リーナー(leaner, tg$^{la}$)などが知られている．それぞれ $Ca_V2.$1 遺伝子上の異なる部位に変異をもち，症状およびその程度は異なるが共通しているのはいずれも劣性遺伝形式で運動失調症状を示すということである．P 型 $Ca^{2+}$ チャネルが神経筋接合部におけるアセチルコリン放出に必須であることと，小脳プルキンエ細胞における $Ca^{2+}$ チャネルは P 型がほとんどであるということが，運動失調と関係していると考えられる．(⇒ カルシウムチャネル，R 型カルシウムチャネル，N 型カルシウムチャネル，L 型カルシウムチャネル，T 型カルシウムチャネル)

**非競合阻害** [noncompetitive inhibition]　非競争阻害，非拮抗阻害ともいう．[1] 阻害剤が基質の結合部位とは異なる部位に結合して酵素*の活性を阻害する様式のこと．この阻害では阻害作用は基質の濃度に依存しない．すなわち，阻害剤の添加で最大速度は減少するがミカエリス定数*は変化しない．ミカエリス・メンテンの式*を変形したラインウィーバー・バークプロットでは横軸上で交わる直線が得られる．[2] 受容体のリガンドの結合部位とは異なる部位に阻害剤が結合して阻害する状態をいう．(⇒ 競合阻害，不競合阻害)

**非競争阻害** ＝非競合阻害
**非共有結合** [noncovalent bond]　原子または分子同士が共有結合*以外の相互作用によって集合体を形成している時，そのような弱い相互作用を非共有結合と総称する．これにはイオン結合*，水素結合*(および水素結合性溶媒中に存在する疎水基同士の間にみられる疎水結合*)，ファンデルワールス力*による相互作用がある．このうちファンデルワールス力は誘起双極子–双極子相互作用に起因する．近年特に非共有結合が注目されている．生体分子が内在性または外来性の他の分子と出会った時，生体分子が相手を認識すれば弱い相互作用による特異的複合体を形成する可能性が生じる．したがって多くの生物機能は非共有結合の成立によって始まると考えられるからである．このような非共有結合による複合体を超分子(supermolecule)とよぶこともある．

**非許容細胞** [nonpermissive cell] ⇒ 許容細胞
**ビグリカン** [biglycan]　バイグリカンともよばれる．PG-I, PG-1, DS-PGI, 小型デルマタン硫酸プロテオグリカン(small dermatan sulfate proteoglycan)ともよばれた．コンドロイチン硫酸/デルタマン硫酸の混成鎖をもつ小型のプロテオグリカン*．培養細胞(骨，軟骨などに由来する細胞，血管内皮細胞，皮膚上皮細胞など)の細胞周辺や，骨，関節軟骨などの細胞外マトリックス中に分布する．機能はよくわかっていない．SDS 電気泳動上で 200〜350 kDa に不均一な分布を示す．コアタンパク質遺伝子はヒトでは X 染色体にあり，42.5 kDa の前駆タンパク質から由来する 38 kDa の完成コアタンパク質には，名前の由来である 2 個のグリコサミノグリカン鎖結合部位があり，ロイシンに富む 24 個のアミノ酸を含む構造の 12 回

の反復配列がある．類似のプロテオグリカンには，デコリン(decorin, PG-II)とフィブロモジュリンなどがあるが，組織分布とコラーゲン繊維との結合能で顕著な差がある．

**BK** [BK=bradykinin] ＝ブラジキニン

**PK** [PK=pyruvate kinase] ＝ピルビン酸キナーゼ

**BKウイルス** [BK virus] BKVと略す．ヒトを自然宿主とするポリオーマウイルス\*．1971年に腎移植患者の尿から分離された．命名は患者名の頭文字に由来する．正式なウイルス名はBKポリオーマウイルス(BK polyomavirus, 略称はBKPyV)であるが，以前からのウイルス名であるBKウイルス(BKV)が汎用される．同じくヒトに感染するJCウイルス\*やアカゲザルに感染するSV40\*とは，高い塩基配列の相同性(70%以上)がある．世界中のBKVは，血清反応または塩基配列の違いによって4亜型(I〜IV型)に分類される．欧米ではおもにI型が分布するが，日本を除く東アジアではIV型も多く分布する．大部分のヒトは幼児期にBKVに感染する．その際，軽い上気道炎が起きるという報告もあるが，一般には目立った症状は認められない．成人の約80%が抗BKV抗体を保有する．BKVは成人の腎組織に潜伏感染し，免疫低下に伴って再活性化され，増えたウイルスは尿中に排泄されると考えられていたが，最近の研究により，BKVは免疫が正常なヒトの尿中に頻繁に排出されることが明らかになった．腎移植患者に過剰な免疫抑制剤を投与すると，BKV腎症が起こることが知られている．ゲノム(約5200 bpの環状二本鎖DNA)の遺伝子構成は近縁のSV40(アカゲザルのポリオーマウイルス)のそれと同じである．免疫が正常なヒトの尿中のBKV DNAの転写調節領域(複製起点とAgno遺伝子の間の領域)は原型とよばれる一定の構造をもつ．しかし，BKVを in vitro で培養すると，転写調節領域に欠失や重複(再変性)が起こった，増殖力の強いウイルスが出現する．転写調節領域の再編成は患者体内でも認められるが，病原性発現との関連は明らかでない．

**PKA** [PKA=protein kinase A] プロテインキナーゼAの略．(⇒サイクリックAMP依存性プロテインキナーゼ)

**PKN** [PKN=protein kinase N] ＝プロテインキナーゼN

**PKC** [PKC=protein kinase C] ＝プロテインキナーゼC

**PKG** [PKG=protein kinase G] プロテインキナーゼGの略．(⇒サイクリックGMP依存性プロテインキナーゼ)

**BKチャネル** [BK channel] ⇒カルシウム依存性カリウムチャネル

**非欠損ウイルス** [nondefective virus] ＝複製非欠損性ウイルス

**PKB** [PKB=protein kinase B] ＝プロテインキナーゼB

**BKPyV** [BKPyV=*BK polyomavirus*] BKポリオーマウイルスの略称．(⇒BKウイルス)

**BKV** [BKV=BK virus] ＝BKウイルス

**BKポリオーマウイルス** [*BK polyomavirus*] ＝BKウイルス．BKPyVと略す．

**PKU** [PKU=phenylketonuria] ＝フェニルケトン尿症

**ビコイド遺伝子** [*bicoid* gene] *bcd*遺伝子(*bcd* gene)と略す．ショウジョウバエの母性前後軸因子の一つで胚前半部の形態形成を決定する遺伝子である(⇒前後軸)．mRNAは卵成熟の過程で卵の前方側に存在する哺育細胞で合成され，卵の前極に移送されて不活性な分子として局在している．受精シグナルによってmRNAからタンパク質が合成され，前後軸に沿った濃度勾配を形成する．ビコイドは489個のアミノ酸より成るタンパク質でホメオボックス，ヒスチジン，プロリンに富むペアドリピート，2個の*opa*リピート，RNA認識配列と弱い相同性をもつ配列をもつ転写因子であり，その遺伝子座は84Aである．ビコイドは他の前後軸因子とともにギャップ遺伝子\*の発現を直接に正あるいは負に制御しており，その作用は因子の濃度に依存する．ビコイドの突然変異個体では頭部および胸部が欠失する(⇒ビコイド型突然変異体)．また，ビコイドmRNAを後部に注入すると胚後部に第二の頭部，胸部が形成される．ビコイドは濃度勾配を形成し，濃度依存的に胚の形態形成を制御することから，胚前半部のモルフォゲン\*であると結論されている．

**ビコイド型突然変異体** [*bicoid* pattern mutant] *bcd*突然変異体(*bcd* pattern mutant)と略称される．ショウジョウバエの発生初期の突然変異体で，*bcd*突然変異体と同様の表現型を示すもの．卵の頭部周辺が欠失し，代わりに尾部に特徴的な構造が形成される．エグズペランチア(*exuperantia*, *exu*)，スワロー(*swallow*, *swa*)が知られている．正常発生では卵の最前端に局在した*bcd*のmRNAから翻訳されたタンパク質が卵の前半部に特徴的な濃度勾配を形成するが，*bcd*突然変異体ではこの濃度勾配が正常に形成されなくなることで頭部の欠失が起こると考えられている．

**非構成性分泌経路** [nonconstitutive secretory pathway] ＝調節性分泌経路

**B-50** [B-50] ＝GAP-43

***p53R2*遺伝子** [*p53R2* gene] *RRM2B*遺伝子(*RRM2B* gene)ともいう．*p53R2*遺伝子は，がん抑制遺伝子\**p53*によって転写活性化される*p53*標的遺伝子で，リボヌクレオチドレダクターゼ\*の構成タンパク質である351アミノ酸のスモールサブユニットをコードする．類似遺伝子である*R2*遺伝子は，細胞周期\*のS期特異的に発現し，DNA複製に必要なdNTPの供給に不可欠な働きをする．一方，*p53R2*はS期以外の時期，特に細胞にDNA損傷などのストレスが加わった場合の細胞周期停止期に*p53*依存性に発現誘導されてDNA修復のためのdNTPの供給に寄与

する．したがって，p53 によるがん抑制機能の一つのメカニズムは，p53R2 の転写活性化を介した DNA 修復促進によるゲノムの安定性維持と考えられている．また，一部の遺伝性ミトコンドリア機能不全病において p53R2 遺伝子の点突然変異が見つかったことから，ミトコンドリア DNA 合成のための dNTP 供給にも重要な役割を果たしていることが明らかとなった．(→ p53 遺伝子，p53AIP1 遺伝子，p53DINP1 遺伝子)

**p53遺伝子** [p53 gene] TP53 遺伝子 (TP53 gene) ともいう．TP は tumor protein の略．p53 はがんで最も高頻度に点突然変異や欠失などの異常が生じるがん抑制遺伝子* である．一部 (黒色腫や神経芽腫) を除けば，あらゆるがん腫において，30〜60％の頻度で点突然変異を認める．散発性のがんだけでなく，遺伝的に若年発症のがんを好発するリー・フラウメニ症候群*の原因遺伝子でもある．p53 遺伝子は 53 kDa の転写因子をコードし，タンパク質は，N 末端側に転写活性化領域，中央部に DNA 結合領域，C 末端側に四量体形成領域を特徴とする．約 300 近くの標的遺伝子のプロモーターやイントロンに結合し，その転写を活性化する．標的遺伝子は，アポトーシス*，細胞周期制御，DNA 修復，血管新生抑制などさまざまな機能をもち，p53 のがん抑制作用をメディエートしている．細胞に DNA 損傷などのストレスがかかると，p53 タンパク質はリン酸化などの修飾を受け活性化し，標的遺伝子を選択的に活性化することで，細胞周期を停止して DNA 修復を促進して細胞の安全な生存を維持するか，アポトーシスを誘導して危険な細胞の排除を行うかの，損傷細胞の運命決定を行う．がんでは，p53 の点突然変異の大部分が DNA 結合領域に集中しており，標的遺伝子の活性化が不可能となる．これによって損傷細胞の生存・増殖を許すこととなり，細胞への異常の蓄積を増強して，細胞の悪性化を招くと考えられる．(→ p53R2 遺伝子，p53AIP1 遺伝子，p53DINP1 遺伝子)

**p53AIP1遺伝子** [p53AIP1 gene] がん抑制遺伝子* p53 によって転写活性化される p53 標的遺伝子であり，選択的スプライシング* によって α 型，β 型，γ 型の 3 種類の転写産物が発現し，それぞれ 124，86，108 アミノ酸のタンパク質をコードする．遺伝子産物はミトコンドリアに局在し，Bcl-2 と結合して，その機能を抑制することでアポトーシス*を誘導する．多くのアポトーシス関連標的遺伝子の中でも，p53 依存性アポトーシスに重要とされる p53 セリン 46 のリン酸化によって，特異的に転写活性化される遺伝子として有名である．最近では，p53 の類似遺伝子である p73 によって転写活性化されることがわかり，p73 によるアポトーシス誘導においても重要な標的遺伝子であると考えられている．がんとの関連については，p53AIP1 タンパク質のトランケーションを生じる遺伝子多型と前立腺がん発症リスクの増加との関係が報告されている．(→ p53 遺伝子，p53R2 遺伝子，p53DINP1 遺伝子)

**p53DINP1遺伝子** [p53DINP1 gene] TP53INP1 遺伝子 (TP53INP1 gene) ともいう．p53DINP1 遺伝子は，がん抑制遺伝子* p53 によって転写活性化される p53 標的遺伝子であり，選択的スプライシング* によって a 型と b 型の転写産物がつくられ，それぞれ 240 アミノ酸と 164 アミノ酸の 2 種類の核タンパク質をコードする．γ 線照射などの二重鎖 DNA 切断によって，p53 依存性に強く発現誘導され，p53 誘導性アポトーシスを制御する．そのメカニズムは，ある種のセリン/トレオニンキナーゼ* と複合体を形成し，アポトーシス誘導に重要な p53 セリン 46 のリン酸化をひき起こし，p53 による p53AIP1 などの標的遺伝子の転写活性化を促進して，p53 依存性アポトーシス経路を活性化していると考えられている．p53 の下流に存在する標的遺伝子でありながら，p53 のリン酸化を上流から制御する p53 活性化因子の一つと考えられる．がんとの関連については膵がんでの発現低下が報告されている．(→ p53 遺伝子，p53R2 遺伝子，p53AIP1 遺伝子)

**p56$^{lck}$** [p56$^{lck}$] =Lck

**非古典的 MHC クラス I 分子** [nonclassical MHC class I molecule] MHC クラス Ib 分子 (MHC class Ib molecule) ともいう．古典的 MHC クラス I (MHC クラス Ia) 分子と同様のドメイン構造をもち，$\beta_2$ ミクログロブリン* と会合するが，MHC クラス Ia 分子に比較すると多型性に乏しい分子．マウスの Qa2，Qa1，TL やヒトの HLA-E，F，G，さらに両種にともに発現する CD1，MICA，MICB，HFE などがある．またペプチドを結合するものとしないものがあり，発現細胞も MHC クラス Ia とは異なるものが多い．MHC クラス Ib のなかで，マウスの Qa2，Qa1，TL，ヒトの HLA-E，F，G，MICA/B，HFE 遺伝子は，MHC と同一の遺伝子領域に存在するが，CD1 遺伝子はまったく異なる染色体上に存在する．また，ナチュラルキラー細胞* の細胞傷害活性に関して，これを抑制するものもあれば，促進するものもあること，ナチュラルキラー T 細胞が糖脂質を結合した CD1d を認識して，活性化することが知られている．

**非コード RNA** [non-coding RNA] ncRNA と略す．タンパク質をコードする mRNA 以外の RNA．哺乳動物細胞内に存在する RNA の 90％以上は ncRNA である．しばしば転移 RNA* やリボソーム RNA* などの既知の主要な RNA は含めず，さまざまな機能を示す機能性 ncRNA をさすことがある．機能性 ncRNA の代表的なメンバーであるマイクロ RNA* (miRNA) は多くが転写後の遺伝子発現を調節 (ほとんどの場合が抑制) し，特に，がん，分化，神経機能などに重要な関連があることが知られている (→ RNA 干渉)．また，同じく代表的な ncRNA である siRNA は遺伝子サイレンシング* に関与している．その他の ncRNA としては，核内低分子 RNA* (snRNA)，核小体低分子 RNA* (snoRNA)，ステロイドホルモン RNA アクチベーター，シグナル認識粒子* RNA，RNA 編集* に働くガイド RNA* (gRNA) などが知られている．ま

た，DNA ファージ φ29 は DNA パッケージングのためのモーターとして約 120 塩基の同じ RNA(pRNA)から成る六量体を利用しており，機能性 ncRNA の一例といえる．さらに，mRNA の非翻訳領域には特定の物質と相互作用して転写終結や翻訳を制御する配列（リボスイッチ*）や，翻訳終止コドン UAG に対してセレノシステインアイソアクセプター tRNA の結合を促進する配列など mRNA 上でシスに働く ncRNA もある．全ゲノム中に占める ncRNA に転写される領域の割合は高等生物ほど多くなる傾向があり，ncRNA が高等生物においてみられる複雑な機能に関与していることが強く示唆されている．

**ピコ秒吸収分光法**［picosecond absorption spectroscopy］ ピコ秒($10^{-12}$ sec)の時間幅をもつパルス光により，試料を励起し，生成した励起状態や反応中間体の挙動をピコ秒の時間分解能で検知する分析法．実際には，1 台のピコ秒レーザーの出力光から励起光と検索光をつくり出し，それらの試料までの光路長の差(0.3 mm/psec)を変化させることにより，任意の遅延時間後の吸光度の測定を行う．試料を励起した場合と励起しない場合の検索光の強度を測定すればよいので，検出系には時間分解能は必要ではない．

**ピコルナウイルス**［picornavirus］ $7.2 \times 10^3 \sim 8.3 \times 10^3$ 塩基より成る一本鎖 RNA で(＋)鎖(mRNA として機能しうる)をゲノムとしてもつウイルス．ウイルスタンパク質 VPg が 5′ 末端に共有結合している．ウイルス RNA の転写によりポリタンパク質*が生成され，それが分断されてすべてのウイルスタンパク質となる．ウイルス粒子は VP1，VP2，VP3，VP4 それぞれ 60 個と 1 個の VPg を末端にもつ RNA で構成されており，細胞質で増殖する．ポリオウイルス*，コクサッキーウイルス(*Coxackievirus*)，口蹄疫ウイルス(*Foot-and-mouth disease virus*)，A 型肝炎ウイルス(*Hepatitis A virus*)，ライノウイルス*などを含む．(→腸内ウイルス)

**脾コロニー形成単位**［spleen colony forming unit, colony forming unit in spleen］ 略称 CFU-S．脾コロニー形成細胞(spleen colony forming cell)ともいう．1961 年 J. E. Till と E. A. McCulloch により最初に発見された造血幹細胞*．致死量放射線照射マウスに同系骨髄細胞を移植すると移植細胞数に比例して脾臓*にコロニーが形成される．このコロニーを形成する母細胞を CFU-S とよぶ．このコロニーを取出し再び致死量放射線照射マウスに移植すると脾臓にコロニーが形成されることから，この細胞は自己複製能をもつと考えられている．day8 CFU-S と day12 CFU-S に分類され，後者の方が未分化である．

**B 細胞**［B cell］ B リンパ球(B lymphocyte)ともいう．B 細胞は表面に免疫グロブリン(Ig)受容体を発現するリンパ球*で，抗原刺激および T 細胞*を介した刺激により抗体産生細胞に成熟し，IgM，IgG，IgA，IgE の抗体を産生し分泌する．また B 細胞は，抗原提示細胞*として Ig 受容体を介して細胞内に抗原を取込み分断し，抗原由来ペプチドを組織適合性抗原とともに細胞表面へ提示し，T 細胞を活性化する役割ももつ．B 細胞表面には Ig 受容体とともに CD40，CD86，サイトカイン受容体などの主要受容体を発現し，これらの受容体は T 細胞上に発現するリガンドや産生されるサイトカインと反応し，B 細胞活性化に重要な役割を果たす．B 細胞は造血幹細胞*より骨髄で産生され，その過程で免疫グロブリン遺伝子再編成(→DNA 再編成)が誘導される結果，細胞表面に免疫グロブリンを発現する．その後血流を介して末梢リンパ組織に移動し，未知の選択により長期の寿命をもつ一次沪胞 B 細胞集団を形成する．抗原刺激により活性化された B 細胞は細動脈周囲リンパ鞘で抗体産生細胞へと成熟するか，あるいは胚中心で抗原に強い親和性と長期の寿命をもつ記憶 B 細胞へ成熟する．(→免疫記憶)

**B 細胞抗原受容体**［B cell antigen receptor］ ＝B 細胞受容体

**B 細胞刺激因子 1**［B cell stimulatory factor-1］ ＝インターロイキン 4．BSF-1 と略す．

**B 細胞刺激因子 2**［B cell stimulatory factor-2］ ＝インターロイキン 6．BSF-2 と略す．

**B 細胞受容体**［B cell receptor］ B 細胞抗原受容体(B cell antigen receptor)ともいう．BCR と略す．B 細胞表面に表現されている膜貫通部分をもつ膜型免疫グロブリンで，分泌型免疫グロブリンと同一の遺伝子でコードされている．細胞内部分は短く，活性化シグナルは膜型免疫グロブリンと非共有性に結合している Igα，Igβ 鎖から細胞質内に伝えられる．未熟 B 細胞は単量体の膜型 IgM を，成熟 B 細胞は膜型 IgM と膜型 IgD を表現し，抗原と接触後クラススイッチ*を起こして IgG，IgA，IgE のタイプの膜型免疫グロブリンを表現する．

**B 細胞増殖因子 1**［B cell growth factor-1］ ＝インターロイキン 4．BCGF-1 と略す．

**B 細胞特異的アクチベータータンパク質**［B-cell-specific activator protein］ ＝Pax-5．BSAP と略す．

**B 細胞リンパ腫**［B cell lymphoma］ B 細胞起源の悪性リンパ腫*．単クローン性の免疫グロブリン*の再構成により診断可能である．特定の遺伝子間での相互転座*による染色体異常が存在し，たとえば，沪胞性リンパ腫*の t(14;18)，バーキットリンパ腫*の t(8;14)は，それぞれ *IgH* 遺伝子の存在する第 14 染色体長腕 32 部位と *bcl-2* 遺伝子*，*c-myc* 遺伝子(→*myc* 遺伝子)との相互転座であり，リンパ腫の発症との関係が示唆される．(→慢性リンパ性白血病)

**p38**［p38］ 細胞内シグナル伝達を担う，MAP キナーゼ*スーパーファミリーに属するセリン/トレオニンキナーゼ*の一つ．分子量約 38,000 の触媒サブユニットだけから成る単量体の酵素で，哺乳類細胞で同定された．α(MAPK14)，β(MAPK11)，γ(MAPK12 または ERK6)，δ(MAPK13 または SAPK4)の四つのアイソフォームが知られている．両生類にも存在し，MPK2 とよばれている．類縁の分子として酵母の HOG1 がある．紫外線，高浸透圧や熱刺激などのスト

レス,もしくはインターロイキン1や腫瘍壊死因子などのサイトカイン刺激により活性化する.キナーゼサブドメインⅦとⅧとの間に位置するThr-Gly-Tyr(TGY)配列のトレオニン残基とチロシン残基がともにMAP2K3およびMKK4(SEK1/JNKK/XMEK2)によるリン酸化を受けて初めて活性化する.活性化されたp38はMAPKAPキナーゼ2や転写因子ATF-2,Mac,MEF2などをリン酸化する.p38自体はインスリンにより活性化され,Rasの発現によって活性化型が細胞内に蓄積する.

**非酸素発生型光合成** [anoxygenic photosynthesis] ⇌ 光合成

**p300** [p300] E1A-associated 300 kDa proteinの略称.アデノウイルスE1A*に結合する細胞性タンパク質の一つ.ヒストンアセチラーゼ活性をもち,転写コアクチベーター*として機能する.細胞増殖・分化に関与するいくつかの転写調節因子および基本転写因子複合体の両者に相互作用して遺伝子発現を転写レベルで調節する.転写調節因子CREBと結合するタンパク質として同定されたCBP*と高い相同性がある(⇌CREB/ATF),それぞれ異なった機能も示す.両者は別々の遺伝子によりコードされている.CBP/p300はE1Aのほか,多数の転写調節因子と結合する.活性はリン酸化などにより制御される.遺伝子はヒト第22染色体長腕13領域に位置する.ショウジョウバエや線虫からも類似遺伝子が報告されているが,出芽酵母にはホモログが確認されない.精製されたp300にはユビキチンリガーゼ活性が認められ,MDM2ユビキチンリガーゼと協同してp53のポリユビキチン化を触媒する.また,増殖細胞核抗原*(PCNA)と相互作用してDNA修復合成に関与している.核がん原性タンパク質SYTと複合体を形成してβインテグリンを活性化することにより細胞接着を促進する活性も報告されている.

**PC** [PC=phosphatidylcholine] ＝ホスファチジルコリン

**PG** [PG=prostaglandin] ＝プロスタグランジン

**PCI** [PCI=protein C inhibitor] ＝プロテインCインヒビター

**BCR** [B cell receptor] ＝B細胞受容体

**bcr** [bcr] 切断点クラスター領域(breakpoint cluster region)の略称.慢性骨髄性白血病*の大部分の症例では,腫瘍細胞が第9染色体長腕34領域と第22染色体長腕11領域間の相互転座*によって生じたフィラデルフィア($Ph^1$)染色体*という特徴的な小染色体をもっている.この転座における第22染色体側の切断点は5.8 kbpというごく狭い領域に集中しているため,bcr(breakpoint cluster region)と命名された.bcrは全長130 kbpに及ぶ巨大な*BCR*遺伝子*の第11～14エキソンとその間のイントロンを含む.実際には第12,13イントロンに切断点が集中している.第9染色体側の切断点は*ABL*遺伝子(⇌*abl*遺伝子)内にあり,$Ph^1$染色体上で*BCR/ABL*融合遺伝子*が形成される.なお一部の急性リンパ性白血病*でも$Ph^1$染色体がみられる.この場合の切断点の半分はbcr内にあり,残りの半分は*BCR*遺伝子の長い第1イントロンの3'側にほぼかたまっている.そこでこの領域をminor-bcr(m-bcr),前述のbcrをmajor-bcr(M-bcr)とよんで区別することが多い.

**PCR** [PCR=polymerase chain reaction] ポリメラーゼ連鎖反応ともいう.二つのプライマーで挟まれたDNA部分を試験管内で大量に増幅させることができる革命的な方法で,その原理は1983年にK. B. Mullisによって考案された(図a).DNA合成酵素(DNAポリメラーゼ*)がDNAの合成に際してプライマー*を必要とし,このプライマーから5'→3'の方向へDNAを合成していくということを利用して,①DNAの一本鎖への変性→②プライマーの結合→③DNAポリメラーゼによる相補性DNAの合成→①変性→②プライマーの結合…というサイクルを繰返すことにより,目的とする遺伝子領域だけを試験管内で増幅させる(次ページ図b).PCRにより微量のDNA試料から目的とする特定の領域のDNAが,数時間で20万～

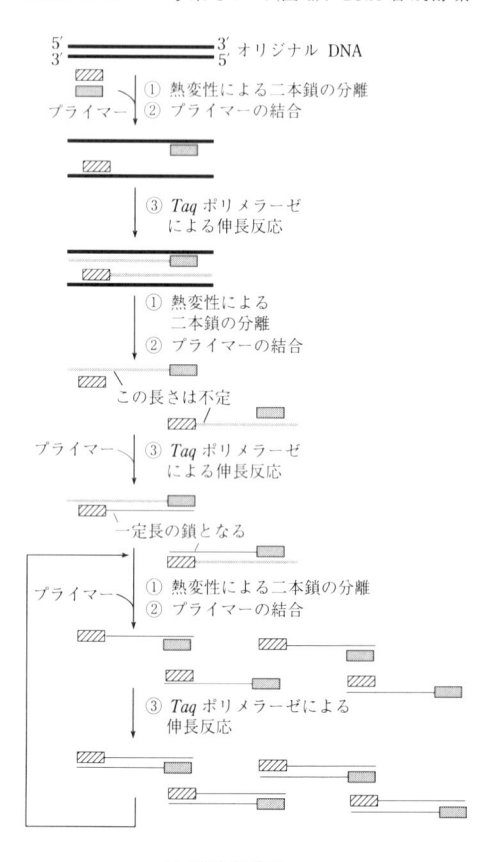

(a) PCRの原理

50万倍に増幅できる。上記原理を実際的な技術として開発したのは R. Saiki らである。PCR を生み出したもう一つの革新的なアイディアは，DNA ポリメラーゼとして高度好熱菌(*Thermus aquaticus*)より純化した*Taq* ポリメラーゼ\*を採用したという点である。プライマーと DNA の相補鎖結合のためには DNA を熱変性して一本鎖にしなくてはならず，高温(95℃程度)

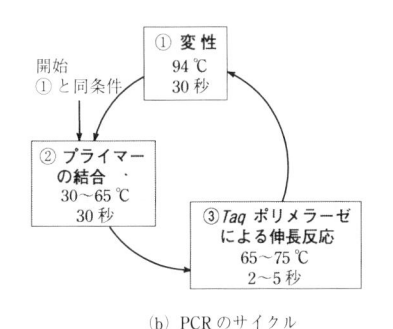

```
開始      ① 変性
① と同条件  94℃
          30秒
    ↓↑
② プライマー
  の結合
  30～65℃
  30秒
          ③ Taq ポリメラーゼ
          による伸長反応
          65～75℃
          2～5秒
```

(b) PCR のサイクル

でも安定な DNA ポリメラーゼ(たとえば *Taq* ポリメラーゼ)は二本鎖 DNA の熱変性温度でも失活しないので，DNA 変性→アニーリング→相補鎖合成，というサイクルを連続的に行うことが可能である。増幅したい領域を一組のプライマー(おのおの 20 ヌクレオチド程度)で挟んで *Taq* ポリメラーゼを働かせれば，1回の反応でその領域を含む DNA を倍増できる。この反応を繰返していけば $n$ 回繰返すごとにこの領域の DNA を $(1+E)^n$ 倍だけ増幅できる。ここで $E$ は，①試料 DNA の変性，②プライマーと一本鎖 DNA との相補鎖結合，③ポリメラーゼ伸長反応までの増幅反応の効率で，$0<E<1$ の値をとる。たとえば $E=0.6$ であれば，25 サイクル行ったところで約 13 万倍程度増幅される計算になる。もちろん増幅回数に制限はないので，文字どおり無限ともいえる大きな増幅が可能である。標準的な 20～25 サイクルで 10 万倍程度の DNA 断片の増幅が容易に達成される。PCR のもう一つの大きな特徴はその検出感度の高さである。原理的には試料の中に対象となる DNA 断片が 1 分子でもあれば検出可能である。PCR の弱点は，*Taq* DNA ポリメラーゼが DNA の増幅中に頻繁に読み間違いを起こすことである(400 塩基に一つくらいの頻度)。現在では，この間違った塩基を取込む頻度が低く，かつ DNA 合成速度が大きい耐熱性 DNA ポリメラーゼ(たとえば，Vent, Pfu, KOD など)がつぎつぎと開発され，20,000 塩基に 1 個の読み間違いが起こる程度(PrimeSTAR HS)に PCR の忠実度は高くなっている。また，3′→5′エキソヌクレアーゼ活性(プルーフリーディング活性)を含む耐熱性 DNA ポリメラーゼ(Ex *Taq* や LA *Taq*)を使用し，反応条件にも検討を加え，長鎖 40 kb の DNA を正確に増幅することが可能になっている(long and accurate (LA) PCR)。PCR 法は操作が簡単で，短期日のうちに多くの実験室に普及し，現在では遺伝子工学技術の中でも最も重要な技術の一つとなっている。その有用性の大きさと応用範囲の広さから，つぎつぎと新しい変法(アダプター付加 PCR, 非対称 PCR, 逆 PCR, 逆転写 PCR, サプレッション PCR, PCR-SSCP 法, PCR-RFLP, PCR-CFLP, リアルタイム PCR\*, リアルタイム RT-PCR, 対立遺伝子特異的 PCR)が生み出され，遺伝子の多型性の検出をはじめとする DNA 診断(→遺伝子診断)，DNA クローニング，ウイルスや細菌の検出，混合プライマーを用いたアミノ酸配列類似遺伝子群のクローニング，標識プライマーを用いての標的 DNA 濃度の定性(定量)解析，siRNA\* によるノックダウン(RNAi)活性の測定など，多様な用途に用いられている。

**BCR 遺伝子** [*BCR* gene] ヒトの第22染色体上に位置し，慢性骨髄性白血病\* におけるフィラデルフィア染色体\* 上で *ABL* 遺伝子(→*abl* 遺伝子)と融合して *BCR/ABL* 融合遺伝子\* を形成する。第一エキソン領域はセリン/トレオニンキナーゼ\* 活性をもち，*BCR/ABL* 融合遺伝子の発がん性に必要なオリゴマー形成領域と A, B ボックス領域をもつ。その C 末端側には Dbl 相同領域，プレクストリン相同領域 Rac GTP アーゼ領域をもつが，これらは *BCR/ABL* では失われていることがある。*BCR* のセリン/トレオニンキナーゼ活性そのものはむしろがん抑制的に働く。(→bcr)

**BCR/ABL キメラ遺伝子** [*BCR/ABL* chimeric gene] =*BCR/ABL* 融合遺伝子

**BCR/ABL 融合遺伝子** [*BCR/ABL* fusion gene] *BCR/ABL* キメラ遺伝子(*BCR/ABL* chimeric gene)ともいう。慢性骨髄性白血病\*(CML)に特徴的なフィラデルフィア染色体\* 上で形成されるがん遺伝子\*。t(9;22)(q34;q11)相互転座\* によって第22染色体上の *BCR* 遺伝子\* が切断され，第9染色体上の *ABL* 遺伝子(→*abl* 遺伝子)に融合する結果生じる。約 8.5 kb の mRNA に転写されるが，*BCR* 遺伝子の切断部位によって 210 kDa または 185 kDa の融合タンパク質が生成される。前者は CML のほぼ全例と急性リンパ性白血病\*(ALL)の一部にみられ，後者は ALL の一部にみられる。融合タンパク質は高いチロシンキナーゼ\* 活性をもち，Ras 経路などを活性化することにより CML 発症の根本的な原因を担う。*BCR* のコードする部分はオリゴマー形成能と A, B ボックス領域をもち，これらが融合遺伝子の発がん性に必要である。

**Pc 遺伝子** [*Pc* gene] =ポリコウム遺伝子

**PGA** [PGA=pteroylglutamic acid] プテロイルグルタミン酸の略号。(→葉酸)

**PCAF 複合体** [PCAF complex] PCAF は p300/CBP-associated factor の略。TAF\*, SPT, ADA ほか多種類の異なるサブユニットから成り，p300\*/CBP\* に結合する巨大タンパク質複合体。ヒストンアセチルトランスフェラーゼ活性をもつ。細胞周期の停止に関与する遺伝子の転写は p300/CBP により活性化されるが，結合している PCAF が E1A により競合的に排除

されると阻害される.

**PGH** ［PGH＝pituitary growth hormone］　下垂体成長ホルモンの略.（⇨ 成長ホルモン）

**PCNA** ［PCNA＝proliferating cell nuclear antigen］＝増殖細胞核抗原

**PG-M** ［PG-M］　＝バーシカン

**PCMB** ［PCMB＝$p$-chloromercuribenzoic acid］$p$-クロロメルクリ安息香酸の略号.（⇨ SH 試薬）

**$bcl$-$1$ 遺伝子** ［$bcl$-$1$ gene］　慢性リンパ性白血病*（CLL）や中間分化型リンパ性悪性リンパ腫（ILL）にみられる染色体相互転座* t(11;14)(q13;q32)により活性化される細胞性がん遺伝子*. $bcl$ は B cell leukemia/lymphoma の略. 一部の副甲状腺腫瘍で染色体逆位により活性化される $prad1$ 遺伝子（parathyroid adenomatosis 1 gene, $prad1$ gene）と同一であり，その実体は細胞周期*を制御するサイクリン* D1 である.

**$bcl$-$2$ 遺伝子** ［$bcl$-$2$ gene］　ヒト泸胞性リンパ腫に付随した染色体相互転座 t(14;18)(q32:q21)により活性化されるがん遺伝子として単離されたもので，他の多くのがん遺伝子とは異なり，$bcl$-$2$ は種々の条件下で誘導される細胞死（アポトーシス*）を抑制する機能をもつ. アポトーシス機構は進化上よく保存されており，線虫（C. elegans）の $ced$-$9$ は $bcl$-$2$ の相同遺伝子である. $bcl$-$2$ 類似遺伝子が多数単離され，この Bcl-2 ファミリー* はアポトーシス抑制機能をもつもの（Bcl-2, Bcl-$x_L$, Bcl-w, Mcl-1 など）とアポトーシス促進機能をもつもの（Bax* など）から成る. 機能の相反するメンバーの多くは互いに結合することができる. $bax$ はその遺伝子産物が Bcl-2 タンパク質とヘテロ二量体を形成することにより $bcl$-$2$ の細胞死抑制機能を消殺する機能をもつ. Bcl-2 タンパク質はミトコンドリア外膜, 小胞体膜, 核外膜などに局在する. Bcl-2 の立体構造はコリシンなどのチャネル構造に類似しており，実際に Bcl-2 はリン脂質膜上でイオンチャネルを形成することが知られているが，その細胞死抑制機能との関連は不明である. Bcl-2 は壊死*（ネクローシス）にかかわることが知られているミトコンドリア膜透過性遷移現象を抑制することもできる.

**$bcl$-$3$ 遺伝子** ［$bcl$-$3$ gene］　B 細胞慢性リンパ性白血病（⇨ 慢性リンパ性白血病）の一部の症例に認められる t(14;19)相互転座*の転座接合部から単離された腫瘍関連遺伝子で，第 19 染色体長腕 13 領域に位置する. 転座に伴い免疫グロブリン H 鎖*遺伝子に近接することにより転写活性が亢進する. 遺伝子産物である Bcl-3 タンパク質は，転写調節因子 NF-κB*/Rel の調節因子に共通するアンキリンリピートドメインをもち，核内に存在する特異な IκB 分子として機能している.（⇨ $rel$ 遺伝子）.

**$bcl$-$5$ 遺伝子** ［$bcl$-$5$ gene］　＝$bcl$-$6$ 遺伝子

**$bcl$-$6$ 遺伝子** ［$bcl$-$6$ gene］　$bcl$-$5$ 遺伝子（$bcl$-$5$ gene），$laz3$ 遺伝子（$laz3$；lymphoma-associated zinc-finger gene on chromosome 3 の略）ともいう. B 細胞性悪性リンパ腫にみられる第 3 染色体長腕 27 領域を含む相互転座*に関与する遺伝子. 特にび漫性大細胞型リンパ腫では約 1/3 の症例で突然変異がみられる. ジンクフィンガー* タンパク質に属する転写調節タンパク質をコードする. 染色体転座に伴い，その上流領域が免疫グロブリン遺伝子*など他の遺伝子に置換される. 正常組織ではリンパ節胚中心の B 細胞に特異的な発現がみられるが，その生理的機能，リンパ腫発症への関与についてはいまのところ不明である.

**$bgl$ オペロン** ［$bgl$ operon］　β-グルコシドの利用に関与する遺伝子群で，大腸菌染色体の 83.4 分座にある. 野生株のオペロンは不活性（cryptic）型であって発現せず，オペロン上流域の IS 挿入突然変異などや DNA ジャイレースの $gyrA$ や $gyrB$ 遺伝子，$bglY$ などの突然変異に伴って活性型になる. 活性型オペロンの発現は β-グルコシドによって誘導され，cAMP-CRP（cAMP 受容タンパク質）を要求する. グルコースによって発現が抑制される. オペロン上流域やオペロン外の遺伝子突然変異によって，$bgl$ オペロンが活性型になる機作は不明である.

**Bcl-2 ファミリー** ［Bcl-2 family］　おもに，シトクロム $c$ などのアポトーシス*誘導タンパク質がミトコンドリアから放出される過程を制御することで，アポトーシスを抑制または促進する一群のタンパク質. Bcl-2, Bcl-$X_L$, Bcl-W, Mcl-1 のようにアポトーシスを抑制するものと，Bax*, Bak, Bad, Bid, Bik, Bim, Blk, Hrk のように促進するものがある. Bcl-2 はヒト B 細胞性白血病のがん遺伝子（$bcl$-$2$）がコードするタンパク質としても知られる. Bax と Bak はシトクロム $c$ の通るチャネルそのもの構成要素と考えられており，Bax と Bak の二重欠損マウスは，さまざまな刺激によるアポトーシスに広範な欠陥がある. その他のアポトーシス促進性メンバーは四つの Bcl-2 相同領域のうち，BH3 のみを共有することから，BH3-only タンパク質とよばれる. BH3-only タンパク質は Bax や Bak の機能を促進，あるいはアポトーシス抑制性メンバーの機能を阻害することで，アポトーシスの促進に働くと考えられている.

**PGK** ［PGK＝phosphoglycerate kinase］　＝ホスホグリセリン酸キナーゼ

**非自己抗原** ［nonself-antigen］　⇨ 自己抗原

**BCG** ［BCG］　Bacille de Calmette et Guérin の略. パスツール研究所の L. C. A. Calmette と A. F. M. Guérin がウシ型結核菌をウシ胆汁加バレイショ培地に 13 年，230 代継代培養して得た弱毒生菌ワクチン（⇨ ワクチン）で，結核未感染者に接種し，結核予防に用いられ，実験的にも，統計的にも有効性が示されている. わが国では生後 3 カ月から 3 歳の間に経皮法により接種する. このほか，アジュバント活性，感染防御作用，腫瘍免疫賦活化作用など種々の免疫賦活化作用が報告されている.（⇨ ツベルクリン検査）

**PCC** ［PCC＝positional candidate cloning］　＝ポジショナルキャンディデートクローニング

**BCGF-1** [BCGF-1＝B cell growth factor-1]　B細胞増殖因子1の略号.(→インターロイキン4)

**PC12細胞** [PC12 cell]　＝褐色細胞腫

**bZIP構造** [bZIP structure]　Jun, Fosなど多くのDNA結合タンパク質*に見いだされる構造. 約30アミノ酸残基の長さの塩基性(basic)アミノ酸に富む領域と, 7アミノ酸残基ごとにロイシンを含むロイシンジッパー*(zipper)領域から成る. ロイシンジッパー領域はヘリックス構造をとり, ヘリックスの片面にロイシンが並ぶ. この一列に並んだロイシン間の相互作用によりロイシンジッパーをもつタンパク質同士の二量体が形成され, 塩基性領域ではさみのようにDNAに直接結合する.

**BCT** [BCT＝blood cell transplantation]　＝末梢血幹細胞移植

**bcd遺伝子** [bcd gene]　＝ビコイド遺伝子

**bcd突然変異体** [bcd pattern mutant]　＝ビコイド型突然変異体

**pcdマウス** [pcd mouse]　1970年代に見つかった自然発症型のミュータントマウスで agtpbp1遺伝子(Nna1としても知られている)に変異があり, 小脳変性のため運動失調症状を呈する. これまでに八つの異なる表現型を示す変異体が報告されており, そのうち五つが自然発症型, 二つが化学変異原であるENUにより作成されたもの, 一つがトランスジェニックマウスである. いずれの変異体も運動失調症状を示す点で一致するが神経変性の生じる時期や部位が異なる.

**BGP** [BGP＝bone Gla protein]　骨グラタンパク質の略.(→オステオカルシン)

**Pgp-1** [Pgp-1]　＝CD44(抗原)

**PCP経路** [PCP pathway]　⇌Wnt. PCPはplanar cell polarity(平面内細胞極性)の略.

**p19ARF** [p19ARF]　ヒト染色体9p21部位にコードされるがん抑制遺伝子 ARF の産物でヒトではp14ARFとも表記され, マウスではp19ARFと表記される. CDK4/6のインヒビターであるp16INK4aとエキソンを共有するが, 異なる翻訳枠を用いてp16と相同性のないタンパク質がつくられる. そのおもな機能はp53のユビキチンリガーゼ*であるMDM2と結合し, 核小体内にMDM2をトラップしてp53の分解抑制・活性発現をもたらし, 発がんを抑制することである.

**微絨毛** [microvilli]　細胞表面の小さな突起で, 内部にアクチンフィラメントの束を芯としてもつものである. 細胞膜に包まれ, 太さは0.1 μmほどのものが多い. 特に腸上皮細胞や腎臓の近位尿細管細胞の内腔面には, 直径と長さが一定な微絨毛が規則正しく配列して, 刷子縁*とよばれる構造をつくっている. また内耳の感覚細胞の微絨毛は, 不動毛*とよばれ, アクチンフィラメントの密度が高く, 根元が細くなっている.

**p14ARF** [p14ARF]　⇌p19ARF

**p16** [p16]　CDKインヒビター*の一つ. CDK4*およびCDK6に結合し, その活性を抑制する. 高発現により$G_1$静止をひき起こす. MTS1, Ink4aともよばれ, ほかのInk4ファミリーに p15$^{Ink4b}$(MTS2), p18$^{Ink4c}$, p19$^{Ink4d}$ がある. ヒト第9染色体短腕21領域に位置し, すぐ近傍にp15遺伝子が存在する. 多くの培養がん細胞, がん症例で遺伝子の欠損, 点突然変異, 高メチル化による不活性化がみられ, がん抑制遺伝子*としても注目されている.(→p21, p27)

**非循環的光リン酸化反応** [non-cyclic photophosphorylation]　⇌光リン酸化

**微小管** [microtubule]　動物細胞と植物細胞でともに1962年に発見された細胞小器官で, 直径24 nmの管状タンパク質繊維である. 13本のプロトフィラメント*がそれぞれ側面で結合して管状となり, それにMAP(微小管関連タンパク質*)が付着する. プロトフィラメントは α, β チューブリン二量体が

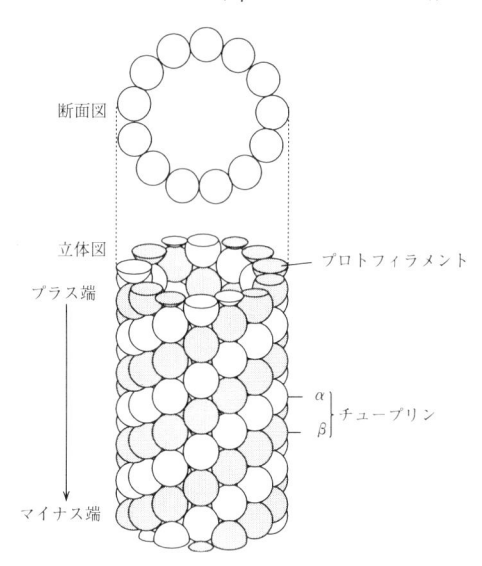

断面図

立体図　　　　　　　　　　　　　　プロトフィラメント
プラス端

$\left.\begin{array}{c}\alpha\\\beta\end{array}\right\}$チューブリン

マイナス端

(−)αβαβαβ(＋)のように配向して繊維重合体となる. 微小管の両端はプラス端(plus end), マイナス端(minus end)とよばれ, チューブリンが微小管の端に付加する重合臨界濃度*の低い端がプラス端, 高い端がマイナス端と定義される. 重合の定常状態ではプラス端からチューブリンが付加され, マイナス端から解離して, 微小管の長さは一定に保たれる. また, 急速なチューブリンの離脱と緩やかな付加が起こる微小管の動的不安定性も知られている. 微小管は, 有糸分裂, 細胞運動(鞭毛・繊毛運動), 細胞内輸送, 神経機能などの細胞機能にかかわる. 多くの場合, 微小管はレールとして働き, ダイニン*, キネシン*がモータータンパク質*である.(→微小管滑り機構)

**微小管依存性モーター** [microtubule-based motor]　ATPの加水分解エネルギーを利用して, 微小管*上を移動するタンパク質. 移動の方向はモーター分子に

より決まっており，代表的なものとして微小管のプラス端に向かって移動するキネシン*と，マイナス端に向かって移動するダイニン*がある．一般に単独でのATP分解活性は低く，微小管の添加により数十倍の活性上昇が見られる．細胞小器官の微小管に沿った輸送や繊毛・鞭毛の動きなどの細胞運動を担っている．

**微小管核形成中心** [microtubule-nucleating center] ＝微小管核形成部位．MTNCと略す．

**微小管核形成部位** [microtubule-nucleating site] 微小管核形成中心(microtubule-nucleating center)ともいい，MTNS, MTNCと略す．微小管形成中心*上のチューブリン*重合核の形成を行う部位．不定形・顆粒状などの形態を呈する．動物細胞の中心体では中心粒の周辺に存在する中心粒外周物質*をさす．チューブリンを結合して重合核を形成し，自発重合の臨界チューブリン濃度以下でも微小管を形成させる．機能的構成成分としては，チューブリンなどが同定されているが，詳細は不明である．微小管核形成部位の数は細胞周期を通じて変動し，分裂期に最大となる．

**微小管関連タンパク質** [microtubule-associated protein] MAPと略す．生体内では，種々のタンパク質が微小管*に結合し，その性質を修飾している．微小管関連タンパク質は，微小管に結合して微小管の重合を促進したり，微小管の間を架橋したりして，個々の細胞のタイプに特有の微小管の配列や機能を発現させることにかかわっている．神経細胞の微小管関連タンパク質がよく研究されており，神経細胞では分子量20万～30万程度のMAP1A, MAP1B, MAP2, 分子量6万程度のτタンパク質*が主要な微小管関連タンパク質である．高分子量のMAP1A, MAP1B, MAP2は100～200 nmの長さの細い棒状の分子で微小管の間を架橋する．低分子量のτタンパク質は長さ50 nm程度の棒状の分子で微小管の間に20 nm程度の短い架橋構造を形成する．それぞれの微小管関連タンパク質は，発生過程における発現の時期や，組織，細胞内での発現の局在に特徴があり，これらの特徴が機能に関与していると考えられる．

**微小管関連タンパク質1C** [microtubule-associated protein 1C] ＝細胞質ダイニン．MAP1Cと略す．

**微小管形成中心** [microtubule-organizing center] MTOCと略す．真核細胞内の微小管形成部位の総称．機能的に4種に分類される．1) 細胞の分裂中心として機能する動物細胞の中心体*，酵母細胞などのスピンドル極体(⇌紡錘体極)，植物細胞の分裂極など．チューブリン*重合の核形成を促進し(⇌微小管核形成部位)，外側をプラス端とした単一方向性の微小管を形成する．2) 染色体と微小管の結合に関与する動原体*．微小管のプラス端を捕捉し，染色体運動の原動力を発生する(⇌動原体微小管)．3) 細胞質分裂*の際に出現する動物細胞の中央体*や植物細胞の隔膜形成体*の形成に関与する構造．4) 鞭毛・繊毛基部に存在する基底小体*．これらの微小管形成中心は，それぞれの機能に応じて異なった分子構成をもっている．分裂極として機能するものは，微小管の起点

と考えられるγチューブリンや，細胞周期制御にかかわる複数のM期特異的リン酸化タンパク質，また動原体は微小管結合モータータンパク質などを含む．

**微小管滑り機構** [sliding microtubule mechanism] 元来は，繊毛*・鞭毛*の屈曲運動を説明する機構．周辺部の9本の微小管*は，ダイニン*(ATPアーゼ)と常に結合するA小管とその結合がATPにより制御されるB小管より成る．すなわち，一方の微小管に結合したダイニンのATPの結合と加水分解に依存して，二つの微小管間の滑りが起こる．細胞分裂*時の染色体*運動のその他の微小管の関与する運動の多くも，隣接微小管相互の滑りにより説明できると考えている．(⇌筋収縮)

**微小球** ＝ミクロスフェア

**微小シナプス電位** [miniature synaptic potential] 微小電位(miniature potential)ともいう．1個のシナプス小胞*に含まれる伝達物質のエキソサイトーシス*による離散的な放出によって，シナプス後細胞に発生する微小な電位．大きさは0.1～1 mVの桁である．1回の神経刺激では数十～数百個の微小電位が同時に起こってシナプス電位が形成される．微小電位は単位的ではあるが，数千～数万の伝達物質が同時に放出されるので，およそ同一数の多数の受容体チャネルが開孔している．

**微小繊維** ＝ミクロフィラメント

**微小電位** [miniature potential] ＝微小シナプス電位

**微小電極** [microelectrode] ブラーを用いて，ガラス管を熱しながら速く引きちぎり，先端開口部を0.1～10 μmにして作ったガラス微小管に電解質溶液を詰め，微小管開口部の電圧やそこを流れる電流を測れるようにしたもの．適切な細さの電極を細胞内に刺入すると，ガラスと細胞膜の接着性がよいために，長期間非侵襲的に膜電位や膜電流を記録することができる．また，タンパク質や遺伝子を入れ，陽圧や電気泳動により細胞質内に注入する目的でも用いられる(⇌微量注入)．

**微小突起** [microspike] 細胞運動と関連して，細胞内のアクチンフィラメントが束をなして細胞膜を押上げて突起を形成する．この時平べったい突起であれば葉状突起(⇌葉状仮足)とよび，糸状の長い突起であれば糸状突起(⇌糸状仮足)あるいは微小突起とよぶ．たとえば軸索が伸びていく時，その先端は広がって成長円錐(⇌神経成長円錐)とよばれるが，そこからスパイク状にたくさんの微小突起が出ている．成長円錐は微小突起を出したり引込めたりしながら，目的地に向かって伸びていく．

**ビショップ** BISHOP, John Michael 米国の分子生物学者．1936.2.22～ ペンシルベニア州ヨークで生まれ．ハーバード大学医学部を卒業(1962)，米国国立衛生研究所(NIH)，カリフォルニア大学でウイルスの研究をした．1972年カリフォルニア大学教授．H. E. Varmus*とともにがん遺伝子*を発見(1976)．1989年Varmusとともにノーベル医学

生理学賞受賞.

**PC4**［PC4］　真核生物において，組織や遺伝子特異的な転写調節因子＊が，RNAポリメラーゼⅡ＊の転写開始に必要な転写開始複合体＊に作用して活性を制御する際に，機能の仲介因子としてコファクター（cofactor）が見いだされた．それらの中で，普遍的に転写の活性化に関与する正のコファクター（positive cofactor, PC）に属している．遺伝子の特異的DNA配列に結合する転写活性化因子の効果を調べていたR. G. Roederのグループが，転写再構成系ではそれらの因子の多くは，生体内で示すほどには単独では活性化作用を示さないことから，正のコファクターの存在を報告したのが最初である．PC1からPC4までの存在が，今までに知られている．反対に負のコファクター（negative cofactor, NC）も存在し，NC2が重要な役割を果たしていることが明らかになった．ヒトPC4は127アミノ酸残基より成る小さなタンパク質で，p53を含む多くの種類の転写アクチベーターに対し，強い転写活性化能を示す．基本転写因子TFⅡA-TBP複合体と結合し，その機能を高めることで転写活性化を行うと考えられている．そのN末端側に転写活性化能を，C末端側に一本鎖DNA結合領域をもっている．また，プロモータークリアランス＊や転写伸長の効率も高めることが報告されている．

**1,2-ビス（2-アミノフェノキシ）エタン四酢酸**
［1,2-bis(2-aminophenoxy)ethanetetraacetic acid］＝BAPTA

**his オペロン**［his operon］＝ヒスチジンオペロン

**HIS3 遺伝子**［HIS3 gene］　Saccharomyces 酵母のヒスチジン合成経路で，つぎの反応
　イミダゾールグリセロールリン酸→
　　　　イミダゾールアセトールリン酸＋$H_2O$
を触媒する酵素であるイミダゾールグリセロールリン酸デヒドラターゼ（imidazoleglycerol-phosphate dehydratase）をコードしている遺伝子．HIS3 mRNAは約0.82 kbあり，酵素は219アミノ酸から成る．その分子量は23,850である．大腸菌ではhisBがHIS3に該当し，HIS3はhisB⁻突然変異をin vivoで相補できる．3-アミノトリアゾール（3-aminotriazole, 3AT）がこの酵素の競合阻害剤である．したがって酵母の3AT耐性度はHIS3の発現量に依存する．（⇒LEU2 遺伝子，URA3 遺伝子）

**ヒスタミン**［histamine］　生体アミン，オータコイド＊の一種である．Ⅰ型アレルギー反応の主要メディエーター，胃酸分泌のメディエーター，中枢ヒスタミン神経の伝達物質として機能する．最近，白血球遊走，サイトカイン産生調節など免疫機能に関する知見が見いだされている．ヒスタミンはヒスチジンデカルボキシラーゼ（HDC, histidine decarboxylase）によりL-ヒスチジンから合成される．HDC遺伝子より74 kDaの高分子型HDCが産生され，加水分解により53〜55 kDaの成熟型HDCが生成される．さらに，ジアミンオキシダーゼ（ヒスタミナーゼ）あるいはヒスタミンN-メチルトランスフェラーゼにより不活化される．貯蔵型ヒスタミンとして，そのほとんどが非神経性貯蔵部位のマスト細胞＊と好塩基球＊に存在する．第二の非神経性貯蔵部位は胃粘膜のエンテロクロマフィン様細胞（ECL cell, enterochromaffin-like cell）であり，さらに，神経性部位としてヒスタミン神経細胞（histamine neuron）に貯蔵される．一方，マクロファージ＊，細胞分裂の盛んな細胞（胎児細胞，骨髄細胞，治癒組織の細胞，がん細胞など）において，LPS, IL-1β, TNF-α などに誘導されるHDC活性上昇により産生される誘導型ヒスタミンが存在する．マスト細胞と好塩基球のヒスタミンは抗原による抗体感作されたIgE＊受容体刺激のほか，種々の刺激により遊離される．ECL細胞のヒスタミンはアセチルコリン＊およびガストリン刺激により遊離され，壁細胞のヒスタミン $H_2$ 受容体＊を主要標的とする．ヒスタミン神経細胞は視床下部後部の結節乳頭体を中心に分布し，シナプス形成の少ない non-directed synapse を介する神経伝達物質として種々の中枢機能（覚醒，食欲，飲水，平衡感覚，体温調節，神経内分泌など）に関与する．（⇌ヒスタミン受容体）

**ヒスタミン $H_2$ 受容体**［histamine $H_2$ receptor］　現在確認されている3種類のヒスタミン受容体＊サブタイプ（$H_1$, $H_2$ および $H_3$ 受容体）のうちの一つである．7回膜貫通型のGタンパク質共役受容体＊であり，ヒトのものは359個のアミノ酸で構成されている．アデニル酸シクラーゼ＊と共役し，受容体刺激によりサイクリックAMPの蓄積がひき起こされる．胃粘膜壁細胞，心房，リンパ球，好中球および脳に存在する．壁細胞の $H_2$ 受容体は胃酸分泌（gastric secretion）を仲介し，$H_2$ アンタゴニストは消化性潰瘍（peptic ulcer）の治療薬である．$H_2$ アンタゴニストにはシメチジン，ラニチジン，ファモチジンなどがあり，$H_2$ アゴニストには4-メチルヒスタミン，ジマプリット，イムプロミジンなどがある．

**ヒスタミン受容体**［histamine receptor］　ヒスタミン＊の標的細胞に発現し，ヒスタミンと結合し，情報を細胞内に伝達するタンパク質．4種類のサブタイプ（$H_1$ 受容体，$H_2$ 受容体，$H_3$ 受容体，$H_4$ 受容体）が存在する．すべてのサブタイプがGタンパク質共役受容体＊（GPCR）である．$H_1$ 受容体は $G_{q/11}$ タンパク質および，ホスホリパーゼ C-β と共役し，イノシトール 1,4,5-トリスリン酸＊とジアシルグリセロール＊を産生し，$Ca^{2+}$ 動員および，プロテインキナーゼC＊を活性化する．$H_1$ 受容体は毛細血管，血管内皮，平滑筋，副腎髄質，知覚神経に発現し，Ⅰ型アレルギー反応を仲介する．アレルギー疾患において，$H_1$ 受容体遺伝子発現が亢進する．また，樹状細胞＊, $T_H1$ 細胞に発現し免疫機能に関与する．一方，脳の神経細胞，グリア細胞に発現し，中枢ヒスタミン神経機能（覚醒，食欲，平衡感覚，グリコーゲン分解）を仲介する．$H_1$ 受容体拮抗薬（抗ヒスタミン薬）はアレルギー疾患治療薬である．脳に移行の少ない第二世代（非鎮静性）抗ヒスタミン薬が種々開発されている．脳に移行する第一世代（古典的）抗ヒスタミン薬は動揺

病, 睡眠導入薬, 食欲増進薬として用いられている. $H_2$ 受容体は $G_s$ タンパク質および, アデニル酸シクラーゼ* と共役し, cAMP の蓄積をひき起こす. 胃粘膜壁細胞に発現し, 胃酸分泌作用を仲介する. それゆえに, $H_2$ 受容体は消化性潰瘍治療薬として用いられる. その他, 心臓(心房), マスト細胞*, 好中球*, $T_H2$ 細胞および, 脳に発現する. $H_3$ 受容体および, $H_4$ 受容体は約 40% の相同性をもつ. ともに, $G_{i/o}$ タンパク質, アデニル酸シクラーゼと共役し, cAMP の蓄積を抑制する. また, $Ca^{2+}$ 動員をひき起こす場合もある. $H_3$ 受容体にはスプライシングバリアントによるさらなる三つのサブタイプ(H3A, H3B, H3C)が存在する. $H_3$ 受容体は脳および, 自律神経末端においてオートレセプター(auto-receptor)および, ヘテロレセプター(hetero-receptor)としてヒスタミンとその他の生体アミン, アセチルコリン, ペプチド遊離を抑制する. また, 知覚神経(痛覚)にも関与する. $H_4$ 受容体は好酸球, マスト細胞に発現し, 細胞の遊走をひき起こす. また, リンパ球, 樹状細胞における発現も報告されている.

**ヒスタミン神経細胞** [histamine neuron] ⇌ ヒスタミン

**ヒスチジン** [histidine] ＝2-アミノ-3-イミダゾールプロピオン酸(2-amino-3-imidazolepropionic acid). His または H (一文字表記)と略記される. L形はタンパク質を構成する塩基性アミノ酸の一つ. $C_6H_9N_3O_2$, 分子量 155.16. イミダゾール基の $pK_a$ は 6.0(25℃). 検出・定量法の代表的なものとしてパウリ反応がある. イミダゾール環は酵素の活性中心としてプロトン転移に関与することが多い. 酸性ホスファターゼの反応中間体であるリン酸化酵素ではヒスチジン残基がリン酸化されている. 必須アミノ酸*. (⇌ アミノ酸)

**ヒスチジンオペロン** [histidine operon] his オペロン(his operon)ともいう. ヒスチジンの合成に関与する遺伝子群. 大腸菌では9個の構造遺伝子(hisG-DCBHAFIE)がオペロンを構成して染色体の44分座に存在する. このオペロンの転写はもっぱらプロモーターと第一構造遺伝子(hisG)の間のアテニュエーター* で調節されている. アテニュエーターでの転写減衰* の強弱はリーダーペプチド* の合成が完了するかどうかで決められ, 七つのヒスチジン残基を含む16アミノ酸のペプチドがヒスチジン存在下で合成されると転写が減衰する.

**ヒスチジンキナーゼ** [histidine kinase] 細菌のシグナル伝達系に関与する一群のシグナル受容・伝達タンパク質の総称. 各種の細菌から合わせて100種類近く見つかっており, 大腸菌だけでも20種類以上が同定されている. 最近になって類似の構造と機能をもったシグナル伝達因子が真核生物においても見つかっている. これらには約250アミノ酸から成る相同性の高いドメイン構造が存在し, ATP を基質とした自己リン酸化* 能を示す. 自己リン酸化部位は保存されたヒスチジンであり, また特定のタンパク質のアスパラギン酸にリン酸基を転移してリン酸化する活性をもつ. このような性質からヒスチジンキナーゼとよばれ, 細菌におけるリン酸化を介した各種の環境シグナル受容とその伝達機構において主要な役割を担っている. したがって, センサーキナーゼ(sensory kinase)とも総称される. 各ヒスチジンキナーゼはそれぞれ特異的なタンパク質をリン酸化し, 標的となるのは遺伝子発現調節因子であることが多い. (⇌ 二成分調節系)

**非ステロイド性抗炎症薬** [nonsteroidal antiinflammatory drug] NSAID と略す. (⇌ 抗炎症薬)

**ヒストン** [histone] 真核細胞の核内に広く存在し, DNA とイオン結合している塩基性タンパク質. ヌクレオソームコアを形成するコアヒストンとリンカー部分に結合するリンカーヒストン* に分けられる. ヒストンタンパク質は球状の C 末端と直鎖状の N 末端(ヒストンテール)から構成されており, ヒストンテールのリシンやアスパラギン残基は化学修飾の主要な標的となる. DNA はヒストンとの規則的な結合により折りたたまれる. その複合体の基本的な構造単位はヌクレオソーム* とよばれる. ヒストンは通常5種の成分, H1(分子量 22,000), H2A(分子量 13,700), H2B(分子量 13,700), H3(分子量 15,700), H4(分子量 11,200)から成り, H1 以外は重量比ではぼ等量存在する. H1 以外のヒストンは生物種を超えてよく類似しており, 特に H3 と H4 は高く保存されている. ヒストンにはサブタイプ(バリアント)が存在し, セントロメアの構造形成(CENP-A)や不活性化 X 染色体の構造維持(macro-H2A)などに関与するものもある. ヒストンの合成は一般に DNA 合成と共役しており, DNA 合成が停止するとヒストン合成もほとんど停止する. ヒストンの特定のアミノ酸側鎖にはメチル化・脱メチル, アセチル化(⇌ ヒストンアセチルトランスフェラーゼ)・脱アセチル(⇌ ヒストンデアセチラーゼ), ADP リボシル化* (⇌ ポリ(ADP リボース)ポリメラーゼ), リン酸化, ユビキチン化などの多様な修飾が起こることが知られており, クロマチン* の高次構造形成や遺伝子発現調節, 細胞周期制御などと深くかかわっている. 複数の修飾のコンビネーションパターンがそれぞれ特異的なタンパク質の結合を規定していることが明らかになってきており, ヒストンコード* とよばれる.

**ヒストンアセチルトランスフェラーゼ** [histone acetyltransferase] EC 2.3.1.48. HAT と略される. ヒストン* 分子のアセチル化反応には N 末端 ε-アミノ基の修飾反応と, 分子内部リシン残基側鎖の α-アミノ基の修飾反応の二つがある. このうち後者の反応を行うのがヒストンアセチルトランスフェラーゼである. この反応はヌクレオソームコア形成にあずかるすべてのヒストン(H2A, H2B, H3, H4)に起こり, 各ヒストンの修飾部位は, DNA に結合するおもな部位と考えられている N 末端側の塩基性領域に集中す

(⇌ヌクレオソーム). はじめ, テトラヒメナのGCN5ホモログにヒストンアセチルトランスフェラーゼ活性が見いだされ, ついでPCAFやCBP*, p300*, ヒトTAF250などがHATであることが報告された(⇌PCAF複合体). アセチル基はヒストンデアセチラーゼ*により除去される. ヒストンの特定のリシン残基をアセチル化することにより, リシン残基の正電荷を中和しヒストン-DNA間の親和性を弱めて, 転写因子をよりアクセスしやすくするのに加えて, アセチル化リシン結合ドメインであるブロモドメイン*のような特異的なタンパク質-タンパク質相互作用ドメインをもつタンパク質(HAT自体, クロマチンリモデリング因子, 転写コアクチベーターなど)によるヒストン認識を促進する.

**ヒストンH1キナーゼ** [histone H1 kinase] ⇌ CDK1

**ヒストンコード** [histone code] ヒストン*は特異的なアミノ酸残基にアセチル化, メチル化, リン酸化などの修飾を受けることが知られており, このような修飾の組み合わせが特異的なクロマチン構造の形成にかかわる. これらはDNA配列の暗号(遺伝暗号*)に比べて, クロマチン上に書かれたエピジェネティックな情報をつかさどる暗号と考えられ, ヒストンコードとよばれている. 一般的にアセチル化は活性なクロマチン構造の形成を促進して転写の活性化に関与し, メチル化はヘテロクロマチン*の形成を促進して遺伝子の不活性化に関与する. これまで, アセチル基を認識するブロモドメイン*や, メチル基を認識するクロモドメイン*などをもつタンパク質群が同定されている. このようなタンパク質が特異的なヒストン修飾を受けたクロマチン上に運び込まれることで, 特異的なクロマチン構造の形成とそれに続くさまざまな反応が進行する, すなわち暗号の解読が行われる, と考えられている.

**ヒストンシャペロン** [histone chaperone] ヒストン*とDNAからヌクレオソーム形成を介助するシャペロン*の総称. 真核細胞で最初に発見されたシャペロンは, R. A. Laskyらによってアフリカツメガエルの卵抽出液からヒストンシャペロン機能をもつヌクレオプラスミン*である. ヌクレオプラスミンは分子内に酸性アミノ酸に富んだ領域をもち, ヒストンと結合してヒストンの凝集を抑え, これをDNAに運び, ヌクレオソーム形成を補助する. ちなみに, 熱ショックタンパク質*に代表されるようなタンパク質の正しい折りたたみや正しい集合にかかわるシャペロンが, その後多数見いだされている.

**ヒストンデアセチラーゼ** [histone deacetylase] HDACと略す. ヒストン*を含むタンパク質中のリシン残基に付加されたアセチル基を除去する活性をもつ酵素群の総称. 本酵素に特異的に結合する阻害剤を用いたアフィニティークロマトグラフィーにより, ヒト培養細胞からヒストン脱アセチル活性をもつHDAC1が同定された. 酵母から生化学的にHDAC活性をも

つタンパク質として同定されたRPD3あるいはHDA1との相同性により, 二つのクラスに分けられている. ヒトでは11種類のHDACが単離されており, 発現量や細胞内局在性において組織特異性を示す. 転写のコリプレッサーなどと複合体を形成し, クロマチン上に運び込まれて, 転写抑制に機能すると考えられている. また, 上記のクラスとは異なるNAD依存的な脱アセチル反応を行うSIR2(酵母)やSIRT1(ヒト)が同定されている. (⇌ヒストンアセチルトランスフェラーゼ)

**ヒストンデメチラーゼ** [histone demethylase] ヒストン*のメチル基を除去する酵素. LSD1はモノアミンオキシダーゼ*の核内ホモログタンパク質であるが, ヒストンデメチラーゼと転写コリプレッサーとしても機能することがわかった. LSD1はヒストンH3リシン4部位のメチル基を特異的に除去する. LSD1はアンドロゲン受容体*と結合し, アンドロゲン受容体に依存した転写を促進する. また, JmjCドメインをもち, ヒストンH3の36番目のリシン(H3-K36)を特異的に脱メチル化するタンパク質JHDM1(JmjC domain-containing histone demethylase 1)も精製されたが, パン酵母(*Saccharomyces cerevisiae*)のJHDM1の相同体にもH3-K36デメチラーゼ活性が見つかっている. これらはヒストンのリシン残基のモノメチル基あるいはジメチル基を除去する酵素であるが, JHDM3A (jumonji C(JmjC)-domain-containing histone demethylase 3A; JMJD2Aともよばれる)は修飾されたH3リシン9(H3K9)とリシン36(H3K36)からトリメチル基を除去できる.

**ヒストンメチルトランスフェラーゼ** [histone methyltransferase] HMTと略す. ヒストン*を含むタンパク質中のアルギニンおよびリシン残基にメチル基を付加する活性をもつ酵素群の総称. アルギニン残基特異的なPRMT1ファミリー, リシン残基に特異的なSETドメインファミリーおよびnon-SETドメインファミリーに分類されている. よく機能が解析されているメチル化修飾として, ヒストンH3の4番目と9番目のリシン残基の修飾があげられる. 前者は転写の活性化に働き, 後者はヘテロクロマチン化の促進に関与すると考えられている. ヒストンH3の9番目のリシン残基を特異的にメチル化するSu(var)3-9は, ショウジョウバエの位置効果を抑制する変異遺伝子産物として単離された. ヒトにおいても, これと相同なタンパク質(Suv39H1)が発見されている. また, 最近になり, 逆反応である脱メチル反応を行う酵素が同定された. (⇌ヒストンデメチラーゼ)

**ヒストン様タンパク質** [histone-like protein] 原核生物の染色体DNAを折りたたむのに関与する塩基性タンパク質. 機能的に真核生物のヒストン*と類似しているためヒストン様タンパク質とよばれる. HUタンパク質(HU protein)がその代表である. HUタンパク質は二量体で二本鎖DNAに非特異的に結合する. 二量体のそれぞれの二つのβシートでDNAを包み込み, 二量体同士が静電的相互作用で結合することに

よりDNAに超らせん*が生じ，折りたたみが起こる．

**1,3-ビスホスホグリセリン酸** [1,3-bisphosphoglycerate] ＝1,3-ジホスホグリセリン酸(1,3-diphosphoglycerate)，3-ホスホグリセロイルリン酸(3-phosphoglyceroyl phosphate)．$C_3H_8O_{10}P_2$, 分子量266.04. 解糖系*の代謝中間体．グリセルアルデヒド3-リン酸とリン酸からグリセルアルデヒド3-リン酸デヒドロゲナーゼにより，あるいは3-ホスホグリセリン酸とATPからホスホグリセリン酸キナーゼによりつくられる．1位の炭素のリン酸エステルは高エネルギーリン酸結合であり，解糖系ではホスホグリセリン酸キナーゼにより直接ATPを産生する基質レベルのリン酸化の基質となっている．

$$\begin{array}{l} COO-PO_3H_2 \\ HCOH \\ H_2CO-PO_3H_2 \end{array}$$

**非正統的組換え** [illegitimate recombination] ＝非相同組換え

**微生物** [microorganism, microbe] 一般に顕微鏡下でなければよく観察できないような微小な生物に対する便宜的な呼称．通常，細菌*，糸状菌(カビ)，酵母*，粘菌類，単細胞の藻類*，原生動物*などを区別しないで用いるが，さらにウイルス*や広範囲の菌類*までも含めることもある．病気や食品生産との関係で古くから人類とのかかわりが大きい．微生物の研究が生命科学の進歩に与えた貢献はきわめて大きく，遺伝子工学*の基礎技術をはじめ，遺伝情報の実体やその伝達機構などの近代分子生物学の基礎的な知見は，ほとんど微生物(大腸菌やファージ)を材料として得られた．これは，これらの微生物の速い成育速度，容易な培養，単純な遺伝子構成，などの利点による．発酵*を含む食品工業，抗生物質*や酵素*をはじめとする有用物質の生産，公害物質の処理，など実用上の問題においても微生物は活用されるが，とりわけ遺伝子工学を用いて改変した微生物が作出されるにおよびその重要性はさらに増加した．

**皮節** [dermatome] 皮膚節ともいう．一対の脊髄神経の分布範囲をなす皮膚領域をいう．

**非赤血球スペクトリン** [nonerythroid spectrin] ＝フォドリン

**P-セレクチン** [P-selectin] CD62, GMP-140 (granule membrane protein-140), PADGEM (platelet activation-dependent granule-external membrane protein)ともいう．(→セレクチン)

**$P_0$ タンパク質** [$P_0$ protein] タンパク質ゼロ(protein zero)ともいう．末梢神経系のミエリン*(髄鞘)の主要な内在性膜糖タンパク質で，シュワン細胞*が特異的に発現する．分子量は28,000. 哺乳動物などでは中枢神経系に存在しないが，ある種の魚類では中枢神経系にも存在し，系統発生的に原始的なものである．ポリペプチドは膜貫通部位を1箇所含み，細胞外に免疫グロブリンVドメインに類似の構造をもち，免疫グロブリンスーパーファミリー*に属する．アシル化，グリコシル化，リン酸化，と多彩な翻訳後修飾を受け，糖鎖は$N$結合型で，硫酸，グルクロン酸を含む．マウス，ヒトでは第1染色体上にあり，この遺伝子の点突然変異は遺伝性ニューロパチーであるシャルコー・マリー・トゥース病(Charcot-Marie-Tooth disease)タイプ1Bおよびデジェリン・ソッタス病(Dejerine-Sottas disease)の原因となる．機能的には細胞接着性糖タンパク質*としてホモフィリックな結合によってミエリンの層形成における圧縮とその維持に貢献する．神経細胞突起伸展作用も存在する．

**比旋光度** [specific rotation] 光学活性物質(不斉炭素をもつ炭素化合物など)による偏光面の回転能を示す値．入射光の波長λ，温度$T$によって旋光角度αは異なるが，測定管(旋光計)1cm当たり，濃度100 g/mL当たりで表示される．管長$l$ cm, 濃度$c$ (g/dL)では

$$[\alpha]_\lambda^T = \frac{100\alpha}{l \times c} \, (°)$$

目盛に向かって右に時計方向に傾けば右旋性(＋)，逆方向なら左旋性(－)で表す．光源は一般にナトリウムのD線を用いるので，たとえばD-フルクトースでは$[\alpha]_D^{20℃} = -92.3°$のように記載する．(→旋光性)

**脾臓** [spleen] 左横隔膜下に存在する造血，免疫臓器にあり，老化した血球はおもに脾臓で処理される．マウスでは脾臓は骨髄とならんで主要な造血*臓器である．恒常的な造血の場は骨髄であるが，反応性の造血はおもに脾臓で行われる．エリトロポエチン，顆粒球コロニー刺激因子，顆粒球-マクロファージコロニー刺激因子，インターロイキン3などのサイトカイン*を投与すると急速に脾臓は増大し，各種造血前駆細胞の著明な増加が起こるとともに成熟血球が産生され，末梢血の血球の増加がもたらされる．

**脾臓壊死ウイルス** [spleen necrosis virus] カモより単離されたC型レトロウイルス．SNVと略す．感染した仔ガモは1週間以内に死亡し，成鳥の場合は免疫不全症となる．培養トリ胚繊維芽細胞に感染させると細胞破壊が起こる．SNVはトリ細胞内皮症ウイルス*(REV)亜種に属し，REV-T, REV-Aと塩基配列上90％以上の相同性がある．しかしリ白血病/肉腫ウイルスとはほとんど相同性がない．REV-AのエンベロープはサルD型レトロウイルスおよびヒヒC型ウイルスのそれと42％のアミノ酸が同一である．哺乳動物のC型ウイルスがトリに適応して生じたウイルスと考えられている．哺乳動物細胞の受容体に吸着できるので哺乳動物細胞への遺伝子導入ベクターとしての利用が検討されている．(→レトロウイルスベクター)

**脾臓限局巣形成ウイルス** →フレンド白血病ウイルス

**非相互組換え** [nonreciprocal recombination] 遺伝子が組換え*をする時，普通の乗換え*では四分子分析*により対立遺伝子が2：2あるいは4：4に分離するのに対して(→相互組換え)，それ以外の分離比を示すこと．不等乗換えや，組換え中間体のヘテロ二本鎖の一方の対立遺伝子がもう一方の対立遺伝子に換え

られるために起こる現象で(⇒遺伝子変換)，ミスマッチ修復や二本鎖ギャップ修復などによって起こる(⇒修復)．相同染色体の組換え過程の一つとして重要であるが(⇒ホリデイ構造)，そのほか，たとえば多重遺伝子族*の相同性の維持，酵母の接合型遺伝子にみられるカセット切換え(⇒カセットモデル)など特異な遺伝子の再配列に重要な役割を果たすことがある．(⇒体細胞組換え)

**非相互ホリデイ構造**［nonreciprocal Holliday structure］ ⇒ホリデイ構造

**非相同組換え**［nonhomologous recombination］ 非正統的組換え(illegitimate recombination)ともいう．DNAの相同性に依存しない組換えの総称．厳密には二つの分子の入換え部位に，数塩基の相同性(マイクロホモロジー)も見られることもある(マイクロホモロジー依存的非相同組換え)．相同組換え*が元のDNA配列を再構成できるのに対して，非相同組換えは元の配列を失うことが多々ある．ある意味で"いい加減な"反応である．ウイルスなどの外来由来のDNAの挿入時，あるいは，外来のDNAをトランスフェクションにより導入した際の染色体の挿入時によく見られる．DNA二重鎖切断同士をつなげる非相同組換え反応をnon-homologous end-joining(NHEJ)とよぶ．単純なDNA末端同時の再結合反応であるが，複雑な制御を受けている．体細胞分裂期には姉妹染色体が存在しない$G_0$，$G_1$期のDNAの二本鎖切断の修復*に大切な役割を果たすと考えられている．特に，非相同組換えは免疫細胞受容体の再編成反応を介した免疫機能の多様化にも重要な役割を果たす．また，異なるRNAウイルス同士からキメラウイルスができる場合が知られているが，この反応は非相同組換えがといえるが，厳密には選択模写*を伴っており，DNA間の入換え反応とは大きく異なる．(⇒部位特異的組換え)

**脾臓フォーカス形成ウイルス**［spleen focus forming virus］ SFFVと略す．(⇒フレンド白血病ウイルス)

**微速顕微撮影装置**［time-lapse photomicroscopy］ 時間差顕微鏡(time-lapse microscopy)ともいう．生の細胞のゆっくりした動態を連続記録するためにつくられた微速顕微画像撮影装置．組織培養細胞の増殖，細胞輸送，細胞運動，貪食や細胞分裂などの遅い生体運動を，映画撮影のコマ落とし法でフィルムやビデオテープに記録し，画像を早送りで加速再現して運動の仕組みなどを解析するのに用いる．どのような光学系と組合わせるにせよ，防振台を必ず用いてぶれ防止に留意すること，光源の輝度を一定に保つつねに均質な照明条件を維持すること，顕微鏡は金属でつくられているため加熱によって必ず膨張するから，視野内に定点を定め，15分おきに焦点を確かめるなどの注意が必要である．in vivoであれ，in vitroの記録であれ細胞は生きており，酵素系は働いている．したがって試料の調製に十分配慮するとともに各酵素系の吸収スペクトルをあらかじめ調査し，無害な波長を選択して光源に使用すること．赤外線(熱線)や紫外線は禁物である．速い細胞運動は高速顕微撮影装置を用いるが変法の一つと考えてよい．(⇒ビデオ顕微鏡)

**PSORT**［PSORT］ 細胞内のタンパク質局在部位を予測するプログラム．目的のタンパク質のアミノ酸配列と生物の種類(グラム陰性細菌，グラム陽性細菌，酵母，植物，動物など)を指定すると，種々のタンパク質の細胞内局在化シグナル(シグナルペプチド，ミトコンドリア輸送シグナル，葉緑体輸送シグナルなど)を検出し，目的のタンパク質がそれぞれの候補部位に局在する可能性やその他の情報が得られる．PSORT(旧版で細菌と植物の局在配列用)のほかにPSORT II(動物と酵母のタンパク質用)，iPSORT(N末端の選別シグナルの検出用)，WoLF PSORT(菌類・動物・植物のタンパク質用でPSORT IIの改訂版)，PSORT-B(グラム陰性細菌用)に分類されたプログラムが用意されている．(⇒バイオインフォマティクス)

**肥大**［hypertrophy］ ⇒過形成

**非対称細胞分裂** ＝不等(細胞)分裂

**非対称PCR**［asymmetric PCR］ 二本鎖DNAの片方の鎖に対応するプライマーを過剰に加えた条件でPCR*反応を行い，片方のDNA鎖のみを大量に増幅する方法．片側のプライマーのみを過剰(数十倍)に加えておくと片方のプライマーが先に消費され，残りの反応は過剰なプライマーのみから進行し，片方のDNA鎖が大量に生産される．非対称PCRによる産物はPCRによる直接シークエンス法*のための試料としても利用できる．

**非対立遺伝子**［nonallelic gene, nonallele］ ある遺伝子に対して同じ遺伝子座で競合していない遺伝子のこと．二つ以上の非対立遺伝子が存在した時だけ特定の形質が現れることがある(⇒補足遺伝子)．対立遺伝子*の優性遺伝子の発現を抑制する非対立遺伝子(抑制遺伝子，repression gene)や他の遺伝子の形質を覆い隠す遺伝子(被覆遺伝子，covering gene)が存在する場合がある．このように，非対立遺伝子間の相互作用により形質発現が干渉されることをエピスタシス(epistasis)という．非対立遺伝子によって発現が変化する遺伝子はその非対立遺伝子の下位にあるといわれる．一対の相同染色分体上にある非対立遺伝子配列間で起こる交差を不等交差といい(⇒乗換え)，遺伝子重複*が起こる一因となる．

**BWS**［BWS＝Beckwith-Wiedemann syndrome］ ＝ベックウィズ・ビーデマン症候群

**PWM**［PWM＝pokeweed mitogen］ ＝アメリカヤマゴボウマイトジェン

**ビタミン**［vitamin］ 食品に含まれる栄養素は，糖質，脂質，タンパク質などの主栄養素と，ミネラルなどの微量栄養素の二つに大別される．微量栄養素のうち有機化合物をビタミンとよぶ．ビタミンはその溶解性から，水溶性ビタミン(ビタミン$B_1$, $B_2$, $B_6$, $B_{12}$, ナイアシン，パントテン酸，ビオチン，コリンなど)と脂溶性ビタミン(ビタミンA，D，E，Kなど)

の二つに大別される．また，必須脂肪酸をビタミンFということもある．

**ビタミンE**〔vitamin E〕 ⇒トコフェロール

**ビタミンA**〔vitamin A〕 動物の成長に必須の微量脂溶性成分として発見されたビタミンで，レチノール*，レチナール*，レチノイン酸*などがビタミンA活性をもった化合物として知られている（⇒レチノイド）．視覚作用が有名で，網膜の光受容反応におけるロドプシン*（レチナールを結合したオプシン）の役割が解明されている．レチノイン酸には抗夜盲症作用はないが，ステロイドホルモン*と同様に核内受容体*（転写因子）が存在し，遺伝子の転写調節を行っている（⇒レチノイン酸受容体）．

**ビタミンAアルデヒド**〔vitamin A aldehyde〕 =レチナール

**ビタミンA応答配列**〔vitamin A response element〕⇒甲状腺ホルモン応答配列

**ビタミンA核内受容体**〔vitamin A nuclear receptor〕 =レチノイン酸受容体

**ビタミンA酸**〔vitamin A acid〕 =レチノイン酸

**ビタミンH**〔vitamin H〕 =ビオチン

**ビタミンK**〔vitamin K〕 ビタミンK(VK)依存性γ-グルタミルカルボキシラーゼの活性に必須な2-メ

チル-1,4-ナフトキノン環をもつキノン体．γ-グルタミルカルボキシラーゼによりγ-カルボキシグルタミン酸（γ-carboxyglutamic acid, Gla）が産生されるが，構造中にGlaを含有する多くのGlaタンパク質が存在する（⇒オステオカルシン）．VK依存性の血液凝固因子*はGlaタンパク質の一種で，Glaが凝固活性の発現に必要であり，VK欠乏ではこれら凝固因子のGlaができずに凝固活性低下による出血傾向が出現する．

**ビタミンC**〔vitamin C〕 =アスコルビン酸

**ビタミン前駆物質** =プロビタミン

**ビタミンD**〔vitamin D〕 抗くる病作用をもった脂溶性ビタミン．ビタミン$D_3$（コレカルシフェロールcholecalciferol），ビタミン$D_2$（エルゴカルシフェロールergocalciferol）が代表的．7-デヒドロコレステロールから生合成され，肝臓と腎臓でヒドロキシ化を受けることにより活性型になることから，ビタミン*というよりホルモン*としての性格が強い．その作用は，小腸と腎臓におけるカルシウム，リン酸の（再）吸収の促進，骨における骨塩の動員の促進などがある．活性型ビタミンDには，ステロイドホルモンと同様に核内受容体*が存在し，遺伝子の転写調節に関与している．

**ビタミンD依存性カルシウム結合タンパク質**〔vitamin D-dependent calcium-binding protein〕 =カルビンジン

**ビタミンD依存性くる病**〔vitamin D-dependent rickets〕 =ビタミンD抵抗性くる病

**ビタミンD応答配列**〔vitamin D response element〕 標的遺伝子の転写を促進するためにビタミンD*受容体が結合するプロモーター領域の塩基配列で，VDREと略記される．ビタミンD受容体（vitamin D receptor, VDR）は，レチノイン酸受容体*（RAR）ならびに甲状腺ホルモン受容体*（TR）と同様にステロイドホルモンの核内受容体*の一員である．これらの受容体は，レチノイドX受容体とヘテロ二量体を形成し，直列反復配列型のAGGTCA配列を認識する．ビタミンD受容体はAGGTCANNNAGGTCAに類似したDR3とよばれる直列反復配列型の応答配列に結合して標的遺伝子の転写を促進する．（⇒甲状腺ホルモン応答配列，ビタミンD抵抗性くる病）

**ビタミンD受容体**〔vitamin D receptor〕 ⇒ビタミンD応答配列．VDRと略す．

**ビタミンD抵抗性くる病**〔vitamin D-resistant rickets〕 ビタミンD依存性くる病（vitamin D-dependent rickets）ともいう．II型くる病（tpye II rickets）ともいう（⇒くる病）．症状は低リン酸血症，活性型ビタミンD（$1α,25(OH)_2D_3$）の血清濃度の低値，腎臓からのリン酸排泄の亢進，骨の石灰化障害などで，これらの症状は活性型ビタミンDの投与では改善できない．近年の研究により，低リン酸血症を示すII型くる病には共通してFGF23が関与することが明らかになった．X染色体連鎖性低リン酸血症性くる病（HYP）はFGF23を分解する酵素（Zn依存性メタロプロテアーゼ）であるPHEX（phosphate-regulating gene with homologies to endopeptidase on the X-chromosome）の遺伝子異常のためFGF23が分解できず，FGF23の血清濃度が高値を示す疾患である．常染色体優性低リン酸血症性くる病（ADHR）はFGF23の遺伝子異常によりPHEXが作用できずFGF23の血清濃度が高値を示す疾患である．腫瘍由来リン酸血症性軟化症（TIO）は腫瘍細胞から大量のFGF23が産生され，血液中に分泌される疾患である．FGF23の主要な産生細胞は骨組織の骨芽細胞*で，おもな標的臓器は腎臓である．腎臓では，近位尿細管細胞の細胞膜に存在するII型$Na/P_i$共輸送担体（sodium-phosphate co-transporter IIa, NaP;2a）の活性を阻害し，その結果，腎臓におけるリン酸の再吸収は抑制され，低リン酸血症とリン酸尿を惹起する．また，FGF23は腎臓の近位尿細管細胞のミトコンドリアに存在する活性型ビタミンD合成酵素（1α-ヒドロキシラーゼ）の活性を転写レベルで抑制し，$1α,25(OH)_2D_3$の血清濃度を低下させる．FGF23欠損マウスでは1α-ヒドロキシラーゼ活性が亢進し，$1α,25(OH)_2D_3$の血清濃度が高値を示すまた，$1α,25(OH)_2D_3$の投与によりFGF23の産生が亢進することから，ビタミンD代謝とFGF23の間には巧妙なフィードバック調節機構が存在することが

指摘されている.

**ビタミン $B_1$** [vitamin $B_1$] チアミン(thiamin), アノイリン(aneurin)ともいう. ピリミジン環とチアゾール環がメチレン橋で結合した構造をもち, ピリミジン環上に第四級の窒素をもつ. 生体内では, その80%以上が活性型であるチアミンピロリン酸(チアミン二リン酸)の形で存在する. チアミンピロリン酸は, ピルビン酸デヒドロゲナーゼやトランスケトラーゼの補酵素*として, α-ケト酸の酸化的脱炭酸反応や, ペントース-リン酸回路の反応に関与する.

**ビタミン $B_2$** [vitamin $B_2$] リボフラビン(riboflavin)ともいう. 多価アルコールであるリビトール側鎖のついたイソアロキサジン環誘導体. 共役環状構造をもつため橙黄色の蛍光色素であり, 可視光線に不安定. リビトールの末端アルコール基にリン酸が付加したフラビンモノヌクレオチド*(FMN)と, それにアデニル酸のついたフラビンアデニンジヌクレオチド*(FAD)の二つが, 活性型としてフラビン酵素の補酵素として作用する. フラビン酵素には, 生体内の酸化還元反応に関与する酵素が多い.

**ビタミン $B_3$** [vitamin $B_3$] =ニコチンアミド
**ビタミン $B_5$** [vitamin $B_5$] =ニコチンアミド
**ビタミン $B_6$** [vitamin $B_6$] ピリドキシン(pyridoxine, アルコール体)と, そのアルデヒド誘導体ピリドキサール(pyridoxal), アミン誘導体ピリドキサミン(pyridoxamine)の3種が体内で相互変換可能. ピリドキサールリン酸*とピリドキサミンリン酸の二つが活性型としてビタミン $B_6$ 酵素の補酵素となる. $B_6$ 酵素には, アミノ酸代謝やエネルギー代謝など一般代謝に関与するもの以外に, アミノ酸の脱炭酸反応によりカテコールアミンやセロトニンなど神経伝達物質をつくる反応を触媒する酵素が知られている.

**ビタミン $B_{12}$** [vitamin $B_{12}$] コバラミン(cobalamin)ともいい, Cbl と略す. 通常, シアノコバラミン(cyanocobalamin)をさす. ポルフィリン環に類似したコリン環と, その中央にコバルトイオンをもつ化合物で, 生体試料から調製するとシアン基が結合したシアノコバラミンが得られる. 胃粘膜壁細胞から分泌される内因子(糖タンパク質)と結合し回腸粘膜より受容体を介して吸収される. トランスコバラミンIIに結合し血中輸送され, 肝臓ではトランスコバラミンIに結合し貯蔵される. ホモシステインメチルトランスフェラーゼやメチルマロニル CoA ムターゼなどの補酵素となる.

**ビタミン $B_{13}$** [vitamin $B_{13}$] =オロト酸
**ビタミン B 群** [vitamin B group] =ビタミン B 複合体
**ビタミン B 複合体** [vitamin B complex] ビタミン B 群(vitamin B group)ともいう. ビタミン C を除く水溶性ビタミンを総称してビタミン B 複合体という. チアミン($B_1$), リボフラビン($B_2$), ナイアシン, ピリドキシン($B_6$), パントテン酸, コバラミン($B_{12}$), 葉酸, ビオチンの8種を含む. これらは天然には一緒に見いだされ, いずれも物質・エネルギー代謝に関

係した酵素反応の補酵素*となる. 水溶性のため, 大量摂取しても尿中に容易に排泄されるが, コバラミン($B_{12}$)は例外的に肝臓に貯蔵される.

**P タンパク質** [P protein] λファージ*の複製開始に必須の P 遺伝子のコードするタンパク質(分子量27,000). 大腸菌 DnaC タンパク質と相同なタンパク質で, DnaB タンパク質と複合体をつくる. また O タンパク質*とも複合体をつくるので, λの複製起点にO・P・DnaB 複合体ができる. DnaB ヘリカーゼが働くには, 複合体に熱ショックタンパク質, DnaK*, DnaJ*, GrpE が働き, 複合体から P タンパク質が除かれて開始する.

**非タンパク質性窒素** [nonprotein nitrogen] =残余窒素. NPN と略す.

**必須アミノ酸** [essential amino acid] 不可欠アミノ酸(indispensable amino acid)ともいう. 栄養学的必須アミノ酸をさす. 動物の正常な成長や窒素平衡の維持に必要な量が生合成されないため, 食物などの形で外界から摂取する必要のある L-アミノ酸. 成人では, イソロイシン, ロイシン, リシン, メチオニン, フェニルアラニン, トレオニン, トリプトファン, バリンの 8 種. 乳児や成熟ラットではヒスチジンが加わり, 成長期のラットにはさらにアルギニンが必要とされる. フェニルアラニン, メチオニンは代謝経路からもわかるように, それぞれの需要の一部をチロシン, システインによって代用できる. タンパク質栄養の観点からは, 摂取量とともに, 各必須アミノ酸の摂取割合が重要となる.

**ピッチ** [pitch] DNA の二重らせん*やタンパク質のαヘリックス, ヌクレオソーム*のようなコイル構造において, 1 回転当たりの長軸方向の移動距離.

**ビットナー因子** [Bittner's factor] ビットナーのマウス乳因子(Bittner's mouse milk factor)ともいう. 1936 年, J. J. Bittner が報告. 乳がん嫌発系マウスの仔を乳がん好発系マウスに授乳させて育てると, 乳がん発生率が上昇し, 逆に好発系マウスの仔を嫌発系マウスの乳で育てると, 乳がん発生率が低下することから, 乳汁中に乳がんを発生させる因子の存在が示唆された. その後, 電子顕微鏡による観察の結果, 乳汁中にマウス乳がんウイルス*の存在が証明された.

**Pit-1** [Pit-1] POU1F1, GHF-1 ともよばれる. 脳下垂体(pituitary)前葉に存在し, 成長ホルモン, プロラクチン, 甲状腺刺激ホルモンなどの遺伝子を制御している転写因子. DNA 結合ドメインとして POU ドメインをもつ(したがって, POU 遺伝子*の一つ). cAMP などを介してリン酸化され, 転写活性化能が増強される. Pit-1 遺伝子の異常は, 脳下垂体の低形成や上記 3 ホルモンの複合欠損をひき起こすことが, マウスやヒトにおいて知られている. 5′-TAAAT-3′ 共通配列に結合する.

**BiP** [BiP] immunoglobulin heavy-chain binding protein の略で, 最初, 免疫グロブリンの軽鎖を発現

していないプレB細胞で,重鎖に結合するタンパク質として同定された.GRP78*と同じものをさす.

**PDE** [PDE=cyclic nucleotide phosphodiesterase] =サイクリックヌクレオチドホスホジエステラーゼ

**PTEN** ⇒ PTEN(ピーテン)

**P-TEFb** [P-TEFb] positive transcription elongation factor bの略称.CDK9とサイクリンT1のヘテロ二量体から成るキナーゼ複合体で,RNAポリメラーゼⅡ*のCTD*をリン酸化し,転写伸長反応を促進する.Tatと合成途上のウイルスRNAの5'末端に位置しているTARと相互作用することによりHIV-1の転写を促進する(⇒Tat膜透過系,TAR配列).7SK snRNAはCDK9のキナーゼ活性を阻害し,P-TEFbのHIV-1プロモーターへの結合を阻害することにより,P-TEFbの普遍転写活性およびTat特異的転写活性を阻害する.

**PTS** [PTS=peroxisomal targeting sequence] =ペルオキシソーム指向配列

**PTH** [PTH=parathyroid hormone] =副甲状腺ホルモン

**PTHアミノ酸** [PTH amino acid=phenylthiohydantoin amino acid] フェニルチオヒダントインアミノ酸の略号.(⇒エドマン分解法)

**PTHrP** [PTHrP=parathyroid hormone-related peptide] =副甲状腺ホルモン関連ペプチド

**PTH/PTHrP受容体** [PTH/PTHrP receptor] 副甲状腺ホルモン受容体(parathyroid hormone receptor)ともいう.PTH/PTHrP受容体は細胞膜を7回貫通するGタンパク質共役型受容体*であり,副甲状腺ホルモン*(PTH)および副甲状腺ホルモン関連ペプチド*(PTHrP)に対して同等の親和性をもつ.シグナル伝達経路としては,$G_s$を介してアデニル酸シクラーゼ*が活性化されcAMP産生に伴うサイクリックAMP依存性プロテインキナーゼ*(プロテインキナーゼA,PKA)の活性化シグナルと,ホスホリパーゼC*(PLC)が活性化され,イノシトール1,4,5-トリスリン酸($IP_3$)とジアシルグリセロールの産生に伴う$Ca^{2+}$の放出とPKCの活性シグナルが考えられている.PTH/PTHrP受容体はおもに軟骨細胞*,骨芽細胞*,腎臓の尿細管細胞に局在し,胎生期ではPTHよりもPTHrPがおもなリガンドであると考えられる.PTH/PTHrP受容体遺伝子欠損マウスとPTHrP遺伝子欠損マウスは類似した軟骨異形成症*様の異常を示す.

**BDNF** [BDNF=brain-derived neurotrophic factor] 脳由来神経栄養因子の略.(⇒ニューロトロフィン)

**Btk** [Btk] Tecファミリーに属する分子量77,000の非受容体型チロシンキナーゼで,T細胞*,ナチュラルキラー細胞*,ナチュラルキラーT細胞以外の血球系細胞に発現している.X連鎖性無γグロブリン血症*は,この遺伝子の異常によって起こる.本症を最初に記載した小児科医O.C.BrutonにちなんでBtk(Bruton's tyrosine kinase)と命名された.N末端から順に,PH,TH(Tec homology),SH3,SH2およびキナーゼドメインにより構成されている.古くから知られていたxid(X-linked immunodeficiency)マウスはPHドメイン*に点突然変異がある.この遺伝子に異常があると,ヒトではほとんど成熟B細胞ができず,マウスではB細胞*はプロB細胞からプレB細胞に分化できないため,成熟B細胞が半減し,その結果免疫グロブリン*,特にIgM*およびIgG3が著しく減少する.B細胞抗原受容体やマスト細胞*のFcεRIの刺激によりBtkは細胞膜表面に移動し,そこでキナーゼドメインの活性ループにあるTyr 551がLynによりリン酸化されて酵素活性が上昇する.さらにSH3ドメインにあるTyr 223も自己リン酸化される.活性化されたBtkはPLC-γ2をリン酸化し,カルシウムの流入を促進し,さらにNF-κB*やNF-ATなどの転写因子を活性化する.BtkはToll様受容体*(TLR)の刺激によっても活性化される.BtkはTLR4のすぐ下流にあり,TIRAP/Malをチロシンリン酸化して下流に伝え,NF-κBを活性化する.さらにxidマウスでは抗原刺激に対して過剰なIgE産生が起こることが知られていたが,これはBtkが樹状細胞*の成熟を抑制していることによる.またBtkには腫瘍抑制作用もある.BtkとSLP-65/BLNKの二重欠損マウスではプレB細胞性急性リンパ性白血病の発症率がSLP-65単独欠損マウスの7倍以上も高いことから,BtkはSLP-65/BLNKと共同して腫瘍を抑制することがわかった.この作用にはBtkの酵素活性は不要である.

**PtK1細胞** [PtK1 cell] NBL細胞(NBL cell)ともいう.雌のPotorous tridactylis(ネズミカンガルー)の腎臓より樹立された上皮様株細胞.有袋類由来の細胞として1962年に最初に樹立された細胞である.非必須アミノ酸,ピルビン酸ナトリウムを添加したイーグルの最少培地(アールの基礎塩類,0.85 g/L $NaHCO_3$),新生仔ウシ血清10%で培養する.染色体数は$2n=12$だが,染色体分布は52の細胞について10本の細胞が10個,11本の細胞が39個である.

**PTC** [PTC=premature termination codon] 未成熟終止コドンの略.(⇒ナンセンスコドン介在性mRNA分解)

**ptc遺伝子** [ptc gene] =パッチド遺伝子

**PTGS** [PTGS=post transcriptional gene silencing] =転写後遺伝子サイレンシング

**PDGF** [PDGF=platelet-derived growth factor] =血小板由来増殖因子

**PDGF受容体** [PDGF receptor] =血小板由来増殖因子受容体

**PTCペプチド** [PTC amino acid=phenylthiocarbamoyl amino acid] フェニルチオカルバモイルペプチドの略号.(⇒エドマン分解法)

**PDZドメイン** [PDZ domain] シナプス後膜肥厚タンパク質PSD-95/SAP90,ショウジョウバエの腫瘍抑制タンパク質Dlg(discs-large)-A,タイトジャンクション(密着結合*)タンパク質ZO-1に共通のドメイン.六つのβ鎖(βA～βF)と二つのαヘリックス(A,

B)から構成される80〜90アミノ酸のドメインで,しばしば複数のリピートとなり,細胞骨格系および細胞内シグナル伝達系のネットワーク形成や膜タンパク質の分子集合に重要な役割を担っている.タンパク質間の結合に使われ,膜貫通型受容体やイオンチャネルなどをクラスター形成させ,かつこれらのタンパク質複合体を細胞膜内で特定の場所に局在させる働きがある. 標的タンパク質の結合はアンチパラレルのβ鎖がβb鎖とBヘリックスと相互作用するように伸長して形成された表面の溝で起こる. PDZドメインが結合するコンセンサスモチーフとしては,クラスⅠモチーフ(S/T-X-V/I)とクラスⅡモチーフ(疎水性アミノ酸-X-疎水性アミノ酸)が知られており,標的タンパク質のC末端にある. PDZドメインはNMDA受容体($N$-メチル-D-アスパラギン酸受容体*)のシナプスへの局在にも必要である.

**PTTH** [PTTH = prothoracicotropic hormone] ＝前胸腺刺激ホルモン

**PDB** [PDB = Protein Data Bank] ＝プロテインデータバンク

**PTPアーゼ** [PTPase = protein tyrosine phosphatase] プロテインチロシンホスファターゼの略称. (⇌チロシンホスファターゼ)

**BTB/POZドメイン** [BTB/POZ domain] BTB/POZはBR-C, ttk and bab/Pox virus zinc and fingerのCys$_2$His$_2$フィンガー*タンパク質のN末端近くやKelchおよびポックスウイルスタンパク質のようなKelch 1モチーフをもつタンパク質にあり,二量体化に関与する. いくつかのジンクフィンガータンパク質のPOZドメインはN-CoRやSMRTを含めてヒストンデアセチラーゼコリプレッサー複合体の成分と相互作用して転写抑制に働く.

**PDBu** [PDBu = phorbol 12,13-dibutyrate] ホルボール12,13-ジブチレートの略.(⇌ホルボールエステル)

**ビデオ顕微鏡** [video microscopy] テレビ顕微鏡(television microscopy)ともいう. 顕微鏡像を電子の眼により直接ビデオテープまたはCDなどに録画する方法. 当初より画像解析(image analysis)を行うことをめざして開発された. これまでテレビ録画の解像能は写真フィルムの記録性能に劣るといわれてきたが,近年大いに改善されている. テレビカメラの特性を生かしながら高性能コンピューターと組合わせて高速画像処理を行うと,数 nm の構造の検出が可能となり,分子モーターの作動機構の解明などに用いられる. ただしよい光学系を用いることと,信頼度の高いコンピューターソフトを使うことが必須条件である.(⇌微速度顕微撮影装置)

**ビーデマン・ベックウィズ症候群** [Wiedemann-Beckwith syndrome] ＝ベックウィズ・ビーデマン症候群

**ビテリン** [vitellin] 脊椎動物における卵黄タンパク質の主成分の一つであり,脂質を含むリポビテリンとしてホスビチン,リポビテレニンとともに卵黄を形成する. リンを含むリンタンパク質である. ビテリンを含む卵黄リポタンパク質はビテロゲニン*としてエストロゲン支配下で肝臓において合成され,血液中を輸送されて卵巣に至る. 卵母細胞に取込まれたのち,卵黄タンパク質として卵母細胞内に蓄積され,受精後の胚発生におけるリンの供給源となると考えられている.

**ビテロゲニン** [vitellogenin] ＝ビテロジェニン. 鳥類,両生類,昆虫などで,卵母細胞*に蓄積される卵黄の前駆体リポタンパク質. 両生類や鳥類では肝臓,昆虫では脂肪体でつくられる. いずれの場合にも体液中に分泌され,卵形成の過程で卵に吸収される. その後卵内で切断されてホスビチン(phosvitin)とリポビテリン(lipovitellin)になり,最終的に卵黄顆粒の形で蓄積される. ビテロゲニンは約50万の分子量をもつので,そのmRNAも大きく,実際それを合成するポリソームも特に大きい. アフリカツメガエルではこの遺伝子のプロモーターの解析が最も進んでおり,その転写複合体の電子顕微鏡による観察なども行われている.

**PTEN** [PTEN phosphatase and tensin homolog deleted on chromosome 10の略. ホスファチジルイノシトール3,4,5-トリスリン酸(PI(3,4,5)P$_3$)をおもな基質とするホスファターゼで,ホスファチジルイノシトール3-キナーゼ*(PI3-キナーゼ*)経路を負に制御する. 多くのサイトカイン,インスリン,抗原などの刺激により, PI3-キナーゼが活性化される. 活性化PI3-キナーゼは,細胞膜構成成分であるホスファチジルイノシトール4,5-ビスリン酸*(PI(4,5)P$_2$)の3位をリン酸化して, PI(3,4,5)P$_3$を産生し, PI(3,4,5)P$_3$はAkt*をはじめとする下流分子を活性化して細胞増殖,アポトーシス*抵抗性,細胞遊走亢進などの役割を担う. またPTENはがん抑制遺伝子であり,全悪性腫瘍の約半数でPTENタンパク質の発現低下や消失をみる. またPTENの先天的ヘテロ変異は, Cowden病, Bennayan-Zonena症候群, Lhermitte-Duclos病, Proteus症候群など,過誤腫を伴い高率にがんを発症することが知られている. またPTENの欠損によって,種々の悪性腫瘍の発症のみならず,自己免疫疾患,非アルコール性脂肪性肝炎,インスリン感受性や血管新生の亢進,心不全など,ヒトにおける主要な疾患の発症をひき起こすことが動物モデルで示されている.(⇌ホスファチジルイノシトールポリリン酸)

**非天然型塩基対** [unnatural base pair] ＝人工塩基対

**ヒト** [human] 分類学的にヒト科(Hominidae)にはゴリラ属,チンパンジー属,ヒト属が含まれるが,進化の過程における後2属の分岐は約500万年前にアフリカで起こったらしい. その後,約200万年前に*Homo habilis*が,約150万年前に*Homo erectus*が現れた. これから古型*Homo sapiens*(旧人)を経て約20万年前に現存のヒト(*Homo sapiens*)が出現したと考えられている. 人種の成立については, *H. erectus*がア

フリカからヨーロッパ，アジアへ拡散して地域ごとに分化したとする多地域起源説と，現存のヒトがアフリカに出現した20万年前以後，ヨーロッパやアジアへ拡散したとするアフリカ単一起源説とがある．人種間遺伝子流入を無視できる点で後者は有利であるが，最終的な結論は得られていない．これまでの分子集団遺伝学的分析の結果では，ヨーロッパ人とアジア人との遺伝的距離はアフリカ人とヨーロッパ人・アジア人との遺伝的距離より有意に大きい．(⇒分子系統発生)

**非同義SNP**［nonsynonymous SNP］ ⇒一塩基多型

**P糖タンパク質**［P glycoprotein］ ⇒多剤耐性遺伝子

**ヒトゲノム機構**［Human Genome Organization］=HUGO

**ヒトゲノムプロジェクト**［human genome project］ ヒトゲノムに書かれたすべての遺伝情報の解読を目指した国際協力研究．1986年米国のR. Dulbecco*が提唱したことが発端となり，1988年にプロジェクト遂行のための国際組織HUGO*(Human Genome Organization)が設立され，1990年ごろより公式のプロジェクトとしてスタートした．計画はヒトゲノムの地図作成から始められ，1990年代後半以降はヒトゲノムの塩基配列解析が中心となった．2000年に概要版配列，2003年にはヒトゲノム全配列を決定し，プロジェクトが完了した．ヒトゲノム全配列は，真正クロマチン領域の99％以上に相当する約2850Mbで高精度(99.999％)配列である．また，広く公開され，現在もその改良版の発表が継続して行われている．ヒトゲノム配列が決定されたことにより，ヒトゲノム配列の多様性を解明する計画，国際HapMapプロジェクト(International HapMap Project)が進められた．最近，より広範な領域のヒトゲノム構造も多様性をもつことが明らかにされ，これらのカタログ化，機能解明に関する研究も盛んに展開されている．塩基配列から遺伝情報を読み取るための研究も活発に展開され，米国でENCODE計画，日本ではゲノムネットワークプロジェクトが進行している．また，これらのプロジェクトから生産される大量のデータを扱うための情報科学がともに進展し，新しいタイプのデータベースの確立，大量のデータからの生物学的意味の抽出などの研究が展開されている．この分野はバイオインフォマティクス*という新しい学問として成長しつつある．ヒトゲノム解析を通して多くの遺伝病*や成人病の遺伝要因が解明されつつあり，それをもとにして遺伝子診断*，遺伝子治療*，新しい治療薬の開発など，医療，医学への大きな貢献が期待されている．またバイオ産業にとっても重要な基盤となっている．

**ヒト人工染色体**［human artificial chromosome］ ⇒哺乳類人工染色体

**ヒトT細胞白血病ウイルス1**［Human T cell leukemia virus 1］ ヒトTリンパ球ウイルス1(Human T-lymphotropic virus 1)，成人T細胞白血病ウイルス (adult T cell leukemia virus, adult T cell lymphoma virus, ATLV)ともいう．略称HTLV-1．成人T細胞白血病*(ATL)の病因ウイルスでレトロウイルス*に属している．HTLV-1には単純レトロウイルスがもつ構造遺伝子のほかにpXとよばれる遺伝子群がある(⇒pX遺伝子領域)．pX遺伝子群からはTax, Rex, p21の3種類のタンパク質が発現することが知られている．TaxはHTLV-1プロウイルスの5'LTRに働いてウイルスRNAの転写を促進する(⇒tax遺伝子).RexはウイルスRNAのRex RREとよばれる二次構造をもつ部位に結合してRNAのソーティングと輸送に関係している(⇒rex遺伝子)．p21はRexのアミノ末

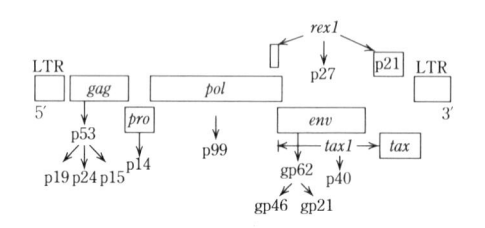

端の欠損したタンパク質であるがその機能は不明である．HTLV-1は2回のリボソームフレームシフトをして初めて逆転写酵素が翻訳される．このためウイルス粒子に酵素の入るチャンスが少ない．感染経路はおもに母子感染で，母乳から感染細胞の侵入で感染する．性行為では男性から女性に感染しやすい．HTLV-1感染症としてはATLのほかにHTLV-1随伴ミエロパチー(HTLV-1-associated myelopathy/tropical spastic paraparesis, HAM/TSP)，HTLV-1ブドウ膜炎などがある．

**ヒトT細胞白血病ウイルス2**［Human T cell leukemia virus 2］ ヒトTリンパ球ウイルス2(Human T-lymphotropic virus 2)ともいう．略称HTLV-2．毛状細胞白血病*細胞株から分離されたC型レトロウイルス*でヒトT細胞白血病ウイルス群に分類される．ヒトT細胞白血病ウイルス1*(HTLV-1)やヒト免疫不全ウイルス*(HIV)との共同感染もみられることがあるが，ヒトにおける病因的な意義は不明である．

**ヒトTリンパ球ウイルス1，2**［Human T-lymphotropic virus 1, 2］ =ヒトT細胞白血病ウイルス1, 2

**ヒト乳頭腫ウイルス** =ヒトパピローマウイルス

**ヒト白血球組織適合抗原**［human leukocyte histocompatibility antigen］ HLAと略す．ヒトの主要組織適合(MHC)抗原．次ページ図のようにHLA遺伝子複合体は，ヒト第6染色体の短腕21.3領域上に約4000kbにわたって存在する．HLA遺伝子は，クラスI (HLA-A, B, C, E, F, G, H, J)およびクラスII(HLA-DR, DQ, DP)遺伝子に大別される．クラスI遺伝子のうちHLA-A, B, C遺伝子は多型に富む古典的なクラスI (Ia)遺伝子であるが，その他は偽遺伝子*であったり，多型に乏しく発現の組織特異性が限定されている非古典的クラスI(Ib)遺伝子である．クラスII遺伝子

ヒトハヒロ 733

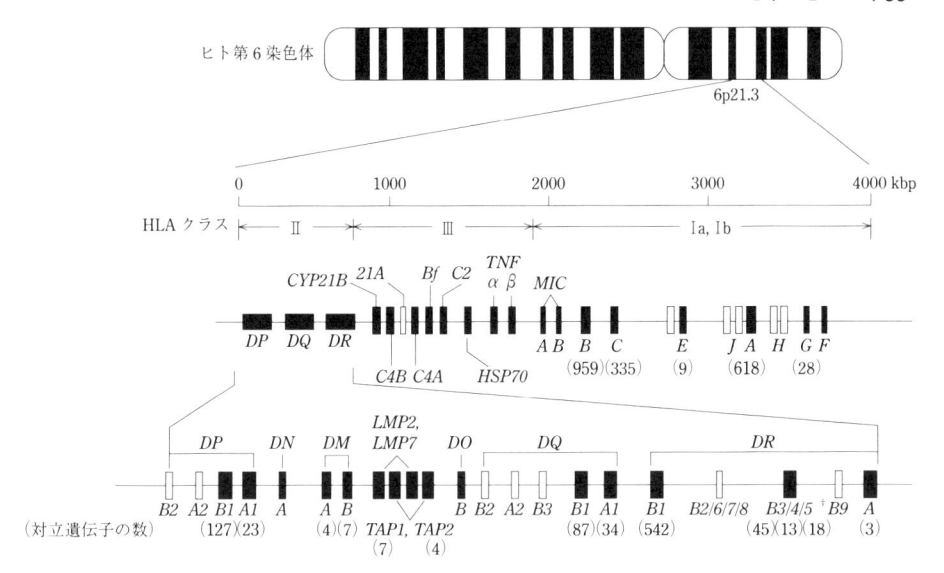

## ヒト白血球組織適合抗原（HLA）遺伝子領域の構成

遺伝子座間の物理的距離は正確ではない．
J. Trowsdale（1995），J. G. Bodmer ら（1994）を改変．（⇌ ヒト白血球組織適合抗原）

■ 遺伝子産物がタンパク質レベルで確認されている遺伝子，□ 遺伝子産物が存在しない偽遺伝子．
MICA, MICB：HLA クラス I 様遺伝子，Bf：補体 B 因子遺伝子，C2, C4：補体第2，第4因子遺伝子，TNF：腫瘍壊死因子遺伝子，CYP21：副腎皮質ステロイド21-ヒドロキシラーゼ遺伝子，HSP70：熱ショックタンパク質（70 kDa）遺伝子，TAP：ペプチドトランスポーター遺伝子，LMP：多機能性プロテアーゼ複合体（プロテアソーム）遺伝子，DMA, DMB：HLA クラス II 分子による抗原ペプチドの提示に重要な遺伝子．DOB, DNA：機能不明な HLA-DO（クラス II）分子をコードする遺伝子．
† 特定の DRB1 対立遺伝子に DRB3, 4 あるいは 5 遺伝子のいずれかが連鎖している

は，クラス II 分子の α 鎖あるいは β 鎖をコードし，それぞれ A あるいは B 遺伝子とよばれる．これらの遺伝子座は複数存在するために番号で区別され，たとえば DRβ 鎖遺伝子座としては DRB1〜9 座が存在する．このうち，DRB1, 3, 4 および 5 座は発現しており，ほかは偽遺伝子である．DRB1 座はすべての染色体上に存在するが，DRB3, 4 あるいは 5 座は，それぞれ異なる特定の DRB1 対立遺伝子と連鎖したハプロタイプ*上にしか存在しない．したがってハプロタイプによっては，共通する DRα 鎖が DRB1 および DRB3, 4 あるいは 5 遺伝子にコードされた β 鎖と会合することによって，2 種類の DR 分子を産生することになる．DQ および DP 遺伝子はハプロイド当たり，それぞれ 1 種類ずつのクラス II 分子をコードする遺伝子と偽遺伝子がある．HLA 遺伝子座間の連鎖不平衡は HLA の全遺伝子領域に及び，特に DR および DQ 対立遺伝子間の連鎖不平衡は非常に強く，DR 対立遺伝子が特定されると，これと連鎖した DQ 対立遺伝子もごく少数に限定される．HLA 遺伝子は大なり小なりの多型を示し，たとえば DRB1 座には人類集団で 500 種類以上の対立遺伝子が存在する．HLA 対立遺伝子の中には，特定の人種でのみ出現するものがあり，人種により遺伝子頻度に大きな差が認められるものも多い．クラス II 遺伝子領域には，クラス I 分子に結合する抗原のプロセシング，輸送および提示に重要な LMP, TAP 遺伝子，およびクラス II 分子による抗原ペプチドの提示に重要な，DMA および DMB 遺伝子も密に連鎖して存在し，多型も報告されている．自己免疫疾患*をはじめとする特定の疾病の患者集団では，特定の HLA 対立遺伝子を有する個体の頻度が増加しており，これらの疾病への感受性を決定する遺伝子が，HLA 遺伝子領域に存在することを示している．臓器移植に際して HLA の適合性が重要であることはいうまでもない．特に移植片対宿主（GVH）反応が問題となる骨髄移植では，ドナーとレシピエント間の HLA の完全な一致が望ましい（⇌ 移植片対宿主病）．腎臓，心臓および肝臓移植においても HLA 適合性が高い移植ほど，その生着率は高くなっている．

**ヒトパピローマウイルス** ［Human papilloma virus］ ヒト乳頭腫ウイルスともいう．略称 HPV．二本鎖環状 DNA 分子（約 8000 塩基対）をゲノム*としてもつ正二十面体構造のウイルス．ゲノム DNA の塩基配列の相同性による型別で，現在 70 種以上の型が知られている（⇌ パピローマウイルス）．ヒトパピローマウイルス（HPV）は，皮膚型 HPV と粘膜型 HPV に分けられる．皮膚型 HPV では，いぼなど皮膚の良性病変

から，HPV1, 4, 7型など多くの型が分離され，疣贅(ゆうぜい＝いぼ)状表皮発育異常症(EV症)の皮膚病変からHPV5, 8, 47型など多くの型のゲノムDNAが検出される．EV症や免疫抑制患者に発生する皮膚がんにはHPV5, 8, 14, 17, 20, 47型などのゲノムDNAが存続している．粘膜型HPVでは，尖圭コンジローマなどの良性病変に関与する低リスクHPV6, 11, 42, 43, 44型などのゲノムDNAが検出され，子宮頸がん*およびその前がん病変，陰茎がん，口腔がんなど各種の悪性腫瘍は，HPV16, 18, 31, 33, 35, 39, 45, 51, 52, 56, 58, 68型など高リスク型HPVのゲノムDNAが存続している．これらのうち特にHPV16型は重要で，HPV16を中心に細胞がん化機構の研究が進められている．E6(early region 6)遺伝子とE7(early region 7)遺伝子がHPV(16型や18型)のがん遺伝子*で，げっ歯動物由来細胞をトランスフォームし，ヒト角質細胞*を不死化する．E6とE7タンパク質は，それぞれ，がん抑制遺伝子*産物p53やRB(→p53遺伝子，RB遺伝子)とタンパク質・タンパク質複合体を形成し，前者ではp53の分解が起こり，後者ではRBの機能が不活性化される．(→トランスフォーミングタンパク質)

**ヒト免疫不全ウイルス**［Human immunodeficiency virus］ HIVと略される．ヒトに後天性免疫不全症候群*(AIDS)を発症させる病因ウイルス．2種類のHIVが分離されている(図)．レトロウイルス*に属す

(a) HIV-1

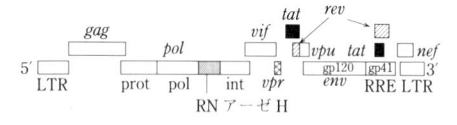

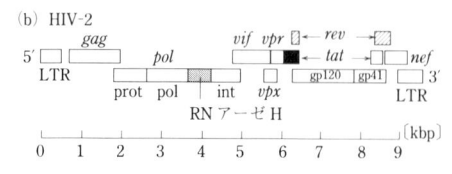

(b) HIV-2

るが複雑な遺伝子構造をもっている．特に転写を調節するtat遺伝子*，転写後のウイルスRNAのソーティングと輸送に関与するrev遺伝子*，細胞膜に局在し，宿主の細胞表面でCD4抗原*やMHCクラスI分子*の発現を抑えるnef遺伝子*の分子機構が注目される．また宿主細胞の受容体となるCD4抗原をダウンレギュレーションするnef遺伝子の役割がAIDSの発症と関係あるものと注目されている．HIVはCD4陽性T細胞のほか，マクロファージにも感染する．CD4陽性T細胞数が血液1μL当たり200以下になると免疫不全になる．またHIVにより認知症，カポジ肉腫*などが発生しやすい．他のウイルス，細菌，真菌などの二次感染により死亡する(→日和見感染)．

逆転写酵素阻害剤*であるヌクレオシド類似体(アジドチミジン*，ジデオキシシチジン，ジデオキシイノシン)のほか非核酸系逆転写酵素阻害剤やプロテアーゼ阻害剤が開発され，これらを組合わせたHAART療法(highly active anti-retroviral therapy)とよばれる多剤併用療法(カクテル療法)がAIDS治療に用いられている．また，ウイルス膜が細胞膜と融合してウイルス粒子内のキャプシドで囲まれたウイルスRNAゲノムや逆転写酵素を含む部分が細胞質内に取込まれるのを抑制する薬剤(fusion inhibitor)や逆転写されたウイルスゲノム(cDNA)の宿主細胞染色体への挿入に働くインテグラーゼを阻害するインテグラーゼ阻害剤も開発されている．ウイルスの突然変異により耐性ができやすい．またウイルスの受容体結合域が突然変異しやすいため有効なワクチンの開発が難しい．

**ヒドラ**［Hydra magnipapillata, Hydra］ 腔腸動物*ヒドロ虫綱に属する着生性淡水産動物．増殖法はおもに無性生殖*(出芽)を行い，世代交代をしない．4ないし5本の触手とその上に存在する刺胞により捕食を行う．神経系は網目状で，基本的には3種類の細胞から成り立つ．他の動物と異なり，神経細胞は成体でも他の体細胞同様，増殖，死滅を繰返し，形態変化，存在場所を移動するなどの特徴をもつ．このほか，形態形成，幹細胞の分化や決定機構の研究にも適する．ゲノムの解読が進行中である．

**ビードル** BEADLE, George Wells 米国の遺伝学者．1903.10.22～1989.6.10．ネブラスカ州のワフーに生まれる．コーネル大学でPh.D.を取得(1931)後，カリフォルニア工科大学でT. H. Morgan*のもとに遺伝学を学んだ．アカパンカビにX線を照射して種々の突然変異を起こさせ，アルギニン代謝に関与する酵素と遺伝子が1対1に対応することを発見した．1958年E. L. Tatum*，J. Lederberg*とともにノーベル医学生理学賞を受賞．スタンフォード大学教授(1937～46)，カリフォルニア工科大学教授(1946～61)，シカゴ大学総長(1961～68)．

**ヒドロキシアパタイト**［hydroxyapatite］ ＝水酸化アパタイト．生理的条件下で熱力学的に最も安定なリン酸カルシウム化合物(化学式$Ca_{10}(PO_4)_6(OH)_2$)．結晶の単位胞は18個の原子団から成り，六方晶系に属し，単位ベクトルは6.88×9.42×9.42Åである．結晶の表面に特定の配置をもってリン酸基，ヒドロキシ基，カルシウムが露出しているので陽，陰どちらの荷電体も吸着できる．タンパク質の分離や，一本鎖と二本鎖のDNAの分別(後者をより強く吸着)に用いられるのはこのためである．バイオテクノロジーでの応用範囲は非常に広い．元来，骨と歯のミネラルの主成分であり，人工骨や人工歯など人工臓器の材料に用いられる理由はこれらの組織と生体内で融合しうるためである．一方，細胞培養における細胞支持体として，骨芽細胞をはじめ各種細胞のマトリックス培養用素材に応用される．クロマトグラフィーの充填材としてもさまざまな結晶，粒子形態が工夫されている．(→ヒドロキシアパタイトカラム)

**ヒドロキシアパタイトカラム** [hydroxyapatite column] リン酸カルシウムの結晶粒子を分離担体としたカラム．結晶表面に負に荷電したリン酸基，正に荷電したカルシウム原子が規則的に配置している．それらと適切にイオンの相互作用ができる分子表面をもつタンパク質であれば，酸性，塩基性を問わず吸着され，リン酸緩衝液などで溶出できる．特異な原理に基づくので，他のクロマトグラフィー*が無効な場合にも，非常に有効なことがある．また核酸の分離精製にも利用できる．(⇒ ヒドロキシアパタイト)

**3-ヒドロキシチラミン** [3-hydroxytyramine] ＝ ドーパミン

**5-ヒドロキシトリプタミン** [5-hydroxytryptamine] ＝セロトニン．5-HT と略す．

**5-ヒドロキシトリプタミン受容体** [5-hydroxytryptamine receptor] ＝セロトニン受容体

**5-ヒドロキシトリプタミン輸送体** [5-hydroxytryptamine transporter] ＝セロトニン輸送体．5HTT と略す．

**ヒドロキシ尿素** [hydroxyurea] ラジカルスカベンジャーの一つでリボヌクレオチドレダクターゼ*を阻害する(⇒スカベンジャー)．細胞をこれで処理すると，リボヌクレオチドからデオキシリボヌクレオチドがつくられなくなり DNA 合成の伸長反応が阻害される．

**ヒドロキシプロリン** [hydroxyproline] Hyp と略される．$C_5H_9NO_3$，分子量 131.13．プロリン*の 3

3-ヒドロキシ-L-プロリン　　4-ヒドロキシ-L-プロリン

または 4 位がヒドロキシ化されたもので，生体内では，アスコルビン酸と α-ケトグルタル酸を補因子としたプロリンヒドロキシモノオキシゲナーゼによる翻訳後修飾反応によって生じる．コラーゲン*中に見いだされるのは大部分が 4 位に修飾を受けた 4-ヒドロキシプロリン(略号 4Hyp)である．コラーゲンでは，$(Gly-X-Y)_n$ の繰返し構造の Y がヒドロキシプロリンになることが多く，分子間で水素結合をつくることによって三重らせんタンパク質*の安定化に寄与している．植物の細胞外マトリックスの糖タンパク質にもヒドロキシプロリンが見いだされ，細胞壁の構築に関与していると考えられている．(⇒ アミノ酸)

**ヒドロキシメチルグルタリル CoA レダクターゼ** [hydroxymethylglutaryl-CoA reductase] HMG-CoA レダクターゼ(HMG-CoA reductase)と略される．ヒドロキシメチルグルタリル CoA を NADPH を用いて還元してメバロン酸にする酵素(EC 1.1.1.34)．コレステロール*生合成過程の律速段階であり，コレステロールによってフィードバック阻害される．阻害剤は高コレステロール血症の治療に使われる．小胞体に存在し膜貫通型の糖タンパク質である．ヒトの酵素は

888 個のアミノ酸から成り，N 末端側 339 個は膜結合，340～449 がリンカー部位，450～888 が触媒部位である．

**ヒドロキシメチルシトシン** [hydroxymethylcytosine] $C_5H_7N_3O_2$，分子量 141.13．大腸菌を攻撃する T 偶数ファージ*の DNA のシトシン*の代わりに含まれる修飾ピリミジン塩基．5 位のヒドロキシメチル基にグルコースが 1 個ないし 2 個結合していることが多い．ファージ感染によって生成する酵素からの自己防衛の目的と，大腸菌の制限酵素*からの防衛のために存在すると推定されている(⇒ 制限修飾系)．生体内では dCMP の段階で L(+)-5,10-メチレン-5,6,7,8-テトラヒドロ葉酸*によって 5-ヒドロキシメチル dCMP に変換される．

**ヒドロキシラーゼ** [hydroxylase] ⇒ 酸素添加酵素

**ヒドロキシリシン** [hydroxylysine] ＝オキシリシン，2,6-ジアミノ-5-ヒドロキシ-$n$-カプロン酸．Hyl と略記する．$C_6H_{14}N_2O_3$，分子量 162.19．リシン*の

ヒドロキシ-L-リシン　　allo-ヒドロキシ-L-リシン

5 位がヒドロキシラーゼによってヒドロキシ化されたもの．脊椎動物ではヒドロキシプロリン*とともにコラーゲン*などに，また細菌類にも見いだされる．コラーゲンのヒドロキシリシンにはガラクトースやガラクトシルグルコースなどが O-グリコシド結合しているものもある．リシンやプロリンのヒドロキシ化はタンパク質分解の指標となっている．(⇒ アミノ酸)

**ヒドロキシルアミン** [hydroxylamine] $NH_2OH$，分子量 33.03．主として DNA 鎖(特に一本鎖)上のシトシン残基に作用して，そのアミノ基をヒドロキシアミノ基(-NHOH)に変える結果，GC 塩基対から AT 塩基対へのトランスバージョン*を起こす変異原*物質である．ただし，アデニン残基にも，はるかに弱くではあるが作用する．ウイルス粒子や DNA 分子には強い変異原として働くが，生細胞に対しては他の毒性のために変異原効果は明瞭に現れない．脂肪酸エステルやポリペプチドとも反応する．

**ヒドロキシルラジカル** [hydroxyl radical] 活性酸素*の一種．1 価銅，2 価鉄など遷移金属イオンの存在下で過酸化水素*が分解し，ヒドロキシルイオンとともにヒドロキシルラジカルが生じる．脂質，核酸など，有機物質から $10^8 M^{-1}\cdot sec^{-1}$ を上回る速度定数で水素原子を引抜き，酸化的分解の引き金として作用する．寿命がナノ秒と短く，標的分子のごく近傍でヒ

ロキシルラジカルが生じない限り，ラジカル反応は進行しない．マンニトール，エタノール，ヒスチジンなどが捕捉剤（→スカベンジャー）として働く．

**ビトロネクチン**［vitronectin］ Sタンパク質（S protein）ともいう．血漿，血清，結合組織に存在する細胞接着性糖タンパク質．SDS電気泳動で，分子量59,000～78,000．ヒトでは75,000と65,000の2本のバンドを示す．細胞接着*だけでなく，血液凝固や補体の機能調節もする．アミノ酸458個から成る一本鎖ポリペプチド構造をとる．細胞接着部位はRGD配列*である．N末端は，ソマトメジンBと同一の配列である．ヘパリン*，コラーゲン*，補体の膜侵襲複合体，プラスミノーゲンアクチベーターインヒビター1，トロンビン-アンチトロンビンIII複合体，$\beta$エンドルフィンなどと結合する．肝臓で合成される．

**ヒドロパシー分析**［hydropathy analysis］ タンパク質のアミノ酸配列からその高次構造*を推定する方法の一つ．タンパク質のアミノ酸配列を一定の長さの部分（通常は約10アミノ酸残基）で順次ずらしていき，それぞれの部分での疎水親水指数（hydropathy index）を計算し数値化する．疎水親水指数は非極性溶媒から水に移すために要する自由エネルギーとして計算される．すなわち，値が大きいほど疎水性が高い．この結果からタンパク質中の疎水性および親水性部分の分布を知り，立体構造の有無やシグナルペプチドやほかの膜貫通ドメイン*の存在を推定する．

**5-ヒドロペルオキシエイコサテトラエン酸**［5-hydroperoxyeicosatetraenoic acid］ 5-HPETEと略す．（→リポキシゲナーゼ）

**ヒドロラーゼ** ＝加水分解酵素

**ピーナッツ凝集素**［peanut agglutinin］ PNAと略される．ピーナッツ（Arachis hypogaea）が産生する糖結合性タンパク質，レクチン*．分子量98,000，$Ca^{2+}$と$Mg^{2+}$を含む分子量24,500のサブユニットから成る四量体構造である．糖鎖は含んでいない．$Gal\beta1\rightarrow3GalNAc$-に特に強く結合し，ガラクトースとも結合する．抗T凝集素活性をもつ．PNAを利用したアフィニティークロマトグラフィー*における溶出はガラクトースあるいはラクトースで行う．

**p75**［p75］ →神経成長因子受容体
**p75$^{NTR}$**［p75$^{NTR}$］ →ニューロトロフィン受容体
**p72$^{syk}$**［p72$^{syk}$］ ＝Syk
**p21**[1]［p21］ CDKインヒビター*の一つ．Waf1, Cip1, Sdi1ともよばれる．広範囲なサイクリン/CDK複合体に結合し，サイクリンD, E, A, B依存性キナーゼ活性を抑制するとともに，PCNA（増殖細胞核抗原*）に結合してDNAポリメラーゼ$\delta$によるDNA複製を阻害することが知られている．p53によって発現誘導され，DNA損傷時の細胞周期の停止（$G_1$停止）機構の一端を担っている．（→p53遺伝子）p53に突然変異のあるがん細胞で発現の低下がみられるが，がん症例でのp21遺伝子自身の突然変異の報告は少ない．（→p16, p27）

**p21**[2]［p21］ p21$^{ras}$とも書き，Rasタンパク質ともいう．（→Ras）
**B23**［B23］ ＝ヌクレオホスミン
**p20$^{C/EBP\beta}$**［p20$^{C/EBP\beta}$］ ＝肝特異的転写抑制性タンパク質
**p27**［p27］ ＝kip1．CDKインヒビター*の一つ．p21*と構造的に類似し，広範囲なサイクリン/CDK複合体に結合し，サイクリンD, E, A, B依存性キナーゼ活性を抑制する．p27欠損マウスは対照マウスに比べ，体格，胸腺，下垂体，副腎，生殖腺などが大きく，RB欠損マウスと同様に下垂体腫瘍が多くみられる．ヒト白血病で欠損が多くみられた第12染色体短腕12-13領域に位置するが，がん症例でのp27遺伝子異常の報告は少ない．（→p16）

**$B_2$受容体**［$B_2$ receptor］ →ブラジキニン受容体
**P2ファージ** ＝ファージP2
**泌尿器系**［urologic system］ →泌尿生殖系
**泌尿生殖系**［urogenital system］ 泌尿生殖器系ともいう．泌尿器系（urologic system）と生殖器系（reproductive system）は発生・解剖学的に密接な関係にあり，まとめて泌尿生殖系とよぶ．前者は尿を産生-排出する系，後者は生殖機能を営む系で，どちらもおもに中胚葉由来である．ウォルフ管（Wolffian duct）が下方に伸びる途中，その遠位端から尿管芽が発生し後腎系の組織に侵入して上方に伸びる．ミュラー管（Müllerian duct）はウォルフ管と併走し，尿生殖洞に接する．また，中腎の内側に始原生殖細胞*が移動し性腺原基ができる．性腺原基にY染色体短腕上のSRY遺伝子（→Y染色体性決定領域）などが作用すれば精巣*となり，しないと卵巣*となる．ウォルフ管は男性ではテストステロン*により精管など精巣の導管となるが，女性では退化する．ミュラー管は男性ではミュラー管抑制物質*により退化するが，女性では卵管，子宮，膣（上2/3）となる．尿管芽は尿管（膀胱三角部）-腎盂，腎杯，集合管）となり，後腎系は腎臓（尿細管，糸球体，ボーマン嚢）となる．内胚葉由来の部分も存在し，排泄腔から尿生殖洞が分離し，男性では膀胱，尿道，前立腺に，女性では膀胱，尿道，膣前庭，膣（下1/3）になる．

**ピノサイトーシス** ＝飲作用
**ピノソーム**［pinosome］ ＝エンドソーム
**ピノプシン**［pinopsin］ 松果体オプシン（pineal opsin）ともいう．鳥類などの松果体*細胞に含まれる色素タンパク質．脳内の光受容タンパク質としてニワトリ松果体から初めて見いだされた．ニワトリピノプシンの分子量は約4万で351個のアミノ酸残基から成り，一次構造はロドプシン*などの視物質*と約50％一致する．発色団として11-cis-レチナールをもち，吸収極大波長は約470 nm．鳥類の松果体がもっている約1日周期の生物時計*（概日時計）の位相を，外界の光環境に同調させる役割を果たすと考えられている．（→サーカディアンリズム）

**P-value**［P-value］ →E-value
**皮板**［dermatome, dermatomus］ 真皮節ともい

う．高等動物の発生期に出現する将来真皮，皮下組織を形成する細胞の集塊．体節*の一部で，椎板（硬節）の細胞の遊走後残存した背側壁が皮板となる．皮板を腹側に筋板（筋節）を産生したのち，類上皮様の特徴を失い，表皮外胚葉の下層に広がって，真皮，皮下組織を形成する．この時体節に相当する神経支配が維持されるので，皮節*が成体で観察される．

**肥胖細胞** ＝マスト細胞

**BBI** ［BBI＝Bowman-Birk protease inhibitor］ボーマン-バーク型プロテアーゼインヒビターの略号．（⇌ トリプシンインヒビター）

**PBIgG** ［PBIgG＝platelet-bindable IgG］ ⇌ 血小板結合 IgG

**pBR322** ［pBR322］ 初期の遺伝子組換え実験で頻用された古典的な大腸菌のプラスミドベクター*．アンピシリン耐性（$Ap^R$）遺伝子，テトラサイクリン耐性（$Tc^R$）遺伝子の2種類の薬剤耐性遺伝子と複製起点から成る4363塩基対のプラスミドで，$Ap^R$ 遺伝子上の $Pst$I部位，$Tc^R$ 遺伝子上の $Hind$III，$Bam$HI，$Sal$I 部位がクローン化によく用いられた．pBR322 からつくられた多コピープラスミドである pUC 系*のプラスミドが現在主流となっている．

**PPAR** ［PPAR＝peroxisome proliferator-activated receptor］ ＝ペルオキシソーム増殖活性化受容体

**PBSCT** ［PBSCT＝peripheral blood stem cell transplantation］ ＝末梢血幹細胞移植

**ppGpp** ［ppGpp］ グアノシン 5′-二リン酸 3′-二リン酸（guanosine 5′-diphosphate 3′-diphosphate）の略号．大腸菌の緊縮調節* で中心的役割を担う．試験管内では，ppGpp はリボソーム，mRNA，脱アシル tRNA の存在のもと，$relA$ 遺伝子産物（ppGpp 合成酵素，緊縮因子）により GDP＋ATP→ppGpp＋AMP の反応で合成される．細胞内では ppGpp はアミノ酸欠乏条件下で現れ，RNA ポリメラーゼの $σ^{70}$ に作用して rRNA 合成を抑制し（負の調節*），同時に，適応増殖に必要な正の調節*を行うと考えられる．緊縮応答では ppGpp とともに pppGpp も細胞内に蓄積するが，リボソームタンパク質の働きにより ppGpp に変換される．(p)ppGpp の分解は spoT 遺伝子産物により触媒され，(p)ppGpp の細胞内レベルは relA と spoT の両方により調節されているらしい．

**非ヒストンタンパク質** ［non-histone protein］ 真核細胞の核内タンパク質のうち，ヒストン*以外のクロマチン*結合性タンパク質の総称．通常，RNA ポリメラーゼ，転写因子類，DNA 複製関連タンパク質は含めない．DNA 結合タンパク質だけでなく，他のタンパク質を介して間接的にクロマチン DNA と相互作用するタンパク質や核マトリックス*タンパク質，ポリコウムタンパク質（⇌ ポリコウム遺伝子），ヘテロクロマチンタンパク質1(HP1)なども含む．クロマチンの活性化・不活性化，クロマチンドメインの核内の配置，DNA のトポロジー，染色体凝縮，姉妹染色体の分離・接着，ほかさまざまなクロマチン構造と機能の維持・変化に関与している．細胞によってその含量は異なるが，非ヒストンタンパク質は非常に多成分で構成され，ある細胞種では数百種類にも及ぶ．そのほとんどについては機能が不明だが，単離が容易なため，HMG タンパク質（⇌ 高速移動群タンパク質）とよばれる一群のタンパク質について研究が進んでいる．

**BPTI** ［BPTI＝bovine pancreatic trypsin inhibitor］ ウシ膵臓トリプシンインヒビターの略号．（⇌ トリプシンインヒビター）

**非肥満性糖尿病** ［non-obese diabetic］ ⇌ NOD マウス

**p130** ［p130］ RBL2 ともいう．（⇌ p107）

**p107** ［p107］ RBL1(retinoblastoma-like 1)ともいう．アデノウイルス E1A*タンパク質に対する抗体で共沈殿してくる分子量107,000のタンパク質として見つかった．RB タンパク質および p130 とアミノ酸配列の相同性がある（⇌ $RB$ 遺伝子）．遺伝子はヒト第20染色体長腕上の11.2領域にある．細胞増殖抑制能をもち，E2F*のうちの E2F4/5 と結合してその活性を抑える．また，Myc とも結合してその転写活性化能を抑える．また，E2F4/5 と p107 は細胞質内で Smad3 と DP1 と複合体を形成しており，この複合体が TGFβ 刺激に応答して核内に移行し，Smad4 と結合して c-$myc$ 遺伝子の E2F4/5-Smad 認識部位に結合し，c-$myc$ の転写を抑制する．さらには，CDK2（⇌ サイクリン依存性キナーゼ）およびサイクリン*E あるいは A と結合した状態のものも存在する．同様な働きをするものとして RBL2(p130)がある．

**p120** ［p120］ 分子中央に10回のアルマジロリピートをもつタンパク質．リン酸化酵素 Src の基質として同定され，その後，細胞間接着分子カドヘリン*の細胞質領域に結合することが示された．さらに低分子量 GTP 結合タンパク質*のうちアクチン系細胞骨格の制御にかかわる RhoA，Rac*，Cdc42* の活性制御を行う．Kaiso と結合して転写制御にも機能する．おもな機能は細胞の運動性の制御と考えられる．がん細胞の浸潤性の亢進との関連も指摘されている．

**p140** ［p140］ ⇌ 神経成長因子受容体

**pp46** ［pp46］ ＝GAP-43

**皮膚** ［skin］ 動物の体表面を覆う広い膜状の臓器で，表面積は成人で平均 1.6 m², 厚さ 1.5～4.0 mm（皮下組織を除く）．構造上外から，表皮（表皮細胞），おもに結合組織から成る真皮，そして皮下（脂肪）組織に分けられる．毛嚢，汗腺，皮脂腺，爪などの付属器を備える．機能的には，外来異物に対するバリヤー機能，外力に対する保護作用のほか，エネルギー備蓄，体温調節，物質合成，発汗，皮脂分泌，知

覚などさまざまな機能をもつ．最近，免疫の最前線臓器としての働きが注目を集めている．

**P部位**［P site, peptidyl site］　ペプチジル tRNA 結合部位(peptidyl-tRNA-binding site)ともいう．リボソーム上における tRNA 結合部位の一つで，A部位*（アミノアシル tRNA 結合部位）に対して用いられる．P部位に結合しているペプチジル tRNA のペプチジル基が A 部位に結合したアミノアシル tRNA* のアミノ酸のアミノ基に転移すること（ペプチジル転移反応 peptidyl transfer）でポリペプチド鎖は伸長される．この結果，アミノ酸1個分が伸びた新たなペプチジル tRNA が A 部位に結合した状態になるが，トランスロケーション*（転位）により P 部位へ移動しつぎの伸長反応が始まる．（→伸長サイクル）

**PVY**［PVY＝*Potato virus Y*］　＝ジャガイモYウイルス

**皮膚がん**［skin cancer, skin carcinoma］　皮膚に起こる悪性腫瘍で，扁平上皮がんと悪性黒色腫が多いが，そのほかに基底細胞がん，皮膚付属器（汗腺，脂腺，毛根）のがんや肉腫などがある．部位別に口唇がん，陰茎がんなどの名称も使われている．皮膚がんの原因の大部分は日光（紫外線）であり，また，熱傷，放射線などが知られている．色素性乾皮症*では，紫外線による DNA の損傷を修復できず，露光部に皮膚がんが多発する．ただ，日本人の悪性黒色腫は，非露光部に起こることが多い（→黒色腫）．

**皮膚感作抗体**［skin sensitizing antibody］　＝レアギン

**被覆遺伝子**［covering gene］　⇌ 非対立遺伝子

**被覆小孔**［coated pit］　コーテッドピットともいう．1960 年代の初めに真核細胞の細胞膜の細胞質側が剛毛（クラスリン*）にコートされている部分が見つかった．この膜部分は細胞質へ窪んでいたため被覆小孔とよばれた（クラスリン被覆小孔* ともいう）．小孔は被覆をつけたまま細胞質へちぎれて被覆小胞*となり外来タンパク質を小胞に取込んで食作用*を行う．一時被覆小胞は存在せず，被覆はあくまでも細胞膜に残存し，ちぎれて小胞となり食作用に寄与するのは膜のみでできた小胞という考えが提出された．が，連続切片で被覆小孔の存在は確認された．トランスゴルジ網の剛毛に覆われた部分は被覆小孔とはいわない．

**被覆小胞**［coated vesicle］　コーテッドベシクルともいう．クラスリン被覆小胞（clathrin-coated vesicle）と COP 被覆小胞（COP-coated vesicle）の2種があり，前者が一般的である．細胞膜とトランスゴルジ網*より形成される膜小胞．半減期は3分で，すべての真核細胞に存在する．膜に存在するある種の受容体の細胞質末端はアダプチン*と結合する．アダプチンは他方でクラスリン*とも結合して間接的にクラスリンを膜に係留している．アダプチンの種類（ヘテロ四量体）は小胞の由来によって異なる．クラスリンの一辺約 20 nm の正多角形で裏打ちされた細胞膜部分（全表の1～2％）を被覆小孔*といい，六角形が多いが，生じた小胞では 12 個の五角形と 20 個以上の六角形の組合わせとなる．小胞直径は被覆を含めて膜由来のもので 60～250 nm，ゴルジ網由来で 60～80 nm．クラスリンの重鎖は 1675 アミノ酸の単一遺伝子産物から成る．トリスケリオンという三量体が単位で膜に多角に集合したものと細胞質に分散したものがある．分泌吸収の盛んな細胞では集合したものの割合が多く，小胞を形成して受容体経由エンドサイトーシス*を担う（網由来のものはマンノース 6-リン酸*を認識してリソソーム酵素を運ぶ）．COP 被覆小胞はコートマー（coatomer）という GTP 結合タンパク質を含む数種のタンパク質に覆われた小胞で，ゴルジ層板間の物質輸送に関与する．コートマーは GTP 結合状態で膜に結合して小胞を形成し，加水分解で離散すると膜は管状となる．被覆は切片で電子密度の高いアダプチンに似た直径約 18 nm の均質物質．レプリカではそのうちの β-COP が 10 nm の粒状を示す．

**皮膚節**　＝皮節

**P物質**　＝サブスタンス P

**皮膚特発性多発性色素肉腫**［idiopathic multiple pigment sarcoma of the skin］　＝カポジ肉腫

**微分干渉顕微鏡**［differential interference microscope］　＝ノマルスキー型（微分）干渉顕微鏡

**ヒポキサンチン**［hypoxanthine］　Hyp と略記される．$C_5H_4N_4O$, 分子量 136.11. プリン塩基の一つで，グアニン*とともに再利用経路*の酵素であるヒポキサンチンホスホリボシルトランスフェラーゼ*（HPRT または HGPRT）の基質であり，おのおのイノシン酸（IMP）およびグアニル酸*（GMP）となる．HAT 培地*では，HPRT を欠損する細胞はプリンヌクレオチドの合成および再利用経路による供給の両方を絶たれるため増殖できない（→HPRT⁻ 突然変異株）．

**ヒポキサンチンオキシダーゼ**［hypoxanthine oxidase］　＝キサンチンオキシダーゼ

**ヒポキサンチン-グアニンホスホリボシルトランスフェラーゼ**［hypoxanthine-guanine phosphoribosyltransferase］　＝ヒポキサンチンホスホリボシルトランスフェラーゼ．HGPRT と略す．

**ヒポキサンチン-グアニンホスホリボシルトランスフェラーゼ欠損症**［hypoxanthine-guanine phosphoribosyltransferase deficiency］　＝レッシュ・ナイハン症候群

**ヒポキサンチンホスホリボシルトランスフェラーゼ**［hypoxanthine phosphoribosyltransferase］　HPRT と略す．ヒポキサンチン-グアニンホスホリボシルトランスフェラーゼ（hypoxanthine-guanine phosphoribosyltransferase, HGPRT）ともよばれる．ヒポキサンチン*をイノシン酸（IMP）に変換するプリン代謝系の再利用経路*の酵素（EC 2.4.2.8）．遺伝子はヒト X 染色体に存在し，その欠損はレッシュ・ナイハン症候群*の原因となる．培養細胞をヒポキサンチン類似体である 6-チオグアニン培地に培養すると，低頻度で

酵素欠損の突然変異クローンを生じる(→ HPRT⁻ 突然変異株). この突然変異系は環境突然変異原物質のスクリーニング系として, また突然変異株は雑種細胞形成の親株として利用される. (→ HAT 培地)

**ヒポキサントシン** [hypoxanthosine] ＝イノシン

**非ホジキンリンパ腫** [non-Hodgkin lymphoma] NHL と略す. B 細胞*, T 細胞*を起源とする悪性リンパ腫*であり, B 細胞ががん化した B 細胞性腫瘍, T 細胞あるいは NK 細胞ががん化した T/NK 細胞性腫

非ホジキンリンパ腫の REAL / WHO 分類 (E. Jaffe ら編, 2001; S. E. Cogliatti, U. Schmid, 2002)

1. **B 細胞性腫瘍**
   前駆 B 細胞腫瘍
     前駆 B 細胞リンパ芽球性白血病 リンパ腫
   成熟 B 細胞腫瘍
     B 細胞慢性リンパ性白血病(B-CLL) 小リンパ球性リンパ腫(B-SLL)
     前リンパ性白血病(B-PLL)
     リンパ形質細胞リンパ腫
     周縁帯 B 細胞リンパ腫
       結節型 節外性 脾原発
     毛状細胞白血病
     形質細胞腫
       形質細胞骨髄腫 孤立性形質細胞腫(骨の) 骨外性形質細胞腫
     濾胞性リンパ腫(グレード 1, 2, 3a, 3b)
     び漫性濾胞性リンパ腫
     マントル細胞リンパ腫
     び漫性大 B 細胞リンパ腫
     原発性縦隔(胸腺)大 B 細胞リンパ腫
     血管内大 B 細胞リンパ腫
     原発性浸出液リンパ腫
       バーキットリンパ腫 バーキット白血病

2. **T 細胞性および NK 細胞性腫瘍**
   前駆 T 細胞性および NK 細胞性腫瘍
     前駆 T リンパ芽球性白血病 リンパ腫(T-LBL)
     芽細胞性 NK 細胞リンパ腫
   成熟 T 細胞性および NK 細胞性腫瘍
     T 細胞リンパ芽球性腫瘍(T-PLL)
     T 細胞慢性リンパ性白血病
     T 細胞型大顆粒リンパ性白血病(T-LGL)
     NK 細胞型大顆粒リンパ性白血病(NK-LGL)
     アグレッシブ NK 細胞白血病
     成人 T 細胞リンパ腫(ATL L)
     節外性 NK T 細胞リンパ腫
     腸 T 細胞リンパ腫
     肝脾 T 細胞リンパ腫
     皮下脂肪織炎様 T 細胞リンパ腫
     菌状息肉腫
     セザリー症候群
     皮膚原発未分化大細胞リンパ腫(C-ALCL)
     末梢性 T リンパ腫, 未同定
     血管性免疫芽細胞性 T 細胞リンパ腫
     未分化大細胞リンパ腫
       ホジキン様 ホジキン関連

瘍とに大別される. 歴史的には病理組織学的に特徴のあるホジキン病*に対比して用いられてきた呼称であるが, 今日では非ホジキンリンパ腫は本態的にリンパ球の腫瘍であり, T, B 細胞の分化段階に準拠した免疫生物学的分類が理論的に可能な分化型の腫瘍であることが明らかにされている. 病理分類はこれまで多くの変遷を経てきている. 病理組織学的に濾胞構築の有無と細胞の大きさを基本に低悪性度群, 中度悪性度群および高悪性度群に区分する米国立がん研究所のWorking Formulation(WF), 形態学的と免疫学的特徴に基づく Kiel 分類(1992 年にアップデートされた), T 細胞・B 細胞の区別と分化殺段階, 機能などの生物学的特性に基づく分類(REAL 分類 revised European-Amerian lymphoma classification, 1994 年に導入された)などを経て, 腫瘍細胞の外観と増殖パターンに関する最新の情報を基礎とした REAL の更新版である WHO 分類が 2001 年に導入され, この REAL/WHO 分類が現在国際的標準となっている(表). WHOの分類では, ホジキンリンパ腫と非ホジキンリンパ腫を分けずに, リンパ腫を 40 種以上に分類している. わが国では WF と基本的に互換性があり, 成人 T 細胞白血病*/リンパ腫の組織像(び漫性多型細胞型)を規定した LSG 分類(lymphoma-leukemia study group classification, 1978 年)が併用されてきたが, さらにより実用的な分類法の検討が国内外で続けられている.
リンパ系細胞は分化が進むに従ってそれぞれ T 細胞受容体*(TCR)遺伝子あるいは免疫グロブリン*(Ig)遺伝子が再構成し, 機能的なタンパク質を産生する. TCR や Ig 遺伝子領域に切断点をもつ染色体転座は, 本来再構成するべき部位とは異なる染色体と結合し, 接近した遺伝子の転写の調節機構を逸脱させることによって腫瘍形成に関与することが明らかにされている. また, 成人 T 細胞白血病/リンパ腫または B 細胞リンパ腫, NK 細胞リンパ腫の一部, バーキットリンパ腫のようにウイルス(ヒト T 細胞白血病 I 型ウイルスまたは EB ウイルス)が発症に関与している場合もある. 胃の MALT リンパ腫の発症にはヘリコバクター＝ピロリが関与している.

**比保持容量** [specific retention volume] ガスクロマトグラフィーにおける保持値の一つ. 保持容量 (retention volume; $V_R$＝キャリヤーガスの流速×保持時間)を固定相液体の単位重量当たり, 標準状態に換算した値($V_g$). 空間補正保持容量 $V_{R^0}$($V_R$－死容積)とカラム温度 $T_C$(絶対温度)に対する温度補正を加えると次式で表される.

$$V_g = \frac{V_{R^0}}{W_L} \cdot \frac{273}{T_C} \cdot f$$

ここで $W_L$ は固定量液体の重量(g). $f$ はカラム入口の圧力 $P_i$, 出口の圧力 $P_o$ の補正係数で

$$f = \frac{3}{2} \cdot \frac{(P_i/P_o)^2 - 1}{(P_i/P_o)^3 - 1}$$

と表される.

**非翻訳領域** [untranslated region] → メッセンジャー RNA

**肥満細胞** ＝マスト細胞

**非 N-メチル-D-アスパラギン酸受容体** [non-N-methyl-D-aspartate receptor] 　非 NMDA 受容体 (non-NMDA receptor) ともいう. グルタミン酸の誘導体である NMDA (N-メチル-D-アスパラギン酸) がチャネル型グルタミン酸受容体*の特定のサブタイプ (N-メチル-D-アスパラギン酸受容体*) のみを活性化することが示され, チャネル型グルタミン酸受容体は大きく NMDA 型とそれ以外の非 NMDA 型に大別された. 非 NMDA 受容体はさらにアゴニストにより AMPA 受容体* (キスカル酸受容体 quisqualate receptor) とカイニン酸受容体 (kainate receptor) に分類されてきたが, 両者の区別は必ずしも明確ではなかった. 遺伝子のクローニングと発現により, AMPA 受容体は AMPA やキスカル酸に高い親和性を示すが, カイニン酸にも応答し, 4 種類のサブユニットが存在することが明らかとなった. 一方, カイニン酸に高い親和性をもつカイニン酸受容体は二つのグループに分けられる 5 種類のサブユニットが見いだされている. 通常, 高等動物の中枢神経細胞の非 NMDA 受容体チャネルは $Na^+$, $K^+$ を透過させ, 中枢における速い興奮性シナプス伝達の大部分を担う重要な生理機能を果たしている. AMPA 受容体のイオン選択性は, 4 種類のサブユニットの一つにより規定されており, このサブユニットが含まれない場合にはある種のグリア細胞にみられるように $Ca^{2+}$ 透過性をもつ AMPA 受容体チャネルが形成される. イオン透過性を規定するのはこの特定のサブユニットの二番目の疎水性領域 M2 に存在するアルギニン残基であることが示されている. 遺伝子ではこのアルギニンに対応するコドンはグルタミンであり, RNA の段階でのコドンの変換 (RNA 編集*) を経て産生されることが明らかにされている. 記憶・学習の基盤と考えられているシナプス伝達の長期増強*や長期抑圧の機構に, シナプス伝達を担う非 NMDA 受容体の調節が関与しているとの説がある.

**P 面** [P face, protoplasmic face] 　電子顕微鏡試料としての凍結割断レプリカ (⇒ 凍結割断法) で, 開裂した細胞膜の細胞質側半葉を細胞外から見た面. 凍結割断により, 細胞膜は脂質二分子層の中央で 2 葉に開裂する. その細胞質側の露出面が P 面で, 対側の面が E 面 (E face, extracellular face) である. 細胞内部の膜についても, 細胞質側を P 面とよぶ. 露出面に粒状の突出が見られる時, 膜内粒子 (intramembrane particle) とよぶ. 膜貫通タンパク質を表す. 膜内粒子は P 面に多く見られる.

**ビメンチン** [vimentin] 　繊維芽細胞*, 白血球細胞などの間葉系細胞に特徴的な中間径フィラメント*タンパク質. 各種培養細胞にも広範に存在する. 分子量 54,000. 各種プロテインキナーゼによるリン酸化により, フィラメント (ビメンチンフィラメント vimentin filament) 構築の制御を受ける. 発生の過程で一過性に発現することが知られている. 悪性腫瘍にもしばしば発現が観察され, ビメンチンを発現する乳がんや胃がんは予後不良であるとの報告がある.

**ビメンチンフィラメント** [vimentin filament] ⇒ ビメンチン

**非メンデル遺伝** [non-Mendelian inheritance] 　メンデルの法則*に従わない遺伝様式の総称. 通常は, 核染色体と独立に存在する遺伝因子, たとえば, ミトコンドリア*, 葉緑体*, および, プラスミド*による遺伝様式をさす. (⇒ 細胞質遺伝, 母性遺伝)

**百日咳毒素** [pertussis toxin] 　百日咳菌は多彩な生物活性をもつ菌体外毒素を産生し, この毒素が疾病の原因物質であり, 百日咳ワクチン中の有効成分と予想されたことから百日咳毒素の名称が与えられていたが, その実体は長い間不明のままであった. 1970 年代後半, 宇井理生は百日咳菌培養液をラットに 1 回注射すると, 以後 1 カ月にわたってそのラットのインスリン分泌応答が著しく亢進することを見いだし, その有効成分を単離精製し, インスリン分泌活性化タンパク質 (islet-activating protein, IAP) と名づけて, サブユニット構成と作用機序をすべて明らかにした. このタンパク質が, 百日咳毒素がもつと予想されていた多彩な生物活性をすべて示したことから, 百日咳毒素そのものであることが確定した. 百日咳毒素は大きい方から S1〜S5 と名づけた 5 種 6 個のサブユニットより成る 118 kDa の多量体タンパク質である. S1 が活性を担う A 成分で, 残りの五量体 (S4 だけが 2 個存在する) が哺乳動物の細胞表層の結合タンパク質に結合し, 結合タンパク質のエンドサイトーシスによって A 成分が細胞内に侵入する. A 成分は細胞内でプロセシングを受け, NAD の ADP リボシル部をタンパク質のアミノ酸残基に転移させる ADP リボシルトランスフェラーゼ活性を発現する. この A 成分の酵素活性の基質特異性はきわめて高く, 三量体 G タンパク質の α サブユニット ($G_α$) の C 末端から 4 番目に存在するシステイン残基のみが ADP リボシル化*される. $G_α$ は C 末端部位で 7 回膜貫通型受容体 (G タンパク質共役受容体) に共役するので, このシステインの化学修飾によって G タンパク質は受容体に共役する性質を失い, 受容体に細胞外からもたらされた情報は細胞内へ伝達されなくなる. すなわち, A 成分はこのように酵素として作用し, 生成する ADP リボシル化結合は安定であるため, きわめて低濃度の百日咳毒素に細胞をさらしても, 時間が経つにつれて多分子の $G_α$ が ADP リボシル化されるに至り, 情報は遮断される. 百日咳毒素に対するこのような細胞感受性は毒素標的部位をもつ G タンパク質が, その細胞のシグナル伝達系に介在する証拠となる. 百日咳毒素のこの活用によって, それまで G タンパク質の介在が知られていなかった多くの細胞内シグナル物質, ホスホリパーゼ, イオンチャネル, チロシンキナーゼなどが百日咳毒素感受性 G タンパク質を介して受容体から情報を受取ることが明らかとなり, また $G_i$, $G_o$, $G_t$ など多くの毒素標的 G タンパク質が発見された. 本毒素は有用な細胞内シグナルプローブとして現在でも広く使用されている.

**180 kDa Crk 結合タンパク質** ［180 kDa protein downstream of Crk］ ＝DOCK180

**PUM** ［PUM］ ＝MUC-1

**HUGO** ［HUGO］ ヒトゲノムの全遺伝情報の解読を目指すヒトゲノムプロジェクト*の遂行のために設立された国際組織，ヒトゲノム機構(Human Genome Organization)のこと．1988年に日米欧のゲノム研究者がスイスのモントレーに集まり設立し，研究者の自主的な組織としてゲノムプロジェクトの推進，調整を行っている．具体的にはヒトゲノム地図作成，公用ゲノムデータベースの作成，ゲノム国際会議の主催，生命倫理や特許などゲノム研究と社会との接点で生じる諸問題への対応などの活動を行い，世界各国のゲノム研究活動を統括する唯一の国際機関となっている．発足後，プロジェクトは国際的協力の拡大とゲノム科学，特に DNA 配列解析技術およびバイオインフォマティクス*の大幅な進歩により，ヒトゲノム配列のドラフトを2000年に完成した後，ゲノムの完成に向けて作業を継続し，2003年4月14日には完成版の公開に至った(⇨ヒトゲノムプロジェクト)．解読されたヒトゲノム情報は HUGO によりコンピューター管理されており，各国の研究施設はネットワークを使用してヒトゲノム情報を利用できるようになっている．HUGO 遺伝子命名委員会 The HUGO Gene Nomenclature Committee (HGNC)は HUGO の最も活発な委員会の一つで，ヒトの遺伝子に特有の遺伝子名と遺伝子記号を付与することを目的としている．(⇨付録K)

**pUC系** ［pUC system］ 現在最も頻用されているプラスミドベクター*系．pBR322*に由来するが複製起点下流の改変によりコピー数が増加し，DNA 収量が多くなるため，現在使われている大多数のプラスミドベクターのバックボーンとして用いられている．基本系は pUC19 に代表されるようにアンピシリン耐性で，クローン化のマーカーとしての lacZ 遺伝子の中にポリリンカー配列をもつものであるが，さらに多機能のプラスミドベクターが多く市販されている(図)．

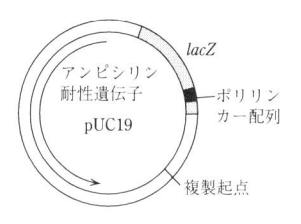

**ビュートリッヒ WÜTHRICH, Kurt** スイスの化学者．1938.10.4〜 アールベルグに生まれる．ベルン大学卒業，1964年バーゼル大学でPh.D.取得．1980年からチューリヒ工科大学教授．2001年から米国スクリプス研究所客員教授を兼任．二次元 NMR*法の開発に取組み，タンパク質分子中の核間距離を測る簡便な方法である核オーバーハウザー効果*(NOE)を開発した．生体高分子の三次元構造を溶液中で決定するための多次元核磁気共鳴法(⇨核磁気共鳴)の開発により2002年ノーベル化学賞を受賞．

**ピューロマイシン** ［puromycin］ $C_{22}H_{29}N_7O_5$，分子量471.52．放線菌 Streptomyces alboniger の生産するヌクレオシド抗生物質．グラム陽性細菌，原虫などを阻止し，抗腫瘍作用も示す．真核細胞および原核細胞のタンパク質合成を阻害する．ピューロマイシンの構造はアミノアシル tRNA*のアミノ末端と似ていて，リボソームのP部位*に結合しているペプチジル tRNA と反応し，ペプチジルピューロマイシンをつくり，リボソームから遊離するためにタンパク質合成が中途で終わる．生化学的試薬として利用される．

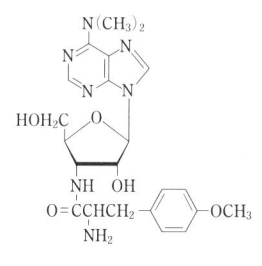

**表割** ［superficial cleavage］ ⇨卵割

**表現型** ［phenotype］ 遺伝子の作用により，細胞あるいは個体に現れる形質．肉眼で観察できる性質から，生化学的実験によって初めて検出できるような性質まで含む．交雑実験では，子孫の表現型を観察して遺伝子型*を推定する．また，表現型は，遺伝子産物の作用を推定することにも役立つ．

**表現型サプレッション** ＝表現型抑圧

**表現型優先変異誘発** ［phenotype-driven mutagenesis］ ⇨遺伝子優先変異誘発

**表現型抑圧** ［phenotypic suppression］ 表現型サプレッションともいう．遺伝的要因によらない突然変異型の表現型の抑圧*．薬剤処理などにより翻訳*の間違い頻度を上昇させることにより一時的に野生型に戻す．薬剤を除去すればもとの突然変異型の表現型に戻る．5-フルオロウラシル，ストレプトマイシンなどが用いられる．

**病原性関連タンパク質** ＝感染特異的タンパク質

**病原性大腸菌 O157** ［pathogenic Escherichia coli O157］ 下痢の原因となる大腸菌(下痢原性大腸菌)の一種である腸管出血性大腸菌(enterohemorrhagic Escherichia coli)の俗称．ベロ毒素*を産生するのが特徴で，経口感染すると下痢，出血性大腸炎を起こす．続発症として難治性の溶血性尿毒症症候群(hemolytic uremic syndrome, HUS)や脳症を起こし，死ぬことがある．腸管出血性大腸菌感染症は指定伝染病．

**表現促進効果** ［genetic anticipation］ ⇨トリプレット反復病

**表在性膜タンパク質** ［peripheral membrane protein］ ⇨内在性膜タンパク質

**標識遺伝子** ＝遺伝的マーカー

**標識酵素** ［marker enzyme］ 特定の細胞，細胞小器官*にのみ存在し，それらの存在を示す指標となる酵素のこと．細胞分画*法においては，各細胞小器官の標識酵素の活性を生化学的に検出することにより，特定の細胞小器官がどの画分にどれくらいの純度で分

離されているかを検討することができる．

| 細胞小器官 | 代表的な標識酵素 |
|---|---|
| 小胞体 | グルコース-6-ホスファターゼ，NADPH-シトクロム $c$ レダクターゼ |
| ゴルジ体 | ガラクトシルトランスフェラーゼ |
| 細胞膜 | 5′-ヌクレオチダーゼ，$Na^+$, $K^+$-ATPアーゼ |
| リソソーム | 酸性ホスファターゼ，$\beta$-グルクロニダーゼ |
| ミトコンドリア | シトクロム $c$ オキシダーゼ，コハク酸シトクロム $c$ レダクターゼ |
| ペルオキシソーム | カタラーゼ，尿酸オキシダーゼ |

**標識染色体**［marker chromosome］　marと略す．正常と異なる形態的に異常をきたした染色体*で，起源不明の異常染色体．しかし，悪性腫瘍細胞などでは腫瘍に特有な異常染色体がみられることがある（⇨染色体異常）ので，これらをその腫瘍細胞のマーカーとして慣用的に用いることもある．（⇨腫瘍マーカー）

**標準誤差**［standard error］　算術平均などデータ（標本）から計算される統計量の標準偏差*の推定値．たとえばデータから母集団の平均値を求めたい場合，算術平均は母集団平均の一つの推定量にすぎず，誤差を含んでいる．この場合，母集団平均の推定量としての算術平均の標準誤差は，標本標準偏差を標本数の平方根で割ったもので与えられる．算術平均のように推定量がほぼ正規分布に従う場合，母集団平均の95％信頼区間は［点推定値］±1.96×［標準誤差］となる．

**標準自由エネルギー変化**［standard free energy change］　考慮の対象としている系とその環境のエントロピー*の和は自発的変化で増加し，平衡点で最大になる．定圧変化の場合，この変化に伴うその系のギブズの自由エネルギー*（定圧下でなしうる仕事の最大値，略して自由エネルギー）は減少して平衡点で最小値をとる．自由エネルギーは物質量に比例し，濃度や温度に依存する．ある反応系における反応物と生成物のそれぞれの標準状態（1気圧，温度や濃度の基準値は対象や分野により異なる）における自由エネルギーの差を，標準自由エネルギー変化（$\Delta G°$）という．その反応系の平衡定数（$K$）との間に $\Delta G° = -RT \ln K$ という関係がある（$R$：気体定数，$T$：絶対温度）．

**標準偏差**［standard deviation］　データ（標本）が抽出された母集団のばらつきを表す指標の一つで，平均のまわりの二次のモーメント（分散）の平方根で与えられる．個々のデータを $X_i (i=1, 2, \cdots, n)$，その標本平均を $\bar{X}$ とすると，

$$[標本分散] = \sum_{i=1}^{n} \frac{(X_i - \bar{X})}{(n-1)}$$

となり，その平方根が標本標準偏差となる．母集団が正規分布に従う場合，［平均］±1×［標準偏差］内に全データの68％，±1.64×［標準偏差］内に90％，±1.96×［標準偏差］内に95％のデータが含まれる．なお $n-1$ の代わりに $n$ で除すこともある．（⇨標準誤差）

**表層顆粒**［cortical granule］　卵細胞内の細胞膜直下の表層に存在する小顆粒．受精時に細胞内カルシウムイオンの上昇によりエキソサイトーシス*を起こし（⇨表層反応），分泌物が卵周囲の卵膜あるいは透明帯*に作用してつぎの精子の侵入を防ぐ機能を果たす．内容物は動物種によって異なるが，タンパク質分解酵素，糖鎖分解酵素，ペルオキシダーゼなどを含んでいる．バフンウニ卵ではヤヌスグリーンによって生体染色され，マウス卵ではレンズマメのレクチンの結合を利用して染色される．

**表層反応**［cortical reaction］　卵表層変化（cortical change of egg）ともいう．受精時の精子と卵子の接着・融合によって卵細胞の表層顆粒*がエキソサイトーシス*を起こす現象．最初に卵に到達した精子の接着・融合部位から，卵細胞内カルシウムイオン（$Ca^{2+}$）が上昇し，細胞内 $Ca^{2+}$ 貯蔵器官（小胞体と考えられている）からつぎつぎに $Ca^{2+}$ が遊離されて，$Ca^{2+}$ 濃度上昇が伝播性に起こる（カルシウムウェーブ*）．$Ca^{2+}$ の増加により，表層顆粒が伝播性にエキソサイトーシスを起こす．ウニでは，分泌により卵細胞膜と卵膜間の狭い囲卵腔で膠質浸透圧が上昇し，海水が浸入して卵膜が卵から離れ，受精膜が形成される．分泌物は卵膜を厚化させて受精膜を形成するとともに，精子の結合タンパク質を分解する働きをする．哺乳類では分泌物が透明帯*のZP3糖タンパク質*の糖鎖を分解してつぎの精子の結合を防ぐ（透明帯反応 zona reaction）．また分泌物は卵細胞膜も修飾するという．いずれにしても多精拒否（polyspermy block）機構を成立させることになる．

**病態モデル動物**［pathological animal model］　⇨モデル動物

**標的遺伝子破壊マウス**［gene disrupted mouse］　＝ノックアウトマウス

**標的突然変異**［targeted mutation］　DNA塩基配列中に実際に生じた損傷，すなわち物理的損傷が原因となって起こる突然変異．紫外線照射*によって生じたピリミジン二量体*や，アルキル化剤*によって生成された $O^6$-メチルグアニン*の部位に生じる突然変異はその例である．

**表皮**［epidermis］　⇨表皮細胞

**表皮系**［dermal system, epidermal system］　⇨組織系

**表皮細胞**［epidermal cell］　表皮（epidermis）を構成する細胞で，皮膚*最外層にあり，ヒトでは数層から十数層をなす重層扁平上皮．分化度の違いにより，真皮側から，基底細胞，有棘細胞，顆粒細胞，角質細胞*に分けられる．基底層で分裂し，上方に移動，最終的に核を失い扁平化，重層して角質層を形成，外界との間のバリヤー機能を果たす．真皮とはヘミデスモソーム*で，細胞同士はデスモソーム*で接合，細胞骨格*であるケラチン*の発達が著しい．近年，その

免疫学的役割が注目を集めている．
**表皮細胞増殖因子**　＝角質細胞増殖因子
**表皮増殖因子**　＝上皮増殖因子
**表面プラズモン共鳴**　[surface plasmon resonance]　SPR と略す．金などの金属薄膜(センサーチップ)の表面に試料を固定化し，裏面から照射した光を全反射させると金属表面には電子の粗密波(表面プラズモン)と同時に微弱なエネルギー波(エバネッセント波)が発生する．両者のエネルギーが一致したときに反射光が減衰する現象を表面プラズモン共鳴という．固定化試料(リガンド)に被検物質(アナライト)が結合すると屈折率が変化し，全反射角が変化する．この角度の変化(センサーグラム sensorgram)を検出することにより，ノンラベル・リアルタイムに物質間の相互作用を調べることが可能になる．測定装置は開発メーカーの名前にちなんで Biacore (ビアコア) ともよばれる．

**病理学**　[pathology]　病理論ともいう．病気のために起こる生体組織の形態学的変化や機能的障害を調べ，病気の発生原因を解明する学問．

**病理論**　＝病理学

***dl*-ヒヨスチアミン**　[*dl*-hyoscyamine]　＝アトロピン

**日和見感染**　[opportunistic infection]　感染抵抗力の低下した宿主に起こる弱毒菌感染の総称．感染抵抗力低下の原因に白血病，悪性リンパ腫，膠原病，免疫不全症(➡後天性免疫不全症候群)などの疾患や，制がん剤\*，放射線療法\*，副腎皮質ステロイドや免疫抑制剤\*の長期大量投与などの医療行為がある．元来は真菌感染に用いられたが，緑膿菌などのグラム陰性桿菌弱毒菌，表皮ブドウ球菌，非定型抗酸菌，ニューモシスチス＝カリニ(*Pneumocystis carinii*)，サイトメガロウイルス\*など，健康人をおかすことのない微生物の感染を広くさすようになった．

**P450**　[P450]　＝シトクロム P450

**HeLa 細胞**　[HeLa cell]　G. O. Gey により，1951 年に 31 歳の黒人女性の子宮頸部扁平上皮がん組織より分離樹立された最初のヒト由来の培養細胞．もともと付着性の培養細胞株であるが，S3 のように浮遊培養に適応した亜株もある．HeLa マーカー (HeLa marker) とよばれる 4 個の特徴的な染色体，M1, M2, M3, M4 が観察される．細胞の栄養要求性，増殖制御系，代謝系などについて広く研究されてきたほか，ウイルスやリケッチアの研究などにも幅広く使用されてきた．染色体は異数性\*を示し，$2n$ が 46 個よりも多く，染色体数は細胞ごとにばらつく．

**ピリ**　[pili]　➡線毛

**ビリオン**　[virion]　ウイルス粒子(virus particle)のこと．基本的には，ゲノム\*である核酸とそれを包むタンパク質(キャプシド\*)から成るヌクレオキャプシド\*である(図 a)．キャプシドタンパク質のサブユニットが複数個重合した単位構造をキャプソメア\*とよぶ．キャプソメアまたはキャプシドタンパク質の配列には立方対称とらせん対称の 2 種類があり，ウイルスによって決まっている．前者のヌクレオキャプシドは正二十面体となり(図 a, b)，後者はらせん状である(図 c)．またヌクレオキャプシドの外側にエンベロープ\*をもつウイルスも多数知られている．

(a) 立方対称構造をもつビリオン
　　(ヌクレオキャプシド)

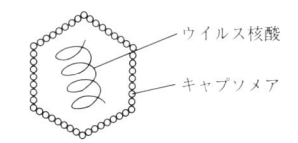

(b) エンベロープをもち，立方対称構造のヌクレオキャプシドをもつビリオン

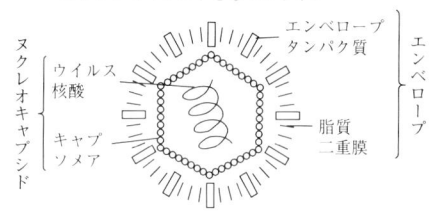

(c) エンベロープをもち，らせん対称構造のヌクレオキャプシドをもつビリオン

**ピリジン(リボ)ヌクレオシド(ホスホ)キナーゼ**　[pyridine (ribo)nucleoside (phospho)kinase]　＝ニコチンアミドリボヌクレオシドキナーゼ

**ピリドキサミン**　[pyridoxamine]　⇌ビタミン $B_6$

**ピリドキサール**　[pyridoxal]　⇌ビタミン $B_6$

**ピリドキサールリン酸**　[pyridoxal phosphate]　PLP と略す．ピリドキサール(⇌ビタミン $B_6$)は，ピリドキサールキナーゼにより活性型のピリドキサールリン酸(PLP)となる．PLP はアルデヒド基を介して酵素のリシン残基とシッフ塩基を形成し，さらにリン酸基を介して酵素の塩基性アミノ酸残基と塩橋を形成して結合する．基質のアミノ酸が接近すると，PLP のアルデヒド基は基質の $\alpha$-アミノ基とシッフ塩基を形成し，その後ピリドキサミンリン酸と $\alpha$-ケト酸に変換する．PLP はステロイドホルモン受容体の作用を減弱させる．

**ピリドキシン**　[pyridoxine]　⇌ビタミン $B_6$

**非リボソーム性ペプチド合成**　[non-ribosomal peptide synthesis]　＝チオテンプレート機構

**ピリミジン** [pyrimidine] ＝1,3-ジアジン(1,3-diazine). $C_4H_4N_2$, 分子量80.09. 含窒素六員環化合物. 核酸塩基*のうちシトシン*, ウラシル*およびチミン*はピリミジンの誘導体である. RNAには通常ウラシルがリボフラノシドとなったウリジン*のリン酸エステルが含まれるが, DNAにはウラシルの5位メチル化体であるチミンがデオキシリボフラノシドとなったチミジン*がリン酸エステルとして存在する. (⇌プリン)

**ピリミジン代謝異常** [metabolic disorders of pyrimidine] 核酸の重要な構成成分であるピリミジン*体の生合成あるいは分解・排出の過程での異常をいう. de novo合成経路でのウリジル酸シンテターゼ欠損によるオロト酸尿症*や分解経路でのジヒドロピリミジンデヒドロゲナーゼ欠損によるウラシル・チミン尿症およびジヒドロピリミジナーゼ欠損によるジヒドロピリミジン尿症が知られている. ある種の抗ウイルス剤(ソリブジン*など)を投与すると二次的にピリミジン代謝異常を起こすことがある. (⇌先天性代謝異常)

**ピリミジンダイマー** ＝ピリミジン二量体

**ピリミジン二量体** [pyrimidine dimer] ピリミジンダイマーともいう. DNAの塩基が紫外線を吸収, 励起される時の生成物. シクロブタン型ピリミジン二量体. DNA鎖上の隣接ピリミジン同士が共有結合したもの. 隣接するチミン同士(チミン二量体thymine dimer)あるいはシトシン同士, チミン-シトシン間いずれでも形成される. (⇌紫外線損傷, 光回復)

**微量塩基** [minor base, rare base] 天然の核酸中に存在するアデニン, グアニン, シトシン, チミン, ウラシルの五つの塩基以外に, 微量に存在する塩基誘導体の総称. tRNA中には非常に多様な微量塩基を含むヌクレオシドが存在し, ヒポキサンチンやジヒドロウラシルのほか, メチル誘導体, 含硫誘導体(チオウラシル*など), イソペンテニル誘導体, 7-デアザグアニン誘導体などが存在する. このほか, リボースとの結合部位が転位したウリジン誘導体であるプソイドウリジン*, またリボース部位にメチル化などの修飾を受けた2′-O-メチル体など修飾ヌクレオシドも慣例的には微量塩基ということができる. tRNA中にはこれまでに90種類以上の微量塩基が発見されており, そのうちのいくつかはtRNAの遺伝情報認識に重要な役割を果たしていることが知られている. (⇌修飾塩基)

**微量元素** [trace element] 鉄, ヨウ素, 銅, 亜鉛, マンガン, コバルト, モリブデン, セレン, クロム, フッ素のように生体にとって要求量は少ないが不可欠な無機元素. このほかにニッケル, スズ, バナジウム, ケイ素も必要であると考えられる. 酵素の活性発現に関与していることが知られている. これらに対してカルシウム, マグネシウム, ナトリウム, カリウム, リン, 硫黄, 塩素の7種類は多量元素といわれる.

**微量注入** [microinjection] マイクロインジェクションともいう. 微小ガラス管を用いて動物の卵や培養細胞の核・細胞質に, 核や種々の分子を注入すること. アフリカツメガエルの核移植*実験, トランスジェニック動物*の作製, 蛍光色素や酵素導入による細胞の標識, 神経回路の形成や細胞系譜*の解析, 神経伝達物質の受容体遺伝子のクローニング, 遺伝子, アンチセンスRNA*導入による遺伝子機能の解析などに用いられている. (⇌遺伝子導入)

**微量tRNA** [minor tRNA] 存在量の少ないtRNA. 細胞中のtRNAの存在量はコドンの使用頻度(⇌コドン出現頻度)と相関するため, 使用頻度の低いコドン(たとえば大腸菌ではAUAやAGAとAGG)に対応している. また, 特殊な機能をもつtRNA, たとえば終止コドンUGAをセレノシステイン*に読むセレノシステインtRNAや終止コドンにアミノ酸を導入するサプレッサーtRNA*なども含まれる.

**ビリルビン** [bilirubin] 赤色胆汁色素, 胆赤素ともいう. 血液, 胆汁*に含まれるテトラピロール化合物の一つ. ヘモグロビン*を主とするヘムタンパク質のヘムがヘムオキシゲナーゼによって酸化開裂され, ベルドグロビンを経てビリベルジン(biliverdin)となり, 脾臓のビリベルジンレダクターゼによって還元された代謝産物(分子量584.65). (ジオるモノ)グルクロン酸抱合体と非抱合体はジアゾ反応から, 直接型および間接型ビリルビンとして定量できる. δ-ビリルビンはアルブミンと結合したものをさす. 酵素法およびメタバナジン酸法でも弱酸性と中性で区別できる.

**ビリン** [villin] 細胞中のアクチンフィラメントネットワークを調節するアクチン結合タンパク質*の一つ. 上皮細胞の微絨毛*に局在し, μM以上のカルシウムイオン存在下で, アクチンフィラメント切断因子(⇌アクチンフィラメント切断タンパク質)として働き, カルシウムイオン非存在下で, アクチンフィラメント架橋(⇌アクチンフィラメント架橋タンパク質)として働く. 95 kDaのタンパク質で, ゲルゾリン*と相同な六つのドメイン構造をもっているが, C末端に8 kDaのヘッドピースがついており, これがアクチンフィラメントの束化に重要な働きをしている.

**Bリンパ球** [B lymphocyte] ＝B細胞

**ヒル係数** [Hill coefficient] ⇌協同過程

**ビール酵母** [brewery yeast] ⇌サッカロミセス=セレビシエ

**ヒルジン** [hirudine] ⇌トロンビン阻害物質

**ピルビン酸キナーゼ** [pyruvate kinase] PKと略す. EC 2.7.1.40. 解糖系*の鍵酵素の一つ. 哺乳動物にはPKLとPKMの2種類の遺伝子がある. PKL遺伝子はヒトでは第1染色体に存在し, 選択的転写(alternative transcription)によりL型とR型のアイソザイム*が生成する. PKM遺伝子は第15染色体に存在し, 選択的スプライシング*により$M_1$型と$M_2$型が生成する. これらの発現は組織特異的で, 細胞の分

化やがん化により変化する．L型の転写には転写因子のHNF1やHNF4(⇒肝細胞核因子)が関与している．

**ピルビン酸キナーゼ異常症** [pyruvate kinase deficiency] ピルビン酸キナーゼ欠乏症ともいう．解糖系律速酵素の一つであるピルビン酸キナーゼ*には四つのアイソザイム($R, L, M_1, M_2$)が存在する．このうち赤血球に特異的なR型の遺伝的変異によって酵素機能が障害され，慢性溶血性貧血症状(貧血，黄疸，脾腫)を呈する常染色体劣性疾患*をいう．変異の違いにより症状も異なり，軽症で日常生活が普通に営めるものから，重症で幼少児期に生命が脅かされ，頻回輸血が必要なものまである．1994年までに世界で数百例，日本では86例の報告がある．

**ピルビン酸キナーゼ欠乏症** ＝ピルビン酸キナーゼ異常症

**ピルビン酸デヒドロゲナーゼ** [pyruvate dehydrogenase] ピルビン酸をアセチルCoA*にするエネルギー代謝上重要な酵素複合体．ミトコンドリア*に局在し，ピルビン酸デヒドロゲナーゼ($E_1$)，リポ酸アセチルトランスフェラーゼ($E_2$)，リポアミド酸デヒドロゲナーゼ($E_3$)，$E_1$ホスファターゼ，$E_1$キナーゼ，プロテインXの六つのタンパク質から成る．$E_1$活性は$E_1$キナーゼによるリン酸化と$E_1$ホスファターゼによる脱リン酸で制御される．インスリンは$E_1$ホスファターゼを活性化し，$E_1$活性を上げる．

**vir領域** [vir region] virulence regionの略称．Tiプラスミド*の病原性を担っている35 kbの遺伝子領域であり，$virA, B, G, C, D, E$の六つの転写単位がある(Riプラスミド*も同様)．vir領域の転写は，細菌が植物に侵入した際にアセトシリンゴン*などのフェノール物質とグルコースなどの単糖により誘導される．$virA$と$G$はvir領域の転写誘導に，$virC$と$D$はT-DNAのプラスミドからの切出しに，$virB, D, E$はT-DNAの植物細胞への転位にかかわっている．

**ビルレントウイルス** [virulent virus] 病原性のあるウイルスの意．急性疾患のみでなく遅発性疾患をひき起こすウイルスに関しても使われる．ビルレントウイルスに突然変異を導入することにより，病原性が抑制された(弱毒化された)ウイルス(弱毒ウイルス*)に変えることができる．後者の中には生ワクチンとして同種のビルレントウイルスによる発症を予防するために利用されているものがある．生ワクチンを弱毒ウイルス，ビルレントウイルスを強毒ウイルスとよぶ場合がある．したがって，ビルレントウイルスと弱毒ウイルスは，細菌のビルレントファージ*とテンペレートファージ*の分類の概念とはまったく異なる．

**ビルレントファージ** [virulent phage] 毒性ファージ，溶菌ファージ(lytic phage)ともいう．感染すると増殖して娘ファージ粒子を生産し，宿主を必ず溶菌するファージ*．T系ファージが代表的である．(⇒テンペレートファージ)

**ピレノイド** [pyrenoid] 緑藻，接合藻，ケイ藻などの藻類のチラコイド*に接した直径1〜1.5 μmのタンパク質の粒子．まわりを多くのデンプン粒によって囲まれており，限界膜をもたない．内部に細管状の構造がみられる．この粒子のマトリックスにはリブロースビスリン酸カルボキシラーゼ*が高密度で存在している．ピレノイドの分裂や形成は葉緑体*と同調しており，光合成*活性の調節に関係していると考えられている．

**ビロイド** ＝ウイロイド

**ピロカテキン** [pyrocatechin] ＝カテコール

**ピロカテコール** [pyrocatechol] ＝カテコール

**ピロシークエンス法** [pyrosequencing method] DNAポリメラーゼ*による複製*の際に生じるピロリン酸*を検出することによりDNA塩基配列*を決定する方法．鋳型に相補的なデオキシリボヌクレオシド三リン酸を反応液に注入すると伸長反応が起こるが，この時生じるピロリン酸とアデノシン5'-ホスホ硫酸にATPスルフリラーゼを作用させるとATPが生じる．この時ルシフェラーゼ*と基質であるルシフェリンが存在すると発光体であるオキシルシフェリンが生じ，これを定量的に検出することで特定のデオキシリボヌクレオチドが伸長DNAに取込まれたことをリアルタイムに判別し，得られた発光の強度とパターンを元にDNA配列を決定できる．DNA鎖に取込まれなかったdNTPはヌクレオチド分解酵素により分解される．長いホモポリマーに弱く，1反応で読める塩基数が少ない反面，正確な塩基配列決定が可能であり，一塩基多型*の検出やDNAメチル化解析に利用される．

**ピロホスファターゼ** [pyrophosphatase] ピロリン酸*を加水分解する酵素の総称．いくつかの種類があり，無機ピロリン酸($PP_i$)を加水分解する無機ピロホスファターゼ，ADPリボースピロホスファターゼ，NADピロホスファターゼなどがある．細胞内でATPから生じた$PP_i$はピロホスファターゼにより正リン酸($P_i$)となり，ATPの関与する反応を完結させることに役立っている．大腸菌のピロホスファターゼは活性の大きな酵素として知られている．アルコールのピロリン酸エステルから$PP_i$を遊離する酵素もある．

**ピロリ菌** ＝ヘリコバクター＝ピロリ

**ピロリン酸** [pyrophosphoric acid, pyrophosphate] ＝二リン酸

**ピロリン酸交換** [pyrophosphate exchange] [$^{32}P$] ピロリン酸が他の分子に取込まれる交換反応．ATP(アデノシン5'-三リン酸*)を利用するXYの合成酵素にはリン酸でなくピロリン酸*($PP_i$)を遊離する場合がある．

$$X + Y + ATP \rightleftharpoons XY + AMP + PP_i$$

この反応系では反応生成物の正味の形成はなくとも$PP_i$-ATP交換反応でATPに放射能が入る．たとえばアミノ酸活性化酵素の$PP_i$-ATP交換により

アミノ酸＋ATP→アミノアシルアデニル酸＋$PP_i$

の段階がアミノアシルtRNA*形成に必要なことがわかる．

**ビンカアルカロイド** [vinca alkaloid] ニチニチソウアルカロイドともいう．ニチニチソウ(*Vinca rosea*

Linn)に含まれるインドールアルカロイド(indole alkaloid)の一群.ビンブラスチン\*,ビンクリスチン\*に抗腫瘍性が認められる.これらの化合物は微小管\*の重合を阻害する.(→ アルカロイド,制がん剤)

**瓶形細胞** [bottle cell] フラスコ細胞(flask cell)ともいう.両生類の胚発生過程において嚢胞形成の際,陥入部の先端のところに現れる瓶の形をした細胞.もともとは原口背唇\*部にあった細胞が将来の原口に向かって伸び,陥入し,さらに細長くなって,あたかも陥入の原動力になっているかのような配置を示す.しかし,この細胞に陥入を起こさせる力があるとは必ずしも考えられていない.この細胞のあるところはアルカリホスファターゼの活性が高いことも知られ,細胞骨格のあり方や代謝活性も他の細胞群とは異なり活発に変動していると思われている.ニワトリ胚の陥入の際にも同様なものがみられるし,原生生物であるボルボックスが反転する際にも似た構造の細胞が現れる.

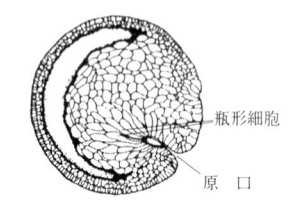

原腸胚の断面

**ビンキュリン** [vinculin] 細胞間および細胞マトリックス間において特定の細胞接着装置(接着結合\*,フォーカルコンタクト\*)に濃縮する116 kDa(130 kDaの記述もある)の細胞骨格タンパク質.選択的スプライシング\*により挿入配列をもつメタビンキュリン(metavinculin)も知られている.αアクチニン\*,テーリン\*,パキシリン\*など他の細胞質因子と結合する.アクチンとの直接結合も示唆されている.脊椎動物だけでなく線虫を含め多くの動物種で強く保存されている.αカテニン\*と相同性を示しビンキュリンスーパーファミリーを形成する.分子の機能は,1)カドヘリン\*やインテグリン\*などの細胞接着分子をアクチン系の細胞骨格につなげること,2)細胞接着の情報を細胞内に伝える足場となること,と考えられる.生体内では筋肉細胞においてアクチンフィラメントの足場となることが示されている.この分子の発現の低下ががん細胞の浸潤性の増加と関係するという報告もある.

**ビンクリスチン** [vincristine] VCRと略す.$C_{46}H_{56}N_4O_{10}$,分子量 824.97.ロイロクリスチン(leurocristine, LCR)ともいう.硫酸塩をオンコビン(oncovin)

という.キョウチクトウ科の植物 Vinca rosea Linn から抽出された制がん作用をもつアルカロイド(→ ビンカアルカロイド).作用機序としてはチューブリンと結合して,紡錘糸の形成を阻害し,細胞分裂を阻止する.投与量は $1\sim1.4$ mg/m$^2$ を毎週静脈投与する.急性リンパ性白血病\*,悪性リンパ腫\*の化学療法の第一選択であり,小細胞肺がん,軟部肉腫,小児固形がんなどに有効である.投与量規制因子は神経毒性で,脱毛もあるが血液毒性(白血球減少,血小板減少など)はほとんどない(→ ビンブラスチン).

**品質管理** [quality control] 異常なタンパク質を検出して処理する細胞内システム.ユビキチン化\*は異常なフォールディングを行ったタンパク質や不要になったタンパク質を細胞から除去する重要な役割をもっている.特定のプロテアーゼ群が,ATPのエネルギーを使いシャペロンとして不良品(異常タンパク質)を検出し,アンフォールディングにより除去可能な構造・状態に変換したうえで分解するものと考えられている.小胞体には正しいフォールディングができなかったタンパク質を小胞体から先の輸送経路に送り出さないため,特に厳密な品質管理の機構が存在し,それはシャペロンなどの発現を誘導して小胞体内での変性タンパク質の再生(リフォールディング)効率を高める転写誘導,タンパク質合成を抑制して小胞体内でのフォールディング負荷を軽減する翻訳抑制および異常タンパク質を細胞質に戻して(逆輸送),プロテアソームで分解するタンパク分解(→ 小胞体関連分解),などで構成される.転写誘導と翻訳抑制は特にUPR(unfolded protein response)とよばれ,不良品の検出から始まり,タンパク質のリン酸化,プロテアーゼやmRNAのスプライシング,リボソームRNAの分解,タンパク質輸送と細胞内膜系の再配置,などと関係する.上記の三つの品質管理プロセスによっても効果的に異常タンパク質を処理できない場合には最後の手段として細胞はアポトーシス\*を起こし,細胞自体を処理してそれよりも高次の組織や器官さらには個体レベルでのリスクを避ける戦略をとる.タンパク質の品質管理に失敗するとアルツハイマー病\*やプリオン\*に関連したアミロイド繊維などの形成がひき起こされる(→ フォールディング病,ポリグルタミン病).

**ヒンジ部** =ヒンジ領域

**品種** [form, race] → 亜種

**ヒンジ領域** [hinge region] ヒンジ部ともいう.抗体\*は二つのFab領域と一つのFc領域から構成されているが,ヒンジ領域はこれら三つの領域を連結する要の部分である.この領域はプロリン残基に富み,抗体分子全体に柔軟性をもたせ,二つのFab領域に適当な自由度を与えて抗原との相互作用を容易にしていると考えられている.ヒンジ領域はIgG,IgA,IgDに存在するが,IgMとIgEにはない.ペプシンやパパインなどのタンパク質分解酵素によって,この領域近傍が特異的に切断される.(→ 免疫グロブリン[図])

**Hind**Ⅲ [HindⅢ] Haemophilus influenzae Rd 菌の合成する制限酵素\*の一つ.5′-AAGCTT-3′の6塩基

対を認識しAとAの間を切断する.

**ビンブラスチン** [vinblastine] 硫酸塩をベルバン(Velban), エグザール(Exal)などという. $C_{46}H_{58}N_4O_9$, 分子量810.99. キョウチクトウ科の植物 *Vinca rosea* Linn から抽出されたビンクリスチン*の類縁化合物で, 作用機序は同じである. 投与量は $5\ mg/m^2$ を2〜3週ごとに静脈内注射する. 有効ながんはホジキンリンパ腫(⇌ ホジキン病), 非小細胞肺がん, 睾丸腫瘍, 絨毛上皮がんで, 他の薬剤との併用療法中に含まれて投与される. 投与量規制因子はビンクリスチンと異なり白血球減少で, 血小板減少, 貧血も発現する. 脱毛, 悪心, 嘔吐もあるが, 神経毒性は軽度である.(⇌ ビンカアルカロイド)

# フ

**ファイア**　FIRE, Andrew Zachary　米国の分子生物学者．1959.4.27～　カリフォルニア州サンタ・クララに生まれる．1978年カリフォルニア大学バークリー校卒業．1983年マサチューセッツ工科大学（MIT）でPh. D.取得．その後英国ケンブリッジ大学に移り，1986～2003年カーネギー研究所に所属．1989年ジョンズ・ホプキンズ大学生物学教授．2003年からスタンフォード大学医学部教授．C. C. Mello*とともに二本鎖のRNAが遺伝子サイレンシング*をひき起こす（→RNA干渉）ことを発見し，1998年に報告した．この発見により二本鎖RNAによる遺伝子サイレンシングおよびRNAi機構の解析が急速に進展した．2006年に二本鎖RNAによる遺伝子サイレンシングの発見に対してMelloとともにノーベル医学生理学賞を受賞．

**φX174ファージ**〔φX174 phage, phage φX174〕　環状一本鎖DNAをもつ正二十面体構造の大腸菌ファージ．ゲノム*DNAの全塩基配列（5386塩基）が最初に決定された生物である．塩基配列決定により，いくつかの遺伝子について，オーバーラップ遺伝子*であることが発見された．感染過程で，一本鎖ゲノムDNAは二本鎖DNA（複製型*，RF）になり，これを鋳型に転写が始まる．RF-DNAとして複製されたのち，ファージ粒子形成と共役してRF-DNAから一本鎖ゲノムDNAが複製される．（→一本鎖DNAファージ）

**ファイトアレキシン**　＝フィトアレキシン

**φψプロット**〔φψ plot, phi psi plot〕　＝ラマチャンドランプロット

**ファイブログリカン**　＝フィブログリカン

**FACS**　＝蛍光活性化セルソーター

**ファゴサイトオキシダーゼ**〔phagocyte oxidase〕　好中球，好酸球，単球，マクロファージ，Bリンパ球などの細胞膜で，NADPHを電子供与体とし酸素に電子を渡してスーパーオキシドアニオン*を産生する酵素系．生じたスーパーオキシドアニオンは食細胞外に放出され，食細胞では殺菌に利用される．ヒトでは活性にはgp91-*phox*（X染色体短腕21.1領域にコードされている），p22-*phox*（第16染色体長腕24領域）の二つのタンパク質から成る特殊なB型シトクロム（$b_{558}$）と，細胞質のp47-*phox*（第1染色体長腕25領域），p67-*phox*（第7染色体長腕11.23領域）および低分子量GTP結合タンパク質であるRacが必須である．易感染性の先天性疾患，慢性肉芽腫症*はいずれかのPhoxタンパク質の異常である．

**ファゴサイトーシス**　＝食作用

**ファゴソーム**〔phagosome〕　食胞，貪食胞ともいう．ファゴソームには，ヘテロファゴソーム（heterophagosome，異物食胞）とオートファゴソーム*（自食胞）とがある．ヘテロファゴソームは，細胞の食作用*により，細菌などの大型の顆粒が細胞内に取込まれ形成される一重膜で囲まれた細胞小器官である．高等動物では特定の種類の細胞（職業的食細胞）のみが食作用を行う．たとえば，マクロファージ*や好中球*は，細菌や壊れた細胞をファゴソームに取込み分解する．網膜色素上皮*細胞は，視細胞から脱離した外節（光受容部分）を貪食して処理している．原生動物や細胞性粘菌では，ファゴソームの形成は，細菌などを捕獲し栄養とする手段となっている．ファゴソームの形成は受容体により仲介されるシグナル伝達系によって誘発される．白血球の細胞膜にはFc受容体*が存在し，細菌などの異物に結合した免疫グロブリンのFc部分が受容体に結合すると，細胞内$Ca^{2+}$濃度の上昇などが起こり，仮足が伸展して異物を取込む（図参照）．ファゴソームの形成にはアクチン系細胞骨格が

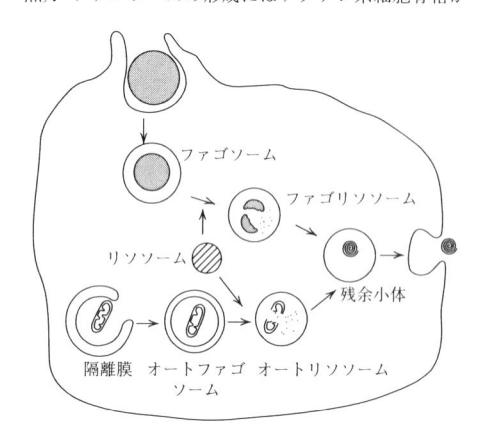

関与していると考えられている．形成されたファゴソームからは，細胞膜タンパク質などが回収され，エンドソーム*が融合してファゴソームの成熟が起こる．つぎに，ファゴソームにリソソーム*が融合して加水分解酵素が供給されると，ファゴリソソーム*となり内容物の分解が進行する．エンドソーム，リソソームとの融合によってV型$H^+$-ATPアーゼ（→プロトンポンプ）がファゴソームに供給され，内腔が酸性化されることが内容物の分解に必須の過程である．分解の進行とともに，内容物の加水分解によって生産されたアミノ酸や単糖類は細胞質に回収され，分解されなかった内容は残余小体（residual body）となって細胞内にとどまり，徐々に細胞外に放出される．狭義には，リソソームと融合する前のものをファゴソームとよぶが，ファゴリソソームも含めたファゴソーム系を総称してファゴソームとよぶ場合もある．異物貪食作

用に対して,細胞自身の一部を隔離して消化することをオートファジー*(自食作用,自己貪食作用)とよび,そのために形成される構造をオートファゴソームとよぶ.オートファゴソームの形成は,細胞が栄養飢餓状態におかれた時に誘導される.隔離膜(isolation membrane)とよばれる膜構造が細胞質を包囲し,その一部を隔離することにより,二重膜に囲まれたオートファゴソームが形成される.隔離膜は小胞体に由来するとする説が主流であるが,異論もある.オートファゴソームにエンドソーム,リソソームが融合してV型$H^+$-ATPアーゼと加水分解酵素が供給されると,一重膜で囲まれたオートリソソームとなり,内腔の酸性化と内容物の加水分解が進行する.3-メチルアデニンがオートファゴソーム形成の阻害剤として知られている.

**ファゴリソソーム** [phagolysosome] ファゴソーム*とリソソーム*とが融合して形成される細胞小器官.リソソームと融合すると液胞型$H^+$-ATPアーゼと加水分解酵素とが供給されてファゴソームは酸性化し,加水分解酵素が活性化されて,内容物の分解が進行する.ヘテロファゴソームとリソソームとが融合して形成されるものをヘテロファゴリソソーム(heterophagolysosome)あるいはヘテロリソソーム(heterolysosome)という.オートファゴソーム*とリソソームとが融合して形成されるものをオートリソソーム*とよぶ.

**ファージ** [phage] バクテリオファージ(bacteriophage),細菌ウイルス(bacterial virus)ともいう.F. W. Twort(1915)および F. d'Hérelle(1917)により,独立に発見された.d'Hérelleにより,"細菌を食べるウイルス"という意味でバクテリオファージと命名された.宿主細菌と混合して平板培地に広げると,1ファージ粒子が1溶菌斑(プラーク*)をつくる.M. Delbrück*らにより自己増殖機構研究のモデル系として取上げられ,今日の分子生物学の発展に重要な役割を果たしてきた.遺伝物質として,二本鎖DNAおよびRNA,一本鎖DNAおよびRNAのものがあり,一本鎖RNAファージゲノムは異なった3分子のRNAから成るが,他のファージゲノムは1分子のDNAまたはRNAである.(⇌DNAファージ,RNAファージ)

**ファージM13** =M13ファージ

**ファージ感染** [phage infection] ファージ*が細菌宿主に吸着し,ゲノム核酸を注入して菌体内で増殖すること.ファージは細菌細胞表面にある特定の受容体に吸着し,キャプシド*を細胞外に残して,遺伝物質を菌体内に注入する.注入の際,核酸はリン脂質膜を通過できないので,ファージまたは宿主タンパク質がつくる穴を通って細胞内に入ると考えられている.一般的には,宿主は外来遺伝物質を制限*する機構を備えているので,ファージは感染を成立させるため,多くの場合,細胞内に注入した自己遺伝物質を保護する機構(抗宿主制限機構)をもっている.ファージにより,抗宿主制限機能をファージ粒子構造に組込んで

いる例(T4ファージ*,φX174ファージ*など)と,感染直後に発現する例(T7ファージ*など)がある.DNAファージ*の遺伝子発現は宿主RNAポリメラーゼにより転写されて開始する.二本鎖DNAファージの場合,宿主RNAポリメラーゼで転写されるゲノム領域は限定されており,残りの領域の転写はファージ由来の遺伝子産物の関与のもとに進行する.RNAファージ*の場合は,ゲノムRNAがmRNAとなる.多くの場合,ファージ遺伝子発現により宿主の遺伝子発現は抑制される.テンペレートファージ*の場合,感染初期に,溶原化サイクル*か溶菌化サイクルかが決定される.

**ファージQβ** [phage Qβ, Qβ phage] 大腸菌を宿主とするRNAファージ*の一種.遺伝物質は4217ヌクレオチドの一本鎖RNAで,4個の遺伝子を含む.溶菌遺伝子はもたないが,成熟タンパク質が溶菌作用も示す.1965年に,I. HarunaとS. SpiegelmanはQβ RNAレプリカーゼを部分精製して,試験管内でのRNA複製*に初めて成功した.遺伝子RNAに相補的なRNA鎖を合成するには,4種類の酵素タンパク質のほかに,宿主因子HF-Iが必要である.

**ファージG4** [phage G4, G4 phage] 大腸菌を宿主とするファージ*の一種.ファージ粒子は30 nmの正二十面体状で,遺伝物質として5574ヌクレオチドの環状一本鎖DNAを1分子含む.11個の遺伝子から成り,数種類の遺伝子は互いに重複している.大腸菌外膜にあるリポ多糖受容体に吸着し,外殻構成成分のHタンパク質とDNAとの複合体が細胞内に入る.侵入の過程でDNAは環状二本鎖の複製型*分子(RF)となり,mRNAの合成やDNAの複製が始まる.DNA複製はローリングサークル型で進行する.(⇌一本鎖DNAファージ)

**ファージDNAパッケージング** [phage DNA packaging] DNAがファージのキャプシド*に詰込まれる過程をいう.二本鎖DNAファージの頭部形成では,ファージ由来の2種類の詰込みタンパク質の関与のもとに,DNAが前もって形成されている頭部前駆体内部へ移送,濃縮される.この過程はATPエネルギーに駆動され,DNAは頭部前駆体の1頂点に局在するDNA入口構造(頭部完成後尾部が結合する構造体でDNAの出口でもある)を通してキャプシドへ詰込まれる.ファージDNAが環状もしくはコンカテマー*として合成される場合,詰込みに共役してゲノムDNAが切出される過程(DNA成熟)が含まれる.DNA濃縮機構はすべてのDNAファージ*に共通であるが,DNA成熟機構はファージ間で異なり,各ファージに固有のゲノムDNA末端が形成される.一般にDNA成熟機構は,DNAがキャプシドを満たした時に(通常は1ゲノム長濃縮後)初めてDNA切断能が発動されるという性質をもつ.一本鎖(ss)DNAファージ*の場合,正二十面体ファージ(φX174ファージ)では,ssゲノムDNAの合成と頭部前駆体内への詰込みは共役している.繊維状ファージ(⇌M13ファージ)では,合成されたssDNAが宿主細胞

膜上でコートタンパク質*に包括まれながらファージ粒子に変換されて，菌体外に放出される．(→ DNA パッケージング)

**ファージディスプレイ** [phage display] ファージ*のコートタンパク質*と外来ペプチドとを融合して発現させファージ表面に提示させる手法である．おもに大腸菌感染ウイルスである M13 ファージのコートタンパク質 g3p や g8p にペプチドを融合させる系が多く用いられる．表面に提示された外来ペプチドのアミノ酸配列はファージゲノム中に挿入されたヌクレオチド配列によって調べることができる．多種類の外来ペプチドを提示したファージライブラリーから特定のタンパク質などにアフィニティーをもつペプチドを迅速に選択，単離する手法として発展した．T7 ファージ*のキャプシドタンパク質 10B の C 末端側に外来ペプチドを融合させ提示させる手法も開発されている．

**ファージ T2** ＝T2 ファージ
**ファージ T4** ＝T4 ファージ
**ファージ T7** ＝T7 ファージ
**ファージ P1** [phage P1, P1 phage] 線状二本鎖 DNA (約 90 kbp) をもつ大腸菌テンペレートファージ*．プラスミド状態で溶原化し，普遍形質導入を行う．(→ 溶原化サイクル，形質導入)

**ファージ P2** [phage P2, P2 phage] 線状二本鎖 DNA (約 33 kbp) をもつ大腸菌テンペレートファージ*．宿主染色体当たり 1 コピー組込まれているが，組込まれうる部位は約 10 箇所である．

**ファージ PM2** [phage PM2, PM2 phage] 環状二本鎖 DNA (約 9 kbp) をもつ海産性シュードモナス属に感染するファージ．ファージ粒子は脂質を含む．(→ DNA ファージ)

**ファージ φX174** ＝φX174 ファージ
**ファージベクター** [phage vector] 大腸菌を宿主とする λ ファージあるいは一本鎖 DNA ファージである M13 からつくられたベクター．λ ファージベクター*の場合は溶原化の遺伝子群を欠失させてあるため，ファージの増殖により宿主大腸菌は溶菌し死滅して溶菌斑（プラーク*）を生じる．M13 ベクター*では菌は生存し，ヘルパーファージの感染により組換えファージを培地中に放出する．(→ プラスミドベクター，ファスミド)

**ファージミド** [phagemid] ＝ファスミド
**ファージ Mu** ＝Mu ファージ
**ファージ λ** ＝λ ファージ

**ファシン** [fascin] 細胞中のアクチンフィラメントネットワークを調節するアクチン結合タンパク質*の一つ．57 kDa のアクチンフィラメント束化因子(→ アクチンフィラメント架橋タンパク質)で，最初ウニ卵から単離された．cDNA から得られた一次構造はショウジョウバエのシンジド (singed) 遺伝子産物と高い相同性 (35％) があり，ヒト培養細胞 (HeLa 細胞*) からもファシンと類似の因子 (55 kDa タンパク質) が単離されており，ファシンは生物界一般に

広く存在し，ファミリーを形成していると考えられる．

**FasL** [FasL＝Fas ligand] ＝Fas リガンド
**Fas 抗原** [Fas antigen] CD95 抗原，Apo-1 ともいう．デス受容体*の一種で，腫瘍壊死因子受容体*に類似の構造をもつ I 型膜貫通タンパク質．Fas 抗原の発現はインターフェロン刺激などで誘導される．キラー T 細胞*などの細胞表面に発現する Fas リガンド*が，ウイルス感染細胞などの標的細胞の表面に発現した Fas 抗原に結合することにより，標的細胞にアポトーシス*が誘導される．古くなった活性化 T 細胞や一部の自己反応性リンパ球が自殺する場合にも Fas 抗原と Fas リガンドが働く．自己免疫疾患*とリンパ腫を発症するマウス突然変異である lpr と gld はそれぞれ Fas 抗原と Fas リガンド遺伝子の突然変異である．ヒトでも Fas 抗原遺伝子の突然変異によりアルプス (ALPS, autoimmune lymphoproliferative syndrome) とよばれる同様の遺伝性疾患を発症する．(→ カスパーゼ)

**FASTA** [FASTA] バージニア大学の W. Pearson によって提案された核酸やアミノ酸配列をアラインメント*するアルゴリズム，またはソフトウェアの名前．配列データベースに対して問合わせ配列（クエリー配列）と類似する配列を検索するアルゴリズムである．データベースとクエリー配列の種類（核酸かアミノ酸か）と翻訳しながら検索するかどうかなどの組合わせで 6 種類のアルゴリズムが実装されている．FASTA のソフトウェアパッケージはバージニア大学の FTP サーバーから入手できる．FASTA で用いられているアルゴリズムの概要を示す．まず連続して一致する配列断片 (k-tuple) を検索する．この際にハッシュテーブルを利用することで高速化されている．つぎにそれらの断片のうち類似性が高いものを選び，Smith-Waterman アルゴリズムにより局所的アラインメントを行う．アラインメントされた部分を不一致（ギャップ）を考慮しつつ結合していく．最後にヒットしたデータベース中の配列ごとに類似性の統計的有意性を判定する．

**ファーストメッセンジャー** [first messenger] 第一メッセンジャー，一次メッセンジャー (primary messenger) ともいう．細胞を細胞内と細胞外（環境）に分けた時に，細胞外からその細胞に何らかのシグナルを伝えるものの総称で，他の細胞でつくられて細胞間でシグナルを伝えるホルモン*や神経伝達物質*，オータコイド*などのシグナル伝達物質や，外界の環境からの物理的，化学的刺激などがある．このファーストメッセンジャーに対して，そのシグナルをさらに細胞内に伝達するものをセカンドメッセンジャー*とよぶ．

**ファスミド** [phasmid] ファージミド (phagemid) ともいう．一本鎖 DNA ファージの M13 または fd の複製起点を組込んだプラスミドベクター*．プラスミドベクターとしてクローン化を行ったのち，塩基配列決定や片方の鎖特異的なプローブ作製のためにヘル

パーファージの感染を行うことにより、一本鎖ファージ DNA として回収できるベクター。プラスミドベクターと M13 ベクター*の長所を併せもつため頻用されるようになった．

**Fas リガンド**［Fas ligand］　FasL と略し，CD95 リガンド（CD95 ligand）ともいう．デス因子*の一種で，腫瘍壊死因子*（TNF）と類似の構造をもつ II 型膜貫通タンパク質．抗原刺激で活性化したキラー T 細胞*などの細胞表面に発現し，ウイルス感染細胞などの標的細胞上の受容体 Fas に結合することにより，標的細胞にアポトーシス*を誘導する．古くなった活性化 T 細胞や一部の自己反応性リンパ球が自殺する場合にも Fas 抗原と Fas リガンドが働く．

**ファーチゴット**　FURCHGOTT, Robert F. 米国の薬理学者．1916.6.4～　米国サウスカロライナ州チャールストン生まれ．ノースカロライナ大学チャッペルヒル校で B. S. を取得．1937 年からノースウェスタン大学医学部の物理化学教室とコールド・スプリング・ハーバー研究所で卵白アルブミンや赤血球膜の研究，1940 年に Ph.D. 取得．1949 年から 1956 年までコーネル大学医学部とワシントン大学医学部で，血管活動緊張性物質，平滑筋のホルモン応答などを研究．1978 年に，アセチルコリン刺激により，血管内皮細胞から非常に不安定な透過性因子が遊離して，血管平滑筋細胞に弛緩を起こさせることから 1980 年に EDRF（内皮細胞由来平滑筋弛緩因子*）を発見，後に，その一つが NO であることが明らかにされた．1988 年までサニーメディカルセンターの薬理学教室の主任教授．その後名誉教授．1996 年にラスカー賞を受賞．1998 年ノーベル医学生理学賞を L. J. Ignarro*, F. Murad* とともに受賞．

**ファーバー脂肪肉芽腫症**［Farber lipogranulomatosis］　＝ファーバー病

**ファーバー病**［Farber disease］　ファーバー脂肪肉芽腫症（Farber lipogranulomatosis）ともいう．リソソームの加水分解酵素である酸セラミダーゼ（別名 N-アシルスフィンゴシンアミドヒドロラーゼ 1, ASAH1）の遺伝性欠損により，セラミドが全身臓器組織に蓄積する常染色体劣性遺伝病．セラミドはセラミダーゼにより，スフィンゴシンと脂肪酸に加水分解される．セラミドの細胞内蓄積とともに，全身組織にマクロファージが浸潤し，肉芽腫を形成する．新生児期や乳児早期に嗄声，皮下結節，関節拘縮の三大徴候を示す．ASAH 遺伝子は 8p22-p21.3 にマップされており，遺伝子産物は 395 個のアミノ酸から成る 44.7 kDa の前駆体ポリペプチドで，プロセシングを受けて $\alpha$（121 アミノ酸），$\beta$ サブユニット（253 アミノ酸）を生成し，酵素は $\alpha\beta$ のヘテロダイマーである．（⇒スフィンゴ脂質症）

**ファブリキウス嚢**［bursa of Fabricius］　鳥類の中枢リンパ組織の一つ．総排泄腔（鳥類の肛門）に接して存在する嚢状のリンパ組織，後腸の背側として胎生初期に形成される．鳥類の B リンパ球はここで発達・分化することから burza 由来のリンパ球を "B 細胞*" とよぶようになった．ヒヨコのファブリキウス嚢は重さ 3 g とよく発達し，内腔に向かってひだをつくる単層の立方上皮とその直下の多数のリンパ濾胞から成るが，孵化後 4 カ月ごろには完全に退縮する．鳥類では胎生 8 日目ごろ，B 細胞の前駆幹細胞が血管を通ってファブリキウス嚢の中胚葉性組織に遊走してくる．これらの細胞が分裂増殖を繰返し，数千個のリンパ濾胞を形成する．ファブリキウス嚢を摘出したニワトリは，種々の抗原に対する抗体産生が低下したり，リンパ組織系の形質細胞や胚中心が減少したり消失する一方，細胞性免疫の低下はみられない．鳥類以外では相同器官はみつかっていないが，哺乳類では胎仔肝や骨髄で B 細胞の生成が行われている．（⇒パイエル板）

**ファブリー病**［Fabry disease］　リソソーム酵素である $\alpha$-ガラクトシダーゼの欠損により全身血管病としての臨床的特徴を発現する X 染色体関連遺伝病である．典型例は小児期に四肢末端の疼痛（温熱により誘発される），被角血管腫（圧迫しても色の消えない毛細血管拡張），発汗低下などで発症し，徐々に腎血管系の病変が進行する．中年以後腎不全，脳血管障害，心筋障害を起こす．平均的な寿命は 40 歳代である．最近 50 歳以後に，肥大性心筋症のみで発症する症例（心臓型）も発見された．$\alpha$-ガラクトシダーゼはグロボトリアオシルセラミドや B 型血液型物質を分解する酵素で，その遺伝子は X 染色体長腕にあり，七つのエキソンから成る．cDNA は 1290 塩基の転写領域をもち，429 アミノ酸をコードする．多くの遺伝子突然変異が患者で同定され，特に心臓型の突然変異は酵素活性をもったタンパク質を発現する．また古典型，心臓型ともに，突然変異酵素は細胞内で不安定であり，ガラクトースの添加により安定化する．疼痛に対しヒダントイン，カルバマゼピンなどの薬剤がある程度まで有効であり，血管病変の進行にはチクロピジンが有効である．（⇒スフィンゴ脂質症）

**ファルネシル化**［farnesylation］　ゲラニルゲラニル化*と合わせて，タンパク質のイソプレノイドによる修飾を総称し，イソプレニル化（isoprenylation），ポリイソプレニル化（polyisoprenylation）ともいう．ファルネシル基（図）によるタンパク質やペプチドの C 末端部システインを標的とした翻訳後修飾構造．菌類の性フェロモン*で見いだされ，その後 Ras タンパク質やラミン A のほか，シャペロン*などにもこの修飾共通配列をもつものが見つけられている．ゲラニルゲラニル化とともに，細胞内局在化と機能発現に必須な構造である．がんの化学療法研究の対象にもされている．（⇒ファルネシルトランスフェラーゼ）

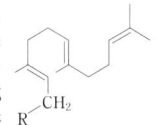

ファルネシル基

**S-ファルネシシステイン**［S-farnesylcysteine］　タンパク質のファルネシル化*による修飾構造に存在する．生体内ではファルネシルトランスフェラーゼ*が，ファルネシル二リン酸からシステインの SH 基

にファルネシル基を転移し，安定なチオエーテル結合をつくる（図）．これによりタンパク質の疎水性は高まるが，膜と安定に結合するほどではなく，むしろタンパク質間相互作用に役立っているらしい．同様な物質にゲラニルゲラニルシステインがある．（⇌ゲラニルゲラニル化）

**ファルネシルトランスフェラーゼ** ［farnesyltransferase］ ＝ファルネシルプロテイントランスフェラーゼ（farnesyl protein transferase），プロテインファルネシルトランスフェラーゼ（protein farnesyltransferase），CAAXファルネシルトランスフェラーゼ（CAAX farnesyltransferase）．タンパク質のファルネシル化*を行う酵素．酵母と哺乳類から精製されており，タンパク質のC末端Cys-A-A-X（A：脂肪族アミノ酸，X：Leu以外の非荷電アミノ酸）を認識するが，特異性は生物種によって異なる．酵母ではこれの欠損により，$RAS^-$ と同じ表現型が現れる．同様の反応を触媒するゲラニルゲラニルトランスフェラーゼと，一部のサブユニットを共有する．（⇌S-ファルネシルシステイン）

**ファロイジン** ［phalloidin］ $C_{35}H_{48}N_8O_{11}S$，分子量788.88．毒キノコタマゴテングダケ（*Amanita phalloides*）が産生する猛毒環状ペプチドアルカロイド（ファロトキシン*）の一成分．アクチンフィラメントを安定化する作用があり，その脱重合を阻害する．細胞膜透過性は低い．Fアクチンに特異的に結合するため，蛍光標識したファロイジンは細胞内アクチンフィラメントを検出するために用いられる．

**ファロトキシン** ［phallotoxin］ タマゴテングダケ（*Amanita phalloides*）やシロテングタケ（*Amanita verna*）に含まれる毒ペプチドの一種．

**ファンギゾン** ［Fungizone］ ＝アンホテリシンB

**ファンコニ貧血** ［Fanconi's anemia］ 進行性の骨髄機能不全，先天性の奇形を伴う劣性遺伝疾患であり，造血器悪性腫瘍を合併しやすい．病態として，マイトマイシンC*やシスプラチンなどのDNA架橋剤に対する易感受性が染色体の不安定性や細胞死をもたらすことが考えられている．ファンコニ貧血は12の相補群（A, B, C, D1, D2, E, F, G, I, J, L, M）に分類される．I群を除く相補群にそれぞれ原因遺伝子（*FANCA*〜*FANCM*）が同定されている．これらの遺伝子産物は共同してFanconi's anemia (FA) 経路を形成し，DNA修復を介してゲノムの安定化に寄与する．FANCA, FANCB, FANCC, FANCE, FANCF, FANCG, FANCL, FANCMの八つは核内でFAコア複合体を形成し，このうちFANCLはユビキチンリガーゼ活性，FANCMはDNA依存性ATP分解酵素活性とDNA転移酵素活性をもつ．FANCD2はFAコア複合体によりモノユビキチン化を受けて，FANCD1, FANCJ, BRCA1, などとともにクロマチン分画に点状に集積してDNA修復を担う．FANCD1はBRCA2と同一の分子で，RAD51と結合してその活性を制御する．FANCJはBACH1ともよばれ，DNA依存性ATP分解酵素活性とDNAヘリカーゼ活性をもち，BRCA1と結合する．さまざまなヒト固形腫瘍でメチル化による*FANCF*の不活性化が認められ，*FANCC*，*FANCG*の変異は膵がんの一部に関与する．血液学的な根治療法として造血幹細胞移植が行われているが，将来的には遺伝子治療*も考慮される．（⇌再生不良性貧血）

**不安定因子** ［unstable factor］ ＝血液凝固V因子

**ファンデルワールス半径** ［van der Waals radius］ 電荷をもたない中性分子が分子性結晶を構成している時，構成単位原子の充填状態は一定半径をもつ球のように配列している．これはファンデルワールス力*の反発力部分に起因しているので，この球の半径をファンデルワールス半径とよび，化学結合をしていない時の原子の大きさを表す．この半径はファンデルワールス引力と反発力がつり合う距離で，空間充填模型*における原子の大きさを決めている．

**ファンデルワールス力** ［van der Waals force］ 実在の気体は，理想気体の状態方程式（$pV=nRT$）（$p$：圧力，$V$：体積，$n$：モル数，$R$：気体定数，$T$：絶対温度）を満足せず，次式（ファンデルワールスの状態方程式）で表すことができる．

$$\left(p+\frac{\alpha}{V^2}\right)(V-b)=RT$$

$a$, $b$は定数．この式の$a/V^2$は分子間力で，ファンデルワールス力とは通常はこの引力部分をさす．双極子モーメント*をもたない気体分子（He, Ne, Ar, $H_2$など）でも分子間に働く弱い引力を示す．原子核のまわりの電子は通常球対称に分布しているが，ある瞬間にはどちらかに偏って双極子を生じ，つぎつぎに近傍の原子や分子に双極子を誘起して静電気的に引き合う力（ファンデルワールス結合）となる．エネルギーは水素結合よりさらに小さく，通常数kJ/mol程度である．原子間距離の−6乗に比例するから，C-C間で7Å程度離れていれば無視できる．分子間結晶，液体の凝集，生体膜上での接着にかかわる力と考えられている．

**ファントホッフの式** ［van't Hoff equation］ 【1】希薄溶液の浸透圧*（$\Pi$）と溶液濃度（$n_B/V$），温度との関係は理想気体の状態方程式に驚くほど似ている

以下のファントホッフの式で示される．

$$\Pi V = n_B RT$$

$T$ は絶対温度，$n_B$ は溶質のモル量，$V$ は溶液の体積，$R$ は気体定数を表す．この関係式を用いて浸透圧からモル濃度を概算できるので，元素分析などによる正確な組成比から正確な分子量を求めることができる．また，電解質溶液の場合の実効濃度は $n_B$ の $i$ 倍になり，$i$（ファントホッフ係数という）は解離の程度を表す．

【2】平衡定数*と温度との関係式で，温度 $T$, $T'$ の時の平衡定数をそれぞれ $K$, $K'$ としてつぎのファントホッフの式で表される．

$$\ln K' = \ln K + \frac{\Delta H^\circ}{R}\left(\frac{1}{T} - \frac{1}{T'}\right)$$

ただし，$R$ は気体定数，$\Delta H^\circ$ はその平衡反応の標準エンタルピー変化である．

**vir 領域**　⇌ vir（ビル）領域

**Vi 抗原**　[Vi antigen]　病原性の強いチフス菌（Salmonella typhi）によって発現される抗原で名前も病原性（virulence）に由来する．本体は莢膜中に存在する $N$-アセチルグルコサミン・ウロン酸から成る多糖体である．病原性因子としての意義は明確ではないが，腸チフス回復期の患者血清中には Vi 抗原に対する抗体が反応され，ワクチンとして腸チフスに対する抵抗性を惹起できる．一部のサルモネラ腸炎菌（Salmonella enteritidis）も Vi 抗原と抗原性の非常に近い多糖体を産生する．(⇌ O 抗原，H 抗原)

**VIP**　[VIP = vasoactive intestinal (poly)peptide]　＝バソアクティブインテスティナル（ポリ）ペプチド

**VIP21**　[VIP21 = vesicular integral protein 21]　＝カベオリン

**V$\alpha$14 NKT 細胞**　[V$\alpha$14 NKT cell]　＝ナチュラルキラー T 細胞

**VEGF**　[VEGF = vascular endothelial (cell) growth factor]　＝血管内皮（細胞）増殖因子

**VEGFR**　[VEGFR = VEGF receptor]　＝血管内皮（細胞）増殖因子受容体

**VegT**　[VegT]　Xombi, Antipodean, Brat の別名をもち，アフリカツメガエル卵の植物極側に濃縮された母性 RNA として知られる．T ボックス配列をもつ T ボックス遺伝子の一つで転写調節（活性化）因子と考えられ，過剰発現およびアンチセンスオリゴヌクレオチドを用いた機能欠損実験から，胚葉分化において，内胚葉および中胚葉，両方の形成に必要な因子である．ただし，中胚葉分化への寄与は VegT の標的である Xnr1, Xnr2, Xnr4 や derriere などの中胚葉誘導因子の発現誘導を介した二次的なものであると考えられている．

**V 遺伝子**　[V gene]　可変領域遺伝子（variable region gene）ともいう．V は variable の略．抗体や T 細胞受容体の可変領域をコードする遺伝子を意味する．V 領域は V, (D), J という断片化された遺伝子によってコードされているために，V 遺伝子は二通りの意味に使われる．V-J 結合*などとして使われている V 遺伝子は，V 領域の中で，N 末端から約 96 番目までのアミノ酸をコードする V 遺伝子をさすが，V-J または V-D-J 結合*をもち，それ全体で V 領域をコードする活性型 V-(D)-J 遺伝子全体を V 遺伝子とよぶこともある．(⇌ C 遺伝子，免疫グロブリン遺伝子)

**VAA**　[VAA = virus-associated antigen]　ウイルス関連抗原の略称．(⇌ ウイルス抗原)

**VAMP**　[VAMP]　⇌ VAMP（バンプ）

**VSSA**　[VSSA = virus specific surface antigen]　ウイルス特異的細胞表面抗原の略称．(⇌ ウイルス抗原)

**VSG**　[VSG = variant surface glycoprotein]　＝変異表面糖タンパク質

**VSV**　[VSV = vesicular stomatitis virus]　＝水疱性口内炎ウイルス

**VHL 遺伝子**　[VHL gene]　VHL 遺伝子はフォンヒッペル・リンダウ病（von Hippel–Lindau disease；遺伝性に中枢神経系・網膜の血管芽腫，膵腫瘍・褐色細胞腫・腎がんなどをひき起こす優性遺伝性の病気）の原因遺伝子として単離されたがん抑制遺伝子*である．遺伝子は第 3 染色体短腕のテロメア近傍に存在しており，284 個のアミノ酸から成るタンパク質をコードしている．この遺伝子の異常は，遺伝性の患者においてのみならず，散発性の腎がんや中枢神経腫瘍においても体細胞変異として見いだされている．

**VHDL**　[VHDL = very high density lipoprotein]　＝超高密度リポタンパク質

**VNTR**　[VNTR = variable number of tandem repeat]　＝縦列反復数変異

**Vav**　⇌ Vav（バブ）

**VMA**　[VMA = vanillylmandelic acid]　＝バニリルマンデル酸

**VLDL**　[VLDL = very low density lipoprotein]　＝超低密度リポタンパク質

**VLDL 受容体**　[VLDL receptor]　＝超低密度リポタンパク質受容体

**v-onc**　[v-onc = viral oncogene]　＝ウイルス性がん遺伝子

**VOD**　[VOD = veno occulusive disease]　＝肝中心静脈閉塞症

**V 型 ATP アーゼ**　[V-type ATPase]　⇌ ATP アーゼ

**VCAM-1**　[VCAM-1 = vascular cell adhesion molecule-1]　CD106 ともいう．インターロイキン 1，腫瘍壊死因子 $\alpha$，インターフェロン $\gamma$，インターロイキン 4 など炎症性のサイトカインやリポ多糖によって，24〜48 時間をピークとして発現誘導される細胞接着分子*．免疫グロブリンスーパーファミリー*に属し，3 種類のアイソフォームが存在する．生体では炎症部位に認められる活性化血管内皮細胞のほか，胸腺および骨髄のストロマ，脾臓胚中心の樹状細胞，骨格筋に発現が認められる．インテグリン* $\alpha_4\beta_1$ に結合し，炎症部位へのリンパ球浸潤，幹細胞とストロマ細胞の接着，筋管形成などに関与する．

**V抗原**［V antigen］ エルシニア属の細菌に特有のタンパク質で，ペスト菌（*Yersinia pestis*），腸炎エルシニア（*Yersinia enterocolitica*），仮性結核菌（*Yersinia pseudotuberculosis*）などの病原性（virulence）に重要であるが，機能は必ずしもよくわかっていない．分子量は菌種によって異なり，37,000〜41,000である．V抗原はYopと称されるエルシニア病原性因子群の発現に必須であり，LcrV（Lcrは調節遺伝子の称号）ともよばれる．

**フィコエリトリン**［phycoerythrin］ ⇌フィコシアニン

**フィコシアニン**［phycocyanin］ ラン藻（シアノバクテリア*），紅藻およびクリプト藻の主要な光合成色素*であるフィコビリン*が水溶性タンパク質と共有結合した色素タンパク質の一種．シアノバクテリアのものは615 nmに吸収極大をもち，青色を示す．フィコビリンは開裂したテトラピロールの基本構造をもつ．アロフィコシアニン（allophycocyanin）を中心にフィコエリトリン（phycoerythrin）とともに半球状のフィコビリソーム（phycobilisome）をチラコイド*膜上に形成し，光エネルギーを効率的に光化学系IIの反応中心に伝達する．（⇌光合成電子伝達反応）

**フィコビリン**［phycobilin］ ラン藻（シアノバクテリア*），紅藻，クリプト藻に分布する開環テトラピロール構造をもった光合成色素*．フィコシアノビリン，フィコエリトロビリンなどが知られており，タンパク質と共有結合してフィコシアニン*，フィコエリトリン，アロフィコシアニンなどのビリンタンパク質を形成する．クロロフィル*が吸収できない500〜600 nmの光を吸収し，光化学系*に光エネルギーを伝達する．

**フィコール**［Ficoll］ ショ糖とエピクロロヒドリン（epichlorohydrin）を共重合させた化合物．Pharmacia社の商品名．通常は約40万の分子量をもつフィコール400が使われる．水に溶かすと低粘度で高密度の溶液が得られるため，細胞，ウイルス，細胞小器官などを分離するための密度勾配を形成する物質として利用される．核酸のハイブリダイゼーション解析のための反応液にもしばしば添加される．

**VCR**［VCR=vincristine］ ⇌ビンクリスチン
**Vgr-1** ⇌骨誘導因子
**VCAM-1** ⇌VCAM-1（ブイカムワン）

**V-J結合**［V-J joining］ 抗体やT細胞受容体の可変領域*は，複数個の断片化された遺伝子によってコードされている．抗体L鎖（κ型とλ型），T細胞受容体α鎖およびγ鎖の場合は，$V$と$J$遺伝子2個に分かれている．抗体遺伝子座では骨髄幹細胞からB細胞への分化途上，T細胞受容体遺伝子座ではT細胞への分化途上，DNA再編成*により$V$と$J$遺伝子が直接連結される．抗体L鎖の場合，V-J結合点には柔軟性があり，同じ$V$と$J$遺伝子の組合わせでV-J結合がつくられても，結合点をずらすことにより異なる数種のアミノ酸をコードできるようになる．T細胞受容体の場合には，さらに$N$領域*とよばれる$V$と$J$遺伝子には含まれないランダムな配列をV-J結合点に挿入できるため，さらに多様な配列がつくり出される．（⇌抗体の多様性）

**vWF**［vWF=von Willebrand factor］ ＝フォンビルブラント因子

**フィチン**［phytin］ *myo*-イノシトール六リン酸（フィチン酸 phytic acid）のK，CaおよびMg混合塩．きわめて不溶性であり，植物種子に多量に含まれるリン酸のおもな貯蔵形態である．穀類ではアリューロン層*中のタンパク粒*にグロボイドとして貯蔵される．ホスファターゼの一種，フィターゼ（phytase）がフィチンに作用し，*myo*-イノシトールと無機リン酸に加水分解する．フィターゼは高等植物のほかに脊椎動物の血液中にも分布する．

**フィチン酸**［phytic acid］ ⇌フィチン

**フィックの法則**［Fick's law］ 溶液中の溶質分子の拡散に関する法則．拡散の駆動力は，拡散が起こる方向の物質の濃度勾配である．つまり$c$を濃度とし，$x$を拡散が起こる方向の座標であるとすると，$dc/dx$という濃度勾配が駆動力である．$A$という断面積を通る流れの速さと，この断面での濃度勾配$dc/dx$との間には比例関係がある．第一法則は，拡散における物質の流れを濃度勾配に関係づける法則で，$x$方向の拡散速度$dm/dt = -DA(dc/dx)$で表される．$dm$は時間$dt$中に$A$という断面積を通して移動する物質量，$D$は拡散定数（拡散する溶質と溶媒で定まる）．負の記号は，拡散が濃度の減る方向（つまり$dc/dx$が負の方向）へ起こることを示す．第二法則は，拡散における物質の流れを濃度勾配および勾配の時間的変化に関係づける法則で，ある点の濃度の時間的変化$dc/dt = D(d^2c/dx^2)$で表される．$D$のSI単位は，$m^2/s$である．

**フィッシャー** **FISCHER**, Edmond Henri 米国の生化学者．1920.4.6〜　　　　　上海生まれ．ジュネーブ大学で化学を学び，Ph.D.取得．同大学助手，講師を経てロックフェラー研究所準教授（1950〜61）．ワシントン大学生化学教授（1961）．E. G. Krebsとともに，ホスホリラーゼの活性化が14番目のセリンのリン酸化によることを明らかにしたのち，サイクリックAMP依存性プロテインキナーゼ*（Aキナーゼ）を発見（1968）．Krebsとともに1992年ノーベル医学生理学賞を受賞．

**フィッシャー** **FISCHER**, Hermann Emil ドイツの化学者．1852.10.9〜1919.7.15．ドイツのオイスキルヘンに生まれ，ベルリンに没す．ストラスブール大学化学科卒業（1874）．ヘキソースの構造を解明し，16個の異性体を明らかにし，D,L系列を発見した（1880年代）．またプリン化合物の化学構造を研究した．1892年ベルリン大学化学教授．1902年ノーベル化学賞受賞．1907年18個のアミノ酸をペプチド結合で重合させて，タンパク質化学の基礎を築いた．

**FISH**［FISH=fluorescence *in situ* hybridization］ ＝蛍光 *in situ* ハイブリダイゼーション

**Vd**［Vd=viroid］ ＝ウイロイド

**VDR** [VDR＝vitamin D receptor] ビタミンD受容体の略称．(→ビタミンD応答配列)

**VDRE** [VDRE＝vitamin D response element] ＝ビタミンD応答配列

**VDAC** [VDAC＝voltage-dependent anion-selected channel] 電位依存性陰イオンチャネルの略号．(→ポーリン)

**V-D-J 結合** [V-D-J joining] 抗体やT細胞受容体の可変領域*は，複数個の断片化された遺伝子によってコードされている．抗体H鎖*，T細胞受容体β鎖とδ鎖は，V，D(diversityの略)，J遺伝子3個に分かれている．B細胞やT細胞への分化途上DNA再編成*が起こり，VとDおよびとJ遺伝子が直接連結され，V-D-J結合ができる．DNA再編成は，最初D-J結合，つづいてV-D結合と二段階で進行する．D-JおよびV-D結合点はN領域*が挿入されていることが多く，さらにD遺伝子部分がコドンのフレームを三通りすべて翻訳できるために，このD遺伝子近傍でつくり出される多様性は巨大である．ここは抗体ではCDR3に位置する(→超可変領域)．T細胞受容体はMHC分子とそれに狭まれたオリゴペプチドを認識するので，このきわめて多様なオリゴペプチドを認識するには，高い多様性を示すD遺伝子近傍およびα鎖とγ鎖のV-J結合領域が担当していると推定されている．

**フィトアレキシン** [phytoalexin] ファイトアレキシンともいう．病原微生物に感染した植物組織内などに新しく合成され，蓄積する低分子の抗菌性物質で，植物の防御反応に中心的役割をもつ物質．フィトアレキシンは，イソフラボノイドやテルペノイド系などの種々の化合物を含むが，一般的に分類学上同じ属の植物は種が異なっても同一またはきわめて類似した化学構造のフィトアレキシンを合成する．またフィトアレキシンは一般的に幅広い抗菌性があるとともに，植物および動物細胞にも毒性がある．(→エリシター)

**フィトエン** [phytoene] →カロテノイド

**部位特異的組換え** [site-specific recombination] 広義では非相同組換え*の一つ．非相同組換えは組換わる分子間の相同性にはまったく関係がないのに対し，部位特異的組換えは二つの決まった配列間で起きる組換え反応である．二つの配列の長さは数十塩基が一般的であり，二つの配列が同一の場合と相同の場合の二つがある．交換反応は可逆的な場合と不可逆的な場合の2種に分けられる．この反応には組換え*にかかわる配列を認識するタンパク質が必須であり，このタンパク質が交換反応の主たる役目を果たす．反応の結果として，遺伝子の切出し，反転，逆位*，欠失*が起こる(→DNA切出し)．溶原化型ファージの染色体の組込み，切出し，細菌における表面抗原遺伝子の変換，免疫細胞におけるV-D-J組換えが知られている．(→相同組換え)

**部位特異的突然変異誘発** [site-specific mutagenesis] 位置指定突然変異誘発(site-directed mutagenesis)ともいう．試験管内で遺伝子の特定部位の塩基配列を任意の塩基に置換する方法(図)．遺伝子改変の基本技術として確立されている．特にタンパク質の構造と機能との関係を調べる際に有効な研究手法である

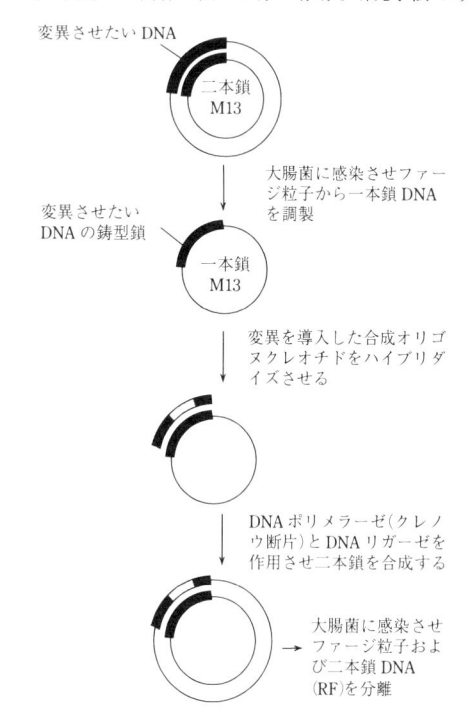

り，in vitroで突然変異体タンパク質を自在に作製することができる(→in vitro 突然変異誘発)．1982年M. Smithらはこの突然変異法を初めて用い，チロシルtRNAシンテターゼの構造-機能相関について解析を行った．現在では突然変異導入法もPCR法を用いるなどして改良され，効率よく突然変異体を構築できる．

**部位特異的ホリデイ構造** [site-specific Holliday structure] →ホリデイ構造

**フィトクロム** [phytochrome] 緑色植物の種子発芽*，茎の伸長など光形態形成*における光情報を受容する色素タンパク質．分子量は約12万．生体内では二量体として存在する．色素団は開環したテトラピロール(フィトクロモビリン)1分子から成る．遺伝子ファミリーを形成し，シロイヌナズナ*では5種類の遺伝子の塩基配列が決定されている．赤色光吸収型(Pr)と近赤外光吸収型(Pfr)が存在し，それぞれ約660 nm，730 nmに吸収極大をもつ．赤色光と近赤外光の相互照射により，Pr-Pfr間を可逆的に変換する．普通はPfrが生理作用をもつ活性型，Prが不活性型である．フィトクロム依存の現象は，一般に短時間の弱い赤色光照射によって誘導されるが，この効果は赤色光直後の近赤外光照射で，可逆的に打消される．最

近シロイヌナズナ,トマトなどで各フィトクロム分子が欠損した突然変異株が分離され,生理作用に対応する分子種が同定されつつある.またA型フィトクロム依存の現象は,近赤外光で打消されないことが示された.

**フィトスルフォカイン**〔phytosulfokine〕 PSK と略す.植物培養細胞の増殖促進活性を指標にして得られたペンタペプチドで,チロシン2残基が硫酸化されている点に大きな特徴があり,多くの植物から PSK 前駆体タンパク質をコードする遺伝子が見つかっている.PSK 受容体は,ロイシンリッチリピート*をもつ典型的なセリン/トレオニン型受容体タンパク質である.PSK は多様な生理作用を示し,遺伝子導入植物の細胞増殖維持に有効であり,不定胚誘導促進効果はスギの品種改良に有用である.

**フィードバック制御**〔feedback control〕 フィードバック調節(feedback regulation)ともいう.ある系の出力信号(結果)が入力側に戻されるプロセスによりその系の動的な挙動を制御すること.生物においては恒常性維持や多様性を発揮するための機構として使用されている.フィードバックには,出力信号により入力やプロセス操作が阻害される負のフィードバック,出力信号が増加すると入力や操作が促進される正のフィードバック,出力信号により入力や操作が阻害または促進される双極(性)フィードバック,などがある.生物系ではある特定の環境条件下においてたいていのパラメーターが制御されて最適レベル近くの狭い範囲になければならないので,生物系には多様な正または負の制御回路がある.生物のフィードバック制御は,代謝産物がその生産カスケードで働く酵素の量を酵素抑制*により抑制させて調節するフィードバック抑制と,存在している酵素の活性自体をアロステリック効果により調節するフィードバック阻害とに分けられる.(→アロステリック制御)

**フィードバック阻害**〔feedback inhibition〕 一連の酵素反応系で,この代謝系の最終産物がはじめの段階を触媒する酵素を阻害し,全体の反応を抑制すること.生体内におけるフィードバック制御*の一つでアロステリック制御による.この様式は過剰の産物をつくり出さないための自己調節であって,代表例はアミノ酸合成系にみられる.大腸菌で,イソロイシンやトリプトファンの合成系オペロンの転写がこれらのアミノ酸で抑制され,その前に合成された mRNA が崩壊しても,合成酵素類は存在してアミノ酸をつくり続ける.このような過剰生産を阻止するために,イソロイシンがトレオニンデヒドラターゼを阻害し,トレオニン→2-オキソ酪酸反応が停止して,それに続くイソロイシン合成の4反応も進行しなくなる.トリプトファンも,コリスミ酸→トリプトファン合成経路の初期段階をフィードバック阻害する.ピリミジン合成系でも,アスパラギン酸カルバモイルトランスフェラーゼが最終産物のシチジン三リン酸で阻害されて,七つの反応経路がその初期段階でフィードバック制御される.最終産物を大量に生産させるために,最終産物,最終産物の前駆体,またはそのアナログ(類似物質)に耐性を示し,フィードバック阻害を起こさない変異株を作製または単離して工業的に利用することが行われている.

**フィードバック調節**〔feedback regulation〕＝フィードバック制御

**フィトヘマグルチニン**〔phytohemagglutinin〕 植物凝集素(plant agglutinin)ともいう.略号 PHA.種子をはじめとする植物の組織に含まれ,動物細胞の表面に結合して細胞凝集能を示す植物レクチンの総称(→レクチン).多くは一定の糖構造と特異的に結合し,T細胞やB細胞の幼若化,細胞分裂などをひき起こす.植物自体にとっての生理機能は不明であり,単に貯蔵タンパク質として種子などに集積するものとみなされる(→種子タンパク質).インゲンマメ種子のフィトヘマグルチニンは二つのポリペプチドLおよびEから構成されており,これを単に PHA と略称する場合もある.

**V8プロテアーゼ**〔V8 protease〕 黄色ブドウ球菌(Staphylococcus aureus)V8株の産生するセリンプロテアーゼ*の一種.分子量約 27,000 で pH 4～10 で安定である.基質特異性が非常に高く,アンモニア性緩衝液中ではグルタミン酸のC末端側のペプチド結合を加水分解し,リン酸緩衝液中ではグルタミン酸とアスパラギン酸のC末端側のペプチド結合を切断する.ただしグルタミン酸のC末端側にプロリンが結合している場合は例外的に本酵素による切断を受けないことが知られている.

**VP**〔VP＝vasopressin〕＝バソプレッシン

***vpr* 遺伝子**〔*vpr* gene〕 レンチウイルス*である HIV(ヒト免疫不全ウイルス*)や SIV(サル免疫不全ウイルス*)のゲノム RNA 上に存在する遺伝子の一つ.ウイルスのアクセサリータンパク質(*vpr*)をコードしている.このタンパク質はビリオン*に取込まれる.HIV-2と SIV のみに存在する同様の遺伝子 *vpx* 遺伝子(*vpx* gene)と構造が似ていることが知られている.各種 HIV や SIV は,*vpr*,*vpx* のいずれか一方または両方をもっている.これら遺伝子を欠損させても,培養細胞系でのウイルス複製には影響を与えないことがわかるが,自然界では重要な役割をもつと考えられている.

**部位非依存性導入遺伝子発現**〔site (position)-independent transgene expression〕 導入遺伝子*(トランスジーン)は一般にその導入部位によって発現の大きさが異なっている.グロビン遺伝子では,上流および下流に特殊な塩基配列(→遺伝子座調節領域)があり,これを含む領域を導入すると,導入部位にかかわらず発現が常に一定となることが知られている.この部位を用いて,一定のヒトのヘモグロビンをマウスで発現させることに成功した.この5'側領域には普遍的に発現するサイクリンT1遺伝子のプロモーターが存在しており,この領域を導入すると組込まれた部位に依存しない導入遺伝子(トランスジーン)の発現が見られる.グロビン遺伝子のほか,CD2遺伝子,アデノシ

ンデアミナーゼ遺伝子や原がん遺伝子 lck などの遺伝子座調節領域，インテグリン C11a 遺伝子のプロモーターが部位非依存性導入遺伝子発現に寄与することが報告されている．

**vpx 遺伝子** [vpx gene] ⇒ vpr 遺伝子

**VPF** [VPF＝vascular permeability factor] 血管透過因子の略号．(⇒ 血管内皮細胞増殖因子)

**VPg** [VPg] ゲノム結合ウイルスタンパク質(genome-linked viral protein)の略号．(＋)鎖 RNA ウイルスのゲノムは，mRNA として働くため，ゲノムの 5′ 末端には通常キャップ構造が存在する(⇒ キャップ形成)．しかしながら，ピコルナウイルス＊やコモウイルス(comovirus)の仲間で，ゲノムの 5′ 末端にタンパク質が共有結合で結合している．このタンパク質を VPg とよぶ．VPg は RNA 合成開始過程に重要な役割を果たすと考えられている．VPg をもつウイルスのタンパク質合成は，5′ 非翻訳領域へのリボソームの結合により開始される．

**VP-16** [VP-16] 【1】virion polypeptide 16 に由来する．α-TIF(α-trans-induction factor)，ICP25(infected cell protein 25)，Vmw65(virion protein molecular weight 65)ともいう．490 アミノ酸残基より成る分子量 54,342 のタンパク質．単純性ヘルペスウイルスの遺伝子産物であり，感染後期に合成され，ウイルス粒子形成に構造タンパク質として関与する．さらに，感染細胞中では核に移行し，ウイルス前初期遺伝子の転写アクチベーター＊としても機能する．それ自身には DNA 結合能はなく，宿主細胞由来の因子(Oct-1)との相互作用を介して DNA 上に配し，標的遺伝子を活性化する．C 末端側に存在する酸性アミノ酸に富む領域が転写活性化ドメインとして機能する．VP-16 の酸性活性化ドメインはその標的タンパク質であるヒトの TAFⅡ31(ヒト TFⅡD TBP 結合因子)に結合するとランダムコイルから α ヘリックスに構造変換することが知られており，この構造変換と転写活性可能が関連づけられている．この領域は非常に強い転写活性化能をもつため，融合転写因子の作製によく利用される．
【2】＝エトポシド

**フィブリナーゼ** [fibrinase] ＝プラスミン

**フィブリノゲナーゼ** [fibrinogenase] ＝トロンビン

**フィブリノーゲン** [fibrinogen] 血液凝固 I 因子(blood coagulation factor I)ともいう．フィブリノーゲンは，2 個ずつの Aα 鎖，Bβ 鎖，γ 鎖から成る六量体の高分子量血漿タンパク質で，肝臓で産生される．トロンビン＊の限定分解を受けて，Aα 鎖から A ペプチド，Bβ 鎖から B ペプチドを遊離してフィブリンモノマーになる．フィブリンモノマーは重合してポリマーになり，さらに XIIIa 因子によって分子架橋され，安定な不溶性フィブリン網になる．フィブリン＊は，その後，その分子上で組織プラスミノーゲンアクチベーター＊(t-PA)によって活性化されたプラスミノーゲン＊(プラスミン＊)によって溶解される(繊維素溶解＊)．フィブリノーゲンは血小板粘着凝集にも不可欠である．フィブリノーゲンの先天性欠損症は出血症状・創傷治癒の異常などをきたす．(⇒ 血液凝固，血液凝固因子)

**フィブリノーゲン活性化因子** [fibrinogen activating factor] ⇒ 血小板因子

**フィブリノーゲン／フィブリン分解産物** [fibrinogen/fibrin degradation product] FDP と略す．フィブリノーゲン＊，フィブリン＊の繊維素溶解＊反応による複数の分解産物の総称．プラスミン＊により特定の部位が規則的に限定分解される(図)．たとえばフィブリノーゲンの場合，X 画分 → Y 画分を経て D および E 画分が回収される(⇒ D ダイマー)．血中には分解程度の異なる複数のサイズをもった産物が可溶性画分として出現する．FDP の出現は生体内に繊維素溶解反応が起こっていることを示唆し，その測定は播種性血管内凝固＊，血栓症などの診断に有用である．

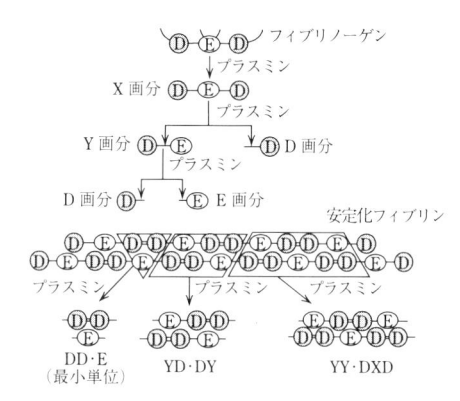

**フィブリノリシン** [fibrinolysin] ＝プラスミン

**フィブリン** [fibrin] 繊維素ともいう．フィブリノーゲン＊がトロンビン＊により限定分解を受け，Aα 鎖，Bβ 鎖よりそれぞれフィブリノペプチド A，B を遊離するとフィブリン分子となる．フィブリン分子

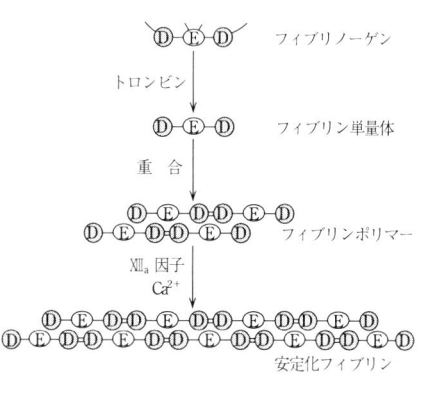

はアミノ酸配列，ならびに立体構造依存性に，非共有結合により規則的に重合し，フィブリン網として析出する．さらに活性型血液凝固XIII因子*($XIII_a$)の働きで，$Ca^{2+}$存在下に重合フィブリン分子間に架橋結合ができて，化学的にも物理的にも安定なフィブリンクロット(fibrin clot)が生じる．

**フィブリン安定化因子** [fibrin stabilizing factor] ＝血液凝固XIII因子

**フィブリンクロット** [fibrin clot] → フィブリン

**フィブロイン** [fibroin] 主として鱗翅目絹糸昆虫の幼虫の絹糸腺*で合成，分泌される逆平行β構造に富む繊維タンパク質(H鎖)．絹糸の主成分．βシート間のアミノ酸同士で弱い疎水的相互作用をするため，弾力性がある．カイコのフィブロインは，分子量約35万のH鎖が分子量2.5万のL鎖とジスルフィド結合*し，さらにP25タンパク質が非共有結合した構造で分泌される．H鎖は，一部にセリン，チロシンを含む300〜500残基のグリシン，アラニン繰返し配列から成る結晶領域が，30〜40残基の非結晶領域に挟まれて7回出現する構造をもつ．

**フィブロイン遺伝子** [fibroin gene] フィブロイン*の遺伝子でカイコではフィブロインH鎖遺伝子(fibH)とL鎖遺伝子(fibL)があり，fibHは第25，fibLは第14染色体上に存在する．fibHは約16 kbpで1個のイントロンを5′末端に近接して含む．fibLは約13.5 kbpで6個のイントロンを含む．両遺伝子の5′上流域にはホメオドメイン*タンパク質結合部位を含む多くの8〜10 bpの共通配列がある．両遺伝子とも細胞分裂を伴わない染色体複製により後部絹糸腺細胞内に約40万コピー存在する．(→絹糸腺)

**フィブログリカン** [fibroglycan] ファイブログリカン，細胞膜結合型ヘパラン硫酸プロテオグリカン(membrane-bound heparan sulfate proteoglycan)，シンデカン2(syndecan-2)ともいう．培養ヒト肺繊維芽細胞から最初に同定された膜結合型のプロテオグリカン*．一般のヒト繊維芽細胞も発現している．ヘパラン硫酸鎖をもち，この鎖でI型コラーゲンやフィブロネクチン*に結合する．コアタンパク質のcDNA解析では，201個のアミノ酸を含む前駆体から183個のアミノ酸の分子量20,218のペプチドになる．C末端側にチロシン残基4個を含む細胞質ドメインがあり，N末端側にはヘパラン硫酸鎖3本をもつエクトドメインがある．この分子形は，他のシンデカン*ファミリーに属するプロテオグリカンと共通するが，シンデカン(厳密にいえばシンデカン1)と異なって上皮細胞には検出されない．

**フィブロネクチン** [fibronectin] レッツタンパク質(LETS protein)，寒冷不溶性グロブリン(cold insoluble globulin, CIg)ともいう．動物の血液中，培養細胞表面，組織の細胞外マトリックスに存在する細胞接着性糖タンパク質．単量体の分子量は22万〜25万．細胞ががん化すると顕著に消失する細胞膜表面タンパク質として大きな注目を集めた．肝臓で合成され血液中に分泌される二量体の血漿フィブロネクチンと，繊維芽細胞で合成，分泌される多量体の細胞性フィブロネクチンに二大別される．遺伝子は1種類だが，RNAの選択的スプライシング*が3箇所で起こり，可能性として20種類のmRNAが組織特異的に合成されうる．コラーゲン*(その変成物であるゼラチン)，ヘパリン*，フィブリン*，インテグリン*などの生体高分子に結合する．細胞接着*，細胞伸展の促進，細胞形態調節，細胞移動，組織構築，食作用の促進，細胞分化の調節，組織損傷の修復，がんの転移など，非常に多様な生理作用をもつ．細胞接着部位は，4箇所あり，RGD配列*，IIICS領域のLDV(Leu-Asp-Val)配列とREDV(Arg-Glu-Asp-Val)配列，オリゴペプチドに絞られていないSS部位がある．細胞側の受容体はインテグリンである．

**フィブロネクチン受容体** [fibronectin receptor] インテグリン$\alpha_5\beta_1$(integrin $\alpha_5\beta_1$)ともいう．フィブロネクチン*に結合する細胞表面の糖タンパク質．インテグリン*ファミリーの中の一つ．FNRと略す．$\alpha_5$(分子量15万)，$\beta_1$(分子量13万)の二つのサブユニットが非共有結合により会合したヘテロ二量体で，細胞表面膜を貫通する構造をもつ．$\alpha_5$サブユニットの細胞外に，2価陽イオン結合部位がある．$\beta_1$サブユニットは，細胞外にシステインに富む繰返し構造，細胞内にはチロシンキナーゼ*によりリン酸化される部位がある．細胞内ではターリン*，アクチニン*，パキシリン*，ビンキュリン*などとの結合を介して，アクチンフィラメントと連絡しており，フィブロネクチンの生理作用の多くを細胞骨格系を通じて発現させている．その調節系に$Ca^{2+}$感受性プロテアーゼのカルパイン*，リン酸化タンパク質のFak*，低分子量Gタンパク質のRho*が関与している．

**フィラデルフィア染色体** [Philadelphia chromosome] $Ph^1$染色体($Ph^1$ chromosome)と略す．ヒト染色体相互転座*t(9;22)(q34;q11)の結果できた正常より小さな異常第22染色体のこと．慢性骨髄性白血病*の95％以上に観察され，診断において重要なマーカーである．$Ph^1$染色体は1960年 D. A. Hangerford と P. C. Nowell によってフィラデルフィアの地に発見された．ヒトがんにおいて最初に発見された特異的な染色体異常である．$Ph^1$染色体はBcr/Abl融合タンパク質の産生の場で(→BCR/ABL融合遺伝子)，がん遺伝子ABLは第22染色体上のBCR遺伝子領域に移ることにより活性化され，これを介して細胞増殖のシグナルが伝えられると考える．$Ph^1$染色体は急性リンパ性白血病*の一部にもみられる．(→bcr)

**フィラミン** [filamin] 細胞中のアクチンフィラメントネットワークを調節するアクチン結合タンパク質*の一つ．フィラミンは，アクチンフィラメント架橋タンパク質*の一つで，細胞膜直下でアクチンフィラメントを格子状に架橋し，アクチンフィラメントのゲルをつくる働きをする．フィラミンは，280 kDaのサブユニットがC末端で自己会合した二量体で，N末端にアクチンフィラメント結合部位をもつ．非筋細胞型のフィラミン(狭義のアクチン結合タンパク

質，ABP)は，細胞膜上の糖タンパク質と結合している．

**斑入り**（位置効果による） ⇌ 位置効果による斑入り

**V領域** [V region] ＝可変領域

**フィルター結合アッセイ** [filter binding assay] 物質がフィルターに結合するかどうかを指標にして行われる活性測定法．たとえば，核酸を放射性同位体を用いて標識し，溶液中でタンパク質と結合させ，ニトロセルロース膜*フィルターを通過させると，タンパク質と結合した核酸が選択的にフィルターに捕捉されるため，核酸-タンパク質結合能を測ることができる．この原理を用いたゲノム結合部位クローニング法（genomic binding-site cloning）は転写因子*の標的遺伝子を検索するために有用である．

**フィールド反転ゲル電気泳動** [field inversion gel electrophoresis] FIGEと略す．巨大なDNA分子を分離するためのパルスフィールド電気泳動の変法の一つ（⇌ゲル電気泳動）．電流の方向を途中で交互反転させる．

**フィルヒョウ** VIRCHOW, Rudolf ドイツの病理学者．1821.10.13〜1902.9.5．ポーランドのシフィドビンに生まれ，ベルリンに没す．ベルリン大学医学部卒（1843），ベルリン大学病理学教授（1856），"すべての細胞は細胞から発生する"という細胞説を提唱（1860）．病理細胞学を大成．しかし，L. Pasteurの病気細菌説は否定した．社会の貧困を防ぐためベルリンの水道，下水道の改善に尽くした．考古学，人類学にも貢献した．

**フィロウイルス科** [Filoviridae] ⇌ラブドウイルス科

**フィロポディア** ＝糸状仮足

**Fyn** [Fyn] 非受容体型チロシンキナーゼ*の一種でSrcファミリー*に属し，おもに脊椎動物で存在が明らかにされている．名前の由来はferine yes-related proteinによる．Srcファミリー中で系統発生上最も保存された分子である．免疫や神経系細胞に高発現し，遺伝子欠損マウス作製により，T細胞でのT細胞受容体を介した細胞活性化，B細胞でのインターロイキン7依存的な細胞増殖，神経接着分子（NCAM）依存的な神経突起伸長での機能，また空間学習，哺育・哺乳行動，情動行動制御における役割が明らかになっている．

**フィンガープリント法** [fingerprinting] タンパク質間の配列の類似性を比較するため，タンパク質の分解で得られるペプチドマップ（peptide map）を作成する方法．古くV. M. Ingram（1954）によって異常ヘモグロビンの構造異常を調べるために考案された．彼は，一次構造を比較する2種のタンパク質のプロテアーゼ消化物について，沪紙を担体とした電気泳動と分配クロマトグラフィーを用いた二次元ペプチドマップを作成し，指紋（フィンガープリント）の違いを検出した．消化物の分別に逆相カラムを用いた高速液体クロマトグラフィーを利用することもある．ペプチドの溶出パターンの違いからアミノ酸配列上の差異を分析する．また，ポリアクリルアミドゲルやシリカゲルの薄層上でペプチド混合物を二次元的に分離して比較する方法も使われる．一方，消化物を質量分析装置で分析して得られる親イオンの質量スペクトルは，ペプチドマスフィンガープリントとよばれる．この質量スペクトルと，タンパク質データベースのアミノ酸配列から計算される理論的な質量スペクトルを比較することにより分析しているタンパク質がデータベースのどのタンパク質に対応するのかを明らかにすることができる．（⇌DNAフィンガープリント法，質量分析法）

**フィンブリエ** [fimbriae] ⇌線毛

**風疹ウイルス** [rubella virus] 風疹（三日はしか）の病因となるウイルス．エンベロープ*をもつ(+)鎖RNAウイルスであり，トガウイルス*科のルビウイルス属に分類される．ヌクレオキャプシド*は正二十面体である．ヒトが唯一の自然宿主と考えられている．気道感染し，カタル症状，リンパ節の腫脹を伴った小紅斑をひき起こす．多くの感染は小児に起こるが，妊婦が感染すると先天奇形児が生まれることがある．血清型は1種類であり，予防には弱毒生ワクチンが使われている．（⇌ワクチン）

**風船状胚様体** [balloon-like embryoid body] ⇌胚様体

**封入体** [inclusion body] 細胞内に存在する代謝産物または細胞産生物の集積で，細胞機能にとって必要不可欠とは考えられないものをいう．貯蔵タンパク質，脂肪，炭水化物，結晶，色素などがこれに当たる．具体例としてはグリコーゲン顆粒，脂質滴，病的な状態でみられる核内やミトコンドリア内の結晶状構造物などがあげられる．封入体に対する用語としては細胞小器官*があるが，両者の区別は細胞機能研究の進展とともに必ずしも厳密にはいかなくなってきている．

**封入体細胞病** [inclusion-cell disease] ＝I細胞病

**フェオフィチン** [pheophytin] クロロフィル*のテトラピロール環中のMgが2個の水素原子によって置き換えられた化合物（図）．クロロフィルの種類（$a$, $b$, $c_1$, $c_2$, バクテリオクロロフィル $a$ など）に対応して，それぞれのフェオフィチンが存在する．試験管中

フェオフィチン $a$

ではクロロフィルの弱酸処理などによって生じるが，生体中では，光化学系*Ⅱ反応中心や紅色光合成細菌（⇒紅色硫黄細菌）の光化学反応中心に2分子存在し，うち1分子が初発光化学反応における第一次電子受容体として機能している．

**fes 遺伝子** [fes gene]　⇒fps/fes（フプスフェス）遺伝子

**フェニルアラニン** [phenylalanine]　＝2-アミノ-3-フェニルプロピオン酸 (2-amino-3-phenylpropionic acid)．Phe または F（一文字表記）と略される．L形はタンパク質を構成する芳香族アミノ酸の一つ．$C_9H_{11}NO_2$，分子量 165.19．キサントプロテイン反応で陽性．D形はチロシジン，グラミシジン S，バシトラシン，ポリミキシンなどの抗菌性物質の構成成分．哺乳類，鳥類では必須アミノ酸*．（⇒アミノ酸）

**フェニルイソチオシアネート** [phenyl isothiocyanate]　PITCと略す．（⇒エドマン分解法）

**フェニルケトン尿症** [phenylketonuria]　PKUと略される．フェニルアラニンのヒドロキシ化障害により，血漿中のフェニルアラニンが異常に増加した状態を高フェニルアラニン血症（hyperphenylalaninemia）と定義する．その中で，ヒドロキシラーゼの遺伝子突然変異により生じる病気をフェニルケトン尿症とよぶ．このヒドロキシ化反応にはテトラヒドロビオプテリン*の存在が必要である．実際，ジヒドロプテリジンレダクターゼ欠損やカルビノラミンデヒドラターゼ欠損によるテトラヒドロビオプテリンの再利用障害，グアノシン三リン酸シクロヒドラーゼ欠損や6-ピルボイルテトラヒドロプテリンシンターゼ欠損によるテトラヒドロビオプテリン合成障害による高フェニルアラニン血症が知られている．フェニルケトン尿症は，常染色体劣性遺伝病であり，患者は生後3カ月過ぎより嘔吐，湿疹，難治性の痙攣などとともに徐々に精神機能の障害が明らかになる．チロシン代謝障害も起こるため，皮膚や毛髪のメラニン色素が著しく少なくなり，外見上は白皮症*の症状を示す．脳障害の原因として，このアミノ酸の過剰の存在によるミエリン形成障害，タンパク質合成障害，神経伝達物質欠損などがあげられる．新生児期に毛細管血中のフェニルアラニンを測定するマススクリーニング法（ガスリー法）により無症状の時期に診断することが可能である．フェニルアラニン除去乳を投与することにより，知能障害の発生が予防できる．この欠損酵素（ヒドロキシラーゼ）の遺伝子は第12染色体長腕にあり，13のエキソンから成り452アミノ酸をコードする．多くの突然変異遺伝子が確認されており，重症度と発現産物の関係が明らかになっている．テトラヒドロビオプテリン欠損を起こす疾患群には，チロシンやトリプトファン代謝障害があるので，フェニルアラニン制限は無効である．この補酵素の投与により神経伝達物質合成が正常化し，脳障害が予防される．（⇒先天性代謝異常）

**フェニルチオカルバモイルペプチド** [phenylthiocarbamoyl peptide]　PTCペプチドと略す．（⇒エドマン分解法）

**フェニルチオヒダントインアミノ酸** [phenylthiohydantoin amino acid]　PTHアミノ酸と略す．（⇒エドマン分解法）

**1-フェニルプロパン-2-アミン** [1-phenylpropane-2-amine]　＝アンフェタミン

**フェニルメタンスルホニルフルオリド** [phenylmethanesulfonyl fluoride]　PMSFと略す．（⇒プロテアーゼインヒビター）

**フェノチアジン** [phenothiazine]　フェノチアジンは2, 10位に側鎖のないものは，殺菌，駆虫薬として用いられるが，2, 10位に側鎖がつくと，その側鎖によって精神安定作用をもつようになり，精神疾患に利用される．たとえば $R^1$ に脂肪族のジメチルアミノプロピル基の入ったものはクロロプロマジン (chlorpromazin) で，中枢性に $\alpha_1$ 受容体，ドーパミン $D_2$ 受容体，ヒスタミン $H_1$ 受容体，セロトニン $5HT_2$ 受容体，ムスカリン性アセチルコリン受容体*などをこの順序で抑制する．鎮静作用，制吐作用のほかに，$D_2$ 受容体遮断によって統合失調症の症状を軽減する．

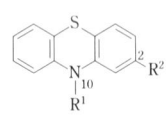

**フェノバルビタール** [phenobarbital]　$C_{12}H_{12}N_2O_3$，分子量 232.24．5-エチル-5-フェニルバルビツール酸 (5-ethyl-5-phenylbarbituric acid)，フェニルエチルマロニル尿素 (phenylethylmalonylurea)，フェノバルビトン (phenobarbitone)，ルミナール (Luminal) ともいう．睡眠剤，鎮静剤として用いられる．投与量の蓄積作用があるが，これは薬物代謝酵素の誘導＝解毒*代謝活性の亢進による．肝細胞では薬物代謝酵素の誘導合成に伴う滑面小胞体*の顕著な増加がみられ，肝重量も増加する．実験肝発がんでは発がんプロモーション*に用いられる．

**フェリチン** [ferritin]　鉄を含む分子量46万のタンパク質．鉄を含む核は電子線を通さないので，電子顕微鏡下で黒い粒子として観察される．金コロイド*に比べると電子密度は低い．抗体との結合体は免疫電子顕微鏡法*に早くから導入され，抗原の局在化に用いられてきた．この方法は浮遊細胞や分離した細胞小器官の表面抗原の局在化には適しているが，細胞内の抗原の可視化には適していない．

**フェリチン標識抗体** [ferritin-labeled antibody]　フェリチン*と抗体*を架橋したもの．鉄を多く内包するフェリチンは電子顕微鏡*で黒い粒子として観察できる．これを用いると電子顕微鏡下に抗原*を可視化できる．フェリチン標識抗体は巨大な分子なので，細胞内の抗原の検出には浸透の問題があって適さない

が，細胞表面に存在する抗原の可視化には使える．アクリル系樹脂に包埋した試料の切片にも適用できるが，金コロイド*標識抗体のような強いコントラストは得られない．

**フェレドキシン**［ferredoxin］　非ヘム鉄原子(Fe)とpH 1付近で$H_2S$として遊離してくる無機硫黄原子(S)，およびタンパク質のシステイン残基の硫黄とで構成される鉄-硫黄クラスターをもつ分子量6000～15,000の酸性タンパク質．植物の光合成に関与する葉緑体フェレドキシン，動物のステロイドホルモンの代謝に関与するアドレノドキシン(adrenodoxin)，Pseudomonas putidaのショウノウのヒドロキシル化に関与するプチダレドキシン(putidaredoxin)などに代表される[2Fe-2S]の構造をもつもの，嫌気性細菌の窒素固定系や光合成細菌の光合成に関与するフェレドキシンなどに代表される[4Fe-4S]や[4Fe-3S]などの構造をもつものなどが知られている．分子に含まれる鉄原子の数に関係なくいずれも一電子の酸化還元を行う電子伝達体である．標準酸化還元電位$E^{0'}$は$-490$～$+350$ mV．

**フェレドキシン：$NADP^+$ オキシドレダクターゼ** ［ferredoxin：$NADP^+$ oxidoreductase］　植物の光合成電子伝達反応Iにおいて，光化学系Iと最終的電子受容体$NADP^+$を橋渡しする位置を占める還元型フェレドキシンに作用して，電子を$NADP^+$に供与する反応を触媒する酵素．フラビンタンパク質で，チラコイド*膜上に存在する．

**フェロオキシダーゼ**［ferroxidase］　＝セルロプラスミン

**フェロヘム**［ferroheme］　＝ヘム

**フェロモン**［pheromone］　ある個体から発せられ，同種の別個体が受容し，その個体に，ある特定の行動や生理的効果をひき起こす物質．もともとフェロモンという言葉は，メスのカイコガから発せられてオスに誘引・交尾行動をひき起こす物質であるボンビコールの発見がもととなってつけられた言葉であり，ギリシャ語のpherein（運ぶ）とhormon（興奮させる）という二つの語からつくられたものである．フェロモンは，空間を介して同種の個体間で伝搬される化学物質であるが，必ずしも揮発性である必要もないし匂うものである必要もない．行動をひき起こすフェロモンをリリーサーフェロモン(releaser pheromone)，生理的変化をひき起こすフェロモンをプライマーフェロモン(primer pheromone)とよぶ．フェロモンの中でも，交尾に必要な異性誘引行動をひき起こす物質を性フェロモン(sex pheromone)という．しかし，特に誘引行動をひき起こさなくても，種特異的かつ性特異的な物質で，同種の異性の認識に使われる物質も，広義の意味の性フェロモンといえる．また，昆虫においては，配偶，集合，警戒，道しるべなどの情報を同種間で伝達する手段としてフェロモンが使われており，多くの種でフェロモン分子の構造が決定されている．魚類では，産卵や放精を誘発するフェロモンなどが知られている．マウスなどげっ歯類では，性周期同期化，発情

促進，妊娠阻害，性成熟抑制などプライマーフェロモン効果が多く知られており，候補フェロモン物質が同定されている．ヒトでも，女子寮での性周期の同調などのフェロモン現象が知られているが，フェロモン分子の同定には至っていない．フェロモンを感知するセンサー受容体に関しては，昆虫では触角上の感覚毛に発現しており，カイコガのオスのみがもつ嗅覚受容体*の一つであるBmOR1が，ボンビコールを高感度かつ高選択的に認識するフェロモン受容体であることがわかっている．げっ歯類は，鼻腔下方に存在する鋤鼻器官でフェロモンを感知すると考えられており，V1R，V2Rファミリーとよばれる二つのタイプの多重遺伝子ファミリーが発現している．マウスで約180個あるV1Rタイプは揮発性のフェロモンを，約60個あるV2Rタイプは不揮発性のペプチド性のフェロモンを感知する受容体と考えられているが，その多くはフェロモンリガンドがわからないオーファン受容体*である．唯一，マウスオス涙由来のペプチド性フェロモン ESP1の受容体がV2Rp5であるとわかっている．

**フェン** **FENN**, John Bennett　米国の化学者．1917.6.15～　ニューヨーク市に生まれる．ケンタッキー州のベレア・カレッジ卒業．1940年エール大学でPh.D.取得．1962年からエール大学で研究．2002年エレクトロスプレーイオン化法の開発によりノーベル化学賞を受賞（→エレクトロスプレーイオン化質量分析）．1994年からバージニア州立大学教授．

**フォイルゲン反応**　［Feulgen reaction］　R. J. Feulgen (1924)が開発した染色反応で，染色体，核の染色に用いられる．1 N塩酸中で組織を加水分解すると，DNAの糖がアルデヒド型となり，塩基性フクシンを含むシッフ試薬*によって赤紫色に呈色する．

**不応期**［refractory period］　活動電位*の発生直後につぎの活動電位が発生できない時期．活動電位発生直後の絶対不応期(absolute refractory period)と，それにひき続いて起こる相対不応期(relative refractory period)に分けられる．絶対不応期ではいかなる強い刺激を与えても活動電位が発生しないのに対して，相対不応期では通常より強い刺激を与えれば活動電位が発生する．不応期の原因は，膜電位が脱分極*した状態では，活動電位の脱分極相を形成しているナトリウムチャネル*が不活性化していることにある．つまり，膜電位が静止状態（静止電位*）に近づくにつれて強い刺激でナトリウムチャネルが活性化されるようになり，活動電位も発生できるようになる（相対不応期）．不応期は哺乳類の有髄神経では1ミリ秒以下であるのに対して，活動電位が長い心筋では数百ミリ秒と長い．つまり，活動電位が繰返し発生できる最大頻度は神経では心筋の数百倍となる．

**フォーカス**［focus］　細胞増殖巣，あるいは形質転換巣(transformed focus)ともいう．トランスフォーメーション*して形の変わった細胞の集まり．フォーカスを数えることによって，トランスフォーメーションを定量化することができる．

**フォーカルアドヒージョン**［focal adhesion］　接着域,接着斑ともいう.細胞-マトリックス結合*の一形態で,細胞-マトリックス接着結合(cell-matrix adhesion junction)ともよばれる(→細胞結合［図］).インテグリン*が接着分子として働いている.培養細胞では,この部位で,細胞膜が基質(ガラスやプラスチック)面にある範囲にわたって接近しているので,フォーカルコンタクト*ともよばれる.反射干渉顕微鏡で黒く斑点状に見える部位である.細胞膜裏打ち構造がよく発達しており,そこにはビンキュリン*とよばれるタンパク質が濃縮しており,この裏打ち構造を介してアクチンフィラメント*が密に結合している.(→接着結合,ヘミデスモソーム)

**フォーカルコンタクト**［focal contact］　培養細胞がガラス面などに密に接触または接着する点状部域で,点接触ともいう.この部位は干渉反射顕微鏡で初めて明瞭に観察された.基底側の細胞膜とガラス面とがきわめて接近している部位では,それぞれの面で反射した光が干渉して暗く見える.この部位は通常細胞がガラス面に接着する部位(接着域)に相当し,細胞内のアクチンフィラメント束が細胞膜に付いて終わる部位でもある.ここには,ビンキュリン*などの裏打ちタンパク質が局在する.(→フォーカルアドヒージョン,細胞結合［図］)

**フォークヘッドドメイン**［folk head domain］　＝翼状ヘリックス・ターン・ヘリックスDNA結合ドメイン

***fos*遺伝子**［fos gene］　v-*fos*遺伝子はマウスに骨肉腫*を起こすRNA腫瘍ウイルス,マウスFBJ骨肉腫(FBJ osteosarcoma)ウイルス中に見いだされたがん遺伝子*であり,正常細胞中のc-*fos*遺伝子に由来する.c-*fos*は*fra*(*fos*関連抗原*fos* related antigen)-1,*fra*-2および*fos*Bとともに,*fos*遺伝子ファミリーを形成している.これらの産物は,ロイシンジッパー*構造を介して,*jun*遺伝子*ファミリーの産物とそれぞれ安定なヘテロ二量体を形成する.両遺伝子ファミリーの産物は転写調節因子AP-1*の構成成分として,発生・分化・増殖およびがん化において重要な機能を果たしている.*fos*遺伝子ファミリーは,いずれも代表的な前初期遺伝子*であるが,一般にc-*fos*,*fos*Bの発現誘導の方が,*fra*-1,*fra*-2のそれよりやや先行することが多い.各遺伝子産物は,それぞれ独自の転写調節活性をもっている.マウスc-*fos*の欠失変異体の解析から,c-*fos*遺伝子については破骨細胞*の分化や維持において必須な機能をもつことが示されている.

**フォスミド**［fosmid］　大きなDNA断片を入れることができるクローニングベクター*の一つ.Fプラスミド*(F因子)の複製起点*とλファージ*の*cos*部位*をもつ.コスミドベクター*によく似た性質をもつが,大腸菌内でのコピー数が少ないため,不安定化の問題を起こしにくいとされる.(→遺伝子ライブラリー)

**フォトジーン**［photogene］　→クロロフィル結合タンパク質

**フォトトロピン**［phototropin］　植物の屈光性*に必要な細胞膜上に存在する青色光受容体として発見された.緑藻類から高等植物まで緑色植物に広く存在し,屈光性以外にも葉緑体光定位運動,気孔開口といった反応や葉の形態形成,さらに単細胞生物のコナミドリムシ*では光に依存した生殖に関与を示す(→気孔).フォトトロピンはN末端側にフラビンモノヌクレオチド*(FMN)色素が結合する二つのLOVドメインをもち,C末端側にセリン/トレオニンキナーゼ*ドメインをもつ.青色光/近紫外線照射によって,光を吸収したFMNのイソアロキサジン環とLOVドメイン内システイン残基との間にチオール結合が生じ,その構造変化がフォトトロピンの自己リン酸化*(活性化)を誘導する.チオール結合は暗条件下で自発的に解消される.細胞膜$H^+$-ATPアーゼ(→プロトンポンプ),脱リン酸酵素,カルシウムチャネル*,オーキシン*輸送などの働きを調節して各種光環境応答を制御する.

**フォドリン**［fodrin］　カルスペクチン(calspectin),非赤血球スペクトリン(nonerythroid spectrin)ともいう.脊椎動物の赤血球を除くほぼすべての細胞に存在する細胞骨格主要構成タンパク質.スペクトリン*ファミリーに属する.α,βの二つのサブユニットから成り,スペクトリンと類似の構造,形態を示す.β鎖にはアクチンフィラメント結合部位が存在し,アクチンフィラメント架橋作用をもつ.その他,アンキリン*,アデューシン*結合部位がβ鎖に,カルモジュリン*結合部位がα鎖に存在する.

**フォーブス病**［Forbes disease］　糖原病Ⅲ型(glycogen storage disease typeⅢ),コリ病(Cori disease)ともいう.グリコーゲンの脱分枝酵素アミロ-1,6-グルコシダーゼ(AGL,4-α-グルカノトランスフェラーゼ;遺伝子は1p21にマップされている)の欠損症である.この場合グリコーゲンからのグルコース遊離の障害が起こるが,糖新生系からの補給は保たれる.グリコーゲンは側枝の短い限界デキストリン様の構造をもつ.小児期に肝腫大,低血糖,高脂血症,発育障害などが起こり,血液中のアミノトランスフェラーゼは上昇する.肝臓症状は年齢とともに軽減する.血液中の乳酸や尿酸は正常である.骨格筋の異常(筋力低下など)も起こる.低血糖に対する治療は有効であるが,筋症状の予防・治療はできない.(→糖原病)

**4.1**［4.1］　N末端にFERM(Phe-Glu-Arg-Met)ドメインをもつ膜骨格タンパク質ファミリーの総称.これまでに4.1R(赤血球タイプ),4.1G(一般タイプ),4.1B(脳タイプ),4.1N(神経細胞タイプ)が報告されている.当初は細胞の形態形成や機械的特性に関与することが知られていたが,近年細胞接着,がん抑制,細胞周期調節,細胞増殖抑制,細胞運動性,細胞間情報伝達,そして細胞内分子輸送といったさまざまな現象に関与する多機能性タンパク質である.

**フォリスタチン**［follistatin］　下垂体から卵胞刺激ホルモン(FSH)を調節するホルモンとして発見され,

生殖, 分化誘導, 組織修復などさまざまな生命活動にかかわっているといわれている. フォリスタチンはアクチビン*結合タンパク質であり, アクチビンの作用を抑制することでFSH分泌を抑制する. TGF-βスーパーファミリーのサブファミリーであるBMPのアンタゴニストとしても報告されている. 皮膚の創傷治癒や肝切除後の再生など組織の修復や再生の過程においてアクチビンは負の働きをして, 一方フォリスタチンは修復再生の促進する働きをする. 近年, フォリスタチンはノギン, コーディンと同様に初期原腸胚におけるオーガナイザーとしても作用するといわれている.

**フォリン・チオカルト反応** [Folin-Ciocalteu reaction] フォリン・チオカルト試薬(フェノール試薬: タングステン酸ナトリウム, モリブデン酸ナトリウム, リン酸, 硫酸から調製)を用いて, フェノールあるいはチロシン残基をもつタンパク質を定量する際に利用される反応. 硫酸酸性下ではモリブデン酸, タングステン酸のいずれもヘテロポリ酸となり, リン酸を囲む巨大分子を形成(リンモリブデン酸, リンタングステン酸)し, これらがフェノール基によって還元されるとモリブデンブルー, タングステンブルーとなる.

**フォールディング** [folding] タンパク質の折りたたみともいう. 生合成または変性*したポリペプチド鎖が折りたたまれて機能をもつ一定の高次構造*が形成されること. 特に, 変性状態からの高次構造の形成はリフォールディングともいう(⇒再生【1】). ポリペプチド鎖は一次構造上の特定の領域ごとに二次構造を形成し, さらにこれが折りたたまれて一定の三次構造を形成する. ヘモグロビンのようなサブユニットをもつタンパク質では, 三次構造を形成したポリペプチド鎖がさらに会合して四次構造をつくる. ほどけた変性状態からもとの高次構造に巻き戻る中間状態(モルテングロビュール*状態)の存在が示され, タンパク質によっては折りたたみにシャペロニン*, ジスルフィドイソメラーゼ(=タンパク質ジスルフィドイソメラーゼ)やプロリンシストランスイソメラーゼ(⇒ペプチジルプロリルイソメラーゼ)などの酵素が関与することなどが明らかになっている. タンパク質の膜透過や遺伝子工学的に発現させた不溶性タンパク質(封入体*)から活性のあるタンパク質を再生する場合などにおいて, フォールディングはきわめて重要である.

**フォールディング病** [folding disease] コンホメーション病(conformation disease)ともいう. タンパク質のフォールディング異常が原因でひき起こされる疾患. タンパク質が凝集してアミロイド繊維とよばれる繊維状構造を形成して, 組織に沈着する病気である. アミロイドーシスやアルツハイマー病*, プリオン病(⇒プリオン), ハンチントン病*などがその代表例である. $\beta_2$ミクログロブリンのアミロイド繊維は透析アミロイドーシスの原因となり, トランスチレチンのリピート構造を介して形成されるアミロイド繊維は家族性アミロイドーシスや全身性アミロイドーシスの原因となる. アルツハイマー病患者の脳に見られる老人斑の主成分であるアミロイドβタンパク質は細胞外に分泌され, 凝集体やアミロイド繊維を形成する. 球脊髄性筋萎縮症のアンドロゲン受容体タンパク質, ハンチントン病患者のハンチンチンなどのタンパク質分子内に存在するポリグルタミン配列が異常に長くなり, ポリグルタミン鎖が凝集することが原因で起こる疾病は特にポリグルタミン病*とよばれる. ポリグルタミン鎖が長くなるとβシート構造をとりやすくなり, βシート構造をとったポリグルタミン鎖が相互に結合し凝集するものと考えられている. 最近では, ポリグルタミン鎖を介して形成される凝集体に一部のシャペロンやユビキチン-26Sプロテアソーム系の成分が共局在しているという報告もあり, 伸長ポリグルタミン鎖のコンホメーション異常を検知してシャペロンが作用するが, 最終的にプロテアソーム*による分解処理が完了せずにタンパク質の品質管理*に失敗した結果凝集体として沈着すると考えられている. アミロイドβやポリグルタミンリピートなどの構造をもつタンパク質ではαヘリックスおよびランダムコイル構造がβシートに構造変化(α→β転移)するが, これらはペプチド結合のカルボニル基がシートと順方向に, またアミノ基はシートと逆方向を向いているαシートを中間体としていると考えられている. アルツハイマー病, プリオン病などでは異常なフォールディングをしたタンパク質が鋳型となって正常タンパク質のコンホメーションをつぎつぎと変化させ, 凝集体を形成する. フォールディング病はシャペロンの働きとも関係していると考えられており, アミロイド前駆体タンパク質の切断酵素であるγ-セクレターゼの構成タンパク質であるプレセニリンに変異が生じると小胞体シャペロンの発現量が低下し, 細胞の品質管理システムの一部である小胞体ストレス応答*機能が低下することが報告されている.

**フォールドバック構造** [fold-back structure] ⇒ヘアピンループ

**フォンウィルブラント因子** =フォンビルブラント因子

**フォンウィルブラント病** =フォンビルブラント病

**フォンギールケ病** [von Gierke disease] 糖原病Ia型(glycogen storage disease type Ia), グルコース-6-ホスファターゼ欠損症(glucose-6-phosphatase deficiency)ともいう. 肝, 腎, 腸管粘膜などにグリコーゲンが蓄積し, 小児期に発育障害, 肝腫大, 低血糖, 高乳酸血症, 高尿酸血症, 高脂血症などが起こる. 肝には脂肪蓄積もみられる. これらの異常が持続すると, 痛風, 肝腺腫, 骨粗鬆症, 腎機能不全, 低身長などの慢性症状が出現する. 最近, 夜間のグルコースの胃内注入, コーンスターチの服用により代謝異常を矯正し上記の慢性症状を予防できるようになった. 常染色体劣性遺伝病であるこの酵素のcDNAのクローニングがなされ, 数例の患者の突然変異も報告

された．遺伝子は 17q21 領域にあり，357 個のアミノ酸から成る 40.5 kDa のタンパク質をコードする．(⇒糖原病)

**フォンビルブラント因子** [von Willebrand factor] フォンウィルブラント因子ともいう．vWF と略す．フォンビルブラント因子は，細胞接着分子*の一つであり，血小板*の血管内皮下組織への粘着に関与し，また血液凝固Ⅷ因子*と複合体を形成してⅧ因子を安定化している．フォンビルブラント病*は本因子が欠損している．血漿中では，275 kDa のサブユニットが集合して 500〜10,000 kDa の一連の不均一な多量体として存在している．遺伝子は 180 kbp(エキソン 52 個)で第 12 染色体短腕テロメア 12 領域に局在し，血管内皮細胞と骨髄巨核球に発現する．

**フォンビルブラント病** [von Willebrand disease] フォンウィルブラント病．常染色体優性疾患*で，フォンビルブラント因子*(vWF)の量的あるいは質的異常により止血異常を呈する．1) タイプⅠ: vWF の量的減少, 2) タイプⅡ: vWF の多量体の大きな画分のみの欠損, 3) タイプⅢ: ヘテロ接合体の両親間に生まれたホモ接合体で vWF をもたない, 4) 血小板型: 血小板膜の vWF 結合部位血小板膜糖タンパク質 $I_b$(GPI$_b$)に一次的質的異常があり，vWF の血小板への結合が亢進して血漿中 vWF 特に大型多量体が欠如している，などの型に分かれる．

**フォンレックリングハウゼン病** [von Recklinghausen disease] レックリングハウゼン病ともいう．(⇒神経繊維腫症 1 型)

**付加形成** [epimorphosis] ⇒再生

**不可欠アミノ酸** [indispensable amino acid] ＝必須アミノ酸

**不完全優性** [incomplete dominance] G. J. Mendel* によって提唱された遺伝の法則のうち優劣の法則における例外の一つで，一組の対立遺伝子*間に優劣関係が不完全なために両親の形質の中間形質が現れる状態をいう．(⇒メンデルの法則)

**不拮抗阻害** ＝不競合阻害

**不競合阻害** [uncompetitive inhibition] 不拮抗阻害，反競争阻害，反拮抗阻害ともいう．阻害剤が酵素-基質複合体*に結合して酵素*の活性を阻害する様式のこと．阻害剤は遊離の酵素や基質には作用しない．阻害剤の添加により最大速度($V_{max}$)とミカエリス定数($K_m$)は低下する．ミカエリス・メンテンの式*を変形したラインウィーバー・バークプロットでは，勾配が一定で平行移動した直線が得られる．(⇒競合阻害，非競合阻害)

**複眼** [compound eye] 節足動物に存在するレンズ眼で，数個(アリ)から 3 万個(トンボ)の多様な個数の個眼の集合した眼．一つ一つの個眼は，ヒトの単眼にみられるのと同様の角膜*，硝子体，網膜*などに類似した構造を呈している．個眼で得られた視覚情報は，そのまま脳に伝えられるのではなく，神経節細胞のレベルに至るまでにある程度の情報処理がなされているといわれている．

**復元** ⇒再生【1】，【2】

**副溝** [minor groove] ⇒DNA

**副交感神経系** [parasympathetic nervous system] 生体の自律機能を調節する神経系(⇒自律神経)の一つ．脳幹*から発する頭部副交感神経は, 1) 動眼神経(瞳孔，遠近調節反射), 2) 顔面神経(涙腺，鼻，口腔粘膜腺，顎下腺，舌下腺の分泌), 3) 舌咽神経(耳下腺の分泌), 4) 迷走神経(胸腹部臓器の運動，分泌)．仙髄由来の仙髄副交感神経は骨盤神経中を走り，直腸，膀胱，生殖器に至る．伝達物質は，神経節，神経終末ともにアセチルコリン*．受容体は，前者ではニコチン性，後者ではムスカリン性である．(⇒交感神経系)

**複合顕微鏡** [compound microscope] ⇒光学顕微鏡

**複合酵素系** [multienzyme system] 多酵素複合体(multienzyme complex)ともいう．ある反応に関与する一連の酵素が集合して一つの複合体を形成したもの．ある物質 A から B, C, D のステップを経て E が合成される代謝経路を想定すると，そこでは A→B, B→C, C→D, D→E の各段階に特定の酵素が関与するはずである．ある段階の生成物はつぎの段階の基質となるので，もしこれらの酵素一つ一つが離れて独立に存在するならば，基質も生成物も酵素に対しては非共有結合性の相互作用しかもたないので自由拡散が避けられず，特定の酵素の近傍にそれらが高濃度に存在することはできない．そのために全体の反応効率はあまり高くない．ところが複合酵素系を形成すると各酵素が近接して存在するため，反応中間体は長い距離を拡散する必要がなく，A から E の合成反応はきわめて効率よく進行することができる．大腸菌のピルビン酸デヒドロゲナーゼ*，アセチル CoA カルボキシラーゼ*，トリプトファンシンターゼ，酵母の脂肪酸合成酵素などが知られている．

**副甲状腺ホルモン** [parathyroid hormone] 上皮小体ホルモン，パラトルモン(parathormone)ともいい，PTH と略す．副甲状腺で産生・分泌される 84 個のアミノ酸より成る分子量 9300 のペプチドホルモン．遺伝子は第 11 染色体短腕にあり生体内 Ca ホメオスタシスの維持に中心的役割を果たす．血中 Ca 濃度の低下は PTH 分泌を促進し逆に Ca 上昇により抑制される．PTH N 末端(1〜34)におもな生物学的作用があり，骨芽細胞・腎尿細管細胞表面に存在する PTH/PTHrP(副甲状腺ホルモン関連ペプチド)受容体に結合，アデニル酸シクラーゼ-cAMP 系およびホスホリパーゼ C-ジアシルグリセロール，イノシトールトリスリン酸($IP_3$)系を賦活化する．骨吸収を促進，腎尿細管で Ca 再吸収促進，P および $Na^+$, $K^+$, $HCO_3^-$ の再吸収抑制，腎尿細管 $1\alpha$-ヒドロキシラーゼ賦活化によるビタミン D 活性化を介して間接的に腸管からの Ca 再吸収を促し血中 Ca 濃度を上昇させる．

**副甲状腺ホルモン関連ペプチド** [parathyroid hormone-related peptide] PTHrP と略す．当初悪性腫

瘍に随伴する高カルシウム血症*(がん性高カルシウム血症，HHM，⇌骨吸収)の原因物質として同定されたペプチド．遺伝子は第12染色体短腕に存在，選択的スプライシングによって139, 141, 177個のアミノ酸より成る3種類のペプチドが産生，いずれの分子もN末端13残基中8個は副甲状腺ホルモン*(PTH)と同一である．PTHrPとPTHのN末端は同じ親和性で骨芽細胞や腎尿細管細胞に存在するPTH/PTHrP受容体に結合しアデニル酸シクラーゼ-cAMP系およびホスホリパーゼC-ジアシルグリセロール，イノシトールトリスリン酸($IP_3$)系を賦活化，骨吸収・尿細管Ca再吸収を促進するとともに腎$1α$-ヒドロキシラーゼを刺激し$1,25(OH)_2$ビタミン$D_3$産生を介して間接的に腸管からのCa吸収を促し高カルシウム血症をひき起こす．種々の固形がんや成人T細胞白血病，悪性リンパ腫でPTHrPは産生され，血液を介して運搬され，高カルシウム血症や骨病変をひき起こすが，一方，PTHrPはほとんどすべての正常組織で産生され，おもにその局所でパラクリン/オートクリン様式で働き，それぞれの組織に固有な多彩な生理作用を示すことが判明した．たとえばPTHrPは子宮，胎盤，羊膜，乳腺に発現し生殖系の維持に重要な役割を果たすほか，子宮，血管，心臓，膀胱，胃などの平滑筋では機械的進展に反応して産生され平滑筋弛緩作用を示す．これらの作用はPTHrPのN末端以外の部分を介して発揮されると考えられている．

**副甲状腺ホルモン受容体**〔parathyroid hormone receptor〕 =PTH/PTHrP受容体

**複合タンパク質**〔conjugated protein〕 タンパク質はアミノ酸から構成される単純タンパク質以外に，糖，脂質，金属などを含むものがあり，これらを総称して複合タンパク質という．糖タンパク質*ではセリン，トレオニンのヒドロキシ基や，アスパラギンのアミド窒素に糖鎖がグリコシド結合している．リポタンパク質*では脂質とタンパク質は共有結合していない．金属タンパク質*にはヘモグロビンのようにプロトヘムという金属ポルフィリンが補欠分子族*として結合している．

**複合トランスポゾン**〔composite transposon〕 ⇌挿入配列

**副細胞**〔subsidiary cell, auxiliary cell〕 ⇌気孔

**複糸期**〔diplotene stage〕 ディプロテン期，双糸期ともいう．減数第一分裂前期の太糸期*に続く時期．シナプトネマ構造*が崩壊し相同染色体の対合*が解離する時期．二価染色体*が2本の染色体から成ることが認められ，キアズマ*が明確に観察できるようになる．染色体の凝縮がさらに進む．多くの生物の卵母細胞では複糸期は比較的長時間続き，卵形成にとって重要な時期である．このような細胞では相同染色体はランプブラシ染色体*となり，活発な遺伝子発現がみられる．

**副軸**〔accessory axis, second axis〕 ⇌体軸

**副腎**〔adrenal gland, adrenal body〕 腎上体(suprarenal gland)ともいう．左右の腎臓それぞれの上極あるいは頭側端付近に位置する内分泌腺であり，哺乳類ではカテコールアミン*内分泌性の副腎髄質(adrenal medulla，外胚葉由来の組織塊に中胚葉由来の血管網が進入しているもの)を，ステロイドホルモン*内分泌性の副腎皮質*(中胚葉由来の組織塊)がほぼ完全に包み込む形になっている．副腎皮質を表層の球状帯(ミネラルコルチコイドの主要な分泌部分)，中間の束状帯(グルココルチコイド)，深層の網状帯(性ホルモン)に区分することがある．

**フクシン-アルデヒド試薬**〔fuchsin-aldehyde reagent〕 =シッフ試薬

**副腎髄質**〔adrenal medulla〕 ⇌副腎

**副腎髄質細胞**〔adrenal medullary cell〕 ⇌クロマフィン細胞

**副腎白質ジストロフィー**〔adrenoleukodystrophy〕 副腎白質変性症．アドレノロイコジストロフィーともいい，ALDと略す．ペルオキシソーム病*の一つである．伴性劣性遺伝形式をとる進行性脱髄疾患で，脳白質，副腎皮質に極長鎖飽和脂肪酸が蓄積することを特徴とする．原因遺伝子はX染色体長腕末端Xq28に存在するATP結合カセット輸送体であるALDタンパク質(ALDP，ABCD1)で，この遺伝子産物は極長鎖飽和脂肪酸のペルオキシソームへの輸送に関与する．ALDタンパク質遺伝子の欠失，点突然変異が報告されている．(⇌ABC輸送体スーパーファミリー〔表〕)

**副腎白質変性症** =副腎白質ジストロフィー

**副腎皮質**〔adrenal cortex〕 副腎皮質は副腎髄質の外層にあり，外側より球状層(zona glomerulosa)，束状層(zona fasciculata)，網状層(zona reticularis)の三層から成る．球状層からはアルドステロン*，束状層および網状層からはコルチゾール*および副腎性アンドロゲン*が分泌される．後二者の分泌は副腎皮質刺激ホルモン*(ACTH)の支配下にあるが，アルドステロンの分泌は，おもにレニン-アンギオテンシン系*および血清カリウム濃度の，そして軽度にACTHの支配も受ける．

**副腎皮質刺激ホルモン**〔adrenocorticotropic hormone〕 ACTHと略記する．下垂体前葉から出る39個のアミノ酸より成るペプチドで副腎皮質に作用し，コルチゾール，アンドロゲン，ミネラルコルチコイド*の分泌を刺激する．ACTHは視床下部からの副腎皮質刺激ホルモン放出ホルモン*(CRH)，アルギニンバソプレッシン(AVP)により分泌が促され，コルチゾールはAVP，CRH，ACTH分泌を抑制することにより負のフィードバック系が作動している．ACTHは，241個のアミノ酸から成る前駆分子として産生され，翻訳後プロセシングにより$β$リポトロピン，エンドルフィンなどがACTHとともにつくられる（⇌プレプロオピオメラノコルチン）．ACTHは副腎皮質細胞のAキナーゼ(⇌サイクリックAMP依存性プロテインキナーゼ)を刺激し，数分以内に側鎖切断酵素を活性化し，コレステロールからプレグネノロンへの転換を促進する．また数時間から数日後の効果としては，

ステロイド産生にかかわるほぼすべての酵素の活性の増加と細胞増殖促進が知られている．ACTH 産生細胞が腺腫を形成し ACTH の過剰分泌により副腎皮質機能亢進をきたしたものがクッシング病(Cushing's disease)であり，このために両側の副腎摘除を受け，負のフィードバック調節の欠如によりさらに進行した ACTH 下垂体腫瘍をネルソン症候群(Nelson syndrome)という．ACTH は肺がんなどでは異所性に産生される．

**副腎皮質刺激ホルモン放出因子** [corticotropin-releasing factor] ＝副腎皮質刺激ホルモン放出ホルモン．CRF と略す．

**副腎皮質刺激ホルモン放出ホルモン** [corticotropin-releasing hormone] CRH と略し，副腎皮質刺激ホルモン放出因子(corticotropin-releasing factor, CRF)ともいう．視床下部ホルモン*の一つで，室傍核で合成される前駆体分子よりプロセシング酵素の作用で生成する．41 個のアミノ酸をもつペプチドホルモン．下垂体前葉の ACTH 細胞から ACTH(副腎皮質刺激ホルモン*)，βエンドルフィン，βリポトロピンを，中葉から α-MSH (メラニン細胞刺激ホルモン*)，CLIP(ACTH 様中葉ペプチド)，βエンドルフィンを分泌させる(⇌プレプロオピオメラノコルチン)．交感神経系の自律中枢の緊張を高める作用をもち，下垂体や中枢神経系を介してストレスに対する諸応答(⇌ストレス応答)に関与している．

**副腎皮質ホルモン** [adrenal cortical hormone, adrenocortical hormone, adrenal corticoid] 副腎皮質から分泌されるホルモンの総称で，1) コルチゾール*に代表されるグルココルチコイド*，2) アルドステロン*に代表されるミネラルコルチコイド*，3) アンドロゲン*に代表される性ステロイドに分類される．コルチゾールは下垂体前葉からの副腎皮質刺激ホルモン*(ACTH)刺激により分泌され，糖代謝調節や抗炎症作用をもつ．アルドステロンは ACTH ではなく，肺において活性化されたアンギオテンシン*II により分泌刺激を受け，腎臓の遠位尿細管における $Na^+$ 再吸収と $K^+$ 排泄を促進することにより，細胞外液量の調節と電解質の代謝調節を行う．副腎皮質で産生される性ステロイドはほとんどがアンドロゲンであり，ACTH により分泌刺激を受ける．

**腹唇部** [ventral lip] ⇌原口

**腹水** [ascites, peritoneal effusion, abdominal dropsy] 腹腔に液体が貯留すること(腹水症)，またはその液体．英語の ascites は主として腹水症の意．漏出液と浸出液とに分けられ，前者は低タンパク血症やるい痩(病的やせ)に伴い，後者は炎症やがんに随伴する．また，がんの転移に伴う場合は血性のこともある(⇌エールリッヒ腹水がん)．乳び性(白濁)の時は，胸管から細胞診，細菌検査，白血球検査も可能で，臨床上の意義は大きい．

**フーグスティーン型塩基対** [Hoogsteen base pair] J. D. Watson* と F. H. C. Crick* が DNA の二重らせんモデルを提案した時の AT 塩基対は図の上段左側のようにチミンとの間にアデニンのアミノ基と 1 位の N 原子で 2 本の水素結合をつくる構造であった．これをワトソン・クリック型塩基対(Watson-Crick base pair)という．これに対して K. Hoogsteen が 9-エチルアデニンと 1-メチルチミンの混合単結晶で決めた構造では，図右側のようにアデニンのアミノ基のもう片方の H 原子と 7 位の N 原子が水素結合形成に使われていた．これをフーグスティーン型塩基対という．チミンの 2 位のカルボニル基が水素結合受容基として使われる場合もあり，これは逆フーグスティーン型塩基対(reverse Hoogsteen base pair)という．GC 塩基対では，弱酸性でシトシンの 1 位の N がプロトン化された時に，グアニンの 7 位の N を水素結合受容原子として同様の塩基対が可能となる．核酸鎖が三本鎖を形成する際や(⇌三本鎖 DNA)，tRNA のループ間に，フーグスティーン型塩基対の存在が認められている．

**複製(DNA の)** [replication] 細胞増殖時に，親細胞の DNA 二本鎖それぞれを鋳型として相補的ヌクレオチド鎖を合成し(半保存的複製*)，親 DNA の情報を正確に倍加して娘細胞へ伝達する一連の過程．DNA 複製の全過程は，1) 染色体の特定の部位(複製起点*)の二本鎖の開裂による開始過程，2) 非対称な DNA の不連続合成で進む DNA 鎖の伸長過程，3) 特定部位で伸長を停止し，2 個の DNA 分子を完成する終結過程，の三つの素過程より構成される．これらの反応を触媒する複製タンパク質複合体はおのおのの過程に対応して，その構成を変化しつつ全過程を進行させると考えられている(⇌複製複合体，レプリソーム)．自律的複製の調節単位をレプリコン*という．原核生物，真核生物ウイルスのゲノムは基本的には，単一のレプリコンであり，一方，真核生物の染色体は

多数のレプリコンより構成されている。レプリコンの複製様式はその開始方法によっていくつかのタイプに分類でき、多くの細菌染色体、真核生物染色体は複製起点より二本鎖が開裂し、終結点まで両方向に一定の速度でDNAが合成、伸長していくケアンズ型で複製される(⇒θ構造)。DNA合成反応の場である複製フォーク*では二本鎖の開裂(DNAヘリカーゼが触媒)、プライマーの合成(プライマーゼが触媒)、ポリメラーゼによる重合反応が協同的に行われていると考えられる。DNA合成酵素であるDNAポリメラーゼは一本鎖DNAを鋳型とし、鋳型DNAに相補的に結合したRNAもしくはDNAプライマーの3'末端にdNMPを重合する反応のみを触媒する。したがって、染色体複製の最初のプライマー形成は複製起点で行われるが、そのプライマーはDNAポリメラーゼの方向性から、複製フォークの進行方向と同じ向きのDNA合成(リーディング鎖*合成)にのみ機能する。複製フォークの進行方向と逆向きのDNA合成(ラギング鎖*合成)は短鎖オリゴデオキシヌクレオチド(岡崎フラグメント*)が不連続に合成され、順次連結されて達成される(⇒不連続複製[図])。つまり、ラギング鎖合成では、岡崎フラグメントごとにプライマーが合成される。ある種の細菌、およびプラスミドでは複製終点においてタンパク質-DNA複合体が複製フォークの進行を阻害し複製が終結することが知られているが、この機構が普遍的であるか否かは明らかでない。

**複製因子** [replication factor] =複製タンパク質。RFと略記する。

**複製因子A** [replication factor A] =複製タンパク質A

**複製開始点** =複製起点

**複製型** [replicative form] RFと略す。一本鎖のDNAファージが感染した細胞中には、環状二本鎖DNAがつくられる。このDNAを複製型とよぶ。ニックのない閉環複製型DNAは、複製や転写の鋳型として働く。一本鎖RNAファージやピコルナウイルス*が感染した細胞からは完全長の直鎖状二本鎖RNAが分離される。この二本鎖RNAも複製型とよばれる。複製型RNAは複製型DNAと異なり、ゲノム複製に関しては不活性な分子であると考えられている。(⇒複製中間体)

**複製型転位** [replicative transposition] トランスポゾン*が移動の際、複製され、そのコピーが、他の位置に転位する様式をいう。

**複製起点** [replication origin, origin of replication] 複製開始点、ori領域ともいう。DNA複製は染色体上の特定の領域より開始するが、この領域を複製起点とよぶ。真核生物、原核生物を問わず、染色体複製は細胞周期の特定の時期に一度だけ行われ、複製開始のタイミングおよび頻度は、複製起点とそこに作用するタンパク質複合体の相互作用によってきわめて厳密に調節されている。いくつかの細菌では細胞内でプラスミドとして増殖可能な染色体断片(自律複製配列*、ARS)として複製起点が単離されている。特に1977年、安田成一、広田幸敬らによって単離された大腸菌染色体の複製起点はそれまで遺伝学的解析が主だった複製開始反応の生化学的研究に大きく貢献した。その複製には245 bpの調節配列(oriC配列)が必要十分であり、oriC配列を含むプラスミドの細胞内での複製は染色体の複製と同じ遺伝的制御を受けていることが証明された(図a)。その後、oriCプラスミドの精製タンパク質を用いたin vitro複製系が構築され、oriC配列中の9塩基の反復配列(DnaAボックス、DnaA box)への複製開始タンパク質(DnaAタンパク質)の結合に始まる複製開始反応の基本的な分子機構が明らかとなった。さらに、このDnaAボックスとDnaAタンパク質がすべての真正細菌に普遍的に保存されていることが示された。一方、真核生物の染色体は多数の複製起点より構成されている(マルチレプリコン)点で単一レプリコンである原核生物と異なるが、個々のレプリコンの複製開始反応は単一レプリコンの場合と同様に特異的なシスとトランスの因子が存在すると考えられている。おもに出芽酵母のARSプラスミドを用いた解析により、出芽酵母の複製起点は数百塩基対に限定され、そこに複製開始に必須の11 bpのACS (ARS共通配列、ARS consensus sequence)とよばれる調節配列が存在することが明らかにされている(図b)。この配列にはORC(複製起点認識タンパク質複合体、origin recognition complex)とよばれる6種のタンパク質より構成される複合体が結合する。高等真核生物の場合はARSとして複製起点を単離すること自体が困難であるが、現在までに、CHO細胞のジヒドロ葉酸レダクターゼ*遺伝子など数種の遺伝子の近傍に複製起点が存在することが示されている。その解析の結果から高等真核生物では、数万塩基対にもわたる広い領域が、複製開始領域として機能し、複製を開始すると考えられている。

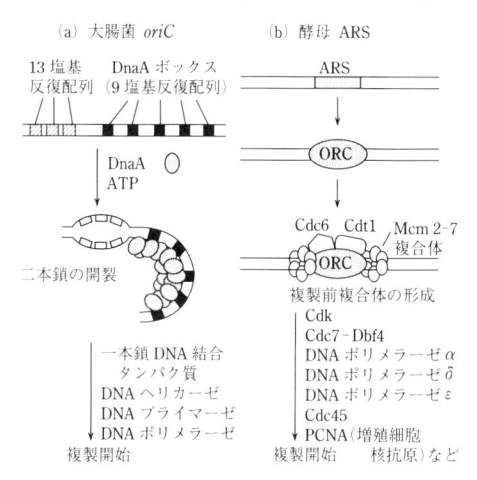

**複製欠損性ウイルス** [replicative defective virus] 欠損ウイルス(defective virus)ともいう。ウイルス複

製に必要な構造もしくは機能タンパク質をコードするウイルス遺伝子を失った結果，それ単独では増殖できなくなったウイルス．がんウイルスは通常，細胞からがん遺伝子を獲得する際，ウイルスゲノムに挿入突然変異や欠失突然変異を起こすため，一部の例外を除き，もっぱら複製欠損性ウイルスとなる．この種のウイルスの複製には，複製非欠損性のヘルパーウイルス*の重複感染が必要となる．

**複製後修復**［postreplication repair］　組換え修復（recombinational repair）ともいう．DNA 損傷に対する修復*機構の一つ．除去修復*や光回復*が DNA 複製前に行われるのに対し，複製後修復は損傷をもつ DNA の複製後に行われる（図）．損傷部は鋳型となりえないため，損傷をもったまま DNA 鎖が複製された場合，新生鎖上にギャップを残す．このギャップを，損傷をもたない DNA 鎖に由来する健全な新生鎖と組換えて埋めることにより，DNA が修復されるという機構である．

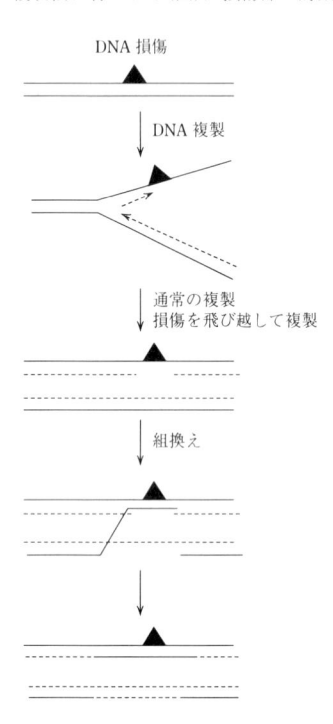

**複製タンパク質**［replication protein］　複製因子（replication factor）ともいい，RF と略す．真核生物の染色体複製，組換え*，修復*に必須の機能をもつ．おもなものに一本鎖 DNA に結合する複製タンパク質 A* やラギング鎖への着脱を調節する機能をもつ複製タンパク質 C などがある．

**複製タンパク質 A**［replication protein A］　複製因子 A ともいい，RPA と略称される．真核生物の一本鎖 DNA 結合タンパク質*（SSB）．三つのサブユニットより構成されており，染色体複製，組換え，修復に必須の機能をもつ．

**複製中間体**［replication intermediate］　複製*中のゲノム分子のこと．真核生物の線状ゲノム DNA は複数のレプリコン*から成るために，複数の複製泡*をもつ分子が複製中間体として観察される．一方，原核生物のゲノムやプラスミドの場合には通常環状ゲノムが一つのレプリコンなので 1 個の複製泡をもつ θ 形分子（⇌ θ 構造）が複製中間体となる．また φX174 ファージや M13 ファージなどの環状一本鎖 DNA ゲノムなどの複製においては σ 形分子（⇌ ローリングサークル型複製）が複製中間体となるステップがある．T7 ファージの直線状二本鎖 DNA の複製では Y 字形分子やゲノムが多数つながったコンカテマー*が中間体として存在する．

**複製点**［replication point］　=複製フォーク

**複製非欠損性ウイルス**［replicative nondefective virus］　非欠損ウイルス（nondefective virus）ともいう．感受性細胞に対し，単独で感染・増殖することのできるウイルスをいう．ウイルスによっては，複製に必要なウイルス側機能を一つまたは複数欠損しているものがある（⇌ 複製欠損性ウイルス）．このようなウイルスが細胞内で複製し，子ウイルス粒子産生に至るためには，欠損している機能を補うことのできる他のウイルスの同時感染が必要である．（⇌ ヘルパーウイルス）

**複製フォーク**［replication fork］　二本鎖 DNA の複製点（replication point）のことをいう（図）．複製フォークにおいては DNA ヘリカーゼ*によってほどかれた二重らせんのおのおのの鎖が鋳型となり娘鎖合成が行われている．二本の娘鎖はリーディング鎖*およびラギング鎖*とよばれ，それぞれ異なる機構によって合成されるが，大腸菌の複製酵素である DNA ポリメラーゼⅢホロ酵素は非対称的な二量体を形成することにより，両鎖の合成をカップリングさせていると考えられている．（⇌ 複製複合体）

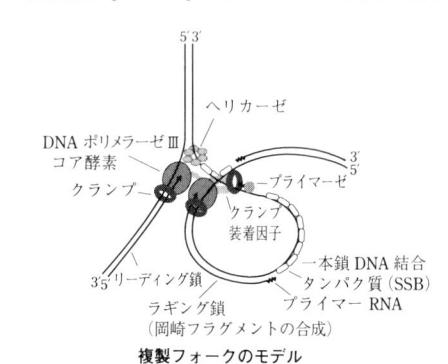

**複製複合体**［replication complex］　複製フォーク*において形成されている DNA と複製タンパク質

複合体(レプリソーム*)を含む構造体をいう．複製起点で形成され複製の進行に伴って複製終点まで移動する．レプリソームの分子構成の詳細は一部のバクテリオファージなどの系を除いて未解明であるが，DNAヘリカーゼとプライマーゼを中心としたプライモソーム*とDNAポリメラーゼ*ホロ酵素から成る．

**複製泡** [replication bubble] 二本鎖DNAの複製中間体*の構造でアイフォーム(eye form)，目玉構造，バブル構造(bubble structure)ともいう．電子顕微鏡により部分的に開いた構造として観察される．原核生物では通常複製起点は環状ゲノム当たり1箇所存在しており，複製泡をもつDNA分子は$\theta$形分子またはケアンズ型分子とよぶ($\rightarrow\theta$構造)．ある制限酵素断片中に複製泡が生じる場合，その位置と成長方向から複製起点と複製方向が同定できる．

**複製ライセンス化** [replication licensing] 細胞周期*の$G_1$期にある核染色体はS期促進因子*の刺激によって複製を開始できる特別な状態にある．これを染色体DNAが複製ライセンス化されているとよぶ．複製ライセンス化は細胞がS期*に入ると解消され，その状態はM期*終了時まで継続するために，染色体DNAの複製は1回の細胞周期内で一度しか起こらないことが保証される．出芽酵母においては，複製起点上に，pre-RCと名付けられた複合体が$G_1$期にのみ形成される．この複合体の形成が他生物においても複製ライセンス化の実体であると考えられている．pre-RCは，複製起点を認識して結合するORC(origin recognition complex, 複製起点認識タンパク質複合体)に依存してCdc6, Cdt1, Mcm2-7タンパク質複合体が順番に会合することで形成される．S期にCdt1とCdc6はORCより乖離し，Mcm2-7タンパク質複合体は複製ヘリカーゼとして複製フォーク*とともに複製開始点より移動するために，ライセンス化は解除されることになる．また，S期からM期に活性が上昇するサイクリン依存性キナーゼ*活性がpre-RCの形成を阻害するために，ライセンス化は$G_1$期のみに制限されている．

**複相世代** [diploid generation] $\rightarrow$無性世代

**副組織適合抗原** [minor histocompatibility antigen] $\rightarrow$移植抗原

**複対立遺伝子** [multiple alleles, multiallelic gene] 一つの遺伝子座に三つ以上の対立遺伝子*が存在する時，これらを複対立遺伝子という．一つの遺伝子内には，多数の変異可能な部位があるので，複対立遺伝子は普遍的に観察される．個々の二倍体細胞は最大2種の対立遺伝子をもつことができる．($\rightarrow$ABO式血液型)

**フグ毒** [fugu toxin] ＝テトロドトキシン

**複二倍体** [amphidiploid, amphiploid] ゲノム分析上の用語で，異なったゲノムを二組もった異質倍数体をいう．種間の交雑によって生じるが，複二倍体は成熟分裂に際して二価染色体がつくられるので完全な独立種となることができる．たとえばパンコムギは二粒系コムギとタルホコムギの複二倍体であり，ライコムギはコムギとライムギの複二倍体である．複二倍体は稔性が高く，植物の進化には重要な役割を果たしている．($\rightarrow$倍数性)

**ブクラデシン** [bucladesine] ＝ジブチリルサイクリックAMP

**フコシドーシス** [fucosidosis] α-L-フコシダーゼ(α-L-fucosidase)が欠損した結果，組織にフコース(fucose)やフコースを含むオリゴ糖，糖脂質などが蓄積する先天性の疾患で，常染色体劣性遺伝形式をとる．上記の物質は主として中枢神経系と肝に蓄積し，尿中にはフコースを含むオリゴ糖が多量に出現する．乳児型では精神運動発達遅滞，肝腫，痙攣などが生後6カ月前後に発症し，4～6歳ぐらいで死亡する．成人型は幼児初期に発症し，汎発性角化血管腫，痙攣などを示し，ガーゴイル様顔貌となる．進行は緩慢で30～40歳代まで生存する．ヒトのα-L-フコシダーゼは糖タンパク質の糖鎖の$N$-アセチルグルコサミンにα1→6結合したフコースを加水分解する．461個のアミノ酸から成り，活性部位は291番目のシステインである．236番目のアスパラギン酸，263番目のアスパラギン酸，377番目のセリンに糖鎖がついた糖タンパク質で，ホモ四量体である．遺伝子は1p34にある．

**不死化** [immortalization] 培養細胞が永久増殖能を獲得すること．分化した動物細胞は，神経細胞などのように細胞分裂能を失ったり，繊維芽細胞のように分裂可能回数が制限されたようになっている($\rightarrow$ヘイフリック限界)．例外的に，骨格筋の筋芽細胞や種々の幹細胞のように正常細胞で株化できるものもあるが，一般的には無限に増殖しないので，培養を続けられない細胞が多い．しかし，培養中に永久増殖能を獲得して株化細胞になったもの(樹立細胞株 established cell strain)もいくつか知られている($\rightarrow$細胞株)．腫瘍由来の細胞は永久増殖能をもつので，株化されたものが多い．また，有限の寿命しかもたない初代培養細胞に導入すると，その細胞を不死化することのできる遺伝子がいくつか知られている．たとえば，c-myc, c-fos, c-myb, N-mycなどの原がん遺伝子*や，DNAがんウイルスの遺伝子であるT抗原*やアデノウイルスのE1A*などである．またハイブリドーマ*のように腫瘍細胞と正常な初代培養細胞を融合させて得られる雑種細胞*も不死化することが知られている．

**フシジン酸** [fusidic acid] $C_{31}H_{48}O_6$, 分子量516.72. *Fusidium coccineum*の産生するステロイド系抗生物質．グラム陽性細菌，特にブドウ球菌感染症に対して有効．原核細胞および真核細胞のタンパク質生合成を阻害する．ポリペプチド鎖伸長因子EF-G*(真核生物のEF-2*)に作

用し，安定なフシジン酸・EF-G(EF-2)・GDP・リボソーム四重複合体を形成する結果，伸長因子のリボソームからの遊離(再利用)を妨げる．EF-G(EF-2)によるリボソーム依存 GTP アーゼ活性，ペプチジル tRNA のリボソーム A 部位から P 部位への転位(トランスロケーション)反応が阻害される．また，フシジン酸存在下に EF-G(EF-2)が結合したリボソームの A 部位にはアミノアシル tRNA が結合できない．(⇒伸長サイクル)

**フシタラス遺伝子** [*fushi tarazu* gene]　*ftz* 遺伝子(*ftz* gene)と略記する．アンテナペディア遺伝子群*(ANTC)に含まれる遺伝子で，分節遺伝子の中でペアルール遺伝子*に分類される．ホメオドメインと PEST ドメインをもつ転写因子をコードし，398 個のアミノ酸から成るタンパク質をコードする．突然変異体の後期胚のクチクラでは偶数番のパラセグメントに由来する体節が欠失し，胚致死である．*ftz* は細胞性胞胚期において七つの偶数番のパラセグメントで発現しており，その後，神経系でも発現している．上流域に少なくとも三つの発現の制御にかかわる配列が同定されている．一つは，細胞性胞胚期の縞状の発現に，他方は中枢神経系での発現に必要である．別の配列は縞状の発現の維持に必要であり，自己の産物によって制御されている．

**父性遺伝** [paternal inheritance]　⇒母性遺伝
**不斉中心** [asymmetric center]　⇒異性体
**父性二染色体性** [paternal disomy]　⇒片親由来二染色体性
**不全感染** [abortive infection]　不稔感染，不発感染，流産感染ともいう．ウイルス*が細胞に感染して感染性成熟ウイルスが形成される場合を増殖性感染(productive infection)といい，そうでない場合を不全感染という．ウイルスの増殖過程に必要な酵素や代謝機能が細胞側に欠けている場合と，ウイルス側に遺伝的な欠陥があり，培養温度その他の条件下で，増殖過程を完全に行えない場合などにみられる．不全感染を起こし，他のウイルスの増殖を阻害するウイルスを，欠陥干渉性ウイルス(defective-interfering virus)という．

**プソイドウリジン** [pseudouridine]　tRNA や rRNA 中に含まれる修飾塩基*でΨと略記する．$C_9H_{12}N_2O_6$，分子量 244.20．ほとんどすべての tRNA の T ループ中 55 位に存在し，D ループ中の 19 位の G と塩基対を形成し，tRNA の L 字形三次構造の保持に役立っている(⇒転移 RNA[図])．レトロウイルスの逆転写酵素*のプライマー tRNA や，ヒスチジンオペロンの転写調節 tRNA では特殊な部位にΨΨ配列が存在する．大腸菌の 23S リボソーム RNA でも，特にその触媒領域と思われるドメインV に集中してΨが存在する．Ψ残基の機能について詳細は未解明であるが，X 連鎖性先天性角化異常症は，プソ

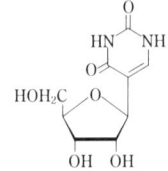

イドウリジン合成酵素をコードする DKC1 遺伝子の変異によりひき起こされ，DKC1 の変異により，内部リボソーム進入部位(IRES)成分(⇒翻訳調節)を介してタンパク質合成を開始する一群の mRNA(腫瘍サプレッサー p27(Kip1)や細胞死を阻害するタンパク質 Bcl-xL と XIAP をコードする)の翻訳が減少することが示されている．

**ブチオニンスルホキシミン** [buthionine sulfoximine] BSO と略す．(⇒グルタチオン)
**プチ突然変異株** [petit mutant]　呼吸欠損突然変異株(respiration-deficient mutant)ともいう．酵母 *Saccharomyces cerevisiae* のミトコンドリア機能の突然変異株で，呼吸欠失となり発酵だけで生育するため小さなコロニーを生じる突然変異株のこと．ミトコンドリア DNA の点突然変異*，あるいはその一部または全部の欠損によるものと，核内の染色体 DNA 上にある遺伝子の突然変異によるもの(核性プチ突然変異株)とがある．ミトコンドリア DNA 上の遺伝子をすべて欠く突然変異株は，酸化的リン酸化の機能を欠くプロミトコンドリアを形成する．

**付着斑** [attachment plaque]　【1】付着板ともよばれる．上皮細胞などの細胞間接着部位に観察される接着斑(デスモソーム*)の一部をなす構造体．細胞間結合部分の細胞膜とトノフィラメント(tonofilament)の間に存在し，厚さ 10〜20 nm の電子密度の高い構造体として観察される．
【2】減数分裂*前期において，染色体の末端が核膜に付着している部位に観察される構造体．

**付着板** ＝付着斑【1】
**付着末端** [cohesive end, sticky end, staggered end] 粘着末端ともいう．互いに相補する一本鎖の配列が突出している二本鎖 DNA の末端(⇒平滑末端)．最初は，λファージ DNA の両端の相補性をもつ一本鎖の突出を付着末端とよんだが(⇒*cos* 部位)，後に，制限酵素*切断によりできるこのような形の断端をも一般にさすようになった．付着末端同士の相補性を利用して，同一制限酵素で切出した別種の DNA を連結することができる．(⇒組換え DNA 技術)

**不調和性** [incongruity]　⇒不和合性
**復帰突然変異** [reverse mutation, back mutation] 広義には，ある突然変異が，第二の突然変異によってもとの表現型を回復した時，その第二の突然変異のことをさす．しかし，表現型がもとに戻っただけでは必ずしも復帰突然変異とはよばない(⇒抑圧)．突然変異している塩基配列が，その突然変異部位において完全にもとに戻ったことにより表現型を回復している場合が真の復帰突然変異である．また，復帰突然変異がゼロの場合は，もとの遺伝子が欠失したものと考えられる．

**フック** HOOKE, Robert　英国の物理学者．1635.7.18〜1703.3.3．ワイト島のフレッシュウォーターに生まれ，ロンドンに没す．オックスフォード大学で物理学を学び，英国王立協会の実験主事を務めた．1678 年ばねの弾性のフックの法則を発表．1665 年『ミクログラフィア』を刊行，コルクの小さな穴を細胞と

命名した．

**フットプリント法** ⇌ DNA フットプリント法，ゲノムフットプリント法

**物理的地図** [physical map] 【1】遺伝的な連鎖ではなく物理的な実体としての DNA の構造(基本的には一次構造)をもとに，各遺伝子の位置関係を示した遺伝子地図*．この場合，遺伝子と遺伝子との距離は通常，キロ塩基対(kbp)で表される．
【2】染色体(全体または一部)上の位置を遺伝的なマーカーではなく物理的なマーカー(特定の制限酵素*の制限部位など)によって検出し，おのおのの位置関係を示した地図．(⇌ 制限地図)

**物理的封じ込め** [physical containment] 組換え DNA 実験で，宿主-ベクター系が環境に拡散しないよう，物理的方法で制限すること．生物学的封じ込め*と併せて実施される．安全性の基準は，実験室の設備，滅菌操作，着衣交換など細部にわたっている．制限の緩やかな方から，P1(通常の細菌実験室に近い)，P2(滅菌器具，安全キャビネットなどの整備)，P3(空気流の制限，前室の設置と着衣交換，滅菌操作の徹底)，P4(最高の安全性の確保)とある．培養スケールも制限の基準になり，P1 レベルの物理的封じ込めが必要とされる実験を 20 L より大きい規模で実施するときは，LS-1 レベルの物理的封じ込めを適用し，P2 レベルの物理的封じ込めが必要とされる実験を 20 L より大きい規模で実施するときは，LS-2 レベルの物理的封じ込めをそれぞれ適用する．ただし，特に生物学的安全性が高いと評価された組換え体を用いる実験については，LS-C レベルの物理的封じ込めが適用される．遺伝子導入動植物を扱う場合には，逃亡や花粉の飛散を防止するといった，別の制限も設けられ，通常の閉鎖系実験施設以外で組換え体を取扱う場合には，非閉鎖系区画や屋外特定区画などで行う実験の規定に従う．

**不定期 DNA 合成** = 予定外 DNA 合成

**不定胚形成** [adventitious embryogenesis] 特定の機能をもつように分化した植物細胞が，受精を経ずに胚を発生させる現象．体細胞から発生する場合には体細胞不定胚形成(somatic embryogenesis)，未熟花粉から発生する場合には半数性不定胚形成(pollen embryogenesis, androgenesis, haploid embryogenesis)とよばれる．受精胚からの胚発生と類似した形態変化を示すと同時に，遺伝子発現や生理機能も受精胚と同等であることから，種子胚発生のモデル系としてさまざまな解析に利用されている．裸子植物・被子植物の多くの植物種で報告されており，植物ホルモンの一種であるオーキシン*が主要な誘導因子とされているが，高浸透圧，重金属，高温などのさまざまなストレス処理によっても誘導される．外来遺伝子を導入した植物細胞からトランスジェニック植物*(遺伝子組換え植物)を育成する際の植物個体再生法としても広く利用されている．また，分化全能性を解析するためのモデル系としても活用されている．

**プテリノソーム** [pterinosome] ⇌ 色素顆粒

**プテロイルグルタミン酸** [pteroylglutamic acid] = 葉酸．PGA と略す．

**太糸期** [pachytene stage] パキテン期，厚糸期ともいう．減数第一分裂前期の接合糸期*に続く時期．接合糸期に始まった相同染色体の対合*がより密着し，相同染色体は完全に短縮した 1 本の染色体に見える．細胞学的なレベルでは三層のシナプトネマ構造*が全長にわたって完成する．核小体が明瞭に観察できる．

**太いフィラメント** [thick filament] 筋原繊維サルコメア*を構成する直径約 12 nm, 長さ 1.6 μm の

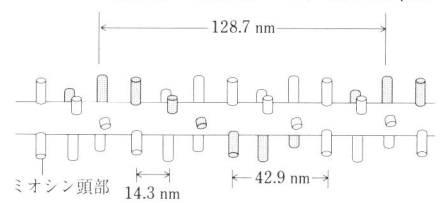

```
         ←―――― 128.7 nm ――――→
         □ □ □ □ □ □ □ □ □ □
        □ □ □ □ □ □ □ □ □ □
                    ←― 42.9 nm ―→
  ミオシン頭部  14.3 nm
```

フィラメントで，A 帯*を形成する．主成分はミオシン*で，約 3000 分子が太いフィラメント 1 本に含まれている．そのため A フィラメント(A filament)，ミオシンフィラメント(myosin filament)ともよばれる．ミオシン頭部は 14.3 nm の間隔で表面から突き出ており，太いフィラメントの中央約 0.3 nm のシャフトを隔てて両側に分布する(図)．太いフィラメントの表面にはコネクチン*(タイチン)，C タンパク質*などが結合している．コネクチンは Z 線からばねのように伸びており，太いフィラメントをサルコメア中央に位置させている．(⇌ 細いフィラメント)

**不凍化タンパク質** [antifreeze protein] 耐凍タンパク質ともいう．極地に生息する魚類や節足動物の体液に分泌される，体液の氷点を低下させるタンパク質．構造の違いにより I, II, III 型および不凍化糖タンパク質(antifreeze glycoprotein)に分類される．いずれも氷結晶の表面に結合して結晶の成長を阻害すると考えられている．不凍化タンパク質遺伝子は染色体上に多コピー存在する．また，不凍化タンパク質は複数分子が一つの前駆タンパク質として翻訳されたのち，プロセシング*により成熟タンパク質となる．

**不凍化糖タンパク質** [antifreeze glycoprotein] ⇌ 不凍化タンパク質

**ブドウ球菌** [Staphylococcus] スタフィロコッカスともいう．直径約 1 μm, カタラーゼ陽性のグラム陽性球菌．ブドウの房状の集塊となって増殖する．ブドウ球菌は 20 菌種以上が存在するが，コアグラーゼ陽性で病原性の強い黄色ブドウ球菌*(S. aureus), コアグラーゼ陰性で病原性は弱いが，カテーテルなどを挿入された患者の病院内感染が問題となる表皮ブドウ球菌(S. epidermidis), 女性の尿路感染症を起こす S. saprophyticus などが重要である．

**不等交差** ⇌ 乗換え

**不等(細胞)分裂** [asymmetric cell division] 非対

称細胞分裂ともいう．母細胞が不均等に分裂して量的あるいは質的に異なる娘細胞を生み出すこと．多細胞生物の発生初期に特に顕著に見られ，組織の発生，再生時にもみられる．一般的には分裂面の非対称的な配置により不等分裂が起こる．質的な不等分裂は特定の細胞質成分の偏在によっても生じる．線虫では，未受精卵では均一に存在しているP顆粒が卵割時に細胞後方へ移動し，その後娘細胞の一方のみに分配され続けて，最終的に生殖細胞に受継がれることが知られている．

**不動繊毛** [nonmotile cilium] ＝不動毛

**不等乗換え** [unequal crossing over, unequal crossover] ⇒乗換え

**不動胞子** [aplanospore] ⇒遊走子

**不動毛** [stereocilium] 不動繊毛(nonmotile cilium)，静止繊毛ともいう．運動毛，感覚繊毛に対する語．外部形態は繊毛*に類似した細胞小突起であるが，運動性を示さない．繊毛に特有な微小管主体の軸系構造や基底小体*をもたず，ミクロフィラメント*を内部にもち，微絨毛*の特殊化したものである．精巣上体管の上皮細胞，小腸の絨毛上皮細胞，内耳や側線の感覚細胞などにみられる．

**ブートストラップ法** [bootstrapping] モンテカルロ法*の一種．データからの無作為抽出を繰返すことにより，推定量のばらつきを評価する．塩基配列の比較解析により作成された進化系統樹*の信頼性を評価するのにも用いられ，配列データの一部をオリジナルデータから無作為に抽出したデータと置換してもとの系統樹が最適であるとされる尤度を計算するサイクルを通常1000回繰返す．特定のパラメトリックな確率分布を前提としない．

**プトレッシン** [putrescine] ＝1,4-ジアミノブタン(1,4-diaminobutane)，テトラメチレンジアミン(tetramethylenediamine)．$H_2N(CH_2)_4NH_2$，分子量88.15．スペルミジン*，スペルミン*などと同様生体内に検出されるポリアミン*の一種で，ほぼすべての生物に存在する．スペルミジン，スペルミンの前駆物質でもあり，作用もこれらの化合物と類似している．生理機能は明らかではないが，試験管内では核酸の構造安定化，タンパク質，核酸合成系をはじめとする種々の酵素を活性化する作用をもつ．

**ブニヤウイルス科** [Bunyaviridae] (−)鎖RNAウイルスに分類される．さらに五つのウイルス属に分類される．昆虫など節足動物により媒介される．3本の分節型RNAをゲノムとしてもっており，これらRNAを含むヌクレオキャプシド*がエンベロープ*に包まれている．ブニヤウイルス粒子中にはRNA依存性RNAポリメラーゼ*が存在し，基本的には(−)鎖RNAウイルスであるが，ゲノムの極性をもつRNAもmRNAとして働くことが知られている．

**不稔感染** ＝不全感染

**負の制御** [negative control] ＝負の調節

**負の選択**(T細胞の) [negative selection] ネガティブセレクション，ネガティブ選択ともいう．T細胞*の胸腺内分化過程で起こるクローン選択(⇒胸腺選択)の一つで，自己成分と反応するクローンに選択的にアポトーシス*が誘導される．この選択はCD4，CD8の双方を発現するダブルポジティブとよばれる分化段階で起こる．成熟T細胞の中に，自己組織を攻撃するクローンが通常検出されないのは，一つには胸腺内の負の選択によりクローンが除かれていることによる．末梢組織における自己反応クローンの機能抑制と並び，自己寛容*の維持にとって重要な機構である．(⇒正の選択)

**負の調節** [negative regulation] 負の制御(negative control)ともいう．生命現象の調節において，調節因子が抑制の方向に作用する場合をさす．遺伝情報の発現調節様式の解析から提唱され，理論化された．遺伝子の転写が抑制機能をもつ転写因子*の作用で抑制され，誘導物質*の結合で抑制機能を失うと脱抑制されて遺伝子の転写が始まるという機構が，細菌やファージの遺伝子でよくわかっている．負の調節に関与する転写因子はリプレッサー*ともよばれ，転写開始のDNAシグナルであるプロモーター*周辺の結合シグナル(オペレーター*とよばれる)に結合し，RNAポリメラーゼ*のプロモーターへの結合を妨害するか，または転写開始後のRNAポリメラーゼのDNA上の走行を妨害することで転写を阻止する．なお，RNAポリメラーゼだけでは転写ができないが，転写因子の参画で転写が起こる制御様式は，正の調節*とよばれ，この場合の転写因子はアクチベーター(⇒転写アクチベーター)とよばれている．なお最近では，多くの転写因子が，転写の抑制と活性化の両方の機能を備えていることが判明している．

**負の超らせん** [negative superhelix] ⇒超らせん

**不発感染** ＝不全感染

***fps*遺伝子** [*fps* gene] ⇒*fps/fes*遺伝子

***fps/fes*遺伝子** [*fps/fes* gene] *fps*はトリ藤浪肉腫ウイルス(Fujinami-PRC II sarcoma virus)の，*fes*はネコ肉腫ウイルス(feline sarcoma virus, ST株, GA株)のがん遺伝子*で，どちらもチロシンキナーゼをコードする．*fps*と*fes*はそれぞれ鳥類と哺乳類に対応した同一遺伝子で，*fps/fes*とよばれる．*fps/fes*チロシンキナーゼはSH2ドメインをもつがSH3ドメインをもたないタンパク質で，正常組織では白血球などに発現する．機能の詳細は不明であるが，細胞増殖のシグナル伝達に関与する可能性がある．

**ブフナー** BUCHNER, Eduard ドイツの化学者．1860.5.20〜1917.8.13．ミュンヘンに生まれ，ルーマニア国内に没す．ミュンヘン工科大学で化学を学び，チュービンゲン大学薬理学教授となった(1895)．1897年細菌学者の兄Hansがつくった酵母の沪液がアルコール発酵することを発見，J. von Liebig と L. Pasteur*の論争に終止符を打った．彼の標品はチアーゼと命名された．1907年にノーベル化学賞を受けた．第一次世界大戦に参加し戦死した．

**部分割** [meroblastic cleavage, partial cleavage] ⇒卵割

**部分接合体** [merozygote] メロザイゴート，部分二倍体 (merodiploid, merogenote) ともいう．細菌の接合時に，転送された供与菌染色体 DNA 断片が受容菌染色体と共存している細胞．部分接合体の状態は一時的なもので，受容菌内の供与菌由来の DNA 断片は失われるか，あるいはそれと受容菌染色体との相同部分で組換えが起これば，組換え体が生じる．

**部分二倍体** [merodiploid, merogenote] ＝部分接合体

**部分被覆細網** [partially coated reticulum] シャジクモの細胞質で観察され，小胞体状の膜の集積の一部にスパイク状に裏打ち (coat) のついた陥凹部を伴ったものをさす．この陥凹部に由来する被覆小胞*がエキソサイトーシス*され，特有の細胞膜の被覆を伴った部位が形成されると考えられている．部分被覆細網はゴルジ体とは，1) 層板構造をとらない，2) 被覆小胞，陥凹の状態，3) ヨウ化亜鉛酸化オスミウム法 (ZIO 法) における染色性の有無などから区別される．

**部分変性地図** [partial denaturation map] DNA の物理的地図*の一種．二本鎖 DNA 中の AT 塩基対が GC 塩基対よりも変性条件に対して不安定なことを利用して，DNA を部分的に変性*する条件に保ち生成した一本鎖 DNA から成るループの位置とサイズを多数の DNA 分子について電子顕微鏡下で観察し，ヒストグラムを介して DNA 上に地図として表したもの (図参照)．塩基組成が局所的に異なるような二本鎖 DNA について特徴的な変性パターンが得られる．DNA を高 pH，あるいは高温でインキュベートすることにより変性させ，共存するホルムアルデヒドにより変性部分の再会合を防ぐ．変性条件として高濃度ホルムアミドや高塩濃度など，再会合を防ぐのに T4 ファージの遺伝子 32 タンパク質なども用いられる．ファージ DNA の方向性，複製起点，複製方向，転写の開始や方向などをマップするのに用いられたが，DNA の生物学的機能がその塩基組成と関連するような場合に塩基配列レベルの解析に先立ってその概略を知るのに有効である．

**普遍形質導入** [generalized transduction] → 形質導入

**不変部** ＝定常領域

***fms*遺伝子** [*fms* gene] マクロファージコロニー刺激因子受容体遺伝子 (macrophage colony-stimulating factor receptor gene) ともいう．ネコ肉腫ウイルス McDonough 株 (feline McDonough sarcoma virus) のゲノムに見いだされたがん遺伝子*で，繊維芽細胞をがん化させる．v-*fms*の起源である原がん遺伝子* c-*fms*はマクロファージコロニー刺激因子* CSF-1 の受容体 (CSF-1R) をコードし，その構造は受容体型チロシンキナーゼ*である．リガンド結合ドメインには 5 個の免疫グロブリン様構造をもち，c-*kit* (→ *kit* 遺伝子)，血小板由来増殖因子受容体*と遺伝子ファミリーを構成する．c-*fms*に突然変異が加わり，活性化したものが v-*fms*である．

**Fms 様チロシンキナーゼ 1** [Fms-like tyrosine kinase-1] ＝Flt-1

**浮遊生物** ＝プランクトン
**浮遊培養** → 細胞培養
**浮遊密度** [buoyant density] → 塩化セシウム密度勾配遠心分離法
**不溶化酵素** [insolubilized enzyme] ＝固定化酵素
***fra*遺伝子** [*fra* gene] → *fos* (フォス) 遺伝子
**プライマー** [primer] DNA 分子は，3'-OH 末端と新しく付加されるデオキシヌクレオチドの 5'-リン酸基との間にリン酸ジエステル結合を形成して成長し，もっぱら 5'→3' へ向かって伸長する．この伸長反応を行う DNA ポリメラーゼで DNA 鎖を単独で開始できるものはない．この 3'-OH を供給するものをプライマーとよぶ．プライマーとなるのは DNA 鎖 (DNA プライマー DNA primer)，RNA 鎖 (RNA プライマー*)，またタンパク質中のセリン，トレオニンあるいはチロシンなどの OH 基の例もある．PCR* に使用されるものは，化学合成した短いオリゴヌクレオチドである．

**プライマー RNA** [primer RNA] ＝RNA プライマー

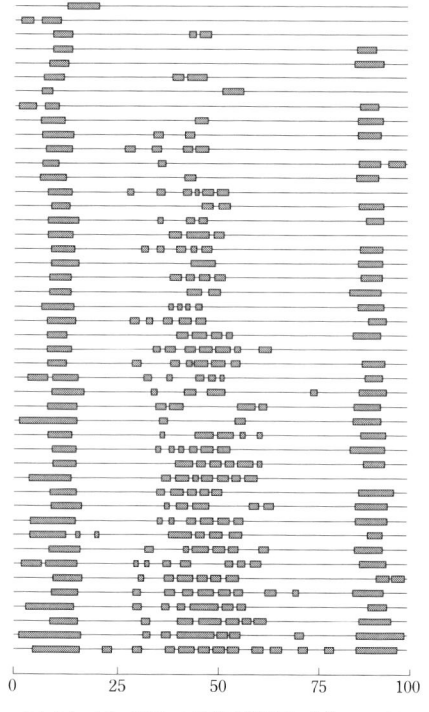

テトラヒメナ rDNA の部分変性地図．条件：80% ホルムアミド．変性した部分をボックスで，未変性の部分を直線で示す．DNA 分子を変性の度合に応じて上 (8%) から下 (49%) へ並べてある

**プライマーシフト PCR**［primer shift PCR］　＝ネステッド PCR

**プライマー伸長法**［primer extension method］　遺伝子上の RNA 転写開始点や RNA の 5′ 末端を求めるための実験法．目的の RNA に相補的な DNA プライマーを結合し，逆転写酵素*を作用させて RNA に相補的な DNA を合成する．プライマー*の位置から 5′ 末端までの相補的 DNA が合成されるため，5′ 末端までの長さを求めることができる．ただし，RNA の二次構造などによって DNA の合成が止まることもあるので，正確な 5′ 末端を求めるためには S1 マッピング*やリボプローブマッピング*を併用することが望ましい．

**プライマーゼ**［primase］　DNA プライマーゼ（DNA primase）ともいう．DNA 鎖複製開始のプライマー RNA だけを合成する RNA ポリメラーゼ*．大腸菌の *dnaG* 遺伝子産物（60 kDa），T7 ファージの遺伝子 *4* 産物（Gp4，63 kDa），T4 ファージ遺伝子 *41* と *61* のタンパク質（54 kDa，40 kDa），真核生物の DNA ポリメラーゼ α の 2 個のサブユニット（約 60 kDa，約 50 kDa）がよく解析されている．DnaG*タンパク質は，プライモソーム*中の DnaB によって活性化され，pppAG で始まる 15〜50 塩基長の RNA プライマー*を合成する．DNA 複製が連動している系では，プライマー*の長さは 2〜3 ヌクレオチドである．DNA 複製のチェックポイントの活性化には，プライマーゼによる RNA プライマーの合成が必要である．

**プライマーフェロモン**［primer pheromone］　⇨フェロモン

**プライモソーム**［primosome］　大腸菌のプライマーゼ*は単独ではなく，DnaB あるいは他のタンパク質と，動く複合体を形成して働く．この複合体をプライモソームという．プライマーゼはプライモソームとよばれるタンパク質複合体の一部であり，プライモソーム自体が DNA 複製*にかかわるほかのタンパク質とともにレプリソーム*とよばれる巨大な複合体の一部となっている．大腸菌のプライマー合成には，φX174 型と *oriC* 型がある．φX174 型では，ファージ DNA の相補鎖の合成開始点にある *pas* 部位（*pas* site, primosome assembly site）に PriA，PriB，PriC，DnaT，DnaB，DnaC が集合し開始する．その後ファージ鎖上を動いて各プライマー合成開始点で働く．*oriC* 型では DnaB が Pri タンパク質の関与なしで開始点に結合し，プライモソームを構成する．DnaB は 5′→3′ ヘリカーゼ活性で ATP を分解して DNA 鎖をほどき，DnaG の活性化も行う．

**プラーク**［plaque］　【1】溶菌斑（phage plaque）ともいう．ファージ*と細菌を寒天培地上で混合培養し，増殖した細菌集団の薄い層ができると，ファージ感染で溶菌した部分は細菌の増殖しない斑点として寒天表面が露出する．これをプラークという．生理的条件・培養条件などや，ファージ，細菌のある種の遺伝的形質に依存して大きさ，形態が異なる．動物ウイルス*の培養細胞感染でも，ある種の色素を用いてプラークを形成させる．ウイルスの定量，ファージベクター*によるクローニング*などに多用される．

【2】　⇨溶血斑

**プラークアッセイ**［plaque assay］　溶菌斑検定法ともいう．【1】ウイルス*の力価*の検定法をいう．ファージ*の場合は適当に希釈したファージ液と感受性指示菌とを溶解した軟寒天（アガロース）に混合し，これを寒天平板上に重層して培養する．生育した指示菌がファージにより溶菌して円形の溶菌斑（プラーク*）ができる．これを一つのプラーク形成単位（p.f.u.*）としている（⇨平板効率）．他のウイルスの場合は単層培養した動物細胞上に形成しうるプラークで表される．

【2】（抗体産生細胞の）　⇨溶血プラークアッセイ

**プラーク型突然変異**［plaque type mutation］　プラーク*の形状に変化を生じるような，ファージの突然変異．表現型が一目瞭然であり，プレート上での観察という容易な判断規準で単離できるため，多数のプラーク型突然変異が見いだされた．これらの突然変異株を用いたかけ合わせ実験から，ファージの遺伝子が組換え*を起こしうることがわかった．また，突然変異遺伝子間での組換え率から遺伝子地図*がつくられるなど，ファージの遺伝学的研究に寄与した．

**プラーク形成効率**　＝平板効率

**プラーク形成細胞**［plaque-forming cell］　PFC と略す．（⇨溶血プラークアッセイ）

**プラーク形成単位**［plaque forming unit］　＝p.f.u.

**プラークハイブリダイゼーション**［plaque hybridization］　ベントン・デービス法（Benton–Davis method）ともいう．ファージベクター（λ や M13 ファージ）によって作製したゲノムライブラリーや cDNA ライブラリーなどから目的とするクローンを選び出す方法．プラークを形成したプレートにニトロセルロース膜またはナイロン膜を接着させ，ファージを移行させる．その後，アルカリ処理，中和処理，熱処理（80℃，2 時間）によりファージ DNA を膜上で変性状態にしてから標識した DNA（RNA）プローブとハイブリッド形成させて，多くのプラークの中から迅速にプローブと合するクローンを選び出すことができる．（⇨コロニーハイブリダイゼーション）

**フラグメントイオン**［fragment ion］　⇨質量分析法

**フラグモプラスト**　＝隔膜形成体

**プラコグロビン**［plakoglobin］　⇨カテニン，カドヘリン

**フラジェリン**［flagellin］　細菌のべん毛の繊維部分の構成タンパク質（⇨鞭毛）．分子量は 2 万〜5 万で，腸内細菌は一般に大きな分子量の，一方古細菌*は小さな分子量のフラジェリンをもつ．1 種類のフラジェリンから成るべん毛繊維も，また 2 種類以上の類似したフラジェリンから成るものもある．2 種類以上のフラジェリンをもつ種では，個々の分子種の

役割が不明なものが多い．サルモネラでは2種類のフラジェリン遺伝子をもつが，どちらか一方のみが発現される(⇌相変異)．べん毛繊維の熱あるいは酸処理により得られたフラジェリンを生理的環境下におくと，再重合して元の繊維になる．多くの種でその一次構造が知られているが，古細菌の一種を除いてはシステインを含まないことが特徴である．すべてに共通するフラジェリン分子のプロファイルとして，両末端にアミノ酸配列の不変領域が，また中央部分に可変領域が存在する．腸内細菌ではこの広い可変領域にべん毛抗原(⇌H抗原【2】)のエピトープがみられ，その大部分を欠損してもべん毛の構築は可能である．しかし，両末端はべん毛の重合に不可欠である．サルモネラでは多くのリシン残基がメチル化されているが，その生理的な意味は不明である(⇌メチル化【2】)．べん毛繊維は菌体外の器官であるため，フラジェリンは細胞膜を通過しなければならないが，細胞外タンパク質に共通のシグナル配列がない．フラジェリンはべん毛の基部にある専用の輸送装置によって排出され，べん毛繊維の中心の穴を通って，その重合部位であるべん毛繊維の先端へと運ばれると考えられている(先端成長)．フラジェリンが菌体外に大量に放出されることから，近年タンパク質工学*の対象として注目されるようになった．たとえば，可変領域の一部をコブラ毒素ペプチドのエピトープと置換し，この突然変異フラジェリンをコブラ毒素のワクチン生産に利用している．

**ブラジキニン** [bradykinin] BKと略される．H-Arg-Pro-Pro-Gly-Phe-Ser-Pro-Phe-Arg-OHの9個のアミノ酸から成るペプチドで，オータコイド*とよばれる局所ホルモンの一つ．肝臓などでつくられ，血液中に存在するキニノーゲン(kininogen, 前駆体)がカリクレインなどのタンパク質分解酵素で分解されて生じる生体内生理活性物質キニン(kinin)の一つ(⇌高分子キニノーゲン)．作用は，血管拡張による血圧低下(⇌カリクレイン-キニン系)，内臓平滑筋の収縮，小腸上皮細胞からの塩化物イオンの分泌のほか，傷害を受けたり炎症を生じている組織で，皮下の浮腫，知覚神経終末への痛み刺激を生じる．知覚神経の神経モジュレーションも行う．(⇌ブラジキニン受容体)

**ブラジキニン受容体** [bradykinin receptor] ブラジキニン*(BK)受容体は[$^3$H]BKや[$^{125}$I]Tyr-BKによる結合実験により，子宮平滑筋，血管内皮細胞や小腸，大腸および脊髄後根，三叉神経や神経芽細胞腫などの神経細胞にその存在が示された．BKと結合しその作用を発現させる(図)．BKに対し$10^{-10} \sim 10^{-8}$ Mの高い親和性をもつ．これを$B_2$受容体($B_2$ receptor)とよび，平滑筋型と神経型のサブタイプが存在する．さらに，ウサギ血管平滑筋などの限局した組織に存在し，BKよりは，9番Argを欠くdes-Arg$^9$-BKに反応する$B_1$と，まだよく性質のわかっていない$B_3$や$B_4$の存在も示唆されている．ラット$B_2$受容体は366個のアミノ酸から成り，推定分子量42,000．ヒトで

それは364個である．膜貫通領域と推定される7個の疎水性部分が存在し，GTP結合タンパク質*と共役する受容体のもつ特性を備えている．$B_2$受容体は$G_q/G_{11}$を介し，ホスホリパーゼCと共役し，細胞内カルシウム濃度を上昇させる．

**ブラシノステロイド** [brassinosteroid] ステロイド骨格をもつ植物成長調節物質の総称．アブラナ(Brassica napus L.)花粉から，インゲンの節間細胞伸長促進を指標として単離された植物成長調節物質がステロイドラクトン構造をもつことからブラシノライド(brassinolide)と命名された．類似構造の成長調節物質群が他の多くの植物においても同定されている．多面的生理作用を示すが，他の植物ホルモン*作用とは異なる．表層微小管の配向を変えたり，ある種の遺伝子発現を誘導する働きがあることがわかりつつあるが，作用の分子機構は明らかでない．

**フラスコ細胞** [flask cell] ＝瓶形細胞

**＋(プラス)鎖** [plus strand, positive strand] 二本鎖DNAは細胞におけるRNA合成の一般的な鋳型である．タンパク質をコードするmRNAやrRNAなどの転写産物と同一の塩基配列をもつ方の鎖を＋(プラス)鎖とよぶ．RNA合成の鋳型となるもう一方の鎖は－(マイナス)鎖(minus strand, negative strand)とよばれている．一本鎖DNAまたはRNAをゲノムとしてもつ種のウイルスも，感染細胞中では二本鎖DNAまたはRNAが形成され，(－)鎖が鋳型となって

(＋)鎖が合成される．双方の鎖が部分的に RNA 合成の鋳型となる場合もある(例，アデノウイルスゲノム)が，一般的には一方の鎖のみが鋳型となる．

**(＋)鎖 RNA ウイルス** [plus strand RNA virus, positive strand RNA virus] (＋)鎖 RNA をゲノムとしてもつウイルス．RNA ゲノムには二本鎖と一本鎖がある．一本鎖 RNA ゲノムは，その極性により，さらに(＋)鎖と(－)鎖に分けられる．(＋)鎖 RNA は，mRNA として機能する RNA であり，(－)鎖 RNA は mRNA に相補的な RNA である．(＋)鎖 RNA ゲノムは，それ自身に感染性があり，トランスフェクションにより細胞に導入すると，その細胞は子ウイルス粒子を産生する．(⇒ RNA ウイルス，(－)鎖 RNA ウイルス)

**プラスチド** ＝色素体
**プラスチドシグナル** ＝葉緑体シグナル
**プラスチドプロテアーゼ** [plastid protease] ＝葉緑体プロテアーゼ

**BLAST** [BLAST] Basic Local Alignment Search Tool の略称．BLAST はタンパク質のアミノ酸配列や DNA 塩基配列＊を比較するためのアルゴリズムである(⇒ 相同性検索，比較ゲノミクス)．BLAST 検索によって膨大な量の配列データベースと目的配列を比較することができる．BLAST はバイオインフォマティクス＊のプログラムの中で最もよく使われているものの一つである．BLAST のアルゴリズムが感度よりも速度を重視しているため，ゲノムの膨大なデータの中から実用レベルで検索することが可能となっている．感度は落ちるが BLAST よりさらに高速にゲノムの DNA 塩基配列を比較することのできるものに BLAT (Blast Like Alignment Tool)がある．ほかにタンパク質のプロファイルを利用してかなり遠縁の関連タンパク質を検出するための検索ツールとして PSI-BLAST (サイブラスト，Position-Specific Iterative BLAST)もある．(⇒ 位置特異的スコア行列，付録 L)

**Blast-1** [Blast-1] ＝CD48(抗原)

**プラスチキノン** [plastoquinone] PQ と略す．緑色植物や藻類に存在する $p$-ベンゾキノン誘導体．親油性が高い．代表的なプラスチキノンは，PQA (PQ-9，図)で，このほかに PQC (9 個のプレニル単位のどれか一つに OH が結合)，PQB(PQC の OH に $C_{16}$〜$C_{18}$ の脂肪酸がエステル結合)が知られている．光合成細菌はプラスチキノンの代わりにユビキノン＊を含む．プラスチキノンは光合成＊の電子伝達体として働く．光化学系 II の反応中心複合体の D2 タンパク質，D1 タンパク質の特定の位置に結合しているプラスチキノンは，それぞれ $Q_A$，$Q_B$ とよばれる．その他の大量の遊離のプラスチキノンはチラコイド＊膜内に存在し，クロロフィル＊の 1/10(モル比)に達する．電子は P680→フェオフィチン $a$→$Q_A$→$Q_B$→プラスチキノン(遊離型)→シトクロム $b_6 \cdot f$ 複合体の順に伝達され，$Q_A$ は 1 電子授受，$Q_B$ と遊離型のプラストキノンは 2 電子授受を行う．$Q_B$ 結合部位はアトラジンや DCMU などの光合成電子伝達阻害剤の結合する場所でもあり，強光による光阻害の原因となる場所でもある．遊離型のプラストキノンは $Q_B$ から $b_6 \cdot f$ 複合体へ電子を運ぶ過程および $b_6 \cdot f$ 複合体における Q サイクルにおいてストロマ側からチラコイド内腔へ $H^+$ を運ぶ役割をし，チラコイド膜を隔てた $H^+$ 勾配の形成に寄与している．チラコイド以外の存在場所としては $OsO_4$ で強く染色されるプラスト顆粒(plastoglobule)に貯蔵されている．

**プラストシアニン** [plastocyanin] 緑色植物や緑藻の光合成電子伝達体の一員で，シトクロム $b_6 \cdot f$ 複合体から光化学系＊Ｉの P700 へ電子を運ぶタンパク質であり，1960 年に加藤栄により見いだされた．チラコイドの内腔に存在し，その量はモル比でクロロフィルの 1/600．光合成細菌には存在しない．1 電子授受の伝達体であり，標準酸化還元電位 $E_0' = +0.370$ V (pH 5.4〜9.9)．自動酸化能はない．酸化型は青色で可視部では 597 nm に主吸収帯，460 nm と 770 nm に副吸収帯をもつが，還元型ではこれらの吸収帯はすべて消え無色となる．核遺伝子($petE$)にコードされるタンパク質で，現在すでに約 100 種に及ぶ植物から精製されており，オオムギ，ホウレンソウ，エンドウ，シロイヌナズナ＊，クラミドモナス，ラン藻(シアノバクテリア＊)などのほか多くのものについて cDNA 塩基配列，アミノ酸配列が知られている．分子質量は生物種により多少異なり，単量体では 10〜11 kDa．N 末端側にシグナルペプチドをもつ前駆体タンパク質では 13〜16 kDa．単量体 1 分子当たり 1 原子の銅が結合している．二量体，四量体の存在も報告されている．プラストシアニン遺伝子の発現は光で誘導され，フィトクロム＊が関与している．

**プラストーム** [plastome] ＝色素体ゲノム
**プラズマ細胞** ＝形質細胞
**プラズマフェレシス** ＝血漿分離交換法
**プラスミド** [plasmid] 細菌の染色体外遺伝子の一つで，宿主染色体とは物理的に独立して自律増殖できる寄生性の遺伝因子(⇒ 染色体外 DNA)．本来，宿主の生存に必須のものではないが，薬剤耐性因子(⇒ R プラスミド)，抗菌タンパク質であるコリシン＊因子や性決定因子(F プラスミド＊)をもつものなどがある．これらの複製起点の遺伝子配列があれば宿主中で自律増殖できるため，複製起点や薬剤耐性遺伝子などを利用して人工的につくられたプラスミドが遺伝子クローニングなどの遺伝子操作にベクターとして広く用いられている．(⇒ プラスミドベクター)

**プラスミド不和合性** [incompatibility of plasmids] 二つのプラスミド＊が同じ細胞系列に安定に共存できない時，これらの間に不和合性があるという．いま，不和合な(incompatible)プラスミド A と B をもつ細胞の子孫は，結局 A だけあるいは B だけをもつこ

**プラスミドベクター**［plasmid vector］　大腸菌が薬剤耐性\*を獲得する仕組みの一つであるプラスミド\*を応用したベクター．pBR系（⇨pBR322）とそれに由来しているpUC系\*が最もよく用いられている．これらのプラスミドは薬剤耐性のマーカーとクローニング部位をもっており，大腸菌（コンピテント細胞\*）に導入し形質転換を行い，薬剤耐性のコロニーを得る．その際出現したコロニーのうち，目的遺伝子が挿入されたもののみを選択するマーカー（⇨選択マーカー）が組込まれているベクターもある．

**プラスミノーゲン**［plasminogen］　＝プラスミノゲン．フィブリン\*に吸着される血管内皮由来のプラスミノーゲンアクチベーター（組織プラスミノーゲンアクチベーター\*）によって活性化（限定分解）されプラスミン\*となる．肝で生成されるが，血栓に吸着されその表面で濃縮される作用をもっている．血中のリポタンパク質(a)（lipoprotein (a)）は動脈硬化の独立の危険因子であることが明らかとなったが，プラスミノーゲンと分子構造が類似しており，競合的にその作用を阻止して血栓傾向を生じると考えられている．（⇨クリングルドメイン）

**プラスミノーゲンアクチベーターインヒビター**［plasminogen activator inhibitor］　PAIと略す．フィブリン\*の溶解に重要な役割を演じる組織プラスミノーゲンアクチベーター\*と結合してその作用を阻止する．PAIのうち最も重要なのは，血管内皮で産生されるPAI-1であり，血小板中にも存在する．このほか，胎盤で産生されるPAI-2や，APC（⇨プロテインC）を阻止するPAI-3がある．PAI-1の血中濃度の増加は血栓傾向の原因となるが，一種の急性期タンパク質\*であり，午前よりも午後が高く，また血中トリアシルグリセロールと正相関する．

**プラスミン**［plasmin］　フィブリナーゼ（fibrinase），フィブリノリシン（fibrinolysin）ともいう．EC 3.4.21.7．プラスミノーゲン\*が組織プラスミノーゲンアクチベーター\*やウロキナーゼ\*により限定分解されて生じる一種のセリンプロテアーゼで，フィブリン\*を分解して溶解し，FDP（フィブリノーゲン/フィブリン分解産物\*）とする．フィブリンの溶解は繊溶とよばれ，重要な血栓阻止機序である（⇨繊維素溶解）．プラスミンを阻止する血中の生理的物質としては$α_2$アンチプラスミン（$α_2$プラスミンインヒビター\*）があるが，その先天性欠損症では出血傾向を生じる．

**プラスモジウム**［*Plasmodium*］　【1】マラリア原虫（malaria parasite）の属名である．*Plasmodium* spp. は，哺乳類をはじめとして爬虫類や鳥類を宿主とするものなど約200種が知られている．ハマダラカを媒介昆虫とし，宿主特異性が高くヒトに感染するものは4種のみである（⇨マラリア）．脊椎動物において無性生殖を行い，ハマダラカにおいて有性生殖を行う原生物である．ハマダラカの吸血の際，唾液腺より導入されたスポロゾイト（sporozoite）は肝臓の実質細胞に侵入し，その後，赤血球に感染する．感染赤血球内の原虫は赤血球の細胞質内に寄生胞（parasitophorous vacuole）を形成し，その中で多数分裂（schizogony）により増殖する．プラスモジウム属の中でも熱帯熱マラリア原虫（*Plasmodium falciparum*）感染では致死的な経過をたどることもまれではない．ミトコンドリアのほかにアピコプラストとよばれる四重膜の細胞内小器官をもつ．これは二次共生した藻類の色素体\*（プラスチド）に由来するものと考えられている．
【2】＝変形体．

**プラスモデスム**［plasmodesm(a)］　＝原形質連絡

**Fura 2**［Fura 2］　高親和性のカルシウム結合部位をもつ水溶性の蛍光試薬で，$Ca^{2+}$が結合すると蛍

N(CH₂COOK)₂ ... OCH₂CH₂O ... N(CH₂COOK)₂ ... CH₃ ... COOK

光励起スペクトルのピークが短波長側にシフトする．発光スペクトルのピークは500～510 nmである．これを利用し，2波長励起に対する両波長の発光強度の比によって$Ca^{2+}$濃度を定量できる．この化合物のアセトキシメチルエステルは細胞膜を透過でき，細胞内でエステラーゼにより加水分解してFura 2になるので，細胞内の$Ca^{2+}$濃度の測定に用いることができる．

**Brat**［Brat］　＝VegT

**ブラッドフォード法**［Bradford method］　M. Bradfordによって開発されたタンパク質の定量法．タンパク質に結合する色素クーマシーブリリアントブルー\* G-250（Coomassie Brilliant Blue G-250）がタンパク質に結合すると，その極大吸収が変化することを利用して比色定量する．非常に簡便で感度もよい．既知の濃度の標準タンパク質（ウシ血清アルブミンがよく使われる）を同時に測定し濃度を求める．緩衝液，さまざまな試薬の影響を受けるので注意が必要．

**FRAP**［FRAP］　光退色後蛍光回復測定（fluorescence recovery after photobleaching）の略称．細胞膜や細胞質中での高分子の側方拡散\*を測定する際最もよく用いられる方法．目的とするタンパク質や脂質を蛍光標識（⇨蛍光抗体法）して細胞膜や細胞質に導入し，細胞の微小部分にレーザー光を照射してある部分の蛍光を退色させ，周囲からの標識分子の側方拡散による蛍光の回復を測定する．標的分子の拡散定数$D$は，$D = (w^2/4τ_{1/2})γ$と求まる．ここで，$w$はレーザー光束の幅で，光束が正規（ガウス）分布をしていると仮定し

た時，中心部の明るさが $e^{-2}$ に減衰する距離で，$\tau_{1/2}$ は蛍光が半分回復する時間であり，$\gamma$ は蛍光退色の強度に依存する補正値である．また，移動可能な分子の比率は $\{F(\infty)-F(0)\}/\{F(-)-F(0)\}$ である．ここで $F(-)$ は退色前の蛍光，$F(0)$ は退色直後の蛍光，$F(\infty)$ は蛍光回復後の値である．蛍光測定は退色に使ったのと同じレーザー光源を非常に弱めて照射して光電子増倍管で測るか，CCD（電荷結合素子）カメラや共焦点レーザー顕微鏡のような画像解析を用いる方法がある．後者の方が，拡散と移動をより具体的に区別できる点が有利である．FRAP で測定した分子の典型的な拡散定数はタンパク質の細胞質内自由拡散の場合，$10^{-8}$ (cm$^2$/sec)，遅い膜脂質や速い膜タンパク質で $10^{-9}$，移動の制限された膜タンパク質で $10^{-12}\sim 10^{-10}$ である．光束幅($w$)が 1 μm のレーザー光を用いた場合，$\tau_{1/2}$ はそれぞれの場合，およそ 0.3 秒，3 秒，30〜300 秒となる．FRAP の技術上の注意点として，目的に応じた時間解像を得るシステムを構築すること，レーザー光照射による細胞の傷害を減らすことがある．FRAP の問題点には，分子の拡散現象を統計平均でしか見ておらず，また 1 μm 以下の細かい分子の動きの情報が失われていることがあげられる．この点の改善のために，特定の分子を強く蛍光標識して冷却 CCD カメラのような高感度のカメラで観察したり，また分子を金粒子の付いた抗体で標識し，微分干渉ビデオ増強法でその金粒子の動きを観察することにより，一つの分子の動きを直接明らかにする手法も開発されてきた．(→ FLIP)

**フラバノンシンターゼ**［flavanone synthase］＝ナリンゲニン-カルコンシンターゼ

**フラビウイルス科**［*Flaviviridae*］ （＋）鎖 RNA ウイルスのウイルス科の一つ．エンベロープ* をもっている．この科のウイルスは，さらにフラビウイルス属，ペスチウイルス属，および C 型肝炎ウイルス属に分類される．

**フラビンアデニンジヌクレオチド**［flavin adenine dinucleotide］ 略称 FAD．$C_{27}H_{33}N_9O_{15}P_2$，分子量 785.56．黄色針状結晶，水に易溶，アルコールに微溶．吸収帯は 260，366，445 nm にあり，蛍光の極大は 536 nm 付近にあるが，イソアロキサジン環とアデニン環の分子内水素結合のため強度は FMN（フラビンモノヌクレオチド*）の約 10 % である．酸分解，光分解を受ける．標準酸化還元電位は −219 mV（pH 7）であるが，酵素タンパク質に結合すると通常電位は上昇する．補酵素として作用し，酵素タンパク質との結合は通常非共有結合で，解離定数は $10^{-9}\sim 10^{-8}$ M であるが，イソアロキサジン環の $8\alpha$ 位あるいは 6 位にヒスチジン残基，システイン残基，チロシン残基が共有結合しているものもある．結合型 FAD は分子内水素結合が切断されて伸展した形をとる．イソアロキサジン環の 1 位と 5 位の窒素原子の共役二重結合部位が水素ないし電子の受渡しに関与する．形式的には一電子移動経由の二電子移動である．一電子還元型にはアニオン型セミキノンと中性型セミキノンがある．二電子還元型は酸素との親和性が高く，フラビン C(4a)-ヒドロペルオキシドを形成し，酸化還元反応ではホモリシスによって $O_2\cdot$，ヘテロリシスによって $H_2O_2$ を生成して酸化型となる．一方，酸素添加反応では基質に 1 原子の酸素を添加し，C(4a)-ヒドロキシフラビンとなり，$H_2O$ を遊離して酸化型となる．FAD は FAD ピロホスホリラーゼによってリボフラビンと ATP から合成される．

**フラビンタンパク質** ＝フラボタンパク質

**フラビンモノヌクレオチド**［flavin mononucleotide］＝リボフラビン 5′-リン酸(riboflavin 5′-phosphate)．略称 FMN．$C_{17}H_{21}N_4O_9P$，分子量 456.35．黄色針状結晶，水に易溶，アルコールに微溶．吸収帯は 268，377，448 nm にあり，蛍光の極大は 536 nm 付近にある．酸分解，光分解を受ける．標準酸化還元電位は −219 mV (pH 7)であるが，酵素タンパク質に結合すると通常電位は上昇する．補酵素として作用し，酵素タンパク質との結合は通常非共有結合で，解離定数は $10^{-9}\sim 10^{-8}$ M である．イソアロキサジン環の 1 位と 5 位の窒素原子の共役二重結合部位が水素ないし電子の受渡しに関与する．その作用機作は FAD（フラビンアデニンジヌクレオチド*）と同一である．FMN はリボフラビンキナーゼによってリボフラビンと ATP から合成される．

**フラボタンパク質**［flavoprotein］ フラビンタンパク質ともいう．フラビンを特異的に結合するタンパク質の総称．FMN（フラビンモノヌクレオチド*），FAD（フラビンアデニンジヌクレオチド*）を補酵素とするフラビン酵素(flavoenzyme)が多いが，このほかに卵のリボフラビン結合タンパク質のようにフラビンの担体としての役割をもつものがある．フラビン酵素ではフラビンのみを結合するもののほかに非ヘム鉄，ヘム鉄，モリブデンなどを含むものもある．さらに，FMN と FAD をともに結合する酵素もある．フラビンの結合は非共有結合型が多いが，共有結合型もある．

**フラボノイド**［flavonoid］　二つのフェニル基(A環, B環)が三つの炭素分子を介して結合した一群の植物色素．通常 A 環，B 環にヒドロキシ基の置換をもち，配糖化され，植物体に広く分布している（⇒ アントシアニン，フラボン）．フェニルプロパノイド生合成の共通経路からナリンゲニン-カルコンシンターゼ* により分岐して生合成される．生合成経路の解明とともに，花色の変異を指標としたトランスポゾン標識* により多くの生合成遺伝子，また myc 様あるいは myb 様転写調節遺伝子がトウモロコシなどより単離されている．紫外線を吸収し，DNA の損傷を保護するばかりでなく，受粉を媒介する昆虫をひきつける．また，マメ科植物における根粒* 形成の促進，花粉管* の伸長など多様な生理作用が明らかとなりつつある．

**フラボノール**［flavonol］　⇒ フラボン

**フラボン**［flavone］　フラボノイド* 系色素．無色〜黄色．紫外線を強く吸収し，受粉を媒介する昆虫をひきつける．フラボンの 3 位にヒドロキシ基をもつ化合物はフラボノール(flavonol)と総称する．(⇒ アントシアニン，ルテオリン)

|  | $R^1$ | $R^2$ | $R^3$ | $R^4$ | $R^5$ |
|---|---|---|---|---|---|
| フラボン（狭義） | H | H | H | H | H |
| アピゲニン | OH | OH | H | OH | H |
| クエルセチン | OH | OH | OH | OH | OH |

**フラミンゴ**［Flamingo］　スターリーナイト(Starry night)，Fmi/Stan ともいう．ショウジョウバエのノンクラシックカドヘリンの一つである，7 回膜貫通型タンパク質．平面内極性が形成される過程で，Frizzled* non-canonical pathway の一員として働くほか，神経突起形成にも必須の役割を果たす．線虫から脊椎動物まで高度に保存されており，哺乳類のゲノムには Celsr1〜Celsr3 の三つの遺伝子が存在する．

**プランクトン**［plankton］　浮遊生物ともいう．水中に浮遊して生活する生物の総称で，自分自身の動きがほとんどないものをいう．これに対し魚のような生物を遊泳生物(nekton，ネクトン)といい，水底を生活域とするものは底生生物(benthos，ベントス)という．水生生物を大まかに区分した時に，認識される生態群の一つで，分類学的概念ではない．つぎの 2 種に分けられる．1) 植物プランクトン(phytoplankton)：おもに藻類により構成され，光合成色素* をもち，独立栄養* を営む．海洋や湖沼では主要な一次生産者である．栄養，水温，日照などが好適な条件となると，活発に増殖し，赤潮を形成する．2) 動物プランクトン(zooplankton)：植物プランクトンを捕食して，繁殖する．節足動物，甲殻類が多い．

**フランクリン**　Franklin, Rosalind Elsie　英国の生物物理学者．1920.7.25〜1958.4.16．ロンドンに生まれ，ロンドンに没す．ケンブリッジ大学物理化学科卒業(1941)．パリの国立化学研究所で黒鉛の X 線解析に従事(1947〜50)．1951 年キングス・カレッジの生物物理学研究所で DNA の結晶解析を行い，ワトソン・クリックの二重らせんモデルに大きく貢献した．1953〜58 年ロンドンのバークベック大学でタバコモザイクウイルスの立体構造を解明した．協力した大学院生 A. Klug* は 1982 年ノーベル化学賞を受けた．

**プランマー病**［Plummer's disease］　⇒ 甲状腺機能亢進症

**ブーリアンネットワーク**　［boolean network］　ネットワークを表現する手法の一つ．時系列遺伝子発現データや遺伝子破壊データから遺伝子間の関係を推定する時などに利用される．それぞれの遺伝子の状態は 0 か 1 で表現される．遺伝子の制御規則は AND, OR, NOT, XOR のブール関数(論理関数)で表現される．たとえば遺伝子 A, B, C がすべて発現している時刻 $t$ を考えると $(A, B, C) = (1, 1, 1)$ のような表現ができる．時刻 $t+1$ では $(A, B, C) = (1, 1, 0)$ と表記することで C の発現がなくなったことを示すことができる．この時 C′＝not A という制御関係を考えた場合は時刻 $t$ において A が 1，つまり発現している場合は時刻 $t+1$ の時には C が A によって発現が抑制され 0 になることを示している．遺伝子発現データなどから得られるデータは各遺伝子の 0，1 の組合わせである状態遷移表のみである．この表から制御関係を推定するには直接的に制御する遺伝子の数を制御し取りうるネットワークを制限する方法がとられる．時系列データから線形微分方程式を同定し数理的にブーリアンネットワークを考察する方法も提案されている．

**フーリエ変換**［Fourier tranform］　FT と略す．数学的な変換法の一つである．X 線結晶構造解析* では構造因子から電子密度を求める時に使用する．核磁気共鳴*（NMR）ではパルス照射後の自由誘導減衰(FID)のシグナルからスペクトルを得るのに使用する(FT-NMR)．赤外分光法* では可動鏡による干渉パターンからスペクトルを得るのに使用される(FT-IR)．現在 NMR や IR では FT 法が主流なのでわざわざ FT を付けない場合が多い．

**ブリオスタチン**［bryostatin］　海洋生物の苔虫類 *Bugula neritina* が産生するプロテインキナーゼ C* に作用する大環状ラクトン．B16 メラノーマ，P388 白血病などの種々の動物がんに対して治療効果を示す．ブリオスタチンは種々のホルボールエステル* と同様にプ

ロテインキナーゼCに結合するが，発がんプロモーション*作用は少なく，系によっては抗プロモーション作用を示す．T細胞や単球の活性化などの免疫系にも作用する．

**プリオン**［prion］　ヒツジなどで古くから知られていたスクレイピー*，ウシの狂牛病（⇌ウシ海綿状脳症），ヒトでのクロイツフェルト・ヤコブ病*，シカの慢性消耗病（CWD），ネコの海綿状脳症などの病原体は，伝染性を示すが，化学的にはタンパク質（一部糖鎖）のみで核酸は検出されない．このタンパク質性の感染粒子（proteinous infectious particle）はプリオンと名づけられた．プリオンタンパク質（PrP）はヒトやウシ，ヒツジなど宿主自身のゲノム中の遺伝子にコードされている（ヒトでは209アミノ酸から成る）分子量約33,000の膜結合タンパク質で1個のジスルフィド結合をもち，おもに$\alpha$ヘリックス構造をとるが，感染性のあるものと非感染性のものではプロテアーゼやタンパク質変性剤への感受性が異なり，感染性のあるものはそれらに抵抗性を示す．現在この感染性のメカニズムとして，何らかの構造変化や修飾で病原性を獲得したPrPタンパク質（$PrP^{SC}$, SCはスクレイピー scrapie に由来）が，野生型$PrP^{C}$を$PrP^{SC}$に変換する触媒作用を同時に獲得して，組織内の$PrP^{C}$をつぎつぎに$PrP^{SC}$に変換してゆく機構が考えられている．この仮説はPrP遺伝子を破壊したマウスでは病原性の$PrP^{SC}$を移植してもまったく発症しないことからも支持されている．プリオン病に侵されたヒト，動物の脳はクール斑とよばれるシミを多数含み，神経細胞が脱落しスポンジ状になる．プリオンタンパク質は多くの組織で発現しているのに，脳のみが侵される原因は不明．ニューギニアで発見されたクール病（kuru）もプリオン病であり，死亡したヒトの肉を食べる習慣のある種族内で，プリオン病で死亡したヒトの肉を介して感染を繰返したと思われる．ゲルストマン・ストロイスラー症候群など，プリオン遺伝子の一部に突然変異が起こり，遺伝性を示すプリオン病も知られている．野生型の$PrP^{C}$は糖脂質を介して細胞表面に固定されているタイプ1種と膜貫通型2種の位相型がある．プリオンは野生型とは異なるコンホメーションをもつタンパク質で，野生型のタンパク質を自己触媒的に$\beta$シート含量が増えた変異型のコンホメーションに変換させる能力をもつ変異タンパク質と定義できる．この意味で，アミロイドとともにフォールディング病*の原因とされる．変異型の$PrP^{SC}$はアミロイド繊維を形成する．

**フリーズエッチング法**　＝ディープエッチング法
**フリーズフラクチャー法**　＝凍結割断法
**Frizzled**［Frizzled］　Fzと略す．7回膜貫通型タンパク質で，Wnt*の受容体として機能することが多い．遺伝子の転写を誘導し，細胞分化や発がんに重要な働きをする canonical pathway と，平面内細胞極性の形成などに寄与する non-canonical pathway に大別できる．いずれのシグナル伝達経路においてもDishevelled*と共役するが，その構成因子は異なる．

ショウジョウバエを用いた遺伝学的研究から発見された．

**フリーズレプリカ法**　＝凍結レプリカ法
**フリッパーゼ**［flippase］　＝リン脂質輸送体
**FLIP**［FLIP］　光退色蛍光減衰測定（fluorescence loss in photobleaching）の略称．細胞内の蛍光タンパク質*の流動性を計測する方法である（⇌化学発光）．類似の方法にFRAP*がある．FLIP法は，細胞内のある構造に蛍光タンパク質が局在している時に，その局在領域を直接ブリーチ（消光）するのではなく，細胞内の別の領域に強いレーザー光を繰返し照射する．もし，レーザー照射を繰返すうちに，直接照射していない局在領域で蛍光強度が低下するなら，局在領域とレーザー照射領域の間で蛍光タンパク質の行き来があることを示している．もし蛍光タンパク質が局在領域に留まっていれば，レーザー照射を繰返しても，局在領域での蛍光強度は低下しないはずである．この方法は，細胞内のコンパートメントの間（たとえば，核と細胞質）での流動を計測する時に有効である．

**フリップーフロップ運動**［flip-flop motion］　生体膜の脂質二重層*における垂直方向（内層と外層の間）の脂質分子の移動運動（相転移）．隣接する脂質分子と位置交換する側方拡散*に比べてフリップーフロップは遅い運動である．動物細胞の脂質二重層では両層の脂質分子を半分交換するのに要する時間は数時間以上であるものが多い．一般にコレステロールはフリップーフロップしやすいが，リン脂質だけの二重膜ではきわめて遅いとされている．しかし，リン脂質を合成する小胞体膜（細菌の細胞膜にも）には外層から内層へのリン脂質の移動を触媒するタンパク質（リン脂質輸送体*，ATPアーゼ活性をもつP糖タンパク質の一種）が存在する．

**フリードライヒ失調症**［Friedreich's ataxia］　1862年にドイツのN. Friedreichによって記載された常染色体劣性遺伝を示す脊髄小脳変性症の一型である．臨床的には小脳性運動失調*，深部感覚障害，深部反射消失，足変形など多彩である．病理学的には脊髄後索と側索の変性が特徴である．最近，遺伝子連鎖により第9染色体長腕 13-21 領域に病的遺伝子座が局在していることがわかり遺伝子（*FRDA1*）そのものも同定され，GAAのトリプレットリピートがイントロン内で異常に伸長していることも判明した（⇌トリプレット反復病）．この疾患については別の病的遺伝子座位9p23-p11が見つかっている（*FRDA2*）．純粋な本症はわが国には比較的少ない．

**プリブナウ配列**［Pribnow sequence］　＝プリブナウボックス

**プリブナウボックス**［Pribnow box］　プリブナウ配列（Pribnow sequence）ともいう．原核生物の多くの遺伝子では，転写開始点の上流約10塩基の領域にATに富む塩基配列（−10配列；共通配列はTATAATG）が存在し，これを最初に指摘したD. Pribnowにちなんでプリブナウボックスとよぶ．同じく転写開始点の上流約35塩基に出現する塩基配列（−35配列；共通

配列は TTGACA) とともに，細菌の RNA ポリメラーゼのプロモーター*を構成しており，RNA ポリメラーゼのサブユニットによって認識される．(⇒ TATAボックス)

**フリーラジカル** ＝遊離基

**プリン** [purine] ピリミジン*とイミダゾールの縮合環化合物．図に示したような互変異性体が存在する．核酸塩基のうちアデニン*とグアニン*はプリン誘導体であり，DNA にも RNA にも存在する．

**プリン受容体** [purinergic receptor] プリンヌクレオチドおよびプリンヌクレオシドを内在性のリガンドとする受容体の総称．$P_1$ 受容体，$P_2$ 受容体に大別される．$P_1$ 受容体はアデノシンに対する親和性が高いことからアデノシン受容体*とも称されており $A_1$，$A_2$，$A_3$ に分類されている．いずれも G タンパク質共役受容体*で，$A_1$ 受容体は抑制性 G タンパク質 $G_i$ と，$A_2$ 受容体は促進性 G タンパク質 $G_s$ と共役している．心筋虚血時にアデノシンが生成され，周囲の心筋細胞に対して陰性変力作用をし，心筋細胞の保護をしていると考えられており，その際アデノシンは $A_1$ 受容体に作用する．$P_2$ 受容体は $P_{2T}$，$P_{2X}$，$P_{2Z}$，$P_{2U}$，$P_{2T}$ のサブタイプに分類され，前 3 種類はイオンチャネル受容体で非選択的カチオンチャネルとして作用している．$P_{2U}$ と $P_{2T}$ は G タンパク質共役受容体でホスホリパーゼ C*を活性化する．シナプス小胞や分泌顆粒中には ATP が存在し，伝達物質などとともに分泌されプリン受容体をもつ標的に作用すると考えられる．

**プリン代謝異常** [metabolic disorders of purine] 核酸の重要な構成成分であるプリン*体の生合成あるいは分解・排出の過程での異常をいう．de novo 合成亢進による尿酸過剰産生型痛風 (⇒ 痛風)，分解・排出障害としてのキサンチン尿症*(図の(8)の酵素が障害される) や腎排泄抑制型痛風が知られている．そのほかに再利用経路*での異常として，レッシュ・ナイハン症候群 (障害部位(6)) やアデニンホスホリボシルトランスフェラーゼ欠損症(10) などがある．臨床症状は一様ではないが重症免疫不全 (アデノシンデアミナーゼ欠損症*(7)など) が注目されている．(⇒ 先天性代謝異常)

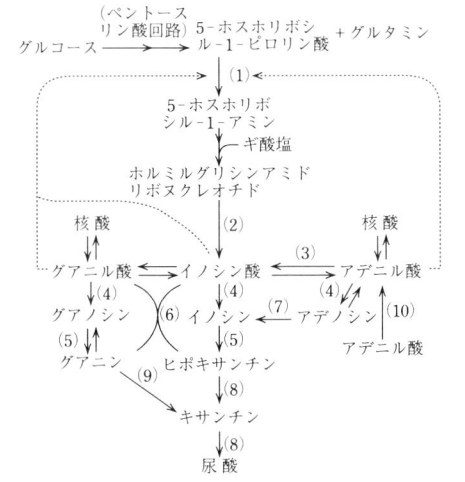

| 図中の番号 | 酵素 |
|---|---|
| (1) | グルタミンホスホリボシルピロリン酸アミドトランスフェラーゼ |
| (2) | アデニロコハク酸 |
| (3) | アデニル酸デアミナーゼ |
| (4) | プリン 5′–ヌクレオチド分解酵素 |
| (5) | プリンヌクレオシドホスホリラーゼ |
| (6) | ヒポキサンチンホスホリボシルトランスフェラーゼ |
| (7) | アデノシンデアミナーゼ |
| (8) | キサンチンオキシダーゼ |
| (9) | グアニン分解酵素 |
| (10) | アデニンホスホリボシルトランスフェラーゼ |

**フルオレセイン** [fluorescein] ⇒ フルオレセインイソチオシアネート

**フルオレセインイソチオシアネート** [fluorescein isothiocyanate] FITC と略す．蛍光標識に用いられるフルオレセイン (fluorescein) 誘導体色素．分子量 389，最大吸収波長 492 nm と 330 nm，最大蛍光波長 520 nm，黄緑色の蛍光を発する．蛍光顕微鏡*ではブルーフィルターを通して青緑色の光として観察される．弱アルカリ性の条件下でタンパク質の遊離のアミノ基にチオウレイド結合する．色素自体安定で標識タンパク質の変性も少ないので抗体の蛍光標識に最もよく用いられている．(⇒ 蛍光抗体法)

**N-2-フルオレニルアセトアミド** [N-2-fluorenylacetamide] 2-FAA と略す．(⇒ 2-アセチルアミノフルオレン)

**5-フルオロウラシル** [5-fluorouracil] $C_4H_3FN_2O_2$，分子量 130.08．ウラシル*の 5 位の水素をフッ素に置換した化合物．制がん剤*として広く用いられている．生体内に取込まれたのち，5-フルオロ-2′-デオキシウリジン 5′-リン酸に代謝され，チミジル酸シンターゼ*を阻害することにより，DNA 合成を阻害する．また，RNA にウラシルと誤って取込まれ RNA の機能障害を起こす．これらの作用によって細胞毒性を示す．

**プルキンエ細胞** [Purkinje cell] 小脳プルキンエ

細胞(cerebellar Purkinje cell)ともいう．小脳皮質に1層に並んで存在している大型ニューロン．上方(分子層)に樹状突起を扇形に張りめぐらせており，そこへ2種類の入力すなわち登上繊維と平行繊維が興奮性シナプスをつくっている．プルキンエ細胞は小脳皮質で唯一の出力細胞であり軸索を小脳核と延髄ダイテルス核へ伸ばす．かご細胞と星状細胞の抑制性調節を受ける．グルタミン酸デカルボキシラーゼによって合成されるγ-アミノ酪酸*(GABA)を神経伝達物質とする抑制性ニューロンである．イノシトール 1,4,5-トリスリン酸($IP_3$)受容体やカルビンジン D28K などいくつかの分子(未同定のものを含めて)はプルキンエ細胞に多いが，その意味は不明である．登上繊維と平行繊維を連合的に刺激すると，その後平行繊維・プルキンエ細胞間のシナプス伝達が長期抑圧される．長期増強*と並んで神経系の可塑性の重要な現象と考えられ N-メチル-D-アスパラギン酸(NMDA)型や代謝型グルタミン酸受容体*や一酸化窒素の役割が研究されている．

**フルクトース-ビスホスファターゼ** [fructose-bisphosphatase] フルクトース 1,6-ビスリン酸の 1 位のリン酸を解離してフルクトース 6-リン酸にする反応を触媒する酵素．糖新生*系の律速酵素である．逆反応は 6-ホスホフルクトキナーゼによって触媒され，不可逆反応である．AMP によって阻害される．Hg または Mn を補因子とする．哺乳類の酵素はホモ四量体で，肝型，筋型，小腸型のアイソザイムがある．

**フルクトース 1,6-ビスリン酸** [fructose 1,6-bisphosphate] $C_6H_{12}O_{12}P_2$, 分子量 340.1. 解糖系の代謝中間体で，フルクトース 6-リン酸からホスホフルクトキナーゼ*の作用でつくられる．糖新生系ではフルクトース-ビスホスファターゼ*によりフルクトース 6-リン酸となる．

**プルジナー** PRUSINER, Stanley Benjamin 米国の神経学者．1942.5.28〜 アイオワ州デ・モインに生まれる．1964 年ペンシルベニア大学卒業後，1968 年医学博士取得．ヒトや動物に進行性認知症をひき起こす海綿状脳症の研究に専念し，1982 年にヒツジにスクレイピー*を起こす病原性タンパク質を単離し，プリオン*と命名した．1997 年にノーベル医学生理学賞を受賞した．1984 年からカリフォルニア大学サンフランシスコ校の神経学教授，1988 年から生化学教授．

**ブルトン型無γグロブリン血症** [Bruton-type agammaglobulinemia] ＝X 連鎖性無γグロブリン血症

**ブルヌビーユ・プリンゲル病** [Bourneville-Pringel disease] ＝結節硬化(症)

**プルーフリーディング** [proofreading] 校正ともいう．DNA ポリメラーゼ*I のうち一部は，5′→3′ 方向へのデオキシリボヌクレオチド重合活性に加え，3′→5′ 方向へのエキソヌクレアーゼ活性をもっている．これにより，たとえ鋳型 DNA と正しく塩基対を形成していないような塩基が複製中の DNA 鎖に取込まれた場合にも，その塩基が除去され，より正確な DNA 複製がなされていると考えられている(→複製)．DNA ポリメラーゼのこの機能をプルーフリーディング(校正)機能という．(→RNA 編集)

$N^6$-**フルフリルアデニン** [$N^6$-furfuryladenine] ＝カイネチン

**6-フルフリルアミノプリン** [6-furfurylaminopurine] ＝カイネチン

**ブルーム症候群** [Bloom syndrome] 常染色体劣性疾患*の一つで，胎児期に始まる成長障害，日光など紫外線に対する過敏症，頬などの末梢血管拡張性紅斑，下顎が小さく"鳥様"と形容される独特の顔貌などの症状を示す．注目されるのは白血病や種々のがんの好発で，平均すると 20 歳代に発症するという．ファンコニ貧血*，血管拡張性失調症*などとともに，染色体不安定症候群の一つである．二本鎖切断 DNA の修復に関与する DNA ヘリカーゼ RecQ タンパク質様-3(BLM)の異常が本症の原因である．遺伝子の座位は第 15 染色体長腕 26.1 領域である．腫瘍形成に対する感受性においてハプロ機能不全が確認されている．静脈血中のリンパ球などを 3 日程度培養し染色体を観察すると，切断，ギャップ，染色分体早期解離などが検出されるが，最も特徴的なのは姉妹染色分体交換*(SCE)の著増である．正常の細胞では一つの分裂中期像当たり数個以下の SCE が，本症では数十から 100 個近くに増加しているため，SCE の検出用に処理した染色体標本を見れば，一目で診断がつくほどである．マキュージック番号* 210900.

**プレアルブミン** [prealbumin] ＝トランスチレチン
**プレイオトロフィン** [pleiotrophin] →ヘパリン結合性増殖因子
**ブレオマイシン** [bleomycin] 放線菌 *Streptomyces*

| | R（末端アミン） |
|---|---|
| ブレオマイシン $A_2$ | $-NH(CH_2)_3\overset{+}{S}(CH_3)_2$ |
| ブレオマイシン $B_2$ | $-NH(CH_2)_4NHC(=NH)NH_2$ |
| ペプロマイシン | $-NH(CH_2)_3NHC\overset{CH_3}{\underset{H}{\mid}}\text{-C}_6H_5$ |

verticillus の生産する糖ペプチド制がん抗生物質. 末端アミノが異なる同族体の混合物. ペプロマイシン (peplomycin) は単一物質. 頭頸部, 肺, 皮膚などの扁平上皮がん, 悪性リンパ腫などに使用される. 肺繊維症などの副作用を示す. 制がん剤*としての選択毒性は体内分布と代謝による. 作用機序は2価鉄と錯体をつくり, これに酸素が結合し, 電子により還元されたブレオマイシン-Fe(Ⅲ)-O₂H が活性型で, DNA鎖切断を起こす.

**プレキシン** [plexin]　plex, plx, plxn と略す. 軸索ガイド因子として発見されたセマフォリン*の主要な細胞膜表面受容体. 線虫からヒトまで広範な動物種で存在し, 哺乳類ではA1〜A4, B1〜B3, C1, D1の9種のプレキシンが同定されファミリーを形成している. プレキシンは単独でセマフォリンシグナルを伝える場合と, 他の膜タンパク質と受容体複合体を形成する場合がある. クラス3セマフォリンが成長円錐の崩壊をひき起こすにはニューロピリン*とプレキシンとの受容体複合体形成が必要である. 細胞内領域はファミリー内で相同性が高いが, そのプレキシンAおよびBの細胞内領域にはGTPアーゼ活性化タンパク質*の活性がありR-Rasの活性を制御している. またRhoファミリーGTP結合タンパク質やプロテインキナーゼの活性調節など, 多様な細胞内シグナル伝達機構をもつことが示唆されている. さらに軸索誘導*だけでなく細胞の移動, 心臓・血管形成, 肺や骨の形態形成, 免疫機能, 腫瘍形成など, 多岐にわたる生命現象にもかかわっている.

**プレクストリン相同ドメイン** [pleckstrin homology domain]　＝PHドメイン

**FRET** [FRET]　蛍光共鳴エネルギー転移 (fluorescence resonance energy transfer) の略称. FRET は分子間の相互作用を計測するための手法である. FRET法とは, 二つの蛍光分子がある条件を満たして近接する時に, 一方の蛍光分子 (ドナー) を励起するエネルギーが発光を伴わずに他方の蛍光分子 (アクセプター) に移動して蛍光を発する現象をいう. 二つのタンパク質に, それぞれドナー蛍光分子とアクセプター蛍光分子を結合させる. FRETの効率は二つの蛍光分子の間の距離で決まることから, FRETが起こる時には二つのタンパク質が近接していると結論できる. ドナーとアクセプターの組合わせとして, たとえば, 低分子の蛍光色素ではフルオレセインとローダミンの組合わせが, またタンパク質性の蛍光色素としては, BFPとGFPやCFPとYFPの組合わせがよく使われている. また, 分子間相互作用を検出する以外に, 分子内の相互作用を検出することもできる. この場合, 同じ分子内にドナーとアクセプターを配置しておいて, タンパク質のコンホメーション変化が起こった時にドナーとアクセプターが近接してFRETが起こるように設計する. (→ FRAP, FLIP, 蛍光タンパク質)

**フレッド** [Phred]　DNAシークエンサーから得られる測定データからDNA配列を同定するプログラムの一つ. この種のプログラムはベースコーラー (base caller) ともよばれている. ワシントン大学のP. Greenによって開発されたPhredはABI社やBeckman社のシークエンサーが出力する測定データのファイルからDNA配列を同定することができるプログラムである. Phredの特徴はDNA配列とともにQV値という配列精度を計算し出力することである. これによって定量的な配列決定精度を評価することができるようになった. ベースコーラーのデファクトスタンダードとなっておりさまざまなゲノム/cDNA配列決定プロジェクトで利用されてきた. PhredはPhrapという配列アセンブラー, Consedというコンティグビューアーを組合せて利用することが一般的である.

**プレドニソロン** [prednisolone]　合成グルココルチコイド*の一種 (コルチゾール*の誘導体) で, 関節リウマチなどへの抗炎症作用を期待され開発された. グルココルチコイドは, 本来アルドステロン* (ミネラルコルチコイド) 様の副作用をもつが, この副作用を低め, 抗炎症作用は数倍活性が高められている. 本剤はプレドニゾン*より局所効果が高い. 作用機序は, グルココルチコイド受容体*に結合後, 炎症により活性化される転写制御因子AP-1*複合体の形成阻害と考えられている.

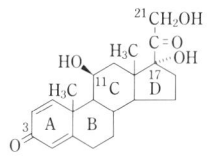

**プレドニゾン** [prednisone]　コルチゾンの誘導体で合成グルココルチコイド*の一種. ステロイドC環11位は, カルボニル基 (プレドニソロン*ではヒドロキシ基) で, 他の構造はプレドニソロンとまったく同じである. 抗炎症作用を期待されて開発され, グルココルチコイド剤のもつアルドステロン*様作用の副作用が抑えられているため, 臨床で最も多く使われてきたステロイドホルモン*剤の一つ. 作用機序は, グルココルチコイド受容体*に結合後, 炎症性転写因子AP-1*複合体形成の阻害と想定される.

**プレニル基結合部位** [prenyl group binding site] タンパク質 (特にシグナル伝達系タンパク質) がイソプレノイド脂質で修飾される部位. ゲラニルゲラニルトランスフェラーゼおよびファルネシルトランスフェラーゼ*によりそれぞれ20炭素 (ゲラニルゲラニル) あるいは15炭素 (ファルネシル) のイソプレノイドがチオエーテル結合によりタンパク質のC末端に結合する (プレニル化). この時, CAAS/M/L (Aは脂肪族アミノ酸) モチーフが基質として認識される. プレニル化は膜とタンパク質およびタンパク質とタンパク質の相互作用を促進する. (→ ゲラニルゲラニル化, ファルネシル化)

**プレB細胞** [pre-B cell]　前駆B細胞, プレBリンパ球 (pre-B lymphocyte) ともいう. リンパ球系幹細胞から抗体産生前駆細胞であるB細胞*に分化する途上で, T系細胞にはもはや分化しえない段階であるB系細胞のプロB細胞 (pro-B cell) のつぎに現れる分

化段階の細胞をいう(表参照). その特徴は免疫グロブリン遺伝子*の $D_{H}J_{H}$, $V_{H}$>$D_{H}J_{H}$ の再編成を起こし, 細胞質 μ 鎖の発現はあるが, 細胞表面 μ 鎖発現は陰性であることである. またその増殖はインターロイキン7*に依存するが, プロ B 細胞に比べその増殖依存性は骨髄間質細胞との直接接触を必要としない.

B 系リンパ細胞の分化段階

| 表面マーカー | プレプロ B | 初期プロ B | 後期プロ B | プレ B | B 細胞 |
|---|---|---|---|---|---|
| CD45 受容体/B220 | + | + | + | ++ | +++ |
| CD43 | + | + | + | − | − |
| HSA | − | + | ++ | ++ | + |
| BP1 | − | − | + | + | − |
| TdT | (+) | + | + | − | − |
| c-kit | (+) | + | + | − | − |
| インターロイキン 7 受容体 | (+) | + | + | − | − |
| $V_{preB}$ | (+) | +++ | +++ | + | − |
| $λ_5$ | (+) | +++ | +++ | + | − |

**プレ B リンパ球**[pre-B lymphocyte] =プレ B 細胞

**ブレフェルジン**[brefeldin] *Penicillium brefeldianum* が生産するマクロライド系抗生物質*. 小胞体における糖タンパク質の輸送を阻害し, 糖タンパク質外被をもつインフルエンザウイルス, ヘルペスウイルスなどの増殖阻止に有効に作用する.

**プレプロインスリン**[preproinsulin] ⇒インスリン

**プレプロオピオメラノコルチン**[preproopiomelanocortin] POMC と略記する. ACTH-β リポトロピン前駆体(ACTH-β-lipotropin precursor)ともいう. 下垂体*で合成される分子量約 31,000 の分子で, 複数のペプチドホルモンを分子内にもつ前駆体分子(図). プ

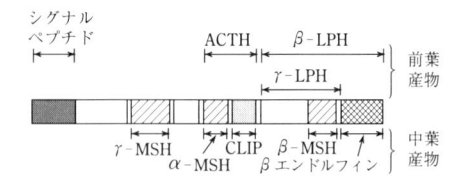

ロセシング酵素の作用の違いにより, 前葉と中葉で異なるペプチドホルモンが生成する. 前葉では副腎皮質刺激ホルモン*(ACTH), リポトロピン(lipotropin, LPH)および β エンドルフィン(⇒エンドルフィン)が, 中葉では ACTH とリポトロピンがさらに分解されて, α, β および γ 型のメラニン細胞刺激ホルモン*(MSH)と, CLIP(corticotropin-like intermediate lobe peptide, ACTH 様中葉ペプチド), β エンドルフィンができる. シグナルペプチドの外れたものをプロオピオメラノコルチン(proopiomelanocortin)とよぶ.

**プレプロタンパク質**[preproprotein] 成熟タンパク質の前駆体をさす. ペプチドホルモンを含め多くの分泌タンパク質*は, 一般に粗面小胞体で合成され, 小胞体内腔に移行し, ゴルジ体を経て分泌顆粒中に濃縮されたのち細胞外へ分泌される. こうした細胞内移行を経るタンパク質は, プレプロインスリンのように, 一次翻訳生産物としてプレプロ体で合成される. プレ部分は小胞体内腔への移行シグナルとして機能するが, プロ部分の果たす役割は多様であり, 成熟タンパク質のフォールディングやゴルジ体でのソーティングシグナル, 酵素の加工, 修飾(例, 糖鎖の付加, γ-カルボキシ化など)の認識部位として働く.

**フレミング** FLEMMING, Walter ドイツの細胞学者. 1843.4.21〜1905.8.4. ドイツのメクレンブルク近郊シュウェリンに生まれ, キールに没す. キール大学解剖学教授(1876〜1905). 細胞の染色性を調べ, 細胞核中の染色性構造にクロマチン*と命名した. 細胞分裂の際, クロマチンは糸状(染色体)となる. Flemming はギリシャ語の糸から有糸分裂*とよんだ. 1882 年『細胞物質・核・細胞分裂』を刊行.

**フレームシフト突然変異**[frameshift mutation, phase shift mutation] タンパク質をコードする DNA 上の突然変異の一種で, $3n+1$ あるいは $3n+2$ 個($n$ は整数)の塩基の欠失あるいは挿入が起こった突然変異. mRNA からポリペプチドに翻訳される際にコドンのフレームが突然変異部位で本来のフレーム(⇒オープンリーディングフレーム)からずれを生じ, 突然変異部位までは正常なポリペプチドが合成されるが突然変異部位以降は正常とはまったく異なるアミノ酸配列をもつタンパク質が合成される. 多くの場合タンパク質機能の失活, 低下を起こし, 突然変異体として検出される.

**フレームスイッチスプライシング**[frame switch splicing] 細胞質スプライシング(cytoplasmic splicing), FS スプライシング(FS-splicing)ともいう. 小胞体ストレスのセンサー分子である IRE1 が関与する mRNA スプライシング機構. 核で起こる mRNA のスプライシング*とはまったく機構が異なっており, スプライソーム*は関与せず, シャンボーン則にも従わず, 投げ縄状構造*も形成しない. 小胞体ストレスを感知して活性化した IRE1 がエキソン*-イントロン*境界に存在する特徴的なヘアピンループ*構造を認識して RNA を切断し(5' 側と 3' 側の RNA の切断はランダムに起こる), RNA リガーゼである RLG1 がエキソンを結合する. フレームスイッチスプライシングは細胞質で起こると考えられており, 細胞質で翻訳に供している mRNA を細胞内外の状況に応じてスプライシングし, 別のタンパク質をコードするように変換することができる点が特徴である. 出芽酵母からヒトまで広く保存された機構であり, 小胞体ストレス応答*を制御する転写因子 XBP1 や HAC1 はこの機構によってスプライシングされる.

**不連続複製**[discontinuous replication] DNA の複

製*様式をさす．DNA複製に際してラギング鎖*では複製フォーク*の向きとは逆の $5'\to3'$ 方向に短鎖DNA(岡崎フラグメント*)が合成された後で長いDNA鎖に連結されて，全体としては $3'\to5'$ 方向に，つまりフォークの進行方向に伸長してゆく．このように中間体の合成と連結の繰返しから成る複製をさして不連続複製という．ラギング鎖合成は(1) RNAプライマー*の合成，(2)岡崎フラグメントの合成，(3) RNAプライマーの分解と，分解により生じるギャップの充填，および (4) 長いDNA鎖への連結の各ステップから成る(番号は図中の番号に対応)．

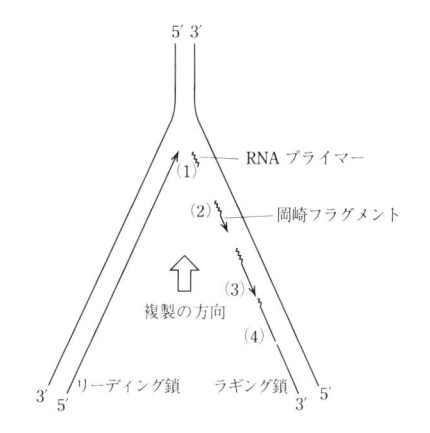

**フレンド白血病ウイルス** [Friend leukemia virus] 1956年にエールリッヒ腹水がん細胞の無細胞抽出液を接種したマウスの脾腫から分離された．実験室内で維持されるレトロウイルス*で自然伝播はしない．ヘルパーウイルスであるフレンドマウス白血病ウイルス(Friend murine leukemia virus, F-MuLV)は同種指向性でそれ自身，新生児期での接種で4カ月ほどで赤芽球性白血病を誘導するが，複製欠損性ウイルス*の脾臓フォーカス形成ウイルス(spleen focus forming virus, SFFV, または脾臓限局巣形成ウイルス)を伴ったフレンドウイルスは成熟マウスに著明な脾腫を伴う赤白血病*をひき起こす．(⇒ラウシャー白血病ウイルス)

**フレンド白血病細胞** [Friend leukemia cell] フレンド白血病ウイルス*で誘発された赤白血病*細胞の培養細胞のこと．フレンドウイルス粒子を常時産生するものや誘発しないと産生しないものなど，種々ある．ジメチルスルホキシド*やブチリルcAMP, $N, N'$-ヘキサメチレンビスアセトアミド*などで赤血球方向へと分化が誘導され，脱腫瘍化の研究やグロビン遺伝子の発現機構の研究に用いられる．

**フレンド脾臓フォーカス形成ウイルス** [Friend spleen focus forming virus] フレンド白血病ウイルス*複合体(FLV)の一成分である複製欠損性ウイルス．ウイルスゲノムがコードするenv由来のタンパク質であるgp55が宿主の赤血球や造血前駆細胞(CFU-Eに相当)のエリトロポエチン受容体*を活性化し，増殖シグナルを出すことがわかっている．

**ブレンナー** BRENNER, Sydney 英国の分子遺伝学者，国際的科学者．1927.1.13～ 南アフリカ共和国ヨハネスバーグ生まれ．1947年南アフリカの大学でハネジネズミの染色体について修士，1954年オックスフォード大学でファージ抵抗性大腸菌についてPh.D.取得．1956年ケンブリッジのMRC分子生物学研究所に移り1963年 F. H. C. Crick*, F. Jacob* らとともに遺伝学的手法を用いて遺伝子コードを解読．1974年線虫 Caenorhabditis elegans* の分子遺伝学的手法を確立して，発生と神経系の研究の先駆けとした(⇒アポトーシス). S. Benzerがファージ*を使って1塩基に及ぶまで突然変異体を単離したのに対して，高等生物の複雑さに網羅的研究手法を適用した．1993年フグゲノムの解読開始．新しい研究課題をわかりやすく講演することで親しまれている．1979年からケンブリッジ大学分子生物学研究所所長，1986年英国医学研究会議(MRC)遺伝学ユニットを新設．1965年英国王立協会会員，2000年ソーク大学特任教授．2004年沖縄科学技術大学院大学初代学長．1990年京都賞，2000年ラスカー賞，2002年 J. E. Sulston*, H. R. Horvitz* らとともにノーベル医学生理学賞受賞．

**フロアープレート** [floor plate] 底板ともいう．発生中の脊髄領域神経管の腹側底部中央に存在する非神経細胞の集団．これらの細胞群は形成体*(オーガナイザー)領域に由来して，神経管と脊索が接する領域で形成される．この細胞群は，神経管の背腹軸に沿った神経細胞の分化パターンの制御や神経の軸索伸長の制御に重要な役割をもっている．フロアプレートは，分泌性シグナル因子であるソニックヘッジホッグ*が強く発現しており，その活性の多くをヘッジホッグが担っている．(⇒ヘッジホッグ遺伝子)

**プロインスリン** [proinsulin] ⇒インスリン

**フロイントアジュバント** [Freund's adjuvant] ⇒アジュバント

**プロウイルス** [provirus] レトロウイルス*のゲノムは(＋)鎖RNAであり，2本の同一分子種のRNAがビリオン*中に存在する．このRNAは，ビリオン中に存在する逆転写酵素*の働きにより，二本鎖DNAとなって細胞の染色体DNAに組込まれる．このようにして組込まれたウイルスDNAをプロウイルスとよぶ．プロウイルスは，細胞の染色体の一部として複製する．ウイルスmRNAはプロウイルスから転写される．

**プロオピオメラノコルチン** [proopiomelanocortin] ⇒プレプロオピオメラノコルチン

**プロキャプシド** [procapsid] ウイルスの形態形成過程で生じる粒子でゲノムをもっていないタンパク質の殻のこと．ウイルスのキャプシドタンパク質は重合し，まず単位構造(キャプソメア*)を形成する．このキャプソメアがさらに立方対称に配列すると正二十面体のタンパク質の殻となる．このタンパク質の粒子をプロキャプシドとよぶ．プロキャプシドにウイルスゲ

ノムが取込まれプロビリオン*となり,さらに成熟過程を経ると感染性のビリオン*となる.(→キャプシド)

**プログラムされた細胞死** [programmed cell death] 多細胞生物の個体発生では,特定の細胞が決まった時期に死ぬ現象が知られているが,このように細胞があらかじめプログラムされているかのように死ぬ現象をいう.アポトーシス*という形態学から定義された細胞死の形態をとることが多い.これと相反する細胞死は事故死(accidental cell death)といわれる.本来,発生学の観点から定義されたものだが,最近では発生学以外の分野でも用いられる.発生学では,生物の発生過程で生理的条件下において細胞が自ら死に至り,その結果,形態的変化などをひき起こす現象を示す.また,免疫学では自己反応性の胸腺細胞などが死に至る過程を示す(→負の選択).この言葉には細胞死がすでに遺伝情報として遺伝子に"プログラムされた"という意味も含まれている.したがって他の細胞の作用によって誘導される細胞死は発生学的にも免疫学的にも対象とはならないとされてきたのだが,細胞間相互作用でアポトーシスを誘導する Fas 抗原*の発見により,少なくとも免疫系では概念を変更する必要が生じている.

**プロクロロン** [Prochloron] →光合成細菌

**プロゲスチン** [progestin] =黄体ホルモン(corpus luteum hormone),ゲスターゲン(gestagen).卵巣,胎盤で合成され,受精卵着床,妊娠維持などのプロゲステロン*作用をもつ女性ステロイドホルモンの総称であるが,広義には活性のない代謝産物も含める.標的細胞内に局在し,転写制御因子であるプロゲステロン受容体による標的遺伝子の誘導をひき起こし,その遺伝子産物(タンパク質)が生理作用を現すと考えられるが,魚類卵子などでは細胞膜にも作用する.合成物は合成エストロゲンとともに経口避妊薬(ピル)として使われる.

**プロゲステロン** [progesterone] 受精卵着床,妊娠維持などの作用をもち,黄体ホルモン(corpus luteum hormone)ともよばれるステロイドホルモン*様化合物の総称.黄体などから合成分泌され血流により転送され,標的組織細胞内に存在するプロゲステロン受容体と結合し,標的遺伝子の発現を誘導することで生理作用を現す.特に子宮内膜細胞へ作用し,受精卵の着床促進や胎盤の維持を行う.このような性質から合成化合物は,合成エストロゲンとともに経口避妊薬(ピル)として使用されている.

**プロゲノート** =始原生物

**プロ酵素** [proenzyme] =チモーゲン

**プロコンベルチン** [proconvertine] =血液凝固Ⅶ因子

**フローサイトメトリー** [flow cytometry] 流動細胞計測法ともいう.FCM と略す.レーザー光を用いて光散乱や蛍光測定を行うことにより,フローセル中を通過する単一細胞の大きさ,DNA 量,細胞表面抗原の分布状態,細胞内酵素活性,pH の相違などの性状を計測する方法をいう.データはコンピューターによって統計的に処理されるため,パラメーターが多ければそれだけ細胞数も必要となる.細胞,核,染色体など単離した粒状のもの,特に細胞のサブセットを分種計測するのに最適である.現在は複数の光源と検出器を装備したものが一般的であり,複数種の蛍光標識抗体を用いることで多要素同時分析が可能となっている.特定の細胞を選択的に分取することを目的としてセルソーターを標準装備したものも多い.(→蛍光活性化セルソーター)

**プロジェリア** =早老症

**プロスタグランジン** [prostaglandin] PG と略記する.炭素数20で分子の中央に五員環をもつプロスタン酸を基本骨格とする化合物群で,五員環の修飾の違いによりA〜J群に,さらに2本の側鎖に存在する二重結合の数により1〜3のシリーズに分類される.生体では,ホルモンや神経伝達物質などの受容体を介する刺激,または虚血や痙攣などの刺激に応答して活性化されるホスホリパーゼ $A_2$*により,膜リン脂質から遊離されるアラキドン酸*が前駆体となる(図参照).アラキドン酸はアラキドン酸カスケード*とよばれる酸素添加反応で始まる一連の酵素反応により,PG だけでなく,トロンボキサン*(TX),ロイコトリエン*(LT),リポキシン(LX)などエイコサノイド*と総称される多数の生理活性物質に変換される.PG の合成は,すべての組織や細胞で PGH シンターゼ(シクロオキシゲナーゼ*,COX)によりアラキドン酸から $PGG_2$ を経て PGH2 が生合成され,さらに臓器や組織に特異的な異性化酵素(PGD, PGE, PGI シンターゼ)および還元酵素(PGF シンターゼ)により2シリーズのプロスタグランジン $D_2$*($PGD_2$),プロスタグランジン $E_2$*($PGE_2$),$PGF_2$,プロスタグランジン $I_2$*(プロスタサイクリン)に変換される.PG, TX の合成経路は,その初発酵素からシクロオキシゲナーゼ系,一方 LT, LX の合成経路はリポキシゲナーゼ*系とよばれる.$PGD_2$, $PGE_2$, $PGF_{2\alpha}$, $PGI_2$ はそれぞれ特異的な細胞膜受容体があり,さらに $PGD_2$ 受容体は DP と CHTR2 の2種,PGE 受容体は $EP_1$, $EP_2$, $EP_3$, $EP_4$ の4種のサブタイプがある.これら PG 受容体はいずれも G タンパク質共役受容体*でアデニル酸シクラーゼ系,イノシトールリン脂質代謝系,あるいは $Ca^{2+}$ 動員系*を介し,その臓器の働きを調節する局所ホルモンとして,種々の生理現象やその病態にかかわる(→オータコイド).作用を終えて静脈血に入った PG は肺に豊富に存在する 15-ヒドロキシ PG デヒドロゲナーゼにより速やかに失活する.PGA, B, C 群は PGE 群の,PGJ 群は PGD 群の自然分解物で,PGA シリーズや $PGD_2$ 代謝物の $\Delta^{12}$-$PGJ_2$ は細胞に取込まれて核に到達し,抗腫瘍作用,15-デオキシ-$\Delta^{12,14}$-$PGJ_2$ は核内受容体 $PPAR\gamma$ のリガンドとして脂肪細胞の分化や血管保護作用を示す.PGH シンターゼは構成型酵素(COX-1)と,炎症起因物質などで誘導され,その誘導がグルココルチコイドで抑制される誘導型酵素(COX-2)の2種類がある.

プロスタグランジン生合成経路（→プロスタグランジン）

この酵素活性の誘導とアラキドン酸の遊離の段階がPG生合成の律速段階と考えられ, 非ステロイド性抗炎症薬の作用はPGHシンターゼの活性阻害による. 最近, 副作用の少ないCOX-2選択的阻害薬が開発され, 関節リウマチや変形性関節症などの慢性疼痛の治療に使用されている.

**プロスタグランジン $D_2$** [prostaglandin $D_2$] $PGD_2$ と略記する. $PGD_2$ はプロスタグランジン $E_2$*（$PGE_2$）の異性体で造血器型とリポカリン（脳）型PGDシンターゼにより産生されるが, 後者は脳脊髄液の主要分泌タンパク質の$\beta$-トレース（$\beta$-trace）と同一である. 肥満細胞や$T_H2$細胞で産生される$PGD_2$は2種類のGタンパク質共役型受容体DP（cAMP上昇）とCRTH2（イノシトールリン脂質代謝亢進）を介してアレルギー反応のメディエーターとして作用する. 一方, 中枢神経系の主要PGとして産生される$PGD_2$はDP受容体を介して睡眠や痛覚の調節を行う. $PGD_2$の代謝産物15-デオキシ-$\Delta^{12,14}$-$PGJ_2$はCRTH2にアゴニストとして作用するだけでなく核内受容体PPAR$\gamma$のアゴニストとして脂肪細胞の分化や血管保護の役割が注目されている.

**プロスタグランジン $E_2$** [prostaglandin $E_2$] $PGE_2$ と略記する. 細胞質型と2種類の膜型PGEシンターゼにより全身の臓器で産生され, 4種類のPGE受容体サブタイプEP1〜EP4を介して平滑筋の収縮・弛緩, 胃酸分泌抑制, 利尿など多彩な生理薬理作用を示す. $PGE_2$ は発熱や痛覚などの炎症反応にも深く関与しており, 膜型PGEシンターゼ阻害薬は消炎鎮痛薬のターゲットである. $PGE_2$ の機能はノックアウトマウスの実験からACTH分泌やストレス行動などのストレス応答の発現（$EP_1$, $Ca^{2+}$動員）, 排卵と受精や大腸ポリープの発症・進展（$EP_2$, cAMP上昇）, 発熱応答やアレルギー性喘息（$EP_3$, cAMP抑制をはじめとする複数のシグナル系とカップル）, 出生時の動脈管の閉鎖や潰瘍性大腸炎の発症の抑制（$EP_4$, cAMP上昇）, と関与するEP受容体サブタイプが明らかにされている. $PGE_2$ の多様な作用はその産生調節だけでなく, ホルモンや病態の有無などの状況に応じたEP受容体サブタイプの部位特異的な発現誘導により発揮される.

**プロスタグランジン $I_2$** [prostaglandin $I_2$] $PGI_2$ と略記する. シクロペンタン環にエノールエーテルをもつことから, プロスタサイクリン（prostacyclin）ともよばれる. 不安定な物質で, 24℃中性水溶液中では半減期約10分で6-ケト-$PGF_{1\alpha}$（6-keto-$PGF_{1\alpha}$）に分解されるので, $PGI_2$ の産生は6-ケト-$PGF_{1\alpha}$で測定する. $PGI_2$ はおもに血管内皮細胞で産生され, cAMPを上昇させるGタンパク質共役型の$PGI_2$受容体（IP）を介して血小板凝集抑制, 血管平滑筋の拡張作用により循環動態のホメオスタシス維持に重要な役割を果たす. IP受容体ノックアウトマウスを用いた炎症モデル実験から$PGI_2$が浮腫や胸膜腔への浸出, 内臓痛に関与することが明らかにされている.

**プロスタグランジンHシンターゼ** [prostaglandin H synthase] ＝シクロオキシゲナーゼ

**プロスタグランジンエンドペルオキシドシンターゼ** [prostaglandin endoperoxide synthase] ＝シクロオキシゲナーゼ

**プロスタサイクリン** [prostacyclin] ＝プロスタグランジン $I_2$

**プロスタノイド受容体** [prostanoid receptor] プロスタノイドに対する受容体. プロスタノイドは, プ

ロスタグランジン*(PG)とトロンボキサン*(TX)より成る生理活性物質の一群であり、標的細胞膜上のそれぞれに特異的な受容体を介してその作用を発揮する。これらは $PGD_2$, $PGE_2$, $PGF_{2\alpha}$, $PGI_2$, $TXA_2$ に対する特異的受容体である DP(Ptgdr), EP(Ptger), FP(Ptgfr), IP(Ptgir), TP(Tbxa2r) より成る。また、EPには $EP_1$, $EP_2$, $EP_3$, $EP_4$ の4種類のサブタイプが存在する。これら8種類の受容体は、R. A. Coleman らによって、1994年に薬理学的に分類された。その後、成宮周らの分子生物学的研究によって、これらすべてのプロスタノイド受容体のcDNAが、マウスをはじめいくつかの種からクローニングされた。その結果、一次構造が明らかとなり、プロスタノイド受容体は、7回膜貫通構造を示す、Gタンパク質*と連関するロドプシン型受容体スーパーファミリーに属することが明らかとなった。また、その細胞内情報伝達系は、これら受容体を強制発現させた細胞を用いた解析から、$G_s$(DP, $EP_2$, $EP_4$, IP), $G_i$($EP_3$), $G_q$($EP_1$, FP, TP) と連関するものに分類された。しかし、細胞種における、情報伝達の多様性の実体も明らかとなってきている。プロスタノイドは、組織に貯蔵されず、必要に応じて合成され、低濃度で短時間作用する(半減期が短い)ことから、その役割の解析は、技術的にきわめて困難であった。近年、プロスタノイド受容体欠損マウスを用いた解析から、その生理的および病態生理的役割の詳細がしだいに明らかになりつつある(表)。このように、プロスタノイドは、多くの疾病の病態形成に対して、多彩な作用を示すことから、プロスタノイド受容体は、創薬標的として期待されている。

| 受容体 | 生理的および病態生理的役割 |
|---|---|
| DP | アレルギー反応促進、睡眠誘導の介達、寄生虫の皮膚免疫抑制 |
| $EP_1$ | ストレス反応(ACTH産生、ストレス行動)の介達、化学発がん促進 |
| $EP_2$ | 卵丘細胞の膨化による排卵・受精の促進 |
| $EP_3$ | 発熱の伝達、アレルギー反応抑制、血管新生、十二指腸アルカリ分泌調節 |
| $EP_4$ | 動脈管閉鎖、骨形成、炎症性腸疾患の抑制、ランゲルハンス細胞の遊走・成熟の促進 |
| FP | 陣痛招来 |
| IP | 血栓抑制、炎症性浮腫・疼痛の伝達、胃粘膜保護、動脈硬化の進展予防 |
| TP | 血栓形成・止血作用、免疫シナプスの調節、動脈硬化の促進 |

プロセシング 【1】(タンパク質の)[processing, protein processing] タンパク質のペプチド結合*の一部が、生合成、細胞内輸送、分泌、機能発現などの種々の過程で特異的に切断されること。多くの場合機能をもつ成熟タンパク質が生じる。N末端のメチオニン残基の離脱も含めて、プロセシングは生体内のほとんどすべてのタンパク質でみられる。インスリンなどの分泌タンパク質*、細胞内顆粒に局在するタンパク質からのプレ、プロ配列の脱離、副腎皮質刺激ホルモンや β-リポトロピンの前駆体から種々のペプチドホルモン*(副腎皮質刺激ホルモン、メラニン細胞刺激ホルモン、エンドルフィンなど)を生じる過程、ウイルスのポリタンパク質*から種々の成熟タンパク質が切出される過程が代表例である。プロセシング酵素としては連続した2個の塩基性アミノ酸(リシン、アルギニン)の後のペプチド結合を切断するズブチリシン*/KEX2 様の酵素が高等動物、酵母で知られているが、ウイルスポリタンパク質ではゲノムに組込まれている独自のプロテアーゼ*が働く。カスパーゼ*(インターロイキン1変換酵素)はアポトーシス*や炎症反応に重要な役割を果たしている(→ICE ファミリープロテアーゼ)。

【2】(RNAの)[processing, RNA processing] 遺伝子からの一次転写産物*(RNA 前駆体*)を機能的な成熟RNAに変換させるための一連の反応。RNAの種類によって、反応の内容が異なる。1) mRNAプロセシング：mRNAプロセシングには mRNA前駆体のスプライシング*(イントロンの除去とその前後のエキソンの再結合反応)、mRNAの5'末端への7-メチルグアノシンキャップ構造の付加(→キャップ形成)、3'末端へのポリ(A)配列の付加(→ポリアデニル酸)、メチル化などの塩基修飾反応が含まれる。狭義の mRNAプロセシングとして mRNA 前駆体のスプライシング反応のみをさす場合がある。2) tRNAプロセシング：tRNAプロセシングには tRNA前駆体からの5'および3'余剰配列の切除、切除により形成された新規3'末端への CCA 配列の付加、特定のヌクレオチドの塩基や糖部分の修飾反応がある。またイントロンを含む tRNA 前駆体の場合にはスプライシング反応も含まれる。3) rRNAプロセシング：リボソームに含まれる各rRNA分子は大きな rRNA前駆体をヌクレアーゼによって切断することにより産生される。機能的な rRNAが生じるまでのその過程を rRNAプロセシングとよぶ。細菌の場合、16S, 23S, 5S rRNA は一つの 30S rRNA 前駆体から、余分な領域(リーダー配列*、トレーラー配列*、およびスペーサー領域*)を切除することにより生じる。4) snRNAプロセシング：核内低分子 RNA*(snRNA)のプロセシングには、2,2,7-トリメチルグアノシンキャップ構造の付加、snRNA 前駆体の3'末端からの短い余分な配列の削除(U1, U2 snRNAの場合)、メチル化などの塩基修飾反応などが含まれる。(→転写後修飾)

【3】→抗原プロセシング

プロセス型偽遺伝子 [processed-type pseudogene] 本来の遺伝子由来のmRNAが細胞内で cDNA 合成の過程をたどり二本鎖DNAが合成され、ゲノムの任意の位置に組込まれた偽遺伝子*。よってこのタイプの偽遺伝子にはイントロンがなく、かつ遺伝子のC末端にはポリ(A)様の配列が存在する。さらに、遺伝子の両末端にはゲノムの切断および修復の過程で生じた

反復配列が存在することも特徴の一つである．また，特殊な例を除いて，これらの遺伝子からは RNA は産生されない．(⇒ 散在性反復配列)

**プロタミン** [protamine] 多くの脊椎動物の精子核に特異的に存在する低分子量塩基性タンパク質で，分子の 40〜80％ がアルギニンで占められる．精子形成\* の過程において，ヒストン\* 種の変genus タンパク質の過渡的置換を経てヒストンと置き換えられ，DNA とイオン結合したヌクレオプロタミン(nucleoprotamine)とよばれる複合体を形成する．ヌクレオプロタミンは体細胞中のクロマチン\* よりもずっと凝縮しており，DNA がより保護されると考えられる．

**ブロッティング** [blotting] 核酸やタンパク質を電気泳動後，ゲルにニトロセルロース膜\* や濾紙を重ねて，分別された核酸やタンパク質をそっくりそのまま膜上に写しとること．泳動パターンがそのまま固定でき，拡散などにより乱れないこと，膜上の核酸やタンパク質がゲルに邪魔されずにプローブ\* などと反応できることなど利点が大きい．ブロッティングを利用した方法として，サザンブロット法\*，ノーザンブロット法\*，ウェスタンブロット法\*，サウスウェスタンブロット法\* などがある．

**プロテアーゼ** [protease] タンパク質分解酵素(proteolytic enzyme)の総称であるが，タンパク質をおもに分解するものをプロテイナーゼ(proteinase, またはエンドペプチダーゼ endopeptidase)，小ペプチドを分解するものをペプチダーゼ(peptidase)とよぶこともある．EC 3.4 群にまとめられている．プロテアーゼは活性発現に必要な残基，金属などでいくつかに分類されており，阻害剤の特異性など共通することが多く，この分類は実用的な意味があり便利である．おもにつぎの 4 種類に分けられる．1) セリンプロテアーゼ\*：活性に必要な残基がセリンである酵素．消化酵素であるトリプシン\* や，血液凝固関連酵素群がこれに分類される．セリンプロテアーゼは，ジイソプロピルフルオロリン酸で阻害されるのが特徴である．2) システインプロテアーゼ\*：システインが活性中心に存在する．チオールプロテアーゼ，SH プロテアーゼともいう．植物のパパイン\*，動物のカルパイン\*，カテプシン B, L(⇌ カテプシン)などが代表例である．これらは，p-クロロメルクリ安息香酸，モノヨード酢酸，E-64 で阻害され(⇌ システインプロテアーゼインヒビター)，ジチオトレイトールや 2-メルカプトエタノールの添加で活性化されるのが特徴である．3) アスパラギン酸プロテアーゼ(aspartic protease)：活性発現に必須な残基がアスパラギン酸である一群のプロテアーゼ．カルボキシルプロテアーゼ(carboxyl protease)，酸性プロテアーゼ(acid protease)ともいう．代表例は，ペプシン，レニン，カテプシン D, E などで，ヒト免疫不全ウイルス\*(HIV)にコードされているプロテアーゼもこの群に分類される．レニン，HIV プロテアーゼを除いてこれらは酸性に最適 pH をもつことが特徴で，ペプスタチン\* で阻害されることが多い．4) メタロプロテアーゼ\*：活性発現に金属を必要とするプロテアーゼ．高等動物のコラゲナーゼ\*，マトリックスメタロプロテアーゼ\*，種々のペプチダーゼ，細菌のサーモリシン\*，ズブチリシン\*(サチリシン)などがこの中に分類される．一般的にはメタロプロテアーゼは，EDTA や o-フェナントロリンなどの金属キレート物質によって可逆的に阻害される．この 4 群以外にも，活性中心がトレオニンであるプロテアソーム\* のようなプロテアーゼも存在する．プロテアーゼの役割は栄養補給のためのタンパク質の完全消化とアミノ酸の再利用と考えられてきたが，現在では前駆体から成熟タンパク質へと限定分解されることによる機能の発現が重要な生理作用の一つと認識されるようになった．また，発生・分化や細胞死などの不可逆反応を精密に制御するため，プロテアーゼの厳密な基質特異性が利用されている例もしばしばみられる．

**プロテアーゼインヒビター** [protease inhibitor] プロテアーゼ阻害剤，プロテイナーゼインヒビター(proteinase inhibitor)ともいう．プロテアーゼ\* 活性を阻害する物質．大別して低分子量インヒビター，ペプチド性インヒビター，タンパク質性インヒビターの 3 群になる．1) 低分子量インヒビター：プロテアーゼの分類に従い，セリンプロテアーゼインヒビター\*〔ジイソプロピルフルオロリン酸(diisopropyl fluorophosphate, DFP)，フェニルメタンスルホニルフルオリド(phenylmethanesulfonyl fluoride, PMSF)など〕，システインプロテアーゼインヒビター〔p-メルクリ安息香酸(p-mercuribenzoic acid, PMB)，ヨード酢酸((mono)iodoacetic acid, MIA)など〕，アスパラギン酸プロテアーゼインヒビター〔ジアゾアセチル-DL-ノルロイシンメチルエステル(diazoacetyl-DL-norleucine methyl ester, DAN)など〕，メタロプロテアーゼ〔キレート剤，ホスホラミドン(phosphoramidon)など〕に分類される．2) ペプチド性インヒビター：ロイペプチン(leupeptin)，アンチパイン(antipain)，キモスタチン(chymostatin)，E-64，ペプスタチン\* などが知られる．3) タンパク質性インヒビター：血液中にある $\alpha_2$ マクログロブリン\* のように多種類のプロテアーゼを阻害するものもあるが，トリプシンインヒビター\*(膵臓やダイズ由来のものなど)やカルパスタチン\* のように特異的なものが多い．すべてのプロテアーゼを阻害する単一なインヒビターは知られていない．プロテアーゼインヒビターには，触媒部位に作用するもの(セリンプロテアーゼインヒビター，システインプロテアーゼインヒビター)と基質特異的な部位に作用するもの(トリプシンインヒビター，キモトリプシンインヒビター)がある．

**プロテアーゼ La** [protease La] ＝エンドペプチダーゼ La

**プロテアーゼ活性化受容体** [protease-activated receptor] PAR と略す．トロンビン\* やトリプシンは細胞外のタンパク質を限定分解して活性化するだけでなく細胞膜上の PAR を限定分解して細胞を活性化する．細胞膜上には 4 種類の PAR(PAR-1, PAR-2,

PAR-3, PAR-4)が存在する．トロンビンはヒト血小板のPAR-1とPAR-4を，マウス血小板のPAR-4を活性化して凝集惹起し，止血させる．血液凝固因子のⅦa因子・組織因子複合体はPAR-2を活性化するなど，種々の凝固因子が，単球・マクロファージ，好中球，血管内皮細胞，内皮下組織の繊維芽細胞，平滑筋細胞，神経芽細胞などのPARを活性化して，創傷治癒に必要な細胞接着因子の産生，活性酵素の産生，細胞内顆粒成分の放出，細胞の増殖，移動，収縮など傷害部位の炎症と凝固の進展に関与する．PARは腫瘍細胞の増殖や移動にも関与する．

**プロテアーゼ阻害剤** ＝プロテアーゼインヒビター

**プロテアーゼネキシン** [protease nexin]　培養ヒト繊維芽細胞から分泌されるプロテアーゼ阻害作用をもつ分子量43,000のタンパク質で，トリプシン＊，トロンビン＊，ウロキナーゼ＊などのトリプシン様セリンプロテアーゼと共有結合して複合体を形成する．アンチトロンビンⅢ＊と類縁である．キモトリプシンとは反応しない．ラテン語の結びつける(nexus)という意味から命名された．トロンビンによるアストログリア＊の星状化の抑制作用に拮抗，神経芽腫由来細胞の神経突起伸展因子などの生理作用がある．(⇒プロテアーゼインヒビター)

**プロテアソーム** [proteasome]　多機能性プロテアーゼ(multicatalytic protease)ともいう．全動物界に分布する高分子プロテアーゼで，分子量70万($\alpha$, $\beta$各7サブユニットのリング4枚から成る円筒形粒子)の中心部(20S)と両側の10数種の調節因子群(19S複合体およびPA28とよばれる内在活性化因子)とで約200万(26S)の巨大複合体を形成する．基質としてポリユビキチン化したタンパク質をATPによるエネルギー依存的に分解する(⇒エネルギー依存性タンパク質分解)．キモトリプシン，トリプシン，酸性プロテアーゼなどの作用を示す．生理的に細胞周期調節因子，転写因子，代謝調節酵素などに関係している短寿命タンパク質を分解する．また主要組織適合抗原(MHC)クラスⅠの抗原提示＊におけるペプチド産生に関与している．

**プロテイナーゼ** [proteinase]　⇒プロテアーゼ

**プロテイナーゼインヒビター** [proteinase inhibitor] ＝プロテアーゼインヒビター

**プロテイナーゼ3** [proteinase-3]　⇒セリンプロテアーゼ

**プロテインA** [protein A]　黄色ブドウ球菌＊(Staphylococcus aureus)細菌壁に由来する分子量42,000のタンパク質で，IgGに結合する．1分子当たり4箇所の結合可能な部位をもつが，同時には2箇所のみが利用できる．1) 抗体の定常領域(Fcフラグメント＊)に結合するので抗原抗体反応を妨害しない，2) 抗体との親和性が高い一方，酸性条件(pH 3.0)で容易に結合を解離できる，3) 種々の変性条件で取扱っても再生が可能，といった性質があるため，試薬として広く用いられている．放射性標識，酵素標識，蛍光標識により抗体の結合や存在位置を検出するプローブとしての利用，抗体の精製への利用，固相化したプロテインAを用いて抗原抗体複合体を捕捉する免疫沈降反応＊における利用が代表例である．一方，IgGの動物種やサブクラスにより抗体との親和性に大きな違いがあるので注意を要する．より広い動物種やIgGサブクラスに対応できるプロテインG(protein G)が近年普及してきた．プロテインGは，溶血性連鎖球菌のG株またはC株の細胞壁から分離されたIgG結合性タンパク質で複数の種類がある．分子量は30,000～65,000の範囲にある．IgGのFc部分に結合するが，$C_H1$ドメインを介してFabフラグメントにも結合する．また，IgG結合部位と独立にアルブミンに対する結合部位があるという欠点があったが遺伝子工学的にアルブミン結合部位を除去した組換え型プロテインGが近年入手可能となった．

**プロテインS** [protein S]　血液凝固制御因子＊．肝臓で産生されるビタミンK依存性血漿タンパク質の一つ．血漿中では約40％が遊離型，約60％が補体系制御因子のC4b結合タンパク質(C4BP)との複合体として存在する．遊離型プロテインSは，細胞膜リン脂質上で活性化プロテインC(APC)の補酵素として機能し，APCによる血液凝固Va因子とⅧa因子の失活化反応を促進し，凝固反応を制御する．先天性欠損症は血栓症をきたす．(⇒プロテインS欠損症，プロテインC)

**プロテインS欠損症** [protein S deficiency]　ビタミンK依存性血漿タンパク質の一つで血液凝固制御因子＊のプロテインS＊の遺伝子異常症．先天性血栓性素因の一つ．血中プロテインSには遊離型とC4b結合タンパク質(C4BP)結合型が存在し，遊離型プロテインSは，活性化プロテインC(APC)の補助因子として機能する．遺伝子異常の違いにより，肝臓での合成や分泌が異常で血中プロテインS濃度が低下している欠乏症(これはさらに，総プロテインS欠乏症と遊離型プロテインS欠乏症に分類される)と，タンパク質は正常に産生するが活性が低下している機能異常症に大別される．プロテインC欠損症と同様に，加齢に伴い深部静脈血栓症や肺梗塞症などのおもに静脈血栓塞栓症をきたす．ヘテロ接合体異常症の発生頻度は200～300人に1人といわれる．(⇒プロテインC欠損症，アンチトロンビン欠損症，APCレジスタンス)

**プロテインエンジニアリング** ＝タンパク質工学

**プロテインキナーゼ** [protein kinase]　タンパク質リン酸化酵素ともいう．(⇒タンパク質リン酸化)．真核細胞生物にきわめて多種存在する．セリン，トレオニン，チロシン残基のヒドロキシ基にATPの$\gamma$位のリン酸基を導入する．リン酸化するアミノ酸の種類により，セリン/トレオニンキナーゼ＊，チロシンキナーゼ＊，セリン/トレオニン/チロシンキナーゼ＊などとよばれる．いずれも分子量約3万のキナーゼドメイン(kinase domain)を分子内にもち，その構造は進化的に保存されている．

プロテインキナーゼA [protein kinase A] ＝サイクリックAMP依存性プロテインキナーゼ．PKAと略す．

プロテインキナーゼN [protein kinase N] PKNと略す．プロテインキナーゼNは最初，プロテインキナーゼCと類似したセリン/トレオニンキナーゼ*としてクローニングされた．PKNはN末端側に調節ドメイン，C末端側に触媒ドメインをもつ．触媒ドメインはCキナーゼの触媒ドメインと高い相同性を示すが，調節ドメインはCキナーゼを含む他のプロテインキナーゼと相同性をもたず，三つのロイシンジッパー様モチーフをもつユニークな構造をしている．その後，活性型の低分子量GTP結合タンパク質Rho*が，PKNの調節ドメインに直接結合して，活性化することが明らかになった．PKNはRhoの標的タンパク質の一つと考えられており，Rhoの下流で細胞骨格や細胞接着の制御に関与していると推定されている．

プロテインキナーゼC [protein kinase C] ＝Cキナーゼ(C kinase)，リン脂質依存性プロテインキナーゼ(phospholipid-dependent protein kinase)．PKCと略記する．種々の細胞外刺激に伴って生成する細胞膜リン脂質代謝産物により活性化されるセリン/トレオニンキナーゼ*の一群の総称．酵母にも存在する．哺乳類においては11種の異なった分子種，cPKC($\alpha, \beta I, \beta II, \gamma$)，nPKC($\delta, \varepsilon, \eta, \theta, \mu$)，aPKC($\zeta, \lambda$)が存在し，各分子種おのおのの酵素的性質，発現の細胞特異性などが異なる．歴史的にはリン脂質とカルシウムに依存性のキナーゼ活性として同定され，細胞膜リン脂質の微量成分であるホスファチジルイノシトール4,5-ビスリン酸*が刺激依存的に分解して生じる細胞内セカンドメッセンジャー*分子，ジアシルグリセロールにより活性化されるキナーゼとして，さらにTPA(12-O-テトラデカノイルホルボール13-アセテート*)のプロテインキナーゼCアクチベーター*に結合し活性化されるキナーゼとして注目を集めてきた．TPAを用いた解析から，分泌反応，転写調節，細胞骨格制御，細胞増殖，分化の制御などきわめて多彩な細胞機能へのかかわりが推測されている．TPA依存性の転写シス因子としてTPA応答配列(TRE，⇌ AP-1)やNF-$\kappa$B*結合配列がよく調べられている．現在ではcPKCおよびnPKC分子群が上述のPKCアクチベーターの効果を担う分子として同定されている．また，ジアシルグリセロールの産生経路として，ホスホリパーゼD*を介したホスファチジルコリン*由来の経路の存在が明らかとなっている．さらに，ジアシルグリセロール以外にも種々の膜脂質代謝産物が，PKCの一部の分子種を介して作用している可能性が指摘されている（たとえば，ホスファチジルイノシトール3,4,5-トリスリン酸PIP$_3$とnPKC，aPKC)．（⇌ ホスファチジルイノシトールキナーゼ)

プロテインキナーゼG [protein kinase G] ＝サイクリックGMP依存性プロテインキナーゼ．PKGと略す．

プロテインキナーゼCアクチベーター [protein kinase C activator] プロテインキナーゼC*(PKC)の一群を人為的に活性化させる物質．TPA(12-O-テトラデカノイルホルボール13-アセテート*，PMAともよばれる)などのいわゆるTPA型発がんプロモーター*(⇌ホルボールエステル)は，PKC(cPKC，nPKC分子群)に結合しキナーゼを活性化する．細胞への短期投与はPKCの活性化を，長期投与はPKCの消失を導く．TPAは細胞増殖，分化，遺伝子発現制御，分泌，神経伝達などきわめて多彩な細胞機能を修飾し，その作用の多くはPKCを介しているものと考えられている．ジアシルグリセロールもPKCを活性化する．

プロテインキナーゼB [protein kinase B] PKBと略す．Akt，RAC(related to PKA and PKC)ともいう．PI3-キナーゼ*経路により活性化されるセリン/トレオニンキナーゼ*．3種類のアイソザイムが存在する．約480アミノ酸残基から成る約57 kDaのタンパク質である．ヒトゲノム中にはPKB$\alpha$/Akt1，PKB$\beta$/Akt2，PKB$\gamma$/Akt3の3種類の遺伝子，ハエには1種類，線虫では2種類のオルソログ*が存在し，分子量6万～8万のポリペプチド鎖をコードする．N末端側にPHドメイン*が存在し，C末端側に触媒ドメインが存在する．触媒ドメインは，PKA(プロテインキナーゼA*)やPKC(プロテインキナーゼC*)との相同性が高い．PKBの活性化ループに存在するトレオニン残基がPDK1(phosphatidylinositol-dependent protein kinase 1)によりリン酸化されることで活性化される．PDK1もPHドメインをもつ．PKBとPDK1は，細胞膜受容体刺激により産生されるPI3-キナーゼの活性化により産生されたPI(3,4)P$_2$やPI(3,4,5)P$_3$(⇌ホスファチジルイノシトールポリリン酸)と，PHドメインで結合する．これによりPKBがPDK1に接近し，リン酸化されて活性化される．活性化されたPKBは細胞膜直下から細胞質に移行し，さまざまなタンパク質をリン酸化する．PKBの生理機能として，がん化，アポトーシス*，細胞増殖などへの関与が知られている．

プロテインC [protein C] オートプロトロンビンII-A(autoprothrombin II-A)ともいう．血液凝固制御因子*．肝臓で産生されるビタミンK依存性血漿タンパク質の一つで，セリンプロテアーゼ前駆体．血管内皮細胞上のトロンボモジュリン*に結合したトロンビン*によって活性化される．活性化プロテインC(APC)は，細胞膜に結合した血漿タンパク質のプロテインS*と複合体を形成し，凝固因子のV$_a$因子とVIII$_a$因子を限定分解して失活し，凝固反応を阻害する．APCは，また，血管内皮プロテインC受容体*(EPCR)に結合してPAR-1を活性化し，抗炎症作用，抗アポトーシス作用などを示す．先天性欠損症は重度の血栓症(電撃性紫斑病)をきたす．(⇌プロテインC欠損症，プロテインS，プロテインS欠損症)

**プロテインG**［protein G］　⇒プロテインA

**プロテインCインヒビター**［protein C inhibitor］　PCIと略す．プロテインC血液凝固制御因子．肝臓，腎臓，精囊腺など多くの組織で産生され，組織ごとに多様な機能を示す．血液中に存在するセリンプロテアーゼインヒビター*（セルピンファミリー*）の一つ．PCIは，活性化プロテインC（APC）やトロンビン*・トロンボモジュリン*複合体を阻害し，プロテインC凝血阻害系を制御する．また，腎近位尿細管で産生されるPCIは毛細血管での腎由来プラスミノーゲンアクチベーター（u-PA）の制御，腎がん細胞の増殖制御，血管新生の制御を行う．肝細胞で産生されるPCIは，肝の再生を制御する．さらに，精囊腺で産生されるPCIは精液の液化や精子の受精を制御する．（⇒プロテインC，血液凝固制御因子）

**プロテインシークエンサー**［protein sequencer］　⇒エドマン分解法

**プロテインC欠損症**［protein C deficiency］　ビタミンK依存性血漿タンパク質の一つで血液凝固制御因子*のプロテインC*の遺伝子異常症．先天性血栓性素因の一つ．遺伝子異常の違いにより，肝臓での合成や分泌が異常な欠乏症と，タンパク質は正常に産生されても活性が低下している機能異常症に大別される．ヘテロ接合体異常症は加齢に伴い，深部静脈血栓症や肺梗塞症などの動静脈の血栓塞栓症をきたし，発生頻度は500人に1人といわれる．ホモ接合体異常症は重篤な電撃性紫斑病をきたし，発生頻度が250,000人に1人といわれる．（⇒プロテインS欠損症，アンチトロンビン欠損症，APCレジスタンス）

**プロテインスプライシング**［protein splicing］　タンパク質スプライシングともいう．遺伝子から転写・翻訳を経てペプチド鎖が生じた後，ちょうどmRNAのスプライシング*のように，タンパク質レベルで起こる自己触媒的組継ぎ反応．この反応が進行する前駆体タンパク質として，酵母液胞ATPアーゼ触媒サブセット遺伝子$VMA1$産物が有名．$VMA1$が2種類のタンパク質をコードすることが発見され，その後のプロテインスプライシング研究の端緒となった．遺伝子産物である前駆体タンパク質より自己触媒的に切出される中央部をインテイン*という．インテインは利己的遺伝子が遺伝子座内に分子的に寄生したと解釈されている．両端の組継がれるN末端側をN-エクステイン，C末端側をC-エクステインとよび，これらがつながって宿主タンパク質に相当するエクステイン*となる．インテインのN末端にはCysまたはSer，C末端にはHis-Asn，C-エクステインのN末端にはCysまたはSerまたはThrが保存される．反応機構は，①N-エクステインがインテインのN末端側鎖にアシル転位するチオエステル形成段階，②N-エクステインがC-エクステインN末端側鎖に転位するエステル転位段階，③コハク酸イミド形成によるエクステインとインテインの分離，④C-エクステインN末端でのアシル転位によるペプチド結合の再形成の，4段

階で進む．反応はチアゾリジン誘導体を経て進行することが明らかにされている．

**プロテインチップ**［protein chip］　タンパク質マイクロアレイ（protein microarray）ともいう．それぞれ異なるタンパク質を基板上に固定したもので，タンパク質の発現解析や精製・同定または特異的相互作用の解析などに利用される．特異的配列をもつ多種類の合成オリゴペプチドから成るアレイも作製されている．タンパク質の固定化方法は，ニトロセルロース膜やPVDF膜または自己組織化膜を用いるもの，アルデヒド基，カルボニルジイミダゾール基やエポキシ基で修飾したスライドガラスなどを用いる方法や，ヒスチジンタグ，インテイン*またはビオチン-アビジン相互作用を利用する方法など多種多様である．AFM（原子間力顕微鏡*）とDip-penナノリソグラフィーを利用した方法もある．用途も多様で，疾病マーカー探索，疾病のモニタリング，薬効評価，毒性評価，臨床診断，薬物動態解析，エピトープマッピング，リン酸化をはじめ種々のタンパク質修飾の検出などに利用されている．安定で高密度に秩序よくタンパク質を基板上に固定する方法や検出感度を高めるために通常の蛍光検出のほかに表面プラズモン共鳴*や質量分析法*（タンデムマススペクトル法やMALDI-TOF MSを利用する試みなどもなされている．（⇒抗体マイクロアレイ，ハイスループット技術）

**プロテインチロシンキナーゼ**［protein tyrosine kinase］　＝チロシンキナーゼ

**プロテインチロシンホスファターゼ**［protein tyrosine phosphatase］　＝チロシンホスファターゼ．PTPアーゼと略す．

**プロテインデータバンク**［Protein Data Bank］　PDBと略す．X線結晶構造解析や核磁気共鳴，電子顕微鏡など，実験的に決定された生体高分子の立体構造データを集積した一次データベース．1970年代初頭に米国のブルックヘブン国立研究所で活動が開始されたが，現在はworldwide PDB（wwPDB）という国際組織によって運営されている．wwPDBは米国のRCSB PDB，欧州のMSDおよび日本のPDBjに加えて核磁気共鳴データに特化したBioMagResBankによって構成されている．現在ほとんどの学術誌において，生体高分子の立体構造決定に関する論文を発表する際には，そのデータをPDBに登録することが義務づけられている．登録されたデータはインターネットを介して全世界に無償で提供される．データの形式は，PDBファイルとよばれる伝統的なフラットファイル形式のほかに，結晶学情報ファイルを拡張したmmCIF形式およびPDBMLとよばれるXML形式が提供されている．

**プロテインホスファターゼ**［protein phosphatase］　＝ホスホプロテインホスファターゼ

**プロテインホスファターゼ2B**［protein phosphatase 2B］　＝カルシニューリン

**プロテインボディ**　＝タンパク粒

**プロテオグリカン**［proteoglycan］　ムコ多糖タン

パク質複合体(mucopolysaccharide-protein complex)ともいう．グリコサミノグリカン*とコアタンパク質とよんでいるタンパク質との共有結合化合物の総称である．この特徴から，糖タンパク質*と区別される．コアタンパク質部分の cDNA 解析によって，構造や性質が再検討され，その結果から新たに独自の名がつけられる傾向にある．たとえば軟骨の主要プロテオグリカンであるアグリカン(aggrecan)は(⇒コンドロイチン硫酸プロテオグリカン)，cDNA 解析によりアミノ末端近くにヒアルロン酸結合活性を示すリンクタンパク質ドメインの存在が確認され，ヒアルロン酸と高分子会合体(アグリゲート)を形成する性質からこのように命名された(⇒ヒアルロン酸結合タンパク質)．グリコサミノグリカンとコアタンパク質の間の結合様式は，コンドロイチン硫酸，デルマタン硫酸，ヘパラン硫酸，ヘパリンでは，架橋構造 GlcUA$\beta$1→3Gal$\beta$1→3Gal$\beta$1→4Xyl$\beta$→Ser による．コアタンパク質中の結合共通配列(酸性アミノ酸-X-Ser-Gly，ただし，Xはどのアミノ酸でもよい)中の Ser をもとに架橋構造が合成され，ついで鎖が合成される．どのグリコサミノグリカン鎖が結合するかは，コアタンパク質にさらに別の情報が組込まれているらしい．ケラタン硫酸では，角膜のルーミカンは[GlcNAc-Asn]の架橋構造，アグリカンは[GalNAc-Thr]の架橋構造である．プロテオグリカンは，一般にコラーゲン，糖タンパク質，ヒアルロン酸などとともに，細胞外マトリックス*を構成する成分となるもの，またコアタンパク質の疎水性部分を利用して細胞表面に分布するもの，また細胞内顆粒に含まれるものなど，機能の相違を反映してさまざまに分布する場所が異なる．

**プロテオコンドロイチン硫酸** [proteochondroitin sulfate] ＝コンドロイチン硫酸プロテオグリカン

**プロテオプラスト** [proteoplast] ⇒色素体

**プロテオミクス** [proteomics] オミックス*の一つ．プロテオーム*に関する研究のこと．ある組織や細胞においてある特定の時期や条件において実際に産生されているタンパク質を同定し，それらの量や存在状態(リン酸化や糖付加のような修飾や核・細胞質・細胞内小器官・膜などへの局在性および複合体形成)を調べることはその組織や細胞の機能や状態を理解するために重要である．さらに，プロテオームをほかの組織や細胞またはほかの時期や条件におけるプロテオームと比較することにより，たとえばがん化とか特定の発生・分化状態やその機構に関する詳細な分子情報が得られる．ハイスループット技術*を用いて個々のタンパク質の機能を理解するうえで重要な情報を膨大な数のタンパク質について得ることができる．プロテオーム間の比較には通常，二次元電気泳動*が用いられるが，これに ESI Q-TOF MS，MALDI-TOF MS，MALDI-Q-TOF MS などの微量のタンパク質の定量・同定・アミノ酸配列分析法を組合わせることによりさらに詳細な解析が可能となっている．(⇒質量分析法)

**プロテオーム** [proteome] ある構造ないし概念に含まれるすべてのタンパク質の集合のこと．たとえば，ヒトのプロテオーム，核小体のプロテオームなど．これを明らかにするには，プロテオームを形成するすべてのタンパク質を単離し，それらの性質(構造と機能)を決定しなければならない．多くの場合，その構造体から抽出したタンパク質をポリアクリルアミドゲル電気泳動などで二次元に展開し，出現する多数のスポット(理想的には一つのタンパク質を含む斑点)のアミノ酸配列をマトリックス支援レーザー脱離イオン化-飛行時間型質量分析計*(MALDI TOF-MS)などで決定することにより解析される．(⇒プロテオミクス，トランスクリプトーム，メタボローム，電気泳動)

**プロテノプラスト** [proteinoplast] ⇒色素体

**プロデューサー細胞** [producer cell] ⇒レトロウイルスベクター

**プロトオンコジーン** ＝原がん遺伝子

**プロトカドヘリン** [protocadherin] ⇒カドヘリン

**プロトクロロフィリド** [protochlorophyllide] マグネシウムポルフィリン色素の一種．クロロフィル $a$ の前駆体で，ピロール環 D の 17〜18 位間が不飽和で，17 位のプロピオニル基にフィトールが結合していない(⇒クロロフィル[図])．クロロフィル $a$ への経路は，D環の二重結合の還元によりクロロフィリドを生じ，ついでフィトールエステル化が行われるのが通常であるが，黄化組織中にプロトクロロフィル(D環の還元より先にエステル化されたもの)の存在も知られている．被子植物では，D環の還元を触媒する NADPH-プロトクロロフィリドレダクターゼが，その反応に光エネルギーを必要とするため，暗所ではプロトクロロフィリドが最終産物として蓄積する．プロトクロロフィリドはエーテル溶液中での吸収極大波長は 432 nm と 623 nm であるが，生細胞中では 吸収帯は 628，636，650 nm の三つのピークとして現れ，後の二者が光変換可能な型である．裸子植物，コケ・シダ，多くの藻類では，D環の還元は被子植物のものとは別の酵素で触媒され，光を必要としない．

**プロトコル** [protocol] ⇒アルゴリズム

**プロトフィラメント** [protofilament] 原繊維，原繊条ともいう．微小管を構成する 13 本の原繊維のこと(⇒微小管[図])．長径約 8 nm，短径約 5 nm の回転楕円体状の形をした $\alpha$，$\beta$ チューブリン二量体が(−)$\alpha\beta\alpha\beta\alpha\beta$(+)のような方向性をもって重合してプロトフィラメントとなり，13 本がそれぞれ側面で結合して，管状構造体である微小管が形成されると考えられている．微小管の脱重合過程の観察などから，プロトフィラメント内のチューブリン二量体間の結合はプロトフィラメント同士の側面の結合より強いことが知られている．

**プロトプラスト** [protoplast] 原形質体ともいう．細胞壁*を除いた細胞の部分，すなわち細胞膜に包まれた原形質*をさす．植物細胞で多用される用語(⇒スフェロプラスト)．植物の真の単細胞系であり，培養・再生植物体の作出によりクローンを得る手段とな

るほか，遺伝子導入\*，細胞融合\*による体細胞雑種の育成，ウイルスの一段増殖実験，細胞小器官単離の材料などに広く利用されている．原形質分離した細胞の一端を切断するという機械的な方法で得られた例が19世紀にあるが，一般にはセルロースなどの多糖類から成る細胞壁を酵素的に分解して得られる．汎用の市販酵素の多くは菌類起源の粗製品で，セルラーゼ活性，ペクチナーゼ活性を主とする2種を組合わせて用いることが多い．プロトプラストは球形を呈し，浸透圧を調節した培地中で培養が可能である．植物成長調節物質(植物ホルモン\*)などを制御することによって，細胞壁再生，細胞分裂，コロニー形成，カルス形成，再分化の過程を経て，プロトプラスト由来の再生植物体が多くの植物種で得られている．

**プロトポルフィリン** [protoporphyrin] ポルフィリン\*誘導体の一種．プロトポルフィリンIXが天然に存在し，骨髄性プロトポルフィリン症患者の尿に大量に排泄される．プロトヘミンを塩酸酸性下，硫酸第一鉄で処理し，ヘム鉄を除いて得る．ジメチルエステルのエーテル溶液は500〜640 nmの波長領域で4本の吸収帯と，404 nmに強いソーレー吸収帯を示す．紫外線照射で赤色の強い蛍光を発し，$10^{-8}$ Mあれば肉眼でも検出できる．励起状態で分子状酸素を活性化し，一重項酸素を産生する．(⇌ポルフィリン症)

**プロトマー** [protomer] ⇌アロステリック制御

**プロトリボソーム** [protoribosome] 原始リボソームともいう．進化学的に推定されたリボソーム\*の原始形態．タンパク質生合成におけるリボソーム構成成分個々の果たす役割はいまだ不明な点が多いが，リボザイム\*の発見以来，rRNAの重要性が強調されている．それを反映して，原始地球上に初めて出現したリボソームは，原始rRNAが主体であり，リボソームタンパク質は翻訳\*の正確さや速度向上などのために，進化の過程で徐々に付加されたという説が有力視されている．(⇌RNAワールド)

**プロトロンビン** [prothrombin] 血液凝固II因子 (blood coagulation factor II) ともいう．肝臓で産生されるビタミンK依存性血漿セリンプロテアーゼ前駆タンパク質．活性化血小板などの細胞膜リン脂質上に形成されたXa因子・Va因子複合体(プロトロンビナーゼ複合体)の限定分解を受けてトロンビン\*を生成する．プロトロンビンなどのビタミンK依存性凝固因子(VII因子，IX因子，X因子など)のN末端近傍にはCa$^{2+}$結合アミノ酸のγ-カルボキシグルタミン酸(Gla)残基が複数存在し，このGla残基を介して傷害組織に集積した活性化血小板の細胞膜陰性荷電リン脂質に結合する．これにより，傷害箇所に凝固因子は濃縮されて効率的にトロンビンが生成される．プロトロンビンの先天性欠損症は出血症状をきたす．(⇌血液凝固，血液凝固因子)

**プロトンアンチポート** ＝プロトン対向輸送

**H$^+$-ATPアーゼ** [H$^+$-ATPase, proton ATPase] ⇌プロトンポンプ

**H$^+$,K$^+$-ATPアーゼ** [H$^+$,K$^+$-ATPase] ⇌プロトンポンプ

**プロトン/カリウムポンプ** [proton/potassium pump, H$^+$/K$^+$ pump] ⇌カリウムポンプ

**プロトン感知性受容体** [proton-sensing receptor] プロトンセンシング受容体ともいう．細胞外pHを感知する細胞膜受容体．GPR4, OGR1 (ovarian cancer G protein-coupled receptor 1, 別名GPR68), TDAG8 (T-cell death-associated gene 8, 別名GPR65), G2A (G2 accumulation, 別名GPR132)の4種類があり，互いに一次構造\*の相同性が高い．ただしG2Aのプロトン感知性には議論の余地が残されている．これら分子はどれもGタンパク質共役受容体\*特有の7回膜貫通構造をもつ一本鎖ポリペプチドである．プロトンによる受容体活性化機構は不明であるが，ヒスチジン\*をはじめとした塩基性アミノ酸残基の関与が示唆されている．GPR4は心臓や肺，血管内皮および平滑筋細胞などに発現し，アデニル酸シクラーゼ\*を活性化する．OGR1は肺や脳，骨などに発現し，ホスホリパーゼC\*の活性化/細胞内カルシウム濃度上昇を惹起する．TDAG8はおもに免疫系細胞・組織に発現し，アデニル酸シクラーゼおよびRho\*を活性化する．どの受容体もおおむねpH 7〜8以下で細胞内シグナルが検出される．pHホメオスタシスにかかわると考えられているものの，生物学的意義は明確になっていない．

**プロトン共役輸送系** [proton-coupled transport system] プロトンの輸送と共役した物質の能動輸送のこと．H$^+$との共役輸送ともいう．大腸菌のラクトース/H$^+$のようにプロトンと物質が同じ方向に輸送される場合(共輸送)とNa$^+$/H$^+$のように逆方向に輸送される場合(対向輸送)(⇌プロトン対向輸送)がある．2種をもつ共役輸送系としてほかにNa$^+$に共役したものが知られている．

**プロトン駆動力** [proton motive force] pmfと略称する．細胞小器官内部へ，または外部へ，あるいは細胞の外部へとH$^+$が輸送される時，電気化学ポテンシャル差($\Delta\tilde{\mu}_{H^+}$)が形成される．$\Delta\tilde{\mu}_{H^+}$は膜電位\*($\Delta\psi$)とpH勾配\*($\Delta$pH)から成り，$\Delta\mu_{H^+}/F$をプロトン駆動力という(Fはファラデー定数)．すなわち

$$\text{pmf} = \frac{\Delta\tilde{\mu}_{H^+}}{F} = \Delta\psi - \frac{2.3RT}{F}\Delta\text{pH} = \Delta\psi - 59.2\Delta\text{pH}$$

pmf(mV)は厳密には力(force)ではないがP. Mitchellの提出した化学浸透圧説(⇌化学浸透共役)に基づいてこのようにいわれている．

**プロトン勾配** [proton gradient, H$^+$ gradient] ＝pH勾配

**プロトンセンシング受容体** ＝プロトン感知性受容体

**プロトン対向輸送** [proton antiport, H$^+$ antiport] プロトンアンチポートともいう．対向輸送\*は，二つの溶質が輸送タンパク質\*(対向輸送体\*)によって逆方向(たとえば細胞内と細胞外)に輸送される現象をいう．(逆輸送とよぶことがあるが，適切な訳語とはいえ

ない.)プロトン対向輸送は$H^+$の輸送に共役して同一の輸送タンパク質が他の溶質を逆方向に輸送する現象をいう.$Na^+/H^+$,$Ca^{2+}/H^+$,$K^+/H^+$,モノアミン/$H^+$,セロトニン/$H^+$,テトラサイクリン/$H^+$などが知られている.$H^+$と他のイオンの対向輸送は細胞内pHの調節に重要である.これらの輸送は$H^+$-ATPアーゼ,電子伝達鎖などの形成する$H^+$の電気化学ポテンシャル,$Na^+$,$K^+$-ATPアーゼ*の形成する$Na^+$の電気化学ポテンシャルを駆動力としている.

**プロトンポンプ**[proton pump, $H^+$ pump] エネルギーを使ってプロトン($H^+$)を細胞外あるいは細胞小器官の外に輸送するタンパク質の総称.電子伝達系*,$H^+$-ATPアーゼ($H^+$-ATPase),バクテリオロドプシン*,ピロホスファターゼ*(植物液胞)などが知られている.これらプロトンポンプの形成する電気化学ポテンシャルはATP合成,能動輸送(→プロトン共役輸送系),細菌のべん毛運動などのエネルギーとなっている.ATPをADPとリン酸に分解し,そのエネルギーによってプロトンをポンプする$H^+$-ATPアーゼはつぎの3種に大別される.1) P型ATPアーゼ:リン酸化中間体を形成.酵母,植物の細胞膜.2) F型ATPアーゼ($F_0F_1$ともいわれる):ミトコンドリア,葉緑体のATP合成酵素*.3) V型ATPアーゼ(液胞型ATPアーゼ):リソソーム液胞など細胞内膜系の酸性化.胃粘膜の壁細胞に存在するP型ATPアーゼの一種である胃酸分泌酵素($H_s^+$,$K^+$-ATPアーゼ $H^+$,$K^+$-ATPase)をプロトンポンプと称することがある.(→プロトン輸送,ATPアーゼ)

**プロトン輸送**[proton transport] プロトン($H^+$)は呼吸鎖電子伝達系によって,ミトコンドリアの外へ(細菌では細胞外へ),光電子伝達鎖によって葉緑体チラコイドの内部へと輸送される.これによって形成される$H^+$の電気化学ポテンシャル差がATP合成の駆動力(→プロトン駆動力)となっている.すなわち3分子の$H^+$の細胞内への輸送に共役してATPが1分子合成される.細菌では$H^+$の細胞内への輸送と共役してラクトースをはじめとする糖,各種のアミノ酸が細胞内へと能動輸送される.真核細胞においても$H^+$と共役する輸送が知られている.細胞外に$H^+$をポンプするATPアーゼ(酵母,植物),$Na^+$/$H^+$対向輸送による$H^+$の細胞外輸送が知られている.またシナプス小胞をはじめとする細胞内膜系では,液胞型ATPアーゼが$H^+$を細胞小器官内部に輸送する.$H^+$との対向輸送*によってシナプス小胞内部へと輸送され蓄積する神経伝達物質が知られている.

**プロビタミン**[provitamin] ビタミン前駆物質をいう.動物体内や紫外線照射によってビタミンに転換される物質.主としてプロビタミンAであるカロテノイド*とプロビタミンDであるステロイドに対して用いる.$\alpha$,$\beta$,$\gamma$-カロテンやクリプトキサンチンなどのカロテノイドは,それ自体ではビタミンA*活性はないが,体内で酸化されレチナール*を生成する.7-デヒドロコレステロールやエルゴステロールを紫外線照射すると,それぞれコレカルシフェロール($D_3$)とエルゴカルシフェロール($D_2$)に開裂する(→ビタミンD).

**プロビリオン**[provirion] プロキャプシド*にゲノムが取込まれた時にできる粒子をプロビリオンとよぶ.ウイルスの形態形成の過程の中で,最も感染性ウイルス粒子(ビリオン*)に近い粒子である.プロビリオンが感染性ビリオンとなるためには,キャプシドタンパク質の修飾(切断)などの成熟過程がさらに必要である.

**プローブ**[probe] 特定の物質,部位,状態などを特異的に検出する物質を総称してプローブという.たとえば核酸の相補的な塩基配列が互いに特異的に結合する性質(→ハイブリダイゼーション)を利用して,クローンライブラリーの中から特定の配列をもつクローンを検出したり,電気泳動によって展開されたDNAやRNA断片の中から特定の断片を検出するオリゴヌクレオチドDNAやRNAプローブなどがある.マイクロアレイ*やDNAチップの場合には,しばしば基板に固定されているDNAがプローブとよばれ,標識DNAやRNAはターゲットとよばれる.また,抗原・抗体反応の特異的結合を利用して特定の抗原を検出する抗体プローブなどがある.(→クローニング)

**プロファイル**[profile] =位置特異的スコア行列

**プロファージ**[prophage] 溶原菌*内では,感染性ファージ粒子を産生する遺伝的潜在能力をもつファージゲノムが存在する.この状態のファージゲノムをプロファージといい,通常,宿主染色体当たり1ゲノム存在する.プロファージは宿主染色体に組込まれた状態(→λファージ,ファージP2),または染色体と独立したプラスミド*状態(→ファージP1)で存在している.(→溶原化サイクル)

**プロフィリン**[profilin] Gアクチン*と1:1に結合する,分子量15,000ほどのタンパク質.ヒトではプロフィリン1~4のサブタイプがあり,マウスでは1は多様な組織で発現しているが,2は脳組織で特異的に発現している.酵母から脊椎動物まで広く知られている.N末端付近とC末端付近のアミノ酸配列はよく保存されているが中間領域の保存性は低い.Gアクチンの反矢じり端に結合すると考えられ,Gアクチン-プロフィリン複合体はアクチンフィラメント*の反矢じり端に付加できるが矢じり端には付加できない.反矢じり端に結合するとプロフィリンはアクチン*から解離し,つぎの分子が付加できる.プロフィリンの結合によりアクチンに結合しているADPからATPへの交換は加速され,アクチンは重合しやすくなる.しかし反矢じり端をキャップする弱い活性もあるため,高濃度ではこの端での重合も抑制される.また反矢じり端がアクチンフィラメント端キャップタンパク質*によりキャップされている時は脱重合作用のみを示す.したがって細胞内ではアクチンフィラメントを脱重合する働きと,アクチンフィラメントを形成する働きの両方が考えられるが実際の機能ははっきりわかっていない.分裂酵母では細胞質分裂に必須であ

り，マウスの初期発生においては細胞の生存と分裂に必須である．ホスファチジルイノシトール 4,5-ビスリン酸*に結合して，リン酸化されていないホスホリパーゼ C-$\gamma$1 による加水分解を阻害する．細胞外シグナルによるアクチン細胞骨格の制御の仲介役として働くと考えられており，種々のシグナル伝達経路に関与することが示唆されている．

**プロプラスチド** [proplastid]　原色素体，前色素体ともいう．分裂組織など現に分裂・増殖している細胞や，卵細胞など細胞分裂をひかえた細胞の中に存在する未分化な色素体*．色素体ゲノム*の複製・保持を行いつつ活発に分裂・増殖し，さまざまな分化した色素体の前駆構造となる．長楕円形，球形，または不定形で，大きさは 1～3 μm．内膜構造は未発達で，クロロフィルをもたない．小さなデンプン粒を含む場合もある．増殖中の細胞に含まれ，DNA 含量も比較的高い点が白色体*と異なる．

**プロフラビン** [proflavin]　＝3,6-アクリジンジアミン (3,6-acridinediamine)．$C_{13}H_{11}N_3$，分子量 209.25．黄色針状結晶．水溶性で塩溶液は褐色を帯び，希薄溶液は蛍光を発する．殺菌作用がある．

**ブローベル** B**LOBEL**, Günter　米国の分子細胞生物学者，1936.5.21～　東ドイツ領（現ポーランド領）のシレジア地方に生まれる．1945 年ロシア軍の侵攻を逃れて東ドイツ領フライブルクに，1954 年さらに西ドイツ領フランクフルトに移住．1960 年チュービンゲン大学卒業(Eberhard-Karl 大学にて M. D. 取得)．1962 年ウィスコンシン大学大学院入学[V. R. Potter 教授；1967 年学位取得 (Ph.D.)]．1966 年ロックフェラー大学博士研究員 (G. Palade 教授)．タンパク質の膜透過を介した細胞内輸送を初めて試験管内で再現し，これによって，サイトゾル*で合成されたタンパク質の一次構造上にはそれぞれの輸送先を記したシグナルが書き込まれていることを明らかにした．そのほか，核の構造とその形成の分野でも数々の重要な発見がある．1978 年米国科学アカデミー会員．ロックフェラー大学細胞生物学教室教授．1999 年ノーベル医学生理学賞受賞．ノーベル賞の賞金全額を第二次世界大戦で連合軍の空爆によって完全に破壊されたドレスデンの復興，ことにドレスデン聖母教会の再建 (2005 年完成) に寄付．

**プロペルジン経路** [properdin pathway]　⇒補体
**ブロムストランド型軟骨異形成症** [Blomstrand type chondrodystrophy]　⇒軟骨異形成症
**ブロムモザイクウイルス** [brome mosaic virus] BMV と略す．植物ウイルス*の中で最もよく研究されているウイルスの一つであり，世界で最初にゲノム RNA の cDNA から in vitro で感染性のある RNA が合成されたウイルスである．宿主範囲は狭く，主としてイネ科植物を宿主とする．3種の(+)センス RNA ゲノム (RNA1, 2 および 3) と 1 種のサブゲノム (RNA4) をもつ．ビリオン*は直径 25 nm の球形であり，RNA1, RNA2, RNA3（および 4）を含む 3 種の粒子から成る多粒子型ウイルスである．それぞれ単独では感染性がない．RNA1 と 2 は RNA レプリカーゼ遺伝子をコードしており，RNA3 は細胞間移行に関与する遺伝子およびコートタンパク質*遺伝子をコードしている．RNA3 からは細胞間移行に関与するタンパク質しか翻訳されないので，RNA3 の(−)センス RNA から RNA4 を合成したのち，コートタンパク質が RNA4 から翻訳される．

**5-ブロモウラシル** [5-bromouracil]　⇒塩基類似体

**5-ブロモ-4-クロロ-3-インドリル-$\beta$-D-ガラクトシド** [5-bromo-4-chloro-3-indolyl-$\beta$-D-galactoside] Xgal と略される．$\beta$-ガラクトシダーゼ*の基質．$C_{14}H_{15}BrClNO_6$．分子量 408.64．$\beta$-ガラクトシダーゼで分解されると鋭敏に青色を呈する．大腸菌のラクトースリプレッサーには作用しない．選択培地*に Xgal を加えてファージやプラスミドの組換え体をプラークまたはコロニーの色で検出するのに汎用されている．また組織の $\beta$-ガラクトシダーゼ活性の有無を Xgal で染色して調べることもある．

**プロモーション** [promotion]　【1】（転写の）生物の遺伝子が転写されて RNA がつくられるのを促進する作用のことをいう．遺伝子の転写開始部位の近傍にはこの作用を示す遺伝子構造（プロモーター*）があり，ここに特定の RNA ポリメラーゼとその補助因子（基本転写因子）が結合することによって転写が開始される．
【2】（発がんの）動物にがんが発生する時，がんとなる細胞が 2 段階の変化を受けるとする説（二段階説，Berenblum，～1940 年）において，イニシエーション（起始）の後に起こる変化で，この段階ではイニシエートした細胞がある種の薬剤（プロモーター）により，さらに変化してがん細胞になるとする．(⇒ 発がんプロモーション，発がんイニシエーション)

**プロモーター** [promoter]　【1】転写*開始反応の効率に関与する DNA 側の領域をいう．狭義には，転写開始反応そのものに関与する DNA 領域をいい，通常，転写開始位置より ±40 塩基対程度の領域である．原核生物のプロモーターは −10 付近の AT に富むプリブナウボックス*と −35 付近の −35 ボックスを共通に含み，転写開始においてはこれらの配列が RNA ポリメラーゼホロ酵素*の $\sigma$ 因子*により認識される．原核生物のプロモーターはオペレーター*と重なって配置されていることも多い．しかし，真核生物では転写開始反応は，その領域のみではほとんど起こらず，転写開始反応の効率に影響を与えるさまざまな DNA エレメントすなわち調節配列*を含め

て広義のプロモーターといってもよいのではと考えられる．これら調節配列には，＋1（転写開始点）の比較的近くに存在して働くプロモーター近位配列*と遠くに存在して働く遠位配列の二つに分けて考えることができる．これらは，＋1からの距離を考えて区別しているのであるが，その位置についての厳密な定義はない．真核生物のRNAポリメラーゼ*にはⅠ，Ⅱ，Ⅲ，Ⅳとミトコンドリアのものがあるが，それぞれ使用するプロモーターには特徴がある．Ⅱ型の近位プロモーターでは－30付近にTATAボックス*，－80付近にCCAATボックス*，GCボックス*が特徴的な要素であるが，誘導されるタイプの遺伝子のプロモーターにはTATAボックスがないことが多く，代わりに転写開始点にイニシエーター*配列をもつ遺伝子もある．また，GCボックスはTATAボックスをもつハウスキーピング遺伝子*のプロモーターに多く見られる．Ⅰ型のプロモーターは，コアプロモーター（SL1が認識）と上流制御領域UCE（UBFが認識）の二つの領域から構成される．Ⅲ型のプロモーターには，転写領域内部に存在し（内部プロモーター），Aブロック（＋20），Bブロック（＋51～＋113）の二つのコアプロモーターをもつもの（TFⅢB*，TFⅢC*が転写に必要），遺伝子内部にAブロック，Iブロック，Bブロックの三つのコアプロモーターをもつもの（TFⅢA*，TFⅢB，TFⅢCが必要），TATAボックス（－25），PSE（近位配列要素配列，－55の位置）をもつもの（TBP，TFⅢB，PTFが必要）の3種類が存在している．脊椎動物のミトコンドリアDNAの転写は，Dループに存在する逆向きのプロモーターから両方向に行われ一続きの一次転写物が産生される．ヒトやマウスのミトコンドリアRNAポリメラーゼは転写開始点付近の配列だけでは正確な転写は行えず，さらにミトコンドリアTAFが結合する上流の配列を必要とする．エンハンサー*とよばれる転写開始位置から離れて遠くに存在し，そのDNA配列の向き，位置に関係なく働くものがあり，これらは通常遠位配列に含めて考えることができるが，近くに存在するDNAエレメントでもエンハンサー様機能をもち合わせる場合もある．これらのプロモーターは転写開始に際して，転写開始反応の効率に関与するわけで，正に働く場合，負に働く場合のいずれのものもある．その働きは，おのおののDNAエレメントに結合する転写因子*の性質によって決定される．広義のプロモーター領域には，いろいろな転写調節因子が相互作用し，その発現パターンを変えることにより，時間的，空間的に多様な遺伝子の転写開始反応がコントロールされている．これらの転写調節因子群が，DNAエレメントおよび転写因子間との相互作用を行い，転写開始複合体形成過程に効果を与えていることが明らかにされつつある．多様で複雑な相互作用を生み出すには，さまざまな転写調節因子が，異なる転写因子群と相互作用することが重要であり，しかもそれが転写開始反応素過程の異なる時期にそれぞれ対応して働くことが必要であると考えられている．

【2】 発がんプロモーター

**プロモーター強度**［promoter strength］ 転写開始のDNAシグナル，プロモーター*の活性，転写開始の頻度を支配する．RNAポリメラーゼ*の結合定数と，クローズドプロモーター複合体がオープンプロモーター複合体*に移行する速度定数で決まる．プロモーター強度は，RNAポリメラーゼの種類が変わるか，反応条件が変わると変動する．遺伝子転写水準を決める最大の要因はプロモーター強度である．

**プロモーター近位配列**［promoter-proximal element］ 基本プロモーターの上流（通常，転写開始点上流200 bp以内）に位置する近位調節エレメントのことで，特異的な転写調節因子の標的部位となり，コアプロモーターに形成されている転写開始前複合体（基本転写装置）に転写活性化または抑制のシグナルを与える．プロモーター*には転写開始反応そのものに対して働くものと，その反応の効率に及ぼす調節配列*を含めた広義のプロモーターがある．後者の中には，転写開始位置に比較的近くに存在するものから遠く数kbp離れた位置に存在するものまでさまざまなDNAエレメントがみられ，前者を近位配列（proximal element），後者を遠位配列（distal element）とよんでいるが，両者を分ける明確な位置の定義はなされていない．エンハンサー*のようなものを遠位配列の中に含めたり，独立に扱ったりする場合もあり，これについても明確な定義はなされていない．機能的には両者ともに正の調節/負の調節に働くさまざまな例があるばかりではなく，両者のDNAエレメントに相互作用する因子の性質やその近傍にあるDNAエレメントやその結合因子の性質に依存するのが通常である．

**プロモータークリアランス**［promoter clearance］ 転写開始から伸長段階への移行の際に，役割を終えた基本転写因子*が，プロモーター*上から除かれる段階をいう．これに続き転写伸長因子*が，RNAポリメラーゼと複合体を形成し，転写伸長を行う．最初に原核生物の転写機構の研究において命名され，続いて解析された真核生物の場合にも，同じ用語が用いられる．真核生物のRNAポリメラーゼⅡ*には，最大サブユニットのC末端にCTD*とよばれる特徴的なセリン，トレオニンに富んだ7アミノ酸の反復配列が存在する．そしてプロモータークリアランス段階と前後して，CTDのこれらのアミノ酸がリン酸化された状態になる．その際，RNAポリメラーゼⅡは大きな構造変化を生じ，さらにこの段階の基本転写因子の解離につながる大規模な構造変化を転写開始複合体全体にひき起こすことになると考えられている．一方，原核および真核生物のこれ以外のRNAポリメラーゼには，CTD様構造は存在せず，したがって異なる機構でこの段階が起こると考えられるが，最近RNAポリメラーゼⅠによる転写ではUBF（upstream binding factor）がプロモータークリアランス促進活性をもつことが示された．

**プロモーター挿入**［promoter insertion］ がん遺伝

子\*をもたない白血病ウイルス\*による細胞のがん化を説明するモデル．白血病ウイルスのプロウイルスが細胞の原がん遺伝子\*の周辺に組込まれ，プロウイルスのもつプロモーター機能により原がん遺伝子の発現が異常に亢進し，がん化につながる．最初に証明された例では，トリ白血病ウイルス\*感染によって生じたBリンパ腫細胞で，c-*myc*遺伝子(⇒*myc*遺伝子)の上流にプロウイルスが高頻度に組込まれc-*myc*の異常な高発現が観察された．この発見が，原がん遺伝子の異常発現が細胞のがん化を誘導することを示すとともに，ウイルスがん以外でもこの機構を考慮する根拠となった．

**プロモーター突然変異** [promoter mutation] 転写開始のDNAシグナル，プロモーター\*に生じた突然変異．プロモーター強度\*に影響し，遺伝子の転写水準が変わることで同定される．原核生物では，プロモーターの−10配列(TATAAT)および−35配列(TTGACA)の各6塩基対の中で生じる．真核生物では，プロモーター配列はより広範囲を含み，配列の種類も多様である．

**5-ブロモデオキシウリジン** [5-bromodeoxyuridine] ブロモ基はX線で回折データを得やすい電子密度の高い重原子であり，メチル基に立体的によく似ている．そのため，5-ブロモデオキシウリジンはDNA二重鎖や三重鎖などのさまざまな核酸構造体のX線構造解析の際，チミジンの代わりによく使われている．この5′-三リン酸体は，DNAポリメラーゼの基質になる．紫外線照射させると，選択的にウリジンの5位に炭素ラジカルも発生させることができるため，核酸の光化学研究の素材としても活用されている．

**ブロモドメイン** [bromodomain] ヒストンのアセチルリシンを認識するドメインでヒストンアセチルトランスフェラーゼ\*(HAT)やクロマチンリモデリング因子などの核内タンパク質中に存在する100〜110アミノ酸から成るドメインである．4本の両親媒性ヘリックスが逆平行に密にパックして左巻きの4本ヘリックスバンドル構造である．

**プロラクチン** [prolactin] PRLと略す．乳腺刺激ホルモン(lactotropic hormone)，黄体刺激ホルモン(luteotropic hormone, LTH)ともいう．下垂体前葉ラクトトロフおよび脱落膜で生合成されるタンパク質ホルモンで，翻訳後糖鎖が付加される．ヒト*PRL*遺伝子は第6染色体に存在し，その発現はエストロゲンや甲状腺刺激ホルモン放出ホルモン(TRH)で促進，甲状腺ホルモンやグルココルチコイド，ドーパミンで抑制．ヒトPRLは199個のアミノ酸より成り分子量23,000，血中濃度は成人男子で5〜10 ng/mL，女子で10〜15 ng/mL．PRLは種々のホルモンの作用で発育・分化した乳腺に働き，乳汁分泌を促進する．PRL分泌亢進は性腺機能低下症をきたす．

**フロリゲン** [florigen] ＝花成ホルモン

**フロリジン** [phloridzin] 化学式$C_{21}H_{24}O_{10}$，分子量436.42．リンゴの木に多く含まれる配糖体．腎臓の近位尿細管刷子縁\*膜に存在する$Na^+$依存性D-グルコース輸送(管腔→細胞内)を競合的に阻害し，腎性糖尿をきたす．腎臓のグルコース輸送の研究において欠かすことのできない物質である．(⇒糖尿病)

**プロリル-4-ヒドロキシラーゼ** [prolyl-4-hydroxylase] 粗面小胞体\*の内腔に存在し，コラーゲン\*など繊維状タンパク質ペプチド鎖中のプロリン残基の4位をヒドロキシ化する酵素で，三本鎖プロコラーゲン化に必要である．壊血病(アスコルビン酸\*欠乏)の血管脆弱性の原因である．活性体は四量体($α_2β_2$)で，ヒトα鎖は61 kDaで534アミノ酸残基より成る．β鎖は55 kDaで，多機能タンパク質のタンパク質ジスルフィドイソメラーゼ\*と同一である．

**プロリン** [proline] ＝ピロリジン-2-カルボン酸(pyrrolidine-2-carboxylic acid)．ProあるいはP(一文字表記)と略記される．L形はタンパク質構成アミノ酸(イミノ酸)の一つ．$C_5H_9NO_2$，分子量115.13．ゼラチンに多く含まれる．ニンヒドリン反応では黄色を示す．コラーゲンなどのタンパク質では，プロリン残基の一部がヒドロキシ化されて存在する．非必須アミノ酸．(⇒アミノ酸)

**プロリンイミノペプチダーゼ** [proline iminopeptidase] ⇒アミノペプチダーゼ

**プロリン特異的プロテインキナーゼ** [proline-directed protein kinase] 基質タンパク質のプロリン残基の直前のセリンまたはトレオニン残基を特異的にリン酸化する活性をもつプロテインキナーゼ\*の総称．すなわち，プロリン特異的プロテインキナーゼの基質の共通配列は-Ser/Thr-Pro-である．代表的な例として，細胞周期に関与するCdc2(⇒CDK1)，細胞の増殖，分化過程に関与するMAPキナーゼ\*，また，グリコーゲンシンターゼキナーゼ3(GSK3)などがあげられる．

**プロリンラセマーゼ** [proline racemase] EC 5.1.1.4．細菌*Clostridium sticklandii*が産生する酵素でプロリンのD体とL体を相互に変換する反応を触媒するラセミ化酵素．最適pHは6.7〜8.1と広く，補酵素としてNADを要求する．二価金属イオンは活性発現に重要ではないが，$Mg^{2+}$は活性を阻害する．

**プロリンリッチドメイン** [proline-rich domain] PRDと略記される．タンパク質\*を構成する疎水性

残基のプロリン\*に富むアミノ酸配列で，複数個のPro-X-X-Proモチーフを含むドメイン構造．タンパク質間相互作用に重要であり，多くのタンパク質に見られるドメイン\*の一つである．シグナル伝達\*に関与するタンパク質がもつSH3ドメインやWWドメインなどの相互作用領域として知られる．

**不和合性** [incompatibility] 機能の正常な配偶子や核が遺伝的に融合を抑制される現象．この語にはこのほかに動物の組織移植の不適合性(⇌移植)，植物の接木の不親和性，プラスミドの不和合性\*なども含まれるが，わが国では生殖に関係する細胞間識別の問題に比重がある．菌類や微生物では接合型の問題として研究が展開されている．致死遺伝子\*などによる不稔性(sterility)とは異なる．不和合性では，被子植物の種内交配の際にみられる自家不和合性\*が著名である．これは，花粉と雌ずい間の自己・非自己の識別による近親交配抑制の現象であり，認識に関与する分子機構の研究が活発化している．種間交配の際に異種花粉を識別して受精しない種間の交雑不和合性(cross-incompatibility)も不和合性の中に含めて検討されてきた．しかし，これを不調和性(incongruity)とし，不和合性と区別する提案もある．

**分　化** [differentiation] 多細胞生物個体の発生過程において，一つの単純な系または細胞集団が，二つ以上の互いに異質な系または細胞集団に分かれること．また，その直接的あるいは間接的な結果として，新しい特性(分化形質)が発現されることをいう．この術語はW. Rouxが20世紀初頭に提唱した発生機構学(Entwick-lungsmechanik)において創生されたもので，元来は，細胞単位で用いられたのではなく，特定の単純な胚の領域(胚域)が二つ以上の異質な領域に分かれ，その結果としてそれらが特定の分化形質を発現し，機能的な組織や器官になることを概念的に意味する術語である．しかし，その後，1個の細胞が分裂した子孫から二つ以上の異なる細胞種が生じる場合にも，広く使用されるようになった．したがって，血液幹細胞から各種の血球細胞が生じること，あるいは特定の組織の増殖能をもっている前駆細胞\*の子孫がその組織の実質細胞\*として分化形質を発現すること，などにもこの術語が非常に広範に用いられている．重要なことは，"分化"という術語が概念的に二つの基本的な過程を包含することである．分化形質の決定(⇌分化決定機構)の過程と分化形質の発現の過程であるが，これらは厳密に分けられる．たとえば，表皮のような更新性組織についてみると，その前駆細胞は，表皮であれば表皮細胞\*として，その組織実質細胞としての分化形質が遺伝的に決定づけられているが，それを発現してはいない．前駆細胞の分裂によって生まれた娘細胞が前駆細胞と表皮細胞として分化形質を発現する細胞に分かれ，後者のみが決定づけられた分化形質を発現するわけである．したがって，組織前駆細胞の組織実質細胞への分化は，単に細胞分化とはいっても，分化の第二の過程，すなわち決定づけられた分化形質の内容が具体的に"表現"(発現)され

ることであって，分化の前過程を概念的に包含している現象ではない．決定づけられた分化形質の発現の過程は解析が比較的容易なので，ことに細胞レベルの分化の研究はもっぱらこの過程が研究され，遺伝子レベルでも研究が進展し，今日では，分化形質発現の分子機構の大要が理解できるようになっている．しかし，発生系についてはいうまでもなく，細胞レベルの分化についてもその決定機構の解明が待たれる．(⇌細胞分化)

**分解型自己貪食胞** [degradative autophagic vacuole] ＝オートリソソーム．AVdと略す．

**分化肝がん** [differentiated hepatoma] ＝最小変倚肝がん

**分化形質転換** [transdifferentiation] ⇌分化決定機構

**分化決定機構** [differentiation mechanism] 動物の早期胚の単純な特定領域(胚域)で，将来の組織あるいは器官としての分化形質が決定づけられる機構をいう．今日この術語は細胞の分化についても適用されている．分化決定機構は，現今発生生物学領域の最重要課題の一つで，盛んに研究されている．ショウジョウバエで見いだされた各種ホメオボックス\*遺伝子の相同遺伝子が，マウス，ニワトリ，アフリカツメガエル，ゼブラフィッシュなどの脊椎動物についてクローン化され，その機能の研究が進んでいる．これらの研究を通していくつかの転写調節遺伝子が分化決定機構にも深く関与している可能性も示唆されている．発生における形態形成\*や細胞分化\*を制御する遺伝子の機能的なカスケードの実態を明らかにしていくことで，分化決定機構を解明する道が拓かれつつある．胚の部分であれ細胞であれ，一度分化が決定づけられた胚域や細胞の分化形質は一般にきわめて安定に維持され，容易に変更を受けることがない．たとえば，前脳として決定づけられた神経板の領域は胚のどの部域に移されても前脳に分化するし，表皮前駆細胞が表皮以外の細胞種を産生することはまずない．しかし，時として一度決定づけられた分化形質が変更されることがある．いったん決定された分化形質が異質のものに変わることを分化決定転換(transdetermination)という．E. Hadronはショウジョウバエの羽の成虫原基\*を分離し，サナギの体腔内への移植を繰返すことで，羽として決定づけられた成体原基から脚が形成されることを発見し，この現象を分化決定転換と定義した．分化決定や分化決定転換は元来発生系での胚域の分化にかかわる概念であり，細胞レベルの現象を念頭に置いたものではなかった．しかし，細胞についても，たとえば，イモリの虹彩色素上皮細胞が本来の分化形質を失い水晶体を再生\*するように，分化形質の転換が起こりうる．分化した機能的な細胞種が他の正常な細胞種に変わる現象は，分化決定転換，細胞の腫瘍化の概念を包含する形質転換\*，あるいは組織レベルの質的転換に適用される化生\*と区別して分化形質転換(transdifferentiation)という．

**分化決定転換** [transdetermination] ⇌分化決定機

構

**分化抗原**［differentiation antigen］ 細胞の分化に伴ってその発現が変化する抗原の総称．より特異的には，細胞の分化状態を示すいわゆる分化マーカーのことをさすこともある(⇒細胞表面抗原)．ヒトの白血球には，分化の程度，活性化の状態などによって発現が異なる分化抗原が多数存在する．そのおのおのに，モノクローナル抗体を利用してCD(cluster of differentiation)番号をつけ，定義，分類をすることが国際的に行われている(⇒CD分類)．2008年現在で300個以上のCD番号が存在する．おもなものを下表に示す．

**分化状態**［differentiated state］ 個体を構成している細胞が固有機能を発現するに至る多様な細胞状態をいう．たとえば，表皮に代表される更新性組織には，分化決定はなされているが，分裂を続ける前駆細胞から，やがて組織から脱落する分化しきった細胞に至るまでさまざまな分化状態の細胞が含まれている．細胞の分化を研究する場合には生体系であれ培養系であれ，分化状態の分子あるいは遺伝子のレベルでの同定が基本的に要求される．

**分化全能性** ＝全能性
**分　割** ＝卵割
**分化転換** ＝異分化
**分化誘導療法**［differentiation-inducing therapy］ 分化が停止した未熟な腫瘍細胞の細胞分化を促し，成熟細胞に誘導することを目的とした治療法である．白血病の基本的な病態は前駆細胞レベルでの分化ブロックであり，通常は制がん剤*を用いて分化が停止した未熟な白血病細胞(芽球)を完全に死滅させる(total cell kill)．これに対して，急性前骨髄性白血病*(APL)ではビタミンA誘導体の全 *trans*-レチノイン酸(all *trans*-retinoic acid, ATRA)による分化誘導療法が第一選択の治療法である．ATRAはAPLに特異的なt(15;17)(q22;q21)の結果生じるPML-RAR$\alpha$融合タンパク質を分解するとともに，この分子に結合し転写抑制に作用しているコリプレッサー/ヒストンデアセチラーゼ複合体を遊離させ，コアクチベーターをリクルートすることで標的遺伝子に対する転写を活性化し，APL細胞の分化を誘導する．ATRAの導入によ

**おもなCD抗原**（⇒分化抗原）

| CD番号 | 他の名称あるいは機能 | CD番号 | 他の名称あるいは機能 |
|---|---|---|---|
| CD1 | T6 | CD42a | gpIX(血小板) |
| CD2 | E-ロゼット受容体, T11, LFA-2 | CD42b | gpIb(血小板) |
| CD3 | T細胞受容体関連分子, T3 | CD43 | シアロホリン, ロイコシアリン |
| CD4 | MHCクラスIIに結合, T4 | CD44 | Hermes Ag, Pgp-1 |
| CD5 | Ly-1, Leu1 | CD45 | 白血球共通抗原, Ly-5 |
| CD6 |  | CD48 | Blast-1 |
| CD7 |  | CD49a | VLA$\alpha$1鎖 |
| CD8 | MHCクラスIに結合 | CD49b | VLA$\alpha$2鎖 |
| CD10 | CALLA | CD49c | VLA$\alpha$3鎖 |
| CD11a | LFA-1$\alpha$鎖 | CD49d | VLA$\alpha$4鎖 |
| CD11b | Mac-1$\alpha$鎖, CR3(C3biR) | CD49e | VLA$\alpha$5鎖 |
| CD11c | p150/95 | CD49f | VLA$\alpha$6鎖 |
| CD13 |  | CD51 | VNR$\alpha$鎖 |
| CD14 |  | CD54 | ICAM-1 |
| CD15s | シアリルルイス$^X$(sLe$^x$) | CD55 | DAF |
| CD16 | IgGのFc受容体(Fc$\gamma$RIII), Leu11 | CD56 | NCAM(NKH1) |
| CD18 | $\beta$鎖($\beta_2$インテグリン) | CD57 | HNK-1 |
| CD19 | panB | CD58 | LFA-3 |
| CD20 | gpB(末梢血) | CD61 | gpIIIa/VNR$\beta$鎖 |
| CD21 | CR2(C3dR), EBウイルス受容体(EBV-R$_1$) | CD62E | E-セレクチン |
| CD23 | IgEのFc受容体(低親和性) | CD62L | L-セレクチン |
| CD25 | IL-2受容体$\alpha$鎖, Tac | CD62P | P-セレクチン |
| CD28 |  | CD64 | Fc$\gamma$RI |
| CD29 | VLA$\beta$鎖 | CD69 |  |
| CD30 | Ki-1 | CD71 | トランスフェリン受容体 |
| CD32 | FcRII | CD73 | エクト5'-ヌクレオチダーゼ |
| CD33 |  | CD95 | Fas, APO-1 |
| CD34 | 血液幹細胞抗原 | CD102 | ICAM-2 |
| CD35 | CRI(C3bR) | CD106 | VCAM-1 |
| CD38 |  | CD122 | IL-2受容体$\beta$鎖 |
| CD40 |  | CD126 | IL-6受容体 |
| CD41a | gpIIb/IIIa(血小板) | CDw130 | IL-6受容体-gp130 |
| CD41b | gpIIb/(血小板) | | |

り，これまでの化学療法よりも安全に治療が遂行でき，APLの完全寛解率，治療成績は格段に向上した．さらに，再発あるいは難治APLには亜ヒ酸による治療が保険適応となっており，実際に成果をあげている．

**ブンガロトキシン** [bungarotoxin]　アマガサヘビ (*Bungarus multicinctus*) 毒液に含まれる神経毒*タンパク質．主成分はαとβ．αブンガロトキシンは74アミノ酸残基，分子量約8000の一本鎖塩基性ポリペプチドで，神経筋接合部*のシナプス後膜上にあるニコチン性アセチルコリン受容体*のアセチルコリン結合部位にほぼ不可逆的に結合し，刺激伝達を阻害する．βブンガロトキシンは分子量約13,500と7000の2本のポリペプチドがS-S結合で結合したタンパク質で，ホスホリパーゼ$A_2$*活性をもつ．シナプス前神経終末に作用し，神経伝達物質*の放出を阻害する．このほか，微量成分のκブンガロトキシンは神経細胞のニコチン性アセチルコリン受容体に結合して神経伝達を阻害する．

**分岐進化** [divergent evolution, divergence]　一つの共通の祖先から異なる生物へと進化すること．分岐進化で生じた異なるグループは，両者が近縁な場合には，形態的にも，遺伝的にも，多くの形質で類似性を保っている．分子レベルでみると，二つのグループは同じ遺伝子をもち，近縁度の高い場合では，イントロン*のような機能的に重要でない領域においても，配列の上での相同性*が検出できる．(→収束進化)

**分光蛍光計** [spectrofluorometer]　各波長に対する蛍光強度エネルギー曲線および蛍光強度から試料成分の濃度を求める分光光度計*．励起光波長$\lambda_1$を選ぶことによって物質特有の蛍光波長$\lambda_2$を光電池または光電管に受光し高感度の比色定量が可能である．通常$\lambda_1$ (ほとんど紫外線) は$\lambda_2$より短波長で，受光部は入射光方向と直角 (片面または両面) に設置されている．各種ビタミン，ホルモンなどのほか，NADH, NADPHを補酵素とする脱水素酵素群の定量に用いられる．蛍光イムノアッセイ法にも利用される．(→蛍光抗体法)

**分光光度計** [spectrophotometer]　分光器 (回折格子またはプリズム) によって任意 (90 nm～2 μm) の単色光を選別し，セル中の溶液に入射させて吸光度を求める光学的定量用測定装置．紫外部および可視部用の受光部を内蔵し，光源 (ランプ) もそれぞれに対応させて切換え使用できる．ランベルト・ベールの法則に従って分析目的の物質 (あるいはその反応生成物) を定量できるほか，波長を連続的に変えて吸収曲線を描くこともできる．赤外部用には専用器が用いられる．(→モル吸光係数)

**分光旋光計** [spectropolarimeter]　分光偏光計ともいう．各種波長における旋光度を測定する立体化学分析のための光学装置．分光された光を連続的に入射させ，旋光分散* (ORD) 曲線を記録することができる．紫外部における旋光度の極大極小 (コットン効果 Cotton effect) の観測は試料物質の分子構造，ことに光学活性を生じる近接不斉炭素の影響などを知るために大きな手がかりを与える．現在市販の装置はORDだけでなく，円二色性* (CD) も記録できる．CDは左右円偏光の吸収に差が生じて楕円偏光として測定される．

**分光偏光計** ＝分光旋光計

**分子疫学** [molecular epidemiology]　疾患発症の原因を人間集団に分子生物学的解析技術を適応することにより明らかにする研究分野である．遺伝疫学 (genetic epidemiology) も含まれる．ヒトのゲノムDNAを解析して，一塩基多型* (SNP) を中心とした遺伝子多型と疾患との相関関係を調べる．解析対象はがんや生活習慣病*が主流である．これらは多因子疾患であるので，発症にかかわる遺伝子および環境因子の交互作用を明らかにすることが重要である．また感染症においては未知の病原体の遺伝子同定などの研究も含まれる．

**分子化石** [molecular fossil]　DNAやタンパク質は生物の進化に関する情報を担っていることから，地中に保存されている太古の生物の化石との対比で，これらの情報分子のことを分子化石とよぶことがある．分子に刻まれた進化の情報は異なる生物種の間で分子を比較することにより得られる．また，現在生存している生物の分子から，地球上に生存する全生物の祖先から人種の起原に至る，広範囲の進化に関する情報が得られる点に特徴がある．(→分子進化学)

**分子活性** [molecular activity]　⇒代謝回転数

**分子擬態** [molecular mimicry]　タンパク質の翻訳を調節するタンパク質 (EF-G*や終結因子RF) とtRNAを巧みに擬態し機能していることが立体構造解析から明らかになり，このようなタンパク質-核酸が立体構造を擬態する現象をいう．分子擬態は免疫系のHLA (ヒト白血球組織適合抗原*) タンパク質でも見られる．がん関連タンパク質などに阻害活性を示す生理活性タンパク質を分子擬態した人工RNA分子 (RNAアプタマー) は，高い特異性をもつ薬剤の開発につながる可能性が期待されている．

**分子系統発生** [molecular phylogeny]　進化の過程でどのように現在の生物種が生じてきたか，あるいは現在の生物種の系統的類縁関係はどのようなものかを分子レベルで解析してゆく場合，これを分子系統発生学，そのような立場からみた生物の類縁関係，進化のありかたを分子系統発生とよんでいる．この研究には主として，遺伝情報を担うDNAやその産物であるRNAの塩基配列あるいはタンパク質のアミノ酸配列をもとにして分子構造の進化的変化や種の分化の問題を明らかにしようという特徴がある．したがって，塩基やアミノ酸の置換，重複，欠損などが重要な判断基準となる．たとえば，ミトコンドリアに含まれる特定の配列や相同な細胞内のタンパク質分子間のアミノ酸配列を各生物種について比較検討し，その結果，たとえば10億年に1個程度の割合で起こる塩基置換な

どを問題にし，各生物系統間の相互関係を論じる．その結果，分子が変化あるいは進化してゆく速度はタンパク質によって異なり，一般に機能的に重要な分子の変化はそうでない分子の変化に比べ速度が遅いことなどが知られている．これらの測定値や計算値から描かれる系統樹*は，通常の形態あるいは機能面の類似度から考えた分類学的な系統関係とよく一致する場合が多い．しかし，そうでない場合もあり，系統進化の問題に新しい見方を与えている．

**分子細胞生物学** [molecular cell biology] 細胞生物学で扱われる問題を，分子レベルで理解しようとする点に力点を置き，分子レベルで細胞内で起こっている事象を理解しようとする学問を分子細胞生物学とよぶ．これには，特に細胞生物学に近年発達した分子生物学*の手法が取入れられ，また，光学顕微鏡や電子顕微鏡を応用した各種の技術の発達により，実体を分子レベルでとらえられるようになったことの寄与が大きい．

**分子シャペロン** [molecular chaperone] ＝シャペロン

**分子触媒活性** [molar catalytic activity] ＝代謝回転数

**分子進化学** [molecular evolution] タンパク質やDNAといった情報分子に基づいて，生物の進化*や遺伝子そのものの進化を研究する分野のことをいう．おもに化石や形態レベルの比較に基づいた伝統的な進化の研究に代わって，1960年代に始まった比較的新しい分野である．分子進化学は，分子に基づいて生物の進化の道筋を研究する分子系統進化学と，分子や生物の進化の機構を分子レベルから研究する分野とに大別される．(→分子時計)

**分子進化の中立説** [neutral theory of molecular evolution] 中立(突然変異)説(neutral (mutation) theory)ともいう．遺伝子またはタンパク質の一次構造のレベルでは，進化にあずかる突然変異の多くは自然選択*に中立であるとする説で，木村資生により1968年に提唱された．高等生物ゲノムの塩基配列のかなりの部分は遺伝情報をもたない，そのような部分の進化は中立説で説明される．タンパク質のアミノ酸配列など遺伝情報を担う部分の進化に関しては，自然選択と偶然的要因である遺伝的浮動*がともに重要であることを示唆する多くの事実が得られている．

**分子スイッチ** [molecular switch] GTP結合タンパク質*(GTPアーゼ)は，活性型であるGTP結合型と不活性型であるGDP結合型との相互変換によって，さまざまな細胞機能を調節している．これは，ある反応を監視して，ある場合にはゴーサインを出し，またある場合には停止させる機能と考えることができ，これに対して分子スイッチという概念が与えられた．広義には，タンパク質のリン酸化・脱リン酸のような反応を分子スイッチと考えることもできる．

**分子生物学** [molecular biology] 生体分子，特に生体高分子の構造と分子間相互作用に基づいて生命現象を理解しようとする学問分野もしくは立場をよぶ．歴史的にみると，生物学と物理学の間に共通の基盤を見いだそうとした物理学者の存在がこの学問の黎明期に大きな影響を与え，DNAの二重らせん*構造の発見と微生物の分子遺伝学の展開がこの学問の成熟に大きく寄与した．タンパク質の一次構造や立体構造の解析技術の進歩もこの学問分野の成立の要因となった．生体運動，物質輸送，神経興奮伝達などの生理現象が分子レベルで解析され，このアプローチの有効性が示された．組換えDNA*実験技術をはじめさまざまな新しい方法論の展開，物理的計測技術の進展により，さらに複雑な生命現象の基本原理が分子レベルで明らかにされるに及んで，今日では分子生物学的方法論はほとんどすべての生命科学の研究に取入れられている．(→分子細胞生物学，生化学，遺伝子工学)

**分子設計** [molecular design] ある望みの構造，機能，性質をもつ分子を新規に創製すること．設計対象となる分子は低分子リガンドからタンパク質まで多岐にわたる．また，設計の程度も，既存の分子に部分的な改変を加えて性質を向上させるようなものから，手本を用いずに最初から設計を行うものまである．分子動力学計算，コンピューターグラフィックス，構造活性相関などの理論的手法が用いられることもあるが，経験と試行錯誤に頼って設計されることもある．

**分枝点**(DNAの) [branch point] DNA複製*や組換え*の過程で形成される枝分かれ構造の分枝点をさす．一般的には，組換えの際に生じる二つのDNA分子が連結した組換え中間体にみられるDNAの交差の結合部をさす場合が多い．この場合，分枝点においては二つのDNA分子の乗換え*が起こっており，分枝点がスライドしていくことによって(→分枝点移動)，2個の対合しているDNA分子間で一方の鎖が他方の鎖で置き換わっていく．組換えに不可欠の反応である．

**分枝点移動** [branch migration] DNAの組換え*の際，ホリデイ構造*の連結部(分枝点*)が移動し，2分子のDNAの間で鎖の交換が起こる過程(二本鎖分枝点移動)，もしくはDループ*中間体で，一本鎖DNAと二本鎖DNAの間でDNA鎖の置換が進む過程

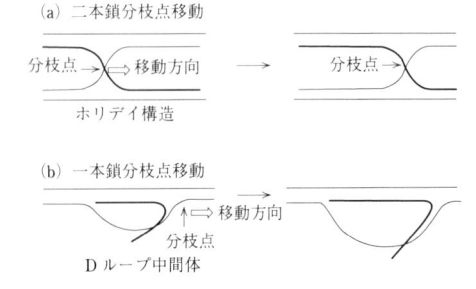

(a) 二本鎖分枝点移動

分枝点 ← → 移動方向      分枝点
ホリデイ構造

(b) 一本鎖分枝点移動

→ 移動方向
分枝点
Dループ中間体

(一本鎖分枝点移動)をさす(図参照).分枝点移動は普遍的組換えにおいて必要不可欠の過程である.大腸菌のRecAタンパク質*や,出芽酵母のRad52タンパク質は分枝点移動をATP加水分解により活性化することが知られている.

**分子時計** [molecular clock] タンパク質やDNAが進化の過程で年当たり一定の割合でアミノ酸や塩基の置換を起こす進化的性質のことを分子時計とよぶ.アミノ酸や塩基の置換があたかも時計が時を刻むのに似ていることから,その名の由来がある.さまざまな脊椎動物のヘモグロビンの配列比較から,E. ZuckerkandlとL. C. Paulingが1962年に発見した.この性質を利用すると,分子の配列比較から,生物の分岐年代が推定できる.分子時計の目盛り合わせは化石を用いた年代決定を参考にして行われ,100万年当たりのヌクレオチド置換数を求めて,置換速度とする.分子時計は生物によって異なり,単一の生物種内でも変化する.(→分子進化学)

**分子病** [molecular disease] 1949年,L. Pauling*が,鎌状赤血球貧血*のヘモグロビンβ鎖が正常のヘモグロビンβ鎖と異なる電気泳動度をもつことを見いだし,この病気が分子の変化によって起こるとして分子病と名づけた.これは先天性代謝異常などの原因を生体分子の異常と端的に結びつけた新説として注目された.その後,多くの先天性疾患がこの範ちゅうに入ることがわかり,現在ではもっと一般的な概念となっている.たとえば,体質といわれるような多因子性のものまで考慮すると,ほとんどの疾患が分子的な基礎をもっているといえる.

**分子標的治療** [molecular-targeted therapy] ヒト細胞のバイオサイエンス研究の最近の進展に基づいて,細胞の機能を明確にし,疾患に関与する遺伝子,遺伝子産物を標的として,特異性をもって作用する薬剤を創生し,治療に用いようという研究がある.この薬剤が分子標的薬剤であり,それを用いる治療が分子標的治療である.分子標的治療では,治療薬が目的とする標的に作用して効果が出ているという証明が望まれる.また分子標的治療では,その分子標的が正常組織にある場合は,副作用を慎重に考える必要があるが,治療上は特異性の高いことが期待され,特に標的が高い発現をしている症例の診断が先行すれば,より有効な治療が可能である.この治療法は病気指向(disease oriented)ではなく,標的の指向(target oriented)であるため,標的が存在するいろいろな疾患に有効となることが期待される.

**分子ふるい** [molecular sieve] ゲルクロマトグラフィーの原理となる現象(→ゲル沪過).架橋化された多孔性ポリマー(セファデックスなど)を水で膨潤させてゲルとし,これを充塡してカラムクロマトグラフィー*を行う.これに高分子混液を注入すると,大分子はゲル粒子間を直接通過してしまうが,中分子および小分子はゲル粒子内を通って下降するため流出速度が遅れ(→ボイド容積).溶出液の追加によって各分子を分子量の大きさの順に分取することができる

フンセツイ 803

(分子ふるい効果).脱塩にも利用できる.

**分子模型** [molecular model] 分子は三次元の物体であるから,分子の形や分子内の各原子の相対的位置を知るためには紙面に描くより立体模型を用いる方が便利である.そのような分子の三次元模型は2種類に大別される.骨格模型(framework modelまたは玉棒模型 ball-and-stick model)では,棒の末端または玉によって原子核の中心を表し,結合距離に応じた棒で連結して分子を構築する.このモデルでは結合距離や結合角が見やすい.原子核の位置がわかる,分子の骨格が見える,などの特徴があるが,ファンデルワールス半径*がわからないから立体障害を知ることは難しく,分子表面の形もわからない.代表的なものにHGS模型,Dreiding模型がある.これに対し空間充塡模型*(空間実体模型)では,分子内で各原子が実際に占める空間(ファンデルワールス半径)に従って原子がつくられているから,分子内の各部分の関係,特に立体障害や分子内および分子間相互作用の有無がよく示される.しかし核間距離を予測することは難しい.代表的なものにはCPK模型,Ealing模型,Stuart模型がある.なお,現在では分子模型は実物よりコンピューターグラフィックスにより画面上で回転などの操作をして研究することが多い.(→ワイヤーモデル,リボンモデル)

**分子量** [molecular weight] MWと略称する.IUPACの正式名称では相対分子質量(relative molecular mass)という.分子の質量の相対値であり,炭素の同位体の中で天然に最も多く存在する質量数12の炭素の原子量を12.0として基準が与えられる.アボガドロ数($6.02 \times 10^{23}$)個から成る分子集合(物質1 mol)の質量をグラム単位で表した時の数値を無名数で表したものに等しい.一般には,分子式に従って構成元素の原子量を用いて算出する.高分子物質の分子量は,均一でない場合が多く,平均分子量(average molecular weight)で表される.平均をとる際の重率の違いにより,数平均分子量,重量平均分子量,Z平均分子量などがある.固有粘度の測定から求められる粘度平均分子量(viscosity-average molecular weight)も平均分子量の一つである.ドルトン*(Da)は分子質量そのものを表す単位であり,数値的には分子量と同じ値になるが,これを分子量と混用してはならない.

**分節遺伝子** [segmentation gene] 体節形成遺伝子ともいう.ショウジョウバエの体節形成*に必要な一連の遺伝子群を分節遺伝子という.卵における母性決定因子(ビコイド分子など)の濃度勾配に基づく位置情報は,領域特異的な分節遺伝子の発現パターンに変換され,その遺伝子産物の働きによって明瞭な境界をもつ体節構造が形成される.分節遺伝子群には,三つのクラスがあり,これらが差時的に発現する(次ページ表参照).ギャップ遺伝子*群にはクルッペル(*Krüppel*),ハンチバック(*hunchback*),テールレス(*tailless*)などがあり,胚を前後軸に沿って3ないし5体節に相当する領域に区分する.つぎに,イーブンスキプト(*even-skipped*),フシタラズ(*fushi tarazu*),ヘアリー

(hairy)などのペアルール遺伝子*群が帯状に発現し，2体節ごとに区分する．さらにウイングレス(wingless)，ヘッジホッグ(hedgehog)，エングレイルド(engrailed)などのセグメントポラリティー遺伝子*群が特定の細胞に発現することにより，前後軸に沿った体節極性が確立される．(→ホメオティック遺伝子)

**分節化** ＝体節形成
**分断遺伝子** ＝分断された遺伝子
**分断された遺伝子**［split gene］ 分断遺伝子ともいう．イントロン*を含むことにより，成熟RNAとなる遺伝子部分が分断されている遺伝子をいう．分断された遺伝子は，イントロンを含む前駆体RNA(一次転写産物*)として転写された後，スプライシング*などの加工を受け，エキソン*部分が継ぎ合わされ機能的な成熟RNAとなる．真核細胞のタンパク質をコードする遺伝子の大部分は分断遺伝子の形をとっている．イントロンにより分断された部分の数は数個から数十個と遺伝子ごとに異なる．

**分配**(染色体の) →染色体分配

**分配クロマトグラフィー**［partition chromatography］ 固定相に液体が含まれていて，それが移動相の溶媒と混合しなければ，移動相中の各種の分子は，双方の溶媒に対する溶解性の違い(分配係数)によって固定相に止まる確率が変わってくるので分離できる．濾紙クロマトグラフィー*が代表例で，濾紙に保持されている溶媒が固定相になり，それと異なる組成の展開溶媒が移動相になる．生体低分子の分離に汎用されていたが，今日では生体高分子の分離に実際に使われることは少ない．

**分泌**(タンパク質の) →タンパク質分泌
**分泌遺伝子**［secretory gene］ ＝SEC遺伝子
**分泌型ホスホリパーゼ $A_2$**［secretory phospholipase $A_2$］ →ホスホリパーゼ $A_2$

**分泌顆粒**［secretory granule］ 下垂体前葉細胞，膵の内・外分泌腺，唾液腺などの分泌細胞*内の粗面小胞体で合成されたアミン，ATPやペプチド・タンパク質が顆粒膜に包まれたもの．それらは分泌顆粒の形で貯蔵される．分泌顆粒は細胞膜と融合して，その部分が開口して内容物が細胞外へ分泌される．(→エキ

### おもな分節遺伝子(→分節遺伝子)

| 遺伝子名 | 略号 | 遺伝子座 | 構造上の特徴 |
|---|---|---|---|
| **ギャップ遺伝子** | | | |
| hunchback | hb | 85A | ジンクフィンガー |
| Krüppel | Kr | 60E | ジンクフィンガー |
| knirps | kni | 77E | ステロイド受容体 |
| giant | gt | 3A | bZIP |
| tailless | tll | 100A | ステロイド受容体 |
| huckebein | hkb | 82A | ジンクフィンガー |
| orthodenticle | otd | 8A | ホメオドメイン |
| empty spiracles | ems | 88A | ホメオドメイン |
| buttonhead | bth | 8F-9A | ジンクフィンガー |
| **ペアルール遺伝子** | | | |
| even-skipped | eve | 46C | ホメオドメイン |
| hairy | h | 66D | ヘリックス・ループ・ヘリックス |
| runt | run | 19E | |
| fushi tarazu | ftz | 84B | ホメオドメイン |
| paired | prd | 33C | ペアードボックス，ホメオドメイン |
| odd-skipped | odd | 24A | ジンクフィンガー |
| odd-paired | opa | 82A-E | ジンクフィンガー |
| sloppy-paired | slp | 24D | フォークヘッドドメイン |
| **セグメントポラリティー遺伝子** | | | |
| engrailed | en | 48A2 | ホメオドメイン |
| gooseberry | gsb | 60E9-F1 | ペアードボックス，ホメオドメイン |
| wingless | wg | 28A1-3 | int-1原がん遺伝子相同性 |
| armadillo | arm | 2B17 | βカテニンファミリー |
| cubitus interruptus | ci | 101F2-102A5 | ジンクフィンガー |
| fused | fu | 17C4-6 | セリン/トレオニンキナーゼ |
| hedgehog | hh | 94E | 1回膜貫通ドメイン |
| naked | nkd | 75F | |
| patched | ptc | 44D3-4 | 数回膜貫通ドメイン |
| dishevelled | dsh | 10B6/7 | |
| zeste white 3/shaggy | zw3/sgg | 3B1 | セリン/トレオニンキナーゼ |

ソサイトーシス，分泌タンパク質）

**分泌細胞** [secretory cell]　外分泌細胞，内分泌細胞，ニューロンや遊離細胞（マスト細胞，白血球など）の種類に分類されている．分泌の形式は，全分泌，離出分泌，開口分泌（エキソサイトーシス*）と透出分泌に分類される．さらに，内分泌細胞は，甲状腺細胞，ステロイドホルモン分泌細胞とアミン・ペプチドホルモン分泌細胞に分けられる．アミン・ペプチドホルモン分泌細胞は分泌顆粒*を合成・貯蔵し，開口放出するという特性においてニューロンと共通の性質をもっている（⇒ 神経分泌）．

**分泌小胞** [secretory vesicle]　分泌細胞*に含まれる分泌物を含む小胞．ニューロンのシナプス前末端にみられるシナプス小胞*は直径約50 nm でアセチルコリン*を含む．そのほか，電子密度の高い芯をもつ有芯小胞を含む細胞もある．

**分泌成分** [secretory component]　SCと略す．（⇒ J鎖）

**分泌タンパク質** [secretory protein, secreted protein]　分泌細胞*から分泌されるタンパク質．分泌タンパク質は，真核細胞では粗面小胞体上で通常シグナルペプチドをもった前駆体の形で合成されるが，合成途上にリボソームから出たシグナルが認識粒子*（SRP）に認識され，SRPはリボソームと伸張中のポリペプチドの複合体を小胞体膜上にあるSRP受容体に運ぶ．この時SRPとSRP受容体にGTPが結合して複合体間相互作用を強める．この複合体が小胞体膜貫通チャネルであるトランスロコン*（Sec61複合体）に渡され，シグナル配列とそれに続く部分がトランスロコンのチャネルの中に入り込む．SRPとSRP受容体はGTPの加水分解とともにトランスロコンから解離し，ポリペプチド鎖は伸長を続けて，小胞体内腔へ入るが，この時，シグナルペプチドが小胞体内のシグナルペプチダーゼ*によって切除され，速やかに分解される．翻訳が完了したリボソームは離れ，分泌タンパク質のC末端部分は小胞体内腔に引き込まれて，トランスロコンが閉じる．分泌タンパク質は小胞体中でジスルフィド結合の形成，グリコシル化などを受け，適切な立体構造をとる（フォールディング）．小胞体残留シグナル*がある場合にはCOPⅡ被覆小胞によりゴルジ体に運ばれた後，COPⅠ被覆小胞により小胞体に送り返される（⇒ ゴルジ体）．さらに分泌タンパク質は小胞輸送により，ゴルジ体を経て分泌小胞*により細胞膜へと運ばれ，細胞外に分泌される（エンドサイトーシス*経路）．ゴルジ体からは輸送小胞*に取込まれてリソソームへと運ばれるものもある．ペプチドホルモン，レプチン*などの脂肪細胞から分泌されるタンパク質の一部，消化酵素などの細胞外分泌は制御されている．原核生物では，分泌タンパク質のシグナルペプチドの切断は細胞質膜を通過する時に起こり，成熟タンパク質はグラム陰性細菌では細胞周辺腔*へと移行し，グラム陽性細菌では菌体外へと分泌される．細胞周辺腔に移行したタンパク質は，細胞周辺腔内で適切なフォールディング*を行う．

**分離**（染色体の）　⇒ 染色体分離
**分離の法則** [law of segregation]　⇒ メンデルの法則

**分類学** [taxonomy, systematics]　生物を種*という単位ごとにまとめ，これに妥当な整理の規準を当てはめて全体を体系づける学問分野．生物が共通の祖先から出発しながら連続した形態をとらず，なぜ種という不連続性をもつのかは進化学の問題となっているが，種の成立の原因を探るのも分類学の大きい課題である．従来は生物の形を分類の指標としてきたが，最近は遺伝子DNA，あるいはミトコンドリアDNAなどの塩基配列を指標とした新しい方法がとられ始めている．

**分裂期** [mitotic phase]　＝M期

**分裂溝** [cleavage furrow]　卵割溝ともいう．動物の細胞の分裂時，特に受精卵が卵割*を行う時に分裂面に生じる溝．一般に動物細胞では細胞質が分割される際に外側からくびれ込むように分裂面が生じる．この分裂面にはそれぞれの割球の新しい細胞膜がつくられ，細胞はそれによって互いに接している．しかし，最初にくびれ込んだ部分では細胞膜が離れており溝のようにみえるのでこのようによばれるわけである．このような溝は卵割の比較的初期にのみ明瞭にそれと認められるもので，卵割が進んで細胞数が増えてゆくにつれて不明瞭となる．分裂溝の形成はアクチンフィラメント*が束のようになって，収縮環*を形成することによって起こる．その際，非筋肉細胞性のミオシン*が結合することで収縮が起こると考えられている．なお，分裂が終わると収縮環は脱重合によって消失する．個々ばらばらに存在する培養細胞のような通常の細胞では分裂溝は分裂が終わると消失する．しかし卵割期の卵の場合，上述のように，細胞分裂の際のくびれはかなりの期間，外からそれとわかる（たとえば，切片標本を作製した場合など）かたちで存続する．

**分裂酵母** [fission yeast]　＝シゾサッカロミセス＝ポンベ

**分裂指数** [mitotic index]　分裂係数（mitotic coefficient）ともいう．細胞集団中の全細胞数に対する有糸分裂*期の細胞の割合を表す数．通常は細胞を直接観察して得られる凝縮染色体をもつ細胞の頻度，あるいは紡錘体をもつ細胞の頻度など，有糸分裂期であることを示す特徴をもった細胞の頻度が使用される．二分裂増殖する非同調培養下の細胞集団では，分裂指数は分裂時間（$T_m$）と世代時間*（$T_g$）の比に比例し，その値は$(T_m/T_g) \times 100$となるので分裂指数と世代時間より分裂時間が算出される．

**分裂寿命** [replicative senescence]　⇒ 細胞老化

**分裂装置** [mitotic apparatus]　有糸分裂期のウニ卵から単離された紡錘体*，星状体*，中心体*，染色体などの複合体の名称．哺乳類培養細胞では，主として中心体*と紡錘体より成る分裂構造をさす．1951年に井上信也によって成熟分裂細胞の紡錘体の複屈折性が確認されていたが，その1年後の1952年にD. Maziaと団勝磨によって，*Strongylocentrotus* *purpuratus* の第一有糸分裂期の卵より初めて単離された．その骨格は微小管*から成り，中期の分裂装置が最も安定で，後期の卵からは半紡錘体として単離されやすい．

**分裂促進因子** ＝マイトジェン

**分裂中期チェックポイント** [metaphase checkpoint] 紡錘体形成チェックポイントともいう．(→ 細胞周期チェックポイント)

**分裂中心** [division center] ＝中心体

**分裂病** ＝統合失調症

# へ

**ペアードヘリカルフィラメント**［paired helical filament］ PHFと略される．ねじれ細管(twisted tubule)ともいう．2本の中間径フィラメント*が互いにより合わさって，見かけ上80 nmの間隔でくびれを呈するようにみえる繊維をさす．元来，アルツハイマー病*の神経細胞内にみられる神経原繊維変化*の基本単位として同定された．正常の神経細胞内にみられる繊維性構造物，微小管*(24 nmの管状構造)，ニューロフィラメント*(側枝をもつ中間径フィラメント)とは形態を異にしており，容易に判別できる．PHFはアルツハイマー病のみではなく，他の多くの神経疾患においても観察され疾患特異性はない．しかし神経細胞死とは密接な関係がある．神経細胞の変性過程での産物と考えられている．PHFはヒト脳以外には観察されていない．PHFの主要成分は，微小管関連タンパク質の一つであるτタンパク質*と同定された．このτタンパク質は通常のものとは異なり，過剰にリン酸化されている．

**ヘアピン型リボザイム**［hairpin ribozyme］ ⇒リボザイム

**ヘアピンベンド**［hairpin bend］ ⇒βターン

**ヘアピンループ**［hairpin loop］ ステムループ(stem loop)ともいう．一本鎖RNAあるいはDNA上に存在する逆方向反復配列*間で水素結合によって生じる二本鎖の部分(ステム stem)とそれに挟まれたループの部分から成る構造．計算上の自由エネルギー($\Delta G$)の値からその安定性の程度を知ることができる．DNAの変性，再生後に形成されるこの構造はスナップバック構造(snap-back structure)あるいはフォールドバック構造(fold-back structure)ともよばれる．ヘアピンループ構造は，ρ因子*非依存性のRNAポリメラーゼ*の転写終結シグナルとして，トリプトファン遺伝子の転写後の翻訳調節*に関与するアテニュエーター*としてみられる．しばしばシュードノット構造*を形成し，翻訳レベルの遺伝子発現調節などに関与する場合がある．またT7ファージのmRNAが転写後RNアーゼIIIによってプロセシングされる際にその切断部位となるなど，遺伝子の発現制御に重要な役目を果たしている．マイクロRNA*(miRNA)の前駆体(pre-miRNA)はヘアピンループ構造をとっており，siRNA*の場合にも短いヘアピン構造をとるように設計した合成オリゴヌクレオチドをプラスミドやウイルスベクターに挿入して細胞内でヘアピン形のRNAを発現させる方法がよくとられるが，これらのヘアピンループRNAはDicer*の基質となり，成熟二本鎖RNAを生成する．

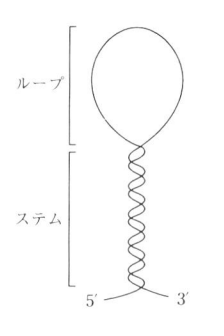

**ペアルール遺伝子**［pair-rule gene］ ショウジョウバエでは母性因子により前後軸*，背腹軸*が決まり，つぎに分節遺伝子*により頭部の一部と胸部腹部で分節化が起こる．ペアルール遺伝子は分節遺伝子の一つでイーブンスキップ(eve)遺伝子*，ヘアリー(h)遺伝子，ラント(run)遺伝子，フシタラズ(ftz)遺伝子，ペアード(prd)遺伝子，オッドペアード(opa)遺伝子，オッドスキップ(odd)遺伝子，スロッピーペアード(slp)遺伝子の八つの遺伝子が同定されている．この遺伝子のホモ突然変異胚では見かけ上一つおきの体節が欠失し，体節の数が半分しかないように見える．しかし，実際にはある体節の後半部とそれに続く体節の前半部が欠失し，残りの部分が融合して見かけ上一つの体節がなくなったように見えるのである．なお，欠失する位置と広さは突然変異遺伝子ごとに異なっており，正常胚での発現部位と欠損部位はほぼ対応している．この遺伝子の発現はギャップ遺伝子*の発現境界をもとに h, run がゼブラパターンをとって発現するようになり，ついでこの発現パターンはftz/eve, prd/opa のペリオディック発現パターンの確立に作用し，さらにこの発現パターンがセグメントポラリティー遺伝子*の発現パターンの確立に用いられることにより，体節が形成される．(⇒体節形成)

**ペアルール突然変異**［pair-rule mutation］ ショウジョウバエなどの昆虫の体のパターン形成には分節遺伝子*群が関与しているが，これらはさらにギャップ遺伝子*，ペアルール遺伝子*，セグメントポラリティー遺伝子*の3種に大別される．このうち，2体節の単位で体の極性を支配しているペアルール遺伝子が変化して，体節が一つおきに欠失してしまうようになった突然変異をペアルール突然変異とよぶ．

**ペアワイズアラインメント**［pairwise alignment］ ⇒アラインメント

**平滑筋**［smooth muscle］ 内臓などに存在する筋肉で骨格筋*に比べてゆっくり収縮・弛緩する．短縮・伸長の程度が大きい．平滑筋は紡錘形の単核細胞から成り，コラーゲン繊維によってつながっている．細胞内には多くのアクチンフィラメントと少数のミオシンフィラメントが存在する．カルシウムによる制御は，ミオシンL鎖*のリン酸化やアクチンフィラメントに結合したカルデスモン*，カルポニンによってなされる．デスミン*中間径フィラメントが多く存在する．

**平滑筋肉腫**［leiomyosarcoma］ 平滑筋*細胞への

分化を示す紡錘形細胞肉腫. 消化管の平滑筋から発生することが多いが, 四肢の軟部や後腹膜にも発生する. 紡錘形細胞肉腫の一つで繊維肉腫や悪性シュワン腫との鑑別が問題となる. 核が葉巻き状で尖端が丸いのが特徴とされている. 電子顕微鏡的にところどころで結節状に高電子密度を呈する細繊維が細胞質内にみられることや, 基底膜の存在や含液小胞が目立つことが特徴であり, 免疫組織化学的には$\alpha$平滑筋アクチン陽性である. (⇌ 横紋筋肉腫)

**平滑末端** [blunt end, flush end]　末端まで完全に対合し, 端のそろった二本鎖DNAの末端. 平滑末端をもつ二本鎖DNA同士は, DNAリガーゼ*で連結することができる. (⇌ 付着末端)

**閉環状DNA** [closed circular DNA]　⇌ 環状DNA

**平均分子量** [average molecular weight]　⇌ 分子量

**平衡多型** [balanced polymorphism]　遺伝的分離の起こる遺伝子座または染色体に関して, 2種類以上の相同遺伝子または構造の異なる染色体が一つの集団中にある時, そのうちの低い方の集団内での相対的な割合が, 突然変異と自然選択の働きの平衡から期待される割合以上に高く存在し, しかもこの割合が平衡選択によって長い間集団内に保たれている現象をいう. 平衡選択の例として, 超優性, 頻度依存選択, 多様化選択, 接合体形成前後の選択などがある. 自然集団に見いだされるタンパク質多型やDNA多型が, 平衡選択によって維持されているかどうかについて多くの研究が行われ, 分子進化の中立説*(木村資生, 1968, 1983)に関する論争が展開された. DNAレベルの平衡多型の著しい例として, ヒト集団における主要組織適合遺伝子複合体*(*MHC*)の研究がある.

**平衡定数** [equilibrium constant]　可逆反応 A+B ⇌ C+D に質量作用の法則を適用すると, 右向きの反応速度は $k_{+1}[A][B]$, 左向きの反応速度は $k_{-1}[C][D]$と表される. 平衡状態, すなわち右向きと左向きの反応速度が等しい状態では, $k_{+1}[A]_e[B]_e = k_{-1}[C]_e[D]_e$, したがって, $[C]_e[D]_e/[A]_e[B]_e = k_{+1}/k_{-1} = K$が成り立つ. この$K$を平衡定数という. 酵素-基質複合体*やリガンド-アクセプター複合体を形成する反応の平衡定数は結合定数($K_a$), 逆に複合体が解離する反応のそれは解離定数*($K_d$)と別称される.

**平衡電位** [equilibrium potential]　イオンチャネル*は膜内外のイオン濃度勾配による拡散と, 膜電位*勾配による電気泳動の二つの効果によってイオンを運ぶ. 平衡電位とは, ある一定の膜内外のイオン組成において, 拡散による輸送と電気泳動による輸送がつり合い, 電流が0となる膜電位のことをいう. イオン組成と平衡電位$E_m$の関係はイオン種が1種類の時はネルンストの式*, 多種類の時はゴールドマン・ホジキン・カッツの式(Goldman-Hodgkin-Katz equation, 次式)から求められる.

$$E_m = \frac{RT}{zF} \ln \frac{P_{Na^+}[Na^+]_o + P_{K^+}[K^+]_o + P_{Cl^-}[Cl^-]_i}{P_{Na^+}[Na^+]_i + P_{K^+}[K^+]_i + P_{Cl^-}[Cl^-]_o}$$

$P$は各イオンの通りやすさ, $R$は気体定数, $T$は絶対温度, $z$は電荷, $F$はファラデー定数, $[\ ]_i$, $[\ ]_o$は膜内外の各イオン濃度を表す. 細胞内外のイオン組成が既知の時には, これらの関係式と平衡電位からイオンチャネルのイオン選択性を決めることができる. 電気的に中性でないキャリヤーの場合は, $P_{Na^+}$などの代わりに化学量論が問題となり, たとえば心筋型の$Na^+/Ca^{2+}$交換輸送の場合には,

$$E_m = \frac{RT}{F} \ln \frac{[Ca^{2+}]_i[Na^+]_o^3}{[Ca^{2+}]_o[Na^+]_i^3}$$

である. (⇌ 逆転電位)

**平衡透析** [equilibrium dialysis]　透析膜を利用して高分子と低分子の結合を解析する方法. 透析膜で系を(A)と(B)に仕切り, 透析膜を通過しない高分子を(A)に濃度$H_t$で入れる. この系に透析膜を通過する低分子(L)を加え平衡に到達させ, (A)と(B)における(L)の濃度$C_A$と$C_B$を測定する. 平衡にあれば遊離型(L)と結合型(L)の濃度はおのおの$C_B$と$(C_A-C_B)$と表される. よって(L)と高分子の結合定数$K_a$は$(C_A-C_B)/C_B[H_t-(C_A-C_B)]$で算出できる. $H_t$が不明の時はスキャッチャード式*で$K_a$と$H_t$を求めることができる.

**平行β構造** [parallel β structure, parallel beta structure]　⇌ β構造

**平衡密度勾配遠心分離法** [equilibrium density-gradient centrifugation]　アルカリ金属の塩などの均一溶液を長時間超遠心*にかけると遠心力の方向への溶質の沈降と, 逆方向への拡散の平衡状態が生じ, 遠心管(またはセル)内に密度勾配が形成される. この溶液中の高分子物質が溶解しているとその物質固有の浮遊密度に相当する位置に集まってバンドを形成する. 浮遊密度とは溶媒和した高分子物質の偏比容の逆数であり, したがって密度勾配を形成する溶質によって値が異なる. 正確な浮遊密度を測定する場合は, 遠心中に高分子の分布状態を観察できる分析用超遠心機を使用する. 細胞や細胞内顆粒, DNAなどの生体高分子の一般的な分離, 分析を行う場合は分離用超遠心機が用いられる. 平衡に達する時間を短くする目的で, あらかじめ密度勾配を作製しておき, その上に試料を重層する場合もある. 遠心はスイングローター, 垂直ローターのほかにアングルローターを用いることもできるが, 密度勾配曲線が異なるので, 目的に応じて使い分けるのがよい. (⇌ 塩化セシウム密度勾配遠心分離法)

**閉鎖帯** [zonula occludens]　⇌ 密着結合

**閉鎖複合体**　⇌ オープンプロモーター複合体

**ベイジアンネットワーク** [Bayesian network]　因果関係を確率的にモデル化する手法の一つ. 遺伝子発現データなどから遺伝子間の制御関係をモデル化する場合などに用いられている. ベイジアンネットワークでは因果関係を有向グラフで表記し因果の強さを条件付き確率で表す. この時のグラフは矢印をたどっていくと元のノードに戻らない非循環グラフである. グラフィカルモデル(graphical model)とよばれることもある. ネットワークの確率推論を行う手順を概略する. まず観測された変数の値をノードに与える. つぎに親

ノードをもたず観測値ももたないノードへ事前確率分布を与える，最後に知りたい対象の変数事後確率を得る，という手順で計算を行う．

**並進拡散** ＝側方拡散

**ベイズの定理**［Bayes' theorem］ 16世紀にT. Bayesによって発見された確率論の定理の一つ．事象Bが生起する確率(事前確率，prior probability)を$P(B)$とし，事象Aが起こった後に事象Bが起こる確率(事後確率，posterior probability)を$P(B|A)$とする．$P(A)>0$の時，$P(B|A)=P(A|B)*P(B)/P(A)$が成り立つ．言い換えると，得られたデータの影響を受けてある事象が将来起こる確率を予測することが可能であることを示している．ベイズの定理を基礎にした理論体系がベイズ統計学(Bayesian statistics)とよぶこともある．生命科学の分野ではDNA配列・アミノ酸配列や発現解析の分野に応用されている．

**並層分裂**［periclinal division］ 表面に平行な面に細胞板*をつくる細胞分裂．垂層分裂*に対する用語．植物の頂端分裂組織*の表層の細胞が並層分裂を行うと，表層には細胞の層状構造を生じないし，頂端分裂組織全体が同じ細胞系譜*となる．被子植物のシュート頂では垂層分裂を繰返す外衣があるが，その内方は内体とよばれ，並層分裂や斜分裂も行う．多くの裸子植物では，表層の細胞に並層分裂が起こるので，全体が同じ細胞系譜になりやすい．

**平板効率**［plating efficiency, efficiency of plating］ プラーク形成効率ともいい，EOPと略す．ファージによって形成されるプラーク*の現れ方の指標．ファージを標準指示菌と混合し，寒天平板に播種して一定の温度条件下で培養し，一定時間後に生じるプラーク数を測定して，この値を1とする(標準条件)．同じファージを異なる指示菌と混合したり，異なる培養条件下で培養した時に生じるプラーク数を測定して，先の標準条件で得た値との比で表した値を平板効率という．標準指示菌としては，通常一定条件下で最も多くのプラーク数を与える菌を選ぶ．プラーク数は指示菌の種類，培養条件，ファージの活力の度合などによって異なる．

**平板培養**［plate culture］ 寒天*，ゼラチンなどを加えて調製した培地をシャーレに分注して固化させた固形培地(プレート)に，微生物や多細胞生物の細胞，組織，器官などを培養することをいう．大腸菌，酵母，培養細胞など単細胞では，増殖能のテスト，細胞の純化，選択培地*を用いた突然変異株の分離などに利用される(⇒レプリカプレート法)．また，植物は，培地に適切な成長ホルモンを加えることにより，組織片ないしカルス*から個体の再生まで行うことができる．

**ヘイフリック限界**［Hayflick limit］ ヒト胎児組織を取出して初代培養*すると，繊維芽細胞が増殖してくる．この細胞を継代培養していくとおよそ50回分裂し，その後分裂能を失う．この現象は細胞の老化*ないし細胞寿命*とよばれ，またこの限界を発見者にちなんでヘイフリック限界という．(⇒細胞培養)

**ベイン** VANE, John Robert 英国の薬理学者．1927.3.29〜2004.3.29. ウースター州ターデビッゲに生まれる．バーミンガム大学で化学を学んだのち，オックスフォード大学で薬理学を専攻．Ph.D. を取得(1953)．エール大学に勤めたのち，ロンドン大学所属の王立外科学会薬理学教授(1966)．1960年代 B. I. Samuelsson*と協同してプロスタグランジン*の生理作用を解明．アスピリンがプロスタグランジン生成を阻害することを発見した(1971)．ウェルカム研究所長(1973)．Samuelsson, S. K. Bergström*とともにノーベル医学生理学賞受賞(1982)．

**ベカナマイシン**［bekanamycin］ ⇒カナマイシン

**壁圧**［wall pressure］ ＝膨圧

**壁栄養外胚葉**［mural trophectoderm］ ⇒栄養外胚葉

**壁細胞** ＝旁細胞

**ヘキサデカン酸**［hexadecanoic acid］ ＝パルミチン酸

**ヘキサヒドロキシシクロヘキサン**［hexahydroxycyclohexane］ ＝イノシトール

**ヘキサブラキオン**［hexabrachion］ ＝テネイシン

**$N,N'$-ヘキサメチレンビスアセトアミド**［$N,N'$-hexamethylenebisacetamide］ HMBAと略称される．$CH_3CONH(CH_2)_6NHCOCH_3$. アセチル化ジアミンの一種で6個のメチレン基をもつ，ジメチルスルホキシド*(DMSO)類似の双極性物質．DNAの低メチル化(hypomethylation), がん細胞の分化誘導，増殖抑制などの作用がある．マウス赤白血病細胞株，ヒト急性骨髄性白血病細胞株あるいはヒト胎児がん細胞株の細胞を分化させる．一方，ヒト黒色腫細胞，胃がん細胞，結腸がん細胞などの培養系では本剤はその増殖を抑制する．

**ヘキソキナーゼ**［hexokinase］ グルコース*などのヘキソースをATPでリン酸化してヘキソース6-リン酸にする酵素(EC 2.7.1.1). 哺乳動物では4種類のアイソザイムが知られている．おもにグルコースを消費する一般の動物細胞ではこの酵素のグルコースに対する$K_m$値(ミカエリス定数*)は小さくμMオーダーであるが，グルコースの供給器官である肝臓や，血糖調節ホルモン分泌細胞である膵臓の$β$細胞では$K_m$が血糖濃度(5.5 mM)を超える酵素を発現しており，また，基質特異性もグルコースに限られているため，この酵素は特にグルコキナーゼ*とよばれる(EC 2.7.1.2).

**ヘキソサミニダーゼ**［hexosaminidase］ ＝$β$-$N$-アセチルヘキソサミニダーゼ

**ヘキソース-リン酸経路**［hexose monophosphate pathway］ ＝ペントースリン酸回路

**ベクター**［vector］ 【1】組換えDNA技術*において，外来性DNAを組込み，宿主細胞中で増えることのできるDNAをさす．自己複製能のあるプラスミド*，ファージ*，ウイルス*，YAC(⇒ファージベクター，ウイルスベクター，酵母人工染色体ベクター)を改良してつくられている．DNAが染色体に組込ま

れると染色体そのものがベクターとなる．タンパク質合成用に工夫されたものは発現ベクター*という．ベクターの条件は，1）細胞内で複製し娘細胞に安定に分配され，2）制限酵素部位をもち，3）その存在やクローニングの成否をモニターできる選択マーカー*をもつことだが，このほか，4）細胞から容易に回収できることもよいベクターの条件とされる．Gateway システムでは PCR フラグメントを切断・組込み型の酵素反応によりベクターに挿入できるので，ベクター側に外来 DNA を挿入するための制限酵素部位を設ける必要はない．(→ クローニングベクター)
【2】医学において病原体(リケッチア，原虫など)を伝播する昆虫や動物もベクター(運び屋)とよばれる．

**ペクチン** [pectin]　アラビノガラクタン(arabinogalactan)やラムノガラクタン(rhamno-galactan)のようなガラクツロン酸(galacturonic acid)を主成分とする酸性多糖．一次細胞壁*と中層に多く存在するが，一般には二次細胞壁*には少ない．(→ 細胞壁多糖)

**ペクチンエステラーゼ** [pectin esterase]　→ ペクチンメチルトランスフェラーゼ

**ペクチンメチルトランスフェラーゼ** [pectin methyltransferase]　ペクチン*を構成するガラクツロン酸のカルボキシ基に S-アデノシルメチオニンのメチル基を転移する酵素．UDP-メチルガラクツロン酸はポリガラクツロン酸シンターゼの基質にはならないので，メチル基転移はポリガラクツロン酸に対して行われると考えられている．メチル基を除去する反応は，ペクチンエステラーゼ(pectin esterase)によって触媒される．

**ペクテニン** [pectenin]　= オクトピン
**ページェット病**　= パジェット病
**PEST ドメイン**　→ PEST(ピーイーエスティー)ドメイン

**βアクチニン** [β actinin]　→ アクチニン

**βアドレナリン受容体** [β-adrenergic receptor, β-adrenoceptor]　βアドレナリン性受容体ともいう．アドレナリン受容体*のサブタイプの一つ．cDNA クローニングの結果，三つの亜型($\beta_1$, $\beta_2$ および $\beta_3$ アドレナリン受容体)の存在が知られている．いずれの受容体も $G_s$ タンパク質と共役してアデニル酸シクラーゼを活性化させる．$\beta_1$ および $\beta_3$ アドレナリン受容体はノルアドレナリンに対してアドレナリンより高い親和性を示し，$\beta_2$ アドレナリン受容体は逆にアドレナリンにより高い親和性を示す．$\beta_1$ アドレナリン受容体の選択的作動薬はキサモテロール(xamoterol)，選択的拮抗薬は ICI89406 や CGP20712A などである．$\beta_2$ アドレナリン受容体の選択的作動薬はプロカテロール(procaterol)，リトドリン(ritodrine)，クレンブテロール(clenbuterol)などで，選択的拮抗薬には ICI118551, IPS339 などがある．$\beta_3$ アドレナリン受容体選択的作動薬には BRL37344, SR58611(SR), CL316243 などがあるが，選択的拮抗薬は現在開発されていない．$\beta_1$, $\beta_2$, および $\beta_3$ アドレナリン受容体を構成するアミノ酸数は，それぞれヒトの場合，477個，413個，および402個であり，$\beta_2$ アドレナリン受容体の遺伝子は第5染色体上に存在する．

**βアドレナリン受容体キナーゼ** [β-adrenergic-receptor kinase]　→ G タンパク質共役受容体キナーゼ

**βアドレナリン性受容体** = βアドレナリン受容体
**β-アミラーゼ** [β-amylase]　→ アミラーゼ

**βアミロイドタンパク質** [β amyloid protein]　正常老人およびアルツハイマー病*患者の脳内に蓄積するアミロイド斑(老人斑*)の主要構成成分．以前から，老化およびアルツハイマー病に伴い，脳(灰白質)実質内および脳(特に髄膜)血管壁内にアミロイドが蓄積することが知られていた．アミロイドは枝分かれしないタンパク質繊維で，β折りたたみ構造をとるのが特徴である．この検出にはコンゴーレッドによる偏光下での重屈折性，チオフラビン S による蛍光染色が用いられる．1984年 G. G. Glenner はアルツハイマー病，ダウン症候群*の髄膜血管に沈着しているアミロイドを精製し，分子量約4000の小さなタンパク質を見いだし，未知のアミノ酸配列を得た．このタンパク質が β タンパク質と名づけられた．β アミロイドタンパク質は，膜タンパク質であるアミロイド前駆体タンパク質*より生じ，その細胞外領域の28残基および膜内領域の12ないし14残基から成る．

**βアンタゴニスト** [β antagonist, beta antagonist] = β 遮断剤

**$\beta_2$ インテグリン** [$\beta_2$ integrin]　= CD11(抗原)

**βカテニン** [β catenin]　カドヘリン*結合タンパク質であり，接着結合*の構成タンパク質．アミノ酸約780個から成り，N 末端側に α カテニン結合部位があり，α カテニンを介して間接的にアクチンフィラメント*と結合する．カドヘリンと β カテニンの結合が阻害されると，細胞間接着が障害される．タンパク質中央部には42個のアミノ酸から成るアルマジロリピートの12回反復配列が存在して，カドヘリンやアキシン*, Tcf と結合する．C 末端側には転写活性化領域が存在する．β カテニンは Wnt シグナル伝達経路*の重要な因子としても機能し，Wnt 刺激により細胞内に移行した β カテニンは転写因子 Tcf/Lef を活性化して遺伝子発現を促進する．(→ Wnt, 細胞接着)

**β-ガラクトシダーゼ** [β-galactosidase]　β-ガラクトシドガラクトヒドロラーゼ(β-galactoside galactohydrolase)ともいう．EC 3.2.1.23．ラクトースをグルコースとガラクトースに加水分解する酵素．アリールおよびアルキル-β-D-ガラクトシドが基質である．大腸菌では lacZ 遺伝子によりコードされていて(→ラクトースオペロン)，単量体当たりの分子量は約116,450である．四量体で活性を示す．N 末端側の少なくとも27アミノ酸が欠失しても活性があることを利用し，N 末端側に種々の異種タンパク質を翻訳のフレームを合わせて融合させ，lacZ 融合タンパク質(lacZ fusion protein)をつくることができる．(→ 5-ブロモ-4-クロロ-3-インドリル-β-D-ガラクトシド，レポーター遺伝子)

**β-カロチン** ＝β-カロテン

**β-カロテン** [β-carotene] β-カロチンともいわれる．$C_{40}H_{56}$，分子量 536.89．最も活性の強いプロビタミン A であり，抗腫瘍活性をもつ．小腸粘膜上皮細胞内で，開裂酵素（β-カロテン 15,15′-ジオキシゲナーゼ）で，レチナール*となりレチノール*を経てエステル化される．一部は受動拡散により，そのまま吸収され，キロミクロンとともにリンパ液中に分泌される．取込まれた細胞内ではおもにレチノールとなったのち，臓器により，レチナール，あるいは，レチノイン酸*に変転される．

**β-グリカン** [β-glycan] グリコサミノグリカン*鎖を含むトランスフォーミング増殖因子 β*（TGF-β）のⅢ型受容体．分子量 28 万～33 万．ヘパリチナーゼとコンドロイチナーゼで処理すると，分子量 12 万，853 アミノ酸より成るコアタンパク質に変わるが，TGF-β の受容体活性には変化がない．グリコサミノグリカン鎖は TGF-β の結合には関与しない．低親和性受容体となっており，高親和性受容体（Ⅱ型）への TGF-β の結合を調節する活性をもち，細胞表面の受容体数はⅠ型やⅡ型よりはるかに多い．（→トランスフォーミング増殖因子 β 受容体）

**β-グルクロニダーゼ遺伝子** [β-glucuronidase gene] 大腸菌の β-グルクロニダーゼ（β-glucuronidase, GUS）は，植物に内在性の活性がほとんど検出されない安定な酵素であり，組織レベルの活性検出も可能なことから，GUS をコードする gusA (uidA) は植物への遺伝子導入におけるレポーター遺伝子*として使われている．（→融合タンパク質）

**β 構造** [β structure, beta structure] β シート（β sheet）構造，β プリーツシート（β pleated sheet）ともよばれる．α ヘリックス*とならぶ代表的なタンパク質の二次構造*の一つ．ポリペプチド鎖はほぼ伸びきった形であるがひだ状の面（プリーツシート）をつくっている．隣接した 2 本のポリペプチド鎖間で水素結合をつくって安定化する．この際，2 本のポリペプチド鎖が同方向のものと逆方向のものがあり，それぞれ平行 β 構造（parallel β structure），逆平行 β 構造（antiparallel β structure）とよぶ（図）．免疫グロブリンはおもに β 構造から成るタンパク質である．バリン，イソロイシン，芳香族アミノ酸が β 構造の形成を促す．

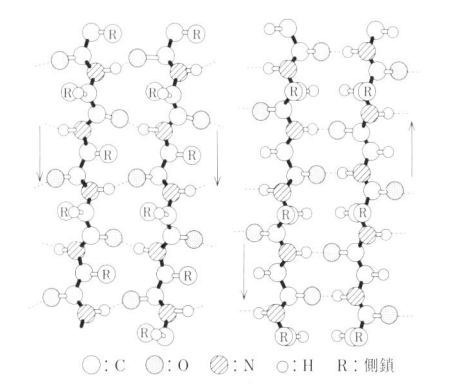

**β 細胞 E ボックストランスアクチベーター 2** [β-cell E-box transactivator 2] ＝ニューロ D. BETA2 と略す．

**β 酸化** [β oxidation, beta oxidation] 脂肪酸*をアセチル CoA*の単位にする主要なエネルギー産生系．ミトコンドリア*における反応はアシル CoA の生成，カルニチン依存性の内膜通過，脱水素，水付加，脱水素，アセチル CoA の切断より成る．β 酸化系は三つあり，ミトコンドリア系以外の系はカルニチン依存性がない．動物細胞にはミトコンドリア系とペルオキシソーム系が，植物細胞ではペルオキシソーム系（→グリオキシル酸回路）が，細菌には独自の系がある．（→ω 酸化）

**β_c** [β_c] →インターロイキン 5

**β シート** [β sheet, beta sheet] ＝β 構造

**β 遮断剤** [β blocker, beta blocker] β 阻害剤（β inhibitor），β アンタゴニスト（β antagonist）ともいう．β アドレナリン受容体*の作用を遮断することにより交感神経作用を抑制する薬剤．交感神経より分泌されるノルアドレナリン*の標的である β アドレナリン受容体に拮抗的に結合する．心筋の収縮力を低下させ，血液の拍出を抑制する作用をもち，おもに降圧剤として用いられる．心筋にはおもに $\beta_1$ 受容体，気管支にはおもに $\beta_2$ 受容体が存在しており，気管支の $\beta_2$ 受容体刺激により気管支平滑筋が弛緩し，拡張する．そのため非選択的 β 阻害剤（アルプレノロール（alprenolol），プロプラノロール（propranolol））は気管支を収縮させる副作用がある．$\beta_1$ 選択的阻害剤（アテノロール atenolol など）はこの副作用を軽減する目的で開発され，$\beta_1$ 受容体に対する親和性が高く $\beta_1$ 受容体を特異的に遮断する作用をもち，$\beta_2$ 受容体に対する作用は減弱している．

**β 阻害剤** [β inhibitor, beta inhibitor] ＝β 遮断剤

**β ターン** [β turn, beta turn] β ベンド（β bend）ともいう．タンパク質の構造において，タンパク質表面などに多く存在し，直線的な二次構造の方向が逆転する曲がりの部分にみられる構造（ターン構造）の一つ．ごくまれに γ ターン（γ turn）とよばれるターン構造がみられる．ターン構造は逆平行 β シート構造をつなぐことが多く，逆ターン（reverse turn），ヘアピンベンド（hairpin bend）ともよばれる．β ターンは，アミノ酸 4 残基から成り，1 番目のアミノ酸のカルボニル酸素原子と 4 番目のアミノ酸のアミド水素原子とが水素結合を形成して安定化していることが多い．

一方，γターンは，アミノ酸3残基から成り，1番目のアミノ酸のカルボニル酸素原子と3番目のアミノ酸のアミド水素原子とが水素結合を形成している．関連する残基として，立体構造上の制約からプロリン，グリシンが，また，タンパク質分子の表面に多く存在することからアスパラギン，アスパラギン酸，セリンなどがあげられる．一般に大きくタイプⅠからⅢの3種類に分類することができる．タイプⅠとタイプⅡは，互いに2番目と3番目の残基間結合が180度反転している．タイプⅢの構造は$3_{10}$ヘリックス*に似ている．(→構造)

**BETA2** [BETA2＝β-cell E-box transactivator 2] β細胞Eボックストランスアクチベーター2の略．(→ニューロD)

**βデフェンシン** [β defensin] →デフェンシン

**βトランスデューシンリピート** [β transducin repeat, beta transducin repeat] ＝Gタンパク質βWD-40リピート

**βバレル構造** [β barrel structure, beta barrel structure] 二次構造が会合して形成する超二次構造*のうちの一つ．β構造が並んで円筒形(樽＝バレル)を形成する．β構造が並ぶ順番により数種類に分類される．コンカナバリンA，免疫グロブリンや膜貫通型タンパク質のポーリンの場合は，各β構造が逆平行に並んでβシート構造を形成しているのに対し(図)，トリオースリン酸イソメラーゼでは，各β構

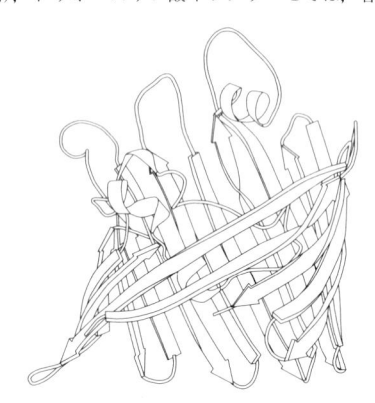

ポーリンにみられる16本のβ構造が逆平行に並んで形成されたβバレル構造

造は平行に並び，それらを接続するαヘリックスがその筒状構造を右巻きに外側から囲むような構造をとる．これは，βαβ構造単位の重複から成り，α/βバレルともよばれる．

**βプリーツシート** [β pleated sheet, beta pleated sheet] ＝β構造

**β-フルクトフラノシダーゼ** [β-fructofranosidase] ＝インベルターゼ(invertase)，サッカラーゼ(saccharase)，β-D-フルクトシダーゼ(β-D-fructosidase)，インベルチン(invertin)．スクロース(ショ糖)をはじめとするβ-D-フルクトフラノシドを加水分解してフルクトースを遊離させる酵素．EC 3.2.1.26．微生物，植物に広く分布するが，動物腸粘膜におけるスクロースの分解は本酵素にはよらず，スクロースα-グルコシダーゼ*(EC 3.2.1.48)によって行われる．酵母由来の酵素は分子量27万の糖タンパク質で，約50％を炭水化物が占める．最適pHは5.0〜5.5，加水分解作用のほか，他の糖，アルコール，フェノールなどへのβ-フルクトフラノシル基の転移も行う．

**βベンド** [β bend, beta bend] ＝βターン

**$\beta_2$ミクログロブリン** [$\beta_2$ microglobulin] 主要組織適合抗原*(MHC抗原)のクラスⅠ抗原(ヘテロ二量体)を構成するサブユニット(L鎖)．アロ抗原性をもつMHCクラスⅠ遺伝子産物(H鎖)と，非共有結合で結合し細胞膜上に存在する．分子量11,500のポリペプチドで，分子内に1個のジスルフィド結合をもち，IgGの定常領域(C領域)と高い相同性がある．ヒトでは第15染色体，マウスでは2番染色体上の遺伝子にコードされている．血液，尿，髄液中にも微量存在する．

**β-ラクタマーゼ** [β-lactamase] EC 3.5.2.6．β-ラクタム系抗生物質*(ペニシリン*，セファロスポリンなど)の主要分子骨格のβ-ラクタム環(図)を開裂さ

ペニシリンG
↓ β-ラクタマーゼ

Ⓐ：β-ラクタム環　Ⓑ：チアゾリジン環

せる酵素．β-ラクタム系抗生物質に対する細菌の耐性の原因となる．ペニシリナーゼ(penicillinase)とセファロスポリナーゼ(cephalosporinase)に大別される．

**β-ラクタム系抗生物質** [β-lactam antibiotics] 抗菌活性の中心をなすβ-ラクタム環を分子内にも

ペナム系(ペニシリン)
セフェム系
セファマイシン系 $R^3$＝$OCH_3$
カルバペナム系
モノバクタム系

β-ラクタム系抗生物質のおもなグループ

抗生物質．カビなどが生産する天然物，その誘導体（半合成），合成品がある．母核によりペナム（penam）（⇒ペニシリン），カルバペネム（carbapenem），セフェム（cephem），オキサセフェム（oxacephem），モノバクタム（monobactam）などに大別される．それぞれにいろいろな側鎖をもつ多種類の医薬品がある．細菌の細胞膜のペニシリン結合タンパク質（PBP）に結合し，細胞壁ペプチドグリカン生合成系の最終過程ペプチド架橋反応を阻害する．動物細胞は細胞壁を欠くので，優れた選択毒性を示す．クラブラン酸，スルバクタムなどが β-ラクタマーゼ*阻害剤として用いられる．

**ベッカー型筋ジストロフィー** ［Becker muscular dystrophy］ BMD と略す．（⇒デュシェンヌ型筋ジストロフィー）

**ベックウィズ・ビーデマン症候群** ［Beckwith-Wiedemann syndrome］ BWS と略し，ビーデマン・ベックウィズ症候群（Wiedemann-Beckwith syndrome）ともいう．過成長を症状とする症候群でしばしばウィルムス腫瘍*を併発する．ゲノムインプリンティング*に従う常染色体優性の遺伝形式を示す．p57（KIP2：サイクリン依存キナーゼインヒビター1C）遺伝子（CDKN1C）または NSD1（nuclear receptor binding SET domain protein 1）遺伝子の変異が原因である．H19 遺伝子の DMR（differentially methylated region；父方と母方に由来する染色体で DNA メチル化に差がある領域）における微小欠失は IGF2 インプリンティング遺伝子および BWS の喪失を起こし，LIT1 遺伝子全体を含む微小欠失も BWS と関係しる．第11染色体短腕 15.5 領域にマップされるが，同座位にはほかにウィルムス腫瘍，胎児性横紋筋肉腫（embryonal rhabdomyosarcoma）がマップされている．

**ヘッジホッグ遺伝子** ［hedgehog gene］ hh 遺伝子（hh gene）と略称される．ショウジョウバエのセグメントポラリティー遺伝子*の一つ．この遺伝子の遺伝子産物は分泌型のタンパク質であり，C 末端側のプロテアーゼにより自己分解して二つの断片になる．この遺伝子は胚および成虫原基においてエングレイルド遺伝子（en）*と同様に後部区画で発現される．分泌されたヘッジホッグ（Hh）タンパク質は前後部区画の境界線近傍の前部区画側の細胞に作用し，胚ではウイングレス遺伝子（wg）*の発現を誘導し体節ごとの前後部区画の確立に関与し，成虫原基では wg やデカペンタプレージック遺伝子*（Dpp）の発現を誘導し，成虫原基内の位置情報の形成に働いている．これらの過程で，Hh タンパク質は，wg や Dpp の発現に対するパッチドタンパク質（⇒パッチド遺伝子）の抑制作用を抑制すると考えられている．ラット，マウス，ニワトリ，ゼブラフィッシュなどの脊椎動物でも hh の相同遺伝子が存在し，神経板の誘導や肢芽の形成で重要な役割を果たしている．（⇒ソニックヘッジホッグ）

**ヘッジホッグシグナル伝達系** ［hedgehog signaling pathway］ 発生におけるパターン形成や細胞増殖，分化の制御にかかわるシグナル経路で，ショウジョウバエからヒトまで広く保存されている．ヒトを含む哺乳類では Sonic, Indian, Desert hedgehog の三つの分泌型リガンドが存在し，これらが細胞膜上の受容体 Patched に結合することで活性化される．リガンドの Patched への結合は，7回膜貫通型タンパク質である smoothened に対する抑制を解除し，細胞質内伝達経路を経て，最終的には転写因子である Gli/Ci の活性化により標的遺伝子が発現される．この経路の異常な活性化は種々の腫瘍発生にかかわっており，皮膚基底細胞がんでは遺伝子変異による Patched の不活化が認められるほか，膵がんなどではリガンドの過剰発現による活性化が知られている．また，遺伝子変異によるソニックヘッジホッグの異常は全前脳胞症の原因として知られている．

**PET** ［PET＝positron emission tomography］ ⇒陽電子放射断層撮影法

**HepG2 細胞** ⇒HepG2（エッチイーピージーニ）細胞

**ヘテロ核 RNA** ［heterogeneous nuclear RNA］ hnRNA と称される．真核生物の核内に存在する比較的大きい，さまざまな大きさの（異成分性の）RNA のこと．これは動物細胞を，放射性 RNA 前駆体（たとえば[³H]ウリジン）で短時間標識した時にショ糖密度勾配遠心分離法で見いだされた核内の RNA で，一般的に DNA と似た塩基組成をもち，短い寿命で分解していくものと考えられた．後の研究では，その大部分は遺伝子の全長すなわちエキソンとイントロンを続けて読んだ転写物で，スプライシングなどの修飾を経て，細胞質へ出て行く，メッセンジャー RNA（mRNA）の前駆体の集合であることがわかった．今では mRNA 前駆体*またはプレ mRNA とほぼ同義語として使われている．

**ヘテロ核リボ核タンパク質** ［heterogeneous nuclear ribonucleoprotein］ hnRNP と略す．ヘテロ核 RNA*（hnRNA）とともにヘテロリボ核タンパク質粒子（heterogeneous ribonucleoprotein particle）を構成するタンパク質で，hnRNP タンパク質は hnRNA のスプライシングを助け，核内の種々の領域および細胞質への mRNA の輸送に関与し，結合している mRNA の翻訳や分解を調節する役割を果たす．

**ヘテロカリオン** ［heterokaryon］ 異核共存体ともいう．遺伝的に異なる核が2種以上共存し増殖可能な細胞．多くの菌類でみられるほか，人工的に細胞融合*でつくることもできる．それぞれの核の DNA 複製サイクルは異なることがあるが，それが一致すれば融合核がつくられ，雑種細胞*として増殖することが可能になる．（⇒ハイブリドーマ，ホモカリオン）

**ヘテロクロマチン** ［heterochromatin］ 異質染色質ともいい，間期*においても凝縮した構造を維持している核内のクロマチン*をさす．全ゲノム DNA の 10〜20％ を占め，この領域内は転写が不活性であり，また複製が S 期末期に起こることが知られている．ある生物種のどの細胞でも凝縮している領域は構成的ヘテロクロマチン（constitutive heterochromatin）とよばれ，一部の細胞型でのみ凝縮している領域は条

件的ヘテロクロマチン(facultative heterochromatin)という．構成的ヘテロクロマチンはおもに動原体*周辺やテロメアにみられ，多くの場合構成 DNA として高度反復配列(サテライト DNA*)をもち，ヒトでは，171 bp のリピートが L1 やほかのレトロトランスポゾン*で中断される長さ 0.5〜5 Mb のヘテロクロマチンリピートを構成している．ヘテロクロマチン化にはヒストンや DNA のメチル化が関係する．ヒストン H3K9 のメチル化はヘテロクロマチンに特異的であり，H3K4 のメチル化は真正クロマチンに特異的である．分裂酵母のヘテロクロマチンでの遺伝子発現不活性化(遺伝子サイレンシング*)はセントロメア，テロメア，接合型座位で起こるが，ヒストンデアセチラーゼ(Clr3, Clr6)，ヒストン H3K9 メチルトランスフェラーゼ(Clr4)および HP1 ホモログの Swi6 に依存している．RNAi 経路で働く分子装置の一つ RITS 複合体*は，siRNA*を取込み，染色体上の相補的な DNA に結合して，サイレンシングを受ける座位にヒストンメチルトランスフェラーゼ Clr4 をリクルートすることによりヒストンのメチル化を維持するのに貢献し，ヘテロクロマチン形成を誘導すると考えられている．動原体でのヘテロクロマチン形成ではコヒーシン*がその領域に濃縮されており，ヘテロクロマチンタンパク質 Swi6/HP1 とコヒーシンサブユニット Psc3 が直接相互作用することが明らかになっている．分裂酵母のリボヌクレアーゼ Eri1 はヘテロクロマチン領域由来の siRNA を分解し，ヘテロクロマチン形成を負に制御している．一方，条件的ヘテロクロマチンは発生，分化の過程で出現する．すなわち胚細胞にはほとんどないが，細胞の分化に伴い細胞型ごとに決まった領域が不可逆的に凝縮しヘテロクロマチン化する．そしてこの領域の遺伝子発現を抑制していると考えられている．条件的ヘテロクロマチンの例としては哺乳類の雌細胞にみられる 1 本の不活性化した X 染色体(バール)小体が有名である(⇒ X 染色体不活性化)．ヒストン H3 のメチル化を介して Xi の不活性化を行っていると考えられている Xist RNA と相補的な(アンチセンス RNA)Tsix が細胞内で合成されているが，この両者の量的バランスが不活性化 X 染色体の選択に重要であり，RNAi を介した制御の可能性が指摘されている．(⇒ 真正クロマチン)

**ヘテロクロマチンタンパク質 1** [heterochromatin protein 1] HP1 と略す．ヘテロクロマチン*を構成する非ヒストンタンパク質*の一つであり，動原体*周辺のヘテロクロマチンに局在する．1986 年に A. James と C. R. Elgin によって遺伝子発現の位置効果*に影響を与える因子として，ショウジョウバエを用いて遺伝学的に同定された．HP1 遺伝子の変異は，遺伝子発現における位置効果を減少させる．クロマチンに相互作用し遺伝子発現に影響を与えるポリコウムと相同性が高く，ともにクロモドメインに特徴的なアミノ酸配列をもつ．クロモドメインは，N 末端側から数えて 9 番目のリシンがメチル化されたヒストン H3 と相互作用することが知られている．HP1 は核膜構成タンパク質であるラミン B やラミン B 受容体と相互作用することから，核膜周縁におけるヘテロクロマチンの集合と遺伝子発現の抑制にかかわると考えられている．

**ヘテロシスト** ＝異質細胞

**ヘテロ接合性** [heterozygosity] 異型接合性ともいう．相同染色体*上の相対立する遺伝子座に異なる対立遺伝子*が存在している状態．(⇌ ホモ接合性)

**ヘテロ接合性消失** [loss of heterozygosity] LOH と略す．両親から受け継いだ相同染色体間で異なる対立遺伝子をもつことをヘテロ接合性*といい，この対立遺伝子の片方が消失する現象をさす．対立遺伝子がヘテロ接合性から不分離や相同組換え*によってなることも含まれる正常細胞に存在するある対立遺伝子がヘテロ接合性を示す時，RFLP(制限断片長多型*)マーカーなどを利用した DNA 解析からアリル特異的な 2 種類の DNA バンドとして区別することができる．そして，同一個体に発生した腫瘍組織で上記対立遺伝子を比較し，1 種類のバンドの消失が観察された時，ヘテロ接合性が消失したことになる．すなわち，腫瘍細胞において片側アリルの脱落が生じていることを示唆している．このように，ヘテロ接合性の消失した領域は，機能を失うことによりがん化の進展に関与するがん抑制遺伝子*の存在を示唆するものである．事実，網膜芽細胞腫*の正常組織と腫瘍組織を用いた LOH 解析から RB 遺伝子*が同定された．さらに，この解析を通して，多くのがん抑制遺伝子の存在が明らかにされた．

**ヘテロ接合体** [heterozygote] 異型接合体ともいう．相同染色体*の相対立する遺伝子座に，異なる対立遺伝子*が位置する二倍体．たとえば A/A と a/a との交雑の結果生じる A/a という組合わせをもつものをいう．ファージによっては，ウイルス粒子中にゲノム一つ分より多い DNA を包込むために，末端部分が重複するものがある．この種のファージでは，

A   a
―――――――

のように一本のゲノム DNA 上に異なる対立遺伝子が生じることがあり，これもヘテロ接合体という．(⇌ ホモ接合体)

**ヘテロ多糖** [heteropolysaccharide] ⇌ 多糖

**ヘテロ二本鎖** [heteroduplex] 異なる 2 種の DNA を用いてハイブリッド形成させた時にできる二本鎖(⇌ ハイブリダイゼーション)．互いに相補的な部分は二重鎖を形成するが，相補的でない部分は一本鎖のまま残っている．用いた 2 種類の DNA に相補的な部分が存在するか，または大部分が相補的で一部異なる(突然変異により)部分が含まれるかを解析する際に利用される．ヘテロ二本鎖分子中の一本鎖部分は，電子顕微鏡による観察，または一本鎖 DNA を特異的に分解する酵素(S1 ヌクレアーゼ*)を用いて検出できる．

**ヘテロファゴソーム** [heterophagosome] ⇌ ファゴソーム

**ヘテロファゴリソソーム** [heterophagolysosome] ⇨ ファゴリソソーム

**ヘテロファジー** [heterophagy] ⇨ オートファジー

**ヘテロリソソーム** [heterolysosome] ⇨ ファゴリソソーム

**ヘテロレセプター** [hetero-receptor] ⇨ ヒスタミン受容体

**ベートソン BATESON, William** 英国の遺伝学者. 1861.8.8～1926.2.8. ウィットビーに生まれる. ケンブリッジ大学セント・ジョンス・カレッジ卒業. 1908年ケンブリッジ大学教授. 1910年R. C. Punnettとともに遺伝的連鎖を発見した. メンデルの法則*の普及にも貢献した. また, genetics(遺伝学*), allemorphs(allele；対立遺伝子*), zygote(接合体, ⇨ 接合子), heterozygote(ヘテロ接合体*), homozygote(ホモ接合体*)などさまざまな造語を考案し, gene(遺伝子*)という言葉も正式に提唱されるよりも以前に使用している.

**ベナセラフ BENACERRAF, Baruj** 米国の遺伝学者. 1920.10.29～ ベネズエラのカラカスに生まれる. コロンビア大学卒業(1942)後, バージニア大学医学部に進学. フランスで免疫学の研究をしたのち, ニューヨーク大学医学部助教授(1956). 同大学病理学教授(1960). 米国国立衛生研究所(NIH)免疫学研究室長(1968). 組織適合抗原とその遺伝子およびT, B細胞との相互作用についての業績で, 1980年G. D. Snell*, J. Dausset*とともにノーベル医学生理学賞を受賞した.

**ペニキリウム** ＝ペニシリウム

**ペニシリウム** [*Penicillium*] アオカビ, ペニキリウムともいう. 不完全菌類, 不完全糸状菌類に属する. 菌糸体からほうき状に分枝した分生子柄を空中に出す. その先端は頂嚢(vesicle)をつくらず, 直接分岐してペニシルス(penicillus)を形成し, 先端のフィアライド(phialide, 分生子形成細胞の一型)から乾生の分生子を鎖状に生じる. *Penicillium notatum*で抗菌性物質, ペニシリン*を産生することが, A. Fleming(1929)により発見された. *P. notatum*ではパルスフィールドゲル電気泳動により, 四つの染色体が見いだされている. それらは $10.8 \times 10^6$ bp, $9.6 \times 10^6$ bp, $6.3 \times 10^6$ bp, $5.4 \times 10^6$ bpで, 第Ⅱ染色体($9.6 \times 10^6$ bp)にペニシリン産生に関する遺伝子群が存在する. (⇨ 菌類, アスペルギルス)

**ペニシリン** [penicillin] A. Flemingにより真菌(*Penicillium*)の培養液中から発見され(1929), H. W. Foreyらにより臨床的に使用されるようになった(1940)ベンジルペニシリンは抗菌力の非常に強い抗生物質で, おもにグラム陽性細菌に殺菌的に作用する. ペナム環をもつ抗生物質*で, 6位側鎖を種々変換した半合成ペニシリンが多数使用されている. すなわち, メチシリン(methicillin)などの酸安定なもの, オキサシリン(oxacillin)などペニシリナーゼに安定な耐性ブドウ球菌用のもの, アンピシリン*などグラム陰性細菌にも有効な広域スペクトルなもの, カルベニシリン, スルベニシリン, ピペラシリンなど緑膿菌にも有効なもの, クラブラン酸, スルバクタムなど$\beta$-ラクタマーゼ阻害剤などがある. $\beta$-ラクタム環が活性中心で, セフェム系, モノバクタム系, カルバペネム系などとともに$\beta$-ラクタム系抗生物質*と総称される. 作用機序は細菌の細胞壁ペプチドグリカン合成阻害で, 細胞質膜のPBP(penicillin binding protein, ペニシリン結合タンパク質)と結合し, そのトランスペプチダーゼ活性を阻害する. 耐性はおもに細菌の$\beta$-ラクタマーゼ*産生による. MRSA(メチシリン耐性黄色ブドウ球菌*)は, ブドウ球菌が染色体上に*mecA*という外来遺伝子をもつため$\beta$-ラクタム系抗生物質が作用しにくくなったPBP-2′をつくることによる.

**pH** ⇨ pH(ピーエッチ)

**ペーパークロマトグラフィー** ＝濾紙クロマトグラフィー

**ヘパドナウイルス科** [*Hepadnaviridae*] 肝炎*の病因となるDNAウイルス*で構成されるウイルス科の名称. ヒトの場合はB型肝炎ウイルス*(HBV)である. ゲノムは部分的に二本鎖の開環状DNAでエンベロープ*をもつ. 複製の際には, ゲノムから閉環DNAができ, これが鋳型となり, RNA(pregenomic RNA)が合成される(⇨ 複製型). このRNAはポリメラーゼとともに正二十面体のウイルスコアに取込まれ, そこでpregenomic RNAを鋳型としてゲノムDNAが合成される. 感染は血液を介して行われる.

**ヘパラン硫酸** [heparan sulfate] ヘパリチン硫酸(heparitin sulfate)ともいう. D-グルクロン酸, D-グルコサミンの二糖単位繰り返し構造に, N-硫酸化, O-硫酸化修飾を受けたグリコサミノグリカン*. 二糖単位当たりの硫酸含量は, 0.4～2. L-イズロン酸を微量に含む. 繊維芽細胞増殖因子, インターロイキン3などと結合し, 増殖因子活性調節因子として働く. 分解酵素の欠損による遺伝的代謝異常症(⇨ ムコ多糖症)として, ハーラー症候群*, サンフィリッポ症候群, スライ症候群などが知られる.

**ヘパラン硫酸プロテオグリカン** [heparan sulfate proteoglycan] GlcA$\beta$1→3Gal$\beta$1→3Gal$\beta$1→4Xylを架橋構造として, ヘパラン硫酸*がコアタンパク質中のセリンにO-グリコシド結合している複合糖質の総称(⇨ プロテオグリカン). 細胞表面, 基底膜成分として細胞外マトリックスに普遍的に存在する. 繊維芽細胞増殖因子*と結合し, マトリックスに貯蔵し, その活性を制御する. 大型ヘパラン硫酸プロテオグリカン, パールカンは基底膜*構造の形成に関与し, 腎臓, シナプス基底膜, 筋内繊維膜で機能する(⇨ 基底膜プロテオグリカン).

**ヘパリチン硫酸** [heparitin sulfate] ＝ヘパラン硫酸

**ヘパリン** [heparin] D-グルクロン酸, あるいは

L-イズロン酸のいずれかを含むウロン酸残基と，D-グルコサミンとの二糖体の繰返し構造を骨格にもつグルコサミノグリカンである．種々の程度に，O-硫酸基，N-硫酸基あるいはアセチル基をもち，分子量も3千〜10万と不均一である．多種類の分子と結合し，生物学的に機能は多彩である．たとえば，アンチトロンビンIII*と結合し，その抗凝固活性を増強する．マスト細胞*で産生される．

**ヘパリン結合性EGF様増殖因子** [heparin-binding EGF-like growth factor] HB-EGFと略す．上皮増殖因子(EGF)受容体*に結合して増殖シグナルを惹起するEGFファミリーの一つ．208個のアミノ酸から成るプレプロ型として合成され，約150個のアミノ酸から成るプロ型として細胞膜表面に発現する．その後の切断により分泌型となりパラクリン増殖因子として作用する(→パラ分泌)．プロHB-EGFはジャクスタクリン増殖因子として機能するとともに，ジフテリア毒素*受容体(diphtheria toxin receptor, DTR)としても機能する．ただしマウスおよびラットプロHB-EGFはジフテリア毒素受容体として機能しない．ヒトHB-EGF遺伝子は第5染色体長腕23領域に位置し，mRNAサイズは2.36 kbである．

**ヘパリン結合性増殖因子** [heparin-binding growth factor] HBGFと略すが現在では繊維芽細胞増殖因子*(FGF)と同義語である．ヘパリン*に結合する性質をもつ一次構造上相同性の高い9種類のポリペプチド増殖因子およびその遺伝子の総称．155〜267アミノ酸から成る．1991年に開催された命名法の会合で，発見の歴史から与えられた名称である繊維芽細胞増殖因子(FGF)の略をとって，FGF$n$とよぶことが推奨された．FGF1(酸性繊維芽細胞増殖因子*)，FGF2(塩基性繊維芽細胞増殖因子*)，FGF7(角質細胞増殖因子)は動物の正常組織にタンパク質として比較的多量に存在するが，残りの因子はがんにおける発現亢進などの事実から本来限局的な発現をするものと考えられる．培養系では繊維芽細胞・血管内皮細胞・上皮細胞・肝細胞・神経細胞など多くの種類の細胞増殖・遊走や分化を誘導し，個体レベルでは初期胚における中胚葉の誘導因子，肢芽*などの形態形成因子，血管新生因子として働くなど，強い生物活性をもつ．ヒトからカエルまで保存性が高く，ハエでも存在する可能性がある．チロシンキナーゼ型膜受容体が遺伝子レベルで4種類，翻訳産物レベルで100種類以上知られている．さらにヘパラン硫酸プロテオグリカン*や多システイン型膜タンパク質とも結合し，その生物活性が制御されていると考えられている．シグナル伝達機構として，核作用を含む細胞内作用の存在が示唆されている．ヘパリンに結合する増殖因子はこのほかに血管内皮細胞増殖因子*，血小板由来増殖因子*，ヘパリン結合性EGF様増殖因子*，プレイオトロフィン(pleiotrophin)などもあるが，これらは術語としてのヘパリン結合性増殖因子には含めない．

**ヘビ毒** [snake venom] ヘビが唾液中に分泌し，獲物や外敵に咬傷により，または吐き飛ばして与える毒液またはその成分．毒液は脂質，ヌクレオチド，セロトニン*，アセチルコリン*なども含むことがあるが主成分はタンパク質(ペプチドを含む)で毒液中30％(w/w)に達する．毒液は一般に無色または淡黄色，粘稠な液体で量はヘビにより数mLに達することがある．毒液成分が単独で，または共同作用して相手にいろいろな症状を与える．ヘビの種類と量により速効，遅効と作用は異なるので一概に致死量などは論じられないがマウスに対しLD$_{50}$ 10〜2000 µg(乾燥量)/kgと記載される(約3200種)の分類には諸説があるが毒ヘビ(約1200種)は3種に大別されよう．1) 上顎の前部に固定した溝牙(毒腺からの導管を経て毒液を導く溝をもつ牙)をもつ類(Proteroglyphous snakes)：*Elapidae*(コブラなど)，*Hydrophiidae*(ウミヘビなど)など．2) 上顎の前部に折りたたみ式の毒牙をもつ類：クサリヘビ(*Viperidae*)，ガラガラヘビ(*Crotalidae*)など．3) 多くは無毒だが上顎の後部に毒牙をもつヘビ(*Colubridae*)の類．ヤマカガシ，マングローブヘビなど．毒成分としては神経・筋肉間シナプスの後膜で生理的刺激伝達物質アセチルコリンと拮抗するα型神経毒タンパク質〔エラブトキシン，トキシンα(コブラトキシン)，α-ブンガロトキシン(→ブンガロトキシン)など〕，カルジオトキシン，サイトトキシン，ミオトキシン，膜活性型トキシンなどとよばれ，循環系や膜に作用する毒タンパク質，アフリカ産の溝牙ヘビマンバ(*Dendroaspis*)に見いだされカリウムチャネル*をふさぎアセチルコリンの遊離を促すというデンドロトキシン，アセチルコリンエステラーゼ*を阻害するというファシキュリン，ニューロンのニコチン性アセチルコリン受容体*に結合するκ-ブンガロトキシンなどはすべて上述の1)類のヘビの毒液中にあり，アミノ酸配列(55〜76残基)，立体構造の共通性が高い．しかし毒作用には大きな差があり，作用のないまたは不明の同族成分も多い．これらのタンパク質は毒腺中で，さらに共通性の高いリーダーペプチドをつけて生合成され，分泌される．筋肉の壊死を起こす小分子量のタンパク質が上述の2)類のヘビに見いだされ，クロタミン(ガラガラヘビ，アミノ酸42残基)，ミオトキシンなどとよばれる．中東産のクサリヘビからのサラホトキシン(アミノ酸21残基)は高等生物から得られる活性ペプチド，エンドセリン*に類似し，心臓血管系に強く作用する．ホスホリパーゼA$_2$*の類は上述の1)，2)類のヘビの毒液に広く見いだされ，単独で，または共同して，また他の成分との複合体として神経・筋肉間シナプスの前膜に作用して，神経性また筋肉毒性を示す．ヘビ毒中には神経成長因子(NGF)，ヒアルロニダーゼ，プロテアーゼ，フィブリン溶解酵素，各種のホスファターゼ，ヌクレオチダーゼ，L-アミノ酸酸化酵素，各種のエステラーゼ，ヘモリジン，血液凝固促進作用または抑制作用なども見いだされる．上述の3)類のヘビは一般に牙も小さくヒトに害を与えることは少ないが地中海沿岸のモンペリエヘビ，アフリカのブームスラングなどは危険といわれる．日本のヤマカガシも時に出血性の咬

傷を与えるが後牙の前のDuvernoy氏腺から分泌される毒液による。ヤマカガシは頸部の皮膚の頸腺から毒液を射出することがあり眼に入ると害を与える。

**ペプシノーゲン**［pepsinogen］　分子量約4万のペプシン*の不活性前駆体．胃底腺粘膜の主細胞から分泌されるペプシノーゲンA（ペプシノーゲンI）と，それらの細胞に加えて幽門腺細胞からも分泌されるペプシノーゲンC（ペプシノーゲンII）の2種類があり，ヒトでは前者の遺伝子は第11染色体，後者は第6染色体に存在する．

**ペプシン**［pepsin］　活性中心にアスパラギン酸残基をもつタンパク質分解酵素群の一つで，胃粘膜主細胞，副細胞などにペプシノーゲン*という前駆体（チモーゲン*）として存在し，副交感神経刺激，ガストリン*などにより分泌される．酸によってN末端の自己限定分解を起こし，活性をもつペプシンに変換される．ペプシンAとペプシンC（ガストリクシンgastricsinともよばれる）とに大別される．（⇒プロテアーゼ）

**ペプスタチン**［pepstatin］　放線菌から産生される小分子量のペプシン*活性阻害物質で，分子中のアシル基の違う一連の分子種の総称．代表的な分子種はペプスタチンAで，その分子式は$C_{34}H_{63}N_5O_9$である．ペプシンに対する阻害はきわめて強力で，その50%阻害濃度（$IC_{50}$）は$1.4 \times 10^{-8}$Mである．ペプシンだけでなく，レニン*など，活性中心にアスパラギン酸基をもつタンパク質分解酵素も阻害する．

**ペプチジルtRNA**［peptidyl-tRNA］　翻訳*におけるタンパク質生成*反応の中間体で，ペプチドがその3'末端のA残基にエステル結合しているtRNA．翻訳は，mRNAの塩基配列に従ってリボソームのA部位*にはアミノアシルtRNA*が，P部位*にはペプチジルtRNAが結合して互いに隣接し，リボソーム中のペプチジルトランスフェラーゼ*によってペプチドとアミノ酸がエステル結合で連結される反応を繰返すことにより進行する．（⇒伸長サイクル）．このペプチド転移反応はリボソームのA部位に結合したアミノアシルtRNAのアミノ酸のアミノ基が，P部位のペプチジルtRNAのアミノアシル結合のカルボニル基を求核置換攻撃することにより起こり，その結果，P部位のペプチドはA部位のアミノ酸のアミノ基に結合する．つづいてトランスロケーション*が起こり，P部位のアミノ酸を失った（デアシル化）tRNAはE部位を経てリボソームから遊離し，A部位の，新たにアミノ酸残基が1個伸びたペプチジルtRNAはP部位へ移行する．終止コドンでは終結因子*の作用で新生のポリペプチドとtRNAが切離され，ポリペプチドは機能あるタンパク質として遊離する．

**ペプチジルtRNA結合部位**　［peptidyl-tRNA-binding site］　＝P部位

**ペプチジル転移反応**［peptidyl transfer］　⇒伸長サイクル，P部位

**ペプチジルトランスフェラーゼ**［peptidyl transferase］　ポリペプチド鎖伸長反応（⇒伸長サイクル）におけるペプチド結合形成を触媒する酵素活性で，リボソーム大サブユニット中に内在する．ペプチド結合は，リボソームP部位*に位置する伸長途上のペプチド鎖（ペプチジルtRNAとして存在）のC末端が，リボソームA部位*に新しく入ってくるアミノアシルtRNAのアミノ基に転移することにより形成される．細菌の場合，50SサブユニットI中に存在し，活性にはリボソームタンパク質のL6，L11，L16などが関与するとされるが，触媒活性の本体は23S rRNAの示すリボザイム*活性と考えられている．ペプチジルトランスフェラーゼはタンパク質生合成の終結の際にも関与し，リボソームP部位に存在するペプチジルtRNAのペプチド鎖とtRNA間のエステル結合を加水分解する反応を触媒する．細菌のペプチジルトランスフェラーゼ活性はクロラムフェニコール*，リンコマイシン（lincomycin），カルボマイシン（carbomycin）によって，真核細胞のものはシクロヘキシミド*やアニソマイシンによって阻害される．ミトコンドリアのペプチジルトランスフェラーゼはクロラムフェニコールにより阻害される．（⇒終結因子）

**ペプチジルプロリルイソメラーゼ**　［peptidylprolyl isomerase］　＝ペプチジルプロリン *cis-trans*-イソメラーゼ（peptidylproline *cis-trans*-isomerase）．ペプチド鎖中のプロリン残基に作用し，ペプチド結合に関する配置の *cis-trans* 異性化を行う異性化酵素（EC 5.2.1.8）．この反応は，タンパク質折りたたみ過程の律速段階とされている（⇒フォールディング）．生物界に普遍的に存在し，動物では，細胞質と小胞体内腔に異なる分子種が見いだされる．免疫抑制剤*（シクロスポリン，FK506）のそれぞれの結合タンパク質（シクロフィリン*，FK506結合タンパク質（FKBP））は，いずれも本酵素と同定された（⇒イムノフィリン）．各薬剤は酵素活性を阻害するが，免疫抑制作用とこのイソメラーゼ活性の関係はないと考えられている．

**ペプチジルプロリン *cis-trans*-イソメラーゼ**　[peptidylproline *cis-trans*-isomerase]　＝ペプチジルプロリルイソメラーゼ

**ペプチダーゼ**［peptidase］　⇒プロテアーゼ

**ペプチド**［peptide］　アミノ酸*が2分子以上，ペプチド結合*で連結した物質で，加水分解すればアミノ酸に戻る．アミノ酸2個から成るものをジペプチド（dipeptide），3個，4個…のものをそれぞれトリペプチド（tripeptide），テトラペプチド（tetrapeptide）…などとよぶ．また，10個程度以下のアミノ酸から成るものをオリゴペプチド（oligopeptide）とよぶ．さらに長いペプチドをポリペプチド（polypeptide）とよぶがタンパク質*との区別は判然とせず，慣例で分子量5000以下をペプチドとよぶことが多い（⇒ペプチド鎖）．生体から分離されたペプチドは生理活性をもつものが多く，ホルモン，毒，抗菌などの活性がある．ペプチドは，遊離のα-アミノ基をもつ端から始まり，以下順に数える規則になっている．

**ペプチド核酸**［peptide nucleic acid］　PNAと略称

される．ペプチド様のバックボーンの側鎖に核酸塩基が結合した構造をもつ DNA や RNA と結合できる中性の遺伝子制御分子である．DNA と結合する時静電反発がないため，PNA/DNA 二重鎖の方が，DNA/DNA 二重鎖より熱安定性が高い．また，DNA 二重鎖に対し，どちらかの塩基配列の一部と相補的な塩基をもつ PNA 分子は，DNA 二重鎖に対して，強制的に二重鎖をほどき，その片方と DNA-PNA 二重らせんを形成し，もう片方の DNA 鎖を一本鎖にする強い結合能力をもっている．

**ペプチドグリカン** [peptidoglycan] ムレイン (murein)，ムコペプチド (mucopeptide)，ムコポリマー (mucopolymer) ともいう．多くの原核生物*の細胞壁*構成成分．$\beta 1 \to 4$ 結合した $N$-アセチルグルコサミン*と $N$-アセチルムラミン酸*の二糖反復単位をもつ糖鎖が，$N$-アセチルムラミン酸に結合するペプチド鎖の架橋によって互いに結合する．ペプチドグリカンはグラム陽性（細）菌*ではテイコ酸などと，またグラム陰性（細）菌*ではリポタンパク質と結合して，全体としては細胞全体を包込む閉じた袋状構造をとる．(⇌ ムラミルペプチド)

**ペプチド結合** [peptide bond, peptide linkage] 2分子のアミノ酸が脱水縮合して生じたアミド結合で，図の -CO-NH- 結合のことをさす．タンパク質はすべてこの結合で成り立っており，酸やアルカリなどによる加水分解でアミノ酸が得られる．ペプチド結合は立体的にはほぼ平面構造をとっており，紫外吸収は 190〜195 nm 付近に，円二色性では 220 nm に特徴的な吸収を示す．また，ペプチド結合を二つ以上含むペプチドはビウレット反応*に陽性である．

**ペプチド合成酵素** ＝ペプチドシンテターゼ

**ペプチド抗生物質** [peptide antibiotics] ペプチドを含む抗生物質．放線菌，カビ，細菌などは多種類のペプチド抗生物質を生産する．構成アミノ酸は 1〜10 数種類で D 形アミノ酸を含むものが多い．ペニシリン*などの β-ラクタム系抗生物質*，ヒドロキシ酸を含むデプシペプチド，ラクトン環をもつもの，発色団を含むもの，環状，鎖状，直鎖状ペプチド，糖を含むものなど，抗菌作用のみならず，ブレオマイシン*，アクチノマイシンなど制がん作用を示すものもある．細胞壁合成系，細胞膜 (⇌ グラミシジン，バリノマイ

シン），タンパク質合成系，DNA などに作用するものなど作用機作も多岐にわたっている．

**ペプチド鎖** [peptide chain] アミノ酸が長く枝分かれせずに連結したもので，一つのアミノ酸の単位を残基*という．タンパク質との区別は明確ではないが，比較的低分子量 (5000 以下) のものをさすことが多い．ペプチド鎖が一定の構造をとっている場合には円二色性*で検出が可能である．らせん状になる α ヘリックス*や，平面構造をとる β シート (⇌ β 構造) などが有名である．一定の構造をとらない場合は，ランダムコイル*とよばれる．生体内では，ペプチド鎖を構成するアミノ酸の順序は DNA の塩基配列の情報によって決定されており，ランダムに伸長することは絶対にない．(⇌ タンパク質生合成)

**ペプチドシンテターゼ** [peptide synthetase] ペプチド合成酵素ともいう．アミノ酸からペプチドを合成する酵素の総称．mRNA の指令のもとにポリペプチドを合成するリボソーム上の酵素活性であり，ペプチジルトランスフェラーゼ*とよばれる．この活性には 23S rRNA が関与する．後者ではある種のペプチド（グルタチオン*や抗生物質グラミシジン*など）やペプチドグリカンの合成が mRNA とリボソームに依存せず，それぞれの物質に特異的なペプチドシンテターゼによって行われる (⇌ チオテンプレート機構)

**ペプチドホルモン** [peptide hormone] ポリペプチドホルモン (polypeptide hormone) ともいう．内分泌系や神経内分泌系の組織または細胞で産生，分泌され，近傍あるいは遠隔の標的器官に運ばれ，その生理機能を特異的に調節するホルモンの中で，ペプチド構造をもつ生体物質の総称である．いろいろな分子量のものが存在し，2〜3 個のアミノ酸から成るペプチドから数百のアミノ酸で構成されているタンパク質までこの範ちゅうに入る．ペプチドホルモンは，それぞれの分泌細胞の小胞体でその前駆体が生合成され，ゴルジ体を経る過程でプロセシングにより生成され，分泌顆粒内に貯蔵される．こうして貯蔵されたペプチドホルモンは，外部からの刺激に応じてエキソサイトーシス*によって細胞外に放出され，標的細胞膜上の受容体に結合して作用を発揮する．近年，ペプチドホルモンの概念は，従来のように血流のみを介して作用する内分泌性物質から，内分泌，神経内分泌*，パラ分泌*，自己分泌*機構などを介して，生理機能の調節に必要な情報を標的細胞に伝達する物質へと拡大されるようになった．代表的なペプチドホルモンには，膵ホルモンとしてインスリン，グルカゴン，消化管ホルモンとしてセクレチン，ガストリン，コレシストキニン，下垂体ホルモンとしてオキシトシン，バソプレッシン，成長ホルモン，甲状腺刺激ホルモン (TSH)，プロラクチン，黄体形成ホルモン (LH)，濾胞刺激ホルモン (FSH)，副腎皮質刺激ホルモン (ACTH)，視床下部ホルモン*として甲状腺刺激ホルモン放出ホルモン (TRH)，黄体形成ホルモン放出ホルモン (LHRH)，副腎皮質刺激ホルモン放出ホルモン (CRH)，成長ホルモン放出ホルモン (GHRH)，ソマ

トスタチンなどがある．そのほか，副甲状腺ホルモン，カルシトニン，アンギオテンシンなどもよく知られている．

**ペプチドマップ** [peptide map] ⇒フィンガープリント法

**ペプチド $N$-ミリストイルトランスフェラーゼ** [peptide $N$-myristoyltransferase] ＝$N$-ミリストイルトランスフェラーゼ

**ペプチドワクチン** [peptide vaccine] がんや感染症，アレルギー，自己免疫疾患*などに対して9～20個のアミノ酸から成る合成ペプチドを投与して，抗原特異的に免疫制御を行う免疫療法*の一つ．腫瘍や感染病原体に特異的な抗原由来のペプチドをアジュバント*などとともに投与することにより，抗原特異的なキラーT細胞*などを誘導して，腫瘍細胞や感染細胞を傷害させる．また，アレルギーや自己免疫疾患に関連すると考えられる抗原由来のペプチド，あるいは，その一部を変異させたペプチドを投与して，病因となる$CD4^+$ $T_H$細胞の応答を抑制することにより治療効果を期待する．患者のヒト白血球組織適合抗原*(HLA)に合わせて，これに結合するペプチドを投与する必要がある．抗原特異的な免疫療法であるため，副作用が少ない治療法となることが期待されている．MAGE，MART-1，NY-ESO1，WT1などのペプチドワクチンががん免疫療法に応用され，一部の患者で効果が報告されている．

**ペプロマイシン** [peplomycin] ⇒ブレオマイシン

**ヘマクロマトーシス** [hemachromatosis] ＝ヘモクロマトーシス

**ヘマトキシリン** [hematoxylin] *Hematoxylon campechianum*という木の抽出物で淡黄褐色の結晶．水に難溶性，アルコールに易溶性．この色素は酸化されるとヘマテインを形成し，さらに陰性荷電の金属イオンと結合することにより，ヘマトキシリン-金属レーキ(lake)となる．この時点で陽性に荷電し，核酸のリン酸基や組織中の陰性荷電物質と結合し，染色性を示す．核，染色体，髄鞘などが青藍色を呈する．エオシン(eosin)と組合わせた二重染色は基本的な組織染色法である．

**ヘマトクロマトーシス** [hematochromatosis] ＝ヘモクロマトーシス

**ヘミ接合体** ＝半接合体

**ヘミセルロース** [hemicellulose] 植物の細胞壁*から酸性多糖であるペクチン*を弱酸やキレート剤で抽出した後，強アルカリで抽出される複数種の多糖成分．結晶状のセルロースミクロフィブリルの間隙に不定形の分子として存在し，個々のヘミセルロース分子は他のヘミセルロース分子，ペクチンおよびセルロース*と結合していると考えられている．(⇒細胞壁多糖)

**ヘミデスモソーム** [hemidesmosome] 半接着斑ともいう．中間径フィラメント*が裏打ちする細胞-マトリックス間接着装置であり(⇒細胞-マトリックス結合)，重層上皮や偽重層上皮の基底細胞が結合組織と接する部位に存在する．デスモソーム*の半分のような形をしていることからこの名がある．0.2～0.4 µmの斑状の構造体で，細胞質側のヘミデスモソーム斑(プラーク)にケラチンフィラメントが結合している．細胞膜の外側では基底板介在板をもち，基底膜を介してⅦ型コラーゲンへつながっている．ヘミデスモソームの構成成分として，インテグリン*$\alpha_6\beta_4$分子や，自己免疫性皮膚疾患の一種，類天疱瘡(pemphigoid)の標的分子である230 kDaおよび180 kDaのタンパク質などが知られている．(⇒フォーカルアドヒージョン)

**ヘミメチル化(DNAの)** [hemimethylation (of DNA)] DNAを構成する塩基の一つであるシトシンは，高等生物においてはピリミジン環の5位の位置で数%ほどメチル化*されている．それは特に5'-CG-3'という配列のシトシンによくみられる．その構造を5'-mCG-3'と表現すると，二本鎖では5'-mCG-3'/3'-GmC-5'と5'-mCG-3'/3'-CG-5'という2種類の構造体が検出される．前者は全メチル化，後者はヘミメチル化状態にあるといわれる．

**ヘミン調節性リプレッサー** [hemin-controlled repressor] HCRと略す．ヘム調節性インヒビター(heme-regulated inhibitor, HRI)，ヘム調節性$eIF-2\alpha$キナーゼ(heme-regulated $eIF-2\alpha$ kinase)ともいう．真核細胞の翻訳開始因子 eIF-2(⇒eIF)の$\alpha$鎖(51番Ser)をリン酸化するプロテインキナーゼ*の一つ．赤血球系細胞で発現され，ヘム供給量に応じてグロビン合成を制御する．他の組織でも低レベルの発現がみられる．単量体は626個のアミノ酸から成り，二量体の形成が知られる．$eIF-2\alpha$鎖のリン酸化はeIF-2・GDP複合体とeIF-2B(GDP-GTP交換因子)の結合親和性を著しく高める．通常，eIF-2Bの細胞内濃度はeIF-2より低く，有効なeIF-2Bが欠乏して，翻訳開始に必要なeIF-2・GTPの再生が抑制される．ヘムが十分に存在するとHCRのホモ二量体のサブユニットのそれぞれに2箇所ずつあるヘム結合部位にヘムが結合し，HCRタンパク質はSerやThrの自己リン酸化を起こし不活性型になる．リン酸化eIF2はeIF2ホスファターゼにより再活性化を受ける．これにはHSP90*とのヘテロ二量体や，S-S結合で架橋されたホモ二量体の形成が関与するとされる．ヘム欠乏時の活性化には，本酵素自体のリン酸化やS-Sの還元，HSP90のリン酸化などを伴う．HSP70*なども本酵素を介した翻訳調節に関与する．(⇒二本鎖RNA依存性プロテインキナーゼ)

**ヘム** [heme(米), haem(英)] フェロヘム(ferroheme)ともいう．プロトポルフィリン*と2価の鉄との錯塩(プロトヘム，図)．グロビン*と結合し四量体をつくりヘモグロビン*となる．ヘムの生合成は主として骨髄赤芽球と肝細胞で行われ，骨髄は肝に比べ約6倍産生量が多く，ヘモグロビン産生に利用される．肝では主としてシトクロムP450*の産生に利用されるほか，ミトコンドリアのシトクロム類，カタラーゼ，ペルオキシダーゼ，トリプトファンピロラーゼな

どのヘムタンパク質産生にヘムが利用されている．

プロトヘム

**ヘム調節性eIF-2αキナーゼ** [heme-regulated eIF-2α kinase] ＝ヘミン調節性リプレッサー

**ヘム調節性インヒビター** [heme-regulated inhibitor] ＝ヘミン調節性リプレッサー．HRIと略す．

**ヘモグロビン** [hemoglobin(米)，haemoglobin(英)] Hbと略す．血色素(blood pigment)ともいう．ほとんどすべての脊椎動物と若干の無脊椎動物の血液に含まれる色素タンパク質で，グロビン*とヘム*から成り，酸素の運搬に主要な役割を果たす．ヒトヘモグロビンはα鎖群(ζ, α)グロビンと非α鎖群(ε, γ, δ, β)グロビンのそれぞれいずれか2個ずつ(成人では$α_2β_2$)計4個のグロビンにそれぞれ1個ずつのヘムが結合した四量体で(図)，赤血球中に高濃度に含まれる．X線回折により立体構造も解明されている．

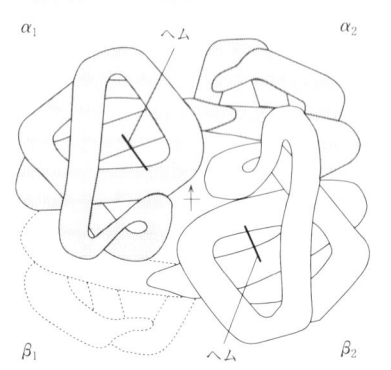

2個のα鎖($α_1, α_2$)と2個のβ鎖($β_1, β_2$)から成る四量体．太線はヘム．中央の矢印は2回対称軸

**ヘモグロビン異常症** [hemoglobinopathy] 血色素異常症，異常ヘモグロビン症ともいう．ヘモグロビン*はヘムとグロビンの結合物であるが，タンパク質であるグロビン遺伝子の構造を決定する情報をもったDNA部分(コード領域)内の変化，すなわちヘモグロビンの構造の遺伝子変異により発症する病気を狭義のヘモグロビン異常症という．一方，ヘモグロビンを構成するα様グロビン鎖(ζ, α鎖)ないしβ様グロビン鎖(ε, γ, δ, β鎖)のうち，特定のグロビン鎖の合成が完全に，または部分的に抑制されて生じるヘモグロビン合成の突然変異をサラセミア*という．合成が抑制されているグロビン鎖によってαサラセミア，βサラセミア，γサラセミア，δβサラセミア，またはγδβサラセミアなどという．従来ヘモグロビン異常症とサラセミアとは明確に分けて述べられてきたが，翻訳の障害(ナンセンス突然変異*や塩基の欠失や付加でフレームシフト突然変異*を起こす場合)があったり，不安定ヘモグロビン症で変異ヘモグロビンが超不安定なものなどでは，どちらにも属させられるので，厳密に両者を分けて記述するのが難しくなった．[1]グロビンの構造変異によるヘモグロビン異常症：最初に単一塩基置換によって単一アミノ酸置換(β鎖第6番目のグルタミン酸がバリンに置換)が明らかになったのは1956年V. M. Ingramによる鎌状赤血球貧血*で，黒人に多く溶血性貧血*と血管閉塞による疼痛発作を主症状とする．単一塩基置換による構造変異は130種以上が知られる．そのほか塩基の欠失ないし挿入によるもの，もっと広い範囲の塩基置換，欠失，挿入，重複，逆位による突然変異でその多くをDNAの組換え(乗換え)で説明できるものもある．症状別にみると1)溶血性貧血(鎌状赤血球貧血，不安定ヘモグロビン症など), 2)チアノーゼを呈するもの(ヘモグロビン・カンザス hemoglobin Kansas など), 3)赤血球増加症を呈するもの(ヘモグロビン・チェサピーク hemoglobin Chesapeake など), 4)無症状のものがある．[2]サラセミア：正常なβ鎖がまったく合成されないのを$β^0$サラセミア，低値ながら合成されるのを$β^+$サラセミアという．過剰のα鎖が赤芽球内に凝集して骨髄内溶血(無効造血)を起こすとともに小球性低色素性貧血を生じる．αサラセミアおよび他のサラセミアの症状も同様である．サラセミアを生じる遺伝子変異は多彩であり，1)遺伝子全体の欠失, 2)大きな遺伝子部分の欠失，転写に関する突然変異(CCAATボックスやTATAボックス突然変異), 3) RNAプロセシングに関する変異(スプライシング*に関する変異), 4)翻訳に関する変異(翻訳開始コドンの突然変異，ナンセンス突然変異，フレームシフト突然変異), 5)翻訳後の過程に関する突然変異(超不安定ヘモグロビン)などがあげられる．別に遺伝性高胎児ヘモグロビン血症(hereditary persistence of fetal hemoglobin)という病態がある．臨床的には無症状だが，正常成人ではHb F ($α_2γ_2$)は1%程度だが，これが遺伝的に10～30%と高く保たれているものをいう．βグロビン遺伝子群に広範囲の欠失がみられる欠失型と，それがみられない非欠失型とがある．

**ヘモグロビンS症** [hemoglobin S disease] ＝鎌状赤血球貧血

**ヘモグロビン合成** [hemoglobin synthesis] ヘモグロビン*はヘム*とグロビン*から成る．ヘム生合成はミトコンドリア内の4個の酵素(経路の最初と最後にある)と4個の細胞質内の酵素により，5-アミノレブリン酸*，ポルホビリノーゲン，ウロポルフィリノーゲン，コプロポルフィリノーゲン，プロトポルフィリノーゲンを経てつくられる．一方グロビンはグロビン遺伝子*よりタンパク質としてつくられ，これ

が赤血球前駆細胞(赤芽球,網赤血球)内でヘムと結合してヘモグロビンがつくられる.

**ヘモクロマトーシス** [hemochromatosis] 血色素症,ヘマクロマトーシス(hemachromatosis),ヘマトクロマトーシス(hematochromatosis),青銅色糖尿病(bronze diabetes)ともいう. 先天性の鉄代謝異常によって体内に鉄が異常に沈着する常染色体劣性疾患*. 十二指腸粘膜からの鉄の吸収が亢進しているために,血清中の鉄の増加とトランスフェリン*の減少を伴い,実質臓器に鉄の沈着が起こる. 皮膚の色素沈着,肝硬変*,糖尿病の三徴候はよく知られている. 鉄の沈着は肝と膵に最も強く,皮膚にも沈着するが,皮膚の色素沈着はメラニン*色素の増加による. 鉄の沈着は心その他にも起こるが,その程度は軽い.

**ヘモシアニン** [hemocyanin] 甲殻類や軟体動物,剣尾類,クモ形類の血リンパ中に存在する銅を結合した細胞外呼吸色素タンパク質. 分子状の酸素と可逆的に結合し,ヘモグロビン*と同様,酸素運搬体としての機能をもつ. 酸素を離した状態では銅イオンは1価となり無色だが,酸素を結合すると2価の銅イオンとなり青色を呈する. カタツムリ,イセエビ,サソリ,クモ,カブトガニのヘモシアニンがよく研究されている. 分子量は種によって大きく異なり,40万～900万,いずれもヘテロサブユニットから構成される巨大分子である.

**ペラグラ** [pellagra] ニコチン酸の摂取不足により起こる疾患. 皮膚炎・下痢・精神神経障害が特徴的である. ニコチン酸はトリプトファンから体内で生合成されるため,その生合成過程における障害や,トリプトファンの摂取不足,小腸,腎臓における吸収・再吸収の障害の場合にも同様の症状が現れる. そのアミドはNADやNADPの構成成分となり,400種以上の酵素反応に補酵素などとして関与する. したがって欠乏症の原因を特定の酵素反応と対応させにくい.

**ベラパミル** [verapamil] 制がん剤多剤耐性を克服する作用をもつカルシウム拮抗薬. 多剤耐性がん細胞では制がん剤*がエネルギー依存的に細胞外に排出されている. 1981年カルシウム拮抗薬ベラパミルが,この亢進した制がん剤の排出を阻害することによって細胞内制がん剤の蓄積を上げ,その結果多剤耐性を克服することが見いだされた. ベラパミルは制がん剤排出のポンプ作用をもつP糖タンパク質に結合し,制がん剤と競合することよって制がん剤の排出を阻害する.(⇒多剤耐性遺伝子)

**ヘリオバクテリア** [heliobacteria] ⇒光合成細菌

**ヘリコバクター＝ピロリ** [*Helicobacter pylori*] ヒトなどの胃に生息するべん毛をもつらせん型の細菌. ピロリ菌ともいう. 胃炎や潰瘍,さらには胃がんの発生にもつながることが知られている. 1983年, J. R. Warren*とB. J. Marshall*により発見された. *H. pylori* 26695株の全ゲノムが解析され,1.67Mbpの環状DNAに1590個の遺伝子が存在すると報告された. 1999年にR. A. Almらは別の*H. pylori*株のゲノム解析結果と比較し,同じ種の中でも株ごとに固有の遺伝子セットをもつ例を初めて示した.

**ヘリックスコイル転移** [helix-coil transition] ポリペプチドやポリヌクレオチドなどの高分子にみられる規則的なヘリックス(らせん)構造と不規則的なランダムコイル*構造間の,pHや温度,溶媒組成などに依存した共同的な構造変化. タンパク質や核酸の構造を理解するための基本現象として研究されている. ポリペプチドのαヘリックスとランダムコイルの転移を説明する理論として,ジム・ブラッグモデル(Zimm-Brage model),リフソン・ロイモデル(Lifson-Roig model)が知られている.

**ヘリックス・ターン・ヘリックス** [helix-turn-helix] HTHと略称する. 連続する二つのαヘリックス*が数残基のアミノ酸によって分断され90度の位置に並んでいる,およそ20アミノ酸残基から成るタンパク質中の構造領域(図). DNA結合タンパク質*のDNA結合モチーフとして見いだされる. これをもつタンパク質をヘリックス・ターン・ヘリックスタンパク質といい,大腸菌やファージなどの一部の転写調節因子(サイクリックAMP受容タンパク質*, Croタンパク質*,リプレッサー*, *trp* リプレッサーなど)が属する. これらのタンパク質は,ホモ二量体を形成し,二量体のそれぞれC末端側のαヘリックスがDNAの主溝に入り込むことによってDNAに結合する. また,これらのタンパク質の中にはDNAへの結合と同時にDNAの折り曲げ(⇒折れ曲がりDNA)を行うものもある. さらに,ホメオドメイン*タンパク質もヘリックス・ターン・ヘリックス構造をもつが, N末端側にもう一つのαヘリックスをもちDNAへの結合様式が異なる.(⇒DNA結合ドメイン)

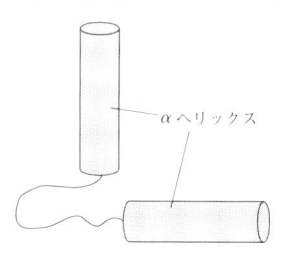

**ヘリックス・ターン・ヘリックスファミリー** [helix-turn-herix family] DNA結合タンパク質*の間では,ヘリックス・ターン・ヘリックス*ドメインは主要なDNA結合モチーフの一つとして原核生物・ファージから真核生物に至るまで広い生物種で見いだされ,大きなタンパク質ファミリーを形成している. 同一種内のこのファミリーのメンバーは,そのDNAの認識配列が類似あるいは重複している場合が多い. 代表的なヘリックス・ターン・ヘリックスタンパク質には,

*lac* リプレッサー，大腸菌 *trp* リプレッサー，λファージの *c*I リプレッサーと Cro タンパク質，ホメオドメインタンパク質，Myb, Ets, HSF などがある．

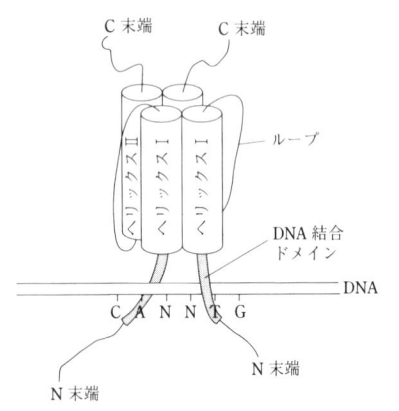

**ヘリックス・ループ・ヘリックス** [helix-loop-helix] HLH と略称する．MyoD* や E12 などの転写因子*が二量体を形成するのに使われる構造．1989 年に C. Murre らによって提唱された．12 と 13 アミノ酸残基から成る二つの α ヘリックス*領域とそれをつなぐ β ターン*の領域とから成る（図）．ヘリックス領域で

ヘリックス・ループ・ヘリックス構造をもつタンパク質のヘテロ二量体と DNA との結合

は，保存された疎水性アミノ酸が同じ側に並んでいる．二量体を形成した時，四つのヘリックス構造が一つの束のように配列しており，各ヘリックスの N 端，C 端の方向は同一である．普通はこの構造に隣接した N 端側には塩基性(basic)アミノ酸に富む DNA 結合ドメイン* があり，合わせて bHLH とよばれる．二つのタンパク質の DNA 結合ドメインが，CANNTG というパリンドローム（回文）配列の半分ずつを認識する．ミオゲニン* や Myf5 などもこの構造をもち，Myc などはこれとロイシンジッパー* とがつながった状態で両方もっている．しかし，Id* のように，この DNA 結合領域をもたないものもあり，これは，ヘテロ二量体を形成することにより，遺伝子発現を負に調節していると考えられる．

**ペリプラズム** ＝細胞周辺腔

**ベルイストレーム** BERGSTRÖM, Sune Karl スウェーデンの生化学者．1916.1.10～2004.8.15. ストックホルムに生まれる．カロリンスカ医科大学に学び，コロンビア大学，スクリブ医学研究所に留学．1944 年医学博士号を取得．1945 年リノール酸酸化酵素を発見した．ルンド大学生理化学教授(1947)．カロリンスカ医科大学化学教授(1958)．カロリンスカ医科大学長(1969～77)．1957 年プロスタグランジン* を精製．B. I. Samuelsson* とともにプロスタグランジンの生合成を解明した．Samuelsson, J. R. Vane* とともにノーベル医学生理学賞受賞(1982)．

**ペルオキシソーム** [peroxisome] 直径 0.3～1 μm の球状ないし楕円体の一重膜細胞小器官*であり，真核細胞に広く存在する．1954 年に発見され形態学的名称としてミクロボディ(microbody)と命名されたが，その後この顆粒中に過酸化水素を生成する一群のオキシダーゼとそれを分解するカタラーゼが局在することが見いだされ，1965 年ペルオキシソームという機能的名称が提唱された．現在この名称が定着している．極長鎖脂肪酸（炭素鎖 $C_{22}$ 以上）の β 酸化やプラスマローゲンなどエーテルリン脂質の生合成をはじめ多くの重要な機能をもつ．これら代謝機能の障害は遺伝性致死的疾患をもたらすが，なかでもツェルベーガー症候群などペルオキシソーム欠損症は最も重篤な先天性代謝異常*症として有名である（⇨ペルオキシソーム病）．数多くの相補性*群をもつこの欠損症の病因遺伝子として，ペルオキシソーム形成因子（ペルオキシン*）をコードする *PEX* 遺伝子群が明らかにされている．植物の脂肪性種子の発芽過程に現れるグリオキシソーム(glyoxysome)も形態学的にペルオキシソームと区別ができない．

**ペルオキシソーム移行シグナル** [peroxisome transport signal] ＝ペルオキシソーム指向配列

**ペルオキシソーム局在化シグナル** [peroxisome localization signal] ＝ペルオキシソーム指向配列

**ペルオキシソーム形成異常症** [peroxisome biogenesis disorders] ＝ペルオキシソーム病

**ペルオキシソーム形成因子** [peroxisome assembly factor] ＝ペルオキシン

**ペルオキシソーム指向配列** [peroxisomal targeting sequence] ペルオキシソーム局在化シグナル(peroxisome localization signal)あるいはペルオキシソーム移行シグナル(peroxisome transport signal)ともよばれ，PTS と略す．ペルオキシソーム* の形成機構については，サイトゾル* の遊離型ポリソームで合成された構成タンパク質が翻訳後既存のペルオキシソームに移送され，その結果ペルオキシソームが成長，分裂して増殖していくというモデルが一般的に受入れられている．ペルオキシソームマトリックスタンパク質の輸送シグナルとして，現在までに二つのタイプ(PTS1, PTS2)が同定されている．PTS1 は，C 末端アミノ酸配列，-Ser/Ala-Lys/Arg/His-Leu-OH(SKL モチーフ)から成り，ほとんどの酵素は PTS1 型である．PTS2 は，タンパク質前駆体の N 末端伸長ペプチド内に見いだされ，その共通配列は -Arg/Lys-Leu/Val/Ile-$X_5$-His/Gln-Leu/Ala-(X は任意のアミノ酸)である．ペルオキシソームへのタンパク質の取込み時には，PTS2 はプロセシングを受けるが，PTS1 は切断されない．PTS1 と PTS2 のそれぞれに対する細胞質受容体としてペルオキシン* Pex5p および Pex7p が同定されている．そのサイトゾル-ペルオキシソーム間のシャトリング機構，さらにはマトリックスタンパク質の膜透過装置やその分子機構は不明である．一方，ペルオキシソーム膜タンパク質局在化シグナル(mPTS: peroxisomal targeting signal of membrane proteins)は，多

様性があるものの一般的にペルオキシソーム膜指向配列と膜挿入配列から構成されることが見いだされている．また，mPTSの細胞質受容体としてシャペロン活性もあわせもつPex19p，さらにはPex19p-膜タンパク質複合体のペルオキシソーム膜上受容体としてPex3pが同定されている．

**ペルオキシソーム増殖活性化受容体** [peroxisome proliferator-activated receptor] PPARと略す．肝臓においてペルオキシソームを増殖させるペルオキシソーム増殖剤によって活性化される受容体として同定されたのがPPARαである．PPARには三つのサブタイプが存在することがわかり，α，β（δと同じ），γと名付けられた．リガンド応答性の核内受容体型の転写因子であるPPARは同じく核内受容体型転写因子であるRXRとヘテロダイマーを形成して，DR-1(direct repeat-1)タイプの認識配列であるPPRE(peroxisome proliferator response element)に結合する．PPAR/RXRヘテロダイマーにPPARもしくはRXRのアゴニストが結合すると，コリプレッサーの解離とCBP，PGC-1などのコアクチベーターの会合が起こり，転写活性化能をもつようになる．PPARαは肝臓などに多く発現し，フィブラート剤などが活性化因子として作用し，脂肪酸燃焼を促進する遺伝子の発現増加などを介して中性脂肪低下作用などを発現しているものと考えられている．PPARγは脂肪組織に多く発現し，脂肪細胞分化や脂肪蓄積に必須の遺伝子の発現の主調節因子と考えられている．インスリン抵抗性改善剤であるチアゾリジン誘導体は，このPPARγの著明な活性化を介してその作用を発現しているものと考えられている．PPARβは比較的普遍的に発現しているが，骨格筋などで糖や脂質の燃焼に重要な役割を果たしていると考えられている．PPARα，β，γの三つのサブタイプとも，動脈硬化巣を形成する血管やマクロファージに発現が認められ，これらのアゴニストの抗炎症作用やコレステロール引抜き作用などを含めた抗動脈硬化作用に注目が集まっている．最近では転写共役因子は，転写因子と，その認識配列を含んだプロモーター領域全体のゲノム構造と，結合するそれぞれのリガンドの，三者全体の立体構造を認識して転写制御を行っていると考えられるようになってきている．個々のリガンドおよび個々の標的遺伝子のプロモーター領域のゲノムの立体構造，および転写共役因子の発現のレパートリーが細胞・組織・病態によって，それぞれ異なっていることから，同じ転写因子に対するリガンドであっても，実際に転写制御を受ける遺伝子のレパートリーはそれぞれ異なっていると考えられるようになり，活性化剤や阻害剤という分類ではなく，個々のリガンドが，選択的な活性制御剤であると考えられるようになってきている．このような観点から，より効果的で副作用の少ないPPARの選択的活性制御剤の開発が期待されている．

**ペルオキシソーム病** [peroxisomal disease] ペルオキシソーム形成異常症(peroxisome biogenesis disorders)ともいう．ヒト先天性代謝異常*症の一つであるペルオキシソーム病は常染色体劣性遺伝性を示し，三つのグループに分類される．一つは，複数のペルオキシソーム酵素の機能障害を伴い，形態学的にペルオキシソーム*が認められない疾患であり，ペルオキシソーム欠損症ともよばれる．これには，ツェルベーガー症候群(Zellweger syndrome，脳肝腎症候群)，新生児型副腎白質ジストロフィー*(ALD)および乳児型レフサム病が属する．2番目のグループには，ペルオキシソームは存在するが複数の酵素機能障害を呈する代謝異常症が分類され，斑状軟骨形成不全症II型やツェルベーガー様症候群が含まれる．3番目のグループは，いわゆる単一酵素欠損症と考えられ，無カタラーゼ血症，伴性型ALD，原発性高シュウ酸尿症I型，アシルCoAオキシダーゼ欠損症や二頭酵素欠損症などの脂肪酸β酸化系酵素異常症が報告されている．最も重篤なツェルベーガー症候群患者は，ほとんど1年以内に死亡する．ペルオキシソーム形成異常症は現在までに細胞遺伝学的に13種の相補性群が報告され，それらの相補遺伝子(病因遺伝子)は最近すべてが明らかにされている．

**ペルオキシダーゼー抗ペルオキシダーゼ複合体法** [peroxidase-antiperoxidase complex technique] PAP法(PAP technique)と略す．西洋ワサビペルオキシダーゼ*(HRP)に対する抗体とHRPとの可溶性複合体(PAP)を用いた免疫組織化学*の方法．一次抗体を調製した動物と同じ種でHRPに対する抗体をつくり，これを抗原過剰領域でHRPと反応させて，可溶性複合体をつくる．一次抗体と結合した二次抗体は，一方でPAPをつくる一次抗体と同種の抗体なので結合しうる．HRP活性をDAB(3,3′-ジアミノベンジジン)反応で染色して抗原を可視化する．感度は高いが，PAPは巨大な分子で組織に浸透しにくい．

**ペルオキシン** [peroxin] ペルオキシソーム形成因子(peroxisome assembly factor)ともよばれ，*PEX*遺伝子にコードされる．ペルオキシソーム*の生合成過程に異常を示す数多くの変異細胞株が，*Saccharomyces cerevisiae*や*Pichia pastoris*などの酵母系から，動物変異細胞ではCHO細胞(チャイニーズハムスター卵巣細胞*)より，分離されている．ついでこれらの変異細胞に対し，ペルオキシソームの形成回復を指標にした順行型遺伝学すなわち遺伝学的相補活性スクリーニング(発現クローニング)法による相補遺伝子クローニングが展開され，単離された遺伝子(cDNAを含む)をペルオキシン遺伝子(*PEX*)とよぶことになった．現在までに32種の*PEX*遺伝子が単離されている．一方，ツェルベーガー症候群(⇒ペルオキシソーム病)などヒト先天性ペルオキシソーム欠損症(形成異常症)には，13種の相補性群が同定されているが，現在までに13種すべての病因遺伝子が解明されている．これらは変異細胞の表現型から，マトリックスタンパク質輸送にかかわるペルオキシンとしてPex1p, Pex2p, Pex5p, Pex6p, Pex7p, Pex10p, Pex12p, Pex13p, Pex14p, およびPex26p, ペルオキシソーム膜の形成にかかわるものとしてPex3p,

Pex16p, および Pex19p, に分類されている. そのほか, ペルオキシソームの分裂・形態形成や遺伝性にかかわるものが明らかにされつつある. これら多くのペルオキシンの細胞小器官形成制御過程における生化学的機能は不明である.

**ベルグマングリア** [Bergmann glia] 小脳を構成するグリア細胞の一つで, プルキンエ細胞層に細胞体があり, 分子層から軟膜表面に向かって放射状繊維を伸ばす単極性の特徴的な形態をもつ細胞. その放射状繊維には不規則に複雑な突起があり, それらの突起は分子層の神経回路網に浸入し神経細胞およびそのシナプス構造を覆っている. 神経伝達物質の代謝, 細胞外イオン環境の維持, シナプス形成, 神経回路の同期化, 神経伝達強度の調節等, さまざまな機能を担っている. (→ アストロタクチン)

**ベルケード** [Velcade] ボルテゾミブ* の商品名.

**ペルツ** PERUTZ, Max Ferdinand 英国の生物物理学者. 1914.5.19〜2002.2.6. ウィーンに生まれる. ウィーン大学に学んだが, ナチに追われて英国に亡命 (1936). ケンブリッジ大学で X 線結晶学を学び, ヘモグロビン* の立体構造を解明した (1960). 1962 年弟子の J. C. Kendrew* とともにノーベル化学賞を受賞. 1979 年ケンブリッジ大学分子生物学研究所長を辞任したが, 名誉研究員としてヘモグロビンの研究を続けた.

**ベルテロ** BERTHELOT, Pierre Eugène Marcelin フランスの化学者. 1827.10.25〜1907.3.18. パリに生まれ, パリに没す. コレージュ・ド・フランスで化学を学び, 学位を得た (1854). グリセリンと脂肪酸の合成に成功した. メタノール, エタノール, ベンゼン, アセチレンなどを合成し, 天然物有機化学に貢献した. 1859 年薬科大学教授. コレージュ・ド・フランス教授 (1863). 1895 年外務大臣. 1889 年フランス科学アカデミー幹事.

**ベルトデスモソーム** [belt desmosome] = 接着帯

**ベルドペルオキシダーゼ** [veldoperoxidase] = ミエロペルオキシダーゼ

**ベルナール・スーリエ症候群** [Bernard-Soulier syndrome] 巨大血小板症候群 (giant platelet syndrome) ともいう. 血管内皮下組織への血小板粘着障害により出血傾向を呈する先天性血小板機能異常症. 巨大な血小板の出現や血小板減少を認め, フォンビルブラント因子* 受容体としての血小板糖タンパク質 Ib-IX (GPIb-IX) 複合体の欠損 (常染色体劣性遺伝形式) や機能異常 (常染色体優性遺伝形式) の症例が報告されている. まれな疾患で, 血族結婚が認められ, リストセチン (ristocetin) による血小板凝集の欠如が特徴的. 抗 GPIb-IX 抗体などによる後天性の症例も報告されている. (→ 血小板無力症)

**ヘルパーウイルス** [helper virus] ある複製欠性ウイルス* が増殖する際, 重複感染してウイルス粒子の産生を行うウイルスのこと. たとえばフレンド脾臓フォーカス形成ウイルス* におけるフレンドマウス白血病ウイルス (→ フレンド白血病ウイルス) がこれに当たる.

**ヘルパー T 細胞** [helper T cell] $T_H$ と略す. 抗原を認識してヘルパー因子と総称される各種サイトカインを産生し, 免疫応答誘導を調節する T 細胞亜種. 大多数の外来抗原に対する B 細胞* が分化して抗体を産生するためには, B 細胞自身による当該抗原の認識のほかにヘルパー T 細胞から産生されるヘルパー因子の存在が必要で, 現在インターロイキン (IL) 4, 5, 6 が知られている. またキラー T 細胞* のエフェクター誘導にあたっても, ヘルパー T 細胞の産生するインターロイキン 2*, インターフェロン $\gamma$* が関与する場合が少なくない. ヘルパー T 細胞はさらに, IL-2, インターフェロン $\gamma$ を産生する $T_H1$, および IL-4, 5, 6 を産生する $T_H2$ のサブセットに分類することが可能である. それぞれは抗原刺激により活性化されると, 互いのサブセットに抑制的に働くことが知られている. 両者のいずれが優位になるかによって生体の免疫応答の様式が大きく左右されると考えられる. アレルギーや自己免疫疾患の発症機序との関連も示唆されるが詳細は不明である.

**ベルバン** [Velban] → ビンブラスチン

**ヘルペスウイルス** [herpesvirus] DNA ウイルス* の一科. $120 \times 10^3 \sim 130 \times 10^3$ 塩基対から成る線状二本鎖の DNA のゲノムをもったコアがキャプシド* に入っている. これが外被に覆われ, そのさらに外側が糖タンパク質性のスパイクをもったエンベロープ* に包まれている. 粒子は 120〜130 nm. すべてのヘルペスウイルスに共通する性質は, 1) DNA 複製に必要な酵素群をもつ, 2) DNA 合成およびキャプシドの形成は核内で起こる, 3) 増殖したウイルス粒子の放出は常に宿主細胞の破壊を伴う, 4) 宿主細胞に長期間潜伏感染できる, ことである. ヘルペスウイルスは以下の 3 種に分類される. アルファヘルペスウイルス亜科のウイルスは多様な宿主域, 比較的短い増殖サイクル, 培養細胞間で急速に伝播すること, 主として知覚神経節に潜伏感染できる能力をもつ. 単純ヘルペスウイルス* I 型, II 型などを含む. ベータヘルペスウイルス亜科は比較的限局された宿主域, 比較的長い増殖サイクルが特徴で, 感染細胞は, しばしば肥大する (サイトメガリア cytomegalia). そして持続感染が容易に確立される. ウイルスは分泌腺, 腎臓などに潜伏感染する. サイトメガロウイルス* などを含む. ガンマヘルペスウイルス亜科に属するウイルスは in vitro において, リンパ芽球で増殖する. リンパ組織に潜伏感染する. EB ウイルス* などを含む.

**ヘルムホルツの自由エネルギー** [Helmholtz free energy] 熱力学の状態関数の一つ. 系の絶対温度を $T$, エントロピー* を $S$, 内部エネルギーを $U$ とすると, ヘルムホルツの自由エネルギー $A$ は $A = U - TS$ と定義される. $A$ の変化は $dA = dU - TdS - SdT$ であるから, 定温下で系がごくわずかに平衡からずれている条件で起こる過程を考えれば, $TdS = \delta q$, $SdT = 0$ であり, $dA = dU - \delta q$ すなわち $dA = -\delta w$ となる ($\delta q$ は系が外界から吸収する熱量, $\delta w$ は系が外界

になす仕事).このことは,d$A$ は系が行うことのできる最大の仕事を表していることを示し,d$A$<0 の方向に系は自発的に進行していく.$A$ が極小値の時には d$A$=0 であり,系が平衡状態であることを示す.(→ギブズの自由エネルギー)

**ヘルメス抗原**[Hermes antigen] =CD44(抗原)

**ベロ毒素**[vero toxin] 腸管出血性大腸菌(いわゆる病原性大腸菌 O157*)が産生するタンパク質毒素で,ベロ細胞(アフリカミドリザルの腎臓由来の樹立細胞)に対して強い細胞毒性をもつことからベロ毒素とよばれている.赤痢菌が産生する志賀毒素との構造類似性から志賀毒素様毒素(Shiga-like toxin)ともよばれる.腸管出血性大腸菌感染時の出血性大腸炎,溶血性尿毒症症候群や脳症の原因毒素.RNA $N$-グリコシダーゼ活性により,リボソームの 28S リボソーム RNA の 5′ 末端から 4324 番目のアデノシンのグリコシド結合を加水分解し,EF-1 依存性アミノアシル tRNA のリボソームへの結合を阻害し,ひいてはタンパク質合成を阻害する.

**変異**【1】[mutation] 突然変異* の略語としてしばしば用いられる.【2】[variation] 同一種内の同一遺伝子・タンパク質にみられる個体差.または数種間の相同遺伝子・タンパク質にみられる差異をいう.

**変異株** =突然変異株

**変異原**[mutagen] 突然変異誘発物質,突然変異誘起物質,突然変異原ともいう.突然変異* を誘発する物質,または電磁波.発がん物質* は変異原である.変異原にはつぎの 3 種類がある.1) 化学的変異原(chemical mutagen):アルキル化剤* などはこれに当たる.化合物が生体内で代謝されて化学的変異原となる場合もある.2) 放射性同位体:$\gamma$ 線を放射する $^{60}$Co や $^{137}$Ce など.3) 紫外線,X 線などの DNA 損傷を起こす電磁波.化学的変異原や紫外線は DNA 塩基を化学的に修飾し,突然変異を誘発する(→紫外線損傷,突然変異誘発).一方 X 線や $\gamma$ 線などの放射線* は,DNA 鎖を切断,染色体異常* をひき起こす.がんは,腫瘍ウイルスによるもの以外は,おもに変異原によるがん遺伝子* あるいはがん抑制遺伝子* の突然変異が原因であると考えられているが,その機構については不明な点が多い.

**変異体** =突然変異株

**変異表面糖タンパク質**[variant surface glycoprotein] VSG と略す.*Trypanosoma brucei* 原虫の表面にある糖タンパク質.GPI アンカー型タンパク質* なので,ある種のホスホリパーゼ C による分解で比較的簡単に細胞膜から遊離される.寄生虫にとって不都合な状況に会うと新しい一次構造をもった VSG が新たに合成されてそれまでのものとすばやく置き換わることから,抗体などには中和から免れる.このことが VSG の名前の由来となっており,またこの寄生虫が駆除しにくい原因となっている.

**変異誘発** =突然変異誘発
**変異率** =突然変異率

**辺縁系** =大脳辺縁系
**変形菌(類)** =粘菌類

**変形性関節症**[osteoarthritis] 関節軟骨の老化性退行変性を基盤とし,度重なる力学的ストレスにより軟骨破壊,骨性増殖(骨棘形成),二次的な滑膜炎をきたす関節疾患.力学的ストレスにより,軟骨細胞にインターロイキン 1*(IL-1),腫瘍壊死因子* $\alpha$(TNF-$\alpha$)やマトリックスメタロプロテイナーゼなどの産生が誘導され,軟骨基質の分解そして軟骨破壊に至ると考えられている.また,プロテオグリカンの一つアスポリン(asporin)の遺伝子多型と変形性関節症の相関が認められた.アスポリンはトランスフォーミング増殖因子 $\beta$*(TGF-$\beta$)の活性を抑制し,アグリカンや II 型コラーゲンの発現を抑制する.

**変形性骨炎**[osteitis deformans] =パジェット病【1】

**ベンケイソウ型有機酸代謝植物**[crasulacean acid metabolism plant] =CAM 植物

**変形体**[plasmodium, (*pl.*)plasmodia] 変形多核体,プラスモジウムともいう.【1】粘菌門(真正粘菌類)の同型配偶子であるアメーバ* が癒合して生じた接合子* より生じる多核の原形質塊(→粘菌類).2 個の同形配偶子(+とー)は合体して接合子(2$n$)となったのちに,連続的な核分裂を行いつつ,原形質の増量を行う.この際細胞壁は形成されず,多核体として成長し,変形体となる.仮足を出し,同調した核分裂,ミトコンドリアの分裂を行う.また顕著な原形質流動* が見られるため,生理学の研究材料となるが,モジホコリカビ(*Physarium polycepharum*)などでは遺伝的解析もなされる.変形体から減数分裂* を経由して子実体(胞子嚢)形成へ移行する.また変形体は乾燥などにより,マクロシストを形成し休眠する.マクロシストは良い環境下におかれると再びもとの変形体に戻る.細胞性粘菌類(→キイロタマホコリカビ)では原形質塊中でもアメーバは個々独立しており,移動体(偽変形体)とよばれる.(→菌類)【2】高等植物のやくの胞子を囲む組織であるアメーバ状タペート組織(tapetum).(→多核細胞)

**変形多核体** =変形体

**偏光**[polarized light] 光の電場・磁場ベクトルの分布が偏っていること.光は直進方向に直角に電場ベクトルと磁場ベクトルがある.通常の自然光ではこれらの向きはばらばらだが,レーザーなどではベクトルの向きは一定で直進する.

**偏光顕微鏡**[polarization microscope] 光学的異方性をもつ結晶または結晶に似た物質の複屈折性(birefringence)を検出し,定量する装置.本来は鉱物成分の検定用に開発されたが,結晶のみならず生体系の複屈折性の検出にも利用される.ただし生体構造の複屈折性はいくつかの例外を除いて微弱であるから,一工夫を要する.$n_e$,$n_o$ をそれぞれ異常光,正常光の屈折率とすると,複屈折の程度は $n_e-n_o=10^{-4}$〜$10^{-3}$ であって,光の波の遅れ量を $\Gamma$ とし,試料の厚みを $d$ とすると,$(n_e-n_o)=\Gamma/d$ となるが $\Gamma$ は数 nm

または $\lambda/50$ ($\lambda=550$ nm)以下にすぎない．したがって生物用の偏光顕微鏡では，歪みのないコンデンサーと対物レンズの前後に互いに直交するように配置した偏光子と検光子の消光係数が $5\times10^{-4}$ 以下となるような，良質のプリズム(方解石)または偏光板を使用する必要がある．また波の遅れ量の定量には Brace-Köhler 型の補償板が適当であろう．そしてレンズ素子間の反射によって起こる偏光の振動面の回転を補正するレクチファイヤーを装着することが強く望まれる．

**偏差成長** [deflective growth] 茎や葉のような器官で，細胞の成長が不均一になるため上下や左右に偏って屈曲を起こすような成長様式のこと．光や重力に応答して屈曲をひき起こす細胞の偏差成長には，オーキシン*を介したシグナル伝達システムが主要な役割を担い，オーキシンの不均分布や極性輸送が偏差成長の原因と考えられている．光や重力を感知してオーキシンの側方向への再配分を行う特異的な輸送系が存在し，シロイヌナズナでは PIN3 産物がオーキシン流出の調節因子で，重力に応答してアクチンに依存した PIN3 タンパク質の配置変換が起こり，これがオーキシンの流れの方向を変化させ，非対称的な成長をひき起こす．オーキシンと直接結合する TIR1 がユビキチン分解系を介したオーキシンシグナル伝達の引き金となっている．

**変種** [variety] 分類学*上の階級で，種*より下で，品種より上に位置する．変種は，形態的類似性をもとに命名されることが多い．異なる分類学者によって，変種，亜種*，品種の階級が同等のものとして扱われることもある．

**ベンジルアデニン** [benzyladenine] 合成サイトカイニン*の一種．カイネチン*のフルフリル基をベンジル基に置き換えたもの(図)．生理活性は天然のゼアチンや合成サイトカイニンのピリジルフェニル尿素について高く，カイネチンに匹敵する．天然のサイトカイニンに比べ代謝が遅く，効果が持続する．そのため組織培養や投与実験にしばしば用いられるほか，結合タンパク質の精製時にアフィニティークロマトグラフィー*のリガンドまたは溶出剤としても使われる．プリン環をメチルベンゾイミダゾール環に置き換えたものも活性がある．

**偏心成長** [eccentric growth] 木本植物における木部の年輪幅が一方に偏った肥大成長．形成層における細胞分裂頻度の偏りが原因．多くはあて材形成に付随して生じ，針葉樹では圧縮あて材(compression wood)，広葉樹では引張あて材(tension wood)が年輪幅の広い側に見られる．枝ぶりに著しい偏りがある場合，あて材形成を伴わない偏心が見られることがある．俗に年輪幅は南側が広いといわれるのは間違い．

**ベンスジョーンズタンパク質** [Bence-Jones protein] H. Bence-Jones(1847)によって多発性骨髄腫*，マクログロブリン血症患者の尿中に発見された

タンパク質．分子量 24,000 の単量体または二量体で熱凝固性があるが，さらに高い温度(90 ℃ 以上)で溶解する性質をもつ．分子構造は免疫グロブリンの L 鎖*と同じで，単量体の $\kappa$ 鎖と，二量体の $\lambda$ 鎖の 2 種類がある．ともに可変領域(V 領域)と定常領域(C 領域)とがあり，それぞれの遺伝子の支配下にある．$\kappa$ 鎖には $V_{\kappa I\sim III}$，$\lambda$ 鎖には $V_{\lambda I\sim IV}$ の V 領域サブグループが，また C 領域にはサブタイプ・アロタイプが知られる．

**変性** [denaturation] 【1】(タンパク質の) [unfolding, protein denaturation] タンパク質分子がほぼ生理的条件下で示す，天然状態に相当する固有の立体構造(フォールディング*)が，共有結合の切断を伴わずに失われる現象．原因は物理的作用(加熱，凍結・融解，吸着，超音波，紫外線，X 線など)，および化学的作用(極端な pH，濃厚塩溶液，有機溶媒，重金属塩，界面活性剤*，カオトロピック試薬など)に大別される．変性に伴い，溶解度の減少，結晶化傾向の喪失，側鎖官能基の反応性の亢進，生物活性の消失や低下をみることが多い．変性物の不溶化などで実際上不可逆的な場合もあるが，本来変性は可逆的で，天然状態への復元例は多く，一次構造が高次構造を決定するという説の根拠となっている．完全変性状態からの回復過程で，モルテングロビュール*とよばれる中間状態がみられる．(→再生【1】)
【2】[denaturation of nucleic acid] 二重鎖 DNA の溶液を，高アルカリ性(pH 11.5 以上)または一定温度以上にすると，二重らせん構造が壊れて相補鎖が離れ，それぞれがランダムコイル状になることをいう．類似のことは一本鎖の核酸がつくる立体構造についても当てはまる．変性は紫外線吸収スペクトルを測定して観測できる．変性すると約 40 ％ 吸収が増大する．近接塩基間のスタッキングによる電子相互作用がなくなるためで，濃色効果*という．温度を上昇させて観察した変性の中間点の温度を融解温度(melting temperature, $T_m$)という．$T_m$ は，生理的条件では 85〜95 ℃ で，GC 含量*が 1 ％ 増加するごとに 0.4 ℃ 上昇し，1 価の陽イオン濃度が 10 倍高くなるごとに 16.6 ℃ 上昇する．ホルムアミドは 1 ％ で $T_m$ を 0.72 ℃ 低下させるので，高濃度にして $T_m$ を 40 ℃ くらいにすることができる．(→再生【2】)

**編制源** ＝形成体

**偏性嫌気性生物** ＝絶対嫌気性生物

**変性剤** [denaturing agent, denaturant] タンパク質や核酸の高次構造*の形成にあずかる非共有結合を切断し，変性*させる化学薬剤．尿素やグアニジウム塩などのカオトロピック試薬(chaotropic agent)，ドデシル硫酸ナトリウムのような界面活性剤*がよく利用される．ほかに，目的に応じて，各種の有機溶媒，酸，アルカリ，濃厚塩溶液，重金属塩などが，単独ないし併用，また物理的手法と組合わせて使用されている．たとえば，DNA の変性濃度勾配ゲル電気泳動では，濃度 1 ％ 当たりで融解温度を約 0.7 ℃ 低下させるホルムアミド*が尿素とともに用いられている．

**ベンゼドリン**［benzedrine］ ＝アンフェタミン
**1,2-ベンゼンジオール**［1,2-benzenediol］ ＝カテコール
**ベンゾイルメチルエクゴニン**［benzoylmethyl-ecgonine］ ＝コカイン
**ベンゾジアゼピン**［benzodiazepine］ ベンゼン環とこれに結合したジアゼピン環を基本骨格とした薬物の総称で,抗不安薬あるいは鎮静催眠薬に分類される.薬理作用には,鎮静,催眠,抗不安,筋弛緩,抗痙攣性作用がある.中枢型および末梢型ベンゾジアゼピン受容体に結合してその薬理作用を発揮する.中枢型ベンゾジアゼピン受容体に結合すると,γ-アミノ酪酸*のGABA$_A$受容体(⇨γ-アミノ酪酸受容体)への結合を増強させ,γ-アミノ酪酸による抑制作用が増強される.末梢型ベンゾジアゼピン受容体に結合した場合の薬理的意義は不明である.
**ベンゾジアゼピン受容体**［benzodiazepine receptor］ ベンゾジアゼピン*の結合する薬物受容体の一つで,中枢型と末梢型の二つのサブタイプがある.中枢型ベンゾジアゼピン受容体はGABA$_A$受容体(⇨γ-アミノ酪酸受容体)と複合体を形成しており,トリアゾロピリダジン(triazolopyridazine)(CL218 872)に高い親和性をもつものがⅠ型,親和性が低いものがⅡ型である.中枢型ベンゾジアゼピン受容体の活性化によりGABA$_A$受容体へのGABA(γ-アミノ酪酸*)結合を増強させる.GABA$_A$受容体のサブユニットのうち,α$_1$サブユニットの存在によりⅠ型の性質が発現され,α$_2$〜α$_5$サブユニットの場合にはⅡ型受容体の性質が発現される.Ⅰ型受容体の選択的作動薬にはゾルピデム(zolpidem),トリアゾロピリダジンなどがあり,CCG8216は選択的拮抗薬であるが,Ⅱ型受容体に特異的に作用する薬物は知られていない.末梢型受容体は中枢型受容体と異なり,169個のアミノ酸より成るペプチドで,5個の疎水性領域をもつ.末梢臓器のほか,中枢神経系ではグリア細胞にも存在するが,その生理機能は不明である.
**ベンゾ［a］ピレン**［benzo［a］pyrene］ ＝3,4-ベンゾピレン(3,4-benzopyrene).C$_{20}$H$_{12}$,分子量252.3で,淡黄色針状または板状の結晶.水に不溶,有機溶媒に溶ける.排気ガス,タバコなどに広く存在する.マウス,ラット,ハムスター,モルモット,ウサギなどほとんどの動物に発がん性を示す.(⇨発がん物質)
**変態**［metamorphosis］ 多細胞動物の個体発生の過程において,胚発生ののち,成体になる前に一定の期間,成体とは異なった形態・生理・生活様式をとる幼生の段階を経る場合(間接発生),幼生から成体になる時や,ある段階の幼生からつぎの段階の幼生になる時の形態・生理の変化を変態とよぶ.変態時の形態・生理の変化の,動物群によって著しく異なる.研究の進んでいる変態現象としてよく知られているものは,無尾両生類のオタマジャクシからカエルへの変態,完全変態をする昆虫類の幼虫から蛹の時期を経る成虫への変態などがある.これらの両生類や昆虫類の変態は内分泌系(ホルモン)によって調節を受けていることが明らかにされている.無尾両生類では,オタマジャクシの間は脳下垂体から分泌されるプロラクチンが成長ホルモンの働きをするが,その分泌が弱まり,視床下部から甲状腺刺激ホルモン放出因子(TRF)が分泌され始めると脳下垂体から甲状腺刺激ホルモン(TSH)が分泌され,それによって甲状腺がチロキシン*とトリヨードチロニン*という変態ホルモンを分泌し,変態が進行する.
**ベントス**［benthos］ ⇨プランクトン
**ペントース尿症**［pentosuria］ 五炭糖尿症ともいう.尿中に多量のL-キシルロースが排泄される常染色体劣性遺伝病.L-キシルロースはグルクロン酸の脱炭酸反応過程の中間産物で,キシリトールデヒドロゲナーゼによりキシリトールに変換されるが,この酵素欠損により,以後グルコース6-リン酸への反応過程が進まず,尿中に排泄される.臨床症状はないが,尿中の還元糖として,糖尿病*と誤診されることがある.(⇨先天性代謝異常)
**ペントースリン酸回路**［pentose phosphate cycle］ ワールブルク・ディケンス経路(Warburg-Dickens pathway),ヘキソース一リン酸経路(hexose monophosphate pathway),ペントースリン酸経路(pentose phosphate pathway),ホスホグルコン酸経路(phosphogluconate pathway)ともよばれる.グルコース代謝経路の一つ.生合成反応に必須の還元力であるNADPH,リボース5-リン酸その他のペントースリン酸の供給を主要な役割とする(次ページ図参照).グルコース6-リン酸を酸化的に脱炭酸し,リブロース5-リン酸とNADPHを生じる一連の反応(不可逆的過程)と,3分子のペントースリン酸から2分子のフルクトース6-リン酸と1分子のグリセルアルデヒド3-リン酸を生じる可逆的過程から成る.不可逆的過程の進行は細胞内のNADP$^+$レベル(還元力の需要)によって制御されている.
**ベントDNA** ＝折れ曲がりDNA
**ベントン・デービス法**［Benton-Davis method］ ＝プラークハイブリダイゼーション
**扁平上皮**［squamous epithelium］ 薄い,平たい形をした上皮の総称.数層に重なり合った重層扁平上皮(stratified squamous epithelium)と単層扁平上皮(simple squamous epithelium)とがある.前者は皮膚,口腔,食道,腟,結膜,角膜など,後者は腹膜表面(中皮),肺胞壁,ボーマン嚢,血管内膜などを覆う.通常扁平上皮という時は前者のみをさす.皮膚の重層扁平上皮の最外層はケラチンの層をなす(角化).粘膜を覆う扁平上皮は角化を示さない.
**扁平上皮がん**［squamous cell carcinoma］ 類表皮がん(epidermoid carcinoma)とも呼ばれる.代表的ながん腫*の一種で,扁平上皮への分化を示し,角化や細胞間橋がみられる.固有扁平上皮領域である皮膚や食道などのほか,扁平上皮化生の起こる気管支や子宮頚部にも多く発生する.一般に,外因性因子により発

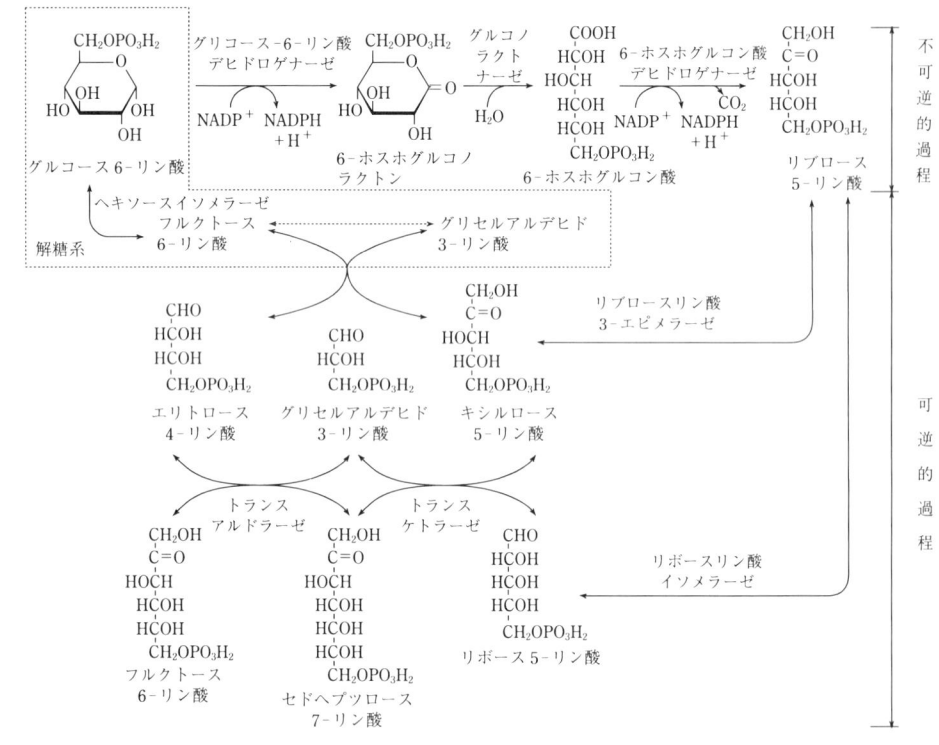

ペントースリン酸回路

生することが多く，最初の職業がんである煙突掃除夫の陰嚢がん，X線の発見者 W. K. Roentgen の皮膚がん*もこのがんであったし，喫煙により肺，喉頭に，紫外線により皮膚に扁平上皮がんが起こる．子宮頸がん*では，ヒトパピローマウイルス*の関与が示されている．

**鞭毛**［flagellum, (*pl.*) flagella］【1】(細菌の) 細菌の運動器官で，真核生物の運動器官である鞭毛(後述)と区別するため，通常は細菌べん毛と記述される．現在見つかっている細菌の80%はべん毛によって遊泳運動をする．構成タンパク質も立体構造も回転運動を行う点も，真核生物の鞭毛とは異なる(→繊毛)．べん毛の数と生え方は種によって異なり，周毛(大腸菌，サルモネラ)，極性単毛(コーロバクター *Caulobacter*)，側性単毛(根粒細菌)，極性群毛(光合成細菌)，体内極毛(スピロヘータ)，鞘付き極性単毛(ビブリオ)などがある．べん毛は必ずしも常時発現しているとは限らない．遊泳細胞と有柄細胞の二つの細胞形態に分化するコーロバクターでは，柄の発現によって極性単毛が消失する．根粒細菌では毛根細胞内に侵入するとべん毛の発現が抑制される．海洋性ビブリオでは，環境の粘性が高い時は周群毛，低い時は極性単毛が発現する．また，発見以来，非運動性細菌として知られてきた赤痢菌でも，培養条件によってはべん毛を発現し運動性を示す．べん毛は大きく分けて三つの部

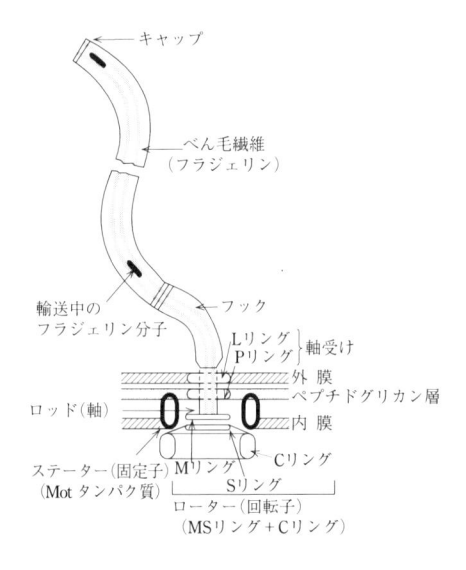

分から成り,回転モーターとして働くべん毛基部体(flagellar basal body),らせん繊維型プロペラとして働くべん毛繊維(flagellar filament),そして,両者をつないで自在継手として働くフックから成る(図参照).べん毛基部体は複数のリング構造から成り,直径24 nmほどの回転子が細胞膜を貫通し,細胞質側に40 nmほどの反転制御装置,細胞周辺腔側に20 nmほどの軸受けをもつ.べん毛モーター*は,固定子複合体が形成するプロトン(水素イオン)チャネルを通して細胞外から細胞内へ流れ込むプロトン流によって駆動される.海洋性ビブリオなど,ナトリウムイオンの流れで駆動されるものもある.べん毛繊維は,フラジェリン*とよばれるタンパク質20,000〜30,000個が細長いチューブ状に重合してらせん構造を形成し,それが回転してプロペラとして働く.長さは十数μmにも達するが,直径は20 nmしかない.環境の変化やモーターの反転によるねじれ力により,らせんの巻き方やピッチが不連続に変化する(多型変換).フックはフックタンパク質約130分子がチューブ状に重合した繊維で,長さ約55 nm,直径約18 nmで,ねじれに強いが曲げには柔らかい構造で自在継手の役割を果たす.回転軸やフックや繊維などのべん毛軸構造は細胞外に構築されるため,基部体の細胞質側に3型タンパク質輸送装置があり,細胞内で合成されたべん毛軸構成タンパク質をべん毛中心を貫通する2 nmの細長いチャネル内へ送り込み,その後はチャネル内での一次元の拡散により先端へ運ばれたタンパク質が先端の構造へ組込まれる.べん毛の構造形成には50近くのべん毛関連遺伝子が関与している.これらの遺伝子は三つの群に分けられ,それらの間に発現制御の階層性がある(⇒べん毛レギュロン).

【2】(真核細胞の) 真核細胞の運動器官には鞭毛と繊毛*があるが,鞭毛は細胞当たり1〜2本と数が少なく長い(数十μm).両者には微細構造の差はない.微小管からできた中心ペアと9組の2連微小管が円筒状に並んだ構造にダイニンアームが結合し,ATP加水分解のエネルギーでダイニン頭部と微小管の間で起こる滑り運動が,鞭毛や繊毛のむち打ち運動を駆動する.

**べん毛抗原** [flagellar antigen] =H抗原【2】
**べん毛繊維** [flagellar filament] ⇒鞭毛【1】
**べん毛相変異** [flagellar phase variation] =相変異
**べん毛モーター** [flagellar motor] 細菌べん毛の回転力(トルク)を発生する装置(⇒鞭毛[図]).細胞膜を貫通する回転子(MSリング),そこから細胞周辺腔側に伸びる回転軸(ロッド),それを取囲んでペプチドグリカン層と外膜を貫通する軸受け(LPリング),そして細胞質側に構築される大きなカップ状の反転制御装置(Cリング)から成る.それぞれの直径は,MSリングが24 nm,ロッドが13 nm,LPリングが20 nm,Cリングが40 nmほどである.固定子はプロトンチャネルを形成する膜貫通型タンパク質複合体で,回転子の周りに12〜16ユニット存在する.細胞周辺腔側でペプチドグリカン層に固定されていると考えられているが,結合はさほど強固ではない.1975年に回転機構が発見されて以来約20年間は生物界で唯一の回転機構と思われていたが,1996年に$F_1$-ATPアーゼもATP加水分解で駆動される回転モーターであることが発見された.べん毛モーターで発生したトルクは,フックを通してべん毛繊維に伝えられる.エネルギー源は細胞膜を横切るプロトンの電気化学ポテンシャルである(⇒イオンポンプ).好アルカリ菌や海洋性ビブリオではナトリウムイオンで駆動されるモーターが見つかっている.回転速度は,プロトン流で駆動されるモーターで毎秒約300回転,ナトリウムイオン流で駆動されるモーターでは毎秒約1700回転にも達する高速回転モーターである.研究の最も進んでいるサルモネラでは,電子顕微鏡像の解析などによる構造解析により,べん毛モーターの立体構造がかなり詳しくわかってきた(⇒鞭毛[図])が,トルク発生機構は不明である.べん毛モーターに微小蛍光ビーズを付けて回転の素過程を計測する実験により,1回転の間に26のステップ動作をすることが観察された.この数はべん毛回転子のユニット数と一致している.

**べん毛レギュロン** [flagellar regulon] サルモネラや大腸菌のべん毛の形成と機能に直接かかわる50個以上の遺伝子は,10数個のオペロン*を形成している.これらのオペロンは3段階の転写カスケードから成るべん毛レギュロンとして統合された転写調節を受けている.そのおもな調節因子は,べん毛特異的σ因子FliAとそれに対する抗σ因子FlgMである.転写の階層性はべん毛形態形成過程と共役しているが,この共役はべん毛構造を介したFlgMの細胞外への放出に依存している.(⇒鞭毛【1】)

**片利共生** [commensalism] 片利作用ともいう.生活場所を共有する2種の生物間の関係で,一方は他方から生存上の利益を受けるが,他方は利益も不利益も受けないような場合をさしていう.(⇒共生,寄生)

**片利作用** =片利共生

# ホ

**ポアソン分布**［Poisson distribution］　まれな事象の発生をモデル化する場合によく用いられる離散確率分布．$X$ がポアソン分布に従う場合，$X=x$ 回の発生がみられる確率は $e^{-\lambda}\lambda^x/x!$ となる．$\lambda$ は平均を表す．二項分布で発生確率が非常に小さい時，その分布はポアソン分布で近似できる．ポアソン分布で近似される確率変数の例として，1 年間の交通事故件数，エイムス試験*のコロニー数などがある．

**哺育細胞**［nurse cell］　【1】未分化細胞の増殖や分化を助ける目的で，その細胞に近接または癒合している細胞．
【2】組織培養を行う際，細胞の生育をよくする目的で，共存培養を行う細胞．ナース細胞ともいう．(→支持細胞)

**ボイド容積**［void volume］　間隙容量ともいう．ゲルクロマトグラフィーで用いるカラムの膨潤したゲル粒子間に保持される溶液の容積($V_0$)．試料物質がゲルカラムから展開してくる量を $V_e$，分配係数を $K$ とすると

$$V_e = V_0 + KV_i \qquad K = \frac{V_e - V_0}{V_i}$$

が成立する．ここで $V_i$ はゲル粒子内に含まれる水の量を表す．緩衝液に溶かした試料をカラムに流したのち，展開液を流して両液の液量の和が $V_0$ に等しくなった時点でゲル粒子に拡散しなかった大分子が出現し，順次小分子が展開される．

**ボイヤー**　BOYER, Paul Delos　米国の生化学者．1918.7.31～　ユタ州プローボに生まれる．1939 年ブリガムヤング大学卒業，1943 年ウィスコンシン大学マディソン校で Ph.D. 取得．1963～89 年カリフォルニア大学ロサンゼルス校(UCLA)教授．プロトン輸送の結果得られたエネルギーを ATP 合成と共役させる機構として，$F_0F_1$-ATP アーゼ(→ATP 合成酵素)の触媒部位 $F_1$ にある三つの $\alpha\beta$ サブユニットがそれぞれ ATP 結合型，ADP 結合型，および ATP も ADP も結合していない状態，で存在し，$\alpha_3\beta_3$ 複合体が酵素の他の部分に対して回転することにより基質との結合力が変化し ATP を合成するという説(回転説あるいは結合変化説とよばれている)を提唱した．1994 年 J. Walker らによってウシ ATP 合成酵素 $F_1$ 部位の X 線構造が決定され，回転説を支持する結果が得られた．1997 年 J. C. Skou*，J. E. Walker* とともにアデノシン 5′-三リン酸*の合成に関する酵素機構の解明でノーベル化学賞を受賞．1997 年吉田賢右，木下一彦は光学顕微鏡を使ったビデオ観察によりこの分子回転を証明した．

**膨圧**［turgor pressure］　壁圧(wall pressure)ともいう．植物細胞内に生じる圧力．植物細胞の細胞生理的特徴は，細胞壁*と液胞*によって細胞の吸水が調節され，膨圧が保たれることである．細胞液(cell sap)は一般的に溶液であり，溶質の多少によってある濃度をもつ．細胞を水中に入れると，半透性膜である原形質膜，細胞質膜および液胞膜*を透過して水は細胞内に浸透する．細胞内に水が入れば，細胞内容(プロトプラスト)は体積を増し，これを取囲んでいる細胞壁を外側に押し，引伸ばそうとする．細胞壁はほとんど伸びることはないので，細胞内容に向かって圧力を生じることになる．つまり外側に広がろうとする細胞内容と細胞壁は互いに押合い緊張状態を呈するに至る．その実質的内容を膨圧という．

**膨圧センサー**［turgor sensor］　外界の水分や塩濃度の変化により細胞膜の内外で圧力の変化がひき起こされて細胞の膨圧が変化する．細胞の膨圧の変化は，さまざまなイオンチャネルや遺伝子発現に影響を与えて外界の塩濃度や水分環境の変化に対応して分子レベルで応答する．細胞の膨圧の変化を感知して細胞レベルでの応答をひき起こすセンサーが膨圧センサーである．微生物，酵母などでは二成分調節系*のヒスチジンキナーゼ*が細胞の膨圧の変化のセンサーとして感知してリン酸リレーにより下流側のレスポンスレギュレーターにシグナルを伝達して，転写やイオンチャネルの制御を行い膨圧や浸透圧の変化に対応している．最近，粘菌や植物などでも同様の遺伝子産物が膨圧センサーとして機能することが示唆されている．動物細胞での膨圧センサーは同定されていない．(→浸透圧センサー)

**方位コラム**［orientation column］　→眼球優位コラム

**崩壊促進因子**［decay accelerating factor］　DAF と略す．(→発作性夜間ヘモグロビン尿症)

**芳香族 L-アミノ酸デカルボキシラーゼ**［aromatic L-amino acid decarboxylase］　ドーパデカルボキシラーゼ(DOPA decarboxylase)ともいう．L-ドーパからドーパミン*を，また L-5-ヒドロキシトリプトファンからセロトニン*を生成する脱炭酸酵素で，ピリドキサールリン酸(ビタミン $B_6$)を補酵素とする．L-ドーパに対して低い $K_m$ 値($5\times10^{-4}$ M)と高い $V_{max}$ 値を示すが，基質特異性は低い．本酵素は 480 個のアミノ酸から成る 54 kDa のタンパク質であり，種を越えてアミノ酸配列の相同性が高い．カテコールアミン*やセロトニンを産生する細胞のほか，腎臓や肝臓で特に活性が高く，血管やグリア細胞その他ほとんどすべての細胞の細胞質に活性が認められる．本酵素の体内での基質飽和度は低いので，ドーパミンやセロトニンの補充には L-ドーパや 5-ヒドロキシトリプトファンの投与が有効である．本酵素の末梢性阻害剤(カルビドパ，ベンセラジド)は，投与された L-ドーパの代謝分解を抑えて中枢神経への移行を高

め，腎毒性や肝毒性を軽減するので，パーキンソン病*のL-ドーパ療法に用いられる．

**芳香族炭化水素受容体** [aryl hydrocarbon receptor] ＝Ah 受容体

**芳香族炭化水素ヒドロキシラーゼ** [aromatic hydrocarbon hydroxylase] 主として肝臓の小胞体に存在する誘導酵素で，シトクロム P450* を補酵素としてもつ一原子酸素系添加酵素である．生体に摂取された多環芳香族炭化水素をヒドロキシ化して，解毒あるいは排泄して生体を守るのが本来の役割であるが，活性のない基質をヒドロキシ化して発がん性にする作用がある．NADPH-シトクロム P450 レダクターゼによって還元されて分子状酸素を還元し，酸素1原子を基質に導入してヒドロキシ化を行う．数十種類の遺伝子がスーパーファミリーとして存在している．

**旁細胞** [parietal cell] 傍細胞とも書き，壁細胞，酸分泌細胞 (oxyntic cell) ともいう．胃の固有胃腺（胃底腺）を構成する細胞の一つで，塩酸を分泌する．細胞表面（管腔側）には細胞内分泌細管とよばれる表面細胞膜の陥凹があり，ここに発達した微絨毛が見られる．この管腔側に面する細胞膜上には P 型の ATP アーゼ* が局在し，$H^+$ を $K^+$ と交換で能動的に内腔に排出している．$Cl^-$ は受動的に移動すると考えられている．細胞質には炭酸デヒドラターゼが存在し，$H_2O + CO_2 \rightarrow H^+ + HCO_3^-$ により $H^+$ を産生している．$HCO_3^-$ は基底側細胞膜に局在する陰イオン輸送タンパク質（赤血球のバンド3* タンパク質類似タンパク質）により，$Cl^-$ と交換で細胞外へと放出される．

**棒細胞** ＝桿体細胞

**胞子** [spore] 芽胞ともいう．接合せずに新たな世代を開始することができる休眠* 状態の生殖細胞*．胞子壁で覆われ耐久性の高いものが多い．細菌や多く

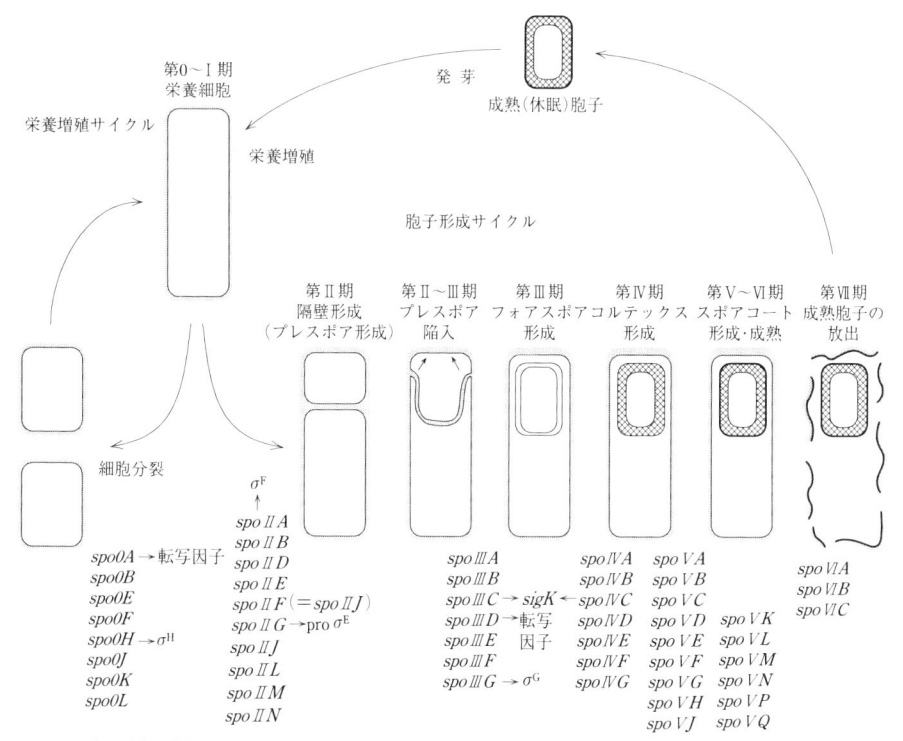

枯草菌 (*Bacillus subtilis*) の胞子形成サイクル（→胞子形成）

胞子形成の各段階で胞子形成が停止する突然変異を図の下部に示す．これらの遺伝子の相互制御に関するさらに多数の遺伝子が知られている（→胞子形成の遺伝子調節）．RNA ポリメラーゼのサブユニットである $\sigma^A$ が栄養増殖サイクルの σ 因子* として知られている．胞子形成特異の σ 因子は $\sigma^E$ の前駆体，pro $\sigma^E$ が *spoIIG* にコードされ，$\sigma^F$ は *spoIIA* に，また $\sigma^G$ は *spoIIIG* にコードされている．$\sigma^H$ は *spo0H* によりコードされ，細胞が定常期に達した時の遺伝子発現を制御する．$\sigma^K$ の前駆体 pro $\sigma^K$ は *sigK* にコードされ，*sigK* は *spoIIIC* と *spoIVC* の遺伝子の再編成によって融合して構築されている．Spo0A，SpoIIID および GerE タンパク質は転写調節因子として作用する．*Spo0A* 突然変異は細胞の等分割を誘起し，*spoIIA* は細胞の三分割を誘起する．

のカビ，細胞性粘菌などで見られる栄養胞子＊は，一般に成育条件の悪化によって，減数分裂を伴わず一部の細胞がそのまま胞子となったものである．これに対し，真正胞子(euspore)は酵母＊，子嚢菌類＊，担子菌類，粘菌類＊(変形菌類)，シダ類などで見られ，減数分裂＊によって核相が$n$となったものである．後者は発芽後無性的に分裂・増殖するが，接合可能な相手と接合すると$2n$の個体となる．(→胞子形成)

**胞子形成** [sporulation, spore formation] 微生物や植物で胞子が形成される過程をいう．Bacillus属細菌や酵母でよく調べられている．胞子には真正胞子と栄養胞子の2種がある．前者は減数分裂を経由してできた核相$n$のもので，酵母菌やアカパンカビの子嚢胞子はこれに属する．後者は胞子体よりその一部が胞子になるもので細菌の胞子，アオカビの分生胞子($2n$)がこれに当たる．枯草菌＊Bacillus subtilisでは栄養源が欠乏すると菌体内に胞子を形成し，環境の悪化を休眠＊状態で耐える．前ページ図に示すように栄養細胞(第0～Ⅰ期)から成熟胞子(第Ⅶ期)まで胞子形成の段階がある．それぞれの段階で胞子形成が停止した胞子形成突然変異株が多数単離され，約50の遺伝子が知られている．その初期過程ではヒスチジンキナーゼであるKinA, KinBによってSpo0Fがリン酸化され，Spo0B, Spo0Aへとリン酸基が転移される．このリン酸リレーは外部環境および内部環境を受容し，spo0E, spo0J, spo0Kなどによって制御される．細菌の二成分情報伝達系を形成している(→二成分調節系)．出芽酵母でも胞子形成は栄養源が枯渇すると進行する．

胞子形成をしないsps1およびsmk1突然変異株が存在し，MAPキナーゼカスケードのMEKK＊のリン酸化にSPS1がかかわり，SMK1はMAPキナーゼ＊に相似することが示されている．MAPキナーゼカスケードを経由して胞子形成が制御されている可能性が示唆されている．

**胞子形成の遺伝子調節** [genetic regulation of sporulation] 枯草菌＊Bacillus subtilisの胞子形成＊の初期過程にはspo0A, spo0B, spo0E, spo0F, spo0J, spo0K, spo0Lなどの突然変異遺伝子が知られている．下図(a)に示すように栄養増殖をしている細胞が栄養条件の悪い状態にさらされると，ヒスチジンキナーゼであるKinA, KinBが活性化され，Spo0Fをリン酸化し，Spo0B, Spo0Aへリン酸転移を行う．リン酸化されたSpo0A-PはトランスミッタータイプのヒスチジンキナーゼであるKinCのプロモーターなどに作用して，その転写活性を上げる．その他胞子形成遺伝子または定常状態に必要な遺伝子を活性化する．KinA, KinBは細胞内外の栄養条件を感知して，spo0E, spo0J, spo0Kなどの遺伝子作用のもとに活性化されるが，まだ不明な点が多い．KinA, KinBは細菌の二成分調節系＊のセンサー～トランスミッターに相当し，Spo0F, Spo0B, Spo0Aはレスポンスレギュレーターに相当する．Spo0Aは転写を促進または抑制する調節因子として作用している．図(b)に枯草菌の胞子形成を制御する遺伝子の相互制御がまとめられている．基本的な形態形成の時期とそれが現れる時間が表示されている．各遺伝子が発現される時期が表示され，また

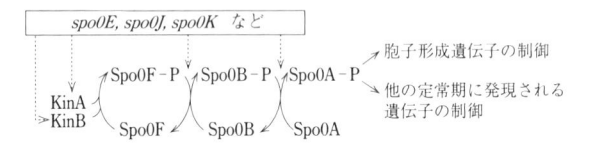

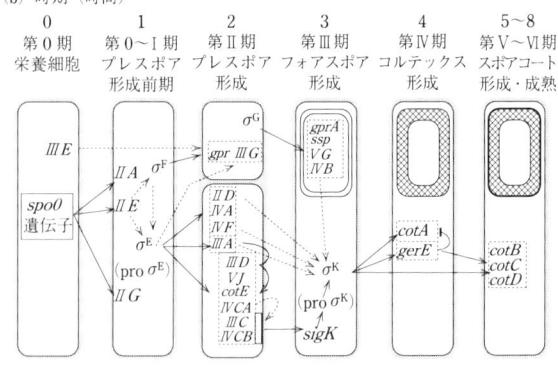

(a) 細胞内部および外部の栄養条件

```
         spo0E, spo0J, spo0K など
              ↓   ↓   ↓              →胞子形成遺伝子の制御
     ↗ Spo0F-P  Spo0B-P  Spo0A-P
KinA                                   →他の定常期に発現される
KinB                                     遺伝子の制御
     ↘ Spo0F    Spo0B    Spo0A
```

(b) 時期（時間）

```
   0        1         2         3         4         5～8
 第0期   第0～Ⅰ期   第Ⅱ期    第Ⅲ期    第Ⅳ期    第Ⅴ～Ⅵ期
栄養細胞 プレスポア プレスポア フォアスポア コルテックス スポアコート
         形成前期    形成      形成       形成     形成・成熟
```

(b)の遺伝子名でⅢE, ⅡAなどはspoⅢE, spoⅡAなどを表す．四つのシグマ因子，$\sigma^E$, $\sigma^F$, $\sigma^G$, $\sigma^K$が関与し，そのうち二つは前駆体，pro $\sigma^E$, pro $\sigma^K$として生成される．同一の因子によって制御される遺伝子が破線のボックスで示されている．正の制御関係は矢印で，負の制御関係は棒線で終了する．破線矢印は遺伝子制御にまだ不明なものが含まれている場合である．spoⅢCとspoⅣCBは各遺伝子の一部をつなぎ合わせて，sigK遺伝子を生じる．

**胞子形成の遺伝子調節（枯草菌）**

その遺伝子が母細胞側で発現されているのか，胞子細胞で発現されているのかが示されている．

**放射光** [synchrotron radiation] 光速近くまで加速された電子の軌道に垂直な磁場をかけた時に発生する光（電磁波）．これは，相対論によって支配される現象であり，放射に際して電子が消失し，その質量に相当するエネルギーが軌道の接線方向に強力な電磁波として発散される．放射光は，従来の線源に比べて強度がけた違いに強く，指向性に優れ，干渉性が非常によいのが特徴である．また，放射光は遠赤外から X 線領域までの広い波長領域をもつ連続光であるので，この領域で任意に波長が選択でき，その利用範囲は単に基礎科学の分野だけでなく，工学さらには医学の分野まで広範囲に及ぶ．

**放射状グリア** [radial glia] ＝放射状グリア細胞

**放射状グリア細胞** [radial glial cell] 放射状グリア (radial glia)，放射状グリア繊維 (radial glial fiber) ともいう．発生期脳をゴルジ鍍銀法で染色すると，脳室腔面に垂直な，脳壁を貫く細長い突起と脳室寄りの細胞体をもつ特有の細胞が観察される．これが S. Ramón y Cajal により初めて記載され，その後，P. Rakic により新たな光が当てられた放射状グリア細胞である．主に大脳壁を脳室近傍から脳表面に向かって神経細胞が正確にかつ円滑に移動するための足場を提供する細胞と想定され，神経細胞移動の時期が過ぎるとアストログリア*に変貌するとされる．最近では放射状グリア細胞に特異的な抗原 RC2 によりその動態が詳しく調べられている．中でも興味深いのは，胎児新皮質に存在する未知の増殖因子を作用させると，成熟脳由来の培養アストログリアが放射状グリア細胞の形態と形質をもつに至るとの報告である．しかしこの放射状グリア細胞仮説は W. His の説と同様に脳の初期発生段階からのグリア細胞*の存在を前提としていて，発生初期には単一の母細胞しか存在せず，発生の時間経過とともに神経細胞，ひき続きグリア細胞が生み出されるとする藤田哲也の一元説とは相いれない．近年のレトロウイルスベクター*を用いた細胞系譜*の研究によってもこの点に関する決着はまだついていない．ちなみに一元説の立場からはこの放射状細胞は細胞分裂周期の母細胞とみなされている．なお，大脳皮質以外の放射状グリア細胞として小脳皮質のベルクマングリア，網膜のミュラー細胞*が知られている．

**放射状グリア繊維** [radial glial fiber] ＝放射状グリア細胞

**放射状繊維** [radial fiber] 大脳皮質の発生において，脳室帯で発生した神経細胞は，辺縁帯直下へと移動するといわれている．脳室帯に神経芽細胞があり，脳表面にまで伸びる繊維を有する放射状繊維（放射状グリアの繊維）を足場として，先導突起をもった細胞が外側に移動することにより，大脳皮質が形成されるといわれている．

**放射性炭素年代測定法** [radiocarbon dating] 炭素の放射性同位体 $^{14}C$ は半減期 5730 年の速さで崩壊する．地球大気中には常に宇宙線の作用で窒素から一定量の $^{14}C$ がつくられているので，$CO_2$ の中にはほぼ一定濃度の $^{14}C$ が含まれている．大気中の $CO_2$ に由来する樹木など生物体有機物にも同じ濃度の $^{14}C$ が含まれるが，切倒され材木となると，以後 $^{14}C$ の供給がないので，あとは半減期に従って $^{14}C$ 濃度が減少する．そこで，遺跡からの木片，貝殻などの $^{14}C$ の存在量を測定すれば，死んでからの年代，すなわち遺跡の年代が決定できる．考古学的年代を決定する最も信頼のおける測定法とされている．BP (Before Present または Before Physics) で表記され，1950 年が起点となっている．樹木の年輪パターンを分析して算定される年輪年代と照合して較正が行われる．

**放射性同位体** [radioisotope] ラジオアイソトープともいい，RI と略す．同位体*のうち，放射能をもつもの．核酸やタンパク質の放射性標識には $^{3}H$，$^{32}P$，$^{33}P$，$^{35}S$，$^{125}I$ などが用いられる．また，診断のためのトレーサー*や，放射線療法*の γ 線源（$^{60}Co$ など）として利用される．（→オートラジオグラフィー，放射線免疫検定法）

**放射性トレーサー** [radioactive tracer] ⇒トレーサー

**放射線** [radiation] 電離放射線 (ionizing radiation) ともいう．電離作用をもつ高エネルギーの電磁波（X 線*，γ 線）あるいは粒子線（β 線など）の総称．DNA 切断*を起こし，染色体の欠失*あるいは転座*の原因となる．細胞に備わる DNA 修復系の限界を超える線量が照射された場合，細胞死をひき起こす．がんの放射線療法*は，放射線の物質透過能と細胞致死性を利用したものである．

**放射線感受性** [radiation sensitivity] 放射線に対する感受性は何を指標とするかにより，また，種，組織，器官，細胞により大きく変わる．個体の感受性についていえば，放射線障害の表現型（症状）および病状発現までの潜伏期間も線量により大きく異なる．ヒトでは 4 Gy 前後，マウスでは 7〜8 Gy 前後の全身照射が 50 % 致死線量に相当し，この場合は骨髄死とよばれる．ヒトでは 1〜2 カ月，マウスでは 2〜4 週で骨髄幹細胞死のため成熟機能をもつ血球が供給されず，感染と出血症状を呈して死亡する．この潜伏期間は骨髄幹細胞から機能性の成熟血球細胞へ増殖分化し，機能する過程に要する時間，すなわち，生理的な代謝回転時間により決まる．10 Gy 以上の全身照射では腸管死とよばれ，腸管上皮幹細胞死による上皮の脱落（感染と水・電解質異常）のため数日（マウス）から 1 週間（ヒト）で死亡する．一方，急性期の死亡を起こさない低線量でも，線量によっては晩発障害，たとえば白血病などの悪性腫瘍を，ヒトの場合，数年から数十年で発症する．同じ受精卵から増殖した体細胞でも組織，器官，その構成細胞により感受性は異なる．この感受性の違いの本体は十分解明されていないが，細胞死に関する培養細胞などでの研究によれば，増殖死（数回の細胞分裂を経て死ぬ，コロニーを形成できない）と間期死（分裂を経ずに死ぬ，アポトーシス*様の死も

含まれる)) に分けられ，増殖死は DNA 傷害または染色体異常が原因と考えられている．増殖死の分子レベルでの機構も解明されていないが，通常の X 線では，酸素分圧，温度，SH 濃度のような生理的条件，細胞周期により感受性が大きく変わる（S 期が最も抵抗性）ことや DNA 傷害の修復機構が存在し，低線量率や分割照射により同じ総線量でも致死効果が低減することが知られている．

**放射線抗体療法**［radioimmunotherapy］ 放射性同位元素で標識した抗体を用いて標的抗原を発現したがん細胞を特異的に攻撃する抗体療法の一種．抗腫瘍効果の増強と正常組織への傷害の軽減を目的とした治療法である．CD20 に対するモノクローナル抗体に，β 線を放出する $^{90}$Y を標識したイブリツモマブ，γ 線を放出する $^{131}$I を標識したトシツモマブが，B 細胞性リンパ腫に対して実用化されている．

**放射線腫瘍学**［radiation oncology］ ＝放射線療法

**放射線増感**［radiosensitization］ 化合物を添加して放射線感受性*を高めること．たとえば細胞をチミンの類似体であるブロモデオキシウリジンやヨードデオキシウリジンのようなハロゲン化ピリミジン存在下で培養すると，増殖中の細胞の DNA のみをハロゲン化物で標識することができ，増殖している細胞を選択的に放射線増感する．この系に放射線照射を行えば，増殖中の細胞が選択的に細胞集団から除去され，突然変異株の分離などの手法として利用することができる．放射線増感は，ブレオマイシンやマイトマイシン C などによる遺伝子損傷，核酸合成阻害，細胞分裂阻害，DNA 修復阻害，などによっても起こすことができる．

**放射線ハイブリッド**［radiation hybrid］ RH と略す．γ 線を照射して染色体を破壊したある動物細胞（たとえばヒト二倍体細胞）と別の動物細胞（たとえばげっ歯類細胞）とを融合して得られる雑種細胞*．このような雑種細胞の中ではげっ歯類染色体中に断片化されたヒト染色体がランダムに組込まれているが，雑種細胞中のヒト DNA マーカーの存在を PCR* で検出し，統計処理を行うことにより各マーカーの連鎖情報を得たり，またこの情報を元にマッピングを行ったりすることが可能である．近接するマーカーほど断片化された同じヒト DNA 上に位置している確率が高くなるというのが統計的解析の原理である．このような雑種細胞を多種類組合わせたものを放射線ハイブリッドパネル（radiation hybrid panel）とよび，ヒト遺伝子の染色体上の位置を比較的簡便に高精度に知るために利用される．RH データベースが利用可能である．

**放射線ハイブリッドパネル**［radiation hybrid panel］ →放射線ハイブリッド

**放射線免疫検定法**［radioimmunoassay］ ラジオイムノアッセイともいう．RIA と略す．放射性同位体*を抗原，抗体のいずれかに標識し，抗原抗体反応*を定量的に追跡して抗原または抗体の濃度を測定する方法をいう．抗原と抗体との結合反応は特異性が高く，低濃度でも比較的結合しやすく，またいったん結合したものは比較的解離しにくい性質を利用した測定法でハプテン*にも適用される．1959 年に S. A. Berson と R. Yallow によってインスリン測定法として開発された．原理的には標識抗原とその抗原に対する抗体との結合比が反応液に加える無標識の抗原量により変化するのを利用した R. P. Ekins の飽和分析法（saturation analysis）と B. E. P. Murphy らの競合的結合測定法（competitive binding assay）に基づく．抗体に結合した標識抗原と非結合抗原との分離（B/F 分離）には二抗体法，クロマト法，塩析法，アルコール沈殿法，酵素法，固相法などがある．多価抗体であればポリスチレンなどの粒子・抗体・標識抗原の複合体を用いたサンドイッチ法もよく使われる．酵素免疫測定（EIA または ELISA）も使用原理は共通している．（→酵素免疫検定法）

**放射線療法**［radiotherapy, radiation therapy］ 放射線治療，放射線腫瘍学（radiation oncology）ともいう．放射線を主とするがんの治療法とその研究，学問の分野．放射線は特定部位に確実に投与することができ，非常にわずかなエネルギーで細胞を殺す．DNA に修復されない傷害が残り，染色体異常などを起こして細胞は分裂・増殖能力を失う（分裂死，増殖死），あるいはアポトーシス様に非常に早く死に至る場合もある．組織・器官レベルでは，直接的な細胞傷害のほかに，血管傷害による二次的な組織・細胞傷害も起こる．腫瘍組織は腫瘍細胞と血管，間質などの正常組織・細胞を含み，腫瘍細胞が死んだあと，正常組織は生き残り修復される必要がある．外科的に根治しうる限局性の初期腫瘍は放射線でも根治でき，欧米では子宮がん，乳がん，頭頚部腫瘍など多くの腫瘍で同等の治療手段と考えられている．現在のおもな照射装置，方法としては，以下の二つがあげられる．1) 外部照射が主流で，リニアック（直線加速器）による超高圧 X 線（4〜6 MeV）や $^{60}$Co の γ 線で，週 5 回，6 週間前後の分割照射が基本である．ほかに，コンピューター制御のもとに腫瘍の形に合わせてコリメーターを動かしながらいろいろな方向から集中照射する原体照射法，あるいは，電荷をもち分布を制御しやすい線源としてプロトン（陽子線）や $^{12}$C などの重イオンを用いた治療用照射装置（加速器）やガンマナイフ（γ 線），ノバリス（X 線），サイバーナイフ（X 線）などが開発されている．イオン線は大型加速器により大きなエネルギーを与えられ，深部腫瘍に到達するが，その先には突抜けない（電磁波 X 線と違いブラッグピークをなす）．したがって腫瘍部が集中照射される．最近では不均一な強度をもつビームを多方向から照射する強度変調放射線療法も開発され，リスク臓器への照射線量を低下させることができる．2) 組織内照射，'腔内照射法では小線源を腫瘍内，または近傍に配置することで，腫瘍部への非常に高濃度の線量分布を得る（放射線源からの距離の二乗で減弱）．しかも，生物効果が線線率に依存することが加わり，周囲正常組織への傷害がさらに少なくなる．いくつかの小管・アプリケーターを腫瘍内に刺入，または腔内に立体配置し固定したあ

とでコンピューター制御下に $^{192}$Ir, $^{137}$Cs などの小線源が自動的に送付され，かつてのラジウム針と違い術者への被曝を心配することなく，計画通りの線量分布と線量(照射時間)がより確実に投与される(RALS, remote after loading system).

**抱水クロラール** [chloral hydrate] ＝2,2,2-トリクロロ-1,1-エタンジオール(2,2,2-trichloro-1,1-ethanediol). $C_2H_3Cl_3O_2$, 分子量 165.40. 融点 57 ℃, 沸点 98 ℃, 無色の板状晶. クロラールに当量の水を加えると発熱, 化合して得られる. アルカリにより分解してクロロホルムを生じる. 水, エタノール, エーテル, クロロホルムに易溶. 古くから使われた催眠薬で, 鎮静薬, 抗痙攣薬としても用いられる.

**紡錘体** [spindle, spindle body, mitotic spindle] 染色体の分配をつかさどる微小管から成る二極性の構造. 真核細胞の細胞分裂において最も重要なことは, 複製された姉妹染色分体を娘細胞に正確に分配することであるが, これを実現するための機構が有糸分裂*であり, 有糸分裂において中心的な機能を果たすのが紡錘体である. 紡錘体は, 紡錘体極*, 星状体微小管*, 極微小管*, 動原体微小管* から成り, 有糸分裂期にのみ一過的に現れる. 動原体微小管は両極から伸び, 染色体の動原体に結合する. 両極からの動原体微小管に捕らえられた姉妹染色分体は分裂後期になると分裂し, 動原体微小管の収縮とともに染色分体は両極に向かって移動する. 紡錘体の伸長とともに染色分体はさらに移動し, 最終的に娘核に分配される. 有糸分裂期の終わりとともに紡錘体は消失する.

**紡錘体極** [spindle pole] 紡錘体* 形成の核となる構造. 動物細胞においては, 中心体は有糸分裂期に入ると分裂し, 分裂して生じた二つの娘中心体を核として二つの星状体* が形成される. 二つの星状体は相互作用し紡錘体を形成するが, この時点で二つの娘中心体は紡錘体極とよばれる. 紡錘体を構成する微小管はマイナス端で同様の機能を果たす構造が核膜上にあり, これはスピンドル極体(spindle pole body, SPB) とよばれている.

**紡錘体形成チェックポイント** [spindle assembly checkpoint] 分裂中期チェックポイントともいう. (→ 細胞周期チェックポイント)

**紡錘体微小管** [spindle microtubule] 動植物細胞の有糸分裂紡錘体を構成する微小管* をいう. 大別して, 3種類の微小管から成る. 1) 極微小管*: 中心体* 間を結びつける微小管で紡錘体の赤道面で, それぞれ相対する極性をもった微小管が重なる. 2) キネトコア微小管(動原体微小管*): 極(中心体)と染色体のキネトコアを結びつける微小管. 染色分体の両極への分離移動に不可欠の微小管である. 3) 星状体微小管*: 分裂装置形成時に中心体から放射状に成長するもので一部は極微小管となる.

**放線菌** [actinomycetes] 一般には, 分枝した菌糸を形成し, 外形的に真菌に似て, 胞子形成する好気性, あるいは微好気性のグラム陽性細菌* 群. しかし, 細胞壁組成の特徴, 16S rRNA 配列の比較から, 菌糸* を形成しない細菌群も含まれる. Streptomytaceae に属する細菌は多くの有用抗生物質*(ペニシリン* など)を生産する. また, 非マメ科植物の根に根粒* を形成し窒素固定* するものもある(Frankiaceae). 多くは土壌に生育, 少数のものは動物に寄生し病原菌になる.

**胞胚** [blastula, (pl.)blastlae] 動物の発生において受精卵の活発な卵割* の結果生じる多細胞の胚である. 胞胚は初期, 中期, 後期胞胚と細分される. 後期胞胚は陥入を始める前の段階の胚. 胞胚の内部には1層または数層の割球に囲まれた腔所(胞胚腔*)が生じている. 細胞質に卵黄を均等にもつような卵からの胚(たとえばウニ胚)ではこの腔所が胚の中央に生じるが, 植物極側に卵黄を多く含むような卵からの胚(たとえば両生類胚)では胞胚腔が動物極側寄りに生じる. 巨大な卵黄の塊をもつ鳥類の卵の発生過程では卵黄上のごく一部に胚が生じ, この場合の胞胚は特に盤状胞胚あるいは胚盤* とよばれている. 胞胚期には胚の異なる領域の細胞にすでに発生運命の違いがみられ, 特に両生類の胞胚ではその植物極側の細胞が赤道領域の細胞に働きかけて中胚葉を誘導する. (→ 中胚葉誘導)

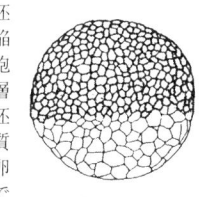

両生類の胞胚

**胞胚腔** [blastocoel] 胚盤胞腔(blastocoelic cavity) ともいう. 胚盤胞* の内部に形成される液腔をいう. コンパクション* が起こって各割球* が密着した胚は, さらに卵割が進むと, 外側に位置して栄養芽層* になる細胞の細胞質小胞から細胞間に液が分泌されて間隙ができる. この間隙が分泌液の増加によってしだいに拡張して胞胚腔となる. さらに胞胚腔の成長した胚盤胞は, 最終的には1層の扁平な細胞から成る栄養芽層で構築され, 腔内の辺縁部の片側に内部細胞塊* が形成される.

**胞胚葉** [blastoderm] 胚盤葉ともいう. 脊椎動物のうち, 鳥類, 爬虫類, 魚類の卵は多量の卵黄をもっていて端黄卵とよばれる. これらの卵の卵割* は, 動物極の胚盤(blastodisc)の部位のみで起こる部分割で, 盤割(discoidal cleavage)とよばれる様式である. 卵割溝は卵黄に富む細胞質にまで入ることはなく, 1層の細胞が盤状に並んだ形態をとる. この盤状に並んだ細胞を胞胚葉という. 胞胚葉はさらに卵割のあと, 胚葉を分化して胚子の形成にあずかる.

**傍分泌** ＝パラ分泌

**傍分泌型シグナル** ＝パラ分泌型シグナル

**包埋** [embedding] 顕微鏡観察用の切片を得るために, 適当な物質を試料に浸透させて固化させること. 光学顕微鏡* 用にはパラフィン, セロイジンなど, 電子顕微鏡* 用にはエポン 812 やアラルダイトなどのエポキシ樹脂やメタクリル酸樹脂, ポリエステル樹脂がおもに用いられるが, 試料の性質に合わせた選

択が必要である．試料は事前に固定し，エチルアルコールなどで脱水しておかなければならない．包埋後に免疫反応を行うためには親水性樹脂が使用されている(→免疫電子顕微鏡法)．

**泡沫ウイルス** [spumavirus] スプマウイルスともいう．レトロウイルス*科に属するウイルス群で，ヒト泡沫ウイルス(human foamy virus, HFV)，ヒト泡沫レトロウイルス(human spuma retrovirus, HSRV)などを含む．哺乳動物の培養細胞に空胞(vacuole)を形成するもの("泡を形成する-foaming")として単離されたが病原性はない．ゲノム RNA は $1.0 \times 10^4$ 塩基より大きく，gag, pro, pol, env のほかに bel1, bel2, bel3, bet 遺伝子がある．bel1 はヒト T 細胞白血病ウイルス $1^*$(HTLV-1)の tax 遺伝子*に相当し，転写のトランス活性化能をもつ．

**泡沫細胞** [foam cell] 血液中の単球に由来する血管壁内マクロファージ*が脂肪を貪食し，細胞内に大量の脂肪滴(おもにコレステロールエステル)を蓄積した細胞をいう．低密度リポタンパク質*(LDL)が化学修飾を受けた変性 LDL がスカベンジャー受容体*を介して制限なく細胞内に取込まれ，泡沫化が成立する．泡沫細胞の出現は高コレステロール血症において動脈硬化が発症，進展する重要な要因である．生体内に実際に存在する変性 LDL としては酸化 LDL が有力視されている．

**ポークウィードマイトジェン** ＝アメリカヤマゴボウマイトジェン

**母系遺伝** [maternal inheritance] ＝母性効果遺伝

**母系 mRNA** ＝母性 mRNA

**補欠分子族** [prosthetic group] タンパク質の多くは機能発現に金属イオンや有機低分子化合物などの補因子の結合を必要とするが，タンパク質と強固に相互作用した因子を特に補欠分子族という．シトクロム c のヘム c は共有結合している．酵素では，タンパク質部分(アポ酵素*)に補酵素*などが補欠分子族として結合して活性中心を形成する例が多い．コハク酸デヒドロゲナーゼの FAD 部分やシトクロム c オキシダーゼのヘム $a_3$ があげられる．補欠分子族型の補酵素は，酵素に結合したまま可逆的な化学変化を受ける点で，酵素との着脱を伴う基質型の補酵素(例：$NAD^+$)と異なる．広義には，糖タンパク質の糖のように，複合タンパク質の非タンパク質部分を補欠分子族ということもある．

**補酵素** [coenzyme] 助酵素ともいう．酵素は一般的にタンパク質から構成され，そのみで活性を発現するが，その活性発現にタンパク質部分(アポ酵素*)以外に補因子(あるいは補欠分子族*)を必要とするものがある．この補因子を補酵素といい，タンパク質部分と非共有結合的(あるいは共有結合的)に結合する．この結合複合体をホロ酵素*という．補酵素は第二の基質とも称される．たとえば，ニコチンアミドアデニンジヌクレオチド(NAD*)は，ピリジンデヒドロゲナーゼにより還元され NADH となり，ミトコンドリア内膜に存在する呼吸鎖で酸化される(→呼吸)．フラビンは酸化還元反応，酸素添加反応を媒介する．ピリドキサールリン酸*(PLP)，補酵素 A*(CoA)，アデノシン 5'-三リン酸*(ATP)などは，それぞれ転移酵素であるアラニンアミノトランスフェラーゼ，コリンアセチルトランスフェラーゼ，ヘキソキナーゼの補酵素としてアミノ基，アシル基，リン酸基の受渡しをする．補酵素の多くは，ビタミン B より合成される．たとえば PLP は，ビタミン $B_6$*，ピリドキシンから生成される．

**補酵素 R** [coenzyme R] ＝ビオチン

**補酵素 A** [coenzyme A] 助酵素 A，コエンザイム A ともいう．CoA と略すことが多い．分子量 767.55，

$C_{21}H_{36}N_7O_{16}P_3S$．アシル基(-CO-R)の担体として働く補酵素で，アミノ酸代謝，ステロイド合成，脂肪酸合成，脂肪酸酸化，ピルビン酸酸化などの諸反応に関与する．パントテン酸から生合成される．CoA 中の SH 基がアシル基とチオエステル結合(-S-CO-)を形成し，他の化合物へアシル基を転移する．動物細胞では，すべての細胞に存在するが，特に肝臓に多く含まれる．細胞画分では，ミトコンドリアに多く含まれる．

**補酵素 M** [coenzyme M] コエンザイム M ともいう．2,2'-ジチオビス(エタンスルホン酸)．メタン細菌*においてメチルトランスフェラーゼの補酵素として働く．

**補酵素 Q** [coenzyme Q] ＝ユビキノン．CoQ と略す．

**母細胞** [mother cell, metrocyte] ⇌娘細胞

**ホジキン** HODGKIN, Alan Lloyd 英国の生理学者．1914.2.5～1998.12.20．オックスフォード近くのバンベリーに生まれる．ケンブリッジ大学を卒業(1932)後，ケンブリッジ大学，ロックフェラー研究所，プリマス臨海実験所で神経の活動電位発生の仕組みを研究し，ナトリウムポンプ説を提出した(1952)．1963 年 J. C. Eccles*，A. F. Huxley* とともにノーベル医学生理学賞を受賞．ケンブリッジ大学生理学教授(1952～70)，同生物物理学教授(1970～81)，トリニティ・カレッジ学長(1978～84)．

**ホジキン** HODGKIN, Dorothy Mary Crowfoot 英国の化学者．1910.5.12～1994.7.29．エジプトのカイロに生まれ，ワーウィック州イルミントンに没す．オックスフォード大学で化学を学び，X 線結晶学を専攻した．コレステロール(1945)，ペニシリン(1949)，

ビタミン $B_{12}$(1956),インスリン(1969)とつぎつぎに立体構造を解明した.1964年ノーベル化学賞受賞.1960年オックスフォード大学教授.1970〜77年ブリストル大学総長.1937年 Thomas Hodgkin(A. L. Hodgkin* の従兄)と結婚.

**ホジキン病**［Hodgkin's disease］ 多核大型異型細胞(リード・ステルンベルグ細胞 Read-Sternberg cell)の出現を特徴とする悪性リンパ腫.細胞表面形質や遺伝子解析(免疫グロブリン*,T細胞受容体*遺伝子)により,B細胞*やT細胞*起源のものが証明された.また約半数例で EBウイルスの潜在感染を認め,現在では病因の異なる疾患群との考え方が一般的である.また大部分の症例で $CD30^*$(Ki-1抗原)陽性で(→ Ki-1 リンパ腫),このリガンドとの相互作用が増殖に関連していると予想される.(→ 非ホジキンリンパ腫)

**ポジショナルキャンディデートクローニング**［positional candidate cloning］ PCCと略す.遺伝子の機能とは無関係に,染色体欠失情報や,連鎖解析法*により絞り込んだその染色体の位置情報から候補遺伝子を絞り,原因遺伝子に至るアプローチ法である.ゲノム配列が解明され cDNA や発現配列タグ*(EST)のマップ情報が充実している現在では,コンティグマップを作成する必要はない.候補遺伝子探索法としては,ゲノム配列比較,エキソントラッピング法,cDNA セレクション法などがある.(→ 逆遺伝学,ポジショナルクローニング)

**ポジショナルクローニング**［positional cloning］ 近年の急速なゲノム解析の進展に伴って,原因遺伝子の染色体上の位置(ポジション)を種々の方法によって決定し,それを出発点として遺伝子のクローニングを進めていくアプローチが可能となり,このような位置を手がかりとする病因遺伝子の単離法をポジショナルクローニング法とよんでいる.位置の決定法としては,1) 疾患家系と多型性DNAマーカーとの対応関係を利用した連鎖解析法,2) 染色体導入によって形質転換の有無を調べる方法,3) 患者のがん細胞に認められる染色体転座や欠失などの染色体異常*を指標とする方法などがある.ポジショナルクローニング法を用いた研究によって,ハンチントン病,ある種のアルツハイマー病,デュシェンヌ型筋ジストロフィー,早発性乳がん,嚢胞性繊維症など多くの疾患の遺伝子が単離されている.(→ 逆遺伝学)

**ポジショニング(ヌクレオソームの)** → ヌクレオソームポジショニング

**ポジティブセレクション** 【1】(T細胞の) → 正の選択.【2】(形質転換細胞の) → 陽性選択

**ポジティブ染色法**［positive staining］ 生物試料のほとんどがC,H,Oなどの軽元素から構成されており,電子顕微鏡*で観察する場合,コントラストの低い像しか得られない.そのため細胞成分に親和性の高い,しかも電子散乱性の大きな重金属元素を含む溶液に切片を浸し,コントラストを強化する.この操作をポジティブ染色という.通常は酢酸ウラニル染色液と鉛染色液による二重染色を施し,細胞や組織の超微構造に明瞭なコントラストを付与する.(→ ネガティブ染色法)

**ポジティブ選択** 【1】(形質転換細胞の) → 陽性選択.【2】(T細胞の) → 正の選択

**ポジトロン放出断層撮影法** = 陽電子放射断層撮影法

**保持容量**［retention volume］ → 比保持容量

**ホスファターゼ**［phosphatase］ 生体分子中のリン酸モノエステル結合を加水分解し,脱リン酸反応を触媒する酵素群を示す名称.ヌクレオチドを基質にする 5'-ヌクレオチダーゼ* など,脂質を基質とするホスホジエステラーゼ* など,タンパク質中のリン酸基を加水分解するホスホプロテインホスファターゼ* など,糖質を基質とするグルコース-6-ホスファターゼなどが含まれる.そのほか,比較的特異性の弱い酵素群には,最適pHによって酸性ホスファターゼ*,アルカリホスファターゼ* という名称が用いられている.細菌由来のアルカリホスファターゼ(BAP)は,核酸の5'末端を $^{32}P$ で標識する際や,ベクターの自己連結反応を防ぐ目的でよく使用される.また,細胞生物学の分野においては,可逆的なタンパク質のリン酸化や脱リン酸がシグナル伝達の主要なメカニズムと考えられるようになり,プロテインホスファターゼの重要性が提唱されている.プロテインホスファターゼには,リン酸化セリン/トレオニンに特異的な分子種(セリン/トレオニンホスファターゼ,PP)と,リン酸化チロシンに特異的な分子種(チロシンホスファターゼ*,PTP)がある.哺乳類の主要なセリン/トレオニンホスファターゼは,タンパク質性のインヒビター(I-1,I-2)に対する感受性や,基質特異性,$Ca^{2+}$ 要求性などにより,4種類(PP1,PP2A,PP2B,PP2C)に分類されている.PP1は細胞周期*の調節に重要と考えられている.金属イオン非要求性の PP2A は,イオンチャネル* や MAP キナーゼ* などのリン酸化セリン/トレオニンに特異的であるという報告がある.$Ca^{2+}$ 要求性の PP2B は,カルシニューリン* ともよばれ,T細胞の活性化に重要な役割を担っていることが推定されている.$Mg^{2+}$,$Mn^{2+}$ 要求性の PP2C は近年,細胞増殖制御やカルモジュリンキナーゼII* の脱リン酸反応を行っているという報告がある.一方,チロシンホスファターゼは細胞膜貫通ドメインをもつ膜型 PTP 群と,細胞質に存在する細胞内 PTP の2群に分類される.膜型では,$CD45^*$ など数種類の分子がクローニングされている.細胞内 PTP は SH2 ドメイン(→ SH ドメイン)をもつ PTP1C などが知られている.また,最近では,セリン/トレオニンとチロシン両方を同時に脱リン酸するような反応を触媒する新しい分子種も見いだされている.

**ホスファチジルイノシトール**［phosphatidylinositol］ = ホスホイノシチド(phosphoinositide)／イノシトールホスホグリセリド(inositol phosphoglyceride).PIと略す.生体膜を構成する必須のリン脂質である.全リン脂質の10〜15%を占める.哺乳動物のPIの脂肪酸

組成としては1位がステアリン酸，2位がアラキドン酸のものが多い．CDP-ジアシルグリセロールとイノシトールからCDP-ジアシルグリセロール：イノシトールトランスフェラーゼ(PIシンターゼ)によって合成される．PIはPI4-キナーゼによってホスファチジルイノシトール4-リン酸*(PIP)へと転換され，さらにPIPキナーゼによってシグナル伝達に重要な役割を果たすホスファチジルイノシトール4,5-ビスリン酸*($PIP_2$)へと転換される．

**ホスファチジルイノシトールアンカー型タンパク質** [phosphatidylinositol-anchored protein] ＝GPIアンカー型タンパク質

**ホスファチジルイノシトールキナーゼ** [phosphatidylinositol kinase] PIキナーゼ(PI kinase)と略称する．ホスファチジルイノシトール*(PI)をリン酸化する酵素には大きく分けてイノシトールの4位にリン酸を付加するPI4-キナーゼとイノシトールの3位にリン酸を付加するPI3-キナーゼ(ホスファチジルイノシトール3-キナーゼ*)が存在する．PI4-キナーゼはPIに作用してホスファチジルイノシトール4-リン酸PI(4)Pを合成する．さらにPI(4)PはPI(4)Pキナーゼによってセカンドメッセンジャー*産生脂質であるホスファチジルイノシトール4,5-ビスリン酸* PI-(4,5)$P_2$へと変換される．一方のPI3-キナーゼはPI，PI(4)P，PI(4,5)$P_2$のいずれも基質とし，PI(3)P，PI(3,4)$P_2$，PI(3,4,5)$P_3$を合成する．PI3-キナーゼにはチロシンキナーゼ系と共役して活性化され，触媒領域をもつ110 kDaとSH2, SH3ドメインをもつ85 kDaのヘテロ二量体より成るものと，三量体Gタンパク質ras関連遺伝子のR-rasに共役して活性化されるもの(実体は不明)がある．

**ホスファチジルイノシトール3-キナーゼ** [phosphatidylinositol 3-kinase] PI3-キナーゼ(PI3-kinase)ともいう．種々の細胞膜受容体の活性化に伴い，膜リン脂質の微量成分であるホスファチジルイノシトール4,5-ビスリン酸*($PIP_2$)のイノシトール環の3位にリン酸が導入されたPI(3,4,5)$P_3$が生じる．この反応を触媒する酵素がホスファチジルイノシトール3-キナーゼであり，活性化された血小板由来増殖因子の受容体や，活性型がん遺伝子産物，v-Srcに結合していることが示されている．二つのサブユニットから成り，85 kDaのサブユニットはSH2配列(⇌SHドメイン)をもち，これを介してチロシンリン酸化された活性化受容体などに結合する．一方の110 kDaサブユニットが触媒活性をもつ．チロシンキナーゼ*を介した活性化機構以外に，R-rasのようなGタンパク質*を介した活性化機構も分子多様性が存在する．産物であるPI(3,4,5)$P_3$の結合によりAkt(プロテインキナーゼB*)やその上流で作用するキナーゼPDK1が膜へリクルートされ活性化される．また，プロテインキナーゼCもPI(3,4,5)$P_3$により活性化される．(⇌ホスファチジルイノシトールキナーゼ)

**ホスファチジルイノシトール経路** [phosphatidylinositol pathway] ＝イノシトールリン脂質経路

**ホスファチジルイノシトール特異的ホスホリパーゼC** [phosphatidylinositol specific phospholipase C] PI-PLCと略す．(⇌ホスホリパーゼC)

**ホスファチジルイノシトール4,5-ビスリン酸** [phosphatidylinositol 4,5-bisphosphate] $PIP_2$またはPtdIns(4,5)$P_2$と略記する．グリセロールを中心骨格として，グリセロールの1と2の位置が脂肪酸とエステル結合しており3の位置でイノシトール4,5-ビスリン酸の1位とホスホジエステル結合しているグリセロリン脂質(⇌ホスファチジルイノシトールポリリン酸)．よって，疎水的な脂肪酸部位と親水的なリン酸基部位から成る両親媒性の酸性リン脂質分子である．細胞膜の脂質二重層を構成する全リン脂質の約1 ％に相当する．$PIP_2$はイノシトールリン脂質経路*における第一次的な基質であり，細胞膜受容体の刺激を通じて活性化されたホスホリパーゼC*によりホスホジエステル結合のグリセロール骨格側で分解を受けて，セカンドメッセンジャーであるイノシトール1,4,5-トリスリン酸*($IP_3$)とジアシルグリセロール(DG)に情報変換される．$IP_3$は小胞体などからの$Ca^{2+}$放出を誘導し，細胞内$Ca^{2+}$濃度を上昇させる．一方，DGはプロテインキナーゼC*の活性化因子として作用する．

**ホスファチジルイノシトールポリリン酸** [phosphatidylinositol polyphosphate] グリセロールを中心骨格として，グリセロールの1と2の位置が脂肪酸とエステル結合しており3の位置でイノシトールリン酸*の1位とホスホジエステル結合しているグリセロリン脂質．ホスファチジルイノシトール4-リン酸*(PtdIns(4)PまたはPI(4)P)，ホスファチジルイノシトール3-リン酸*(PtdIns(3)PまたはPI(3)P)，ホスファチジルイノシトール4,5-ビスリン酸*(PtdIns(4,5)$P_2$またはPI(4,5)$P_2$)，ホスファチジルイノシトール3,4-ビスリン酸(PtdIns(3,4)$P_2$またはPI(3,4)$P_2$)，ホスファチジルイノシトール3,5-ビスリン酸(PtdIns(3,5)$P_2$またはPI(3,5)$P_2$)，ホスファチジルイノシトール3,4,5-トリスリン酸(PtdIns(3,4,5)$P_3$またはPI(3,4,5)$P_3$)の6種類が知られている(図参照)．これらはイノシトール環の各位置に特異的なキナーゼによるリン酸化で生成される．ホスファチジルイノシトー

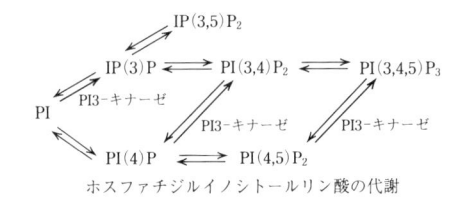

ホスファチジルイノシトールリン酸の代謝

ル(PI)は全リン脂質の5〜10%であるが，PIPやPIP$_2$含量は0.1〜1%と低い．ホルモン，増殖因子，神経伝達物質などの刺激でイノシトールリン脂質代謝回転(⇌イノシトールリン脂質経路)が活性化される．これにより，PI(4,5)P$_2$がホスホリパーゼC*により分解されて2種類のセカンドメッセンジャー，イノシトール1,4,5-トリスリン酸*(IP$_3$)とジアシルグリセロール*(DG)が産生する．IP$_3$はIP$_3$受容体に結合して細胞内Ca$^{2+}$貯蔵部位からのCa$^{2+}$放出を誘導し，DGはプロテインキナーゼCを活性化する．また，増殖因子や分化因子でチロシンキナーゼ共役型受容体(血小板由来増殖因子受容体*，CSF-1受容体(⇌マクロファージコロニー刺激因子)，神経成長因子受容体* など)が活性化されるとSH2ドメイン(⇌SHドメイン)をもつホスファチジルイノシトール3-キナーゼ*(PI3-キナーゼ)が活性化される．PI3-キナーゼはPIやその誘導体PI(4)P，PI(4,5)P$_2$の3位をリン酸化する酵素で(それぞれPI(3)P，PI(3,4)P$_2$，PI(3,4,5)P$_3$を合成，⇌イノシトールリン脂質[図])，特に産物であるPI(3,4,5)P$_3$は細胞増殖や小胞輸送などとの関係で注目されている．

**ホスファチジルイノシトール3-リン酸** [phosphatidylinositol 3-phosphate] ホスファチジルイノシトールのイノシトール環の3位がリン酸化したグリセロリン脂質(⇌ホスファチジルイノシトールポリリン酸)．PtdIns(3)PまたはPI(3)Pと略記する．ホスホリパーゼC*により分解されてイノシトール1,3-ビスリン酸I(1,3)P$_2$とジアシルグリセロール(DG)になる．ホスファチジルイノシトール3,4-ビスリン酸PI(3,4)P$_2$の4位の脱リン酸により合成される．脱リン酸でホスファチジルイノシトール(PI)になる．

**ホスファチジルイノシトール4-リン酸** [phosphatidylinositol 4-phosphate] ホスファチジルイノシトールのイノシトール環の4位がリン酸化したグリセロリン脂質(⇌ホスファチジルイノシトールポリリン酸)．PtdIns(4)PまたはPI(4)Pと略記する．ホスホリパーゼC*により分解されてホスファチジルイノシトール1,4-ビスリン酸I(1,4)P$_2$とジアシルグリセロール(DG)になる．ホスファチジルイノシトール(PI)の4位のリン酸化，ホスファチジルイノシトール4,5-ビスリン酸* PI(4,5)P$_2$の5位の脱リン酸により合成される．

**ホスファチジルエタノールアミン** [phosphatidylethanolamine] PEと略記する．グリセロリン脂質の一種．弱酸性，両親媒性であるが親水性は弱い．生物界に生体膜の構成脂質として広く存在する．動植物ではホスファチジルコリン*(PC)についで含量が高い．大腸菌では細胞膜の全脂質の70%程度を占める．生体膜の脂質二重層*の細胞質側に多く存在し，PCは反対側の層に存在する．動植物由来のものは多価不飽和脂肪酸含量が高くプロスタグランジンの生合成にかかわる．血液凝固にも関与している．生体内では，CDPエタノールアミンとジアシルグリセロールから生合成される経路とホスファチジルセリン*の脱炭酸反応により生合成される経路とがある．

**ホスファチジルコリン** [phosphatidylcholine] PCと略記し，レシチン(lecithin)ともいう．グリセロリン脂質の一種．生体膜*の主要構成成分として動植物に広く存在する．細菌には例外を除いて一般に脂質二重層*の細胞質とは反対側の膜に多く存在する．グリセロール骨格の1位(図のR)に飽和脂肪酸，2位(図のR')に不飽和脂肪酸がエステル結合しているものが多い(ジアシル型)．プラスマローゲン型(1位がアルケニルエーテル結合)も存在する．生合成はCDPコリンとジアシルグリセロール*からの経路とホスファチジルエタノールアミン*のトリメチル化による経路の2経路で行われる．ホスファチジルコリン(PC)の2位に結合したアラキドン酸*はプロスタグランジン*，ロイコトリエン*，トロンボキサン*などのエイコサノイド合成の重要な前駆体である．PCはコレステロールエステルの生成に関与している．肺気では，ジパルミトイルレシチンが気-液界面に単分子膜を構成し，サーファクタント(surfactant)として重要な働きをしている．PCは水溶液中でリポソーム*を形成する．このリポソームは薬剤などのマイクロカプセル剤として利用されている．

**ホスファチジルセリン** [phosphatidylserine] PSと略記する．グリセロリン脂質の一種．生体膜の構成脂質として生物界に広く存在する．脳や神経組織，赤血球膜に多く含まれている(しかし細胞膜の全脂質量の10%以下)．細胞膜脂質二重層*の細胞質側に局在する．ホスファチジルコリン*と反対側に存在する．生合成経路は細菌や酵母と動物細胞では異なる．細菌や酵母ではCDPジアシルグリセロールとセリンから生合成されるが，動物細胞ではホスファチジルコリンやホスファチジルエタノールアミン*の塩基部分と遊離のセリンとの間の塩基交換反応により生合成される．動物細胞ではマスト細胞からのヒスタミン遊離の促進，プロテインキナーゼCの活性化，血液凝固への関与，膜結合酵素の活性調節などの機能をもつ．

**ホスファチジン酸** [phosphatidic acid] = 1,2-ジアシルグリセロール3-リン酸(1,2-diacylglycerol 3-phosphate)．グリセロール骨格3位がリン酸のみの酸性リン脂質．他のリン脂質*，中性脂質の生合成・分解の中間体．細胞内含量は数%程度

と少ない．合成系では，アシル基転移酵素がグリセロール 3-リン酸に脂肪酸を付加する反応，ジアシルグリセロールキナーゼがジアシルグリセロールにリン酸を付加する反応でつくられる．分解系では，ホスホリパーゼD*がホスファチジルコリンなどのリン脂質を分解する反応で生成し，代謝回転が速く，シグナル伝達における役割も示唆されている．

**ホスファチダーゼ** [phosphatidase] ＝ホスホリパーゼ $A_2$

**ホスファチドリパーゼ** [phosphatidolipase] ＝ホスホリパーゼ $A_2$

**ホスホイノシチド** [phosphoinositide] ＝ホスファチジルイノシトール

**ホスホエノールピルビン酸** [phosphoenolpyruvic acid] ＝エノールリン酸

**ホスホエノールピルビン酸カルボキシキナーゼ** [phosphoenolpyruvate carboxykinase] PEPCKと略す．EC 4.1.1.32．オキサロ酢酸からホスホエノールピルビン酸への脱炭酸を触媒する．クエン酸回路*から糖新生*への重要な段階を触媒する律速酵素．肝，腎，脂肪組織，小腸に存在し，そのタンパク質の合成速度は遺伝子の転写により調節されている．PEPCK遺伝子の転写はcAMP，レチノイン酸，甲状腺ホルモン，グルココルチコイドによって促進され，インスリン，ホルボールエステルによって抑制される．このような調節が，遺伝子の 5' 上流域の短い部分（−500〜＋73）に各種のタンパク質が結合することによることが明らかとなってきている．

**ホスホグリセリド** [phosphoglyceride] ＝グリセロリン脂質

**ホスホグリセリン酸** [phosphoglycerate] 解糖系*の中間代謝物．1,3-ビスホスホグリセリン酸，3-ホスホグリセリン酸*，2-ホスホグリセリン酸がある．赤血球では，そのほか1,3-ビスホスホグリセリン酸からビスホスホグリセリン酸ムターゼの作用により2,3-ビスホスホグリセリン酸ができるが，これは$O_2$分圧の低い末梢組織で増加し，ヘモグロビンに結合して，ヘモグロビンの$O_2$に対する親和性を低下させる働きをもつ．

**3-ホスホグリセリン酸** [3-phosphoglycerate] 解糖系*の中間代謝物．ホスホグリセリン酸キナーゼ*およびホスホグリセリン酸ムターゼの基質となる．

**ホスホグリセリン酸キナーゼ** [phosphoglycerate kinase] PGKと略す．1,3-ビスホスホグリセリン酸と 3-ホスホグリセリン酸の相互転換を触媒する解糖系酵素．1型と2型のアイソザイムがある．1型遺伝子はX染色体に存在し，すべての体細胞で発現する．2型遺伝子は第6染色体にあり，精子形成の後期にのみ発現する．2型遺伝子にはイントロンがなく，ポリアデニル酸配列の痕跡や両端に繰返し配列が認められるので，本遺伝子は1型由来するプロセス型偽遺伝子*から偶然にも進化したものと考えられる．

**ホスホグリセルアルデヒドデヒドロゲナーゼ** [phosphoglyceraldehyde dehydrogenase] ＝グリセルアルデヒド-3-リン酸デヒドロゲナーゼ

**ホスホグルコン酸経路** [phosphogluconate pathway] ＝ペントースリン酸回路

**ホスホクレアチン** [phosphocreatine] クレアチンリン酸（creatine phosphate）ともいう．$C_4H_{10}N_3O_5P$，分子量211.11．主として脳と筋に存在し，高エネルギーリン酸とクレアチンの化合物．

$$HO-\overset{O}{\underset{OH}{P}}-NHC\overset{CH_3}{\underset{NH}{N}}CH_2C\overset{O}{OH}$$

クレアチンキナーゼ*の作用により，クレアチンとATPから生成され，高エネルギーリン酸の貯蔵型としての意義をもつ．筋静止時にはホスホクレアチンはATPの数倍以上蓄積され，一方筋収縮時にATPが消費されると逆反応でATPを補給するようになる．酸性下ではクレアチンとリン酸に分解されやすいが中性下では安定である．

**ホスホジエステラーゼ** [phosphodiesterase] ホスホジエステル結合*を加水分解してリン酸モノエステルを生成する酵素の総称．代表例としてヘビ毒*と脾臓のホスホジエステラーゼがある．前者はヌクレオチド鎖の 3' 末端側から段階的に切断し，5' ヌクレオチドを遊離する．ホスホジエステル結合は 2'-5'，3'-5'，5'-5' のいずれも切断する．後者はヌクレオチド鎖の 5' 末端側から段階的に切断し，3' ヌクレオチドを生じる．これらの基質特異性に注目して核酸などの構造解析に用いられる．

**ホスホジエステル結合** [phosphodiester bond, phosphodiester linkage] リン酸ジエステル結合ともいう．二つのアルコール性OH基とリン酸との間に生じたジエステル結合のこと．種々の糖やアルコールに含まれるOH基がホスホジエステル結合を形成し，核酸やリン脂質を構成している．核酸では通常，ヌクレオチドがリボースやデオキシリボースの 3'-OH と 5'-OH の間でホスホジエステル結合を介して重合しているが，mRNAのキャップ構造では 5'-5'，またスプライシング*の中間体では 2'-5' のホスホジエステル結合が存在する．

**ホスホチロシンホスファターゼ** [phosphotyrosine phosphatase] ＝チロシンホスファターゼ

**ホスホフルクトキナーゼ** [phosphofructokinase] 解糖系*の鍵酵素の一つ．独立した遺伝子座によってコードされる筋（M）型（第1染色体），肝（L）型（第21染色体），血小板（P）型（第10染色体）の3種のアイソザイムがあり，組織特異的に発現する．各サブユニットはN末端側半分とC末端側半分で内部相同性をもち，これらはまた半分の大きさの原核生物のサブユニットとも相同性を示す．そのため，哺乳動物の遺伝子は原核生物型遺伝子の重複，融合を経て進化したものと考えられる．

**ホスホプロテインホスファターゼ** [phosphoprotein phosphatase] プロテインホスファターゼ（protein phosphatase）ともいう．リン酸化タンパク質の脱リン酸を触媒する酵素．プロテインキナーゼ*と逆反応を触媒することにより，多くの生理機能，細胞機能を担っている．ホスホプロテインホスファターゼはその

基質の特異性，金属イオンへの依存性，インヒビターに対する感受性などをもとに分類されている．セリン/トレオニンホスファターゼ*は，タンパク質のセリンまたはトレオニンのヒドロキシ基に結合したリン酸の加水分解を触媒し，チロシンホスファターゼ*はチロシンのヒドロキシ基に結合したリン酸の加水分解を触媒する．(⇨タンパク質リン酸化，チロシン脱リン酸)

**ホスホラミドン** [phosphoramidon] ⇨プロテアーゼインヒビター

**ホスホリパーゼ** [phospholipase] 生体膜成分であるグリセロリン脂質のエステル結合を加水分解する酵素群の総称．加水分解の位置により，sn-1 位を加水

```
         PLA₁
   PLB    |
    \    H₂C—O—COR¹
     \   |
   R²C—O—CH
     ‖   |          O
     O   H₂C—O—P—OX
    /           ‖
  PLA₂          O
                |
         PLC   PLD
```

R¹, R²: 長鎖脂肪酸，X: コリン，エタノールアミン，セリン，イノシトールなどのアルコール

ホスホリパーゼ (PL) A₁, A₂, B, C, D の加水分解部位

分解するホスホリパーゼ A₁*，sn-2 位を加水分解するホスホリパーゼ A₂*，1 位と 2 位の両方を加水分解するホスホリパーゼ B，リン酸ジエステルのグリセロール骨格側のホスホリパーゼ C*，およびその反対側のホスホリパーゼ D* に分類される．このほかリゾリン脂質を基質とするリゾホスホリパーゼ，スフィンゴリン脂質を分解するスフィンゴミエリナーゼも広義にホスホリパーゼといえる．

**ホスホリパーゼ $A_1$** [phospholipase $A_1$] EC 3.1.1.32. グリセロリン脂質のグリセロール 1 位のエステル結合を加水分解する酵素(⇨ホスホリパーゼ[図])．$PLA_1$ と略す．現在まで膵臓や肝臓のリソソームなどから精製されているが，それらはリパーゼやリゾホスホリパーゼ活性を併せもっている．ほかに，ラットやウシの脳などにホスファチジルエタノールアミン*，ホスファチジルイノシトール* あるいはホスファチジン酸* をそれぞれよい基質とする活性などが検出されている．

**ホスホリパーゼ $A_2$** [phospholipase $A_2$] ホスファチダーゼ (phosphatidase)，ホスファチドリパーゼ (phosphatidolipase)，レシチナーゼ A (lecithinase A) ともいう．グリセロリン脂質の sn-2 位のエステル結合を加水分解し，リゾリン脂質と脂肪酸を遊離する酵素の総称(⇨ホスホリパーゼ[図])．$PLA_2$ と略す．EC 3.1.1.4. 現在までに哺乳動物で同定されている $PLA_2$ は構造上の特徴から大きく分泌型ホスホリパーゼ $A_2$ (secretory phospholipase $A_2$, $sPLA_2$) 群，細胞質ホスホリパーゼ $A_2$* ($cPLA_2$) 群，$Ca^{2+}$ 非依存的 $PLA_2$ ($iPLA_2$) 群に分類される．このほかに，血小板活性化因子*(PAF) を不活性化する PAF アセチルヒドロラーゼも広義の $PLA_2$ に含まれる．$sPLA_2$ 群はヒスチジン-アスパラギン酸のモチーフを特徴とする活性中心と保存された $Ca^{2+}$ 結合配列をもつ．ウイルス，原核生物から植物，動物界に広く分布するが，哺乳動物では 11 種のアイソザイム (IB, IIA, IIC, IID, IIE, IIF, III, V, X, XIIA, XIIB) が存在し，分子内ジスルフィドの位置関係から I/II/V/X, III, XII のサブグループに分類される．IB と X は N 末端にプロ配列をもち，プロテアーゼによりプロ配列が除かれて活性化する．IB は膵液に大量に含まれ，腸管内に分泌されて食餌中のリン脂質の消化にかかわる．IIA は涙や精液などの外分泌液に含まれるが，炎症や組織障害時に発現が著しく誘導され，細菌の外膜リン脂質を分解することで感染防御にかかわる．V と X は動物細胞膜の主成分であるホスファチジルコリン* に対する活性が高く，この他に血漿リポタンパク質や肺サーファクタントなどの細胞外リン脂質を分解できる．$cPLA_2$ 群は IV 型に分類され，6 種のアイソザイム ($\alpha, \beta, \gamma, \delta, \varepsilon, \zeta$) を含む．活性中心にセリンをもつリパーゼ共通配列と $Ca^{2+}$ 依存的にリン脂質膜に結合する N 末端領域の C2 ドメインを特徴とするが，例外的に $cPLA_2\gamma$ には C2 ドメインがない．$cPLA_2\alpha$ (IVA) はアラキドン酸を含むリン脂質に高い選択性を示し，細胞質内 $Ca^{2+}$ 濃度の上昇と MAP キナーゼ* によるリン酸化により活性化される．アラキドン酸カスケード* の始動にかかわる最も重要な酵素である．$cPLA_2\gamma$ (IVC) はリゾホスホリパーゼやアシルトランスフェラーゼ* の活性が強く，膜リン脂質の再構成にかかわると考えられている．$iPLA_2$ 群は IV 型ともよばれ，6 種のアイソザイム ($\beta, \gamma, \delta, \varepsilon, \zeta, \eta$) を含み，リパーゼ共通配列とそれに隣接したヌクレオチド結合配列を特徴とする．$iPLA_2\beta$ (IVA) は N 末端領域にアンキリンリピート*，C 末端近傍にカルモジュリン* と結合する領域をもつ．膜リン脂質の再構成にかかわると考えられてきたが，最近ではリゾリン脂質の産生を介してシグナル伝達にかかわることを示す証拠も多い．$iPLA_2\beta$ 遺伝子の変異は中枢神経変性疾患の原因となる．$iPLA_2\gamma$ (IVB) はミトコンドリア* とペルオキシソーム* に局在する．$iPLA_2\varepsilon, \zeta, \delta$ はトリアシルグリセロールリパーゼであり，特に $iPLA_2\zeta$ は脂肪組織特異的リパーゼ (adipose triglyceride lipase) としてホルモン感受性の脂肪細胞からの脂肪酸の遊離に重要な役割をもつ．この他に，肺サーファクタントの新陳代謝にかかわる 2 種のリソソーム局在性の $PLA_2$ (acidic $PLA_2$, lysosomal $PLA_2$) が同定されている．

**ホスホリパーゼ $A_2$ インヒビター** [phospholipase $A_2$ inhibitor] さまざまな生理活性を示すエイコサノイド* の前駆体であるアラキドン酸* は遊離型では細胞や臓器に存在せず，ホスホリパーゼ $A_2$* により膜のグリセロリン脂質から加水分解され，それ以降の酵素系に供される．ホスホリパーゼ $A_2$ インヒビターを，過剰なエイコサノイド生成が主因と考えられている炎症などの疾患の治療薬として開発する試みがなされてきた．歴史的には，抗炎症性ステロイドの作用機

序として内在性のホスホリパーゼ $A_2$ インヒビタータンパク質の遺伝子誘導が提唱されたが，現在では否定的である．エイコサノイド生成反応に関与するホスホリパーゼ $A_2$ として，それぞれ構造の異なる細胞質ホスホリパーゼ $A_2$* と分泌型ホスホリパーゼ $A_2$（Ⅱ型 $PLA_2$）が同定され，インヒビターの検索が行われている．代表的なインヒビターとして，前者にアラキドン酸の誘導体であるアラキドノイルトリフルオロメチルケトン（arachidonoyltrifluoromethylketone），後者に活性中心のヒスチジン修飾剤である $p$-ブロモフェナシルブロミド（$p$-bromophenacyl bromide）が知られている．

**ホスホリパーゼ C**［phospholipase C］　PLC と略す．グリセロリン脂質* のグリセロール骨格側のリン酸エステル結合を加水分解するリン脂質分解酵素である（→ホスホリパーゼ［図］）．動物細胞には，細胞膜微量構成リン脂質のホスファチジルイノシトール 4,5-ビスリン酸*（$PIP_2$）を特異的な基質とするホスファチジルイノシトール特異的ホスホリパーゼ C（phosphatidylinositol-specific phospholipase C, PI-PLC）が存在し，本酵素は $PIP_2$ を加水分解してジアシルグリセロール*（DG）とイノシトール 1,4,5-トリスリン酸*（$IP_3$）を産生する．これらの生成産物はセカンドメッセンジャー* としての役割を果たしており，DG はプロテインキナーゼ C* を活性化し，$IP_3$ は小胞体のカルシウムチャネル* に作用して小胞体から $Ca^{2+}$ を遊離させて細胞内の $Ca^{2+}$ 濃度を上昇させる．PI-PLC には分子多様性があり，$\beta1\sim\beta4$，$\gamma1$ と $\gamma2$，$\delta1$ と $\delta3$ と $\delta4$，$\epsilon1$ と $\epsilon2$，$\zeta1$，$\eta1$ と $\eta2$ のアイソザイムが同定されている．いずれのアイソザイムも活性化に $Ca^{2+}$ を必要とし，酵素活性に必要な触媒領域の X ドメインと Y ドメイン，$Ca^{2+}$ の結合領域である C2 ドメインと EF ハンド* ドメインをもっている．PI-PLC-$\gamma$ には，これらのドメインに加えて，X ドメインと Y ドメインの間に src 相同領域の SH2 と SH3 ドメインが存在している．それぞれの PI-PLC アイソザイムは特有の機構により活性調節されている．PI-PLC-$\beta1\sim\beta4$ は三量体 G タンパク質 $G_q/11$ ファミリーの $\alpha$ サブユニットにより活性化され，PLC-$\beta2$ と PLC-$\beta3$ は三量体 G タンパク質の $\beta\gamma$ サブユニットにより活性化される．また，PLC-$\epsilon$ も三量体 G タンパク質の $\beta\gamma$ サブユニットにより活性化されるが，低分子量 GTP 結合タンパク質* の Ras* や Rho* によっても活性化される．一方，PI-PLC-$\gamma$ は SH2 ドメインを介して増殖因子に対するチロシンキナーゼ内蔵型受容体の自己リン酸化チロシン残基に結合し，その後，受容体のチロシンキナーゼ* によって PLC-$\gamma$ のチロシン残基がリン酸化されて，その結果構造変化を起こすことによって活性化される（→タンパク質リン酸化）．その他の PI-PLC-$\delta$, $\zeta$, $\eta$ の活性調節機構については明らかではない．哺乳動物細胞 PI-PLC のホモログは，ショウジョウバエ（$norp$A，PLC21）やアフリカツメガエル（PLC-X$\beta$），粘菌（DdPLC），出芽酵母（PLC-1）においても単離されている．細菌の PI-PLC は，PI-グリカン結合タンパク質の離脱に関与しており，哺乳動物細胞の PI-PLC とはアミノ酸の一次構造が著しく異なっている．

**ホスホリパーゼ D**［phospholipase D］　PLD と略す．本酵素は，細菌から植物，動物に至るまで広く分布しており，グリセロリン脂質* の塩基側のリン酸エステル結合を加水分解して塩基とホスファチジン酸* を産生するリン脂質分解酵素である（→ホスホリパーゼ［図］）．また PLD は，反応系にエタノールやブタノールなどの第一級アルコールが存在すると，グリセロリン脂質のホスファチジル基を第一級アルコールの一級ヒドロキシ基に転移するホスファチジル基転移反応を触媒して，天然に存在しないホスファチジルエタノールやホスファチジルブタノールなどのホスファチジルアルコールを産生する．ホスファチジルアルコールは PLD 特有の生成産物であるため，PLD 活性の指標として利用されている．細菌や植物由来の PLD は基質特異性が低く，ほとんどのグリセロリン脂質を加水分解するが，哺乳類由来の PLD は基質特異性が高く，ホスファチジルコリン* を特異的に加水分解する．活性調節機構についても，細菌や植物由来の PLD と哺乳類由来の PLD では異なる．細菌や植物由来の PLD は $Ca^{2+}$ 依存的に活性化されるが，哺乳類由来の PLD は $Ca^{2+}$ 非依存性である．哺乳類 PLD は PLD1 と PLD2 の 2 種類のアイソザイムがクローニングされており，PLD1 には PLD1a と PLD2 のスプライシングバリアントが同定されている．最近，第三の哺乳類 PLD として，ミトコンドリアに特異的に局在している PLD が同定され，MitoPLD と命名された．ヒト PLD1a は 1074 アミノ酸から構成されており，ヒト PLD1b は PLD1a の 585～622 の 38 アミノ酸が欠失している．ヒト PLD2 は，933 アミノ酸から成る．これらの PLD には，PX ドメイン，PH ドメイン* およびホスファチジルイノシトール 4,5-ビスリン酸（$PIP_2$）結合ドメインが存在しており，PLD 触媒活性を担っている HKD モチーフが 2 箇所存在する．一方，MitoPLD は 252 アミノ酸から成り，N 末端側にミトコンドリア局在シグナルと一つの HKD モチーフをもつが，PX ドメインや PH ドメイン，$PIP_2$ 結合ドメインは存在しない．PLD1 は，$PIP_2$ の存在下で古典的プロテインキナーゼ C（conventional protein kinase C, cPKC）の PKC$\alpha$ や PKC$\beta$，低分子量 GTP 結合タンパク質* の Arf* や Rho ファミリー GTP アーゼ（Rho*，Cdc42*，Rac*）により活性化され，これらの因子の効果は相乗的である．一方，PLD2 は $PIP_2$ により活性化されるが，タンパク質性の活性化因子は同定されていない．PLD の生理機能については，PLD1 はさまざまな放出反応に関与することが知られているが，PLD2 については不明である．また，MitoPLD は，ミトコンドリアの融合に重要な役割を果たしている．

**5-ホスホリボシル 1-ピロリン酸**［5-phosphoribosyl 1-pyrophosphate］　＝5-ホスホリボシル 1-二リン酸（5-phosphoribosyl 1-diphosphate）．略号 PRPP．プ

リンスクレオチド合成の中間体．プリン合成の新規 (de novo) 経路の場合はこれにグルタミンのアミノ基が転移して 5-ホスホリボシル 1-アミンが合成される PRPP アミドトランスフェラーゼが律速段階として重要である．またプリン合成の再利用経路\* は PRPP にグアニンまたはヒポキサンチンを結合させるヒポキサンチンホスホリボシルトランスフェラーゼ\* による．レッシュ・ナイハン症候群\* はこの酵素の欠損である（→プリン代謝異常）．PRPP 増加は痛風の誘因となり，I 型糖尿病の高尿酸血の原因でもある．

**ホスホリラーゼ**［phosphorylase］＝グリコーゲンホスホリラーゼ (glycogen phosphorylase)．グリコーゲンの加リン酸分解を触媒し，非還元末端に α1→4 結合したグルコースを α-グルコース 1-リン酸として遊離する．サブユニットは 841 個のアミノ酸から成り分子サイズは 97,058 Da であり，679 番目のリシンにピリドキサールリン酸を補酵素として共有結合している．ホスホリラーゼ b はホモ二量体で酵素活性がないが，四量体となったホスホリラーゼ a は活性型である．ホスホリラーゼ b の 14 番目のセリンがリン酸化されると重合してホスホリラーゼ a となり，活性が現れる．このほかにアロステリック制御\* も行われており，ホスホリラーゼ b は AMP によって活性化され，ATP, ADP およびグルコース 6-リン酸でアロステリックに抑制される．AMP の結合部位は 75 番目のチロシンおよび 155 番目のチロシンである．グリコーゲンの代謝調節はホスホリラーゼによって行われる．

**ホスホリラーゼキナーゼ**［phosphorylase kinase］EC 2.7.1.38．グリコーゲンホスホリラーゼキナーゼ (glycogen phosphorylase kinase) ともいい，Phk と略す．グリコーゲン分解酵素であるホスホリラーゼ\* をリン酸化して活性型に変換させるセリン/トレオニンプロテインキナーゼで，活性化にはカルシウムの存在が必須である．α, β, γ, δ の四量体がおのおの 4 分子ずつ存在する 16 量体である．ほとんどの臓器に分布しているが，少なくとも骨格筋と肝臓ではサブユニットが異なるアイソザイムである．分子量は約 130 万で，α と β サブユニットが調節サブユニット，γ サブユニットは触媒作用をもつ．δ サブユニットはカルモジュリン\* である．サイクリック AMP 依存性プロテインキナーゼ\* によって α と β サブユニットがリン酸化され活性型となるが，自己リン酸化反応によっても α と β サブユニットがリン酸化され活性型となる．活性型は脱リン酸酵素 1 型および 2A 型によって脱リン酸され不活性型になる．ホスホリラーゼのほかグリコーゲンシンターゼなど他のタンパク質もリン酸化しうるが生理的かどうか明らかではない．

**ホスホロアミダイト法**［phosphoramidite approach］デオキシヌクレオシド 3′-ホスホロアミダイト誘導体をモノマーとして用いる DNA オリゴマーの代表的な化学合成法である．このモノマーを 1H-テトラゾールで活性化し，固相上に導入したデオキシヌクレオシドの 5′-ヒドロキシ基と縮合させ，未反応のヒドロキシ基のキャップ化，ホスファイト中間体の酸化，5′ 末端保護基の脱保護の 4 工程の合成サイクルを繰返し，逐次モノマー連結させる方法である．DNA 鎖の伸長反応後に保護基とリンカーを除去し，DNA オリゴマーが得られる．

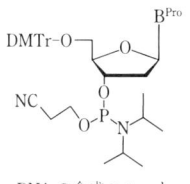

DNA の合成ユニット

**母性遺伝**［maternal inheritance］ C. Correns は 1909 年にオシロイバナで，E. Baur はモンテンジクアオイで，それぞれ葉の斑入りの遺伝においてメンデルの法則に合わない現象（非メンデル遺伝\*）を発見した．これが後に細胞質遺伝\* とよばれ，ミトコンドリアと色素体（細胞小器官）DNA の遺伝様式であることがわかってきた．細胞質遺伝のうち母方の細胞小器官 DNA のみが子に伝達される様式を母性遺伝という．そのほか両親の細胞小器官 DNA が子に伝達される両性遺伝 (biparental inheritance) や，父方の細胞小器官 DNA のみが子に伝達される父性遺伝 (paternal inheritance) が知られている．母性遺伝と父性遺伝を含めて特に片親遺伝 (uniparental inheritance) ということもある．母性遺伝の機構としては，受精前後の過程において，父親由来の細胞小器官 DNA が一連の生化学的反応により，ヌクレアーゼによって分解されるだけでなく，雌の細胞小器官の量的な比を増大させ，これらの機構により細胞小器官 DNA の遺伝子組換え阻止をしていると考えられている．

**母性 mRNA**［maternal mRNA］ 母系 mRNA ともいう．卵の細胞質中に貯蔵されている mRNA．発生の初期過程でタンパク質合成の鋳型として働く．

**母性効果遺伝**［maternal effect gene inheritance］母性効果は母方からの遺伝子型が子の表現型として発現され，父方の遺伝的影響を受けない現象．通常 mRNA（→母性 mRNA）のような卵細胞に蓄積された母方の遺伝子型により産生された分子によるもの．母性効果遺伝子はしばしば初期発生過程に影響を与える．ショウジョウバエの形態形成では軸形成がそれで，母親起源の Bicoid や nanos mRNA が作用して起こる．母性効果は子の遺伝子型（のある側面）が母親から遺伝される母性遺伝\* とは混同されるべきではない．これはしばしばミトコンドリアや色素体の母性遺伝によるものである．母性遺伝と母性効果遺伝とは，母性遺伝では個体の表現型が，片親の遺伝子型よりもむしろ子自身の遺伝子型を反映することで異なる．父性効果は子の表現型が自分の遺伝子型よりもむしろ父方の遺伝子型に起因する現象であり，表現型発現に関与する遺伝子は受精や初期発生に関与する精子の成分としても含まれている．一方の親に由来する遺伝子の特異的発現に関係する別の機構は生殖系列遺伝子の安定なエピジェネティックな修飾で，この形式の片親効果はゲノムインプリンティング\* とよばれる．

**母性二染色体性**［maternal disomy］ →片親由来

二染色体性

**細糸期** [leptotene stage]　レプトテン期，レプトネマ期(leptonema stage)ともいう．減数第一分裂の前期の最初の時期．減数分裂前 DNA 合成にひき続き，染色体凝縮が開始する．染色体は細長いひも状で中軸に沿って染色小粒\*が観察できる．おのおのの染色体は二つの染色分体から成るが，互いに密着しているため1本の染色体に見える．将来シナプトネマ構造\*の側面要素になるアキシアルエレメントが染色体の縦軸に沿って構成される．染色体の一点で核膜に付着し他の部分が核内に分散するブーケ構造(bouquet structure)をとる．

**細いフィラメント** [thin filament]　I フィラメント(I filament)ともいう．横紋筋の筋原線維サルコメア\*を構成する主要なフィラメントの一つ．直径約 7 nm, 長さ約 1 μm で Z 線\*から出ている．細いフィラメントの骨格はアクチンフィラメント\*で，半ピッチ 37.5 nm に 14 個のアクチン単量体が含まれる二重らせんを形づくっている．アクチンフィラメントの溝には長さ 40 nm のトロポミオシン\*が結合し，さらにトロポミオシンの一定部位にカルシウム受容タンパク質のトロポニンが結合している．そのうえ，ネブリン\*1分子が細いフィラメントの全長にわたって結合している．

**補足遺伝子** [complementary gene]　相補遺伝子ともいう．一つの表現型\*を決定する際の二つの遺伝子間の相互作用のうちの一つの様式．二つの優性遺伝子の共同作用により一つの表現型が決定される．両性雑種(A/a, B/b)の $F_2$ で 9(9AB):7(3Ab, 3aB, 1ab)の分離比を示す．遺伝学の初期，一つの形質が一つの遺伝子と対応づけられていた時代には特異な現象であったが，現在では，一つの形質を決定するために多数の遺伝子の働きが必要とされる現象は普遍的にみられる．(⇋ 同義遺伝子)

**捕捉剤**　⇋ スカベンジャー

**保存配列** [conserved sequence]　DNA は物理化学的に安定であるばかりでなく，生物学的にも安定に保持される機構があるが，長い進化の過程では配列は変化していく．その変化は一様ではなく，変化の起こりやすい配列と保存される配列がある．生物機能に影響を与えないような配列(たとえば偽遺伝子\*)は変化しやすく，逆に遺伝子機能に必須な配列は変化しにくい．塩基配列，アミノ酸配列を種々の生物種間で比較検討された結果，多くの保存配列(ホメオボックスなど)が現在知られている．

**ポーター**　PORTER, Keith　米国の細胞生物学者．1912.6.11～1997.5.2．カナダのノバ・スコシア州ヤーマスに生まれる．ハーバード大学で Ph.D. 取得(1935)．ロックフェラー大学で研究．同教授(1956)．ハーバード大学教授(1961～70)，コロラド大学教授(1968～84)，メリーランド大学教授(1984)．電子顕微鏡による細胞微細構造解明の先駆者．小胞体(1953)，中間径フィラメントを発見(1957)．米国科学賞受賞(1977)．

**補体** [complement]　略号 C．補体は脊椎動物の血清中に存在し，その成分は C1, C2…C9 などとして表される9成分のほかに第二経路の成分である B, D, P など次ページ表に示したような約 20 種類の因子がある．侵入異物に反応して殺菌反応や炎症反応を惹起する血清中の反応系．細菌や異種動物に免疫血清を作用させると殺菌反応や細胞傷害反応が起こる．しかし，免疫血清を 56 ℃で加熱しておくと，抗体反応による凝集反応は起こるが，殺菌反応や細胞傷害反応は起こらなくなる．これに非免疫の正常血清を添加すると再び殺菌反応や細胞傷害反応が起こるようになることから，血清中には抗体の反応を補って殺菌反応などをひき起こす活性因子が存在することがわかり，これを補体とよぶことになった．この血清中の補体は単一

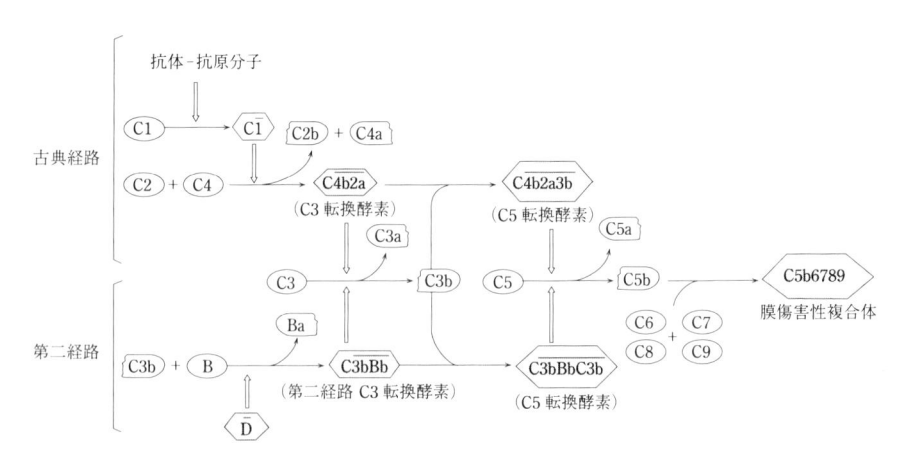

**補体反応経路**　(⇋ 補体)

因子によるのではなく，多数の補体成分因子の連鎖反応によることがわかっており，それらの各成分も分離同定され，おのおのの cDNA もクローニングされ解

補体各成分

| 成分 | 血清中含量 [μg mL] | 分子量 (×$10^3$) | ポリペプチド鎖数(鎖名など) |
|---|---|---|---|
| C1 |  | 740 | 22 |
| C1q | 180 | 410 | 18(3種×6) |
| C1r | 110 | 85 | 2 |
| C1s | 110 | 85 | 2 |
| C2 | 25 | 110 | 1 |
| C4 | 400 | 210 | 3($\alpha, \beta, \gamma$) |
| C3 | 1200 | 180 | 2($\alpha, \beta$) |
| C5 | 80 | 180 | 2($\alpha, \beta$) |
| C6 | 60 | 128 | 1 |
| C7 | 50 | 121 | 1 |
| C8 | 60 | 153 | 3($\alpha, \beta, \gamma$) |
| C9 | 60 | 79 | 1 |
| B | 300 | 93 | 1 |
| D | 2 | 23 | 1 |
| P | 20 | 160 | 3 |
| C1 不活性化因子 | 180 | 110 | 1 |
| I 因子 | 50 | 90 | 2($\alpha, \beta$) |
| C4 結合タンパク質 | 300 | 500 | 6〜8 |
| H 因子 | 500 | 155 | 1 |

析されている．補体は，古典経路，第二経路，レクチン経路のいずれかによって活性化される(前ページ図)．古典経路(classical pathway)では，まず抗原と反応した抗体分子の Fc 部分に補体第一成分*(C1)の C1q 部分が結合し，C1 複合体(C1q, C1r, C1s から成る)の分子変形が起こり C1r が活性化される．これが共在する C1s を限定分解して活性型の $\overline{C1s}$ にすることにより，補体反応が開始される．$\overline{C1s}$ は C4 を C4b と C4a に分解するとともに，C4b に結合した C2 も C2a と C2b に分解する．C4b と C2a の複合体である $\overline{C4b2a}$ は C3 を C3a と C3b に分解する C3 転換酵素*活性をもつ．これに対し，第二経路(alternative pathway, プロペルジン経路 properdin pathway ともいう)の活性化は C3 分子の自動活性化により始動する．C3 分子の α 鎖内に存在するチオエステル結合が，分子内に侵入した水分子によって加水分解されることにより，活性型になる．チオエステル結合が加水分解された C3($H_2O$) は B 因子などを結合するようになり，この B 因子は血漿中の D 因子によって Bb と Ba に分解される．その結果形成される C3($H_2O$)Bb は，$\overline{C4b2a}$ と同様に C3 を C3a と C3b に分解する C3 転換酵素活性をもつ．形成された C3b は，B 因子と D 因子の作用により C3bBb を形成する．C3($H_2O$)Bb や C3bBb は第二経路 C3 転換酵素(alternative pathway C3 convertase)とよばれる．転換酵素に C3b が結合し C4b2a3b や C3bBbC3b になると，C5 を C5a と C5b に分解する作用をもつ．C5b は C6 と反応して C5b6 複合体を形成する．C5b6 に C7 が反応すると疎水性に変換し膜の脂質二重層膜などに結合する．これにさらに C8 と C9 が反応して膜貫通性のリングが形成されて，細胞膜傷害を起こす．なお，補体反応の過程で形成される C3a や C5a などのペプチドはアナフィラトキシン(anaphylatoxin)とよばれ，炎症誘起作用をもつ．補体反応は液相中に存在する C1 不活性化因子(C1 inactivator)，C4 結合タンパク質(C4 binding protein)，H 因子(factor H)，I 因子(factor I)などのインヒビターとともに，細胞膜上に存在する DAF(崩壊促進因子，⇌ 発作性夜間ヘモグロビン尿症)，MCP(membrane cofactor protein)，HRF20(20 kDa homologous restriction factor；CD59 ともよぶ)などの膜上調節因子によって反応が調節されており，特に自己細胞に対する補体反応は特異的に抑制され，異物にのみ補体反応が起こる仕組みになっている．

**母体外受精** [ectosomatic fertilization, *in vitro* fertilization] ⇌ 体外受精

**補体結合試験** [complement fixation test] 特定の抗原あるいは抗体を検出する方法の一つ．補体結合反応(complement fixation)ともいう．抗体，おもに IgM・IgG クラスのものは抗原と反応すると補体*系を活性化し補体を消費する．したがって補体が消費されたか否かを指標として抗原抗体反応*が生じたか否かを知ることができる．既知の抗原と被検血清とを反応させ，一定量の補体を加えた時，補体が消費されれば，血清中に当の抗原に対する抗体が存在することになる．血清を倍数希釈して調べれば抗体価を知ることができる．補体の消費は抗体を反応させたヒツジ赤血球の溶血能の低下でみる．(⇌ ワッセルマン試験)

**補体結合反応** [complement fixation] ＝補体結合試験

**補体受容体 2** [complement receptor 2] ＝CD21(抗原)

**補体第一成分** [first component of complement] C1, C1qrs と略す．C1 は C1q, C1r および C1s の 3 種のサブコンポーネントが $Ca^{2+}$ の存在下で，それらが 1:2:2 の割合で結合した複合分子として血清中に存在するもので，C1 複合体(C1 complex)ともよぶ．さらに C1q は Y 形の二つの先端に球状のヘッドをもったサブユニットが 3 個集まってできており，計 6 個の球状ヘッドをもった形になっている．この C1q はマンノース結合タンパク質(mannose binding protein)，コングルチニン(conglutinin)およびサーファクタントタンパク質 A(surfactant protein A)などとコラーゲン結合部を保有している点などで類似性をもった構造をしている．抗原と反応した抗体の Fc 部分に C1q のヘッド部分が結合すると，それによって起こる立体構造の変化が結合している C1r を活性化し，この活性化 C1r が C1s に働いて部分分解を起こし，C1s を活性化する．このようにして活性化した C1s は C4 および C2 などの補体成分を限定分解して C4a と C4b および C2b と C2a に切断し，補体活性化反応を始動することになる．

**ホックス遺伝子** [*Hox* gene] ホメオボックス*

をもつ遺伝子の中で，特にクラスターを形成するショウジョウバエのアンテナペディア遺伝子群*とバイソラックス遺伝子群*に帰属するホメオティック遺伝子群を足し合わせたものと進化的起源を共有すると考えられる遺伝子群．脊椎動物では異なる染色体上に四つのクラスター HoxA, B, C, D があり，同じ転写方向をもつ計 38 個の独立したホメオボックス遺伝子がある．ホメオドメインのアミノ酸配列の類似性からこれらは 13 のグループに分類され，それぞれ Hoxa-1, Hoxd-13 などと記載される．転写方向の最も 5′ 側にある遺伝子がパラロググループ 13 である（下図の Hox 遺伝子の中で，Hoxa-4, Hoxb-4, Hoxc-4, Hoxd-4 のように縦の列にある関係をパラロググループとよぶ）．パラロググループ 9～13 はショウジョウバエの Abd-B のオルソログ*であり，共通祖先から脊椎動物へと進化する際にタンデムな遺伝子重複*によって複数の遺伝子が生じたらしい．ホヤ，ナメクジウオなどの原索動物ではクラスターは一つであり，脊椎動物への進化の際にクラスターの数が四つに増加した．胚発生過程で神経管，神経冠細胞由来の組織，体節，側板中胚葉，消化管間充織などで発現する．遺伝子発現はクラスターの 3′ 側，すなわち番号の少ない遺伝子ほど先に開始し，個々の遺伝子発現領域は固有の前方境界をもつ．その結果番号の少ない遺伝子ほど体軸に沿ってより前方に発現境界をもつことになる．菱脳では発生過程で分節的な構造が観察されるが，Hoxb-1 は菱脳分節 4 で発現し，Hoxb-2 は菱脳分節 2 と 3 に，Hoxb-3 は菱脳分節 3 と 4，Hoxb-4 は菱脳分節 4 と 5 の間にそれぞれ発現の前方境界をもつ．染色体上での遺伝子の配列と胚での前後軸に沿った発現領域の順序との相関性は Hox 遺伝子をもつ動物で共通し，前後軸に沿った領域特性決定の遺伝的プログラムは動物間で共通している．肢芽や生殖器においては先端部側へと成長が進行するが，Hox 遺伝子群は器官の成長軸方向に沿って固有の発現境界をもつ．このような成長方向を維持決定する増殖環境の下で遺伝子発現がクラスターの 3′ 側から 5′ 側へと切替わってゆく．標的遺伝子破壊によってつくられた機能欠損型突然変異をホモにもつ個体では，正常発生における遺伝子発現領域内の前方境界付近で，脊椎骨がより前方の構造へとホメオティック突然変異を示す．同じパラロググループの遺伝子はオーバーラップした発現領域をもち，部分的に互いの機能を相補できる．このように脊椎動物においても Hox 遺伝子群は前後軸に沿った構造の領域特異性決定を制御している．

**ポックスウイルス**［poxvirus］ 痘瘡ウイルス，ワクシニアウイルス，ミクソーマウイルスなどを含むウイルス群の総称（ポックスウイルス科）．特徴は mRNA 合成酵素をもつ大型の粒子で構成されていること，ゲノムは $1.3 \times 10^5 \sim 3.0 \times 10^5$ 塩基対より成る 1 個の線状二本鎖 DNA であり，両端はヘアピンループになっていること，DNA ウイルス*でありながら細胞質で増殖することなどである．粒子は約 350×270 nm でレンガ様の角型である．外側は膜構造を示し，内部に DNA を含むコア (core) と側体 (lateral body) がある．ゲノム DNA には 150～300 個のタンパク質がコードされている．そのうちの約 100 個がウイルス粒子に含まれており，この中には DNA 依存性 DNA ポリメラーゼおよび DNA 依存性 RNA ポリメラーゼがある．ウイルス粒子に RNA 合成活性が付随しているのが発見された最初であり，後にレトロウイルス*の逆転写酵素*の発見を促した．

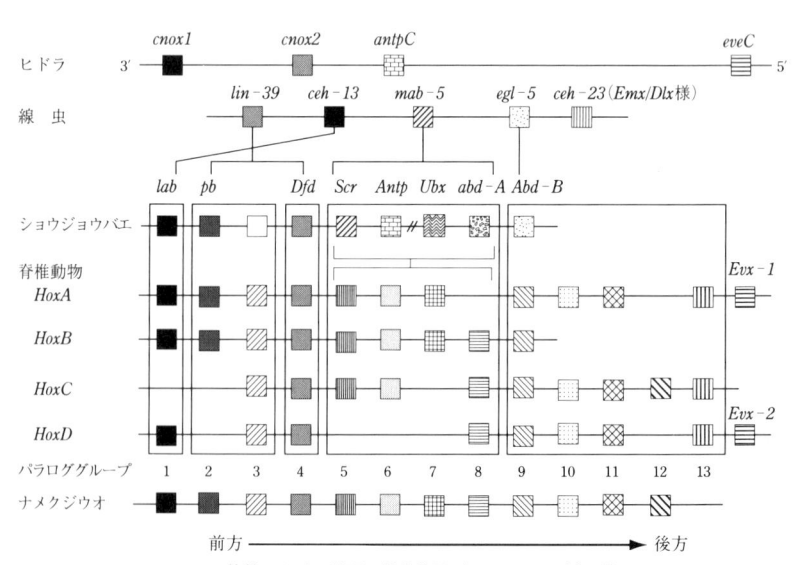

**体幹における発現の前方境界**（⇒ホックス遺伝子）

**発作性夜間血色素尿症** ＝発作性夜間ヘモグロビン尿症

**発作性夜間ヘモグロビン尿症**［paroxysmal nocturnal hemoglobinuria］ PNHと略す．発作性夜間血色素尿症，マルキアファーヴァ・ミケリ症候群（Marchiafava-Micheli syndrome）ともいう．後天性溶血性貧血の一病型である．この溶血は赤血球の補体*感受性が著しく亢進しているために生じるもので，これは補体活性化調節因子である崩壊促進因子（decay accelerating factor, DAF, CD55ともいう）とHRF20（homologous restriction factor 20, CD59ともいう）がともに欠損していることに起因している．このような血球の異常は後天性ではあるものの，多能性幹細胞レベルでの突然変異で生じるため赤血球のみならず顆粒球，リンパ球，血小板とこの幹細胞に由来する全血球系に及び，しかもその異常細胞は単クローン性を示す．補体の活性化により赤血球は容易に溶血し，血小板は凝集反応を生じやすくなってしばしば血栓症を起こす．クローン性の異常でありながら異常赤血球は補体感受性からみて小，中，大と3種あり，それぞれPNH I，II，III型赤血球とよばれている．補体調節因子であるDAFとCD59がともに欠損するのはどちらもGPIアンカー型タンパク質*であることに起因し，異常の根本的原因はGPIアンカー合成の欠如に基づいている．そのためGPIアンカー型タンパク質である好中球アルカリホスファターゼ*，コリンエステラーゼ，CD16*などもPNH血球では欠損している．GPIアンカー合成に関与する因子は多くあるが，GPIアンカー欠損変異細胞群とPNH由来のEBウイルス*感染B細胞株との相補性テスト*により，PNHではアンカー合成の最初のステップのうちのクラスAに異常があることが明らかとなった．1993年木下タロウによってその遺伝子がクローニングされ PIG-A 遺伝子*と名づけられた．PIG-A がPNHの病因遺伝子であることは，この遺伝子のPNH B細胞株へのトランスフェクション*でGPIアンカー型タンパク質欠損が是正されると，PNH血球のPIG-A 遺伝子に突然変異や部分欠失がみられ，かつトランスフェクション実験により機能を欠いていることによって確認された．PIG-A 遺伝子はX染色体上にあり，そのため1ヒットの突然変異で異常形質が発現し，発病すると考えられる．事実これまで調べられたPNH症例全例に PIG-A の異常がみつかっている．PNH幹細胞は，細胞傷害性T細胞が標的細胞を傷害する際に必要なGPIアンカー型の接着分子を欠いているため，骨髄細胞に対する免疫的な攻撃が存在する環境では攻撃を免れてわずかに増殖する．その後の著しいクローン性増殖には二次的な遺伝子異常が関与していると考えられている．最近その候補遺伝子の一つとして HMGA2 が同定された．

**ポッター・エルベージェムホモジナイザー**［Potter-Elvehjem homogenizer］ V. R. PotterとC. A. Elvehjemによって考案されたガラス製の外筒と内筒の間隙を通過させることにより細胞を破壊させ，細胞小器官や細胞内成分を取出すための器具．現在，テフロン製の内筒を用いたテフロンホモジナイザーや，A. L. Dounceによる内筒をガラス球にしたDounceホモジナイザーが用いられる場合が多い．これらにしても破壊力が弱いので肝臓のような比較的柔かい細胞に主として用いられる．

**ホットスポット**［hot spot］ DNAの塩基配列中で，平均的な部位に比べはるかに高い頻度で突然変異が生じる部位．突然変異の原因ごとに異なった部位がホットスポットとなる．たとえば，5-メチルシトシン*は，DNA修復系酵素の作用を受けにくいために，自然突然変異のホットスポットである．ホットスポットの存在は，最初T4ファージのrII遺伝子座*の解析からS. Benzerによって発見された．（→突然変異率）

**ボツリヌス毒素**［botulinum toxin］ ボツリヌス菌 Clostridium botulinum の産生する神経毒で，哺乳動物の神経筋接合部の節前神経終末に作用し，シナプス小胞のエキソサイトーシス*を抑制する．この毒は伝達物質の合成や貯蔵および活動電位の伝導には影響しない．100 kDaの重鎖と50 kDaの軽鎖から成り，一つのS-S結合で折り曲げられている．重鎖はこの毒が神経膜と特異的に結合し軽鎖が細胞内に入るために必要である．細胞内ではプロテアーゼにより二分されたのち，還元された軽鎖が$Zn^{2+}$を伴ったエンドペプチダーゼとして作用する．エキソサイトーシスには細胞内で膜の融合に関係するNSF-SNAP（N-ethyl-maleimide-sensitive fusion protein-soluble NSF attachment protein）複合体が仲立ちしてシナプス小胞と細胞膜とが結合することが必要であると推測されている．シナプス小胞上の受容体としてシナプトブレビン（→VAMP）があり，細胞膜側にはシンタキシン（syntaxin）とSNAP25がある．この毒は血清型によってA〜Gまでの七つに分類される．A, EはSNAP25に，B, D, Fはシナプトブレビンにそして Cはシンタキシンに特異性をもちこれらを分解して失活させエキソサイトーシスを止めることが明らかになっている．（→膜貫通タンパク質）

**ホトフットプリント法**［photofootprinting］ 光活性化試剤を用いるDNAフットプリント法*の総称．試剤として，$UO_2^{2+}$や一重項酸素などが用いられる．いずれもDNAの糖環を酸化的に分解する．$UO_2^{2+}$は420 nmの光照射下では強い酸化作用がある．一重項酸素をエオシン・トリス-HCl複合体の光照射（532 nm）で発生させると自由拡散による酸化が起こるが，メチレンブルーなどを用いる光照射で発生させると増感剤が結合する部位付近が酸化を受ける．

**哺乳動物** ＝哺乳類

**哺乳類**［mammal］ 哺乳動物ともいう．分類学上は脊椎動物門の中の哺乳動物綱に属する動物であり，約2億年前に出現し，約6千万年前には適応進化が進んで35の目に分類される多数の種に分かれて地球上に広く繁栄するようになった．現在ではそのうち17目は絶滅し，9目は絶滅に近い．現存する主要な目にはつぎのようなものがある．単孔目（カモノハシ），有袋目（カンガルー，オポッサム），食虫目（モグ

ラ, トガリネズミ), 皮翼目(ムササビ), 翼手目(コウモリ), 霊長目(サル, ヒト), 貧歯目(アリクイ, アルマジロ), 有鱗目(センザンコウ), ウサギ目(ウサギ), げっ歯目(リス, ネズミ, ヤマアラシ), クジラ目(クジラ), 食肉目(クマ, イヌ, ネコ, イタチ), 管歯目(ツチブタ), 長鼻目(ゾウ), 岩狸目(ハイラックス), 海牛目(ジュゴン), 奇蹄目(ウマ, サイ, バク), 偶蹄目(イノシシ, ラクダ, キリン, ウシ).

**哺乳類細胞** [mammalian cell] 哺乳類に属する動物の生体を構成している細胞を, これらの細胞を細胞外培養したものをいう. 培養株細胞の種類は多岐にわたり, 霊長類, げっ歯類, 食肉類, 偶蹄類, 有袋類などに由来する株化細胞が多数ある. これらの細胞は生命の基礎を解明する研究に欠かせないほか, 突然変異原物質や発がん物質*の検索や, 発がん機構やウイルスの研究にも使用される. さらに, ウイルスワクチンの製造などにも広く使用されている.

**哺乳類人工染色体** [mammalian artificial chromosome] MACと略す. ヒト人工染色体(human artificial chromosome, HAC)もこれに含まれる. 染色体の安定維持には, 正確なDNA複製とともにセントロメア機能に付随する均等分配機能が必須である(⇒複製). 線状染色体では末端保護構造テロメア*も必要となる. このような必須機能を備えた人工染色体は本来の染色体とは独立に維持されるため, 哺乳類遺伝子ベクターとしても期待される. テロメア挿入による断片化能を利用して本来のヒト染色体を切り縮めたミニクロモソーム*(ミニ染色体)と, ヒトセントロメアに由来する高度反復配列αサテライトDNAを酵母や大腸菌ベクターに組込みヒト培養細胞へ導入した新規人工染色体がそれぞれ作成されている. 前者は応用面で先行し, ミニクロモソーム上へ巨大遺伝子を挿入し, 胚性幹細胞技術と組合わせ, マウスやウシ個体へと導入することも可能である. 一方, 後者の新規人工染色体は導入DNAの単純反復構造上に必須染色体機能が集合維持されており, セントロメアやヘテロクロマチンなどの染色体基本機能の研究材料としても優れている.

**Homer** [Homer] Homerファミリーは, 170～350アミノ酸から成るタンパク質群で, 哺乳類では, 3種類の遺伝子産物, Homer 1～3が存在する. N末端部分にきわめて保存された110アミノ酸から成るEVH1ドメインをもち, C末端部分のコイルドコイル構造を介して四量体を形成する. 機能的には, EVH1ドメインが結合する-PPxxF-モチーフをもつ種々標的タンパク質のクラスター形成に関与していると考えられている. 例外的に, Homer 1のスプライシング変異体であるHomer 1aはコイルドコイル構造を欠き, 神経活動依存的に発現誘導されて内在性ドミナントネガティブ分子として機能する.

**ボーマン・バーク型プロテアーゼインヒビター** [Bowman-Birk protease inhibitor] BBIと略す. (⇒トリプシンインヒビター)

**ホーミング** [homing] もともとは渡り鳥が巣から飛び立ち, 回遊したのちもとの巣へ戻る帰巣現象をさす言葉. 血中のリンパ球*が特定のリンパ組織に戻る現象をリンパ球ホーミングという. しかし, 最近は, リンパ組織以外にも肺, 皮膚や特定の炎症巣などへのリンパ球移動, 選択的リンパ球循環のことをさすこともある. 一方, 胸腺や骨髄などの一次リンパ組織からのリンパ球の末梢移行に対してホーミングという言葉を用いる場合があるが(⇒二次リンパ器官), この場合には細胞の動きは一方向性であり, もともとの意味からは大きくはずれている. (⇒リンパ球ホーミング受容体)

**ホーミングエンドヌクレアーゼ** [homing endonuclease] 二本鎖DNAを基質とするエンドヌクレアーゼ*で普通の制限酵素*よりも長い塩基配列(12～40 bp)を認識する. その認識部位は長いDNA分子中でもきわめてまれにしか存在しないが, 認識配列にある程度縮重性が見られるため切断産物は必ずしも単一の分子種とは限らない. 通常イントロン*やインテイン*内の配列によりコードされ, それぞれ"I-"または"PI-"を付けて命名されている.

**ホーミング受容体** [homing receptor] ＝リンパ球ホーミング受容体.

**ホメオ遺伝子** ＝ホメオティック遺伝子

**ホメオーシス** [homeosis] 体の一部が, 他の部位のパターンに転換する現象で, 節足動物で顕著に見られる. ショウジョウバエでは後胸部が中胸部に, あるいは, 触角が脚に転換するようなホメオティック突然変異*が多数知られ, それらの解析から特定部域のパターンを決定するホメオドメイン*をもつ転写因子遺伝子の複合体(HOM-C)が発見された. これは, 脊椎動物などにも存在し, 体軸など動物の体制決定に中心的な働きをすると考えられる.

**ホメオスタシス** [homeostasis] 恒常性, 生体恒常性ともいう. 高等動物では, 細胞環境すなわち間質液(細胞外液)を構成する諸因子(温度, pH, 浸透圧, イオン組成など)が生体調節系により正常範囲内に保たれている. 細胞環境をC. Bernardは内部環境(milieu intérieur)と名づけ(1879), 内部環境が変動した時にもとの状態に戻す生理的機構, つまり恒常性が保たれる仕組みをW. B. Cannonはホメオスタシスとよんだ(1932). ホメオスタシスの結果, 個々の細胞と生体全体は, ともに正常な機能を発揮しうる. 細胞外液に過剰の酸が存在する場合に, 体液の緩衝系, 腎尿細管の$H^+$分泌系, 呼吸の神経性調節系の協関作用による調節はホメオスタシスの例である. 交感神経系や内分泌系も重要な役割を果たす場合が多い.

**ホメオティック遺伝子** [homeotic gene] ホメオ遺伝子ともいう. 遺伝子変異が生じるとホメオティック突然変異*をひき起こす遺伝子群. 特にショウジョウバエでは, アンテナペディア遺伝子群*とバイソラックス遺伝子群*にホメオボックス*をもつ複数のホメオティック遺伝子がクラスターを形成している. ホメオドメイン*をもつ転写調節因子をコードし, 胚発生において前後軸に沿って領域特異的な発現を示

す．正常発生においては前後軸に沿った体の各部分の形態的な特徴づけを行う機能をもつ．(→形態形成, ホックス遺伝子)

**ホメオティック突然変異**［homeotic mutation］ 動物，植物の発生過程において体の特定の部分が，欠損を伴わずに別の部分の形態的特徴をもつようになる突然変異．ショウジョウバエでは成虫の触角が脚になる，植物では花の代わりに葉が生じるようなことが起こる（→花系ホメオティック遺伝子）．遺伝的には，ホメオティック遺伝子\*のような正常発生過程で領域特異的形態形成をつかさどるマスター調節遺伝子\*が，遺伝子変異により機能喪失したり，遺伝子の発現場所，時間に異常が生じた場合，ホメオティック突然変異が生じる．

**ホメオドメイン**［homeodomain］ ホメオボックス\*がコードするタンパク質ドメインで，60アミノ酸から成る．三つのヘリックスを構成し，ヘリックス・ターン・ヘリックス\*構造をもつ．第三ヘリックスがDNAの主溝に入り込み，塩基と相互作用して結合する．ショウジョウバエのホメオティック遺伝子\*，一群の分節遺伝子，脊椎動物のホックス遺伝子\*などの形態形成\*を調節する遺伝子，酵母の接合型\*決定遺伝子 MAT，組織に特有な遺伝子発現を調節する転写因子\*群などに見いだされる．

**ホメオボックス**［homeobox］ 多くの真核生物のDNA上エキソン\*中に見いだされる互いに相同性の高い180塩基対から成る塩基配列．ホメオドメイン\*をコードし，ショウジョウバエのホメオティック遺伝子\*，分節遺伝子や軸形成遺伝子，脊椎動物のホックス遺伝子\*などに見いだされる．ショウジョウバエの形態形成遺伝子クローニングの過程で偶然発見された．その後塩基配列の類似性を利用して多くの動物のボディープラン（体制の設計図）にかかわる調節的遺伝子群の分離同定の道が開けた．ホメオボックスをもつ遺伝子をホメオボックス遺伝子とよび，クラスターを形成するもの(HOM-C/HOX遺伝子\*)，クラスター構造をとらずホメオドメイン以外のDNA結合ドメインをもつもの(Pax遺伝子群，POU遺伝子群)，クラスター構造をとらずホメオドメイン以外のDNA結合ドメインをもたないもの(LIM/HDファミリー，NK/NKK, Msx-1, Msx-2/msh, En-1, En-2/enなど)に分類される．

**ホモカリオン**［homokaryon］ 同核共存体ともいう．遺伝的に同一な核を複数個もつ細胞．多くの菌類でみられるほか，人工的に細胞融合\*でつくることもできる．異種の核をもつ場合はヘテロカリオン\*という．

**ホモクロマトグラフィー**［homochromatography］ オリゴヌクレオチドを鎖長に応じて分離するクロマトグラフィーの一種．放射同位元素で標識したオリゴヌクレオチドをDEAE-セルロース薄層板上で高濃度のRNA加水分解物（ホモミクスチュア homomixture）を用いて展開，分離する．鎖長が長いオリゴヌクレオチドほど吸着体に強く吸着し，短い鎖長のものが長い

ものによって置換されるので，短い鎖長のものほど速く移動する．標識オリゴヌクレオチドは展開溶媒中のオリゴヌクレオチドによってつくり出される無数の先端に押し上げられ，鎖長により分離したバンドとなる．ホモミクスチュアの組成や濃度を変えることにより，50ヌクレオチド程度の鎖長のものまで分離することができる．

**ホモゲンチジン酸**［homogentisic acid］ →アルカプトン尿症

**ホモシスチン尿症**［homocystinuria］ シスタチオニンβ-シンターゼ欠損により，メチオニン，ホモステイン，その重合体であるホモシスチンが蓄積し，尿に大量に排出される常染色体劣性遺伝病．尿のニトロプルシド定性反応(nitroprusside reaction)は簡易検査として用いられる．眼の水晶体脱臼，骨粗鬆症，長く菲薄化した長管骨，知能障害，血管の血栓や塞栓形成など多彩な臨床像を示す．この酵素の残存活性がある症例では，ビタミン$B_6$投与により酵素が活性化されることがある．この酵素の遺伝子は第21染色体21q22.3にあり，そのcDNAを使った分子分析により，いくつかの突然変異も同定された．治療として低メチオニン食が行われ，その効果が確認されている．症例によってはビタミン$B_6$のみで治療効果を認めることがあり，試みるべきである．(→先天代謝異常)

**ホモジネート**［homogenate］ →細胞分画

**ホモ接合性**［homozygosity］ 同型接合性ともいう．相同染色体\*の相対立する遺伝子座に，同一の対立遺伝子\*が位置する状態．(→ヘテロ接合性)

**ホモ接合体**［homozygote］ 同型接合体ともいう．相同染色体\*の相対立する遺伝子座に，同一の対立遺伝子\*が位置する二倍体．たとえば，一組の対立遺伝子Aaに対してA/Aやa/aの組合わせをもつもの．(→ヘテロ接合体，純系)

**ホモ多糖**［homopolysaccharide］ →多糖

**ホモタリズム**［homothallism］ Saccharomyces酵母の二倍体が減数分裂し，形成された胞子が発芽増殖中に接合型変換を行い，同一胞子由来の細胞間で接合して二倍体化する現象．この酵母の接合型は第Ⅲ染色体の対立遺伝子 MAT**a**/MATα により決定されている．(→MAT遺伝子)．第Ⅲ染色体の左右の端には発現していない接合型遺伝子 HMLα と HMR**a** がおのおのある．ホモタリズム株では発現していない HMLα または HMR**a** 座にある接合型遺伝子が，発現できる MAT 座に転位することにより接合型変換が行われる．(→カセットモデル)

**ホモポリマーテーリング**［homopolymeric tailing］ すべて同じヌクレオチドから成る配列がDNA分子の末端に付着すること．相補的なホモポリマーの末端同士をアニーリングすることでDNA分子を結合できる．(→連結反応)

**ホモログ**［homolog］ 相同遺伝子(homologous gene)ともいう．相同性\*のある遺伝子のこと(→相同性検索)．相同性のある領域は保存配列\*，共通配列\*などとよばれることもある．バイオインフォマ

ティクス\*ではタンパク質やDNAの配列の類似性に基づいて，相同遺伝子が決定されるが，必ずしも共通祖先由来とは限らない．共通の祖先遺伝子が種分化を経て別々の種に存在するようになった場合，それらの遺伝子同士はオルソログ\*(種分化相同遺伝子)とよばれ，同一種内の遺伝子重複によって生成された遺伝子同士はパラログ\*(遺伝子重複相同遺伝子)とよばれる．

**ホモロジー検索** ＝相同性検索

**ホヤ** [sea squirt, ascidian] 原索動物門尾索類に属し，固着性の海生動物であるが，自由遊泳するオタマジャクシ幼生期があり，幼生は細胞総数は少ないが脊椎動物と相同の体制である．生殖巣は卵・精巣が混在する．群体で共生し，無性生殖も可能な群体(性)ホヤも存在する．幼生期までの初期発生は脊椎動物胚発生の原型として，発生細胞生物学のきわめて有用な研究対象である．動物細胞としてはハプロイド当たりきわめて少ないDNA量をもつことも特徴である．

**ホリー HOLLEY, Robert William** 米国の分子生物学者．1922.1.28～1993.2.11．イリノイ州アーバナに生まれる．1942年イリノイ大学を卒業後(化学専攻)ペニシリン合成に従事．コーネル大学でPh.D.取得(1947)．コーネル大学で核酸研究を開始．1964年同大学教授．1965年アラニンtRNAの全一次構造(ヌクレオチド配列)を決定．1968年H. G. Khorana\*，M. W. Nirenberg\*とともにノーベル医学生理学賞受賞．1968年ソーク研究所教授．

**ポリアクリルアミド** [polyacrylamide] タンパク質や核酸の電気泳動用担体として使用．アクリルア

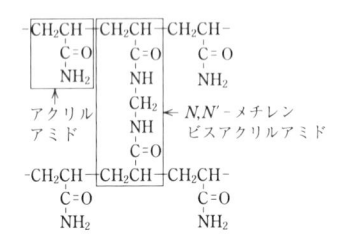

```
 -CH₂CH-┬-CH₂CH-┬-CH₂CH-
    |   │    |   │    |
   C=O  │   C=O  │   C=O
    |   │    |   │    |
   NH₂  │   NH   │   NH₂
アクリル │    |   │
アミド   │   CH₂  │←N,N'-メチレン
         │    |   │  ビスアクリルアミド
         │   NH   │
         │    |   │
 -CH₂CH-┴-CH₂CH-┴-CH₂CH-
    |        |        |
   C=O      C=O      C=O
    |        |        |
   NH₂      NH₂      NH₂
```

ミドを重合させた繊維状高分子であるが，ふつうは$N,N'$-メチレンビスアクリルアミドを共重合させて，繊維間に架橋を導入する．親水性が高いので，水中でよく膨潤して三次元の網目をつくりゲル化する．透明で非特異的な吸着が少なく，アクリルアミドおよび架橋剤の濃度を変えて網目の大きさを調節できる．ポリアクリルアミドはアガロースよりも分子ふるい効果が大きく一般により分解能が高い．(→電気泳動)

**ポリアクリルアミドゲル電気泳動** [polyacrylamide gel electrophoresis] PAGEと略す．(→ゲル電気泳動)

**ポリアデニル化** [polyadenylation] →ポリ(A)ポリメラーゼ

**ポリアデニル酸** [polyadenylic acid] ポリ(A)(poly(A))と略す．5'-アデニル酸(アデノシン5'-一リン酸, AMP)がリボースの3'-OHと5'-OHの間でホスホジエステル結合により重合したポリヌクレオチド．アデノシン5'-二リン酸(ADP)を基質としてポリヌクレオチドホスホリラーゼ\*により合成される．大腸菌の無細胞タンパク質合成系にポリ(A)を加えるとポリリシンが得られたことから，AAAの示す遺伝暗号\*がリシンであると決定された．多くの真核細胞mRNAは3'末端にポリ(A)尾部(poly(A) tail)とよばれる数十塩基から200塩基のポリ(A)鎖をもつ．この配列はDNAにコードされておらず，mRNAが転写された後に核内でポリ(A)ポリメラーゼにより付加される．mRNAへのポリアデニル酸の付加は以下のようなプロセスにより行われる．まず，切断/ポリアデニル酸化特異性因子(cleavage/polyadenylation specificity factor; CPSF)がAAUAAAポリ(A)シグナルと結合し，これに切断促進因子(cleavage stimulatory factor; CStF)，切断因子I(cleavage factor I; CFI)，II(CFII)が結合し切断/ポリアデニル酸化複合体(cleavage/polyadenylation complex)を形成する．この複合体にポリ(A)ポリメラーゼが結合するとAAUAAAシグナルの下流10～35ヌクレオチドのところでmRNAの切断が起こる．ついで，切断に関与したほかのタンパクが解離し，ポリ(A)ポリメラーゼにより12個程度のアデニル酸残基の付加がゆっくり進行後，ポリ(A)結合タンパク質PABPIIが結合してその後のポリアデニル酸化が促進される．PABPIIはポリ(A)尾部の長さが200～250塩基程度になるとポリ(A)ポリメラーゼに重合の停止のためのシグナルを送ると考えられている．ヒストン\*のmRNAはポリ(A)配列をもたない．ポリ(A)配列は3'-5'エキソヌクレアーゼによる攻撃からmRNAを保護する役割を果たし，また，ポリ(A)配列にはポリ(A)結合タンパク質とポリ(A)ヌクレアーゼが働いて核から細胞質へのmRNAの輸送を行う．(→転写後修飾)

**ポリアミン** [polyamine] 生物界に広く存在する生体アミンで，第一級アミノ基を二つ以上もつ脂肪族炭化水素．20種類以上存在するが，代表的なもの

おもなポリアミン

| 化合物名 | 構造式 |
|---|---|
| プトレッシン | $NH_2(CH_2)_4NH_2$ |
| カダベリン | $NH_2(CH_2)_5NH_2$ |
| スペルミジン | $NH_2(CH_2)_3NH(CH_2)_4NH_2$ |
| スペルミン | $NH_2(CH_2)_3NH(CH_2)_4NH(CH_2)_3NH_2$ |

は，ジアミンであるプトレッシン\*，カダベリン(cadaverine)，トリアミンであるスペルミジン\*，テトラアミンであるスペルミン\*である．ポリアミンは，タンパク質・核酸合成の活発な組織に多く存在する．特にがん組織に多く含まれ，血中，尿中にも出てくるため，腫瘍マーカー\*としても有用である．ポリアミンの生理作用は，核酸の安定化，核酸・タンパク質合成促進，タンパク質の翻訳後修飾\*(アセチル化，リン酸化)，種々の酵素の活性化，細胞膜の安定化な

どで細胞の分裂や増殖の制御にも関係する.ポリアミンの合成系はオルニチン*の脱炭酸反応によりプトレッシンが生成されることに始まり,さらにスペルミン,スペルミジンが生成される.ポリアミン代謝は,酸化,アセチル化,アミノ基転移,カルバモイル化によりなされる.

**ポリイソプレニル化** [polyisoprenylation] ⇌ ゲラニルゲラニル化,ファルネシル化

**ポリ(A)** [poly(A) = polyadenylic acid] = ポリアデニル酸

**ポリエチレンイミン沈殿** [polyethyleneimine precipitation] タンパク質精製時に,細胞粗抽出液に

$$H_2N-(CH_2CH_2N)-_nCH_2CH_2-NH_2$$
$$\quad\quad\quad\ \ |\ \ \ $$
$$\quad\quad\quad H$$
ポリエチレンイミン

含まれる核酸(DNA, RNA)の除去や,酸性タンパク質を粗分画する方法.エチレンイミンの直鎖状重合体であるポリエチレンイミン($n=700\sim2000$,平均分子量 $30,000\sim90,000$)は $pK_a$ が 11 前後であり,中性溶液中では正電荷を帯びている.このため低イオン強度液中($0\sim0.1$ M NaCl)では,ほとんどの核酸や酸性タンパク質と電荷中和複合体を形成して綿状沈殿を形成する.イオン強度を 1 M 程度まで上げると,綿状沈殿中のほとんどのタンパク質は段階的に溶出され,1.5 M 前後で DNA が溶出される.タンパク質の溶解度積*の差を利用する硫安沈殿と異なり,目的物質と化学量論的結合する点に注意.

**ポリエチレングリコール** [polyethylene glycol] 細胞融合*をひき起こすのに用いられるポリマー.PEG と略称される.細胞と細胞,細胞とリポソーム*などを遠心沈降などで密着させて,高濃度の PEG を働かせると膜融合する.ハイブリドーマ*をつくる場合などに用いる.融合のメカニズムは高濃度の PEG による自由水の消失に伴う疎水的相互作用の低下との説があるが,不純物の影響との説などもある.PEG はタンパク質,核酸などの分離のための水溶液二層系の構成成分としても用いられる.

**ポリ(ADP リボース)** [poly(ADP-ribose)] ADP リボース単位がリボース-リボースの $\alpha1''\to2'$ グリコシド結合によって結ばれた重合体.真核細胞のクロマチン*に局在する酵素(⇌ ポリ(ADP リボース)ポリメラーゼ)の作用で NAD から合成され,ヒストン*や非ヒストンタンパク質*の酸性アミノ酸または C 末端のカルボキシ基に逐次転移されて形成される(⇌ ADP リボシル化).クロマチンの高次構造の形成,DNA の合成および修復,細胞の分化やがん化,アポトーシス*への関与が示唆されている.

**ポリ(ADP リボース)ポリメラーゼ** [poly(ADP-ribose) polymerase] (ADP リボース)ポリメラーゼ ((ADP-ribose) polymerase),ADP リボシルトランスフェラーゼ (ADP-ribosyltransferase) ともいう.ポリ ADP リボシル化(⇌ ADP リボシル化)を触媒する酵素.ほとんどすべての真核細胞に見いだされ,おもに

細胞核に局在している.受容体タンパク質のカルボキシ基に対して,NAD の ADP リボース残基を逐次転移して重合させてゆき,ポリ(ADP リボース)*を形成する.ポリ(ADP リボース)グリコシダーゼとのバランスによってポリマーの鎖長を可逆的に伸縮させ,ポリ(ADP リボース)の生理的役割を動的に制御している.

**ポリ(A)尾部** [poly(A) tail] ⇌ ポリアデニル酸

**ポリ(A)ポリメラーゼ** [poly(A) polymerase] 真核細胞の mRNA 前駆体の 3' 末端に,ポリ(A)鎖を付加する酵素.多くの真核細胞の mRNA 前駆体および mRNA の 3' 末端にはアデニル酸が 20〜200 ヌクレオチド結合している(⇌ ポリアデニル酸).これは遺伝子にコードされた配列ではなく,mRNA 前駆体が転写されたのち付加される(ポリアデニル化 polyadenylation).本酵素はこの反応を触媒する.TPAP とよばれている精巣特異的細胞質ポリ(A)ポリメラーゼも知られており,転写後および翻訳後のレベルで特異的に特定の転写因子を制御することによって,精細胞の形態形成を支配していることが提唱されている.(⇌ 転写後修飾)

**ポリオ** [poliomyelitis, polio] 急性灰白髄炎(acute anterior poliomyelitis),脊髄性小児麻痺,ハイネ・メジン病(Heine-Medin disease)ともいう.向神経性ウイルスであるポリオウイルス*によってひき起こされる神経系(脊髄前角)の炎症性疾患で,発熱などの後に下肢の永続的運動麻痺を残す.不顕性感染が多く,発病は約 10% 前後という.病原ウイルスには 3 種類あり,I 型が多い.ワクチンの普及により,わが国では 1986 年を最後に定型的なポリオは姿を消し,他の先進国を中心に無ポリオ地域が拡大しており,現在世界中で数カ国のみがポリオ撲滅に至っていないだけとなっている.

**ポリオウイルス** [*Poliovirus*] 小児麻痺ウイルスともいう.かつて人類の脅威であったポリオ*(急性灰白髄炎)の病因ウイルス.ピコルナウイルス科,エンテロウイルス属に分類されるウイルスで約 $7.4\times10^3$ 塩基の(+)鎖 RNA をゲノムとしてもつ.3 型ある.X 線回折法によりウイルス粒子の詳細な立体構造も明らかにされている.分子レベルでの理解が最も進んでいるウイルスの一つである.医学上の重要性と小型であることから深く研究され,プラークアッセイ,培養細胞でのウイルス増殖,感染性 RNA の単離,RNA 依存性 RNA ポリメラーゼの発見,二重鎖 RNA 構造をもつ複製中間体の発見,大きな遺伝子産物(ポリタンパク質*)がタンパク質分解酵素で切断されて個々のウイルスタンパク質がつくられることの発見などを通し,近代ウイルス学の確立に貢献した.宿主はヒトで口より進入し,咽頭や小腸のリンパ組織で増殖する.その後血管を介して体内に広がり脊髄前角細胞などが感染により破壊され,その結果下肢などの麻痺を伴うポリオの症状が起こる.100 人の感染者のうち 1 人が病気となり残りは不顕性感染で,糞便などを介しウイルス伝播に寄与する.死ウイルスあるいは神経

毒性を欠く生ウイルスによるワクチンが開発され(→セービンワクチン, ソークワクチン), 少なくとも先進国からはほとんど駆逐された.

**ポリオーマウイルス**［Polyomavirus］ 以前はマウスポリオーマウイルス*を指したが, 同ウイルスが属する科の名称がポリオーマウイルス科*となったので, 混乱を避けるため, マウスポリオーマウイルスとよぶことが推奨されている.

**ポリオーマウイルス科**［Polyomaviridae］ 旧パポーバウイルス科に含まれた属が独立して, 科となった(→パピローマウイルス). 唯一の属(ポリオーマウイルス属)から成る. ウイルス粒子は径45 nmの正二十面体で, エンベロープ*をもたない. ゲノムは環状二本鎖DNA(約5000 bp)である. ヒトに感染するJCウイルス*, BKウイルス*, アカゲザルに感染するSV40*, マウスに感染するマウスポリオーマウイルス*などが代表的なウイルスである. 各ウイルスは宿主との関係が深く, 基本的には宿主とともに進化したと考えられている.

**ポリグルタミン病**［polyglutamine disease］ トリプレット反復病*の一種で, グルタミン*をコードするCAGコドンが正常と比べて異常に多く繰返すことが原因で発病する疾患. CAGリピートの伸長はハンチントン病*のほかに, 球髄性筋委縮症, 脊髄小脳失調症1, 2, 3, 6, 7, 12型, 歯状核赤核淡蒼球ルイ体委縮症などで見られ, 原因遺伝子中のCAGリピートの数は健常者および患者でも多様であり, それぞれの疾患でも異なっている. 脊髄小脳失調症7型の場合, 健常者では原因遺伝子であるataxin-7(ATXN7)中に4～35回の繰返しが見られるのに対し, 患者では220回程度も繰返している例が知られている. 伸長したCAGリピートの長さが長いほど発症年齢の若年化および重症化が見られる. ポリグルタミン鎖が長くなると変異タンパク質はβシート構造をとる傾向が強くなり, βシート構造をとったポリグルタミン鎖の相互作用により核内で凝集し, 神経細胞機能傷害をひき起こすのではないかと考えられている.(→フォールディング病)

**ポリクローナル抗体**［polyclonal antibody］ 多クローン抗体ともいう. 単一の抗原に反応する複数の抗体の混合物. モノクローナル抗体*に対する言葉として用いられる. ポリクローナル抗体は, 抗原感作した動物の血清免疫グロブリン画分から抗原アフィニティーカラムを用いて精製される. 通常, 複数の抗原決定基にそれぞれ対応する抗体を含み, またアイソタイプやアフィニティーも多様な抗体を含んでいる.

**ポリクローン**［polyclone］ 多クローンともいう. まったく同一の遺伝的構成を示す集団をクローン*という. 元来個体レベルで用いられていたが, 現在では細胞, 遺伝子, 抗体などにも転用され, 広く用いられている. たとえば, 単一の細胞に由来する細胞を培養・増殖させれば, その細胞集団はモノクローン(monoclone, 単クローンともいう)である(→クローニング). ポリクローンとは, このようなモノクローンではなく, 遺伝的背景を異にする個体, 細胞あるいは抗体などの集団をさす. クローン性が低い時はオリゴクローン(oligoclone)とよぶ.

**ポリコウム遺伝子**［Polycomb gene］ Pc遺伝子(Pc gene)と略す. ホメオティック遺伝子*の発現は継続的であり, 空間的に制御され, また, 各擬体節内では微妙に調節されている. この巧妙な発現はおもに二つの遺伝子グループ, すなわち, ホメオティック遺伝子間の相互作用と調節遺伝子群によって担われている. 調節遺伝子群はポリコウム(Pc)遺伝子, エキストラセックスコウム(esc)遺伝子に代表されるグループとレギュレーターオブバイソラックス(Rg-bx)遺伝子, トリソラックス(trx)遺伝子*のグループに分かれており, 前者は負の調節, 後者は正の調節にかかわっている. Pcグループはバイソラックス遺伝子群*, アンテナペディア遺伝子群*全体の前後軸に沿った前方の発現境界の維持に機能している. よって, これらの遺伝子の突然変異個体ではホメオティック遺伝子全体の最初の発現パターンを維持することができず, Abd-B遺伝子の発現が優勢となり, ほとんどの体節の形態が第8腹節様の形態に変化する. PcグループはRINGフィンガー*モチーフをもつ転写制御因子で染色体の構造を修飾することによって発現を抑制していると考えられている. 哺乳類からも保存された配列をもち, 類似の機能をもつ遺伝子; mel-18, bmi-1, M33が同定されている.

**ポリシアル酸**［polysialic acid］ ＝コロミン酸(colominic acid). シアル酸*のホモポリマーで, 大腸菌, 髄膜炎双球菌の血清型別物質の多糖として知られている. ポリシアル酸構造をもつ複合糖質としては細菌膜多糖, 魚卵ポリシアロタンパク質, 神経細胞接着分子*(NCAM), ナトリウムチャネル*, ヒト腫瘍細胞に存在する. シアル酸の結合様式としては, ポリ($Sia\alpha2\rightarrow8Sia$)のほか, ポリ($Sia\alpha2\rightarrow9Sia$), $\alpha2\rightarrow8Sia$と$\alpha2\rightarrow9Sia$の交互ポリマーの存在が報告されている. 構成シアル酸残基の種類としてはN-アセチルノイラミン酸のほか, N-グリコリルノイラミン酸, デアミノノイラミン酸(KDN)がある. さらに構成シアル酸が7-O-アセチル化, 9-O-アセチル化されている例がある. 胎児期のNCAMは高度にポリシアリル化されることによりNCAMの細胞接着機能が抑制されると考えられている.

**ポリシストロン性mRNA**［polycistronic mRNA］ 翻訳*の際, 複数のポリペプチド鎖の鋳型として機能する(複数のシストロン*の情報をもつ)mRNA. 1本のmRNA中に複数の異なるポリペプチド鎖をコードしうる複数の読み取り枠(オープンリーディングフレーム*), すなわち複数の翻訳開始-終結のユニットをもつものである. 細菌のオペロン*から転写されるmRNAや多くのファージmRNAがこれに当たり, 各ポリペプチド鎖をコードする読み取り枠には開始コドン*と終止コドン*が, また開始コドン上流にはシャイン・ダルガルノ配列*が存在する. ポリシストロン性mRNAは一連の代謝経路に関連した酵素系をコー

ドするものが多く，これらの酵素系の発現を同一レベルに調節するのに役立っている．一般にポリシストロン性 mRNA といった場合，それぞれの読み取り枠が重複せずに並んで存在している構造を意味することが多いが，ある種のウイルス mRNA では読み取り枠が重複して存在し（重複読み取り枠，overlapping reading frame），共通の mRNA 領域から複数の異なるタンパク質が合成される例が認められている（⇌ オーバーラップ遺伝子）．この場合，機能的にポリシストロン性といえる．ポリシストロン性 mRNA は線虫，ショウジョウバエ，哺乳動物などの真核生物でも見つかっている．（⇌ モノシストロン性 mRNA）

**ポリソーム**［polysome］　ポリリボソーム（polyribosome）ともいう．タンパク質合成は mRNA に結合したリボソーム*の上で行われる．リボソームは順次 mRNA に結合し，開始コドンを認識してタンパク質合成を開始する．したがって，一つの mRNA には複数個のリボソームが並んで結合することになる．細胞を穏和な条件で壊し，その抽出液をショ糖密度勾配遠心法で分画すると，異なる数のリボソームが結合した mRNA を分離することができる．これを電子顕微鏡で観察すると，数個から数十個のリボソームが1本の mRNA に数珠状に結合した様子が見える（写真）．

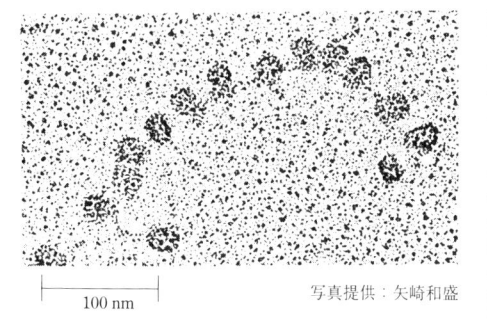

100 nm　　　　　　　　　写真提供：矢崎和盛

活発に翻訳*されている mRNA の集団は大きなポリソームを形成する．また，1個のリボソームは30から35塩基長に相当する領域を占めるので・ポリソームの大きさは mRNA の長さによっても変わる．真核細胞ではポリソームが小胞体*に結合している場合（膜結合型）と遊離している場合（遊離型）があるが，原核細胞では遊離型がほとんどである．

**ポリタンパク質**［polyprotein］　複数のタンパク質が1本のポリペプチド鎖として翻訳されているもの．ポリオウイルス*やヒト免疫不全ウイルス*はウイルスにとって必要な種々のタンパク質をポリタンパク質として宿主に合成させ，そこに含まれるプロテアーゼによりそれぞれの機能タンパク質へと切断する．真核細胞でも，酵母の α 因子や動物の活性ホルモンペプチド，ユビキチン*などは前駆体ポリタンパク質として合成され，プロセシング*により機能タンパク質へと変換される．

**ホリデイ構造**［Holliday structure］　ホリデイ連結（Holliday junction）ともいう．組換え*過程で相同な二本鎖 DNA が構成する中間体構造（相互ホリデイ構造 reciprocal Holliday structure ともいう）．同じ方向性をもつ2本の一本鎖 DNA のそれぞれがつなぎ換わると，切れ目なしに，塩基対を乱されることなく，この構造が導かれる（図）．遺伝子組換え機構を説明するモ

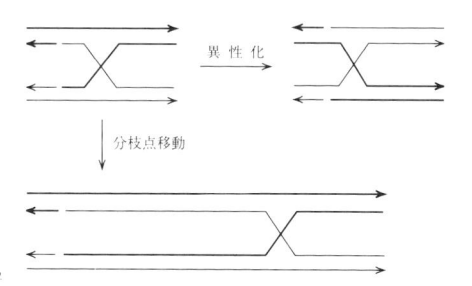

デルとして R. Holliday が初めて提唱した（1964）ことからこの名がある．種々の過程によって形成されるが，組換え中間体として最も普遍的なものと考えられる．一度この構造ができると，連結部分の分枝点は非酵素的に容易に鎖に沿って移動できるし（⇌ 分枝点移動），また連結部分での回転（異性化）もできるので，いろいろなヘテロ二本鎖部分がつくられる．この構造が実在することは，遺伝的組換えの盛んな λ ファージが感染した細菌から電子顕微鏡で直接観察できることからも明らかである．T4 ファージの遺伝子49, T7 ファージの遺伝子3, 大腸菌の ruvC 遺伝子の突然変異は組換え率を低下させるが，これら遺伝子の産物は塩基配列とは関係なしにこの構造に特異性をもつ二本鎖切断エンドヌクレアーゼ（リゾルベース*）で，この構造を2本の相同な二本鎖 DNA に分離する．なおこのような酵素活性は酵母やヒトでも報告されている．部位特異的組換え*の場合にも2本の DNA の相同な部分で同様の構造が形成される（部位特異的ホリデイ構造 site-specific Holliday structure）．相同性のない DNA の一本鎖間でつなぎ換わりが起こると類似の構造ができるが，この場合分枝点の移動は起こらない（非相互ホリデイ構造 nonreciprocal Holliday structure）．（⇌ メセルソン・ラディングモデル）

**ホリデイ連結**［Holliday junction］　=ホリデイ構造

**ポリデオキシリボヌクレオチドシンターゼ**［polydeoxyribonucleotide synthase］　=DNA リガーゼ

**ホリドール**［Folidol］　=パラチオン

**ポリヌクレオチド**［polynucleotide］　⇌ オリゴヌクレオチド

**ポリヌクレオチドキナーゼ**［polynucleotide kinase］　ポリヌクレオチドの5′末端にリン酸を付加する反応を触媒する酵素をいう．大腸菌ファージ T4 の感染菌から純化された T4 ポリヌクレオチドキナーゼ（T4 polynucleotide kinase）が核酸構造研究に汎用される．

この酵素はT4ファージのpseT遺伝子の産物で,ATPのγ位のリン酸基をポリヌクレオチドの5′-OH基に転移する活性と,5′-リン酸基の交換反応を促進する活性をもつ.また,ポリヌクレオチドの3′-リン酸の脱リン酸反応も触媒する.

**ポリヌクレオチドホスホリラーゼ** [polynucleotide phosphorylase] ポリリボヌクレオチドヌクレオチジルトランスフェラーゼ (polyribonucleotide nucleotidyltransferase) ともいう.EC 2.7.7.8.ポリヌクレオチドの加リン酸分解を行う酵素で,1950年代にM. Grunberg-Manago と S. Ochoa によって *Azotobacter vinelandii* の抽出液に発見された.下記の可逆反応を解媒する.最初 RNA の生合成を行う酵素として脚光

$$(NMP)_n + nP_i \rightleftharpoons nNDP$$

をあびたが,鋳型依存性がなく,グリコーゲンホスホリラーゼと同じく,生分解系の酵素であることが明らかとなった.生物にとって必須の酵素ではなく,哺乳動物には見いだされていない.しかし,試験管の中では,ヌクレオシド二リン酸を基質として種々のホモポリマーまたはヘテロポリマーを合成しうる.人工mRNAの合成に用いられ,遺伝暗号*の解読に大きく寄与したことで有名な酵素である.

**ポリピリミジントラクト** [polypyrimidine tract] ⇌ ポリプリントラクト

**ポリープ** [polyp] 粘膜などに生じる隆起性病変.ヒドラなどの腔腸動物の形から名づけられた.消化管や婦人科領域のほか,全身の粘膜や外表で使われる.隆起の程度を示すのに山田の分類がある(山田Ⅰ~Ⅳ型,図参照).隆起の本態は,過形成*,腺腫,がん

山田Ⅰ型　山田Ⅱ型　山田Ⅲ型　山田Ⅳ型

などさまざまである.鼻のポリープは過形成を伴う浮腫,胃では過形成のことが多い.大腸ポリープは,腺腫であることが多いが,その一部にがんを伴うことがある(⇌ 大腸がん).

**ポリプリントラクト** [polypurine tract] ゲノムDNAの大半は4種類の塩基がランダムに配列しているが,一部の領域には偏った配列が存在する.その一つに,片方のDNA鎖にプリン塩基が並び,残りの鎖にはピリミジン塩基が並ぶという配列があり,これをポリプリントラクト(またはポリピリミジントラクトpolypyrimidine tract)とよぶ.この配列はB形DNA*構造をとらず,染色体内で一本鎖状態になる性質がある.また,三本鎖構造をとることも知られている.(⇌ 三本鎖DNA)

**ポリヘドラ** [polyhedra] ポリヘドロンの複数形.(⇌ バキュロウイルス)

**ポリヘドリン** [polyhedrin] ⇌ バキュロウイルス発現系

**ポリヘドロン** [polyhedron, (*pl.*) polyhedra] ポリヘドラの単数形.(⇌ バキュロウイルス)

**ポリペプチド** [polypeptide] ⇌ ペプチド

**ポリペプチド鎖開始因子** [polypeptide chain initiation factor] =開始因子

**ポリペプチド鎖終結因子** [polypeptide chain release factor, polypeptide chain termination factor] =終結因子

**ポリペプチド鎖伸長因子** [polypeptide chain elongation factor] =伸長因子

**ポリペプチド鎖伸長サイクル** [polypeptide chain elongation cycle] =伸長サイクル

**ポリペプチドホルモン** [polypeptide hormone] =ペプチドホルモン

**ポリマー** [polymer] 多量体,重合体ともいう.低分子化合物が重合*して生成する高分子化合物で,基本単位(単量体 monomer,モノマー)の反復構造から成る.20量体くらいまでのものはオリゴマー(oligomer)とよばれる.1種類の単量体から成るものをホモポリマー(homopolymer),2種類以上の単量体から成るものをコポリマー(copolymer)とよぶ.合成樹脂,合成繊維,合成ゴムなどの合成高分子とセルロース,デンプン,タンパク質,核酸などの生体高分子*がある.

**ポリメラーゼ連鎖反応** [polymerase chain reaction] =PCR

**保留イントロン** =残存イントロン

**ポリリボソーム** [polyribosome] =ポリソーム

**ポリリボヌクレオチドヌクレオチジルトランスフェラーゼ** [polyribonucleotide nucleotidyltransferase] =ポリヌクレオチドホスホリラーゼ

**ポーリン** [porin] グラム陰性細菌の外膜に存在する分子量約36,000のタンパク質で分子量600以下の溶質の膜透過を行う.16本のβシートが円筒状をなしたβバレル構造*の分子が三量体を形成する.ミトコンドリア外膜に存在する類似のタンパク質はミトコンドリアポーリンとよばれ,分子量7000以下の溶質の透過を行う.陰イオンに選択性が高く,開閉が膜電位に依存することから,電位依存性陰イオンチャネル(voltage-dependent anion-selected channel, VDAC)ともよばれる.膜内ではβバレル構造の分子が二量体として存在する.(⇌ *omp* 遺伝子)

**ポーリング** **PAULING**, Linus Carl 米国の生化学者・量子化学者.1901.2.28~1994.8.19.オレゴン州オスウィーゴに生まれる.1922年オレゴン農業大学を卒業後,カリフォルニア工科大学に進学し,1925年に物理化学と数理物理学で博士号を取得した.その後ヨーロッパに留学し,A. Sommerfeld, N. Bohr, E. Schrödinger などに師事し,量子力学を本格的に学び,量子論を分子の構造に応用し量子化学の基礎を築いた.1927年カリフォルニア工科大学助教授,1929年同大学准教授,1930年同大学教授となる.1932年混成原子軌道および電気陰性度の概念を提唱.抗原と抗体の相互作用が相補的な構造によることも1948年に発表した.1949年鎌状赤血球貧血が異常ヘモグロビンβ鎖によることを示し,生体分子の異常と病気とを直接関連づけ,分子病*と名付けた.1951年にはαヘリックスとβシートを提唱し,タンパク質

のらせん構造説を発表した．後年は平和運動に力を入れるとともに大量のビタミンC服用による健康療法を説いた．"化学結合の本性に関する研究，特に複雑な分子の構造の研究"で1954年ノーベル化学賞受賞．1962年には反核運動に対する業績でノーベル平和賞を受賞．

**ホールセル記録法**［whole-cell recording］ ⇒パッチクランプ

**ボールティモア BALTIMORE, David** 米国の分子生物学者．1938.3.7〜 ニューヨーク市に生まれる．1960年スウォースモア大学卒業．ロックフェラー大学で動物ウイルス複製の研究でPh.D.取得(1964)．ソーク研究所でR. Dulbecco*と共同研究．1968年マサチューセッツ工科大学準教授．1970年逆転写酵素*を発見．1975年Dulbecco, H. M. Temin*とともにノーベル医学生理学賞受賞．ロックフェラー大学長(1991)．カリフォルニア工科大学長(1997)．

**ボルテゾミブ**［bortezomib］ 商品名ベルケード(Velcade)．PS-341ともいう．2006年再発または難治性の多発性骨髄腫を対象にわが国でも認可されたプロテアソーム阻害剤．再発または難治性の骨髄腫患者を対象として，高用量デキサメタゾンとの多国間比較試験(APEX試験)が実施され，中間解析の結果，腫瘍増殖抑制期間および生存期間において，ベルケード群がデキサメタゾン群に対して有意に延長した．作用機序は酵素複合体である20Sプロテアソーム内部のキモトリプシン様活性部位を阻害することにより，ユビキチン-プロテアソーム系によるタンパク質分解を阻害する．それに伴い，腫瘍細胞のシグナル伝達系を阻害する直接作用と骨髄微小環境に作用する間接作用により抗腫瘍効果を発揮すると考えられている．骨髄腫細胞における$I\kappa B$分解抑制を通じた$NF$-$\kappa B$の抑制作用により，アポトーシス誘導，増殖抑制，血管新生阻害作用を発揮することが報告されている．わが国では重篤な副作用として急性肺障害・間質性肺炎，腫瘍崩壊症候群に注意が払われている．

**ホールデン HALDANE, John Burdon Sanderson** 英国の遺伝学者．1892.11.5〜1964.12.1．オックスフォードに生まれ，インドのブバネーシュワルに没す．オックスフォード大学の呼吸生理学者John Scott Haldane(1860〜1936)の長男．オックスフォード大学で数学と生物学を学び，ついでF. G. Hopkinsのもとで生化学の研究をした．ロンドン大学で遺伝学に専念し，教授となった(1933)．ホールデンの法則(1933)をはじめ，集団遺伝学に貢献した．1957年インドの統計学研究所に赴任した．社会問題に関する多くの発言をした．

**ホルビッツ HORVITZ, H. Robert** 米国の分子神経生物学者．1947.5.8〜 米国生まれ．数学と経済学を学んでいたがJ. D. Watson*に魅せられ生物学に転向．1972年ハーバード大学卒業，1974年Ph.D.取得．ケンブリッジ大学分子生物学研究所でJ. E. Sulston*と線虫の細胞系譜研究に従事．1986年マサチューセッツ工科大学(MIT)教授，計画的細胞死の遺伝子をクローニング．1994年ヒトを含め他生物にも細胞死の遺伝子が存在することを証明(⇒アポトーシス)．研究課題は計画的細胞死，情報伝達，特にRAS経路に働く遺伝子群，クロマチン構造とヒストン修飾酵素，発生の時期を変えるヘテロクロニック遺伝子，細胞運命にかかわるマイクロRNA*，陰門形成，神経軸索伸長，行動など．研究手法は，遺伝学，生化学，分子，細胞生物学，電気生理学．線虫を材料としながら，がん，神経萎縮，ALS，うつ病，聾(ろう)などの病気と関連した遺伝子を単離．1988年ハーワード・ヒューズ医学研究所研究員．1991年米国国立科学アカデミー会員．2001年米国遺伝学会アメリカメダル，2002年S. Brenner*, Sulstonらとともにノーベル賞医学生理学賞受賞．

**ポルフィリア** ＝ポルフィリン症

**ポルフィリン**［porphyrin］ ピロール環4個がそれぞれメチン橋を介して結合し，環状構造をとったテトラピロール化合物．生物界に広く存在し，光照射で赤から赤橙の強い蛍光を発する．分子骨格を形成するすべての炭素原子はグリシンとスクシニルCoAに，窒素原子はグリシンに由来することが，D. Sheminらによるヘム*の生合成実験で明らかにされた．代謝経路の決定に放射性同位元素が利用された最初の例である．ピロール環に結合した側鎖の種類に応じ，ウロ，コプロ，プロト，ヘマトポルフィリンなどの誘導体がある(図)．側鎖位置の違いによりウロポルフィリン，

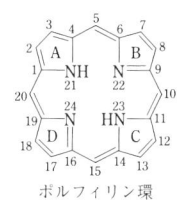

ポルフィリン環

| 誘導体の名称 | 側鎖の位置 | | | | | | |
|---|---|---|---|---|---|---|---|
| | 2 | 3 | 7 | 8 | 12 | 13 | 17 | 18 |
| ウロポルフィリン(I) | A | P | A | P | A | P | A | P |
| ウロポルフィリン(III) | A | P | A | P | A | P | P | A |
| コプロポルフィリン(I) | M | P | M | P | M | P | M | P |
| コプロポルフィリン(III) | M | P | M | P | M | P | P | M |
| プロトポルフィリン(IX) | M | V | M | V | M | P | P | M |
| ヘマトポルフィリン(IX) | M | H | M | H | M | P | P | M |

A: -$CH_2COOH$, H: -$CH(OH)CH_3$, M: -$CH_3$
P: -$CH_2CH_2COOH$, V: -$CH=CH_2$

コプロポルフィリンではIとIII，プロトポルフィリン*とヘマトポルフィリンではIXの異性体が天然に存在する．ポルフィリン症*患者では，ヘム生合成に関与する酵素のいずれかが常染色体異常に由来して欠損しており，ヘム生合成が中断してポルフィリンがし尿に排泄される場合がある．ポルフィリンに鉄の配位したものがヘムで，マグネシウムの配位したものがクロロフィル*である．

ポルフィリン症［porphyria］　ポルフィリアともいう．ヘム*合成経路に関与する酵素系の機能障害により，ヘム前駆物質であるポルフィリン体が異常に蓄積した状態．遺伝疾患と鉛中毒などの後天性疾患を含む（図参照）．ヘム合成経路に関与する8酵素中，

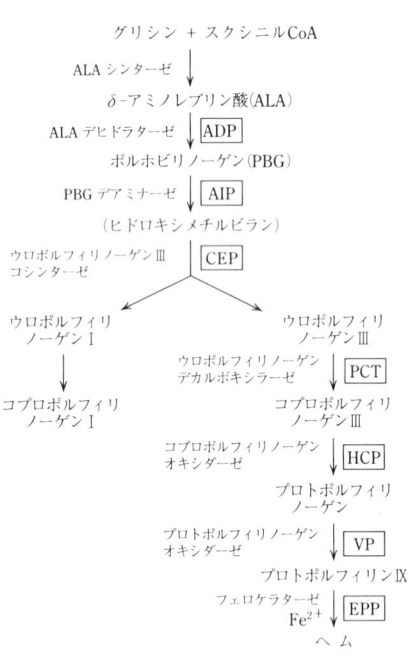

```
        グリシン ＋ スクシニルCoA
         │ ALA シンターゼ
         ▼
        δ-アミノレブリン酸(ALA)
         │ ALA デヒドラターゼ  [ADP]
         ▼
        ポルホビリノーゲン(PBG)
         │ PBG デアミナーゼ    [AIP]
         ▼
        (ヒドロキシメチルビラン)
         │ ウロポルフィリノーゲンⅢ
         │ コシンターゼ        [CEP]
         ▼
  ウロポルフィリ      ウロポルフィリ
  ノーゲンⅠ          ノーゲンⅢ
                    │ ウロポルフィリノーゲン
                    │ デカルボキシラーゼ  [PCT]
                    ▼
  コプロポルフィリ    コプロポルフィリ
  ノーゲンⅠ          ノーゲンⅢ
                    │ コプロポルフィリノーゲン
                    │ オキシダーゼ       [HCP]
                    ▼
                   プロトポルフィリ
                   ノーゲン
                    │ プロトポルフィリノーゲン
                    │ オキシダーゼ       [VP]
                    ▼
                   プロトポルフィリンⅨ
                    │ フェロケラターゼ   [EPP]
                    │ $Fe^{2+}$
                    ▼
                    ヘム
```

| 略号 | 対応する酵素欠損症 |
|---|---|
| ADP | ALA デヒドラターゼ欠損性ポルフィリン症<br>(ALA dehydratase deficiency porphyria) |
| AIP | 急性間欠性ポルフィリン症<br>(acute intermittent porphyria) |
| CEP | 先天性骨髄性ポルフィリン症<br>(congenital erythropoietic porphyria) |
| PCT | 晩発性皮膚ポルフィリン症<br>(porphyria cutanea tarda) |
| HCP | 遺伝性コプロポルフィリン症<br>(hereditary coproporphyria) |
| VP | 異型ポルフィリン症<br>(variegate porphyria) |
| EPP | 骨髄性プロトポルフィリン症<br>(erythropoietic protoporphyria) |

ポルフィリン代謝における酵素欠損とポルフィリン症

5-アミノレブリン酸シンターゼ*（第1ステップ）を除く7酵素の欠損症およびその責任遺伝子の座位が明らかにされている．遺伝形式は常染色体優性遺伝（急性間欠性ポルフィリン症など）か，常染色体劣性遺伝（先天性骨髄性ポルフィリン症など）である．

ホルボールエステル［phorbol ester］　クロトン油から分離された強力な発がんプロモーター*であり，多彩な生物学的作用をもつ．ホルボールエステルはジテルペン核を骨格にもつ物質で，その側鎖の構造によってさまざまな種類が存在する．中でも最も強力な発がんプロモーター作用をもつのが12-O-テトラデカノイルホルボール13-アセテート*(TPA)である．他のホルボールエステルの中でホルボール12,13-ジブチレート(phorbol 12,13-dibutyrate, PDBu)はTPAとほぼ同様の活性をもち，$^3$Hで標識されたPDBuはホルボールエステルのレセプターアッセイに使用される．一方，4-α-ホルボール-12,13-ジデカノエートなどには発がんプロモーター作用はなく，また，他の生物学的作用も見られない．ホルボールエステルの作用機序は長らく不明であったが，1982年に西塚泰美らにより，ホルボールエステルがプロテインキナーゼC*(Cキナーゼ)を活性化することが明らかにされた．ホルボールエステルはCキナーゼのカルシウムとリン脂質に対する親和性を高めることによって，Cキナーゼを活性化する．また，Cキナーゼがホルボールエステルの細胞内受容体の一つであることが，[$^3$H]PDBu結合能を調べることによって明らかにされている．

**ホルボール 12,13-ジブチレート**［phorbol 12,13-dibutyrate］　PDBuと略す．(⇌ホルボールエステル)

**ホルボール 12-ミリステート 13-アセテート**［phorbol 12-myristate 13-acetate］　＝12-O-テトラデカノイルホルボール 13-アセテート．PMAと略す．

**ホールマウント *in situ* ハイブリダイゼーション**［whole mount *in situ* hybridization］　⇌ *in situ* ハイブリダイゼーション

**ホルマリン**［formalin］　⇌ ホルムアルデヒド

**N-ホルミルメチオニル tRNA**［N-formylmethionyl-tRNA］　fMet-tRNAと略称される．原核生物の翻訳系に働く開始tRNAで，N-ホルミルメチオニン*がエステル結合したtRNA(⇌アミノアシルtRNA)．開始tRNA($tRNA_f$)はメチオニンを結合した後，特異的なホルミルトランスフェラーゼ(formyltransferase)により，$N^{10}$-テトラヒドロ葉酸をホルミル基供与体として，メチオニンのアミノ基がホルミル化される．fMet-tRNAは，mRNA，開始因子*，30Sリボソームとともに開始複合体を形成し翻訳を開始させる．(⇌ メチオニル tRNA，開始コドン)

**N-ホルミルメチオニルペプチド**［N-formylmethionyl peptide］　原核細胞(細菌など)ではホルミルメチオニンと結合したtRNA(fMet-tRNA)が翻訳開始の際のアミノアシルtRNA*として働く．すなわち最初のメチオニンだけは必ずホルミル化されることになり，このようなペプチドのことをいう．これらのペプチドは細菌感染の際の急性炎症において，局所に多形核白血球やマクロファージの浸潤を誘導する物質と考えられている．代表的なものとしてホルミルメチオニルロイシルフェニルアラニン*(FMLP)が知られている．

**ホルミルメチオニルロイシルフェニルアラニン**
[formylmethionylleucylphenylalanine] FMLPと略記する．細菌がつくる$N$-ホルミルメチオニルペプチド*のうち，最も遊走活性が強い物質の一つであり，リソソーム内容の遊離，活性酸素の産生などの作用も知られている．類似の物質として$N$-fMet-Met-Met, $N$-fMet-Met-Phe, $N$-fMet-Phe なども比較的強い活性をもつといわれている．多形核白血球やマクロファージの膜表面にはFMLPに特異的な受容体が存在し，細胞に対する刺激はこの受容体を介して起こると考えられている．ヒト好中球cDNAライブラリーよりFMLPに対して高親和性を示す受容体cDNAがクローニングされ，構造解析の結果からこの受容体は7回膜貫通型受容体スーパーファミリーに属するものであることがわかった．この受容体を介した細胞内シグナル伝達はGTP結合タンパク質*と共役して細胞内カルシウムイオン濃度の上昇を誘発し，かつアデニル酸シクラーゼ*活性の阻害によりcAMP産生を抑制することが知られている．

**$N$-ホルミルメチオニン** [$N$-formylmethionine] 原核生物の翻訳系における開始のアミノ酸．メチオニンtRNA*のメチオニンのアミノ基が，$N^{10}$-ホルミルテトラヒドロ葉酸を供与体としホルミルトランスフェラーゼの作用によりホルミル化され，$N$-ホルミルメチオニルtRNA*(fMet-tRNA)が生じる．fMet-tRNAは，mRNAの開始コドン（通常はAUG）に対応して$N$-ホルミルメチオニンを合成すべきペプチドのN末端に導入する．翻訳後にホルミル基はデホルミラーゼ(deformylase)によって除去される．

**ホルムアミド** [formamide] $HCONH_2$の分子式をもつギ酸のアミド．粘稠な液体．遺伝子の研究において，核酸の塩基間の水素結合の安定性を調節するために使用される．この物質の濃度が高いと水素結合が不安定になり，核酸が二本鎖を形成できない．RNAをゲル電気泳動*や密度勾配遠心分離法*で分離する際や，ハイブリダイゼーション*解析などに用いられる．(⇨変性剤)

**ホルムアルデヒド** [formaldehyde] IUPAC命名法ではメタナール(methanal)という．HCHO，分子量30.03．密度1.067(空気を1.000とした時)，融点$-92$℃，沸点$-19.5$℃，引火点約300℃である．常温で可燃性の無色気体．呼吸困難になるような強い刺激臭がする．粘膜に対して強い刺激性を示し，発がん性がある．55%まで水に溶ける．アルコールやエーテルにも溶けやすい．非常に反応性に富み，さまざまな物質とたやすく結合する．また，容易に重合する．還元性が強いので，還元試薬として検出や定量によく用いられる．約40%水溶液はホルマリン(formalin)ともよばれ，消毒，防腐剤，組織固定剤などとして用いられる．ホルマリンは10〜15%のメタノールを重合阻害剤として含む．

**ホルモン** [hormone] 身体の特定の部位で産生された化学物質で，血液によって遠隔の器官，組織に到達し，そこで種々の生理的作用を発揮するものをさす．ホルモンはタンパク質，ペプチド，アミノ酸などとステロイド骨格をもつ物質とに分類される．ホルモンは微量でもって特異的な受容体と結合し作用を及ぼす．ある種の物質は，ホルモンとして作用する以外にパラ分泌*または自己分泌*物質として働くものがあり，また逆の例もあるので，これらの相互の区別は容易ではない．

**ホルモン応答配列** [hormone response element] HREと略す．グルココルチコイド*(G)，ミネラルコルチコイド*(M)，エストロゲン*(E)，アンドロゲン*(A)，プロゲステロン*(P)などのステロイドホルモンやチロキシン*(T)などの甲状腺ホルモンの標的遺伝子の5′上流にあって，その発現をホルモンに依存して調節するDNA配列(⇨上流調節配列)．おのおののホルモンについてGRE(グルココルチコイド応答配列)，ERE, TREなどと略称され，2種類の塩基配列に大別できる．G, M, A, Pは5′-AGAACA-3′，E, Tは5′-AGGTCA-3′の単位応答配列をもち，この配列が前者では3塩基を挟んで逆向きに並んでおり，後者の場合，Eは3塩基を挟んで逆向き，Tは直接に逆向きあるいは，4塩基おいて同方向に直列に並んでいる場合が多い．これらの配列をホルモンを結合したおのおののホルモン受容体がホモまたはヘテロ二量体となって認識，結合して標的遺伝子の発現を促進する．(⇨DNA-ホルモン受容体相互作用)

**ホルモン受容体** [hormone receptor] ⇨DNA-ホルモン受容体相互作用

**ホルモン分泌細胞** [hormone-secreting cell] ホルモン*を分泌する細胞．基本的に，ホルモンの生合成，貯蔵，分泌そしてホルモン必要量の感知という四つの機能をもつ．近年，ホルモンが各種の細胞，組織で生合成されることが明らかとなってきたが，ホルモン分泌細胞は，ホルモン生合成の速度が速く，プロホルモンからホルモンに変換する適切な機構をもち，制御されたホルモン分泌機構をもつという点で他の細胞と異なる．(⇨内分泌細胞)

**ホロRNAポリメラーゼⅡ** [holo RNA polymerase Ⅱ] 出芽酵母において明らかにされたプロモーターDNAを介さずに形成されるRNAポリメラーゼⅡ巨大複合体．RNAポリメラーゼⅡ*のCTD*を介して，転写開始反応に必要なSRB*タンパク質，基本転写因子*，メディエーター*およびヌクレオソーム再編成活性のあるSWI/SNF*タンパク質などから構成されている．HeLa細胞，ラット肝細胞，仔ウシ胸腺細胞などにも同様のホロRNAポリメラーゼⅡが見いだされている．

**ポロキナーゼ** [polo kinase] ポロ様キナーゼ(polo-like kinase)ともいい，Plkと略す．M期*に活性化されるセリン/トレオニンキナーゼ*．高等真核生物ではいくつかのサブタイプが存在する．紡錘体形成・染色体分配・細胞質分裂などM期に起こるさまざまな事象に関与することから，その基質は多岐にわたる．細胞周期*におけるタンパク質量の変動，細胞内局在の変化，上流キナーゼによるリン酸化など，その

酵素活性はさまざまなレベルで制御を受ける．さらに，基質特異性は，他のキナーゼによる基質自身のリン酸化によっても変化する．

**ホロ酵素**［holoenzyme］　基本構造であるタンパク質のほかに補酵素*や補欠分子族*，金属イオンなどの補因子（非タンパク質物質）と一体となって酵素活性を発現しているタンパク質複合体の全体をホロ酵素といい，タンパク質部分をアポ酵素*という．DNAポリメラーゼや RNA ポリメラーゼのように，複数の異種タンパク質が多量体を形成して初めて完全な酵素活性を発現するような場合も，その完全な活性複合体全体をホロ酵素という．

**ポロ様キナーゼ**［polo-like kinase］　＝ポロキナーゼ．Plk と略す．

**本態性高血圧症**［essential hypertension］　EH と略す．（→高血圧症）

**ボンベシン**［bombesin］　ヨーロッパ産のカエル皮膚から単離されたテトラデカペプチドで，ガストリン放出ペプチド*（GRP），アリテンシンとともにボンベシンファミリーを構成する．さらにボンベシンファミリーはラナテンシン（ranatensin）ファミリーおよびフィロリトリン（phyllolitorin）ファミリーに属するペプチドとともにボンベシン様ペプチド*として一括される（下表参照）．ボンベシン様ペプチドのうち GRP（27残基）とニューロメジン B（10 および 32 残基）は哺乳類由来であるが，それ以外は両生類由来である．哺乳類に存在するボンベシン様物質のうち GRP の局在については詳細な検討がなされている．GRP は視床下部，弧束核，脊髄後角のような中枢神経系，知覚神経，消化管の筋間神経叢，消化管上皮に存在することが示され，内分泌，自律機能，知覚，消化管運動など幅広い生理作用に関与する．

**ボンベシン様ペプチド**　［bombesin-like peptide］　ボンベシン*は，両生類からみつかったアミノ酸14個より成るペプチドであり，哺乳類でのガストリン放出ペプチド*に相当する．ボンベシン様ペプチドは，多くの消化管機能の調節に関与している．本タンパク質は，胃前庭部からのガストリン*の分泌を刺激し，胃酸分泌を高める．また，胆嚢を収縮させ，膵液の分泌を刺激し，消化管のぜん動運動を抑制する．さらには，コレシストキニン*を含む消化管ホルモンの分泌を高める．消化管以外への作用としては，摂食の抑制，血圧の上昇，気管や尿管の収縮，抗利尿作用などがあげられる．

**ポンペ病**［Pompe disease］　→糖原病

**翻訳**［translation］　実質的にはタンパク質生合成*とほぼ同義であるが，遺伝子発現*の観点からみると，ゲノム DNA（時には RNA）から転写により mRNA が生じ，さらにタンパク質へと遺伝子の情報が表現されていくという情報の流れの中で（→セントラルドグマ），特に4種類の塩基の配列から成る mRNA の情報を読み取って，リボソーム*上で20種類（特殊な場合，セレノシステインも UGA コドンに対応してタンパク分子中に取込まれることがある）のアミノ酸配列に変換することを翻訳という．タンパク質の一次構造は，mRNA の開始コドンから終止コドンに至るコード領域上のコドンの順序によって規定される．これはコドンが，対応するアミノアシル tRNA のアンチコドンにより順次認識されることによる（→コドン-アンチコドン対形成）．翻訳は，リボソーム，mRNA，アミノアシル tRNA のほか，開始因子*，伸長因子*，終結因子* など多数の因子の協働による．mRNA へのタンパク質結合や，開始因子のリン酸化などによる活性調節を通して，翻訳効率は mRNA によって選択的または非選択的な調節を受ける．（→翻訳調節）

**翻訳共役**［translational coupling］　原核生物の遺伝子は，複数のシストロン*が一つの転写単位となってオペロン*を構成することが多い．そのためタンパク質の合成は，ポリシストロン性 mRNA*上の複数の遺伝子が個別に翻訳される場合と，先頭の遺伝子から順番に翻訳される場合が考えられる．多くのポリシストロン性 mRNA の翻訳は後者の様式で行われる．その原因は，mRNA 上の各シストロンが近接あるい

ボンベシン（BN）様物質の構造　（→ボンベシン．松田正司ら，1994）

| BN 様物質 | 構　造 | | | | | |
|---|---|---|---|---|---|---|
| ボンベシンファミリー | | | | | | |
| 　ガストリン放出ペプチド[†] | Gly-Asn-His | Trp-Ala | Val | Gly | His-Leu | MetNH$_2$ |
| 　ボンベシン | pGlu-Gln-Arg-Leu-Gly-Asn-Gln | Trp-Ala | Val | Gly | His-Leu | MetNH$_2$ |
| 　アリテンシン | pGlu-Gly-Arg-Leu-Gly-Thr-Gln | Trp-Ala | Val | Gly | His-Leu | MetNH$_2$ |
| ラナテンシンファミリー | | | | | | |
| 　ブタニューロメジン B[†] | Gly-Asn-Leu | Trp-Ala | Thr | Gly | His-Phe | MetNH$_2$ |
| 　ラナテンシン C | pGlu-Thr-Pro-Gln | Trp-Ala | Thr | Gly | His-Phe | MetNH$_2$ |
| 　ラナテンシン | pGlu-Val-Pro-Gln | Trp-Ala | Thr | Gly | His-Phe | MetNH$_2$ |
| 　リトリン | pGlu-Gln | Trp-Ala | Val | Gly | His-Phe | MetNH$_2$ |
| フィロリトリンファミリー | | | | | | |
| 　フィロリトリン（Leu[8]） | pGlu-Leu | Trp-Ala | Val | Gly | Ser-Leu | MetNH$_2$ |
| 　フィロリトリン（Phe[8]） | pGlu-Leu | Trp-Ala | Val | Gly | Ser-Phe | MetNH$_2$ |

[†]は哺乳類由来．その他の物質は両生類由来．pGlu：ピログルタミン酸

は一部オーバーラップした構成をもつことによる(→オーバーラップ遺伝子).このような場合は,下流の遺伝子の翻訳開始シグナルが上流の翻訳領域に埋もれていたり,mRNAの高次構造によってマスクされていたりして,独立にリボソームが翻訳開始複合体を形成することができない.しかし,上流の遺伝子が翻訳されることにより,これら障害性のmRNA高次構造も一本鎖に融解されるため,下流の遺伝子の翻訳開始シグナルが機能できる状態になり翻訳が可能となる.この現象を翻訳共役という.真核生物は一般にポリシストロン性mRNA構造をもたないが,出芽酵母のGCN4遺伝子のように,ごく短いシストロンが構造遺伝子の直前に位置し,翻訳開始の調節機能を果たす場合が知られる.これも翻訳共役による制御の例である.

**翻訳後修飾** [posttranslational modification] タンパク質はほぼ例外なく前駆体ポリペプチドとして合成された後,何らかの翻訳後修飾を受けて成熟タンパク質となる.そして,多くのタンパク質は翻訳後修飾を受けた後,初めて本来の機能を獲得する.翻訳後修飾には,分泌タンパク質前駆体ポリペプチドのシグナル配列の除去,前駆体ポリペプチドの成熟化に伴うプロセシング*,アセチル化,リン酸化,グリコシル化,ミリスチル化のようなアミノ酸残基の修飾,ジスルフィド結合の形成などが知られている.アミノ酸の修飾だけでも300種類以上知られている.翻訳後修飾反応には,酵素的なものと非酵素的なもの,反応が可逆的なものと非可逆的なものとがある.翻訳後修飾は,細胞認識,情報伝達,酵素活性,タンパク質間相互作用,転写制御,細胞増殖,細胞分化など多くの重要な生命現象にかかわっていることが知られている.しかし,その役割は,翻訳後修飾の種類によって,あるいは同じ修飾でもタンパク質の種類によって異なることが多い.なお,タンパク質には,翻訳前,翻訳中,翻訳後の修飾があるが,全部をまとめて翻訳後修飾ということが多い.

**翻訳調節** [translational regulation, translational control] ある遺伝子の発現がmRNAからタンパク質へ翻訳される段階で調節を受けること.質的な調節と,量的な調節がある.[1]質的な調節として三つのものが知られている.1)リボソームフレームシフト(ribosome frameshift):リボソームが翻訳の途中で異なるフレームにある遺伝子にシフトして翻訳を続ける.その結果二つのフレームの融合タンパク質がつくられることになる.フレームシフトの頻度はmRNAのもつフレームシフトシグナルの塩基配列とその後に続くRNAの二次構造に左右される.HTLV-1の逆転写酵素のようにリボソームフレームシフトを2回行って初めて作成されるような翻訳調節もある.フレームのシフト方向はレトロウイルスでは−1,細菌では+1のシフトが多い.2)翻訳抑制:サプレッサーtRNA*による調節が知られる.この場合,翻訳調節を受ける遺伝子は翻訳途上にある遺伝子のmRNAとフレームは同じで,終止コドンにサプレッサーtRNAが働いて両者の融合タンパク質が翻訳される.マウスのレトロウイルスが逆転写酵素を生成する際の翻訳調節で見つかった(→読み過ごし).翻訳制御はmiRNAによって起こる.3)mRNAの構造(キャップ,ポリ(A),シャイン・ダルガルノ配列*やコザック共通配列*,非翻訳領域の配列,二次構造など):たとえばIRES:キャップ構造をもたないmRNAでは5′側に近いコドン(AUG)は必ずしも翻訳の開始コドンにならない.IRES*とよばれる複雑な二次構造をもつRNAとなり,その後のAUGが開始コドンになって翻訳される(→リボソーム結合部位).ポリオウイルス,植物ウイルスなどのウイルスのほか,熱ショックタンパク質,ショウジョウバエの分化に関するmRNAなどでみられる翻訳機構である.[2]量的な翻訳調節としては,つぎのような例が知られている.原核細胞ではRRF(ribosome releasing factor)が翻訳量を規制している.またポリシストロン遺伝子ではtRNAにより後部シストロンの翻訳量が規制される.一方真核細胞ではフェリチン*mRNAのように鉄イオンの増加によって翻訳抑制タンパク質が鉄と結合して翻訳量が増加する例も知られている.受精卵内のmRNAの翻訳量はカルシウムウェーブ*に依存している.酵母のGCN4*遺伝子ではmRNAに翻訳のエンハンサー部位があり,ここにタンパク質が結合して下流の翻訳量が促進される.より上流で部分翻訳されたペプチド量も完全遺伝子産物量に影響する.また3′非翻訳領域の塩基配列によってmRNAの安定性が規制されており,特にこの部位のAUに富むmRNAは不安定でその結果として翻訳量が限られる.

**翻訳領域** [translated region] →コード領域

# マ

**マイオジェニン** ＝ミオゲニン
**マイオテンディナス抗原** [myotendinous antigen] ＝テネイシン
**マイクロRNA** [microRNA] miRNAと略す．細胞内に存在する長さ20～25塩基の一本鎖RNAで，mRNAに作用して遺伝子の発現を調節する機能をもつ非コードRNA*(ncRNA)の一種．miRNAデータベースのmiRBase release 10.0には，533種のヒトmiRNAをはじめ，計5071種のmiRNAが登録されている．miRNA部分を含む一次転写物(primary miRNA, pri-miRNA)として合成され，前駆体RNA分子中では，成熟miRNAと部分的に相補的な配列と分子内水素結合を形成しヘアピン状構造をとっている．pri-miRNAは核内でマイクロプロセッサー複合体DrosohaというRNアーゼⅢ型のリボヌクレアーゼで切断され，ヘアピン構造をもつ短い前駆体miRNA(pre-miRNA)に変換され，エクスポーチン5(⇒エクスポーチン)の働きにより細胞質に輸送された後Dicer*で切断を受け，より短いdsRNAとなり，RISC*上で巻戻しを受け一本鎖の機能性miRNAになる．RISCに装填されたmiRNAはたいていの場合部分的に相補的な配列をもつmRNAの3′側の非翻訳領域に結合して翻訳を阻害するほか，完全に相補的な配列をもつmRNAを分解する．miRNAは，ショウジョウバエでは細胞死や細胞増殖の調節に，哺乳動物では造血性細胞系統の分化に，線虫ではニューロンのパターン形成に，植物では葉や花の発達に関与している．また，種々のがんの発生や進行にも関係しており，miRNAの発現プロファイルを解析することでがんの種類や進行度を診断することもできる．(⇒siRNA, RNA干渉)
**マイクロアレイ** [microarray] 調べるべき対象物(DNAやタンパク質など)を多数並べてチップ*に配置し固定化したものをさす．対象物の数が少ない場合(通常数百個以下)にはマクロアレイ(macroarray)とよんでいる．マイクロアレイを使うと一度に膨大な数の対象物を検査対象とすることができるので，種々の網羅的実験が可能となる．配置する対象物は，DNAやオリゴヌクレオチド(DNAマイクロアレイ*またはDNAチップ)，タンパク質やペプチド(プロテインチップ*，ペプチドマイクロアレイ，ペプチドチップ)，低分子化合物，細胞(細胞マイクロアレイ*)，組織(組織マイクロアレイ*)など多様である．細胞に導入する核酸(通常siRNA*，プラスミド*やウイルスベクター*など)やタンパク質を溶液をアレイ状に配置し細胞を加えてトランスフェクションを行うトランスフェクションマイクロアレイ(transfection microarray)も遺伝子やタンパク質の細胞内における機能の解析に使用されている．また，タンパク質結合性リガンドのような低分子化合物のマイクロアレイはコンビナトリアルケミストリーに頻用されている．(⇒ハイスループット技術，プロテオミクス)
**マイクロインジェクション** ＝微量注入
**マイクロサテライトDNA** [microsatellite DNA] 1～5塩基という短い配列を1反復単位とする反復配列*をいう．CA反復配列(CA repeat，またはGT反復配列GT repeat)とよばれる配列は特に遺伝的多型*を示し，PCR*法と電気泳動*法で簡単に多型が検出されることから，遺伝解析の有用なマーカーとして利用されている．また，がん細胞のゲノム不安定性のプローブとしても用いられる．CAGなどの3塩基から成るマイクロサテライトはハンチントン病*などの非メンデル遺伝をする神経疾患の原因遺伝子に含まれることから注目されている．(⇒トリプレット反復病，サテライトDNA)
**マイクロサテライト不安定性** [microsatellite instability] MSIと略す．(⇒ゲノム不安定性)
**マイクロスフェア** ⇒ミクロスフェア
**マイコバクテリア** [mycobacteria] ミコバクテリアともいう．代表的な抗酸菌(acid-fast bacteria)．結核菌(Mycobacterium tuberculosis)などの抗酸性を示すグラム陽性好気性桿菌であり，一般に遅発育性である．細胞壁の脂質含量およびDNAのGC含量が多く，ヒトや家兎などの動物に結核症あるいは結核類似の病気を起こす．標準種は結核菌である．結核菌群と非結核性抗酸菌に分けられるが，後者は非定型抗酸菌ともよばれ，M. kansasii, M. avium complexなどの遅発育菌とM. fortuitumなどの迅速発育菌が含まれる．培養不能のらい菌も抗酸菌に属している．
**マイコプラズマ** [Mycoplasma] ミコプラズマともいう．細胞壁をもたない小型の寄生性真正細菌で，Mollicutes綱に属するものをマイコプラズマとよぶ．動物，植物，昆虫などの器官，組織に寄生し，多くは病原性を示す．ゲノムサイズが最小(60万～150万塩基対)の自己増殖性生物であり，またDNAのG+C含量が25～40％と低い．約600の遺伝子をもつと推定されている．多くの種でUGAコドンが終止コドンからトリプトファン暗号へ変化している．系統的には，グラム陽性細菌(枯草菌*など)と近縁である．
**マイトジェン** [mitogen] 分裂促進因子ともいう．細胞に細胞分裂*を起こさせる物質の総称．細胞培養時に加えると，細胞増殖が観察される．
【1】抗原は，T細胞やB細胞の一部のクローンのみを活性化し増殖させるのに対し，マイトジェンは，多くのクローンを多クローン性に増殖させる．代表的な例として，植物由来のレクチン*の一部やグラム陰性細菌由来のリポ多糖*があげられる．レクチンの例としては，コンカナバリンA*やフィトヘマグルチニン*があげられる．また，多くの種類のT細胞受容

体に結合でき，多クローン性にT細胞を増殖させるスーパー抗原*も含まれる．例として，ブドウ球菌エンテロトキシンがあげられる(⇌エンテロトキシン)．
【2】特定の細胞に増殖を誘導するタンパク質性因子．種々の細胞増殖因子，たとえば繊維芽細胞増殖因子*(FGF)，血小板由来増殖因子*(PDGF)，上皮増殖因子*(EGF)などをさす．

**マイトジェン活性化プロテインキナーゼ** [mitogen-activated protein kinase] ＝MAPキナーゼ

**マイトマイシンC** [mitomycin C] 放線菌 *Streptomyces caespitosus* の生産する制がん抗生物質．抗細菌作用も示す．各種のがんおよび白血病に広く使用される．骨髄抑制などの副作用を示す．分子中にアジリジン，ウレタン，アミノキノンの三つの制がん作用を示す基をもち，アルキル化作用をもつ．細胞内で還元され，アジリジン基が活性化され(図)，DNAのdG, dTなどの塩基と結合し，二本鎖間に架橋する．その結果，二本鎖DNAの開裂を妨げ，DNA合成を阻害する．DNAの分解も起こす．

還元によるマイトマイシンCの活性化

**−(マイナス)鎖** [minus strand, negative strand] ⇌＋鎖

**(−)鎖RNAウイルス** [minus strand RNA virus, negative strand RNA virus] RNAは，タンパク質の鋳型になるもの(mRNAとして機能するもの)を(+)鎖，その相補鎖は(−)鎖と定義する．RNAウイルス*のうち(−)鎖をゲノム*としてもつものの総称．RNAファージ*や植物ウイルス*は(+)鎖ウイルスが多いが，動物ウイルス*では(−)鎖ウイルスが多い．ゲノムRNAを(+)鎖RNAに転写しウイルスタンパク質を合成するためのRNA依存性RNAポリメラーゼ*をウイルス粒子に併せてもっている．(⇌(+)鎖RNAウイルス)

**−35配列** ⇌プリブナウボックス
**−10配列** ⇌プリブナウボックス

**マイフェプリストン** [mifepristone] ＝RU486

**マウス** [mouse] 主としてハツカネズミをさす．学名は *Mus musculus*．起源は中近東といわれる．野生種は，ドブネズミ(ラット)同様，人的環境に適応し汎世界的に分布する．遺伝分類学的には4亜種が認められる．染色体数 $2n = 40$ だが，Robertson(Rb)転座により $2n = 20〜38$ の染色体多型が知られる．性成熟は 40〜50 日，性周期は 4〜5 日，妊娠期間 19〜20 日，産子数 6〜13 頭，哺乳期間は 21 日である．多産と世代交代の短さのため，遺伝的改良が容易で，遺伝学，免疫学，腫瘍学などで実験材料として広く用いられている．実験用マウスは，順化*した欧州産亜種 *M. m. domesticus* とアジア産亜種(特に日本古来の愛玩用マウス)との交配・改良により作製されたものに由来する．内在性ウイルス*ゲノムを大量にもつことが知られ，白血病ウイルス*，マウス乳がんウイルス*が多数分離されている．種々の近交系マウスがあり，A(毛の色はアルビノ)，AKR(アルビノ)，BALB/c(アルビノ)，C3H(野生色)，C57BL/6(黒色)，DBA/2(淡チョコレート色)などが代表的なものである．体毛のないヌードマウス*もある．ノックアウトマウス*，ノックインマウスなど種々の改変マウスも作製され，個体レベルでの遺伝子機能の解析に貢献している．(⇌モデル動物)．ヒトに続いてマウスのゲノムも解読が終了し，かつ両方の動物で膨大な数の転写物から構成されるトランスクリプトーム*の解析が進んだことにより，詳細な比較ゲノミクス*および比較トランスクリプトミクス的研究が可能となり，ヒトゲノムの機能解析が加速されてきている(⇌マウスの遺伝学)．聴覚や筋肉形成，腎臓機能の血管形成，胚性幹細胞*の分化，および免疫系といった，重要な生物学的作用にかかわりのある主要な遺伝子の働きを研究するためにマウスモデルを使用しているプロジェクトもあり，ヒトの疾病の発生機構や治療のための薬の開発が大幅に加速されるものと期待されている．連鎖*解析に多用される *M. spretus* は兄妹種(別種)で，雑種第一代の雌のみ妊性をもつ．(⇌近交系，コンジェニック系統)

**マウスMHC抗原** [mouse MHC antigen] ＝H-2抗原

**マウス指向性ウイルス** [mouse ecotropic virus] マウスとラットにのみ感染するマウス白血病ウイルス*．マウス細胞のアミノ酸チャネルをウイルス受容体に利用するものもある．マウス指向性ウイルス内では干渉現象を起こす(⇌ウイルス干渉)．すなわち，出芽して不活化した上記ウイルスは，そのウイルスの感染を阻害する．(⇌同種指向性ウイルス)

**マウス肉腫ウイルス** [Murine sarcoma virus] MuSV, MSVと略す．マウスに肉腫を形成するウイルスで，モロニーマウス肉腫ウイルス*，カーステンマウス肉腫ウイルス*，ハーベイマウス肉腫ウイルスなど多数の株が知られている．いずれも複製欠損性ウイルス*で，増殖にはマウス白血病ウイルス*の助けが必要である(⇌ヘルパーウイルス)．

**マウス乳がんウイルス** [Mouse mammary tumor virus] MMTVと略す．発見当時，ビットナー因子*として報告されていたマウス乳がん発生因子の本態．乳がん好発系マウスの乳汁中に多数存在し垂直感染も起こす(⇌垂直伝播【2】)．B型粒子*の形態をもつ．

**マウスの遺伝学** [mouse genetics] 20世紀初頭，愛玩用マウスの毛色変異を対象に遺伝学研究が始ま

り，1907年には albino（$c$）と pink-eyed dilution（$p$）との遺伝的連鎖が報告された．1929年にはジャクソン研究所が設立され，G. Snell* によって開発された H-2 コンジェニック系統群（⇒コンジェニック系統）はヒトを含む免疫の遺伝機構の解明に大きく貢献した．1980年代に入ると遺伝子および胚操作技術の発展により，トランスジェニックマウス* やノックアウトマウス* が開発され，個体レベルにおける遺伝子機能解析の新しい武器となった．また，最近では胚性幹細胞*（ES細胞）を使った発生工学的な研究も盛んに行われている．2002年12月には C57Bl/6J マウスゲノムの配列と解析結果が発表され，マウスゲノムは全長 2.5 Gb と計算された．ヒトとマウス* のゲノムの約 40％は，相互に直接アラインメント* させることが可能で，ヒト遺伝子の約 80％はマウスゲノム中に1個の遺伝子が対応している．理化学研究所とマウス cDNA アノテーション国際コンソーシアム（FANTOM）は 103,000 個のマウスの完全長 cDNA 配列を決定し，CAGE 法により 1000万個以上の cDNA の 5′末端の配列タグ情報を得て，転写開始部位の大規模データベースが構築された．その結果，多数の遺伝子についてそれぞれ複数の転写を制御するプロモーター* や複数のポリ(A)付加部位が存在することがわかった．また約 2,000,000 個のマウス完全長 cDNA の詳細なアノテーションにより 44,147 種類の遺伝子（実際は転写単位 TU のことで，ゲノム DNA 上の同一鎖上にあり，エキソン 1 bp 以上が重複する転写物をクラスターとした場合のエキソン領域の集合をさす）が見つかり，ゲノムの 72％に相当する領域が転写されていることがわかった．さらにこれらの TU の半分以上が，タンパク質をコードしていない RNA（非コード RNA*, ncRNA）であることが明らかとなった．ゲノム情報を基礎としてヒトの疾病への理解を一層深めるために，大規模な変異マウスの作製も進められている．欧州の条件変異マウス作製プログラム（EUCOMM），米国の NIH ノックアウトマウス・プロジェクト（KOMP）およびカナダの北米条件変異マウス作製プロジェクト（NorCOMM）の大規模なノックアウトマウスを作製するプロジェクト間で，実験用マウスの遺伝子研究の世界的な共同研究プログラムが発表され，遺伝子トラッピングと遺伝子ターゲッティングを用いてマウスの全遺伝子の変異体を作製する計画である．

**マウス白血病ウイルス**［*Murine leukemia virus*］ MuLV と略す．モロニー白血病ウイルス*，フレンド白血病ウイルス*，グロス白血病ウイルス*，カプラン白血病ウイルス（Kaplan leukemia virus），ラウシャー白血病ウイルス* など多数の株が知られている．宿主指向性により，同種指向性ウイルス*，他種指向性ウイルス*，両種指向性ウイルス* に分類される．

**マウスポリオーマウイルス**［*Murine polyomavirus*］ MpyV と略す．マウスを自然宿主とするポリオーマウイルス*．従来，ポリオーマウイルスとよばれていたが，このウイルスが属する属と科の名称と区別するために，マウスポリオーマウイルスとよぶことが推奨されている．ゲノムは約 5200 塩基対から成る環状二本鎖 DNA．複製起点近傍より両方向に転写が起こり，それぞれが 3 通りのスプライシングを受け 3 種のタンパク質をつくる．一方の転写は DNA 複製前に起こり，ゲノムの約 55％にコードされている初期タンパク質，ラージ，ミドル，スモール T 抗原（⇒ T 抗原）をつくる．反対方向の mRNA はウイルス粒子タンパク質，VP1, VP2, VP3 をコードする．このウイルスは自然状態ではマウスに腫瘍をつくらないが，新生マウスに人為的に接種すると多くの組織に腫瘍を起こす．またげっ歯類培養繊維芽細胞株を *in vitro* でがん化する（⇒トランスフォーメーション）．この際 3 種の T 抗原は独自の役割を果たすがミドル T 抗原は必須である．ラージ T 抗原は初代細胞を不死化* する能力があり，ミドル T 抗原は活性化された増殖因子受容体と似た機能をもち細胞内へ増殖シグナルを送る．スモール T 抗原にも増殖促進能がある．

**マガイニン**［magainin］ アフリカツメガエルの卵を外科的に取出す際に，傷口が化膿しないことにヒントを得て，1987 年にアフリカツメガエルの表皮の抽出液の中に見いだされた抗菌ペプチド*．最初マガイニン 1 および 2 が精製されたが，両者はアミノ酸 23 残基から成る，構造的によく似たペプチドで，同一の前駆体タンパク質から切出されてくることがわかった．

**Maxi-K チャネル**［Maxi-K channel］ ⇒カルシウム依存性カリウムチャネル

**マキシ DNA**［maxi DNA］ ⇒ミニサークル DNA

**マキノン MACKINNON, Roderick** 米国の分子生物学者・生物物理学者．1956.2.19～　マサチューセッツ州バーリントンに生まれる．ブランダイス大学卒業後，1982 年，タフト医科大学で医学博士号取得，1996 年からロックフェラー大学分子神経生物学および生物物理学教授．1998 年，細胞のカリウムチャネルの立体構造を X 線解析により解明した．これにより特定のイオンだけを通過させるチャネルの選択的透過性のメカニズムが原子レベルで明らかになった．P. C. Agre* とともに 2003 年ノーベル化学賞受賞．

**巻戻し（DNA の）**［unwinding］ 二重らせん DNA の二本鎖間の相補的塩基対の水素結合を壊し解きほぐすようにして一本鎖 DNA を生成すること．DNA の複製，組換え，修復，転写などの生体反応で DNA の巻戻しが必要とされる．この DNA 巻戻し反応を触媒する酵素として DNA ヘリカーゼ* がある．両端が固定されてトポロジー的に変化できない二本鎖 DNA（たとえば超らせん* DNA）の巻戻しには DNA トポイソメラーゼ* の働きが必要となる．ヘリカーゼによる二本鎖核酸の巻戻しは siRNA* やマイクロ RNA*（miRNA）などの RNA の場合にもみられる．

**マキュージック番号**［McKusick number］ 単一遺伝子座位の異常による疾患（⇒先天性代謝異常）や

正常多型形質の遺伝子座位にそれぞれ数字を割当てたもの. V. A. McKusick の"Mendelian Inheritance in Man"(J. Hopkins Press, 通称マキュージックカタログ)に記載されている. 常染色体優性形質は1, 同劣性は2, X 連鎖は3で始まる通常6桁の数字である. 1994年の版からは4で始まるY連鎖, 5で始まるミトコンドリア遺伝子が加わった. また, 6で始まる番号は1994年5月15日以降にエントリーされた常染色体座位を示している. 異なる地域や年代に記載された遺伝病* などの異同の判断に不可欠である.

**膜間腔** [intermembrane space] ⇌ ミトコンドリア

**膜貫通タンパク質** [transmembrane protein] 生体膜の脂質二重層* を貫通し, 生体膜の主要な構成要素となっている膜タンパク質. 膜貫通タンパク質は内在性膜タンパク質* の大部分を占め, ポンプタンパク質, トランスポーター(輸送体*), イオンチャネル*, 受容体*, 酵素, 膜構造タンパク質などとして存在し, 生体膜の多様な機能を果たしている. 膜貫通タンパク質の分子内には1個あるいは複数個の疎水性領域(hydrophobic region)が存在し, 生体膜に固定されている. 一般に, 疎水性領域は20個程度の疎水性アミノ酸のクラスターから成り, その両端に電荷をもつアミノ酸が存在する. 疎水性アミノ酸部分は α ヘリックス構造をとって膜を貫通し, タンパク質を膜に組込む(アンカーする)役割をしている. 疎水的領域の両端の電荷は, 膜への組込みを確実にしているらしい. cDNA により推定されるアミノ酸配列からヒドロパシー(疎水性親水性指標)プロファイルを計算することにより疎水性領域を推測し, タンパク質の膜上での空間的存在様式(トポロジー)を予想することが可能である(⇌ ヒドロパシー分析). 膜貫通タンパク質のうち, 膜を1回貫通するものを両側性, 2回以上貫通するものを多側性(III型)膜タンパク質とよぶ(図参照). 両側性タンパク質のうち, N 末端が細胞膜の外側(小胞体などでは内腔側)に存在するものを I 型, 反対にカルボキシ末端が細胞膜の外側に存在するものを II 型膜タンパク質とよんでいる. I 型膜タンパク質にはインスリン受容体* など, II 型膜タンパク質にはトランスフェリン受容体* など, III 型膜タンパク質には, グルコース輸送体*, 種々のイオンチャネル, 7回膜貫通型受容体群などが含まれる. 疎水性アミノ酸配列は, ポリペプチド鎖の小胞体膜透過を途中で停止させる膜透過停止配列(stop transfer sequence), あるいはシグナル認識粒子*(SRP)に認識されシグナルペプチド* と同じ機能をもつが切断されないシグナルアンカー配列(signal anchor sequence)として機能していると考えられている. シグナルペプチドに加えて膜透過停止配列が1個ポリペプチドの中間に存在すると, シグナルペプチドがシグナルペプチダーゼ* によって切断されたあと, タンパク質はこの部分で膜に固定され, I 型膜タンパク質となる. N 末端部分にシグナルアンカー配列を1個もち, 膜透過停止配列をもたない場合には II 型膜タンパク質となる. また, シグナルアンカー配列と膜透過停止配列がおのおの1個以上存在すると多側性型(III型)膜タンパク質になる. 小胞体酵素のシトクロム P450* の N 末端に存在する疎水性領域はシグナルアンカー配列として作用し, 膜タンパク質となるが, II 型膜タンパク質とは異なり, C 末端側は細胞質側にとどまり, N 末端側は小胞体内腔に転移すると考えられている. 小胞体膜タンパク質のシトクロム $b_5$, ミクロソーム型アルデヒドデヒドロゲナーゼ, SNARE タンパク質のシンタキシン, シナプトブレビン(VAMP*) などの C 末端アンカー型膜タンパク質(tail-anchored membrane protein)は, II 型膜タンパク質と同じトポロジーを示すが, シグナル配列, シグナルアンカー配列をもたず, C 末端近くに1個の疎水性領域をもちここで膜を貫通している(⇌ ボツリヌス毒素). C 末端アンカー型膜タンパク質の小胞体膜挿入は SRP に依存せず, タンパク質翻訳後に進行し, ATP 依存性を示す.

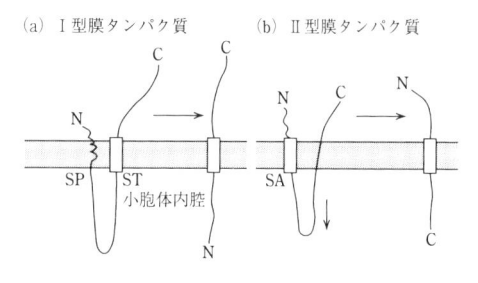

(a) I 型膜タンパク質   (b) II 型膜タンパク質

(c) 多側性膜タンパク質(III型)

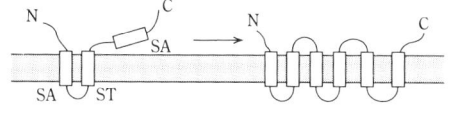

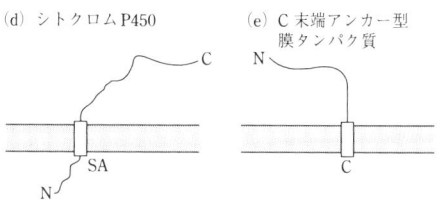

(d) シトクロム P450   (e) C 末端アンカー型膜タンパク質

SP: シグナルペプチド   ST: 膜透過停止配列
SA: シグナルアンカー配列

**膜貫通ドメイン** [transmembrane domain] 生体膜* を突き抜けて存在するタンパク質の, 生体膜を貫通する領域のこと. 多くは, 疎水性アミノ酸から成る α ヘリックス* 構造をとっている. 通常, アミノ酸配列の疎水性領域の解析(⇌ ヒドロパシー分析)から膜貫通ドメインが推測されるが, 推測された領域が膜を貫通していない例が示されている. また, ニコチン性アセチルコリン受容体* のようなイオンチャネル* で

は，疎水性領域だけでなく，両親媒性領域が膜を貫通してイオンの通過に寄与していると考えられる．実験的に膜貫通ドメインを決めるのは難しいが，膜外にあると予想される部位に対する抗体を用いて（多くはN末端やC末端に対する抗体が用いられる），その抗体が膜のどちら側に結合するか調べたり，さまざまな部位にN結合型糖鎖修飾部位(Asn-X-Ser/Thr)を挿入し，そこが糖鎖修飾を受けるか否かを調べ，それらをもとにして膜貫通ドメインを推測することができる．

**膜貫通輸送** [transmembrane transport] ⇒タンパク質輸送

**膜結合(型)リボソーム** [membrane-attached ribosome, membrane-bound ribosome] 真核細胞リボソームのうち小胞体*とよばれる細胞内膜系に結合しているものをいう．膜結合型リボソーム上で合成されるタンパク質はおもに細胞外に分泌されるタンパク質，細胞膜タンパク質，リソソームタンパク質，小胞体のタンパク質などが含まれる．リボソームと小胞体膜との結合は，タンパク質合成が開始し，これらのタンパク質のN末端領域に存在するシグナルペプチド*が合成された後に起こる．この過程は，シグナルペプチドへのシグナル認識粒子*(SRP)の結合，つづいて，小胞体膜にあるSRP受容体（ドッキングタンパク質）への結合，ならびにリボソームの小胞体膜上のリボソーム受容体*への結合を含む．リボソームの小胞体膜結合後，タンパク質合成はさらに継続する．タンパク質は種々のプロセシング過程を経たのち，最終的にそれぞれの機能部位に輸送される．リボソームが結合した状態の小胞体を粗面小胞体*という．（⇒膜非結合型リボソーム，ターゲッティング）

**膜骨格** [membrane skeleton] ⇒細胞表層
**膜骨格タンパク質** ＝細胞膜裏打ちタンパク質

**膜コンダクタンス** [membrane conductance] 単位ジーメンス($S=\Omega^{-1}$)．膜抵抗*の逆数．細胞膜をイオン電流が通過するしやすさ．イオンチャネル*の開口数に比例する．膜単位面積当たりのコンダクタンス($S/cm^2$)は，膜固有のイオン透過性(⇒膜透過性)および細胞内外のイオン濃度勾配および電位勾配，絶対温度により規定される．細胞当たりの膜コンダクタンス（入力コンダクタンス，S）は，S＝(単位膜コンダクタンス)×(膜面積)．この値は，細胞に一定の膜電位変化を与えた時に生じる膜電流変化として測定され，たとえば薬物投与により誘起されるチャネル開口の指標として用いられる．

**膜再循環** [membrane recycling] 細胞膜やオルガネラ（細胞小器官*）から小胞の出芽によって離脱した膜の一部が再びもとの膜に戻る現象を膜の再循環という．細胞膜受容体再循環を伴うエンドソーム*から細胞膜への再循環，マンノース6-リン酸受容体*の再循環を伴うエンドソームからトランスゴルジ網*への膜再循環，小胞体内腔のタンパク質の再循環を伴うゴルジ体から小胞体への膜再循環などが知られている．細胞膜と融合した分泌顆粒の膜構成成分のトランスゴルジ網様体への移行も膜の再循環といわれる．細胞膜に極性をもつ細胞における，一方の細胞膜ドメインからエンドソームを経て他方の細胞膜ドメインへの膜構成成分の移行はトランスサイトーシス*という．繊維芽細胞ではエンドサイトーシス*によって取込まれた細胞膜の85％以上は再循環し，膜再循環には40分程度を要する．ブレフェルジンAは小胞体からゴルジ体への小胞輸送を阻害するがゴルジ体から小胞体への逆行輸送を阻害しないため，ブレフェルジンA処理した細胞ではゴルジ膜の小胞体への移行が起こる．

**膜再分極** [membrane repolarization] 興奮によりいったん脱分極した膜電位がもとの静止電位*へ回復する過程を再分極とよぶ．神経細胞や筋細胞などの興奮性膜は静止状態で$-90\sim-40$ mVに分極しており（静止電位），これら興奮性細胞は外部からの刺激によって膜電位が浅くなり（脱分極*），ひいては活動電位*を発生して興奮伝達，収縮などの生理機能を発揮する．膜電位は細胞内外のイオン濃度と個々のイオンに対する膜透過性によって決定される．生理的状態では，$Na^+$や$Ca^{2+}$の膜透過性増大は膜電位をより正電位側へ，$K^+$の透過性増大は膜電位をより負電位側へ移行させる．膜再分極は，活動電位によっていったん増大した$Na^+$，$Ca^{2+}$の透過性が減弱し，同時に$K^+$の透過性が増大することによって生じると考えられている．

**マクサム・ギルバート法** [Maxam-Gilbert method] ⇒DNA塩基配列決定法

**膜小胞** [membrane vesicle] 脂質二重層*を基本構造とした脂質とタンパク質，あるいは脂質のみによって形成される閉鎖小胞のこと．小胞輸送経路における輸送小胞*は直径60〜100 nmの小胞である．被膜ウイルスも膜小胞を形成している．超音波処理などで大きな膜を破砕すると膜断片は熱力学的により安定な膜小胞の形態をとる．細胞分画などによって得られる膜画分は通常膜小胞であり，細胞膜小胞，ゴルジ膜小胞などとよぶ．膜小胞にはこのほか主としてリン脂質から形成される人工膜小胞（リポソーム*）やリポソームにタンパク質を組込んだ再構成膜小胞(reconstituted vesicle)などがある．

**膜性骨化** [membranous ossification] ⇒骨形成
**膜脱分極** [membrane depolarization] ＝脱分極
**膜タンパク質** [membrane protein] 細胞膜タンパク質(plasma membrane protein)ともいう．細胞膜脂質二重層*に組込まれているタンパク質あるいは糖タンパク質．これらは細胞膜全長を貫いたり（⇒膜貫通タンパク質），表層に位置したり（⇒細胞表面タンパク質），細胞膜を裏打ちしたり，さまざまな状態で存在している．膜タンパク質は，1) そのアミノ酸残基の疎水性の強い領域によって，あるいは 2) ミリストイル化，パルミトイル化され，それらの脂質部分によって，3) PIアンカータンパク質（⇒GPIアンカー型タンパク質）として細胞膜に組込まれる．膜タンパク質の例としては酵素，ペプチドホルモン・増殖因子・オータコイドなどの受容体，糖などの輸送担体，イオン

チャネル，細胞接着にかかわる分子などをあげることができる．すなわち膜タンパク質は細胞表面からのシグナルを受取り，物質の透過・輸送など細胞の動的機能に関与している．(→生体膜)

**膜抵抗**[membrane resistance]　細胞膜の電気的抵抗．単位は$\Omega \cdot cm^2$．受動的な膜の電気的等価回路は膜抵抗と膜容量が並列におかれるモデルで記述される．単位面積当たりの膜抵抗($R_m$)と膜容量($C_m$)の積($R_m \cdot C_m$)は時定数である．興奮性細胞では膜抵抗が大きいほど小さな電流刺激で興奮が発生する．しかし時定数が長いと興奮発生に要する刺激時間が長くなる．また細い細胞では単位長さ当たりの膜抵抗($r_m$)と細胞内抵抗($r_i$)の比の平方根 $\sqrt{r_m/r_i}$ が長さ定数を与える．長さ定数が大きいと刺激部位の電位が空間的に広がりやすい．膜抵抗の実体はイオンチャネルのコンダクタンスである．静止電位での$K^+$チャネルなどの開口程度に応じて膜抵抗は測定値を示すことになる．興奮時には$Na^+$チャネルなど多くのイオンチャネルが開口するので膜抵抗は著しく減少する．しかし能動的な抵抗の変化は，一般に抵抗の逆数の次元をもつ膜コンダクタンス*として記述される．

**膜電位**[membrane potential]　生体膜を隔てて内外の電解質溶液間に生じる電位差をいう．細胞膜の電位差をさすことが多いが，ミトコンドリア膜などの場合も含む．細胞膜では$Na^+/K^+$ポンプにより，ミトコンドリア膜では$H^+$ポンプにより，膜の外側に陽イオンが過剰に存在するために電位差が生じる．細胞膜では細胞内の静止電位*は$-150 \sim -50 mV$である．興奮性細胞においては静止電位が変化して活動電位*，シナプス後電位*などが生じる．

**膜電位依存性チャネル**＝電位依存性チャネル

**膜電流**[membrane current]　細胞膜を通過する電流．チャネルを通過するイオンにより運ばれるイオン電流(ionic current)と膜容量*の充放電に伴う容量性電流(capacitive current)から成る．パッチクランプ・ホールセル記録法，2本の細胞内電極による電圧固定法などによって記録される．イオン電流によって運ばれた総電荷の値から膜を通過するイオン分子数が推定可能である．

**膜透過性**[membrane permeability]　生体膜を通して物質(イオンを含む)が移動する性質または移動能力のこと．膜透過性の度合は次式で得られる透過係数(permeability coefficient)$P_i$で表される．
$$J_i = P_i \cdot A \cdot \Delta C_i$$
ここで$J_i$は単位時間当たりの物質の移動量，$A$は膜の面積，$\Delta C_i$は膜内外のポテンシャル差で，電荷のない場合は濃度差，電荷のある場合は電気化学ポテンシャルである．この式が当てはまるのは，膜輸送が単純拡散により行われる水，酸素や二酸化炭素の気体，エタノールや尿素などの非電解質性小分子の場合と，イオンチャネル*を通して輸送が行われる$Na^+$，$K^+$，$Ca^{2+}$，$Cl^-$などの場合である．グルコース，アミノ酸，ヌクレオチドなどは，膜に存在する物質特異的な輸送体と結合して促進拡散*により輸送される．その動態はミカエリス・メンテンの式*で表され，透過性は最大速度，ミカエリス定数などで表される．

**膜透過停止配列**[stop transfer sequence]　⇄膜貫通タンパク質

**膜トポロジー**[membrane topology]　細胞内でのタンパク質と生体膜*との配置や配向関係を包括する概念．タンパク質分子が，合成される細胞質と同じ側にあるか，膜を隔てて反対側か，小胞体なら細胞質側か内腔側かなどを問題とし，膜貫通タンパク質*では，膜貫通ドメイン*の有無，膜貫通の回数，各膜貫通セグメントの膜内での配向などを問題とする．膜外部分や膜内セグメントのフォールディング*を問題にしない．膜タンパク質*の膜貫通部分の形成は比較的単純な決定要因で規定され，フォールディングとは独立して考えることができる．また，膜トポロジーの規定によって膜内領域の空間配置の自由度が制限され，後のフォールディングに決定的な影響を与える．膜タンパク質の膜トポロジーの形成には，トランスロコン*などの因子が関与している．膜貫通セグメントの膜組込み開始と停止，組込み時の配向決定，疎水セグメントによる近傍の親水性セグメントの膜内への引込みなど，一般的な膜トポロジー形成則が解明されつつある．(→脂質二重層，細胞表面タンパク質，イオンチャネル，輸送体，受容体)

**膜内粒子**[intramembrane particle]　⇄P面

**$Mg^{2+}$-ATPアーゼ**[$Mg^{2+}$-ATPase]　ATPの$\gamma$-リン酸エステル結合を加水分解して無機リン酸を形成する酵素．きわめて種類が多いが，後述のようにATPの分解に共役して特定の生理機能を発揮するもの以外はEC 3.6.1.3に分類されている．ATPと酵素の結合には$Mg^{2+}$が必要であり，$\Delta,\beta,\gamma$-bidentate-Mg-ATP複合体(MgがATPの$\beta$，$\gamma$のリン酸にまたがって配位したもの)が真の基質と考えられている．粗抽出液中の本酵素活性は，多数のリン酸キナーゼ(ATPのリン酸転移酵素)とホスファターゼの混合物，あるいは各種のATP依存性の合成酵素とその生成物の加水分解酵素の混合物による外見上のATPアーゼ活性も含んでいるので注意しなくてはならない．しかし精製酵素でATPアーゼ反応を示すものの生理学的意義は，ATPの分解に際して発生するエネルギーの利用系である点が重要である．その形態は膜のイオン輸送性ATPアーゼ群(EC 3.6.1.34~38)など多数のATPアーゼがこの$Mg^{2+}$-ATPアーゼの中にある．同じ膜のATPアーゼの中にもATP合成酵素*のように，生理的にはATP合成に作用するものもある．一般の動植物，微生物の$Mg^{2+}$-ATPアーゼの大部分は活性化されたATP合成酵素そのものであることが確立された．これらはいずれもATPの化学エネルギーの変換装置である．一般合成酵素が化合物の合成にATPのエネルギーを消費するのに，明確な基質による分類が可能であった．これに比べて，このATPアーゼはイオンの浸透圧の仕事，筋肉の力学的仕事，あるいは発光，発熱などの電磁波の仕事に変換するために，基質-生成物による酵素命名法になじまず，多くの混乱

があった．しかし，生体エネルギー論*の発展に伴って，その分子内でのエネルギー変換様式が詳細に解明されつつある．

**膜非結合(型)リボソーム** ［membrane-unattached ribosome］ 遊離型リボソーム(free ribosome)ともいう．膜結合(型)リボソーム*と対比して用いられる．真核細胞のリボソーム*は2種類に大別され，一方は，小胞体膜に結合して分泌型や細胞内小胞に蓄えられるタンパク質あるいは膜タンパク質の合成を行っている膜結合(型)リボソームで，もう一方が膜非結合(型)リボソームである．膜結合(型)リボソームは，主として細胞質可溶性画分で機能するタンパク質を合成している．核，ミトコンドリアやペルオキシソームに移行するタンパク質の合成にも膜非結合(型)リボソームが関与する(→ターゲッティング)．原核細胞のリボソームはほとんどが遊離型リボソームとして存在する．

**膜ミクロドメイン** ［membrane microdomain］ 脂質ラフト*と同義に使われることが多いが，多少なりともラフト仮説(raft hypothesis)を修正して考える論者が意識的に用いる場合もある．ラフト仮説ではスフィンゴ脂質とコレステロールを中心とする脂質間相互作用を領域形成の基盤に据え，タンパク質はその脂質領域への親和度に応じて分配されると考えるのに対し，タンパク質の役割をより積極的にとらえる場合，たとえば膜タンパク質の周囲に親和性のある脂質が集合し，それが膜領域形成の基盤となるという考え(lipid shell仮説)などを含む．さらに膜骨格の網目によって規定される膜の小領域をさして使われることもある．

**膜融合** ［membrane fusion］ 二つの生体膜同士が結合し，合体して一つになる現象．細胞膜の融合による細胞融合*はセンダイウイルス*などのウイルス，ポリエチレングリコール*などによって人工的にひき起こされる．$Ca^{2+}$による筋芽細胞の融合は生理的に重要である．ウイルスエンベロープと細胞膜の融合はよく研究され，融合に必要なタンパク質，ドメイン構造の同定も進んでいる．細胞内小胞の形成，輸送，エンドサイトーシス*，エキソサイトーシス*などにも膜融合が介在する．

**膜輸送** ［membrane transport］ 細胞膜などの生体膜*を介した物質の輸送．イオンなどの通過は，$Na^+$チャネルなどのチャネルや，$Na^+,K^+$-ATPアーゼ*などのポンプが関与する．糖やアミノ酸などはそれぞれに特異的な輸送体*による．輸送体には能動輸送*体と受動輸送*体がある．また輸送の方向により，単輸送体，共輸送*体，対向輸送体*がある．エンドサイトーシス*，エキソサイトーシス*などの膜輸送は，小胞の形成，移動，融合を伴う小胞輸送*により起こる．(→メンブレントラフィック)

**膜容量** ［membrane capacitance］ 細胞膜脂質により細胞膜内外が電気的に隔絶されることにより生じる電気容量．単位面積当たりの膜容量は約 $1\ \mu F/cm^2$ で，この値は細胞によらず，ほぼ一定である．細胞膜容量は細胞膜面積に比例する．膜容量の充放電により細胞は分極，脱分極する．膜容量の充放電による膜電位*の変化は指数関数に従い，電位が初期値の $1/e$ ($e=2.72$)に達する時間(時定数 $\tau$)は膜抵抗($R$)と膜容量($C$)の積に相当し($\tau=RC$)，シナプス電位や活動電位の時間経過に影響を与える．細胞膜容量は神経繊維を取囲む髄鞘(ミエリン)や筋細胞横行小管などの存在によって増大する．

**マクラウド表現型** ［McLeod phenotype］ 有棘赤血球を伴う神経障害を特徴とする疾患．神経障害は徐々に発症し，腱反射の消失，ジストニー，舞踏病様症状を呈する．そのほか骨格筋，心筋のクレアチンキナーゼ*の上昇を伴う筋ジストロフィーを併発することが多い．血液学上は赤血球が有棘状となり，また表面抗原(kell)の発現の低下ないし消失をみる．遺伝学的にはX染色体上に原因遺伝子の座をもつXp21.2-p21.1か明確な遺伝様式はとらないものが多い．近年原因遺伝子がポジショナルクローニング*により単離され，膜タンパク質の一種で中性アミノ酸またはオリゴペプチドのナトリウム依存性の輸送に関与していることが示唆されている．特にグルタミン酸の運搬にかかわるタンパク質との相同性が報告されている．

**膜ラッフリング** ［membrane ruffling］ ＝ラッフリング

**マクリントック** McCLINTOCK, Barbara 米国の遺伝学者．1902.6.16～1992.9.2．コネティカット州ハートフォードに生まれ，ニューヨーク州コールド・スプリング・ハーバーに没す．コーネル大学を1923年卒業(生物学専攻)．1927年トウモロコシの遺伝研究でPh.D.取得．1936年ミズーリ大学助教授．1941年コールド・スプリング・ハーバー研究所員，"動く遺伝子"(→トランスポゾン)の概念の提唱(1950)．1983年ノーベル医学生理学賞受賞．

**マクロオートファジー** ［macroautophagy］ →オートファジー

**マクロファージ** ［macrophage］ 大食細胞ともいう．おう盛な貪食能をもつ食細胞*で，付着性，運動性に富み，死細胞や変性した組織構築物を体内で生じた異物や外部から侵入した細菌などを貪食消化することを第一の役割とする細胞．系統発生的にはすべての動物に存在する．哺乳類成体では骨髄において造血幹細胞*より分化し，血液单球を経て末梢組織に移行し，マクロファージとなる．末梢では腹腔などに浮遊細胞として存在するほか，組織球*，肝臓のクッパー細胞*，破骨細胞*や脳のミクログリア*などに分化し，組織に定着する．この細胞の機能は貪食にとどまらず，腫瘍壊死因子などのサイトカインやプロスタグランジンなどの脂質代謝物，活性酸素など種々の物質の産生を行い，抗原提示作用，がん細胞など誤って分化した細胞の傷害，細胞間質の形成と分解などさまざまな役割を有する．したがって，免疫と炎症反応の調節という生体防御的な側面だけでなく，個体発生や変態の制御，組織維持に貢献している．(→スカベンジャー受容体)

**マクロファージアポトーシス抑制因子**　[apoptosis inhibitor of macrophages]　⇒AIM(エイム)

**マクロファージコロニー形成単位**　[macrophage colony-forming unit]　CFU-Mと略称する．単球-マクロファージコロニー形成細胞(monocyte-macrophage colony forming cell)ともいう．単球*，マクロファージ*に分化が限定された前駆細胞．この細胞の増殖・分化にはインターロイキン3*，顆粒球-マクロファージコロニー刺激因子*，マクロファージコロニー刺激因子*，顆粒球コロニー刺激因子*のいずれか一つが必要である．半固形培地中で，マウスでは7日目，ヒトでは14日以後50個以上の単球，マクロファージから成るコロニーを形成する細胞として同定される．ヒトでは骨髄，末梢血，臍帯血中に存在し，臍帯血中の相対的頻度が高い．(⇒造血幹細胞)

**マクロファージコロニー刺激因子**　[macrophage colony-stimulating factor]　M-CSFと略す．コロニー刺激因子1(colony-stimulating factor-1, CSF-1)ともいう．単球前駆細胞の分化増殖作用・成熟単球のエフェクター機能増強作用・破骨細胞前駆細胞増殖作用・胎盤絨毛細胞の分化誘導作用をもつ二量体型糖タンパク質．骨髄ストロマ細胞・血管内皮細胞などから構成的に産生される．遺伝子は第1染色体短腕13-21領域(ヒト)に位置し，プロモーターから85 kDaのM-CSFと高分子量のプロテオグリカン型から，1.8 kb mRNAから45 kDaのCSF-1がつくられる．ヒト血中には85 kDa型のみが存在する．その受容体はチロシンキナーゼ型で原がん遺伝子 c-fms(⇒fms 遺伝子)(第5染色体長腕33.2-3領域)によりコードされる．(⇒コロニー刺激因子)

**マクロファージコロニー刺激因子受容体遺伝子**　[macrophage colony-stimulating factor receptor gene]　=fms 遺伝子

**マクロファージ刺激タンパク質**[macrophage stimulating protein]　⇒肝細胞増殖因子

**マクロファージ遊走阻害因子**　[macrophage migration inhibitory factor]　マクロファージ遊走阻止因子ともいう．MIFと略す．115アミノ残基より成る分子量約12,000のポリペプチド．二量体を形成する．古くから活性化T細胞の産生する因子として知られていたが，1989年にcDNAクローニングされ，下垂体，レンズ，マクロファージなどさまざまな組織での発現が確認されている．これよりリンホカインとしてだけでなく多彩な機能をもつことが推察されている．特に下垂体での産生は免疫内分泌関の点からも注目されている．リポ多糖*による敗血症誘導に中心的な役割を担うことが示され，またグルココルチコイドによる免疫抑制作用に対する対立調節因子として機能することが示唆されている．サルコレクチンと結合する．

**マクロファージ遊走阻止因子**　=マクロファージ遊走阻害因子

**マクロライド系抗生物質**　[macrolide antibiotics]　放線菌により生産され，多員環ラクトンに中性糖またはアミノ糖が結合している抗生物質*の総称．広義のマクロライド系抗生物質にはつぎの三つのグループが含まれる．1) 狭義のマクロライド系抗生物質: 12, 14, または16員環ラクトンをもち，おもにグラム陽性細菌を阻止する(⇒エリスロマイシン)．2) ポリエン・マクロライド系抗生物質: アンホテリシンB*など4〜7個の共役二重結合を含む多員環ラクトンをもち，抗真菌作用，抗原虫作用を示す．3) その他のマクロライド系抗生物質: エバメクチンなど駆虫作用を示すものもある．

**MRSA**　⇒MRSA(エムアールエスエー)

**マーシャル　MARSHALL, Barry James**　オーストラリアの臨床医学者．1951.9.30〜　　西オーストラリア州カルグーリー生まれ．病理学者のJ. R. Warren*と共同で，らせん状の未知の細菌(ピロリ菌)が胃炎や胃潰瘍をひき起こすことを発見した．自らがピロリ菌を飲んで感染しその後治癒することを示した．ピロリ菌に対する生体検査，血液検査，抗生物質による治療法も開発した．1986年バージニア大学医学部教授，1997年西オーストラリア大学臨床学部教授，1999年から微生物学教授．2005年にヘリコバクター=ピロリ*の発見とその胃炎や消化性潰瘍における役割に関する研究でノーベル医学生理学賞をWarrenとともに受賞．

**麻疹ウイルス**　⇒モルビリウイルス

***mas* 遺伝子**　[*mas* gene]　ヒト類表皮がんから*in vivo* 腫瘍形成能により分離されたがん遺伝子*．その活性化は5′近接領域の再配列による．ヒト遺伝子は第6染色体長腕に位置する．*mas* 転写物は脳，特に海馬や大脳皮質に多い．Mas(アミノ酸325個)は七つの膜貫通セグメントをもつ膜タンパク質で，RTA(rat thoracic aorta)と34%，アンギオテンシンII受容体と20%の相同性がある．*mas* 移入細胞はアンギオテンシンに応答性を示す．

**マスクされたmRNA**　[masked mRNA]　真核細胞でmRNAがタンパク質と結合し，タンパク質によってマスクされた状態で存在する時，これをマスクされたmRNAとよぶ．現在ではmRNAはほとんど常にタンパク質と結合した状態で存在していることがわかっている．積極的にmRNAが翻訳されないようにタンパク質が調節的に働いている時などに，特にそのことを意識して用いられる．

**マススペクトロメトリー**　=質量分析法

**マスター調節遺伝子**　[master regulatory gene]　ショウジョウバエのホメオティック遺伝子*の一つであるウルトラバイソラックス遺伝子*(*Ubx*)の機能が欠失すると，後胸節が中胸節にホメオティック突然変異*をひき起こす．このような変異個体では，発生過程で後胸節を形成するためのプラン(設計図)が中胸節形成のプランへと変更されている．各体節の形態的特徴は，体節に固有な様式で局所的な細胞増殖の調節や細胞分化*のタイミングの調節，また翅をつくるか平均棍をつくるかというような体節に固有な遺伝子群の発現調節によって形成される．ホメオティック遺伝子のような遺伝子は転写調節因子をコードし，形態形

成過程にかかわる多様な遺伝子群の発現調整を体節に固有な様式で統括して行っていることになる．このように発生過程において形態形成プランを選択し，固有のプランを実現してゆく機能をもつ遺伝子をマスター調節遺伝子とよぶ．また，転写制御ネットワークにおいて中心的な，または転写制御カスケードにおいて最上位の転写因子遺伝子もマスター調節遺伝子とよぶ．

**マスタードガス**［mustard gas］ ＝サルファーマスタード

**マスト細胞**［mast cell］ 肥満細胞，肥胖細胞ともいう．多分化能造血幹細胞の子孫の一種．好塩基顆粒を細胞質内にもっていることと，細胞表面に IgE に対する高親和性受容体をもっている点は，やはり多分化能造血幹細胞の一種である好塩基球*と共通しているが，好塩基球とマスト細胞は明らかに別種の細胞である．マスト細胞の好塩基顆粒中には，ヘパリン，ヒスタミン，タンパク質分解酵素が含まれており，表面に発現している高親和性 IgE 受容体に結合した IgE 分子を介して，即時型アレルギー反応のエフェクター細胞*として働く．

**マスト細胞増殖因子活性**［mast cell growth-enhancing activity］ ＝インターロイキン9．MEA と略す．

**マッカードル病**［McArdle disease］ ⇌ 糖原病

**Max**［Max］ Myn ともいう．Myc(→ *myc* 遺伝子)とヘテロ二量体を形成して転写を活性化する転写因子*．Myc-Myc ホモ二量体は DNA に結合できない．分子量は 21,000 と Myc よりもかなり小さいが，Myc と同様にロイシンジッパー*，ヘリックス・ループ・ヘリックス* および DNA 結合ドメイン* をもつ．Myc・Max は CACGTG という配列に結合する．Max は一方で Mad* ともヘテロ二量体を形成するけれども，転写を強く阻害する．Max のホモ二量体も転写を弱いながら阻害する．したがって，Myc, Max と Mad の量的バランスが細胞増殖に大きく影響する．

**MUC-1**［MUC-1］ EMA, PEM, PUM, MAM6, PEMT, CD227, H23AG ともいう．mucin 1, cell surface associated の略号．MUC-1 は膜結合型ムチンであり，消化管や乳腺などで上皮細胞の管腔側に発現し，細胞の保護や接着の制御にかかわる(→ムチン)．MUC-1 コアタンパク質は二つのサブユニットに切断されヘテロ二量体を形成している．N 末端側は細胞外に存在し，大部分が 20 個のアミノ酸タンデムリピートで構成され O 結合型糖鎖付加を受ける．C 末端側は膜貫通ドメインおよび細胞質側末端(cytoplasmic tail, MUC1CT)をもつ．多くのがん細胞は MUC-1 の発現亢進，発現の極性消失および糖鎖の変化を示す．この結果 MUC-1 は細胞接着を抑制し，転移能の亢進や細胞障害性免疫の抑制をもたらす．MUC-1 を介した細胞内シグナル伝達は，細胞間接着分子1*(ICAM-1)などのリガンド結合や EGF 受容体との結合により誘導される．EGF 受容体によってリン酸化された MUC1CT は β-カテニンと結合して核に移行し転写活性化に関与する．ほかに RAS-MAP キナーゼや PLC-γ 経路を活性化し，がん* の進展に関与する．MUC-1 は腫瘍抗原としてがんの分子マーカーや免疫療法* の標的としても用いられる．

**Mash1**［Mash1］ Mammalian Achaete-Scute Homolog 1 の略．Ash1, Ascl1 ともいう．ショウジョウバエの Achaete や Scute タンパク質と相同性* をもつ転写調節因子*．さまざまな種類の神経細胞の前駆細胞で働き，神経細胞への分化を制御する．塩基性領域とヘリックス・ループ・ヘリックス* 構造をもち，E2A タンパク質などとヘテロ二量体を形成し，標的遺伝子のエンハンサー* にある CANNTG(NN は多くの場合 G または C)配列に結合し，その発現を制御する．種々のホメオドメイン* タンパク質などとも協調的に働き，神経細胞の多様性を生み出す．自律神経細胞や嗅神経細胞などの分化に必須であり，*Mash1* 遺伝子を欠損したマウスは摂食や呼吸不全により出生直後に死ぬ．近縁の遺伝子 *Mash2(Ascl2)* は栄養芽層* で発現し，胎盤* の形成に必須である．

**末梢血幹細胞移植**［peripheral blood stem cell transplantation, blood cell transplantation］ PBSCT あるいは BCT と略す．造血幹細胞* は，通常は骨髄* で分裂増殖を繰返し，成熟した細胞のみが末梢血中に放出される．しかし化学療法* 後の骨髄回復期や造血因子* 投与後には，血中にも幹細胞が数十倍にもするまでに流出する．この末梢血中幹細胞は，成分献血(apheresis)により大量に採取できる．これをがん細胞を根絶するための超大量制がん剤療法や全身放射線照射が終了したのちに，急速に解凍して患者に輸注すると，やがて骨髄に定着して多くの血液細胞をつくり出す．これを末梢血幹細胞移植という．末梢血幹細胞移植では骨髄移植とは異なり，幹細胞採取に麻酔が必要でなく，安全で非侵襲的である．末梢血幹細胞移植後の白血球や血小板数の回復はきわめて早いため，無菌室などの特別の設備を用いることなく，安全に移植を行うことができる．さらに多くの疾患では，骨髄に比較して末梢血中に含まれるがん細胞の数は少ないとされる．今後，同種骨髄移植* や自家骨髄移植* に代わる移植法としての普及が期待されている．(⇌ 血漿分離交換法)

**末梢神経系**［peripheral nervous system］ 中枢神経系* と対比される言葉で，脳*，脊髄* から出る神経をいう．脳からは 12 対(第Ⅰ～第Ⅻ脳神経)の神経，すなわち，嗅，視，動眼，滑車，三叉，外転，顔面，内耳，舌咽，迷走，副，舌下各神経．脊髄神経は，頸髄から 8 対，胸髄 12 対，腰髄 5 対，仙髄 5 対，尾髄 1 対，計 31 対である．脊髄前根は遠心性繊維(運動，自律神経)，後根は感覚神経(ベル・マジャンディーの法則，Bell-Magendie's law)で，両者が合流して脊髄神経を形成する．

**末梢免疫組織**［peripheral lymphoid tissue (organ)］ ＝二次免疫組織

**末梢リンパ器官**［peripheral lymphoid organ］ ＝二次リンパ器官

**MADS ドメイン**［MADS domain］ MADS ボック

ス(MADS box)ともいう．動物，植物，下等真核生物において細胞の分化や器官の発生をつかさどる遺伝子，特に植物の器官形成を支配する一群の遺伝子がコードするタンパク質中に見いだされる約60個のアミノ酸配列領域．αヘリックス*構造をとり，特定の塩基配列をもつ二本鎖DNAに結合する．転写調節因子*のモチーフの一つである．MADSの名は，最初にこの配列をもつことが確認された4種の遺伝子，酵母の*MCM1*，シロイヌナズナの*AGAMOUS*（⇒アガマス遺伝子），キンギョソウの*DEFICIENS*，ヒトの血清応答因子*（SRF）の頭文字に由来する（⇒花系ホメオティック遺伝子）．

**MADSボックス**［MADS box］ =MADSドメイン
**末端小粒** =テロメア
**末端デオキシリボヌクレオチジルトランスフェラーゼ** =ターミナルデオキシリボヌクレオチジルトランスフェラーゼ
**末端動原体染色体**［telocentric chromosome］ テロセントリック染色体ともいう．動原体*が染色体の末端部にある型の染色体のこと．
**末端肥大症** =先端巨大症
**Mad**［Mad］ MXD1ともいう．Max*とヘテロ二量体を形成して，転写を抑制するタンパク質として発見された．Myc（⇒*myc*遺伝子）やMaxと同様に，ロイシンジッパー*，ヘリックス・ループ・ヘリックス*およびDNA結合ドメインをもつ．Max・Madのヘテロ二量体はCACGTGという配列に結合して転写を阻害する．この時，実際には，酵母のコリプレッサーであるSin3に対応する哺乳動物のタンパク質がMadのN末端に結合した三量体の形でリプレッサーとして働く．Sin3（マウスやヒトではそれぞれmSin3，hSin3）はヒストン結合タンパク質やヒストンデアセチラーゼから成る複合体の一部を構成し，抑制的に働く．Madと非常によく似た構造と活性とをもつMxi1というタンパク質も知られている．
**MAT遺伝子**［*MAT* gene］ 酵母の接合型決定遺伝子．出芽酵母（*Saccharomyces cerevisiae**）では第Ⅲ染色体上の*MATa*と*MATα*の二つの対立遺伝子があり，相互に共優性の関係にある．二倍体において異接合的でないと減数分裂ができない．したがって，*MAT*遺伝子は接合の特異性を決定するとともに，減数分裂をも制御する．*MAT*遺伝子はおのおの2個の独立した転写単位から構成され，そのうちα1，α2，**a1**の3個のタンパク質は遺伝子発現を調節する．α2タンパク質はホモ二量体で**a**型特異的遺伝子の5'上流のオペレーターに結合し転写を抑制する．α1タンパク質はMcm1タンパク質と協調して，α型特異的遺伝子の転写を活性化する．二倍体細胞においてα2と**a1**タンパク質はヘテロ二量体を形成し，*HO*遺伝子*などの一倍体特異的遺伝子の転写を抑制する働きがある．（⇒酵母接合型）
**MAT座**［*MAT* locus］ =接合型遺伝子座

**MAPキナーゼ**［MAP kinase］ マイトジェン活性化プロテインキナーゼ（mitogen-activated protein kinase）の略称．細胞内シグナル伝達経路の中枢を担うセリン/トレオニンキナーゼ*の一つ．触媒サブユニットだけから成る単量体の酵素で，活性に補因子は必要としない．酵母から高等植物および脊椎動物に至る真核生物に普遍的に存在すると考えられる．哺乳類には43 kDaと41 kDaの2種類（*ERK1*と2），両生類（アフリカツメガエル）では42 kDaの1種類が存在する（⇒細胞外シグナル制御キナーゼ）．キナーゼサブドメインⅦとⅧとの間に位置するThr-Glu-Tyr（TEY）配列のトレオニン残基とチロシン残基が，ともにリン酸化を受けて初めて活性化することが特徴である．この両者のリン酸化は，シグナル伝達の上流に位置するMAPキナーゼキナーゼ*とよばれる単一の酵素によって担われている．MAPキナーゼは当初，上皮増殖因子*（EGF），血小板由来増殖因子*（PDGF），発がんプロモーター*であるホルボールエステルなどの増殖刺激やインスリン刺激ですばやく活性化するキナーゼとして見いだされたが，神経成長因子*（NGF）などの分化刺激のシグナル伝達，免疫細胞の活性化や卵成熟過程など多彩な系で活性化することが明らかにされた．チロシンキナーゼ*をもつ増殖因子受容体のシグナル伝達において，がん遺伝子産物Ras*およびがん遺伝子産物Raf-1（⇒*raf*遺伝子）の下流でMAPキナーゼキナーゼとMAPキナーゼが連続的に活性化し（⇒MAPキナーゼカスケード），細胞増殖の開始に重要な役割を果たす．現在ではMAPキナーゼは細胞増殖，細胞周期および細胞分化・発生のさまざまなシグナル伝達系で中心的役割を担うと考えられている．活性化に伴い，細胞質に存在していたMAPキナーゼが核に移行する場合が示されており，外界からのシグナルを核に伝える役割ももつと推定されている．酵素学的には基質特異性が特徴で，*in vitro*において微小管関連タンパク質*MAP2とミエリン塩基性タンパク質をよい基質とするが，ヒストンやカゼインはほとんどリン酸化しない．*in vivo*の基質として転写因子であるMycやElk-1，セリン/トレオニンキナーゼであるp90$^{rsk}$，微小管関連タンパク質であるp220などが知られている．MAPキナーゼ近縁のキナーゼが脊椎動物において見いだされている．それらは浸透圧，熱，紫外線およびタンパク質合成阻害剤などの外界ストレス刺激やある種のサイトカインで活性化するセリン/トレオニンキナーゼで，SAPキナーゼ*（=JNK*）とp38*（=MPK2），ERK5，7が知られており，MAPキナーゼファミリーを構成している．MAPキナーゼがTEY配列をもつ（上述）のに対し，SAPキナーゼ/JNKはTPY（Thr-Pro-Tyr）配列を，p38/MPK2はTGY（Thr-Gly-Tyr）配列をもつ．

**MAPキナーゼカスケード**［MAP kinase cascade］ MAPキナーゼ*は，分子量約4万のタンパク質リン酸化酵素である．さまざまな真核生物の細胞種で，MAPキナーゼキナーゼキナーゼ（MAPKKKまたはMEKK*）→MAPキナーゼキナーゼ（MAPKKまたは

MEK→MAPキナーゼのリン酸化カスケードを形成し，細胞膜から核へのシグナル伝達*で重要な役割を果たす．多細胞動物では，受容体型チロシンキナーゼやRasの下流で原がん遺伝子産物c-RafがMAPKKKの一つとして働く(⇨ras遺伝子，raf遺伝子). MAPキナーゼは直接あるいは間接にさまざまな転写因子*(c-Fos, TCF/Elk, c-Mycなど)を活性化することで，多くの細胞種の増殖・分化・がん化を仲介する．出芽酵母や分裂酵母でも類似したMAPキナーゼカスケード(それぞれ，STE11→STE7→FUS3, byr2→byr1→spk1など)が存在する(⇨STE遺伝子). なお，MAPキナーゼ自身は，特異的なホスファターゼ(MKP-1)によって不活性化される. (⇨キナーゼカスケード機構，付録D)

**MAPキナーゼキナーゼ** [MAP kinase kinase] MAPKKと略記する. MEK(MAP kinase-ERK kinase)ともいう. MAPキナーゼ*の活性化に必須のトレオニン残基とチロシン残基のリン酸化の両方を触媒し，MAPキナーゼを活性化させる酵素．セリン/トレオニンとチロシンの両タイプのアミノ酸残基のリン酸化を触媒しうる dual specificity kinase(＝セリン/トレオニン/チロシンキナーゼ；セリン/トレオニンキナーゼ)である．両生類(アフリカツメガエル)では45 kDaの1分子，哺乳類では互いによく似た約45 kDaの2分子が存在する．MAPキナーゼキナーゼ自身も活性に特定のセリン残基のリン酸化を必要とし，そのリン酸化はがん遺伝子産物であるRaf-1やMosなどによって担われている．

**マップ単位** [map unit] ⇨センチモルガン
**マトリックス** [matrix] ⇨ミトコンドリア，核マトリックス，細胞外マトリックス
**マトリックス支援レーザー脱離イオン化−飛行時間型質量分析計** [matrix-assisted laser desorption/ionization-time of flight mass spectrometer] MALDI-TOF MSと略す．ソフトイオン化法の一つであるMALDIと飛行時間型質量分析計を組合わせた装置である．マトリックスにはレーザーによりイオン化されやすい安息香酸などの結晶を用いることが多く，パルスレーザーを試料とマトリックスの混合結晶に照射し，爆発して生じたタンパク質やペプチドなどの生体分子のイオンを気体中に放出させ，質量電荷比による飛行時間の違いによりイオンを検出する．MALDIでのイオン化はマトリックスとのプロトン授受によって起こり，主としてポジティブでは$[M+H]^+$が，ネガティブでは$[M-H]^-$が生じる．照射した紫外レーザーの光エネルギーのほとんどがマトリックスに吸収されるため，試料はそのまま分子関連イオンを生じ，ほとんど壊れない．いわゆるソフトイオン化法の一つとして，プロテオミクス*では，二次元電気泳動*から得たタンパク質をプロテアーゼ処理した後のペプチドの解析法としてよく用いられる. (⇨ハイスループット技術)

**マトリックス指向シグナル** [matrix-targeting signal] ＝ミトコンドリア指向シグナル

**マトリックス付着領域** [matrix attached region, matrix-associated region] ＝核マトリックス付着領域. MARと略す．
**マトリックスメタロプロテアーゼ** [matrix metalloprotease] マトリックスメタロプロテイナーゼ，マトリックス金属プロテアーゼともよばれる．MMPと略される．細胞外マトリックス*を分解するメタロプロテアーゼ*の総称で，数種のコラゲナーゼ*，ゼラチナーゼ*，ストロメライシン(stromelysin)，マトリライシン(matrilysin)などが含まれる．MMPは，不活性なプロ酵素として分泌されたあと活性型に変換される．活性中心には亜鉛が存在し，His-Glu-X-Gly-His-X-X-Gly-X-X-Hisという配列の3個のヒスチジン残基と結合している．MMPの特異的阻害タンパク質として，TIMP*が知られている．

***maf*遺伝子** [*maf* gene] ニワトリ腫瘍ウイルスより同定されたがん遺伝子*の一つでその産物はロイシンジッパー*構造をもち，細胞中では核内に局在し，転写因子*として機能する．名称は，musculoaponeurotic fibrosarcoma(筋腱膜繊維肉腫)に由来する．ホモ二量体としてはTGCTGACTCAGCAに類似したDNA配列を認識する．ウイルスのv-*maf*遺伝子に対応するc-*maf*のほか，6個の関連遺伝子が知られており，これらの産物はFos, Junなど他のロイシンジッパータンパク質ともさまざまな二量体を形成する．また関連遺伝子産物については，赤芽球特異的転写調節因子NF-E2としての機能など，発生分化段階での役割が明らかになりつつある．

**麻薬性鎮痛薬** [opioid analgesic] ⇨モルヒネ
**マラー** MULLER, Hermann Joseph 米国の遺伝学者. 1890.12.21〜1967.4.5. ニューヨーク州に生まれ，インディアナポリスに没す．コロンビア大学修士課程終了(1912)後，同大学のT. H. Morgan*の研究室で遺伝学に携わり，Ph.D. 取得(1916). テキサス大学教授(1921〜32). X線照射によるショウジョウバエの突然変異を実証(1927). ベルリン(1932), モスクワ(1933〜37), スペイン(1937), エディンバラ(1938〜40)と外国滞在．インディアナ大学教授(1945〜64). 1946年ノーベル医学生理学賞受賞．

**マラリア** [malaria] 三日熱，四日熱，熱帯熱および卵型の4種のマラリア原虫(⇨プラスモジウム)によって起こる熱性疾患で，特徴的な発熱型を示す．ヒトとアノフェレス蚊を宿主とする生活環をもち，蚊が媒介する．世界中で患者総数1億数千万人，死者年間百万人と推定されている．殺虫剤耐性の蚊やクロロキン耐性のマラリア原虫が出現し，対策が困難となった．ゲノムプロジェクトによりマラリア原虫および媒介昆虫のハマダラカのゲノムが解読され，分子標的法による新しい治療薬や殺虫剤の開発が進められている．日本では風土病として三日熱マラリアが存在したが，第二次大戦後消滅し，輸入マラリア患者だけしか発生しなくなった．

**マラリア原虫** [malaria parasite] ⇨プラスモジウム

マリー運動失調症［Marie's ataxia］ 1892年にフランスのP. Marieが家族性に小脳性運動失調*症が生じることを4例の臨床例について述べたことに始まる．小脳性運動失調のほか，眼振，深部反射亢進などを臨床的な特徴とするとした．その後，病理解剖所見が必ずしも一致しないことが強調され，現在では一疾患単位とは見なされていない．最近の遺伝子解析により，優性遺伝するマリー運動失調症には，SCA1 (spinocerebellar atrophy type 1) およびマシャド・ジョセフ (Machado-Joseph) 病が含まれていたと推定される．

マリス **MULLIS**, Kary B. 米国の分子生物学者．1944.12.28～ ジョージア工科大学卒業後カリフォルニア大学バークリー校で Ph.D. を取得 (1972)．1979年シータス社研究員，1992年アトミック・タッグ社副社長，スター・ジーン会長．1971年に PCR*法を開発．改良を重ね，微量DNAの増幅により DNA 配列決定などに貢献した．1993年 M. Smith*とともにノーベル化学賞受賞．

マリファナ［marihuana, marijuana］ ⇒大麻

マルキアファーヴァ・ミケリ症候群 ［Marchiafava-Micheli syndrome］ ＝発作性夜間ヘモグロビン尿症

マルコフ連鎖［Markov chain］ 時間とともにさまざまな状態を変遷する現象を表現するモデルの一つ．状態間の遷移は確率的に行われる．マルコフ連鎖ではとりうる状態は離散的である．ある時刻にどの状態がどの程度の確率で実現されるかはそれ以前の時刻でどのような状態をとっていたかのみに依存する．最もよく用いるのは，ある時刻 $T$ での状態がその一つ前の時刻 $T-1$ の状態にのみ依存し，時刻 $T-2$ 以前の状態には依存しないもので，一次のマルコフ過程とよばれる．

マルチプルアラインメント ［multiple alignment］ ⇒アラインメント

**MALDI-TOF MS**［MALDI-TOF MS＝matrix-assisted laser desorption/ionization-time of flight mass spectrometer］＝マトリックス支援レーザー脱離イオン化-飛行時間型質量分析計

マルファン症候群［Marfan syndrome］ クモ指症 (arachnodactyly, spider finger) ともいう．結合組織異常に基づく系統的疾患．常染色体優性遺伝．細長い四肢，クモ状指趾，脊柱異常などの骨格系異常，解離性大動脈瘤や大動脈弁輪拡張症などの心血管系異常，水晶体亜脱臼を主とした眼症状が認められる．結合組織に存在するミクロフィブリルの成分であるフィブリリンをコードする遺伝子 *FBN1* の突然変異によって起こる（タイプⅠ）が，変異部位によって，臨床症状は異なる．*FBN1* は第15染色体15q21に存在するが，別の染色体 (3p25-p24.2) にも原因となる遺伝子が存在し，*FBN1* 異常とは異なるマルファン症候群でマルファン症候群タイプ2またはマルファン症候群様結合組織病とよばれていたが，この遺伝子が TGF-β シグナル伝達系で働く TGF-β 受容体2 (TGFBR2) であることが示された．

マールブルグウイルス［*Marburgvirus*］ ⇒ラブドウイルス科

マロトー・ラミー症候群 ［Maroteaux-Lamy syndrome］ ムコ多糖症*Ⅵ型と分類される $N$-アセチルガラクトサミン-5-スルファターゼ（アリールスルファターゼB）欠損による常染色体劣性遺伝病．著しい骨の変形と角膜混濁が主要症状であるが，知能障害はない．尿中にデルマタン硫酸排泄があり，末梢血に空胞リンパ球が多い．この酵素の遺伝子は第5染色体 (5q11-q13) にあり，cDNA を用いた分析により，ヒト患者の突然変異も同定された．

マンスフィールド **MANSFIELD**, Peter 英国の物理学者．1933.10.9～ ロンドン生まれ．1959年にロンドン大学クイーン・メアリー校を卒業し，ロンドン大学で1962年 Ph.D. 取得後，米国イリノイ大学，ドイツのマックス・プランク研究所を経て，1964年からノッティンガム大学の物理学部に所属し，1979年教授，現在名誉教授．パルスシークエンスの新しい方法を開発し，超高速イメージングによる画像化の基礎を築いた．2003年核磁気共鳴画像化法に関する発見により，P. C. Lauterbur*とともにノーベル医学生理学賞を受賞．(⇒MRI)

慢性関節リウマチ ＝関節リウマチ

慢性原発性副腎皮質不全症 ［chronic primary adrenocortical insufficiency］ ＝アジソン病

慢性骨髄性白血病 ［chronic myelocytic leukemia］ 未分化の骨髄球系細胞の腫瘍化により，白血球増多をきたす疾患．急性骨髄性白血病*とは異なり，骨髄において幼若な細胞から成熟した細胞まで各分化段階の細胞が存在する．無治療では多くは数年以内に急性転化を起こし死亡する．abl キナーゼのインヒビターが有効な治療薬である．造血幹細胞移植やインターフェロン投与，多剤併用化学療法が行われることもある．この疾患の90％以上で第9染色体と第22染色体の相互転座*によるフィラデルフィア染色体*が認められ，その転座部位に形成される *BCR/ABL* 融合遺伝子*が腫瘍化の原因と考えられている．(⇒白血病)

慢性肉芽腫症［chronic granulomatous disease］ 結核，梅毒，ハンセン病*などの慢性感染症の際に生じる結節状の病変．上皮様に腫大したマクロファージである類上皮細胞の存在が特徴的であり，乾酪壊死とよばれる凝固壊死巣を囲み類上皮細胞やラングハンス巨細胞が存在し，その周囲にリンパ球や形質細胞の浸潤を伴う繊維化のみられる結核の肉芽腫 (granuloma) は最もよく知られている．肉芽腫では単核食細胞系の細胞の集まりが病変の主体であり，金属その他の異物によっても肉芽腫が形成される．(⇒ファゴサイトオキシダーゼ)

慢性白血病［chronic leukemia］ ⇒白血病

慢性リンパ性白血病［chronic lymphocytic leukemia］ CLL と略す．免疫能を喪失した成熟リンパ球が単クローン性，無制限に増殖する造血器腫瘍であり，その多くは臨床経過が緩慢である．増殖している

リンパ球はほとんどの症例がB細胞*であり，一部ではT細胞*，ヌル細胞(nonT nonB細胞)の症例もある．CLLの病初期では約20％，進行期では約70％に染色体異常*を認める．第14染色体の異常が最も高頻度にみられ，このうち14q+の症例では著明な白血球増加を示し，化学療法に抵抗する．t(11;14)(q13;q32)の症例では11q13に座位するbcl-1遺伝子*が14q32に座位するIGH遺伝子に転座することによって過剰に発現される．bcl-1遺伝子はPRAD1遺伝子と同一の遺伝子で，細胞周期*の$G_1$期に必須なタンパク質であるサイクリン*D1をコードしている．CLLの5％にはアポトーシス*の阻害作用をもつbcl-2遺伝子*(18q21)を含む転座を認めるが，転座の有無にかかわらず，CLL細胞のほとんどでBcl-2タンパク質を過剰に発現しているともいわれている．B細胞CLLの10％の症例ではt(14;19)(q32;q13)の染色体転座を認め，19q13に座位するbcl-3遺伝子*が過剰に発現している．bcl-3遺伝子も細胞周期に不可欠なタンパク質をコードしていると考えられている．14q11-12にはT細胞受容体*α鎖，δ鎖をコードする遺伝子が座位し，T細胞CLLの症例にはinv(14)(q11;q32)など第14染色体の異常をもつ症例がある．第12染色体のトリソミーは，病初期から認められ，腫瘍化に一次的に関与するものと考えられている．他のリンパ系腫瘍にも認められるため，CLLに特有な所見ではない．第13染色体の異常はB細胞CLLの15％の症例に認められ，このうち13q14での異常が多い．13q14にはがん抑制遺伝子*RB1が座位するが，CLLの発症とRB1遺伝子の関連性は認められていない．がん抑制遺伝子p53(⇒p53遺伝子)の異常はCLLの進行期に多く認める．進行性の病態へ形質転換したリヒター症候群(Richiter syndrome)では約半数にp53の異常を認める．CLL細胞の表面形質の検討から，90％以上の症例がCD5*を発現している．CD11b，CD13，CD15などのマーカーとインターロイキン1*産生との関連が認められる．また，CD62Lの発現では著明なリンパ節腫脹を生じ，表面形質と臨床病態との関連が認められる．B細胞CLLの90％以上では細胞表面に単クローン性の免疫グロブリンを発現している．CLLでは細胞性および液性免疫不全症が認められるが，腫瘍細胞によって産生されるトランスフォーミング増殖因子$\beta$*や，免疫応答に関与するCD80(B7タンパク質)(⇒CD28)の欠損との関連が指摘されている．(⇒急性リンパ性白血病)

**マントル細胞リンパ腫** [mantle cell lymphoma] マントル層リンパ腫(mantle zone lymphoma)ともいう．リンパ濾胞マントル層細胞に由来するB細胞腫瘍．表現型としてCD5$^+$，CD10$^-$，CD20$^+$，CD43$^+$，IgM$^+$を示し，病理組織学的にラパポート分類で高分化型リンパ腫にみられる小リンパ球と低分化型リンパ腫の小型切れ込み細胞との中間的な形態をもつ細胞がび漫性もしくは不明瞭な結節状に増殖する．従来の中間リンパ球性リンパ腫(intermediated lymphocytic lymphoma)，中心細胞性リンパ腫(centrocytic lymphoma)も本態はマントル細胞由来のB細胞腫瘍として概念的に一括された．染色体転座t(11;14)(q13;q32)を高頻度に認め(⇒相互転座)，11q32近傍に存在するbcl-1(PRAD1，サイクリンD1)遺伝子*の再構成および過剰発現がみられる．国際分類では低悪性度群ないし中等悪性度群に相当するが，臨床的には臓器浸潤や白血病化をきたしやすく，一般に初回化学療法に反応するが再発しやすく予後不良である．(⇒非ホジキンリンパ腫)

**マントル層リンパ腫** [mantle zone lymphoma] ＝マントル細胞リンパ腫

**マンノース** [mannose] ＝セミノース(seminose)，カルビノース(carubinose)．Manと略記する．$C_6H_{12}O_6$，分子量180.16．ヘキソースの一種．D-マンノースは2位の不斉炭素についてD-グルコースのエピマー．動植物の糖タンパク質の構成成分であり(⇒N結合型糖タンパク質)，その多くは2分子の$\beta$-N-アセチルグルコサミンを介してAsn-X-Ser/Thr配列のAsnに結合する．マンノースはマンノース6-リン酸，マンノース1-リン酸，GDP-マンノースを経て特異的な糖転移酵素によって糖鎖に組込まれる．また，リポ多糖*のO抗原や植物マンナン，微生物マンナンの構成成分としても知られる．

**マンノース6-リン酸** [mannose 6-phosphate] $C_6H_{13}O_9P$，分子量259.13．マンノース*からマンノキナーゼやヘキソキナーゼの作用によって，また，フルクトース6-リン酸からマンノース6-リン酸イソメラーゼの作用によって生成される．マンノース6-リン酸はマンノース1-リン酸，GDP-マンノースを経て糖鎖に組込まれる．また，糖タンパク質分子中のマンノースの6位の炭素にUDP-N-アセチルグルコサミンからN-アセチルグルコサミン1-リン酸が転移したのちにN-アセチルグルコサミンが遊離し，マンノース6-リン酸が形成される．リソソーム*の加水分解酵素のマンノース6-リン酸残基はマンノース6-リン酸受容体*を介したリソソーム酵素のゴルジ体*からリソソームへの選別輸送に重要．I細胞病*ではN-アセチルグルコサミン1-リン酸の転移によるマンノース6-リン酸の生成が障害されている．

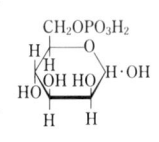

**マンノース6-リン酸受容体** [mannose 6-phosphate receptor] 陽イオン非依存性の受容体(分子量275,000)と陽イオン依存性の受容体(分子量46,000)

の2種類がある.高分子量のものは1 mol 当たり2 mol のマンノース 6-リン酸*を,一方,低分子量のものは1 mol 当たり1 mol のマンノース 6-リン酸を結合する.また,高分子量のものはインスリン様増殖因子*II(IGF-II)を結合するが,マンノース 6-リン酸とは結合部位が異なる.両受容体ともゴルジ体*やエンドリソソームに多く存在し,マンノース 6-リン酸残基をもつリソソーム酵素のゴルジ体からリソソーム*への選別運搬に働く.また,高分子量のものは細胞膜にも存在し,細胞外のリソソーム酵素や IGF-II のエンドサイトーシス,ならびに IGF-II によるシグナル伝達に関与すると考えられる.

# ミ

**ミエリン**［myelin］　元来は，有髄神経のミエリン鞘(myelin sheath，または髄鞘 marrow sheath)の構成成分を意味したが，ミエリン鞘自身をミエリンとしばしばよぶ．ミエリン鞘とは，神経軸索を取囲む重層状の密な膜構造であり，ミエリン膜(myelin membrane)ともほぼ同義である．ミエリン鞘の構成成分として，非常に脂質に富んでいる特徴がある．生理学的には，神経細胞の軸索を電気的に絶縁し，跳躍伝導*を可能にし，神経インパルスの伝導速度を増し，神経系の高次機能の形成に重要な役割を果たす．中枢神経系においては，オリゴデンドログリア*，末梢神経系においてはシュワン細胞*がミエリン鞘を形成する．ミエリン鞘は，ミエリン鞘形成細胞の形質膜の内側同士の接着した周期線と，外側同士の接着した周期間線の構成単位が周期的に繰返す構造をとる．この層の単位周期は，中枢ミエリンでは 16 nm であり，末梢ミエリンでは 18 nm である．この差は，構成タンパク質の質的差異による．

**ミエリン塩基性タンパク質**［myelin basic protein］　MBPと略し，起脳炎タンパク質(encephalitogenic protein)ともいう．中枢神経系の自己免疫疾患*である実験的アレルギー性脳炎(EAE, experimental allergic encephalitis)の原因抗原として見いだされた．ミエリン塩基性タンパク質は，中枢神経系のミエリンタンパク質のうち約1/3を占める．14～18.5 kDaの数種の抗原性を共有するポリペプチドより成り，これらのポリペプチド間の含有量は種によって異なることが知られている．マウスでは，少なくとも，6種類のアイソフォームが同定されており，これらの発現は，単一遺伝子から，選択的スプライシング*によって調節されている．塩基性アミノ酸に富み，等電点は約10.5であり，ミエリン膜のリン脂質と静電的相互作用を行うことにより，ミエリン膜を安定化しているものと考える．本遺伝子産物の発現に障害をもつ突然変異体として，shiverer マウス(shiverer mouse)および mld マウス(mld mouse, myelin deficient mouse)が知られており，ミエリン形成不全症の疾患モデルとして注目されている．

**ミエリン形成不全**［dysmyelination］　⇌ オリゴデンドログリア

**ミエリン鞘**［myelin sheath］　⇌ ミエリン

**ミエリン膜**［myelin membrane］　⇌ ミエリン

**ミエロペルオキシダーゼ**［myeloperoxidase］　ベルドペルオキシダーゼ(veldoperoxidase)ともいう．骨髄球系の細胞の一次顆粒に存在し，重鎖(分子量 55,000～60,000)と軽鎖(10,000～15,000)の四量体を形成する．遺伝子は第17染色体短腕21.3-23領域に局在し，12個のエキソンより成っている．745個のアミノ酸から重鎖と軽鎖が形成される．細菌などの貪食後の，酸素依存性の殺菌に重要である．本酵素はリンパ球系には存在しないため，骨髄球系の白血病*などの診断に用いられる．

**ミエローマ**　＝骨髄腫

**ミオキナーゼ**［myokinase］　＝アデニル酸キナーゼ

**ミオグロビン**［myoglobin］　分子量 18,000 のグロビン*にプロトヘムが1分子結合した色素タンパク質の一種．αヘリックスに富み，還元状態で酸素分子を結合する．マッコウクジラの筋肉 1 kg 当たり 90 g 含まれ，陸生動物で含量はその1/10であるが，細胞質内濃度は 0.5 mM 近くに達し，酸素の貯蔵にあずかる．50% 飽和に必要な酸素分圧 $P_{50}$ はウマミオグロビンで 2.3 Torr．酸素濃度の高い組織で酸素を結合し，低濃度部位に酸素を運搬するとの説があるが，否定する説もある．(⇌ ヘモグロビン)

**ミオゲニン**［myogenin］　マイオジェニンともいう．筋芽細胞から筋管細胞への分化に伴って発現する MyoD* ファミリーに属する遺伝子産物の一つである．塩基性ヘリックス・ループ・ヘリックス(bHLH)構造をもつ転写制御因子で E12 などとヘテロ二量体を形成し，標的遺伝子の発現制御領域に存在する Eボックスに結合し，その発現を制御している．標的遺伝子相同組換えによりミオゲニン遺伝子を欠失したマウス胚の解析によりミオゲニンは筋管細胞への分化とその成熟を制御していることが明らかにされている．

**ミオシン**［myosin］　分子量約48万のATPアーゼ活性をもちアクチン*との間に"力"を発生させる筋タンパク質*．分子量約22万のミオシンH鎖*2本とそれぞれ2本ずつの2種のミオシンL鎖*で構成される．形態的には H 鎖が N 末端側では頭状となり，ここに L 鎖が結合している．一方，C 末端側は尾状のコイルを巻き，二量体を形成している(図参照)．ミオシンをタンパク質分解酵素で処理すると尾部のライトメロミオシンと双頭のヘビーメロミオシン(⇌ メロ

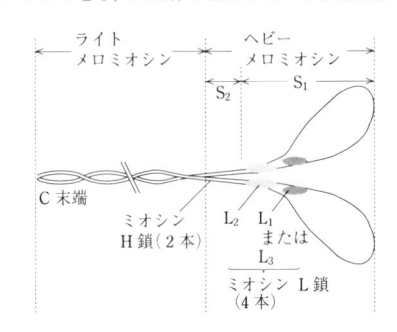

ミオシン)に分解される．さらに後者は$S_1$と$S_2$に分解される．$S_1$はL鎖とアクチン結合部位および，ATPアーゼ活性(→ミオシンATPアーゼ)をもつ．ミオシンは全長約150 nmで，低塩濃度では重合してミオシンフィラメント(→太いフィラメント)を形成する．ミオシンは筋肉ばかりでなく一般の細胞にも存在する．ミオシンのスーパーファミリーが存在し，それらの中には単頭のミオシンI(ミニミオシン*)，上述した双頭のミオシンII(myosin II)をはじめとするさまざまな分子種があり，種々の細胞運動にかかわっている．

**ミオシンI**〔myosin I〕 ＝ミニミオシン

**ミオシンH鎖**〔myosin H chain〕 ミオシン重鎖(myosin heavy chain)の略称．ミオシン*構成成分で分子量約22万のタンパク質．C末端側はミオシンのフィラメント形成能を担う$\alpha$ヘリックスのロッド領域で，尾部とよばれている．N末端側は球状の領域でミオシンの頭部とよばれ，ATPアーゼ活性，ミオシンL鎖*とアクチン*結合部位がある．2本のH鎖は尾部で互いにコイルを巻き双頭のミオシン分子を構成する．通常，ミオシンの機能はミオシンL鎖によって制御されるが，ミオシンの種類によっては尾部のリン酸化*により活性が制御されるものがある．(→ミオシン[図])

**ミオシンATPアーゼ**〔myosin ATPase〕 ミオシン*(ミオシンIIを示す)のATPアーゼ活性はミオシン頭部に局在し，アクチン*存在下で活性化される．これをアクトミオシンATPアーゼ(actomyosin ATPase)またはアクチン活性化ATPアーゼ(actin-activated ATPase)とよぶ．ミオシン頭部に結合したATPはADPとリン酸に分解され反応中間体をつくり，ATPアーゼ反応の律速段階となっている．アクチン存在下ではこのADPとリン酸の放出が促進され，ATP分解速度が上がる(→ミオシンL鎖)．

**ミオシンL鎖**〔myosin L chain〕 ミオシン軽鎖(myosin light chain)ともいう．分子量14,000〜27,000のタンパク質で必須L鎖と調節L鎖に分けられる(→ミオシン[図])．ミオシンH鎖*のつくる頭部に存在し，ミオシンの機能に深く関与する．平滑筋*や非筋細胞のミオシンでは調節L鎖のリン酸化*により活性が上昇する．軟体動物の斜紋筋のミオシンは$Ca^{2+}$を結合して活性が上昇するが，下等有核生物の真正粘菌のミオシンでは逆に不活性化される．いずれも$Ca^{2+}$結合成分は必須L鎖である．骨格筋*と心筋ミオシンはリン酸化や$Ca^{2+}$の作用をほとんど受けない．脊椎動物骨格筋ミオシンには例外的に$L_1$(25〜27 kDa)，$L_2$(17.4〜18 kDa)，$L_3$(14〜16 kDa)の3種類のL鎖が存在し，$L_1$と$L_3$が必須L鎖に，$L_2$が調節L鎖に分類されるが，機能はよくわかっていない．$L_2L_3$あるいは$L_2L_3$の組合わせでH鎖1分子に結合している．

**ミオシンL鎖キナーゼ**〔myosin L chain kinase〕 ミオシンIIの20K調節L鎖をリン酸化するキナーゼの総称．骨格筋や心筋，平滑筋などの筋細胞およびニワトリ繊維芽細胞，血小板などの非筋細胞から広くその存在が報告されている．平滑筋および非筋細胞から得られた酵素は，その構造が互いに類似しており，アミノ酸配列のN末端側からC末端側にかけて，アクチン結合部位，ATP結合部位，カルモジュリン結合部位などが順に存在する．この酵素は，サイクリックAMP依存性プロテインキナーゼ*やプロテインキナーゼC*などでリン酸化されその活性が抑制される．カルモジュリンが$Ca^{2+}$存在下でこの酵素に結合し活性化するが，粘菌から精製された酵素はカルモジュリン非依存的である．さらに MLCKと略されるが，cAMP依存性プロテインキナーゼやカルモジュリンキナーゼII*，MAPキナーゼ活性化プロテインキナーゼ2などもミオシンの調節L鎖をリン酸化しうるが，上記のMLCKとは区別される．

**ミオシン軽鎖**〔myosin light chain〕 ＝ミオシンL鎖

**ミオシン結合タンパク質**〔myosin-associated protein〕 ミオシン*(ミオシンIIを示す)に結合するタンパク質．Mタンパク質(165 kDa)，ミオメシン(myomesin, 185 kDa)，Cタンパク質*(140 kDa)，スケレミン(skelemin, 200 kDa)，Hタンパク質(74 kDa)，Iタンパク質(50 kDa)が精製されている．Mタンパク質とミオメシンはミオシンフィラメント(＝太いフィラメント)の中央のM線に局在して架橋構造をつくっていると考えられている．Cタンパク質はミオシンフィラメントを周期的に取巻いている．

**ミオシン重鎖**〔myosin heavy chain〕 ＝ミオシンH鎖

**ミオシンII**〔myosin II〕 →ミオシン

**ミオシンフィラメント**〔myosin filament〕 ＝太いフィラメント

**MyoD**〔MyoD〕 nautilusともいう．筋細胞は神経管の左右に発生する体節の中胚葉多能性細胞より筋細胞系譜への決定とそれにひき続く分化によって形成される．このプロセスを制御する塩基性ヘリックス・ループ・ヘリックスモチーフをもつ転写因子群がMyoDファミリー(MyoD family)でありMyoD，ミオゲニン*，myf5，MRF4の四つより成る．いずれもC3H10T1/2など中胚葉系の細胞に導入して強制発現させると筋芽細胞へとその性質を転換させることができる．ヘリックス・ループ・ヘリックス構造によりMyoD/E12のようなヘテロ二量体(parallel four-helix model)を形成し，二つの塩基性ドメインによりCANNTG(Eボックス)配列に結合し，標的遺伝子の発現を制御している．四つの因子の発生における機能分担が解析されており，MyoDあるいはmyf5により筋芽細胞の決定，増殖，維持が制御され，下流因子としてミオゲニン，MRF4が働き，筋管細胞への分化，成熟を制御している．さらにMyoDファミリーは筋収縮タンパク質遺伝子などが筋細胞特異的に発現するための中心的な制御因子としても機能している．

**MyoDファミリー**〔MyoD family〕 →MyoD

**ミオフィブリル** ＝筋原繊維

**ミオブレビン**［myobrevin］　VAMP-5 ともいう．（→VAMP）

**ミカエリス定数**［Michaelis constant］　$K_m$ 値（$K_m$ value）ともいう．ミカエリス・メンテン型の酵素反応速度式に最大速度 $V_{max}$ とともに含まれる，濃度の次元をもつ定数（→ミカエリス・メンテンの式）．この速度式において反応速度が $V_{max}$ の 1/2 になる時の基質濃度に相当する．一般の酵素反応においても，特定基質の濃度の増加で得られる飽和速度の 1/2 の反応速度を与える時，その濃度をその基質に対する見かけのミカエリス定数という．多くの場合，ミカエリス定数は対応する基質に対する酵素の親和性を表している．

**ミカエリス複合体**［Michaelis complex］　=酵素-基質複合体

**ミカエリス・メンテンの式**　［Michaelis-Menten equation］　酵素反応において反応初速度 $v$ と基質初濃度 [S] の関係を表す式の一つ．酵素-基質複合体*からの反応を律速段階と仮定し，基質が酵素に比べて十分に多い時，

$$v = \frac{V_{max}[S]}{[S] + K_m}$$

の式で表される．ミカエリス定数*（$K_m$）は最大反応速度（$V_{max}$）の 1/2 の速度を与える基質濃度である．この式を変形して横軸に 1/[S] を，縦軸に 1/$v$ をプロットしたラインウィーバー・バークプロット*は酵素反応の解析に用いられる．

**未感作リンパ球**［virgin lymphocyte］　一次リンパ器官*で産生され，末梢循環に出てきたばかりで，対応する抗原と出会っていないリンパ球のこと．抗原と出会ったリンパ球は増殖・分化し，一部はエフェクター細胞*として働き，一部は記憶リンパ球として長期間生存し，免疫記憶*を形成する．未感作リンパ球と記憶リンパ球は，T 細胞では CD45 抗原アイソフォームの発現の違いにより，B 細胞では細胞表面 IgM，IgD の表現の違いにより区別でき，分離が可能である．

**ミクソアメーバ**　=粘菌アメーバ

**ミクソウイルス科**［*Myxoviridae*］　=オルトミクソウイルス科

**ミクソバクテリア**　=粘液細菌

**ミクリッツ病**［Mikulicz disease］　=シェーグレン症候群

**ミクロオートファジー**［microautophagy］　→オートファジー

**ミクログリア**［microglia］　小膠細胞ともいう．脳のグリア細胞*の一つで，オリゴデンドログリア*，アストログリア*などのマクログリアに対応して命名された．一般的には中胚葉性で単球由来と考えられている．胎生後期に脳室，髄膜周囲に出現し，しだいに脳実質内へ移動し，生後 2 週をピークにその数を減じ，枝分かれした休止型の細胞となる．成熟脳では全グリア細胞の数 % を占める．炎症や神経変性の際にはアメーバ状，桿状のミクログリアの増加が認められる．形態学的にはマクロファージ*に近似し，そのマーカーのほとんどがミクログリアの同定に用いられる．遊走能，貪食能をもち発生期に老廃物の処理を担うほか，活性酸素，一酸化窒素，酸性ホスファターゼ，プロスタグランジンを産生し，炎症細胞としての機能ももつ．脳内で唯一クラス II 主要組織適合性抗原や CD4 抗原をもち，活発にサイトカイン産生を行うことから，免疫調節細胞として，神経-免疫相互作用に重要な役割を担うと考えられている．

**ミクロコッカスヌクレアーゼ**［micrococcal nuclease］　=ミクロコッカスエンドヌクレアーゼ（micrococcal endonuclease）．DNA および RNA のホスホジエステル結合*を加水分解するエンドヌクレアーゼ*．酵素番号 EC 3.1.31.1．最適 pH 9.2．ブドウ球菌（*Staphylococcus*）から分泌されるヌクレアーゼなのでスタフィロコッカスヌクレアーゼ（Staphylococcal nuclease）ともよばれる．L. Cunningham らによって 1956 年に黄色ブドウ球菌（*Staphylococcus aureus*）の培地から最初に発見された．149 個のアミノ酸より成る．この酵素はタンパク質と結合している DNA には作用しないので，ヌクレオソームの調整に用いられ真核細胞クロマチンの構造解析に有用である．また，二本鎖核酸より一本鎖核酸をより強く分解するので，一本鎖部分の除去に用いられる．二本鎖核酸に対しては塩基配列特異性を示すので，二本鎖 DNA の塩基特異的切断にも利用できる．（→ホスホジエステラーゼ）

**ミクロスフェア**［microsphere］　マイクロスフェア，微小球ともいう．【1】直径が 0.01～100 μm 程度の微粒子．そのうち，直径が 1 μm 以下のものをナノパーティクル（nanoparticle），数 μm 以上のものをミクロビーズ（microbeads）とよぶことがある．材質は，生分解性の変性アルブミンから，分解性ではないが生体適合性であるセルロース誘導体，親水性の合成ゲル，疎水性の合成高分子まで多様である．用途には，アフィニティーラテックス*，物差し，マーカー，カラム充填剤，薬物担体，細胞培地成分などがある．
【2】アミノ酸混合物を加熱し縮重合させたのち，適当な塩溶液に溶解して形成された直径 0.5～2 μm の球状物．これをミクロスフェアと称し，原始細胞モデルとして実験が行われている．ペプチド，オリゴヌクレオチドなどもこの系を利用して生成することが可能である．
【3】中心体*とその周囲の光学顕微鏡で見て透明にみえる部分．

**ミクロソーム**［microsome］　細胞をホモジナイザーなどで破砕後，核，ミトコンドリアなどを除いたあと，$100,000 \times g$，60 分程度の遠心によって沈降する画分のこと（→細胞分画）．ラット肝では，この画分はおもに小胞体*あるいはその破片から成り，その代謝機能などの研究に繁用される．細胞分画の過程で小胞体は断片化し，膜小胞*となる．リボソームの結合している粗面ミクロソーム（rough microsome）と，結合していない滑面ミクロソーム（smooth microsome）

とが存在し，両者はショ糖密度勾配遠心分離法*により分離できる．膵粗面ミクロソームは分泌タンパク質などの小胞体膜透過の無細胞再構成系に用いられる．粗面ミクロソームには遊離型リボソームなどが，滑面ミクロソームには細胞膜，ゴルジ体などが混入している．

**ミクロソーム膜**［microsomal membrane］ミクロソーム*画分に含まれる生体膜．肝細胞では，おもに小胞体膜から由来する．ミクロソーム膜には，種々の膜酵素が存在し，脂質二重層*の細胞質側あるいは内腔側に活性基をもって多様な代謝を行っている．シグナル認識粒子*（SRP）受容体，タンパク質透過チャネルなどのタンパク質透過装置もミクロソーム膜に存在する．また，肝細胞のミクロソーム膜には，シトクロム P450*，NADPH-シトクロム P450 レダクターゼ，あるいはシトクロム $b_5$，NADH-シトクロム $b_5$ レダクターゼなどから成る電子伝達系*が存在する．

**ミクロトーム**［microtome］顕微鏡で観察するため試料から薄い切片を切出す装置．光学顕微鏡のパラフィン切片は薄いものでも 5 μm 程度の厚さだが，加速電圧 50～200 kV の透過型電子顕微鏡*で生物試料の切片を鏡検しようとすると，切片の厚さを 15～100 nm に限定しないと電子線が十分に透過しない．このような超薄切片（thin section）をつくるミクロトームをウルトラミクロトーム（ultramicrotome，超ミクロトーム，ウルトラトーム）とよぶ．一般には樹脂に包埋した試料をガラスまたはサファイアやダイヤモンドのナイフで切るが，凍結試料を切る特殊アダプターもある．

**ミクロビーズ**［microbeads］⇒ ミクロスフェア【1】

**ミクロフィブリル**［microfibril］【1】（植物の）細胞壁*を構成する微繊維をさす．その化学的本体は植物の種類によって異なり，セルロース，マンナン，キシランなどからできている．

【2】（動物の）表皮細胞でつくられるケラチン繊維をさす．（⇒ 弾性繊維）

**ミクロフィラメント**［microfilament］微小繊維（微細糸）ともいう．細胞内の微細な繊維構造の総称．特定の繊維構造をさすものではない．しかし，通常は直径約 7 nm のフィラメントをいう．この大きさのフィラメントは調べられた限り，すべてアクチン*を主成分としている．ヘビーメロミオシン（⇒ メロミオシン）で処理すると，フィラメントに沿って特異的な矢じり構造がつくられる．したがって，アクチン含有のミクロフィラメント（⇒ アクチンミクロフィラメント）または単にアクチンフィラメントとして同定できる．また，矢じりの方向から，フィラメントの極性を知ることができる．アクチンミクロフィラメント系は細胞骨格の構成要素の一つで，細胞内では集合束や網細工をつくり，細胞を機械的に支持する装置や，運動装置をつくっている．たとえば，集合束は微絨毛ではその芯をなし，機械的に支持する役割をもつが，植物細胞では原形質流動*に関与する．アクチン束内にミオシンが組込まれると，収縮装置を形成する．

**ミクロボディ**［microbody］⇒ ペルオキシソーム

**ミクロボディ C 末端標的シグナル**［microbodies C-terminal targeting signal］CMTS と略．ミクロボディへのタンパク質輸送シグナル．ミクロボディはペルオキシソーム*，グリオキシソーム，グリコソームなどの小さな一重膜で囲まれた細胞小器官であるが，これらは形態学的に区別できないので，ペルオキシソームと総称される場合が多い．ミクロボディのタンパク質は遊離のポリソーム*で合成され，翻訳後に細胞小器官に輸送される．ミトコンドリア*や葉緑体*へのタンパク質輸送や小胞体/分泌経路とは異なり，ミクロボディへのタンパク質の輸送はプレ配列の除去を必要としないが，ペルオキシソームのいくつかのタンパク質（たとえば，哺乳類の D-アミノ酸オキシダーゼ，アシル CoA オキシダーゼ，可溶性エポキシドヒドロラーゼ，ホタルのルシフェラーゼ，植物のグリオキシソームマレイン酸合成酵素など）は C 末端にペルオキシソームへの輸送に関与している S-K-L という配列を共通標的シグナルとしてもっている．ペルオキシソーム標的シグナルはほかのミクロボディによっても認識されているようであり，ミクロボディ C 末端標的シグナル（CMTS）とよばれている．

**ミコバクテリア** ＝マイコバクテリア

**ミコフェノール酸**［mycophenolic acid］カビの産生する毒素（マイコトキシン）の一種．*Penicillium brevicompactum* が産生菌として著名である．動物細胞の増殖を抑制することから抗がん作用が期待されたが，*in vivo* での毒性が強く開発は断念された．しかし，その構造（図）からは予想しにくい，IMP デヒドロゲ

HOOCCH$_2$CH$_2$C=CHCH$_2$
   ‖
   CH$_3$
                    OH    O
                     \\  //
                      (環構造)
                CH$_3$O
                     CH$_3$

ナーゼ（IMP dehydrogenase）に対する特異的阻害作用を利用して，プリンヌクレオチド，特にグアニル酸の *de novo* 生合成の閉鎖試薬として，細胞生物学で用いられている（⇒ 新生経路）．キサンチンホスホリボシルトランスフェラーゼ*（XPRT）の人為的誘導剤となる．（⇒ 再利用経路）

**ミコプラズマ** ＝マイコプラズマ

**ミサイル療法**［missile therapy］⇒ 免疫療法

**短い散在反復配列**［short interspersed repetitive sequence］＝SINE

**水ストレス**［water stress］植物から水が失われることにより起こるストレス．乾燥や高塩濃度などの浸透圧変化によりひき起こされる．水ストレスにさらされた植物は気孔の閉鎖，光合成の低下，植物ホルモンアブシジン酸*（ABA）の合成，伸長成長の抑制，適合溶質の蓄積による浸透圧の調節などの生理的応答をするとともに，遺伝子発現レベルでも応答しストレスに適応している．ABA は気孔の開閉以外に，ストレス誘導性遺伝子の発現にも関与している．（⇒ ストレ

ス応答, 順化)

**ミスセンスサプレッサー**［missense suppressor］あるアミノ酸に対応するコドン*が, 突然変異により別のアミノ酸に対応するコドンに変異することをミスセンス突然変異*というが, ミスセンス突然変異によって生じたコドンをさらに別のアミノ酸, あるいはもとのアミノ酸に読み取るような第二の突然変異が起こり, それによりはじめの突然変異が抑圧されること. (→抑圧)

**ミスセンス突然変異**［missense mutation］タンパク質をコードする遺伝子内で, あるアミノ酸に対応するコドン*が他の異なるアミノ酸に対応するコドン(ミスセンスコドン)に変化した突然変異. その結果 mRNA からポリペプチドへの翻訳時に突然変異部位のアミノ酸が他種のアミノ酸に置換されたタンパク質が合成される. 合成された突然変異タンパク質は野生型と同じポリペプチド鎖長をもつが, 突然変異部位によってはそのタンパク質の活性や安定性に影響を及ぼす. タンパク質機能が生育条件に依存して変化する場合は条件致死突然変異体(→条件突然変異株)として検出される. コドンが終止コドンに変異した場合は翻訳が停止し, 野生型より短いタンパク質が合成される (→ナンセンス突然変異).

**水チャネル**［water channel］アクアポリン(aquaporin), 水透過性チャネル(water permeable channel)ともいい, AQP と略す. 水を選択的に透過する膜タンパク質の総称. 赤血球と腎近位尿細管などにみられる水チャネルが発見され, ついで腎集合管主細胞管腔側への局在が動的に制御される水チャネルも発見されて, それぞれアクアポリン-1(AQP1), AQP2 と名づけられた. これらはイオンやプロトンなどを透過しない高い水選択性チャネルであることが解明された. ヒトでは AQP0 から AQP12 と名づけられる個性的な 13 種類の水チャネルが知られている. 水選択的チャネルのほかに, グリセロールも透過する AQP3 などヒトでは 5 種類のチャネルも含まれる. 水チャネルは地球上のほとんどの生物に存在している. 水透過だけではない複雑な生物機能とのかかわりも明らかになってきている.

**水透過性チャネル**［water permeable channel］＝水チャネル

**ミスマッチ塩基対**［mismatched base pair］DNA の二重らせん中で天然型のヌクレオシド A (アデニン*), T(チミン*), G(グアニン*), C(シトシン*)が形成する塩基対*のうち, AT および GC 塩基対以外の塩基対の総称(図). 熱力学的安定性は AT よりも低く, さらに GG>GT≧GA>A+C>TT>AA>TC>AC>CC の順で安定性は減少する. ミスマッチ塩基対の水素結合様式のいくつかは X 線結晶構造解析から明らかになっている. 比較的安定な G を含むミスマッチや酸性条件下での AC ミスマッチは 2 本の水素結合を介した塩基対を形成することができる. 特に GA 塩基対の水素結合には, 前後の配列や溶液の pH に依存して複数の様式がある. (→プリン, ピリミジン)

G-G(syn)　　G-T

G-A　　$A^+$-C

**ミスマッチ修復**［mismatch repair］DNA 複製の際に生じる誤った塩基対合(ミスマッチ)のほとんどは複製装置のもつ校正機能によって校正されるが(→プルーフリーディング), 生物は校正後に残ったわずか

複製エラーで生じたミスマッチ

新生 DNA 鎖

MutS　　ミスマッチ認識 (MutS)

MutL MutH　　MutL, MutH の会合

メチル化されていない娘 DNA 鎖を誤りと認識して切断　　一本鎖 DNA の切断 (MutH)

DNA ヘリカーゼ(UvrD) エキソヌクレアーゼ 一本鎖 DNA 結合タンパク質(SSB)　　ミスマッチ領域の除去

SSB

DNA ポリメラーゼⅢ DNA リガーゼ　　修復合成

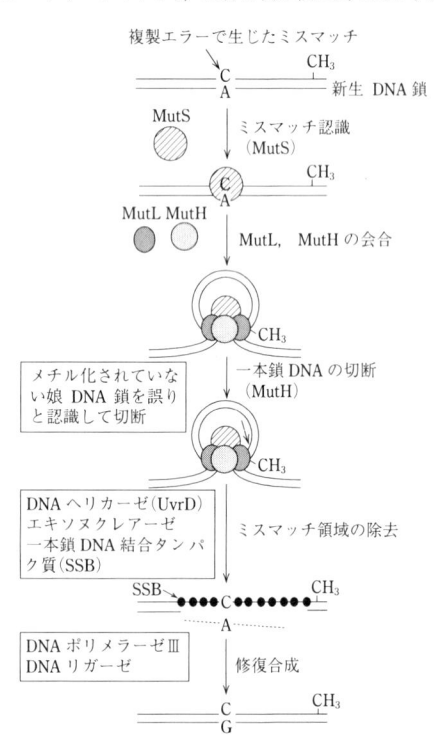

なミスマッチをさらに除去するシステムを発達させている. 図に示すように大腸菌では, MutS タンパク質がミスマッチを認識し, これに結合すると, その後

MutL が会合し，この複合体の存在下で MutH タンパク質がミスマッチをもつ DNA 鎖を切断する(⇒ *mutS* 遺伝子)．ミスマッチを含む DNA 断片は DNA ヘリカーゼ*，エキソヌクレアーゼ* などの作用で分解除去される．その後，DNA ポリメラーゼ* が再度除去された部分を複製し(⇒ 修復合成)，DNA リガーゼ* により再結合されて修復が完了する．この修復システムをミスマッチ修復とよぶが，DNA 複製の際に新生鎖に誤って取込まれた塩基だけを特異的に除去するために，大腸菌では 2 本の DNA 鎖をアデニンのメチル化* で識別している(⇒ Dam メチラーゼ*)．メチル化は複製終了後起こるが，複製されたばかりの DNA はまだメチル化されていないために新生 DNA 鎖上のミスマッチのみが特異的に除去される．真核細胞でも同じようなミスマッチ修復系が存在するが，新生 DNA 鎖の識別機構は不明である．このようなミスマッチ修復系の遺伝子が欠損すると自然突然変異率が上昇する(⇒ マイクロサテライト DNA，遺伝性非腺腫性大腸がん)．

**未成熟終止コドン** [premature termination codon] PTC と略す．(⇒ ナンセンスコドン介在性 mRNA 分解)

**ミセル** [micelle] 両親媒性分子*(生体膜を構築する脂質や合成界面活性剤など)は一定濃度以上(臨界ミセル濃度*)で集合体を形成する．この集合体をミセルとよぶ．両親媒基の強さ，大きさのバランス，溶媒の性質によって形成される集合体の性状は変化する．水溶液中では，逆コーン型分子(リゾリン脂質，可溶化剤として使われる界面活性剤*)は球状ミセルを，シリンダー型分子はラメラ型ミセルを，コーン型分子はヘキサゴナル II 構造体を形成する．膜タンパク質の可溶化は界面活性剤のミセルへのタンパク質の取込みによる場合が多い．(⇒ リポソーム)

**道しるべ細胞** [guidepost cell, landmark cell] 道しるべニューロン(guidepost neuron)ともいう．バッタやコオロギ，ショウジョウバエなど昆虫の胚において，神経細胞の軸索* を引き寄せ，一定の方向に伸長させる機能をもつ細胞．道しるべ細胞は軸索の伸長方向に沿って飛び石のように一定の間隔で配列している．軸索の先端の神経成長円錐* の糸状仮足* は，手元の道しるべ細胞と接触し，成長円錐を道しるべ細胞に引寄せる．こののち，糸状仮足はこの道しるべ細胞との接触を解消し，さらに遠方に位置する道しるべ細胞と接触しなおし，成長円錐をこの新たな道しるべ細胞に向かって引寄せる．このようなできごとを繰返すことにより，軸索は道しるべ細胞をつぎつぎにたどりながら特定の道筋に沿って伸長してゆく．糸状仮足が道しるべ細胞と接触する機構や，道しるべ細胞との接触を解消する機構は明らかでない．脊椎動物の神経系で道しるべ細胞が存在するか否かは不明である．

**道しるべニューロン** [guidepost neuron] ＝道しるべ細胞

***myc* 遺伝子** [*myc* gene] 核内 DNA 結合タンパク質をコードするがん遺伝子* の一つである．トリのレトロウイルス* MC29 のがん遺伝子として発見され，骨髄細胞種症(myelocytomatosis)を起こすことからウイルス性がん遺伝子として v-*myc* と命名された．これに相同な細胞性がん遺伝子 c-*myc* はヒトでは第 8 染色体長腕 24 領域に存在する．c-*myc* は各種のがん細胞で遺伝子増幅* を示し，バーキットリンパ腫* 細胞では免疫グロブリン遺伝子と相互転座している．ヒトにおいて *myc* の遺伝子ファミリーには，このほかに神経芽細胞腫で遺伝子増幅が認められる N-*myc*，肺小細胞がんで異常のある L-*myc* などがある．レトロウイルスにより誘発されるトリのリンパ腫ではウイルス LTR* により c-*myc* が活性化されている．遺伝子産物である c-Myc はヒトの場合 439 アミノ酸から成り，塩基性領域-ヘリックス・ループ・ヘリックス-ロイシンジッパードメイン(bHLH-LZ)の構造をもち，別の bHLH-LZ タンパク質である Max* とのヘテロ二量体を形成し CACGTG の DNA 配列(E-box)に結合する．これらはトランス活性化* ドメインをもつので転写因子* として機能すると考えられている．c-*myc* は増殖刺激により一過性に発現が上昇することなどから細胞増殖，特に $G_0/G_1$ 移行の制御に深く関与していることが示唆されている．c-*myc* 遺伝子のプロモーター領域は β-カテニン-TCF/LEF1 の結合領域があり，Wnt* シグナルの下流で c-Myc が活性化されると考えられている．また，c-Myc は N 末端側の 58 番目のトレオニンのリン酸化がタンパク質としての不安定性に重要であることが知られており，この部分の変異をもった B 細胞リンパ腫も多く同定されている．c-Myc の分解にはユビキチン化が重要であり，SCF 複合体(SCF$^{Skp2}$ と SCF$^{Fbw7}$)がそのユビキチン化酵素として機能していることが報告されている．

**密繊維性結合組織** [dense connective tissue] ⇒ 結合組織

**ミッチェル** MITCHELL, Peter Dennis 英国の生化学者．1920.9.29～1992.4.10．サリー州のミッチャムに生まれ，コーンウォールに没す．1943 年ケンブリッジ大学卒業．ペニシリン作用の研究で Ph.D. 取得(1950)．ケンブリッジ大学助手(1951)．酸化的リン酸化の研究を開始．1964 年グリン研究所を設立．化学浸透圧説を提唱(1961～66)．1978 年ノーベル化学賞受賞．

**密着結合** [tight junction] 帯状の密着帯，閉鎖帯(zonula occludens)となっていることが多い．おもに，上皮細胞と内皮細胞にみられる細胞間接着装置の一種で，電子顕微鏡の超薄切片像では，隣り合う細胞の細胞膜の外葉が融合しているように見える(⇒ 細胞結合[図])．凍結割断法* で見ると，膜内粒子が連なってひも構造を膜内でつくり，このひも構造が複雑なネットワークを形成している．このような構造から，その機能としては，二つのことが考えられている．一つ目は，バリヤー機能とよばれ，上皮細胞や内皮細胞のシートを構成する細胞の間を物質がもれるのを防ぐ機能である．血管や消化管ではこの機能はきわめて重要である．二つ目は，フェンス機能とよばれ，細胞膜

の脂質の海の中に，ひも状のフェンスを張りめぐらし，ある領域に膜タンパク質を閉じ込めてしまう機能であり，上皮細胞や内皮細胞の極性を維持するには，必須の機能である．この接着装置で働く接着分子は，クローディンファミリー(23種類のメンバーが知られている)，トリセルリン(tricellulin)および分子量約6万のオクルディン(occludin)とよばれるタンパク質で，クローディンもオクルディンも細胞膜を4回貫通する内在性膜タンパク質である．細胞外にチロシンとグリシンに富むループを二つもち，接着に関与している．細胞質側にも，いくつかのユニークなタンパク質が集まっている．分子量22万で，ショウジョウバエの *dlg* 遺伝子産物に似ている ZO-1，分子量16万でやはり *dlg* 遺伝子産物に似ている ZO-2 のほか，チングリン(cingulin)，7H6抗原，p130 などが知られている．これらのうち，ZO-1，ZO-2は，オクルディン分子の細胞質領域に直接結合している．一つの膜貫通αヘリックスを含む細胞接着分子(CAM)の免疫グロブリンスーパーファミリーに属する結合接着分子(junction adhesion molecules; JAM)も密着結合の機能に関与している．

**密着帯** ⇒ 密着結合

**密度勾配遠心分離法** [density-gradient centrifugation] 遠心沈降法の一つで沈降速度法(sedimentation velocity method)と等密度遠心分離法*に大別される．いずれも溶媒中の媒体の密度勾配を利用した細胞や細胞内顆粒，ウイルス粒子あるいは核酸やタンパク質などの生体高分子の分離・分析法である．前者ではショ糖などの密度勾配の上に試料を重層して遠心し，沈降速度に従って物質を移動させる(⇒ショ糖密度勾配遠心分離法)．後者では塩化セシウムなどの密度勾配を遠心によって形成させ，高分子物質を固有の浮遊密度の位置に移動させる(⇒塩化セシウム密度勾配遠心分離法)．

**密度標識** [density label] ⇒ 塩化セシウム密度勾配遠心分離法

**ミトコンドリア** [mitochondrion, (*pl.*) mitochondria] 糸状体，糸粒体，コンドリオソーム(chondriosome)ともいう．ほとんどすべての真核細胞中にみられる，糸状あるいは顆粒状の細胞小器官*．呼吸*/酸化的リン酸化*によるATPの合成をおもな機能とする．独自の遺伝情報とその複製・転写・翻訳系をもち，分裂により半自律的に増殖する．高等動植物では1細胞当たり100～2000個ほど含まれるが，原始的な真核藻類やトリパノソーマのように1細胞に1個の場合もある．寄生性の原生動物には，ミトコンドリアをもたないものもある．酵母などでは生活環の中で周期的に融合・分裂を繰返す．ミトコンドリアは図に示すように内外2枚の膜に包まれており，内側からマトリックス(matrix)，内膜*，膜間部分(膜間腔 intermembrane space)，外膜*の四つの区画に分かれている．マトリックスは内膜に囲まれた空間であり，そこにはピルビン酸や脂肪酸からアセチルCoAを生成する経路やクエン酸回路*の酵素など，可溶性の諸酵素が高濃度に含まれている．ミトコンドリアのDNA，リボソームや，ミトコンドリアのもつ遺伝情報の複

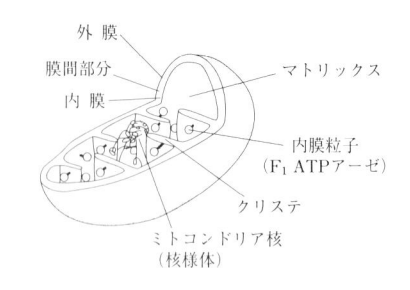

外膜／膜間部分／内膜／マトリックス／内膜粒子($F_1$ ATPアーゼ)／クリステ／ミトコンドリア核(核様体)

製・転写・翻訳に必須な諸酵素もマトリックスに存在する(⇒ミトコンドリアゲノム)．内膜はミトコンドリア内部に向かってひだ状あるいは管状に陥入してクリステ*を形成し，その表面積を著しく広げている．内膜にはマトリックスにおける酸化過程で生じたNADHを電子のおもな供給源として電子伝達を行う呼吸鎖と，その働きで生じる水素イオン駆動力を利用してATPの合成を行うATP合成酵素*複合体が存在し，呼吸と酸化的リン酸化反応の場となっている．内膜のイオン透過性は著しく低いが，そこには各種の輸送タンパク質*があり，呼吸鎖の働きにより形成された電気化学勾配を利用して低分子量の代謝物質を選択的に輸送している．膜間部分にはアデニル酸キナーゼやヌクレオチドキナーゼがあり，マトリックスから出てくるATPを使って細胞質にある他のヌクレオチドをリン酸化する．外膜には大型の親水性チャネルが存在し，1万 Da 以下の分子は自由に通過できる．ミトコンドリアDNA*はrRNA，tRNAのほかにミトコンドリアタンパク質*の一部をコードしており，その遺伝暗号*は一部変則的である．高等動物では約15 kbpの均一な環状二本鎖DNAであるが，高等植物では多様な長さのDNA分子種が混在する．ミトコンドリアDNAは，生体内では特異的タンパク質と結合し，ミトコンドリア核，核様体*などとよばれるDNA・タンパク質複合体の状態で存在する．ミトコンドリアの形態や転写・翻訳装置の性質は細菌に類似しており，その起源は細胞内共生した好気性細菌であると考えられている．(⇒共生説)

**ミトコンドリアRNA** [mitochondrial RNA] mtRNAと略記する．ミトコンドリアに含まれるRNAでrRNA，tRNA，mRNAの3種がある．動物のミトコンドリアDNA*(mtDNA)の転写はポリシストロン性である．脊椎動物のmtDNAでは，H鎖およびL鎖に1個ずつプロモーターがあり，Dループ中で隣接している．まず，ゲノムサイズの前駆転写物ができ，その後急速に大小1組のrRNA，22種のtRNAと13種類mRNAになるプロセスされる．遺伝子発現の違いは，おもに転写後のメカニズムによって行われる．rRNAだけはH鎖の他のRNAと比較して比較的高いレベルに保たれており，そのメカニズムはrRNA遺伝子のす

ぐ下流にある転写減衰によっている．ミトコンドリアtRNAの構造は標準tRNAと比較して極度に変化している．多くの保存された残基が存在せず，ステムループ構造が保存されていない．とりわけ，セリンtRNAはDアームをもたず，クローバー葉構造*を形成していない．ミトコンドリアRNAポリメラーゼは1本の触媒サブユニット(分子量 ~140,000)から成り，バクテリオファージT3/T7 RNAポリメラーゼに似ている．このポリメラーゼがプロモーター上流に結合するmtTF1(HMG-1ファミリー)とよばれる転写因子と相互作用している．植物や粘菌のミトコンドリアmRNAはRNA編集を受け，トリパノソーマ亜目ではほとんどのミトコンドリアmRNAがガイドRNAを介したRNA編集により変化している．ミトコンドリアのmRNAが翻訳される際には普遍的でないコドンが使用される．(→ミトコンドリア遺伝暗号)

**ミトコンドリアアンチポーター** ＝ミトコンドリア対向輸送体

**ミトコンドリア遺伝暗号** [mitochondrial genetic code] ミトコンドリアの遺伝暗号*は，いくつかの点で標準遺伝暗号と異なっている．標準遺伝暗号ではUGAは終止コドンであるが，動物ミトコンドリアDNA(mtDNA)ではトリプトファンとなっている．標準遺伝暗号のAGAはアルギニンであるが，無脊椎動物mtDNAではセリン，哺乳動物mtDNAでは終止コドンとなっている．tRNAは最少セットの22種類あり，1種類のアミノ酸に1種類のtRNAが対応し，"塩基のゆらぎ"が拡張されている．1種類のtRNAがホルミルメチオニンからの翻訳開始とメチオニンの伸長反応で使われている．翻訳開始は，通常AUNであるが，mRNAの5'末端の非コード領域がほとんど存在しないので，リボソームが開始因子を認識し，mRNAの5'末端のコード配列中に結合するものと思われている．動物のミトコンドリアmRNAは非翻訳領域をほとんどもたず，終止コドンは3'末端のUまたはUAへのポリアデニル化によって転写後に形成されている．

**ミトコンドリアイブ** [mitochondrial Eve] ラッキーマザー(lucky mother)ともいう．人類の進化に関する学説で，アフリカ単一起源説を支持する有力な証拠の一つ．人類起源を遺伝学的に考えるにあたり，母親から受け継がれるミトコンドリアDNA*の変化率を解析し，推定された系統樹*より祖先ゲノムの持ち主の出自がアフリカと特定された．旧約聖書で神が創造したとされる人類最初の女性の名(イブ)にちなんで名付けられた．

**ミトコンドリア外膜トランスロカーゼ複合体** [translocase of the mitochondrial outer membrane complex] TOM複合体と略す．ミトコンドリア*を構成するタンパク質の99%は核のDNAにコードされ，サイトゾル*にて前駆体タンパク質として合成された後，タンパク質の一次構造上に書き込まれたミトコンドリア指向シグナル*によってミトコンドリア表面に運ばれ，さらに外膜に存在する前駆体タンパク質透過装置複合体(TOM)と内膜に存在するミトコンドリア内膜トランスロカーゼ複合体*(TIM)の働きでそれぞれのコンパートメントに輸送される．複合体を構成する成分は，Tom, Timの文字の後にそれらの分子量(kDa)をつけてTom20, Tim23などとよばれる．酵母について詳細な解析が行われTOM複合体は，前駆体タンパク質の受容体としての機能をもつTom70, Tom20およびTom22, 透過チャネルであるTom40, 受容体からチャネルへの前駆体タンパク質受け渡しにかかわるTom5, ならびにTOM複合体の安定性の調節にかかわるTom6, Tom7より構成されている．Tom20, Tom22, Tom40, Tom5, Tom6およびTom7は比較的強い結合をしていることからTOMコア複合体(TOM core complex)とよばれる．Tom70は疎水性の高い前駆体タンパク質に対する受容体として，またTom20とTom22はそれ以外の多くの前駆体タンパク質の受容体として働くと考えられている．

**ミトコンドリアゲノム** [mitochondrial genome] 最も原始的な真核生物を除き，すべての真核生物はミトコンドリア*をもっている．この細胞小器官は，脂肪や糖の分解の最終段階に関与しており，クエン酸回路*，呼吸鎖と酸化的リン酸化*などの反応を行っている．ミトコンドリアは常に自分自身の多コピーDNAをもっており，このゲノムはミトコンドリア全機能の一部分をコードしている．後生動物や下等真核生物においては，ATP合成酵素のサブユニットと呼吸鎖の12~16種のポリペプチドサブユニット，ミトコンドリア翻訳系のRNA構成要素のほとんどすべてのもの(少なくとも大小1組のリボソームRNAと22種類のtRNA)，さらに，ある場合には2~3のリボソームタンパク質がコードされている．ミトコンドリアDNA*(mtDNA)は核内の装置とは異なるが，核遺伝子によりコードされた装置により複製および転写される．この点からも，mtDNAは細胞内で半自己複製的なゲノムと考えられている．下等真核生物のミトコンドリアゲノムをみると，非常に大きな遺伝的多様性があるので，一般化することが難しい．しかし幸いなことに，酵母は好気的呼吸がなくても成育できるので，細胞質遺伝学研究の土台となっている．加えて，核ゲノムの取扱いも比較的容易であり，ミトコンドリアゲノムの維持や発現に影響を与える数多くの核遺伝子の単離や解析が今日までになされている．

**ミトコンドリア指向シグナル** [mitochondria-targeting signal] ミトコンドリア指向配列(mitochondria-targeting signal)，マトリックス指向シグナル(matrix-targeting signal)ともいう．ミトコンドリア*のマトリックスに輸送されるタンパク質の多くは分子のN末端側に15~90アミノ酸から成る余分の配列(プレ配列)をもって合成される．この配列中には塩基性アミノ酸が点在しその間を疎水性アミノ酸やセリンまたはトレオニンが埋めた配列が多く，この領域は疎水環境中で塩基性の両親媒性αヘリックスを組むポテンシャルをもっており，またレポータータンパク質をミトコンドリアマトリックスに輸送するのに必要十分

な情報ももつ．このプレ配列はマトリックスへの輸送の過程で，マトリックス内に存在するミトコンドリアプロセシングペプチダーゼ(mitochondrial processing peptidase, MPP)によって切断除去される．長いプレ配列の場合，その一部の領域がミトコンドリア指向シグナルとして働く．プレ配列は必ずしも分子のN末端にある必要はなく，分子のC末端に存在する例もある．一方，すべての外膜のタンパク質と一部の膜間スペースのタンパク質は，分子内に切断されないミトコンドリア指向シグナルをもつ．このうち膜タンパク質は，膜貫通領域とその直前あるいは直後の塩基性アミノ酸とが共同してミトコンドリア指向シグナルとして機能する．(⇨ミトコンドリア外膜トランスロカーゼ複合体，ミトコンドリア内膜トランスロカーゼ複合体)

**ミトコンドリア対向輸送体** [mitochondrial antiporter] ミトコンドリアアンチポーターともいう．ミトコンドリア内膜は70％がタンパク質，30％がリン脂質であるが，このタンパク質には特定の物質の輸送タンパク質も含まれている．この輸送のうち，一つの物質(たとえばATP)の輸送に共役して他の物質(ADP)が逆方向に輸送される場合，これを仲介する物質を対向輸送体*とよぶ．同一方向に輸送される物質は共輸送体である(⇨共輸送)．トリカルボン酸同士の交換も対向輸送による．

**ミトコンドリアタンパク質** [mitochondrial protein] ミトコンドリア*は他の細胞小器官と異なり，核とミトコンドリアの二つの遺伝システムにその増殖が依存している．ミトコンドリアゲノム*は小さいが，酸化的リン酸化*(電子伝達系)に必要な酵素類の生合成に必須である．ATP合成酵素，シトクロム$c$オキシダーゼなどがミトコンドリアDNA*(mtDNA)上にコードされ，ミトコンドリアのリボソームで合成されている．動物や酵母において，ミトコンドリア中では12～16種類のポリペプチドが合成され，他のほとんどのポリペプチドは核DNAにコードされ，細胞質で合成され，ミトコンドリア膜を通じて輸送されている．ミトコンドリア生合成とタンパク質の輸送の中心的なシステムは，進化を通じてよく保存されている．酵母は時には酸化的リン酸化とは独立に成育でき，このために，酸化的リン酸化にかかわる酵素の突然変異体の研究に用いられ，遺伝的解析や遺伝子工学的研究が *Saccharomyces cerevisiae*(⇨サッカロミセス＝セレビシエ)でよく行われている．細胞質で合成されるミトコンドリアタンパク質は，N末端前駆配列(トランジット配列)をターゲッティングのためにもっている．プレ配列は酸性アミノ酸を欠き，塩基性アミノ酸に富み，両親媒性αヘリックスを形成している．合成されたミトコンドリアタンパク質はミトコンドリアの内膜や外膜およびマトリックスや膜間腔に移行分布する．

**ミトコンドリアDNA** [mitochondrial DNA] mtDNAと表記する．後生動物のmtDNAは15～20 kbpサイズの環状二本鎖DNA(ヒトでは16,569 bp)であり，遺伝子が非常にコンパクトに配置されている．遺伝子間にはほとんど非コード領域が見当たらず，イントロンも存在していない．いくつかの遺伝子対が互いに重なり合っている．通常，mtDNA中には1箇所 0.6～0.7 kbpの非コード領域(Dループ)が存在し，そこにはH鎖の複製起点とH鎖およびL鎖の転写に関係した調節領域が存在している．この領域はウニなどでは120 bpと短く，ある種のショウジョウバエや両生類では数kbpに及んでいる．野生型酵母のミトコンドリアゲノムのサイズは約80 kbpである．動物のmtDNAと比べて数倍長いが，ほんの二，三の遺伝子が多いだけである．構成遺伝子としては大小のリボソームRNA，ATP合成酵素のサブユニット(6, 8, 9)，アポシトクロム$b$(COB)，シトクロムオキシダーゼの3種類のサブユニット(COX1, COX2, COX3)，24種類のtRNA，tRNAの5′側成熟に必要なリボヌクレアーゼPのRNA成分，リボソームタンパク質var1およびRNAスプライシングに関係した遺伝子などである．植物のミトコンドリアゲノムは他の生物と比べて非常に大きく，200 kbpから2500 kbpに及び，その形状は環状あるいは線状である．他の生物のミトコンドリアに存在している遺伝子がほとんど存在しているが，その配置は大変異なっており，また，空白の領域がほとんどである．26S, 18S, 5S rRNAおよび，各アミノ酸に対応したtRNA遺伝子，COX遺伝子(Ⅰ, Ⅱ, Ⅲ)，COB遺伝子，ATP合成酵素遺伝子(*atpA-1*, *atpA-2*, *atp6*, *atp9*)，NAD遺伝子が存在している．mtDNAの塩基置換の速度は核DNAの5～10倍程度と計算されている．

**ミトコンドリア内膜トランスロカーゼ複合体** [translocase of the mitochondrial inner membrane complex] TIM複合体と略す．TOM複合体(ミトコンドリア外膜トランスロカーゼ複合体*)を透過した前駆体タンパク質はつぎに内膜に存在するタンパク質トランスロカーゼ複合体(TIM複合体)の働きによって膜電位に依存して内膜を透過あるいは内膜に挿入される．内膜には異なった機能をもつ2種類のTIM複合体が存在し，輸送チャネルを構成する主要成分の名称をつけてTIM23複合体，TIM22複合体とよばれる．TIM23複合体は Tim23, Tim17, Tim50およびTim21より構成され，N末端に切断されるミトコンドリア指向シグナル*をもつタンパク質のマトリックスへの輸送と2極性シグナル(ミトコンドリア指向シグナルの直後に膜アンカー領域をもつ)をもつ前駆体タンパク質の内膜への挿入にかかわる．輸送は内膜電位とマトリックスのATPに依存する．構成成分のうちTim23は輸送チャネル，Tim23に相同性をもつTim17はチャネルの開閉の調節，Tim50はミトコンドリア指向シグナルの結合とTim23チャネルの開閉の調節，そしてTim21は，マトリックスに輸送されるタンパク質とTim23チャネルを通って内膜にアンカーされるタンパク質の仕分けの機能をもつ．Tim23チャネルを通った前駆体タンパク質のプレ配列が膜電位に駆動されてマトリックス側に達するとHSP70(mtHSP70)と

その調節因子 Mge1, Tim44, Pam18(別名 Tim14), Pam16(別名 Tim14), Pam17, および Tim15(別名 Zim17, Hep1)より成るモーター複合体(PAM 複合体; presequence translocase-associated motor complex あるいは mitochondrial motor chaperone complex, MMC 複合体)によって ATP 加水分解に依存した前駆体タンパク質のマトリックス側への輸送が起こる．一方，TIM22 複合体はチャネル成分 Tim22 に加えて機能未知の Tim18, Tim54, ならびに表在性の膜間スペースの分子シャペロン Tim9, Tim10, Tim12 から成り，TOM 複合体を通過してきた疎水性の膜貫通領域をもつ前駆体タンパク質(ADP/ATP carrier, Tim22, Tim23 などプレ配列をもたない基質)を膜電位に依存して内膜へ挿入する．この反応は ATP には依存しない．

**ミトコンドリアプロセシングペプチダーゼ** [mitochondrial processing peptidase] ⇒ミトコンドリア指向シグナル．MPP と略す．

**ミトコンドリアリボソーム** [mitochondrial ribosome] ミトコンドリア*のリボソーム*粒子は，ミトコンドリア中で形成されタンパク質合成の場となっている．大小1組のサブユニットから成るリボソームは，大小1組のリボソーム RNA(16S, 12S)とタンパク質で構成される．リボソーム RNA はリボソームの約 2/3 を占め複雑な高次構造をとっており，その周囲にリボソームタンパク質*が集合している．動物ミトコンドリアのリボソーム粒子は沈降定数が 60S で直径が約 20 nm である．大小のリボソームサブユニットはそれぞれ 40S と 30S である．ミトコンドリア中のリボソーム粒子はマトリックスおよびクリステの内膜上に存在している．mRNA とアミノアシル tRNA の結合部位は 30S サブユニットに存在するが，mRNA がリボソームに結合する際のシャイン・ダルガルノ配列* は 12S リボソーム RNA や mRNA には見当たらない．

**ミドル T 抗原** [middle T antigen] ⇒T 抗原

**ミニ移植** [mini transplantation] ＝骨髄非破壊的同種造血幹細胞移植

**ミニ F** [mini F] ⇒F プラスミド

**ミニクロモソーム** [minichromosome] ミニ染色体ともいう．染色体としての安定性，分配，複製に必須の機能構造を含む直鎖状の小型の人工染色体．酵母では動原体*，テロメア*，複製起点(自律複製配列*, ARS)を含む 55～120 kbp の人工染色体が遺伝子工学的手法やγ線照射による染色体切断を利用してつくられている(⇒酵母人工染色体ベクター)．また，核内で染色体外にあって自己複製能をもち，ヌクレオソーム単位から成るクロマチン構造を形成する SV40*，ウシパピローマウイルス*などの環状 DNA をさす場合もある．

**ミニ細胞** [minicell] DNA を含まず，細胞質のみから成る大腸菌の小胞．染色体の分配機構(⇒染色体分配)に関与する遺伝子の突然変異などにより，細胞分裂時に染色体 DNA が均等に娘細胞に分配されずに生じる．プラスミドや形質導入ファージをミニ細胞に導入することにより特定の遺伝子の発現解析などに利用されている．

**ミニサークル DNA** [minicircle DNA] 原生動物トリパノソーマやリーシュマニア(クリシチジア)のミトコンドリア内に存在する小環状 DNA(0.8～2.5 kbp)で，RNA 編集*に関与するガイド RNA*(gRNA)をコードしている．これら原生動物細胞のミトコンドリア DNA はキネトプラスト*DNA とよばれ，小環状 DNA と rRNA 遺伝子やタンパク質および数個の gRNA をコードする大環状 DNA(マキシ DNA maxi DNA, 23～36 kbp)の二つの分子種から成っている．

**ミニサテライト DNA** [minisatellite DNA] 染色体に散在する縦列反復配列*の一種．小型のサテライト DNA* という意味である．サテライトは大型の反復配列*として従来から知られ，セントロメア領域に局在する．ミニサテライトよりさらに小型のもの，たとえば CA 反復配列はマイクロサテライト DNA* とよばれる．ミニサテライトの反復単位は 10～50 bp 程度で，全体の長さは 2～30 kbp である．ミニサテライトの特徴は "超可変" 性にあり，多くの対立遺伝子をもつことになる(⇒遺伝的多型)．この多型性ミニサテライトをプローブとしたサザンブロット法* は DNA フィンガープリント法* とよばれ，個体識別，親子鑑定に利用されている．

**ミニ染色体** ⇒ミニクロモソーム

**ミニミオシン** [mini-myosin] ミオシン I (myosin I)ともいう．分子量 13 万前後の単頭，短尾のミオシン*．通常の双頭のミオシンはミオシン II とよばれるが，これとは異なりフィラメント形成能はない．下等有核生物，脊椎動物の小腸上皮，脳などから精製されている．ATP アーゼ活性はアクチンによって活性化され，リン酸化により活性の調節される Acanthamoeba/Dictyostelium 型と $Ca^{2+}$ 結合により調節を受ける 110 kDa カルモジュリン* 型がある．

**ミネラルコルチコイド** [mineral corticoid, mineralocorticoid] 鉱質コルチコイドともいう．副腎皮質で合成，分泌され，電解質，水代謝や血圧調節など鉱質代謝への効果をもつステロイドホルモンの総称．腎臓の遠位尿細管などを標的として働く．中でもアルドステロン*が最も強力である．標的細胞核内に存在するミネラルコルチコイド受容体(mineral corticoid receptor)と結合し，標的遺伝子群の発現を活性化することで生理作用を発現するが，標的遺伝子群の性状は不明．グルココルチコイド*も弱いながら同様な活性を示し，実際ミネラルコルチコイド受容体へも弱く結合する．

**ミネラルコルチコイド受容体** [mineral corticoid receptor] ⇒ミネラルコルチコイド

***myb* 遺伝子** [*myb* gene] ニワトリに骨髄性白血病を発症させるウイルス，トリ骨髄芽球症ウイルス AMV(*Avian myeloblastosis virus*)と E26 ウイルスから独立に単離されたがん遺伝子*．v-*myb* は骨髄細胞のみをがん化するという細胞特異性をもつ．細胞側相当遺伝子 c-*myb* は未分化造血系細胞で発現が高く，細

胞増殖の維持に必須である．75 kDa の c-myb 遺伝子産物は，約 50 アミノ酸を単位とする三つの繰返し構造から成るドメインを介して 5′-AACNG-3′ に結合する転写活性化因子である．

**未分化大細胞リンパ腫** [anaplastic large cell lymphoma] ＝Ki-1 リンパ腫．ALCL と略す．

**mutS 遺伝子** ⇌ mutS（エムユーティーエス）遺伝子

**mutT 遺伝子** ⇌ mutT（エムユーティーティー）遺伝子

**ミューテーター遺伝子** ＝突然変異誘発遺伝子

**ミュートン** [muton] S. Benzer は，T4 ファージの rⅡ 突然変異*が大腸菌 B 株に生育するが K12 株には生育できないことを利用して，約 2400 もの rⅡ 突然変異のシス-トランス位置効果*を調べるとともに，かけ合わせを行い組換えの最小頻度を見いだした．そしてショウジョウバエを中心とした古典遺伝学で確立された"遺伝子とは，機能，組換え，突然変異それぞれの究極の単位である"という概念は，成り立たないことを証明した．新たに機能単位としてシストロン*，組換え単位としてレコン，突然変異の単位としてミュートンという概念を提案した．しかし後の二者は，DNA 分子上の 1 塩基に対応するため使われなくなった．結局，遺伝子にはシストロン，つまり機能単位としての属性だけが残ることになった．

**Mu ファージ** [Mu phage, phage Mu] μ ファージ（μ phage）とも表記される．大腸菌のテンペレートファージ*の一つで，感染して溶原化する際，宿主染色体のほぼランダムな部位に組込まれる．そのため細菌遺伝子が破壊されることがあり，突然変異体（mutant）を生じるファージの意として Mu の名がついた．粒子中の DNA（約 38 kbp）は線状で，その両端には細菌からランダムに由来する部分がある．トランスポゾン*の性質も併せもつので重要であり，また遺伝子クローニング*，発現ベクター*としても優れている．

**μ ファージ** [μ phage] ＝Mu ファージ

**ミュラー管** [Müllerian duct] ⇌ 泌尿生殖系

**ミュラー管抑制物質** [Müllerian duct inhibiting substance] 精巣のセルトリー細胞*より胎生期に分泌され，560 個のアミノ酸から成る糖タンパク質で，女性において卵管，子宮，腟へと発達するミュラー管を男性において退縮させる作用をもつ．ヒトにおいては，この物質に対する感受性も胎生期の短期間に現れ，消失する．なお分泌は出生前後に停止する．マウスにおいては，本因子の遺伝子のプロモーターに，Y 染色体性決定領域*（SRY）タンパク質が結合し，遺伝子の転写活性を亢進させることが示されている．

**ミュラー細胞** [Müller cell] 脊椎動物網膜内に存在するグリア細胞*である．網膜*を縦方向（視細胞側から神経節細胞側へ）に貫く大型の細胞であり，古くは網膜の支持組織であると考えられた．現在，この細胞は，1）網膜内のカリウムイオン濃度および水素イオン濃度（pH）の調節と，2）網膜内でのシナプス*活動に伴って増加するグルタミン酸（興奮性神経伝達物質）および γ-アミノ酪酸*（抑制性神経伝達物質）の除去に関与していることが明らかになっている．また，ミュラー細胞の電位変化は網膜電図の b 波発生の一因になっている．

**ミラー** MILLER, Stanley 米国の化学者．1930.3.7〜2007.5.20. カリフォルニア州のオークランドに生まれる．シカゴ大学で H. C. Urey の指導下に学位取得（1954）．地球の原始状態での生命物質合成実験を行った．水素・アンモニア・メタン存在下で電気火花を起こし 1 週間還流させて有機化合物の生成を実証した．カリフォルニア大学化学教授．

**ミラー・ディーカー滑脳症** [Miller-Dieker lissencephaly] ＝ミラー・ディーカー症候群

**ミラー・ディーカー症候群** [Miller-Dieker syndrome] ミラー・ディーカー滑脳症（Miller-Dieker lissencephaly）ともいう．先天性の脳回（脳のしわ）形成不全症の一種．脳回のほとんどない脳症は滑脳症（lissencephaly）とよばれ，その中でも鼻，耳介，顎などに共通の変形を併発するものがミラー・ディーカー症候群とよばれる．この症候群では胎生 10 週ごろまでは脳の正常な発達が認められ，神経芽細胞自体も正常である．しかし，胎生 14 週ごろから始まる神経芽細胞の表層への移動がほとんど起こらず，皮質の肥厚，脳回の形成が進行しない．これらの事実より，この病気の原因遺伝子産物は神経芽細胞のしかるべき時期に，しかるべき部位への移動過程を制御するタンパク質と想定されていたが，1993 年に原因遺伝子 Lissencephaly-1（LIS1）遺伝子（17p13.3）が同定された．この遺伝子産物は PAF-アセチルヒドロラーゼ* アイソフォーム $I_b$ の α サブユニットである．PAF（血小板活性化因子*）産生に異常をきたすツェルベーガー症候群（⇌ペルオキシソーム病）でも神経細胞移動障害が認められている．PAF 受容体からのシグナルが Lis-1 を介して神経細胞移動に関与していることが示唆されている．患者に見られる顔面の変形は LIS1 から遠く離れたいくつかの遺伝子の欠失によるらしく，また，症状の重症度は 14-3-3-イプシロン遺伝子の欠失と関係している．

**ミリスチン酸** [myristic acid] ＝テトラデカン酸（tetradecanoic acid）．$CH_3(CH_2)_{12}COOH$，$C_{14}H_{28}O_2$，分子量 228.38．炭素数 14 の直鎖飽和脂肪酸である．あらゆる生物の脂質に少量成分として含まれる．

**ミリストイル化** [myristoylation] タンパク質の N 末端にミリスチン酸が共有結合で付加される，脂質によるタンパク質修飾の一種である．ミリストイル化されたタンパク質は細胞膜にアンカーされる．ミリストイル化反応はリボソームでのタンパク質の翻訳途中で行われ，開始メチオニンが切断された後，露出したグリシン残基の α-アミノ基にミリストイル転移酵素がミリストイル CoA からミリストイル基を転移させることで生じる．ミリストイル化されたタンパク質としてラウス肉腫ウイルス*のがん遺伝子産物である $p60^{src}$ がある．ミリストイル化は $p60^{src}$ によるがん化に必須である．同じようなタンパク質修飾にパルミチ

ン酸の付加によるパルミトイル化(palmitoylation)がある.(→膜タンパク質，ファルネシル化，ゲラニルゲラニル化)

**$N$-ミリストイルトランスフェラーゼ**［$N$-myristoyltransferase］ ＝ペプチド $N$-ミリストイルトランスフェラーゼ(peptide $N$-myristoyltransferase). EC 2.3.1.97. タンパク質のN末端 Gly のアミノ基に，ミリストイル CoA からミリストイル基(C14:0)を転移し，酸アミド結合を形成させる酵素．標的タンパク質のN末端に認識配列，(Gly-(Glu など)-Xaa-Xaa-(Ser など)-Pro)が存在する．この酵素は真核生物*に広く存在し，これまでに菌類(分子量 52,000〜59,000)と哺乳動物(分子量 48,000)から精製されているが，細菌では見つけられていない.(→ミリストイル化)

**ミリポアフィルター**［Millipore filter］ Millipore 社が開発したニトロセルロースなどセルロースエステルでつくったメンブランフィルター(membrane filter)の商標．0.025〜8 μm のさまざまな孔径の種類があり，その孔径は比較的均一である．液体や気体から細菌やきょう雑物を除去する目的で用いられる．一本鎖核酸やタンパク質を結合，固定できるため，各種ブロッティングに用いられている．目的に応じてさまざまな化学組成や孔径のものが開発されている．

**ミルシュタイン** **M**ILSTEIN, César 英国の免疫学者(国籍はアルゼンチン). 1927.10.8〜2002.3.24. アルゼンチンのバイア・ブランカ生まれ．ブエノスアイレス大学で生化学を専攻したのち，ケンブリッジ大学に留学，F. Sanger* のもとで Ph.D. 取得(1960). 1963 年からケンブリッジ大学分子生物学研究所で抗体構造を研究し，1975 年モノクローナル抗体*の作製に G. J. F. Köhler* とともに成功した．ケンブリッジ大学分子生物学研究所タンパク質核酸化学部長(1983). Köhler，N. K. Jerne* とともに 1984 年ノーベル医学生理学賞を受賞．

**Myn**［Myn］ ＝Max

**ミンク細胞フォーカス形成ウイルス**［mink cell focus inducing virus］ MCF ウイルス(MCF virus)と略す．ミンク細胞株(ウイルス由来の *src* 遺伝子*をもつが，ヘルパーウイルス*の機能をもたない)に感染し，フォーカスを形成するレトロウイルス*の総称．同種指向性ウイルス*(エコトロピックウイルス)と他種指向性ウイルス*(ゼノトロピックウイルス)の *env* 遺伝子*の組換え体ウイルスで，マウス細胞でも増殖する．フレンド白血病ウイルス*の場合のように，欠損ウイルスと共存して特異な白血病を起こすこともあるが，単独でも病原性をもつ．

# ム

**ムーア** MOORE, Stanford 米国の生化学者.1913.9.4～1982.8.23.シカゴに生まれ,ニューヨーク市に没す.バンダービルト大学で修士号を取得(1935)後,ウィスコンシン大学で有機化学研究に従事,1938年 Ph.D. 取得.翌年ロックフェラー研究所に就職.W. H. Stein* とともにアミノ酸分析機を開発(1958).リボヌクレアーゼのアミノ酸配列を解明(1960).ロックフェラー大学教授(1954).1972年 Stein, C. B. Anfinsen* とノーベル化学賞を受賞.

**無αリポタンパク血症** [analphalipoproteinemia] ＝タンジール病

**無アルブミン血症** [analbuminemia] 遺伝的に血清アルブミンを欠く疾患.ラットおよびヒトの一部ではアルブミン*遺伝子のスプライシングシグナルの突然変異が明らかにされている.症状は発育,生殖性にはほとんど異常なく,軽い浮腫を呈する程度である.ヒト,ラットともに完全欠損はなく,数十分の一から数千分の一程度にアルブミンが認められるが,その理由は漏出突然変異によるものか,体細胞の復帰突然変異*によるものかは不明である.また完全欠損が致死か否かもわかっていない.

**無益回路** [futile cycle] ＝空転サイクル

**無カタラーゼ血症** [acatalasemia] 無カタラーゼ症(acatalasia)ともいう.1949年,高原滋夫によって初めて報告された常染色体劣性遺伝性疾患.ホモ接合の患者ではカタラーゼが欠損しているため,過酸化水素水(オキシフル)から酸素を遊出させ得ない.口内潰瘍なども報告されたが,いろいろな型があるらしく,ホモ接合で無症状の人もいる.細胞内の過酸化水素はペルオキシダーゼで処理されると考えられている.また,赤血球中の活性と他の組織中の活性も必ずしも一致せず不明な点が多い.

**無カタラーゼ症** [acatalasia] ＝無カタラーゼ血症

**無γグロブリン血症** [agammaglobulinemia] 血清中の免疫グロブリン*がいずれのクラスのものもきわめて少ない状態をいう.健康人よりは少ないが免疫グロブリンがある程度存在する低γグロブリン血症(hypogammaglobulinemia)は他の疾患に続発しても生じうるが,本症の多くは先天性で,B 細胞の発生障害など免疫系に原発する抗体産生の欠陥による.抗体が産生されないので,化膿菌などに対する防御不全を生じ,気道感染症・中耳炎・膿皮症などを反復する.免疫グロブリン製剤の定期的補充注射で治療する.(⇒免疫欠乏,X連鎖性無γグロブリン血症)

**無形成発症** [―] ＝(骨髄)無形成発症

**無血清培地** [serum-free medium] 一般に動物細胞の培養には血清*が必須であるが,この血清を含まない培地をいう.近年,血清中の因子や細胞の分泌物質の解析から多くの増殖因子が単離・同定され,これらを合成培地*に加えると細胞系を短期間培養することが可能となった.無血清培地は細胞代謝や増殖の研究,インターフェロンなどの産生細胞用発現ベクターを組込んだ細胞の大量培養による生理活性物質の生産に用いられる.

**無限花序** [indefinite inflorescence, indeterminate inflorescence] ⇒花序形成

**無虹彩症** [aniridia] 生まれつき眼の虹彩*が欠損していること.長年にわたり第2染色体短腕に座位を占める型と,第11染色体短腕11p13のもの(タイプII)と2種があるとされてきたが,最近前者の座位が否定された.後者のマキュージック番号*は106200である.原因遺伝子は転写調節因子 PAX6 をコードし,*PAX6* 遺伝子変異のホモ接合体ラットでは眼と鼻の無形成という重篤な顔面奇形が見られる.また,ショウジョウバエの *Pax6* 遺伝子(eyeless;正常型)を幼虫の成虫原基のさまざまなところで異所的に発現させると触角,翅,脚などに複眼が形成され,これが眼形成のマスター調節遺伝子*であると考えられている.近接するウィルムス腫瘍*抑制遺伝子(*WT1*)や先天性異常の座位を巻込んで種々の範囲の欠失例があり,WAGR症候群*,ウィルムス腫瘍単独,ウィルムス腫瘍＋無虹彩など種々の組合わせがみられ,隣接遺伝子症候群*を形成する.

**ムコ多糖** [mucopolysaccharide] グリコサミノグリカン*と実質的には同義であり,最近はムコ多糖の名称はあまり用いられない.プロテオグリカンの糖鎖の部分であるコンドロイチン硫酸同族体,ヘパラン硫酸同族体,およびケラタン硫酸と,タンパク質部分をもたないが存在部位や物性がこれらと似ているヒアルロン酸*をまとめてよぶ名称である.ムコ多糖は,1938年 K. Meyer によって,"タンパク質に結合するかまたは単独で存在する動物由来のヘキソサミンを含む多糖"と定義された.グリコサミノグリカンの方は,1960年に R. W. Jeanloz によって"アミノ糖を含む酸性多糖"として提案されたが,以後生化学者の間では後者が多用されている.1952年に G. Hurler によって,遺伝的にムコ多糖の代謝に異常をもつ患者が見いだされ,その診断と病因の解明をめざす研究を通してこれらの物質に関する理解が進んだ.(⇒ムコ多糖症)

**ムコ多糖症** [mucopolysaccharidosis] ムコ多糖の遺伝性分解酵素欠損症の総称.糖鎖分解酵素のほかに,硫酸基分解にかかわる種々のスルファターゼやアセチル基の転移酵素の欠損症も知られている.元来ムコ多糖症は背が低く,特異な顔貌,肝脾腫,骨変形などの身体的特徴を示す患者のグループとして認識され,ガーゴイリズム(gargoylism)とよばれたこともある.尿中にムコ多糖の過剰排泄がある.現在,以下の

六つの病型に分類される．I型：ハーラー症候群\*，シェイエ症候群，II型：ハンター症候群（Hunter syndrome），III型：サンフィリッポ症候群（Sanfilippo syndrome, A, B, C, D 型），IV型：モルキオ症候群（Morquio syndrome, A, B 型），VI型：マロトー・ラミー症候群\*，VII型：スライ症候群（Sly syndrome）．元来V型と分類されたシェイエ症候群は，ハーラー症候群の軽症型であることがわかり，I型に再分類された．ほとんどの病気の責任遺伝子のクローニング，突然変異の同定がなされている．（→ リソソーム病）

**ムコ多糖タンパク質複合体** [mucopolysaccharide-protein complex] ＝プロテオグリカン

**ムコペプチド** [mucopeptide] ＝ペプチドグリカン

**ムコポリマー** [mucopolymer] ＝ペプチドグリカン

**ムコリピドーシス** [mucolipidosis] →I細胞病

**ムコリピドーシスII** [mucolipidosis II] ＝I細胞病

**ムコリピド蓄積症** →I細胞病

**無細胞系** [in vitro cell-free system] 全細胞抽出液（whole cell extract）・核抽出液（nuclear extract）を用い，試験管内で生物のさまざまな生命現象を再現する系．複製\*，転写\*，スプライシング\*，翻訳\*，リン酸化\*などの比較的短時間に起こる生命現象は，ある特定の分子間あるいは構造体との反応である．反応に必要な成分を供給できれば，これらの現象を試験管内で再現できる．無細胞系を利用して，反応過程の分子レベルでの解析が可能となり，必須成分の同定，精製が可能となる．（→コムギ胚芽翻訳系，網状赤血球溶解液）

**無細胞転写法** [cell-free transcription] ＝in vitro 転写法

**無細胞翻訳** [cell-free translation] ＝in vitro 翻訳

**無軸索（神経）細胞** [axonless nerve cell] ＝アマクリン細胞

**無軸索ニューロン** [axonless neuron] ＝アマクリン細胞

**無糸分裂** [amitosis, (pl.) amitoses] 細胞分裂に際して，染色体や紡錘体が現れることなく，核がひきちぎられるように分かれる分裂の様式をいう．有糸分裂\*の対語．かつては無糸分裂も正常な分裂の方法の一つと考えられていたが，おそらくこれは誤りであって，病的で異常な分裂ととらえるのが当たっている．ただし，正常細胞でも肝細胞などで核膜が消失することなく，核内で染色体形成を行って巨大核となったり，時に分裂したりすることがある．

**無条件刺激** [unconditioned stimulus] → 条件刺激

**無髄神経繊維** [amyelinated nerve fiber] 髄鞘（ミエリン鞘）をもたない神経繊維で，多くの無脊椎動物の神経や脊椎動物の末梢自律神経の大部分がこれに属する．髄鞘をもつ，いわゆる有髄神経繊維\*では，髄鞘のもつ電気的絶縁効果によって跳躍伝導\*が可能となり，興奮伝導速度を著しく高めているのに対し，無髄神経繊維では神経繊維を太くすることにより興奮伝導速度を高めている．直径 15 μm のカエルの有髄神経と同等の伝導速度を示すイカの巨大神経（無髄神経）は直径 500 μm に達する．

**ムスカリン** [muscarine] $C_9H_{20}NO_2^+$，分子量 174.26. ベニテングタケ Amanitia muscaria に含まれるアルカロイドで，副交感神経刺激により遊離されるアセチルコリンの作用を模倣する．ムスカリン性アセチルコリン受容体\*に作用し，心拍動の抑制，末梢血管拡張による血圧低下，平滑筋の収縮，腺組織の分泌促進などをもたらす．また中枢神経作用として幻覚，錯乱などが知られている．

**ムスカリン受容体** [muscarinic receptor] ＝ムスカリン性アセチルコリン受容体

**ムスカリン性アセチルコリン受容体** [muscarinic acetylcholine receptor] ムスカリン受容体（muscarinic receptor）ともいい，mAChR と略記する．アセチルコリン受容体\*のうちムスカリンにより薬理作用が模倣される受容体．アトロピンにより阻害される．Gタンパク質共役受容体\*で神経細胞，平滑筋，心筋，腺細胞などに分布する．薬理学的には，アンタゴニストであるピレンゼピンに対する親和性の高い $M_1$ 受容体，AFDX-116 に親和性の高い $M_2$ 受容体，いずれに対する親和性も低い HHSiD（hexahydrosiladifenidol）に高親和性を示す $M_3$ 受容体がある．また現在までに5種類の遺伝子が存在することが知られており m1〜m5 受容体と命名されている．m1, m2, m3 受容体は薬理学的分類 $M_1$, $M_2$, $M_3$ に一致するが，m4, m5 を区別する薬剤は現在知られていない．m1, m3, m5 受容体は百日咳毒素非感受性の Gタンパク質\* $G_q$ と共役してホスホリパーゼ C\*を活性化し，細胞内 $Ca^{2+}$ 濃度の上昇やプロテインキナーゼ C\*の活性化をひき起こす．また神経細胞の M 型 $K^+$ チャネルを抑制する．m2, m4 受容体は百日咳毒素感受性の Gタンパク質 $G_i$, $G_o$ と共役し，アデニル酸シクラーゼ\*の抑制，心筋内向き整流性 $K^+$ チャネルの活性化，神経細胞の L 型，N 型 $Ca^{2+}$ チャネルの抑制などをひき起こす．

**娘細胞** [daughter cell] 嬢細胞ともいう．細胞分裂において分裂前の細胞を母細胞（mother cell, metrocyte または親細胞 parent cell）とよぶのに対して，その細胞に由来する分裂によって生じた2個以上の細胞を娘細胞という．

**無性生殖** [asexual reproduction] 生物の生殖様式で，有性生殖\*のように配偶子の生産とその融合の過程なしに増殖するもの．その様式は多様で，細菌\*や原生動物\*など二分裂によるものや，菌類\*，シダ類のように単相の胞子\*が発芽，成長するもの，さらに，栄養生殖（vegetative reproduction）とよばれる様式などがある．栄養生殖には，海綿の芽球，ヒドラの出芽，高等植物の地下茎による増殖などが含まれる．単為生殖は，配偶子が単独で発生するが有性生殖の変形

とされており，無性生殖には含まれない（⇌単為発生）．

**無性世代** [asexual generation] 世代交代\*で両性生殖と無性生殖とが交代する真正世代交代の二世代のうちの一方をさす．有性世代の対語．本来配偶子（卵子と精子）には性があるが，これが合体した接合子（受精卵または胞子）には性がなくなっているので，これが無性世代に当たるはずである．しかし，動物にも植物にもこの世代が二次的な性をもつことが多いので，むしろ核相に着目して複相世代（diploid generation），または $2n$ 世代とよぶ方が適切と思われる．

**無脊椎動物** [invertebrate] 脊椎をもたない動物群の総称．脊椎動物\*門以外のすべての動物界の門を含む．分類学的には原生動物\*，後生動物に大別され，後生動物はさらに中生動物，側生動物，真性後生動物に分けられる．原生動物では，アメーバ\*や繊毛虫\*類のように単細胞で，またプラスモジウム\*のような寄生性のものでは複雑な生活環\*を示すものが多い．中生動物は多細胞ではあるが，後生動物の桑実期胚，中実胞胚に相当した単純な体型をとり，ニハイチュウのようにすべて寄生生活を送る．側生動物にはカイメンの仲間が含まれる．また系統発生学的には，原口\*が肛門となる後口動物，口となる前口動物に大別される．前口動物中，体節\*構造をもつものを体節動物と総称し，環形動物以上に節足動物までが含まれる．これらの動物群では開放血管系と，はしご状の腹側神経系をもち．特に高度に進化した昆虫類では神経節の一部は合一して神経球を形成，発達した感覚器，筋肉をもち，運動性に優れる．ショウジョウバエ，線虫（*Caenorhabditis elegans*），カタユウレイボヤなどでゲノム解読が完了しており，また，イソギンチャクのゲノムのドラフト配列も発表され，さらにクラゲ，サンゴ，ヒドラなど多数の無脊椎動物でゲノム解読が進行中である．イソギンチャクのゲノム中には多数のヒト疾患関連遺伝子のオルソログが含まれていることがわかっている．（⇌脊椎動物，付録J）

**無担体電気泳動** [free electrophoresis] ⇌細胞分画

**ムチン** [mucin] 動物の上皮性細胞や粘膜，唾液腺などが生産する粘液性物質．種々のプロテオグリカン\*，糖タンパク質の混合物．構造は，非常に接近したアミノ酸配列中に多くの糖鎖が結合しており，一定の長さのポリペプチド鎖が重複した糖鎖で覆われている．ムチンに結合している糖鎖はムチン型糖鎖とよばれ，$N$-アセチルガラクトサミンがセリンやトレオニンのヒドロキシ基に結合している．$N$-アセチルガラクトサミンに結合する単糖により，1型コアから5型コアに分類される．おのおののグリコシルトランスフェラーゼ\*の有無により，細胞系列，分化，がん化に特徴的なコア構造がある．ムチン糖タンパク質はタンパク質部分，糖鎖部分の多様性から，細胞表面を滑らかに保つこと，消化酵素からの消化管内膜の保護，細胞感染からの防御に役立つと考えられる．また，ほとんどすべての上皮細胞で発現しているMUC1ムチンは膜貫通ドメインをもち，細胞接着の認識分子としての役割が考えられている．

**ムチン型糖タンパク質** [mucin-type glycoprotein] ⇌$O$結合型糖タンパク質

**無βリポタンパク質血症** [abetalipoproteinemia] ＝バッセン・コルンツバイク病

**紫膜** [purple membrane] *Halobacterium halobium* などの好塩性細菌が，嫌気的条件下，明所で生育する時，その細胞膜上にパッチ状に形成される紫色の膜部分．紫膜部分だけを直径 1 μm 程度の楕円形をした膜小胞として単離できる．紫膜は 75 % がバクテリオロドプシン\*という1種類の紫膜タンパク質\*が占め，残りの 25 % が脂質である．光を照射するとバクテリオロドプシンの働きによってプロトンを小胞の外側から内側へ，細胞では内側から外側へ，輸送する．

**紫膜タンパク質** [purple membrane protein] 紫膜\*中に存在するタンパク質は1種類でバクテリオロドプシン\*とよばれる．このタンパク質は光によって駆動されるプロトンポンプ\*であり，紫膜中で三量体を形成し，三量体が六方格子状に配置している．このタンパク質は一次構造のみでなく三次構造も電子顕微鏡画像解析により得られており，$\alpha$ヘリックスが7回膜を貫通した構造をしている．このタンパク質ファミリーには光受容タンパク質であるロドプシン\*やホルモンの受容体が含まれる．

**ムラド MURAD, Ferid** 米国の薬理学者．1936.9.14〜　インディアナ州のホワイティング生まれ．1958年デポウ大学を卒業後，米国で最初のケースウェスタンリザーブ大学医学部 MD/Ph.D. プログラムで7年コースを修了．心臓や肝臓でのアデニル酸シクラーゼ\*のカテコールアミンによる活性化など発見，cGMPなどのヌクレオチドに興味をもつ．その後2年間，マサチューセッツ総合病院でインターンとレジデント．1967年から米国国立衛生研究所（NIH）の心臓研究所で cAMPとホルモン調節の研究に従事．1970年から1981年までバージニア大学臨床薬理学の所長として研究を継続，1976年11月，ニトログリセリンが NO を遊離し血管平滑筋を弛緩させることを発見．1986年スタンフォード大学の内科学副主任，その後アボットラボラトリー社の副社長．1997年テキサス大学の生物学，薬理学，生理学の統合研究室主任．1967年にラスカー賞を受賞．1998年ノーベル医学生理学賞を L. J. Ignarro\*, R. F. Furchgott\* とともに受賞．

**ムラミダーゼ** [muramidase] ＝リゾチーム

**ムラミルペプチド** [muramyl peptide] 原核生物の細胞壁\*を構成する $N$-アセチルグルコサミン\*と $N$-アセチルムラミン酸\*の二糖反復単位から成る糖鎖分子間の架橋構築に関与するペプチド．大腸菌では細胞質内で UDP-$N$-アセチルグルコサミンから合成される UDP-$N$-アセチルムラミン酸のカルボキシ基に L-Ala, D-Glu, *meso*-ジアミノピメリン酸, D-Ala, D-Ala の順にペプチド結合し，UDP-$N$-アセチルムラ

ミルペンタペプチドが合成される．細胞壁の機械的強度を高め，細胞形態維持にかかわる．(⇌ペプチドグリカン)

**ムルダー** **MULDER**, Gerardus Johannes　オランダの生理化学者．1802.12.27～1880.4.18．ユトレヒトに生まれ，オランダのベネコムに没す．ユトレヒト大学医学部卒業(1825)．ロッテルダム大学講師の後ユトレヒト大学化学教授(1840)．1838年，アルブミン，カゼイン，フィブリンなどを元素分析して，〔$C_{40}H_{62}N_{10}O_{12}$〕という単位から成っていることを示した．その単位をJ. J. Berzeliusの示唆によってプロテインとよんだ．今日のタンパク質の最初の定義である．

**ムレイン**〔murein〕＝ペプチドグリカン

**Munc13**〔Munc13〕⇌SNARE関連タンパク質

# メ

**眼** [eye] 目，眼球(eyeball)をさすこともある．光受容性の感覚器，すなわち光子の到来に反応して波長や時間的推移などに関する情報を神経を介し脳に伝える装置．強膜と角膜がひと続きの眼球繊維層(最外壁)，メラニン含有性の脈絡膜・毛様体・虹彩\*が血管層またはブドウ膜(中間壁)，網膜\*が神経層(最内壁)を，それぞれ構成し，3層壁の内部には眼房水および硝子体という透明度の高い物質が存在するのが，脊椎動物の左右眼である．爬虫類には第三の眼として頭頂眼がそなわる．(→ 視覚系)

**明視野顕微鏡** [bright-field light microscope] 試料を均一な入射光で照らした時，試料の各部分において光の透過率や反射率が異なるために透過光の像にコントラストが付くことを利用した顕微鏡．対物レンズの反対側に置かれた光源(照明装置)からの光はコンデンサーにより収束されて試料に当たる．普通生細胞や組織には可視光を吸収する物質が少なく，吸収率が低く薄い試料では高いコントラストが得られず明瞭な像を見ることができないので，細胞内構造を可視化するためには細胞を固定化し染色を施すなどの必要がある．明視野観察では，明瞭に観察できない透明で色のない試料を観察するために照明レンズの前にリング上のスリットを置いて照明を斜めから試料に当てる暗視野観察という方法もある．(→ 暗視野顕微鏡)

**明反応** [light reaction] 光合成\*の光強度依存性や閃光照射への応答の解析など，初期の研究により，その反応には光が直接関与し温度に依存しない明反応と，光とは無関係で温度依存性の暗反応\*が含まれることが示された．しかし，その後の研究で，光を必要とする反応は光合成反応中心\*において第一次電子供与体と第一次電子受容体との間で起こる電荷分離反応のみであることが明らかにされた．現在ではこの初期反応までを明反応といい，電子伝達反応の大部分とそれに続く反応のすべてを暗反応とよぶ．

**メカニカルガイダンス** [mechanical guidance] ＝ 接触誘導

**Megablast** [Megablast] Mega-Basic Local Alignment Search Tool の略．相同的なヌクレオチド配列を検索するプログラムで，大きなサイズの配列に対して用いられる．Megablast は大量のシークエンスをクエリとして指定するとそれらの相同性を高速に検索し，それらを連結して長いシークエンスを作成したうえで，シークエンスデータベースを検索し，処理結果として個々のアラインメントと統計値を返す．(→ バイオインフォマティクス)

**メコドリン** [mecodrin] ＝アンフェタミン

**メスカリン** [mescaline] 北米南部の原住民により宗教的儀式の際に食べられるサボテン(peyote cactus, *hophophora williamsii*)中に含まれるアルカロイドである．化学構造はフェニルエチルアミン骨格をもち，急性精神症状はリゼルギン酸ジエチルアミド\* (LSD)類似の幻覚剤である．効力は弱くLSDの4000分の1．乱用されたことはないが麻薬に指定された．幻覚剤にはほかに，メキシコのキノコから抽出されたシロシン(psilocin)，フェンシクリジン(phencyclidine)などの合成品がある．

**メセルソン・スタールの実験** [Meselson-Stahl experiment] M. Meselson と F. Stahl によって DNA の複製\*が半保存的に行われることが最初に示された実験(1958)．$^{15}N$ を含む培地で大腸菌を培養後，$^{14}N$ を含む通常の培地に移し，いろいろな時間に菌体からDNA を抽出して塩化セシウム平衡密度勾配遠心分離法を行い，浮遊密度に従って DNA を分離した(→ 塩化セシウム密度勾配遠心分離法)．その結果，図のように $^{15}N$ のみを含む重い DNA が $^{14}N$ を含む培地に移して1世代後には $^{15}N$ と $^{14}N$ を等量含む雑種分子に変化し，さらに2世代後には雑種分子と $^{14}N$ のみから成る軽い DNA が等量ずつ得られた．(→ 半保存的複製)

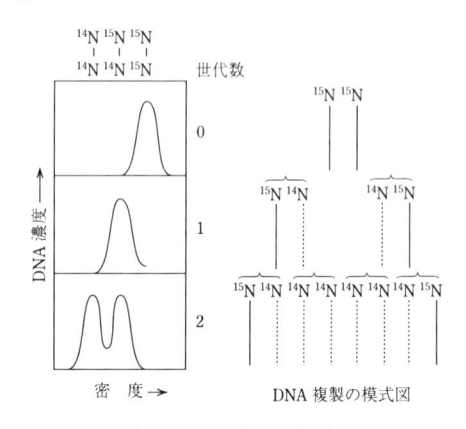

メセルソン・スタールの実験

**メセルソン・ラディングモデル** [Meselson-Radding model] 相同組換え\*発生モデルの一つで，M. Meselson と C. M. Radding(1975)によって提唱された．二本鎖 DNA の一方の鎖の切れ目から DNA 合成が始まると，新 DNA に押しのけられて古い DNA は自由な端をもった一本鎖となる．反応はこの鎖が相同な別の二本鎖 DNA に取込まれることにより開始される(図 I)．一本鎖はつづいて二本鎖 DNA に同化され(II: DNA の一方だけがヘテロ二本鎖，乗換え\*は1本の一本鎖)，つづいて非酵素的に異性化(III: 乗換えは2本の一本鎖)と分枝点移動\*(IV: ヘテロ二本

鎖は2本のDNAにある)が起こると対称性のある2本のヘテロ二本鎖から成るホリデイ構造*が導かれる．これがエンドヌクレアーゼの作用を受けて解離し，組換えは終了する．非相互組換え*はヘテロ二本鎖の部分で起こった修復*の結果として容易に理解される．(⇨切断模写)

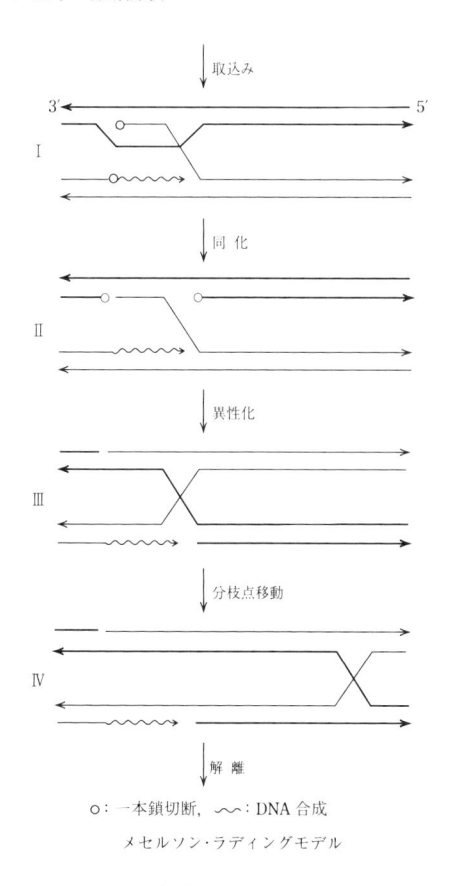

```
              ↓取込み
3'─────────────────────────5'
I  ─╲─────────╱─────────────
    ～～～～～～～～～～～～
              ↓同化
   ─╲─────────╱─────────────
II ○─────────○────────────
    ～～～～～～～～～～～～
              ↓異性化
III ─╲──╳──╱─────────────
    ～～～～～～～～～～～～
              ↓分枝点移動
IV  ────╳────────────────
    ～～～～～～～～～～～～
              ↓解 離

○：一本鎖切断，～～：DNA合成
      メセルソン・ラディングモデル
```

**メソキサリル尿素** [mesoxalylurea] ＝アロキサン

**メダカ** [Medaka fish, *Oryzias latipes*] 日本を中心に，韓国・中国にかけて分布する淡水魚．成魚は3～4 cm．雌は，ほぼ毎日点灯直後に数十個の卵を産む．胚は透明で，水温25℃で受精後約10日で孵化する．幼魚は2～3カ月で生殖可能な成魚になる．特に日本では生物材料として古くから親しまれており，集団遺伝学，生殖生理学，放射線医学などで多くのデータが蓄積されている．特に色素沈着や胚発生過程に異常を示す自然発生突然変異系統が多数分離されている一方で，近交系も確立しており，同じく淡水魚のゼブラフィッシュ*とともに遺伝発生学の実験材料として注目されている．その胚は，操作性の点でゼブラフィッシュ胚と比べ発育可能温度域が広く，低水温下で胚発達を著しく遅延できる利点をもつ反面，卵膜が硬く卵黄嚢が破れやすいという欠点をもつ．遺伝子連鎖地図やトランスジェニック技術も整備されてきている．2007年7月にゲノムのドラフト配列が発表され，20,141個の遺伝子が同定されている．(⇨付録J，連鎖地図，トランスジェニック動物)

**メタセントリック染色体** ＝中部動原体染色体

**メタビンキュリン** [metavinculin] ⇨ビンキュリン

**メタボノーム** [metabonome] ⇨メタボローム

**メタボリック症候群** [metabolic syndrome] メタボリックシンドローム，シンドロームX(syndrome X)，インスリン抵抗性症候群(insulin resistance syndrome)ともいう．虚血性心疾患の発症に関係するリスク因子を探る過程で出てきた概念で，動脈硬化性疾患(心筋梗塞や脳梗塞など)，循環器疾患や糖尿病の発症の危険性を高める複合型疾患．1988年，G. Reavenは，インスリン抵抗性と高インスリン血症，高中性脂肪血症，超低密度リポタンパク質(VLDL)トリグリセリドの増加，高密度リポタンパク質(HDL)コレステロールの減少，高血圧などをリスク因子としてあげ，それらが集積して糖尿病と心血管疾患へと導くとしてシンドロームXという概念を発表した．その翌年にN. Kaplanは上半身肥満，耐糖能異常(糖尿病)，高血圧，高トリグリセリド血症の集積を死の四重奏(deadly quartet)とよんだ．1991年，R. DeFronzoらはインスリン抵抗性をⅡ型糖尿病，肥満，高血圧，異常脂質血症，アテローム性動脈硬化症などの原因となる複合型症候群と定義した．1998年には世界保健機関(WHO)がインスリン抵抗性の診断基準を発表し，"メタボリック症候群"という名称を使用した．現在までに，種々の機関からメタボリック症候群の診断基準が提示されている．たとえば，国際糖尿病連合(IDF)が2005年に提唱した基準では腹囲が男性90 cm以上，女性80 cm以上を必須条件とし，併せて，1) 血圧130/85 mmHg以上，2) 中性脂肪150 mg/dL以上，3) HDLコレステロール男性40 mg/dL未満，女性50 mg/dL未満，4) 血糖100 mg/dL以上，のうち2項目以上該当するものとなっている．しかし，いずれの診断基準もその科学的根拠について論争となっており，確立されたメタボリック症候群の診断基準の設定には至っていない．(⇨アディポネクチン，生活習慣病)

**メタボリックシンドローム** ＝メタボリック症候群

**メタボロミクス** [metabolomics] ⇨メタボローム

**メタボローム** [metabolome] メタボロームとは特定の環境下における生体や細胞の代謝分子の総体を意味し，この学問分野をメタボロミクス(metabolomics)とよぶ．(⇨オミックス)．メタボローム解析はポストゲノムの課題であるタンパク質機能解析とともに，トランスクリプトーム*，プロテオーム*とともに，欠かすことができないものと考えられ始めている．この研究では，ソフトイオン化法を用いた質量分析がきわめて有効な手法である．メタボローム解析の

特徴は，遺伝子，または生理的，病理的環境などの要因の異なった複雑系に対して，できるだけ多くの生体分子の動的変動を網羅的，包括的に分析し，その代謝分子相互の関係性を最大限に考慮し，かつ，関連するトランスクリプトーム解析，プロテオーム解析の結果を対応させて位置づけることにより，特定の生理的現象の背後の隠れている，最も関与する可能性の高い因子を探り出すという，仮説発見型の解析手法として用いられるような形で発展しつつあるということである．メタボノーム(metabonome)ともよぶグループがあるが，混乱をさけるためメタボロームに統一されることが望ましい．

**目玉構造** ＝複製泡
**メダラシン**［medullasin］ ⇌ セリンプロテアーゼ
**メタルプロテアーゼ**［metal protease］ ＝メタロプロテアーゼ
**メタロチオネイン**［metallothionein］ 細胞内の金属タンパク質＊で通常は亜鉛を結合しているが，銅，カドミウム，鉛，銀なども結合する．アポタンパク質であるチオネイン(thionein)の分子量は約6000〜7000．システインの含量が高く，そのSH基に金属が結合する．細胞内では $G_1$ 期には細胞質に局在しているが，S および $G_2$ 期には核に移行する．生理的役割は過剰な金属の解毒，活性酸素種などのラジカルやアルキル化剤の消去，また必須金属のプールとも考えられている．金属によって生合成が誘導されるため，メタロチオネイン遺伝子の 5′ 上流域は，クローン化した遺伝子につないで，細胞レベルでの遺伝子産物の発現実験に利用される．
**メタロドプシン II**［metarhodopsin II］ ⇌ ロドプシン
**メタロプロテアーゼ**［metalloprotease］ メタルプロテアーゼ(metal protease)，金属プロテアーゼともいう．活性中心の触媒部位に金属を必要とするプロテアーゼ＊．金属は $Zn^{2+}$ であることが多く，まれに $Ca^{2+}$ である場合がある． $Zn^{2+}$ を $Co^{2+}$, $Mg^{2+}$, $Mn^{2+}$, $Ca^{2+}$, $Cu^{2+}$, $Ni^{2+}$ などの他の金属イオンと置換すると，活性の一部が戻ったり，中には $Zn^{2+}$ の場合よりも高い活性の得られることもある．活性中心の $Zn^{2+}$ は3残基のヒスチジンか，あるいは2残基のヒスチジンと1残基のグルタミン酸によって固定されるが，その配位にはメタロプロテアーゼファミリー＊に特有なアミノ酸配列（モチーフ）が関与している．メタロプロテアーゼは細胞間質に多いが（⇌ マトリックスメタロプロテアーゼ），細胞内，細胞膜，体液，分泌液中などに広く分布する．微生物にも種類が多い．
**メタロプロテアーゼ組織インヒビター**［tissue inhibitor of metalloprotease］ ＝TIMP
**メタロプロテアーゼファミリー**［metalloprotease family］ メタロプロテアーゼ＊の多くは活性中心に亜鉛を配位する亜鉛酵素＊である．これらには亜鉛を結合する特定のアミノ酸配列（モチーフ）のタイプがあり，それによりつぎの表に示した5種類に分類される．

メタロプロテアーゼの分類

| ファミリー（代表例） | 亜鉛結合部位 |
|---|---|
| Gluzincins（サーモリシン，アンギオテンシン変換酵素，アミノペプチダーゼ） | His-Glu†-X-X-His……Glu |
| Metzincins（アスタシン，ストロメリシン，コラゲナーゼ） | His-Glu†-B-X-His-X<br>B-Gly-B-X-His……Met |
| Inverzincins（インスリナーゼ） | His-X-X-Glu†-His……Glu |
| カルボキシペプチダーゼ | His-X-X-His……His |
| DD-カルボキシペプチダーゼ | His-X-X-His……His |

†：亜鉛と触媒部位を形成するアミノ酸残基，下線：亜鉛に配位するアミノ酸残基，X：特定されないアミノ酸残基，B：Asp または Asn．

**メダワー** MEDAWAR, Peter Brian 英国の生物学者・免疫学者．1915.2.28〜1987.10.2．ブラジルのリオ・デ・ジャネイロで生まれる．1928年英国に渡り，マルボロ・カレッジを経て1932年オックスフォード大学に入学，動物学を学ぶ．卒業後，病理学研究所のH. W. Florey のもとで研究に従事．1947年バーミンガム大学教授，1951年ロンドン大学教授，1962年ロンドン国立医学研究所長．ウサギやマウスの皮膚移植実験から，後天的免疫寛容の現象を発見．1960年 F. M. Burnet＊ とともにノーベル医学生理学賞受賞．
**メタン細菌**［methanogen, methanogenic bacteria, methane bacteria］ メタン生成細菌ともいう．嫌気条件下に最終的な代謝産物としてメタンを生成する細菌．すべて古細菌＊に属し絶対嫌気性で川底，湖底の堆積物，動物腸内などに生育する．水素で二酸化炭素を還元したり，あるいはギ酸，酢酸，メタノールなどを基質としてメタンを生産する．メタン生成に共役して ATP 合成が進行する．また生成過程に他の細菌には見られない特殊な補助因子（補酵素 M＊など）が関与している．嫌気的食物連鎖の最終段階に位置する．
**メタン生成細菌** ＝メタン細菌
**メチオニルアミノペプチダーゼ**［methionyl aminopeptidase］ ⇌ アミノペプチダーゼ
**メチオニル tRNA**［methionyl-tRNA］ メチオニンが 3′ 末端にエステル結合した tRNA のこと（⇌ アミノアシル tRNA）．メチオニンの tRNA には通常，開始 tRNA (initiator tRNA) と伸長 tRNA (elongator tRNA) の2種類が存在し，開始 tRNA はタンパク合成の開始段階のみ使用され（⇌ 開始コドン），それ以外はすべて伸長 tRNA が使用される．原核生物の開始 tRNA では，さらにメチオニンのアミノ末端が酵素的にホルミル化される．（⇌ N-ホルミルメチオニル tRNA）
**メチオニン**［methionine］ ＝2-アミノ-4-メチルチオ-n-酪酸 (2-amino-4-methylthio-n-butyric acid)．

Met または M（一文字表記）と略記される．L 形はタンパク質を構成する含硫アミノ酸の一つ．$C_5H_{11}NO_2S$, 分子量 149.21. タンパク質中の含量は少ない．臭化シアン分解によりペプチド中のメチオニン残基の C 末端側で切断される．ニトロプルシド反応陽性．S-アデノシルメチオニンとして生体内のメチル基供与体として重要．真核生物ではメチオニンがタンパク質生成の開始アミノ酸であるが，細菌のタンパク質生成における開始アミノ酸は N-ホルミルメチオニン．動物の成長に大切な必須アミノ酸*.（⇒ アミノ酸）

$$\begin{array}{c} COOH \\ H_2NCH \\ | \\ CH_2 \\ | \\ CH_2 \\ | \\ S \\ | \\ CH_3 \end{array}$$
L-メチオニン

**メチオニンエンケファリン**［methionine enkephalin］ ⇒ エンケファリン

**メチシリン**［methicillin］ ⇒ ペニシリン

**メチシリン耐性黄色ブドウ球菌**［methicillin-resistant *Staphylococcus aureus*］　MRSA と略称される．黄色ブドウ球菌*の中でメチシリンに耐性を示すものの総称．一般にはペニシリン*，セフェム系抗生物質にも耐性を示す．大病院の入院患者に分離頻度が高い．特に外科系手術後などの免疫力の低下した患者に感染しやすく（⇒ 日和見感染），時に重篤化するため，病院内感染として問題となっている．MRSA が検出された場合は，感受性試験を行ったうえで良好な抗菌力を示す抗生物質の選択が必要である．

**N-メチル-D-アスパラギン酸**［N-methyl-D-aspartate］　NMDA と略す．アスパラギン酸の誘導体として合成された化合物．中枢の興奮性シナプス伝達を担うチャネル型グルタミン酸受容体*のサブタイプの一つに選択的アゴニストとして作用し，チャネル型グルタミン酸受容体が NMDA 受容体と非 NMDA 受容体とに大別される端緒となった（⇒ N-メチル-D-アスパラギン酸受容体）．NMDA およびアンタゴニストが開発されたことにより，NMDA 受容体がグルタミン酸と膜電位のより制御されかつ高い $Ca^{2+}$ 透過性を有することなどの特徴的な性質や，記憶・学習の基本と考えられているシナプス可塑性など重要な生理機能を果たしていることが明らかとなった．

**N-メチル-D-アスパラギン酸受容体**［N-methyl-D-aspartate receptor］　NMDA 受容体（NMDA receptor）ともいう．チャネル型グルタミン酸受容体のサブタイプの一つで，グルタミン酸の誘導体である NMDA（N-メチル-D-アスパラギン酸）により特異的に活性化されることにより NMDA 受容体とよばれている．NMDA 受容体チャネルの開口には，アゴニストであるグルタミン酸とグリシンの存在と細胞膜の脱分極による $Mg^{2+}$ 閉塞阻害の解除が必要である．すなわち，NMDA 受容体は神経伝達物質依存性イオンチャネルであると同時に電位依存性イオンチャネルでもあるという稀有な特性をもっている．さらに，非 NMDA 受容体が $Na^+$, $K^+$ を透過させ通常のシナプス伝達を担っているのに対し，NMDA 受容体は $Ca^{2+}$ もよく透過させる．また，NMDA 受容体は $Zn^{2+}$, pH, ポリアミンあるいはリン酸化などにより多様な調節を受けている．このような NMDA 受容体の特性は，記憶・学習や経験依存的神経回路網の整備など脳神経系の本質的な機能の基本過程であると考えられている入力に依存したシナプス可塑性*に重要な役割を果たすことが明らかにされている．最もよく解析されているシナプス可塑性である高頻度刺激による海馬 CA1 野のシナプス長期増強において NMDA 受容体の重要性が示されている．通常の弱い刺激でシナプス前膜から放出されたグルタミン酸は シナプス後膜の非 NMDA 型のグルタミン酸受容体を活性化し，$Na^+$ の流入によるシナプス後膜の脱分極をひき起こすことにより興奮を伝える．一方，NMDA 受容体はグルタミン酸が放出されてもそれだけでは $Mg^{2+}$ によりチャネルの閉塞阻害を受けているために活性化されない．高頻度刺激のような強い入力によりシナプス前部からのグルタミン酸放出量が増大し非 NMDA 受容体が強く活性化され，シナプス後膜が大きく脱分極（興奮）すると $Mg^{2+}$ による NMDA 受容体チャネルの閉塞阻害が解除され，グルタミン酸により NMDA 受容体も活性化されるようになる．NMDA 受容体チャネルは $Na^+$ を流入させシナプス伝達に関与するとともに $Ca^{2+}$ も流入させることにより，シナプス伝達の長期増強*に必要な変化を誘導する．NMDA 受容体はその特性により，シナプス前細胞の興奮（グルタミン酸の放出）とシナプス後細胞の興奮（脱分極）とが同じタイミングで起こっていることを感知し，シナプス可塑性をひき起こすという重要な生理機能を担っている．このような NMDA 受容体の特性はシナプス長期増強の特徴である入力特異性と連合性の基盤である．NMDA 受容体の選択的アンタゴニストである D-APV（D-2-アミノ-5-ホスホノ吉草酸）などの阻害剤の影響や遺伝子欠損動物の解析から，NMDA 受容体が記憶・学習や神経回路網の形成に重要な働きをしていることが示唆されている．また，NMDA 受容体チャネルは $Ca^{2+}$ に高い透過性をもつことから，その異常な活性化が虚血などさまざまな脳の病態時にみられる神経細胞死をひき起こす可能性が指摘されている．NMDA 受容体には 5 種類のサブユニットの存在が明らかにされている．その一つはすべての NMDA 受容体に共通であり，他の 4 種類のサブユニットは脳内分布や特性が異なり NMDA 受容体の多様性を生み出している．

**メチル化**［methylation］　【1】（DNA の）生物の遺伝情報*を担う DNA の構成塩基の一部は，ゲノムの保護やその機能の制御を目的として DNA メチラーゼ*によりメチル化されている．DNA のメチル化は最も代表的なエピ変異である（⇒ エピ遺伝子型，エピジェネティクス）．メチル化塩基としては，N-6-メチルアデニンと 5-メチルシトシンが存在する．メチル化の意義は生物により異なるが，原核生物では，そのゲノム DNA のメチル化は以下のような生物機能の制御に関与することが明らかにされている．1）制限と修飾：細菌類は外来性の DNA を分解排除するシステム（⇒ 制限修飾系）を発達させている．自己 DNA と外

来性DNAの識別は配列特異的なメチル化(修飾)によって保障される．2) ミスマッチDNA修復：誤った塩基を取込んだ新生鎖DNAと正しい配列をもつ親鎖DNAは，DNA中のGATC配列のアデニンのメチル化の有無でミスマッチ修復酵素によって識別され，メチル化を欠く新生鎖の塩基が誤りとして除去修復*される(⇨ミスマッチ修復)．このほかDNA複製の開始，転写，トランスポゾン*の転位などもメチル化で制御される．ゲノム中の反復配列，レトロトランスポゾン，発現されていない組織特異的な遺伝子配列中のCpG配列は高頻度でメチル化修飾を受けているが，高等動物のゲノム中のCpGジヌクレオチドの60～90％がメチル化を受けているが，多くの遺伝子のプロモーター領域にあるCG島*ではメチル化率が低い．インプリンティング遺伝子や不活化X染色体およびがん細胞におけるがん抑制遺伝子のCG島はメチル化され，転写が不活化されていることが報告されている．動物では脊椎動物への進化に伴い，ゲノム塩基・遺伝子の数量が増大したときにDNAメチル化の程度が著しく上昇した．メチル化されたシトシンはチミンに変化しやすく，DNAのメチル化部位は遺伝子変異の好発部位ともなる．メチル化シトシンにはそれを認識するMBDタンパク質が結合し，ヒストンデアセチラーゼを含む転写リプレッサーと複合体を形成し，ヒストンが脱アセチル化することで，クロマチンの構造変化が起こり転写が抑制されると考えられている．高等植物では全塩基の3～7％がメチル化シトシンであるが，CGとCNG配列中のシトシンのメチル化が転写制御にかかわっていると考えられている．(⇨ゲノムインプリンティング)．5-メチルシトシンは自然な脱アミノ反応によりチミンに変化するため，C・G→T・Aトランジション型の突然変異の大きな原因の一つとなっている．

【2】（タンパク質の）タンパク質のアミノ酸側鎖にメチル基を導入する反応．S-アデノシルメチオニン*をメチル基供与体とし，酵素メチルトランスフェラーゼ（methyltransferase）が反応を触媒する．リシン残基側鎖ε-アミノ基には1～3個のメチル基が段階的に導入され，それぞれモノメチル体，ジメチル体，トリメチル体となる．このとき導入されたメチル基は代謝回転を示さない．これに対して，グルタミン酸残基側鎖γ-カルボキシ基に導入されるメチル基は，メチルエステラーゼによって除去される可逆的修飾反応である．ヌクレオソームを構成するヒストン*のアルギニンやリシン残基のメチル化は，ヒストンメチルトランスフェラーゼ*により触媒される．ヒストンH3R17，H4R3およびH3K4のメチル化は転写活性化に関与し，ヒストンH3K9やH3K27のメチル化は転写抑制に関与する．一つのリシン残基には最大三つのメチル化修飾を受け，修飾メチル基の数に対応するそれぞれに特異的な抗体を用いて標的となるリシン残基の修飾メチル基の種類を調べることができる．

**メチル化干渉法** [methylation interference] ⇨ゲルシフト分析

**メチル化CpG結合タンパク質** [methyl-CpG-binding protein] DNAのメチル化されたCpG配列*を認識して結合し，おもにクロマチン構造変化による転写抑制を行うタンパク質．ヒトでは7種類が知られている．メチル化CpG結合タンパク質は，約80アミノ酸から成るメチル化DNA結合ドメイン(MBD)をもつ分子である．MeCP2，MBD1，MBD2，MBD3などが知られており，これらがメチル化CpGに結合すると，ヒストンデアセチラーゼ*や転写コリプレッサーのSin3aと複合体を形成し，ヒストンの脱アセチル化と転写の抑制が協調して起こる．DNAのメチル化とヒストンの脱アセチル化が協調して起こると考えられている．(⇨DNAメチラーゼ，エピジェネティクス)

**メチル基受容走化性タンパク質** [methyl-accepting chemotaxis protein] MCPと略す．細菌化学受容体(bacterial chemoreceptor)ともいう．大腸菌，サルモネラなどの走化性*発現に関与する化学受容体．細胞外にリガンド結合部位，細胞内にシグナル伝達部位をもつ膜貫通性のタンパク質．シグナル伝達部位中の複数のグルタミン酸カルボキシ残基は特異的なメチル化酵素・脱メチル酵素により可逆的にメチルエステル化され，脱感作，リガンド濃度の時間変化率の検出を可能にしている．セリン，アスパラギン酸・マルトース，リボース・ガラクトース受容体など4種類が知られている．

**7-メチルグアニル酸** [7-methylguanylic acid] ＝ 7-メチルグアノシン 5′-リン酸（7-methylguanosine 5′-phosphate）．$m^7G^5p$ または $pm^7G$ と略す．真核細胞中のmRNAのキャップ構造*や多くのtRNA中に存在する修飾ヌクレオチド．真核細胞では，この構造がキャップ結合タンパク質によって認識され，タンパク質合成が開始されると考えられている．真核細胞由来の細胞外タンパク質合成系にこれを加えると，タンパク質合成が阻害される．塩基性条件下，非常に不安定でpH 10以上では，プリン環の開裂が起こり分解してしまう．

**$O^6$-メチルグアニン** [$O^6$-methylguanine] $C_6H_7N_5O$，分子量 165.15．$O^6$位にメチル基が付加したグアニン誘導体．アルキル化によって生じるDNA損傷の一つで，DNA中で安定であり，チミン*と誤対合を形成しうるため，突然変異を誘発すると考えられている．またDNA損傷修復酵素 $O$-アルキルグアニン DNAアルキルトランスフェラーゼの基質になることが知られている．

**$O^6$-メチルグアニン-DNAメチルトランスフェラーゼ** [$O^6$-methylguanine-DNA methyltransferase] DNAメチラーゼ*の一つ．メチル化されたDNAから

メチル基を除去修復*する酵素の一種. $O^6$-メチルグアニンよりメチル基を酵素タンパク質自身のシステイン残基へ転移する活性(メチルトランスフェラーゼ活性)をもつ(⇒修復). このような活性をもつ酵素が大腸菌からヒトまで広範に存在する.

**3-メチルコラントレン** [3-methylcholanthrene] = 20-メチルコラントレン. $C_{21}H_{16}$, 分子量 268.36. 胆汁酸の主成分, デオキシコール酸から, 分解過程で誘導される強い発がん物質*. 生体内で生成される証拠はない. 水に不溶, 有機溶媒に可溶. 動物, 特にマウスの皮膚に塗ると高率に皮膚がんを生じ, 皮下に注射すれば肉腫ができる. 皮膚に対する発がん性は, ベンゾピレン(⇒ベンゾ[a]ピレン), ジメチルベンゾアントラセンよりも強い. げっ歯類動物では発がん性は高いが, サルではきわめて低い.

**5-メチルシトシン** [5-methylcytosine] MeCyt と略記. $C_5H_7N_3O$, 分子量 125.13. 5位にメチル基が付加したシトシン*誘導体. DNA や tRNA 中に存在する. ヌクレオチドとして真核生物 DNA 中の特定の CpG 配列に存在する 5-メチルシトシンは, DNA 複製時にも正確に娘鎖に伝達され, DNA の転写活性制御に関与している. DNA 中のシトシン残基を酵素(DNA(シトシン-5-)-メチルトランスフェラーゼ DNMT1〜3 など)がメチル化することによって生合成される.

**メチルテオブロミン** [methyltheobromine] = カフェイン

**1-メチル-1-ニトロソ尿素** [1-methyl-1-nitrosourea] MNU と略す. (⇒ニトロソメチル尿素)

**メチルマロン酸血症** [methylmalonic acidemia] メチルマロン酸尿症 (methylmalonic aciduria) ともいう. 先天的な有機酸代謝異常症の一種(⇒先天性代謝異常). 1967 年に V. G. Oberholzer らが初めて記載した. 常染色体劣性の遺伝病. メチオニン・イソロイシン・バリン・トレオニン代謝に共通なメチルマロニル CoA ムターゼ活性の欠損によりメチルマロン酸が大量に尿中へ排出される. おもな臨床症状は代謝性アシドーシス・低血糖・高アンモニア血症・高グリシン血症など. メチルマロン酸の前駆物質摂取制限の食事療法・ビタミン $B_{12}$*・カルニチン投与が有効とされる.

**メチルマロン酸尿症** [methylmalonic aciduria] = メチルマロン酸血症

**L(+)-5,10-メチレン-5,6,7,8-テトラヒドロ葉酸** [L(+)-5,10-methylene-5,6,7,8-tetrahydrofolic acid] $C_{20}H_{23}N_7O_6$, 分子量 457.45. 葉酸*の 5,6,7,8 位が還元された 5,6,7,8-テトラヒドロ葉酸と, ホルムアルデヒドとが反応することによって生成する. グリシン, セリンの代謝, tRNA ヌクレオチドの修飾, チミン塩基部の生合成において, $C_1$ 転移反応の補酵素として働く.

**MEK** [MEK = MAP kinase-ERK kinase] = MAP キナーゼキナーゼ

**MEK キナーゼ** [MEK kinase] = MEKK

**MEKK** [MEKK] 出芽酵母の MAP キナーゼキナーゼ*活性化因子 STE11 の哺乳類相同体として単離された遺伝子の産物. MAP キナーゼキナーゼ(MAPKK = MEK)を直接リン酸化し活性化するキナーゼであろうと考えられ, MEKK と名づけられた. MEK キナーゼ(MEK kinase)ともいわれる. C 末端側にキナーゼドメインをもち, N 末端側は活性調節ドメインであろうと考えられている. 当初, 哺乳類培養細胞に過剰発現すると, MAP キナーゼ*活性が上昇することから, MAP キナーゼの上流で働くと考えられた. しかし MAP キナーゼスーパーファミリーに属する他のキナーゼである SAP キナーゼ*(= JNK*)をより効率よく活性化することが示され, 生体内では SAP キナーゼ/JNK の上流因子として働いていると考えられている. そのため名称によるこの分子の機能に対する誤解が生じやすくなっている. 実際に MAP キナーゼキナーゼをリン酸化し活性化する酵素としては, がん遺伝子産物の Raf-1 や Mos などが知られている.

**メッセンジャー RNA** [messenger RNA] 伝令 RNA ともいう. mRNA と略される. タンパク質生合成*において順次結合されていくアミノ酸の配列を規定する RNA. 原核生物では, 1) DNA からの一次転写産物*がそのまま mRNA となる, 2) しばしばシストロン*を複数含む(⇒ポリシストロン性 mRNA), 3) 5′ 末端にリーダー配列*, 3′ 末端にトレーラー配列*とよばれる非翻訳領域(untranslated region, UTR)がある, などの特徴をもつ. 一方, 真核生物では, 一次転写産物が, 両端の修飾, スプライシング*, 時には RNA 編集*を受けて成熟 mRNA となる(⇒転写後修飾). このため, 5′ 末端から順にキャップ構造*, 5′UTR, コード領域(通常一つ), 3′UTR, ポリ(A)の構造をとる. mRNA の寿命は多様で, 情報伝達にかかわる前初期遺伝子*やリンホカイン mRNA は 15〜30 分と短いが, グロビン mRNA などでは数日に及ぶ. 3′UTR, 5′UTR はそれぞれ, こうした mRNA の安定性や, 翻訳効率(⇒翻訳調節)を制御することがある. 細胞質ではタンパク質との複合体(mRNP)として存在している.

**メッセンジャーリボ核タンパク質** [messenger ribonucleoprotein] mRNP と略す. mRNA は細胞質内でいくつかのタンパク質と結合して存在するのでこれを

mRNPとよぶ．転写と共役して合成途上のmRNAにRNA結合タンパク質が集合し，キャップ結合*やスプライシング*を経て安定して輸送可能なmRNPになる．RNA結合タンパク質はRNAの転写後修飾や細胞質への輸送に重要な役割を果たす．

**Met**［Met］　がん原遺伝子 *met* の産物であるタンパク質．HGFの受容体であり，チロシンキナーゼ活性をもつ．Metはおもに上皮細胞に存在し，肝臓や腎臓に特に多く見られ，消化管や前立腺，精嚢，乳腺また脳のミクログリア細胞や，単球やマクロファージにも認められる．またMetは，これらの臓器や細胞でのHGFによる増殖，運動，器官形成などのシグナルを伝達していると考えられている．（→ c-*met*）

**MetRタンパク質**［MetR protein］　原核生物において，メチオニン*の生合成に関与する遺伝子は10存在する（*metA, metB, metC, metE, metF, metH, metK, metL, metQ, metX*）．この生合成の転写調節に関与するのがMetRタンパク質とMetJタンパク質（MetJ protein）である．MetRは，真核細胞のDNA結合タンパク質で見いだされたロイシンジッパー*モチーフを保有している．*metR* の転写活性は，メチオニンの代謝前駆体であるホモシステインにより調節される．

***met* 遺伝子**［*met* gene］　MNNG（*N*-メチル-*N*'-ニトロ-*N*-ニトロソグアニジン）でトランスフォームしたヒト骨肉腫由来HOS細胞からNIH3T3細胞をトランスフォームする遺伝子として遺伝子導入法により単離されたがん遺伝子*．*met* の実体は肝細胞増殖因子受容体*をコードする遺伝子であることが明らかになっている．（→ MET）

**MetJタンパク質**［MetJ protein］　→ MetRタンパク質

**Met受容体**［Met receptor］　＝肝細胞増殖因子受容体

**メディウム**　＝培地

**メディエーター**［mediator］　RNAポリメラーゼ*および基本転写因子*は種々のタンパク質を含む複合体（SrbsやMeds）と結合した形で存在し，RNAポリメラーゼホロ酵素複合体を構成する．このRNAポリメラーゼと結合して働くタンパク複合体をメディエーターという．メディエーターは酵母遺伝子の転写に必要であることが初期に発見されたが，同様のRNAポリメラーゼホロ酵素複合体は高等真核生物のたいていの遺伝子の転写にも必要であり，20以上のタンパクから成っている．メディエーターは，転写活性化因子または抑制因子とRNAポリメラーゼⅡの両方と相互作用し，両者を結ぶ橋の役割をする．RNAポリメラーゼⅡのCTDドメインと相互作用することによりコンホメーション変化を受け，上流のDNA結合性転写調節因子複合体からの転写活性化あるいは転写抑制のための情報RNAポリメラーゼに伝える．RNAポリメラーゼがRNA鎖の伸長を始めると解離すると考えられている．共役因子も転写調節因子と基本転写装置をつなぐ橋の役割をし，同じくメディエーターとよばれることもある．

**メトトレキセート**［methotrexate］　＝アメトプテリン（amethopterin），メチルアミノプテリン（methylaminopterin），4-アミノ-4-デオキシ-10-メチル葉酸（4-amino-4-deoxy-10-methylfolic acid）．$C_{20}H_{22}N_8O_5$，

分子量454.45．葉酸拮抗薬*で，白血病，絨毛上皮がんなどに制がん剤*として用いられる．骨髄抑制などの副作用を示す．毒性軽減のためにロイコボリン（leucovorin）が併用される．ジヒドロ葉酸レダクターゼ*と不可逆的に結合し，その酵素反応を阻害し，テトラヒドロ葉酸の生成を妨げ，これが関与するいろいろな一炭素転移反応を阻害する．その中で一次作用点はチミジル酸合成反応（dUMP→dTMP）で，その結果DNA合成を強く阻害する．細胞内では葉酸*と同様にポリグルタミン酸と結合した形で存在する．（→ アミノプテリン）

**メトヘモグロビン血症**［methemoglobinemia］　赤血球ヘモグロビン*に含まれるヘム鉄が酸化されて3価鉄（メトヘモグロビン）になった場合，還元機構が働いて2価鉄に戻そうとする．したがって正常なヒトの血中メトヘモグロビンは通例1％以下に保たれる．ヘモグロビンM症，不安定ヘモグロビン症，メトヘモグロビンレダクターゼ欠損症などでは遺伝的に3価ヘム鉄の還元が行われず，チアノーゼが続く．二次性のメトヘモグロビン血症は重金属や薬物の中毒などによって起こるが原因が除去されれば回復する可能性がある．

**眼・脳・腎症候群**［oculocerebrorenal syndrome］　＝ロー症候群

**メープルシロップ尿症**［maple syrup urine disease］　楓（かえで）糖尿症ともいう．分枝 α-ケト酸デヒドロゲナーゼ欠損による常染色体劣性遺伝病．ロイシン，イソロイシン，バリンのほか，それぞれの脱炭酸産物である α-ケト酸が過剰に蓄積する．この酵素異常はチアミン投与により矯正される症例がある．多くの場合，この病気の患者は新生児期に強い脳症状で発症し，治療しなければ数日以内に死亡する．そのほかに軽症型，間欠的に発症する症例などがある．この酵素反応はE1αおよびβ（チアミン依存性デカルボキシラーゼ），E2（トランスアシラーゼ），E3（デヒドロゲナーゼ）から成る．それぞれの遺伝子は第19，6，22，第7染色体にあり，cDNAのクローニング，突然変異解析による遺伝子突然変異の同定が行われた．これらのアミノ酸の除去乳の投与により，症状の予防・治療が可能である．（→ 先天性代謝異常）

**メラトニン**［melatonin］　＝*N*-アセチル-5-メトキシトリプタミン（*N*-acetyl-5-methoxytryptamine）．$C_{13}H_{16}N_2O_2$，分子量232.28．セロトニン*から*N*-アセ

チル化，5-ヒドロキシ基のメチル化を受けて生成され，藻類からヒトまで存在する進化的に古い物質である．松果体*で発見され，松果体ホルモンと考えられ

CH₃O-[indole structure]-CH₂CH₂NHCCH₃
            $\parallel$
            O

るが，小脳，網膜，腸管でも産生される．哺乳類松果体のメラトニン産生は，視索上核のサーカディアンリズム*および光刺激によって変動し，夜間に多く産生され，血中に分泌されたメラトニンは，逆に視索上核の体内時計*を調節する．メラトニンは，肝でヒドロキシ化され，一部は不変のまま尿中に排泄される．メラトニンは視床下部に存在する特異的受容体に作用し，ゴナドトロピン（性腺刺激ホルモン）分泌・性機能を抑制する．メラトニンは日照時間の情報を伝える内因性物質として，動物の運動量の日内変動，繁殖などの季節的行動を調節する．一方，細胞内に移行し，ラジカルスカベンジャーとして老化防止作用があり，抗カルモジュリン作用を介して細胞形態に影響する．

**メラトニン受容体**［melatonin receptor］　メラトニン受容体は特異的アゴニストである 2-[¹²⁵I]ヨードメラトニンの結合親和性の相異から，pmol 程度の解離定数があり，$G_i$ タンパク質と共役する ML-1 受容体と，nmol 程度の低親和性の ML-2 受容体とに分類される．ML-1 受容体に対するアゴニストの親和性の強さは 2-ヨードメラトニン＞メラトニン*＞6-クロロメラトニンの順で，ルジンドールが特異的アンタゴニストとして働く．ML-1 受容体は視床下部，室傍核，正中隆起，下垂体，網膜に限局して存在し，ウサギ網膜におけるメラトニンによるドーパミン放出の抑制，ヒツジ視床下部正中隆起のサイクリックヌクレオチド産生抑制作用に関与する．カエル皮膚からクローニングされた ML-1 受容体 cDNA は，アミノ酸 420 から成り，7 回膜貫通型で G タンパク質と共役した受容体タンパク質をコードしている．低親和性 ML-2 受容体はハムスター脳ホモジネートに存在するが，その機能は不明である．

**メラニン**［melanin］　フェノール類酸化高分子色素の総称．ヒトでは皮膚，毛，網膜などにみられる黒褐色のユーメラニン（eumelanin），赤毛に代表される黄赤色のフェオメラニン（phaeomelanin）がある．そのほか，植物ではアロメラニン（allomelanin）が知られている．ヒト皮膚ではメラノサイト*や母斑細胞内で，メラノソーム構造タンパク質にくっついて，チロシナーゼ*により，チロシンからドーパ*（DOPA）を経て合成される．黒化したメラノソームは角化細胞に送られ，紫外線による DNA 損傷の防御に役立つの．

**メラニン芽細胞**［melanoblast］　メラノブラスト，色素芽細胞ともいう．メラノサイト*に分化する前段階の細胞．この細胞は，ヒト胚子では胎生 21 日ころから順次形成される神経冠*に由来している．神経冠の細胞のうち，あるものは胎生 2 カ月ころに真皮に移動到達し，メラニン芽細胞に分化する．この細胞はやがて 3 カ月のはじめ一部は表皮内へ入り，さらにメラノサイトへと分化して色素を産生するようになる．芽細胞からメラノサイトへの分化には内在的因子のほかに生体内の微小環境因子も関与している．

**メラニン細胞**［melanin cell］＝メラノサイト

**メラニン細胞刺激ホルモン**［melanocyte-stimulating hormone］　MSH と略記し，メラノサイト刺激ホルモン，色素細胞刺激ホルモン，メラノトロピン（melanotropin），インターメジン（intermedin）ともいう．α-MSH，β-MSH の 2 種類がある．α-MSH は 13 個のアミノ酸から成り，副腎皮質刺激ホルモン*（ACTH）の 1～13 番のペプチドと一致する．18 個のアミノ酸から成る β-MSH は，α-MSH に比較して種差が大きい．α，β-MSH ともに下垂体中葉で，ACTH-β リポトロピン（LPH）前駆体タンパク質（⇌ プレプロオピオメラノコルチン）からのプロセシングにより生成される．おもな生理作用は，メラニン細胞内メラニン顆粒を拡散させ皮膚を黒色化，またチロシナーゼを活性化しメラニン産生を増加させることである．

**メラノサイト**［melanocyte］　メラニン細胞（melanin cell）ともいう．特殊な，メラニン含有小器官メラノソーム（⇌ 色素顆粒）を生合成する色素細胞*．メラノソームの前段階の顆粒，プレメラノソームのみを最終産物として生合成する細胞も含む．細胞は皮膚の基底層に存在し，樹枝状の突起をもつ．細胞間橋を欠き，張原繊維をもたない．皮膚の凍結切片にドーパ*をかけると，この細胞はドーパをメラニンに変換するため，胞体が黒くなる．メラニン合成酵素，チロシナーゼの活性が高い．

**メラノサイト刺激ホルモン**＝メラニン細胞刺激ホルモン

**メラノソーム**［melanosome］⇌ 色素顆粒

**メラノトロピン**［melanotropin］＝メラニン細胞刺激ホルモン

**メラノブラスト**＝メラニン芽細胞

**メラノーマ**＝黒色腫

**メリステム**［meristem］　植物における未分化な幹細胞*から成る細胞集団．分裂組織や成長点とよばれることもある．細胞は比較的ゆっくりと分裂し，幹細胞を再生すると同時に，器官分化のための細胞を供給するといわれている．メリステムとしての特性は，その近傍に存在する特殊な細胞により維持されている．これらの細胞群の形成や維持にかかわる複数の遺伝子が同定されているが，細胞学的特徴は液胞が少ないことくらいで不明な点が多い．植物の地上部には，シュート（発生途上の葉と茎および幹細胞群から成る複合器官）頂にあるシュート頂メリステムと葉の基部上部に存在する腋芽メリステムがあり，そこから葉，茎，花が分化する．また，根端には，主根の先端にある根端メリステムと側根の先端にある側根メリステムが存在し，根のすべてが分化する．なお，メリステムを形成する細胞は胚発生初期に分化する．

**メリフィールド**　**MERRIFIELD**, Robert Bruce　米国

の生化学者.1921.7.15～2006.5.14.テキサス州フォート・ワース生まれ.カリフォルニア大学ロサンゼルス校(UCLA)に化学を学び,Ph.D.取得(1949).ロックフェラー研究所に就職(1949),教授(1966)に至る.1962年ペプチドの固相合成法を開発.1965年自動合成機を製作し,数週間でリボヌクレアーゼを合成した(1969).1984年ノーベル化学賞受賞.

**メルカプトエタノール** [mercaptoethanol] =チオグリコール(thioglycol),2-ヒドロキシ-1-エタンチオール(2-hydroxy-1-ethanethiol),2-ヒドロキシエチルメルカプタン(2-hydroxyethyl mercaptane).$CH_2(SH)CH_2OH$,分子量 78.13.沸点約 157℃.比重 1.1143.エチレンオキシドに硫化水素を付加させて合成する.還元試薬,抗酸化試薬として用いられ,タンパク質のジスルフィド結合*の還元的切断や SH 基の保護に利用されている.

**p-メルクリ安息香酸** [p-mercuribenzoic acid] PMBと略す.(⇌ プロテアーゼインヒビター)

**メルリン** [merlin] =NF2遺伝子

**メロー** MELLO, Craig Cameron 米国の分子生物学者.1960.10.18～ マサチューセッツ州ウースターに生まれる.1982年ブラウン大学卒業.1990年ハーバード大学で Ph.D. 取得.カーネギー研究所で A. Z. Fire*とともにセンス RNA 鎖とアンチセンス RNA 鎖をアニールさせた二本鎖の RNA を線虫に注入すると一本鎖 RNA よりもはるかに強力かつ特異的な内在性の mRNA レベルの低下をひき起こすことを発見し,1998 年に報告した(⇌ RNA 干渉).この発見が引き金となり,RNAi のメカニズムや siRNA*を利用した遺伝子サイレンシング*の研究が爆発的に進展した.2006年に二本鎖 RNA による遺伝子サイレンシングの発見に対して,Fireとともにノーベル医学生理学賞を受賞.1994年からマサチューセッツ大学医学部.2003年分子医学教授.

**メロザイゴート** =部分接合体

**メロミオシン** [meromyosin] ミオシン*(ミオシンⅡを示す)をタンパク質分解酵素で処理するとミオシンH鎖*が切断され,双頭部と尾部に切断される(⇌ ミオシン[図]).双頭の断片をヘビーメロミオシン(heavy meromyosin),尾部の断片をライトメロミオシン(light meromyosin)という.ミオシンは低塩濃度でミオシンフィラメントを形成するが,ライトメロミオシンはこの性質を引継ぎ,ヘビーメロミオシンはミオシンの ATP アーゼ活性とアクチン*結合能を引継ぐ.ヘビーメロミオシンはミオシンL鎖*および切断されたミオシンH鎖より成り立ち,低塩濃度でも可溶性で,ミオシンの基本的性質をもつので,生化学測定に利用されることが多い.

**免　疫** [immunity] 歴史的には"免疫"という語は疾患,特に感染症から免れることを意味し,この反応を構成する細胞・分子は免疫系*を形成し,外界から侵入した物質に対する免疫系における反応を免疫応答*とよぶ.現在では免疫系は感染体に対してのみではなく,外界に由来するタンパク質,糖などに対して反応することが知られており,したがって外来異物排除を目的とする反応ととらえられている.生体が外来異物の侵入を拒む機構は自然免疫(natural immunity,先天性免疫 innate immunity ともいう)と獲得免疫(acquired immunity,後天性免疫ともいう)に分類される.自然免疫は異物刺激によって活性化されるものではなく,生体が本来もっている皮膚のような物理的機構や食細胞や体液中の種々の分子によるもので,獲得免疫は異物にさらされることによって誘導また活性化される機構である.獲得免疫はそれを誘導または活性化した物質に特異的なもので,この免疫応答を起こさせる物質を抗原*とよぶ.獲得免疫の大きな特徴は一度反応した物質に再度さらされると,速やかにかつ強い応答を起こすことで,この現象を免疫記憶*という.獲得免疫は生体に外来異物が侵入した時に成立するが,このような成立の仕方を能動免疫(active immunity)という.免疫が成立した個体から細胞または血清抗体によって免疫状態を他の個体に移入することができる.これを受動免疫*とよぶ.受動免疫では時間間隔をおくことなく免疫能を獲得できるので,緊急を要する場合の疾病予防には有効な手段である.ただし,ヒトを含めて多くの動物に利用できるのは抗体*を移入する体液性免疫*の場合である.体液性免疫は抗体によって担われるが,免疫応答には細胞によってのみ他個体に移入できる細胞性免疫*がある.これはT細胞が一義的な役割を果たす反応でT細胞によって応答性を他個体に移入できる.

**免疫インターフェロン** [immune interferon] =インターフェロンγ

**免疫応答** [immune response] 免疫反応(immune reaction)ともいう.抗原が外界から生体内に入ると,これを特異的に排除する反応が起こる.この反応には抗体を産生する反応(⇌ 体液性免疫)と,細胞性免疫*反応とがある.免疫応答の特徴は侵入した物質(抗原)に対して特異的であること,反応しうる抗原の種類はきわめて多く $10^9$ に及ぶこと,一度認識した抗原に対して記憶が残ること(⇌ 免疫記憶),応答が自律的に終息すること,自らもつ抗原物質には反応しないこと(⇌ 自己寛容),という特徴を備えている.

**免疫応答遺伝子** [immune response gene] Ir 遺伝子(Ir gene)ともいう.単一の抗原決定基に対する免疫応答の強弱は,主要組織適合遺伝子複合体*(MHC)のI領域により決定されるという実験結果により定義された遺伝子名のこと.MHC 遺伝子そのもの.抗原はアミノ酸残基にして8～9個ないし16個前後のペプチドに分解されて,それぞれMHCクラスIないしMHCクラスII分子に結合して初めてT細胞刺激活性を獲得する(⇌ 抗原提示).Ir 遺伝子支配は,抗原ペプチドとMHC分子の親和性の高低により免疫応答の強弱が決定されるために生じる.

**免疫学** [immunology] 感染症に一度かかると二度かからないという現象は経験的に知られていたが,弱毒化した病原体を注射することで感染を防御できることが実験的に知られるようになり(⇌ ワクチン),

感染症から体を守る機構として"免疫*"という概念が成立した．免疫学はまず，その仕組み，すなわち生体防御機構を解明する学問として出発した．しかし免疫反応は病原微生物のみならず異種の赤血球やタンパク質に対しても起こり，自己以外の成分，すなわち"非自己"の侵入に対して"自己"の全一性を守る反応と位置づけられるようになった．そのため免疫学は，感染防御の学問から"自己"と"非自己"の識別の機構と，"非自己"を排除することによって，"自己"の全一性を守る生体機構を解明する学問へと変貌した．免疫反応は，種々の免疫細胞とその産物としてのサイトカイン*などが関与する複雑な生体反応にある．それらの細胞の分化，相互作用，その遺伝子発現の機構が主要な免疫学の研究対象となっている．

**免疫学的寛容** ＝免疫寛容

**免疫隔離** [immunoisolation] 脳室や眼房内などは，免疫特権部位(immune privilege site)として知られ，この部位に移植された細胞や組織片は拒絶反応を受けることなく長期間生着することが知られている．これらの部位に共通するところは血管が少なく移植細胞とレシピエントの免疫担当細胞の直接の接触が起こらないことである．半透膜を用いて人工的に免疫特権部位をつくる試みが免疫隔離である．半透膜に細胞を封入した後移植すれば拒絶反応が起こらないため，副作用の心配のある免疫抑制剤*の服用を必要としない細胞移植が実現できる．代表的な試みは，糖尿病の治療を目的に開発が進められているバイオ人工膵臓がある．半透膜の形により，マイクロカプセル，中空糸，バッグの各種タイプがある．半透膜の素材としては，マイクロカプセルでは，アルギン酸-ポリリシンのポリイオンコンプレックス膜とアガロースのハイドロゲル膜が，また，中空糸ではアクリロニトリル-塩化ビニル共重合体が多用されている．

**免疫芽細胞** [immunoblast] ＝リンパ芽球細胞

**免疫監視説** [immunological surveillance theory] 免疫学的機構によって体内の細胞の性状が恒常的に監視されている状態をいう．特に体細胞突然変異によって生じた新生細胞や，ウイルス感染などによって細胞表面抗原に突然変異を生じた細胞を生体の免疫系によって認識し排除する機構が，F. M. Burnetによって提唱されている．この免疫監視機構が破られた場合に，生体は悪性新生物(がん)細胞やウイルス感染細胞に侵襲されやすくなると考えられている．

**免疫寛容** [immunological tolerance] 免疫学的寛容，トレランス(tolerance)ともいい，免疫系が生体を攻撃しない状態．この状態はいくつかの機序で達成されている．最も重要な機序は，胸腺における成熟過程での自己反応性T細胞のクローン除去*である．CD4⁺CD8⁺細胞上にT細胞受容体が発現された後に起こり，胸腺内に存在する抗原に対して反応性をもつT細胞受容体をもつT細胞がアポトーシス*に陥り除去される．B細胞も骨髄中での成熟過程で，微小環境中に存在する抗原に対する特異性をもつ受容体(細胞表面免疫グロブリン)を発現する未熟B細胞ク

ローンが除去される．T，B細胞が成熟して末梢に出てからもクローン麻痺*という機序が働き，免疫寛容が誘導される．T細胞の活性化のためには受容体を介する刺激のほかに補助刺激分子からの刺激が必要で，これが欠けると無反応の状態になる．(⇒自己寛容)

**免疫記憶** [immunological memory] すでにさらされたことがある抗原で再度刺激を受けると(二次免疫応答*)，免疫応答*は初めての抗原に対するよりも速く，しかも強く現れる．これを免疫記憶という．免疫記憶があることがワクチン*を可能にしている．抗体産生反応では二次応答より一次応答よりも少ない抗原量で十分な反応を誘導でき，二次応答で産生する抗体の抗原に対する親和性は一次応答で産生される抗体よりも高い(親和性成熟，affinity maturation)．この記憶を担う細胞はB細胞，T細胞である．記憶T細胞(memory T cell)は炎症組織に多く存在し，また循環系に入って全身を循環する．未感作T細胞は主としてリンパ節などのリンパ臓器に存在する．記憶B細胞(memory B cell)は一般に未感作B細胞に比べて親和性の高い表面免疫グロブリン抗原受容体を発現し，循環系に入って体内を循環する．リンパ球はそれぞれ主として局在する場所をもつ．これをリンパ球のホーミング*といい，未感作リンパ球*と記憶リンパ球とはホーミングパターンを異にする．このホーミングを決める細胞表面分子も同定されつつある．

**免疫グロブリン** [immunoglobulin] イムノグロブリンともいう．略称Ig．抗体*を含む構造的・機能的関連をもつタンパク質の総称．動物の体液中に存在するが，主として血清γグロブリン画分中に多く含まれ，正常ヒト血清中の濃度は15〜20 mg/mLである．ヒトIgには五つのクラス，IgG*，IgM*，IgA*，IgD*，IgE*がある．さらにIgGとIgAには，G1，G2，G3，G4，およびA1，A2のサブクラスがある(⇒アイソタイプ)．Ig分子は相同の分子量50,000〜70,000のH鎖*2本と，相同の分子量24,000のL鎖*2本の4本ペプチド鎖から成る基本構造をもち，IgG分子で代表される(図)．IgAには単量体と二，

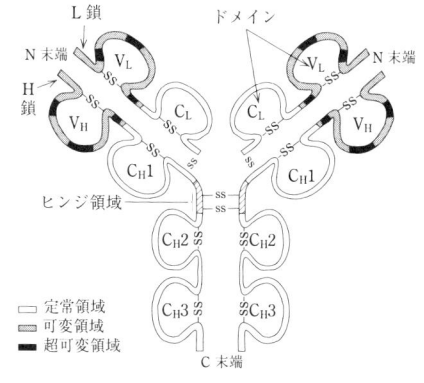

免疫グロブリン分子の模式図

三,四量体があり,またIgMは五量体として存在する. H鎖はIgクラスに特徴的な構造をもち,IgG, IgM, IgA, IgD, IgEに対応して$\gamma, \mu, \alpha, \delta, \varepsilon$鎖とよばれる. L鎖は$\kappa, \lambda$のいずれかである. HおよびL鎖ともにN末端側アミノ酸約100残基の一次構造は高度の多様性を示す可変領域*で, $V_H, V_L$で表される. 抗原結合部位*(抗体活性基)は$V_H$と$V_L$のアミノ酸配列と高次構造によって特異的に構築されている. 残るC末端側の一次構造はIgクラスに特徴的で定常領域*とよばれ, $C_H, C_L$で表す. $C_H$領域は$C_H1, C_H2, C_H3$(IgMとIgEにはさらに$C_H4$が加わる)ドメインに分けられる. IgG, IgA, IgDクラスのH鎖の$C_H1$と$C_H2$ドメインの間にはヒンジ領域(約15残基)がありIg分子の柔軟構造と関係がある. すべての抗体はIgクラス・サブクラスのいずれかに属し,それぞれに特徴的な生物活性をもつ. おもな機能は血清中の補体*成分との結合・活性化(IgGとIgM),あるいは細胞表面の受容体(Fc受容体*)との結合で, Igが抗原と複合体を形成したり重合すると,著しい親和性の増強を示し,マクロファージなどの食細胞の食食作用を受ける. IgはB細胞系列の細胞で分化・成熟した形質細胞*から分泌される. H鎖の構造はヒト(マウス)第14(第12)染色体上にある遺伝子,また$L_\kappa$鎖, $L_\lambda$鎖はヒト(マウス)第2(第6),第22(第16)染色体上の遺伝子によって支配され,さらにこれらの遺伝子はVおよびC領域の構造をコードするV遺伝子*およびC遺伝子*に分けられる. (⇌ 免疫グロブリン遺伝子)

**免疫グロブリンE** [immunoglobulin E] =IgE

**免疫グロブリン遺伝子** [immunoglobulin gene] 抗体遺伝子*ともいう. 抗体分子の基本構造は2本のH鎖と2本のL鎖のポリペプチドより成り, H鎖, L鎖はそれぞれ分子間でアミノ酸配列の異なる可変領域*と,同じクラスの抗体分子間でアミノ酸配列が共通の生物活性を担っている定常領域*をもつ. このことにより,多様な抗原に特異的に対応するとともに,抗原の種類にかかわりなく,共通の免疫反応をひきおこすことができる. 抗体分子は免疫グロブリン*とよばれるタンパク質分子であり,それをコードする遺伝子を免疫グロブリン遺伝子という. H鎖の可変領域は,同じ染色体(ヒトでは第14番染色体)上に不連続にそれぞれ独立して存在する三つの遺伝子群で構成されている. すなわち, $V$遺伝子群(100~1000個の$V$遺伝子から成る), $D$遺伝子群(10個以上), $J$遺伝子群(ヒトでは6個)から成り,定常領域遺伝子群の上流に存在する. L鎖可変領域もまた同じ染色体上にかけ離れて位置する$V$遺伝子群と$J$遺伝子群から構成されている(図). 生殖細胞あるいは非リンパ球系細胞では,これらの遺伝子群はまったくかけ離れて位置しているが,骨髄幹細胞からB細胞に分化するに従って,1個1個のB細胞内で, H鎖では一組の$V-D-J$遺伝子の組合わせが(→ $V-D-J$結合), L鎖でも一組の$V-J$遺伝子の組合わせが選ばれて結合する. その結合に際しては,中間に存在するDNAの欠失が生じる. このような遺伝子の組換えを免疫グロブリン(または抗体)遺伝子の"再編成"とよぶ(⇌ DNA再編成). この結果, 1個のB細胞上に発現される抗体分子はすべてただ一つの抗原特異性を示しうる. 一方, H鎖定常領域には$\mu, \delta, \gamma, \varepsilon, \alpha$という五つの異なった遺伝子があり,再編成を終えた$V-D-J$可変領域遺伝子がつぎにクラススイッチ*再編成により,それぞれの定常領域遺伝子に近接することにより,抗原特異性は同じだがIgM, IgD, IgG, IgE, IgAの異なったクラスの抗体分子がつくられるようになる. L鎖には$\kappa$と$\lambda$の2種類の定常領域遺伝子があり,それぞれ$\kappa$鎖, $\lambda$鎖のL鎖をコードしている. このような$V-D-J$, $V-J$遺伝子再編成反応により,遺伝的に親から子に伝達されるわずか数百個の遺伝子から,その体細胞での組換えにより,少なくとも$10^4$以上の異なるH鎖可変領域($V_H$)遺伝子と$10^3$通り以上のL鎖可変領域($V_L$)遺伝子が生み出される. 抗体の抗原結合部位は$V_H$と$V_L$との組合わせによって構成されるから, $10^7$通り以上の組合わせとなり,さらに可変領域遺伝子に特異的な体細胞突然変異(⇌ 体細胞超突然変異)が入ること

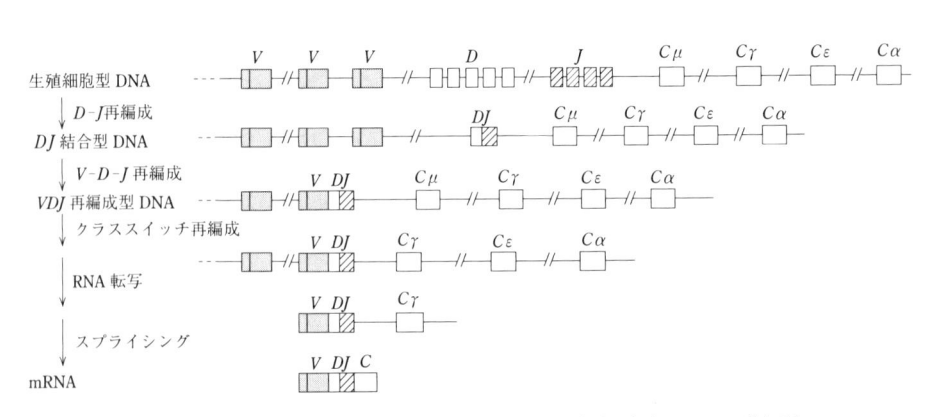

**H鎖遺伝子の$V-D-J$再編成とクラススイッチ再編成** (⇌ 免疫グロブリン遺伝子)

により，その種類は$10^9$以上となる．1個のB細胞は1種類の遺伝子の組合わせをもつので，$10^9$種類以上の抗原特異性の異なるB細胞クローンが生み出されることになる．このようにして，ありとあらゆる抗原に対応しうる抗体分子を免疫系はつくり出せるようになる．これを"多様性の獲得"とよぶ(⇌抗体の多様性).

**免疫グロブリンA** [immunoglobulin A] ＝IgA
**免疫グロブリンM** [immunoglobulin M] ＝IgM
**免疫グロブリンクラス** [immunoglobulin class] ⇌アイソタイプ
**免疫グロブリンG** [immunoglobulin G] ＝IgG
**免疫グロブリンスーパーファミリー** [immunoglobulin superfamily] 免疫グロブリンのもつドメインと相同性のあるドメインを含む一群のタンパク質(⇌スーパーファミリー).90～110アミノ酸残基から成る二面のβシートが相互に向かい合いS-S結合をしている免疫グロブリンフォールドとよばれるドメインを含む分子であることが特徴である．免疫グロブリンスーパーファミリーに属する分子は多種類にのぼり酵母,線虫,昆虫,哺乳類など多くの生物種に見いだされている．その機能は多くの場合細胞膜表面に発現されて細胞間相互作用(ICAM, VCAM, NCAMなど),リガンドに対する受容体(T細胞受容体, MHCクラスI,クラスII分子,血小板由来増殖因子受容体など)として働く(⇌細胞接着分子)．遺伝子レベルではドメインごとにエキソンとしてコードされている例が多く(⇌エキソンシャッフリング),進化上多重化-多機能化に大きく貢献しているスーパーファミリーの代表である．

**免疫グロブリンD** [immunoglobulin D] ＝IgD
**免疫系** [immune system] われわれの周囲には多くの感染性の生物が存在している．しかし,正常な個体では感染が起こっても短期間に終息することが多く,重大な障害を残すことは少ない．これは生体がもつ感染防御に働くシステムの機能によると考えられる．このシステムを免疫系という．免疫系は大別して,自然免疫系と獲得免疫系の二つに分けられる(⇌免疫)．自然免疫系とは初期防御に当たる系であり,これが十分な効果を発揮しなかった時に獲得免疫系が始動する．自然免疫系は反応に特異性をもたない特徴があり,皮膚,粘膜,繊毛などによる物理的防御系,リゾチームのような酵素などの体液性防御系,食細胞*系などが存在する．急性期タンパク質*,補体*,インターフェロン*なども自然免疫系の構成要素になっている．たとえば,急性期タンパク質の一つC反応性タンパク質*は肺炎球菌由来のC多糖体に結合し,補体の活性化を起こして食細胞に貪食されやすくする．補体はある種の微生物の表面物質と反応して活性化され,溶菌や細胞化性化の亢進をもたらしたり,細菌表面に付着して食細胞の貪食作用を高める作用がある．これらの作用には一般に厳密な特異性がなく,二次的免疫効果,すなわち免疫記憶*はない．獲得免疫系とはリンパ細胞を中心とする系で,体液性免疫*と細胞性免疫*から成る．抗体分子とTリンパ球上の抗原受容体によって厳密な抗原特異性をもつ.抗原をそれぞれの受容体で認識したT, B両細胞は分裂,分化してT細胞の作用を受けたB細胞は抗体産生細胞になり,産生された抗体が抗原に結合し,自然免疫系に属する食細胞などの活性によって異物を処理する．活性化されたT細胞の一部はその受容体によってウイルス感染細胞や自己以外の細胞を認識し,排除する．この獲得免疫の特徴は二次刺激に対しては,速くかつ強く反応するという免疫学的記憶をもつところにある．この記憶はリンパ細胞によって担われており,この細胞を記憶リンパ細胞とよぶ．自然免疫系と獲得免疫系は独立に存在するのではない．食細胞に摂取された異物は,分解され,ペプチドの形で細胞表面に発現されてT細胞に認識され(⇌抗原提示),このT細胞はB細胞の抗体産生を補助し,産生された抗体は異物に結合して食細胞が異物を摂取するのを容易にするという関係にあり,相互依存の関係にある機能も多い．さらに,獲得免疫系は外来異物の排除に関与するのみではなく,内分泌系や脳神経系との関係も密接で,生体の恒常性(ホメオスタシス*)を保つ系の一つとしても重要である．

**免疫蛍光法** [immunofluorescence technique] ＝蛍光抗体法
**免疫原** [immunogen] 生体に投与することによって,抗体産生やT細胞の活性化などの免疫反応を惹起する物質．抗原のうち,完全抗原は免疫原となりうる．(⇌抗原)
**免疫原性** [immunogenicity] ⇌抗原性
**免疫細胞** [immunocyte] ＝免疫担当細胞
**免疫細胞化学** [immunocytochemistry] 抗体が特異的に抗原と結合する性質を利用し,組織または細胞内の特定の物質の存在部位を明らかにしようとする学問．方法としてはいろいろあり,たとえば光学顕微鏡のレベルでは,抗体に蛍光色素を結合させて局在を検出する蛍光抗体法*や,西洋ワサビペルオキシダーゼを結合させて発色反応で検出したりする．電子顕微鏡レベルでは,西洋ワサビペルオキシダーゼを結合させて発色反応で検出したり,フェリチン*を結合させて検出したり,金コロイド*を結合させて検出したりする．抗体はヒトやウサギのポリクローナル抗体や,マウスのモノクローナル抗体も用いられる．これらの抗体に直接検出のための物を結合させることもあるが,これらの抗体に対する抗体(二次抗体)に結合させることが多い．

**免疫染色** [immunostaining] 細胞や組織などにおける特定のタンパク質の局在を研究する有力な方法として開発された抗体を用いた染色法．一次抗体に蛍光色素などの蛍光物質を付加された二次抗体を作用させて光学顕微鏡*で観察する．細胞や組織を固定して観察するので,通常得られる情報は静的なものであるが,蛍光色の異なる二次抗体を使うと複数のタンパク質の共局在をも研究できることから,分子細胞生物学として欠かせない重要な技術となっている．

**免疫組織化学**［immunohistochemistry］　抗体の特異的な結合を利用して組織や細胞における抗原を顕微鏡下で局在化する方法．はじめに組織切片上の抗原に特異抗体を結合させ，これを可視化に必要な物質で標識した二次抗体で検出する．二次抗体の可視化には，蛍光抗体法*，酵素抗体法（→酵素免疫検定法），アビジン・ビオチン-ペルオキシダーゼ複合体(ABC)法*，ペルオキシダーゼ-抗ペルオキシダーゼ複合体(PAP)法* などがある．

**免疫担当細胞**［immune competent cell］　免疫細胞(immunocyte)ともいう．免疫応答* は複数の細胞の相互反応によって成立する．この相互反応に関与し，免疫応答を成立させる細胞を総称して免疫担当細胞とよぶ．T細胞*，B細胞* から成るリンパ球，抗原を取込んで細胞表面にペプチドの型で発現して抗原をT細胞に提示する抗原提示細胞* から成る．抗原提示細胞としては樹状細胞*，マクロファージ*，B細胞などがあげられる．

**免疫沈降反応**［immunoprecipitation］　IPと略す．タンパク質や多糖，核酸などの可溶性抗原と抗体を反応させると不溶性の抗原抗体複合物ができる反応．標的の抗原に特異的抗体を結合させ，その複合体を沈殿させて回収し，標的抗原を検出，分離，精製する．タンパク質-タンパク質相互作用の解析にも利用される．通常は特異的抗体を認識し結合する二次抗体やプロテインGやプロテインA* をセファロースビーズや磁気ビーズなどの担体に結合させ，沈殿または磁気による回収を容易にしている．標的とする抗原に対する特異的抗体が利用できない場合には，抗原に短いペプチドがタグとしてついた融合タンパク質を産生させ，そのタグに対する特異的抗体を利用して免疫沈降を行うこともある．クロマチンDNAと転写調節因子* などのDNA結合タンパク質* の複合体の免疫沈降をクロマチン免疫沈降* という．

**免疫電子顕微鏡法**［immunoelectron microscopy］　免疫反応を利用して電子顕微鏡で抗原の分布を検出する方法．透過型電子顕微鏡観察用には，免疫反応を包埋* の前に行う前包埋(pre-embedding method)と，後でする後包埋(post-embedding method)がある．前包埋法としてトクヤス法がよく用いられる．固定した試料の凍結超薄切片を，一次抗体・二次抗体と順次反応させたのちに観察する．後包埋法では，LR WhiteやLowicryl K4M などの親水性樹脂に試料を包埋することが多い．二次抗体には，金粒子（→金コロイド）やフェリチン* などの電子密度の高い金属か，ペルオキシダーゼ（→西洋ワサビペルオキシダーゼ）などの酵素で標識したものを用いる．後者の場合は反応生成物をさらに四酸化オスミウム染色* して検出を容易にする（→アビジン）．直径の異なる金粒子で標識した2種類の二次抗体を用いた二重染色もできる．また二次抗体金粒子の反射電子線と，試料の二次電子線を走査型電子顕微鏡で重ね合わせて試料表面抗原の分布を分析する．

**免疫毒素**　＝イムノトキシン

**免疫特権部位**［immune privilege site］　⇌免疫隔離

**免疫反応**［immune reaction］　＝免疫応答

**免疫賦活療法**　＝免疫療法

**免疫複合型アレルギー**［immune complex type allergy］　＝Ⅲ型アレルギー

**免疫複合体**［immune complex］　＝抗原抗体複合体

**免疫複合体疾患**［immune complex disease］　免疫複合体病ともいう．抗original抗体複合体*，すなわち免疫複合体によってひき起こされるⅢ型アレルギー性疾患の総称．これには，1)組織成分に対する抗体が反応して付着する場合(糸球体基底膜抗体腎炎など)，2)繰返し抗原を注射することにより局所に炎症反応を起こさせる場合(アルサス反応*，農夫肺炎など)，および3)可溶性複合体(免疫沈降物)が血管壁や結合組織に沈着して起こすもので，全身性の強い障害性を示すタイプがある(血清病*，全身性エリテマトーデス*，糸球体腎炎など)．

**免疫複合体病**　＝免疫複合体疾患

**免疫不全**［immunodeficiency］　免疫系* は，感染体またはその産生する毒素から生体を防御するために必須のものである．免疫系のあるものでは，複数の成分に欠陥があると重篤な症状を呈し，死に至ることもある．このような状態を免疫不全症(immune disorder, immunopathy)という．免疫不全は大別して，原発性または遺伝性免疫不全と，続発性または獲得性免疫不全に分類される．前者は小児期から易感染性を呈するものが多いが，成人後に現れるものもある（→原発性免疫不全症候群）．X染色体上に存在する遺伝子によって決定されるB細胞成熟不全，IgA産生欠損症，免疫グロブリンクラススイッチ不全症などのB細胞系列の不全症，インターロイキン受容体欠損によるT細胞機能不全によるもの，T, B両細胞の成熟，機能不全などによるものが知られている．最近，多くの原発性免疫不全の原因となる遺伝子が同定されている．獲得性免疫不全としては，腫瘍，免疫抑制剤によるもの，ヒト免疫不全ウイルス* の感染などによるものが知られている．

**免疫不全ウイルス**［immunodeficiency virus］　現在知られている免疫不全ウイルスはすべてレトロウイルス* に属している．レトロウイルスのレンチウイルス亜群に属するものに免疫不全ウイルスが多い．レンチウイルス亜群に属する免疫不全ウイルスは，ヒト免疫不全ウイルス*(HIV)，サル免疫不全ウイルス*(SIV)，ネコ免疫不全ウイルス(FIV)などである．いずれも免疫系の細胞を宿主にして長い潜伏期間を経て免疫不全* を発症する．オンコウイルス亜群ではネコ白血病ウイルス*(FLV)，マウスのMAIDSウイルスが免疫不全ウイルスとして知られている．いずれも本来は白血病をひき起こすウイルスであるが，一部の欠損オンコウイルスが内在レトロウイルスその他と組換えを起こして免疫不全をもたらす．免疫不全はT細胞の減少に伴うことが多いが，マウスではB細胞の機能低下で免疫不全を起こしている．ヒトのオンコウイ

ルス亜群に属するヒトT細胞白血病ウイルス1*でも成人T細胞白血病*で免疫不全を来たす患者が多い.

**免疫不全症** [immune disorder, immunopathy] ⇒ 免疫不全

**免疫ブロット法** [immunoblot technique, immunoblotting] ⇒ ウェスタンブロット法

**免疫プロテアソーム** [immuno proteasome] 26Sプロテアソームはユビキチン化された不要なタンパク質を選択的に破壊する真核生物のATP依存性プロテアーゼである(⇒プロテアソーム).本酵素は触媒ユニットである20Sプロテアソームの両端に調節ユニットであるPA700が会合した2.5 MDaの巨大な多成分複合体である.20Sプロテアソームはトリプシン様($\beta2$)・キモトリプシン様($\beta5$)・カスパーゼ様($\beta1$)の3種の触媒サブユニットを含んでいるが,インターフェロン$\gamma$*(IFN-$\gamma$)によってそれぞれに相同性の高いサブユニット$\beta2i$・$\beta5i$・$\beta1i$が誘導されると,これらが選択的に分子集合されて亜型プロテアソームが形成される.このIFN-$\gamma$誘導型酵素が免疫プロテアソームであり標準(構成型)プロテアソームと区別されている.標準プロテアソームは多彩な生体反応を迅速に,順序よく,一過的にかつ一方向に決定する合理的な手段として生命科学のさまざまな領域で中心的な役割を果たしているが,免疫プロテアソームは内在性抗原からT細胞エピトープ(抗原ペプチド)を効率よく切出すことができるように設計された特異な(細胞性免疫に特化した)酵素である.

**免疫抑制剤** [immunosuppressant, immunosuppressive agent] 臓器移植の拒絶反応予防や自己免疫疾患に使用される.プレドニソロン*などの副腎皮質ステロイド,アザチオプリン(azathipurine)やRS61443などの代謝拮抗剤,シクロスポリン*,FK506,ラパマイシン(rapamycin)などの微生物由来の生物活性物質,リンパ球やOKT3のようなリンパ球の表面抗原に対する抗体,細胞間接着分子1(ICAM-1)やLFA-1に対する抗体に分類される.シクロスポリンやFK506は免疫抑制効果が強いが,腎毒性の副作用もある.

**免疫療法** [immunotherapy] 免疫賦活療法ともいう.宿主の腫瘍細胞に対する免疫能を高めることにより,悪性腫瘍を治療しようという方法.これにはがん細胞特異的免疫療法と細菌や多糖類で宿主の免疫を増強する非特異的免疫療法がある.前者にはがん関連抗原に対するキラーT細胞*の移入や,モノクローナル抗体に毒素分子や抗がん剤*を結合させたいわゆるミサイル療法(missile therapy)がある.後者としてはピシバニール(picibanil)やクレスチン(krestin, PSK),レンチナン(lentinan)などの免疫調節剤(biological response modifier)による方法や,インターロイキン2などのサイトカインの存在下で培養したリンパ球を移入するLAK療法などがある.(⇒LAK細胞).キラーT細胞やLAKあるいは腫瘍に浸潤した腫瘍特異的リンパ球(TIL)の移入による方法,また最近では樹状細胞(DC)を腫瘍抗原ペプチドと*in vitro*で反応させて移入する方法も行われており,これらは細胞免疫療法とよばれる.現在のところ免疫療法は抗悪性腫瘍の治療法として必ずしも有効とはいえないが,その理由としてがん抗原の抗原性が必ずしも強くないこと,移入されたキラーT細胞の腫瘍部位への集積性などの問題があるためと考えられる.

**メンデル** MENDEL, Gregor Johann オーストリアの遺伝学者.1822.7.22〜1884.1.6.シレジアのハインツェンドルフに生まれ,ボヘミアのブリューンに没す.1847年ブリューンの聖トマス修道院の聖職者となった.1851年にウィーン大学に学び,数学と植物学に興味をもった.1857年から8年間エンドウを栽培し,交雑実験を繰返して形質の遺伝を研究した.1865年に遺伝法則の論文をブリューン博物学会誌に発表したが,長く認められなかった.1900年になってメンデルの法則*は再発見され,遺伝学の基礎となった.

**メンデル遺伝** [Mendelian inheritance] 減数分裂*により配偶子をつくる生物の核染色体上の遺伝子が示す遺伝様式.(⇒メンデルの法則,非メンデル遺伝)

**メンデルの法則** [Mendel's law] G. J. Mendel*が,エンドウの7対の形質について行った交雑実験から導かれた遺伝の基本的な法則.メンデルによる論文発表(1866)の約半世紀後(1900)に,C. E. Correns, E. Tschermak, H. de Vriesにより独立に再発見された.メンデルの法則は三つの法則にまとめられる.1) 優劣の法則(law of dominance): 対となる形質が異なる株を両親として交雑して生じる雑種($F_1$,雑種第一代)はすべて一方の親の形質を現す.たとえば,丸い種子をつける親としわのある種子をつける親との間の雑種はすべて丸い種子をつける.着目している1対の形質のうち$F_1$に現れる方を優性,現れない方を劣性という.2) 分離の法則(law of segregation): $F_1$を自家交配して得られる雑種第二代($F_2$)では,優性形質*を示す個体と劣性形質*を示す個体が3:1の比で生じる.この結果は,エンドウの形質が1対の遺伝子によって決定され,交配するに先立って,それぞれの両親の中でこの1対の遺伝子が一つずつに分離すると仮定して説明される.この過程は減数分裂*時の染色体の挙動そのものである.3) 独立(遺伝)の法則(law of independent assortment, law of independence): 一つの形質の分離は他の形質の分離と独立に起こる.両性雑種(遺伝子型A/aB/b)で,AB, Ab, aB, abの4種の配偶子が同じ比で生じる.二つの遺伝子が連鎖*していない時にこの法則が成り立つ.

**メンブレントラフィック** [membrane traffic] 小胞体,ゴルジ体,エンドソーム,リソソーム,液胞,ファゴソームなどの分泌・分解経路を構成する細胞小器官間および細胞小器官-細胞膜間で輸送小胞により行われるタンパク質や脂質の輸送のこと.小胞輸送だけでなくイオンチャネルやイオンポンプによるイオンの通過や特異的な輸送体による糖やアミノ酸の能動輸送および受動輸送などを広く膜輸送*というが,メンブレントラフィックはその一部を構成する.エンドサ

イトーシス*経路やエキソサイトーシス*経路およびトランスサイトーシス*経路によるメンブレントラフィックは輸送小胞によって精巧かつ動的に制御されており，その過程でタンパク質はフォールディングや複合体形成などの高次構造の形成および種々の修飾またはプロセシングを受ける．さらに，これらのプロセスは品質管理*システムにより監視されており，正常なフォールディングやプロセシングを受けていないタンパク質はリフォールディング系または分解系へと向かわされる．

# モ

**m.o.i.** ＝感染多重度
**毛基体** ＝基底小体
**蒙古症** [mongolism] ＝ダウン症候群
**毛細胆管** [bile canaliculi]　胆汁細管ともいう．隣接する肝細胞間に形成される直径 0.5～1.0 μm の細管．胆汁はここに分泌され，その排出路となっている．毛細胆管に面する肝細胞の表面には短い微絨毛がまばらに生えており，この周囲の相対する細胞膜には密着帯が存在して胆汁の類洞内への漏出を防いでいる．微絨毛基部の細胞質にはアクチンフィラメントが豊富に見られ，その働きによって毛細胆管の径が変化することが実験的に知られているが，胆汁排出との関係は不明である．

**毛状細胞白血病** [hairly cell leukemia]　HCL と略す．有毛状細胞性白血病ともいう．慢性リンパ性白血病*群に属する分化型の B 細胞腫瘍．白血病細胞は位相差顕微鏡下で細胞質辺縁に毛状突起をもち，酒石酸抵抗性酸ホスファターゼ活性が陽性である．白血病細胞の表面マーカーは CD5$^+$, CD10$^-$, CD11c$^+$, CD19/20$^+$, B-ly7(HML-1)$^+$, CD25(Tac)$^+$ を示す．臨床的には汎血球減少と脾腫を特徴とする典型的な HCL と白血球増加をきたす亜型が存在し，わが国では後者が多い．診断には前リンパ球性白血病(prolymphocytic leukemia, PLL)，細胞突起をもつ脾リンパ腫(splenic lymphoma with villous lymphocytes, SLVL)との鑑別が必要である．治療薬としてインターフェロン α*，デオキシコフォルマイシン(deoxycoformycin)が有効である．(⇒ 非ホジキンリンパ腫)

**網状赤血球** [reticulocyte]　赤血球*は体中に酸素を運ぶ役割をもつ細胞であり，成熟した赤血球はヒトなど哺乳動物では脱核して細胞膜とヘモグロビンのみとなり，ヘモグロビンがそのタンパク質量の 9 割を占めるというきわめて特徴ある細胞である．このように特殊化された細胞となるまでに，造血幹細胞*から赤血球方向へと分化の決定が起こると，エリトロポエチン*に反応して何回か分裂を経て形態的に異なる赤血球前駆細胞を経由して成熟する．網状赤血球は，完全に成熟した赤血球の一歩手前の細胞で，染色したとき網状の構造物が見えることからこのようによばれる．

**網状赤血球溶解液** [reticulocyte lysate]　*in vitro* でのタンパク質合成系としてよく用いられる．網状赤血球は脱核しているが，まだタンパク質合成を行うのに必要な翻訳装置を含んでいる一方で，mRNA は少なくなっている．貧血にしたマウス，ラットなどの網状赤血球を回収し，その抽出液をつくり，そこに外部から mRNA を加えると，加えた mRNA を鋳型としてタンパク質に翻訳することができるので，mRNA の定量に用いられる．網状赤血球溶解液を用いた系にミクロソーム画分を共存させることにより，翻訳後の修飾・プロセッシングを行わせることができるので，タンパク質の細胞内輸送や分泌の研究にも使用できる．(⇒ コムギ胚芽翻訳系)

**網内系** ＝細網内皮系

**毛髪・鼻・指趾症候群** [trichorhinophalangeal syndrome, TRP syndrome]　粗な毛髪，特異な顔貌(先が丸く鼻翼の開いた洋ナシ型の鼻，長い人中，突出した耳介)，指趾骨の変形(尺側に屈曲した幅広指，中手・足骨の短縮，コーン型に変形した骨端線の中節骨)を主症状とする遺伝性疾患．知能が正常なタイプ I と多発性外骨腫を伴いさまざまな程度の知能障害を伴うタイプ II (ランゲル・ギーディオン症候群*)が知られている．タイプ I とタイプ III は第 8 染色体長腕 24.12 領域にある遺伝子ジンクフィンガー核転写因子をコードする *TRPS1* の欠損が原因である．タイプ II は *TRPS1* 遺伝子と腫瘍抑制遺伝子 *EXT1* が欠損することにより起こる．

**網膜** [retina]　脊椎動物および無脊椎動物の眼を構成する膜状の神経上皮組織で，光刺激の受容および光情報の処理を行う．発生学的には間脳由来であり，脳の一部とみなすことができる．脊椎動物の網膜は眼底に位置し，神経細胞である光受容細胞(視細胞，⇒ 光受容器)，双極細胞，水平細胞，アマクリン細胞，網膜神経節細胞*，および支持細胞であるミュラー細胞から構成される．光情報はこの網膜神経回路によって処理され，視神経*を経て脳へ伝えられる．

**網膜芽細胞腫** [retinoblastoma]　網膜芽腫ともいう．幼児の眼に発生する悪性腫瘍．出生頻度は約 15,000 人に 1 人，両眼性と片眼性の比は約 1 対 2 である．原因遺伝子 *RB1* は第 13 染色体の長腕 14 領域にあり，その機能喪失型の突然変異が本症発生の原因となる．家族発生例は全体の約 4 ％であり，大多数は正常な両親から生まれる散発性である．散発性でも両眼性のすべてと片眼性の約 12 ％は遺伝性であり，両親のうちどちらか一方の配偶子に起こった突然変異を受け継いでいる．(⇒ *RB* 遺伝子)

**網膜芽細胞腫遺伝子** [retinoblastoma gene] ＝*RB* 遺伝子

**網膜芽腫** ＝網膜芽細胞腫

**網膜形成** [retinogenesis]　発生の初期に神経幹から間脳の上皮が膨らんで眼胞*が形成され，そこから網膜形成が始まる．眼胞は陥入して二重の層から成る眼杯*を形成し，そのうち外側の層の細胞は色素上皮細胞に，内側の層の細胞は網膜細胞*に分化する．この過程において，それぞれの異なるタイプの網膜細胞が形成される順序は決まっており，すべての種で最初に神経節*細胞が形成される．ラットの場合，発生中期にアマクリン細胞，錐体細胞*，および水平細胞

が形成され，発生後期に桿体細胞*，双極細胞，およびミュラー細胞が形成される．このような網膜形成の順序を決める分子メカニズムは明確ではないが，前駆体細胞がもつ遺伝的な要因以外に，最初に形成された細胞が一つまたは複数のタイプの細胞の形成を誘発する因子を産生するといった，環境要因が重要であると考えられている．

**網膜細胞**［retinal cell］　脊椎動物の網膜*を構成する細胞の総称．このうち光受容細胞（視細胞，⇒光受容器）は光刺激を受容する細胞で，桿体細胞*と錐体細胞*の2種類がある．双極細胞は光受容細胞からの情報を縦に連絡する．水平細胞およびアマクリン細胞は網膜細胞を横に連絡し，光情報処理に貢献すると考えられる．網膜神経節細胞*は最終段階の細胞で，光情報をその軸索である視神経*繊維によって脳へと送り出す．ほかに支持細胞の一種であるミュラー細胞がある．

**網膜色素上皮**［pigment epithelium of retina, retinal pigment epithelium］　脊椎動物網膜と脈絡膜の間に位置する上皮細胞層．色素顆粒をもち絨毛状の突起を光受容細胞（桿体細胞*および錐体細胞*）の外節部に伸ばす．この細胞中では視物質の発色団である11-$cis$-レチナールが合成され（⇒レチナール），視細胞外節に供給される．また，光受容細胞の成分は常に新しいものが合成されるが，網膜色素上皮細胞は老化した成分を外節先端より捕食，分解する．

**網膜色素変性症**［retinitis pigmentosa］　夜盲，視野狭窄などを生じ，しばしば失明に至る網膜変性疾患．進行例で網膜に色素沈着が認められる．常染色体優性（約20％），常染色体劣性（約20％），伴性劣性（約8％）の遺伝形式を示す病型のほか孤発例（約50％）がある．頻度は約3000人に1人．遺伝子異常として視細胞桿体円板膜（⇒光受容器）の構成タンパク質であるペリフェリンの遺伝子の点突然変異のほか，30種を超えるロドプシン*遺伝子の点突然変異ないし欠失が報告されている．

**網膜神経節細胞**［retinal ganglion cell］　網膜細胞*の一つで三次ニューロンに当たり，網膜中で最も中枢側に位置する細胞である．光の受容野の性質によってオン中心型およびオフ中心型の2種類がよく知られており，さらに光情報の加算が線形のものや非線形のもの，方向選択性を示すものなど多くの種類に分類される．すなわち網膜神経節細胞は，網膜細胞のネットワークで抽出・処理された情報を，その軸索である視神経*によって中枢に伝えている．

**網膜部位復元**［retinotopic representation］　⇒視覚野皮質

**モエシン**［moesin］　⇒ラディキシン

**目**［order］　⇒種

**木化**［lignification］　⇒リグニン

**木質素**　=リグニン

**目的論**［teleology］　元来は哲学用語で，ある存在には必ず目的があるとする考え方．機械論の対語．古くはギリシャ時代の博物学から，ローマ時代の学問に至るまで，目的論がほとんどすべてであった．啓蒙時代を経て機械論が力を得て，近代に至ると機械論全盛のようにみえる．しかし，進化論の出現や，最近では利己的遺伝子（⇒利己的DNA）の考えが導入されると，目的論はまた姿を変えて力を得ているようにもみえる．

**木部**［xylem］　⇒維管束

**モザイク**［mosaic］　【1】同一の組織あるいは生体で，構成している細胞によって遺伝子型が異なっているもの．雄にはまれである三毛猫はその典型で（⇒位置効果による斑入り），雌性体における二つのX染色体*のうち一方が不活性化されることに起因する（⇒X染色体不活性化）．また，体細胞分裂における染色体の不分離や脱落，相同染色体間の交差などに起因するもの，重複受精によってひき起こされるものもある．（⇒キメラ）
【2】植物の葉において，境界のはっきりした2色以上あるいは退色した領域によって構成されるもの．茎や果実に認められることもある．植物ウイルス*の感染によってひき起こされることが知られている．

**モジホコリカビ**［*Physarum polycephalum*］　⇒粘菌類

**モシュコビッツ症候群**［Moschkowitz syndrome］　=血栓性血小板減少性紫斑病

**モジュール**［module］　⇒ドメイン

**Mos**［Mos］　原がん遺伝子*c-*mos*の産物で，分子量約4万のセリン/トレオニンキナーゼ*である．下流にMAPキナーゼカスケード*が存在する．動物の卵成熟過程で特異的に発現され，卵減数分裂の進行および停止で重要な役割を果たす．脊椎動物の成熟卵（未受精卵）では，いわゆる細胞分裂抑制因子*として減数第二分裂中期での停止にかかわる．その機構として，最近ツメガエル卵では，Mos/MAPK→p90$^{rsk}$キナーゼ→Emi2/Erp1 ⊣分裂終期促進複合体（APC/C）なる経路によるサイクリンBの分解阻止が示された．（⇒サイクリン）

**mos遺伝子**［*mos* gene］　モロニーマウス肉腫ウイルス*（*Moloney murine sarcoma virus*）のもつがん遺伝子．原がん遺伝子*c-*mos*の産物（Mos）は，分子量約4万のセリン/トレオニンキナーゼ*である．Mosは脊椎動物の卵成熟過程で特異的に発現され，M期促進因子*を安定化させることにより未受精卵を減数第二分裂中期で止める細胞分裂抑制因子*として機能する．卵成熟および細胞がん化において，Mosの下流にMAPキナーゼカスケード*の存在が示されている．

**モータータンパク質**［motor protein］　アクチンフィラメントあるいは微小管と相互作用して，細胞内の物質の輸送あるいは筋肉，繊毛，鞭毛*などの細胞運動を行うタンパク質の総称．ATPアーゼ活性をもち，ATP加水分解のエネルギーを利用して，アクチンフィラメントあるいは微小管上を移動する．この移動が，物質輸送や細胞運動の原動力となる．アクチンフィラメントと相互作用するものにミオシン*，微

小管と相互作用するものにダイニン*，キネシン*，キネシン関連タンパク質がある．

**モデル動物**［animal model］　生物医学的モデル動物（biomedical animal model）と病態モデル動物（pathological animal model，または疾患モデル）とに大別される．前者はヒトの生体機能の解明のため，正常動物のもつ種々の特性を利用するため樹立されるものであり，後者はヒト疾患の原因究明や治療法の確立などを目的として，ある動物の系統のもつヒト疾患類似の異常形質を利用するために樹立される．病態モデルはさらに，正常動物に人為的操作を施し，ヒト疾患に類似の病態，または症状をつくり出す実験的発症モデル（artificial animal model または induced animal model）と遺伝的に固定された形質として病的状態を自然発症する自然発症モデル（spontaneous animal model）に分類される．初期には実験的発症モデルが広く使用されてきたが，ヒトにおける難治性遺伝疾患の症例の蓄積とともに，研究の主力は自然発症モデル，いわゆるヒト疾患モデルの発見・開発と，系統樹立の方向に移行してきた．開発法には動物の集団（特に野生集団）から自然発生的に出てきた突然変異を分離，系統化する方法と，放射線，変異原性化学物質投与による突然変異の誘発がある．最近では，クローン化されたヒト疾患の原因遺伝子をマウス，ラットなどに導入したトランスジェニック動物*や，相同組換え*を利用し，病因遺伝子を破壊するノックアウトマウス*を使用した研究方法が駆使されるようになってきている（⇌遺伝子ターゲッティング）．糖尿病のモデルマウスは11種，モデルラットは8種が市販されている．しかし，遺伝子を破壊したからといって，必ずしもヒトと同様の病態が起こるとは限らず，種差の問題をいかに解決するかが大きな課題になっている．

**戻し交雑**［backcross］　$F_1$（雑種第一代）と一方の親との交雑．$F_1$の遺伝子型の確認あるいは組換え率の測定のために意識的に劣性ホモの親と交雑する場合は検定交雑（test cross）という．

**モネンシン**［monensin］　$C_{36}H_{62}O_{11}$，分子量670.88．微生物がつくる細胞のイオン透過性を亢進

させる輸送抗生物質の一種．モネンシンは放線菌によってつくられる化学物質で，抗菌・抗原虫作用をもつ．$Na^+$，$K^+$などの1価陽イオンに対して親和性を示し，それらイオンの膜透過性を高めるイオノホア*としての性質を示す．

**モノ　MONOD**, Jacques Lucien　フランスの分子生物学者．1910.2.9〜1976.5.31．パリに生まれ，カンヌに没す．パリ大学で微生物学と遺伝学を学び，同大助手（1934）．T. H. Morgan*のもとでショウジョウバエの遺伝を研究（1936〜37）．パスツール研究所で大腸菌の適応酵素を研究（1941）．F. Jacob*と協同でmRNAの存在を示した（1953）．オペロン*説の提唱（1958）．アロステリック制御*（1961）．パリ大学教授（1957）．パスツール研究所長（1971）．1965年 Jacob, A. M. Lwoff*とともにノーベル医学生理学賞受賞．

**モノアミンオキシダーゼ**［monoamine oxidase］　＝アミンオキシダーゼ（amine oxidase，フラビン含有）．MAOと略す．アドレナリン，ドーパミン，セロトニンなどのアミンを酸化的に脱アミノし，アルデヒドにするアミン酵素である．補酵素FADを結合しており，ミトコンドリア外膜に局在し，生体組織に広く分布する．アミノ酸残基数527のAと520のBの2型がある．両者のアミノ酸配列は73％が等しく，遺伝子はいずれも15のエキソンから成りX染色体に局在する．特異的阻害剤はA型がクロルジリン（clorgiline），B型がデプレニル（deprenyl）である．阻害剤は生理活性アミンを上昇させ，抗うつ作用など種々の薬理作用をもたらす．

**モノアミン神経伝達物質**［monoamine neurotransmitter］　カテコールアミン*類のドーパミン*，ノルアドレナリン*，アドレナリン*と，インドールアミンに属するセロトニン*とが含まれる．アドレナリン，ノルアドレナリンはアドレナリン受容体*に，ドーパミンはドーパミン受容体*に，セロトニンはセロトニン受容体*に特異的にアゴニスト*として作用する．カテコールアミンのうちドーパミンは中枢神経に，ノルアドレナリンは交感神経節後繊維に，アドレナリンは副腎髄質に多く含まれる．ドーパミンは錐体外路運動系の伝達物質となり，精神機能にも関与する．ノルアドレナリン，アドレナリンは交感神経の伝達物質として，平滑筋・心筋・肝などに作用する．セロトニンは体内の90％が腸クロマフィン細胞で合成され胃腸管に存在し，その一部が血小板に蓄えられている．中枢神経のセロトニンは，縫線核の神経細胞で合成され，セロトニン神経系の伝達物質となる．セロトニンは平滑筋や中枢神経系に種々の作用をもつ．

**モノオキシゲナーゼ**　⇌酸素添加酵素
**モノカイン**［monokine］　＝サイトカイン
**モノクローナル抗体**［monoclonal antibody］　単クローン（性）抗体ともいう．単一クローンの抗体産生細胞が分泌する抗体．ただ一つの抗原決定基*を認識する抗体であり，一次構造（アミノ酸配列）が均一である．細胞融合*法（抗体産生細胞と骨髄腫細胞株の融合）によるモノクローナル抗体の作製法は，1975年，G. J. F. Köhler*とC. Milstein*により開発された．従来から使用されている抗血清は，複数の抗原決定基に対する複数の抗体の混合物であり，ポリクローナル抗体*ともよばれる．モノクローナル抗体は，ポリクローナル抗体と比較して1）均一な抗原特異性をもつ，2）高力価の抗体が得られる，3）半永久的に生産可能である，4）免疫原として精製抗原を要しない，などの特性をもつ．このため，免疫学のみならず生命科学全般において汎用される必須の研究試薬となっている．近年，細胞融合法を使わずに遺伝子組換え技術

(組換え DNA 技術*)によるモノクローナル抗体の作製法が開発された．その実用化が期待されている．

**モノクローン**［monoclone］　⇌ ポリクローン

**モノサッカリド**　＝単糖

**モノシストロン性 mRNA**［monocistronic mRNA］　翻訳に際して，1本の mRNA が1種類のポリペプチド鎖のみをコードする情報をもつ，すなわち機能しうる単一の読み取り枠(オープンリーディングフレーム*)をもつ(一つのシストロン*の情報をもつ)場合，モノシストロン性という．ほとんどの真核細胞およびそのウイルスの mRNA がこれに当たる．また，構造的上複数の読み取り枠をもつ(すなわち構造上ポリシストロン性の)真核細胞 mRNA もあるが，通常，機能的にはモノシストロン性である．これは，真核細胞の翻訳開始機構が，開始因子*によるキャップ構造の認識と，それに続くリボソームの開始コドン*までのスキャニングという現象を含むことによる．(⇌ ポリシストロン性 mRNA)

**モノソミー**　＝単染色体性

**モノフェノールモノオキシゲナーゼ**［monophenol monooxygenase］　＝チロシナーゼ

**モノマー**　⇌ ポリマー

**モル活性**［molar activity］　＝代謝回転数

**モルガン，MORGAN, Thomas Hunt**　米国の遺伝学者．1866.9.25〜1945.12.4．ケンタッキー州レキシントンに生まれ，カリフォルニア州パサデナに没す．ジョンズ・ホプキンズ大学で発生生物学の研究で Ph. D. を取得(1890)．1907 年ショウジョウバエを使って遺伝の研究を開始し，1911 年には染色体地図*を作製した．1926 年遺伝子説を提出．1933 年ノーベル医学生理学賞を受賞．コロンビア大学教授(1904〜28)，カリフォルニア工科大学教授(1928〜45)．(⇌ センチモルガン)

**モル吸光係数**［molar extinction coefficient］　分光分析法で物質を定量する時用いるその物質特有の値．物質の溶液がある波長において示す吸光度(absorbance，溶媒の透過光 $I_0$ と溶液の透過光 $I$ の強度比)は，その溶液の濃度 $c$ mol/L とキュベットの光路長 $l$ cm(通常 1.0 cm)に比例する．

$$\log_{10}(I_0/I) = \varepsilon c l$$

これをランベルト・ベールの法則(Lambert-Beer law)という．その比例定数 $\varepsilon$ をモル吸光係数とよぶ．(濃度を g/mL の単位で表した時の比例係数を吸光係数 extinction coefficient とよぶ．アデニル酸の pH 7 での $\varepsilon_{260}$ は 15,000 であり，核酸量の概算値を求める時の基準ともなる．

**モルテングロビュール**［molten globule］　通常の三次構造*に比べ側鎖の折りたたみ方は崩れているが，二次構造や分子サイズなど全体としてのフォールディング*は保たれた，タンパク質の中間的な構造状態．球状タンパク質*の立体構造形成反応の主要な中間体と考えられている．また，生理条件下でのタンパク質の変性構造として，シャペロン*や生体膜との相互作用などの生理機能を担っていることが示唆されている(⇌ 変性【1】)．しかし構造解析が進むにつれ，天然のに近いものからより高度に変性したものまでさまざまな構造の存在することが示されている．

**モルヒネ**［morphine］　アヘン(阿片)に含まれるモルヒナン系アルカロイドの一つで，麻薬性鎮痛薬(opioid analgesic)の代表である．モルヒネの研究から内因性モルヒネ様ペプチド，エンケファリン*類が発見された．モルヒネは神経細胞膜上のオピエート受容体にアゴニストとして作用し，強い鎮痛，鎮咳，止瀉作用をもつ．一方，陶酔作用があり繰返し投与すると慢性中毒となり，耐性，精神的・身体的依存性を生じ，モルヒネの持続使用中に急に投薬を中止すると退薬候(禁断症状)を起こす．モルヒネは乱用されやすい薬物なので，法律で麻薬に指定されている．過量のモルヒネを摂取すると急性中毒を起こし呼吸麻痺で死亡する．ナロキソン(naloxone)はモルヒネの特異的拮抗薬である．モルヒネの化学構造を変えることにより種々の合成麻薬がつくられた．多くは依存性があったが，ブプレノルフィンなどの拮抗性鎮痛薬は依存性が弱く，麻薬の指定を免れている．

**モルビリウイルス**［*Morbillivirus*］　(−)鎖 RNA ウイルスであるパラミクソウイルス*科の三つのウイルス属の一つである．はしかウイルス(*Measles virus*，麻疹ウイルスともいう)は有名．RNA ゲノムは非分節型である．エンベロープ*をもち，その上に H(hemagglutinin)タンパク質と F(fusion)タンパク質をもつ．F タンパク質は膜融合能をもち，細胞表面膜との融合に関与し，感染初期の重要な役割をもつほか，多核巨細胞形成に関与する．はしかウイルスはまれに遅発性ウイルス感染症として知られる亜急性硬化性全脳炎(subacute sclerosing panencephalitis, SSPE)の発症に関与することで知られている．

**モルフォゲン**［morphogen］　胚全体の中で，または胚の一部において，均質な細胞群があるとして，ある場所で合成された物質が拡散，または何らかの輸送機構によって広がり，合成部位からの距離に応じた濃度勾配を形成して，個々の細胞がその物質の局所的な濃度に応じた分化をする時，その物質をモルフォゲンとよぶ．それゆえ，モルフォゲンは多細胞動物の形態形成において細胞に位置情報や分化決定を与える物質となる．たとえば，ショウジョウバエの受精卵において母性因子であるビコイドタンパク質(⇌ ビコイド遺伝子*)の濃度は胚の前端部で高く，後半部でゼロになる勾配をなす．同じく母性因子のナノスタンパク質*の濃度は後端部で高く，前半部でゼロになる勾配をなす．この両者のタンパク質が，さまざまなギャップ遺伝子*とよばれる遺伝子群を，その濃度に応じて発現調節するために，胚の前後軸が形成される．こうした物質の存在は，ニワトリ胚の肢芽において，第1指〜第4指までの分化や，アフリカツメガエルの背側植物極側に形成体ができる時，ヒドラの形態形成の時などにも想定されているが，その物質の確実な同定には至っていない．(⇌ パターン形成)

**モルモット**［guinea pig］　げっ歯目テンジクネズ

ミ亜目に属し，学名は *Cavia porcellus*. 南アメリカ原産．1780 年から実験動物として使用され，初期には進行性結核の研究に，現在は，ワクチン力価検定，アレルギー研究，補体採取用などに用いられる．染色体数 $2n=64$，性成熟は雄で 60〜70 日，雌で 40〜50 日，性周期は 15〜17 日，妊娠期間は 60〜69 日，産子数 2〜3 頭，哺乳期間は 15〜16 日である．産子は他のげっ歯類と異なり，体表は被毛に覆われ，開眼し，門歯が生えている．このため，母乳は必ずしも必要としない．ヒトやサル同様ビタミン C を合成できないため，ビタミン C 配合飼料を必要とする．ゲノム解読が進行中である．(⇀ モデル動物)

**モロニー白血病ウイルス** [Moloney leukemia virus] マウス白血病から分離された同種指向性ウイルス．新生仔マウスへの接種で胸腺腫を伴う T 細胞由来のリンパ球性白血病をひき起こす．このウイルスを接種したラットやマウスの肉腫病変から，マウス肉腫ウイルス*(ハーベイマウス肉腫ウイルス，モロニーマウス肉腫ウイルス)が分離されている．

**モロニーマウス肉腫ウイルス** [Moloney murine sarcoma virus] 複製欠損性肉腫ウイルスとヘルパーウイルスのマウス白血病ウイルス* を含む株．モロニー白血病ウイルス* を接種した BALB/c マウスから分離された．

**門** [phylum, (*pl.*) phyla] ⇌ 種

**モンゴリズム** =ダウン症候群

**モンテカルロ法** [Monte Carlo method] MC と略す．乱数を用いて近似解を得る数値解析の手法の総称．J. von Neumann によって開発された．解析的に解くことができない問題を多項式時間で近似解を得る手法で乱択アルゴリズムの一種である．例としてモンテカルロ法で円周率を求める方法について概略する．まず半径が 1 の四分円と四分円に囲むように接する 1 辺の長さが 1 の正方形を考える．この正方形にランダムに点を打った時，円の外に落ちた点の数を内に落ちた点の数で割ると四分円の面積となる．これを 4 倍すると元の円の面積が求まる．半径 1 の円の面積は円周率と等しいので円周率が求まる．

# ヤ

**焼きなまし法**［simulated annealing］ 焼きなましとは，金属を適当な温度まで加熱した後に徐冷することで結晶組織を調整する手法だが，これを計算機内で模して目的関数の準最適値とそれを与える状態(準最適解)を求める方法．目的関数をエネルギーとみなし，状態遷移は温度変数によって制御されると考え，温度を徐々に下げることで最適値を探索する．タンパク質の立体構造予測などに利用される．

**薬剤耐性**［drug tolerance］ 薬剤抵抗性(drug resistance)ともいう．薬剤の細胞毒性に対し，細菌，あるいは動物細胞が抵抗性を示す現象をいう．細菌の耐性はブドウ球菌，腸内細菌，結核菌，あるいは緑膿菌などにみられ，薬剤が不活化される，標的酵素が変化して薬剤の作用を受けにくくなる，また細菌の膜が変化し薬剤の細胞内取込みが低下するなどの原因によってもたらされる．耐性因子は染色体遺伝子として，また，プラスミドR因子として伝達される(→プラスミド，耐性伝達因子)．動物細胞，特にがん細胞での生化学的な耐性メカニズムとしてはつぎのようなものが知られている．1) 細胞膜の変化，薬剤の膜輸送機構の変化による制がん剤*の取込みの減少(例，多剤耐性制がん剤，→多剤耐性遺伝子)．2) 標的酵素，タンパク質の増幅(例，メトトレキセート*，ジヒドロ葉酸レダクターゼ*)．3) 体内で活性化を受けて薬効を発揮する薬物について薬剤活性化機構，酵素の低下(例，シクロホスファミド*)．4) 障害修復機構，たとえばDNA修復の亢進(例，ニトロソ尿素)．5) 制がん剤不活化機構の亢進についてはグルタチオンによる不活化の例が知られている．

**薬剤抵抗性**［drug resistance］ ＝薬剤耐性

**野生型**［wild type］ 正常型(normal type)ともいう．遺伝学実験に用いる生物種の標準的な系統，株，遺伝子，あるいは遺伝子型*．(→突然変異株)

**YACベクター**［YAC vector］ ＝酵母人工染色体ベクター

**ヤング・ヘルムホルツ三色説**［Young-Helmholtz trichromatic theory］ 波長の異なる三つの単色光を混ぜるとすべての色が再現できるのは，網膜に分光感度の異なる3種の受容細胞(錐体細胞*；それぞれ赤，緑，青紫の光に最大感度をもつ)があるためであるとする説で，1802年T. Youngが提唱し，その後H. von Helmholtzによって確立した．分光感度の異なる3種の錐体視細胞の存在は，微小分光測光法，および錐体視細胞光応答の細胞内記録によって証明されている．

**ヤンセン型骨幹端軟骨異形成症**［Jansen-type metaphyseal chondrodysplasia］ 著明な低身長，特異顔貌(眼窩上縁突出と小下顎)，関節腫大と屈曲拘縮，精神運動発達遅滞をきたす常染色体性優性疾患．PTH/PTHrP受容体遺伝子の活性型変異によって起こる．副甲状腺ホルモン関連ペプチド*(PTHrP)は，PTH/PTHrP受容体*を介して軟骨細胞の成熟を抑制する．したがって，PTH/PTHrP受容体の活性型変異では軟骨細胞の成熟が抑制され，その結果，軟骨内骨化が妨げられ長管骨の著明な短縮をきたす．一方，ブロムストランド型軟骨異形成症(Blomstrand type chondrodystrophy)は，PTH/PTHrP受容体遺伝子の欠損型変異によって起こる．(→骨形成)

# ユ

**URA3遺伝子** ⇌ URA3(ウラスリー)遺伝子
**URS**[1] [URS＝upstream regulatory sequence] ＝上流調節配列
**URS**[2] [URS＝upstream repressing sequence] ＝上流抑制配列
**誘引物質** [chemoattractant, attractant] 正の走化性*をひき起こす物質．大腸菌では，多くのアミノ酸や糖などが誘引作用を示す．これらは，直接あるいは輸送系の基質結合タンパク質との複合体として細胞膜貫通型感覚受容体と特異的に結合する．しかし，一般に誘引物質自身の取込みは走化性に必要ない．細胞性粘菌の細胞集合ではサイクリック AMP が，白血球では，免疫グロブリン，補体，各種細胞などに由来する走化性因子が誘引物質となる．昆虫の性フェロモン (⇌ フェロモン)も誘引物質の一種である．(⇌ 忌避物質)
**遊泳生物** [nekton] ⇌ プランクトン
**融解温度** [melting temperature] $T_m$ と略す．(⇌ 変性【2】)
**雄核発生** [androgenetic development, androgeny] ＝雄性発生
**有機栄養** ⇌ 従属栄養
**有棘細胞** [prickle cell] 哺乳類の表皮を形成する細胞層の一つ，有棘層を構成する細胞．表皮は真皮*に接する側から，基底層，有棘層，顆粒層，角化層に区分される．有棘細胞の名称は，扁平で多角形なこの細胞が短い棘状の突起をもっていることに由来する．光学顕微鏡では突起の先端に細胞膜が認められないことから，かつては原形質連絡*をなすものと考えられていたが，電子顕微鏡による観察からデスモソーム*によって細胞同士が密着していることが判明した．
**有限花序** [definite inflorescence, determinate inflorescence] ⇌ 花序形成
**有限要素法** [finite element method] FEM と略す．複雑な形状や性質をもつ連続体を単純な部分領域(要素)に分割し，連続場の変数に対する支配方程式を各要素に適用することで，全体のふるまいを有限個の離散的な値として求める近似解析手法である．たとえば，物体に作用する力と変形に関する関係式や各種保存則などの支配方程式を境界値問題として解析することで，物体内外の力や応力，変形やひずみなどを求めることができる．おもに構造力学や流体力学分野で用いられる手法であるが，場の方程式として記述される問題を近似的に解析する方法として一般的に用いられる．たとえば，生体器官，組織，細胞で生じる現象を場の変数を用いて数理モデルとして表現することで，その空間分布や時間発展を解析することが可能となる．

**融合タンパク質** [fusion protein] キメラタンパク質(chimeric protein)，ハイブリッドタンパク質(hybrid protein)ともいう．二つ以上の異種タンパク質の一部または全部が結合したタンパク質．多くの場合，遺伝子のコード配列を他の遺伝子のコード配列と融合させたハイブリッド遺伝子を発現させて得る．タンパク質の機能や局在などを解析する時に，すでに性質がよくわかっていて検出しやすいタンパク質(GFPのような蛍光タンパク質，β-ガラクトシダーゼ*やクロラムフェニコールアセチルトランスフェラーゼ*など)を目的のタンパク質と融合させた融合タンパク質を用いることが多い．
**有糸分裂** [mitosis, mitotic division] 真核生物の細胞核を，親核と染色体数が同一で遺伝学的にほぼ等価な二つの娘核に分離する様式．増殖中の細胞でみられる．有糸分裂は体細胞有糸分裂と減数分裂に大別される．また，減数分裂は第一分裂と第二分裂に分けられる．体細胞有糸分裂では，複製したゲノムが反対方向に分配される(均等分裂)が，第一減数分裂では，姉妹染色分体が動原体部分で接着したまま同じ方向に運ばれる(還元分裂)点が大きく異なる．また，第二減数分裂は，体細胞有糸分裂と同じ均等分裂が起こるが，第二分裂の前に DNA 複製が起こらないことも相異点

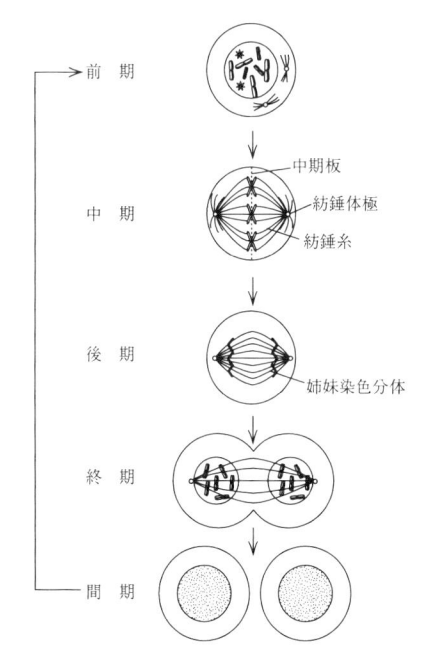

の一つである．DNA 合成の完了した $G_2$ 期*の核が，CDK1*/M サイクリン複合体から成る M 期促進因子*の活性化によってその開始が誘導される．動物細胞の有糸分裂は前期*，前中期*，中期*，後期*，終期*に分けられる．間期*に核内に分散していた染色糸は，前期にコンデンシン*の働きによって凝縮を開始して染色体*を形成し，核小体は見えなくなる．細胞質微小管*は崩壊し，複製された一対の中心体*から新たに星状体微小管が重合される．これらの中心体から伸長した微小管が会合することにより，二つの中心体を両極とした紡錘体*が形成される．前中期には，核膜が崩壊して微小管が染色体と相互作用するようになる．染色体のセントロメアに形成されたキネトコア（動原体*）に，中心体から伸びた微小管が結合する．姉妹動原体にはそれぞれ異なる中心体から微小管が結合し，両極間を激しく振動しながら紡錘体赤道面へ移動する．中期には，細胞内すべての染色体が中期板*（赤道面）に集合する．このとき，染色体腕部では姉妹染色分体*が明瞭に区別できる．中期まで姉妹染色体はコヒーシン*によって接着しており，このことを染色体接着（コヒージョン）とよぶ．M 期サイクリンが分解される後期にはこの姉妹染色体を接着していたコヒーシンも後期に活性化されたユビキチン系後期促進因子*の働きによってコヒーシン分解酵素（セパラーゼ）が活性化されることで分解され，姉妹染色分体が完全に分離する．後期には，娘染色体が動原体微小管*の短縮に伴って紡錘体極*へ移行する後期 A と，両極間の距離が伸張する後期 B がある．終期には核膜が再形成され，染色体が脱凝縮し，核小体が現れる．有糸分裂は，細胞質分裂*による娘核の娘細胞への分配によって完了する．有糸分裂の様式は，生物種によって大きく異なる．植物細胞では動物細胞に見られる中心体は存在せず，細胞質分裂は，動物細胞では収縮環*によるが，植物細胞では細胞板*の形成による．出芽酵母（Saccharomyces cerevisiae）では，S 期に紡錘体が核内に形成され始め，核膜が消失しないまま核内で染色体が分離する．紡錘体は，核膜上に存在するスピンドル極体から伸張した微小管によって形成される．有糸分裂に際する顕著な染色体凝縮*は観察されない．分裂酵母（Schizosaccharomyces pombe）や糸状菌（Aspergillus nidulans）では，M 期に入ると細胞質微小管が消失し，核膜上のスピンドル極体から紡錘体が核内で形成される．また，染色体凝縮は観察されるが，核膜は消失しない．

**有糸分裂組換え** [mitotic recombination] ＝体細胞組換え

**有糸分裂阻害剤** [antimitotic drug] 有糸分裂*の進行を妨げる薬剤を総称してよぶ．有糸分裂に必要な細胞内構造を乱すことにより有糸分裂を阻害する．チューブリン*の重合を阻止して紡錘体*形成を妨げることで核分裂を進行させなくするコルヒチン*，ノコダゾールや，アクチンフィラメントに結合して収縮環*の収縮を抑制することで細胞質分裂の進行を妨げるサイトカラシン B*などがその例である．

**有糸分裂促進因子** [mitosis-promoting factor] ＝M 期促進因子

**有糸分裂中心** [mitotic center] ＝中心体

**有色体** [chromoplast, chromoplastid] 雑色体ともいう．クロロフィル*を欠くが，カロテノイド*を大量に蓄積し，赤色・橙色・黄色を示す色素体*．トウガラシやトマトの果皮，ニンジンの根，ヒマワリの花弁などに存在．大きさは葉緑体*と同程度だが，形態はきわめて多様である．カロテノイドはプラスト顆粒や内膜構造の中に，または結晶の形で存在する．プロプラスチド*のほか，葉緑体，アミロプラスト*などからも分化する．花粉の媒介あるいは種子の散布を行う鳥や昆虫に対する誘引作用があると推定されている．

**有髄神経繊維** [myelinated nerve fiber, medullated nerve fiber] 髄鞘（→ミエリン）を被った神経繊維を示し，末梢の脳脊髄神経の大部分がこれに属す．髄鞘は，中枢神経系では希突起膠細胞，末梢神経系ではシュワン細胞の細胞膜が神経軸索の周囲に年輪状に巻きつく構造で，神経繊維の電気的絶縁物として働く．髄鞘は一定距離を隔てて絞窄しており（ランビエ絞輪*），神経軸索を伝達する興奮は，絞輪から絞輪へと跳躍的に伝えられる（→跳躍伝導）．このため有髄神経繊維は無髄神経繊維*と比較して著しく高い興奮伝導速度を示す．

**有性** [sexuality] 雌雄性ともいう．同種の生物において雄と雌の区別が存在すること（→性的二態）．その目的は，遺伝情報を交換・融合して新たな遺伝的構成をもつ個体を生成することにある．有性の機構により個体が増殖することを有性生殖*という．有性であるためには性分化*が必要であり，性分化は遺伝子による性決定*により可能になる．

**優性遺伝子** [dominant gene] →優性形質

**優性形質** [dominant character, dominant trait] 任意の遺伝子について，表現型*の異なる対立遺伝子間のヘテロ接合体*が示す表現形質．優性形質を示す遺伝子を優性遺伝子（dominant gene）という．突然変異は，一般に，遺伝子産物の不活性化をひき起こすので，突然変異型は野生型*に対して劣性となる（→劣性突然変異）．しかし，突然変異によっては，遺伝子産物に新しい機能を賦与するような変化を起こす場合もある．このような場合には，突然変異型が優性形質を示すこともある（→優性突然変異）．ヘテロ接合体における優性形質の発現を，タンパク質量や酵素活性など，定量的な方法で調査すると，完全な優性形質を示す例は少なく，優性形質と劣性形質の中間的な形質を示すことが多い（→半優性）．

**有性生殖** [sexual reproduction] 雌雄の配偶子が融合（受精）して遺伝子構成の異なる新しい個体を生じる生殖様式で，無性生殖*の対語（→生殖）．異型配偶子の場合，大型で運動性のないものを卵*（雌性配偶子），小型で運動性のあるものを精子*（雄性配偶子）とよぶ．有性生殖では，配偶子の染色体構成は一般に一倍体であり，配偶子同士が融合して体細胞と同じ二倍体になる．したがって，体細胞から配偶子がで

きる過程には減数分裂が介在する．これにより，生殖の繰返しによる細胞内遺伝子の過剰増加を阻止しうるばかりでなく，遺伝子組換えの機会を多くすることにより遺伝的な多様性がもたらされる．未受精の発生によって新個体が生じる単為生殖(⇨ 単為発生)も有性生殖に属する．また，性の分化が明確でない単細胞生物において，2 種類の配偶子が接合(⇨ 酵母の接合，細菌の接合)により遺伝子の一部を組換えて新しい個体をつくる場合があるが，これも有性生殖に含める．

**雄性前核** [male pronucleus] ⇨ 受精

**優性突然変異** [dominant mutation] 野生型対立遺伝子に対して優性になるような形質変化をひき起こす突然変異．遺伝子産物に新しい生化学的な性質が生じるような突然変異では多くの場合優性となる．またシス優性(cis-dominance)のように，同一染色体上の遺伝子にだけ効果を及ぼす突然変異も知られる．(⇨ 劣性突然変異)

**優性ネガティブ突然変異体** ＝ドミナントネガティブ突然変異体

**雄性胚** [androgenone] ⇨ 雌性胚

**雄性発生** [androgenesis] 雄核発生(androgenetic development, androgeny)ともいう．単為発生*の一つ．卵核が受精に関与できないことが原因で胚が父方由来の染色体のみを含むような雄性の単為発生．逆に母方由来の染色体のみを含むような胚ができる単為発生を雌性発生(gynogenesis)という．アンドロゲン*の作用による雄性の二次性徴の発達をさすこともある．雄性発生の典型的な例はシジミの類(タイワンシジミやマシジミ)で見られる．一方の配偶子の染色体を放射線照射などで不活性化し，他方の染色体のみで単為発生させたり，それらを倍数化させるなどの染色体操作により，人為的に雄性発生や雌性発生を起こすことができるので，魚の養殖にとって重要な技術となっている．哺乳類の単為発生は致死であるが，ゲノムインプリンティング遺伝子である *H19* 遺伝子を欠損したマウスの新生子の卵母細胞と野生型マウスの排卵卵子を用いて作製した雌性発生胚からマウス個体ができることが報告されている．

**雄性不稔** [male sterility] 雄性器官の機能欠損による不稔．核性の突然変異によるものならびに細胞質性の変異によるもの(⇨ 細胞質雄性不稔)が知られる．雄性不稔は，自殖性植物の雑種強勢による育種の際に有効な手段を提供している．組換え DNA 実験技術により人為的に雄性不稔を創出することができる．タバコのタペート組織(tapetum)でのみ発現する遺伝子のプロモーター下に RN アーゼ遺伝子を連結し，*Agrobacterium tumefaciens* による形質転換を利用してタバコに導入し，トランスジェニック植物*を作出する．この植物のタペート組織は RN アーゼが産生されるために破壊され，したがって花粉の形成が阻害される．

**遊走細胞** [swarm cell] ⇨ 遊走子

**遊走子** [zoospore, swarm spore] 無性の胞子*の中で鞭毛*をもち，水中を遊泳できるものをいう．これに対し鞭毛による運動性を欠く被膜された胞子嚢を不動胞子(aplanospore)という．遊走子は遊走子嚢(zoosporangium)の中に無性生殖によって多数生じる．菌類の一部や粘菌類*などにみられる．前者の場合は zoospore といい，粘菌類の場合は swarm spore または遊走細胞(swarm cell)という．粘菌類では遊走細胞は同形配偶子のものが多くみられる．粘菌類では遊走細胞はアメーバ*に変換可能で，両者は受精後に接合子*を生じる．

**遊走刺激因子** [migration-stimulating factor] マクロファージ*の遊走阻止能を調べるアッセイ系において，マクロファージの遊走を増強する物質として見いだされた．分子量約 28,000 のタンパク質の物質と考えられている．その機能発現にフコースを含む糖鎖が関連することが示唆されている．

**有窓層板** [annulate lamellae] ⇨ ラメラ

**誘導** [induction] 【1】転写*の促進に基づく特定タンパク質の合成(発現)の増加．抑制(repression)の反意語．ホルモン*による誘導は一般に応答(response)と表現される．大腸菌のラクトースオペロン*の場合，細胞内グルコース濃度の低下に伴ってカタボライト遺伝子活性化タンパク質がプロモーター*の上流に結合するとカタボライト抑制*が解除され，誘導物質*の結合によってリプレッサー*がオペレーター*から遊離すると誘導が成立する．誘導的な発現に対して，誘導を受けない発現を構成的と表現する．(⇨ 構成的発現，テンペレートファージ)
【2】発生学では，2 種類の相異なる組織に属する細胞が相互作用することにより，そのうちの一方の遺伝子発現様式が変化して，第三の形質を発現するようになる現象を誘導(組織間相互作用 tissue-tissue interaction)という．

**誘導型 NO シンターゼ** [inducible NO synthase] iNOS と略す．マクロファージ*などの免疫系の細胞において，サイトカイン*の刺激により発現が誘導され，L-アルギニンを基質として一酸化窒素*(NO)を合成する 130 kDa の酵素．ほかの 2 種類のアイソザイムと同様に C 末端側にはシトクロム P450 レダクターゼに共通して認められる NADPH, FAD, FMN 結合部位が存在する．構成型 NO シンターゼである血管内皮型 NO シンターゼ*あるいは神経型 NO シンターゼと異なり，カルモジュリン*に対する親和性が高いため，酵素活性はカルシウム/カルモジュリン非依存性で，おもに転写レベルで制御されている．iNOS の遺伝子発現誘導は炎症反応と密接にかかわっており，IFN-γ，TNF-α，IL-1β などの炎症性サイトカインの刺激によりマクロファージ，平滑筋細胞，肝細胞などの細胞において遺伝子が誘導され，NO が産生される．感染や炎症反応に伴って iNOS から産生される過剰な NO は，生理機能よりはむしろ種々の疾患に深く関与している．(⇨ NO シンターゼ)

**誘導期** [induction phase, lag phase] ⇨ 増殖曲線
**誘導酵素** [inducible enzyme] ⇨ 誘導タンパク質
**誘導修復系** [inducible repair system] ⇨ 修復
**誘導多能性幹細胞** ＝iPS 細胞

**誘導タンパク質**［inducible protein］　誘導\*を受けて発現されるタンパク質．細胞内に取込まれた基質の分解に関与する酵素の多くはその基質によって誘導される誘導酵素(inducible enzyme)である．真核細胞\*における誘導機構の詳細にはまだ未解決な点も多い(→転写調節，抑制酵素)．酵母のガラクトース分解に必要な3種類の酵素は，ガラクトースとGAL80タンパク質\*の存在下に，正の転写調節因子であるGAL4タンパク質\*によって誘導される．生育上限温度に短時間さらされた細胞が誘導する熱ショックタンパク質\*にはユビキチン\*やヒストン\* H2Bなどもあり，その多くは分子シャペロン\*機能をもつ．これらと，熱以外のストレス要因，たとえば重金属イオン，紫外線や放射線，過酸化水素やスーパーオキシド(→酸化的ストレス)，ウイルス感染，あるいはグルコース飢餓などで誘導されるさまざまなタンパク質や酵素を併せてストレスタンパク質(→ストレス応答)と総称する．

**誘導適合**［induced-fit］　酵素反応において，基質の接近ないし結合に伴い酵素分子の構造が変化し，活性中心\*がその触媒機能の発現に向けて誘導的に形成されること．酵素の高い基質特異性をよく説明できる．この説は，酵素と基質が相補的な形をもつという鍵・鍵穴説\*から発展し，1968年にD. E. Koshland, Jr. によって提唱された．カルボキシペプチダーゼ，ヘキソキナーゼ\*，その他多くの酵素の構造が基質との結合によって変化することがX線回折などで明らかにされ，本説の妥当性が裏づけられている．

**誘導的発現**［inducible expression］　→構成的発現
**誘導物質**［inducer］　インデューサーともいう．細胞や組織に作用して，誘導\*をひき起こす物質．通常，誘導酵素(→誘導タンパク質)の発現をひき起こす物質をさす．大腸菌のラクトースによるβ-ガラクトシダーゼ\*の誘導の例はよく知られている．(→リプレッサー)

**有毛細胞**［hair cell］　=蝸牛管有毛細胞，聴覚有毛細胞
**有毛状細胞性白血病**［hair cell］　=毛状細胞白血病
**遊離型リボソーム**［free ribosome］　=膜非結合(型)リボソーム
**遊離基**［free radical］　フリーラジカル，ラジカル(radical)ともいう．不対電子をもつ分子．生体では酸化還元系の代謝中間体として生成するものや，放射線や紫外線によって生じるものがある．酸素分子は2個の不対電子をもつビラジカルとみられ，反応性に富む物質である．自動酸化(autoxidation)は比較的低い温度で徐々に起こる種々の物質と酸素との反応で，食用油の酸化(酸敗)，塗料や油絵の被膜形成，ゴム管の劣化現象などがその例である．生体内で生成するスーパーオキシドアニオン\*($O_2^-$)，ヒドロキシルラジカル(OH・)や一重項酸素($^1O_2$)などの活性酸素\*は非常に高い反応性をもっており，細胞膜脂質の過酸化による細胞障害をひき起こし，脳血管障害や虚血性心疾患などに関与している．(→スカベンジャー)

**優劣の法則**［law of dominance］　→メンデルの法則
**UAS**［UAS=upstream activating sequence］　=上流活性化配列
**UAS$^G$**［UAS$^G$=GAL upstream activating sequence］　=GAL上流活性化配列
**U snRNA**［U snRNA］　→核内低分子RNA
**U1 snRNA**［U1 snRNA］　mRNA前駆体のスプライシング\*反応に関与する核内低分子RNA\*の一つ．高等真核生物の核内低分子RNAの中では核における存在量が最も多い($1×10^6$/細胞)．長さは164ヌクレオチド前後で，5'末端に2,2,7-トリメチルグアノシンを含む特殊なキャップ構造\*が存在する．トリメチルグアノシンキャップ構造はU1 snRNAが細胞質から核内に選択的に移行するための核膜透過シグナルである．抗Sm抗体の抗原となる七つのSmタンパク質(Sm protein)と三つのU1特異的タンパク質と結合しU1 snRNAもほかのsnRNAと同様に核タンパク質と複合体(U1 snRNP)を形成しており，この複合体が5'側のスプライシング部位付近に結合し，分枝点付近に結合したU2 snRNP複合体とともにスプライソーム\*形成の開始に関与する．mRNA前駆体のスプライス供与部位\*付近の塩基配列と相補的な配列がU1 snRNAの5'末端領域にあり，これらが塩基対合を形成することにより正確なスプライス供与部位の認識がなされる．

**U2 snRNA**［U2 snRNA］　mRNA前駆体のスプライシング\*反応に必須な核内低分子RNA\*の一つ．高等真核生物の核内低分子RNAの中ではU1 snRNAについで核での存在量が多い．タンパク質と結合してU2核内低分子リボ核タンパク質(U2 snRNP)を形成する．スプライシング反応の中間体(→投げ縄状構造)形成に必要とされるブランチ(枝分かれ)部位の認識に関与している．U2 snRNAとmRNA前駆体のイントロン内にある分枝点付近の配列の間で塩基対形成が起こるが，分枝点のAは塩基対形成に関与せず，その2'-ヒドロキシ基がエステル転移反応に関与する．分枝部位へのU2 snRNPの結合は，U2AFの存在下にATP依存性に起こる．

**U3 snRNA**［U3 snRNA］　U3 snoRNAともいう．核小体に存在する核内低分子RNA\*の一つ．rRNA前駆体のプロセシング\*に必須な因子．ヒトのU3 snRNAは217ヌクレオチドの長さで，核での存在量は細胞当たり約$2×10^5$分子．核小体に特異的なタンパク質であるフィブリラリン(fibrillarin)を含む少なくとも6種類のタンパク質と結合してU3核内低分子リボ核タンパク質(U3 snRNP)を形成している．

**U4 snRNA**［U4 snRNA］　mRNA前駆体のスプライシング\*に必要とされる核内低分子RNA\*の一つ．5'末端に2,2,7-トリメチルグアノシンで構成されるキャップ構造\*をもつ．一部の領域がU6 snRNA\*と塩基対合を形成し，U4/U6核内低分子リボ核タンパク質として存在する．スプライシング反応の場となるスプライソーム\*の構築に関与する．スプライシング

の反応が開始される前に U6 snRNA から解離しスプライソソームへの結合力も低下することが知られている.

**U5 snRNA**〔U5 snRNA〕　mRNA 前駆体のスプライシング*反応に関与する主要な核内低分子 RNA*の一つ.高等真核生物では長さが 116 ヌクレオチド前後.5′末端に 2,2,7-トリメチルグアノシンで構成されるキャップ構造*をもつ.mRNA 前駆体内に存在するスプライス供与部位およびスプライス受容部位の近傍配列,特にエキソン側の数塩基と塩基対合を形成し,スプライシング反応時におけるこれらの部位の正確な規定に関与すると考えられている.スプライソソーム*活性化において U5 snRNP が大きく再構成され,他の U5 タンパク質に代わって Prp19 複合体や他の因子が強固に結合し,触媒後の再構成された U5 はスプライシング後の複合体から 35S snRNP 分子として放出されることが示唆されている.

**U6 snRNA**〔U6 snRNA〕　真核生物の細胞核中に存在する主要な核内低分子 RNA*の一つ.RNA ポリメラーゼⅢにより転写され,mRNA 前駆体のスプライシング*に必須.100 ヌクレオチド前後の大きさで,5′末端にγ-モノメチルリン酸から構成されるキャップ構造*をもつ.U6 snRNA の塩基配列は生物種間における保存性が核内低分子 RNA の中で最も高い.ヘアピン型リボザイム(⇒リボザイム)の構造と高い相同性を示す領域があることなどから,mRNA スプライシング反応の触媒因子としての機能が考えられている.U4 の解離後,U5 と U6 がスプライソソーム*と安定した会合をするためには,Prp19p 複合体が必要である.スプライソソームが形成されると,U1 snRNP および U4 snRNP の両方ともがはずれる複雑なリモデリングが生じ,U4 snRNP と塩基対を形成して複合体を形成していた U6 snRNP は U2 snRNP と結合し,受容体構造中にイントロンの 5′末端を保持するという役割を U6 snRNP が行うようになり,最初の切出しを可能にする.

**U7 snRNA**〔U7 snRNA〕　真核生物の細胞核中に存在する大きさ 60 ヌクレオチド前後の代謝的に安定な低分子 RNA(⇌核内低分子 RNA).ヒストン mRNA の 3′末端形成に関与.ポリ(A)配列をもたないヒストン mRNA の 3′末端にはステムループ構造が存在するが,U7 snRNA はそのステムループ構造の下流領域と相補的な塩基配列をもつ.U7 snRNA との塩基対合が形成されることによってヒストン mRNA の 3′末端切断部位が認識されている.この相互作用には 100 kDa の Zn フィンガータンパク質(ZFP100)が関与し,U7 に特異的な Sm 様タンパク質の Lsm11 の N 末端がヒストン mRNA のプロセシングと ZFP100 との結合に関与している.

**U8 snRNA**〔U8 snRNA〕　U8 snoRNA ともいう.核小体に存在する核内低分子 RNA*の一つ.ラットの U8 snRNA は 140 ヌクレオチドの長さで,5′末端に 2,2,7-トリメチルグアノシンのキャップ構造*をもつ.U8 snoRNA に特異的なタンパク質が同定さ

れており,snRNA の 7-メチル G および 2,2,7-トリメチル G キャップをはずす酵素活性をもつことがわかっている.高等真核生物における存在量は約 25,000 分子/細胞.rRNA 前駆体から 5.8S および 28S rRNA を産生するためのプロセシング*反応に関与している.

**U11 snRNA**〔U11 snRNA〕　スプライス部位の保存配列が GU-AG 則*に合致しない非常にまれなイントロン(希少クラスイントロン minor class intron；AU-AC イントロン AU-AC intron)のスプライシング*に関与する核内低分子 RNA*.ヒトの U11 snRNA は長さが 131 ヌクレオチドで,U1 snRNA*に類似した二次構造を示す.希少クラスイントロンのスプライス供与部位の保存配列(↓AUAUCCUU：矢印はイントロンの 5′末端を示す)と相補的な配列を内部にもつ.AU-AC イントロンは U11, U12, U5, U4atac,および U6atac などの snRNP を含むマイナーなスプライソソーム*により除去される.U11 snRNA および U11 snRNA に関連した 35 kD タンパク質をコードする DNA 配列は,ショウジョウバエのゲノム配列中に同定できなかった.

**U12 snRNA**〔U12 snRNA〕　U11 snRNA*と同様に,GU-AG 則*に合致しない保存配列をスプライス部位にもつまれなイントロンのスプライシング*に関与する核内低分子 RNA*.ヒトの U12 snRNA(150 ヌクレオチド)は U2 snRNA*に類似した二次構造をとりうる.希少クラスイントロン中に存在するブランチ(枝分かれ)部位の保存配列(UCCUUAAC：下線部のアデノシンが投げ縄状構造*の形成に関与するブランチ部位)と相補的な配列が 5′末端付近に存在する.AU-AC イントロン U11, U12, U5, U4atac, および U6atac などの snRNP を含むマイナーなスプライソソーム*により除去される.さらに例外的に,ラットのカルシトニン/DGRP 遺伝子の第五エキソンのスプライシングには U2 snRNA と U12 snRNA の両方が必要とされる.U11 snRNA と異なり,U12 snRNA はショウジョウバエでも同定されている.

**U3 snoRNA**〔U3 snoRNA〕＝U3 snRNA
**U8 snoRNA**〔U8 snoRNA〕＝U8 snRNA

**USF**〔USF＝upstream stimulatory factor〕　MLTF(major late transcription factor), upstream transcription factor ともいう.アデノウイルスの主要後期遺伝子プロモーターの転写を活性化する宿主細胞由来の転写調節因子*.塩基性ヘリックス・ループ・ヘリックス-ロイシンジッパー(bHLH-ZIP)という DNA 結合ドメインをもち,E ボックスとよばれるシスエレメント*に結合する.普遍的に存在する転写因子で,USF1 と 2 の 2 種類が知られている.USF1 も USF2 もホモ二量体のほかに互いに結合しヘテロ二量体を形成する.USF1 の標的としては,USF2 の標的としては,IGF2 受容体遺伝子,などが知られている.USF1 は DNA を副溝の方向に 74～82 度屈曲させる.C/EBPα により発現が促進され,C/EBPα 遺伝子の転写を活性化する.USF2 は c-Fos と相互作用する.

***unc* 突然変異** ⇨ *unc*(アンク)突然変異
**UF** [UF=ultrafiltration] ＝限外瀘過
**UMP** [UMP=uridine monophosphate] ウリジン―リン酸の略号.(⇨ ウリジル酸)
**U-937 細胞** [U-937 cell] 1976 年に組織球性リンパ腫の 37 歳白人男性の胸腔浸出液より樹立された近三倍体性細胞で, 染色体数のモードは 58 本である. 組織球起源の単球性の特徴を発現している数少ない細胞の一つであり, Fc 受容体*, C3 受容体をもち, CD4 陽性である. 抗体処理した赤血球, ラテックスビーズを食食する. ヒト/リンパ球混合培養, ホルボールエステル*, ビタミン D₃, レチノイン酸, インターフェロンγで単球細胞に分化する.
**ユークロマチン** ＝真正クロマチン
**UK** [UK=urokinase] ＝ウロキナーゼ
**癒傷ホルモン** ＝傷ホルモン
**輸送**(タンパク質の) ⇨ タンパク質輸送
**輸送細胞** [transfer cell] 植物体基本組織の柔組織に属する細胞の一つで, 物質輸送に特殊化したもの. この細胞では師部や木部に面した側の一次細胞壁が細胞内に複雑に陥入し, 細胞膜はそれに沿って走向するので表面積は飛躍的に増大し, 膜を介する物質輸送が効率よく行われる. 葉の小脈, 茎の木部, 師部など炭水化物, アミノ酸, 無機イオンの輸送の活発な部位に多くみられる.(⇨ 基本組織系)
**輸送小胞** [transport vesicle] 小胞輸送* において, 細胞小器官から細胞小器官へとタンパク質などを包んで運ぶ直径 50〜100 nm 程度の小さな膜小胞. 分泌経路においてゴルジ体から細胞膜までの輸送にかかわるものを特に分泌小胞* とよぶ.
**輸送性 ATP アーゼ** [transporting ATPase] ⇨ ATP アーゼ
**輸送体** [transporter, carrier] トランスポーターともいう. 脂質二重膜の内外を親水性の物質が通過するのに必要な構造物. 特定の分子を結合すると, そのコンホメーションが変化して, 物質が通過する. 一度に通過する分子が 1 種か複数種かにより大きく, 単輸送(uniport)と共役輸送(cotransport)に分かれ, 後者はさらに, 各物質の透過方向により共輸送* と対向輸送* とに分かれる. トランスポーターは受動輸送と能動輸送の両者を担いうるのに対し, イオンチャネル* は無機イオンの受動輸送に対して用いられる. (⇨ トランスロカーゼ, 輸送タンパク質, イオン輸送)
**輸送体 ATP アーゼスーパーファミリー** [traffic ATPase superfamily] ＝ABC 輸送体スーパーファミリー
**輸送タンパク質** [carrier protein, transport protein] 細胞内外の物質輸送を行う膜タンパク質. グルコース・アミノ酸などの水溶性分子やイオンは, リン脂質二重膜から成る生体膜を速やかに通過することができない. そのため, 細胞膜や細胞小器官にはこれらの分子を特異的に輸送する輸送タンパク質があり, 膜の通過をつかさどっている. 物質が膜を通過する方法は, 1)単純拡散(輸送タンパク質を必要とせず, 分子が脂質二重層を通り抜ける)と, 2)促進拡散*(分子を輸送するための膜タンパク質が存在する)の 2 通りがある. さらに 2)には, 受動輸送*(輸送の際エネルギーを必要とせず, 物質の濃度勾配によって輸送を行う)と能動輸送*(ATP 加水分解のエネルギーを使ったり, 他のイオンや分子が濃度勾配に従って膜を通過するのと共役することで輸送を行う)の 2 通りのタイプがあり, それぞれのタイプの膜タンパク質が存在する. (⇨ 共輸送, 対向輸送)

**油体** [oil body] 油胞(oil vacuole)ともいう. 植物細胞の後形質(metaplasm)の一種. 植物細胞の内容は生活作用を営む部分すなわち原形質* とそれ以外の部分すなわち後形質に二大別することができる. 油体は後者に属する. テンニン科, セリ科, マツ科などの分泌腺や腺毛の細胞・組織中には精油(主としてテルペン)を含有する油体が認められる. 多くの場合, 細胞内では球状を呈する. 精油の生理的役割については不明の点が多い.
**UTR** [UTR=untranslated region] 非翻訳領域の略号.(⇨ メッセンジャー RNA)
**UTP** [UTP=uridine 5′-triphosphate] ＝ウリジン 5′-三リン酸
**UDP** [UDP=uridine 5′-diphosphate] ＝ウリジン 5′-二リン酸
**UDP グルコース** [UDP-glucose] 糖ヌクレオチドの一種で, 生体内におけるグルコースの関与する代謝反応のうち, ガラクトースなど他の糖やグルクロン酸などへの変換反応, ならびにグリコーゲン合成やポリコールリン酸グルコース合成などのグルコース転移反応の基質. いわば, 同化作用* におけるグルコースの活性型といえる. UDP グルコースはグルコース 1-リン酸と UTP からピロホスホリラーゼ酵素反応によって合成される.
**ユートロフィン** [utrophin] ⇨ ジストロフィン
**UPR** [UPR=unfolded protein response] 異常タンパク質応答の略称.(⇨ 小胞体ストレス応答)
**uPA** [uPA=urokinase plasminogen activator] ウロキナーゼプラスミノーゲンアクチベーターの略号.(⇨ ウロキナーゼ)
***Ubx* 遺伝子** [*Ubx* gene] ＝ウルトラバイソラックス遺伝子
**UBF** [UBF] ヒト, マウス, カエルなど脊椎動物のリボソーム RNA 遺伝子(rDNA)の転写促進因子. UBF は upstream binding factor 1 の略称. 85〜100 kDa のタンパク質でホモ二量体を形成し, 核小体に局在化している. 内部に高速移動群タンパク質*1 および 2 (HMG1, 2)と相同性をもつ領域(HMG ボックス)が 3〜5 回繰返している. rDNA のコアプロモーター, 上流制御領域(upstream control element, UCE), エンハンサーに作用し SL1* をよび込むと考えられている. また DNA を折り曲げ, 巻きつける活性もある. UBF による転写の活性化にはリン酸化が必要で, C 末端ドメインが高度にリン酸化されており, SL1 との

結合に必須である．

**ユビキチン**［ubiquitin］　分子量7500の小さいタンパク質で真核細胞に普遍的に見いだされるのでこの名がつけられた．はじめヒストンなどと結合（リシンの末端アミノ基を介して）していることなどが知られていたが，近年ユビキチンが半減期の短いタンパク質（がん遺伝子産物，増殖因子受容体）に多数鎖状に結合（ポリユビキチン化）し，これがプロテアソーム*に認識されて分解されることが明らかとなり，エネルギー依存性タンパク質分解*機構の一部として注目されている．（→ユビキチン化）

**ユビキチン化**［ubiquitination］　標的タンパク質へのユビキチン*の翻訳後付加のことで，ユビキチンのカルボキシ基とタンパク質のリシン残基の$\varepsilon$-アミノ基の間にイソペプチド結合が形成される．ユビキチン化は3種の酵素が関与するユビキチンシステムとよばれる一連のカスケード反応により行われる．1）ATPの加水分解を伴った反応でユビキチンの末端のカルボキシ基がホモ二量体タンパク質のユビキチン活性化酵素（E1）にチオエステル結合する，2）ユビキチンは哺乳動物で20種以上存在するさまざまなユビキチン結合酵素（E2）のシステインのSH基に転移する，3）活性化されたユビキチンはさらにユビキチン転移酵素（E3）（ユビキチンリガーゼ*；ユビキチン識別酵素ともいう）によってE2から標的タンパク質のリシン残基の$\varepsilon$-アミノ基に移され，イソペプチド結合を形成する．きわめて多くの種類のE3が存在し，それらがおのおの特定の標的タンパク質群のユビキチン化を行う．おのおののE3は数種類のE2から活性化ユビキチンを受取り，標的タンパク質へと転移させる．ユビキチンにはアミノ末端から6, 11, 29, 48, 63番目の位置にリシン残基が存在するがそれぞれ役割が異なり，プロテアソーム*によるタンパク質の分解には48番目のリシンが関与する．標的タンパク質に最初のユビキチンが付加され，そのユビキチンの48番目のリシン残基がつぎのユビキチンのC末端のカルボキシ基とイソペプチド結合をつくり，複数のユビキチンがつぎつぎと付加される（ポリユビキチン化）．ポリユビキチン化されたタンパク質はプロテアソームによって分解される（ユビキチン-プロテアソーム系）．ユビキチンリガーゼE3は基質タンパク質の通常アミノ末端側に存在するデグロン（degron）とよばれる基質の不安定化シグナル配列を認識して結合する．このE3によるデグロンの認識にはタンパク質の翻訳後修飾（リン酸化，ヒドロキシ化，脱アセチルなど）が重要な役割を果たすことがあり，これらの修飾は各基質によって異なる．一度標的タンパク質に結合してプロテアソームに取込まれたユビキチンは，脱ユビキチン酵素（DUB）によって基質から遊離し，再利用される．ユビキチン化は異常なフォールディングを行ったタンパク質や不要になったタンパク質の除去にも重要な役割を果たす（→品質管理）．シャペロンなどによる修復が困難な場合，その異常タンパク質は小胞体から細胞質に逆輸送され，シャペロンによって品質管理ユビキチンリガーゼのCHIP（C-terminus of Hsc-70-interacting protein）などへと運ばれた後にユビキチン化を受けて分解される（→小胞体関連分解）．ユビキチン化とその後のプロテアソームによる分解はMHCクラスI分子を介した細胞内タンパク質由来のペプチドのCD8$^+$ T細胞への提示にも関与している．また，有糸分裂サイクリン（サイクリンB）-CDK複合体中のサイクリンは有糸分裂後期にユビキチンリガーゼ活性をもつ後期促進因子*（APC）により認識されポリユビキチン化を受け，速やかに分解され，細胞周期は有糸分裂の終了へと導かれる．

**ユビキチン共役タンパク質分解**［ubiquitin-dependent proteolysis］　＝エネルギー依存性タンパク質分解

**ユビキチンリガーゼ**［ubiquitin ligase］　ユビキチン*は標的タンパク質と共有結合するユビキチン化を行うことで，プロテアソーム*によるタンパク質分解をはじめとする標的タンパク質の機能ならびに発現制御を行う．このユビキチン化はE1（ユビキチン活性化酵素），E2（ユビキチン結合酵素），E3（ユビキチンリガーゼ）といった3種類の酵素カスケードによって行われる．このなかでユビキチンリガーゼは標的となる基質タンパク質を特異的に選別する役割を担っている点で重要である．ユビキチンリガーゼはE2と結合するドメインと基質と結合するドメインの二つに大別される．E2結合ドメインによりユビキチンリガーゼを大別するとHECT型（E6-AP, Nedd4など），RING型（Mdm2, Parkin, Efp/TRIM25など），U-Box型（CHIP, Ufd2など）が存在する．

**ユビキノン**［ubiquinone］　補酵素Q（coenzyme Q）ともいい，CoQと略される．呼吸鎖を構成する電子伝達体の中で最も単純な化合物で，原核，真核細胞を問わず普遍的に分布する．ベンゾキノンとイソプレノイド側鎖から成り，ミトコンドリア内膜に分布する脂質の一種．NADHデヒドロゲナーゼ複合体（複合体Ⅰ）やコハク酸デヒドロゲナーゼ複合体（複合体Ⅱ）から電子を受取り，$b$-$c_1$複合体に渡す．たとえば，心筋のミトコンドリアではNADHのデヒドロゲナーゼ複合体の1分子/$b$-$c_1$複合体3分子に対して，ユビキノンは50分子存在する．ユビキノンと酵素の電子の授受は膜表面近くで行われると考えられている．

**UPD**［UPD＝uniparental disomy］　＝片親由来二染色体性

**UvrABC エンドヌクレアーゼ**［UvrABC endonuclease］　紫外線やある種の化学物質，たとえばマイトマイシンC*，ナイトロジェンマスタード*，ソラレン*，ニトロソグアニジン*など，によるDNA傷害の除去修復*に関与する酵素．この酵素が欠損すると，細胞はこれらの放射線や薬剤に極度に感受性となり，ヒトでは色素性乾皮症*となる．この酵素のDNA上のピリミジン二量体*に対する働きが大腸菌でよく調べられている．UvrA（940アミノ酸，103 kDa）はプリンヌクレオチド認識配列，二つのジンクフィンガーモチーフ，ヘリックス・ターン・ヘリック

スをもち，単独で DNA 傷害部位に特異的な結合ができる．この二量体が ATP の存在下で UvrB（673 アミノ酸，76 kDa）と複合体をつくり，DNA 傷害部位に強く結合する．その部分はほどけ，曲がり，UvrA は解離し，安定な UvrB・DNA 複合体が形成される．UvrC（610 アミノ酸，66 kDa）は，この複合体に強い親和性をもち，結合すると UvrB は構造変化をして，ピリミジン二量体の 3～4 塩基 3′ 側に，ニックを入れる．この時 UvrB に ATP が結合することが必要である．つぎに UvrC がピリミジン二量体の 7 塩基 5′ 側にニックを入れこの酵素の働きは完了する．その後，UvrD（DNA ヘリカーゼ II）が UvrC と二つのニック間の 13 ヌクレオチド程度の一本鎖 DNA を遊離させ，DNA ポリメラーゼ I と DNA リガーゼが働いてギャップの修復合成が行われると UvrB が DNA から離れる．高等生物の場合には，さらに多くの修復タンパク質が関与している．

**UV 吸収**［UV absorption］＝紫外吸収
**UV 照射**［UV irradiation］＝紫外線照射
**UV 損傷**［UV damage］＝紫外線損傷
**ユーフラビン**［euflavine］＝アクリフラビン
**油胞**［oil vacuole］＝油体
**ゆらぎ**（タンパク質の）［fluctuation］　タンパク質が熱平衡状態で特定の構造のまわりでふらついていること．タンパク質中のある特定の N-H がタンパク質全体の回転緩和と別に局所的にゆらいでいる場合はそのゆらぎの程度をパラメーター $S^2$ で表示し，一般化オーダーパラメーターとよぶ．$S^2$ が 1 の場合は N-H の個別のゆらぎはなくタンパク質全体のゆらぎである回転緩和 $\tau_c$ と一体化して動いている．$S^2$ が 0 の場合は N-H はタンパク質全体のゆらぎとまったく無関係に自由にゆらいでいる．$S^2$ がその中間ではゆらぎの程度も中間であると考える．このようにパラメーター $S^2$ の値でタンパク質中のピコ秒からナノ秒程度のゆらぎの程度を一般化して取扱う．またタンパク質を安定化している疎水性コアの中の側鎖のゆらぎの程度をメチル基で取扱うことが可能である．

**ゆらぎ塩基**［wobble base］　tRNA アンチコドン* の 1 字目（5′ 末端）の塩基．mRNA 上のコドンを tRNA 上のアンチコドンが認識する際に，一つのアンチコドンが複数のコドンと対応する例が知られている（⇌ 縮重）．これは，アンチコドンの 1 字目（5′ 末端）の塩基に非ワトソン・クリック型の対合が許されているためで，この塩基をゆらぎ塩基という．たとえばアンチコドン 1 字目の G は C と U，U は A と G と対合できる．またアンチコドン 1 字目にはしばしば修飾塩基が存在するが，I（イノシン）は A，U，C と，5-カルボキシメトキシウリジンは G，A，U と対合することができる．（⇌ ゆらぎ仮説）

**ゆらぎ仮説**［wobble hypothesis］　1 種類の tRNA 分子が数種類のコドンを認識する機構を説明するために 1966 年 F. H. C. Crick* が提唱した仮説．コドン 3 字目（3′ 末端）とアンチコドン 1 字目（5′ 末端）の塩基対の対合においてワトソン・クリック型の A と U，G と C という塩基対形成のほかに，G と U のようなルーズな塩基対形成，すなわち "ゆらぎ" が許されるという考え方（⇌ ゆらぎ塩基）．この説により，たとえばアンチコドン UUC をもつグルタミン tRNA がコドン GAA，GAG と対応することを説明できる．（⇌ 縮重）

**ゆらぎ部位**［wobble site］　⇌ アンチコドン

# ヨ

**陽イオンチャネル** [cation channel]　陽イオンを受動的に高い効率（$> 10^6$ イオン/sec）で運ぶ膜タンパク質．電位依存性チャネル*とリガンド作動性チャネルの2種類に大別される．[1]電位依存性チャネル族には，四量体を構成して機能するという共通点があり，1種類の陽イオンを選択的に透過するものと，非選択的に種々のイオンを通すものがある．前者には，ナトリウム（$Na^+$）チャネル*，カリウム（$K^+$）チャネル*，カルシウム（$Ca^{2+}$）チャネル*，$Ca^{2+}$を透過するリアノジン受容体*チャネルなどが知られている．これらは，神経，筋肉などで細胞の興奮性を支配する．また，電位依存性チャネルには分類されないが，上皮型の$Na^+$チャネル（ENaC），内向き整流性$K^+$チャネル，膜4回貫通型$K^+$チャネルも，四量体をとり，1種類のイオンを通すチャネルである．非選択性のチャネルとしては，環状ヌクレオチド作動性チャネル（cyclic nucleotide-gated channel），$Ca^{2+}$透過性陽イオンチャネルなどが存在する．これらは，膜電位依存性が弱く，多彩な細胞に分布して種々の生理機能調節を担っている．ENaCは例外的に異種三量体を構成して機能する．[2]リガンド作動性チャネル族は，種々の生体物質により活性化され，多くは非選択性の陽イオンチャネルの性質をもつ．ニコチン性アセチルコリン受容体*，グルタミン酸受容体*などが代表例で，異種五量体を構成する．筋肉や興奮性シナプス後膜に局在し，シグナル伝達に必須の役割を果たす．これらの中のある種のチャネルは，$Ca^{2+}$に対する透過性が$K^+$よりも数倍高く，$Ca^{2+}$透過性チャネルとしての機能ももつ．そのほかに，ATP作動性チャネル（purinergic receptor channel, $P_2X$ receptor）や$IP_3$受容体も同族に分類される．後者は小胞体から$Ca^{2+}$を選択的に透過させる．上記2族に分類されないチャネルも存在する．機械的刺激により活性化するチャネル（機械受容チャネル），細胞内貯蔵$Ca^{2+}$の枯渇によって活性化する細胞膜の$Ca^{2+}$チャネルなどが知られている．（⇒イオンチャネル）

**陽イオン輸送** [cation transport]　陽イオンはナトリウム/カリウムポンプ，カルシウムポンプ*，プロトンポンプ*などにより能動的に輸送され，細胞内外や細胞内小器官の間には各陽イオンの濃度勾配が形成される．この勾配を利用することにより，ナトリウムチャネル*，カリウムチャネル*，その他の陽イオンチャネル*は膜電位を制御し，カルシウムチャネル*は$Ca^{2+}$濃度の上昇により細胞機能を活性化し，各種対向輸送*系は糖やアミノ酸を運び，プロトンポンプはATPを合成する．（⇒陰イオン輸送）

**蛹化** [pupation]　昆虫は胚，幼虫を経て成虫になる．ショウジョウバエを例にとると蛹化は3齢幼虫が静止して収縮して前蛹（prepupa）となることから始まる．3齢幼虫のクチクラ層が囲蛹殻となり，およそ12時間後，囲蛹殻が完全に上皮細胞から分離し（アポリシス），蛹化が完了する．この過程では囲蛹殻のアポリシスに続いて成虫原基，ヒストブラストに由来する成虫の上皮細胞から蛹のクチクラ層が分泌される．さらに蛹のクチクラ層のアポリシスにひき続いて成虫クチクラ層が分泌され，成虫へと変態*する．

**溶解積**　＝溶解度積

**溶解度積** [solubility product]　＝溶解積．溶媒中に難溶性の塩（BA）が存在する時，その塩を構成する陰陽両イオンの濃度の積$[B^+][A^-]$をいう．温度が一定であれば物質の飽和溶液の濃度および電離定数は一定であるから，質量作用の法則より溶解度積も一定の温度において一定の値を示す．溶解度定数（solubility constant）ともいう．同じイオンによって沈殿する2種以上のイオンが共存する時，溶解度積に大きな差があれば分別沈殿させることが可能である．タンパク質の水溶液に硫安などの電解質を加えると溶解度が減少してタンパク質が析出してくる（塩析，salting out）．タンパク質の種類による溶解度積の差を利用して分別沈殿ができる（硫安沈殿 ammonium sulfate precipitation）．

**溶菌** [lysis]　ファージ感染後期において，娘ファージ粒子放出を伴って感染菌が溶けること．二本鎖DNAファージでは，二つの遺伝子産物（細菌細胞壁であるペプチドグリカン分解酵素とこの酵素がペプチドグリカン層に到達できるように原形質膜に障害を与えるタンパク質）が関与する．

**溶菌化サイクル** [lytic cycle]　⇌溶原化サイクル
**溶菌斑** [phage plaque]　＝プラーク【1】
**溶菌斑検定法**　＝プラークアッセイ
**溶菌ファージ** [lytic phage]　＝ビルレントファージ

**溶血** [hemolysis]　赤血球膜*が崩壊し，ヘモグロビンなどの内容物が漏出する現象であるが，臨床的には赤血球が生体内で約120日の正常な寿命をまっとうせず異常に早期に崩壊する現象をいう．溶血の原因が赤血球自体の異常による場合と赤血球以外の環境にある場合とに分けられる．前者の多くは赤血球の先天性の異常（膜，酵素，ヘモグロビンの異常など）であり，後者では免疫機序，機械的外力，薬物の作用，物理・化学・生物学的要因の作用などが原因となる．発作性夜間ヘモグロビン尿症*は後天性だが膜タンパク質の異常により補体感受性が亢進する．赤血球崩壊が主として流血中で起こる場合を血管内溶血，網内系細胞に貪食されて崩壊する場合を血管外溶血として区分することもある．

**溶血クリーゼ**　⇌（骨髄）無形成発症
**溶血性貧血** [hemolytic anemia]　溶血*（赤血球寿命の異常な短縮）が主因で，貧血をはじめとする諸症

状をきたした病態群の総称．先天性，後天性のさまざまな病型が知られ，それぞれに溶血の原因や病態発生，また重症度，治療法，自然史も異なる．先天性に赤血球の構造と機能に障害のある場合と，後天性に生じた膜タンパク質の欠損，自己あるいは同種の免疫機序，血流の障害や機械的外力による傷害，温熱・薬物・生物毒などによる傷害などに分類される．溶血性貧血に共通する症状所見は，赤血球の崩壊促進によるものと代償性の造血亢進によるものである．赤血球交代率の亢進によってヘモグロビンの異化が高まり，血清ビリルビン（特に間接型）の上昇（黄疸），尿中および便中ウロビリン体の排泄増加，血清乳酸デヒドロゲナーゼ（LDH）活性の上昇，血清ハプトグロビン低下などがみられる．慢性溶血ではビリルビン胆石を生じやすい．脾臓が赤血球破壊の主要な場であると腫大し，脾腫として触知され，時に巨大となる．血管内溶血であれば血漿ヘモグロビン濃度の上昇，ヘモグロビン尿，ヘモジデリン尿がみられる．赤血球造血の亢進を反映するのは，末梢血網赤血球の比率と実数の増加および骨髄の過形成と赤芽球比率の上昇である．鉄代謝も造血亢進のパターンを示す．高度の先天性溶血性貧血では骨髄腔の拡大のために頭蓋骨のX線写真で特徴的な立毛像がみられる．溶血が軽く，崩壊が造血の亢進によって十分に代償されれば貧血にならないこともある（代償性溶血性貧血）．診断には貧血，黄疸，脾腫が三主徴として重要だが，常にそろうとは限らない．その他の症状は病型ごとにある程度特徴があり，診断の際に重要情報となる．急激に発症することも，緩徐に発症し慢性経過をとることもあり，病像は多様性に富む．溶血の存在の確認には自己あるいは正常者赤血球を$^{51}$Crで標識し，患者体内での赤血球寿命を直接測定するのがよい．赤血球形態の異常（球状赤血球，楕円赤血球，標的赤血球，赤血球断片）を観察するのも診断に有益である．病型の確診にはそれぞれに特異的な検査を行う．代表的な例として，浸透圧抵抗試験（遺伝性球状赤血球症*など），ヘモグロビン分析（ヘモグロビン異常症*，サラセミア*），酵素活性測定（酵素異常症），クームス試験（自己免疫性溶血性貧血*あるいは同種免疫性溶血性貧血，薬物誘発性免疫性溶血性貧血など），ハム試験または砂糖水試験（発作性夜間ヘモグロビン尿症*）などが行われ，さらに病型によっては遺伝子レベルでの異常が検索される．

**溶血発症**［hemolytic crisis］　⟶（骨髄）無形成発症

**溶血斑**［hemolytic plaque］　プラークともいう．抗体*産生細胞の存在を示す斑点．抗体産生細胞数を計数するプラーク形成細胞法（PFC法）で検出される（⟶溶血プラークアッセイ）．PFC法では，抗原としての赤血球，赤血球に対する抗体産生細胞，補体源としての新鮮モルモット血清を混合し，軟天寒内（イエルネ法）または2枚のスライドガラスでつくった小室内（カニンガム法）に封入し，細胞の位置を固定して保温する．抗体産生細胞周囲の赤血球に抗体が結合後，補体の作用で溶血が起こり，その箇所は斑点状に透けて見える．

**溶血斑試験** ＝溶血プラークアッセイ

**溶血プラークアッセイ**［hemolytic plaque assay］　溶血斑試験，PFC法（PFC assay）ともいう．抗体産生細胞を個々の細胞レベルで検出する方法の一つ．免疫動物由来や試験管内感作など抗体産生細胞を含む細胞集団をインジケーターである赤血球および補体（通常，モルモット血清）とともに，アガロースゲル内（イエルネ法 Jerne technique）や2枚のスライドガラス同士のすきま（カニンガム法 Cunningham technique）に封入し，細胞同士の位置関係を固定して保温（37℃）する．なお，免疫原が赤血球の場合から，その他の場合は赤血球に結合させてインジケーターとする．抗体産生細胞から拡散した抗体は周囲の赤血球に結合し，補体の作用による溶血で細胞周囲が透明な斑点（溶血斑*）となる．抗体産生細胞はプラーク形成細胞（plaque-forming cell, PFC）ともよばれる．補体結合性のない抗体の検出には，Fc部分に対する抗免疫グロブリン（Ig）抗体を共存させる間接法がある．また，抗Ig抗体を結合させた赤血球を用いて，抗原特異性に関係なく特定の抗体サブクラスを検出する逆プラークアッセイ（reverse plaque assay）もある．

**溶原化サイクル**［lysogenic cycle］　テンペレートファージ*は感染後，娘ファージを産生して溶菌*するか，または，溶原状態に移行する．前者を溶原化サイクル（lytic cycle），後者を溶原化サイクルという．溶原化に際しては，ファージリプレッサー遺伝子が発現されて，溶菌化サイクルに必要な遺伝子発現を抑制している．宿主に注入されたファージDNAはいったん環状化し，宿主染色体に組込まれた状態か（⟶λファージ，ファージP2），プラスミド*状態で（⟶ファージP1），宿主染色体とともに複製する．前者では組込みに働くインテグラーゼ*遺伝子の発現が，後者では溶原状態で働くレプリコン*の活性化が，リプレッサー遺伝子の発現に加えて必要である．溶原化サイクルおよび溶菌化サイクルのどちらに移行するかは，リプレッサー*を抑制する遺伝子産物とそれに拮抗する遺伝子産物との微妙なバランスにより制御されている．

**溶原菌**［lysogenic bacteria］　ファージゲノムをプロファージ*として保持し，ファージ*を産生する潜在能力をもつ細菌*．プロファージと同種のファージ感染*を許さない．よく似た用語である"溶菌*"は，ファージ遺伝子の働きにより増殖の最終段階に宿主を溶かし，新たな宿主への感染を可能にする過程である．溶原菌とはこのような溶菌をする能力をもつ菌であるともいえる．

**溶原状態**［lysogenic state］　ファージ*が粒子として増殖せずに，そのゲノムがプロファージ*として宿主染色体とともに複製・維持されている状態．ファージリプレッサーにより増殖が抑制される．（⟶溶原化サイクル）

**溶原性**［lysogenicity, lysogeny］　外部からの感染なしにファージ*を産生し，宿主を溶菌する能力を，宿主の遺伝機構に安定に組込むテンペレートファー

ジ*の性質をいう．(⇒プロファージ，溶原状態)

**溶原(性)ウイルス** [lysogenic virus] ＝テンペレートウイルス

**溶原性増殖** [lysogenic growth] 溶原菌*において，ファージゲノムがプロファージ*として宿主染色体と同調して増殖すること．その場合，ファージ産生にかかわる遺伝子発現はリプレッサー*により抑制されている．プロファージは，宿主染色体に組込まれている場合(λファージ*など)には宿主レプリコン*に支配されて複製し，また，プラスミド状態の場合(ファージP1*など)は特殊なファージレプリコンに支配されて複製することにより，宿主染色体当たり1ファージゲノムが維持されている．

**溶原(性)ファージ** [lysogenic phage] ＝テンペレートファージ

**溶骨細胞** ＝破骨細胞

**葉酸** [folic acid] ＝プテロイルグルタミン酸(pteroylglutamic acid, PteGluまたはPGA), $N$-{4-{[(2-アミノ-4-ヒドロキシ-6-プテリジニル)メチル]アミノ}ベンゾイル}グルタミン酸($N$-{4-{[(2-amino-4-hydroxy-6-pteridinyl)methyl]amino}benzoyl}glutamic acid). $C_{19}H_{19}N_7O_6$, 分子量441.40. 黄橙色結品の水溶性ビタミン．哺乳動物の抗貧血因子．5,6,7,8-テトラヒドロ葉酸の形で$C_1$転移反応の担体として，プリン，ピリミジンの生合成，tRNA合成，メチオニン生合成，グリシン，セリン，ヒスチジンなどのアミノ酸代謝に関与している．

**葉酸拮抗薬** [antifolate, antifolic drug] 抗葉酸剤ともいう．葉酸*代謝に拮抗して生理活性，治療効果を出す代謝拮抗薬．葉酸のプテリジン環が変化したアミノプテリン*やアメトプテリン(メトトレキセート*)は，葉酸の代謝酵素ジヒドロ葉酸レダクターゼ*と不可逆的に反応して，葉酸の代謝を阻害する．その結果メチル基転移反応の阻害を通して，チミジル酸合成反応阻害，DNA合成阻害をひき起こす．メトトレキセートは種々の白血病，リンパ腫に制がん剤*として使用される．

**溶質** [solute] 溶解物質(dissolving substance)ともいう．溶液を構成する成分で，その中に溶けている，より少量の成分をさす．たとえば70％アルコール水溶液では，溶質は水で，溶媒(solvent)はアルコールとなる．食塩水では，溶質は食塩となる．

**養子免疫** [adoptive immunity] ⇒受動免疫

**幼若ホルモン** [juvenile hormone] アラタ体*で合成・分泌されるホルモンで，幼虫形質を維持する活性をもつ．JHと略称され，JH-0〜Ⅲおよび4-メチルJH-Iの5種が知られる(図)．H. Röllerら(1967)によ
り，JH-Iが最初に単離・構造決定された．幼虫期において，幼若ホルモン存在下にエクジソン*が作用すると幼虫脱皮，幼若ホルモンが少量または存在しない状態でエクジソンが作用すると蛹化，成虫化などの変態を起こす．幼虫形質維持のほかに，卵巣の成熟，体色変化などの作用もある．

$$H_3C \cdots OCH_3$$

JH-0: $R^1, R^2, R^3 = C_2H_5$ $R^4 = H$
JH-I: $R^1, R^2 = C_2H_5$ $R^3 = CH_3$ $R^4 = H$
JH-II: $R^1 = C_2H_5$ $R^2, R^3 = CH_3$ $R^4 = H$
JH-III: $R^1, R^2, R^3 = CH_3$ $R^4 = H$
4-メチルJH-I: $R^1, R^2 = C_2H_5$ $R^3, R^4 = CH_3$

幼若ホルモン(JH)の構造式

**葉序** [phyllotaxis, phyllotaxy, leaf arrangement] ⇒花序形成

**葉状仮足** [lamellipodium, (pl.)lamelipodia] ラメリポジウム，葉状突起ともいう．真核細胞にみられる細胞膜と細胞質の一時的な突出を仮足といい，扁平なシート状の仮足を葉状仮足とよぶ．神経細胞の軸索や樹状突起の先端部(神経成長円錐*)など，移動細胞の先導端に形成される．通常は，糸状仮足*の間を埋めるように存在する(写真)．葉状仮足にはアクチンフィラメント*の網目構造が高密度に存在し，このアクチンフィラメントが重合と再構築を繰返すことで葉状仮足の形態が活発に変化する．このような葉状仮足の運動性は，細胞移動に重要な役割を担う．(⇒アメーバ運動，ラッフリング)

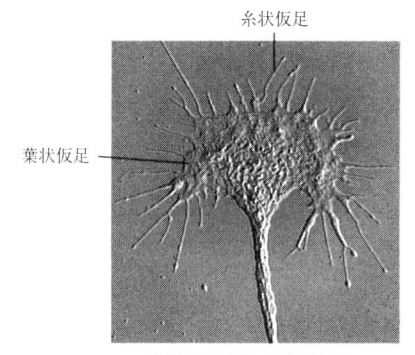

神経成長円錐の顕微鏡写真

**葉状植物** [thallophyta] ⇒葉状体

**葉状体** [thallus, frond] 藻類*や苔類など，多細胞体ではあるが茎と葉の分化がみられない植物の体制のこと．茎葉体(茎と葉が区別できる植物，cormus)の対語．見かけ上の体制をさし，蘚類は茎葉体というが，器官としての茎と葉の分化や組織の分化は維管束植物に限ってみられるものであり，あいまいな用語で

ある.また,葉状植物(thallophyta)は菌類*,藻類を総括し,蘚苔類と維管束植物をまとめて茎葉植物とよぶのに対応させる.維管束植物の葉との対比で海藻や地衣類の葉状体をfrondということもある.

**葉状突起** ＝葉状仮足

**葉身** [limb] ＝ラミナ【2】

**陽性選択** [positive selection] ポジティブ選択,ポジティブセレクションともいう.細胞に遺伝子を導入して形質転換*された細胞を選択する時,遺伝子産物が発現している細胞が生き残る選択条件を陽性選択という.たとえば,ネオマイシン耐性遺伝子*を導入すれば,導入された細胞がネオマイシンの類似体であるG418*耐性により,またハイグロマイシン*耐性遺伝子を導入すれば,導入された細胞がハイグロマイシン耐性により選択される.(→陰性選択)

**幼虫** [larva] 昆虫およびクモ類・多足類などの陸生節足動物における幼生を特に幼虫という.卵からかえったのち,それぞれの種に特徴的な様式で行動し栄養を摂取し,脱皮を繰返しながら生殖機能のある成虫へと成長してゆく.外部生殖器を除いて成虫と体型の変化がほとんどないものや,昆虫の不完全変態類・完全変態類のように成虫になる時に幼虫の組織が崩壊し,新たに成虫芽から成虫諸器官が形成されるものもある.(→変態)

**陽電子放射断層撮影法** [positron emission tomography] ポジトロン放出断層撮影法,PETと略す.ポジトロン(陽電子)を放出する放射性同位元素($^{11}$C, $^{13}$N, $^{15}$O, $^{18}$Fなど)で標識した放射性薬剤(ポジトロン標識薬剤)を被検者に投与し,その体内分布をポジトロンカメラにて断層画像として描出する検査である.ポジトロン標識薬剤には,水,酸素ガス,グルコース,各種アミノ酸,脂肪酸,神経伝達物質などの生体内物質やその類似化合物を標識したものがあり,その代謝や機能を画像化することができる.ポジトロン標識薬剤の放射性同位元素から放出された陽電子は,生体内で平均数mm進んだのち,構成物質内の電子と結合し消滅する.消滅時に,ほぼ180°反対方向に一対の511 keVのエネルギーをもつγ線が放射され,これを多数の検出器をリング状に配列したカメラで収集することにより線源の位置を正確に把握し,画像化することができる.

**葉片** [limb blade] ＝ラミナ【2】

**羊膜** [amnion, amniotic membrane] 爬虫類,鳥類,哺乳類,昆虫類にみられる胚子または胎仔を羊水とともに包込む1枚の薄膜を羊膜とよぶ.羊膜は外胚葉と,これの基底面に接するわずかな量の中胚葉とでつくられている.生まれたばかりの仔ヒツジ(ギリシャ語でamnios)を覆う顕著な膜であることから,amnionの名が生じたとされる.羊膜上皮をなしている外胚葉(→羊膜細胞)は,胚子または胎児の体表(皮膚の表皮部分)あるいは臍帯と胎盤*の羊水側表面への移行を示す.

**羊膜細胞** [amnion cell] 羊膜上皮細胞(amniotic epithelial cell)ともいう.外胚葉に由来する大型な細胞で,羊水に面する位置で単層扁平上皮をなす.

**羊膜上皮細胞** [amniotic epithelial cell] ＝羊膜細胞

**容量受容器** [volume receptor] 心肺部圧受容器(cardiopulmonary baroreceptor),低圧受容器(low pressure receptor)ともいう.肺血管や心房などの低圧系に分布する伸展受容器で,特に循環血量の低下に敏感に応答する.迷走神経-循環中枢(延髄孤束核)-視索上核-脳下垂体を介して抗利尿ホルモン(バソプレッシン*)の分泌を促進したり,右心房からのNa利尿ペプチドの分泌を抑制して尿量を抑え,循環血量を増加させる.また循環中枢と交感神経を介して,心拍数や心拍出量を増加させる.一方,頸動脈洞や大動脈弓には血圧変化に敏感な伸展受容器(高圧受容器)が分布し,類似の機構で血圧を調節している.これらの調節機構は負のフィードバックにより,循環血量/血圧のホメオスタシスに寄与しており,圧受容器反射(baroreceptor reflex)とよばれている.

**容量性電流** [capacitive current] →膜電流

**葉緑素** ＝クロロフィル

**葉緑体** [chloroplast] クロロプラストともいう.植物に存在する光合成*を行う細胞小器官.高等植物の葉緑体は直径数μmでフットボール状で,細胞当たり数十個含まれる.葉緑体は内外の2層の包膜(envelope)で包まれ,内側は膜状のチラコイド*とそれらが重なったグラナ*,および可溶性のストロマ*より成る(図).チラコイドには光化学系Ⅰ,光化学系Ⅱ,

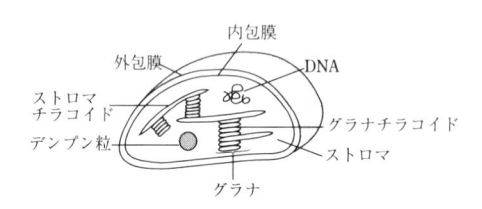

電子伝達系,ATP合成系が存在し,クロロフィル*を含むため緑色を呈し,光エネルギーを化学エネルギーに変換する明反応を行う.ストロマにはチラコイドで生成したエネルギーを使って炭酸固定*をする暗反応を行う系があり,デンプン,アミノ酸,ヌクレオチド,脂肪などの生合成系もある.葉緑体は独自の葉緑体DNA*とその複製・転写・翻訳系をもつため,自己増殖性の細胞小器官である.この遺伝情報系はラン藻(シアノバクテリア*)の系とよく似ていることから,葉緑体は古ラン藻が共生して生じたとする共生説*が有力である.葉緑体は植物の発育・分化に応じて著しくその形態と機能を変化させる.種子に存在するプロプラスチド*から発達し,黄化芽生えのエチオプラスト*,葉の光合成器官としての葉緑体,白色の組織の白色体*,貯蔵組織でデンプン粒をもつアミロプラスト*,果実中の黄色や赤色の有色体*などになる.これらを総称して色素体*という.

**葉緑体RNA** [chloroplast RNA] 葉緑体*に存在

するRNA．葉緑体DNA*より転写されたmRNA，rRNA，tRNAとtRNA以外の低分子RNA，およびそれらの前駆体RNAがある．寄生植物の色素体*には細胞質からtRNA分子が入るという考えもある．mRNAにはキャップ構造やポリ(A)はない．前駆体RNAの一部はシスおよびトランスのスプライシング*によって成熟RNAになる．ごく一部のmRNAはRNA編集*によってACGからAUG開始コドンが生じたり，内部のコドンが変化してアミノ酸置換*を起こす．藻類の葉緑体の中には，自己スプライシング*するイントロンRNAをもつものもある．

**葉緑体移行シグナル** [chloroplast transit peptide] ＝トランジットペプチド．cTPと略す．

**葉緑体ゲノム** [chloroplast genome] 葉緑体*は，核やミトコンドリアのゲノム*とは異なる独自のゲノムをもつ．このゲノムは複数の同一コピーの葉緑体DNA*より成る．今世紀の初めに植物の葉の斑入りの現象が母性遺伝することが発見され，葉緑体にも遺伝物質の存在が示唆された．1960年代に入ると葉緑体にDNAとその発現系が存在することが証明され，葉緑体は固有のゲノムをもつことが明らかとなった．(→ミトコンドリアゲノム)

**葉緑体シグナル** [plastid signal] プラスチドシグナルともいう．進化の過程で，葉緑体*やミトコンドリア*の遺伝情報が核へ移動し，各細胞小器官間の遺伝情報発現を制御するネットワークが発達した．葉緑体分化異常の変異体や，カロテノイド合成阻害剤(ノルフラゾン)による葉緑体破壊などにより，核ゲノムにコードされている cab (クロロフィル a/b 結合タンパク質遺伝子)などのいくつかの葉緑体タンパク質遺伝子の発現が変化することから，葉緑体から核への情報伝達が行われていると考えられている．このような葉緑体から核へのフィードバック的な情報の流れを葉緑体シグナルとよぶ．このシグナル伝達経路にかかわるシロイヌナズナの突然変異体(gun: genome uncoupled)が単離され，葉緑体シグナルの一つがクロロフィル合成中間体である Mg-プロトポルフィリンIXおよび Mg-プロトポルフィリンモノメチルエステルの蓄積であることが明らかになった．しかし，クロロフィル合成中間体を用いないシグナル伝達経路の存在も報告されている．同様に，ミトコンドリアから核へのシグナル伝達経路も存在する．

**葉緑体タンパク質** [chloroplast protein] 葉緑体*を構成するタンパク質．可溶性タンパク質の大部分はリブロースビスリン酸カルボキシラーゼ*である．可溶性画分にはそのほかに，光合暗反応系，アミノ酸など低分子化合物の生合成系，遺伝情報系の酵素群が存在する．不溶性画分はチラコイドと包膜を構成するタンパク質群がある．葉緑体DNA*にコードされているタンパク質はごく一部で，大部分は核・細胞質系よりシグナルペプチドを介して移入される．

**葉緑体DNA** [chloroplast DNA] 葉緑体*に存在する固有のDNA．複数の同一コピーで葉緑体ゲノム*を構成する．二本鎖環状分子で，陸上植物では120～160 kbp，藻類では90～300 kbpの大きさで，数種の植物種でその全塩基配列が決定されている．大部分の陸上植物の葉緑体DNAは10～30 kbpの逆方向反復配列*をもつ．陸上植物の葉緑体DNAは，4種のrRNA，30～32種のtRNA，70種ほどのタンパク質の遺伝子および20種ほどのオープンリーディングフレーム*を含む．コードされていることが明らかになっているタンパク質は，リボソーム，RNAポリメラーゼ，翻訳因子，チラコイド膜，呼吸系，クロロフィル合成系のそれぞれの成分の一部である．約20種の遺伝子はイントロン*をもつ．多くの遺伝子はクラスターをなし共転写される．藻類の葉緑体DNAの遺伝子含量は80～180種と種によって大きく異なり，150個以上のイントロンをもつミドリムシからイントロンをまったく含まないチシマクロノリまで幅が広い．葉緑体DNAの複製起点*は1～2箇所ありDループ*の形成から始まる．葉緑体DNAの一部と相同な配列がミトコンドリアと核のDNA中に散在しており(プロミスカスDNA，promiscus DNA)，これらのゲノム間でDNAのやりとりがあったと思われる．(→共生説)

**葉緑体プロテアーゼ** [chloroplast protease] プラスチドプロテアーゼ(plastid protease)ともいう．葉緑体*に局在するプロテアーゼ*の総称．その役割は，シグナル配列の切断や光化学系*複合体サブユニットの成熟化を担うエンドペプチダーゼ機能と，不必要となったタンパク質をアミノ酸レベルまで分解する機能に大別できる．後者は葉緑体タンパク質の品質管理，特に光化学系IIの修復サイクルに重要であり，主要なものとして Clp, FtsH, Lon, Deg が知られる．Clp, Lon はセリンプロテアーゼ*，FtsH はメタロプロテアーゼ*の活性中心をもち，さらにAAA+タンパク質に特徴的なATP結合領域をもつ．ClpはATP結合領域とプロテアーゼ活性中心を別々のサブユニットがもつのに対し，FtsH, Lon は一つのポリペプチド内に両領域をもつ．Clp, Lon は葉緑体のストロマ*，FtsH と Deg はチラコイド膜に多量体として存在する．これら葉緑体プロテアーゼの構造は大腸菌のものと相同性も高いが，シアノバクテリア*や植物の葉緑体には多くのアイソフォームが存在する点が特徴である．

**葉緑体リボソーム** [chloroplast ribosome] 葉緑体*は，細胞質とは異なるリボソーム*をもつ．原核生物と同じ70S型で，30Sには16S rRNA，50Sには23Sと5S rRNAをもつ．陸上植物の葉緑体23S rRNAは3′側が分断されて4.5S rRNAとなっており，クラミドモナスでは5′側が7Sと3Sに分断されている．リボソームタンパク質は大腸菌のそれと似ているが，葉緑体固有のタンパク質も数種知られている．タンパク質合成はクロラムフェニコールで阻害されるが，葉緑体mRNAの多くはシャイン・ダルガノ配列*をもたないため，独自のmRNA結合機構が考えられる．

**抑圧** [suppression] サプレッションともいう．ある遺伝子に起こった突然変異の影響が，その突然変

異とは異なる部位に起こった第二の突然変異により抑えられ，もとの表現型を回復することをさす．突然変異している塩基配列が，その突然変異部位において完全にもとに戻るために表現型を回復している場合は真正復帰突然変異*とよばれ，区別される．抑圧には，第二の突然変異が第一の変異と同じ遺伝子で起こる遺伝子内抑圧*と，異なる遺伝子で起こる遺伝子間抑圧*の2種類がある．いずれの場合も，第一の突然変異により失活したタンパク質の代わりに，少なくとも部分的に活性のあるタンパク質をつくらせることで表現型を回復しているが，その機構は異なる．前者は，第二の突然変異が第一の突然変異に近い位置に起こり，第一の突然変異によりひき起こされた読み枠のずれが回復された場合などに起こる．後者は，第二の突然変異がコドンの読み違いの増大をひき起こし，正常なタンパク質がつくられるようになることなどで起こる．サプレッサーtRNA*やリボソームタンパク質，ポリペプチド鎖伸長因子の突然変異も含まれる．

**翼状ヘリックス・ターン・ヘリックスDNA結合ドメイン**[winged helix-turn-helix DNA binding domain] 約100アミノ酸から成るDNA結合ドメイン*の一つで，三つの両親媒性のαヘリックスの間に二つのループ構造があり，この構造が翼状を形容することから名付けられたドメイン構造．ショウジョウバエの胚の末端部形成にかかわる転写因子*fork headから見いだされた特徴的なドメインであることから，フォークヘッドドメイン(folk head domain)ともよばれる．

**抑制**[repression] ⇌ 誘導

**抑制遺伝子**[repression gene] ⇌ 非対立遺伝子

**抑制型Smad**[inhibitory Smad] I-Smadと略す．(⇌ Smad)

**抑制酵素**[repressible enzyme] 代謝経路上の物質合成に関与する酵素の合成量が最終産物などの作用により減少する酵素．誘導酵素(⇌誘導タンパク質)，構成酵素と対比される．一般にアミノ酸やヌクレオチド合成系酵素がこれに属する．大腸菌のヒスチジン合成系酵素が有名である．増殖培地にヒスチジンを加えると菌体内のヒスチジニルtRNA(コリプレッサー)量が増え，これと結合したアポリプレッサーが活性型となり，オペレーターに結合してヒスチジンオペロン*の転写を阻害する．

**抑制性シナプス後電位**[inhibitory postsynaptic potential] IPSPと略す．抑制性シナプスで発生するシナプス後電位*をさす．γ-アミノ酪酸*(GABA)やグリシンなどの抑制性神経伝達物質*がチャネル内在型の受容体に結合し，チャネルを開口させて発生する．塩素イオンチャネル*の場合が多く，ニューロンの過分極として認められる．過分極または静止電位*近くでのコンダクタンスの上昇によって興奮性シナプス後電位*による脱分極が打消され，抑制効果がもたらされる．伝達物質の放出の減少で抑制効果の生じるシナプス前抑制では生じない．

**抑制性神経伝達物質**[inhibitory neurotransmitter] 神経伝達物質*のうちシナプス後細胞*に対し抑制性の作用をもつものをいう．これに対し，興奮性の作用をもつものを興奮性神経伝達物質*という．抑制性神経伝達物質としてγ-アミノ酪酸*(GABA)やグリシンが知られている．これらはそれぞれの受容体に結合して，受容体内にある塩素イオンチャネル*を開口させる．その結果，膜の過分極(hyperpolarization)や膜コンダクタンス*の増大を伴う抑制性シナプス後電位*が生じ，細胞の興奮性が低下する．一方，非チャネル連結型受容体に結合するアミンや神経ペプチドにもシナプス後細胞に対し抑制効果をもつものがある．これらの作用は，GTP結合タンパク質*やセカンドメッセンジャー*を介するため比較的遅くかつ複雑であることが多い．

**横緩和時間** スピン-スピン緩和時間ともいう．(⇌ 核緩和)

**四次構造**[quaternary structure] タンパク質においていくつかのサブユニット*間の相互作用によって形成された構造で，二次構造*や三次構造*の組合わせで成り立っている．サブユニットには，ヘモグロビンのようにほぼ同一のものもあれば，IgGのように2本のH鎖と2本のL鎖から成るものもある．ヘモグロビンに対する酵素の協同的結合のように，四次構造がアロステリック制御*などの機能に関与している場合も多い．(⇌ 高次構造【1】)

**よじれ数**[writhing number] 超らせん*DNAにおいて，二重らせんの軸が空間内で何回巻いているかを示す数で，$Wr$と略記する．均一な右巻きのよじれをもつ超らせんDNAでは，二重らせんの軸が交差する数(node)を$n$，超らせんのピッチ角(superhelix winding angle)を$\gamma$とすると，$Wr = -n \sin\gamma$となる．リンキング数*$Lk$とねじれ数*$Tw$の間に，

$$Lk = Tw + Wr, \quad \Delta Lk = \Delta Tw + \Delta Wr$$

の関係が成り立つ．

**ヨタリマウス**[yotari mouse] IP$_3$受容体ノックアウトマウスを作製する過程で得られたミュータントマウスでスクランブラーマウス*と同様Dab1遺伝子の変異により大脳皮質や小脳の層構築が異常となり，リーラーマウス*に似た症状を呈する．ヨタリマウスの変異はDab1のコード領域の570番目から927番目までの357塩基が欠失した変異である．

**予定運命図**[fate map] ある時期の多細胞動物胚においては，その時点では未分化な領域・細胞が将来どのような分化した器官・細胞を形成するか，すでに発生運命が決まっている．これを模式的に示した図を予定運命図(運命予定図)という．一般に発生に伴い幹細胞*の多分化能は制限されていき，やがて単一の分化能のみをもつ前駆細胞*になる．これを決定あるいは拘束という．さらに，細胞は固有の表現型を発現するようになり，分化*を遂げる．予定運命図は最終分化した各細胞がどのような祖先の細胞に由来するのか，細胞系譜*を遡った結果を示したものである．したがって，予定運命図は当該領域にある細胞の発生能(分化能)を示したものではない．イモリ，カエル，ショウジョウバエの胚における予定運命図が代表的な

ものとしてよく知られている．また，ウマ回虫，線虫およびホヤにおいて解明された細胞系譜図もある種の予定運命図と考えられる．

**予定外 DNA 合成**［unscheduled DNA synthesis］ 不定期 DNA 合成ともいう．DNA の複製\*のエラーや化学物質，放射線などにより DNA に傷が生じた時，その修復\*に伴って起こる局所的な DNA 合成をいい，細胞周期の全域で起こる．一方，細胞増殖に必要な DNA 合成（複製）は，細胞周期の S 期のみで起こる．

**予定筋芽細胞**［presumptive myoblast］ ⇨筋芽細胞

**ヨードアセトアミド**［iodoacetamide］ ⇨システインプロテアーゼインヒビター

**ヨード酢酸**［(mono)iodoacetic acid］ MIA と略す．（⇨プロテアーゼインヒビター）

**ヨードデオキシウリジン**［iododeoxyuridine］ デオキシウリジンの 5 位の水素がヨウ素に置換された類似体．ヘルペスウイルス感染細胞に与えられると DNA に取込まれ，ウイルス DNA の複製を阻害する．当初，国によっては外用としてヘルペス角膜炎の点眼薬として許可され，確かによく効いたようであるが角膜混濁などの副作用が見つかり，現在では抗ウイルス剤としてまったく使われていない．実験室的には内在性ウイルス\*の誘発剤として効果がある．

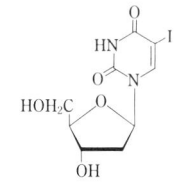

**ヨードビニルデオキシウリジン**［iodovinyldeoxyuridine］ IVDU と略記される．デオキシウリジンの 5 位の水素の置換体の一つ．ブロモビニルデオキシウリジン（bromovinyldeoxyuridine）とともに強力な抗ヘルペスウイルス作用をもつ．ウイルス由来のチミジンキナーゼ\*，チミジル酸キナーゼ，ヌクレオシドニリン酸キナーゼ\*によりリン酸化され，dTTP と拮抗して DNA ポリメラーゼ\*を阻害する．感染細胞は未感染細胞に比べて，$10^3 \sim 10^4$ 倍の殺細胞感受性を示す．

**ヨードプシン** ＝イオドプシン

**ヨハンセン JOHANNSEN, Wilhelm Ludvig** デンマークの遺伝学者．1857.2.3〜1927.11.11．コペンハーゲンに生まれ，コペンハーゲンに没す．独学で薬剤師となり，そのかたわら植物学と化学を学んだ．カールスベリ研究所の化学助手（1881）となり，植物生理学の研究に従事した．コペンハーゲン大学植物生理学教授（1905）．同学長（1917）．"遺伝子（gene）"を命名した（1909）．変異の統計によって，純系内の個体差は遺伝的変異でないことを示した（1903）．Johannsen は遺伝学の基礎を築くのに貢献した．

**読み過ごし**［read through］ 読み通し，リードスルーともいう．タンパク質合成が終止コドンで停止せず，下流部分をも翻訳してしまう現象．おもにサプレッサー tRNA\* が終止コドンに適切なアミノ酸を指定することで起こるが，リボソームに生じた突然変異によっても起こる．この機構によりナンセンス突然変異\*が抑制される．1 種類の RNA から複数のタンパク質をつくる（レトロウイルスの *gag* と *pol* など）時にもこの機構が利用される．翻訳時の読み過ごしの別の例はセレノシステインのタンパク質への取込みにおいて見られる．セレノシステインは独自の tRNA$^{Sec}$ によりタンパク質に取込まれるが，tRNA$^{Sec}$ はアンチコドン UCA をもち，オパール終止コドン UGA と対合する．tRNA$^{Sec}$ のセレノシステイン化は tRNA$^{Ser}$ のアミノアシル化を行うセリンアミノアシル合成酵素 SerRS により L-セリンを tRNA$^{Sec}$ に付加した後，酵素反応でセリン残基がセレン化される．翻訳以外にも，たとえば転写終結が正しく起こらず，もれて下流まで及ぶ現象をさす場合もある．

**読み通し** ＝読み過ごし
**読み取り枠** ＝オープンリーディングフレーム
**読み枠** ＝リーディングフレーム

**Ⅳ型アレルギー**［type Ⅳ allergy］ ＝遅延型アレルギー

**Ⅳ型コラゲナーゼ**［type Ⅳ collagenase］ ＝ゼラチナーゼ

**四本鎖 DNA**［four-stranded DNA］ 生理的条件下で安定に存在する四本鎖 DNA 構造としては，4 個の連続したグアニン塩基から成る配列モチーフ（G カルテット，G-quartet）を構造単位とするものが知られている．この四本鎖構造は，4 本の DNA 鎖が平行に会合したもの，1 本の DNA 鎖が折りたたまれることにより同一鎖内に形成されたもの，折り返し構造を含む 2 本の DNA 鎖が会合した結果形成されたものの 3 種に大別でき，その安定性は 1 価イオンに大きく依存する．生物学的には，テロメア\*にこの四本鎖形成能をもつ配列モチーフが多くみられ，テロメアのグアニン塩基に富む部分は G カルテット構造を経て二量体化して安定な複合体になると考えられている．

# ラ

**癩**（らい）[leprosy] ＝ハンセン病

**ライオニゼーション**[lyonization] ＝X染色体不活性化

**ライゲーション** ＝連結反応(核酸の)

**ライシン**[lysin] ＝先体反応

**ライディッヒ細胞**[Leydig cell] 精細管の間の間質に小集団をなして存在する細胞で，エオシン好性を示す．その出現様式から間(質)細胞*ともよばれ，毛細血管に接して分布する．胞体内には滑面小胞体が密在し，小管状のクリステをもつミトコンドリアが見られる．これはステロイド系の分泌細胞の特徴であり，本細胞はテストステロン*をはじめ二，三の男性ホルモンを産生する．ヒトに限って細胞質内にラインケ結晶(Reinke)が見られる．下垂体前葉の支配を受ける．

**ライト効果**[Wright effect] ＝遺伝的浮動

**ライノウイルス**[Rhinovirus] ピコルナウイルス*科のウイルス．非分節型のプラス(+)鎖RNAをゲノムとしてもつ．ゲノムの5′末端にはVPg*，3′末端にはポリ(A)はない．エンベロープ*はもっていない．同じピコルナウイルス科でも腸ウイルス*とは異なり，酸性に対する抵抗性が低いため，上気道感染のみで終わることが多い．いわゆる鼻風邪ウイルスである．ヒトライノウイルスには100種類以上の血清型が存在するのでワクチン*による予防は困難である．

**ライム病**[Lyme disease] スピロヘータ科，ボレリア属に属する細菌，*Borrelia burgdorferi* によって起こる病気で，山野に生息するシュルツェマダニやヤマトマダニに刺されて感染する．発生地域はこれらマダニの分布に関連し，日本では北海道で多い．病原菌として野生げっ歯類が注目されている．刺傷部を中心にしてだんだんと拡大する類似性紅斑をもって，頭痛，発熱，倦怠，リンパ節腫脹，髄膜炎，関節炎，神経障害，循環障害などが起こる．本菌は線状染色体と線状プラスミドをもつ．

**LINE**[LINE] 哺乳動物に広く存在する広範囲散在反復配列(long interspersed repetitive sequence)の略称．昆虫などにも類似の配列が存在する(→コピア因子，Ty因子)．哺乳動物のL1とよばれるLINEは，ハプロイドゲノム当たりのコピー数は$10^4$～$10^5$であり，配列の3′側にポリ(A)付加シグナルとAリッチ配列の存在することが多い．レトロウイルス*やレトロポゾン*の逆転写酵素と相同性の高い領域も認められる．今日においても一部のものはレトロポゾンの機能をもつ可能性があり，血友病家系や乳がんにおける解析の結果から示唆されている．(→SINE)

**ラインウィーバー・バークプロット**[Lineweaver-Burk plot] 酵素反応で，反応速度と基質濃度の関係を与える図の一つ．二重逆数プロット(double reciprocal plot)ともいう．(→ミカエリス・メンテンの式)

**ラウシャー白血病ウイルス**[Rauscher leukemia virus] フレンド白血病ウイルス*と同じく，フレンド脾臓フォーカス形成ウイルス*とヘルパーウイルス*から成る急性白血病ウイルス株．J. F. Rauscherにより1962年に分離された．マウスに対する病原性もきわめて類似する．フレンド白血病ウイルスの貧血症株に対応する．(→マウス白血病ウイルス)

**ラウス** ROUS, Francis Peyton 米国の医学者．1879.10.5～1970.2.16. ボルティモアに生まれ，ニューヨークに没す．ジョンズ・ホプキンズ大学で医学博士号を取得し，ロックフェラー研究所に就職(1905). 1911年，ニワトリ肉腫をすりつぶし，ウイルスだけを濾過した濾液が他のニワトリに肉腫を感染させることを示した．後年，病原体がウイルスであることが確立し，1966年ノーベル医学生理学賞を受けた．(→ラウス肉腫ウイルス)

**ラウス肉腫ウイルス**[Rous sarcoma virus] RSVと略す．トリ肉腫ウイルスの一種．1910年にF. P. Rous*によりニワトリの肉腫より分離された．これが最初に発見された肉腫ウイルスで，これについて本邦でトリの藤浪肉腫ウイルスが分離されている．RSVのSchmidt-Ruppin株はがん遺伝子*v-src*(→src遺伝子)をもつものの，増殖に必要な遺伝子をすべてもち，単独で増殖可能であり，ヘルパーウイルスの重感染なしに病因論研究が進められた．Bryan株など多数の株が確認されているが，それらはほとんど複製欠損性で，増殖の際，利用するヘルパーウイルスの違いにより幅広い宿主域を示している．

**ラウターバー** LAUTERBUR, Paul Christian 米国の物理学者．1929.5.6～2007.3.27. オハイオ州シドニーに生まれ，1962年ピッツバーグ大学でPh.D.取得．1973年に静磁場中に磁場勾配をもたせることで磁場を人為的に不均一にして生じたデータ信号のひずみを利用して試料の空間的な位置情報を得る線形磁場勾配法を開発し，MRI*の基礎を築いた．ニューヨーク大学教授を経て，1985年からイリノイ大学教授．1985～2007年イリノイ大学生物医学磁気共鳴研究所所長．2003年核磁気共鳴画像化法に関する発見により，P. Mansfield*とともにノーベル医学生理学賞を受賞．

**N-ラウリルサルコシン酸ナトリウム**[sodium N-laurylsarcosinate] ＝サルコシル

**ラウリル硫酸ナトリウム**[sodium lauryl sulfate] ＝ドデシル硫酸ナトリウム

**ラギング鎖**[lagging strand] DNAの複製*に際して新たに合成される2本の娘鎖のうち，ヌクレオチドの重合の方向が複製フォーク*の進行方向と異なる鎖のこと．DNAの二本鎖は互いに方向性が異なるために，一方の娘鎖(リーディング鎖*)は5′→3′方向

に連続的に合成されることにより複製フォークと同じ方向に伸長する．これに対してもう一方の娘鎖はラギング鎖とよばれ，複製フォークの向きとは異なる 5′→3′ 方向に短鎖 DNA（岡崎フラグメント*）が合成された後で長い DNA 鎖に連結されることにより全体として 3′→5′ 方向に伸長して行く．この複製様式は不連続複製*とよばれる．

**ラクトシデロフィリン**［lactosiderophilin］ ⇌ ラクトフェリン

**ラクトースオペロン**［lactose operon］ *lac* オペロン（*lac* operon）ともいわれる．ラクトースの分解に関与する遺伝子を含むオペロン．大腸菌では *lacZ*，*lacY*，*lacA* の三つの構造遺伝子で構成されており，それぞれ β-ガラクトシダーゼ，ガラクトシドパーミアーゼ，ガラクトシド *O*-アセチルトランスフェラーゼをコードする．プロモーターとオペレーターに続いて *lacZ-lacY-lacA* の順に並んでおり，染色体の 8 分座に位置している．オペロンの転写は *lac* リプレッサー*による負の調節とともに cAMP-CRP（cAMP 受容タンパク質）複合体による正の調節を受けている．リプレッサーがオペレーターから解離しても転写は十分に開始されず（最大発現活性の 5% 程度），cAMP-CRP がプロモーターの近くに結合して転写開始が促進される．大腸菌をグルコースを含む培地で増殖させた場合には，グルコースによって細胞内の cAMP レベルが低下するので，たとえラクトースが共存していてもオペロン発現は抑制（グルコース抑制）されている（図）．このような性質は他の解糖系オペロンでもみられる（⇌ カタボライト抑制）．

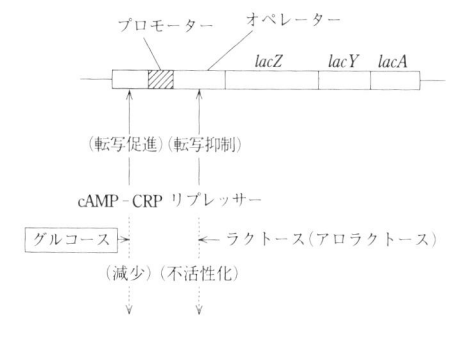

```
      プロモーター    オペレーター
  ┌──────┬──┬──────┬──────┬──────┐
  │      │░░│ lacZ │ lacY │ lacA │
  └──────┴──┴──────┴──────┴──────┘
       ↑        ↑
    (転写促進)(転写抑制)
       │        │
   cAMP-CRP  リプレッサー
  ┌──────┐
  │グルコース│   ← ラクトース（アロラクトース）
  └──────┘
  (減少)(不活性化)
```

**ラクトトランスフェリン**［lactotransferrin］ ⇌ ラクトフェリン

**ラクトフェリン**［lactoferrin］ ⇌ ラクトトランスフェリン（lactotransferrin），ラクトシデロフィリン（lactosiderophilin），エンテロシデロフィリン（enterosiderophilin）．乳汁などの各種の体外分泌液や血清中に多く含まれる分子量約 9 万の鉄結合性糖タンパク質で，抗菌作用を有する（⇌ 抗菌ペプチド）．

**ラジオアイソトープ** ＝放射性同位体
**ラジオイムノアッセイ** ＝放射線免疫検定法
**ラジカル**［radical］ ＝遊離基
**ラジカルスカベンジャー**［radical scavenger］ ＝スカベンジャー
**ラジカル捕捉型抗酸化剤**［radical-scavenging antioxidant］ ⇌ スカベンジャー
**ラージ T 抗原**［large T antigen］ ⇌ T 抗原

**Ras**［Ras］ *ras* 遺伝子*産物で，分子量 21,000 のタンパク質であるので，p21 ともよばれる．低分子量 GTP 結合タンパク質*Ras には GDP 結合型の不活性型と GTP 結合型の活性型が存在しており，GTP 結合がその標的タンパク質に作用すると考えられている．Ras は細胞増殖因子などの細胞外シグナルの下流で，SOS などの GDP-GTP 交換因子*によって活性化される．Ras の標的タンパク質は長らく不明であったが，近年，Ras が Raf（⇌ *raf* 遺伝子）を活性化して MAP キナーゼカスケード*を活性化することが明らかになっている．活性化された MAP キナーゼは *c-fos* などの転写因子の遺伝子発現を介して細胞増殖を促進する．Raf 以外の Ras の標的タンパク質としては，ホスファチジルイノシトール 3-キナーゼ*や Ral GDS などが同定されているが，それらの生理機能については不明な点も多い．

***ras* 遺伝子**［*ras* gene］ Kirsten 株，Harvey 株マウス肉腫ウイルスのがん遺伝子はラット（rat）由来の肉腫（sarcoma）遺伝子をもっており，両者は酷似していたので *ras* と命名され，それぞれ K-*ras*，H-*ras* とよばれる．ウイルス由来ではないがヒト神経芽細胞腫*からも類似のがん遺伝子として N-*ras* が分離され，三者を併せて *ras* ファミリー（*ras* family）という．N-，H-，K-*ras* の産物（Ras）はともに，189 のアミノ酸から成り，分子量 21,000（p21）の GTP アーゼ活性をもつタンパク質である（⇌ 低分子量 GTP 結合タンパク質）．アミノ末端から約 165 アミノ酸は三者ではほぼ共通で，その中に GTP/GDP 認識・結合領域（3〜19，56〜64，78〜84，110〜122，143〜149）があり，カルボキシ末端から 3 番目のシステインが脂質アンカー部位となっている．しかし三つの Ras タンパク質の 166〜189 の領域はまったく異なり，固有の機能をもつ．ヒトがん細胞からは 12，13，61 番目の位置に突然変異が見いだされており，GTP アーゼ活性の消失とともに，トランスフォーム能が付与される．その後 Ras とほぼ同じ分子量で 30〜60% のアミノ酸相同性をもち，GTP アーゼ・GTP/GDP 認識・結合領域，脂質アンカー部位をもつものとして *rho* 遺伝子と *rab* 遺伝子ファミリーがそれぞれ見いだされ，前述の *ras* 遺伝子ファミリーを含めて *ras* スーパーファミリー（*ras* super family）という．*rho* は細胞形態の調節に，*rab* は小胞体輸送に関与するタンパク質をコードする（⇌ Rho，Rab）．

***ras* スーパーファミリー**［*ras* superfamily］ ⇌ *ras* 遺伝子

***ras* ファミリー**［*ras* family］ ⇌ *ras* 遺伝子
**ラセミ混合物**［racemic mixture］ ⇌ 光学異性体
**らせん不安定化タンパク質**［helix-destabilizing protein］ ＝一本鎖 DNA 結合タンパク質

ラッキーマザー［lucky mother］　＝ミトコンドリアイブ

**Rac**［Rac］　Rho*サブファミリーに属する低分子量GTP結合タンパク質*．Ras-related C3 botulinum toxin substrateから名づけられた．哺乳動物では3種類の遺伝子(rac1, 2, 3)が存在する．192アミノ酸残基より成り，翻訳後C末端に修飾を受ける．活性型Racは，繊維芽細胞では細胞膜周辺部にアクチンフィラメントを形成し，細胞膜うち波現象(⇒ラッフリング)を起こす．好中球ではNADPHオキシダーゼを活性化する．標的分子としてp65PAKとp120ACKが同定されている．

**RAG**［RAG＝recombination activating gene］　組換え活性化遺伝子の略称．(⇒RAGタンパク質)

***lac*オペロン**［*lac* operon］　＝ラクトースオペロン

***lacZ*融合タンパク質**［*lacZ* fusion protein］　⇒β-ガラクトシダーゼ

**RAGタンパク質**［RAG protein］　RAGは組換え活性化遺伝子(recombination activating gene)の略称．免疫系における抗原受容体遺伝子のV-(D)-J組換え反応を担う酵素で，RAG1，RAG2二つのタンパク質の複合体で構成される．RAG1，RAG2は，未分化段階のT細胞*およびB細胞*において組織特異的に発現している．RAGタンパク質複合体は，抗原受容体遺伝子のV-(D)-J組換えに際して，V, D, Jの各セグメントに隣接する組換えシグナル配列*(RSS)に結合して部位特異的にDNA二本鎖切断を導入する(⇒DNA再編成)．RAGタンパク質にはトランスポゼース*としての活性があり，抗原受容体遺伝子のV(D)J組換えシステムが進化の過程でトランスポゾン*の切出し反応を利用して今日ある多重遺伝子の形に発展してきたことが示唆されている．なお，RAGを介したV(D)J組換えシステムは，脊椎動物が出現してくる早い時期に既に存在したものと推定され，サメなどでその原型が確立している．

***lac*プロモーター**［*lac* promoter］　ラクトースオペロン*のプロモーター*．cAMP-CRP(cAMP受容タンパク質)結合部位の下流，オペレーターの上流に位置し，cAMP-CRPの結合により発現活性が増す．-35と-10配列はTTTACAとTATGTTであって，あまり強いプロモーターではない．-10配列がTATAATに変異した*UV5*プロモーターはcAMP-CRPがなくても強い発現活性をもつ．これと*trp*プロモーターの-35配列(TTGACA)を組合わせた*tacUV5*プロモーター(*tacUV5* promoter)は強力で，組換えDNAの発現用に利用される．

***lac*リプレッサー**［*lac* repressor］　ラクトースオペロン*の転写開始を抑制するタンパク質．オペレーターに隣接する*lacI*によってコードされ，四量体を形成してオペレーターに結合する．アロラクトースやイソプロピル-1-チオ-β-ガラクトシド(IPTG)などの誘導体と結合するとオペレーターとの結合性が低下し，オペロン発現が誘導される．*lacI*⁻突然変異によって不活性になり，多くは劣性形質であるが，優性突然変異もある．*lacI*ˢは誘導体存在下でもオペレーターと強く結合するリプレッサー突然変異である．

**ラッサウイルス**［*Lassa virus*］　⇒アレナウイルス

**ラット**［rat］　げっ歯目ネズミ亜目，ネズミ科に属し，和名はドブネズミ，学名は*Rattus norvegicus*という．野生種は人家，またはその周辺を生活圏とし，古くから人間の生活に深くかかわってきたため，クマネズミ(*R. rattus*)，マウス*(*Mus musculus*)とともにイエネズミと総称される．穀類を食害し，種々の伝染性疾患を直接，間接に媒介することから，重要な害獣として駆除の対象になっている．人とともに移動し，分布は汎世界的である．起源は中近東またはマレー半島といわれる．染色体数は2n=42，性成熟に50～80日を要し，性周期は4～5日，妊娠期間は12～14日，産子数は約10頭，哺乳期間は21日である．実験用ラットはドブネズミを順化*，改良したもので，19世紀中ごろから使用され始めた．多くの系統が存在し，GKラットやOLETFラット(糖尿病)，SHR(高血圧)，SHRSPラット(脳卒中)，ARラット(ヒルシュスプラング病)，MPRラット(ムコ多糖症VI型)，ALS-cto(マウス白内障)などヒト疾患のモデル動物となる系統も多数樹立されている．同一系統名をもつもの(たとえばWistar系統)でも，遺伝学的性質はかなり異なっており，実験に際しては十分の注意が必要である．比較的大型で各臓器重量が高いため，多量の臓器を必要とする生化学的実験に適する．マウスと異なり内在性ウイルス*がほとんど知られないため，変異原による発がん*過程の研究にも適する．2004年4月に実験系統の一つであるBrown Norwayのゲノムの解読(90％)が発表された(⇒付録J)．

**LAP**［LAP＝liver-enriched transcriptional activator protein］　＝肝特異的転写活性化タンパク質

**Rap**［Rap］　Rasファミリーに属する低分子量GTP結合タンパク質*で，現在までにRap1A，Rap1B，Rap2が同定された．Rap1のエフェクター領域はRasのエフェクター領域と同じアミノ酸配列をもっており，Rap1はRasの標的タンパク質と拮抗してRasによる細胞のトランスフォーメーションやc-*fos*遺伝子の発現を抑制する．一方，Rap1に固有の機能も存在すると推定されている．Rap1の活性促進因子としては，SmgGDS，C3G*などが知られている．逆に，Rap1の活性抑制因子としてSpa-1などが見いだされている．

**ラッフリング**［ruffling］　膜ラッフリング(membrane ruffling)ともいう．細胞を走化性因子や増殖因子*などで刺激すると，細胞辺縁の形質膜が薄く幅広い仮足を形成し，波うち様に運動する．この葉状の仮足を波うちヒダとよび，その運動様式をラッフリングとよぶ(⇒葉状仮足)．波うち膜を裏打ちするアクチンフィラメント*が活発に重合と再構築を繰返すことで，ラッフリングが生じる．低分子量GTP結合タンパク質Rac*とその下流エフェクターWAVE/Scarが，波うち膜の形成に中心的な役割を担う．

**ラディキシン**［radixin］　分子量 82,000 の細胞膜裏打ちタンパク質*で，分子量 85,000 のエズリン（ezrin）と分子量 75,000 のモエシン（moesin）とともに，ERM ファミリー（ERM family，これら3種のタンパク質の頭文字をとってこうよぶ）を形成する．これら3種類のタンパク質は，そのアミノ酸配列がきわめてよく似ており，マウスでは同一アミノ酸は 79% を超え，80% を超える．特に，N 末端側半分の配列はよく保存されており，80% を超える．これら ERM タンパク質は，この N 末端側半分で細胞の形質膜，特に膜タンパク質 CD44 の細胞質領域と結合し，その C 末端側半分でアクチンフィラメントと結合することにより，膜とアクチンの間の架橋タンパク質として働く（→アクチンフィラメント架橋タンパク質）．細胞質分裂時の分裂溝，微絨毛，波うち膜*，細胞間および細胞-マトリックス間接着部位に濃縮し，細胞運動のみならず，細胞増殖，細胞分化に重要な役割を果たしている．

**ラド**［rad］　吸収線量の旧単位．（→グレイ）

**ラトランキュリン**［latrunculin］　アクチン脱重合剤．アクチンモノマーにヌクレオチドが結合する裂け目の近くで結合し，アクチン*の重合を阻害する天然物質で毒性があり，*Latrunculia* 属を含むある種の海綿動物で産生される．ラトランキュリンAとBが知られている．

**ラパマイシン**［rapamycin］　一般名シロリムス（sirolimus）．FK506（一般名タクロリムス：tacrolimus）と類似のマクロライド系抗生物質*（→イムノフィリン）．免疫抑制作用とともに腫瘍細胞株に対する増殖抑制作用を示す．FK 結合タンパク質 12（FKBP12）と結合し，ラパマイシン-FKBP12 複合体は mTOR（mammalian target of rapamycin）（別名 FRAP（FKBP and rapamycin-associated protein）あるいは RAFT1（rapamycin and FKBP12 target 1））を標的とする．mTOR 下流で機能する．タンパク質の翻訳にかかわる p70S6 キナーゼや 4E-BP1（eukaryotic translation initiation factor 4E（eIF4E）-binding protein 1）の阻害で免疫抑制効果を，低酸素誘導因子である HIF-1（hypoxia-inducible factor 1）の阻害で抗腫瘍効果を発揮する．

**ラピッドフロー法**［rapid-flow technique］　液相での高速反応の速度論的解析に使用される高速溶液混合流を観測する反応分析法．たとえば酵素溶液と基質溶液を，高圧窒素でピストンを押すことにより急速に混ぜ合わせ，高速混合流中で反応させる．反応の進行を X 線などを用いて追跡する．混合管の測定位置，時間，流速などを変化させることができる．ストップトフロー法（stopped-flow technique）では，混合後流れを停止し，その各部位で進む反応の時間経過を光吸収や蛍光などにより追う．

**Rab**［Rab］　低分子量 GTP 結合タンパク質* Rab ファミリーに属する分子としては現在までに 20 種類以上同定されており，それらの分子はエンドサイトーシスやエキソサイトーシスなどの細胞内小胞輸送を制御している．たとえば，Rab1 は小胞体からゴルジ体への小胞輸送*に，Rab3A は神経伝達物質の放出をはじめとする調節性分泌に，Rab4，Rab5，Rab7 はエンドサイトーシスに関与している．Rab ファミリーも Ras と同様に標的タンパク質を介して生理作用を遂行すると考えられているが，現在までのところ Rab3A の標的タンパク質ラブフィリン 3A* が同定されているのみで，その他の Rab ファミリー分子の標的タンパク質は同定されていない．

***raf* 遺伝子**［*raf* gene］　当初動物がんウイルスの v-*raf*/mil がん遺伝子*として発見された．名称は，ラット繊維肉腫（rat fibrosarcoma）に由来する．高等動物では v-*raf* に相同な c-*raf* のほか A-*raf*，B-*raf* という類縁遺伝子がある．c-*raf* 遺伝子産物（Raf-1）は分子量 74,000 のセリン/トレオニンキナーゼ*で広汎に発現する．増殖シグナル伝達系で Raf-1 は p21$^{ras}$ から MAP キナーゼ*系へシグナルを伝える重要な機能を果たす．*raf* 遺伝子群はプロテインキナーゼ C*類似の N 末端側調節領域を欠失すると，がん遺伝子としての活性を示す．

**Rab GDI**［Rab GDI］　Rab GDP 解離抑制タンパク質（Rab GDP dissociation inhibitor）の略称．Rab GDI は，低分子量 GTP 結合タンパク質*の Rab* ファミリーメンバーの活性制御タンパク質の一つである．現在，α，β₁，β₂ 型の少なくとも三つのアイソフォームが見いだされている．α 型は 447 個のアミノ酸から成る，分子量 50,565 のタンパク質である．α 型は神経細胞に比較的特異的に発現しているが，β₁ 型はすべての細胞に発現している．Rab GDI は GDP 結合型の Rab ファミリーメンバーに特異的に結合して複合体を形成し，GTP 結合型への転換を抑制するとともに，細胞膜への結合をも阻害する．何らかの機序で GDP 結合型が Rab GDI から解離して GTP 結合型に転換されると，小胞に存在しているそれぞれの Rab ファミリーメンバーの特異的な標的タンパク質に結合する．その結果，この小胞は標的膜に輸送されて融合する．その過程で，GTP 結合型は GDP 結合型に転換され，この GDP 結合型は Rab GDI によって標的膜から解離して細胞質へも移行する．このように，Rab GDI は，Rab ファミリーメンバーの GDP-GTP 交換反応とともに，その細胞質と細胞膜とのサイクリングに関与することによって，細胞内の小胞輸送*を制御している．

**Rab GDP 解離抑制タンパク質**［Rab GDP dissociation inhibitor］　=Rab GDI

**ラフト**［raft］　=脂質ラフト

**ラブドウイルス科**［*Rhabdoviridae*］　エンベロープ*をもつ（-）鎖 RNA ウイルスのウイルス科の一つ．ラブドウイルス科には，狂犬病ウイルス（*Rabies virus*）や水疱性口内炎ウイルス*が含まれる．マールブルグウイルス（*Marburgvirus*）やエボラウイルス（*Ebolavirus*）は，最近フィロウイルス科（*Filoviridae*）としてラブドウイルス科から独立した．非分節型 RNA をゲノムとしてもち，ヌクレオキャプシド*はらせん対称形である．ウイルス粒子は砲弾状構造であり，表面に1種類のスパイク糖タンパク質（G）をもつ．

**ラフト仮説**［raft hypothesis］ ⇒膜ミクロドメイン

**ラブフィリン3A**［Rabphilin-3A］ 低分子量GTP結合タンパク質*であるRab3A(⇒Rab)の標的タンパク質として精製,クローン化されたタンパク質.704個のアミノ酸から成り,分子量77,976.N末端側領域にRab3Aを結合する領域と,C末端側領域にCa$^{2+}$とリン脂質,特にセリンリン脂質を結合する二つのC$_2$様領域をもっている.Rab3AはCa$^{2+}$依存性のエキソサイトーシス*をひき起こす神経細胞や,内分泌細胞,外分泌細胞に発現している.また,中枢神経ではシナプスのシナプス小胞*に局在している.しかし,ラブフィリン3Aは神経細胞にのみ特異的に発現し,シナプスのシナプス小胞に局在している.現在,Rab3AはCa$^{2+}$依存性のエキソサイトーシスに関与している可能性が強くなっているが,ラブフィリン3AはRab3Aによる神経伝達物質の放出反応を遂行しているとともに,Ca$^{2+}$センサーとしても働いていると考えられている.

**ラブル配向**［Rabl orientation］ 間期核内において,一極にセントロメアが,反対の極にテロメア*が集まって配置している染色体の方向性.M期後期の染色体運動によって形成された配向性が間期にも保たれていると考え,1885年,C. Rablが提唱したモデル.ショウジョウバエの唾腺染色体*や,初期シンシチウム胚などで確認されている.動原体やテロメアが核内で集合体を形成することは,酵母,植物などでも認められている.しかし,動物細胞では細胞周期や細胞分化のステージによって染色体の核内配置が大きく変化しており,ラブル配向は必ずしも保存されていない.

**Rab/Ypt ファミリー**［Rab/Ypt family］ 小胞輸送*を制御する低分子量GTP結合タンパク質*ファミリー.出芽酵母では,11種類,高等植物では57種類,哺乳動物では60種類以上が知られている.Rab/Yptファミリーも他の低分子量GTP結合タンパク質と同様に分子スイッチとして機能し,その活性,局在は時間的,空間的に高度に制御されている.GDI(GDP解離抑制因子)から遊離したRab/Yptファミリーが,ゲラニルゲラニル基を介して特定の膜に結合し,その膜に局在するGEF(GDP-GTP交換因子*)の作用によってGTP型(活性化型)になり,それぞれ特異的なエフェクターと結合してその生理機能を果たし,GAP(GTPアーゼ活性化タンパク質*)の作用により不活性なGDP型になる.個々のRab/Yptはそれぞれ異なった細胞内分布を示し,小胞の形成,小胞や細胞小器官の輸送や運動性,小胞の繋留や結合など多くのステップで機能し,小胞輸送の選択性を規定していることが明らかになってきている.たとえば,Rab1はER-ゴルジ体間の輸送小胞*で働き,Rab5はクラスリン依存的なエンドサイトーシス*で機能する.

**ラマチャンドランプロット**［Ramachandran plot］ $\phi\psi$プロット($\phi\psi$ plot)ともよばれる.タンパク質やペプチドのアミノ酸残基の$\alpha$炭素のカルボキシ末端側の二面角$\psi$($-180°\sim +180°$)と,アミノ末端側の二面角$\phi$($-180°\sim +180°$)の二次元プロット.G. N. Ramachandranらによって初めて使われたタンパク質のコンホメーションの表示方法.原子間の立体障害的反発などにより($\psi,\phi$)の許容される領域とそのエネルギーが決まる.タンパク質の二次構造の種類によって,許容される領域が大きく異なり,$\alpha$ヘリックスは($\psi,\phi$)=($-60°,+60°$),$\beta$シートは($\psi,\phi$)=($-120°,+110°$)付近に集中する.

**ラマン効果**［Raman effect］ ⇒ラマン分光法

**ラマン分光法**［Raman spectroscopy］ レーザー光のような強い単色の励起光を当てた際に生じる散乱光を調べ,分子の振動数を求める分光法.励起光と比べ,分子の振動数だけ差のある散乱光が生じる現象をラマン効果(Raman effect)という.試料の形態を選ばず,固体・溶液試料を測定できる利点がある.また,レーザー光が当たる分だけの微量試料で測定が可能である.ラマン効果はきわめて微弱な現象であるため高感度の分光計が必要であり,励起光によっては蛍光性不純物の妨害を受ける.赤外分光法*と比べて水溶液系で使いやすい.(⇒振動スペクトル,共鳴ラマン効果)

**ラミナ**［lamina］ 【1】核ラミナ*を略してラミナと称することもある.
【2】葉身(limb),葉片(leaf blade)ともいう.植物の葉の主要部分すなわち葉脈,葉肉,表皮から成る部分をさす.

**ラミナプロプリア**［lamina propria, lamina propria mucosae］ 【1】(粘膜)固有層ともいう.粘膜上皮と粘膜内の薄い平滑筋層である粘膜筋板の間を占める疎繊維性結合組織の層.血管やリンパ管に富み,リンパ球,形質細胞,マスト細胞などの免疫担当細胞も多数存在している.
【2】昆虫などで,ある種の細胞の周囲にみられる強く発達した基底膜*.connective tissue sheathともいう.

**ラミニン**［laminin］ 基底膜*の主成分をなす細胞接着性糖タンパク質.最初,マウスEHS肉腫より単離された.上皮*細胞,筋細胞*,血管内皮細胞*など,基底膜を足場としている多くの細胞により合成・分泌される.インテグリン*,$\alpha$ジストログリカン,シンデカンなどの細胞表面分子と結合して,基質への細胞接着や神経突起の伸長を誘導する.分子量約40万の$\alpha$鎖,約20万の$\beta$鎖と$\gamma$鎖がコイルドコイル*構造により会合したヘテロ三量体分子で,電子顕微鏡で分子一つを観察すると,十字架様の形をしている.十字架の長腕の末端領域に主要な細胞接着活性が検出されるが,その活性部位(特にインテグリン結合部位)はフィブロネクチン*のRGD配列*のようには特定されていない.一方,十字架の3本の短腕部は互いに会合して,ラミニンを基底膜様ゲルに自己組織化する働きをする.ヒトの場合,5種類の$\alpha$鎖,3種類の$\beta$鎖と$\gamma$鎖が存在し,その組合わせの異なる15種類のラミニンが同定されている.基底膜を構成す

るラミニンの種類は，細胞の種類や発生段階の違いによって異なる．初期発生において最も普遍的に発現するγ₁鎖を欠失させたマウスは，基底膜形成に異常をきたし，胎生5.5日で死亡する．(→細胞接着)

**ラミニン受容体** [laminin receptor] ラミニン*と結合し，ラミニン依存的に細胞を基質に接着させる細胞表面の受容体タンパク質．インテグリン*の中では，$α_3β_1$，$α_6β_1$，$α_6β_4$，$α_7β_1$がラミニンと特異的に結合し，主要なラミニン受容体として機能している．これらのほかに，αジストログリカン，シンデカン，硫酸化糖脂質(→スルファチド)もラミニン受容体としての機能をもつことが知られている．以前，ラミニン$β_1$鎖の中に存在するYIGSR(Tyr-Ile-Gly-Ser-Arg)配列がラミニンの細胞接着*を担う部位であり，分子量67,000のタンパク質がこのペプチドを認識する受容体であると報告されたが，これがラミニン受容体であることを示す確固たる証拠は未だ得られていない．

**ラミン** [lamin] ＝核ラミン

**ラミンB受容体** [lamin B receptor] LBRと略す．代表的な核膜タンパク質．ゲル電気泳動で見かけの分子量約58,000を示す．N末端側の核内に突き出たドメインは，ラミンBやDNA，HP1と結合する活性，C末端側にある8回膜貫通ドメインは，生育に必須なC-14ステロール還元酵素活性をもつ．この遺伝子の変異により，発育不全と骨形成異常を示すペルゲル・フエット核異常(Pelger-Huët anomaly)，骨形成異常と致死を示すHEM／グリーンベルグ骨格形成異常症(HEM/Greenberg skeletal dysplasia)が起こる．(→核ラミン)

**λインテグラーゼ** [λ integrase, lambda integrase] Intタンパク質(Int protein)ともいう．λファージ*DNAと大腸菌DNAの部位特異的組換え*，すなわちλ染色体の宿主大腸菌の染色体への組込みと，その逆反応である溶原菌染色体からのλDNAの切出しに必要なタンパク質の一つ．ファージのint遺伝子の産物で，DNA配列から推定される356のアミノ酸から構成され，分子量は40,330．I型トポイソメラーゼ活性をもつが，酵素反応にはATPは必要でない．λと宿主DNAの付着部位(それぞれ*attP*, *attB*という)，宿主タンパク質の組込み宿主因子(integrative host factor, IHF)との結合部位をもつ．組込みはまずIntタンパク質が*attP*領域に結合し(インタソームintasomeと名づけられ，ヌクレオソームに似た構造をもつ)，これが*attB*領域と結合することにより開始され，DNAの間に相同性は必要でない．これに続くDNAの切断と結合は相同性のある15塩基対の部分で行われる．また組込みにはこの酵素のほかに，IHFが，切出しにはIHFとXisタンパク質(→DNA切出し)が要求される．Intタンパク質はλファージ感染の初期には通常多量に合成されて，組込み反応(溶原化サイクル*)は感染菌のほとんどすべてにひき起こされる．(→インテグラーゼ，組換え酵素)

**λクローニングベクター** [λ cloning vector] ＝λファージベクター

**λファージ** [λ phage, lambda phage, phage λ] 大腸菌K12*株のプロファージ*として発見された．ファージ粒子は正二十面体の頭部と非収縮性の長い尾部から成る．キャプシド内の線状二本鎖DNAの全塩

```
                                                               複製 溶菌
 cos
 NulAWBCNu3DEFZUVGTHMLKIJ   att int xis α β γ   cIII Ncl cro cII OP Q SR
 頭部形成      尾部形成        組換え   初期調節    後期調節
```

λファージのゲノム (両端は*cos*部位)

基配列が決定されている(48,502 bp，両5′末端に12塩基の一本鎖相補配列)．ファージ粒子が宿主細菌に吸着後，注入されたDNAは相補配列を介して環状になり，増殖状態または溶原状態*へと移行する．溶原状態では，ファージゲノムは宿主染色体の特定部位(*gal*と*bio*遺伝子の間)で線状に挿入されている．誘発されると，挿入部位で組換えが起こり環状のλDNAが生じ，ついで，増殖状態に移行し，ファージ粒子が形成され，溶菌する(→溶原化サイクル)．環状化の際，組換え部位がずれると*gal*または*bio*遺伝子を組込んだ特殊形質導入粒子が生じる(→形質導入)．ゲノムDNAにはファージ粒子の産生に必須でない領域があるので，その領域を他種DNAで置き換えることができる．この原理により，λファージがクローニングベクター*として利用されている．(→λファージベクター)

**λファージベクター** [λ phage vector, lambda phage vector] λファージ*遺伝子をもとにして人工的につくられた，遺伝子クローニング用のベクター*．λクローニングベクター(λ cloning vector)ともいう．λファージは約50 kbの線状DNAを遺伝子としてもつが，遺伝子の中央部はファージの増殖，感染などに特に必要でない．この部位に外来DNAを挿入しても遺伝子が一定の大きさ(約45～53 kb)であればファージとして感染，増殖できる．このことから遺伝子クローニング*のためのベクターとして使われている．制限酵素認識部位の改変，組換え体のみが増殖できるような遺伝的操作などを加え，目的に応じた多くのベクターが開発されている．(→シャロンファージ)

**λリプレッサー** [λ repressor, lambda repressor] λファージ*の*cI*遺伝子がコードするCIタンパク質*をさす．λファージが，感染菌を溶原化し，それ

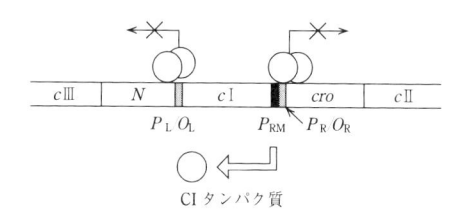

```
        ×                        ×
        ┃                        ┃
    ┌───○──┐            ┌───○──┐
    │      │            │      │
 cIII │  N  │    cI      │ cro  │ cII
    │      │            │      │
     P_L O_L              P_RM  P_R O_R

                    ○⇐
                CIタンパク質
```

を維持するのに必須である．このタンパク質は二量体を形成して $cI$ 遺伝子の両脇にあるオペレーター $O_R$ と $O_L$（それぞれ三つの結合部位から成る）に結合し，プロモーター $P_R$, $P_L$ をまず抑え，自身を除くファージの全遺伝子の発現を抑制する（図）．また結合したリプレッサーが RNA ポリメラーゼと相互作用をして，$P_{RM}$ からの自身の転写を促進する．自身の濃度がさらに上がると，$O_R$ を完全に占めて自身の合成プロモーター $P_{RM}$ を抑え，自己制御をする．

**LamB** [LamB]　グラム陰性細菌の外膜に存在するポーリン*の一種で，細胞外からのマルトースおよびマルトデキストリンの輸送を担っている．LamB はまた，λファージ*の受容体ともなっている．ポーリンにはほかに，OmpF のように非特異的な開放型チャネル，FepA のように基質特異的でリガンド開閉型チャネル，OmpA のような単量体のチャネルがあるが（→ omp 遺伝子），LamB は基質特異的で，開放型のチャネルである．大腸菌の LamB は 420 個のアミノ酸から成り，多くの逆平行β鎖をもっている．これらが外膜を貫通することでチャネルをつくっていると思われ，モデルもつくられているが，詳しい構造はまだ明らかになっていない．

**ラメラ** [lamella]　層板ともいう．扁平な板状ないし囊状構造が平行に配列して層をなしているものを一般にラメラとよぶ．細胞内構造としては卵細胞などでしばしばみられる有窓層板（annulate lamellae），葉緑体内膜系のチラコイド*などに対して使われる．このほか，骨組織の同心円状に配列する細胞外構造（骨層板），コケ類の葉の表面の細胞が平行に配列したもの（薄板），マツタケなどの傘の裏側に放射状に配列したしわ（襞）なども同じラメラの語が使われる．

**ラメリポジウム**　＝葉状仮足
**ラリアット構造**　＝投げ縄状構造
**ラロキシフェン** [raloxifene]　骨吸収*抑制作用をもつ閉経後骨粗鬆症治療薬．エストロゲン受容体*を介し，骨組織に対してはエストロゲン*と同様に骨吸収を抑制することにより，骨代謝回転を制御するが，乳腺*や子宮*などの他の組織ではエストロゲン受容体内に新規の立体構造を誘導し，エストロゲン受容体を介した刺激作用を抑制する．ラロキシフェンの組織選択性発現には，ラロキシフェン・エストロゲン受容体複合体と転写共役因子との複雑な相互作用などが深く関与されていることが明らかになってきている．エストロゲン受容体を介して，このようなユニークな組織選択性を示す非ステロイド分子の一群は選択的エストロゲン受容体モジュレーター（SERM）とよばれている．（→ 核内受容体，コアクチベーター）

**Ran** [Ran]　低分子量 GTP 結合タンパク質*である Ras ファミリーの一員．名前は，Ras like nuclear G protein に由来する．間期*では，核と細胞質間のタンパク質や RNA の輸送に必須．クロマチン結合タンパク質 RCC1 は，Ran GEF（Ran GDP/GTP 交換因子*）として働き，核内に高濃度の GTP 結合型 Ran をつくる．GTP 結合型 Ran は，核内輸送においてインポーチン*に結合して核内に一緒に運ばれた物質を解離する．一方，核外輸送においてはエクスポーチン*と核外輸送物質複合体を形成し，核膜孔*を通過後，細胞質側に存在する Ran GAP（GTP アーゼ活性化タンパク質*）により GDP に加水分解され，輸送物質を細胞質側に放出する．また，M 期*においては，紡錘体*の形成に，M 期終期には，核膜*の再形成に関与する．

**卵** [ovum]　卵細胞（egg cell）または卵子ともいう．有性生殖をする生物の雌性配偶子のことをいう．動物では体細胞に比べて大型である．これは受精後，急速に進行する卵割に対処するため，大量の核酸，タンパク質などの物質を貯蔵しているからで，核も同様の理由で大型である．哺乳類では始原生殖細胞*が卵巣に入って卵原細胞になり，これが有糸分裂*で一次卵母細胞*を産生する．一次卵母細胞は減数第一分裂で二次卵母細胞*となり，後者は減数第二分裂で成熟した卵子となる．ヒトの場合，出生後の卵巣中にあるのは大部分減数第一分裂前期の状態で休止した一次卵母細胞で，それが約 1 ヵ月に 1 個ずつ成熟して二次卵母細胞になるが，後者は第二分裂の中期で排卵されその後の進行には受精刺激が必要である．卵細胞の語はこれらさまざまな成熟段階のものに対して使われることが多い．（→ 卵形成）

**卵黄** [yolk]　卵細胞質内に顆粒として存在し，初期胚の栄養源となるもの．動物種によって散在する場合と，一部域を形成している場合があり，卵黄の分布によって卵割様式が異なることになる．リンタンパク質と脂質の複合体を主成分とし（→ ビテリン），多糖類，無機塩類，各種ビタミンを含んでいる．発生の過程で分解され，エネルギー源になるとともに，一部は細胞構成要素に組み入れられる．

**卵黄栓** [yolk plug]　→ 原口
**卵黄嚢がん** [yolk sac tumor]　→ αフェトプロテイン
**ラン・オフ転写法** [run-off transcription]　＝ラン・オフ法
**ラン・オフ法** [run-off method]　ラン・オフ転写法（run-off transcription）ともいう．in vitro 転写法*の中で，RNA を検出する方法の一つ．RNA ポリメラーゼが単独，あるいは補助因子とともに DNA 上のプロモーターに結合し，そこへ 4 種類の基質と $Mg^{2+}$ を加えると，決まった転写開始部位から RNA 合成が起こる．鋳型の途中を制限酵素で切断すると，転写を進めてきた（run）酵素がそこで離脱（off）する．RNA ポリメラーゼの転写終結は明確に起こらないことが多く，特異的転写産物を検出するためにこの方法をとる．反応に $^{32}P$ 標識 CTP か UTP を加えると RNA が標識されるので，反応物をゲル電気泳動し，オートラジオグラフィーを行うことで，生成物を検出できる．

**卵殻**　→ 卵膜
**卵核胞** [germinal vesicle]　一次卵母細胞*の細胞核の別称．減数第一分裂の複糸期*に一次卵母細胞の核は膨潤・腫大して物質合成が活発になり，卵核胞

とよばれる状態のまま成熟が停止する．形態的には大型の核であることが特徴．成熟が再開すると卵核胞の核膜は失われ(卵核胞崩壊 germinal vesicle breakdown)，核内容物と細胞質中の物質が混合して卵割*が可能になる．卵核胞は減数分裂を経て成熟卵の雌性前核となる．

**卵割** [cleavage, cleavage division, segmentation] 分割ともいう．動物の受精卵*にみられる相ついで起こる速やかな細胞分裂を特に卵割とよぶ．通常，動物の卵は成体の細胞に比べ著しく大きいが，卵割によって生じる細胞(これを特に割球*とよぶ)は成長する間もなく，つぎの分裂に入るまで胚を構成する細胞は卵割の結果，通常小さくなる一方である．卵割のパターンは卵に含まれる卵黄の量と存在様式によって異なり，卵割面が卵全体を分割する全割(holoblastic cleavage)，完全には分割しない部分割(meroblastic cleavage, partial cleavage)，また卵の表面だけで卵割の起こる表割(superficial cleavage)など，種々の型がある．受精卵は1個の細胞でしかないが，卵割の結果，細胞数は急速に増加する．卵の細胞質には種々の母性成分(mRNAやタンパク質)が局在することが知られているが，卵割により細胞質の仕切りが生じるため，卵割によって生じる個々の細胞には核が同じように分配されるにもかかわらず，細胞ごとの細胞質成分の分布は，卵割とともに少しずつ異なるようになる．

**卵割溝** ＝分裂溝

**卵管細胞** [oviduct cell] 子宮の上外側隅に発し，腹腔内に開口する卵管(ヒトでは約10 cm)の内面を被覆する単層円柱上皮細胞．繊毛細胞と繊毛をもたない分泌細胞とから成る．性周期に伴い卵管細胞は周期的な変化を示す．卵胞の成熟期には繊毛細胞が増加し，その丈も増す．排卵*後は分泌細胞が優勢となり，分泌能が亢進する．分泌物の生物学的な役割はまだよくわかっていない．女性ホルモンは繊毛の運動を活発にする．卵子あるいは受精卵の輸送に関与する．

**卵極性** [egg polarity] 胚の内部で一つの方向に沿った相対的基準．胚細胞の位置と分化の方向性とを関連づける生体情報．たとえば両生類では動物極*と植物極*を結ぶ軸に沿って卵極性が存在し，胚の内の個々の細胞は，自らの相対的位置を卵極性をもとに認識する．卵極性は特定の遺伝子の転写産物であるRNAや翻訳産物であるタンパク質の濃度勾配や細胞内分布の勾配により決定されると考えられている．

**RANK** [RANK] RANKは，receptor activator of NF-κBの略．RANKL受容体(RANKL receptor)ともいう．破骨細胞*前駆細胞および成熟破骨細胞の細胞膜表面に存在するTNF受容体スーパーファミリーの一員で，RANKリガンド*(RANKL)の刺激によって破骨細胞の形成と機能を活性化させる．ヒトのRANKは616個(マウスは625個)のアミノ酸から成り，N末端が細胞膜の外側を向き，細胞外領域にオステオプロテジェリン*と同様システインリッチドメイン(CRD)が4個存在し，この部分でRANKLと結合する．C末端の細胞内領域はアダプター分子TRAF (1～6)と直接結合する．細胞内領域の中央部に結合するTRAF6はRANKL-RANKのシグナル伝達*に特に重要で，TRAF6欠損マウスはRANK欠損マウスと同様，その骨組織は破骨細胞を欠き，大理石骨病*を呈する．RANKLとRANKの相互作用は破骨細胞の分化に必須である．(→骨リモデリング)

**RANKリガンド** [RANK ligand] 破骨細胞分化因子(osteoclast differentiation factor)と同一物質である．それぞれRANKL, ODFと略．破骨細胞*の分化と骨吸収*を促進するTNFリガンドファミリーに属するサイトカイン*で，骨吸収を促進するさまざまなホルモンやサイトカインによって骨芽細胞*の細胞膜上に誘導される．RANKLは316個のアミノ酸から成る．48～71番目が細胞膜結合部位で，C末端を細胞膜の外側に向けたII型膜結合タンパク質である．76～316番目のアミノ酸配列の中に腫瘍壊死因子*(TNF)と相同性を示す配列が含まれ，膜結合部位を欠いたこの部分のペプチドが可溶性RANKL(sRANKL/sODF)として用いられる．RANKLは，破骨細胞前駆細胞の細胞膜上に存在するRANKL受容体(RANK*)と結合して破骨細胞の分化を誘導するとともに，成熟破骨細胞にも作用してその骨吸収機能を促す．オステオプロテジェリン*はRANKLとRANKの結合を競合的に抑制するデコイ受容体である．RANKL欠損マウスの骨組織には破骨細胞がまったく存在せず，大理石骨病*を発症する．(→骨リモデリング)

**RANKL** [RANKL＝RANK ligand] ＝RANKリガンド

**RANKL受容体** [RANKL receptor] ＝RANK

**卵形成** [oogenesis] 卵成熟ともいう．卵巣内で卵原細胞から成熟卵が形成される過程．個体発生の初期に卵巣内に移動した始原生殖細胞(卵原細胞)は，有糸分裂を重ねて増殖する時期(増殖期)と，核および細胞質の容積を著しく増加させる成長期を経て受精可能な成熟卵を形成する．成長期に入った卵原細胞は卵母細胞*とよばれ2回の成熟分裂を経て染色体数を半減させ一倍体($n$)の卵となる(→減数分裂)．脊椎動物では第二成熟分裂(減数第二分裂)の中期で卵形成は停止する．

**ランゲル・ギーディオン症候群** [Langer-Giedion syndrome] 毛髪・鼻・指趾症候群*II型(trichorhinophalangeal syndrome type II)ともいう．多発性遺伝性外骨腫(multiple hereditary exostosis)の一種で，骨端の発生異常による仮骨化と精神遅滞を示す症候群．仮骨化は長幹骨の骨端に著明であり，せむし，低身長などの体躯の異常を呈する．常染色体優性の遺伝形式を示し第8染色体長腕23-24領域にマップされる．II型は第8染色体長腕23-24領域の欠失が原因であるが，I型(TRP I)では精神遅滞を示さない．*TRPS1*遺伝子と腫瘍抑制遺伝子*EXT1*が欠損することにより起こる．

**ランゲルハンス島** [Langerhans islet] →膵島

**卵細胞** [egg cell] ＝卵

**卵細胞活性化** [egg activation] 卵賦活ともいう．

代謝的に静止状態にある成熟卵(=卵母細胞)が精子の接着・融合,すなわち受精*によって表層反応*と並行して,代謝が活性化する現象.RNA,タンパク質,DNA の合成が促進され,細胞周期*の進行が再開される.ウニ卵ではS期促進因子*の活性化により$G_1$期からS期へ進行する.脊椎動物ではM期促進因子*の分解により減数第二分裂中期から解放されて分裂を完了する.いずれも雌雄両前核の融合を経て,自動的に卵割へと移行する.

**卵子** =卵
**RanGEF** [RanGEF=Ran GDP-GTP exchange factor] =Ran GDP-GTP 交換因子
**RanGAP** [RanGAP=Ran GTPase activating protein] =Ran GTPアーゼ活性化因子
**卵軸** [egg axis] =胚軸【1】
**Ran GTPアーゼ活性化因子** [Ran GTPase activating protein] RanGAP と略す.低分子量Gタンパク質 Ran* の Ran-GTP の加水分解促進因子.出芽酵母の tRNA プロセシング変異遺伝子として分離され,後に RanGAP と同定される.酵母よりヒトまで構造,機能的によく保存されている.構造は RhoGAP, RasGAP との類似性はなく,三日月形または馬蹄形をしており,ヒトリボヌクレアーゼインヒビターや U2A′ 低分子リボタンパク質に類似.RanBP1 によりその機能は活性化される.主として細胞質にあり,Ran GTP の核細胞質間の濃度勾配の維持に寄与.しかし,核局在化シグナル(NLS)と核外移行シグナル(NES)をもち,NES を欠損した Ran GAP はこれをコードする遺伝子をもつ SD(segregation distorter)染色体のみを子孫に伝達するショウジョウバエの SD 現象を誘起する.(=Ran GTPアーゼサイクル)
**Ran GTPアーゼサイクル** [Ran GTPase cycle] Ran* はGタンパク質 Ras* に類似した核内タンパク質である.Ran GTP の GTPアーゼ活性は Ran GTPアーゼ活性化因子*(RanGAP)によって活性化され,生じた Ran GTP は Ran GDP-GTP 交換因子*(RanGEF)によって Ran GDP になる.Ran の特徴はC末端に脂質結合ドメインがなく,アミノ酸の特徴的配列;Asp-Glu-Asp-Asp-Asp-Asp-Leu(DEDDDDL)がある.酵母からヒトまでよく保存されており,その機能は高分子の核-細胞質間物質輸送,微小管形成,核膜再構成など多岐にわたり細胞内の空間的事象全般に関与していると推測されている.Ran 結合タンパク質(RanBP)はその機能に応じて種々の分子が発見されているが,核-細胞質間物質輸送を例にとるとつぎのようになる.核移行シグナル*(NLS)をもったタンパク質はインポーチン*と結合して核膜孔*を介して核に入る.このとき,核膜孔にある RanBP2(RanBP1 を4個もっている)がインポーチンと核移行タンパク質を核に導く.核に入った核移行タンパク質は Ran GTP の働きでインポーチンからはずれる.細胞表面から発せられたシグナルが最終的に核に到達することもまた,同じである.一方,インポーチンや核外輸送シグナル(nuclear export signal, NES)をもったタンパク質はエクスポーチン*と Ran GTP 複合体に結合して細胞質に運ばれ,RanGAP と RanBP1 の働きにより細胞質に放出される.核より細胞質に運ばれる主たる分子には mRNA, rRNA, tRNA など,細胞複製に欠かせないものがある.生じた Ran GDP は p10/Ntf2 の働きで核に戻され,核内のクロマチンにある RanGEF により Ran GTP へと変換される.核と細胞質間の物質輸送の方向性は Ran GTP の濃度勾配で決定される.Ran GTP 濃度は核にある RanGEF のため,核において高く,逆に Ran GDP 濃度は細胞質にある RanGAP のため,細胞質も高い.染色体間微小管形成において Ran GDP は染色体にある RanGEF のため,染色体の周辺は Ran GTP 濃度が高く,このため微小管は Ran GTP 濃度の高い方向に伸びる.また,動物細胞では M 期に核膜は一時的に崩壊するが,つぎの細胞周期の $G_1$ 期が始まる以前に再び核膜が形成される.この核膜の再構成にも Ran GTPアーゼサイクルが関与している.そのほか,細胞が複製に伴ってその内部構造を変える空間的事象のすべてに Ran GTP アーゼサイクルが関与しているのではないかと推測されている.それぞれの事象において,Ran と結合するタンパク質は異なるので,Ran 結合タンパク質を検索することにより,Ran GTP アーゼサイクルの全容がいずれは明らかとなるであろう.これまで,知られている Ran 結合タンパク質には Ran GTP に結合するもの(RanBP1, RanBP2, RanBP3, Mog1, エクスポーチン),そして Ran GDP に結合するもの(p10/Ntf2)がある.さらに,リボソーム RNA プロセシングにおいて重要な働きをするエキソソーム(RNA 分解酵素複合体)の一部を形成する Dis3 と Ran は結合する.また,Ran GTP 結合タンパク質 Mog1 の構造は p10/Ntf2 に類似し,機能的相関がある.

**Ran GDP-GTP 交換因子** [Ran GDP-GTP exchange factor] RanGEF と略す.低分子量Gタンパク質 Ran* の GDP を GTP に交換する因子.BHK21 細胞温度感受性変異株 tsBN2 の変異遺伝子 *RCC1*(=*RCC1* 遺伝子)として分離,その後,RanGEF と同定.RCC1 相同体は出芽酵母からヒトまであり,相互に機能的補完性あり.内部に 7 個のブレード(アミノ酸配列の反復)をもつ特徴的な構造をしている.GTP より GDP をむしろ効率よく交換.クロマチンにあり,その周囲の Ran-GTP 濃度を維持.欠損は出芽酵母で,mRNA 核外移行,スプライシング,シグナル伝達の異常を示す.(=Ran GTPアーゼサイクル)

**ラン色細菌** =シアノバクテリア
**卵成熟** =卵形成
**卵成熟促進因子** [maturation-promoting factor] =M期促進因子

**ラン(藍)藻** [blue-green algae] =シアノバクテリア
**卵巣** [ovary] 女性の性腺で,卵子を生じる.脊椎動物では,腹腔下部の背側壁に 1 対ある.ヒトの卵巣は,月経周期に従って卵胞を成熟させ,成熟した卵胞から卵子を排卵する.卵胞の成熟と排卵は,下垂体から分泌される卵胞成熟ホルモンと黄体形成ホルモ

ン*によって調節される．排卵前の成熟卵胞はエストロゲン*，また排卵後にできる黄体はプロゲステロン*という女性ホルモンを分泌する．(→卵形成)

**ランダムコイル** [random coil] 直鎖状の高分子においてその構成単位間の回転が自由に起こり，自分自身と重なること(排除体積効果)も妨げないとした仮想的状態であり，高分子統計力学の基本的モデル．しかし一般には，高濃度の尿素や塩酸グアニジンによるタンパク質の変性状態がそれに近い挙動を示すことから，特定の規則構造を含まないフレキシブルな変性構造の意味でしばしば使用される．(→ヘリックスコイル転移)

**ランダム突然変異誘発** [random mutagenesis] 遺伝子に人工的な突然変異を加える方法の一つ．特定の位置でアミノ酸を入換えることができる部位特異的突然変異誘発に対して，この方法では，突然変異は遺伝子の限られた部分内にある程度ランダムに導入される．ランダム突然変異誘発は，まず遺伝子内の特定の場所に小さな単鎖のギャップを導入する．それから，シトシン残基を次亜硫酸で処理してウラシルに変えるか，あるいは間違いを起こしやすい系を用いて(たとえばDNAポリメラーゼの代わりに逆転写酵素を使ったり，緩衝液中に$Mg^{2+}$の代わりに$Mn^{2+}$とともにクレノウ断片を用いたりして)ギャップを修復することにより作製する．DNA修復経路に突然変異をもつ大腸菌では，一般的な野生型の菌株に比べて高率でランダム突然変異を起こすので，このようなミューテーター(突然変異誘発)株を利用することも可能である．

**ランダムプライマー** [random primer] 6～数十塩基の長さの不特定の配列をもつ合成一本鎖DNAの集合体．DNA合成機*を用いた反応の際に，4種のデオキシリボヌクレオチドの基質を同時に使用することにより作製される．10塩基の長さのものを合成すると，$4^{10}$=約100万種類の塩基配列を含むDNAの混合物となる．より長いDNAまたはRNAと混ぜて高温で加熱した後に徐々に冷却すると，ある確率でいくつかの合成DNAがそれらと二本鎖を形成する．このような状態のものにDNAポリメラーゼと基質を供給すると，合成DNAをプライマーとしてDNA合成反応が起こる．この反応を利用したのが，ランダムプライミング法(random priming method)やcDNA合成である．DNAポリメラーゼとして，前者ではDNAポリメラーゼ*Iの誘導体が，後者では逆転写酵素*が用いられる．比活性の高い標識ハイブリダイゼーションプローブの調製，cDNAライブラリーの作製，遺伝子の判別(RAPD, random amplified polymorphic DNA)などに利用される．

**ランダムプライミング法** [random priming method] →ランダムプライマー

**ラント病** [runt disease] →移植片対宿主病

**卵(白)アルブミン** =オボアルブミン

**ランビエ絞輪** [Ranvier node] 神経繊維はその全長にわたって絶縁性の高い髄鞘(→ミエリン)により幾重にも被覆される有髄繊維と髄鞘のない無髄繊維から成っている．髄鞘は一定の間隔(2 mm以内)で区切られていて，この髄鞘を欠く部分(ランビエ絞輪，→神経細胞[図])では電気抵抗が低く，軸索膜に膜電位依存性のナトリウムチャネル*が密に局在している．細胞体から軸索終末に流れる活動電位(インパルス)は，有髄繊維では絞輪からつぎの絞輪へと跳躍伝導*の方式で進行するので，無髄繊維に比べて伝導速度が速い．

**卵表層変化** [cortical change of egg] =表層反応

**卵賦活** =卵細胞活性化

**ランプブラシ染色体** [lampbrush chromosome] 染色体主軸から両側に多数のループが突き出したランプブラシ様の構造をもつ染色体．多くの生物の卵母細胞や精母細胞において減数分裂*の複糸期*にみられる．卵母細胞では複糸期が卵成熟のための高分子合成期になる．主軸はDNAとタンパク質から成り，ループの基部には染色小粒*とよばれる粒状構造が見られる．ループ部分は脱凝縮したクロマチン*と考えられ，活発なmRNA合成が起こっている．

**ランベルト・ベールの法則** [Lambert-Beer law] →モル吸光係数

**卵胞刺激ホルモン** =濾胞刺激ホルモン

**卵胞刺激ホルモン受容体** =濾胞刺激ホルモン受容体

**卵胞ホルモン** =エストロゲン

**卵胞ホルモン受容体** =エストロゲン受容体

**卵母細胞** [oocyte] 成熟期に入った卵原細胞．成長期に卵原細胞は核および細胞質を著しく増大させ一次卵母細胞*となり，減数分裂*の第一分裂が始まる．第一分裂は前期の時点で一時停止するが，その期間は種によって異なる．この時期に発生プログラムの開始と初期発生に必要なタンパク質を合成するためのmRNAなどが蓄積する．やがてホルモンなど外的刺激により減数分裂の第一分裂が再開し，染色体が凝集して核膜が消失する．第一分裂の終わりには細胞質は著しく非対称に分割され，一次卵母細胞の細胞質の大部分は二次卵母細胞*としてひき継がれ，残りは小さな一極体として放出される．最後に減数分裂の第二分裂が起こり，染色体が分離され，二次卵母細胞の細胞質が再び非対称に分割され，成熟した一倍体($n$)の卵とやはり一倍体($n$)の小さな第二極体が生じる．脊椎動物では卵母細胞は減数分裂の第二分裂中期で停止し，受精によって刺激されて初めて減数分裂を完了する．

**卵母細胞成熟** [oocyte maturation] 成長期の卵母細胞*が2回の成熟分裂を経て完全な成熟卵となる過程(→減数分裂)．両生類などでは黄体形成ホルモンが濾胞に作用して分泌されるプロゲステロンが卵成熟(卵形成*)を惹起する．ヒトデでは神経由来のペプチド性ホルモンが同じく濾胞に作用して生成される1-メチルアデニンによって卵成熟が誘起される．これらのホルモンは卵母細胞質内に卵成熟促進因子(M期促進因子*，MPF)を生成させる

**卵膜** [chorion] コリオンともいう．脊椎動物硬

骨魚類や昆虫類その他の無脊椎動物の卵の最外層の卵膜（強固な時は特に卵殻という）．その構成成分は母体により生成され，卵の表面に蓄積される．たとえばメダカでは，肝臓において合成され卵巣へと輸送される．ショウジョウバエでは，卵を取囲む，卵巣の濾胞細胞において合成，分泌される（→コリオン遺伝子）．

# リ

リアニーリング [reannealing] 二本鎖 DNA が変性ののち,アニーリング*して元通りに再生*すること.アニーリングまたはハイブリダイゼーション*はもう少し幅があり,相補性のある配列(異なる DNA 同士または DNA-RNA 間でもよい)が二本鎖となることをいう.

リアノジン [ryanodine] 植物アルカロイドの一種で,分子量約 500,水溶性で細胞膜もよく透過する.筋小胞体*などに存在する $Ca^{2+}$ 誘導性 $Ca^{2+}$ 放出チャネル($Ca^{2+}$-induced $Ca^{2+}$ release channel, CICR)に強く結合し,これをマーカーとしてチャネルタンパク質であるリアノジン受容体*が単離された.リアノジン受容体との親和性はチャネルの活性化に依存し,開口状態で強く結合し開口状態に固定する.この時の単一チャネルコンダクタンスは,最大の約半分ほどである.リアノジンによって開口固定されたチャネルをもつ小胞体は,$Ca^{2+}$ を保持できなくなるので,結果的に機能を失う.同じ細胞内 $Ca^{2+}$ 放出チャネルである,イノシトール 1,4,5-トリスリン酸受容体には結合しない.このことを利用すれば細胞内 $Ca^{2+}$ 貯蔵部位にリアノジン受容体が存在するか否かの指標にできる.

リアノジン結合タンパク質 [ryanodine-binding protein] =リアノジン受容体

リアノジン受容体 [ryanodine receptor] リアノジン結合タンパク質(ryanodine-binding protein)ともいう.横紋筋小胞体の終末槽部分に存在する巨大膜タンパク質で,分子量約 56 万のポリペプチドの四量体から成り,T 管*膜の脱分極に際し終末槽内腔から $Ca^{2+}$ を遊離させる(→興奮収縮連関).このタンパク質の膜外部分は形態学的に観察される "foot" 構造と同一である(→筋小胞体[図]).このタンパク質は,大きなコンダクタンスをもつ非特異的陽イオンチャネルであるが,細胞条件下ではカルシウムチャネル*として作用し,μM オーダーの $Ca^{2+}$,アデニンヌクレオチド,カフェインなどで活性化され,$Mg^{2+}$,ルテニウムレッドなどで阻害される.また,低濃度の植物アルカロイド,リアノジン*によりチャネルは開口状態に固定されるのでこの名がある.哺乳動物には少なくとも 3 種の受容体遺伝子(RYR1, RYR2, RYR3)が存在し,それぞれおもに骨格筋,心筋および脳,平滑筋および非筋細胞に発現し細胞小胞体から $Ca^{2+}$ を遊離させるが,活性制御因子に対するおのおのの感受性には違いがある.これらの分子種からの $Ca^{2+}$ 遊離をひき起こす細胞内機序は不明である.

リアルタイム PCR [real-time PCR] 定量リアルタイム PCR(quantitative real-time PCR)ともいう.ある特異的な配列をもつ DNA を増幅し,その産物をリアルタイムで検出することによって鋳型の DNA(ターゲット)を定量する技術.リアルタイムでの PCR 産物の検出は,二本鎖 DNA に結合する SYBR Green I あるいは配列特異的な蛍光標識プローブを用いる.代表的な蛍光標識プローブである TaqMan プローブを用いた検出系の原理を図に示す.TaqMan プローブは 5′ 側に蛍光レポーター,3′ 側にクエンチャーが付加されておりプライマーが伸長する段階で Taq ポリメラーゼ*の 5′→3′ エキソヌクレアーゼ活性によりプローブが分解されレポーターが遊離することで蛍光を発色する.ターゲットの定量には既知のコピー数または濃度をもつ試料を標準として作成した検量線からターゲットの絶対量を算出する絶対定量と,ターゲット DNA 量と内因性リファレンス DNA 量の比率を求めて DNA 量を比較する相対定量がある.RT-PCR とリアルタイム PCR を組合わせて細胞内の特異的 mRNA を定量する方法を定量リアルタイム RT-PCR(quantitative real-time RT-PCR)という.

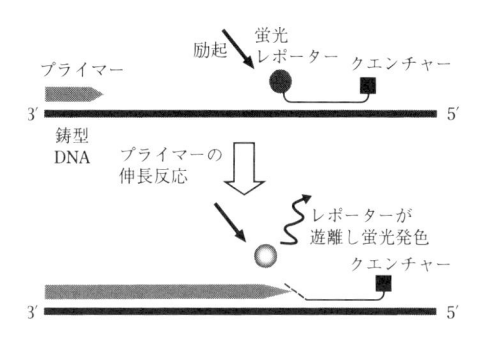

リウマチ因子 =リウマトイド因子

リウマチ様関節炎 =関節リウマチ

リウマトイド因子 [rheumatoid factor] リウマチ因子ともいう.RF と略す.IgG の Fc フラグメントに対する自己抗体*で,関節リウマチ*(RA)で高率に検出される.骨髄腫タンパク質にも RF 活性をもつものがあり,生殖系列に RF 遺伝子が存在するとされる.RA 患者では抗原依存的に産生されると考えられる.主として IgM 型に属するが,IgG,IgA,IgE 型も存在し,IgG 型は自己会合して免疫複合体を形成する.臨床的には RA の重症度と相関するが,病態における関与の詳細は不明である.

リガンド [ligand] 機能タンパク質に特異的に結合する物質.酵素に結合する基質,補酵素,調節因子,あるいは,受容体に結合するホルモン*,サイトカイン*,神経伝達物質*,レクチン*など.アフィニティークロマトグラフィー*の担体に固定化される物質をさすこともある.錯体における配位子(ligand)の意味で使われることもある.

**リガンド依存性イオンチャネル** [ligand-gated ion channel] ⇌ イオンチャネル

**力価** [titer]　比活性(specific activity)ともいう．ウイルス\*やファージ\*の標品，あるいはワクチンや毒素の標品について，その生物学的効果(または活性)を一定の単位をもって表した値．

**リグニン** [lignin]　木質素ともいう．植物の維管束\*組織に多量に存在するフェニルプロパン単位($C_6$-$C_3$)が重合した疎水性高分子．リグニンは，フェニルアラニンから生成されるケイ皮酸がヒドロキシ化，メチル化，還元されて生じるコニフェリルアルコール，シナピルアルコール，$p$-クマリルアルコールなどケイ皮アルコールのペルオキシダーゼによる脱水素重合によって合成される．リグニンは成長が盛んな細胞の一次細胞壁\*にはほとんど存在しないが，細胞が成熟するにつれて一次細胞壁，細胞壁中層，二次細胞壁\*，細胞間隙などに沈着する(木化 lignification)．リグニンはセルロースをはじめ種々の多糖類と結合して，細胞壁を強固にし，植物体を支えるのに役立っている．また，リグニンと結合した細胞壁多糖は加水分解酵素の作用を受けにくい．植物病原菌は多糖分解酵素を分泌して細胞壁を溶解して植物体に感染するが，感染細胞の周囲の組織ではリグニンが形成されて，それ以上の病原菌の侵入が阻止される．

**利己的遺伝子** [selfish gene] ＝利己的 DNA

**利己的 DNA** [selfish DNA]　利己的遺伝子(selfish gene)ともいう．高等生物のゲノムの中にはその生物の表現型に直接影響を与えないが自己増殖能をもつ DNA が存在する．しかも，個体によりその配列の染色体座が異なったり，多型\*を示すことがある．ヒトゲノム内では $Alu$ 配列や L1 配列といった反復配列\*がそれであり，細菌などにみられるトランスポゾン\*やレトロウイルス\*と共通性をもっている．自己の DNA 配列，すなわち遺伝子をその宿主とは関係なく増幅させる性質から，利己的または寄生虫 DNA (parasite DNA)とよばれる．

**リコンビナーゼ** ＝組換え酵素

**リシルエンドペプチダーゼ** [lysylendopeptidase] LEP と略す．リシン残基 C 末側のペプチド結合を加水分解するセリンプロテアーゼで，タンパク質の一次構造解析に汎用される．$Achromobacter$ プロテイナーゼⅠ(API, EC 3.4.21.50)は，分子量 27,728 の単純ポリペプチドできわめて高い基質特異性をもち，トリプシンよりも高活性である．4 M 尿素中や 0.1 % SDS 中でも安定で，最適 pH は基質により異なるが 8.5～10.5 である．エンドプロテイナーゼ Lys-C は API と由来は異なるが，同一もしくはきわめて類似した性状をもっている．

**リシル-6-オキシダーゼ** [lysyl-6-oxidase] ＝タンパク質-リシン 6-オキシダーゼ (protein-lysine 6-oxidase)．EC 1.4.3.13．エラスチン\*など繊維タンパク質ペプチド鎖中のリシンやヒドロキシリシンの ε-アミノ基をアルデヒド基に酸化し，その相互架橋を担っている．銅を含み分子量は約 6 万．ヒト遺伝子は第 5 染色体長腕 23.3-31.2 領域に存在し，417 アミノ酸をコードする．複数の mRNA が存在する．X 染色体に関連する銅代謝異常によるエーラース・ダンロス症候群\*Ⅸ型(メンケス症候群 Menkes syndrome, occipital horns)では本酵素活性が低下している．

**リシン**[(1)] [lysine]　＝2,6-ジアミノ-$n$-カプロン酸 (2,6-diamino-$n$-caproic acid)．リジンともいう．Lys または K(一文字表記)と略記される．L形はタンパク質を構成する塩基性アミノ酸の一つ．$C_6H_{14}N_2O_2$，分子量 146.19．タンパク質中のリシン残基は生体内でアセチル化，メチル化，ヒドロキシ化されることがある．ε-アミノ基の p$K_a$ は 10.53(25 ℃)．ε-アミノ基は酵素の活性中心の触媒部位として機能することが多い．穀物タンパク質での含量は低い．哺乳動物の必須アミノ酸\*の一つ．細菌細胞壁のペプチドグリカンの成分．(⇌アミノ酸)

```
      COOH
 H_2NCH
      CH_2
      CH_2
      CH_2
      CH_2
      NH_2
     L-リシン
```

**リシン**[(2)] [ricin]　ヒマの種子に含まれる分子量約 65,000 の致死的毒性を示す糖タンパク質\*で，A鎖とB鎖の間に S-S 結合がある．A鎖には，真核細胞のリボソーム大サブユニット中の 28S rRNA の 4324 位のアデノシンを特異的に脱プリンする $N$-グリコシダーゼ活性があり，この反応によりリボソームが不活性化することが毒性の原因となっている．一方，B鎖は細胞表面への結合によりエンドサイトーシス\*をひき起こし，A鎖を細胞質へ送込む役割を担っている．

**RISC** [RISC＝RNA-induced silencing complex] RNA 誘導型サイレンシング複合体ともいう．siRNA\*やマイクロ RNA\*(miRNA)が関与する遺伝子発現抑制(サイレンシング)の過程で標的 RNA と相補的配列をもつ一本鎖 RNA(ガイド鎖)の相互作用の場となる～500 kDa のタンパク質複合体装置(⇌RNA 干渉)．siRNA に相補的な配列をもつ標的 RNA を切断するエンドヌクレアーゼ活性をもつ Argonaute タンパク質\*である Ago2 や二本鎖 RNA 結合タンパク質\*である TRBP(HIV-1 TAR RNA-binding protein)および二本鎖 RNA を切断する Dicer\*が必須の構成要素である．おもに Ago2 抗体を用いた免疫沈降により RISC に結合しているほかのタンパク質成分もみつかっているが，それらの機能は不明である．二本鎖の RNA が Dicer で切断されて生じた siRNA が RISC により認識されタンパク質複合体中に捕捉されるが，その片方の鎖(ガイド鎖)のみが最終的に機能的なリボ核タンパク複合体(活性型 RISC)に保持される．この RISC の活性化には RNA ヘリカーゼの一種である Armitage も必要であることがショウジョウバエでは知られている．もう一方の鎖(パッセンジャー鎖)は RISC 集合の過程で Ago2 により分解される．RISC の集合は Dicer とも相互作用する別の二本鎖 RNA 結合タンパク質 PACT により促進される．ショウジョウバエでは Ago1 も Ago2 と同様の活性をもっていることが知られている．

**LIS1** [LIS1]　LIS1 はヒト第 17 染色体に位置し，

滑脳症(神経細胞の遊走異常による中枢神経系の形成不全, ⇌ ミラー・ディーカー症候群)の原因遺伝子として1993年にO. Reinerらによって同定された. LIS1は構造上Gタンパク質*のβサブユニットであり, アミノ酸配列から血小板活性化因子のアセチル化酵素の構成因子であることが明らかとなった. 近年, LIS1はそのほかにもモータータンパク質*である細胞質ダイニン*の制御因子としての機能ももっていることがわかってきており注目を集めている. 細胞生物学的にはLIS1はすべての組織において発現しており, 細胞内では中心体をはじめとして微小管と一致して局在している. LIS1とその結合タンパク質であるNdel1は進化学的にも酵母から哺乳類まで高度に保存されており, 神経細胞の遊走だけでなく細胞分裂や細胞内物質輸送に必須のタンパク質であることがわかっている.

**リゼルギン酸ジエチルアミド** [lysergic acid diethylamide]　LSDと略し, LSD-25, リセルグ酸ジエチルアミドともいう. $C_{20}H_{25}N_3O$, 分子量323.44. 麦角アルカロイドの研究中に合成されたアルカロイドで, インドールアミン骨格をもつ幻覚剤である. 乱用されたため麻薬に指定された. 脳のセロトニン(5-HT$_2$)受容体*に部分アゴニストとして作用する. 微量(25 μg)の経口摂取により意識の混濁なしに気分, 感情, 知覚, 思考の異常をきたし, また交感神経機能が亢進する. 幻覚は鮮明な色彩の幻視が多く, その内容は多幸感に満ちたものも恐怖に満ちたものもある.(⇌ メスカリン)

**リセルグ酸ジエチルアミド**　＝リゼルギン酸ジエチルアミド

**リソソーム** [lysosome]　真核細胞に普遍的に存在する細胞小器官*で, リン脂質二重膜で包まれ, 酸性に最適pHをもつ約70種類の加水分解酵素を内包し, 細胞内外の生体高分子の分解に携わっている. 酵母においては液胞*がこれに相当する. 本小器官は食作用(ヘテロファジー)に由来するヘテロリソソームとオートファジー*(自食作用)に由来するオートリソソーム*が存在することが知られている. リソソーム形成に関しては, 以下のように考えられているが生成の詳細は不明である(図). 粗面小胞体*で合成されたリソソーム酵素は, ゴルジ体を通ってゴルジ体のトランス側に運ばれ, トランスゴルジ網で仕分けられ被覆小胞*として出芽する. 被覆小胞は表面の被覆が取れて一次リソソーム(primary lysosome)となり, 一次リソソームがヘテロファゴソーム(HP)あるいはオートファゴソーム(AP)と融合して, ヘテロリソソーム(HL)あるいはオートリソソーム(AL)が形成される. ヘテロリソソームおよびオートリソソームは, 一般的に二次リソソーム(secondary lysosome)とよばれ, 互いに区別がつかない場合が多い. 二次リソソームもまたヘテロファゴソームおよびオートファゴソームと融合し, リソソーム酵素の供給源となる.

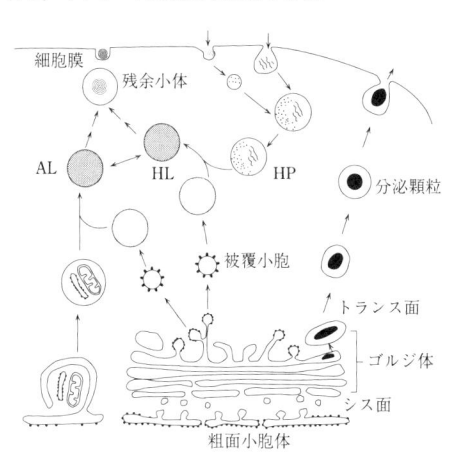

**リソソームカルボキシペプチダーゼA** [lysosomal carboxypeptidase A]　⇌ カテプシン

**リソソームタンパク質** [lysosomal protein]　リソソームタンパク質は二つに分類できる(次ページの図参照). 一つは内腔に存在する酸性加水分解酵素群であり, これらの大部分は酵素上のマンノース6-リン酸*がリソソーム移行シグナルとして働いている. 他方リソソーム膜の主構成成分としてLampファミリー(Lamp family)とLGP85があり, 前者は細胞質ドメイン中に存在するGly-Tyrが, 後者ではLeu-Ile配列がリソソーム膜移行シグナルとして働いている.

**リソソーム蓄積症** [lysosomal storage disease]　＝リソソーム病

**リソソーム病** [lysosomal disease]　リソソーム蓄積症(lysosomal storage disease)ともいう. リソソーム*には60あまりの酸性加水分解酵素が存在するが, 単一酵素の遺伝子突然変異による多くの遺伝病*が知られている. 高分子化合物の分解過程の1段階の酵素反応が停止すると, 基質はリソソームに蓄積し, 特有の形態をもつ細胞質内封入体*として電子顕微鏡で観察される. 現在までにグリコーゲン蓄積症(ポンペ病, ⇌ 糖原病), 脂質蓄積症(ガングリオシドーシスを含むスフィンゴ脂質症*, その他), ムコ多糖体蓄積症(ムコ多糖症*), 糖タンパク質由来のオリゴ糖代謝異常症(オリゴ糖症)などが確認されており, 小児期に多彩な全身症状を示す進行性の病気として発現する. その多くは中枢神経障害を起こす. ほとんどの病気の欠損酵素が明らかになり, それらの遺伝子のクローニング, 突然変異解析が進められ, 臨床像との関係も明らかになってきた. まだ治療や予防は不可能な病気が多いが, 骨髄移植や酵素補充療法のよい適応になる病気が多く, 脳障害のない病気についてはある程度まで治療効果が確認されている.

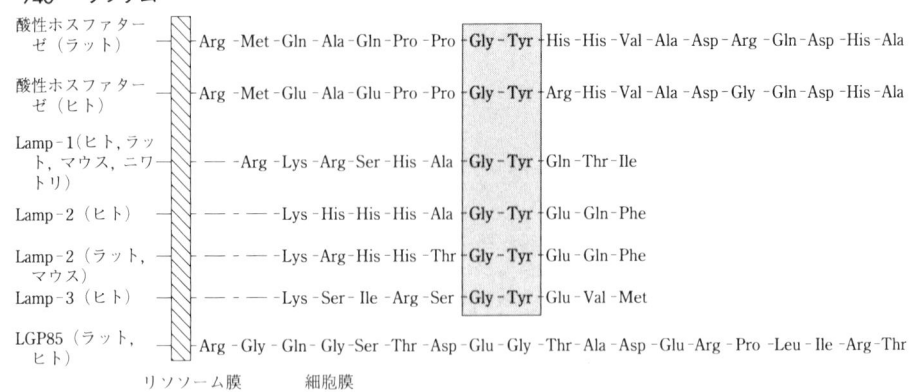

| タンパク質 | | 配列 |
|---|---|---|
| 酸性ホスファターゼ(ラット) | | Arg -Met -Gln -Ala -Gln -Pro -Pro -Gly -Tyr -His -His -Val -Ala -Asp -Arg -Gln -Asp -His -Ala |
| 酸性ホスファターゼ(ヒト) | | Arg -Met -Gln -Ala -Glu -Pro -Pro -Gly -Tyr -Arg -His -Val -Ala -Asp -Arg -Gln -Asp -His -Ala |
| Lamp-1(ヒト,ラット,マウス,ニワトリ) | | ― -Arg -Lys -Arg -Ser -His -Ala -Gly -Tyr -Gln -Thr -Ile |
| Lamp-2(ヒト) | | ― -― -Lys -His -His -Ala -Gly -Tyr -Glu -Gln -Phe |
| Lamp-2(ラット,マウス) | | ― -― -Lys -His -His -Thr -Gly -Tyr -Glu -Gln -Phe |
| Lamp-3(ヒト) | | ― -― -Lys -Ser -Ile -Arg -Ser -Gly -Tyr -Glu -Val -Met |
| LGP85(ラット,ヒト) | | Arg -Gly -Gln -Gly -Ser -Thr -Gly -Gly -Glu -Thr -Ala -Asp -Glu -Arg -Pro -Leu -Ile -Arg -Thr |

リソソーム膜　細胞膜

**リソソーム膜タンパク質の細胞質ドメインのアミノ酸配列** (⇌ リソソームタンパク質)

**リゾチーム** [lysozyme]　ムラミダーゼ(muramidase)ともいう. EC 3.2.1.17. 細菌細胞壁ペプチドグリカンの $N$-アセチルグルコサミンと $N$-アセチルムラミン酸の間の $\beta$-1,4-ムラミド結合を加水分解する酵素(⇌細胞壁多糖). ペニシリンの発見者として著名な A. Fleming により抗菌活性をもつ酵素として見いだされた. リゾチームは, 動植物やファージ*など生物界に幅広く分布しており, 基質特異性と分子量により4群に大別されている. ニワトリ卵白リゾチームは, 129個のアミノ酸から成る分子量 14,300 の単一鎖のポリペプチドで, X線結晶構造解析*により立体構造が決められた最初の酵素として有名であり, 構造と機能との相関について詳細に研究されている. 哺乳動物では, 各種組織, 唾液, 涙, 母乳, 白血球などに分布しており生体の感染防御に働いていると考えられているが, 本来の生理的機能についてはまだよくわかっていない. 遺伝子工学*では大腸菌からプラスミド*を抽出する際, 細胞壁を溶解するために汎用されている. (⇌スフェロプラスト)

**リゾ PAF アセチルトランスフェラーゼ** [lyso-PAF acetyltransferase] ⇌ 血小板活性化因子

**LysoPA** [LysoPA＝lysophosphatidic acid] ＝リゾホスファチジン酸

**リゾホスファチジルコリン** [lysophosphatidylcholine] ＝リゾレシチン(lysolecithin). 血管作動性のリン脂質. 虚血や動脈硬化の病変にかかわると考えられている酸化型低密度リポタンパク質に存在する. 内皮細胞由来の血管弛緩因子の作用を阻害して血管平滑筋を収縮する一方で, 血管内皮細胞由来の弛緩因子の一つである一酸化窒素*(NO) の合成酵素(NOSⅢ)の発現誘導を介して血管弛緩作用をもつことが指摘されている (⇌NO シンターゼ). また単球に選択的に遊走活性を示したり, 動脈硬化の初期の内皮細胞で発現する VCAM-1*, ICAM-1(細胞間接着分子1*), 血小板由来増殖因子*(PDGF)およびヘパリン結合性上皮細胞増殖因子の発現を誘導することなども併せて, 動脈硬化病変の進展への関与が強く示唆されている. 生化学的には, カルモジュリン*の構造変化をひき起こしてプロテインキナーゼ C*の活性に影響を及ぼすこと, 細胞内カルシウムイオン濃度を上昇させてマスト細胞の分泌を刺激すること, また, ジアシルグリセロールやカルシウムとともにセカンドメッセンジャー*として働いて T 細胞を活性化すること, さらに, 膜溶解を起こさない生理的な濃度において, 膜融合を誘導することなどが報告されている.

**リゾホスファチジン酸** [lysophosphatidic acid] ＝1-アシルグリセロール 3-リン酸(1-acylglycerol 3-phosphate). LPA, LysoPA と略す. グリセロリン脂質*の1種であり, グリセロール骨格の $sn$-1位と $sn$-3位にそれぞれアシル基とリン酸基がエステル結合したリゾリン脂質. リン脂質の de novo 合成の中間体としてグリセロール 3-リン酸から変換される. また, 血中ではオートタキシン*によりリゾホスファチジルコリン*から産生される. 生理活性脂質として知られ, 細胞に対し増殖促進, 細胞死抑制, 細胞遊走促進, 神経突起退縮等の作用をひき起こす. 細胞膜上に少なくても5種類の特異的受容体が存在し, 生理的には脳神経系の発達や受精卵の着床過程にかかわることが示されている. 病態との関連にも興味がもたれており, がんの進行, 神経因性疼痛, アテローム形成などに関与していると想定されている. (⇌リゾホスファチジン酸受容体)

**リゾホスファチジン酸受容体** [lysophosphatidic acid receptor]　LPA 受容体(LPA receptor)ともいう. グリセロリン脂質*の一種であるリゾホスファチジン酸*(LPA)に特異的な細胞膜受容体. 5種類のサブタイプ($LPA_1$-$LPA_5$)があり, どれも G タンパク質共役受容体*特有の7回膜貫通構造をもつ一本鎖ポリペプチドである. 脳室近傍の神経細胞に発現する $LPA_1$ は, LPA を多量に含む血清への反応性を細胞に付与することが端緒となって最初の LPA 受容体として同定された. $LPA_1$, $LPA_2$, $LPA_3$ の一次構造の間には高い相同性があり, 別の生理活性脂質であるスフィンゴシン-1-リン酸*の5種類の受容体とともに EDG

ファミリーを形成していることから，それぞれEDG-2，EDG-4，EDG-7の別名がある．$LPA_4$（別名p2y9，GPR23）と$LPA_5$（別名GPR92）はオーファン受容体*のリガンドスクリーニングによってLPA受容体であることが同定された分子で，EDGファミリーには属さず互いに相同性が高い．各LPA受容体に特異的なアゴニストやアンタゴニストはまだ報告されていない．$LPA_1$は三量体Gタンパク質$G_{i/o}$・$G_{q/11}$・$G_{12/13}$を介して，ホスホリパーゼ$C^*$の活性化/細胞内カルシウム濃度上昇，アデニル酸シクラーゼ活性の抑制，Rho*，Akt*，MAPキナーゼ*の活性化，SREからの遺伝子発現誘導促進，細胞増殖促進などの反応をひき起こす．$LPA_1$のmRNAはヒトで脳や心臓をはじめとして多くの組織で発現が認められ，神経の発生・分化や痛覚に関与することがマウスの研究で示唆されている．$LPA_2$は$LPA_1$と同様の細胞内シグナル伝達経路を活性化するとされる．mRNAはヒトでは精巣や白血球などで検出され，$LPA_1$とは異なり脳での発現はきわめて低い．$LPA_2$の生物学的機能は未解明である．$LPA_3$は$G_{i/o}$・$G_{q/11}$とは共役するが$G_{12/13}$とは共役せず，ホスホリパーゼCの活性化/細胞内カルシウム濃度上昇，アデニル酸シクラーゼ活性の抑制，MAPキナーゼの活性化をひき起こす．ヒトでは精巣，前立腺，脳，膵臓などにおいてmRNA発現分布が検出されている．$LPA_3$は受精卵の着床へ関与することがマウスの研究で示唆されている．一方，$LPA_4$は$G_{q/11}$・$G_{12/13}$を介してホスホリパーゼCの活性化/細胞内カルシウム濃度上昇やRhoの活性化をひき起こす．$G_s$を介してcAMPの産生を促す場合もある．$LPA_5$は$LPA_4$と同様に$G_{q/11}$・$G_{12/13}$と共役して細胞内シグナル伝達経路を活性化する．cAMPの産生も促すがその機構は不明である．$LPA_4$，$LPA_5$ともに生物学的機能は未解明である．

**リゾホスホリパーゼD** [lysophospholipase D]　＝オートタキシン

**リゾリン脂質** [lysophospholipid]　リン脂質*の2本のアシル基のうち1本を失ったものであり，その物理化学的性質から膜の脂質二重層に容易に刺入し，高濃度下ではその界面活性作用により細胞膜を傷害する．しかし，一方では，通常の2本のアシル基をもつジアシル型リン脂質と異なり，リゾリン脂質は容易に膜間移動することが可能である．この特性から，リゾリン脂質はシグナル分子として機能しうると考えられ，実際，新しいクラスの脂質メディエーター*として注目されている．スフィンゴシン1-リン酸*（S1P）さらにはリゾホスファチジン酸*（LPA）などが特に注目されており，エイコサノイド類と同様に特異的受容体を介して，血管生物学，免疫学，さらには脳神経領域などにおいて多彩な細胞応答を示すことが示されている．

**リゾルベース** [resolvase]　解離酵素ともいう．細菌のトランスポゾン*の転位反応の際に用いられる酵素．トランスポゾンは大腸菌などの原核生物だけでなく，酵母のTy因子*やショウジョウバエのP因子*，

コピア因子*など，真核生物においても見つかっている．なかでも細菌のトランスポゾンは，その転位反応のメカニズムが最もよく解明されており，単純転位と複製的転位の2種類に分けられる．どちらのタイプの転位反応を用いるかはトランスポゾンの種類や菌の生育状態によって異なるが，複製的転位の場合は転位する前の位置と転位先の位置にそれぞれ1コピーずつ，計2コピーのトランスポゾンの挿入が生じるのが特徴的である．この複製的転位の際の中間産物から最終産物を生成する時に，解離酵素の活性化が必要となる．

**リゾレシチン** [lysolecithin]　＝リゾホスファチジルコリン

**リーダー配列** [leader sequence]　広義には，核酸やタンパク質が特異的な機能を発揮できる成熟分子になるときにプロセスされ除去されるそれぞれの分子の端にある配列のことをいう．主として，アミノ酸の生合成のオペロン*などで転写がアテニュエーション（転写減衰）で調節されている遺伝子において，オペロンのプロモーター*からアテニュエーター*までのリーダー領域*に存在する配列をいい，低分子量のリーダーペプチド*をコードする．リーダー配列はオペロンの最終産物であるアミノ酸を多くコードし，リボソームがこのペプチドを翻訳する速さによって，オペロンの翻訳のオン，オフが決定される．分泌タンパク質のアミノ末端にあるシグナルペプチドおよびプロペプチド，ミトコンドリアや葉緑体への輸送に関与するペプチドをコードする配列もリーダー配列とよぶ．

**リーダーペプチド** [leader peptide]　[1]遺伝子の開始コドン上流のリーダー配列*にコードされる低分子量のペプチドで，遺伝子の発現がアテニュエーション（⇌転写減衰）で制御されている細菌のオペロン*に見られる．アミノ酸の生合成系のオペロンには，リーダーペプチド中にその最終産物であるアミノ酸が多く含まれている（大腸菌のヒスチジンオペロンは13残基のアミノ酸から成るリーダーペプチドをもつが，そのうち7残基がヒスチジン）．細胞内のアミノ酸が飢餓になるとリボソームがリーダー配列中で立ち止まることにより，転写終結シグナルが出現せず転写が継続されるので，その下流の遺伝子の翻訳が始まる．（⇌翻訳共役）[2]分泌タンパク質のアミノ末端にあるシグナルペプチドとプロペプチドを合わせてリーダーペプチドとよぶ．また，ミトコンドリアや葉緑体へのタンパク質輸送に必須のペプチドもリーダーペプチドとよぶ．

**リーダー領域** [leader region]　開始コドンの5'側上流の領域のことで，原核生物の場合，SD配列（シャイン・ダルガルノ配列*）というリボソームとの結合部位を含む．真核生物ではその5'末端にキャップ構造が存在し，リーダー領域中には二次構造の形成可能な配列が存在して翻訳調節*にかかわる場合もある．また，転写がアテニュエーション（⇌転写減衰）で調節されている細菌のアミノ酸生合成系のオペロ

ン*では，この領域中に低分子のリーダーペプチド*がコードされている．リーダーペプチドにはそのオペロンの最終産物であるアミノ酸が多く含まれ，このペプチドの翻訳がその下流の遺伝子群の発現量を直接制御する．(→ 翻訳共役)

**リツキサン** [rituxan]　リツキシマブ*の商品名．

**リツキシマブ** [rituximab]　リツキサン(商品名，rituxan)．悪性リンパ腫の一種である非ホジキンリンパ腫を対象とした分子標的治療薬．キメラ型抗CD20モノクローナル抗体(→ キメラ抗体)．ヒト IgG1κ型抗体の定常部(Fc)と IgG1型マウス抗 CD20抗体重鎖および軽鎖の可変部(Fab)が遺伝子組換え技術により融合されている．マウスモノクローナル抗体に比べて，免疫原性が低くなって異種抗体が産生されにくく，血中半減期が長くなった．おもな作用機序は，抗体依存性細胞傷害*(ADCC)と補体依存性細胞傷害(complement-dependent cytotoxicity；CDC)によるが，前者が重要と考えられている．Fc 部分をヒト型に替えることにより，ADCC におけるエフェクター細胞*やヒトの補体系の活性化効率が上昇し，キメラ型モノクローナル抗体では，マウスモノクローナル抗体に比べて，B 細胞に対する殺細胞効果が 1000倍に増強された．B 細胞における CD20抗原の発現は，主に B 細胞に限定されている．前 B 細胞段階から免疫芽球様 B 細胞にかけて発現しており，形質細胞まで分化すると消失する．B 細胞非ホジキンリンパ腫の90％以上で細胞表面に発現しているため，リツキシマブ単独あるいは化学療法剤との併用で治療に用いられる．濾胞性リンパ腫の再発・再燃までの期間の延長，びまん性大細胞型 B 細胞リンパ腫の生存期間の延長に進歩をもたらした．

**立体異性体** [stereoisomer]　→ 異性体

**立体構造分類** [structure classification]　タンパク質をその立体構造の特徴に基づいて分類すること．タンパク質の立体構造分類はドメイン単位で行われ，ドメインを構成する二次構造要素により階層的に分類される．まず，α ヘリックスと β ストランドの含有量に基づき，α ヘリックスから成る α タンパク質，β ストランドから成る β タンパク質，α ヘリックスと β ストランドの両方を含む α/β タンパク質に分類される．この階層は"クラス"とよばれ，α タンパク質と β タンパク質は異なるクラスに属していることになる．立体構造はその二次構造要素の三次元空間上での配置と，その順序によりさらに細かく分類される．この階層は"フォールド"や"トポロジー"などとよばれ，同じクラスに属するタンパク質でも，その二次構造要素の空間配置や順序が異なれば，違うフォールドに分類される．タンパク質の立体構造分類の様子は SCOP や CATH といったデータベースにまとめられ，構造情報の増加に伴い随時更新されている．

**立体配座異性体** [conformer]　→ 異性体

**RITS 複合体** [RITS complex]　RNAi(RNA干渉*)機構により誘導されるヘテロクロマチン集合に必要なリボ核タンパク質複合体で分裂酵母において見つかった．ヘテロクロマチン成分で，セントロメア反復配列に結合し，ヒストンH3リシン9のメチル化やSwi6(ヘテロクロマチン結合クロモドメインタンパク質)や Tas3および2の局在化に必要とされる Chp1(ヘテロクロマチン結合クロモドメインタンパク質)，RNAi 成分である Ago1(→ Argonaute タンパク質)との生成に Dicer*の作用を必要とする短い RNA などを含む．これらの RNAi 成分の一つでも欠損すると Chp1や Tas3 のセントロメア反復配列への結合が見られなくなる．短い RNA 分子の配列はセントロメア反復配列に相同性で RITS 複合体がヘテロクロマチンドメインを標的として局在化するのに必須である．RITS はヘテロクロマチン*に安定に結合し，遺伝子サイレンシング*を受ける座位にヒストンメチルトランスフェラーゼ*Clr4 をリクルートする siRNA*を生成することによりヒストンのメチル化*を維持するのに貢献すると考えられている．

**LIP** [LIP=liver-enriched inhibitory protein]　＝肝特異的転写抑制性タンパク質

**リーディング鎖** [leading strand]　二本鎖 DNA 複製において複製フォーク*が進行する方向に連続的に合成されうる娘 DNA 鎖をいう．伸長方向は $5'→3'$ 方向である．DNA の二本鎖は互いに方向性が異なるために複製に際しては二本の娘鎖は異なる機構により合成される．もう一本の娘鎖はラギング鎖*とよばれ，岡崎フラグメント*の合成と長い DNA 鎖への連結の繰返しから成る不連続的機構により合成される．(→ 不連続複製)

**リーディングフレーム** [reading frame]　読み枠ともいう．遺伝子 DNA あるいはウイルス遺伝子 RNA およびメッセンジャー RNA の中で，塩基配列を調べた時に開始コドンから始まり，3塩基ずつのコドンが並び，終止コドンの手前で終わるタンパク質の読み枠と考えられる部分をさす．開始コドンと終止コドンに挟まれてはいるが，どのようなタンパク質に相当する読み枠かわからない時には特にオープンリーディングフレーム*(ORF)とよんで，読み枠の可能性を示す．

**リードスルー**　＝読み過ごし

**リニア増幅法** [linear amplification]　＝T7-based RNA 増幅法

**リバースアゴニスト** [reverse agonist]　＝インバースアゴニスト

**リバーストランスクリプターゼ**　＝逆転写酵素

**リパーゼ** [lipase]　グリセロールエステルを加水分解して脂肪酸を遊離する酵素の総称で，通常トリアシルグリセロール*を基質とするトリアシルグリセロールリパーゼ(triacylglycerol lipase, EC 3.1.1.3)のことをいう．自然界での分布は動物の体液および各種組織，植物，微生物など広く，多彩な生理的機能を果たしている．哺乳動物のリパーゼは，アミノ酸一次構造と性状(基質特異性，pH 依存性など)の違いから，1) 膵リパーゼ，リポタンパク質リパーゼ*，肝性リパーゼ，2) 胃，唾液およびリソソーム中の酸性リパーゼ，3) 胆汁酸塩活性化リパーゼ，4) ホルモン感受性リ

パーゼの四つのグループに分類されている．膵リパーゼは食餌中のトリアシルグリセロールを分解し，脂肪の消化，吸収に関与する．また，血管内壁に存在するリポタンパク質リパーゼはキロミクロンや超低密度リポタンパク質*(VLDL)のトリアシルグリセロールを，2-モノアシルグリセロールと脂肪酸に分解し，組織への脂肪の取込みに関与する．ホルモン感受性リパーゼは，アドレナリン，グルカゴン，副腎皮質刺激ホルモン(ACTH)などの刺激でサイクリックAMP依存性プロテインキナーゼ*により活性化を受け，脂肪組織のトリアシルグリセロールを分解し，グリセロールと脂肪酸を生成して，その脂肪酸がエネルギー源として利用される．トリアシルグリセロールはリパーゼにより順次分解されて最終的にはグリセロールと脂肪酸を生じるが，この3段階の反応のうち最初の2段階，つまりトリアシルグリセロールがジアシルグリセロールを経て2-モノアシルグリセロールに変換される過程と，最後の2-モノアシルグリセロールが分解されグリセロールになる段階を別々の酵素が担っていると考えられている．膵リパーゼ，リポタンパク質リパーゼ，胆汁酸塩活性化リパーゼは，アルカンや芳香環をもつホウ酸(フェニルホウ酸など)で阻害される．この阻害機構はリパーゼの活性セリンとフェニルホウ酸が四面体配位構造をなすためと予想されている．

**リピドA** [lipid A] リポ多糖*の脂質部分をさす．グラム陰性細菌のリピドAは，$\beta 1 \rightarrow 6$結合の2分子のD-グルコサミンを基本骨格とし，この2位と2'位のアミノ基，3位と3'位のヒドロキシ基に$\beta$-ヒドロキシミリスチン酸を結合している．大腸菌のリピドAでは，2'位と3'位に結合した$\beta$-ヒドロキシミリスチン酸のヒドロキシ基にラウリン酸とミリスチン酸がそれぞれ結合し，1位と4'位にはリン酸が結合し，リピドAに陰性荷電を与えている．リポ多糖は内毒素ともよばれ，発熱・致死活性・アジュバント活性・マクロファージ活性化など種々の生物活性をもつが，リポ多糖内毒素のこれらほぼすべての活性がリピドAで再現される(→細菌毒素)．マクロファージの分化抗原の一つであるGPIアンカー型タンパク質*CD14はリピドAの受容体であり，Toll様受容体*4とMD2の複合体を介して細胞内に情報が伝えられる．

**Repeat Masker** [Repeat Masker] 散在性反復配列のようなほぼ同一の配列をスクリーニングするプログラム．Repeat Maskerはクエリーとして入力した配列に存在する反復配列の詳細な注釈付けとクエリー配列中の注釈付けが行われた反復配列がすべて隠された(デフォルトではNsと表される)配列を返す．ヒトゲノムDNAの約50％がこのプログラムで隠される．配列比較にはSmith-Waterman-Gotohアルゴリズムを利用したプログラムが使用されている．(→バイオインフォマティクス)

**リファンピシン** [rifampicin] ＝リファンピン(rifampin)．放線菌 *Streptomyces mediterranei* が生産するナフトヒドロキノンを含むアンサマイシン(ansamycin)系抗生物質リファマイシンSV(rifamycin SV)の誘導体．結核菌，グラム陽性細菌に強い抗菌作用を示すが，グラム陰性細菌も阻止する．細菌のRNAポリメラーゼと等モル比で結合し，RNA合成の開始を阻害するが，動物のRNAポリメラーゼにはほとんど作用しない．またDNAポリメラーゼも阻害しない．大腸菌の耐性株の中にはRNAポリメラーゼの$\beta$サブユニット遺伝子(*rpoB*)の変異によるものがある．

**リファンピン** [rifampin] ＝リファンピシン

**Rib1** [Rib1] ＝SL1

**リフォールディング** [refolding] ＝再生【1】

**リー・フラウメニ症候群** [Li-Fraumeni syndrome] 1969年，F. P. LiとJ. F. Fraumeniが発見した肉腫高発症候群．この症候群患者の家系には，肉腫のみならず，乳がん，脳腫瘍，白血病，副腎皮質腫瘍をはじめとする多種の悪性腫瘍が頻発(30歳までに家族の約半数が罹患)していた．同様の家系は世界中に存在する．1990年S. H. Friendらは，これらの家系の生殖系列DNA中に，*p53*遺伝子*の点突然変異が存在することを報告した．本症と診断された患者のうち，約50％に*p53*の変異が見つかるという報告がある．タイプ1は*p53*遺伝子(17p13.1)，タイプ2は*CHEK2*遺伝子(22q12.1)の変異が原因であるが，*p53*遺伝子および*CHEK2*遺伝子の両方に変異がないリー・フラウメニ症候群タイプ3については，ゲノムワイドの連鎖スキャニングが行われ，1q23上の4 cM領域にLFS3座位がマップされている．

**リプレッサー** [repressor] 遺伝子の発現を抑制する働きをもつ機能分子のこと．一般には特定の塩基配列に結合して転写を抑制するDNA結合性の転写調節タンパク質のことをさす．F. Jacob*とJ. L. Monod*が，大腸菌のラクトースオペロン*および$\lambda$ファージ遺伝子の発現の抑制を担うトランスの因子として提唱した．その後リプレッサーは単離され，特定の塩基配列(オペレーター)に結合することで，転写を抑制することが実証された．リプレッサーは転写アクチベーター*とともに普遍的な調節タンパク質で，原核生物，真核生物ともに多数のリプレッサーが同定，単離されている．リプレッサーの活性は低分子の結合により調節されることが多い．リプレッサーを不活化する分子を誘導物質*(インデューサー)，活性化する分子をコリプレッサー*とよぶ．ラクトースオペロンのリプレッサーは前者の例であり，トリプトファンオペロン*のリプレッサーは後者の例である．mRNAに結合して働く翻訳レベルのリプレッサーも存在す

る。真核生物の場合，リプレッサーは転写活性化因子と結合する DNA 部位を競合する，転写活性化因子の活性化ドメインを覆い隠す，一般転写因子と直接結合して転写活性化因子と一般転写因子の相互作用を阻害する，などの機構で転写を抑制する。IκB，Mad，Id などがその例である。Rb は転写抑制能をもち，E2F に結合して機能を抑制する。

**リプログラミング** ＝再プログラム化（分化細胞の）

**リブロースビスリン酸回路** [ribulose bisphosphate cycle] ＝還元的ペントースリン酸回路

**リブロース-ビスリン酸カルボキシラーゼ** [ribulose-bisphosphate carboxylase] EC 4.1.1.39. カルボキシジスムターゼ (carboxydismutase) ともいう。還元的ペントースリン酸回路*で，二酸化炭素が受容体であるリブロース 1,5-ビスリン酸と反応する段階を触媒する酵素。Rubisco ともよばれる。真核生物の Rubisco は，葉緑体 DNA にコードされる大サブユニット（約 50 kDa）と核 DNA にコードされる小サブユニット（約 15 kDa）それぞれ 8 分子より成る $L_8S_8$ 型の複合体である。

**リボ核酸** [ribonucleic acid] ＝RNA

**リボ核タンパク質** [ribonucleoprotein] RNP と略す。リボ核タンパク質複合体 (ribonucleoprotein complex) ともいう。一般に RNA とタンパク質の複合体をリボ核タンパク質という。特にこれが粒子となっている場合，これはリボ核タンパク質粒子 (ribonucleoprotein particle) とよばれる。通常後者の場合が多く，リボソーム*，スプライソソーム*，メッセンジャーリボ核タンパク質*（mRNP）などがよい例である。RNA とタンパク質は非共役的な諸種の分子間力で一定の高次構造をとり，各種の機能を果たしている。各種の RNP が相互作用し合い，転写*と転写後プロセシング*の過程を共役させていることが明らかになってきている。RNA ウイルスもそれ自身，リボ核タンパク質粒子である。

**リボ核タンパク質複合体** [ribonucleoprotein complex] ＝リボ核タンパク質

**リボ核タンパク質粒子** [ribonucleoprotein particle] ⇌リボ核タンパク質

**リポカリンファミリー** [lipocalin family] $\alpha_2$ 尿中グロブリンファミリー（$\alpha_2$ urinary globulin family）ともいう。血漿レチノール結合タンパク質，アポリポタンパク質 D，$\alpha_2$ 尿中グロブリン，脳型プロスタグランジン D シンターゼ（脳脊髄液 β トレースタンパク質と同一）など，各種体液においてレチノイド*などの脂溶性物質の結合と輸送をつかさどる分泌タンパク質*，および，ビリン結合タンパク質（bilin-binding protein），クラストシアニン（crustcyanin）などの昆虫や甲殻類の体色変化を担う色素結合タンパク質で構成される遺伝子ファミリー*。そのメンバーは多方面に機能分化し，その結果アミノ酸配列の相同性は低く 20 % 程度であるが，いずれも 160～200 アミノ酸残基の低分子量タンパク質であり，シグナルペプチド*および数箇所の保存されたアミノ酸モチーフを含む。さらに，その高次構造はよく保存され，リガンド結合部位である疎水性ポケットを形づくる β バレル構造をとる。

**リポキシゲナーゼ** [lipoxygenase] リポキシダーゼ (lipoxidase) ともいう。不飽和脂肪酸の cis,cis-1,4-ペンタジエン構造を認識して分子状酸素を導入し，ヒドロペルオキシ誘導体を生成する酸素添加酵素（ジオキシゲナーゼ）である。ダイズのリポキシゲナーゼの酵素学的性質は詳しく研究されており，アラキドン酸を基質とした場合にはおもに 15 位に酸素を導入する。基質特異性や最適 pH の違いにより 3 種類のアイソザイム (L-1, L-2 および L-3) があり，それぞれアミノ酸 838 個，865 個および 857 個から構成されている。リポキシゲナーゼは 1 分子当たり 1 個の非ヘム鉄を含み，ダイズのリポキシゲナーゼ L-1 の結晶解析により，499 番，504 番，690 番の 3 個のヒスチジンとカルボキシ末端のイソロイシンが鉄のリガンドとなっていることが示されている。哺乳動物にもリポキシゲナーゼが存在し，アラキドン酸の 5, 12 および 15 位に酸素添加する酵素が知られている（図参照）。アラキドン酸 5-リポキシゲナーゼ* はロイコト

(1) 5-リポキシゲナーゼ
(2) 12-リポキシゲナーゼ
(3) 15-リポキシゲナーゼ

リエン*生合成の初発酵素である。ヒトの 5-リポキシゲナーゼは 674 個のアミノ酸から成り，アラキドン酸の 5 位に酸素添加して 5-ヒドロペルオキシエイコサテトラエン酸（5-hydroperoxyeicosatetraenoic acid, 5-HPETE）を生成する活性と，それを脱水してロイコトリエン $A_4$ に変換する活性を併せもっている。アラキドン酸 12-リポキシゲナーゼ* およびアラキドン酸 15-リポキシゲナーゼ* は 663 個のアミノ酸から構成され，ヘポキシリンやリポキシン*の生合成に関与している。ヒトの 5-リポキシゲナーゼは第 10 染色体，12- および 15-リポキシゲナーゼは第 17 染色体に存在しており，いずれも 14 個のエキソンから成っている。動物のリポキシゲナーゼでも上記の非ヘム鉄を結合している 3 個のヒスチジンとカルボキシ末端のイソロイシンはよく保存されている。植物および動物のリポキシゲナーゼのアミノ酸配列は互いに相同性を示し，分子進化論的に一つのファミリーを形成している。

**リポキシダーゼ**［lipoxidase］＝リポキシゲナーゼ

**リポキシン**［lipoxin］ アラキドン酸 15-リポキシゲナーゼ*代謝産物で，3 個のヒドロキシ基と共役テ

リポキシン A

リポキシン B

トラエン構造をもっている．$5S$，$6R$，$15S$ のヒドロキシ基をもつリポキシン A と，$5S$，$14R$，$15S$ のヒドロキシ基をもつリポキシン B がある．アラキドン酸に 15-リポキシゲナーゼが作用してできる 15-ヒドロペルオキシ-5,8,11,13-エイコサテトラエン酸 (15-HPETE) から，ロイコトリエン $A_4$ のようなエポキシド中間体を経由して合成される．15-HPETE からのリポキシン産生には，白血球などのアラキドン酸 5-リポキシゲナーゼ*あるいはアラキドン酸 12-リポキシゲナーゼ*が関与している．リポキシン A は，白血球のスーパーオキシド産生促進，ナチュラルキラー細胞の細胞障害活性の抑制，細動脈拡張作用などの生理活性をもっている．

**リポキチンオリゴ糖**［lipochitin oligosaccharide］＝Nod ファクター．LCO と略す．

**リポコルチン**［lipocortin］ $Ca^{2+}$ 依存的に酸性リン脂質に結合するモチーフの繰返し構造を共通してもつ 12 あまりのタンパク質が，リポコルチン/アネキシンスーパーファミリーを形成しており，N 末端側の相同性によってリポコルチン I〜VI に分類されている．リポコルチン I〜IV の N 末端側ドメインに存在するリン酸化部位は生理活性の制御に重要であり，リポコルチン I の N 末端側のフラグメントは，抗炎症作用を代用できることが示された．最初にクローニングされたリポコルチン I（アネキシン* II，p35）は，分子量約 38,000 でグルココルチコイド*によって発現誘導を受ける．抗炎症作用ばかりではなく，細胞の成長抑制・分化促進，末梢性・中枢性の体温調節および神経繊維の変性を防御する作用が報告されている．かつて，リポコルチン I はそのホスホリパーゼ $A_2$ 阻害活性による抗炎症作用がおもに考えられていたが，現在では，単球やマクロファージあるいは白血球からステロイド刺激によって分泌されたリポコルチン I は，細胞表面の高親和性結合部位へ結合することが，作用発現に重要とされている．実際に，細胞表面のリポコルチンが白血球の移動を阻害することが指摘されている．

**リボザイム**［ribozyme］ RNA 酵素（RNA enzyme）ともいう．酵素活性をもつ RNA 分子のことで，RNA（リボ核酸）と酵素（エンザイム）の合成語である．T. R. Cech* によるテトラヒメナの rRNA の自己スプライシング*現象の発見，および S. Altman* が行ったリボヌクレアーゼ P の RNA（M1）に対する解析は，従来生体内の化学反応を触媒する酵素はタンパク質であるという概念を覆し，RNA 自身にその酵素活性が存在する（RNA 触媒*）という考えを生み出した．その後つぎつぎとさまざまなタイプのリボザイムが発見されており（ハンマーヘッド型リボザイム hammerhead ribozyme，ヘアピン型リボザイム hairpin ribozyme，ヒトデルタ型肝炎ウイルス（HDV）由来のリボザイムなど，図参照），近年さらにスプライソソーム*やリ

(a) ハンマーヘッド型リボザイム　(b) ヘアピン型リボザイム　(c) HDV リボザイム

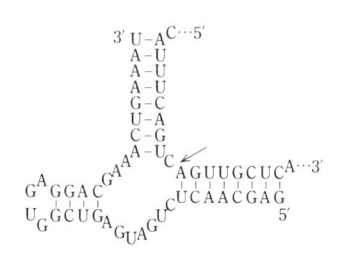

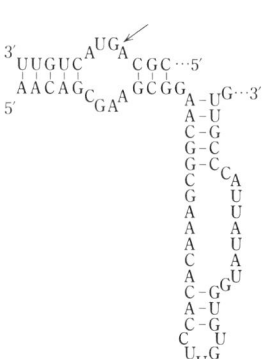

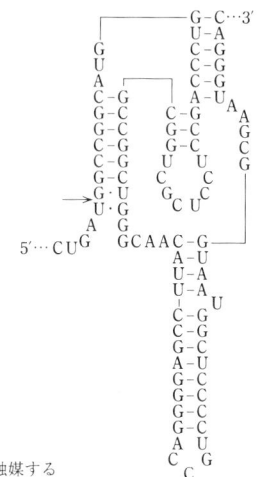

二次構造は異なるが，基本的には自己切断反応をすべて触媒する
**リボザイム**

ボソーム*といったRNA・タンパク質複合体の活性中心がRNA分子上にあることもわかり，生命の根幹をなす生化学反応がRNA触媒を利用していることからもRNA生命起原説が支持される(⇌RNAワールド)．またほとんどのリボザイム反応はリン酸エステルの加水分解による自己切断反応であることから，アンチセンス法*などと同様に特異的な遺伝子発現の制御を目的とした遺伝子治療の有効な手段としても注目されている．リボザイムは金属酵素*で，コファクターとして$Mg^{2+}$を必要とすることが多いが，鉛の存在下でRNAを切断するリボザイムもある．

**リボース** [ribose] 通常D-リボースをさす．RNAに含まれるリボヌクレオシドの構成成分．通常D-フ

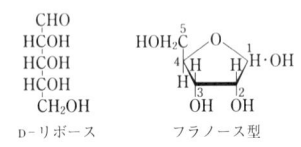

```
   CHO
  HCOH           HOH₂C  O
  HCOH                 H H・OH
  HCOH           H  H
  CH₂OH          OH  OH
  D-リボース       フラノース型
```

ラノース型をとり，プリン塩基の場合には9位のNと，ピリミジン塩基の場合には1位のNとβ-グリコシド結合をしている．アデノシン，グアノシン，ウリジン，シチジンの構成成分である．DNAには2'-デオキシ-D-リボフラノースとして存在する(⇌デオキシリボース)．1位がピロリン酸化，5位が一リン酸化された5-ホスホリボシル1-ピロリン酸*(PRPP)はヌクレオチドの生合成中間体である．

**リボスイッチ** [riboswitch] mRNAが代謝産物(リガンド)を直接感知してそのmRNAの転写または翻訳を制御するシステムあるいはそのような制御に関与するRNAセグメント自体のこと．R. Breakerらにより，原核生物のビタミンやヌクレオチド生合成系の遺伝子で最初に発見された(2002年)．アミノ酸や糖あるいは金属イオン($Mg^{2+}$)に応答するリボスイッチも知られている．一般にリボスイッチはmRNAの5'リーダー領域にあり，リガンドに結合するアプタマー*領域と遺伝子発現の変化に直接関与する領域から成る．多くの場合，アプタマー領域にリガンドが結合するとその下流のRNA構造が変化し，さらに下流の遺伝子の転写や翻訳が抑制される．たとえば，枯草菌のチアミン生合成系のmRNAのリーダー領域にチアミンピロリン酸が結合すると転写終結構造が形成され，転写が抑制される．真核生物においてはリボスイッチがRNAスプライシングの制御に関与している例が報告されている．タンパク質に依存しないリボスイッチは，簡便でかつ素早い細胞応答を可能にする制御システムであり，トランスに作用する非コードRNA*とともにRNA分子の新たな制御機能を象徴している．RNAワールド*の痕跡という考え方もある．

**リポソーム** [liposome] リン脂質小胞(phospholipid vesicle)ともいう．リン脂質を水溶液に懸濁する時，生じる小胞．脂質二重層から成る膜によって外部と隔てられた小胞．コレステロール，糖脂質などの脂質や膜タンパク質を膜中に組込むことも可能である．内包された水溶液層に，イオン，低分子物質や核酸，タンパク質などをトラップすることも可能．DNA，mRNAなどを内包したリポソームが，遺伝情報のベクターとして注目される(⇌リポフェクチン)．生体膜の脂質部分の性質をよく反映するところから，膜モデルとしてよく使われる．(⇌ミセル)

**リボソーム** [ribosome] 地球上に現存するすべての生物に含まれていて，細胞内でのタンパク質生成

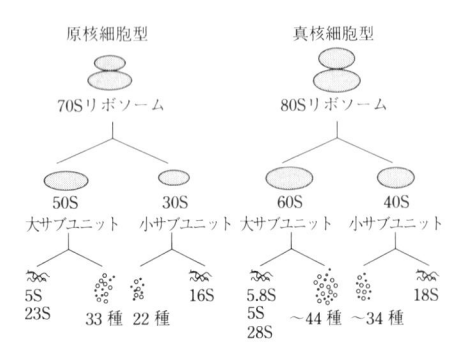

```
     原核細胞型            真核細胞型
      ◯◯                  ◯◯
   70Sリボソーム         80Sリボソーム
    ╱    ╲              ╱    ╲
  50S    30S           60S    40S
 大サブユニット 小サブユニット  大サブユニット 小サブユニット

  5S     16S          5.8S     18S
  23S              5S
  33種   22種       28S
                  ~44種   ~34種

  ⋮⋮⋮ : リボソームタンパク質   ～ : rRNA
```

(a) リボソームの構成

の場となる細胞小器官*．図(a)にその構成面が図示される．リボソームは大小二つのサブユニットから成り，それぞれは1～3種のリボソームRNAときわめて多種類のリボソームタンパク質が非共有的に結合している．リボソームRNAは細胞内の全RNAのおよそ80％を占めている．これら成分の構成の仕方や大きさによって原核細胞型，真核細胞型に大別される．しかし，細かくは，古細菌*のそれは両型のさまざまな特異性を示すので，古細菌の進化学的成り立ちが特定しにくい現状である．また，ミトコンドリア，葉緑体に含まれるリボソーム(⇌ミトコンドリアリボソーム，葉緑体リボソーム)は，その推定される成り立ち(すなわち，それぞれ原核生物の共生*によるといわれる)からもわかるように，明らかに原核細胞型ではあるが，構成リボソームタンパク質に独自の種類がみられたり，構成リボソームタンパク質遺伝子の多くが自己のDNAからはずれて核内DNAに組込まれていることなど段階的突然変異がみられる(⇌リボソームDNA)．これらのことからリボソームタンパク質の統一された命名法はなく，原核細胞型で，おもにE. Kaltschmidtらによる大腸菌のそれが適用されている(⇌リボソームタンパク質)．図(b)にリボソームの機能面が図示される．リボソームには，アミノアシル部位(A部位*)，ペプチジル部位(P部位*)とよばれる二つのtRNA結合部位があって，図(b)のように結合したmRNAの遺伝情報に従ってそれぞれの部位にtRNAが位置する．アミノアシルtRNAシンテター

ゼによって活性化されたその二つのアミノ酸の間のペプチド結合形成を触媒する機能，すなわちペプチジル

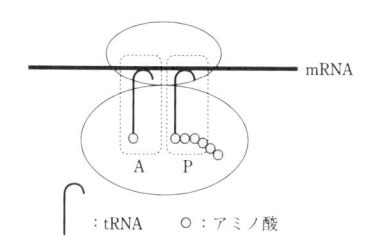

(b) リボソーム上でのペプチド合成

トランスフェラーゼ*，をもって上述のタンパク質生合成機能を遂行する．タンパク質は生命現象発現の主役であるが，そのタンパク質はリボソーム上においてのみ合成される．したがってリボソーム自体の生合成の調節は生命現象発現のキーポイントにかかわる．しかし全般にわたるリボソーム生合成の調節機構の詳細はいまだ不明である．以上のように，リボソームは，1) 全生物に存在すること，2) 核酸，タンパク質という情報高分子によって構成されていること，3) 基本的に共通機能を営むことから，全生物を通ずる進化学的解析の素材として好適である（→ 分子進化学）．

**リボソーム亜粒子** ＝リボソームサブユニット
**リボソーム RNA** [ribosomal RNA] rRNA と略す．リボソーム*粒子内に存在する RNA をいう．リボソームは細胞質に存在しタンパク質合成の場を提供する．巨大な二つのサブユニットから成るが，それらは RNA とタンパク質から成る複合体である．ヒトのリボソームの大サブユニットには 28S, 5.8S, 5S の 3 種類の RNA が含まれ，それぞれ約 5000, 160, 120 の塩基から成り，5S rRNA 以外は一つの転写単位からプロセシングにより生成する．小サブユニットには 2000 塩基の 18S RNA がある．大腸菌のリボソームにも対応する RNA が存在する（大サブユニット(50S)には 2904 ヌクレオチドの 23S rRNA と 120 ヌクレオチドの 5S rRNA が，小サブユニット(30S)には 1542 ヌクレオチドの 16S rRNA が含まれる)が，いずれも 1 本の前駆体 rRNA 鎖がプロセシングされて生じる．(→ rRNA 遺伝子)

**リボソーム結合配列** [ribosome-binding sequence]
→ リボソーム結合部位
**リボソーム結合部位** [ribosome-binding site] タンパク質の生合成の開始時に mRNA がリボソーム*と結合する部位．リボソームと結合する配列をリボソーム結合配列(ribosome-binding sequence)といい，原核生物では特に，シャイン・ダルガルノ配列*(SD 配列)という．SD 配列は mRNA の開始コドン AUG の約 10 塩基上流に存在するプリンに富んだ領域であり，リボソームの小サブユニット中に存在する 16S リボソーム RNA の 3′ 末端の塩基配列(CCUCCUUA-OH) と相補的塩基対を形成し，タンパク質合成の開始複合体形成反応において重要な働きをする．この塩基対合形成においてはリボソームタンパク質 S1 が関与している．SD 配列は，その下流にあるシストロンごとにその配列や開始コドン AUG からの距離が微妙に異なり，翻訳段階においてタンパク質の合成量を調節していると考えられている(→ 翻訳調節)．遺伝子工学などで，大腸菌など細菌細胞内でタンパク質を発現させる場合，リボソーム結合部位は重要で，タンパク質合成量に大きく影響する．真核生物ではタンパク質合成開始時にリボソームと結合する mRNA 中の部位は 5′ 末端キャップ構造*あるいは IRES，そして開始コドン付近と考えられている．真核生物では mRNA は Cap でリボソームに結合し，最初の AUG が出てくるまでスキャンされるというスキャニングモデルを Kozak は提唱しており，最初の AUG 近辺の共通配列 G/ACCAUGG が効率の良い翻訳に必要とされている．

**リボソームサブユニット** [ribosome subunit] リボソーム亜粒子ともいう．リボソーム*を構成する大小二つのサブユニットのこと．[1] 原核細胞のリボソームおよび真核細胞のミトコンドリア*や葉緑体*中のリボソームは沈降係数約 70S(分子量約 $2.5 \times 10^6$)で，50S(分子量約 $1.6 \times 10^6$) と 30S(分子量約 $0.9 \times 10^6$)のサブユニットから成る．50S サブユニットは，L1〜L34 と名づけられる 34 種の異なるタンパク質(リボソームタンパク質*)と 23S(約 3200 ヌクレオチド)および 5S(約 120 ヌクレオチド)rRNA から構成される．30S サブユニットは，21 種のリボソームタンパク質(S1〜S21)と 16S rRNA(約 1540 ヌクレオチド)から成る．[2] 真核細胞の細胞質にあるリボソームは約 80S の沈降係数をもち，60S と 40S のサブユニットから成る．60S サブユニットの分子量は，下等真核生物(酵母で約 $2.5 \times 10^6$)と高等動物(ラットで約 $3.0 \times 10^6$)の間に大きな違いがあるが，40S サブユニットではほとんど違わない(約 $1.5 \times 10^6$)．60S サブユニットは，28S(ラットでは約 4700 ヌクレオチド，酵母では 25S で約 3900 ヌクレオチド)，5.8S(約 160 ヌクレオチド，細菌細胞に特異的)，5S(約 120 ヌクレオチド)の 3 種類の rRNA と約 45 種類のリボソームタンパク質(P0〜P2, L3〜L41)から構成される．40S サブユニットは，18S rRNA(ラットでは約 1900 ヌクレオチド，酵母では約 1800 ヌクレオチド)と約 35 種類のリボソームタンパク質(Sa, S1〜S30)から構成される．mRNA およびアミノアシル tRNA の結合部位は小サブユニット上にあり，ペプチド結合反応を触媒するペプチジルトランスフェラーゼ*活性は大サブユニット中に存在する．70S および 80S リボソームは $Mg^{2+}$ 濃度や塩濃度によって可逆的に解離・会合させることができる．細胞内では，リボソームサブユニットは，タンパク質生合成*の開始に伴って会合して 70S または 80S を形成し，終了に伴って解離するというリボソームサイクル(ribosomal cycle)を繰返す．

**リボソーム受容体** [ribosome receptor] 膜結合(型)リボソーム*が形成される際，リボソームの結合

部位として機能する小胞体\*膜上のタンパク質．タンパク質合成を開始したリボソームがN末端シグナルペプチド部分を合成すると，まずシグナル認識粒子\*（SRP）がこれを認識して小胞体膜上のSRP受容体に結合，つづいてリボソームがこのリボソーム受容体に結合する．

**リボソームタンパク質**［ribosomal protein］　リボソーム\*粒子に含まれるタンパク質成分全体をいう．ヒトでは大サブユニットに40数個，小サブユニットには30数個含まれる．リボソームRNA\*とともにタンパク質合成に必須な機能を担うと考えられているが，個々のタンパク質の機能は明らかではない．一方，大腸菌のリボソームには50S大サブユニットには34種（L1～L34），30S小サブユニットには21種（S1～S21）のタンパク質が含まれ，これらすべてのタンパク質が分離精製されている．分子量は1万から3万で，その多くは塩基性タンパク質である．機能のわかっているタンパク質もいくつか存在する．

**リボソームDNA**［ribosomal DNA］　rDNAと略す．リボソームRNA\*を指定する遺伝子，すなわちrRNA遺伝子\*をこのようによぶことがある．

**リボソーム内部進入部位**［internal ribosomal entry site］　IRESのこと．

**リボソームフレームシフト**［ribosome frameshift］
⇨翻訳調節

**リボソーム法**［liposome method］　リボソーム\*とは脂質二重層をもつ閉鎖小胞であり，その中に水溶性物質を封入できる粒子として1960年代に開発された．非ウイルスベクター\*の一種で，遺伝子，合成核酸，タンパク質や制がん剤などを封入して細胞内導入できる薬物送達系として注目されてきた．1986年に正電荷をもつ合成脂質によるリボソームが開発され，電荷によってDNAの周りをこのリボソームで取囲んだリボソーム-DNA複合体が考案された．これは正電荷によって細胞への付着性を高め，培養細胞への高効率遺伝子導入が可能な方法（⇨リポフェクション）として汎用されている．この方法では正電荷を帯びたリボソーム-DNA複合体が細胞表面に付着し細胞の食作用\*で細胞に取込まれる．生体組織での遺伝子導入効率は一般には高くないが，がん組織への遺伝子導入ベクターとしては臨床応用もなされている．リボソームは血液中に投与すると肝臓，脾臓，肺などの細網内皮系\*に捕捉されやすい．そこでポリエチレングリコール\*付加した脂質を用いたり，直径を100 nm以下にすることで血液中での滞留性を増す工夫がなされている．腫瘍血管は透過性が高いと考えられており，血液中での滞留性を高めて粒子径を縮小すればEPR効果（enhanced permeability and retention effect）により優先的に腫瘍組織へのリボソームの蓄積が起こり，治療分子の放出が行われ治療効果を上げることができる．さらに標的細胞を特異的に認識できる抗体\*や細胞表面の受容体に結合するリガンド\*分子を付加したリボソームも開発され，標的導入も可能になっている．

**リポーター遺伝子**　⇨レポーター遺伝子

**リポ多糖**［lipopolysaccharide］　通常はLPSと略される．細菌内毒素の実体（⇨細菌毒素）．グラム陰性細菌表層のペプチドグリカンを取囲んで存在する外膜の約3割を占める構成成分で，分子量は2万～200万である．活性中心は分子量約2000のリピドA\*という糖脂質である．リポ多糖は，このリピドAにKDO（2-ケト-3-デオキシオクトン酸）を介して共有結合するRコア多糖（R core polysaccharide，近縁の菌種では，比較的均一な構造をとる）と，その外側に結合するO抗原多糖（O antigen polysaccharide，菌種により異なる構造をとる）から成り立っている（図）．リポ多

| O抗原多糖 | ヘキソース | ヘプトース | KDO | リピドA |
|---|---|---|---|---|
|  | Rコア多糖 |  |  |  |

糖は，投与すると強い発熱作用をひき起こすため，細菌性発熱物質（bacterial pyrogen）とよばれてきた．投与量を増すと，生体に多様な変化をひき起こす．全身の主要臓器の機能不全や血圧の低下，ひいては内毒素ショック\*と称される致死性のショック状態を誘導することが知られている．今日，この致死作用は直接的とは考えられておらず，リポ多糖がマクロファージやリンパ球，血管内皮細胞などを刺激して分泌させるサイトカイン\*などにより生じる間接的な効果と考えられている．リポ多糖の直接作用としては，補体\*活性化作用，サイトカイン（インターロイキン1\*，腫瘍壊死因子\*，顆粒球コロニー刺激因子\*など）やオータコイド\*（プロスタグランジン$E_2$\*など）の誘導作用，血液凝固系の活性化機構，アジュバント作用，Bリンパ球活性化作用などが報告されている．リポ多糖の受容体は食細胞の細胞表面に見いだされるCD14と考えられている．リポ多糖とリポ多糖結合タンパク質（LBP, LPS-binding protein）の複合体が，CD14と結合し，細胞を活性化すると報告されている．しかし，B細胞や血管内皮細胞などCD14をもたない細胞もリポ多糖によく反応することやCD14はPIアンカータンパク質であり，細胞内ドメインをもたないことなどにより，細胞活性化の分子メカニズムはまだ不明の点がある．さらに，73～80 kDa，55～60 kDa，95 kDa，47 kDa，18 kDaのリポ多糖結合分子が報告されている．リポ多糖で刺激された細胞では，チロシンキナーゼ活性の上昇や，MAPキナーゼ\*やHOG1相同体の活性化，NF-κB\*の活性化により，TNF-αなどを含むいくつかの遺伝子の転写活性が上昇すると報告されている．

**リポタンパク質**（血漿の）［lipoprotein］　脂質とタンパク質の複合体をさし，その特性によりいくつかの画分に分けられる．トリアシルグリセロール\*やコレステロールエステルをコアとし，その表面をタンパク質とリン脂質，コレステロールから成る被膜で覆うことにより，流血中でも安定で可溶性の脂質輸送体となる．一般によく知られている命名法は，密度に基

づく分画法によっている．リポタンパク質は，脂質とタンパク質の複合体であるということから，その脂質とタンパク質の量比によって千差万別のリポタンパク質粒子が存在することになる．すなわち一つ一つのリポタンパク質粒子はすべて異なる脂質組成およびタンパク質組成をもつといってよい．リポタンパク質は脂質含量が多いとその密度は低くなり，タンパク質含量が多いと密度は高くなる．密度が低い順に，超低密度リポタンパク質*(VLDL)，低密度リポタンパク質*(LDL)，高密度リポタンパク質*(HDL)が正常には存在する．ある種の病的状態で VLDL と LDL の間のリポタンパク質，中間密度リポタンパク質(intermediate density lipoprotein, IDL)が増加することがある．正常では IDL 量はきわめて少ない．おのおのの密度 $d$(g/mL)は VLDL が 1.006 より低く，IDL は $1.006 < d \leq 1.019$，LDL は $1.019 < d \leq 1.063$，HDL は $1.063 < d \leq 1.21$ である．IDL と LDL 両者を合わせて LDL とする場合も多い．HDL は $d=1.125$ を境として $HDL_2$ と $HDL_3$ に分けられる．VLDL では中性脂肪が多く，IDL，LDL と代謝されるにつれてコレステロール含量が増加する．VLDL，IDL，LDL は共通してアポ B-100 をもつ．VLDL は血中で，リポタンパク質リパーゼの作用を受けながら，中性脂肪およびリポタンパク質表層のアポ C 群，アポ E を失い，VLDL より IDL を経て最終代謝産物として LDL を生成する．これらの代謝産物はさらに，転送タンパク質の働きにより，HDL よりコレステロールエステルを受取る．密度の軽いリポタンパク質として食事脂質を含む小腸由来のキロミクロン(chylomicron)がある．その組成のほとんどは中性脂肪であり，密度は 1.0 より低い．アポタンパク質*としてはアポ B-48 が構造タンパク質であり，アポ C 群，アポ E をもつ．リンパ管内ではキロミクロンはアポ A-I をもつが，血中に入るとアポ A-I は速やかに HDL へ移行する．キロミクロン，VLDL ともに血中では血管内皮上のリポタンパク質リパーゼの作用を受ける．このリパーゼの作用を受けたリポタンパク質をレムナント(remnant)とよび，キロミクロンレムナント，VLDL レムナントとよぶ．ときに IDL を VLDL レムナントとよぶこともあるが，正確には VLDL レムナントは比重が 1.006 より軽いものをさす．IDL はすでにリパーゼの作用を受けていることが明確なので，あえてレムナントとよぶ必要はない．HDL は VLDL，IDL，LDL とは異なり，構造タンパク質としてアポ A-I，A-II をもつ．さらにアポ C 群，アポ E ももつ．脂質としてはコレステロールに富む．HDL は肝由来のものと，血中でアポ B を含むリポタンパク質がリパーゼの作用により加水分解される際生じるリポタンパク質表層物質より生成される．比重とは別に電気泳動法で分画した場合，その泳動度に応じて，α，β，プレ β リポタンパク質とよぶ．α リポタンパク質は HDL，β リポタンパク質は LDL，プレ β リポタンパク質は VLDL とよく相応する．キロミクロンは一般的に原点によく残るが，β に向かってテーリングを示す場合もある．一般におのおののリポタンパク質バンドは単一なバンドを形成するが，ときにプレ β から β が一体となったブロード β バンドを形成する．これは III 型の高脂血症*に特徴的である．ブロード β バンドは比重で分けると VLDL ないし IDL に相当する．高コレステロール食飼育したウサギに認める VLDL は電気泳動度は β 位となり，β-VLDL とよばれる．まれにヒトでも認められることがある．このリポタンパク質のおのおのの画分の増加状態により，高脂血症は分類されている．簡単にいえば，I 型はキロミクロン，IIa 型は LDL，IIb 型は VLDL と LDL，III 型は IDL ないし は β-VLDL(ブロード β バンドを生じる)，IV 型は VLDL，V 型はキロミクロンと VLDL が増加する．

**リポタンパク質結合性プロテアーゼインヒビター** [lipoprotein-associated coagulation inhibitor] ＝TFPI，LACI と略す．

**リポタンパク質リパーゼ** [lipoprotein lipase]　[1] EC 3.1.1.34．おもに脂肪組織，それに筋肉(骨格筋，心筋)などの毛細血管内壁に存在し，腸管や肝臓由来のトリアシルグリセロール*に富む血漿リポタンパク質(キロミクロンや超低密度リポタンパク質*)中のトリアシルグリセロールを加水分解する役割を担う酵素．組織の実質細胞によって合成され，分泌されたのち，内皮細胞表面のヘパラン硫酸の鎖につながれて機能する．分子量 66,000 の糖タンパク質で，機能発現にはアポリポタンパク質*C-II を必要とする．[2] 臨床検査で血清中のトリアシルグリセロール濃度を測定する時，ほとんどの場合，まず細菌(*Pseudomonas* sp. あるいは *Chromobacterium viscosum*)から精製したリパーゼを用いて加水分解し，生じたグリセロールを定量する方法がとられる．このリパーゼはリポタンパク質粒子中に存在するトリアシルグリセロールに働くので，やはりリポタンパク質リパーゼとよばれる．

**リポトロピン** [lipotropin]　⇌ プレプロオピオメラノコルチン

**リボヌクレアーゼ** [ribonuclease]　RN アーゼ(RNase)と略す．RNA を特異的に分解するヌクレアーゼ*の総称．RNA 鎖の末端から切断してモノヌクレオチドを生成するエキソヌクレアーゼ*と，内部の 3′,5′-ホスホジエステル結合を切断するエンドヌクレアーゼ*に大別される．すべての生物がもっており，一つの細胞にもさまざまな特異性の RN アーゼが存在するが，これまでに分離同定されているものはほとんどエンドヌクレアーゼである．代表的なものとしては，ピリミジン残基特異的に作用する RN アーゼ A(RNase A, 動物膵臓由来)，プリン残基(限定条件では A 残基)特異的に作用する RN アーゼ $U_2$(RNase $U_2$, *Ustilago sphaerogena* 由来)，G 残基特異的に作用する RN アーゼ $T_1$(リボヌクレアーゼ $T_1$*，*Aspergillus oryzae* 由来)，塩基非特異的に働く RN アーゼ $T_2$(リボヌクレアーゼ $T_2$*，*Aspergillus oryzae* 由来)，C 残基特異的に切断する RN アーゼ CL(RNase CL，トリ肝臓由来)などがある．RNA 一次構造の解析に汎用されているが，限定条件では高次構造を形成した部位には

作用しにくいので,高次構造の推定にもしばしば用いられる.これらの酵素は安定性の高いものが多いので,mRNA 標品などを取扱う際には RN アーゼの混入防止に細心の注意が必要である.上記のエンドヌクレアーゼとは作用様式が異なる型のものとして,RNA のプロセシング*にかかわる酵素が同定されている.代表的なものは,二本鎖 RNA 特異的なものとして分離された酵素で mRNA や rRNA のプロセシングに関与する RN アーゼⅢ(RNase Ⅲ),前駆体 rRNA から RN アーゼⅢによって生成した中間体をさらにプロセシングする RN アーゼ E(RNase E),前駆体 tRNA のプロセシングに関与する RN アーゼ P(リボヌクレアーゼ P*)などである.真核生物における核内 RN アーゼⅢは,マイクロ RNA*(miRNA)生成過程において初期 miRNA を切断し,60〜80 塩基のヘアピン構造をもつ前駆体 miRNA を産生する.真核生物に見られる Dicer* は RN アーゼⅢドメインをもつ二本鎖 RNA 特異的エンドヌクレアーゼであり,長い二本鎖 RNA を 21〜23 塩基対の短い二本鎖 RNA に切断する(→ RNA 干渉).また Dicer は,細胞質において前駆体 miRNA から 22 塩基対程度の miRNA を切出す.エキソヌクレアーゼとしては,RNA の 3′末端から分解する酵素で mRNA の分解に関与すると推定される RN アーゼⅡ(RNase Ⅱ)や,tRNA のプロセシングに関与する RN アーゼ D(リボヌクレアーゼ D*)などが大腸菌から分離されている.真核生物では mRNA の 3′末端に付加するポリ(A)鎖を特異的に分解する 3′→5′ エキソヌクレアーゼがあり,他のタンパク質と複合体(CCR4-NOT 複合体や PAN2-PAN3 複合体)を形成して働く.また,mRNA のキャップ構造依存的にポリ(A)鎖を分解する 3′→5′ エキソヌクレアーゼ PARN は多くの多細胞生物に見られる.真核生物ではエキソソーム*とよばれる RN アーゼⅡを含む複合体が 3′→5′ エキソヌクレアーゼ活性をもち,ポリ(A)鎖が除去された mRNA やエンドヌクレアーゼで切断された RNA の 3′側を分解する.酵母やヒトでは,脱キャップ酵素などによりキャップ構造がはずされた RNA を 5′側から分解する 5′→3′エキソヌクレアーゼ XRN1 が見つかっている.なおこのほかに,RNA,DNA 両者に働くヌクレアーゼは多数存在する.

**リボヌクレアーゼ E** [ribonuclease E]　RN アーゼ E(RNase E)と略す.(→ リボヌクレアーゼ)

**リボヌクレアーゼインヒビター** [ribonuclease inhibitor]　リボヌクレアーゼ阻害剤ともいう.リボヌクレアーゼ(RN アーゼ)活性を阻害するものの総称.低分子化合物で阻害作用をもつものが多くみつかっている.ほとんどは非特異的なものであるが,バナジルリボヌクレオシド複合体は特異性が高いとされる.ヒト胎盤,ラット肝臓などからはタンパク質性インヒビター(proteinous inhibitor)が分離されており,このインヒビターは特異的に膵臓由来の RN アーゼと 1 対 1 の複合体を形成して RN アーゼ活性を阻害する.特異性の高さから,遺伝子操作ではタンパク質性インヒビターが汎用される.バーナーゼ(banase)とバースター(barstar)は 110 および 89 アミノ酸残基から成る可溶性タンパク質で,互いに分泌型 RN アーゼとそのインヒビターの関係にあり(*Bacillus amyloliquefaciens* 由来),複合体形成により特異的に活性が阻害される.

**リボヌクレアーゼ A** [ribonuclease A]　RN アーゼ A(RNase A)と略す.(→ リボヌクレアーゼ)

**リボヌクレアーゼ S** [ribonuclease S]　RN アーゼ S(RNase S)と略す.ズブチリシンによるリボヌクレアーゼ A の 20 番目の Ala と 21 番目の Ser 間での限定加水分解で得られる S ペプチド(S peptide,残基 1〜20)と S タンパク質(S protein,残基 21〜124)の複合体.活性部位の His(12 番)と His(119 番)が S ペプチドと S タンパク質にそれぞれ分離されており,おのおの単独ではリボヌクレアーゼ活性をもたないが,非共有結合により複合体となることでもとの立体構造と酵素活性の両者を完全に回復することが知られている.

**リボヌクレアーゼ H** [ribonuclease H]　RN アーゼ H(RNase H)と略す.EC 3.1.26.4.RNA と DNA の混成二本鎖の RNA 鎖のみを特異的に分解するリボヌクレアーゼ*をいう.酵素活性には 2 価金属イオンが必須であり,RNA のホスホジエステル結合を解裂して 5′-リン酸末端と 3′-OH 末端を生成する.逆転写酵素*にも活性が同定され,レトロウイルスの場合は,鋳型であるウイルス RNA を相補的 DNA の合成後に分解する.RN アーゼ H 活性は広く生体内に同定され,大腸菌のもつ 2 種類の RN アーゼ H に対する配列類似性により二つのタイプに分けられる.DNA 複製に関与すると推定されているが,詳細な生物学的役割は不明である.

**リボヌクレアーゼ MRP** [ribonuclease MRP]　真核生物の rRNA 前駆体*のプロセシング*に関与し,ミトコンドリア DNA*の複製*や細胞周期*の制御にも関与することが知られている多機能なリボヌクレアーゼ*.MRP は mitochondrial RNA processing の略.核小体*とミトコンドリア*におもに発現している.酵母には,リボヌクレアーゼ MRP と九つのリボヌクレアーゼ MRP タンパク質サブユニット(Pop1, Pop3, Pop4, Pop5, Pop6, Pop7, Pop8, Rpp1, Snm1)が知られ,核内で複合体を形成して機能している.

**リボヌクレアーゼ L** [ribonuclease L]　RN アーゼ L(RNase L)と略す.オリゴアデニル酸(2′,5′-オリゴ A)を活性に必要とするエンドヌクレアーゼ*.インターフェロン*処理した細胞では,2′,5′-オリゴ A シンテターゼが活性化され 2′,5′-オリゴ A が合成されるが,2′,5′-オリゴ A が結合することにより RN アーゼ L が活性化され,細胞内の mRNA を分解しタンパク質合成を阻害するとされる.インターフェロンによる抗ウイルスや抗増殖作用に働く.インターフェロン処理しない細胞内にもこの酵素は存在するが不活性な状態にあるので,そのために"latent"に由来する L が酵素名に付与されている.

**リボヌクレアーゼⅢ** [ribonuclease Ⅲ]　RN アーゼⅢ(RNase Ⅲ)と略す.(→ リボヌクレアーゼ)

**リボヌクレアーゼ CL**［ribonuclease CL］　RNアーゼ CL(RNase CL)と略す．(⇌リボヌクレアーゼ)

**リボヌクレアーゼ阻害剤**　＝リボヌクレアーゼインヒビター

**リボヌクレアーゼ D**［ribonuclease D］　RNアーゼ D(RNase D)と略す．tRNA(⇌転移 RNA)の3′末端のプロセシングに関与するエキソヌクレアーゼ*．変性した tRNA の分解酵素として発見されたことから，"denature"の D が付与されている．リボヌクレアーゼ P* が前駆体 tRNA を切断したあとに残る余分な3′末端ヌクレオチドを除去する活性をもち，tRNA のアミノ酸転移活性に必要な CCA 配列に到達すると分解を停止する．tRNA が形成する高次構造がこの酵素の反応性を規定すると推定されている．

**リボヌクレアーゼ $T_1$**［ribonuclease $T_1$］　RNアーゼ $T_1$(RNase $T_1$)と略す．Aspergillus oryzae から得られるタカジアスターゼ中に見いだされたリボヌクレアーゼ*．成熟型酵素は，2本のジスルフィド結合を含む104アミノ酸残基から成る．この酵素は，RNA のグアニル酸残基の3′側のホスホジエステル結合のみを高い特異性で切断することから，酵素的な RNA の一次構造解析に不可欠な酵素として利用される．

**リボヌクレアーゼ $T_2$**［ribonuclease $T_2$］　RNアーゼ $T_2$(RNase $T_2$)と略す．Aspergillus oryzae から分離精製されたリボヌクレアーゼ*．成熟型酵素は，259アミノ酸残基から成り，5本のジスルフィド結合を含むと考えられている．この酵素は，ほとんど塩基特異性を示さずに修飾ヌクレオシドを含む RNA に対しても作用するので，RNA を酵素的に完全分解し，ヌクレオシド3′-リン酸化合物を生成するのに用いられる．

**リボヌクレアーゼ II**［ribonuclease II］　RNアーゼ II(RNase II)と略す．(⇌リボヌクレアーゼ)

**リボヌクレアーゼ P**［ribonuclease P］　RNアーゼ P(RNase P)と略す．前駆体 tRNA から5′リーダー配列* を特異的に切断するエンドヌクレアーゼ*．大腸菌で発見されたが，その後種々の生物種で類似の活性をもつ酵素が見いだされている．この酵素は 377 ヌクレオチドから成る RNA と，分子量約 14,000 のタンパク質から成る複合体を形成する．細菌や多くの古細菌では，RNA のみでも試験管内切断反応をひき起こすが，真核生物や多くの古細菌ではタンパク質成分も正常な酵素機能に必須である．

**リボヌクレアーゼ保護**［ribonuclease protection］　二本鎖の RNA やタンパク質が結合した RNA はリボヌクレアーゼ* に耐性となることを利用し，特異的RNA の検出，RNA の末端の同定，点突然変異の検出，さらに RNA に結合するタンパク質の結合部位の同定などを行うことができる実験法．(⇌リボプローブマッピング，DNAフットプリント法)

**リボヌクレアーゼ $U_2$**［ribonuclease $U_2$］　RNアーゼ $U_2$(RNase $U_2$)と略す．(⇌リボヌクレアーゼ)

**リボヌクレオシド**［ribonucleoside］　RNA* に含まれる核酸塩基の β-D-リボフラノシドの総称．アデニンやグアニンなどのプリン塩基を含むアデノシン* やグアノシン* は，9位に D-リボースが β-グリコシド結合している．ウラシルやシトシンなどを含むピリミジンヌクレオシドにおいては，1位に D-リボースが β-グリコシド結合している．類似体として α-グリコシド結合した α-ヌクレオシド，L-リボース，D-アラビノース，グルコースが結合したものが合成されている．

**リボヌクレオシド三リン酸**［ribonucleoside triphosphate］　リボヌクレオシド* の5′位三リン酸の総称．アデノシン*，グアノシン*，シチジン*，ウリジン* 由来のものが ATP, GTP, CTP, UTP は RNA 合成において，RNA ポリメラーゼ* の基質となる．ATP は代表的補酵素* であり，生体内エネルギー反応にも重要な役割を果たしている．GTP, CTP, UTP も補酵素またはその前駆体として働いている．(⇌ヌクレオチド補因子)

**リボヌクレオシド三リン酸レダクターゼ**［ribonucleoside-triphosphate reductase］　⇌リボヌクレオチドレダクターゼ

**リボヌクレオシド二リン酸**［ribonucleoside diphosphate］　通常はリボヌクレオシド* の5′位がピロリン酸化されたものの総称．アデノシン*，グアノシン*，シチジン*，ウリジン* がそれぞれ5′-二リン酸化されたもので，ADP, GDP, CDP, UDP である．生合成では5′位の一リン酸を経由して得られる．リボヌクレオシド二リン酸はポリヌクレオチドホスホリラーゼ* の基質となり，鋳型の存在なしに RNA ポリマーが得られる．

**リボヌクレオシド二リン酸レダクターゼ**［ribonucleoside-diphosphate reductase］　⇌リボヌクレオチドレダクターゼ

**リボヌクレオチド**［ribonucleotide］　リボヌクレオシド* のリン酸エステルの総称．RNA 中では 3′,5′-リン酸ジエステルとして存在する．RNA をアルカリ性で加水分解すると 2′-リン酸と 3′-リン酸の混合物が得られる．ヌクレアーゼ P1 などで処理するとリボヌクレオシド 5′-リン酸となる．このうちプリン系のグアノシン 5′-リン酸(GMP)は呈味物質として利用される．もう一つの呈味物質であるイノシン 5′-リン酸は AMP の脱アミノによって得られる．

**5′-リボヌクレオチドホスホヒドロラーゼ**［5′-ribonucleotide phosphohydrolase］　＝5′-ヌクレオチダーゼ

**リボヌクレオチドレダクターゼ**［ribonucleotide reductase］　DNA 生合成* 上，中心的役割を果たす酵素で，すべての生物に必須である．リボヌクレオシド二リン酸*(NDP)のリボースの 2′位の OH 基を還元してデオキシリボース体(dNDP)に変換する酵素(リボヌクレオシド二リン酸レダクターゼ ribonucleoside-diphosphate reductase, EC 1.17.4.1)と，リボヌクレオシド三リン酸*(NTP)を同様にデオキシ体(dNTP)とする酵素(リボヌクレオシド三リン酸レダクターゼ ribonucleoside-triphosphate reductase, EC 1.17.4.2)をいう．基質のリボヌクレオチドの還元に伴い，酵素の

SH基の同時酸化が起こる.生じた酵素のS-S結合は,チオレドキシン*-チオレドキシンレダクターゼ*-NADPHの連鎖系によって再還元される.この酵素の活性,基質特異性はdNTPとATPによるアロステリック効果で制御され(⇌アロステリック制御),それによりDNA合成を調節している.哺乳類の酵素活性は細胞周期*に依存してS期*に増大する.これらの酵素の活性中心にはFe, Mn, Coなどの金属補因子とラジカルが関与しており,酵素学的に興味深く,詳細に解析されている.抗腫瘍性物質のヒドロキシ尿素はリボヌクレオチドレダクターゼを阻害してDNA複製を阻止する.

**リポフェクション** [lipofection] リポソーム*を用いて遺伝子などを細胞内に導入する方法の総称.遺伝子導入の場合には,DNAを封入したリポソームを用いる場合と,正電荷脂質より成る正電荷リポソームとDNAを混合して形成されるリポソーム・DNA複合体を用いる場合とがあるが,後者の方法が一般的で多くの試薬が開発されている.この複合体を細胞にかけると細胞膜に電気的に結合し,多くは貪食作用で取込まれ,分解を受けつつ一部が細胞質内に放出される.細胞質内の遺伝子の多くは分裂期を経て核内に導入されて遺伝子発現が起こる.同様な方法で合成核酸やsiRNA*,さらには一部のタンパク質も導入することが可能である.この複合体は血液中のタンパク質とも結合するため,この方法による細胞内導入は無血清培地を用いる場合の方が効率がよい(⇌リポフェクチン).

**リポフェクチン** [lipofectin] 商品名で,塩基性リポソーム*をつくる人工脂質である$N$-[1-(2,3-ジオレイルオキシ)プロピル]-$N,N,N$-トリメチルアンモニウムクロリドとリン脂質であるジオレオイルホスファチジルエタノールアミンの1:1混合物をいう.これでつくったリポソームはDNAやRNAと複合物をつくり,このリポソームが細胞膜と融合して,容易に細胞内に核酸を導入することができる.原理的にはほぼ同じ作用機構で働くカチオン性リポソームをつくる類似した脂質もあり,同じ目的で用いることができる.(⇌リポフェクション)

**リポフスチン** [lipofuscin] 老人脳の切片を蛍光顕微鏡下で観察すると,多くの神経細胞(およびアストログリア)の胞体内に強い黄色の自家蛍光を発する多数の細胞内顆粒があることがわかる.これがリポフスチンである.リポフスチンの蛍光色素の本体はマロンアルデヒドより由来するとされたが証拠はない.網膜のリポフスチンでは,レチナールアルデヒドとエタノールアミンのシッフ塩基反応による第四級アミンの可能性が指摘されている.

**リボプラスト** [lipoplast] ⇌色素体
**リボフラビン** [riboflavin] =ビタミン$B_2$
**リボフラビン5′-リン酸** [riboflavin 5′-phosphate] =フラビンモノヌクレオチド
**リボプローブマッピング** [riboprobe mapping] RNアーゼプロテクションマッピング(RNase protection mapping)ともいう.RNAの末端,転写開始点などの決定,特異的なRNAの定量,さらに遺伝子の点突然変異などを解析する方法として用いられる.バクテリオファージ(SP6, T3, T7など)のもつRNAポリメラーゼ*のプロモーターをもつプラスミドベクターの下流に目的のRNAの遺伝子を逆向きに挿入し,それぞれのRNAポリメラーゼを使って高度に標識された相補的RNAを in vitro で合成する(リボプローブ riboprobe).目的のRNAまたはDNAとハイブリダイゼーションし,ハイブリッド形成しなかった部位をリボヌクレアーゼ*(RNアーゼ)によって消化する.二本鎖部分は適度な塩濃度,酵素濃度では消化されず,これを変性ポリアクリルアミドゲル電気泳動で分析することにより,リボプローブに相補的なRNAまたはDNAの長さ,ミスマッチ部位を調べることができる.プライマー伸長法*やS1マッピング*と同じ目的で用いられることが多いが,より高い放射能が得られ感度が高い.リボプローブの二次構造によって消化されない断片を生じることもあるので注意を要する.

**リボン・ヘリックス・ヘリックスモチーフ** [ribbon-helix-helix motif] RHHモチーフと略記される.DNA結合モチーフの一つで,二つのタンパク質の二量体から成り,$\alpha$ヘリックスではなく逆平行の二本鎖$\beta$シート構造をとるリボンが特異的塩基配列の主溝を認識して結合する.細菌やファージの転写抑制因子に,このモチーフをもつものが報告されている.

**リボンモデル** [ribbon model] リボンを使ってX線回折などで得られたタンパク質の高次構造*を図示したもの.$\alpha$ヘリックス*はらせん状の帯で,$\beta$構造*をペプチド鎖の方向を示す矢印の帯群で表現する(⇌$\beta$バレル構造[図]).二次構造をとらない部分はひも状に,ジスルフィド結合(-S-S-)は別種の線で表す.リボンモデルは,個々のアミノ酸の位置を正確に示すものではなく,立体構造,特にドメイン*構造などを立体的,総合的に把握するのに便利で,異種タンパク質間の相同性がこれによって明らかになった場合も多い.

**LIMキナーゼ** [LIM kinase] LIMKと略す.セリン/トレオニンキナーゼ*の一種で,アクチン脱重合・切断因子であるコフィリン*をリン酸化し,細胞骨格・細胞運動を制御する.LIMドメインをもつことからLIMキナーゼとよばれる.LIMキナーゼはRho*ファミリーの下流で働くROCKやPAKなどのキナーゼによってリン酸化され活性化される.LIMキナーゼはコフィリンのSer3を特異的にリン酸化し,そのアクチン結合活性,脱重合・切断活性を阻害し,アクチンフィラメントの重合と安定化を誘導する.LIMキナーゼ遺伝子欠失マウスでは神経細胞樹状突起*のスパインの形態異常や,海馬長期増強や学習行動への影響が認められている.哺乳細胞において2種類のアイソフォーム(LIMK1, LIMK2)が存在し,遺伝子欠損マウスを用いた解析により,LIMK1は樹状突起スパインの形態への大きさの調節への寄与が報告

されている.また,ウィリアムズ症候群(Williams syndrome)では,染色体7q11.23上の複数の遺伝子の欠損が報告されており,LIMK1はその中の一つ含まれている.

**LIMK** [LIMK＝LIM kinase] ＝LIMキナーゼ
**硫安沈殿** [ammonium sulfate precipitation] ⇌ 溶解度積
**硫酸還元** [sulfate reduction] ＝硫黄同化
**流産感染** ＝不全感染
**硫酸ジメチル** [dimethyl sulfate]　DMSと略す.(⇌ DNAフットプリント法)
**硫酸同化** [sulfate assimilation] ＝硫黄同化
**硫酸ドデシルナトリウム** ＝ドデシル硫酸ナトリウム
**流動学** ＝レオロジー
**流動細胞計測法** ＝フローサイトメトリー
**流動複屈折** [flow birefringence, double refraction of flow]　細長い形状をもつ溶質分子は,流動液中では流れの方向に配向する.これに直線偏光を照射して,球状分子の場合とのずれを光学的に複屈折として測定する分析法.測定値より回転拡散係数θが求められるので,100 nm以上あれば分子の長さが測定できる.アクチン分子のアクチンフィラメント*への重合や,チューブリン*分子の試験管内重合による微小管*形成,さらに繊毛,鞭毛形成の測定などに利用されている.
**流動モザイクモデル** [fluid mosaic model]　1972年にS. J. SingerとG. L. Nicolsonによって提案されて,現在受入れられている生体膜の構造(図参照).多

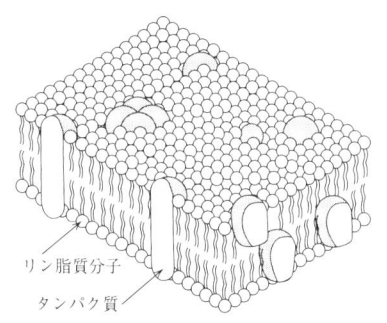

リン脂質分子
タンパク質

くの生体膜の特徴をよく説明できる.その基本構造は約5 nmの厚さの二分子構造をとるリン脂質である(⇌ 脂質二重層).構造全体が動的である.内在性の膜タンパク質は脂質層に溶解しており,側方への移動および膜平面に垂直な軸を中心とした回転運動が可能である.膜脂質分子は,膜タンパク質の溶媒として,親水性物質に対する透過性バリヤーとして,膜タンパク質の機能の修飾剤としてそれぞれ働く.
**両種指向性ウイルス** [amphotropic virus]　アンホトロピックウイルスともいう.自然宿主のみならず,他種動物にも感染し増殖するウイルス.おもにレトロウイルス*,中でもマウス白血病ウイルス*において用いられる分類.同ウイルスはヒト細胞にも感染できることから,このウイルス由来の遺伝子導入用のベクターが開発されている.
**両親媒性分子** [amphiphilic molecule]　分子内に極性基*(水溶性基,親水基)と非極性基(脂溶性基,疎水基)をもつ分子の総称.界面活性をもつ.生物界では膜を構成するリン脂質,糖脂質などが典型的両親媒性分子である.極性基と非極性基のバランスによって,シリンダー型(ホスファチジルコリン*など),コーン型(ホスファチジルエタノールアミン*など),逆コーン型(リゾリン脂質)に分類され,シリンダー型分子が安定な二重膜構造をとる. 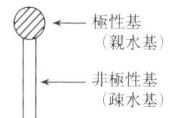
**両親媒性ヘリックス** [amphipathic helix]　分子内に極性部分と非極性部分とを併せもつものを両親媒性分子*とよぶ.ある種のタンパク質は,その一部がヘリックス構造をとると極性アミノ酸に富む部分と非極性アミノ酸に富む部分とに分かれ,両親媒性になる.両親媒性ヘリックスは,アポリポタンパク質,膜タンパク質,ペプチドホルモン,ヘビ毒,抗生物質などの脂質結合タンパク質に存在する.また,$Ca^{2+}$/カルモジュリン依存性プロテインキナーゼ,ロイシンジッパー*を含むタンパク質,球状ヘリックスタンパク質などでの分子内あるいは分子間タンパク質相互作用に関与している.
**両性遺伝** [biparental inheritance] ⇌ 母性遺伝
**両性雑種** [dihybrid]　二つの遺伝子座についてヘテロ接合体*である雑種.たとえばAaBb.
**良性腫瘍** [benign tumor]　腫瘍*のうち,周囲への浸潤や転移を生じないもの.周囲組織を圧排する形で増殖し,被膜をもつことが多い.また,構築や細胞の異型度も,軽度のものが多い.しかし,腫瘍の良悪の区別は主として臨床的観点からのもので,厳密には一線を引けるものではなく,多段階発がん*の観点からは,ある種の良性腫瘍は前がん病変でもある.さらに,良性でもたとえば脳腫瘍のように,個体を死に至らしめることもある.
**両性体** [hermaphrodite]　一つの個体に雌性生殖器と雄性生殖器を形成する生物.多くの被子植物,シダの原葉体,ならびに無脊椎動物(ミミズ,線虫など)に例がみられる.
**両性担体** [carrier ampholyte] ⇌ 等電点電気泳動
**両生類** [amphibian]　卵生で幼期にはえら呼吸で水中生活,変態*後肺呼吸に移り陸上生活が可能となる.変態後に尾の残存する有尾類と尾の消失する無尾類に大別される.有尾類では変態後も水中生活を営むものが多く,また幼性成熟とよばれる現象を示し,終生えら呼吸を行う種類も知られる.皮膚は皮腺が発達し常時湿った粘液質で覆われる.うろこや毛髪をもたない.器官の形態,および生理機能が変態を境に著しく変化するものもある(例:排泄器官,尿素合成など).赤血球は有核である.卵は多黄卵または端黄卵

で，不等卵割を行う．卵は不透明ながら大型のため，初期発生の経過を観察する材料として適する．また，器官形成*の初期の誘導現象を研究する材料としても重要である．有尾類の代表としてイモリ*やサンショウウオ*，無尾類の代表としてガマガエル，アフリカツメガエル*などが知られる．性決定は雄ヘテロ(XY)型と雌ヘテロ(ZW)型の両方がある．

**両方向複製** ＝二方向複製

**両用代謝**［amphibolic metabolism］ ⇌ 同化作用

**緑色硫黄(細)菌**［green sulfur bacteria, chlorobacteria］ 光合成細菌*の一種で緑色細菌に属する絶対嫌気性菌．光合成の過程で硫化水素を酸化し，生じた硫黄粒子を一時的に細胞外に集積する．細胞膜から発達したクロロソーム(chlorosome)があり，光合成色素*バクテリオクロロフィル $c$, $d$ または $e$, およびカロテノイド*は細胞膜，クロロソーム中に存在する．二酸化炭素の固定は還元的クエン酸回路(クエン酸回路*の逆反応)で行われる．光合成反応中心*は部分的に植物の光化学系Ⅰに類似している．(⇌ 紅色硫黄細菌)

**緑色蛍光タンパク質**［green fluorescent protein］ GFPと略す．オワンクラゲ *Aequorea victoria* 由来の緑色の蛍光を発する約27 kDaの蛍光タンパク質*で細胞生物学的実験に非常に多く使用されている．三つのアミノ酸から成る内在性の発色団を囲む11の逆平行β鎖から成るバレル構造をとる．オワンクラゲの生体内では細胞内カルシウムを感知して発光するエクオリンと複合体を形成しており，GFPがエクオリンから励起エネルギーを受け最大蛍光波長508 nmの緑色の蛍光を発する．GFPは励起光刺激により単独でも発光し，発色団形成に酵素反応が必要でないので簡便なレポーターとして多用されている．GFPと目的のタンパク質との融合体を細胞内で発現させ，目的のタンパク質の局在性を知ることが可能である．波長の異なる紫外線で励起されて波長の異なる蛍光を出す変異タンパク質が多数作製されており，同時に複数のタンパク質を検出する多色検出が可能になっている．ヒトの細胞内で効率よく発現させるためにヒトのコドン使用頻度に合わせた(humanized)発現プラスミドも作製されている．おもな変異GFPはより強い蛍光を発するEGFP(enhanced green fluorescent protein)，黄色(YFPやEYFP)，シアン色(CFP)，青色(BFPやEBFP)の蛍光を発するものなどである．(⇌ 化学発光)

**緑藻類**［green algae］ ⇌ 藻類

**緑膿菌**［*Pseudomonas aeruginosa*］ グラム染色陰性の好気性細菌*で，青色のフェナジン色素ピオシアニン(pyocyanin)を生じる．土壌，水中に普通にみられる種類の火傷，免疫力低下者に対する日和見感染*の病原菌として知られる．広範な有機化合物を代謝する能力があり，生化学的経路も多様性を示し，遺伝学的研究も行われている．薬剤耐性遺伝子がプラスミド*で伝達され，多剤耐性菌を生じる(⇌ Rプラスミド)．本菌のもつ一部のプラスミドは広範囲宿主プラスミドとして利用されている．

**リラキシン**［relaxin］ 分子量約6000のペプチドホルモンで構造的にインスリン*やインスリン様増殖因子*と類似性がある．妊娠中に主として卵巣の黄体より産生分泌され，子宮筋の収縮抑制，骨盤諸靱帯の弛緩，子宮頸部の軟化などの作用をもつ．しかしヒトでは必ずしも妊娠末期に血中濃度は上昇せず，ホルモンというより脱落膜や絨毛組織で産生されるリラキシンがパラ分泌機序で子宮頸管の軟化に関与している可能性が高い．リラキシンはオキシトシン*分泌抑制作用も知られている．

**リラックスコントロール** ＝緩和調節

**リーラーマウス**［reeler mouse］ 1951年に発見された自然発症型のミュータントマウスで Reelin 遺伝子の変異により大脳皮質や小脳，海馬等の神経細胞の位置異常が見られる．Reelin は3461アミノ酸から成る388 kDの巨大な糖タンパク質である．成熟した大脳皮質神経細胞は脳表面と平行な6層から成る多層構造をつくって配置している．この構造は新生の神経細胞が放射状グリア細胞に沿って移動し，正常な位置で離脱することで構築される．Reelinは脳表側辺縁帯のカハール・レチウス細胞で産生され，細胞外に分泌される．分泌されたReelinは新生神経細胞上の超低密度リポタンパク質受容体(Vldlr)またはアポリポタンパク質E受容体2(ApoER2)に結合し，細胞内アダプター分子(Dab1)のチロシンリン酸化を誘導することで新生神経細胞の移動を調節している．よってVldlrおよびApoER2を両方欠損したマウスおよびDab1を欠損したマウスはリーラーマウスと同様の症状を呈する．

**リリーサーフェロモン**［releaser pheromone］ ⇌ フェロモン

**リーリン**［Reelin］ 脳の形成に必須の分泌タンパク質の一種．大脳や小脳に存在する層構造(類似した種類の神経細胞から成る)の形成を司ると考えられており，受容体として血清リポタンパク質受容体ファミリーに属するApoER2とVLDLRが同定されている．ヒトでも，欠損による脳形態形成不全が報告されている．構造的には，非常に巨大なこと(400 kDa以上)および，このタンパク質だけに存在する繰返し構造(リーリンリピート)をもつことが特徴である．ショウジョウバエや線虫には存在せず，脊椎動物にのみ存在すると考えられている．

**リレーショナルデータベース**［relational database］ データを行と列から成る表の形式で格納するデータベース．データ構造がほかのデータベース，たとえば階層型データベースと比べると平易なため，データベースにおける基本的な操作であるデータの挿入やデータ間の関連付けなどが簡便に行える．現在，多くのデータベースがこのデータ構造を採用している．

***lin* 遺伝子**［*lin* gene］ 細胞系譜遺伝子(cell lineage gene)ともいう．線虫 *Caenorhabditis elegans* *の遺伝子のうち細胞系譜*(cell lineage)異常突然変異により発見された遺伝子．1980年にH. R. HorvitzとJ. E. Sulston*により初めて発表され，現在では約50

の遺伝子が知られている。その多くは陰門の細胞系譜異常で、これにより受容体型チロシンキナーゼ(let-23遺伝子\*)、Ras(let-60)、Raf(lin-45)を含むシグナル伝達\*系などが明らかになった。ただし、let-23とlet-60はその前に致死突然変異により遺伝子が発見されていたので、遺伝子名にlinがついていない。陰門形成以外のlin遺伝子では、幼虫の下皮などの細胞系譜が幼虫の他の時期の系譜になるヘテロクロニック(異時性)遺伝子群(⇒異時性突然変異)、孵化後の芽細胞のDNA合成や細胞分裂に必要な遺伝子などがある。また、lin-17変異では、孵化後の種々の非対称細胞分裂が対称になり、lin-44突然変異(Wntファミリー)では、体の前後方向に分裂してできる娘細胞の運命がしばしば入れ替わる。

**臨界ミセル濃度**［critical micellar concentration］ cmcと略す。水に溶かす界面活性剤\*の濃度を増していくと水中の単分散状分子(モノマー)が飽和に達し、さらにこの濃度を超えるとミセル\*と称する集合体を形成する。この濃度を臨界ミセル濃度という。cmcを境に表面張力、浸透圧など溶液の性質は著しく変化する。cmcはそれぞれの界面活性剤に固有の値であるが、共存するイオン濃度や温度はcmcに影響する。一般に疎水性部分が大きく、親水部分の極性と大きさが小さい界面活性剤ほどcmcは小さくなる。界面活性剤はタンパク質の可溶化に用いられるが、活性測定などで界面活性剤を除くことが必要な場合、cmcが大きい方が高い濃度まで単量体で存在するため、透析などで除きやすい。cmcの測定には蛍光剤がミセル内に取込まれ蛍光強度が上昇することを利用する方法やミセル形成によりヨウ素液の透過性が減少することを利用する方法などがある。

**リンカーDNA**［linker DNA］ 【1】DNA同士をつなぐためにDNA断片の末端部につける制限酵素認識ヌクレオチド配列をもったオリゴデオキシヌクレオチドをいう。クローニングベクター\*の付着末端を平滑化した後結合し、任意の制限酵素部位をつくることもできる。
【2】ヌクレオソーム構造において、DNAがその周囲を2巻きしたヒストンコア同士をつなぐDNA。

**リンカーヒストン**［linker histone］ ヒストン\*は、H2A、H2B、H3、H4のヌクレオソームヒストン(nucleosome histone、コアヒストンcore histone)と、H1などのリンカーヒストンとに大別できる。リンカーヒストンは、ヌクレオソームヒストンによって形成されたヌクレオソーム\*間をつなぐリンカーDNA\*に結合し、ヌクレオソーム構造をさらに高次に折りたたみ凝集させる働きをする。有核赤血球ではH1の代わりにH5が存在している。

**リンキングクローン**［linking clone］ ゲノムシークエンシング\*などの大規模な塩基配列決定の際にコンティグ\*とコンティグの間や、BAC(YAC)クローンライブラリーから整列ライブラリーを作製する際に隙間(ギャップ)が生じる。このギャップを埋めるためのクローンのことをリンキングクローンという。つまり、ギャップの全長を含みさらに、のりしろとなる隣接する両方のクローンの配列を一部含んだ状態のクローンのことである。

**リンキング数**［linking number］ 相互にからみ合っている二つの閉じた環において、何回からみ合っているかを示す数で、Lkと略記する。全長N塩基対で、二重らせんのピッチがh塩基対の線状DNAをひずみが最小となるように閉環した時のLkはN/hに最も近い整数である。便宜上、右巻きDNAのLkに＋を、左巻きDNAのLkにーをつけて区別する。リンキング数のみが異なるDNA分子はトポアイソマー(topoisomer)とよばれる。DNAトポイソメラーゼ I はリンキング数を一つだけ増してDNAの負のスーパーコイルを弛緩する。(⇒超らせん)

**リンキングライブラリー**［linking library］ 長大な染色体DNAから由来した多数のDNA断片を互いに隣合うもの同士連結させるために用いられるDNAクローンライブラリーをいう。たとえばヒトNotI\*リンキングクローンライブラリーとは、ヒトゲノムDNA中のNotI切断部位の両側を含むDNA断片を大腸菌などにクローニングして作製したライブラリーである。一つのリンキングクローンにハイブリダイズするDNA断片はその制限酵素切断部位において隣合わせに位置すると同定されるため、断片の連結として染色体DNAを再構成する物理的地図作成にとってきわめて有用である。

**リンクタンパク質**［link protein］ ⇒ヒアルロン酸結合タンパク質

**RINGフィンガー**［RING finger］ C3HC4型ジンクフィンガー(C3HC4 type zinc-finger)ともいう。二つの亜鉛イオンを配位している40〜60のアミノ酸残基から成るシステインに富むドメイン。共通配列はC-X2-C-X(9-39)-C-X(1-3)-H-X(2-3)-C-X2-C-X(4-48)-C-X2-C(Xはいずれかのアミノ酸)でタンパク質-タンパク質相互作用に関与する。RINGフィンガーをもつタンパク質の多くはユビキチン化経路で重要な役割を果たし、E3ユビキチン-プロテインリガーゼはがん抑制遺伝子c-Cbl産物のRINGドメインに結合する。

**リンクモジュールファミリー**［link protein family］ 糖タンパク質性接着分子の一種で、そのN末端部分にリンクモジュールとよばれるヒアルロン酸結合領域をもつ。アグレカン、ニューロカン、プレビカンのような間質性のプロテオグリカンでは、二つのリンクモジュールがタンデムに並ぶが、細胞表面に発現するCD44や分泌マトリックスタンパク質であるTSG-6ではリンクモジュールが単一で存在する。

**りん光**［phosphorescence］ ⇒蛍光

**リンゴ酸デヒドロゲナーゼ**［malate dehydrogenase］ リンゴ酸を脱水素してオキサロ酢酸を生成する反応を触媒する酵素(EC 1.1.1.37)。$NAD^+$を補酵素とする。平衡はリンゴ酸生成側に偏っている。ミトコンドリアの酵素はクエン酸回路\*の一員であり、ホモ四量体で、ヒトの酵素の単量体は584個のアミノ酸から成

る．細胞質に存在する酵素は乳酸デヒドロゲナーゼのスーパーファミリーに属し，ホモ二量体で，単量体はブタの酵素では289個のアミノ酸から成る．

**リン酸エステル**［phosphate ester］　リン酸とアルコール性OH基との間に形成されたエステル結合を含む化合物で，生体内に多数の例が知られている．たとえば，リン酸モノエステルとしてはグリセロール3-リン酸やグルコース1-リン酸などがあり，ホスホジエステル結合*は核酸やリン脂質などに存在する．また，分子内ホスホジエステルとしてはcAMPやcGMPなどが，ポリリン酸エステルとしてはADPやATPなどがあげられる．

**リン酸エステル転移**［phosphoester transfer］　リン酸基転移(phosphate group transfer)ともいう．リン酸基$-OPO_3^{2-}$を一つの原子から他の原子へ転移する反応．生体にはこの反応を触媒する多数の酵素が存在する．ATPをリン酸基供与体とするキナーゼが有名であるが，受容体により，1) アルコールや糖のヒドロキシ基，2) カルボキシ基，3) アミノ基やイミノ基，4) リン酸基に転移する酵素に分類される．ほかに分子内転移に関与するムターゼ，ピロリン酸転移を行うピロリン酸転移酵素，核酸合成に関与するヌクレオチド転移酵素などがある．

**リン酸化**［phosphorylation］　化合物とリン酸の間にエステル結合が形成され，それにより化合物にリン酸基を導入すること．セリン，トレオニン，チロシンのヒドロキシ基とリン酸の間にも，プロテインキナーゼ*によりエステル結合が形成されタンパク質のリン酸化も生じる．共有結合によるタンパク質の修飾の一つであるが，キナーゼとホスファターゼにより触媒される迅速可逆的反応であること，リン酸基の導入により立体構造の変化が生じることなどにより，タンパク質の機能にも変化を生じ，生理的意義をもつことが多い．(⇒タンパク質リン酸化，チロシンリン酸化)

**リン酸化カスケード**［phosphorylation cascade］＝キナーゼカスケード機構

**リン酸化-脱リン酸サイクル**［phosphorylation-dephosphorylation cycle］　ジアシルグリセロール*(DG)とホスファチジン酸*(PA)がリン酸化と脱リン酸によって相互転換する反応のことであり，DG，PAの両者とも細胞内シグナル伝達においてセカンドメッセンジャー*として作用する．DGキナーゼによりDGがリン酸化されPAとなり，PAはPAホスホヒドロラーゼによって脱リン酸されDGとなる．DGキナーゼにはいくつかのアイソザイムがある．PAはおもにホスファチジルコリンからホスホリパーゼD*の作用で作られ，DGはホスホリパーゼC*(PLC)の作用でホスファチジルイノシトールからできる．ホスファチジルコリン*(PC)を特異的に分解するPC-PLCの存在も報告されているが，酵素の実体は明らかでない．なお，このようなシグナル伝達とは別に，PAからDGへの脱リン酸反応はリン脂質合成の重要な反応であり，DGとCDP-コリン(CDP-エタノールアミン)とからホスファチジルコリン(ホスファチジルエタ

ノールアミン)ができる．

**リン酸カルシウム法**［calcium phosphate transfection］　動物細胞にDNAを導入する最も基本的な方法の一種．リン酸溶液にDNAを含む塩化カルシウム溶液をかくはんしながら1滴ずつ加えると，DNA-リン酸カルシウムの微細な沈殿ができる．この溶液を培養細胞に加えると，DNA-リン酸カルシウムの沈殿が細胞に食作用により取込まれる結果，DNAが核内に取込まれることになる．遺伝子のプロモーター解析，機能解析，遺伝子破壊などの分子生物学の広範な研究に応用されている．

**リン酸基**［phosphate group］　一般にオルトリン酸由来の官能基をさす．化学式は，モノエステルならば$HOPO(OH)O-$，ジエステルならば$-OPO(OH)-O-$，トリエステルならば$-OPO(O-)_2$で表される．リン酸エステルは天然にも多く存在し，リン酸基は生体反応において重要な役割を担っている．糖類のリン酸エステル，ヌクレオチド*(糖の部分にリン酸エステルをもつヌクレオシド*)などのリン酸結合は生体代謝過程で高エネルギーを生み出す(⇒アデノシン5'-三リン酸)．また，タンパク質の活性調節はリン酸化*により行われているものが多い．(⇒プロテインキナーゼ，リン脂質)

**リン酸基転移**［phosphate group transfer］＝リン酸エステル転移

**リン酸ジエステル結合**＝ホスホジエステル結合

**リン酸輸送**［phosphate transport］　リン酸は$HPO_4^{2-}$や$H_2PO_4^-$として輸送される．腸管では能動輸送により吸収され，一部は分泌もされる．消化管内の大量の$Ca^{2+}$や$Al^{3+}$は不溶性リン酸塩を形成してリン酸の腸管吸収を減少させる．腎糸球体では血漿無機リン酸の95%が濾過され，近位尿細管では$Na^+$ポンプを駆動力とする二次性能動輸送により，その75%が再吸収される．ビタミンDはリン酸の腸管吸収と尿細管再吸収を促進し，副甲状腺ホルモンは尿細管再吸収を抑制する．

**リン脂質**［phospholipid］　細胞膜をはじめとする生体内の膜系を構成する脂質二重膜構造をつくる基本となる脂質．グリセロールを骨格とするグリセロリン脂質が代表的で，ほかにスフィンゴシン*を骨格とするスフィンゴリン脂質もあり分布を異にする．極性部3位リン酸基に付加するものの違いで，ホスファチジン酸*，ホスファチジルコリン*，ホスファチジルエタノールアミン*，ホスファチジルセリン*，ホスファチジルイノシトール*，ホスファチジルグリセロールなどに分類される．1位，2位の脂肪酸組成にも特徴があり，分子多様性に富む．リン脂質は，膜マトリックス分子であるとともに，微量で強い生理活性をもつ脂質メディエーター*分子(⇒エイコサノイド，リゾホスファチジン酸，ジアシルグリセロール，セラミド)の生産原料でもある．また，リン脂質の種類特異的な機能も存在し，ホスファチジルイノシトールポリリン酸*はさまざまなタンパク質と相互作用してそれらの機能を制御し，スフィンゴミエリン*はコ

レステロール*と相互作用して膜脂質微小ドメイン(脂質ラフト)を形成する.

**リン脂質依存性プロテインキナーゼ**　[phospholipid-dependent protein kinase]　＝プロテインキナーゼC

**リン脂質小胞**　[phospholipid vesicle]　＝リポソーム

**リン脂質転送体**　＝リン脂質輸送体

**リン脂質二重層**　[phospholipid bilayer]　リン脂質二重膜ともいう．水溶液中でリン脂質が親水部分(リン酸や塩基の部分)を直接水相に接し，疎水部分(脂肪鎖部分)を平行に配列した，2分子の厚さをもった構造．コレステロールなど他の脂質が加わったものも同じような構造をつくるので広く脂質二重層*ともいわれ，生体膜の基本構造である．二重膜の厚さは，疎水性部分が約4.2 nmで，親水基が加わって，約7.5 nmである．人工的に，テフロン板の細孔に脂質二重膜をつくったり，小胞構造(⇌リポソーム)をつくることもできる．そこへ各種のタンパク質を埋込み生体膜と同様の働きを再構成することもできる．脂質二重層は温度による相転移を起こす．転移温度以下では脂肪鎖が規則的に並んだ配列で結晶相(またはゲル相)，高温では脂肪鎖が運動性をもち液体に近い状態(液晶状態)をとる．転移温度は脂肪鎖が長いほど高く，不飽和度が高いほど低い．液晶状態では脂質は流動性を示し速い側方拡散*をするが，反対側への移動(フリップ・フロップ運動*)はほとんど起こらない．

**リン脂質輸送体**　[phospholipid translocator]　リン脂質転送体，フリッパーゼ(flippase)ともいう．リン脂質*を膜の反対側に輸送するタンパク質．リン脂質は小胞体の細胞質側で合成されるが膜の反対側にも輸送しないと膜構造が保てない．この脂質の移動(フリップ・フロップ運動*)は自然にほとんど起こらず，1個の脂質当たり1ヵ月に1回以下であるが，輸送体が存在すると10万倍にも加速される．この輸送体はホスファチジルコリンを選択的に小胞体の内腔に輸送するので，生体膜におけるリン脂質の非対称分布の維持にも寄与している．

**隣接遺伝子症候群**　[contiguous gene syndrome, contiguous gene disorder]　複数の遺伝子を含む微小欠失が染色体上の特定の場所に好発する場合，個体ごとに欠失の区間が異なるのに対応して表現型の組合わせが少しずつ異なり，他方では特定の表現型が多くの症例で共通にみられるといった一群の先天性異常症候群が出現する．X染色体短腕のデュシェンヌ型筋ジストロフィー*や，グリセロールキナーゼの座位付近の欠失，第11染色体短腕のウィルムス腫瘍*，無虹彩症*，精神遅滞などを伴うWAGR症候群*などが例としてあげられる．

**隣接塩基頻度分析**　[nearest-neighbor base frequency analysis]　試験管内で4種類のdNTPまたはNTPのうちの1種のみのα位が$^{32}$Pで標識されたものを用いてDNAまたはRNA合成を行い，3′-ヌクレオチドに分解すると，$^{32}$Pは合成された核酸中でもとのヌクレオチドの5′側の隣に存在していたヌクレオチドに転移する．鋳型に用いるDNAの塩基配列が均等にコピーされると，DNA中での特定のジヌクレオチド配列の存在比を知ることができる．

**リンパ芽球細胞**　[lymphoblastoid cell]　免疫芽細胞(immunoblast)ともいう．リンパ系の芽細胞．通常小リンパ球は大きさが6〜9 μmで，核/細胞質(N/C)比が大，核は類円型でヘテロクロマチンが多く暗調，核小体も小型である．これに対し，リンパ芽球は12〜20 μmと大型でN/C比が小さく，ヘテロクロマチンは減少，核小体は巨大である．また豊富な単離リボソームをもっている．リンパ球をフィトヘマグルチニン*やPPD(精製ツベルクリンタンパク質)などの抗原を加えて培養すると，幼若化(blastoid transformation)を起こしてリンパ芽球細胞に転換する．

**リンパ器官**　[lymphoid organ]　免疫反応はT細胞，B細胞，マクロファージ，樹状細胞などの多くの種類の細胞の相互作用に依存している．これらの細胞が集合，局在して解剖学的に特徴のある組織，臓器を形成したものがリンパ器官である．リンパ球が生成される臓器としての骨髄*，胸腺*を中枢リンパ器官(＝一次リンパ器官)とよび，リンパ球が抗原によって活性化され，機能を発揮する器官を末梢リンパ器官(＝二次リンパ器官)とよぶ．後者の例としてはリンパ節，脾臓*，腸管のパイエル板*などがある．

**リンパ球**　[lymphocyte]　リンパ系細胞(lymphoid cell)ともいう．形態上小リンパ球と大リンパ球に分けられる．小リンパ球は直径6〜9 μmの球形に近い細胞で，核が大きく，細胞質は周辺部のみにあり，ミトコンドリア，リボソームを少数保有しているが，特別な小器官は存在しない．大リンパ球はリンパ芽球細胞*ともよばれる直径12〜20 μmの細胞で，小リンパ球が刺激を受けて大型化したものである．核周囲の細胞質は大きくなり，細胞小器官は多くなり，RNA量も著しく増加する．この細胞は分裂期にあり，増殖し，機能的にも分化する．リンパ球は表面の受容体で外来の抗原を認識する機能をもつ細胞で，免疫応答*において中心的役割を果たしている．形態学的には区別できないが，リンパ球は機能的にも産生タンパク質の上でも異なる二つの集団に分けられる．骨髄*(bone morrow)に由来するB細胞*と骨髄由来ではあるが，胸腺*(thymus)で成熟するT細胞*である．B細胞は抗体を産生しうる唯一の細胞であり，成熟B細胞は表面に膜結合型免疫グロブリンをもち，これが抗原受容体となって抗原に反応し，B細胞の活性化が起こり，抗体が分泌される．一方，胸腺で成熟したT細胞は免疫グロブリンと構造上類似点はもつが免疫グロブリンとは異なる受容体をもつ(⇌T細胞受容体)．この受容体が認識する抗原は主要組織適合抗原*(MHC)に結合したペプチドであり，したがって，T細胞が認識する抗原は溶解した物質ではなく，MHCに結合して細胞表面に存在する抗原である．T細胞には機能上B細胞，他のT細胞の機能を補助するヘルパーT細胞*とキラーT細胞*が存在するが，前者は表面にCD4*分子を発現し，後者はCD8*分子が存在する．ヘルパーT細胞は抗原刺激によってサイ

トカイン*を分泌する．キラーT細胞はウイルスその他の微生物が感染した細胞が産生する抗原を認識し，感染細胞に傷害を与える活性をもつ．従来，腫瘍細胞傷害活性などの活性をもつ細胞として知られていたNK細胞（ナチュラルキラー細胞*）やナチュラルキラーT細胞*もリンパ球の亜集団である．

**リンパ球活性化因子**［lymphocyte-activating factor］＝インターロイキン1

**リンパ球機能関連抗原2**［lymphocyte function-associated antigen-2］ LFA-2と略す．（→CD2(抗原)）

**リンパ球再循環現象**［lymphocyte recirculation］＝ホーミング

**リンパ球性脈絡髄膜炎ウイルス**［*Lymphocytic choriomeningitis virus*］ LCMウイルスと略す．（→アレナウイルス）

**リンパ球ホーミング受容体**［lymphocyte homing receptor］ ホーミング受容体(homing receptor)ともいう．リンパ球が末梢リンパ節やパイエル板などの二次リンパ組織へ恒常的に移動する現象(リンパ球ホーミング)を媒介する受容体のことで，通常はリンパ球上に発現するものについていう．末梢リンパ節へのリンパ球移動をつかさどるホーミング受容体はおもにL-セレクチンであり，パイエル板を含む腸管リンパ組織へのリンパ球移動をつかさどるホーミング受容体はおもに$\alpha 4\beta 7$インテグリンである．（→ホーミング）

**リンパ系細胞**［lymphoid cell］ ＝リンパ球

**リンパ腫**［lymphoma］ ＝悪性リンパ腫

**リンパ性白血病**［lymphocytic leukemia, lymphoid leukemia］ →白血病

**リンパ節**［lymph node］ リンパ腺(lymph gland)ともいう．リンパ管の途中に介在し，リンパ液中に入り込んだ異物を捕捉し，免疫反応を行う器官．表面の被膜と，そこから内部に突き出た小柱が結合組織の骨組をつくり，その間に実質が収まる．骨組と実質の間には，リンパ洞という薄い隙間が開く．実質は細網繊維と細網細胞から成る網工が支柱をつくり，隙間に貪食性の大食細胞や，免疫反応を行うリンパ球*が集まる．皮質と髄質の境界の高内皮小静脈では，血液中のリンパ球がリンパ節実質に侵入する．

**リンパ腺**［lymph gland］ ＝リンパ節

**リンホカイン**［lymphokine］ リンパ球(Tリンパ球，Bリンパ球を含む)が自発的(機能的)に，あるいは外的刺激を受け細胞の外に分泌，放出する微量で生物作用をもつタンパク質性，糖タンパク質性物質をリンホカインと総称する．単球が産生する同様の物質はモノカインとよばれる．現在では，これらはサイトカイン*と総称される．リンホカインという呼称は1969年，D. C. Dumondeらにより提唱されたものである．かつて，リンホカインは活性検定法に対応する数だけ存在するとさえいわれるほど多種にわたり，機能でのみ定義され，混合物としての活性か血清成分との複合体か不明であった．1983年にインターロイキン2*の分子構造が確定され，現在では多くのリンホカインの分子種が確定している．炎症性リンホカインと免疫調節性リンホカインの2種に大別することができる．リンパ球の細胞周期$G_1$期に産生される．標的細胞上の受容体に結合してシグナル伝達系を始動して作用する．

**リンホカイン活性化キラー細胞**［lymphokine-activated killer cell］ ＝LAK細胞

**リンホトキシン**［lymphotoxin］ LTと略す．腫瘍壊死因子*(tumor necrosis factor, TNF)ファミリーに属するサイトカインでLT$\alpha$とLT$\beta$が存在する．腫瘍細胞障害活性など腫瘍壊死因子と類似した活性を示す分泌型LT(腫瘍壊死因子$\beta$，TNF-$\beta$ともいう)はLT$\alpha$のホモ三量体で，T細胞で生産されTNF-$\alpha$と同様にタイプI，タイプII TNF受容体(TNFR I，TNFR II)に高親和性($K_d = \sim 0.1$ nM)で結合する．膜結合型LTはLT$\alpha$と膜を貫通するLT$\beta$のヘテロ三量体で，胸腺細胞などの表面に発現し，TNFRとは異なるLT$\beta$Rと高親和性($K_d = \sim 1$ nM)で結合するが，TNFR IやTNFR IIへの結合は弱い．LT$\alpha$の遺伝子ターゲッティング*マウスはリンパ節やパイエル板がなく，膜結合型LTはリンパ節形成に必須である．

**リンホポエチン1**［lymphopoietin-1］ ＝インターロイキン7

# ル

**類骨** [osteoid] オステオイド．類骨層(osteoid seam)ともいう．骨の石灰化前線(calcification front)と骨芽細胞*の間に介在する未石灰化骨組織．骨芽細胞によって形成される．コラーゲン*(I型)と少量の非コラーゲン性タンパク質から成る有機基質で占められ，石灰化の足場になる．哺乳動物の骨では通常2μm程度の幅であるが，ビタミン$D^*$が欠乏すると著しく幅が広くなる．通常は非脱灰標本でその存在が検出されるが，脱灰標本でも塩化シアヌル(cyanuric chloride)で固定すると，エオジン色素で好染するようになる(吉木法).

**類骨層** [osteoid seam] ＝類骨

**類似度スコア** [similarity score] ある二つの事物を比較する際，それらがどの程度類似しているかを計る得点体系，およびその得点体系によって得られた類似の度合を示す得点．例としてアミノ酸配列同士の比較では，20種類のアミノ酸相互の類似度を表すアミノ酸置換行列(amino acid substitution matrix)が類似度スコアとして用いられる．また，比較の結果得られた得点の高低を論じる際には，その統計的有意性を吟味することが望ましい．(→ E-value)

**ルイス** LEWIS, Edward B. 米国の遺伝学者．1918.5.20～2004.7.21. ペンシルベニア州ウィルクス・ベリ生まれ．ミネソタ大学を経てカリフォルニア工科大学で Ph.D. 取得(1942). カリフォルニア工科大学助・準教授(1946～56)，生物学教授(1956～66)，T. H. Morgan 記念教授(1966). ショウジョウバエの体節の配列順序を決定する遺伝子(*BX-C*)を発見(→バイソラックス遺伝子群)，その構造を決定した．E. F. Wieschaus*，C. Nüsslein-Volhard* とともに1995年ノーベル医学生理学賞受賞．

**ルイス肺がん腫** [Lewis lung carcinoma] ルイス肺がんとも．3LLと略されることがある．ルイス肺がん腫は，1951年，米国において純系のC57BL/6マウス肺に自然発生したもので，長い間，米国国立がん研究所(NCI)における，抗がん剤選別試験の一腫瘍系として用いられてきた．小腫瘍塊を皮下移植して用いる．このがん腫は，肺転移を高率に起こすために，がん転移モデルの一つとして用いられることも多い．試験薬のこのがん腫に対する感受性から臨床効果を予言することは難しいが現在も世界各地の基礎研究に用いられている．

**類天疱瘡** [pemphigoid] →ヘミデスモソーム

**類洞** [sinusoid] シヌソイド，洞様血管，肝類洞ともいう．肝小葉は肝細胞*と類洞を構成する4種類の細胞から成立している．類洞には特徴的な孔をもつ類洞内皮細胞，その外側ディッセ腔よりには脂肪滴を多数含み，細胞突起を肝細胞間や隣接した類洞の外側にまで伸張させている伊東細胞があり，その周囲に細胞外基質をみることがある．類洞内腔には組織マクロファージであるクッパー細胞*が，また肝内には特異的な臓器付属性リンパ球が存在している．これらの細胞はさまざまな機能をもっている．

**ルイ・バー症候群** [Louis-Bar syndrome] ＝血管拡張性失調症

**類表皮がん** [epidermoid carcinoma] ＝扁平上皮がん

**ルウォッフ** LWOFF, André Michel フランスの微生物学者．1902.5.8～1994.9.30. 中部フランスのエネ・ル・シャトーに生まれ，パリに没す．パリ大学医学部卒業．パスツール研究所助手(1921). 繊毛虫の繊毛，原生動物の栄養などを研究後パスツール研究所部長．バクテリオファージの生活史を研究中にプロファージを発見(1950). F. Jacob*, J. L. Monod* と微生物遺伝学を確立したことにより1965年ノーベル医学生理学賞受賞．1968年ビルジフがん研究所長．

**ルシフェラーゼ** [luciferase] 生物発光*を触媒する酵素で，ホタル由来のものがよく知られている．ルシフェラーゼと$Mg^{2+}$の存在下で，基質となるルシフェリンはATPとの反応後，酸素分子との反応に励起状態となるが，これが基底状態に戻る際に光を発する．これをレポーター遺伝子*として導入し，発光量より転写活性を測定する方法をルシフェラーゼアッセイ(luciferase assay)という．ルシフェラーゼとしては，ホタル由来のもののほかに，ウミシイタケ *Renilla reniformis* 由来のルシフェラーゼ(ケランテラジンを基質とする)も使用され，両者の基質要求性が異なることを利用し，どちらかの遺伝子(mRNAまたはタンパク質)を内部標準とし，もう一方に対する反応活性(たとえば，siRNA* を用いたRNAi)を評価する dual reporter assay 系が開発され頻用されている(→ RNA干渉). また，最近では同一構造のルシフェリンを基質として用い，一つの反応容器中で複数の異なるルシフェラーゼと反応させて，それぞれ特有の波長の発光を生じさせる系も開発されている．

**ルテオリン** [luteolin] モクセイソウ(*Reseda luteola* L.)から得られた$C_{15}H_{10}O_6$のフラボノイド*の一種．マメ科やスイカズラ科の植物からも得られている．アルファルファ根粒菌(*Rhizobium meliloti*)などの nod 遺伝子群の誘導物質としての機能がある．(→ ノジュリン)

**ルテニウムレッド** [ruthenium red] アンモニウムルテニウム塩(ruthenium oxychloride ammoniated, ammoniated ruthenium oxychloride)のこと．$Ru_3(NH_3)_{14}O_2Cl_6$. 分子量786.35. 通常は四水和物として存在する赤褐色の粉末である．化学式は[$(NH_3)_5$

Ru-O-Ru(NH$_3$)$_4$-O-Ru(NH$_3$)$_5$]Cl$_6$. 水溶性で電子密度が高いため，細胞組織化学および電子顕微鏡学では固定液に加えて酸性複合多糖類の染料として用いられるが，このほかにミトコンドリアや細胞膜のCa$^{2+}$輸送抑制機能をもつことから抑制剤としても生化学的に利用される．

**ルトロピン** [lutropin] ⇌ 黄体形成ホルモン

**ルビウイルス** [rubivirus] ⇌ トガウイルス

**Rubisco** ⇌ リブロース-ビスリン酸カルボキシラーゼ

**ルー瓶** [Roux flask] 微生物や動物細胞を大量に培養し，またウイルスを増殖させるのに用いる 500 mL から 4 L の大型培養ガラス瓶をいう．この名称は，フランスのパスツール研究所の細菌学者 P. P. E. Roux に由来している．

**ループ状ドメイン** [looped domain] 染色体*をかたちづくると考えられる高次構造の一つ．30 nm クロマチンフィラメント(⇌ ソレノイド構造)より一つ高次の段階で染色体は一つ当たり 20～100 kbp の DNA を含むループをなすように折りたたまれており，全体としては染色体の主軸から多数のループが突き出した構造をとると考えられている．ループ状ドメインはその突き出したループの一つずつに当たる．染色体がループ状ドメインをとるという説は，ランプブラシ染色体*や多糸染色体*の観察あるいは中期染色体*の電子顕微鏡による観察から提唱されたが，間期*の染色体が本当にこのような構造をとっているかはわかっていない．

**ループスアンチコアグラント** ＝抗凝血物質

**ループス抗凝固因子** [lupus anticoagulant] 全身性エリテマトーデス*(SLE)などの自己免疫疾患患者の血清中に出現する自己抗体*の一種で，試験管内凝固試験で抗凝固活性を示す物質．細胞のアポトーシス*などによって生成したカルジオリピンやホスファチジルセリンなどの陰性荷電リン脂質を含む顆粒に結合した血漿中のタンパク質に現れるネオ抗原に対してできる抗体と推定されている(⇌ 抗カルジオリピン抗体)．血漿タンパク質には$β_2$糖タンパク質Ⅰ，プロトロンビン，プロテインCなどがある．抗凝血物質をもつ患者は高頻度に血栓症を発症する．

**ルミノール** [luminol] ⇌ 化学発光

**ルーメン** [lumen] ⇌ 小胞体

**ルリア** LURIA, Salvador Edward 米国の分子生物学者．1912.8.13～1991.2.6. イタリアのトリノに生まれ，マサチューセッツ州ケンブリッジに没す．トリノ大学医学部卒業(1935)．米国へ移住後，1941 年 M. Delbrück* と会い微生物の分子生物学を開始した．1943 年インディアナ大学助手．1950 年イリノイ大学教授．バクテリオファージの遺伝子の突然変異を実証(1951)．1959 年マサチューセッツ工科大学教授．1969 年 Delbrück. A. D. Hershey* とともにノーベル医学生理学賞受賞．

# レ

**レアギン** [reagin] 皮膚感作抗体(skin sensitizing antibody)ともいう．IgEクラスの抗体のこと．マスト細胞・好塩基球上に強く結合する性質があり，抗原と反応するとそれらの細胞からヒスタミン*などの化学伝達物質が放出され，アレルギー*をもたらす組織反応が生じる．アレルギー患者の血清を他人の皮膚に注射しておくと，つぎに同じ部位に抗原(アレルゲン*)を注射した時，皮膚に発赤・膨疹が生じることから発見され，当初そのような反応を起こす血清中の抗体をレアギンとよんだ．

**LEA タンパク質** [LEA protein] 植物の種子成熟過程において胚発生後期に特異的に合成され，細胞内に多く蓄積するタンパク質として同定された親水性タンパク質．LEA は late embryogenesis abundant の略．裸子，被子植物を問わずさまざまな植物種に広く存在することが知られている．最近，大腸菌，酵母，線虫などのさまざまな生物種に類似のタンパク質が存在することも明らかにされた．植物体においては，乾燥・塩・低温ストレス時(⇌乾燥ストレス，水ストレス)やアブシジン酸*(ABA)処理によって発現誘導され，植物体中に多く蓄積するため，水分欠乏時に種子や植物体のストレス耐性の獲得にかかわると考えられている(⇌ストレス応答)．LEA タンパク質はそのアミノ酸配列の特徴から五つのグループに分類されているが，いずれも高い親水性を示し植物体において細胞質*，核質*，葉緑体*，ミトコンドリア*，タンパク粒*，液胞*などに局在することが示されている．LEA タンパク質の細胞内における機能は，水分欠乏時に膜構造や生体高分子やタンパク質の安定化などに働くと推定されている．LEA タンパク質を高発現させた形質転換イネや酵母はストレス耐性を示す．

**零染色体性** [nullisomy, nullosomy] ⇌異数性

**霊長類** [primates] サル目．プレシアダピス亜目(現存しない)，キツネザル亜目，およびサル亜目から成る．ヒトは，ゴリラ，チンパンジーなどとともにサル亜目の狭鼻猿類に属す．

**レーウェンフック** LEEUWENHOEK, Anton van オランダの顕微鏡生物学者．1632.10.24～1723.8.26．オランダのデルフトに生まれ，デルフトに没す．乾物屋の店員，切れ地販売，市役所守衛と職業を変えながら，趣味のレンズ磨きを生かして顕微鏡観察に携わった．1667年には原生動物を発見した．さらに1683年には細菌を発見した．彼はロンドンの英国王立協会に観察結果を375報も送り続けた．1677年に R. Hooke* がその価値を認め有名になった．

**レオウイルス** [reovirus] 10個の断片に分かれた線状二本鎖 RNA(合計23.5塩基対)をゲノムとしてもち，それぞれ1～2個のタンパク質をコードする．ヒトに感染するがほとんど症状を誘起しない．しかし小児の腸炎や上気道感染症を起こす可能性がある．細胞質で増殖する．ウイルス粒子は二重のタンパク質の殻をもち，外側の殻を除きコアのみにすると in vitro でゲノム RNA を効率よく転写する．すなわち内側の殻はウイルス性の RNA ポリメラーゼである．

**レオロジー** [rheology] 流動学，流れ学ともいう．ギリシャ語の rheos(流れ)を語源にもつレオロジーは，命名者の E. C. Bingham によれば，"物質の変形と流動に関する科学"と定義されている．したがって，弾性力学や流体力学に関連が深いが，フックの弾性法則やニュートンの粘性法則などに従う線形領域を越え，非線形現象(たとえばコロイド懸濁液のような非ニュートン流体)も取扱うところに特徴をもつ．生物学に関係する分野はバイオレオロジー(biorheology)とよばれ，血液や他の体液の粘弾性，循環系の血行力学などが研究の中心となっている．分子細胞生物学に関連する領域としては，血流につねにさらされている血管内皮細胞が，近傍の血流速度勾配(ずり速度)と血液の粘性に比例する壁ずり応力(wall shear stress)を検知し，$Ca^{2+}$反応を通じて細胞内シグナル伝達を行うこと，内皮細胞の遺伝子にはプロモーター部分にずり応力に対応する共通の塩基配列が存在し，これを介して多数のタンパク質合成が調節されること，などが示されている．(⇌細胞レオロジー)

**LECAM** [LECAM＝lectin type cell adhesion molecule] ＝セレクチン

**レギュロン** [regulon] 同じ一つの調節因子によって調節されているオペロン*の集まり．この調節により外界からの刺激や環境変化に対応して一群の遺伝子が発現する．大腸菌では DNA 傷害の際の SOS 応答(⇌SOS レギュロン)，熱に対応する熱ショックタンパク質*の誘導，浸透圧変化に対する応答，リン酸や窒素源，炭素源などの利用に関するそれぞれの応答などに対してレギュロンが知られており，これら以外に100を超す数のレギュロンの存在がコンピューター分析により予測されている．一つのレギュロンは20遺伝子くらいから成るが，複数のレギュロンに関与する遺伝子もある．

**レクチン** [lectin] 糖鎖に結合するタンパク質(または糖タンパク質)で，免疫学的な方法で作製したもの以外をさすことが1980年に I. J. Goldstein らによって提案され，一般的に受入れられている．通常1分子当たり二つ以上の糖結合部位をもつため，細胞を凝集したり多糖を架橋して沈降したりする作用をもつ．マメ科などの植物由来のもの，高等動物由来のものなどがある．歴史的には，1889年にヒマ種子中に赤血球凝集素が見いだされたのが最初の記述である．その後，血液型に特異的なもの，リンパ球幼若化活性をもつものなどが見いだされている．

レグヘモグロビン [leghemoglobin]　マメ科植物の根粒*中に見いだされる赤色を呈するヘムタンパク質で，構造的にも機能的にもヘモグロビン*，ミオグロビン*に似ている．酸素と強い親和性をもち，酸素分圧が高いと酸素と結合し遊離の酸素濃度を低下させ，ニトロゲナーゼ*を酸素失活から保護すると同時に，呼吸に必要な酸素を運搬する役割をもつ．グロビンタンパク質には植物細胞の遺伝子が，またヘム部分の合成には根粒菌*の遺伝子が関与する．

レーザー [laser]　light amplification by stimulated emission of radiation の頭文字をとったもので，指向性に優れた高輝度単色光源として有用である．気体レーザー，液体レーザー，固体レーザーに大きく分類でき，発振波長は媒質の種類により遠赤外から紫外領域にわたってさまざまである．また，連続発振するものとパルス発振するものがある．蛍光の励起用光源として，DNAシークエンサー，リアルタイムPCR，蛍光イメージャー，共焦点顕微鏡，フローサイトメーターなどの各種機器に組込まれているほか，ラマン効果(→ラマン分光法)の励起や，MALDI-TOF型質量分析計におけるイオン化にも用いられる．

レーザー分子不活性化法 [chromophore-assisted laser inactivation]　CALIと略す．特異的に標的タンパク質に結合する抗体*またはリガンド*を発色団で化学的に標識し，その標識された抗体またはリガンドが標的タンパク質と結合している時にレーザー照射をすることで，発色団から活性酸素*や遊離基*を発生させ，その標的タンパク質の機能を特異的に不活性化する方法である．活性酸素や遊離基によりタンパク質が化学修飾されることで立体構造の変化を起こし，タンパク質の機能が不活性化する．周辺のタンパク質の不活性化を起こさず，ピンポイントで標的タンパク質を不活性化するためにフェムト秒パルスレーザーを用いた多光子励起法が開発されている．レーザー分子不活性化法はタンパク質の時空間的な機能解析を可能にする．発色団として使われるものに，変異型緑色蛍光タンパク質(EGFP)やマラカイトグリーン色素などがある．培養細胞中でのタンパク質の網羅的な機能解析(→プロテオミクス)に使用されている．

レーザーマイクロダイセクション [laser capture microdissection]　LCMと略す．スライドガラスなどに固定した標本から，目的とする染色体や細胞，組織などの微小な部分だけを顕微鏡で観察しながらUVパルスレーザーで切取り，目的外の試料の混入がきわめて少ない状態(クロスコンタミネーションフリー)で回収する方法．通常，組織をホルマリン固定した後，パラフィンに包埋し，ミクロトーム*で切片にした標本が使用される．回収された標本からDNA，RNA，タンパク質などを抽出し，種々の解析に利用することで，対象とする染色体，細胞，組織などに特異的な遺伝子発現をはじめとするさまざまな情報を得ることができる．

レシチナーゼA [lecithinase A]　＝ホスホリパーゼ$A_2$

レシチン [lecithin]　＝ホスファチジルコリン

レスポンデント条件付け [respondent conditioning]　＝古典的条件付け

レセプター　＝受容体

レゾルビン [resolvin]　Rvと略す．ω3脂質メディエーター(ω3 lipid mediator)の一種．エイコサペンタエン酸*(EPA)やドコサヘキサエン酸(DHA)などのω3脂肪酸由来の脂質メディエーター*．白血球の5-リポキシゲナーゼと血管内皮細胞あるいは上皮細胞のリポキシゲナーゼ*活性またはシトクロムP450*が連鎖的に作用して合成される．EPA由来のRvE1には消化管保護作用，DHA由来のRvD1には抗腹膜炎作用がある．炎症収束期に作用する内因性の抗炎症性物質と考えられている．

レーダーバーグ　LEDERBERG, Joshua　米国の遺伝学者．1925.5.23～2008.2.2．ニュージャージー州モントクレアに生まれる．コロンビア大学を卒業後エール大学のE. L. Tatum*のもとでアカパンカビの遺伝を研究し，Ph.D.を取得(1947)．1952年，バクテリオファージが細菌から他の細菌へ遺伝形質を伝達することを発見，形質導入*と名づけた．1958年Tatum，G. W. Beadle*とともにノーベル医学生理学賞を受賞．スタンフォード大学教授(1962～78)，ロックフェラー大学長(1978)．

レチナール [retinal]　＝ビタミンAアルデヒド(vitamin A aldehyde)．ビタミンA*(レチノール*)の

全 trans-レチナール

11-cis-レチナール

活性本体であるレチノイン酸*への代謝中間体のアルデヒド体で，視覚以外では生理活性は知られていない．視覚作用では全 trans 体のレチナールがまず11-cis 体に異性化され，つぎに視細胞中オプシン*と結合，光感受性のロドプシン*となる．光によってロドプシン上の11-cis 体から全 trans 体に異性化される過程で生じる中間体において一種のGタンパク質*が活性化し，視興奮となって神経に伝えられる．

レチノイド [retinoid]　ビタミンA*(レチノール*)類縁体もしくはビタミンA様作用をもつものの総称で，天然・合成化合物を含める．

レチノイド受容体 [retinoid receptor]　レチノイド*をリガンドとする核内受容体*の総称だが，実際にはレチノイン酸受容体*群のRAR，RXRをさす．

**レチノイン酸**［retinoic acid］　＝ビタミンＡ酸(vitamin A acid)．ビタミンＡ*（レチノール*）の活性本体（カルボン酸）で，全 trans 体はレチノイン酸受容体* RAR の，9-cis 体は RAR，RXR のリガンドとして働き，ホメオボックス遺伝子に代表される標的遺伝子群の発現を転写レベルで誘導する．天然にはほかにも数多く異性体が存在するが，生理活性は明らかでない．レチナール*を経るレチノール*からの変換がビタミンＡの生理作用発現上重要である．核内ではRAR，RXR と，細胞質では細胞質レチノイン酸結合タンパク質* CRABPⅠ，Ⅱと結合して存在する．

**レチノイン酸受容体**［retinoic acid receptor］　ビタミンＡ核内受容体(vitamin A nuclear receptor)ともいう．全 trans-レチノイン酸，9-cis-レチノイン酸をリガンドとする受容体をさし，核内受容体スーパーファミリー*に属する．RAR（全 trans 体，9-cis 体）と RXR（9-cis 体のみ）の2種がある．RAR は RXR と，RXR はこのほかビタミンＤ受容体(VDR)，甲状腺ホルモン受容体*(TR)とヘテロ二量体を形成し，標的遺伝子プロモーター内に存在するビタミンＡ応答配列(RXR-RAR)，ビタミンＤ応答配列(RXR-VDR)，甲状腺ホルモン応答配列*(RXR-TR)へそれぞれ特異的に結合し，リガンド依存的に転写を制御する転写制御因子として機能する．RAR，RXR にはおのおの異なる3種の遺伝子からコードされる α，β，γ のサブタイプがそれぞれ存在し，さらに一つのサブタイプから選択的スプライシング*により微妙に構造の異なる数種のアイソフォームが生じ，おのおのの転写促進活性が異なる．またこれら受容体遺伝子群は，時間・空間的発現制御を受けるため，初期胚から成体までの幅広いビタミンＡ*の生理作用をよく説明する．

**レチノブラストーマ遺伝子**　＝RB 遺伝子

**レチノール**［retinol］　狭義のビタミンＡ*をさし，脂溶性ビタミンとして，食物から脂肪酸のエステル体（肉類），または前駆体のカロテン（植物）として摂取される．小腸より吸収され，リンパ液中を脂質とともに転送され，肝臓非実質伊東細胞内油滴中に貯蔵される．血中レチノール結合タンパク質*(RBP)とともに分泌され，さらにトランスチレチン*(TTR)と血中で複合体を形成し転送され標的細胞へ取込まれ，レチナール*やレチノイン酸*などの活性体へ変換され効力を発揮する．

**レチノール結合タンパク質**［retinol-binding protein］　RBP と略す．血清レチノール結合タンパク質(serum retinol-binding protein, SRBP)をさす．肝実質細胞で合成される1本のポリペプチド鎖から成る分子量21,000のビタミンＡ(レチノール*)の輸送タンパク質．ヒトでは六つのエキソンを含む約10 kbp の遺伝子にコードされ，プレ RBP として翻訳された後にプロセシング*を受ける．肝臓から分泌されたレチノール-RBP 複合体は，血中でさらにトランスチレチン*（プレアルブミン，分子量55,000）と複合体を形成しているが，標的細胞にレチノールを与えた後には遊離型となって腎糸球体で濾過される．

**LEC-CAM**［LEC-CAM＝lectin/EGF/complement-cell adhesion molecule］　＝セレクチン

**RecA タンパク質**［RecA protein］　大腸菌ならびに λ ファージの相同組換え*，DNA の修復*，また大腸菌の SOS 遺伝子*の発現，λ プロファージの誘発などに大きな役割をもつタンパク質で，一本鎖 DNA に協同的に結合する．分子量は約4万．ATP の存在下で相補的な DNA を対合させ，一本鎖 DNA を相同な二本鎖 DNA に挿入して D ループ*を形成させる．また一本鎖 DNA の存在下で，ATP 分解活性と特異的アミノ酸配列を認識したタンパク質分解活性をもつ．後者の活性によって LexA タンパク質(⇒lexA 遺伝子)や λ ファージのリプレッサータンパク質の特異的な部位を切断する．LexA タンパク質は大腸菌の SOS 遺伝子群（この中には recA 遺伝子自身も含まれる）のリプレッサーであるから，その分解は一連の SOS 遺伝子の発現を誘発することになる．RecA タンパク質に似た構造をもち，相同な DNA の対合を促進するタンパク質は原核生物，真核生物を問わず生物界に広く分布し，RecA 類似タンパク質と総称される．

**rex 遺伝子**［rex gene］　ヒトＴ細胞白血病ウイルス1*(HTLV-1)の調節遺伝子で，27 kDa のコアタンパク質をつくり，ウイルス RNA のプロセシング*を制御する．細胞質に非スプライス型ウイルス mRNA を発現させ，ウイルス粒子タンパク質である Gag, Env の発現を可能にする(⇒gag 遺伝子，env 遺伝子)．Rex タンパク質がなければ，全ウイルス RNA が完全にスプライシングされる．その作用機構は正確には解明されていないが，核内の非スプライス型 RNA を安定化するか，あるいはその細胞質への輸送を促進するとされる．この作用は完全スプライス型 mRNA (tax-rex をコードする)の発現を抑えるので，最終的にウイルス遺伝子の発現を抑制する作用をもつ．似た機能をもつものにヒト免疫不全ウイルス*(HIV)の rev 遺伝子*がある．(⇒pX 遺伝子領域)

**lexA 遺伝子**［lexA gene］　大腸菌の SOS レギュロン*のリプレッサー遺伝子．そのタンパク質 LexA は，202個のアミノ酸から成り SOS レギュロンを構成している遺伝子のオペレーター，SOS ボックス*に結合して各遺伝子の発現を抑える．DNA 傷害が起こると RecA タンパク質*がそれを認識して活性化し LexA に働きかけ，LexA の Ｃ 末端ドメインの

156番目のリシンが119番目のセリンを活性化して84番アラニンと85番グリシンの間を切断し，不活化する．その結果 SOS レギュロン遺伝子の一斉発現が起こる．またこのタンパク質は，酵母の細胞内で相互作用をするタンパク質を探し出すツーハイブリッドシステム* にも使われている．

**RecBCD タンパク質**［RecBCD protein］ エキソヌクレアーゼV*，RecBCD DN アーゼ(RecBCD DNase)ともいう．DNA の相同組換え*，DNA の修復*，細胞の生死，外来 DNA の分解などに関連する，分子量 33 万の大腸菌の多機能酵素で，染色体上に並ぶ 3 遺伝子 recB, C, D の産物から構成される(分子量はそれぞれ約 14 万，13 万，6 万)．DNA 依存性 ATP 分解，ATP 依存性二本鎖 DNA 巻戻し，ATP 依存性エキソヌクレアーゼおよびエンドヌクレアーゼ活性をもつ．これらの活性により二本鎖 DNA から分子の末端，または内部に一本鎖 DNA がつくられる．この反応は DNA 上に χ 配列* があると促進され，その結果組換えを増加させる．またこの一本鎖 DNA は傷害を受けた DNA の修復にも効果的に利用される．事実これら遺伝子の突然変異株の生存率は低く，顕微鏡で観察される細胞の約 80 ％ までがコロニー形成ができない．また，この突然変異株では増殖できるのに，その野生型に対し感染できない T4, T7, λ, Mu ファージの突然変異株が存在する．これらのファージの野生型は感染初期に自身の DNA 末端に結合して分解を防ぐタンパク質を合成するが突然変異体はこのタンパク質を合成できない．したがって $recBCD^-$ の宿主大腸菌中では生存できるが $recBCD^+$ をもつ宿主では注入したファージ DNA が速やかに分解されるため感染できない．このことは RecBCD が他の生物の DNA による障害を防いでいることを示している．その後 RecBCD 類似の酵素はその他の多くの細菌でも見いだされている．

**RecBCD DN アーゼ**［RecBCD DNase］ ＝RecBCD タンパク質

**レックリングハウゼン病**［Recklinghausen disease］ フォンレックリングハウゼン病(von Recklinghausen disease)とも表記する．(→神経線維腫症1型)

**レッシュ・ナイハン症候群**［Lesch-Nyhan syndrome］ 小児高尿酸血症(child hyperuricemia)，ヒポキサンチン-グアニンホスホリボシルトランスフェラーゼ欠損症(hypoxanthine-guanine phosphoribosyltransferase deficiency)ともいう．先天性プリン代謝異常症の一種．1964年に M. Lesch と W. L. Nyhan により初めて記載された．伴性劣性遺伝病で症例はほとんど男児に限られる．プリン代謝再生経路の酵素ヒポキサンチン-グアニンホスホリボシルトランスフェラーゼ(HGPRT；→ヒポキサンチンホスホリボシルトランスフェラーゼ)活性の欠損によって代謝調節機能が失われプリン de novo 合成が亢進することが病因である．乳幼児期に始まる筋緊張異常・舞踏病性アテトーゼ・口唇や指先を食いちぎる自傷行為・心身発達障害などが特徴である．(→プリン代謝異常)

**劣性遺伝子**［recessive gene, recessive allele］ ホモ接合体* になった時初めて形質を現す対立遺伝子*．

**劣性がん遺伝子**［recessive oncogene］ ＝がん抑制遺伝子

**劣性形質**［recessive character, recessive trait］ 一対の対立する形質についてヘテロ接合体* を形成した時に，消失する方の形質．(→優性形質)

**劣性突然変異**［recessive mutation］ 劣性の対立遺伝子* を生じる突然変異．一般に，機能欠損を生じる突然変異は野生型に対して劣性である．(→優性突然変異)

**レッツタンパク質**［LETS protein］ ＝フィブロネクチン

**ret 遺伝子**［ret gene］ トランスフェクションの際に遺伝子再編成により ret 遺伝子の 5′側で遺伝子再編成を起こした結果，活性化したがん遺伝子として単離された．ret の名前は rearranged during transfection に由来する．ヒト乳頭状甲状腺がん由来細胞株で，同様に ret 遺伝子の再編成がみられる．受容体型チロシンキナーゼの構造をしているが，そのリガンドは不明である．ret 遺伝子産物は N 末端側からカドヘリン様ドメイン，システインに富む配列，膜貫通ドメイン，およびチロシンキナーゼドメインから成る．遺伝子再編成により産生されたものには，膜貫通ドメインの前後でその上流が他の DNA 配列と置き換わっている．ret 遺伝子は第 10 染色体長腕上 11-12 領域にマップされる．スプライシングの違いにより C 末端側の配列が異なる 2 種類のタンパク質が産生されるが，トランスフォーミング活性に差はない．家族性甲状腺髄様がん，多内分泌腫瘍(MEN)で高頻度に遺伝子の点突然変異がみられ，また神経芽細胞腫で遺伝子の高発現がみられる．

**レッドドロップ**［red drop］ →エマーソン効果

**レトロウイルス**［retrovirus］ RNA を遺伝子としてもち，逆転写酵素* によりゲノム RNA を DNA に変換する増殖過程をもつレトロウイルス科のウイルスの総称．RNA 腫瘍ウイルス(RNA tumor virus)(HTLV 型ウイルスなど)，レンチウイルス*(HIV など)，スプマウイルス(*Spumavirus*)がある．RNA 腫瘍ウイルスは 100～120 μm の球形粒子で，2 本の遺伝子 RNA と Gag タンパク質より成るコアを中心にもち，外表は細胞膜と同じ脂質二重膜をもつ．この膜より，宿主細胞の受容体と相互作用する Env タンパク質が露出している．電子顕微鏡による形態から，細胞質空胞に見いだされる A 型(→A 型粒子)，マウス乳がんウイルス* のようにスパイクをもつ B 型，一般的肉腫・白血病ウイルスである C 型，メーソン・ファイザーサルウイルスにみられるコアのずれた D 型に分けられるが，遺伝子構成としては大きな差異はない．レトロウイルスは，細胞表面の受容体に結合して細胞に取込まれ，粒子内の逆転写酵素により cDNA に逆転写される．cDNA はさらに同酵素により二本鎖 DNA に変換され，この二本鎖 DNA はインテグラーゼにより宿主細胞の染色体 DNA に組込まれ，感染が確立する．組込み型ウイルス DNA をプロウイルス* とよぶ．プロ

ウイルスは細胞の転写系を利用して RNA に転写され，ゲノム RNA を再生する．遺伝子 RNA は(＋)鎖で，Gag および Pol タンパク質の mRNA として機能する．スプライシングを受けて Env の mRNA となる．産生されたウイルスタンパク質とウイルス遺伝子 mRNA は細胞膜下で集合し，形態形成を行い，粒子を形成しつつ細胞表面より出芽する．ウイルスの増殖により細胞を障害しないのが一般的である．レトロウイルスのうちレンチウイルスを別にして，多くは肉腫・白血病を起こす．この性質から，急性型と慢性型に分けることができる．急性型はラウス肉腫ウイルス*を例外としてすべて複製欠損性ウイルス*で，単独増殖できないが，細胞由来のがん遺伝子*をもっている．このことはラウス肉腫ウイルスで初めて明らかにされ，src 遺伝子*の発見とともにがん遺伝子仮説の証明ともなった．現在多くのウイルスとそのがん遺伝子が知られている．慢性型ウイルスは増殖可能で，増殖のたびに組込みが起こる．プロウイルスが偶然に細胞の原がん遺伝子の近辺に組込まれると，プロウイルスのもつプロモーター活性により，その遺伝子発現を活性化して肉腫・白血病を起こす．(→プロモーター挿入)

**レトロウイルスベクター** [retrovirus vector]  遺伝子治療*における，遺伝子導入の手段として，現在，レトロウイルス*(RNA を遺伝子としてもつウイ

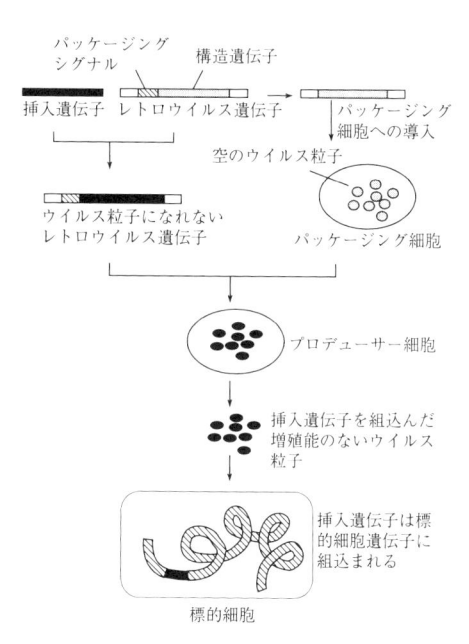

ルスの総称)をベクターにした方法が最もよく用いられる．レトロウイルス RNA は，感染後逆転写酵素により二本鎖 DNA になって宿主 DNA に組込まれる．したがって，レトロウイルスに治療用の遺伝子を組込んで患者の細胞に感染させれば，その遺伝子を細胞の染色体に組込むことができる．遺伝子は染色体に組込まれるので，細胞が分裂したのちも，確実に娘細胞にひき継がれることになる．治療用の遺伝子を組込んだウイルスは，感染力はあるが，宿主内では増殖できないように工夫してある(図)．すなわちレトロウイルスベクターは，分裂しない細胞には導入できない．遺伝子治療に使うレトロウイルスは，ウイルス本来の遺伝情報のうち，構造タンパク質と酵素タンパク質をコードしている部分を治療用の遺伝子に置き換えたものである．ウイルスの構造タンパク質をつくれないので，ウイルスの増殖は抑えられている．したがって実際に治療用のレトロウイルス組換え体をつくるには，ほかの細胞の手助けが必要となる(ヘルパー細胞あるいはパッケージング細胞)．ウイルス粒子に RNA ゲノムが組込まれるためには，RNA ゲノム中にパッケージングシグナル(packaging signal)が必要であり，このシグナルがないと，空のウイルス粒子しかできない．ヘルパー細胞はこのようにパッケージングシグナルを欠き，空のウイルス粒子のみをつくるようにした細胞である．この細胞に，上記，構造タンパク質と酵素タンパク質をコードしている部分を治療用の遺伝子に置き換えたウイルスで，パッケージングシグナル配列は保存されているベクターを導入する．ベクターと空のウイルス粒子が合体し，増殖性を欠くレトロウイルス遺伝子組換え体が出芽してくる．このように組換えウイルスを産生するようになった細胞をプロデューサー細胞(producer cell)という．レトロウイルスベクターは siRNA*発現用としてもよく使用されており，数万種のヒト遺伝子を標的とした siRNA ライブラリーが作製されている．特にレンチウイルスベクターは増殖(分裂)しない細胞にも感染できるという利点をもっている．

**レトロエレメント** [retroelement]  逆転写酵素*およびエンベロープ*タンパク質のようなレトロウイルス粒子構成成分をコードしている領域と，長い末端反復配列(LTR*)を含むゲノム中の配列．レトロウイルス*とレトロトランスポゾンに分類される．レトロエレメントが機能をもった感染性ウイルスをコードする時はレトロエレメントとよばれる．

**レトロトランスポゾン** [retrotransposon]  多くの真核生物のゲノムの上に存在し，逆転写を介して転位*する因子．長い末端同方向反復配列(LTR*)を含む．脊椎動物のレトロウイルス*の gag および pol と相同性のある遺伝子をもつ．細胞質あるいは核内でウイルス様粒子*を形成し，レトロウイルス同様の逆転写反応を起こし，その後，宿主染色体上に転移すると考えられる(→コピア因子，Ty 因子)．キイロショウジョウバエのレトロトランスポゾンである gypsy には，レトロウイルスの env 遺伝子に対応する第三の読み取り枠も存在し，ウイルス同様の感染性すらあると考えられている．

**レトロポゾン** [retroposon]  多くの真核生物のゲノム上に存在し，逆転写によって生じた cDNA がゲ

ノムに挿入されてできたと考えられるもの．3′末端にポリアデニル酸配列を含むものが多く，偽遺伝子\*，Alu 配列，L1，tRNA 由来の配列など（⇨ SINE，LINE）が含まれる．レトロトランスポゾン\*と異なりLTR\*をもたない．ショウジョウバエのトランスポゾンI因子のように，RNA コード領域内に RNA 転写の制御領域が存在し，転写された RNA が自己の逆転写酵素により逆転写されて転位する例も見いだされている．

**レトロン** [retron] ⇨ RNA-DNA ウイルス

**レニン** [renin] アンギオテンシン生成酵素（angiotensin-forming enzyme）ともいう．分子量約43,000の糖タンパク質で，ヒトの場合340アミノ酸から成り，アンギオテンシノーゲン\*を基質としてアンギオテンシン\*Iを生成するアスパラギン酸プロテアーゼ（EC 3.4.23.15）である．アンギオテンシンIはさらにアンギオテンシンI変換酵素により，昇圧活性を有する生理活性ペプチド，アンギオテンシンIIに変換される．レニンは主として腎臓の傍糸球体細胞で生合成され，分泌顆粒\*内で不活型の前駆体プロレニンから活性型レニンへとプロセシングを受けて血中へ分泌される．しかしながら，脳・血管・心臓・腎臓などの組織内に，レニン-アンギオテンシン系の各コンポーネントが存在することが明らかになり，組織レニン-アンギオテンシン系が血圧調節や動脈硬化や心血管系疾患の成因に関与していることが明らかになった．レニン分子は三次構造上，クレフトを挟んだ二つの相似したドメインから成り，クレフトの奥に活性中心であるアスパラギン酸2残基が相対する形で存在する．ヒトレニン遺伝子は，第1染色体長腕に1個存在し，10個のエキソン\*から構成されているが，マウスのある系統では遺伝子重複\*の結果，2個の遺伝子（腎型レニン遺伝子，顎下腺型レニン遺伝子）をもつものが存在する．

**レニン-アンギオテンシン-アルドステロン系** [renin-angiotensin-aldosterone system] 血圧や体液量の調節に中心的な役割をもつ内分泌系の制御機構の一つである．腎臓の傍糸球体装置は，尿細管内 $Na^+$ 濃度や交感神経系カテコールアミン $\beta_1$ 受容体刺激などの体内情報を感知して血中にレニン\*を分泌する．レニンは肝臓で産生されるアンギオテンシノーゲン\*からアンギオテンシン\*Iを切出し，これはさらにアンギオテンシン変換酵素により，強力な血管収縮物質であるアンギオテンシンIIに変換される．さらに，アンギオテンシンIIは副腎皮質球状層に作用して，尿細管において $Na^+$ 貯留作用をもつアルドステロン\*の分泌を刺激する．一方，アンギオテンシンIIは，フィードバック機構としてレニン分泌を抑制する作用をもつ．臨床面では，ACE 阻害薬やアンギオテンシンII受容体拮抗薬によってレニン-アンギオテンシン系を抑制することになるが，長期間の投与によっていったん低下していたアルドステロン濃度が上昇してくることがある（アルドステロンブレークスルー）．このような場合に，アルドステロン受容体拮抗薬を加えて，レニン-アンギオテンシン-アルドステロン系をより完全に抑制する試みが始まっている．

**レニン-アンギオテンシン系** [renin-angiotensin system] 血圧および体液・電解質の恒常性維持に働く調節系であり，プロテアーゼ\*による限定加水分解を主体とする生体内カスケード反応の一つである．腎臓の傍糸球体細胞から主として分泌される酵素レニン\*が，肝臓で合成され血中へ分泌されるアンギオテンシノーゲンを基質として，10個のアミノ酸から成るアンギオテンシン\*Iを遊離させ，さらにアンギオテンシンI変換酵素の特異的分解により，生理活性ペプチドである8個のアミノ酸から成るアンギオテンシンIIが生成される．アンギオテンシンIIは特異的受容体を介してその生理作用を発現するが，血管平滑筋を直接収縮させて強い昇圧活性を発現するとともに，副腎皮質球状層に作用してアルドステロン\*の分泌を促進する（⇨ レニン-アンギオテンシン-アルドステロン系）．アルドステロンは，腎臓尿細管に作用してナトリウム貯留を促進し，循環血液量を増加させて血圧を上昇させる．血液量の増加は，腎細動脈の圧受容器に対してシグナルとして作用し，この系の初発反応を触媒する酵素レニンの発現を抑制することにより，この昇圧系は負のフィードバックループにより制御されている．またアンギオテンシンI変換酵素は，ブラジキニン\*を分解して不活化する酵素キニナーゼIIと同一であり，昇圧系であるレニン-アンギオテンシン系は，降圧系であるカリクレイン-キニン系\*と密接な関連をもつ．腎レニンに由来し，全身に作用する内分泌性循環レニン-アンギオテンシン系とは独立に，生体内には，脳・心臓・副腎・血管壁などの種々の組織に，組織特異的発現調節を受ける組織レニン-アンギオテンシン系が存在する．これら組織局所で産生されるアンギオテンシンIIは，おもに自己分泌\*やパラ分泌\*の機構を介して多彩な生理作用を示し，個々の臓器組織レベルでの調節に関与している．生体内には，アンギオテンシンII産生系として複数の経路が存在し，アンギオテンシノーゲンを基質として，直接アンギオテンシンIIを産生する酵素として，組織プラスミノーゲンアクチベーター\*，カテプシン\*G，およびトニンなどが知られている．またアンギオテンシンIからアンギオテンシンIIを産生する酵素として，ヒト心臓および血管壁にはキマーゼが存在するが，この酵素はアンギオテンシノーゲンには作用せず，アンギオテンシンI変換酵素阻害薬によっても活性は阻害されない．

**レニン基質** [renin substrate] ＝アンギオテンシノーゲン

**レビーモンタルチーニ** LEVI-MONTALCINI, Rita 米国の生物学者．1909.4.22〜　　　　　イタリアのトリノ生まれ．モンタルチーニは母方の家族名．トリノ大学医学部で医学博士号取得（1936）．トリノ大学，ブリュッセル大学で神経生物学の研究をしたのち，ワシントン大学に留学（1947）．1953年神経成長因子（NGF）を発見後，1958年 S. Cohen\* とともに精

製した．ワシントン大学教授(1958)．ローマの細胞生物学研究所長を兼任(1969～79)．Cohen と 1986 年ノーベル医学生理学賞を受賞．

**レプ** [rep] radiation equivalent physical に由来する．X 線(200 keV 以上の)1R(レントゲン*)と同等のエネルギーを与える各種放射線量の非公式旧単位．すなわち，水または軟部組織 1 g 当たり約 93 erg を与える各種放射線量をいう．現在では使われない．ちなみに，現在の正式単位は照射線量として C/kg，吸収線量としてグレイ*(Gy)，線質による生物効果の違いを加味した吸収線量として放射線防護分野で使われるシーベルト*(Sv)がある．また，これらの旧単位としては，それぞれ，レントゲン，ラド，レムが使用されていた．

**rev 遺伝子** [rev gene] ヒト免疫不全ウイルス*(HIV)の調節遺伝子で，ウイルス RNA のプロセシング*を制御する 17 kDa のタンパク質をコードする．その作用はヒト T 細胞白血病ウイルス 1*(HTLV-1)の調節因子 Rex とほとんど同じで(⇌ rex 遺伝子)，ウイルスの増殖に必須である．Rex との間に構造上の相同性は認められないが，Rex により肩代わりされ，Rex の存在で HIV は増殖可能となる．

**レフェトフ症候群** [Refetoff syndrome] ⇌ 甲状腺ホルモン受容体

**レプチン** [leptin] 1994 年肥満・インスリン抵抗性のモデルマウスである ob/ob マウスの原因遺伝子としてポジショナルクローニング*によって同定された ob 遺伝子の産物がレプチンである．その後ほぼ同様の表現型を示すことが知られていた db/db マウスの原因遺伝子はこのレプチンの受容体 ObR 遺伝子であることが明らかになった．脂肪細胞*に特異的に発現して分泌されるホルモンであり，脂肪細胞肥大化に伴って増加し，中枢の視床下部に存在するレプチン受容体(leptin receptor)に作用して，摂食の抑制とエネルギー消費の亢進をひき起こす．脂肪細胞が，生理活性分子であるアディポカインを分泌する内分泌臓器であることが広く認識されるブレイクスルーをもたらした分子である．レプチン受容体はサイトカインファミリーに属し，JAK-STAT 系と PI3K の活性化などが細胞内情報伝達に重要と考えられる．肥満症の病態においてレプチンが高値であることが明らかとなり，レプチン抵抗性が存在することが想定されている．

**レプチン受容体** [leptin receptor] ⇌ レプチン

***lefty*** [lefty] lefty は TGF-β スーパーファミリーの一つで，左右軸の決定で中心的な役割を果たすといわれており，胚の左側半分にのみ発現する遺伝子である．対照的な遺伝子として nodal が報告されている(⇌ ノーダル)．ヒトとマウスの lefty には lefty-1 と lefty-2 の二つのサブタイプが存在し，脊椎動物における臓器の非対称性や胚の発生で重要な役割を担っているといわれている．おもに lefty-1 は予定神経底板，lefty-2 は側板中胚葉に発現している．左右の決定における lefty-1，lefty-2 の役割は lefty-1 は左右の決定に必須な遺伝子であり，他の左右決定因子が正中線を越えて分泌されることを防ぐ遺伝子として働いている．一方，lefty-2 はノーダルのアンタゴニストとして働いているといわれている．

**レプトテン期** ＝細糸期
**レプトネマ期** [leptonema stage] ＝細糸期

**レプリカーゼ** [replicase] RNA レプリカーゼ (RNA replicase)，RNA 複製酵素ともよばれる．RNA ウイルスゲノムの複製を触媒する RNA 依存性 RNA ポリメラーゼ*で，ウイルス自身のゲノムによってコードされる．RNA ファージ，特に Qβ, MS2, GA, SP など大腸菌を宿主とする RNA ファージのレプリカーゼが最もよく研究されている．大腸菌 RNA ファージのレプリカーゼは 4 種類のサブユニット，α, β, γ, δ から構成される．このうちファージ RNA にコードされるのは β サブユニット(ヌクレオチド重合反応を触媒)のみで，ほかは宿主由来のタンパク質である(α は 30S リボソームサブユニットタンパク質 S1，γ はポリペプチド鎖伸長因子 EF-Tu*，δ は同 EF-Ts*)．このほかに，SP ファージ以外はそれぞれのレプリカーゼに特異的な宿主因子(例，Qβ レプリカーゼ*では HF1)を必要とする．DNA 複製酵素もレプリカーゼとよぶ．

**レプリカプレート法** [replica plating] レプリカ法(replica method)ともいう．寒天平板培地(プレート)上に形成した微生物のコロニーをビロードの布を用いて別の寒天平板培地に移す方法．微生物の栄養要求性，温度感受性突然変異株などの単離に使われる．ペトリ皿の直径より少し小さい円型のスタンプ台を滅菌したビロードの布で覆い，微生物のコロニーが生えているペトリ皿を押付ける．ビロードの布上にコロニーが写しとられるので，つぎに目的に応じた選択寒天平板培地をその布上に押付けレプリカをつくり，突然変異株を検出する．

**レプリカ法** [replica method] ＝レプリカプレート法

**レプリケーター** [replicator] F. Jacob* と S. Brenner* は，DNA 複製の制御単位としてレプリコン*を提唱した．細菌やウイルスは単一レプリコンだが染色体は多数のレプリコンから成る．レプリコンは，イニシエーターとよぶ酵素と，それが作用するレプリケーターとよぶ部位から成る．イニシエーターがレプリケーターに作用して初めて，レプリケーターにつながる DNA 分子の複製が開始する．イニシエーターとレプリケーターは各レプリコンに特異的である．真核生物における複製起点，酵母の自律複製配列などがレプリケーターに相当する．

**レプリコン** [replicon] 1963 年，F. Jacob* らにより提唱された，自律的制御を行う複製単位*．レプリコンは連続した DNA 分子であり，複製*は分子内の特定の部位から開始し，逐次的に進行して終結する．複製の開始はレプリコンごとに特異的な開始因子が開始点に能動的に作用して誘起されると考え，その因子をイニシエーター(initiator)，作用点をレプリケー

ター\*と名づけた(図).レプリコンは大腸菌の染色体と共存するプラスミド(Fプラスミド\*)が互いに独立して複製することから生まれた仮説であるが，その後

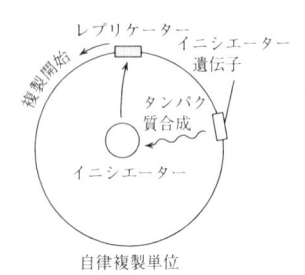

```
        レプリケーター
複製開始      イニシエーター
              遺伝子
       タンパク
       質合成
       イニシエーター

       自律複製単位
```

の研究で，あらゆる染色体に適応可能な概念であることが明らかとなった．プラスミド，ウイルスのDNAおよび細菌の染色体はいずれも1個のレプリコンである．一方，真核生物では，一本の染色体が多数のレプリコン(多重レプリコン multi replicon)より構成されており，個々のレプリコンは独立に制御を受けるのではなく，いくつかのレプリコンがレプリコン群として時間的，空間的にまとまって制御を受けていると考えられる．

**レプリソーム** [replisome]　DNAの複製\*においてDNA鎖の伸長過程を複製点において触媒する巨大タンパク質複合体．DNA複製時に働くプライマーゼ\*はプライモソーム\*とよばれるタンパク質複合体の一部であり，この複合体にはヘリカーゼや他の補助タンパク質が含まれる．プライモソームやDNA複製にかかわるほかのタンパク質は巨大な複合体レプリソームの一部である．レプリソームは複数のDNA依存性DNAポリメラーゼを含んでおり，この中でレプリカーゼ\*とよばれる酵素が，複製の開始段階でプライマーゼによりつくられたRNAプライマーにデオキシリボヌクレオチドを付加し重合できる．レプリソームは，複製点において二本鎖を巻戻しながらラギング鎖\*，リーディング鎖\*合成を同時に進行し，DNA上を移動していく(→複製フォーク).

**レポーター遺伝子** [reporter gene]　リポーター遺伝子ともいう．目的の因子の機能を測定するために代用される遺伝子のことで，産物の活性が簡単に定量化でき測定バックグラウンドの低いものが好まれる．GFP，クロラムフェニコールアセチルトランスフェラーゼ\*(CAT)遺伝子，ルシフェラーゼ\*遺伝子，β-ガラクトシダーゼ遺伝子など．たとえば，ある遺伝子の上流のプロモーター活性を調べる場合，その遺伝子の代わりにCAT遺伝子をつなぎ，細胞へのトランスフェクション後のCAT活性を測定しプロモーターの機能を推定する．(→CATアッセイ)

**レ　ム** [rem]　線量当量の旧単位で現在はSI単位のシーベルト\*(Sv)を用いる．1 rem＝10 mSv，1 Sv＝100 remに当たる．おもに放射線防護の分野で使われる．

**レムナント** [remnant]　→リポタンパク質

**rel 遺伝子** [rel gene]　脾臓にB細胞性の腫瘍を誘発するトリレトロウイルスのがん遺伝子\*(v-rel).その産物v-Relは，N末端約300アミノ酸に転写因子NF-κB\*と相同性の高い領域(Rel相同性ドメイン)をもち，種々の遺伝子のエンハンサー\*中に存在するκB配列に結合する．v-Relが，原がん遺伝子産物c-RelあるいはNF-κBの転写活性化をトランスドミナントネガティブに抑制することが，がん化のメカニズムと関連をもつと考えられている．

**relA 遺伝子** [relA gene]　大腸菌の遺伝子で，緊縮調節\*の中心的役割を担うppGpp\*を合成する酵素(743アミノ酸残基，84 kDa)をコードする．ppGpp合成酵素は50Sリボソーム粒子のL11およびL10タンパク質と結合している．relA突然変異株はアミノ酸欠乏でppGppが合成できず，緊縮調節機構が作動しない(→緩和調節【1】).relA遺伝子は，ppGpp分解酵素(79 kDa, ppGpp→GDP＋PP$_i$)をコードするSpoT遺伝子と高い相同性をもつ．

**Rel 相同性ドメイン** [Rel homology domain]　→NF-κB

**Rel ファミリー** [Rel family]　→NF-κB

**連　関** ＝連鎖
**連関群** ＝連鎖群
**連関鎖** ＝J鎖
**連結鎖** [joining chain]　＝J鎖

**連結反応(核酸の)** [ligation]　ライゲーションともいう．DNAまたはRNA同士が，ホスホジエステル結合で連結される反応．細胞内では，DNA組換えやRNAのスプライシングの際に起こる．リガーゼとよばれる酵素によって触媒される(→DNAリガーゼ，RNAリガーゼ).遺伝子操作の過程で2種類のDNA断片を結合させる際に試験管内で行われる．試薬メーカー各社が必要な試薬をすべて含んだキットを販売している．

**連合学習** [associative learning]　二つの刺激が同時に，比較的短時間に継時的に与えられた時に生じる学習(経験による行動の長期変化)である．パブロフ(Pavlov)の古典的条件反射の例として，イヌに音刺激(条件刺激\*)と食餌刺激(無条件刺激)を同時か，この順序で与え続けると，連合学習により音刺激だけで唾液分泌(元来は生得的無条件反応)が生じる(→条件付け).条件刺激に類似の刺激でも連合学習が生じ(汎化)，条件刺激だけを与え続けると連合学習が消去される．

**連　鎖** [linkage]　連関ともいう．ある二つの非対立遺伝子\*が独立の法則(メンデルの法則\*)から期待されるよりも高い頻度で行動をともにする時，この二つの遺伝子は連鎖しているという．これは互いに連鎖している遺伝子が同一の染色体上にあるために生じる．同一の染色体上にある遺伝子は一つの連鎖群\*をなす．二つの遺伝子についてヘテロな二倍体F$_1$：AaBb(A, Bはa, bに対してそれぞれ優性)のつくる配偶子の遺伝子型はAB, Ab, aB, abの4通りが考えられ

るが，AとB，aとbがそれぞれ同一の染色体上にあって連鎖している場合AB, abの方がAb, aBより高頻度に現れるため予想される$F_2$の表現型の分離比は両者が連鎖していない場合がAB：Ab：aB：ab＝9：3：3：1であるのに対し，AB, abがこれより多い比率で現れる．注目する二つの遺伝子が連鎖しているか独立であるかはこのような$F_2$の分離比により調べることができるが，一般にその個体のつくる配偶子の遺伝子型は注目する遺伝子すべてについて劣性ホモとなっている個体との交配（検定交雑，戻し交雑）によって調べられ，この場合検定交雑によって生じる子孫の表現型の種類と頻度が注目する個体のつくる配偶子の遺伝子型の種類と頻度に等しい．

**連鎖解析法** [linkage mapping] 疾患の家系解析より，疾患の原因の遺伝子座と染色体上に網羅的にマッピングされたマイクロサテライトなどの遺伝的多型マーカーとの連鎖を検定することにより疾患遺伝子座を決定する方法．(⇒候補遺伝子マッピング)

**連鎖球菌** [*Streptococcus*] ストレプトコッカスともいう．直径2μm弱のグラム陽性球菌で，対または鎖状に増える．ブドウ球菌＊と異なりカタラーゼ陰性である．血液寒天上で形成されるコロニー周囲の溶血帯の性状によって，不完全溶血の結果透明な溶血帯を形成するものをβ溶血性（連鎖球菌），不完全な溶血で緑褐色になるものをα溶血性，溶血帯を形成しないものをγ溶血性とよぶ．β溶血性連鎖球菌は抗血清により，さらにAからHなどの亜群に分類される（Lansfieldの分類）．(⇒ストレプトリシン)

**連鎖球菌溶血素** ＝ストレプトリシン

**連鎖群** [linkage group] 連関群ともいう．遺伝子Aと遺伝子Bが連鎖＊し，遺伝子Bと遺伝子Cとが連鎖している時には，遺伝子Aと遺伝子Cとの間に連鎖が認められなくても遺伝子Aと遺伝子Cとは同じグループとみなされる．こうしたグループを連鎖群という．ある遺伝子がある連鎖群のどれか一つの遺伝子とでも互いに連鎖すれば，その遺伝子はその連鎖群に属することになる．個々の生物は一倍体染色体数$n$に等しい数の連鎖群をもつ．

**連鎖地図** [linkage map] 乗換え率＊，および三点交雑＊によりおのおのの遺伝子の相対的位置を示したもの．互いに隔たった遺伝子間の方が隣り合った遺伝子間よりも高頻度に乗換えが起こるという考えに基づき，各遺伝子間の乗換え率を遺伝子間の距離の尺度として用いた遺伝子地図＊．(⇒センチモルガン)

**連鎖不平衡** [linkage disequilibrium] ⇒ハプロタイプ

**レンズ** ＝水晶体

**連続X線** [continuous X-rays] ⇒X線

**連続的遺伝子発現解析** [serial analysis of gene expression] SAGEと略す．mRNA分子に由来するcDNAのタグ＊となる部分だけをシークエンシングし，ハイスループットに発現解析を行う方法．SAGE法の概略は以下の通りである．1) 通常固相に固定化されたビオチン化オリゴdTのプライマー＊を使用してcDNAを作製する．2) 合成されたcDNAをNla IIIで切断し，生じた5'側のGTAC付着末端に対して相補的なCATG配列を3'の付着末端にもち，さらに認識部位から下流十数ヌクレオチドを切断する酵素（たとえば*Bsm*F1）の認識配列をもつリンカーを連結する．3) この酵素で切断し，タグを切出し，クレノウ酵素＊で処理して末端を平滑化し，これらをT4 DNAリガーゼによりつなぎ多数のタグのつながった分子（コンカテマー＊）とし，シークエンシングする．サンプル別（たとえば，細胞・組織や個体別）にタグの種類を変えておけば，タグの出現頻度と種類を解析することにより，多数の遺伝子の個別の発現情報が得られる．

**連続培養** [continuous culture] 微生物の生理作用を研究するために使用される培養法の一つ．発酵槽に新鮮培地を一定速度で供給し，これと同速度で連続的に培養液を槽外に排出させ，槽内の液量を一定に保ちながら微生物を培養する方法である．定常状態になれば，微生物濃度，基質濃度，生産物濃度などの環境条件が一定となる．(⇒恒成分培養槽)．この状態は培養液が培養槽内で均一に混合された状態でなければ実現できない．

**レンチウイルス** [*Lentivirus*] レトロウイルス＊科に属する三つの亜科のうちの一つである．レトロウイルス科のウイルスは(+)鎖RNAをゲノムとしてもつエンベロープ＊ウイルスである．亜科は，電子顕微鏡による形態，生物学的性質の差，およびゲノムの構成の違いによって決められる．レンチウイルスにはHIV（ヒト免疫不全ウイルス＊）やSIV（サル免疫不全ウイルス＊）などが含まれており，遅発性，持続性の疾患に関連したウイルスが多い．

**レンチウイルスベクター** [lentiviral vector] レンチウイルス＊を利用した遺伝子導入用ベクター．現在，最も広く用いられているものはヒト免疫不全ウイルス1型（HIV-1）に由来するベクターである．ベクター作製の際にHIV-1本来のエンベロープを利用すると宿主域は狭く，ヒトおよびチンパンジーのCD4$^+$T細胞などにしか感染できない．そこで，エンベロープとして水疱性口内炎ウイルスG糖タンパク質を用いることが多い．こうしてできた偽型化ウイルスベクター（pseudotyped viral vector）は広い宿主域を獲得し，さまざまな細胞種に感染できる．偽型化レンチウイルスベクターは分裂細胞，非分裂細胞を問わず遺伝子導入＊が可能である．導入遺伝子＊が宿主ゲノムに取込まれるため長期の安定な発現が可能であるなどの利点がある．一方で，宿主ゲノムDNAのランダムな位置に導入遺伝子が組込まれるため，外来遺伝子の挿入が内在遺伝子の重篤な変異や過剰発現などを誘導し，細胞にがん化などをひき起こす可能性がある．

**レントゲン** [roentgen] 記号R．照射線量の旧単位．X線，γ線，α線，β線，中性子線などの電離放射線の照射線量は標準状態の空気単位量当たり，すなわち0℃，1気圧，1cm$^3$または0.001239gに発生する電離量（正または負イオンの一方）として示され，1

静電単位 esu の時 1 R. 1985 年以降 SI 単位に変わり, 1 R＝2.58×10$^{-4}$ C/kg である. 一方, 同じ照射線量を照射してもその放射線のエネルギー, 吸収する物質により吸収されるエネルギーとその分布は異なる. これを吸収線量とよび旧単位はラド(rad)であったが, 現在の SI 単位ではグレイ*(Gy)を用いる.

# ロ

**Rho**［Rho］　Rho サブファミリーに属する低分子量 GTP 結合タンパク質*．Ras homology に由来して名づけられた．哺乳動物では 3 種類の遺伝子（*rhoA, B, C*）が存在する．193～196 アミノ酸残基より成り，翻訳後 C 末端に修飾を受ける．活性型 Rho はストレスファイバー*形成，インテグリン活性化，細胞質分裂，細胞運動を制御する．

**ロイコシアリン**［leukosialin］＝CD43（抗原）

**ロイコシジン**［leukocidin］⇌ 黄色ブドウ球菌

**ロイコジストロフィー**［leukodystrophy］　白質ジストロフィー，白質変性症ともいう．神経細胞の興奮は軸索を通ってシナプス結合でつぎの神経細胞に伝えられる．軸索は，髄鞘とよばれる被覆によって覆われている有髄神経繊維*と，このような被覆をもたない無髄神経繊維*が存在する．髄鞘の構成脂質（セレブロシド*，スルファチド*など）の先天性代謝障害，髄鞘の構成タンパク質の遺伝的な異常などにより髄鞘に選択的に障害が生じる状態をロイコジストロフィーとよぶ．（leuko- は白いという意味，-dystrophy は異栄養症，発育異常，変性症などの意味である．）ロイコジストロフィーとして分類されるおもな疾患として異染性ロイコジストロフィー*，クラッベ病*，副腎ロイコジストロフィー，ペリツェウス・メルツバッハー病（Pelizaeus-Merzbacher disease），カナバン病（Canavan disease），アレキサンダー病（Alexander disease）などがある．

**ロイコソーム**［leucosome］⇌ 色素顆粒

**ロイコトリエン**［leukotriene］　LT と略記する．アラキドン酸 5-リポキシゲナーゼ*系産物の総称（図参照）．アナフィラキシー*を起こしたモルモット肺でつくられる遅発反応物質（SRS-A, slow reacting substance of anaphylaxis）の本体として 1979 年構造決定された．白血球をカルシウムイオノホアで刺激するとつくられ，三つの共役二重結合があることよりこの名前が付いた．ペプチドをもつロイコトリエン $C_4$*（$LTC_4$），ロイコトリエン $D_4$*（$LTD_4$），ロイコトリエン $E_4$*（$LTE_4$）と，もたないロイコトリエン $B_4$*（$LTB_4$）に大別される．細胞膜が刺激されるとリン脂質からホスホリパーゼ $A_2$*の作用でアラキドン酸が遊離し，5-リポキシゲナーゼが 2 段階に作用して，不安定なエポキシドをもつロイコトリエン $A_4$*（$LTA_4$）がつくられる．この $LTA_4$ に $LTC_4$ シンターゼが作用するとグルタチオン*が添加され $LTC_4$ となり，$LTA_4$ ヒドロラーゼが作用すると水分子が添加され $LTB_4$ となる．$LTC_4$, $LTD_4$, $LTE_4$ には強力な気道平滑筋収縮作用，気道粘液分泌作用，血管透過性作用があり，気管支喘息や炎症の重要なメディエーターと考えられている．$LTB_4$ には補体 C5a やホルミルメチオニルロイシルフェニルアラニン*（FMLP）に匹敵する好中球遊走活性，好中球活性化作用がある．アラキドン酸の代わりにエイコサトリエン酸，エイコサペンタエン酸が基質になった場合には，二重結合がそれぞれ三つ，五つの 3 タイプ（$LTB_3$, $LTC_3$ など）または 5 タイプ（$LTB_5$, $LTC_5$ など）のロイコトリエンがつくられる．

**ロイコトリエン $A_4$**［leukotriene $A_4$］　$LTA_4$ と略記する．$C_{20}H_{30}O_3$, 分子量 318.44．アラキドン酸 5-リポキシゲナーゼ*系の中間代謝産物．水溶液中で不安定（半減期約 10 秒）．アルカリ条件下，血清アルブミンの存在で安定化される．水が添加するとロイコトリエン $B_4$*，グルタチオン*が添加するとロイコトリエン $C_4$*になる．

**ロイコトリエン $B_4$**［leukotriene $B_4$］　$LTB_4$ と略記する．$C_{20}H_{32}O_4$, 分子量 336.46．ロイコトリエン*の一種で，ロイコトリエン $A_4$*（$LTA_4$）に $LTA_4$ ヒドロ

ロイコトリエンの生合成経路

ラーゼが作用してできる．多形核白血球に対する強力な遊走作用，活性化作用をもつ．おもに白血球で産生されるが，小腸，大腸，胃，肺，脾臓などほとんどすべての臓器に産生能が存在する．炎症惹起物質と考えられている．

**ロイコトリエン $C_4$** [leukotriene $C_4$]　$LTC_4$と略記する．$C_{30}H_{47}N_3O_9S$, 分子量625.76．ロイコトリエン*の一種．ロイコトリエン$A_4$*($LTA_4$)に$LTC_4$シンターゼが作用し，グルタチオン*が添加してできる．気道や血管平滑筋の収縮作用，気道粘膜分泌作用，血管透過性亢進作用がある．γ-GTP(γ-グルタミルトランスフェラーゼ*)により，より強力なロイコトリエン$D_4$*($LTD_4$)に変換される．したがって$LTC_4$の作用の一部は変換された$LTD_4$によると考えられている．

**ロイコトリエン $D_4$** [leukotriene $D_4$]　$LTD_4$と略記する．$C_{25}H_{40}N_2O_6S$, 分子量496.65．ロイコトリエン*の一種．ロイコトリエン$C_4$*($LTC_4$)にγ-GTP(γ-グルタミルトランスフェラーゼ*)が作用し，グルタミル基がとれてできる．$LTC_4$より強力な気道や血管平滑筋の収縮作用，気道粘膜分泌作用，血管透過性亢進作用をもつ．アナフィラキシー*の際の遅発反応物質(SRS-A)の主体をなす物質と考えられている．

**ロイコトリエン受容体** [leukotriene receptor]　LT受容体(LT receptor)ともいう．アラキドン酸*に由来する生理活性脂質ロイコトリエン*に結合する受容体．ロイコトリエン$B_4$*($LTB_4$)の高親和性受容体BLT1, 低親和性受容体BLT2, ペプチドロイコトリエンに結合するCysLT1, CysLT2の四つの分子が同定されている．いずれも細胞膜を7回貫通するGタンパク質共役受容体*(GPCR)であり，$G_i$, $G_q$ファミリーのGタンパク質*を活性化し，細胞内サイクリックAMP濃度の低下，細胞内カルシウム濃度の上昇をひき起こす．BLT1は好中球，単球，分化したリンパ球に発現，炎症細胞の走化性因子として機能し，炎症・免疫反応を増強する．CysLT1は気道平滑筋，リンパ球，マクロファージに発現し，CysLT1拮抗薬が気管支喘息の予防・治療薬として用いられている．BLT2, CysLT2の生体での機能は不明である．いずれの受容体も遺伝子欠損マウスの表現型解析から生体内での機能が明らかになると予想される．

**ロイコプラスト**　＝白色体

**ロイコボリン** [leucovorin]　⇒メトトレキセート

**ロイシン** [leucine]　＝2-アミノイソカプロン酸 (2-aminoisocaproic acid). Leu または L (一文字表記)と略記される．L形はタンパク質構成アミノ酸の一つ．$C_6H_{13}NO_2$, 分子量131.18．D形は，グラミシジン*D, ポリミキシン，エクタマイシンなどの抗生物質に含まれる．ヒト，ラット，鳥類などでは必須アミノ酸*．(⇒アミノ酸)

$$\begin{array}{c} COOH \\ H_2NCH \\ CH_2 \\ H_3CCH \\ CH_3 \end{array}$$
L-ロイシン

**ロイシンエンケファリン** [leucine enkephalin]　⇒エンケファリン

**ロイシンジッパー** [leucine zipper]　FosとJunあるいはMycとMaxなどが二量体形成する際に使われる構造(⇒DNA結合タンパク質)．1988年にS. L. McKnightらによって提唱された．この構造の領域はαヘリックス*に似たコイルドコイル*という構造をとっており，七つのアミノ酸ごとに繰返すロイシン残基が，ほぼ2ピッチごとに同じ方向に現れて4回はどそれが繰返されている(図)．そして，同様な構造を

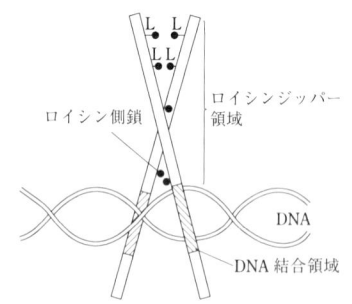

ロイシンジッパータンパク質とDNAとの結合

もった二つのタンパク質が，おもにこのロイシン残基で重なり合ってヘテロ二量体を形成する．最初はこの両鎖が逆平行で結合すると考えられたが，のちにこれは誤りで，平行であることがわかった．通常はこの構造に隣接したN末端側に，塩基性アミノ酸に富んだDNA結合領域があり，この領域もロイシンジッパーの領域からヘリックスのままで連続していて，2本のペプチド鎖がDNAを挟み込むようにして結合する(⇒bZIP構造)．その後，CREB/ATFやMafなど，多くの転写因子*がこの構造で二量体形成することがわかった．(⇒ヘリックス・ループ・ヘリックス)

**ロイシンリッチリピート** [leucine-rich repeat]　アデニル酸シクラーゼ*がRas因子と相互作用する領域やリボヌクレアーゼ阻害因子がリボヌクレアーゼ*と相互作用する領域内にあって，ロイシン含量が多く，しかも数十個のアミノ酸配列が繰返し現れる構造．タンパク質-タンパク質相互作用がドメインの一つのタイプであるが，転写因子群にみられるロイシンジッパー*内にあるロイシンリピート構造とは異なっている．しかしながら両者ともに疎水結合が相互作用の重要な要因となっている．

**ρ依存性ターミネーター** [ρ dependent terminator, rho dependent terminator]　真正細菌の転写過程で，ρ因子*に認識され，転写終結*にかかわるDNA上の特定の部位(ターミネーター*)．認識される共通配列はρ非依存性ターミネーター*ほど明確ではないが，C残基に富み，G残基が少なく高次構造をとりにくい領域と，それに伴う転写中断部位(pausing site)が存在する．大腸菌ターミネーターの約半分はρ因子に依存したものである．ρ因子はRNA上の認識部位に結合し，RNAに沿って移動する．RNAポリメラーゼがターミネーターで停止するとρ因子がこれに追いつき，DNA-RNAハイブリッドを巻戻し，転写に関

与していた成分がすべて解離する．

**LEU2 遺伝子** ［*LEU2* gene］　出芽酵母のロイシン合成経路で，NAD を補酵素とし，つぎの反応を触媒する酵素，β-イソプロピルリンゴ酸デヒドロゲナーゼ（β-isopropylmalate dehydrogenase）をコードする遺伝子である．LEU2 mRNA は約 1.35 kb で酵素は 364 アミノ酸から成り，その分子量は約 39,000 である．大腸菌では *leuB* が *LEU2* に該当し，*LEU2* は *leuB*⁻ 突然変異を *in vivo* で相補できる．*LEU2* のプロモーター領域の大部分を欠失した *leu2-d* を選択マーカーにもつプラスミドは酵母細胞内でのコピー数が数百以上に増える．（⇒ *HIS3* 遺伝子，*URA3* 遺伝子）．

3-イソプロピルリンゴ酸 →
4-メチル-2-オキソペンタン酸＋$CO_2$

**ロイペプチン** ［leupeptin］　⇒ プロテアーゼインヒビター

**ロイロクリスチン** ［leurocristine］　＝ビンクリスチン．LCR と略す．

**ρ 因子** ［ρ factor, rho factor］　原核生物の転写終結因子*．大腸菌では，分子量 48,000 のタンパク質の六量体．核酸に結合し，ヌクレオシド三リン酸を分解する活性をもつ．転写終結には，DNA の転写終結シグナルを RNA ポリメラーゼ* が認識する ρ 因子非依存性転写終結（⇒ ρ 非依存ターミネーター）と，ρ 因子を必要とする ρ 因子依存性転写終結（⇒ ρ 依存性ターミネーター）がある．ρ 因子は，伸長中の新生 RNA に結合し，転写中の RNA ポリメラーゼに作用して RNA 合成の継続を妨害する．

**漏えいチャネル** ［leak channel］　静止膜電位近傍でみられるオームの法則に従う電位依存性の少ないイオンチャネル*．興奮性細胞あるいは一般の細胞にも存在する．古典的には，イカ巨大軸索で電圧固定法を適用した時に，膜電位依存性のあるナトリウムチャネル*，カリウムチャネル* とは別に見いだされたもので，静止膜電位と起電力が一致し，直線的な電流・電圧関係を示すコンダクタンス特性をもつチャネルをいう．1 種類のチャネルではなく $K^+$ 選択性チャネル，$Cl^-$ 選択性チャネル，非選択性陽イオンチャネル，内向き整流性 $K^+$ チャネルなどの総和として観察されるものと考えられるようになった．機能的には静止膜電位を安定化して，$Ca^{2+}$ などの流入に対する駆動力を形成する．またある種の $K^+$ 選択性チャネル，$Cl^-$ 選択性チャネル，非選択性陽イオンチャネルにおいては，細胞内 $Ca^{2+}$ の増加によって開確率を増し静止膜コンダクタンスを増加させることが知られている．

**老化** ［aging］　エージング，あるいはセネッセンス（senescence）ともいう．加齢に伴う生理的機能の変化をさすが，通常は生理的機能の低下をさす．各器官レベルで考えるとわかりやすい．骨肪系における大きな変化は，骨粗鬆症* と変形性関節症である．前者は骨量の減少をさし，これは女性では閉経後加速する．後者の原因は関節軟骨の変性である．免疫系では，胸腺の退縮がよく知られている．また末梢リンパ球の分裂能の低下も明らかである．神経系では，脳，特に大脳の萎縮が起こる．この背後には神経細胞の脱落または樹状突起の退縮がある．（⇒ 細胞老化）

**老化促進マウス** ［senescence-accelerated mouse］　SAM マウス（SAM mouse）と略す．京都大学結核胸部疾患研究所で AKR/J 系マウスと別の系統との異系交配に由来し，老化度評点の加齢依存的な急速な増加を指標として確立されたマウス系統．促進老化・短寿命を示す senescence-accelerated mouse prone（SAMP）系統と正常老化を示す senescence-accelerated mouse resistant（SAMR）系統の 2 系統がある．SAMP 系マウスは，老化アミロイドーシス，学習・記憶障害，老年性骨粗鬆症*，白内障などの老化関連病態を系統特異的に発症する．SAMP マウスは SAMR マウスに比べて高い酸化的ストレス状態にあることが報告されている．

**老人斑** ［senile plaque］　老人脳，特にアルツハイマー病* 脳の，間質に沈着するアミロイド繊維塊と，それを取囲む変性神経突起，反応性アストログリア全体の総称であった．1984 年 G. G. Glenner らによってアミロイドの主要成分がその当時未知であった β タンパク質と同定された（⇒ β アミロイドタンパク質）．β タンパク質に対する抗体を用いて変性神経突起，反応性アストログリアを伴わない漫性老人斑（diffuse plaque）が発見された．それ以降 β タンパク質の沈着自体を老人斑というようになった．

**rosy 遺伝子** ［*rosy* gene］　ショウジョウバエのキサンチンデヒドロゲナーゼ（XDH, EC 1.1.1.204）をコードする遺伝子で，遺伝子座は 87D11-12 である．分子量 146,898 のサブユニットがホモ二量体を形成して酵素活性を示す．ヌル突然変異* のホモ接合体では複眼の色が赤褐色となることから，体表マーカーの一つとして，ショウジョウバエの突然変異個体の分離とその遺伝学的解析に多用されている．

**沪紙クロマトグラフィー** ［paper chromatography］　ペーパークロマトグラフィーともいう．沪紙を固相として展開用液相（混合溶媒）との間に分配率の相違した吸着と溶出を繰返しつつ混液（試料）中の多成分を分離する分配クロマトグラフィー* の一種．沪紙中の水分と移動相である展開液中の溶媒との分配率が大きいほど分離が鮮明に行われる．展開剤の先端距離（a）と分離された成分の移動距離（b）の比（b/a）である $R_f$ 値* は，その成分について固有の値を呈する．検出法には発色試薬（アミノ酸にはニンヒドリン），紫外線照射がある．（⇒ クロマトグラフィー）

**Rho GDI** ［Rho GDI］　Rho GDP 解離抑制タンパク質（Rho GDP dissociation inhibitor）の略称．Rho GDI は低分子量 GTP 結合タンパク質* の Rho ファミリーメンバーの活性制御タンパク質の一つである．Rho ファミリーには，Rho*，Rac*，Cdc42 の三つのサブファミリーが存在している．Rho GDI にはすべての細胞に発現している型と，血球系の細胞に特異的に発現している型の少なくとも二つのアイソフォームが存在している．すべての細胞に発現している型は 204 個のアミノ酸から成る．分子量 23,421 のタンパク質で

ある．Rho GDI は GDP 結合型の Rho ファミリーメンバーに特異的に結合して複合体を形成し，GTP 結合型への転換を抑制するとともに，細胞膜への結合をも阻害する．何らかの機序で，GDP 結合型が Rho GDI から解離して GTP 結合型に転換されると，GTP 結合型は Rho ファミリーメンバーのそれぞれの標的タンパク質に結合し，標的タンパク質を介してそれぞれの作用を遂行する．Rho ファミリーメンバーの作用が終了した後に，GTP 結合型は GDP 結合型に転換され，GDP 結合型は Rho GDI によって標的タンパク質から解離して細胞質に移行する．このように，Rho GDI は，Rho ファミリーメンバーの GDP-GTP 交換反応を制御するとともに，その標的タンパク質と細胞質とのトランスロケーションをも制御している．

**Rho GDP 解離抑制タンパク質**　[Rho GDP dissociation inhibitor]　＝Rho GDI

**沪紙電気泳動**　[paper electrophoresis]　支持体として沪紙(東洋沪紙 51A, Whatman 3MM など)を用いる電気泳動法．ゾーン電気泳動*の一種で，繊維間に保持された泳動液中を荷電粒子と対イオンが移動することによって重さ，大きさの異なる分子が電気的に分離される．幅 1 cm 当たり 0.6～0.8 mA で数時間通電したのち，固定，染色して血清タンパク質画分を分離するのに用いられたが，セルロースアセテート膜電気泳動(cellulose acetate electrophoresis)に完全に取って代わられた．分取用，オートラジオグラフィー*用としては存続している．

**ロー症候群**　[Lowe syndrome]　眼・脳・腎症候群(oculocerebrorenal syndrome)ともよばれ，先天性白内障，緑内障，高度の精神・発育遅延，筋緊張低下，腱反射消失，痙攣発作，アミノ酸尿，尿細管性アシドーシス，骨軟化症などを呈する X 連鎖性疾患*．X 染色体長腕 26.1 領域にある OCRL-1 が原因遺伝子で，トランスゴルジネットワークに局在し，アクチンの重合化に関与するホスファチジルイノシトール 4,5-ビスリン酸-5-ホスファターゼをコードする．OCRL1 の欠損はデント病 2(高 Ca 尿を起こす腎石症)もひき起こす．ミトコンドリア代謝の異常も原因となっている可能性がある．

**ローズ**　ROSE, Irwin A.　米国の生物学者．1926. 7.16～　1948 年シカゴ大学卒業，1952 年シカゴ大学で Ph.D. 取得．フィラデルフィアのフォックス・チェイスがんセンターにおいてユビキチン*を介したタンパク質分解の研究を行い，A. Ciechanover* と A. Hershko* とともに 2004 年ノーベル化学賞を受賞．1995 年からカリフォルニア大学アーバイン校医学部の生物物理学・生理学教授．

**ros 遺伝子**　[ros gene]　トリの UR2 肉腫ウイルスがもつがん遺伝子*．最初はウイルス性がん遺伝子として同定されたが，のちに DNA 導入法によってヒト乳がんからも同定された．ウイルス性がん遺伝子 v-ros は gag 遺伝子*と融合しており，その産物は分子量 68,000 のタンパク質でチロシンキナーゼ*活性をもつ．細胞性がん遺伝子 c-ros は受容体型チロシンキナーゼの構造をとり，ショウジョウバエにおいて光受容細胞の分化をつかさどる遺伝子であるセブンレス遺伝子*(sev)に構造上相同である．

**ロスマンフォールド**　[Rossmann fold]　二次構造が会合して形成する超二次構造*のうちの一つ．$\beta\alpha\beta$ 構造が重複した $\beta\alpha\beta\alpha\beta$ という構造単位が 2 個並ぶ．$\beta\alpha\beta$ 構造は，アミノ末端側からカルボキシ末端側方向に右巻きに配置され，合計 6 本の $\beta$ 構造は互いに平行に並ぶ．全体としては，その $\beta$ シートの両側を 4 本の $\alpha$ ヘリックスが囲むような構造をとる．さまざまな酵素のヌクレオチド結合部位に存在することを最初に指摘した M. Rossmann にちなんでロスマンフォールドとよばれる．NAD 依存性デヒドロゲナーゼでは，それぞれの $\beta\alpha\beta\alpha\beta$ 構造単位は NAD$^+$ の二つのモノヌクレオチド部分に結合する(図)．

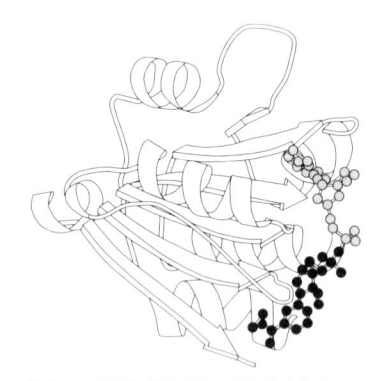

アルコールデヒドロゲナーゼにみられるロスマンフォールド構造とそれに結合した NAD$^+$ 分子

**ロタウイルス**　[Rotavirus]　非細菌性の乳幼児下痢症の主要病因ウイルス．11 分節の二本鎖 RNA をゲノムとしてもつウイルスであり，レオウイルス*科のロタウイルス属に分類される．11 分節のうち 10 分節はモノシストロニック，残る 1 分節はジシストロニックである．6 種類の構造タンパク質が 3 層のタンパク質の殻を形成している．外側 2 層のタンパク質の殻は正二十面体である．ロタウイルスの RNA 複製は，レオウイルス同様に保存的に行われると考えられている．

**ローダミン**　[rhodamine]　⇌ テトラメチルローダミンイソチオシアネート

**ロッドスコア**　[lod score]　家系解析による連鎖*の統計学的尺度．連鎖がないとした時(組換え率* 50％)の確率に連鎖があるとした時，(組換え率は 50％よりずっと小さい)の確率の比を常用対数で示したスコア．ロッドスコア＞3 で自由組換えを棄却(連鎖している．簡単にいうと連鎖がないとする確率に対して連鎖があるとする確率が 1000 倍(10 の三乗)以上大きいということを示す)，ロッドスコア＜-2 で自由組換えを採択(連鎖していない)．連鎖するマーカー間のすべての位置(cM 単位)に計算可能である

が，最もロッドスコアの高いところに遺伝子がある可能性が最も高い．3.0 より小さい場合には否定的というのではなく，1.0～2.0 は interesting，2.0～3.0 は suggestive とする場合もある．(→バイオインフォマティクス)

**Rot 値** [Rot value]　Crt 値(Crt value)ともいう．RNA 試料を対象としたハイブリッド形成反応の指標．Cot 値は DNA の再会合速度を表す値であるが，Rot 値は RNA のそれに対応するものである．一本鎖の cDNA(cRNA)をプローブとし，RNA(RNA 初濃度を $R_0$ で表示)を過剰に加えて両者の会合の度合(%)とそれに要する時間($t$)を測定するものである．その速度により試料 RNA 中に含まれるプローブと相補的な RNA の含量が推定できる．(→再会合キネティックス)

**ロッドベル　RODBELL, Martin**　米国の生化学者．1925.12.1～1998.12.7．ボルティモア生まれ．ジョンズ・ホプキンズ大学を経てワシントン大学で Ph.D. を取得(1954)．米国国立衛生研究所(NIH)研究員(1956)，同栄養内分泌学主任(1970)，同公害病研究部長(1985)．1965 年ホルモン感受性遊離脂肪細胞系を確立しホルモンが cAMP 産生を促進するためには GTP が必要であることを実証し，G タンパク質*の役割を明らかにした(1975)．A. G. Gilman* とともに 1994 年ノーベル医学生理学賞を受賞．

**ロドスピリルム＝ルブルム** [*Rhodospirillum rubrum*]　光合成*の過程で硫黄粒子を細胞外に集積する紅色非硫黄細菌(purple nonsulfur bacteria)群の一種．この細菌群は，紅色硫黄細菌*とともに紅色細菌を構成し，光化学系*，二酸化炭素の固定経路に共通点をもつ．光-嫌気条件下で光合成従属栄養的な生育を好むが，呼吸代謝能をもち，暗-好気条件でも従属栄養的に生育できる．窒素固定*能があり，取扱いが簡単なため，細菌の光合成研究によく用いられている．(→光合成細菌)

**ロドプシン** [rhodopsin]　視紅(visual purple)ともいう．網膜桿体細胞*外節に存在する視物質*．発色団であるレチナール*とタンパク質オプシン*とから成り，明暗視に機能している．オプシンは脊椎動物では 348 アミノ酸残基から成り，細胞膜を 7 回貫通する G タンパク質共役受容体*である．アミノ末端が円盤膜腔内面に，カルボキシ末端が細胞質側にある．アミノ末端付近に糖鎖付加部位をもっている．カルボキシ末端付近にパルミチン酸*付加部位をもっている．第二および第三細胞膜貫通部分に存在するシステイン残基同士でジスルフィド結合を形成している．レチナールは暗状態で 11-*cis* 型で，296 番目のリシン残基にシッフ塩基結合している．光のエネルギー吸収により全 *trans* 型に変換される．中間体の吸収極大は 500 nm であるが，いくつかの中間体を経て活性型のメタロドプシンⅡ(metarhodopsin Ⅱ，吸収極大 380 nm)となる．メタロドプシンⅡが G タンパク質 $G_t$(トランスデューシン*)を活性化することができ，活性化された $G_t$ はサイクリック GMP ホスホジエステラーゼ*を活性化する．1 分子のメタロドプシンⅡにより数百分子の $G_t$ が活性化され，刺激の増幅が起こる．メタロドプシンⅡはロドプシンキナーゼ*の基質となり，カルボキシ末端付近のセリンおよびトレオニン残基がリン酸化され，そこにアレスチン*が結合する．その結果 $G_t$ との共役が阻害され，脱感受性機構として作用している．レチナールはその後メタロドプシンⅡから解離しレチノールとなり脱色される．(→イオドプシン)

**ロドプシンキナーゼ** [rhodopsin kinase]　光刺激を受けたロドプシン*を特異的にリン酸化するセリン/トレオニンキナーゼ*で，G タンパク質共役受容体キナーゼ*の一種．光刺激を受けたロドプシンにより活性化され，ロドプシンのカルボキシ末端付近のセリン，トレオニン残基をリン酸化する．ロドプシンがトランスデューシン*($G_t$)と結合している際にはリン酸化することはない．ヒトでは 562 アミノ酸残基から成り，カルボキシ末端にファルネシル基が結合している．網膜視細胞に特異的に発現している．

**ロドプシンファミリー** [rhodopsin family]　＝ロドプシン様 GPCR スーパーファミリー

**ロドプシン様 GPCR スーパーファミリー** [rhodopsin-like GPCR superfamily]　ロドプシンファミリー(rhodopsin family)ともいう．視覚受容体ロドプシン*に類似の構造をもつ 7 回膜貫通型の G タンパク質共役受容体*(GPCR)メンバーから成るタンパク質ファミリー．光，嗅物質，神経伝達物質，ホルモンなど種々のシグナルに対する応答に働く．ヒトでは 350 種類以上のロドプシン様 GPCR ファミリーメンバーが知られている．このファミリーのリガンド結合様式や G タンパク質*との共役・活性化，cGMP ホスホジエステラーゼ*の活性化などの情報伝達機構は類似していると考えられている．

**ロバーツ　ROBERTS, Richard John**　英国の分子生物学者．1943.9.6～　英国ダービーに生まれる．シェフィールド大学卒，1968 年 Ph.D. を取得．ハーバード大学に留学(1969～72)．コールド・スプリング・ハーバー研究所員(1972～92)．カリフォルニア大学教授(1991)．ニューイングランド生物学研究所長(1992)．アデノウイルス DNA には mRNA が結合しない部分(分断された遺伝子*)が存在することを P. A. Sharp* とは独立に発見した．1993 年 Sharp とともにノーベル医学生理学賞受賞．

**ρ 非依存性ターミネーター** [ρ independent terminator, rho independent terminator]　ρ 因子*に対する依存性によって大別される原核生物の転写終結*反応のうち，ρ 因子を必要としない転写終結反応にかかわるシグナル配列．一般的にヘアピン構造(逆方向反復配列*)および，それに続く終結部位に T 残基のクラスターが存在する．intrinsic terminator ともよばれ，1100 個以上の大腸菌遺伝子がこのような配列をもつ．転写反応中の RNA ポリメラーゼはこの部位を通過するとヘアピン部位で合成速度が低下し，続く連続した A-U 塩基対の部位で鋳型から離れやすくなり転写終

結が完了するものと考えられている.

**濾胞**［follicle, follicular cell］ 濾胞刺激ホルモン\*（FSH）の刺激で排卵直前にまで成熟した卵巣内の二次卵胞をいう．直径15〜20mmに達し，哺乳動物で最大の細胞となる．血中黄体形成ホルモン\*（LH）濃度の急激な上昇（LHサージ LH surge）によって排卵し，腹腔内に成熟卵子を放出する．排卵後，24〜96時間で黄体\*の形成がみられ，妊娠が成立すれば妊娠黄体として発達する．

**濾胞刺激ホルモン**［follicle-stimulating hormone］ FSHと略記する．卵胞刺激ホルモンともいう．下垂体前葉より分泌し卵胞の発育を刺激するホルモン．αとβの二つのサブユニットより成り，おのおの92個，115個のアミノ酸で構成され，βサブユニットには二つの糖鎖が付加している．視床下部由来の黄体形成ホルモン放出ホルモン\*により産生・分泌が亢進し，さらにインヒビン\*やアクチビン\*によりその分泌はおのおの抑制的，促進的に調節されている．月経周期において血中FSH濃度は黄体期後半より上昇を始め，卵胞期前半では比較的高い値を維持する．排卵前に低下し，排卵直前にみられる黄体形成ホルモン\*（LH）の急激な上昇（LHサージ）の際にLHとともに急峻なピークをとり，排卵後低下する．FSHは男性においてはセルトリー細胞に作用し，精子形成を促す．女性においては卵胞の顆粒膜細胞に作用し，アロマターゼ\*活性を高めアンドロゲンからエストロゲンへの転換を刺激する．また顆粒膜細胞の増殖促進効果をもつ．FSHの作用は卵胞局所において上皮増殖因子（EGF），インスリン様増殖因子 I（IGF-I），アクチビン，トランスフォーミング増殖因子β（TGF-β）などの種々の増殖因子\*により修飾されている．

**濾胞刺激ホルモン受容体**［follicle-stimulating hormone receptor］ 卵胞刺激ホルモン受容体ともいう．FSH受容体（FSH receptor）と略．発育または成熟卵胞内の顆粒膜細胞に存在し，排卵後黄体化に伴い消失するホルモン受容体．濾胞刺激ホルモン\*（FSH）またはアクチビン\*によりアップレギュレーションを受け，上皮増殖因子（EGF），塩基性繊維芽細胞増殖因子（bFGF），黄体形成ホルモン放出ホルモン（LHRH）によりダウンレギュレーションがみられる．FSH受容体はラット，ヒトでクローニングされており両者で89％の相同性がある．ヒトFSH受容体は678個のアミノ酸より成り，細胞外ドメインは345個のアミノ酸と四つのN-グリコシル化部位が存在し，黄体形成ホルモン（LH）受容体との相同性は50％である．膜貫通ドメインは264個のアミノ酸で構成されLH受容体と70％の相同性を示す．FSH受容体mRNAはcAMPにより調節され適当量のcAMPにより増量するが過量なcAMPにより逆に減量する．なお甲状腺刺激ホルモン（TSH），LH，FSH受容体は互いに類似性が高く，共通の祖先遺伝子より進化したものと考えられている．

**濾胞刺激ホルモン分泌促進タンパク質**［FSH releasing protein］ ＝アクチビン．FRPと略す．

**濾胞性リンパ腫**［follicular lymphoma］ 結節性リンパ腫（nodular lymphoma）ともいう．リンパ濾胞に類似した結節状増殖を示すB細胞腫瘍．腫瘍細胞の表現型はIa$^+$, SmIg$^+$, CIg$^+$, CD19$^+$, CD20$^+$, CD10$^±$, CD5$^-$で成熟B細胞の性格をもつ．t(14;18)(q32;q21)染色体転座が高頻度に認められ，転座遺伝子の解析からクローニングされた bcl-2 遺伝子\*の再構成は欧米では80〜90％の症例に検出され，わが国の濾胞性リンパ腫でも約60％に認められる．臨床的に多くは低悪性度群に属し，進行期症例においても強力な化学療法を施行せずに約60％の10年生存率を示すが，治癒は困難で長期的予後は不良である．(→非ホジキンリンパ腫)

**濾胞ホルモン**［follicle hormone］ ＝エストロゲン

**ローリングサークル型複製**［rolling circle type replication］ 二本鎖環状DNAの複製\*の一様式．特異的エンドヌクレアーゼの作用により特定のDNA鎖上の特定の位置にニック（切れ目）が入り，そのニックの3'-OH末端からDNA合成が開始され，ニックの入っていない環状DNA鎖を鋳型として一回りする形で進む複製様式をとるものをいう（図参照）．このタイプの複製は，φX174ファージ，M13ファージなどの一本鎖環状ファージのRFSS複製（→複製型），λ

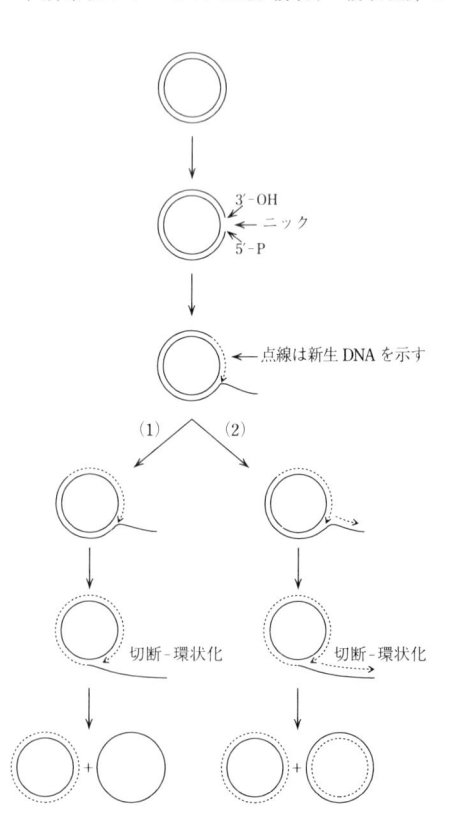

ファージなどのテンペレートファージの複製の後期過程,一部のグラム陽性細菌のプラスミド*の複製,Fプラスミド*などの接合伝達性プラスミドの伝達時の複製などにみられる.一本鎖環状ファージの場合,ローリングサークル型複製の進行に伴い解離してゆく一本鎖 DNA は単位長さに切出されたのち,環状化される(図(1)).一方,解離一本鎖 DNA を鋳型とする DNA 合成が同時に起こると二本鎖 DNA が生じる(図(2)).(⇨ σ 構造)

**ローリング(マウス)名古屋** [rolling (mouse) Nagoya] tg$^{rol}$ ともいう.1973 年名古屋大学の織田銑一により発見された遺伝性小脳失調症を呈するマウスで,劣性の遺伝形式をとり,ホモマウスは生後 2 週間ころより失調症を示す.本マウスは Ca$_V$2.1 の電位を感知する部位(電位センサー)に変異(1262 番目のアルギニン残基がグリシン残基に変異)をもつ.小脳プルキンエ細胞の Ca$^{2+}$ チャネル(ほとんどが Ca$_V$2.1 で占められる)の性質を調べると,電位感受性が低下し興奮性が強く損なわれていた.(⇨ P/Q 型カルシウムチャネル)

**ローレンス・ムーン・ビードル症候群** [Laurence-Moon-Biedl syndrome] ⇨ 生殖器異形成

**ロンプロテアーゼ**[Lon protease] ＝エンドペプチダーゼ La

# ワ

**YIp** [YIp=yeast integrative plasmid] ＝酵母組込み型プラスミド

**YRp** [YRp=yeast replicating plasmid] ＝酵母自己複製型プラスミド

**YEp** [YEp=yeast episomal plasmid] ＝酵母エピソーム様プラスミド

**YACベクター** [YAC vector] ＝酵母人工染色体ベクター

**YFP** [YFP=yellow fluorescent protein] ＝黄色蛍光タンパク質

**ワイオシン** [wyosine] → 高修飾ヌクレオシド

**ワイグル回復** [Weigle reactivation] ＝紫外線回復

**YCp** [YCp=yeast CEN-containing plasmid] ＝CEN含有プラスミド

**Y染色体** [Y chromosome] 雌にはみられず雄にのみみられる性染色体*をいう．哺乳類ではY染色体上に雄性の性決定*にかかわる遺伝子があると考えられる(→Y染色体性決定領域)．しかしショウジョウバエではY染色体の有無は性決定に影響しない(→X染色体)．Y染色体には短腕末端部にX染色体の短腕末端部と非常に高い相同性を示す部分(偽常染色体領域, pseudoautosomal region, PAR)があり, 減数第一分裂前期には頻繁にX染色体と交差が起こる．このPARのすぐそばにあるY染色体性決定領域(*SRY*)が, 性決定遺伝子である．偽常染色体領域に挟まれた部分はY染色体全体の95%を占める領域で, X染色体と交差せず, MSY(male specific regions of Y chromosome)とよばれる．Y染色体上の既知のすべての転写単位はMSYの中に存在している．

**Y染色体性決定領域** [sex-determining region Y] SRYと略す．ヒトのY染色体*上にある, 雄性の性決定*に必須な領域．この領域からクローン化された遺伝子はDNA結合タンパク質*であるSRYタンパク質(SRY protein)をコードする．哺乳類の胚の性決定は生殖腺として精巣と卵巣のどちらを形成するかによって決まる．雄性の性決定にはY染色体が必要なことから, 精巣の形成に必須な遺伝子がY染色体上にあると考えられていた．この仮想遺伝子はヒトでは*TDF*(精巣決定因子*)遺伝子とよばれ, 近年*SRY*遺伝子が*TDF*遺伝子として同定された．

**ワイヤーモデル** [wire model] おもにタンパク質などの生体高分子の立体構造を表す方法．針金状のものでタンパク質の主鎖や側鎖をつくって精密な立体構造を示すもの．リボンモデル*がタンパク質のおもに二次構造を中心とした主鎖の概略構造を示すのに適しているのに対し, ワイヤーモデルは生体高分子の全体または一部の精密な構造を示すのに使われる．

**ワクシニアウイルス** [*Vaccinia virus*] かつて痘瘡ワクチンとして用いられたウイルスであるが, ウイルスの由来は不明．二本鎖DNAをゲノムとしてもつウイルスでポックスウイルス*科に分類される．最大の粒子をもつウイルスであり, 粒子中には, 転写・複製に関与する各種の酵素をもち, またゲノム上にもこれらタンパク質の多くをコードする遺伝子がそろっている．増殖は宿主細胞の細胞質内で進行する．近年の分子生物学の研究における遺伝子発現用ベクターとして利用されている．(→発現ベクター)

**ワクシニアウイルス発現系** [*Vaccinia virus* expression system] 牛痘の原因ウイルスであるワクシニアウイルス*をウイルスベクター*として用いた発現系で, 各種のワクチンの生産研究に使用されている．ワクシニアウイルスは細胞質で複製するため, ウイルスのプロモーターを用いてウイルスの転写酵素により細胞質で目的遺伝子を発現する．このベクター系は, 哺乳動物由来のほとんどの培養細胞で外来遺伝子を発現することが可能であり, またタンパク質は忠実に細胞内で修飾(→翻訳後修飾)を受けるが, ウイルスの増殖により発現した細胞は数日で死滅する．(→バキュロウイルス発現系)

**ワクチン** [vaccine] 生体が抗原*にさらされるとその抗原に対する免疫応答が惹起され, 一連の免疫反応の結果として免疫記憶*が形成される．二度目に同一抗原にさらされると, 免疫記憶によって, より速やかにかつより強い免疫応答が生じる．この性質を利用して, あらかじめ弱毒化あるいは不活性化した病原体で生体を感作し免疫記憶を誘導する．このために用いる弱毒化あるいは不活性化した病原体のこと．(→BCG, ソークワクチン)

**WAS** [Wiskott-Aldrich syndrome] ＝ウィスコット・アルドリッチ症候群

**WASP** [WASP=Wiskott-Aldrich-syndrome protein] ＝ウィスコット・アルドリッチ症候群タンパク質

**WASPファミリーバープロリン相同タンパク質** [WASP-family verprolin homologous protein] WAVEのこと．(→WAVEファミリータンパク質)

**ワッセルマン試験** [Wassermann test] ワッセルマン反応(Wassermann reaction)ともいう．補体結合反応(→補体結合試験)を利用して梅毒トレポネーマに対する抗体を検出・定量する方法．A. P. von Wassermannらによって最初に発表された．当初は先天性梅毒児の肝抽出物が抗原として用いられたが, 現在では共通抗原であるカルジオリピン*にレシチンとコレステロールを適度な比率で混合したものを抗原として用いている．

**ワッセルマン反応** [Wassermann reaction] ＝ワッセルマン試験

**ワトソン** WATSON, James Dewey 米国の分子生物学者．1928.4.6〜　シカゴに生まれ

る．15歳でシカゴ大学に入学し，19歳で卒業，1950年に生物学のPh.D.を得た．1951年ケンブリッジ大学に留学し，F. H. C. Crick*と共同しDNAの二重らせん構造を解明した(1953)．1955年ハーバード大学に就職．のち，コールド・スプリング・ハーバー研究所長．1962年ノーベル医学生理学賞をCrick, M. H. F. Wilkins*とともに受賞した．

**ワトソン・クリック型塩基対** [Watson-Crick base pair] ⇌ フーグスティーン型塩基対

**ワトソン・クリックモデル** [Watson-Crick model] J. D. Watson*とF. H. C. Crick*が1953年に提唱したDNAの分子構造モデル．M. H. F. Wilkins*やR. E. Franklin*によるX線回折データやE. Chargaffによるシャルガフの法則*をもとに考案された．DNAは2本のポリヌクレオチド鎖が逆方向性に同一軸に巻付くように右巻きの二重らせん*構造(⇌B形DNA)を形成する．一方のDNA鎖と他方のDNA鎖は，アデニンに対してチミン，グアニンに対してシトシンとの間の特異的な水素結合(ワトソン・クリック型塩基対合)により相補的に結びついている．これら塩基は軸に対してほぼ垂直に積重なり，1ヘリックスターン当たり10.4個の塩基対が含まれる．このモデルにより，2本の鎖がほどけ，それぞれが新しいDNA鎖を合成するための鋳型となり，ワトソン・クリック型塩基対合による新しいDNA鎖が形成されるというDNAの半保存的複製*機構をうまく説明することができる．(⇌DNAの高次構造)

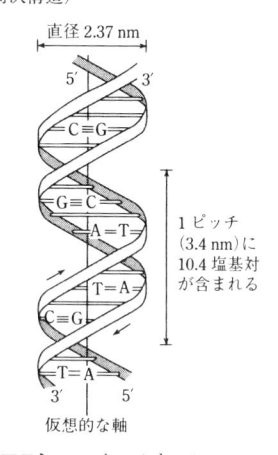

直径2.37 nm

1ピッチ (3.4 nm)に 10.4塩基対 が含まれる

仮想的な軸

**ワートマンニン** ＝ウォルトマンニン

**ワーファリン** ＝ワルファリン

**ワルデンストレームマクログロブリン血症** [Waldenström macroglobulinemia] ＝原発性マクログロブリン血症

**ワルファリン** [warfarin] ワーファリンともいう．クマリン(coumarin)誘導体のビタミンK*拮抗剤．図に示したように血液凝固Ⅶ因子*などのビタミンK依存性タンパク質のN末端側のグルタミン酸残基は，生合成中にγ-カルボキシラーゼによって修飾される．

同時にその補因子である還元型ビタミンKは酸化型に変換されるが，還元酵素によってリサイクルされる．この還元反応が本物質で阻害されるとタンパク質がカルボキシ化されず，$Ca^{2+}$と結合できないために凝固反応が障害される．速やかに腸管から吸収されるので経口抗凝固薬として用いられる．(⇌血液凝固)

ワルファリン

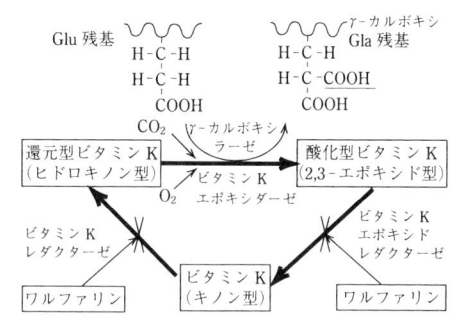

Glu残基　　　　　　　　　γ-カルボキシ Gla残基

H-C-H　　　　　　　　H-C-H
H-C-H　　　　　　　　H-C-COOH
COOH　　　　　　　　COOH

$CO_2$　　γ-カルボキシ ラーゼ

還元型ビタミンK (ヒドロキノン型) ⇌ 酸化型ビタミンK (2,3-エポキシド型)

ビタミンK エポキシダーゼ　$O_2$

ビタミンK レダクターゼ　　　　　ビタミンK エポキシド レダクターゼ

ビタミンK (キノン型)

ワルファリン　　　　　ワルファリン

**ワールブルク解糖説** [Warburg glycolysis theory] ＝ワールブルク説

**ワールブルク効果** [Warburg effect] O. Warburgが発見した光合成に対する酸素の阻害効果．還元的ペントースリン酸回路*の鍵酵素であるリブロースビスリン酸カルボキシラーゼ*/オキシゲナーゼ(Rubisco)の酸素との反応性(光呼吸*)のため，二酸化炭素の固定が酸素濃度に依存して阻害されることに起因する現象．$C_3$植物*に認められ，$C_4$植物*には認められない．

**ワールブルク説** [Warburg theory] ワールブルク解糖説(Warburg glycolysis theory)ともいう．O. Warburgは，がんで解糖*，特に嫌気的解糖能の亢進と相対的な呼吸能の低下があり，エネルギーの生成を解糖に依存しているという説を1930年に提唱した．これに基づいて，彼はがん細胞では呼吸が障害を受ける結果，嫌気的解糖が亢進するという呼吸損傷説を提唱した．この説はその後否定されたが，彼が観察したがん細胞(特に未分化型の)でみられる高解糖能は解糖系*の鍵酵素の質的，量的変化に起因すると考えられる．彼はその後この説を拡大して，細胞の呼吸障害ががんをひき起こすと考えたが，これも直接の証明は得られていない．

**ワールブルク・ディケンス経路** [Warburg-Dickens pathway] ＝ペントースリン酸回路

**湾曲DNA** [curved DNA] ＝折れ曲がりDNA

**ワンハイブリッドシステム** [one hybrid system] おとりとなるDNA配列(ベイトDNA配列)をレポー

ター遺伝子*の上流に挿入し，このDNA配列に結合するタンパク質との相互作用を，レポーター遺伝子の発現レベルを指標に検出するシステム．プラスミド*上でレポーター遺伝子の上流にベイトDNA配列を挿入したものを目的の細胞に導入し，一方，DNA結合タンパク質はGAL4のような転写因子の転写活性化ドメイン部分との融合タンパク質として発現させる．酵母細胞や培養細胞を用いた検出系がよく使われる．(⇌ ツーハイブリッドシステム，スリーハイブリッドシステム)

# 付　　　録

A．細胞の構造と細胞小器官 ………………………… 983
B．細胞骨格と接着構造 ……………………………… 983
C．細胞内輸送 ………………………………………… 984
D．シグナル伝達カスケード ………………………… 986
E．サイトカインとサイトカインネットワーク … 988
F．主要な細胞周期変異遺伝子とその機能 ……… 993
G．ヒトのがん遺伝子・がん抑制遺伝子 ………… 996
H．転写因子のDNA結合ドメインによる分類 … 1009
I．核酸に作用する酵素類 ………………………… 1011
J．配列決定されたゲノム ………………………… 1019
K．分子細胞生物学に関するデータベース ……… 1040
L．分子細胞生物学に関するソフトウェア ……… 1045

## A. 細胞の構造と細胞小器官

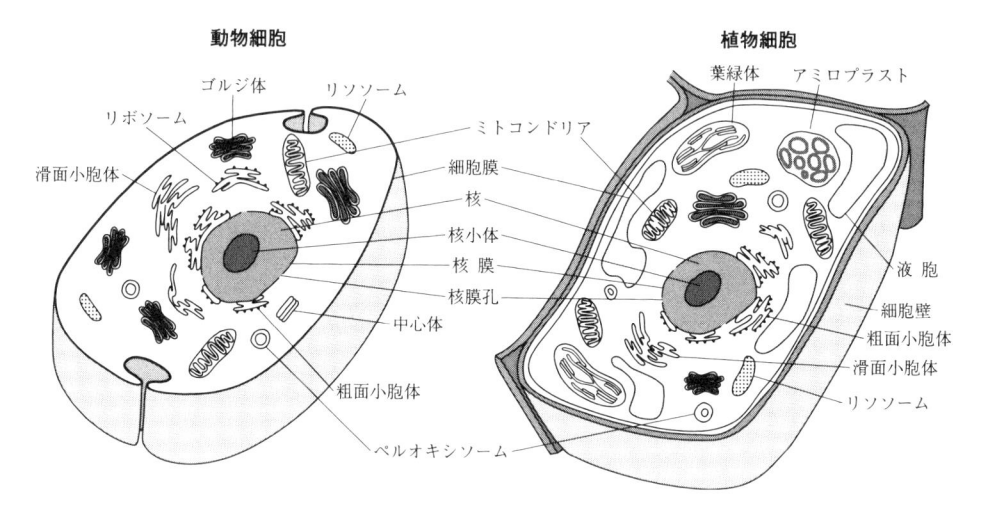

**動物細胞**

- リボソーム
- ゴルジ体
- リソソーム
- 滑面小胞体
- ミトコンドリア
- 細胞膜
- 核
- 核小体
- 核膜
- 核膜孔
- 中心体
- 粗面小胞体
- ペルオキシソーム

**植物細胞**

- 葉緑体
- アミロプラスト
- 液胞
- 細胞壁
- 粗面小胞体
- 滑面小胞体
- リソソーム

## B. 細胞骨格と接着構造 （執筆担当：永田和宏）

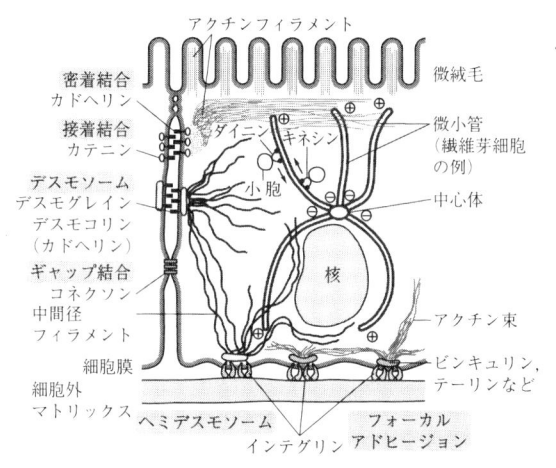

**上皮細胞における細胞接着と装置の模式図**　⊕, ⊖は微小管の方向性を示す。⊕はプラス端，⊖はマイナス端。

- アクチンフィラメント
- 微絨毛
- 密着結合／カドヘリン
- 接着結合／カテニン
- ダイニン
- キネシン
- 微小管（繊維芽細胞の例）
- 小胞
- デスモソーム／デスモグレイン／デスモコリン（カドヘリン）
- 中心体
- ギャップ結合／コネクソン
- 中間径フィラメント
- 核
- 細胞膜
- 細胞外マトリックス
- アクチン束
- ビンキュリン，テーリンなど
- ヘミデスモソーム／インテグリン
- フォーカルアドヒージョン

**細胞骨格と接着構造**（動物上皮細胞の例）

1. **密着結合\*** （タイトジャンクション）
   クローディン，オクルーディン
2. **固定結合**
   a. **接着結合\***（アドヘレンスジャンクション）
   　a-1. **細胞間接着結合**
   　　接着帯：アクチンフィラメント\*が細胞を取囲む
   　　膜貫通リンカー：カドヘリン\*
   　　細胞外リガンド：隣接細胞のカドヘリン
   　　細胞内付着タンパク質：カテニン\*など
   　a-2. **細胞-マトリックス接着結合**
   　　フォーカルアドヒージョン\*：アクチンフィラメントに連結
   　　膜貫通リンカー：インテグリン\*
   　　細胞外リガンド：細胞外マトリックス
   　　細胞内付着タンパク質：テーリン\*，ビンキュリン\*など
   b. **デスモソーム\***
   　細胞間接着分子：カドヘリンファミリータンパク質
   　細胞内付着タンパク質：デスモプラキンなどが中間径フィラメント\*に連結
   c. **ヘミデスモソーム\***
   　細胞-細胞外マトリックス連結
   　インテグリン：中間径フィラメント
3. **ギャップ結合\***
   コネクソン\*による膜貫通型チャネル

## C. 細胞内輸送 (執筆担当：永田和宏)

### 1. 細胞内輸送全体図

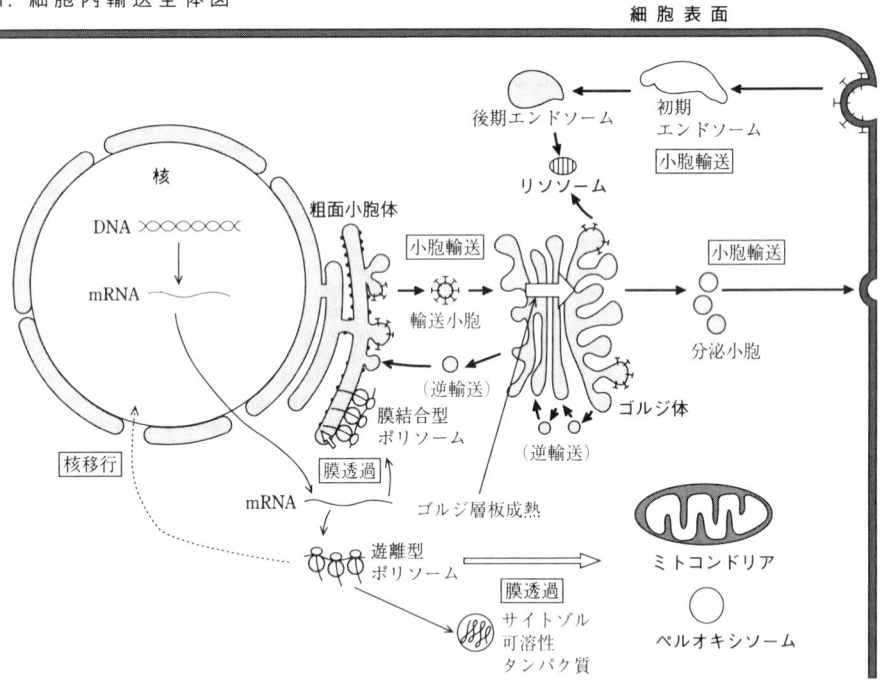

細胞内輸送は，膜透過(⇨)，小胞輸送(→)および核移行(⋯)の3種類に大きく分類できる．膜結合型ポリソームから合成される分泌タンパク質，膜タンパク質は中央分泌系を通って細胞外あるいは細胞膜などへ輸送され，これには膜透過と小胞輸送*が関与する．遊離型ポリソームから合成されるタンパク質は，サイトゾルの可溶性タンパク質として機能するほか，核移行あるいは膜透過によって目的の細胞小器官へ輸送される．エンドサイトーシス*およびエキソサイトーシス*は，基本的に小胞輸送である．ゴルジ層板間は，シス部，中間部，トランス部の順に層が成熟してゆくモデルが正しいと考えられている．ゴルジ層板間の逆輸送は小胞輸送によっている．(→メンブレントラフィック)

### 2. シグナル仮説と小胞体膜透過

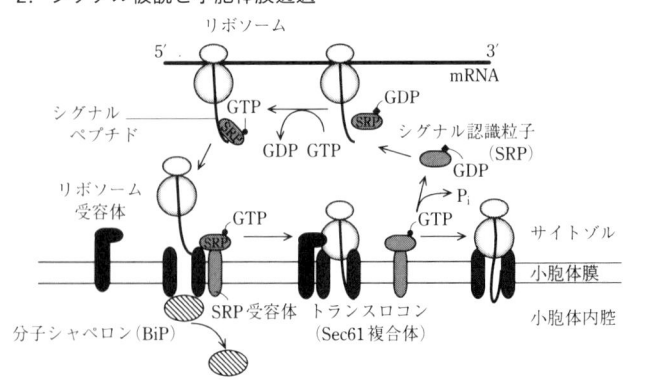

小胞体へ輸送されるタンパク質のシグナルペプチド*にはシグナル認識粒子*(SRP)が結合して，翻訳が一時停止する．SRPが小胞体膜にあるSRP受容体*に結合すると翻訳が再開し，ポリペプチドはトランスロコン*を介して小胞体に挿入される．ポリペプチドが挿入されるまではトランスロコンの小胞体内腔側に分子シャペロン* BiPが結合してチャネルを閉鎖している．シグナルペプチドはペプチダーゼによって切断され，そののち小胞体の分子シャペロンによってフォールディング*が起こる．

## 3. 小胞輸送と SNARE 仮説

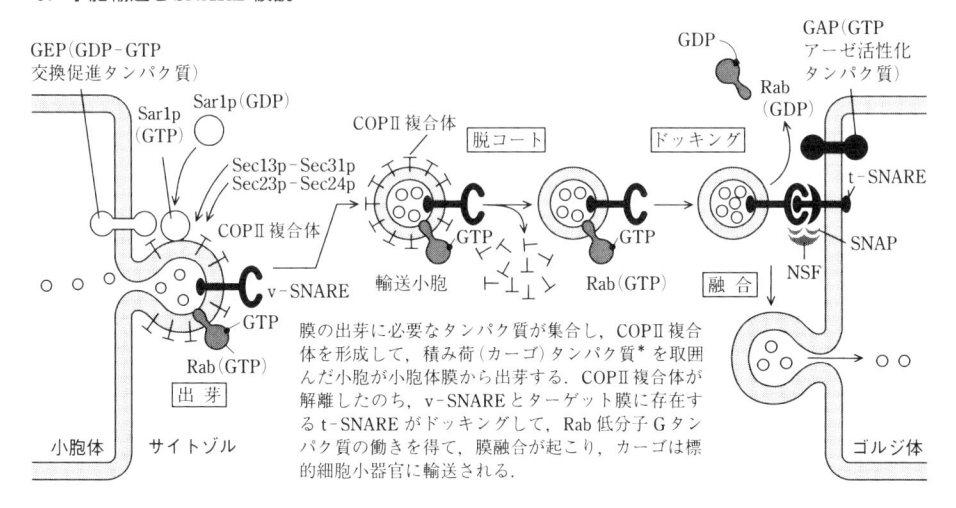

膜の出芽に必要なタンパク質が集合し，COPII複合体を形成して，積み荷（カーゴ）タンパク質*を取囲んだ小胞が小胞体膜から出芽する．COPII複合体が解離したのち，v-SNAREとターゲット膜に存在するt-SNAREがドッキングして，Rab低分子Gタンパク質の働きを得て，膜融合が起こり，カーゴは標的細胞小器官に輸送される．

## 4. 核輸送（核移行）

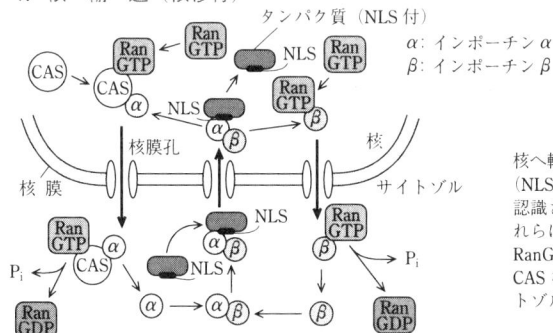

核へ輸送されるタンパク質には核局在化シグナル*（NLS）が存在し，それはインポーチン*αによって認識される．さらにインポーチンβと結合してそれらは核膜孔を介して核内に輸送され，核内ではRanGTP*によって解離する．インポーチンαはCASなどのエクスポーチン*の助けを得て，サイトゾルへ運び戻される．

## 5. ミトコンドリアへのタンパク質輸送（膜透過）

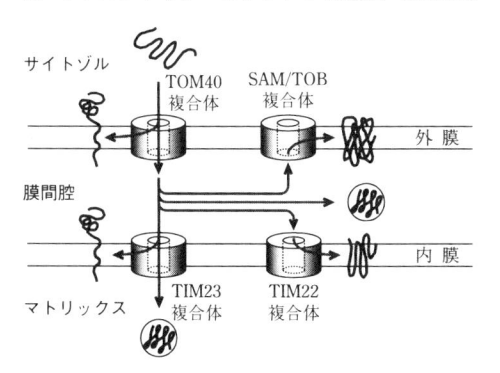

ミトコンドリアの外膜，内膜に局在する複数のトランスロコン*によって，マトリックス，外膜，内膜，膜間腔へのタンパク質の輸送のソーティング*（仕分け）が行われる．それぞれのトランスロコンは多くのタンパク質から成る複合体で，それぞれチャネルを形成している．

## D. シグナル伝達カスケード

細胞外のさまざまなシグナルは，多様な受容体を介した多彩な様式で細胞内に入り，細胞内のシグナル伝達カスケードを作動させる．単一のシグナルが複数のシグナル伝達カスケードを作動させる場合も多い．その結果，受容体を含む細胞膜機能の修飾，代謝系の修飾，レドックス制御系の修飾，細胞骨格制御系の修飾，タンパク質の合成や分泌の修飾，転写の修飾などが起こる．中でも転写調節因子の新規合成と活性化反

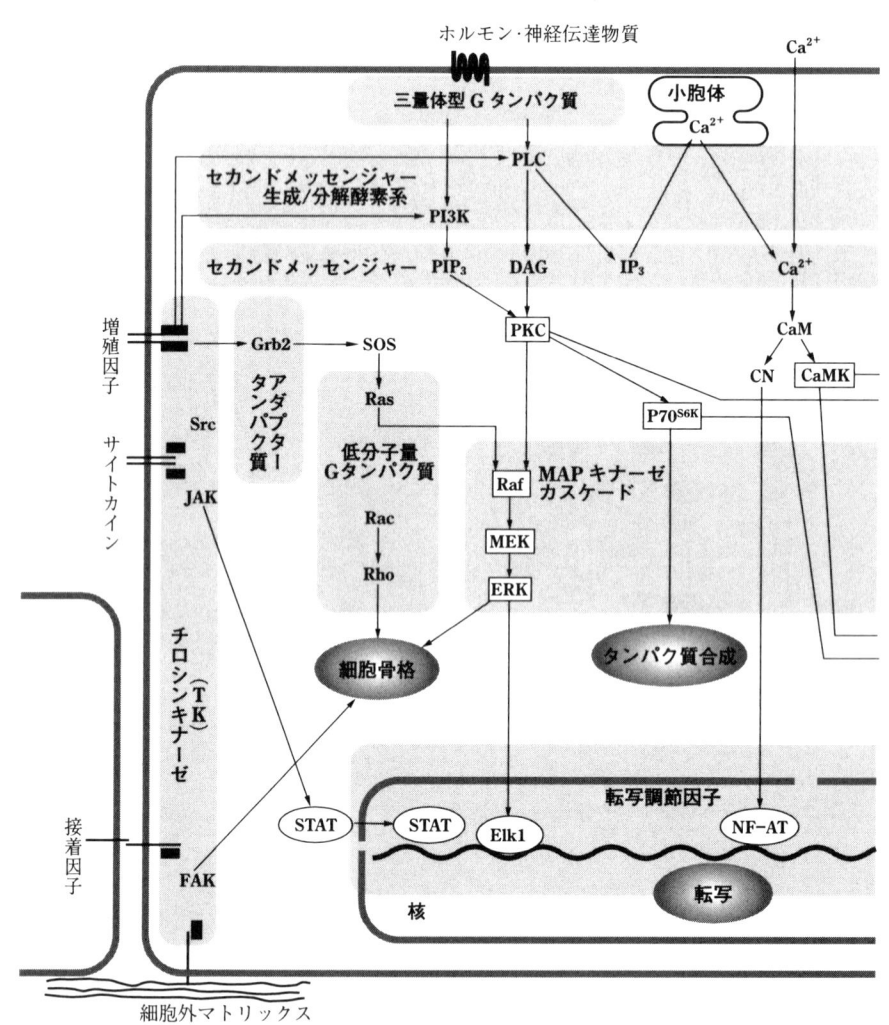

PI3K ：ホスホファチジルイノシトール3-キナーゼ*
PIP$_3$ ：ホスファチジルイノシトール3,4,5-トリスリン酸
IP$_3$ ：イノシトール1,4,5-トリスリン酸*
DAG ：ジアシルグリセロール*
PLC ：ホスホリパーゼC*
JAK* ：Janus kinase
FAK* ：フォーカルアドヒージョンキナーゼ

PKC ：プロテインキナーゼC*
NF-AT ：nuclear factor of activated T cell
ERK ：細胞外シグナル制御キナーゼ*
STAT ：signal transducers and activators of transcription
PKA ：プロテインキナーゼA*
AC ：アデニル酸シクラーゼ*
CN ：カルシニューリン*
CaM ：カルモジュリン*

## D. シグナル伝達カスケード

応を介した新規タンパク質の合成は，増殖や分化などの長期の細胞応答反応にとり死活的に重要である．

本図では，多細胞生物の細胞内で作動していると思われている普遍的なシグナル伝達カスケードのいくつかを，転写因子の活性化という点に注目して示した．細胞の応答反応は細胞特異的であり，個々の細胞ではここで取上げたカスケードのさまざまな類型が動いていると思われる．また，ここで取上げたシグナル伝達分子群は，シグナル伝達素子としての生化学的な性質に注目して類別したものであり，構造上類似の分子がまったく異なった機能を果たしていることが一般的である点にも注意すべきである．

（執筆担当：大野茂男）

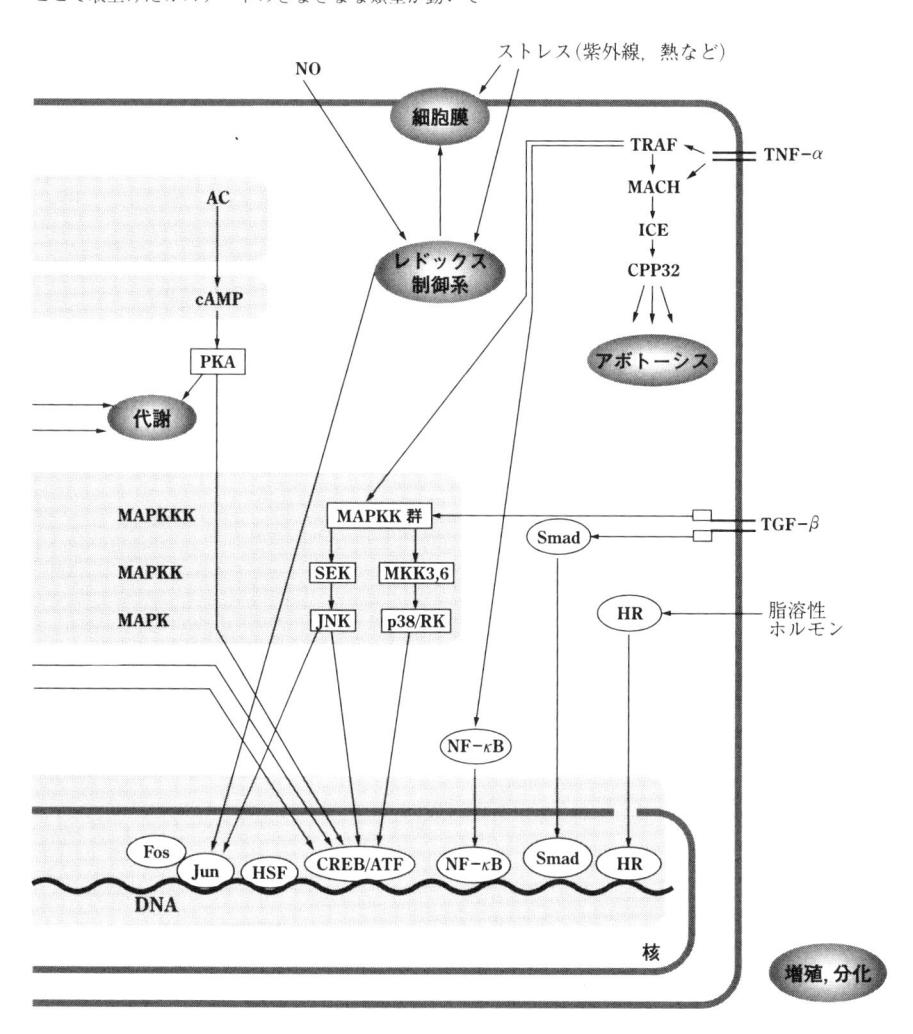

| | | |
|---|---|---|
| JNK | ：Jun-N 末端キナーゼ* | |
| CaMK | ：カルモジュリン依存性プロテインキナーゼ* | |
| MAPK | ：MAP キナーゼ* | |
| MAPKK | ：MAP キナーゼキナーゼ* | |
| MAPKKK | ：MAP キナーゼキナーゼキナーゼ | |
| TNF-$\alpha$ | ：腫瘍壊死因子$\alpha$* | |
| TRAF* | ：TNF receptor-associated factor | |
| ICE | ：インターロイキン1$\beta$変換酵素* | |
| TGF-$\beta$ | ：トランスフォーミング増殖因子$\beta$* | |
| CREB | ：CRE 結合タンパク質* | |
| NF-$\kappa$B | ：nuclear factor $\kappa$B | |

〰, ═ 受容体，チャネル
■ チロシンキナーゼ*
□ セリン/トレオニンキナーゼ*
○ 転写調節因子

# E. サイトカインとサイトカインネットワーク

　個々の細胞が機能的に特殊化しながらも全体としては統合された生命活動を遂行するために，多細胞生物にとって細胞間のコミュニケーションは重要な要素である．細胞間の情報伝達は細胞同士の直接の接触に基づく場合と液性因子を介して離れた位置に存在する細胞へ伝えられる場合がある．サイトカインは後者の代表的なものであり，細胞から分泌されて細胞間の情報伝達を担うタンパク質分子である．その研究初期には生理活性物質がリンパ球由来の場合にはリンホカイン，単球・マクロファージ由来の場合にはモノカインとよばれていた．これらの制御因子は白血球から産生されて白血球に働きかけるという特徴があり，物質と

表 E-1　サイトカインの分類

| サイトカインファミリー | おもなサイトカイン |
|---|---|
| クラスI | 造血因子（EPO, G-CSFなど），IL-2, IL-3 など |
| クラスII | インターフェロン α, β, γ, IL-10, IL-20 など |
| TGF（トランスフォーミング増殖因子） | TGF-β, アクチビン，BMP など |
| TNF（腫瘍壊死因子） | TNF-α, Fas リガンド，RANKL, CD30 リガンド，CD40 リガンドなど |
| 増殖因子 | EGF, VEGF, SCF, Eph リガンドなど |
| ケモカイン | IL-8, MCP, MIP, エオタキシンなど |
| Wnt | Wnt1〜20 |

宮島篤 編，"サイトカインがわかる"，羊土社（2002）より一部を改変して転載．

表 E-2　おもなサイトカイン

| 名称 | 分子サイズ〔kDa〕 | 産生細胞 | 生物活性 |
|---|---|---|---|
| IFN-α | 20 | 樹状細胞，マクロファージ，NK細胞 | 抗ウイルス作用，NK細胞活性化，MHC抗原発現増強 |
| IFN-β | 20 | 繊維芽細胞 | 抗ウイルス作用，NK細胞活性化，MHC抗原発現増強 |
| IFN-γ | 20 | T細胞，NK細胞 | 抗ウイルス作用，マクロファージ活性化，NK細胞増殖・MHC抗原発現増強 |
| TNF-α | 17 | マクロファージ，マスト細胞，NK細胞 | マクロファージ活性化，発熱，炎症 |
| TNF-β | 25 | T細胞 | リンパ節，パイエル板形成，貪食細胞活性化 |
| TGF-β | 25 | T細胞，単球，血小板 | 単球・マクロファージ活性化，T細胞分化制御，細胞増殖制御，$T_H17$の分化 |
| IL-1α, β | 15〜17 | マクロファージ，単球，B細胞 | T細胞の活性化，B細胞の増殖・分化，NK細胞の活性化，内皮細胞の活性化，急性期タンパク質の誘導 |
| IL-2 | 15 | T細胞（$T_H1$） | T細胞の増殖・分化誘導，B細胞の増殖・分化，NK細胞の増殖・活性化，IFN-γの誘導 |
| IL-3 | 14〜28 | T細胞，NK細胞，マスト細胞 | 造血前駆細胞の増殖・分化，マスト細胞の増殖，B細胞の増殖・分化，単球・好塩基球の増殖・分化 |
| IL-4 | 15〜19 | T細胞，マスト細胞 | B細胞の活性化・増殖，クラススイッチ（IgG1, IgE），マスト細胞の増殖 |
| IL-5 | 18 | $CD4^+$細胞（$T_H2$），マスト細胞 | B細胞の増殖・抗体産生細胞への分化，好酸球の増殖・分化 |
| IL-6 | 21〜26 | T細胞（$T_H2$），B細胞，マクロファージ，樹状細胞，繊維芽細胞 | 抗体産生細胞への分化誘導，T細胞の増殖・分化，急性期タンパク質の誘導，NK細胞・キラーT細胞誘導，多能性幹細胞の増殖，巨核球の分化 |

## 表 E-2　おもなサイトカイン（つづき）

| 名　称 | 分子サイズ〔kDa〕 | 産　生　細　胞 | 生　物　活　性 |
|---|---|---|---|
| IL-7 | 22, 25 | 骨髄間質細胞, 胸腺間質細胞 | T, B および NK 細胞増殖・分化, NK 細胞活性化, LAK 細胞誘導, マクロファージ活性化 |
| IL-8 | 8 | マクロファージ, 繊維芽細胞, 血管内皮細胞 | 好中球の遊走促進・活性化 |
| IL-9 | 30~40 | $CD4^+$ T 細胞 | T 細胞増殖, B 細胞活性化, マスト細胞増殖 |
| IL-10 | 17~21 | 単球・マクロファージ, T 細胞 ($T_H2$), B 細胞, マスト細胞 | T 細胞からの $IFN-\gamma$ 産生抑制, マクロファージ活性制御 |
| IL-11 | 24 | 骨髄間質細胞 | 造血幹細胞の増殖・分化, 巨核球の増殖・分化, B 細胞の増殖・分化 |
| IL-12 | 35+30 | マクロファージ, 樹状細胞, B 細胞 | 細胞障害性 T 細胞および NK 細胞の増殖・活性化, $IFN-\gamma$ 産生誘導 |
| IL-13 | 17 | T 細胞 ($T_H2$), NK 細胞, マスト細胞 | 単球機能抑制, B 細胞増殖・分化 |
| IL-14 | 60 | T 細胞 | B 細胞の増殖制御 |
| IL-15 | 14~15 | マクロファージ, 樹状細胞 | 活性化 T 細胞増殖, NK および B 細胞増殖 |
| IL-16 | 56 | リンパ球, 上皮細胞, 好酸球 | $CD4^+$ 細胞遊走 |
| IL-17 | 20~30 | T 細胞 ($T_H17$) | 炎症性サイトカイン誘導 |
| IL-18 | 18 | マクロファージ | $IFN-\gamma$ 産生誘導, NK 細胞の活性化 |
| IL-19 | 17 | マクロファージ | 炎症性サイトカイン誘導 |
| IL-20 | 20 | 単球, 表皮角化細胞 | 炎症反応促進, 表皮角化細胞の増殖・分化制御 |
| IL-21 | 15 | T 細胞 | B 細胞の増殖促進または抑制, NK 細胞の増殖活性化 |
| IL-22 | 18 | $CD4^+$ 細胞, NK 細胞 | 急性期タンパク質の誘導 |
| IL-23 | 18.7 | マクロファージ, 樹状細胞, T 細胞 | T 細胞分化, IL-17 産生増強 |
| IL-24 | 18 | 単球, T 細胞, NK 細胞 | 単球, NK 細胞に作用して炎症性サイトカインの産生誘導 |
| IL-25 | 16.7 | T 細胞 ($T_H2$) | $T_H2$ 細胞増強, 好酸球の増殖 |
| IL-26 | 17 | T 細胞 | IL-10 および B 細胞の活性制御 |
| IL-27 | 70 | マクロファージ, 樹状細胞 | T および B 細胞の活性制御 |
| IL-28 | 18~20 | ウイルス感染細胞 | ウイルス感染防御, クラス II 抗原発現誘導 |
| IL-29 | 18~20 | ウイルス感染細胞 | ウイルス感染防御, クラス II 抗原発現誘導 |
| IL-30 | 28 | 樹状細胞 | IL-27 p28 サブユニット |
| IL-31 | 28 | T 細胞 | 皮膚炎症への関与 |
| IL-32 | 27 | NK 細胞, 上皮細胞 | ケモカインの誘導, 炎症反応の惹起 |
| IL-33 | 30.7 | 内皮細胞 | $T_H2$ サイトカインの誘導 |
| IL-34 | 39+39 | 脾細胞, 内皮細胞 | 骨髄球造血制御 |
| IL-35 | 34+40 | 制御性 T 細胞 | ヘルパー T 細胞の抑制 |
| G-CSF | 21 | マクロファージ, 繊維芽細胞, 内皮細胞, 骨髄間質細胞 | 好中球の分化・増殖・活性化, 造血前駆細胞の増殖促進 |
| GM-CSF | 22 | T 細胞, マクロファージ, 繊維芽細胞, 内皮細胞 | マクロファージ, 好中球の分化・増殖・遊走 |
| M-CSF | 45~90 | リンパ球, 単球, 繊維芽細胞, 内皮細胞 | 単球・マクロファージへの分化, 破骨細胞の分化 |
| エリトロポエチン (EPO) | 34~36 | 腎 | 赤芽球前駆細胞の増殖・分化, 骨髄巨核球増殖 |
| トロンボポエチン (TPO) | 40~47 | 肝細胞 | 骨髄巨核球の増殖・分化 |

しての存在が明らかとなったものから順にインターロイキンのグループに分類されている．さらにそのような生理活性物質が白血球以外にも多彩な細胞から分泌されることが判明し，現在では細胞を意味する接頭語 cyto- を用いてサイトカインと総称している．サイトカインには多様な分子が含まれており，サイトカイン分子の構造上の特徴，作用や受容体の構造，分泌組織の特徴などからの分類が試みられている（表 E-1）．当初は免疫，造血，炎症，アレルギーなどにおける作用が注目されたが，現在ではサイトカインとして分類される分子の数も増え，発生，分化，神経，代謝などあらゆる生命現象や病態にサイトカインが直接あるいは間接的に関与していることが明らかとなっている（表 E-2）．

サイトカインの分子サイズはおよそ 10～50 kDa であり，きわめて微量でその作用を発揮する．同様の細胞間情報伝達物質であるホルモンが比較的特定の臓器から分泌されるのに対して，前述のように個々のサイトカインの産生細胞は多彩であることが多い．血中での半減期が短いために分泌された局所を中心に作用するが，大量に産生された場合は遠隔臓器にも作用する．サイトカインの中には産生細胞から分泌されずに細胞膜表面に結合した形で隣接した細胞に作用するものもある．いずれにせよサイトカインは標的となる細胞の表面に存在する特異的な受容体に結合することによって細胞内に情報を伝え，細胞の増殖，分化など細胞の運命や機能を制御する．したがってあるサイトカインの直接の作用はそのサイトカインに対して特異的な受容体をもつ細胞に限られる．個々のサイトカインの作用はホルモンと比較して多彩である．たとえば同じサイトカインであっても標的細胞が違うと異なる作用を示すことがある．また複数のサイトカインが互いの効

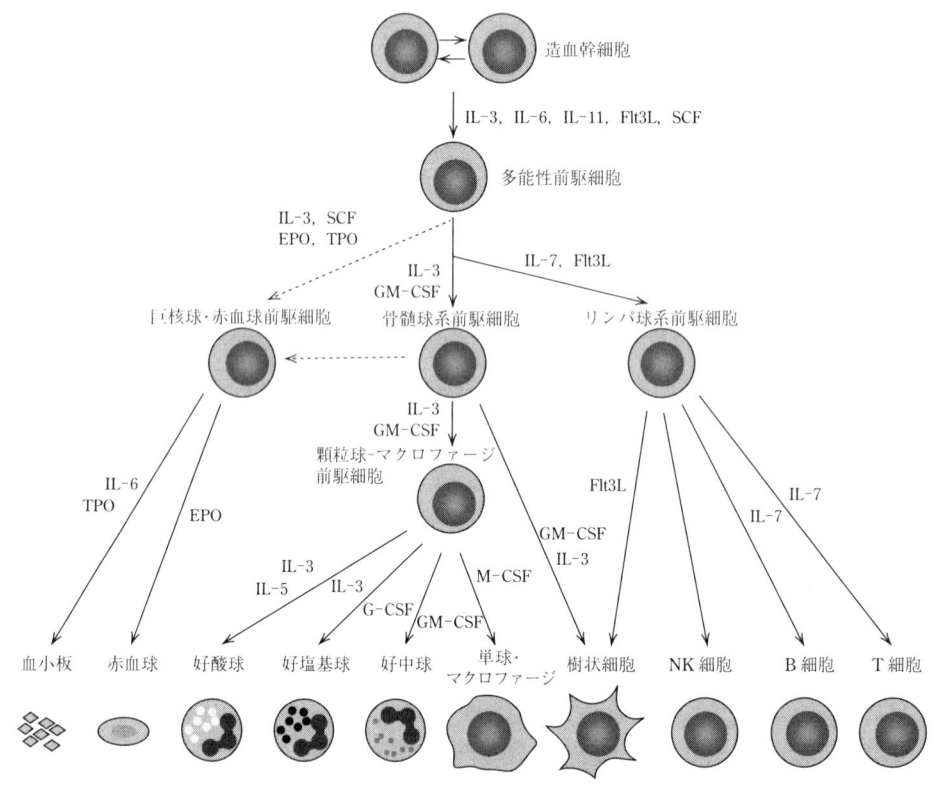

**図 E-1　サイトカインによる造血制御**

IL：インターロイキン　　　　Flt3L：Flt-3 リガンド
EPO：エリトロポエチン　　　G-CSF：顆粒球コロニー刺激因子
TPO：トロンボポエチン　　　GM-CSF：顆粒球-マクロファージコロニー刺激因子
SCF：幹細胞因子　　　　　　M-CSF：マクロファージコロニー刺激因子

果を増強することや拮抗的に働くことがあるために単独で作用する場合とは異なる作用を生じる場合もある．逆に異なるサイトカインが同じ作用をすることもある．一つのサイトカインが産生されてその刺激を受けた細胞において他のサイトカインの産生が誘導され，さらに他の細胞へと情報が伝わっていくような現象をサイトカインネットワークあるいはサイトカインカスケードという．生体内の細胞はこのようなネットワークによって相互に結びついており，サイトカインが生体内では単独での作用のみならず，複雑な相互作用やネットワークを介してきめ細やかな生体の調節を行っていると考えられている．

骨髄中に存在し自己複製能と多分化能をあわせもつ造血幹細胞は生涯にわたって末梢血中へ分化した血液細胞を供給し続けている．この造血の過程へのサイトカインの関与が詳細に解析されている（図E-1）．特にフローサイトメーターによる細胞分離の技術の進歩によって，造血幹細胞と各系統の分化した細胞の中間段階にあたる細胞，いわゆる前駆細胞の同定・分離が可能となり，サイトカインの作用や作用する分化段階についての解明が進んでいる．造血幹細胞がどの系統の細胞に分化するかはまったくランダムに決定されているというstochastic modelが提唱されており，このモデルではいったん分化の方向づけが決定された後の細胞の増殖はサイトカインに依存していると考えられている．これに対して，サイトカインや骨髄微小環境によって幹細胞の運命が決定されるという考え方をdeterministic modelという．いずれにしても炎症や各種のストレスに際してはT細胞やマクロファージ，骨髄の間質細胞，血管内皮細胞などから種々のサイトカインの分泌が亢進してこの造血システムを刺激する．その結果，必要に応じた血液細胞の供給を促して生体の恒常性を維持している（図E-2）．

T細胞の分化についても近年急速に理解が進んだ（図E-3）．ナイーブT細胞は抗原提示を受けた後，IL-12の刺激を受けると$T_H1$とよばれる細胞亜集団に分化する．$T_H1$細胞はIFN-γを分泌して細胞性免疫を支える．一方IL-4の作用を受けたT細胞は$T_H2$という細胞亜集団に分化し，IL-4，IL-5，IL-13などを産生して液性免疫に寄与する．これら二つの亜集団のバランスの重要性は病原体に対する生体反応，アレルギー，自己免疫疾患などさまざまな病態と関連してい

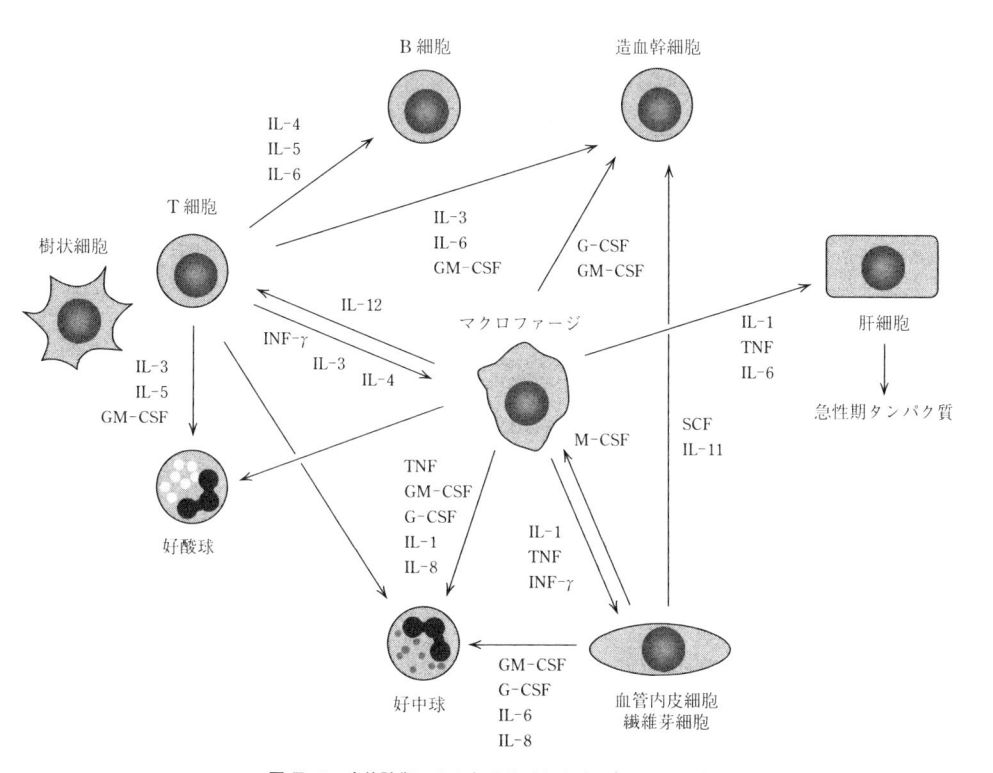

**図 E-2 生体防御にかかわるサイトカインネットワーク**
略号は図E-1参照．

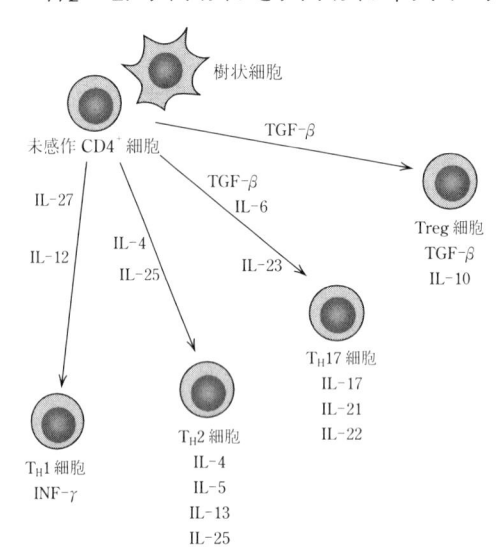

図 E-3 サイトカインによるヘルパーT（$T_H$）細胞の分化・機能制御　略号は図 E-1 参照．

る．さらに最近になり IL-17 を産生し，好中球などを活性化する $T_H17$ という細胞集団が発見され，細菌や真菌感染に対する生体防御や一部の自己免疫疾患の発症などに関与していることが明らかとなってきた．またこれらの亜集団と異なり，免疫系に抑制的に作用する制御性T細胞の分化が TGF-$\beta$ の作用により誘導される．

このような造血細胞やT細胞の亜集団の分化のサイトカインによる制御は生体内のネットワークの一部として機能し，安定した定常状態のみならずさまざまな生体の変化や危機にす早く対応している．このようなサイトカインによる調節は生体が恒常性を維持するうえで重要であるが，炎症をはじめとする種々の病態形成にも関与している．本来生体を防御するために産生されるサイトカインが過剰に発現する状態をサイトカインストームとよび，生命の危機をもたらすことがある．事実，敗血症，急性呼吸促迫症候群，移植片対宿主病や新型インフルエンザなどへのサイトカインストームの関与が明らかとなっている．

サイトカインが細胞レベルで増殖や分化，機能を制御することにより環境の変化に対応して生体全体の恒常性を維持しており，逆にその破綻や過剰状態がさまざまな疾病の原因や増悪因子となっていることから，治療や診断への応用も盛んに行われている．インターフェロン，エリトロポエチン，G-CSF などはサイトカインそのものが治療目的で臨床応用されている．TNF-$\alpha$ や IL-6，IL-1 などの炎症性サイトカインについてはそれらの作用を阻害する薬剤が開発され，関節リウマチなどの治療において有用性が見いだされている．今後，個々のサイトカインの作用のみならずサイトカインネットワークによる多面的な作用についての理解が深まることでより安全で有用性の高い技術が臨床応用されることが期待される．

（執筆担当：平位　秀世）

## F. 主要な細胞周期変異遺伝子とその機能

出芽酵母の CDC 遺伝子を主として，分裂酵母（Schizosaccharomyces pombe）とヒト（Homo sapiens）のホモログ（遺伝子およびタンパク質）を示した。
（執筆担当：鈴木正則）

| CDC 遺伝子<br>(分裂酵母) | タンパク質<br>(分裂酵母) | 機　能 | ヒトホモログ遺伝子<br>(タンパク質) |
|---|---|---|---|
| CDC2 (cdc6) | Cdc2 (Cdc6); DNA ポリメラーゼδの触媒サブユニット | 有糸分裂と減数分裂における染色体 DNA の複製に必要. | POLD1 (DNA ポリメラーゼδ1) |
| CDC3 (spn1) | Cdc3 (Spn1), セプチン | 細胞質分裂に必要な GTP 結合タンパク質複合体セプチンリング(mother-bud neck 母細胞と娘細胞の境界のネックに見られる構造)の1成分. | SEPT7 (セプチン7) |
| CDC4 (pop2) | Cdc4 (Pop2, F ボックス/WD リピートタンパク質) | 有糸分裂における DNA 複製開始や減数分裂前 DNA 合成に必要. CDK インヒビター Sic1 を分解するユビキチン系複合体 SCF の成分. | FBXW7; F-box and WD repeat domain containing 7 |
| CDC5 (plo1) | Cdc5 (Plo1, ポロキナーゼ) | ポロ様キナーゼで Cdc28p の基質. | PLK1 |
| CDC6 (cdc18) | Cdc6; AAA ATP アーゼに属する ATP 結合タンパク質 (Cdc18) | クロマチンに結合するために複製起点認識複合体 (ORC) を必要とする複製前複合体 (pre-replicative complex, pre-RC) の成分で ORC に結合し DNA 複製に必要. $G_1$ 期に入ると，サイクリン-CDK1 によってリン酸化され，ユビキチン依存性プロテアソーム系で分解され，S 期移行のシグナルとなる. | CDC6 |
| CDC7 (hsk1) | Cdc7 (Hsk1); セリン/トレオニンキナーゼ; DDK (Dbf4-dependent kinase) の触媒サブユニット | 活性調節サブユニットの Dbf4 と相互作用する. 複製起点認識複合体 (ORC) に結合している Mcm (minichromosome maintenance) 複合体をリン酸化し，Mcm4, 6, 7 のヘリカーゼ活性を促進. Mcm2-7p 複合体や Cdc45p のリン酸化を介して有糸分裂における複製の開始と複製フォークの進行に必要. DNA 複製が始まると Dbf4 がリン酸化され，CDC7/Dbf4 複合体は ORC から解離. | CDC7 |
| CDC8 (tmp) | Cdc8 (Tmp1); チミジル酸ウリジル酸キナーゼ | 有糸分裂および減数分裂における DNA 複製に必須. | DTYMK (チミジル酸キナーゼ) |
| CDC9 (cdc17) | Cdc9 (Cdc17, ATP 依存性 DNA リガーゼ); DNA リガーゼ | DNA 複製における岡崎フラグメントの連結に必須. ヌクレオチド除去修復，塩基除去修復および組換えにも働く. | LIG1 (DNA リガーゼ1) |
| CDC10 (spn2) | Cdc10 (Spn2); セプチン | 細胞質分裂に必要な GTP 結合タンパク質複合体セプチンリング(mother-bud neck 母細胞と娘細胞の境界のネックに見られる構造)の1成分. | CDC10L, SEPT3 (セプチン3) |
| CDC11 | Cdc11 | 細胞質分裂に必要な GTP 結合タンパク質複合体セプチンリング(mother-bud neck 母細胞と娘細胞の境界のネックにみられる構造)の1成分. | |
| (cdc11) | (Cdc11) | SIN component scaffold protein | |
| CDC12 (spn4) | Cdc12 (Spn4) | 細胞質分裂に必要な GTP 結合タンパク質複合体セプチンリング(mother-bud neck 母細胞と娘細胞の境界のネックに見られる構造)の1成分. | SEPT4 (セプチン4) |
| CDC13 | Cdc13; TG1-3 テロメアの G 尾部に見られる一本鎖 DNA 結合タンパク質 | テロメア複製を制御. テロメアのキャッピングに必須. $G_2$/M 移行の制御に必須. Cdc2 と相互作用して MPF を形成. $G_2$ 期から M 期への移行において細胞骨格の再編成に関与. | |
| (cdc13) | (Cdc13, サイクリン Cdc13) | サイクリン依存性キナーゼ CDK の活性を制御. | CCNB1 (サイクリン B1) |

(つづく)

994    F. 主要な細胞周期変異遺伝子とその機能

(つづき)

| CDC 遺伝子<br>(分裂酵母) | タンパク質<br>(分裂酵母) | 機　能 | ヒトホモログ遺伝子<br>(タンパク質) |
|---|---|---|---|
| CDC14 (clp1) | Cdc14 (Clp1/Flp1); プロテインホスファターゼ | 核分裂の終了を制御し, 有糸分裂からの脱出に必要. 分裂後期に FEAR (CDC fourteen early anaphase release) ネットワークと MEN (mitotic exit network) により核小体から放出され, CDK インヒビターの Sic1 および Sic1 の制御にかかわる転写調節因子 Swi5 を脱リン酸するとともに有糸分裂サイクリンの分解を誘導し, 急速な CDK 活性の低下を導く. | CDC14A |
| CDC16 (cut9) | Cdc16; (Cut9) 微小管結合タンパク質 | 染色体の分配に必須. サイクリン B のユビキチンリガーゼである分裂後期促進複合体 APC のサブユニット 6. | CDC16 |
| CDC20 (slp1) | Cdc20 (Slp1, sleepy ホモログ); 時期特異的なユビキチン化にかかわるアダプタータンパク質で APC/C 複合体の構成タンパク質. | 分裂後期の染色分体の移動に際しては, ユビキチンリガーゼである APC/C が Cdc20 と結合して活性化することが必要で, この複合体は特異的なアミノ酸配列 destruction box をもつタンパクと基質 (セキュリンや M 期サイクリン) とする. | CDC20 |
| CDC21 (SPAC15E 1.04) | Cdc21 (チミジル酸シンテターゼ遺伝子-推定); チミジル酸シンテターゼ | ミニクロモソームの維持の欠損変異体から同定されたヘリカーゼ活性をもつタンパク質でほかの Mcm タンパク質とともに MCM 複合体を形成する. | TYMS |
| MCM4 | MCM4 (Cdc21) | ミニクロモソームの維持の欠損変異体から同定されたヘリカーゼ活性をもつタンパク質でほかの Mcm タンパク質とともに MCM 複合体を形成する. | MCM4 |
| CDC23 (apc8) | Cdc23 (Apc8); 分裂後期促進複合体サブユニット 8 | APC の構成タンパク質の一つ. $G_2/M$ 移行で働く. | CDC23 |
| CDC25 | Cdc25; 膜結合グアニンヌクレオチド交換因子 (GEF) | GDP の GTP との交換を促進することにより Ras 1p や Ras2P とを活性化し, 間接的にアデニル酸シクラーゼを制御する. $G_1$ 期進行に必要. | |
| (cdc25) | (Cdc25); チロシンとセリン/トレオニン二重特異性プロテインホスファターゼ. | サイクリン B と複合体を形成した Cdc2 (CDK1) を脱リン酸する. CDK1 の脱リン酸によりサイクリン B との複合体が活性化し細胞周期は M 期へ進行する. | CDC25A, B, C がある. 25A はサイクリン E と複合体を形成した CDK2 も脱リン酸し, $G_1/S$ 移行と S 期進行に働く. |
| CDC26 | Cdc26 | APC の構成タンパク質の一つ. | CDC26 |
| CDC27 (apc3) | Cdc27 (Apc3); 分裂後期促進複合体タンパク質 3 | APC の構成タンパク質の一つ. タンパク質-タンパク質相互作用に重要なテトラトリコペプチド反復配列 (TPR) を含む. Mad2, CDC20, BUB1 など有糸分裂中期チェックポイント (紡錘体形成チェックポイント) タンパク質と関連がある. | CDC27 |
| CDC28 (cdc2) | Cdc28 (Cdc2); M 期キナーゼ (セリン/トレオニンキナーゼ) (CDK1, Cdc2 キナーゼ, $p34^{cdc2}$ キナーゼ) | サイクリン B と複合体を形成. 紡錘体の複製と $G_1/S$ 期と $G_2/M$ 期の進行に必須. | CDC2, CDC28A (CDK1) |
| CDC31 (cdc31) | Cdc31 (セントリン) | EF ハンドをもつ $Ca^{2+}$ 結合タンパク質で紡錘体複製に必要. 微小管の組織化に関与. | CETN3 (セントリン 3) |
| CDC34 | Cdc34; E2 リガーゼ | ユビキチンが仲介する $G_1$ 期調節因子 (サイクリン依存性キナーゼインヒビター CDKN1B など) の分解や DNA 複製の開始に必要なタンパク質複合体の一部を構成する. | UBE2R2 |
| CDC37 (cdc37) | Cdc37 (Cdc37); Hsp90 コシャペロン | タンパク質キナーゼ (CDK4, CDK6) と結合するシャペロン. HSP90 の標的キナーゼへのリクルートに関与. | CDC37 |

## F. 主要な細胞周期変異遺伝子とその機能

| CDC 遺伝子<br>(分裂酵母) | タンパク質<br>(分裂酵母) | 機　　能 | ヒトホモログ遺伝子<br>(タンパク質) |
|---|---|---|---|
| CDC40(prp17) | Cdc40; (Prp17, pre-mRNA スプライシング因子 17) | 有糸分裂と減数分裂において DNA 合成に必要．細胞周期の進行に関与．タンパク質-タンパク質相互作用に関与する WD リピートをもつ． | CDC40 |
| CDC42(cdc42) | Cdc42(Cdc42); 低分子量 Rho 様(ファミリー) GTP アーゼ | 細胞極性の確立と維持に必須．アクチン重合に関与する WASP や細胞骨格制御に関与する PAK, 細胞極性に関与する Par6 などと相互作用する．変異体はアクチンやセプチン(出芽酵母の細胞分裂に重要な繊維状の首輪構造の形成に関与する)の組織化に欠損を示す． | CDC42 |
| CDC45(cdc45) | Cdc45(Cdc45) | DNA 複製の開始とその後の複製鎖の伸長に関与．M 期後期に複製起点に ORC と Mcm 複合体が結合して形成された pre-RC(pre-replicative complex) に取込まれ，Mcm4, 6, 7 のヘリカーゼ活性による DNA 鎖の巻戻しや DNA ポリメラーゼの取込みに重要な役割を果たす． | CDC45L(欠損すると口蓋・心・顔面症候群やディジョージ症候群をひき起こす) |
| CDC53(cul1) | キュリン(cullin 1) | E2 リガーゼや同じ SCF 複合体中の成分である Skp1 と相互作用する．SCF は $G_1$ サイクリンや Cln-CDK インヒビターの Sic1p を標的として分解することにより $G_1$-S 移行を促進する． | CUL1(Cullin 1) |
| CDC73 (SPBC17G 9.02c) | Paf1/RNA ポリメラーゼⅡ複合体の成分タンパク質(RNA ポリメラーゼⅡアクセサリー因子) | サイクリン D1/PRAD1 の発現を制御して細胞周期の進行に関与． | CDC73 |
| CDC123 (SPAP27G 11.03) | Cdc123(D123 ファミリー) | S 期への進入に必要． | CDC123 |

# G. ヒトのがん遺伝子・がん抑制遺伝子

これまでに見いだされたヒトがん遺伝子・がん抑制遺伝子のうち，おもだったものを以下の表にまとめた．遺伝子記号は HGNC に統一した．

(執筆担当：鈴木正則)

## 表 G-1 がん遺伝子

### a. 増殖因子関連

| がん遺伝子 | 対応する v-onc | 遺伝子座 | 遺伝子産物およびその機能 | 異常の見られるがんの例(かっこ内はがん以外の疾病) | 異常の種類 |
|---|---|---|---|---|---|
| CSFR1 | v-fms | 5q32 | マクロファージコロニー刺激因子・受容体1．膜に局在．チロシンキナーゼ． | 骨髄性悪性腫瘍，慢性骨髄単球性白血病，急性骨髄芽球性白血病 | 突然変異 |
| FGF3 | v-int-2 | 11q13 | 繊維芽細胞増殖因子3 | 肺がん．(内耳形成不全，小耳症，小歯症などを伴う先天性難聴) | 過剰発現 |
| FGF4 | | 11q13.3 | 繊維芽細胞増殖因子4 | プロラクチン産生下垂体腺腫，胎生期がん，食道がん，乳がん，カポジ肉腫 | 過剰発現，遺伝子増幅 |
| FGF5 | | 4q21 | 繊維芽細胞増殖因子5 | 腺がん，膵がん | 過剰発現 |
| PDGFB | v-sis | 22q12.3-q13.1 | 血小板由来増殖因子(PDGF)B鎖 | 肺がん，脳腫瘍 | 過剰発現 |
| WNT2 | | 11q13 | 繊維芽細胞増殖因子様増殖因子，Frizzled ファミリーメンバーのリガンド | 悪性胸膜中皮腫，胃がん．(自閉症) | 遺伝子増幅 |

### b. チロシンキナーゼ

| がん遺伝子 | 対応する v-onc | 遺伝子座 | 遺伝子産物およびその機能 | 異常の見られるがんの例(かっこ内はがん以外の疾病) | 異常の種類 |
|---|---|---|---|---|---|
| ABL1 | v-abl | 9q34.1 | チロシンキナーゼ ABL1．細胞の分化・分裂・接着時に細胞骨格の再構築を制御． | 慢性骨髄性白血病，急性骨髄性白血病，急性リンパ性白血病 | 転座－t(9；22)(q34;q11)により p210$^{bcr-abl}$生成．BCR-ABL1 転座により，p185$^{bcr-abl}$を生成 |
| ABL2 | v-abl | 1q25.2 | チロシンキナーゼ ABL2．細胞質に局在．細胞の分化・分裂・接着時に細胞骨格の再構築を制御． | 急性骨髄性白血病 | t(1；12)(q25；p13)により ABL-2-ETV6 融合遺伝子を生成 |
| CSF1R | v-fms | 5q32 | マクロファージコロニー刺激因子1受容体(1回膜貫通Ⅰ型膜タンパク質) | 骨髄性悪性腫瘍 | 突然変異 |
| EGFR | v-erbB1 | 7p12 | 上皮増殖因子受容体 | 非小細胞肺がん，肺腺がん，食道がん，脳腫瘍，乳がん | 遺伝子増幅，過剰発現 |
| EGFR2 (K-SAM) | | 10q25.3-q26 | 繊維芽細胞増殖因子受容体2 | 食道がん，乳がん，胃がん，(クルーゾン症候群，アペール症候群，パイフェル症候群，など) | 遺伝子増幅 |
| ERBB2 (HER-2) | v-erbB2 | 17q11.2-q12 | 受容体チロシンキナーゼ ERB-B2．遺伝子は神経芽細胞腫/グリア芽腫から単離．ニューレグリン-受容体複合体の必須成分．Erb1, 2, 3 と複合体形成． | 膠芽細胞腫，肺腺がん，卵巣がん，胃がん | 遺伝子増幅，過剰発現 |

G. ヒトのがん遺伝子・がん抑制遺伝子

| がん遺伝子 | 対応する v-onc | 遺伝子座 | 遺伝子産物およびその機能 | 異常の見られるがんの例(かっこ内はがん以外の疾病) | 異常の種類 |
|---|---|---|---|---|---|
| FES (FPS) | v-fps/ v-fes | 15q25-qter | チロシンキナーゼ FPS/FES. 通常分化型骨髄系細胞で発現. | | |
| FGR | v-fgr | 1p36.2-p36.1 | チロシンキナーゼ FGR (p55-FGR, p55c-fgr). チロシンキナーゼ ERBB2, SYC と相互作用. | B リンパ芽球性白血病 | |
| FLT1 | | 13q12 | 血管内皮増殖因子(血管透過因子)受容体 | | |
| FYN | | 6q21 | チロシンキナーゼ FYN (p59-Fyn). PI3 キナーゼと結合. 細胞膜に局在. 細胞内のカルシウムレベルの調節や細胞増殖制御に関与. | | |
| KIT | v-kit | 4q11-q12 | マスト細胞/幹細胞増殖因子受容体(1回膜貫通 I 型タンパク質). 造血前駆細胞, マスト細胞, などで発現し, 細胞増殖・分化に関与. | マスト細胞白血病, 生殖細胞腫瘍, 急性骨髄性白血病, gastro-intestinal stromal tumor(GIST), (マスト細胞症), (まだら症) | 突然変異 |
| LCK | | 1p34.3 | Src ファミリーチロシンキナーゼ p56-LCK. CD4/CD8 のほか CD2, CD5, CD44, CD45 などとも結合. 成熟 T 細胞の活性化. 脂質を介して細胞膜(細胞質側)に局在. | 大腸がん. (重症複合型免疫不全症 SCID) | 過剰発現(SCID の場合には発現欠損) |
| LYN | v-yes-1 | 8q13 | チロシンキナーゼ LYN. 中枢神経系で高度に発現. AMPA 受容体に結合・活性化して MAPK 経路を活性化. | | |
| MERTK | | 2q14.1 | チロシンキナーゼ(1回膜貫通 I 型膜タンパク質) | (網膜色素変性症) | |
| MET | | 7q31 | 肝細胞増殖因子受容体 | 胃がん, 腎細胞がん. 肝細胞がん | 遺伝子増幅 |
| NTRK1 (Trk-A) | | 1q21-q22 | 高親和性神経成長因子受容体(1回膜貫通 I 型膜タンパク質). NGF, ニューロトロフィン-3, 4, 5 が結合. | 家族性甲状腺髄様がん, (全身無肝無痛症) | 染色体異常(転座 t(1;3)(q21;q11)や染色体内再配列) |
| NTRK2 (Trk-B) | | 9q22.1 | 脳由来神経栄養因子(BDNF)受容体. ニューロトロフィン-3, 4, 5 受容体 | (早発型肥満) | 突然変異 |
| NTRK3 (Trk-C) | | 15q24-q25 | ニューロトロフィン-3 受容体(1回膜貫通 I 型膜タンパク質) | 髄芽細胞腫の予後指標 | 過剰発現 |
| RET | | 10q11.2 | チロシンキナーゼ受容体(1回膜貫通 I 型膜タンパク質). グリア細胞由来神経栄養因子(GDNF)受容体の成分 | 甲状腺髄様がん, 多発性内分泌腺腫 2A, 2B, 褐色細胞腫, ヒルシュスプルング病, 低換気症候群 | 転座 突然変異 |
| ROS1 | v-ros | 6q21-q22 | チロシンキナーゼ(1回膜貫通 I 型膜タンパク質) | 膠芽細胞腫, 星状細胞腫 | 染色体異常(染色体 6q21 のホモ接合体欠失により GOPC-ROS1 融合タンパク質の構成的発現) |
| SEA | v-sea | 11q13 | | | |
| SRC | v-src | 20q12-q13 | チロシンキナーゼ p60-SRC (C-SRC) | 結腸がん | 過剰発現 |

(つづく)

998　G. ヒトのがん遺伝子・がん抑制遺伝子

(つづき)

| がん遺伝子 | 対応する v-onc | 遺伝子座 | 遺伝子産物およびその機能 | 異常の見られるがんの例(かっこ内はがん以外の疾病) | 異常の種類 |
|---|---|---|---|---|---|
| YES1 | v-yes-1 | 18p11.31-p11.21 | チロシンキナーゼ p61-YES. 細胞質に局在. MCP/CD46のリン酸化を介して上皮細胞での Neisseria gonorrhoeae の感染を促進. | | |

### c. Gタンパク質関連

| がん遺伝子 | 対応する v-onc | 遺伝子座 | 遺伝子産物およびその機能 | 異常の見られるがんの例(かっこ内はがん以外の疾病) | 異常の種類 |
|---|---|---|---|---|---|
| GNAI2 (GIP) | | 3p21 | グアニンヌクレオチド結合タンパク質 $G_{i\alpha}$ サブユニット | 卵巣がん, 下垂体腺腫. (心室頻拍症) | 突然変異 |
| GNAS (GSP) | | 20q13.2-q13.3 | グアニンヌクレオチド結合タンパク質 $G_{s\alpha}$ サブユニット. 細胞膜に局在;$\beta$-アドレナリン刺激に応答してアデニル酸シクラーゼを活性化. | 下垂体腺腫, 甲状腺がん | 突然変異 |
| HRAS | v-Ha-ras | 11p15.5 | GTPアーゼ HRas. 受容体からのシグナルを Raf に伝える. 脂質を介して細胞膜(細胞質側)に局在. | 甲状腺がん, 子宮頸がん, 膀胱がん, 口腔扁平上皮がん. (コステロ症候群) | 突然変異, 過剰発現 |
| KRAS | v-Ki-ras2 | 12p12.1 | GTPアーゼ KRas. 受容体からのシグナルを Raf に伝える. 脂質を介して細胞膜(細胞質側)に局在. | 急性骨髄性白血病, 若年性骨髄単球性白血病, 膵臓がん, 大腸がん, 肺非小細胞がん. (ヌーナン症候群3) | 突然変異, 過剰発現 |
| NRAS | v-ras | 1p13.2 | GTPアーゼ NRas. 受容体からのシグナルを Raf に伝える. 脂質を介して細胞膜(細胞質側)に局在. | 結腸直腸がん, 甲状腺がん, 若年性骨髄単球性白血病, 造血系がん, 肺小細胞がん | 突然変異, 過剰発現 |
| RALA | v-ral | 7p22-p15 | 低分子 GTP 結合タンパク質. 脂質を介して細胞膜(細胞質側)に局在. | 膀胱がん, 膵がん | 過剰発現 |
| RALB | v-ral | 2cen-q13 | 低分子 GTP 結合タンパク質. 脂質を介して細胞膜(細胞質側)に局在. アポトーシスにおけるチェックポイント活性化を抑制. | 膀胱がん | 相互作用する RALBP1 が過剰発現 |
| RAN | | 12q24.33 | GTP 結合タンパク質. 核と細胞質に局在. 核-細胞質間輸送(タンパク質の核内輸送および RNA の核外輸送)や紡錘体形成・核膜形成に関与. | 胃腺がん | 過剰発現 |
| RRAS2 | | 11pter-p15.5 | 脂質を介して細胞膜(細胞質側)に局在. | 卵巣がん, 平滑筋肉腫 | 突然変異 |

### d. セリン/トレオニンキナーゼ関連

| がん遺伝子 | 対応する v-onc | 遺伝子座 | 遺伝子産物およびその機能 | 異常の見られるがんの例(かっこ内はがん以外の疾病) | 異常の種類 |
|---|---|---|---|---|---|
| AKAP13 | | 15q24-q25 | A キナーゼアンカリングタンパク質. 細胞質. アイソフォームにより核や膜にも局在. | 乳がん | 7q36 の関係のない DNA 配列と融合 |

G. ヒトのがん遺伝子・がん抑制遺伝子

| がん遺伝子 | 対応する v-onc | 遺伝子座 | 遺伝子産物およびその機能 | 異常の見られるがんの例(かっこ内はがん以外の疾病) | 異常の種類 |
|---|---|---|---|---|---|
| AKT1 | v-akt | 14q32.32-q32.33 | RAC-α プロテインキナーゼ. 細胞質・核に局在. | 乳がん, 結腸直腸がん, 卵巣がん | 突然変異：脂質結合ポケットのアミノ酸置換(D17K) |
| AKT2 | v-akt | 19q13.1-q13.2 | RAC-β プロテインキナーゼ | 膵がん. (II 型糖尿病) | 増幅(膵がん), 突然変異：R274H 置換(II 型糖尿病) |
| AKT3 | v-akt | 1q44 | RAC-γ プロテインキナーゼ. 細胞質・膜に局在. | | |
| ARAF | v-raf | Xp11.3-p11.23 | A-Raf 原がん遺伝子セリン/トレオニンキナーゼ. 細胞膜から核への有糸分裂シグナルの伝達に関与. | | |
| BRAF | v-raf | 7q34 | B-Raf 原がん遺伝子セリン/トレオニンキナーゼ. 細胞質に局在. | 黒色腫, 結腸直腸がん, 腺がん, 非小細胞肺がん, 甲状腺乳頭がん腫 | 突然変異 |
| MAP3K8 | | 10p11.2 | MAPKKK (MEKK). MEK1/2 をリン酸化して活性化. 細胞質に局在し, FKB1/p105 と相互作用. 細胞周期の S 期と $G_2/M$ 期に特異的に活性化. | 肺がん | |
| MOS | v-mos | 8q11 | 細胞分裂抑制因子で有糸分裂を中期で停止. | | |
| PIM1 | | 6p21 | 血球細胞でのシグナル伝達に関与し, 細胞の増殖と生存に寄与. | 急性リンパ球性白血病, 前立腺がん | 過剰発現 |
| PIM2 | | Xp11.23 | 細胞増殖に関与. | 結腸直腸腺がん, リンパ腫 | 過剰発現 |
| PIM3 | | 22q13 | 細胞周期の進行や抗アポトーシス過程に関与. ヒト肝がん細胞株の増殖に関与. | 膵がん | 過剰発現 |
| RAF1 | v-raf-1 | 3p25 | MAPKKK (MEKK). MEK1/2 をリン酸化して活性化. | 急性骨髄性白血病, 肺がん, 胃がん | 過剰発現 |

e. アダプター関連

| がん遺伝子 | 対応する v-onc | 遺伝子座 | 遺伝子産物およびその機能 | 異常の見られるがんの例(かっこ内はがん以外の疾病) | 異常の種類 |
|---|---|---|---|---|---|
| CRK | v-crk | 17p13 | SH2 および SH3 ドメインをもち, ABL1, BCAR1, CBL など各種シグナル伝達因子と相互作用するアダプタータンパク質. 細胞質・細胞膜に局在. | 各種がん細胞の移動や侵入に関与. | 欠失 |
| VAV1 | | 19p13.2 | グアニンヌクレオチド交換因子. チロシンキナーゼシグナルと Rho/Rac GTP アーゼの活性化を共役させ, 細胞分化または増殖に導く. SH2, SH3, PH ドメインなどをもつ. | リンパ球性白血病 | |

1000　G. ヒトのがん遺伝子・がん抑制遺伝子

## f. 転写因子関連

| がん遺伝子 | 対応する v-onc | 遺伝子座 | 遺伝子産物およびその機能 | 異常の見られるがんの例(かっこ内はがん以外の疾病) | 異常の種類 |
|---|---|---|---|---|---|
| ERG | v-ets | 21q22.3 | ヒストンメチルトランスフェラーゼ SETDB1 をリクルートし,局所的にクロマチン構造を修飾する. | ユーイング肉腫,急性骨髄性白血病 | 転座-t(21;22)(q22;q12), t(16;21)(p11;q22) |
| ETS1 | v-ets | 11q23.3 | C-ets-1. STAT5B, アンドロゲン受容体,POU1F1 などの転写因子と相互作用. | 赤芽球や繊維芽細胞の形質転換に関与.卵巣がんほか多様ながんの発症に関与.インターフェロン遺伝子と隣接していることが単球性白血病の発症に関与. | 再配列(前立腺がん) |
| ETS2 | v-ets | 21q22.3 | C-ets-2. ストロメライシン-1(MMP3)やコラゲナーゼ1(MMP8)遺伝子のプロモーターを活性化し,骨格形成に関与. | 前立腺がん,絨毛がん,乳がん,急性リンパ球性白血病,繊維腺腫 | 変異,過剰発現 |
| ETV6 (TEL1) | | 12p13 | 転写抑制因子.TEL2 や FLI1 とヘテロダイマー形成.骨髄における造血に必要. | 慢性骨髄単球性白血病,急性骨髄性白血病,小児急性リンパ性白血病,急性好酸球性白血病,急性リンパ性白血病(骨髄異形成症候群) | 転座-t(5;12)(q33;p13)により PDGFRB 遺伝子と融合;t(12;22)(p13;q11)により MN1 遺伝子と融合;t(12;21)(p12;q22)やt(12;21)(p13;q22)により RUNX1/AML-1 遺伝子と融合;t(10;12)(q24;p13)により JAK2 遺伝子と融合;t(9;12)(p13;p13)により PAX5 遺伝子と融合 |
| EVI1 | | 3q26 | 通常腎や発生中の卵母細胞で発現,染色体再配列により造血細胞での発現や骨髄性白血病をひき起こす. | 急性骨髄性白血病 | 転座-t(3;21)(q26;q22)により RUNX1/AML 遺伝子と融合 |
| FOS | v-fos | 14q24.3 | JUN とヘテロダイマー形成.細胞の増殖・分化・形質転換の制御に働く.DSIPI と相互作用し,活性 AP1 の標的 DNA 配列への結合を阻害.MAFB とも相互作用.破骨細胞の分化に関与. | 急性リンパ球性白血病,網膜芽細胞腫,骨肉腫,乳がん | 過剰発現 |
| FOSB | v-fos | 19q13.3 | JUN と相互作用. | | |
| FOSL1 (FRA-1) | | 11q13 | FOS 様抗原1.JUN と相互作用.細胞の増殖・分化・形質転換の制御に働く.膵がん細胞株 Dan-G におけるレチノイドの標的分子.破骨細胞の分化に関与. | 乳がん,多形性膠芽腫,結腸直腸がん.(神経内分泌腫瘍,腺がん,腺腫) | 過剰発現 |
| FOSL2 (FRA-2) | | 2p23.3 | FOS 様抗原2.JUN と相互作用.細胞の増殖・分化・形質転換の制御に働く. | 乳がん | 過剰発現 |
| FOXG1 (QIN) | | 14q11-q13 | 発生中の脳の区画化や終脳の分化に重要な転写抑制因子 | | |

## G. ヒトのがん遺伝子・がん抑制遺伝子

| がん遺伝子 | 対応する v-onc | 遺伝子座 | 遺伝子産物およびその機能 | 異常の見られるがんの例(かっこ内はがん以外の疾病) | 異常の種類 |
|---|---|---|---|---|---|
| GLI1 |  | 12q13.2-q13.3 | SHH シグナル伝達に働き，細胞増殖・分化に関与. | 神経膠芽腫, 乳がん, 髄芽細胞腫 | 遺伝子増幅 |
| JUN | v-jun | 1p32-p31 | FOS, Fra-1, -2 と相互作用. FOS とのヘテロダイマーは転写因子 AP1 として機能. | 急性リンパ球性白血病, 乳がん, 骨髄性白血病 | 過剰発現 |
| LYL1 |  | 19p13.2 | bHLH 転写因子 | 急性 T 細胞リンパ芽球性白血病 | 転座-t(7;19) |
| MAF | v-maf | 16q22-q23 | FOS, JUN と相互作用. | 多発性骨髄腫. (白内障) | 転座-t(14;16)(q32.3；q23)により IgH 座位で融合 |
| MAFA | v-maf | 8q24.3 | β 細胞でインスリン遺伝子の転写を制御. | 膵島細胞腫 |  |
| MAFB | v-maf | 20q11.1-q13.1 | 骨髄細胞で ETS1 による赤血球特異的遺伝子の転写を抑制し系統特異的な造血細胞分化を制御. |  |  |
| MAFF | v-maf | 22q13.1 | 小 MAF タンパク質の一つ. MAF ファミリータンパク質の N 末端にみられる転写活性化ドメインを欠く. FOS とヘテロダイマーを形成. オキシトシン受容体遺伝子の転写を制御し，また，酸化的ストレスにより誘導される. |  |  |
| MAFG | v-maf | 17q25 | 小 MAF タンパク質の一つ. 転写活性化ドメインを欠き，ホモダイマーを形成して転写抑制因子として機能. FOS や NFE2 と強く相互作用しヘテロダイマー(赤血球や巨核球特異的転写因子)を形成. |  |  |
| MAFK | v-maf | 7p22 | 小 MAF タンパク質の一つ. 転写活性化ドメインを欠き，ホモダイマーを形成して転写抑制因子として機能. FOS や NFE2 と強く相互作用しヘテロダイマー(赤血球や巨核球特異的転写因子)を形成. |  |  |
| MYB | v-myb | 6q22-q23 | 造血性前駆細胞の増殖・分化の制御に重要な因子 | T 細胞急性リンパ球性白血病, 骨髄性白血病, 赤白血病 | 遺伝子重複, 過剰発現 |
| MYC | v-myc | 8q24 | MAX と結合し，ヘテロダイマーとして標的 DNA エレメントに結合. TAF1C や YY1, JARID1A および JARID1B のようなほかの転写因子とも相互作用する. | バーキットリンパ腫, 子宮頸がん, 脳腫瘍, 乳がん, 造血系がん | 遺伝子増幅, 転座 |
| MYCL1 | v-myc | 1p34.3 | MAX と結合し，ヘテロダイマーとして標的 DNA エレメントに結合. | 肺がん | 突然変異, 遺伝子増幅 |
| MYCN | v-myc | 2p24.3 | MAX と結合し，ヘテロダイマーとして標的 DNA エレメントに結合. JARID1A および JARID1B のようなほかの転写因子とも相互作用する. | 神経芽細胞腫, 肺小細胞がん, 横紋筋肉腫 | 遺伝子増幅, 再配列 |

(つづく)

## G. ヒトのがん遺伝子・がん抑制遺伝子

(つづき)

| がん遺伝子 | 対応する v-onc | 遺伝子座 | 遺伝子産物およびその機能 | 異常の見られるがんの例(かっこ内はがん以外の疾病) | 異常の種類 |
|---|---|---|---|---|---|
| PBX1 | | 1q23.3 | ホメオボックス転写因子.MEIS1や多数のHOXタンパク質をヘテロダイマー形成.(1;19)転座で強力な転写活性化因子となる. | 急性プレB細胞白血病, 急性骨髄性白血病 | 転座-(E2A/pbx融合遺伝子を生成) |
| PML | | 15q22 | PML小体に転写活性化因子ELF4をリクルートする. | 急性前脊髄性白血病, 急性骨髄性白血病 | 転座-t(15;17)(q21;q21) RARA遺伝子と融合遺伝子を生成 |
| REL (C-REL) | v-rel | 2p13-p12 | NF-κB1やNF-κB2と相互作用し, NF-κB複合体を形成.分化やリンパ球産生に関与. | 乳がんやそのほかの固形腫瘍・血液悪性腫瘍 | 遺伝子増幅, 過剰発現, 再配列 |
| RELA | v-rel | 11q13 | p65. NF-κB1やNF-κB2と相互作用し, NF-κB複合体を形成. | 膵臓がん, 結腸直腸がん | 過剰発現 |
| RELB | v-rel | 19q13.32 | p50-NF-κB存在下でプロモーター活性を促進. | 乳がん, 前立腺がんでの放射線耐性に関与 | 過剰発現 |
| RUNX1 | | 21q22.3 | モノマーでもDNAに結合するが, DNA結合性はELF1, ELF2, SPI1などとヘテロダイマーを形成することにより増強. | 急性骨髄性白血病, 慢性骨髄性白血病, 小児急性リンパ性白血病 | 転座-RUNX1/AML1型の融合; t(12;21)(p13;q22)によりTEL遺伝子と融合; t(3;21)(q26;q22)によりEAP, MSD1またはEVI1遺伝子と融合. |
| SKI | v-ski | 1q22-q24 | SMAD2, 3, 4と相互作用. 骨格筋細胞の終末分化に関与. 造血細胞系でPU.1と相互作用して, PU.1依存性転写を抑制し, マクロファージ分化を負に制御. | 黒色腫. (1p36欠失症候群) | 過剰発現 |
| SPI1 | | 11p12-p11.22 | モノマーでリンパ球特異的エンハンサーのプリンに富むPUボックスに結合. マクロファージやB細胞の分化や活性化に関与. RUNX1やSPIBと相互作用. | 赤白血病, 急性骨髄性白血病 | 下方制御(低発現) |
| THRA | v-erbA | 17q21.1 | 甲状腺ホルモン受容体α. コアクチベーターのNCOA3やNCOA6と相互作用し, 標的遺伝子の転写を活性化. AKAP13とも相互作用. | 下垂体腺腫 | 突然変異 |
| THRB | v-erbA | 3p24.1-p22 | 甲状腺ホルモン受容体β | 甲状腺ホルモン耐性 | |

## g. その他

| がん遺伝子 | 対応する v-onc | 遺伝子座 | 遺伝子産物およびその機能 | 異常の見られるがんの例(かっこ内はがん以外の疾病) | 異常の種類 |
|---|---|---|---|---|---|
| BCL2 | | 18q21.3 | BAX, BAD, BAK, Bcl-XなどとヘテロダイマーT形成. ミトコンドリア外膜, 核膜, 小胞体膜, に局在. アポトーシス抑制. | 泸胞性リンパ腫, B細胞白血病 | 転座-t(14;18)(q32;q21)免疫グロブリン遺伝子領域との融合 |
| BCL3 | | 19q13.1-q13.3 | 核に局在. NF-κB p50に特異的なIκBとして機能し, 核への移行を阻害. | B細胞白血病, 慢性B細胞リンパ性白血病 | 転座-t(14;19)(q32;q13.1)IgH鎖遺伝子と融合 |

## G. ヒトのがん遺伝子・がん抑制遺伝子

| がん遺伝子 | 対応する v-onc | 遺伝子座 | 遺伝子産物およびその機能 | 異常の見られるがんの例(かっこ内はがん以外の疾病) | 異常の種類 |
|---|---|---|---|---|---|
| BCL5 | | 17q22 | | B細胞プレリンパ性急性侵攻性白血病 | 転座-t(8;17)(q24;q22) |
| BCL6 | | 3q27 | 核に局在.リンパ腫生成に関与する転写抑制因子. | びまん性大細胞性リンパ腫 | 転座-B細胞非ホジキンリンパ腫 t(3;14)(q27;q32), t(3;22)(q27;q11)免疫グロブリン遺伝子領域と融合,B細胞白血病でt(3;11)(q27;q23)によりPOU2AF1/OBF1遺伝子と融合 |
| BMI1 | | 10p13 | 転写抑制状態の維持.E3(ユビキチンリガーゼ)の活性化. | MYCと協同してBリンパ腫を生成. | 過剰発現 |
| CBL | | 11q23.3-qter | E3(ユビキチンリガーゼ).細胞質に局在.活性化受容体型チロシンキナーゼを認識してシグナル伝達を止める. | 骨髄性白血病 | 欠失・変異により受容体型チロシンキナーゼを下方制御する活性が弱まる.11q23-q24領域は乳がん・卵巣がん・肺がんにおけるヘテロ接合性の消失を高頻度に示す. |
| CCND1 | | 11q13 | サイクリンD.CDK4やCDK6とセリン/トレオニンキナーゼ複合体を形成. | 乳がん,頭頸部がん,食道がん,副甲状腺腺腫症,多発性骨髄腫.(フォンヒッペル・リンドウ病),慢性B細胞白血病 | 遺伝子増幅,転座-免疫グロブリン遺伝子領域との融合.t(11;14)(q13;q32),副甲状腺ホルモン遺伝子エンハンサーとの融合.t(11;11)(q13;p15)IgH遺伝子座位との融合.t(11;14)(q13;q32) |
| DEK | | 6p23 | 核に局在し,エキソンジャンクション複合体中にみられる.DNA結合能をもち,ヒストンH2A, H2B, H3, H4,アセチル化ヒストンH4などと相互作用する. | 急性非リンパ性白血病 | 転座-t(6;9)(p23;q34)によりヌクレオポリンNUP214/CAN遺伝子と融合 |
| MPL | | 1p34 | トロンボポエチン受容体.1回膜貫通型タンパク質. | (血小板減少症) | |
| NUP214 | | 9q34 | 核孔複合体成分ヌクレオポリン | 急性骨髄性白血病,T細胞急性リンパ球性白血病,急性未分化白血病 | 転座-t(6;9)(p23;q34)によりDEC遺伝子と融合;t(6;9)(q21;q34.1)によりSET遺伝子と融合 |

(つづく)

1004　G. ヒトのがん遺伝子・がん抑制遺伝子

(つづき)

| がん遺伝子 | 対応する v-onc | 遺伝子座 | 遺伝子産物およびその機能 | 異常の見られるがんの例(かっこ内はがん以外の疾病) | 異常の種類 |
|---|---|---|---|---|---|
| SET | | 9q34 | 細胞質・小胞体・核に局在し,アポトーシス,転写,ヌクレオソーム会合,などに関与.ヒストンやアセチル化を阻害.プロテインホスファターゼ2Aの阻害因子. | 急性未分化白血病,骨髄性白血病 | 転座－t(6;9)(q21;q34.1)によりヌクレオポリンNUP214/CAN遺伝子と融合 |
| TET1 | | 10q21 | 核内に局在するジンクフィンガータンパク質.胎児での心臓・肺・脳の発生に関与. | 急性白血病 | 転座－t(10;11)(q22;q23)によりMLLと融合 |

## 表G-2　がん抑制遺伝子

| がん抑制遺伝子 | 異常の見られるがん・疾病 | 遺伝子座 | 遺伝子産物 | 遺伝子産物の機能 |
|---|---|---|---|---|
| APC | ガードナー症候群,大腸腺腫様ポリポーシス,結腸直腸がん,遺伝性類腱腫,ターコット症候群,胃がん | 5q21-q22 | adenomatous polyposis coli protein; 2843アミノ酸(311 kDa) | β-カテニンと相互作用し,CTNNB1の急速な分解を促進し,Wntシグナル伝達を負に制御. |
| BNIP3 | 結腸直腸がん,乳がん,膵がんなどで関与が示唆されている. | 10q26.3 | BCL2/アデノウイルスE1B 19 kDa protein-interacting protein 3; 194アミノ酸(21,541 Da);ミトコンドリアに局在 | BCL2に結合.アポトーシスを誘導する. |
| BRCA1 | 乳がん,卵巣がん,腹膜漿液性乳頭状腺がん | 17q21-q24 | Breast cancer type 1 susceptibility protein; 1863アミノ酸(207 kDa);核に局在 | DNA損傷に応答してp21の転写制御に働く.イオン化照射後の細胞周期S期と$G_2$期での適切な細胞増殖停止に関与.BRCA2と相互作用. |
| BRCA2 | 早発型乳がん2,ファンコニ貧血,前立腺がん,膵がん,ウィルムス腫瘍 | 13q12-q13 | Breast cancer type 2 susceptibility protein; 3418アミノ酸(384,225 Da) | リン酸化されたBRCA1,RAD51およびRAD52と相互作用し,二本鎖DNA切断修復,相同組換えおよび細胞周期制御に関与. |
| CDH1 | 子宮内膜がん,卵巣がん,乳がん,胃がん | 16q22.1 | カルシウム依存性細胞接着タンパク質カドヘリン-1(E-カドヘリン);882アミノ酸;97456Da;細胞間結合や細胞膜部分に局在 | インテグリンα-E/β-7のリガンドで上皮細胞の細胞間接着・移動性・増殖などの制御に関与. |
| p15/CDKN2B | ぶどう膜黒色腫をはじめ多くの腫瘍 | 9p21 | サイクリン依存性キナーゼ4インヒビターB;138アミノ酸(14,722 Da);CDK4またはCDK6と複合体を形成 | CDK4やCDK6と強く相互作用し強力に活性を阻害する.TGF-βで誘導される細胞増殖停止の潜在的エフェクター. |
| CHEK2 | リー・フラウメニ症候群,体細胞性骨肉腫,家族性前立腺がん,乳がんや結腸直腸がん感受性にも関与. | 22q12.1 | セリン/トレオニンキナーゼChk2;543アミノ酸(60,915 Da);核に局在 | DNA損傷に応答して細胞周期チェックポイントやアポトーシスを制御.CDC25Cホスファターゼをリン酸化して不活化.TP53をリン酸化して活性を制御. |
| CHFR | 結腸がん,肺がん,食道がん,非小細胞肺がんなどへの関与が指摘されている. | 12q24.33 | E3ユビキチンリガーゼCHFR;664アミノ酸(73,386 Da);核に局在 | 微小管毒にさらされた細胞を一時的に分裂前期に増殖停止させるのに必要. |
| DCC | 結腸直腸がん,子宮内膜がん,膵がん,食道扁平上皮がんのリンパ性転移・血行性転移 | 18q21.3 | netrin receptor DCC precursor; 1447アミノ酸(158 kDa);膜に局在 | ネトリン受容体,ネトリン受容体のUNC5A, B, Cと相互作用して軸索反発作用シグナル伝達をひき起こす. |

## G. ヒトのがん遺伝子・がん抑制遺伝子

| がん抑制遺伝子 | 異常の見られるがん・疾病 | 遺伝子座 | 遺伝子産物 | 遺伝子産物の機能 |
|---|---|---|---|---|
| DLC1 | 結腸直腸がん，肝細胞がん | 8p22 | Rho GTPアーゼ活性化タンパク質7；1091アミノ酸(123 kDa)；細胞質に局在 | PLCD1(ホスホリパーゼ Cδ1)の活性化因子で，細胞骨格の再組織化を通して形態的変化や細胞剝離をひき起こす． |
| DPC4 (SMAD4) | 膵がん，若年性腸ポリープ症，若年性ポリポーシス，遺伝性出血性毛細血管拡張症 | 18q21.1 | Mothers against 転写調節因子 decapentaplegic homolog 4；552アミノ酸(60,439 Da)；細胞質・核に存在 | BMP2 に対して応答し，BMP標的遺伝子の転写を活性化する．TGF-β スーパーファミリーによるシグナル伝達に関与．SMAD2/SMAD4/FAST-1 複合体の DNA への結合を促進し，SMAD1 または SMAD2 の転写促進活性を亢進． |
| ER/ESR1 | 乳がん | 6q25.1 | エストロゲン受容体；595アミノ酸(66,216 Da)；核ホルモン受容体；核に局在 | コアクチベーター NCOA3, 5, 6 などと相互作用し標的遺伝子の転写を増強する． |
| EXT1 | 多発性骨軟骨性外骨腫症1型，軟骨肉腫 | 8q24.11 | exostosin-1；746アミノ酸(86,255 Da)；小胞体膜やゴルジ体膜に局在；ホモオリゴマーまたは EXT2 とヘテロオリゴマーを形成 | ヘパラン硫酸の生合成に必要なグリコシルトランスフェラーゼ．EXT1/EXT2 はゴルジ体に局在し，単体よりも強い酵素活性を示す． |
| EXT2 | 多発性骨軟骨性外骨腫症2型 | 11p12-p11 | exostosin-2；718アミノ酸(82,255 Da)；小胞体膜やゴルジ体膜に局在；ホモオリゴマーまたは EXT1 とヘテロオリゴマーを形成 | ヘパラン硫酸の生合成に必要なグリコシルトランスフェラーゼ．EXT1/EXT2 はゴルジ体に局在し，単体よりも強い酵素活性を示す． |
| FHIT | 早発型明細胞腎がんで FHIT 遺伝子を含む染色体に異常．消化管がんとも関連． | 3p14.2 | 5′-アデノシルトリホスファターゼ Bis；147アミノ酸(16,858 Da)；細胞質に局在 | 5′-アデノシルトリホスファターゼ(ジヌクレオチドトリホスファターゼ；fragile histidine triad protein)をコードする． |
| GSTP1 | 食道の扁平上皮がんやバレット食道がんの感受性因子 | 11q13-qter | グルタチオン S-トランスフェラーゼ P；210アミノ酸(23,356 Da) | 多様な求電子試薬と還元型グルタチオンとを接合させる． |
| LOX | 劣性皮膚弛緩症1型 | 5q23.3-q31.2 | プロテインリシン 6-オキシダーゼ；417アミノ酸(46,944 Da)；分泌性で細胞外部分に局在 | 繊維状コラーゲンやエラスチン前駆体のリシン残基の翻訳後酸化的脱アミノを起こす．細胞外マトリックスタンパク質の架橋形成． |
| Maspin (SERPINB5) | 乳がんの増殖・侵入・転移を阻止 | 18q21.3 | serpin B5；375アミノ酸(42,138 Da)；分泌性で細胞外画分に局在 | セリンプロテアーゼ阻害． |
| MGMT | 神経膠腫 | 10q26 | メチル化 DNA-タンパク質-システインメチルトランスフェラーゼ；207アミノ酸(21,646 Da)；核に局在 | DNA の O-6 メチルグアニンに対する細胞防御に関与．DNA 分子中のアルキル化グアノシン修復(自殺反応)． |
| MLH1 | 遺伝性非ポリポーシスタイプ2結腸直腸がん，膠芽細胞腫を伴うターコット症候群，ミュア・トール症候群，神経膠腫や白血病を伴うカフェオレ斑点 | 3p22.3 | DNA ミスマッチ修復タンパク質 Mlh1；756アミノ酸(84,601 Da)；核に局在 | DNA のミスマッチ修復に関与．散発性結腸直腸がんで欠失，乳がんや散発性子宮内膜がんでプロモーター領域の高メチル化を伴う変異が見られる． |

(つづく)

## 1006　G. ヒトのがん遺伝子・がん抑制遺伝子

(つづき)

| がん抑制遺伝子 | 異常の見られるがん・疾病 | 遺伝子座 | 遺伝子産物 | 遺伝子産物の機能 |
|---|---|---|---|---|
| MSH2 | 遺伝性非ポリポーシスタイプ1結腸直腸がん, 卵巣がん, ミュア・トール症候群, 白血病を伴うカフェオレ斑点, 早発型膠芽細胞腫, T細胞リンパ腫, 白血病を伴うタイプI神経線維腫症, リンチ症候群II | 2p21 | DNAミスマッチ修復タンパク質 Msh2; 934アミノ酸(104 kDa); BRCA1結合ゲノム監視複合体(BASC)の一部を構成; 核に局在 | 複製後のミスマッチ修復に関与. ミスマッチのあるDNAに特異的に結合し, 切除されるヌクレオチドサイトを標識化. |
| NF1 | 神経芽線維腫症, ワトソン症候群, 若年性骨髄性単球白血病, 線維形成性神経親和性黒色腫, 家族性脊髄性神経線維腫症, 神経線維腫症, ヌーナン症候群, 脛骨偽関節 | 17q11.2 | ニューロフィブロミン; 2839アミノ酸(319 kDa) | RasのGTPアーゼ活性を促進. |
| NF2 | 神経線維腫症2型, 体細胞性髄膜腫, 神経鞘腫症 | 22q12.2 | メルリン; 595アミノ酸(69,690 Da); 10種類のスプライシングアイソフォームが知られており, その局在は細胞質, 核周辺領域, 核, 細胞突起, などさまざま. | 膜安定化タンパク質として働くと考えられている. 正常な細胞骨格の組織化を維持. セリン/トレオニンキナーゼPAK1活性を阻害. GTPアーゼ活性化タンパク質centaurin γ1(CENTG1)に結合しその活性を阻害することによりPI3-キナーゼを阻害. |
| CDKN2A (p16, INK4) | 悪性黒色腫, リー・フラウメニ症候群, 膵がん | 9p21 | サイクリン依存性キナーゼインヒビター 2A; 173アミノ酸(18,006 Da); 核に局在 | $G_1$期および$G_2$期での細胞増殖停止に関与. がん遺伝子活性をもつユビキチンリガーゼMDM2に結合して核・細胞質間の移行を阻止することによりMDM2により誘導されるp53の分解を阻止し, p53依存の転写活性化やアポトーシスを促進する. サイクリンB1/CDC2複合体の活性化を阻害することによっても$G_2$停止やアポトーシスを誘導する. E2F1やMycに結合して転写促進活性を阻害する. CDK4やCDK6と強く相互作用することにより正常細胞の増殖を負に制御. |
| p57KIP2 (CDKN1C) | ベックウィズ・ビーデマン症候群 | 11p15.5 | サイクリン依存性キナーゼインヒビター 1C; 316アミノ酸(32,177 Da); 核に局在 | いくつかの$G_1$サイクリン/CDK複合体(サイクリンE-CDK2, サイクリンD2-CDK4, サイクリンA-CDK2)に固く結合して活性を阻害. 細胞増殖を負に制御. |
| p73 (TP73) | 乳がん, 卵巣がん, 神経芽細胞腫; 神経芽細胞腫および乏突起膠腫(希突起グリオーマ)で半接合が観察 | 1p36.3 | 腫瘍タンパク質(転写因子)p73; 636アミノ酸(69,623 Da); 核に局在 | C末端のオリゴマー化ドメインでABL1チロシンキナーゼのSH3ドメインに結合; DNA損傷に応答してアポトーシスに関与; p53応答遺伝子の転写を活性化. |
| PMS1 | 遺伝性非ポリポーシス結腸直腸がん3型 | 2q31-q33 | PMS1タンパク質ホモログ1; 932アミノ酸(105 kDa); 核に局在 | DNAのミスマッチ修復に関与. |
| PMS2 | 膠芽細胞腫を伴うターコット症候群, 遺伝性非ポリポーシス結腸直腸がん4型, 神経外胚葉性腫瘍 | 7p22.1 | PMS1タンパク質ホモログ2; 862アミノ酸(95,798 Da); BRCA1結合ゲノム監視複合体(BASC)の一部を構成; 核に局在 | DNAのミスマッチ修復に関与. |
| PTCH1 | ゴーリン症候群, 基底細胞がん, 全前脳症-7, 髄芽細胞腫 | 9q22.1-q31 | Protein patched homolog 1 (ソニックヘッジホッグShh受容体); 1447アミノ酸(160 kDa); 膜に局在 | SMO(smoothenedタンパク質)と結合して, ヘッジホッグシグナル伝達に関与. |

G. ヒトのがん遺伝子・がん抑制遺伝子

| がん抑制遺伝子 | 異常の見られるがん・疾病 | 遺伝子座 | 遺伝子産物 | 遺伝子産物の機能 |
|---|---|---|---|---|
| PTEN | カウデン病，神経膠芽腫 | 10q23 | PTEN ホスファターゼ；403 アミノ酸(47,166 Da)；細胞質に局在 | PKB/Akt を活性化しがん化に導く PI(3,4,5)P$_3$ を脱リン酸し，PI-(4,5)P$_2$ に変換． |
| RASSF1A | 肺がん | 3p21.3 | Ras association domain-containing protein 1; 344 アミノ酸(39,219 Da)；アイソフォーム A は細胞質，アイソフォーム C は核に局在 | デス受容体依存性アポトーシスに必要．細胞周期制御． |
| RB1 | 網膜芽細胞腫，骨肉腫，膀胱がん，両眼性の網膜芽細胞腫を伴う松果体腫 | 13q14.2 | Retinoblastoma-associated protein(pRB, RB, pp110, p105-Rb)；928 アミノ酸(106 kDa)；核に局在；E2F 標的遺伝子の転写抑制因子 | E2F1 と優先的に結合してヘテロクロマチンの形成に直接関与し，特に，ヒストンメチル化を安定化させることにより構成的なヘテロクロマチンの構造を維持する．ヒストンメチルトランスフェラーゼ SUV39H1, SUV420H1, SUV420H2 をリクルートし，エピジェネティックな転写抑制に導く．ヒストン H4K20 のトリメチル化を制御する．クロマチン修飾酵素をプロモーターにリクルートすることにより，E2F 標的遺伝子の転写抑制因子として働く．TAF1 の内在性キナーゼ活性を阻害する． |
| SDHD | 傍神経節腫，褐色細胞腫，腸カルチノイド腫瘍，メルケル細胞がん，胃肉腫 | 11q23 | コハク酸デヒドロゲナーゼ；159 アミノ酸(17,043 Da)；ミトコンドリア内膜に局在 | 呼吸鎖電子伝達系に関与． |
| SFRP1 | 肝細胞がん，胃がん，腎細胞がん | 8p11.21 | Secreted frizzled-related protein 1 precursor；314 アミノ酸(35,386 Da)；WNT1, WNT2 と相互作用；分泌性 | Wnt タンパク質と直接相互作用して Wnt シグナル伝達を調節し，細胞増殖や分化を制御． |
| SMAD2 | 散発性結腸直腸がん | 18q21.1 | Mothers against decapentaplegic homolog 2; 467 アミノ酸(52,306 Da)；SMAD3, TRIM33, CBP, p300 などと相互作用．SMAD4 と複合体を形成して核内に移行． | TGF-β やアクチビンタイプ 1 受容体キナーゼにより活性化される転写調節因子．TGF-β やアクチビンのシグナル伝達に関与して，細胞増殖抑制に働く． |
| TP53 | 結腸直腸がん，リー・フラウメニ症候群，肝細胞がん，骨肉腫，組織球腫，甲状腺がん，鼻咽腔がん，膵がん，副腎皮質腫瘍，乳がんなど | 17p13.1 | Cellular tumor antigen p53; 393 アミノ酸(43,653 Da)；ホモテトラマーとして DNA に結合；転写調節因子；C 末端で TFIID の成分である TAF1 に結合．細胞質・核・小胞体に存在 | 転写調節因子．WAF1(CDKN1A)による G$_1$ 細胞周期停止・細胞分裂制御，DNA 修復，アポトーシス関連遺伝子の誘導．ヒストンアセチルトランスフェラーゼ EP300 およびメチルトランスフェラーゼ HRMT1L2 と CARM1 に結合してプロモーターにリクルートする． |
| TSC1 | 結節性硬化症，リンパ管平滑筋腫症，皮質形成異常症 | 9q34 | ハマルチン；1164 アミノ酸(129 kDa)；細胞質・膜に存在 | 小胞輸送や細胞増殖停止に関与．TSC2(チュベリン)や DOCK7 と相互作用． |
| TSC2 | 結節性硬化症 | 16p13.3 | チュベリン；1807 アミノ酸(201 kDa)；細胞質・膜に局在 | 小胞輸送や細胞増殖停止に関与．TSC1(ハマルチン)と相互作用 |
| CADM1 (TSLC1/IGSF4) | 非小細胞肺がんやほかの多くのがん | 11q23.2 | 細胞接着分子；442 アミノ酸(48,509 Da)；細胞膜に局在 | 細胞間接着に関与． |

(つづく)

### G. ヒトのがん遺伝子・がん抑制遺伝子

(つづき)

| がん抑制遺伝子 | 異常の見られるがん・疾病 | 遺伝子座 | 遺伝子産物 | 遺伝子産物の機能 |
|---|---|---|---|---|
| VHL | フォンヒッペル・リンダウ病,体細胞性腎細胞がん,褐色細胞腫,体細胞性小脳血管芽細胞腫,良性家族性赤血球増加症 | 3p25.3 | フォンヒッペルリンダウ病がん抑制タンパク質；213アミノ酸(24,153 Da)；転写伸長因子複合体エロンガンBCと複合体を形成するCBC(VHL)-E3(ユビキチンリガーゼ)複合体の一部を構成.細胞質・膜・核などに存在 | VHLユビキチン化複合体を介したユビキチン化とそれに続くプロテアソームによるタンパク質分解に関与.転写伸長因子エロンガンの活性阻害. |
| WT1 | ウィルムス腫瘍タイプ1,WAGR症候群,デニス・ドラッシュ症候群,フレイジャー症候群,糸球体間質硬化症 | 11p13 | 転写調節因子ウィルムス腫瘍タンパク質；449アミノ酸(49,188 Da)；核に局在 | GCに富む配列やTCリピート配列に結合し,転写抑制および促進に関与. |

# H. 転写因子の DNA 結合ドメインによる分類

より詳細には転写因子データベースの Transfac やタンパク質の構造的分類のデータベース SCOP, Pfam, InterPro などを参照されたい。　　　　　　　　　　　　　　　　　　（執筆担当：青木 淳・鈴木正則）

| クラス | スーパーファミリー | ファミリー |
|---|---|---|
| 塩基性ドメイン | bZIP: 塩基性ロイシンジッパー | AP-1(様)因子類, CREB, C/EBP 様因子類, bZIP/PAR, 植物 G-ボックス結合因子類, ZIP のみ |
| | bHLH: 塩基性ヘリックス・ループ・ヘリックス | ユビキタス(UBS クラス A)因子類, 筋形成転写因子類, Achaete-Scute, Tal/Twist/Atonal/Hen, Hairy, PAS ドメインをもつ bHLH, INO, HLH ドメインのみ |
| | bHLH-ZIP: 塩基性ヘリックス・ループ・ヘリックス/ロイシンジッパー | ユビキタス bHLH-ZIP 因子類, 細胞周期制御因子類 |
| | bHSH: 塩基性ヘリックス・スパン・ヘリックス | AP-2 |
| ヘリックス・ターン・ヘリックス | ホメオドメイン | ホメオドメインのみ, POU ドメイン因子類, LIM ドメインをもつホメオドメイン, ホメオドメインとジンクフィンガー |
| | フォークヘッド/winged ヘリックス | 発生制御因子類, 組織特異的制御因子類, 細胞周期制御因子類, DNA 認識ウイングをもつ制御因子類, LexA N 末端 DNA 結合ドメイン, ArgR N 末端 DNA 結合ドメイン, Rex N 末端ドメイン, Z-DNA 結合 |
| | トリプトファンクラスター/ホメオドメイン様 | Myb, SANT, SLIDE, GARP 応答制御因子類, ARID ドメイン, Ets タイプ, インターフェロン制御因子類 |
| | ペアードボックス | ペアードボックスとホメオドメイン, ペアードボックスのみ |
| | 熱ショック因子セントラル ヘリックス・ターン・ヘリックス | 熱ショック因子類 |
| | TEA ドメイン | TEA |
| ヘリックス・伸張ループ・ヘリックス | ヘリックス・ループ・ヘリックス | SAP ドメイン |
| | リボン・ヘリックス・ヘリックス | リボン・ヘリックス・ヘリックス |
| 亜鉛配位 DNA 結合ドメイン | $Cys_4$ ジンクフィンガー(核受容体型) | ステロイドホルモン受容体, 甲状腺ホルモン受容体様因子 |
| | diverse $Cys_4$ ジンクフィンガー | GATA 因子, Trithorax |
| | $Cys_2His_2$ ジンクフィンガー | ユビキタス因子(TFIIIA, Sp1 など), 発生/細胞周期制御因子類(Krüppel など), カビの代謝制御因子類, NF-6B 類似結合能をもつ大型因子類, ウイルスの制御因子類 |
| | $Cys_6$ システイン-亜鉛クラスター | カビの代謝制御因子類 |
| | 交互配置型ジンクフィンガー | $Cx_7Hx_8Cx_4C$ ジンクフィンガー, $Cx_2Hx_4Hx_4C$ ジンクフィンガー |
| | その他 | PHD ドメイン |
| β-スカフォールド因子(minor groove contact をもつ) | Rel 相同領域(RHR) | Rel/アンキリン, アンキリンのみ, NF-AT |
| | STAT | STAT-like |
| | p53 | p53-like, Rel/Dorsal 転写因子 DNA 結合ドメイン |
| | MADS ボックス | 分化制御因子類, 外部刺激応答因子類, 代謝制御因子類 |
| | β バレル α ヘリックス転写因子 | E2 |

（つづく）

## H. 転写因子の DNA 結合ドメインによる分類

(つづき)

| クラス | スーパーファミリー | ファミリー |
|---|---|---|
| β-スカフォールド因子(minor groove contact をもつ) (つづき) | TATA 結合タンパク質 | TBP |
| | HMG | SOX, TCF-1, HMG2-related, UBF, MATA |
| | ヒストンフォールド | ヘテロマー CCAAT 因子類, 基本転写因子 TFIID |
| | ヘテロマー CCAAT 因子 | CP1A |
| | グレイニーヘッド | LSF/CP2, グレイニーヘッド |
| | コールドショックドメイン因子 | csd |
| | Runt | Runt |
| | SMAD/NF-1 | SMAD, NF-1 |
| | T ボックスドメイン | Brachyury, TBX |
| そのほかの転写因子 | BTB/POZ ドメイン | Bcl6 |
| | Gcm ドメイン | Gcm1 |
| | 銅フィストタンパク質 | カビの制御因子類 |
| | HMGI(Y) | HMGI(Y) |
| | ポケットドメイン | Rb, CBP |
| | E1A 様因子 | E1A |
| | SAM ドメイン | SAM ドメイン, Pointed ドメイン |
| | AP2/EREBP 関連因子 | AP2, EREBP, AP2/B3 |
| | Sand ドメイン | sp100 |

# I. 核酸に作用する酵素類

　一般的な遺伝子操作や分子生物学・生化学実験(研究)に利用されている酵素類をまとめた．DNAに作用する酵素，RNAに作用する酵素，DNAとRNA両方に作用する酵素に分け，EC番号順に並べた．

（執筆担当：外丸靖浩・鈴木正則）

## 表 I-1 DNA に作用する酵素

| 酵 素 名 | EC 番号 | 性　質 | 用　途 |
|---|---|---|---|
| dcm メチルトランスフェラーゼ | 2.1.1.37 | DNAに S-アデノシルメチオニンのメチル基を修飾する酵素で，CC(A/T)GG の Cの部分をメチル化する酵素．DNA(シトシン-5-)-メチルトランスフェラーゼ． | DNA のメチル化により特定の制限酵素による切断に対する感受性を変化 |
| dam メチルトランスフェラーゼ | 2.1.1.72 | DNAに S-アデノシルメチオニンのメチル基を修飾する酵素で，GATC の A の部分をメチル化する酵素．デオキシアデノシルメチルトランスフェラーゼ．DNA アデニンメチラーゼ． | DNA のメチル化により特定の制限酵素による切断に対する感受性を変化 |
| メチル化酵素(部位特異的) | 2.1.1.72 | 外来のプラスミドやファージ DNA を宿主制限により分解し，自己の DNA を保護するためにメチル化による DNA 修飾を行う酵素． | 特定の DNA 断片の単離 |
| T4 DNA ポリヌクレオチドキナーゼ | 2.7.1.78 | ポリヌクレオチド 5'-ヒドロキシキナーゼ．DNA または RNA の 5' 末端に ATP の γ 位のリン酸基を付与する酵素である．ATP 存在下では 5'-OH 末端のリン酸化反応が起こり，このとき同時にリン酸転移反応が起こる(交換反応)．この反応を利用して末端標識に用いられる． | DNA または RNA の 5' 末端標識 |
| SP6 RNA ポリメラーゼ | 2.7.7.6 | SP6 プロモーター配列を含む二本鎖 DNA を鋳型，NTP を基質にしてプロモーター配列下流の鋳型 DNA に相補的な一本鎖 RNA の合成を行う酵素．DNA 依存性ヌクレオシド 3-リン酸：RNA ヌクレオチジルトランスフェラーゼ． | RNA の合成 |
| DNA 依存性 RNA ポリメラーゼ | 2.7.7.6 | DNA を鋳型にして RNA を合成する酵素． | RNA の合成 |
| DNA 依存性 RNA ポリメラーゼ I, II, III, IV | 2.7.7.6 | DNA を鋳型にして配列情報を転写する酵素．I は核小体にありおもに rRNA の合成を行い，II，III は核内に存在し II は mRNA の合成を，III は tRNA や 5S RNA，miRNA などの短い RNA の合成を行う． | 転写(RNA 合成)研究 |
| T3 RNA ポリメラーゼ | 2.7.7.6 | T3 プロモーター配列を含む二本鎖 DNA を鋳型，NTP を基質にしてプロモーター配列下流の鋳型 DNA に相補的な一本鎖 RNA の合成を行う酵素． | RNA の合成 |
| T7 RNA ポリメラーゼ | 2.7.7.6 | T7 プロモーター配列を含む二本鎖 DNA を鋳型，NTP を基質にしてプロモーター配列下流の鋳型 DNA に相補的な一本鎖 RNA の合成を行う酵素． | RNA の合成 |
| Ex Taq DNA ポリメラーゼ | 2.7.7.7 | 3'→5' エキソヌクレアーゼ活性をもつ．Fidelity は rTaq(組換え Taq)の 4 倍． | PCR |
| Klen Taq DNA ポリメラーゼ | 2.7.7.7 | Taq の N 末端欠失変異タンパク質．エラー率は $5.1 \times 10^{-5}$ エラー/bp． | PCR |

(つづく)

# I. 核酸に作用する酵素類

(つづき)

| 酵 素 名 | EC 番号 | 性　質 | 用　途 |
|---|---|---|---|
| KOD DNA ポリメラーゼ | 2.7.7.7 | Thermococcus kodakaraensis KOD1 株由来耐熱性酵素. ポリメラーゼ活性のほか, 強い $3'→5'$ エキソヌクレアーゼ活性をもち, 高い PCR Fidelity を示す. 2種類の抗 KOD モノクローナル抗体を加え, 常温でのポリメラーゼ活性とエキソヌクレアーゼ活性を阻害し, PCR 反応前の非特異的反応やプライマーの消化を防いでホットスタートさせることにより PCR に対する特異性を向上させた KOD-PLUS や変異型 KOD($3'$-$5'$ エキソヌクレアーゼ活性欠損)と野生型の KOD ポリメラーゼを混合した KOD Dash もある. エラー率は $3.2×10^{-6}$. | 正確な PCR. PCR 産物のクローニングに適する. |
| 大腸菌 DNA ポリメラーゼ I (クレノウフラグメント) | 2.7.7.7 | 大腸菌 DNA ポリメラーゼ I の構造遺伝子 polA の開始コドンから約 1000 bp を欠失させた組換え遺伝子の産物である. DNA を鋳型にして, 鋳型相補的な DNA もしくは RNA をプライマーに $5'→3'$ 方向に DNA を合成する. 一本鎖特異的 $3'→5'$ エキソヌクレアーゼ活性ももっているが, 二本鎖特異的 $5'→3'$ エキソヌクレアーゼ活性は完全に欠損している. | クローニングの際の末端処理 |
| 大腸菌 DNA ポリメラーゼ I (ホロ酵素) | 2.7.7.7 | DNA を鋳型にして, 鋳型相補的な DNA もしくは RNA をプライマーに $5'→3'$ 方向に DNA を合成する. 二本鎖特異的 $5'→3'$ エキソヌクレアーゼ活性, 一本鎖特異的 $3'→5'$ エキソヌクレアーゼ活性ももっている. | 逆転写反応後の second strand 合成 |
| Taq DNA ポリメラーゼ | 2.7.7.7 | Thermus aquaticus 報由来耐熱性酵素. エラー率は $1.1×10^{-4}$〜$2.0×10^{-5}$ エラー/bp. $2.3×10^{-5}$ 程度という報告もある. | PCR |
| Tfl DNA ポリメラーゼ | 2.7.7.7 | Thermus flavus 由来耐熱性酵素. エラー率は $1.03×10^{-4}$ エラー/base. | PCR |
| Tth DNA ポリメラーゼ | 2.7.7.7 | Thermus thermophilus(HB-8)由来耐熱性酵素. $Mg^{2+}$ の存在下で二本鎖 DNA を鋳型として $5'→3'$ 方向の DNA 伸長活性を示し, $Mn^{2+}$ の存在下では RNA を鋳型として $5'→3'$ 方向の DNA 伸長活性を示す. $5'→3'$ エキソヌクレアーゼ活性ももつ. | PCR, RT-PCR, プライマー伸長反応;高温での逆転写反応により RNA の二次構造に関する問題が低減し, プライマーハイブリダイゼーションもより正確になる. |
| T4 DNA ポリメラーゼ | 2.7.7.7 | DNA を鋳型にして, 鋳型相補的な DNA をプライマーに $5'→3'$ 方向に DNA を合成する. クレノウフラグメントと比べて約 100〜1000 倍強い一本鎖特異的 $3'→5'$ エキソヌクレアーゼ活性ももっている. 二本鎖特異的 $5'→3'$ エキソヌクレアーゼ活性はもたない. | クローニングの際の末端処理 |
| T7 DNA ポリメラーゼ | 2.7.7.7 | DNA を鋳型にして, 鋳型相補的な DNA をプライマーに $5'→3'$ 方向に DNA を合成する. 強い一本鎖特異的 $3'→5'$ エキソヌクレアーゼ活性ももっている. 二本鎖特異的 $5'→3'$ エキソヌクレアーゼ活性はもたない. | RNA の合成 |
| DyNAzyme I DNA ポリメラーゼ | 2.7.7.7 | Thermus brockianus(F-500)由来耐熱性酵素. $5'→3'$ エキソヌクレアーゼ活性はもつが, $3'→5'$ エキソヌクレアーゼ活性はもたない. | PCR |

# I. 核酸に作用する酵素類

| 酵素名 | EC番号 | 性質 | 用途 |
|---|---|---|---|
| Pfu DNA ポリメラーゼ | 2.7.7.7 | *Pyrococcus furiosus* 由来耐熱性酵素. エラー率は $1.6 \times 10^{-6} \sim 2.8 \times 10^{-6}$ エラー/base で DNA を増幅し, Pfu Turbo などの修飾を施した酵素はより低いエラー率($6.93 \times 10^{-7}$)のエラー率を示す. | PCR |
| Phusion | 2.7.7.7 | 二本鎖 DNA 結合ドメインを新規な *Pyrococcus* 様耐熱性酵素と融合させたもので, $4.4 \times 10^{-7}$ のエラー率. | PCR |
| Pwo DNA ポリメラーゼ | 2.7.7.7 | *Pyrococcus woesii* 由来の耐熱性酵素. $3' \to 5'$ エキソヌクレアーゼ活性をもつが, $5' \to 3'$ エキソヌクレアーゼ活性はもたない. DNA 増幅の忠実度は Taq の 18 倍. | PCR |
| Platinum Pfx DNA ポリメラーゼ | 2.7.7.7 | エラー率は Pfu Turbo よりも 2.7 倍高い. | PCR |
| PrimeSTAR™ HS DNA ポリメラーゼ | 2.7.7.7 | 由来不詳. $3' \to 5'$ エキソヌクレアーゼ活性をもつ. 250,000 bp 当たり 12 ヌクレオチドのエラー($4.8 \times 10^{-5}$). | PCR |
| Vent DNA ポリメラーゼ | 2.7.7.7 | *Thermococcus litoralis* 由来の耐熱性酵素. $3' \to 5'$ エキソヌクレアーゼ活性をもつ. エラー率は $2.4 \times 10^{-5} \sim 5.7 \times 10^{-5}$ エラー/bp. | PCR |
| ターミナルデオキシヌクレオチジルトランスフェラーゼ | 2.7.7.31 | 鋳型を必要とせず一本鎖または二本鎖 DNA の 3' 末端にデオキシヌクレオチドを重合する反応を触媒する. プライマーとなる最低 3 塩基以上のオリゴデオキシヌクレオチドが必要である. | 標識 dNTP または ddNTP による DNA の 3' 末端標識 |
| DNA プライマーゼ | 2.7.7.- | DNA 複製時のプライマー(RNA 断片)を合成する酵素. 一本鎖 DNA を鋳型として一定長の RNA プライマーを合成する. 複製フォークにおいて DNA ヘリカーゼに結合し, ラギング鎖に対して 11 塩基ほどのプライマーを合成し, 岡崎フラグメント合成の足がかりとなる. | DNA 複製反応機構の研究 |
| 大腸菌エキソヌクレアーゼ I | 3.1.11.1 | DNA リン酸エステル結合を加水分解することにより, 一本鎖 DNA の 3' 末端から 5'-モノヌクレオチドを遊離させる $3' \to 5'$ エキソヌクレアーゼである. この酵素は, 一本鎖 DNA に対して特異的に働き, 二本鎖 DNA や RNA には作用しない. | PCR 後の残存プライマーの除去 |
| 大腸菌エキソヌクレアーゼ III | 3.1.11.2 | 二本鎖 DNA の 3'-OH 末端から 5'-モノヌクレオチドを遊離させる $3' \to 5'$ エキソヌクレアーゼである. | ジデオキシ法シークエンスの鋳型調製. タンパク質 DNA の相互作用. |
| ファージ λ エキソヌクレアーゼ | 3.1.11.3 | 二本鎖 DNA のリン酸エステル結合を加水分解することにより, DNA の 3' 末端から 5'-モノヌクレオチドを遊離させる $3' \to 5'$ エキソヌクレアーゼである. | DNA の末端消化 |
| デオキシリボヌクレアーゼ I | 3.1.21.1 | 一本鎖および二本鎖の DNA を同程度にランダムに分解し, 5'-P 末端をもつオリゴヌクレオチドを精製させるエンドヌクレアーゼである. Mg 存在下では, 二本鎖 DNA にランダムにニックを入れるが, Mn 存在下では二本鎖同時切断が起こり DNA を断片化させる. | DNA の分解 |
| 制限酵素タイプ I | 3.1.21.3 | 認識部位と切断点は異なり, 切断部位は一定ではない. | 特定の DNA 断片の単離 |

(つづく)

# I. 核酸に作用する酵素類

(つづき)

| 酵 素 名 | EC番号 | 性 質 | 用 途 |
|---|---|---|---|
| 制限酵素タイプⅡ | 3.1.21.4 | 特異的塩基配列を認識して二本鎖DNAを切断する．(→制限酵素) | 特定のDNA断片のクローニング，RFLP分析 |
| 制限酵素タイプⅢ | 3.1.21.5 | 認識部位と切断点は異なるが，特定の部位を切断する． | 特定のDNA断片のクローニング |
| メチル化依存制限酵素(制限酵素タイプⅣ) | 3.1.21.- | メチル化されているときだけ特異的な標的配列を切断する大腸菌K株に含まれる3種類の酵素：mrr(6-メチルアデニン特異的)，mcrA($m^5$CG特異的)，mcrB($R^{m5}$C特異的)． | ゲノムDNAのメチル化の解析 |
| ホーミングエンドヌクレアーゼ | 3.1.- | 可動性の自己スプライシングするイントロンまたはインテインをもった遺伝子によりコードされるエンドヌクレアーゼ．intron or intein-encoded endo-nucleases ともよばれる．認識配列は12～40 bpで1～10ヌクレオチドのオーバーハングを残してDNAを切断する． | 特定のDNA断片のクローニング |
| DNAヘリカーゼⅠ | 3.6.1.- | PcrA, UvrD(DNA修復)およびRep(DNA複製)から成るヘリカーゼスーパーファミリーで，ATP依存的にDNA二本鎖の巻戻しを行う酵素．DNA複製やDNA修復の際に働く． | DNA複製・修復機構の解析 |
| DNAヘリカーゼⅡ | 3.6.1.- | 一本鎖突出末端や平滑末端の二本鎖DNAおよびニックが入った二本鎖DNA鎖を基質とし，またRNA-DNAハイブリッド分子についてもATP依存性に巻戻し反応を行う．RecQ型DNAヘリカーゼは，DNAの二本鎖を巻戻しDNAの修復に関与する． | DNA複製・修復機構の解析 |
| DNAヘリカーゼⅢ | 3.6.1.- | ATP依存性の二本鎖DNA巻戻し酵素．SV40 DNA複製に働くLTagやヒトパピローマウイルスDNA複製に働くE1が含まれる． | ウイルスDNA複製機構の解析 |
| DNAトポイソメラーゼⅠ | 5.99.1.2 | DNAの高次構造を解く活性があり，以下の4種の反応を触媒する．1)環状DNAのスーパーコイル構造を解く．2)一本鎖DNA内にDNAに対して，knottingを施したりunknottingする作用がある．3)互いに相補的な塩基配列をもつ環状一本鎖DNAから，二本鎖の閉環状DNA分子を形成する反応を行う．4)二つの環状二本鎖DNA分子のどちらかの分子にDNA鎖の切れ目が存在する場合，二つの分子の連結反応(catenation)，あるいはその逆の反応(decatenation)を起こす． | DNAのコンホメーションの変換と解析 |
| T4 DNAリガーゼ | 6.5.1.1 | 補酵素であるATPを要求する隣接したDNA鎖の5'-P末端と3'-OH末端をホスホジエステル結合で連結する酵素である．突出末端同士でも平滑末端同士でも連結できる．DNAとRNA，RNAとRNAの連結活性もわずかではあるがもっている． | DNAの連結，リンカー連結，クローニング |
| 大腸菌DNAリガーゼ | 6.5.1.2 | 補酵素であるNADを要求する隣接したDNA鎖の5'-P末端と3'-OH末端をホスホジエステル結合で連結する酵素である．突出末端同士の連結を行う． | DNAの連結，リンカー連結，クローニング |

## 表 I-2 RNA に作用する酵素

| 酵素名 | EC 番号 | 性質 | 用途 |
|---|---|---|---|
| ポリ(A)合成酵素 | 2.7.719 | mRNA に対して AMP 重合反応を触媒する酵素．真核生物の mRNA の 3' 末端にポリ(A)を付与する酵素． | ポリ(A)合成およびその他の RNA プロセシング機構の解析 |
| ポリ(A)ポリメラーゼ | 2.7.7.19 | ポリヌクレオチドアデニリルトランスフェラーゼ．RNA にアデニル酸 AMP を付加する．CTP にもゆっくりとではあるが作用する． | ポリ(A)付加 |
| tRNA 修飾酵素(CCA 転移ヌクレオチジルトランスフェラーゼ) | 2.7.7.21, 2.7.7.25 | 転移 RNA ヌクレオチジルトランスフェラーゼ．CCA 付加酵素．真核生物の tRNA の成熟の段階で，tRNA の 3' 末端に CCA を付加する酵素．tRNA シチジリルトランスフェラーゼ(EC 2.7.7.21)と tRNA アデニリルトランスフェラーゼ(EC 2.7.7.25)はおそらく同一酵素． | tRNA 修飾 |
| キャッピング酵素(グアニリルトランスフェラーゼ) | 2.7.7.22 | 真核生物およびそのウイルスの mRNA の 5' 末端に存在するキャップ構造を形成する際に GTP を基質として，mRNA の 5' 末端に G(グアニン)を転移させる酵素． | キャップ形成機構および RNA ポリメラーゼとの相互作用の解析 |
| RNA 依存性 RNA ポリメラーゼ | 2.7.7.48 | 一本鎖 RNA を鋳型にして RNA を合成する酵素． | RNA 合成 |
| RNA 複製酵素 | 2.7.7.48 | 一本鎖 RNA を鋳型にして RNA を合成する酵素で，おもにウイルスゲノム RNA の複製を行うものをさす． | RNA 合成 |
| AMV RNA 依存性 DNA ポリメラーゼ(逆転写酵素) | 2.7.7.49 | トリ骨髄芽球症ウイルス(Avian myeloblastosis virus, AMV)由来の RNA を鋳型として相補的な DNA を合成する酵素．DNA や DNA:RNA ハイブリッドを鋳型としても DNA ポリメラーゼとして働く．内在性のリボヌクレアーゼ H 活性は MMLV 逆転写酵素よりも強い．巻戻し活性ももつ． | cDNA(第一鎖と第二鎖)の合成，プライマー伸長反応，RNA シークエンシング，標識ハイブリダイゼーションプローブの調製(DNA フラグメントの 3' 末端標識)，RT-PCR．非イオン性界面活性剤やスルフヒドリル化合物は in vitro での酵素活性を安定化．RNA シークエンシング． |
| MMLV 逆転写酵素 | 2.7.7.49 | モロニーマウス白血病ウイルス(Moloney murine leukemia virus, MMLV)由来の RNA を鋳型として相補的な DNA を合成する酵素．内因性リボヌクレアーゼ H 活性は AMV の逆転写酵素より弱い． | 長い mRNA(5 kb 以上)の逆転写反応 |
| リボヌクレアーゼ PH | 2.7.7.56 | 3' 末端プロセシング酵素の一つで前駆体 tRNA の 3' 伸長配列の無機リン酸を共基質とした加リン酸分解によって分解，成熟 tRNA を生じさせる酵素である．tRNA のプロセシング以外にも mRNA や rRNA の分解，プロセシングにも関与している． | tRNA プロセシング |
| リボヌクレアーゼⅢ(RN アーゼⅢ) | 3.1.26.3 | リボソーム RNA プロセシング酵素．二本鎖 RNA に特異的に働くエンドヌクレアーゼである．RN アーゼ O, RN アーゼ D ともよばれる．生体内では，rRNA の成熟の際の rRNA プロセシングの過程で働く．本酵素に二本鎖 RNA を作用させると，2〜3 塩基のオーバーハングをもち 5'-P, 3'-OH 末端の 12〜15 bp にまで分解される． | miRNA や siRNA の試験管内調製 |

(つづく)

# I. 核酸に作用する酵素類

(つづき)

| 酵素名 | EC番号 | 性質 | 用途 |
|---|---|---|---|
| リボヌクレアーゼH | 3.1.26.4 | DNAとハイブリッドを形成しているRNAのホスホジエステル結合を加水分解し, 3'末端にヒドロキシ基を, 5'末端にリン酸基をもつ分解産物を生成するエンドリボヌクレアーゼ. 一本鎖の核酸, 二本鎖DNA, 二本鎖RNAは消化しない. | 第一鎖cDNA合成反応後のRNA鎖分解除去 |
| リボヌクレアーゼP | 3.1.26.5 (RNアーゼPタンパク質成分) | リボ核タンパク複合体でエステル結合に作用するヒドロラーゼ. 5'-ホスホモノエステルを生成するエンドリボヌクレアーゼ. tRNA前駆体から5'-の余分なヌクレオチドを除去する. RNA切断活性に$Mg^{2+}$を要求する. | tRNAプロセシング研究 |
| リボヌクレアーゼ$T_2$ | 3.1.27.1 | ribonuclease T2 catalyzes the two-stage endonucleolytic cleavage of RNAを基質とするエンドヌクレアーゼで2',3'-環状リン酸中間体を経由して3'-ホスホモノヌクレオチドと3'-ホスホオリゴヌクレオチドを生成する. | RNA配列分析, RNAフィンガープリンティング |
| リボヌクレアーゼ$T_1$ | 3.1.27.3 | *Aspergillus oryzae*から単離されたRNアーゼで, グアニル酸残基(またはイノシン3'-リン酸やキサントシン3'-リン酸)の3'末端側のリン酸ジエステル結合のみを切断し, 3'-グアニル酸と3'末端にGpをもつオリゴヌクレオチドを生成する. DNAとRNAのハイブリットを形成していないRNA部分を分解する. 溶液中では熱(100℃, 10分)や酸に抵抗性を示す. | RNA配列分析, RNAフィンガープリンティング |
| リボヌクレアーゼA | 3.1.27.5 | リボヌクレアーゼI. 一本鎖RNAを分解し, 3'-リン酸基を含むものヌクレオチドあるいはオリゴヌクレオチドを生じる反応を触媒する. | RNAの除去 |
| ハンマーヘッドリボザイム | 3.1.27. | 4個の別々のRNA鎖から形成されるリボザイム(核酸から成る酵素)で, ハンマーのヘッドの部分の形に似た立体構造をとっている. RNAのスプライシングを含むプロセシングに関与している. | RNA切断 |
| Benzonase | 3.1.30.2 | *Serratia marcescens*由来のエンドヌクレアーゼで, 二本鎖および一本鎖DNAまたはRNAに作用して加水分解し, 5'-ホスホモノヌクレオチドと5'-ホスホオリゴヌクレオチドを最終産物として生成する. | タンパク質標品からの核酸の除去. 核酸が原因となる粘度の低下. |
| RNA編集酵素 (シチジンデアミナーゼ, アデノシンデアミナーゼ) | 3.5.4.4 | アデノシンデアミナーゼ(ADA)は, アデノシン6位にあるアミノ基を加水分解的に脱アミノし, イノシンとアンモニアを精製する反応を触媒する. シチジンデアミナーゼ(CDA)はシチジンの4位をにあるアミノ基を加水分解的に脱アミノし, シチジンからウリジンへの反応を容易にする酵素である. 生体内では, mRNA転写後の編集(RNA編集)の塩基置換を行っている. | RNA編集機構の解析と利用 |
| RNAヘリカーゼ | 3.6.1.3 | DEAEボックスおよびDEAHボックスタイプが主要なもので, 転写, RNA編集, mRNAスプライシング, rRNA前駆体のプロセシング, RNA輸送, 翻訳開始, 発生における翻訳制御, RNA分 | RNA鎖の巻戻しが必要なさまざまなRNAが関与する反応の研究 |

I. 核酸に作用する酵素類　1017

| 酵　素　名 | EC 番号 | 性　質 | 用　途 |
|---|---|---|---|
| RNA ヘリカーゼ(つづき) | | 解，ウイルス RNA ゲノムの増幅などに関与する．多くのものが ATP 依存性に二重鎖を巻戻す活性をもつ． | |
| T4 RNA リガーゼ | 6.5.1.3 | 5'-P 末端のオリゴヌクレオチドと 3'-OH 末端のオリゴヌクレオチドを結合させる ATP 要求性の酵素である．若干ではあるが DNA に対しても同様の反応を触媒する． | 一本鎖 RNA および DNA の 3'-OH 末端への標識 |
| RNA スプライシング酵素 (snRNAs) | | mRNA 前駆体から成熟 mRNA を形成するためのスプライシングを触媒する酵素．核内低分子 RNA(snRNA)-タンパク質複合体から成っている． | RNA スプライシング機構の研究 |

## 表 I-3　DNA と RNA 両方に作用する酵素

| 酵　素　名 | EC 番号 | 性　質 | 用　途 |
|---|---|---|---|
| アルカリホスファターゼ (仔ウシ小腸) | 3.1.3.1 | ウシ由来の脱リン酸酵素．すべてのリン酸モノ，ジエステル結合を加水分解するが，ほとんどすべてのリン酸ジエステルおよびリン酸トリエステル結合は分解しない．ATP などの二リン酸結合も分解する．熱変性では，完全に失活しない． | 核酸分子からの 5'- および 3'-リン酸基の除去．5' 末端の標識のための鋳型の調製．タンパク質の脱リン酸． |
| アルカリホスファターゼ (コエビ) | 3.1.3.1 | 大腸菌由来の脱リン酸酵素．すべてのリン酸モノ，ジエステル結合を加水分解するが，ほとんどすべてのリン酸ジエステルおよびリン酸トリエステル結合は分解しない．ATP などの二リン酸結合も分解する．熱変性(65℃,15分)で完全に不可逆的に失活する．5' 末端が突出していても引っ込んでいても，また平滑末端でも脱リン酸活性を活性を示す． | 核酸分子からの 5'-リン酸基の除去．1 チューブ内で制限酵素消化，脱リン酸，酵素失活，ライゲーションまたは 5' 末端の標識が可能． |
| アルカリホスファターゼ (大腸菌) | 3.1.3.1 | 大腸菌由来の脱リン酸酵素．すべてのリン酸モノ，ジエステル結合を加水分解するが，ほとんどすべてのリン酸ジエステルおよびリン酸トリエステル結合は分解しない．ATP などの二リン酸結合も分解する．加熱では一時的には失活するが，室温放置で活性が回復する． | DNA 5' 末端標識のための前処理．クローニングのベクターに対する前処理 |
| ヌクレアーゼ S1 | 3.1.30.1 | *Aspergillus oryzae* 由来の一本鎖もしくは二本鎖 DNA や RNA の一本鎖部分に特異的なエンドヌクレアーゼであり，DNA, RNA ともに酸可溶性の 5'-P のヌクレオチドに分解する．一本鎖核酸に対してはエキソヌクレアーゼ活性も示す．最終的に 5'-P モノヌクレオチドに分解する．pBR322 のようなスーパーヘリックス DNA にはニックを入れ，生じた開環状の二本鎖 DNA を経て線状分子へと変換する．天然の二本鎖 DNA は通常のアッセイ条件下では加水分解を受けない．高濃度の S1 ヌクレアーゼを低塩濃度条件下で二本鎖 DNA に作用させると非特異的にニックが入ることが報告されている．S1 ヌクレアーゼ活性には $Zn^{2+}$ が必要である． | DNA フラグメントの一本鎖オーバーハング領域の除去．RNA 転写物のマッピング．エキソヌクレアーゼⅢとともに使用して単方向の欠失をもった DNA フラグメントの生成． |

(つづく)

## I. 核酸に作用する酵素類

(つづき)

| 酵素名 | EC番号 | 性質 | 用途 |
|---|---|---|---|
| BAL31 | 3.1.30.1 | Alteromonas espejiana BAL31 由来の線状二本鎖 DNA または RNA を 5′ 末端と 3′ 末端の両方から連続的に分解するエキソヌクレアーゼ.また,二本鎖 DNA や RNA のニック,ギャップ,一本鎖領域では特異的な一本鎖エンドヌクレアーゼとして作用する.エキソヌクレアーゼおよびエンドヌクレアーゼ酵素活性には両方とも $Ca^{2+}$ と $Mg^{2+}$ を要求する.RNA の消化は効率が低い. | 二本鎖 DNA の両末端からヌクレオチドの連続的な除去.二本鎖 DNA の欠損領域の検出.DNA マッピング. |
| Mung Bean ヌクレアーゼ | 3.1.30.1 | 一本鎖 DNA をモノまたはオリゴヌクレオチドに分解する.二本鎖 DNA,二本鎖 RNA,DNA-RNA ハイブリッドは比較的切れにくい.大量の酵素量を用いると二本鎖核酸は完全に消化される.ヌクレアーゼ活性に $Zn^{2+}$ を要求する. | ライゲーション可能な末端にするために 3′ 末端や 5′ 末端に突出した一本鎖を除去する.転写マッピング.ヘアピンループの切断. |

## J. 配列決定されたゲノム

　真核生物を中心に全体がシークエンシングされたおもな生物のゲノムの特徴について収載した．また，参考のために，特に興味深い生物種については進行中のゲノム解読の状況も簡単に記してある．いくつかの生物種のゲノムについては本文でより詳しく説明してあるので参照されたい．ゲノムサイズや遺伝子数など記載されている内容は 2008 年 7 月現在の参考文献をもとにしているが，同定される遺伝子は増え続けており，また修正点も数多く指摘されているので，各種ゲノムのデータベースにより最新の情報を確認していただきたい．ゲノムサイズは原則として，10 Gb または 10 Mb を超えるものはそれぞれ Gb, Mb 単位で，それ以下のものは kb 単位で示した．遺伝子数は特に記載がない場合には ORF の数を指す．生物種は便宜的に細菌，古細菌，菌類，原生生物，コケ類，藻類，単子葉植物，双子葉植物，非脊索動物，脊索動物，脊椎動物，哺乳類，に分類した．

(執筆担当：鈴木正則)

### 表 J-1　細菌のゲノム

| 生物種(和名) | ゲノムサイズ；<br>含まれる遺伝子数；<br>一倍体当たりの染色体数 | シークエンシングにより発見されたおもな特徴 | 文献および URL |
|---|---|---|---|
| *Bartonella tribocorum*<br>(赤血球感染菌)<br>CIP 105476 | 2619 kb；<br>2074；<br>1 本 | 解読されたゲノム配列を基礎として，シグニチャータグ化変異誘発を行い，97 の病原性関連遺伝子を同定した． | *Nature Genetics*, **39**, 1469-1476(2007) |
| *Bacillus amyloliquefaciens*<br>FZB42 | 3918 kb；<br>3693；<br>1 本 | 近縁の枯草菌 168 株と比較してファージの挿入が少なく，また，ポリケチドを含む二次代謝産物を産生する系が発達しており，ゲノムの 8.5 % 以上がリボソームが関与しない抗生物質やシデロフォア(鉄運搬体)の生合成系に使用されている． | *Nature Biotechnol.*, **25**, 1007-1014 (2007) |
| *Haemophilus influenzae*<br>Rd(KW20)<br>(インフルエンザ菌) | 1830 kb；<br>1850<br>1 本 | 最初にシークエンシングされた生物．この後に解読されたマイコプラズマ *Mycoplasma genitalium* のゲノム配列との比較により，ゲノム含量の違いが菌の生理と代謝活性の違いを反映していることが示唆している． | *Science*, **269**, 496-512(1995) |
| *Mycoplasma genitalium* G-37<br>(マイコプラズマ) | 580 kb；<br>470；<br>1 本 | マイコプラズマのゲノムサイズは，自律的に増殖する微生物の中では最小であり，*Haemophilus influenzae* のゲノム配列との比較から 470 個あまりの推定タンパク質遺伝子のうち約 250 個の遺伝子だけが生存に必須の遺伝子であることが明らかとなっている． | *Science*, **270**, 397-403(1995) |
| *Escherichia coli*<br>K12-MG1655 株<br>(大腸菌) | 4639 kb；<br>4288；<br>1 本 | パラロガスなタンパク質の最大のファミリーは ABC 輸送体ファミリーで 80 個の遺伝子が含まれている．タンパク質の平均のサイズは 317 アミノ酸で，100 アミノ酸以下のタンパク質が 381 種類，1000 アミノ酸以上の高分子量タンパク質が 55 種類コードされる．タンパク質をコードする領域は全ゲノムの 87.8 % に相当する．遺伝子間領域の平均長は 118 bp．リボソーム RNA 遺伝子が 21 個，tRNA 遺伝子が 86 個存在．ゲノム複製および遺伝子発現に関係する遺伝子群(組換え，修復，DNA や RNA の修飾，タンパク質修飾，細胞応答や防御応答に関係する遺伝子も含む)は全遺伝子の 31.7 %．ファージ，トランスポゾン，プラスミドなどの挿入は 87 個．機能予測ができない推定遺伝子は 1632 個． | *Science*, **277**, 1453-1474(1997) |
| *Bacillus subtilis* 168<br>(枯草菌) | 4214 kb；<br>4100；<br>1 本 | 最初にシークエンシングされたグラム陽性細菌．少なくとも 271 遺伝子が枯草菌の生育に必須．遺伝子の転写方向と染色体の複製方向が非常によく一致，77 個の遺伝子重複が見つかった．転写装置遺伝子の多型が著しく σ 因子の遺伝子は 18 個あり，53 % の遺伝子がシングル | *Nature*, **390**, 249-256(1997);<br>*Proc. Natl. Acad. Sci. U. S. A.*, **100**, 4678-4683(2003) |

(つづく)

## 1020　J. 配列決定されたゲノム

(つづき)

| 生物種(和名) | ゲノムサイズ;<br>含まれる遺伝子数;<br>一倍体当たりの染色体数 | シークエンシングにより発見されたおもな特徴 | 文献およびURL |
|---|---|---|---|
| *Bacillus subtilis* 168<br>(枯草菌)　　(つづき) | | コピーで存在し，1/4が遺伝子重複により拡張したいくつかの遺伝子ファミリーに相当していた．最大のファミリーはATP結合輸送タンパク質ファミリーで77個のタンパク質から成っていた．機能未知であり，単に機能未知と推定された遺伝子は43％にも及ぶことなどであるゲノムの多くの部分は植物由来の分子も含めて種々の炭素源を資化するためのタンパク質をコードしていた．五つのシグナルペプチダーゼ遺伝子や分泌装置の成分をコードする数個の遺伝子が同定され，枯草菌の高い分泌能を反映していた．ゲノムは少なくとも10個のプロファージまたはプロファージの名残を含んでおり，ファージ感染が水平伝播において重要な進化的役割を果たしたことを示している． | |
| *Buchnera* sp. APS | 641 kb;<br>583;<br>1本 | エンドウヒゲナガアブラムシ *Acyrthosiphon pisum* の細胞内に共生する細菌．583個のタンパク質をコードする遺伝子が同定された．その遺伝子セットは，自由生活性細菌とも，寄生性細菌とも，まったく異なるユニークなもので，たとえば，宿主が合成することができない必須アミノ酸の合成に関与する遺伝子をもつ一方，宿主が合成可能なアミノ酸に関する合成遺伝子をほとんど欠いていた．DNA修復関連遺伝子やリン脂質合成酵素の多くをもたず，細胞壁合成に必要な遺伝子，転写制御遺伝子も欠き，二成分シグナル伝達システムも欠いていた． | Nature, **407**, 81-86 (2000) |
| *Carsonella ruddii* Pv株 | 159,662 bp;<br>182のタンパク質をコードする遺伝子;<br>1本 | キジラミ *Pachypsylla venusta* の共生微生物で今までに発見された生物の中では最小のゲノムをもつ．遺伝子密度が極端に高いという特徴がある．182個の遺伝子のうち164個が両隣のORFのうちの少なくとも一つと一部が重なっている．1個の16S-23S-5SリボソームRNAオペロンと28個のtRNA遺伝子を含む． | Science, **314**, 267 (2006) |
| *Helicobacter pylori* 26695<br>(ピロリ菌) | 1667 kb;<br>1590;<br>1本 | 最初にシークエンシングされた病原微生物(ウイルスを除く)で，潰瘍の原因となるヒト消化管内に生育する細菌．宿主と病原体間の相互作用の複雑さを反映して，ヒト胃粘膜におけるピロリ菌の接着性に関与する多数のアドヘシン，リポタンパク質および他の膜タンパク質が同定された．配列が類似した外膜タンパク質遺伝子が多数存在し，5′側の遺伝子間領域にホモポリマー配列(ポリ(A)やポリ(T))およびコーディング配列中にジヌクレオチドの反復配列が存在することから，他の粘膜に局在する病原体と同様，抗原性変異や適応進化のための機構として反復配列内の組換えや slipped-strand mispairing (DNAに損傷が起こると，その近傍にある同一塩基の並びや反復配列がずれて誤対合を起こし，欠失・挿入などが生じること)を利用していることが示唆された．また，極酸性環境下での生育を可能とする低pH下での膜電位勾配の確立に関与する多くの輸送タンパク質遺伝子も同定された．ゲノム解読後のプロテオーム解析の結果，1200以上のタンパク質－タンパク質相互作用が検出されている． | Nature, **388**, 539-547 (1997);<br>Nature, **409**, 211-215 (2001) |

## J. 配列決定されたゲノム

| 生物種(和名) | ゲノムサイズ；含まれる遺伝子数；一倍体当たりの染色体数 | シークエンシングにより発見されたおもな特徴 | 文献およびURL |
|---|---|---|---|
| *Chlamydia trachomatis* D/UW-3/CX (serovar D) | 1038 kb；896；1本 | 最初にシークエンシングされたクラミジア．生合成過程で働く遺伝子の多くを欠いているが，宿主である哺乳動物細胞から得られる代謝物の変換に働く遺伝子は保持していた． | *Science*, **282**, 754-759 (1998) |
| *Rickettsia prowazekii* Madrid E | 1111 kb；834；1本 | 最初にシークエンシングされたリケッチア．同定された遺伝子の機能プロファイルはミトコンドリアの遺伝子のプロファイルに類似していた．嫌気的な解糖に必要な遺伝子はもたないが，好気的なクエン酸回路や呼吸複合体をコードする遺伝子は完全に保持していた．アミノ酸やヌクレオシドの生合成や生合成の制御に関与する多くの遺伝子は見つからなかった．系統分類学的な解析から今まで研究されているどの微生物よりもミトコンドリアにより密接に関係していることがわかった． | *Nature*, **396**, 133-140 (1998) |
| *Wolbachia* sp. TRS | 1080 kb；805；1本 | マレー糸状虫に感染し，この線虫の寄生性に重要な役割を果たすリケッチア．リボフラビン，フラビンアデニンジヌクレオチド，ヘム，ヌクレオチドを宿主線虫に提供し，宿主は*Wolbachia*が要求するアミノ酸を供給するらしい． | *PLoS Biol.*, **3**, e121 (2005) |
| *Clostridium novyi* NT | 2547 kb；2325；1本 | がん細胞集団中心部分の嫌気性に富む環境で増殖し，リポソーム内包化学療法剤との組合わせで制がん作用が上昇することが知られている偏性嫌気性菌*Clostridium novyi*の組換え体．新規なタイプのDNAの転位や139個のほかの細菌にホモログがない遺伝子を同定した． | *Nature Biotechnol.*, **24**, 1573-1580 (2006) |
| (*Candidatus*) *Ruthia magnifica* Cm | 1160 kb；976；1本 | 海底の熱水孔近くに生息する二枚貝(ガラパゴスシロウリガイ)*Calyptogena magnifica*の内部共生化学合成(独立栄養)菌で，硫黄酸化能をもつが，貝の生育に必要な主要独立栄養経路およびビタミン，補因子，20種のアミノ酸すべての生合成経路をコードする遺伝子が同定された． | *Science*, **315**, 998-1000 (2006) |
| *Azoarcus* sp. BH72 | 4376 kb；3992；1本 | イネ科植物の相利共生内生菌で窒素固定能をもつ．ゲノム比較により，タイプⅢとⅣの分泌系とそれに関連した毒素を欠き，植物病原菌と比べて植物細胞壁分解酵素も少ないことがわかった． | *Nature Biotechnol.*, **24**, 1385-1391 (2006) |

### 表 J-2 古細菌のゲノム

| 生物種(和名) | ゲノムサイズ；含まれる遺伝子数；一倍体当たりの染色体数 | シークエンシングにより発見されたおもな特徴 | 文献およびURL |
|---|---|---|---|
| *Methanocaldococcus jannaschii* DSM 2661 | 1664 kb；1738；1本 | 最初にシークエンシングされた古細菌．約38％の遺伝子に仮定的な細胞内での役割が割り当てられた．遺伝子の大部分はエネルギー産生，細胞分裂，代謝に関係しており古細菌で見つかっている遺伝子と類似しているが，転写，翻訳，DNA複製などに関与する遺伝子のたいていは真核生物の遺伝子に似ていた． | *Science*, **273**, 1058-1073 (1996) |

### 表 J-3 菌類のゲノム

| 生物種(和名) | ゲノムサイズ；含まれる遺伝子数；一倍体当たりの染色体数 | シークエンシングにより発見されたおもな特徴 | 文献およびURL |
|---|---|---|---|
| *Aspergillus fumigatus* | 29.38 Mb；9926 (3288個が機能未知)； | 日和見感染を起こす病原菌であり，免疫不全状態のヒトでは感染率が高く，致死率が50％に達することも多い．*A. nidulans*や*A. oryzae*のゲ | *Nature*, **438**, 1151-1156 (2005) |

(つづく)

## J. 配列決定されたゲノム

(つづき)

| 生物種(和名) | ゲノムサイズ；<br>含まれる遺伝子数；<br>一倍体当たりの染色体数 | シークエンシングにより発見されたおもな特徴 | 文献およびURL |
|---|---|---|---|
| Aspergillus fumigatus<br>(つづき) | 8本 | ノムと比較することにより複数のヒ酸還元酵素遺伝子を含む500個程度の独自の遺伝子が見つかった．病原性にかかわる可能性が高い遺伝子も多数見いだされた．二次代謝や菌毒素産生に関与するタンパク質をコードする少なくとも28の遺伝子クラスターを含む．また，少なくとも168個の薬剤，毒素，高分子を排出するポンプをコードする． | |
| Aspergillus (Emericella)<br>nidulans<br>FGSC-A4 | 31.00 Mb；<br>9500；<br>8本 | A. fumigatus および A. oryzae のゲノム配列との比較解析により三つの種で5000以上の高度に保存されている非コード領域が見つかった．上流ORFによる広範な翻訳制御も見つかった． | Nature, **438**, 1105-1115 (2005) |
| Aspergillus niger<br>CBS 513.88 | 33.90 Mb；<br>14,165；<br>8本 | 6506個のORFについて機能が予測されている．他の子嚢菌類とは異なる加水分解酵素群をもっている．代謝経路において1069のユニークな反応が見いだされた． | Nature Biotechnol., **25**, 221-231 (2007) |
| Aspergillus oryzae<br>RIB40<br>(ニホンコウジカビ) | 37.00 Mb；<br>12,074；<br>8本 | A. nidulans および A. fumigatus のゲノム配列と比較することにより，A. oryzae に特異的なブロックと他の2種類のAspergillusとシンテニックなブロックがモザイクで配置されており，A. oryzae 特異的なブロックは代謝，特に二次代謝産物の合成に関与する遺伝子に富んでいた．また，分泌性の加水分解酵素やアミノ酸代謝およびアミノ酸/糖の輸送に関与する遺伝子を多数含んでおり，発酵微生物として好適なゲノム構成をもっている． | Nature, **438**, 1157-1161 (2005) |
| Cryptococcus<br>neoformans<br>JEC 21<br>(クリプトコッカス) | 19.05 Mb；<br>6744；<br>14本 | 約6500のイントロンに富む遺伝子構造を含み，選択的スプライシングを受けた転写物やアンチセンスRNAに富むトランスクリプトームを構成している．ゲノムはトランスポゾンに富み，その多くはセントロメア領域と思われる場所にクラスターを形成して存在していた．異常な病原性に貢献する独特の遺伝子もコードされていた． | Science, **307**, 1321-1324 (2005) |
| Candida glabrata<br>CBS138<br>(カンジダ) | 12.28 Mb；<br>5283；<br>13本 | Candida glabrata のゲノムは近縁の Saccharomyces cerevisiae, Kluyveromyces lactis, Yarrowia lipolytica のゲノム比較から29遺伝子をもたないことがわかった(ガラクトース代謝関連遺伝子5個，リン酸代謝関連遺伝子4個ほか)．生活スタイルは似ているが，生殖様式や生理的性質が異なる半子嚢菌類酵母4種類の酵母 Debaryomyces hansenii, Kluyveromyces lactis, Yarrowia lipolytica, Candida glabrata についてゲノムシークエンシングを行い，完全なゲノム比較を行った．真核生物の一つの門の中で進化的に幅広い範囲を代表するように選ばれたもので，比較解析の結果，脊索動物門全体と同じくらい分子レベルで多様であることが示された．全体で約24,200の新規遺伝子が同定され，その翻訳産物は S. cerevisiae のタンパク質とともに約4700のファミリーに分類され，種間比較のための基盤がつくられた．染色体地図やゲノムの重複性の解析から，酵母の異なる系統は，タンデムな遺伝子反復の形成や分節の重複，大規模なゲノムの重複および広範な遺伝子喪失など，いくつかの異なる分子機構の顕著な相互作用を経て進化してきたことが明らかになった． | Nature, **430**, 35-44 (2004) |
| Debaryomyces<br>hansenii var. hansenii<br>CBS767 | 12.22 Mb；<br>6318；<br>7本 | | |
| Kluyveromyces lactis<br>NRRL Y-1140 | 10.63 Mb；<br>5327；<br>6本 | | |
| Yarrowia lipolytica<br>CLIB122 | 20.50 Mb；<br>6666；<br>6本 | | |

## J. 配列決定されたゲノム

| 生物種(和名) | ゲノムサイズ;<br>含まれる遺伝子数;<br>一倍体当たりの染色体数 | シークエンシングにより発見されたおもな特徴 | 文献およびURL |
|---|---|---|---|
| *Phanerochaete chrysosporium* RP-78 | 29.9 Mb;<br>11,777;<br>9本 | リグニンを生分解する白色腐朽菌. リグニンに加えて, セルロースやヘミセルロースを含めて植物細胞壁のすべての主要な成分を完全に分解するが, ゲノムは240個以上の糖質関連酵素(166個のグリコシド加水分解酵素, 14個の炭水化物エステラーゼ, 57個のグリコシル転位酵素)をコードする遺伝子をもっており, それらは少なくとも69のファミリーを構成していた. | *Nature Biotechnol.*, **22**, 695-700(2004) |
| *Ashbya* (*Eremothecium*) *gossypii* ATCC 10895 | 9200 kb;<br>4718;<br>7本 | 4718個のタンパク質をコードする遺伝子, 199個のtRNA遺伝子, 少なくとも49個のsnRNA遺伝子を含む. *Saccharomyces cerevisiae*のゲノムと比較したところ, 90%以上の遺伝子が*S. cerevisiae*の遺伝子と相同性をもち, これらのゲノムは独特のパターンのシンテニーを示した. これらの2種の分岐後に生じた300個の逆位および転座が存在することが示された. *S. cerevisiae*の進化は全ゲノムを重複させるかまたは二つの関連する種のゲノムの融合によることを示す証拠が得られた. | *Science*, **304**, 304-307(2004) |
| *Neurospora crassa* OR74A (アカパンカビ) | 38.64 Mb;<br>10,620;<br>7本 | *N. crassa*には多重遺伝子が少なく, 有性世代を経る際に反復配列を対象として高頻度のC:GからT:Aへの塩基置換を伴う遺伝子不活性化機構であるRIP(repeat-induced point mutation)が, 遺伝子重複による新しい遺伝子の創出を大いに遅くし, 密接に関連した遺伝子が出現する割合を低くするためにゲノムの多様化を制限している可能性が示唆された. | *Nature*, **422**, 859-868(2003) |
| *Schizosaccharomyces pombe* 972h (分裂酵母) | 13.8 Mb;<br>4824;<br>3本 | 一倍体当たり3本の染色体(5.7, 4.6, 3.5 Mb)をもつ. 遺伝子の約43%がイントロンを含んでおり, イントロンの総数は4730個となった(*S. cerevisiae*では272個が見つかっている). 50個の遺伝子がヒトの疾患遺伝子と重要な相同性を示し, その約半分(23個)ががんに関係するものであった. また, ヒトの病気で変異, 欠失または増幅している289種のタンパク質をコードする遺伝子と相同性を示す遺伝子が同定された. 多細胞体制に重要な遺伝子に相同性を示す保存された遺伝子で同定されたものは非常に少なく, 原核生物から真核生物への変遷の方が単細胞から多細胞への体制の変遷よりも多くの新規遺伝子を必要としたことが示唆された. *S. cerevisiae*よりも遺伝子の上流域が長く転写制御領域がより拡張されていることが示唆された. 推定された遺伝子総数は*S. cerevisiae*の5570~5651個よりも少ない. 転移因子の数も*S. cerevisiae*よりも少ないが, セントロメアの長さは*Shiz. pombe*の方がはるかに長い. *S. cerevisiae*や線虫との比較から681個のタンパク質が*Shiz. pombe*特異的とされた. | *Nature*, **415**, 871-880(2002) |
| *Encephalitozoon cuniculi* GB-M1 (播種性ミクロスポリジア) | 2900 kb;<br>1997;<br>11本 | 細胞内寄生生物. 1997個のタンパク質が推定された. 強い宿主依存性はいくつかの生合成経路やクエン酸回路を欠いていることから証明された. ミトコンドリアやペルオキシソームを欠いているとされていたが, ゲノム中に[Fe-S]クラスター集合のようなミトコンドリア機能に関連した遺伝子を含むことから, ミトコンドリア由来の細胞小器官を保持していると考えられた. | *Nature*, **414**, 450-453(2001) |

(つづく)

(つづき)

| 生物種(和名) | ゲノムサイズ；含まれる遺伝子数；一倍体当たりの染色体数 | シークエンシングにより発見されたおもな特徴 | 文献およびURL |
|---|---|---|---|
| *Phytophthora sojae* P6497 (ダイズ茎疫病菌) | 95 Mb；19,027；10〜13本(10の主要な連鎖群) | 両者に共通の遺伝子(オルソログ)は9768個．2種の菌の間で分泌性タンパク質，ヒドロラーゼ，ABCファミリー輸送体，タンパク質毒素，プロテイナーゼインヒビターなどはほかのタンパク質に比べて特に早く進化していることが確認され，植物感染に関係した遺伝子に対する強い選択圧が示唆された．シアノバクテリアまたは紅藻に由来すると推定される遺伝子が855個同定されており，二次共生があったことが示唆された． | *Science*, **313**, 1261-1266 (2006) |
| *Phytophthora ramorum* Pr102, UCD Pr4 (カシ突然枯死病菌) | 65 Mb；15,743；不明 | | *Science*, **313**, 1261-1266 (2006) |
| *Saccharomyces cerevisiae* S288C (パン酵母) | 12.07 Mb；6607；16本 | 真核生物のゲノムとしては初めて解読された．当初推定されたタンパク質をコードする遺伝子の数は5885個であったが，その後の研究により6607個(うち証明されたもの4721個)となっている．812のORFがタンパク質をコードするかどうか曖昧であるが，残り1074個のORFは未同定であるが何らかのタンパク質をコードすると考えられている(2008年8月30日現在)．382個のLTR，299個のtRNA，89個の転移因子遺伝子，75個のsnoRNA，50個のレトロトランスポゾン，27個のrRNA遺伝子，21個の偽遺伝子，9個のncRNA，6個のsnRNAなどが同定されている．解読されたゲノム配列を利用して広範な研究が行われ，分子生物学の基礎的な概念がゲノムワイドな検証によりつぎつぎと確かなものになってきている．たとえば，種々の条件下で転写調節因子が結合し，*Saccharomyces*種間で保存されている制御配列が同定されていて，環境に依存した各種制御配列の利用(タンパク質-DNA相互作用)が明らかになってきている．また，タンパク質-タンパク質相互作用についてはツーハイブリッド法を用いて酵母のプロテオームのかなりの部分が調べられており，ホモのタンパク質-タンパク質相互作用以外に約16,000〜26,000の異なったタンパク質-タンパク質相互作用ペアが出芽酵母にはあると推定されている． | *Nature*, **387** (6632 Suppl), 5-105 (1997); *Nature*, **431**, 99-104 (2004); *Nature*, **415**, 180-183 (2002). Saccharomyces genome database (http://www.yeast-genome.org/) |
| *Fusarium* (*Gibberella*) *graminearum* (*zeae*) PH-1 (赤カビ病・胴枯れ病菌) | 36.33 Mb；11,640；4本 | 反復配列が非常に少ないことが見つかったが，重複配列に点突然変異が高頻度で導入されることにより反復配列およびパラログの割合が減少するらしい．高度に多型を示す多くの領域は植物と菌の相互作用に関係する遺伝子のセットを含んでおり，高率で組換えを起こしていることがわかった． | *Science*, **317**, 1400-1402 (2007) |
| *Ustilago maydis* 521 (トウモロコシ黒穂菌) | 20.50 Mb；6902；23本 | 激しい病原菌のゲノムに見られる病原性と関係した特徴的な遺伝子，たとえば，細胞壁分解酵素遺伝子は欠いていた．感染組織で誘導される低分子分泌性タンパク質をコードする12個の遺伝子クラスターが見つかり，これらのクラスターを欠失させるといくつかのものでは病原性が変化したことから，真の病原性因子ではないかと考えられている． | *Nature*, **444**, 97-101 (2007) |
| *Laccaria bicolor* S238N-H82 (オオキツネタケ) | 64.9 Mb；20,614；10本 | 植物の根と土壌菌との共生関係(菌根共生)を探るのに有用な情報を与える．一連のエフェクター型分泌性低分子タンパク質が同定され，そのうちのあるものは共生組織でだけ発現している．外生菌根菌特異的な低分子分泌性タンパク質は共生の確立に決定的な因子として働いてい | *Nature*, **452**, 88-92 (2008) |

| 生物種(和名) | ゲノムサイズ；含まれる遺伝子数；一倍体当たりの染色体数 | シークエンシングにより発見されたおもな特徴 | 文献およびURL |
|---|---|---|---|
| *Laccaria bicolor* S238N-H82 (オオキツネタケ) (つづき) | | ると考えられる．植物細胞壁の分解に関与するような糖質に作用する酵素はコードされていないが，非植物性細胞壁を構成する多糖類を分解する酵素はコードしており，腐生性と生体栄養性の両方を兼ね備えている． | |
| *Trichoderma reesei* (syn. *Hypocrea jecorina*) | 33.9 Mb；9129；7本 | バイオマスを脱重合し，エタノールのようなバイオ燃料や中間体化合物に変換される単糖に分解するのに使用されるセルラーゼおよびヘミセルラーゼの主要な工業的供給源．オリゴ糖や多糖を分解，組立て，再編成させる酵素をコードする *T. reesei* の遺伝子の多くは他の *Sordariomycetes* とのシンテニー領域の間で無作為的にクラスター状に分布している． | Nature Biotechnol., **26**, 553-560(2008) |

### 表 J-4 原生生物のゲノム

| 生物種(和名) | ゲノムサイズ；含まれる遺伝子数；一倍体当たりの染色体数 | シークエンシングにより発見されたおもな特徴 | 文献およびURL |
|---|---|---|---|
| *Cryptosporidium hominis* TU502 (クリプトスポリジウム) | 9160 kb；3994；8本 | ヒトに急性胃腸炎や下痢を起こす病原性原動物．エネルギー代謝は主として解糖によるが，好気的代謝と嫌気的代謝の両方が利用でき，嫌気的代謝には単純なミトコンドリア内に存在する別の電子伝達系の働きを必要とする．生合成能は限定されており，そのため輸送体が種々そろっている． | Nature, **431**, 1107-1112(2004) |
| *Cryptosporidium parvum* C- or genotype 2 isolate (クリプトスポリジウム) | 9.1 Mb；3807；8本 | 現在特効薬がないヒトの腸内感染寄生原生動物．*Plasmodium* や *Toxoplasma* とは対照的にアピコプラスト(残色色素体)を欠き，ゲノムを欠損し退化したミトコンドリアをもち，クエン酸回路，ペントースリン酸経路，およびアミノ酸やヌクレオチドの de novo 合成経路など多数の代謝経路が欠損しており，これらの発見がクリプトスポリジウム症に効く新薬や療法の開発につながることが期待されている． | Science, **304**, 441-445(2004) |
| *Dictyostelium discoideum* AX4 (粘菌；キイロタマホコリカビ) | 34.00 Mb；12,500；6本 | ドラフトシークエンスのアセンブリーが進行中．A＋T含率が80％．細胞性粘菌のゲノムには，1塩基あるいは3～6塩基の短い配列が繰返されている領域がゲノムの10％以上を占め，コード領域にも比較的高頻度で見られる．約3500個の遺伝子は900種類のファミリーに分類できる多重遺伝子．ポリケチド合成酵素やABC輸送体，細胞運動にかかわるアクチンファミリーとその制御遺伝子などが新たに数多く発見された．ヒト病気の原因になるとされている287の遺伝子については1/4に近い64種類が細胞性粘菌に見いだされている． | Nature, **435**, 43-57(2005) |
| *Entamoeba histolytica* HM1:IMSS (赤痢アメーバ) | 23.75 Mb；9938；14本 | 腸内寄生性の病原性生物．ミトコンドリアをもたない他の2種類の病原性原生生物，ランブル鞭毛虫 *Giardia lamblia* と腟トリコモナス *Trichomonas vaginalis* とともにさまざまな代謝適応を共有することがわかった．たいていのミトコンドリアの代謝経路で短縮や除去が見られ，普通嫌気的原核生物で見られる酸化的ストレス酵素が利用されている．系統ゲノム学解析から細菌の遺伝子が赤痢アメーバへ伝播している証拠が見つかった．この遺伝子伝搬が，赤痢 | Nature, **433**, 865-868(2005) |

(つづく)

# 1026　J. 配列決定されたゲノム

(つづき)

| 生物種(和名) | ゲノムサイズ；含まれる遺伝子数；一倍体当たりの染色体数 | シークエンシングにより発見されたおもな特徴 | 文献およびURL |
|---|---|---|---|
| *Entamoeba histolytica* HM1:IMSS (赤痢アメーバ) (つづき) | | アメーバの代謝レパートリーが拡大するのに中心的役割を果たしたものと考えられる．多数の新規受容体キナーゼをコードし，多様な遺伝子ファミリーの拡大が見られており，病原性に関係しているものも含まれていた． | |
| *Leishmania major* Friedlin 株 (リーシュマニア) | 32.80 Mb；8272；36本 | この鞭毛をもった原生動物は自然に治癒する皮膚病変から致死的な内臓疾患まで広範囲の疾病をヒトに起こす．911個のRNAをコードする遺伝子，39個の偽遺伝子，8272個のタンパク質をコードする遺伝子の存在が予測された．トリパノソーマ同様，タンパク質をコードする遺伝子は長くDNA鎖特異的なポリシストロン性のクラスターを形成し，普遍転写因子を欠いていることなどからRNAポリメラーゼIIによる転写を制御する機構は他の親核とは異なることが示唆された． | *Science*, **309**, 436-442(2005) |
| *Theileria parva* Muguga | 8.31 Mb；4035；4本 | マダニを介して畜牛に感染する原生動物．熱帯熱マラリア原虫 *Plasmodium falciparum* より遺伝子の数が20％程度少なく，遺伝子シンテニーの保存性は限定的．細胞周期制御機構は高等な真核生物より酵母に類似している．いくつかの生合成経路は不完全または完全に欠損しており，多くの代謝を宿主に依存している． | *Science*, **309**, 134-137(2005) |
| *Theileria annulata* | 8.35 Mb；3792；4本 | 重症の貧血を伴うタイレリア症や東海岸熱の原因となる原生動物．*Theileria parva* 同様，感染したウシでリンパ球に悪性がんをひき起こすが，既知のがん原遺伝子はもっていなかった．タンパク質をコードする遺伝子のほかに49個のtRNA遺伝子と五つのrRNA遺伝子が同定された．他の病原性原生動物と同様にテロメアらに隣接した属異的なタンデムにつながった高頻度可変性の遺伝子ファミリーをもっている．3265個の遺伝子が *T. parva* にオルソログをもつものであったが，493個の遺伝子は *T. anulata* 種特異的で，これらのたいていのものは遺伝子ファミリーを形成していた．免疫認識を低下させる分泌ポリペプチド類をコードする種々のファミリー，宿主細胞変換の制御因子類，多数の分泌タンパク質に存在する *Theileria* に特異的なタンパク質ドメインなども同定された． | *Science*, **309**, 131-133(2005) |
| *Tetrahymena thermophila* SB210 (テトラヒメナ) | 103.9 Mb；27,424； | テトラヒメナの大核のゲノム．15,000個のORFが他の生物のものと合致した．この生物種で唯一の終止コドンであるUGAはいくつかの遺伝子ではセレノシステインをコードするのに使用されており，核遺伝子について64種のコドンすべてをアミノ酸に翻訳する能力をもっていることがわかった． | *PLoS Biol.*, **4**, e286(2006) |
| *Trypanosoma cruzi* CL Brener TC3 (クルーズトリパノソーマ) | 60.37 Mb；22,570；55本 | ゲノムの50％以上がレトロトランスポゾンやトランスシアリダーゼ(1430コピー)，ムチン(863コピー)，表層プロテアーゼgp63(425コピー)，新規なムチン結合表層タンパク質の巨大ファミリー(1300コピー以上)などの反復配列から成っていた．偽遺伝子2590個，tRNA遺伝子115個，rRNA遺伝子219個，snRNA遺伝子19個，snoRNA遺伝子1447個を含んでいた．3種のトリパノソーマ(*T. cruzi*, *T. brucei*, *Leishmania major*；Tritryp)のゲノム配列の比較解析から，Tritryp はいくつかのクラスのシグ | *Science*, **309**, 409-415(2005) |

| 生物種(和名) | ゲノムサイズ；含まれる遺伝子数；一倍体当たりの染色体数 | シークエンシングにより発見されたおもな特徴 | 文献およびURL |
|---|---|---|---|
| *Trypanosoma cruzi* CL Brener TC3 (クルーズトリパノソーマ) (つづき) | | ナル伝達分子を欠いているが，プロテインキナーゼやプロテインホスファターゼはヒトのものと低い類似性しか示さず治療のための標的となる可能性が指摘された． | |
| *Trypanosoma brucei* TREU927/4 GUTat10.1 (ブルーストリパノソーマ) | 26.08Mb；9068；22本 | 900個の偽遺伝子と1700個の *T. brucei* 特異的遺伝子が見つかった．哺乳動物の免疫系に侵入するために使われる806個の変異表面糖タンパク質VSG遺伝子(多くが偽遺伝子)がサブテロメア領域に見つかり，モザイク遺伝子を生成するのに使用される可能性が示唆された．*T. Cruzi* や *Leishmania major* のゲノムによりコードされる代謝経路を比較することにより，*L. major* がより大きな代謝能をもち，*T. brucei* が最も小さな代謝能をもつことがわかった．細菌起源の遺伝子の水平伝播がこれらの寄生生物における代謝経路の差異のいくつかを生み出すのに貢献したと考えられている． | *Science*, **309**, 416-422(2005) |
| *Monosiga brevicollis* MX1 (立襟鞭毛虫) | 41.6 Mb；9196；1本 | 単細胞生物で，襟鞭毛虫亜門の生物は後生動物に最も近縁の生物とされている．後生動物に限定される細胞接着やシグナル伝達に関係する多数の遺伝子の存在が示され，後生動物との分岐に続くタンパク質ドメインのシャッフリングが多数起こったことも示唆された． | *Nature*, **451**, 783-788(2008) |
| *Giardia lamblia* (*intestinalis*) WB, clone C6 (ランブル鞭毛虫) | 11.7 Mb；6470；5本 | ヒトの腸に住む寄生性単細胞鞭毛虫原生生物．5'末端にはキャップ構造が見られず，5'-UTRが非常に短く，また，イントロンをもつ遺伝子が少ない．細菌および古細菌からの遺伝子の水平伝播によりゲノムが形づくられている． | *Science*, **317**, 1921-1926(2007) |

## 表 J-5 藻類のゲノム

| 生物種(和名) | ゲノムサイズ；含まれる遺伝子数；一倍体当たりの染色体数 | シークエンシングにより発見されたおもな特徴 | 文献およびURL |
|---|---|---|---|
| *Thalassiosira pseudonana* CCMP 1335 (珪藻) | 34 Mb；11,242；24本 | 129 kbのプラスチドゲノムと44 kbのミトコンドリアゲノムのDNA配列も解読された．平均遺伝子サイズは992 bp．1遺伝子当たりのイントロンの数は1.4．Interproタンパク質ドメイン分析では熱ショック転写因子ファミリーがシロイヌナズナ，アカパンカビ，マウスのゲノムでコードされるタンパク質と比べて顕著に多く見つかった． | *Science*, **306**, 79-86(2004) |
| *Cyanidioschyzon merolae* 10D (シアニディオシゾン) | 16.5 Mb；5331；20本 | 強酸性の温泉に生息する微細な単細胞紅藻．藻類としては初のゲノム解析．タンパク質をコードする遺伝子は4771個，そのうち2700個が既知遺伝子ホモログ，902個が機能未知遺伝子ホモログ，1169個が新規遺伝子をコードしていた．イントロンは26個の遺伝子にしか存在しておらず，二つのイントロンをもつものはわずか1個であった．ミオシン遺伝子は存在せず，またアクチン遺伝子も発現しておらず，より単純な細胞質分裂のシステムが存在している可能性が示唆された．タンパク質をコードする遺伝子に最も類似した相同遺伝子を調べたところ，551遺伝子は緑色植物の遺伝子に類似し，537遺伝子が明らかに動物の遺伝子に類似しており，緑色植物と紅藻との間の差異は，動物と紅藻との間の差異に匹敵することが示唆された． | *Nature*, **428**, 653-657(2004) |

(つづく)

# J. 配列決定されたゲノム

(つづき)

| 生物種(和名) | ゲノムサイズ；<br>含まれる遺伝子数；<br>一倍体当たりの染色体数 | シークエンシングにより発見されたおもな特徴 | 文献およびURL |
|---|---|---|---|
| *Guillardia theta* | 551 kb；<br>464；<br>3本 | 共生藻類．Nucleomorphとよばれる退化した核に3本の染色体をもつ．ゲノム上の遺伝子密度が極端に高く(1遺伝子当たり977 bp)，非コーディング領域は非常に短く，1個の偽遺伝子しか見つかっていない．17個のタンパク質をコードする遺伝子がスプライシングを受けるイントロンをもっていた． | *Nature*, **410**, 1091-1096(2001) |
| *Chlamydomonas reinhardtii*<br>CC-503 cw92 mt +<br>(単細胞緑藻コナミドリムシ) | 121 Mb；<br>15,143；<br>17本 | 植物と動物の共通の祖先から遺伝してきたが，陸生植物では失われている真核生物鞭毛(繊毛)および葉緑体の機能と生成に関係すると思われるタンパク質をコードする遺伝子が同定された．イントロンをもつ遺伝子は全体の92%． | *Science*, **318**, 245-250(2007) |

### 表 J-6 コケ類のゲノム

| 生物種(和名) | ゲノムサイズ；<br>含まれる遺伝子数；<br>一倍体当たりの染色体数 | シークエンシングにより発見されたおもな特徴 | 文献およびURL |
|---|---|---|---|
| *Physcomitrella patens patens*<br>(ヒメツリガネゴケ) | 454 Mb；<br>35,938(予測された遺伝子と注釈付けされた遺伝子の総数)；<br>27本 | 顕花植物および水生藻類のゲノム配列と比較し，遺伝子ファミリーの複雑化，水生環境に関係した遺伝子や陸上でのストレスに耐性となる遺伝子の喪失，オーキシンやアブシジン酸シグナル伝達経路の発達など，コケ植物のゲノムの変化と植物が陸に上がったこととが同時に起こったことが明らかとなった． | *Science*, **319**, 64-69(2008) |

### 表 J-7 単子葉植物のゲノム

| 生物種(和名) | ゲノムサイズ；<br>含まれる遺伝子数；<br>一倍体当たりの染色体数 | シークエンシングにより発見されたおもな特徴 | 文献およびURL |
|---|---|---|---|
| *Oryza sativa* L. ssp. *indica*<br>(イネ) | 466 Mb；<br>46,022〜55,615；<br>12本 | ゲノムの約42.2%は正確に20ヌクレオチドから成るオリゴマー反復配列でトランスポゾンの大部分は遺伝子間領域にあった．推定されたシロイヌナズナの遺伝子の80.6%はイネにホモログをもっていたが，推定されたイネの遺伝子の49.4%しかそのホモログがシロイヌナズナのゲノムに見いだされなかった．2005年にはYuらにより*indica*と*japonica*両方についてより高精度のシークエンシング結果が報告され，遺伝子の数は少なくとも38,000〜40,000とされた． | *Science*, **296**, 79-92(2002)；<br>*PLoS Biol.*, **3**, e38(2005) |
| *Oryza sativa* ssp. *japonica*<br>(イネ) | 420 Mb；<br>50,000；<br>12本 | 網羅的なトランスクリプトーム解析により約32,000種のイネ完全長cDNAのアノテーションが行われている．セントロメアでイネ科に特徴的な反復配列CentO(約155塩基対)が見つかった．2002年の時点では，物理地図に43個の解読できない部分が残っていたが，その後2年間のシークエンシング作業により未解読部分の配列も含めて370 Mbの配列を決定し全ゲノムを390 Mbと決定．最も長い第一染色体の非重複配列43.3 Mbを解析した結果，タンパク質をコードする遺伝子が6756個見つかり，そのうち3161個がシロイズナズナのタンパク質と相同性を示した．遺伝子群の約30%(2073個)はすでに機能的に分類されているものであった．2003年には28,469個の完全長cDNAが報告さ | *Science*, **296**, 92-100(2002)；<br>*Nature*, **420**, 312-316(2002)；<br>*Science*, **301**, 376-379(2003) |

J. 配列決定されたゲノム 1029

| 生物種(和名) | ゲノムサイズ；含まれる遺伝子数；一倍体当たりの染色体数 | シークエンシングにより発見されたおもな特徴 | 文献およびURL |
|---|---|---|---|
| *Oryza sativa* ssp. *japonica*<br>(イネ)<br>(つづき) | | れ，そのうち21,596クローンでタンパク質機能が推定されている．cDNAクローンのゲノムDNA上へのマッピングによりイネゲノムには19,000～20,500個の転写単位が存在することが明らかになった． | |
| *Zea maize*<br>(トウモロコシ) | ~2.5 Gb；<br>10本 | ~80%が反復配列と見込まれている．高解像度のフィンガープリンティング，ゲノムBACクローンで代表される~20 Mbのシークエンシング，450 kbのBACend配列のシークエンシング，などの試験的な試みが実施されつつある． | http://www.maize-genome.org |

### 表 J-8 双子葉植物のゲノム

| 生物種(和名) | ゲノムサイズ；含まれる遺伝子数；一倍体当たりの染色体数 | シークエンシングにより発見されたおもな特徴 | 文献およびURL |
|---|---|---|---|
| *Vitis vinifera*<br>PN40024<br>(ブドウ(ピノ・ノワール種)) | 475Mb；<br>30,434；<br>19本 | 果実が飲食料用に栽培されている植物では初めて解読されたゲノム．ゲノム重複が確認され，ワインの味と香りに影響するスチルベン合成経路やテルペン合成経路の遺伝子ファミリーがシロイヌナズナゲノムと比較して拡大している． | *Nature*, **449**, 463-467(2007) |
| *Arabidopsis thaliana*<br>(シロイヌナズナ) | 115 Mb；<br>25,498；<br>5本 | 植物としては初めて完全なゲノム解読が行われた種．解読された領域は125 Mbのゲノムのうち，セントロメア領域に達する115.4 Mbである．シロイヌナズナの進化においては全ゲノムの重複と，それに続く遺伝子の消失や広範な局所的遺伝子重複があり，さらにシアノバクテリア様の祖先色素体からの遺伝子転位による遺伝子を含むため動的なゲノムが形成されている．ゲノムは11,000の遺伝子ファミリーを構成する25,498の遺伝子をコードし，これは配列解読された他の多細胞真核生物，ショウジョウバエや線虫 *Caenorhabditis elegans* の機能的多様性に匹敵する．シロイヌナズナは新規タンパク質ファミリーを多数もつ一方，いくつかの共通のタンパク質ファミリーを失っており，この3種の多細胞真核生物において共通のタンパク質セットがそれぞれ異なった拡大と縮小を受けたことを示している． | *Nature*, **408**, 796-815(2000) |
| *Solanum tuberosum* L.<br>(ジャガイモ) | 840 Mb；<br>12本 | 2008年末までに解読終了予定． | Potato Genome Sequencing Consortium (PGSC)<br>http://www.epso-web.org/catalog/PGSC.htm |
| *Lycopersicon esculentum*<br>(トマト) | 950 Mb；<br>12本 | 75%以上がヘテロクロマチンである．真正クロマチン部分の220 Mbがシークエンシングの対象となっている．2008年6月現在で30%の解読が終了． | The International Tomato Sequencing Project<br>http://www.sgn.cornell.edu/about/tomato_sequencing.pl |
| *Populus trichocarpa*<br>(ブラックコットンウッド(ポプラの一種)) | 550 Mb；<br>45,000；<br>10本 | 植物細胞壁成分のセルロース，ヘミセルロースおよびリグニンの生合成に関与する93個の遺伝子が同定された．シロイヌナズナと比較してタンパク質をコードする遺伝子の数は多いのに，タンパク質ドメインの相対的頻度は変わらない． | *Science*, **313**, 1596-1604(2006) |

## 表 J-9 非脊索動物のゲノム

| 生物種(和名) | ゲノムサイズ；<br>含まれる遺伝子数；<br>一倍体当たりの染色体数 | シークエンシングにより発見されたおもな特徴 | 文献および URL |
|---|---|---|---|
| *Bombyx mori*<br>p50T Dazao<br>(カイコ) | 530 Mb；<br>18,510(*B. mori* Dazao)；<br>28 本 | 短縮型のトランスポゾンに由来する平均長 500 bp 以下の反復配列を多数含み，これらは 2.5〜3 kb の間隔でゲノム中に分散して存在しており，トランスポゾンのゲノムからの除去を促進する活発な機構が存在する可能性が示唆された．ショウジョウバエのオルソログと比較することにより，性決定を支配する 11 のカイコ遺伝子の存在が明らかとなり，2 種の昆虫では性決定システムが大きく異なることが示唆された． | *DNA Res.*, **11**, 27-35(2004)；<br>*Science*, **306**, 1937 (2004) |
| *Anopheles gambiae*<br>PEST<br>(ハマダラカ) | 278 Mb；<br>約 13,700 個のタンパク質をコードする遺伝子；<br>5 本 | マラリア蚊．細胞接着と免疫に関わるらしい特定のタンパク質ファミリーが傑出して拡大しているのが顕著な特徴．400,000 個以上の SNP が見つかっている． | *Science*, **298**, 129-149(2002) |
| *Plasmodium yoelii yoelii*<br>17XNL | 23 Mb；<br>5878；<br>14 本 | げっ歯類に感染するマラリア原虫．真核生物のモデル寄生虫として初のゲノム解読．*Plasmodium falciparum* のゲノムと比較することにより各染色体の主要部分で遺伝子シンテニーが著しく保存されている．*P. falciparum* の約 5300 個の遺伝子のうち，おもに代謝機能をもつ 3300 個以上の遺伝子について *P. y. yoelii* オルソロガス遺伝子が同定された．サブテロメア領域に位置する 800 コピーを超える変異抗原遺伝子が見つかった． | *Nature*, **419**, 512-519(2002) |
| *Plasmodium falciparum*<br>3D7<br>(熱帯熱マラリア原虫) | 22.9 Mb；<br>5268；<br>14 本 | 顕著に AT に富むゲノム配列．抗原変異に関与する遺伝子は染色体のサブテロメア領域に集中して存在している．自由生活型真核微生物のゲノムと比較してこの細胞内寄生原虫のゲノムはより少ない数の酵素や輸送体をコードしているが，遺伝子の大部分は宿主免疫からの回避や宿主-寄生体相互作用につぎ込まれている．核にコードされる多数のタンパク質は，脂肪酸やイソプレノイドの代謝に関与する細胞小器官アピコプラスト(色素を含まない葉緑体類縁構造)へと輸送される． | *Nature*, **419**, 498-511(2002) |
| *Drosophila melanogaster*<br>(ショウジョウバエ) | 137 Mb；<br>14,100；<br>6 本 | 真正クロマチンと異質クロマチンの間の移行領域には，ヒトサイクリン K およびマウス Krox-4 に対応する遺伝子などをはじめとして未知であった遺伝子が多数含まれていた．遺伝子が少ない領域に最も共通した配列はトランスポゾンであった．トリアシルグリセロールリパーゼファミリーは，31 個の遺伝子がコードしており，UDP グリコシルトランスフェラーゼをコードする遺伝子は 32 個あり，このファミリーはステロール配糖体の合成と，疎水性化合物の生分解に関与している．遺伝子産物の 20％が細胞膜に存在しており，657 個がイオンと代謝産物の輸送に関与している．最大の溶質輸送体ファミリーは，糖透過酵素，ABC 輸送体，ミトコンドリアの輸送タンパク質で，それぞれ，97, 48, 38 個の遺伝子を含む．P450 遺伝子は 90 個であるが，動物ではコレステロール合成に関与する CYP51 は，線虫同様ショウジョウバエのゲノムには存在しない．約 700 個の転写因子をコードしており，このうち約半数は，ジンクフィンガータンパク質で，核受容体は計 20 個見つかった．ホメオドメインをもつタンパク質は 100 種以上が見つかった．哺乳類 | *Science*, **287**, 2185-2195(2000) |

| 生物種(和名) | ゲノムサイズ；含まれる遺伝子数；一倍体当たりの染色体数 | シークエンシングにより発見されたおもな特徴 | 文献およびURL |
|---|---|---|---|
| Drosophila melanogaster (ショウジョウバエ) (つづき) | | や酵母でこれまで同定されたCENP-C/MIF-2ファミリーおよび酵母のCBF3複合体など，セントロメアのDNAにかかわるほとんどのタンパク質のオルソログはもっていないようである． | |
| Caenorhabditis elegans (線虫) | 97 Mb；19,099；6本 | P450遺伝子は80個．動物ではコレステロール合成に関与するCYP51は，ショウジョウバエ同様，線虫のゲノムには存在しない．核受容体遺伝子は200個以上で転写因子ファミリーの中では最も多い． | Science, **282**, 2012-2018(1998) |
| Strongylocentrotus purpuratus (ウニ) | 814 Mb；23,300；18本 | GC含量は39%で約25%が反復配列．自然免疫に関与する遺伝子が極度に発達しており，TLR, NLR(NACHTとロイシンリッチリピートドメインを含む脊椎動物のNod/NALP遺伝子に相当)，SRCR(スカベンジャー受容体システインリッチドメイン)遺伝子はそれぞれ222, 203, 1095個でヒトの約22倍，10倍，13.5倍である． | Sea urchin genome project(NHGRI) |
| Caenorhabditis briggsae | 104 Mb；19,500個のタンパク質をコードする遺伝子；6本 | C. elegans ゲノム配列と比較することにより，新規に約1300個のC. elegansの遺伝子が見つかった．C. elegansにはない独自のタンパク質(約800個)をコードする遺伝子が見つかった．ほとんどすべての既知のncRNAは両方の線虫で共有されていた．タンパク質をコードする遺伝子のうち12,200個についてC. elegansに相当するオルソログ遺伝子が見つかった．ゲノムの22.4%が反復配列． | PLoS Biol., **1**, e45 (2003) |
| Tribolium castaneum Georgia GA2 (コクヌストモドキ) | 152 Mb；16,404；11本 | 甲虫目に属する害虫で，昆虫の発生研究にも有用なモデル動物．嗅覚受容体や味覚受容体，P450などの解毒酵素の遺伝子数が多い．C1システインプロテアーゼ，神経ホルモン，Gタンパク質共役受容体，などの殺虫剤の標的候補があげられた．ショウジョウバエと異なり，線虫同様全身性のRNAi応答を示すが，関与する遺伝子は異なっているらしい． | Nature, **452**, 949-955(2008) |
| Nematostella vectensis CH2 x CH6 (イソギンチャク) | 297 Mb；18,000；30本 | タンパク質をつくる遺伝子のうち約2割が細胞間相互作用に関与する遺伝子をはじめとして動物特有の遺伝子であることが見つかった．約8割の遺伝子でイントロンの位置がヒトと同じであることがわかった．ハエや線虫のゲノムなどはイントロンが少なく，進化の過程でDNA配列が喪失していき，単純な構造になった可能性が指摘された． | Science, **317**, 86-94(2007) |
| Aedes aegypti Liverpool (ネッタイシマカ) | 1376 Mb；15,419；3本 | 黄熱病やデング熱の媒介昆虫．ゲノムの約50%がトランスポゾンから成り，遺伝子の平均長や遺伝子間領域のサイズがマラリア媒介のガンビエハマダラカやショウジョウバエのものよりも4〜6倍大きい原因となっているが，染色体のシンテニーはよく維持されている．ガンビエハマダラカと比較して，におい物質結合，シトクロムP450，クチクラドメインなどをコードする遺伝子が多く見つかった． | Science, **316**, 1718-1723(2007) |
| Apis mellifera DH4 (セイヨウミツバチ) | 200 Mb；6704；16本 | 社会性行動のプログラムに関係する遺伝子群が同定されたが，これらの遺伝子群はショウジョウバエやハマダラカでは見つかっていない．解読されたほかの昆虫のゲノムと比べ，A＋TとCpGの含量が多く，主要なトランスポゾンファミリーを欠き，自然免疫，解毒酵素，クチクラ | Nature, **443**, 931-949(2006) |

(つづく)

| 生物種(和名) | ゲノムサイズ；含まれる遺伝子数；一倍体当たりの染色体数 | シークエンシングにより発見されたおもな特徴 | 文献およびURL |
|---|---|---|---|
| *Apis mellifera* DH4 (セイヨウミツバチ) (つづき) | | 形成タンパク質, 味覚受容体などの遺伝子が少ない代わりに, 嗅覚受容体遺伝子が多く, 花蜜や花粉利用にかかわる新規な遺伝子も同定された. | |
| *Paramecium tetraurelia* d4-2 (繊毛虫ヨツヒメゾウリムシ) | 200 Mb；40,000；小核の染色体は50本以上で大核では約800倍まで増幅される | 大核のゲノム配列が決定された. 遺伝子の大半が連続して起こった少なくとも3回の全ゲノム重複を通じて生じたことが明らかとなった. 遺伝子喪失は長い間かかって起き, 同じ代謝経路や同じタンパク質複合体に含まれるタンパク質の遺伝子は喪失パターンが共通していることもわかった. | *Nature*, **444**, 171-178 (2005) |
| *Brugia malayi* NIAID/TRS (マレー糸状虫(フィラリア線虫；寄生虫の一種で象皮病を起こす)) | 90 Mb；11,500；6本 | 自由生活性のモデル生物である線虫 *Caenorhabtidis elegans* のゲノムと比較して, 寄生性に関係する遺伝子を同定している. マレー糸状虫は複数の宿主(ヒト・カ)をもつ複雑な生活環をもっており, また, 細菌のボルバキア *Wolbachia* の感染を受け, フィラリア線虫の寄生性の大部分はボルバキアに対する宿主の免疫応答に依存していることが知られており, これらのマレー糸状虫による発病に関係するすべての生物のゲノムが入手可能となっているため, 疾患治療のよいターゲットとしてゲノム情報の利用が期待されている. | *Science*, **317**, 1756-1760 (2007) |

### 表 J-10 脊索動物のゲノム(脊椎動物を除く)

| 生物種(和名) | ゲノムサイズ；含まれる遺伝子数；一倍体当たりの染色体数 | シークエンシングにより発見されたおもな特徴 | 文献およびURL |
|---|---|---|---|
| *Branchiostoma floridae* (ナメクジウオ) | 520 Mb；21,900個のタンパク質をコードする遺伝子；19本 | 単一個体の生殖腺細胞のゲノムを解読した結果, 3.7％の一塩基多型, 6.8％の多型欠失や挿入が見つかり, 非常に大きな多型性をもつことがわかった. シンテニー解析により, 脊索動物染色体の基本型となる17本の染色体構成が明らかにされ, 脊椎動物の進化の間にゲノムレベルでの重複が2回起こったという大野 乾の仮説が立証された. 1090個のオルソログ遺伝子を用いて新口動物の系統樹解析を行い, 頭索類(ナメクジウオが属する)から尾索類(ホヤが属する)と脊椎動物が分岐して進化したことが明らかとなった. | *Nature*, **453**, 1064-1071 (2008) |
| *Ciona intestinalis* (カタユウレイボヤ) | 153～157 Mb；15,852；14本 | 約62％は線虫, ショウジョウバエ, ヒトなどと共通であるが, ショウジョウバエよりもヒトに近い. タンパク質をコードする遺伝子は7.5 kbに1個の割合で存在. ホヤにだけ見られる遺伝子が約4000個, ホヤとヒトにあって線虫やハエにはない脊索動物を特徴づける遺伝子が約2000個見つかった. | *Science*, **298**, 2157-2167 (2002) |

### 表 J-11 脊椎動物のゲノム(哺乳動物を除く)

| 生物種(和名) | ゲノムサイズ；含まれる遺伝子数；一倍体当たりの染色体数 | シークエンシングにより発見されたおもな特徴 | 文献およびURL |
|---|---|---|---|
| *Danio rerio* Tuebingen (ゼブラフィッシュ) | 1527 Mb；22,878；25本 | ゲノムシークエンシング進行中. ゼブラフィッシュゲノムシークエンスのアセンブリー version 7(Zv7)が2007年4月末にリリースされている. 2007年6月の時点で, 既知のタンパク | http://www.ensembl.org/Danio_rerio/ |

## J. 配列決定されたゲノム

| 生物種(和名) | ゲノムサイズ；含まれる遺伝子数；一倍体当たりの染色体数 | シークエンシングにより発見されたおもな特徴 | 文献およびURL |
|---|---|---|---|
| *Danio rerio* Tuebingen (つづき) | | 質をコードする遺伝子が17,330個，タンパク質をコードすると予想される遺伝子が1495個，RNA遺伝子が4053個同定されている． | |
| *Takifugu rubripes* (トラフグ) | 393 Mb；22,339(うち331個がRNAをコードする遺伝子)；22本 | 非常にコンパクトなゲノムで，分散型の反復配列も15%以下となっており，遺伝子発見には理想的なモデル生物である．しかし，すべての主要な転位因子ファミリー(クラスI：RNAトランスポゾン，LTR：トランスポゾン，非LTR：トランスポゾン，クラスII：DNAトランスポゾン，レトロウイルス)はもっており，そのコピー数が非常に少ない． | *Science*, **297**, 1301-1310(2002) |
| *Tetraodon nigroviridis* (pufferfish; ミドリフグ) | 346 Mb(真正クロマチン領域)；27,918個のタンパク質をコードする遺伝子の存在が推定されている；21本 | コラーゲン分子の多様性は哺乳動物よりも魚類でより顕著にみられ，ナトリウム輸送に関与するタンパク質ドメインは海水魚に高頻度に検出される．プリンに特異的なヌクレオシダーゼ遺伝子は魚類に豊富である．哺乳動物で数百種類みられるKRABボックスをもった転写リプレッサーは魚類にはまったく見られない．ヒトとフグのゲノム配列の比較により約900個の新規なヒト遺伝子が見つかった． | *Nature*, **431**, 946-957(2004) |
| *Callorhinchus milii* (Elephant shark, ゾウザメ) | 910 Mb；14,828；染色体数は不明だが，近縁のアカギンザメ属のスポッティド・ラットフィッシュ(*Hydrolagus colliei*)は29本 | シンガポールIMCB(Institute of Molecular and Cell Biology)が解読終了を発表．軟骨魚類のゲノム解読としては初．反復配列が28%を占める．遺伝子領域として同定されたDNA領域内に14,828個の部分的および完全な遺伝子を同定． | *PLoS Biol.*, **5**, e101 (2007) |
| *Oryzias latipes* (メダカ) | 700.4 Mb；20,141；24本 | 2007年6月に解読(ドラフト配列)が報告された．約1600万個のSNPが検出されており，これは全塩基数の3.42%を占め，脊椎動物種の中では最高頻度を示している．同定された全遺伝子の57.7%にヒトオルソログが見つかっている． | *Nature*, **447**, 714-719(2007) |
| *Gallus gallus* (セキショクヤケイ) | 1.05 Gb；17,709個のタンパク質をコードする遺伝子；39本 | 鳥類で初めてのゲノム解読．38対の常染色体と1対の性染色体をもち，このほか五つのマクロ染色体，五つの中間染色体，28個のミニ染色体を含む．遺伝子総数は20,000〜23,000と見積もられた．571個のRNA遺伝子が見つかっている．ヒト，ニワトリ，フグのゲノム比較により，全遺伝子の約3分の1(7606個)がすべての脊椎動物で保存されていると考えられている．反復配列の割合は全ゲノムの11%程度．哺乳類から進化的に分岐した後にニワトリでは多数の遺伝子が喪失し，これにより進化していることを示す証拠が得られている．約200の嗅覚受容体遺伝子が見つかった． | *Nature*, **432**, 695-716(2004) |

### 表 J-12 哺乳類のゲノム

| 生物種(和名) | ゲノムサイズ；含まれる遺伝子数；一倍体当たりの染色体数 | シークエンシングにより発見されたおもな特徴 | 文献およびURL |
|---|---|---|---|
| *Ornithorhynchus anatinus* (カモノハシ) | 1840 Mb；18,527個のタンパク質をコードする遺伝子；52本 | 進化分類学的には，哺乳類の最も原始的な系統で卵生哺乳類の単孔類に属し，爬虫類の性質と哺乳類の性質とを併せもっている．オポッサム，マウス，イヌ，ヒトの相同領域と比較して，LTRや単純な反復配列が獣類の領域におけ | *Nature*, **453**, 175-183(2008) |

(つづき)

1034　J. 配列決定されたゲノム

(つづき)

| 生物種(和名) | ゲノムサイズ;<br>含まれる遺伝子数;<br>一倍体当たりの染色体数 | シークエンシングにより発見されたおもな特徴 | 文献およびURL |
|---|---|---|---|
| *Ornithorhuynchus anatinus*<br>(カモノハシ)<br>　　　　　(つづき) | | るインプリンティングの獲得に重要な働きをしていることが示唆されている. カモノハシと爬虫類の毒素タンパク質が同じ遺伝子ファミリーから派生したことも示された. | |
| *Monodelphis domestica* pop1<br>(ハイイロジネズミオポッサム) | 3475 Mb;<br>18,648(946個の非コードRNA遺伝子を含む);<br>9本 | 後獣類のものとしては初めて解読されたゲノム. 保存されている非コード領域の約20％は真獣類と後獣類の分岐後で急速に出現したことが示唆された. 一方, 真獣類の中で保存されているタンパク質をコードする遺伝子についてはそのうちの〜1％が見いだされなかっただけであった. Xist遺伝子がなく, また, X染色体の保存性反復配列領域に長い散在性反復配列LINE/L1の存在頻度が低く, Xist遺伝子の進化上の獲得や反復配列の頻度上昇が真獣類のランダムなX染色体不活性化の要因であることが示唆された. | *Nature*, **447**, 167-178(2007) |
| *Rattus norvegicus* BN/SsNHsdMCW<br>(ラット; Brown Norway系統) | 2.72 Gb;<br>21,166(23957, http://www.ensembl.org/Rattus_norvegicus);<br>21本 | ラット, マウス, ヒトのゲノムはほぼ同数の遺伝子をコードする. 大多数の遺伝子は欠失や複製なしに保存されており, またイントロン構造もよく保存されていた. ヒトの病気に関連している遺伝子のほとんどすべてのオルソログがラットゲノムに見つかったが, 同義コドンの塩基置換の程度は他の遺伝子とは相当異なっていた. 遺伝子ファミリーの拡大により生じたフェロモン遺伝子, 免疫, 化学センサー, 解毒, タンパク質分解などに関与する遺伝子ではマウスでは見つからないものが含まれていた. ゲノムの約3％は大きな領域でまとまって複製したもので, これらの複製された領域の一部は動原体周辺領域に存在していた. ゲノムの約30％はマウスゲノムとのみ相同的であり, そのかなりの部分はげっ歯類に特異的な反復配列であった. マウスゲノムと相同的でない部分の少なくとも半分はラット特異的な反復配列領域であった. | *Nature*, **428**, 493-521(2004) |
| *Mus musculus*<br>(マウス) | 2644Mb;<br>24,174;<br>20本 | ゲノムサイズはヒトより14％少ない約25億塩基対. ヒトとマウスのゲノム中の90％以上が保存されているシンテニー領域に相当し, ヌクレオチドレベルではヒトゲノムの約40％がマウスゲノムにアラインすることができた. ヒトもマウスも約3万個のタンパク質をコードする遺伝子を含むと推測された. 687個のヒトの病気に関係する遺伝子の明白なオルソログがマウスゲノム中に存在していた. ヒトとマウスでまったく異なる遺伝子は約1％だった. マウスゲノムの1〜2％は大きな領域でまとまって複製したものであった. 網羅的なトランスクリプトーム解析の結果, マウスゲノム全体の72％以上の領域に対応するRNAがマップされ, 20,929種のタンパク質をコードするRNA, 23,218種のncRNA, 31,422個の潜在的センス-アンチセンスペア, 180,000個以上の転写開始点, などが同定されている. センス-アンチセンスペアの中のいくつかについてはパートナーのRNAの発現を制御する機能が示唆されている. | *Nature*, **420**, 520-562(2002);<br>*Science*, **309**, 1559-1563(2005);<br>*Science*, **309**, 1564-1566(2005) |
| *Felis catus*<br>(ネコ(アビシニアン)) | 2.7 Gb(真正クロマチンとしては2.5 Gb) | 真正クロマチンの65％についてアセンブリーが行われている. ほかのゲノム配列が既知の哺乳動物でアノテーションが行われている遺伝子に相同な約20,285個の領域が見つかっている. | *Genome Res.*, **17**, 1675-1689(2007) |

## J. 配列決定されたゲノム

| 生物種(和名) | ゲノムサイズ；含まれる遺伝子数；一倍体当たりの染色体数 | シークエンシングにより発見されたおもな特徴 | 文献およびURL |
|---|---|---|---|
| *Canis lupus familiaris* (イヌ；メスのボクサー) | 2.40 Gb；39本 | NHGRIプロジェクト．2005年5月に第2版目のゲノムアセンブリー(CanFam2.0)がリリースされている．ヒトの遺伝子のうち，18,500個(約75%)がイヌにも存在．霊長類(ヒト)やげっ歯類(マウス)のゲノム配列との比較から，哺乳動物のゲノム中で最も高度に保存されていたタンパク質非コードDNA配列の大多数は発生で重要な役割を果たす小さな遺伝子のサブセットの近傍にクラスターとして位置していることがわかった． | *Nature*, **438**, 803-819(2005) |
| *Bos Taurus* (ウシ；ヘレフォード種) | ~2.64 Gb；15,194；30本 | 米国農務省のプロジェクトで進行中． | http://www.hgsc.bcm.tmc.edu/projects/bovine/Build-2.1 |
| *Macaca mulatta* (アカゲザル) | 2871 Mb；34,023；22本 | 反復配列がゲノムの約50%を占める．2500万年前にヒトやチンパンジーの祖先と分岐したため，チンパンジーおよびヒトとのゲノム配列の一致は約97.5%で，99%のヒト-チンパンジー間の一致と比較して有意な違いが見つかった．三つの生物種間で正の選択を示す178個の遺伝子が同定され，防御応答，免疫応答，シグナル伝達，細胞接着，鉄イオン結合などに関与する遺伝子やケラチン遺伝子が含まれていた．ヒトでは病気と関連しているオルニチントランスカルバミラーゼやフェニルアラニンモノオキシゲナーゼの遺伝子の変異対立遺伝子を含んでいた． | *Science*, **316**, 222-234(2007) |
| *Pan troglodytes* (チンパンジー) 22番染色体 | 33.3 Mb | 対応するヒト第21染色体の全塩基配列と比較した結果，1塩基置換が全染色体配列の1.44%に見られ，68,000箇所に近い挿入/欠失部位を含むことがわかった．機能的に重要な遺伝子を含む231のタンパク質コード配列のうち，83%にアミノ酸配列レベルでの違いがあった．第ヒト21染色体では偽遺伝子になっているのに，チンパンジー22番染色体では遺伝子として機能しているものがあることが見つかった．*Alu*配列は10箇所(ヒトの場合は75箇所)見つかった． | *Nature*, **429**, 382-388(2004) |
| *Pan troglodytes* (チンパンジー) | 2.73 Gb；25,951遺伝子(うち3476個がRNAをコードする遺伝子)；24本 | 全ゲノム配列の98%に当たる領域を99%の精度で解読した．ヒトとチンパンジーのゲノムの違いは4%程度であるが，1塩基置換は両ゲノム全体の1.23%だった．挿入や欠失に関しては全体の3%程度が違っていた．サブテロメア領域での塩基置換の程度はネズミ科(マウスやラット)よりもヒト科の方が不均一に高い．CpGジヌクレオチドでの塩基置換は全体の約1/4に相当する．SINEの挿入はヒトの1/3であるが，チンパンジーでは二つの新しいレトロトランスウイルス配列が見つかった． | *Nature*, **437**, 69-87(2005) |
| *Homo sapiens* (ヒト) | 3.1 Gb(真正クロマチン領域は2.9 Gb)；26,966；23本 Ensembl 49のデータでは3,253,037,807 bp；21,541個が既知のタンパク質をコードし，新たに1199のタンパク質をコードする遺伝子が | 最も大きい染色体は247 Mb(第1染色体)で，最も小さいものが47 Mb(第21染色体)である．核をもたない赤血球を除く体細胞は二倍体であり，同じ種類の常染色体を2本ずつ，性染色体を2本(女性はXとX，男性はXとY)の合計46本の染色体をもっている．生殖細胞は一倍体であり，常染色体を1本ずつ，性染色体を1本の合計23本の染色体をもっている．ミトコンドリアゲノムは16,569塩基対の環状DNAでミトコンドリアの中に多数存在している．体細 | *Nature*, **409**, 860-921(2001) |

(つづく)

## 1036  J. 配列決定されたゲノム

(つづき)

| 生物種(和名) | ゲノムサイズ;<br>含まれる遺伝子数;<br>一倍体当たりの染色体数 | シークエンシングにより発見されたおもな特徴 | 文献およびURL |
|---|---|---|---|
| Homo sapiens<br>(ヒト)<br>(つづき) | 見つかっている. RNA遺伝子は4421個. Genescanを用いて全体で69,073個の遺伝子が予測されている. | 胞も生殖細胞も約8000個ずつもっている. ヒトゲノムの塩基配列の解読を目的とするヒトゲノム計画は1984年に最初に提案され, 1991年から始まり, 2000年6月26日にドラフト配列の解読を終了, 2003年4月14日に全作業を終了した. ヒトの遺伝子数は32,000個と推定された. ヒトのゲノムの5~6%はセグメントとして複製した領域である. | |
| Homo sapiens<br>(ヒト)<br>第1染色体 | 224 Mb | 3141個のタンパク質をコードする遺伝子(1669個の既知遺伝子, 332個の新規コーディング配列, 720個の新規転写物, 420個の推定転写物)と991個の偽遺伝子を含み, 多くのタンパク質コード配列がオーバーラップしている. 35個のメンデル性遺伝疾患に関与する遺伝子が見つかった. マウス, ラット, ゼブラフィッシュ, トラフグ, ミドリフグのゲノム配列とのアラインメントにより, これらの動物すべてに進化的に保存されている領域が10,971箇所見つかり, このうちの10,669個がすでに注釈付けられているエキソンと重なった. 459個のncRNA遺伝子または偽遺伝子の存在が予測され, 22個のmiRNAも同定された. | Nature, **441**, 315-321(2006) |
| Homo sapiens<br>(ヒト)<br>第2染色体 | 237 Mb(真正クロマチン塩基配列の99.6%以上) | 1346個のタンパク質をコードする遺伝子と1239個の偽遺伝子が見つかった. 第4染色体とともにヒト全染色体中で最低の平均組換え率を示す. 組換えが見られない大きな領域には腫瘍サプレッサーのLPR1Bが500 kbに, ヒトゲノム中で最長のコーディング配列をもつTTNが280 kbにわたって伸びている. 長腕にあるZFHX1B遺伝子の上流域3.5Mbは砂漠(タンパク質をコードする遺伝子がMbレベルで見つからない領域)である. | Nature, **434**, 724-731(2005) |
| Homo sapiens<br>(ヒト)<br>第3染色体 | 199 Mb | 四つのコンティグだけから構成される染色体全DNA配列がシークエンシングされた. 1585の遺伝子座位が注釈付けされた(1425個の既知遺伝子, 8個の新規遺伝子, 27個の新規転写物, 3個の推定遺伝子, 122個の偽遺伝子). セグメント重複の割合がヒト全染色体中最低. ケモカイン受容体遺伝子群や, ゲノムで最も普通に見られる構成的脆弱部位FRA3Bを含むFHITをコードする遺伝子のような, 複数のヒトがんにかかわる多数の遺伝子座も含まれている. | Nature, **440**, 1194-1198(2006) |
| Homo sapiens<br>(ヒト)<br>第4染色体 | 186 Mb(真正クロマチン塩基配列の99.6%以上) | 796個のタンパク質コード遺伝子と778個の偽遺伝子があることが明らかになった. 第2染色体とともにヒト全染色体中で最低の平均組換え率を示し, セグメント重複も少ない. 主要な組換えホットスポットはテロメア付近に見つかっている. プロトカドヘリン遺伝子PCDH7とそのパラログPCDH10は異常に大きな砂漠(タンパク質をコードする遺伝子がMbレベルで見つからない領域)で挟まれており(砂漠のサイズはPCDH7は5.2 Mbと3.5 Mb, PCDH10は5.1 Mbと4.0 Mb), この領域は哺乳動物と鳥類で保存されている. | Nature, **434**, 724-731(2005) |
| Homo sapiens<br>(ヒト)<br>第5染色体 | 177.7 Mbが解読された. | 遺伝子密度はヒト染色体の中で最も低いものの一つ. 遺伝子に乏しい多くの領域で哺乳類以外の脊椎動物との間で高度に保存されているタンパク質非コード領域が検出された. プ | Nature, **431**, 268-274(2004) |

## J. 配列決定されたゲノム

| 生物種(和名) | ゲノムサイズ;<br>含まれる遺伝子数;<br>一倍体当たりの染色体数 | シークエンシングにより発見されたおもな特徴 | 文献およびURL |
|---|---|---|---|
| *Homo sapiens*<br>(ヒト)<br>第5染色体<br>(つづき) | | トカドヘリン遺伝子ファミリーやインターロイキン遺伝子ファミリーなど923個のタンパク質をコードする遺伝子が存在していた.第5染色体に特異的で,この領域での欠失が脊髄性筋萎縮症などの消耗性疾患の原因となっている長い染色体内重複部分の完全な塩基配列も決定. | |
| *Homo sapiens*<br>(ヒト)<br>第6染色体 | 166.9 Mb | 1557個の遺伝子と633個の偽遺伝子を含む.第6染色体にあるタンパク質をコードする遺伝子の少なくとも96%が同定された.ヒトゲノムで最大のtRNA遺伝子クラスターがあり,このクラスターは,転写活性の高い領域に配置されていることが明らかにされた.主要組織適合遺伝子複合体の重要な免疫遺伝子座の中では,*HLA-B*が第6染色体内およびヒトゲノム内で最も多型性をもつ遺伝子であることが示された. | *Nature*, **425**, 805-811(2003) |
| *Homo sapiens*<br>(ヒト)<br>第7染色体 | 153 Mb(真正クロマチンDNAの99.4%) | 分節的重複領域の占める割合は染色体全体の8.2%.タンパク質をコードする1150個の遺伝子が同定された.このうち605個がcDNA配列によって確認された.偽遺伝子941個も見つかっている. | *Nature*, **424**, 157-164(2003) |
| *Homo sapiens*<br>(ヒト)<br>第8染色体 | 145.6 Mb | 8p遠位部にきわめて高い突然変異率を示すように見える約15 Mbの広大な領域が存在し,この領域の突然変異率は,配列が解読されている他の哺乳類よりもヒト科の動物で高くなっている.この急速に進化した領域は,自然免疫と神経系に関与する多数の遺伝子を含んでいる. | *Nature*, **439**, 331-335(2006) |
| *Homo sapiens*<br>(ヒト)<br>第9染色体 | 109 Mb(真正クロマチンDNAの99.6%以上) | 常染色体としては最大のヘテロクロマチン領域が含まれる.雄から雌への性転換やがん,神経変性疾患に関係すると考えられている遺伝子など,1149個の遺伝子(ヒトゲノム中最大のインターフェロン遺伝子群を含む)と426個の偽遺伝子のアノテーションが行われた.主要組織適合遺伝子複合体遺伝子のパラログが存在し,遺伝子を非常に高密度にもち,G+C含量が顕著に高い領域が存在していた. | *Nature*, **429**, 369-374(2004) |
| *Homo sapiens*<br>(ヒト)<br>第10染色体 | 131.7 Mb(真正クロマチンDNAの99.4%) | 染色体の短腕および長腕のセントロメア近傍領域内に約1 Mbのヘテロクロマチン領域を含んでいた.1357個の遺伝子が存在し,このうち816個がタンパク質をコードする遺伝子,430個が偽遺伝子であった. | *Nature*, **429**, 375-381(2004) |
| *Homo sapiens*<br>(ヒト)<br>第11染色体 | 134.5 Mb(真正クロマチンDNAの99.8%) | 1524のタンパク質をコードする遺伝子を含む.糖尿病や白血病など疾患関連性が高い染色体.平均遺伝子密度は1 Mb当たり11.6遺伝子で,1524のタンパク質をコードする遺伝子と765の偽遺伝子を含んでいることが示された.ヒトゲノム中にある856の嗅覚受容体遺伝子の40%以上が単遺伝子または複数の遺伝子から構成されるクラスターとしてこの染色体上の28箇所に存在している. | *Nature*, **440**, 497-500(2006) |
| *Homo sapiens*<br>(ヒト)<br>第12染色体 | 132 Mb | タンパク質をコードする遺伝子が1435個(1294個の既知遺伝子,12個のコーディング配列,34個の新規転写物,2個の推定遺伝子,93個の偽遺伝子),ヒトの疾患に直接関係しているとされている遺伝子座は487個ある.993のセグメント重複が見つかっている.偽遺伝子を除いて平均遺伝子密度は1 Mb当たり11.0遺伝 | *Nature*, **440**, 346-351(2006) |

(つづく)

## 1038　J.　配列決定されたゲノム

(つづき)

| 生物種(和名) | ゲノムサイズ；<br>含まれる遺伝子数；<br>一倍体当たりの染色体数 | シークエンシングにより発見されたおもな特徴 | 文献およびURL |
|---|---|---|---|
| *Homo sapiens*<br>第12染色体<br>　　　(つづき) | | 子．第12染色体遺伝子の58.3％が選択的スプライシングにより複数の転写物(1遺伝子当たり平均2.89転写物)を産生している． | |
| *Homo sapiens*<br>(ヒト)<br>第13染色体 | 95.5 Mb | ヒト染色体の中でも遺伝子密度が最も低いものの一つ(1 Mb 当たり6.5遺伝子)で，中央部の38 Mb領域の遺伝子密度は，1 Mb当たりわずか3.1個である．633個の遺伝子と296個の偽遺伝子が含まれる．他の脊椎動物ゲノムの配列との比較から，この染色体がもつタンパク質をコードする遺伝子の95.4％以上が同定されたと考えられている．105個のタンパク質非コード遺伝子も見つかった． | *Nature*, **428**, 522-528 (2004) |
| *Homo sapiens*<br>(ヒト)<br>第14染色体 | 87 Mb | 真正クロマチン部分が長腕全体をカバーし，切れ目のない単一のセグメントとして存在している．1050個の遺伝子または遺伝子断片と393個の偽遺伝子が同定された．染色体全体の遺伝子の96％についてアノテーションが終了したとされている． | *Nature*, **421**, 601-607 (2003) |
| *Homo sapiens*<br>(ヒト)<br>第15染色体 | 81.9 Mb | 高頻度のセグメント重複をもつ七つのヒト染色体の一つ．重複は，主として15qの近位側および遠位側の二つの領域に集中し，ここでの重複間の組換えがプラダー・ウィリー症候群とアンジェルマン症候群の原因となる欠失をひき起こすことがある．染色体内重複の大部分は共通の祖先染色体を共もつことが示唆された．ゲノム配列中でまだ配列が決定されていないいくつかのギャップはおそらくハプロタイプ間の構造的多型のためであることが証明された． | *Nature*, **440**, 671-675 (2006) |
| *Homo sapiens*<br>(ヒト)<br>第16染色体 | 78 Mb (真正クロマチン塩基配列の99.6％以上) | タンパク質をコードする遺伝子880個(多発性嚢胞腎や急性骨髄単球性白血病の病因遺伝子，メタロチオネイン，カドヘリン，*iroquois*遺伝子ファミリーなどが含まれている)，tRNA遺伝子19個，偽遺伝子341個，RNA偽遺伝子3個が含まれることが明らかになった．分節重複は第16染色体の中でも遺伝子が比較的少ない短腕のセントロメア付近に多く，その中には最近の遺伝子重複や遺伝子変換などの現象に関与しているものもあり，霊長類やヒトの疾病感受性の進化に影響を及ぼした可能性が高い． | *Nature*, **432**, 988-994 (2004) |
| *Homo sapiens*<br>(ヒト)<br>第17染色体 | 78.8 Mb | 単一のマウス染色体にのみオルソロガスなヒト染色体としては最大のもので，マウス11番染色体の遠位側半分に全体がマップされる．ヒト染色体中2番目に高い遺伝子密度をもつ．マウス11番染色体の相同領域との配列比較により，ヒトの塩基配列は広範な染色体内再配列を受けているが，マウスの塩基配列は顕著に安定であることがわかった．ヒト第17染色体では高密度のセグメント重複が見られるが，マウスの相同領域ではセグメント重複はきわめて低密度である．これらのセグメント重複は構造的な再配列が起こっている部位によく一致していて，重複と再配列との間の密接な関係を示している． | *Nature*, **440**, 1045-1049 (2006) |
| *Homo sapiens*<br>(ヒト)<br>第18染色体 | 76 Mb | ヒト染色体中で最も遺伝子密度が低い．哺乳類間で進化的に保存されているタンパク質をコードしない配列の割合はゲノム全体の平均に近い．ヒトゲノム全体ではタンパク質をコードしない保存配列の密度は，遺伝子密度とほとんど相関性がないこともわかった． | *Nature*, **437**, 551-555 (2005) |

| 生物種(和名) | ゲノムサイズ;<br>含まれる遺伝子数;<br>一倍体当たりの染色体数 | シークエンシングにより発見されたおもな特徴 | 文献およびURL |
|---|---|---|---|
| Homo sapiens<br>(ヒト)<br>第19染色体 | 55.8 Mb(真正クロマチンの99.9%を解読) | ヒトの全染色体の中で最も遺伝子密度が高く，ゲノム全体の平均値の2倍を超える．1461個のタンパク質をコードする遺伝子(家族性高コレステロール血症やインスリン抵抗性糖尿病などに直接関係する遺伝子が含まれている)と321個の偽遺伝子が見つかった．トラフグとの間で保存されている領域(タンパク質をコード領域も非コード領域部分も含めて)が見つかった．げっ歯類の遺伝子のオルソログが塊となって存在し，最近拡大や欠失が起こった遺伝子ファミリーの領域が散在していた． | Nature, **428**, 529-535(2004) |
| Homo sapiens<br>(ヒト)<br>第20染色体 | 59 Mb(真正クロマチンDNAの99.4%) | 短腕全体をカバーする26 Mbの単一コンティグと長腕の五つのコンティグのシークエンシングから配列が解読された．長腕のセントロメア周辺領域234 kbの配列も解読された．727個の遺伝子と168個の偽遺伝子についてアノテーションが終了した． | Nature, **414**, 865-871(2001) |
| Homo sapiens<br>(ヒト)<br>第21染色体 | 33.5 Mb | ヒトの最小の常染色体．最初の報告では，長腕の99.7%に相当する領域および短腕の281 kbの解読が記載され，既知の遺伝子127個，新規に予想された遺伝子98個，偽遺伝子59個の存在が示された．現在推定されている遺伝子数は，367個． | Nature, **405**, 311-319(2000) |
| Homo sapiens<br>(ヒト)<br>第22染色体 | 33.4 Mb(長腕22q) | 少なくとも545個の遺伝子と134個の偽遺伝子をもつ．短腕22pにタンパク質をコードする遺伝子が存在するという証拠は得られていない．第22染色体にあり，マウスにオルソログをもっている160個の遺伝子のうち113個についてはマウスの染色体上の位置が決定されている．ヒト第22染色体とシンテニックなマウスゲノム配列をもつ領域はマウス染色体6, 16, 10, 5, 11, 10, 8, 15上に見つかっている． | Nature, **402**, 489-495(1999) |
| Homo sapiens<br>(ヒト)<br>X染色体 | 155 Mb;<br>真正クロマチン部分の塩基配列の99.3%が決定された | 哺乳類の性染色体が一対の常染色体に由来する，X染色体とY染色体の間の組換えが徐々に行われていった過程やそれに続いた起こったY染色体の分解の拡大などが明らかになった．LINE1反復配列が全体の3分の1を占め，LINE1がX染色体不活性化過程の中継地点としての役割をもつとする考え方と一致する．1098個の遺伝子が存在し，そのうちの99個は精巣および種々のタイプの腫瘍に発現するタンパク質をコードしている．メンデル性遺伝病の168種類が113個のX染色体連鎖遺伝子に生じた突然変異によって説明づけられた． | Nature, **434**, 325-337(2005) |
| Homo sapiens<br>(ヒト)<br>JC Venter | 2810 Mb;<br>24本 | NCBIのヒトゲノムの標準配列 human reference assembly(HuRefアセンブリー)と比較すると，410万のDNA変異が見つかり(うち，128万個以上が新規なもの)，313万のSNPを含んでいた．53,823個の置換ブロック(2-206 bp)，292,102個のヘテロ接合体挿入/欠失(indels; 1-571 bp)と559,473個のホモ接合体 indels (1-82,711 bp)，90個の逆位および多数のセグメント(分節)重複やコピー数多型領域などが見つかっている．個人のゲノム配列としてはJ. D. Watsonのもの(NCBI Personal Genomics FTPに登録済み)も公表されている． | PLoS Biol., **5**, e254 (2007) |

# K. 分子細胞生物学に関するデータベース

遺伝子やタンパク質の配列・構造などの生命情報は，現在データベースの形で世界中の研究機関で蓄積され，インターネットのブラウザを通してどこからでも簡易に入手できるようになっている．日本においては，国立遺伝学研究所生命情報・DDBJ研究センターが中心となり，欧州分子生物学研究所（European Molecular Biology Laboratory：EMBL）と米国国立バイオテクノロジー情報センター（National Center for Biotechnology Information：NCBI）との連携のもと，"DDBJ/EMBL/GenBank国際塩基配列データベース"を共同で構築している．塩基配列情報のほか，生命情報にはアミノ酸配列やタンパク質のモチーフやドメイン，立体構造，分子間相互作用などさまざまな種類があり，それぞれは異なるデータベースに格納されている．最近ではこのような異なるデータベースをより利用しやすくするためのデータベース統合化の動きが見られるようになり，また一方で，こうした膨大なデータを処理して有用な情報を引き出し，それを用いて，たとえばタンパク質の構造や機能の予測・解析に利用するといった，データベースを活用した研究も進められている．

分子細胞生物学は，これまでの分子生物学と生化学および細胞生物学という異なる専門分野が統合した新しい学問分野であり，関連するデータベースも多岐にわたる．このため，現存する多くのデータベースの中から，自分に必要な情報を速やかに入手できるデータベースを選択することが重要となってくる．本項では，生命現象にかかわるデータベースの中でも特に分子細胞生物学に関連のあるものについて，内容とURLを掲載した（URLは2008年8月現在）．必要な情報を含むデータベースを速やかに検索できるよう，データベースはデータの種別に応じて，塩基配列（DNA），転写産物配列（RNA），アミノ酸配列，タンパク質機能，立体構造，分子間相互作用，遺伝子発現，細胞・遺伝子，ゲノム関連データベースに分類した．また，生物学・医学・薬学など分子細胞生物学に関連のある文献情報のデータベースを最後に付け加えた．これらのデータベースを利用して研究に役立てていただければ幸いである．

（執筆担当：五條堀 孝）

### 表 K-1 三大国際塩基配列データベース

| データベース・提供施設 | 内容 | URL |
|---|---|---|
| DDBJ（日本DNAデータバンク） | 国立遺伝学研究所（日）が管理する三大国際DNAデータバンクの一つ．配列登録や検索サービスが日本語でも提供されている | http://www.ddbj.nig.ac.jp/Welcome-j.html |
| NCBI/GenBank | 国立バイオテクノロジー情報センター（NCBI，米）が管理する三大国際DNAデータバンクの一つ | http://www.ncbi.nlm.nih.gov/ |
| EBI/EMBL | 欧州生命情報学研究所（EBI，英）が管理する三大国際DNAデータバンクの一つ | http://www.ebi.ac.uk/embl/ |

### 表 K-2 転写産物データベース

| データベース・提供施設 | 内容 | URL |
|---|---|---|
| UniGene | 転写産物の配列情報を集めて同じ遺伝子または偽遺伝子に由来するもの同士をクラスタリングしたデータベース．タンパク質の類似度や発現情報，ゲノム上の位置情報などもリンクされている．NCBIが提供 | http://www.ncbi.nlm.nih.gov/sites/entrez?db=unigene |
| TIGR Gene Indices | ゲノム研究所（米）が提供するESTやmRNA配列を生物種ごとに分類したデータベース．コンセンサス配列を提示しているのが特徴 | http://compbio.dfci.harvard.edu/tgi/ |
| TRANSFAC | 真核生物の転写因子とゲノム上の認識配列，およびDNA結合プロファイルについてのデータベース．BIOBASE GmbH（独）が管理．有料 | http://www.gene-regulation.com/pub/databases.html |

## K. 分子細胞生物学に関するデータベース

| データベース・提供施設 | 内容 | URL |
|---|---|---|
| H-InvDB | ヒトの遺伝子と転写産物を対象とした統合データベース．遺伝子の構造や機能性RNA，タンパク質としての機能，代謝経路などの詳細なアノテーション情報を提供している．産業技術総合研究所生物情報解析センター(日)が運営 | http://www.jbirc.aist.go.jp/hinv/ahg-db/index.jsp |
| FLJ-DB | 新エネルギー・産業技術総合開発機構(日)からの委託事業によって開発された，ヒト完全長cDNAの配列統合データベース．cDNAからの予測タンパク質データベースであるHUGEも提供している | http://www.nedo.go.jp/bioiryo/bio-e/index.html |
| FANTOM DB | マウス完全長cDNAクローンのアノテーション付きデータベース．転写因子だけをまとめたTF DBも提供している．理化学研究所が管理 | http://fantom.gsc.riken.go.jp/ |

### 表K-3 アミノ酸配列データベース

| データベース・提供施設 | 内容 | URL |
|---|---|---|
| UniProt | Swiss-Prot, TrEMBL, PIRの統合データベース．ExPASy検索システムにより個々のデータベースに対する検索が可能 | http://www.ebi.uniprot.org/index.shtml |
| Swiss-Prot | EBIとスイス生命情報学研究所(SIB)が共同で管理するタンパク質機能，ドメイン構造，翻訳後修飾の情報を含む高水準アノテーションつきデータベース | http://www.ebi.ac.uk/swissprot/ |
| TrEMBL | EMBL登録塩基配列のコード領域からコンピューター予測されたアミノ酸配列データベース | http://www.ebi.ac.uk/trembl/ |
| PIR | ジョージタウン大学医学センター(米)が管理するタンパク質関連の総合的なデータベースサイト．分子進化解析結果を元にタンパク質を分類したPIRSFなどの二次データベースを提供 | http://pir.georgetown.edu/ |
| PRF | 蛋白質研究奨励会(日)の提供するアミノ酸配列および文献データベース．欧米とは独立に文献を元にした配列収集を行っている | http://www.prf.or.jp/ja/os.html |

### 表K-4 タンパク質機能データベース

| データベース・提供施設 | 内容 | URL |
|---|---|---|
| PROSITE | SIBが管理するタンパク質ファミリーおよびドメインのデータベース．EBIのExPASy検索システムからも利用可能 | http://au.expasy.org/prosite/ |
| Pfam | サンガー研究所(英)が提供するPROSITE, ProDomなど複数のデータベースを元に抽出したタンパク質ファミリーおよびドメインデータベース | http://www.sanger.ac.uk/Software/Pfam/ |
| ProDom | Swiss-ProtとTrEMBLからコンピューター予測されたタンパク質ドメイン・ファミリーのデータベース | http://prodom.prabi.fr/ |
| Blocks | InterPro登録配列に基づき，PROSITE, PRINTS, SMART, Pfam, ProDomなどを参照して最も保存性の高い領域を抽出したギャップなしのモチーフデータベース．フレッド・ハッチンソンがん研究所(米)が管理 | http://blocks.fhcrc.org/ |

(つづく)

(つづき)

| データベース・提供施設 | 内容 | URL |
|---|---|---|
| InterPro | EBI が提供する Pfam, ProDom, PROSITE, PRINTS, SMART などの統合データベース | http://www.ebi.ac.uk/interpro/ |
| MOTIF | 京都大学化学研究所が提供する Pfam, ProDom, PROSITE, PRINTS, Blocks などの統合データベース | http://motif.genome.jp/ |
| BRENDA | ケルン大学生命情報学センター(独)が管理する酵素データベース．酵素名や EC 番号での検索が可能．反応経路や特性，構造などの情報も充実している | http://www.brenda-enzymes.info/ |
| REBASE | ニュー・イングランド・バイオラボが提供する制限酵素データベース．認識配列，メチル化感受性，結晶およびシーケンスデータなども含まれる | http://rebase.neb.com/rebase/rebase.html |

### 表 K-5 タンパク質構造データベース

| データベース・提供施設 | 内容 | URL |
|---|---|---|
| PDB | 構造バイオインフォマティクス共同体(RCSB, 米)が運営するタンパク質と核酸の高次構造データベース．X 線結晶解析，NMR 解析，理論解析から得られたデータを蓄積．日本支所は大阪大学蛋白質研究所 | http://www.rcsb.org/ |
| SCOP | 英国の MRC 分子生物学研究所と同タンパク質工学センターが公開しているタンパク質を立体構造で分類したデータベース | http://scop.mrc-lmb.cam.ac.uk/scop/ |
| CATH | PDB に登録されたタンパク質立体構造の階層分類データベース．ユニバーシティ・カレッジ(ロンドン)が公開 | http://www.cathdb.info/latest/index.html |
| FSSP | PDB に登録されたタンパク質立体構造の分類データベース．EBI が公開 | http://www.ebi.ac.uk/dali/fssp/ |
| SMART | EBI が運営するタンパク質ドメインデータベース．Swiss-Prot などに登録されているタンパク質に対応した Normal SMART と，全長が決定されたゲノム配列に由来するタンパク質のみに対応した Genomic SMART がある | http://smart.embl.de/ |
| GTOP | ゲノムにコードされる全タンパク質の配列データについて立体構造や機能予測(ファミリー分類)などの解析を行った結果をデータベース化したもの．国立遺伝学研究所(日)が提供 | http://spock.genes.nig.ac.jp/%7Egenome/gtop-j.html |

### 表 K-6 分子間相互作用データベース

| データベース・提供施設 | 内容 | URL |
|---|---|---|
| KEGG-PATHWAY | 京都大学化学研究所が運営する代謝経路やシグナル経路などの分子間パスウェイマップを収集したデータベース | http://www.genome.jp/kegg/pathway.html |
| KEGG-BRITE | 生体システムに関連するさまざまな相互関係を階層化したデータベース | http://www.genome.jp/kegg/brite.html |
| BIND (現在は BOND に統合) | 文献情報より構築された，タンパク質，DNA, RNA，低分子化合物などの生体分子間相互作用のデータベース | http://bond.unleashedinformatics.com/Action? |
| MINT | 文献情報より収集されたタンパク質，DNA, RNA，低分子化合物などの生体分子間相互作用のデータベース．ローマ大学トールベルガータ(伊)が管理 | mint.bio.uniroma2.it/mint/ |

## K. 分子細胞生物学に関するデータベース

| データベース・提供施設 | 内容 | URL |
|---|---|---|
| DIP | カリフォルニア大学が提供する実験的に決定されたタンパク質間相互作用のデータベース | dip.doe-mbi.ucla.edu/ |
| HPRD | 文献情報より構築されたヒトタンパク質データベース．ドメイン構造，翻訳後修飾，相互作用ネットワークが収載されている．ジョンズ・ホプキンス大学のPandey研究室とIOB（Institute of Bioinformatics）の共同運営 | http://www.hprd.org |

### 表 K-7 遺伝子発現データベース

| データベース・提供施設 | 内容 | URL |
|---|---|---|
| CIBEX | 世界中の研究室で出されたマイクロアレイ実験のデータを検証・解析するために，MGED Societyが打ち出した基準であるMIAMEに則った遺伝子発現データベース．DDBJが提供 | http://cibex.nig.ac.jp/index.jsp |
| GEO | フィルターハイブリダイゼーション，マイクロアレイ，DNAチップなどから得られる発現データを蓄積したもの．SAGE法による発現解析データベースSAGEmapのデータにもアクセス可能．NCBIが提供 | http://www.ncbi.nlm.nih.gov/geo/ |
| ArrayExpress | マイクロアレイによる遺伝子発現データを受付けて公開するデータベース．EBIが提供 | http://www.ebi.ac.uk/arrayexpress/ |
| BodyMap | RefSeqやUniProt/Swiss-ProtなどのEST配列データを，動物種および細胞株・組織ごとに分類したもの．東京大学，国立遺伝学研究所，大阪大学の共同運営 | http://bodymap.jp/ |
| H-ANGEL | 3種の実験手法から得られた，ヒトの組織の遺伝子発現データを収集し，組織・細胞カテゴリー別に分類した発現プロファイルデータベース．産業技術総合研究所生物情報解析センター（日）とDDBJの共同運営 | http://www.jbirc.aist.go.jp/hinv/h-angel/wge_top.cgi |
| READ | マウスcDNAマイクロアレイ解析を用いた遺伝子発現プロファイル．理化学研究所が提供 | http://read.gsc.riken.go.jp/ |

### 表 K-8 細胞・遺伝子データベース

| データベース・提供施設 | 内容 | URL |
|---|---|---|
| ATCC | 世界最大の培養細胞バンク．完全長cDNAやESTクローン，ベクターなども供給している | http://www.atcc.org/ |
| JCRB細胞バンク | 医薬基盤研究所が管理する細胞バンク．遺伝子バンクも提供している | http://cellbank.nibio.go.jp/wwwjcrbj.htm |
| RIKEN BioResource Center | 理化学研究所が管理するマウスを中心とした実験動植物の細胞や，種子，遺伝子材料を収集したデータベース．研究者に対する提供も行っている | http://www.brc.riken.jp/ |
| NBRP | 実験材料としてのバイオリソース（実験動植物，細胞，DNAなどの遺伝子材料）を収集し，データベースとして提供している．日本の国家プロジェクトで，25機関が関与する | http://www.nbrp.jp/index.jsp |
| OMIM | ヒト遺伝子変異と遺伝病に関するデータベース | www.ncbi.nlm.nih.gov/entrez/query.fcgi?db=omim |

## 表 K-9 ゲノム関連データベース

| データベース・提供施設 | 内容 | URL |
|---|---|---|
| Ensembl | 真核生物ゲノムのアノテーションデータベース．EBI とサンガー研究所の共同プロジェクト | http://www.ensembl.org/index.html |
| RefSeq | DNA, RNA, タンパク質の代表配列データベース．NCBI が提供 | http://www.ncbi.nlm.nih.gov/RefSeq/ |
| GNP | ヒト遺伝子に関する統合データベース．ヒト遺伝子の染色体上位置や転写開始点，タンパク質間相互作用，遺伝子発現プロファイルなどのデータを提供．国立遺伝学研究所が管理 | http://genomenetwork.nig.ac.jp/index.html |

## 表 K-10 文献データベース

| データベース・提供施設 | 内容 | URL |
|---|---|---|
| MEDLINE | 米国立医学図書館(NLM)が提供する医，歯，薬，獣医学関連文献の索引・抄録を電子化した世界最大の二次資料データベース．利用システムは PubMed．無料 | http://www.ncbi.nlm.nih.gov/sites/entrez?db=PubMed |
| EMBASE | 代表的な医薬系二次資料データベース．生化学，薬学系の文献情報が特に豊富．会員登録が必要で有料 | http://www.info.embase.com/index.shtml |
| JMEDICINE | 科学技術振興機構(JST)主催の国内の医薬関連文献データベース．利用システムは JDream II．有料 | http://pr.jst.go.jp/jdream2/ |

# L. 分子細胞生物学に関するソフトウェア

生命科学分野のツールは多岐にわたり，その数も多い．ここでは代表的なツールをカテゴリーごとに列挙した（URL は 2008 年 8 月現在）．

(執筆担当：二階堂 愛)

### 表 L-1 系統解析

| ソフトウェア名 | 入手先 URL | 内容 |
| --- | --- | --- |
| PAUP | http://paup.csit.fsu.edu/ | 系統解析を行うソフトウェア．さまざまな塩基置換モデルに対応している．最尤法や最節約法，距離行列法による系統推定が可能． |
| Phyml | http://evolution.genetics.washington.edu/phylip.html | 系統解析を行うソフトウェア．さまざまな塩基置換モデルに対応している．最尤法による系統推定が可能． |
| TreeView | http://taxonomy.zoology.gla.ac.uk/rod/rod.html | 系統樹の閲覧ソフトウェア． |
| Mesquite | http://mesquiteproject.org/mesquite/mesquite.html | Java で実装された系統解析ソフトウェアで，系統樹の編集や祖先形質復元だけでなく一般的な多変量統計解析も行うことができる． |

### 表 L-2 配列類似性検索

| ソフトウェア名 | 入手先 URL | 内容 |
| --- | --- | --- |
| BLAST | http://www.ncbi.nlm.nih.gov/blast/<br>http://blast.wustl.edu/ | DNA，タンパク質配列を配列データベースに検索し，類似した配列を発見するソフトウェア．NCBI とワシントン大学でそれぞれ作成されている．FASTA より正確性は劣るが検索速度が速い． |
| FASTA | http://www.ebi.ac.uk/fasta/<br>http://fasta.bioch.virginia.edu/ | DNA，タンパク質配列を配列データベースに検索し，類似した配列を発見するソフトウェア．BLAST に比べて正確な検索が可能であるが速度面では劣る． |

### 表 L-3 ゲノム検索，cDNA-ゲノム配列アラインメント

| ソフトウェア名 | 入手先 URL | 内容 |
| --- | --- | --- |
| BLAT | http://www.soe.ucsc.edu/~kent/ | 高速にゲノム配列と mRNA 配列をアラインメントするためのソフトウェア |
| sim4 | http://globin.cse.psu.edu/html/docs/sim4.html | ゲノム配列と mRNA 配列をアラインメントするためのソフトウェア．スプライシングシグナルを利用してエキソンとイントロンの境界を正確に判定することを目指している． |
| spidey | http://www.ncbi.nlm.nih.gov/spidey/ | ゲノム配列と mRNA 配列をアラインメントするためのソフトウェア．イントロンのサイズによらず正確なエキソンを予測することができる．また，周辺に偽遺伝子やパラログ遺伝子があっても混乱せずに予測が可能である． |

### 表 L-4 実験支援

| ソフトウェア名 | 入手先 URL | 内容 |
| --- | --- | --- |
| Primer3 | http://primer3.sourceforge.net/ | PCR プライマーを設計するためのソフトウェア． |

### 表 L-5　プログラミング用解析ライブラリー

| ソフトウェア名 | 入手先 URL | 内容 |
|---|---|---|
| BioRuby | http://bioruby.org/ | バイオインフォマティクス解析に関する Ruby のライブラリー. |
| BioPerl | http://bioperl.org/ | バイオインフォマティクス解析に関する Perl のライブラリー. |
| BioJava | http://biojava.org/ | バイオインフォマティクス解析に関する Java のライブラリー. |

### 表 L-6　システム生物学

| ソフトウェア名 | 入手先 URL | 内容 |
|---|---|---|
| Celldesigner | http://celldesigner.org/ | 細胞シミュレーター. |
| E-Cell | http://www.e-cell.org/ | 細胞シミュレーター. 三次元化された E-Cell 3D (http://ecell3d.iab.keio.ac.jp/) もある. |
| Cytoscape | http://www.cytoscape.org/ | 生体分子の相互作用をネットワークとして表示・解析するためのソフトウェア. |

### 表 L-7　オントロジー

| ソフトウェア名 | 入手先 URL | 内容 |
|---|---|---|
| GoMiner | http://discover.nci.nih.gov/gominer/ | 遺伝子オントロジーを用いた解析を行うプログラム. データの中に有意に存在する遺伝子オントロジーを検定することができる. |

### 表 L-8　統合パッケージ

| ソフトウェア名 | 入手先 URL | 内容 |
|---|---|---|
| KNOB | http://knob.sourceforge.jp/ | バイオインフォマティクスに関するソフトウェアがインストール済みの Linux. ライブ起動 Linux を利用することで元の環境に影響を与えずに一般的なコンピューターで起動することができる. 二階堂愛を中心とした KNOB Project が開発している. |
| EMBOSS | http://emboss.sourceforge.net/ | 遺伝子配列解析のプログラムが 200 以上含まれたプログラム集. |
| G-language | http://www.g-language.org/ | ゲノム配列解析に特化した統合解析パッケージ. |
| geWorkbench | http://wiki.c2b2.columbia.edu/workbench/ | 配列解析全般を扱える統合解析パッケージ. グラフィカルインターフェイスが採用されている. |

### 表 L-9　遺伝子発現解析

| ソフトウェア名 | 入手先 URL | 内容 |
|---|---|---|
| TM4 | http://www.tm4.org/ | TIGR が開発したマイクロアレイ解析に関する統合パッケージソフト. |
| Bioconductor | http://www.bioconductor.org/ | 統計解析環境 R 向けにつくられたゲノム解析用ライブラリー. マイクロアレイや配列解析, 集団遺伝学的解析などを行うことができる. |

L. 分子細胞生物学に関するソフトウェア 1047

### 表 L-10 ワークフロー

| ソフトウェア名 | 入手先 URL | 内容 |
|---|---|---|
| Taverna | http://taverna.sourceforge.net/ | さまざまなデータベースにアクセスし、データを取得したり解析したりする処理を組合わせて解析の流れを作成し実行することができるプログラム. |

### 表 L-11 アラインメント

| ソフトウェア名 | 入手先 URL | 内容 |
|---|---|---|
| Jalview | http://www.jalview.org/ | Javaで実装されたマルチプルアラインメントプログラム. |
| ClustalW | http://www.ebi.ac.uk/Tools/clustalw2/ | 多重アラインメントを行うプログラム. |

### 表 L-12 モチーフ・ドメイン

| ソフトウェア名 | 入手先 URL | 内容 |
|---|---|---|
| InterProScan | http://www.ebi.ac.uk/InterProScan/ | タンパク質に見られるモチーフを発見するプログラム群. |

### 表 L-13 遺伝子予測

| ソフトウェア名 | 入手先 URL | 内容 |
|---|---|---|
| GeneScan | http://genes.mit.edu/GENSCAN.html | 遺伝子の確率モデルを利用しDNAから遺伝子を予測するプログラム. |
| GeneMark | http://exon.gatech.edu/GeneMark/ | 隠れマルコフモデルを使った遺伝子予測プログラム. |
| Glimmer | http://www.cbcb.umd.edu/software/glimmer/ | Glimmer (Gene Locator and Interpolated Markov Modeler)は，微生物DNAか遺伝子を発見するためのプログラム．細菌や古細菌のゲノムに特化している．線形補完マルコフモデル (IMM)を利用してコード領域と非コードDNAを区別する． |

### 表 L-14 ケモインフォマティクス

| ソフトウェア名 | 入手先 URL | 内容 |
|---|---|---|
| ChemRuby | http://chemruby.org/ | 化合物情報をオブジェクト指向スクリプト言語Rubyから利用するためのライブラリー. |
| Chemistry Development Kit | http://almost.cubic.uni-koeln.de/cdk/ | 化合物情報をJavaから利用するためのライブラリー. |
| OpenBabel | http://openbabel.sourceforge.net/ | 化合物の構造データのフォーマットを変換するためのソフトウェア. |

### 表 L-15 タンパク質立体構造

| ソフトウェア名 | 入手先 URL | 内容 |
|---|---|---|
| OpenRasMol | http://www.openrasmol.org/ | RasMolはタンパク質や核酸などの高分子を可視化するプログラムである．表示速度が速いため最もよく利用されているプログラムである． |
| MDL Chime | http://www.mdl.com/ | Chimeはブラウザ上でタンパク質やDNAの分子モデルを表示するためのソフトウェアである．MDLが提供している． |
| Amber | http://amber.scripps.edu/ | 分子動力学により生体分子シミュレートするためのプログラム集. |

# 索　　引

欧文索引 ……………… 1051
略号索引 ……………… 1168

# 索 引 凡 例

1. 見出し語に付した外国語(原則として英語)および解説文中の術語に付した外国語,略号を収録した．索引語には，可能な限り日本語を併記した．
2. 語の配列はアルファベット順とした．
3. 二語以上からなる語は語の区切りを無視して全体を一語として読んで配列した．
   例： plasmid vector → plasmidvector として配列
   　　 DNA cleavage → dnacleavage として配列
4. 数字で始まる語，語中に数字を含む語は，原則として数字を無視して配列した．
   例： 7SL RNA → slrna として配列
   　　 GAL4 protein → galprotein として配列
   　　 3′-deoxyadenosine → deoxyadenosine として配列
5. reverse transcription PCR(逆転写PCR)のような語は，下記のようにも配列し，PCRなど複数のキーワードから検索できるようにした．
   　　 PCR, reverse transcription (PCRの項目に ——, reverse transcription と表記)
6. ウムラウト(¨)，アクサン(′)などは無視して配列した．
7. 化合物の異性体や結合位置などを表す D-, L-, $n$-, $s$-, $t$-, $cis$-, $trans$-, $o$-, $m$-, $p$-, $N$-, $O$-, $S$-, $\alpha$-, $\beta$-, $\gamma$- などは，これを無視して配列した．
   例：L-DOPA → D に配列
   　　 $S$-adenosylmethionine → A に配列
   　　 $\gamma$-carboxyglutamic acid → C に配列
8. ギリシア文字を語頭にもつ語は，$\alpha$はAの，$\beta$はBの，$\gamma$はGの先頭に配列した．ギリシア文字を語中に含む語についても同様の読み換え(下記)に従って配列した．
   (ただし，上記7に当てはまる $\alpha$, $\beta$, $\gamma$ は無視して配列した．)
   また，alpha helix, sigma factor などとも表記されるものは，その位置にも並べた．
   $\alpha$　$\beta$　$\gamma$　$\delta$　$\varepsilon$　$\zeta$　$\eta$　$\theta$　$\kappa$　$\lambda$　$\mu$　$\nu$　$\pi$　$\rho$　$\sigma$　$\tau$　$\Phi,\phi,\varphi$　$\chi$　$\Psi,\psi$　$\Omega,\omega$
   A　B　G　D　E　Z　E　T　K　L　M　N　P　R　S　T　P　C　P　O
9. ページを示す数字のうち，太字体はその語が見出し語として収録されていることを，細字体は解説文中に含まれていることを表す．また数字の後のa, bは，aがページの左段，bが右段にあることを示す．
10. 略号については，さらに略号索引(p.1168)を設け，その正式名を付記した．

# 欧文索引

## A

$\alpha_1$-acid glycoprotein($\alpha_1$ 酸性糖タンパク質) 50 a
$\alpha$ actinin($\alpha$ アクチニン) 49 a
$\alpha$-adrenergic blocker($\alpha$ 遮断剤) 50 a
$\alpha$-adrenergic receptor($\alpha$ アドレナリン受容体) 49 a
$\alpha$-adrenergic receptor blocker($\alpha$ アドレナリン受容体遮断剤) 49 b
$\alpha$-adrenoceptor($\alpha$ アドレナリン受容体) 49 a
$\alpha$ amanitin($\alpha$ アマニチン) 49 b
$\alpha$-amylase($\alpha$-アミラーゼ) 49 b
$\alpha_2$ antiplasmin($\alpha_2$ アンチプラスミン) 49 b
$\alpha_1$ antitrypsin($\alpha_1$ アンチトリプシン) 49 b
$\alpha_1$ antitrypsin deficiency($\alpha_1$ アンチトリプシン欠損症) 49 b
$\alpha_2$AP=$\alpha_2$ antiplasmin($\alpha_2$ アンチプラスミン) 49 b
$\alpha_1$AT=$\alpha_1$ antitrypsin($\alpha_1$ アンチトリプシン) 49 b
$\alpha\beta$T cell($\alpha\beta$T 細胞) 228 a
$\alpha$-catenin($\alpha$ カテニン) 49 b
$\alpha$ defensin($\alpha$ デフェンシン) 50 a
$\alpha$-fetoprotein($\alpha$ フェトプロテイン) 50 b
$\alpha$-L-fucosidase($\alpha$-L-フコシダーゼ) 769 b
$\alpha 27$ gene($\alpha 27$ 遺伝子) 50 a
$\alpha$ helix($\alpha$ ヘリックス) 50 b
$\alpha$-keratin($\alpha$ ケラチン) 50 b
$\alpha$-ketoglutaric acid($\alpha$-ケトグルタル酸) 300 a
$\alpha_2$M=$\alpha_2$ macroglobulin($\alpha_2$ マクログロブリン) 49 a
$\alpha_2$ Macro($\alpha_2$ マクロ) 51 a
$\alpha_2$ macroglobulin($\alpha_2$ マクログロブリン) 51 a
$\alpha$-neoendorphin($\alpha$ ネオエンドルフィン) 163 a
$\alpha_2$PI=$\alpha_2$ plasmin inhibitor($\alpha_2$ プラスミンインヒビター) 50 a
$\alpha_2$ plasmin inhibitor($\alpha_2$ プラスミンインヒビター) 50 a
$\alpha$ receptor blocker($\alpha$ 受容体遮断剤) 50 a
$\alpha$ satellite DNA($\alpha$ サテライト DNA) 50 a
$\alpha$ structure($\alpha$ 構造) 50 a
$\alpha$-TIF=$\alpha$-trans-induction factor 757 a
$\alpha$ toxin(α トキシン) 50 a
$\alpha$-trans-induction factor 757 a
$\alpha_2$ urinary globulin family($\alpha_2$ 尿中グロブリンファミリー) 50 a
A=adenosine(アデノシン) 21 b
A=alanine(アラニン) 36 a
A5 147 b
A23187 139 b
AAA=ATPase associated with diverse cellular activities 115 a
AAA ATPase(AAA ATP アーゼ) 115 a
2-AAF=2-acetylaminofluorene(2-アセチルアミノフルオレン) 115 a
AAS=atomic absorption spectrometry(原子吸光分析) 115 a
AAV=adeno-associated virus(アデノウイルス随伴ウイルス) 115 b
ABA=abscisic acid(アブシジン酸) 145 a
A band(A 帯) 128 b

abasic site(アベーシック部位) 550 b
ABC=ATP binding cassette(ATP 結合カセット) 145 a
ABC method=avidin biotin-peroxidase complex method(アビジン・ビオチン-ペルオキシダーゼ複合体法) 146 a
ABC model(ABC モデル) 146 a
ABC transporter superfamily(ABC 輸送体スーパーファミリー) 146 b
Abderhalden's reaction(アブデルハルデン反応) 665 b
abdominal dropsy(腹水) 766 a
Abelson leukemia virus(エイブルソン白血病ウイルス) 113 b
Abelson murine leukemia virus(エイブルソンマウス白血病ウイルス) 114 a
abetalipoproteinemia(無 $\beta$ リポタンパク質血症) 888 b
*abl* gene(*abl* 遺伝子) 113 b
ABO blood group system(ABO 式血液型) 145 a
ABO blood type(ABO 式血液型) 145 a
abortive infection(不全感染) 770 a
ABRE=abscisic acid responsive element(アブシジン酸応答配列) 144 b
abrin(アブリン) 91 b
abscisic acid(アブシジン酸) 27 a
abscisic acid-induced gene(アブシジン酸誘導性遺伝子) 27 a
abscisic acid responsive element(アブシジン酸応答配列) 27 a
abscission(器官脱離) 231 b
abscission layer(離層) 231 b
abscission zone(離層帯) 231 b
absolute refractory period(絶対不応期) 507 a
absorbance(吸光度) 243 a
absorption spectrum(吸収スペクトル) 243 b
absorptive cell(吸収細胞) 243 b
absorptive epithelium(吸収上皮) 243 b
abundant SH 265 b
Ac 120 a
ACAM=adherens junction-specific cell adhesion molecule 120 b
*Acanthamoeba*(アカントアメーバ) 34 a
acantholysis(棘融解) 621 b
acatalasemia(無カタラーゼ血症) 886 a
acatalasia(無カタラーゼ症) 886 a
ACC=1-aminocyclopropane-1-carboxylic acid(1-アミノシクロプロパン-1-カルボン酸) 129 a
accelerator globulin(Ac グロブリン) 120 b
acceptor splice junction(スプライス受容部位) 487 b
acceptor splice site(スプライス受容部位) 487 b
accessory axis(副軸) 765 b
accidental cell death(事故死) 786 a
accidental death(不慮の死) 464 b
acclimation(順化) 449 b
ACC synthase(ACC シンターゼ) 120 b
ACE=angiotensin-converting enzyme(アンギオテンシン変換酵素) 120 b
acentric chromatid(無動原体染色分体) 238 a
2-acetamido-2-deoxy-$\alpha$-D-galactose(2-アセトアミド-2-デオキシ-$\alpha$-D-ガラクトース) 15 b
2-acetamido-2-deoxyglucose(2-アセトアミド-2-デオキシグルコース) 15 b

# 1052　欧文索引

acetosyringone（アセトシリンゴン）　18 a
2-acetylaminofluorene（2-アセチルアミノフルオレン）　15 a
acetylation（アセチル化）　15 a
$N$-acetylchitosamine（$N$-アセチルキトサミン）　15 b
acetylcholine（アセチルコリン）　16 b
acetylcholine receptor（アセチルコリン受容体）　17 a
——, muscarinic（ムスカリン性アセチルコリン受容体）　887 b
——, nicotinic（ニコチン性アセチルコリン受容体）　655 a
acetylcholine receptor inducing activity（アセチルコリン受容体誘導活性）　661 b
acetylcholinesterase（アセチルコリンエステラーゼ）　17 a
acetyl-CoA（アセチル CoA）　15 b
acetyl-CoA carboxylase（アセチル CoA カルボキシラーゼ）　16 a
acetyl-coenzyme A（アセチル補酵素 A）　18 a
$N$-acetyl-L-cysteine（$N$-アセチル-L-システイン）　17 a
4-acetyl-2,6-dimethoxyphenol（4-アセチル-2,6-ジメトキシフェノール）　17 b
$N$-acetylgalactosamine（$N$-アセチルガラクトサミン）　15 b
$N$-acetylglucosamine（$N$-アセチルグルコサミン）　15 b
$\beta$-$N$-acetylhexosaminidase（$\beta$-$N$-アセチルヘキソサミニダーゼ）　17 b
acetyl LDL receptor（アセチル LDL 受容体）　15 a
$N$-acetyl-5-methoxytryptamine（$N$-アセチル-5-メトキシトリプタミン）　18 a
$N$-acetylmuramic acid（$N$-アセチルムラミン酸）　18 a
$N$-acetylneuraminic acid（$N$-アセチルノイラミン酸）　17 b
acetylsalicylic acid（アセチルサリチル酸）　17 a
$N$-acetylserine（$N$-アセチルセリン）　17 b
ACF＝ATP-utilizing chromatin assembly and remodeling factor　281 a
Ac globulin（Ac グロブリン）　120 b
ACH＝achondroplasia（軟骨無形成症）　120 b
achondroplasia（軟骨無形成症）　653 b
AChR＝acetylcholine receptor（アセチルコリン受容体）　120 b
acid-fast bacteria（抗酸菌）　321 b
acid-growth hypothesis（酸成長説）　388 a
acidic fibroblast growth factor（酸性繊維芽細胞増殖因子）　387 b
acidic PLA$_2$　841 b
acid labile subunit　94 b
acid mucopolysaccharide（酸性ムコ多糖）　388 a
acidosis（アシドーシス）　12 a
acid phosphatase（酸性ホスファターゼ）　388 a
acid phosphomonoesterase（酸性ホスホモノエステラーゼ）　388 b
acid protease（酸性プロテアーゼ）　388 a
acidsome（アシドソーム）　30 a
aCL＝anticardiolipin antibody（抗カルジオリピン抗体）　120 b
aclarubicin（アクラルビシン）　23 a
AcNPV＝$Autographa\ californica$ NPV　687 b
aconitine（アコニチン）　630 a
ACP＝acyl carrier protein（アシルキャリヤータンパク質）　121 a
acquired immunity（獲得免疫）　194 b
acquired immunodeficiency syndrome（後天性免疫不全症候群）　331 b
acquired immunodeficiency syndrome virus（後天性免疫不全ウイルス）　331 b
3,6-acridinediamine（3,6-アクリジンジアミン）　10 a
acridine dye（アクリジン色素）　10 a
acridine orange（アクリジンオレンジ）　10 a
acriflavine（アクリフラビン）　10 a
acrocentric chromosome（端部動原体染色体）　560 b
acromegaly（先端巨大症）　522 a

acrosin（アクロシン）　10 b
acrosome（先体）　520 b
acrosome reaction（先体反応）　520 b
ACS＝ARS consensus sequence（ARS 共通配列）　120 b
ACS＝ACC synthase（ACC シンターゼ）　120 b
ACTH＝adrenocorticotropic hormone（副腎皮質刺激ホルモン）　121 a
ACTH-$\beta$-lipotropin precursor（ACTH-$\beta$ リポトロピン前駆体）　121 a
actin（アクチン）　7 b
actin-activated ATPase（アクチン活性化 ATP アーゼ）　8 a
actin-binding protein（アクチン結合タンパク質）　8 a
actin cable（アクチンケーブル）　8 a
actin-capping protein（アクチンキャッピングタンパク質）　8 a
actin-depolymerizing factor（アクチン脱重合因子）　8 b
actin-depolymerizing protein（アクチン脱重合タンパク質）　8 b
actin filament（アクチンフィラメント）　8 b
actin filament bundle（アクチンケーブル）　8 a
actin filament-bundling protein（アクチンフィラメント束化タンパク質）　8 b
actin filament-crosslinking protein（アクチンフィラメント架橋タンパク質）　8 b
actin filament end-capping protein（アクチンフィラメント端キャップタンパク質）　9 a
actin filament-severing protein（アクチンフィラメント切断タンパク質）　9 a
actinin（アクチニン）　6 b
actin-like protein（アクチン様タンパク質）　9 b
actin microfilament（アクチンミクロフィラメント）　9 b
actin-modulating protein（アクチン調節タンパク質）　8 b
actinomycetes（放線菌）　835 a
actinomycin D（アクチノマイシン D）　7 a
actin-related protein（アクチン関連タンパク質）　8 a
action potential（活動電位）　203 a
activated factor Ⅱ（活性Ⅱ因子）　203 b
activation center（活性中心）　203 b
activation energy（活性化エネルギー）　203 a
activation free energy（活性化自由エネルギー）　203 a
activation induced cytidine deaminase　416 b
activation of transcriptional regulatory factor（転写調節因子の活性化）　620 a
activator protein 1（アクチベータータンパク質 1）　7 b
activator protein 2（アクチベータータンパク質 2）　7 b
active center（活性中心）　203 b
active chromatin（活性クロマチン）　203 b
active immunity（能動免疫）　677 a
active methionine（活性メチオニン）　203 b
active oxygen（活性酸素）　203 b
active protein C（活性化プロテイン C）　203 b
active site（活性部位）　203 b
active transport（能動輸送）　677 a
active zone（活性帯）　203 b
activin（アクチビン）　7 a
activin receptor-like kinase（アクチビン受容体様キナーゼ）　342 a
actobindin（アクトバインディン）　390 a
actomyosin（アクトミオシン）　9 b
actomyosin ATPase（アクトミオシン ATP アーゼ）　10 a
actophorin（アクトフォリン）　8 b
acute anterior poliomyelitis（急性灰白髄炎）　244 a
acute erythematodes（急性エリテマトーデス）　244 a
acute leukemia（急性白血病）　245 a
acute lymphocytic leukemia（急性リンパ性白血病）　245 a
acute myelocytic leukemia（急性骨髄性白血病）　244 b
acute myelogenous leukemia（急性骨髄性白血病）　244 b
$acute\ myeloid\ leukemia\ 1$　115 b

欧文索引　1053

acute non-lymphocytic leukemia（急性非リンパ性白血病）　245 a
acute phase protein（急性期タンパク質）　244 a
acute phase reactant（急性期タンパク質）　244 a
acute promyelocytic leukemia（急性前骨髄性白血病）　245 a
acute state protein（急性期タンパク質）　244 a
acute transforming retrovirus（急性形質転換レトロウイルス）　244 a
acycloguanosine（アシクログアノシン）　11 b
acyclovir（アシクロビル）　11 b
acyl carrier protein（アシルキャリヤータンパク質）　12 b
acyl-CoA（アシル CoA）　12 b
acyl-CoA dehydrogenase（アシル CoA デヒドロゲナーゼ）　13 a
acyl-CoA synthetase（アシル CoA 合成酵素）　13 a
acyl-coenzyme A（アシル補酵素 A）　13 a
1-acylglycerol 3-phosphate（1-アシルグリセロール 3-リン酸）　12 b
$N$-acylsphingosine deacylase（$N$-アシルスフィンゴシンデアシラーゼ）　13 a
acylsphingosine kinase（アシルスフィンゴシンキナーゼ）　13 a
acyltransferase（アシルトランスフェラーゼ）　13 a
AD＝Alzheimer's disease（アルツハイマー病）　136 a
ADA＝adenosine deaminase（アデノシンデアミナーゼ）　136 a
ada　603 b
ADAM family（ADAM ファミリー）　18 b
adapter hypothesis（アダプター仮説）　18 a
adapter PCR（アダプター付加 PCR）　18 b
adaptin（アダプチン）　18 b
adaptive response（適応応答）　603 b
adaptor（アダプター）　18 b
ADAR＝adenosine deaminase acting on RNA（二本鎖 RNA 特異的アデノシンデアミナーゼ）　136 a
ADCC＝antibody-dependent cellular cytotoxicity（抗体依存性細胞傷害）　136 b
Addison anemia（アジソン貧血）　12 a
Addison-Biermer anemia（アジソン・ビールメル貧血）　11 b
Addison's disease（アジソン病）　11 b
adducin（アデューシン）　22 b
Ade＝adenine（アデニン）　136 a
adenine（アデニン）　20 b
adenine nucleotide translocator（アデニンヌクレオチドトランスロケーター）　137 a
Adeno-associated virus（アデノ随伴ウイルス）　22 b
adenocarcinoma（腺がん）　515 b
adenohypophysis（腺下垂体）　515 b
adenoma（腺腫）　517 a
adenomatous hyperplasia（腺腫様増殖）　197 b
adenomatous polyposis coli　5 b
adenomatous polyposis coli gene（APC 遺伝子）　145 a
Adeno-satellite virus（アデノサテライトウイルス）　21 a
adenosine（アデノシン）　21 b
adenosine aminohydrolase（アデノシンアミノヒドロラーゼ）　21 b
adenosine deaminase（アデノシンデアミナーゼ）　22 a
adenosine deaminase acting on RNA（二本鎖 RNA 特異的アデノシンデアミナーゼ）　660 a
adenosine deaminase deficiency（アデノシンデアミナーゼ欠損症）　22 a
adenosine 5'-diphosphate（アデノシン 5'-二リン酸）　136 b
adenosine kinase（アデノシンキナーゼ）　21 b
adenosine monophosphate（アデノシン一リン酸）　21 b
adenosine receptor（アデノシン受容体）　22 a
adenosinetriphosphatase（アデノシントリホスファターゼ）　22 b
adenosine 5'-triphosphate（アデノシン 5'-三リン酸）　21 b
$S$-adenosylmethionine（$S$-アデノシルメチオニン）　21 a

adenoviral vector（アデノウイルスベクター）　21 a
Adenoviridae（アデノウイルス）　20 b
adenylate cyclase（アデニル酸シクラーゼ）　20 a
adenylate kinase（アデニル酸キナーゼ）　19 b
adenyl cyclase（アデニルシクラーゼ）　20 a
adenylic acid（アデニル酸）　19 b
5'-adenylic acid（5'-アデニル酸）　19 b
adenylpyrophosphatase（アデニルピロホスファターゼ）　20 b
adenylylation（アデニリル化）　19 b
adenylyl cyclase（アデニリルシクラーゼ）　19 b
adenylyl imidodiphosphate（アデニリルイミド二リン酸）　19 a
ADF＝actin-depolymerizing factor（アクチン脱重合因子）　136 b
ADH＝antidiuretic hormone（抗利尿ホルモン）　136 a
ADH＝autosomal dominant hypocalcemia（常染色体優性低カルシウム血症）　136 a
adherens junction（接着結合）　507 b
adherens junction-specific cell adhesion molecule　205 b
adhesion（接着）　507 b
adhesion factor（接着因子）　507 b
adhesion molecule（接着分子）　508 a
adhesion protein（接着タンパク質）　508 a
ADHR＝autosomal-dominant hypophosphatemic rickets（常染色体優性低リン酸血症性くる病）　277 b
adipan（アジパン）　12 b
adipocyte（脂肪細胞）　433 b
adipogenesis inhibitory factor（脂肪細胞化抑制因子）　433 b
adipogenic factor（脂肪細胞化因子）　433 b
adiponectin（アディポネクチン）　19 a
adipose cell（脂肪細胞）　433 a
adipose triglyceride lipase（脂肪組織特異的リパーゼ）　841 b
adisintegrin and metalloprotease　18 b
adjuvant（アジュバント）　7 b
ADM＝adrenomedullin（アドレノメデュリン）　136 a
Ado＝adenosine（アデノシン）　21 b
AdoMet＝$S$-adenosylmethionine（$S$-アデノシルメチオニン）　21 a
adoptive immunity（養子免疫）　921 a
ADP＝adenosine 5'-diphosphate（アデノシン 5'-二リン酸）　136 b
（ADP-ribose）polymerase（（ADP リボース）ポリメラーゼ）　139 b
ADP-ribosylation（ADP リボシル化）　139 a
ADP-ribosylation factor（ADP リボシル化因子）　139 a
ADP-ribosyltransferase（ADP リボシルトランスフェラーゼ）　139 a
adrenal body（副腎）　765 a
adrenal cortex（副腎皮質）　765 b
adrenal cortical hormone（副腎皮質ホルモン）　766 a
adrenal corticoid（副腎皮質ホルモン）　766 a
adrenocortical hormone（副腎皮質ホルモン）　766 a
adrenal gland（副腎）　765 a
adrenalin(e)（アドレナリン）　23 a
adrenal medulla（副腎髄質）　7 b
adrenal medullary cell（副腎髄質細胞）　765 b
adrenergic neuron（アドレナリン作動性ニューロン）　23 a
adrenergic receptor（アドレナリン受容体）　23 b
——, $\alpha$-（$\alpha$ アドレナリン受容体）　49 a
——, $\beta$-（$\beta$ アドレナリン受容体）　810 a
adrenocorticotropic hormone（副腎皮質刺激ホルモン）　765 b
adrenodoxin（アドレノドキシン）　761 a
adrenoleukodystrophy（副腎白質ジストロフィー）　765 b
adrenomedullin（アドレノメデュリン）　24 a
adrenorphin（アドレノルフィン）　163 a
adriamycin（アドリアマイシン）　23 a
adult disease（成人病）　497 b

# 1054　欧文索引

adult T cell leukemia（成人T細胞白血病）　**497** a
adult T cell leukemia-derived factor（成人T細胞白血病由来因子）　**563** a
adult T cell leukemia virus（成人T細胞白血病ウイルス）　**497** a
adult T cell lymphoma（成人T細胞リンパ腫）　**497** b
adult T cell lymphoma virus（成人T細胞白血病ウイルス）　**497** a
adventitia（外膜）　293 b
adventitious embryogenesis（不定胚形成）　**771** a
AE1＝anion exchange protein 1（陰イオン交換タンパク質1）　**113** a
aequorin（エクオリン）　**119** a
AER＝apical ectodermal ridge（外胚葉性聴定）　**113** a
aerial hypha（気中菌糸）　**233** a
aerobic bacteria（好気性細菌）　**315** a
AEV＝Avian erythroblastosis virus（トリ赤芽球症ウイルス）　**113** a
afadin（アファディン）　**26** a
AFDX-116　**887** b
affibody（アフィボディー）　**26** b
affinity（アフィニティー）　**26** a
affinity chromatography（アフィニティークロマトグラフィー）　**26** a
affinity label(l)ing（アフィニティーラベル）　**26** b
affinity latex（particle）（アフィニティーラテックス（粒子））　**26** b
affinity maturation（親和性成熟）　899 a
aFGF＝acidic fibroblast growth factor（酸性繊維芽細胞増殖因子）　**115** b
A filament（Aフィラメント）　**147** b
aflatoxin（アフラトキシン）　**28** a
AFLP＝amplified fragment length polymorphism　588 a
AFM＝atomic force microscope（原子間力顕微鏡）　**115** b
A-form DNA（A形DNA）　**116** a
AFP＝α-fetoprotein（αフェトプロテイン）　**115** b
agammaglobulinemia（無γグロブリン血症）　**886** a
*AGAMOUS* gene（アガマス遺伝子）　**5** b
agar（寒天）　**227** a
agaran（アガラン）　**5** b
agarose（アガロース）　**5** b
AGE＝advanced glycation end product　120 b
AGEPC＝1-O-alkyl-2-acetyl-sn-glycero-3-phosphocholine（1-O-アルキル-2-アセチル-sn-グリセロ-3-ホスホコリン）　**120** b
agglutination reaction（凝集反応）　**247** b
agglutinin（凝集素）　**247** a
——, cold（寒冷凝集素）　**229** a
——, peanut（ピーナッツ凝集素）　**736** a
——, plant（植物凝集素）　**456** b
——, wheat germ（コムギ胚芽凝集素）　**345** b
aggrecan（アグリカン）　**10** a
aggregated nodule（集合性リンパ小節）　**438** a
AGIF＝adipogenesis inhibitory factor（脂肪細胞化抑制因子）　**120** b
aging（老化）　**973** a
agonist（アゴニスト）　**10** b
Ago proteins（Agoタンパク質）　**10** a
Agre, Peter Courtland（アグレ）　**10** b
agrin（アグリン）　**10** a
*Agrobacterium rhizogenes*（アグロバクテリウム＝リゾゲネス）　**10** b
*Agrobacterium tumefaciens*（アグロバクテリウム＝ツメファエンス）　**10** b
AhR＝arylhydrocarbon receptor（アリール炭化水素受容体）　**115** b

Ah receptor（Ah受容体）　**115** b
Ah receptor nuclear translocator　115 a
AH zone（AH帯）　**115** b
AICDA＝activation induced cytidine deaminase　416 b
AID＝activation induced cytidine deaminase　264 b
*aid B*　603 b
AIDS＝acquired immunodeficiency syndrome（後天性免疫不全症候群）　**113** a
AIDS virus（エイズウイルス）　**113** b
AIGF＝androgen-induced growth factor　**113** a
AIHA＝autoimmune hemolytic anemia（自己免疫性溶血性貧血）　**113** a
AI junction（AIジャンクション）　**113** a
AIM　**114** a
A23187 ionophore（A23187イオノホア）　**140** a
AI zone（AI帯）　**113** a
AKAP＝type-A kinase anchor protein（A型キナーゼアンカータンパク質）　**120** b
A kinase（Aキナーゼ）　**119** a
AKR mouse（AKRマウス）　**120** a
Akt　**120** a
*Akv-1*　695 b
*Akv-2*　695 b
Ala＝alanine（アラニン）　36 a
ALA＝5-aminolevulinic acid（5-アミノレブリン酸）　**116** a
alanine（アラニン）　**36** a
alarmone（アラルモン）　**36** a
alar plate（翼板）　462 b
Albers-Schönberg disease（アルバース・シェーンベルグ病）　**48** b
albinism（白皮症）　**689** a
albumen（胚乳）　**684** a
albumin（アルブミン）　**51** b
ALCL＝anaplastic large cell lymphoma（未分化大細胞リンパ腫）　**116** a
alcohol dehydrogenase（アルコールデヒドロゲナーゼ）　**46** a
alcoholic fermentation（アルコール発酵）　**46** a
ALD＝adrenoleukodystrophy（副腎白質ジストロフィー）　**116** a
aldehyde-lyase（アルデヒドリアーゼ）　**48** a
aldehyde oxidase（アルデヒドオキシダーゼ）　**47** b
aldehyde reductase（アルデヒドレダクターゼ）　**46** a
aldolase（アルドラーゼ）　**48** a
aldose reductase（アルドースレダクターゼ）　**48** a
aldosidic bond（アルドシド結合）　269 a
aldosterone（アルドステロン）　**48** a
aldosteronism（アルドステロン症）　**48** a
aleurone grain（アリューロン粒）　36 b
aleurone layer（アリューロン層）　36 b
Alexa Fluor（アレクサ蛍光色素）　**52** a
Alexander disease（アレキサンダー病）　971 a
*Alfalfa mosaic virus*（アルファルファモザイクウイルス）　**51** a
algae（藻類）　**531** a
algorithm（アルゴリズム）　**46** b
alignment（アライメント）　**35** a
alimentary canal（消化管）　**450** a
aliphatic hydrocarbon（脂肪族炭化水素）　**433** b
ALK＝activin receptor-like kinase（アクチビン受容体様キナーゼ）　**342** a
*alkA*　603 b
alkaline phosphatase（アルカリホスファターゼ）　**45** a
alkaline phosphomonoesterase（アルカリ(性)ホスホモノエステラーゼ）　**44** b
alkaloid（アルカロイド）　**45** a
alkalosis（アルカローシス）　**45** a
alkaptonuria（アルカプトン尿症）　**44** b

# 欧文索引

1-O-alkyl-2-acetyl-sn-glycero-3-phosphocholine(1-O-アルキル-2-アセチル-sn-グリセロ-3-ホスホコリン) **46** a
alkylating agent(アルキル化剤) **46** a
alkylation(アルキル化) **46** a
ALL＝acute lymphocytic leukemia(急性リンパ性白血病) **116** a
allantoic acid(アラントイン酸) **36** b
allantoin(アラントイン) **36** a
allele(対立遺伝子) **544** b
allele frequency(対立遺伝子頻度) **545** a
allelic exclusion(対立遺伝子排除) **545** a
allelotype(アレロタイプ) **53** a
allergen(アレルゲン) **52** a
allergy(アレルギー) **52** b
alloantigen(同種抗原) **625** b
alloantiserum(同種抗血清) **625** b
allogen(e)ic bone marrow transplantation(同種骨髄移植) **625** b
allograft(同種異系移植) **625** b
allograft(同種移植) **625** b
alloiogenesis(混合生殖) **350** b
allomelanin(アロメラニン) **897** a
allopatric speciation(異所的種分化) **68** a
allophycocyanin(アロフィコシアニン) **754** a
alloploidy(異質倍数性) **66** b
allopolyploidy(異質倍数性) **66** b
allopurinol(アロプリノール) **53** b
allosteric effector(アロステリックエフェクター) **53** a
allosteric enzyme(アロステリック酵素) **53** a
allosteric modulator(アロステリックモジュレーター) **53** b
allosteric protein(アロステリックタンパク質) **53** b
allosteric regulation(アロステリック制御) **53** a
allotransplantation(同種移植) **625** b
allotype(アロタイプ) **53** a
alloxan(アロキサン) **53** a
allozygote(アロ接合体) **53** b
allozyme(アロ酵素) **53** b
all trans-retinal(全 trans-レチナール) **523** a
alpha27 gene(α27 遺伝子) **50** a
alpha helix(α ヘリックス) **50** b
alpha receptor blocker(α 受容体遮断剤) **50** a
alpha structure(α 構造) **50** a
alpha toxin(α トキシン) **50** a
Alphavirus(アルファウイルス) **49** b
alphoid DNA(アルフォイド DNA) **51** b
alphoid sequence(アルフォイド配列) **624** b
alprenolol(アルプレノロール) **811** b
ALPS＝autoimmune lymphoproliferative syndrome(アルプス) **750** b
ALS＝acid labile subunit **94** b
alternation of generations(世代交代) **504** b
alternative oxidase(オルタナティブオキシダーゼ) **179** a
alternative pathway(第二経路（補体活性化の）) **542** b
alternative pathway C3 convertase(第二経路 C3 転換酵素) **542** b
alternative splicing(選択的スプライシング) **521** a
alternative splicing factor(選択的スプライシング因子) **487** a
alternative transcription(選択的転写) **744** b
Altman, Sidney(アルトマン) **48** a
AluⅠ family(AluⅠ ファミリー) **52** a
aluminium adjuvant(アルミニウムアジュバント) **12** b
Alu sequence(Alu 配列) **48** b
ALV＝Avian leukemia virus(トリ白血病ウイルス) **116** b
ALV＝Avian leukosis virus(トリ白血病ウイルス) **116** a
alveoli(肺胞) **685** b
alveolus(肺胞) **685** b

Alzheimer's disease(アルツハイマー病) **47** a
AM＝adrenomedullin(アドレノメデュリン) **115** b
amacrine cell(アマクリン細胞) **30** a
amantadine(アマンタジン) **312** a
amber codon(アンバーコドン) **58** b
amber mutation(アンバー突然変異) **58** b
ambisense RNA(アンビセンス RNA) **456** b
AmCyan **287** a
ameba(アメーバ) **34** a
Ames test(エイムス試験) **114** a
amethopterin(アメトプテリン) **34** a
amikacin(アミカシン) **31** a
amine(アミン) **33** b
amine coupling(アミンカップリング) **34** a
amine oxidase (flavin-containing)(アミンオキシダーゼ(フラビン含有)) **34** a
aminoacetic acid(アミノ酢酸) **270** a
amino acid(アミノ酸) **31** a
amino acid sequencing(アミノ酸配列分析法) **31** b
amino acid substitution(アミノ酸置換) **31** b
amino acid substitution matrix(アミノ酸置換行列) **31** b
amino acid synthesis(アミノ酸合成) **31** b
amino acid transporter(アミノ酸輸送体) **31** b
aminoacyl adenylate(アミノアシルアデニル酸) **30** b
aminoacyl site(A 部位(リボソームの)) **147** b
aminoacyl-tRNA(アミノアシル tRNA) **30** b
aminoacyl-tRNA binding site(アミノアシル tRNA 結合部位) **30** b
aminoacyl-tRNA synthetase(アミノアシル tRNA シンテターゼ) **30** b
aminobenzylpenicillin(アミノベンジルペニシリン) **32** b
γ-aminobutyrate receptor(γ-アミノ酪酸受容体) **33** a
γ-aminobutyratergic neuron(γ-アミノ酪酸作動性ニューロン) **32** b
γ-aminobutyric acid(γ-アミノ酪酸) **32** b
γ-aminobutyric acid transporter(γ-アミノ酪酸輸送体) **33** a
1-aminocyclopropane-1-carboxylic acid(1-アミノシクロプロパン-1-カルボン酸) **129** a
4-amino-4-deoxyfolic acid(4-アミノ-4-デオキシ葉酸) **32** a
2-amino-2-deoxyglucose(2-アミノ-2-デオキシグルコース) **273** b
4-amino-4-deoxy-10-methylfolic acid(4-アミノ-4-デオキシ-10-メチル葉酸) **896** b
2-aminoglutaramic acid(2-アミノグルタルアミド酸) **276** b
2-aminoglutaric acid(2-アミノグルタル酸) **276** b
aminoglycoside antibiotics(アミノグリコシド系抗生物質) **31** a
aminoglycoside 3′-phosphotransferase Ⅱ(アミノグリコシド 3′-ホスホトランスフェラーゼ Ⅱ) **31** a
2-amino-3-hydroxybutyric acid(2-アミノ-3-ヒドロキシ酪酸) **644** a
α-amino-3-hydroxy-5-methylisoxazole-4-propionic acid(α-アミノ-3-ヒドロキシ-5-メチルイソオキサゾール-4-プロピオン酸)
2-amino-3-hydroxyphenylpropionic acid(2-アミノ-3-ヒドロキシフェニルプロピオン酸) **573** b
2-amino-3-hydroxypropionic acid(2-アミノ-3-ヒドロキシプロピオン酸) **510** b
N-{4-{[(2-amino-4-hydroxy-6-pteridinyl)methyl]amino}benzoyl}glutamic acid(N-{4-{[(2-アミノ-4-ヒドロキシ-6-プテリジニル)メチル]アミノ}ベンゾイル}グルタミン酸) **921** a
2-amino-3-imidazolepropionic acid(2-アミノ-3-イミダゾールプロピオン酸) **724** a
2-amino-3-(3-indolyl)propionic acid(2-アミノ-3-(3-インドリル)プロピオン酸) **641** b

2-aminoisocaproic acid (2-アミノイソカプロン酸) 972 a
2-aminoisovaleric acid (2-アミノイソ吉草酸) 701 b
5-aminolevulinate (5-アミノレブリン酸) 33 a
δ-aminolevulinate (δ-アミノレブリン酸) 33 a
5-aminolevulinate synthase (5-アミノレブリン酸シンターゼ) 33 a
5-aminolevulinic acid (5-アミノレブリン酸) 33 a
δ-aminolevulinic acid (δ-アミノレブリン酸) 33 a
2-amino-3-mercaptopropionic acid (2-アミノ-3-メルカプトプロピオン酸) 412 b
2-amino-4-methylthio-$n$-butyric acid (2-アミノ-4-メチルチオ-$n$-酪酸) 892 b
2-amino-3-methyl-$n$-valeric acid (2-アミノ-3-メチル-$n$-吉草酸) 70 a
4-amino-2-oxopyrimidine (4-アミノ-2-オキソピリミジン) 31 a
aminopeptidase (アミノペプチダーゼ) 32 b
2-amino-3-phenylpropionic acid (2-アミノ-3-フェニルプロピオン酸) 760 a
2-aminopropionic acid (2-アミノプロピオン酸) 36 a
$N$-(3-aminopropyl)-1,4-diaminobutane ($N$-(3-アミノプロピル)-1,4-ジアミノブタン) 489 a
aminopterin (アミノプテリン) 32 a
6-aminopurine (6-アミノプリン) 32 b
4-amino-1-β-D-riboflanosyl-2(1$H$)-pyrimidinone (4-アミノ-1-β-D-リボフラノシル-2(1$H$)-ピリミジノン) 416 a
6-amino-9-β-D-ribofuranosyl-9$H$-purine (6-アミノ-9-β-D-リボフラノシル-9$H$-プリン) 21 b
2-aminosuccinamic acid (2-アミノスクシンアミド酸) 14 a
2-aminosuccinic acid (2-アミノコハク酸) 14 a
aminotransferase (アミノトランスフェラーゼ) 32 a
aminotransference (アミノ基転移) 31 a
3-aminotriazole (3-アミノトリアゾール) 723 a
amitoses (無糸分裂) 887 a
amitosis (無糸分裂) 887 a
AML = acute myelocytic leukemia (急性骨髄性白血病) 115 b
*AML1* 115 b
ammonia assimilation (アンモニア同化) 59 b
ammoniated ruthenium oxychloride (アンモニウムルテニウム塩) 960 a
ammonium sulfate precipitation (硫安沈殿) 953 a
ammonotelic animal (アンモニア排出動物) 59 b
amnion (羊膜) 922 a
amnion cell (羊膜細胞) 922 a
amniotic epithelial cell (羊膜上皮細胞) 922 b
amniotic membrane (羊膜) 922 a
amoeba (アメーバ) 34 a
amoebae (アメーバ) 34 a
amoeba movement (アメーバ運動) 34 a
*Amoeba proteus* 34 a
amoeboid (アメーバ状) 34 a
amoeboid movement (アメーバ運動) 34 a
amorph (アモルフ) 236 a
AMP = adenosine monophosphate (アデノシン一リン酸) 115 b
AMPA = α-amino-3-hydroxy-5-methylisoxazole-4-propionic acid (α-アミノ-3-ヒドロキシ-5-メチルイソオキサゾール-4-プロピオン酸) 115 b
AMPA receptor (AMPA 受容体) 115 b
amphetamine (アンフェタミン) 59 a
amphibian (両生類) 953 b
amphibolic metabolism (両用代謝) 954 a
amphidiploid (複二倍体) 769 a
amphiglycan (アンフィグリカン) 473 a
amphipathic helix (両親媒性ヘリックス) 953 b
amphiphilic molecule (両親媒性分子) 953 b
amphiploid (複二倍体) 769 a
amphotericin B (アンホテリシン B) 59 b
amphotropic virus (両種指向性ウイルス) 953 b
ampicillin (アンピシリン) 58 b
AMP kinase (AMP キナーゼ) 116 a
amplicon (アンプリコン) 59 a
amplified fragment length polymorphism 588 a
AMP-P(NH)P 19 a
AMP-PNP 19 a
AMV = *Alfalfa mosaic virus* (アルファルファモザイクウイルス) 116 a
AMV = *Avian myeloblastosis virus* (トリ骨髄芽球症ウイルス) 116 a
amyelinated nerve fiber (無髄神経繊維) 887 a
amylase (アミラーゼ) 33 b
amyloid precursor protein (アミロイド前駆体タンパク質) 33 b
amyloid protein precursor (アミロイドタンパク質前駆体) 33 b
amyloplast (アミロプラスト) 33 b
anabolic hormone (アナボリックホルモン) 25 a
anabolic steroid (タンパク質同化ステロイド) 559 b
anabolism (同化作用) 622 a
anaerobic bacteria (嫌気性細菌) 306 a
analbuminemia (無アルブミン血症) 886 a
analphalipoproteinemia (無αリポタンパク血症) 886 a
anandamide (アナンダミド) 25 a
anaphase (後期) 315 a
anaphase promoting complex/cyclosome (後期促進因子) 315 a
anaphylatoxin (アナフィラトキシン) 24 a
anaphylaxis (アナフィラキシー) 24 b
anaplasia (退形成) 538 a
anaplastic astrocytoma (異型性アストロサイトーマ) 66 a
anaplastic large cell lymphoma (未分化大細胞リンパ腫) 884 a
anatoxin (アナトキシン) 24 a
anchor (アンカー) 54 a
anchorage dependence (足場依存性) 12 a
anchorage independence (足場非依存性) 12 a
anchor primer (アンカープライマー) 54 a
Andersen disease (アンダーセン病) 55 b
androgen (アンドロゲン) 58 a
androgen-binding protein (アンドロゲン結合タンパク質) 58 a
androgenesis (半数性不定胚形成) 704 a
androgenesis (雄核発生) 913 a
androgenic development (雄核発生) 911 a
androgenone (雄性胚) 913 a
androgen receptor (アンドロゲン受容体) 58 a
androgeny (雄核発生) 911 a
androstenedione (アンドロステンジオン) 58 b
anemia (貧血)
—, Addison (アジソン貧血) 12 b
—, Addison-Biermer (アジソン・ビールメル貧血) 11 b
—, aplastic (再生不良性貧血) 359 a
—, Fanconi's (ファンコニ貧血) 752 a
—, hemolytic (溶血性貧血) 919 a
—, megaloblastic (巨赤芽球性貧血) 6 a
—, sickle cell (鎌状赤血球貧血) 207 b
aneuploid (異数体) 68 a
aneuploidy (異数性) 68 a
aneurin (アノイリン) 25 a
Anfinsen, Christian (アンフィンセン) 59 a
anfisome (アンフィソーム) 59 a
angioblast (血管芽細胞) 294 a
angiogenesis (血管新生) 294 a
angiogenic factor (血管新生因子) 294 a
angiotensin (アンギオテンシン) 54 a

欧文索引　1057

angiotensin-converting enzyme(アンギオテンシン変換酵素)　54 b
angiotensin-forming enzyme(アンギオテンシン生成酵素)　54 b
angiotensinogen(アンギオテンシノーゲン)　54 a
angiotonin(アンギオトニン)　54 b
animal embryo(動物胚)　628 b
animal hemisphere(動物半球)　628 b
Animalia(動物界)　182 a
animal model(モデル動物)　907 a
animal pole(動物極)　628 b
animal-vegetal axis(動物極-植物極軸)　539 b
animal virus(動物ウイルス)　628 b
An International System for Human Cytogenetic Nomenclature　517 b
anion channel(陰イオンチャネル)　92 a
anion exchange protein 1(陰イオン交換タンパク質 1)　92 a
anion transport(陰イオン輸送)　92 a
anion transport protein(陰イオン輸送タンパク質)　705 a
aniridia(無虹彩症)　886 b
ankyrin(アンキリン)　54 b
ankyrin repeat(アンキリンリピート)　54 b
ANLL＝acute non-lymphocytic leukemia(急性非リンパ性白血病)　115 b
annealing(アニーリング)　25 a
annexin(アネキシン)　25 a
annotation(アノテーション)　25 a
annulate lamellae(有窓層板)　913 b
anomalous dispersion(異常分散)　67 a
anomeric hydroxy group(アノマーヒドロキシ基)　269 a
anonymous STS(アノニマス STS)　686 b
anorthoploid(異数体)　68 b
anorthoploidy(異数性)　68 a
anosmin　216 b
anoxygenic photosynthesis(非酸素発生型光合成)　718 a
ANP＝atrial natriuretic peptide(心房性ナトリウム利尿ペプチド)　651 a
ANP＝A-type natriuretic peptide(A 型ナトリウム利尿ペプチド)　651 a
Anphtnamine blue 3BX　641 a
ansamycin(アンサマイシン)　943 a
antagonist(アンタゴニスト)　55 b
ANTC＝Antennapedia complex(アンテナペディア遺伝子群)　115 b
antenna complex(アンテナ複合体)　57 a
Antennapedia complex(アンテナペディア遺伝子群)　57 b
Antennapedia gene(アンテナペディア遺伝子)　57 b
anterior lobe(前葉)　198 b
antero-posterior axis(前後軸)　516 b
anterograde transport(順行性輸送)　450 a
anterograde transport(順行輸送)　450 a
antero-posterior axis(前後軸)　516 b
anthocyan(アントシアン)　57 b
anthocyanidin(アントシアニジン)　57 b
anthocyanin(アントシアニン)　57 b
anthracyclin antibiotics(アントラサイクリン系抗生物質)　58 a
antiadhesive molecule(抗接着分子)　326 b
antibiotic protein(抗菌性タンパク質)　315 b
antibiotic resistance(抗生物質耐性)　326 a
antibiotics(抗生物質)　326 a
——, aminoglycoside(アミノグリコシド系抗生物質)　31 a
——, anthracyclin(アントラサイクリン系抗生物質)　58 a
——, β-lactam(β-ラクタム系抗生物質)　812 b
——, macrolide(マクロライド系抗生物質)　867 a
——, peptide(ペプチド抗生物質)　818 a
——, tetracycline(テトラサイクリン系抗生物質)　606 a

antibiotic tolerance(抗生物質抵抗性)　326 a
antibody(抗体)　329 b
antibody affinity(抗体親和性)　330 a
antibody chip(抗体チップ)　330 a
antibody-dependent cellular cytotoxicity(抗体依存性細胞傷害)　329 b
antibody diversity(抗体の多様性)　330 b
antibody gene(抗体遺伝子)　329 b
antibody-mediated cytotoxic type allergy(細胞傷害型アレルギー)　369 b
antibody-mediated immunity(抗体依存性免疫)　329 b
antibody microarray(抗体マイクロアレイ)　330 a
antibody screening(抗体スクリーニング)　330 a
antibody specificity(抗体特異性)　330 a
antibody therapy(抗体療法)　330 a
anticancer agent(抗がん剤)
anticardiolipin antibody(抗カルジオリピン抗体)　314 b
anticlinal division(垂層分裂)　475 b
anticodon(アンチコドン)　55 b
anticodon loop(アンチコドンループ)　55 b
antidepressant(抗うつ薬)　312 a
antidiuretic hormone(抗利尿ホルモン)　335 b
antiepileptic drug(抗てんかん薬)　331 b
antiestrogen(抗エストロゲン)　312 a
antifolate(葉酸拮抗薬)　921 a
antifolic drug(葉酸拮抗薬)　921 a
antifreeze glycoprotein(不凍糖タンパク質)　771 b
antifreeze protein(不凍タンパク質)　771 b
antigen(抗原)　316 a
antigen-antibody complex(抗原抗体複合体)　317 a
antigen-antibody reaction(抗原抗体反応)　316 b
antigen binding site(抗原結合部位)　316 b
antigen binding specificity(抗原結合特異性)　316 b
antigen combining site(抗原結合部位)　316 b
antigenic determinant(抗原決定基)　316 b
antigenic drift(抗原ドリフト)　317 b
antigenicity(抗原性)　317 a
antigenic shift(抗原シフト)　317 a
antigenic transformation(抗原変換)　318 b
antigen presentation(抗原提示)　317 b
antigen-presenting cell(抗原提示細胞)　317 b
antigen presenting pathway(抗原提示経路)　317 b
antigen processing(抗原プロセシング)　318 a
antigen receptor(抗原受容体)　317 b
antigen recognition mechanism(抗原認識機構)　318 a
antigen stimulation(抗原刺激)　317 a
antiglucocorticoid(アンチグルココルチコイド)　55 b
antihemophilic factor A(抗血友病因子 A)　316 a
antihemophilic factor B(抗血友病因子 B)　316 a
anti-idiotypic antibody(抗イディオタイプ抗体)　312 a
antiinflammatory drug(抗炎症薬)　313 a
antimalarial agent(抗マラリア剤)　335 a
antimicrobial polypeptide(抗菌ペプチド)　315 b
antimitotic drug(有糸分裂阻害剤)　912 a
antimycin A(アンチマイシン A)　57 a
antioncogene(がん抑制遺伝子)　228 b
antioxidant(抗酸化剤)　321 a
antipain(アンチパイン)　57 a
antiparallel beta structure(逆平行 β 構造)　240 a
antiparallel β structure(逆平行 β 構造)　240 a
antipellagra factor(抗ペラグラ因子)　333 a
antiphlogistic drug(消炎薬)　313 a
antiphospholipid antibody(抗リン脂質抗体)　335 b
Antipodean　57 b
antiport(対向輸送)　538 a
antiporter(対向輸送体)　538 b

# 1058 欧文索引

antiprogesterone(アンチプロゲステロン)　57 a
antipromoter(抗プロモーター)　332 b
antirepressor(抗リプレッサー)　335 b
antiscorbutic factor(抗壊血病因子)　313 a
antisense DNA(アンチセンス DNA)　56 a
antisense method(アンチセンス法)　56 b
antisense RNA(アンチセンス RNA)　56 a
antisense strand(アンチセンス鎖)　56 a
antitermination(抗転写終結)　331 b
antitermination factor(抗転写終結因子)　331 b
antithrombin III(アンチトロンビンIII)　56 b
antithrombin III deficiency(アンチトロンビンIII欠損症)　56 b
antithromboplastin(アンチトロンボプラスチン)　57 a
anti-thymocyte globulin(抗胸腺細胞グロブリン)　315 a
antithyroid agent(抗甲状腺物質)　318 b
antithyroid drug(抗甲状腺物質)　318 b
antitumor agent(抗がん剤)　314 b
antiviral drug(抗ウイルス剤)　312 a
antiviral state(抗ウイルス状態)　312 a
antizyme(アンチザイム)　55 b
*Antp*-C　115 b
*Antp* gene(*Antp* 遺伝子)　115 b
AOX＝alternative oxidase(オルタナティブオキシダーゼ)　116 b
AP-1＝activator protein 1(アクチベータータンパク質 1)　144 b
AP-2＝activator protein 2(アクチベータータンパク質 2)　147 a
Apaf-1＝apoptotic protease-activating factor-1　25 a
apamin(アパミン)　211 a
APC＝active protein C(活性化プロテイン C)　145 a
APC＝adenomatous polyposis coli　5 b
APC＝anaphase promoting complex/cyclosome(後期促進因子)　145 a
APC＝antigen-presenting cell(抗原提示細胞)　145 a
APC/C＝anaphase promoting complex/cyclosome(後期促進因子)　146 a
*APC* gene(*APC* 遺伝子)　145 a
APC resistance(APC レジスタンス)　147 a
AP endonuclease(AP エンドヌクレアーゼ)　145 a
apheresis(成分献血)　868 a
aphidicolin(アフィジコリン)　26 a
apical dominance(頂芽優勢)　569 b
apical ectodermal ridge(外胚葉性頂堤)　185 b
apical membrane(頂膜)　572 a
apical meristem(頂端分裂組織)　571 a
apical meristem culture(頂端分裂組織培養)　571 a
apical meristem of root(根端分裂組織)　351 b
apical meristem of shoot(茎頂分裂組織)　289 a
APL＝acute promyelocytic leukemia(急性前骨髄性白血病)　145 a
aplanospore(不動胞子)　772 a
aplastic anemia(再生不良性貧血)　358 b
aplastic crisis((骨髄)無形成発症)　341 b
*Aplysia* spp.(アメフラシ)　34 b
aplysiatoxin(アプリシアトキシン)　332 b
Apo-1　28 b
APO-1　145 a
apocyte(多核細胞)　546 a
apoenzyme(アポ酵素)　29 a
ApoE receptor(アポ E 受容体)　28 b
apohemoglobin(アポヘモグロビン)　30 a
apolipoprotein(アポリポタンパク質)　30 a
apolipoprotein H(アポリポタンパク質 H)　314 b
apoplast(アポプラスト)　30 a
apoprotein(アポタンパク質)　29 a

apoptosis(アポトーシス)　29 a
apoptosis inhibitor of macrophages(マクロファージアポトーシス抑制因子)　867 a
apoptosome(アポトソーム)　29 b
apoptotic protease-activating factor-1　25 a
aporepressor(アポリプレッサー)　30 a
apotransferrin(アポトランスフェリン)　29 b
APP＝amyloid precursor protein(アミロイド前駆体タンパク質)　147 b
aprotinin(アプロチニン)　512 a
aptamer(アプタマー)　27 b
apurinic acid(アプリン酸)　28 b
apurinic/apyrimidinic endonuclease(AP エンドヌクレアーゼ)　145 a
apurinic site(アプリン酸部位)　551 a
apyrimidinic acid(アピリミジン酸)　25 b
AQP＝aquaporin(アクアポリン)　119 a
aquaporin(アクアポリン)　6 a
AR＝acrosome reaction(先体反応)　113 a
*araBAD* operon(*araBAD* オペロン)　36 a
*Arabidopsis thaliana*(シロイヌナズナ)　459 b
arabinan(アラビナン)　375 a
1-β-D-arabinofuranosylcytosine(1-β-D-アラビノフラノシルシトシン)　426 a
arabinogalactan(アラビノガラクタン)　375 a
arabinogalactan protein(アラビノガラクタンプロテイン)　375 b
arabinose operon(アラビノースオペロン)　36 a
araC＝cytosine arabinoside(シトシンアラビノシド)　426 a
arachidonate cascade(アラキドン酸カスケード)　35 a
arachidonate 5-lipoxygenase(アラキドン酸 5-リポキシゲナーゼ)　35 a
arachidonate 12-lipoxygenase(アラキドン酸 12-リポキシゲナーゼ)　35 b
arachidonate 15-lipoxygenase(アラキドン酸 15-リポキシゲナーゼ)　35 b
arachidonic acid(アラキドン酸)　35 a
arachidonoyltrifluoromethylketone(アラキドノイルトリフルオロメチルケトン)　842 a
arachnodactyly(クモ指症)　264 a
*ara* operon(*ara* オペロン)　35 a
Arber, Werner(アルバー)　48 b
archaebacteria(古細菌)　337 b
archenteron(原腸)　308 b
Archiascomycetes(古生子嚢菌類)　429 b
*Arenavirus*(アレナウイルス)　52 a
Arf＝ADP-ribosylation factor　25 a
ARF　113 a
Arg＝arginine(アルギニン)　45 a
argatroban(アルガトロバン)　645 a
arginase(アルギナーゼ)　45 a
arginase deficiency(アルギナーゼ欠損症)　45 a
arginine(アルギニン)　45 a
L-arginine amidinohydrolase(L-アルギニンアミジノヒドロラーゼ)　45 b
arginine deiminase(アルギニンデイミナーゼ)　45 b
arginine dihydrolase(アルギニンジヒドロラーゼ)　45 b
argininemia(アルギニン血症)　45 b
arginine vasopressin(アルギニンバソプレッシン)　45 b
arginine vasotocin(アルギニンバソトシン)　45 b
argininosuccinate lyase deficiency(アルギニノコハク酸リアーゼ欠損症)　45 b
argininosuccinate synthase deficiency(アルギニノコハク酸シンターゼ欠損症)　45 b
argininosuccinic acidemia(アルギニノコハク酸血症)　45 a
argininosuccinic aciduria(アルギニノコハク酸尿症)　45 a

欧文索引　1059

Argonaute proteins(Argonaute タンパク質)　11 a
Argos　610 a
ARIA＝acetylcholine receptor inducing activity(アセチルコリン受容体誘導活性)　661 b
ARIS　521 a
Arnt＝Ah receptor nuclear translocator　115 a
aromatase(アロマターゼ)　54 a
aromatic L-amino acid decarboxylase(芳香族 L-アミノ酸デカルボキシラーゼ)　830 b
aromatic hydrocarbon hydroxylase(芳香族炭化水素ヒドロキシラーゼ)　831 b
Arp＝actin-related protein(アクチン関連タンパク質)　113 a
arrestin(アレスチン)　52 a
ARS＝autonomously replicating sequence(自律複製配列)　113 a
ARS consensus sequence(ARS 共通配列)　113 a
arterial thrombus(動脈血栓)　299 a
artery(動脈)　293 a
Arthus reaction(アルツス反応)　47 a
artificial animal model(実験的発症モデル)　907 a
artificial chromosome vector(人工染色体ベクター)　470 b
artificial dermis(人工真皮)　470 b
artificial fertilization(人工授精)　470 a
artificial insemination(人工媒精)　470 a
artificial neural network(人工神経回路網)　470 b
artificial skin(人工皮膚)　470 b
arylamine acetylase(アリールアミンアセチラーゼ)　36 b
arylamine N-acetyltransferase(アリールアミン N-アセチルトランスフェラーゼ)　36 b
aryl hydrocarbon receptor(芳香族炭化水素受容体)　831 a
arylsulfatase A(アリールスルファターゼ A)　36 b
asbestos(アスベスト)　14 b
asci(アスキ)　429 a
ascidian(ホヤ)　850 a
ascites(腹水)　766 a
Ascl1＝Achaete-Scute complex-like 1　115 a
ascogenous hypha(造嚢糸)　255 a
Ascomycetes(子嚢菌門)　429 b
Ascomycota(子嚢菌門)　429 b
Ascomycotina(子嚢菌門)　429 b
ascorbic acid(アスコルビン酸)　13 b
ascospore(子嚢胞子)　429 b
ascus(子嚢)　429 a
asexual generation(無性世代)　888 a
asexual reproduction(無性生殖)　887 b
ASF/SF2＝alternative splicing factor(選択的スプライシング因子)　487 a
Ash　12 b
Ash1　12 b
A site(A 部位(リボソームの))　147 b
Asn＝asparagine(アスパラギン)　14 a
Asn-linked glycoprotein(アスパラギン結合型糖タンパク質)　14 a
Asp＝aspartic acid(アスパラギン酸)　14 a
asparaginase(アスパラギナーゼ)　14 a
asparagine(アスパラギン)　14 a
aspartame(アスパルテーム)　381 a
aspartate carbamoyltransferase(アスパラギン酸カルバモイルトランスフェラーゼ)　14 a
aspartate/glutamate antiporter(アスパラギン酸/グルタミン酸対向輸送体)　14 a
aspartate/glutamate countertransporter(アスパラギン酸/グルタミン酸対向輸送体)　14 a
aspartate transcarbamylase(アスパラギン酸トランスカルバミラーゼ)　14 a
aspartic acid(アスパラギン酸)　14 a

aspartic protease(アスパラギン酸プロテアーゼ)　14 b
Aspergillus(アスペルギルス)　14 b
Aspergillus nidulans　14 b
Aspergillus niger　14 b
Aspergillus oryzae　14 b
aspirin(アスピリン)　14 b
asporin(アスポリン)　825 b
AsRed　287 a
assimilatory pigment(同化色素)　623 a
association constant(会合定数)　182 a
association cortex(連合野)　461 b
associative learning(連合学習)　968 a
aster(星状体)　496 a
Asterosap　521 a
astral fiber(星状体繊維)　496 a
astral microtubule(星状体微小管)　496 a
astrocyte(アストロサイト)　13 b
astrocytoma(アストロサイトーマ)　13 b
astroglia(アストログリア)　13 b
astrotactin(アストロタクチン)　14 a
ASV-17＝Avian sarcoma virus-17　449 b
asymmetric cell division(不等(細胞)分裂)　771 b
asymmetric center(不斉中心)　770 a
asymmetric PCR(非対称 PCR)　727 b
asymmetry ratio(非対称比)　136 b
3AT＝3-aminotriazole(3-アミノトリアゾール)　723 a
ataxia telangiectatica(血管拡張性失調症)　294 a
ataxia-telangiectasia and Rad3-related　136 a
atenolol(アテノロール)　811 b
ATF＝activating transcription factor　136 a
AT/GC ratio(AT/GC 比)　136 b
atherosclerosis(アテローム性動脈硬化)　23 a
ATL＝adult T cell leukemia(成人 T 細胞白血病)　136 b
ATL＝adult T cell lymphoma(成人 T 細胞白血病)　136 b
ATLV＝adult T cell leukemia virus(成人 T 細胞白血病ウイルス)　136 b
ATLV＝adult T cell lymphoma virus(成人 T 細胞白血病ウイルス)　136 b
ATM family gene(ATM ファミリー遺伝子)　136 b
atomic absorption spectrometry(原子吸光分析)　307 b
atomic force microscope(原子間力顕微鏡)　307 a
atomic scattering factor(原子散乱因子)　307 b
ATP＝adenosine 5′-triphosphate(アデノシン 5′-三リン酸)　136 b
ATP-ADP carrier protein(ATP-ADP 輸送タンパク質)　137 a
ATP-ADP exchange protein(ATP-ADP 交換タンパク質)　137 a
ATP-ADP translocase(ATP-ADP トランスロカーゼ)　137 a
ATP-ADP translocator(ATP-ADP 輸送体)　137 a
ATP-ADP transporter(ATP-ADP 輸送体)　137 a
ATPase(ATP アーゼ)　136 b
── , actin-activated(アクチン活性化 ATP アーゼ)　8 a
── , actomyosin(アクトミオシン ATP アーゼ)　10 a
── , $Ca^{2+}$-($Ca^{2+}$-ATP アーゼ)　212 a
── , calcium transport($Ca^{2+}$ 輸送 ATP アーゼ)　213 a
── , F-type(F 型 ATP アーゼ)　149 a
── , $H^+$-($H^+$-ATP アーゼ)　794 a
── , $H^+,K^+$-($H^+,K^+$-ATP アーゼ)　794 a
── , $Mg^{2+}$-($Mg^{2+}$-ATP アーゼ)　865 b
── , myosin(ミオシン ATP アーゼ)　875 a
── , $Na^+,K^+$-($Na^+,K^+$-ATP アーゼ)　649 a
── , transporting(輸送性 ATP アーゼ)　916 a
── , vacuolar type(液胞型 ATP アーゼ)　119 a
ATPase associated with diverse cellular activities　115 a
ATPase complex(ATP アーゼ複合体)　137 a
ATP7B　106 b

ATP binding cassette(ATP結合カセット)　137 b
ATP binding cassette superfamily(ATP結合カセットスーパーファミリー)　137 b
ATP-binding protein(ATP結合タンパク質)　137 b
ATP binding site(ATP結合部位)　137 b
ATP:creatine phosphotransferase(ATP:クレアチンホスホトランスフェラーゼ)　137 b
ATP-driven drug transporter(ATP駆動薬物輸送体)　137 b
ATP hydrolysis(ATP加水分解)　137 a
ATP monophosphatase(ATPモノホスファターゼ)　139 a
ATP regenerating system(ATP再生系)　138 b
ATP synthase(ATP合成酵素)　138 b
ATP-utilizing chromatin assembly and remodeling factor　281 b
ATR＝ataxia-telangiectasia and Rad3-related　136 a
atractyloside(アトラクチロシド)　137 a
atrial natriuretic peptide(心房性ナトリウム利尿ペプチド)　474 a
atropine(アトロピン)　24 b
atropisomer(アトロプ異性体)　24 b
attachment plaque(付着斑)　770 b
attenuated virus(弱毒ウイルス)　435 b
attenuation(アテニュエーション)　19 a
attenuator(アテニュエーター)　19 a
attractant(誘引物質)　911 a
ATX＝autotaxin(オートタキシン)　136 a
A-type natriuretic peptide(A型ナトリウム利尿ペプチド)　651 a
A-type particle(A型粒子)　116 b
AU-AC intron(AU-ACイントロン)　157 b
Au antigen(Au抗原)　157 b
auditory hair cell(聴覚有毛細胞)　569 a
Auerbach's ganglion(アウエルバッハの神経節)　463 a
Aujesky's disease(アウイェスキー病)　200 a
Aujesky's disease virus(アウイェスキー病ウイルス)　5 a
aurora kinase(オーロラキナーゼ)　180 b
Australia antigen(オーストラリア抗原)　172 a
autacoid(オータコイド)　172 b
autoantibody(自己抗体)　406 a
autocatalysis(自己触媒)　406 a
autocrine(自己分泌)　406 b
autogenous regulation(自己調節)　406 b
autograft(自家移植)　398 b
autotransplantation(自家移植)　398 b
Autographa californica NPV　687 b
autoimmune disease(自己免疫疾患)　407 a
autoimmune hemolytic anemia(自己免疫性溶血性貧血)　407 b
autoimmune lymphoproliferative syndrome　750 b
autoimmune thrombocytopenic purpura(自己免疫性血小板減少性紫斑病)　407 a
autokinase activity(自己キナーゼ活性)　406 a
autologous bone marrow transplantation(自家骨髄移植)　399 a
autolysosome(オートリソソーム)　174 b
automated DNA sequencer(自動DNAシークエンサー)　424 b
autonomic nervous system(自律神経)　459 a
autonomously replicating sequence(自律複製配列)　459 a
autonomous replication(自律的複製)　459 a
autophagocytosis(自己貪食)　406 b
autophagolysosome(オートファゴリソソーム)　174 b
autophagosome(オートファゴソーム)　173 b
autophagy(オートファジー)　174 a
autophosphorylation(自己リン酸化)　407 a
autophosphorylation activity(自己リン酸化活性)　408 a
autopolyploidy(同質倍数性)　625 b
autoprothrombin Ⅱ-A(オートプロトロンビンⅡ-A)　174 b
autopsy(剖検)　499 a
autoradiography(オートラジオグラフィー)　174 b

auto-receptor(オートレセプター)　175 a
autosomal dominant disease(常染色体優性疾患)　452 a
autosomal dominant disorder(常染色体優性疾患)　452 a
autosomal dominant hypocalcemia(常染色体優性低カルシウム血症)　452 a
autosomal-dominant hypophosphatemic rickets(常染色体優性低リン酸血症性くる病)　277 b
autosomal recessive disease(常染色体劣性疾患)　452 a
autosomal recessive disorder(常染色体劣性疾患)　452 a
autosome(常染色体)　452 a
autotaxin(オートタキシン)　173 b
autotrophy(独立栄養)　630 a
autotrophism(独立栄養)　630 a
autoxidation(自動酸化)　914 a
auxiliary cell(副細胞)　765 a
auxin(オーキシン)　170 a
auxotroph(栄養要求性株)　114 b
auxotrophic mutant(栄養要求性突然変異体)　114 b
AVd＝degradative autophagic vacuole(分解型自己貪食胞)　147 b
Avena curvature test(アベナ屈曲試験法)　28 b
Avena straight growth test(アベナ伸長成長試験法)　28 b
Avena test(アベナテスト)　28 b
average molecular weight(平均分子量)　808 a
Avery, Oswald Theodore(エーブリー)　151 b
AVi＝initial autophagic vacuole(初期自己貪食胞)　147 b
Avian erythroblastosis virus(トリ赤芽球症ウイルス)　640 b
Avian infectious bronchitis virus(トリ感染性気管支炎ウイルス)　349 b
Avian leukemia virus(トリ白血病ウイルス)　640 b
Avian leukosis virus(トリ白血病ウイルス)　640 b
Avian myeloblastosis virus(トリ骨髄芽球症ウイルス)　640 b
Avian sarcoma virus(トリ肉腫ウイルス)　640 b
Avian sarcoma virus-17　449 b
AVi/d＝intermediate autophagic vacuole(中間型自己貪食胞)　147 b
avidin(アビジン)　25 b
avidin biotin-peroxidase complex method(アビジン・ビオチン-ペルオキシダーゼ複合体法)　25 b
avidity(アビディティー)　25 b
AVP＝arginine vasopressin(アルギニンバソプレッシン)　147 b
AVT＝arginine vasotocin(アルギニンバソトシン)　147 b
Awd　667 a
Axel, Richard(アクセル)　6 b
Axelrod, Julius(アクセルロッド)　6 b
axial element(アキシアルエレメント)　428 b
axial filament(軸糸)　402 a
axial gradient(軸勾配)　539 b
axiality(軸性)　402 a
axillary bud(腋芽)　188 a
Axin(アキシン)　5 b
axis specification(軸特異化)　402 a
axolemma(軸索鞘)　401 a
axon(軸索)　401 a
axonal elongation(軸索伸長)　401 b
axonal flow(軸索流)　402 a
axonal guidance(軸索誘導)　401 b
axonal transport(軸索輸送)　401 b
axoneme(軸糸)　402 a
axoneme(軸糸)　402 a
axonin(アクソニン)　6 b
axonless nerve cell(無軸索(神経)細胞)　887 b
axonless neuron(無軸索ニューロン)　887 b
5-azacytidine(5-アザシチジン)　11 a
5-azacytosine(5-アザシトシン)　11 a

## 欧文索引

8-azaguanine（8-アザグアニン） 11 a
azaserine（アザセリン） 11 b
azathiopurine（アザチオプリン） 903 a
azide（アジ化物） 11 b
Azidine blue 3B 641 a
3′-azido-3′-deoxythymidine（3′-アジド-3′-デオキシチミジン） 12 a
azidothymidine（アジドチミジン） 12 a
azomethine（アゾメチン） 418 a
*Azotobacter*（アゾトバクター） 18 a
AZT = azidothymidine（アジドチミジン） 128 b
azure B（アズール B） 15 a
azurocidin（アズロサイジン） 315 b

## B

$\beta$ actinin（$\beta$ アクチニン） 810 a
$\beta$-adrenergic receptor（$\beta$ アドレナリン受容体） 810 a
$\beta$-adrenergic-receptor kinase（$\beta$ アドレナリン受容体キナーゼ） 810 b
$\beta$-adrenoceptor（$\beta$ アドレナリン受容体） 810 a
$\beta$-amylase（$\beta$-アミラーゼ） 810 b
$\beta$ amyloid protein（$\beta$ アミロイドタンパク質） 810 b
$\beta$ antagonist（$\beta$ アンタゴニスト） 810 b
$\beta$ ARK1 415 b
$\beta$ barrel structure（$\beta$ バレル構造） 812 a
$\beta$ bend（$\beta$ ベンド） 812 b
$\beta$ blocker（$\beta$ 遮断剤） 811 b
$\beta_c$ 811 b
$\beta$-carotene（$\beta$-カロテン） 811 a
$\beta$ catenin（$\beta$ カテニン） 810 b
$\beta$-cell E-box transactivator 2（$\beta$ 細胞 E ボックストランスアクチベーター 2） 811 b
$\beta$ defensin（$\beta$ デフェンシン） 812 a
$\beta$-fructofranosidase（$\beta$-フルクトフラノシダーゼ） 812 a
$\beta$-D-fructosidase（$\beta$-D-フルクトシダーゼ） 812 a
$\beta$-galactosidase（$\beta$-ガラクトシダーゼ） 810 b
$\beta$-galactoside galactohydrolase（$\beta$-ガラクトシドガラクトヒドロラーゼ） 810 b
$\beta$-glucuronidase gene（$\beta$-グルクロニダーゼ遺伝子） 811 a
$\beta$-glycan（$\beta$-グリカン） 811 b
$\beta_2$ glycoprotein I（$\beta_2$ 糖タンパク質 I） 314 b
$\beta$ inhibitor（$\beta$ 阻害剤） 811 b
$\beta_2$ integrin（$\beta_2$ インテグリン） 810 a
$\beta$-lactam antibiotics（$\beta$-ラクタム系抗生物質） 812 a
$\beta$-lactamase（$\beta$-ラクタマーゼ） 812 a
$\beta_2$ microglobulin（$\beta_2$ ミクログロブリン） 812 b
$\beta$ oxidation（$\beta$ 酸化） 811 b
$\beta$ pleated sheet（$\beta$ プリーツシート） 812 a
$\beta$ sheet（$\beta$ シート） 811 a
$\beta$ structure（$\beta$ 構造） 811 a
$\beta_2$ subunit（$\beta_2$ サブユニット） 421 a
$\beta$-thromboglobulin（$\beta$ トロンボグロブリン） 298 a
$\beta$-trace（$\beta$-トレース） 787 a
$\beta$ transducin repeat（$\beta$ トランスデューシンリピート） 812 a
$\beta$ turn（$\beta$ ターン） 811 b
B23 736 b
B-50 715 b
BAC = benzyldimethylalkylammonium chloride（ベンジルジメチルアルキルアンモニウムクロリド） 264 a
Bacille de Calmette et Guérin 720 b
*Bacillus subtilis*（枯草菌） 338 a
bacitracin（バシトラシン） 562 b
backcross（戻し交雑） 907 a

back mutation（復帰突然変異） 770 b
baclofen（バクロフェン） 33 a
BAC method（BAC 法） 264 a
bacteria（細菌） 354 a
——, acid-fast（抗酸菌） 321 b
——, aerobic（好気性細菌） 315 a
——, anaerobic（嫌気性細菌） 306 a
——, facultative anaerobic（通性嫌気性細菌） 576 a
——, Gram-negative（グラム陰性（細）菌） 266 a
——, Gram-positive（グラム陽性（細）菌） 266 b
——, green sulfur（緑色硫黄（細）菌） 954 a
——, halophilic（好塩菌） 312 b
——, leguminous（根粒菌） 353 a
——, lysogenic（溶原菌） 920 b
——, methane（メタン細菌） 892 b
——, methanogenic（メタン細菌） 892 b
——, nitrate（硝酸細菌） 451 b
——, nitrifying（硝化細菌） 450 a
——, nitrite（亜硝酸細菌） 12 b
——, photosynthetic（光合成細菌） 319 b
——, phototrophic（光栄養細菌） 712 b
——, purple（紅色細菌） 324 b
——, purple nonsulfur（紅色非硫黄細菌） 324 b
——, purple sulfur（紅色硫黄（細）菌） 324 b
——, root nodule（根粒菌） 353 a
——, sulfur（硫黄細菌） 62 a
bacterial alkaline phosphatase（大腸菌アルカリホスファターゼ） 45 a
bacterial artficial chromosome 693 b
bacterial chemoreceptor（細菌化学受容体） 354 b
bacterial chromosome（細菌染色体） 354 b
bacterial conjugation（細菌の接合） 354 b
bacterial leaching（バクテリアリーチング） 62 a
bacterial pyrogen（細菌性発熱物質） 354 b
bacterial toxin（細菌毒素） 354 a
bacterial virus（細菌ウイルス） 354 a
bacteriophage（バクテリオファージ） 689 b
bacteriorhodopsin（バクテリオロドプシン） 689 a
bacterium（細菌） 354 a
baculovirus（バキュロウイルス） 687 a
baculovirus expression system（バキュロウイルス発現系） 687 b
baculovirus vector（バキュロウイルスベクター） 688 a
BAC vector（BAC ベクター） 693 b
bafilomycin（バフィロマイシン） 136 b
baker's yeast（パン酵母） 703 a
balanced polymorphism（平衡多型） 808 a
BALB/c mouse（BALB/c マウス） 702 b
BALB/c 3T3 cell（BALB/c 3T3 細胞） 702 a
Balbiani ring（バルビアニ環） 702 b
Bal31 exonuclease（Bal31 エキソヌクレアーゼ） 702 a
ball-and-stick model（玉棒模型） 554 a
balloon-like embryoid body（風船状胚様体） 759 b
Baltimore, David（ボールティモア） 855 a
BAMBI = BMP and activin membrane-bound inhibitor 342 a
banase（バーナーゼ） 950 a
band 3（バンド 3） 705 b
band 4.1（バンド 4.1） 705 a
band 4.2（バンド 4.2） 705 a
band sedimentation (velocity) method（バンド沈降（速度）法） 705 a
band shift assay（バンドシフト分析） 705 a
BAP = bacterial alkaline phosphatase（大腸菌アルカリホスファターゼ） 45 a
BAPTA 710 a
barbed end（反矢じり端） 8 b

barbital(バルビタール) 702 b
barbiturate(バルビツール酸誘導体) 33 a
barbituric acid(バルビツール酸) 702 b
baroreceptor reflex(圧受容器反射) 19 a
Barr body(バー(ル)小体) 702 a
barstar(バースター) 950 a
basal body(基底小体) 234 a
basal body(基部体) 236 b
basal cell carcinoma(基底細胞腫) 234 a
basal lamina(基底板) 234 b
basal membrane(底膜) 600 b
basal plate(基板) 462 b
basal promoter(基本プロモーター) 237 a
basal transcription factor(基本転写因子) 237 a
base(塩基(核酸の)) 161 b
base analog(塩基類似体) 162 b
base caller(ベースコーラー) 783 b
base composition(塩基組成) 162 a
Basedow's disease(バセドウ病) 691 a
base excision repair(塩基除去修復) 161 b
base flipping(塩基フリップアウト) 162 a
basement membrane(基底膜) 234 b
basement membrane proteoglycan(基底膜プロテオグリカン) 234 b
base number (of chromosome)(基本数(染色体の)) 237 a
base pair(塩基対) 162 a
base pairing(塩基の対合) 162 a
base stacking(塩基スタッキング) 161 b
base substitution (of DNA)(塩基置換(DNAの)) 162 a
BASH 708 b
basic fibroblast growth factor(塩基性繊維芽細胞増殖因子) 161 b
basic fibroblast growth factor receptor(塩基性繊維芽細胞増殖因子·受容体) 162 a
Basic Local Alignment Search Tool 776 a
basic multicellular unit(基礎の多細胞単位) 342 a
basic number of chromosome(基本数(染色体の)) 237 a
Basidiomycetes(担子菌(門)) 556 b
Basidiomycota(担子菌(門)) 556 b
Basidiomycotina(担子菌(門)) 556 a
basidiospore(担子胞子) 255 a
basket cell(かご細胞) 198 a
basolateral membrane(側底膜) 531 b
basophil(好塩基球) 312 b
basophilic erythroblast(好塩基性赤芽球) 502 b
Bassen-Kornzweig disease(バッセン・コルンツバイク病) 697 a
Bateson, William(ベートソン) 815 a
bax 720 a
Bax 693 a
Bayesian network(ベイジアンネットワーク) 808 b
Bayesian statistics(ベイズ統計学) 809 a
Bayes' theorem(ベイズの定理) 809 a
Bay region(Bay 領域) 304 b
BBI=Bowman-Birk protease inhibitor(ボーマン・バーク型プロテアーゼインヒビター) 737 a
bcd gene(bcd 遺伝子) 721 a
bcd pattern mutant(bcd 突然変異体) 721 a
B cell(B 細胞) 717 a
B cell antigen receptor(B 細胞抗原受容体) 717 b
B cell growth factor-1(B 細胞増殖因子 1) 717 b
B cell lymphoma(B 細胞リンパ腫) 717 b
B cell receptor(B 細胞受容体) 717 b
B-cell-specific activator protein(B 細胞特異的なアクチベータータンパク質) 717 b
B cell stimulatory factor-1(B 細胞刺激因子 1) 717 b

B cell stimulatory factor-2(B 細胞刺激因子 2) 717 b
B cell-type chronic lymphocytic leukemia(B 細胞性慢性リンパ性白血病) 420 a
BCG=Bacille de Calmette et Guérin 720 b
BCGF-1=B cell growth factor-1(B 細胞増殖因子 1) 721 b
Bcl-2 family(Bcl-2 ファミリー) 720 b
bcl-1 gene(bcl-1 遺伝子) 720 b
bcl-2 gene(bcl-2 遺伝子) 720 b
bcl-3 gene(bcl-3 遺伝子) 720 b
bcl-5 gene(bcl-5 遺伝子) 720 b
bcl-6 gene(bcl-6 遺伝子) 720 b
B-CLL=B cell-type chronic lymphocytic leukemia(B 細胞性慢性リンパ性白血病) 420 a
bcr 718 a
BCR=B cell antigen receptor(B 細胞抗原受容体) 711 a
BCR=B cell receptor(B 細胞受容体) 718 a
BCR/ABL chimeric gene(BCR/ABL キメラ遺伝子) 719 b
BCR/ABL fusion gene(BCR/ABL 融合遺伝子) 719 b
BCR gene(BCR 遺伝子) 719 b
BCT=blood cell transplantation(末梢血幹細胞移植) 721 a
BDNF=brain-derived neurotrophic factor(脳由来神経栄養因子) 730 a
Beadle, George Wells(ビードル) 734 b
Becker muscular dystrophy(ベッカー型筋ジストロフィー) 813 a
Beckwith-Wiedemann syndrome(ベックウィズ・ビーデマン症候群) 813 a
beginnings of the nervous system(神経系の初期発生) 464 a
bekanamycin(ベカナマイシン) 809 b
Bell-Magendie's law(ベル・マジャンディーの法則) 868 b
belt desmosome(ベルトデスモソーム) 824 a
Benacerraf, Baruj(ベナセラフ) 815 a
Bence-Jones protein(ベンスジョーンズタンパク質) 826 a
benign tumor(良性腫瘍) 953 b
benomyl(ベノミール) 678 a
bent DNA(折れ曲がり DNA) 180 a
benthos(底生生物) 598 b
benthos(ベントス) 827 b
Benton-Davis method(ベントン・デービス法) 827 b
Benzamine blue 3B 641 a
benzedrine(ベンゼドリン) 827 a
1,2-benzenediol(1,2-ベンゼンジオール) 827 a
benzo[a]pyrene(ベンゾ[a]ピレン) 827 a
Benzo blue 3B 641 a
benzodiazepine(ベンゾジアゼピン) 827 a
benzodiazepine receptor(ベンゾジアゼピン受容体) 827 a
3,4-benzopyrene(3,4-ベンゾピレン) 827 a
benzoylmethylecgonine(ベンゾイルメチルエクゴニン) 827 a
benzyladenine(ベンジルアデニン) 826 a
benzyldimethylalkylammonium chloride(ベンジルジメチルアルキルアンモニウムクロリド) 264 a
BER=base excision repair(塩基除去修復) 708 a
Berg, Paul(バーグ) 688 b
Bergmann glia(ベルグマングリア) 824 a
Bergström, Sune Karl(ベルイストレーム) 822 a
Bernard-Soulier syndrome(ベルナール・スーリエ症候群) 824 a
Berthelot, Pierre Eugène Marcelin(ベルテロ) 824 a
bestatin(ベスタチン) 493 a
BETA2=β-cell E-box transactivator 2(β 細胞 E ボックストランスアクベーター 2) 812 a
beta antagonist(β アンタゴニスト) 810 b
beta barrel structure(β バレル構造) 812 a
beta bend(β ベンド) 812 b
beta blocker(β 遮断剤) 811 b
beta inhibitor(β 阻害剤) 811 b

## 欧文索引

beta oxidation（β 酸化） **811** b
beta pleated sheet（β プリーツシート） **812** a
beta sheet（β シート） **811** b
beta structure（β 構造） **811** a
beta transducin repeat（β トランスデューシンリピート） **812** a
beta turn（β ターン） **811** b
bFGF＝basic fibroblast growth factor（塩基性繊維芽細胞増殖因子） **710** b
bFGFR＝basic fibroblast growth factor receptor（塩基性繊維芽細胞増殖因子受容体） **710** b
B-form DNA（B 形 DNA） **712** a
BFU-E＝erythroid burst forming unit（赤芽球バースト形成単位） **710** b
BFU-Meg＝megakaryocyte burst forming unit（巨核球バースト形成単位） **710** b
BglG protein（BglG タンパク質） **331** b
*bgl* operon（*bgl* オペロン） **720** b
BGP＝bone Gla protein（骨グラタンパク質） **721** a
BHF 1 **709** b
bHLH **709** b
Biacore（ビアコア） **707** a
Bial reaction（ビアル反応） **707** b
bibrotoxin（ビブロトキシン） **164** b
*bicoid* gene（ビコイド遺伝子） **715** a
*bicoid* pattern mutant（ビコイド型突然変異体） **715** a
bicuculline（ビククリン） **33** a
bidirectional replication（二方向複製） **659** a
biglycan（ビグリカン） **714** b
bile（胆汁） **556** a
bile acid（胆汁酸） **556** a
bile canaliculi（毛細胆管） **905** a
bilin-binding protein（ビリン結合タンパク質） **944** a
bilirubin（ビリルビン） **744** b
biliverdin（ビリベルジン） **744** b
binary vector（バイナリーベクター） **684** b
Bindin **521** a
binding site（結合部位） **295** b
bioassay（バイオアッセイ） **681** b
biochemistry（生化学） **492** a
biocytin（ビオシチン） **711** b
bioenergetics（生体エネルギー論） **498** b
bioinformatics（バイオインフォマティクス） **681** a
biological assay（バイオアッセイ） **681** b
biological chemistry（生物化学） **501** a
biological clock（生物時計） **501** a
biological containment（生物学的封じ込め） **501** b
biological oxidation（生体酸化） **498** b
biological response modifier（免疫調節剤） **903** a
bioluminescence（生物発光） **501** a
biomass（バイオマス） **682** a
biomedical animal model（生物医学的モデル動物） **501** a
biomembrane（生体膜） **499** a
biopolymer（生体高分子） **498** b
biopsy（生体組織検査） **499** a
biorheology（バイオレオロジー） **682** a
biorhythm（生体リズム） **499** a
biotechnology（バイオテクノロジー） **682** a
biotin（ビオチン） **711** b
BiP＝immunoglobulin heavy-chain binding protein **729** b
biparental inheritance（両性遺伝） **953** b
bipolar cell（双極細胞） **525** a
bipotential glial progenitor cell（多能性グリア前駆細胞） **552** a
BIRC4 **29** b
birefringence（複屈折性） **825** b
1,2-bis(2-aminophenoxy)ethanetetraacetic acid（1,2-ビス(2-アミノフェノキシ)エタン四酢酸） **723** a

$N,N'$-bis(3-aminopropyl)-1,4-diaminobutane（$N,N'$-ビス(3-アミノプロピル)-1,4-ジアミノブタン） **489** a
Bishop, John Michael（ビショップ） **722** a
1,3-bisphospho-glycerate（1,3-ビスホスホグリセラート） **726** a
*bithorax* complex（バイソラックス遺伝子群） **684** b
Bittner's factor（ビットナー因子） **729** b
biuret reaction（ビウレット反応） **708** b
bivalent chromosome（二価染色体） **654** a
BK＝bradykinin（ブラジキニン） **715** a
BK channel（BK チャネル） **715** a
*BK polyomavirus*（BK ポリオーマウイルス） **715** b
BKPyV＝*BK polyomavirus*（BK ポリオーマウイルス） **715** b
BKV＝BK virus（BK ウイルス） **715** b
BK virus（BK ウイルス） **715** a
BLAST＝Basic Local Alignment Search Tool **776** a
Blast-1 **776** a
blast cell（芽球細胞） **188** b
blast cell colony forming cell（芽球コロニー形成細胞） **188** b
blast colony forming unit（芽球コロニー形成単位） **188** b
blastlae（胚胚） **835** b
Blast Like Alignment Tool **776** a
blastocoel（胚胚腔） **835** b
blastocoelic cavity（胚盤胞腔） **684** b
blastocyst（胚盤胞） **684** b
blastoderm（胚胚葉） **835** b
blastodisc（胚盤） **835** b
blastoid transformation（幼若化） **957** b
blastomere（割球） **202** b
blastopore（原口） **306** a
blastopore lip（原口唇） **306** b
blastula（胚胚） **835** b
BLAT＝Blast Like Alignment Tool **776** a
bleomycin（ブレオマイシン） **782** a
BLNK **711** a
Blobel, Günter（ブローベル） **796** a
blocking antibody（遮断抗体） **435** a
Blomstrand type chondrodystrophy（ブロムストランド型軟骨異形成症） **796** a
blood-brain barrier（血液脳関門） **293** b
blood cell（血液細胞） **293** a
blood cell transplantation（末梢血幹細胞移植） **868** a
blood clotting（血液凝固） **290** a
blood clotting factor（血液凝固因子） **291** b
blood clotting regulatory factor（血液凝固制御因子） **292** b
blood coagulation（血液凝固） **290** a
blood coagulation factor（血液凝固因子） **291** b
blood coagulation factor Ⅰ（血液凝固Ⅰ因子） **291** b
blood coagulation factor Ⅱ（血液凝固Ⅱ因子） **291** b
blood coagulation factor Ⅲ（血液凝固Ⅲ因子） **291** b
blood coagulation factor Ⅳ（血液凝固Ⅳ因子） **291** b
blood coagulation factor Ⅴ（血液凝固Ⅴ因子） **291** b
blood coagulation factor Ⅶ（血液凝固Ⅶ因子） **292** a
blood coagulation factor Ⅷ（血液凝固Ⅷ因子） **292** a
blood coagulation factor Ⅸ（血液凝固Ⅸ因子） **292** a
blood coagulation factor Ⅹ（血液凝固Ⅹ因子） **292** a
blood coagulation factor Ⅺ（血液凝固Ⅺ因子） **292** b
blood coagulation factor Ⅻ（血液凝固Ⅻ因子） **292** b
blood coagulation factor ⅩⅢ（血液凝固ⅩⅢ因子） **292** b
blood coagulation regulatory factor（血液凝固制御因子） **292** b
blood island（血島） **294** a
blood pigment（血色素） **299** b
blood sinuses（血脈洞） **299** b
blood type（血液型） **290** a
blood vessel（血管） **293** a
Bloom syndrome（ブルーム症候群） **782** b

blotting(ブロッティング) 789a
―, dot(ドットブロット法) 632a
―, northern(ノーザンブロット法) 678a
―, slot(スロットブロット法) 491b
―, Southern(サザンブロット法) 380a
―, south western(サウスウェスタンブロット法) 379a
―, western(ウェスタンブロット法) 107b
―, west western(ウェストウェスタンブロット法) 107b
blue-green algae(ラン(藍)藻) 934b
blunt end(平滑末端) 808a
B lymphocyte(Bリンパ球) 744b
BM-40 711a
Bmal1 630b
BMD＝Becker muscular dystrophy(ベッカー型筋ジストロフィー) 711a
BmNPV＝Bombyx mori NPV(カイコガ NPV) 710b
BMP＝bone morphogenetic protein(骨誘導因子) 711a
BMP and activin membrane-bound inhibitor 342a
BMPR＝bone morphogenetic protein receptor(骨誘導因子受容体) 711a
BMP receptor(BMP 受容体) 711a
BMT＝bone marrow transplantation(骨髄移植) 711a
BMU＝basic multicellular unit(基礎的多細胞単位) 342a
BMV＝brome mosaic virus(ブロムモザイクウイルス) 711a
BNP＝B-type natriuretic peptide(B 型ナトリウム利尿ペプチド) 651a
BODIPY 711b
body axis(体軸) 539b
bombesin(ボンベシン) 858a
bombesin-like peptide(ボンベシン様ペプチド) 858a
Bombyx mori(カイコガ) 182a
Bombyx mori NPV(カイコガ NPV) 182a
bone canaliculi(骨細管) 339b
bone γ-carboxyglutamic acid-containing protein(骨 γ-カルボキシグルタミン酸含有タンパク質) 339a
bone formation(骨形成) 339b
bone Gla protein(骨グラタンパク質) 339b
bone marrow(骨髄) 340a
bone marrow cell(骨髄細胞) 341a
bone marrow stroma cell(骨髄ストロマ細胞) 341a
bone marrow transplantation(骨髄移植) 340b
bone morphogenetic protein(骨誘導因子) 341b
bone morphogenetic protein receptor(骨誘導因子受容体) 342a
bone remodeling(骨リモデリング) 342a
bone resorption(骨吸収) 339b
bone sialoprotein-1(骨シアロタンパク質1) 339b
bongkrekic acid(ボンクレキン酸) 137a
boolean network(ブーリアンネットワーク) 779b
bootstrapping(ブートストラップ法) 772a
Borealin/Dasra(ボレアリン/ダスラ) 180a
bortezomib(ボルテゾミブ) 855a
Boss protein(Boss タンパク質) 509b
bottle cell(瓶形細胞) 746a
botulinum toxin(ボツリヌス毒素) 847a
boundary sequence(境界配列) 246b
bouquet structure(ブーケ構造) 844a
Bourneville-Pringel disease(ブルヌビュー・プリンゲル病) 782a
bovine pancreatic trypsin inhibitor(ウシ膵臓トリプシンインヒビター) 109a
Bovine papillomavirus(ウシパピローマウイルス) 109b
bovine serum(親ウシ血清) 298b
bovine spongiform encephalopathy(ウシ海綿状脳症) 109a
Bowman-Birk protease inhibitor(ボーマン・バーク型プロテアーゼインヒビター) 848a

Boyer, Paul Delos(ボイヤー) 830a
BP 315b
BPA＝burst promoting activity(バースト形成促進因子活性) 503a
12/23bp spacer rule(12/23 bp スペーサールール) 439b
BPTI＝bovine pancreatic trypsin inhibitor(ウシ膵臓トリプシンインヒビター) 737b
bract(ほう(苞)葉) 198b
Bradford method(ブラッドフォード法) 777b
bradykinin(ブラジキニン) 775a
bradykinin receptor(ブラジキニン受容体) 775a
Bradyrhizobium 353a
brain(脳) 676a
brain-blood barrier(脳血液関門) 676b
brain-derived neurotrophic factor(脳由来神経栄養因子) 678a
brain hormone(脳ホルモン(昆虫の)) 678a
brain natriuretic peptide(B 型ナトリウム利尿ペプチド) 651a
brain peptide(脳ペプチド) 677a
brain stem(脳幹) 676a
brain wave(脳波) 677a
branched RNA-linked msDNA(枝分かれ RNA 結合 msDNA) 41b
branch migration(分枝点移動) 802b
branch point(分枝点(DNA の)) 802b
brassinolide(ブラシノライド) 775a
brassinosteroid(ブラシノステロイド) 775a
Brat 777a
BRCA gene(BRCA 遺伝子) 707a
breakage-reunion(切断再結合) 507a
break and union(切断再結合) 507a
breakbone fever virus(デングウイルス) 613b
breakpoint cluster region(切断点クラスター領域) 507b
breast carcinoma(乳がん) 660b
B₂ receptor(B₂ 受容体) 736b
brefeldin(ブレフェルジン) 784a
Brenner, Sydney(ブレンナー) 785b
brewery yeast(ビール酵母) 744b
bright-field light microscope(明視野顕微鏡) 890a
BRL37344 810a
BRL44408 49a
brome mosaic virus(ブロムモザイクウイルス) 796a
5-bromo-4-chloro-3-indolyl-β-D-galactoside(5-ブロモ-4-クロロ-3-インドリル-β-D-ガラクトシド) 796b
8-bromo cyclic AMP(8-ブロモサイクリック AMP) 432a
5-bromodeoxyuridine(5-ブロモデオキシウリジン) 798b
bromodomain(ブロモドメイン) 798a
p-bromophenacyl bromide(p-ブロモフェナシルブロミド) 842a
5-bromouracil(5-ブロモウラシル) 796b
bromovinyldeoxyuridine(ブロモビニルデオキシウリジン) 925a
bromovinyluracil(ブロモビニルウラシル) 536a
bronze diabetes(青銅色糖尿病) 500b
brown algae(褐藻類) 203b
brown fat cell(褐色脂肪細胞) 203a
brush border(刷子縁) 381b
Bruton's tyrosine kinase 130b
Bruton-type agammaglobulinemia(ブルトン型無γグロブリン血症) 782a
bryostatin(ブリオスタチン) 779b
BSAP＝B-cell-specific activator protein(B 細胞特異的アクチベータータンパク質) 709a
BSE＝bovine spongiform encephalopathy(ウシ海綿状脳症) 709b
BSF-1＝B cell stimulatory factor-1(B 細胞特異的刺激因子1) 709b

欧文索引　1065

BSF-2＝B cell stimulatory factor-2（B 細胞特異的刺激因子-2）　709 a
BSO＝buthionine sulfoximine（ブチオニンスルホキシミン）　709 a
BSP-1＝bone sialoprotein-1（骨シアロタンパク質 1）　709 a
BTB/POZ domain（BTB/POZ ドメイン）　731 a
Btk＝Bruton's tyrosine kinase　730 a
B-type natriuretic peptide（B 型ナトリウム利尿ペプチド）　651 a
B-type particle（B 型粒子）　712 a
bubble structure（バブル構造）　700 a
Buchner, Eduard（ブフナー）　772 b
Buck, Linda B.（バック）　693 a
bucladesine（ブクラデシン）　769 b
budded virus（発芽型ウイルス）　687 b
budding（出芽）　443 b
budding yeast（出芽酵母）　443 b
bulge（バルジ）　702 a
bundle sheath cell（維管束鞘細胞）　65 a
bungarotoxin（ブンガロトキシン）　801 a
Bunyaviridae（ブニヤウイルス科）　772 a
buoyant density（浮遊密度）　773 b
Burkitt lymphoma（バーキットリンパ腫）　687 a
Burnet, Frank Macfarlane（バーネット）　698 a
bursa of Fabricius（ファブリキウス囊）　751 a
burst promoting activity（バースト形成促進因子活性）　503 a
Burton degradation（バートン分解）　698 b
Burton reaction（バートン反応）　698 b
buthionine sulfoximine（ブチオニンスルホキシミン）　770 b
BV＝budded virus（発芽型ウイルス）　687 b
BVU＝bromovinyluracil（ブロモビニルウラシル）　536 a
BWS＝Beckwith-Wiedemann syndrome（ベックウィズ・ビーデマン症候群）　727 a
BX-C＝bithorax complex　709 b
bZIP structure（bZIP 構造）　721 a

## C

$\chi$ sequence（$\chi$ 配列）　185 b
$\chi^2$ test（$\chi^2$ 検定）　183 a
C＝complement（補体）　390 a
C＝coulomb（クーロン）　613 b
C＝cysteine（システイン）　412 b
C＝cytidine（シチジン）　416 a
C1＝first component of complement（補体第一成分）　392 b
C23　429 a
C1300　462 a
CA＝capsid protein（キャプシドタンパク質）　238 b
CA＝cell array（細胞アレイ）　393 a
CAAT box（CAAT ボックス）　393 a
$Ca^{2+}$-ATPase（$Ca^{2+}$-ATP アーゼ）　212 a
CAAX farnesyltransferase（CAAX ファルネシルトランスフェラーゼ）　752 a
$Ca^{2+}$ channel（$Ca^{2+}$ チャネル）　394 a
cachexia（悪液質）　6 a
cactus gene（カクタス遺伝子）　194 b
CAD＝caspase-activated DNase　242 a
cadaverine（カダベリン）　850 b
cadherin（カドヘリン）　205 a
cadherin family（カドヘリンファミリー）　205 b
cadherin superfamily（カドヘリンスーパーファミリー）　205 a
CADM1＝cell adhesion molecule 1　396 a
Caenorhabditis elegans（セノラブディティス=エレガンス）　508 b

CAF-1＝chromatin assembly factor-1（クロマチンアッセンブリー因子 1）　393 a
cafe au lait spots（カフェオレ斑）　466 b
caffeine（カフェイン）　206 a
caged compound（かご化合物）　197 b
$Ca^{2+}$-induced $Ca^{2+}$ release channel（$Ca^{2+}$ 誘導性 $Ca^{2+}$ 放出チャネル）　937 b
Cairns experiment（ケアンズの実験）　286 a
Cairns type molecule（ケアンズ型分子）　286 a
CAK＝CDK activating kinase（CDK 活性化キナーゼ）　394 a
calbindin（カルビンジン）　216 a
calcification（石灰化）　505 a
calcification front（石灰化前線）　505 a
calcimycin（カルシマイシン）　214 a
calcineurin（カルシニューリン）　214 a
calcitonin（カルシトニン）　214 a
calcitonin gene-related peptide（カルシトニン遺伝子関連ペプチド）　214 a
calcitonin gene-related protein（カルシトニン遺伝子関連タンパク質）　214 a
calcitonin receptor-like receptor（カルシトニン受容体様受容体）　24 b
calcium（カルシウム）　210 b
calcium-activated chloride ion channel（カルシウム依存性塩素イオンチャネル）　211 b
calcium-activated neutral protease（カルシウム依存性中性プロテアーゼ）　211 b
calcium-activated potassium channel（カルシウム依存性カリウムチャネル）　211 b
calcium ATPase（$Ca^{2+}$-ATP アーゼ）　212 a
calcium-binding protein（カルシウム結合タンパク質）　212 a
calcium bowl（カルシウムボウル）　211 a
calcium channel（カルシウムチャネル）　212 b
calcium channel blocker（カルシウムチャネル阻害剤）　213 a
calcium-dependent chloride ion channel（カルシウム依存性塩素イオンチャネル）　211 b
calcium-dependent potassium channel（カルシウム依存性カリウムチャネル）　211 b
calcium imaging（カルシウムイメージング）　211 b
calcium ion channel（カルシウムイオンチャネル）　211 a
calcium ion mobilization（$Ca^{2+}$ 動員系）　213 a
calcium ionophore（カルシウムイオノホア）　210 b
calcium oscillation（カルシウム振動）　212 b
calcium phosphate transfection（リン酸カルシウム法）　956 b
calcium pump（カルシウムポンプ）　213 b
calcium/sodium antiporter（カルシウム/ナトリウム対向輸送体）　213 b
calcium transport ATPase（$Ca^{2+}$ 輸送 ATP アーゼ）　213 b
calcium wave（カルシウムウェーブ）　211 b
caldesmon（カルデスモン）　215 a
calf intestine alkaline phosphatase（仔ウシ腸アルカリホスファターゼ）　45 a
calf serum（仔ウシ血清）　322 a
CALI＝chromophore-assisted laser inactivation（レーザー分子不活性化法）　242 a
calli（カルス）　214 a
callose plug（カロース栓）　206 b
callus（カルス）　214 a
calluses（カルス）　214 a
calmodulin（カルモジュリン）　216 b
calmodulin antagonist（カルモジュリン拮抗薬）　217 a
calmodulin-dependent protein kinase I〜V（カルモジュリン依存性プロテインキナーゼ I〜V）　217 a
calmodulin-dependent protein kinase Gr（カルモジュリン依存性プロテインキナーゼ Gr）　217 a
calmodulin inhibitor（カルモジュリン阻害薬）　218 a

calmodulin kinase Ⅰ(カルモジュリンキナーゼⅠ)　217a
calmodulin kinase Ⅱ(カルモジュリンキナーゼⅡ)　217a
calmodulin kinase Ⅲ(カルモジュリンキナーゼⅢ)　217b
calmodulin kinase Ⅳ(カルモジュリンキナーゼⅣ)　217b
calmodulin kinase Ⅴ(カルモジュリンキナーゼⅤ)　218a
calnexin(カルネキシン)　215a
calpactin(カルパクチン)　215b
calpain(カルパイン)　215a
calpastatin(カルパスタチン)　215b
calreticulin(カルレティキュリン)　218a
calsequestrin(カルセケストリン)　214b
calspectin(カルスペクチン)　214b
Calvin, Melvin(カルビン)　216a
Calvin-Benson cycle(カルビン・ベンソン回路)　216a
Calvin cycle(カルビン回路)　216a
CAM＝cell adhesion molecule(細胞接着分子)　207b
CaM-kinase Ⅰ～Ⅴ(CaM キナーゼⅠ～Ⅴ)　393b
$Ca^{2+}$ mobilization($Ca^{2+}$ 動員系)　213a
cAMP＝cyclic adenosine 3′,5′-monophosphate(サイクリックアデノシン 3′,5′---リン酸)　393b
CAM plant(CAM 植物)　207b
camptothecin(カンプトテシン)　228a
CaMV＝cauliflower mosaic virus(カリフラワーモザイクウイルス)　393b
$Ca^{2+}/Na^+$ antiporter(カルシウム/ナトリウム対向輸送体)　213b
Canavan disease(カナバン病)　971a
cancer(がん(癌))　218b
───, cervical(子宮頸がん)　401a
───, colon(大腸がん)　541b
───, gastric(胃がん)　564b
───, hereditary non-polyposis colon(遺伝性非腺腫性大腸がん)　85a
───, liver(肝がん)　219b
───, lung(肺がん)　682a
───, mammary(乳がん)　660b
───, skin(皮膚がん)　738a
cancer antigen(がん抗原)　221a
cancer cell(がん細胞)　222a
cancer immunology(がん免疫)　228a
candidate gene mapping(候補遺伝子マッピング)　333b
cane sugar(ショ糖)　457b
cannabinoid(カンナビノイド)　227a
cannabinoid receptor(カンナビノイド受容体)　227a
cannabis(大麻)　544b
CANP＝calcium activated neutral protease(カルシウム依存性中性プロテアーゼ)　393a
CAP＝calf intestine alkaline phosphatase(仔ウシ腸アルカリホスファターゼ)　45a
CAP＝catabolite gene activator protein(カタボライト遺伝子アクチベータータンパク質)　396a
CAP＝cationic antimicrobial protein(抗菌性カチオンタンパク質)　315a
CAP57　315b
CAP102　396a
capacitance vessel(容量血管)　293b
capacitive current(容量性電流)　922a
$Ca^{2+}$ pathway($Ca^{2+}$ 経路)　212a
cap binding complex(キャップ構造結合タンパク質複合体)　241b
cap binding protein(キャップ結合タンパク質)　241a
Capecci, Mario Renato(カペッキ)　206b
Capicua　643b
capillary(毛細血管)　293b
capillary electrophoresis(キャピラリー電気泳動)　305a
capping(キャップ形成)　240b

capsid(キャプシド)　242b
capsid protein(キャプシドタンパク質)　238b
capsomere(キャプソメア)　242b
cap structure(キャップ構造)　241a
capsular antigen(莢膜抗原)　681b
capsule(莢(きょう)膜)　681b
cap-trapper(キャップトラッパー)　241b
cap-trapping(キャップトラッピング)　241b
$Ca^{2+}$ pump(カルシウムポンプ)　213a
CapZ　396a
carbamide(カルバミド)　215b
carbamoyl-phosphate synthase(カルバモイルリン酸シンターゼ)　215b
carbapenem(カルバペネム)　813a
carbohydrate recognition domain(糖鎖認識ドメイン)　577b
carbomycin(カルボマイシン)　817b
carbon assimilation(炭素同化)　557b
carbon dioxide assimilation(炭酸同化)　556a
carbon dioxide fixation(炭酸固定)　556a
carbon reduction cycle(炭素還元回路)　557b
carboplatin(カルボプラチン)　414a
carboxydismutase(カルボキシジスムターゼ)　216a
$N^2$-[(R)-1-carboxyethyl]-L-arginine($N^2$-[(R)-1-カルボキシエチル]-L-アルギニン)　216a
γ-carboxyglutamic acid(γ-カルボキシグルタミン酸)　728a
carboxylation(炭酸固定)　556a
carboxyl protease(カルボキシルプロテアーゼ)　216b
carboxypeptidase A(カルボキシペプチダーゼ A)　216a
carboxypeptidase Y(カルボキシペプチダーゼ Y)　216a
6-carboxyuracil(6-カルボキシウラシル)　180a
carcinoembryonic antigen(がん胎児性抗原)　226a
carcinogen(発がん物質)　692b
carcinogenesis(発がん)　692a
carcinoid(カルチノイド)　215a
carcinoid syndrome(カルチノイド症候群)　215a
carcinoma(がん腫)　223a
carcinoma of uterine cervix(子宮頸がん)　401a
carcinostatic agent(制がん剤)　492b
CARD＝caspase recruitment domain　25a
CARD12(カード 12)　200a
cardiac muscle(心筋)　460b
cardiac neural crest cell(心臓神経堤細胞)　472a
cardiolipin(カルジオリピン)　213b
cardiopulmonary baroreceptor(心肺部圧受容器)　474a
CA repeat(CA 反復配列)　396a
cargo protein(積み荷タンパク質)　577b
Carlsson, Arvid(カールソン)　214a
carnitine acyltransferase(カルニチンアシルトランスフェラーゼ)　215a
carnitine antiporter(カルニチン対向輸送体)　215a
carotene(カロテン)　218a
carotenoid(カロテノイド)　218a
carotenoid vesicle(カロテノイド小胞)　218a
carpel(心皮)　5b
carrier(保因者)　452b
carrier(担体)　557b
carrier(輸送体)　916a
carrier ampholyte(両性担体)　953a
carrier protein(輸送タンパク質)　916a
Cartagena Protocol(カルタヘナ議定書)　214b
cartilage formation(軟骨形成)　652b
cartilaginous ossification(軟骨性骨化)　653b
carubinose(カルビノース)　216a
caryotype(核型)　190a
CAS　120a
casein kinase(カゼインキナーゼ)　200a

CASH　29 b
caspase(カスパーゼ)　199 b
caspase-activated DNase　242 a
caspase recruitment domain　25 a
CASPER　29 b
cassette model(カセットモデル)　200 b
C6 astrocytoma(C6 アストロサイトーマ)　459 b
CAT＝chloramphenicol acetyltransferase(クロラムフェニコールアセチルトランスフェラーゼ)　395 b
catabolism(異化作用)　64 b
catabolite gene activator protein(カタボライト遺伝子アクチベータータンパク質)　202 a
catabolite repression(カタボライト抑制)　202 b
catalase(カタラーゼ)　202 b
catalyst(触媒)　456 a
catalytic site(触媒部位)　456 b
catalytic subunit(触媒サブユニット)　456 b
CAT assay(CAT アッセイ)　240 b
cat cry syndrome(ネコ鳴き症候群)　671 a
catechol(カテコール)　204 a
catecholamine(カテコールアミン)　204 a
catecholaminergic neuron(カテコールアミン作動性ニューロン)　204 b
catenane(カテナン)　204 b
catenated DNA(カテナン)　204 b
catenation(カテネーション(DNA の))　205 a
catenin(カテニン)　205 a
cathepsin(カテプシン)　205 a
cathepsin G(カテプシン G)　315 b
cation channel(陽イオンチャネル)　919 a
cationic antimicrobial protein(抗菌性カチオンタンパク質)　315 b
cation transport(陽イオン輸送)　919 a
cauliflower mosaic virus(カリフラワーモザイクウイルス)　209 a
*Caulobacter*(コーロバクター)　828 a
$Ca_V1$ channel($Ca_V1$ チャネル)　396 b
$Ca_V2.1$ channel($Ca_V2.1$ チャネル)　396 b
$Ca_V2.2$ channel($Ca_V2.2$ チャネル)　396 b
$Ca_V2.3$ channel($Ca_V2.3$ チャネル)　396 b
$Ca_V3$ channel($Ca_V3$ チャネル)　396 b
caveola(e)(カベオラ)　206 b
caveolin(カベオリン)　206 b
*Cavia porcellus*　909 a
C band(C バンド)　429 b
CBB＝Coomassie Brilliant Blue(クーマシーブリリアントブルー)　431 b
CBC＝cap binding complex(キャップ構造結合タンパク質複合体)　430 b
C4 binding protein(C4 結合タンパク質)　845 b
Cbl＝cobalamin(コバラミン)　430 b
CBP＝CREB-binding protein　431 b
CCAAT-binding transcription factor 1(CCAAT 結合因子 1)　408 b
CCAAT box(CCAAT ボックス)　408 b
CCAAT/enhancer-binding protein(CCAAT/エンハンサー結合タンパク質)　408 b
CC chemokine(CC ケモカイン)　409 a
CC chemokine receptor(CC ケモカイン受容体)　409 a
C3/C5 convertase(C3/C5 転換酵素)　408 a
CCCTC-binding factor insulator(CTCF インスレーター)　301 b
CCD＝charge coupled devise　410 a
CCD camera(CCD カメラ)　410 b
ccd operon(ccd オペロン)　410 b
C chemokine(C ケモカイン)　405 a
C chemokine receptor(C ケモカイン受容体)　405 a

C1 complex(C1 複合体)　392 b
C3 convertase(C3 転換酵素)　408 a
CCR＝CC chemokine receptor(CC ケモカイン受容体)　408 b
CCT＝chaperonin-containing TCP1　410 a
CD＝circular dichroism(円二色性)　418 b
CD＝cluster of differentiation　418 b
CD3ζ(antigen)(CD3ζ(抗原))　420 b
CD41/CD61　424 a
CD64(antigen)(CD64(抗原))　424 b
CDA＝cytidine deaminase(シチジンデアミナーゼ)　418 b
CD79a・C79b　421 b
CD1(antigen)(CD1(抗原))　418 b
CD2(antigen)(CD2(抗原))　421 b
CD3(antigen)(CD3(抗原))　420 a
CD4(antigen)(CD4(抗原))　423 b
CD5(antigen)(CD5(抗原))　420 a
CD8(antigen)(CD8(抗原))　422 b
CD11(antigen)(CD11(抗原))　421 a
CD15(antigen)(CD15(抗原))　421 b
CD16(antigen)(CD16(抗原))　421 a
CD18(antigen)(CD18(抗原))　421 a
CD19(antigen)(CD19(抗原))　421 b
CD20(antigen)(CD20(抗原))　422 a
CD21(antigen)(CD21(抗原))　422 a
CD23(antigen)(CD23(抗原))　422 a
CD25(antigen)(CD25(抗原))　422 a
CD28(antigen)(CD28(抗原))　422 b
CD30(antigen)(CD30(抗原))　420 b
CD32(antigen)(CD32(抗原))　420 b
CD34(antigen)(CD34(抗原))　420 b
CD40(antigen)(CD40(抗原))　424 a
CD43(antigen)(CD43(抗原))　424 a
CD44(antigen)(CD44(抗原))　424 a
CD45(antigen)(CD45(抗原))　424 a
CD48(antigen)(CD48(抗原))　424 a
CD54(antigen)(CD54(抗原))　420 a
CD55(antigen)(CD55(抗原))　420 a
CD59(antigen)(CD59(抗原))　420 a
CD62(antigen)(CD62(抗原))　424 a
CD69(antigen)(CD69(抗原))　424 a
CD89(antigen)(CD89(抗原))　422 b
CD95(antigen)(CD95(抗原))　419 a
CD102(antigen)(CD102(抗原))　423 b
CD227(antigen)(CD227(抗原))　422 b
CD294(antigen)(CD294(抗原))　422 b
Cdc2　420 b
Cdc20　315 b
Cdc25＝cell division cycle 25　420 b
Cdc42　421 b
CDC＝complement-dependent cytotoxicity(補体依存性細胞傷害)　942 a
CDC28 kinase(CDC28 キナーゼ)　421 a
CD classification(CD 分類)　423 b
Cdc-like kinase 1　511 a
cdc mutant(cdc 突然変異株)　420 b
CD62E　69 a
CDF＝cholinergic differentiation factor(コリン作動性分化因子)　419 a
Cdh1　315 b
CDI＝CDK inhibitor(CDK インヒビター)　418 b
$C_4$-dicarboxylic acid cycle($C_4$ ジカルボン酸回路)　458 a
cdk＝cyclin-dependent kinase(サイクリン依存性キナーゼ)　419 b
CDK＝cyclin-dependent kinase(サイクリン依存性キナーゼ)　419 b
CDK1　419 b

CDK4　420 a
CDK5　420 a
CDK activating kinase（CDK 活性化キナーゼ）　420 a
CDK inhibitor（CDK インヒビター）　419 b
CD95 ligand（CD95 リガンド）　419 a
cDNA＝complementary DNA（相補的 DNA）　418 b
cDNA clone（cDNA クローン）　419 a
cDNA cloning（cDNA クローニング）　418 b
cDNA library（cDNA ライブラリー）　419 a
cDNA microarray（cDNA マイクロアレイ）　419 a
C2 domain（C2 ドメイン）　417 a
CDP＝cytidine 5′-diphosphate（シチジン 5′-二リン酸）　422 b
CDR＝complementarity-determining region（相補性決定領域）　418 b
C3d receptor（C3d 受容体）　408 b
CD40 receptor-associated factor（CD40 受容体結合因子）　424 a
CDS1　418 b
ecdyses（脱皮）　550 b
CEA＝carcinoembryonic antigen（がん胎児性抗原）　392 b
C/EBP＝CCAAT/enhancer-binding protein（CCAAT/エンハンサー結合タンパク質）　393 a
Cech, Thomas Robert（チェック）　561 a
ced-3 gene（ced-3 遺伝子）　508 a
CEF＝chicken embryo fibroblast（ニワトリ胚繊維芽細胞）　392 b
celiac sprue（セリアックスプルー）　510 b
celiac syndrome（セリアック症候群）　510 b
cell（細胞）　361 a
──, absorptive（吸収細胞）　243 b
──, adipose（脂肪細胞）　433 a
──, adrenal medullary（副腎髄質細胞）　765 b
──, amacrine（アマクリン細胞）　30 a
──, amnion（羊膜細胞）　922 a
──, amniotic epithelial（羊膜上皮細胞）　922 b
──, antigen-presenting（抗原提示細胞）　317 b
──, auditory hair（聴覚有毛細胞）　569 a
──, auxiliary（副細胞）　765 a
──, axonless nerve（無軸索（神経）細胞）　887 a
──, B（B 細胞）　717 a
──, BALB/c 3T3（BALB/c 3T3 細胞）　702 b
──, basket（かご細胞）　198 a
──, bipolar（双極細胞）　525 b
──, bipotential glial progenitor（多能性グリア前駆細胞）　552 a
──, blast（芽（球）細胞）　188 b
──, blood（血液細胞）　293 a
──, bone marrow（骨髄細胞）　341 a
──, bone marrow stroma（骨髄ストロマ細胞）　341 a
──, bottle（瓶形細胞）　746 a
──, brown fat（褐色脂肪細胞）　203 a
──, cancer（がん細胞）　222 b
──, cerebellar Purkinje（小脳プルキンエ細胞）　453 a
──, C6 glioma（C6 グリオーマ細胞）　459 b
──, Chinese hamster ovary（チャイニーズハムスター卵巣細胞）　565 a
──, CHO（CHO 細胞）　395 b
──, chromaffin（クロマフィン細胞）　282 b
──, colony forming（コロニー形成細胞）　349 b
──, columellar（コルメラ細胞）　348 b
──, committed stem（前駆細胞）　516 a
──, companion（伴細胞）　703 b
──, competent（コンピテント細胞）　352 b
──, cone（錐体細胞）　475 b
──, cone photoreceptor（錐体視細胞）　476 b
──, contractile（収縮性細胞）　438 b
──, COS（COS 細胞）　337 b
──, daughter（娘細胞）　887 b
──, dendritic（樹状細胞）　442 b
──, dentate granule（歯状回顆粒細胞）　411 a
──, EC（EC 細胞）　66 b
──, ECL（エンテロクロマフィン様細胞）　723 b
──, effector（エフェクター細胞）　148 a
──, egg（卵細胞）　933 b
──, EJ（EJ 細胞）　66 b
──, embryonal carcinoma（胚性がん細胞）　683 b
──, embryonic stem（胚性幹細胞）　683 b
──, endocrine（内分泌細胞）　648 a
──, enterochromaffin（エンテロクロマフィン細胞）　282 b
──, enterochromaffin-like（エンテロクロマフィン様細胞）　723 b
──, eosinophil colony forming（好酸球コロニー形成細胞）　321 b
──, ependymal（上衣細胞）　450 a
──, epidermal（表皮細胞）　742 b
──, epithelial（上皮細胞）　453 b
──, eucaryotic（真核細胞）　460 b
──, F9（F9 細胞）　149 a
──, feeder（支持細胞）　409 b
──, flask（フラスコ細胞）　775 b
──, foam（泡沫細胞）　836 a
──, follicular（沪胞）　976 a
──, Friend leukemia（フレンド白血病細胞）　785 a
──, Gaucher（ゴーシェ細胞）　337 a
──, germ（生殖細胞）　496 b
──, glia（グリア細胞）　267 a
──, glial（グリア細胞）　267 a
──, goblet（杯状細胞）　683 a
──, granule（顆粒細胞）　210 a
──, granulocyte colony forming（顆粒球コロニー形成細胞）　209 b
──, granulocyte-macrophage colony forming（顆粒球-マクロファージコロニー形成細胞）　209 b
──, guard（孔辺細胞）　333 a
──, guidepost（道しるべ細胞）　879 a
──, hair（有毛細胞）　914 a
──, HeLa（HeLa 細胞）　743 a
──, helper T（ヘルパー T 細胞）　824 b
──, hemopoietic progenitor（造血前駆細胞）　526 b
──, hepatic（肝細胞）　222 a
──, hepatic parenchymal（肝実質細胞）　223 b
──, HepG2（HepG2 細胞）　131 a
──, HL-60（HL-60 細胞）　133 b
──, hormone-secreting（ホルモン分泌細胞）　857 b
──, host（宿主細胞）　441 b
──, hybrid（雑種細胞）　381 b
──, immune competent（免疫担当細胞）　902 a
──, interstitial（間細胞）　222 a
──, iPS（iPS 細胞）　4 b
──, K（K 細胞）　289 b
──, K562（K562 細胞）　289 b
──, KB（KB 細胞）　303 a
──, killer T（キラー T 細胞）　252 b
──, Kupffer（クッパー細胞）　261 b
──, Kupffer's stellate（クッパー星細胞）　261 b
──, L（L 細胞）　159 b
──, L1210（L1210 細胞）　158 b
──, LAK（リンホカイン活性化キラー細胞）　159 a
──, landmark（道しるべ細胞）　879 a
──, lymphoblastoid（リンパ芽球細胞）　957 b
──, lymphoid（リンパ系細胞）　958 b
──, lymphokine-activated killer（リンホカイン活性化キラー細胞）　958 b

欧文索引　1069

cell(つづき)
——, malignant(がん細胞)　222 a
——, mammalian(哺乳類細胞)　848 a
——, mast(マスト細胞)　868 a
——, MDCK(MDCK細胞)　156 b
——, megakaryocyte burst forming(巨核球バースト形成細胞)　250 a
——, melanin(メラニン細胞)　897 b
——, memory B(記憶B細胞)　231 a
——, memory T(記憶T細胞)　231 a
——, monocyte-macrophage colony forming(単球-マクロファージコロニー形成細胞)　867 a
——, mother(母細胞)　836 b
——, Müller(ミュラー細胞)　884 a
——, multilocular adipose(多房性脂肪細胞)　554 a
——, multilocular fat(多房性脂肪細胞)　554 a
——, multinucleate(多核細胞)　546 b
——, multipotential hemopoietic stem(多能性造血幹細胞)　552 a
——, muscle(筋細胞)　255 a
——, myeloid(骨髄細胞)　341 a
——, myoepithelial(筋上皮細胞)　256 a
——, myogenic precursor(筋形成前駆細胞)　254 a
——, natural killer(ナチュラルキラー細胞)　648 b
——, NBL(NBL細胞)　143 b
——, nerve(神経細胞)　464 b
——, neuron precursor(ニューロン前駆細胞)　663 b
——, neurosecretory(神経分泌細胞)　469 a
——, Niemann-Pick(ニーマン・ピック細胞)　660 b
——, NIH3T3(NIH3T3細胞)　140 a
——, NK(NK細胞)　143 a
——, nonpermissive(非許容細胞)　714 b
——, nurse(哺育細胞)　830 a
——, oviduct(卵管細胞)　933 a
——, oxyntic(酸分泌細胞)　388 b
——, parenchymal(実質細胞)　417 b
——, parent(親細胞)　178 b
——, parietal(傍細胞)　831 b
——, PC12(PC12細胞)　721 a
——, permissive(許容細胞)　252 a
——, pigment(色素細胞)　400 a
——, plaque-forming(プラーク形成細胞)　774 b
——, plasma(形質細胞)　287 b
——, polar(極細胞)　250 a
——, pole(極細胞)　250 a
——, postsynaptic(シナプス後細胞)　427 a
——, pre-B(プレB細胞)　783 b
——, precursor(前駆細胞)　516 a
——, presynaptic(シナプス前細胞)　428 a
——, prickle(有棘細胞)　911 a
——, primordial germ(始原生殖細胞)　405 a
——, procaryotic(原核細胞)　305 b
——, producer(プロデューサー細胞)　793 b
——, progenitor(前駆細胞)　516 a
——, PtK1(PtK1細胞)　730 b
——, Purkinje(プルキンエ細胞)　781 b
——, pyramidal(錐体細胞)　475 b
——, radial glial(放射状グリア細胞)　833 b
——, Read-Sternberg(リード・ステルンベルグ細胞)　837 a
——, reconstituted(再構成細胞)　358 a
——, reticulum(細網細胞)　378 a
——, retinal(網膜細胞)　906 a
——, retinal ganglion(網膜神経節細胞)　906 a
——, rod(桿体細胞)　226 a
——, rod photoreceptor(桿体視細胞)　226 a
——, sacral crest(仙骨稜細胞(トリの))　516 b
——, satellite(衛星細胞)　113 b
——, Schwann(シュワン細胞)　449 a
——, secondary(二次細胞)　655 b
——, secondary culture(二次培養細胞)　656 b
——, secretory(分泌細胞)　805 a
——, Sertoli(セルトリー細胞)　512 a
——, somatic(体細胞)　538 b
——, spleen colony forming(脾コロニー形成細胞)　717 a
——, stem(幹細胞)　221 b
——, stroma(ストロマ細胞)　481 b
——, subsidiary(副細胞)　765 a
——, swarm(遊走細胞)　913 a
——, sympathetic ganglion(交感神経節細胞)　315 a
——, T(T細胞)　595 b
——, 3T3(3T3細胞)　388 b
——, 10T1/2(10T1/2細胞)　417 b
——, teratocarcinoma(奇形腫細胞)　231 a
——, transfer(輸送細胞)　916 a
——, transformed(形質転換細胞)　288 a
——, tumor(腫瘍細胞)　446 a
——, vascular endothelial(血管内皮細胞)　294 b
——, visual(視細胞)　408 a
cell adhesion(細胞接着)　371 a
cell adhesion molecule(細胞接着分子)　371 b
cell adhesion molecule 1　395 b
cell-adhesive glycoprotein(細胞接着性糖タンパク質)　371 b
cell array(細胞アレイ)　361 b
cell autonomy(細胞自律性)　370 a
cell-based adoptive immunotherapy(細胞免疫療法)　377 a
cell body(細胞体)　372 a
cell-cell adhesion(細胞-細胞間接着)　365 b
cell-cell interaction(細胞間相互作用)　364 a
cell-cell junction(細胞間結合)　363 b
cell commitment(細胞運命決定)　362 a
cell compartmentalization(細胞内区画化)　372 b
cell cortex(細胞表層)　373 a
cell cryopreservation(細胞凍結保存法)　372 a
cell culture(細胞培養)　372 b
cell cycle(細胞周期)　368 a
cell cycle check point(細胞周期チェックポイント)　369 b
cell cycle mutant(細胞周期突然変異株)　369 a
cell cycle regulatory genes(細胞周期制御遺伝子)　368 b
cell density(細胞密度)　377 a
cell differentiation(細胞分化)　374 a
cell division(細胞分裂)　374 b
cell division cycle(細胞分裂周期)　374 b
cell division cycle 25　420 b
cell division cycle mutant(細胞分裂周期突然変異株)　374 b
cell elongation(細胞伸長)　370 a
cell engineering(細胞工学)　364 b
cell extension(細胞伸長)　370 a
cell-extracellular matrix junction(細胞-細胞外マトリックス結合)　365 b
cell fractionation(細胞分画)　374 a
cell-free transcription(無細胞転写系)　887 b
cell-free translation(無細胞翻訳)　887 a
cell fusion(細胞融合)　377 b
cell growth(細胞成長)　370 b
cell hybridization(細胞雑種形成)　365 b
cell junction(細胞結合)　364 b
cell line(細胞系)　364 a
cell lineage(細胞系譜)　364 a
cell lineage gene(細胞系譜遺伝子)　364 b
cell-matrix adhesion junction(細胞-マトリックス接着結合)　377 a
cell-matrix interaction(細胞-マトリックス相互作用)　377 a

cell-matrix junction(細胞-マトリックス結合)　377 a
cell-mediated immunity(細胞性免疫)　370 b
cell membrane(細胞膜)　376 a
cell-membrane receptor(細胞膜受容体)　376 b
cell microarray(細胞マイクロアレイ)　375 b
cell migration(細胞移動)　362 a
cell motility(細胞運動)　362 a
cell movement(細胞運動)　362 a
cell nucleus(細胞核)　363 a
cell plate(細胞板)　373 a
cell polarity(細胞極性)　364 a
cell proliferation(細胞増殖)　372 a
cell rheology(細胞レオロジー)　377 b
cell sap(細胞液)　830 b
cell size control(細胞径制御)　370 b
cell sorter(セルソーター)　512 a
cell specificity(細胞特異性)　372 a
cell strain(細胞株)　363 a
cell-stroma adhesion(細胞-基質接着)　364 a
cell-surface antigen(細胞表面抗原)　373 b
cell-surface glycoprotein(細胞表面糖タンパク質)　373 b
cell-surface protein(細胞表面タンパク質)　373 b
cell synchronization(細胞周期同調法)　369 a
cell theory(細胞説)　371 a
cell transplantation(細胞移植)　361 b
cellubrevin(セルブレビン)　512 b
cellular blastoderm(細胞性胞胚)　370 b
cellular immunity(細胞性免疫)　370 b
cellular life span(細胞寿命)　369 b
cellular oncogene(細胞性がん遺伝子)　370 b
cellular retinoic acid-binding protein(細胞質レチノイン酸結合タンパク質)　367 b
cellular retinol-binding protein(細胞質レチノール結合タンパク質)　368 b
cellular senescence(細胞老化)　377 b
cellular slime mold(細胞性粘菌)　370 b
cellulose(セルロース)　512 b
cellulose acetate electrophoresis(セルロースアセテート膜電気泳動)　974 a
cellulose synthase(セルロースシンターゼ)　512 b
cell wall(細胞壁)　375 a
cell wall glycan(細胞壁グリカン)　375 a
cell wall polysaccharide(細胞壁多糖)　375 a
cell wall protein(細胞壁タンパク質)　375 b
CEN-containing plasmid(CEN 含有プラスミド)　515 b
CENP=centromere protein(セントロメアタンパク質)　392 b
centimorgan(センチモルガン)　522 b
central axis(中軸)　567 a
central corpuscle(中心小体)　567 a
central dogma(セントラルドグマ)　522 b
central element(セントラルエレメント)　428 b
central lymphoid organ(中枢リンパ器官)　568 a
central lymphoid tissue(organ)(中枢リンパ組織)　568 a
central nervous system(中枢神経系)　567 b
central vacuolar system(中央空胞系)　566 a
centriole(中心粒)　567 b
centrocytic lymphoma(中心細胞性リンパ腫)　567 a
centromere(動原体)　624 b
centromere protein(セントロメアタンパク質)　523 a
centrosome(中心体)　567 a
centrosome matrix(中心体マトリックス)　567 a
cephalic neural crests(頭部神経冠細胞)　462 a
cephalosporinase(セファロスポリナーゼ)　812 a
cephem(セフェム)　813 a
ceramidase(セラミダーゼ)　510 a
ceramide(セラミド)　510 b

ceramide kinase(セラミドキナーゼ)　510 b
cerberus(サーベラス)　384 a
cerebellar ataxia(小脳性運動失調)　452 b
cerebellar Purkinje cell(小脳プルキンエ細胞)　453 a
cerebellum(小脳)　452 b
cerebral cortex(大脳皮質)　543 a
cerebroside(セレブロシド)　513 b
cerebrospinal fluid(脳脊髄液)　676 b
cerebrum(大脳)　543 a
CERK=ceramide kinase(セラミドキナーゼ)　392 b
ceruloplasmin(セルロプラスミン)　512 b
cervical cancer(子宮頸がん)　401 a
cervical carcinoma(子宮頸がん)　401 a
cesium chloride density-gradient centrifugation(塩化セシウム密度勾配遠心分離法)　161 a
cetyltrimethylammonium bromide(セチルトリメチルアンモニウムブロミド)　505 a
CF=cleavage factor(切断因子)　396 b
CF=cystic fibrosis(囊胞性線維症)　396 a
CFC=colony forming cell(コロニー形成細胞)　396 b
CFLAR　29 b
CFP=cyan fluorescent protein(シアン蛍光タンパク質)　396 b
CFTR=cystic fibrosis transmembrane conductance regulator(囊胞性線維症膜貫通調節タンパク質)　396 b
CFU=colony forming unit(コロニー形成単位)　396 b
CFU-Blast=blast colony forming unit(芽球コロニー形成単位)　396 b
CFU-E=erythroid colony forming unit(赤芽球コロニー形成単位)　396 b
CFU-Eo=eosinophil colony forming unit(好酸球コロニー形成単位)　396 b
CFU-G=granulocyte colony forming unit(顆粒球コロニー形成単位)　396 b
CFU-GEMM=granulocyte-erythrocyte-macrophage-megakaryocyte colony forming unit　396 b
CFU-GM=granulocyte-macrophage colony forming unit(顆粒球-マクロファージコロニー形成単位)　396 b
CFU-M=macrophage colony forming unit(マクロファージコロニー形成単位)　396 b
CFU-Meg=megakaryocyte colony forming unit(巨核球コロニー形成単位)　396 b
CFU-Mix=mixed colony forming unit(混合コロニー形成単位)　396 b
CFU-S=spleen colony forming unit(脾コロニー形成単位)　396 b
CG=chorionic gonadotropin(絨毛性性腺刺激ホルモン)　408 b
C3G=Crk SH3-binding guanine nucleotide exchange protein(Crk SH3 結合グアニンヌクレオチド交換因子)　408 a
CgA=chromogranin A(クロモグラニン A)　408 b
C gene(C 遺伝子)　392 b
CG island(CG 島)　410 b
C6 glioma cell(C6 グリオーマ細胞)　459 b
cGMP=cyclic guanosine 3',5'-monophosphate(サイクリックグアノシン 3',5'--リン酸)　409 a
CGN=cis Golgi network(シスゴルジ網)　409 a
CGP20712A　810 a
CGRP=calcitonin gene-related peptide(カルシトニン遺伝子関連ペプチド)　408 b
chain-termination method(チェーンターミネーション法)　562 a
chalcone synthase(カルコンシンターゼ)　210 b
chalone(カローン)　218 a
channel(チャネル)
——, anion(陰イオンチャネル)　92 a
——, BK(BK チャネル)　715 a

# 欧文索引　1071

channel(つづき)
——, Ca$^{2+}$(Ca$^{2+}$ チャネル)　394 b
——, calcium(カルシウムチャネル)　212 b
——, calcium-activated chloride ion(カルシウム依存性塩素イオンチャネル)　211 a
——, calcium-activated potassium(カルシウム依存性カリウムチャネル)　211 a
——, calcium-dependent chloride ion(カルシウム依存性塩素イオンチャネル)　211 a
——, calcium-dependent potassium(カルシウム依存性カリウムチャネル)　211 a
——, calcium ion(カルシウムイオンチャネル)　211 a
——, cation(陽イオンチャネル)　919 a
——, chloride ion(塩素イオンチャネル)　163 a
——, Cl$^-$(Cl$^-$ チャネル)　397 b
——, cyclic nucleotide-dependent(環状ヌクレオチド作動性チャネル)　224 b
——, delayed potassium(遅延性カリウムチャネル)　561 b
——, delayed rectifier potassium(遅延整流性カリウムチャネル)　562 a
——, glutamate receptor(グルタミン酸受容体チャネル)　276 b
——, G protein-coupled potassium(G タンパク質共役型カリウムチャネル)　415 a
——, ion(イオンチャネル)　63 b
——, K$^+$(K$^+$ チャネル)　290 a
——, leak(漏えいチャネル)　973 a
——, ligand-gated ion(リガンド依存性イオンチャネル)　938 a
——, L type calcium(L 型カルシウムチャネル)　159 a
——, Maxi-K(Maxi-K チャネル)　862 b
——, mechanosensitive(機械受容チャネル)　231 a
——, Na$^+$(Na$^+$ チャネル)　140 b
——, potassium(カリウムチャネル)　208 b
——, potassium ion(カリウムイオンチャネル)　208 b
——, Shaker-type K$^+$(シェーカー型カリウムチャネル)　393 b
——, sodium(ナトリウムチャネル)　650 a
——, sodium ion(ナトリウムイオンチャネル)　649 a
——, voltage-dependent(電位依存性チャネル)　611 b
——, voltage-dependent anion-selected(電位依存性陰イオンチャネル)　611 b
——, voltage-dependent calcium(電位依存性カルシウムチャネル)　611 b
——, voltage-dependent potassium(電位依存性カリウムチャネル)　611 b
——, voltage-dependent sodium(電位依存性ナトリウムチャネル)　611 b
——, voltage-gated(電位依存性チャネル)　611 b
——, water(水チャネル)　878 b
channel blocker(チャネルブロッカー)　467 b
channel-linked receptor(チャネル型受容体)　565 a
chaotropic agent(カオトロピック試薬)　186 a
chaperone(シャペロン)　436 a
chaperone-mediated autophagy(シャペロン介在性オートファジー)　436 b
chaperonin(シャペロニン)　436 b
characteristic X-rays(特性 X 線)　630 b
charas(チャラス)　566 b
Charcot-Marie-Tooth disease(シャルコー・マリー・トゥース病)　436 b
Chargaff's rule(シャルガフの法則)　436 b
charge coupled devise　410 a
Charon phage(シャロンファージ)　437 a
charybdotoxin(カリブドトキシン)　211 a
C3HC4 type zinc-finger(C3HC4 型ジンクフィンガー)　414 a

checkpoint kinase(チェックポイントキナーゼ)　561 a
Chédiak-Higashi syndrome(チェディアック・東症候群)　561 a
che gene(che 遺伝子)　395 b
CHEK2(CHEK2)　561 a
chelating reagent(キレート試薬)　253 a
chelation(キレート化)　253 a
chelator(キレート剤)　253 a
chemical bond(化学結合)　186 b
chemical crosslinking(化学架橋)　186 b
chemical ionization(化学イオン化法)　418 a
chemically defined medium(既知組成培地)　233 b
chemical mutagen(化学的変異原)　187 b
chemical shift(化学シフト)　187 a
chemical synapse(化学シナプス)　186 b
chemiluminescence(化学発光)　187 b
chemiosmotic coupling(化学浸透共役)　187 b
chemoattractant(誘引物質)　911 a
chemoautotroph(化学合成無機栄養生物)　186 b
chemoautotrophy(化学合成独立栄養)　186 b
chemoceptor(化学受容器)　187 b
chemokine(ケモカイン)　303 b
chemokine receptor(ケモカイン受容体)　303 b
chemoreceptor(化学受容器)　187 b
chemorepellent(忌避物質)　236 b
chemostat(恒成分培養槽)　326 a
chemotaxis(走化性)　525 a
chemotherapy(化学療法)　188 a
chiasma(キアズマ)　230 a
chiasmata(キアズマ)　230 a
chick embryo(ニワトリ胚)　665 a
chicken embryo fibroblast(ニワトリ胚繊維芽細胞)　665 a
chicken leukosis/sarcoma virus(トリ白血病・肉腫ウイルス)　641 a
chicken ovalbumin upstream promoter(ニワトリオボアルブミン遺伝子上流プロモーター)　177 b
chicken red(イオドプシン)　62 b
child hyperuricemia(小児高尿酸血症)　452 b
chimaera(キメラ)　237 b
chimera(キメラ)　237 b
chimera clone(キメラクローン)　334 a
chimera mouse(キメラマウス)　238 a
chimeric antibody(キメラ抗体)　237 b
chimeric protein(キメラタンパク質)　237 b
Chinese hamster ovary cell(チャイニーズハムスター卵巣細胞)　565 a
chip(チップ)　564 a
ChIP ＝ chromatin immunoprecipitation(クロマチン免疫沈降)　564 a
CHIP ＝ C-terminus of Hsc-70-interacting protein　454 b
ChIP-chip method(ChIP-chip 法)　281 b
chiral carbon(キラル炭素)　252 a
chirality(キラリティー)　313 b
chiral molecule(キラル分子)　313 b
chi sequence($\chi$ 配列)　185 b
chi-square test($\chi^2$ 検定)　183 a
chitin(キチン)　233 b
chitinase(キチナーゼ)　233 b
chitosan(キトサン)　234 b
CHK1, 2(CHK1, 2)　561 a
Chlamydomonas reinhardii(コナミドリムシ)　344 a
chloral hydrate(抱水クロラール)　835 a
chloramphenicol(クロラムフェニコール)　283 a
chloramphenicol acetyltransferase(クロラムフェニコールアセチルトランスフェラーゼ)　283 a
Chlorazol blue 3B　641 a
chloride conductance(塩素イオンコンダクタンス)　163 a

chloride ion channel(塩素イオンチャネル) 163a
chloride transport(塩素輸送) 163b
chlorobacteria(緑色硫黄(細)菌) 954a
chlorobiocin(クロロビオシン) 652b
$p$-chloromercuribenzoic acid($p$-クロロメルクリ安息香酸) 284a
chloromycetin(クロロマイセチン) 284a
chlorophyll(クロロフィル) 283a
chlorophyll-binding protein(クロロフィル結合タンパク質) 283b
chloroplast(葉緑体) 922b
chloroplast DNA(葉緑体 DNA) 923a
chloroplast genome(葉緑体ゲノム) 923a
chloroplast protease(葉緑体プロテアーゼ) 923b
chloroplast protein(葉緑体タンパク質) 923a
chloroplast ribosome(葉緑体リボソーム) 923b
chloroplast RNA(葉緑体 RNA) 922b
chloroplast transit peptide(葉緑体移行シグナル) 923a
$N$-(2-chloro-4-pyridyl)-$N'$-phenylurea($N$-(2-クロロ-4-ピリジル)-$N'$-フェニル尿素) 359b
chloroquine(クロロキン) 335b
chlorosome(クロロソーム) 954a
chlorpromazin(クロールプロマジン) 283a
ChM-I = chondromodulin-I(コンドロモジュリン I) 652b
CHO cell(CHO 細胞) 395b
cholecalciferol(コレカルシフェロール) 348b
cholecystokinin(コレシストキニン) 348b
cholera toxin(コレラ毒素) 349a
cholesterol(コレステロール) 348b
cholesterol ester storage disease(コレステロールエステル蓄積症) 349a
cholesterol synthesis inhibitor(コレステロール合成阻害剤) 349a
choline(コリン) 346b
choline acetylase(コリンアセチラーゼ) 346b
choline $O$-acetyltransferase(コリン $O$-アセチルトランスフェラーゼ) 346b
cholinergic differentiation factor(コリン作動性分化因子) 347a
cholinergic neuron(コリン作動性ニューロン) 347a
cholinergic synapse(コリン作動性シナプス) 347a
chondriosome(コンドリオソーム) 352b
chondroclast(破軟骨細胞) 698b
chondrocyte(軟骨細胞) 652b
cartilage cell(軟骨細胞) 652b
chondrodysplasia punctata(点状軟骨異形成症) 621a
chondrodystrophy(軟骨異形成症) 652b
chondrogenesis(軟骨形成) 652b
chondroitin sulfate(コンドロイチン硫酸) 352a
chondroitin sulfate proteoglycan(コンドロイチン硫酸プロテオグリカン) 352b
chondromodulin-I(コンドロモジュリン I) 652b
chondromucoprotein(コンドロムコタンパク質) 352b
chondron(コンドロン) 652b
chorioallantoic membrane(漿尿膜) 452b
choriocarcinoma(絨毛がん) 440a
chorioepithelioma(絨毛上皮腫) 440b
choriogonadotropin(コリオゴナドトロピン) 346b
chorion(漿膜) 454b
chorion(卵膜) 935b
chorion gene(コリオン遺伝子) 346b
chorionic gonadotropin(絨毛性性腺刺激ホルモン) 440b
chorionic villi(絨毛膜絨毛) 440b
choroid fissure(眼裂) 229b
Chou-Fasman method(チョウ・ファスマン法) 571b
Christmas factor(クリスマス因子) 271a
Christmas tree-like formation(クリスマスツリー様構造) 271b

chromaffin cell(クロマフィン細胞) 282b
chromatid(染色分体) 519b
chromatin(クロマチン) 280b
chromatin assembly factor-1(クロマチンアッセンブリー因子1) 281b
chromatin immuno precipitation(クロマチン免疫沈降) 281a
chromatin remodeling(クロマチンリモデリング) 281b
chromatin remodeling complex(クロマチンリモデリング複合体) 281b
chromatography(クロマトグラフィー) 282a
—— , affinity(アフィニティークロマトグラフィー) 26a
—— , column(カラムクロマトグラフィー) 208a
—— , high-performance liquid(高性能液体クロマトグラフィー) 325b
—— , high-speed liquid(高速液体クロマトグラフィー) 328b
—— , hydrophobic(疎水性クロマトグラフィー) 533b
—— , ion exchange(イオン交換クロマトグラフィー) 63a
—— , partition(分配クロマトグラフィー) 804b
—— , reversed phase(逆相クロマトグラフィー) 238a
—— , thin layer(薄層クロマトグラフィー) 688b
chromatophore(クロマトホア) 282b
chromatophore(色素胞) 401a
chromocenter(染色中心) 519a
chromodomain(クロモドメイン) 282b
chromogranin A(クロモグラニン A) 282b
chromomere(染色小粒) 517b
chromonema(染色糸) 517b
chromonemata(染色糸) 517b
chromophilic substance(好色素性物質) 657b
chromophore-assisted laser inactivation(レーザー分子不活性化法) 962a
chromoplast(有色体) 912b
chromoplastid(有色体) 912b
chromosomal aberration(染色体異常) 517b
chromosomal passenger protein(染色体パッセンジャータンパク質) 518b
chromosomal position effect(染色体位置効果) 517b
chromosomal rearrangement(染色体再編成) 518a
chromosomal $vir$ genes($chv$ 遺伝子群) 10b
chromosome(染色体) 517a
—— , acrocentric(端部動原体染色体) 560b
—— , bacterial(細菌染色体) 354b
—— , bivalent(二価染色体) 654a
—— , $Escherichia$ $coli$(大腸菌染色体) 542a
—— , giant(巨大染色体) 252a
—— , homologous(相同染色体) 529b
—— , lampbrush(ランプブラシ染色体) 935b
—— , marker(標識染色体) 742a
—— , metacentric(中部動原体染色体) 569a
—— , metaphase(中期染色体) 566b
—— , $Ph^1$($Ph^1$ 染色体) 709b
—— , Philadelphia(フィラデルフィア染色体) 758b
—— , polytene(多糸染色体) 547b
—— , salivary(gland)(唾腺染色体) 548a
—— , sex(性染色体) 497b
—— , submetacentric(次中部動原体染色体) 417a
—— , telocentric(末端動原体染色体) 869b
—— , X(X 染色体) 129b
—— , Y(Y 染色体) 978a
chromosome abnormality(染色体異常) 517b
chromosome band(染色体バンド) 518b
chromosome breakage sequence(染色体切断配列) 518a
chromosome condensation(染色体凝縮) 517b
chromosome decondensation(染色体脱凝縮) 518a
chromosome disjunction(染色体分離) 519a

chromosome fragmentation(染色体断片化) 518a
chromosome instability(染色体不安定性) 302b
chromosome instability(染色体不安定性) 518b
chromosome map(染色体地図) 518b
chromosome mapping(染色体マッピング) 519a
chromosome number(染色体数) 518a
chromosome panel(染色体パネル) 518b
chromosome partitioning(染色体分配) 519a
chromosome puff(染色体パフ) 518b
chromosome segregation(染色体分離) 519a
chromosome separation(染色体分配) 519a
chromosome tetrad(四分染色体) 432b
chromosome walking(染色体歩行) 519a
chronic granulomatous disease(慢性肉芽腫症) 871b
chronic leukemia(慢性白血病) 871b
chronic lymphocytic leukemia(慢性リンパ性白血病) 871b
chronic myelocytic leukemia(慢性骨髄性白血病) 871b
chronic primary adrenocortical insufficiency(慢性原発性副腎皮質不全症) 871b
ChTX＝charybdotoxin(カリブドトキシン) 211a
chylomicron(キロミクロン) 253a
chymostatin(キモスタチン) 238a
chymotrypsin(キモトリプシン) 238a
chymotrypsinogen(キモトリプシノーゲン) 238a
CI＝chemical ionization(化学イオン化法) 418a
ciclosporin(シクロスポリン) 404b
CICR＝$Ca^{2+}$-induced $Ca^{2+}$ release channel($Ca^{2+}$ 誘導性 $Ca^{2+}$ 出チャネル) 937a
Ciechanover, Aaron(チカノバー) 563b
CIg＝cold insoluble globulin(寒冷不溶性グロブリン) 390a
cilia(繊毛) 524a
ciliary ganglion(毛様体神経節) 463a
ciliary neurotrophic factor(毛様体神経栄養因子) 347a
ciliate(繊毛虫) 524b
ciliated epithelium(繊毛上皮) 453a
Ciliophora(繊毛虫類) 308b
cilium(繊毛) 524a
CIN＝chromosome instability(染色体不安定性) 390b
C1 inactivator(C1 不活性化因子) 845b
cingulin(チングリン) 880a
C1 inhibitor(C1 インヒビター) 392b
CIP＝calf intestine alkaline phosphatase(仔ウシ腸アルカリホスファターゼ) 45a
Cip1 736a
circadian rhythm(サーカディアンリズム) 379b
circular dichroism(円二色性) 165a
circular DNA(環状 DNA) 224a
circular DNA virus(環状 DNA ウイルス) 224b
cis-dominance(シス優性) 414a
cis element(シスエレメント) 412a
cis Golgi network(シスゴルジ網) 412a
cis Golgi reticulum(シスゴルジ網様体) 412a
cisplatin(シスプラチン) 414a
cis splicing(シススプライシング) 412a
cisterna(システルナ) 413a
cis-trans position effect(シス-トランス位置効果) 413b
cis-trans test(シストランステスト) 413b
cistron(シストロン) 413b
citric acid cycle(クエン酸回路) 260b
citrin(シトリン) 426b
Citrine 168a
citrullinemia(シトルリン血症) 426b
citrullinuria(シトルリン尿症) 426b
CJD＝Creutzfeldt-Jacob disease(クロイツフェルト・ヤコブ病) 408b
c-Jun N-terminal kinase(Jun-N 末端キナーゼ) 449a

CKI＝CDK inhibitor(CDK インヒビター) 405a
C kinase(C キナーゼ) 401a
CL316243 810a
clade(クレード) 278a
clamp formation(かすがい形成) 255a
CLAN 200a
CLARP 29b
class(綱) 311b
classⅡ-associated invariant chain peptide(クラスⅡ分子関連インバリアント鎖ペプチド) 264b
classical conditioning(古典的条件付け) 342b
classical pathway(古典経路(補体活性化の)) 342b
class switching(クラススイッチ) 264a
class switch recombination(クラススイッチ組換え) 264b
clathrin(クラスリン) 265b
clathrin-coated pit(クラスリン被覆小孔) 265a
clathrin-coated vesicle(クラスリン被覆小胞) 265b
Claude, Albert(クロード) 279a
clawed toad(アフリカツメガエル) 28a
Cl⁻ channel(Cl⁻ チャネル) 397b
cleavage(卵割) 933a
cleavage division(卵割) 933a
cleavage furrow(分裂溝) 805a
cleavage/polyadenylation complex(切断/ポリアデニル酸化複合体) 507b
cleavage/polyadenylation specificity factor(切断/ポリアデニル酸化特異性因子) 507b
cleavage stimulatory factor(切断促進因子) 507b
cleft(クレフト) 328a
cleft lip(口唇裂) 325a
cleft palate(口蓋裂) 313a
clenbuterol(クレンブテロール) 810a
CLFM＝confocal laser fluorescence microscope(共焦点レーザー蛍光顕微鏡) 247b
CLIP＝classⅡ-associated invariant chain peptide(クラスⅡ分子関連インバリアント鎖ペプチド) 272b
CLIP＝corticotropin-like intermediate lobe peptide(ACTH 様中葉ペプチド) 397b
CLK1＝Cdc-like kinase 1 511b
CLL＝chronic lymphocytic leukemia(慢性リンパ性白血病) 397b
CLM＝confocal laser microscope(共焦点レーザー顕微鏡) 397b
Clock 630b
clock gene(時計遺伝子) 630b
clonal aging(クローン加齢) 284b
clonal anergy(クローン麻痺) 285a
clonal deletion(クローン除去) 284a
clonal election theory(クローン選択説) 284b
clonal selection theory(クローン選択説) 284b
clone(クローン) 284b
cloned animal(クローン動物) 284b
cloned creature(クローン生物) 284a
clone mapping(クローンマッピング) 284b
cloning(クローニング) 279b
——, cDNA(cDNA クローニング) 418b
——, complementation(機能相補クローニング) 236a
——, expression(発現クローニング) 696b
——, gene(遺伝子クローニング) 77b
——, genomic(ゲノムクローニング) 301b
——, genomic binding-site(ゲノム結合部位クローニング法) 301b
——, homology(相同性クローニング) 529b
——, interaction(相互作用クローニング) 527a
——, phenotype(発現クローニング) 696b
——, positional(ポジショナルクローニング) 837a

cloning（つづき）
———, positional candidate（ポジショナルキャンディデート
　　　　クローニング） 837 a
cloning vector（クローニングベクター） 280 a
clorgiline（クロルジリン） 907 b
closed circular DNA（閉環状 DNA） 808 a
closed promoter complex（クローズドプロモーター複合体）
　　　　279 b
cloverleaf structure（クローバー葉構造） 280 a
CLSM＝confocal laser scanning microscope（共焦点レーザー走
　　　　査顕微鏡） 247 b
clustering（クラスタリング） 264 b
cmc＝critical micellar concentration（臨界ミセル濃度） 397 a
c-*met* 435 a
CMP＝cytidine monophosphate（シチジン一リン酸） 397 a
c-*mpl* gene（c-*mpl* 遺伝子） 397 a
CMTS＝microbodies C-terminal targeting signal（ミクロボディ
　　　　C 末端標的シグナル） 397 a
CMV＝*Cucumber mosaic virus*（キュウリモザイクウイルス）
　　　　397 a
CMV＝cytomegalovirus（サイトメガロウイルス） 397 a
Cnidaria（有刺胞類） 331 a
cNOS＝constitutive NO synthase（構成型 NO シンターゼ）
　　　　429 b
CNP＝C-type natriuretic peptide（C 型ナトリウム利尿ペプチ
　　　　ド） 651 a
CNP＝2′,3′-cyclic nucleotide 3′-phosphodiesterase（2′,3′-サイ
　　　　クリックヌクレオチド 3′-ホスホジエステラーゼ） 179 a
CNTF＝ciliary neurotrophic factor（毛様体神経栄養因子）
　　　　347 a
CoA＝coenzyme A（補酵素 A） 335 b
coactivator（コアクチベーター） 311 a
coagulase（コアグラーゼ） 168 b
coalescence analysis（合祖解析） 327 a
coalescence time（合祖時間） 328 b
Co-ARIS 521 a
coat（外被） 185 b
coated pit（被覆小孔） 738 a
coated vesicle（被覆小胞） 738 a
coatomer（コートマー） 343 a
coat protein（コートタンパク質） 343 a
cobalamin（コバラミン） 344 b
cocaine（コカイン） 336 a
cochlear duct（蝸牛管） 188 b
Cockayne's syndrome（コケイン症候群） 336 b
cockroach（ゴキブリ） 336 a
coding region（コード領域） 343 a
coding RNA（コード RNA） 343 a
coding SNP 70 b
coding strand（コード鎖） 343 a
codominant（共優性） 249 b
codon（コドン） 343 a
codon-anticodon pairing（コドン-アンチコドン対形成） 343 b
codon frequency（コドン出現頻度） 343 a
codon usage（コドン使用頻度） 344 a
coelenterate（腔腸動物） 331 a
coelenteron（腔腸） 331 a
coenocyte（多核体） 546 a
coenzyme（補酵素） 836 a
coenzyme A（補酵素 A） 836 b
coenzyme M（補酵素 M） 836 b
coenzyme Q（補酵素 Q） 836 b
coenzyme R（補酵素 R） 836 b
coevolution（共進化） 247 b
cofilin（コフィリン） 345 a
Cohen, Stanley（コーエン） 336 a

cohesin（コヒーシン） 344 b
cohesive end（付着末端） 770 b
coiled coil（コイルドコイル） 311 a
coisogenic（コアイソジェニック） 311 a
colcemid（コルセミド） 348 a
colchicine（コルヒチン） 348 b
cold agglutinin（寒冷凝集素） 229 a
cold inducible gene（低温誘導遺伝子） 594 b
cold insoluble globulin（寒冷不溶性グロブリン） 229 a
cold sensitive mutation（低温感受性突然変異） 593 b
cold shock protein（低温ショックタンパク質） 593 b
cold stress（低温ストレス） 594 a
colicin（コリシン） 346 b
colicin factor（コリシン因子） 346 b
collagen（コラーゲン） 345 b
collagenase（コラゲナーゼ） 345 b
collagenase inhibitor（コラゲナーゼインヒビター） 345 b
collagen disease（膠原病） 318 a
collagen fibril（コラーゲン原線維） 346 a
collagen helix（コラーゲンヘリックス） 346 a
collagen invasion assay（コラーゲン侵入アッセイ） 346 a
collagenous fiber（膠原繊維） 317 b
collagen-vascular disease（膠原血管病） 318 a
collapsin（コラプシン） 346 a
collenchyma（厚角組織） 314 a
colloid（コロイド） 349 a
colloidal gold（金コロイド） 254 b
cominic acid（コロミン酸） 350 b
colon cancer（大腸がん） 541 b
colonial clone（コロニー性クローン） 350 a
colony（コロニー） 349 b
colony forming cell（コロニー形成細胞） 349 b
colony forming unit（コロニー形成単位） 349 b
colony forming unit in spleen（脾コロニー形成単位） 717 a
colony hybridization（コロニーハイブリダイゼーション）
　　　　350 b
colony-stimulating factor（コロニー刺激因子） 350 a
colony-stimulating factor-1（コロニー刺激因子 1） 350 a
colony-stimulating factor receptor（コロニー刺激因子受容体）
　　　　350 a
colorectal carcinoma（結腸直腸がん） 299 b
columella cell（コルメラ細胞） 348 b
column（コラム） 346 a
columnar epithelium（柱状上皮） 453 a
column chromatography（カラムクロマトグラフィー） 208 a
commensalism（片利共生） 829 b
commitment（拘束（細胞分化における）） 328 a
committed stem cell（前駆細胞） 516 a
common leukocyte antigen（白血球共通抗原） 694 b
common-mediator Smad（共有型 Smad） 249 b
common pili（普通線毛） 524 a
comovirus（コモウイルス） 757 a
compactin（コンパクチン） 352 b
compaction（コンパクション） 352 b
companion cell（伴細胞） 703 b
comparative genomics（比較ゲノミクス） 711 b
compartment（コンパートメント） 352 a
compartment of uncoupling of receptor and ligand 437 a
compatible osmolyte（適合浸透圧調節物質） 603 b
compatible solute（適合溶質） 603 b
competent cell（コンピテント細胞） 352 b
competitive binding assay（競合的結合測定法） 834 b
competitive EIA（競合 EIA） 329 a
competitive hybridization（競合ハイブリダイゼーション）247 a
competitive inhibition（競合阻害） 247 a
complement（補体） 844 b

complementary base pairing(相補的塩基対形成) **530**b
complementary-determining region(相補性決定領域) **530**b
complementary DNA(相補的 DNA) **531**a
complementary gene(補足遺伝子) **844**a
complementary structure(相補的構造) **530**a
complementation(相補性) **530**b
complementation cloning(機能相補クローニング) **236**a
complementation group(相補グループ) **530**a
complementation test(相補性テスト) **530**b
complement-dependent cytotoxicity(補体依存性細胞傷害) **942**a
complement fixation(補体結合反応) **845**a
complement fixation test(補体結合試験) **845**b
complement receptor 2(補体受容体 2) **845**b
complete antigen(完全抗原) **225**a
complexin/synaphin(コンプレキシン/シナーフィン) **352**b
complex type glycoprotein(複合型糖鎖) **626**b
composite transposon(複合トランスポゾン) **765**b
compound eye(複眼) **764**a
compound heterozygote(複合ヘテロ接合体) **597**a
compound microscope(複合顕微鏡) **764**b
compression(圧縮) **398**a
compression wood(圧縮あて材) **826**a
computed tomography(CT スキャン) **557**b
ConA=concanavalin A(コンカナバリン A) **397**b
c-onc=cellular oncogene(細胞性がん遺伝子) **397**a
concanavalin A(コンカナバリン A) **350**a
concatemer(コンカテマー) **350**b
concentration gradient of protons($H^+$の濃度勾配) **709**a
concerted evolution(協調進化) **248**a
concerted model(一斉対称モデル) **73**a
condensation(縮合) **441**b
condensin(コンデンシン) **352**a
condensing vacuole(濃縮液胞) **676**b
conditional gene targeting(条件遺伝子ターゲッティング法) **450**a
conditional lethal mutant(条件致死突然変異株) **451**a
conditional mutant(条件突然変異株) **451**a
conditioned reflex(条件反射) **451**b
conditioned stimulus(条件刺激) **451**a
conditioning(条件付け) **451**a
conductance(コンダクタンス) **351**b
cone cell(錐体細胞) **475**b
cone photoreceptor cell(錐体視細胞) **476**a
cone pigment(錐体色素) **476**a
configuration(立体配置) **68**b
confocal laser fluorescence microscope(共焦点レーザー蛍光顕微鏡) **247**b
confocal laser microscope(共焦点レーザー顕微鏡) **247**b
confocal laser scanning microscope(共焦点レーザー走査顕微鏡) **247**b
conformation(立体配座) **68**b
conformation disease(コンホメーション病) **352**b
conformer(立体配座異性体) **942**a
congenic strain(コンジェニック系統) **351**a
conglutinin(コングルチニン) **845**b
Congo blue 3B **641**a
conidium(分生子) **255**a
conjugated protein(複合タンパク質) **765**a
conjugation(接合) **506**a
conjugative pili(接合線毛) **506**b
conjugative plasmid(接合性プラスミド) **506**b
connectin(コネクチン) **344**a
connective tissue(結合組織) **295**a
connective tissue disease(結合組織病) **295**b
connective tissue sheath **930**b

connexin(コネキシン) **344**a
connexon(コネクソン) **344**a
conotoxin(コノトキシン) **344**b
Consed **351**a
consensus sequence(共通配列) **248**b
consensus sequence(コンセンサス配列) **351**b
conserved sequence(保存配列) **844**b
consomic strain(コンソミック系統) **351**a
constant field theory **495**b
constant region(定常領域) **598**a
constant region gene(定常領域遺伝子) **598**a
constitutional hematopoiesis(構成的造血) **525**a
constitutional isomer(構造異性体) **327**a
constitutive expression(構成的発現) **325**b
constitutive heterochromatin(構成的ヘテロクロマチン) **325**b
constitutive mutant(構成的突然変異株) **325**b
constitutive NO synthase(構成型 NO シンターゼ) **325**a
constitutive secretion(構成性分泌) **325**a
constitutive secretory pathway(構成性分泌経路) **325**a
constitutive synthesis(構成的合成) **325**b
contact guidance(接触誘導) **507**a
contact inhibition(接触阻止) **507**a
contact inhibition of cell(細胞接触阻止) **371**a
contact inhibition of cell division(細胞増殖の接触阻止) **507**a
contact inhibition of cell movement(細胞運動の接触阻止) **507**a
contig(コンティグ) **351**b
contiguous gene disorder(隣接遺伝子症候群) **957**a
contiguous gene syndrome(隣接遺伝子症候群) **957**a
continuous culture(連続培養) **969**a
continuous X-rays(連続 X 線) **969**b
contractile cell(収縮性細胞) **438**b
contractile ring(収縮環) **438**b
controlling cell death operon(細胞死制御オペロン) **365**b
control sequence(調節配列) **570**a
conventional protein kinase C(古典的プロテインキナーゼ C) **842**b
convergence(収束進化) **439**b
convergent evolution(収束進化) **439**b
convergent extension(集中的伸長) **439**b
convolution(コンボルーション) **605**a
Coomassie Brilliant Blue(クーマシーブリリアントブルー) **262**a
cooperative process(協同過程) **249**a
cooperativity(協同性) **249**a
coordinate bond(配位結合) **681**a
COP-coated vesicle(COP 被覆小胞) **341**b
copia element(コピア因子) **344**a
copolymer(コポリマー) **854**b
copper binding P-type ATPase protein(銅結合 P 型 ATP アーゼタンパク質) **106**a
copper storage disease(銅蓄積症) **627**b
copy choice(選択模写) **522**a
copying choice(選択模写) **522**a
copy number regulation(コピー数制御) **345**a
CoQ=coenzyme Q(補酵素 Q) **336**a
cordycepin(コルジセピン) **347**b
core enzyme(コア酵素(RNA ポリメラーゼの)) **311**a
core histone(コアヒストン) **311**a
corepressor(コリプレッサー) **346**b
core promoter(コアプロモーター) **311**a
Cori cycle(コリ回路) **346**b
Cori disease(コリ病) **346**b
corium(真皮) **474**b
cormus(茎葉体) **289**b
cornea(角膜) **196**a

*Coronaviridae*(コロナウイルス科) **349** b
corpora allata(アラタ体) **36** a
corpus(内体) **647** b
corpus allatum(アラタ体) **36** a
corpus cardiacum(側心体) **36** a
corpus luteum(黄体) **168** b
corpus luteum hormone(黄体ホルモン) **169** a
corpus pineale(松果体) **450** b
cortical bone(皮質骨) **339** b
cortical change of egg(卵表層変化) **935** b
cortical dementia(皮質性認知症) **665** b
cortical granule(表層顆粒) **742** a
cortical reaction(表層反応) **742** b
corticotropin-like intermediate lobe peptide(ACTH 様中葉ペプチド) **121** a
corticotropin-releasing factor(副腎皮質刺激ホルモン放出因子) **766** b
corticotropin-releasing hormone(副腎皮質刺激ホルモン放出ホルモン) **766** a
cortisol(コルチゾール) **348** a
COS-1 **337** b
COS-7 **337** b
COS cell(COS 細胞) **337** b
COS cell transfection system(COS 細胞導入系) **337** b
Co-Smad = common-mediator Smad(共有型 Smad) **397** a
cosmid library(コスミドライブラリー) **337** b
cosmid vector(コスミドベクター) **337** b
*cos* site(*cos* 部位) **337** b
costimulatory receptor(共刺激受容体) **247** a
costimulatory signal(共刺激) **247** a
cosuppression(共抑制) **249** b
COSY = correlation spectroscopy **397** b
Cot analysis(Cot 解析) **341** a
cothromboplastin(コトロンボプラスチン) **343** b
cotransport(共役輸送) **249** b
Cotton effect(コットン効果) **801** a
cotyledon(子葉) **456** b
coulomb(クーロン) **613** b
Coulomb's force(クーロン力) **285** b
coumarin(クマリン) **979** a
coumermycin-A₁(クーママイシン A₁) **652** b
countertransport(対向輸送) **538** a
coup = chicken ovalbumin upstream promoter(ニワトリオボアルブミン遺伝子上流プロモーター) **177** b
coupling constant(結合定数(NMR の)) **295** b
coupling factor(共役因子) **249** a
covalent bond(共有結合) **249** a
covering gene(被覆遺伝子) **738** a
coxsackievirus(コクサッキーウイルス) **336** b
CP = cryptopatch(クリプトパッチ) **430** a
C₃ pathway(C₃ 経路) **408** a
CpG island(CpG 島) **430** b
CpG sequence(CpG 配列) **430** b
cPKC = conventional protein kinase C(古典的プロテインキナーゼ C) **842** b
cPLA₂ = cytosolic phospholipase A₂(細胞質ホスホリパーゼ A₂) **430** a
C₃ plant(C₃ 植物) **408** a
C₄ plant(C₄ 植物) **458** a
C protein(C タンパク質) **414** b
CⅠ protein(CⅠタンパク質) **392** b
CⅡ protein(CⅡ タンパク質) **429** a
CPSF = cleavage/polyadenylation specificity factor(切断/ポリアデニル酸化特異的因子) **430** a
CPV = cytoplasmic polyhedrosis virus(細胞質多角体病ウイルス) **432** a

CRABP = cellular retinoic acid-binding protein(細胞質レチノイン酸結合タンパク質) **391** a
CRAF = CD40 receptor-associated factor(CD40 受容体結合因子) **265** b
cranial ganglion(脳神経節) **463** a
craniocaudal axis(頭尾軸) **628** a
crasulacean acid metabolism plant(ベンケイソウ型有機酸代謝植物) **825** b
CRBP = cellular retinol-binding protein(細胞質レチノール結合タンパク質) **392** a
CRD = carbohydrate recognition domain(糖鎖認識ドメイン) **577** b
CRE = cyclic AMP responsive element(サイクリック AMP 応答配列) **391** a
C-reactive protein(C 反応性タンパク質) **430** a
creatine kinase(クレアチンキナーゼ) **277** b
creatine phosphate(クレアチンリン酸) **278** a
creatine phosphokinase(クレアチンホスホキナーゼ) **278** a
CREB = CRE-binding protein(CRE 結合タンパク質) **278** b
CREB/ATF **278** b
CREB-binding protein(CREB 結合タンパク質) **278** b
CRE-binding protein(CRE 結合タンパク質) **391** a
C region(C 領域) **459** b
C9-related protein(C9 関連タンパク質) **401** a
Cre/loxP system(Cre/loxP システム) **279** a
Creutzfeldt-Jakob disease(クロイツフェルト・ヤコブ病) **279** b
CRF = corticotropinreleasing factor(副腎皮質刺激ホルモン放出因子) **391** a
CRH = corticotropin-releasing hormone(副腎皮質刺激ホルモン放出ホルモン) **391** a
Crick, Francis Harry Compton(クリック) **271** b
cri du chat syndrome(ネコ鳴き症候群) **671** a
crista(クリステ) **271** a
cristae(クリステ) **271** a
*Crithidia*(クリジジア) **270** a
critical concentration for polymerization(重合臨界濃度) **438** a
critical micellar concentration(臨界ミセル濃度) **955** a
*crk* gene(*crk* 遺伝子) **265** a
Crk SH3-binding guanine nucleotide exchange protein(Crk SH3 結合グアニンヌクレオチド交換因子) **265** b
CRLR = calcitonin receptor-like receptor(カルシトニン受容体様受容体) **24** b
CRM1 **120** a
Cro protein(Cro タンパク質) **279** b
cross-incompatibility(交雑不和合性) **321** a
crossing over(乗換え) **679** b
crossing over value(乗換え率) **679** b
crosslinking agent(架橋試薬) **188** b
crossover(乗換え) **679** b
cross-reacting material(交差反応物質) **321** a
cross-strand exchange(鎖間交換) **379** b
cross-talk(クロストーク) **402** b
crown gall tumor(クラウンゴール腫瘍) **264** a
CRP = cyclic AMP receptor protein(サイクリック AMP 受容タンパク質) **391** b
CRP = C-reactive protein(C 反応性タンパク質) **391** a
CRP55(カルレティキュリン) **454** a
CRTH2 **275** a
Crt value(Crt 値) **391** b
cruciform loop(十字形ループ) **438** a
crustcyanin(クラストシアニン) **944** a
*Cry1* **630** b
*Cry2* **630** b
cryo-electron microscope(極低温電子顕微鏡) **251** b
cryo-EM = cryo-electron microscope(極低温電子顕微鏡) **267** b

cryopyrin(クリオピリン)　200 a
cryospectrophotometry(低温分光法)　594 b
cryptopatch(クリプトパッチ)　272 a
crystallin(クリスタリン)　270 b
crystallization(結晶化)　296 b
crystal structure analysis(結晶構造解析)　296 b
CSF＝colony-stimulating factor(コロニー刺激因子)　394 b
CSF＝cytostatic factor(細胞分裂抑制因子)　394 b
CSF-1＝colony-stimulating factor-1(コロニー刺激因子-1)　394 b
Csk＝C-terminal Src kinase(C 末端 Src キナーゼ)　394 b
cs mutation(cs 突然変異)　394 b
cSNP＝coding SNP　394 b
CStF＝cleavage stimulatory factor(切断促進因子)　394 b
CTAB＝cetyltrimethylammonium bromide(セチルトリメチルアンモニウムブロミド)　419 a
CTD＝C-terminal domain　421 b
C-terminal Src kinase(C 末端 Src キナーゼ)　434 b
C-terminus of Hsc-70-interacting protein　454 b
CTFI＝CCAAT-binding transcripton factor 1(CCAAT 結合因子 1)　419 a
CTL＝cytotoxic T lymphocyte(細胞傷害性 T リンパ球)　419 a
CTLA-4＝cytolytic T lymphocyte associated antigen-4　422 b
cTP＝chloroplast transit peptide(葉緑体移行シグナル)　422 b
CTP＝cytidine 5′-triphosphate(シチジン 5′-三リン酸)　422 b
C-type natriuretic peptide(C 型ナトリウム利尿ペプチド)　651 a
C-type particle(C 型粒子)　399 b
cubical epithelium(立方上皮)　453 a
Cucumber mosaic virus(キュウリモザイクウイルス)　246 a
cultured dermis(培養真皮)　686 a
cultured epithelium(培養表皮)　686 a
cultured skin(培養皮膚)　686 a
Cunningham technique(カニンガム法)　920 b
curare(クラーレ)　267 a
curing(キュアリング)　243 a
CURL organelle(CURL オルガネラ)　437 b
curved DNA(湾曲 DNA)　979 b
Cushing's disease(クッシング病)　261 b
Cushing's syndrome(クッシング症候群)　261 b
cutaneous neurofibroma(皮膚神経線維腫)　466 b
cuticle(クチクラ)　261 a
cuticular layer(クチクラ層)　261 a
cuticular transpiration(クチクラ蒸散)　261 a
cutin(クチン)　261 a
C value(C 値)　416 a
C value paradox(C 値パラドックス)　417 a
CXC chemokine(CXC ケモカイン)　395 a
CX3C chemokine(CX3C ケモカイン)　395 a
CXC chemokine receptor(CXC ケモカイン受容体)　395 a
CX3C chemokine receptor(CX3C ケモカイン受容体)　395 b
CXCR＝CXC chemokine receptor(CXC ケモカイン受容体)　395 b
CX3CR1＝CX3C chemokine receptor 1　395 b
Cy3　459 b
Cy5　459 b
cyan fluorescent protein(シアン蛍光タンパク質)　392 a
cyanide in-sensitive oxidase(シアン耐性オキシダーゼ)　392 a
cyanobacteria(シアノバクテリア)　390 b
cyanocobalamin(シアノコバラミン)　390 b
cyanuric chloride(塩化シアヌル)　959 b
cybrid(細胞質雑種)　366 b
cycle sequencing(サイクルシークエンス法)　357 b
cyclic adenosine 3′,5′-monophosphate(サイクリックアデノシン 3′,5′―一リン酸)　354 b
cyclic AMP(サイクリック AMP)　355 a

cyclic AMP-dependent protein kinase(サイクリック AMP 依存性プロテインキナーゼ)　355 a
cyclic AMP inducible gene(サイクリック AMP 誘導性遺伝子)　356 b
cyclic AMP phosphodiesterase(サイクリック AMP ホスホジエステラーゼ)　356 b
cyclic AMP receptor protein(サイクリック AMP 受容タンパク質)　355 b
cyclic AMP regulation element(サイクリック AMP 制御因子)　356 a
cyclic AMP-responsive element(サイクリック AMP 応答配列)　355 b
cyclic GMP(サイクリック GMP)　356 b
cyclic GMP-dependent protein kinase(サイクリック GMP 依存性プロテインキナーゼ)　356 b
cyclic GMP phosphodiesterase(サイクリック GMP ホスホジエステラーゼ)　357 a
cyclic guanosine 3′,5′-monophosphate(サイクリックグアノシン 3′,5′―一リン酸)　356 b
cyclic nucleotide-dependent channel(環状ヌクレオチド作動性チャネル)　224 b
2′,3′-cyclic nucleotide 3′-phosphodiesterase(2′,3′-サイクリックヌクレオチド 3′-ホスホジエステラーゼ)　179 a
cyclic nucleotide phosphodiesterase(サイクリックヌクレオチドホスホジエステラーゼ)　357 a
cyclic photophosphorylation(循環光リン酸化反応)　450 a
cyclin(サイクリン)　357 b
cyclin-dependent kinase(サイクリン依存性キナーゼ)　357 b
cyclohexanehexol(シクロヘキサンヘキソール)　404 b
cycloheximide(シクロヘキシミド)　404 b
cyclohexitol(シクロヘキシトール)　404 b
cyclooxygenase(シクロオキシゲナーゼ)　404 b
cyclophilin(シクロフィリン)　404 b
cyclophosphamide(シクロホスファミド)　405 a
cyclosporin(シクロスポリン)　404 b
cyclosporin A(サイクロスポリン A)　358 a
Cyd＝cytidine(シチジン)　416 a
Cys＝cysteine(システイン)　412 b
Cys₂/His₂ finger(Cys₂/His₂ フィンガー)　414 a
cystatin(シスタチン)　412 b
cysteine(システイン)　412 b
cysteine protease(システインプロテアーゼ)　412 b
cysteine protease inhibitor(システインプロテアーゼインヒビター)　412 b
cysteine synthase(システインシンターゼ)　412 b
cystic embryoid body(嚢状胚様体)　676 b
cystic fibrosis(嚢胞性線維症)　677 a
cystic fibrosis transmembrane conductance regulator(嚢胞性線維症膜貫通調節タンパク質)　677 a
cystine(シスチン)　412 b
Cyt＝cytosine(シトシン)　426 a
cytidine(シチジン)　416 a
cytidine aminohydrolase(シチジンアミノヒドロラーゼ)　416 b
cytidine deaminase(シチジンデアミナーゼ)　416 b
cytidine 5′-diphosphate(シチジン 5′-二リン酸)　416 b
cytidine monophosphate(シチジン一リン酸)　416 b
cytidine 5′-phosphate(シチジン 5′-リン酸)　417 a
cytidine 5′-triphosphate(シチジン 5′-三リン酸)　416 b
cytidylic acid(シチジル酸)　416 a
cytochalasin B(サイトカラシン B)　360 a
cytochrome(シトクロム)　424 b
cytochrome $aa_3$(シトクロム $aa_3$)　425 a
cytochrome $c$ oxidase(シトクロム $c$ オキシダーゼ)　425 b
cytochrome oxidase(シトクロムオキシダーゼ)　425 b
cytochrome P450(シトクロム P450)　425 b
cytodifferentiation(細胞分化)　374 a

cytogenetic map（細胞遺伝（学的）地図） **361** b
cytogenetics（細胞遺伝学） **361** b
cytohistological zonation（細胞組織帯） **289** a
cytokeratin（サイトケラチン） **360** b
cytokine（サイトカイン） **359** b
cytokine receptor family（サイトカイン受容体ファミリー）
　　　　　　　　　　　　　　　　　　　　　　　　**360** a
cytokinesis（細胞質分裂） **367** a
cytokine therapy（サイトカイン療法） **360** b
cytokinin（サイトカイニン） **359** a
cytological map（細胞学的地図） **363** a
cytology（細胞学） **363** a
cytolysin（細胞溶解素） **377** b
cytotoxic T cell（細胞傷害性 T 細胞） **369** b
cytolytic T lymphocyte associated antigen-4　**422** b
cytomegalia（サイトメガリア） **824** b
cytomegalovirus（サイトメガロウイルス） **360** b
cytoplasm（細胞質） **365** b
cytoplasmic dynein（細胞質ダイニン） **367** a
cytoplasmic fission（細胞質分裂） **367** a
cytoplasmic hybrid（細胞質雑種） **366** a
cytoplasmic inheritance（細胞質遺伝） **366** a
cytoplasmic male sterility（細胞質雄性不稔） **367** b
cytoplasmic microtubule（細胞質微小管） **367** a
cytoplasmic polyhedrosis virus（細胞質多角体病ウイルス）
　　　　　　　　　　　　　　　　　　　　　　　　**367** a
cytoplasmic RNA（細胞質 RNA） **366** a
cytoplasmic splicing（細胞質スプライシング） **366** b
cytoplasmic streaming（細胞質流動） **367** b
cytoplast（細胞質体） **366** b
cytosine（シトシン） **426** a
cytosine arabinoside（シトシンアラビノシド） **426** a
cytosine nucleoside deaminase（シトシンヌクレオシドデアミナーゼ） **426** b
cytoskeleton（細胞骨格） **364** b
cytosol（サイトゾル） **360** b
cytosolic phospholipase $A_2$（細胞質ホスホリパーゼ $A_2$） **367** a
cytostatic factor（細胞分裂抑制因子） **375** b
cytotactin（サイトタクチン） **360** b
cytolytic T cell（細胞傷害性 T 細胞） **369** b
cytotoxic T lymphocyte（細胞傷害性 T リンパ球） **369** b
cytoxan（サイトキサン） **360** b

# D

D＝aspartic acid（アスパラギン酸）　**14** a
D＝deuterium（重水素）　**622** b
D＝5,6-dihydrouridine（5,6-ジヒドロウリジン）　**430** b
2,4-D＝2,4-dichlorophenoxyacetic acid（2,4-ジクロロフェノキシ酢酸）　**665** a
dA＝3′-deoxyadenosine（3′-デオキシアデノシン）　**602** a
Da　**579** b
DAB＝3,3′-diaminobenzidine（ジアミノベンジジン）　**502** a
Dab1＝disabled homolog 1　**553** b
dactinomycin（ダクチノマイシン）　**546** b
dAdo＝3′-deoxyadenosine（3′-デオキシアデノシン）　**602** a
DAF＝decay accelerating factor（崩壊促進因子）　**579** b
DAG＝1,2-diacylglycerol（1,2-ジアシルグリセロール）　**579** b
Dale's principle（デールの原理）　**347** a
dalton（ドルトン）　**643** b
Dam methylase（Dam メチラーゼ）　**579** b
DAN＝diazoacetyl-DL-norleucine methyl ester（ジアゾアセチル-DL-ノルロイシンメチルエステル）　**579** b
*Danio rerio*（ゼブラフィッシュ）　**509** a

DAPI＝4′,6′-diamino-2-phenylindole（4′,6′-ジアミノ-2-フェニルインドール）　**591** b
dark-field microscope（暗視野顕微鏡）　**55** b
dark reaction（暗反応）　**58** b
D arm（D アーム）　**578** b
Darwin, Charles Robert（ダーウィン）　**545** b
databank（データバンク）　**606** b
database（データベース）　**606** b
data clustering（データクラスタリング）　**606** b
daughter cell（娘細胞）　**887** b
daunomycin（ダウノマイシン）　**545** b
daunorubicin（ダウノルビシン）　**23** a
Dausset, Jean（ドーセ）　**631** a
day-neutral plant（中性植物）　**568** a
DB＝database（データベース）　**599** b
dBcAMP＝dibutyryl cyclic AMP（ジブチリルサイクリック AMP）　**599** b
DBP＝D-site binding protein（D 部位結合タンパク質）　**599** b
2D-crystal（2D 結晶）　**657** b
DD＝differential display（ディファレンシャルディスプレイ）　**598** b
2D-DIGE＝two-dimensional fluorescence difference gel electrophoresis（蛍光ディファレンシャルゲル二次元電気泳動）　**576** a
D dimer（D ダイマー）　**598** b
3D-1D method（3D-1D 法）　**490** b
ddNTP＝dideoxyribonucleoside triphosphate（ジデオキシヌクレオシド三リン酸）　**598** b
deadenylation-dependent pathway（脱アデニル依存経路）　**549** a
deadenylation-independent pathway（脱アデニル非依存経路）　**549** a
deadly quartet（死の四重奏）　**891** b
DEAE/DEAH box helicase（DEAE/DEAH ボックスヘリカーゼ）　**579** b
deamination（脱アミノ反応）　**549** b
death factor（デス因子）　**605** a
death-inducing signaling complex（ディスク）　**200** a
death receptor（デス受容体）　**605** a
*Decapentaplegic* gene（デカペンタプレージック遺伝子）　**603** b
decatenation（デカテネーション）　**603** a
decay accelerating factor（崩壊促進因子）　**830** b
declarative learning（記述学習）　**193** a
declarative memory（陳述記憶）　**230** b
decoder（デコーダー）　**604** b
DECODER　**604** b
deconvolution（デコンボルーション）　**605** a
deconvolution microscopy（デコンボルーション顕微鏡法）　**604** b
decorin（デコリン）　**604** b
decoy（デコイ）　**604** b
decoy receptor（おとり受容体）　**96** b
dedifferentiation（脱分化）　**551** a
de Duve, Christian Rene（ドデューブ）　**632** b
deep etching method（ディープエッチング法）　**600** a
default transport（デフォールト輸送）　**609** a
defective interfering particle（干渉性欠損粒子）　**522** a
defective-interfering virus（欠陥干渉性ウイルス）　**294** a
defective virus（欠損ウイルス）　**299** b
defensin（デフェンシン）　**608** a
definite inflorescence（有限花序）　**911** b
deflective growth（偏差成長）　**826** b
*Deformed* gene（デフォームド遺伝子）　**609** b
deformylase（デホルミラーゼ）　**857** b
degeneracy（縮重）　**441** b
degradative autophagic vacuole（分解型自己貪食胞）　**799** b
degron（デグロン）　**917** b

## 欧文索引

dehydration responsive element(乾燥ストレス応答性エレメント) **226** a
dehydration stress(乾燥ストレス) **226** a
Dejerine-Sottas disease(デジェリン・ソッタス病) **726** b
delayed early gene(後初期遺伝子) **324** b
delayed inheritance(遅滞遺伝) **563** a
delayed neuronal death(遅延性神経細胞死) **562** a
delayed potassium channel(遅延性カリウムチャネル) **561** b
delayed rectifier potassium channel(遅延整流性カリウムチャネル) **562** a
delayed-type allergy(遅延型アレルギー) **561** a
delayed-type mutation(遅延型突然変異) **561** a
Delbrück, Max(デルブリュック) **610** a
deletion(欠失) **295** b
deletion loop(欠失ループ) **296** a
deletion mapping(欠失マッピング) **296** a
deletion mutant(欠失突然変異株) **296** a
delta-sleep inducing peptide(デルタ睡眠誘発ペプチド) **470** a
demecolcine(デメコルチン) **609** a
dementia(認知症) **665** b
demethylchlortetracycline(デメチルクロルテトラサイクリン) **607** a
demyelinating diseases(脱髄性疾患) **550** a
demyelination(脱髄) **550** a
denaturant(変性剤) **826** a
denaturation(変性) **826** b
denaturing agent(変性剤) **826** b
dendrite(樹状突起) **443** a
dendritic cell(樹状細胞) **442** b
dendritic cell-based immunotherapy(樹状細胞免疫療法) **443** a
dengue hemorrhagic fever(デング出血熱) **613** a
Dengue virus(デングウイルス) **613** b
de novo pathway(新生経路) **471** a
dense body(高密度体) **335** a
dense connective tissue(密維性結合組織) **879** b
dense fibrillar component **193** b
density-gradient centrifugation(密度勾配遠心分離法) **880** a
density label(密度標識) **880** a
Densovirus(デンソウイルス) **621** a
dentate granule cell(歯状回顆粒細胞) **411** a
dentate gyrus(歯状回) **411** a
3′-deoxyadenosine(3′-デオキシアデノシン) **602** a
deoxycoformycin(デオキシコフォルマイシン) **905** a
deoxycytidine kinase(デオキシシチジンキナーゼ) **602** a
2-deoxy-2-[(methylnitrosoamino)carbonyl]amino-D-glucopyranose(2-デオキシ-2-[(メチルニトロソアミノ)カルボニル]アミノ-D-グルコピラノース) **480** a
deoxyribodipyrimidine photo-lyase(デオキシリボジピリミジンホトリアーゼ) **602** a
deoxyribonuclease(デオキシリボヌクレアーゼ) **602** a
deoxyribonucleic acid(デオキシリボ核酸) **602** a
deoxyribonucleoprotein(デオキシリボ核タンパク質) **194** b
deoxyribonucleoside(デオキシリボヌクレオシド) **602** b
deoxyribonucleotide(デオキシリボヌクレオチド) **603** a
deoxyribose(デオキシリボース) **602** b
deoxythymidine(デオキシチミジン) **602** b
deoxythymidine 5′-monophosphate(デオキシチミジン 5′-一リン酸) **602** b
depactin(デパクチン) **8** b
dephosphorylation (of phosphotyrosine)(脱リン酸(ホスホチロシンの)) **551** b
depolarization(脱分極) **551** a
deprenyl(デプレニル) **907** b
depurination(脱プリン) **550** b
depyrimidination(脱ピリミジン) **550** b
dermal system(表皮系) **742** b

dermatan sulfate(デルマタン硫酸) **610** a
dermatome(皮節) **726** a
dermatome(皮板) **736** b
dermatomus(皮版) **736** b
dermis(真皮) **474** b
DER signal(DER シグナル) **609** b
desensitization(脱感作) **549** b
desert hedgehog(デザートヘッジホッグ) **534** b
desmin(デスミン) **605** a
desmocalmin(デスモカルミン) **605** b
desmocollin(デスモコリン) **605** b
desmoglein(デスモグレイン) **605** b
desmoplakin(デスモプラーキン) **606** a
desmosine(デスモシン) **606** a
desmosome(デスモソーム) **606** a
desmosome plaque(デスモソーム斑) **606** a
desmotubule(デスモ小管) **606** a
destrin(デストリン) **605** a
determinate inflorescence(有限花序) **911** a
determination(決定(細胞分化における)) **299** b
detoxication(解毒) **300** a
detoxification(解毒) **300** a
deuterostome(新口動物) **308** b
development(発生) **696** b
developmental biology(発生生物学) **697** a
dexamethasone(デキサメタゾン) **604** a
Dexter culture(デクスタ培養法) **481** b
dextran(デキストラン) **604** a
dextrorotatory(右旋性) **109** b
DFC = dense fibrillar component **193** b
*Dfd* gene(*Dfd* 遺伝子) **593** a
DFF40 = DNA fragmentation factor, 40 kDa subunit **593** a
DFF45 = DNA fragmentation factor, 45 kDa subunit **593** a
DFP = diisopropyl fluorophosphate(ジイソプロピルフルオロリン酸) **593** a
DG = 1,2-diacylglycerol(1,2-ジアシルグリセロール) **597** a
DGK = diacylglycerol kinase(ジアシルグリセロールキナーゼ) **597** a
DHFR = dihydrofolate reductase(ジヒドロ葉酸レダクターゼ) **580** a
*dhh* = desert hedgehog(デザートヘッジホッグ) **534** b
DHU arm(DHU アーム) **580** a
diabetes insipidus(尿崩症) **664** b
diabetes mellitus(糖尿病) **627** b
diacylglycerol(ジアシルグリセロール) **390** a
diacylglycerol kinase(ジアシルグリセロールキナーゼ) **390** a
1,2-diacylglycerol 3-phosphate(1,2-ジアシルグリセロール 3-リン酸) **390** b
diakinesis stage(移動期) **86** b
Diamine Blue 3B **641** a
*cis*-diammindichloroplatinum(Ⅱ)(*cis*-ジアンミンジクロロ白金(Ⅱ)) **414** a
3,3′-diaminobenzidine(ジアミノベンジジン) **502** a
1,4-diaminobutane(1,4-ジアミノブタン) **772** a
2,6-diamino-*n*-caproic acid(2,6-ジアミノ-*n*-カプロン酸) **938** b
3,6-diamino-10-methylacridinium chloride(3,6-ジアミノ-10-メチルアクリジニウムクロリド) **10** a
4′,6-diamino-2-phenylindole(4′,6-ジアミノ-2-フェニルインドール) **391** a
2,5-diamino-*n*-valeric acid(2,5-ジアミノ-*n*-吉草酸) **179** a
Diamond-Blackfan syndrome(ダイアモンド・ブラックファン症候群) **537** a
Dianil blue H3G **641** a
Diaphanous-related formin(Diaphanous 類似フォルミン) **537** a
diastase(ジアスターゼ) **390** b

diastereomer(ジアステレオマー) 390 b
1,3-diazine(1,3-ジアジン) 744 a
diazoacetyl-DL-norleucine methyl ester(ジアゾアセチ
　　ル-DL-ノルロイシンメチルエステル) 390 b
O-diazoacetyl-L-serine(O-ジアゾアセチル-L-セリン) 390 b
dibekacin(ジベカシン) 31 a
dibutyryl cyclic AMP(ジブチリルサイクリック AMP) 432 b
DIC＝disseminated intravascular coagulation(播種性血管内凝
　　固) 578 a
dicarboxylic acid cycle(ジカルボン酸回路) 400 a
dicentric chromatid(二動原体染色分体) 238 a
Dicer 538 b
1,2-dichloroethane(1,2-ジクロロエタン) 654 a
2,4-dichlorophenoxyacetic acid(2,4-ジクロロフェノキシ酢酸)
　　405 a
dicots(双子葉植物) 527 b
dicotyledonous plant(双子葉植物) 527 b
dicotyledons(双子葉植物) 527 b
dictyosome(ディクチオソーム) 595 a
Dictyosteliomycota(タマホコリカビ門) 230 a
Dictyostelium discoideum(キイロタマホコリカビ) 230 b
dideoxy method(ジデオキシ法) 424 b
dideoxyribonucleoside triphosphate(ジデオキシリボヌクレオ
　　シド三リン酸) 424 b
DIDS＝diisothiocyanatostilbene-disulfonic acid(ジイソチオシ
　　アナトスチルベン-ジスルホン酸) 211 a
diethyl ether(ジエチルエーテル) 139 a
diethylnitrosamine(ジエチルニトロソアミン) 395 a
diethyl pyrocarbonate(ジエチルピロカルボネート) 395 a
diethylstilbestrol(ジエチルスチルベストロール) 394 b
Dif＝dorsal-related immunity factor 142 b
diferric transferrin(ダイフェリックトランスフェリン) 30 a
differential display(ディファレンシャルディスプレイ) 599 b
differential hybridization(ディファレンシャルハイブリダイ
　　ゼーション) 599 b
differential interference microscope(微分干渉顕微鏡) 738 b
differentially methylated region 301 a
differential stain of chromosome(染色体分染法) 518 b
differentiated hepatoma(分化肝がん) 799 b
differentiated state(分化状態) 800 a
differentiation(分化) 799 a
differentiation antigen(分化抗原) 800 a
differentiation-inducing therapy(分化誘導療法) 800 b
differentiation mechanism(分化決定機構) 799 b
differentiation stimulating factor(D 因子) 579 b
diffracted X-rays(回折 X 線) 183 a
diffuse collagen disease(全身性膠原病) 318 a
diffuse plaque(び漫性老人斑) 973 b
diffuse plexiform neurofibroma(び漫性神経線維腫) 466 b
diffusion coefficient(拡散係数) 191 b
DIF gene(ディフ遺伝子) 598 b
DIG＝digoxigenin(ジゴキシゲニン) 578 a
Di George syndrome(ディジョージ症候群) 598 a
digestion(消化) 450 a
digestive tract(消化管) 450 a
digestive tube(腸) 569 a
diglyceride(ジグリセリド) 404 b
digoxigenin(ジゴキシゲニン) 405 a
Di Guglielmo syndrome(ディ・グリエルモ症候群) 595 a
dihedral angle(二面角) 660 b
dihybrid(両性雑種) 953 b
dihydrofolate reductase(ジヒドロ葉酸レダクターゼ) 431 b
dihydroorotic acid dehydrogenase(ジヒドロオロト酸デヒドロ
　　ゲナーゼ) 430 b
7,8-dihydro-8-oxoguanine(7,8-ジヒドロ-8-オキソグアニン)
　　430 b

dihydropyridine receptor(ジヒドロピリジン受容体) 431 a
dihydrosphingosine(ジヒドロスフィンゴシン) 431 b
dihydrosphingosine-1-phosphate aldolase(ジヒドロスフィン
　　ゴシン-1-リン酸アルドラーゼ) 431 b
5,6-dihydrouridine(5,6-ジヒドロウリジン) 430 b
dihydrouridine arm(ジヒドロウリジンアーム) 430 b
dihydrouridine loop(ジヒドロウリジンループ) 602 a
1,2-dihydroxybenzene(1,2-ジヒドロキシベンゼン) 431 a
24,25-dihydroxycholecalciferol(24,25-ジヒドロキシコレカル
　　シフェロール) 431 a
3,4-dihydroxyphenylalanine(3,4-ジヒドロキシフェニルアラニ
　　ン) 431 a
3,4-dihydroxyphenylethylamine(3,4-ジヒドロキシフェニルエ
　　チルアミン) 431 a
24,25-dihydroxyvitamin D₃(24,25-ジヒドロキシビタミン D₃)
　　431 a
diisopropyl fluorophosphate(ジイソプロピルフルオロリン酸)
　　392 b
diisothiocyanatostilbene-disulfonic acid(ジイソチオシアナトス
　　チルベン-ジスルホン酸) 211 a
diltiazem(ジルチアゼム) 213 a
7,12-dimethylbenz[a]anthracene(7,12-ジメチルベンゾ[a]ア
　　ントラセン) 435 a
9,10-dimethyl-1,2-benzanthracene(9,10-ジメチル-1,2-ベンゾ
　　アントラセン) 435 a
dimethylnitrosamine(ジメチルニトロソアミン) 434 b
dimethyl sulfate(硫酸ジメチル) 953 a
dimethyl sulfoxide(ジメチルスルホキシド) 434 b
1,3-dimethylxanthine(1,3-ジメチルキサンチン) 434 b
3,7-dimethylxanthine(3,7-ジメチルキサンチン) 434 b
2,4-dinitrophenol(2,4-ジニトロフェノール) 429 a
dinitrophenyl hapten(ジニトロフェニルハプテン) 429 a
dioxin(ダイオキシン) 537 a
dioxin receptor(ダイオキシン受容体) 537 a
2,6-dioxo-3-phthalimidepiperidine(2,6-ジオキソ-3-フタルイ
　　ミドピペリジン) 384 b
dioxygenase(二原子酸素添加酵素) 388 a
DI particle(DI 粒子) 522 a
dipeptide(ジペプチド) 432 a
dipeptidyl aminopeptidase(ジペプチジルアミノペプチダーゼ)
　　432 b
diphenylamine reaction(ジフェニルアミン反応) 432 a
diphosphatidyl glycerol(ジホスファチジルグリセロール)
　　434 a
1,3-diphosphoglycerate(1,3-ジホスホグリセリン酸) 434 a
diphosphopyridine nucleotide(ジホスホピリジンヌクレオチ
　　ド) 434 b
diphosphoric acid(二リン酸) 665 a
diphthamide(ジフタミド) 61 b
diphtheria toxin(ジフテリア毒素) 432 a
diphtheria toxin receptor(ジフテリア毒素受容体) 432 b
Diplococcus pneumoniae(肺炎球菌) 681 b
diploid(二倍体) 658 b
diploid generation(複相世代) 769 b
diplont(二倍体) 658 b
diplotene stage(複糸期) 765 b
dipole moment(双極子モーメント) 525 a
Direct Blue 14 641 a
direct carcinogen(直接発がん物質) 692 b
directed evolution(定向進化) 595 b
direct repeat-1 823 a
direct repeat sequence(直列反復配列) 572 b
direct sequencing(直接シークエンス法) 572 b
Disabled-1 598 b
disabled homolog 1 553 b
disaccharide(二糖) 657 b

欧文索引　1081

DISC＝death-inducing signaling complex（ディスク）　598 b
Dische reaction（ディッシェ反応）　598 b
discoidal cleavage（盤割）　703 a
Discomycetes（盤菌類）　429 a
discontinuous replication（不連続複製）　784 b
disease susceptibility gene（疾患感受性遺伝子）　417 a
Dishevelled　597 b
disomy（二染色体性）　657 b
displacement loop　602 a
display phage（タンパク質展示ファージ）　74 a
disseminated intravascular coagulation（播種性血管内凝固）　690 a
dissociation constant（解離定数）　186 a
dissociation equilibrium（解離平衡）　186 a
dissolving substance（溶解物質）　921 a
distal element（遠位配列）　797 b
distamycin（ジスタマイシン）　518 a
distance matrix（距離行列）　252 a
disulfide bond（ジスルフィド結合）　414 a
3,3′-dithiobis（2-aminopropionic acid）（3,3′-ジチオビス（2-アミノプロピオン酸））　412 b
dithiobis（nitrobenzoic acid）（ジチオビス（ニトロ安息香酸））　122 b
divergence（分岐進化）　801 a
divergent evolution（分岐進化）　801 a
diversity（多様性）　554 b
division center（分裂中心）　806 a
D-L antibody（ドナート・ランドスタイナー抗体）　407 a
D loop（D ループ）　602 a
DM＝distance matrix（距離行列）　593 b
DM chromosome（DM 染色体）　593 b
DMD＝Duchenne muscular dystrophy（デュシェンヌ型筋ジストロフィー）　593 b
DMPK＝dystrophia myotonica-protein kinase　253 b
DMR＝differentially methylated region　490 b
DMS＝dimethyl sulfate（硫酸ジメチル）　593 b
DMSO＝dimethyl sulfoxide（ジメチルスルホキシド）　593 b
DNA＝deoxyribonucleic acid（デオキシリボ核酸）　580 b
——，A-form（A 形 DNA）　116 b
——，antisense（アンチセンス DNA）　56 a
——，bent（折れ曲がり DNA）　180 a
——，B-form（B 形 DNA）　712 a
——，catenated（カテナン）　204 b
——，chloroplast（葉緑体 DNA）　923 a
——，circular（環状 DNA）　224 b
——，closed circular（閉環状 DNA）　808 b
——，complementary（相補的 DNA）　531 a
——，curved（湾曲 DNA）　979 b
——，double-stranded（二本鎖 DNA）　660 b
——，extrachromosomal（染色体外 DNA）　517 b
——，four-stranded（四本鎖 DNA）　925 b
——，hemimethylation of（ヘミメチル化（DNA の））　819 b
——，host（宿主 DNA）　441 b
——，junk（ジャンク DNA）　437 b
——，kinky（屈曲 DNA）　261 a
——，linear（直鎖状 DNA）　224 b
——，linker（リンカー DNA）　955 b
——，maxi（マキシ DNA）　862 b
——，microsatellite（マイクロサテライト DNA）　860 b
——，minicircle（ミニサークル DNA）　883 b
——，minisatellite（ミニサテライト DNA）　883 b
——，mitochondrial（ミトコンドリア DNA）　882 b
——，nascent short（新生短鎖 DNA）　471 b
——，open circular（開環状 DNA）　182 b
——，parasite（寄生虫 DNA）　233 b
——，promiscus（プロミスカス DNA）　923 b
——，recombinant（組換え DNA）　263 a
——，ribosomal（リボソーム DNA）　948 a
——，satellite（サテライト DNA）　382 b
——，selfish（利己的 DNA）　938 b
——，triple-stranded（三本鎖 DNA）　389 b
——，Z-form（Z 型 DNA）　508 b
DnaA box（DnaA ボックス）　582 b
DNA-activated protein kinase（DNA 活性化プロテインキナーゼ）　584 a
DNA adduct（DNA 付加物）　588 a
DNA adenine methylase（DNA アデニンメチラーゼ）　581 b
DNA-affinity chromatography（DNA アフィニティークロマトグラフィー）　581 b
DNA amplification（DNA 増幅）　586 b
DnaB　585 b
DNA-binding domain（DNA 結合ドメイン）　584 b
DNA-binding protein（DNA 結合タンパク質）　584 a
DNA biosynthesis（DNA 生合成）　586 a
DnaC　729 b
DNA chip（DNA チップ）　586 b
DNA cleavage（DNA 切断）　586 a
DNA damage checkpoint（DNA 損傷チェックポイント）　586 b
DNA-dependent DNA polymerase（DNA 依存性 DNA ポリメラーゼ）　581 b
DNA-dependent protein kinase（DNA 依存性プロテインキナーゼ）　582 a
DNA-dependent RNA polymerase（DNA 依存性 RNA ポリメラーゼ）　581 b
DNA diagnosis（DNA 診断）　586 b
DNA-driven hybridization（DNA 駆動ハイブリッド形成）　584 b
DNA excision（DNA 切り出し）　584 b
DNA fingerprint（DNA 指紋）　585 b
DNA fingerprinting（DNA フィンガープリント法）　588 b
DNA footprinting（DNA フットプリント法）　588 a
DnaG　585 b
DNA glycosylase（DNA グリコシラーゼ）　584 b
DNA gyrase（DNA ジャイレース）　585 b
DNA helicase（DNA ヘリカーゼ）　588 b
DNA-hormone receptor interaction（DNA-ホルモン受容体相互作用）　590 b
DNA isothermal amplification（DNA 等温増幅法）　586 b
DnaJ　585 b
DnaJ homologue（DnaJ 相同体）　132 a
DNA joinase（DNA 連結酵素）　591 b
DnaK　584 b
DNA ligase（DNA リガーゼ）　591 b
DNA-like RNA（DNA 様 RNA）　591 a
DNA methylase（DNA メチラーゼ）　591 a
DNA methyltransferase（DNA メチルトランスフェラーゼ）　591 a
DNA microarray（DNA マイクロアレイ）　590 b
DNA nucleotide sequence（DNA ヌクレオチド配列）　587 a
DNA nucleotidyl transferase（DNA ヌクレオチジルトランスフェラーゼ）　587 a
DNA oncogenic virus（DNA がんウイルス）　584 a
DNA packaging（DNA パッケージング）　587 b
DNA phage（DNA ファージ）　587 b
DNA photolyase（DNA ホトリアーゼ）　588 b
DNA polymerase（DNA ポリメラーゼ）　588 b
DNA polymerase Ⅰ（DNA ポリメラーゼⅠ）　589 a
DNA polymerase Ⅱ（DNA ポリメラーゼⅡ）　589 a
DNA polymerase Ⅲ（DNA ポリメラーゼⅢ）　589 a
DNA polymerase α（DNA ポリメラーゼα）　589 b
DNA polymerase β（DNA ポリメラーゼβ）　590 a
DNA polymerase γ（DNA ポリメラーゼγ）　590 a
DNA polymerase δ（DNA ポリメラーゼδ）　590 a

DNA polymerase ε(DNA ポリメラーゼ ε) **590** a
DNA polymerase σ(DNA ポリメラーゼ σ) **590** a
DNA polymerase I large fragment(DNA ポリメラーゼ I ラージフラグメント) **589** a
DNA primase(DNA プライマーゼ) **588** a
DNA primer(DNA プライマー) **588** b
DNA puff(DNA パフ) **699** a
DNA rearrangement(DNA 再編成) **585** a
DNA renaturation(再生(DNA の)) **358** a
DNA replicase(DNA レプリカーゼ) **591** b
DNA replication checkpoint(DNA 複製チェックポイント) **588** b
DNA-RNA hybridization(DNA-RNA ハイブリダイゼーション) **581** b
DNase=deoxyribonuclease(デオキシリボヌクレアーゼ) **580** b
DNase I hypersensitive site(DN アーゼ I 高感受性部位) **580** b
DNA sequence(DNA 塩基配列) **582** a
DNA sequencing method(DNA 塩基配列決定法) **582** b
DNA shuffling(DNA シャッフリング) **585** b
DNA synthesizer(DNA 合成機) **584** b
DNA topoisomerase(DNA トポイソメラーゼ) **586** b
DNA tumor virus(DNA 腫瘍ウイルス) **582** b
DNA unwinding enzyme(DNA 巻戻し酵素) **591** a
DNA virus(DNA ウイルス) **582** a
*dnc* mutation(*dnc* 突然変異) **591** b
DNMT=DNA methyltransferase(DNA メチルトランスフェラーゼ) **591** a
DNP=deoxyribonucleoprotein(デオキシリボ核タンパク質) **194** b
DNP=2,4-dinitrophenol(2,4-ジニトロフェノール) **591** b
DNP=dinitrophenyl hapten(ジニトロフェニルハプテン) **591** b
DOCK180=180 kDa protein downstream of Crk(180 kDa Crk 結合タンパク質) **631** a
docking protein(SRP 受容体) **121** b
dofetilide(ドフェチリド) **562** a
Doherty, Peter C.(ドハティ) **633** a
dolichol(ドリコール) **640** a
dolichol phosphate(ドリコールリン酸) **640** a
domain(ドメイン) **634** a
——, DNA-binding(DNA 結合ドメイン) **584** b
——, ETS(ETS ドメイン) **74** b
——, homeo-(ホメオドメイン) **849** a
——, kinase(キナーゼドメイン) **790** b
——, Kringle(クリングルドメイン) **272** a
——, looped(ループ状ドメイン) **960** a
——, MADS(MADS ドメイン) **868** a
——, PEST(PEST ドメイン) **708** b
——, PH(PH ドメイン) **709** b
——, pleckstrin homology(プレクストリン相同ドメイン) **783** a
——, Rel homology(Rel 相同性ドメイン) **968** b
——, SH(SH ドメイン) **122** b
——, SRCR(SRCR ドメイン) **477** a
——, transmembrane(膜貫通ドメイン) **863** b
domain shuffling(ドメイン混成) **634** a
dominant character(優性形質) **912** b
dominant gene(優性遺伝子) **912** b
dominant mutation(優性突然変異) **913** a
dominant-negative mutant(ドミナントネガティブ突然変異体) **634** a
dominant trait(優性形質) **912** b
Donath-Landsteiner antibody(ドナート・ランドスタイナー抗体) **407** a

Donis-Keller method(ドニス・ケラー法) **632** b
donor splice junction(スプライス供与部位) **487** b
donor splice site(スプライス供与部位) **487** b
DOPA(ドーパ) **633** a
L-DOPA(L-ドーパ) **633** a
DOPA decarboxylase(ドーパデカルボキシラーゼ) **633** a
dopamine(ドーパミン) **633** a
dopamine receptor(ドーパミン受容体) **633** b
dopaminergic neuron(ドーパミン作動性ニューロン) **633** b
dopamine transporter(ドーパミン輸送体) **633** b
dormancy(休眠) **246** a
dormant bud(休眠芽) **246** a
dorsal blastopore lip(原口背唇) **306** b
*dorsal* gene(ドーサル遺伝子) **631** a
dorsalin-1(ドーサリン 1) **631** a
dorsalization(背方化) **685** b
dorsalizing gene(背方化決定遺伝子) **685** b
dorsal-related immunity factor **142** a
dorsal root ganglia(後根神経節) **321** b
dorso-ventral axis(背腹軸) **685** b
dosage compensation(遺伝子量補償) **84** b
dot blot assay(ドットブロット法) **632** a
dot blotting(ドットブロット法) **632** a
dot matrix method(ドットマトリックス法) **632** a
double helix(二重らせん) **656** b
double immunodiffusion(二重免疫拡散法) **656** b
double minute chromosome(二重微小染色体) **656** b
double reciprocal plot(二重逆数プロット) **656** a
double refraction of flow(流動複屈折) **953** a
double-strand break repair(二本鎖切断修復) **660** b
double-stranded DNA(二本鎖 DNA) **660** a
double-stranded DNA virus(二本鎖 DNA ウイルス) **660** a
double-stranded RNA(二本鎖 RNA) **659** a
double-stranded RNA-activated protein kinase(二本鎖 RNA 活性化プロテインキナーゼ) **660** a
double-stranded RNA binding domain(二本鎖 RNA 結合ドメイン) **660** a
double-stranded RNA binding protein **660** b
double-stranded RNA-dependent protein kinase(二本鎖 RNA 依存性プロテインキナーゼ) **659** a
double-stranded RNA-specific adenosine deaminase(二本鎖 RNA 特異的アデノシンデアミナーゼ) **660** a
double-stranded RNA virus(二本鎖 RNA ウイルス) **659** b
double thymidine block method(二重チミジンブロック法) **656** a
doubling time(倍加時間) **682** a
down-regulator of transcription 1 **578** b
Down syndrome(ダウン症候群) **545** a
doxorubicin(ドキソルビシン) **629** a
doxycycline(ドキシサイクリン) **607** a
DP2 **599** b
DPN=diphosphopyridine nucleotide(ジホスホピリジンヌクレオチド) **599** b
*Dpp* gene(*Dpp* 遺伝子) **599** b
Dr1=down-regulator of transcription 1 **578** b
DR-1=direct repeat-1 **823** a
DR3 **728** b
DRAP1 **578** b
DRBP=double-stranded RNA binding protein **660** b
DRE=dehydration responsive element(乾燥ストレス応答性エレメント) **578** b
DRIP=vitamin D receptor interacting protein **640** b
D-RNA=DNA-like RNA(DNA 様 RNA) **579** a
*Drosophila*(ショウジョウバエ) **451** b
*Drosophila* EGF receptor signal(ショウジョウバエ EGF 受容体シグナル) **452** b

欧文索引　1083

*Drosophila melanogaster*（キイロショウジョウバエ）　230a
*Drosophila virilis*（クロショウジョウバエ）　279b
drought stress（乾燥ストレス）　226a
DRTF = differentiation-regulated transcription factor　579a
drug resistance（薬剤抵抗性）　910b
drug tolerance（薬剤耐性）　910a
Ds　579b
dsDNA virus（dsDNA ウイルス）　580a
Dsh = Dishevelled（ディシェブルド）　580a
DSIP = delta-sleep inducing peptide（デルタ睡眠誘発ペプチド）　470a
D-site binding protein（D 部位結合タンパク質）　600a
dsl-1 = dorsalin-1（ドーサリン 1）　580a
DS-PG1　714b
dsRBD = double-stranded RNA binding domain（二本鎖 RNA 結合ドメイン）　580a
DsRed　580a
dT = thymidine（チミジン）　564b
DT40 cell（DT40 細胞）　599a
dThd = thymidine（チミジン）　564b
dTMP = deoxythymidine 5′-monophosphate（デオキシチミジン 5′一リン酸）　599a
DTNB = dithiobis（nitrobenzoic acid）（ジチオビス（ニトロ安息香酸））　122b
D-type particle（D 型粒子）　595a
dual specificity kinase（デュアルスペシフィシティキナーゼ）　609a
Dubos（直鎖状グラミシジン）　266b
Duchenne muscular dystrophy（デュシェンヌ型筋ジストロフィー）　609a
Dulbecco, Renato（ダルベッコ）　555a
*dunce* mutation（*dunce* 突然変異）　556a
duplicate gene（重複遺伝子）　571a
du Vigneaud, Vincent（デュヴィニョー）　609a
dwarfism（小人症）　652b
dyad axis of rotation（二回（回転）対称軸）　654a
dyad symmetry（二回対称）　654a
dye-exclusion test（色素排除試験）　641a
dynamic biochemistry（動的生化学）　492a
dynamic equilibrium（動的平衡）　627a
dynamic programming（ダイナミックプログラミング）　542b
dynamin（ダイナミン）　542b
dynein（ダイニン）　542b
dynorphin（ダイノルフィン）　544a
dysmyelination（ミエリン形成不全）　874b
dysplasia（異形成）　66a
dysplasia epiphysialis punctata（点状骨端形成異常）　621a
dysploid　68b
dystrophia myotonica-protein kinase　253b
dystrophin（ジストロフィン）　413b

# E

E = glutamic acid（グルタミン酸）　276b
E1A　91b
E1A-associated 300 kDa protein　718a
EAE = experimental allergic encephalitis（実験的アレルギー性脳炎）　60b
early development of nervous system（神経系の初期発生）　464a
early gene（初期遺伝子）　455a
early growth response gene（即時型遺伝子）　531b
early region（初期領域）　456b
early region 1A（初期遺伝子領域 1A）　455b
early region 1B（初期遺伝子領域 1B）　455b

EB = embryoid body（胚様体）　90b
E1B　92a
*Ebolavirus*（エボラウイルス）　152a
E box（E ボックス）　169a
4E-BP1 = eukaryotic translation initiation factor 4E（eIF4E）-binding protein 1　929a
EBV = Epstein-Barr virus（エプスタイン・バーウイルス）　90b
EB virus（EB ウイルス）　90b
EB virus receptor（EB ウイルス受容体）　90b
EC cell（EC 細胞）　66b
eccentric growth（偏心成長）　826a
Eccles, John Carew（エクルズ）　120a
ecdysis（脱皮）　550b
ecdysone（エクジソン）　119b
ecdysteroid（エクジステロイド）　119b
echinoderm（棘皮動物）　251b
echovirus（エコーウイルス）　571b
ECL cell（エンテロクロマフィン様細胞）　723b
eclipse period（暗黒期）　55b
eclosion hormone（羽化ホルモン）　109a
ECM = extracellular matrix（細胞外マトリックス）　66b
Ecogpt　120a
*E. coli* DNA topoisomerase I（大腸菌 DNA トポイソメラーゼ I）　542a
ecology（生態学）　498b
*Eco*RI　120a
ecotropic virus（同種指向性ウイルス）　625b
EC PCR = expression cassette PCR（発現カセット PCR）　67a
ectoderm（外胚葉）　185b
ectodomain shedding（エクトドメインシェディング）　18b
ectomycorrhiza（外（生）菌根）　183a
ectopic expression（異所性発現）　68a
ectopic hormone（異所性ホルモン）　68a
ectopic hormone-producing tumor（異所性ホルモン産生腫瘍）　68a
ectoplasm（外質）　34a
ectosomatic fertilization（母体外受精）　845a
ED = electron diffraction（電子線回折）　74b
EDF = erythroid differentiation factor（赤芽球分化誘導因子）　74b
EDG receptor（EDG 受容体）　74b
editosome（エディトソーム）　136b
Edman（degradation）method（エドマン（分解）法）　139b
EDRF = endothelium-derived relaxing factor（内皮細胞由来平滑筋弛緩因子）　74b
EDTA = ethylenediaminetetraacetic acid（エチレンジアミン四酢酸）　74b
eEF = eucaryotic elongation factor（真核生物伸長因子）　60b
eEF-1 = eucaryotic elongation factor 1　60b
eEF-2 = eucaryotic elongation factor 2　60b
EEG = electroencephalogram（脳電気）　60b
EF = elongation factor（伸長因子）　61a
EF-1 = elongation factor 1（伸長因子 1）　61a
EF-2 = elongation factor 2（伸長因子 2）　61a
E2F　73a
E face（E 面）　91b
effector（エフェクター）　148b
effector（効果器）　313b
effector cell（エフェクター細胞）　148a
effector protein（エフェクタータンパク質）　148b
efficiency of plating（平板効率）　809a
EF-G = elongation factor G（伸長因子 G）　61a
EF hand（EF ハンド）　62a
EF-Ts = elongation factor Ts（伸長因子 Ts）　61b
EF-Tu = elongation factor Tu（伸長因子 Tu）　61b
EG cell（EG 細胞）　66b

EGF＝epidermal growth factor（上皮増殖因子） 66 b
EGF-like domain（EGF 様ドメイン） 66 b
EGFP＝enhanced green fluorescent protein 954 a
EGF receptor（EGF 受容体） 66 b
egg activation（卵細胞活性化） 933 b
egg axis（卵軸） 934 a
egg cell（卵細胞） 933 b
egg cylinder（卵筒） 686 a
egg polarity（卵極性） 933 a
EGR＝early growth response gene（即時型遺伝子） 66 a
*egr-1* gene（*egr-1* 遺伝子） 66 a
EGTA＝ethylene glycol bis（2-aminoethyl ether）tetraacetic acid（エチレングリコール（2-アミノエチルエーテル）四酢酸） 66 b
EH＝eclosion hormone（羽化ホルモン） 61 a
EH＝epoxide hydrolase（エポキシドヒドロラーゼ） 61 a
EH＝essential hypertension（本態性高血圧症） 61 a
EHase（EH アーゼ） 151 b
Ehlers-Danlos syndrome（エーラース・ダンロス症候群） 157 b
Ehrlich ascites tumor（エールリッヒ腹水がん） 160 b
EI＝electron ionization（電子イオン化法） 418 a
EIA＝enzyme immunoassay（酵素免疫検定法） 60 a
eicosanoid（エイコサノイド） 113 b
eicosapentaenoic acid（エイコサペンタエン酸） 113 b
5,8,11,14-(e)icosatetraenoic acid（5,8,11,14-（エ）イコサテトラエン酸） 113 b
eIF＝eucaryotic initiation factor（真核生物開始因子） 60 a
EJC＝exon junction complex（エキソン接合部複合体） 66 b
EJ cell（EJ 細胞） 66 b
elaioplast（エライオプラスト） 157 b
ELAM-1＝endothelial leukocyte adhesion molecule-1 62 a
elastase（エラスターゼ） 157 b
elastic fiber（弾性繊維） 557 a
elastin（エラスチン） 157 b
electrical synapse（電気シナプス） 613 a
electrical unit（電気的単位） 613 b
electric field（電場） 621 a
electric organ（電気器官） 613 a
electric potential（電気的ポテンシャル） 613 b
electrochemical driving force（電気化学的駆動力） 612 b
electrochemical potential（電気化学ポテンシャル） 612 b
electrochemical potential difference（電気化学ポテンシャル差） 612 b
electrochemical proton gradient（電気化学的プロトン勾配） 612 b
electrochemistry（電気化学） 612 b
electroelution（電気溶出） 613 b
electroencephalogram（脳電図） 677 a
electrofusion（電気細胞融合） 613 a
electron（電子） 613 b
electron carrier（電子伝達体） 616 a
electron crystallography（電子線結晶学） 614 b
electron density map（電子密度図） 616 a
electron diffraction（電子線回折） 614 b
electron energy loss spectroscopy（電子線エネルギー損失分光法） 311 b
electronic spectrum（電子スペクトル） 614 b
electron ionization（電子イオン化法） 418 a
electron microscope（電子顕微鏡） 614 a
electron microscopic autoradiography（電子顕微鏡オートラジオグラフィー） 614 a
electron paramagnetic resonance（電子常磁性共鳴） 614 b
electron spin resonance（電子スピン共鳴） 614 b
electron tomography（電子線トモグラフィー） 615 a
electron-transferring flavoprotein（電子伝達フラビンタンパク質） 13 a

electron transport chain（電子伝達鎖） 616 a
electron transport system（電子伝達系） 615 b
electrophile（求電子試薬） 246 a
electrophoresis（電気泳動） 612 a
electrophoresis-mobility shift assay（電気泳動移動度シフト分析） 612 b
electrophysiology（電気生理学） 613 a
electroporation（電気穿孔） 613 a
electrospray ionization mass spectrometry（エレクトロスプレーイオン化質量分析） 161 a
electrostatic interaction（静電相互作用） 500 b
elicitor（エリシター） 157 b
ELISA＝enzyme-linked immunosorbent assay（固相酵素免疫検定法） 62 a
Elk-1 597 b
elongation cycle（伸長サイクル） 472 b
elongation factor（伸長因子（タンパク質生合成の）） 472 a
elongation factor 1（伸長因子 1） 472 b
elongation factor 2（伸長因子 2） 472 b
elongation factor G（伸長因子 G） 472 a
elongation factor Ts（伸長因子 Ts） 472 b
elongation factor Tu（伸長因子 Tu） 472 b
elongator tRNA（伸長 tRNA） 892 b
elongin（エロンガン） 161 a
EMA 62 a
Embden-Meyerhof pathway（エムデン・マイヤーホフ経路） 156 b
embedding（包埋） 835 b
embryo（胎仔） 539 b
embryo（胚） 681 a
embryo axis（胚軸） 682 b
embryoid body（胚様体） 686 a
embryology（発生学） 696 b
embryonal carcinoma cell（胚性がん細胞） 683 b
embryonal rhabdomyosarcoma（胎児性横紋筋肉腫） 813 a
embryonic germ cell（生殖性幹細胞） 496 b
embryonic growth factor（胚増殖因子） 684 a
embryonic lethal（胚性致死） 684 a
embryonic stem cell（胚性幹細胞） 683 a
EMCV＝encephalomyocarditis virus（脳心筋炎ウイルス） 62 a
Emerson effect（エマーソン効果） 152 a
Emerson enhancement effect（エマーソン増強効果） 152 a
Emery-Dreifuss disease（エミリー・ドレイフス病） 503 b
emphysema（肺気腫） 682 a
EMS＝ethyl methanesulfonate（エチルメタンスルホン酸） 62 a
EMSA＝electrophoresis-mobility shift assay（電気泳動移動度シフト分析） 62 a
*Emv11* 695 b
*Emv12* 695 b
enantiomer（鏡像異性体） 248 b
encephalitogenic protein（起脳炎タンパク質） 235 a
encephalomyocarditis virus（脳心筋炎ウイルス） 676 b
encounter complex（遭遇複合体） 525 a
endergonic reaction（吸エルゴン反応） 243 a
endo-α-*N*-acetylgalactosaminidase（エンド-α-*N*-アセチルガラクトサミニダーゼ） 163 b
endo-β-*N*-acetylglucosaminidase（エンド-β-*N*-アセチルグルコサミニダーゼ） 164 b
endobrevin（エンドブレビン） 165 b
endocrine（内分泌） 648 b
endocrine cell（内分泌細胞） 648 a
endocrine gland（内分泌腺） 648 a
endocytosis（エンドサイトーシス） 164 a
endoderm（内胚葉） 647 b
endo-β-galactosidase（エンド-β-ガラクトシダーゼ） 164 a

欧文索引　1085

endogenous clock（体内時計）　542 b
endogenous pathway（内因経路）　317 b
endogenous retrovirus（内在性レトロウイルス）　647 a
endogenous virus（内在性ウイルス）　647 a
endoglin（エンドグリン）　638 b
endoglycosidase（エンドグリコシダーゼ）　164 a
endometrium（子宮内膜）　401 a
endomitosis（核内分裂）　252 a
endomycorrhiza（内(生)菌根）　647 a
endonuclease（エンドヌクレアーゼ）　165 a
endopeptidase（エンドペプチダーゼ）　165 a
endopeptidase La（エンドペプチダーゼ La）　165 a
endoperoxide（エンドペルオキシド）　198 a
endoplasm（内質）　34 a
endoplasmic reticulum（小胞体）　454 a
endoplasmic reticulum aminopeptidase　318 b
endoplasmic reticulum-associated degradation（小胞体関連分解）　454 a
endoplasmic reticulum lumen（小胞体内腔）　454 b
endoplasmic reticulum retention signal（小胞体残留シグナル）　454 b
endoplasmic reticulum stress（小胞体ストレス）　454 b
endoplasmic reticulum stress response（小胞体ストレス応答）　454 b
endoplasmin（エンドプラスミン）　165 a
endorphin（エンドルフィン）　165 a
endoskeleton（内骨格）　338 b
endosome（エンドソーム）　164 b
endosperm（内乳）　442 b
endosymbiont（内部共生生物）　647 b
endosymbiotic hypothesis（内部共生説）　647 b
endothelial differentiation gene　130 b
endothelial NO synthase（血管内皮型 NO シンターゼ）　294 b
endothelial protein C receptor（血管内皮プロテイン C 受容体）　295 a
endothelin（エンドセリン）　164 b
endothelin receptor（エンドセリン受容体）　164 b
endothelium-derived relaxing factor（内皮細胞由来平滑筋弛緩因子）　647 b
endothermic reaction（吸熱反応）　246 a
endotoxin（内毒素）　647 a
endotoxin shock（内毒素ショック）　647 a
endoxan（エンドキサン）　164 a
endoxyloglucantransferase（エンドキシログルカントランスフェラーゼ）　164 a
endplate（終板）　440 a
endplate potential（終板電位）　440 a
energy-dependent proteolysis（エネルギー依存性タンパク質分解）　144 a
enforced dormancy（強制休眠）　246 a
en gene（en 遺伝子）　61 a
engrailed gene（エングレイルド遺伝子）　162 b
enhanced green fluorescent protein　954 a
enhanced permeability and retention effect（EPR 効果）　948 a
enhanceosome（エンハンソーム）　166 b
enhancer（エンハンサー）　165 b
enhancer-binding protein（エンハンサー結合タンパク質）　166 a
enhancer trap（エンハンサートラップ）　166 b
enhanson（エンハンソン）　166 b
enkephalin（エンケファリン）　162 a
enolase（エノラーゼ）　144 b
enol phosphate（エノール燐酸）　144 b
eNOS＝endothelial NO synthase（血管内皮型 NO シンターゼ）　90 a
entactin（エンタクチン）　163 b
enterochromaffin cell（エンテロクロマフィン細胞）　282 b

enterochromaffin-like cell（エンテロクロマフィン様細胞）　723 b
enterohemorrhagic Escherichia coli（腸管出血性大腸菌）　569 a
enterosiderophilin（エンテロシデロフィリン）　163 b
enterotoxin（エンテロトキシン）　163 b
enterovirus（腸内ウイルス）　571 b
enthalpy（エンタルピー）　163 b
entropy（エントロピー）　165 b
ENU mutant mouse（ENU 突然変異マウス）　61 a
envelope（エンベロープ）　167 a
envelope（包膜）　922 b
enveloped A（有被膜 A 粒子）　117 a
env gene（env 遺伝子）　166 b
enzyme（酵素）　326 b
enzyme-altered hepatic foci（酵素変異肝増殖巣）　328 b
enzyme-altered island（酵素変異増殖巣）　329 a
enzyme chemistry（酵素化学）　327 b
enzyme immunoassay（酵素免疫検定法）　329 a
enzyme induction（酵素誘導）　329 a
enzyme-labeled antibody technique（酵素標識抗体法）　328 b
enzyme-linked immunosorbent assay（固相酵素免疫検定法）　338 a
enzyme purification（酵素精製）　328 b
enzyme repression（酵素抑制）　329 a
enzyme-substrate complex（酵素-基質複合体）　328 b
enzymology（酵素学）　327 b
EOP＝efficiency of plating（平板効率）　62 b
eosin（エオシン）　819 b
eosinophil（好酸球）　321 b
eosinophil colony forming cell（好酸球コロニー形成細胞）　321 b
eosinophil colony forming unit（好酸球コロニー形成単位）　321 b
eosinophilia-myalgia syndrome（好酸球増加筋痛症候群）　321 b
EPA＝eicosapentaenoic acid（エイコサペンタエン酸）　90 b
EPCR＝endothelial protein C receptor（血管内皮プロテイン C 受容体）　90 b
ependymal cell（上衣細胞）　450 a
ependymoma（脳室上衣腫）　465 b
Eph receptor（Eph 受容体）　90 b
ephrin（エフリン）　151 b
EPI＝extrinsic pathway inhibitor（外因系凝固インヒビター）　90 b
epichlorohydrin（エピクロロヒドリン）　754 a
epidemiology（疫学）　117 a
epidermal cell（表皮細胞）　742 b
epidermal growth factor（上皮増殖因子）　453 b
epidermal growth factor-like domain（上皮増殖因子様ドメイン）　453 b
epidermal growth factor receptor（上皮増殖因子受容体）　453 b
epidermal system（表皮系）　742 b
epidermis（表皮）　742 b
epidermoid carcinoma（類表皮がん）　959 b
epigenetics（エピジェネティクス）　145 b
epigenomics（エピゲノミクス）　300 b
epigenotype（エピ遺伝子型）　145 a
epigenotyping（エピジェノタイピング）　145 b
epimer（エピマー）　147 b
epimorphosis（付加形成）　764 b
epimutation（エピ変異）　145 a
epinephrine（エピネフリン）　147 b
epiphysis cerebri（松果体）　450 b
epirubicin（エピルビシン）　23 a
episome（エピソーム）　147 a
epistasis（エピスタシス）　147 b
epithel（上覆）　453 b

epithelia(上皮) **453** a
epithelial cell(上皮細胞) **453** b
epithelium(上皮) **453** a
epithelization(上皮化) **453** b
epitope(エピトープ) **147** a
epitope mapping(エピトープマッピング) **147** a
EPO＝erythropoietin(エリトロポエチン) **90** b
epoxide(エポキシド) **151** b
epoxide hydrolase(エポキシドヒドロラーゼ) **151** b
epoxyeicosatrienoic acid(エポキシエイコサトリエン酸) **151** b
EPP＝endplate potential(終板電位) **90** b
EPR＝electron paramagnetic resonance(電子常磁性共鳴) **90** b
EPSP＝excitatory postsynaptic potential(興奮性シナプス後電位) **90** b
Epstein-Barr virus(エプスタイン・バーウイルス) **150** b
equatorial plate(赤道板) **504** b
equilibrium constant(平衡定数) **808** a
equilibrium density-gradient centrifugation(平衡密度勾配遠心分離法) **808** b
equilibrium dialysis(平衡透析) **808** b
equilibrium potential(平衡電位) **808** a
equilibrium state(平衡状態) **673** b
equivalent concentration(当量濃度) **629** b
equivalent dose(線量当量) **432** b
ER＝endoplasmic reticulum(小胞体) **60** a
ERAAP＝endoplasmic reticulum aminopeptidase **318** b
ERAD＝endoplasmic reticulum-associated degradation(小胞体関連分解) **60** a
*erbA* gene(*erbA* 遺伝子) **26** b
ErbB2 **28** a
*erbB* gene(*erbB* 遺伝子) **27** b
*ERCC* gene(*ERCC* 遺伝子) **60** b
ERD2 **300** a
eRF＝eucaryotic release factor(真核生物終結因子) **60** a
ERF＝ethylene-responsive element binding factor(エチレン応答性転写因子) **226** a
ERGIC＝ER-Golgi intermediate compartment(小胞体-ゴルジ中間区画) **412** a
ergocalciferol(エルゴカルシフェロール) **159** b
ER-Golgi intermediate compartment(小胞体-ゴルジ中間区画) **412** a
ERK＝extracellular signal-regulated kinase(細胞外シグナル制御キナーゼ) **60** b
ERM family(ERM ファミリー) **60** b
E-rosette receptor(E ロゼット受容体) **91** b
ERP/NET/SAP-2 **597** b
ERR＝estrogen-related receptor(エストロゲン関連受容体) **60** a
error-prone repair(誤りがちの修復) **34** b
erythroblast(赤芽球) **502** b
erythrocyte(赤血球) **505** b
erythrocyte ghost(赤血球ゴースト) **505** b
erythrocyte ghost method(赤血球ゴースト法) **506** a
erythrocyte membrane(赤血球膜) **506** a
erythroid burst forming cell(赤芽球バースト形成細胞) **503** a
erythroid burst forming unit(赤芽球バースト形成単位) **503** a
erythroid colony forming cell(赤芽球コロニー形成細胞) **502** b
erythroid colony forming unit(赤芽球コロニー形成単位) **502** b
erythroid differentiation factor(赤芽球分化誘導因子) **503** a
erythroleukemia(赤白血病) **504** a
erythromycin(エリスロマイシン) **158** b
erythropoietin(エリトロポエチン) **158** b
erythropoietin receptor(エリトロポエチン受容体) **158** b
ES cell(ES 細胞) **61** a

*Escherichia coli*(大腸菌) **541** b
*Escherichia coli* chromosome(大腸菌染色体) **542** a
*Escherichia coli* genome(大腸菌ゲノム) **542** a
*Escherichia coli* K12(大腸菌 K12) **541** b
*Escherichia coli* plasmid(大腸菌プラスミド) **542** a
ES complex(ES 複合体) **61** a
E-selectin(E-セレクチン) **69** a
ESI-MS＝electrospray ionization mass spectrometry(エレクトロスプレーイオン化質量分析) **60** b
ESR＝electron spin resonance(電子スピン共鳴) **60** b
esRNA＝exosomal shuttle RNA **117** a
essential amino acid(必須アミノ酸) **729** b
essential hypertension(本態性高血圧症) **858** a
EST＝expressed sequence tag(発現配列タグ) **61** a
established cell strain(樹立細胞株) **449** a
estradiol(エストラジオール) **126** a
estrogen(エストロゲン) **126** a
estrogen antagonist(エストロゲンアンタゴニスト) **126** a
estrogenic hormone(発情ホルモン) **696** b
estrogen receptor(エストロゲン受容体) **126** a
estrogen receptor-related receptor(エストロゲン受容体関連タンパク質) **126** b
estrogen-related receptor(エストロゲン関連受容体) **126** a
estrone(エストロン) **126** b
estrous cycle(発情周期) **696** b
estrus(発情期) **696** b
ET＝endothelin(エンドセリン) **74** b
etching(エッチング) **136** b
ETF＝electron-transferring flavoprotein(電子伝達フラビンタンパク質) **13** a
ethanol(エタノール) **128** b
ethanol precipitation(エタノール沈殿法) **128** b
ether(エーテル) **139** a
ethidium bromide(臭化エチジウム) **437** b
ethoxyformic anhydride(エトキシギ酸無水物) **139** a
ethyl alcohol(エチルアルコール) **128** b
ethyl carbamate(カルバミン酸エチル) **215** a
ethylene(エチレン) **129** a
ethylenediaminetetraacetic acid(エチレンジアミン四酢酸) **129** b
ethylene dichloride(二塩化エチレン) **654** a
ethylene glycol bis(2-aminoethyl ether)tetraacetic acid(エチレングリコールビス(2-アミノエチルエーテル)四酢酸) **129** a
ethylene oxide(エチレンオキシド) **151** b
ethylene-responsive element binding factor(エチレン応答性転写因子) **226** a
*N*-ethylmaleimide(*N*-エチルマレイミド) **128** b
*N*-ethylmaleimide-sensitive fusion protein **482** a
*N*-ethylmaleimide-sensitive fusion protein-soluble NSF attachment protein **847** b
ethyl methanesulfonate(エチルメタンスルホン酸) **129** a
1-ethyl-1-nitrosourea(1-エチル-1-ニトロソ尿素) **658** a
5-ethyl-5-phenylbarbituric acid(5-エチル-5-フェニルバルビツール酸) **128** b
etioplast(エチオプラスト) **128** b
etoposide(エトポシド) **139** a
ETS domain(ETS ドメイン) **74** b
*ets* gene(*ets* 遺伝子) **74** b
eu-actinin(eu アクチニン) **6** a
Euascomycetes(真正子嚢菌類) **429** b
eubacteria(真正細菌) **471** a
eucaryote(真核生物) **460** b
eucaryotic cell(真核細胞) **460** b
eucaryotic elongation factor(真核生物伸長因子) **460** b
eucaryotic initiation factor(真核生物開始因子) **460** b

欧文索引　1087

eucaryotic polypeptide chain initiation factor（真核生物ポリペプチド鎖開始因子）　**460** b
eucaryotic polypeptide chain release factor（真核生物ポリペプチド鎖終結因子）　**460** b
eucaryotic polypeptide chain termination factor（真核生物ポリペプチド鎖終結因子）　**460** b
eucaryotic release factor（真核生物終結因子）　**460** b
eucaryotic termination factor（真核生物終結因子）　**460** b
euchromatin（真正クロマチン）　**471** a
euflavine（ユーフラビン）　**918** a
eukaryote（真核生物）　**460** b
eukaryotic cell（真核細胞）　**460** b
eukaryotic translation initiation factor 4E（eIF4E）-binding protein 1　**929** a
Euler, Ulf Svante von（オイラー）　**168** a
eumelanin（ユーメラニン）　**897** a
euploidy（正倍数性）　**501** a
euspore（真正胞子）　**471** b
E-value　**90** a
evanescent-field fluorescence microscope（エバネッセント場蛍光顕微鏡）　**144** b
evanescent wave（エバネッセント波）　**523** b
evanescent-wave fluorescence microscope（エバネッセント波蛍光顕微鏡）　**144** b
Evans, Martin（エバンス）　**144** b
eve gene（eve 遺伝子）　**90** b
even-skipped gene（イーブンスキップ遺伝子）　**91** a
evolution（進化）　**460** a
evolutionary phylogenetic tree（進化系統樹）　**460** b
EXAFS＝extended X-ray absorption fine structure（X 線吸収広域微細構造）　**119** b
Exal（エグザール）　**119** b
exchange（交換輸送）　**315** a
exchanger（交換輸送体）　**315** a
excisionase（切出し酵素）　**252** b
excision repair（除去修復）　**455** b
excision repair cross complementing rodent repair deficiency　**60** b
excitation-contraction coupling（興奮収縮連関）　**332** a
excitatory neurotransmitter（興奮性神経伝達物質）　**333** a
excitatory postsynaptic potential（興奮性シナプス後電位）　**333** a
excitatory synapse（興奮性シナプス）　**333** a
exfoliating toxin　**483** b
ExFT＝exfoliating toxin　**483** b
exobiology（圏外生物学）　**305** b
exocrine（外分泌）　**185** b
exocrine epithelia（外分泌上皮）　**185** b
exocytosis（エキソサイトーシス）　**117** b
exoderm (is)（外被）　**185** b
exoergic reaction（発熱反応）　**698** a
exogenous pathway（外来経路）　**317** b
exon（エキソン）　**118** b
exon junction complex（エキソン接合部複合体）　**118** b
exon shuffling（エキソンシャッフリング）　**118** a
exon skipping（エキソンスキッピング）　**118** b
exon trapping（エキソントラッピング）　**118** b
exonuclease（エキソヌクレアーゼ）　**117** b
exonuclease Ⅲ（エキソヌクレアーゼⅢ）　**118** a
exonuclease Ⅳ（エキソヌクレアーゼⅣ）　**118** a
exonuclease Ⅴ（エキソヌクレアーゼⅤ）　**118** a
exophthalmic goiter（眼球突出甲状腺腫）　**220** a
exo-α-sialidase（エキソ-α-シアリダーゼ）　**391** a
exoskeleton（外骨格）　**338** b
exosomal shuttle RNA　**117** b
exosome（エキソソーム）　**117** b

exothermic reaction（発熱反応）　**698** a
exotoxin（外毒素）　**184** b
expansion（拡張）　**398** a
experimental allergic encephalitis（実験的アレルギー性脳炎）　**417** b
expert system（エキスパートシステム）　**117** b
exponential growth（対数増殖）　**540** b
exportin（エクスポーチン）　**119** b
expressed sequence tag（発現配列タグ）　**696** b
expression（発現（タンパク質の））　**695** b
expression cassette PCR（発現カセット PCR）　**696** a
expression cloning（発現クローニング）　**696** a
expression profile（発現プロファイル）　**696** a
expression vector（発現ベクター）　**696** a
extein（エクステイン）　**119** b
extended X-ray absorption fine structure（X 線吸収広域微細構造）　**129** b
extensin（エクステンシン）　**119** b
external fertilization（体外受精）　**537** a
external secretion（外分泌）　**185** b
extinction coefficient（吸光係数）　**243** b
extracellular face（E 面）　**91** b
extracellular matrix（細胞外マトリックス）　**362** b
extracellular signal-regulated kinase（細胞外シグナル制御キナーゼ）　**362** a
extrachromosomal DNA（染色体外 DNA）　**517** b
extrachromosomal inheritance（染色体外遺伝）　**517** b
extraembryonic ectoderm（胚体外外胚葉）　**684** b
extramedullay plasmacytoma（髄外形質細胞腫）　**475** a
extranuclear gene（核外遺伝子）　**190** a
extranuclear inheritance（核外遺伝）　**190** a
extreme halophile（高度好塩菌）　**332** b
extreme thermophile（高度好熱菌）　**332** a
extrinsic coagulation pathway（外因系凝固系）　**290** b
extrinsic pathway inhibitor（外因系凝固インヒビター）　**182** a
exu＝exuperantia（エグズペランチア）　**715** b
exuperantia（エグズペランチア）　**715** b
ex vivo culture（ex vivo 培養）　**65** b
ex vivo expansion（体外増幅）　**537** b
ex vivo gene therapy（ex vivo 遺伝子治療）　**65** a
eye（眼）　**890** a
eyeball（眼球）　**220** a
eye form（アイフォーム）　**5** a
eye spot（眼点）　**527** a
ezrin（エズリン）　**128** a

# F

F＝farad（ファラッド）　**613** b
F＝phenylalanine（フェニルアラニン）　**760** a
F1　**147** b
2-FAA＝N-2-fluorenylacetamide（N-2-フルオレニルアセトアミド）　**147** b
FAB＝fast atom bombardment（高速原子衝撃法）　**418** a
FAB classification（FAB 分類）　**149** a
Fab fragment（Fab フラグメント）　**148** b
$F(ab')_2$ fragment（$F(ab')_2$ フラグメント）　**148** b
Fabry disease（ファブリー病）　**751** b
Fab(t) fragment（Fab(t) フラグメント）　**148** b
facilitated diffusion（促進拡散）　**531** b
facilitator neuron（促通ニューロン）　**531** b
FACS＝fluorescence-activated cell sorter（蛍光活性化セルソーター）　**148** b
F actin（F アクチン）　**147** b

factor-dependent termination（因子依存性終結） 619 a
factor for inversion stimulation（逆位促進因子） 584 a
factor H（H 因子） 845 b
factor I（I 因子） 845 b
factor-independent termination（因子非依存性終結） 619 a
facultative anaerobe（通性嫌気性生物） 576 a
facultative anaerobic bacteria（通性嫌気性細菌） 576 a
facultative heterochromatin（条件的ヘテロクロマチン） 451 a
FAD＝familial Alzheimer's disease（家族性アルツハイマー病） 148 b
FAD＝flavin adenine dinucleotide（フラビンアデニンジヌクレオチド） 148 b
FADD＝Fas-associating protein with death domain 29 a
FAK＝focal adhesion kinase 148 a
false positive（偽陽性（相同性検索の）） 248 a
familial adenomatous polyposis（家族性大腸腺腫症） 201 b
familial Alzheimer's disease（家族性アルツハイマー病） 201 a
familial amyloidosis of Finnish type（フィンランド型家族性アミロイドーシス） 305 a
familial amyloid polyneuropathy（家族性アミロイドポリニューロパシー） 637 a
familial colorectal cancer（家族性大腸がん） 201 a
familial HDL deficiency（家族性 HDL 欠損症） 201 a
familial hypercholesterolemia（家族性高コレステロール血症） 201 a
familial malignant melanoma（家族性黒色腫） 336 b
familial medullary thyroid carcinoma（家族性甲状腺髄様がん） 201 a
family（科） 182 a
Fanconi's anemia（ファンコニ貧血） 752 a
FAP＝familial adenomatous polyposis（家族性大腸腺腫性線維腫症） 148 b
farad（ファラッド） 613 b
Farber disease（ファーバー病） 751 a
Farber lipogranulomatosis（ファーバー脂肪肉芽腫症） 751 a
farnesylation（ファルネシル化） 751 a
$S$-farnesylcysteine（$S$-ファルネシルシステイン） 751 b
farnesyl protein transferase（ファルネシルプロテイントランスフェラーゼ） 752 a
farnesyltransferase（ファルネシルトランスフェラーゼ） 752 a
Fas antigen（Fas 抗原） 750 b
Fas-associating protein with death domain 29 a
fascicles of nerve fiber（神経束） 466 b
fascicular system（維管束系） 65 a
fascin（ファシン） 750 b
FasL＝Fas ligand（Fas リガンド） 750 b
Fas ligand（Fas リガンド） 751 a
FASTA 750 b
fast atom bombardment（高速原子衝撃法） 418 a
fast axonal transport（速い軸索輸送） 700 b
fast muscle（速筋） 688 b
fat body（脂肪体） 434 b
fate map（予定運命図） 924 b
fatty acid（脂肪酸） 433 b
favism（ソラマメ中毒） 275 a
FB element（FB 因子） 151 a
FBF＝fem-3mRNA binding factor 152 b
F box domain（F ボックスドメイン） 151 a
FBS＝fetal bovine serum（ウシ胎仔血清） 151 a
FC＝fibrillar center 193 b
FCA＝Freund's complete adjuvant（フロイント完全アジュバント） 12 a
Fc$\alpha$RI＝Fc$\alpha$ receptor Ⅰ（Fc$\alpha$ 受容体Ⅰ型） 149 b
Fc$\alpha$ receptor Ⅰ（Fc$\alpha$ 受容体Ⅰ型） 149 b
F9 cell（F9 細胞） 149 a
Fc$\varepsilon$RⅡ＝Fc$\varepsilon$ receptor Ⅱ（Fc$\varepsilon$ 受容体Ⅱ型） 149 b

Fc$\varepsilon$ receptor Ⅱ（Fc$\varepsilon$ 受容体Ⅱ型） 149 b
Fc fragment（Fc フラグメント） 150 b
Fc' fragment（Fc' フラグメント） 150 b
Fc$\gamma$RI＝Fc$\gamma$ receptor Ⅰ（Fc$\gamma$ 受容体Ⅰ型） 150 a
Fc$\gamma$RⅡ＝Fc$\gamma$ receptor Ⅱ（Fc$\gamma$ 受容体Ⅱ型） 150 a
Fc$\gamma$RⅢ＝Fc$\gamma$ receptor Ⅲ（Fc$\gamma$ 受容体Ⅲ型） 150 a
Fc$\gamma$ receptor Ⅰ（Fc$\gamma$ 受容体Ⅰ型） 150 a
Fc$\gamma$ receptor Ⅱ（Fc$\gamma$ 受容体Ⅱ型） 150 a
Fc$\gamma$ receptor Ⅲ（Fc$\gamma$ 受容体Ⅲ型） 150 a
FCM＝flow cytometry（フローサイトメトリー） 150 a
Fc$\mu$R＝Fc$\mu$ receptor（Fc$\mu$ 受容体） 150 b
Fc$\mu$ receptor（Fc$\mu$ 受容体） 150 b
FcR＝Fc receptor（Fc 受容体） 149 b
Fc receptor（Fc 受容体） 150 a
FD＝field desorption（電解脱離法） 418 a
FDC＝follicular dendritic cell（濾胞樹状細胞） 532 b
Fd fragment（Fd フラグメント） 151 a
FDP＝fibrinogen/fibrin degradation product（フィブリノーゲン/フィブリン分解産物） 151 a
F duction（F 導入） 151 a
feedback control（フィードバック制御） 756 a
feedback inhibition（フィードバック阻害） 756 a
feedback regulation（フィードバック調節） 756 b
feeder cell（支持細胞（培養細胞の）） 409 b
feeding tadpole（餌をとるオタマジャクシ） 173 a
Feline leukemia virus（ネコ白血病ウイルス） 671 b
FEM＝finite element method（有限要素法） 147 b
female pronucleus（雌性前核） 414 a
fem-3mRNA binding factor 152 b
Fenn, John Bennett（フェン） 761 b
fermentation（発酵） 696 a
ferredoxin（フェレドキシン） 761 a
ferredoxin：NADP$^+$ oxidoreductase（フェレドキシン：NADP$^+$ オキシドレダクターゼ） 761 a
ferritin（フェリチン） 760 b
ferritin-labeled antibody（フェリチン標識抗体） 760 b
ferroheme（フェロヘム） 761 a
ferroxidase（フェロオキシダーゼ） 761 a
Fertilin 521 a
fertility factor（稔性因子） 675 a
fertilization（受精） 443 a
fertilized egg（受精卵） 443 b
fes gene（fes 遺伝子） 760 b
fetal bovine serum（ウシ胎仔血清） 109 b
fetal diagnosis（出生前診断） 443 a
Feulgen reaction（フォイルゲン反応） 761 b
F factor（F 因子） 147 b
F' factor（F' 因子） 151 b
FGF＝fibroblast growth factor（繊維芽細胞増殖因子） 149 b
FGF3 102 a
FGF4 149 b
FGF5 149 b
FGF7 149 b
FGF8 149 b
FGFR＝fibroblast growth factor receptor（繊維芽細胞増殖因子受容体） 150 a
FGFR2 gene＝fibroblast growth factor receptor type 2 gene（繊維芽細胞増殖因子受容体2型遺伝子） 150 a
FGFR substrate 515 a
fgr gene（fgr 遺伝子） 149 b
FH＝familial hypercholesterolemia（家族性高コレステロール血症） 148 b
$F_1$ hybrid（一代雑種） 72 a
FIA＝Freund's incomplete adjuvant（フロイント不完全アジュバント） 12 b
fibrillar center 193 b

欧文索引　1089

fibrillarin(フィブリラリン)　914 b
fibrin(フィブリン)　757 b
fibrinase(フィブリナーゼ)　757 a
fibrin clot(フィブリンクロット)　758 a
fibrinogen(フィブリノーゲン)　757 a
fibrinogen activating factor(フィブリノーゲン活性化因子)　757 b
fibrinogenase(フィブリノゲナーゼ)　757 a
fibrinogen/fibrin degradation product(フィブリノーゲン/フィブリン分解産物)　757 b
fibrinolysin(フィブリノリシン)　757 a
fibrinolysis(繊維素溶解)　515 a
fibrin stabilizing factor(フィブリン安定化因子)　758 a
fibroblast(繊維芽細胞)　514 a
fibroblast growth factor(繊維芽細胞増殖因子)　514 b
fibroblast growth factor 3　102 a
fibroblast growth factor receptor(繊維芽細胞増殖因子受容体)　514 b
fibroblast growth factor receptor type 2 gene(繊維芽細胞増殖因子受容体2型遺伝子)　515 a
fibroblast interferon(繊維芽細胞インターフェロン)　514 b
fibroglycan(フィブログリカン)　758 a
fibroin(フィブロイン)　758 a
fibroin gene(フィブロイン遺伝子)　758 a
fibronectin(フィブロネクチン)　758 a
fibronectin receptor(フィブロネクチン受容体)　758 b
fibrosarcoma(繊維肉腫)　515 a
fibrous actin(F アクチン)　147 b
fibrous astroglia(繊維性星状膠細胞)　515 a
fibrous protein(繊維状タンパク質)　515 a
fibrovascular bundle(維管束)　65 a
Fick's law(フィックの法則)　754 b
Ficoll(フィコール)　754 a
field desorption(電解脱離法)　418 a
field inversion gel electrophoresis(フィールド反転ゲル電気泳動)　759 a
FIGE＝field inversion gel electrophoresis(フィールド反転ゲル電気泳動)　147 b
Filamentous ascomycetes(糸状子嚢菌類)　429 a
Filamentous fungus(糸状菌(類))　411 b
filamin(フィラミン)　758 b
filopodia(糸状仮足)　411 a
filopodium(糸状仮足)　411 a
Filoviridae(フィロウイルス科)　759 a
filter binding assay(フィルター結合アッセイ)　759 a
fimbria(線毛)　524 a
fimbriae(線毛)　524 a
fingerprinting(フィンガープリント法)　759 a
finite element method(有限要素法)　911 a
Fire, Andrew Zachary(ファイア)　748 a
first component of complement(補体第一成分)　845 b
first law of thermodynamics(熱力学第一法則)　673 a
first messenger(ファーストメッセンジャー)　750 a
first-order reaction(一次反応)　71 b
Fis＝factor for inversion stimulation(逆位促進因子)　584 a
Fischer, Edmond Henri(フィッシャー)　754 b
Fischer, Hermann Emil(フィッシャー)　754 b
FISH＝fluorescence in situ hybridization(蛍光 in situ ハイブリダイゼーション)　147 b
fish skin(魚鱗癬)　252 b
fission yeast(分裂酵母)　805 b
FITC＝fluorescein isothiocyanate(フルオレセインイソチオシアネート)　147 b
FK506　149 b
FKBP　149 b
FKBP and rapamycin-associated protein　929 a

flagella(鞭毛)　828 a
flagellar antigen(べん毛抗原)　829 a
flagellar basal body(べん毛基部体)　829 a
flagellar filament(べん毛繊維)　829 a
flagellar motor(べん毛モーター)　829 a
flagellar phase variation(べん毛相変異)　829 a
flagellar regulon(べん毛レギュロン)　829 b
flagellin(フラジェリン)　774 b
flagellum(鞭毛)　828 a
Flamingo(フラミンゴ)　779 a
FLAP＝5-lipoxygenase activating protein　35 b
flap endonuclease(フラップエンドヌクレアーゼ)　104 b
flash photolysis(閃光分解法)　594 a
flask cell(フラスコ細胞)　775 b
flavanone synthase(フラバノンシンターゼ)　778 a
flavin adenine dinucleotide(フラビンアデニンジヌクレオチド)　778 a
flavin mononucleotide(フラビンモノヌクレオチド)　778 a
Flaviviridae(フラビウイルス科)　778 a
flavoenzyme(フラビン酵素)　778 b
flavone(フラボン)　779 a
flavonoid(フラボノイド)　779 a
flavonol(フラボノール)　779 a
flavoprotein(フラボタンパク質)　778 b
Flemming, Walter(フレミング)　784 b
FLICE　29 a
FLICE inhibitory protein　29 b
FLIP＝FLICE inhibitory protein　29 b
FLIP＝fluorescence loss in photobleaching(光退色蛍光減衰測定)　780 b
flip-flop motion(フリップ-フロップ運動)　780 b
flippase(フリッパーゼ)　780 b
floor plate(フロアープレート)　785 a
floral bud(花芽)　186 a
floral homeotic gene(花系ホメオティック遺伝子)　197 b
florigen(フロリゲン)　798 a
flow birefringence(流動複屈折)　953 a
flow cytometer(フローサイトメーター)　286 a
flow cytometry(フローサイトメトリー)　786 a
flower bud(花芽)　186 a
flower bud formation(花芽形成)　188 a
flowering hormone(花成ホルモン)　200 a
FLP1　660 b
Flt-1＝Fms-like tyrosine kinase 1(Fms 様チロシンキナーゼ 1)　149 a
fluctuation(ゆらぎ(タンパク質の))　918 a
fluid mosaic model(流動モザイクモデル)　953 a
N-2-fluorenylacetamide(N-2-フルオレニルアセトアミド)　781 b
fluorescein(フルオレセイン)　781 b
fluorescein isothiocyanate(フルオレセインイソチオシアネート)　781 b
fluorescence(蛍光)　286 a
fluorescence-activated cell sorter(蛍光活性化セルソーター)　286 b
fluorescence in situ hybridization(蛍光 in situ ハイブリダイゼーション)　286 a
fluorescence labeling(蛍光標識)　287 b
fluorescence loss in photobleaching(光退色蛍光減衰測定)　713 b
fluorescence microscope(蛍光顕微鏡)　286 b
fluorescence recovery after photobleaching(光退色後蛍光回復測定)　713 b
fluorescence resonance energy transfer(蛍光共鳴エネルギー転移)　286 b
fluorescent antibody technique(蛍光抗体法)　286 b

fluorescent protein(蛍光タンパク質) **287** a
5-fluoroorotic acid(5-フルオロオロト酸) **110** a
5-fluorouracil(5-フルオロウラシル) **781** b
flush end(平滑末端) **808** a
flu virus(インフルエンザウイルス) **104** a
fMet-tRNA **856** b
Fmi/Stan **149** a
FMLP＝formylmethionylleucylphenylalanine(ホルミルメチオニルロイシルフェニルアラニン) **149** a
FMN＝flavin mononucleotide(フラビンモノヌクレオチド) **149** a
*fms* gene(*fms* 遺伝子) **773** b
Fms-like tyrosine kinase-1(Fms 様チロシンキナーゼ 1) **773** b
F-MuLV＝Friend murine leukemia virus(フレンドマウス白血病ウイルス) **785** a
FNR＝fibronectin receptor(フィブロネクチン受容体) **148** a
foam cell(泡沫細胞) **836** a
focal adhesion(フォーカルアドヒージョン) **762** a
focal adhesion kinase **148** a
focal contact(フォーカルコンタクト) **762** a
focus(フォーカス) **761** b
fodrin(フォドリン) **762** b
F$_o$F$_1$ **149** a
fold-back element(折り返し因子) **178** b
fold-back structure(フォールドバック構造) **763** b
folding(フォールディング) **763** a
folding disease(フォールディング病) **763** a
folic acid(葉酸) **921** a
Folidol(ホリドール) **853** b
Folin-Ciocalteau reaction(フォリン・チオカルト反応) **763** a
folk head domain(フォークヘッドドメイン) **762** b
follicle(濾胞) **976** a
follicle hormone(濾胞ホルモン) **976** b
follicle-stimulating hormone(濾胞刺激ホルモン) **976** b
follicle-stimulating hormone receptor(濾胞刺激ホルモン受容体) **976** b
follicular cell(濾胞) **976** a
follicular dendritic cell(濾胞樹状細胞) **532** b
follicular lymphoma(濾胞性リンパ腫) **976** b
follistatin(フォリスタチン) **763** a
Foot-and-mouth disease virus(口蹄疫ウイルス) **331** b
Forbes disease(フォーブス病) **762** b
forebrain(前脳) **523** a
form(品種) **746** b
formaldehyde(ホルムアルデヒド) **857** a
formalin(ホルマリン) **856** b
formamide(ホルムアミド) **857** a
*N*-formylmethionine(*N*-ホルミルメチオニン) **857** a
formylmethionylleucylphenylalanine(ホルミルメチオニルロイシルフェニルアラニン) **857** a
*N*-formylmethionyl peptide(*N*-ホルミルメチオニルペプチド) **856** b
*N*-formylmethionyl-tRNA(*N*-ホルミルメチオニル tRNA) **856** b
formyltransferase(ホルミルトランスフェラーゼ) **856** b
*fos* gene(*fos* 遺伝子) **762** a
fosmid(フォスミド) **762** a
*fos* related antigen(*fos* 関連抗原) **762** a
Fourier tranform(フーリエ変換) **779** b
four-stranded DNA(四本鎖 DNA) **925** b
foward genetics(順遺伝学) **449** b
F pili(F 線毛) **150** b
F pilin(F ピリン) **150** b
F plasmid(F プラスミド) **151** a
F' plasmid(F' プラスミド) **151** a

*fps/fes* gene(*fps/fes* 遺伝子) **772** b
*fps* gene(*fps* 遺伝子) **772** b
fractalkine(フラクタルカイン) **395** a
*fra* gene(*fra* 遺伝子) **773** b
fragile site(脆弱部位) **518** a
fragile X-associated tremor/ataxia syndrome **496** a
fragile X syndrome(脆弱 X 症候群) **496** a
fragment ion(フラグメントイオン) **774** b
frameshift mutation(フレームシフト突然変異) **784** a
frame switch splicing(フレームスイッチスプライシング) **784** b
framework model(骨格模型) **339** a
Franklin, Rosalind Elsie(フランクリン) **779** b
FRAP＝FKBP and rapamycin-associated protein **929** a
FRAP＝fluorescence recovery after photobleaching(光退色後蛍光回復測定) **777** a
free boundary electrophoresis(自由境界面電気泳動) **536** a
free electrophoresis(無担体電気泳動) **888** a
free energy(自由エネルギー) **437** a
free radical(遊離基) **914** a
free ribosome(遊離型リボソーム) **914** a
freeze-drying(凍結乾燥) **624** a
freeze-etching method(凍結エッチング法) **623** b
freeze-fracture method(凍結割断法) **623** b
freeze-replica method(凍結レプリカ法) **624** a
freeze-thawing(凍結融解) **624** a
French-American-British classification(FAB 分類) **149** a
FRET＝fluorescence resonance energy transfer(蛍光共鳴エネルギー転移) **783** a
Freund's adjuvant(フロイントアジュバント) **785** a
Freund's complete adjuvant(フロイント完全アジュバント) **12** b
Freund's incomplete adjuvant(フロイント不完全アジュバント) **12** b
Friedreich's ataxia(フリードライヒ失調症) **780** a
Friend leukemia cell(フレンド白血病細胞) **785** a
Friend leukemia virus(フレンド白血病ウイルス) **785** a
Friend murine leukemia virus(フレンドマウス白血病ウイルス) **785** a
Friend spleen focus forming virus(フレンド脾臓フォーカス形成ウイルス) **785** a
Frizzled **780** a
frond(葉状体) **921** b
FRP＝FSH releasing protein(濾胞刺激ホルモン分泌促進タンパク質) **147** b
FRS＝FGFR substrate **515** a
fructose-bisphosphatase(フルクトース-ビスホスファターゼ) **782** a
fructose 1,6-bisphosphate(フルクトース 1,6-ビスリン酸) **782** a
fruit fly(ショウジョウバエ) **451** a
fruiting body(子実体) **409** b
FSH＝follicle-stimulating hormone(濾胞刺激ホルモン) **148** b
FSH receptor(FSH 受容体) **148** b
FSH releasing protein(濾胞刺激ホルモン分泌促進タンパク質) **976** b
FS-splicing(FS スプライシング) **148** b
FT＝Fourier tranform(フーリエ変換) **151** a
FT-IR **151** a
FT-NMR **151** a
F-type ATPase(F 型 ATP アーゼ) **149** a
*ftz* gene(*ftz* 遺伝子) **151** a
fuchsin-aldehyde reagent(フクシン-アルデヒド試薬) **765** a
fucose(フコース) **769** b
fucosidosis(フコシドーシス) **769** b
fugu toxin(フグ毒) **769** a

欧文索引 1091

full-length cDNA synthesis technology（完全長 cDNA 合成法） **225** a
functional affinity（機能的親和力） **236** a
functional candidate（機能的候補遺伝子） **236** a
functional genomics（機能ゲノミクス） **235** b
fundamental tissue system（基本組織系） **237** a
Fungi（菌界） **182** a
fungi（菌類） **258** a
fungi（真菌） **460** b
Fungizone（ファンギゾン） **752** a
fungus（真菌） **460** b
Fura 2 **151** b
furanose（フラノース） **691** a
Furchgott, Robert F.（ファーチゴット） **751** b
$N^6$-furfuryladenine（$N^6$-フルフリルアデニン） **782** b
6-furfurylaminopurine（6-フルフリルアミノプリン） **782** b
*fushi tarazu* gene（フシタラズ遺伝子） **770** a
fusidic acid（フシジン酸） **769** b
fusion protein（融合タンパク質） **911** b
futile cycle（無益回路） **886** a
FXTAS＝fragile X-associated tremor/ataxia syndrome **496** a
Fyn **151** b
Fz＝Frizzled（フリズルド） **150** b

# G

$\gamma$ actinin（$\gamma$ アクチニン） **6** b
$\gamma$-carboxyglutamic acid（$\gamma$-カルボキシグルタミン酸） **728** a
$\gamma\delta$T cell（$\gamma\delta$T 細胞） **228** a
$\gamma$-glutamylcysteine synthase（$\gamma$-グルタミルシステインシンターゼ） **275** b
$\gamma$-glutamyl transferase（$\gamma$-グルタミルトランスフェラーゼ） **276** b
$\gamma$-glutamyl transpeptidase（$\gamma$-グルタミルトランスペプチダーゼ） **276** b
$\gamma$-GTP＝$\gamma$-glutamyl transpeptidase（$\gamma$-グルタミルトランスペプチダーゼ） **422** b
$\gamma_1$ macroglobulin（$\gamma_1$ マクログロブリン） **228** a
$\gamma$ turn（$\gamma$ ターン） **228** a
G＝glycine（グリシン） **270** a
G＝guanosine（グアノシン） **259** b
G418 **458** a
GA＝genetic algorithm（遺伝的アルゴリズム） **393** a
GA＝gibberellin（ジベレリン） **393** a
G2A＝G2 accumulation **794** b
GABA＝$\gamma$-aminobutyric acid（$\gamma$-アミノ酪酸） **242** a
GABAergic neuron（GABA 作動性ニューロン） **32** a
GABA receptor（GABA 受容体） **242** a
GABA transporter（GABA 輸送体） **242** a
G2 accumulation **794** b
G actin（G アクチン） **390** a
G actin-binding protein（G アクチン結合タンパク質） **390** a
GAF＝gamma activated factor **393** a
GAG＝glycosaminoglycan（グリコサミノグリカン） **268** a
GAGA factor（GAGA 因子） **186** a
*gag* gene（*gag* 遺伝子） **238** b
gain of function mutation（機能獲得(性突然)変異） **235** a
Gal＝galactose（ガラクトース） **207** b
galactan（ガラクタン） **375** a
galactosaminoglycan（ガラクトサミノグリカン） **268** a
galactose（ガラクトース） **207** b
galactosemia（ガラクトース血症） **208** a
galactose operon（ガラクトースオペロン） **207** b

galactosylceramide（ガラクトシルセラミド） **207** b
galactosyltransferase（ガラクトシルトランスフェラーゼ） **207** b
galacturonan（ガラクツロナン） **375** a
galacturonic acid（ガラクツロン酸） **810** a
gall（胆汁） **556** a
*m*-galloylgallic acid（*m*-ガロイル没食子酸） **558** a
GalNAc＝$N$-acetylgalactosamine（$N$-アセチルガラクトサミン） **15** b
*gal* operon（*gal* オペロン） **210** b
GAL4 protein（GAL4 タンパク質） **242** a
GAL11 protein（GAL11 タンパク質） **242** a
GAL80 protein（GAL80 タンパク質） **243** a
*GAL* upstream activating sequence（*GAL* 上流活性化配列） **242** a
gametangium（配偶子嚢） **506** b
gamete（配偶子） **682** b
gametogenesis（配偶子形成） **682** b
gamma interferon-inducible lysosomal thiol reductase **154** a
gamma turn（$\gamma$ ターン） **228** a
GANC＝gancyclovir（ガンシクロビル） **223** b
gancyclovir（ガンシクロビル） **223** b
ganglia（神経節） **466** b
ganglion（神経節） **466** a
ganglioside（ガングリオシド） **220** a
gangliosidosis（ガングリオシドーシス） **220** b
gap（ギャップ（アラインメントの）） **240** a
GAP＝GTPase activating protein（GTP アーゼ活性化タンパク質） **396** a
GAP-43 **241** b
gap gene（ギャップ遺伝子） **240** b
gap junction（ギャップ結合） **241** a
gargoylism（ガーゴイリズム） **197** b
Garrod, Archibald Edward（ギャロッド） **243** b
gas chromatography（ガスクロマトグラフィー） **199** a
gas-phase protein sequencer（気相プロテインシークエンサー） **233** b
gastric cancer（胃がん） **64** b
gastric inhibitory polypeptide（ガストリックインヒビトリーポリペプチド） **199** a
gastric secretion（胃酸分泌） **723** b
gastricsin（ガストリクシン） **199** b
gastrin（ガストリン） **199** b
gastrinoma（ガストリン産生腫瘍） **199** b
gastrin-releasing peptide（ガストリン放出ペプチド） **199** b
gastrula（原腸胚） **308** b
gastrula-neurula transition（原腸胚-神経胚転移） **309** a
gastrulation（原腸形成） **308** b
GAT＝$\gamma$-aminobutyric acid transporter（$\gamma$-アミノ酪酸輸送体） **396** a
GATA-3 **202** a
GATA binding protein（GATA 結合タンパク質） **202** a
GATA factor family（GATA 因子群） **201** b
gated transport（ゲート輸送） **300** a
gating（ゲートの開閉） **611** b
gating current（ゲーティング電流） **611** b
Gaucher cell（ゴーシェ細胞） **337** a
Gaucher disease（ゴーシェ病） **337** a
G band（G バンド） **429** b
G-box（G ボックス） **434** b
GC＝granular component **193** b
GC box（GC ボックス） **410** b
GC content（GC 含量） **409** b
GCN4 **409** a
G-CSF＝granulocyte colony-stimulating factor（顆粒球コロニー刺激因子） **408** b

G-CSFR＝granulocyte colony-stimulating factor receptor（顆粒球コロニー刺激因子・受容体） 408 b
$G_1$ cyclin（$G_1$ 期サイクリン） 460 a
GDF＝growth differentiation factor 419 a
GDI＝guanine nucleotide dissociation inhibitor（グアニンヌクレオチド解離抑制因子） 423 b
GDP-GTP exchange factor（GDP-GTP 交換因子） 423 b
GDS＝guanine nucleotide dissociation stimulator 423 b
Gee's disease（ギー病） 236 b
GEF＝GDP-GTP exchange factor（GDP-GTP 交換因子） 392 b
gefitinib（ゲフィチニブ） 303 b
Geiger-Müller counter（ガイガー・ミュラー計数管） 182 a
gelatinase（ゼラチナーゼ） 509 b
gelation（ゲル化（細胞の）） 304 b
gel double diffusion（ゲル内二重拡散法） 305 a
gel electrophoresis（ゲル電気泳動） 305 a
────, polyacrylamide（ポリアクリルアミドゲル電気泳動） 850 a
────, pulsed field（パルスフィールドゲル電気泳動） 702 a
────, SDS-polyacrylamide（SDS-ポリアクリルアミドゲル電気泳動） 125 b
gel filtration（ゲル濾過） 305 a
gel-forming protein（ゲル化タンパク質） 304 b
gel mobility shift assay（ゲルシフト分析） 304 b
gel retardation assay（ゲルシフト分析） 304 b
gel shift assay（ゲルシフト分析） 304 b
gelsolin（ゲルゾリン） 305 a
geminivirus（ジェミニウイルス） 396 b
gene（遺伝子） 75 b
genealogical tree（系統樹） 289 b
gene amplification（遺伝子増幅） 78 b
gene bank（遺伝子バンク） 82 b
gene cloning（遺伝子クローニング） 77 a
gene cluster（遺伝子クラスター） 77 a
gene conversion（遺伝子変換） 83 b
gene disrupted mouse（標的遺伝子破壊マウス） 742 b
gene disruption（遺伝子破壊） 82 a
gene dosage（遺伝子量） 84 a
gene dosage compensation（遺伝子量補償） 84 a
gene driven mutagenesis（遺伝子優先変異誘発） 84 a
gene duplication（遺伝子重複） 80 a
gene engineering（遺伝子工学） 77 a
gene expression（遺伝子発現） 82 a
gene expression profile（遺伝子発現プロファイル） 82 b
gene family（遺伝子ファミリー） 83 a
gene frequency（遺伝子頻度） 83 a
gene fusion（遺伝子融合） 83 b
gene inactivation（遺伝子不活性化） 83 b
gene isolation（遺伝子単離） 79 a
gene knockdown（遺伝子ノックダウン） 82 a
gene knockout（遺伝子ノックアウト） 81 b
gene labeling（遺伝子標識） 82 b
gene library（遺伝子ライブラリー） 84 a
gene map（遺伝子地図） 79 b
gene mapping（遺伝子マッピング） 83 b
GeneMark 278 a
gene network（遺伝子ネットワーク） 81 b
gene ontology（遺伝子オントロジー） 76 b
Gene Ontology 460 b
gene product（遺伝子産物） 78 a
gene product 32 74 a
genera（属） 531 a
generalized transduction（普遍形質導入） 773 b
general transcription factor（基本転写因子） 237 a
generation（世代） 504 b

generation time（世代時間） 504 b
gene rearrangement（遺伝子再編成） 77 b
Gene Recognition and Assembly Internet Link 278 a
gene regulation（遺伝子調節） 79 b
gene regulatory network（遺伝子調節ネットワーク） 80 a
gene regulatory region（遺伝子調節領域） 80 a
gene replacement（遺伝子置換） 79 a
gene responsible for familial breast cancer（家族性乳がん遺伝子） 201 b
GeneScan 278 a
genes for outer membrane proteins（*omp* 遺伝子） 169 a
gene silencing（遺伝子サイレンシング） 77 b
genes-within-genes（遺伝子内遺伝子） 81 a
gene symbol（遺伝子記号） 76 b
gene targeting（遺伝子ターゲッティング） 78 b
gene targeting mouse（遺伝子ターゲッティングマウス） 79 a
gene therapy（遺伝子治療） 80 a
genetic algorithm（遺伝的アルゴリズム） 85 b
genetic anticipation（表現促進効果） 741 b
genetic background（遺伝的背景） 86 a
genetic code（遺伝暗号） 75 a
genetic competence（遺伝受容能） 84 a
genetic counseling（遺伝カウンセリング） 75 a
genetic diagnosis（遺伝子診断） 78 a
genetic disease（遺伝病） 86 b
genetic diversity（遺伝的多様性） 86 a
genetic drift（遺伝的浮動） 86 a
genetic engineering（遺伝子工学） 77 a
genetic epidemiology（遺伝疫学） 75 b
genetic fine map（遺伝子微細地図） 82 b
Geneticin（ジェネティシン） 396 a
genetic information（遺伝情報） 84 a
genetic map（遺伝地図） 85 a
genetic marker（遺伝的マーカー） 86 a
genetic polarity（遺伝の極性） 85 b
genetic polymorphism（遺伝の多型） 85 b
genetic recombination（遺伝的組換え） 85 b
genetic regulation of sporulation（胞子形成の遺伝子調節） 832 b
genetics（遺伝学） 75 b
genetic symbol（遺伝子記号） 76 b
genetic type（遺伝子型） 76 a
gene transfer（遺伝子導入） 80 b
gene trap（遺伝子トラップ） 81 a
gene walking（遺伝子歩行） 81 b
genistein（ゲニステイン） 300 a
genital dysplasia（生殖器異形成） 496 b
Genomapper（RIKEN） 396 a
genome（ゲノム） 300 b
genome complexity（ゲノムの複雑性） 302 b
genome encyclopedia（ゲノムエンサイクロペディア） 301 b
genome evolution（ゲノムの進化） 302 b
genome instability（ゲノム不安定性） 302 b
genome-linked viral protein（ゲノム結合ウイルスタンパク質） 301 b
genome mapping（ゲノムマッピング） 303 a
genome project（ゲノムプロジェクト） 303 a
genomic binding-site cloning（ゲノム結合部位クローニング法） 301 b
genomic cloning（ゲノムクローニング） 301 b
genomic DNA clone（ゲノム DNA クローン） 302 a
genomic DNA library（ゲノム DNA ライブラリー） 302 a
genomic drug discovery（ゲノム創薬） 302 a
genomic footprinting（ゲノムフットプリント法） 302 b
genomic imprinting（ゲノムインプリンティング） 301 a
genomics（ゲノミクス） 300 b

欧文索引　1093

genomic sequencing（ゲノムシークエンシング）　301 b
genotoxic agent（遺伝毒性物質）　86 b
genotoxicity（遺伝毒性）　86 b
genotype（遺伝子型）　76 a
genotyping（遺伝子多型解析）　590 b
gentamicin（ゲンタマイシン）　31 a
genus（属）　531 a
geometrical isomer（幾何異性体）　231 a
geotropism（屈地性）　261 b
gephyrin（ゲフィリン）　303 b
geranylgeranylation（ゲラニルゲラニル化）　304 a
germ cell（生殖細胞）　496 b
germinal vesicle（卵核胞）　932 b
germinal vesicle breakdown（卵核胞崩壊）　933 a
germination（発芽）　692 a
germ layer（胚葉）　686 a
germline stem cell（精子幹細胞）　495 b
germsporangiophore（生殖胞子嚢柄）　506 b
germsporangium（生殖胞子嚢）　506 b
gestagen（ゲスターゲン）　290 a
GFAP＝glial fibrillary acidic protein（グリア繊維酸性タンパク質）　396 b
GFP＝green fluorescent protein　396 b
GGA＝Golgi-localizing, gamma-adaptin ear homolgy domain, ARF-binding protein　577 b
GGF＝glial growth factor（グリア増殖因子）　661 b
GH＝growth hormone（成長ホルモン）　395 b
GHF-1　395 b
ghost（ゴースト）　337 b
ghrelin（グレリン）　279 a
GHRF＝growth hormone-releasing factor（成長ホルモン放出因子）　395 b
GHRH＝growth hormone-releasing hormone（成長ホルモン放出ホルモン）　395 b
GHRIH＝growth hormone-release-inhibiting hormone（成長ホルモン放出抑制ホルモン）　395 b
$G_i$　415 a
giant chromosome（巨大染色体）　252 a
giant platelet syndrome（巨大血小板症候群）　252 a
giant proerythroblast（巨大前赤芽球）　341 b
giant protein（巨大タンパク質）　252 a
gibberellin（ジベレリン）　433 a
Gibbs free energy（ギブズの自由エネルギー）　236 b
Gibbs-Helmholtz equation（ギブズ・ヘルムホルツの式）　236 b
Giemsa staining（ギムザ染色）　237 a
GIF＝growth hormone-release-inhibiting factor（成長ホルモン放出抑制因子）　390 a
giga seal formation（ギガシール形成）　231 a
Gilbert, Walter（ギルバート）　252 b
Gilman, Alfred G.（ギルマン）　252 b
GILT＝gamma interferon-inducible lysosomal thiol reductase　154 a
GIP＝gastric inhibitory polypeptide（ガストリックインヒビトリーポリペプチド）　390 a
GIRK1　415 b
GITR＝glucocorticoid-induced tumor necrosis factor receptor related protein　390 a
G kinase（G キナーゼ）　401 a
Gla＝γ-carboxyglutamic acid（γ-カルボキシグルタミン酸）　728 a
gland（腺）　514 a
Glanzmann disease（グランツマン病）　267 a
Glanzmann thrombasthenia（グランツマン血小板無力症）　267 a
Glc＝glucose（グルコース）　273 b
GlcN＝glucosamine（グルコサミン）　273 b
GlcNAc＝N-acetylglucosamine（N-アセチルガラクトサミン）　15 b
glia cell（グリア細胞）　267 a
glial cell（グリア細胞）　267 a
glial fibril（グリア原繊維）　267 a
glial fibrillary acidic protein（グリア繊維酸性タンパク質）　267 b
glial fibrillary protein（グリア繊維タンパク質）　267 b
glial filament（グリアフィラメント）　267 b
glial growth factor（グリア増殖因子）　661 b
glial-guided molecule（グリア側誘導分子）　267 a
glia maturation factor（グリア成熟因子）　267 a
glioblastoma（グリオブラストーマ）　268 a
glioblastoma multiforme（多形膠芽腫）　547 b
glioma（グリオーマ）　268 a
gliosis（グリオーシス）　267 a
glisoxepide（グリソキセピド）　14 b
Gln＝glutamine（グルタミン）　276 b
globin（グロビン）　280 a
globin gene（グロビン遺伝子）　280 a
globoid cell leukodystrophy（グロボイド細胞性ロイコジストロフィー）　280 b
globular actin（G アクチン）　390 a
globular protein（球状タンパク質）　244 a
GLP＝glucagon-like peptide（グルカゴン様ペプチド）　397 b
Glu＝glutamic acid（グルタミン酸）　276 b
glucagon（グルカゴン）　272 b
glucagon-like peptide（グルカゴン様ペプチド）　272 b
β-1,3-D-glucan（β-1,3-D-グルカン）　375 a
β-1,3-glucan laminaripentao hydrolase（β-1,3-グルカンラミナリペンタオヒドロラーゼ）　378 a
glucocerebroside（グルコセレブロシド）　275 a
glucocorticoid（グルココルチコイド）　273 a
glucocorticoid-induced tumor necrosis factor receptor related protein　390 a
glucocorticoid receptor（グルココルチコイド受容体）　273 a
glucocorticoid response element（グルココルチコイド応答配列）　273 a
glucocorticoid targeting enhancer element（グルココルチコイド標的エンハンサー配列）　273 b
glucokinase（グルコキナーゼ）　273 a
glucomannan（グルコマンナン）　375 a
gluconeogenesis（糖新生）　625 b
glucosamine（グルコサミン）　273 b
glucosaminoglycan（グルコサミノグリカン）　268 a
glucose（グルコース）　273 b
glucose-alanine cycle（グルコース-アラニン回路）　273 b
glucose 1-dehydrogenase（グルコース 1-デヒドロゲナーゼ）　274 a
glucose metabolism（グルコース代謝）　273 b
glucose-6-phosphatase deficiency（グルコース-6-ホスファターゼ欠損症）　274 b
glucose-6-phosphate dehydrogenase（グルコース-6-リン酸デヒドロゲナーゼ）　275 a
glucose-6-phosphate dehydrogenase deficiency（グルコース-6-リン酸デヒドロゲナーゼ欠損症）　275 a
glucose-regulated protein（グルコース調節タンパク質）　274 a
glucose repression（グルコース抑制）　273 b
glucose transport（グルコース輸送）　274 b
glucose transporter（グルコース輸送体）　274 b
glucose transporter family（グルコース輸送体ファミリー）　275 a
glucosylceramide synthase（グルコシルセラミドシンターゼ）　273 b
glucuronoarabinoxylan（グルクロノアラビノキシラン）　375 a
GLUT　274 b

GLUT1　274 b
glutamate dehydrogenase（グルタミン酸デヒドロゲナーゼ）
　　　　　564 a
glutamate receptor（グルタミン酸受容体）　276 b
glutamate receptor channel（グルタミン酸受容体チャネル）
　　　　　276 b
glutamate transporter（グルタミン酸輸送体）　276 b
glutamic acid（グルタミン酸）　276 b
glutamine（グルタミン）　276 b
glutamine amidotransferase（グルタミンアミドトランスフェ
　　　　　ラーゼ）　564 a
glutamine synthetase（グルタミンシンテターゼ）　564 a
glutamyl aminopeptidase（グルタミルアミノペプチダーゼ）
　　　　　276 a
$N$-($N$-L-$\gamma$-glutamyl-L-cysteinyl)glycine（$N$-($N$-L-$\gamma$-グルタミ
　　　　　ル-L-システイニル）グリシン）　275 b
glutathione（グルタチオン）　275 b
glutathione $S$-alkyltransferase（グルタチオン $S$-アルキルトラ
　　　　　ンスフェラーゼ）　276 a
glutathione $S$-aryltransferase（グルタチオン $S$-アリールトラ
　　　　　ンスフェラーゼ）　276 a
glutathione conjugation（グルタチオン抱合）　276 a
glutathione $S$-conjugation（グルタチオン $S$-抱合）　276 a
glutathione $S$-epoxide transferase（グルタチオン $S$-エポキシド
　　　　　トランスフェラーゼ）　276 a
glutathione peroxidase（グルタチオンペルオキシダーゼ）
　　　　　276 a
glutathione reductase（グルタチオンレダクターゼ）　275 b
glutathione synthase（グルタチオンシンターゼ）　275 b
glutathione transferase（グルタチオントランスフェラーゼ）
　　　　　276 b
glutathione $S$-transferase（グルタチオン $S$-トランスフェラー
　　　　　ゼ）　276 a
gluten-sensitive enteropathy（グルテン過敏性腸症）　277 b
Gly＝glycine（グリシン）　270 a
glycan（グリカン）　268 a
glycation（グリケーション）　268 a
glyceraldehyde-3-phosphate dehydrogenase（グリセルアルデ
　　　　　ヒド-3-リン酸デヒドロゲナーゼ）　271 a
glycerin（グリセリン）　271 b
glycerol（グリセロール）　271 b
glycerol-3-phosphate dehydrogenase（グリセロール-3-リン酸
　　　　　デヒドロゲナーゼ）　271 b
glycerol phosphate shuttle（グリセロールリン酸シャトル）
　　　　　271 b
$\alpha$-glycerophosphate dehydrogenase（$\alpha$-グリセロリン酸デヒド
　　　　　ロゲナーゼ）　271 b
glycerophospholipid（グリセロリン脂質）　271 b
glycine（グリシン）　270 a
glycine decarboxylase（グリシンデカルボキシラーゼ）　316 a
glycine receptor（グリシン受容体）　270 a
glycocalyx（糖衣）　622 a
glycocoll（グリココル）　270 a
glycogen（グリコーゲン）　268 a
glycogenosis（糖原病）　624 b
glycogen phosphorylase（グリコーゲンホスホリラーゼ）　268 b
glycogen phosphorylase kinase（グリコーゲンホスホリラーゼ
　　　　　キナーゼ）　268 b
glycogen（starch）synthase（グリコーゲン（デンプン）シン
　　　　　ターゼ）　268 b
glycogen storage disease（糖原病）　624 b
glycogen storage disease type Ia（糖原病 Ia 型）　625 a
glycogen storage disease type III（糖原病 III 型）　625 a
glycogen synthase（グリコーゲンシンターゼ）　268 a
glycogen synthase kinase（グリコーゲンシンターゼキナーゼ）
　　　　　268 b
glycogen synthase kinase-3$\beta$　5 b
glycolate pathway（グリコール酸経路）　270 a
glycolic acid（グリコール酸）　270 a
glycolipid（糖脂質）　625 a
glycolysis（解糖）　183 b
glycolytic pathway（解糖系）　183 b
glycopeptide（糖ペプチド）　628 b
glycophorin（グリコホリン）　270 a
glycoprotein（糖タンパク質）　626 b
glycosaminoglycan（グリコサミノグリカン）　268 b
glycosidase（グリコシダーゼ）　269 a
glycosidic bond（グリコシド結合）　269 a
glycosidic linkage（グリコシド結合）　269 a
glycosphingolipid（スフィンゴ糖脂質）　486 a
glycosylation（グリコシル化（タンパク質の））　269 a
glycosyl ceramide（グリコシルセラミド）　269 a
glycosylphosphatidylinositol-anchored protein（グリコシルホス
　　　　　ファチジルイノシトールアンカー型タンパク質）
　　　　　270 a
glycosyltransferase（グリコシルトランスフェラーゼ）　269 b
glyoxylate cycle（グリオキシル酸回路）　267 b
glyoxyldiureide（グリオキシルジウレイド）　36 a
glyoxysome（グリオキシソーム）　267 b
glypican（グリピカン）　272 b
GM-CSF＝granulocyte-macrophage colony stimulating factor
　　　　　（顆粒球-マクロファージコロニー刺激因子）　397 a
GM-CSFR＝granulocyte-macrophage colony-stimulating factor
　　　　　receptor（顆粒球-マクロファージコロニー刺激因子受
　　　　　容体）　397 a
GMEM＝glioma mesenchymal extracellular matrix　397 b
$G_{M1}$-gangliosidosis（$G_{M1}$ ガングリオシドーシス）　397 a
GMP＝guanosine monophosphate（グアノシン一リン酸）
　　　　　397 a
GMP-140＝granule membrane protein-140　726 a
GnRH＝gonadotropin-releasing hormone（性腺刺激ホルモン放
　　　　　出ホルモン）　396 a
$G_0$　415 a
GO＝Gene Ontology　397 b
goblet cell（杯状細胞）　683 a
Goldberg-Hogness box（ゴールドバーグ・ホグネスボックス）
　　　　　348 b
golden hamster（ゴールデンハムスター）　348 b
Goldman-Hodgkin-Katz equation（ゴールドマン・ホジキン・
　　　　　カッツの式）　348 b
$G_{olf}$　415 a
Golgi apparatus（ゴルジ装置）　347 b
Golgi body（ゴルジ体）　347 b
Golgi complex（ゴルジ複合体）　348 a
Golgi-localizing, gamma-adaptin ear homolgy domain, ARF-
　　　　　binding protein　577 b
Golgi membrane（ゴルジ膜）　347 b
gonacrine（ゴナクリン）　344 a
gonadal dysgenesis（性腺形成不全症）　497 b
gonadotropic hormone（性腺刺激ホルモン）　497 b
gonadotropin（ゴナドトロピン）　344 a
gonadotropin-releasing hormone（性腺刺激ホルモン放出ホル
　　　　　モン）　497 b
GOTO　462 a
gout（痛風）　576 a
GP32＝gene product 32　74 a
gp80　100 b
gp120　432 a
gp130　100 b
GPIIb-IIIa＝glycoprotein IIb-IIIa　431 b
G4 phage（ファージ G4）　749 b
$G_0$ phase（$G_0$ 期）　414 a

欧文索引　1095

$G_1$ phase($G_1$ 期)　460 a
$G_2$ phase($G_2$ 期)　417 a
GPI-anchored protein(GPI アンカー型タンパク質)　430 a
gp90$^{MEL}$　160 a
GPR4　794 b
GPR23　941 a
GPR65　794 b
GPR68　794 b
GPR92　941 a
GPR132　794 b
G protein(G タンパク質)　415 a
G protein βWD-40 repeat(G タンパク質 βWD-40 リピート)　415 b
G protein-coupled potassium channel(G タンパク質共役型カリウムチャネル)　415 b
G protein-coupled receptor(G タンパク質共役型受容体)　415 b
G protein-coupled receptor kinase(G タンパク質共役受容体キナーゼ)　415 b
$G_q$　415 a
G-quartet(G カルテット)　925 b
grafting(移植)　67 a
graft rejection(移植拒絶反応)　67 b
graft-versus-host disease(移植片対宿主病)　67 b
graft-versus-leukemia effect(移植片対白血病効果)　67 b
GRAIL＝Gene Recognition and Assembly Internet Link　278 a
gramicidin(グラミシジン)　266 a
Gram-negative bacteria(グラム陰性(細)菌)　266 b
Gram-positive bacteria(グラム陽性(細)菌)　266 b
Gram stain(グラム染色)　266 b
grana(グラナ)　265 b
grana thylakoid(グラナチラコイド)　265 b
granular component　193 b
granule cell(顆粒細胞)　210 a
granule membrane protein-140　726 a
granulocyte(顆粒球)　209 a
granulocyte colony forming cell(顆粒球コロニー形成細胞)　209 b
granulocyte colony forming unit(顆粒球コロニー形成単位)　209 b
granulocyte colony-stimulating factor(顆粒球コロニー刺激因子)　209 b
granulocyte colony-stimulating factor receptor(顆粒球コロニー刺激因子受容体)　209 b
granulocyte-macrophage colony forming cell(顆粒球-マクロファージコロニー形成細胞)　209 b
granulocyte-macrophage colony forming unit(顆粒球-マクロファージコロニー形成単位)　209 b
granulocyte-macrophage colony stimulating factor(顆粒球-マクロファージコロニー刺激因子)　210 a
granulocyte-macrophage colony-stimulating factor receptor(顆粒球-マクロファージコロニー刺激因子受容体)　210 a
granuloma(肉芽(げ)腫)　654 b
granum(グラナ)　265 b
granzyme(グランザイム)　267 a
graphical model(グラフィカルモデル)　808 b
graph theory(グラフ理論)　266 a
Graves' disease(グレーブス病)　279 a
gravitropism(重力屈性)　441 a
gray(グレイ)　278 a
gray crescent(灰色新月環)　681 a
gray matter(灰白質)　185 b
Grb7＝growth factor receptor binding protein 7　266 a
Grb10　266 a
Grb2/Ash　265 b
green algae(緑藻類)　954 a
green fluorescent protein(緑色蛍光タンパク質)　954 a
Greengard, Paul(グリーンガード)　272 a
green sulfur bacteria(緑色硫黄(細)菌)　954 a
grey crescent(灰色新月環)　681 a
GRF＝growth hormone-releasing factor(成長ホルモン放出因子)　391 b
GRF＝guanine nucleotide-releasing factor(グアニンヌクレオチド解離因子)　423 b
GRH＝growth hormone-releasing hormone(成長ホルモン放出ホルモン)　391 b
GRK＝G protein-coupled receptor kinase(G タンパク質共役受容体キナーゼ)　391 b
GRLN＝ghrelin(グレリン)　391 b
gRNA＝guide RNA(ガイド RNA)　391 a
GroEL　279 a
GroES　279 a
Gross leukemia virus(グロス白血病ウイルス)　279 b
Groucho　643 b
ground tissue system(基本組織系)　237 a
growth(成長)　499 b
growth associated protein-43　242 a
growth cartilage(成長軟骨)　499 b
growth cone(成長円錐)　499 b
growth control(成長制御)　499 b
growth curve(増殖曲線)　528 a
growth factor　528 a
——, acidic fibroblast(酸性繊維芽細胞増殖因子)　387 b
——, basic fibroblast(塩基性繊維芽細胞増殖因子)　161 b
——, embryonic(胚増殖因子)　684 a
——, epidermal(上皮増殖因子)　453 b
——, fibroblast(繊維芽細胞増殖因子)　514 b
——, glial(グリア増殖因子)　661 b
——, hematopoietic stem cell(造血幹細胞増殖因子)　526 b
——, heparin-binding(ヘパリン結合性増殖因子)　816 a
——, heparin-binding EGF-like(ヘパリン結合性 EGF 様増殖因子)　816 a
——, hepatocyte(肝細胞増殖因子)　222 b
——, insulin-like(インスリン様増殖因子)　94 b
——, keratinocyte(角質細胞増殖因子)　193 b
——, nerve(神経成長因子)　465 a
——, platelet-derived(血小板由来増殖因子)　298 a
——, vascular endothelial(cell)(血管内皮(細胞)増殖因子)　294 b
growth factor receptor(増殖因子受容体)　528 a
growth factor receptor binding protein 7　266 a
growth factor receptor bound protein 2　265 b
growth hormone(成長ホルモン)　500 a
growth hormone receptor(成長ホルモン受容体)　500 a
growth hormone-release-inhibiting factor(成長ホルモン放出抑制因子)　500 a
growth hormone-release-inhibiting hormone(成長ホルモン放出抑制ホルモン)　500 a
growth hormone-releasing factor(成長ホルモン放出因子)　500 a
growth hormone-releasing hormone(成長ホルモン放出ホルモン)　500 a
growth medium(増殖培地)　528 a
growth phase(増殖期)　528 a
growth plate(成長板)　500 a
growth point culture(成長点培養)　499 b
growth retardation(成長抑制)　500 b
GRP＝glucose-regulated protein(グルコース調節タンパク質)　391 b
GRP＝gastrin-releasing peptide(ガストリン放出ペプチド)　391 b
GRP78　391 b
GRP94　392 a

GrpE　585 b
$G_s$　415 a
GS cell＝germline stem cell（精子幹細胞）　394 b
$G_1$/S check point（$G_1$/S チェックポイント）　460 a
GS domain（GS ドメイン）　342 a
GSH（グルタチオン）　394 b
GSK＝glycogen synthase kinase（グリコーゲンシンターゼキナーゼ）　394 b
GSK-3β＝glycogen synthase kinase-3β　5 b
gSNP＝intergenic SNP　394 b
GSPT＝$G_1$ to S phase transition of cell cycle　153 a
$G_t$　415 a
G-tail　610 b
GTH＝gonadotropic hormone（性腺刺激ホルモン）　418 b
$G_1$ to S phase transition of cell cycle　153 a
GTP＝guanosine 5'-triphosphate（グアノシン 5'-三リン酸）　422 b
GTPase（GTP アーゼ）　422 b
GTPase activating protein（GTP アーゼ活性化タンパク質）　423 a
GTP-binding protein（GTP 結合タンパク質）　423 a
GT repeat（GT 反復配列）　422 b
Gua＝guanine（グアニン）　259 b
GU-AG rule（GU-AG 則）　441 a
guanazolo（グアナゾロ）　259 a
5-guanidino-2-aminovaleric acid（5-グアニジノ-2-アミノ吉草酸）　45 a
guanidinodesiminase（グアニジノデスイミナーゼ）　259 a
guanine（グアニン）　259 a
guanine nucleotide dissociation inhibitor（グアニンヌクレオチド解離抑制因子）　423 a
guanine nucleotide dissociation stimulator　423 b
guanine nucleotide-releasing factor（グアニンヌクレオチド解離因子）　423 a
guanine tetrad（グアニン四重らせん）　259 b
guanosine（グアノシン）　259 b
guanosine 5'-diphosphate 3'-diphosphate（グアノシン 5'-二リン酸 3'-二リン酸）　260 a
guanosine monophosphate（グアノシン一リン酸）　260 a
guanosine triphosphatase（グアノシントリホスファターゼ）　260 a
guanosine 5'-triphosphate（グアノシン 5'-三リン酸）　260 a
guanylate cyclase（グアニル酸シクラーゼ）　259 a
guanylic acid（グアニル酸）　259 a
guanyl pyrophosphatase（グアニルピロホスファターゼ）　259 a
guanylyl cyclase（グアニリルシクラーゼ）　259 a
guard cell（孔辺細胞）　333 a
guidepost cell（道しるべ細胞）　879 a
guidepost neuron（道しるべニューロン）　879 a
guide RNA（ガイド RNA）　183 a
guinea pig（モルモット）　908 b
Guo＝guanosine（グアノシン）　259 b
Gurken　609 b
GUS＝β-glucuronidase（β-グルクロニダーゼ）　441 b
gut（腸）　569 a
gut-associated lymphoid tissue（腸付随リンパ組織）　681 a
GVHD＝graft-versus-host disease（移植片対宿主病）　432 a
GVL＝graft-versus-leukemia effect（移植片対白血病効果）　432 b
Gy＝gray（グレイ）　278 a
gynandromorph（雌雄モザイク）　440 b
gynogenesis（雌性発生）　414 a
gynogenetic zygote（雌型接合子）　405 a
gynogenone（雌性胚）　414 a
gyrA　585 b

gyrB　585 b

# H

H＝histidine（ヒスチジン）　724 a
$^2$H（重水素）　622 a
HAC＝human artificial chromosome（ヒト人工染色体）　131 a
HAC1　784 b
haem（ヘム）　819 b
haemoglobin（ヘモグロビン）　820 b
Haemophilus influenzae genome（インフルエンザ菌ゲノム）　104 a
H23AG　135 b
Hageman factor（ハーゲマン因子）　689 b
hair cell（有毛細胞）　914 a
hair cell of cochlea（蝸牛管有毛細胞）　188 b
hairly cell leukemia（毛状細胞白血病）　905 a
hairpin bend（ヘアピンベンド）　807 a
hairpin loop（ヘアピンループ）　807 a
hairpin ribozyme（ヘアピン型リボザイム）　807 a
hairy root disease（毛根病）　10 b
Haldane, John Burdon Sanderson（ホールデン）　855 a
half-life（半減期）　703 a
Halobacterium（ハロバクテリウム）　703 b
Halococcus（ハロコッカス）　312 b
halophile（好塩菌）　312 b
halophilic bacteria（好塩菌）　312 b
hamartin（ハマルチン）　299 a
hammerhead ribozyme（ハンマーヘッド型リボザイム）　706 b
HAM/TSP＝HTLV-1-associated myelopathy/tropical spastic paraparesis（HTLV-1 随伴ミエロパチー）　732 a
HANE＝hereditary angioneurotic edema（遺伝性血管神経症性浮腫）　392 b
hANP＝human atrial natriuretic peptide（ヒト心房性ナトリウム利尿ペプチド）　651 a
Hansen's disease（ハンセン病）　704 a
H antigen（H 抗原）　133 b
H-2 antigen（H-2 抗原）　134 b
$H^+$ antiport（プロトン対向輸送）　794 b
haploid（ハプロイド）　700 a
haploid embryogenesis（半数性不定胚形成）　704 a
haploid generation（単相世代）　557 b
haploid number（単数）　556 b
haploinsufficiency（ハプロ不全）　700 b
haplotype（ハプロタイプ）　700 a
haplotype mapping（ハプロタイプマッピング）　700 b
hapten（ハプテン）　700 a
hapten-carrier complex（ハプテン-担体複合体）　700 b
haptotropism（屈触性）　261 a
hardening（耐性強化）　540 a
Hardy-Weinberg law（ハーディー・ワインベルクの法則）　698 b
Hartwell, Leland H.（ハートウエル）　698 a
Harversian canal（ハバース管）　339 b
Harversian lamella（ハバース層板）　339 b
hashish（ハシッシュ）　690 a
HAT＝histone acetyltransferase（ヒストンアセチルトランスフェラーゼ）　132 b
Hatch-Slack cycle（ハッチ・スラック回路）　697 b
HAT medium（HAT 培地）　698 a
$H^+$-ATPase（$H^+$-ATP アーゼ）　794 b
Haworth projection（ハース投影式）　690 b
Hayflick limit（ヘイフリック限界）　809 a
Hb＝hemoglobin（ヘモグロビン）　135 b

欧文索引　1097

H band(H 帯)　**134** a
HB-EGF＝heparin-binding EGF-like growth factor(ヘパリン結合性 EGF 様増殖因子)　**135** b
*hb* gene(*hb* 遺伝子)　**135** b
HBGF＝heparin-binding growth factor(ヘパリン結合性増殖因子)　**135** b
HBV＝*Hepatitis B virus*(B 型肝炎ウイルス)　**135** b
HC＝hypochondroplasia(軟骨低形成症)　**134** a
H chain(H 鎖)　**134** a
H chain disease(H 鎖病)　**134** a
HCL＝hairly cell leukemia(毛状細胞白血病)　**134** a
HCR＝hemin-controlled repressor(ヘミン調節性リプレッサー)　**134** a
HCV＝*hepatitis C virus*(C 型肝炎ウイルス)　**134** a
HDAC＝histone deacetylase(ヒストンデアセチラーゼ)　**135** a
HDC＝histidine decarboxylase(ヒスチジンデカルボキシラーゼ)　**723** a
hDia1　**135** a
HDL＝high density lipoprotein(高密度リポタンパク質)　**135** a
heart muscle(心筋)　**460** b
heat denaturation(熱変性)　**673** a
heat shock element(熱ショックエレメント)　**672** a
heat shock factor(熱ショック転写因子)　**672** b
heat shock gene(熱ショック遺伝子)　**672** a
heat shock promoter(熱ショックプロモーター)　**673** a
heat shock protein(熱ショックタンパク質)　**672** a
heat shock response(熱ショック応答)　**672** a
heat shock transcription factor(熱ショック転写因子)　**672** b
heavy chain(重鎖)　**438** a
heavy isotope(重同位体)　**439** b
heavy meromyosin(ヘビーメロミオシン)　**898** a
*hedgehog* gene(ヘッジホッグ遺伝子)　**813** a
hedgehog signaling pathway(ヘッジホッグシグナル伝達系)　**813** a
Heine-Medin disease(ハイネ・メジン病)　**684** b
HeLa cell(HeLa 細胞)　**743** a
HeLa marker(HeLa マーカー)　743 a
*Helicobacter pylori*(ヘリコバクター＝ピロリ)　**821** a
heliobacteria(ヘリオバクテリア)　**821** a
3₁₀ helix(3₁₀ ヘリックス)　**490** b
helix-coil transition(ヘリックスコイル転移)　**821** b
helix-destabilizing protein(らせん不安定化タンパク質)　**927** a
helix-loop-helix(ヘリックス・ループ・ヘリックス)　**822** a
helix-turn-helix(ヘリックス・ターン・ヘリックス)　**821** b
helix-turn-herix family(ヘリックス・ターン・ヘリックスファミリー)　**821** b
Helmholtz free energy(ヘルムホルツの自由エネルギー)**824** b
helper T cell(ヘルパー T 細胞)　**824** b
helper virus(ヘルパーウイルス)　**824** b
hemachromatosis(ヘマクロマトーシス)　**819** a
hemagglutinin(赤血球凝集素)　**505** a
hemangioma(血管腫)　**294** a
hematochromatosis(ヘマトクロマトーシス)　**819** a
hematopoiesis(造血)　**525** a
hematopoietic glowth factors(造血因子)　**525** a
hematopoietic stem cell(造血幹細胞)　**525** b
hematopoietic stem cell growth factor(造血幹細胞増殖因子)　**526** b
hematoxylin(ヘマトキシリン)　**819** a
heme(ヘム)　**819** b
heme-regulated eIF-2α kinase(ヘム調節性 eIF-2α キナーゼ)　**820** a
heme-regulated inhibitor(ヘム調節性インヒビター)　**820** a
Hemiascomycetes(半子嚢菌類)　**429** a
hemicellulose(ヘミセルロース)　**819** a
hemidesmosome(ヘミデスモソーム)　**819** a

hemimethylation (of DNA)(ヘミメチル化(DNA の))　**819** b
hemin-controlled repressor(ヘミン調節性リプレッサー)　**819** b
hemizygote(半接合体)　**704** a
hemochromatosis(ヘモクロマトーシス)　**821** a
hemocyanin(ヘモシアニン)　**821** a
hemoglobin(ヘモグロビン)　**820** a
hemoglobin Chesapeake(ヘモグロビン・チェサピーク)　820 b
hemoglobin Kansas(ヘモグロビン・カンザス)　820 b
hemoglobinopathy(ヘモグロビン異常症)　**820** a
hemoglobin S disease(ヘモグロビン S 症)　**820** b
hemoglobin synthesis(ヘモグロビン合成)　**820** b
hemolysin(溶血素)　168 b
hemolysis(溶血)　**919** a
hemolytic anemia(溶血性貧血)　**919** b
hemolytic crisis(溶血発症)　**920** a
hemolytic plaque(溶血斑)　**920** a
hemolytic plaque assay(溶血プラークアッセイ)　**920** a
hemolytic uremic syndrome(溶血性尿毒症症候群)　741 b
hemophilia(血友病)　**299** b
hemopoietic inductive microenvironment(造血微小環境)　526 a
hemopoietic progenitor cell(造血前駆細胞)　**526** a
hemopoietic stem cell(造血幹細胞)　**525** a
Hensen's node(ヘンゼン結節)　503 a
*Hepadnaviridae*(ヘパドナウイルス科)　**815** b
heparan sulfate(ヘパラン硫酸)　**815** b
heparan sulfate proteoglycan(ヘパラン硫酸プロテオグリカン)　**815** b
heparin(ヘパリン)　**815** b
heparin-binding EGF-like growth factor(ヘパリン結合性 EGF 様増殖因子)　**816** a
heparin-binding growth factor(ヘパリン結合性増殖因子)　**816** a
heparitin sulfate(ヘパリチン硫酸)　**815** b
hepatic cell(肝細胞)　**222** a
hepatic cirrhosis(肝硬変)　**221** a
hepatic lectin(肝レクチン)　**229** a
hepatic parenchymal cell(肝実質細胞)　**223** a
hepatic stem cell(肝性幹細胞)　**224** b
hepatitis(肝炎)　**219** a
*Hepatitis A virus*(A 型肝炎ウイルス)　**116** b
hepatitis B surface antigen(HBs 抗原)　**135** b
*Hepatitis B virus*(B 型肝炎ウイルス)　**712** a
*Hepatitis C virus*(C 型肝炎ウイルス)　**399** a
hepatocarcinoma(肝細胞がん)　**222** b
hepatocellular carcinoma(肝細胞がん)　**222** b
hepatocyte(肝細胞)　**222** a
hepatocyte growth factor(肝細胞増殖因子)　**222** b
hepatocyte growth factor receptor(肝細胞増殖因子受容体)　**223** a
hepatocyte nuclear factor(肝細胞核因子)　**222** b
hepatocyte specific factor(肝細胞特異的因子)　**223** a
hepatocyte stimulating factor(肝細胞刺激因子)　100 b
hepatolenticular degeneration(肝レンズ核変性病)　**229** a
hepatoma(肝細胞がん)　**222** b
HepG2 cell(HepG2 細胞)　**131** b
Herceptin(ハーセプチン)　**691** b
hereditary angioneurotic edema(遺伝性血管神経症性浮腫)　**392** a
hereditary elliptocytosis(遺伝性楕円赤血球症)　**85** a
hereditary enzyme defects(遺伝性酵素欠損症)　**85** a
hereditary non-polyposis colon cancer(遺伝性非腺腫性大腸がん)　**85** a
hereditary ovalocytosis(遺伝性楕円赤血球症)　**85** a
hereditary persistence of fetal hemoglobin(遺伝性高胎児ヘモグロビン血症)　820 b
hereditary pyropoikilocytosis(遺伝性楕円赤血球症)　**85** a

hereditary spherocytosis（遺伝性球状赤血球症） 85 a
heredity（遺伝） 74 b
heregulin（ヒレグリン） 661 b
HERG＝human ether-a-go-go related gene　561 b
hermaphrodite（両性体） 953 b
Hermes antigen（ヘルメス抗原） 825 a
*Herpes simplex virus*（単純ヘルペスウイルス） 556 b
herpesvirus（ヘルペスウイルス） 824 b
herpes zoster virus（帯状疱疹ウイルス） 540 b
Hers disease（ハース病） 691 a
Hershey, Alfred Day（ハーシー） 689 b
Hershko, Avram（ハーシュコ） 690 a
heteroauxin（ヘテロオーキシン） 102 a
heterochromatin（ヘテロクロマチン） 813 b
heterochromatin protein 1（ヘテロクロマチンタンパク質 1）
　　814 a
heterochronic mutation（異時性突然変異） 66 a
heterocyst（異質細胞） 66 b
heteroduplex（ヘテロ二本鎖） 814 a
heterogeneous nuclear ribonucleoprotein（ヘテロ核リボ核タン
　　パク質） 813 b
heterogeneous nuclear RNA（ヘテロ核 RNA） 813 b
heterogeneous ribonucleoprotein particle（ヘテロリボ核タンパ
　　ク質粒子） 813 b
heterogony（周期性単性生殖） 437 b
heterokaryon（ヘテロカリオン） 813 b
heterolysosome（ヘテロリソソーム） 815 a
heterophagolysosome（ヘテロファゴリソソーム） 815 a
heterophagosome（ヘテロファゴソーム） 814 b
heterophagy（ヘテロファジー） 815 a
heterophilic adhesion（ヘテロフィリックな接着） 371 b
heteroploid（異数体） 68 a
heteroploidy（異数性） 68 a
heteropolysaccharide（ヘテロ多糖） 814 b
hetero-receptor（ヘテロレセプター） 815 a
heterosis（雑種強勢） 381 b
heterosynaptic facilitation（異シナプス性促通） 67 a
heterothallic strain（異体性株） 70 b
heterotrophism（従属栄養） 439 a
heterotrophy（従属栄養） 439 a
heterozygosity（ヘテロ接合性） 814 b
heterozygote（ヘテロ接合体） 814 b
HEV＝high endothelial venule（高内皮細静脈） 131 a
hexabrachion（ヘキサブラキオン） 809 b
hexadecanoic acid（ヘキサデカン酸） 809 b
hexahydrosiladifenidol　887 b
hexahydroxycyclohexane（ヘキサヒドロキシシクロヘキサン）
　　809 b
$N,N'$-hexamethylenebisacetamide（$N,N'$-ヘキサメチレンビス
　　アセトアミド） 809 b
hexokinase（ヘキソキナーゼ） 809 b
hexosaminidase（ヘキソサミニダーゼ） 809 b
hexose monophosphate pathway（ヘキソース一リン酸経路）
　　809 b
$H_4FA＝H_4$-folic acid（$H_4$ 葉酸） 136 a
$H_4$-folic acid（$H_4$ 葉酸） 136 a
Hfr＝high frequency of recombination　132 b
HFV＝human foamy virus（ヒト泡沫ウイルス） 836 a
HGF＝hepatocyte growth factor（肝細胞増殖因子） 134 a
HGF-like protein（HGF 様タンパク質） 223 b
HGF receptor（HGF 受容体） 134 a
HGPRT＝hypoxanthine-guanine phosphoribosyltransferase（ヒ
　　ポキサンチン-グアニンホスホリボシルトランスフェ
　　ラーゼ） 134 a
$H^+$ gradient（プロトン勾配） 794 b
*hh* gene（*hh* 遺伝子） 132 b

HHM＝humoral hypercalcemia of malignancy（がん性高カルシ
　　ウム血症） 132 b
HHSiD＝hexahydrosiladifenidol　887 b
hidden Markov model（隠れマルコフモデル） 197 b
HIF-1＝hypoxia-inducible factor 1（低酸素誘導因子 1） 130 b
high density lipoprotein（高密度リポタンパク質） 335 a
high endothelial venule（高内皮細静脈） 332 a
high-energy bond（高エネルギー結合） 312 b
higher-order structure（高次構造） 322 a
higher-order structure of DNA（DNA の高次構造） 587 a
high frequency of recombination　132 b
high-leukemic inbred mouse（白血病多発マウス） 695 b
highly active anti-retroviral therapy（HAART 療法） 734 b
highly repetitive sequence（高頻度反復配列） 332 a
high mannose type glycoprotein（高マンノース型糖鎖） 626 b
high mobility group protein（高速移動群タンパク質） 328 a
high molecular weight kininogen（高分子キニノーゲン） 332 a
high-performance liquid chromatography（高性能液体クロマト
　　グラフィー） 325 b
high-speed liquid chromatography（高速液体クロマトグラ
　　フィー） 328 a
high throughput technology（ハイスループット技術） 683 a
high-voltage electron microscope（高圧電子顕微鏡） 311 b
Hill coefficient（ヒル係数） 744 b
HIM＝hemopoietic inductive microenvironment（造血微小環
　　境） 130 b
*Hin*dⅢ　130 b
hindgut（後腸） 516 b
hinge region（ヒンジ領域） 746 b
hippocampal formation（海馬体） 185 b
hippocampus（海馬） 185 a
Hirshsprung disease（ヒルシュスプルング病）　164 b
hirudine（ヒルジン） 744 b
His＝histidine（ヒスチジン） 724 a
*hisB*　723 a
*HIS3* gene（*HIS3* 遺伝子） 723 a
*his* operon（*his* オペロン） 130 b
histamine（ヒスタミン） 723 a
histamine $H_2$ receptor（ヒスタミン $H_2$ 受容体） 723 b
histamine neuron（ヒスタミン神経細胞） 724 a
histamine receptor（ヒスタミン受容体） 723 b
histidine（ヒスチジン） 724 a
histidine decarboxylase（ヒスチジンデカルボキシラーゼ）
　　723 a
histidine kinase（ヒスチジンキナーゼ） 724 a
histidine operon（ヒスチジンオペロン） 724 a
histiocyte（組織球） 532 b
histocompatibility antigen（組織適合抗原） 532 b
histone（ヒストン） 724 b
histone acetyltransferase（ヒストンアセチルトランスフェラー
　　ゼ） 724 b
histone chaperone（ヒストンシャペロン） 725 a
histone code（ヒストンコード） 725 a
histone deacetylase（ヒストンデアセチラーゼ） 725 a
histone demethylase（ヒストンデメチラーゼ） 725 b
histone H1 kinase（ヒストン H1 キナーゼ） 725 b
histone-like protein（ヒストン様タンパク質） 725 b
histone methyltransferase（ヒストンメチルトランスフェラー
　　ゼ） 725 b
HIV＝human immunodeficiency virus（ヒト免疫不全ウイル
　　ス） 130 b
HIV-1 TAR RNA-binding protein　938 b
$H^+,K^+$-ATPase（$H^+,K^+$-ATP アーゼ） 794 b
$H^+/K^+$ pump（プロトン/カリウムポンプ） 794 b
HLA＝human leukocyte histocompatibility antigen（ヒト白血球
　　組織適合抗原） 133 a

欧文索引　1099

HLA-DM molecule（HLA-DM 分子）　133 b
HLA-DO molecule（HLA-DO 分子）　133 b
HLA typing（HLA タイピング）　133 a
HL-60 cell（HL-60 細胞）　133 b
HLH＝helix-loop-helix（ヘリックス・ループ・ヘリックス）　133 b
HLP＝HGF-like protein（HGF 様タンパク質）　223 b
HMBA＝$N,N'$-hexamethylenebisacetamide（$N,N'$-ヘキサメチレンビスアセトアミド）　133 b
HMG box（HMG ボックス）　133 a
HMG-CoA reductase（HMG-CoA レダクターゼ）　133 a
HMG protein（HMG タンパク質）　133 a
HMM＝hidden Markov model（隠れマルコフモデル）　133 b
H-2M molecule（H-2M 分子）　135 a
HMT＝histone methyltransferase（ヒストンメチルトランスフェラーゼ）　133 a
HNF＝hepatocyte nuclear factor（肝細胞核因子）　132 b
HNPCC＝hereditary non-polyposis colon cancer（遺伝性非腺腫性大腸がん）　132 b
hnRNA＝heterogeneous nuclear RNA（ヘテロ核 RNA）　132 b
hnRNP＝heterogeneous nuclear ribonucleoprotein（ヘテロ核リボ核タンパク質）　132 b
H-NS　132 b
Hodgkin, Alan Lloyd（ホジキン）　836 b
Hodgkin, Dorothy Mary Crowfoot（ホジキン）　836 b
Hodgkin's disease（ホジキン病）　837 a
HO endonuclease（HO エンドヌクレアーゼ）　133 b
HOG1　717 b
HO gene（HO 遺伝子）　133 b
Holley, Robert William（ホリー）　850 b
Holliday junction（ホリデイ連結）　853 b
Holliday structure（ホリデイ構造）　853 b
holoblastic cleavage（全割）　515 b
holoenzyme（ホロ酵素）　858 a
holo RNA polymerase II（ホロ RNA ポリメラーゼ II）　857 b
holo-transferrin（ホロトランスフェリン）　30 a
homeobox（ホメオボックス）　849 a
homeodomain（ホメオドメイン）　849 a
homeosis（ホメオーシス）　848 b
homeostasis（ホメオスタシス）　848 b
homeotic gene（ホメオティック遺伝子）　848 b
homeotic mutation（ホメオティック突然変異）　849 a
Homer　848 a
homing（ホーミング）　848 a
homing endonuclease（ホーミングエンドヌクレアーゼ）　848 b
homing receptor（ホーミング受容体）　848 b
homochromatography（ホモクロマトグラフィー）　849 a
homocystinuria（ホモシスチン尿症）　849 a
homogenate（ホモジネート）　849 a
homogeneously staining region（均一染色領域）　253 a
homogenizer（ホモジナイザー）　374 b
homogentisic acid（ホモゲンチジン酸）　849 b
homokaryon（ホモカリオン）　849 a
H-2O molecule（H-2O 分子）　135 a
homolog（ホモログ）　849 b
homologous chromosome（相同染色体）　529 b
homologous disease（同種免疫病）　625 b
homologous gene（相同遺伝子）　529 a
homologous recombination（相同組換え）　529 b
homology（相同性）　529 a
homology cloning（相同性クローニング）　529 b
homology search（相同性検索）　529 b
homomixture（ホモミクスチュア）　849 a
homophilic adhesion（ホモフィリックな接着）　371 b
homopolymer（ホモポリマー）　854 b
homopolymeric tailing（ホモポリマーテーリング）　849 b

homopolysaccharide（ホモ多糖）　849 b
homothallic strain（同体性株）　626 a
homothallism（ホモタリズム）　849 b
homozygosity（ホモ接合性）　849 b
homozygote（ホモ接合体）　849 b
Hoogsteen base pair（フーグスティーン型塩基対）　766 b
Hooke, Robert（フック）　770 b
hop stunt viroid（ホップ矮化ウイロイド）　106 a
horizontal transmission（水平伝播）　476 b
hormone（ホルモン）　857 b
——, adrenal cortical（副腎皮質ホルモン）　766 a
——, adrenocortical（副腎皮質ホルモン）　766 a
——, adrenocorticotropic（副腎皮質刺激ホルモン）　765 b
——, anabolic（アナボリックホルモン）　25 a
——, antidiuretic（抗利尿ホルモン）　335 b
——, corpus luteum（黄体ホルモン）　169 a
——, corticotropin-releasing（副腎皮質刺激ホルモン放出ホルモン）　766 b
——, eclosion（羽化ホルモン）　109 a
——, ectopic（異所性ホルモン）　68 a
——, estrogenic（発情ホルモン）　696 b
——, flowering（花成ホルモン）　200 a
——, follicle（濾胞ホルモン）　976 b
——, follicle-stimulating（濾胞刺激ホルモン）　976 b
——, gonadotropic（性腺刺激ホルモン）　497 b
——, gonadotropin-releasing（性腺刺激ホルモン放出ホルモン）　497 b
——, growth（成長ホルモン）　500 a
——, growth hormone-release-inhibiting（成長ホルモン放出抑制ホルモン）　500 b
——, growth hormone-releasing（成長ホルモン放出ホルモン）　500 a
——, hypothalamic（視床下部ホルモン）　411 b
——, juvenile（幼若ホルモン）　921 a
——, lactetropic（乳腺刺激ホルモン）　661 a
——, local（局所ホルモン）　250 a
——, luteinizing（黄体形成ホルモン）　168 a
——, luteinizing hormone-releasing（黄体形成ホルモン放出ホルモン）　168 b
——, luteotropic（黄体刺激ホルモン）　169 a
——, male sex（男性ホルモン）　557 a
——, melanocyte-stimulating（メラニン細胞刺激ホルモン）　897 b
——, molting（脱皮ホルモン）　550 b
——, neuro-（神経ホルモン）　470 a
——, neurosecretory（神経分泌ホルモン）　469 b
——, parathyroid（副甲状腺ホルモン）　764 b
——, peptide（ペプチドホルモン）　818 b
——, pituitary growth（下垂体成長ホルモン）　199 a
——, placental（胎盤ホルモン）　544 b
——, plant（植物ホルモン）　457 a
——, polypeptide（ポリペプチドホルモン）　854 b
——, prothoracic gland（前胸腺刺激ホルモン）　516 a
——, prothoracicotropic（前胸腺刺激ホルモン）　515 b
——, sex（性ホルモン）　501 b
——, sex steroid（性ステロイドホルモン）　497 b
——, somatotropic（ソマトトロピン）　535 a
——, steroid（ステロイドホルモン）　479 b
——, thyroid（甲状腺ホルモン）　323 b
——, thyroid-stimulating（甲状腺刺激ホルモン）　323 a
——, thyrotropic（甲状腺刺激ホルモン）　323 a
——, thyrotropin-releasing（甲状腺刺激ホルモン放出ホルモン）　323 b
——, wound（傷ホルモン）　233 a
hormone receptor（ホルモン受容体）　857 b
hormone response element（ホルモン応答配列）　857 b

hormone-secreting cell(ホルモン分泌細胞) **857** b
horseradish peroxidase(西洋ワサビペルオキシダーゼ) **501** b
Horvitz, H. Robert(ホルビッツ) **855** a
host(宿主) **441** b
host cell(宿主細胞) **441** b
host DNA(宿主 DNA) **441** b
host-induced modification(宿主誘導修飾) **442** a
host range(宿主域) **441** b
host-vector system(宿主-ベクター系) **441** b
hot spot(ホットスポット) **847** b
housekeeping gene(ハウスキーピング遺伝子) **686** b
Howship's resorption lacunae(ハウシップの吸収窩) **689** b
*Hox* gene(ホックス遺伝子) **845** a
HP1＝heterochromatin protein 1(ヘテロクロマチンタンパク質 1) **135** b
5-HPETE＝5-hydroperoxyeicosatetraenoic acid(5-ヒドロペルオキシエイコサテトラエン酸) **135** b
HPGF＝hybridoma/plasmacytoma growth factor(ハイブリドーマ/形質細胞腫増殖因子) **100** a
HPLC＝high-performance liquid chromatography(高性能液体クロマトグラフィー) **135** b
HPRT＝hypoxanthine phosphoribosyltransferase(ヒポキサンチンホスホリボシルトランスフェラーゼ) **135** b
HPRT⁻ mutant(HPRT⁻ 突然変異株) **135** b
H⁺ pump(プロトンポンプ) **795** a
HPV＝*Human papilloma virus*(ヒトパピローマウイルス) **135** b
H-*ras* **927** b
HRE＝hormone response element(ホルモン応答配列) **130** b
HRE＝hypoxia-responsive element(低酸素反応領域) **597** a
HRF20＝homologous restriction factor 20
HRI＝heme-regulated inhibitor(ヘム調節性インヒビター) **130** b
HSC＝hematopoietic stem cell(造血幹細胞) **131** a
HSC70 **131** a
HSE＝heat shock element(熱ショックエレメント) **131** a
HSF＝heat shock factor(熱ショック転写因子) **131** a
HSF＝heat shock transcription factor(熱ショック転写因子) **131** a
HSF＝hepatocyte stimulating factor(肝細胞刺激因子) **100** a
HSP27 **132** a
HSP40 **132** a
HSP60 **132** a
HSP70 **131** b
HSP90 **131** a
HSP104 **132** a
HSP40 family(HSP40 ファミリー) **132** a
HSP60 family(HSP60 ファミリー) **132** b
HSP70 family(HSP70 ファミリー) **131** b
HSP90 family(HSP90 ファミリー) **131** b
HSQC＝heteronuclear single quantum coherence **131** a
HSR＝homogeneously staining region(均一染色領域) **131** b
HSRV＝human spuma retrovirus(ヒト泡沫レトロウイルス) **836** a
hst **131** a
hst-1 **131** a
HSTF1 **131** a
HSV＝*Herpes simplex virus*(単純ヘルペスウイルス) **132** b
5-HT＝5-hydroxytryptamine(5-ヒドロキシトリプタミン) **135** a
HTH＝helix-turn-helix(ヘリックス・ターン・ヘリックス) **135** a
HTLV-1＝human T cell leukemia virus 1(ヒト T 細胞白血病ウイルス 1) **135** a
HTLV-2＝human T cell leukemia virus 2(ヒト T 細胞白血病ウイルス 2) **135** a

HTLV-1-associated myelopathy/tropical spastic paraparesis(HTLV-1 随伴ミエロパチー) **732** b
5HTT＝5-hydroxytryptamin transporter(5-ヒドロキシトリプタミン輸送体) **135** a
Huckebein **643** b
HUGO＝Human Genome Organization **741** a
human(ヒト) **731** b
human artificial chromosome(ヒト人工染色体) **732** a
human atrial natriuretic peptide(ヒト心房性ナトリウム利尿ペプチド) **651** a
human coronavirus(ヒトコロナウイルス) **349** b
human ether-a-go-go related gene **561** b
human foamy virus(ヒト泡沫ウイルス) **836** a
Human Genome Organization(ヒトゲノム機構) **732** a
human genome project(ヒトゲノムプロジェクト) **732** a
*Human immunodeficiency virus*(ヒト免疫不全ウイルス) **734** a
human leukocyte histocompatibility antigen(ヒト白血球組織適合抗原) **732** a
*Human papilloma virus*(ヒトパピローマウイルス) **733** b
*Human parbovirus* B19(ヒトパルボウイルス B19) **702** b
human respiratory syncytial virus(ヒト気道融合ウイルス) **701** b
human spuma retrovirus(ヒト泡沫レトロウイルス) **836** a
*Human T cell leukemia virus 1*(ヒト T 細胞白血病ウイルス 1) **732** a
*Human T cell leukemia virus 2*(ヒト T 細胞白血病ウイルス 2) **732** a
*Human T lymphotropic virus 1, 2*(ヒト T リンパ球ウイルス 1, 2) **732** a
humoral hypercalcemia of malignancy(がん性高カルシウム血症) **224** b
humoral immunity(体液性免疫) **537** a
hunchback gene(ハンチバック遺伝子) **704** b
Hunt, R. Timothy(ハント) **704** b
Hunter syndrome(ハンター症候群) **887** a
Huntington's chorea(ハンチントン病) **704** b
HU protein(HU タンパク質) **135** b
Hurler syndrome(ハーラー症候群) **700** b
HUS＝hemolytic uremic syndrome(溶血性尿毒症症候群) **741** b
Hutchinson-Gilford syndrome(ハッチンソン・ギルフォード症候群) **698** a
*hut* operon(*hut* オペロン) **135** b
Huxley, Andrew Fielding(ハックスリ) **693** b
Hve **135** b
HVJ＝hemagglutinating virus of Japan(センダイウイルス) **135** b
hyaluronan-binding protein(ヒアルロン酸結合タンパク質) **707** b
hyaluronate lyase(ヒアルロン酸リアーゼ) **708** a
hyaluronectin(ヒアルロネクチン) **707** b
hyaluronic acid(ヒアルロン酸) **707** b
hyaluronic acid receptor family(ヒアルロン酸受容体ファミリー) **372** a
hyaluronidase(ヒアルロニダーゼ) **707** b
hybrid antibody(ハイブリッド抗体) **685** a
hybrid-arrested translation(ハイブリッド翻訳阻害法) **685** a
hybrid cell(雑種細胞) **381** b
hybrid clone panel(雑種細胞クローンパネル) **381** b
hybrid dysgenesis(交雑発生異常) **321** a
hybridization(ハイブリダイゼーション) **684** b
――, cell(細胞雑種形成) **365** b
――, colony(コロニーハイブリダイゼーション) **350** a
――, competitive(競合ハイブリダイゼーション) **247** a
――, differential(ディファレンシャルハイブリダイゼーション) **599** b

hybridization（つづき）
―――, DNA-driven（DNA 駆動ハイブリッド形成） 584 a
―――, DNA-RNA（DNA-RNA ハイブリダイゼーション） 581 a
―――, fluorescence in situ（蛍光 in situ ハイブリダイゼーション） 286 a
―――, in situ（in situ ハイブリダイゼーション） 92 b
―――, plaque（プラークハイブリダイゼーション） 774 b
―――, RNA-driven（RNA 駆動ハイブリッド形成） 40 b
―――, subtractive（差引きハイブリダイゼーション） 380 b
―――, whole mount in situ（ホールマウント in situ ハイブリダイゼーション） 856 b
hybridoma（ハイブリドーマ） 685 b
hybridoma/plasmacytoma growth factor（ハイブリドーマ/形質細胞腫増殖因子） 100 b
hybrid proteasome（ハイブリッドプロテアソーム） 685 a
hybrid protein（ハイブリッドタンパク質） 685 a
hybrid resistance（遺伝的抵抗性） 67 a
hybrid-selected translation（ハイブリッド選択翻訳法） 685 a
hybrid type glycoprotein（混成型糖鎖） 626 b
Hydra（ヒドラ） 734 b
Hydra magnipapillata（ヒドラ） 734 b
hydrogen bond（水素結合） 475 b
hydrogen ion exponent（水素イオン指数） 475 a
hydrogen peroxide（過酸化水素） 198 a
hydrolase（加水分解酵素） 199 a
hydropathy analysis（ヒドロパシー分析） 736 a
hydropathy index（疎水親水指数） 533 b
hydroperoxide（ヒドロペルオキシド） 198 a
5-hydroperoxyeicosatetraenoic acid（5-ヒドロペルオキシエイコサテトラエン酸） 736 a
hydrophilic group（親水基） 471 a
hydrophobic bond（疎水結合） 533 b
hydrophobic chromatography（疎水性クロマトグラフィー） 533 b
hydrophobic group（疎水基） 533 b
hydrophobic interaction（疎水性相互作用） 533 b
hydrophobic region（疎水性領域） 863 a
hydroxyacetic acid（ヒドロキシ酢酸） 270 a
hydroxyapatite（ヒドロキシアパタイト） 734 b
hydroxyapatite column（ヒドロキシアパタイトカラム） 735 a
2-hydroxy-1-ethanethiol（2-ヒドロキシ-1-エタンチオール） 898 a
2-hydroxyethyl mercaptane（2-ヒドロキシエチルメルカプタン） 898 a
hydroxylamine（ヒドロキシルアミン） 735 a
hydroxylase（水酸化酵素） 475 a
hydroxylase（ヒドロキシラーゼ） 735 b
hydroxyl radical（ヒドロキシラジカル） 735 b
hydroxylysine（ヒドロキシリシン） 735 b
hydroxymethylcytosine（ヒドロキシメチルシトシン） 735 b
hydroxymethylglutaryl-CoA reductase（ヒドロキシメチルグルタリル CoA レダクターゼ） 735 a
p-hydroxyphenylalanine（p-ヒドロキシフェニルアラニン） 573 b
hydroxyproline（ヒドロキシプロリン） 735 a
2-hydroxysaclofen（2-ヒドロキシサクロフェン） 33 a
5-hydroxytryptamine（5-ヒドロキシトリプタミン） 735 a
5-hydroxytryptamine receptor（5-ヒドロキシトリプタミン受容体） 735 a
5-hydroxytryptamine transporter（5-ヒドロキシトリプタミン輸送体） 735 a
3-hydroxytyramine（3-ヒドロキシチラミン） 735 a
hydroxyurea（ヒドロキシ尿素） 735 a
hygromycin（ハイグロマイシン） 682 b
Hyl＝hydroxylysine（ヒドロキシリシン） 735 b

dl-hyoscyamine（dl-ヒヨスチアミン） 743 a
Hyp＝hydroxyproline（ヒドロキシプロリン） 735 a
Hyp＝hypoxanthine（ヒポキサンチン） 738 b
HYP＝X-linked hypophosphatemic rickets（X 染色体連鎖性低リン酸血症性くる病） 277 b
hyperaldosteronism（高アルドステロン症） 312 a
hyperammonemia（高アンモニア血症） 312 a
hyperargininemia（高アルギニン血症） 312 a
hypercalcemia（高カルシウム血症） 314 a
hypercholesterolemia（高コレステロール血症） 321 a
hyperchromic effect（濃色効果） 676 b
hyperchromism（濃色効果） 676 b
hyperglycinemia（高グリシン血症） 315 b
hyperkalemic periodic paralysis（高カリウム血症性周期性四肢麻痺） 522 b
hyperlipidemia（高脂血症） 322 a
hyperlipoproteinemia（高リポタンパク質血症） 335 b
hypermodified nucleoside（高修飾ヌクレオシド） 322 a
hyperphenylalaninemia（高フェニルアラニン血症） 332 b
hyperplasia（過形成） 197 b
hyperplastic area（小増雛巣） 452 b
hyperploidy（高数性） 68 b
hyperpolarization（過分極） 924 b
hypersensitivity（過敏症） 206 a
hypertensin（ハイパーテンシン） 684 b
hypertension（高血圧症） 316 a
hyperthermophile（超好熱菌） 570 a
hyperthyroidism（甲状腺機能亢進症） 323 a
hypertonic solution（高張液） 331 a
hypertrophy（肥大） 727 b
hyperuricemia（高尿酸血症） 332 a
hypervariable region（超可変領域） 569 b
hypha（菌糸） 255 a
hyphae（菌糸） 255 a
hypochondroplasia（軟骨低形成症） 653 b
hypochromic effect（淡色効果） 556 b
hypochromism（淡色効果） 556 b
hypocotyl（胚軸） 682 b
hypogammaglobulinemia（低γグロブリン血症） 886 a
hypomethylation（低メチル化） 809 b
hypophysis（下垂体） 198 b
hypoplastic leukemia（低形成性白血病） 244 b
hypoploidy（低数性） 68 b
hyposensitization（減感作） 306 a
hypothalamic factor（視床下部因子） 411 b
hypothalamic hormone（視床下部ホルモン） 411 b
hypothalamus（視床下部） 411 a
hypotonic solution（低張液） 598 b
hypoxanthine（ヒポキサンチン） 738 b
hypoxanthine-guanine phosphoribosyltransferase（ヒポキサンチン-グアニンホスホリボシルトランスフェラーゼ） 738 b
hypoxanthine-guanine phosphoribosyltransferase deficiency（ヒポキサンチン-グアニンホスホリボシルトランスフェラーゼ欠損症） 738 b
hypoxanthine oxidase（ヒポキサンチンオキシダーゼ） 738 b
hypoxanthine phosphoribosyltransferase（ヒポキサンチンホスホリボシルトランスフェラーゼ） 738 b
hypoxanthosine（ヒポキサントシン） 739 a
hypoxia-inducible factor 1（低酸素誘導因子 1） 597 a
hypoxia-responsive element（低酸素反応領域） 597 a
H zone（H 帯） 134 a

# I

I＝inosine（イノシン） 90 a

I＝isoleucine（イソロイシン） 70a
IAA＝indole-3-acetic acid（インドール3-酢酸） 1b
IαI＝inter-α-trypsin inhibitor（インターαトリプシンインヒビター） 641b
IAP＝intracisternal-A particle 477b
IAP＝islet-activating protein（インスリン分泌活性化タンパク質） 2a
I band（I帯） 4a
IC＝imprinting center（刷込みセンター） 2b
ICAD＝inhibitor of CAD 2a
ICAM-1＝intercellular adhesion molecule-1（細胞接着分子1） 3a
ICAM-2＝intercellular adhesion molecule-2（細胞接着分子2） 3a
ICAM-5＝intercellular adhesion molecule-5（細胞接着分子5） 3a
ICE＝interleukin-1β converting enzyme（インターロイキン1β変換酵素） 2b
ICE family protease（ICEファミリープロテアーゼ） 2b
I-cell disease（I細胞病） 2a
ichthyosis（魚鱗癬） 252b
ICI89406 810a
ICI118551 810a
ICM＝inner cell mass（内部細胞塊） 3a
icosapentaenoic acid（イコサペンタエン酸） 66a
ICP25＝infected cell protein 25 757a
ICP atomic emission spectrometry（ICP発光分光分析） 3b
Id＝idiotype（イディオタイプ） 4a
Id＝inhibitor of DNA binding 4a
IDC＝interdigitating dendritic cell（かみ合い樹状細胞） 532b
IDDM＝insulin dependent diabetes mellitus（インスリン依存性糖尿病） 627b
identifier sequence（アイデンティファイアー配列） 4b
identity determinant（アイデンティティー決定因子） 611a
idioblast（異形細胞） 66a
idiopathic multiple hemorrhagic sarcoma（特発性多発性出血性肉腫） 630a
idiopathic multiple pigment sarcoma of the skin（皮膚特発性多発性色素肉腫） 738b
idiopathic thrombocytopenic purpura（特発性血小板減少性紫斑病） 630a
idiotope（イディオトープ） 74b
idiotype（イディオタイプ） 74b
idiotype network（イディオタイプネットワーク） 74b
IDL＝intermediate density lipoprotein（中間密度リポタンパク質） 4b
idling cycle（空転サイクル） 260b
ID sequence（ID配列） 4b
IEG＝immediate early gene（前初期遺伝子） 1b
IEL＝intestinal intraepithelial T cells（腸管上皮細胞間T細胞） 1b
IF＝initiation factor（開始因子） 2a
IF-1 2a
IF-2 2a
IF-3 2a
I filament（Iフィラメント） 5a
IFN＝interferon（インターフェロン） 2a
IFN-α＝interferon α（インターフェロンα） 2a
IFN-β＝interferon β（インターフェロンβ） 2a
IFN-γ＝interferon γ（インターフェロンγ） 2a
Ig＝immunoglobulin（免疫グロブリン） 2b
IgA＝immunoglobulin A（免疫グロブリンA） 3a
Igα・Igβ 2b
IGC＝interchromatin granule cluster 194a
IgD＝immunoglobulin D（免疫グロブリンD） 3b
IgE＝immunoglobulin E（免疫グロブリンE） 2b

IGF＝insulin-like growth factor（インスリン様増殖因子） 3a
IGF binding protein（IGF結合タンパク質） 3a
IGFBP＝insulin-like growth factor-binding protein（インスリン様増殖因子結合タンパク質） 3a
IGF receptor（IGF受容体） 3a
IgG＝immunoglobulin G（免疫グロブリンG） 3a
IgM＝immunoglobulin M（免疫グロブリンM） 3a
Ignarro Loius J.（イグナロ） 65b
Ig receptor（Ig受容体） 3b
IGSF4 3a
IHF＝integrative host factor（組込み宿主因子） 1b
ihh＝indian hedgehog（インディアンヘッジホッグ） 534b
Ihh＝Indian hedgehog（インディアンヘッジホッグ） 500a
Ii chain（Ii鎖） 1a
IICR＝$IP_3$-induced $Ca^{2+}$ release（$IP_3$誘導$Ca^{2+}$放出） 1a
IK＝Ikaros 2a
Ikaros 64b
IκB 2a
IK channel（IKチャネル） 211b
IL＝interleukin（インターロイキン） 2a
IL-1〜IL-12＝interleukin 1〜12（インターロイキン1〜12） 2a
Ile＝isoleucine（イソロイシン） 70a
illegitimate recombination（非正統的組換え） 726a
ILP 29b
IL-R＝interleukin receptor（インターロイキン受容体） 2a
IL-1RA＝IL-1 receptor antagonist 96b
IL-1 receptor antagonist 96b
image analysis（画像解析） 731a
imaginal disc（成虫原基） 499b
imidazoleglycerol-phosphate dehydratase（イミダゾールグリセロールリン酸デヒドラターゼ） 723a
imine（イミン） 91a
immediate early gene（前初期遺伝子） 517a
immediate-type allergy（即時型アレルギー） 531a
immediate-type hypersensitivity（即時型過敏症） 531b
immobilization (of protein)（固定化（タンパク質の）） 342b
immobilized enzyme（固定化酵素） 342b
immobilized pH gradient isoelectric focusing（固定化pH勾配等電点電気泳動） 627b
immortalization（不死化） 769b
immotile cilia syndrome（非運動性繊毛症候群） 708b
immune competent cell（免疫担当細胞） 902a
immune complex（免疫複合体） 902b
immune complex disease（免疫複合体疾患） 902b
immune complex type allergy（免疫複合型アレルギー） 902b
immune disorder（免疫不全症） 903a
immune interferon（免疫インターフェロン） 898b
immune privilege site（免疫特権部位） 902b
immune reaction（免疫反応） 3b
immune receptor tyrosine-based activation motif 420b
immune response（免疫応答） 898b
immune response gene（免疫応答遺伝子） 898b
immune system（免疫系） 901a
immunity（免疫） 898b
immunoblast（免疫芽細胞） 899b
immunoblot technique（免疫ブロット法） 903a
immunoblotting（免疫ブロット法） 903a
immunocyte（免疫細胞） 901b
immunocytochemistry（免疫細胞化学） 901b
immunodeficiency（免疫不全） 902b
immunodeficiency virus（免疫不全ウイルス） 902b
immunoelectron microscopy（免疫電子顕微鏡法） 902a
immunofluorescence technique（免疫蛍光法） 901b
immunogen（免疫原） 901b
immunogenicity（免疫原性） 901b

immunoglobulin(免疫グロブリン) 899 b
immunoglobulin A(免疫グロブリン A) 901 a
immunoglobulin class(免疫グロブリンクラス) 901 a
immunoglobulin D(免疫グロブリン D) 901 a
immunoglobulin E(免疫グロブリン E) 900 a
immunoglobulin G(免疫グロブリン G) 901 a
immunoglobulin gene(免疫グロブリン遺伝子) 900 a
immunoglobulin heavy-chain binding protein 729 a
immunoglobulin M(免疫グロブリン M) 901 a
immunoglobulin superfamily(免疫グロブリンスーパーファミリー) 901 a
immunohistochemistry(免疫組織化学) 902 a
immunoisolation(免疫隔離) 899 a
immunological memory(免疫記憶) 899 b
immunological surveillance theory(免疫監視説) 899 a
immunological tolerance(免疫寛容) 899 b
immunology(免疫学) 898 b
immunopathy(免疫不全症) 903 a
immunophilin(イムノフィリン) 91 b
immunoprecipitation(免疫沈降反応) 902 a
immuno proteasome(免疫プロテアソーム) 903 a
immunoreceptor tyrosine-based activation motif(免疫受容体チロシン活性化モチーフ) 160 b
immunoreceptor tyrosine-based inhibitory motif(免疫受容体チロシン阻害モチーフ) 160 b
immunostaining(免疫染色) 901 b
immunosuppressant(免疫抑制剤) 903 a
immunosuppressive agent(免疫抑制剤) 903 a
immunotherapy(免疫療法) 903 a
immunotoxin(イムノトキシン) 91 a
Imp = importin(インポーチン) 2 a
IMP dehydrogenase(IMP デヒドロゲナーゼ) 2 a
imported virus(外来性ウイルス) 186 a
importin(インポーチン) 104 b
imprinting(刷込み) 490 b
imprinting center(刷込みセンター) 490 b
inborn errors of metabolism(先天性代謝異常) 522 b
inbred line(近交系) 254 b
inbred strain(近交系) 254 b
inbreeding(同系交配) 623 b
inbreeding depression(近交劣勢) 254 a
INCENP(インセンプ) 180 b
inclusion body(封入体) 759 b
inclusion-cell disease(封入体細胞病) 759 b
incompatibility(不和合性) 799 a
incompatibility of plasmids(プラスミド不和合性) 776 b
incomplete dominance(不完全優性) 764 a
incongruity(不調和性) 770 a
indefinite inflorescence(無限花序) 886 b
indeterminate inflorescence(無限花序) 886 b
*indian hedgehog*(インディアンヘッジホッグ) 534 b
Indian hedgehog(インディアンヘッジホッグ) 500 a
indirect fluorescent antibody technique(間接蛍光抗体法) 224 b
indirect immunofluorescence technique(間接免疫蛍光法) 224 b
indispensable amino acid(不可欠アミノ酸) 764 b
indole-3-acetic acid(インドール-3-酢酸) 102 a
indole alkaloid(インドールアルカロイド) 746 a
indomethacin(インドメタシン) 102 a
induced animal model(実験的発症モデル) 907 a
induced-fit(誘導適合) 914 b
induced pluripotent stem 4 b
induced systemic resistance 520 a
inducer(誘導物質) 914 a
inducible enzyme(誘導酵素) 913 b

inducible expression(誘導的発現) 914 a
inducible hematopoiesis(誘導的造血) 525 b
inducible NO synthase(誘導型 NO シンターゼ) 913 b
inducible protein(誘導タンパク質) 914 a
inducible repair system(誘導修復系) 913 b
inducible synthesis(誘導的合成) 325 b
induction(誘導) 913 b
induction phase(誘導期) 913 b
inductively coupled plasma 3 b
infantile X-linked agammaglobulinemia(小児伴性無γグロブリン血症) 452 b
infected cell protein 25 757 a
infectious mononucleosis(伝染性単核症) 621 a
inflammasome(インフラマソーム) 200 a
inflammation(炎症) 163 a
inflorescence(花序) 198 b
inflorescence development(花序形成) 198 b
influenza hemagglutinin(インフルエンザ血球凝集素) 104 a
*Influenzavirus*(インフルエンザウイルス) 104 a
infrared absorption spectroscopy(赤外線吸収分光法) 502 b
infrared spectroscopy(赤外分光法) 502 b
inheritance(遺伝) 74 b
inherited metabolic disease(遺伝性代謝病) 85 a
inhibin(インヒビン) 103 b
inhibition EIA(阻害 EIA) 329 a
inhibitor
——, $\alpha_2$ plasmin($\alpha_2$ プラスミンインヒビター) 50 b
——, $\beta$($\beta$ 阻害剤) 811 b
——, bovine pancreatic trypsin(ウシ膵臓トリプシンインヒビター) 109 a
——, Bowman-Birk protease(ボーマン・バーク型プロテアーゼインヒビター) 848 b
——, C1(C1 インヒビター) 392 b
——, calmodulin(カルモジュリン阻害薬) 218 a
——, CDK(CDK インヒビター) 419 b
——, collagenase(コラゲナーゼインヒビター) 345 b
——, cysteine protease(システインプロテアーゼインヒビター) 412 b
——, extrinsic pathway(外因系凝固インヒビター) 182 a
——, guanine nucleotide dissociation(グアニンヌクレオチド解離抑制因子) 423 b
——, heme-regulated(ヘム調節性インヒビター) 820 b
——, Kunitz protease(クニッツ型プロテアーゼインヒビター) 261 b
——, lipoprotein-associated coagulation(リポタンパク質結合性プロテアーゼインヒビター) 949 b
——, metabolic(代謝阻害物質) 540 a
——, pancreatic secretory trypsin(膵分泌性トリプシンインヒビター) 476 b
——, phospholipase $A_2$(ホスホリパーゼ $A_2$ インヒビター) 841 b
——, plasminogen activator(プラスミノーゲンアクチベーターインヒビター) 777 a
——, protease(プロテアーゼインヒビター) 789 b
——, proteinase(プロテイナーゼインヒビター) 790 a
——, protein C(プロテイン C インヒビター) 792 a
——, proteinous(タンパク質性インヒビター) 950 a
——, Rab GDP dissociation(Rab GDP 解離抑制タンパク質) 929 b
——, reverse transcriptase(逆転写酵素阻害剤) 239 b
——, Rho GDP dissociation(Rho GDP 解離抑制タンパク質) 974 b
——, ribonuclease(リボヌクレアーゼインヒビター) 950 a
——, serine protease(セリンプロテアーゼインヒビター) 512 a
——, SH protease(SH プロテアーゼインヒビター) 122 b

inhibitor(つづき)
——, soybean trypsin(ダイズトリプシンインヒビター) 540 b
——, thiol protease(チオールプロテアーゼインヒビター) 562 b
——, thrombin(トロンビン阻害物質) 645 b
——, tissue factor pathway(組織因子系凝固インヒビター) 532 b
——, trypsin(トリプシンインヒビター) 641 a
inhibitory neurotransmitter(抑制性神経伝達物質) 924 a
inhibitory postsynaptic potential(抑制性シナプス後電位) 924 a
inhibitory regulator of Ras 1 b
inhibitory Smad(抑制型 Smad) 924 a
initial autophagic vacuole(初期自己貪食胞) 455 a
initiation(イニシエーション) 86 b
initiation codon(開始コドン) 182 b
initiation factor(開始因子(タンパク質生成の)) 182 b
initiator(イニシエーター) 86 b
initiator tRNA(開始 tRNA) 183 a
Ink4a b
iNKT cell＝invariant NKT cell(インバリアント NKT 細胞) 1 b
innate immunity(先天性免疫) 522 b
inner cell mass(内部細胞塊) 648 a
inner membrane(内膜(ミトコンドリアの)) 648 a
Ino＝inosine(イノシン) 90 a
Ino＝inositol(イノシトール) 87 a
iNOS＝inducible NO synthase(誘導型 NO シンターゼ) 4 b
inosine(イノシン) 90 a
inosit(イノシット) 87 a
inositol(イノシトール) 87 a
inositol 1,4-bisphosphate(イノシトール 1,4-ビスリン酸) 88 b
inositol hexakisphosphate(イノシトールヘキサキスリン酸) 88 b
inositol pentakisphosphate(イノシトールペンタキスリン酸) 88 b
inositol phosphate(イノシトールリン酸) 89 a
inositol phosphoglyceride(イノシトールホスホグリセリド) 88 b
inositol phospholipid(イノシトールリン脂質) 89 a
inositol phospholipid pathway(イノシトールリン脂質経路) 89 b
inositol phospholipid signaling pathway(イノシトールリン脂質シグナル伝達経路) 90 a
inositol polyphosphate(イノシトールポリリン酸) 88 b
inositol 1,3,4,5-tetrakisphosphate(イノシトール 1,3,4,5-テトラキスリン酸) 87 b
inositol 1,4,5-trisphosphate(イノシトール 1,4,5-トリスリン酸) 87 b
inositol 1,4,5-trisphosphate receptor(イノシトール 1,4,5-トリスリン酸受容体) 87 b
insertion(組込み) 264 a
insertion(挿入) 529 b
insertion element(挿入因子) 529 b
insertion sequence(挿入配列) 530 a
inside-out PCR 240 a
inside-out vesicle(表裏反転膜胞) 506 a
in situ 92 b
in situ hybridization(in situ ハイブリダイゼーション) 92 b
in situ PCR(in situ PCR) 92 b
insolubilized enzyme(不溶化酵素) 773 b
InsP$_3$ 87 b
Ins(1,4)P$_2$＝inositol 1,4-bisphosphate(イノシトール 1,4-ビスリン酸) 88 b
Ins(1,4,5)P$_3$ 87 b

instructive theory(指令説) 459 b
instrumental conditioning(道具的条件付け) 623 b
insulator(インスレーター) 94 b
insulin(インスリン) 93 a
insulin dependent diabetes mellitus(インスリン依存性糖尿病) 627 b
insulin-like growth factor(インスリン様増殖因子) 94 a
insulin-like growth factor-binding protein(インスリン様増殖因子結合タンパク質) 94 a
insulin-like growth factor receptor(インスリン様増殖因子受容体) 94 b
insulinoma(インスリノーマ) 93 a
insulin receptor(インスリン受容体) 93 b
insulin resistance syndrome(インスリン抵抗性症候群) 94 a
intasome(インタソーム) 95 a
integral membrane protein(内在性膜タンパク質) 647 a
integrase(インテグラーゼ) 101 a
integration(組込み) 263 a
integrative host factor(組込み宿主因子) 264 a
integrative transformation(組込み型形質転換) 264 a
integrin(インテグリン) 101 a
integrin $\alpha_5\beta_1$(インテグリン $\alpha_5\beta_1$) 101 b
integrin $\alpha$IIb$\beta$III(インテグリン $\alpha$IIb$\beta$III) 101 b
integrin family(インテグリンファミリー) 101 b
integrin superfamily(インテグリンスーパーファミリー) 101 b
integument(外被) 185 b
intein(インテイン) 101 a
interaction cloning(相互作用クローニング) 527 a
intercalary deletion(介在欠失) 295 b
intercalated disc(境界板) 246 a
intercalating agent(インターカレート剤) 95 a
intercalation(インターカレーション) 94 b
intercalation(挿入) 529 b
intercellular adhesion molecule-1(細胞間接着分子 1) 363 b
intercellular adhesion molecule-2(細胞間接着分子 2) 363 b
intercellular adhesion molecule-5(細胞間接着分子 5) 364 a
intercellular communication(細胞間連絡) 364 a
interchange(交換転座) 315 a
interchromatin granule cluster 194 a
interdigitating dendritic cell(かみ合い樹状細胞) 532 b
interference microscope(干渉顕微鏡) 224 a
interference phenomena(干渉現象) 224 a
interferon(インターフェロン) 95 a
interferon $\alpha$(インターフェロン $\alpha$) 95 b
interferon $\beta$(インターフェロン $\beta$) 96 a
interferon $\beta_2$(インターフェロン $\beta_2$) 100 b
interferon $\gamma$(インターフェロン $\gamma$) 95 b
interferon-inducible gene(インターフェロン誘導型遺伝子) 96 b
interferon receptor(インターフェロン受容体) 96 b
interferon regulatory factor(インターフェロン制御因子) 96 b
interferon stimulated gene factor 3 1 b
interferon stimulated response element(インターフェロン応答配列) 95 b
intergenic complementation(遺伝子間相補性) 76 a
intergenic SNP 70 b
intergenic suppression(遺伝子間抑圧) 76 b
intergenic suppressor(遺伝子間サプレッサー) 76 b
interleukin(インターロイキン) 96 b
interleukin 1(インターロイキン 1) 96 b
interleukin 2(インターロイキン 2) 99 a
interleukin 3(インターロイキン 3) 98 a
interleukin 4(インターロイキン 4) 100 a
interleukin 5(インターロイキン 5) 97 b
interleukin 6(インターロイキン 6) 100 b

欧文索引 1105

interleukin 7(インターロイキン 7)　99 a
interleukin 8(インターロイキン 8)　100 a
interleukin 9(インターロイキン 9)　97 a
interleukin 10(インターロイキン 10)　98 b
interleukin 11(インターロイキン 11)　98 b
interleukin 12(インターロイキン 12)　98 b
interleukin-1$\beta$ converting enzyme(インターロイキン 1$\beta$ 変換酵素)　96 b
interleukin receptor(インターロイキン受容体)　99 a
interleukin 1 receptor(インターロイキン 1 受容体)　96 b
interleukin 2 receptor(インターロイキン 2 受容体)　99 b
interleukin 3 receptor(インターロイキン 3 受容体)　98 a
interleukin 4 receptor(インターロイキン 4 受容体)　100 a
interleukin 5 receptor(インターロイキン 5 受容体)　98 a
interleukin 6 receptor(インターロイキン 6 受容体)　100 b
interleukin 2 receptor $\alpha$ chain(インターロイキン 2 受容体 $\alpha$ 鎖)　100 a
intermediary metabolism(中間代謝)　566 a
intermediate autophagic vacuole(中間型自己貪胞)　566 a
intermediate density lipoprotein(中間密度リポタンパク質)　566 a
intermediated lymphocytic lymphoma(中間リンパ球性リンパ腫)　566 b
intermediate filament(中間径フィラメント)　566 a
intermediate junction(中間結合)　566 a
intermediate lobe(中葉)　198 b
intermediate-voltage electron microscope(中間電位電子顕微鏡)　566 b
intermedin(インターメジン)　96 b
intermembrane space(膜間腔)　863 a
internalization(インターナリゼーション)　95 a
internal membrane system(細胞内膜系)　372 b
internal respiration(内呼吸)　647 a
internal ribosomal entry site(リボソーム内部進入部位)　948 a
internal-rotation angle(内部回転角)　647 a
internal secretion(内分泌)　648 a
International HapMap Project(国際 HapMap プロジェクト)　732 a
interneuron(介在ニューロン)　182 a
interphase(間期)　219 b
InterPro　96 a
interrupted mating experiment(切断接合実験)　507 a
interspersed repeated sequence(散在性反復配列)　387 a
interstitial cell(間細胞)　222 a
interstrand crosslinking(鎖間架橋)　379 b
inter-$\alpha$-trypsin inhibitor(インター $\alpha$ トリプシンインヒビター)　641 b
intervening sequence(介在配列)　182 b
intestinal epithelium(腸管上皮)　569 b
intestinal infantilism(小児脂肪便症)　452 b
intestinal intraepithelial T cells(腸管上皮細胞間 T 細胞)　569 b
intestinal peptide transporter(腸管ペプチド輸送体)　569 b
intestine(腸)　569 a
int-1 gene(int-1 遺伝子)　102 b
int-2 gene(int-2 遺伝子)　101 b
intima(内膜)　293 b
Int protein(Int タンパク質)　2 a
intracellular compartment(細胞内区画)　369 b
intracellular receptor(細胞内受容体)　372 b
intracellular signal transducer(細胞内シグナル伝達物質)　372 a
intracellular signal transduction(細胞内シグナル伝達)　372 b
intracisternal-A particle　477 b
intracistronic complementation(遺伝子内相補性)　81 a
intragenic suppression(遺伝子内抑圧)　81 b

intragenic suppressor(遺伝子内サプレッサー)　81 b
intramembrane particle(膜内粒子)　865 b
intrauterine diagnosis(子宮内診断)　401 a
intrinsic coagulation pathway(内因系凝固系)　290 b
intrinsic terminator　975 b
intron(イントロン)　102 a
intron encoded endonuclease(イントロンエンコードエンドヌクレアーゼ)　102 b
intron homing(イントロンホーミング)　102 b
intronless paralog(無イントロンパラログ)　302 b
intron SNP　70 b
invader assay(インベーダーアッセイ)　104 b
invagination(陥入)　227 b
invariant chain(インバリアント鎖)　103 a
invariant NKT cell(インバリアント NKT 細胞)　103 a
invasiveness(浸潤性)　471 a
invasive structure　104 b
inverse agonist(インバースアゴニスト)　102 b
inversion(逆位)　238 a
invertase(インベルターゼ)　104 b
invertebrate(無脊椎動物)　888 a
inverted PCR(逆 PCR)　240 b
inverted repeat sequence(逆方向反復配列)　240 a
inverted terminal repeat(逆方向末端反復配列)　21 a
invertin(インベルチン)　812 b
in vitro　103 a
in vitro cell-free system(無細胞系)　887 b
in vitro colony assay(in vitro コロニー形成法)　103 a
in vitro evolution(試験管内人工進化法)　405 b
in vitro fertilization(母体外受精)　845 a
in vitro fertilization embryo transfer(体外受精胚移植)　515 b
in vitro mutagenesis(in vitro 突然変異誘発)　103 b
in vitro packaging(in vitro パッケージング)　103 b
in vitro transcription(in vitro 転写法)　103 a
in vitro translation(in vitro 翻訳)　103 a
in vivo　103 b
in vivo DNase I footprinting(in vivo DN アーゼ I フットプリント法)　104 a
in vivo redox reaction(生体レドックス反応)　499 a
iodoacetamide(ヨードアセトアミド)　925 a
iododeoxyuridine(ヨードデオキシウリジン)　925 a
iodopsin(イオドプシン)　62 b
iodovinyldeoxyuridine(ヨードビニルデオキシウリジン)　925 a
ion(イオン)　63 a
ion channel(イオンチャネル)　63 b
ion exchange chromatography(イオン交換クロマトグラフィー)　63 a
ionic bond(イオン結合)　63 a
ionic channel(イオンチャネル)　63 b
ionic current(イオン電流)　63 b
ionic pump(イオンポンプ)　63 b
ionic valence(イオン価)　63 a
ionizing radiation(電離放射線)　621 a
ionomycin(イオノマイシン)　62 b
ionophore(イオノホア)　62 b
ionotropic glutamate receptor(チャネル型グルタミン酸受容体)　565 b
ionotropic receptor(イオンチャネル型受容体)　333 a
ionspattering(イオンスパッタリング)　63 a
ion transport(イオン輸送)　64 a
ion transporting ATPase(イオン輸送性 ATP アーゼ)　64 b
IP＝immunoprecipitation(免疫沈降反応)　4 b
IP$_3$＝inositol 1,4,5-trisphosphate(イノシトール 1,4,5-トリスリン酸)　5 a
I(1,4)P$_2$＝inositol 1,4-bisphosphate(イノシトール 1,4-ビスリン酸)　5 a

I(1,4,5)P$_3$　87 b
Ipaf　200 a
IPCR＝inverted PCR（逆 PCR）　5 a
IPG＝immobilized pH gradient isoelectric focusing（固定化 pH 勾配等電点電気泳動）　627 b
I pilus（I 線毛）　3 b
IP$_3$-induced Ca$^{2+}$ release（IP$_3$ 誘導 Ca$^{2+}$ 放出）　5 a
IP$_3$ receptor（IP$_3$ 受容体）　5 a
IPS339　810 a
iPS cell（iPS 細胞）　4 b
IPSP＝inhibitory postsynaptic potential（抑制性シナプス後電位）　5 a
IPTG＝isopropyl 1-thio-β-D-galactoside（イソプロピル 1-チオ-β-D-ガラクトシド）　5 a
IR＝infrared spectroscopy（赤外分光法）　1 a
IRA protein（IRA タンパク質）　1 b
IRE1　784 b
IRES＝internal ribosomal entry site（リボソーム内部進入部位）　5 a
Iressa（イレッサ）　91 b
IRF＝interferon regulatory factor（インターフェロン制御因子）　1 b
Ir gene（Ir 遺伝子）　1 a
iridosome（イリドソーム）　91 b
irinotecan（イリノテカン）　228 a
iris（虹彩）　321 a
IRK　415 b
iron-binding globulin（鉄結合性グロブリン）　606 b
iron-responsive element（鉄応答エレメント）　638 a
IRS＝insulin receptor substrate　1 a
IS＝insertion sequence（挿入配列）　1 b
ischemia（虚血）　251 b
ISCN＝An International System for Human Cytogenetic Nomenclature　517 b
ISGF3＝interferon stimulated gene factor 3　1 b
islet-activating protein（インスリン分泌活性化タンパク質）　94 a
I-Smad＝inhibitory Smad（抑制型 Smad）　3 b
iSNP＝intron SNP　1 b
isoacceptor-tRNA（アイソアクセプター tRNA）　3 b
isocitric acid（イソクエン酸）　69 b
isodesmosine（イソデスモシン）　69 b
isoelectric focusing（等電点電気泳動）　627 b
isoelectric pH（等電 pH）　627 b
isoelectric point（等電点）　627 a
isoelectric precipitation（等電点沈殿）　627 b
isoenzyme（イソ酵素）　69 b
isograft（同種同系移植）　625 b
isoguvacine（イソガバシン）　33 a
isolation membrane（隔離膜）　173 b
isoleucine（イソロイシン）　70 a
isomer（異性体）　68 b
isopentenyladenine（イソペンテニルアデニン）　70 a
isopentenyl diphosphate（イソペンテニル二リン酸）　70 a
isoprene unit（イソプレン単位）　70 a
isoprenoid（イソプレノイド）　70 a
isoprenylation（イソプレニル化）　69 b
β-isopropylmalate dehydrogenase（β-イソプロピルリンゴ酸デヒドロゲナーゼ）　973 a
isopropyl 1-thio-β-D-galactoside（イソプロピル 1-チオ-β-D-ガラクトシド）　70 a
isopycnic centrifugation（等密度遠心分離法）　628 a
isoreceptor（イソ受容体）　69 b
isoschizomer（アイソシゾマー）　3 b
isotherm（等温曲線）　622 b
isothermal nucleic acid amplification（等温核酸増幅法）　622 b
isothermal titration calorimetry（等温滴定型熱量計）　622 b
isotonic solution（等張液）　627 a
isotope（同位体）　622 b
isotope dilution method（同位体希釈法）　622 b
isotope effect（同位体効果）　622 b
isotope tracer technique（同位体トレーサー法）　622 b
isotype（アイソタイプ）　4 a
isotype switching（アイソタイプスイッチ）　4 b
isovaleric acidemia（イソ吉草酸血症）　69 b
isovaleric aciduria（イソ吉草酸尿症）　69 b
isozyme（アイソザイム）　3 b
ISR＝induced systemic resistance　520 a
ISRE＝interferon stimulated response element（インターフェロン応答配列）　1 b
ISWI complex（ISWI 複合体）　1 b
ITAM＝immunoreceptor tyrosine-based activation motif（免疫受容体チロシン活性化モチーフ）　160 b
ITC＝isothermal titration calorimetry（等温滴定型熱量計）　4 b
ITIM＝immunoreceptor tyrosine-based inhibitory motif（免疫受容体チロシン阻害モチーフ）　160 b
ITP＝idiopathic thrombocytopenic purpura（特発性血小板減少性紫斑病）　4 b
ITR＝inverted terminal repeat（逆方向末端反復配列）　21 a
IVDU＝iodovinyldeoxyuridine（ヨードビニルデオキシウリジン）　925 a
IVEM＝intermediate-voltage electron microscope（中間電位電子顕微鏡）　5 a
IVF-ET＝*in vitro* fertilization embryo transfer（体外受精胚移植）　515 b
Izumo　521 a

## J

Jacob, François（ジャコブ）　435 b
JAK　435 b
JAK-STAT signaling pathway（JAK-STAT シグナル伝達経路）　435 b
JAM＝junction adhesion molecules（結合接着分子）　880 a
Jansen-type metaphyseal chondrodysplasia（ヤンセン型骨幹端軟骨異形成症）　910 b
jasmonic acid（ジャスモン酸）　435 b
J chain（J 鎖）　394 a
*JC polyomavirus*（JC ポリオーマウイルス）　394 b
JCPyV＝*JC polyomavirus*（JC ポリオーマウイルス）　394 b
JCV＝JC virus（JC ウイルス）　394 b
JC virus（JC ウイルス）　394 b
Jerne, Niels Kai（イェルネ）　62 a
Jerne technique（イェルネ法）　920 b
JH＝juvenile hormone（幼若ホルモン）　393 a
JHDM1＝JmjC domain-containing histone demethylase 1　725 b
jimpy mouse（ジンピーマウス）　474 b
JmjC domain-containing histone demethylase 1　725 b
JNK＝c-Jun N-terminal kinase（Jun-N 末端キナーゼ）　393 a
Johannsen, Wilhelm Ludvig（ヨハンセン）　925 a
joining chain（連結鎖）　968 b
junction adhesion molecules（結合接着分子）　880 a
junctional basal lamina（神経筋接合部基底板）　463 b
junctional basal membrane（神経筋接合部基底膜）　463 b
junctional complex（接着複合体）　508 a
*jun* gene（*jun* 遺伝子）　449 b
junk DNA（ジャンク DNA）　437 a
juvenile hormone（幼若ホルモン）　921 a
*J* value（*J* 値）　394 b

欧文索引　1107

# K

κB　204 a
κB sequence(κB 配列)　204 a
K＝lysine(リシン)　938 b
kainate receptor(カイニン酸受容体)　184 b
kainic acid(カイニン酸)　184 b
kallikrein-kinin system(カリクレイン-キニン系)　209 a
Kallmann syndrome(カルマン症候群)　216 b
kanamycin(カナマイシン)　206 a
Kandel, Eric Richard(カンデル)　226 b
Kaplan leukemia virus(カプラン白血病ウイルス)　862 a
Kaposi's sarcoma(カポジ肉腫)　207 a
Kaposi's sarcoma-associated herpesvirus(カポジ肉腫関連ヘルペスウイルス)　207 a
KAR2　391 b
Kartagener syndrome(カルタゲナー症候群)　214 b
karyogram(カリオグラム)　209 a
karyokinesis(核分裂(細胞の))　195 b
karyopherin(カリオフェリン)　209 a
karyoplasm(核質)　192 b
karyoplast(核体)　194 b
karyoskeleton(核骨格)　190 b
karyotype(核型)　190 a
$K_{ATP}$-1　415 b
KB cell(KB 細胞)　303 a
K cell(K 細胞)　289 b
K562 cell(K562 細胞)　289 b
$K^+$ channel($K^+$ チャネル)　290 a
kDa　300 a
85 kDa $PLA_2$　367 b
180 kDa protein downstream of Crk(180 kDa Crk 結合タンパク質)　741 a
KDEL receptor(KDEL 受容体)　299 b
Keilin-Hartree effect(ケイリン・ハートレー効果)　594 b
Kekkon　610 a
Kendrew, John Cowdery(ケンドルー)　309 a
keratan sulfate(ケラタン硫酸)　304 a
keratin(ケラチン)　304 a
keratin filament(ケラチンフィラメント)　304 a
keratinization(角質化)　192 a
keratinizing epithelia(角質化上皮)　192 b
keratinocyte(角質細胞)　192 b
keratinocyte growth factor(角質細胞増殖因子)　193 a
keratinocyte growth factor receptor(角化細胞増殖因子受容体)　290 a
ketosidic bond(ケトシド結合)　269 a
K-fgf　289 b
KGF＝keratinocyte growth factor(角質細胞増殖因子)　290 a
Khorana, Har Gobind(コラナ)　346 a
Ki-1 antigen(Ki-1 抗原)　286 a
kidney(腎臓)　471 b
Kilham rat virus(キルハムラットウイルス)　702 b
killer T cell(キラー T 細胞)　252 b
killer toxin(キラー毒素)　106 a
Ki-1 lymphoma(Ki-1 リンパ腫)　286 a
kin-7　286 a
kinase(キナーゼ)
　　——, A(A キナーゼ)　119 a
　　——, adenosine(アデノシンキナーゼ)　21 a
　　——, adenylate(アデニル酸キナーゼ)　19 a
　　——, β-adrenergic-receptor(β アドレナリン受容体キナーゼ)　810 b
　　——, Bruton's tyrosine　130 b
　　——, C(C キナーゼ)　401 a
　　——, calmodulin-dependent protein(カルモジュリン依存性プロテインキナーゼ)　217 a
　　——, CaM-(CaM キナーゼ)　393 b
　　——, casein(カゼインキナーゼ)　200 a
　　——, CDC28(CDC28 キナーゼ)　421 a
　　——, CDK activating(CDK 活性化キナーゼ)　420 b
　　——, c-Jun N-terminal(Jun-N 末端キナーゼ)　449 b
　　——, creatine(クレアチンキナーゼ)　277 b
　　——, C-terminal Src(C 末端 Src キナーゼ)　434 b
　　——, cyclic AMP-dependent protein(サイクリック AMP 依存性プロテインキナーゼ)　355 b
　　——, cyclic GMP-dependent protein(サイクリック GMP 依存性プロテインキナーゼ)　356 b
　　——, cyclin-dependent(サイクリン依存性キナーゼ)　357 b
　　——, deoxycytidine(デオキシシチジンキナーゼ)　602 a
　　——, diacylglycerol(ジアシルグリセロールキナーゼ)　390 a
　　——, DNA-activated protein(DNA 活性化プロテインキナーゼ)　584 b
　　——, DNA-dependent protein(DNA 依存性プロテインキナーゼ)　582 a
　　——, double-stranded RNA-activated protein(二本鎖 RNA 活性化プロテインキナーゼ)　660 a
　　——, double-stranded RNA-dependent protein(二本鎖 RNA 依存性プロテインキナーゼ)　659 b
　　——, dual specificity(デュアルスペシフィシティキナーゼ)　609 a
　　——, extracellular signal-regulated(細胞外シグナル制御キナーゼ)　362 a
　　——, G(G キナーゼ)　401 a
　　——, glycogen phosphorylase(グリコーゲンホスホリラーゼキナーゼ)　268 a
　　——, G protein-coupled receptor(G タンパク質共役受容体キナーゼ)　415 b
　　——, heme-regulated eIF-2α(ヘム調節性 eIF-2α キナーゼ)　820 b
　　——, histidine(ヒスチジンキナーゼ)　724 b
　　——, histone H1(ヒストン H1 キナーゼ)　725 a
　　——, MAP(MAP キナーゼ)　869 b
　　——, MAP kinase(MAP キナーゼキナーゼ)　870 a
　　——, MEK(MEK キナーゼ)　895 b
　　——, mitogen-activated protein(マイトジェン活性化プロテインキナーゼ)　861 a
　　——, muscle creatine(筋クレアチンキナーゼ)　254 a
　　——, muscle type creatine(筋型クレアチンキナーゼ)　253 b
　　——, myosin L chain(ミオシン L 鎖キナーゼ)　875 a
　　——, NDP(NDP キナーゼ)　143 b
　　——, nicotinamide ribonucleoside(ニコチンアミドリボヌクレオシドキナーゼ)　654 b
　　——, nucleoside diphosphate(ヌクレオシド二リン酸キナーゼ)　667 a
　　——, P1/eIF2(P1/eIF2 キナーゼ)　708 a
　　——, phosphatidylinositol(ホスファチジルイノシトールキナーゼ)　838 a
　　——, phosphatidylinositol 3-(ホスファチジルイノシトール 3-キナーゼ)　838 a
　　——, phosphoglycerate(ホスホグリセリン酸キナーゼ)　840 a
　　——, phospholipid-dependent protein(リン脂質依存性プロテインキナーゼ)　957 a
　　——, phosphorylase(ホスホリラーゼキナーゼ)　843 b
　　——, PI(PI キナーゼ)　707 a
　　——, PI3-(PI3-キナーゼ)　838 a
　　——, polynucleotide(ポリヌクレオチドキナーゼ)　853 b

kinase(つづき)
——, proline-directed protein(プロリン特異的プロテインキナーゼ) 798 b
——, protein(プロテインキナーゼ) 790 b
——, protein tyrosine(プロテインチロシンキナーゼ) 792 b
——, pyridine(ribo)nucleoside(phospho)-(ピリジン(リボ)ヌクレオシド(ホスホ)キナーゼ) 743 b
——, pyruvate(ピルビン酸キナーゼ) 744 b
——, receptor(受容体キナーゼ) 447 b
——, rhodopsin(ロドプシンキナーゼ) 975 b
——, S6(S6 キナーゼ) 128 a
——, SAP(SAP キナーゼ) 382 a
——, sensory(センサーキナーゼ) 517 a
——, serine/threonine(セリン/トレオニンキナーゼ) 511 a
——, serine/threonine protein(セリン/トレオニンプロテインキナーゼ) 511 a
——, serine/threonine/tyrosine(セリン/トレオニン/チロシンキナーゼ) 511 a
——, S-receptor 399 b
——, stress-activated protein(ストレス活性化プロテインキナーゼ) 480 a
——, thymidine(チミジンキナーゼ) 564 b
——, thymidylate(チミジル酸キナーゼ) 564 b
——, T4 polynucleotide(T4 ポリヌクレオチドキナーゼ) 601 b
——, tyrosine(チロシンキナーゼ) 574 b
kinase cascade mechanism(キナーゼカスケード機構) 234 b
kinase domain(キナーゼドメイン) 790 b
kinesin(キネシン) 235 b
kinetin(カイネチン) 184 a
kinetochore(キネトコア) 235 b
kinetochore microtubule(動原体微小管) 624 a
kinetoplast(キネトプラスト) 235 b
kinetosome(キネトソーム) 235 b
kingdom(界) 182 a
Kingdom Fungi(菌類界) 258 a
kinin(キニン) 235 b
kininogen(キニノーゲン) 235 a
kinky DNA(屈曲 DNA) 261 a
kinureninase(キヌレニナーゼ) 232 b
kip1 234 a
Kirsten leukemia virus(カーステン白血病ウイルス) 199 a
Kirsten murine sarcoma virus(カーステンマウス肉腫ウイルス) 199 b
kit gene(kit 遺伝子) 234 a
kit ligand(kit リガンド) 234 a
KL=kit ligand(kit リガンド) 289 b
Kleinschmidt technique(クラインシュミット法) 264 a
Klenow enzyme(クレノウ酵素) 278 a
Klenow fragment(クレノウフラグメント) 278 a
Klug, Aaron(クルグ) 272 b
$k$-means($k$ 平均法) 264 b
$K_m$ value($K_m$ 値) 289 b
knee jerk(膝蓋(腱)反射) 417 a
knee reflex(膝蓋(腱)反射) 417 a
knockdown mouse(ノックダウンマウス) 678 a
knockin mouse(ノックインマウス) 678 b
knockout mouse(ノックアウトマウス) 678 a
Köhler, Georges J. F.(ケーラー) 304 a
Kornberg enzyme(コーンバーグの酵素) 352 b
Kornberg, Arthur(コーンバーグ) 352 b
Kornberg, Roger David(コーンバーグ) 352 b
Kozak's consensus sequence(コザック共通配列) 337 a
Krabbe disease(クラッベ病) 265 b
KRAB box(KRAB ボックス) 266 a

KRAB domain(KRAB ドメイン) 266 a
Krebs cycle(クレブス回路) 278 b
Krebs, Edwin Gerhard(クレブス) 278 b
Krebs, Hans Adolf(クレブス) 278 b
Krebs-Henseleit urea cycle(クレブス・ヘンゼライト尿素回路) 279 a
K region(K 領域) 304 b
krestin(クレスチン) 493 a
Kr gene(Kr 遺伝子) 286 a
Kringle domain(クリングルドメイン) 272 a
Kringle structure(クリングル構造) 272 a
krox24 286 a
Krüppel-associated box(クルッペル関連ボックス) 277 b
Krüppel gene(クルッペル遺伝子) 277 a
K-sam gene(K-sam 遺伝子) 289 b
KSHV=Kaposi's sarcoma-associated herpesvirus(カポジ肉腫関連ヘルペスウイルス) 207 a
Kugelberg-Welander disease(クーゲルベルク・ヴェランダー病) 503 b
Kunitz protease inhibitor(クニッツ型プロテアーゼインヒビター) 261 b
Kupffer cell(クッパー細胞) 261 b
Kupffer's stellate cell(クッパー星細胞) 261 b
Ku protein(Ku タンパク質) 261 a
kuru(クール・クール) 277 b
KV1.x family(KV1.x ファミリー) 303 b

# L

λ cloning vector(λ クローニングベクター) 931 b
λ integrase(λ インテグラーゼ) 931 a
λ phage(λ ファージ) 931 a
λ phage vector(λ ファージベクター) 931 b
λ repressor(λ リプレッサー) 931 b
L=leucine(ロイシン) 972 a
L1 161 a
labeled mitosis method(標識分裂期法) 702 a
Laboulbeniomycetes(ラブルベニア菌類) 429 a
LACI=lipoprotein-associated coagulation inhibitor(リポタンパク質結合性プロテアーゼインヒビター) 159 a
lac operon(lac オペロン) 928 a
lac promoter(lac プロモーター) 928 a
lac repressor(lac リプレッサー) 928 a
lactate dehydrogenase(乳酸デヒドロゲナーゼ) 3 b
lactetropic hormone(乳腺刺激ホルモン) 661 a
lactic acid(乳酸) 660 b
lactic acid fermentation(乳酸発酵) 660 b
lactoferrin(ラクトフェリン) 927 a
lactose operon(ラクトースオペロン) 927 b
lactosiderophilin(ラクトシデロフィリン) 927 a
lactotransferrin(ラクトトランスフェリン) 927 a
lacunae of bone(骨小腔) 340 a
lacZ fusion protein(lacZ 融合タンパク質) 928 a
lagging strand(ラギング鎖) 926 b
lag phase(誘導期) 913 b
LAK cell(LAK 細胞) 159 a
LAM-1 159 a
LamB 932 a
lambda integrase(λ インテグラーゼ) 931 a
lambda phage(λ ファージ) 931 a
lambda phage vector(λ ファージベクター) 931 b
lambda repressor(λ リプレッサー) 931 b
Lambert-Beer law(ランベルト・ベールの法則) 935 b
lamelipodia(葉状仮足) 921 b

lamella(ラメラ) **932** a
lamellipodium(葉状仮足) **921** b
lamin(ラミン) **931** a
lamina(ラミナ) **930** b
lamina densa(緻密板) **564** b
lamina lucida(透明板) **629** a
lamina propria(基底膜) **234** b
lamina propria(ラミナプロプリア) **930** a
lamina propria mucosae(ラミナプロプリア) **930** b
lamina rara(透明板) **629** a
lamin B receptor(ラミン B 受容体) **931** a
laminin(ラミニン) **930** b
laminin receptor(ラミニン受容体) **931** a
lampbrush chromosome(ランプブラシ染色体) **935** b
Lamp family(Lamp ファミリー) **939** b
landmark cell(道しるべ細胞) **879** a
Langer-Giedion syndrome(ランゲル・ギーディオン症候群) **933** a
Langerhans islet(ランゲルハンス島) **933** b
LAP = liver-enriched transcriptional activator protein(肝特異的転写活性化タンパク質) **928** a
LA-PCR = long and accurate PCR **159** a
LAR = locus activating region(遺伝子座活性化領域) **159** a
LAR = localized acquired resistance(局部獲得抵抗性) **159** a
large cell carcinoma(大細胞がん) **539** a
large granular lymphocyte(大型顆粒リンパ球) **648** b
large multifunctional protease(大型多機能性プロテアーゼ) **153** b
large T antigen(ラージ T 抗原) **927** a
lariat form structure(投げ縄状構造) **648** b
lariat structure(投げ縄状構造) **648** b
larva(幼虫) **922** a
laser(レーザー) **962** a
laser capture microdissection(レーザーマイクロダイセクション) **962** a
Lassa virus(ラッサウイルス) **928** b
late embryogenesis abundant **961** a
late gene(後期遺伝子) **315** a
latency(潜在性) **516** b
latent infection(潜伏感染) **524** a
latent period(潜伏期) **516** b
lateral-basal membrane(側底膜) **531** b
lateral bud inhibition(側芽抑制) **531** a
lateral diffusion(側方拡散) **532** a
lateral element(ラテラルエレメント) **428** b
lateral geniculate body(外側膝状体) **183** a
lateral geniculate nucleus(外側膝状核) **183** a
lateral membrane(側膜) **532** a
lateral meristem(側部分裂組織) **532** a
late region(後期領域) **315** b
latrunculin(ラトランキュリン) **929** a
Laurence-Moon-Biedl syndrome(ローレンス・ムーン・ビードル症候群) **977** b
Lauterbur, Paul Christian(ラウターバー) **926** a
law of dominance(優劣の法則) **914** b
law of independence(独立の法則) **630** a
law of independent assortment(独立(遺伝)の法則) **630** a
law of segregation(分離の法則) **805** a
laz3 gene(laz3 遺伝子) **159** a
LBP = LPS-binding protein(リポ多糖結合タンパク質) **948** b
LBR = lamin B receptor(ラミン B 受容体) **160** b
LCAM = liver cell adhesion molecule **159** b
L cell(L 細胞) **159** b
L1210 cell(L1210 細胞) **158** b
L chain(L 鎖) **159** b
Lck **160** a

LCM = laser capture microdissection(レーザーマイクロダイセクション) **160** a
LC/MS = liquid chromatography-mass spectrometry(液体クロマトグラフィー質量分析法) **160** a
LCMV = lymphocytic choriomeningitis virus(リンパ球性脈絡骨髄膜炎ウイルス) **576** b
LCM virus = *Lymphocytic choriomeningitis virus*(リンパ球性脈絡髄膜炎ウイルス) **160** a
LCO = lipochitin oligosaccharide(リポキチンオリゴ糖) **160** a
LCR = leurocristine(ロイロクリスチン) **159** b
LCR = locus control region(遺伝子座調節領域) **159** b
LcrV **754** a
L1$_{cs}$ **449** a
LD$_{50}$ **160** a
LDL = low density lipoprotein(低密度リポタンパク質) **160** b
LDL receptor(LDL 受容体) **160** b
LDL receptor-related protein(LDL 受容体関連タンパク質) **51** a
LDL receptor-related protein-1(LDL 受容体関連タンパク質-1) **28** b
LD motif(LD モチーフ) **687** a
LEA = late embryogenesis abundant **27** b
leader peptide(リーダーペプチド) **941** a
leader region(リーダー領域) **941** b
leader sequence(リーダー配列) **941** b
leading strand(リーディング鎖) **942** b
leaf arrangement(葉序) **921** b
leaf cushion(葉枕) **558** a
leaf primordium(葉原基) **457** a
leak channel(漏えいチャネル) **973** a
LEA protein(LEA タンパク質) **961** a
learning(学習) **193** a
learning mutant(学習突然変異体) **193** a
least fatal dose(最小致死量) **358** a
LECAM = lectin/type cell adhesion molecule(セクレチン) **961** b
LECAM-1 **160** a
LEC-CAM = lectin/EGF/complementcell adhesion molecule(セレクチン) **963** b
lecithin(レシチン) **962** b
lecithinase A(レシチナーゼ A) **962** a
LEC rat(LEC ラット) **106** b
lectin(レクチン) **961** b
Lederberg, Joshua(レーダーバーグ) **962** b
Leeuwenhoek, Anton van(レーウェンフック) **961** a
*lefty* **967** a
leghemoglobin(レグヘモグロビン) **962** a
le grand lobe limbique(大辺縁葉) **543** b
leguminous bacteria(根粒菌) **353** a
leiomyosarcoma(平滑筋肉腫) **807** b
lens(水晶体) **475** a
lens placode(水晶体板) **475** a
lens vesicle(水晶体胞) **475** a
lentinan(レンチナン) **903** a
lentiviral vector(レンチウイルスベクター) **969** b
*Lentivirus*(レンチウイルス) **969** b
LEP = lysylendopeptidase(リシルエンドペプチダーゼ) **158** b
LE phenomenon(LE 現象) **520** a
leprosy(癩(らい)) **926** a
leptin(レプチン) **967** a
leptin receptor(レプチン受容体) **967** a
leptonema stage(レプトネマ期) **967** b
leptotene stage(細糸期) **844** a
Lesch-Nyhan syndrome(レッシュ・ナイハン症候群) **964** a
*let-23* gene(*let-23* 遺伝子) **158** b

# 1110　欧文索引

lethal gene（致死遺伝子）　**563** a
lethal mutation gene（致死突然変異遺伝子）　**563** a
LETS protein（レッツタンパク質）　**964** b
Leu＝leucine（ロイシン）　**972** a
Leu8　**160** a
Leu2 antigen（Leu2 抗原）　**422** b
*leuB*　**973** a
leucine（ロイシン）　**972** a
leucine enkephalin（ロイシンエンケファリン）　**972** a
leucine-rich repeat（ロイシンリッチリピート）　**972** b
leucine zipper（ロイシンジッパー）　**972** a
leucocyte（白血球）　**694** a
leucoplast（白色体）　**688** b
leucosome（ロイコソーム）　**971** a
leucovorin（ロイコボリン）　**972** a
*LEU2* gene（*LEU2* 遺伝子）　**973** a
leukemia（白血病）　**695** a
──, acute（急性白血病）　**245** a
──, acute lymphocytic（急性リンパ性白血病）　**245** a
──, acute myelocytic（急性骨髄性白血病）　**244** b
──, acute non-lymphocytic（急性非リンパ性白血病）　**245** a
──, acute promyelocytic（急性前骨髄性白血病）　**245** a
──, adult T cell（成人 T 細胞白血病）　**497** a
──, chronic（慢性白血病）　**871** a
──, chronic lymphocytic（慢性リンパ性白血病）　**871** b
──, chronic myelocytic（慢性リンパ性白血病）　**871** b
──, erytbro-（赤白血病）　**504** a
──, hairly cell（毛状細胞白血病）　**905** a
──, lymphocytic（リンパ性白血病）　**958** a
──, myelocytic（骨髄性白血病）　**341** a
──, plasma cell（形質細胞白血病）　**287** b
──, pre-（前白血病）　**523** b
──, prolymphocytic（前リンパ球性白血病）　**905** a
──, secondary（二次性白血病）　**656** a
──, T cell acute lymphocytic（T 細胞急性リンパ性白血病）　**596** a
leukemia inhibitory factor（白血病阻害因子）　**695** a
leukemia virus（白血病ウイルス）　**695** b
leukemic stem cell（白血病幹細胞）　**360** a
leukocidin（ロイコシジン）　**971** a
leukocyte（白血球）　**694** a
leukocyte adhesion deficiency（白血球粘着不全症）　**695** a
leukocyte adhesion molecule（白血球接着分子）　**694** b
leukocyte alkaline phosphatase（白血球アルカリホスファターゼ）　**694** b
leukocyte common antigen（白血球共通抗原）　**694** b
leukocyte elastase（白血球エラスターゼ）　**694** b
leukocyte integrin（白血球インテグリン）　**694** b
leukocyte interferon（白血球インターフェロン）　**694** b
leukocyte migration inhibitory factor（白血球遊走阻害因子）　**695** a
leukocyte receptor cluster（白血球受容体クラスター）　**149** b
leukodystrophy（ロイコジストロフィー）　**971** a
leukosialin（ロイコシアリン）　**971** a
leukotriene（ロイコトリエン）　**971** a
leukotriene A₄（ロイコトリエン A₄）　**971** b
leukotriene B₄（ロイコトリエン B₄）　**971** b
leukotriene C₄（ロイコトリエン C₄）　**972** a
leukotriene D₄（ロイコトリエン D₄）　**972** a
leukotriene receptor（ロイコトリエン受容体）　**972** a
leupeptin（ロイペプチン）　**973** a
leurocristine（ロイロクリスチン）　**973** a
Levi-Montalcini, Rita（レビ・モンタルチーニ）　**966** b
levorotatory（左旋性）　**381** a
Lewis, Edward B.（ルイス）　**959** a
Lewis lung carcinoma（ルイス肺がん腫）　**959** a

*lexA* gene（*lexA* 遺伝子）　**963** b
Leydig cell（ライディッヒ細胞）　**926** a
LFA-2＝lymphocyte function-associated antigen-2（リンパ球機能関連抗原 2）　**159** a
LFA-3　**422** a
LFD＝least fatal dose（最小致死量）　**159** a
LFM＝loss of function mutation（機能喪失（性突然）変異）　**159** a
LGP85　**939** b
LH＝luteinizing hormone（黄体形成ホルモン）　**159** a
LHC＝light harvesting chlorophyll-protein complex（集光性色素タンパク質複合体）　**159** a
LHRH＝luteinizing hormone-releasing hormone（黄体形成ホルモン放出ホルモン）　**159** a
LH surge（LH サージ）　**976** a
LIF＝leukemia inhibitory factor（白血病阻害因子）　**158** a
LIF＝leukocyte migration inhibitory factor（白血球遊走阻害因子）　**158** b
life cycle（生活環）　**492** b
lifestyle related disease（生活習慣病）　**492** b
Li-Fraumeni syndrome（リー・フラウメニ症候群）　**943** a
Lifson-Roig model（リフソン・ロイモデル）　**821** b
ligand（配位子）　**681** a
ligand（リガンド）　**937** a
ligand-gated ion channel（リガンド依存性イオンチャネル）　**938** a
ligation（連結反応（核酸の））　**968** b
ligation-mediated PCR　**303** a
light amplification by stimulated emission of radiation　**962** a
light break（光中断）　**713** b
light chain（軽鎖）　**287** b
light germinater（光発芽種子）　**442** b
light-harvesting chlorophyll（集光性クロロフィル）　**438** b
light harvesting chlorophyll-protein complex（集光性色素タンパク質複合体）　**438** b
light meromyosin（ライトメロミオシン）　**898** a
light microscope（光学顕微鏡）　**313** b
light reaction（明反応）　**890** a
light-regulated gene（光応答性遺伝子）　**712** b
light scattering（光散乱）　**321** b
lignification（木化）　**906** a
lignin（リグニン）　**938** b
limb（葉身）　**922** a
limb blade（葉片）　**922** b
limb bud（肢芽）　**397** b
limb development（四肢の発生）　**410** b
limbic system（大脳辺縁系）　**543** b
limiting dilution-culture method（限界希釈培養法）　**305** a
limiting dilution method（限界希釈法）　**305** a
LIMK＝LIM kinase（LIM キナーゼ）　**953** a
LIM kinase（LIM キナーゼ）　**952** b
lincomycin（リンコマイシン）　**817** b
LINE　**926** a
linear amplification（リニア増幅法）　**942** b
linear DNA（直鎖状 DNA）　**224** b
linear DNA virus（線状 DNA ウイルス）　**517** a
Lineweaver-Burk plot（ラインウィーバー・バークプロット）　**926** a
*lin* gene（*lin* 遺伝子）　**954** b
linkage（連鎖）　**968** b
linkage disequilibrium（連鎖不平衡）　**969** a
linkage group（連鎖群）　**969** a
linkage map（連鎖地図）　**969** a
linkage mapping（連鎖解析法）　**969** a
linker DNA（リンカー DNA）　**955** a
linker histone（リンカーヒストン）　**955** a

欧文索引　1111

linking clone(リンキングクローン)　955 a
linking library(リンキングライブラリー)　955 b
linking number(リンキング数)　955 b
link protein(リンクタンパク質)　955 b
link protein family(リンクモジュールファミリー)　955 b
LIP = liver-enriched inhibitory protein(肝特異的転写抑制性タンパク質)　158 b
lipase(リパーゼ)　942 b
lipid A(リピドA)　943 a
lipid bilayer(脂質二重層)　409 b
lipid mediator(脂質メディエーター)　409 b
lipid peroxide(過酸化脂質)　198 a
lipid raft(脂質ラフト)　410 a
lipocalin family(リポカリンファミリー)　944 a
lipochitin oligosaccharide(リポキチンオリゴ糖)　945 a
lipocortin(リポコルチン)　945 a
lipofectin(リポフェクチン)　952 b
lipofection(リポフェクション)　952 b
lipofuscin(リポフスチン)　952 b
lipophorin(リポホリン)　336 a
lipoplast(リポプラスト)　952 b
lipopolysaccharide(リポ多糖)　948 b
lipoprotein(リポタンパク質(血漿の))　948 b
lipoprotein-associated coagulation inhibitor(リポタンパク質結合性プロテアーゼインヒビター)　949 b
lipoprotein lipase(リポタンパク質リパーゼ)　949 b
liposarcoma(脂肪肉腫)　434 a
liposome(リポソーム)　946 a
liposome method(リポソーム法)　948 a
lipotropin(リポトロピン)　949 b
lipovitellin(リポビテリン)　731 b
lipoxidase(リポキシダーゼ)　945 b
lipoxin(リポキシン)　? 
lipoxygenase(リポキシゲナーゼ)　944 b
5-lipoxygenase activating protein　35 b
liquid chromatography-mass spectrometry(液体クロマトグラフィー-質量分析法)　118 b
liquid medium(液体培地)　119 a
LIS1　938 b
Lisch nodules(虹彩小結節)　466 b
lissencephaly(滑脳症)　204 a
liver(肝臓)　225 b
liver asialoglycoprotein receptor(肝アシアログリコプロテイン受容体)　219 a
liver cancer(肝がん)　219 a
liver cell adhesion molecule　205 b
liver cell carcinoma(肝細胞がん)　222 a
liver cirrhosis(肝硬変)　221 a
liver-enriched inhibitory protein(肝特異的転写抑制性タンパク質)　227 a
liver-enriched transcriptional activator protein(肝特異的転写活性化タンパク質)　227 a
liver regeneration(肝再生)　221 b
liver restoration(肝修復)　224 a
living modified organisms　214 a
LMO = living modified organisms　214 b
LMP = large multifunctional protease(大型多機能性プロテアーゼ)　153 b
LM-PCR = ligation-mediated PCR　303 a
local alignment(局所的アラインメント)　250 a
local hormone(局所ホルモン)　250 b
localized acquired resistance(局部獲得抵抗性)　251 b
loci(遺伝子座)　77 b
lock and key theory(鍵・鍵穴説)　188 b
Loculoascomycetes(小房子嚢菌類)　429 b
locus activating region(遺伝子座活性化領域)　78 a

locus control region(遺伝子座調節領域)　78 a
locus(遺伝子座)　77 b
lod score(ロッドスコア)　974 b
logarithmic growth(対数増殖)　540 b
logarithmic growth phase(対数増殖期)　540 b
LOH = loss of heterozygosity(ヘテロ接合性消失)　159 a
lone pair(孤立電子対)　475 b
long and accurate PCR　159 a
long-day plant(長日植物)　570 a
long interspersed repetitive sequence(広範囲散在反復配列)　332 b
long-spacing collagen　449 a
long term culture initiating cell　525 b
long-term depression(長期抑圧)　570 a
long terminal repeat(長い末端反復配列)　648 a
long-term potentiation(長期増強)　570 a
Lon protease(ロンプロテアーゼ)　977 b
looped domain(ループ状ドメイン)　960 a
loose connective tissue(疎線維性結合組織)　533 a
loss of function mutation(機能喪失(性突然)変異)　236 a
loss of heterozygosity(ヘテロ接合性消失)　814 b
Louis-Bar syndrome(ルイ・バー症候群)　959 a
low affinity receptor for IgE(低親和性IgE受容体)　598 a
low angle shadowing technique(低角度シャドウイング法)　594 a
low density lipoprotein(低密度リポタンパク質)　600 a
low density lipoprotein receptor(低密度リポタンパク質受容体)　601 a
low-density lipoprotein receptor-related protein 5/6　107 b
Lowe syndrome(ロー症候群)　974 a
low molecular weight kininogen(低分子キニノーゲン)　600 a
low pressure receptor(低圧受容器)　578 b
low temperature spectrum(低温スペクトル)　594 a
low $T_3$ syndrome(低$T_3$症候群)　599 a
LPA = lysophosphatidic acid(リゾホスファチジン酸)　160 b
LPA receptor(LPA受容体)　160 b
LPH = lipotropic hormone(リポトロピン)　160 b
LPS = lipopolysaccharide(リポ多糖)　160 b
LPS-binding protein(リポ多糖結合タンパク質)　948 b
LRC = leukocyte receptor cluster(白血球受容体クラスター)　149 b
L region(L領域)　160 b
LRP = LDL receptor-related protein(LDL受容体関連タンパク質)　51 a
LRP-1 = LDL receptor-related protein-1(LDL受容体関連タンパク質-1)　28 b
LRP5/6 = low-density lipoprotein receptor-related protein 5/6　107 b
LRR domain family(LRRドメインファミリー)　158 b
LSD = lysergic acid diethylamide(リゼルグ酸ジエチルアミド)　159 b
L-selectin(L-セレクチン)　160 a
L shape structure(L字形構造(tRNAの))　160 a
LT = lymphotoxin(リンホトキシン)　160 a
LT = leukotriene(ロイコトリエン)　160 a
$LTA_4$ = leukotriene $A_4$(ロイコトリエン$A_4$)　971 b
$LTB_4$ = leukotriene $B_4$(ロイコトリエン$B_4$)　971 b
$LTC_4$ = leukotriene $C_4$(ロイコトリエン$C_4$)　972 a
$LTD_4$ = leukotriene $D_4$(ロイコトリエン$D_4$)　972 a
LTH = luteotropic hormone(黄体刺激ホルモン)　160 a
LTIC = long term culture initiating cell　525 b
LTR = long terminal repeat　160 a
LT receptor(LT受容体)　160 b
L type calcium channel(L型カルシウムチャネル)　159 a
luciferase(ルシフェラーゼ)　959 b
luciferase assay(ルシフェラーゼアッセイ)　959 b

lucky mother(ラッキーマザー) 928 a
lumen(ルーメン) 960 b
Luminal(ルミナール) 760 b
luminescence(発光) 696 a
luminol(ルミノール) 960 b
lung(肺) 681 a
lung cancer(肺がん) 682 a
lupus anticoagulant(抗凝血物質) 315 b
lupus anticoagulant(ループス抗凝固因子) 960 b
Lurcher mouse(ラーチャーマウス) 453 a
Luria, Salvador Edward(ルリア) 960 b
luteinization(黄体化) 168 b
luteinizing hormone(黄体形成ホルモン) 168 b
luteinizing hormone-releasing hormone(黄体形成ホルモン放出ホルモン) 168 b
luteolin(ルテオリン) 959 b
luteotropic hormone(黄体刺激ホルモン) 169 a
lutropin(ルトロピン) 960 b
luxury gene(ラクシャリー遺伝子) 686 b
Lwoff, André Michel(ルウォッフ) 959 b
Ly-1 antigen(Ly-1 抗原) 160 b
Ly-5 antigen(Ly-5 抗原) 161 b
Lyme disease(ライム病) 926 a
lymph gland(リンパ腺) 958 b
lymph node(リンパ節) 958 a
lymphoblastoid cell(リンパ芽球細胞) 957 b
lymphocyte(リンパ球) 957 b
lymphocyte-activating factor(リンパ球活性化因子) 958 a
lymphocyte function-associated antigen-2(リンパ球機能関連抗原 2) 958 a
lymphocyte homing receptor(リンパ球ホーミング受容体) 958 a
lymphocyte recirculation(リンパ球再循環現象) 958 a
*Lymphocytic choriomeningitis virus*(リンパ球性脈絡髄膜炎ウイルス) 958 a
lymphocytic leukemia(リンパ性白血病) 958 a
lymphoid cell(リンパ系細胞) 958 b
lymphoid leukemia(リンパ性白血病) 958 a
lymphoid organ(リンパ器官) 957 b
lymphokine(リンホカイン) 958 b
lymphokine-activated killer cell(リンホカイン活性化キラー細胞) 958 b
lymphoma(リンパ腫) 958 a
lymphoma-leukemia study group classification(LSG 分類) 739 b
lymphopoietin-1(リンホポエチン 1) 958 b
lymphotoxin(リンホトキシン) 958 b
*lyn* gene(*lyn* 遺伝子) 160 b
lyonization(ライオニゼーション) 926 a
lyophilization(凍結乾燥) 624 a
Lys = lysine(リシン) 938 b
lysergic acid diethylamide(リゼルギン酸ジエチルアミド) 939 b
lysin(ライシン) 926 a
lysine(リシン) 938 b
lysis(溶菌) 919 a
lysogenic bacteria(溶原菌) 920 b
lysogenic cycle(溶原化サイクル) 920 b
lysogenic growth(溶原性増殖) 921 a
lysogenicity(溶原性) 920 b
lysogenic phage(溶原(性)ファージ) 921 a
lysogenic state(溶原状態) 920 b
lysogenic virus(溶原(性)ウイルス) 921 a
lysogeny(溶原性) 920 b
lysolecithin(リゾレシチン) 941 b
LysoPA = lysophosphatidic acid(リゾホスファチジン酸) 940 a

lyso-PAF acetyltransferase(リゾ PAF アセチルトランスフェラーゼ) 940 a
lysophosphatidic acid(リゾホスファチジン酸) 940 b
lysophosphatidic acid receptor(リゾホスファチジン酸受容体) 940 b
lysophosphatidylcholine(リゾホスファチジルコリン) 940 a
lysophospholipase D(リゾホスホリパーゼ D) 941 a
lysophospholipid(リゾリン脂質) 941 a
lysosomal carboxypeptidase A(リソソームカルボキシペプチダーゼ A) 939 b
lysosomal disease(リソソーム病) 939 b
lysosomal PLA$_2$ 841 b
lysosomal protein(リソソームタンパク質) 939 b
lysosomal storage disease(リソソーム蓄積症) 939 b
lysosome(リソソーム) 939 a
lysozyme(リゾチーム) 940 a
lysylendopeptidase(リシルエンドペプチダーゼ) 938 b
lysyl-6-oxidase(リシル-6-オキシダーゼ) 938 b
Lyt-2 antigen(Lyt-2 抗原) 422 b
Lyt-3 antigen(Lyt-3 抗原) 422 b
lytic cycle(溶菌化サイクル) 919 b
lytic phage(溶菌ファージ) 919 b

# M

$\mu$ phage($\mu$ ファージ) 884 a
M = methionine(メチオニン) 893 a
MA = matrix protein(基質タンパク質) 238 b
MAC = mammalian artificial chromosome(哺乳類人工染色体) 153 a
Mac-1 421 a
mAChR = muscarinic acetylcholine receptor(ムスカリン性アセチルコリン受容体) 153 a
MacKinnon, Roderick(マキノン) 862 b
macroarray(マクロアレイ) 860 a
macroautophagy(マクロオートファジー) 866 b
macrocyst(マクロシスト) 230 b
macrolide antibiotics(マクロライド系抗生物質) 867 a
macromere(大割球) 537 b
macromolecule(巨大分子) 252 a
macronucleus(大核) 537 b
macrophage(マクロファージ) 866 a
macrophage colony-forming unit(マクロファージコロニー形成単位) 867 a
macrophage colony-stimulating factor(マクロファージコロニー刺激因子) 867 a
macrophage colony-stimulating factor receptor gene(マクロファージコロニー刺激因子受容体遺伝子) 867 a
macrophage migration inhibitory factor(マクロファージ遊走阻害因子) 867 a
macrophage stimulating protein(マクロファージ刺激タンパク質) 867 a
macula adherens(接着斑) 508 a
Mad 154 b
mad cow disease(狂牛病) 247 a
mad-itch(狂掻痒症) 200 a
MADS box(MADS ボックス) 869 a
MADS domain(MADS ドメイン) 868 b
*maf* gene(*maf* 遺伝子) 870 b
MAG = myelin associated glycoprotein(ミエリン結合糖タンパク質) 178 b
magainin(マガイニン) 862 b
MAGE 819 a
magnetic resonance imaging 152 a

欧文索引　1113

main axis（主軸）　442 b
major-bcr　718 b
major groove（主溝）　442 b
major histocompatibility antigen（主要組織適合抗原）　446 b
major histocompatibility complex（主要組織適合遺伝子複合体）　446 a
major susceptibility gene（主要感受性遺伝子）　445 b
malaria（マラリア）　870 b
malaria parasite（マラリア原虫）　870 b
malate dehydrogenase（リンゴ酸デヒドロゲナーゼ）　955 b
MALDI-TOF MS＝matrix-assisted laser desorption/ionization-time of flight mass spectrometer（マトリックス支援レーザー脱離イオン化-飛行時間型質量分析計）　871 a
male pronucleus（雄性前核）　913 a
male sex hormone（男性ホルモン）　557 a
male sex hormone receptor（男性ホルモン受容体）　557 a
male specific regions of Y chromosome　978 a
male sterility（雄性不稔）　913 a
malignant cell（がん細胞）　222 b
malignant conversion（悪性化）　6 a
malignant hyperthermia（悪性高熱症）　6 a
malignant lymphoma（悪性リンパ腫）　6 b
malignant melanoma（悪性黒色腫）　6 a
malignant neoplasm（悪性新生物）　6 a
malignant schwannoma（悪性神経鞘腫）　466 b
malignant transformation（悪性（形質）転換）　6 a
malignant tumor（悪性腫瘍）　6 a
MAM6　153 a
mammal（哺乳類）　847 b
Mammalian Achaete-Scute Homolog 1　868 b
mammalian artificial chromosome（哺乳類人工染色体）　848 a
mammalian cell（哺乳類細胞）　848 b
mammalian target of rapamycin　929 a
mammary cancer（乳がん）　660 b
mammary carcinoma（乳がん）　660 b
mammary gland（乳腺）　661 b
MAM superfamily（MAM スーパーファミリー）　153 a
Man＝mannose（マンノース）　872 b
mannan（マンナン）　375 a
mannoprotein（マンノプロテイン）　375 a
mannose（マンノース）　872 b
mannose binding protein（マンノース結合タンパク質）　845 b
mannose 6-phosphate（マンノース 6-リン酸）　872 b
mannose 6-phosphate receptor（マンノース 6-リン酸受容体）　872 b
Mansfield, Peter（マンスフィールド）　871 b
mantle cell lymphoma（マントル細胞リンパ腫）　872 b
mantle zone（外套層）　468 b
mantle zone lymphoma（マントル層リンパ腫）　872 b
MAO＝monoamine oxidase（モノアミンオキシダーゼ）　153 a
MAP＝microtubule-associated protein（微小管関連タンパク質）　154 a
MAPC＝multipotent adult progenitor cell（多能性成体幹細胞）
MAP1C＝microtubule-associated protein 1C（微小管関連タンパク 1C）　154 a
MAP kinase（MAP キナーゼ）　869 b
MAP kinase cascade（MAP キナーゼカスケード）　869 b
MAP kinase kinase（MAP キナーゼキナーゼ）　870 a
MAPKK＝MAP kinase kinase（MAP キナーゼキナーゼ）　154 a
maple syrup urine disease（メープルシロップ尿症）　896 b
mapping（マッピング）
　――, chromosome（染色体マッピング）　519 a
　――, clone（クローンマッピング）　284 a
　――, deletion（欠失マッピング）　296 a

　――, epitope（エピトープマッピング）　147 a
　――, gene（遺伝子マッピング）　83 b
　――, genome（ゲノムマッピング）　303 a
　――, S1（S1 マッピング）　128 b
map unit（マップ単位）　870 a
mar＝marker chromosome（標識染色体）　153 a
MAR＝nuclear matrix attached region（核マトリックス付着領域）　153 a
marble bone disease（大理石骨病）　544 b
Marburgvirus（マールブルグウイルス）　871 b
Marchiafava-Micheli syndrome（マルキアファーヴァ・ミケリ症候群）　871 a
Marfan syndrome（マルファン症候群）　871 a
Marie's ataxia（マリー運動失調症）　871 a
marihuana（マリファナ）　871 a
marijuana（マリファナ）　871 a
marker chromosome（標識染色体）　742 a
marker enzyme（標識酵素）　741 b
Markov chain（マルコフ連鎖）　871 a
Maroteaux-Lamy syndrome（マロトー・ラミー症候群）　871 b
marrow sheath（髄鞘）　475 a
Marshall, Barry James（マーシャル）　867 b
MART-1　819 a
mas gene（mas 遺伝子）　867 b
Mash1＝Mammalian Achaete-Scute Homolog 1　868 b
masked mRNA（マスクされた mRNA）　867 b
Mason-Pfizer monkey virus（メーソン・ファイザーサルウイルス）　595 a
mass culture（大量培養）　545 a
mass spectrometry（質量分析法）　418 a
mass spectrum（質量スペクトル）　418 a
mast cell（マスト細胞）　868 a
mast cell growth factor-2（マスト細胞増殖因子 2）　100 a
mast cell growth-enhancing activity（マスト細胞増殖因子活性）　868 a
master regulatory gene（マスター調節遺伝子）　867 b
Mastigophora（鞭毛虫類）　308 a
maternal disomy（母性二染色体性）　843 a
maternal effect gene inheritance（母性効果遺伝）　843 b
maternal inheritance（母性遺伝）　843 b
maternal mRNA（母性 mRNA）　843 b
MAT gene（MAT 遺伝子）　869 a
mating（接合）　506 a
mating-type locus（接合型遺伝子座）　506 a
MAT locus（MAT 座）　869 a
matrilysin（マトリライシン）　870 b
matrix（マトリックス）　870 a
matrix-assisted laser desorption/ionization-time of flight mass spectrometer（マトリックス支援レーザー脱離イオン化-飛行時間型質量分析計）　870 a
matrix-associated region（マトリックス付着領域）　870 b
matrix attached region（マトリックス付着領域）　870 b
matrix metalloprotease（マトリックスメタロプロテアーゼ）　870 b
matrix protein（基質タンパク質）　238 b
matrix-targeting signal（マトリックス指向シグナル）　870 a
matrix vesicle（基質小胞）　232 b
maturation division（成熟分裂）　496 b
maturation-promoting factor（卵成熟促進因子）　934 b
mature osteocyte（成熟骨細胞）　339 b
maturity onset diabetes of the young（若年性糖尿病）　222 b
Max　868 a
Maxam-Gilbert method（マクサム・ギルバート法）　864 b
maxi DNA（マキシ DNA）　862 b
Maxi-K channel（Maxi-K チャネル）　862 b
maximum likelihood estimation（最尤法）　378 a

maximum parsimony method（最大節約法） **359** a
*mb-1*・*B29* **156** b
m-bcr＝minor-bcr **718** b
M-bcr＝major-bcr **718** b
MBP＝myelin basic protein（ミエリン塩基性タンパク質）
　　　　　　　　　　　　　　　　　　　　　　　**156** b
MBT＝mid-blastula transition（中期胚変移）**156** b
MC＝Monte Carlo method（モンテカルロ法）**155** b
MIIC＝MHC class Ⅱ compartment（MHC クラスⅡ コンパートメント）**156** b
MCAF＝monocyte chemotactic-activating factor（単球走化性因子）**155** b
McArdle disease（マッカードル病）**868** a
McClintock, Barbara（マクリントック）**866** b
M cell（M 細胞）**155** b
MCF virus＝mink cell focus inducing virus（ミンク細胞フォーカス形成ウイルス）**155** b
MCK＝muscle creatine kinase（筋クレアチンキナーゼ）**155** b
McKusick number（マキュージック番号）**862** b
McLeod phenotype（マクラウド表現型）**866** b
Mcm1 **869** a
MCP＝methyl-accepting chemotaxis protein（メチル基受容走化性タンパク質）**155** b
MCP＝membrane cofactor protein　**845** b
M-CSF＝macrophage colony-stimulating factor（マクロファージコロニー刺激因子）**155** b
MCTD＝mixed connective tissue disease（混合結合組織病）**155** b
MDCK cell（MDCK 細胞）**156** b
mDia **156** a
*MDR1* **547** a
*mdr* gene（*mdr* 遺伝子）**156** a
MDR transporter（MDR 輸送体）**156** b
MDS＝myelodysplastic syndrome（骨髄異形成症候群）**156** b
MEA＝mast cell growth-enhancing activity（マスト細胞増殖因子活性）**153** a
mean lethal dose（半致死量）**704** b
*Measles virus*（はしかウイルス）**690** a
mechanical guidance（メカニカルガイダンス）**890** a
mechanoreception（機械受容）**231** a
mechanoreceptor（機械受容器）**231** a
mechanosensitive channel（機械受容チャネル）**231** a
mechlorethamine（メクロレタミン）**647** b
mecodrin（メコドリン）**890** a
MeCyt＝5-methylcytosine（5-メチルシトシン）**895** a
Medaka fish（メダカ）**891** a
Medawar, Peter Brian（メダワー）**892** a
media（中膜）**293** b
medial hyperstriatum ventrale（腹側中線条体）**490** a
median lethal dose（半致死量）**704** b
mediator（メディエーター）**896** a
mediator of receptor-induced toxicity 1 **29** a
Mediterranean anemia（地中海貧血）**563** a
medium（培地）**684** a
　——, chemically defined（既知組成培地）**233** b
　——, growth（増殖培地）**528** b
　——, HAT（HAT 培地）**698** a
　——, liquid（液体培地）**119** a
　——, minimal（最少培地）**358** a
　——, natural（天然培地）**621** a
　——, selection（選択培地）**521** b
　——, serum-free（無血清培地）**886** a
　——, solid（固形培地）**336** b
　——, synthetic（合成培地）**325** b
medullary carcinoma of the thyroid（甲状腺髄様がん）**323** a
medullasin（メダラシン）**892** a

medullated nerve fiber（有髄神経繊維）**912** b
medulloepithelioma（髄様上皮腫）**465** a
Mega-Basic Local Alignment Search Tool **890** a
Megablast＝Mega-Basic Local Alignment Search Tool **890** a
megakaryocyte（巨核球）**250** a
megakaryocyte burst forming cell（巨核球バースト形成細胞）**250** a
megakaryocyte burst forming unit（巨核球バースト形成単位）**250** a
megakaryocyte colony forming unit（巨核球コロニー形成単位）**250** a
megakaryocyte potentiator（巨核球増幅因子活性）**98** b
Megalin **28** b
megaloblastic anemia（巨赤芽球性貧血）**6** a
Meg-POT＝megakaryocyte potentiator（巨核球増幅因子活性）**98** b
meiosis（減数分裂）**307** b
meiotic division（減数分裂）**307** b
meiotic nuclear division（減数核分裂）**307** b
meiotic recombination（減数分裂組換え）**308** a
Meissner's ganglion（マイスナーの神経節）**463** a
MEK＝MAP kinase-ERK kinase（MAP キナーゼキナーゼ）**895** b
MEKK **895** b
MEK kinase（MEK キナーゼ）**895** b
melanin（メラニン）**897** a
melanin cell（メラニン細胞）**897** b
melanoblast（メラニン芽細胞）**897** b
melanocyte（メラノサイト）**897** b
melanocyte-stimulating hormone（メラニン細胞刺激ホルモン）**897** b
melanoma（黒色腫）**336** b
melanophore（黒色素胞）**336** b
melanosome（メラノソーム）**897** b
melanotropin（メラノトロピン）**897** b
melatonin（メラトニン）**896** b
melatonin receptor（メラトニン受容体）**897** a
Mello, Craig Cameron（メロー）**898** a
melting temperature（融解温度）**911** b
membrane-attached ribosome（膜結合（型）リボソーム）**864** a
membrane blebbing（細胞膜ブレビング）**377** a
membrane-bound heparan sulfate proteoglycan（細胞膜結合型ヘパラン硫酸プロテオグリカン）**376** b
membrane-bound ribosome（膜結合（型）リボソーム）**864** a
membrane capacitance（膜容量）**866** a
membrane cofactor protein　**845** b
membrane conductance（膜コンダクタンス）**864** a
membrane current（膜電流）**865** a
membrane depolarization（膜脱分極）**864** b
membrane filter（メンブランフィルター）**885** a
membrane fusion（膜融合）**866** a
membrane microdomain（膜ミクロドメイン）**866** a
membrane permeability（膜透過性）**865** a
membrane potential（膜電位）**865** a
membrane protein（膜タンパク質）**864** b
membrane recycling（膜再循環）**864** b
membrane repolarization（膜再分極）**864** b
membrane resistance（膜抵抗）**865** a
membrane ruffling（膜ラッフリング）**866** a
membrane-skeletal protein（細胞膜裏打ちタンパク質）**376** b
membrane skeleton（膜骨格）**864** a
membrane topology（膜トポロジー）**865** a
membrane traffic（メンブレントラフィック）**903** b
membrane transport（膜輸送）**866** a
membrane-unattached ribosome（膜非結合（型）リボソーム）**866** a

欧文索引　1115

membrane vesicle（膜小胞）　864 b
membranous ossification（膜性骨化）　864 b
memory（記憶）　230 b
　memory B cell（記憶 B 細胞）　231 a
　memory T cell（記憶 T 細胞）　231 a
MEN＝multiple endocrine neoplasia（多発性内分泌腫瘍症）
　　　　　　　　　　　　　　　　　　　　153 a
Mendel, Gregor Johann（メンデル）　903 b
Mendelian inheritance（メンデル遺伝）　903 b
Mendel's law（メンデルの法則）　903 b
Menkes syndrome（メンケス症候群）　938 b
menstrual cycle（月経周期）　295 a
mercaptoethanol（メルカプトエタノール）　898 a
p-mercuribenzoic acid（p-メルクリ安息香酸）　898 a
meristem（メリステム）　897 b
merlin（メルリン）　898 a
meroblastic cleavage（部分割）　772 b
merodiploid（部分二倍体）　773 a
merogenote（部分二倍体）　773 a
meromyosin（メロミオシン）　898 a
merozygote（部分接合体）　773 a
Merrifield, Robert Bruce（メリフィールド）　897 b
mescaline（メスカリン）　890 a
Meselson-Radding model（メセルソン・ラディングモデル）
　　　　　　　　　　　　　　　　　　　　890 a
Meselson-Stahl experiment（メセルソン・スタールの実験）
　　　　　　　　　　　　　　　　　　　　890 b
mesenchymal stem cell（間葉系幹細胞）　228 b
mesenchyme（間充織）　223 a
Mesocricetus auratus　458 b
mesoderm（中胚葉）　568 a
mesodermal induction（中胚葉誘導）　568 a
mesodermalizing agent（中胚葉化因子）　568 a
mesoderm differentiation factor（中胚葉分化誘導因子）　568 a
mesoderm formation（中胚葉形成）　568 a
mesoderm-inducing factor（中胚葉誘導因子）　568 a
mesoderm-inducing substance（中胚葉誘導物質）　569 a
mesoderm induction（中胚葉誘導）　568 a
mesomere（中割球）　566 a
mesoxalylurea（メソキサリル尿素）　891 a
messenger ribonucleoprotein（メッセンジャーリボ核タンパク
　　　　　　　　　　　　　　　　質）　895 b
messenger RNA（メッセンジャー RNA）　895 b
Met＝methionine（メチオニン）　893 a
Met　896 b
metabolic control（代謝制御）　540 a
metabolic cooperation（代謝協同）　540 a
metabolic coupling（代謝共役）　540 a
metabolic disorders of purine（プリン代謝異常）　781 a
metabolic disorders of pyrimidine（ピリミジン代謝異常）
　　　　　　　　　　　　　　　　　　　　744 a
metabolic inhibitor（代謝阻害物質）　540 a
metabolic regulation（代謝調節）　540 a
metabolic syndrome（メタボリック症候群）　891 a
metabolome（メタボローム）　891 b
metabolomics（メタボロミクス）　891 b
metabonome（メタボノーム）　891 b
metabotropic glutamate receptor（代謝型グルタミン酸受容体）
　　　　　　　　　　　　　　　　　　　　540 a
metabotropic receptor（代謝調節型受容体）　333 a
metacentric chromosome（中部動原体染色体）　569 a
metachromatic leukodystrophy（異染性ロイコジストロフィー）
　　　　　　　　　　　　　　　　　　　　69 a
metafemale（超雌）　493 b
metagenesis（真正世代交代）　471 b
metal-activated enzyme（金属酵素）　256 b

metal-binding protein（金属結合タンパク質）　256 b
metal-containing enzyme（金属酵素）　256 b
metal coordination（金属配位）　257 b
metalloenzyme（金属酵素）　256 b
metalloprotease（メタロプロテアーゼ）　892 a
metalloprotease family（メタロプロテアーゼファミリー）　892 a
metalloprotein（金属タンパク質）　257 a
metallothionein（メタロチオネイン）　892 a
metal protease（メタルプロテアーゼ）　892 a
metamale（超雄）　493 b
metamorphosis（変態）　827 a
metanolone acetate（メタノロンアセテート）　559 b
metaphase（中期）　566 b
metaphase checkpoint（分裂中期チェックポイント）　806 b
metaphase chromosome（中期染色体）　566 b
metaphase plate（中期板）　566 b
metaplasia（化生）　200 a
metaplasm（後形質）　316 a
metarhodopsin II（メタロドプシン II）　892 a
metastasis（転移（がん））　611 b
metavinculin（メタビンキュリン）　891 b
metformin（メトフォルミン）　116 a
met gene（met 遺伝子）　896 a
methanal（メタナール）　857 a
methane bacteria（メタン細菌）　892 b
methanogen（メタン細菌）　892 b
methanogenic bacteria（メタン細菌）　892 b
methemoglobinemia（メトヘモグロビン血症）　896 b
methicillin（メチシリン）　893 a
methicillin-resistant Staphylococcus aureus（メチシリン耐性黄
　　　　　　　　　　　　　　　　色ブドウ球菌）　893 a
methionine（メチオニン）　892 b
methionine enkephalin（メチオニンエンケファリン）　893 a
methionyl adenosine（メチオニルアデノシン）　21 a
methionyl aminopeptidase（メチオニルアミノペプチダーゼ）
　　　　　　　　　　　　　　　　　　　　892 b
methionyl-tRNA（メチオニル tRNA）　892 b
methotrexate（メトトレキセート）　896 b
3-methoxy-4-hydroxymandelic acid（3-メトキシ-4-ヒドロキ
　　　　　　　　　　　　　　　　シマンデル酸）　698 b
methyl-accepting chemotaxis protein（メチル基受容走化性タン
　　　　　　　　　　　　　　　　パク質）　894 b
methylaminopterin（メチルアミノプテリン）　896 b
N-methyl-D-aspartate（N-メチル-D-アスパラギン酸）　893 a
N-methyl-D-aspartate receptor（N-メチル-D-アスパラギン酸
　　　　　　　　　　　　　　　　受容体）　893 a
methylation（メチル化）　893 b
methylation interference（メチル化干渉法）　894 b
methylbis-（2-chloroethyl）amine（メチルビス（2-クロロエチ
　　　　　　　　　　　　　　　　ル）アミン）　647 a
3-methylcholanthrene（3-メチルコラントレン）　895 a
methyl-CpG-binding protein（メチル化 CpG 結合タンパク質）
　　　　　　　　　　　　　　　　　　　　894 b
5-methylcytosine（5-メチルシトシン）　895 a
L（+）-5,10-methylene-5,6,7,8-tetrahydrofolic acid（L（+）-5,10-
　　　　　　　　　　　　　　　　メチレン-5,6,7,8-テトラヒドロ葉酸）　895 a
$O^6$-methylguanine（$O^6$-メチルグアニン）　894 b
$O^6$-methylguanine-DNA methyltransferase（$O^6$-メチルグアニ
　　　　　　　　　　　　　　　　ン-DNA メチルトランスフェラーゼ）　894 b
7-methylguanosine 5'-phosphate（7-メチルグアノシン 5'-リン
　　　　　　　　　　　　　　　　酸）　894 b
7-methylguanylic acid（7-メチルグアニル酸）　894 b
methylmalonic acidemia（メチルマロン酸血症）　895 a
methylmalonic aciduria（メチルマロン酸尿症）　895 a
methylmercaptoimidazole（メチルメルカプトイミダゾール）
　　　　　　　　　　　　　　　　　　　　318 b

methyl methanesulfonate（メチルメタンスルホン酸） 46 a
$N$-methyl-$N'$-nitro-$N$-nitrosoguanidine（$N$-メチル-$N'$-ニトロ-$N$-ニトロソグアニジン） 658 b
$N$-methyl-$N'$-nitroso-$N$-nitrosoguanidine（$N$-メチル-$N'$-ニトロソ-$N'$-ニトログアニジン） 658 b
1-methyl-1-nitrosourea（1-メチル-1-ニトロソ尿素） 895 a
methyl sulfoxide（メチルスルホキシド） 434 b
methyltheobromine（メチルテオブロミン） 895 a
methyltransferase（メチルトランスフェラーゼ） 894 a
5-methylurapidil（5-メチルウラピジル） 49 a
MetJ protein（MetJ タンパク質） 896 a
Met receptor（Met 受容体） 896 a
metrocyte（母細胞） 836 b
MetR protein（MetR タンパク質） 896 a
MG＝myasthenia gravis（重症筋無力症） 155 b
$Mg^{2+}$-ATPase（$Mg^{2+}$-ATP アーゼ） 865 b
MGI-2＝monocyte-granulocyte inducer type 2（単球-顆粒球誘導因子 2 型） 100 b
$m^{7}G^{5}p$＝7-methylguanosine 5′-phosphate（7-メチルグアノシン 5′-リン酸） 894 b
MHC＝major histocompatibility complex（主要組織適合遺伝子複合体） 153 b
MHC antigen（MHC 抗原） 154 b
MHC binding peptide（MHC 結合ペプチド） 154 a
MHC class Ⅰ antigen（MHC クラスⅠ抗原） 153 b
MHC class Ⅱ antigen（MHC クラスⅡ抗原） 154 a
MHC class Ib molecule（MHC クラス Ib 分子） 153 b
MHC class Ⅱ compartment（MHC クラスⅡコンパートメント） 154 a
MHC class Ⅰ molecule（MHC クラスⅠ分子） 153 b
MHC class Ⅱ molecule（MHC クラスⅡ分子） 154 a
MHC molecule（MHC 分子） 154 b
MHC restriction（MHC 拘束） 154 b
MH1 domain（MH1 ドメイン） 153 b
MH2 domain（MH2 ドメイン） 154 a
MIA＝monoiodoacetic acid（ヨード酢酸） 152 a
micelle（ミセル） 879 a
Michaelis complex（ミカエリス複合体） 876 a
Michaelis constant（ミカエリス定数） 876 a
Michaelis-Menten equation（ミカエリス・メンテンの式） 876 a
microarray（マイクロアレイ） 860 a
microautophagy（ミクロオートファジー） 876 a
microbe（微生物） 726 a
microbeads（ミクロビーズ） 877 a
microbodies C-terminal targeting signal（ミクロボディ C 末端標的シグナル） 877 b
microbody（ミクロボディ） 877 b
microcell（微小核細胞） 381 b
micrococcal endonuclease（ミクロコッカスエンドヌクレアーゼ） 876 b
micrococcal nuclease（ミクロコッカスヌクレアーゼ） 876 b
microelectrode（微小電極） 722 b
microfibril（ミクロフィブリル） 877 a
microfilament（ミクロフィラメント） 877 a
microfold cell 155 b
microglia（ミクログリア） 876 b
microinjection（微量注入） 744 b
microinsemination（顕微受精） 310 b
micromere（小割球） 450 b
micronucleus（小核） 450 a
microorganism（微生物） 726 a
micropropagation（マイクロプロパゲーション） 289 a
microRNA（マイクロ RNA） 860 a
microsatellite DNA（マイクロサテライト DNA） 860 b
microsatellite instability（マイクロサテライト不安定性） 860 b

microscope（顕微鏡）
——, atomic force（原子間力顕微鏡） 307 a
——, compound（複合顕微鏡） 764 b
——, confocal laser（共焦点レーザー顕微鏡） 247 b
——, dark-field（暗視野顕微鏡） 55 b
——, differential interference（微分干渉顕微鏡） 738 b
——, electron（電子顕微鏡） 614 a
——, evanescent-field fluorescence（エバネッセント場蛍光顕微鏡） 144 b
——, evanescent-wave fluorescence（エバネッセント波蛍光顕微鏡） 144 b
——, fluorescence（蛍光顕微鏡） 286 b
——, high-voltage electron（高圧電子顕微鏡） 311 b
——, interference（干渉顕微鏡） 224 b
——, intermediate-voltage electron（中間電位電子顕微鏡） 566 b
——, light（光学顕微鏡） 313 b
——, Nomarski interference（ノマルスキー型（微分）干渉顕微鏡） 679 a
——, phase-contrast（位相差顕微鏡） 69 a
——, polarization（偏光顕微鏡） 825 b
——, reflecting interference（反射型干渉顕微鏡） 704 b
——, scanning electron（走査電子顕微鏡） 527 a
——, scanning tunneling（走査型トンネル顕微鏡） 527 a
——, time-lapse（時間差顕微鏡） 400 a
——, transmission electron（透過型電子顕微鏡） 622 b
microsomal membrane（ミクロソーム膜） 877 a
microsomal triacylglycerol transfer protein（ミクロソームトリアシルグリセロール転移タンパク質） 559 a
microsome（ミクロソーム） 876 b
microsphere（ミクロスフェア） 876 b
microspike（微小突起） 722 b
microtome（ミクロトーム） 877 a
microtubule（微小管） 721 b
microtubule-associated protein（微小管関連タンパク質） 722 a
microtubule-associated protein 1C（微小管関連タンパク質 1C） 722 a
microtubule-based motor（微小管依存性モーター） 721 b
microtubule-nucleating center（微小管核形成中心） 722 a
microtubule-nucleating site（微小管核形成部位） 722 a
microtubule-organizing center（微小管形成中心） 722 a
microvilli（微絨毛） 721 b
mid-blastula transition（中期胞胚変移） 566 b
midbody（中央体） 566 b
middle T antigen（ミドル T 抗原） 883 b
MIF＝macrophage migration inhibitory factor（マクロファージ遊走阻害因子） 152 a
mifepristone（マイフェプリストン） 861 a
migration-stimulating factor（遊走刺激因子） 913 b
MIHA 29 a
Mikulicz disease（ミクリッツ病） 876 a
Miller, Stanley（ミラー） 884 a
Miller-Dieker lissencephaly（ミラー・ディーカー滑脳症） 884 b
Miller-Dieker syndrome（ミラー・ディーカー症候群） 884 b
Millipore filter（ミリポアフィルター） 885 a
Milstein, César（ミルシュタイン） 885 a
mineral corticoid（ミネラルコルチコイド） 883 b
mineral corticoid receptor（ミネラルコルチコイド受容体） 883 b
mineralocorticoid（ミネラルコルチコイド） 883 b
miniature potential（微小電位） 722 b
miniature synaptic potential（微小シナプス電位） 722 b
minicell（ミニ細胞） 883 b
minichromosome（ミニクロモソーム） 883 a
minicircle DNA（ミニサークル DNA） 883 b
mini F（ミニ F） 883 a

欧文索引　1117

minimal deviation hepatoma（最小変倚（い）肝がん）　**358**a
minimal medium（最少培地）　**358**a
minimal residual disease（微少残存白血病）　245a
minimum lethal dose（最小致死量）　**358**a
mini-myosin（ミニミオシン）　**883**a
minisatellite DNA（ミニサテライト DNA）　**883**b
minisatellite marker（ミニサテライトマーカー）　441a
mini transplantation（ミニ移植）　**883**b
mink cell focus inducing virus（ミンク細胞フォーカス形成ウイルス）　**885**b
minocycline（ミノサイクリン）　607a
minor base（微量塩基）　**744**a
minor-bcr　**718**b
minor class intron（希少クラスイントロン）　915b
minor groove（副溝）　**764**b
minor histocompatibility antigen（副組織適合抗原）　769a
minor tRNA（微量 tRNA）　**744**b
minus end（マイナス端）　721b
minus strand（-（マイナス）鎖）　861b
minus strand RNA virus（(-)鎖 RNA ウイルス）　**861**a
miRNA = microRNA（マイクロ RNA）　152a
mismatched base pair（ミスマッチ塩基対）　**878**a
mismatch repair（ミスマッチ修復）　**878**b
missense mutation（ミスセンス突然変異）　**878**a
missense suppressor（ミスセンスサプレッサー）　**878**a
missile therapy（ミサイル療法）　**877**b
Mitchell, Peter Dennis（ミッチェル）　**879**b
mitochondria（ミトコンドリア）　**880**a
mitochondrial antiporter（ミトコンドリア対向輸送体）　**882**a
mitochondrial DNA（ミトコンドリア DNA）　**882**b
mitochondrial Eve（ミトコンドリアイブ）　**881**a
mitochondrial genetic code（ミトコンドリア遺伝暗号）　**881**a
mitochondrial genome（ミトコンドリアゲノム）　**881**b
mitochondrial processing peptidase（ミトコンドリアプロセシングペプチダーゼ）　**883**a
mitochondrial protein（ミトコンドリアタンパク質）　**882**a
mitochondrial ribosome（ミトコンドリアリボソーム）　**883**a
mitochondrial RNA（ミトコンドリア RNA）　**880**b
mitochondrial RNA processing　950b
mitochondria-targeting signal（ミトコンドリア指向シグナル）　**881**b
mitochondrion（ミトコンドリア）　**880**a
mitogen（マイトジェン）　**860**b
mitogen-activated protein kinase（マイトジェン活性化プロテインキナーゼ）　**861**a
mitomycin C（マイトマイシン C）　**861**a
MitoPLD　842b
mitosis（有糸分裂）　**911**b
mitosis-promoting factor（有糸分裂促進因子）　**912**a
mitotic apparatus（分裂装置）　**805**a
mitotic center（有糸分裂中心）　**912**a
mitotic coefficient（分裂係数）　805b
mitotic division（有糸分裂）　**911**b
mitotic index（分裂指数）　805b
mitotic phase（分裂期）　**805**b
mitotic recombination（有糸分裂組換え）　**912**a
mitotic spindle（紡錘体）　**835**a
mixed colony forming unit（混合コロニー形成単位）　**350**a
mixed connective tissue disease（混合結合組織病）　**350**a
mixed-function oxidase（混合機能オキシダーゼ）　388b
mixed lineage leukemia　244b
mixed lymphocyte reaction（混合リンパ球培養反応）　**350**a
mixed tumor（混合腫瘍）　**350**b
MKK3　550a
MKK4　550a
MKK6　550a

MKK7　550a
MLCK = myosin L chain kinase（ミオシン L 鎖キナーゼ）　**155**a
MLD = minimum lethal dose（最小致死量）　155a
MLE = maximum likelihood estimation（最尤法）　154b
M line（M 線）　156a
MLR = mixed lymphocyte reaction（混合リンパ球培養反応）　154b
Mls antigen = minor lymphocyte stimulatory antigen　155a
*mls* locus（*mls* 遺伝子座）　**155**a
MLTF = major late transcription factor　155a
MMI = methylmercaptoimidazole（メチルメルカプトイミダゾール）　318b
MMP = matrix metalloprotease（マトリックスメタロプロテアーゼ）　154b
2 μm plasmid（2 μm プラスミド）　660a
MMS = methyl methanesulfonate（メチルメタンスルホン酸）　46a
MMTV = *Mouse mammary tumor virus*（マウス乳がんウイルス）　154b
MNU = 1-methyl-1-nitrosourea（1-メチル-1-ニトロソ尿素）　154b
mobile genetic element（可動性遺伝因子）　205a
mobile ion carrier（移動性イオン輸送体）　86b
moderately repetitive sequence（中頻度反復配列）　569a
moderate thermophile（中等度好熱菌）　568a
modification（修飾）　439b
modification methylase（修飾メチラーゼ）　439a
modified base（修飾塩基）　439a
module（モジュール）　**906**b
MODY = maturity onset diabetes of the young（若年性糖尿病）　222b
moesin（モエシン）　**906**b
moesin-ezrin-radixin-like protein　142a
m.o.i. = multiplicity of infection（感染多重度）　155a
molar activity（モル活性）　**908**a
molar catalytic activity（分子触媒活性）　802b
molar extinction coefficient（モル吸光係数）　**908**a
mold（糸状菌（類））　**411**b
molecular activity（分子活性）　801b
molecular biology（分子生物学）　**802**a
molecular cell biology（分子細胞生物学）　802a
molecular chaperone（分子シャペロン）　802a
molecular clock（分子時計）　**803**a
molecular design（分子設計）　802b
molecular disease（分子病）　**803**a
molecular epidemiology（分子疫学）　801b
molecular evolution（分子進化学）　802a
molecular fossil（分子化石）　801b
molecular mimicry（分子擬態）　801b
molecular model（分子模型）　**803**b
molecular phylogeny（分子系統発生）　801b
molecular sieve（分子ふるい）　**803**a
molecular switch（分子スイッチ）　802b
molecular-targeted therapy（分子標的治療）　**803**a
molecular weight（分子量）　**803**b
Moloney leukemia virus（モロニー白血病ウイルス）　**909**b
*Moloney murine sarcoma virus*（モロニーマウス肉腫ウイルス）　**909**a
molten globule（モルテングロビュール）　**908**a
molting（脱皮）　550b
molting hormone（脱皮ホルモン）　550b
monensin（モネンシン）　**907**a
Monera（モネラ界）　182a
mongolism（蒙古症）　905a
monoamine neurotransmitter（モノアミン神経伝達物質）**907**b

monoamine oxidase(モノアミンオキシダーゼ)　907 b
monobactam(モノバクタム)　813 a
monoblast(単芽球)　555 b
monocistronic mRNA(モノシストロン性 mRNA)　908 a
monoclonal antibody(モノクローナル抗体)　907 b
monoclone(モノクローン)　908 a
monocots(単子葉植物)　556 b
monocotyledonous plant(単子葉植物)　556 b
monocotyledons(単子葉植物)　556 b
monocyte(単球)　555 b
monocyte chemotactic-activating factor(単球走化性因子)　555 b
monocyte-granulocyte inducer type 2(単球-顆粒球誘導因子 2 型)　100 b
monocyte-macrophage colony forming cell(単球-マクロファージコロニー形成細胞)　867 a
Monod, Jacques Lucien(モノー)　907 a
monoferric transferrin(モノフェリックトランスフェリン)　30 a
(mono)iodoacetic acid(ヨード酢酸)　925 a
monokine(モノカイン)　907 b
monolayer culture(単層培養)　557 b
monolayer epithelium(単層上皮)　453 a
monomer(単量体)　560 b
mononuclear phagocyte system(単核細胞系)　555 a
monooxygenase(一原子酸素添加酵素)　388 a
monophenol monooxygenase(モノフェノールモノオキシゲナーゼ)　908 a
monoploid(一倍体)　72 b
monopolar spindles 1　511 a
monopotential hemopoietic progenitor(単能性造血前駆細胞)　525 b
monosaccharide(単糖)　557 b
monosome(単染色体)　557 a
monosomy(単染色体性)　557 a
Monte Carlo method(モンテカルロ法)　909 a
Moore, Stanford(ムーア)　886 a
*Morbillivirus*(モルビリウイルス)　908 a
Morgan, Thomas Hunt(モルガン)　908 a
morphallaxis(形態調節)　289 a
morphine(モルヒネ)　908 b
morphogen(モルフォゲン)　908 b
morphogenesis(形態形成)　289 a
morphogenetic movement(形態形成運動)　289 a
morphological transformation(形態学的形態転換)　289 a
morpho-species(形態種)　437 a
Morquio syndrome(モルキオ症候群)　887 a
MORT1 = mediator of receptor-induced toxicity 1　29 a
morula(桑実胚)　527 b
morulae(桑実胚)　527 b
Mos　906 b
mosaic(モザイク)　906 b
mosaic analysis(モザイク解析法)　440 b
Moschkowitz syndrome(モシュコビッツ症候群)　906 b
*mos* gene(*mos* 遺伝子)　906 b
mother cell(母細胞)　836 b
motile cilium(運動(繊)毛)　112 a
motor axon(運動軸索)　111 b
motor endplate(運動終板)　112 a
motor neuron(運動ニューロン)　112 b
motor protein(モータータンパク質)　906 a
motor unit(運動単位)　112 b
mould(糸状菌(類))　411 b
mouse(マウス)　861 a
mouse ecotropic virus(マウス指向性ウイルス)　861 b
mouse genetics(マウスの遺伝学)　861 a

*Mouse mammary tumor virus*(マウス乳がんウイルス)　861 b
mouse MHC antigen(マウス MHC 抗原)　861 b
movable genetic element(可動性遺伝因子)　205 a
MPD = myeloproliferative disease(骨髄増殖性疾患)　156 b
MPF = M phase-promoting factor(M 期促進因子)　156 b
M13 phage(M13 ファージ)　155 b
M phase(M 期)　155 a
M phase cyclin(M 期サイクリン)　155 a
M phase-promoting factor(M 期促進因子)　155 a
MPK2　156 b
MP method(MP 法)　156 b
MPP = mitochondrial processing peptidase(ミトコンドリアプロセシングペプチダーゼ)　156 b
Mps1 = monopolar spindles 1　511 a
mPTS = peroxisomal targeting signal of membrane proteins(ペルオキシソーム膜タンパク質局在化シグナル)　822 b
MPyV = *Murine polyomavirus*(マウスポリオーマウイルス)　156 b
MRD = minimal residual disease(微少残存白血病)　245 a
Mre11　152 a
MRF4　875 b
MRI = magnetic resonance imaging　152 a
mRNA = messenger RNA(メッセンジャー RNA)　152 a
――, masked(マスクされた mRNA)　867 b
――, maternal(母性 mRNA)　843 b
――, monocistronic(モノシストロン性 mRNA)　908 a
――, polycistronic(ポリシストロン性 mRNA)　852 b
mRNA-binding protein(mRNA 結合タンパク質)　152 b
mRNA cap-binding protein(mRNA キャップ結合タンパク質)　152 b
mRNA precursor(mRNA 前駆体)　152 b
mRNA stability(mRNA の安定性)　152 b
mRNP = messenger ribonucleoprotein(メッセンジャーリボ核タンパク質)　153 b
MRP = mitochondrial RNA processing　950 b
MRSA = methicillin-resistant *Staphylococcus aureus*(メチシリン耐性黄色ブドウ球菌)　152 b
MS = mass spectrometry(質量分析法)　153 a
msDNA = multi-copy single-stranded DNA(多コピー低分子核酸)　41 b
MSH = melanocyte-stimulating hormone(メラニン細胞刺激ホルモン)　153 b
*msh* = *mutS* homologue　157 a
MSH = *mutS* homologue　157 a
MSH2　153 b
MSI = microsatellite instability(マイクロサテライト不安定性)　153 b
MSP = macrophage stimulating protein(マクロファージ刺激タンパク質)　223 a
MSV = *Murine sarcoma virus*(マウス肉腫ウイルス)　153 b
MSY = male specific regions of Y chromosome　978 a
mtDNA = mitochondrial DNA(ミトコンドリア DNA)　156 b
MTNC = microtubule-nucleating center(微小管核形成中心)　156 b
MTNS = microtubule-nucleating site(微小管核形成部位)　156 b
MTOC = microtubule-organizing center(微小管形成中心)　156 b
mTOR = mammalian target of rapamycin　929 a
mtRNA = mitochondrial RNA(ミトコンドリア RNA)　156 b
MTS1　156 a
*Mu*　639 a
MUC-1　868 a
mucin(ムチン)　888 a
mucin 1, cell surface associated　868 a
mucin-type glycoprotein(ムチン型糖タンパク質)　888 b

欧文索引　1119

mucolipidosis(ムコリピドーシス)　887a
mucolipidosis Ⅱ(ムコリピドーシスⅡ)　887a
mucopeptide(ムコペプチド)　887a
mucopolymer(ムコポリマー)　887a
mucopolysaccharide(ムコ多糖)　886b
mucopolysaccharide-protein complex(ムコ多糖タンパク質複合体)　887a
mucopolysaccharidosis(ムコ多糖症)　886b
mucosal epithelium(粘膜上皮)　453a
Mulder, Gerardus Johannes(ムルダー)　889a
Muller, Hermann Joseph(マラー)　870b
Müller cell(ミュラー細胞)　884a
Müllerian duct(ミュラー管)　884a
Müllerian duct inhibiting substance(ミュラー管抑制物質)　884a
Mullis, Kary B.(マリス)　871a
multiallelic gene(複対立遺伝子)　769a
multicatalytic protease(多機能性プロテアーゼ)　546b
multicellular organism(多細胞生物)　547a
multi-copy single-stranded DNA(多コピー低分子核酸)　41b
multi-dimensional liquid chromatography(多次元液体クロマトグラフィー)　547b
multi dimensional NMR(多次元NMR)　547b
multidrug resistance transporter(多剤耐性輸送体)　547a
multidrug resistant gene(多剤耐性遺伝子)　547a
multienzyme complex(多酵素複合体)　547a
multienzyme system(複合酵素系)　764b
multigene family(多重遺伝子族)　548a
multilayer epithelium(多層上皮)　453a
multilocular adipose cell(多房性脂肪細胞)　554a
multilocular fat cell(多房性脂肪細胞)　554a
multinucleate cell(多核細胞)　546a
multiple alignment(マルチプルアラインメント)　871a
multiple alleles(複対立遺伝子)　769a
multiple drug resistance plasmid(多剤耐性プラスミド)　547a
multiple endocrine adenomatosis(多発性内分泌腺腫症)　553b
multiple endocrine adenopathy(多内分泌腺腫瘍症)　551b
multiple endocrine neoplasia(多発性内分泌腫瘍症)　553b
multiple gene(同義遺伝子)　623a
multiple hereditary exostosis(多発性遺伝性外骨腫)　933b
multiple myeloma(多発性骨髄腫)　552b
multiple sclerosis(多発性硬化症)　552b
multiplicity of infection(感染多重度)　225a
multiply-charged ion(多価イオン)　63a
multipotent(多能性)　552b
multipotent adult progenitor cell(多能性成体幹細胞)　552a
multipotent germ stem cell(mGS細胞)　552a
multipotential hemopoietic progenitor(多能性造血前駆細胞)　525b
multipotential hemopoietic stem cell(多能性造血幹細胞)　552b
multi replicon(多重レプリコン)　968a
multistage carcinogenesis(多段階発がん)　549b
MuLV＝*Murine leukemia virus*(マウス白血病ウイルス)　156b
*Mumps virus*(ムンプスウイルス)　701b
Munc13　889b
Mu phage(Muファージ)　884a
Murad, Ferid(ムラド)　888a
mural trophectoderm(壁栄養外胚葉)　809b
muramidase(ムラミダーゼ)　888a
muramyl peptide(ムラミルペプチド)　888a
murein(ムレイン)　889a
*Murine hepatitis virus*(マウス肝炎ウイルス)　349b
*Murine leukemia virus*(マウス白血病ウイルス)　862a
*Murine polyomavirus*(マウスポリオーマウイルス)　862a

*Murine sarcoma virus*(マウス肉腫ウイルス)　861b
muscarine(ムスカリン)　887b
muscarinic acetylcholine receptor(ムスカリン性アセチルコリン受容体)　887b
muscarinic receptor(ムスカリン受容体)　887b
muscimol(ムシモール)　33a
muscle(筋肉)　258a
muscle cell(筋細胞)　255a
muscle contraction(筋収縮)　255b
muscle creatine kinase(筋クレアチンキナーゼ)　254a
muscle fiber(筋繊維)　256b
muscle protein(筋タンパク質)　257b
muscle regulatory factor(筋制御因子)　256a
muscle relaxant(筋弛緩薬)　577b
muscle type creatine kinase(筋型クレアチンキナーゼ)　253b
muscular dystrophy(筋ジストロフィー)　255a
mushroom body(キノコ体)　557a
*Mus musculus*　861a
mustard gas(マスタードガス)　868a
MuSV＝*Murine sarcoma virus*(マウス肉腫ウイルス)　156b
mutable gene(易変遺伝子)　91a
mutable site(易変部位)　91a
mutagen(変異原)　825a
mutagenesis(突然変異誘発)　631b
mutant(突然変異株)　631b
───, auxotrophic(栄養要求性突然変異体)　114b
───, *bicoid* pattern(ビコイド型突然変異体)　715b
───, cdc(cdc突然変異体)　420b
───, conditional(条件突然変異体)　451b
───, constitutive(構成の突然変異株)　325b
───, deletion(欠失突然変異株)　296a
───, dominant-negative(ドミナントネガティブ突然変異体)　634b
───, HPRT⁻(HPRT⁻突然変異株)　135b
───, learning(学習突然変異体)　193b
───, petit(プチ突然変異株)　770b
───, relaxed(緩和突然変異株)　229b
───, respiration-deficient(呼吸欠損突然変異株)　336b
───, *sus*(*sus*突然変異体)　128a
mutant gene(突然変異遺伝子)　631b
mutation(突然変異)　631b
───, amber(アンバー突然変異)　58b
───, back(復帰突然変異)　770b
───, cold sensitive(低温感受性突然変異)　593b
───, cs(cs突然変異)　394b
───, dominant(優性突然変異)　913a
───, *dunce*(*dunce*突然変異)　556b
───, frameshift(フレームシフト突然変異)　784b
───, heterochronic(異時性突然変異)　66b
───, homeotic(ホメオティック突然変異)　849b
───, missense(ミスセンス突然変異)　878b
───, nonsense(ナンセンス突然変異)　653b
───, null(ヌル突然変異)　669b
───, ochre(オーカー突然変異)　169b
───, opal(オパール突然変異)　175b
───, *oskar*(オスカー突然変異)　171b
───, pair-rule(ペアルール突然変異)　807b
───, phase shift(フレームシフト突然変異)　784b
───, plaque type(プラーク型突然変異)　774b
───, pleiotropic(多面的突然変異)　554b
───, point(点突然変異)　621a
───, polar(極性突然変異)　251a
───, promoter(プロモーター突然変異)　798a
───, rⅡ(rⅡ突然変異)　48b
───, recessive(劣性突然変異)　964b
───, reverse(復帰突然変異)　770b

mutation（つづき）
——, silent（サイレント突然変異） 379 a
——, somatic（体細胞突然変異） 539 a
——, targeted（標的突然変異） 742 a
——, temperature-sensitive（温度感受性突然変異） 181 a
——, thymine auxotrophic（チミン要求性突然変異） 565 a
——, thymine-requiring（チミン要求性突然変異） 565 a
——, ts（ts 突然変異） 580 a
——, unc（unc 突然変異） 55 a
mutational load（突然変異荷重） 631 b
mutation rate（突然変異率） 632 a
mutator（ミューテーター） 632 a
mutator gene（突然変異誘発遺伝子） 632 a
muton（ミュートン） 884 b
mutS gene（mutS 遺伝子） 156 b
mutS homologue 157 a
mutT gene（mutT 遺伝子） 157 a
mutualism（相利共生） 531 a
M13 vector（M13 ベクター） 155 b
MW＝molecular weight（分子量） 156 a
MXD1 153 b
Mxi1 153 b
myasthenia gravis（重症筋無力症） 439 a
myb gene（myb 遺伝子） 883 b
mycelium（菌糸体） 255 a
myc gene（myc 遺伝子） 879 a
mycobacteria（マイコバクテリア） 860 b
Mycobacterium tuberculosis（結核菌） 293 a
mycophenolic acid（ミコフェノール酸） 877 b
Mycoplasma（マイコプラズマ） 860 b
mycorrhiza（菌根） 255 b
mycose（ミコース） 644 b
mycoside（ミコシド） 644 b
Myctodera 91 b
myelin（ミエリン） 874 a
myelin associated glycoprotein（ミエリン結合糖タンパク質） 178 a
myelinated nerve fiber（有髄神経繊維） 912 b
myelin basic protein（ミエリン塩基性タンパク質） 874 a
myelin membrane（ミエリン膜） 874 a
myelin sheath（ミエリン鞘） 874 a
myeloblast（骨髄芽球） 340 b
myelocyte（骨髄球） 340 b
myelocytic leukemia（骨髄性白血病） 341 a
myelodysplastic syndrome（骨髄異形成症候群） 340 b
myelofibrosis（骨髄繊維症） 341 a
myelogenous leukemia（骨髄性白血病） 341 a
myeloid cell（骨髄細胞） 341 a
myeloid leukemia（骨髄性白血病） 341 a
myeloid metaplasia（骨髄様化生） 341 b
myeloma（骨髄腫） 341 a
myeloma kidney（骨髄腫腎） 553 a
myeloperoxidase（ミエロペルオキシダーゼ） 874 a
myeloproliferative disease（骨髄増殖性疾患） 341 a
myf5 875 b
Myn 157 a
myoblast（筋芽細胞） 253 a
myoblast therapy（筋芽細胞療法） 253 b
myobrevin（ミオブレビン） 876 a
myocardium（心筋） 460 b
MyoD 157 a
MyoD family（MyoD ファミリー） 875 b
myoepithelial cell（筋上皮細胞） 256 a
myofibril（筋原繊維） 254 b
myogenesis（筋形成） 254 a
myogenic precursor cell（筋形成前駆細胞） 254 a

myogenin（ミオゲニン） 874 b
myoglobin（ミオグロビン） 874 b
myokinase（ミオキナーゼ） 874 b
myomesin（ミオメシン） 875 b
myosin（ミオシン） 874 b
myosin I（ミオシン I） 875 a
myosin II（ミオシン II） 875 a
myosin-associated protein（ミオシン結合タンパク質） 875 b
myosin ATPase（ミオシン ATP アーゼ） 875 a
myosin filament（ミオシンフィラメント） 875 b
myosin H chain（ミオシン H 鎖） 875 a
myosin heavy chain（ミオシン重鎖） 875 a
myosin L chain（ミオシン L 鎖） 875 a
myosin L chain kinase（ミオシン L 鎖キナーゼ） 875 a
myosin light chain（ミオシン軽鎖） 875 a
myostatin 218 b
myotendinous antigen（マイオテンディナス抗原） 860 a
myotome（筋節） 256 b
myotonia（ミオトニア） 522 b
myotonic dystrophy（筋強直性ジストロフィー） 253 b
myotube（筋管） 253 b
myristic acid（ミリスチン酸） 884 b
myristoylation（ミリストイル化） 884 b
$N$-myristoyltransferase（$N$-ミリストイルトランスフェラーゼ） 885 a
myxoamoeba（粘菌アメーバ） 674 b
myxobacteria（粘液細菌） 674 b
Myxococcus xanthus 674 b
Myxoviridae（ミクソウイルス科） 876 b

# N

N＝asparagine（アスパラギン） 14 a
N18 462 a
NAA＝1-naphthaleneacetic acid（1-ナフタレン酢酸） 140 a
NAC＝nascent-polypeptide-associated complex（新生ポリペプチド結合複合体） 140 a
Na$^+$/Ca$^{2+}$ exchanger（ナトリウム/カルシウム交換輸送体） 649 b
Na$^+$ channel（Na$^+$ チャネル） 140 b
nAChR＝nicotinic acetylcholine receptor（ニコチン性アセチルコリン受容体） 
NAD＝nicotinamide adenine dinucleotide（ニコチンアミドアデニンジヌクレオチド） 140 b
NADP＝nicotinamide adenine dinucleotide phosphate（ニコチンアミドアデニンジヌクレオチドリン酸） 141 a
NADPH dehydrogenase（NADPH デヒドロゲナーゼ） 141 a
NADPH：NAD$^+$ oxidoreductase（NADPH：NAD$^+$ オキシドレダクターゼ） 637 b
NADPH oxidase（NADPH オキシダーゼ） 141 a
Na$^+$/H$^+$ antiporter（ナトリウム/プロトン対向輸送体） 650 a
Na$^+$,K$^+$-ATPase（Na$^+$,K$^+$-ATP アーゼ） 649 a
Na$^+$/K$^+$/Cl$^-$ symporter（ナトリウム/カリウム/塩素共輸送体） 649 b
nalidixic acid（ナリジキシン酸） 652 b
naloxone（ナロキソン） 908 b
NANA＝$N$-acetylneuraminic acid（$N$-アセチルノイラミン酸） 17 b
nanobiology（ナノバイオロジー） 651 b
nanoelectrospray（ナノエレクトロスプレー） 651 b
nanoparticle（ナノパーティクル） 652 a
nanos protein（ナノスタンパク質） 651 b
nanos responsive element（ナノス応答配列） 704 b

NAP＝neutrophil alkaline phosphatase（好中球アルカリホスファターゼ） **141** a
NAP-1＝nucleosome assembly protein-1（ヌクレオソームアッセンブリータンパク質1） **141** a
1-naphthaleneacetic acid（1-ナフタレン酢酸） **652** a
2-naphthoxyacetic acid（2-ナフトキシ酢酸） **652** a
naphthyridine（ナフチリジン） **652** a
naringenin-chalcone synthase（ナリンゲニン-カルコンシンターゼ） **652** a
nascent-polypeptide-associated complex（新生ポリペプチド結合複合体） **471** a
nascent short DNA（新生短鎖 DNA） **471** b
*NAT*1 **36** b
*NAT*2 **36** b
Nathans, Daniel（ネイサンズ） **670** a
natriuretic peptide（ナトリウム利尿ペプチド） **651** a
natural antigen（天然抗原） **316** a
natural immunity（自然免疫） **414** b
natural killer cell（ナチュラルキラー細胞） **648** a
natural killer T cell（ナチュラルキラー T 細胞） **648** a
naturally occurring cell death（自然細胞死） **414** a
natural medium（天然培地） **621** a
natural selection（自然選択） **414** b
nautilus **875** b
N band（N バンド） **143** b
NBL cell（NBL 細胞） **143** b
NBL-2 cell（NBL-2 細胞） **143** b
NC＝nucleocapsid protein（ヌクレオキャプシドタンパク質） **238** b
NC2＝negative cofactor 2 **143** b
NCAM＝neural cell adhesion molecule（神経細胞接着分子） **143** a
N-ChIP **143** b
ncRNA＝non-coding RNA（非コード RNA） **143** a
Ndel1 **939** a
NDF＝neu differentiation factor **661** b
NDP kinase（NDP キナーゼ） **143** b
NDV＝*Newcastle disease virus*（ニューカッスル病ウイルス） **143** b
nearest-neighbor base frequency analysis（隣接塩基頻度分析） **957** a
near-infrared spectroscopy（近赤外分光） **256** b
nebulin（ネブリン） **674** a
Necl-2 **140** a
necropsy（屍検） **499** a
necrosis（壊死） **120** b
nectin（ネクチン） **671** a
Nedd＝neural precursor cell expressed developmentally downregulated **673** a
Nedd8 **673** a
Nedd protein（Nedd タンパク質） **673** a
needle biopsy（針生検） **701** b
*nef* gene（*nef* 遺伝子） **673** b
negative control（負の制御） **772** a
negative regulation（負の調節） **772** b
negative selection（負の選択（T 細胞の）） **772** a
negative staining（ネガティブ染色法） **670** a
negative strand（−（マイナス）鎖） **861** a
negative strand RNA virus（（−）鎖 RNA ウイルス） **861** a
negative superhelix（負の超らせん） **772** b
Neher, Erwin（ネーヤー） **670** a
neighbor joining method（近隣結合法） **258** a
nekton（遊泳生物） **911** a
Nelson syndrome（ネルソン症候群） **674** a
NEM＝*N*-ethylmaleimide（*N*-エチルマレイミド） **140** a
Nematoda（線虫） **522** a

nematode（線虫） **522** a
N end rule（N 末端法則） **143** b
neocarzinostatin（ネオカルチノスタチン） **670** a
neomycin（ネオマイシン） **670** a
neomycin phosphotransferase（ネオマイシンホスホトランスフェラーゼ） **670** b
neomycin resistance gene（ネオマイシン耐性遺伝子） **670** b
neoplasia（新生物） **471** b
neoplasm（新生物） **471** b
neoplastic transformation（悪性（形質）転換） **6** a
neoschizomer（ネオシゾマー） **670** a
nephroblastoma（腎芽細胞腫） **460** b
nephron（ネフロン） **674** b
NER＝nucleotide excision repair（ヌクレオチド除去修復） **140** a
Nernst equation（ネルンストの式） **674** a
Nernst heat theorem（ネルンストの熱定理） **674** a
nerve（神経） **461** b
nerve cell（神経細胞） **464** b
nerve ending（神経終末） **465** a
nerve fiber（神経線維） **466** b
nerve growth cone（神経成長円錐） **466** a
nerve growth factor（神経成長因子） **465** a
nerve growth factor family（神経成長因子ファミリー） **466** a
nerve growth factor inducible large external glycoprotein（神経成長因子誘導性大膜糖タンパク質） **466** a
nerve growth factor receptor（神経成長因子受容体） **465** b
nerve terminal（神経終末） **465** a
nervous mouse（ナーバスマウス） **652** a
nervous system（神経系） **463** b
NES＝nuclear export signal（核外輸送シグナル） **140** a
nested deletion method（ネステッドデリーション法） **671** a
nested PCR（ネステッド PCR） **672** a
nestin（ネスチン） **671** b
netrin（ネトリン） **673** b
network（ネットワーク） **673** a
NeuAc＝*N*-acetylneuraminic acid（*N*-アセチルノイラミン酸） **17** b
Neu5Ac＝*N*-acetylneuraminic acid（*N*-アセチルノイラミン酸） **17** b
neu differentiation factor **661** b
NeuNAc＝*N*-acetylneuraminic acid（*N*-アセチルノイラミン酸） **17** b
neural cell adhesion molecule（神経細胞接着分子） **464** b
neural crest（神経冠） **462** a
neural crest-derived neuron（神経冠由来ニューロン） **463** a
neural fold（神経褶） **465** a
neural induction（神経誘導） **470** a
neuralization（神経誘導） **470** a
neural network（ニューラルネットワーク） **661** a
neural plasticity（神経可塑性） **462** a
neural plate（神経板） **469** b
neural precursor cell expressed developmentally downregulated **673** a
neural progenitor cell（神経系前駆細胞） **464** a
neural stem cell（神経幹細胞） **462** b
neural tissue（神経組織） **466** a
neural tube（神経管） **462** b
neural tube defects（神経管奇形） **462** b
neural-Wiskott-Aldrich-syndrome protein（N-ウィスコット・アルドリッチ症候群タンパク質） **140** a
neuraminidase（ノイラミニダーゼ） **676** a
neuregulin（ニューレグリン） **661** b
neurexin（ニューレキシン） **203** b
neurite（神経突起） **467** a
neurite extention promoting factor（軸索伸長促進因子） **401** a

neurite outgrowth-promoting factor（神経突起成長促進因子）　468a
neuroblast（神経芽細胞）　462b
neuroblastoma（神経芽細胞腫）　462a
Neuro D（ニューロ D）　661b
Neuro D1（ニューロ D1）　662a
neuroendocrine（神経内分泌）　468a
neuroepithelioma（神経上皮腫）　465a
neurofibrillary tangle（神経原線維変化）　464a
neurofibroma（神経線維腫）　466b
neurofibromatosis type 1（神経線維腫症1型）　466b
neurofibromatosis type 2（神経線維腫症2型）　466b
neurofibromin（ニューロフィブロミン）　663a
neurofilament（ニューロフィラメント）　663a
neurogenesis（神経発生）　468b
neuroglia（神経グリア）　463b
neuroglian（ニューログリアン）　161a
neurohormone（神経ホルモン）　470a
neurohypophysis（神経下垂体）　462a
neurokinin α（ニューロキニン α）　661b
neurokinin A（ニューロキニン A）　661b
neuromedin K（ニューロメジン K）　663a
neuromedin L（ニューロメジン L）　663a
neuromedin N（ニューロメジン N）　663a
neuromedin S（ニューロメジン S）　663a
neuromedin U（ニューロメジン U）　663a
neuromere（ニューロメア）　663a
neuromodulator（神経調節物質）　467a
neuromodulin（ニューロモジュリン）　663b
neuromuscular junction（神経筋接合部）　463a
neuromuscular synapse（神経筋シナプス）　463a
neuromuscular transmission（神経筋伝達）　463a
neuron（ニューロン）　663b
——, adrenergic（アドレナリン作動性ニューロン）　23a
——, γ-aminobutyratergic（γ-アミノ酪酸作動性ニューロン）　32a
——, axonless（無軸索ニューロン）　887a
——, catecholaminergic（カテコールアミン作動性ニューロン）　204a
——, cholinergic（コリン作動性ニューロン）　347a
——, dopaminergic（ドーパミン作動性ニューロン）　633a
——, facilitator（促通ニューロン）　531a
——, GABAergic（GABA 作動性ニューロン）　32b
——, guidepost（道しるべニューロン）　879a
——, histamine（ヒスタミン作動性ニューロン）　724a
——, motor（運動ニューロン）　112b
——, neural crest-derived（神経冠由来ニューロン）　463a
——, noradrenergic（ノルアドレナリン作動性ニューロン）　680a
——, postsynaptic（シナプス後ニューロン）　427a
——, preganglionic sympathetic（交感神経節前ニューロン）　315a
——, presynaptic（シナプス前ニューロン）　428a
——, sympathetic（交感神経細胞）　314a
——, young（未熟な神経細胞）　663b
neuronal death（神経細胞死）　464b
neuronal differentiation（神経分化）　469a
neuronal migration（ニューロン移動）　663b
neuronal NO synthase（神経型 NO シンターゼ）　462a
neuron-glia cell adhesion molecule（ニューロングリア細胞接着分子）　663b
neuron precursor cell（ニューロン前駆細胞）　663b
neuron specific enolase（ニューロン特異的エノラーゼ）　663b
neuropeptide（神経ペプチド）　469b
neurophysin（ニューロフィシン）　663a

neuropilin（ニューロピリン）　662b
neuroprotectin D1（ニューロプロテクチン D1）　663a
neurosecretion（神経分泌）　469a
neurosecretory cell（神経分泌細胞）　469b
neurosecretory hormone（神経分泌ホルモン）　469b
neurosphere（ニューロスフェア）　661b
neurosphere method（ニューロスフェア法）　661b
*Neurospora*（アカパンカビ）　5a
*Neurospora crassa*　5b
*Neurospora sitophila*　5b
neurotensin（ニューロテンシン）　662a
neurotensin receptor（ニューロテンシン受容体）　662a
neurotoxicity（神経毒性）　467a
neurotoxin（神経毒）　467b
neurotransmitter（神経伝達物質）　467a
neurotransmitter receptor（神経伝達物質受容体）　467a
neurotrophic factor（神経栄養因子）　462a
neurotrophin（ニューロトロフィン）　662a
neurotrophin receptor（ニューロトロフィン受容体）　662b
neurula（神経胚）　468a
neurulation（神経管形成）　462b
neutral mutation theory（中立突然変異説）　569a
neutral theory（中立説）　569a
neutral theory of molecular evolution（分子進化の中立説）　802a
neutroflavine（ニュートロフラビン）　661b
neutron analysis（中性子解析）　568a
neutrophil（好中球）　331a
neutrophil alkaline phosphatase（好中球アルカリホスファターゼ）　331b
newborn calf serum（ウシ新生仔血清）　109b
*Newcastle disease virus*（ニューカッスル病ウイルス）　661a
newt（イモリ）　91b
nexin（ネキシン）　670b
nexin link（ネキシンリンク）　671a
nexus（ネクサス）　671a
Nezelof syndrome（ネゼロフ症候群）　669b
NF＝Nod factor（ノッドファクター）　141a
NF-I＝nuclear factor 1　141a
NF1＝neurofibromatosis type 1（神経線維腫症1型）　141a
NF90＝nuclear factor 90　660a
NF-AT＝nuclear factor of activated T cell　91a
*NF2 gene*（*NF2* 遺伝子）　142a
NF-H　663a
NF-κB＝nuclear factor κB　141b
NF-κB/Rel family（NF-κB/Rel ファミリー）　142a
NF-L　663a
NF-M　663a
NgCAM＝neuron-glia cell adhesion molecule（ニューロングリア細胞接着分子）　143a
NgCAM related CAM　161a
*N gene*（*N* 遺伝子）　140a
NGF＝nerve growth factor（神経成長因子）　143b
*NGF1A*　143b
NHEJ＝non-homologous end-joining　727a
NHL＝non-Hodgkin lymphoma（非ホジキンリンパ腫）　140b
niacin（ナイアシン）　647a
niacinamide（ナイアシンアミド）　647a
Niagara blue 3B　641a
nickase（ニッカーゼ）　657a
nick translation（ニックトランスレーション）　657a
nicotinamide（ニコチンアミド）　654b
nicotinamide adenine dinucleotide（ニコチンアミドアデニンジヌクレオチド）　654b
nicotinamide adenine dinucleotide phosphate（ニコチンアミドアデニンジヌクレオチドリン酸）　654b

nicotinamide ribonucleoside kinase(ニコチンアミドリボヌクレオシドキナーゼ) 654b
nicotinic acetylcholine receptor(ニコチン性アセチルコリン受容体) 655a
nicotinic acid(ニコチン酸) 655a
nicotinic receptor(ニコチン受容体) 655b
NIDDM = non-insulin dependent diabetes mellitus(インスリン非依存性糖尿病) 627b
nidogen(ナイドジェン) 647b
Niemann-Pick cell(ニーマン・ピック細胞) 660b
Niemann-Pick disease(ニーマン・ピック病) 660b
nifedipine(ニフェジピン) 213a
nif gene = nitrogen fixation gene(nif 遺伝子) 659b
niflumic acid(ニフルム酸) 211a
NIH3T3 cell(NIH3T3 細胞) 140a
NILE = nerve growth factor inducible large external glycoprotein(神経成長因子誘導性大膜糖タンパク質) 140a
ninhydrin(ニンヒドリン) 665b
ninhydrin reaction(ニンヒドリン反応) 665b
NIR = near-infrared spectroscopy(近赤外分光) 140a
Nirenberg, Marshall Warren(ニーレンバーグ) 665a
Nissl body(ニッスル小体) 657b
Nissl substance(ニッスル物質) 657b
nitrate assimilation(硝酸同化) 451b
nitrate bacteria(硝酸細菌) 451b
nitrate plant(硝酸植物) 451b
nitrate reductase(硝酸レダクターゼ) 451b
nitric oxide(酸化窒素) 386b
nitric oxide synthase(一酸化窒素合成酵素) 73b
nitrifying bacteria(硝化細菌) 450a
nitrite bacteria(亜硝酸細菌) 12b
nitrocellulose membrane(ニトロセルロース膜) 658a
nitrogenase(ニトロゲナーゼ) 658a
nitrogen assimilation(窒素同化) 563b
nitrogen fixation(窒素固定) 563b
nitrogen fixation gene(窒素固定遺伝子) 563b
nitrogen monoxide(一酸化窒素) 73b
nitrogen mustard(ナイトロジェンマスタード) 647b
nitrogen regulation operon(ntr オペロン) 143b
nitrogen-related operon(窒素関連オペロン) 563b
nitromin(ニトロミン) 647b
o-nitrophenyl galactoside(o-ニトロフェニルガラクトシド) 658b
nitroprusside reaction(ニトロプルシド定性反応) 658b
4-nitroquinoline 1-oxide(4-ニトロキノリン 1-オキシド) 657b
nitrosamine(ニトロソアミン) 658a
N-nitroso compound(N-ニトロソ化合物) 658a
N-nitrosodiethylamine(N-ニトロソジエチルアミン) 658b
nitrosoethylurea(ニトロソエチル尿素) 658b
nitrosoguanidine(ニトロソグアニジン) 658b
N-nitroso-N-methylurea(N-ニトロソ-N-メチル尿素) 658b
nitroxide(ニトロキシド) 657b
nitroxyl radical(ニトロキシルラジカル) 657b
nitroxy radical(ニトロキシラジカル) 657b
nitrsomethylurea(ニトロソメチル尿素) 658b
NJ method(NJ 法) 717b
NK cell = natural killer cell(ナチュラルキラー細胞) 143b
NK$_1$ receptor(NK$_1$ 受容体) 143b
NK$_2$ receptor(NK$_2$ 受容体) 143b
NKT cell = natural killer T cell(ナチュラルキラー T 細胞) 143b
N-linked glycoprotein(N 結合型糖タンパク質) 143b
NLRC4 200a
NLRP3 200a
nm23 667a

NMD = nonsense codon-mediated mRNA degradation(ナンセンスコドン介在性 mRNA 分解) 142a
NMDA = N-methyl-D-aspartate(N-メチル-D-アスパラギン酸受容体) 142a
NMDA receptor(NMDA 受容体) 142a
30 nm filament(30 nm フィラメント) 387b
NMR = nuclear magnetic resonance(核磁気共鳴) 142a
NMU = neuromedin U(ニューロメジン U) 142b
NN = neuromedin N(ニューロメジン N) 141a
nNOS = neuronal NO synthase(神経型 NO シンターゼ) 143b
NO38 142b
noc = nopaline catabolic 175a
nocodazole(ノコダゾール) 678a
NOD = nucleotide-binding and oligomerizaiton-domain 25a
Nodal(ノーダル) 678a
Nod factor(Nod ファクター) 679a
nod genes(根粒形成遺伝子群) 353b
NOD mouse(NOD マウス) 142b
nodular lymphoma(結節性リンパ腫) 299a
nodular plexiform neurofibroma 466b
nodule(結節) 299a
nodulin(ノジュリン) 678a
NOE = nuclear Overhauser effect(核オーバーハウザー効果) 142b
NOESY = nuclear Overhauser effect spectroscopy 142a
noggin(ノギン) 678b
Nomarski interference microscope(ノマルスキー型(微分)干渉顕微鏡) 679a
nomenclature of species(種の命名法) 444b
nonallele(非対立遺伝子) 727a
nonallelic gene(非対立遺伝子) 727a
nonclassical MHC class Ⅰ molecule(非古典的 MHC クラス Ⅰ 分子) 716b
non-coding RNA(非コード RNA) 716b
noncompetitive inhibition(非競合阻害) 714a
nonconstitutive secretory pathway(非構成性分泌経路) 715b
noncovalent bond(非共有結合) 714b
non-cyclic photophosphorylation(非循環的光リン酸化反応) 721b
non-declarative learning(非記述学習) 193a
nondefective virus(非欠損ウイルス) 715a
nonerythroid spectrin(非赤血球スペクトリン) 726a
non-histone protein(非ヒストンタンパク質) 737a
non-Hodgkin lymphoma(非ホジキンリンパ腫) 739a
non-homologous end-joining 727a
nonhomologous recombination(非相同組換え) 727a
non-insulin dependent diabetes mellitus(インスリン非依存性糖尿病) 627b
nonketoic hyperglycinemia(非ケトーシス性高グリシン血症) 316a
non-Mendelian inheritance(非メンデル遺伝) 740b
non-N-methyl-D-aspartate receptor(非 N-メチル-D-アスパラギン酸受容体) 740a
nonmotile cilium(不動繊毛) 771b
NON mouse(NON マウス) 142b
non-myeloabrative allogeneic hematopoietic stem cell transplantation(骨髄非破壊的同種造血幹細胞移植) 341a
non-NMDA receptor(非 NMDA 受容体) 710a
non-obese diabetic(非肥満性糖尿病) 737b
nonpermissive cell(非許容細胞) 714b
nonprotein nitrogen(非タンパク質性窒素) 729a
nonreciprocal Holliday structure(非相互ホリデイ構造) 727a
nonreciprocal recombination(非相互組換え) 726b
non-ribosomal peptide synthesis(非リボソーム性ペプチド合成) 743b
nonself-antigen(非自己抗原) 720b

nonsense codon(ナンセンスコドン) 653 b
nonsense codon-mediated mRNA degradation(ナンセンスコドン介在性 mRNA 分解) 653 b
nonsense mutation(ナンセンス突然変異) 653 b
non-standard base pair(人工塩基対) 470 a
nonsteroidal antiinflammatory drug(非ステロイド性抗炎症薬) 724 b
nonstop decay 118 a
nonsynonymous SNP(非同義 SNP) 732 a
non-viral vector(非ウイルスベクター) 708 a
nopaline(ノパリン) 679 a
nopaline catabolic 175 a
noradrenalin(e)(ノルアドレナリン) 679 b
noradrenergic neuron(ノルアドレナリン作動性ニューロン) 680 b
norepinephrine(ノルエピネフリン) 680 b
norfloxacin(ノルフロキサシン) 652 a
normality(規定度) 234 a
normal type(正常型) 496 a
Norrie disease(ノリー病) 679 b
Norrin(ノリン) 679 b
northern blot technique(ノーザンブロット法) 678 a
northern blotting(ノーザンブロット法) 678 a
Nos 142 b
NOS＝NO synthase(NO シンターゼ) 142 b
NO synthase(NO シンターゼ) 142 b
*Not*1 142 b
notch filter(ノッチフィルター) 679 a
*Notch* gene(ノッチ遺伝子) 678 b
notochord(脊索) 503 b
novobiocin(ノボビオシン) 679 a
$NO_x$(窒素酸化物) 198 b
Np＝neuropilin(ニューロピリン) 143 b
NPD1＝neuroprotectin D1(ニューロプロテクチン D1) 143 b
NPN＝nonprotein nitrogen(非タンパク質性窒素) 143 b
N protein(N タンパク質) 143 b
NPV＝*Nucleopolyhedrovirus*(核多角体病ウイルス) 143 b
4NQO＝4-nitroquinoline 1-oxide(4-ニトロキノリン 1-オキシド) 143 a
N-*ras* 927 b
NrCAM＝NgCAM related CAM 161 a
NRE＝nanos responsive element(ナノス応答配列) 704 b
*N* region(*N* 領域) 144 a
Nrp＝neuropilin(ニューロピリン) 140 a
NSAID＝nonsteroidal antiinflammatory drug(非ステロイド性抗炎症薬) 140 a
NSD＝nonstop decay 118 a
nSec1/Munc18-1 140 a
NSF＝*N*-ethylmaleimide-sensitive fusion protein 482 a
NSF-SNAP＝*N*-ethylmaleimide-sensitive fusion protein-soluble NSF attachment protein 847 b
NST＝non-myeloabrative allogeneic hematopoietic stem cell transplantation(骨髄非破壊的同種造血幹細胞移植) 140 a
NT＝neurotensin(ニューロテンシン) 143 b
*ntr* operon(*ntr* オペロン) 143 b
N type calcium channel(N 型カルシウムチャネル) 143 a
nuclear antigen(核抗原) 190 b
nuclear body(核内小体) 195 a
nuclear division(核分裂(細胞の)) 195 b
nuclear dominance(核性優位) 194 a
nuclear envelope(核膜) 196 a
nuclear export signal(核外輸送シグナル) 190 a
nuclear extract(核抽出液) 887 a
nuclear factor 1 141 a
nuclear factor 90 660 b

nuclear factor κB 141 b
nuclear factor of activated T cell 91 b
nuclear fusion(核融合(真核細胞における)) 197 a
nuclear import(核内輸送) 195 b
nuclear initialization(初期化(核の)) 455 a
nuclear lamin(核ラミン) 197 a
nuclear lamina(核ラミナ) 197 a
nuclear localization signal(核局在化シグナル) 190 b
nuclear magnetic resonance(核磁気共鳴) 192 a
nuclear matrix(核マトリックス) 196 b
nuclear matrix attached region(核マトリックス付着領域) 197 a
nuclear matrix protein(核マトリックスタンパク質) 196 b
nuclear membrane(核膜) 196 a
nuclear migration(核移動) 189 b
nuclear oncogene(核内がん遺伝子) 194 a
nuclear Overhauser effect(核オーバーハウザー効果) 189 b
nuclear pore(核膜孔) 196 a
nuclear pore complex(核膜孔複合体) 196 b
nuclear receptor(核内受容体) 194 b
nuclear receptor superfamily(核内受容体スーパーファミリー) 195 a
nuclear relaxation(核緩和) 190 a
nuclear RNA(核 RNA) 189 a
nuclear scaffold(核スカフォールド) 194 a
nuclear scaffold attached region(核スカフォールド付着領域) 194 a
nuclear scaffold protein(核スカフォールドタンパク質) 194 a
nuclear speckle(核スペックル) 194 a
nuclear transfer(核移植) 189 a
nuclear-transfer cloning(核移植クローニング) 189 b
nuclear transplantation(核移植) 189 a
nuclear transplantation of somatic cell(体細胞核移植) 538 b
nuclear transport(核への輸送) 195 a
nuclear transport signal(核移行シグナル) 189 a
nuclease(ヌクレアーゼ) 666 a
nuclease protection experiment(ヌクレアーゼ保護実験) 666 b
nuclease S1(ヌクレアーゼ S1) 666 b
nucleation(核形成(細胞骨格タンパク質重合の)) 190 b
nucleic acid(核酸) 191 a
nucleic acid-binding protein(核酸結合タンパク質) 191 b
nucleic acid modification(核酸の修飾) 192 a
nucleocapsid(ヌクレオキャプシド) 666 b
nucleocapsid protein(ヌクレオキャプシドタンパク質) 238 b
nucleocytoplasmic shuttling(核-細胞質間シャトル) 190 b
nucleodepolymerase(ヌクレオデポリメラーゼ) 668 b
nucleofilament(ヌクレオフィラメント) 668 b
nucleohistone(ヌクレオヒストン) 668 b
nucleoid(核様体) 197 b
nucleolin(ヌクレオリン) 669 b
nucleolus(核小体) 193 a
nucleolus organizer(核小体オーガナイザー) 193 b
nucleophile(求核試薬) 243 a
nucleophosmin(ヌクレオホスミン) 669 a
nucleophosphodiesterase(ヌクレオホスホジエステラーゼ) 669 a
nucleoplasm(核質) 192 a
nucleoplasmin(ヌクレオプラスミン) 668 b
*Nucleopolyhedrovirus*(核多角体病ウイルス) 194 a
nucleoporin(ヌクレオポリン) 669 a
nucleoprotamine(ヌクレオプロタミン) 668 b
nucleoprotein(核タンパク質) 194 b
nucleoside(ヌクレオシド) 666 b
nucleoside 3′,5′-bisphosphate(ヌクレオシド 3′,5′-ビスリン酸) 667 a

欧文索引　1125

nucleoside diphosphate（ヌクレオシド二リン酸）　666 b
nucleoside diphosphate kinase（ヌクレオシド二リン酸キナーゼ）　667 a
nucleoside diphosphate sugar（ヌクレオシド二リン酸糖）　667 a
nucleoside diphosphokinase（ヌクレオシド二リン酸キナーゼ）　667 a
nucleoside membrane transport（ヌクレオシド膜輸送）　667 a
nucleoside transport（ヌクレオシド輸送）　667 a
nucleoside triphosphate（ヌクレオシド三リン酸）　666 b
nucleosome（ヌクレオソーム）　667 a
nucleosome assembly protein-1（ヌクレオソームアッセンブリータンパク質1）　667 b
nucleosome core（ヌクレオソームコア）　667 a
nucleosome formation（ヌクレオソーム形成）　667 b
nucleosome histone（ヌクレオソームヒストン）　668 a
nucleosome phasing（ヌクレオソーム位相）　667 b
nucleosome positioning（ヌクレオソームポジショニング）　668 a
nucleosome remodeling factor（ヌクレオソームリモデリング因子）　668 a
5'-nucleotidase（5'-ヌクレオチダーゼ）　668 a
nucleotide（ヌクレオチド）　668 a
nucleotide-binding and oligomerizaiton-domain　25 a
nucleotide cofactor（ヌクレオチド補因子）　668 b
nucleotide excision repair（ヌクレオチド除去修復）　668 b
nucleotide sugar（ヌクレオチド糖）　668 b
nucleus（核）　188 b
nude mouse（ヌードマウス）　669 b
nude streaker（ヌードストリーカー）　669 b
nullisomy（零染色体性）　961 a
null mutation（ヌル突然変異）　669 b
nullosomy（零染色体性）　961 a
numatrin（ヌマトリン）　669 b
numerical aperture（開口数）　314 a
NuRD complex（NuRD複合体）　143 b
NURF＝nucleosome remodeling factor　186 b
Nurse, Paul M.（ナース）　648 b
nurse cell（哺育細胞）　830 a
NusA protein（NusAタンパク質）　144 a
NusB　144 a
NusG　144 a
Nüsslein-Volhard, Christiane（ニュスライン-フォルハルト）　661 a
N-WASP＝neural-Wiskott-Aldrich syndrome protein（N-ウィスコット・アルドリッチ症候群タンパク質）　144 a
NY-ESO1　819 a

## O

ω3 lipid mediator（ω3脂質メディエーター）　178 a
ω oxidation（ω酸化）　178 a
ω protein（ωタンパク質）　178 a
ω sequence（ω配列）　178 a
O157　168 a
O antigen（O抗原）　171 a
O antigen polysaccharide（O抗原多糖）　171 a
O-2A precursor cell（O-2A前駆細胞）　173 b
O-2A progenitor cell（O-2A前駆細胞）　173 b
object oriented database（オブジェクト指向データベース）　176 a
obligate anaerobe（絶対嫌気性生物）　507 a
occ＝octopine catabolic　175 a
occludin（オクルジン）　171 b

occlusion derived virus　687 b
Ochoa, Severo（オチョア）　173 a
ochre codon（オーカーコドン）　169 b
ochre mutation（オーカー突然変異）　169 b
OCIF＝osteoclastogenesis inhibitory factor（破骨細胞形成抑制因子）　171 b
Oct-1, Oct-2, Oct-3　170 b
octamer-binding factor（オクタマー結合タンパク質）　170 b
octamer-binding transcription factor（オクタマー転写因子）　170 b
octamer sequence（オクタマー配列）　170 b
octopamine（オクトパミン）　171 a
octopine（オクトピン）　171 a
octopine catabolic　175 a
ocular albinism（眼型白皮症）　689 b
ocular dominance column（眼球優位コラム）　220 a
oculocerebrorenal syndrome（眼・脳・腎症候群）　896 a
oculocutaneous albinism（眼皮膚型白皮症）　689 b
ODF＝osteoclast differentiation factor（破骨細胞分化因子）　173 b
odontoblast（象牙芽細胞）　171 b
ODV＝occlusion derived virus　687 b
oestrogen（エストロゲン）　126 a
8-OG＝7,8-dihydro-8-oxoguanine（7,8-ジヒドロ-8-オキソグアニン）　171 b
ogonia（卵祖細胞）　72 a
OGR1＝ovarian cancer G protein-coupled receptor 1　794 b
oil body（油体）　916 a
oil vacuole（油胞）　918 a
okadaic acid（オカダ酸）　169 a
Okazaki fragment（岡崎フラグメント）　169 b
Okazaki piece（岡崎ピース）　169 b
OKT3　903 a
oleoplast（オレオプラスト）　180 a
olfactory receptor（嗅覚受容体）　243 a
oligo array（オリゴアレイ）　178 b
oligocapping technology（オリゴキャッピング法）　178 b
oligoclone（オリゴクローン）　178 b
oligodendrocyte（オリゴデンドロサイト）　179 a
oligodendroglia（オリゴデンドログリア）　178 b
oligodendroglioma（乏突起膠腫）　268 a
oligodeoxyribonucleotide（オリゴデオキシリボヌクレオチド）　179 a
oligomer（オリゴマー）　179 a
oligomycin（オリゴマイシン）　179 a
oligomycin sensitivity conferring protein（オリゴマイシン感受性付与タンパク質）　249 a
oligonucleotide（オリゴヌクレオチド）　179 a
oligopeptide（オリゴペプチド）　179 a
oligopotential hemopoietic progenitor（寡能性造血前駆細胞）　525 b
oligoribonucleotide（オリゴリボヌクレオチド）　179 a
oligosaccharide（オリゴ糖）　171 a
O-linked glycoprotein（O結合型糖タンパク質）　171 a
omega-3 lipid mediator（ω3脂質メディエーター）　178 a
omega oxidation（ω酸化）　178 a
omega protein（ωタンパク質）　178 a
omega sequence（ω配列）　178 a
OMICS（オミックス）　177 b
OMIM＝Online Mendelian Inheritance in Man　178 a
omp gene（omp遺伝子）　169 b
oncodazole（オンコダゾール）　180 b
oncofetal gene（がん胎児性遺伝子）　226 a
oncogene（がん遺伝子）　219 a
───, anti-（がん抑制遺伝子）　228 b
───, cellular（細胞性がん遺伝子）　370 b

1126　欧文索引

oncogene(つづき)
——, nuclear(核内がん遺伝子)　**194**b
——, proto-(原がん遺伝子)　**306**a
——, recessive(劣性がん遺伝子)　**964**b
——, suppressor(がん抑制遺伝子)　**228**a
——, viral(ウイルス性がん遺伝子)　**106**a
oncogenesis(発がん)　**692**a
oncogenic virus(がんウイルス)　**219**b
oncology(腫瘍学)　**445**b
oncoretrovirus(オンコレトロウイルス)　**180**b
oncornavirus(オンコルナウイルス)　**180**b
oncostatin M(オンコスタチン M)　**347**a
oncovin(オンコビン)　**180**b
one gene-one enzyme hypothesis(一遺伝子一酵素説)　**70**b
one gene-one peptide hypothesis(一遺伝子一ペプチド説)　**70**b
one hybrid system(ワンハイブリッドシステム)　**979**b
one-step growth experiment(一段増殖実験)　**72**a
Online Mendelian Inheritance in Man　**178**a
ONPG＝$o$-nitrophenyl galactoside($o$-ニトロフェニルガラクトシド)　**169**a
ontogenesis(個体発生)　**338**b
ontogeny(個体発生)　**338**b
oocyte(卵母細胞)　**935**a
oocyte maturation(卵母細胞成熟)　**935**b
oogenesis(卵形成)　**933**a
OP-1　**175**b
opal codon(オパールコドン)　**175**b
opal mutation(オパール突然変異)　**175**b
Oparin, Aleksandr Ivanovich(オパーリン)　**175**b
open circular DNA(開環状 DNA)　**182**a
open complex(オープン複合体)　**176**b
open promoter complex(オープンプロモーター複合体)　**176**b
open reading frame(オープンリーディングフレーム)　**177**a
operant conditioning(オペラント条件付け)　**177**a
operator(オペレーター)　**177**a
operon(オペロン)　**177**a
——, ara(ara オペロン)　**35**a
——, araBAD(araBAD オペロン)　**36**a
——, arabinose(アラビノースオペロン)　**36**a
——, bgl(bgl オペロン)　**720**b
——, gal(gal オペロン)　**210**b
——, galactose(ガラクトースオペロン)　**207**b
——, his(his オペロン)　**130**b
——, histidine(ヒスチジンオペロン)　**724**a
——, hut(hut オペロン)　**135**a
——, lac(lac オペロン)　**928**a
——, lactose(ラクトースオペロン)　**927**a
——, nitrogen-related(窒素関連オペロン)　**563**a
——, ntr(ntr オペロン)　**143**b
——, trp(trp オペロン)　**579**a
——, tryptophan(トリプトファンオペロン)　**642**a
OPG＝osteoprotegerin(オステオプロテジェリン)　**176**a
opiate(オピエート)　**175**b
opine(オパイン)　**175**b
opine synthetase(オパインシンテターゼ)　**175**a
opioid(オピオイド)　**175**b
opioid analgesic(麻薬性鎮痛薬)　**870**b
opioid receptor(オピオイド受容体)　**175**b
opportunistic infection(日和見感染)　**743**a
O protein(O タンパク質)　**173**a
opsin(オプシン)　**176**b
opsonin(オプソニン)　**176**b
optical activity(光学活性)　**313**b
optical isomer(光学異性体)　**313**b
optical mapping(オプティカルマッピング)　**176**b

optical resolution(解像能)　**314**a
optical rotation(旋光性)　**516**a
optical rotatory dispersion(旋光分散)　**516**b
optical trapping(光トラップ)　**713**b
optical tweezers(光ピンセット)　**714**a
optic cup(眼杯)　**227**b
optic nerve(視神経)　**411**b
optic stalk(眼柄)　**228**a
optic tectum(視蓋)　**397**b
optic vesicle(眼胞)　**228**a
ORC＝origin recognition complex(複製開始点認識タンパク質複合体)　**767**b
orcinol reaction(オルシノール反応)　**179**b
order(目)　**906**a
order-made medical treatment(オーダーメイド医療)　**173**a
order parameter(オーダーパラメーター)　**173**a
ORF＝open reading frame(オープンリーディングフレーム)　**168**a
organ culture(器官培養)　**231**b
organelle(細胞小器官)　**369**b
organic molecule(生体分子)　**499**a
organism(生物)　**501**a
organizer(形成体)　**288**b
organogenesis(器官形成)　**231**a
$oriC$　**179**b
orientation column(方位コラム)　**830**b
origin of replication(複製起点)　**767**a
origin recognition complex(複製開始点認識タンパク質複合体)　**767**b
ornithine(オルニチン)　**179**b
ornithine cycle(オルニチン回路)　**180**a
ornithine decarboxylase(オルニチンデカルボキシラーゼ)　**180**a
orosomucoid(オロソムコイド)　**180**a
orotate phosphoribosyltransferase(オロト酸ホスホリボシルトランスフェラーゼ)　**180**b
orotic acid(オロト酸)　**180**a
orotic aciduria(オロト酸尿症)　**180**b
orotidine-5′-phosphate decarboxylase(オロチジン-5′-リン酸デカルボキシラーゼ)　**110**a
orotidylate decarboxylase(オロチジル酸デカルボキシラーゼ)　**180**b
orotidylic acid(オロチジル酸)　**180**a
orphan family(オーファン遺伝子ファミリー)　**176**a
orphan receptor(オーファン受容体)　**176**a
orthochromatic erythroblast(正染性赤芽球)　**502**b
ortholog(オルソログ)　**179**b
orthologous gene(オルソログ遺伝子)　**179**b
$Orthomyxoviridae$(オルトミクソウイルス科)　**179**b
$Oryza sativa$ genome(イネゲノム)　**87**a
$Oryzias latipes$(メダカ)　**891**b
OSCP＝oligomycin sensitivity conferring protein(オリゴマイシン感受性付与タンパク質)　**249**a
$oskar$ mutation(オスカー突然変異)　**171**b
OSM＝oncostatin M(オンコスタチン M)　**347**a
osmium tetraoxide stain(四酸化オスミウム染色)　**408**a
osmoreceptor(浸透圧受容体)　**474**a
osmoregulation(浸透圧調節)　**474**a
osmosensor(浸透圧センサー)　**474**a
osmotic pressure(浸透圧)　**473**b
osmotic regulation(浸透調節)　**474**a
osmotic shock procedure(低浸透圧ショック法)　**598**a
osmotin(オスモチン)　**172**b
osmotin-like protein(オスモチン様タンパク質)　**172**b
osteitis deformans(変形性骨炎)　**825**b
osteoarthritis(変形性関節症)　**825**b

欧文索引 1127

osteoblast（骨芽細胞） 339 a
osteocalcin（オステオカルシン） 171 b
osteoclast（破骨細胞） 689 b
osteoclast differentiation factor（破骨細胞分化因子） 689 b
osteoclastogenesis inhibitory factor（破骨細胞形成抑制因子） 689 b
osteocyte（骨細胞） 339 b
osteocytic resorption（骨細胞性骨吸収） 339 b
osteogenin（オステオゲニン） 171 b
osteoid（類骨） 959 a
osteoid seam（類骨層） 959 a
osteomalacia（骨軟化症） 341 a
osteonectin（オステオネクチン） 171 b
osteopetrosis（大理石骨病） 544 b
osteopontin（オステオポンチン） 172 a
osteoporosis（骨粗鬆（しょう）症） 341 a
osteoprotegerin（オステオプロテジェリン） 171 b
osteosarcoma（骨肉腫） 341 a
ouabain（ウワバイン） 111 b
Ouchterlony double immunodiffusion（オクタロニー二重免疫拡散法） 170 b
Ouchterlony method（オクタロニー法） 170 b
outbreeding（異系交配） 66 a
outer membrane（外膜（ミトコンドリアの）） 186 a
ovalbumin（オボアルブミン） 177 b
ovarian cancer G protein-coupled receptor 1 794 b
ovary（卵巣） 934 b
overexpression-type microarray（過剰発現型細胞マイクロアレイ） 375 b
Overhauser effect（オーバーハウザー効果） 175 a
overlapping gene（オーバーラップ遺伝子） 175 a
overlapping reading frame（重複読み取り枠） 853 a
oviduct cell（卵管細胞） 933 a
ovomucoid（オボムコイド） 177 b
ovulation（排卵） 686 a
ovum（卵） 932 a
oxacephem（オキサセフェム） 813 a
oxacillin（オキサシリン） 815 b
oxidant（オキシダント） 169 a
oxidation-reduction enzyme（酸化還元酵素） 385 b
oxidation-reduction potential（酸化還元電位） 385 b
oxidation-reduction reaction（酸化還元反応） 386 a
oxidative metabolism（酸化の代謝） 387 a
oxidative phosphorylation（酸化的リン酸化） 387 a
oxidative stress（酸化（的）ストレス） 386 a
oxidizing agent（酸化剤） 386 b
oxidoreductase（酸化還元酵素） 385 b
oxirane（オキシラン） 151 b
8-oxoG＝7,8-dihydro-8-oxoguanine（7,8-ジヒドロ-8-オキソグアニン） 169 a
2-oxoglutaric acid（2-オキソグルタル酸） 170 a
oxolinic acid（オキソリン酸） 652 a
oxygenase（酸素添加酵素） 388 a
oxygenic photosynthesis（酸素発生型光合成） 388 a
oxymetholone（オキシメトロン） 559 b
oxyntic cell（酸分泌細胞） 388 b
OxyR 386 b
oxytetracycline（オキシテトラサイクリン） 607 a
oxytocin（オキシトシン） 169 a

# P

Ψ＝pseudouridine（プソイドウリジン） 770 a
φψ plot（φψ プロット） 748 a

φX174 phage（φX174 ファージ） 748 a
P＝proline（プロリン） 798 b
p16 721 a
p21 736 a
p27 736 b
p36 25 a
p38 717 b
p50 141 b
p52 141 b
p65 141 b
p75 736 a
p107 737 b
p120 737 b
p130 737 b
p140 737 b
p150/95 421 a
p190 245 a
p210 245 a
p300＝E1A-associated 300 kDa protein 718 a
P450 743 b
P680 313 a
P700 313 a
PA＝protein array（タンパク質アレイ） 708 b
PABP＝poly（A）binding protein 152 b
pachytene stage（太糸期） 771 b
packaging（パッケージング） 694 b
packaging signal（パッケージングシグナル） 965 b
paclitaxel（パクリタキセル） 689 a
PAC vector（PAC ベクター） 694 a
PADGEM＝platelet activation-dependent granule-external membrane protein 726 a
padlock probe（パドロックプローブ） 698 b
PAF＝platelet-activating factor（血小板活性化因子） 699 b
PAF-acetylhydrolase（PAF-アセチルヒドロラーゼ） 699 b
PAF receptor（PAF 受容体） 699 b
PAGE＝polyacrylamide gel electrophoresis（ポリアクリルアミドゲル電気泳動） 709 a
Paget's disease（パジェット病） 689 b
Paget's disease of bone（パジェット骨病） 689 b
Paget's disease of breast（乳房パジェット病） 661 a
PAI＝plasminogen activator inhibitor（プラスミノーゲンアクチベーターインヒビター） 708 b
PAIgG＝platelet-associated IgG（血小板結合 IgG） 708 b
p53AIP1 gene（p53AIP1 遺伝子） 716 b
paired helical filament（ペアードヘリカルフィラメント） 807 a
pairing（対合（染色体の）） 538 a
pair-rule gene（ペアルール遺伝子） 807 b
pair-rule mutation（ペアワイズ突然変異） 807 a
pairwise alignment（ペアワイズアライメント） 807 b
Palade, George Emil（パラーデ） 701 a
palindrome（パリンドローム） 701 b
pallidin（パリディン） 701 b
palmitic acid（パルミチン酸） 703 a
palmitoylation（パルミトイル化） 703 a
pancreas（膵臓） 475 a
pancreatic acinus（膵小胞体） 475 a
pancreatic elastase（膵エラスターゼ） 475 a
pancreatic islet（膵島） 475 a
pancreatic microsome（膵臓ミクロソーム） 475 a
pancreatic secretory trypsin inhibitor（膵分泌性トリプシンインヒビター） 476 b
pancreozymin（パンクレオザイミン） 703 a
papain（パパイン） 699 a
Papanicolaou smear（パパニコロー塗抹） 699 a
Papanicolaou stain（パパニコロー染色） 699 a
papaya peptidase Ⅰ（パパイヤペプチダーゼⅠ） 699 a

paper chromatography(濾紙クロマトグラフィー) 973 b
paper electrophoresis(濾紙電気泳動) 974 a
papilloma(乳頭腫) 661 a
*Papilloma virus*(パピローマウイルス) 699 a
papovavirus(パポーバウイルス) 700 b
PAP technique = peroxidase-antiperoxidase complex technique (ペルオキシダーゼ-抗ペルオキシダーゼ複合体法) 698 a
PAR = protease-activated receptor(プロテアーゼ活性化受容体) 708 b
PAR = pseudoautosomal region(擬似常染色体領域) 708 b
paracrine(パラ分泌) 701 a
paracrine signaling(パラ分泌型シグナル) 701 a
parallel beta structure(平行β構造) 808 b
parallel β structure(平行β構造) 808 b
paralog(パラログ) 701 b
paralogous gene(パラロガス遺伝子) 701 b
*Paramecium*(ゾウリムシ) 531 a
paramyosin(パラミオシン) 701 a
paramyotonia congenita(先天性パラミオトニア) 522 b
*Paramyxovirus*(パラミクソウイルス) 701 b
paraoxon(パラオキソン) 700 b
paraprotein(パラプロテイン) 553 a
parasegment(パラセグメント) 700 b
parasite DNA(寄生虫DNA) 233 b
parasitism(寄生) 233 a
parasitophorous vacuole(寄生胞) 777 b
parasympathetic nervous system(副交感神経系) 764 b
parathion(パラチオン) 701 a
parathormone(パラトルモン) 701 a
parathyroid hormone(副甲状腺ホルモン) 764 b
parathyroid hormone receptor(副甲状腺ホルモン受容体) 765 a
parathyroid hormone-related peptide(副甲状腺ホルモン関連ペプチド) 764 b
paratope(パラトープ) 701 a
*Parbovirus*(パルボウイルス) 702 b
parenchyma(柔組織) 439 b
parenchymal cell(実質細胞) 417 b
parent cell(親細胞) 178 a
p14ARF 721 a
p19ARF 721 a
parietal cell(旁細胞) 831 a
Parkin(パーキン) 688 b
Parkinson's disease(パーキンソン病) 688 a
paroxysmal nocturnal hemoglobinuria(発作性夜間ヘモグロビン尿症) 847 a
parthenogenesis(単為発生) 555 a
parthenogenesis(単為発生胚) 555 b
partial cleavage(部分割) 772 a
partial denaturation map(部分変性地図) 773 a
partially coated reticulum(部分被覆細網) 773 a
particle gun method(パーティクルガン法) 698 a
partition chromatography(分配クロマトグラフィー) 804 b
Passage A(パッサージA) 696 b
*pas* site(*pas* 部位) 708 b
passive immunity(受動免疫) 444 b
passive immunization(受動免疫) 444 a
passive sensitization(受動感作) 444 a
passive transport(受動輸送) 444 a
Pasteur, Louis(パスツール) 690 a
Pasteur effect(パスツール効果) 690 b
patch-clamp(パッチクランプ) 697 a
patch-clamp PCR(パッチクランプPCR) 697 b
patch-clamp RT-PCR(パッチクランプRT-PCR) 697 b
*patched* gene(パッチド遺伝子) 697 a

patch formation(パッチ形成) 697 b
patching(パッチング) 698 a
paternal disomy(父性二染色体性) 770 a
paternal inheritance(父性遺伝) 770 a
pathogenesis related protein(感染特異的タンパク質) 225 b
pathogenic *Escherichia coli* O157(病原性大腸菌O157) 741 b
pathological animal model(病態モデル動物) 742 b
pathology(病理学) 743 a
pathway guidance(経路誘導) 289 b
pattern formation(パターン形成) 691 b
Paul-Bunnell test(ポール・バンネル試験) 621 a
Pauling, Linus Carl(ポーリング) 854 a
pausing site(転写中断部位) 126 a
Pax 693 b
Pax-5 693 b
paxillin(パキシリン) 686 b
PBIgG = platelet-bindable IgG 737 a
PBP = penicillin binding protein(ペニシリン結合タンパク質) 815 b
pBR322 737 a
PBSCT = peripheral blood stem cell transplantation(末梢血幹細胞移植) 737 b
PC = phosphatidylcholine(ホスファチジルコリン) 718 a
PC4 723 a
PCAF = p300/CBP-associated factor 719 b
PCAF complex(PCAF複合体) 719 b
p300/CBP-associated factor 719 b
PCC = positional candidate cloning(ポジショナルキャンディデートクローニング) 720 b
PC12 cell(PC12細胞) 721 a
pcd mouse(pcdマウス) 721 a
p20$^{C/EBP\beta}$ 736 b
*Pc* gene(*Pc* 遺伝子) 719 b
PCI = protein C inhibitor(プロテインCインヒビター) 718 b
PCMB = *p*-chloromercuribenzoic acid(*p*-クロロメルクリ安息香酸) 720 b
PCNA = proliferating cell nuclear antigen(増殖細胞核抗原) 720 b
PCP = planar cell polarity(平面内細胞極性) 597 b
PCP pathway(PCP経路) 721 a
PCR = polymerase chain reaction(ポリメラーゼ連鎖反応) 718 b
——, asymmetric(非対称PCR) 727 b
——, EC(発現カセットPCR) 67 a
——, expression cassette(発現カセットPCR) 696 a
——, inverted(逆PCR) 240 a
——, patch-clamp(パッチクランプPCR) 697 b
——, patch-clamp RT-(パッチクランプRT-PCR) 697 b
——, reverse transcription(逆転写PCR) 239 b
——, RT-(逆転写PCR) 47 b
PDB = Protein Data Bank(プロテインデータバンク) 731 a
PDBu = phorbol 12,13-dibutyrate(ホルボール12,13-ジブチレート) 731 a
PDE = cyclic nucleotide phosphodiesterase(サイクリックヌクレオチドホスホジエステラーゼ) 730 b
P1 derived artificial chromosome 694 a
PDGF = platelet-derived growth factor(血小板由来増殖因子) 730 b
PDGF receptor(PDGF受容体) 730 b
*p53DINP1* gene(*p53DINP1* 遺伝子) 716 b
PDK1 = phosphatidylinositol-dependent protein kinase 1 791 b
PDZ domain(PDZドメイン) 721 b
PE = phosphatidylethanolamine(ホスファチジルエタノールアミン) 708 b
peanut agglutinin(ピーナッツ凝集素) 736 a
Peattie method(ピアッティ法) 707 a

## 欧文索引

pectenin(ペクテニン) 810 a
pectin(ペクチン) 810 a
pectin esterase(ペクチンエステラーゼ) 810 a
pectin methyltransferase(ペクチンメチルトランスフェラーゼ) 810 a
PEG＝polyethylene glycol(ポリエチレングリコール) 708 a
P1/eIF2 kinase(P1/eIF2 キナーゼ) 708 a
P element(P 因子) 708 a
Pelger-Huët anomaly(ペルゲル・フエット核異常) 931 a
Pelizaeus-Merzbacher disease(ペリツェウス・メルツバッハー病) 971 a
pellagra(ペラグラ) 821 a
pellet(ペレット) 374 b
PEM 708 a
pemphigoid(類天疱瘡) 959 a
pemphigus(天疱瘡) 621 b
PEMT 708 a
penam(ペナム) 813 a
penicillin(ペニシリン) 815 a
penicillinase(ペニシリナーゼ) 812 b
penicillin binding protein(ペニシリン結合タンパク質) 815 a
*Penicillium*(ペニシリウム) 815 a
*Penicillium notatum* 815 a
penicillus(ペニシルス) 815 a
pentose phosphate cycle(ペントースリン酸回路) 827 b
pentose phosphate pathway(ペントースリン酸経路) 827 b
pentosuria(ペントース尿症) 827 b
PEPCK＝phosphoenolpyruvate carboxykinase(ホスホエノールピルビン酸カルボキシキナーゼ) 708 a
peplomycin(ペプロマイシン) 819 a
pepsin(ペプシン) 817 a
pepsinogen(ペプシノーゲン) 817 a
pepstatin(ペプスタチン) 817 a
peptic ulcer(消化性潰瘍) 723 b
peptidase(ペプチダーゼ) 817 b
peptide(ペプチド) 817 b
peptide antibiotics(ペプチド抗生物質) 818 a
peptide bond(ペプチド結合) 818 a
peptide chain(ペプチド鎖) 818 a
peptide hormone(ペプチドホルモン) 818 b
peptide linkage(ペプチド結合) 818 a
peptide map(ペプチドマップ) 819 a
peptide *N*-myristoyltransferase(ペプチド *N*-ミリストイルトランスフェラーゼ) 819 a
peptide nucleic acid(ペプチド核酸) 819 a
peptide synthetase(ペプチドシンテターゼ) 818 b
peptide vaccine(ペプチドワクチン) 819 a
peptidoglycan(ペプチドグリカン) 818 a
peptidylproline *cis-trans*-isomerase(ペプチジルプロリン *cis-trans*-イソメラーゼ) 817 a
peptidylprolyl isomerase(ペプチジルプロリルイソメラーゼ) 817 a
peptidyl site(P 部位) 738 a
peptidyl transfer(ペプチジル転移反応) 817 a
peptidyl transferase(ペプチジルトランスフェラーゼ) 817 a
peptidyl-tRNA(ペプチジル tRNA) 817 a
peptidyl-tRNA-binding site(ペプチジル tRNA 結合部位) 817 a
*Per1* 630 b
*Per2* 630 b
perforin(パーフォリン) 699 b
pericentriolar material(中心粒外側物質) 567 a
perichromatin fibril(クロマチン周辺繊維) 194 a
periclinal division(並層分裂) 809 b
periderm(周皮) 532 b
perikaryon(核周体) 193 b

perinuclear endosome(核周辺エンドソーム) 164 b
peripheral blood stem cell transplantation(末梢血幹細胞移植) 868 a
peripheral endosome(末梢エンドソーム) 164 b
peripheral lymphoid organ(末梢リンパ器官) 868 b
peripheral lymphoid tissue(organ)(末梢免疫組織) 868 b
peripheral membrane protein(表在性膜タンパク質) 741 b
peripheral nervous system(末梢神経系) 868 b
peripheral node addressin 332 a
*Periplaneta americana*(ワモンゴキブリ) 336 a
*Periplaneta germanica*(チャバネゴキブリ) 336 a
periplasmic space(細胞周辺腔) 369 a
perisperm(周乳) 442 b
perithecium(子嚢殻) 429 b
peritoneal effusion(腹水) 766 a
perlecan(パールカン) 702 a
permanent expression(恒久的発現) 315 b
permeability coefficient(透過係数) 622 b
permease(パーミアーゼ) 700 b
permissive cell(許容細胞) 252 a
pernicious anemia(悪性貧血) 6 a
peroxidase-antiperoxidase complex technique(ペルオキシダーゼ-抗ペルオキシダーゼ複合体法) 823 b
peroxide(過酸化物) 198 a
peroxin(ペルオキシン) 823 b
peroxisomal disease(ペルオキシソーム病) 823 a
peroxisomal targeting sequence(ペルオキシソーム指向配列) 822 a
peroxisomal targeting signal of membrane proteins(ペルオキシソーム膜タンパク質局在化シグナル) 822 a
peroxisome(ペルオキシソーム) 822 b
peroxisome assembly factor(ペルオキシソーム形成因子) 822 b
peroxisome biogenesis disorders(ペルオキシソーム形成異常症) 822 b
peroxisome localization signal(ペルオキシソーム局在化シグナル) 822 a
peroxisome proliferator-activated receptor(ペルオキシソーム増殖活性化受容体) 823 a
peroxisome proliferator response element 823 a
peroxisome transport signal(ペルオキシソーム移行シグナル) 822 a
pertussis adjuvant(百日咳アジュバント) 12 b
pertussis toxin(百日咳毒素) 740 b
Perutz, Max Ferdinand(ペルツ) 824 a
PEST domain(PEST ドメイン) 708 a
PET＝positron emission tomography(陽電子放射断層撮影法) 708 a
petit mutant(プチ突然変異株) 770 a
pexophagy(ペキソファジー) 174 b
Pex1p 823 b
Pex2p 823 b
Pex3p 823 b
Pex5p 823 b
Pex6p 823 b
Pex7p 823 b
Pex10p 823 b
Pex12p 823 b
Pex13p 823 b
Pex14p 823 b
Pex16p 824 b
Pex19p 824 b
Pex26p 823 b
Peyer's patch(パイエル板) 681 a
PF＝perichromatin fibril(クロマチン周辺繊維) 194 a
PF-4＝platelet factor 4(血小板第 4 因子) 710 b

P face（P 面） **740** a
PFC＝plaque-forming cell（プラーク形成細胞） **710** a
PFC assay（PFC 法） **710** a
PFP＝pore forming protein（孔形成性タンパク質） **710** a
p.f.u.＝plaque forming unit（プラーク形成単位） **710** b
PG＝prostaglandin（プロスタグランジン） **718** a
PG-I　**714** b
PGA＝pteroylglutamic acid（プテロイルグルタミン酸） **719** b
*p53* gene（*p53* 遺伝子）　**716** a
PGH＝pituitary growth hormone（下垂体成長ホルモン） **720** a
PGK＝phosphoglycerate kinase（ホスホグリセリン酸キナーゼ） **720** b
P glycoprotein（P 糖タンパク質）　**732** a
PG-M　**720** a
Pgp-1　**721** a
pH　**709** b
PHA＝phytohemagglutinin（フィトヘマグルチニン） **709** b
phaclofen（ファクロフェン）　**33** a
phaeomelanin（フェオメラニン）　**897** a
phaeoplast（褐色体）　**203** a
phage（ファージ）　**749** b
――, Charon（シャロンファージ）　**437** a
――, display（タンパク質展示ファージ）　**74** a
――, DNA（DNA ファージ）　**587** b
――, lysogenic（溶原(性)ファージ）　**921** a
――, lytic（溶菌ファージ）　**919** b
――, single stranded（一本鎖ファージ）　**74** a
――, temperate（テンペレートファージ）　**621** b
――, T-even（T 偶数ファージ）　**595** a
――, T-odd（T 奇数ファージ）　**595** a
――, transducing（形質導入ファージ）　**288** b
――, virulent（ビルレントファージ）　**745** a
phage display（ファージディスプレイ）　**74** a
phage DNA packaging（ファージ DNA パッケージング） **749** b
phage G4（ファージ G4）　**749** b
phage infection（ファージ感染）　**749** a
phage λ（λ ファージ）　**931** b
phage M13（M13 ファージ）　**155** b
phagemid（ファージミド）　**750** a
phage Mu（Mu ファージ）　**884** a
phage P1（ファージ P1）　**750** a
phage P2（ファージ P2）　**750** a
phage plaque（溶菌斑）　**919** b
phage PM2（ファージ PM2）　**750** a
phage φX174（φX174 ファージ）　**748** a
phage Qβ（ファージ Qβ）　**749** b
phage T2（T2 ファージ）　**599** a
phage T4（T4 ファージ）　**601** b
phage T7（T7 ファージ）　**599** a
phage vector（ファージベクター）　**750** a
phagocyte（食細胞）　**456** a
phagocyte oxidase（ファゴサイトオキシダーゼ） **748** a
phagocytosis（食作用）　**456** a
phagolysosome（ファゴリソソーム）　**749** a
phagophore（ファゴフォア）　**173** b
phagosome（ファゴソーム）　**748** a
phakomatosis（母斑症）　**299** a
phalloidin（ファロイジン）　**752** a
phallotoxin（ファロトキシン）　**752** a
pharmacogenomics（薬理ゲノミクス）　**300** b
phase-contrast microscope（位相差顕微鏡）　**69** a
phased culture（同調培養）　**627** a
phase shift mutation（フレームシフト突然変異） **784** a
phase variation（相変異（べん毛抗原の））　**530** a
phasmid（ファスミド）　**750** b
PHAX　**43** b

Ph[1] chromosome（Ph[1] 染色体）　**709** b
PH domain（PH ドメイン）　**709** b
Phe＝phenylalanine（フェニルアラニン）　**760** a
phencyclidine（フェンシクリジン）　**890** b
phenobarbital（フェノバルビタール）　**760** a
phenobarbitone（フェノバルビトン）　**760** a
phenothiazine（フェノチアジン）　**760** b
phenotype（表現型）　**741** b
phenotype cloning（発現クローニング）　**696** a
phenotype-driven mutagenesis（表現型優先変異誘発） **741** b
phenotypic suppression（表現抑圧）　**741** b
phenoxybenzamine（フェノキシベンザミン）　**50** a
phentolamine（フェントラミン）　**50** a
phenylalanine（フェニルアラニン）　**760** a
phenylethylmalonylurea（フェニルエチルマロニル尿素） **760** b
phenyl isothiocyanate（フェニルイソチオシアネート） **760** a
phenylketonuria（フェニルケトン尿症）　**760** a
phenylmercury acetate（酢酸フェニル水銀）　**122** b
phenylmethanesulfonyl fluoride（フェニルメタンスルホニルフルオリド） **760** b
1-phenylpropane-2-amine（1-フェニルプロパン-2-アミン） **760** a
phenylthiocarbamoyl peptide（フェニルチオカルバモイルペプチド） **760** b
phenylthiohydantoin amino acid（フェニルチオヒダントインアミノ酸） **760** a
pheochromocytoma（褐色細胞腫）　**203** a
pheophytin（フェオフィチン）　**759** b
pheromone（フェロモン）　**761** a
PHEX＝phosphate-regulating gene with homologies to endopeptidase on the X-chromosome　**728** b
PHF＝paired helical filament（ペアードヘリカルフィラメント） **709** b
pH gradient（pH 勾配）　**709** b
phialide（フィアライド）　**815** a
Philadelphia chromosome（フィラデルフィア染色体） **758** b
phi psi plot（φψ プロット）　**748** a
Phk＝phosphorylase kinase（ホスホリラーゼキナーゼ） **709** b
phloem（師部）　**432** a
phloridzin（フロリジン）　**798** a
PHM＝peptide histidine methionine　**709** b
phocomelia（アザラシ肢症）　**384** b
phorbin（ホルビン）　**283** a
phorbol 12,13-dibutyrate（ホルボール 12,13-ジブチレート） **856** b
phorbol ester（ホルボールエステル）　**856** b
phorbol 12-myristate 13-acetate（ホルボール 12-ミリステート 13-アセテート） **856** b
phosphatase（ホスファターゼ）　**837** b
phosphatase and tensin homolog deleted on chromosome 10　**731** b
phosphate ester（リン酸エステル）　**956** a
phosphate group（リン酸基）　**956** a
phosphate group transfer（リン酸基転移）　**956** b
phosphate-regulating gene with homologies to endopeptidase on the X-chromosome　**728** b
phosphate transport（リン酸輸送）　**956** b
phosphatidase（ホスファチダーゼ）　**840** a
phosphatidic acid（ホスファチジン酸）　**839** b
phosphatidolipase（ホスファチドリパーゼ）　**840** a
phosphatidylcholine（ホスファチジルコリン）　**839** b
phosphatidylethanolamine（ホスファチジルエタノールアミン） **839** a
phosphatidylinositol（ホスファチジルイノシトール） **837** b
phosphatidylinositol-anchored protein（ホスファチジルイノシトールアンカー型タンパク質） **838** a

phosphatidylinositol 4,5-bisphosphate（ホスファチジルイノシトール 4,5-ビスリン酸） **838** a
phosphatidylinositol-dependent protein kinase 1　**791** b
phosphatidylinositol kinase（ホスファチジルイノシトールキナーゼ）　**838** a
phosphatidylinositol 3-kinase（ホスファチジルイノシトール 3-キナーゼ）　**838** a
phosphatidylinositol 3-kinase-like kinase（ホスファチジルイノシトール 3-キナーゼ様キナーゼ）　**136** a
phosphatidylinositol pathway（ホスファチジルイノシトール経路）　**838** b
phosphatidylinositol 3-phosphate（ホスファチジルイノシトール 3-リン酸）　**839** a
phosphatidylinositol 4-phosphate（ホスファチジルイノシトール 4-リン酸）　**839** a
phosphatidylinositol polyphosphate（ホスファチジルイノシトールポリリン酸）　**838** b
phosphatidylinositol specific phospholipase C（ホスファチジルイノシトール特異的ホスホリパーゼ C）　**838** b
phosphatidylserine（ホスファチジルセリン）　**839** b
phosphocreatine（ホスホクレアチン）　**840** b
phosphodiesterase（ホスホジエステラーゼ）　**840** b
phosphodiester bond（ホスホジエステル結合）　**840** b
phosphodiester linkage（ホスホジエステル結合）　**840** b
phosphoenolpyruvate carboxykinase（ホスホエノールピルビン酸カルボキシキナーゼ）　**840** a
phosphoenolpyruvic acid（ホスホエノールピルビン酸）　**840** a
phosphoester transfer（リン酸エステル転移）　**956** a
phosphofructokinase（ホスホフルクトキナーゼ）　**840** a
phosphogluconate pathway（ホスホグルコン酸経路）　**840** b
phosphoglyceraldehyde dehydrogenase（ホスホグリセルアルデヒドデヒドロゲナーゼ）　**840** a
phosphoglycerate（ホスホグリセリン酸）　**840** a
3-phosphoglycerate（3-ホスホグリセリン酸）　**840** a
phosphoglycerate kinase（ホスホグリセリン酸キナーゼ）　**840** a
phosphoglyceride（ホスホグリセリド）　**840** a
3-phosphoglyceroyl phosphate（3-ホスホグリセロイルリン酸）　**726** a
phosphoinositide（ホスホイノシチド）　**840** a
phospholipase（ホスホリパーゼ）　**841** a
phospholipase A$_1$（ホスホリパーゼ A$_1$）　**841** a
phospholipase A$_2$（ホスホリパーゼ A$_2$）　**841** a
phospholipase A$_2$ inhibitor（ホスホリパーゼ A$_2$ インヒビター）　**841** b
phospholipase C（ホスホリパーゼ C）　**842** a
phospholipase D（ホスホリパーゼ D）　**842** b
phospholipid（リン脂質）　**956** b
phospholipid bilayer（リン脂質二重層）　**957** a
phospholipid-dependent protein kinase（リン脂質依存性プロテインキナーゼ）　**957** a
phospholipid translocator（リン脂質輸送体）　**957** a
phospholipid vesicle（リン脂質小胞）　**957** a
4′-phosphopantetheine（4′-ホスホパンテテイン）　**562** b
phosphoprotein phosphatase（ホスホプロテインホスファターゼ）　**840** b
phosphoramidite（ホスホルアミダイト）　**585** a
phosphoramidite approach（ホスホロアミダイト法）　**843** a
phosphoramidon（ホスホラミドン）　**841** a
phosphorescence（りん光）　**955** b
5-phosphoribosyl 1-diphosphate（5-ホスホリボシル 1-二リン酸）　**842** a
5-phosphoribosyl 1-pyrophosphate（5-ホスホリボシル 1-ピロリン酸）　**842** b
phosphorolysis（加リン酸分解）　**210** a
phosphorylase（ホスホリラーゼ）　**843** a
phosphorylase kinase（ホスホリラーゼキナーゼ）　**843** a

phosphorylation（リン酸化）　**956** a
phosphorylation cascade（リン酸化カスケード）　**956** a
phosphorylation-dephosphorylation cycle（リン酸化-脱リン酸化サイクル）　**956** a
phosphorylation of transcriptional regulatory factor（転写調節因子のリン酸化）　**620** b
phosphotyrosine phosphatase（ホスホチロシンホスファターゼ）　**840** b
phosvitin（ホスビチン）　**731** b
photo-activated crosslinking（光活性化架橋法）　**713** a
photoaffinity label(l)ing（光アフィニティーラベル）　**712** a
photoautotrophy（光化学合成独立栄養）　**313** b
photochemical reaction center（光化学反応中心）　**313** b
photochemical reaction system（光化学反応系）　**313** b
photochemical system（光化学系）　**313** a
photochemistry（光化学）　**313** a
photocrosslinking（光活性化架橋法）　**713** a
photofootprinting（ホトフットプリント法）　**847** b
photogene（フォトジーン）　**762** a
photoinhibition（光阻害）　**713** b
photomorphogenesis（光形態形成）　**713** a
photon（光子）　**321** b
photoperiodism（光周性）　**322** b
photophosphorylation（光リン酸化）　**335** b
photoreactivating enzyme（光回復酵素）　**712** a
photoreactivation（光回復）　**712** b
photoreceptor（光受容体）　**713** a
photorespiration（光呼吸）　**320** a
photosensitization（光増感）　**713** a
photosensitizer（光増感剤）　**713** a
photosynthesis（光合成）　**318** a
photosynthetic bacteria（光合成細菌）　**319** a
photosynthetic electron-transfer reaction（光合成電子伝達反応）　**319** b
photosynthetic phosphorylation（光合成的リン酸化）　**319** b
photosynthetic pigment（光合成色素）　**319** a
photosynthetic reaction center（光合成反応中心）　**320** a
photosystem（光化学系）　**313** a
phototaxis（走光性）　**526** b
phototrophic bacteria（光栄養細菌）　**712** b
phototropin（フォトトロピン）　**762** b
phototropism（屈光性）　**261** a
phragmoplast（隔膜形成体）　**196** a
Phred（フレッド）　**783** a
phycobilin（フィコビリン）　**754** a
phycobilisome（フィコビリソーム）　**754** a
phycocyanin（フィコシアニン）　**754** a
phycoerythrin（フィコエリトリン）　**754** a
phyla（門）　**909** b
phyllolitorin（フィロリトリン）　**858** a
phyllotaxis（葉序）　**921** b
phyllotaxy（葉序）　**921** b
phylogenesis（系統発生）　**289** b
phylogenetic tree（系統樹）　**289** b
phylogeny（系統発生）　**289** b
phylum（門）　**909** b
*Physarum polycephalum*（モジホコリカビ）　**906** a
physical containment（物理的封じ込め）　**771** a
physical map（物理的地図）　**771** a
physiological clock（生理時計）　**502** a
physiology（生理学）　**502** a
phytase（フィターゼ）　**754** b
phytic acid（フィチン酸）　**754** b
phytin（フィチン）　**754** b
phytoalexin（フィトアレキシン）　**755** a
phytochrome（フィトクロム）　**755** b

phytoene(フィトエン) 755a
phytohemagglutinin(フィトヘマグルチニン) 756b
phytohormone(植物ホルモン) 457a
phytoplankton(植物プランクトン) 457a
phytosulfokine(フィトスルフォカイン) 756a
PI＝phosphatidylinositol(ホスファチジルイノシトール) 707a
PI-anchored protein(PIアンカー型タンパク質) 707a
picibanil(ピシバニール) 493a
picornavirus(ピコルナウイルス) 717a
picosecond absorption spectroscopy(ピコ秒吸収分光法) 717a
picrotoxin(ピクロトキシン) 33a
piebaldism(限局性白斑症) 306a
*PIG-A* gene(*PIG-A*遺伝子) 707a
pigment cell(色素細胞) 400a
pigmented epithelium(色素上皮) 453a
pigment epithelium of retina(網膜色素上皮) 906a
pigment granule(色素顆粒) 400a
pIgR＝polymeric Ig receptor 150b
PI kinase(PIキナーゼ) 707a
PI3-kinase(PI3-キナーゼ) 838a
PIKK＝phosphatidylinositol 3-kinase-like kinase(ホスファチジルイノシトール3-キナーゼ様キナーゼ) 136a
pili(線毛) 524a
pilin(ピリン) 524a
pilocarpine(ピロカルピン) 347a
pilus(線毛) 524a
pineal body(松果体) 450a
pineal gland(松果体) 450a
pineal opsin(松果体オプシン) 450b
pinocytosis(飲作用) 92b
pinopsin(ピノプシン) 736b
pinosome(ピノソーム) 736b
PIP$_2$＝phosphatidylinositol 4,5-bisphosphate(ホスファチジルイノシトール4,5-ビスリン酸) 707a
PI(3)P＝phosphatidylinositol 3-phosphate(ホスファチジルイノシトール3-リン酸) 707a
PI(4)P＝phosphatidylinositol 4-phosphate(ホスファチジルイノシトール4-リン酸) 707a
PI-PLC＝phosphatidylinositol specific phospholipase C(ホスファチジルイノシトール特異的ホスホリパーゼC) 707a
pirarubicin(ピラルビシン) 23a
Pit-1 707a
PITC＝phenyl isothiocyanate(フェニルイソチオシアネート) 707a
pitch(ピッチ) 729b
pituitary(下垂体) 198b
pituitary gland(下垂体) 198b
pituitary growth hormone(下垂体成長ホルモン) 199a
pituitary homeobox(下垂体ホメオボックス) 199a
PI turnover(PI代謝回転) 707a
Pitx＝pituitary homeobox(下垂体ホメオボックス) 707a
PK＝pyruvate kinase(ピルビン酸キナーゼ) 715a
PKA＝protein kinase A(プロテインキナーゼA) 715a
PKB＝protein kinase B(プロテインキナーゼB) 715a
PKC＝protein kinase C(プロテインキナーゼC) 715a
PKG＝protein kinase G(プロテインキナーゼG) 715a
PKN＝protein kinase N(プロテインキナーゼN) 715a
PKR 659b
PKU＝phenylketonuria(フェニルケトン尿症) 715a
PLA$_1$＝phospholipase A$_1$(ホスホリパーゼA$_1$) 711a
PLA$_2$＝phospholipase A$_2$(ホスホリパーゼA$_2$) 711a
placenta(胎盤) 544a
placental hormone(胎盤ホルモン) 544a
plakoglobin(プラコグロビン) 774b

planar cell polarity(平面内細胞極性) 597b
plankton(プランクトン) 779a
plant(植物) 456b
Plantae(植物界) 182a
plant agglutinin(植物凝集素) 456b
plant embryo(植物胚) 456b
plant growth regulator(植物成長調節物質) 456b
plant hormone(植物ホルモン) 457a
plant virus(植物ウイルス) 456b
plaque(プラーク) 774b
plaque assay(プラークアッセイ) 774b
plaque-forming cell(プラーク形成細胞) 774b
plaque forming unit(プラーク形成単位) 774b
plaque hybridization(プラークハイブリダイゼーション) 774b
plaque type mutation(プラーク型突然変異) 774b
plasma(血漿) 296a
plasma cell(形質細胞) 287b
plasma cell leukemia(形質細胞白血病) 287b
plasmacytoma(形質細胞腫) 287b
plasma exchange(血漿交換(療法)) 296a
plasma gelsolin(血漿ゲルゾリン) 305a
plasmagene(細胞質遺伝子) 366b
plasma kallikrein(血漿カリクレイン) 296b
plasmalemmal undercoat(裏打ち構造) 109b
plasma membrane(形質膜) 288b
plasma membrane Ca$^{2+}$-ATPase(細胞膜Ca$^{2+}$-ATPアーゼ) 376b
plasma membrane calcium pump(細胞膜カルシウムポンプ) 376b
plasma membrane protein(細胞膜タンパク質) 377a
plasmapheresis(血漿分離交換法) 298b
plasma thromboplastin antecedent(血漿トロンボプラスチン前駆物質) 296a
plasmid(プラスミド) 776b
——, CEN-containing(CEN含有プラスミド) 515b
——, conjugative(接合性プラスミド) 506a
——, *Escherichia coli*(大腸菌プラスミド) 542a
——, F(Fプラスミド) 151a
——, F'(F'プラスミド) 151a
——, 2μm(2μmプラスミド) 660a
——, multiple drug resistance(多剤耐性プラスミド) 547a
——, R(Rプラスミド) 51b
——, R1(R1プラスミド) 37b
——, Ri(Riプラスミド) 37a
——, transferable(伝達性プラスミド) 621a
——, yeast(酵母プラスミド) 335a
——, yeast episomal(酵母エピソーム様プラスミド) 333b
——, yeast integrative(酵母組込み型プラスミド) 333b
——, yeast replicating(酵母自己複製型プラスミド) 334b
plasmid vector(プラスミドベクター) 777a
plasmin(プラスミン) 777a
plasminogen(プラスミノーゲン) 777a
plasminogen activator inhibitor(プラスミノーゲンアクチベーターインヒビター) 777a
plasmocytoma(形質細胞腫) 287b
plasmodesm(a)(原形質連絡) 306a
plasmodia(変形体) 825b
*Plasmodium*(プラスモジウム) 777a
plasmodium(変形体) 825b
*Plasmodium falciparum*(熱帯熱マラリア原虫) 777a
plasmolysis(原形質分離) 306a
plastid(色素体) 400b
plastid genome(色素体ゲノム) 400b
plastid protease(プラスチドプロテアーゼ) 776a
plastid signal(葉緑体シグナル) 923a

欧文索引　1133

plastocyanin（プラストシアニン）　776 b
plastoglobule（プラスト顆粒）　776 b
plastome（プラストーム）　776 b
plastoquinone（プラストキノン）　776 b
plate culture（平板培養）　809 a
platelet（血小板）　296 b
platelet-activating factor（血小板活性化因子）　297 a
platelet-activating factor receptor（血小板活性化因子-受容体）　297 a
platelet activation-dependent granule-external membrane protein　726 a
platelet-associated IgG（血小板結合 IgG）　297 a
platelet coagulation factor（血小板凝固因子）　297 a
platelet-derived growth factor（血小板由来増殖因子）　298 a
platelet-derived growth factor receptor（血小板由来増殖因子-受容体）　298 b
platelet factor（血小板因子）　297 a
platelet factor 4（血小板第 4 因子）　298 a
platelet membrane glycoprotein Ⅱb-Ⅲa（血小板膜糖タンパク質Ⅱb-Ⅲa）　298 a
plating efficiency（平板効率）　809 a
PLC＝phospholipase C（ホスホリパーゼ C）　711 b
p56$^{lck}$　716 b
PLD＝phospholipase D（ホスホリパーゼ D）　711 b
pleckstrin homology domain（プレクストリン相同ドメイン）　783 a
Plectomycetes（不整子嚢菌類）　429 b
pleiotrophin（プレイオトロフィン）　782 b
pleiotropic mutation（多面的突然変異）　554 b
pleiotropism（多面的発現）　554 b
plex＝plexin（プレキシン）　711 a
plexin（プレキシン）　783 b
Plk＝polo-like kinase（ポロ様キナーゼ）　711 b
PLL＝prolymphocytic leukemia（前リンパ球性白血病）　905 a
ploidy（倍数性）　683 a
P-loop（P ループ）　137 b
PLP＝proteolipid protein（プロテオリピドタンパク質）　474 b
PLP＝pyridoxal phosphate（ピリドキサールリン酸）　711 b
Plummer's disease（プランマー病）　779 b
plumule（幼芽）　457 a
pluripotent（多能性）　552 b
pluripotent stem cell（多能性幹細胞）　552 a
plus end（プラス端）　721 b
plus strand（＋（プラス）鎖）　775 b
plus strand RNA virus（（＋）鎖 RNA ウイルス）　776 a
plx＝plexin（プレキシン）　711 a
plxn＝plexin（プレキシン）　711 a
PMA＝phenylmercury acetate（酢酸フェニル水銀）　122 b
PMA＝phorbol 12-myristate 13-acetate（ホルボール 12-ミリステート 13-アセテート）　710 b
PMB＝p-mercuribenzoic acid（p-メルクリ安息香酸）　711 a
pmf＝proton motive force（プロトン駆動力）　711 b
pm$^7$G＝7-methylguanosine 5′-phosphate（7-メチルグアノシン 5′-リン酸）　894 b
PML＝progressive multifocal leukoencephalopathy（進行性多巣性白質脳症）　394 b
PML body（PML 小体）　710 b
PML gene（PML 遺伝子）　710 b
PML protein（PML タンパク質）　711 a
PML/RARα chimeric gene（PML/RARα キメラ遺伝子）　710 b
PML/RARα fusion gene（PML/RARα 融合遺伝子）　410 b
PM2 phage（ファージ PM2）　750 a
PMSF＝phenylmethanesulfonyl fluoride（フェニルメタンスルホニルフルオリド）　710 b
pN　143 b

PNA＝peanut agglutinin（ピーナッツ凝集素）　710 a
PNA＝peptide nucleic acid（ペプチド核酸）　710 a
PNAd＝peripheral node addressin　332 b
pneumococcus（肺炎球菌）　681 b
Pneumocystis carinii（ニューモシスチス-カリニ）　743 b
PNH＝paroxysmal nocturnal hemoglobinuria（発作性夜間ヘモグロビン尿症）　710 a
p75$^{NTR}$　736 b
PO　371 b
podophyllotoxin（ポドフィロトキシン）　139 a
Pointed　610 a
pointed end（矢じり端）　8 b
point mutation（点突然変異）　621 a
point spread function（点像分布関数）　604 b
poise（ポアズ）　675 b
Poisson distribution（ポアソン分布）　830 a
pokeweed mitogen（アメリカヤマゴボウマイトジェン）　34 b
polⅠ　589 a
polⅡ　589 a
polⅢ　589 a
polar body（極体）　251 a
polar cell（極細胞）　250 b
polar coordinate model（極座標モデル）　250 b
polar granule（極顆粒）　250 a
polar group（極性基）　251 a
polarity（極性）　250 b
polarization microscope（偏光顕微鏡）　825 b
polarized light（偏光）　825 b
polarizing activity zone（極性化活性帯）　250 b
polar lipid（極性脂質）　251 a
polar microtubule（極微小管）　251 b
polar mutation（極性突然変異）　251 b
polar pili（極鞭毛）　42 a
polar trophectoderm（極栄養外胚葉）　250 a
pole cell（極細胞）　250 b
pole plasm（極原形質）　250 a
polio（ポリオ）　851 b
poliomyelitis（ポリオ）　851 a
Poliovirus（ポリオウイルス）　851 b
pollen（花粉）　206 a
pollen embryogenesis（半数性不定胚形成）　704 b
pollen tube（花粉管）　206 b
pollination（受粉）　206 b
polo kinase（ポロキナーゼ）　857 b
polo-like kinase（ポロ様キナーゼ）　858 a
poly(A)＝polyadenylic acid（ポリアデニル酸）　851 b
poly(A) binding protein（ポリ(A)結合タンパク質）　152 a
polyacrylamide（ポリアクリルアミド）　850 a
polyacrylamide gel electrophoresis（ポリアクリルアミドゲル電気泳動）　850 a
polyadenylation（ポリアデニル化）　850 b
polyadenylic acid（ポリアデニル酸）　850 a
poly(ADP-ribose)（ポリ(ADP リボース)）　851 a
poly(ADP-ribose) polymerase（ポリ(ADP リボース)ポリメラーゼ）　851 a
polyamine（ポリアミン）　850 b
poly(A) polymerase（ポリ(A)ポリメラーゼ）　851 b
poly(A) tail（ポリ(A)尾部）　851 b
polychromatophilic erythroblast（多染性赤芽球）　502 b
polycistronic mRNA（ポリシストロン性 mRNA）　852 b
polyclonal antibody（ポリクローナル抗体）　852 a
polyclone（ポリクローン）　852 a
Polycomb gene（ポリコウム遺伝子）　852 b
polycyclic aromatic hydrocarbon（多環式芳香族炭化水素）　546 a
polycystic disease（（多発性）嚢胞腎）　553 a

polycythemia vera(真性多血症) **471** b
polydeoxyribonucleotide synthase(ポリデオキシリボヌクレオチドシンターゼ) **853** b
polyethylene glycol(ポリエチレングリコール) **851** a
polyethyleneglycol-*p*-isooctylphenyl ether(ポリエチレングリコール-*p*-イソオクチルフェニルエーテル) **640** b
polyethyleneimine precipitation(ポリエチレンイミン沈殿) **851** a
polygenic disease(多遺伝子疾患) **542** b
polyglutamine disease(ポリグルタミン病) **852** a
polyhedra(ポリヘドラ) **854** a
polyhedrin(ポリヘドリン) **854** a
polyhedron(ポリヘドロン) **854** a
polyisoprenylation(ポリイソプレニル化) **851** a
polykaryocyte(多核細胞) **546** a
polymer(ポリマー) **854** a
polymerase chain reaction(ポリメラーゼ連鎖反応) **854** b
polymeric gene(同義遺伝子) **623** a
polymeric Ig receptor **150** b
polymerization(重合) **438** a
polymorphism(多型) **546** b
polymorphonuclear leukocyte(多形核白血球) **546** b
polynucleotide(ポリヌクレオチド) **853** b
polynucleotide kinase(ポリヌクレオチドキナーゼ) **853** b
polynucleotide phosphorylase(ポリヌクレオチドホスホリラーゼ) **854** b
*Polyomaviridae*(ポリオーマウイルス科) **852** a
*Polyomavirus*(ポリオーマウイルス) **852** a
polyp(ポリープ) **854** a
polypeptide(ポリペプチド) **854** a
polypeptide chain elongation cycle(ポリペプチド鎖伸長サイクル) **854** b
polypeptide chain elongation factor(ポリペプチド鎖伸長因子) **854** b
polypeptide chain elongation factor 1(ポリペプチド鎖伸長因子 1) **61** a
polypeptide chain elongation factor 2(ポリペプチド鎖伸長因子 2) **61** a
polypeptide chain elongation factor G(ポリペプチド鎖伸長因子 G) **61** b
polypeptide chain elongation factor Ts(ポリペプチド鎖伸長因子 Ts) **61** b
polypeptide chain elongation factor Tu(ポリペプチド鎖伸長因子 Tu) **61** b
polypeptide chain initiation factor(ポリペプチド鎖開始因子) **854** b
polypeptide chain release factor(ポリペプチド鎖終結因子) **854** b
polypeptide chain termination factor(ポリペプチド鎖終結因子) **854** b
polypeptide hormone(ポリペプチドホルモン) **854** b
polyploid(倍数体) **683** a
polyploidy(倍数性) **683** a
polyprotein(ポリタンパク質) **853** a
polypurine tract(ポリプリントラクト) **854** a
polypyrimidine tract(ポリピリミジントラクト) **854** a
polyribonucleotide nucleotidyltransferase(ポリリボヌクレオチドヌクレオチジルトランスフェラーゼ) **854** b
polyribosome(ポリリボソーム) **854** b
polysaccharide(多糖) **551** a
polysaccharide gel(多糖類ゲル) **551** a
polysialic acid(ポリシアル酸) **852** a
polysome(ポリソーム) **853** a
polyspermy block(多精拒否) **548** a
polytene chromosome(多糸染色体) **547** b
polytenic chromosome(多糸染色体) **547** b

POMC=preproopiomelanocortin(プレプロオピオメラノコルチン) **711** b
Pompe disease(ポンペ病) **858** b
Pop1 **950** b
population genetics(集団遺伝学) **439** b
pore forming protein(孔形成性タンパク質) **316** a
porin(ポーリン) **854** b
porphyria(ポルフィリン症) **856** b
porphyrin(ポルフィリン) **855** b
Porter, Keith(ポーター) **844** b
positional candidate(位置の候補遺伝子) **72** b
positional candidate cloning(ポジショナルキャンディデートクローニング) **837** b
positional cloning(ポジショナルクローニング) **837** a
positional information(位置情報) **72** a
positional value(位置値) **72** b
position effect(位置効果) **71** a
position effect variegation(位置効果による斑入り) **71** a
position-specific score matrix(位置特異的スコア行列) **72** b
positive control(正の制御) **500** b
positive regulation(正の調節) **500** b
positive selection(正の選択(T 細胞の)) **500** b
positive staining(ポジティブ染色法) **837** a
positive strand(＋(プラス)鎖) **775** b
positive strand RNA virus((＋)鎖 RNA ウイルス) **776** a
positive superhelix(正の超らせん) **501** a
positive transcription elongation factor b **730** a
positron emission tomography(陽電子放射断層撮影法) **922** a
post-embedding method(後包埋) **902** a
posterior lobe(後葉) **199** a
postganglionic fiber(節後神経) **506** b
postreplication repair(複製後修復) **768** a
postsynaptic cell(シナプス後細胞) **427** a
postsynaptic density(シナプス後膜肥厚) **427** b
postsynaptic membrane(シナプス後膜) **427** b
postsynaptic neuron(シナプス後ニューロン) **427** a
postsynaptic potential(シナプス後電位) **427** b
posttranscriptional control(転写後調節) **618** a
posttranscriptional gene silencing(転写後遺伝子サイレンシング) **618** a
posttranscriptional modification(転写後修飾) **618** a
posttranscriptional processing(転写後プロセシング) **618** b
posttranscriptional regulation(転写後調節) **618** b
posttranslational modification(翻訳後修飾) **859** a
Pot1=protection of telomeres **610** b
potassium channel(カリウムチャネル) **208** b
potassium ion(カリウムイオン) **208** b
potassium ion channel(カリウムイオンチャネル) **208** b
potassium pump(カリウムポンプ) **208** b
potato spindle tuber viroid(ジャガイモスピンドルチューバーウイロイド) **106** b
*Potato virus Y*(ジャガイモ Y ウイルス) **435** a
potocytosis **206** b
Potter-Elvehjem homogenizer(ポッター・エルベージェムホモジナイザー) **847** a
POU domain(POU ドメイン) **686** b
POU1F1 **686** b
*POU gene*(*POU* 遺伝子) **686** b
poxvirus(ポックスウイルス) **846** b
pp46 **737** b
PPAR=peroxisome proliferator-activated receptor(ペルオキシソーム増殖活性化受容体) **737** b
ppC=cytidine 5′-diphosphate(シチジン 5′-二リン酸) **416** b
ppGpp **737** a
P1 phage(ファージ P1) **750** a

P2 phage(ファージ P2) **750** a
PP$_i$ = pyrophosphoric acid(ピロリン酸) **745** b
pppC = cytidine 5'-triphosphate(シチジン 5'-三リン酸) **416** a
PPRE = peroxisome proliferator response element **823** a
P protein(P タンパク質) **729** b
P$_0$ protein(P$_0$ タンパク質) **726** a
pp90$^{rsk}$ **38** a
PQ = plastoquinone(プラストキノン) **714** b
P/Q type calcium channel(P/Q 型カルシウムチャネル) **714** b
*prad1* gene(*prad1* 遺伝子) **707** a
prazosin(プラゾシン) **50** a
pRB = RB protein(RB タンパク質) **707** b
PRCA = pure red cell aplasia(赤芽球癆) **707** a
PRD = proline-rich domain(プロリンリッチドメイン) **707** a
prealbumin(プレアルブミン) **782** b
pre-B cell(プレ B 細胞) **783** a
prebiotic synthesis(前生物的合成) **520** b
pre-B lymphocyte(プレ B リンパ球) **784** a
precursor cell(前駆細胞) **516** a
precursor protein(前駆体タンパク質) **516** a
prednisolone(プレドニゾロン) **783** a
prednisone(プレドニゾン) **783** b
P450 reductase(P450 レダクターゼ) **141** a
pre-embedding method(前包埋) **902** a
preganglionic fiber(節前神経) **507** a
preganglionic sympathetic neuron(交感神経節前ニューロン) **315** a
pregenomic RNA **815** b
preleukemia(前白血病) **523** b
premature cellular senescence(早発性細胞老化) **530** a
premature senility(早老症) **531** a
premature termination(未熟終結) **620** b
premature termination codon(未成熟終止コドン) **879** a
premeiotic DNA synthesis(減数分裂前 DNA 合成) **308** a
pre-mRNA(mRNA 前駆体) **152** a
prenatal diagnosis(産前診断) **388** a
prenyl group binding site(プレニル基結合部位) **783** a
preproinsulin(プレプロインスリン) **784** a
preproopiomelanocortin(プレプロオピオメラノコルチン) **784** a
preproprotein(プレプロタンパク質) **784** a
prepupa(前蛹) **919** a
pressure flow theory(圧流説) **621** b
pressure jump method(圧力ジャンプ法) **19** a
pressure-receptor reflex(圧受容器反射) **19** a
presumptive myoblast(予定筋芽細胞) **925** a
presynaptic cell(シナプス前細胞) **428** a
presynaptic membrane(シナプス前膜) **428** a
presynaptic neuron(シナプス前ニューロン) **428** a
*p53R2* gene(*p53R2* 遺伝子) **715** b
Pribnow box(プリブナウボックス) **780** b
Pribnow sequence(プリブナウ配列) **780** b
prickle cell(有棘細胞) **911** a
primary biliary cirrhosis(原発性胆汁性肝硬変) **309** b
primary cell wall(一次細胞壁) **71** b
primary culture(初代培養) **457** a
primary immune response(一次免疫応答) **71** b
primary immunodeficiency(原発性免疫不全症候群) **309** b
primary immunodeficiency diseases(原発性免疫不全症候群) **309** b
primary immunodeficiency syndrome(原発性免疫不全症候群) **309** b
primary induction(一次誘導) **72** a
primary lymphoid organ(一次リンパ器官) **72** a
primary lymphoid tissue(organ)(一次免疫組織) **72** a
primary lysosome(一次リソソーム) **939** a
primary macroglobulinemia(原発性マクログロブリン血症) **309** b
primary messenger(一次メッセンジャー) **71** b
primary oocyte(一次卵母細胞) **72** a
primary optic vesicle(第一次眼胞) **537** b
primary sex cord(一次性索) **71** b
primary spermatocyte(一次精母細胞) **71** b
primary structure(一次構造) **71** a
primary transcript(一次転写産物) **71** b
primary wall(一次壁) **71** b
primase(プライマーゼ) **774** a
primates(霊長類) **961** a
primer(プライマー) **773** b
primer extension method(プライマー伸長法) **774** a
primer pheromone(プライマーフェロモン) **774** a
primer RNA(プライマー RNA) **773** b
primer shift PCR(プライマーシフト PCR) **774** a
primitive gut(原腸) **308** a
primordial follicle(始原嚢胞) **405** b
primordial germ cell(始原生殖細胞) **405** b
primosome(プライモソーム) **774** a
principal axis(主軸) **442** a
prion(プリオン) **780** a
PRL = prolactin(プロラクチン) **707** a
Pro = proline(プロリン) **798** a
pro-B cell(プロ B 細胞) **783** b
probe(プローブ) **795** b
procambium(前形成層) **457** a
procapsid(プロキャプシド) **785** b
procaryote(原核生物) **305** a
procaryotic cell(原核細胞) **305** b
procaterol(プロカテロール) **810** a
procedural memory(手続き記憶) **230** b
processed-type pseudogene(プロセス型偽遺伝子) **788** b
processing(プロセシング) **788** b
——, antigen(抗原プロセシング) **318** a
——, posttranscriptional(転写後プロセシング) **618** a
——, protein(プロセシング(タンパク質の)) **788** a
——, RNA(プロセシング(RNA の)) **788** b
Prochloron(プロクロロン) **786** a
proconvertine(プロコンベルチン) **786** a
prodrug(プロドラッグ) **408** a
producer cell(プロデューサー細胞) **793** b
productive infection(増殖性感染) **528** a
proenzyme(プロ酵素) **786** a
proerythroblast(前赤芽球) **502** b
profile(プロファイル) **795** b
profilin(プロフィリン) **795** b
proflavin(プロフラビン) **796** a
progenitor cell(前駆細胞) **516** a
progenote(始原生物) **405** a
progeny(子孫) **414** b
progeria(早老症) **531** a
progesterone(プロゲステロン) **786** a
progestin(プロゲスチン) **786** a
programmed cell death(プログラムされた細胞死) **786** a
progression factor(プログレッション因子) **94** a
progressive multifocal leukoencephalopathy(進行性多巣性白質脳症) **394** a
progressive muscular dystrophy(進行性筋ジストロフィー) **470** b
proinsulin(プロインスリン) **785** b
prokaryote(原核生物) **305** a
prokaryotic cell(原核細胞) **305** b
prolactin(プロラクチン) **798** a
proliferating cell nuclear antigen(増殖細胞核抗原) **528** b

proline(プロリン) 798 b
proline-directed protein kinase(プロリン特異的プロテインキナーゼ) 798 b
proline iminopeptidase(プロリンイミノペプチダーゼ) 798 b
proline racemase(プロリンラセマーゼ) 798 b
proline-rich domain(プロリンリッチドメイン) 798 b
prolyl-4-hydroxylase(プロリル-4-ヒドロキシラーゼ) 798 b
prolymphocytic leukemia(前リンパ球性白血病) 905 a
prometaphase(前中期) 522 b
promiscus DNA(プロミスカス DNA) 923 b
promonocyte(前単球) 555 b
promoter(プロモーター) 796 b
promoter clearance(プロモータークリアランス) 797 a
promoter insertion(プロモーター挿入) 797 b
promoter mutation(プロモーター突然変異) 798 a
promoter-proximal element(プロモーター近位配列) 797 a
promoter selectivity factor 1 123 b
promoter strength(プロモーター強度) 797 b
promotion(プロモーション) 796 b
pronuclear transfer(前核移植) 515 b
pronucleus(前核) 515 a
proofreading(プルーフリーディング) 782 a
proopiomelanocortin(プロオピオメラノコルチン) 785 b
properdin pathway(プロペルジン経路) 796 a
prophage(プロファージ) 795 b
prophase(前期) 515 b
proplastid(プロプラスチド) 796 a
propranolol(プロプラノロール) 811 b
propylthiouracil(プロピルチオウラシル) 318 b
prostacyclin(プロスタサイクリン) 787 b
prostaglandin(プロスタグランジン) 786 b
prostaglandin $D_2$(プロスタグランジン $D_2$) 787 a
prostaglandin $E_2$(プロスタグランジン $E_2$) 787 a
prostaglandin endoperoxide synthase(プロスタグランジンエンドペルオキシドシンターゼ) 787 b
prostaglandin H synthase(プロスタグランジン H シンターゼ) 787 b
prostaglandin $I_2$(プロスタグランジン $I_2$) 787 b
prostanoid receptor(プロスタノイド受容体) 787 a
prostate(前立腺) 524 a
prosthetic group(補欠分子族) 836 a
protamine(プロタミン) 789 a
protease(プロテアーゼ) 789 a
——, acid(酸性プロテアーゼ) 388 a
——, calcium-activated neutral(カルシウム依存性中性プロテアーゼ) 211 a
——, carboxyl(カルボキシルプロテアーゼ) 216 b
——, cysteine(システインプロテアーゼ) 412 b
——, ICE family(ICE ファミリープロテアーゼ) 2 b
——, large multifunctional(大型多機能性プロテアーゼ) 153 b
——, Lon(ロンプロテアーゼ) 977 b
——, metal(メタルプロテアーゼ) 892 a
——, multicatalytic(多機能性プロテアーゼ) 546 a
——, serine(セリンプロテアーゼ) 511 a
——, thiol(チオールプロテアーゼ) 562 a
protease-activated receptor(プロテアーゼ活性化受容体) 789 a
protease inhibitor(プロテアーゼインヒビター) 789 a
protease La(プロテアーゼ La) 789 b
protease nexin(プロテアーゼネキシン) 790 a
proteasome(プロテアソーム) 790 a
protection of telomeres 610 b
protein(タンパク質) 558 b
14-3-3 protein(14-3-3 タンパク質) 440 b
protein A(プロテイン A) 790 a

protein-arginine deiminase(タンパク質-アルギニンデイミナーゼ) 558 b
protein array(タンパク質アレイ) 558 b
proteinase(プロテイナーゼ) 790 a
proteinase-3(プロテイナーゼ 3) 790 a
proteinase inhibitor(プロテイナーゼインヒビター) 790 a
protein-binding site(タンパク質結合部位) 558 b
protein biosynthesis(タンパク質生合成) 559 a
protein body(タンパク粒) 560 b
protein C(プロテイン C) 791 a
protein C deficiency(プロテイン C 欠損症) 792 a
protein chip(プロテインチップ) 792 b
protein C inhibitor(プロテイン C インヒビター) 792 a
Protein Data Bank(プロテインデータバンク) 792 b
protein degradation(タンパク質分解) 559 a
protein denaturation(変性(タンパク質の)) 826 a
protein disulfide-isomerase(タンパク質ジスルフィドイソメラーゼ) 559 a
protein engineering(タンパク質工学) 558 a
protein farnesyltransferase(プロテインファルネシルトランスフェラーゼ) 752 a
protein G(プロテイン G) 792 a
protein grain(タンパク顆粒) 558 a
protein kinase(プロテインキナーゼ) 790 b
protein kinase A(プロテインキナーゼ A) 791 a
protein kinase B(プロテインキナーゼ B) 791 a
protein kinase C(プロテインキナーゼ C) 791 a
protein kinase C activator(プロテインキナーゼ C アクチベーター) 791 a
protein kinase G(プロテインキナーゼ G) 791 a
protein kinase N(プロテインキナーゼ N) 791 a
protein-lysine 6-oxidase(タンパク質-リシン 6-オキシダーゼ) 560 a
protein microarray(タンパク質マイクロアレイ) 560 a
protein monolayer technique(タンパク質単分子膜法) 559 b
proteinoplast(プロテノプラスト) 793 b
proteinous inhibitor(タンパク質性インヒビター) 950 a
protein phosphatase(プロテインホスファターゼ) 792 b
protein phosphatase 2B(プロテインホスファターゼ 2B) 792 b
protein phosphorylation(タンパク質リン酸化) 560 b
protein processing(プロセシング(タンパク質の)) 788 a
protein renaturation(再生(タンパク質の)) 358 a
protein S(プロテイン S) 790 b
protein S deficiency(プロテイン S 欠損症) 790 b
protein secretion(タンパク質分泌) 560 a
protein sequencer(タンパク質シークエンサー) 792 a
protein sorting(ソーティング(タンパク質の)) 534 a
protein splicing(プロテインスプライシング) 792 a
protein targeting(タンパク質のターゲッティング) 559 a
protein transport(タンパク質輸送) 560 a
protein tyrosine kinase(プロテインチロシンキナーゼ) 792 b
protein tyrosine phosphatase(プロテインチロシンホスファターゼ) 792 b
protein zero(タンパク質ゼロ) 559 b
proteochondroitin sulfate(プロテオコンドロイチン硫酸) 793 b
proteoglycan(プロテオグリカン) 792 b
proteolipid protein(プロテオリピドタンパク質) 178 b
proteolytic enzyme(タンパク質分解酵素) 560 b
proteome(プロテオーム) 793 a
proteomics(プロテオミクス) 793 a
proteoplast(プロテオプラスト) 793 b
prothoracic gland(前胸腺) 515 b
prothoracic gland hormone(前胸腺ホルモン) 516 a
prothoracicotropic hormone(前胸腺刺激ホルモン) 515 b

欧文索引　1137

prothrombin（プロトロンビン）　794 a
protista（原生生物）　308 a
protocadherin（プロトカドヘリン）　793 b
protochlorophyllide（プロトクロロフィリド）　793 b
protocol（プロトコル）　794 a
Protoctista（プロトクチスタ）　308 a
protofilament（プロトフィラメント）　793 b
protomer（プロトマー）　794 a
proton antiport（プロトン対向輸送）　794 b
proton ATPase（H$^+$-ATPアーゼ）　794 a
proton-coupled transport system（プロトン共役輸送系）　794 b
protonema（原糸体）　307 b
protonemata（原糸体）　307 b
proton gradient（プロトン勾配）　794 b
proton motive force（プロトン駆動力）　794 b
proton/potassium pump（プロトン/カリウムポンプ）　794 a
proton pump（プロトンポンプ）　795 a
proton-sensing receptor（プロトン感知性受容体）　794 b
proton transport（プロトン輸送）　795 b
protooncogene（原がん遺伝子）　306 a
protoperithecium（原子嚢殻）　5 b
protoplasm（原形質）　306 a
protoplasmic astroglia（原形質性星状膠細胞）　306 a
protoplasmic connection（原形質連絡）　306 b
protoplasmic face（P面）　740 a
protoplasmic streaming（原形質流動）　306 a
protoplast（プロトプラスト）　793 b
protoporphyrin（プロトポルフィリン）　794 a
protoribosome（プロトリボソーム）　794 a
protostome（旧口動物）　308 b
prototroph（原栄養株）　305 b
protozoa（原生動物）　308 b
provirion（プロビリオン）　795 b
provirus（プロウイルス）　785 b
provitamin（プロビタミン）　795 a
proximal element（近位配列）　797 b
proximo-distal axis（基部-先端部軸）　402 a
PRPP＝5-phosphoribosyl 1-pyrophosphate（5-ホスホリボシル1-ピロリン酸）　707 b
PR protein（PRタンパク質）　707 b
PRR
Prusiner, Stanley Benjamin（プルジナー）　782 a
PrV＝pseudorabies virus（仮性狂犬病ウイルス）　707 b
PS＝phosphatidylserine（ホスファチジルセリン）　709 a
PS-341　709 b
PSD＝postsynaptic density（シナプス後膜肥厚）　709 a
PSD-95　709 b
P-selectin（P-セレクチン）　726 b
pseudoautosomal region（擬似常染色体領域）　232 b
pseudoautosomal region（偽常染色体領域）　978 a
pseudodominance（偽優性）　244 a
pseudo-first-order reaction（擬一次反応）　230 a
pseudogene（偽遺伝子）　230 b
pseudo Hurler polydystrophy（偽ハーラー多発性ジストロフィー）　2 a
pseudoknot structure（シュードノット構造）　444 a
*Pseudomonas aeruginosa*（緑膿菌）　954 a
pseudoplasmodium（偽変形体）　237 a
pseudopod（仮足）　201 a
pseudopodia（仮足）　201 a
pseudorabies virus（仮性狂犬病ウイルス）　200 a
pseudotyped viral vector（偽型化ウイルスベクター）　969 a
pseudouridine（プソイドウリジン）　770 a
PSI-BLAST　360 b
psilocin（シロシン）　890 b

P site（P部位）　738 a
PSK＝phytosulfokine（フィトスルフォカイン）　709 a
PSK-J3　709 b
psoralen（ソラレン）　536 a
psoriasis（乾癬）　225 b
PSORT　727 b
PSP＝postsynaptic potential（シナプス後電位）　709 a
PSTI＝pancreatic secretory trypsin inhibitor（膵分泌性トリプシンインヒビター）　709 b
PSTVd＝potato spindle tuber viroid（ジャガイモスピンドルチューバーウイロイド）　106 b
pSVZ*neo*　522 a
psychoanaleptic（精神高揚剤）　497 a
p72$^{syk}$　736 a
PTC＝premature termination codon（未成熟終止コドン）　730 b
*ptc* gene（*ptc*遺伝子）　730 b
PtdIns(3)P＝phosphatidylinositol 3-phosphate（ホスファチジルイノシトール3-リン酸）　839 a
PtdIns(4)P＝phosphatidylinositol 4-phosphate（ホスファチジルイノシトール4-リン酸）　839 a
PtdIns(4,5)P$_2$＝phosphatidylinositol 4,5-bisphosphate（ホスファチジルイノシトール4,5-ビスリン酸）　838 b
P-TEFb　730 b
PteGlu＝pteroylglutamic acid（プテロイルグルタミン酸）　921 a
PTEN＝phosphatase and tensin homolog deleted on chromosome 10　731 b
pterinosome（プテリノソーム）　771 a
pteroylglutamic acid（プテロイルグルタミン酸）　771 b
PTGS＝post transcriptional gene silencing（転写後遺伝子サイレンシング）　730 b
PTH＝parathyroid hormone（副甲状腺ホルモン）　730 b
PTH amino acid＝phenylthiohydantoin amino acid（PTHアミノ酸）　730 b
PTH/PTHrP receptor（PTH/PTHrP受容体）　730 b
PTHrP＝parathyroid hormone-related peptide（副甲状腺ホルモン関連ペプチド）　730 b
PtK1 cell（PtK1細胞）　730 b
PTPase＝protein tyrosine phosphatase（PTPアーゼ）　731 a
PTS＝peroxisomal targeting sequence（ペルオキシソーム指向配列）　730 b
PTTH＝prothoracicotropic hormone（前胸腺刺激ホルモン）　731 b
PTU＝propylthiouracil（プロピルチオウラシル）　318 b
P-type ATPase（P型ATPアーゼ）　712 a
PU.1　127 a
pUC system（pUC系）　741 a
PuF　667 a
puff（パフ）　699 a
pulmonary carcinoma（肺がん）　682 a
pulmonary emphysema（肺気腫）　682 b
pulse-chase experiment（パルス-チェイス実験）　702 a
pulse-chase technique（パルス-チェイス実験）　702 a
pulsed field gel electrophoresis（パルスフィールドゲル電気泳動）　702 a
pulse Fourier transform（パルスフーリエ変換法）　702 b
pulvinus（葉枕）　558 a
PUM　741 a
pupation（蛹化）　919 a
pure line（純系）　450 a
pure red cell aplasia（赤芽球癆）　503 b
purging（パージング）　82 b
purine（プリン）　781 b
purinergic receptor（プリン受容体）　781 a
purinergic receptor channel（ATP作動性チャネル）　138 b

1138　欧文索引

Purkinje cell(プルキンエ細胞)　781 b
Purkinje cell deficient cerebellar mutant mouse(小脳プルキンエ細胞欠失ミュータントマウス)　453 a
puromycin(ピューロマイシン)　741 b
purple bacteria(紅色細菌)　324 b
purple membrane(紫膜)　888 b
purple membrane protein(紫膜タンパク質)　888 b
purple nonsulfur bacteria(紅色非硫黄細菌)　324 b
purple sulfur bacteria(紅色硫黄(細)菌)　324 b
putidaredoxin(プチダレドキシン)　761 a
putrescine(プトレッシン)　772 a
P-value　736 b
PVY＝Potato virus Y(ジャガイモYウイルス)　738 a
PWM＝pokeweed mitogen(アメリカヤマゴボウマイトジェン)　727 b
pX gene(pX 遺伝子領域)　709 b
p2y9　941 a
pyocyanin(ピオシアニン)　954 a
PYPAF1　200 a
pyramidal cell(錐体細胞)　475 b
pyranose(ピラノース)　691 a
pyrenoid(ピレノイド)　745 a
Pyrenomycetes(核菌類)　429 b
pyridine (ribo)nucleoside (phospho)kinase(ピリジン(リボ)ヌクレオシド(ホスホ)キナーゼ)　743 b
pyridoxal(ピリドキサール)　743 b
pyridoxal phosphate(ピリドキサールリン酸)　743 b
pyridoxamine(ピリドキサミン)　743 b
pyridoxine(ピリドキシン)　743 b
pyrimidine(ピリミジン)　744 a
pyrimidine dimer(ピリミジン二量体)　744 a
pyrocatechin(ピロカテキン)　745 b
pyrocatechol(ピロカテコール)　745 b
pyrogen(発熱物質)　698 b
pyrophosphatase(ピロホスファターゼ)　745 b
pyrophosphate(ピロリン酸)　745 b
pyrophosphate exchange(ピロリン酸交換)　745 b
pyrophosphoric acid(ピロリン酸)　745 b
pyrosequencing method(ピロシークエンス法)　745 b
pyrrolidine-2-carboxylic acid(ピロリジン-2-カルボン酸)　798 b
pyruvate dehydrogenase(ピルビン酸デヒドロゲナーゼ)　745 a
pyruvate kinase(ピルビン酸キナーゼ)　744 b
pyruvate kinase deficiency(ピルビン酸キナーゼ異常症)　745 a

## Q

Q＝glutamine(グルタミン)　276 b
Q band(Q バンド)　246 b
Qβ phage(ファージ Qβ)　749 b
Qβ replicase(Qβ レプリカーゼ)　246 b
Q-pole(四重極型)　418 b
Q protein(Q タンパク質)　246 b
quadrupole(四重極型)　418 b
quality control(品質管理)　746 b
quantitative real-time PCR(定量リアルタイム PCR)　601 b
quantitative real-time RT-PCR(定量リアルタイム RT-PCR)　601 b
quaternary structure(四次構造)　924 b
quencher(消去剤)　450 b
queosine(キューオシン)　246 b

quick-freezing technique(急速凍結法)　245 b
quiescent center(静止中心)　351 b
quiescent state(静止期)　495 a
quinacrine(キナクリン)　234 b
quinolone(キノロン)　652 b
quinone(キノン)　236 a
quisqualate receptor(キスカル酸受容体)　233 a
qut　246 b

## R

ρ dependent terminator(ρ 依存性ターミネーター)　972 b
ρ factor(ρ 因子)　973 b
ρ independent terminator(ρ 非依存性ターミネーター)　975 b
R＝arginine(アルギニン)　45 b
R59022　390 b
RA＝rheumatoid arthritis(関節リウマチ)　37 b
Rab　929 a
Rab GDI　929 b
Rab GDP dissociation inhibitor(Rab GDP 解離抑制タンパク質)　929 b
Rabies virus(狂犬病ウイルス)　247 b
Rabl orientation(ラブル配向)　930 a
Rabphilin-3A(ラブフィリン 3A)　930 a
Rab/Ypt family(Rab/Ypt ファミリー)　930 a
RAC＝related to PKA and PKC　38 a
Rac　928 a
race(品種)　746 b
RACE＝rapid amplification of cDNA ends　37 b
racemic mixture(ラセミ混合物)　927 a
rad(ラド)　929 a
Rad51　308 a
RAD genes(RAD 遺伝子群)　38 a
radial distribution function(動径分布関数)　623 a
radial fiber(放射状繊維)　833 a
radial glia(放射状グリア)　833 a
radial glial cell(放射状グリア細胞)　833 a
radial glial fiber(放射状グリア繊維)　833 a
radiation(放射線)　833 a
radiation damage(電子線損傷)　615 a
radiation equivalent physical　967 a
radiation hybrid(放射線ハイブリッド)　834 a
radiation hybrid panel(放射線ハイブリッドパネル)　834 a
radiation oncology(放射線腫瘍学)　834 a
radiation sensitivity(放射線感受性)　833 b
radiation therapy(放射線療法)　834 a
radical(ラジカル)　927 a
radical scavenger(ラジカルスカベンジャー)　927 a
radical-scavenging antioxidant(ラジカル捕捉型抗酸化剤)　927 b
radicle(幼根)　456 b
radioactive tracer(放射性トレーサー)　833 b
radiocarbon dating(放射性炭素年代測定法)　833 a
radioimmunoassay(放射線免疫検定法)　834 a
radioimmunotherapy(放射線抗体療法)　834 a
radioisotope(放射性同位体)　833 b
radiosensitization(放射線増感)　834 a
radiotherapy(放射線療法)　834 b
radixin(ラディキシン)　929 a
RAF1　660 b
raf gene(raf 遺伝子)　929 b
raft(ラフト)　929 b
RAFT1＝rapamycin and FKBP12 target 1　929 a

欧文索引　1139

raft hypothesis（ラフト仮説）　930 a
RAG＝recombination activating gene（組換え活性化遺伝子）　928 a
RAG protein（RAG タンパク質）　928 a
raloxifene（ラロキシフェン）　932 a
RALS＝remote after loading system　835 a
Ramachandran plot（ラマチャンドランプロット）　930 a
Raman effect（ラマン効果）　930 b
Raman spectroscopy（ラマン分光法）　930 b
RAMP＝receptor activity-modifying protein　24 b
Ran　932 a
ranatensin（ラナテンシン）　858 a
random amplified polymorphic DNA　935 a
random coil（ランダムコイル）　935 a
random genetic drift（遺伝的浮動）　86 a
random mutagenesis（ランダム突然変異誘発）　935 a
random primer（ランダムプライマー）　935 a
random priming method（ランダムプライミング法）　935 a
RanGAP＝Ran GTPase activating protein（Ran GTP アーゼ活性化因子）　934 a
Ran GDP-GTP exchange factor（Ran GDP-GTP 交換因子）　934 b
RanGEF＝Ran GDP-GTP exchange factor（Ran GDP-GTP 交換因子）　934 b
Ran GTPase activating protein（Ran GTP アーゼ活性化因子）　934 a
Ran GTPase cycle（Ran GTP アーゼサイクル）　934 a
RANK＝receptor activator of NF-$\kappa$B　933 a
RANKL＝RANK ligand（RANK リガンド）　933 b
RANK ligand（RANK リガンド）　933 b
RANKL receptor（RANKL 受容体）　933 b
Ranvier node（ランビエ絞輪）　935 a
Rap　928 b
rapamycin（ラパマイシン）　929 a
rapamycin and FKBP12 target 1　929 a
RAPD＝random amplified polymorphic DNA　935 a
rapid-flow technique（ラピッドフロー法）　929 a
rapid freezing technique（急速凍結法）　245 a
RAP-PCR＝RNA arbitrarily primed PCR（RNA 任意プライム PCR）　44 a
RAR　37 b
RAR$\alpha$ gene（RAR$\alpha$ 遺伝子）　37 b
rare base（微量塩基）　744 a
Ras　927 a
ras family（ras ファミリー）　927 a
ras gene（ras 遺伝子）　927 b
ras superfamily（ras スーパーファミリー）　927 a
rat（ラット）　928 a
rate constant（速度定数）　531 b
Rattus norvegicus　928 b
Rauscher leukemia virus（ラウシャー白血病ウイルス）　926 a
rauwolscine（ラウウォルシン）　49 a
R band（R バンド）　48 b
RBC＝red blood cell（赤血球）　49 a
RBE＝relative biological effectiveness（電離放射線の生物効果）　432 b
RB gene（RB 遺伝子）　48 b
RBL1＝retinoblastoma-like 1　49 a
RBL2＝retinoblastome-like 2　49 a
RBP＝retinol-binding protein（レチノール結合タンパク質）　49 a
RB protein（RB タンパク質）　49 a
RCC1 gene（RCC1 遺伝子）　46 b
RCF＝relative centrifugal force（相対遠心力）　46 b
R-complex（基底核）　543 b
R core polysaccharide（R コア多糖）　948 b
rDNA＝ribosomal DNA（リボソーム DNA）　47 b
rDNA amplification（rDNA 増幅）　47 b
RDV＝Rice dwarf virus（イネ萎（い）縮ウイルス）　47 b
reaction center chlorophyll（反応中心クロロフィル）　705 b
reaction velocity constant（反応速度定数）　531 b
reading frame（リーディングフレーム）　942 b
Read-Sternberg cell（リード・ステルンベルグ細胞）　837 a
read through（読み過ごし）　925 b
reagin（レアギン）　961 a
real-time PCR（リアルタイム PCR）　937 b
reannealing（リアニーリング）　937 a
rearranged during transfection　964 b
reassociation kinetics（再会合キネティックス）　354 a
RecA protein（RecA タンパク質）　963 b
RecBCD DNase（RecBCD DN アーゼ）　964 a
RecBCD protein（RecBCD タンパク質）　964 a
receptor（受容器）　445 a
receptor（受容体）　446 b
——, acetylcholine（アセチルコリン受容体）　17 a
——, acetyl LDL（アセチル LDL 受容体）　15 a
——, adenosine（アデノシン受容体）　22 a
——, adrenergic（アドレナリン受容体）　23 a
——, $\alpha$-adrenergic（$\alpha$ アドレナリン受容体）　49 a
——, $\beta$-adrenergic（$\beta$ アドレナリン受容体）　810 a
——, Ah（Ah 受容体）　115 a
——, $\gamma$-aminobutyrate（$\gamma$-アミノ酪酸受容体）　33 a
——, AMPA（AMPA 受容体）　115 b
——, androgen（アンドロゲン受容体）　58 a
——, antigen（抗原受容体）　317 a
——, aryl hydrocarbon（芳香族炭化水素受容体）　831 a
——, B$_2$（B$_2$ 受容体）　736 b
——, basic fibroblast growth factor（塩基性線維芽細胞増殖因子受容体）　162 a
——, B cell（B 細胞受容体）　717 a
——, benzodiazepine（ベンゾジアゼピン受容体）　827 a
——, bradykinin（ブラジキニン受容体）　775 a
——, cannabinoid（カンナビノイド受容体）　227 a
——, C3d（C3d 受容体）　408 b
——, channel-linked（チャネル型受容体）　565 b
——, colony-stimulating factor（コロニー刺激因子受容体）　350 a
——, decoy（おとり受容体）　96 b
——, dihydropyridine（ジヒドロピリジン受容体）　431 a
——, dioxin（ダイオキシン受容体）　537 a
——, diphtheria toxin（ジフテリア毒素受容体）　432 a
——, dopamine（ドーパミン受容体）　633 b
——, EB virus（EB ウイルス受容体）　90 b
——, EGF（EGF 受容体）　66 b
——, endothelin（エンドセリン受容体）　164 b
——, epidermal growth factor（上皮増殖因子受容体）　453 a
——, E-rosette（E ロゼット受容体）　91 b
——, erythropoietin（エリトロポエチン受容体）　158 b
——, estrogen（エストロゲン受容体）　126 a
——, Fc（Fc 受容体）　150 a
——, fibroblast growth factor（線維芽細胞増殖因子受容体）　514 b
——, fibronectin（フィブロネクチン受容体）　758 a
——, follicle-stimulating hormone（濾胞刺激ホルモン受容体）　976 b
——, GABA（GABA 受容体）　242 a
——, glucocorticoid（グルココルチコイド受容体）　273 a
——, glutamate（グルタミン酸受容体）　276 b
——, glycine（グリシン受容体）　270 a
——, G protein-coupled（G タンパク質共役受容体）　415 b
——, granulocyte colony-stimulating factor（顆粒球コロニー刺激因子受容体）　209 b

receptor（つづき）
——, granulocyte-macrophage colony-stimulating factor（顆粒球-マクロファージコロニー刺激因子受容体） **210** a
——, growth factor（増殖因子受容体） **528** a
——, growth hormone（成長ホルモン受容体） **500** a
——, histamine（ヒスタミン受容体） **723** b
——, histamine H$_2$（ヒスタミン H$_2$ 受容体） **723** b
——, homing（ホーミング受容体） **848** b
——, hormone（ホルモン受容体） **857** b
——, 5-hydroxytryptamine（5-ヒドロキシトリプタミン受容体） **735** a
——, Ig（Ig 受容体） **3** b
——, IGF（IGF 受容体） **3** a
——, inositol 1,4,5-trisphosphate（イノシトール 1,4,5-トリスリン酸受容体） **87** b
——, insulin（インスリン受容体） **93** b
——, insulin-like growth factor（インスリン様増殖因子受容体） **94** b
——, interferon（インターフェロン受容体） **96** b
——, interleukin 1（インターロイキン 1 受容体） **96** b
——, intracellular（細胞内受容体） **372** b
——, ionotropic（イオンチャネル型受容体） **333** a
——, ionotropic glutamate（チャネル型グルタミン酸受容体） **565** b
——, IP$_3$（IP$_3$ 受容体） **5** a
——, iso-（イソ受容体） **69** b
——, kainate（カイニン酸受容体） **184** b
——, KDEL（KDEL 受容体） **299** b
——, keratinocyte growth factor（角化細胞増殖因子受容体） **290** a
——, laminin（ラミニン受容体） **931** a
——, LDL（LDL 受容体） **160** b
——, liver asialoglycoprotein（肝アシアロ糖タンパク質受容体） **219** a
——, low density lipoprotein（低密度リポタンパク質受容体） **601** a
——, male sex hormone（男性ホルモン受容体） **557** a
——, mannose 6-phosphate（マンノース 6-リン酸受容体） **872** b
——, melatonin（メラトニン受容体） **897** b
——, metabotropic（代謝調節型受容体） **333** a
——, metabotropic glutamate（代謝型グルタミン酸受容体） **540** a
——, N-methyl-D-aspartate（N-メチル-D-アスパラギン酸受容体） **893** a
——, mineral corticoid（ミネラルコルチコイド受容体） **883** b
——, muscarinic（ムスカリン受容体） **887** b
——, muscarinic acetylcholine（ムスカリン性アセチルコリン受容体） **887** b
——, nerve growth factor（神経成長因子受容体） **465** b
——, neurotensin（ニューロテンシン受容体） **662** a
——, neurotransmitter（神経伝達物質受容体） **467** a
——, neurotrophin（ニューロトロフィン受容体） **662** b
——, nicotinic（ニコチン受容体） **655** b
——, nicotinic acetylcholine（ニコチン性アセチルコリン受容体） **655** b
——, NK$_1$（NK$_1$ 受容体） **143** b
——, NMDA（NMDA 受容体） **142** a
——, non-N-methyl-D-aspartate（非 N-メチル-D-アスパラギン酸受容体） **740** a
——, non-NMDA（非 NMDA 受容体） **710** a
——, nuclear（核内受容体） **194** b
——, olfactory（嗅覚受容体） **243** a
——, opioid（オピオイド受容体） **175** b
——, orphan（オーファン受容体） **176** a
——, PAF（PAF 受容体） **699** b
——, PDGF（PDGF 受容体） **730** b
——, platelet-activating factor（血小板活性化因子受容体） **297** b
——, platelet-derived growth factor（血小板由来増殖因子受容体） **298** b
——, purinergic（プリン受容体） **781** b
——, quisqualate（キスカル酸受容体） **233** a
——, retinoic acid（レチノイン酸受容体） **963** a
——, retinoid（レチノイド受容体） **962** b
——, ribosome（リボソーム受容体） **947** b
——, ryanodine（リアノジン受容体） **937** a
——, scavenger（スカベンジャー受容体） **477** a
——, serotonin（セロトニン受容体） **514** b
——, somatostatin（ソマトスタチン受容体） **535** a
——, sperm（精子受容体） **495** a
——, steroid（ステロイド受容体） **479** a
——, steroid hormone（ステロイドホルモン受容体） **479** b
——, substance K（サブスタンス K 受容体） **383** a
——, tachykinin（タキキニン受容体） **546** b
——, T cell（T 細胞受容体） **596** a
——, T cell antigen（T 細胞抗原受容体） **596** a
——, TGF-$\beta$（TGF-$\beta$ 受容体） **597** b
——, TH（TH 受容体） **580** a
——, thrombin（トロンビン受容体） **645** a
——, thromboxane A$_2$（トロンボキサン A$_2$ 受容体） **645** b
——, thromboxane A$_2$/prostaglandin H$_2$（トロンボキサン A$_2$/プロスタグランジン H$_2$ 受容体） **646** a
——, thyroid hormone（甲状腺ホルモン受容体） **324** a
——, thyroid-stimulating hormone（甲状腺刺激ホルモン受容体） **323** a
——, TNF（TNF 受容体） **588** a
——, transferrin（トランスフェリン受容体） **638** a
——, transforming growth factor-$\beta$（トランスフォーミング増殖因子 $\beta$ 受容体） **638** a
——, TSH（TSH 受容体） **580** a
——, tumor necrosis factor（腫瘍壊死因子受容体） **445** a
——, tyrosine kinase（チロシンキナーゼ受容体） **574** a
——, V$_1$（V$_1$ 受容体） **691** b
——, V$_2$（V$_2$ 受容体） **691** b
——, vasopressin（バソプレッシン受容体） **691** b
——, very low density lipoprotein（超低密度リポタンパク質受容体） **571** a
——, vitamin A nuclear（ビタミン A 核内受容体） **728** a
——, vitamin D（ビタミン D 受容体） **728** b
——, VLDL（VLDL 受容体） **753** b
receptor activator of NF-$\kappa$B **933** a
receptor activity-modifying protein **24** b
receptor current（受容体電流） **448** a
receptor-dependent endocytosis（受容体依存性エンドサイトーシス） **447** b
receptor desensitization（受容体脱感受性） **448** b
receptor kinase（受容体キナーゼ） **447** b
receptor mediated endocytosis（受容体経由エンドサイトーシス） **447** b
receptor potential（受容器電位） **445** b
receptor recycling（受容体リサイクリング） **448** a
receptor-regulated Smad（特異型 Smad） **629** b
recessive allele（劣性遺伝子） **964** a
recessive character（劣性形質） **964** b
recessive gene（劣性遺伝子） **964** a
recessive mutation（劣性突然変異） **964** b
recessive oncogene（劣性がん遺伝子） **964** b
recessive trait（劣性形質） **964** b
reciprocal Holliday structure（相互ホリデイ構造） **527** a
reciprocal recombination（相互組換え） **527** a

reciprocal synapses（相反シナプス） 30 b
reciprocal translocation（相互転座） 527 a
Recklinghausen disease（レックリングハウゼン病） 964 a
recombinant（組換え体） 262 b
recombinant DNA（組換え DNA） 263 a
recombinant DNA technology（組換え DNA 技術） 263 a
recombinase（in site-specific recombination）（組換え酵素（部位特異的組換えの）） 262 b
recombination（組換え） 262 a
——, genetic（遺伝的組換え） 85 b
——, homologous（相同組換え） 529 a
——, illegitimate（非正統的組換え） 726 a
——, meiotic（減数分裂組換え） 308 b
——, nonhomologous（非相同組換え） 727 a
——, nonreciprocal（非相互組換え） 726 b
——, reciprocal（相互組換え） 527 a
——, somatic（体細胞組換え） 539 a
——, S-S（S-S 組換え） 122 a
recombination activating gene（組換え活性化遺伝子） 262 a
recombinational repair（組換え修復） 262 b
recombination hotspot（組換えのホットスポット） 263 b
recombination signal sequence（組換えシグナル配列） 262 b
recombination value（組換え率） 263 a
reconstituted cell（再構成細胞） 358 a
reconstituted vesicle（再構成膜小胞） 358 a
red algae（紅藻類） 327 b
red blood cell（赤血球） 505 a
red blood cell ghost（赤血球ゴースト） 505 b
red blood cell membrane（赤血球膜） 506 a
red drop（レッドドロップ） 964 b
red muscle（赤筋） 503 a
redox potential（酸化還元電位） 385 b
reducing agent（還元剤） 220 b
reducing reagent（還元剤） 220 b
reductant（還元剤） 220 b
reduction division（還元分裂） 221 b
reductive pentose phosphate cycle（還元的ペントースリン酸回路） 220 b
redundancy（重複性） 572 a
reeler mouse（リーラーマウス） 954 a
Reelin（リーリン） 954 b
reference cell culture（参考培養株） 387 b
Refetoff syndrome（レフェトフ症候群） 967 a
reflecting interference microscope（反射型干渉顕微鏡） 704 a
reflecting platelet（反射小板） 704 a
reflex（反射） 703 b
refolding（リフォールディング） 943 b
refractory period（不応期） 761 b
regeneration（再生） 358 b
regeneration blastema（再生芽） 358 b
regenerative medicine（再生医療） 358 b
regulated secretion（調節性分泌） 325 a
regulated secretory pathway（調節性分泌経路） 570 b
regulator gene（調節遺伝子） 570 b
regulator of chromosome condensation 46 b
regulator of G protein signaling 46 b
regulatory gene（調節遺伝子） 570 b
regulatory sequence（調節配列） 570 b
regulatory SNP 70 b
regulatory subunit（調節サブユニット） 570 b
regulon（レギュロン） 961 b
reiterated sequence（反復配列） 705 b
RelA 141 b
relA gene（relA 遺伝子） 968 b
relational database（リレーショナルデータベース） 954 a
relative biological effectiveness（電離放射線の生物効果） 432 b

relative centrifugal force（相対遠心力） 528 b
relative molecular mass（相対分子質量） 528 b
relative refractory period（相対不応期） 528 b
relaxation method（緩和法） 229 b
relaxed closed circular DNA（弛緩型閉環状 DNA） 224 b
relaxed control（緩和調節） 229 b
relaxed mutant（緩和突然変異体） 229 b
relaxed response（緩和応答） 229 b
relaxin（リラキシン） 954 b
relaxosome（リラクソソーム） 354 a
RelB 141 b
release factor（終結因子（タンパク質生合成の）） 437 b
releaser pheromone（リリーサーフェロモン） 954 b
Rel family（Rel ファミリー） 968 a
rel gene（rel 遺伝子） 968 b
Rel homology domain（Rel 相同性ドメイン） 968 b
rem（レム） 968 a
Remak ganglion（レマク神経節） 516 b
remnant（レムナント） 968 b
remote after loading system 835 a
renin（レニン） 966 a
renin-angiotensin-aldosterone system（レニン-アンギオテンシン-アルドステロン系） 966 a
renin-angiotensin system（レニン-アンギオテンシン系） 966 b
renin substrate（レニン基質） 966 b
reovirus（レオウイルス） 961 a
rep（レプ） 967 a
REP1 660 b
REP2 660 b
repair（of DNA）（修復（DNA の）） 440 a
repair replication（修復合成） 440 a
repair synthesis（修復合成） 440 a
repeated sequence（反復配列） 705 b
Repeat Masker 943 b
repellent（忌避物質） 236 b
repetitive sequence（反復配列） 705 b
replica method（レプリカ法） 967 b
replica plating（レプリカプレート法） 967 b
replicase（レプリカーゼ） 967 b
replication（複製（DNA の）） 766 b
——, autonomous（自律的複製） 459 a
——, bidirectional（二方向複製） 659 a
——, discontinuous（不連続複製） 784 b
——, origin of（複製起点） 767 a
——, repair（修復合成） 440 a
——, RNA（RNA 複製） 42 a
——, rolling circle type（ローリングサークル型複製） 976 b
——, semiconservative（半保存的複製） 706 a
replication bubble（複製泡） 769 a
replication complex（複製複合体） 768 b
replication factor（複製因子） 767 a
replication factor A（複製因子 A） 767 a
replication fork（複製フォーク） 768 b
replication intermediate（複製中間体） 768 b
replication licensing（複製ライセンス化） 769 a
replication origin（複製起点） 767 a
replication point（複製点） 768 b
replication protein（複製タンパク質） 768 b
replication protein A（複製タンパク質 A） 768 a
replicative defective virus（複製欠損性ウイルス） 767 b
replicative form（複製型） 767 a
replicative nondefective virus（複製非欠損性ウイルス） 768 b
replicative senescence（分裂寿命） 805 a
replicative transposition（複製型転位） 767 a
replicator（レプリケーター） 967 b

replicon(レプリコン) 967 b
replisome(レプリソーム) 968 a
repolarization (of membrane)(再分極(膜の)) 361 a
reporter gene(レポーター遺伝子) 968 a
repressible enzyme(抑制酵素) 924 a
repression(抑制) 924 a
repression gene(抑制遺伝子) 924 a
repressor(リプレッサー) 943 b
reproduction(生殖) 496 b
reproductive system(生殖器系) 496 b
reprogramming(再プログラム化(分化細胞の)) 360 b
reptile complex(基底核) 543 b
RES＝reticuloendothelial system(細網内皮系) 37 b
residual body(残余小体) 389 a
residual entropy(残余エントロピー) 673 b
residual nitrogen(残余窒素) 389 a
residue(残基) 387 a
resistance transfer factor(耐性伝達因子) 540 b
resistance vessel(抵抗血管) 293 b
resolvase(リゾルベース) 941 a
resolvin(レゾルビン) 962 b
resonance Raman effect(共鳴ラマン効果) 249 a
resorptive osteocyte(吸収期の骨細胞) 339 b
respiration(呼吸) 336 a
respiration-deficient mutant(呼吸欠損突然変異株) 336 b
respiratory chain(呼吸鎖) 336 a
respiratory coefficient(呼吸率) 336 a
respiratory quotient(呼吸商) 336 a
respondent conditioning(レスポンデント条件付け) 962 b
response(応答) 169 a
response element(応答配列) 169 a
responsive element(応答配列) 169 a
resting potential(静止電位) 495 b
resting state(休止期) 243 b
restricted ovulater 571 a
restriction(制限) 493 b
restriction enzyme(制限酵素) 493 b
restriction enzyme cleavage map(制限酵素切断地図) 494 b
restriction fragment(制限断片) 494 b
restriction fragment length polymorphism(制限断片長多型) 494 b
restriction landmark genomic scanning(制限酵素認識部位ランドマークゲノムスキャニング) 494 b
restriction map(制限地図) 494 b
restriction-modification system(制限修飾系) 494 b
restriction point(制限点) 494 b
restriction site(制限部位) 494 b
retained intron(残存イントロン) 388 b
retention signal(残留シグナル) 389 b
retention volume(保持容量) 837 b
*ret* gene(*ret* 遺伝子) 964 b
reticular cell(細網細胞) 378 a
reticular dysgenesis(細網異形成症) 378 a
reticular fiber(細状繊維) 378 a
reticulocyte(網状赤血球) 905 b
reticulocyte lysate(網状赤血球溶解液) 905 a
reticuloendothelial system(細網内皮系) 378 a
*Reticuloendotheliosis virus*(細網内皮症ウイルス) 378 a
reticulum cell(細網細胞) 378 a
retina(網膜) 905 b
retinal(レチナール) 962 b
retinal cell(網膜細胞) 906 a
retinal ganglion cell(網膜神経節細胞) 906 a
retinal pigment epithelium(網膜色素上皮) 906 a
retinitis pigmentosa(網膜色素変性症) 906 a
retinoblastoma(網膜芽細胞腫) 905 b

retinoblastoma gene(網膜芽細胞腫遺伝子) 905 b
retinogenesis(網膜形成) 905 b
retinoic acid(レチノイン酸) 963 a
retinoic acid receptor(レチノイン酸受容体) 963 b
retinoid(レチノイド) 962 b
retinoid receptor(レチノイド受容体) 962 b
retinol(レチノール) 963 a
retinol-binding protein(レチノール結合タンパク質) 963 b
retinotopical projection(網膜投射図) 398 a
retinotopic representation(網膜部位復元) 906 a
retinotopy(網膜地図) 398 a
retrieval signal(回収シグナル) 183 a
retroelement(レトロエレメント) 965 b
retrograde transport(逆輸送) 240 a
retrograde transport(逆行性輸送) 240 a
retron(レトロン) 966 a
retroposon(レトロポゾン) 965 a
retrotransposon(レトロトランスポゾン) 965 b
retrovirus(レトロウイルス) 964 b
retrovirus vector(レトロウイルスベクター) 965 a
REV＝*Reticuloendotheliosis virus*(細網内皮症ウイルス) 37 b
*Rev-Erbα* 630 b
reversal potential(逆転電位) 239 b
reverse agonist(リバースアゴニスト) 942 a
reversed phase chromatography(逆相クロマトグラフィー) 238 b
reverse genetics(逆遺伝学) 238 b
reverse Hoogsteen base pair(逆フーグスティーン型塩基対) 240 a
reverse mutation(復帰突然変異) 770 b
reverse plaque assay(逆プラークアッセイ) 240 a
reverse transcriptase(逆転写酵素) 238 b
reverse transcriptase inhibitor(逆転写酵素阻害剤) 239 b
reverse transcription(逆転写) 238 b
reverse transcription PCR(逆転写 PCR) 239 b
reverse turn(逆ターン) 238 b
*rev* gene(*rev* 遺伝子) 967 a
revised European-American lymphoma classification(REAL 分類) 37 b
*rex* gene(*rex* 遺伝子) 963 b
RF＝release factor(終結因子) 44 a
RF＝replication factor(複製因子) 44 a
RF＝replicative form(複製型) 44 a
RF＝rheumatoid factor(リウマトイド因子) 44 a
RF-1, RF-2, RF-3 44 a
R factor(R 因子) 37 b
RFLP＝restriction fragment length polymorphism(制限断片長多型) 44 b
RFLP-methylation analysis(RFLP-メチル化分析) 44 a
$R_f$ value($R_f$ 値) 44 b
RGD sequence(RGD 配列) 46 b
RGDS sequence(RGDS 配列) 46 b
RGS protein(RGS タンパク質) 46 b
RH＝radiation hybrid(放射線ハイブリッド) 38 b
RHA＝RNA helicase(RNA ヘリカーゼ) 660 a
rhabdomyosarcoma(横紋筋肉腫) 169 a
*Rhabdoviridae*(ラブドウイルス科) 929 a
RHAMM＝receptor for hyaluronate-mediated motility 38 b
rhamno-galactan(ラムノガラクタン) 810 a
RHD＝Rel homology domain(Rel 相同性ドメイン) 38 b
rheology(レオロジー) 961 b
rheopexy(レオペクシー) 536 b
rheumatoid arthritis(関節リウマチ) 225 b
rheumatoid factor(リウマトイド因子) 937 b
RHH motif＝ribbon-helix-helix motif(リボン・ヘリックス・ヘリックスモチーフ) 38 b

rhinencephalon(嗅脳) **246** a
*Rhinovirus*(ライノウイルス) **926** a
*Rhizobium* **353** a
Rho **971** a
rhodamine(ローダミン) **974** b
rho dependent terminator(ρ依存性ターミネーター) **972** b
rhodoplast(紅色体) **324** b
rhodopsin(ロドプシン) **975** a
rhodopsin family(ロドプシンファミリー) **975** b
rhodopsin kinase(ロドプシンキナーゼ) **975** b
rhodopsin-like GPCR superfamily(ロドプシン様GPCRスーパーファミリー) **975** b
*Rhodospirillum rubrum*(ロドスピリルムニルブルム) **975** a
rho factor(ρ因子) **973** a
Rho GDI **973** b
Rho GDP dissociation inhibitor(Rho GDP解離抑制タンパク質) **974** a
rho independent terminator(ρ非依存性ターミネーター) **975** b
Rhomboid **609** b
2R hypothesis(2R仮説) **654** a
RI=radioisotope(放射性同位体) **37** a
RIA=radioimmunoassay(放射線免疫検定法) **37** a
Rib1 **943** b
ribbon-helix-helix motif(リボン・ヘリックス・ヘリックスモチーフ) **952** b
ribbon model(リボンモデル) **952** b
riboflavin(リボフラビン) **952** a
riboflavin 5′-phosphate(リボフラビン5′-リン酸) **952** a
9-β-D-ribofuranosyl-9H-purine-6(1H)-one(9-β-D-リボフラノシル-9H-プリン-6(1H)-オン) **90** a
ribonuclease(リボヌクレアーゼ) **949** b
ribonuclease Ⅱ(リボヌクレアーゼⅡ) **951** a
ribonuclease Ⅲ(リボヌクレアーゼⅢ) **950** b
ribonuclease A(リボヌクレアーゼA) **950** b
ribonuclease CL(リボヌクレアーゼCL) **951** a
ribonuclease D(リボヌクレアーゼD) **951** a
ribonuclease E(リボヌクレアーゼE) **950** a
ribonuclease H(リボヌクレアーゼH) **950** b
ribonuclease inhibitor(リボヌクレアーゼインヒビター) **950** a
ribonuclease L(リボヌクレアーゼL) **950** b
ribonuclease MRP(リボヌクレアーゼMRP) **950** b
ribonuclease P(リボヌクレアーゼP) **951** a
ribonuclease protection(リボヌクレアーゼ保護) **951** a
ribonuclease S(リボヌクレアーゼS) **950** b
ribonuclease T₁(リボヌクレアーゼT₁) **951** a
ribonuclease T₂(リボヌクレアーゼT₂) **951** a
ribonuclease U₂(リボヌクレアーゼU₂) **951** a
ribonucleic acid(リボ核酸) **944** a
ribonucleoprotein(リボ核タンパク質) **944** a
ribonucleoprotein complex(リボ核タンパク質複合体) **944** a
ribonucleoprotein particle(リボ核タンパク質粒子) **944** a
ribonucleoside(リボヌクレオシド) **951** a
ribonucleoside diphosphate(リボヌクレオシド二リン酸) **951** a
ribonucleoside-diphosphate reductase(リボヌクレオシド二リン酸レダクターゼ) **951** b
ribonucleoside triphosphate(リボヌクレオシド三リン酸) **951** a
ribonucleoside-triphosphate reductase(リボヌクレオシド三リン酸レダクターゼ) **951** b
ribonucleotide(リボヌクレオチド) **951** b
5′-ribonucleotide phosphohydrolase(5′-リボヌクレオチドホスホヒドロラーゼ) **951** b
ribonucleotide reductase(リボヌクレオチドレダクターゼ) **951** b

riboprobe(リボプローブ) **952** b
riboprobe mapping(リボプローブマッピング) **952** a
ribose(リボース) **946** a
ribosomal cycle(リボソームサイクル) **947** b
ribosomal DNA(リボソームDNA) **948** a
ribosomal protein(リボソームタンパク質) **948** a
ribosomal RNA(リボソームRNA) **947** a
ribosome(リボソーム) **946** b
ribosome-binding sequence(リボソーム結合配列) **947** a
ribosome-binding site(リボソーム結合部位) **947** a
ribosome frameshift(リボソームフレームシフト) **948** a
ribosome receptor(リボソーム受容体) **947** b
ribosome subunit(リボソームサブユニット) **947** b
riboswitch(リボスイッチ) **946** a
ribothymidine(リボチミジン) **564** b
ribozyme(リボザイム) **945** a
ribulose-bisphosphate carboxylase(リブロース-ビスリン酸カルボキシラーゼ) **944** a
ribulose bisphosphate cycle(リブロースビスリン酸回路) **944** a
*Rice dwarf virus*(イネ萎(い)縮ウイルス) **87** a
rice genome(イネゲノム) **87** a
Richter syndrome(リヒター症候群) **872** a
ricin(リシン) **938** b
rickets(くる病) **277** b
rifampicin(リファンピシン) **943** a
rifampin(リファンピン) **943** b
rifamycin SV(リファマイシンSV) **943** a
rimantadine(リマンタジン) **312** a
rimorphin(リモルフィン) **163** a
RING finger(RINGフィンガー) **955** b
Ri plasmid(Riプラスミド) **37** a
RISC=RNA-induced silencing complex(RNA誘導型サイレンシング複合体) **938** b
ristocetin(リストセチン) **824** a
ritodrine(リトドリン) **810** a
RITS complex(RITS複合体) **942** a
rituxan(リツキサン) **942** b
rituximab(リツキシマブ) **942** b
RLG1 **784** b
RLGS=restriction landmark genomic scanning(制限酵素認識部位ランドマークゲノムスキャニング) **44** b
rⅡ locus(rⅡ遺伝子座) **48** b
R loop(Rループ) **52** a
R-looping method(Rループ形成法) **52** b
rⅡ mutation(rⅡ突然変異) **48** b
RNA=ribonucleic acid(リボ核酸) **38** b
——, antisense(アンチセンスRNA) **56** a
——, chloroplast(葉緑体RNA) **922** b
——, cytoplasmic(細胞質RNA) **366** a
——, double-stranded(二本鎖RNA) **659** a
——, guide(ガイドRNA) **183** b
——, heterogeneous nuclear(ヘテロ核RNA) **813** b
——, messenger(メッセンジャーRNA) **895** b
——, mi-(マイクロRNA) **152** a
——, micro-(マイクロRNA) **860** a
——, mitochondrial(ミトコンドリアRNA) **880** b
——, nuclear(核RNA) **189** a
——, primer(プライマーRNA) **773** b
——, ribosomal(リボソームRNA) **947** b
——, satellite(サテライトRNA) **382** b
——, sense(センスRNA) **520** a
——, si-(siRNA) **121** b
——, small cytoplasmic(細胞質低分子RNA) **367** a
——, small nuclear(核内低分子RNA) **195** b
——, small nucleolar(核小体低分子RNA) **193** b

RNA（つづき）
——, sn-（核内低分子 RNA） 122 b
——, sno-（核小体低分子 RNA） 123 a
——, spliced leader（スプライストリーダー RNA） 487 b
——, subgenomic（サブゲノム RNA） 382 b
——, transfer（転移 RNA） 611 a
RNA arbitrarily primed PCR（RNA 任意プライム PCR） 42 a
RNA-binding protein（RNA 結合タンパク質） 40 b
RNA catalysis（RNA 触媒） 41 a
RNA-dependent DNA polymerase（RNA 依存性 DNA ポリメラーゼ） 39 a
RNA-dependent RNA polymerase（RNA 依存性 RNA ポリメラーゼ） 39 a
RNA-DNA double helix（RNA-DNA 二重らせん） 41 b
RNA-DNA hybrid（RNA-DNA ハイブリッド） 41 b
RNA-DNA hybridization（RNA-DNA ハイブリダイゼーション） 41 b
RNA-DNA virus（RNA-DNA ウイルス） 41 b
RNA-driven hybridization（RNA 駆動ハイブリッド形成） 40 b
RNA editing（RNA 編集） 42 b
RNA enzyme（RNA 酵素） 41 a
RNA export（RNA 核外輸送） 40 a
RNA genome（RNA ゲノム） 41 a
RNA helicase（RNA ヘリカーゼ） 42 b
RNAi＝RNA interference（RNA 干渉） 39 b
RNAi microarray（RNAi 細胞マイクロアレイ） 375 b
RNAi-induced silencing complex（RNA 誘導型サイレンシング複合体） 43 b
RNA interference（RNA 干渉） 40 a
RNA joining enzyme（RNA 結合酵素） 40 b
RNA ligase（RNA リガーゼ） 44 a
RNA phage（RNA ファージ） 42 a
RNA polymerase（RNA ポリメラーゼ） 43 a
RNA polymerase Ⅰ（RNA ポリメラーゼⅠ） 43 a
RNA polymerase Ⅱ（RNA ポリメラーゼⅡ） 43 a
RNA polymerase Ⅲ（RNA ポリメラーゼⅢ） 43 b
RNA polymerase A（RNA ポリメラーゼ A） 43 b
RNA polymerase B（RNA ポリメラーゼ B） 43 b
RNA polymerase C（RNA ポリメラーゼ C） 43 b
RNA precursor（RNA 前駆体） 41 a
RNA primer（RNA プライマー） 42 a
RNA processing（プロセシング（RNA の）） 788 b
RNA puff（RNA パフ） 699 a
RNA replicase（RNA レプリカーゼ） 44 a
RNA replication（RNA 複製） 42 a
RNase＝ribonuclease（リボヌクレアーゼ） 38 b
RNase protection mapping（RN アーゼプロテクションマッピング） 38 b
RNA sequencing method（RNA 塩基配列決定法） 39 b
RNA silencing（RNA サイレンシング） 41 a
RNA-specific adenosine deaminase（RNA 特異的アデノシンデアミナーゼ） 41 b
RNA splicing（RNA スプライシング） 41 b
RNA transcriptase（RNA トランスクリプターゼ） 39 a
RNA transport（RNA 輸送） 43 b
RNA tumor virus（RNA 腫瘍ウイルス） 41 a
RNA virus（RNA ウイルス） 39 b
RNA world（RNA ワールド） 41 a
rnhB gene（rnhB 遺伝子） 41 a
RNP＝ribonucleoprotein（リボ核タンパク質） 44 a
Ro 44 b
RO＝restricted ovulater 571 b
Roberts, Richard John（ロバーツ） 975 b
ROCK-I 377 a
Rodbell, Martin（ロッドベル） 975 a
rod cell（桿体細胞） 226 a

rod photoreceptor cell（桿体視細胞） 226 a
roentgen（レントゲン） 969 b
Rolled 609 b
rolling circle type replication（ローリングサークル型複製） 976 b
rolling (mouse) Nagoya（ローリング（マウス）名古屋） 977 a
ROMK1 415 b
Ron 223 b
roof plate（蓋板） 462 b
root apex（根端） 351 a
root apical meristem（根端分裂組織） 351 b
root cap（根冠） 351 b
root nodule（根瘤） 352 b
root nodule bacteria（根粒菌） 353 a
Rorα 630 b
Rose, Irwin A.（ローズ） 974 a
rosette（ロゼット） 215 a
ros gene（ros 遺伝子） 974 a
Rossmann fold（ロスマンフォールド） 974 b
rosy gene（rosy 遺伝子） 973 b
rotamer（回転異性体） 183 b
Rot analysis（Rot 解析） 354 a
Rotavirus（ロタウイルス） 974 b
Rot value（Rot 値） 975 a
rough endoplasmic reticulum（粗面小胞体） 535 b
rough ER（粗面小胞体） 535 b
rough microsome（粗面ミクロソーム） 536 a
Rous, Francis Peyton（ラウス） 926 b
Rous sarcoma virus（ラウス肉腫ウイルス） 926 b
Roux flask（ルー瓶） 960 a
RPA＝replication protein A（複製タンパク質 A） 49 a
R plasmid（R プラスミド） 51 b
R1 plasmid（R1 プラスミド） 37 b
Rpp1 950 b
RP pili（RP 線毛） 42 a
RQ＝respiratory quotient（呼吸商） 46 a
RRF＝ribosome releasing factor 37 b
RRM2B gene（RRM2B 遺伝子） 37 b
rRNA＝ribosomal RNA（リボソーム RNA） 37 a
rRNA gene（rRNA 遺伝子） 37 a
rRNA precursor（rRNA 前駆体） 37 b
rRNA transcription unit（rRNA 転写単位） 37 b
RS61443 903 a
RSK 38 a
R-Smad＝receptor-regulated Smad（特異型 Smad） 47 a
R-SNARE 705 b
rSNP＝regulatory SNP 38 a
RSS＝recombination signal sequence（組換えシグナル配列） 38 a
RSV＝Rous sarcoma virus（ラウス肉腫ウイルス） 38 a
RT-PCR＝reverse transcription PCR（逆転写 PCR） 47 b
R type calcium channel（R 型カルシウムチャネル） 44 b
RU486 51 b
RU38486 51 b
rubella virus（風疹ウイルス） 759 b
Rubisco 51 b
rubivirus（ルビウイルス） 960 a
ruffled border（波うち稜） 652 a
ruffled edge（波うち稜） 652 b
ruffled membrane（波うち膜） 652 a
ruffling（ラッフリング） 928 a
Ruheman's purple（ルーヘマン紫） 665 b
rule of distal transformation（先端形成の法則） 358 b
rule of intercalation（挿入則） 529 b
run-off method（ラン・オフ法） 932 b
run-off transcription（ラン・オフ転写法） 932 b

runt disease(ラント病)　935 a
Russell's body(ラッセル小体)　287 b
ruthenium oxychloride ammoniated(アンモニウムルテニウム塩)　960 a
ruthenium red(ルテニウムレッド)　959 b
Rv＝resolvin(レゾルビン)　51 g
RXR　38 b
ryanodine(リアノジン)　937 a
ryanodine-binding protein(リアノジン結合タンパク質)　937 a
ryanodine receptor(リアノジン受容体)　937 a
*RYR1*, *RYR2*, *RYR3*　937 a
ryudocan(リュードカン)　473 a

# S

σ cascade(σ カスケード)　403 b
σ cycle(σ 回路)　403 b
σ factor(σ 因子)　403 b
σ structure(σ 構造)　404 a
σ subunit(σ サブユニット)　404 a
S(スベドベリ単位)　488 b
S＝serine(セリン)　510 b
S＝siemens(ジーメンス)　613 a
SⅡ　126 b
SⅢ　124 b
SA＝sialic acid(シアル酸)　391 a
Sabin vaccine(セービンワクチン)　509 a
sac(嚢)　676 b
saccharase(サッカラーゼ)　381 a
saccharin(サッカリン)　381 a
*Saccharomyces cerevisiae*(サッカロミセス＝セレビシエ)　381 a
saccharose(サッカロース)　381 a
sacral crest cell(仙骨稜細胞(トリ))　516 b
SADDAN＝severe achondroplasia with developmental delay and acanthosis nigricans(発達遅延と黒色棘細胞症を伴う軟骨無形成症)　653 a
saddle-shaped structure(鞍形構造)　264 a
SAGA complex(SAGA 複合体)　122 a
SAGE＝serial analysis of gene expression(連続的遺伝子発現解析)　504 b
Sakaguchi reaction(坂口反応)　379 b
Sakmann, Bert(サックマン)　381 b
salamander(サンショウウオ)　387 a
Salamandrina(イモリ科)　91 a
salivary gland(唾液腺)　546 a
salivary (gland) chromosome(唾腺染色体)　548 a
Salkowski reaction(サルコフスキー反応)　384 a
Salk vaccine(ソークワクチン)　532 a
*Salmonella*(サルモネラ)　385 a
*Salmonella* test(サルモネラテスト)　385 b
*Salmonella typhimurium*(ネズミチフス菌)　672 a
saltation(跳躍進化)　572 a
saltatory conduction(跳躍伝導)　572 a
saltatory evolution(跳躍進化)　572 a
salting out(塩析)　919 b
salvage compartment(サルベージ区画)　412 a
salvage cycle(再利用経路)　378 a
salvage pathway(再利用経路)　378 a
SAM mouse＝senescence-accelerated mouse(老化促進マウス)　122 a
Samuelsson, Bengt Ingemar(サムエルソン)　384 a
Sandhoff's disease(サンドホフ病)　388 a
Sanfilippo syndrome(サンフィリッポ症候群)　887 a
Sanger, Frederick(サンガー)　385 b

Sanger method(サンガー法)　387 a
S-antigen(S 抗原)　124 b
SAP＝sphingolipid activator protein(スフィンゴ脂質活性化タンパク質)　123 a
SAP-1　597 b
SAP90　382 a
SAPK＝stress-activated protein kinase(SAP キナーゼ)　123 a
SAP kinase(SAP キナーゼ)　382 a
saponin(サポニン)　384 a
saponoside(サポノシド)　384 a
saporin(サポリン)　91 b
Sar　354 a
SAR＝systemic acquired resistance(全身獲得抵抗性)　122 a
Sarcodina(肉質虫類)　308 b
sarcolemma(筋繊維鞘)　256 b
sarcoma(肉腫)　654 b
sarcomere(サルコメア)　385 a
sarcoplasm(筋形質)　254 a
sarcoplasma(筋形質)　254 a
sarcoplasmic reticulum(筋小胞体)　256 a
sarkosyl(サルコシル)　384 b
10Sa RNA　612 a
SARS＝severe acute respiratory syndrome(重症急性呼吸器症候群)　380 b
satellite cell(衛星細胞)　113 b
satellite DNA(サテライト DNA)　382 b
satellite RNA(サテライト RNA)　382 b
satellite virus(サテライトウイルス)　382 b
sat-RNA＝satellite RNA(サテライト RNA)　122 a
saturation analysis(飽和分析法)　834 b
SBML＝Systems Biology Markup Language　413 b
SBT＝sequencing based typing　133 a
SC＝secretory component(分泌成分)　124 b
SC＝slow component(遅速成分)　124 b
SC1　371 b
SCA＝spinocerebellar ataxia(脊髄小脳失調症)　124 b
scaffold protein(足場タンパク質)　12 a
scaffold protein(骨格タンパク質)　338 b
scanning electron microscope(走査型電子顕微鏡)　527 a
scanning tunneling microscope(走査型トンネル顕微鏡)　527 a
SCAR　476 b
scar tissue(瘢痕組織)　703 b
Scatchard equation(スキャッチャード式)　477 b
Scatchard plot(スキャッチャードプロット)　477 b
scattering factor(散乱因子)　389 b
scavenger(スカベンジャー)　476 b
scavenger receptor(スカベンジャー受容体)　477 a
SCD＝spinocerebellar degeneration(脊髄小脳変性症)　124 b
SCF＝stem cell factor(幹細胞因子)　393 a
Scheie syndrome(シェイエ症候群)　887 a
Schiff base(シッフ塩基)　418 a
Schiff's reagent(シッフ試薬)　418 a
schizogony(多数分裂)　777 b
schizophrenia(統合失調症)　625 a
*Schizosaccharomyces pombe*(シゾサッカロミセス＝ポンベ)　414 b
Schleiden, Matthias Jakob(シュライデン)　448 b
Schmidt-Thannhauser procedure(シュミット・タンホイザー法)　444 a
Schneider procedure(シュナイダー法)　444 a
Schwann, Theodor(シュワン)　449 a
Schwann cell(シュワン細胞)　449 a
Schwannoma(シュワノーマ)　449 a
schwannomin(シュワノミン)　449 a
SCID＝severe combined immunodeficiency disease(重症複合免疫不全症)　124 b

# 1146　欧文索引

SCID mouse（SCID マウス）　477 a
scintillation counter（シンチレーション計数管）　473 a
sclereid（厚壁異形細胞）　333 a
sclerenchyma（厚壁組織）　333 a
scleroderma（強皮症）　249 a
scleroprotein（硬タンパク質）　331 a
sclerosis（硬化症）　314 a
scorpion venom（サソリ毒）　381 a
scotophobin（スコトホビン）　478 a
scrambler mouse（スクランブラーマウス）　477 b
scrapie（スクレイピー）　478 a
screening（スクリーニング）　477 b
scRNA＝small cytoplasmic RNA（細胞質低分子 RNA）　124 b
scurvy（壊血病）　182 a
SDAT＝senile dementia with Alzheimer type（アルツハイマー型老年性認知症）　125 b
SDGF-3＝spleen derived growth factor-3（脾臓細胞増殖因子-3）　125 b
Sdi1　736 a
SDS＝sodium dodecyl sulfate（ドデシル硫酸ナトリウム）　125 b
SD sequence（SD 配列）　125 b
SDS-PAGE＝SDS-polyacrylamide gel electrophoresis（SDS-ポリアクリルアミドゲル電気泳動）　125 b
SDS-polyacrylamide gel electrophoresis（SDS-ポリアクリルアミドゲル電気泳動）　125 b
SE＝splicing enhancer（スプライシングエンハンサー）　121 b
SE＝staphylococcal enterotoxin（ブドウ球菌エンテロトキシン）　483 a
sea hare（アメフラシ）　34 b
sea squirt（ホヤ）　850 a
sea urchin（ウニ）　109 b
SEC gene（SEC 遺伝子）　505 a
secondary antibody（二次抗体）　329 a
secondary cell（二次細胞）　655 b
secondary cell wall（二次細胞壁）　655 b
secondary culture cell（二次培養細胞）　656 a
secondary disease（続発症）　532 a
secondary immune response（二次免疫応答）　656 a
secondary induction（二次誘導）　289 a
secondary ion mass spectrometry（二次イオン質量分析法）　418 a
secondary leukemia（二次性白血病）　656 a
secondary lymphoid organ（二次リンパ器官）　656 b
secondary lymphoid tissue（二次免疫組織）　656 a
secondary lysosome（二次リソソーム）　939 a
secondary messenger（二次メッセンジャー）　656 a
secondary oocyte（二次卵母細胞）　656 b
secondary optic vesicle（第二次眼胞）　542 b
secondary spermatocyte（二次精母細胞）　656 a
secondary structure（二次構造）　655 b
secondary wall（二次壁）　656 a
second axis（副軸）　765 a
second law of thermodynamics（熱力学第二法則）　673 b
second messenger（セカンドメッセンジャー）　502 a
second messenger theory（セカンドメッセンジャー学説）　355 a
second-order reaction（二次反応）　656 a
second region of homology　115 a
Sec61p complex（Sec61p 複合体）　505 b
secreted protein（分泌タンパク質）　805 a
secretin（セクレチン）　504 b
secretion（タンパク質分泌）　560 a
secretion-associated and Ras-related protein　354 a
secretory cell（分泌細胞）　805 a
secretory component（分泌成分）　805 a

secretory epithelium（分泌上皮）　453 a
secretory gene（分泌遺伝子）　804 b
secretory granule（分泌顆粒）　804 b
secretory IgA（分泌型 IgA）　3 a
secretory phospholipase $A_2$（分泌型ホスホリパーゼ $A_2$）　804 b
secretory protein（分泌タンパク質）　805 a
secretory vesicle（分泌小胞）　805 a
securin（セキュリン）　315 b
sedimentation coefficient（沈降係数）　575 b
sedimentation constant（沈降定数）　575 b
sedimentation velocity method（沈降速度法）　575 b
seed（種子）　442 b
seed development（種子発生）　442 b
seed germination（種子発芽）　442 b
seedling（芽ばえ）　456 b
seed protein（種子タンパク質）　442 b
segment（分節）　39 b
segmental genomic duplication（セグメントゲノム重複）　302 b
segmentation（体節形成）　541 a
segmentation（卵割）　933 a
segmentation gene（分節遺伝子）　803 b
segment polarity（セグメントポラリティー）　504 a
segment polarity gene（セグメントポラリティー遺伝子）　504 a
selectin（セレクチン）　512 b
selectin family（セレクチンファミリー）　513 a
selection medium（選択培地）　521 b
selective gene（選択遺伝子）　521 a
selective marker（選択マーカー）　521 b
selective medium（選択培地）　521 b
selective permeability（選択的透過）　521 b
selective sweep（選択的引きずり）　521 b
selective theory（選択説）　284 a
selenocysteine（セレノシステイン）　513 a
SELEX＝systematic evolution of ligands by exponential enrichment　513 a
self-antigen（自己抗原）　406 a
self-cleaving protease（自己切断プロテアーゼ）　406 a
self-incompatibility（自家不和合性）　399 b
selfish DNA（利己的 DNA）　938 a
selfish gene（利己的遺伝子）　938 a
self-organizing map（自己組織化マップ法）　264 b
self-splicing（自己スプライシング）　406 a
self-splicing intron（自己スプライシング型イントロン）　406 a
self-tolerance（自己寛容）　405 b
SEM＝scanning electron microscope（走査型電子顕微鏡）　122 a
Sem5　122 a
Sema＝semaphorin（セマフォリン）　509 a
semaphorin（セマフォリン）　509 b
semiconductor（radiation）detector（半導体検出器）　705 a
semiconservative DNA replication（半保存的 DNA 複製）　706 a
semiconservative replication（半保存的複製）　706 a
semidominance（半優性）　706 a
seminiferous tubule（精細管）　494 b
seminose（セミノース）　509 b
semipermeable membrane（半透膜）　705 a
Semliki forest virus（セムリキ森林ウイルス）　629 b
Sendai virus（センダイウイルス）　520 b
senescence（セネッセンス）　508 b
senescence-accelerated mouse（老化促進マウス）　973 b
senile dementia with Alzheimer's type（アルツハイマー型老年性認知症）　47 a
senile plaque（老人斑）　973 b
sense RNA（センス RNA）　520 a

sense strand(センス鎖) **520** a
sensitization(感作) **221** a
sensorgram(センサーグラム) **743** a
sensory cilium(感覚繊毛) **219** b
sensory kinase(センサーキナーゼ) **517** a
septa(セプタ) **509** a
septin(セプチン) **509** b
sequence-tagged site(配列標識部位) **686** a
sequencig(シークエンス法)
  ——, amino acid(アミノ酸配列分析法) **31** b
  ——, cycle(サイクルシークエンス法) **357** b
  ——, direct(直接シークエンス法) **527** b
  ——, genomic(ゲノムシークエンシング) **301** b
  —— method, DNA(DNA 塩基配列決定法) **582** b
  —— method, RNA(RNA 塩基配列決定法) **39** b
sequencing based typing **133** a
sequential model(逐次モデル) **563** a
Ser = serine(セリン) **510** b
serendipity gene(セレンディピティー遺伝子) **513** b
serglycin(セルグリシン) **424** b
serial analysis of gene expression(連続的遺伝子発現解析) **969** a
sericin(セリシン) **510** b
serine(セリン) **510** b
serine protease(セリンプロテアーゼ) **511** b
serine protease inhibitor(セリンプロテアーゼインヒビター) **512** b
serine protease inhibitor family(セリンプロテアーゼインヒビターファミリー) **512** b
serine/threonine kinase(セリン/トレオニンキナーゼ) **511** b
serine/threonine phosphatase(セリン/トレオニンホスファターゼ) **511** a
serine/threonine protein kinase(セリン/トレオニンプロテインキナーゼ) **511** a
serine/threonine/tyrosine kinase(セリン/トレオニン/チロシンキナーゼ) **511** a
serine-type carboxypeptidase(セリン型カルボキシペプチダーゼ) **216** a
serotonin(セロトニン) **513** b
serotonin receptor(セロトニン受容体) **514** a
serotonin transporter(セロトニン輸送体) **514** a
serpin family(セルピンファミリー) **512** a
serprocidin(サープロサイジン) **315** b
SERT = serotonin transporter(セロトニン輸送体) **121** b
Sertoli cell(セルトリー細胞) **512** a
serum(血清) **298** b
serum-free medium(無血清培地) **886** a
serum response element(血清応答配列) **299** a
serum response factor(血清応答因子) **298** b
serum retinol-binding protein(血清レチノール結合タンパク質) **299** a
serum sickness(血清病) **299** a
seven less gene(セブンレス遺伝子) **509** a
severe achondroplasia with developmental delay and acanthosis nigricans(発達遅延と黒色棘細胞症を伴う軟骨無形成症) **653** a
severe acute respiratory syndrome(重症急性呼吸器症候群) **439** a
severe combined immunodeficiency disease(重症複合免疫不全) **439** a
sev gene(sev 遺伝子) **122** a
sex(性) **492** a
sex chromosome(性染色体) **497** b
sex determination(性決定) **493** a
sex-determining region Y(Y染色体性決定領域) **978** a
sex duction(伴性導入) **704** a

sex factor(性因子) **492** a
sex hormone(性ホルモン) **501** b
sex hormone-binding globulin(性ホルモン結合グロブリン) **501** b
Sex-lethal **487** b
sex-linked disorder(伴性遺伝性疾患) **704** a
sex-linked gene(伴性遺伝子) **704** a
sex-linked recessive disorder(伴性劣性遺伝性疾患) **704** a
sex pheromone(性フェロモン) **501** a
sex pili(性線毛) **497** b
sex pilus(性線毛) **497** b
sex steroid hormone(性ステロイドホルモン) **497** b
sexual cycle(性周期) **496** a
sexual differentiation(性分化) **501** a
sexual dimorphism(性的二態) **500** a
sexuality(有性) **912** b
sexual PCR(性的 PCR) **500** b
sexual reproduction(有性生殖) **912** b
S-100 family(S-100 ファミリー) **127** a
SFFV = spleen focus forming virus(脾臓フォーカス形成ウイルス) **123** a
SFV = Semliki forest virus(セムリキ森林ウイルス) **629** b
SG = suicide gene(自殺遺伝子) **124** b
SgIGSF **124** b
SGLT1 **275** a
SGPL = sphingosine-1-phosphate lyase(スフィンゴシン-1-リン酸リアーゼ) **124** b
shadowing(シャドウイング) **436** a
Shaker-type K$^+$ channel(Shaker 型カリウムチャネル) **393** b
Sharp, Phillip Allen(シャープ) **436** a
Shc gene(Shc 遺伝子) **417** b
SH domain(SH ドメイン) **122** a
Sherrington, Charles Scott(シェリントン) **397** a
shh = sonic hedgehog(ソニックヘッジホッグ) **122** b
shift down(シフトダウン) **432** b
shift up(シフトアップ) **432** b
Shiga-like toxin(志賀毒素様毒素) **399** b
Shine-Dalgarno sequence(シャイン・ダルガルノ配列) **435** a
shoot apex(シュート頂) **444** b
shoot apex culture(茎頂培養) **289** b
shoot apical meristem(茎頂分裂組織) **289** b
Shope papilloma virus(ショープパピローマウイルス) **458** a
short-day plant(短日植物) **556** b
short interfering RNA **121** a
short interspersed repetitive sequence(短い散在反復配列) **877** b
short stature continuous deletion syndrome(低身長型連続性染色体欠失症候群) **598** b
short-term memory(短期記憶) **555** b
shotgun sequence method(ショットガンシークエンス法) **457** b
SH protease(SH プロテアーゼ) **122** b
SH protease inhibitor(SH プロテアーゼインヒビター) **122** b
SH reagent(SH 試薬) **122** b
SH-SY **462** a
shuttle vector(シャトルベクター) **436** a
Shwartzman reaction(シュワルツマン反応) **449** b
Shwartzman-Sanarelli phenomenon(シュワルツマン・サナレリ現象) **449** b
Shwartzman-Sanarelli reaction(シュワルツマン・サナレリ反応) **449** b
SI = self-incompatibility(自家不和合性) **121** a
Sia = sialic acid(シアル酸) **391** b
sialic acid(シアル酸) **391** b
sialic acid-binding immunoglobulin-like lectin **404** a
sialidase(シアリダーゼ) **391** a

sialoglycolipid(シアロ糖脂質)　392 a
sialoglycoprotein(シアロ糖タンパク質)　392 a
sialomucin family(シアロムチンファミリー)　392 a
sialophorin(シアロホリン)　392 a
sialoprotein(シアロタンパク質)　392 a
sialyl motif(シアリルモチーフ)　391 a
sialyltransferase(シアリルトランスフェラーゼ)　391 a
sickle cell anemia(鎌状赤血球貧血)　207 a
sickle cell disease(鎌状赤血球症)　207 a
sickling(鎌状化)　207 a
sickling crisis(鎌状化発作)　207 a
siderophilin(シデロフィリン)　424 b
siemens(ジーメンス)　613 b
sieve cell tissue(師細胞組織)　408 a
sievert(シーベルト)　432 b
sieve tube(師管)　400 a
s-IgA＝secretory IgA(分泌型 IgA)　3 a
siglec family(シグレックファミリー)　404 a
sigma cycle(σ 回路)　403 b
sigma factor(σ 因子)　403 b
sigma structure(σ 構造)　404 a
sigma subunit(σ サブユニット)　404 a
signal anchor sequence(シグナルアンカー配列)　402 b
signal peptidase(シグナルペプチダーゼ)　403 b
signal peptide(シグナルペプチド)　403 b
signal recognition particle(シグナル認識粒子)　403 a
signal sequence trap(シグナル配列トラップ)　403 b
signal transducers and activators of transcription　479 a
signal transduction(シグナル伝達)　402 a
signal trapping method(シグナルトラップ法)　402 b
signet ring cell carcinoma(印環細胞がん)　92 b
silencer(サイレンサー)　378 b
silencing RNA(サイレンシング RNA)　379 b
silent information regulator　121 a
silent mutation(サイレント突然変異)　379 a
silk gland(絹糸腺)　307 b
silkworm moth(カイコガ)　182 a
Sim4　121 b
simian acquired immunodeficiency syndrome(サル後天性免疫不全症候群)　384 b
Simian immunodeficiency virus(サル免疫不全ウイルス)　385 b
Simian sarcoma associated virus(サル肉腫随伴ウイルス)　385 a
simian sarcoma virus(サル肉腫ウイルス)　385 a
simian virus 40(シミアンウイルス 40)　434 b
similarity score(類似度スコア)　959 a
7S immunoglobulin(7S 免疫グロブリン)　651 b
19S immunoglobulin(19S 免疫グロブリン)　437 b
simple embryoid body(単純胚様体)　556 b
simple object access protocol　534 b
simple sequence length polymorphism(単純配列長多型)　556 b
simple squamous epithelium(単層扁平上皮)　557 b
SIMS＝secondary ion mass spectrometry(二次イオン質量分析法)　418 a
simulated annealing(焼きなまし法)　910 a
SIN＝sindbis virus(シンドビスウイルス)　121 b
sindbis virus(シンドビスウイルス)　474 b
SINE＝short interspersed repetitive sequence(短い散在反復配列)　379 a
single cell culture(単細胞培養)　556 a
single channel recording(シングルチャネル記録法)　461 b
single gene disorders(単一遺伝子病)　555 b
single molecule imaging(1 分子イメージング)　72 b
single nucleotide polymorphism(一塩基多型)　70 b

single strand break(一本鎖切断)　73 b
single strand conformation polymorphism(一本鎖 DNA 高次構造多型)　74 a
single-strand(ed) DNA-binding protein(一本鎖 DNA 結合タンパク質)　73 b
single-stranded DNA phage(一本鎖 DNA ファージ)　74 a
single-stranded phage(一本鎖ファージ)　74 a
single-stranded RNA virus(一本鎖 RNA ウイルス)　73 b
single strand linker ligation method(一本鎖リンカーライゲーション法)　74 a
singlet oxygen(一重項酸素)　72 a
sinusoid(類洞)　959 a
SIR gene(SIR 遺伝子)　121 a
siRNA＝small interfering RNA, short interfering RNA　121 a
sirolimus(シロリムス)　459 b
sis gene(sis 遺伝子)　412 a
sister×brother mating(兄妹交配)　351 a
sister chromatid(姉妹染色分体)　434 b
sister chromatid cohesion(姉妹染色分体接着)　434 b
sister chromatid exchange(姉妹染色分体交換)　434 a
site-directed mutagenesis(位置指定突然変異誘発)　71 b
site (position)-independent transgene expression(部位非依存性導入遺伝子発現)　756 b
site-specific Holliday structure(部位特異的ホリデイ構造)　755 b
site-specific mutagenesis(部位特異的突然変異誘発)　755 b
site-specific recombination(部位特異的組換え)　755 a
situs inversus(内臓逆位)　647 a
SIV＝Simian immunodeficiency virus(サル免疫不全ウイルス)　121 b
sizofiran(シゾフィラン)　493 a
Sjögren's syndrome(シェーグレン症候群)　393 b
S6K＝S6 kinase(S6 キナーゼ)　128 a
SK channel(SK チャネル)　211 a
skelemin(スケルミン)　875 b
skeletal muscle(骨格筋)　338 a
skeleton(骨格)　338 b
ski gene(ski 遺伝子)　477 a
skin(皮膚)　737 b
S6 kinase(S6 キナーゼ)　128 a
S6 kinase Ⅱ(S6 キナーゼ Ⅱ)　128 a
skin cancer(皮膚がん)　738 a
skin carcinoma(皮膚がん)　738 a
skin sensitizing antibody(皮膚感作抗体)　738 b
Skou, Jens Christian(スカウ)　476 b
SL1　123 b
SLE＝systemic lupus erythematosus, systemic lupus erythematodes(全身性エリテマトーデス)　123 b
SLIC＝single strand ligation to single-stranded cDNA　123 a
sliding microtubule mechanism(微小管滑り機構)　722 a
sliding theory(滑り説)　488 b
slime molds(粘菌類)　674 b
slime moulds(粘菌類)　674 b
slot blot assay(スロットブロット法)　491 b
slot blotting(スロットブロット法)　491 b
slow axonal transport(遅い軸索輸送)　172 a
slow component(遅速成分)　563 a
slowly growing hepatoma(低増殖肝がん)　598 b
SLP-65　123 b
SLP＝synaptotagmin-like protein　490 b
SL RNA＝spliced leader RNA(スプライストリーダー RNA)　123 b
7SL RNA(7SL RNA)　651 b
slug(移動体)　86 b
SLVL＝splenic lymphoma with villous lymphocytes(脾リンパ腫)　905 a

欧文索引 1149

Sly syndrome(スライ症候群) 887a
Sma 489a
Smad 489a
Smad ubiquitination regulatory factor 1(Smad ユビキチン化調節因子 1) 489b
small-angle X-ray scattering(X 線小角散乱) 129b
small cell carcinoma(小細胞がん) 451a
small-conductance $Ca^{2+}$-activated $K^+$ channel(SK チャネル) 211a
small cytoplasmic RNA(細胞質低分子 RNA) 367a
small dermatan sulfate proteoglycan(小型デルマタン硫酸プロテオグリカン) 336a
small G protein(低分子量 G タンパク質) 600a
small GTPase(低分子量 GTP アーゼ) 600b
small GTP-binding protein(低分子量 GTP 結合タンパク質) 600b
small interfering RNA 121a
small nuclear ribonucleoprotein(核内低分子リボ核タンパク質) 195b
small nuclear RNA(核内低分子 RNA) 195b
small nucleolar RNA(核小体低分子 RNA) 193b
small nucleolus ribonucleoprotein(核小体低分子リボ核タンパク質) 194b
smallpox virus(天然痘ウイルス) 621a
small T antigen(スモール T 抗原) 490a
small temporal RNA 124b
S1 mapping(S1 マッピング) 128b
SMC ATPase(SMC ATP アーゼ) 123a
SMC protein(SMC タンパク質) 123a
smell brain(嗅脳) 246a
SMG=small GTP binding protein(低分子量 GTP 結合タンパク質) 123a
Smith, Hamilton Othanel(スミス) 489b
Smith, Michael(スミス) 490a
Smithies, Oliver(スミシーズ) 489b
smooth endoplasmic reticulum(滑面小胞体) 204a
smooth ER(滑面小胞体) 204a
smooth microsome(滑面ミクロソーム) 204a
smooth muscle(平滑筋) 807b
Sm protein(Sm タンパク質) 914b
Smurf1=Smad ubiquitination regulatory factor 1(Smad ユビキチン化調節因子 1) 489b
snake venom(ヘビ毒) 816a
SNAP=soluble NSF attachment protein 482a
snap-back structure(スナップバック構造) 482a
SNAP receptor(SNAP 受容体) 482a
SNARE=SNAP receptor(SNAP 受容体) 482a
SNARE complex(SNARE 複合体) 483a
SNARE-related proteins(SNARE 関連タンパク質) 482a
Snell, George Davis(スネル) 483a
SNF 122b
Snm1 950b
*sno* gene(*sno* 遺伝子) 477a
snoRNA=small nucleolar RNA(核内低分子 RNA) 123a
snoRNP=small nucleolus ribonucleoprotein(核小体低分子リボ核タンパク質) 123a
SNP=single nucleotide polymorphism(一塩基多型) 123a
SNP typing(SNP 測定法) 123a
snRNA=small nuclear RNA(核内低分子 RNA) 122b
snRNP=small nuclear ribonucleoprotein(核内低分子リボ核タンパク質) 122b
S1 nuclease(S1 ヌクレアーゼ) 128a
snurp=small nuclear ribonucleoprotein(核内低分子リボ核タンパク質) 482a
SNV=spleen necrosis virus(脾臓壊死ウイルス) 123a
SOAP=simple object access protocol 534b

SOD=superoxide dismutase(スーパーオキシドジスムターゼ) 124a
sodium/calcium exchanger(ナトリウム/カルシウム交換輸送体) 649b
sodium channel(ナトリウムチャネル) 650a
sodium dodecyl sulfate(ドデシル硫酸ナトリウム) 632b
sodium/glucose symport(ナトリウム/グルコース共輸送) 649b
sodium ion channel(ナトリウムイオンチャネル) 649b
sodium *N*-laurylsarcosinate(*N*-ラウリルサルコシン酸ナトリウム) 926b
sodium lauryl sulfate(ラウリル硫酸ナトリウム) 926b
sodium/potassium ATPase($Na^+, K^+$-ATP アーゼ) 649a
sodium/potassium/chloride cotransporter(ナトリウム/カリウム/塩素共輸送体) 649b
sodium/potassium/chloride symporter(ナトリウム/カリウム/塩素共輸送体) 649b
sodium/proton antiporter(ナトリウム/プロトン対向輸送体) 650b
sodium/proton exchanger(ナトリウム/プロトン交換輸送体) 650b
sodium pump(ナトリウムポンプ) 651a
sodium spike(ナトリウムスパイク) 650a
solation(ゾル化) 536a
solenoid structure(ソレノイド構造) 536b
solid medium(固形培地) 336b
solid-phase DNA purification method(固相 DNA 精製法) 338a
solid phase synthesis(固相合成) 338a
solid-state NMR(固体 NMR) 338b
solubility constant(溶解度定数) 919b
solubility product(溶解度積) 919b
solubilization(可溶化) 186a
soluble fraction(可溶性画分) 207b
soluble NSF attachment protein 482a
soluble telencephalin(可溶性テレンセファリン) 610a
solute(溶質) 921a
solvent(溶媒) 921a
SOM=self-organizing map(自己組織化マップ法) 264b
soma(細胞体) 372a
soma(ソーマ) 534b
somaclonal variation(ソマクローナル変異) 534b
somata(ソーマ) 534b
somatic cell(体細胞) 538b
somatic cell genetics(体細胞遺伝学) 538b
somatic embryogenesis(体細胞不定胚形成) 539b
somatic hypermutation(体細胞超突然変異) 539a
somatic mutation(体細胞突然変異) 539a
somatic nervous system(体性神経系) 461b
somatic nuclear division(体細胞核分裂) 539a
somatic nuclear transfer(体細胞核移植) 538b
somatic recombination(体細胞組換え) 539a
somatomedin(ソマトメジン) 535b
somatopleure(体壁板) 544b
somatostatin(ソマトスタチン) 535a
somatostatin receptor(ソマトスタチン受容体) 535a
somatotropic hormone(ソマトトロピン) 535a
somatotropin(ソマトトロピン) 535a
somatotropin-release-inhibiting factor(ソマトトロピン放出抑制因子) 535a
somite(体節) 541a
sonication(超音波処理) 586a
*sonic hedgehog*(ソニックヘッジホッグ) 534b
sorivudine(ソリブジン) 534b
sorting(ソーティング(タンパク質の)) 534b
sorting signal(ソーティングシグナル) 534b
SOS 533a

SOS box(SOS ボックス) **124** a
SOS gene(SOS 遺伝子) **123** b
SOS regulon(SOS レギュロン) **124** a
SOS repair(SOS 修復) **123** b
Southern blot technique(サザンブロット法) **380** a
Southern blotting(サザンブロッティング法) **380** a
south western blotting(サウスウェスタンブロット法) **379** a
south western method(サウスウェスタン法) **379** a
Sox family(Sox ファミリー) **533** b
soybean trypsin inhibitor(ダイズトリプシンインヒビター)
**540** b
Sp1 **127** a
S1P=sphingosine 1-phosphate(スフィンゴシン 1-リン酸)
**122** a
Spα/Api6 **127** a
space biology(宇宙生物学) **109** b
space-filling model(空間充?模型) **260** a
spacer arm(スペーサー) **186** b
spacer region(スペーサー領域) **488** b
SPARC=secreted protein which is acidic and rich in cysteine
**171** b
sparsogenin(スパルソゲニン) **483** b
sparsomycin(スパルソマイシン) **483** b
SPB=spindle pole body(スピンドル極体) **127** a
SPE=streptococcal pyrogenic exotoxin(連鎖球菌発熱性外毒素) **483** b
specialized transduction(特殊形質導入) **630** a
speciation(種形成) **442** a
species(種) **437** a
specific activity(比活性) **712** a
specific cholinesterase(特異的コリンエステラーゼ) **630** a
specific dynamic action(特異動的作用) **630** a
specificity protein 1 **127** a
specific retention volume(比保持容量) **739** b
specific rotation(比旋光度) **726** a
specific soluble substance(多糖体) **681** b
specimen damage(試料損傷) **459** b
spectinomycin(スペクチノマイシン) **488** a
spectrin(スペクトリン) **488** a
spectrin superfamily(スペクトリンスーパーファミリー)
**488** b
spectrofluorometer(分光蛍光計) **801** a
spectrophotometer(分光光度計) **801** a
spectropolarimeter(分光旋光計) **801** a
Spemann, Hans(シュペーマン) **444** a
S peptide(S ペプチド) **950** b
sperm(精子) **495** a
spermatid(精細胞) **494** b
spermatocyte(精母細胞) **501** b
spermatogenesis(精子形成) **495** a
spermatogonia(精祖細胞) **498** a
spermatogonial stem cell(精原幹細胞) **493** b
spermatogonium(精祖細胞) **498** a
spermatozoa(精子) **495** a
spermatozoon(精子) **495** a
spermidine(スペルミジン) **489** a
spermine(スペルミン) **489** a
spermiogenesis(精子完成) **498** a
sperm receptor(精子受容体) **495** a
S phase(S 期) **124** a
S phase-promoting factor(S 期促進因子) **124** a
spherocytosis(球状赤血球症) **244** a
spheroidine(スフェロイジン) **608** a
spheroplast(スフェロプラスト) **486** b
spheroplast fusion(スフェロプラスト融合) **486** b
sphinganine(スフィンガニン) **484** a

sphingenine(スフィンゲニン) **484** a
sphingoglycolipid(スフィンゴ糖脂質) **486** b
sphingolipid activator protein(スフィンゴ脂質活性化タンパク質) **486** b
sphingolipid activator protein deficiency(スフィンゴ脂質活性化タンパク質欠損症) **484** b
sphingolipid ceramide N-deacylase(スフィンゴ脂質セラミド N-デアシラーゼ) **510** b
sphingolipidosis(スフィンゴ脂質症) **484** b
sphingomyelin(スフィンゴミエリン) **486** b
sphingosine(スフィンゴシン) **484** b
sphingosine kinase(スフィンゴシンキナーゼ) **485** a
sphingosine 1-phosphate(スフィンゴシン 1-リン酸) **485** a
sphingosine-1-phosphate alkanal lyase(スフィンゴシン-1-リン酸アルカナールリアーゼ) **485** b
sphingosine-1-phosphate lyase(スフィンゴシン-1-リン酸リアーゼ) **486** a
sphingosine 1-phosphate receptor(スフィンゴシン 1-リン酸受容体) **485** b
SPHK=sphingosine kinase(スフィンゴシンキナーゼ) **127** a
Spi-1=SFFV provirus integration site-1 **127** a
spider finger(クモ指症) **264** a
spina bifida(二分脊髄) **462** b
spinal cord(脊髄) **503** b
spinal ganglia(脊髄節) **503** b
spinal ganglion(脊髄神経節) **463** a
spinal muscular atrophy(脊髄性筋萎縮) **503** b
spinal progressive muscular atrophy(脊髄性進行性筋萎縮症) **503** b
spin coupling constant(スピン結合定数) **484** a
spindle(紡錘体) **835** a
spindle assembly checkpoint(紡錘体形成チェックポイント)
**835** a
spindle body(紡錘体) **835** a
spindle microtubule(紡錘体微小管) **835** a
spindle pole(紡錘体極) **835** a
spindle pole body(スピンドル極体) **484** a
spine **464** b
spin labeling(スピン標識法) **484** a
spin-lattice relaxation time(スピン-格子緩和時間) **484** a
spinocerebellar ataxia(脊髄小脳失調症) **503** b
spinocerebellar degeneration(脊髄小脳変性症) **503** b
spin-spin coupling constant(スピン-スピン結合定数) **484** a
spin-spin relaxation time(スピン-スピン緩和時間) **484** a
Spitz **609** a
SPL=sphingosine-1-phosphate lyase(スフィンゴシン-1-リン酸リアーゼ) **127** a
sPLA$_2$=secretory phospholipase A$_2$(分泌型ホスホリパーゼA2) **127** a
spleen(脾臓) **726** b
spleen colony forming cell(脾コロニー形成細胞) **717** a
spleen colony forming unit(脾コロニー形成単位) **717** a
spleen focus forming virus(脾臓フォーカス形成ウイルス)
**727** a
spleen necrosis virus(脾臓壊死ウイルス) **726** b
splenic lymphoma with villous lymphocytes(脾リンパ腫)
**905** a
splice(スプライシング) **486** b
spliced leader RNA(スプライストリーダー RNA) **487** b
splice junction(スプライス部位) **487** b
spliceosome(スプライソソーム) **488** a
splice site(スプライス部位) **487** b
3′ splice site(3′スプライス部位) **487** b
5′ splice site(5′スプライス部位) **487** b
splicing(スプライシング) **486** b
——, alternative(選択的スプライシング) **521** a

plicing(つづき)
　―, cis(シススプライシング)　412 a
　―, RNA(RNA スプライシング)　41 a
　―, self-(自己スプライシング)　406 a
　―, trans(トランススプライシング)　637 b
splicing enhancer(スプライシングエンハンサー)　487 b
splicing factor(スプライシング因子)　487 a
splicing factor 2(スプライシング因子 2)　487 a
split gene(分断された遺伝子)　804 a
*Spm*　639 a
SPMA＝spinal progressive muscular atrophy(脊髄性進行性筋萎縮症)　127 a
spongocytidine(スポンゴシチジン)　489 b
spontaneous animal model(自然発症モデル)　907 a
spore(胞子)　831 b
spore formation(胞子形成)　832 a
sporopollenin(スポロポレニン)　206 a
sporosac(子嚢)　429 b
Sporozoa(胞子虫類)　308 b
sporozoite(スポロゾイト)　777 b
sporulation(胞子形成)　832 a
spot desmosome(スポットデスモソーム)　489 a
SPR＝surface plasmon resonance(表面プラズモン共鳴)　127 a
S protein(S タンパク質)　124 b
S-100 protein(S-100 タンパク質)　127 a
Sprouty　610 a
SPT-ADA-GCN5-acetyl transferase　122 a
spumavirus(泡沫ウイルス)　836 a
squamous cell carcinoma(扁平上皮がん)　827 a
squamous epithelium(扁平上皮)　827 b
SR58611　810 a
SRB　121 b
SRBP＝serum retinol-binding protein(血清レチノール結合タンパク質)　121 b
Src family(Src ファミリー)　380 a
*src* gene(*src* 遺伝子)　379 b
Src homology and collagen　417 b
Src homology domain(Src ホモロジードメイン)　122 b
SRCR domain(SRCR ドメイン)　477 a
Src-related protein(Src 関連タンパク質)　380 a
SRE＝serum response element(血清応答配列)　121 b
S-receptor kinase　399 b
S region(S 領域)　128 a
SRF＝serum response factor(血清応答因子)　121 b
SRH＝second region of homology　115 a
SRIF＝somatotropin-release-inhibiting factor(ソマトトロピン放出抑制因子)　535 a
SRK ＝ S-receptor kinase　399 b
SRP＝signal recognition particle(シグナル認識粒子)　121 b
SRP receptor(SRP 受容体)　121 b
SR protein(SR タンパク質)　121 b
5S rRNA　335 b
5.8S rRNA　343 b
5S rRNA gene(5S rRNA 遺伝子)　335 b
SRS-A＝slow reacting substance of anaphylaxis(遅発反応物質(アナフィラキシーの))　121 b
SRY＝sex-determining region Y(Y 染色体性決定領域)　121 b
*Sry* gene(*Sry* 遺伝子)　121 b
SRY protein(SRY タンパク質)　121 b
Ssa1　131 b
SSAV＝simian sarcoma associated virus(サル肉腫随伴ウイルス)　385 a
SSB＝single-strand(ed) DNA-binding protein　122 a
S-S bond(S-S 結合)　122 a
SSB protein(SSB タンパク質)　122 a

Ssc1　131 b
SSCP＝single strand conformation polymorphism(一本鎖 DNA 高次構造多型)　122 a
SSEA-1　122 a
SSLLM＝single strand linker ligation method(一本鎖リンカーライゲーション法)　122 a
SSLP＝simple sequence length polymorphism(単純配列長多型)　122 a
SSPE＝subacute sclerosing panencephalitis(亜急性硬化性全脳炎)　908 a
SsrA RNA　122 a
S-S recombination(S-S 組換え)　122 a
SSS＝specific soluble substance(多糖体)　681 b
SSV＝*Simian sarcoma virus*(サル肉腫ウイルス)　122 a
stable expression(安定発現)　57 a
stable factor(安定因子)　57 a
stable isotope(安定同位体)　57 a
stage-specific embryonal antigen-1(発生段階特異的胎児性抗原 1)　697 a
staggered end(付着末端)　770 b
staggerer mouse(スタゲラーマウス)　479 a
stamen(雄しべ)　5 b
standard deviation(標準偏差)　742 a
standard error(標準誤差)　742 a
standard free energy change(標準自由エネルギー変化)　742 a
staphylococcal enterotoxin(ブドウ球菌エンテロトキシン)　483 b
Staphylococcal nuclease(スタフィロコッカスヌクレアーゼ)　876 b
*Staphylococcus*(ブドウ球菌)　771 b
*Staphylococcus aureus*(黄色ブドウ球菌)　168 a
staphylokinase(スタフィロキナーゼ)　479 a
star activity(スター活性)　478 b
starch(デンプン)　621 b
Starry night(スターリーナイト)　479 b
Start　479 a
starvation(飢餓状態)　231 a
statin(スタチン)　479 a
stationary phase(定常期)　598 a
STAT protein(STAT タンパク質)　479 a
staurosporin(スタウロスポリン)　478 a
steel factor(Sl 因子)　123 b
*STE* gene(*STE* 遺伝子)　125 a
Stein, William Howard(スタイン)　478 b
Steinert's disease(スタイナート病)　478 b
stem apex culture(茎頂培養)　289 a
stem cell(幹細胞)　221 b
　―, embryonic(胚性幹細胞)　683 b
　―, hematopoietic(造血幹細胞)　525 b
　―, hemopoietic(造血幹細胞)　525 b
　―, multipotential hemopoietic(多能性造血幹細胞)　552 a
stem cell factor(幹細胞因子)　222 a
stem loop(ステムループ)　479 b
stem tip culture(茎頂培養)　289 a
stereocilium(不動毛)　772 a
stereoisomer(立体異性体)　942 a
sterility(不稔性)　799 a
steroid hormone(ステロイドホルモン)　479 b
steroid hormone receptor(ステロイドホルモン受容体)　479 b
steroid receptor(ステロイド受容体)　479 b
steroid/thyroid/retinoid nuclear receptor superfamily(核内受容体スーパーファミリー)　195 a
Stewart-Prower factor(スチュワート・プロワー因子)　479 b
STH＝somatotropic hormone(ソマトトロピン)　125 b
STI＝soybean trypsin inhibitor(ダイズトリプシンインヒビター)　124 b

sticky end（付着末端）　770 b
stilbestrol（スチルベストロール）　479 b
stimulus（刺激）　405 a
stippled epiphysis（斑点状骨端症）　704 b
sTLCN＝soluble telencephalin（可溶性テレンセファリン）　610 a
STM＝scanning tunneling microscope（走査型トンネル顕微鏡）　125 b
stoichiometry（化学量論）　188 a
Stokes' equation（ストークスの式）　479 b
Stokes' radius（ストークス半径）　479 b
stoma（気孔）　231 b
stomach cancer（胃がん）　64 b
stomata（気孔）　231 b
stomatal aperture（気孔開口部）　232 a
stomatal opening（気孔開口部）　232 a
stomatal pore（気孔開口部）　232 a
stop codon（終結コドン）　438 a
stopped-flow technique（ストップトフロー法）　479 b
stop transfer sequence（膜透過停止配列）　865 b
stratified squamous epithelium（重層扁平上皮）　439 a
streptavidin（ストレプトアビジン）　480 b
streptococcal pyrogenic exotoxin（連鎖球菌発熱性外毒素）　483 b
Streptococcus（連鎖球菌）　969 a
Streptococcus pneumoniae（肺炎球菌）　681 b
streptodornase（ストレプトドルナーゼ）　481 a
streptokinase（ストレプトキナーゼ）　480 b
streptolydigin（ストレプトリジギン）　481 b
streptolysin（ストレプトリシン）　481 b
Streptomyces（ストレプトミセス）　481 b
streptomycin（ストレプトマイシン）　481 b
streptovaricin（ストレプトバリシン）　481 b
streptozocin（ストレプトゾシン）　480 b
streptozotocin（ストレプトゾトシン）　480 b
stress-activated protein kinase（ストレス活性化プロテインキナーゼ）　480 b
stress fiber（ストレスファイバー）　480 b
stress-induced cellular senescence（ストレス誘導性細胞老化）　480 b
stress protein（ストレスタンパク質）　480 b
stress response（ストレス応答）　480 a
stretch-activated channel（伸展感受性イオンチャネル）　473 b
striated border（刷子縁）　381 b
striated muscle（横紋筋）　169 a
strict anaerobe（絶対嫌気性生物）　507 a
stringent control（緊縮調節）　255 b
stringent response（緊縮応答）　255 b
stRNA＝small temporal RNA　124 b
stroma（間質）　223 b
stroma（ストロマ）　481 b
stroma cell（ストロマ細胞）　481 b
stromata（ストロマ）　481 b
stroma thylakoid（ストロマチラコイド）　572 b
stromelysin（ストロメライシン）　870 b
strophanthin（ストロファンチン）　481 b
structural biology（構造生物学）　327 a
structural gene（構造遺伝子）　327 a
structural genomics（構造ゲノミクス）　327 a
structural isomer（構造異性体）　327 a
structural protein（構造タンパク質）　327 a
structural proteomics（構造プロテオミクス）　327 b
structure analysis（構造解析）　327 a
structure classification（立体構造分類）　942 a
strychnine（ストリキニーネ）　479 b
STS＝sequence-tagged site（配列標識部位）　125 b

subacute sclerosing panencephalitis（亜急性硬化性全脳炎）　908 b
subcloning（サブクローニング）　382 b
subcortical dementia（皮質下性認知症）　665 b
subculture（継代培養）　289 a
subgenomic RNA（サブゲノム RNA）　382 b
submetacentric chromosome（次中部動原体染色体）　417 a
submitochondrial particle（亜ミトコンドリア粒子）　30 a
subsidiary cell（副細胞）　765 b
subspecies（亜種）　12 b
substance K（サブスタンス K）　383 a
substance K receptor（サブスタンス K 受容体）　383 a
substance P（サブスタンス P）　383 a
substrate adhesion molecule（基質接着分子）　232 b
substrate cycle（基質サイクル）　232 b
substrate dependence（基質依存性）　232 b
substrate hypha（基質菌糸）　232 b
substrate independence（基質非依存性）　233 a
subsynaptic membrane（シナプス下膜）　427 a
subtilisin（ズブチリシン）　486 b
subtraction library（差分化ライブラリー）　383 a
subtractive hybridization（差引きハイブリダイゼーション）　380 b
subunit（サブユニット）　383 a
subventricular zone（脳室下帯）　463 a
succinic acid（コハク酸）　344 b
succinyl-CoA（スクシニル CoA）　477 b
succinyl-coenzyme A（スクシニル補酵素 A）　477 b
sucrase（スクラーゼ）　477 b
sucrase-isomaltase（スクラーゼイソマルターゼ）　477 b
sucrose（スクロース）　478 a
sucrose density-gradient centrifugation（ショ糖密度勾配遠心分離法）　457 b
sucrose α-glucosidase（スクロース α-グルコシダーゼ）　478 a
sucrose-phosphate synthase（スクロースリン酸シンターゼ）　478 b
sugar chain formation（糖鎖形成）　625 a
sugar nucleotide（糖ヌクレオチド）　628 b
sugar phosphate（糖リン酸）　629 b
sugar transport（糖輸送）　629 b
sugar transporter（糖輸送体）　629 b
sugar transporter superfamily（糖輸送体スーパーファミリー）　629 a
suicide gene（自殺遺伝子）　408 a
sulfatase（スルファターゼ）　490 b
sulfate assimilation（硫酸同化）　953 a
sulfate reduction（硫酸還元）　953 a
sulfatide（スルファチド）　491 a
sulfhydryl reagent（SH 試薬）　122 b
sulfite reductase（亜硫酸レダクターゼ）　36 b
Sulfolobus　332 b
sulfur assimilation（硫黄同化）　62 b
sulfur bacteria（硫黄細菌）　62 b
sulfur mustard（サルファーマスタード）　385 b
Sulston, John Edward（サルストン）　385 a
SUMO＝small ubiquitin-related modifier　490 a
SUMO modification（SUMO 修飾）　490 a
SUMOylation（SUMO 化）　490 b
superantigen（スーパー抗原）　483 a
supercoil（超コイル）　570 a
superfamily（スーパーファミリー）　483 b
superficial cleavage（表割）　741 b
supergene family（スーパー遺伝子ファミリー）　483 a
superhelical density（超らせん密度）　572 b
superhelix（超らせん）　572 a
superhelix density（超らせん密度）　572 b

superhelix winding angle(超らせんのピッチ角) 924 b
superkingdom(超界) 569 a
supermolecule(超分子) 572 a
supernatant(上澄み) 374 b
superoxide(スーパーオキシド) 483 a
superoxide anion(スーパーオキシドアニオン) 483 a
superoxide dismutase(スーパーオキシドジスムターゼ) 483 a
supersecondary structure(超二次構造) 571 b
super solenoid(スーパーソレノイド) 483 b
supporting medium electrophoresis(支持体電気泳動) 536 b
suppression(抑圧) 923 b
suppressor(サプレッサー) 383 a
suppressor oncogene(がん抑制遺伝子) 228 b
suppressor-sensitive mutant(サプレッサー感受性突然変異体) 383 b
suppressor T cell(サプレッサー T 細胞) 383 a
suppressor tRNA(サプレッサー tRNA) 383 a
supramolecule(超分子) 572 a
suprarenal gland(腎上体) 471 a
*Spumavirus*(スプマウイルス) 964 b
surface active agent(界面活性剤) 186 a
surface plasmon resonance(表面プラズモン共鳴) 743 a
surfactant(界面活性剤) 186 a
surfactant(サーファクタント) 839 b
surfactant protein A(サーファクタントタンパク質 A) 845 b
Survivin(サバイビン) 180 b
*sus* mutant(*sus* 突然変異体) 128 a
suspension culture(懸濁培養) 308 b
Sutherland, Jr., Earl Wilbur(サザランド) 380 a
Sutton, Walter(サットン) 382 a
Sv = sievert(シーベルト) 432 b
SV40 = simian virus 40(シミアンウイルス 40) 127 a
Svedberg unit(スベドベリ単位) 488 b
SV40 enhancer(SV40 エンハンサー) 127 b
SVZ = subventricular zone(脳室下帯) 463 b
*swa* = *swallow*(スワロー) 715 b
*swallow*(スワロー) 715 b
swarm cell(遊走細胞) 913 a
swarm spore(遊走子) 913 a
Swi6/cdc10 repeat(Swi6/cdc10 リピート) 124 b
swimming tadpole(泳ぐオタマジャクシ) 173 a
SWI/SNF 476 b
SWI/SNF complex(SWI/SNF 複合体) 476 a
Swr1complex(Swr1 複合体) 124 b
Sxl = Sex-lethal 487 b
SYBR Green 360 b
Syk 417 a
symbiont(共生体) 248 a
symbioses(共生) 248 a
symbiosis(共生) 248 a
symbiotic photobacterium(共生光細菌) 248 b
symbiotic relationship(共生関係) 248 a
symbiotic theory(共生説) 248 a
sympatedrine(シンパテドリン) 474 b
sympathetic ganglia(交感神経節) 314 b
sympathetic ganglion cell(交感神経節細胞) 315 a
sympathetic nervous system(交感神経系) 314 b
sympathetic neuron(交感神経細胞) 314 b
sympatric speciation(同所的種分化) 625 b
symplast(シンプラスト) 474 b
symport(共輸送) 249 b
symporter(共輸送体) 249 b
synapse(シナプス) 426 b
　――, chemical(化学シナプス) 186 b
　――, cholinergic(コリン作動性シナプス) 347 a
　――, excitatory(興奮性シナプス) 333 a

　――, neuromuscular(神経筋シナプス) 463 a
　――, reciprocal(相反シナプス) 30 b
synapse elimination(シナプス除去) 428 a
synapsin(シナプシン) 426 b
synapsis(対合(染色体の)) 538 a
synaptic button(シナプスボタン) 428 b
synaptic cleft(シナプス間隙) 463 b
synaptic ending(シナプス終末) 428 a
synaptic modification(シナプス修飾) 428 a
synaptic plasticity(シナプス可塑性) 427 a
synaptic vesicle(シナプス小胞) 428 a
synaptobrevin(シナプトブレビン) 429 a
synaptonemal complex(シナプトネマ構造) 428 b
synaptophysin(シナプトフィジン) 429 a
synaptosome(シナプトソーム) 428 a
synaptotagmin(シナプトタグミン) 428 a
synaptotagmin-like protein 428 b
SynCAM1(SynCAM1) 128 a
synchronized culture(同調培養) 627 a
synchronous culture(同調培養) 627 a
synchrotron radiation(放射光) 833 a
syncytia(シンシチウム) 471 a
syncytium(シンシチウム) 471 a
syndecan(シンデカン) 473 a
syndecan-2(シンデカン 2) 473 a
syndrome X(シンドローム X) 474 a
synemin(シネミン) 429 a
synergism(相乗効果(転写制御の)) 527 a
synergistic effect(相乗効果(転写制御の)) 527 a
syngeneic(同系) 67 a
syngraft(同種同系移植) 625 b
synonymous codon(同義コドン) 623 b
synonymous mutation(同義突然変異) 623 b
synonymous SNP(同義 SNP) 623 b
syntaxin(シンタキシン) 472 a
syntenic map(相同領域地図) 473 a
syntenic region(相同領域) 473 a
synteny(シンテニー) 473 a
synthetic antigen(人工抗原) 316 b
synthetic medium(合成培地) 325 b
synthetic oligonucleotide(合成オリゴヌクレオチド) 325 a
synthetic vector(合成ベクター) 326 a
syntrophism(栄養共生) 114 b
syntrophy(栄養共生) 114 b
syrian hamster(シリアンハムスター) 458 b
systematic evolution of ligands by exponential enrichment 513 a
systematics(分類学) 805 b
systemic acquired resistance(全身獲得抵抗性) 519 b
systemic lupus erythematodes(全身性エリテマトーデス) 520 b
systemic lupus erythematosus(全身性エリテマトーデス) 520 b
systemic Shwartzman reaction(全身性シュワルツマン反応) 520 b
systemin(システミン) 413 a
systems biology(システム生物学) 413 a
Systems Biology Markup Language 413 b
Syt = synaptotagmin(シナプトタグミン) 417 b
syx = syntaxin(シンタキシン) 128 a

# T

$\theta$ form molecule($\theta$ 形分子) 414 b

θ structure (θ 構造) **414** b
τ protein (τ タンパク質) **545** b
T = threonine (トレオニン) **644** a
$T_3$ = triiodothyronine (トリヨードチロニン) **642** b
$T_4$ = tetraiodothyronine (テトラヨードチロニン) **573** a
Tac antigen (Tac 抗原) **550** a
TACE = TNF-α converting enzyme **19** a
tachykinin (タキキニン) **546** b
tachykinin receptor (タキキニン受容体) **546** b
*tacUV5* promoter (*tacUV5* プロモーター) **928** a
tadpole (オタマジャクシ) **173** a
TAF **553** a
TAFI = thrombin-activatable fibrinolysis inhibitor (トロンビン活性化繊維素溶解系インヒビター) **579** b
tag (タグ) **546** b
TAG1 **371** b
tail-anchored membrane protein (C 末端アンカー型膜タンパク質) **434** b
Tail-less **643** b
tailor-made medical treatment (テーラーメイド医療) **609** b
TAK1 = TGF-β activated kinase-1 (TGF-β 活性化キナーゼ 1) **550** a
talin (ターリン) **609** b
*Tam3* **639** a
tamoxifen (タモキシフェン) **554** b
Tanaka, Koichi (田中耕一) **551** b
tandem repeat (縦列反復配列) **441** a
tandem repetitive sequence (縦列反復配列) **441** a
Tangier disease (タンジール病) **556** b
tannic acid (タンニン酸) **558** b
tannin (タンニン) **557** b
tannin vacuole (タンニン液胞) **557** b
T antigen (T 抗原) **595** b
T8 antigen (T8 抗原) **422** b
TAP = transporter associated with antigen processing (ペプチドトランスポーター) **153** b
tapetum (タペート組織) **825** b
*Taq* polymerase (*Taq* ポリメラーゼ) **550** a
TAR element (TAR 配列) **579** b
targeted degradation (選択的分解) **521** b
targeted mutation (標的突然変異) **742** a
targeting (ターゲッティング) **547** a
target SNAP receptor **534** a
taricatoxin (タリカトキシン) **608** a
TARP = transmembrane AMPA receptor regulatory protein **709** a
Tarui disease (垂井病) **555** a
TAT = thrombin-antithrombin III complex (トロンビン・アンチトロンビン III 複合体) **580** b
TATA box (TATA ボックス) **548** b
TATA box-binding factor (TATA ボックス結合因子) **548** b
TATA box-binding protein (TATA ボックス結合タンパク質) **548** b
TATA element (TATA エレメント) **548** a
TATA factor (TATA 因子) **548** a
*tat* gene (*tat* 遺伝子) **551** a
Tat membrane translocation system (Tat 膜透過系) **550** a
Tatum, Edward Lawrie (テータム) **606** b
tau protein (τ タンパク質) **545** b
tautomer (互変異性体) **345** b
tautomeric shift (互変異性シフト) **345** b
taxa (分類単位) **437** a
*tax* gene (*tax* 遺伝子) **550** a
taxol (タキソール) **546** b
taxonomy (分類学) **805** b
Tay-Sachs disease (テイ・サックス病) **597** a

T7-based RNA amplification (T7-based RNA 増幅法) **599** a
TBG = thyroxine binding globulin (チロキシン結合グロブリン) **599** b
T-box protein 1 **598** a
TBP = TATA box-binding protein (TATA ボックス結合タンパク質) **599** b
TBPA = thyroxine binding prealbumin (チロキシン結合プレアルブミン) **599** b
TBP-associated factor (TBP 随伴因子) **599** b
Tbx1 = T-box protein 1 **598** a
TCA cycle (TCA 回路) **597** a
TCDD = 2,3,7,8-tetrachlorodibenzo-*p*-dioxin (2,3,7,8-テトラクロロジベンゾ-*p*-ジオキシン) **597** a
T cell (T 細胞) **595** b
——, cytotoxic (細胞傷害性 T 細胞) **369** b
——, helper (ヘルパー T 細胞) **824** b
——, killer (キラー T 細胞) **252** b
——, memory (記憶 T 細胞) **231** a
——, suppressor (サプレッサー T 細胞) **383** b
T24 cell (T24 細胞) **66** b
3T3 cell (3T3 細胞) **388** b
10T1/2 cell (10T1/2 細胞) **417** b
T cell acute lymphocytic leukemia (T 細胞急性リンパ性白血病) **596** a
T cell antigen receptor (T 細胞抗原受容体) **596** b
T-cell death-associated gene 8 **794** b
T cell growth factor-2 (T 細胞増殖因子 2) **100** a
T cell marker (T 細胞マーカー) **596** b
T cell receptor (T 細胞受容体) **596** a
TCF = ternary complex factor **597** a
Tcfap2 **147** a
*t*-complex locus (*t* 複合遺伝子座) **600** a
T-complex polypeptide 1 **597** b
TCP1 = T-complex polypeptide 1 **597** b
TCR = T cell receptor (T 細胞受容体) **597** a
TDAG8 = T-cell death-associated gene 8 **794** b
TDF = testis determining factor (精巣決定因子) **598** b
T-DNA = transferred DNA **598** b
T4 DNA ligase (T4 DNA リガーゼ) **601** b
T7 DNA polymerase (T7 DNA ポリメラーゼ) **599** a
T-DNA tagging (T-DNA 標識) **636** a
TdT = terminal deoxyribonucleotidyl transferase (ターミナルデオキシリボヌクレオチジルトランスフェラーゼ) **599** b
TdT-mediated dUTP nick end labeling **551** b
tektin (テクチン) **604** b
telencephalin (テレンセファリン) **610** b
teleocidin (テレオシジン) **332** b
teleology (目的論) **906** a
television microscopy (テレビ顕微鏡) **610** a
telocentric chromosome (末端動原体染色体) **869** b
telomerase (テロメラーゼ) **610** b
telomere (テロメア) **610** a
telomere binding protein (テロメア結合タンパク質) **610** b
telomere repeat binding factor 1 **610** b
telomere reverse transcriptase **610** b
telomere RNA component **610** b
telomeric loop (テロメリックループ) **610** b
telophase (終期) **437** b
TEM = transmission electron microscope (透過型電子顕微鏡) **579** a
Temin, Howard Martin (テミン) **609** b
temperate phage (テンペレートファージ) **621** b
temperate virus (テンペレートウイルス) **621** b
temperature-gradient gel electrophoresis (温度勾配ゲル電気泳動) **181** a
temperature-sensitive mutant (温度感受性変異株) **181** a

temperature-sensitive mutation（温度感受性突然変異） **180** b
template（鋳型） **64** b
template strand（鋳型鎖） **64** b
template theory（鋳型説） **64** b
tenascin（テネイシン） **608** a
teniposide（テニポシド） **139** b
tension wood（引張あて材） **826** a
tenuin（テニュイン） **608** b
teratocarcinoma（奇形がん腫） **231** b
teratocarcinoma cell（奇形腫細胞） **231** b
teratoma（奇形腫） **231** b
TERC＝telomere RNA component **610** b
terminal deletion（末端欠失） **295** b
terminal deoxyribonucleotidyl transferase（ターミナルデオキシリボヌクレオチジルトランスフェラーゼ） **554** a
terminal transferase（ターミナルトランスフェラーゼ） **554** a
terminase（ターミナーゼ） **554** a
termination codon（終止コドン） **438** b
termination factor（終結因子（タンパク質生合成の）） **437** b
terminator（ターミネーター） **554** a
terpene（テルペン） **610** a
terpenoid（テルペノイド） **610** a
TERT＝telomere reverse transcriptase **610** b
tertiary structure（三次構造） **387** b
Tespamin（テスパミン） **605** b
test cross（検定交雑） **309** a
testis（精巣） **497** b
testis determining factor（精巣決定因子） **498** a
testosterone（テストステロン） **605** a
tetanus toxin（破傷風毒素） **690** b
tet on, tet off（tet オン, tet オフ） **606** a
2,3,7,8-tetrachlorodibenzo-p-dioxin（2,3,7,8-テトラクロロジベンゾ-p-ジオキシン） **606** b
tetracycline antibiotics（テトラサイクリン系抗生物質） **606** b
tetrad analysis（四分子分析） **432** b
tetradecanoic acid（テトラデカン酸） **607** a
12-O-tetradecanoylphorbol 13-acetate（12-O-テトラデカノイルホルボール 13-アセテート） **607** a
tetrahydrobiopterin（テトラヒドロビオプテリン） **607** b
$\Delta^9$-tetrahydrocannabinol（$\Delta^9$-テトラヒドロカンナビノール） **607** a
tetrahydrofolate dehydrogenase（テトラヒドロ葉酸デヒドロゲナーゼ） **607** a
L(－)-5,6,7,8-tetrahydrofolic acid（L(－)-5,6,7,8-テトラヒドロ葉酸） **607** a
*Tetrahymena*（テトラヒメナ） **607** b
*Tetrahymena pyriformis* **608** a
tetraiodothyronine（テトラヨードチロニン） **573** a
tetramethylenediamine（テトラメチレンジアミン） **772** a
tetramethylrhodamine isothiocyanate（テトラメチルローダミンイソチオシアネート） **608** a
tetranucleotide hypothesis（テトラヌクレオチド仮説） **607** a
tetrapeptide（テトラペプチド） **817** b
tetrathionate（テトラチオネート） **607** a
tetratricopeptide repeat（テトラトリコペプチドリピート） **607** a
tetrodotoxin（テトロドトキシン） **608** a
T-even phage（T 偶数ファージ） **595** a
texas red（テキサスレッド） **604** a
TF＝tissue factor（組織因子） **591** b
TFⅡA **591** b
TFⅢA **592** b
TFAP2 **147** a
TFⅡB **592** a
TFⅢB **593** a
TFⅢC **593** a
TFID **591** b
TFⅡD **592** a
TFⅡE **592** a
TFⅡF **592** a
TFⅡH **592** b
TFⅡK **592** b
TFO＝triplex-forming oligonucleotide（三本鎖形成性オリゴヌクレオチド） **593** a
TFPI＝tissue factor pathway inhibitor（組織因子系凝固インヒビター） **593** a
TFⅡS **592** b
Tg＝thyroglobulin（チログロブリン） **573** b
TGF-$\alpha$＝transforming growth factor-$\alpha$（トランスフォーミング増殖因子-$\alpha$） **597** b
TGF-$\beta$＝transforming growth factor-$\beta$（トランスフォーミング増殖因子-$\beta$） **597** b
TGF-$\beta$ activated kinase 1（TGF-$\beta$ 活性化キナーゼ 1） **597** a
TGF-$\beta$ receptor（TGF-$\beta$ 受容体） **597** a
TGGE＝temperature-gradient gel electrophoresis（温度勾配ゲル電気泳動） **597** a
TGN＝trans Golgi network（トランスゴルジ網） **597** a
tg$^{rol}$ **597** a
TGS＝transcriptional gene silencing（転写レベルの遺伝子サイレンシング） **597** b
$T_H$＝helper T cell（ヘルパー T 細胞） **580** a
thalamus（視床） **411** a
thalassemia（サラセミア） **384** a
thalidomide（サリドマイド） **384** b
thallophyta（葉状植物） **921** b
thallus（葉状体） **921** b
thanotophoric dysplasia（致死型軟骨無形成症） **653** a
$T_H1$ cytokine（$T_H1$ サイトカイン） **580** a
$T_H2$ cytokine（$T_H2$ サイトカイン） **580** a
theca（子嚢） **429** b
theobromine（テオブロミン） **603** a
theocin（テオチン） **603** a
theophylline（テオフィリン） **603** a
Theorell, Axel Hugo Theodor（テオレル） **603** a
thermal denaturation（熱変性） **673** a
thermic effect of food（産熱効果（食物の）） **388** b
thermoacidophile（好熱好酸菌） **332** b
thermolysin（サーモリシン） **384** a
thermophile（好熱菌） **332** a
thermophilic bacterium（好熱菌） **332** a
*Thermoplasma* **332** b
thermotolerance（熱耐性） **673** a
theta form molecule（$\theta$ 形分子） **414** b
theta structure（$\theta$ 構造） **414** b
THF＝L(－)-5,6,7,8-tetrahydrofolic acid（L(－)-5,6,7,8-テトラヒドロ葉酸） **580** a
THFA＝L(－)-5,6,7,8-tetrahydrofolic acid（L(－)-5,6,7,8-テトラヒドロ葉酸） **580** a
thiabendazole（チアベンダゾール） **678** a
thiamin（チアミン） **561** a
thick filament（太いフィラメント） **771** b
thigmonasty（接触傾性） **507** a
thigmotropism（接触屈性） **506** a
thin filament（細いフィラメント） **844** a
thin layer chromatography（薄層クロマトグラフィー） **688** b
thin section（超薄切片） **877** a
thioester bond（チオエステル結合） **562** a
thioglycol（チオグリコール） **898** a
6-thioguanine（6-チオグアニン） **562** a
6-thioinosine（6-チオイノシン） **562** a
thiol（チオール） **562** b
thiol protease（チオールプロテアーゼ） **562** b

thiol protease inhibitor(チオールプロテアーゼインヒビター) 562 b
thionein(チオネイン) 562 b
thionester(チオンエステル) 563 a
thionin(チオニン) 345 b
thioredoxin(チオレドキシン) 562 b
thioredoxin reductase(チオレドキシンレダクターゼ) 563 a
thioserine(チオセリン) 412 b
thiotemplate mechanism(チオテンプレート機構) 562 b
thiotemplate multienzymic mechanism(チオテンプレート酵素複合体機構) 562 b
Thiotepa(チオテパ) 562 b
thiouracil(チオウラシル) 562 a
third law of thermodynamics(熱力学第三法則) 673 a
thixotropy(チクソトロピー) 536 b
Thorotrast(トロトラスト) 219 b
Thr＝threonine(トレオニン) 644 a
threading method(スレッディング法) 491 b
TH receptor(TH 受容体) 580 a
three hybrid system(スリーハイブリッドシステム) 490 b
three-point cross(三点交雑) 388 b
threonine(トレオニン) 644 a
threshold(閾値) 65 a
threshold membrane potential(閾膜電位) 65 a
threshold potential(閾値ポテンシャル) 65 a
thrombasthenia(血小板無力症) 298 b
thrombin(トロンビン) 645 a
thrombin-activatable fibrinolysis inhibitor(トロンビン活性化線維素溶解系インヒビター) 645 a
thrombin-antithrombin Ⅲ complex(トロンビン・アンチトロンビン Ⅲ 複合体) 645 a
thrombin inhibitor(トロンビン阻害物質) 645 b
thrombin receptor(トロンビン受容体) 645 a
thrombocytasthenia(血小板無力症) 298 a
thrombomodulin(トロンボモジュリン) 646 b
thrombopoietin(トロンボポエチン) 646 a
thrombospondin(トロンボスポンジン) 646 b
thrombotic thrombocytopenic purpura(血栓性血小板減少性紫斑病) 299 b
thromboxane(トロンボキサン) 645 b
thromboxane $A_2$(トロンボキサン $A_2$) 645 b
thromboxane $A_2$/prostaglandin $H_2$ receptor(トロンボキサン $A_2$/プロスタグランジン $H_2$ 受容体) 646 a
thromboxane $A_2$ receptor(トロンボキサン $A_2$ 受容体) 645 b
thromboxane synthase(トロンボキサンシンターゼ) 645 b
thrombus(血栓) 299 a
Thy＝thymine(チミン) 564 b
Thy-1 antigen(Thy-1 抗原) 379 a
thylakoid(チラコイド) 572 b
thymic selection(胸腺選択) 248 b
thymidine(チミジン) 564 b
thymidine kinase(チミジンキナーゼ) 564 b
thymidine monophosphate(チミジン一リン酸) 564 b
thymidylate kinase(チミジル酸キナーゼ) 564 a
thymidylate synthase(チミジル酸シンターゼ) 564 b
thymidylic acid(チミジル酸) 564 b
thymine(チミン) 564 b
thymine auxotrophic mutation(チミン要求性突然変異) 565 a
thymine dimer(チミン二量体) 565 a
thymineless death(チミン飢餓死) 565 a
thymine-requiring mutation(チミン要求性突然変異) 565 a
thymoleptic(感情調整剤) 224 b
thymosin(チモシン) 565 a
thymus(胸腺) 248 b
thymus-dependent antigen(胸腺依存性抗原) 316 b
thymus-independent antigen(胸腺非依存性抗原) 316 b
thymus nucleic acid(胸腺核酸) 248 b
thyroglobulin(チログロブリン) 573 b
thyroid(甲状腺) 322 b
thyroid hormone(甲状腺ホルモン) 323 b
thyroid hormone-binding protein(甲状腺ホルモン結合タンパク質) 324 a
thyroid hormone receptor(甲状腺ホルモン受容体) 324 a
thyroid hormone response element(甲状腺ホルモン応答配列) 324 a
thyroid hormone targeting enhancer element(甲状腺ホルモン標的エンハンサー配列) 324 b
thyroid-stimulating hormone(甲状腺刺激ホルモン) 323 b
thyroid-stimulating hormone receptor(甲状腺刺激ホルモン受容体) 323 a
thyroliberin(チロリベリン) 575 b
thyrotropic hormone(甲状腺刺激ホルモン) 323 a
thyrotropin(チロトロピン) 575 b
thyrotropin-releasing factor(甲状腺刺激ホルモン放出因子) 323 b
thyrotropin-releasing hormone(甲状腺刺激ホルモン放出ホルモン) 323 b
thyroxine(チロキシン) 573 a
thyroxine binding globulin(チロキシン結合グロブリン) 573 b
thyroxine binding prealbumin(チロキシン結合プレアルブミン) 573 b
TIF-1B 578 a
tight junction(密着結合) 879 b
tigroid body(虎斑) 657 b
tiling array(タイリングアレイ) 545 a
TIM complex＝translocase of the mitochondrial inner membrane complex(ミトコンドリア内膜トランスロカーゼ複合体) 578 a
time-lapse microscope(時間差顕微鏡) 400 a
time-lapse photomicroscopy(微速顕微撮影装置) 727 a
time-of-flight(飛行時間型) 418 b
TIMP＝tissue inhibitor of metalloprotease(メタロプロテアーゼ組織インヒビター) 892 a
TIO＝tumor-induced osteomalacia(腫瘍由来低リン酸血症性骨軟化症) 277 b
Ti plasmid(Ti プラスミド) 578 a
TIRFM＝total internal reflection fluorescence microscope(全反射蛍光顕微鏡) 578 a
tissue(組織) 532 a
tissue culture(組織培養) 532 b
tissue factor(組織因子) 532 a
tissue factor pathway inhibitor(組織因子系凝固インヒビター) 532 b
tissue inhibitor of metalloprotease(メタロプロテアーゼ組織インヒビター) 892 a
tissue microarray(組織マイクロアレイ) 533 a
tissue plasminogen activator(組織プラスミノーゲンアクチベーター) 533 a
tissue remodeling(組織再構築過程) 377 a
tissue-specific gene expression(組織特異の遺伝子発現) 532 b
tissue system(組織系) 532 b
tissue thromboplastin(組織トロンボプラスチン) 532 b
tissue-tissue interaction(組織間相互作用) 913 b
titer(力価) 938 a
titin(タイチン) 542 b
titration curve(滴定曲線) 604 a
TLC＝thin layer chromatography(薄層クロマトグラフィー) 593 b
TLCK＝$N_α$-tosyl-L-lysyl chloromethyl ketone($N_α$-トシル-L-リシルクロロメチルケトン) 593 b
TLCN＝telencephalin(テレンセファリン) 593 b
Tl gene(Tl 遺伝子) 593 b

欧文索引　1157

T locus（T 遺伝子座）　**579** b
t-loop（t ループ）　**601** b
TLR＝Toll-like receptor（Toll 様受容体）　**593** b
T lymphocyte（T リンパ球）
$T_m$＝melting temperature（融解温度）　**593** b
TM＝thrombomodulin（トロンボモジュリン）　**593** b
TMA＝tissue microarray（組織マイクロアレイ）　**593** b
tmRNA＝transfer-messenger RNA（転移・メッセンジャー RNA）　**593** b
TMV＝*Tobacco mosaic virus*（タバコモザイクウイルス）　**593** b
Tn　**580** b
TNF＝tumor necrosis factor（腫瘍壊死因子）　**587** b
TNF-α＝tumor necrosis factor α（腫瘍壊死因子 α）　**588** a
TNF-α converting enzyme　**19** a
TNF-β＝tumor necrosis factor β（腫瘍壊死因子 β）　**588** a
TNF receptor（TNF 受容体）　**588** b
TNF receptor-associated factor（TNF 受容体結合因子）　**588** b
TNF receptor-associated protein 1　**131** b
TNF-related apoptosis-inducing ligand　**644** a
TNV＝*Tobacco necrosis virus*（タバコネクローシスウイルス）　**591** b
Tob　**633** b
*Tobacco mosaic virus*（タバコモザイクウイルス）　**552** b
*Tobacco necrosis virus*（タバコネクローシスウイルス）　**552** b
*Tobamovirus*（タバモウイルス）　**553** b
tobramycin（トブラマイシン）　**31** a
tocopherol（トコフェロール）　**630** a
Todd, Alexander Robertus（トッド）　**632** b
T-odd phage（T 奇数ファージ）　**595** a
TOF＝time-of-flight（飛行時間型）　**418** b
togavirus（トガウイルス）　**629** b
tolerance（トレランス）　**644** a
tolerogen（寛容原）　**228** b
*Toll* gene（トール遺伝子）　**642** b
Toll-like receptor（Toll 様受容体）　**643** b
TOM complex＝translocase of the mitochondrial outer membrane complex（ミトコンドリア外膜トランスロカーゼ複合体）　**593** a
TOM core complex（TOM コア複合体）　**593** b
tomography（断層撮影法）　**557** a
tomosyn（トモシン）　**634** b
Tonegawa, Susumu（利根川　進）　**632** b
tonofilament（トノフィラメント）　**770** b
tonoplast（トノプラスト）　**633** a
TOP＝toponymic（番地指定分子）　**398** a
top-down mapping（トップダウンマッピング）　**632** b
topoisomer（トポアイソマー）　**634** a
topoisomerase（トポイソメラーゼ）　**634** a
topoisomerase-related function protein 4　**590** a
toponymic（番地指定分子）　**398** a
toppler mouse（toppler マウス）　**453** a
Tor　**643** a
*tor* gene（*tor* 遺伝子）　**593** b
*Torovirus*（トロウイルス）　**349** a
torsion angle（ねじれ角）　**671** b
*torso* gene（トルソ遺伝子）　**642** b
Torsolike　**643** a
Torso signal（トルソシグナル）　**643** a
$N^α$-tosyl-L-lysyl chloromethyl ketone（$N^α$-トシル-L-リシルクロロメチルケトン）　**631** a
total internal reflection fluorescence microscope（全反射蛍光顕微鏡）　**523** b
totipotency（全能性）　**523** a
toxic shock syndrome toxin-1（トキシックショック症候群外毒素 1）　**483** b

toxin（毒素）　**630** a
toxohormone（トキソホルモン）　**629** b
toxoid（トキソイド）　**629** b
tPA＝tissue plasminogen activator（組織プラスミノーゲンアクチベータ）　**599** b
TPA＝12-O-tetradecanoylphorbol 13-acetate（12-O-テトラデカノイルホルボール 13-アセテート）　**599** b
TPA response element（TPA 応答配列）　**599** b
*TP53* gene（*TP53* 遺伝子）　**599** b
T2 phage（T2 ファージ）　**599** a
T3 phage（T3 ファージ）　**599** a
T4 phage（T4 ファージ）　**601** b
T7 phage（T7 ファージ）　**599** a
*TP53INP1* gene（*TP53INP1* 遺伝子）　**599** b
TPN＝triphosphopyridine nucleotide（トリホスホピリジンヌクレオチド）　**599** b
T4 polynucleotide kinase（T4 ポリヌクレオチドキナーゼ）　**601** b
TPR＝tetratricopeptide repeat（テトラトリコペプチドリピート）　**599** b
TQ-1　**160** a
TR＝thioredoxin reductase（チオレドキシンレダクターゼ）　**578** b
TR＝thrombin receptor（トロンビン受容体）　**578** b
TR＝thyroid hormone receptor（甲状腺ホルモン受容体）　**578** b
tra＝transformer　**487** b
trace element（微量元素）　**744** a
tracer（トレーサー）　**644** a
tracheid tissue（仮道管組織）　**205** b
TRAF＝TNF receptor-associated factor　**634** b
traffic ATPase superfamily（輸送体 ATP アーゼスーパーファミリー）　**916** a
TRAIL＝TNF-related apoptosis-inducing ligand　**644** a
trailer sequence（トレーラー配列）　**644** b
trans-acting locus（トランス作用座）　**635** b
trans-acting responsive element　**579** b
transactivation（トランス活性化）　**635** a
transactivation domain（転写活性化ドメイン）　**620** a
transactivator（トランスアクチベーター）　**635** a
transacylase（トランスアシラーゼ）　**13** a
transaminase（トランスアミナーゼ）　**635** a
transamination（アミノ基転移）　**31** a
transcript（転写産物）　**618** b
transcriptase（転写酵素）　**618** a
transcription（転写）　**616** a
transcription activator（転写アクチベーター）　**616** b
transcriptional activation（転写活性化）　**617** a
transcriptional activation factor（転写活性化因子）　**617** a
transcriptional coactivator（転写コアクチベーター）　**617** a
transcriptional co-factor（転写共役因子）　**617** a
transcriptional control（転写調節）　**619** b
transcriptional elongation（転写伸長）　**619** a
transcriptional elongation factor（転写伸長因子）　**619** b
transcriptional gene silencing（転写レベルの遺伝子サイレンシング）　**621** a
transcriptional regulation（転写調節）　**619** b
transcriptional regulatory factor（転写調節因子）　**620** a
transcriptional regulatory network（転写調節ネットワーク）　**620** b
transcriptional sequencing（転写シークエンシング法）　**619** a
transcription attenuation（転写減衰）　**617** b
transcription bubble（転写バブル）　**619** a
transcription complex（転写複合体）　**620** a
transcription coupled repair（転写共役修復）　**617** b
transcription factor（転写因子）　**616** b

transcription factory(転写工場) 618 a
transcription initiation complex(転写開始複合体) 617 a
transcription initiation factor(転写開始因子) 617 a
transcription preinitiation complex(転写開始前複合体) 617 a
transcription termination(転写終結) 619 a
transcription termination factor(転写終結因子) 619 a
transcription termination site(転写終結点) 619 a
transcription-translation coupling(転写-翻訳共役) 620 b
transcription unit(転写単位) 619 b
transcriptome(トランスクリプトーム) 635 a
transcriptomics(トランスクリプトミクス) 635 a
transcytosis(トランスサイトーシス) 635 b
transdetermination(分化決定転換) 799 b
transdifferentiation(異分化) 90 b
transdifferentiation(分化形質転換) 799 b
transducer of ErbB-2 633 b
transducin(トランスデューシン) 637 a
transducing phage(形質導入ファージ) 288 b
transduction(形質導入) 288 a
transesterification(エステル結合転移反応) 125 b
transfected cell microarray(細胞マイクロアレイ) 375 a
transfection(トランスフェクション) 637 b
transfection microarray(トランスフェクションマイクロアレイ) 860 a
transferable plasmid(伝達性プラスミド) 621 a
transferase(転移酵素) 611 b
transfer cell(輸送細胞) 916 a
transfer-messenger RNA(転移・メッセンジャー RNA) 612 a
transferred DNA 598 b
transferrin(トランスフェリン) 637 b
transferrin binding protein(トランスフェリン結合タンパク質) 638 a
transferrin receptor(トランスフェリン受容体) 638 a
transfer RNA(転移 RNA) 611 a
transformant(形質転換体) 288 a
transformation(形質転換) 287 b
transformation(符号化) 445 b
transformation(トランスフォーメーション) 638 b
transformed cell(形質転換細胞) 288 a
transformed focus(形質転換巣) 288 b
transformer 487 b
transforming gene(トランスフォーミング遺伝子) 638 a
transforming growth factor-α(トランスフォーミング増殖因子α) 638 a
transforming growth factor-β(トランスフォーミング増殖因子β) 638 a
transforming growth factor-β receptor(トランスフォーミング増殖因子β受容体) 638 b
transforming principle(形質転換因子) 288 a
transforming protein(トランスフォーミングタンパク質) 638 b
transgene(導入遺伝子) 627 b
transgenic animal(トランスジェニック動物) 636 b
transgenic mouse(トランスジェニックマウス) 636 b
transgenic organism(トランスジェニック生物) 636 b
transgenic plant(トランスジェニック植物) 635 b
transglycosylation(グリコシル転移) 269 b
trans Golgi network(トランスゴルジ網) 635 b
trans Golgi reticulum(トランスゴルジ網様体) 635 b
transhydrogenase(トランスヒドロゲナーゼ) 637 b
transient assay(トランジエントアッセイ) 634 b
transient expression(一過性発現) 73 a
transient receptor potential ion channel(一過性受容体電位イオンチャネル) 73 a
transition(トランジション) 634 b
transitional element(移行型小胞体) 66 a

transitional endoplasmic reticulum(移行型小胞体) 66 a
transition element(遷移元素) 515 a
transit peptide(トランジットペプチド) 634 b
translated region(翻訳領域) 859 b
translation(翻訳) 858 b
translational control(翻訳調節) 859 a
translational coupling(翻訳共役) 858 b
translational regulation(翻訳調節) 859 a
translational research(トランスレーショナルリサーチ) 639 a
translocase(トランスロカーゼ) 639 b
translocase of the mitochondrial inner membrane complex(ミトコンドリア内膜トランスロカーゼ複合体) 882 b
translocase of the mitochondrial outer membrane complex(ミトコンドリア外膜トランスロカーゼ複合体) 881 b
translocation(転座) 613 b
translocation(転流) 621 b
translocation(トランスロケーション) 639 b
translocator(トランスロケーター) 639 b
translocon(トランスロコン) 639 b
transmembrane AMPA receptor regulatory protein 709 b
transmembrane domain(膜貫通ドメイン) 863 b
transmembrane protein(膜貫通タンパク質) 863 b
transmembrane transport(膜貫通輸送) 864 a
transmission electron microscope(透過型電子顕微鏡) 622 b
transplantation(移植) 67 a
transplantation antigen(移植抗原) 67 b
transplantation immunity(移植免疫) 68 a
transport(タンパク質輸送) 560 a
transporter(輸送体) 916 a
——, amino acid(アミノ酸輸送体) 31 b
——, ATP-ADP(ATP-ADP 輸送体) 137 a
——, ATP-driven drug(ATP 駆動薬物輸送体) 137 b
——, glucose(グルコース輸送体) 274 b
——, intestinal peptide(腸管ペプチド輸送体) 569 b
——, MDR(MDR 輸送体) 156 a
——, multidrug resistance(多剤耐性輸送体) 547 a
——, sugar(糖輸送体) 629 a
transporter associated with antigen processing(ペプチドトランスポーター) 153 b
transportin(トランスポーチン) 639 a
transporting ATPase(輸送性 ATP アーゼ) 916 a
transport protein(輸送タンパク質) 916 a
transport vesicle(輸送小胞) 916 a
transposable genetic element(転位性遺伝因子) 612 a
transposase(トランスポゼース) 638 b
transposition(転位) 610 b
transposon(トランスポゾン) 639 a
transposon tagging(トランスポゾン標識) 639 a
trans splicing(トランススプライシング) 637 a
transthyretin(トランスチレチン) 637 b
trans-translation(トランス・トランスレーション) 637 a
transverse tubule(T 管) 595 a
transversion(トランスバージョン) 637 b
trans-zeatin(trans-ゼアチン) 492 a
TRAP-1＝TNF receptor-associated protein 1 131 b
trastzumab(トラスツズマブ) 634 b
traumatin(トラウマチン) 634 b
TRBP＝HIV-1 TAR RNA-binding protein 938 b
TRE＝thyroid hormone response element(甲状腺ホルモン応答配列) 578 b
TRE＝TPA response element(TPA 応答配列) 578 b
treadmilling(トレッドミル状態) 644 a
treatable dementia 665 b
tree view(樹形図) 442 a
trehalose(トレハロース) 644 b

TRF＝thyrotropin-releasing factor（甲状腺ホルモン放出因子）
　　579 a
TRF1＝telomere repeat binding factor 1　610 b
Trf4＝topoisomerase-related function protein 4　590 a
TRH＝tyrotropin-releasing hormone（甲状腺刺激ホルモン放出ホルモン）　579 a
triacylglycerol（トリアシルグリセロール）　639 a
triacylglycerol lipase（トリアシルグリセロールリパーゼ）
　　640 a
triad（三つ組）　256 a
triazolopyridazine（トリアゾロピリダジン）　827 a
TriC＝TCP1 ring complex　578 b
tricarboxylic acid cycle（トリカルボン酸回路）　640 a
tricellulin（トリセルリン）　880 b
trichloroacetic acid（トリクロロ酢酸）　640 a
2,2,2-trichloro-1,1-ethanediol（2,2,2-トリクロロ-1,1-エタンジオール）　835 a
trichorhinophalangeal syndrome（毛髪・鼻・指趾症候群）　905 a
triethylenethiophosphoramide（トリエチレンチオホスホルアミド）　640 a
triglyceride（トリグリセリド）　640 a
4′,5,7-trihydroxy isoflavone（4′,5,7-トリヒドロキシイソフラボン）　300 a
2,6,8-trihydroxypurine（2,6,8-トリヒドロキシプリン）　663 b
triiodothyronine（トリヨードチロニン）　642 b
trimethoprim（トリメトプリム）　642 a
trimethylethanolamine（トリメチルエタノールアミン）　642 b
1,3,7-trimethylxanthine（1,3,7-トリメチルキサンチン）　642 b
tri-molecular complex（三分子複合体）　388 b
triosephosphate dehydrogenase（トリオースリン酸デヒドロゲナーゼ）　640 a
tripeptide（トリペプチド）　817 b
triphosphatase（トリホスファターゼ）　642 b
triphosphopyridine nucleotide（トリホスホピリジンヌクレオチド）　642 b
triple helix protein（三重らせんタンパク質）　387 b
triple-stranded DNA（三本鎖 DNA）　389 a
triple-stranded helix protein（三重らせんタンパク質）　387 b
triplet（トリプレット）　642 b
triplet microtubule（三連微小管）　389 b
triplet repeat disorder（トリプレット反復病）　642 b
triplex-forming oligonucleotide（三本鎖形成性オリゴヌクレオチド）　388 b
triskelion（トリスケリオン）　640 a
trisome（三染色体）　388 a
trisomy（三染色体性）　388 a
21 trisomy（21 トリソミー）　545 b
TRITC＝tetramethylrhodamine isothiocyanate（テトラメチルローダミンイソチオシアネート）　578 b
trithorax gene（トリソラックス遺伝子）　640 b
tritin（トリチン）　345 b
tritium（トリチウム）　640 b
Triton（トリトン）　640 b
triune brain theory（三位脳一体発達説）　543 b
Trk＝tropomyosin-related kinase　662 b
trk protooncogene（trk 原がん遺伝子）　579 b
tRNA＝transfer RNA（転移 RNA）　579 a
——, aminoacyl-（アミノアシル tRNA）　30 b
——, elongator（伸長 tRNA）　892 b
——, fMet-（N-ホルミルメチオニル tRNA）　856 b
——, N-formylmethionyl-（N-ホルミルメチオニル tRNA）　856 b
——, initiator（開始 tRNA）　183 a
——, methionyl-（メチオニル tRNA）　892 b
——, minor（微量 tRNA）　744 a
——, peptidyl-（ペプチジル tRNA）　817 a

——, suppressor（サプレッサー tRNA）　383 b
tRNA gene（tRNA 遺伝子）　579 a
tRNA identity determinant（tRNA の個性）　31 a
T4 RNA joining enzyme（T4 RNA 結合酵素）　601 a
T4 RNA ligase（T4 RNA リガーゼ）　601 b
T7 RNA polymerase（T7 RNA ポリメラーゼ）　599 a
tRNA precursor（tRNA 前駆体）　579 a
trophectoderm（栄養外胚葉）　114 a
trophoblast（栄養芽層）　114 b
trophoblast giant cell（栄養芽層巨大細胞）　114 b
tropoelastin（トロポエラスチン）　644 b
tropomyosin（トロポミオシン）　644 b
tropomyosin-related kinase　662 b
troponin（トロポニン）　644 b
troponin C（トロポニン C）　644 b
Trp＝tryptophan（トリプトファン）　641 b
trp operon（trp オペロン）　579 a
TRP syndrome（毛髪・鼻・指趾症候群）　905 b
true cholinesterase（真正コリンエステラーゼ）　471 a
true fungi（真菌）　460 b
true slime mold（真正粘菌）　471 b
Trunk　643 b
TRX＝thioredoxin（チオレドキシン）　579 b
trx gene（trx 遺伝子）　579 a
trypaflavine（トリパフラビン）　641 a
trypan blue（トリパンブルー）　641 a
Trypanosoma（トリパノソーマ）　641 a
Trypanosoma brucei　641 a
Trypanosoma rangeli　641 a
trypsin（トリプシン）　641 a
trypsin inhibitor（トリプシンインヒビター）　641 a
tryptophan（トリプトファン）　641 b
tryptophan hydroxylase（トリプトファンヒドロキシラーゼ）　642 a
tryptophan 5-monooxygenase（トリプトファン 5-モノオキシゲナーゼ）　642 a
tryptophan operon（トリプトファンオペロン）　642 a
TSH＝thyroid-stimulating hormone（甲状腺刺激ホルモン）　580 a
TSH producing pituitary adenoma（TSH 産生下垂体腺腫）　323 a
TSH receptor（TSH 受容体）　580 a
Tsix　597 b
TSLC1　580 a
ts mutant（ts 変異株）　580 a
ts mutation（ts 突然変異）　580 a
t-SNARE＝target SNAP receptor　534 a
TSP＝thrombospondin（トロンボスポンジン）　580 a
TSTA＝tumor-specific transplantation antigen（腫瘍特異移植抗原）　580 a
T-system（T 管）　595 a
TTP＝thrombotic thrombocytopenic purpura（血栓性血小板減少性紫斑病）　599 a
T tubule（T 管）　595 a
TTX＝tetrodotoxin（テトロドトキシン）　598 b
T type calcium channel（T 型カルシウムチャネル）　594 b
tuberculin test（ツベルクリン検査）　577 a
tuberin（チュベリン）　299 a
tuberous sclerosis（結節性硬化（症））　299 a
d-tubocurarine（d-ツボクラリン）　577 a
tubulin（チューブリン）　569 a
tumor（腫瘍）　444 b
tumor angiogenesis factor（腫瘍血管新生因子）　445 a
tumor antigen（腫瘍抗原）　446 a
tumor cell（腫瘍細胞）　446 a
tumorigenesis（腫瘍発生）　448 b

tumorigenicity（腫瘍発生能） **448** b
tumorigenic transformation（腫瘍化） **6** a
tumor immunology（腫瘍免疫） **448** b
tumor-induced osteomalacia（腫瘍由来低リン酸血症性骨軟化症） **277** b
tumor-inducing plasmid **578** a
tumor initiation（発がんイニシエーション） **692** b
tumor initiator（発がんイニシエーター） **692** b
tumor marker（腫瘍マーカー） **448** b
tumor necrosis factor（腫瘍壊死因子） **445** a
tumor necrosis factor α（腫瘍壊死因子 α） **445** a
tumor necrosis factor β（腫瘍壊死因子 β） **445** a
tumor necrosis factor receptor（腫瘍壊死因子受容体） **445** b
tumor progression（腫瘍プログレッション） **448** b
tumor promotion（発がんプロモーション） **692** b
tumor promotor（発がんプロモーター） **693** b
tumor regression（腫瘍退縮） **448** b
tumor-specific resistance-inducing antigen（腫瘍特異抵抗性誘導抗原） **448** b
tumor-specific transplantation antigen（腫瘍特異性移植抗原） **448** b
tumor suppressor gene（がん抑制遺伝子） **228** b
tumor virus（腫瘍ウイルス） **444** b
TUNEL method（TUNEL 法） **551** b
tunica（外衣） **182** a
tunicamycin（ツニカマイシン） **576** b
turgor pressure（膨圧） **830** a
turgor sensor（膨圧センサー） **830** b
Turner syndrome（ターナー症候群） **551** b
*Turnip yellow mosaic virus*（カブ黄斑モザイクウイルス） **206** a
turnover number（代謝回転数） **539** b
*Tw*＝twisting number, twist number（ねじれ数） **671** b
twin arginine export pathway（ツインアルギニン分泌経路） **576** a
twin arginine signal sequence（ツインアルギニンシグナル配列） **576** b
twin-arginine translocation **550** a
twist（ねじれ（DNA の）） **671** b
twisted tubule（ねじれ細管） **671** b
twisting number（ねじれ数） **671** b
twist number（ねじれ数） **671** b
two-component regulatory system（二成分調節系） **657** a
two-dimensional crystal（二次元結晶） **655** a
two-dimensional electrophoresis（二次元電気泳動） **655** b
two-dimensional fluorescence difference gel electrophoresis（蛍光ディファレンスゲル二次元電気泳動） **287** b
two-dimensional NMR（二次元 NMR） **655** a
two hybrid system（ツーハイブリッドシステム） **576** b
two-point cross（二点交雑） **657** b
two-stage carcinogenesis（二段階発がん） **657** a
TX＝thromboxane（トロンボキサン） **580** a
$TXA_2$＝thromboxane $A_2$（トロンボキサン $A_2$） **645** b
Ty element（Ty 因子） **602** a
TYMV＝*Turnip yellow mosaic virus*（カブ黄斑モザイクウイルス） **602** a
type-A kinase anchor protein（A 型キナーゼアンカータンパク質） **116** b
type Ⅰ allergy（Ⅰ型アレルギー） **71** a
type Ⅱ allergy（Ⅱ型アレルギー） **654** a
type Ⅲ allergy（Ⅲ型アレルギー） **386** b
type Ⅳ allergy（Ⅳ型アレルギー） **925** b
type cell culture（基準培養株） **233** a
type Ⅳ collagenase（Ⅳ型コラゲナーゼ） **925** b
type C oncovirus（C 型オンコウイルス） **671** a
type Ⅰ error（第一種過誤） **537** a
type Ⅰ rickets（Ⅰ型くる病） **71** a

type Ⅱ rickets（Ⅱ型くる病） **654** b
Tyr＝tyrosine（チロシン） **573** b
tyramine（チラミン） **572** b
tyrocidine（チロシジン） **562** b
tyrosinase（チロシナーゼ） **573** b
tyrosine（チロシン） **573** b
tyrosine aminotransferase deficiency（チロシンアミノトランスフェラーゼ欠損症） **573** b
tyrosine dephosphorylation（チロシン脱リン酸） **574** b
tyrosine hydroxylase（チロシンヒドロキシラーゼ） **574** b
tyrosine kinase（チロシンキナーゼ） **574** b
tyrosine kinase receptor（チロシンキナーゼ受容体） **574** b
tyrosine kinase signaling pathway（チロシンキナーゼシグナル経路） **574** a
tyrosinemia（チロシン血症） **574** a
tyrosine 3-monooxygenase（チロシン 3-モノオキシゲナーゼ） **575** a
tyrosine phosphatase（チロシンホスファターゼ） **574** b
tyrosine phosphorylation（チロシンリン酸化） **575** a
tyrosine phosphorylation signaling pathway（チロシンリン酸化シグナル経路） **575** b

## U

U＝uridine（ウリジン） **110** b
U2AF＝U2 snRNP auxiliary factor（U2 snRNP 補助因子） **487** b
UAS＝upstream activating sequence（上流活性化配列） **914** b
$UAS^G$＝*GAL* upstream activating sequence（GAL 上流活性化配列） **914** b
UBF **916** b
ubiquinone（ユビキノン） **917** b
ubiquitin（ユビキチン） **917** a
ubiquitination（ユビキチン化） **917** b
ubiquitin-dependent proteolysis（ユビキチン共役タンパク質分解） **917** b
ubiquitin ligase（ユビキチンリガーゼ） **917** b
*Ubx* gene（*Ubx* 遺伝子） **916** b
UCE＝upstream control element（上流制御領域） **916** b
U-937 cell（U-937 細胞） **916** a
UDP＝uridine 5′-diphosphate（ウリジン 5′-ニリン酸） **916** b
UDP-glucose（UDP グルコース） **916** b
UF＝ultrafiltration（限外沪過） **916** a
UK＝urokinase（ウロキナーゼ） **916** b
ultimate carcinogen（最終発がん物質） **692** b
*Ultrabithorax* gene（ウルトラバイソラックス遺伝子） **111** a
ultracentrifuge（超遠心） **569** a
ultrafiltration（限外沪過） **305** b
ultramicrotome（超ミクロトーム） **572** a
ultraviolet absorption（紫外吸収） **398** a
ultraviolet damage（of DNA）（紫外線損傷（DNA の）） **398** a
ultraviolet irradiation（紫外線照射） **398** b
UMP＝uridine monophosphate（ウリジンーリン酸） **916** b
UMP synthetase deficiency（ウリジル酸シンテターゼ欠損症） **110** a
Unc **55** a
*unc* mutation（*unc* 突然変異） **55** a
uncoating ATPase（アンコーティング ATP アーゼ） **55** a
uncompetitive inhibition（不競合阻害） **764** a
unconditioned stimulus（無条件刺激） **887** a
uncoupler（脱共役剤） **549** a
uncoupling（脱共役） **549** b
unequal crossing over（不等乗換え） **772** a
unequal crossover（不等乗換え） **772** a

unfolded protein response(異常タンパク質応答) **67** a
unfolding(変性(タンパク質の)) **826** b
UNG＝uracil *N*-glycosidase **264** b
unicellular organism(単細胞生物) **555** b
unidirectional replication(一方向複製) **72** b
uniparental disomy(片親由来二染色体性) **201** a
uniparental inheritance(片親遺伝) **201** a
uniport(単輸送) **560** b
uniporter(単一輸送体) **64** a
unit fiber(スーパーソレノイド) **483** b
unit mitochondrion hypothesis(単一ミトコンドリア仮説)
　　**555** a
unnatural base pair(非天然型塩基対) **731** b
unscheduled DNA synthesis(予定外 DNA 合成) **925** a
unshared electron pair(非共有電子対) **475** b
unstable factor(不安定因子) **752** b
untranslated region(非翻訳領域) **739** b
unwinding(巻戻し(DNA の)) **862** b
uPA＝urokinase plasminogen activator(ウロキナーゼプラスミ
　　ノーゲンアクチベーター) **916** b
UPD＝uniparental disomy(片親由来二染色体性) **917** a
UPR＝unfolded protein response(異常タンパク質応答)
　　**916** b
upstream activating sequence(上流活性化配列) **455** a
upstream binding factor 1　**916** b
upstream control element(上流制御領域) **916** b
upstream regulatory sequence(上流調節配列) **455** a
upstream repressing sequence(上流抑制配列) **455** a
upstream stimulatory factor　**915** b
upstream transcription factor　**915** b
Ura＝uracil(ウラシル) **109** b
uracil(ウラシル) **109** b
uracil-DNA glycosidase(ウラシル-DNA グリコシダーゼ)
　　**110** b
uracil-DNA glycosylase(ウラシル-DNA グリコシラーゼ)
　　**110** b
uracil *N*-glycosidase **264** b
*URA3* gene(*URA3* 遺伝子) **110** a
urate oxidase(尿酸オキシダーゼ) **664** a
Urd＝uridine(ウリジン) **110** b
urea(尿素) **664** a
urea amidohydrolase(尿素アミドヒドロラーゼ) **664** a
urea cycle(尿素回路) **664** b
urea cycle disease(尿素回路病) **664** b
urea cycle disorder(尿素回路異常症) **664** b
urease(ウレアーゼ) **111** a
5-ureidohydantoin(5-ウレイドヒダントイン) **36** a
ureosmotic animal(尿素浸透性動物) **664** b
ureotelic animal(尿素排出動物) **664** b
urethane(ウレタン) **111** b
uric acid(尿酸) **663** b
uricase(ウリカーゼ) **110** a
uricotelic animal(尿酸排出動物) **664** b
uridine(ウリジン) **110** b
uridine 5′-diphosphate(ウリジン 5′-二リン酸) **110** b
uridine monophosphate(ウリジン 5′-一リン酸) **110** b
uridine 5′-monophosphate(ウリジン 5′-一リン酸) **110** b
uridine 5′-phosphate(ウリジン 5′-リン酸) **111** a
uridine 5′-pyrophosphate(ウリジン 5′-ピロリン酸) **111** a
uridine rich small nuclear RNA(富ウリジン核内低分子 RNA)
　　**43** b
uridine 5′-triphosphate(ウリジン 5′-三リン酸) **110** b
uridylic acid(ウリジル酸) **110** a
urocanic acid(ウロカニン酸) **135** b
urogastrone(ウロガストロン) **111** b
urogenital system(泌尿生殖系) **736** b

urokinase(ウロキナーゼ) **111** b
urokinase plasminogen activator(ウロキナーゼプラスミノーゲ
　　ンアクチベーター) **111** b
urologic system(泌尿器系) **736** b
URS＝upstream regulatory sequence(上流調節配列) **911** a
URS＝upstream repressing sequence(上流抑制配列) **911** a
USF＝upstream stimulatory factor **915** b
U3 snoRNA **915** b
U8 snoRNA **915** b
U snRNA＝uridine rich small nuclear RNA(富ウリジン核内低
　　分子 RNA) **914** b
U1 snRNA **914** b
U2 snRNA **914** b
U3 snRNA **914** b
U4 snRNA **914** b
U5 snRNA **915** a
U6 snRNA **915** a
U7 snRNA **915** a
U8 snRNA **915** a
U11 snRNA **915** b
U12 snRNA **915** b
U2 snRNP auxiliary factor(U2 snRNP 補助因子) **487** b
uterus(子宮) **401** a
UTP＝uridine 5′-triphosphate(ウリジン 5′-三リン酸) **916** b
UTR＝untranslated region(非翻訳領域) **916** b
utrophin(ユートロフィン) **916** b
UV absorption(UV 吸収) **918** a
UV damage(UV 損傷) **918** a
UV endonuclease(紫外線エンドヌクレアーゼ) **398** b
UV irradiation(UV 照射) **918** a
uvomorulin(ウボモルリン) **109** a
UvrABC endonuclease(UvrABC エンドヌクレアーゼ) **917** a
UV reactivation(紫外線回復) **398** b

# V

V＝valine(バリン) **701** b
V＝volt(ボルト) **613** b
VAA＝virus-associated antigen(ウイルス関連抗原) **753** b
vaccine(ワクチン) **978** a
*Vaccinia virus*(ワクシニアウイルス) **978** a
*Vaccinia virus* expression system(ワクシニアウイルス発現系)
　　**978** a
vacuolar membrane(液胞膜) **119** a
vacuolar protein sorting **505** b
vacuolar type ATPase(液胞型 ATP アーゼ) **119** a
vacuole(液胞) **119** a
vacuum evaporation(真空蒸着法) **461** a
vafilomycin(バフィロマイシン) **119** a
Val＝valine(バリン) **701** b
valence(原子価) **307** a
valine(バリン) **701** b
valinomycin(バリノマイシン) **701** b
VAMP＝vesicle-associated membrane protein **705** b
vanadate(バナジン酸) **136** b
vancomycin(バンコマイシン) **703** a
van der Waals force(ファンデルワールス力) **752** b
van der Waals radius(ファンデルワールス半径) **752** b
Vane, John Robert(ベイン) **809** b
vanillylmandelic acid(バニリルマンデル酸) **698** b
vanilmandelic acid(バニルマンデル酸) **698** b
Van Slyke method(バンスライク法) **704** a
van't Hoff equation(ファントホッフの式) **752** b
V antigen(V 抗原) **754** a

variable number of tandem repeat(縦列反復数変異) 441 a
variable region(可変領域) 207 b
variable region gene(可変領域遺伝子) 207 a
variant surface glycoprotein(変異表面糖タンパク質) 825 a
variation(変異) 825 a
*Varicello virus*(水痘ウイルス) 476 b
*Varicello-zoster virus*(水痘帯状ヘルペスウイルス) 476 a
variety(変種) 826 a
*Variola virus*(痘瘡ウイルス) 626 a
Varmus, Harold E.(バーマス) 700 b
vascular bundle(維管束) 65 a
vascular bundle system(維管束系) 65 a
vascular cell adhesion molecule-1 753 b
vascular endothelial cell(血管内皮細胞) 294 b
vascular endothelial (cell) growth factor(血管内皮(細胞)増殖因子) 753 b
vascular endothelial (cell) growth factor receptor(血管内皮(細胞)増殖因子受容体) 295 b
vascular foot(血管足) 294 b
vascular permeability factor(血管透過因子) 294 b
vascular remodeling(血管再構築) 294 a
vascular tonus(トーヌス) 293 b
vasculogenesis(血管新生) 294 a
vasoactive intestinal (poly)peptide(バソアクティブインテスティナル(ポリ)ペプチド) 691 a
vasopressin(バソプレッシン) 691 a
vasopressin receptor(バソプレッシン受容体) 691 b
vasotocin(バソトシン) 691 a
Vav 699 b
VCAM-1＝vascular cell adhesion molecule-1 753 b
VCR＝vincristine(ビンクリスチン) 754 a
Vd＝viroid(ウイロイド) 754 b
VDAC＝voltage-dependent anion-selected channel(電位依存性除イオンチャネル) 755 a
VDE＝*VMA1-derived endonuclease*＝VMA1由来エンドヌクレアーゼ) 101 a
V-D-J joining(V-D-J結合) 755 b
VDR＝vitamin D receptor(ビタミンD受容体) 755 a
VDRE＝vitamin D response element(ビタミンD応答配列) 755 a
vector(ベクター) 809 b
——, binary(バイナリーベクター) 684 b
——, cloning(クローニングベクター) 280 a
——, cosmid(コスミドベクター) 337 b
——, expression(発現ベクター) 696 a
——, λ cloning(λクローニングベクター) 931 b
——, λ phage(λファージベクター) 931 a
——, M13(M13ベクター) 155 b
——, phage(ファージベクター) 750 a
——, plasmid(プラスミドベクター) 777 a
——, retrovirus(レトロウイルスベクター) 965 a
——, shuttle(シャトルベクター) 436 a
——, viral(ウイルスベクター) 106 a
——, YAC(YACベクター) 978 a
——, yeast artificial chromosome(酵母人工染色体ベクター) 334 a
vegetal hemisphere(植物半球) 457 a
vegetal pole(植物極) 456 b
vegetative nucleus(栄養核) 114 b
vegetative organ(栄養器官) 114 b
vegetative phase(栄養期) 114 b
vegetative propagation(栄養繁殖) 114 b
vegetative reproduction(栄養生殖) 114 b
vegetative spore(栄養胞子) 114 b
VEGF＝vascular endothelial (cell) growth factor(血管内皮(細胞)増殖因子) 753 b

VEGFR＝VEGF receptor(血管内皮(細胞)増殖因子受容体) 753 a
VegT 753 b
vein(静脈) 293 b
Velban(ベルバン) 824 b
Velcade(ベルケード) 824 b
veldoperoxidase(ベルドベルオキシダーゼ) 824 a
veno occulusive disease(肝中心静脈閉塞症) 226 b
venous thrombus(静脈血栓) 299 a
ventral blastopore lip(原口腹唇) 307 a
ventral lip(腹唇部) 766 b
ventricular zone(脳室帯) 468 b
Venus 168 a
verapamil(ベラパミル) 821 a
vero toxin(ベロ毒素) 825 a
versican(バーシカン) 690 a
vertebrate(脊椎動物) 503 b
vertical axis(垂直軸) 476 a
vertical infection(垂直感染) 476 b
vertical transmission(垂直伝播) 476 a
very high density lipoprotein(超高密度リポタンパク質) 570 a
very low density lipoprotein(超低密度リポタンパク質) 571 a
very low density lipoprotein receptor(超低密度リポタンパク質受容体) 571 a
vesicle(小胞) 453 b
vesicle(頂嚢) 815 a
vesicle-associated membrane protein 705 b
vesicle SNAP receptor 534 a
vesicular integral protein 21 206 a
*Vesicular stomatitis virus*(水疱性口内炎ウイルス) 476 b
vesicular transport(小胞輸送) 454 a
vesicular tubular clusters(小胞小管クラスター) 412 a
vessel(道管) 623 a
vestibular ataxia(前庭性運動失調) 522 b
*V* gene(V遺伝子) 753 b
Vgr-1 754 a
VHDL＝very high density lipoprotein(超高密度リポタンパク質) 753 b
*VHL* gene(VHL遺伝子) 753 b
Vi antigen(Vi抗原) 753 a
vibration spectrum(振動スペクトル) 474 a
video microscopy(ビデオ顕微鏡) 731 a
villi(絨毛) 440 a
villin(ビリン) 744 b
villus(絨毛) 440 a
vimentin(ビメンチン) 740 a
vimentin filament(ビメンチンフィラメント) 740 b
vinblastine(ビンブラスチン) 747 a
vinca alkaloid(ビンカアルカロイド) 745 b
vincristine(ビンクリスチン) 746 a
vinculin(ビンキュリン) 746 a
VIP＝vasoactive intestinal (poly)peptide(バソアクティブインテスティナル(ポリ)ペプチド) 753 b
VIP21＝vesicular integral protein 21 753 b
viral interference(ウイルス干渉) 105 b
viral oncogene(ウイルス性がん遺伝子) 106 a
viral vector(ウイルスベクター) 106 a
Virchow, Rudolf(フィルヒョウ) 759 a
virgin lymphocyte(未感作リンパ球) 876 a
virion(ビリオン) 743 b
virion protein molecular weight 65 757 a
viroid(ウイロイド) 106 b
*vir* region＝virulence region(*vir*領域) 745 a
virulence region 745 a
virulent phage(ビルレントファージ) 745 a
virulent virus(ビルレントウイルス) 745 a

# 欧文索引

virus(ウイルス)　105 b
　——, Abelson leukemia(エイブルソン白血病ウイルス)
　　　113 b
　——, acquired immunodeficiency syndrome(後天性免疫不全
　　　ウイルス)　331 b
　——, *Adeno-associated*(アデノ随伴ウイルス)　22 b
　——, adeno-satellite(アデノサテライトウイルス)　21 a
　——, adult T cell leukemia(成人 T 細胞白血病ウイルス)
　　　497 a
　——, adult T cell lymphoma(成人 T 細胞白血病ウイルス)
　　　497 a
　——, AIDS(エイズウイルス)　113 b
　——, *Alfalfa mosaic*(アルファルファモザイクウイルス)
　　　51 a
　——, amphotropic(両種指向性ウイルス)　953 a
　——, animal(動物ウイルス)　628 a
　——, attenuated(弱毒ウイルス)　435 b
　——, Aujesky's disease(アウイェスキー病ウイルス)　5 a
　——, *Avian erythroblastosis*(トリ赤芽球症ウイルス)　640 b
　——, *Avian leukemia*(トリ白血病ウイルス)　640 b
　——, *Avian leukosis*(トリ白血病ウイルス)　640 b
　——, *Avian myeloblastosis*(トリ骨髄芽球症ウイルス)　640 b
　——, *Avian sarcoma*(トリ肉腫ウイルス)　640 b
　——, bacterial(細菌ウイルス)　354 b
　——, BK(BK ウイルス)　715 a
　——, *Bovine papilloma*-(ウシパピローマウイルス)　109 b
　——, breakbone fever(デングウイルス)　613 b
　——, brome mosaic(ブロムモザイクウイルス)　796 a
　——, cauliflower mosaic(カリフラワーモザイクウイルス)
　　　209 a
　——, chiken leukosis/sarcoma(トリ白血病・肉腫ウイルス)
　　　641 a
　——, circular DNA(環状 DNA ウイルス)　224 b
　——, *Cucumber mosaic*(キュウリモザイクウイルス)　246 a
　——, cytoplasmic polyhedrosis(細胞質多角体病ウイルス)
　　　367 a
　——, defective(欠損ウイルス)　299 b
　——, defective-interfering(欠陥干渉性ウイルス)　294 a
　——, *Dengue*(デングウイルス)　613 b
　——, DNA(DNA ウイルス)　582 a
　——, DNA oncogenic(DNA がんウイルス)　584 a
　——, DNA tumor(DNA 腫瘍ウイルス)　585 a
　——, double-stranded DNA(二本鎖 DNA ウイルス)　660 a
　——, double-stranded RNA(二本鎖 RNA ウイルス)　659 a
　——, dsDNA(dsDNA ウイルス)　580 a
　——, EB(EB ウイルス)　90 b
　——, *Ebola*-(エボラウイルス)　152 a
　——, encephalomyocarditis(脳心筋炎ウイルス)　676 b
　——, endogenous(内在性ウイルス)　647 a
　——, Epstein-Barr(エプスタイン・バーウイルス)　150 a
　——, *Feline leukemia*(ネコ白血病ウイルス)　671 a
　——, *Foot-and-mouth disease*(口蹄疫ウイルス)　331 b
　——, Friend leukemia(フレンド白血病ウイルス)　785 a
　——, Friend murine leukemia(フレンドマウス白血病ウイ
　　　ルス)　785 a
　——, Friend spleen focus forming(フレンド脾臓フォーカス
　　　形成ウイルス)　785 a
　——, Gross leukemia(グロス白血病ウイルス)　279 b
　——, helper(ヘルパーウイルス)　824 a
　——, *Hepatitis A*(A 型肝炎ウイルス)　116 b
　——, *Hepatitis B*(B 型肝炎ウイルス)　712 b
　——, *Hepatitis C*(C 型肝炎ウイルス)　399 a
　——, herpes(ヘルペスウイルス)　824 b
　——, *Herpes simplex*(単純ヘルペスウイルス)　556 b
　——, herpes zoster(帯状疱疹ウイルス)　540 b
　——, human foamy(ヒト泡沫ウイルス)　836 a
　——, *Human immunodeficiency*(ヒト免疫不全ウイルス)
　　　734 a
　——, *Human papilloma*(ヒトパピローマウイルス)　733 b
　——, human respiratory syncytial(ヒト気道融合ウイルス)
　　　701 b
　——, *Human T cell leukemia virus 1, 2*(ヒト T 細胞白血病ウ
　　　イルス 1, 2)　732 b
　——, immunodeficiency(免疫不全ウイルス)　902 b
　——, imported(外来性ウイルス)　186 a
　——, *Influenza*-(インフルエンザウイルス)　104 a
　——, JC(JC ウイルス)　394 a
　——, Kaplan leukemia(カプラン白血病ウイルス)　862 a
　——, *Kilham rat*(キルハムラットウイルス)　702 b
　——, Kirsten leukemia(カーステン白血病ウイルス)　199 a
　——, *Kirsten murine sarcoma*(カーステンマウス肉腫ウイル
　　　ス)　199 b
　——, *Lassa*(ラッサウイルス)　928 b
　——, LCM(リンパ球性脈絡髄膜炎ウイルス)　160 a
　——, leukemia(白血病ウイルス)　695 b
　——, linear DNA(線状 DNA ウイルス)　517 a
　——, *Lymphocytic choriomeningitis*(リンパ球性脈絡髄膜炎
　　　ウイルス)　958 a
　——, lysogenic(溶原(性)ウイルス)　921 b
　——, *Marburg*-(マールブルグウイルス)　871 b
　——, Mason-Pfizer monkey(メーソン・ファイザーサルウイ
　　　ルス)　595 a
　——, MCF(ミンク細胞フォーカス形成ウイルス)　155 b
　——, *Measles*(はしかウイルス)　690 b
　——, mink cell focus inducing(ミンク細胞フォーカス形成ウ
　　　イルス)　885 b
　——, minus strand RNA((−)鎖 RNA ウイルス)　861 a
　——, Moloney leukemia(モロニー白血病ウイルス)　909 b
　——, *Moloney murine sarcoma*(モロニーマウス肉腫ウイル
　　　ス)　909 a
　——, mouse ecotropic(マウス指向性ウイルス)　861 b
　——, *Mouse mammary tumor*(マウス乳がんウイルス)　861 b
　——, *Mumps*(ムンプスウイルス)　701 b
　——, *Murine leukemia*(マウス白血病ウイルス)　862 a
　——, *Murine sarcoma*(マウス肉腫ウイルス)　861 b
　——, negative strand RNA((−)鎖 RNA ウイルス)　861 a
　——, *Newcastle disease*(ニューカッスル病ウイルス)　661 a
　——, nondefective(非欠損ウイルス)　715 a
　——, oncogenic(がんウイルス)　219 b
　——, *Papilloma*(パピローマウイルス)　699 b
　——, *Paramyxo*-(パラミクソウイルス)　701 b
　——, plant(植物ウイルス)　456 b
　——, plus strand RNA((+)鎖 RNA ウイルス)　776 a
　——, *Polyoma*-(ポリオーマウイルス)　852 a
　——, positive strand RNA((+)鎖 RNA ウイルス)　776 a
　——, pseudorabies(仮性狂犬病ウイルス)　200 a
　——, *Rabies*(狂犬病ウイルス)　247 a
　——, Rauscher leukemia(ラウシャー白血病ウイルス)
　　　926 a
　——, replicative defective(複製欠損性ウイルス)　767 b
　——, replicative nondefective(複製非欠損性ウイルス)
　　　768 b
　——, *Reticuloendotheliosis*(細網内皮症ウイルス)　378 a
　——, *Rhino*-(ライノウイルス)　41 b
　——, *Rice dwarf*(イネ萎(い)縮ウイルス)　87 a
　——, RNA(RNA ウイルス)　39 a
　——, RNA-DNA(RNA-DNA ウイルス)　41 b
　——, RNA tumor(RNA 腫瘍ウイルス)　41 a
　——, *Rous sarcoma*(ラウス腫瘍ウイルス)　926 a
　——, rubella(風疹ウイルス)　759 b
　——, satellite(サテライトウイルス)　382 b
　——, *Sendai*(センダイウイルス)　520 b

virus (つづき)
——, Shope papilloma (ショープパピローマウイルス)　458 a
——, 40, simian (シミアンウイルス 40)　434 b
——, *Simian immunodeficiency* (サル免疫不全ウイルス)　385 b
——, simian sarcoma (サル肉腫ウイルス)　385 a
——, sindbis (シンドビスウイルス)　474 b
——, single-stranded RNA (一本鎖 RNA ウイルス)　73 b
——, smallpox (天然痘ウイルス)　621 a
——, spleen focus forming (脾臓フォーカス形成ウイルス)　727 a
——, spleen necrosis (脾臓壊死ウイルス)　726 a
——, temperate (テンペレートウイルス)　621 b
——, *Tobacco mosaic* (タバコモザイクウイルス)　552 b
——, *Tobacco necrosis* (タバコネクローシスウイルス)　552 a
——, tumor (腫瘍ウイルス)　444 b
——, *Turnip yellow mosaic* (カブ黄斑モザイクウイルス)　206 a
——, *Vaccinia* (ワクシニアウイルス)　978 a
——, *Varicello* (水痘ウイルス)　476 b
——, *Varicello-zoster* (水痘帯状ヘルペスウイルス)　476 b
——, *Variola* (痘瘡ウイルス)　626 a
——, *Vesicular stomatitis* (水疱性口内炎ウイルス)　476 b
——, virulent (ビルレントウイルス)　745 a
——, xenotropic (他種指向性ウイルス)　548 b
——, *Y, Potato* (ジャガイモ Y ウイルス)　435 a
virus antigen (ウイルス抗原)　106 a
virus-associated antigen (ウイルス関連抗原)　106 a
virus-like particle (ウイルス様粒子)　106 a
virus particle (ウイルス粒子)　106 a
virus specific surface antigen (ウイルス特異的細胞表面抗原)　106 a
visceral brain (内臓脳)　647 a
visceral inversion (内臓逆位)　647 a
viscoelasticity (粘弾性)　675 a
viscosity (粘度)　675 b
viscosity-average molecular weight (粘度平均分子量)　675 b
viscosity coefficient (粘性率)　675 a
visual cell (視細胞)　408 a
visual cortex (視覚野皮質)　399 a
visual cortical area (大脳皮質視覚領)　543 b
visual map (視覚野地図)　399 a
visual pigment (視物質)　432 a
visual purple (視紅)　405 b
visual system (視覚系)　398 b
visual violet (視紫)　434 b
vitamin (ビタミン)　727 b
vitamin A (ビタミン A)　728 a
vitamin A acid (ビタミン A 酸)　728 a
vitamin A aldehyde (ビタミン A アルデヒド)　728 a
vitamin A nuclear receptor (ビタミン A 核内受容体)　728 a
vitamin A response element (ビタミン A 応答配列)　728 a
vitamin $B_1$ (ビタミン $B_1$)　729 a
vitamin $B_2$ (ビタミン $B_2$)　729 a
vitamin $B_3$ (ビタミン $B_3$)　729 a
vitamin $B_5$ (ビタミン $B_5$)　729 a
vitamin $B_6$ (ビタミン $B_6$)　729 a
vitamin $B_{12}$ (ビタミン $B_{12}$)　729 a
vitamin $B_{13}$ (ビタミン $B_{13}$)　729 a
vitamin B complex (ビタミン B 複合体)　729 a
vitamin B group (ビタミン B 群)　729 a
vitamin C (ビタミン C)　728 a
vitamin D (ビタミン D)　728 a
vitamin D-dependent calcium-binding protein (ビタミン D 依存性カルシウム結合タンパク質)　728 a
vitamin D-dependent rickets (ビタミン D 依存性くる病)　728 b

vitamin D receptor (ビタミン D 受容体)　728 b
vitamin D receptor interacting protein　640 b
vitamin D-resistant rickets (ビタミン D 抵抗性くる病)　728 b
vitamin D response element (ビタミン D 応答配列)　728 b
vitamin E (ビタミン E)　728 b
vitamin H (ビタミン H)　728 a
vitamin K (ビタミン K)　728 a
vitellin (ビテリン)　731 a
vitellogenin (ビテロゲニン)　731 b
vitronectin (ビトロネクチン)　736 a
V-J joining (V-J 結合)　754 a
VLDL = very low density lipoprotein (超低密度リポタンパク質)　753 b
VLDL receptor (VLDL 受容体)　753 b
VMA = vanillylmandelic acid (バニリルマンデル酸)　753 b
*VMA1*-derived endonuclease (*VMA1* 由来エンドヌクレアーゼ)　101 a
Vmw65 = virion protein molecular weight 65　757 a
V$\alpha$14 NKT cell (V$\alpha$14 NKT 細胞)　753 b
VNTR = variable number of tandem repeat (縦列反復変異)　753 b
VOD = veno occulusive disease (肝中心静脈閉塞症)　753 b
void volume (ボイド容積)　830 a
volt (ボルト)　613 b
voltage clamp (電位固定)　611 b
voltage-dependent anion-selected channel (電位依存性陰イオンチャネル)　611 b
voltage-dependent calcium channel (電位依存性カルシウムチャネル)　611 b
voltage-dependent channel (電位依存性チャネル)　611 b
voltage-dependent potassium channel (電位依存性カリウムチャネル)　611 b
voltage-dependent sodium channel (電位依存性ナトリウムチャネル)　611 b
voltage-gated channel (電位依存性チャネル)　611 b
voltage sensor (電位センサー)　612 a
volume receptor (容量受容器)　922 b
*Volvox*　308 b
*v-onc* = viral oncogene (ウイルス性がん遺伝子)　753 b
von Gierke disease (フォンギールケ病)　763 b
von Hippel-Lindau disease (フォンヒッペル・リンダウ病)　753 b
von Recklinghausen disease (フォンレックリングハウゼン病)　764 a
von Willebrand disease (フォンビルブラント病)　764 b
von Willebrand factor (フォンビルブラント因子)　764 a
VP = vasopressin (バソプレッシン)　756 b
VP-16　757 a
VPF = vascular permeability factor (血管透過因子)　757 a
VPg　757 a
*vpr* gene (*vpr* 遺伝子)　756 b
V8 protease (V8 プロテアーゼ)　756 b
VPS = vacuolar protein sorting　505 a
*vpx* gene (*vpx* 遺伝子)　757 a
$V_1$ receptor ($V_1$ 受容体)　691 b
$V_2$ receptor ($V_2$ 受容体)　691 b
V region (V 領域)　759 a
VSG = variant surface glycoprotein (変異表面糖タンパク質)　753 b
v-SNARE = vesicle SNAP receptor　534 b
VSSA = virus specific surface antigen (ウイルス特異的細胞表面抗原)　753 b
VSV = vesicular stomatitis virus (水疱性口内炎ウイルス)　753 b
VTCs = vesicular tubular clusters (小胞小管クラスター)　412 a

欧文索引　1165

V-type ATPase(V 型 ATP アーゼ)　753 b
vWF＝von Willebrand factor(フォンビルブラント因子)　754 b

# W

W＝tryptophan(トリプトファン)　641 b
Waf1　736 a
WAGR syndrome(WAGR 症候群)　553 b
Waldenström macroglobulinemia(ワルデンストレームマクロ　　グロブリン血症)　979 a
Walker, John Ernest(ウォーカー)　108 a
wall pressure(壁圧)　809 b
wall shear stress(壁ずり応力)　961 b
Warburg-Dickens pathway(ワールブルク・ディケンス経路)　979 a
Warburg effect(ワールブルク効果)　979 b
Warburg glycolysis theory(ワールブルク解糖説)　979 b
Warburg theory(ワールブルク説)　979 b
Ward's method(ウォード法)　264 a
warfarin(ワルファリン)　979 a
Warren, J. Robin(ウォーレン)　109 a
WAS＝Wiskott-Aldrich syndrome(ウィスコット・アルドリッチ症候群)　978 a
WASP＝Wiskott-Aldrich-syndrome protein(ウィスコット・アルドリッチ症候群タンパク質)　978 b
WASP-family verprolin homologous protein(WASP ファミリーバープロリン相同タンパク質)　978 b
Wassermann reaction(ワッセルマン反応)　978 b
Wassermann test(ワッセルマン試験)　978 b
water channel(水チャネル)　878 a
water permeable channel(水透過性チャネル)　878 b
water stress(水ストレス)　877 b
Watson, James Dewey(ワトソン)　978 b
Watson-Crick base pair(ワトソン・クリック型塩基対)　979 a
Watson-Crick model(ワトソン・クリックモデル)　979 a
WAVE family protein(WAVE ファミリータンパク質)　108 a
WB4101　49 a
W-box(W ボックス)　553 b
WD repeat(WD リピート)　553 b
Weaver mutant mouse(ウィーバー突然変異マウス)　105 a
Weber-Fechner law(ウェーバー・フェヒナー則)　108 a
Weigle reactivation(ワイグル回復)　978 a
Werdnig-Hoffmann disease(ウェルドニッヒ・ホフマン病)　503 b
Werlhof disease(ウェルホフ病)　108 b
Werner's syndrome(ウェルナー症候群)　108 b
western blot technique(ウェスタンブロット法)　107 b
western blotting(ウェスタンブロット法)　107 b
West Nile fever(ウエストナイル熱)　108 b
*West Nile virus*(ウエストナイルウイルス)　108 b
west western blot technique(ウェストウェスタンブロット法)　107 b
west western blotting(ウェストウェスタンブロット法)　107 b
WF＝Working Formulation　739 b
WGA＝wheat germ agglutinin(コムギ胚芽凝集素)　553 b
*wg* gene(*wg* 遺伝子)　553 b
wheat genome(コムギゲノム)　345 a
wheat germ agglutinin(コムギ胚芽凝集素)　345 b
wheat germ (translation) system(コムギ胚芽(翻訳)系)　345 b
white matter(白質)　688 b
white muscle(白筋)　688 b
whole cell extract(全細胞抽出液)　887 a
whole-cell recording(ホールセル記録法)　855 a

whole mount *in situ* hybridization(ホールマウント *in situ* ハイブリダイゼーション)　856 b
Wiedemann-Beckwith syndrome(ビーデマン・ベックウィズ症候群)　731 a
Wieschaus, Eric F.(ウィシャウス)　105 a
wild type(野生型)　910 b
Wilkins, Maurice Hugh Frederick(ウィルキンズ)　105 a
Williams syndrome(ウィリアムズ症候群)　953 a
Wilms tumor(ウィルムス腫瘍)　106 a
Wilson's disease(ウイルソン病)　106 a
winged helix-turn-helix DNA binding domain(翼状ヘリックス・ターン・ヘリックス DNA 結合ドメイン)　924 a
*wingless* gene(ウイングレス遺伝子)　106 b
wire model(ワイヤーモデル)　978 a
Wiskott-Aldrich syndrome(ウィスコット・アルドリッチ症候群)　105 a
Wiskott-Aldrich-syndrome protein(ウィスコット・アルドリッチ症候群タンパク質)　105 a
Wnt　107 b
*Wnt-1* gene(*Wnt-1* 遺伝子)　107 b
Wnt signaling pathway(Wnt シグナル伝達経路)　107 b
WNV＝*West Nile virus*(ウエストナイルウイルス)　553 b
wobble base(ゆらぎ塩基)　918 b
wobble hypothesis(ゆらぎ仮説)　918 b
wobble site(ゆらぎ部位)　918 b
Wöhler, Friedrich(ウェーラー)　108 a
Wolffian duct(ウォルフ管)　108 b
Wolff's law(ウォルフの法則)　108 b
Wolman disease(ウォールマン病)　109 a
woozy mouse(woozy マウス)　453 a
Working Formulation　739 b
wortmannin(ウォルトマンニン)　108 b
wound healing(創傷治癒)　527 b
wound hormone(傷ホルモン)　233 a
wound-induced systemic resistance　519 b
W reactivation(W 回復)　553 b
Wright effect(ライト効果)　926 a
writhing number(よじれ数)　924 b
WRKY family(WRKY ファミリー)　553 b
WSR＝wound-induced systemic resistance　519 b
WT1　819 b
*WT1* gene(*WT1* 遺伝子)　553 b
Wüthrich, Kurt(ビュートリッヒ)　741 a
wyosine(ワイオシン)　978 a

# X

xamoterol(キサモテロール)　810 a
Xan＝xanthine(キサンチン)　232 a
xanthine(キサンチン)　232 a
xanthine dehydrogenase(キサンチンデヒドロゲナーゼ)　232 a
xanthine-guanine phosphoribosyltransferase(キサンチングアニンホスホリボシルトランスフェラーゼ)　232 a
xanthine oxidase(キサンチンオキシダーゼ)　232 a
xanthine phosphoribosyltransferase(キサンチンホスホリボシルトランスフェラーゼ)　232 a
xanthinuria(キサンチン尿症)　232 a
xanthoma(黄色腫)　168 a
xanthophyll(キサントフィル)　232 b
xanthosine(キサントシン)　232 b
xanthurenic aciduria(キサンツレン酸尿症)　232 b
xanthylic acid(キサンチル酸)　232 a
Xao＝xanthosine(キサントシン)　232 b

XBP1　**784** b
X-ChIP　**130** a
X chromosome(X 染色体)　**129** b
X chromosome inactivation(X 染色体不活性化)　**130** a
XCR1　**129** a
xenobiotic responsive element(異物応答配列)　**115** a
xenobiotics(生体異物)　**498** a
xenograft(異種移植)　**67** a
*Xenopus laevis*(アフリカツメガエル)　**28** a
xenotransplantation(異種移植)　**67** a
xenotropic virus(他種指向性ウイルス)　**548** a
xeroderma(乾皮症)　**228** a
xeroderma pigmentosum(色素性乾皮症)　**400** a
xerosis(乾皮症)　**228** a
Xgal=5-bromo-4-chloro-3-indolyl-$\beta$-D-galactoside(5-ブロモ-4-クロロ-3-インドリル-$\beta$-D-ガラクトシド)
XGPRT=xanthine-guanine phosphoribosyltransferase(キサンチン-グアニンホスホリボシルトランスフェラーゼ)　**129** b
XIAP=X-linked inhibitor of apoptosis　**29** b
XIC=X inactivation center(X 染色体不活性化中心)　**130** a
X inactivation center(X 染色体不活性化中心)　**130** a
X inactivation specific transcript(X 染色体不活性化特異的転写物)　**130** a
Xist=X inactivation specific transcript(X 染色体不活性化特異的転写物)　**232** a
XLA=X-linked agammaglobulinemia(X 連鎖性無 $\gamma$ グロブリン血症)　**129** a
X-linked agammaglobulinemia(X 連鎖性無 $\gamma$ グロブリン血症)　**130** b
X-linked disorder(X 連鎖性疾患)　**130** a
X-linked hypophosphatemic rickets(X 染色体連鎖性低リン酸血症くる病)　**277** b
X-linked inhibitor of apoptosis　**29** b
X-linked Pelizaeus-Merzbacher disease(X 連鎖性ペリツェウス・メルツバッハー病)　**474** b
X-linked severe combined immunodeficiency disease(X 連鎖性重症複合免疫不全症)　**439** a
Xombi　**129** a
XP=xeroderma pigmentosum(色素性乾皮症)　**130** a
XPRT=xanthine phosphoribosyltransferase(キサンチンホスホリボシルトランスフェラーゼ)　**130** a
X-ray crystal structure analysis(X 線結晶構造解析)　**129** b
X-rays(X 線)　**129** b
X-ray solution scattering(X 線溶液散乱)　**130** a
XRE=xenobiotic responsive element(異物応答配列)　**115** a
XSCID=X-linked severe combined immunodeficiency disease(X 連鎖重症複合免疫不全症)　**439** a
xylan(キシラン)　**375** a
xylem(木部)　**906** a
xyloglucan(キシログルカン)　**233** a
xyloglucan endotransglycosylase(キシログルカンエンドトランスグリコシラーゼ)　**233** a

# Y

Y=tyrosine(チロシン)　**573** b
YAC vector(YAC ベクター)　**978** a
Y chromosome(Y 染色体)　**978** a
YCp=yeast CEN-containing plasmid(CEN 含有プラスミド)　**978** a
yeast(酵母)　**333** b
yeast artificial chromosome vector(酵母人工染色体ベクター)　**334** a
yeast episomal plasmid(酵母エピソーム様プラスミド)　**333** b
yeast genome(酵母ゲノム)　**333** b
yeast integrative plasmid(酵母組込み型プラスミド)　**333** b
yeast mating(酵母の接合)　**334** b
yeast mating type(酵母接合型)　**334** b
yeast nucleic acid(酵母核酸)　**333** b
yeast pheromone(酵母フェロモン)　**334** b
yeast plasmid(酵母プラスミド)　**335** a
yeast replicating plasmid(酵母自己複製型プラスミド)　**334** a
yeast sex determination(酵母性決定)　**334** b
yeast Ty1(酵母 Ty1)　**334** b
yellow fluorescent protein(黄色蛍光タンパク質)　**168** a
YEp=yeast episomal plasmid(酵母エピソーム様プラスミド)　**978** a
*yes* gene(*yes* 遺伝子)　**61** a
YFP=yellow fluorescent protein(黄色蛍光タンパク質)　**978** a
YIp=yeast integrative plasmid(酵母組込み型プラスミド)　**978** a
yohimbine(ヨヒンビン)　**50** a
yolk(卵黄)　**932** b
yolk plug(卵黄栓)　**932** b
yolk sac tumor(卵黄嚢がん)　**932** b
Yop　**754** a
yotari mouse(ヨタリマウス)　**924** b
Young-Helmholtz trichromatic theory(ヤング・ヘルムホルツ三色説)　**910** b
young neuron(未熟な神経細胞)　**663** b
young osteocyte(幼若骨細胞)　**339** b
Yperite(イペリット)　**385** a
YRp=yeast replicating plasmid(酵母自己複製型プラスミド)　**978** a

# Z

$\zeta$ chain($\zeta$ 鎖)　**504** b
$\zeta$-associated protein tyrosine kinase($\zeta$ 鎖結合プロテインチロシンキナーゼ)　**505** a
ZAP-70　**382** a
Z band(Z 膜)　**508** a
ZD1839　**508** b
Z disc(Z 盤)　**508** a
zebrafish(ゼブラフィッシュ)　**509** a
zein(ゼイン)　**502** a
Zellweger syndrome(ツェルベーガー症候群)　**576** a
zeroth law of thermodynamics(熱力学第零法則)　**673** b
zeroth-order reaction(ゼロ次反応)　**513** b
zeta-associated protein tyrosine kinase($\zeta$ 鎖結合プロテインチロシンキナーゼ)　**505** a
zeta chain($\zeta$ 鎖)　**504** b
Z-form DNA(Z 形 DNA)　**508** a
*Zic*=zinc finger protein of the cerebellum　**417** b
zidovudine(ジドブジン)　**426** b
*zif268*　**508** a
Zimm-Brage model(ジム・ブラッグモデル)　**821** b
Zimm plot(ジムプロット)　**434** b
zinc-binding protein(亜鉛結合タンパク質)　**5** a
zinc-containing enzyme(亜鉛酵素)　**5** a
zinc enzyme(亜鉛酵素)　**5** a
zinc finger(ジンクフィンガー)　**461** a
zinc finger protein of the cerebellum　**417** b
Zinkernagel, Rolf Martin(ツインカーナーゲル)　**576** a
Zip1　**429** a
Z line(Z 線)　**508** a

ZNFN1A1    **508** a
Zollinger-Ellison syndrome（ゾリンジャー・エリソン症候群）    **536** a
zolpidem（ゾルピデム）    **827** a
zonal centrifugation（ゾーン遠心分離法）    **536** b
zona pellucida（透明帯）    **628** b
zona reaction（透明帯反応）    **629** a
zone electrophoresis（ゾーン電気泳動）    **536** b
zone of polarizing activity（極性化域）    **250** b
zone sedimentation (velocity) method（ゾーン沈降（速度）法）    **536** b
zonula adherens（接着帯）    **508** a
zonula occludens（閉鎖帯）    **808** b
zoo blot technique（ズーブロット法）    **488** a
zoo blotting（ズーブロット法）    **488** a
zooplankton（動物プランクトン）    **628** b
zoosporangium（遊走子嚢）    **913** b

zoospore（遊走子）    **913** a
ZP3    **521** a
ZPA＝zone of polarizing activity（極性化域）    **508** b
ZP3 glycoprotein（ZP3糖タンパク質）    **508** b
ZsGreen    **287** b
ZsYellow    **287** a
Zygomycota（接合菌類）    **506** a
Zygomycotina（接合菌類）    **506** a
zygophore（接合子柄）    **506** b
zygospore（接合胞子）    **506** b
zygote（接合子）    **506** b
zygotene stage（接合糸期）    **506** b
zygotic induction（接合誘発）    **506** b
zymogen（チモーゲン）    **565** a
zymolyase（ザイモリアーゼ）    **378** a
zymotechnology（酵素工学）    **328** b
zyxin（ジキシン）    **400** a

# 略 号 索 引

## A

| | | |
|---|---|---|
| $\alpha_2$AP | $\alpha_2$ antiplasmin($\alpha_2$アンチプラスミン) | 49 b |
| $\alpha_1$AT | $\alpha_1$ antitrypsin($\alpha_1$アンチトリプシン) | 49 b |
| $\alpha_2$M | $\alpha_2$ macroglobulin($\alpha_2$マクログロブリン) | 49 b |
| $\alpha_2$PI | $\alpha_2$ plasmin inhibitor($\alpha_2$プラスミンインヒビター) | 50 a |
| $\alpha$-TIF | $\alpha$-trans-induction factor | 757 a |
| A | adenosine(アデノシン) | 21 b |
| A | alanine(アラニン) | 36 a |
| AAA | ATPase associated with diverse cellular activities | 115 a |
| 2-AAF | 2-acetylaminofluorene(2-アセチルアミノフルオレン) | 115 a |
| AAS | atomic absorption spectrometry(原子吸光分析) | 115 a |
| AAV | adeno-associated virus(アデノウイルス随伴ウイルス) | 115 b |
| ABA | abscisic acid(アブシジン酸) | 145 a |
| ABC | ATP binding cassette(ATP結合カセット) | 145 a |
| ABC method | avidin biotin-peroxidase complex method(アビジン・ビオチン-ペルオキシダーゼ複合体法) | 146 a |
| ABRE | abscisic acid responsive element(アブシジン酸応答配列) | 144 b |
| ACAM | adherens junction-specific cell adhesion molecule | 120 b |
| ACC | 1-aminocyclopropane-1-carboxylic acid(1-アミノシクロプロパン-1-カルボン酸) | 129 a |
| ACE | angiotensin-converting enzyme(アンギオテンシン変換酵素) | 120 b |
| ACF | ATP-utilizing chromatin assembly and remodeling factor | 281 a |
| ACH | achondroplasia(軟骨無形成症) | 120 b |
| AChR | acetylcholine receptor(アセチルコリン受容体) | 120 b |
| aCL | anticardiolipin antibody(抗カルジオリピン抗体) | 120 b |
| AcNPV | *Autographa californica* NPV | 687 b |
| ACP | acyl carrier protein(アシルキャリヤータンパク質) | 121 a |
| ACS | ACC synthase(ACCシンターゼ) | 120 b |
| ACS | ARS consensus sequence(ARS共通配列) | 120 b |
| ACTH | adrenocorticotropic hormone(副腎皮質刺激ホルモン) | 121 a |
| AD | Alzheimer's disease(アルツハイマー病) | 136 a |
| ADA | adenosine deaminase(アデノシンデアミナーゼ) | 136 a |
| ADAR | adenosine deaminase acting on RNA(二本鎖RNA特異的アデノシンデアミナーゼ) | 136 a |
| ADCC | antibody-dependent cellular cytotoxicity(抗体依存性細胞傷害) | 136 b |
| Ade | adenine(アデニン) | 136 a |
| ADF | actin-depolymerizing factor(アクチン脱重合因子) | 136 b |
| ADH | antidiuretic hormone(抗利尿ホルモン) | 136 a |
| ADH | autosomal dominant hypocalcemia(常染色体優性低カルシウム血症) | 136 a |
| ADHR | autosomal-dominant hypophosphatemic rickets(常染色体優性低リン酸血症性くる病) | 277 b |
| ADM | adrenomedullin(アドレノメデュリン) | 136 a |
| Ado | adenosine(アデノシン) | 21 b |
| AdoMet | $S$-adenosylmethionine($S$-アデノシルメチオニン) | 21 a |
| ADP | adenosine 5'-diphosphate(アデノシン5'-二リン酸) | 136 a |
| AE1 | anion exchange protein 1(陰イオン交換タンパク質1) | 113 a |
| AER | apical ectodermal ridge(外胚葉性聴窩) | 113 a |
| AEV | *Avian erythroblastosis virus*(トリ赤芽球症ウイルス) | 113 b |
| aFGF | acidic fibroblast growth factor(酸性繊維芽細胞増殖因子) | 115 b |
| AFLP | amplified fragment length polymorphism | 588 a |
| AFM | atomic force microscope(原子間力顕微鏡) | 115 b |
| AFP | $\alpha$-fetoprotein($\alpha$フェトプロテイン) | 115 b |
| AGE | advanced glycation end product | 120 b |
| AGEPC | 1-$O$-alkyl-2-acetyl-$sn$-glycero-3-phosphocholine(1-$O$-アルキル-2-アセチル-$sn$-グリセロ-3-ホスホコリン) | 120 b |
| AGIF | adipogenesis inhibitory factor(脂肪細胞化抑制因子) | 120 b |
| AhR | arylhydrocarbon receptor(アリール炭化水素受容体) | 115 a |
| AICDA | activation induced cytidine deaminase | 416 b |
| AID | activation induced cytidine deaminase | 264 b |
| AIDS | acquired immunodeficiency syndrome(後天性免疫不全症候群) | 113 a |
| AIGF | androgen-induced growth factor | 113 a |
| AIHA | autoimmune hemolytic anemia(自己免疫性溶血性貧血) | 113 a |
| AKAP | type-A kinase anchor protein(A型キナーゼアンカータンパク質) | 120 a |
| Ala | alanine(アラニン) | 36 a |
| ALA | 5-aminolevulinic acid(5-アミノレブリン酸) | 116 a |
| ALCL | anaplastic large cell lymphoma(未分化大細胞リンパ腫) | 116 a |
| ALD | adrenoleukodystrophy(副腎白質ジストロフィー) | 116 a |
| ALK | activin receptor-like kinase(アクチビン受容体様キナーゼ) | 342 a |
| ALL | acute lymphocytic leukemia(急性リンパ性白血病) | 116 a |
| ALPS | autoimmune lymphoproliferative syndrome(アルプス) | 750 b |
| ALS | acid labile subunit | 94 b |
| ALV | *Avian leukemia virus*(トリ白血病ウイルス) | 116 a |
| ALV | *Avian leukosis virus*(トリ白血病ウイルス) | 116 a |
| AM | adrenomedullin(アドレノメデュリン) | 115 b |
| AML | acute myelocytic leukemia(急性骨髄性白血病) | 115 b |

| 略号 | 英語 | 頁 |
|---|---|---|
| AMP | adenosine monophosphate（アデノシン一リン酸） | 115 b |
| AMPA | α-amino-3-hydroxy-5-methylisoxazole-4-propionic acid（α-アミノ-3-ヒドロキシ-5-メチルイソキサゾール-4-プロピオン酸） | 115 b |
| AMV | Alfalfa mosaic virus（アルファルファモザイクウイルス） | 116 a |
| AMV | Avian myeloblastosis virus（トリ骨髄芽球症ウイルス） | 116 a |
| ANLL | acute non-lymphocytic leukemia（急性非リンパ性白血病） | 115 b |
| ANP | atrial natriuretic peptide（心房性ナトリウム利尿ペプチド） | 115 b |
| ANP | A-type natriuretic peptide（A型ナトリウム利尿ペプチド） | 651 a |
| ANTC | Antennapedia complex（アンテナペディア遺伝子群） | 115 b |
| AOX | alternative oxidase（オルタナティブオキシダーゼ） | 116 b |
| AP-1 | activator protein 1（アクチベータータンパク質1） | 144 b |
| AP-2 | activator protein 2（アクチベータータンパク質2） | 147 b |
| Apaf-1 | apoptotic protease-activating factor-1 | 25 a |
| APC | active protein C（活性化プロテインC） | 145 a |
| APC | adenomatous polyposis coli | 5 b |
| APC | anaphase promoting complex/cyclosome（後期促進因子） | 145 a |
| APC | antigen-presenting cell（抗原提示細胞） | 145 a |
| APC/C | anaphase promoting complex/cyclosome（後期促進因子） | 146 a |
| APL | acute promyelocytic leukemia（急性前骨髄性白血病） | 145 a |
| APP | amyloid precursor protein（アミロイド前駆体タンパク質） | 147 b |
| AQP | aquaporin（アクアポリン） | 119 a |
| AR | acrosome reaction（先体反応） | 113 a |
| araC | cytosine arabinoside（シトシンアラビノシド） | 426 a |
| Arf | ADP-ribosylation factor | 25 b |
| Arg | arginine（アルギニン） | 45 b |
| ARIA | acetylcholine receptor inducing activity（アセチルコリン受容体誘導活性） | 661 b |
| Arnt | Ah receptor nuclear translocator | 115 a |
| Arp | actin-related protein（アクチン関連タンパク質） | 113 a |
| ARS | autonomously replicating sequence（自律複製配列） | 113 a |
| Ascl1 | Achaete-Scute complex-like 1 | 115 a |
| ASF/SF2 | alternative splicing factor（選択的スプライシング因子） | 487 a |
| Asn | asparagine（アスパラギン） | 14 a |
| Asp | aspartic acid（アスパラギン酸） | 14 a |
| ASV-17 | Avian sarcoma virus-17 | 449 b |
| 3AT | 3-aminotriazole（3-アミノトリアゾール） | 723 a |
| ATF | activating transcription factor | 136 a |
| ATL | adult T cell leukemia（成人T細胞白血病） | 136 b |
| ATL | adult T cell lymphoma（成人T細胞白血病） | 136 b |
| ATLV | adult T cell leukemia virus（成人T細胞白血病ウイルス） | 136 b |
| ATLV | adult T cell lymphoma virus（成人T細胞白血病ウイルス） | 136 b |
| ATP | adenosine 5'-triphosphate（アデノシン5'-三リン酸） | 136 b |
| ATR | ataxia-telangiectasia and Rad3-related | 136 a |
| ATX | autotaxin（オートタキシン） | 136 a |
| AVd | degradative autophagic vacuole（分解型自己貪食胞） | 147 b |
| AVi | initial autophagic vacuole（初期自己貪食胞） | 147 b |
| AVi/d | intermediate autophagic vacuole（中間型自己貪食胞） | 147 b |
| AVP | arginine vasopressin（アルギニンバソプレッシン） | 147 b |
| AVT | arginine vasotocin（アルギニンバソトシン） | 147 b |
| AZT | azidothymidine（アジドチミジン） | 128 b |

## B

| 略号 | 英語 | 頁 |
|---|---|---|
| BAC | benzyldimethylalkylammonium chloride（ベンジルジメチルアルキルアンモニウムクロリド） | 264 a |
| BAMBI | BMP and activin membrane-bound inhibitor | 342 a |
| BAP | bacterial alkaline phosphatase（大腸菌アルカリホスファターゼ） | 45 a |
| BBI | Bowman-Birk protease inhibitor（ボーマン・バーク型プロテアーゼインヒビター） | 737 a |
| BCG | Bacille de Calmette et Guérin | 720 b |
| BCGF-1 | B cell growth factor-1（B細胞増殖因子1） | 721 a |
| B-CLL | B cell-type chronic lymphocytic leukemia（B細胞性慢性リンパ性白血病） | 420 a |
| BCR | B cell antigen receptor（B細胞抗原受容体） | 711 a |
| BCR | B cell receptor（B細胞受容体） | 718 a |
| BCT | blood cell transplantation（末梢血幹細胞移植） | 721 a |
| BDNF | brain-derived neurotrophic factor（脳由来神経栄養因子） | 730 a |
| BER | base excision repair（塩基除去修復） | 708 a |
| BETA2 | β-cell E-box transactivator 2（β細胞Eボックストランスアクチベーター2） | 812 a |
| bFGF | basic fibroblast growth factor（塩基性線維芽細胞増殖因子） | 710 a |
| bFGFR | basic fibroblast growth factor receptor（塩基性線維芽細胞増殖因子受容体） | 710 a |
| BFU-E | erythroid burst forming unit（赤芽球バースト形成単位） | 710 b |
| BFU-Meg | megakaryocyte burst forming unit（巨核球バースト形成単位） | 710 b |
| BGP | bone Gla protein（骨グラタンパク質） | 721 a |
| BiP | immunoglobulin heavy-chain binding protein | 729 b |
| BK | bradykinin（ブラジキニン） | 715 a |
| BKPyV | BK polyomavirus（BKポリオーマウイルス） | 715 b |
| BKV | BK virus（BKウイルス） | 715 b |
| BLAST | Basic Local Alignment Search Tool | 776 a |
| BLAT | Blast Like Alignment Tool | 776 a |
| BMD | Becker muscular dystrophy（ベッカー型筋ジストロフィー） | 711 a |
| BmNPV | Bombyx mori NPV（カイコガNPV） | 710 b |
| BMP | bone morphogenetic protein（骨誘導因子） | 711 a |
| BMPR | bone morphogenetic protein receptor（骨誘導因子受容体） | 711 a |
| BMT | bone marrow transplantation（骨髄移植） | 711 a |
| BMU | basic multicellular unit（基礎的多細胞単位） | 342 a |
| BMV | brome mosaic virus（ブロムモザイクウイルス） | 711 a |
| BNP | B-type natriuretic peptide（B型ナトリウム利尿ペプチド） | 651 a |
| BPA | burst promoting activity（バースト形成促進因子活性） | 503 a |
| BPTI | bovine pancreatic trypsin inhibitor（ウシ膵臓トリプシンインヒビター） | 737 a |
| BSAP | B-cell-specific activator protein（B細胞特異的アクチベータータンパク質） | 709 a |
| BSE | bovine spongiform encephalopathy（ウシ海綿状脳症） | 709 a |

| 略号 | 意味 | ページ |
|---|---|---|
| BSF-1 | B cell stimulatory factor-1（B 細胞特異的刺激因子 1） | 709 a |
| BSF-2 | B cell stimulatory factor-2（B 細胞特異的刺激因子 2） | 709 a |
| BSO | buthionine sulfoximine（ブチオニンスルホキシミン） | 709 a |
| BSP-1 | bone sialoprotein-1（骨シアロタンパク質 1） | 709 a |
| Btk | Bruton's tyrosine kinase | 730 a |
| BV | budded virus（発芽型ウイルス） | 687 b |
| BVU | bromovinyluracil（ブロモビニルウラシル） | 536 a |
| BWS | Beckwith-Wiedemann syndrome（ベックウィズ・ビーデマン症候群） | 727 b |
| BX-C | bithorax complex | 709 b |

## C

| 略号 | 意味 | ページ |
|---|---|---|
| C | complement（補体） | 390 a |
| C | coulomb（クーロン） | 613 b |
| C | cysteine（システイン） | 412 a |
| C | cytidine（シチジン） | 416 a |
| C1 | first component of complement（補体第一成分） | 392 b |
| CA | capsid protein（キャプシドタンパク質） | 238 b |
| CA | cell array（細胞アレイ） | 393 a |
| CAD | caspase-activated DNase | 242 a |
| CADM1 | cell adhesion molecule 1 | 396 a |
| CAF-1 | chromatin assembly factor-1（クロマチンアッセンブリー因子 1） | 393 a |
| CAK | CDK activating kinase（CDK 活性化キナーゼ） | 394 a |
| CALI | chromophore-assisted laser inactivation（レーザー分子不活性化法） | 242 b |
| CAM | cell adhesion molecule（細胞接着分子） | 207 b |
| cAMP | cyclic adenosine 3',5'-monophosphate（サイクリックアデノシン 3',5'-一リン酸） | 393 b |
| CaMV | cauliflower mosaic virus（カリフラワーモザイクウイルス） | 393 b |
| CANP | calcium activated neutral protease（カルシウム依存性中性プロテアーゼ） | 393 b |
| CAP | calf intestine alkaline phosphatase（仔ウシ腸アルカリホスファターゼ） | 45 a |
| CAP | catabolite gene activator protein（カタボライト遺伝子アクチベータータンパク質） | 396 a |
| CAP | cationic antimicrobial protein（抗菌性カチオンタンパク質） | 315 b |
| CARD | caspase recruitment domain | 25 a |
| CAT | chloramphenicol acetyltransferase（クロラムフェニコールアセチルトランスフェラーゼ） | 395 b |
| CBB | Coomassie Brilliant Blue（クーマシーブリリアントブルー） | 431 b |
| CBC | cap binding complex（キャップ構造結合タンパク質複合体） | 430 b |
| Cbl | cobalamin（コバラミン） | 430 b |
| CBP | CREB-binding protein | 431 b |
| CCD | charge coupled devise | 410 a |
| CCR | CC chemokine receptor（CC ケモカイン受容体） | 408 b |
| CCT | chaperonin-containing TCP1 | 410 b |
| CD | circular dichroism（円二色性） | 418 b |
| CD | cluster of differentiation | 418 b |
| CDA | cytidine deaminase（シチジンデアミナーゼ） | 418 b |
| CDC | complement-dependent cytotoxicity（補体依存性細胞傷害） | 942 a |
| Cdc25 | cell division cycle 25 | 420 b |
| CDF | cholinergic differentiation factor（コリン作動性分化因子） | 419 a |
| CDI | CDK inhibitor（CDK インヒビター） | 418 b |
| cdk | cyclin-dependent kinase（サイクリン依存性キナーゼ） | 419 b |
| CDK | cyclin-dependent kinase（サイクリン依存性キナーゼ） | 419 b |
| cDNA | complementary DNA（相補的 DNA） | 418 b |
| CDP | cytidine 5'-diphosphate（シチジン 5'-二リン酸） | 422 a |
| CDR | complementarity-determining region（相補性決定領域） | 418 b |
| CEA | carcinoembryonic antigen（がん胎児性抗原） | 392 b |
| C/EBP | CCAAT/enhancer-binding protein（CCAAT/エンハンサー結合タンパク質） | 393 a |
| CEF | chicken embryo fibroblast（ニワトリ胚繊維芽細胞） | 392 b |
| CENP | centromere protein（セントロメアタンパク質） | 392 b |
| CERK | ceramide kinase（セラミドキナーゼ） | 392 b |
| CF | cleavage factor（切断因子） | 396 a |
| CF | cystic fibrosis（嚢胞性繊維症） | 396 a |
| CFC | colony forming cell（コロニー形成細胞） | 396 a |
| CFP | cyan fluorescent protein（シアン蛍光タンパク質） | 396 b |
| CFTR | cystic fibrosis transmembrane conductance regulator（嚢胞性繊維症膜貫通調節タンパク質） | 396 b |
| CFU | colony forming unit（コロニー形成単位） | 396 b |
| CFU-Blast | blast colony forming unit（芽球コロニー形成単位） | 396 b |
| CFU-E | erythroid colony forming unit（赤芽球コロニー形成単位） | 396 b |
| CFU-Eo | eosinophil colony forming unit（好酸球コロニー形成単位） | 396 b |
| CFU-G | granulocyte colony forming unit（顆粒球コロニー形成単位） | 396 b |
| CFU-GEMM | granulocyte-erythrocyte-macrophage-megakaryocyte colony forming unit | 396 b |
| CFU-GM | granulocyte-macrophage colony forming unit（顆粒球-マクロファージコロニー形成単位） | 396 b |
| CFU-M | macrophage colony forming unit（マクロファージコロニー形成単位） | 396 b |
| CFU-Meg | megakaryocyte colony forming unit（巨核球コロニー形成単位） | 396 b |
| CFU-Mix | mixed colony forming unit（混合コロニー形成単位） | 396 b |
| CFU-S | spleen colony forming unit（脾コロニー形成単位） | 396 b |
| CG | chorionic gonadotropin（絨毛性性腺刺激ホルモン） | 408 b |
| C3G | Crk SH3-binding guanine nucleotide exchange protein（Crk SH3 結合グアニンヌクレオチド交換因子） | 408 a |
| CgA | chromogranin A（クロモグラニン A） | 408 b |
| cGMP | cyclic guanosine 3',5'-monophosphate（サイクリックグアノシン 3',5'-一リン酸） | 409 a |
| CGN | cis Golgi network（シスゴルジ網） | 409 a |
| CGRP | calcitonin gene-related peptide（カルシトニン遺伝子関連ペプチド） | 408 b |
| ChIP | chromatin immunoprecipitation（クロマチン免疫沈降） | 564 a |
| CHIP | C-terminus of Hsc-70-interacting protein | 454 b |
| ChM-I | chondromodulin-I（コンドロモジュリン I） | 652 b |
| ChTX | charybdotoxin（カリブドトキシン） | 211 a |
| CI | chemical ionization（化学イオン化法） | 418 a |
| CICR | $Ca^{2+}$-induced $Ca^{2+}$ release channel（$Ca^{2+}$ 誘発性 $Ca^{2+}$ 放出チャネル） | 937 a |

| 略号 | 英語（日本語） | ページ |
|---|---|---|
| CIg | cold insoluble globulin（寒冷不溶性グロブリン） | 390 a |
| CIN | chromosome instability（染色体不安定性） | 390 a |
| CIP | calf intestine alkaline phosphatase（仔ウシ腸アルカリホスファターゼ） | 45 a |
| CJD | Creutzfeldt-Jacob disease（クロイツフェルト・ヤコブ病） | 408 b |
| CKI | CDK inhibitor（CDK インヒビター） | 405 a |
| CLFM | confocal laser fluorescence microscope（共焦点レーザー蛍光顕微鏡） | 247 b |
| CLIP | class II-associated invariant chain peptide（クラスII分子関連インバリアント鎖ペプチド） | 272 a |
| CLIP | corticotropin-like intermediate lobe peptide（ACTH 様中葉ペプチド） | 397 b |
| CLK1 | Cdc-like kinase 1 | 511 a |
| CLL | chronic lymphocytic leukemia（慢性リンパ性白血病） | 397 b |
| CLM | confocal laser microscope（共焦点レーザー顕微鏡） | 397 b |
| CLSM | confocal laser scanning microscope（共焦点レーザー走査顕微鏡） | 247 b |
| cmc | critical micellar concentration（臨界ミセル濃度） | 397 a |
| CMP | cytidine monophosphate（シチジン一リン酸） | 397 a |
| CMTS | microbodies C-terminal targeting signal（ミクロボディ C 末端標的シグナル） | 397 a |
| CMV | *Cucumber mosaic virus*（キュウリモザイクウイルス） | 397 a |
| CMV | cytomegalovirus（サイトメガロウイルス） | 397 a |
| cNOS | constitutive NO synthase（構成型 NO シンターゼ） | 429 b |
| CNP | C-type natriuretic peptide（C 型ナトリウム利尿ペプチド） | 651 b |
| CNP | 2′,3′-cyclic nucleotide 3′-phosphodiesterase（2′,3′-サイクリックヌクレオチド 3′-ホスホジエステラーゼ） | 179 a |
| CNTF | ciliary neurotrophic factor（毛様体神経栄養因子） | 347 a |
| CoA | coenzyme A（補酵素 A） | 335 b |
| ConA | concanavalin A（コンカナバリン A） | 397 b |
| c-*onc* | cellular oncogene（細胞性がん遺伝子） | 397 b |
| CoQ | coenzyme Q（補酵素 Q） | 336 a |
| Co-Smad | common-mediator Smad（共有型 Smad） | 397 b |
| COSY | correlation spectroscopy | 397 b |
| coup | chicken ovalbumin upstream promoter（ニワトリオボアルブミン遺伝子上流プロモーター） | 177 b |
| CP | cryptopatch（クリプトパッチ） | 430 a |
| cPKC | conventional protein kinase C（古典的プロテインキナーゼ C） | 842 b |
| cPLA₂ | cytosolic phospholipase A₂（細胞質ホスホリパーゼ A₂） | 430 a |
| CPSF | cleavage/polyadenylation specificity factor（切断/ポリアデニル酸化特異的因子） | 430 a |
| CPV | cytoplasmic polyhedrosis virus（細胞質多角体病ウイルス） | 432 a |
| CRABP | cellular retinoic acid-binding protein（細胞質レチノイン酸結合タンパク質） | 391 a |
| CRAF | CD40 receptor-associated factor（CD40 受容体結合因子） | 265 b |
| CRBP | cellular retinol-binding protein（細胞質レチノール結合タンパク質） | 392 a |
| CRD | carbohydrate recognition domain（糖鎖認識ドメイン） | 577 b |
| CRE | cyclic AMP responsive element（サイクリック AMP 応答配列） | 391 a |
| CREB | CRE-binding protein（CRE 結合タンパク質） | 278 b |
| CRF | corticotropinreleasing factor（副腎皮質刺激ホルモン放出因子） | 391 a |
| CRH | corticotropin-releasing hormone（副腎皮質刺激ホルモン放出ホルモン） | 391 a |
| CRLR | calcitonin receptor-like receptor（カルシトニン受容体様受容体） | 24 b |
| CRP | C-reactive protein（C 反応性タンパク質） | 391 b |
| CRP | cyclic AMP receptor protein（サイクリック AMP 受容タンパク質） | 391 b |
| cryo-EM | cryo-electron microscope（極低温電子顕微鏡） | 267 b |
| CSF | colony-stimulating factor（コロニー刺激因子） | 394 b |
| CSF | cytostatic factor（細胞分裂抑制因子） | 394 b |
| CSF-1 | colony-stimulating factor-1（コロニー刺激因子 1） | 394 b |
| Csk | C-terminal Src kinase（C 末端 Src キナーゼ） | 394 b |
| cSNP | coding SNP | 394 b |
| CStF | cleavage stimulatory factor（切断促進因子） | 394 b |
| CTAB | cetyltrimethylammonium bromide（セチルトリメチルアンモニウムブロミド） | 419 a |
| CTD | C-terminal domain | 421 b |
| CTFI | CCAAT-binding transcripton factor 1（CCAAT 結合因子 1） | 419 a |
| CTL | cytotoxic T lymphocyte（細胞傷害性 T リンパ球） | 419 a |
| CTLA-4 | cytolytic T lymphocyte associated antigen-4 | 422 b |
| cTP | chloroplast transit peptide（葉緑体移行シグナル） | 422 b |
| CTP | cytidine 5′-triphosphate（シチジン 5′-三リン酸） | 422 b |
| CXCR | CXC chemokine receptor（CXC ケモカイン受容体） | 395 a |
| CX3CR1 | CX3C chemokine receptor 1 | 395 a |
| Cyd | cytidine（シチジン） | 416 a |
| Cys | cysteine（システイン） | 412 b |
| Cyt | cytosine（シトシン） | 426 a |

## D

| 略号 | 英語（日本語） | ページ |
|---|---|---|
| D | aspartic acid（アスパラギン酸） | 14 a |
| D | deuterium（重水素） | 622 a |
| D | 5,6-dihydrouridine（5,6-ジヒドロウリジン） | 430 b |
| 2,4-D | 2,4-dichlorophenoxyacetic acid（2,4-ジクロロフェノキシ酢酸） | 665 a |
| dA | 3′-deoxyadenosine（3′-デオキシアデノシン） | 602 a |
| DAB | 3,3′-diaminobenzidine（ジアミノベンジジン） | 502 a |
| Dab1 | disabled homolog 1 | 553 b |
| dAdo | 3′-deoxyadenosine（3′-デオキシアデノシン） | 602 a |
| DAF | decay accelerating factor（崩壊促進因子） | 579 b |
| DAG | 1,2-diacylglycerol（1,2-ジアシルグリセロール） | 579 b |
| DAN | diazoacetyl-DL-norleucine methyl ester（ジアゾアセチル-DL-ノルロイシンメチルエステル） | 579 b |
| DAPI | 4′,6′-diamino-2-phenylindole（4′,6′-ジアミノ-2-フェニルインドール） | 591 b |
| DB | database（データベース） | 599 b |
| dBcAMP | dibutyryl cyclic AMP（ジブチリルサイクリック AMP） | 599 b |
| DBP | D-site binding protein（D 部位結合タンパク質） | 599 b |
| DD | differential display（ディファレンシャルディスプレイ） | 598 b |

| | | |
|---|---|---|
| 2D-DIGE | two-dimensional fluorescence difference gel electrophoresis（蛍光ディファレンシャルゲル二次元電気泳動） | 576 a |
| ddNTP | dideoxyribonucleoside triphosphate（ジデオキシヌクレオシド三リン酸） | 598 b |
| DFC | dense fibrillar component | 193 b |
| DFF40 | DNA fragmentation factor, 40 kDa subunit | 593 b |
| DFF45 | DNA fragmentation factor, 45 kDa subunit | 593 b |
| DFP | diisopropyl fluorophosphate（ジイソプロピルフルオロリン酸） | 593 b |
| DG | 1,2-diacylglycerol（1,2-ジアシルグリセロール） | 597 a |
| DGK | diacylglycerol kinase（ジアシルグリセロールキナーゼ） | 597 b |
| DHFR | dihydrofolate reductase（ジヒドロ葉酸レダクターゼ） | 580 a |
| dhh | desert hedgehog（デザートヘッジホッグ） | 534 b |
| DIC | disseminated intravascular coagulation（播種性血管内凝固） | 578 a |
| DIDS | diisothiocyanatostilbene-disulfonic acid（ジイソチオシアナトスチルベン-ジスルホン酸） | 211 a |
| Dif | dorsal-related immunity factor | 142 b |
| DIG | digoxigenin（ジゴキシゲニン） | 578 a |
| DISC | death-inducing signaling complex（ディスク） | 598 b |
| DM | distance matrix（距離行列） | 593 a |
| DMD | Duchenne muscular dystrophy（デュシェンヌ型筋ジストロフィー） | 593 b |
| DMPK | dystrophia myotonica-protein kinase | 253 b |
| DMR | differentially methylated region | 490 b |
| DMS | dimethyl sulfate（硫酸ジメチル） | 593 b |
| DMSO | dimethyl sulfoxide（ジメチルスルホキシド） | 593 b |
| DNA | deoxyribonucleic acid（デオキシリボ核酸） | 580 a |
| DNase | deoxyribonuclease（デオキシリボヌクレアーゼ） | 580 b |
| DNMT | DNA methyltransferase（DNA メチルトランスフェラーゼ） | 591 a |
| DNP | deoxyribonucleoprotein（デオキシリボ核タンパク質） | 194 b |
| DNP | 2,4-dinitrophenol（2,4-ジニトロフェノール） | 591 b |
| DNP | dinitrophenyl hapten（ジニトロフェニルハプテン） | 591 b |
| DOCK180 | 180 kDa protein downstream of Crk（180 kDa Crk 結合タンパク質） | 631 b |
| DPN | diphosphopyridine nucleotide（ジホスホピリジンヌクレオチド） | 599 b |
| Dr1 | down-regulator of transcription 1 | 578 b |
| DR-1 | direct repeat-1 | 823 b |
| DRBP | double-stranded RNA binding protein | 660 a |
| DRE | dehydration responsive element（乾燥ストレス応答性エレメント） | 578 b |
| DRIP | vitamin D receptor interacting protein | 640 b |
| D-RNA | DNA-like RNA（DNA 様 RNA） | 579 a |
| DRTF | differentiation-regulated transcription factor | 579 b |
| Dsh | Dishevelled（ディシェブルド） | 580 a |
| DSIP | delta-sleep inducing peptide（デルタ睡眠誘発ペプチド） | 470 a |
| dsl-1 | dorsalin-1（ドーサリン 1） | 580 a |
| dsRBD | double-stranded RNA binding domain（二本鎖 RNA 結合ドメイン） | 580 a |
| dT | thymidine（チミジン） | 564 b |
| dThd | thymidine（チミジン） | 564 b |
| dTMP | deoxythymidine 5'-monophosphate（デオキシチミジン 5'—リン酸） | 599 a |
| DTNB | dithiobis (nitrobenzoic acid)（ジチオビス(ニトロ安息香酸)） | 122 b |

## E

| | | |
|---|---|---|
| E | glutamic acid（グルタミン酸） | 276 b |
| EAE | experimental allergic encephalitis（実験的アレルギー性脳炎） | 60 b |
| EB | embryoid body（胚様体） | 90 b |
| 4E-BP1 | eukaryotic translation initiation factor 4E (eIF4E)-binding protein 1 | 929 a |
| EBV | Epstein-Barr virus（エプスタイン・バーウイルス） | 90 b |
| ECM | extracellular matrix（細胞外マトリックス） | 66 a |
| EC PCR | expression cassette PCR（発現カセット PCR） | 67 b |
| ED | electron diffraction（電子線回折） | 74 b |
| EDF | erythroid differentiation factor（赤芽球分化誘導因子） | 74 b |
| EDRF | endothelium-derived relaxing factor（内皮細胞由来平滑筋弛緩因子） | 74 b |
| EDTA | ethylenediaminetetraacetic acid（エチレンジアミン四酢酸） | 74 b |
| eEF | eucaryotic elongation factor（真核生物伸長因子） | 60 b |
| EEG | electroencephalogram（脳電図） | 60 b |
| EF | elongation factor（伸長因子） | 61 a |
| EF-1 | elongation factor1（伸長因子 1） | 61 a |
| EF-2 | elongation factor2（伸長因子 2） | 61 a |
| EF-G | elongation factor G（伸長因子 G） | 61 a |
| EF-Ts | elongation factor Ts（伸長因子 Ts） | 61 a |
| EF-Tu | elongation factor Tu（伸長因子 Tu） | 61 a |
| EGF | epidermal growth factor（上皮増殖因子） | 66 b |
| EGFP | enhanced green fluorescent protein | 954 a |
| EGR | early growth response gene（即時型遺伝子） | 66 a |
| EGTA | ethylene glycol bis(2-aminoethyl ether)-tetraacetic acid（エチレングリコール(2-アミノエチルエーテル)四酢酸） | 66 b |
| EH | eclosion hormone（羽化ホルモン） | 61 a |
| EH | epoxide hydrolase（エポキシドヒドロラーゼ） | 61 a |
| EH | essential hypertension（本態性高血圧症） | 61 a |
| EI | electron ionization（電子イオン化法） | 418 a |
| EIA | enzyme immunoassay（酵素免疫検定法） | 60 a |
| eIF | eucaryotic initiation factor（真核生物開始因子） | 60 a |
| EJC | exon junction complex（エキソン接合部複合体） | 66 b |
| ELAM-1 | endothelial leukocyte adhesion molecule-1 | 62 b |
| ELISA | enzyme-linked immunosorbent assay（固相酵素免疫検定法） | 62 b |
| EMCV | encephalomyocarditis virus（脳心筋炎ウイルス） | 62 a |
| EMS | ethyl methanesulfonate（エチルメタンスルホン酸） | 62 a |
| EMSA | electrophoresis-mobility shift assay（電気泳動移動度シフト分析） | 62 b |
| eNOS | endothelial NO synthase（血管内皮型 NO シンターゼ） | 90 a |
| EOP | efficiency of plating（平板効率） | 62 b |
| EPA | eicosapentaenoic acid（エイコサペンタエン酸） | 90 b |
| EPCR | endothelial protein C receptor（血管内皮プロテイン C 受容体） | 90 b |
| EPI | extrinsic pathway inhibitor（外因系凝固インヒビター） | 90 b |
| EPO | erythropoietin（エリトロポエチン） | 90 b |
| EPP | endplate potential（終板電位） | 90 b |
| EPR | electron paramagnetic resonance（電子常磁性共鳴） | 90 b |

略号索引　1173

| | | |
|---|---|---|
| EPSP | excitatory postsynaptic potential（興奮性シナプス後電位） | 90 b |
| ER | endoplasmic reticulum（小胞体） | 60 a |
| ERAAP | endoplasmic reticulum aminopeptidase | 318 b |
| ERAD | endoplasmic reticulum-associated degradation（小胞体関連分解） | 60 a |
| eRF | eucaryotic release factor（真核生物終結因子） | 60 a |
| ERF | ethylene-responsive element binding factor（エチレン応答性転写因子） | 226 a |
| ERGIC | ER-Golgi intermediate compartment（小胞体-ゴルジ中間区画） | 412 a |
| ERK | extracellular signal-regulated kinase（細胞外シグナル制御キナーゼ） | 60 b |
| ERR | estrogen-related receptor（エストロゲン関連受容体） | 60 a |
| ESI-MS | electrospray ionization mass spectrometry（エレクトロスプレーイオン化質量分析） | 60 b |
| ESR | electron spin resonance（電子スピン共鳴） | 60 b |
| esRNA | exosomal shuttle RNA | 117 b |
| EST | expressed sequence tag（発現配列タグ） | 61 a |
| ET | endothelin（エンドセリン） | 74 b |
| ETF | electron-transferring flavoprotein（電子伝達フラビンタンパク質） | 13 a |
| EXAFS | extended X-ray absorption fine structure（X線吸収広域微細構造） | 119 a |
| ExFT | exfoliating toxin | 483 b |
| exu | exuperantia（エグズペランチア） | 715 b |

## F

| | | |
|---|---|---|
| F | farad（ファラッド） | 613 b |
| F | phenylalanine（フェニルアラニン） | 760 a |
| 2-FAA | N-2-fluorenylacetamide（N-2-フルオレニルアセトアミド） | 147 b |
| FAB | fast atom bombardment（高速原子衝撃法） | 418 a |
| FACS | fluorescence-activated cell sorter（蛍光活性化セルソーター） | 148 b |
| FAD | familial Alzheimer's disease（家族性アルツハイマー病） | 148 b |
| FAD | flavin adenine dinucleotide（フラビンアデニンジヌクレオチド） | 148 b |
| FADD | Fas-associating protein with death domain | 29 a |
| FAK | focal adhesion kinase | 148 b |
| FAP | familial adenomatous polyposis（家族性大腸繊維腫症） | 148 b |
| FasL | Fas ligand（Fas リガンド） | 750 b |
| FBF | fem-3mRNA binding factor | 152 b |
| FBS | fetal bovine serum（ウシ胎仔血清） | 151 a |
| FC | fibrillar center | 193 b |
| FCA | Freund's complete adjuvant（フロイント完全アジュバント） | 12 b |
| FcαRI | Fcα receptor I（Fcα 受容体I型） | 149 a |
| FcεRII | Fcε receptor II（Fcε 受容体II型） | 149 b |
| FcγRI | Fcγ receptor I（Fcγ 受容体I型） | 150 a |
| FcγRII | Fcγ receptor II（Fcγ 受容体II型） | 150 a |
| FcγRIII | Fcγ receptor III（Fcγ 受容体III型） | 150 a |
| FCM | flow cytometry（フローサイトメトリー） | 150 b |
| FcμR | Fcμ receptor（Fcμ受容体） | 150 b |
| FcR | Fc receptor（Fc受容体） | 149 b |
| FD | field desorption（電解脱離法） | 418 a |
| FDC | follicular dendritic cell（濾胞樹状細胞） | 532 b |
| FDP | fibrinogen/fibrin degradation product（フィブリノーゲン/フィブリン分解物） | 151 a |
| FEM | finite element method（有限要素法） | 147 b |
| FGF | fibroblast growth factor（繊維芽細胞増殖因子） | 149 b |
| FGFR | fibroblast growth factor receptor（繊維芽細胞増殖因子受容体） | 150 a |
| FGFR2 gene | fibroblast growth factor receptor type 2 gene（繊維芽細胞増殖因子受容体2型遺伝子） | 150 a |
| FH | familial hypercholesterolemia（家族性高コレステロール血症） | 148 b |
| FIA | Freund's incomplete adjuvant（フロイント不完全アジュバント） | 12 b |
| FIGE | field inversion gel electrophoresis（フィールド反転ゲル電気泳動） | 147 b |
| Fis | factor for inversion stimulation（逆位促進因子） | 584 a |
| FISH | fluorescence in situ hybridization（蛍光 in situ ハイブリダイゼーション） | 147 b |
| FITC | fluorescein isothiocyanate（フルオレセインイソチオシアネート） | 147 b |
| FLAP | 5-lipoxygenase activating protein | 35 b |
| FLIP | FLICE inhibitory protein | 29 b |
| FLIP | fluorescence loss in photobleaching（光退色蛍光減衰測定） | 780 b |
| Flt-1 | Fms-like tyrosine kinase 1（Fms 様チロシンキナーゼ1） | 149 a |
| FMLP | formylmethionylleucylphenylalanine（ホルミルメチオニルロイシルフェニルアラニン） | 149 a |
| FMN | flavin mononucleotide（フラビンモノヌクレオチド） | 149 a |
| F-MuLV | Friend murine leukemia virus（フレンドマウス白血病ウイルス） | 785 a |
| FNR | fibronectin receptor（フィブロネクチン受容体） | 148 b |
| FRAP | FKBP and rapamycin-associated protein | 929 a |
| FRAP | fluorescence recovery after photobleaching（光退色後蛍光回復測定） | 778 a |
| FRET | fluorescence resonance energy transfer（蛍光共鳴エネルギー転移） | 783 a |
| FRP | FSH releasing protein（濾胞刺激ホルモン分泌促進タンパク質） | 147 b |
| FRS | FGFR substrate | 515 a |
| FSH | follicle-stimulating hormone（濾胞刺激ホルモン） | 148 b |
| FT | Fourier tranform（フーリエ変換） | 151 b |
| FXTAS | fragile X-associated tremor/ataxia syndrome | 496 a |
| Fz | Frizzled（Frizzled（フリズルド）） | 150 b |

## G

| | | |
|---|---|---|
| γ-GTP | γ-glutamyl transpeptidase（γ-グルタミルトランスペプチダーゼ） | 422 b |
| G | glycine（グリシン） | 270 a |
| G | guanosine（グアノシン） | 259 b |
| GA | genetic algorithm（遺伝的アルゴリズム） | 393 a |
| GA | gibberellin（ジベレリン） | 393 a |
| G2A | G2 accumulation | 794 b |
| GABA | γ-aminobutyric acid（γ-アミノ酪酸） | 242 a |
| GAF | gamma activated factor | 393 a |
| GAG | glycosaminoglycan（グリコサミノグリカン） | 268 b |
| Gal | galactose（ガラクトース） | 207 b |
| GalNAc | N-acetylgalactosamine（N-アセチルガラクトサミン） | 15 b |
| GANC | gancyclovir（ガンシクロビル） | 223 b |
| GAP | GTPase activating protein（GTPアーゼ活性化タンパク質） | 396 a |

| | | |
|---|---|---|
| GAT | γ-aminobutyric acid transporter（γ-アミノ酪酸輸送体） | 396 a |
| GC | granular component | 193 b |
| G-CSF | granulocyte colony-stimulating factor（顆粒球コロニー刺激因子） | 408 b |
| G-CSFR | granulocyte colony-stimulating factor receptor（顆粒球コロニー刺激因子受容体） | 408 b |
| GDF | growth differentiation factor | 419 a |
| GDI | guanine nucleotide dissociation inhibitor（グアニンヌクレオチド解離抑制因子） | 423 b |
| GDS | guanine nucleotide dissociation stimulator | 423 b |
| GEF | GDP-GTP exchange factor（GDP-GTP 交換因子） | 392 b |
| GFAP | glial fibrillary acidic protein（グリア繊維酸性タンパク質） | 396 b |
| GFP | green fluorescent protein | 396 b |
| GGA | Golgi-localizing, gamma-adaptin ear homolgy domain, ARF-binding protein | 577 b |
| GGF | glial growth factor（グリア増殖因子） | 661 b |
| GH | growth hormone（成長ホルモン） | 395 b |
| GHRF | growth hormone-releasing factor（成長ホルモン放出因子） | 395 b |
| GHRH | growth hormone-releasing hormone（成長ホルモン放出ホルモン） | 395 b |
| GHRIH | growth hormone-release-inhibiting hormone（成長ホルモン放出抑制ホルモン） | 395 b |
| GIF | growth hormone-release-inhibiting factor（成長ホルモン放出抑制因子） | 390 b |
| GILT | gamma interferon-inducible lysosomal thiol reductase | 154 a |
| GIP | gastric inhibitory polypeptide（ガストリックインヒビトリーポリペプチド） | 390 a |
| GITR | glucocorticoid-induced tumor necrosis factor receptor related protein | 390 a |
| Gla | γ-carboxyglutamic acid（γ-カルボキシグルタミン酸） | 728 a |
| Glc | glucose（グルコース） | 273 b |
| GlcN | glucosamine（グルコサミン） | 273 b |
| GlcNAc | N-acetylglucosamine（N-アセチルガラクトサミン） | 15 b |
| Gln | glutamine（グルタミン） | 276 b |
| GLP | glucagon-like peptide（グルカゴン様ペプチド） | 397 b |
| Glu | glutamic acid（グルタミン酸） | 276 b |
| Gly | glycine（グリシン） | 270 a |
| GM-CSF | granulocyte-macrophage colony stimulating factor（顆粒球-マクロファージコロニー刺激因子） | 397 a |
| GM-CSFR | granulocyte-macrophage colony-stimulating factor receptor（顆粒球-マクロファージコロニー刺激因子受容体） | 397 a |
| GMEM | glioma mesenchymal extracellular matrix | 397 a |
| GMP | guanosine monophosphate（グアノシン一リン酸） | 397 a |
| GMP-140 | granule membrane protein-140 | 726 a |
| GnRH | gonadotropin-releasing hormone（性腺刺激ホルモン放出ホルモン） | 396 a |
| GO | Gene Ontology | 397 b |
| GP32 | gene product 32 | 74 a |
| GPⅡb-Ⅲa | glycoprotein Ⅱb-Ⅲa | 431 b |
| GRAIL | Gene Recognition and Assembly Internet Link | 278 a |
| Grb7 | growth factor receptor binding protein 7 | 266 a |
| GRF | growth hormone-releasing factor（成長ホルモン放出因子） | 391 b |
| GRF | guanine nucleotide-releasing factor（グアニンヌクレオチド解離因子） | 423 b |
| GRH | growth hormone-releasing hormone（成長ホルモン放出ホルモン） | 391 a |
| GRK | G protein-coupled receptor kinase（G タンパク質共役受容体キナーゼ） | 391 b |
| GRLN | ghrelin（グレリン） | 391 b |
| gRNA | guide RNA（ガイド RNA） | 391 a |
| GRP | gastrin-releasing peptide（ガストリン放出ペプチド） | 391 b |
| GRP | glucose-regulated protein（グルコース調節タンパク質） | 391 b |
| GS cell | germline stem cell（精子幹細胞） | 394 b |
| GSK | glycogen synthase kinase（グリコーゲンシンターゼキナーゼ） | 394 b |
| GSK-3β | glycogen synthase kinase-3β | 5 b |
| gSNP | intergenic SNP | 394 b |
| GSPT | G₁ to S phase transition of cell cycle | 153 a |
| GTH | gonadotropic hormone（性腺刺激ホルモン） | 418 b |
| GTP | guanosine 5′-triphosphate（グアノシン 5′-三リン酸） | 422 b |
| Gua | guanine（グアニン） | 259 b |
| Guo | guanosine（グアノシン） | 259 b |
| GUS | β-glucuronidase（β-グルクロニダーゼ） | 441 b |
| GVHD | graft-versus-host disease（移植片対宿主病） | 432 a |
| GVL | graft-versus-leukemia effect（移植片対白血病効果） | 432 a |
| Gy | gray（グレイ） | 278 a |

## H

| | | |
|---|---|---|
| H | histidine（ヒスチジン） | 724 a |
| HAC | human artificial chromosome（ヒト人工染色体） | 131 b |
| HAM/TSP | HTLV-1-associated myelopathy/tropical spastic paraparesis（HTLV-1 随伴ミエロパチー） | 732 b |
| HANE | hereditary angioneurotic edema（遺伝性血管神経症性浮腫） | 392 b |
| hANP | human atrial natriuretic peptide（ヒト心房性ナトリウム利尿ペプチド） | 651 a |
| HAT | histone acetyltransferase（ヒストンアセチルトランスフェラーゼ） | 132 b |
| Hb | hemoglobin（ヘモグロビン） | 135 b |
| HB-EGF | heparin-binding EGF-like growth factor（ヘパリン結合性 EGF 様増殖因子） | 135 b |
| HBGF | heparin-binding growth factor（ヘパリン結合性増殖因子） | 135 b |
| HBV | *Hepatitis B virus*（B 型肝炎ウイルス） | 135 b |
| HC | hypochondroplasia（軟骨低形成症） | 134 a |
| HCL | hairly cell leukemia（毛状細胞白血病） | 134 a |
| HCR | hemin-controlled repressor（ヘミン調節性リプレッサー） | 134 a |
| HCV | *hepatitis C virus*（C 型肝炎ウイルス） | 134 a |
| HDAC | histone deacetylase（ヒストンデアセチラーゼ） | 135 a |
| HDC | histidine decarboxylase（ヒスチジンデカルボキシラーゼ） | 723 a |
| HDL | high density lipoprotein（高密度リポタンパク質） | 135 b |
| HERG | human ether-a-go-go related gene | 561 b |
| HEV | high endothelial venule（高内皮細静脈） | 131 a |
| H₄FA | H₄-folic acid（H₄ 葉酸） | 136 a |
| Hfr | high frequency of recombination | 132 a |
| HFV | human foamy virus（ヒト泡沫ウイルス） | 836 a |
| HGF | hepatocyte growth factor（肝細胞増殖因子） | 134 a |
| HGPRT | hypoxanthine-guanine phosphoribosyltransferase（ヒポキサンチン-グアニンホスホリボシルトランスフェラーゼ） | 134 a |

略号索引　1175

| 略号 | 名称 | ページ |
|---|---|---|
| HHM | humoral hypercalcemia of malignancy（がん性高カルシウム血症） | 132 b |
| HHSiD | hexahydrosiladifenidol | 887 b |
| HIF-1 | hypoxia-inducible factor 1（低酸素誘導因子 1） | 130 b |
| HIM | hemopoietic inductive microenvironment（造血微小環境） | 130 b |
| His | histidine（ヒスチジン） | 724 a |
| HIV | human immunodeficiency virus（ヒト免疫不全ウイルス） | 130 b |
| HLA | human leukocyte histocompatibility antigen（ヒト白血球組織適合抗原） | 133 a |
| HLH | helix-loop-helix（ヘリックス・ループ・ヘリックス） | 133 a |
| HLP | HGF-like protein（HGF 様タンパク質） | 223 b |
| HMBA | $N,N'$-hexamethylenebisacetamide（$N,N'$-ヘキサメチレンビスアセトアミド） | 133 a |
| HMM | hidden Markov model（隠れマルコフモデル） | 133 a |
| HMT | histone methyltransferase（ヒストンメチルトランスフェラーゼ） | 133 a |
| HNF | hepatocyte nuclear factor（肝細胞核因子） | 132 b |
| HNPCC | hereditary non-polyposis colon cancer（遺伝性非腺腫性大腸がん） | 132 b |
| hnRNA | heterogeneous nuclear RNA（ヘテロ核 RNA） | 132 b |
| hnRNP | heterogeneous nuclear ribonucleoprotein（ヘテロ核リボ核タンパク質） | 132 b |
| HP1 | heterochromatin protein 1（ヘテロクロマチンタンパク質 1） | 135 b |
| 5-HPETE | 5-hydroperoxyeicosatetraenoic acid（5-ヒドロペルオキシエイコサテトラエン酸） | 135 b |
| HPGF | hybridoma/plasmacytoma growth factor（ハイブリドーマ/形質細胞腫増殖因子） | 100 b |
| HPLC | high-performance liquid chromatography（高性能液体クロマトグラフィー） | 135 b |
| HPRT | hypoxanthine phosphoribosyltransferase（ヒポキサンチンホスホリボシルトランスフェラーゼ） | 135 b |
| HPV | Human papilloma virus（ヒトパピローマウイルス） | 135 b |
| HRE | hormone response element（ホルモン応答配列） | 130 b |
| HRE | hypoxia-responsive element（低酸素反応領域） | 597 a |
| HRF20 | homologous restriction factor 20 | 131 a |
| HRI | heme-regulated inhibitor（ヘム調節性インヒビター） | 130 b |
| HSC | hematopoietic stem cell（造血幹細胞） | 131 a |
| HSE | heat shock element（熱ショックエレメント） | 131 a |
| HSF | heat shock factor（熱ショック転写因子） | 131 a |
| HSF | heat shock transcription factor（熱ショック転写因子） | 131 a |
| HSF | hepatocyte stimulating factor（肝細胞刺激因子） | 100 b |
| HSQC | heteronuclear single quantum coherence | 131 a |
| HSR | homogeneously staining region（均一染色領域） | 131 a |
| HSRV | human spuma retrovirus（ヒト泡沫レトロウイルス） | 836 a |
| HSV | Herpes simplex virus（単純ヘルペスウイルス） | 132 b |
| 5-HT | 5-hydroxytryptamine（5-ヒドロキシトリプタミン） | 135 b |
| HTH | helix-turn-helix（ヘリックス・ターン・ヘリックス） | 135 b |
| HTLV-1 | human T cell leukemia virus 1（ヒト T 細胞白血病ウイルス 1） | 135 b |
| HTLV-2 | human T cell leukemia virus 2（ヒト T 細胞白血病ウイルス 2） | 135 b |
| 5HTT | 5-hydroxytryptamin transporter（5-ヒドロキシトリプタミン輸送体） | 135 b |
| HUGO | Human Genome Organization | 741 a |
| HUS | hemolytic uremic syndrome（溶血性尿毒症症候群） | 741 b |
| HVJ | hemagglutinating virus of Japan（センダイウイルス） | 135 b |
| Hyl | hydroxylysine（ヒドロキシリシン） | 735 b |
| Hyp | hydroxyproline（ヒドロキシプロリン） | 735 b |
| Hyp | hypoxanthine（ヒポキサンチン） | 738 b |
| HYP | X-linked hypophosphatemic rickets（X 染色体連鎖性低リン酸血症性くる病） | 277 b |

# I

| 略号 | 名称 | ページ |
|---|---|---|
| I | inosine（イノシン） | 90 a |
| I | isoleucine（イソロイシン） | 70 a |
| IAA | indole-3-acetic acid（インドール 3-酢酸） | 1 b |
| I$\alpha$I | inter-$\alpha$-trypsin inhibitor（インター $\alpha$ トリプシンインヒビター） | 641 b |
| IAP | intracisternal-A particle | 477 b |
| IAP | islet-activating protein（インスリン分泌活性化タンパク質） | 2 a |
| IC | imprinting center（刷込みセンター） | 2 b |
| ICAD | inhibitor of CAD | 2 a |
| ICAM-1 | intercellular adhesion molecule-1（細胞接着分子 1） | 3 a |
| ICAM-2 | intercellular adhesion molecule-2（細胞接着分子 2） | 3 a |
| ICAM-5 | intercellular adhesion molecule-5（細胞接着分子 5） | 3 a |
| ICE | interleukin-1$\beta$ converting enzyme（インターロイキン 1$\beta$ 変換酵素） | 2 b |
| ICM | inner cell mass（内部細胞塊） | 3 a |
| ICP25 | infected cell protein 25 | 757 a |
| Id | idiotype（イディオタイプ） | 4 a |
| Id | inhibitor of DNA binding | 4 a |
| IDC | interdigitating dendritic cell（かみ合い樹状細胞） | 532 b |
| IDDM | insulin dependent diabetes mellitus（インスリン依存性糖尿病） | 627 b |
| IDL | intermediate density lipoprotein（中間密度リポタンパク質） | 4 b |
| IEG | immediate early gene（前初期遺伝子） | 1 b |
| IEL | intestinal intraepithelial T cells（腸管上皮細胞間 T 細胞） | 1 b |
| IF | initiation factor（開始因子） | 2 a |
| IFN | interferon（インターフェロン） | 2 a |
| IFN-$\alpha$ | interferon $\alpha$（インターフェロン $\alpha$） | 2 a |
| IFN-$\beta$ | interferon $\beta$（インターフェロン $\beta$） | 2 a |
| IFN-$\gamma$ | interferon $\gamma$（インターフェロン $\gamma$） | 2 a |
| Ig | immunoglobulin（免疫グロブリン） | 2 b |
| IgA | immunoglobulin A（免疫グロブリン A） | 3 a |
| IGC | interchromatin granule cluster | 194 a |
| IgD | immunoglobulin D（免疫グロブリン D） | 3 b |
| IgE | immunoglobulin E（免疫グロブリン E） | 2 b |
| IGF | insulin-like growth factor（インスリン様増殖因子） | 3 a |
| IGFBP | insulin-like growth factor-binding protein（インスリン様増殖因子結合タンパク質） | 3 a |
| IgG | immunoglobulin G（免疫グロブリン G） | 3 a |
| IgM | immunoglobulin M（免疫グロブリン M） | 3 a |
| IHF | integrative host factor（組込み宿主因子） | 1 b |
| ihh | indian hedgehog（インディアンヘッジホッグ） | 534 b |
| Ihh | Indian hedgehog（インディアンヘッジホッグ） | 500 a |
| IICR | IP$_3$-induced Ca$^{2+}$ release（IP$_3$ 誘導 Ca$^{2+}$ 放出） | 1 a |

| | | |
|---|---|---|
| IK | Ikaros | 2 a |
| IL | interleukin（インターロイキン） | 2 a |
| IL-1〜IL-12 | interleukin 1〜12（インターロイキン 1〜12） | 2 a |
| Ile | isoleucine（イソロイシン） | 70 a |
| IL-R | interleukin receptor（インターロイキン受容体） | 2 a |
| IL-1RA | IL-1 receptor antagonist | 96 b |
| Imp | importin（インポーチン） | 2 a |
| iNKT cell | invariant NKT cell（インバリアント NKT 細胞） | 1 b |
| Ino | inosine（イノシン） | 90 a |
| Ino | inositol（イノシトール） | 87 a |
| iNOS | inducible NO synthase（誘導型 NO シンターゼ） | 4 b |
| Ins(1,4)P₂ | inositol 1,4-bisphosphate（イノシトール 1,4-ビスリン酸） | 88 b |
| IP | immunoprecipitation（免疫沈降反応） | 4 b |
| IP₃ | inositol 1,4,5-trisphosphate（イノシトール 1,4,5-トリスリン酸） | 5 a |
| I(1,4)P₂ | inositol 1,4-bisphosphate（イノシトール 1,4-ビスリン酸） | 5 a |
| IPCR | inverted PCR（逆 PCR） | 5 a |
| IPG | immobilized pH gradient isoelectric focusing（固定化 pH 勾配等電点電気泳動） | 627 b |
| IPSP | inhibitory postsynaptic potential（抑制性シナプス後電位） | 5 a |
| IPTG | isopropyl 1-thio-β-D-galactoside（イソプロピル 1-チオ-β-D-ガラクトシド） | 5 a |
| IR | infrared spectroscopy（赤外分光法） | 1 a |
| IRES | internal ribosomal entry site（リボソーム内部進入部位） | 5 a |
| IRF | interferon regulatory factor（インターフェロン制御因子） | 1 b |
| IRS | insulin receptor substrate | 1 a |
| IS | insertion sequence（挿入配列） | 1 b |
| ISCN | An International System for Human Cytogenetic Nomenclature | 517 b |
| ISGF3 | interferon stimulated gene factor 3 | 1 b |
| I-Smad | inhibitory Smad（抑制型 Smad） | 3 b |
| iSNP | intron SNP | 1 b |
| ISR | induced systemic resistance | 520 a |
| ISRE | interferon stimulated response element（インターフェロン応答配列） | 1 b |
| ITAM | immunoreceptor tyrosine-based activation motif（免疫受容体チロシン活性化モチーフ） | 160 b |
| ITC | isothermal titration calorimetry（等温滴定型熱量計） | 4 b |
| ITIM | immunoreceptor tyrosine-based inhibitory motif（免疫受容体チロシン阻害モチーフ） | 160 b |
| ITP | idiopathic thrombocytopenic purpura（特発性血小板減少性紫斑病） | 4 b |
| ITR | inverted terminal repeat（逆向末端反復配列） | 21 a |
| IVDU | iodovinyldeoxyuridine（ヨードビニルデオキシウリジン） | 925 a |
| IVEM | intermediate-voltage electron microscope（中間電位電子顕微鏡） | 5 a |
| IVF-ET | in vitro fertilization embryo transfer（体外受精胚移植） | 515 b |

## J

| | | |
|---|---|---|
| JAM | junction adhesion molecules（結合接着分子） | 880 a |
| JCPyV | JC polyomavirus（JC ポリオーマウイルス） | 394 a |
| JCV | JC virus（JC ウイルス） | 394 b |
| JH | juvenile hormone（幼若ホルモン） | 393 a |
| JHDM1 | JmjC domain-containing histone demethylase 1 | 725 b |
| JNK | c-Jun N-terminal kinase（Jun-N 末端キナーゼ） | 393 a |

## K

| | | |
|---|---|---|
| K | lysine（リシン） | 938 b |
| KGF | keratinocyte growth factor（角質細胞増殖因子） | 290 a |
| KL | kit ligand（kit リガンド） | 289 b |
| KSHV | Kaposi's sarcoma-associated herpesvirus（カポジ肉腫関連ヘルペスウイルス） | 207 a |

## L

| | | |
|---|---|---|
| L | leucine（ロイシン） | 972 a |
| LACI | lipoprotein-associated coagulation inhibitor（リポタンパク質結合性プロテアーゼインヒビター） | 159 a |
| LAP | liver-enriched transcriptional activator protein（肝特異的転写活性化タンパク質） | 928 b |
| LA-PCR | long and accurate PCR | 159 b |
| LAR | localized acquired resistance（局部獲得抵抗性） | 159 b |
| LAR | locus activating region（遺伝子座活性化領域） | 159 b |
| LBP | LPS-binding protein（リポ多糖結合タンパク質） | 948 b |
| LBR | lamin B receptor（ラミン B 受容体） | 160 b |
| LCAM | liver cell adhesion molecule | 159 b |
| LCM | laser capture microdissection（レーザーマイクロダイセクション） | 160 a |
| LC/MS | liquid chromatography-mass spectrometry（液体クロマトグラフィー質量分析法） | 160 a |
| LCMV | lymphocytic choriomeningitis virus（リンパ球性脈絡髄膜炎ウイルス） | 576 a |
| LCO | lipochitin oligosaccharide（リポキチンオリゴ糖） | 160 a |
| LCR | leurocristine（ロイロクリスチン） | 159 b |
| LCR | locus control region（遺伝子座調節領域） | 159 b |
| LDL | low density lipoprotein（低密度リポタンパク質） | 160 b |
| LEA | late embryogenesis abundant | 27 b |
| LECAM | lectin/type cell adhesion molecule（セクレチン） | 961 b |
| LEC-CAM | lectin/EGF/complementcell adhesion molecule（セレクチン） | 963 b |
| LEP | lysylendopeptidase（リシルエンドペプチダーゼ） | 158 b |
| Leu | leucine（ロイシン） | 972 a |
| LFA-2 | lymphocyte function-associated antigen-2（リンパ球機能関連抗原 2） | 159 b |
| LFD | least fatal dose（最小致死量） | 159 b |
| LFM | loss of function mutation（機能喪失(性)突然変異） | 159 b |
| LH | luteinizing hormone（黄体形成ホルモン） | 159 b |
| LHC | light harvesting chlorophyll-protein complex（集光性色素タンパク質複合体） | 159 b |
| LHRH | luteinizing hormone-releasing hormone（黄体形成ホルモン放出ホルモン） | 159 b |
| LIF | leukemia inhibitory factor（白血病阻害因子） | 158 b |
| LIF | leukocyte migration inhibitory factor（白血球遊走阻害因子） | 158 b |

# 略号索引

| 略号 | 英語 (日本語) | 頁 |
|---|---|---|
| LIMK | LIM kinase（LIM キナーゼ） | 953 a |
| LIP | liver-enriched inhibitory protein（肝特異的転写抑制性タンパク質） | 158 b |
| LMO | living modified organisms | 214 b |
| LMP | large multifunctional protease（大型多機能性プロテアーゼ） | 153 b |
| LM-PCR | ligation-mediated PCR | 303 a |
| LOH | loss of heterozygosity（ヘテロ接合性消失） | 159 a |
| LPA | lysophosphatidic acid（リゾホスファチジン酸） | 160 b |
| LPH | lipotropic hormone（リポトロピン） | 160 b |
| LPS | lipopolysaccharide（リポ多糖） | 160 b |
| LRC | leukocyte receptor cluster（白血球受容体クラスター） | 149 b |
| LRP | LDL receptor-related protein（LDL 受容体関連タンパク質） | 51 a |
| LRP5/6 | low-density lipoprotein receptor-related protein 5/6 | 107 b |
| LSD | lysergic acid diethylamide（リゼルグ酸ジエチルアミド） | 159 a |
| LT | leukotriene（ロイコトリエン） | 160 b |
| LT | lymphotoxin（リンホトキシン） | 160 b |
| LTA$_4$ | leukotriene A$_4$（ロイコトリエン A$_4$） | 971 a |
| LTB$_4$ | leukotriene B$_4$（ロイコトリエン B$_4$） | 971 b |
| LTC$_4$ | leukotriene C$_4$（ロイコトリエン C$_4$） | 972 a |
| LTD$_4$ | leukotriene D$_4$（ロイコトリエン D$_4$） | 972 b |
| LTH | luteotropic hormone（黄体刺激ホルモン） | 160 b |
| LTIC | long term culture initiating cell | 525 b |
| LTR | long terminal repeat | 160 b |
| Lys | lysine（リシン） | 938 b |
| LysoPA | lysophosphatidic acid（リゾホスファチジン酸） | 940 a |

# M

| 略号 | 英語 (日本語) | 頁 |
|---|---|---|
| M | methionine（メチオニン） | 893 a |
| MA | matrix protein（基質タンパク質） | 238 b |
| MAC | mammalian artificial chromosome（哺乳類人工染色体） | 153 a |
| mAChR | muscarinic acetylcholine receptor（ムスカリン性アセチルコリン受容体） | 153 a |
| MAG | myelin associated glycoprotein（ミエリン結合糖タンパク質） | 178 b |
| MALDI-TOF MS | matrix-assisted laser desorption/ionization-time of flight mass spectrometer（マトリックス支援レーザー脱離イオン化-飛行時間型質量分析計） | 871 b |
| Man | mannose（マンノース） | 872 b |
| MAO | monoamine oxidase（モノアミンオキシダーゼ） | 153 a |
| MAP | microtubule-associated protein（微小管関連タンパク質） | 154 b |
| MAPC | multipotent adult progenitor cell（多能性成体幹細胞） | 552 a |
| MAP1C | microtubule-associated protein 1C（微小管関連タンパク質 1C） | 154 b |
| MAPKK | MAP kinase kinase（MAP キナーゼキナーゼ） | 154 b |
| mar | marker chromosome（標識染色体） | 153 a |
| MAR | nuclear matrix attached region（核マトリックス付着領域） | 153 a |
| Mash1 | Mammalian Achaete-Scute Homolog 1 | 868 a |
| m-bcr | minor-bcr | 718 b |
| M-bcr | major-bcr | 718 b |
| MBP | myelin basic protein（ミエリン塩基性タンパク質） | 156 b |
| MBT | mid-blastula transition（中期胚性変移） | 156 b |
| MC | Monte Carlo method（モンテカルロ法） | 155 b |
| MIIC | MHC class II compartment（MHC クラス II コンパートメント） | 156 b |
| MCAF | monocyte chemotactic-activating factor（単球走化性因子） | 155 b |
| MCK | muscle creatine kinase（筋クレアチンキナーゼ） | 155 b |
| MCP | methyl-accepting chemotaxis protein（メチル基受容走化性タンパク質） | 155 b |
| MCP | membrane cofactor protein | 845 b |
| M-CSF | macrophage colony-stimulating factor（マクロファージコロニー刺激因子） | 155 b |
| MCTD | mixed connective tissue disease（混合結合組織病） | 155 b |
| MDS | myelodysplastic syndrome（骨髄異形成症候群） | 156 a |
| MEA | mast cell growth-enhancing activity（マスト細胞増殖因子活性） | 153 a |
| MeCyt | 5-methylcytosine（5-メチルシトシン） | 895 a |
| Megablast | Mega-Basic Local Alignment Search Tool | 890 a |
| Meg-POT | megakaryocyte potentiator（巨核球増幅因子活性） | 98 b |
| MEK | MAP kinase-ERK kinase（MAP キナーゼキナーゼ） | 895 a |
| MEN | multiple endocrine neoplasia（多発性内分泌腫瘍症） | 153 a |
| Met | methionine（メチオニン） | 893 a |
| MG | myasthenia gravis（重症筋無力症） | 155 b |
| MGI-2 | monocyte-granulocyte inducer type 2（単球-顆粒球誘導因子 2 型） | 100 b |
| m$^7$G$^5$p | 7-methylguanosine 5′-phosphate（7-メチルグアノシン 5′-リン酸） | 894 b |
| MHC | major histocompatibility complex（主要組織適合遺伝子複合体） | 153 b |
| MIA | monoiodoacetic acid（ヨード酢酸） | 152 a |
| MIF | macrophage migration inhibitory factor（マクロファージ遊走阻害因子） | 152 a |
| miRNA | microRNA（マイクロ RNA） | 152 a |
| MLCK | myosin L chain kinase（ミオシン L 鎖キナーゼ） | 155 a |
| MLD | minimum lethal dose（最小致死量） | 155 a |
| MLE | maximum likelihood estimation（最尤法） | 154 b |
| MLR | mixed lymphocyte reaction（混合リンパ球培養反応） | 154 b |
| MLTF | major late transcription factor | 155 a |
| MMI | methylmercaptoimidazole（メチルメルカプトイミダゾール） | 318 b |
| MMP | matrix metalloprotease（マトリックスメタロプロテアーゼ） | 154 b |
| MMS | methyl methanesulfonate（メチルメタンスルホン酸） | 46 a |
| MMTV | Mouse mammary tumor virus（マウス乳がんウイルス） | 154 b |
| MNU | 1-methyl-1-nitrosourea（1-メチル-1-ニトロソ尿素） | 154 b |
| MODY | maturity onset diabetes of the young（若年性糖尿病） | 222 b |
| m.o.i. | multiplicity of infection（感染多重度） | 155 a |
| MORT1 | mediator of receptor-induced toxicity 1 | 29 a |
| MPD | myeloproliferative disease（骨髄増殖性疾患） | 156 b |
| MPF | M phase-promoting factor（M 期促進因子） | 156 b |
| MPP | mitochondrial processing peptidase（ミトコンドリアプロセシングペプチダーゼ） | 156 b |
| Mps1 | monopolar spindles 1 | 511 a |
| mPTS | peroxisomal targeting signal of membrane proteins（ペルオキシソーム膜タンパク質局在化シグナル） | 822 b |

| 略号 | 正式名称 | ページ |
|---|---|---|
| MPyV | Murine polyomavirus（マウスポリオーマウイルス） | 156 b |
| MRD | minimal residual disease（微少残存白血病） | 245 a |
| MRI | magnetic resonance imaging | 152 a |
| mRNA | messenger RNA（メッセンジャー RNA） | 152 a |
| mRNP | messenger ribonucleoprotein（メッセンジャーリボ核タンパク質） | 153 a |
| MRP | mitochondrial RNA processing | 950 a |
| MRSA | methicillin-resistant *Staphylococcus aureus*（メチシリン耐性黄色ブドウ球菌） | 152 a |
| MS | mass spectrometry（質量分析法） | 153 a |
| msDNA | multi-copy single-stranded DNA（多コピー低分子核酸） | 41 b |
| MSH | melanocyte-stimulating hormone（メラニン細胞刺激ホルモン） | 153 a |
| msh | *mutS* homologue | 157 a |
| MSH | *mutS* homologue | 157 a |
| MSI | microsatellite instability（マイクロサテライト不安定性） | 153 a |
| MSP | macrophage stimulating protein（マクロファージ刺激タンパク質） | 223 b |
| MSV | Murine sarcoma virus（マウス肉腫ウイルス） | 153 a |
| MSY | male specific regions of Y chromosome | 978 a |
| mtDNA | mitochondrial DNA（ミトコンドリア DNA） | 156 b |
| MTNC | microtubule-nucleating center（微小管形成中心） | 156 b |
| MTNS | microtubule-nucleating site（微小管形成部位） | 156 b |
| MTOC | microtubule-organizing center（微小管形成中心） | 156 b |
| mTOR | mammalian target of rapamycin | 929 a |
| mtRNA | mitochondrial RNA（ミトコンドリア RNA） | 156 a |
| MuLV | Murine leukemia virus（マウス白血病ウイルス） | 156 b |
| MuSV | Murine sarcoma virus（マウス肉腫ウイルス） | 156 b |
| MW | molecular weight（分子量） | 156 a |

## N

| 略号 | 正式名称 | ページ |
|---|---|---|
| N | asparagine（アスパラギン） | 14 a |
| NAA | 1-naphthaleneacetic acid（1-ナフタレン酢酸） | 140 a |
| NAC | nascent-polypeptide-associated complex（新生ポリペプチド結合複合体） | 140 a |
| nAChR | nicotinic acetylcholine receptor（ニコチン性アセチルコリン受容体） | 140 a |
| NAD | nicotinamide adenine dinucleotide（ニコチンアミドアデニンジヌクレオチド） | 140 a |
| NADP | nicotinamide adenine dinucleotide phosphate（ニコチンアミドアデニンジヌクレオチドリン酸） | 141 a |
| NANA | *N*-acetylneuraminic acid（*N*-アセチルノイラミン酸） | 17 b |
| NAP | neutrophil alkaline phosphatase（好中球アルカリホスファターゼ） | 141 a |
| NAP-1 | nucleosome assembly protein-1（ヌクレオソームアッセンブリータンパク質 1） | 141 a |
| NC | nucleocapsid protein（ヌクレオキャプシドタンパク質） | 238 b |
| NC2 | negative cofactor 2 | 143 a |
| NCAM | neural cell adhesion molecule（神経細胞接着分子） | 143 a |
| ncRNA | non-coding RNA（非コード RNA） | 143 a |
| NDF | neu differentiation factor | 661 b |
| NDV | Newcastle disease virus（ニューカッスル病ウイルス） | 143 b |
| Nedd | neural precursor cell expressed developmentally downregulated | 673 a |
| NEM | *N*-ethylmaleimide（*N*-エチルマレイミド） | 140 a |
| NER | nucleotide excision repair（ヌクレオチド除去修復） | 140 a |
| NES | nuclear export signal（核外輸送シグナル） | 140 a |
| NeuAc | *N*-acetylneuraminic acid（*N*-アセチルノイラミン酸） | 17 b |
| Neu5Ac | *N*-acetylneuraminic acid（*N*-アセチルノイラミン酸） | 17 b |
| NeuNAc | *N*-acetylneuraminic acid（*N*-アセチルノイラミン酸） | 17 b |
| NF | Nod factor（ノッドファクター） | 141 a |
| NF1 | neurofibromatosis type 1（神経繊維腫症 1 型） | 141 b |
| NF-I | nuclear factor 1 | 141 a |
| NF90 | nuclear factor 90 | 660 a |
| NF-AT | nuclear factor of activated T cell | 91 b |
| NF-κB | nuclear factor κB | 141 b |
| NgCAM | neuron-glia cell adhesion molecule（ニューログリア細胞接着分子） | 143 b |
| NGF | nerve growth factor（神経成長因子） | 143 b |
| NHEJ | non-homologous end-joining | 727 a |
| NHL | non-Hodgkin lymphoma（非ホジキンリンパ腫） | 140 a |
| NIDDM | non-insulin codon-mediated diabetes mellitus（インスリン非依存性糖尿病） | 627 b |
| *nif* gene | nitrogen fixation gene（*nif* 遺伝子） | 659 b |
| NILE | nerve growth factor inducible large external glycoprotein（神経成長因子誘導性大膜糖タンパク質） | 140 b |
| NIR | near-infrared spectroscopy（近赤外分光） | 140 b |
| NK cell | natural killer cell（ナチュラルキラー細胞） | 143 b |
| NKT cell | natural killer T cell（ナチュラルキラーT 細胞） | 143 a |
| NMD | nonsense codon-mediated mRNA degradation（ナンセンスコドン介在性 mRNA 分解） | 142 a |
| NMDA | *N*-methyl-D-aspartate（*N*-メチル-D-アスパラギン酸受容体） | 142 a |
| NMR | nuclear magnetic resonance（核磁気共鳴） | 142 a |
| NMU | neuromedin U（ニューロメジン U） | 142 b |
| NN | neuromedin N（ニューロメジン N） | 141 a |
| nNOS | neuronal NO synthase（神経型 NO シンターゼ） | 143 b |
| *noc* | nopaline catabolic | 175 a |
| NOD | nucleotide-binding and oligomerizaiton-domain | 25 a |
| NOE | nuclear Overhauser effect（核オーバーハウザー効果） | 142 a |
| NOESY | nuclear Overhauser effect spectroscopy | 142 a |
| NOS | NO synthase（NO シンターゼ） | 142 b |
| Np | neuropilin（ニューロピリン） | 143 b |
| NPD1 | neuroprotectin D1（ニューロプロテクチン D1） | 143 b |
| NPN | nonprotein nitrogen（非タンパク質性窒素） | 143 b |
| NPV | *Nucleopolyhedrovirus*（核多核体病ウイルス） | 143 b |
| 4NQO | 4-nitroquinoline 1-oxide（4-ニトロキノリン-1-オキシド） | 143 a |
| NrCAM | NgCAM related CAM | 161 a |
| NRE | nanos responsive element（ナノス応答配列） | 704 b |
| Nrp | neuropilin（ニューロピリン） | 140 b |
| NSAID | nonsteroidal antiinflammatory drug（非ステロイド性抗炎症薬） | 140 b |
| NSD | nonstop decay | 118 a |
| NSF | *N*-ethylmaleimide-sensitive fusion protein | 482 b |
| NSF-SNAP | *N*-ethylmaleimide-sensitive fusion protein-soluble NSF attachment protein | 847 b |
| NST | non-myeloabrative allogeneic hematopoietic stem cell transplantation（骨髄非破壊的同種造血幹細胞移植） | 140 a |

| | | |
|---|---|---|
| NT | neurotensin(ニューロテンシン) | **143** b |
| NURF | nucleosome remodeling factor | **186** b |
| N-WASP | neural-Wiskott-Aldrich syndrome protein(N-ウィスコット・アルドリッチ症候群タンパク質) | **144** a |

## O

| | | |
|---|---|---|
| *occ* | octopine catabolic | **175** a |
| OCIF | osteoclastogenesis inhibitory factor(破骨細胞形成抑制因子) | **171** b |
| ODF | osteoclast differentiation factor(破骨細胞分化因子) | **173** b |
| ODV | occlusion derived virus | **687** b |
| 8-OG | 7,8-dihydro-8-oxoguanine(7,8-ジヒドロ-8-オキソグアニン) | **171** b |
| OGR1 | ovarian cancer G protein-coupled receptor 1 | **794** b |
| OMIM | Online Mendelian Inheritance in Man | **178** a |
| ONPG | *o*-nitrophenyl galactoside(*o*-ニトロフェニルガラクトシド) | **169** a |
| OPG | osteoprotegerin(オステオプロテジェリン) | **176** a |
| ORC | origin recognition complex(複製開始点認識タンパク質複合体) | **767** b |
| ORF | open reading frame(オープンリーディングフレーム) | **168** a |
| OSCP | oligomycin sensitivity conferring protein(オリゴマイシン感受性付与タンパク質) | **249** a |
| OSM | oncostatin M(オンコスタチン M) | **347** a |
| 8-oxoG | 7,8-dihydro-8-oxoguanine(7,8-ジヒドロ-8-オキソグアニン) | **169** a |

## P

| | | |
|---|---|---|
| Ψ | pseudouridine(プソイドウリジン) | **770** a |
| P | proline(プロリン) | **798** b |
| p300 | E1A-associated 300 kDa protein | **718** a |
| PA | protein array(タンパク質アレイ) | **708** b |
| PABP | poly(A) binding protein | **152** b |
| PADGEM | platelet activation-dependent granule-external membrane protein | **726** a |
| PAF | platelet-activating factor(血小板活性化因子) | **699** b |
| PAGE | polyacrylamide gel electrophoresis(ポリアクリルアミドゲル電気泳動) | **709** a |
| PAI | plasminogen activator inhibitor(プラスミノーゲンアクチベーターインヒビター) | **708** b |
| PAIgG | platelet-associated IgG(血小板結合 IgG) | **708** b |
| PAP technique | peroxidase-antiperoxidase complex technique(ペルオキシダーゼ-抗ペルオキシダーゼ複合体法) | **698** a |
| PAR | protease-activated receptor(プロテアーゼ活性化受容体) | **708** b |
| PAR | pseudoautosomal region(擬似常染色体領域) | **708** b |
| PBIgG | platelet-bindable IgG | **737** b |
| PBP | penicillin binding protein(ペニシリン結合タンパク質) | **815** b |
| PBSCT | peripheral blood stem cell transplantation(末梢血幹細胞移植) | **737** b |
| PC | phosphatidylcholine(ホスファチジルコリン) | **718** a |
| PCAF | p300/CBP-associated factor | **719** b |
| PCC | positional candidate cloning(ポジショナルキャンディデートクローニング) | **721** a |
| PCI | protein C inhibitor(プロテイン C インヒビター) | **718** a |
| PCMB | *p*-chloromercuribenzoic acid(*p*-クロロメルクリ安息香酸) | **720** a |
| PCNA | proliferating cell nuclear antigen(増殖細胞核抗原) | **720** a |
| PCP | planar cell polarity(平面内細胞極性) | **597** b |
| PCR | polymerase chain reaction(ポリメラーゼ連鎖反応) | **718** b |
| PDB | Protein Data Bank(プロテインデータバンク) | **731** a |
| PDBu | phorbol 12,13-dibutyrate(ホルボール 12,13-ジブチレート) | **731** a |
| PDE | cyclic nucleotide phosphodiesterase(サイクリックヌクレオチドホスホジエステラーゼ) | **730** a |
| PDGF | platelet-derived growth factor(血小板由来増殖因子) | **730** b |
| PDK1 | phosphatidylinositol-dependent protein kinase 1 | **791** b |
| PE | phosphatidylethanolamine(ホスファチジルエタノールアミン) | **708** a |
| PEG | polyethylene glycol(ポリエチレングリコール) | **708** a |
| PEPCK | phosphoenolpyruvate carboxykinase(ホスホエノールピルビン酸カルボキシキナーゼ) | **708** a |
| PET | positron emission tomography(陽電子放射断層撮影法) | **708** a |
| PF | perichromatin fibril(クロマチン周辺繊維) | **194** a |
| PF-4 | platelet factor 4(血小板第 4 因子) | **710** b |
| PFC | plaque-forming cell(プラーク形成細胞) | **710** b |
| PFP | pore forming protein(孔形成性タンパク質) | **710** b |
| p.f.u. | plaque forming unit(プラーク形成単位) | **710** b |
| PG | prostaglandin(プロスタグランジン) | **718** b |
| PGA | pteroylglutamic acid(プテロイルグルタミン酸) | **719** b |
| PGH | pituitary growth hormone(下垂体成長ホルモン) | **720** a |
| PGK | phosphoglycerate kinase(ホスホグリセリン酸キナーゼ) | **720** b |
| PHA | phytohemagglutinin(フィトヘマグルチニン) | **709** b |
| Phe | phenylalanine(フェニルアラニン) | **760** a |
| PHEX | phosphate-regulating gene with homologies to endopeptidase on the X-chromosome | **728** a |
| PHF | paired helical filament(ペアードヘリカルフィラメント) | **709** b |
| Phk | phosphorylase kinase(ホスホリラーゼキナーゼ) | **709** b |
| PHM | peptide histidine methionine | **709** b |
| PI | phosphatidylinositol(ホスファチジルイノシトール) | **707** a |
| pIgR | polymeric Ig receptor | **150** b |
| PIKK | phosphatidylinositol 3-kinase-like kinase(ホスファチジルイノシトール 3-キナーゼ様キナーゼ) | **136** a |
| PIP$_2$ | phosphatidylinositol 4,5-bisphosphate(ホスファチジルイノシトール 4,5-ビスリン酸) | **707** a |
| PI(3)P | phosphatidylinositol 3-phosphate(ホスファチジルイノシトール 3-リン酸) | **707** a |
| PI(4)P | phosphatidylinositol 4-phosphate(ホスファチジルイノシトール 4-リン酸) | **707** a |
| PI-PLC | phosphatidylinositol specific phospholipase C(ホスファチジルイノシトール特異的ホスホリパーゼ C) | **707** a |
| PITC | phenyl isothiocyanate(フェニルイソチオシアネート) | **707** a |
| Pitx | pituitary homeobox(下垂体ホメオボックス) | **707** a |
| PK | pyruvate kinase(ピルビン酸キナーゼ) | **715** a |

| 略号 | 名称 | 頁 |
|---|---|---|
| PKA | protein kinase A（プロテインキナーゼA） | 715 a |
| PKB | protein kinase B（プロテインキナーゼB） | 715 a |
| PKC | protein kinase C（プロテインキナーゼC） | 715 a |
| PKG | protein kinase G（プロテインキナーゼG） | 715 a |
| PKN | protein kinase N（プロテインキナーゼN） | 715 a |
| PKU | phenylketonuria（フェニルケトン尿症） | 715 b |
| PLA$_1$ | phospholipase A$_1$（ホスホリパーゼA$_1$） | 711 a |
| PLA$_2$ | phospholipase A$_2$（ホスホリパーゼA$_2$） | 711 a |
| PLC | phospholipase C（ホスホリパーゼC） | 711 a |
| PLD | phospholipase D（ホスホリパーゼD） | 711 a |
| plex | plexin（プレキシン） | 711 a |
| Plk | polo-like kinase（ポロ様キナーゼ） | 711 b |
| PLL | prolymphocytic leukemia（前リンパ球性白血病） | 905 a |
| PLP | proteolipid protein（プロテオリピドタンパク質） | 474 b |
| PLP | pyridoxal phosphate（ピリドキサールリン酸） | 711 a |
| plx | plexin（プレキシン） | 711 a |
| plxn | plexin（プレキシン） | 711 a |
| PMA | phenylmercury acetate（酢酸フェニル水銀） | 122 b |
| PMA | phorbol 12-myristate 13-acetate（ホルボール12-ミリステート13-アセテート） | 710 b |
| PMB | $p$-mercuribenzoic acid（$p$-メルクリ安息香酸） | 711 a |
| pmf | proton motive force（プロトン駆動力） | 710 b |
| pm$^7$G | 7-methylguanosine 5′-phosphate（7-メチルグアノシン5′-リン酸） | 894 b |
| PML | progressive multifocal leukoencephalopathy（進行性多巣性白質脳症） | 394 a |
| PMSF | phenylmethanesulfonyl fluoride（フェニルメタンスルホニルフルオリド） | 710 b |
| PNA | peanut agglutinin（ピーナッツ凝集素） | 710 a |
| PNA | peptide nucleic acid（ペプチド核酸） | 710 a |
| PNAd | peripheral node addressin | 332 b |
| PNH | paroxysmal nocturnal hemoglobinuria（発作性夜間ヘモグロビン尿症） | 710 b |
| poly(A) | polyadenylic acid（ポリアデニル酸） | 851 a |
| POMC | preproopiomelanocortin（プレプロオピオメラノコルチン） | 711 b |
| Pot1 | protection of telomeres | 610 b |
| PPAR | peroxisome proliferator-activated receptor（ペルオキシソーム増殖活性化受容体） | 737 a |
| ppC | cytidine 5′-diphosphate（シチジン5′-二リン酸） | 416 b |
| PP$_i$ | pyrophosphoric acid（ピロリン酸） | 745 b |
| pppC | cytidine 5′-triphosphate（シチジン5′-三リン酸） | 416 b |
| PPRE | peroxisome proliferator response element | 823 a |
| PQ | plastoquinone（プラストキノン） | 714 a |
| pRB | RB protein（RBタンパク質） | 707 b |
| PRCA | pure red cell aplasia（赤芽球癆） | 707 a |
| PRD | proline-rich domain（プロリンリッチドメイン） | 707 a |
| PRL | prolactin（プロラクチン） | 707 a |
| Pro | proline（プロリン） | 798 b |
| PRPP | 5-phosphoribosyl 1-pyrophosphate（5-ホスホリボシル1-ピロリン酸） | 707 b |
| PrV | pseudorabies virus（仮性狂犬病ウイルス） | 707 b |
| PS | phosphatidylserine（ホスファチジルセリン） | 709 a |
| PSD | postsynaptic density（シナプス後膜肥厚） | 709 a |
| PSK | phytosulfokine（フィトスルフォカイン） | 709 a |
| PSP | postsynaptic potential（シナプス後電位） | 709 a |
| PSTI | pancreatic secretory trypsin inhibitor（膵分泌性トリプシンインヒビター） | 709 a |
| PSTVd | potato spindle tuber viroid（ジャガイモスピンドルチューバーウイロイド） | 106 b |
| PTC | premature termination codon（未成熟終止コドン） | 730 b |
| PtdIns(3)P | phosphatidylinositol 3-phosphate（ホスファチジルイノシトール3-リン酸） | 839 a |
| PtdIns(4)P | phosphatidylinositol 4-phosphate（ホスファチジルイノシトール4-リン酸） | 839 a |
| PtdIns(4,5)P$_2$ | phosphatidylinositol 4,5-bisphosphate（ホスファチジルイノシトール4,5-ビスリン酸） | 838 b |
| PteGlu | pteroylglutamic acid（プテロイルグルタミン酸） | 921 b |
| PTEN | phosphatase and tensin homolog deleted on chromosome 10 | 731 b |
| PTGS | post transcriptional gene silencing（転写後遺伝子サイレンシング） | 730 b |
| PTH | parathyroid hormone（副甲状腺ホルモン） | 730 b |
| PTHrP | parathyroid hormone-related peptide（副甲状腺ホルモン関連ペプチド） | 730 b |
| PTPase | protein tyrosine phosphatase（PTPアーゼ） | 731 a |
| PTS | peroxisomal targeting sequence（ペルオキシソーム指向配列） | 730 a |
| PTTH | prothoracicotropic hormone（前胸腺刺激ホルモン） | 731 b |
| PTU | propylthiouracil（プロピルチオウラシル） | 318 b |
| PVY | *Potato virus Y*（ジャガイモYウイルス） | 738 b |
| PWM | pokeweed mitogen（アメリカヤマゴボウマイトジェン） | 727 b |

## Q

| | | |
|---|---|---|
| Q | glutamine（グルタミン） | 276 b |

## R

| | | |
|---|---|---|
| R | arginine（アルギニン） | 45 b |
| RA | rheumatoid arthritis（関節リウマチ） | 37 b |
| RAC | related to PKA and PKC | 38 a |
| RACE | rapid amplification of cDNA ends | 37 b |
| RAFT1 | rapamycin and FKBP12 target 1 | 929 a |
| RAG | recombination activating gene（組換え活性化遺伝子） | 928 a |
| RALS | remote after loading system | 835 a |
| RAMP | receptor activity-modifying protein | 24 b |
| RanGAP | Ran GTPase activating protein（Ran GTPアーゼ活性化因子） | 934 b |
| RanGEF | Ran GDP-GTP exchange factor（Ran GDP-GTP交換因子） | 934 a |
| RANK | receptor activator of NF-$\kappa$B | 933 b |
| RANKL | RANK ligand（RANKリガンド） | 933 b |
| RAPD | random amplified polymorphic DNA | 935 a |
| RAP-PCR | RNA arbitrarily primed PCR（RNA任意プライムPCR） | 44 a |
| RBC | red blood cell（赤血球） | 49 a |
| RBE | relative biological effectiveness（電離放射線の生物効果） | 432 b |
| RBL1 | retinoblastoma-like 1 | 49 a |
| RBL2 | retinoblastome-like 2 | 49 a |
| RBP | retinol-binding protein（レチノール結合タンパク質） | 49 a |
| RCF | relative centrifugal force（相対遠心力） | 46 b |
| rDNA | ribosomal DNA（リボソームDNA） | 47 b |
| RDV | *Rice dwarf virus*（イネ萎（い）縮ウイルス） | 47 b |
| RES | reticuloendothelial system（細網内皮系） | 37 b |
| REV | *Reticuloendotheliosis virus*（細網内皮症ウイルス） | 37 b |

| | | | |
|---|---|---|---|
| RF | release factor(終結因子) | 44a | |
| RF | replication factor(複製因子) | 44a | |
| RF | replicative form(複製型) | 44a | |
| RF | rheumatoid factor(リウマトイド因子) | 44a | |
| RFLP | restriction fragment length polymorphism(制限断片長多型) | 44a | |
| RH | radiation hybrid(放射線ハイブリッド) | 38b | |
| RHA | RNA helicase(RNA ヘリカーゼ) | 660a | |
| RHAMM | receptor for hyaluronate-mediated motility | 38b | |
| RHD | Rel homology domain(Rel 相同性ドメイン) | 38b | |
| RHH motif | ribbon-helix-helix motif(リボン・ヘリックス・ヘリックスモチーフ) | 38b | |
| RI | radioisotope(放射線同位体) | 37a | |
| RIA | radioimmunoassay(放射線免疫検定法) | 37a | |
| RISC | RNA-induced silencing complex(RNA 誘導型サイレンシング複合体) | 938b | |
| RLGS | restriction landmark genomic scanning(制限酵素認識部位ランドマークゲノムスキャニング) | 44a | |
| RNA | ribonucleic acid(リボ核酸) | 38b | |
| RNAi | RNA interference(RNA 干渉) | 39a | |
| RNase | ribonuclease(リボヌクレアーゼ) | 38b | |
| RNP | ribonucleoprotein(リボ核タンパク質) | 44a | |
| RO | restricted ovulater | 571a | |
| RPA | replication protein A(複製タンパク質 A) | 49a | |
| RQ | respiratory quotient(呼吸商) | 46a | |
| RRF | ribosome releasing factor | 37b | |
| rRNA | ribosomal RNA(リボソーム RNA) | 37a | |
| R-Smad | receptor-regulated Smad(特異型 Smad) | 47a | |
| rSNP | regulatory SNP | 38b | |
| RSS | recombination signal sequence(組換えシグナル配列) | 38a | |
| RSV | Rous sarcoma virus(ラウス肉腫ウイルス) | 38a | |
| RT-PCR | reverse transcription PCR(逆転写 PCR) | 47a | |
| Rv | resolvin(レゾルビン) | 51b | |

## S

| | | | |
|---|---|---|---|
| S | serine(セリン) | 510b | |
| S | siemens(ジーメンス) | 613b | |
| SA | sialic acid(シアル酸) | 391b | |
| SADDAN | severe achondroplasia with developmental delay and acanthosis nigricans(発達遅延と黒色棘細胞症を伴う軟骨無形成症) | 653a | |
| SAGE | serial analysis of gene expression(連続的遺伝子発現解析) | 504b | |
| SAM mouse | senescence-accelerated mouse(老化促進マウス) | 122a | |
| SAP | sphingolipid activator protein(スフィンゴ脂質活性化タンパク質) | 123a | |
| SAPK | stress-activated protein kinase(SAP キナーゼ) | 123a | |
| SAR | systemic acquired resistance(全身獲得抵抗性) | 122a | |
| SARS | severe acute respiratory syndrome(重症急性呼吸症候群) | 380b | |
| sat-RNA | satellite RNA(サテライト RNA) | 122b | |
| SBML | Systems Biology Markup Language | 413b | |
| SBT | sequencing based typing | 133a | |
| SC | secretory component(分泌成分) | 124b | |
| SC | slow component(遅速成分) | 124b | |
| SCA | spinocerebellar ataxia(脊髄小脳失調症) | 124b | |
| SCD | spinocerebellar degeneration(脊髄小脳変性症) | 124b | |
| SCF | stem cell factor(幹細胞因子) | 124b | |
| SCID | severe combined immunodeficiency disease(重症複合免疫不全症) | 124b | |
| scRNA | small cytoplasmic RNA(細胞質低分子 RNA) | 124b | |
| SDAT | senile dementia with Alzheimer type(アルツハイマー型老年性認知症) | 125b | |
| SDGF-3 | spleen derived growth factor-3(角質細胞増殖因子 3) | 125b | |
| SDS | sodium dodecyl sulfate(ドデシル硫酸ナトリウム) | 125b | |
| SDS-PAGE | SDS-polyacrylamide gel electrophoresis(SDS-ポリアクリルアミドゲル電気泳動) | 125b | |
| SE | splicing enhancer(スプライシングエンハンサー) | 121b | |
| SE | staphylococcal enterotoxin(ブドウ球菌エンテロトキシン) | 483b | |
| SELEX | systematic evolution of ligands by exponential enrichment | 513a | |
| SEM | scanning electron microscope(走査型電子顕微鏡) | 122a | |
| Sema | semaphorin(セマフォリン) | 509b | |
| Ser | serine(セリン) | 510a | |
| SERT | serotonin transporter(セロトニン輸送体) | 121b | |
| SFFV | spleen focus forming virus(脾臓フォーカス形成ウイルス) | 123a | |
| SFV | Semliki forest virus(セムリキ森林ウイルス) | 629b | |
| SG | suicide gene(自殺遺伝子) | 124b | |
| SGPL | sphingosine-1-phosphate lyase(スフィンゴシン-1-リン酸リアーゼ) | 124b | |
| shh | sonic hedgehog(ソニックヘッジホッグ) | 122b | |
| SI | self-incompatibility(自家不和合性) | 121a | |
| Sia | sialic acid(シアル酸) | 391b | |
| s-IgA | secretory IgA(分泌型 IgA) | 3a | |
| SIMS | secondary ion mass spectrometry(二次イオン質量分析法) | 418a | |
| SIN | sindbis virus(シンドビスウイルス) | 121b | |
| SINE | short interspersed repetitive sequence(短い散在反復配列) | 379a | |
| siRNA | small interfering RNA, short interfering RNA | 121b | |
| SIV | Simian immunodeficiency virus(サル免疫不全ウイルス) | 121b | |
| S6K | S6 kinase(S6 キナーゼ) | 128a | |
| SLE | systemic lupus erythematosus, systemic lupus erythematodes(全身性エリテマトーデス) | 123a | |
| SLIC | single strand ligation to single-stranded cDNA | 123a | |
| SLP | synaptotagmin-like protein | 490a | |
| SL RNA | spliced leader RNA(スプライストリーダー RNA) | 123b | |
| SLVL | splenic lymphoma with villous lymphocytes(脾リンパ腫) | 905a | |
| SMG | small GTP binding protein(低分子量 GTP 結合タンパク質) | 123a | |
| Smurf1 | Smad ubiquitination regulatory factor 1(Smad ユビキチン化調節因子 1) | 489a | |
| SNAP | soluble NSF attachment protein | 482a | |
| SNARE | SNAP receptor(SNAP 受容体) | 482b | |
| snoRNA | small nucleolar RNA(核内低分子 RNA) | 123a | |
| snoRNP | small nucleolus ribonucleoprotein(核小体低分子リボ核タンパク質) | 123a | |
| SNP | single nucleotide polymorphism(一塩基多型) | 123a | |
| snRNA | small nuclear RNA(核内低分子 RNA) | 122b | |
| snRNP | small nuclear ribonucleoprotein(核内低分子リボ核タンパク質) | 122b | |
| snurp | small nuclear ribonucleoprotein(核内低分子リボ核タンパク質) | 482b | |
| SNV | spleen necrosis virus(脾臓壊死ウイルス) | 123a | |
| SOAP | simple object access protocol | 534b | |
| SOD | superoxide dismutase(スーパーオキシドジスムターゼ) | 124a | |
| SOM | self-organizing map(自己組織化マップ法) | 264b | |

| | | | | | | |
|---|---|---|---|---|---|---|
| S1P | sphingosine 1-phosphate（スフィンゴシン 1-リン酸） | **122** a | $T_3$ | triiodothyronine（トリヨードチロニン） | **642** b | |
| SPARC | secreted protein which is acidic and rich in cysteine | **171** a | $T_4$ | tetraiodothyronine（テトラヨードチロニン） | **573** a | |
| SPB | spindle pole body（スピンドル極体） | **127** a | TACE | TNF-$\alpha$ converting enzyme | **19** a | |
| SPE | streptococcal pyrogenic exotoxin（連鎖球菌発熱性外毒素） | **483** b | TAFI | thrombin-activatable fibrinolysis inhibitor（トロンビン活性化繊維素溶解系インヒビター） | **579** b | |
| SPHK | sphingosine kinase（スフィンゴシンキナーゼ） | **127** a | TAK1 | TGF-$\beta$ activated kinase-1（TGF-$\beta$ 活性化キナーゼ 1） | **550** a | |
| Spi-1 | SFFV provirus integration site-1 | **127** a | TAP | transporter associated with antigen processing（ペプチドトランスポーター） | **153** a | |
| SPL | sphingosine-1-phosphate lyase（スフィンゴシン-1-リン酸リアーゼ） | **127** a | TARP | transmembrane AMPA receptor regulatory protein | **709** a | |
| sPLA$_2$ | secretory phospholipase A$_2$（分泌性ホスホリパーゼ A$_2$） | **127** a | TAT | thrombin-antithrombin Ⅲ complex（トロンビン・アンチトロンビンⅢ複合体） | **580** a | |
| SPMA | spinal progressive muscular atrophy（脊髄性進行性筋萎縮症） | **127** a | TBG | thyroxine binding globulin（チロキシン結合グロブリン） | **599** b | |
| SPR | surface plasmon resonance（表面プラズモン共鳴） | **127** a | TBP | TATA box-binding protein（TATA ボックス結合タンパク質） | **599** b | |
| SRBP | serum retinol-binding protein（血清レチノール結合タンパク質） | **121** b | TBPA | thyroxine binding prealbumin（チロキシン結合プレアルブミン） | **599** b | |
| SRE | serum response element（血清応答配列） | **121** b | Tbx1 | T-box protein 1 | **598** a | |
| SRF | serum response factor（血清応答因子） | **121** b | TCDD | 2,3,7,8-tetrachlorodibenzo-$p$-dioxin（2,3,7,8-テトラクロロジベンゾ-$p$-ジオキシン） | **597** b | |
| SRH | second region of homology | **115** a | | | | |
| SRIF | somatotropin-release-inhibiting factor（ソマトトロピン放出抑制因子） | **535** a | TCF | ternary complex factor | **597** b | |
| SRK | S-receptor kinase | **399** b | TCP1 | T-complex polypeptide 1 | **597** b | |
| SRP | signal recognition particle（シグナル認識粒子） | **121** b | TCR | T cell receptor（T 細胞受容体） | **597** b | |
| SRS-A | slow reacting substance of anaphylaxis（遅発反応物質（アナフィラキシーの）） | **121** b | TDAG8 | T-cell death-associated gene 8 | **794** b | |
| | | | TDF | testis determining factor（精巣決定因子） | **598** b | |
| SRY | sex-determining region Y（Y 染色体性決定領域） | **121** b | T-DNA | transferred DNA | **598** b | |
| | | | TdT | terminal deoxyribonucleotidyl transferase（ターミナルデオキシリボヌクレオチジルトランスフェラーゼ） | **599** a | |
| SSAV | simian sarcoma associated virus（サル肉腫随伴ウイルス） | **385** a | | | | |
| SSB | single-strand(ed) DNA-binding protein | **122** a | TEM | transmission electron microscope（透過型電子顕微鏡） | **579** a | |
| SSCP | single strand conformation polymorphism（一本鎖 DNA 高次構造多型） | **122** a | TERC | telomere RNA component | **610** b | |
| | | | TERT | telomere reverse transcriptase | **610** b | |
| SSLLM | single strand linker ligation method（一本鎖リンカーライゲーション法） | **122** a | TF | tissue factor（組織因子） | **591** b | |
| | | | TFO | triplex-forming oligonucleotide（三本鎖形成性オリゴヌクレオチド） | **593** a | |
| SSLP | simple sequence length polymorphism（単純配列長多型） | **122** a | | | | |
| | | | TFPI | tissue factor pathway inhibitor（組織因子系凝固インヒビター） | **593** a | |
| SSPE | subacute sclerosing panencephalitis（亜急性硬化性全脳炎） | **908** b | | | | |
| | | | Tg | thyroglobulin（チログロブリン） | **573** b | |
| SSS | specific soluble substance（多糖体） | **681** b | TGF-$\alpha$ | transforming growth factor-$\alpha$（トランスフォーミング増殖因子 $\alpha$） | **597** b | |
| SSV | Simian sarcoma virus（サル肉腫ウイルス） | **122** a | | | | |
| STH | somatotropic hormone（ソマトトロピン） | **125** b | TGF-$\beta$ | transforming growth factor-$\beta$（トランスフォーミング増殖因子 $\beta$） | **597** b | |
| STI | soybean trypsin inhibitor（ダイズトリプシンインヒビター） | **124** b | | | | |
| | | | TGGE | temperature-gradient gel electrophoresis（温度勾配ゲル電気泳動） | **597** b | |
| sTLCN | soluble telencephalin（可溶性テレンセファリン） | **610** a | | | | |
| | | | TGN | trans Golgi network（トランスゴルジ網） | **597** b | |
| STM | scanning tunneling microscope（走査型トンネル顕微鏡） | **125** b | TGS | transcriptional gene silencing（転写レベルの遺伝子サイレンシング） | **597** b | |
| stRNA | small temporal RNA | **124** b | | | | |
| STS | sequence-tagged site（配列標識部位） | **125** b | $T_H$ | helper T cell（ヘルパー T 細胞） | **580** b | |
| SUMO | small ubiquitin-related modifier | **490** b | THF | L(−)-5,6,7,8-tetrahydrofolic acid（L(−)-5,6,7,8-テトラヒドロ葉酸） | **580** a | |
| Sv | sievert（シーベルト） | **432** b | | | | |
| SV40 | simian virus 40（シミアンウイルス 40） | **127** a | THFA | L(−)-5,6,7,8-tetrahydrofolic acid（L(−)-5,6,7,8-テトラヒドロ葉酸） | **580** a | |
| SVZ | subventricular zone（脳室下帯） | **463** a | | | | |
| swa | swallow（スワロー） | **715** b | Thr | threonine（トレオニン） | **644** a | |
| Sxl | Sex-lethal | **487** b | Thy | thymine（チミン） | **564** b | |
| Syt | synaptotagmin（シナプトタグミン） | **417** a | TIMP | tissue inhibitor of metalloprotease（メタロプロテアーゼ組織インヒビター） | **578** a | |
| syx | syntaxin（シンタキシン） | **128** a | | | | |
| | | | TIO | tumor-induced osteomalacia（腫瘍由来低リン酸血症性骨軟化症） | **277** b | |

# T

| | | |
|---|---|---|
| TIRFM | total internal reflection fluorescence microscope（全反射蛍光顕微鏡） | **578** a |
| T | threonine（トレオニン） | **644** a |
| TLC | thin layer chromatography（薄層クロマトグラフィー） | **593** b |

| | | | | | | |
|---|---|---|---|---|---|---|
| TLCK | $N^\alpha$-tosyl-L-lysyl chloromethyl ketone($N_\alpha$-トシル-L-リシルクロロメチルケトン) | **593** b | TXA$_2$ | thromboxane A$_2$(トロンボキサン A$_2$) | **645** b |
| TLCN | telencephalin(テレンセファリン) | **593** b | TYMV | *Turnip yellow mosaic virus*(カブ黄斑モザイクウイルス) | **602** a |
| TLR | Toll-like receptor(Toll 様受容体) | **593** b | Tyr | tyrosine(チロシン) | **573** b |
| $T_m$ | melting temperature(融解温度) | **593** b | | | |
| TM | thrombomodulin(トロンボモジュリン) | **593** b | | **U** | |
| TMA | tissue microarray(組織マイクロアレイ) | **593** b | | | |
| tmRNA | transfer-messenger RNA(転移・メッセンジャー RNA) | **593** b | U | uridine(ウリジン) | **110** b |
| TMV | *Tobacco mosaic virus*(タバコモザイクウイルス) | **593** b | U2AF | U2 snRNP auxiliary factor(U2 snRNP 補助因子) | **487** b |
| TNF | tumor necrosis factor(腫瘍壊死因子) | **587** b | UAS | upstream activating sequence(上流活性化配列) | **914** b |
| TNF-$\alpha$ | tumor necrosis factor $\alpha$(腫瘍壊死因子 $\alpha$) | **588** a | UAS$^G$ | *GAL* upstream activating sequence(*GAL* 上流活性化配列) | **914** b |
| TNF-$\beta$ | tumor necrosis factor $\beta$(腫瘍壊死因子 $\beta$) | **588** a | UCE | upstream control element(上流制御領域) | **916** b |
| TNV | *Tobacco necrosis virus*(タバコネクローシスウイルス) | **591** b | UDP | uridine 5'-diphosphate(ウリジン 5'-二リン酸) | **916** b |
| TOF | time-of-flight(飛行時間型) | **418** a | UF | ultrafiltration(限外濾過) | **916** b |
| TOM complex | translocase of the mitochondrial outer membrane complex(ミトコンドリア外膜トランスロカーゼ複合体) | **593** b | UK | urokinase(ウロキナーゼ) | **916** a |
| | | | UMP | uridine monophosphate(ウリジン一リン酸) | **916** a |
| TOP | toponymic(番地指定分子) | **398** a | UNG | uracil $N$-glycosidase | **264** b |
| tPA | tissue plasminogen activator(組織プラスミノーゲンアクチベーター) | **599** b | uPA | urokinase plasminogen activator(ウロキナーゼプラスミノーゲンアクチベーター) | **916** b |
| TPA | 12-*O*-tetradecanoylphorbol 13-acetate(12-*O*-テトラデカノイルホルボール 13-アセテート) | **599** b | UPD | uniparental disomy(片親由来二染色体性) | **917** b |
| | | | UPR | unfolded protein response(異常タンパク質応答) | **916** b |
| TPN | triphosphopyridine nucleotide(トリホスホピリジンヌクレオチド) | **599** b | Ura | uracil(ウラシル) | **109** b |
| | | | Urd | uridine(ウリジン) | **110** b |
| TPR | tetratricopeptide repeat(テトラトリコペプチドリピート) | **599** b | URS | upstream regulatory sequence(上流調節配列) | **911** a |
| | | | URS | upstream repressing sequence(上流抑制配列) | **911** a |
| TR | thioredoxin reductase(チオレドキシンレダクターゼ) | **578** b | USF | upstream stimulatory factor | **915** b |
| TR | thrombin receptor(トロンビン受容体) | **578** b | U snRNA | uridine rich small nuclear RNA(富ウリジン核内小分子 RNA) | **43** b |
| TR | thyroid hormone receptor(甲状腺ホルモン受容体) | **578** b | UTP | uridine 5'-triphosphate(ウリジン 5'-三リン酸) | **916** b |
| tra | transformer | **487** b | UTR | untranslated region(非翻訳領域) | **916** b |
| TRAF | TNF receptor-associated factor | **634** b | | | |
| TRAIL | TNF-related apoptosis-inducing ligand | **644** a | | **V** | |
| TRAP-1 | TNF receptor associated protein 1 | **131** b | | | |
| TRBP | HIV-1 TAR RNA-binding protein | **938** b | V | valine(バリン) | **701** b |
| TRE | thyroid hormone response element(甲状腺ホルモン応答配列) | **578** b | V | volt(ボルト) | **613** b |
| | | | VAA | virus-associated antigen(ウイルス関連抗原) | **753** b |
| TRF | thyrotropin-releasing factor(甲状腺ホルモン放出因子) | **579** a | Val | valine(バリン) | **701** b |
| | | | VAMP | vesicle-associated membrane protein | **705** b |
| TRF1 | telomere repeat binding factor 1 | **610** b | VCAM-1 | vascular cell adhesion molecule-1 | **753** b |
| Trf4 | topoisomerase-related function protein 4 | **590** a | VCR | vincristine(ビンクリスチン) | **754** b |
| TRH | thyrotropin-releasing hormone(甲状腺刺激ホルモン放出ホルモン) | **579** a | Vd | viroid(ウイロイド) | **754** b |
| | | | VDAC | voltage-dependent anion-selected channel(電位依存性陰イオンチャネル) | **755** a |
| TriC | TCP1 ring complex | **578** b | | | |
| TRITC | tetramethylrhodamine isothiocyanate(テトラメチルローダミンイソチオシアネート) | **578** b | VDE | *VMA1*-derived endonuclease(*VMA1* 由来エンドヌクレアーゼ) | **101** a |
| | | | VDR | vitamin D receptor(ビタミン D 受容体) | **755** b |
| Trk | tropomyosin-related kinase | **662** b | VDRE | vitamin D response element(ビタミン D 応答配列) | **755** a |
| tRNA | transfer RNA(転移 RNA) | **579** a | | | |
| Trp | tryptophan(トリプトファン) | **641** b | VEGF | vascular endothelial (cell) growth factor(血管内皮(細胞)増殖因子) | **753** b |
| TRX | thioredoxin(チオレドキシン) | **579** a | | | |
| TSH | thyroid-stimulating hormone(甲状腺刺激ホルモン) | **580** a | VEGFR | VEGF receptor(血管内皮(細胞)増殖因子受容体) | **753** a |
| t-SNARE | target SNAP receptor | **534** a | | | |
| TSP | thrombospondin(トロンボスポンジン) | **580** a | VHDL | very high density lipoprotein(超高密度リポタンパク質) | **753** b |
| TSTA | tumor-specific transplantation antigen(腫瘍特異性移植抗原) | **580** a | VIP | vasoactive intestinal (poly)peptide(バソアクティブインテスティナル(ポリ)ペプチド) | **753** a |
| TTP | thrombotic thrombocytopenic purpura(血栓性血小板減少性紫斑病) | **599** b | VIP21 | vesicular integral protein 21 | **753** a |
| TTX | tetrodotoxin(テトロドトキシン) | **598** b | VLDL | very low density lipoprotein(超低密度リポタンパク質) | **753** b |
| *Tw* | twisting number, twist number(ねじれ数) | **671** b | | | |
| TX | thromboxane(トロンボキサン) | **580** a | VMA | vanillylmandelic acid(バニリルマンデル酸) | **753** b |

| | | | |
|---|---|---|---|
| Vmw65 | virion protein molecular weight 65 | | 757 a |
| VNTR | variable number of tandem repeat（縦列反復反復変異） | | 753 b |
| VOD | veno occulusive disease（肝中心静脈閉塞症） | | 753 b |
| v-onc | viral oncogene（ウイルス性がん遺伝子） | | 753 b |
| VP | vasopressin（バソプレッシン） | | 756 b |
| VPF | vascular permeability factor（血管透過因子） | | 757 a |
| VPS | vacuolar protein sorting | | 505 b |
| VSG | variant surface glycoprotein（変異表面糖タンパク質） | | 753 b |
| v-SNARE | vesicle SNAP receptor | | 534 a |
| VSSA | virus specific surface antigen（ウイルス特異的細胞表面抗原） | | 753 b |
| VSV | vesicular stomatitis virus（水疱性口内炎ウイルス） | | 753 b |
| VTCs | vesicular tubular clusters（小胞小管クラスター） | | 412 a |
| vWF | von Willebrand factor（フォンビルブラント因子） | | 754 b |

| | | | |
|---|---|---|---|
| Xgal | 5-bromo-4-chloro-3-indolyl-$\beta$-D-galactoside（5-ブロモ-4-クロロ-3-インドリル-$\beta$-D-ガラクトシド） | | 129 a |
| XGPRT | xanthine-guanine phosphoribosyltransferase（キサンチン-グアニンホスホリボシルトランスフェラーゼ） | | 129 b |
| XIAP | X-linked inhibitor of apoptosis | | 29 b |
| XIC | X inactivation center（X染色体不活性化中心） | | 130 a |
| Xist | X inactivation specific transcript（X染色体不活性化特異的転写物） | | 232 b |
| XLA | X-linked agammaglobulinemia（X連鎖性無γグロブリン血症） | | 129 a |
| XP | xeroderma pigmentosum（色素性乾皮症） | | 130 a |
| XPRT | xanthine phosphoribosyltransferase（キサンチンホスホリボシルトランスフェラーゼ） | | 130 a |
| XRE | xenobiotic responsive element（異物応答配列） | | 115 a |
| XSCID | X-linked severe combined immunodeficiency disease（X連鎖性重症複合免疫不全症） | | 439 a |

## W

| | | | |
|---|---|---|---|
| W | tryptophan（トリプトファン） | | 641 b |
| WAS | Wiskott-Aldrich syndrome（ウィスコット・アルドリッチ症候群） | | 978 b |
| WASP | Wiskott-Aldrich-syndrome protein（ウィスコット・アルドリッチ症候群タンパク質） | | 978 b |
| WF | Working Formulation | | 739 b |
| WGA | wheat germ agglutinin（コムギ胚芽凝集素） | | 553 b |
| WNV | *West Nile virus*（ウエストナイルウイルス） | | 553 b |
| WSR | wound-induced systemic resistance | | 519 b |

## Y

| | | | |
|---|---|---|---|
| Y | tyrosine（チロシン） | | 573 b |
| YCp | yeast CEN-containing plasmid（CEN含有プラスミド） | | 978 a |
| YEp | yeast episomal plasmid（酵母エピソーム様プラスミド） | | 978 a |
| YFP | yellow fluorescent protein（黄色蛍光タンパク質） | | 978 a |
| YIp | yeast integrative plasmid（酵母組込み型プラスミド） | | 978 a |
| YRp | yeast replicating plasmid（酵母自己複製型プラスミド） | | 978 a |

## X

| | | | |
|---|---|---|---|
| Xan | xanthine（キサンチン） | | 232 a |
| Xao | xanthosine（キサントシン） | | 232 b |

## Z

| | | | |
|---|---|---|---|
| *Zic* | zinc finger protein of the cerebellum | | 417 b |
| ZPA | zone of polarizing activity（極性化域） | | 508 b |

## 掲載図出典

| | | |
|---|---|---|
| p.117 | A型粒子 | W. Bernhard, *Cancer Res.*, **18**, 491-509 (1958). |
| p.138 | ATP合成酵素 | (a) Y. Kagawa, T. Hamamoto, *J. Bioenerg. Biomembrane*, **28**, 421-431 (1996). |
| | | (b) J. P. Abrahams, *et al.*, *Nature* (London), **370**, 621 (1994). |
| p.146 | ABCモデル | 岡田清孝, 志村令郎, 植物細胞工学, **3**, 371-380 (1991). |
| p.270 | グリシン受容体 | (a) P.Prior, *et al.*, *Neurone*, **8**, 1161 (1992). |
| | | (b) H.Berz, *et al.*, *Neurochem. Int.*, **13**, 137 (1988). |
| p.447 | 主要組織適合抗原 | (a) P.T. Bjorkman, *et al.*, *Nature* (London), **329**, 506 (1987). |
| | | L. J. Stern, *et al.*, *Nature* (London), **368**, 215 (1994). |
| p.505 | ζ鎖 | A. Weiss, *Cell*, **73**, 209-212 (1993). |
| p.543 | 大脳辺縁系 | P. Maclean, *J. Nerv. Ment. Dis.*, **144**, 374-382 (1967). |
| p.683 | 杯状細胞 | M. Neutra, C. P. Leblond, *J. Cell. Biol.*, **30**, 122 (1966). |
| p.732 | ヒト白血球組織適合抗原 | J. Trowsdale, *Immunogenetics*, **41**, 1-17 (1995). |
| | | J. G. Bodmer, *et al.*, *Hum. Immunol.*, **41** (1), 1-20 (1994). |
| p.739 | 非ホジキンリンパ腫 | S. B. Cogliatti, U. Schmid, *Swiss Med. Wkly.*, **132**, 307-617 (2002). |
| | | J. J. Turner, *et al.*, Cancer Epidemiology biomarkers & prevention, **11**, 2213-2219 (2005). |
| p.858 | ボンベシン | 松田正司, "脳の神経伝達物質・受容体アトラス", 遠山正彌 編, p.234, 医学書院 (1994). |

第1版 第1刷 1997年 3月10日 発行
第2版 第1刷 2008年10月10日 発行

## 分子細胞生物学辞典（第2版）

Ⓒ 2008

編集代表　村　松　正　實

発 行 者　小　澤　美　奈　子

発　　行　株式会社 東京化学同人
東京都文京区千石3丁目36-7（〒112-0011）
電話 03-3946-5311・FAX 03-3946-5316
URL: http://www.tkd-pbl.com/

印　刷　ショウワドウ・イープレス㈱
製　本　株式会社　松岳社

ISBN978-4-8079-0687-1
Printed in Japan

## アミノ酸略号表

| アミノ酸 | 略号 三文字 | 略号 一文字 |
|---|---|---|
| アラニン | Ala | A |
| アルギニン | Arg | R |
| アスパラギン | Asn | N ⎫ |
| アスパラギン酸 | Asp | D ⎬ B |
| システイン | Cys | C |
| グルタミン | Gln | Q ⎫ |
| グルタミン酸 | Glu | E ⎬ Z |
| グリシン | Gly | G |
| ヒスチジン | His | H |
| イソロイシン | Ile | I |
| ロイシン | Leu | L |
| リシン | Lys | K |
| メチオニン | Met | M |
| フェニルアラニン | Phe | F |
| プロリン | Pro | P |
| セリン | Ser | S |
| トレオニン | Thr | T |
| トリプトファン | Trp | W |
| チロシン | Tyr | Y |
| バリン | Val | V |